UMPLIS

Informations- und Dokumentationssystem
zur Umweltplanung

Umweltforschungskatalog 1976
(UFOKAT '76)

herausgegeben vom
Umweltbundesamt

ERICH SCHMIDT VERLAG

Erstellt vom

Umweltbundesamt
Bismarckplatz 1
D–1000 Berlin 33
Telefon: (0 30) 89 03–1
Telex: 1 83 756

in Zusammenarbeit mit der

Studiengruppe für
Systemforschung e. V.
Heidelberg

und

ADV/ORGA
F. A. Meyer KG
Wilhelmshaven

ISBN 3 503 01 186 2

Lichtsatz: Typographische Datenaufbereitung
und Satz über DIGISET
Satz-Rechen-Zentrum
Hartmann + Heenemann KG, Berlin

Druck: H. Heenemann KG, Berlin

Inhalt

Seite

1. Einleitung V

2. Hinweise für den Benutzer

2.1 Erläuterungen zum Hauptteil I VIII

2.2 Erläuterungen zum Hauptteil II IX

2.3 Erläuterungen zu den Registern X

3. Hauptteil I (Vorhaben)

3.1 Übersicht zum Hauptteil I XI

3.2 Zusammenstellung der Forschungsprojekte 1

4. Hauptteil II (Durchführende Institutionen)

4.1 Alphabetische Zusammenstellung der durchführenden Institutionen 801

5. Register

5.1 Personenregister (Institutions- und Projektleiter) 977

5.2 Ortsregister (der durchführenden Institutionen) 1013

5.3 Register der finanzierenden Institutionen 1049

5.4 Schlagwortregister 1077

5.5 Geographisches Register 1279

1. Einleitung

Anläßlich der Vorstellung des Umweltforschungskatalogs '75 hob Bundesinnenminister Prof. Dr. Werner Maihofer in einer Pressekonferenz die Bedeutung der wissenschaftlichen Forschung und die Nutzung ihrer Ergebnisse für den Umweltschutz hervor. Der Umweltforschungskatalog sei ein Beitrag des Umweltbundesamtes, der die Koordinierung der Forschungs- und Entwicklungsaktivitäten zum Schutz der Umwelt erleichtere und aufwendige Doppelarbeit vermeiden helfe.

Inhalt und Datenbasis des neuen Umweltforschungskatalogs

Der neue, diesjährige Umweltforschungskatalog (UFOKAT '76) enthält die Kurzbeschreibungen von rund 5300 Forschungs- und Entwicklungsvorhaben (F+E-Vorhaben) mit Umweltbezug, also rund 1600 mehr als der vorausgegangene UFOKAT '75. Etwa 1000 vor dem 1. 1. 1974 abgeschlossene F+E-Vorhaben, die im UFOKAT '75 enthalten waren, sind im UFOKAT' 76 nicht mehr aufgeführt. Die Daten des UFOKAT '76 sind mit Stand vom Sommer 1976 wiedergegeben.

Vielfältigen Anregungen der Benutzer folgend, wurden gegenüber dem UFOKAT '75 insbesondere zwei wesentliche Änderungen vorgenommen. Der Hauptteil I des UFOKAT '76 ist jetzt thematisch gegliedert, so daß inhaltlich verwandte Vorhaben beieinander aufgeführt sind. Im Hauptteil II werden die durchführenden Institutionen in alphabetischer Reihenfolge mit ihren Forschungsschwerpunkten wiedergegeben. Darüber hinaus sind einige Register mit dem Ziel erhöhter Benutzerfreundlichkeit erheblich umgearbeitet und erweitert worden.

Die dem UFOKAT zugrunde liegenden Daten sind in einer Datenbank elektronisch gespeichert und damit auch für komplexere Fragestellungen im Dialog mit dem Computer vielfach flexibel nutzbar. Diese Datenbank für Umweltforschung ist Teil des Informations- und Dokumentationssystems zur Umweltplanung (UMPLIS), dessen Aufbau und Führung dem Umweltbundesamt durch Errichtungsgesetz vom 22. Juli 1974 übertragen wurde.

Probleme, Ziele, vorausgegangene Aktivitäten

Um die Fülle der drängenden Probleme im Bereich des Umweltschutzes und der Umweltplanung lösen zu können, bedarf es wissenschaftlich fundierter Grundlagen und hinreichend abgesicherter Prognosen. Umweltvorsorge und -planung gehören – wie auch im Umweltprogramm der Bundesregierung von 1971 und im Umweltbericht '76 festgestellt wird – zu den vordringlichen öffentlichen Aufgaben der Gegenwart. Will der Verantwortliche in Politik und Verwaltung für seine Aufgaben beispielsweise die einschlägigen Ergebnisse von Forschung und Entwicklung verwerten, so benötigt er für den Umweltbereich eine entsprechend übersichtliche und aussagekräftige Dokumentation. Aber auch die zahlreichen Institute, die an Forschungs- und Entwicklungsvorhaben mit Umweltbezug arbeiten, sollten Unterstützung finden, ihre eigenen Vorhaben so abzustimmen, daß die knappen öffentlichen Mittel bestmöglich genutzt werden.

Deshalb hat auch die Konferenz der für Umweltfragen zuständigen Minister und Senatoren des Bundes und der Länder am 6. April 1973 folgende Entschließung gefaßt:

> „Die an der Zweiten Konferenz für Umweltfragen teilnehmenden Minister und Senatoren stimmen darin überein, daß zur systematischen Auswertung der für die Umweltplanung wichtigen Forschungsergebnisse im Rahmen des geplanten

Umweltplanungsinformationssystems (UMPLIS) ein Verzeichnis der vom Bund und von den Ländern bisher erteilten Forschungsaufträge sowie der mit öffentlichen Mitteln geförderten Forschungsvorhaben im Umweltbereich erstellt und fortgeschrieben wird."

Das Umweltbundesamt verfolgt mit UMPLIS u. a. folgende Ziele:

- Informationshilfen für die Koordinierung und Kooperation in Forschung und Entwicklung im Umweltbereich
- Planungshilfen und Informationsdienste im Umweltbereich
- Anbieten benutzerfreundlicher, instrumenteller Hilfsmittel für Planung und Verwaltung.

Die beiden nun vorliegenden Umweltforschungskataloge setzen die Forschungsdokumentation „Wer macht was, wie und wo?" fort, die im Jahre 1973 vom Fonds für Umweltstudien im Auftrage der Interparlamentarischen Arbeitsgemeinschaft, Bonn, begonnen wurde.

Erhebung, Erschließung und Bereitstellung der Daten

Die veröffentlichten Daten wurden teils mit Hilfe von Fragebogen bei den forschenden Institutionen erfaßt und teils von den finanzierenden Stellen bereitgestellt. Im Jahr 1976 wurde die Befragung von der Studiengruppe für Systemforschung e. V., Heidelberg, (SfS), in Zusammenarbeit mit der Firma ADV/ORGA F. A. Meyer KG, Wilhelmshaven, durchgeführt.

Von der SfS wurden darüber hinaus das vorliegende Datenmaterial gesichtet, die Vorhaben inhaltlich erschlossen und für den Hauptteil thematisch zugeordnet und die Schlagwortregister erstellt. Ihr muß auch an dieser Stelle besonders gedankt werden.

Die F+E-Vorhaben mit Umweltbezug des Bundesministers des Innern sind bis zum Stand Ende August 1976 aufgeführt.

Gemäß einer zwischen den mit Umweltfragen befaßten Bundesministerien im März 1976 zu UMPLIS getroffenen Vereinbarung stellte der Bundesminister für Forschung und Technologie ein Magnetband mit Forschungsvorhaben aus der Datenbank DAKOR zur Koordinierung von Forschungs- und Entwicklungsvorhaben der Bundesressorts zur Verfügung. Die Auswahl der umweltbezogenen F+E-Vorhaben aus dem DAKOR-Datenbestand für ihre Veröffentlichung im UFOKAT '76 ist zusammen mit den finanzierenden Bundesministerien vorgenommen worden.

Der Unterstützung der Bundesländer ist es zu danken, daß die in den Ländern finanzierten und durchgeführten F+E-Vorhaben weitgehend erfaßt werden konnten.

Die Deutsche Forschungsgemeinschaft stellte die umweltbezogenen Vorhaben aus ihrer Datenbank zur Verfügung. Die Arbeitsgemeinschaft der Großforschungseinrichtungen hat ebenfalls dazu beigetragen, durch Übermittlung von umweltbezogenen Vorhaben den UFOKAT '76 zu vervollständigen.

Die wissenschaftliche Begleitung lag bei Mitarbeitern des Umweltbundesamtes vor allem aus den Bereichen der Luftreinhaltung und Lärmbekämpfung, der Abfall- und Wasserwirtschaft sowie der Ökologie und Umweltplanung.

Es ist vorgesehen, das in der Datenbank für Umweltforschung gespeicherte Datenmaterial weiterhin jährlich auf den neuesten Stand zu bringen und zu ergänzen. Dazu ist geplant, für das Jahr 1977 zusammen mit den zuständigen Bundes- und Landesministerien ein Datenaustausch- und Datenübermittlungsverfahren zu schaffen.

Für die nächsten Auflagen soll verstärkt versucht werden, die in der Industrie durchgeführten Vorhaben einzubeziehen. Hier bietet sich für private und öffentliche Organisationen eine engere und allen zugute kommende Zusammenarbeit an.

Entsprechend der Entscheidung des Rates der Europäischen Gemeinschaften vom Dezember 1975 sollen die in der Datenbank für Umweltforschung innerhalb von UMPLIS gespeicherten Daten den Europäischen Gemeinschaften für ein europäisches Bestandsverzeichnis über Umweltinformationsquellen zur Verfügung gestellt und somit auch international genutzt werden.

Zusammenarbeit und Zielgruppen

Der UFOKAT '76 ist in enger und vertrauensvoller Zusammenarbeit mit den Mitgliedern des Bund/Länder-Arbeitskreises Umweltinformationssysteme (BLAK) und den Vertretern der mit Umweltfragen befaßten Bundesressorts erstellt worden. Der Herausgeber dankt dafür. Sein Dank gilt ebenso denjenigen, die sich der Mühe unterzogen haben, die Fragebogen auszufüllen bzw. die Daten zu beschaffen und zu übermitteln. Dank zu sagen ist auch den vielen Benutzern, Beziehern und Interessierten, die durch kritische Durchsicht des UFOKAT '75 und durch zahlreiche Anregungen zur Ergänzung und Verbesserung des Umweltforschungskatalogs beigetragen haben.

Auch mit der neuerlichen Veröffentlichung wendet sich das Umweltbundesamt an die Entscheidungsträger in Parlament, Regierung und Verwaltung, Industrie und Verbänden, an Wissenschaftler und interessierte Öffentlichkeit. So heterogen diese Zielgruppen auch sein mögen, das positive Echo auf den UFOKAT '75 hat den Herausgeber veranlaßt, den damals eingeschlagenen Weg fortzusetzen: Information für viele, die es angeht, dabei möglichst wenig Qualitätsverlust für den Spezialisten und möglichst viel Aussagekraft für den Generalisten auf dem Umweltgebiet.

Dr. Heinrich von Lersner
(Präsident des Umweltbundesamtes)

2. Hinweise für den Benutzer

Der UFOKAT '76 gliedert sich in den Hauptteil I mit der Zusammenstellung der Forschungs- und Entwicklungsvorhaben, den Hauptteil II mit den alphabetisch geordneten Forschungsinstitutionen und den Registerteil.

2.1 Erläuterungen zum Hauptteil I

Um dem Benutzer einen sachbezogenen Zugang zu den rund 5300 Projekten zu ermöglichen, wurden die Vorhaben im Hauptteil I unter Umweltgesichtspunkten gegliedert, wobei eine Hauptzuordnung und eine Nebenzuordnung vorgesehen wurden. Bei der Hauptzuordnung befinden sich sämtliche Informationen zum Projekt, bei der Nebenzuordnung nur das Projektthema und eine Verweisung auf die Hauptfundstelle.

Bei der hier vorgenommenen Einteilung wurden 100 Problemkreise etwa gleichen Umfangs gewählt, die sich nach Möglichkeit nur wenig überschneiden sollten. Diese Problemkreise wurden zu Gruppen und Obergruppen zusammengefaßt. Die gewählten Obergruppen sind nachstehend aufgeführt:
- Luftreinhaltung und Luftverunreinigung
- Lärm und Erschütterungen
- Abwärme
- Wasserreinhaltung und Wasserverunreinigung
- Abfall
- Strahlung, Radioaktivität
- Umweltchemikalien
- Wirkungen und Belastungen durch Schadstoffe
- Lebensmittel-, Futtermittelkontamination
- Land- und Forstwirtschaft
- Energie
- Humansphäre
- Umweltplanung, Umweltgestaltung
- Information, Dokumentation, Prognosen, Modelle

Zur eindeutigen Abgrenzung der ca. 100 Problemkreise untereinander waren in einigen Fällen Festlegungen notwendig, die im folgenden erläutert werden.

So wurden bei Fragen der Kontamination Probleme der Analyse, Überwachung und Bekämpfung von Prozessen den vorgenannten Obergruppen zugeordnet, während die Kontaminationswirkungen in der Obergruppe „Wirkungen und Belastungen durch Schadstoffe" zusammengefaßt und nach dem jeweils belasteten System untergliedert sind.

Rechtliche, ökonomische und planerische Aspekte sind, soweit sie sich auf die Bereiche Luft, Wasser und Abfall beziehen, unter den entsprechenden Obergruppen aufgeführt, während grundlegende Fragen dieser Art in der Obergruppe „Umweltplanung, Umweltgestaltung" berücksichtigt werden.

Die Obergruppe „Humansphäre" umfaßt alle Probleme der physischen und psychischen Belastungen des Menschen in seinem unmittelbaren Lebensraum, ausgenommen sind Wirkungen auf den Menschen als rein biologischen Organismus, diese werden in der Obergruppe „Wirkungen und Belastungen durch Schadstoffe" berücksichtigt.

Der Obergruppe „Umweltplanung, Umweltgestaltung" sind vor allem Fragen von Strategien und Maßnahmen zur Umweltsicherung im politischen, wirtschaftlichen, rechtlichen und planerischen Bereich zugeordnet, sowie umweltrelevante raumordnerische und städtebauliche Probleme.

Unter „Information, Dokumentation, Prognosen, Modelle" sind die entsprechenden Vorhaben aus allen Umweltbereichen zusammengefaßt.

Die detaillierte thematische Gliederung enthält das Inhaltsverzeichnis zum Hauptteil I. Die dort aufgeführten Obergruppen, Gruppen und Untergruppen erscheinen jeweils auch als Seitenüberschriften im Hauptteil I. Dabei ist die unterste Gliederungsebene jeweils durch einen zweistelligen Buchstabencode gekennzeichnet, der auch Bestandteil der zugehörigen Vorhaben-Nummern ist.

Innerhalb jedes Problemkreises sind die aufgeführten Vorhaben nach den durchführenden Institutionen sortiert und fortlaufend numeriert. Die einzelnen Datenkategorien sind mit einer Kurzbezeichnung versehen. Ausgedruckt wurden nur solche Kategorien, zu denen entsprechende Daten vorlagen. Es können pro Vorhaben folgende Datenkategorien erscheinen:

INST	Name der durchführenden Institution
VORHAB	Thema und Kurzbeschreibung des Forschungsvorhabens
S.WORT	Schlagwortkette
PROLEI	Projektleiter oder Ansprechperson bei projektbezogenen Fragen
STAND	Zeitpunkt der Datenübernahme
QUELLE	Quelle der Daten, z. B. Fragebogenerhebung 1976, Übernahme aus anderen Datenbeständen
FINGEB	Name der finanzierenden Institution(en)
ZUSAM	Namen der Institutionen, mit denen im Rahmen des Vorhabens zusammengearbeitet wird/wurde
BEGINN/ENDE	Laufzeit des Vorhabens
GESKOST	Gesamtkosten
LITAN	Veröffentlichungen zum Projekt, auch: Zwischenberichte, Endberichte, unveröffentlichte Arbeitspapiere, Vorträge

2.2 Erläuterungen zum Hauptteil II

Die Institutionen, die Forschungs- und Entwicklungsvorhaben durchführen, erscheinen in alphabetischer Reihenfolge und sind fortlaufend numeriert.

Die Institutionen sind mit folgenden Kategorien beschrieben:

- Name der Institution
  Bei Institutionen im Hochschulbereich wird zunächst der Name der organisatorischen Einheit (Abteilung, Fachbereich, Institut, Lehrstuhl, Zentrum etc.) genannt, dann der Sitz der Hochschule. Eigennamen der Hochschulen werden nicht berücksichtigt.
- Ort und Straße

Postleitzahl, Ort, gegebenenfalls Zustellamt, Straße, Hausnummer, Postfach
- Telefon, Telex
- Name des Institutionsleiters
- Forschungsschwerpunkte der Institution
- Themen der durchgeführten Vorhaben wie in Hauptteil I.

Vor den Themen der Vorhaben erscheinen die Vorhabennummern, die die Verbindung zum Hauptteil I herstellen. Je Institution sind die Vorhaben darüber hinaus thematisch unter den im Hauptteil I verwendeten Obergruppen-Bezeichnungen zusammengefaßt.

2.3 Erläuterungen zu den Registern

Der Registerteil enthält die folgenden Register:
- Personenregister (Institutions- und Projektleiter)
- Ortsregister (der durchführenden Institutionen)
- Register der finanzierenden Institutionen
- Schlagwortregister
- Geographisches Register

Anleitungen zur Benutzung der einzelnen Register befinden sich jeweils auf den Registerdeckblättern.

3.1 Übersicht zum Hauptteil I

Luftreinhaltung und Luftverunreinigung

		Seite
AA	Klima, Atmosphäre, Meteorologie, Luftchemie	1

Emissionen/Art, Zusammensetzung

BA	Verkehr	27
BB	Hausbrand, Feuerungen, Energieerzeugung	38
BC	Industrie, Gewerbe	44
BD	Landwirtschaft	50
BE	Geruchsbelästigung	52

Luftüberwachung/Ausbreitung, Meßtechnik

CA	Nachweisverfahren, Meßmethoden, Meßgeräte	57
CB	Transmission (Ausbreitung, Reaktionskinetik)	72

Emissionsminderung

DA	Verkehr	88
DB	Hausbrand, Feuerungen, Energieerzeugung	99
DC	Industrie, Gewerbe	106
DD	Entwicklung von Verfahren und Geräten	117
EA	Rechtliche, ökonomische, planerische Aspekte	126

Lärm und Erschütterungen

FA	Entstehung, Messung, Wirkungen	130
FB	Verkehrslärm	141
FC	Lärm am Arbeitsplatz, Vibrationen	154
FD	Lärmbelästigung in Wohngebieten (Wirkungen)	169

Abwärme

GA	Wärmeableitung in die Atmosphäre	175
GB	Wärmeableitung in Gewässer	178
GC	Nutzung von Abwärme	186

Wasserreinhaltung und Wasserverunreinigung

Wasser/Reinwasser

HA	Gewässerkunde (Flüsse – Seen)	189
HB	Grundwasserschutz, Bodenwasserschutz	205
HC	Meereskunde, Küstenschutz	218
HD	Trinkwasseranalyse, Trinkwassergüte	226
HE	Trinkwasser (Gewinnung, Aufbereitung)	230

Seite

HF	Meerwasserentsalzung	237
HG	Hydromechanik, Wasserbau, Kartierung	238

Wasserverunreinigung

IA	Nachweisverfahren, Meßmethoden	247
IB	Niederschlagswasser	254
IC	Oberflächenwasser	260
ID	Grundwasser, Bodenwasser	278
IE	Meer, Küstengewässer, Ästuarien	287
IF	Gewässereutrophierung	296

Abwasser

KA	Art, Zusammensetzung, Analytik	303
KB	Behandlung kommunaler Abwässer	307
KC	Behandlung industrieller Abwässer	320
KD	Behandlung landwirtschaftlicher Abwässer	331
KE	Kläranlagen und Schlammbehandlung	335
KF	Phosphateliminierung	344
LA	Rechtliche, ökonomische, planerische Aspekte	347

Abfall

MA	Zusammensetzung, Menge, Transport, Sortierung	351
MB	Abfallbehandlung (Verbrennung, Kompostierung)	357
MC	Endlagerung, Probleme von Deponien	367
MD	Recycling kommunaler Abfälle	375
ME	Recycling industrieller und gewerbl. Abfälle	381
MF	Recycling landwirtschaftlicher Abfälle	395
MG	Rechtliche, ökonomische, planerische Aspekte	404

Strahlung, Radioaktivität

NA	Elektromagnetische Strahlung	410
NB	Radioaktive Strahlung, Röntgenstrahlung	413
NC	Reaktorsicherheit, Strahlenschutz	423
ND	Radioaktive Abfälle	436

Umweltchemikalien

OA	Nachweisverfahren, Geräteentwicklung	443
OB	Nachweis anorganischer Stoffe	449
OC	Nachweis organischer Stoffe	454
OD	Vorkommen, Ausbreitung, Abbau und Akkumulation	460

Wirkungen und Belastungen durch Schadstoffe

Mensch und Tier

PA	Wirkung durch anorganische Stoffe	474
PB	Wirkung durch organische Stoffe	481

		Seite
PC	Kombinationswirkungen	488
PD	Carcinogene Wirkungen	498
PE	Epidemiologische Untersuchungen	509
	Pflanzen und Böden	
PF	Wirkung durch anorganische Stoffe	518
PG	Wirkung durch organische Stoffe	530
PH	Kombinationswirkungen	538
PI	*Ökosysteme*	547
PK	*Materialien*	554

Lebensmittel-, Futtermittelkontamination

QA	Analytik, Metabolismus	560
QB	Lebensmittel tierischer Herkunft	571
QC	Lebensmittel pflanzlicher Herkunft	581
QD	Nahrungskette	588

Land- und Forstwirtschaft

RA	Agrarplanung	594
RB	Ernährungssicherung, Vorratshaltung	598
RC	Bodenmechanik, -beschaffenheit, Erosionsschutz	603
RD	Bodenbearbeitung, Bewässerung, Düngung	609
RE	Ackerbau, Gemüsebau	617
RF	Tierhaltung, Viehzucht, Grünlandwirtschaft	624
RG	Forstwirtschaft (Waldbau, Holzwirtschaft, Wild)	628
RH	Schädlingsbekämpfung (chemisch und biologisch)	634

Energie

SA	Energiesicherung, Versorgung, Verbrauch	646
SB	Energieeinsparende Technologien, Wärmedämmung	658

Humansphäre

TA	Arbeit, Arbeitsplatz, Arbeitsmedizin	664
TB	Wohnen, Milieu, Umweltpsychologie	676
TC	Freizeit, Erholung	682
TD	Erziehung, Ausbildung	685
TE	Medizin, Psychologie, Therapie	689
TF	Hygiene	692

Umweltplanung, Umweltgestaltung

UA	Umweltpolitik, Umweltplanung	698
UB	Umweltrecht (Gesetzgebung, Rechtsprobleme)	708
UC	Wirtschaftssysteme, Wachstumsfragen	713

		Seite
UD	Rohstoffsicherung	721
UE	Raumordnung, Landesplanung, Regionalplanung	724
UF	Stadtentwicklung, Städtebau, Stadtsanierung	731
UG	Infrastrukturplanung	737
UH	Verkehrsplanung, Verkehrswirtschaft	740
UI	Verkehrssysteme, öffentlicher Nahverkehr	746
UK	Landschaftsplanung, Erholungsplanung	750
UL	Landschaftsökologie, Naturschutz	762
UM	Vegetationskunde, Pflanzenschutz	774
UN	Tierschutz	785
VA	Information, Dokumentation, Prognosen, Modelle	794

HAUPTTEIL I

(VORHABEN)

AA -001

INST ADV/ORGA F.A.MEYER KG
MUENCHEN 81, ARABELLASTR. 4
VORHAB **mobiles immissions-messnetz mit online-datenuebertragung zur mobilen zentrale ueber funk**
entwicklungen eines mobilen messnetzes fuer luftimmissionen bestehend aus 4 mobilen stationen in multilift-messcontainern auf gelaendegaengigen multilift-lkw mit online-datenuebertragung zur rechnersystemzentrale ueber funkgeraete mit anschluss an ein uebergeordnetes system ueber funktelephon. dezentrale stationen mit zeitlich beschraenkter selbstaendigkeit durch aufbau der stationssteuerelektronik mit mikro-computern
S.WORT luftverunreinigung + messwagen + messtellennetz + datensammlung + (online-betrieb)
PROLEI DIPL. -ING. WOLFRAM LANGER
STAND 13.8.1976
QUELLE fragebogenerhebung sommer 1976
FINGEB NIEDERSAECHSISCHES LANDESVERWALTUNGSAMT, INSTITUT FUER ARBEITSMEDIZIN, IMMISSIONS- UND STRAHLENSCHUTZ
BEGINN 1.8.1976 ENDE 31.8.1977
G.KOST 1.000.000 DM

AA -002

INST ADV/ORGA F.A.MEYER KG
MUENCHEN 81, ARABELLASTR. 4
VORHAB **stationaeres, anlagenbezogenes immissions-messnetz fuer lufthygiene**
aufbau eines anlagenbezogenen luftimmissionsmessnetzes auf dem gebiet der stadt wilhelmshaven, bestehend aus einer rechnerzentrale (prozessrechner pdp-11) und z. zt. 8 dezentralen messstationen mit online-datenuebertragung zur zentrale und automatischer online-steuerung der analysenmessgeraete in den stationen. in der zentrale verarbeitung der messdaten zum regelmaessigen ausdruck eines protokolls, langzeitspeicherung auf magnetband, erkennung kritischer immissionssituationen und automatischer alarmgabe ueber alarmprotokoll
S.WORT luftverunreinigung + immission + messtellennetz + datenverarbeitung + (online datenuebertragung)
WILHELMSHAVEN + JADEBUSEN
PROLEI DIPL. -ING. WOLFRAM LANGER
STAND 13.8.1976
QUELLE fragebogenerhebung sommer 1976
FINGEB - STADT WILHELMSHAVEN
- MOBIL OIL AG, WILHELMSHAVEN
ZUSAM DORNIER SYSTEM GMBH, POSTFACH 1360, 7790 FRIEDRICHSHAFEN
BEGINN 1.1.1975 ENDE 31.8.1976
G.KOST 2.000.000 DM

AA -003

INST AEROBIOLOGISCHE AUSWERTESTELLE DER DEUTSCHEN FORSCHUNGSGEMEINSCHAFT
MUENCHEN 40, TUERKENSTR. 38
VORHAB **pollen- und sporengehalt der luft in davos (schweiz) und auf helgoland**
S.WORT luftverunreinigende stoffe + pollen + sporen
DAVOS + SCHWEIZ + HELGOLAND + DEUTSCHE BUCHT
PROLEI DR. ERIKA STIX
STAND 7.9.1976
QUELLE datenuebernahme von der deutschen forschungsgemeinschaft
FINGEB DEUTSCHE FORSCHUNGSGEMEINSCHAFT

AA -004

INST ALLGEMEINE ELEKTRIZITAETS-GESELLSCHAFT AEG-TELEFUNKEN, FRANKFURT
FRANKFURT, THEODOR-STERN-KAI 1
VORHAB **probemesstation zur immissionserfassung an der universitaet frankfurt**
S.WORT immissionsmessung + messtation
FRANKFURT (UNIVERSITAET) + RHEIN-MAIN-GEBIET
STAND 1.1.1974
ZUSAM - METEOROLOG. INST. DER UNI, 6 FRANKFURT, FELDBERGSTR. 47
- AEG-TFK FACHBEREICH PROZESSTECHNIK
- HARTMANN U. BRAUN AG, 6 FRANKFURT, GRAEFSTR. 97

AA -005

INST ASTRONOMISCHES INSTITUT DER UNI TUEBINGEN
RAVENSBURG, RASTHALDE
VORHAB **weiterfuehrende untersuchungen zur meteorologie und hydrologie am bodensee**
S.WORT meteorologie + hydrologie
BODENSEE
PROLEI PROF. DR. -ING. RICHARD MUEHLEISEN
STAND 1.1.1974
FINGEB DEUTSCHE FORSCHUNGSGEMEINSCHAFT
BEGINN 1.1.1972

AA -006

INST BATTELLE-INSTITUT E.V.
FRANKFURT 90, AM ROEMERHOF 35
VORHAB **katastermaessige trendanalyse fuer die schadstoffe. SO2, nox und cxhx aus industrie, hausbrand und verkehr fuer die bundesrepublik deutschland in den jahren 1960 - 1980**
katastermaessige erfassung von anlagenemissionen und staendige kontrolle. hierfuer sind die technisch-wissenschaftlichen voraussetzungen fuer erhebungen, messverfahren, geraeteentwicklungen und deren bundeseinheitliche standardisierung zu erarbeiten
S.WORT luftverunreinigende stoffe + emissionskataster + (trendanalyse)
BUNDESREPUBLIK DEUTSCHLAND
PROLEI DIPL. -ING. KARL-HELLMUTH REINIGER
STAND 12.11.1975
FINGEB BUNDESMINISTER DES INNERN
BEGINN 15.11.1973 ENDE 30.6.1976
G.KOST 7.069.000 DM
LITAN ENDBERICHT

AA -007

INST BATTELLE-INSTITUT E.V.
FRANKFURT 90, AM ROEMERHOF 35
VORHAB **immissionsschutz bei vorbereitender und verbindlicher bauleitplanung**
entscheidungshilfe fuer stadtplanung
S.WORT immissionsschutz + bauleitplanung
BREMEN
PROLEI DIPL. -MATH. STROTT
STAND 1.1.1974
FINGEB SENATOR FUER GESUNDHEIT UND UMWELTSCHUTZ, BREMEN
BEGINN 1.12.1973 ENDE 31.5.1974
G.KOST 77.000 DM
LITAN ZWISCHENBERICHT 1974. 06

AA -008

INST BATTELLE-INSTITUT E.V.
FRANKFURT 90, AM ROEMERHOF 35
VORHAB **katasteraehnliche erfassung von schadstoffimmissionen in der bundesrepublik deutschland**
die bundesregierung strebt eine flaechenbezogene und fortlaufende kontrolle der immissionen an, um die einhaltung der festgelegten immissionswerte zu gewaehrleisten. gleichzeitig sollen moegliche umweltschaeden fruehzeitig erkannt und die eindaemmung von gefahrenherden ermoeglicht werden. hierzu sind insbesondere mess- und auswerteverfahren zu entwickeln und grundlagen fuer eine standardisierung zu erarbeiten
S.WORT schadstoffimmission + kataster
BUNDESREPUBLIK DEUTSCHLAND
PROLEI DIPL. -MATH. STROTT
STAND 29.10.1975
FINGEB BUNDESMINISTER DES INNERN
ZUSAM NUKEM GMBH
BEGINN 6.11.1973 ENDE 31.5.1976
G.KOST 352.000 DM

AA -009
INST BATTELLE-INSTITUT E.V.
FRANKFURT 90, AM ROEMERHOF 35
VORHAB **vergleichende messungen der asbeststaubkonzentration in verschiedenen ballungs- und erholungsgebieten der bundesrepublik deutschland**
die bundesregierung strebt eine flaechenbezogene und fortlaufende kontrolle der immissionen (par. 29, 44, 45 bimschg, nr. 2. 5 ta luft) an, um die einhaltung der festgelegten immissionswerte (par. 48 bimschg, nr. 2. 4 ta luft) zu gewaehrleisten. gleichzeitig sollen moegliche umweltschaeden fruehzeitig erkannt und die eindaemmung von gefahrenherden (par. 47 bimschg) ermoeglicht werden. hierzu sind insbesondere mess- und auswerteverfahren zu entwickeln und grundlagen fuer eine standardisierung zu erarbeiten
S.WORT luftverunreinigung + asbeststaub + ballungsgebiet + erholungsgebiet
PROLEI DR. VON SENGBUSCH
STAND 1.1.1975
QUELLE umweltforschungsplan 1975 des bmi
FINGEB BUNDESMINISTER DES INNERN
BEGINN 1.11.1974 ENDE 31.12.1975
G.KOST 71.000 DM

AA -010
INST BATTELLE-INSTITUT E.V.
FRANKFURT 90, AM ROEMERHOF 35
VORHAB **feststellung fluechtiger organischer verbindungen in ballungs- und industriegebieten**
eindaemmung von gefahrenherden; frueherkennung der umweltschaeden
S.WORT luftverunreinigung + organische schadstoffe + frueherkennung + ballungsgebiet
PROLEI DR. PRUGGMAYER
STAND 31.10.1975
FINGEB BUNDESMINISTER DES INNERN
BEGINN 1.11.1974 ENDE 30.4.1976
G.KOST 210.000 DM

AA -011
INST BATTELLE-INSTITUT E.V.
FRANKFURT 90, AM ROEMERHOF 35
VORHAB **anforderungen an emissionskataster und meteorologische daten im hinblick auf ihre verwendung als eingabedaten fuer rechenmodelle zur ausbreitungsrechnung**
es muessen verfahren zur erkennung und vorhersage austauscharmer wetterlagen (para. 49 bimschg, nr. 2. 2. ta luft) ermittelt, verfahren und programmiertechniken zur berechnung der ausbreitung von schadstoffen als grundlage fuer luftreinhalteplaene (para. 47 bimschg), zur festlegung von schornsteinmindesthoehen (para. 48 bimschg, nr. 2. 6. ta luft) und fuer planungen (para. 50 bimschg) erarbeitet und standardisiert werden. die auswirkungen zunehmender luftverunreinigungen auf das klima sind vornehmlich in internationaler zusammenarbeit vorsorglich festzustellen und laufend zu kontrollieren
S.WORT emissionskataster + luftverunreinigende stoffe + wetterwirkung + ausbreitungsmodell
PROLEI DR. ANTON BRAIG
STAND 21.11.1975
FINGEB BUNDESMINISTER DES INNERN
BEGINN 25.9.1975 ENDE 31.10.1977
G.KOST 522.000 DM

AA -012
INST BATTELLE-INSTITUT E.V.
FRANKFURT 90, AM ROEMERHOF 35
VORHAB **untersuchung ueber die raeumliche belastung der luft mit so2 und co in der bundesrepublik deutschland**
ausbreitung und meteorologie. es muessen verfahren zur erkennung und vorhersage austauscharmer wetterlagen (par. 49 bimschg, nr. 2. 2 ta luft)ermittelt, verfahren und programmiertechniken zur berechnung der ausbreitung von schadstoffen als grundlage fuer luftreinhalteplaene (par. 47 bimschg), zur festlegung von schornsteinmindesthoehen (par. 48 bimschg, nr. 2. 6 ta luft) und fuer planungen (par. 50 bimschg) erarbeitet und standardisiert werden. die auswirkungen zunehmender luftverunreinigungen auf das klima sind vornehmlich in internationaler zusammenarbeit vorsorglich festzustellen und laufend zu kontrollieren
S.WORT luftverunreinigung + schwefeldioxid + kohlenmonoxid + wetterwirkung + ausbreitungsmodell
FINGEB BUNDESMINISTER DES INNERN
BEGINN 1.7.1975 ENDE 30.9.1976
G.KOST 189.000 DM

AA -013
INST BATTELLE-INSTITUT E.V.
FRANKFURT 90, AM ROEMERHOF 35
VORHAB **entwicklung, konstruktion, bau, erprobung und lieferung eines monostatischen sodar-systems**
entwicklungs- und ingenieursarbeiten fuer eine anlage zur fernerkundung der atmosphaere mittels schallimpulsen (sodar-anlage). entwicklung bzw. beschaffung und erprobung der erforderlichen bauteile
S.WORT atmosphaerische umweltforschung + geraeteentwicklung + (sodar-anlage)
PROLEI DR. ULRICH KURZE
STAND 4.8.1976
QUELLE fragebogenerhebung sommer 1976
FINGEB FRAUNHOFER-GESELLSCHAFT ZUR FOERDERUNG DER ANGEWANDTEN FORSCHUNG E. V. , MUENCHEN
BEGINN 1.10.1975 ENDE 31.3.1976
G.KOST 90.000 DM
LITAN ENDBERICHT

AA -014
INST BATTELLE-INSTITUT E.V.
FRANKFURT 90, AM ROEMERHOF 35
VORHAB **zusammenstellung von kriterien zur aufstellung eines emissionskatasters im sektor hausbrand**
methodische untersuchung und festlegung notwendiger kriterien zur planerischen anwendung von emissionskatastern. erstellung eines anforderungskatalogs zur bewertung von haushaltsfeuerungen bezueglich ihrer emission
S.WORT luftreinhaltung + emissionskataster + hausbrand
PROLEI DIPL. -ING. KARL-HELLMUTH REINIGER
STAND 4.8.1976
QUELLE fragebogenerhebung sommer 1976
FINGEB UMWELTBUNDESAMT
BEGINN 1.1.1976 ENDE 31.12.1976
G.KOST 127.000 DM

AA -015
INST BAUSTOFF-FORSCHUNG BUCHENHOF
RATINGEN 6, PREUSSENSTR. 31
VORHAB **planung von dachbegruenungen**
zur verminderung der hitzeeinwirkung auf daecher, zur stabilisierung des staedtischen klimas durch wasserverdampfung sowie durch verhinderung zu hoher abwassermengen, in welchen sich schadstoffe aus der luft befinden und zu dessen biologischem abbau sind baustoffe nach neuen gesichtspunkten entwickelt worden, insbesondere wand- und kaminanschluesse. eine grosse anzahl von pflanzen wurden in dachversuchsstaenden seit 5 jahren angesetzt und gemessen, ob und welcher biologische abbau der verschiedenen schadstoffe aus der luft erfolgt. die untersuchungsmethoden wurden nach bekannten din- und astm-spezifikationen durchgefuehrt, die pflanzenuntersuchungen nach chemischen gesichtspunkten
S.WORT baustoffe + begruenung + stadtoekosystem
PROLEI DR. WOLFGANG GRUEN
STAND 22.7.1976
QUELLE fragebogenerhebung sommer 1976
ZUSAM INST. F. OEKOL. -ANGEW. BOTANIK DER TU BERLIN, FACHBEREICH 14 LANDSCHAFTSBAU
BEGINN 1.1.1970
G.KOST 400.000 DM
LITAN - GRUEN, W.: MUELLKOMPOST UND NAEHRSUBSTRAT FUER GRUEN AN FASSADEN UND AUF DAECHERN. IN: WASSER UND ABWASSER. BAU

INTERN (1/2) (FEB 1975)
- GRUEN, W.: FASSADEN, FENSTER, FLACHDAECHER. IN: DBZ (5 UND 8)(1972)

AA -016

INST BAUSTOFF-FORSCHUNG BUCHENHOF
RATINGEN 6, PREUSSENSTR. 31
VORHAB **fassadenbegruenung**
die zielsetzung ist die begruenung von staedten zur regenerierung von luft und verbesserung der akustik in staedten. entscheidend ist die verbesserung der klimatischen veraenderungen durch verbesserung des wasserhaushaltes sowie der schutz der fassaden vor strahlenseinwirkung der sonne. ziel ist, lebensgerechtes bauen, unter besonderer beruecksichtigung von beseitigungsmoeglichkeiten von schadstoffen aus niederschlaegen und luft. durchgefuehrt werden blattanalysen zur feststellung der immission sowie moeglichkeiten einer bodenbelueftung fuer pflanzen, welche relativ wenig humus besitzen. hydroponische loesungsmoeglichkeiten werden gesucht und sind zum teil gefunden. pflanzenernaehrung und duengung fuer kletterpflanzen unter besonderer beruecksichtigung kuenfftiger schadstoffeinfluesse wird geprueft
S.WORT gebaeude + begruenung + stadtoekosystem
PROLEI DR. WOLFGANG GRUEN
STAND 26.7.1976
QUELLE fragebogenerhebung sommer 1976
FINGEB - HEINRICH SCHMITZ K. G. , DUESSELDORF
- MACKENZIE HILL, INTERNATIONALE INDUSTRIE- UND GEWERBEBAUTRAEGER-GESELLSCHAFT, FRANKFURT
BEGINN 1.1.1973 ENDE 31.12.1975
G.KOST 100.000 DM
LITAN - GRUEN, W.: ANGEWANDTE OEKOLOGIE. IN: DBZ (5 UND 8) SONDERDRUCK(1972)
- GRUEN, W.: ANGEWANDTE BAUBIOLOGIE WASSER, LUFT, KLIMA UND UMWELTSCHUTZ. IN: DBZ (10)(1971)
- ENDBERICHT

AA -017

INST BERGBAU AG NIEDERRHEIN
HOMBERG, POSTFACH 260
VORHAB **entwicklung einer ch4-messanlage fuer mehrere messtellen**
unter verwendung vorhandener und bewaehrter bauelemente, insbesondere messkoepfe und uebertragungselemente, soll der prototyp einer ch4-messanlage entwickelt und gebaut werden. nach herstellung des prototyps, der untersuchung der schlagwettersicherheit und der pruefung der mess- und uebertragungstechnischen sicherheit ist ein mehrmonatiger versuchseinsatz in einem grubenbetrieb der bergbau ag niederrhein vorgesehen.
S.WORT bergwerk + ueberwachungssystem + gase + messgeraet + explosionsschutz
QUELLE datenuebernahme aus der datenbank zur koordinierung der ressortforschung (dakor)
FINGEB GESELLSCHAFT FUER WELTRAUMFORSCHUNG MBH (GFW) IN DER DFVLR, KOELN
ZUSAM - BERGBAU-FORSCHUNG
- BVS, DORTMUND-HERNE
- WBK
BEGINN 1.7.1974 ENDE 31.12.1975
G.KOST 111.000 DM

AA -018

INST BONNENBERG UND DRESCHER, INGENIEURGESELLSCHAFT MBG & CO KG
JUELICH, LANDSTR. 20
VORHAB **entwicklung eines meteorologischen modells und ermittlung der aenderung der klimaparameter infolge anthropogener waermebelastung im oberrheingebiet**
in einer modelluntersuchung fuer das oberrheingebiet werden die meteorologische situation, die natuerlichen klimaaenderungen und die waermeeinleitungen in die atmosphaere ermittelt. gestuetzt auf einzeluntersuchungen an kuehltuermen und ueber ballungsgebieten wird ein numerisches meteorologisches modell des regionalen klimas entwickelt, um die klimatischen folgen anthropogener waermezufuhr zu progostizieren. die untersuchungen sind notwendig, um schaedliche umwelteinwirkungen infolge waerme- und dampfemissionen bei raumbedeutsamen planungen auszuschliessen (50 bimschg) und um emissionswerte fuer waerme und dampf in algemeinen vwv festlegen zu koennen (48 bimschg)
S.WORT waermebelastung + klimaaenderung + meteorologie + modell + (simulationsmodell)
OBERRHEINEBENE
STAND 1.9.1976
FINGEB BUNDESMINISTER DES INNERN
BEGINN 1.9.1976 ENDE 31.5.1979
G.KOST 824.000 DM

AA -019

INST BOTANISCHES INSTITUT DER UNI KOELN
KOELN 41, GYRHOFSTR. 15
VORHAB **flechtenverbreitung im siedlungsgebiet koeln und umgebung**
datensammlung zur verbreitung bzw. vorkommen epixyler und epipetrischer flechten im gebiet von koeln und umgebung. langfristiges ziel - erstellung einer verbreitungskarte dieser flechten in abhaengigkeit von siedlungsdichte und immissionsbelastung
S.WORT immissionsbelastung + phytoindikator + flechten + ballungsgebiet
KOELN + RHEIN-RUHR-RAUM
PROLEI DR. GUIDO BENNO FEIGE
STAND 21.7.1976
QUELLE fragebogenerhebung sommer 1976
BEGINN 1.6.1974

AA -020

INST BOTANISCHES INSTITUT MIT BOTANISCHEM GARTEN DER UNI WUERZBURG
WUERZBURG, MITTLERER DAHLENBERGWEG 64
VORHAB **der einfluss von so2-immissionen auf den stoffwechsel von flechten als bioindikatoren fuer luftverunreinigungen**
wirkung von schwefeldioxid auf nettophotosynthese und atmung von flechten; kartierung von flechten im stadtgebiet; schwefeldioxid-analysen in flechten
S.WORT luftverunreinigung + schwefeldioxid + flechten + bioindikator
PROLEI PROF. DR. LANGE
STAND 1.1.1974
QUELLE erhebung 1975

AA -021

INST CHEMISCHE UNTERSUCHUNGSANSTALT DER STADT NUERNBERG
NUERNBERG, HAUPTMARKT 1
VORHAB **messung der luftverschmutzung im stadtgebiet von nuernberg**
messung wesentlicher komponenten der luftverschmutzung (schwefeldioxid, kohlenmonoxid, stickstoffoxide, staubniederschlaege) als grundlage fuer massnahmen zur verringerung von emissionen und planungen der stadtentwicklung
S.WORT luftverunreinigung + stadtgebiet
NUERNBERG
PROLEI DR. TRINCZEK
STAND 1.1.1974
FINGEB STADT NUERNBERG
ZUSAM BAYERISCHES LANDESAMT FUER UMWELTSCHUTZ, 8 MUENCHEN 81, ROSENKAVALIERPLATZ 3
BEGINN 1.1.1969
LITAN UMWELTSCHUTZBERICHT DER STADT NUERNBERG 1971

AA -022

INST DEUTSCHER WETTERDIENST
OFFENBACH, FRANKFURTER STR. 135
VORHAB **lufthygienisch-meteorologische modelluntersuchung in der region untermain**
erfassung der auswirkungen auf die natuerliche, soziale und technische umwelt
S.WORT lufthygiene + meteorologie
RHEIN-MAIN-GEBIET

PROLEI DIPL. -ING. CASPAR
STAND 12.8.1976
QUELLE fragebogenerhebung sommer 1976
ZUSAM - REGIONALE PLANUNGSGEMEINSCHAFT UNTERMAIN, ZEIL 127, 6000 FRANKFURT
- MESS- UND PRUEFSTELLE FUER DIE GEWERBEAUFSICHTSVERWALTUNG, HESSEN
- INST. F. METEOROLOGIE UND GEOPHYSIK DER UNI FRANKFURT, FELDBERGSTRASSE, 6000 FRANKFURT
BEGINN 1.1.1970 ENDE 31.12.1975
G.KOST 2.600.000 DM

AA -023

INST DEUTSCHER WETTERDIENST
OFFENBACH, FRANKFURTER STR. 135
VORHAB bearbeitung meteorologischer unterlagen und beitraege fuer richtlinien und normen des umweltproblems
erforschung eines unbekannten zusammenhanges
S.WORT normen + meteorologie
PROLEI DIPL. -ING. CASPAR
STAND 1.1.1974
FINGEB DEUTSCHER NORMENAUSSCHUSS (DNA), BERLIN
BEGINN 1.1.1960

AA -024

INST DEUTSCHER WETTERDIENST
OFFENBACH, FRANKFURTER STR. 135
VORHAB auswertung von niederschlagsregistrierungen fuer spezielle zwecke
erforschung eines unbekannten zusammenhanges
S.WORT niederschlag + auswertung
PROLEI JOHANNSEN
STAND 1.1.1974
FINGEB DEUTSCHE FORSCHUNGSGEMEINSCHAFT
BEGINN 1.1.1967 ENDE 31.12.1974
G.KOST 90.000 DM

AA -025

INST DEUTSCHER WETTERDIENST
OFFENBACH, FRANKFURTER STR. 135
VORHAB bioklimatische modelluntersuchungen in den unterschiedlichen klimabereichen der bundesrepublik deutschland
netzmaessige erfassung der bioklimatisch und klimatherapeutisch relevanten parameter: temperatur, feuchte, wind, strahlung in verschiedenen bezirken der kurorte und siedlungen und in einzelnen klimabereichen der bundesrepublik deutschland mit hilfe automatischer messstationen. erarbeitung charakteristischer lokal- und regionalklimate als "modelle", untersuchung ihrer gegenseitigen abhaengigkeit und uebertragungsmoeglichkeit
S.WORT bioklimatologie + messtellennetz + kartierung + raumordnung
BUNDESREPUBLIK DEUTSCHLAND
PROLEI DIPL. -METEOR. GERD JENDRITZKY
STAND 12.8.1976
QUELLE fragebogenerhebung sommer 1976
BEGINN 1.1.1976

AA -026

INST DEUTSCHER WETTERDIENST
OFFENBACH, FRANKFURTER STR. 135
VORHAB meteorologische daten (modelluntersuchung, "waermelastplan der atmosphaere im oberrheingebiet")
in diesem teilprojekt werden die meteorologischen situationen der region oberrhein dreidimensional gesehen, erfasst und deren haeufigkeitsverteilung untersucht. diese unterlagen werden fuer die aufstellung eines atmosphaerischen waermelastplanes und als input fuer ein meteorologisches modell benoetigt
S.WORT atmosphaere + meteorologie + waermelastplan + ausbreitungsmodell
OBERRHEINEBENE
PROLEI DIPL. -METEOR. ADOLF RUSS
STAND 12.8.1976
QUELLE fragebogenerhebung sommer 1976
ZUSAM - METEOROLOGISCHES INSTITUT DER UNI BONN
- DFVLR UND INST. F. THEOR. METEOROLOGIE DER FU BERLIN
- INST. F. SYSTEMATIK UND INNOVATIONSFORSCHUNG DER FRAUNHOFERGESELLSCHAFT, KARLSRUHE
BEGINN 1.1.1976 ENDE 31.12.1979
G.KOST 2.592.000 DM

AA -027

INST DEUTSCHER WETTERDIENST
OFFENBACH, FRANKFURTER STR. 135
VORHAB anwendung und weiterentwicklung von simulationsmodellen (tracer-programm)
festlegung der fuer die tracer-experimente erforderlichen wettersituationen, ermittlung der meteorologischen einflussgroessen vor und waehrend der experimente sowie interpretation der messergebnisse und darstellung der stroemungsverhaeltnisse
S.WORT meteorologie + messverfahren + tracer + simulationsmodell
PROLEI DIPL. -METEOR. ADOLF RUSS
STAND 12.8.1976
QUELLE fragebogenerhebung sommer 1976
ZUSAM - UMWELTBUNDESAMT, BISMARCKPLATZ 1, 1000 BERLIN 33
- HESSISCHER MINISTER FUER LANDWIRTSCHAFT UND UMWELT
- EURATOM, ISPRA
BEGINN 1.1.1976 ENDE 31.12.1978
G.KOST 279.000 DM

AA -028

INST DEUTSCHER WETTERDIENST
HAMBURG, POSTFACH 180
VORHAB sammlung von maritim-meteorologischen und ozeanographischen umweltdaten
fuer verschiedene seegebiete sind die folgenden daten zu liefern und aufzubereiten: mitterwerte der luft- und der oberflaechenwassertemeratur, haeufigkeitsverteilungen der windrichtungen, windstaerken, statistische angaben ueber windsee und duenung.
S.WORT ozeanographie + meteorologie
QUELLE datenuebernahme aus der datenbank zur koordinierung der ressortforschung (dakor)
FINGEB GESELLSCHAFT FUER KERNENERGIEVERWERTUNG IN SCHIFFBAU UND SCHIFFAHRT MBH (GKSS), HAMBURG
BEGINN 1.4.1974 ENDE 31.12.1975

AA -029

INST DORNIER SYSTEM GMBH
FRIEDRICHSHAFEN, POSTFACH 1360
VORHAB planung der ueberwachung und kontrolle der luftreinhaltung (puekl I und II)
systematische planung der ueberwachung von emissionen und immissionen, der ausbreitungsrechnung und der smogbildung
S.WORT luftreinhaltung + ueberwachung
PROLEI DIPL. -ING. HERBERT MEINL
STAND 1.1.1975
QUELLE umweltforschungsplan 1975 des bmi
BEGINN 1.4.1973 ENDE 31.8.1975
G.KOST 880.000 DM

AA -030

INST DORNIER SYSTEM GMBH
FRIEDRICHSHAFEN, POSTFACH 1360
VORHAB erstellung von technischen grundlagen fuer anlagenbezogene immissionsmessungen
untersuchungen der grundlagen und der technischen realisierungsmoeglichkeiten von immissionsmessungen auf der grundlage des bundesimmssionsschutzgesetzes
S.WORT immissionsmessung + industrieanlage
BODENSEEKREIS
PROLEI DIPL. -ING. HERBERT MEINL
STAND 10.9.1976

QUELLE fragebogenerhebung sommer 1976
BEGINN 1.1.1975 ENDE 31.8.1977
G.KOST 1.003.000 DM

AA -031
INST DORNIER SYSTEM GMBH
FRIEDRICHSHAFEN, POSTFACH 1360
VORHAB **immissionsbeurteilung unter beruecksichtigung raeumlicher und zeitlicher korrelationen**
statistische analyse von immissionsmessdaten. ermittlung von auswertemethoden fuer stichprobemessungen. untersuchung der raeumlichen und zeitlichen homogenitaet von immissionssituationen. ziel: optimierung von messplanung und auswertung
S.WORT luftverunreinigung + immissionsmessung + statistische auswertung
FRANKFURT + RHEIN-MAIN-GEBIET + SAARBRUECKEN + MUENCHEN
PROLEI DIPL. -ING. HERBERT MEINL
STAND 10.9.1976
QUELLE fragebogenerhebung sommer 1976
FINGEB UMWELTBUNDESAMT
BEGINN 1.12.1974 ENDE 31.8.1977
G.KOST 475.000 DM
LITAN ZWISCHENBERICHT

AA -032
INST DORNIER SYSTEM GMBH
FRIEDRICHSHAFEN, POSTFACH 1360
VORHAB **lufthygienisches landesueberwachungssystem bayern**
planung und aufbau des automatisch arbeitenden landesimmissionsmessnetzes mit ca. 80 messstationen im endausbau. erfassung von schadstoffen und meteorologischen parametern. neuartiges datenerfassungs- und uebertragungskonzept unter einsatz "intelligenter" subzentralen und daran angebundener satellitenstationen. modular aufgebaut, erweiterungsfaehig, optimiert in bezug auf betriebs- und wartungskosten
S.WORT luftverunreinigung + immissionsmessung + messtellennetz
BAYERN
PROLEI DR. ENGELMAR WENK
STAND 10.9.1976
QUELLE fragebogenerhebung sommer 1976
FINGEB STAATSMINISTERIUM FUER LANDESENTWICKLUNG UND UMWELTFRAGEN, MUENCHEN
BEGINN 1.2.1973 ENDE 31.12.1978
LITAN SCHRIFTENREIHE LUFTREINHALTUNG DES BAYERISCHEN LANDESAMTES FUER UMWELTSCHUTZ, MUENCHEN, ROSENKAVALIERPLATZ 3 (4)

AA -033
INST DORNIER SYSTEM GMBH
FRIEDRICHSHAFEN, POSTFACH 1360
VORHAB **immissionsmessnetz niedersachsen**
planung der struktur und technische auslegung eines immissionsueberwachungssystems
S.WORT immission + messtellennetz
NIEDERSACHSEN
PROLEI DIPL. -ING. SPEIDEL
STAND 1.10.1974
FINGEB LAND NIEDERSACHSEN
BEGINN 1.11.1973 ENDE 30.6.1974
G.KOST 120.000 DM
LITAN 1974. 06

AA -034
INST DORNIER SYSTEM GMBH
FRIEDRICHSHAFEN, POSTFACH 1360
VORHAB **planung und aufbau des kommunalen messnetzes wilhelmshaven**
kommunales messnetz zur anlagenbezogenen immissionsueberwachung. in 7 messstationen automatische und kontinuierliche erfassung und uebertragung der schadstoffparameter so2, cnhm methanfrei, no, no2, staubkonzentration und staubinhaltsstoffe und meteorologischer parameter in eine zentrale im rathaus. auf grund der geographischen und meteorologischen situation modellmessnetz zur erforschung der zusammenhaenge emission-immission
S.WORT luftreinhaltung + immissionsueberwachung + messtellennetz
WILHELMSHAVEN + JADEBUSEN
PROLEI DIPL. -ING. JOERG MUENCH
STAND 10.9.1976
QUELLE fragebogenerhebung sommer 1976
FINGEB - STADT WILHELMSHAVEN
- MOBIL OIL AG, WILHELMSHAVEN
- NORD-WEST KAVERNENGESELLSCHAFT MBH, WILHELMSHAVEN
BEGINN 1.5.1975 ENDE 31.8.1976
LITAN ZWISCHENBERICHT

AA -035
INST DORNIER SYSTEM GMBH
FRIEDRICHSHAFEN, POSTFACH 1360
VORHAB **beurteilung des immissionszustandes durch auswertung von stichprobenmessungen**
flaechenbezogene kontrolle, frueherkennung und eindaemmung von gefahrenherden
S.WORT immissionsmessung
BODENSEEKREIS
PROLEI DIPL. -ING. HERBERT MEINL
STAND 4.11.1975
FINGEB BUNDESMINISTER DES INNERN
BEGINN 1.12.1974 ENDE 31.8.1977
G.KOST 475.000 DM

AA -036
INST EMSCHERGENOSSENSCHAFT UND LIPPEVERBAND
ESSEN 1, KRONPRINZENSTR. 24
VORHAB **haeufigkeit der zeitlichen und oertlichen verteilung von starken niederschlaegen im nordrhein-westfaelischen industriegebiet**
regenbeobachtungen in einem sehr dichten stationsnetz lieferten daten fuer statistische untersuchung; zweck: wasserwirtschaftliche berechnungen
S.WORT regenwasser + datenerfassung + industriegebiet
RUHR + LIPPE (GEBIET)
PROLEI DR. ANDERL
STAND 1.1.1974
QUELLE erhebung 1975
FINGEB MINISTER FUER ERNAEHRUNG, LANDWIRTSCHAFT UND FORSTEN, DUESSELDORF
ZUSAM LEICHTWEISS-INSTITUT WASSERBAU DER TU BRAUNSCHWEIG, 33 BRAUNSCHWEIG, POCKELSSTR. 4
BEGINN 1.1.1969 ENDE 31.12.1974
G.KOST 100.000 DM
LITAN - STALMANN: ABBAUVERHALTEN ORGANISCHER STOFFE MIT BESONDERER BERUECKSICHTIGUNG DER IONENAKTIVEN DETERGENTIEN
- STALMANN: HAEUFIGKEIT VON STARKREGEN IM EMSCHER-UND LIPPEGEBIET, EIGENVERLAG EMSCHERGENOSSENSCHAFT
- STALMANN: STARKREGENHAEUFIGKEIT IM EMSCHER-UND LIPPEGEBIET, IN: WASSER UND BODEN, H. (1)(1976)

AA -037
INST ERNO RAUMFAHRTECHNIK GMBH
BREMEN 1, HUENEFELDSTR. 1-5
VORHAB **studie ueber die einrichtung von emissionskatastern in den belastungsgebieten niedersachsens**
ziel: erstellung eines konzeptes, das methoden zur beschaffung relevanter katasterdaten in einer wirtschaftlich vertretbaren form beschreibt; beschreibung von darstellungsweisen fuer katasterdaten; integration der emissionskataster in regionale luftreinhalteplaene
S.WORT emissionskataster
NIEDERSACHSEN
PROLEI DIPL. -ING. FISCHER
STAND 1.1.1974

QUELLE erhebung 1975
FINGEB SOZIALMINISTERIUM, HANNOVER
ZUSAM DORNIER, FRIEDRICHSHAFEN; KONZEPT FUER EIN NIEDERSAECHSISCHES IMMISSIONSMESS- UND KONTROLLSYSTEM
BEGINN 1.12.1973 ENDE 30.6.1974
G.KOST 80.000 DM

AA -038

INST FACHBEREICH CHEMIE DER GESAMTHOCHSCHULE ESSEN
ESSEN, UNIONSTR. 2
VORHAB **kinetik von prozessen der atmosphaerischen chemie**
mit hilfe der absorptionsspektrometrie und der massenspektrometrie sollen die kinetiken von prozessen studiert werden, die in der atmosphaerischen chemie eine rolle spielen. es wird ein stroemungssystem benutzt, in dem sowohl absorptionsspektrometrische als auch massenspektrometrische aufzeichnungen von spurenstoffen und radikalen moeglich sind
S.WORT atmosphaere + spektralanalyse + spurenstoffe + luftchemie
PROLEI DR. ERNST-PETER ROETH
STAND 21.7.1976
QUELLE fragebogenerhebung sommer 1976
G.KOST 250.000 DM

AA -039

INST FACHBEREICH CHEMIE, TEXTILCHEMIE, BIOLOGIE DER GESAMTHOCHSCHULE WUPPERTAL
WUPPERTAL, GEWERBESCHULSTR. 34
VORHAB **analyse von halogenkohlenstoffverbindungen bodennaher luftproben aus dem ballungsbegiet duesseldorf/wuppertal und ausgewaehlten randgebieten**
untersuchung und feststellung der verteilung von organischen halogenverbindungen in belasteten gebieten, ermittlung von quellen. erarbeitung von grundlagen fuer eine flaechenbezogene und fortlaufende kontrolle von immissionen und fuer die festlegung von immissionswerten im sinne von par. 48 bimschg
S.WORT luftverunreinigende stoffe + fluorverbindungen + ballungsgebiet
DUESSELDORF + WUPPERTAL + RHEIN-RUHR-RAUM
PROLEI PROF. DR. KARL H. BECKER
STAND 6.1.1976
FINGEB BUNDESMINISTER DES INNERN
BEGINN 1.12.1975 ENDE 31.12.1977
G.KOST 179.000 DM
LITAN ZWISCHENBERICHT

AA -040

INST FACHBEREICH ENERGIE- UND WAERMETECHNIK DER FH GIESSEN
GIESSEN, WIESENSTR. 14
VORHAB **kontinuierliche ueberwachung der schadstoffimmission der unteren erdatmosphaere (bis 200 m hoehe) mittels fessel-heissluftballon**
fuer umweltschaeden haftet nach bestehendem recht der verursacher. dieser ist insbesondere bei luftverunreinigungen z. b. durch verbrennung von abfaellen bei nacht in vielen faellen nicht zu ermitteln, da wegen der geringen sinkgeschwindigkeit staubfoermiger oder tropfenfoermiger schadstoffe laengst alle verbrennungsspuren o. ae. beseitigt sind, wenn am erdboden die immission erfolgt. bei ueberwachung der unteren 200 m der atmosphaere koennen emissionen aber sehr viel frueher bereits ermittelt werden. bei radioaktiven emissionen, z. b. bei reaktorunfaellen, kann durch messung in der unteren atmosphaere die konzentration schon so fruehzeitig erfasst werden, dass ggf. raeumung der gefaehrdeten gebiete noch moeglich ist
S.WORT schadstoffimmission + luftueberwachung + fliegende messtation
PROLEI PROF. DR. PHILIPP KATZ
STAND 11.8.1976
QUELLE fragebogenerhebung sommer 1976
BEGINN 1.12.1975
G.KOST 50.000 DM

AA -041

INST FACHGEBIET STADTBAUWESEN UND WASSERWIRTSCHAFT DER UNI DORTMUND
DORTMUND -EICHLINGHOFEN, AUGUST-SCHMIDT-STR. 10
VORHAB **abstandsregelungen in der bauleitplanung**
in nrw wurde 1974 vom ministerium fuer arbeit, gesundheit und soziales ein erlass herausgegeben, der die anforderungen des umweltschutzes an die bauleitplanung dahingehend konkretisiert, dass nach einzelnen industriellen und gewerblichen emittenten aufgeschluesselte regelabstaende zwischen emittierenden gebieten (industrie- und gewerbegebieten) und immissionsempfindlichen gebieten (wohngebieten) festgelegt wurden und bei der raeumlichen planung beruecksichtigt werden sollen. aufgabe der untersuchung ist es, die auswirkungen dieser abstandsregelungen auf die stadtentwicklung, die bauleitplanung und die tatsaechliche umweltsituation empirisch zu ermitteln und kritisch zu analysieren. entwicklung von vorgeschlaegen zur beruecksichtigung des immissionsschutzes iin der bauleitplanung. zusammenstellung von informationen und entscheidungshilfen fuer staedte und gemeinden hinsichtlich der handhabung von abstandsregelungen in der planungspraxis
S.WORT bauleitplanung + immissionsschutz + abstandsflaechen
PROLEI PROF. DR. -ING. HANS-JUERGEN D'ALLEUX
STAND 11.8.1976
QUELLE fragebogenerhebung sommer 1976
FINGEB INNENMINISTER, DUESSELDORF
ZUSAM - STADTBAUWESEN UND WASSERWIRTSCHAFT ABT. RAUMPLAUNG, POSTFACH 500500, 4600 DORTMUND 50
- INST. F. STAEDTEBAU UND LANDESPLANUNG DER TH AACHEN, SCHINKELSTRASSE 1, 5100 AACHEN
BEGINN 1.11.1975 ENDE 30.6.1977
G.KOST 150.000 DM
LITAN ZWISCHENBERICHT

AA -042

INST FACHRICHTUNG METEOROLOGIE DER FU BERLIN
BERLIN 33, THIELALLEE 49
VORHAB **luftreinhaltung - rechnerische ermittlung der schadgasgrundbelastung**
ein wesentlicher aspekt der entwicklungsplanung von stadtgebieten ist die erfassung, vorhersage und kontrolle von luftverunreinigungen. zur beantwortung dieser fragenkomplexe werden mathematisch-meteorologische diffusionsmodelle entwickelt, die eine berechnung von konzentrationsverteilungen gestatten in abhaengigkeit von den verunreinigungsquellen und den emissionsbedingungen, von physikalischen und chemischen prozessen waehrend des transportvorganges sowie von meteorologischen und topographischen einfluessen. die immissionsklimatologische auswertung dieser konzentrationsfelder bietet die grundlage fuer regionale luftreinhalteplanung
S.WORT luftreinhaltung + klimatologie + schadstoffausbreitung + ausbreitungsmodell + (modellrechnung)
PROLEI PROF. DR. FORTAK
STAND 6.8.1976
QUELLE fragebogenerhebung sommer 1976
ZUSAM - RPU
- LAND BERLIN
- UMWELTBUNDESAMT, BISMARCKPLATZ 1, 1000 BERLIN 33
BEGINN 1.1.1973
LITAN - FORTAK; STERN; LUDWIG ET AL.: VEROEFFENTL. IN: UBA FB II 4/5
- GUTSCHE; LENSCHOW: VEROEFFENTL. IN: UBA FB II 4/5
- FORTAK; STERN; GUTSCHE (RPU + NATO/CCMS): VEROEFFENTL. IN: UBA FB II 4/5

AA -043

INST FORSCHUNGSGEMEINSCHAFT BAUEN UND WOHNEN STUTTGART
STUTTGART 1, HOHENZOLLERNSTR. 25

VORHAB **bodennahe luftbewegungen - darstellung der lokalen stroemungsverhaeltnisse ueber bebauten und unbebauten flaechen**
ziel: kenntnisse ueber die bodennahe luftbewegungen sind wesentliche voraussetzung fuer die weitere stadtklima-forschung. die forderung nach beruecksichtigung klimatologischer gegebenheiten in der stadtplanung stellt den planer vor schwierige probleme, da nur unzureichend ergebnisse vorliegen. mit dem vorgesehenen forschungsauftrag soll ein wesentlicher schritt zur bereitstellung entsprechender planungsgrundlagen getan werden

S.WORT klimatologie + luftbewegung + stadtplanung
PROLEI DR. HABIL. KARL GERTIS
STAND 11.8.1976
QUELLE fragebogenerhebung sommer 1976
FINGEB INNENMINISTERIUM, STUTTGART
BEGINN 1.3.1975 ENDE 31.7.1976
G.KOST 20.000 DM

AA -044

INST FORSCHUNGSGRUPPE FUER RADIOMETEOROLOGIE DER FRAUNHOFER-GESELLSCHAFT AN DER UNI HAMBURG
HAMBURG 13, BUNDESSTR. 55

VORHAB **indirekte sondierung der troposphaere mit elektromagnetischen und akustischen wellen**
die methode basiert fuer beide wellenarten auf dem gleichen prinzip, der streuung akustischer und elektromagnetischer energie in der turbulenten troposphaere. die messung der gestreuten energie und der durch bewegungsvorgaenge in der troposphaere hervorgerufenen doppelverschiebung des ausgesandten signals ermoeglichen rueckschluesse auf troposphaerische turbulenz- und schichtstrukturen sowie den windvektor und dessen vertikalprofil. windfeld und thermische vertikalschichtung der troposphaere sind zusammen mit messungen der konzentration von industriellen und sonstigen abgasen und verunreinigungen wichtige indikatoren der umweltverschmutzung

S.WORT troposphaere + luftbewegung + luftverunreinigung + messtechnik + (elektromagnetische und akustische wellen)
PROLEI DR. HORST-DIETER SEEHARS
STAND 11.8.1976
QUELLE fragebogenerhebung sommer 1976
FINGEB - FRAUNHOFER-GESELLSCHAFT ZUR FOERDERUNG DER ANGEWANDTEN FORSCHUNG E. V. , MUENCHEN
- BUNDESMINISTER DER VERTEIDIGUNG
BEGINN 1.1.1970 ENDE 31.12.1978
LITAN SEEHARS, H. -D.: DETERMINATION OF THE WIND STRATIFICATION BY SCATTER PROPAGATION METHODS ON 7 AND 16 GHZ. MODERN TOPICS IN MICROWAVE PROPAGATION AND AIR-SEA INTERACTION. IN: NATO ADVANCED STUDY INS. SER. C.: MATH. AND PHYS. SCIENCES, 5(1973)

AA -045

INST FORSCHUNGSSTELLE FUER EXPERIMENTELLE LANDSCHAFTSOEKOLOGIE DER UNI FREIBURG
FREIBURG, BELFORTSTR. 18-20

VORHAB **untersuchungen ueber imissionen im raum aalen-wasseralfingen**
es werden mit hilfe von konimetermessungen und messungen mit hilfe der atomabsorptionsspektrometrie sowie mit hilfe von messungen eines gravikons staeube und aerosole von immissionen im raum aalen-wasseralfingen an verkehrsreichen standorten, industriestandorten, standorten von wohngebieten, sowie an standorten von freiraeumen (freiraum feldgebiet und freiraum waldgebiet) untersucht, um direktiven fuer eine kuenftige freiraumgestaltung des verdichtungsgebietes aalen-wasseralfingen zu erhalten

S.WORT immissionsmessung + staub + blei + verdichtungsraum + freiraumplanung
AALEN-WASSERALFINGEN
PROLEI DIPL. -FORSTW. RICHARD BESCHNIDT
STAND 9.8.1976
QUELLE fragebogenerhebung sommer 1976
FINGEB MINISTERIUM FUER ERNAEHRUNG, LANDWIRTSCHAFT UND UMWELT, STUTTGART
BEGINN 1.10.1974
G.KOST 30.000 DM
LITAN ENDBERICHT

AA -046

INST GEOGRAPHISCHES INSTITUT DER UNI BOCHUM
BOCHUM -QUERENBURG, UNIVERSITAETSSTR. 150

VORHAB **witterung in naherholungsgebieten des rheinischen schiefergebirges waehrend gesundheitsgefaehrdender wetterlagen im ruhrgebiet**

S.WORT naherholung + erholungsgebiet + klima + ballungsgebiet
RHEIN-RUHR-RAUM + RHEINISCHES SCHIEFERGEBIRGE
PROLEI PROF. DR. DETLEV SCHREIBER
STAND 10.10.1976
QUELLE basis-forschungsregister nrw, august 1976

AA -047

INST GEOGRAPHISCHES INSTITUT DER UNI DES SAARLANDES
SAARBRUECKEN, UNIVERSITAET

VORHAB **flechtenkartierung**
ausarbeitung und verbesserung eines immissionswirkungs-katasters

S.WORT immissionsbelastung + kataster + (flechtenkartierung)
PROLEI THOME
STAND 1.1.1974
BEGINN ENDE 31.12.1975

AA -048

INST GEOGRAPHISCHES INSTITUT DER UNI DES SAARLANDES
SAARBRUECKEN, UNIVERSITAET

VORHAB **bioindikatoren**

S.WORT bioindikator
PROLEI PROF. DR. PAUL MUELLER
STAND 1.1.1974
FINGEB STADT VOELKLINGEN
BEGINN 1.1.1972 ENDE 31.12.1975

AA -049

INST GEOGRAPHISCHES INSTITUT DER UNI HEIDELBERG
HEIDELBERG, UNIVERSITAETSPLATZ

VORHAB **satellitenbilder**
die aufnahmen des satelliten erts-1 werden untersucht, ob sich dunst und verschmutze luft erkennen laesst; ziel: luftueberwachung vom satelliten aus

S.WORT luftueberwachung + luftbild + fliegende messtation
PROLEI PROF. DR. FRITZ FEZER
STAND 1.1.1974
FINGEB NASA
ZUSAM BUNDESANSTALT FUER BODENFORSCHUNG, 3 HANNOVER, STILLEWEG 2
BEGINN 1.2.1973 ENDE 31.7.1974
LITAN - GEOGRAP. INST. HEIDELBERG: GLASAUER MITTELEUROPA IM SATELLITENBILD
- ZWISCHENBERICHT 1974. 07

AA -050

INST GEOGRAPHISCHES INSTITUT DER UNI HEIDELBERG
HEIDELBERG, UNIVERSITAETSPLATZ

VORHAB **stadtklima mannheim**
es soll der luftaustausch bei windschwachen wetterlagen untersucht werden; von wo und wie werden die staedte mit frischluft versorgt? wie kann die belueftung verbessert, bzw. eine verschlechterung in zukunft vermieden werden? methode: terrestrische messfahrten/fesselballone/befliegung mit infrarot-sensoren: beratung von planungsaemtern, welche alternative das klima weniger schaedigt

S.WORT klima + stadt + luftmassenaustausch + (windschwache wetterlagen)
MANNHEIM + RHEIN-NECKAR-RAUM
PROLEI PROF. DR. FRITZ FEZER

STAND 1.10.1974
FINGEB - DEUTSCHE FORSCHUNGSGEMEINSCHAFT
- RAUMORDNUNGSVERBAND RHEIN-NECKAR, MANNHEIM
ZUSAM - GEOGRAPHISCHES INSTITUT 1 DER UNI FREIBURG, 78 FREIBURG, HERMANN-HERDER-STR. 11; STADTKLIMA
- REGIONALE PLANUNGSGEMEINSCHAFT UNTERMAIN, 6 FRANKFURT, ZEIL 127; STADTKLIMA
BEGINN 1.7.1972 ENDE 30.4.1975
G.KOST 40.000 DM
LITAN - FEZER; SEITZ (GEOGRAP. INST. HEIDELBERG): KLIMATOLOGIE UND REGIONALPLANUNG, TEIL I DIE BERGSTRASSE.
- ZWISCHENBERICHT 1974. 06

AA -051

INST GEOGRAPHISCHES INSTITUT DER UNI HEIDELBERG HEIDELBERG, UNIVERSITAETSPLATZ
VORHAB klima des rhein-neckar-raums
im gegensatz zum stationsnetz des deutschen wetterdienstes messen wir temperatur und wind in einzelnen regionen und in bodennaehe. waehrend der wetterdienst den einfluss der verschiedenen nutzungsflaechen zu eliminieren versucht, wollen wir gerade diesen (z. b. von wald, relief, siedlungen) erfassen, um fuer die regional- und siedlungsplanung "klimaschutzgebiete" zu bewerten. methoden: messfluege mit infrarotzeilenabtastern, messfahrten am boden, wochenweises aufstellen von konventionellen windschreibern usw.
S.WORT klima + flaechennutzung + regionalplanung + (klimaschutzgebiete)
RHEIN-NECKAR-RAUM
PROLEI PROF. DR. FRITZ FEZER
STAND 23.7.1976
QUELLE fragebogenerhebung sommer 1976
FINGEB - DEUTSCHE FORSCHUNGSGEMEINSCHAFT
- RAUMORDNUNGSVERBAND RHEIN-NECKAR, MANNHEIM
- STADT MANNHEIM
ZUSAM DFVLR, OBERPFAFFENHOFEN
BEGINN 1.5.1972 ENDE 31.12.1976
G.KOST 50.000 DM
LITAN FEZER, F.: LOKALKLIMATOLOGISCHE INTERPRETATION VON THERMALLUFTBILDERN. IN: BILDMESSUNG UND LUFTBILDWESEN. 43(4) S. 152-158(KARLSRUHE 1975)

AA -052

INST GOEPFERT, PETER, DIPL.-ING. UND REIMER, HANS, DR.-ING., VBI-BERATENDE INGENIEURE
HAMBURG 60, BRAMFELDER STR. 70
VORHAB systemfuehrung fuer die 1. ausbaustufe des lufthygienischen ueberwachungssystems niedersachsen (luen)
aufgabe: errichtung eines messnetzes zur luftueberwachung mit automatisch arbeitenden messstationen. die steuerung des messnetzes erfolgt von einer zentrale, die ueber waehlverbindung mit 3 regionalen unterzentralen verbundenation, so2 no/no2, kohlenwasserstoffe gesamt (methanfrei); ist. standardbestueckung der messstationen: staubkonzentriert teilweise: kohlenwasserstoffe (einzelkomp.), ozon, co, staubsammlung fuer elementaranalyse
S.WORT luftueberwachung + messtellennetz
NIEDERSACHSEN
PROLEI DIPL. -ING. PETER HILLEBRAND
STAND 4.8.1976
QUELLE fragebogenerhebung sommer 1976
FINGEB LAND NIEDERSACHSEN
ZUSAM FA. SIEMENS AG, ABT. EGU, RHEINBRUECKENSTR. 50, 7500 KARLSRUHE
BEGINN 1.12.1975 ENDE 31.12.1976
G.KOST 6.000.000 DM

AA -053

INST HESSISCHE LANDESANSTALT FUER UMWELT
WIESBADEN, AARSTR. 1
VORHAB die erfassung der atmosphaerischen umweltbelastung durch carcinogene, polycyclische kohlenwasserstoffe in den stark belasteten stadtregionen des rhein-main-raumes, kassels und wetzlar - giessens
die carcinogene wirkung zahlreicher polycyclischer kohlenwasserstoffe fordert eine umfassende beobachtung der konzentration dieser verbindungen in der atmosphaere. es ist beabsichtigt, erstmals eine langfristige und systematische untersuchung der atmosphaere hessischer ballungszentren auf polycyclische kohlenwasserstoffe unter lufthygienischen gesichtspunkten durchzufuehren und die ergebnisse zur loesung lufthygienischer fragestellungen (umwelthygienische sanierungsmassnahmen, epidemiologische arbeiten, transport und verweilzeitstudien, grenzwertfestlegungen) einzusetzen. gleichzeitig soll ein standardisiertes routinemessverfahren eingefuehrt werden
S.WORT luftverunreinigung + carcinogene + polyzyklische kohlenwasserstoffe + ballungsgebiet
RHEIN-MAIN-GEBIET + KASSEL + WETZLAR-GIESSEN
PROLEI DR. PETER G. LAUBEREAN
STAND 30.8.1976
QUELLE fragebogenerhebung sommer 1976
FINGEB BUNDESMINISTER FUER FORSCHUNG UND TECHNOLOGIE
ZUSAM LEHRSTUHL FUER LANDSCHAFTSOEKOLOGIE DER TH AACHEN
BEGINN 1.1.1975 ENDE 31.12.1978
G.KOST 633.000 DM

AA -054

INST HESSISCHE LANDESANSTALT FUER UMWELT
WIESBADEN, AARSTR. 1
VORHAB die erfassung der atmosphaerischen umweltbelastung durch carcinogene, polycyclische kohlenwasserstoffe in den stark belasteten stadtregionen des rhein-main-raumes, kassel und wetzlar - giessen
es ist beabsichtigt erstmals eine langfristige und systematische untersuchung der atmosphaere hessischer ballungszentren auf polycyclische kohlenwasserstoffe unter hygienischen gesichtspunkten durchzufuehren und die ergebnisse zur loesung lufthygienischer fragestellungen einzusetzen
S.WORT luftverunreinigung + stadtregion + polyzyklische kohlenwasserstoffe + carcinogene wirkung
RHEIN-MAIN-GEBIET + KASSEL + WETZLAR-GIESSEN
PROLEI DR. PETER LAUBEREAU
STAND 21.7.1976
QUELLE fragebogenerhebung sommer 1976
FINGEB BUNDESMINISTER FUER FORSCHUNG UND TECHNOLOGIE
ZUSAM LEHRSTUHL FUER LANDSCHAFTSOEKOLOGIE DER TH AACHEN, POSTFACH, 5100 AACHEN
BEGINN 1.7.1975 ENDE 31.12.1978
G.KOST 633.000 DM

AA -055

INST INSTITUT FUER ALLGEMEINE MECHANIK DER TH AACHEN
MUENSTER, TEMPLERGRABEN 64
VORHAB heterogene kondensation in feuchter luft
mit diesen untersuchungen sind wir in der lage, eine aussage ueber den mechanismus der smogbildung zu treffen. mit hilfe von streulichtmessungen soll auf die teilchengroesse geschlossen werden, die sich in einem luftstrom befinden. dabei wird dieser luftraum in einer lavalduese sehr schnell abgekuehlt. die staubpartikel im luftstrom bilden kondensationskeime, an die sich die feuchtigkeit der luft anlagert, so dass es zu einem keimwachstum kommt
S.WORT smogbildung + wasserdampf + kondensationskerne
PROLEI DIPL. -ING. RAINER CONRAD
STAND 2.8.1976
QUELLE fragebogenerhebung sommer 1976
FINGEB DEUTSCHE FORSCHUNGSGEMEINSCHAFT
BEGINN 1.1.1973 ENDE 31.12.1979
G.KOST 500.000 DM

AA -056
INST INSTITUT FUER ANGEWANDTE BOTANIK DER UNI HAMBURG
HAMBURG, MARSEILLER STRASSE 7
VORHAB **biologische testverfahren und chemische pflanzenanalyse zur beurteilung der immissionswirkung fluorhaltiger luftverunreinigungen**
ermittlung der fluorbelastung der vegetation durch standardisierte pflanzenkulturen; feststellen des ist-zustandes; pflanzen als bioindikatoren zur beurteilung von immissionssituationen; versuch der ermittlung einer beziehung zwischen fluorimmissionsangebot und fluorgehalt von pflanzen; ermittlung von emittenten
S.WORT fluor + immission + pflanzen + bioindikator
PROLEI DR. BERND SCHUERMANN
STAND 1.1.1974
ZUSAM LANDESANSTALT F. IMMISSIONS- UND BODENNUTZUNGSSCHUTZ, 43 ESSEN-BREDENEY, WALLNEYERSTR. 6
BEGINN 1.1.1971

AA -057
INST INSTITUT FUER ANGEWANDTE BOTANIK DER UNI HAMBURG
HAMBURG, MARSEILLER STRASSE 7
VORHAB **erkennung und beurteilung immissionsbedingter vegetationsschaeden mit hilfe von bioindikatoren und der chemischen pflanzenanalyse**
ermittlung von immissions- und wirkungskriterien im bereich von industriellen emittenten im sinne einer ueberwachungsfunktion. durch die anwendung standardisierter testpflanzenverfahren sollen voraussetzungen fuer eine immissionsbegrenzung gewonnen und aussagen ueber eine moegliche vegetationsgefaehrdung abgeleitet werden. abgrenzen eines immissionsgebietes
S.WORT emissionsueberwachung + industrie + schadstoffwirkung + vegetation + bioindikator
HAMBURG
PROLEI DR. BERND SCHUERMANN
STAND 30.8.1976
QUELLE fragebogenerhebung sommer 1976
BEGINN 1.5.1975 ENDE 31.10.1978
G.KOST 185.000 DM
LITAN ZWISCHENBERICHT

AA -058
INST INSTITUT FUER ATMOSPHAERISCHE UMWELTFORSCHUNG DER FRAUNHOFER-GESELLSCHAFT E.V.
GARMISCH-PARTENKIRCHEN, KREUZECKBAHNSTR.19
VORHAB **erforschung der troposphaerischen transportvorgaenge und austauschprozesse**
S.WORT troposphaere + transportprozesse + austauschprozesse
PROLEI DR. REITER
STAND 1.1.1974
FINGEB - BUNDESMINISTER FUER BILDUNG UND WISSENSCHAFT
- BUNDESMINISTER DER VERTEIDIGUNG
- STAATSMINISTERIUM FUER LANDESENTWICKLUNG UND UMWELTFRAGEN, MUENCHEN
BEGINN 1.1.1966
G.KOST 350.000 DM

AA -059
INST INSTITUT FUER ATMOSPHAERISCHE UMWELTFORSCHUNG DER FRAUNHOFER-GESELLSCHAFT E.V.
GARMISCH-PARTENKIRCHEN, KREUZECKBAHNSTR.19
VORHAB **auswirkungen der luftverunreinigungen auf das klima**
S.WORT luftverunreinigung + klimaaenderung
PROLEI DR. REITER
STAND 1.10.1974
FINGEB BUNDESMINISTER FUER BILDUNG UND WISSENSCHAFT
BEGINN 1.1.1962

AA -060
INST INSTITUT FUER ATMOSPHAERISCHE UMWELTFORSCHUNG DER FRAUNHOFER-GESELLSCHAFT E.V.
GARMISCH-PARTENKIRCHEN, KREUZECKBAHNSTR.19
VORHAB **troposphaerische aerosolforschung mittels lidar**
S.WORT troposphaere + aerosole + raman-lidar-geraet
STAND 1.1.1974
FINGEB - BUNDESMINISTER FUER FORSCHUNG UND TECHNOLOGIE
- BUNDESMINISTER DER VERTEIDIGUNG
- US ARMY
BEGINN 1.1.1973
G.KOST 300.000 DM

AA -061
INST INSTITUT FUER BIOLOGIE DER UNI TUEBINGEN
TUEBINGEN 1, AUF DER MORGENSTELLE 1
VORHAB **flechten und moose als bioindikatoren bei umweltveraenderungen (primaerproduktionsanalysen)**
grundlagen der bioindikation von kryptogamen (moosen/flechten) werden mit spezifischen methoden (vegetationsanalytisch/ experimentell-skologisch) bearbeitet; angestrebt wird die verwendung von kryptogamen als qualifizierte bioindikatoren
S.WORT bioindikator + umweltbelastung
PROLEI PROF. DR. WINKLER
STAND 1.1.1974
ZUSAM ZENTRUM FUER DATENVERARBEITUNG DER UNI TUEBINGEN, 74 TUEBINGEN, KOELLESTR. 1
BEGINN 1.6.1968
G.KOST 70.000 DM
LITAN ZULASSUNGS- DIPLOM- UND DOKTORARBEITEN BEI PROF. DR. S. WINKLER, UNIVERSITAET TUEBINGEN, INSTITUT FUER BIOLOGIE

AA -062
INST INSTITUT FUER BOTANIK DER UNI REGENSBURG
REGENSBURG, UNIVERSITAETSSTR. 31
VORHAB **flechtenkartierung im raum regensburg**
kartierung der flechten nach vorkommen, frequenz, deckung und vitalitaet im raum regensburg. erstellung einer zonenkarte vergleichbarer flechtenwuchses
S.WORT luftueberwachung + immissionsmessung + flechten + kartierung
REGENSBURG (RAUM)
PROLEI PROF. DR. ANDREAS BRESINSKY
STAND 12.8.1976
QUELLE fragebogenerhebung sommer 1976
ZUSAM STAEDTISCHES PLANUNGSAMT, 8400 REGENSBURG
BEGINN 1.1.1975 ENDE 31.7.1976
G.KOST 1.000 DM
LITAN ENDBERICHT

AA -063
INST INSTITUT FUER FLUGFUNK UND MIKROWELLEN DER DFVLR
OBERPFAFFENHOFEN, FLUGPLATZ
VORHAB **mikrowellenradiometrie des erdbodens und der atmosphaere**
mit 11, 32, 90 gigaherz radiometer-scannern werden signaturen verschiedener objekte bei verschiedenen wetterbedingungen theoretisch und experimentell untersucht
S.WORT mikrowellen + messtechnik
PROLEI DR. -ING. VOGEL
STAND 1.1.1974
FINGEB BUNDESMINISTER DER VERTEIDIGUNG
LITAN JAHRESBERICHTE DES INSTITUTS

AA -064
INST INSTITUT FUER FLUGFUNK UND MIKROWELLEN DER DFVLR
OBERPFAFFENHOFEN, FLUGPLATZ

VORHAB **infrarottechnik-radiometrie der erdoberflaeche**
mit infrarot-linescannern und infrarot-radiometern werden signaturen, insbesondere im thermischen infrarot verschiedener objekte bei unterschiedlicher tageszeit, jahreszeit und wetterbedingungen untersucht; befliegungen von meeresgebieten/kuesten/urbanen regionen/seegebieten
S.WORT luftbild + erdoberflaeche + infrarottechnik
PROLEI DR. -ING. MIOSGA
STAND 1.1.1974
FINGEB - DEUTSCHE FORSCHUNGSGEMEINSCHAFT
- BUNDESMINISTER FUER ERNAEHRUNG, LANDWIRTSCHAFT UND FORSTEN
- BUNDESMINISTER DER VERTEIDIGUNG
LITAN JAHRESBERICHT DES INSTITUTS 551 DER DFVLR

AA -065
INST INSTITUT FUER FORSTGENETIK UND FORSTPFLANZENZUECHTUNG DER BUNDESFORSCHUNGSANSTALT FUER FORST- UND HOLZWIRTSCHAFT
AHRENSBURG, SIEKER LANDSTRASSE 2
VORHAB **morphologische, physiologische und biochemische grundlagen von immissionsschaeden bei koniferen**
in industriellen ballungsgebieten, in denen der wohlfahrtswirkung des waldes besondere bedeutung zukommt, ist die erhaltung des waldes vordringliche aufgabe der forstwirtschaft. neben dem anbau rauchharter, weniger wirtschaftlicher laubbaumarten, deren immissionsschutzwirkung im wesentlichen nur waehrend der vegetationsperiode gegeben ist, ist daher die zuechtung rauchharter, wirtschaftlicherer nadelbaumarten anzustreben
S.WORT forstwirtschaft + resistenzzuechtung + immissionsschutz + ballungsgebiet
PROLEI DR. GEORG HEINRICH MELCHIOR
STAND 21.7.1976
QUELLE fragebogenerhebung sommer 1976
ZUSAM LANDESANSTALT FUER IMMISSIONS- UND BODENNUTZUNGSSCHUTZ NRW, WALLNEYER STR. 6, 4300 ESSEN-BREDENEY
BEGINN 1.9.1973
G.KOST 250.000 DM
LITAN SCHOLZ, F. , IX. INTERNATIONALE TAGUNG UEBER LUFTVERUNREINIGUNG UND FORSTWIRTSCHAFT, MARIANSKE LAZNE, CSSR, 1974: BIOCHEMISCHE UNTERSUCHUNGEN ZUR RESISTENZ VON WALDBAEUMEN GEGEN FLUORIMMISSIONEN. IN: MIN. FORST- UND WASSERWIRTSCHAFT CSSR S. 33-54(1975)

AA -066
INST INSTITUT FUER FORSTLICHE ERTRAGSKUNDE DER UNI FREIBURG
FREIBURG, BERTOLDSTR. 17
VORHAB **immissionsschutz durch wald**
unter den kronen von douglasien-, fichten- und buchenbestaenden einerseits und im freiland andererseits werden die regenmengen monatsweise gesammelt und auf schwefel/kalium/kalzium/chlor und phosphor untersucht, um die filterwirkung des waldes zu erfassen
S.WORT wald + immissionsschutz
SCHWARZWALD
PROLEI PROF. DR. GERHARD MITSCHERLICH
STAND 1.1.1974
ZUSAM AEROSOLMESSTELLE SCHALLSTADT DES UMWELTBUNDESAMTES, 1 BERLIN 33, BISMARCKPL. 1
BEGINN 1.6.1973 ENDE 31.12.1978
G.KOST 10.000 DM

AA -067
INST INSTITUT FUER GEOPHYSIK UND METEOROLOGIE DER UNI KOELN
KOELN 41, ALBERTUS-MAGNUS-PLATZ
VORHAB **messung des betrages und der mittleren temperatur des atmosphaerischen ozons oberhalb 30 km**
S.WORT atmosphaere + ozon + messung
PROLEI PROF. DR. HANS-KARL PAETZOLD
STAND 1.1.1974
FINGEB DEUTSCHE FORSCHUNGSGEMEINSCHAFT
BEGINN 1.1.1972

AA -068
INST INSTITUT FUER IMMISSIONS-, ARBEITS- UND STRAHLENSCHUTZ DER LANDESANSTALT FUER UMWELTSCHUTZ BADEN-WUERTTEMBERG
KARLSRUHE, GRIESBACHSTR. 3
VORHAB **schwefeldioxid-belastungsmessungen in 11 gebieten**
S.WORT luftverunreinigung + schwefeldioxid + messung
BADEN-WUERTTEMBERG
PROLEI DR. WERNER OBLAENDER
STAND 1.1.1974
FINGEB MINISTERIUM FUER ARBEIT, GESUNDHEIT UND SOZIALORDNUNG, STUTTGART

AA -069
INST INSTITUT FUER IMMISSIONS-, ARBEITS- UND STRAHLENSCHUTZ DER LANDESANSTALT FUER UMWELTSCHUTZ BADEN-WUERTTEMBERG
KARLSRUHE, GRIESBACHSTR. 3
VORHAB **vollautomatisches immissionsmessnetz fuer baden-wuerttemberg**
kohlenmonoxid/kohlendioxid/stickoxide/staub/kohlenwasserstoffe/schwefeldioxid/ozon; fernuebertragung auf zentrale prozessrecheneinheiten zur steuerung der messanlagen und datenverarbeitung
S.WORT immission + messtellennetz
BADEN-WUERTTEMBERG
PROLEI DIPL. -PHYS. WOLFRAM MORGENSTERN
STAND 1.1.1974
FINGEB LAND BADEN-WUERTTEMBERG
BEGINN 1.1.1974 ENDE 31.12.1977
G.KOST 4.000.000 DM
LITAN ZWISCHENBERICHT 1974. 05

AA -070
INST INSTITUT FUER LANDESKULTUR UND PFLANZENOEKOLOGIE DER UNI HOHENHEIM
STUTTGART 70, SCHLOSS 1
VORHAB **biologisch-oekologische indikation von umweltschaeden und deren kartographische erfassung**
kartierung der flechtenvegetation und ihres zustandes (bonitierung) und parallel oekophysiologische messungen von einzelreaktionen im labor (transplantate): enzyme, photosynthese, fluoreszenz
S.WORT bioindikator + kartierung + flechten
NECKAR (MITTLERER NECKAR-RAUM) + STUTTGART
PROLEI PROF. DR. KARLHEINZ KREEB
STAND 1.10.1974
FINGEB - STADT STUTTGART
- STADT ESSLINGEN
G.KOST 70.000 DM

AA -071
INST INSTITUT FUER LANDESKULTUR UND PFLANZENOEKOLOGIE DER UNI HOHENHEIM
STUTTGART 70, SCHLOSS 1
VORHAB **messtechnische kontrolle von umweltschadensfaktoren**
messtechnische kontrolle von umweltfaktoren zur ergaenzung und interpretation der bei der flechtenkartierung 1972/73 festgestellten schaedigungszonen
S.WORT luftverunreinigung + bioindikator + flechten + kartierung
PROLEI PROF. DR. KARLHEINZ KREEB
STAND 1.10.1974
FINGEB STADT ESSLINGEN
BEGINN 1.3.1974
G.KOST 20.000 DM
LITAN - KREEB; U. A.:BIOLOGISCH OEKOLOGISCHE INDIKATIONEN DER UMWELTBELASTUNG IM RAUM STUTTGART-ESSLINGEN. HOHENHEIMER ARBEIT 74(1973)
- ZWISCHENBERICHT 1974. 10

AA -072

INST INSTITUT FUER LANDESKULTUR UND PFLANZENOEKOLOGIE DER UNI HOHENHEIM STUTTGART 70, SCHLOSS 1

VORHAB **photosyntheseleistung von flechten als mass der immissionsbelastung der luft**
untersuchungen zur eignung von photosynthesemessungen (unor) an flechtenexplanaten als nichtdestruktive, objektive methode zur frueherkennung von immissionsschaeden. entwicklung einer neuen methode der flechtenexplantation in perlongazenetzchen und festlegen eines schadindexes. versuch, durch geeignete ausbringung von mess- und vergleichsproben kleinklimatisch und immissionsbedingte schaedigungen getrennt zu erfassen

S.WORT luftueberwachung + immissionsmessung + phytoindikator + flechten
PROLEI PROF. DR. KARLHEINZ KREEB
STAND 23.7.1976
QUELLE fragebogenerhebung sommer 1976
FINGEB UMWELTBUNDESAMT
BEGINN 1.10.1975 ENDE 31.3.1976
G.KOST 8.000 DM
LITAN ZWISCHENBERICHT

AA -073

INST INSTITUT FUER LANDESKULTUR UND PFLANZENOEKOLOGIE DER UNI HOHENHEIM STUTTGART 70, SCHLOSS 1

VORHAB **beeinflussung der photosynthese hoeherer pflanzen durch immissionsbelastung im raum stuttgart**
die verwendung von im freiland erhobenen photosynthesewerten zur katastermaessigen erfassung von luftverunreinigungen wird untersucht. eingetopfte, 3 - 4 jahre alte pflanzen mehrerer waldbaumarten sind an 4, verschiedener immissionsbelastung ausgesetzten standorten im raum stuttgart ausgebracht worden. mit einem co2-analysator wird die photosynthese am standort gemessen. gleichzeitig werden nox und so2 sowie staub bestimmt

S.WORT luftueberwachung + immissionsmessung + phytoindikator + (photosynthese) STUTTGART (RAUM)
PROLEI PROF. DR. KARLHEINZ KREEB
STAND 23.7.1976
QUELLE fragebogenerhebung sommer 1976
FINGEB UMWELTBUNDESAMT
BEGINN 1.1.1975
G.KOST 98.000 DM
LITAN ZWISCHENBERICHT

AA -074

INST INSTITUT FUER LANDESKULTUR UND PFLANZENOEKOLOGIE DER UNI HOHENHEIM STUTTGART 70, SCHLOSS 1

VORHAB **immissionsschadensindikation mit hilfe von flechten**
ziel der arbeiten war die erfassung der flechtenvegetation im hinblick auf luftverunreinigung und flechten als bioindikator in einigen ausgewaehlten regionen des grossraumes mittlerer neckar. jede arbeit beinhaltet eine kartographische darstellung, aus der deutlich der einfluss der luftverschmutzung auf das flechtenwachstum hervorgeht. es liessen sich so verschiedene zonen von luftqualitaeten unterscheiden

S.WORT luftueberwachung + immissionsmessung + phytoindikator + flechten NECKAR (MITTLERER NECKAR-RAUM) + STUTTGART
PROLEI PROF. DR. KARLHEINZ KREEB
STAND 23.7.1976
QUELLE fragebogenerhebung sommer 1976
FINGEB MINISTERIUM FUER ERNAEHRUNG, LANDWIRTSCHAFT UND UMWELT, STUTTGART
BEGINN 1.12.1970 ENDE 30.6.1974
G.KOST 29.000 DM
LITAN - EHMKE, W.;HAMMEL, E.;KREEB, K.: OEKOLOGISCHE ANALYSE DES FLECHTENBEWUCHSES AN OBSTBAEUMEN ALS GRUNDLAGE FUER DIE STADTPLANUNG IN WAIBLINGEN. IN: VERHANDLUNGEN DER GESELLSCH. F. OEKOLOGIE S. 405-411 SAARBRUECKEN(1973)
- DJALALI, B. (HOHENHEIM), DISSERTATION: FLECHTENKARTIERUNG UND TRANSPLANTATE ALS INDIKATION DER LUFTVERUNREINIGUNG IM BALLUNGSRAUM STUTTGART. (1974)
- ENDBERICHT

AA -075

INST INSTITUT FUER LANDESKULTUR UND PFLANZENOEKOLOGIE DER UNI HOHENHEIM STUTTGART 70, SCHLOSS 1

VORHAB **indikation von immissionswirkungen durch messung von enzymaktivitaeten und chlorophyllgehalt bei flechten und hoeheren pflanzen**
verschiedene enzyme werden auf ihre eignung als indikatorenzyme im laborversuch getestet. im industriegebiet von stuttgart werden testpflanzen in expositionskammern den immissionen fuer jeweils 4 wochen ausgesetzt. die aenderung der enzymaktivitaeten und des chlorophyllgehaltes gibt einen hinweis auf die immissionsbelastung

S.WORT luftueberwachung + immissionsmessung + phytoindikator + (enzymaktivitaet)
PROLEI PROF. DR. KARLHEINZ KREEB
STAND 23.7.1976
QUELLE fragebogenerhebung sommer 1976
BEGINN 1.1.1973
G.KOST 121.000 DM
LITAN - SCHMID, M. -L.;KREEB, K.: ENZYMATISCHE INDIKATION GASGESCHAEDIGTER FLECHTEN. IN: ANGEW. BOT. 49 S. 141-154(1975)
- RABE, R.;KREEB, K.: EINE METHODE ZUR LABORBEGASUNG VON TESTPFLANZEN MIT SCHWEFELDIOXID UND IHRE ANWENDUNG BEI UNTERSUCHUNGEN ZUR ENZYMAKTIVITAET. IN: ANGEW. BOT. 50 (1976)

AA -076

INST INSTITUT FUER LANDESKULTUR UND PFLANZENOEKOLOGIE DER UNI HOHENHEIM STUTTGART 70, SCHLOSS 1

VORHAB **indikation von immissionsschaeden an flechten durch uv-fluoreszenzmikroskopie**
ziel: erkennung von immissionsschaeden an flechten. es werden flechten teils im begasungslabor, teils langfristig im freiland den immissionen ausgesetzt. durch die flechtenthalli werden duennschnitte angefertigt und die qualitaet der fluoreszenz der gonidien abgeschaetzt. die statistische auswertung ergibt eine graduelle abstufung der schaedigung entsprechend der unterschiedlichen belastung

S.WORT luftueberwachung + immissionsmessung + phytoindikator + flechten + (uv-fluoreszenzmikroskopie)
PROLEI PROF. DR. KARLHEINZ KREEB
STAND 23.7.1976
QUELLE fragebogenerhebung sommer 1976
BEGINN 1.9.1974 ENDE 31.12.1975
G.KOST 16.000 DM
LITAN ARNOLD, M.: FLUORESZENZMIKROSKOPISCHER NACHWEIS VON IMMISSIONSSCHAEDEN AN FLECHTEN

AA -077

INST INSTITUT FUER LANDESKULTUR UND PFLANZENOEKOLOGIE DER UNI HOHENHEIM STUTTGART 70, SCHLOSS 1

VORHAB **natuerliche standortbedingungen des epiphytischen flechtenvorkommens, kausal- und wechselbeziehungen. veraenderung der flechtenvegetation durch immission**
korrelierend mit der flechtenbestandsaufnahme an ausgewaehlten epiphytenstandorten unbelasteter gebiete werden experimentell-oekologische untersuchungen zur klaerung natuerlicher standortsbedingungen fuer das natuerliche flechtenvorkommen durchgefuehrt. hierzu dienen mikroklimamessungen, substratanalysen, wasser- und strahlungshaushaltsmessungen sowie rein qualitativ erfassbare standortvoraussetzungen
S.WORT luftueberwachung + immissionsmessung + phytoindikator + flechten + (natuerliche standortsbedingungen)
PROLEI PROF. DR. KARLHEINZ KREEB
STAND 23.7.1976
QUELLE fragebogenerhebung sommer 1976
BEGINN 1.4.1975 ENDE 31.12.1977
G.KOST 54.000 DM

AA -078

INST INSTITUT FUER LANDESKULTUR UND PFLANZENOEKOLOGIE DER UNI HOHENHEIM
STUTTGART 70, SCHLOSS 1
VORHAB **jahreszeitliche veraenderungen der immissionskonzentration in esslingen**
ziel der arbeit ist eine katastermaessige und zeitliche darstellung von immissionen im stadtgebiet esslingen. ein vergleich mit einer vorliegenden flechtenkartierung (verbreitung, enzymaktivitaet der sauren phosphatase) sollte den einfluss auf den flechtenwuchs belegen. an 23 messstellen werden die konzentrationen der immissionen so2, staub, no+no2 mit einer mobilen messapparatur erfasst. meteorologische faktoren werden an einer station registriert
S.WORT immissionsmessung + kartierung + bioindikator ESSLINGEN + STUTTGART
PROLEI PROF. DR. KARLHEINZ KREEB
STAND 23.7.1976
QUELLE fragebogenerhebung sommer 1976
FINGEB STADT ESSLINGEN
BEGINN 1.6.1975
G.KOST 138.000 DM
LITAN - BAUER, E.: ZUR OEKOLOGISCH-PHYSIOLOGISCHEN INDIKATION VON IMMISSIONSSCHAEDEN IM STADTGEBIET VON ESSLINGEN
- SIMGEN, D.: AUFBAU EINER MOBILEN MESSTATION ZUR ERFASSUNG EINIGER FUER DIE LUFTVERUNREINIGUNG OEKOLOGISCH RELEVANTER FAKTOREN IM STADTGEBIET VON ESSLINGEN

AA -079

INST INSTITUT FUER LANDESKULTUR UND PFLANZENOEKOLOGIE DER UNI HOHENHEIM
STUTTGART 70, SCHLOSS 1
VORHAB **untersuchungen zur oekologisch-physiologischen indikation der umweltbelastung**
modelluntersuchungen ueber ausmass, art und wirkung luftverunreinigender stoffe in ausgewaehlten gebieten. feststellung der gegenwaertigen belastung und der bedeutung des zusammenwirkens einzelner parameter (z. b. meteorologisch-klimatische faktoren, art der anlage eines messtellennetzes, emissionskataster, bebauung und industrielle entwicklung, oekologische situation, epidemiologische faktoren). erstellung eines wirkungskatasters ueber biologisch-oekologische indikation. bestimmung von enzymaktivitaeten nach so2-begasung. ermittlung der veraenderungen des chlorophyllgehaltes nach schadstoffeinwirkung. ziele des vorhabens sind, physiologische veraenderungen der pflanzen bereits vor dem erscheinen aeusserlich feststellbarer veraenderungen zu erfassen und eine ueberpruuefung des zusammenhanges zwischen luftverschmutzung und wasserhaushalt der pflanzen
S.WORT luftverunreinigende stoffe + schadstoffbelastung + frueherkennung
STAND 15.11.1975
BEGINN 25.1.1974 ENDE 31.12.1977
G.KOST 374.000 DM

AA -080

INST INSTITUT FUER MEERESKUNDE AN DER UNI KIEL
KIEL, NIEMANNSWEG 11
VORHAB **divergenz des atmosphaerischen feuchteflusses ueber der ostsee zur bestimmung der differenz von verdunstung und niederschlag**
S.WORT atmosphaere + wasserverdunstung + niederschlag OSTSEE
PROLEI PROF. DR. FRIEDRICH DEFANT
STAND 1.1.1974
FINGEB DEUTSCHE FORSCHUNGSGEMEINSCHAFT

AA -081

INST INSTITUT FUER METEOROLOGIE DER FORSTLICHEN FORSCHUNGSANSTALT
MUENCHEN 40, AMALIENSTR. 52
VORHAB **klimatische funktionen der waelder**
quantifizierung der klimatischen und hygienischen funktionen der waelder fuer die waldfunktionsplanung; aerologie und chemie der waldluft
S.WORT wald + klima + luftqualitaet
PROLEI PROF. DR. ALBERT BAUMGARTNER
STAND 1.1.1974
QUELLE erhebung 1975
FINGEB FORSTLICHE FORSCHUNGSANSTALT, INSTITUT FUER METEOROLOGIE, MUENCHEN
BEGINN 1.1.1974 ENDE 31.12.1976
G.KOST 55.000 DM
LITAN BAUMGARTNER, A.: WALD ALS UMWELTFAKTOR IN DER GRENZSCHICHT ERDE/ATMOSPHAERE. MUENCHEN: METEOR. GES. S. 47-70(1973)

AA -082

INST INSTITUT FUER METEOROLOGIE DER TH DARMSTADT
DARMSTADT, HOCHSCHULSTR. 1
VORHAB **aufstellung eines rechenprogramms zur bestimmung der schornsteinmindesthoehen**
es muessen verfahren zur erkennung und vorhersage austauscharmer wetterlagen (para. 49 bimschg, nr. 2. 2 ta luft) ermittelt, verfahren und programmiertechniken zur berechnung der ausbreitung von schadstoffen als grundlage fuer luftreinhalteplaene (para. 47 bimschg), zur festlegung von schornsteinmindesthoehen (para. 48 bimschg, nr. 2. 6 ta luft) und fuer planungen (para. 50 bimschg) erarbeitet und standardisiert werden. die auswirkungen zunehmender luftverunreinigungen auf das klima sind vornehmlich in internationaler zusammenarbeit vorsorglich festzustellen und laufend zu kontrollieren
S.WORT immissionsminderung + schornstein
PROLEI PROF. DR. G. MANIER
STAND 1.1.1975
QUELLE umweltforschungsplan 1975 des bmi
FINGEB BUNDESMINISTER DES INNERN
BEGINN 1.2.1975 ENDE 31.5.1975
G.KOST 6.000 DM

AA -083

INST INSTITUT FUER METEOROLOGIE DER UNI MAINZ
MAINZ, ANSELM-F. V. BENTZEL-WEG 12
VORHAB **bestimmung des polarisationsgrades der himmelsstrahlung waehrend der daemmerung zur untersuchung hochatmosphaerischen dunstes**
S.WORT atmosphaere + luftqualitaet + untersuchungsmethoden + (von hochatmosphaerischem dunst)
PROLEI PROF. DR. KURT BULLRICH
STAND 1.1.1974
FINGEB DEUTSCHE FORSCHUNGSGEMEINSCHAFT
BEGINN 1.1.1972

AA -084

INST INSTITUT FUER METEOROLOGIE UND GEOPHYSIK DER UNI FRANKFURT
FRANKFURT, FELDBERGSTR. 47

VORHAB **pilotstation rhein-main/frankfurt**
weiterentwicklung der emissions- und immissionsmesstechnik und der ueberwachungs- und kontrollverfahren; die bundesregierung strebt eine umfassende kontrolle der emissionen und immissionen an, um umweltschaeden fruehzeitig zu erkennen und zu verhindern
S.WORT immissionsueberwachung + messtechnik
FRANKFURT + RHEIN-MAIN-GEBIET
STAND 1.1.1974
QUELLE umweltforschungsplan 1974 des bmi
FINGEB BUNDESMINISTER DES INNERN
BEGINN 1.1.1971 ENDE 31.12.1974
G.KOST 2.874.000 DM

AA -085
INST INSTITUT FUER METEOROLOGIE UND KLIMATOLOGIE DER TU HANNOVER
HANNOVER 21, HERRENHAEUSERSTR. 2
VORHAB **meteorologie der atmosphaerischen grenzschicht innerhalb eines geschlossenen waldbestandes**
S.WORT meteorologie + atmosphaere + wald
PROLEI DR. FRITZ WILMERS
STAND 1.1.1974
QUELLE erhebung 1975
FINGEB DEUTSCHE FORSCHUNGSGEMEINSCHAFT
BEGINN 1.1.1972 ENDE 31.12.1974
G.KOST 120.000 DM

AA -086
INST INSTITUT FUER OEKOLOGIE DER TU BERLIN
BERLIN 41, ROTHENBURGSTR. 12
VORHAB **staedtische bioklimatologie**
S.WORT bioklimatologie + stadtgebiet
BERLIN
PROLEI ZACHARIAS
STAND 1.1.1974
BEGINN 1.1.1965

AA -087
INST INSTITUT FUER OEKOLOGIE UND NATURSCHUTZ DER LANDESANSTALT FUER UMWELTSCHUTZ BADEN-WUERTTEMBERG
KARLSRUHE 1, BANNWALDALLEE 32
VORHAB **exponierung von tabakpflanzen als bioindikatoren**
S.WORT luftverunreinigung + bioindikator + (tabakpflanze)
PROLEI DIPL. -BIOL. WOLFGANG EHMKE
STAND 21.7.1976
QUELLE fragebogenerhebung sommer 1976
ZUSAM LANDESANSTALT FUER TABAKBAU UND -FORSCHUNG, 7500 KARLSRUHE/FORCHHEIM

AA -088
INST INSTITUT FUER OEKOLOGIE UND NATURSCHUTZ DER LANDESANSTALT FUER UMWELTSCHUTZ BADEN-WUERTTEMBERG
KARLSRUHE 1, BANNWALDALLEE 32
VORHAB **kartierung epiphytischer flechten als bioindikatoren von luftverunreinigung**
S.WORT luftverunreinigung + bioindikator + flechten
BADEN-WUERTTEMBERG
PROLEI DIPL. -BIOL. WOLFGANG EHMKE
STAND 21.7.1976
QUELLE fragebogenerhebung sommer 1976
ZUSAM - LANDESSAMMLUNG FUER NATURKUNDE, 7500 KARLSRUHE
- STAATL. MUSEUM, 7000 STUTTGART
LITAN KUNZE, M. (LANDESANSTALT FUER UMWELTSCHUTZ BADEN-WUERTTEMBERG, INST. F. OEKOLOGIE UND NATURSCHUTZ): FLECHTEN ALS INDIKATOREN VON LUFTVERUNREINIGUNGEN. IN: BEIHEFTE ZU DEN VEROEFFENTLICHUNGEN FUER NATURSCHUTZ UND LANDSCHAFTSPFLEGE IN B. -W. (5)(1974)

AA -089
INST INSTITUT FUER PFLANZENOEKOLOGIE / FB 15 DER UNI GIESSEN
GIESSEN, SENCKENBERGSTR. 17-21
VORHAB **emittentenbezogene flechtenkartierung**
suche nach immissionsspezifischen flechten. dazu untersuchungen an isolierten emittenten mit nur einer schadstoffkomponente. kartierungen von flechten
S.WORT immissionsbelastung + kartierung + bioindikator + flechten
PROLEI PROF. DR. STEUBING
STAND 6.8.1976
QUELLE fragebogenerhebung sommer 1976
BEGINN 1.1.1971 ENDE 31.12.1974

AA -090
INST INSTITUT FUER PFLANZENOEKOLOGIE / FB 15 DER UNI GIESSEN
GIESSEN, SENCKENBERGSTR. 17-21
VORHAB **biologische untersuchungen zur stadtplanung in raunheim**
1. feststellung der immissionstypen und -konzentrationen im ug mit hilfe von bioindikatoren (tabak: ozon, pan, gladiolen: hf, luzerne, fichten: so2, weidelgras: s-, hf - akkumulation) methoden: exposition unter standardisierten bedingungen, bewertung der schaedigungen; chemische analysen des pflanzenmaterials. 2. anpflanzung stadtgeeigneter gruenanlagen (immissionsresistenz, laermschutz, salzempfindlichkeit, sichtschutz)
S.WORT gruenflaechen + immissionsschutz + stadtgebiet
RAUNHEIM + OBERRHEIN
PROLEI STAUBING
STAND 6.8.1976
QUELLE fragebogenerhebung sommer 1976
ZUSAM - FLUGWETTERWARTE, FRANKFURT/M.
- HESSISCHE LANDESANSTALT FUER UMWELT, WIESBADEN
BEGINN 1.1.1975 ENDE 31.12.1976

AA -091
INST INSTITUT FUER PHYSIK DER ATMOSPHAERE DER DFVLR
OBERPFAFFENHOFEN, MUENCHENER STRASSE
VORHAB **untersuchungen zur steigerung der messgenauigkeit meteorologischer parameter**
ziel: verbesserung der meteoritischen messtechnik, insbesondere der radiosondenmesstechnik, sowie der temperatur-, druck- und feuchtemessung zur durchfuehrung von feinstrukturuntersuchungen, die zur erforschung der vorgaenge in der planetarischen grenzschicht dienen sollen
S.WORT meteorologie + messtechnik
PROLEI DR. ING. BARTHELT
STAND 1.10.1974
FINGEB - BUNDESMINISTER FUER FORSCHUNG UND TECHNOLOGIE
- BUNDESMINISTER DER VERTEIDIGUNG
ZUSAM DEUTSCHER WETTERDIENST-ZENTRALAMT, 605 OFFENBACH, FRANKFURTER STR. 135
BEGINN 1.3.1954
LITAN - GLAGE; REINHARDT: HERSTELLUNG U. UNTERSUCHUNG VON ALUMINIUMOXID-FEUCHTE-MESSFUEHLERN. DFVLR 7B 040-72/3
- BARHELT, H. D. U. A.: LEISTUNGSFAEHIGER KLEINSENDER FUER 403MHZ. IN: FUNKSCHAU 41 S. 516
- ZWISCHENBERICHT 1974. 12

AA -092
INST INSTITUT FUER PHYSIK DER ATMOSPHAERE DER DFVLR
OBERPFAFFENHOFEN, MUENCHENER STRASSE
VORHAB **meteorologische instrumentierung von messflugzeugen, flugerprobung der systeme und flugmeteorologische messungen fuer umweltbezogene aufgaben**
zielsetzung: meteorologisches forschungsflugzeug; anwendungsmoeglichkeit: ueberwachung der biosphaere; ermittlung von klein- und grossraeumigen messdaten; meteorologische cross-sections
S.WORT biosphaere + flugzeug + ueberwachung
PROLEI DR. REINHARDT

STAND 1.10.1974
FINGEB - BUNDESMINISTER FUER FORSCHUNG UND TECHNOLOGIE
- BUNDESMINISTER FUER VERKEHR
- BUNDESMINISTER DER VERTEIDIGUNG
ZUSAM DEUTSCHER WETTERDIENST-ZENTRALAMT, 605 OFFENBACH, FRANKFURTER STR. 135
BEGINN 1.1.1971
LITAN - TRENKEE, F.;REINHARDT, M.: AGARD FLIGHT TEST INSTRUMENTATION SERIES 2(FEB 1973)
- MUELLER, H. G.;REINHARDT, M.: ZUR BESTIMMUNG ATMOSPHAERISCHER PARAMETER BEI FLUGZEUGMESSUNGEN. DFVLR (1966)
- REINHARDT, M.;SCHATT, F.: FORSCHUNGSFLUGZ. FUER WISSENSCH. EXPERIMENTE. DFVLR (1972)

AA -093

INST INSTITUT FUER PHYSIK DER ATMOSPHAERE DER DFVLR
OBERPFAFFENHOFEN, MUENCHENER STRASSE
VORHAB **untersuchung der sichtbaren strahlungsstroeme in der freien atmosphaere**
messung des vertikalen verlaufs der kurzwelligen strahlungsflussdivergenzen in der atmosphaere mit radiosonden; feststellung des einflusses von aerosolschichten darauf
S.WORT atmosphaere + aerosole + strahlung
PROLEI DR. QUECK
STAND 1.10.1974
FINGEB DEUTSCHE FORSCHUNGSGEMEINSCHAFT
BEGINN 1.1.1966 ENDE 31.12.1978
LITAN - QUECK, H.: CHARAKTERISIERUNG DES TRUEBUNGSZUSTANDES DER ATMOSPHAERE AUS MESSUNGEN DES VERTIKALPROFILES DER SOLAREN STRAHLUNGSINTENSITAET IM SICHTBAREN SPEKTRALGEBIET. IN: ANN. D. METEOR. , NEUE FOLGE 6 S. 315-
- QUECK, H.;LEHNER, M.: MESSUNG KURZWELLIGER STRAHLUNGSSTROEME IN DER FREIEN ATMOSPHAERE MITTELS 4-KANAL-RADIOSONDE UND AUTOMATISCHE AUFBEREITUNG DER ERGEBNISSE. IN: DLR-MITTEILUNGEN 73-13; 65 S.

AA -094

INST INSTITUT FUER PHYSIK DER ATMOSPHAERE DER DFVLR
OBERPFAFFENHOFEN, MUENCHENER STRASSE
VORHAB **erfassung von aerosol- und wolkentroepfchenparametern mittels holografischer methoden**
messverfahren zur untersuchung der struktur und von vorgaengen in wolken, auch in kuenstlichen wolken von kuehltuermen von kraftwerken
S.WORT aerologische messung + aerosolmesstechnik + kuehlturm + (wolkenuntersuchung)
PROLEI DR. PAFFRATH
STAND 1.10.1974
FINGEB DEUTSCHE FORSCHUNGS- UND VERSUCHSANSTALT FUER LUFT- UND RAUMFAHRT
BEGINN 1.1.1972 ENDE 31.12.1975
LITAN - PETERS, W.: EINGE MOEGLICHKEITEN ZUR UNTERSUCHUNG VON TROEPFCHENGROESSEN MITTELS LASERSTRAHLUNG. DFVLR BER. IB 553-73/4 - ZWISCHENBERICHT 1975. 03

AA -095

INST INSTITUT FUER PHYSIK DER UNI HOHENHEIM
STUTTGART 70, GARBENSTR. 30
VORHAB **der gehalt des bodennahen aerosols an folgeprodukten von radon und thoron**
radon- und thoronfolgeprodukte werden als tracersubstanzen herangezogen, um aussagen ueber verweildauer und verfrachtung von aerosolen machen zu koennen. fuer kleinraeumige untersuchungen sind besonders die kurzlebigen nuklide rab und thb, zur erfassung grossraeumiger prozesse rae und raf geeignet. die korrelation der aktivitaetswerte mit meteorologischen daten und dem gehalt der bodennahen luft an anderen bestandteilen wird untersucht
S.WORT luftueberwachung + aerosolmesstechnik + tracer
PROLEI DR. HERMANN SCHREIBER
STAND 29.7.1976
QUELLE fragebogenerhebung sommer 1976
FINGEB KULTUSMINISTERIUM, STUTTGART
BEGINN 1.1.1973
LITAN - SCHREIBER, H.;WOERNER, F.: BEITRAG ZU BESTIMMUNG DER MITTLEREN VERWEILDAUER VON NATUERLICHEN AEROSOLEN. IN: ARCH. MET. GEOPH. BIOKL. A18 S. 75(1969) UND A19 S. 383(1973)
- SCHREIBER, H.;SCHREIBER, D.;WOERNER, F.: DER EINFLUSS AEROLOGISCHER GROESSEN AUF DIE LANGLEBIGE RADIOAKTIVITAET DER BODENNAHEN LUFT. IN: MET. RUNDSCHAU 6 S. 171(1971)

AA -096

INST INSTITUT FUER PHYSIKALISCHE CHEMIE DER UNI BONN
BONN, WEGELERSTR. 12
VORHAB **messung der von veraenderungen der ozonschicht stark abhaengigen kurzwelligen sonnenstrahlung**
ausarbeitung eines verfahrens zur messung der natuerlichen ozonphotolyserate unter 315 nm, die als besonders empfindlicher indikator fuer veraenderungen der ozonschicht durch fluorchlorkohlenwasserstoffe dienen kann. die messgroesse ist der erythem-wirksamkeit der uv-strahlung proportional. anwendung des verfahrens zur intensitaetsmessung in bodennaehe. die ergebnisse werden fuer die bestimmung biologischer wirkungen mittels simulierter kurzwelliger sonnenstrahlung benoetigt. systematische intensitaetsmessungen zur erfassung der jahreszeitlichen abhaengigkeiten der uv-strahlung. vergleich der gemessenen intensitaets-schwankungsbreite mit modellrechnungen, die eine zunahme des uv-sonnenlichtes durch das eindringen von fluorchlorkohlenwasserstoffen in die straatosphaere ergeben
S.WORT atmosphaere + stratosphaere + fluorchlorkohlenwasserstoffe + uv-strahlen + biologische wirkungen
PROLEI DR. ULRICH SCHURATH
STAND 10.9.1976
QUELLE fragebogenerhebung sommer 1976
FINGEB BUNDESMINISTER FUER FORSCHUNG UND TECHNOLOGIE
ZUSAM HYGIENE-INSTITUT DER UNI BONN, 5300 BONN-VENUSBERG
BEGINN 1.9.1976 ENDE 31.12.1978
G.KOST 248.000 DM

AA -097

INST INSTITUT FUER UMWELTFORSCHUNG E.V.
VILLINGEN-SCHWENNINGEN, GERBERSTR. 27
VORHAB **entwicklung von methoden fuer die aufstellung von umweltbelastungs- und immissionsschutzplaenen**
ziel: methodischer ansatz zu einem planungsinstrument der immissionsschutzplanung im staedtischen und regionalen bereich
S.WORT immissionsschutzplanung + regionalplanung + umweltbelastung
VILLINGEN-SCHWENNINGEN
PROLEI DR. -ING. ROSENKRANZ
STAND 1.1.1974
FINGEB FORSCHUNGSGEMEINSCHAFT BAUEN UND WOHNEN, STUTTGART
BEGINN 1.1.1973 ENDE 30.6.1974

AA -098

INST INSTITUT FUER UMWELTPHYSIK DER UNI HEIDELBERG
HEIDELBERG, IM NEUENHEIMER FELD 366
VORHAB **anthropogene einfluesse auf das atmosphaerische co2**
die ueberhoehung des natuerlichen atmosphaerischen co2-pegels durch zufuhr fossilen verbrennungs-co2 laesst sich mit hilfe der unterschiedlichen isotopischen markierung (vor allem bezueglich des kohlenstoff-13) erfassen. bei einer mittelwertbildung ueber eine woche sind absolute konzentrationsangaben von besser plus/minus 1 ppm moeglich; die jahreszeitlichen schwankungen der reinluftkonzentration werden dabei

beruecksichtigt. das verfahren soll ausgeweitet werden a) auf parallel durchgefuehrte so2-messungen und b) auf die untersuchung des kohlenstoff-14 pegels in unmittelbarer umgebung von kernkraftwerken. methode: chemische absorption des luft-co2 mit anschliessender massenspektrometrischer untersuchung, bzw. aktivitaetsmessung
S.WORT luftchemie + atmosphaere + kohlendioxid + anthropogener einfluss
PROLEI PROF. DR. KARL-OTTO MUENNICH
STAND 13.8.1976
QUELLE fragebogenerhebung sommer 1976
ZUSAM - UMWELTBUNDESAMT, AUSSENSTELLE SCHAUINSLAND, FREIBURG
- HEIDELBERGER AKADEMIE DER WISSENSCHAFTEN, KARLSTR. 4, 6900 HEIDELBERG
BEGINN 1.1.1976
G.KOST 25.000 DM
LITAN ESSER, N. (UNI HEIDELBERG), DIPLOMARBEIT: MESSUNG DER ABSOLUTEN KONZENTRATION UND DES 13C-GEHALTES VON ATMOSPHAERISCHEM CO2. (1975)

AA -099
INST INSTITUT FUER UMWELTPHYSIK DER UNI HEIDELBERG
HEIDELBERG, IM NEUENHEIMER FELD 366
VORHAB **tritium, kohlenstoff-14 und krypton-85 in verschiedenen atmosphaerischen gasen**
nach langjaehrigen messungen der radioaktivitaet des atmosphaerischen krypton, co2 und wasserdampfs sollen jetzt organische bestandteile mit untersucht werden. beim c-14 gehalt des atmosphaerischen methan ist moeglicherweise der einfluss von kernkraftwerken nachweisbar; infolge der zunehmenden verwendung von tritium in der biologischen und medizinischen forschung wurden lokale ueberhoehungen der tritium-konzentration bereits gemessen. methode: probennahme teils im zuge der luftverfluessigung (methan, krypton), teils durch chemische absorption nach verbrennung. aktivitaetsmessung im fluessigkeitsszintillationsspektrometer
S.WORT luftchemie + atmosphaere + radioaktive spurenstoffe + anthropogener einfluss
PROLEI PROF. DR. KARL-OTTO MUENNICH
STAND 13.8.1976
QUELLE fragebogenerhebung sommer 1976
ZUSAM HEIDELBERGER AKADEMIE DER WISSENSCHAFTEN, KARLSTR. 4, 6900 HEIDELBERG
BEGINN 1.1.1975
G.KOST 5.000 DM
LITAN RUDOLPH, J.;WEISS, W.: EIN EMPFINDLICHES VERFAHREN ZUR KONTINUIERLICHEN UEBERWACHUNG VON KOHLENSTOFF-14 UND TRITIUM IN DER LUFT (IM DRUCK)

AA -100
INST INSTITUT FUER UMWELTPHYSIK DER UNI HEIDELBERG
HEIDELBERG, IM NEUENHEIMER FELD 366
VORHAB **schwefelverbindungen in der atmosphaere**
dieses projekt umfasst zum einen untersuchungen zur verweilzeit des so2 in der atmosphaere, zum anderen die messung sehr niedriger so2 und h2s konzentrationen. zur bestimmung des ausscheidungsgrades des so2 am boden wurden vertikalprofile (parallel zu feuchte und windprofilen) an einem meteorologischen turm aufgenommen; zur untersuchung der oxidationsgeschwindigkeit wurde die schwefel-38 aktivitaet (halbwertszeit 4 h, produktion durch hoehenstrahlung) im so2 und sulfat gemessen
S.WORT luftchemie + atmosphaere + schwefelverbindungen
PROLEI DR. WALTER ROEDEL
STAND 13.8.1976
QUELLE fragebogenerhebung sommer 1976
ZUSAM - INST. F. ATMOSPHAERISCHE CHEMIE DER KERNFORSCHUNGSANLAGE JUELICH, 5170 JUELICH 1
- HEIDELBERGER AKADEMIE DER WISSENSCHAFTEN, KARLSTR. 4, 6900 HEIDELBERG
BEGINN 1.4.1975
G.KOST 40.000 DM
LITAN JUNKERMANN, W. (UNI HEIDELBERG), DIPLOMARBEIT: EINE METHODE ZUR MESSUNG DES ATMOSPHAERISCHEN SCHWEFEL-38 IN DER GASPHASE. (1976)

AA -101
INST INSTITUT FUER UMWELTPHYSIK DER UNI HEIDELBERG
HEIDELBERG, IM NEUENHEIMER FELD 366
VORHAB **ausscheidungsmechanismen von radioaktiven aerosolen aus der atmosphaere**
es wird im anschluss an fruehere messungen die frage des trocken-fallout aus der atmosphaere untersucht, speziell die mechanismen an der grenze zwischen turbulenter und laminarer unterschicht. methode: simulation verschiedener meteorolgischer bedingungen im windkanal
S.WORT luftchemie + atmosphaere + aerosole + radioaktive spurenstoffe + fall-out
PROLEI DR. WALTER ROEDEL
STAND 13.8.1976
QUELLE fragebogenerhebung sommer 1976
ZUSAM HEIDELBERGER AKADEMIE DER WISSENSCHAFTEN, KARLSTR. 4, 6900 HEIDELBERG
BEGINN 1.1.1975 ENDE 31.12.1977
G.KOST 60.000 DM
LITAN OHLENBUSCH, E. (UNI HEIDELBERG), DIPLOMARBEIT: SCHWANKUNGEN DES AUSFALLS VON AEROSOLTEILCHEN IN GEGENWART EINES TEMPERATURGRADIENTEN. (1975)

AA -102
INST INSTITUT FUER UMWELTPHYSIK DER UNI HEIDELBERG
HEIDELBERG, IM NEUENHEIMER FELD 366
VORHAB **elementverteilung auf aerosolen**
die bisher durchgefuehrten messungen der elementverteilung auf aerosolen durch neutronenaktivierungsanalyse sollen nach zwei seiten hin ausgeweitet werden: es soll eine elementanalyse an kristallisationskernen von gletschereis durchgefuehrt werden, um vergleichsdaten fuer fruehere anthropogen unbeeinflusste verhaeltnisse zu erhalten, zum anderen soll die anzahl der identifizierbaren elemente durch hinzunahme von protoneninduzierter roentgenfluoreszenz vergroessert werden
S.WORT luftchemie + aerosole + spurenelemente
PROLEI DR. WALTER ROEDEL
STAND 13.8.1976
QUELLE fragebogenerhebung sommer 1976
FINGEB DEUTSCHE FORSCHUNGSGEMEINSCHAFT
ZUSAM - PHYSIKALISCHES INSTITUT DER UNI BERN, PROF. H. OESCHGER, SIDLERSTR. 5, CH 3000 BERN
- HEIDELBERGER AKADEMIE DER WISSENSCHAFTEN, KARLSTR. 4, 6900 HEIDELBERG
BEGINN 1.1.1976
G.KOST 35.000 DM
LITAN FRITZ, G. (UNI HEIDELBERG), DIPLOMARBEIT: SPURENSTOFFUNTERSUCHUNG VON GROESSENFRAKTIONIERTEN AEROSOLPROBEN MITTELS NEUTRONENAKTIVIERUNGS-ANALYSE. (1975)

AA -103
INST INSTITUT FUER UMWELTPHYSIK DER UNI HEIDELBERG
HEIDELBERG, IM NEUENHEIMER FELD 366
VORHAB **aerosolmessungen im bereich kleiner 0.1 mikrometer: konzentrationsverteilung und radioaktivitaetsanlagerung**
im anschluss an fruehere arbeiten sollen die aerosolmessungen auf den groessenbereich unterhalb 0. 1 mikrometer ausgeweitet werden (angestrebte groesse 0. 02 mikrometer). dabei sind neben der bestimmung der konzentrationsverteilung des natuerlichen aerosols vor allem auch die mechanismen der anlagerung von radioaktivitaet an das aerosol dieses groessenbereichs von interesse
S.WORT luftchemie + aerosolmesstechnik + radioaktive spurenstoffe
PROLEI DR. WALTER ROEDEL
STAND 13.8.1976

QUELLE fragebogenerhebung sommer 1976
ZUSAM HEIDELBERGER AKADEMIE DER WISSENSCHAFTEN, KARLSTR. 4, 6900 HEIDELBERG
BEGINN 1.1.1976
G.KOST 55.000 DM
LITAN SCHULTZ, A. (UNI HEIDELBERG), DISSERTATION: DIFFUSIONSABSCHEIDUNG POLYDISPERSER AEROSOLE. (1975)

AA -104
INST INSTITUT FUER UMWELTPHYSIK DER UNI HEIDELBERG
HEIDELBERG, IM NEUENHEIMER FELD 366
VORHAB **gasaustausch atmosphaere / ozean**
die aufnahmefaehigkeit der ozeanoberflaechenschicht fuer atmosphaerische gase wird mit hilfe der radioaktiven nuklide tritium, kohlenstoff-14 und radon-222 untersucht. waehrend die gemessenen aktivitaeten von tritium und c-14 die grundlage fuer globale bilanzrechnungen bilden, ergibt sich aus dem gemessenen defizit des rn-222 im oberflaechenwasser gegenueber der muttersubstanz (geloestes radium-226) direkt die intensitaet des gasaustausches waehrend der vergangenen tage (rn-222 halbwertszeit 3. 8 tage)
S.WORT meer + atmosphaere + oberflaechenwasser + (gasaustausch)
PROLEI PROF. DR. WOLFGANG ROETHER
STAND 13.8.1976
QUELLE fragebogenerhebung sommer 1976
FINGEB DEUTSCHE FORSCHUNGSGEMEINSCHAFT
ZUSAM HEIDELBERGER AKADEMIE DER WISSENSCHAFTEN, KARLSTR. 4, 6900 HEIDELBERG
BEGINN 1.1.1975 ENDE 31.7.1977
G.KOST 90.000 DM

AA -105
INST INSTITUT FUER UMWELTPHYSIK DER UNI HEIDELBERG
HEIDELBERG, IM NEUENHEIMER FELD 366
VORHAB **impuls / waerme / stofftransport zwischen wasser und atmosphaere**
messung der stromdichten von impuls, waerme, wasserdampf und gasen durch die phasengrenze wasser-luft in abhaengigkeit von meteorologischen parametern (windgeschwindkeit, feuchte usw.). simulation der "air-sea-interaction" an einem ringfoermigen, abgeschlossenen wind-wasserkanal. untersuchung mit hilfe stabiler isotope des wassers, kohlendioxid, edelgasen. massenspektrometrische bestimmungsmethoden. entwicklung von temperatursonden fuer grenzschichttemperatur. untersuchung an anderen modellfluessigkeiten statt wasser; untersuchung des kapillarwellen-einflusses
S.WORT oberflaechenwasser + atmosphaere + stoffaustausch + meteorologie + (grenzschichtmodell)
PROLEI DR. DITMAR FLOTHMANN
STAND 13.8.1976
QUELLE fragebogenerhebung sommer 1976
ZUSAM - SFB 94, MEERESFORSCHUNG HAMBURG, VON-MELLE-PARK 6 XIII, 2000 HAMBURG 13
- HEIDELBERGER AKADEMIE DER WISSENSCHAFTEN, KARLSTR. 4, 6900 HEIDELBERG
BEGINN 1.1.1973
G.KOST 28.000 DM

AA -106
INST LANDESANSTALT FUER IMMISSIONS- UND BODENNUTZUNGSSCHUTZ DES LANDES NORDRHEIN-WESTFALEN
ESSEN, WALLNEYERSTR. 6
VORHAB **luftqualitaetsueberwachung in nordrhein-westfalen, bestehend aus systematischer ueberwachung der immissionsbelastung durch verschiedene stoffe**
S.WORT luftueberwachung + immissionsueberwachung NORDRHEIN-WESTFALEN
PROLEI DR. BUCK
STAND 1.1.1974
FINGEB LAND NORDRHEIN-WESTFALEN
BEGINN 1.1.1963

AA -107
INST LANDESANSTALT FUER IMMISSIONS- UND BODENNUTZUNGSSCHUTZ DES LANDES NORDRHEIN-WESTFALEN
ESSEN, WALLNEYERSTR. 6
VORHAB **erarbeitung von methoden zur informationsuebertragung zwischen benachbarten messungen**
S.WORT immissionsueberwachung + messtellennetz + methodenentwicklung
PROLEI DR. BUCK
STAND 1.1.1974
FINGEB LAND NORDRHEIN-WESTFALEN
BEGINN 1.1.1972

AA -108
INST LANDESANSTALT FUER IMMISSIONS- UND BODENNUTZUNGSSCHUTZ DES LANDES NORDRHEIN-WESTFALEN
ESSEN, WALLNEYERSTR. 6
VORHAB **aufstellung eines messplanes fuer ein telemetrisches mehrkomponenten-echtzeit-messsystem**
S.WORT immissionsueberwachung NORDRHEIN-WESTFALEN
PROLEI DR. BUCK
STAND 1.1.1974
FINGEB LAND NORDRHEIN-WESTFALEN
BEGINN 1.1.1971

AA -109
INST LANDESANSTALT FUER IMMISSIONS- UND BODENNUTZUNGSSCHUTZ DES LANDES NORDRHEIN-WESTFALEN
ESSEN, WALLNEYERSTR. 6
VORHAB **smog-warndienst auf der basis eines prozessrechner-gesteuerten telemetrischen echtzeit-messystems**
S.WORT smogwarndienst + messverfahren
PROLEI DR. BUCK
STAND 1.1.1974
FINGEB LAND NORDRHEIN-WESTFALEN
BEGINN 1.1.1972

AA -110
INST LANDESANSTALT FUER IMMISSIONS- UND BODENNUTZUNGSSCHUTZ DES LANDES NORDRHEIN-WESTFALEN
ESSEN, WALLNEYERSTR. 6
VORHAB **untersuchung zur charakterisierung des immissionstyps grosstadtluft**
S.WORT luftqualitaet + stadtgebiet + bewertungskriterien
PROLEI DR. BUCK
STAND 1.1.1974
QUELLE erhebung 1975
FINGEB LAND NORDRHEIN-WESTFALEN

AA -111
INST LANDESANSTALT FUER IMMISSIONS- UND BODENNUTZUNGSSCHUTZ DES LANDES NORDRHEIN-WESTFALEN
ESSEN, WALLNEYERSTR. 6
VORHAB **ermittlung der derzeitigen und zukuenftigen schwefeldioxid-emission**
S.WORT emissionsmessung + schwefeldioxid
PROLEI H. SCHADE
STAND 1.1.1974
FINGEB LAND NORDRHEIN-WESTFALEN
BEGINN 1.1.1969

AA -112
INST LANDESANSTALT FUER IMMISSIONS- UND BODENNUTZUNGSSCHUTZ DES LANDES NORDRHEIN-WESTFALEN
ESSEN, WALLNEYERSTR. 6
VORHAB **ermittlung der derzeitigen und zukuenftigen emission von feststoffen, stickoxid und gasfoermigen fluorverbindungen**
S.WORT staubemission + gase

PROLEI H. SCHADE
STAND 1.1.1974
FINGEB LAND NORDRHEIN-WESTFALEN
BEGINN 1.1.1969

AA -113
INST LANDESANSTALT FUER IMMISSIONS- UND BODENNUTZUNGSSCHUTZ DES LANDES NORDRHEIN-WESTFALEN
ESSEN, WALLNEYERSTR. 6
VORHAB **auswertung der daten aus der feuerstaettenueberwachung nach dem immissionsschutzgesetz nordrhein-westfalen**
S.WORT immissionsschutzgesetz + immissionsueberwachung + feuerungsanlage
NORDRHEIN-WESTFALEN
PROLEI H. SCHADE
STAND 1.1.1974
QUELLE erhebung 1975
FINGEB LAND NORDRHEIN-WESTFALEN
BEGINN 1.1.1971

AA -114
INST LANDESANSTALT FUER IMMISSIONS- UND BODENNUTZUNGSSCHUTZ DES LANDES NORDRHEIN-WESTFALEN
ESSEN, WALLNEYERSTR. 6
VORHAB **untersuchungen ueber massnahmen des prophylaktischen immissionsschutzes in der raumplanung**
S.WORT raumplanung + immissionsschutz
PROLEI DR. PRINZ
STAND 1.1.1974
FINGEB LAND NORDRHEIN-WESTFALEN
BEGINN 1.1.1972

AA -115
INST LANDWIRTSCHAFTLICHE UNTERSUCHUNGS- UND FORSCHUNGSANSTALT DER LANDWIRTSCHAFTSKAMMER HANNOVER
HAMELN, FINKENBORNER WEG 1A
VORHAB **immissionsmessprogramm im raum stade - buetzfleth**
feststellung der fluorgehalte von boeden, grasaufwuchs (freiland), obstbaumblaetter und -zweigen, weidelgrasaufwuchs (expositionsgefaesse) und rinderschwanzknochen. probenahme des pflanzenmaterials 3 - 12 mal jaehrlich aus 0, 5 bis 7 km entfernung von der elektrolyse-halle der vereinigten aluminiumwerke zur untersuchung der raeumlichen und zeitlichen verteilung der f-immissionen
S.WORT immissionsmessung + fluor + aluminiumindustrie
STADE
PROLEI DR. WERNER KOESTER
STAND 22.7.1976
QUELLE fragebogenerhebung sommer 1976
FINGEB SOZIALMINISTERIUM, HANNOVER
ZUSAM - TUEV NORDDEUTSCHLAND, HANNOVER
- LANDESVERWALTUNGSAMT, HANNOVER
BEGINN 1.6.1971
G.KOST 120.000 DM

AA -116
INST LANDWIRTSCHAFTLICHE UNTERSUCHUNGS- UND FORSCHUNGSANSTALT DER LANDWIRTSCHAFTSKAMMER WESTFALEN-LIPPE, - JOSEF-KOENIG-INSTITUT -
MUENSTER, V.ESMARCHSTRASSE 2
VORHAB **immissionsueberwachung schwermetalle**
S.WORT immissionsueberwachung + schwermetalle
PROLEI DR. GROESSMANN
STAND 1.1.1974
BEGINN 1.7.1970
G.KOST 200.000 DM
LITAN ZWISCHENBERICHT 1974. 05

AA -117
INST LEHRSTUHL FUER GEOGRAPHIE DER UNI FREIBURG
FREIBURG, WERDERRING 4
VORHAB **gelaendeklimatologie der weinbaugebiete am oberrhein**
quantifizierbare messungen der thermischen verhaeltnisse an der erdoberflaeche, in 0, 7 m und 2 m ueber grund in charakteristischen, weinbaulich intensiv genutzten bereichen des ost-, zentral- und suedwestkaiserstuhls bei verschiedenen wetterlagen, insbesondere autochthonem strahlungswetters
S.WORT weinberg + mikroklimatologie + erdoberflaeche
KAISERSTUHL + OBERRHEIN
PROLEI WILFRIED ENDLICHER
STAND 30.8.1976
QUELLE fragebogenerhebung sommer 1976
FINGEB BUNDESMINISTER FUER FORSCHUNG UND TECHNOLOGIE
ZUSAM DEUTSCHE FORSCHUNGS- UND VERSUCHSANSTALT FUER LUFT- UND RAUMFAHRT E. V. , 8031 OBERPFAFFENHOFEN
BEGINN 1.4.1975 ENDE 31.12.1978
G.KOST 20.000 DM

AA -118
INST LEHRSTUHL FUER GEOGRAPHIE DER UNI FREIBURG
FREIBURG, WERDERRING 4
VORHAB **infrarotradiometrische verfahrensforschung**
1) untersuchung der fehlerquellen bei der registrierung von oberflaechentemperaturen mit hilfe von thermalscannern aus unterschiedlichen flughoehen. die mit hilfe des rechenprogrammes lowtran von dem erwarteten einfluss der atmosphaere bereinigten daten fuer ca. 2000 messpunkte werden zusammen mit den entsprechenden bodenkontrollmessungen multivarianten statistischen verfahren unterworfen. 2) vergleich des oberflaechentemperaturbildes mit gleichzeitig gewonnenen messungen der lufttemperatur mit dem ziel, das aussagevermoegen der thermalscanneraufnahmen zur erfassung von kalt- bzw. frischluftstroemen zu ueberpruefen
S.WORT erdoberflaeche + luftbewegung + klimatologie + infrarottechnik
OBERRHEINEBENE
PROLEI DR. HERMANN GOSSMANN
STAND 30.8.1976
QUELLE fragebogenerhebung sommer 1976
FINGEB BUNDESMINISTER FUER FORSCHUNG UND TECHNOLOGIE
BEGINN 1.3.1976 ENDE 31.12.1977
G.KOST 10.000 DM
LITAN ZWISCHENBERICHT

AA -119
INST LEHRSTUHL FUER GEOGRAPHIE DER UNI FREIBURG
FREIBURG, WERDERRING 4
VORHAB **baukoerperstruktur und stadtklima**
ziel der untersuchung ist es, auf einer qualitativen und quantitativen abschaetzung des strahlungsenergie- und waermehaushaltes charakteristischer baukoerperstrukturen regeln ueber die gestaltung der thermischen und hygrischen stadtklimaeigenschaften abzuleiten. als baukoerperstruktur wird das mosaik aus gebaeuden, strassen, rasenflaechen, baumgruppen und evtl. wasserflaechen verstanden. alle staedte weisen dem jeweiligen baustil und der stadtplanerischen auffassung ihrer zeit entsprechende strukturtypen auf. in ihnen wird zunaechst durch systematische messfahrten die lufttemperatur bei austauscharmen wetterlagen gemessen. anschliessend werden an ausgesuchten modellfaellen die oberflaechentemperaturen aller strukturbestandteile im tages- und jahresgang festggestellt. im dritten schritt sollen die charakteristischen tages- und jahresgaenge der strahlungstherme festgestellt werden
S.WORT stadtklima + wohnungsbau + mikroklimatologie + stadtplanung
PROLEI PROF. DR. WOLFGANG WEISCHET
STAND 30.8.1976
QUELLE fragebogenerhebung sommer 1976
FINGEB - STADTVERWALTUNG FREIBURG
- DEUTSCHE FORSCHUNGSGEMEINSCHAFT
ZUSAM - LANDESAMT FUER UMWELTSCHUTZ, 7500 KALRSRUHE
- DEUTSCHE FORSCHUNGS- UND VERSUCHSGEMEINSCHAFT FUER LUFT- UND RAUMFAHRT, E. V. , OBERPFAFFENHOFEN

G.KOST 80.000 DM
LITAN - UNTERSUCHUNGEN DER KLIMATISCHEN UND LUFTHYGIENISCHEN VERHAELTNISSE DER STADT FREIBURG I. BR. FREIBURG (JAN 1974)
- STADTKLIMATOLOGISCHE KONSEQUENZEN VON LINE-SCANNER-AUFNAHMEN DER OBERFLAECHENTEMPERATUREN IM TAGESGANG (BEISPIEL FREIBURG I. BR.). IN: SONDERDRUCK SYMPOSIUM ERDERKUNDUNG DFVLR. DPG, KOELN-PORZ, 7. -11. APR 1975

AA -120
INST LEHRSTUHL FUER GEOGRAPHIE DER UNI FREIBURG
FREIBURG, WERDERRING 4
VORHAB **gelaende- und stadt(meso)klimatologische untersuchungen im breisgau**
S.WORT klimatologie
BREISGAU + OBERRHEIN
PROLEI PROF. DR. WOLFGANG WEISCHET
STAND 1.1.1974
FINGEB DEUTSCHE FORSCHUNGSGEMEINSCHAFT
BEGINN 1.1.1973

AA -121
INST LEHRSTUHL FUER PHYSISCHE GEOGRAPHIE DER UNI AUGSBURG
AUGSBURG, ALTER POSTWEG 101
VORHAB **klimageographische modelluntersuchung des raumes von augsburg unter besonderer beruecksichtigung der lufthygienischen situation**
erfassung der bisher weitgehend unbekannten lufthygienischen situation in augsburg und der massgeblichen meteorologischen wie stadtspezifischen (emission, immission) einflussgroessen. teilvorhaben: erstellung eines emissionskatasters auf stadtblockbasis. ergaenzung der immissionsmessungen des bayerischen landesamtes fuer umweltschutz, vorwiegend durch ausbringung von indikatoren (flechten, metallstreifen). erkundung der meteorologischen austauschverhaeltnisse
S.WORT lufthygiene + emissionskataster + stadtgebiet + bioindikator + meteorologie
AUGSBURG
PROLEI PROF. DR. KLAUS FISCHER
STAND 19.7.1976
QUELLE fragebogenerhebung sommer 1976
FINGEB STADT AUGSBURG
ZUSAM STADTPLANUNGSAMT AUGSBURG, MAXIMILIANSTR. 6, 8900 AUGSBURG
BEGINN 1.10.1975 ENDE 31.10.1978
G.KOST 50.000 DM
LITAN ZWISCHENBERICHT

AA -122
INST LEHRSTUHL UND INSTITUT FUER STAEDTEBAU UND LANDESPLANUNG DER TH AACHEN
AACHEN, SCHINKELSTR. 1
VORHAB **abstandsregelungen in der bauleitplanung**
darstellung der konsequenzen und alternativen bei der beruecksichtigung des immissionsschutzes durch anwendung von abstandsregelungen in der bauleitplanung; systematisierung von erfahrungen mit der bisherigen anwendung der immissionsschutz-abstandsregelungen in der kommunalen planung. aufzeigen der vor- und nachteile einer abstandsregelung mit dem ziel, handlungsanweisungen fuer den immissionsschutz und entscheidungshilfen fuer den konfliktfall auszuarbeiten
S.WORT immissionsschutz + bauleitplanung + abstandsflaechen
PROLEI DIPL. -ING. JOACHIM KRAUSSE
STAND 12.8.1976
QUELLE fragebogenerhebung sommer 1976
FINGEB INNENMINISTER, DUESSELDORF
ZUSAM - INST. F. RAUMPLANUNG DER UNI DORTMUND
- INST. F. UMWELTSCHUTZ, POSTFACH 500500, 4600 DORTMUND-EICHLINGHOFEN
BEGINN 1.10.1975 ENDE 31.12.1976
G.KOST 60.000 DM
LITAN ZWISCHENBERICHT

AA -123
INST LEHRSTUHL UND LABORATORIUM FUER ENERGIEWIRTSCHAFT UND KRAFTWERKSTECHNIK DER TU MUENCHEN
MUENCHEN 2, ARCISSTR. 21
VORHAB **sektorale analyse des energieumsatzes und seiner entwicklung in verdichtungsraeumen, auswirkungen auf das stadtklima in muenchen**
getrennt nach den verbrauchersektoren, industrie, haushalt, kleinverbrauch und verkehr, sowie dem umwandlungsbereich wird stadtbezirksweise der zeitgang des energieverbrauchs ermittel. hierzu wurde ein spezielles modell entwickelt, das sich am spezifischen verbrauch und dem energiebedarf der einzelnen sektoren orientiert, die verbrauchsstruktur miteinbezieht und damit auf andere bilanzraeume uebertragbar ist. die belastung der stadtatmosphaere mit fuehlbaren und latenten waermemengen wird am beispiel der zeitlichen veraenderung von temperatur unt enthalpie in der stadt gegenueber der umgebung behandelt
S.WORT klimaaenderung + energieverbrauch + waermehaushalt + verdichtungsraum + stadtklima
MUENCHEN
PROLEI DIPL. -ING. BERND GEIGER
STAND 21.7.1976
QUELLE fragebogenerhebung sommer 1976
FINGEB DEUTSCHE FORSCHUNGSGEMEINSCHAFT
BEGINN 1.8.1972 ENDE 31.12.1976
G.KOST 120.000 DM
LITAN - GEIGER, B.: DIE AUSWIRKUNGEN DES URBANEN ENERGIEUMSATZES AUF DAS STADTKLIMA. IN: GESUNDHEITSINGENIEUR 96(6)(1975)
- GEIGER, B.: ENERGETISCHE BELASTUNG DES STADTKLIMAS. IN: KLIMA UND HUMANE UMWELT (1974)
- GEIGER, B.: DER ENERGIEVERBRAUCH IN EINEM VERDICHTUNGSRAUM. IN: BRENNSTOFF, WAERME, KRAFT 27(8)(1975)

AA -124
INST LOEBLICH, H.J.
HAMBURG 60, KAPSTADTRING 2 ESSO HAUS
VORHAB **schwefeldioxid immissionskataster 1972 - 1980 - 1985**
zielsetzung: ermittlung der so2-emissionen nach stadt- und landkreisen fuer basisjahr (1972) und prognosejahre (1980, 1985). ermittlung einer transmissionsbeziehung zwischen emission und immission aufgrund aufbereiteter messdaten, berechnung der immission je stadt- und landkreis fuer basisjahr und prognosejahre, unterteilt in anteil aus den betrachteten energieverbrauchssektoren (verkehr, haushalte, industrie, kraftwerke) und brennstoffe (heizoele, kohle usw.) und gegenueberstellung der ergebnisse bei alternativen schwefelgehalten der einzelnen brennstoffe
S.WORT immissionsbelastung + schwefeldioxid + kataster
PROLEI ING. GRAD. HANS-JOACHIM LOEBLICH
STAND 9.8.1976
QUELLE fragebogenerhebung sommer 1976
FINGEB BUNDESMINISTER FUER WIRTSCHAFT
BEGINN 1.5.1975 ENDE 30.9.1975
G.KOST 27.000 DM
LITAN ENDBERICHT

AA -125
INST LOEBLICH, H.J.
HAMBURG 60, KAPSTADTRING 2 ESSO HAUS
VORHAB **vorausschaetzung der so2-immissionen in den ballungsraeumen**
zielsetzung: ermittlung der so2-emissionen nach stadt- und landkreisen fuer basisjahr (1972) und prognosejahre (1980, 1985). ermittlung einer transmissionsbeziehung zwischen emission und immission aufgrund aufbereiteter messdaten, berechnung der immission je stadt- und landkreis fuer basisjahr und prognosejahre, unterteilt in anteil aus den betrachteten energieverbrauchssektoren (verkehr, haushalte, industrie, kraftwerke) und brennstoffe (heizoele, kohle usw.) und gegenueberstellung der ergebnisse bei alternativen schwefelgehalten der einzelnen brennstoffe

S.WORT immissionsbelastung + schwefeldioxid + ballungsgebiet + emissionskataster + prognose + (ausbreitungsrechnung)
RHEIN-RUHR-RAUM + RHEIN-NECKAR-RAUM + RHEIN-MAIN-GEBIET + SAAR
PROLEI ING. GRAD. HANS-JOACHIM LOEBLICH
STAND 9.8.1976
QUELLE fragebogenerhebung sommer 1976
FINGEB BUNDESMINISTER FUER WIRTSCHAFT
BEGINN 1.11.1974 ENDE 28.2.1975
G.KOST 15.000 DM
LITAN ENDBERICHT

AA -126
INST MAX-PLANCK-INSTITUT FUER AERONOMIE
KATLENBURG-LINDAU 3, MAX-PLANCK-STR.
VORHAB **aerosole, kondensationskerne an 2 stationen im bundesgebiet**
registrierung der kondensationskernkonzentration als mass fuer den gesamt-aerosolgehalt der luft an einer tal- und bergstation in abhaengigkeit von der witterung. langzeitmessung an einer reinluftstation zur bestimmung von aerosoltrends
S.WORT luftverunreinigung + aerosolmesstechnik
BODENSEE
PROLEI DR. SCHMIDT
STAND 1.1.1974
FINGEB MAX-PLANCK-GESELLSCHAFT ZUR FOERDERUNG DER WISSENSCHAFTEN E. V. , MUENCHEN
BEGINN 1.1.1964 ENDE 31.12.1977
LITAN SCHMIDT, M.: REGISTRIERUNG DER CHLORIDTEILCHENKONZENTRATION DER LUFT AN DER WESTKUESTE VON DAENEMARK. IN: PAGEOPH. 97(V) S. 219-233(1972)

AA -127
INST MAX-PLANCK-INSTITUT FUER AERONOMIE
KATLENBURG-LINDAU 3, MAX-PLANCK-STR.
VORHAB **aerosole - kondensationskerne am boden (verschiedene messtationen) vertikalprofile der kondensationskerne**
registrierung des aerosolgehaltes der luft an 2 stationen in deutschland und 1 station an der portugisischen atlantikkueste. einzelne messaufstiege bis 5 km hoehe mit kleinflugzeugen
S.WORT aerosolmesstechnik
BUNDESREPUBLIK DEUTSCHLAND + PORTUGAL
PROLEI DR. SCHMIDT
STAND 1.1.1974
FINGEB MAX-PLANCK-GESELLSCHAFT ZUR FOERDERUNG DER WISSENSCHAFTEN E. V. , MUENCHEN
ZUSAM PORTUGIESISCHER WETTERDIENST
BEGINN 1.1.1972 ENDE 31.12.1977
LITAN SCHMIDT, M.: VERLAUF DER KONDENSATIONSKERNKONZENTRATION AN ZWEI SUEDDEUTSCHEN STATIONEN. IN: METEOROLOGISCHE UMSCHAU 27(5) S. 151-153(1974)

AA -128
INST MAX-PLANCK-INSTITUT FUER AERONOMIE
KATLENBURG-LINDAU 3, MAX-PLANCK-STR.
VORHAB **entwicklung einer ballonsonde zur messung des aitken-gehaltes der atmosphaere bis 25 km hoehe**
S.WORT fliegende messtation + atmosphaere
PROLEI DR. PETER FABIAN
STAND 1.1.1974
FINGEB DEUTSCHE FORSCHUNGSGEMEINSCHAFT
LITAN KAESELAN, K.;FABIAN, P.;ROEHRS, H.: IN: PURE AND APPLIED GEOPHYS. 112 S. 877-885(1974)

AA -129
INST MAX-PLANCK-INSTITUT FUER CHEMIE (OTTO-HAHN-INSTITUT)
MAINZ, SAARSTR. 23
VORHAB **einfluss der pflanzen auf die gase co, h2, ch4, n2o, hg, h2co, cfcl3, cf2cl2, ccl4**
zielsetzung: bestimmung des einflusses der pflanzen auf die oben angegebenen gase. bestimmung abbau- bzw. produktionsraten, die dann zur abschaetzung des globalen abbaus bzw. produktion dieser gase durch pflanzen herangezogen werden. methode: messungen an freiwachsenden pflanzen (in situ messungen) und laboruntersuchungen. einsatz selbstentwickelter messverfahren
S.WORT luftchemie + atmosphaere + spurenstoffe + pflanzenphysiologie
PROLEI DR. WOLFGANG SEILER
STAND 30.8.1976
QUELLE fragebogenerhebung sommer 1976
FINGEB - DEUTSCHE FORSCHUNGSGEMEINSCHAFT
- BUNDESMINISTER FUER FORSCHUNG UND TECHNOLOGIE
ZUSAM INSTITUT FUER ALLGEMEINE BOTANIK, ABT. PROF. WILD, UNI MAINZ
BEGINN 1.1.1974
LITAN FISCHER, K.;SEILER, W.: CO-PRODUKTION DURCH PFLANZEN. IN: PROCEEDINGS OF THE CONFERENCE ON AIR POLLUTION AND FORESTRY, MARIENBAD, CSSR, 1974 (IM DRUCK)

AA -130
INST MAX-PLANCK-INSTITUT FUER CHEMIE (OTTO-HAHN-INSTITUT)
MAINZ, SAARSTR. 23
VORHAB **messung der globalen verteilung verschiedener spurengase in der troposphaere und stratosphaere (co, h2, ch4, h2co, hg, cfcl3, cf2cl2, o3, n2o, ccl4)**
zielsetzung: bestimmung der globalen verteilung der oben genannten gase in der atmosphaere. schwerpunkt liegt auf der erfassung eines moeglichen unterschiedes der konzentration des betreffenden gases zwischen der troposphaere und stratosphaere sowie zwischen den beiden hemisphaeren. aus den messungen lassen sich wichtige rueckschluesse auf moegliche abbau- bzw. produktionsprozesse ziehen. methoden: einbau von messgeraeten in flugzeuge und messungen; sammeln von luftproben in der stratosphaere mit hilfe von ballonen und analyse im labor; einsatz von z. t. selbst entwickelten messgeraeten
S.WORT luftchemie + spurenstoffe + troposphaere + stratosphaere + (globale verteilung)
PROLEI DR. WOLFGANG SEILER
STAND 30.8.1976
QUELLE fragebogenerhebung sommer 1976
FINGEB - DEUTSCHE FORSCHUNGSGEMEINSCHAFT
- BUNDESMINISTER FUER FORSCHUNG UND TECHNOLOGIE
ZUSAM - KERNFORSCHUNGSANLAGE JUELICH
- MAX-PLANCK-INSTITUT FUER AERONOMIE, LUIDAU/HARZ
BEGINN 1.1.1970
LITAN - SEILER,W.;WARNECK,P.: DECREASE OF CARBON MONOXIDE MIXING RATIO AT THE TROPOPAUSE. IN:J. GEOPHYS. RES. 77 S.3204-3214(1972)
- WARNECK,P.;JUNGE,C.;SEILER,W.: OH-RADICAL CONCENTRATIONS IN THE STRATOSPHERE. IN:PAGEOPH 106-108 S.1417-1429(1973)
- SCHMIDT,U.;SEILER,W.: H2-KREISLAUF IN DER ATMOSPHAERE. IN:UMSCHAU 74 S.284-285(1974)

AA -131
INST MAX-PLANCK-INSTITUT FUER CHEMIE (OTTO-HAHN-INSTITUT)
MAINZ, SAARSTR. 23
VORHAB **wirkung mikrobiologischer prozesse am boden und im wasser auf verschiedene atmosphaerische spurengase**
zielsetzung: untersuchungen ueber den einfluss mikrobiologischer prozesse im boden und oberflaechenwasser der ozeane auf co, h2, cfcl3, cf2cl2, ccl4, hg, h2co, n2o, ch4. bestimmung der abbauraten und produktionsraten als funktion der bodenart und bodentemperatur. messung der im wasser geloesten gasanteile im ozean und bestimmung ihrer vertikalen verteilung bis in wassertiefen von 1000 m. methoden: in situ-messungen am boden sowie an verschiedenen stellen der ozeane; laboruntersuchungen mit

verschidenen mikroorganismen
S.WORT luftchemie + atmosphaere + spurenstoffe + mikrobiologie + erdoberflaeche
PROLEI DR. WOLFGANG SEILER
STAND 30.8.1976
QUELLE fragebogenerhebung sommer 1976
FINGEB - DEUTSCHE FORSCHUNGSGEMEINSCHAFT
- BUNDESMINISTER FUER FORSCHUNG UND TECHNOLOGIE
ZUSAM INSTITUT FUER MIKROBIOLOGIE, ABT. PROF. RADLER, UNI MAINZ
BEGINN 1.1.1970
LITAN -
JUNGE,C.;SEILER,W.;BOCK,R.;GREESE,K.;RADLER,F.: UEBER DIE CO-PRODUKTION VON MIKROORGANISMEN. IN:NATURWISS. 58 S.362-363(1971)
-
JUNGE,C.;SEILER,W.;SCHMIDT,U.;BOCK,R.;GREESE,K.-;RADLER,F.;RUEGER,H.J.: KOHLENOXID- UND WASSERSTOFFPRODUKTION MARINER MIKROORGANISMEN IM NAEHRMEDIUM MIT SYNTHETISCHEM SEEWASSER. IN:NATURWISS. 59 S.514-515(1972)
- RADLER,F.;GREESE,K.;BOCK,R.;SEILER,W.: DIE BILDUNG VON SPUREN VON KOHLENOXID DURCH SACCHAROMYCES CEREVISIAE UND ANDERE MIKROORGANISMEN. IN:ARCH. MIKROBIOL. 100 S.243-252(1974)

AA -132

INST MESSERSCHMITT-BOELKOW-BLOHM GMBH
MUENCHEN 80, POSTFACH 80 11 69
VORHAB **aerologischer messzug**
messung zur untersuchung kleinklimatologischer verhaeltnisse mit hilfe von dreidimensionalen messungen meteorologischer daten
S.WORT luftverunreinigung + mikroklimatologie + aerologische messung
PROLEI WOLFGANG MUELLER
STAND 1.1.1974
FINGEB DEUTSCHER WETTERDIENST, OFFENBACH
BEGINN 1.6.1973 ENDE 30.6.1974
G.KOST 500.000 DM

AA -133

INST MESSTELLE FUER IMMISSIONS- UND STRAHLENSCHUTZ BEIM LANDESGEWERBEAUFSICHTSAMT RHEINLAND-PFALZ
MAINZ, RHEINALLEE 97-101
VORHAB **grundpegelerhebungen im oberrheingraben**
grundbelastungserhebungen nach 2. 5 ta luft als planungsgrundlage fuer raumentwicklung. schwefeldioxid nach vdi 2451, bl. 1, staubniderschlag nach vdi 2119, bl. 2, kohlenmonoxid nach vdi 2459, bl. 4, stickoxide: chemolumineszenzverfahren, kohlenwasserstoffe: flammenionisationsdetektor
S.WORT luftverunreinigung + emissionskataster + raumplanung
OBERRHEIN
PROLEI DR. BERNHARD BOCKHOLT
STAND 13.8.1976
QUELLE fragebogenerhebung sommer 1976
ZUSAM - LANDESANSTALT FUER UMWELTSCHUTZ BADEN-WUERTTEMBERG, GRIESBACHSTR. 3, 7500 KARLSRUHE 21
- INST. F. IMMISSIONS-, ARBEITS- UND STRAHLENSCHUTZ, 7500 KARLSRUHE
- STAATLICHE GEWERBEAUFSICHTSAEMTER NEUSTADT/WEINSTRASSE, MANNHEIM UND KARLSRUHE
BEGINN 1.1.1974

AA -134

INST MESSTELLE FUER IMMISSIONS- UND STRAHLENSCHUTZ BEIM LANDESGEWERBEAUFSICHTSAMT RHEINLAND-PFALZ
MAINZ, RHEINALLEE 97-101
VORHAB **zentrales immissionsmessnetz (zimen) fuer rheinland-pfalz**
ueberwachung der immissionssituation in belastungsgebieten von rheinland-pfalz gemaess der 4. allgemeinen verwaltungsvorschrift zum bundesimmissionsschutzgesetz und ermittlung der ausloesekriterien fuer smogwarnplaene
S.WORT luftueberwachung + immission + bundesimmissionsschutzgesetz + messtellennetz
MAINZ + RHEIN-MAIN-GEBIET + LUDWIGSHAFEN + RHEIN-NECKAR-RAUM
PROLEI DR. HORST BORCHERT
STAND 13.8.1976
QUELLE fragebogenerhebung sommer 1976
FINGEB LAND RHEINLAND-PFALZ
G.KOST 4.000.000 DM

AA -135

INST METEOROLOGISCHES INSTITUT DER UNI BONN
BONN, AUF DEM HUEGEL 20
VORHAB **untersuchungen der beziehungen zwischen radar-echointensitaet und niederschlag in westdeutschland**
S.WORT meteorologie + niederschlag + messverfahren
PROLEI DR. LOTHAR J. BREUER
STAND 1.1.1974
FINGEB DEUTSCHE FORSCHUNGSGEMEINSCHAFT
ZUSAM INTERNATIONALE HYDROLOGISCHE DEKADE
BEGINN 1.1.1971

AA -136

INST METEOROLOGISCHES INSTITUT DER UNI BONN
BONN, AUF DEM HUEGEL 20
VORHAB **klimaschwankungen (oberrheingebiet)**
haeufigkeit konvektiver starkregen und niederschlagsschwankungen im rheinisch-westfaelischen industriegebiet sowie im oberrheingebiet sollen anhand langer klimareihen untersucht werden. hinsichtlich der niederschlagsmenge sollen die abgeleiteten gebietsmittel fuer nord- und sueddeutschland als vergleich herangezogen werden. zirkulationsschwankungen im europaeisch-atlantischen raum ab 1899 mittels taeglicher luftdruckdaten an schnittpunkten. zu untersuchen sind die haeufigkeit charakteristischer anomalien blockierender hochdruckgebiete und zirkulations-indizes, einschliesslich telekonnektionen mit nordamerika und pazifik
S.WORT meteorologie + klima + niederschlag + wasserhaushalt
OBERRHEINEBENE + RHEIN-RUHR-RAUM
PROLEI PROF. DR. HERMANN FLOHN
STAND 9.8.1976
QUELLE fragebogenerhebung sommer 1976
FINGEB UMWELTBUNDESAMT
ZUSAM - DEUTSCHER WETTERDIENST, FRANKFURTER STRASSE 135, 6050 OFFENBACH
- SEEWETTERAMT HAMBURG, BERNHARD-NOCHT-STRASSE, 2000 HAMBURG 4
- WETTERAMT ESSEN, WALLNEYER STRASSE 10, 4300 ESSEN
BEGINN 1.10.1976 ENDE 31.12.1979
G.KOST 260.000 DM

AA -137

INST METEOROLOGISCHES INSTITUT DER UNI BONN
BONN, AUF DEM HUEGEL 20
VORHAB **kontinuierliche mehrjaehrige erfassung der wichtigsten niederschlagsparameter zur erforschung ihrer zeitlichen variationen**
erstellung einer elfjaehrigen (sonnenfleckenzyklus) kontinuierlichen und alle wesentlichen parameter (einschliesslich der tropfenspektren und radarreflektivitaetswerte) umfassenden niederschlags-feinstrukturstatistik auf einminuetiger kurzzeitbasis und experimentelle und theoretische grundlagenforschung fuer die planung und den aufbau eines bundesweiten niederschlagsmess- und -warnnetzes mit mikrowellensensoren
S.WORT meteorologie + niederschlagsmessung
BONN + RHEIN-RUHR-RAUM

PROLEI DR. LOTHAR J. BREUER
STAND 9.8.1976
QUELLE fragebogenerhebung sommer 1976
FINGEB DEUTSCHE FORSCHUNGSGEMEINSCHAFT
ZUSAM - OSSERVATORIO TICINESE DELLA CENTRALE METEOR. SVIZZ. , LOCARNO/SCHWEIZ
- FTZ DER DEUTSCHEN BUNDESPOST, DARMSTADT
BEGINN 1.1.1971 ENDE 31.12.1982
G.KOST 600.000 DM
LITAN - BREUER, L. ET AL.: MESSUNG DER BEZIEHUNG ZWISCHEN RADARREFLEKTIVITAET UND NIEDERSCHLAGSRATE MIT EINEM SPEZIELL ENTWICKELTEN RADARSYSTEM IN BONN. IN: ANN. D. METEOR. , N. F. 6 S. 293-298(1973)
- KREUELS, R.: INVESTIGATIONS AND RESULTS ABOUT THE RELATIONSHIP BETWEEN SOME METEOR. VARIABLES AND RADAR REFL. FACTORS. BOSTON AMS(1975)
- KREUELS, R.: STATISTISCHE INTERPRETATION VON 131 750 SPEKTREN AUS 13 MILLIONEN AN DER MESSTATION MECKENHEIM-MERL BEI BONN ELEKTRODYNAMISCH ERFASSTEN TROPFEN. IN: KLEINHEUBACHER BERICHTE. 19(1976)

AA -138

INST METEOROLOGISCHES INSTITUT DER UNI BONN
BONN, AUF DEM HUEGEL 20
VORHAB **climatological aridity index map**
es werden kontinent-karten erarbeitet mit der isolinien-darstellung des verhaeltnisses von im jahresmittel am erdboden verfuegbarer strahlungsenergie und mittlerem jaehrlichem niederschlag. dieses verhaeltniss bewegt sich zwischen 0, 1 an den gebirgigen westkuesten der hoeheren gemaessigten breiten und in den niederschlagslosen gebieten (ost-sahara, nordchile). es charakterisiert - zusammen mit informationen ueber niederschlagsverteilung und -variabilitaet- die klimatologische ariditaet oder humiditaet eines gebietes
S.WORT klimatologie + niederschlag + sonnenstrahlung + kartierung
PROLEI PROF. DR. HERMANN FLOHN
STAND 9.8.1976
QUELLE fragebogenerhebung sommer 1976
FINGEB UNITED NATIONS ENVIRONMENT PROGRAMME (UNEP)
BEGINN 1.1.1976 ENDE 31.7.1976
G.KOST 48.000 DM

AA -139

INST METEOROLOGISCHES INSTITUT DER UNI FREIBURG
FREIBURG, WERDERRING 10
VORHAB **energieumsaetze an der erdoberflaeche ueber verschiedenen oberflaechentypen in der suedlichen oberrheinebene**
kontinuierliche registrierung und berechnung der energieumsaetze ueber einem kiefernwald (strahlung, strom fuehlbarer waerme, strom latenter waerme - verdunstung, bodenwaermestrom). kurzfristige vergleichsmessungen ueber anderen oberflaechen. anwendung der infrarotthermometrie zur kennzeichnung des thermischen verhaltens verschiedener oberflaechen (bodenmessung, fernerkundung)
S.WORT erdoberflaeche + waermehaushalt + (energieumsatz)
OBERRHEINEBENE (SUED)
PROLEI PROF. DR. ALBRECHT KESSLER
STAND 21.7.1976
QUELLE fragebogenerhebung sommer 1976
ZUSAM - INST. F. BODENKUNDE UND WALDERNAEHRUNGSLEHRE DER UNI FREIBURG
- INST. F. FORSTEINRICHTUNG DER UNI FREIBURG, ABT. FUER LUFTBILDMESSUNG UND -INTERPRETATION
- INST. F. FORSTLICHE ERTRAGSKUNDE DER UNI FREIBURG
BEGINN 1.1.1973

AA -140

INST METEOROLOGISCHES INSTITUT DER UNI HAMBURG
HAMBURG 13, BUNDESSTR. 55
VORHAB **untersuchungen zum stadtklima (u.a. diffusionsvorgaenge, inversionslagen)**
es wurde ein numerisches prognosemodell entwickelt, das auf den bilanzgleichungen fuer den wind, die temperatur und die mittlere konzentration von luftbeimengen fusst. mit diesem modell wird die ausbreitung von luftbeimengen in abhaengigkeit von verschiedenen feldverteilungen der wesentlichen atmosphaerischen parameter wie wind, temperatur, feuchte im tagesgang studiert und gleichzeitig die struktur der turbulenten grenzschicht ueber der stadt und ihre klimatische bedeutung naeher untersucht
S.WORT klimatologie + stadtregion + schadstoffausbreitung + inversionswetterlage + (prognosemodell)
HAMBURG (RAUM)
PROLEI DR. MARTIN DUNST
STAND 29.7.1976
QUELLE fragebogenerhebung sommer 1976
ZUSAM - FORSCHUNGSBEREICH UMWELTSCHUTZ DER UNI HAMBURG
- HYGIENISCHES INSTITUT, LAND HAMBURG
BEGINN 1.4.1976

AA -141

INST METEOROLOGISCHES INSTITUT DER UNI HAMBURG
HAMBURG 13, BUNDESSTR. 55
VORHAB **experimentelle erfassung der vorgaenge in der atmosphaerischen grenzschicht ueber land**
die struktur des unteren teils der atmosphaere, der grenzschicht (unser hauptlebensraum) wird durch wetterbedingte aenderungen, untergrundeigenschaften, einen ausgepraegten tagesgang und durch zusaetzliche menschliche taetigkeit hervorgerufene einfluesse bestimmt. die veraenderung der schichtung, des turbulenzzustands und der vertikalen turbulenten transporte, waerme und bewegungsgroesse sowie ihre gegenseitige abhaengigkeit werden - neben speziellen erscheinungen (z. b. interne schwerewellen) mit der meteorologischen messanlage an dem 300 m hohen sendemast des ndr in hamburg-billwerder, mit schallradargeraeten und mit einem barovariographennetz untersucht. dabei werden auch wichtige parameter fuer simulationsmodelle zur ausbreitung von schadstoffen in der aatmosphaere - insbesondere im stadtgebiet - gewonnen
S.WORT atmosphaerische schichtung + luftmassenaustausch + schadstofftransport + stadtgebiet
PROLEI PROF. DR. GERD STILKE
STAND 30.8.1976
QUELLE fragebogenerhebung sommer 1976
LITAN STILKE, G.: DIE DIVERGENZ DES TURBULENTEN STROMS SENSIBLER WAERME UND DIE TEMPERATURAENDERUNG, EIN TAGESGANG GEMESSEN AM 300 M HOHEN SENDEMAST DES NDR. IN: MET. RUNDSCHAU 27 S. 1-4(1974)

AA -142

INST METEOROLOGISCHES INSTITUT DER UNI KARLSRUHE
KARLSRUHE, KAISERSTR. 12
VORHAB **wind- und temperaturschichtung in der unteren atmosphaere**
S.WORT aerologische messung
RHEIN (RHEINTAL)
PROLEI PROF. DR. DIEM
STAND 1.1.1974
BEGINN 1.1.1959
LITAN - AHRENS,D.:VERGLEICH DER WINDRICHTUNG IN DER FREIEN ATMOSPHAERE UND AM BODEN IN DER OBERRHEINEBENE. IN:METEOR.RDSCH.(23)S.135-138 (1970)
- DIEM,M.:WINDSCHICHTUNG UND TEMPERATURGRADIENT IN DEN UNTERSTEN ATMOSPHAERENSCHICHTEN DER RHEINEBENE. IN:METEOR.RDSCH.(24)S.11-19 (1971)
- VOGELBACHER,A.;DISSERTATION,KALRSRUHE:UNI (TH) KARLSRUHE (1971): ABHAENGIGKEIT DER WINDSTRUKTUR VON DER WETTERLAGE. WINDBEOBACHTUNGEN IN DER BODENNAHEN SCHICHT BIS 70 M HOEHE KARLSRUHE-RHEINUFER 1959-1965

AA -143

INST METEOROLOGISCHES INSTITUT DER UNI KARLSRUHE
KARLSRUHE, KAISERSTR. 12
VORHAB immissionen im stadtgebiet karlsruhe
S.WORT immissionsmessung + stadtgebiet
KARLSRUHE + OBERRHEIN
PROLEI PROF. DR. KARL HOESCHELE
STAND 1.1.1974
BEGINN 1.1.1972
LITAN - HOESCHELE, K.:DER ZEITLICHE VERLAUF UND DIE OERTLICHE VERTEILUNG DER SO2-KONZENTRATIONEN IN EINEM STADTGEBIET MIT EINER ANALYSE DER EINFLUSSGROESSEN. IN: METEOR. RDSCH. 19 (1) S. 14-22 (1966)
- HOESCHELE, K.:ZEITLICHE UND RAEUMLICHE KORRELATIONEN BEI IMMISSIONSMESSUNGEN. IN: ANNALEN DER METEOROLOGIE N. F. 4 S. 140-142 (1969)
- HOESCHELE, K.:DIE REPRAESENTANZ ZEITLICHER STICHPROBEN EINIGER FUER IMMISSIONSBETRACHTUNGEN WESENTLICHER METEOROLOGISCHER GROESSEN. IN: METEOR. RDSCH. 27 S. 5-10 (1974)

AA -144

INST METEOROLOGISCHES INSTITUT DER UNI MUENCHEN
MUENCHEN 40, SCHELLINGSTR. 12
VORHAB messungen an der meteorologischen station garching
mehrjaehrige messungen der vertikalen verteilung meteorologischer parameter (wind, temperatur, u. a.)
S.WORT aerologische messung + atmosphaere
MUENCHEN-GARCHING
PROLEI PROF. HOFMANN
STAND 1.1.1974
FINGEB - DEUTSCHE FORSCHUNGSGEMEINSCHAFT
- STAATSMINISTERIUM DES INNERN, MUENCHEN
BEGINN 1.1.1962
LITAN - FIEDLER, F.:KLIMAWERTE ZUR TEMPERATUR- UND WINDSCHICHTUNG IN DEN UNTERSTEN 50 M DER ATMOSPHAERE. IN: WISS. MITT. MET. UNIV. MUENCHEN(18) (1970)
- U. A.

AA -145

INST METEOROLOGISCHES INSTITUT DER UNI MUENCHEN
MUENCHEN 40, SCHELLINGSTR. 12
VORHAB optische bestimmung von spurengaskonzentrationen in der atmosphaere (wasserdampf, ch4, oh)
S.WORT meteorologie + atmosphaere + spurenstoffe + analytik
PROLEI PROF. DR. HANS-JUERGEN BOLLE
STAND 7.9.1976
QUELLE datenuebernahme von der deutschen forschungsgemeinschaft
FINGEB DEUTSCHE FORSCHUNGSGEMEINSCHAFT

AA -146

INST NUKEM GMBH
HANAU 11, INDUSTRIEGEBIET WOLFGANG
VORHAB katastermaessige trendanalyse fuer die schadstoffe so2, nox und cnhm aus industrie, hausbrand und verkehr fuer die bundesrepublik deutschland in den jahren 1960 - 1980
die jaehrliche emission der schadstoffe schwefeldioxid, stickoxid und kohlenwasserstoffe der emittenten industrie, haushalt und verkehr in der bundesrepublik deutschland wird ermittelt und fuer die jahre 1960 bis 1980 in tabellen und kosten dargestellt. die auswirkungen von gesetzlichen massnahmen sind zu beruecksichtigen. die auswirkung statistischer angaben ueber umfang und verteilung z. b. der industrieproduktion ergibt zusammen mit emissionsfaktoren die raeumliche verteilung der schadstoffemissionen
S.WORT luftverunreinigende stoffe + umweltbelastung + (trendanalyse)
BUNDESREPUBLIK DEUTSCHLAND
PROLEI HUBERT FRANK
FINGEB BUNDESMINISTER DES INNERN
ZUSAM BATELLE-INSTITUT E. V. , AM ROEMERHOF 35, 6 FRANKFURT 90
BEGINN 15.11.1973 ENDE 31.8.1976
G.KOST 1.137.000 DM
LITAN ZWISCHENBERICHT

AA -147

INST NUKEM GMBH
HANAU 11, INDUSTRIEGEBIET WOLFGANG
VORHAB katasteraehnliche erfassung von schadstoffimmissionen in der bundesrepublik deutschland
fuer die schadstoffe staub, so2, co, nox, cnhm, f, cl, o3 wird anhand veroeffentlicher immissions-messdaten die zeitliche (1960 - 1974) und raeumliche verteilung tabellarisch und kartographisch fuer die bundesrepublik deutschland dargestellt
S.WORT schadstoffimmission + kataster
BUNDESREPUBLIK DEUTSCHLAND
PROLEI HUBERT FRANK
FINGEB BUNDESMINISTER DES INNERN
ZUSAM BATELLE-INSTITUT E. V. , AM ROEMERHOF 35, 6 FRANKFURT 90
BEGINN 6.11.1973 ENDE 31.5.1976
G.KOST 329.000 DM
LITAN ENDBERICHT

AA -148

INST PHILIPS ELEKTRONIK INDUSTRIE GMBH
HAMBURG, MEIENDORFER STRASSE 205
VORHAB errichtung des lufthygienischen landesueberwachungssystems bayern
S.WORT luftueberwachung
BAYERN
PROLEI ING. GRAD. ADAMI
STAND 1.1.1974
FINGEB LANDESAMT FUER UMWELTSCHUTZ, MUENCHEN
ZUSAM DORNIER SYSTEM GMBH, 799 FRIEDRICHSHAFEN, POSTFACH 317
BEGINN 1.1.1973

AA -149

INST REGIONALE PLANUNGSGEMEINSCHAFT UNTERMAIN
FRANKFURT, ZEIL 127
VORHAB lufthygienische bioklimatische modelluntersuchung im raum untermain
modelluntersuchungen ueber ausmass, art und wirkung luftverunreinigender stoffe in ausgewaehlten gebieten. feststellung der gegenwaertigen belastung und der bedeutung des zusammenwirkens einzelner parameter (z. b. meteorologisch-klimatische faktoren, art der anlage eines messtellennetzes, emissionskataster, bebauung und industrielle entwicklung, oekologische situation, epidemiologische faktoren). erforschung der besonderen meteorologischen und lufthygienischen bedingungen in der ballungsregion untermain. systematisch gewonnene daten ueber die klimatischen und meteorologischen gegebenheiten, ueber die emissionen und der immissionssituation sollen zu einem rechenmodell der emissionen und der ausbreitungen fuehren, anhand dessen fuer die varianten des regionalen raaumordnungsplans eine prognose der jeweiligen luftqualitaet moeglich ist
S.WORT lufthygiene + bioklimatologie + ausbreitungsmodell
MAIN (UNTERMAIN) + RHEIN-MAIN-GEBIET
STAND 1.1.1975
QUELLE umweltforschungsplan 1975 des bmi
FINGEB - BUNDESMINISTER DES INNERN
- MINISTER FUER LANDWIRTSCHAFT UND UMWELT, WIESBADEN
BEGINN 7.10.1970 ENDE 31.12.1975
G.KOST 2.022.000 DM

AA -150

INST RHEINISCH-WESTFAELISCHER TECHNISCHER UEBERWACHUNGS-VEREIN E. V.
ESSEN, STEUBENSTR. 53

VORHAB **ergebnisse von emissionsmessungen luftverunreinigender stoffe**
emissionsueberwachung. die emissionen von anlagen muessen katastermaessig erfasst (par. 25, 38 e/bimschg) und einer staendigen kontrolle (par. 24-29, 40 e/bimschg, nr. 2. 7 ta-luft) unterliegen. hierfuer sind die technisch-wissenschaftlichen voraussetzungen fuer erhebungen, messverfahren, geraeteentwicklung und deren bundeseinheitliche standardisierung zu erarbeiten
S.WORT luftverunreinigung + emissionsmessung
NORDRHEIN-WESTFALEN
PROLEI DR. -ING. LUETZKE
STAND 1.1.1974
QUELLE umweltforschungsplan 1974 des bmi
FINGEB BUNDESMINISTER DES INNERN
BEGINN 1.10.1972 ENDE 31.3.1974
G.KOST 149.000 DM
LITAN ZWISCHENBERICHT 1974. 07

AA -151
INST RHEINISCH-WESTFAELISCHER TECHNISCHER UEBERWACHUNGS-VEREIN E. V.
ESSEN, STEUBENSTR. 53
VORHAB **ermittlungen von messverfahen und aufstellung von mindestanforderungen an messmethoden zur fortlaufenden bestimmung der taeglichen emissionen von feststoff**
im rahmen des forschungsvorhabens soll ermittelt werden, welche anlagen nach abs. 2. 8. 4. 2 der taluft vom 28. 891974 ueberwacht werden muessen, und mit welchem messverfahren die ueberwachung durchfuehrbar ist. der messtechnische teil des vorhabens gliedert sich in die arbeitsgaenge staubprobenahme und staubanalyse. fuer die staubprobenahme werden messverfahren gemaess vdi-richtlinie 2066 angewendet. unter zugrundelegung der bei den untersuchungen gewonnenen ergebnisse soll dann ein messverfahren vorgeschlagen werden, das die unter nr. 2. 8. 4. 2 taluft geforderte ermittlung der taeglichen emissionen unter verwendung bereits bekannter messgeraete ermoeglicht
S.WORT emission + feststoffe + messverfahren + geraeteentwicklung
PROLEI DR. P. HERMANN
STAND 28.11.1975
FINGEB BUNDESMINISTER DES INNERN
BEGINN 1.7.1975 ENDE 31.12.1979
G.KOST 1.900.000 DM
LITAN ZWISCHENBERICHT

AA -152
INST RHEINISCH-WESTFAELISCHER TECHNISCHER UEBERWACHUNGS-VEREIN E. V.
ESSEN, STEUBENSTR. 53
VORHAB **entwicklung eines erfassungssystems fuer die einheitliche aufbereitung und auswertung von informationen aus messberichten und gutachten**
entwicklung eines erfassungssystems fuer die einheitliche aufbereitung und auswertung von informationen aus messberichten und gutachten ueber art und ausmass der emissionen der verschiedensten genehmigunsbeduerftigen industriellen und gewerblichen anlagen. entwicklung ablochfaehiger datenerfassungsboegen fuer emissions-messberichte. die emissionen von anlagen muessen katastermaessig erfasst (par. 27, 46 bimschg) und einer staendigen kontrolle (par. 26-31 bimschg, nr. 2. 8 und nr. 3 ta luft) unterliegen. hierfuer sind die technisch-wissenschaftlichen voraussetzungen fuer erhebungen, messverfahren, geraeteentwicklungen und deren bundeseinheitliche standardisierung zu erarbeiten
S.WORT emissionskataster + industrieanlage + bundesimmissionsschutzgesetz
FINGEB BUNDESMINISTER DES INNERN
BEGINN 1.11.1975 ENDE 30.4.1976
G.KOST 125.000 DM
LITAN ZWISCHENBERICHT

AA -153
INST SIEMENS AG
MUENCHEN 2, WITTELSBACHERPL. 2
VORHAB **entwicklung von luftueberwachungsstationen und messnetzen**
entwicklung von automatischen luftueberwachungsstationen und messnetzen mit rechner und fernwirktechnik; mittels realtime-messwertverarbeitung / datenreduzierung / rechnergesteuerter geraeteueberwachung werden die notwendigen daten zur luftueberwachung geliefert; aufgaben sind: ausloesen von smogalarm / erfolgskontrolle bei schnell und langsam wirksamen massnahmen zur verbesserung der luftqualitaet / beschaffung von daten fuer prognosen und planungen; im rahmen dieser arbeiten untersuchung photochemischer umsetzungen und kontinuierlicher staubmessung
S.WORT luftueberwachung + messtellennetz
STAND 1.1.1974
BEGINN 1.1.1971 ENDE 31.12.1975
G.KOST 800.000 DM
LITAN ZWISCHENBERICHT 1974. 06

AA -154
INST STAATLICHES MUSEUM FUER NATURKUNDE STUTTGART
STUTTGART, SCHLOSS ROSENSTEIN
VORHAB **verbreitung und vergesellschaftung der flechten**
beziehungen der verbreitung von flechten zu schaedlichen abgas-immissionen und herausarbeiten der indikatorwerte fuer bestimmte flechtenarten
S.WORT luftverunreinigung + phytoindikator + flechten
DEUTSCHLAND (SUED-WEST)
PROLEI DR. VOLKMAR WIRTH
STAND 21.7.1976
QUELLE fragebogenerhebung sommer 1976
BEGINN 1.1.1973

AA -155
INST STADT WILHELMSHAVEN
WILHELMSHAVEN, RATHAUSPLATZ
VORHAB **anlagenbezogene immissionsmessungen phase I, modelluntersuchungen im messnetz wilhelmshaven; phase II weiterentwicklung am messnetz ludwigshafen**
die bundesregierung strebt eine flaechenbezogene und fortlaufende kontrolle der immissionen an, um die einhaltung der festgelegten immissionswerte zu gewaehrleisten. gleichzeitig sollen moegliche umweltschaeden fruehzeitig erkannt und die eindaemmung von gefahrenherden ermoeglicht werden. hierzu sind insbesondere mess- und auswerteverfahren zu entwickeln und grundlagen fuer eine standardisierung zu erarbeiten
S.WORT immissionsueberwachung + kraftwerk + raffinerie + messtellennetz
WILHELMSHAVEN + JADEBUSEN
PROLEI PROF. DR. STENZEL
STAND 19.12.1975
FINGEB - BUNDESMINISTER DES INNERN
- MOBIL OIL AG, WILHELMSHAVEN
- NORDWESTDEUTSCHE KRAFTWERK AG, HAMBURG
BEGINN 1.8.1975 ENDE 31.12.1976
G.KOST 2.041.000 DM
LITAN ZWISCHENBERICHT

AA -156
INST STANFORD RESEARCH INSTITUTE (SRI)
MENLO PARK/CALIFORNIA USA, 94025
VORHAB **pilotstudie fuer einen lufthaushalt fuer die bundesrepublik deutschland**
beschreibung der moeglichkeit (feasibility) einer entwicklung eines lufthaushalts (air budgets) fuer einzelne ballungsgebiete und fuer den gesamten bereich der bundesrepublik deutschland einschliesslich eines zeit und- ablaufplans fuer ein auf 3 jahre angelegtes projekt von 1974 bis 1976. das gesamtprojekt soll zur ausarbeitung eines modells fuer einen lufthaushalt als arbeitsinstrument einer lufthaushaltsplanung fuehren, das grundlage fuer

internationale voelkerrechtliche abkommen sein kann. die voruntersuchung soll im einzelnen darstellen: - vorhandene modellhafte vorstellung ueber teile des lufthaushalts unter besonderer beruecksichtigung der arbeiten der oecd - entwicklung eines konzepts fuer das messen der adsorptionskapazitaet der atmosphaere zur bestiimmung der wanderung von schadstoffen in der luft - darstellung der notwendigen wissenschaftlichen, messtechnischen, organisatorischen und rechtlichen massnahmen

S.WORT lufthaushalt + internationale zusammenarbeit BUNDESREPUBLIK DEUTSCHLAND
STAND 1.1.1974
QUELLE umweltforschungsplan 1974 des bmi
FINGEB BUNDESMINISTER DES INNERN
BEGINN 1.12.1973 ENDE 30.4.1974
G.KOST 50.000 DM

AA -157

INST STERNWARTE BOCHUM, INSTITUT FUER WELTRAUMFORSCHUNG
BOCHUM-SUNDERN, KOENIGSALLEE 178
VORHAB **untersuchung von umwelteinfluessen mit hilfe von satellitendaten (luep 411 312)**
die anwendung der weltraumtechnik auf erdgebundene problemstellungen schafft die voraussetzungen, den lebensraum des menschen, also seine umwelt, kontinuierlich und global zu beobachten und zu analysieren. sattelitendaten, z. zt. insbesondere vhrr-daten (very high resolution radiometer) des us-satteliten noaa (national oceanic atmospheric administration) werden im institut fuer weltraumforschung der sternwarte bochum seit 1964 empfangen sowie teilweise aufbereitet und interpretiert
S.WORT umwelteinfluesse + satellit + datensammlung
STAND 1.12.1975
FINGEB BUNDESMINISTER DES INNERN
BEGINN 1.12.1975 ENDE 31.12.1976
G.KOST 919.000 DM

AA -158

INST TECHNISCHER UEBERWACHUNGSVEREIN RHEINLAND E.V.
KOELN 91, KONSTANTIN-WILLE-STR. 1
VORHAB **studie ueber die umweltrelevanz von halogen-kohlenwasserstoff und halogen-kohlenwasserstoffverbindungen**
die emissionen von anlagen muessen katastermaessig erfasst (par. 27, 46 bimschg) und einer staendigen kontrolle (par. 26-31, 48 bimschg, nr. 2. 8 und nr. 3 ta luft) unterliegen. hierfuer sind die technisch-wissenschaftlichen voraussetzungen fuer erhebungen, messverfahren, geraeteentwicklungen und deren bundeseinheitliche standardisierung zu erarbeiten. ein ueberblick ueber die eigenschaften, produktion und verwendung von halogen-kohlenstoff und -kohlenwasserstoffverbindungen in der bundesrepublik deutschland soll gegeben werden. moegliche emissionsquellen und deren emittierte mengen sowie bisher bekannte chemische umsetzungen dieser verbindungen in der atomsphaere, begrenzt auf produkte mit einem siedepunkt unter 423 k (150 c), werden zusammengestellt
S.WORT emissionskataster + halogene + chlorkohlenwasserstoffe + atmosphaere
PROLEI DIPL. -ING. DUEWELL
STAND 28.1.1976
FINGEB BUNDESMINISTER DES INNERN
BEGINN 1.2.1976 ENDE 31.8.1976
G.KOST 57.000 DM

AA -159

INST TECHNISCHER UEBERWACHUNGSVEREIN RHEINLAND E.V.
KOELN 91, KONSTANTIN-WILLE-STR. 1
VORHAB **erarbeitung einer richtlinie zur erstellung von emissionskatastern**
es ist eine richtlinie zur erstellung von emissionskatastern zu erarbeiten. dabei ist die vorgehensweise mit der information aus emissionsmessung, genehmigungsantraegen und emissionserklaerungen abzustimmen
S.WORT emissionskataster + richtlinien
PROLEI DR. KROPP
STAND 12.11.1975
BEGINN 15.11.1974 ENDE 31.12.1976
G.KOST 254.000 DM

AA -160

INST TECHNISCHER UEBERWACHUNGSVEREIN RHEINLAND E.V.
KOELN, KONSTANTIN-WILLE-STR. 1
VORHAB **ermittlung des zusammenhanges zwischen abgas-emissionen und immissionen des kraftfahrzeugverkehrs. modelluntersuchungen und anwendungen in einem grossstaedtischen ballungszentrum**
bereitstellung von abgas-emissionsfaktoren, die in abhaengigkeit vom jeweiligen betriebszustand der kraftfahrzeuge auf den strassensystemen eine katastermaessige erfassung der schadstoffkomponenten ermoeglichen. die ermittlung des mittleren schadstoffausstosses erfolgt auf der basis einer gewichteten fahrzeugauswahl, die fuer den bereich der bundesrepublik bezueglich der verteilung der emissionsspezifischen parameter als repraesentativ fuer den bestand an kraftfahrzeugen mit ottomotoren angesehen werden kann. es wird eine beziehung zwischen den im rahmen der geltenden abgasgesetzgebung zu ermittelnden abgasemissionen nach anlage xiv par. 47 stvzo und den auf der gleichen basis ermittelten testergebnissen von im verkehr befindlichen fahrzeugen hergestellt
S.WORT strassenverkehr + kfz-abgase + emissionskataster + ballungsgebiet
PROLEI DR. -ING. EBERHARD PLASSMANN
STAND 2.8.1976
QUELLE fragebogenerhebung sommer 1976
FINGEB BUNDESMINISTER FUER FORSCHUNG UND TECHNOLOGIE
BEGINN 1.10.1973 ENDE 30.9.1977
G.KOST 2.809.000 DM

AA -161

INST UMWELTAMT DER STADT KOELN
KOELN, EIFELWALL 7
VORHAB **kontinuierliche messungen von luftverschmutzung, windrichtung, windgeschwindigkeit im stadtgebiet koeln (messnetz)**
kontinuierliche luftueberwachung koeln; schwefeldioxid-messnetz; windmessungen; kohlendioxidmessungen
S.WORT luftueberwachung + messtellennetz KOELN (STADT) + RHEIN-RUHR-RAUM
PROLEI DR. MARIA DEIMEL
STAND 1.1.1974
FINGEB STADT KOELN
BEGINN 1.1.1964

AA -162

INST UMWELTAMT DER STADT KOELN
KOELN, EIFELWALL 7
VORHAB **stichprobenmessung der luftverschmutzung in koeln**
erfassung des ist-zustandes; stichprobenmessungen von schwefeldioxid/kohlenmonoxid/schwefelwasserstoff/fluor-ionen/stickoxiden/kohlenwasserstoffen/blei/benzpyren/-radioaktivitaet in koeln
S.WORT luftverunreinigende stoffe + messung KOELN (STADT) + RHEIN-RUHR-RAUM
PROLEI DR. MARIA DEIMEL

STAND 1.1.1974
FINGEB STADT KOELN
BEGINN 1.1.1965
LITAN - GUTHOF, O.;DEIMEL, M.;INST. F. LEBENSMITTEL-, WASSER- U. LUFTUNTERSUCHUNGEN(HRSG.): BERICHT UEBER DIE IM RAUME KOELN DURCHGEFUEHRTEN LUFTUNTERSUCHUNGEN, H. 1-5
- ZWISCHENBERICHT 1974. 09
- ABT. LUFT- UND LAERMUNTERSUCHUNGEN DES UMWELTAMTES DER STADT KOELN (ED): V. BERICHT (1975)

AA -163
INST UMWELTAMT DER STADT KOELN
KOELN, EIFELWALL 7
VORHAB **schwefeldioxid - stichprobenmessungen (messnetz) stadt-/landkreis koeln und weiterer landkreise**
erfassung des ist-zustandes; einfache methode zur ermittlung von grundbelastungen grosser flaechen; trendanalysen
S.WORT schwefeldioxid + immissionsmessung + messtellennetz
KOELN (RAUM) + RHEIN-RUHR-RAUM
PROLEI DR. MARIA DEIMEL
STAND 1.1.1974
FINGEB MINISTER FUER ARBEIT, GESUNDHEIT UND SOZIALES, DUESSELDORF
ZUSAM LANDESANSTALT IMMISSIONS- U. BODENNUTZUNGSSCHUTZ, WALLNEYERSTR. 6, 43 ESSEN
BEGINN 1.11.1964
LITAN - SCHRIFTENREIHE DER LANDESANSTALT FUER IMMISSIONS- UND BODENNUTZUNGSSCHUTZ (31)(1974)
- HEFT 8(1967)
- HEFT 13(1968)

AA -164
INST UMWELTAMT DER STADT KOELN
KOELN, EIFELWALL 7
VORHAB **staubpegelmessungen (1) in koeln, im kreis koeln und im kreis bergheim**
erfassung des ist-zustandes; einfache methode zur ermittlung von grundbelastungen grosser flaechen; trendanalysen
S.WORT staubpegel + messtellennetz
KOELN + BERGHEIM + RHEIN-RUHR-RAUM
PROLEI DR. MARIA DEIMEL
STAND 1.1.1974
FINGEB MINISTER FUER ARBEIT, GESUNDHEIT UND SOZIALES, DUESSELDORF
ZUSAM LANDESANSTALT IMMISSIONS-U. BODENNUTZUNGSSCHUTZ, 43 ESSEN, WALLNEYERSTR. 6
BEGINN 1.10.1963
LITAN - SCHRIFTENREIHE DER LANDESANSTALT FUER IMMISSIONS- UND BODENNUTZUNGSSCHUTZ 31 (1974)
- HEFT 5(1967)
- HEFT 9(1967)

AA -165
INST UMWELTAMT DER STADT KOELN
KOELN, EIFELWALL 7
VORHAB **staubkonzentrationsmessungen in koeln und im raum koeln**
erfassung des ist-zustandes; immissionsbelastung durch partikelfoermige luftbeimengungen; lib-filterverfahren
S.WORT staub + immissionsmessung
KOELN (RAUM) + RHEIN-RUHR-RAUM
PROLEI DR. MARIA DEIMEL
STAND 1.1.1974
FINGEB MINISTER FUER ARBEIT, GESUNDHEIT UND SOZIALES, DUESSELDORF
ZUSAM LANDESANSTALT IMMISSIONS- U. BODENNUTZUNGSSCHUTZ, WALLNEYERSTR. 6, 43 ESSEN
BEGINN 1.1.1974 ENDE 31.12.1977
LITAN - SCHRIFTENREIHE DER LANDESANSTALT FUER IMMISSIONS- U. BODENNUTZUNGSSCHUTZ NW, ESSEN- BREDENEY
MEHRKOMPONENTENMESSUNGEN IM LAND NW HEFT 27
- HEFT 30
- SCHRIFTENREIHE DER LANDESANSTALT FUER IMMISSIONS- UND BODENNUTZUNGSSCHUTZ 32 (1974)

AA -166
INST VEREINIGUNG DER TECHNISCHEN UEBERWACHUNGSVEREINE E.V.
ESSEN, KURFUERSTENSTR. 56
VORHAB **erhebungen von emissionsdaten luftverunreinigender stoffe**
entwicklung eines erfassungssystems fuer die einheitliche aufbereitung und auswertung von informationen aus messberichten und gutachten ueber art und ausmass der emissionen der verschiedensten genehmigungsbeduerftigen industriellen und gewerblichen anlagen einschliesslich anfertigung der zugehoerigen schluesselziffernverzeichnisse. abschaetzung ueber anzahl, alter, anlagenart und informationsinhalt der bei den technischen ueberwachungsvereinen vorliegenden messberichte
S.WORT luftverunreinigung + emissionsueberwachung + planungshilfen
PROLEI DIPL. -ING. J. TOELLE
STAND 27.10.1975
FINGEB BUNDESMINISTER DES INNERN
BEGINN 20.10.1975 ENDE 30.4.1976
G.KOST 139.000 DM

AA -167
INST WIENER INSTITUT FUER STANDORTBERATUNG
WIEN/OESTERREICH, BERGGASSE 16
VORHAB **wiener luftbericht**
zusammenfassung aller messdaten "luft" in wien zu einer repraesentativen, ansprechenden gesamtschau
S.WORT luftreinhaltung + dokumentation
WIEN
PROLEI DIPL. -KFM. RUDOLF POTTENDORFER
STAND 30.8.1976
QUELLE fragebogenerhebung sommer 1976
FINGEB MAGISTRAT DER STADT WIEN
ZUSAM - INST. F. MEDIZINISCHE PHYSIK DER UNI WIEN
- ZENTRALANSTALT FUER METEOROLOGISCHE UND GEODYNAMIK, WIEN
BEGINN 1.1.1975 ENDE 30.9.1975
LITAN - STADT WIEN, MAGISTRATSABTEILUNG 22: DER WIENER LUFTBERICHT
- ENDBERICHT

AA -168
INST WIENER INSTITUT FUER STANDORTBERATUNG
WIEN/OESTERREICH, BERGGASSE 16
VORHAB **so2-emissionskataster wien**
erhebung der so2-emission folgender emittentengruppen: - kraft- und fernheizwerke - soziale und technische infrastruktur - industrie und grossgewerbe - kleinindustrie, kleingewerbe, buero - landwirtschaft - einzelhandel und grosshandel - haushalte - sowie zusammenfassung: ermittlung der werte durch befragung, einschaetzung, erhebung, berechnung und hochrechnung; katastermaessige einteilung
S.WORT luftverunreinigung + schwefeldioxid + emissionskataster
WIEN
PROLEI DIPL. -ING. RICHARD SCHOENSTEIN
STAND 30.8.1976
QUELLE fragebogenerhebung sommer 1976
FINGEB MAGISTRAT DER STADT WIEN
ZUSAM - KAMMER DER GEWERBLICHEN WIRTSCHAFT, WIEN
- BUNDESINSTITUT FUER GESUNDHEITSWESEN, WIEN
- ZENTRALANSTALT FUER METEOROLOGIE UND GEODYNAMIK, WIEN
BEGINN 1.7.1975 ENDE 30.9.1976
LITAN ZWISCHENBERICHT

AA -169
INST WIENER INSTITUT FUER STANDORTBERATUNG WIEN/OESTERREICH, BERGGASSE 16
VORHAB immissionsprognosemodell wien, ermittlung physikalischer kenngroessen von grossemittenten
fuer die berechnung der schornsteinueberhoehung mussten bei grossemittenten in wien physikalische kenngroessen ermittelt werden
S.WORT luftreinhaltung + immissionsbelastung + schornstein + prognose
WIEN (RAUM)
PROLEI DR. GEORG SCHOERNER
STAND 30.8.1976
QUELLE fragebogenerhebung sommer 1976
FINGEB MAGISTRAT DER STADT WIEN
ZUSAM ZENTRALANSTALT FUER METEOROLOGIE UND GEODYNAMIK
BEGINN 1.6.1976 ENDE 31.8.1976
LITAN ENDBERICHT

AA -170
INST WIENER INSTITUT FUER STANDORTBERATUNG WIEN/OESTERREICH, BERGGASSE 16
VORHAB so2-emissionskataster der stadt linz
erfassung der so2-emissionen der stadt linz durch erhebung, befragung und hochrechnung, katastermaessige darstellung
S.WORT luftverunreinigung + schwefeldioxid + emissionskataster
LINZ RAUM)
PROLEI DIPL. -KFM. RUDOLF POTTENDORFER
STAND 30.8.1976
QUELLE fragebogenerhebung sommer 1976
FINGEB MAGISTRAT DER STADT LINZ
BEGINN 1.12.1972 ENDE 31.8.1974
LITAN - WIST INFORMATIONEN (29)(MAI 1975)
- ENDBERICHT

AA -171
INST WISSENSCHAFTLICHE BETRIEBSEINHEIT BOTANIK DER UNI FRANKFURT
FRANKFURT, SIESMAYERSTR. 70
VORHAB baumborke als indikator fuer luftverunreinigungen
S.WORT luftverunreinigung + bioindikator
STAND 1.1.1974
BEGINN 1.1.1970

AA -172
INST WISSENSCHAFTLICHE BETRIEBSEINHEIT BOTANIK DER UNI FRANKFURT
FRANKFURT, SIESMAYERSTR. 70
VORHAB moosverbreitung im raum offenbach
S.WORT luftueberwachung + immissionsmessung + phytoindikator + (moosverbreitung)
OFFENBACH + RHEIN-MAIN-GEBIET
STAND 1.1.1974
BEGINN 1.1.1972

AA -173
INST ZENTRALSTELLE FUER GEOPHOTOGRAMMETRIE UND FERNERKUNDUNG DER DEUTSCHEN FORSCHUNGSGEMEINSCHAFT
MUENCHEN, LUISENSTR. 37
VORHAB ueberwachung der luftverschmutzung aus der luft
S.WORT luftverunreinigung + fliegende messtation + ueberwachung
PROLEI PROF. DR. JOHANN BODECHTEL
STAND 1.1.1974
FINGEB DEUTSCHE FORSCHUNGSGEMEINSCHAFT
BEGINN 1.1.1970

Weitere Vorhaben siehe auch:

CA -048 STRAHLUNGSEXTINKTION UND NORMSICHTWEITE IN GETRUEBTER ATMOSPHAERE
CB -013 VERHALTEN DES SPURENGASES OZON IN DER FREIEN ATMOSPHAERE
CB -061 RELATIVE VERTEILUNG BESTIMMTER SUBSTANZEN AUF DAS GROESSENSPEKTRUM DES ATMOSPHAERISCHEN AEROSOLS
CB -064 ATMOSPHAERISCHE CHEMIE
CB -072 PROJEKT TROPOSPHAERISCHES OZON (ATMOSPHAERISCHE TRANSPORT- UND AUSTAUSCHPARAMETER)
CB -073 GLOBALE KREISLAEUFE VON ATMOSPHAERISCHEN SPURENGASEN
CB -077 BESTIMMUNG DER ANTHROPOGENEN PRODUKTION VON CO, H2, HG, H2CO, CH4 UND N2O
CB -080 BEDEUTUNG DER STABILEN BODENLUFTSCHICHTEN FUER DIE AUSBREITUNG GASFOERMIGER SCHADSTOFFE
CB -086 UNTERSUCHUNGEN UEBER SMOGBILDUNG, INSBESONDERE UEBER DIE AUSBILDUNG VON OXYDANTIEN ALS FOLGE DER LUFTVERUNREINIGUNG IN DER BUNDESREPUBLIK DEUTSCHLAND
EA -001 METEOROLOGISCHE STEUERUNG DER SMOGWARNDIENSTE DER LAENDER, EINSCHLIESSLICH DER VORHERSAGE AUSTAUSCHARMEN WETTERS
EA -022 UNTERSUCHUNG UEBER DIE AUFSTELLUNG EINES LUFTHAUSHALTSPLANES
GB -008 FLOSSMESSUNGEN AUF DEM RHEIN AM STANDORT DES KERNKRAFTWERKES BIBLIS
HG -009 MESSYSTEM ARGUS - AUTOMATISCHE REGISTRIERUNG VON HYDROLOGISCHEN UND METEOROLOGISCHEN MESSREIHEN IN FLUSS- UND KUESTENGEWAESSERN
HG -012 EINFLUSS NATURRAEUMLICHER UND ANTHROPOGENER FAKTOREN AUF DEN OBERFLAECHENABFLUSS. EIGNUNG DER ZEITREIHENANALYSE ZUR SIMULATION UND PROGNOSE STOCHASTISCHER PROZESSE IN HYDROLOGIE UND KLIMATOLOGIE
NB -009 UEBERWACHUNG DER ATMOSPHAERE AUF RADIOAKTIVE BEIMENGUNGEN UND DEREN VERFRACHTUNG
PF -031 GROSSRAEUMIGE IMMISSIONSMESSUNG IM RAUM GOSLAR-BAD HARZBURG
PH -052 ERHEBUNG UEBER DIE AUFNAHME UND WIRKUNG GAS- UND PARTIKELFOERMIGER IMMISSIONEN IM RAHMEN EINES WIRKUNGSKATASTERS
RG -036 AENDERUNG DES KLEINKLIMAS DURCH DIE AUFFORSTUNG EINES NORDWESTHANGS IN TAUBERBISCHOFSHEIM
SA -021 TECHNOLOGIEFOLGEABSCHAETZUNG DER ANREICHERUNG VON CO2 IN DER ATMOSPHAERE DURCH DIE VERBRENNUNG FOSSILER ENERGIETRAEGER
TE -003 BIOTROPE LUFTELEKTRISCHE UND METEOROLOGISCHE FAKTOREN BEI VERSCHIEDENEN WETTERLAGEN IM BODENSEERAUM MIT BESONDERER BERUECKSICHTIGUNG DES SUEDFOEHNS
TE -009 WETTERWIRKUNG AUF GESUNDE UND KRANKE MENSCHEN
UF -005 STADTKLIMAGUTACHTEN FRANKFURT/MAIN
UK -038 KLEINKLIMATISCHE UNTERSUCHUNGEN IN UMSCHLOSSENEN FREIRAEUMEN UND GELAENDEVERTIEFUNGEN
UL -006 MITTEL- UND KLEINMASSSTAEBIGE KARTEN DES GELAENDEKLIMAS UND IHRE VERWENDUNG IN DER PRAXIS
UL -037 KLIMAOEKOLOGISCHE MODELLE FUER DIE LANDSCHAFTSOEKOLOGIE

BA -001

INST ABTEILUNG CHEMISCHE SICHERHEITSTECHNIK DER BUNDESANSTALT FUER MATERIALPRUEFUNG
BERLIN 45, UNTER DEN EICHEN 87
VORHAB **abgasuntersuchungen an kraftfahrzeugen**
zur verbesserung der gesetzgebung auf dem gebiet der kfz-abgasemissionen sind die pruefmethoden zu verbessern, zu modernisieren und zu vereinfachen. mit hilfe eines neuen rollpruefstandes, der eine sehr aufwendige abgasanalytik mit rund 10 kontinuierlich messenden analysengeraeten fuer die verschiedenen gasfoermigen abgaskomponenten und eine kondensationseinrichtung fuer fluessige und feste abgasbestandteile enthaelt, werden mit verschiedenen versuchswagen (mit otto- und dieselmotoren) versuchsreihen gefahren, die auch eine beurteilung des abgasverhaltens der fahrzeuge, z. t. ueber lange laufstrecken gestatten
S.WORT kfz-abgase + europaeischer fahrzyklus + abgaszusammensetzung
PROLEI DR. -ING. WOLFGANG SCHROEDTER
STAND 10.9.1976
QUELLE fragebogenerhebung sommer 1976
BEGINN 1.1.1972
G.KOST 1.375.000 DM

BA -002

INST ABTEILUNG CHEMISCHE SICHERHEITSTECHNIK DER BUNDESANSTALT FUER MATERIALPRUEFUNG
BERLIN 45, UNTER DEN EICHEN 87
VORHAB **untersuchungen ueber die auswirkung von aenderungen in der bewertung der kaltphase des "europaeischen fahrzyklus"**
verbesserung der mess- und pruefverfahren der otto- und dieselmotoren und der nachverbrennungsverfahren sowie verbesserung der konstruktion von otto- und dieselmotoren erarbeiten wissenschaftlich-technischer grundlagen fuer die beurteilung des standes der technik und der technischen entwicklung als voraussetzung fuer die konkretisierung von zielvorstellungen und den entwurf von rechtsnormen
S.WORT kfz-abgase
STAND 1.1.1974
QUELLE umweltforschungsplan 1974 des bmi
FINGEB BUNDESMINISTER DES INNERN
BEGINN 1.1.1974 ENDE 31.12.1974
G.KOST 100.000 DM

BA -003

INST ABTEILUNG SONDERGEBIETE DER MATERIALPRUEFUNG DER BUNDESANSTALT FUER MATERIALPRUEFUNG
BERLIN 45, UNTER DEN EICHEN 87
VORHAB **untersuchung des einflusses unterschiedlicher betriebszustaende von kfz auf die emission carcinogener stoffe; neuentwicklung von analyse-verfahren**
untersuchung des einflusses unterschiedlicher betriebsbedingungen von kraftfahrzeugen auf die emission polycyclischer, aromatischer, carcinogener kohlenwasserstoffe mit dem abgas; ausdehnung der untersuchungen auf cocarcinogene stoffe wie phenole; hierzu entwicklung neuer analysenmethoden
S.WORT kfz-abgase + schadstoffemission + analyseverfahren
PROLEI DR. STUDT
STAND 1.1.1974
FINGEB BUNDESANSTALT FUER MATERIALPRUEFUNG, BERLIN
ZUSAM PROF. VOIGTSBERGER, BUNDESANSTALT FUER MATERIALPRUEFUNG; FACHGRUPPE 4. 2, 1 BERLIN 45, UNTER D. EICHEN
BEGINN 1.1.1972
G.KOST 60.000 DM
LITAN SCHROEDTER, W.;STUDT, P.;VOIGTSBERGER, P.:UNTERSUCHUNGEN UEBER DIE KARCINOGENE BELASTUNG DES MENSCHEN DURCH LUFTVERUNREINGUNG IV. EIN BEITRAG ZUR UNTERSUCHUNG KREBSERREGENDER SCHADSTOFFE IM ABGAS VON OTTOMOTOREN

BA -004

INST BATTELLE-INSTITUT E.V.
FRANKFURT 90, AM ROEMERHOF 35
VORHAB **abgasentwicklung von verbrennungsmotoren, chemische zusammensetzung, verringerung schaedlicher abgase**
S.WORT verbrennungsmotor + abgaszusammensetzung + emissionsminderung
STAND 1.1.1974

BA -005

INST BATTELLE-INSTITUT E.V.
FRANKFURT 90, AM ROEMERHOF 35
VORHAB **aufstellung eines emissionskatasters fuer kfz-abgase**
die emissionen von anlagen muessen katastermaessig erfasst (par. 27, 46 bimschg) und einer staendigen kontrolle (par. 26-31, 48 bimschg, nr. 2. 8 und nr. 3 ta luft) unterliegen. hierfuer sind die technisch-wissenschaftlichen voraussetzungen fuer erhebungen, messverfahren, geraeteentwicklungen und deren bundeseinheitliche standardisierung zu erarbeiten
S.WORT kfz-abgase + emissionskataster
PROLEI DR. MICHEL
STAND 1.1.1975
QUELLE umweltforschungsplan 1975 des bmi
FINGEB BUNDESMINISTER DES INNERN
BEGINN 1.9.1972 ENDE 30.6.1975
G.KOST 445.000 DM

BA -006

INST BUNDESANSTALT FUER STRASSENWESEN
KOELN, BRUEHLER STRASSE 1
VORHAB **untersuchungen ueber die abgaskonzentration in abhaengigkeit von den verkehrsdaten**
fuer die schadstoffquelle strassenverkehr sollen im einwirkungsbereich von fernstrassen die auftretenden immissionen folgenden verkehrsdaten zugeordnet werden: verkehrsstaerke, prozentualer lkw-anteil, mittlere fahrzeuggeschwindigkeit, verkehrsfluss und anzahl der fahrspuren. ausserdem sollen als langzeitprogramm der einfluss von schadstoffreduzierungen im abgas (durch gesetzgeberische oder sonstige massnahmen) auf die vorhandenen immissionskonzentrationen untersucht werden. folgende schadstoffkomponenten werden bei den untersuchungen erfasst: kohlenmonoxyd, stickoxyde, kohlenwasserstoffe und blei
S.WORT abgasemission + strassenverkehr
PROLEI DIPL. -PHYS. JOERG ESSER
STAND 29.7.1976
QUELLE fragebogenerhebung sommer 1976
FINGEB BUNDESMINISTER FUER VERKEHR
BEGINN 1.5.1975
G.KOST 200.000 DM

BA -007

INST DEGUSSA AG
HANAU, STADTTEIL WOLFGANG
VORHAB **entwicklung von katalysatoren fuer den einsatz in europa und verwendung von bleihaltigem kraftstoff und testung eines einsatzbereiten gesamtsystems**
verbesserung der mess- und pruefverfahren der otto- und dieselmotoren und der nachverbrennungsverfahren sowie verbesserung der konstruktion von otto- und dieselmotoren. erarbeiten wissenschaftlich-technischer grundlagen fuer die beurteilung des standes der technik und der technischen entwicklung als voraussetzung fuer die konkretisierung von zielvorstellungen und den entwurf von rechtsnormen
S.WORT verbrennungsmotor + treibstoffe + blei + abgasminderung
STAND 20.11.1975
FINGEB BUNDESMINISTER DES INNERN
BEGINN 1.10.1975 ENDE 30.9.1976
G.KOST 494.000 DM

BA -008
INST DEUTSCHE GESELLSCHAFT FUER MINERALOELWISSENSCHAFT UND KOHLECHEMIE E.V.
HAMBURG, STEINDAMM 71
VORHAB **messung und ermittlung von kohlenwasserstoff-emissionen bei lagerung, umschlag und transport von ottokraftstoffen**
massnahmen zur ermittlung des standes der technik als grundlage fuer die fortschreibung der technischen anleitung zur reinhaltung der luft. die bundesregierung strebt an, menschen sowie tiere, pflanzen und andere sachgueter vor erheblichen nachteilen, gefahren oder belaestigungen, die durch luftverunreinigungen aus industriellen anlagen, anlagen im gewerblichen bereich und aus haeuslichen feuerstaetten hervorgerufen werden koennen, durch verminderung der emissionen an schadstoffen und geruchstoffen zu schuetzen
S.WORT treibstoffe + lagerung + transport + schadstoffemission + kohlenwasserstoffe
PROLEI DR. ALTMANN
STAND 5.2.1976
FINGEB BUNDESMINISTER DES INNERN
BEGINN 1.11.1973 ENDE 30.9.1976
G.KOST 1.647.000 DM

BA -009
INST DORSCH CONSULT INGENIEURGESELLSCHAFT MBH
MUENCHEN 21, ELSENHEIMERSTR. 68
VORHAB **berechnung von abgasemissionen fuer beliebige verkehrsbelastungen und darstellung von emissionskatastern mit hilfe der edv**
ziel: erstellung eines edv-programmes, das die kfz-emissionen der wichtigsten abgase fuer beliebige verkehrsnetze und belastungen berechnet und katastermaessig darstellt. eingabedaten sind geometrie und verkehrstechnische eigenschaften des strassennetzes sowie angaben ueber verkehrsbelastungen und durchschnittliches fahrverhalten auf den einzelnen netzabschnitten. die ergebnisse werden in form von abgasbelastungsplaenen auf dem plotter angegeben. vorgehen: ermittlung aller moeglichen einflussgroessen auf die abgasemission/analyse der fuer das emissionsverhalten wichtigen motorbetriebszustaende/typisierung von bestimmten fahrzeugklassen hinsichtlich ihres emissionsverhaltens/erstellung eines berechnungsmodells fuer die emission, aufbauend auf daten ueber verkkehrsbelastung und fahrweise
S.WORT verkehrssystem + kfz-abgase + emissionskataster + simulationsmodell + (fahrverhalten)
PROLEI DIPL. -PHYS. CHRISTOPH BRUHN
STAND 23.7.1976
QUELLE fragebogenerhebung sommer 1976
FINGEB BUNDESMINISTER FUER FORSCHUNG UND TECHNOLOGIE
BEGINN 1.6.1975 ENDE 31.5.1976
G.KOST 380.000 DM

BA -010
INST ENGLER-BUNTE-INSTITUT DER UNI KARLSRUHE
KARLSRUHE, RICHARD-WILLST. ALLEE 5
VORHAB **polycyclische aromatische kohlenwasserstoffe in dieseloel, benzin sowie im luftstaub von autobahn-, industrie- und wohngebieten**
untersuchungen zum quantitativen nachweis insbesondere krebserregender kohlenwasserstoffe in mineraloelen und in luft; untersuchungsmethode ist in erster linie in anwendung hochaufloesender massenspektrometrie; liefert u. a. fingerprintsystem fuer umweltverunreinigungen durch kohlenwasserstoffe
S.WORT luftverunreinigung + brennstoffe + polyzyklische aromaten + nachweisverfahren
PROLEI DR. ALBERT HERLAN
STAND 1.1.1976
QUELLE erhebung 1975
FINGEB DEUTSCHE FORSCHUNGSGEMEINSCHAFT
BEGINN 1.11.1972
LITAN - HERLAN: POLYCYCLISCHE AROMATISCHE KOHLENWASSERSTOFFE IN DER LUFT-QUANT. MASSENSPEKTROMETRISCHE BESTIMMUNG. IN: ERDOEL UND KOHLE 27 S. 138-145(1974)
- HERLAN, KOHLENWASSERSTOFFE IN SEDIMENTSSTAEUBEN. IN: STAUB, REINHALTUNG DER LUFT 35 S. 45-50(1975)
- HERLAN: KOHLENWASSERSTOFFANALYSE VON DIESELKRAFTSTOFF MIT HILFE VON HOCHAUFLOESENDER MASSENSPEKTROMETRIE, GASCHROMATOGRAPHIE, KIESGEL-UND MOLEKULARSIEBTRENNUNG. IN: ERDOEL UND KOHLE

BA -011
INST FACHGEBIET TECHNISCHE STROEMUNGSLEHRE DER TH DARMSTADT
DARMSTADT, PETERSENSTR. 18
VORHAB **bildung und abbau von schadstoffen in der naehe einer kalten wand waehrend eines verbrennungsprozesses**
das forschungsvorhaben beschaeftigt sich mit der entstehung von no und co waehrend der expansion in einem kolbenmotor und zwar speziell mit dem einfluss der - im vergleich zum brennenden gas - "kalten" zylinderwand. der verbrennungsvorgang wird mit einem stossrohr simuliert, wobei die rueckwand des stossrohres die wand des hubraumes darstellt. der an der rueckwand reflektierte stoss zuendet das gemisch. folgende messungen werden in der naehe der stossrohrrueckwand ausgefuehrt: messung des brechnungsindexes in schichten parallel zur reflektierten wand; nach raum und zeit aufgeloeste spektroskopie der reaktionskontinua von co+o-co2+hv und no+o-no2+hv
S.WORT verbrennungsmotor + schadstoffbildung + kohlenmonoxid + stickoxide
PROLEI DIPL. -ING. ULRICH SCHILLING
STAND 30.8.1976
QUELLE fragebogenerhebung sommer 1976
BEGINN 1.7.1974 ENDE 30.6.1977

BA -012
INST FACHGEBIET TECHNISCHE STROEMUNGSLEHRE DER TH DARMSTADT
DARMSTADT, PETERSENSTR. 18
VORHAB **nichtgleichgewichtsvorgaenge in der naehe einer kalten wand in einem vielkomponentigen, chemisch reagierenden gasgemisch**
ein vielkomponentiges gemisch hat nach der zuendung in einem verbrennungsmotor in der anschliessenden expansionsphase eine hohe temperatur. da das gemisch in kontakt mit der kalten wand steht, bildet sich eine temperaturgrenzschicht mit grossem temperaturgradienten aus. obwohl von dieser schicht die schadstoffbildung beeinflusst wird, liegen noch keine detaillierten untersuchungen ueber sie vor. in diesem forschungsvorhaben wird daher ein mathematisches modell entwickelt und erprobt, welches die vorgaenge in der grenzschicht unter beruecksichtigung der diffusion, der waermeleitung und der chemischen nichtgleichgewichtsvorgaenge beschreibt
S.WORT verbrennungsmotor + schadstoffbildung + modell
PROLEI DIPL. -ING. RUDOLF KEIPER
STAND 30.8.1976
QUELLE fragebogenerhebung sommer 1976
BEGINN 1.12.1974 ENDE 31.12.1976
G.KOST 15.000 DM
LITAN ZWISCHENBERICHT

BA -013
INST FORSCHUNGSVEREINIGUNG AUTOMOBILTECHNIK E.V. (FAT)
FRANKFURT, WESTENDSTR. 61

VORHAB **bestandsaufnahme der immissionssituation durch den kraftverkehr in der bundesrepublik deutschland**
feststellung des immissionsstandes an ausgewaehlten typischen orten der bundesrepublik deutschland und europas
S.WORT strassenverkehr + kfz-abgase + immissionsbelastung
BUNDESREPUBLIK DEUTSCHLAND + EUROPA
PROLEI PROF. DR. E. LAHMANN
STAND 1.10.1974
BEGINN 1.1.1973 ENDE 31.12.1974
G.KOST 42.000 DM
LITAN - IMMISSIONSSITUATION DURCH DEN KRAFTVERKEHR IN DER BUNDESREPUBLIK DEUTSCHLAND. IN: SCHRIFTENREIHE I, FAT(FEB 1975)
- ENDBERICHT

BA -014
INST GESELLSCHAFT FUER WIRTSCHAFTS- UND VERKEHRSWISSENSCHAFTLICHE FORSCHUNG E.V.
KOENIGSWINTER 41, ZUM KLEINEN OELBERG 44
VORHAB **quantitative und qualitative beeintraechtigung der umwelt durch den kfz-verkehr unter besonderer beruecksichtigung der moeglichkeiten einer monetaeren erfassung**
darstellung des grades der beeintraechtigung der umwelt durch den verkehr; versuch der quantifizierung der entstandenen und noch zu erwartenden schaeden (monetaere erfassung)
S.WORT strassenverkehr + umweltbelastung + (kosten)
PROLEI PROF. DR. DR. H. C. FRITZ VOIGT
STAND 1.1.1974
QUELLE erhebung 1975
ZUSAM - INST. F. INDUSTRIE- U. VERKEHRSPOLITIK DER UNI, 53 BONN, ADENAUER-ALLEE 24-26
- INST. F. SPAR-, GIRO- U. KREDITWESEN DER UNI, 53 BONN, COBURGER STR. 2
BEGINN 1.1.1973 ENDE 31.1.1974
LITAN NEUMANN R.: QUALITATIVE UND QUANTITATIVE BEEINTRAECHTIGUNG DER UMWELT DURCH DEN KRAFTFAHRZEUGVERKEHR, BERICHT, BONN(1973)

BA -015
INST HYGIENEINSTITUT DER UNI MAINZ
MAINZ, HOCHHAUS AM AUGUSTUSPLATZ
VORHAB **kanzerogene in autoabgasen**
S.WORT schadstoffemission + kfz-abgase + carcinogene
PROLEI PROF. DR. JOACHIM BORNEFF
STAND 1.10.1974
BEGINN 1.1.1969
G.KOST 500.000 DM

BA -016
INST INSTITUT FUER AEROBIOLOGIE DER FRAUNHOFER-GESELLSCHAFT E.V.
SCHMALLENBERG GRAFSCHAFT, UEBER SCHMALLENBERG
VORHAB **dieselrussanalysator**
es soll die groessenverteilung der partikel des dieselruss bestimmt werden. es wird eine aerosolzentrifuge mit stoeber-rotor gebaut, die in ihrer dimensionierung der messaufgabe angepasst ist
S.WORT kfz-technik + dieselmotor + russ + aerosolmesstechnik
PROLEI PROF. DR. WERNER STOEBER
STAND 29.7.1976
QUELLE fragebogenerhebung sommer 1976
FINGEB DAIMLER-BENZ AG, STUTTGART
BEGINN 1.2.1975 ENDE 31.12.1975
G.KOST 44.000 DM
LITAN ENDBERICHT

BA -017
INST INSTITUT FUER ANGEWANDTE GASDYNAMIK DER DFVLR
KOELN 90, LINDER HOEHE
VORHAB **messverfahren zur untersuchung von zerstaeubungs-, verdampfungs- und verbrennungsvorgaengen bei der kraftstoffeinspritzung**
anwendung von beruehrungslosen, optischen und opto-elektronischen messverfahren zur qualitativen und quantitativen bestimmung der gaszusammensetzung im nachlauf von verdampfenden und verbrennenden tropfen und ausbreitungsvorgaenge in brennraeumen
S.WORT brennstoffe + stroemungstechnik + schadstoffe
PROLEI DIPL. -PHYS. WANDERS
STAND 1.1.1974
FINGEB BUNDESMINISTER DER VERTEIDIGUNG
ZUSAM KLOECKNER-HUMBOLDT-DEUTZ AG, ENTWICKLUNGSWERK PORZ
BEGINN 1.1.1974
G.KOST 400.000 DM
LITAN - WANDERS, K.: FUNDAMENTALS OF HOLOGRAPHY. INTERNE DFVLR-BERICHTE (1973)
- WANDERS, K.: HOLOGRAPHIC INTERFEROMETRY.
- WANDERS, K.: PRACTICAL USE OF CW-HOLOGRAPHY.

BA -018
INST INSTITUT FUER CHEMISCHE TECHNOLOGIE DER TH DARMSTADT
DARMSTADT, PETERSENSTR. 15
VORHAB **abgase bei der motorischen und industriellen verbrennung**
S.WORT verbrennung + motor + industrie + abgas
PROLEI PROF. DR. F. FETTING
STAND 1.10.1974
FINGEB - DEUTSCHE FORSCHUNGSGEMEINSCHAFT
- BUNDESMINISTER FUER WIRTSCHAFT
BEGINN 1.1.1968 ENDE 31.12.1980
G.KOST 800.000 DM

BA -019
INST INSTITUT FUER CHEMISCHE TECHNOLOGIE UND BRENNSTOFFTECHNIK DER TU CLAUSTHAL
CLAUSTHAL-ZELLERFELD, ERZSTR. 18
VORHAB **erfassung und minderung von belaestigungen (nase, rachen, augen) durch abgase von verbrennungskraftmaschinen**
verbesserung der mess- und pruefverfahren der otto- und dieselmotoren und der nachverbrennungsverfahren sowie verbesserung der konstruktion von otto- und dieselmotoren. erarbeiten wissenschaftlich-technischer grundlagen fuer die beurteilung des standes der technik und der technischen entwicklung als voraussetzung fuer die konkretisierung von zielvorstellungen und den entwurf von rechtsnormen
S.WORT verbrennungsmotor + abgas + geruchsbelaestigung
PROLEI DR. -ING. JOACHIM ZAJONTZ
STAND 1.1.1974
QUELLE umweltforschungsplan 1974 des bmi
FINGEB - BUNDESMINISTER DES INNERN
- FORSCHUNGSVEREINIGUNG VERBRENNUNGSKRAFTMASCHINEN E. V. FRANKFURT
BEGINN 1.1.1972 ENDE 31.12.1974
G.KOST 187.000 DM
LITAN - OELERT, H. H.;ZAJONTZ, J.;U. A.: TAGUNGSBEITRAG GERUCHSTRAEGERIDENTIFIZIERUNG. BONN (1973)
- ZWISCHENBERICHT 1974. 06

BA -020
INST INSTITUT FUER CHEMISCHE TECHNOLOGIE UND BRENNSTOFFTECHNIK DER TU CLAUSTHAL
CLAUSTHAL-ZELLERFELD, ERZSTR. 18
VORHAB **entwicklung und anwendung eines verfahrens zur beurteilung der schadstoffemission von dieselfahrzeugen im fahrbetrieb**
entwicklung eines mess- und bewertungsverfahrens fuer die abgasemission aus dieselfahrzeugen
S.WORT abgas + dieselmotor + emissionsmessung + bewertungsmethode
PROLEI DR. -ING. JOACHIM ZAJONTZ
STAND 1.1.1974

QUELLE umweltforschungsplan 1974 des bmi
FINGEB BUNDESMINISTER DES INNERN
BEGINN 1.1.1972 ENDE 31.12.1974
G.KOST 319.000 DM
LITAN - ENTWICKLUNG UND ANWENDUNG EINES VERFAHRENS ZUR BEURTEILUNG DER SCHADSTOFFEMISSION VON DIESELMOTOREN IM FAHRBETRIEB. IN: FORSCHUNGSBERICHT DER FVV (202)(1976)
- ZWISCHENBERICHT 1974. 12
- ENDBERICHT

BA -021

INST INSTITUT FUER CHEMISCHE TECHNOLOGIE UND BRENNSTOFFTECHNIK DER TU CLAUSTHAL
CLAUSTHAL-ZELLERFELD, ERZSTR. 18
VORHAB **analyse spezifischer kohlenwasserstoffe in verbrennungsabgasen (vorhaben 3)**
entwicklung einer gaschromatographischen methode zur erfassung einzelner gasfoermiger kohlenwasserstoffe in den abgasen aus verbrennungsprozessen
S.WORT abgas + verbrennung + kohlenwasserstoffe + analyseverfahren
PROLEI DR. -ING. JOACHIM ZAJONTZ
STAND 1.1.1975
QUELLE umweltforschungsplan 1975 des bmi
FINGEB - BUNDESMINISTER DES INNERN
- FORSCHUNGSVEREINIGUNG VERBRENNUNGSKRAFTMASCHINEN E. V. , FRANKFURT
BEGINN 1.10.1972 ENDE 31.12.1975
G.KOST 360.000 DM
LITAN - ENTWICKLUNG EINER METHODE ZUR ERFASSUNG UND BEWERTUNG DER EMITTIERTEN KOHLENWASSERSTOFFE AUS VERBRENNUNGSPROZESSEN. IN: FORSCHUNGSBERICHT DER FVV (1976)
- SIEGERT, H.;OELERT, H. H.;ZAJONTZ, J.: DREIDIMENSIONALE GASCHROMATOGRAPHIE ZUR DIFFERENZIERTEN BEURTEILUNG VON KOHLENWASSERSTOFFEMISSIONEN AUS VERBRENNUNGSPROZESSEN. IN: CHROMATOGRAPHIA 7(10) S. 599(1974)
- ENDBERICHT

BA -022

INST INSTITUT FUER CHEMISCHE TECHNOLOGIE UND BRENNSTOFFTECHNIK DER TU CLAUSTHAL
CLAUSTHAL-ZELLERFELD, ERZSTR. 18
VORHAB **ueberblicksstudie ueber emission hygienisch relevanter kohlenwasserstoffe aus deutschen personenkraftwagen**
erhebung ueber derzeitigen stand der emission hygienisch relevanter kohlenwasserstoffe aus pkw-motoren und abhaengigkeiten von kraftstoffzusammensetzung
S.WORT kfz-motor + emission + kraftstoffe + kohlenwasserstoffe + datensammlung
PROLEI DR. -ING. JOACHIM ZAJONTZ
STAND 1.1.1974
BEGINN 1.1.1975 ENDE 31.12.1977
G.KOST 200.000 DM

BA -023

INST INSTITUT FUER CHEMISCHE TECHNOLOGIE UND BRENNSTOFFTECHNIK DER TU CLAUSTHAL
CLAUSTHAL-ZELLERFELD, ERZSTR. 18
VORHAB **untersuchungen ueber den zusammenhang zwischen brennstoffkomposition sowie verbrennungsverfahren und den emissionen verschiedener gasfoermiger kohlenwasserstoffe**
erstellung einer systematischen uebersicht ueber den zusammenhang zwischen brennstoffzusammensetzung, verbrennungsverfahren und emission gasfoermiger kohlenwasserstoffe an einer reihe von kraftfahrzeugen mit ottomotoren. abschliessend erweiterung auf dieselkraftfahrzeuge und heizoelbrenner
S.WORT kfz-abgase + verbrennungsmotor + brennstoffguete + kohlenwasserstoffe
PROLEI DR. -ING. JOACHIM ZAJONTZ
STAND 23.7.1976
QUELLE fragebogenerhebung sommer 1976
BEGINN 1.9.1976 ENDE 31.7.1978
G.KOST 70.000 DM

BA -024

INST INSTITUT FUER FLUGTREIB- UND SCHMIERSTOFFE DER DFVLR
MUENCHEN, HESS-STR. 130 B
VORHAB **einfluss des kraftstoffs auf die abgasemission von gasturbinen**
abgasemission von brennkammern (gasturbinen) in abhaengigkeit vom kraftstoff
S.WORT gasturbine + kraftstoffe + abgasemission
PROLEI DR. KERN
STAND 1.10.1974
FINGEB BUNDESMINISTER DER VERTEIDIGUNG
ZUSAM AIR PROPULSION LABORATORY, DAYTON; FLUGZEUGEMISSION
BEGINN 1.10.1970 ENDE 31.5.1975
G.KOST 80.000 DM
LITAN DFVLR JAHRESBERICHT (1976)

BA -025

INST INSTITUT FUER IMMISSIONS-, ARBEITS- UND STRAHLENSCHUTZ DER LANDESANSTALT FUER UMWELTSCHUTZ BADEN-WUERTTEMBERG
KARLSRUHE, GRIESBACHSTR. 3
VORHAB **bleibelastung durch autoabgase**
S.WORT kfz-abgase + bleikontamination
PROLEI DR. SCHELLHAS
STAND 1.1.1974
FINGEB MINISTERIUM FUER ARBEIT, GESUNDHEIT UND SOZIALORDNUNG, STUTTGART
BEGINN 1.1.1972

BA -026

INST INSTITUT FUER KOLBENMASCHINEN DER TU BRAUNSCHWEIG
BRAUNSCHWEIG, LANGER KAMP 6
VORHAB **untersuchung der abgaszusammensetzung bei anwendung der ladungsschichtung bei ottomotoren**
verbesserung der mess- und pruefverfahren der otto- und dieselmotoren und der nachverbrennungsverfahren sowie verbesserung der konstruktion von otto- und dieselmotoren. erarbeiten wissenschaftlich-technischer grundlagen fuer die beurteilung des standes der technik und der technischen entwicklung als voraussetzung fuer die konkretisierung von zielvorstellungen und den entwurf von rechtsnormen
S.WORT kfz-abgase + ottomotor + abgaszusammensetzung
PROLEI PROF. MUELLER
STAND 1.1.1974
QUELLE umweltforschungsplan 1974 des bmi
FINGEB BUNDESMINISTER DES INNERN
ZUSAM PROJEKTGRUPPE "LADUNGSSCHICHTUNG"
BEGINN 1.9.1970 ENDE 31.12.1974
G.KOST 347.000 DM

BA -027

INST INSTITUT FUER KOLBENMASCHINEN DER TU BRAUNSCHWEIG
BRAUNSCHWEIG, LANGER KAMP 6
VORHAB **erarbeitung von methoden zur vorausberechnung der schadstoffemission von verbrennungsmotoren**
beschreibung (mathematisch) der schadstoffkonzentrationen in otto- und dieselmotoren; quantitative voraussage; berechnung realer kreisprozesse; edv; erarbeitung von randbedingungen; aufstellung von halbempirischen beziehungen
S.WORT kfz-abgase + verbrennungsmotor + berechnungsmodell
PROLEI PROF. DR. -ING. WOSCHNI

STAND 1.10.1974
FINGEB DEUTSCHE FORSCHUNGSGEMEINSCHAFT
ZUSAM SONDERFORSCHUNGSBEREICH 97, FAHRZEUG UND ANTRIEBE, DER TU BRAUNSCHWEIG, 33 BRAUNSCHWEIG, POCKELSSTR. 1
BEGINN 1.1.1973 ENDE 31.12.1974
G.KOST 649.000 DM
LITAN ZWISCHENBERICHT 1975. 02

BA -028

INST INSTITUT FUER KOLBENMASCHINEN DER TU HANNOVER
HANNOVER, WELFENGARTEN 1A
VORHAB **untersuchung des reaktionsablaufes, insbesondere der stickoxidentwicklung, an einem einhub-dieseltriebwerk**
zielsetzung ist die erforschung von parametern, die die nox-emission beeinflussen. dazu wird in einem einhubtriebwerk, das im verbrennungsverlauf mit einer dieselverbrennung zu vergleichen ist, die reaktion zu einem bestimmten vorgewaehlten zeitpunkt abgestoppt ("eingefroren"). es laesst sich die nox-bildung und die bildungsgeschwindigkeit abhaengig von aeusseren parametern wie wandtemperatur, verdichtungsverhaeltnis und zuendzeitpunkt untersuchen
S.WORT dieselmotor + abgas
PROLEI PROF. DR. -ING. KLAUS GROTH
STAND 1.1.1974
QUELLE erhebung 1975
FINGEB FORSCHUNGSVEREINIGUNG VERBRENNUNGSKRAFTMASCHINEN E. V. , FRANKFURT
ZUSAM FORSCHUNGSVEREINIGUNG VERBRENNUNGSKRAFTMASCHINEN E. V. , 6 FRANKFURT-NIEDERRAD 71, LYONERSTR. 18
BEGINN 1.10.1972 ENDE 31.3.1976
G.KOST 132.000 DM
LITAN - BERICHTE AN DFG
- 1.SEMINAR FUER UMWELTSCHUTZ TU HANNOVER 1972
- BLUM-RINNE: MOTORTECHNISCHE ZEITSCHRIFT 33 10 S.433 (1972)

BA -029

INST INSTITUT FUER KOLBENMASCHINEN DER TU HANNOVER
HANNOVER, WELFENGARTEN 1A
VORHAB **einfluss der spaltgeometrie und temperatur auf die ch-emission an einem ottomotor**
um den einfluss der formgebung der kolbenring-spaltzone auf die ch-emission zu erfassen, wird waehrend einer systematischen variation der spaltgeometrie stroboskopisch jeweils eine kleine abgasmenge zu dem zeitpunkt im auslass entnommen, wenn das abgas aus der randzone ausgeschoben wird
S.WORT ottomotor + emissionsmessung + kohlenwasserstoffe
PROLEI PROF. DR. -ING. KLAUS GROTH
STAND 1.1.1974
QUELLE erhebung 1975
FINGEB DEUTSCHE FORSCHUNGSGEMEINSCHAFT
BEGINN 1.1.1974 ENDE 31.1.1977
G.KOST 130.000 DM
LITAN ZWISCHENBERICHT

BA -030

INST INSTITUT FUER KOLBENMASCHINEN DER TU HANNOVER
HANNOVER, WELFENGARTEN 1A
VORHAB **untersuchungen ueber das startverhalten eines direkteinspritzenden dieselmotors**
S.WORT dieselmotor
PROLEI PROF. DR. -ING. KLAUS GROTH
STAND 1.1.1974
QUELLE erhebung 1975
FINGEB DEUTSCHE FORSCHUNGSGEMEINSCHAFT
BEGINN 1.1.1964

BA -031

INST INSTITUT FUER KOLBENMASCHINEN DER TU HANNOVER
HANNOVER, WELFENGARTEN 1A
VORHAB **start- und warmlaufverhalten von dieselmotoren**
verbesserung der mess- und pruefverfahren der otto- und dieselmotoren und der nachverbrennungsverfahren sowie verbesserung der konstruktion dieser motoren. wissenschaftlich-technische grundlagenerarbeitung fuer die beurteilung des standes der technik und der technischen entwicklung als voraussetzung fuer die konkretisierung von zielvorstellungen und den entwurf von rechtsnormen
S.WORT dieselmotor + nachverbrennung +
PROLEI PROF. DR. -ING. KLAUS GROTH
STAND 5.12.1975
FINGEB - BUNDESMINISTER DES INNERN
- FORSCHUNGSVEREINIGUNG VERBRENNUNGSKRAFTMASCHINEN E. V. , FRANKFURT
BEGINN 1.1.1975 ENDE 31.12.1977
G.KOST 443.000 DM
LITAN ZWISCHENBERICHT

BA -032

INST INSTITUT FUER KOLBENMASCHINEN DER TU HANNOVER
HANNOVER, WELFENGARTEN 1A
VORHAB **die abgasentwicklung im dieselmotor: unterthema: untersuchungen des zylinderinhaltes eines einhubtriebwerkes zur ermittlung der bildungsgesetze von abgaskomponenten**
S.WORT kfz-abgase + dieselmotor
PROLEI PROF. DR. -ING. KLAUS GROTH
STAND 7.9.1976
QUELLE datenuebernahme von der deutschen forschungsgemeinschaft
FINGEB DEUTSCHE FORSCHUNGSGEMEINSCHAFT

BA -033

INST INSTITUT FUER KOLBENMASCHINEN DER UNI KARLSRUHE
KARLSRUHE, KAISERSTR. 12
VORHAB **untersuchungen ueber leistungs- und abgasverhalten von verbrennungsmotoren bei mageren gemischen**
untersuchung des zusammenhangs zwischen leistung, abgasemission und wirkungsgrad bei betrieb von ottomotoren mit mageren brennstoff-luft-gemischen
S.WORT ottomotor + abgasemission
PROLEI DIPL. -ING. SCHEEDER
STAND 1.1.1974
FINGEB KULTUSMINISTERIUM, STUTTGART
BEGINN 1.1.1972

BA -034

INST INSTITUT FUER KOLBENMASCHINEN DER UNI KARLSRUHE
KARLSRUHE, KAISERSTR. 12
VORHAB **abgasemission und betriebsverhalten von ottomotoren bei betrieb mit verschiedenen brennstoffen**
versuchsmotoren sollen mit moeglichst vielen fluessigen und gasfoermigen brennstoffen betrieben werden. die schadstoffemission soll im zusammenhang mit dem allgemeinen betriebsverhalten und dem wirkungsgrad beurteilt werden
S.WORT ottomotor + schadstoffemission + betriebsoptimierung + treibstoffe
PROLEI DIPL. -ING. SCHEEDER
STAND 1.1.1974
FINGEB KULTUSMINISTERIUM, STUTTGART
BEGINN 1.1.1972

BA -035

INST INSTITUT FUER KONSTRUKTIONSLEHRE UND THERMISCHE MASCHINEN DER TU BERLIN
BERLIN 12, FASANENSTR. 88

VORHAB **entstehung schaedlicher abgasbestandteile in brennkammern von gasturbinen**
moeglichkeiten zur beeinflussung des abgasverhaltens bei gasturbinenbrennkammer; untersuchung an modellkammer; uebertragung auf wirkliche gasturbinenanlage
S.WORT abgas + schadstoffe + gasturbine
PROLEI PROF. DR. -ING. MOLLENHAUER
STAND 1.1.1974
FINGEB DEUTSCHE FORSCHUNGSGEMEINSCHAFT
BEGINN 1.1.1972 ENDE 31.12.1974
G.KOST 320.000 DM
LITAN - ZWISCHENBERICHT DFG 1/1974
- ZWISCHENBERICHT 1974. 12

BA -036
INST INSTITUT FUER KRAFTFAHRWESEN UND FAHRZEUGMOTOREN DER UNI STUTTGART
STUTTGART 1, KEPLERSTR. 17
VORHAB **ein beitrag zur gemischbildung bei ottomotoren unter beruecksichtigung von abgasfragen**
zusammenfassende darstellung des wissensstandes auf dem gebiet der gemischbildung und abgasemissionen. entwicklung eines neuen einspritzsystems. vergleich der vorgeschlagenen einfachen einspritzeinrichtung mit den gebraeuchlichen systemen
S.WORT kfz-technik + ottomotor + abgasemission + brennstoffguete
PROLEI DIPL. -ING. ROLF GREINER
STAND 13.8.1976
QUELLE fragebogenerhebung sommer 1976
BEGINN 1.1.1970 ENDE 31.7.1974
LITAN GREINER, R. (UNI STUTTGART), DISSERTATION: EIN BEITRAG ZUR GEMISCHBILDUNG BEI OTTOMOTOREN UNTER BERUECKSICHTIGUNG VON ABGASFRAGEN

BA -037
INST INSTITUT FUER MOTORENBAU PROF. HUBER E. V.
MUENCHEN 81, EGGENFELDENER STRASSE 104
VORHAB **spektrometrisches messverfahren zur bestimmung der oertlichen flammentemperatur im brennraum eines dieselmotors**
anwendung der spektrometrie zur untersuchung des verbrennungsablaufs im dieselmotor; weiterentwicklung dieselmotorischer arbeitsverfahren hinsichtlich optimierung der schadstoffemission und der wirtschaftlichkeit
S.WORT dieselmotor + schadstoffemission
PROLEI DIPL. -ING. GERD HEINRICH
STAND 1.10.1974
FINGEB FORSCHUNGSVEREINIGUNG VERBRENNUNGSKRAFTMASCHINEN E. V., FRANKFURT
BEGINN 1.1.1973 ENDE 31.12.1974
G.KOST 352.000 DM
LITAN - REFERAT INFORMATIONSTAGUNG FVV E. V. FFM. G. HEINRICH-VERBRENNUNGSSPEKTROMETRIE-24. 01. 74
- ZWISCHENBERICHT 1975. 03

BA -038
INST INSTITUT FUER MOTORENBAU PROF. HUBER E. V.
MUENCHEN 81, EGGENFELDENER STRASSE 104
VORHAB **untersuchung von verschleisserscheinungen an einspritzduesen**
verschleiss in einspritzduesen von direkt einspritzenden dieselmotoren; hypothetische verschleissursache; stroemungskavitation; messung der stroemungszustaende in einspritzduesen; zuordnung stroemungskavitation zu verschleissintensitaet; abhilfemassnahmen zur beibehaltung optimaler emissionswerte im betrieb
S.WORT dieselmotor + schadstoffemission
PROLEI DR. -ING. SCHAFFITZ
STAND 1.10.1974
FINGEB FORSCHUNGSVEREINIGUNG VERBRENNUNGSKRAFTMASCHINEN E. V., FRANKFURT
BEGINN 1.1.1973 ENDE 31.12.1976
G.KOST 450.000 DM
LITAN - GOESCHEL: EINSPRITZDUESENVERSCHLEISS. KURZBERICHT. FORSCH. VEREIN. VERBR. KRAFTMASCH. FRANKFURT 1974
- ZWISCHENBERICHT 1974. 12

BA -039
INST INSTITUT FUER MOTORENBAU PROF. HUBER E. V.
MUENCHEN 81, EGGENFELDENER STRASSE 104
VORHAB **verbrennungsspektrometrie zur untersuchung des reaktionskinetischen verhaltens von dieselmotoren unter besonderer beruecksichtigung der stickoxidbildung**
mit hilfe spektrometrischer messmethoden sollen die reaktionskinetischen vorgaenge bei der dieselmotorischen verbrennung untersucht werden. erwartet werden erweiterte grundlagenerkenntnisse von schadstoff-bildungsmechanismen und detaillierte basisdaten fuer theoretische vorausberechnungen. durch die auswertung zeitlich und oertlich differenzierter spektren von dieselmotorischen verbrennungsflammen koennen die temperaturen und konzentrationen von verbrennungsprodukten ermittelt und moeglichkeiten der schadstoffverminderung untersucht werden
S.WORT dieselmotor + abgaszusammensetzung + schadstoffminderung
PROLEI DIPL. -ING. GERD HEINRICH
STAND 6.8.1976
QUELLE fragebogenerhebung sommer 1976
FINGEB FORSCHUNGSVEREINIGUNG VERBRENNUNGSKRAFTMASCHINEN E. V., FRANKFURT
BEGINN 1.1.1975 ENDE 31.12.1976
G.KOST 370.000 DM
LITAN HEINRICH, G.: KURZBERICHT UEBER VERBRENNUNGSSPEKTROMETRIE. FORSCHUNGSVEREINIGUNG VERBRENNUNGSKRAFTMASCHINEN E. V., FRANKFURT(1976)

BA -040
INST INSTITUT FUER NICHTPARASITAERE PFLANZENKRANKHEITEN DER BIOLOGISCHEN BUNDESANSTALT FUER LAND- UND FORSTWIRTSCHAFT
BERLIN 33, KOENIGIN-LUISE-STR. 19
VORHAB **die reaktionen der pflanzen auf kraftfahrzeugabgase**
S.WORT kfz-abgase + pflanzen
PROLEI PROF. DR. ADOLF KLOKE
STAND 1.10.1974
FINGEB DEUTSCHE FORSCHUNGSGEMEINSCHAFT
BEGINN 1.1.1972 ENDE 31.12.1974
G.KOST 40.000 DM

BA -041
INST INSTITUT FUER PHYSIK DER ATMOSPHAERE DER DFVLR
OBERPFAFFENHOFEN, MUENCHENER STRASSE
VORHAB **untersuchungen der ozonkonzentration der oberen troposphaere und der stratosphaere hinsichtlich des luftverkehrs**
aenderung der ozonkonzentration durch den luftverkehr; einfluss von ozon auf flugzeuge und besatzung; austausch des ozons zwischen stratosphaere und troposphaere; klimabeeinflussung durch ueberschallflug und unterschallflug
S.WORT flugverkehr + ozon + atmosphaere EUROPA
PROLEI DR. WEBER
STAND 1.10.1974
FINGEB DEUTSCHE FORSCHUNGS- UND VERSUCHSANSTALT FUER LUFT- UND RAUMFAHRT
ZUSAM DEUTSCHER WETTERDIENST, METEOROLOGISCHES OBSERVATORIUM, 8126 HOHENPEISSENBERG
BEGINN 1.1.1974

BA -042

INST INSTITUT FUER PHYSIKALISCHE BIOCHEMIE UND KOLLOIDCHEMIE DER UNI FRANKFURT
FRANKFURT -NIEDERRAD, SANDHOFSTR. 2-4

VORHAB **angeregte und energiereiche substanzen in abgasen von verbrennungsprozessen**
abgase von verbrennungsprozessen (auch motoren) enthalten angeregte und energiereiche molekuele, die besondere gefaehrdung fuer biologische systeme darstellen; moeglicherweise auch erhoehte krebserzeugende wirkung; ziel: identifizierung der angeregten molekuele/ihre bestimmung und charakterisierung; ausarbeitung von methoden zu ihrer beseitigung

S.WORT abgase + carcinogene
PROLEI PROF. DR. STAUFF
STAND 1.1.1974
FINGEB DEUTSCHE FORSCHUNGSGEMEINSCHAFT
BEGINN 1.11.1973 ENDE 30.11.1975
G.KOST 120.000 DM
LITAN ZWISCHENBERICHT 1975. 11

BA -043

INST INSTITUT FUER REAKTIONSKINETIK DER DFVLR
STUTTGART 80, PFAFFENWALDRING 38

VORHAB **ein neues analysenverfahren zur bestimmung von stickstoffmonoxid in abgasen**
stickstoffmonoxidnachweis durch uv-resonanzabsorption; patent angemeldet: p2246365. 6; japan 48-113756; usa in kuerze

S.WORT abgas + stickstoffmonoxid + nachweisverfahren
PROLEI DR. MEINEL
STAND 1.1.1974
FINGEB BUNDESMINISTER FUER FORSCHUNG UND TECHNOLOGIE
ZUSAM - AUTOMOBILINDUSTRIE
- HARTMANN UND BRAUN AG, 6 FRANKFURT 90, GRAEFESTR. 97
BEGINN 1.1.1972 ENDE 28.2.1974
G.KOST 120.000 DM
LITAN JUST; MEINEL: ANEWANALYTICAL TECHNIQUE FOR CONTINUOUS NO DETECTION IN THE RANGE FROM 0. 1 TO 5000 PPM. AGARD CP125 (1973)

BA -044

INST INSTITUT FUER SIEDLUNGS- UND WOHNUNGSWESEN DER UNI MUENSTER
MUENSTER, AM STADTGRABEN 9

VORHAB **abgase und umweltschutz**
konstruktion und auffuellung eines abgasmodells unter beruecksichtigung von restriktionen

S.WORT abgas + umweltschutz + (abgasmodell)
PROLEI PROF. DR. R. THOSS
STAND 1.1.1974
QUELLE erhebung 1975
FINGEB DEUTSCHE FORSCHUNGSGEMEINSCHAFT
BEGINN 1.1.1970 ENDE 31.12.1975

BA -045

INST INSTITUT FUER TIERERNAEHRUNG DER UNI HOHENHEIM
STUTTGART 70, EMIL-WOLFF-STR. 10

VORHAB **blei-exhaust-deposit**

S.WORT blei + luftverunreinigung
PROLEI PROF. DR. KARL-HEINZ MENKE
STAND 1.1.1974
BEGINN 1.1.1971 ENDE 31.12.1974

BA -046

INST INSTITUT FUER UMWELTSCHUTZ UND UMWELTGUETEPLANUNG DER UNI DORTMUND
DORTMUND, ROSEMEYERSTR. 6

VORHAB **untersuchung der einflussgroessen auf die durch den kfz-verkehr verursachten kohlenmonoxid-immissionen in dortmund**
das ziel des forschungsvorhabens besteht darin, die abhaengigkeit der co-immissionskonzentration von den einflussgroessen verkehrsdichte, bebauungsart und meteorologische bedingungen fuer verschiedene repraesentative strassentypen durch stichprobenmessungen zu ermitteln. auf der basis dieser ergebnisse soll eine immissionsprognose auch fuer solche strassen erstellt werden, fuer die keine messungen vorliegen. die abhaengigkeit der co-immissionskonzentration von der emission wird mittels einer spezifischen emissionsvariablen esp untersucht. die formel fuer esp beschreibt die emission einer linienquelle laengs eines abschnittes von 100 m innerhalb einer stunde

S.WORT strassenverkehr + kfz-abgase + kohlenmonoxid + immissionsschutz + simulationsmodell
DORTMUND + RHEIN-RUHR-RAUM
PROLEI DIPL. -ING. PAUL-GERHARD SCHUCH
STAND 22.7.1976
QUELLE fragebogenerhebung sommer 1976
FINGEB - MINISTER FUER ARBEIT, GESUNDHEIT UND SOZIALES, DUESSELDORF
- STADT DORTMUND
ZUSAM - STADT DORTMUND, OLPE 1, 4600 DORTMUND
- MATERIALPRUEFUNGSAMT DES LANDES NORDRHEIN-WESTFALEN, MARSBRUCHSTR. 186, 4600 DORTMUND 41
- LANDESANSTALT FUER IMMISSIONS- UND BODENNUTZUNGSSCHUTZ, WALLNEYERSTR. 6, 4300 ESSEN
BEGINN 1.4.1974 ENDE 30.9.1976
G.KOST 400.000 DM
LITAN SCHUCH; SCHULZ; UHLIG: UNTERSUCHUNG DER EINFLUSSGROESSEN AUF DIE DURCH DEN KFZ-VERKEHR VERURSACHTEN KOHLENMONOXID-IMMISSIONEN IN DORTMUND. IN: STAUB-REINHALTUNG LUFT 36(3)(1976)

BA -047

INST INSTITUT FUER VERBRENNUNGSKRAFTMASCHINEN DER TU BRAUNSCHWEIG
BRAUNSCHWEIG, LANGER KAMP 6

VORHAB **experimentelle bestimmung der fuer reale prozessrechnungen fuer ottomotoren notwendigen randbedingungen**
ausgangssituation: anwendung realer prozessrechnung bei der entwicklung von dieselmotoren heute ueblich. unterlagen ueber notwendige randbedingungen - brennverlauf, waermeuebergang - liegen vor. fuer ottomotoren fehlen diese werte. daran scheitert dort die anwendung der prozessrechnung. forschungsziel: erarbeitung einer gleichung fuer den oertlich gemittelten waermeuebergang im ottomotor, erarbeitung einer methode zur berechnung der aenderung des brennverlaufs bei geaenderten betriebsbedingungen des motors. anwendung der ergebnisse: die zu erarbeitenden daten sind notwendig zur vorausberechnung des betriebsverhaltens von ottomotoren, sie bilden die voraussetzung fuer die berechnung der schadstoffemissionen und der thermischen belastung der bauteile. mittel uund wege, verfahren: die thermodynamische auswertung von indikatordiagrammen, die aufstellung von waermebilanzen und die reale prozessrechnung. einschraenkende faktoren: starke schwankungen im verlauf des gaszustandes von arbeitsspiel zu arbeitsspiel; deshalb ist zur mittelwertbildung eine datenerfassung notwendig.

S.WORT kfz-technik + ottomotor + schadstoffemission
QUELLE datenuebernahme aus der datenbank zur koordinierung der ressortforschung (dakor)
FINGEB BUNDESMINISTER FUER WIRTSCHAFT
BEGINN 1.1.1975 ENDE 31.12.1977
G.KOST 526.000 DM

BA -048

INST INSTITUT FUER WASSER-, BODEN- UND LUFTHYGIENE DES BUNDESGESUNDHEITSAMTES
BERLIN 33, CORRENSPLATZ 1

VORHAB **luftverunreinigungen durch luftfahrzeuge**
ermittlung von art und menge von luftfahrzeug-abgasbestandteilen in der luft bei flughaefen

S.WORT luftverunreinigung + flugverkehr
PROLEI DR. -ING. PRESCHER
STAND 1.1.1975

QUELLE umweltforschungsplan 1975 des bmi
FINGEB BUNDESMINISTER DES INNERN
BEGINN 1.1.1972 ENDE 31.12.1975
G.KOST 257.000 DM
LITAN ABSCHLUSSBERICHT VOM 9. 3. 76

BA -049
INST INSTITUT FUER WASSER-, BODEN- UND LUFTHYGIENE DES BUNDESGESUNDHEITSAMTES
BERLIN 33, CORRENSPLATZ 1
VORHAB **erfassung und beurteilung von aromaten und polycyclischen aromaten im autoabgas und deren wirkung im tier-langzeitexperiment**
identifikation der im automobilabgas enthaltenen aromaten als potentielle karzinogene zur beurteilung der von versuchstieren im langzeitexperiment veratmeten dosen und deren wirkung
S.WORT kfz-abgase + aromaten + carcinogene + langzeitbelastung
PROLEI DR KRAUSE
STAND 1.1.1974
FINGEB BUNDESGESUNDHEITSAMT, BERLIN

BA -050
INST LANDESANSTALT FUER IMMISSIONS- UND BODENNUTZUNGSSCHUTZ DES LANDES NORDRHEIN-WESTFALEN
ESSEN, WALLNEYERSTR. 6
VORHAB **entwicklung eines automatischen verfahrens zur bestimmung von chlorschwefel in abgasen**
S.WORT abgaszusammensetzung + chlorschwefel + nachweisverfahren
PROLEI DIPL. -ING. K. WELZEL
STAND 1.1.1974
QUELLE erhebung 1975
BEGINN 1.1.1971

BA -051
INST LANDESANSTALT FUER IMMISSIONS- UND BODENNUTZUNGSSCHUTZ DES LANDES NORDRHEIN-WESTFALEN
ESSEN, WALLNEYERSTR. 6
VORHAB **ermittlung und kennzeichnung von periodizitaeten, auto- und kreuzkorrelationen bei zeitlichen und raeumlichen messwertkollektiven**
S.WORT immissionsmessung + datenverarbeitung
PROLEI DR. BUCK
STAND 1.1.1974
FINGEB LAND NORDRHEIN-WESTFALEN
BEGINN 1.1.1972

BA -052
INST LEHRSTUHL FUER ANGEWANDTE THERMODYNAMIK DER TH AACHEN
AACHEN, SCHINKELSTR. 8
VORHAB **zuendung und verbrennung im ottomotor bei betrieb mit sehr reichen gemischen im hinblick auf die verwendung beim schichtladungsverfahren**
S.WORT ottomotor + schadstoffemission + schichtladungsmotor
PROLEI PROF. DR. FRANZ PISCHINGER
STAND 1.1.1974
FINGEB DEUTSCHE FORSCHUNGSGEMEINSCHAFT
BEGINN 1.1.1972 ENDE 31.12.1974

BA -053
INST LEHRSTUHL FUER FLUGANTRIEBE DER TU MUENCHEN
MUENCHEN 2, ARCISSTR. 21
VORHAB **berechnung und bestimmung der abgaszusammensetzung eines erdgasmotors**
thermodynamik; reaktionskinetik; programmerstellung
S.WORT erdgasmotor + abgas
PROLEI PROF. DR. BUECHNER
STAND 1.1.1974
FINGEB TECHNISCHE UNIVERSITAET MUENCHEN
BEGINN 1.7.1972 ENDE 31.3.1975
LITAN ZWISCHENBERICHT 1975. 03

BA -054
INST LEHRSTUHL FUER KRAFT- UND ARBEITSMASCHINEN DER UNI TRIER-KAISERSLAUTERN
KAISERSLAUTERN, PFAFFENBERGSTR. 95
VORHAB **kohlenwasserstoffemissionen von kfz unter besonderer berucksichtigung der verdampfungsverluste des vergasers und des kraftstofftanks**
verbesserung der mess- und pruefverfahren der otto- und dieselmotoren und der nachverbrennungsverfahren sowie verbesserung der konstruktion von otto- und dieselmotoren. erarbeiten wissenschaftlich-technischer grundlagen fuer die beurteilung des standes der technik und der technischen entwicklung
S.WORT kfz-abgase + kohlenwasserstoffe + messverfahren
PROLEI PROF. DR. HANS MAY
STAND 21.10.1975
FINGEB - BUNDESMINISTER DES INNERN
- FORSCHUNGSVEREINIGUNG VERBRENNUNGSKRAFTMASCHINEN E. V. , FRANKFURT
BEGINN 1.3.1974 ENDE 31.3.1977
G.KOST 510.000 DM
LITAN ZWISCHENBERICHT

BA -055
INST LEHRSTUHL FUER MINERALOELCHEMIE DER TU MUENCHEN
MUENCHEN 2, ARCISSTR. 21
VORHAB **ermittlung der in der zusammensetzung von kraftstoffen liegenden ursachen fuer das auftreten schaedlicher abgasbestandteile bei hubkolben-ottomotoren**
verbesserung der mess- und pruefverfahren der otto- und dieselmotoren und der nachverbrennungsverfahren sowie verbesserung der konstruktion von otto- und dieselmotoren. erarbeiten wissenschaftlich-technischer grundlagen fuer die beurteilung des standes der technik und der technischen entwicklung als voraussetzung fuer die konkretisierung von zielvorstellungen und den entwurf von rechtsnormen
S.WORT abgasemission + treibstoffe + ottomotor + dieselmotor
PROLEI DR. KNUT MAIER
STAND 1.1.1974
QUELLE umweltforschungsplan 1974 des bmi
FINGEB - BUNDESMINISTER DES INNERN
- FORSCHUNGSVEREINIGUNG VERBRENNUNGSKRAFTMASCHINEN E. V. , FRANKFURT
ZUSAM - IMH, MUENCHEN; MOTORENKONSTRUKTION
- VW, WOLFSBURG; ERMITTLUNG DER POLYCYCLISCHEN AROMATISCHEN KOHLENWASSERSTOFFE IM AUTOMOBILABGAS
BEGINN 1.7.1971 ENDE 30.6.1974
G.KOST 750.000 DM
LITAN - SPENGLER; WOERLE(FORSCHUNGSVEREINIGUNG VERBRENNUNGSKRAFTMASCHINEN)VORTRAG 6. 7. 72: UNTERSUCHUNGEN ZUR GASCHROM. TRENNUNG UND IDENTIFIZIERUNG DER IM ABGAS ENTHALTENEN KOHLENWASSERSTOFFE IM BEREICH C1-C12 (1972)
- ZWISCHENBERICHT 1974. 08

BA -056
INST LEHRSTUHL FUER MINERALOELCHEMIE DER TU MUENCHEN
MUENCHEN 2, ARCISSTR. 21
VORHAB **zur polycyclenbildung in ottomotoren**
ziel des forschungsvorhabens ist die untersuchung des bildungsmechanismus der polyzyklischen, aromatischen kohlenwasserstoffe (pah) bei der verbrennung von kraftstoffen im ottomotor. durch variation motorischer einflussgroessen, wodurch die phys. -chem. parameter (t, p, t) geaendert werden koennen, sowie des eingesetzten kraftstoffs sollten rueckschluesse auf die pah-bildung moeglich sein. die analytik der pah erfolgt nach einem anreicherungsschritt mit hilfe der gas-

sowie der hochdruckfluessigkeitschromatographie
S.WORT verbrennungsmotor + polyzyklische kohlenwasserstoffe + analyseverfahren
PROLEI DR. KNUT MAIER
STAND 22.7.1976
QUELLE fragebogenerhebung sommer 1976
FINGEB DEUTSCHE FORSCHUNGSGEMEINSCHAFT
BEGINN 1.11.1974 ENDE 30.10.1976
G.KOST 180.000 DM
LITAN ZWISCHENBERICHT

BA -057

INST LEHRSTUHL FUER VERBRENNUNGSKRAFTMASCHINEN UND KRAFTFAHRZEUGE DER TU MUENCHEN
MUENCHEN 50, SCHRAGENHOFSTR. 31
VORHAB **gemischbildung; zuendung und abgaszusammensetzung bei ottomotoren unter instationaeren bedingungen**
untersuchung des motorverhaltens bei instationaerem betrieb unter besonderer beruecksichtigung der schadstoffemissionen, des brennstoffverbrauchs und des luftdurchsatzes
S.WORT kfz-abgase + ottomotor + abgaszusammensetzung
PROLEI DIPL. -ING. ZEILINGER
STAND 1.1.1974
FINGEB DEUTSCHE FORSCHUNGSGEMEINSCHAFT
BEGINN 1.1.1970 ENDE 28.2.1974
G.KOST 115.000 DM
LITAN - SCHAUER; ZEILINGER: DAS OPTIMALE KENNFELD FUER DEN SCHADSTOFFARMEN OTTOMOTOR-EIN DISKUSSIONSBEITRAG-VDI FORTSCHR. B. REIHE 6 (34)(1972)
- ZEILINGER: PRUEFSTAND ZUR UNTERSUCHUNG DER MOTORABGASE BEI INSTATIONAEREN BETRIEBSZUSTAENDEN - ATZ 75 (5) S. 182-187 (1973)
- ZWISCHENBERICHT 1974. 08

BA -058

INST LEHRSTUHL FUER VERBRENNUNGSKRAFTMASCHINEN UND KRAFTFAHRZEUGE DER TU MUENCHEN
MUENCHEN 50, SCHRAGENHOFSTR. 31
VORHAB **einfluss der brennraumgeometrie und der temperaturverhaeltnisse auf die abgaszusammensetzung bei vorkammer-dieselmotoren**
untersuchung der einfluesse von brennraumgeometrie und temperaturverhaeltnisse von zylinderkopf, vorkammer und kolben auf die zusammensetzung der abgase unter besonderer beruecksichtigung der unverbrannten kohlenwasserstoffe bei vorkammerdieselmotoren
S.WORT dieselmotor + abgaszusammensetzung + kfz-technik
PROLEI DIPL. -ING. FRANZKE
STAND 1.1.1974
BEGINN 1.1.1974

BA -059

INST MESSTELLE FUER IMMISSIONS- UND STRAHLENSCHUTZ BEIM LANDESGEWERBEAUFSICHTSAMT RHEINLAND-PFALZ
MAINZ, RHEINALLEE 97-101
VORHAB **untersuchung der immisionsbelastung durch den kraftfahrzeugverkehr in grossstaedten**
ueberpruefung der belastung durch kraftfahrzeugabgase in bereichen unterschiedlicher verkehrssituationen, wie durchgangsstrassen, enge innenstadtstrassen und fussgaengerzonen, als grundlage fuer die stadtplanung. untersucht wird die belastung durch kohlenmonoxid (vdi 2455, bl. 2) kohlenwasserstoffe: flammenionisationsdetektor, stickoxide: redox-verfahren (picos, hartmann & braun), schwebestaub: gravimetrisch mit glasfaserfilter, und darin enthaltener bleianteil: atomabsorption
S.WORT stadtverkehr + kfz-abgase + kohlenmonoxid + immissionsbelastung + stadtplanung
MAINZ + RHEIN-MAIN-GEBIET
PROLEI DR. BERNHARD BOCKHOLT
STAND 13.8.1976
QUELLE fragebogenerhebung sommer 1976
LITAN - FINGERHUT, M.: UNTERSUCHUNG DER IMMISSIONSBELASTUNG DURCH DEN KRAFTFAHRZEUGVERKEHR AN VERKEHRSSCHWERPUNKTEN IM STADTBEREICH MAINZ. IN: SCHRIFTENREIHE DES VEREINS FUER WASSER-, BODEN- UND LUFTHYGIENE. 42 S. 197-217(1974)
- ENDBERICHT

BA -060

INST MOTOREN- UND TURBINEN UNION MUENCHEN GMBH
MUENCHEN, DACHAUER STRASSE 665
VORHAB **effects of atomisation and mixing of fuel on emissions using a full annular combustor**
einfluss der brennstoffaufbereitung und verdampfung auf die schadstoffbildung
S.WORT brennstoffe + abgasemission + schadstoffemission + (ringbrennkammer)
PROLEI DIPL. -ING. KIRSCHEY
STAND 1.1.1974
FINGEB BUNDESMINISTER FUER WIRTSCHAFT
ZUSAM - FIAT, ITALIEN; VOLVO, SCHWEDEN
- ROLLS ROYCE (1971), ENGLAND; SNECMA, PARIS, FRANKREICH
BEGINN ENDE 31.12.1977
G.KOST 711.000 DM

BA -061

INST MOTOREN- UND TURBINEN UNION MUENCHEN GMBH
MUENCHEN, DACHAUER STRASSE 665
VORHAB **influence of post reaction residence time on emissions using a full annular combustor**
untersuchung der nachreaktionszeit und deren einfluss auf die abgasemissionen von ringbrennkammern
S.WORT abgasemission + kfz-technik + (ringbrennkammer)
PROLEI DR. KAPPLER
STAND 1.1.1974
FINGEB BUNDESMINISTER FUER WIRTSCHAFT
ZUSAM - FIAT, ITALIEN; VOLVO, SCHWEDEN
- ROLLS-ROYCE (1971), ENGLAND; SNECMA, PARIS, FRANKREICH
BEGINN ENDE 31.12.1977
G.KOST 554.000 DM

BA -062

INST PORSCHE AG
STUTTGART, PORSCHESTR.42
VORHAB **vergleich der emissionen von otto- und dieselmotoren**
"verbesserung der mess- und pruefverfahren der otto- und dieselmotoren und der nachverbrennungsverfahren sowie verbesserung der konstruktion von otto- und dieselmotoren". erarbeiten wissenschaftlich-technischer grundlagen fuer die beurteilung des standes der technik und der technischen entwicklung als voraussetzung fuer die konkretisierung von zielvorstellungen und den entwurf von rechtsnormen
S.WORT verbrennungsmotor + emissionsmessung
STAND 1.1.1975
QUELLE umweltforschungsplan 1975 des bmi
FINGEB BUNDESMINISTER DES INNERN
BEGINN 1.1.1975 ENDE 31.12.1975
G.KOST 70.000 DM

BA -063

INST RHEINISCH-WESTFAELISCHER TECHNISCHER UEBERWACHUNGS-VEREIN E. V.
ESSEN, STEUBENSTR. 53
VORHAB **weiterentwicklung des analysenverfahrens bei den abgaspruefungen nach anlage xiv stvzo**
verbesserung der mess- und pruefverfahren der otto- und dieselmotoren und der nachverbrennungsverfahren sowie verbesserung der konstruktion von otto- und dieselmotoren. erarbeiten wissenschaftlich-technischer grundlagen fuer die beurteilung des standes der technik und der technischen entwicklung als voraussetzung fuer die konkretisierung von zielvorstellungen und den entwurf von rechtsnormen

S.WORT kfz-abgase + stickoxide + analyseverfahren
PROLEI DIPL. -ING. HELMUT WEBER
STAND 1.1.1974
QUELLE umweltforschungsplan 1974 des bmi
FINGEB - BUNDESMINISTER DES INNERN
- RHEINISCH-WESTFAELISCHER TECHNISCHER UEBERWACHUNGSVEREIN E. V. , ESSEN
BEGINN 1.1.1972 ENDE 31.12.1974
G.KOST 91.000 DM
LITAN BERICHT: WEITERENTWICKLUNG DES ANALYSENVERFAHRENS BEI DEN ABGASPRUEFUNGEN NACH ANLAGE XIV VAN 25. MAI 1973

BA -064

INST RHEINISCH-WESTFAELISCHER TECHNISCHER UEBERWACHUNGS-VEREIN E. V.
ESSEN, STEUBENSTR. 53
VORHAB **feststellung der gegenwaertigen nox-emission von kraftfahrzeugen und vergleich der ch-analysenverfahren**
verbesserung der mess- und pruefverfahren der otto- und dieselmotoren und der nachverbrennungsverfahren sowie verbesserung der konstruktion von otto- und dieselmotoren. wissenschaftlich-technische grundlagenerarbeitung fuer die beurteilung des standes der technik und der technischen entwicklung als voraussetzung fuer die konkretisierung von zielvorstellungen und den entwurf von rechtsnormen ermittlung der gegenwaertigen nox-emission im hinblick auf deren begrenzung. ermittlung, ob ein zusammenhang zwischen den mit dem fid und dem ndjr-analysator gemessenen ch-emissionen besteht. auswertung von abgasmessungen nach anlage xiv stvzo an 150 fahrzeugen
S.WORT kfz-abgase + stickoxide + kohlenwasserstoffe + analyseverfahren
PROLEI DIPL. -ING. HELMUT WEBER
STAND 9.12.1975
QUELLE umweltforschungsplan 1975 des bmi
FINGEB BUNDESMINISTER DES INNERN
BEGINN 1.5.1974 ENDE 31.12.1975
G.KOST 285.000 DM
LITAN ENDBERICHT

BA -065

INST RHEINISCH-WESTFAELISCHER TECHNISCHER UEBERWACHUNGS-VEREIN E. V.
ESSEN, STEUBENSTR. 53
VORHAB **die schadstoffemissionen der kraftfahrzeuge mit ottomotoren**
verbrennungstechnische und statistische auswertung von abgasmessungen nach dem europatest an 100 nach dem 1. 10. 71 erstmals zugelassenen fahrzeugen
S.WORT kfz-abgase + schadstoffemission + ottomotor + statistische auswertung
PROLEI DIPL. -ING. HELMUT WEBER
STAND 12.8.1976
QUELLE fragebogenerhebung sommer 1976
FINGEB BUNDESMINISTER FUER VERKEHR
ZUSAM CHEMISCHES INSTITUT FUER UMWELTCANCEROGENE, AHRENSBURG
BEGINN 1.1.1973 ENDE 31.7.1974
G.KOST 20.000 DM
LITAN ENDBERICHT

BA -066

INST RHEINISCH-WESTFAELISCHER TECHNISCHER UEBERWACHUNGS-VEREIN E. V.
ESSEN, STEUBENSTR. 53
VORHAB **internationale anwendung und weiterentwicklung der abgasvorschriften ece-grpa**
1. untersuchungen zur erarbeitung von pruefverfahren fuer kraftraeder. 2. vergleichende untersuchungen der pruefverfahren nach anlage xiv zur sicherstellung einheitlicher anwendung der pruefvorschriften und zur intensivierung des erfahrungsaustausches zwischen den technischen diensten. 3. fortsetzung der statistischen auswertung der pruefungen typ i hinsichtlich der co-, ch- und nox-emissionen. 4. verbesserung der gassammel- und analyseeinrichtung sowie der kalibriergase
S.WORT kfz-abgase + pruefverfahren + (kraftraeder)
PROLEI DIPL. -ING. HELMUT WEBER
STAND 12.8.1976
QUELLE fragebogenerhebung sommer 1976
FINGEB BUNDESANSTALT FUER STRASSENWESEN, KOELN
BEGINN 1.7.1975 ENDE 31.12.1976
LITAN ZWISCHENBERICHT

BA -067

INST TECHNISCHER UEBERWACHUNGSVEREIN BAYERN E.V.
MUENCHEN, KAISERSTR. 14-16
VORHAB **auftrennung der in auto-abgasen unverbrannt auftretenden kohlenwasserstoffverbindungen**
entnahme von autoabgasproben aus dem auspuff bei verschiedenen fahrzustaenden, entnahme von autoabgasproben aus dem kunststoffbeutel (europa-test), untersuchung der abgase auf verbrannte kohlenwasserstoffe im bereich von c5-c10
S.WORT kfz-abgase + kohlenwasserstoffe + analytik
PROLEI DR. JOHANN GUGGENBERGER
STAND 1.10.1974
FINGEB STAATSMINISTERIUM FUER LANDESENTWICKLUNG UND UMWELTFRAGEN, MUENCHEN
ZUSAM TUEV BAYERN E. V.
BEGINN 1.1.1973 ENDE 31.12.1974
G.KOST 60.000 DM
LITAN ENDBERICHT

BA -068

INST TECHNISCHER UEBERWACHUNGSVEREIN RHEINLAND E.V.
KOELN 91, KONSTANTIN-WILLE-STR. 1
VORHAB **ermittlung des realen mittleren emissionsverhaltens von kfz mit otto-motoren in der bundesrepublik deutschland**
verbesserung der mess- und pruefverfahren der otto- und dieselmotoren und der nachverbrennungsverfahren sowie verbesserung der konstruktion von otto- und dieselmotoren. erarbeiten wissenschaftlich-technischer grundlagen fuer die beurteilung des standes der technik und der technischen entwicklung als voraussetzung fuer die konkretisierung von zielvorstellungen und den entwurf von rechtsnormen
S.WORT abgasemission + kfz-motor + messverfahren
PROLEI DR. -ING. PLASSMANN
STAND 21.11.1975
FINGEB BUNDESMINISTER DES INNERN
BEGINN 1.7.1975 ENDE 31.3.1977
G.KOST 888.000 DM

BA -069

INST TECHNISCHER UEBERWACHUNGSVEREIN RHEINLAND E.V.
KOELN, KONSTANTIN-WILLE-STR. 1
VORHAB **ermittlung des realen mittleren emissionsverhaltens von kfz mit otto-motoren in der bundesrepublik deutschland**
ziel der vorgesehenen forschungsaufgabe ist die untersuchung der abhaengigkeit der immissionsbelastung stark frequentierter, in lage und bebauung unterschiedlicher innerstaedtischer verkehrsstrassen von den sogenannten verkehrsspezifischen, meteorologischen und staedtebaulichen einflussgroessen. mit hilfe der hierbei gewonnenen ergebnisse soll eine fundierte ausbreitungstheorie der durch den kraftfahrzeugverkehr verursachten abgas-emissionen erstellt werden
S.WORT strassenverkehr + kfz-abgase + verbrennungsmotor + ausbreitungsmodell
PROLEI DR. -ING. EBERHARD PLASSMANN
STAND 21.11.1975
BEGINN 1.7.1975 ENDE 31.3.1977
G.KOST 888.000 DM

BA -070

INST UMWELTAMT DER STADT KOELN
KOELN, EIFELWALL 7

VORHAB **messungen von gas- und staubfoermigen luftverunreinigungen des kfz-verkehrs**
ziel: ermittlung durch schadstoffe des verkehrs (z. b. kohlenmonoxid/stickoxide/kohlenwasserstoffe/blei/benzo(a)pyren)
S.WORT luftverunreinigende stoffe + kfz-abgase + messung
PROLEI DR. MARIA DEIMEL
STAND 1.1.1974
FINGEB STADT KOELN
BEGINN 1.1.1967
LITAN - GUTHOF, O.;DEIMEL, M.;INST. F. LEBENSMITTEL-, WASSER- U. LUFTUNTERSUCHUNGEN(HRSG): BERICHT UEBER DIE IM RAUM KOELN DURCHGEFUEHRTEN LUFTUNTERSUCHUNGEN (2-4)
- ABT. LUFT- UND LAERMUNTERSUCHUNGEN DES UMWELTAMTES DER STADT KOELN (ED.); DEIMEL, U.;GABLESKE, R.: LUFTUNTERSUCHUNGEN IN KOELN UND UMGEBUNG. IN: V. BERICHT (1975)

BA -071

INST VOLKSWAGENWERK AG
WOLFSBURG
VORHAB **ermittlung polyzyklischer aromatischer kohlenwasserstoffe im automobilabgas**
ermittlung der polyzyklischen aromatischen kohlenwasserstoffe durch spezielle probenahme und analytik und massnahmen zur reduktion
S.WORT kfz-abgase + polyzyklische kohlenwasserstoffe + analytik
PROLEI PROF. DR. -ING. H. HEITLAND
STAND 27.10.1975
FINGEB BUNDESMINISTER DES INNERN
BEGINN 1.4.1972 ENDE 31.12.1975
G.KOST 690.000 DM

Weitere Vorhaben siehe auch:

FB -031 UNTERSUCHUNG DER UMWELTBELAESTIGUNG UND UMWELTSCHAEDEN DURCH DEN STRASSENVERKEHR IN STADTGEBIETEN (LAERM UND ABGASE)

FB -069 SEMINAR "UMWELTFREUNDLICHE VERKEHRSTECHNIK"

PD -004 MUTAGENITAETS-UNTERSUCHUNGEN MIT AUTOABGAS-KONDENSATEN (INSBESONDERE CARCINOGENE SUBSTANZEN) AN SOMATISCHEN ZELLEN

PE -028 WIRKUNGEN VON AUTOMOBILABGASEN AUF MENSCH, PFLANZE, TIER

PF -004 BLEINIEDERSCHLAG AUF BODEN UND PFLANZE DURCH KFZ-ABGASE

BB -001
INST ABTEILUNG FUER ANGEWANDTE LAGERSTAETTENLEHRE DER TH AACHEN
AACHEN, SUESTERFELDSTR. 22
VORHAB **phasenzusammensetzung des feinstaubes aus muellverbrennungsanlagen, der bor, quecksilber, cadmium, chrom und barium enthaelt**
S.WORT muellverbrennung + feinstaeube + spurenanalytik + schwermetalle
PROLEI PROF. DR. DORIS SCHACHNER
STAND 1.1.1974
FINGEB DEUTSCHE FORSCHUNGSGEMEINSCHAFT
BEGINN 1.1.1973

BB -002
INST BETRIEBSFORSCHUNGSINSTITUT VDEH - INSTITUT FUER ANGEWANDTE FORSCHUNG
DUESSELDORF, SOHNSTR. 65
VORHAB **untersuchung der gesamtstickoxid-emission technischer gasfeuerungen zur entwicklung von brennern mit stickoxidarmen abgasen**
untersuchung der nox-bildung im halbtechn. versuchsmasstab und an produktionsoefen der stahlindustrie als funktion verschiedener einflussparameter fuer typische brennerbauarten. messungen an einem versuchsstand und an ofenanlagen mit chemilumineszenz-verfahren entlang flammenachse und abgasweg
S.WORT luftverunreinigung + schadstoffemission + stickoxide + gasfeuerung + stahlindustrie
PROLEI DR. -ING. HERBERT FRITZ
STAND 30.8.1976
QUELLE fragebogenerhebung sommer 1976
FINGEB - EUROPAEISCHE GEMEINSCHAFT FUER KOHLE UND STAHL, LUXEMBURG
- RUHRGAS AG, ESSEN
ZUSAM RUHRGAS AG, ESSEN
BEGINN 1.11.1974 ENDE 31.10.1976
G.KOST 685.000 DM
LITAN ZWISCHENBERICHT

BB -003
INST ENGLER-BUNTE-INSTITUT DER UNI KARLSRUHE
KARLSRUHE, RICHARD-WILLSTAETTER-ALLEE 5
VORHAB **emission aus hochfackeln**
die fackelflamme wird als auftriebsbehaftente freistrahlflamme gerechnet, ihre umlenkung durch wind wird aus den impulskraeften bestimmt. auf gleicher basis wird das herausloesen von randschichten ermittelt. aus deren verduennung mit luft ergibt sich die moegliche abkuehlung unter die zuendtemperatur und daraus die emission von unverbranntem
S.WORT luftverunreinigung + feuerungstechnik + verbrennung + emission + (hochfackel)
PROLEI DIPL. -ING. YOUNG-WHAN LEE
STAND 26.7.1976
QUELLE fragebogenerhebung sommer 1976
BEGINN 1.1.1975 ENDE 31.12.1976
G.KOST 40.000 DM

BB -004
INST ENGLER-BUNTE-INSTITUT DER UNI KARLSRUHE
KARLSRUHE, RICHARD-WILLST. ALLEE 5
VORHAB **benzol und polycyclische aromaten in den abgasen von haushaltsfeuerungen**
das wichtigste ziel der arbeiten ist die umfassende qualitative und quantitative analyse der (teilweise krebserregenden) polycyclischen aromaten, die von haushaltsfeuerungen emittiert werden. die untersuchungen erstrecken sich derzeit auf einzeloefen fuer gas, erdoel und kohle mit heizleistungen um 6000 kcal/h
S.WORT abgasemission + benzol + polyzyklische aromaten + nachweisverfahren
PROLEI DR. ALBERT HERLAN
STAND 4.8.1976
QUELLE fragebogenerhebung sommer 1976
BEGINN 1.1.1975

BB -005
INST FACHBEREICH ENERGIE- UND WAERMETECHNIK DER FH GIESSEN
GIESSEN, WIESENSTR. 14
VORHAB **abgasanalyse insbesondere staub- und so2-messung**
dem so2-ausstoss bei kraftwerken, verbrennungsanlagen und verfahrenstechnischen prozessen wird durch die neuen verordnungen zur luftreinhaltung immer mehr gewicht beigemessen. die vorgesehene studie befasst sich mit der analytischen erfassung des so2 und der verfahrenstechnischen moeglichkeiten, dieses gas auszuwaschen. im zusammenhang mit der gasanalyse werden staubmessungen aller art durchgefuehrt
S.WORT abgas + schwefeldioxid + staub + analytik
PROLEI DIPL. -ING. MANFRED ROTH
STAND 11.8.1976
QUELLE fragebogenerhebung sommer 1976
FINGEB LAND HESSEN
BEGINN 1.1.1975 ENDE 31.12.1980
LITAN ZWISCHENBERICHT

BB -006
INST GASWAERME-INSTITUT E.V.
ESSEN, HAFENSTR. 101
VORHAB **untersuchung der bildung von stickoxiden in haeuslichen und gewerblichen gasfeuerstaetten**
auch in den kleinen gasfeuerungen von haeuslichen und gewerblichen gasgeraeten entstehen bei den hohen verbrennungstemperaturen stickoxide in form von stickstoffmonoxid (no), das mengenmaessig weit ueberwiegt und von stickstoffdioxid (no 2). die thermodynamischen und reaktionskinetischen daten der stickoxid-bildung sind zwar hinreichend bekannt, ueber die tatsaechlich in flammen in den gasgeraeten entstehenden stickoxiden und ueber die jeweiligen entstehungsbedingungen sind praktisch kaum untersuchungen bekannt. in dem geplanten forschungsvorhaben sind an laminaren vormisch- und diffusionsflammen sowie an turbulenten geblaesebrennerflammen untersuchungen vorgesehen, die diese luecke fuellen sollen
S.WORT gasfeuerung + stickoxide
PROLEI PROF. DR. -ING. H. KREMER
STAND 1.1.1974
FINGEB ARBEITSGEMEINSCHAFT INDUSTRIELLER FORSCHUNGSVEREINIGUNGEN E. V. (AIF)
BEGINN 1.9.1973 ENDE 31.12.1975
G.KOST 150.000 DM

BB -007
INST GESELLSCHAFT FUER ANGEWANDTE GEOPHYSIK MBH
MUENCHEN 90, EDUARD-SCHMID-STR. 3
VORHAB **wissenschaftliches gutachten zur frage der gefaehrdung eines betriebes durch die emissionen einer geplanten muellverbrennungsanlage**
die beeintraechtigung von menschen und sachwerten durch eine in der nachbarschaft geplante muellverbrennungsanlage wurde abgeschaetzt, fuer alle denkbaren meteorologischen und anlage- bzw. verbrennungsmaterialspezifischen moeglichkeiten
S.WORT muellverbrennungsanlage + umweltbelastung + (gutachten)
KASSEL (UMGEBUNG)
PROLEI DR. GERHARD MUELLER
STAND 1.10.1974
FINGEB BRAAS UND CO GMBH, FRANKFURT
BEGINN 1.9.1973 ENDE 28.2.1974
G.KOST 20.000 DM
LITAN ENDBERICHT (NICHT VEROEFFENTL.): GUTACHTEN ZUR FRAGE DER GEFAEHRDUND EINES BETRIEBES DURCH DIE EMISSIONEN EINER GEPLANTEN MUELLVERVRENNUNGSANLAGE

BB -008
INST GOEPFERT, PETER, DIPL.-ING. UND REIMER, HANS, DR.-ING., VBI-BERATENDE INGENIEURE
HAMBURG 60, BRAMFELDER STR. 70

VORHAB **schwermetalle in der flugasche einer muellverbrennungsanlage**
untersuchung von flugasche- und staubproben aus der muellverbrennungsanlage stellingermoor in hamburg auf den gehalt an schwermetallen und deren verbindungen
S.WORT muellverbrennungsanlage + flugasche + schwermetalle
PROLEI DR. -ING. ADOLF NOTTRODT
STAND 1.1.1974
QUELLE erhebung 1975
FINGEB FREIE UND HANSESTADT HAMBURG, BAUBEHOERDE
ZUSAM AMT FUER INGENIEURWESEN III, 2 HAMBURG
BEGINN 1.1.1973 ENDE 31.3.1974
G.KOST 70.000 DM

BB -009
INST HERMANN-RIETSCHEL-INSTITUT FUER HEIZUNGS- UND KLIMATECHNIK DER TU BERLIN
BERLIN 10, MARCHSTR. 4
VORHAB **untersuchung der so2-emission von hausbrandfeuerstaetten in berlin - wilmersdorf**
fuer ein gebiet in berlin-wilmersdorf wurde die durch hausbrandfeuerstaetten ausgewaehlter gebaeude emittierte so2-menge in abhaengigkeit der aussentemperatur berechnet. die berechnung erfolgte jeweils fuer rasterquadrate mit einer kantenlaenge von 500 m. in jedem rasterquadrat wurden nur die hausbrandfeuerstaetten beruecksichtigt, die bei einer einbeziehung in das fernheiznetz entfallen koennten, entsprechende angaben wurden von dem die fernheizung betreibenden evu gemacht
S.WORT hausbrand + schadstoffemission + schwefeldioxid + fernheizung + emissionskataster
BERLIN-WILMERSDORF
PROLEI PROF. DR. HORST ESDORN
STAND 19.7.1976
QUELLE fragebogenerhebung sommer 1976
FINGEB INSTITUT FUER GEOPHYSIKALISCHE WISSENSCHAFTEN - FACHRICHTUNG METEOROLOGIE DER FU BERLIN, BERLIN
G.KOST 11.000 DM
LITAN ENDBERICHT

BB -010
INST HYGIENE INSTITUT DER UNI BONN
BONN, KLINIKGELAENDE 35
VORHAB **hygienische bedeutung der bakterienemission durch kuehlturmschwaden**
erfassung des luftkeimgehaltes sowie der keimzahlen und -arten in der umgebung von zwei kraftwerken mit kuehltuermen. vergleichsuntersuchungen in unbeeinflussten gebieten, prospektive studie zum verhalten besonders interessierender keimarten in der umgebung von kuehltuermen
S.WORT kuehlturm + emission + keime
PROLEI DR. KONRAD BOTZENHART
STAND 13.8.1976
QUELLE fragebogenerhebung sommer 1976
FINGEB FOERDERGEMEINSCHAFT DER GROSSKRAFTWERKSBETREIBER
ZUSAM HYGIENE-INSTITUT DER UNI MAINZ
BEGINN 1.3.1975 ENDE 31.8.1976
G.KOST 70.000 DM
LITAN ZWISCHENBERICHT

BB -011
INST INGENIEURBUERO FUER WAERME- UND ENERGIETECHNIK
HILDEN, KIEFERNWEG 22
VORHAB **ermittlung von optimierungsmoeglichkeiten fuer oel- und gasbefeuerte hausheizungen hinsichtlich schadstoffemissionen und des brennstoff-nutzungsgrades**
S.WORT luftverunreinigung + schadstoffemission + hausbrand + oelfeuerung
QUELLE datenuebernahme aus der datenbank zur koordinierung der ressortforschung (dakor)
FINGEB BUNDESMINISTER FUER FORSCHUNG UND TECHNOLOGIE
BEGINN 1.3.1975 ENDE 31.12.1976

BB -012
INST INSTITUT FUER ANGEWANDTE SYSTEMANALYSE DER GESELLSCHAFT FUER KERNFORSCHUNG MBH
KARLSRUHE, WEBERSTR 5
VORHAB **energie und umwelt: zustands- und auswirkungsanalyse fuer das medium luft**
aus den emissionen (schwefeldioxid) und den meteorologischen daten des oberrheingebietes wird die immission errechnet und mit messwerten verglichen; es werden prognoserechnungen fuer zukuenftige immissionsbelastungen fuer verschiedene technische massnahmen sowie fuer verschiedene standortalternativen durchgefuehrt
S.WORT emission + schwefeldioxid + immissionsbelastung + prognose
OBERRHEINEBENE
PROLEI DIPL-. PHYS. GUENTER HALBRITTER
STAND 1.1.1974
FINGEB MINISTERIUM FUER WIRTSCHAFT, MITTELSTAND UND VERKEHR, STUTTGART
BEGINN 1.3.1973
LITAN - FAUDE, D.;BAYER, A.;HALBRITTER, G.;SPANNAGEL, G.;STEHFEST, H.;WINTZER, D.: ENERGIE UND UMWELT IN BADEN-WUERTTEMBERG. KFK-BERICHT(1966)
- 1974. 06

BB -013
INST INSTITUT FUER CHEMIEINGENIEURTECHNIK DER TU BERLIN
BERLIN 10, ERNST-REUTER-PLATZ 7
VORHAB **untersuchung physikalisch-chemischer reaktionen bei verbrennung von kohlenwasserstoffen in diffusionsflammen und der russ- und pyrolose-kohlenwasserstoffbildung sowie so2, so3 und nox-bildung**
1. thema: generelle untersuchungen der physikalisch-chemischen reaktionen bei der verbrennung von kohlenwasserstoffen in diffusionsflammen unter besonderer beruecksichtigung der russ- und pyrolyse-kohlenwasserstoffbildung sowie so tief 2, so tief 3 und no tief x-bildung. 2. ausganssituation: russbildung und kohlenwasserstoffemissionen in kohlenwasserstoff-diffusionsflammen, trennung der brennstoffspezifischen einfluesse (zusammensetzung, struktur), von denen der verbrennungsfuehrung (zerstaeubung, vermischung, brennraumgeometrie, brennbedingungen). 3. forschungsziel: charakterisierung der brennstoffspezifischen einfluesse mit hilfe der brennstoffkennzahl (bkz) und der zerstaeubungs- und mischungsvorganges mit der empirischen aufbereitungskennzahl az; laborunntersuchungen ueber den bildungsgrad von no und no tief 2. 4. anwendung des ergebnisses: minimierung der schadstoffemissionen in oeldiffusionsflammen. 5. mittel u. wege, verfahren: halbtechnische gkuehlte brennkammer, oelvergasungsbrenner, gasanalysatoren, beschreibung der ergebnisse mit moeglichst dimensionslosen kennzahlen. 6. einschraenkende faktoren: brennraumgeometrie (zylindrisch, gekuehlte, stationaer) heizoel. 7 umgebungs- u. randbedingungen: schwefelarme u. schwefelreiche heizoele mit unterschiedlichen stockstoffgehalten, verbrennung mit luft: 8. beeinflussende groessen: brennbedingungen: luftverhaeltnis, schwefel- und stickstoffgehalt, brennerbelastung, duesendurchmesser. 9. beeinflusste groessen: emission an russ, kohlenwasserstoffe, no tief x, so tief 2.
S.WORT schadstoffemission + kohlenwasserstoffe + pyrolyse + (diffusionsflammen)
QUELLE datenuebernahme aus der datenbank zur koordinierung der ressortforschung (dakor)
FINGEB BUNDESMINISTER FUER WIRTSCHAFT
BEGINN 1.7.1972 ENDE 30.6.1974
G.KOST 112.000 DM

BB -014
INST INSTITUT FUER HOLZPHYSIK UND MECHANISCHE TECHNOLOGIE DES HOLZES DER BUNDESFORSCHUNGSANSTALT FUER FORST- UND HOLZWIRTSCHAFT
HAMBURG 80, LEUSCHNERSTR. 91C

VORHAB **emissionsbestandteile bei der verbrennung von holz und holzwerkstoffen unter verschiedenen bedingungen**
S.WORT holzindustrie + schadstoffemission
PROLEI PROF. DR. NOACK
STAND 1.1.1976
FINGEB BUNDESFORSCHUNGSANSTALT FUER FORST- UND HOLZWIRTSCHAFT, REINBEK

BB -015
INST INSTITUT FUER IMMISSIONS-, ARBEITS- UND STRAHLENSCHUTZ DER LANDESANSTALT FUER UMWELTSCHUTZ BADEN-WUERTTEMBERG
KARLSRUHE, GRIESBACHSTR. 3
VORHAB **schadstoffemission von raffinerie-hochfackeln in abhaengigkeit von deren betriebsbedingungen**
das f+e-vorhaben soll aufschluss geben, welche luftfremden stoffe beim abfackeln von fackelgas in raffinerie-hochfackeln emittiert werden. dazu wird die schadstoffemission einer versuchsfackel in abhaengigkeit von gasmenge, gaszusammensetzung und witterungsbedingungen bei gegebener fackelkonstruktion bestimmt. mit den bei diesen versuchen gewonnenen ergebnissen und der daraus abzuleitenden abhaengigkeitsstruktur der schadstoffemission von ihren einflussgroessen kann dann durch gezielte konstruktive massnahmen an der fackel die verbrennung optimiert, d. h. die emission luftfremder stoffe auf ein minimum reduziert werden
S.WORT raffinerie + schadstoffemission + (hochfackel)
PROLEI DIPL. -PHYS. WOLFRAM MORGENSTERN
STAND 3.2.1976
FINGEB BUNDESMINISTER DES INNERN
ZUSAM DT. GES. F. MINERALOELWISSENSCHAFT U. KOHLECHEMIE
BEGINN 1.6.1975 ENDE 30.4.1978
G.KOST 854.000 DM

BB -016
INST INSTITUT FUER MECHANISCHE VERFAHREN DER FH FUER TECHNIK MANNHEIM
MANNHEIM 1, SPEYERER STRASSE 4
VORHAB **untersuchung der emission von kleinen oelfeuerungen**
erarbeitung von orientierungsdaten mit einer einfachen - moeglichst transportablen messeinrichtung. zu messen sind: co mittels uras 2; co2 mittels orsat; o2 mittels magnos 2; russ mittels beta-staubmeter und sigrist-fotometer; russzahl und wirkungsgrad nach din 4731
S.WORT emissionsmessung + oelfeuerung + (orientierungsdaten)
PROLEI DIPL. -ING. RUPRECHT STAHL
STAND 21.7.1976
QUELLE fragebogenerhebung sommer 1976
FINGEB - STADT MANNHEIM
- MINISTERIUM FUER ARBEIT, GESUNDHEIT UND SOZIALORDNUNG, STUTTGART
BEGINN 1.1.1971 ENDE 31.12.1974
G.KOST 100.000 DM
LITAN ENDBERICHT

BB -017
INST INSTITUT FUER MECHANISCHE VERFAHRENSTECHNIK DER GESAMTHOCHSCHULE ESSEN
ESSEN, UNIONSTR. 2
VORHAB **untersuchungen ueber die emissionen von feuerungsanlagen, die mit gemischen aus kohlenstaub und heizoel betrieben werden**
massnahmen zur ermittlung des standes der technik als grundlage fuer die fortschreibung der technischen anleitung zur reinhaltung der luft
S.WORT feuerungsanlage + brennstoffe + emissionsmessung
PROLEI PROF. DR. -ING. EKKEHARD WEBER
STAND 17.11.1975
FINGEB BUNDESMINISTER DES INNERN
BEGINN 1.10.1974 ENDE 31.3.1977
G.KOST 504.000 DM

BB -018
INST INSTITUT FUER MECHANISCHE VERFAHRENSTECHNIK DER GESAMTHOCHSCHULE ESSEN
ESSEN, UNIONSTR. 2
VORHAB **beispielhafte herleitung von emissionsfaktoren hinsichtlich des staub- und gasauswurfs bei kupoloefen**
ziel des vorhabens ist es, mit vorhandenen und noch zu erstellenden informationsmaterialien hinsichtlich staub- und gasauswurf fuer die verschiedenen kupoloefen emissionsfaktoren zu erstellen. einzeln gliedert sich die arbeit 1. grundsatzdiskussion ueber ermittlung und aussagekraft von emissionsfaktoren, 2. erfassung der emissionsfaktoren bei kupolofenanlagen hinsichtlich verschiedener schadstoffe, 3. uebertragung der aussagekraft von emissionsfaktoren von einzeloefen auf eine groessere anzahl von kupoloefen
S.WORT kraftwerk + abgasemission + schwefeldioxid + inversionswetterlage + (kupolofen)
PROLEI PROF. DR. -ING. EKKEHARD WEBER
STAND 9.8.1976
QUELLE fragebogenerhebung sommer 1976
FINGEB UMWELTBUNDESAMT
BEGINN 1.2.1976 ENDE 30.6.1977
G.KOST 164.000 DM

BB -019
INST INSTITUT FUER REAKTIONSKINETIK DER DFVLR
STUTTGART 80, PFAFFENWALDRING 38
VORHAB **grundlegende untersuchungen zur stickstoffmonoxidbildung in flammen, besonders im brennstoffreichen gebiet**
detailaufklaerung der stickstoffmonoxidbildung im brennstoffreichen gebiet; rolle von zwischenprodukten wie hcn/ch/cn/o. verbesserung von voraussagen der stickstoffmonoxidbildung
S.WORT stickstoffmonoxid + flamme
PROLEI DR. EBERIUS
STAND 1.10.1974
FINGEB - DEUTSCHE FORSCHUNGSGEMEINSCHAFT
- BUNDESMINISTER FUER FORSCHUNG UND TECHNOLOGIE
BEGINN 1.11.1971 ENDE 31.12.1975
G.KOST 626.000 DM
LITAN ZWISCHENBERICHT 1974. 06

BB -020
INST INSTITUT FUER SIEDLUNGSWASSERBAU UND WASSERGUETEWIRTSCHAFT DER UNI STUTTGART
STUTTGART 80, BANDTAELE 1
VORHAB **untersuchung der destrugas-muell-entgasungs-anlage kalundborg hinsichtlich der auswirkungen des verfahrens auf die umwelt**
im rahmen eines gezielten versuchsprogramms sollen die technologie, die auf das oekosystem einwirkenden beeintraechtigungen, die wirtschaftlichkeit und betriebssicherheit einer in daenemark installierten betriebsanlage zur pyrolyse von abfaellen untersucht werden. ferner ist vorgesehen: 1. aufstellung einer genauen stoffbilanz 2. beschaffenheit und verwendungsmoeglichkeit der schlacken 3. zusammensetzung und behandlung der waschwaesser 4. ermittlung der im reingas enthaltenen energiemenge
S.WORT abfallbeseitigung + muellvergasung + verfahrensoptimierung + betriebssicherheit KALUNDBORG + DAENEMARK
PROLEI PROF. DR. -ING. OKTAY TABASARAN
STAND 1.1.1975
QUELLE umweltforschungsplan 1975 des bmi
FINGEB BUNDESMINISTER DES INNERN
BEGINN 1.4.1974 ENDE 31.3.1975
G.KOST 367.000 DM
LITAN - UNI STUTTGART, INST. F. SIEDLUNGSWASSERBAU U. WASSERUETEWIRTSCH.: BER. UEBER DIE UNTERSUCHUNGEN AN DER PILOTANLAGE ZUR ENTGASUNG VON ABFAELLEN. FMA. POLLUTION CONTROL LTD. , KALUNDERBORG/DAENEMARK 55S. (JUN 1975)
- UNI STUTTGART, INST. F. SIEDLUNGSWASSERBAU U. WASSERGUETEWIRTSCH.: BER. UEBER DIE UNTERSUCHUNGEN AN DER PILOTANLAGE ZUR

ENTGASUNG VON ABFAELLEN NACH DEM DESTRUGASVERFAHREN. FMA. POLLUTION CONTROL LTD. , KALUNDERBORG/DAENEMARK 529 S. (OKT. 1975

BB -021

INST INSTITUT FUER VERFAHRENSTECHNIK UND DAMPFKESSELWESEN DER UNI STUTTGART STUTTGART 80, PFAFFENWALDRING 23
VORHAB **systemstudie zur erfassung und verminderung von belaestigenden geruchsemissionen**
S.WORT stickoxide + flamme
STAND 1.1.1974

BB -022

INST INSTITUT FUER VERFAHRENSTECHNIK UND DAMPFKESSELWESEN DER UNI STUTTGART STUTTGART 80, PFAFFENWALDRING 23
VORHAB **verbleib des brennstoffschwefels**
kalibrierung von schwefeldioxid-messgeraeten; weiterentwicklung der schwefeldioxid-messung nach der taupunktmethode
S.WORT brennstoffe + schwefeldioxid + messgeraet
PROLEI PROF. DR. -ING. RUDOLF QUACK
STAND 1.10.1974
ZUSAM - BATELLE-INSTITUT E. V. , 6 FRANKFURT 90, WIESBADENERSTR. (HARTMANN U. BRAUN)
- INTERNATIONAL FLAME RESEARCH FOUNDATION /JMUIDEN/ HOLLAND
BEGINN 1.1.1974 ENDE 31.12.1975
G.KOST 4.000 DM

BB -023

INST INSTITUT FUER VERFAHRENSTECHNIK UND DAMPFKESSELWESEN DER UNI STUTTGART STUTTGART 80, PFAFFENWALDRING 23
VORHAB **moeglichkeiten zur verringerung der schadstoffemission von heizanlagen - kohlenwasserstoffe und geruchsintensive stoffe**
emissionen von kohlenwasserstoffen und geruchsintensiven stoffen koennen zu belaestigungen und allgemeinen reizerscheinungen beim menschen fuehren und bei hoeheren konzentrationen schaedigungen bewirken. wenn sich moeglichkeiten zur verringerung der emissionen dieser stoffe finden lassen, ist einerseits ein wertvoller beitrag zum umweltschutz. zum anderen ist eine verringerung dieser stoffe auch aus wirtschaftlichen gruenden anzustreben, da ihr auftreten meist ein zeichen von unvollkommener verbrennung ist. aufgabenstellung: 1. entwicklung einer geeigneten messtechnik zur erfassung der gesuchten stoffe. 2. bestimmung der kohlenwasserstoff- und geruchs-emissionen an einem oelbefeuerten kessel eines heizkraftwerkes bei einstellung verschiedener parameter. 3. uuntersuchung, wie sich hoehe und art der schadstoff-emissionen technologisch beeinflussen lassen
S.WORT luftverunreinigung + schadstoffausbreitung + kohlenwasserstoffe + heizungsanlage + geruchsbelaestigung
PROLEI DIPL. -ING. GUENTER BAUMBACH
STAND 30.8.1976
QUELLE fragebogenerhebung sommer 1976
FINGEB BUNDESMINISTER FUER FORSCHUNG UND TECHNOLOGIE
BEGINN 1.5.1975 ENDE 30.4.1977
G.KOST 197.000 DM
LITAN ZWISCHENBERICHT

BB -024

INST INSTITUT FUER WASSER-, BODEN- UND LUFTHYGIENE DES BUNDESGESUNDHEITSAMTES BERLIN 33, CORRENSPLATZ 1
VORHAB **pruefung und kalibrierung von kontinuierlich registrierenden staubgeraeten, aufbau eines messtandes in einem steinkohlengefeuerten kraftwerk**
in dem mess-stand werden laufend gas- und staub-emissions-messgeraete geprueft und weiterentwickelt
S.WORT emissionsueberwachung + staubemission + messtechnik
PROLEI PROF. DR. -ING. H. SCHNITZLER
STAND 1.1.1974
FINGEB BUNDESGESUNDHEITSAMT, BERLIN

BB -025

INST INSTITUT FUER WASSER-, BODEN- UND LUFTHYGIENE DES BUNDESGESUNDHEITSAMTES BERLIN 33, CORRENSPLATZ 1
VORHAB **pruefung und kalibrierung von staub-emissionsgeraeten im abgas oelgefeuerter grosskessel**
die emissionen von anlagen muessen katastermaessig erfasst (para. 27, 46 bimschg) und einer staendigen kontrolle (para. 26-31, 48 bimschg, nr. 2. 8 und nr. 3 ta luft) unterliegen. hierfuer sind die technisch-wissenschaftlichen voraussetzungen fuer erhebungen, messverfahren, geraeteentwicklungen und deren bundeseinheitliche standardisierung zu erarbeiten
S.WORT staubmessgeraet + messgeraetetest
PROLEI PROF. DR. -ING. H. SCHNITZLER
STAND 21.11.1975
FINGEB BUNDESMINISTER DES INNERN
BEGINN 17.5.1972 ENDE 31.12.1977
G.KOST 647.000 DM
LITAN BERICHT UEBER DAS FORSCHUNGSVORHABEN "PRUEFUNG U. KALIBRIERUNG VON STAUB-EMISSIONSGERAETEN IM ABGAS OELGEFEUERTER GROSSKESSEL"

BB -026

INST INSTITUT FUER WASSER-, BODEN- UND LUFTHYGIENE DES BUNDESGESUNDHEITSAMTES BERLIN 33, CORRENSPLATZ 1
VORHAB **zentrale erfassung der emissionen von kraftwerken in berlin (west) und korrelierung mit den zentralerfassten immissionen**
katastermaessige erfassung von anlagenemissionen und kontrolle zur fruehwarnung vor immissionen
S.WORT emissionsueberwachung + kraftwerk BERLIN (WEST)
PROLEI PROF. DR. -ING. H. SCHNITZLER
STAND 1.1.1975
QUELLE umweltforschungsplan 1975 des bmi
FINGEB BUNDESMINISTER DES INNERN
BEGINN 1.10.1972 ENDE 31.12.1975
G.KOST 505.000 DM

BB -027

INST INSTITUT FUER WASSER-, BODEN- UND LUFTHYGIENE DES BUNDESGESUNDHEITSAMTES BERLIN 33, CORRENSPLATZ 1
VORHAB **pruefung von so2-emissionsmessgeraeten im abgas oelgefeuerter grosskessel**
emissionsueberwachung: die emissionen von anlagen muessen katastermaessig erfasst (par. 25, 38 e/bimschg) und einer staendigen kontrolle (par. 24-29, 40 e/bimschg, nr. 2. 7 ta-luft) unterliegen. hierfuer sind die technisch-wissenschaftlichen voraussetzungen fuer erhebungen, messverfahren, geraeteentwicklung und deren bundeseinheitliche standardisierung zu erarbeiten
S.WORT emissionsueberwachung + oelfeuerung + schwefeldioxid + messgeraetetest
PROLEI DR. -ING. JANDER
STAND 1.1.1974
QUELLE umweltforschungsplan 1974 des bmi
FINGEB BUNDESMINISTER DES INNERN
BEGINN 1.1.1971 ENDE 31.12.1974
G.KOST 200.000 DM

BB -028

INST INSTITUT FUER WASSER-, BODEN- UND LUFTHYGIENE DES BUNDESGESUNDHEITSAMTES DUESSELDORF, AUF'M HENNEKAMP 70

VORHAB **erfassung des spektrums von pilzarten im flusswasser**
bei inbetriebnahme eines atomkraftwerkes wird flusswasser verdampft. es soll abgeschaetzt werden, ob dabei gefahren durch verbreitung von niederen pilzen beim menschen und in der umwelt entstehen koennen. zu dieser risikoabschaetzung muss zunaechst das spektrum an pilzarten im flusswasser erfasst werden. die untersuchungen werden mit dem membranfilter-verfahren durchgefuehrt und bestimmen den umfang der vorhandenen pilzarten. - in einer zweiten untersuchungsphase werden mittels physiologischer reaktionen der pilze moegliche gefahren fuer die umwelt unter oekologischen kriterien beurteilt
S.WORT luftverunreinigende stoffe + nasskuehlturm + kernkraftwerk + fluss + pilze
MAIN + RHEIN-MAIN-GEBIET
PROLEI DR. GOTTFRIED SIEBERT
STAND 30.8.1976
QUELLE fragebogenerhebung sommer 1976
BEGINN 1.8.1976 ENDE 31.12.1976

BB -029
INST LANDESANSTALT FUER IMMISSIONS- UND BODENNUTZUNGSSCHUTZ DES LANDES NORDRHEIN-WESTFALEN
ESSEN, WALLNEYERSTR. 6
VORHAB **ermittlung der emissionsverhaeltnisse bei dampferzeugern mit feuerungen fuer fossile brennstoffe**
S.WORT emissionsmessung + brennstoffe
PROLEI DIPL. -ING. K. WELZEL
STAND 1.1.1974
QUELLE erhebung 1975
FINGEB LAND NORDRHEIN-WESTFALEN
BEGINN 1.1.1972

BB -030
INST MAX-PLANCK-INSTITUT FUER EISENFORSCHUNG
DUESSELDORF, MAX-PLANCK-STR.
VORHAB **beeinflussung der teilchengroesse bei oxydischem rauch**
S.WORT abgasemission + staub + rauch + teilchengroesse
PROLEI DR. SCHWERDTFEGER
STAND 1.10.1974
FINGEB ARBEITSGEMEINSCHAFT INDUSTRIELLER FORSCHUNGSVEREINIGUNGEN E. V. (AIF)
BEGINN 1.10.1972
G.KOST 179.000 DM

BB -031
INST MAX-PLANCK-INSTITUT FUER STROEMUNGSFORSCHUNG
GOETTINGEN, BOETTINGERSTR. 6-8
VORHAB **bildung von russteilchen bei verbrennungsprozessen und deren gehalt an schaedlichen komponenten**
wachstum von russteilchen wird verfolgt
S.WORT abgas + verbrennung + russ
PROLEI WAGNER
STAND 1.10.1974
FINGEB MAX-PLANCK-GESELLSCHAFT ZUR FOERDERUNG DER WISSENSCHAFTEN E. V. , MUENCHEN
BEGINN 1.1.1958 ENDE 31.12.1974
G.KOST 600.000 DM

BB -032
INST NORDWESTDEUTSCHE KRAFTWERKE AG
HAMBURG, SCHOENE AUSSICHT 14
VORHAB **ermittlung der auswirkung des kraftwerksbetriebes auf die so2-konzentration und den staubniederschlag im raum wilhelmshaven**
S.WORT kraftwerk + emission + immission + schwefeldioxid + staubniederschlag
WILHELMSHAVEN + JADEBUSEN
PROLEI DR. WILHELM BOSSELMANN
STAND 13.8.1976
QUELLE fragebogenerhebung sommer 1976
ZUSAM - MOBIL OIL AG, STEINSTRASSE, 2000 HAMBURG 1
- STADT WILHELMSHAVEN, POSTFACH 1180, 2940 WILHELMSHAVEN
BEGINN 1.5.1976
G.KOST 700.000 DM

BB -033
INST RHEINISCH-WESTFAELISCHER TECHNISCHER UEBERWACHUNGS-VEREIN E. V.
ESSEN, STEUBENSTR. 53
VORHAB **theoretische ermittlung von abgas-konzentrationen in feuerungsanlagen**
theoretische ermittlung der stickoxidemission von feuerungsanlagen in abhaengigkeit von den zustaenden im feuerraum und von der brennstoffzusammensetzung; vergleich mit messwerten an entsprechenden feuerungsanlagen unter beruecksichtigung der haupteinflussparameter temperatur, verweilzeit und luftueberschuss
S.WORT feuerungsanlage + emission + stickoxide + (modellrechnung)
PROLEI DR. -ING. LUETZKE
STAND 1.1.1974
BEGINN 1.12.1972 ENDE 31.12.1974
G.KOST 30.000 DM
LITAN ZWISCHENBERICHT 1974. 12

BB -034
INST TECHNISCHER UEBERWACHUNGSVEREIN BAYERN E.V.
MUENCHEN, KAISERSTR. 14-16
VORHAB **emissionsmessungen an muellverbrennungsanlagen**
durchfuehrung gezielter untersuchungen an muellverbrennungsanlagen hinsichtlich der auftretenden emissionen von festen und gasfoermigen bestandteilen als grundlagen fuer die planung von neuen anlagen
S.WORT emissionsmessung + muellverbrennungsanlage
PROLEI DIPL. -ING. WERNER GRELLER
STAND 1.10.1974
FINGEB STAATSMINISTERIUM FUER LANDESENTWICKLUNG UND UMWELTFRAGEN, MUENCHEN
ZUSAM TUEV BAYERN E. V.
BEGINN 1.1.1973 ENDE 31.12.1974
G.KOST 60.000 DM
LITAN ENDBERICHT

BB -035
INST TECHNISCHER UEBERWACHUNGSVEREIN BAYERN E.V.
MUENCHEN, KAISERSTR. 14-16
VORHAB **modelluntersuchung ueber die ausbreitung der emissionen aus heizungsanlagen bei wohngebaeuden**
umstroemung eines gebaeudes und abstroemung von abgasen aus dem schornstein dieses gebaeudes und untersuchung der entsprechenden modells im windkanal. untersuchung verschiedener modelle im windkanal
S.WORT abgasausbreitung + wohngebiet + schornstein
PROLEI DIPL. -ING. ANTON HOESS
STAND 5.1.1976
FINGEB BUNDESMINISTER DES INNERN
BEGINN 1.10.1973 ENDE 31.12.1976
G.KOST 213.000 DM
LITAN ZWISCHENBERICHT

BB -036
INST VGB-FORSCHUNGSSTIFTUNG DER TECHNISCHEN VEREINIGUNG DER GROSSKRAFTWERKSBETREIBER E. V.
ESSEN 1, KLINKESTR. 27-31
VORHAB **herkunft und einbindung von fluor in aschen und feinstaeuben kohlegefeuerter kraftwerke**
S.WORT luftverunreinigende stoffe + kohlefeuerung + fluor
PROLEI PROF. DR. HELMUT KIRSCH
STAND 1.1.1974

BB -037

INST VGB-FORSCHUNGSSTIFTUNG DER TECHNISCHEN VEREINIGUNG DER GROSSKRAFTWERKSBETREIBER E. V.
ESSEN 1, KLINKESTR. 27-31

VORHAB bestimmung der spurenelemente in aschen und reingasstaeuben kohle- und oelgefeuerter kraftwerke

S.WORT kraftwerk + kohlefeuerung + oelfeuerung + abgaszusammensetzung

STAND 1.1.1974

BB -038

INST VGB-FORSCHUNGSSTIFTUNG DER TECHNISCHEN VEREINIGUNG DER GROSSKRAFTWERKSBETREIBER E. V.
ESSEN 1, KLINKESTR. 27-31

VORHAB phasenzusammensetzung von feinstaeuben von muellverbrennungsanlagen, die bor, quecksilber, cadmium, chrom und barium enthalten

S.WORT muellverbrennungsanlage + feinstaeube + anorganische stoffe

PROLEI PROF. DR. HELMUT WIRSCH

STAND 1.1.1974

FINGEB DEUTSCHE FORSCHUNGSGEMEINSCHAFT

BB -039

INST VGB-FORSCHUNGSSTIFTUNG DER TECHNISCHEN VEREINIGUNG DER GROSSKRAFTWERKSBETREIBER E. V.
ESSEN 1, KLINKESTR. 27-31

VORHAB untersuchungen zur frage des bakterienauswurfes mit kuehlturmschwaden

untersuchungen zur frage, ob und in welchem mass bakterien mit kuehlturmschwaden in die atmosphaere getragen werden, in abhaengigkeit vom kuehlwasser, den kuehlturm-betriebsbedingungen, den wetterbedingungen, der jahreszeit u. a.; untersuchungen zur ueberlebensrate evtl. ausgetragener bakterien und zur immissionssituation

S.WORT luftverunreinigung + kuehlturm + bakterien + ausbreitungsmodell

PROLEI DR. HAESSLER

STAND 11.8.1976

QUELLE fragebogenerhebung sommer 1976

ZUSAM
- VGB-FORSCHUNGSSTIFTUNG
- HYGIENE-INSTITUT DER UNI BONN UND MAINZ
- INST. F. ANGEWANDTE HYGIENE, MUENCHEN

BEGINN 1.3.1974 ENDE 30.9.1976

G.KOST 700.000 DM

LITAN ZENTRALBLATT FUER HYGIENE. REIHE B. VGB TECHNISCH-WISSENSCHAFTLICHE BERICHTE "WAERMEKRAFTWERKE"

Weitere Vorhaben siehe auch:

TA -033 ARBEITSMEDIZINISCHE BEURTEILUNG VON STICKSTOFFOXID-KONZENTRATIONEN IN DER RAUMLUFT VON HAUSHALTSKUECHEN MIT GASHERDEN

BC -001

INST ABTEILUNG CHEMISCHE SICHERHEITSTECHNIK DER BUNDESANSTALT FUER MATERIALPRUEFUNG
BERLIN 45, UNTER DEN EICHEN 87
VORHAB **leckagen aus stopfbuchsabdichtungen an spindeln von armaturen**
ausgangslage: erstellung eines emissionskatasters im koelner raum; abschaetzung der leckagen aus dichteelementen; kritik an der groessenordnung von kennzahlen; ziel: ermittlung von leckraten aus statischen und dynamischen dichteelementen in petrochemischen anlagen und raffinerien unter betriebsaehnlichen verhaeltnissen; methoden: untersuchung an spindelbetaetigten ventilen im laboratorium (eintauchtest/vakuummethode/huellenmethode/schnueffelmethode) und unter betriebsbedingungen (huellenmethode/schnueffelmethode); derzeit keine angaben ueber nebenergebnisse moeglich
S.WORT emissionskataster + petrochemische industrie + leckrate
KOELN (RAUM) + RHEIN-RUHR-RAUM
PROLEI DIPL. -ING. EBERHARD BEHREND
STAND 10.9.1976
QUELLE fragebogenerhebung sommer 1976
FINGEB - DEUTSCHE GESELLSCHAFT FUER MINERALOELWISSENSCHAFT UND KOHLECHEMIE E. V. , HAMBURG
ZUSAM - TECHNISCHER UEBERWACHUNGSVEREIN, LUKASTR. 90, 5000 KOELN
- DEUTSCHE GESELLSCHAFT FUER MINERALOEL UND KOHLECHEMIE E. V. , 2 HAMBURG 1, STEINDAMM 71
BEGINN 1.12.1973 ENDE 30.6.1975
G.KOST 55.000 DM
LITAN MINISTER F. ARB. , GES. U. SOZ. DES LANDES NW (HRSG.): EMISSIONSKATASTER KOELN. VERLAG TUEV RHEINLAND GMBH (1972)

BC -002

INST ABTEILUNG STOFFARTUNABHAENGIGE VERFAHREN DER BUNDESANSTALT FUER MATERIALPRUEFUNG
BERLIN 45, UNTER DEN EICHEN 87
VORHAB **stickoxidbildung bei autogenverfahren**
kontinuierliche messung der stickoxide; einhalten der mak-werte; einfluss von absaug- und belueftungsvorrichtungen; autogenes schweissen, waermen, flaemmen, brennschneiden
S.WORT luftverunreinigung + mak-werte + autogenes schweissen + stickoxide
PROLEI DR. -ING. HENNING PRESS
STAND 1.1.1974
FINGEB HAUPTVERBAND DER GEWERBLICHEN BERUFSGENOSSENSCHAFTEN E. V. , BONN
ZUSAM BUNDESGESUNDHEITSAMT, 1 BERLIN 33, THIELALLEE 88-92
BEGINN 1.9.1975 ENDE 30.6.1976
G.KOST 25.000 DM
LITAN ZWISCHENBERICHT 1974. 03

BC -003

INST ABTEILUNG STOFFARTUNABHAENGIGE VERFAHREN DER BUNDESANSTALT FUER MATERIALPRUEFUNG
BERLIN 45, UNTER DEN EICHEN 87
VORHAB **untersuchung der schadstoffkonzentrationen sowie der geraeuschpegel beim plasmaschmelzschneiden**
grundsaetzliche untersuchung, ob und womit die mak-werte am arbeitsplatz eingehalten werden koennen
S.WORT mak-werte + laermbelastung + schadstoffemission + plasmaschmelzschneiden
PROLEI DR. -ING. HENNING PRESS
STAND 10.9.1976
QUELLE fragebogenerhebung sommer 1976
FINGEB - ARBEITSGEMEINSCHAFT INDUSTRIELLER FORSCHUNGSVEREINIGUNGEN E. V. (AIF)
- ARBEITSGEMEINSCHAFT DER EISEN- UND STAHL-BERUFSGENOSSENSCHAFTEN
ZUSAM BUNDESGESUNDHEITSAMT, THIELALLEE 88, 1000 BERLIN 33
BEGINN 1.1.1974 ENDE 31.12.1975
G.KOST 147.000 DM
LITAN ZWISCHENBERICHT 1974. 07

BC -004

INST ABTEILUNG STOFFARTUNABHAENGIGE VERFAHREN DER BUNDESANSTALT FUER MATERIALPRUEFUNG
BERLIN 45, UNTER DEN EICHEN 87
VORHAB **schadgasentstehung bei schutzgasschweissverfahren und ermittlung der erforderlichen absaugleistung zum vermeiden von gesundheitsschaeden**
messung der entstehenden schadgasmengen; kontinuierliche messung der schadgaskonzentrationen am arbeitsplatz; einfluss von absaugvorrichtungen; mig-, mag-, wig-schweissen
S.WORT schweisstechnik + abgasemission
PROLEI DR. -ING. HENNING PRESS
STAND 10.9.1976
QUELLE fragebogenerhebung sommer 1976
FINGEB BUNDESMINISTER FUER FORSCHUNG UND TECHNOLOGIE
ZUSAM BUNDESGESUNDHEITSAMT, THIELALLEE 88, 1000 BERLIN 33
BEGINN 1.1.1977 ENDE 31.12.1979
G.KOST 450.000 DM

BC -005

BATTELLE-INSTITUT E.V.
FRANKFURT 90, AM ROEMERHOF 35
VORHAB **analyse der astbestindustrie**
durch eine analyse der asbestindustrie sollen spezifische gegebenheiten dieses industriezweiges ermittelt werden. neben einer charakterisierung der branche und der produktionsverfahren soll die emissionssituation gegenstand der untersuchung sein
S.WORT asbestindustrie + emissionsmessung
STAND 20.11.1975
FINGEB BUNDESMINISTER DES INNERN
BEGINN 15.11.1975 ENDE 30.4.1976
G.KOST 15.000 DM

BC -006

INST BETRIEBSFORSCHUNGSINSTITUT VDEH - INSTITUT FUER ANGEWANDTE FORSCHUNG
DUESSELDORF, SOHNSTR. 65
VORHAB **ermittlung von art und menge der emission bei intensiviertem betrieb von siemens-martin-oefen, abhaengigkeit vom schmelzverlauf**
erfassung der staubeigenschaften als grundlage fuer eine moegliche siemens-martin-ofen-entstaubung
S.WORT industrieabgase + staubminderung + siemens-martin-ofen
PROLEI ING. GRAD. KAHNWALD
STAND 1.10.1974
QUELLE erhebung 1975
FINGEB VEREIN DEUTSCHER EISENHUETTENLEUTE, DUESSELDORF
ZUSAM HUETTENWERKE IN DER BRD
BEGINN 1.4.1971 ENDE 31.3.1974
G.KOST 302.000 DM
LITAN STAHL UND EISEN (16)(AUG 1976)

BC -007

INST BETRIEBSFORSCHUNGSINSTITUT VDEH - INSTITUT FUER ANGEWANDTE FORSCHUNG
DUESSELDORF, SOHNSTR. 65
VORHAB **staubemission beim umschlagen und lagern von massenschuettguetern**
staubemission von lagerplaetzen
S.WORT massenschuettgut + staubemission
PROLEI ING. GRAD. KAHNWALD
STAND 1.10.1974
FINGEB VEREIN DEUTSCHER EISENHUETTENLEUTE, DUESSELDORF
ZUSAM - HUETTENWERKE IN DER BRD
- STUDIENGESELLSCHAFT ERZAUFBEREITUNG
- ARBEITSGEMEINSCHAFT TRANSPORT
BEGINN 1.9.1971 ENDE 30.6.1975
G.KOST 280.000 DM
LITAN ABSCHLUSSBERICHT 1976. 05

BC -008
INST BETRIEBSFORSCHUNGSINSTITUT VDEH - INSTITUT FUER ANGEWANDTE FORSCHUNG
DUESSELDORF, SOHNSTR. 65
VORHAB **staubentstehung bei der oberflaechenbehandlung von staehlen durch flaemmen und schleifen**
feststellung spezifischer staubemissionen zwecks optimaler auslegung von entstaubungsanlagen
S.WORT staubemission + metallbearbeitung
PROLEI DIPL. -ING. STEINBRECHER
STAND 1.10.1974
QUELLE erhebung 1975
FINGEB EUROPAEISCHE GEMEINSCHAFTEN
BEGINN 1.1.1973 ENDE 31.12.1975
G.KOST 495.000 DM
LITAN - ABSCHLUSSBERICHT 1976. 03
- STAHL UND EISEN 96 S. 205-209(1976)

BC -009
INST BETRIEBSFORSCHUNGSINSTITUT VDEH - INSTITUT FUER ANGEWANDTE FORSCHUNG
DUESSELDORF, SOHNSTR. 65
VORHAB **technische entwicklung zur beseitigung staubhaltiger abgase beim hochofenabstich**
1. messungen der staub- und schadgasemissionen in hochofengiesshallen in abhaengigkeit von verschiedenen einflussgroessen (abstichabhaengig und witterungsabhaengig). 2. erarbeitung von unterlagen zur optimalen auslegung von stauberfassungsanlagen. 3. projektierung einer erfassungsanlage an einem hochofen. 4. erprobung dieser anlage im praktischen betrieb
S.WORT luftreinhaltung + abgasreinigung + staubemission + eisen- und stahlindustrie + (hochofen)
NORDRHEIN-WESTFALEN + RHEIN-RUHR-RAUM
PROLEI DR. -ING. KLAUS POLTHIER
STAND 30.8.1976
QUELLE fragebogenerhebung sommer 1976
FINGEB EUROPAEISCHE GEMEINSCHAFT FUER KOHLE UND STAHL, LUXEMBURG
ZUSAM BFI BETRIEBSTECHNIK GMBH, SOHNSTR. 65, 4000 DUESSELDORF
BEGINN 1.7.1976 ENDE 30.6.1980
G.KOST 1.620.000 DM

BC -010
INST BUNDESANSTALT FUER GEOWISSENSCHAFTEN UND ROHSTOFFE
HANNOVER 51, STILLEWEG 2
VORHAB **untersuchungen ueber die moeglichkeiten zur anreicherung von titan aus kraftwerkflugaschen**
untersuchungen ueber verfahren zur ermoeglichung der gewinnung von titandioxid aus den flugaschen eines kraftwerkes auf braunkohlenbasis
S.WORT schwermetalle + kraftwerk + flugasche
HELMSTEDT + HARZVORLAND
PROLEI DR. PETER MUELLER
STAND 1.1.1974
LITAN ZWISCHENBERICHT

BC -011
INST DEUTSCHE FORSCHUNGSGESELLSCHAFT FUER DRUCK- UND REPRODUKTIONSTECHNIK E.V.
MUENCHEN 40, BRUNNERSTRASSE 2
VORHAB **untersuchung der abluft- zusammensetzung bei rollenoffset-druckmaschinen**
ausgangssituation: die im wesentlichen aus hochsiedenden aliphatischen kohlenwasserstoffen bestehenden organischen anteile der abluft von rollenoffset-trocknern enthalten daneben ausserdem noch bisher nicht identifizierte geruchsaktive stoffe, welche die qualitaet dieser abluft im sinne des umweltschutzes sehr verschlechtern. forschungsziel: identifizierung dieser geruchsaktiven substanzen und lokalisierung ihrer herkunft. anwendung und bedeutung: befreiung der abluft von dem anteil geruchsaktiver substanzen durch substanz-spezifische "filter". vermeiden eines auftretens solcher substanzen durch aenderungen an der rezeptur von papier oder/und druckfarbe. in beiden faellen waere eine verbesserung der qualitaet der trockner-abluft zu erzielen, die deren einstuufung in klasse iii der ta luft ermoeglicht und somit eine wesentlich weniger aufwendige nachreinigung erfordert. mittel und wege: folgende substanzgemische sollen mit dem abluftgemisch verglichen erden -"destillat" aus rollenoffset-druckfarben, -"destillat" aus druckpapier, -abluft der blossen trocknerbeheizung, -abluft des trockners beim durchlauf unbedruckten papiers. probenahme mit beheizten sonden. anreicherung (absorption in fluessigkeiten, adsorption an feststoffen u. a.). gaschromatographische trennung, selektieren von geruchsaktiven anteilen. identifizieren der geruchsaktiven komponenten (klassische analytische methoden, ir-spektroskopie, massenspektroskopie u. a.). untersuchung zur ermittlung der ursache des auftretens geruchsaktiver substanzen. einschraenkende faktoren: schwierigkeiten beim vergleich von geruechen. umgebungs- und randbedingungen: system des trockners.
S.WORT abluftkontrolle + geruchsbelaestigung + arbeitsplatz + druckereiindustrie + (rollenoffset-druckmaschinen)
QUELLE datenuebernahme aus der datenbank zur koordinierung der ressortforschung (dakor)
FINGEB BUNDESMINISTER FUER WIRTSCHAFT
BEGINN 1.1.1975 ENDE 31.12.1976
G.KOST 213.000 DM

BC -012
INST DEUTSCHE GESELLSCHAFT FUER HOLZFORSCHUNG E.V. (DGFH)
MUENCHEN, PRANNERSTR. 9
VORHAB **rauchdichteverhalten brennbarer baustoffe**
S.WORT baustoffe + verbrennung
PROLEI DR. TEICHGRAEBER
STAND 1.10.1974
BEGINN 1.1.1968
G.KOST 30.000 DM

BC -013
INST DEUTSCHE GESELLSCHAFT FUER MINERALOELWISSENSCHAFT UND KOHLECHEMIE E.V.
HAMBURG, STEINDAMM 71
VORHAB **durchfluss- und masseermittlung der den fackeln zugefuehrten gase**
das ziel des vorhabens liegt in der ermittlung von messmethoden und messgeraeten, um eine fundierte basis fuer die quantifizierung der den fackeln zugefuehrten gase anzugeben und somit eine moeglichkeit zu schaffen, eine bilanz zum fackelgeschehen aufzustellen
S.WORT abgasminderung + industrieabgase + verbrennung
PROLEI DR. WEBER
STAND 30.1.1976
FINGEB - BUNDESMINISTER DES INNERN
- ERDOELRAFFINERIE INGOLSTADT - ERIAG -
BEGINN 1.11.1975 ENDE 31.10.1977
G.KOST 544.000 DM

BC -014
INST FLIESENBERATUNGSSTELLE E.V.
GROSSBURGWEDEL, IM LANGEN FELD 4
VORHAB **erhebungen zu luft- und abwasserproblemen in der feinkeramischen fliesenindustrie**
anfallende belastungswerte; moeglichkeiten zur verbesserung von arbeitsplatzbedingungen
S.WORT fliesenindustrie + abwasser + luftverunreinigung
PROLEI DIPL. -ING. HOPP
STAND 1.1.1974
FINGEB VERBAND DER FLIESENINDUSTRIE E. V. , FRANKFURT
BEGINN 1.1.1965
LITAN BERICHTE F. AUFTRAGGEBER

BC -015
INST FORSCHUNGSGEMEINSCHAFT FUER TECHNISCHES GLAS E.V.
WERTHEIM, FERDINAND-HOTZ-STR. 6
VORHAB **nitrose gase in glasblaesereien**
S.WORT glasindustrie + abgas + nitrose verbindungen
PROLEI DIPL. -ING. SCHAUDEL

STAND 1.1.1974
FINGEB MINISTERIUM FUER WIRTSCHAFT, MITTELSTAND UND VERKEHR, STUTTGART
BEGINN 1.1.1973
G.KOST 50.000 DM

BC -016
INST FORSCHUNGSGEMEINSCHAFT FUER TECHNISCHES GLAS E.V.
WERTHEIM, FERDINAND-HOTZ-STR. 6
VORHAB **quecksilberdaempfe in glasbearbeitungsbetrieben**
untersuchung ueber den zeitlichen verlauf der quecksilberdampfkonzentration in glasbearbeitungsbetrieben; rueckschluesse daraus auf erforderliche massnahmen des unfallschutzes wie abzuege etc.
S.WORT glasindustrie + quecksilber
PROLEI DIPL. -ING. SCHAUDEL
STAND 1.1.1974
FINGEB MINISTERIUM FUER WIRTSCHAFT, MITTELSTAND UND VERKEHR, STUTTGART
BEGINN 1.1.1974

BC -017
INST GASWAERME-INSTITUT E.V.
ESSEN, HAFENSTR. 101
VORHAB **so2- und fluoremission in ziegeleien nach umstellung von heizoel auf erdgas**
S.WORT heizoel + erdgas + emission + fluor + schwefeldioxid
PROLEI PROF. DR. -ING. H. KREMER
STAND 1.1.1974

BC -018
INST GASWAERME-INSTITUT E.V.
ESSEN, HAFENSTR. 101
VORHAB **untersuchungen zur ermittlung des kohlenstoffgehaltes in den verbrennbaren organisch-chemischen stoffen der abluft eines trockenofens**
S.WORT ofen + abluft + schadstoffminderung
PROLEI PROF. DR. -ING. H. KREMER
STAND 1.1.1974
BEGINN 1.1.1972

BC -019
INST GUTEHOFFNUNGSHUETTE STERKRADE AG
OBERHAUSEN 11, BAHNHOFSTR. 66
VORHAB **umweltschutzeinrichtungen fuer anlagen zur eisen- und stahlerzeugung**
das vorhaben umfasst die konstruktive entwicklung/verbesserung von umweltschutzeinrichtungen fuer anlagen zur eisen- und stahlerzeugung; insbesondere anlagenentstaubung/abgaseentschwefelung bei erzvorbereitungs(sinter)anlagen, anlagenentstaubung bei hochoefen und direktreduktionsanlagen, schalldaempfung und rauchgasabsaugung bei elektrolichtbogenanlagen
S.WORT eisen- und stahlindustrie + emissionsminderung + entstaubung + entschwefelung
PROLEI ALFRED HUETTERMANN
STAND 12.8.1976
QUELLE fragebogenerhebung sommer 1976

BC -020
INST HUETTENTECHNISCHE VEREINIGUNG DER DEUTSCHEN GLASINDUSTRIE E.V.
FRANKFURT, BOCKENHEIMER LANDSTR. 126
VORHAB **staubbildung in abgasen von glasschmelzoefen, entwicklung von messverfahren**
ausgangssituation: ueber die staubemissionen von glasschmelzoefen ist wenig bekannt. messungen liegen kaum vor, da die emissionen nach frueheren masstaeben gering sind. heutige masstaebe haben das bild veraendert. die von anderen bereichen (z. b. kraftwerken, stahlindustrie) ueblichen messverfahren koennen nur sehr bedingt uebernommen werden. vorarbeiten ueber die entwicklung eines geeigneten messverfahrens sind bereits angelaufen. eine messonde mit heissem filtereinsatz wird bereits erprobt. forschungsziel: art und menge der emissionen bei welchen oefen und glasarten, entwicklung dafuer notwendiger messverfahren. anwendung und bedeutung des ergebnisses: verlaessliche messdaten sind die voraussetzungen fuer die entwicklung umweltfreundlicher technologien. es bestehen prinzipiell moeglichkeiten, die ofenkonstruktion und die ofenbetriebsweise zu modifizieren. abgasreinigungsanlagen koennen nur dann mit erfolg eingesetzt werden, wenn art und menge der emssionen genau bekannt sind. die ergebnisse des vorhabens sind somit fundament der entwicklung einer der den umweltschutzforderungen besser angepassten glasschmelztechnologie. sie sind somit richtungsweisend fuer die weiterentwicklung der glasschmelzoefen.
S.WORT glasindustrie + staubemission + messverfahren + (glasschmelzofen)
QUELLE datenuebernahme aus der datenbank zur koordinierung der ressortforschung (dakor)
FINGEB BUNDESMINISTER FUER WIRTSCHAFT
BEGINN 1.1.1974 ENDE 1.1.1976
G.KOST 171.000 DM

BC -021
INST INSTITUT FUER AEROBIOLOGIE DER FRAUNHOFER-GESELLSCHAFT E.V.
SCHMALLENBERG GRAFSCHAFT, UEBER SCHMALLENBERG
VORHAB **messung der elektrischen ladung von grubenaerosolen**
es wird an anderer stelle durch den auftraggeber untersucht, ob grubenstaeube durch ultraschall rascher koagulieren und eine bessere abscheideleistung von filtern erreicht werden kann. aufgabe des iae ist, zu untersuchen, wie stark die grubenstaeube aufgeladen sind, um daraus rueckschluesse zu ziehen, ob die ultraschallbehandlung durch die aufladung in ihrer wirkung beeintraechtigt wird. die ladungen werden in einem elektrischen mobilitaetsspektrometer nachgewiesen
S.WORT aerosole + bergwerk + filter + ultraschall
PROLEI DIPL. -PHYS. CHRISTOPH BOOSE
STAND 29.7.1976
QUELLE fragebogenerhebung sommer 1976
FINGEB BERGBAU-FORSCHUNG GMBH, ESSEN
BEGINN 1.1.1976 ENDE 30.6.1976
G.KOST 40.000 DM
LITAN ZWISCHENBERICHT

BC -022
INST INSTITUT FUER ANORGANISCHE UND ANGEWANDTE CHEMIE DER UNI HAMBURG
HAMBURG 13, MARTIN-LUTHER-KING-PLATZ 6
VORHAB **optimierung der rauchgasreinigung industrieller feuerungsanlagen**
luftchemische untersuchungen im ballungsraum hamburg haben konzentrationen an einzelnen schadstoffkomponenten erbracht, aus denen auf einige emittenden geschlossen werden kann. das grosstadtaerosol mit seinem typischen gehalt an schwermetallen war bisher das ziel unserer noch laufenden untersuchungen. durch gezielte versuche an industriellen grossfeuerungsanlagen sollten einzelne parameter so veraendert werden, dass der schadstoffausstoss reduziert wird
S.WORT industrieabgase + feuerungsanlage + gasreinigung + emissionsminderung
PROLEI DR. WALTER DANNECKER
STAND 30.8.1976
QUELLE fragebogenerhebung sommer 1976
FINGEB FREIE UND HANSESTADT HAMBURG
G.KOST 130.000 DM
LITAN ZWISCHENBERICHT

BC -023
INST INSTITUT FUER FLUGZEUGBAU DER DFVLR
BRAUNSCHWEIG, FLUGHAFEN

VORHAB **untersuchung des brandverhaltens von werkstoffen hinsichtlich der entwicklung von rauch und toxischen gasen**
ziel: verbesserung von pruefmethoden und ausarbeitung von richtlinien fuer die erfassung der rauch- und gasentwicklung; vorschlag von grenzwerten fuer die beurteilung brennbarer werkstoffe
S.WORT werkstoffe + verbrennung + schadstoffbildung
PROLEI ING. GRAD. SEIFERT
STAND 1.1.1974
FINGEB - BUNDESMINISTER FUER FORSCHUNG UND TECHNOLOGIE
- BUNDESMINISTER DER VERTEIDIGUNG
ZUSAM - LUFTFAHRT-BUNDESAMT, 33 BRAUNSCHWEIG, FLUGHAFEN
- BUNDESAMT FUER WEHRTECHNIK UND BESCHAFFUNG, 54 KOBLENZ, AM RHEIN 2-6
BEGINN 1.1.1974

BC -024
INST INSTITUT FUER GESTEINSHUETTENKUNDE DER TH AACHEN
AACHEN, MAUERSTR 5
VORHAB **bedeutung von oberflaeche und struktur feiner arbeitsgueter der gummiindustrie fuer die technologie und umwelt (abgase, staub)**
eigenschaften von fuellstoffen; untersuchung von abgasen/staeuben/hydrosolen und aerosolen bei der verarbeitung; entwicklung technologischer untersuchungsverfahren; fachspezifische methode: mineralogisch
S.WORT gummiindustrie + abgas + staub
PROLEI PROF. DR. RADCZEWSKI
STAND 1.1.1974
ZUSAM VDI-KOMMISSION REINHALTUNG DER LUFT, 4 DUESSELDORF, GRAF-RECKE-STR. 84
BEGINN 1.6.1974
LITAN ZWISCHENBERICHT 1974. 12

BC -025
INST INSTITUT FUER HOLZPHYSIK UND MECHANISCHE TECHNOLOGIE DES HOLZES DER BUNDESFORSCHUNGSANSTALT FUER FORST- UND HOLZWIRTSCHAFT
HAMBURG 80, LEUSCHNERSTR. 91C
VORHAB **umweltrelevanz der mechanischen holzindustrie**
obwohl die holzindustrie im vergleich zu anderen industriezweigen als umweltfreundlich gilt, bestehen in einzelfaellen z. zt. erhebliche schwierigkeiten mit der emission von staub und laerm. langfristig sind diese probleme nur durch aenderung bestehender bzw. durch neue verfahrenstechnologien zu beseitigen. um die moeglichkeien dafuer abzuschaetzen und arbeiten in gang zu setzen sowie den zustaendigen behoerden unterlagen zur objektiven beurteilung zur verfuegung zu stellen, dient eine erhebung und quantifizierung der bestehenden umweltwirkungen
S.WORT holzindustrie + umweltbelastung + staub + laerm
PROLEI DR. ARNO FRUEHWALD
STAND 21.7.1976
QUELLE fragebogenerhebung sommer 1976
ZUSAM - BUNDESFORSCHUNGSANSTALT
- DEUTSCHE GESELLSCHAFT FUER HOLZFORSCHUNG, PRANNERSTR. 9, 8000 MUENCHEN
BEGINN 1.1.1973
LITAN NOACK, D.;FRUEHWALD, A.: PARTICLEBOARD INDUSTRIES FACING ENVIRONMENTAL PROBLEMS, FAO-SYMPOSIUM (FEB 1975) NEW DELHI

BC -026
INST INSTITUT FUER IMMISSIONS-, ARBEITS- UND STRAHLENSCHUTZ DER LANDESANSTALT FUER UMWELTSCHUTZ BADEN-WUERTTEMBERG
KARLSRUHE, GRIESBACHSTR. 3
VORHAB **auswirkung der kohlenwasserstoffemission zweier erdoel-raffinerien auf die immissionsbelastung**
chromatographische bestimmung von kohlenwasserstoffen in aussenluft zur festlegung der immissionsbelastung eines durch die kw-emission zweier erdoelraffinerien beaufschlagten gebiets; entwicklung einer outline-probenahme; messung der immissionsbelastung vor und nach kapazitaetserweiterung einer der beiden raffinerien, wodurch aussagen ueber den anstieg der kw-immission durch die hinzukommende kw-emission moeglich werden
S.WORT raffinerie + immissionsbelastung + kohlenwasserstoffe
PROLEI DIPL. -PHYS. WOLFRAM MORGENSTERN
STAND 1.1.1974
FINGEB EUROPAEISCHE GEMEINSCHAFTEN
BEGINN 1.1.1974 ENDE 31.12.1975
G.KOST 240.000 DM
LITAN ZWISCHENBERICHT 1974. 05

BC -027
INST INSTITUT FUER MECHANISCHE VERFAHRENSTECHNIK DER UNI ERLANGEN-NUERNBERG
ERLANGEN, MARTENSSTR. 9
VORHAB **feingutaustrag aus wirbelschichten (staubemission)**
erforschung des feingutaustrags aus dem fliessbett; der einfluesse verschiedener systemparameter; der entmischungsvorgaenge im fliessbett; beschreibung mit einem mathematisch-physikalischen modell
S.WORT staubemission + mathematisches verfahren
PROLEI PROF. DR. -ING. MOLERUS
STAND 1.1.1974
FINGEB FREISTAAT BAYERN
BEGINN 1.1.1969
G.KOST 500.000 DM
LITAN ZWISCHENBERICHT 1975

BC -028
INST INSTITUT FUER PFLANZENBAU UND PFLANZENZUECHTUNG / FB 16 DER UNI GIESSEN
GIESSEN, LUDWIGSTR. 23
VORHAB **untersuchungen von immissionsschaeden durch abgase von erdoelraffinerien im rhein-main-gebiet an pflanzen**
S.WORT industrieabgase + raffinerie + pflanzenkontamination RHEIN-MAIN-GEBIET
PROLEI PROF. DR. EDUARD VON BOGUSLAWSKI
STAND 6.8.1976
QUELLE fragebogenerhebung sommer 1976
ZUSAM - DECHEMA, FRANKFURT
- INST. F. BOTANIK II, GIESSEN
BEGINN 1.1.1970 ENDE 31.12.1974

BC -029
INST INSTITUT FUER SILICATFORSCHUNG DER FRAUNHOFER-GESELLSCHAFT E.V.
WUERZBURG, NEUNERPLATZ 2
VORHAB **untersuchung der verdampfung aus glasschmelzen in abhaengigkeit von der ofenatmosphaere**
einfluss von ofenatmosphaere, temperatur, glaszusammensetzung auf die verdampfung beim erschmelzen von glaesern; kondensierbare komponenten sollen bestimmt werden (alkalien/borsaeure/blei)
S.WORT glasindustrie + schadstoffemission
PROLEI DR. KLAUS PETER HANKE
STAND 1.1.1974
QUELLE erhebung 1975
FINGEB ARBEITSGEMEINSCHAFT INDUSTRIELLER FORSCHUNGSVEREINIGUNGEN E. V. (AIF)
ZUSAM HUETTENTECHN. VEREINIGUNG DER DEUTSCHEN GLASINDUSTRIE, BOCKENHEIMER LANDSTR. 126, 6000 FRANKFURT 1
BEGINN 1.4.1973 ENDE 31.12.1975
G.KOST 336.000 DM
LITAN ZWISCHENBERICHT 1974. 03

BC -030
INST INSTITUT FUER SILICATFORSCHUNG DER FRAUNHOFER-GESELLSCHAFT E.V.
WUERZBURG, NEUNERPLATZ 2
VORHAB **mechanismus der fluorentbindung in fliesenmassen und -glasuren**
der mechanismus und die einflussgroessen (masse, glasur, temperatur, zeit, ofenatmosphaere, zusaetze, evtl. wiederholung des brennprozesses) bei der fluorentbindung sollen aufgeklaert werden, um aussagen fuer den guenstigsten praktischen brand zu ermoeglichen. im labormassstab wird die aenderung des fluorgehaltes im produkt und der atmosphaere verfolgt
S.WORT luftverunreinigung + fluor + fliesenindustrie
PROLEI DR. HELMUT SCHMIDT
STAND 2.8.1976
QUELLE fragebogenerhebung sommer 1976
FINGEB BUNDESMINISTER FUER FORSCHUNG UND TECHNOLOGIE
ZUSAM DEUTSCHE KERAMISCHE GESELLSCHAFT, POSTFACH 1226, 5340 BAD HONNEF
BEGINN 1.7.1976 ENDE 31.12.1977
G.KOST 218.000 DM

BC -031
INST LANDESANSTALT FUER IMMISSIONS- UND BODENNUTZUNGSSCHUTZ DES LANDES NORDRHEIN-WESTFALEN
ESSEN, WALLNEYERSTR. 6
VORHAB **erhebungen ueber den auswurf von blei, zink und cadmium etc. bei anlagen der stahl- und ne-metallindustrie**
S.WORT metallindustrie + emissionsmessung
PROLEI DIPL. -ING. K. WELZEL
STAND 1.1.1974
QUELLE erhebung 1975
FINGEB LAND NORDRHEIN-WESTFALEN
BEGINN 1.1.1969

BC -032
INST LANDESANSTALT FUER IMMISSIONS- UND BODENNUTZUNGSSCHUTZ DES LANDES NORDRHEIN-WESTFALEN
ESSEN, WALLNEYERSTR. 6
VORHAB **untersuchungen der staubemission von siemens-martin-oefen und moeglichkeiten zur staubabscheidung**
S.WORT eisen- und stahlindustrie + staubemission + siemens-martin-ofen
PROLEI DIPL. -ING. K. WELZEL
STAND 1.1.1974
QUELLE erhebung 1975
FINGEB LAND NORDRHEIN-WESTFALEN
BEGINN 1.1.1966

BC -033
INST LANDESANSTALT FUER IMMISSIONS- UND BODENNUTZUNGSSCHUTZ DES LANDES NORDRHEIN-WESTFALEN
ESSEN, WALLNEYERSTR. 6
VORHAB **ermittlung der quecksilber-emission von chlor-alkali-elektrolyse-anlagen**
S.WORT chemische industrie + emission + quecksilber
PROLEI DIPL. -ING. K. WELZEL
STAND 1.1.1974
QUELLE erhebung 1975
FINGEB LAND NORDRHEIN-WESTFALEN
BEGINN 1.1.1971

BC -034
INST LANDESANSTALT FUER IMMISSIONS- UND BODENNUTZUNGSSCHUTZ DES LANDES NORDRHEIN-WESTFALEN
ESSEN, WALLNEYERSTR. 6
VORHAB **entwicklung eines tragbaren staubmessgeraetes fuer stichprobenmessungen der emission in industriellen anlagen**
S.WORT industrieanlage + staubmessgeraet
PROLEI DIPL. -ING. K. WELZEL
STAND 1.1.1974
QUELLE erhebung 1975
FINGEB LAND NORDRHEIN-WESTFALEN
BEGINN 1.1.1971

BC -035
INST LANDESANSTALT FUER IMMISSIONS- UND BODENNUTZUNGSSCHUTZ DES LANDES NORDRHEIN-WESTFALEN
ESSEN, WALLNEYERSTR. 6
VORHAB **ermittlung von ausgangsdaten einer emissionsprognose fuer die eisen- und stahlerzeugende industrie**
S.WORT eisen- und stahlindustrie + emissionsueberwachung
PROLEI H. SCHADE
STAND 1.1.1974
FINGEB LAND NORDRHEIN-WESTFALEN
BEGINN 1.1.1973

BC -036
INST LANDESANSTALT FUER IMMISSIONS- UND BODENNUTZUNGSSCHUTZ DES LANDES NORDRHEIN-WESTFALEN
ESSEN, WALLNEYERSTR. 6
VORHAB **untersuchungen ueber die staubkreislaeufe bei sinteranlagen der eisenindustrie**
S.WORT eisen- und stahlindustrie + sinteranlage + staubemission
PROLEI H. SCHADE
STAND 1.1.1974
QUELLE erhebung 1975
FINGEB LAND NORDRHEIN-WESTFALEN
BEGINN 1.1.1972

BC -037
INST MAX-PLANCK-INSTITUT FUER EISENFORSCHUNG
DUESSELDORF, MAX-PLANCK-STR.
VORHAB **transportvorgaenge bei der emission von fluor aus fluorhaltigen schlackenschmelzen**
S.WORT schadstoffemission + fluor + transportprozesse
PROLEI DR. SCHWERDTFEGER
STAND 1.1.1974
QUELLE erhebung 1975
FINGEB - EUROPAEISCHE GEMEINSCHAFTEN, KOMMISSION
- MAX-PLANCK-INSTITUT FUER EISENFORSCHUNG, DUESSELDORF
BEGINN 1.4.1975
G.KOST 304.000 DM

BC -038
INST MESSTELLE FUER IMMISSIONS- UND STRAHLENSCHUTZ BEIM LANDESGEWERBEAUFSICHTSAMT RHEINLAND-PFALZ
MAINZ, RHEINALLEE 97-101
VORHAB **ermittlung der bleiimmissionsbelastung in der umgebung von bleiverarbeitenden betrieben**
ermittlung der bleiimmissionsbelastungen und der sie verursachenden emissionsquellen. untersuchungsmethoden: vegetationsanalysen (weidegras) bleibestimmung in staubniederschlag und feinstaub. bleibestimmung in bodenprofilen. schneeuntersuchungen, bleigehaltsbestimmung in sonstigen oberflaechenproben wie: bachschwaemmen, bachwasser, filterstaeuben, strassenstaeuben
S.WORT industrieabgase + bleikontamination + messmethode RHEINLAND-PFALZ
PROLEI DR. HANS-GUENTHER GIELEN
STAND 13.8.1976
QUELLE fragebogenerhebung sommer 1976
BEGINN 1.1.1971
LITAN ZWISCHENBERICHT

BC -039
INST NUKEM GMBH
HANAU 11, INDUSTRIEGEBIET WOLFGANG

VORHAB **emissionsmesstechnik, vorschriften und verfahren zur messtechnischen ueberwachung der emission luftverunreinigender stoffe aus genehmigungsbeduerftigen anlagen**
zusammenstellung der im in- und ausland vorgeschriebenen oder empfohlenen messverfahren zur ueberwachung der schadstoffemissionen aus genehmigungsbeduerftigen anlagen. dabei sollen die messverfahren hinsichtlich ihrer eignung und einsatzmoeglichkeit an den verschiedenen quellen bewertet, sowie probleme und luecken (z. b. stoereinfluesse, querempfindlichkeit, fehlende probenahmeeinrichtung) aufgezeigt werden
S.WORT emissionsueberwachung + industrieanlage + messtechnik + internationaler vergleich
PROLEI DR. R. LACHENMANN
STAND 30.12.1975
FINGEB BUNDESMINISTER DES INNERN
BEGINN 1.12.1975 ENDE 31.3.1978
G.KOST 1.102.000 DM
LITAN ZWISCHENBERICHT

BC -040
INST TECHNISCHER UEBERWACHUNGSVEREIN BAYERN E.V.
MUENCHEN, KAISERSTR. 14-16
VORHAB **erprobung der einsatzmoeglichkeit registrierender staubmessgeraete an asphaltmischanlagen**
gravimetrische vergleichsmessungen bei verschiedenen betriebszustaenden; langzeiterprobung der geraete an der anlage; korrelationen der messergebnisse der einzelnen geraete; totoelektrische messgeraete; betaststrahler
S.WORT staubemission + messgeraet + baumaschinen + (asphaltmischanlgen)
PROLEI DIPL. -ING. ARNO STREIDL
STAND 1.1.1974
FINGEB STAATSMINISTERIUM FUER LANDESENTWICKLUNG UND UMWELTFRAGEN, MUENCHEN
ZUSAM TUEV BAYERN E. V.
BEGINN 1.1.1974 ENDE 31.3.1975
G.KOST 55.000 DM
LITAN - ZWISCHENBERICHT 1974. 07
- ENDBERICHT

BC -041
INST TECHNISCHER UEBERWACHUNGSVEREIN BAYERN E.V.
MUENCHEN, KAISERSTR. 14-16
VORHAB **untersuchung der wirkungsweise von sammelschachtanlagen nach din 18 017 bl. 2**
feststellung der abgesaugten abluft-volumenstroeme bei verschiedenen witterungsbedingungen
S.WORT abluft + meteorologie + (sammelschachtanlagen)
PROLEI DIPL. -ING. ANTON HOESS
STAND 29.7.1976
QUELLE fragebogenerhebung sommer 1976
FINGEB BETONSTEINVERBAND, BONN
BEGINN 1.9.1971 ENDE 31.12.1976
G.KOST 50.000 DM

BC -042
INST TECHNISCHER UEBERWACHUNGSVEREIN BAYERN E.V.
MUENCHEN, KAISERSTR. 14-16
VORHAB **entwicklung eines erfassungssystems fuer die einheitliche aufbereitung und auswertung von messberichten und gutachten ueber emissionen von genehmigungsbeduerftigen anlagen**
schaffung einer umfassenden zusammenstellung ueber art und ausmass der emissionen der verschiedenen genehmigungsbeduerftigen industriellen und gewerblichen anlagen
S.WORT emission + industrieanlage + (erfassungssystem)
PROLEI DIPL. -ING. WERNER GRELLER
STAND 29.7.1976
QUELLE fragebogenerhebung sommer 1976
ZUSAM RHEINISCH-WESTFAELISCHER TUEV E. V., STEUBENSTRASSE 53, 4300 ESSEN
BEGINN 1.11.1975 ENDE 31.10.1976
G.KOST 36.000 DM

BC -043
INST TECHNISCHER UEBERWACHUNGSVEREIN BAYERN E.V.
MUENCHEN, KAISERSTR. 14-16
VORHAB **staubemission von kesselanlagen waehrend des russblasens**
ziel des forschungsvorhabens ist es, die aussagekraft der messergebnisse der zur laufenden ueberwachung von staubemissionen eingesetzten photoelektrischen staubkonzentrationsmessgeraete in der phase des russblasens der kesselanlage zu staerken
S.WORT staubemission + messgeraet + russ + (kesselanlage)
PROLEI DIPL. -ING. ARNO STREIDL
STAND 29.7.1976
QUELLE fragebogenerhebung sommer 1976
FINGEB STAATSMINISTERIUM FUER LANDESENTWICKLUNG UND UMWELTFRAGEN, MUENCHEN
G.KOST 110.000 DM

BC -044
INST TECHNISCHER UEBERWACHUNGSVEREIN RHEINLAND E.V.
KOELN 91, KONSTANTIN-WILLE-STR. 1
VORHAB **entwicklung anlagenspezifischer emissionsfaktoren**
es sollen alle verfuegbaren informationen ueber die spezifischen emissionen von anlagen der 4. verordnung zum bimschg gesammelt und kritisch gewertet werden. ferner sollen aus den ermittelten emissionen unter beruecksichtigung anlagenspezifischer groessen und anderer einflussgroessen allgemeine emissionskenngroessen erarbeitet werden
S.WORT bundesimmissionsschutzgesetz + emissionsueberwachung + industrieanlage + (emissionskenngroessen)
PROLEI DIPL. -ING. F. GEROLD
STAND 2.8.1976
QUELLE fragebogenerhebung sommer 1976
BEGINN 1.1.1976 ENDE 30.6.1977
G.KOST 236.000 DM

BC -045
INST VERSUCHS- UND LEHRANSTALT FUER BRAUEREI IN BERLIN
BERLIN 65, SEESTR. 13
VORHAB **messung der staubentwicklung in maelzerei und brauerei**
ermittlung der staubemissionen, um zu pruefen, ob in den genannten betrieben die moeglichkeit besteht, dass die bestimmungen des bimschg nicht eingehalten werden. gegebenenfalls sind vorschlaege fuer abwehrmassnahmen zu machen
S.WORT staubemission + brauereiindustrie + bundesimmissionsschutzgesetz
PROLEI DR. DIPL. -ING. HEINZ PETERSEN
STAND 22.7.1976
QUELLE fragebogenerhebung sommer 1976
BEGINN 1.11.1976 ENDE 31.5.1977
G.KOST 15.000 DM

Weitere Vorhaben siehe auch:

TA -036 VC-MESSUNGEN AM ARBEITSPLATZ UND IN DER EMISSION

BD -001

INST INSTITUT FUER KLEINTIERZUCHT DER FORSCHUNGSANSTALT FUER LANDWIRTSCHAFT CELLE, DOERNBERGSTR. 25-27
VORHAB **keim- und staubemissionen aus gefluegelintensivhaltungen**
ermittlung der umweltbelastung durch keim- und staubhaltige abluft aus gefluegelgross-staellen. bestimmung der bakterien- und staubgehalte der stalluft (quantitativ u. qualitativ) von gefluegelgross-staellen unterschiedlicher haltungs- und belueftungssysteme und der aus ihnen abgegebenen abluft unmittelbar am emissionsort (oeffnung des abluftschachtes) und bis zur entfernung von ca. 200 m von ihm. zur erfassung der luftkeime wird ein nach dem konimeterprinzip arbeitender keimsammler verwendet. die bestimmung des gehaltes der luft an schwebenden staubteilchen erfolgt mit hilfe eines staubsammelgeraetes unter verwendung von membranfiltern
S.WORT staubemission + keime + abluft + massentierhaltung + (gefluegelgross-staelle)
PROLEI DR. SIEGFRIED MATTHES
STAND 22.7.1976
QUELLE fragebogenerhebung sommer 1976
BEGINN 1.2.1975
LITAN SARIKAS, G. , VET. MED. DISSERTATION: UNTERSUCHUNGEN UEBER KEIM- UND STAUBEMISSIONEN AUS GEFLUEGELSTAELLEN. HANNOVER (1976)

BD -002

INST INSTITUT FUER KLEINTIERZUCHT DER FORSCHUNGSANSTALT FUER LANDWIRTSCHAFT CELLE, DOERNBERGSTR. 25-27
VORHAB **untersuchungen ueber die ausstreuung von keimen und schadgasen aus den abluftschaechten von gefluegelgrosstaellen**
gleichzeitig sollen die sich ergebenden gefahren fuer die unmittelbare und weitere umgebung untersucht werden
S.WORT massentierhaltung + abluft + keime + schadstoffausbreitung
PROLEI PROF. DR. HANS-CHRISTOPH LOELIGER
STAND 1.1.1976
QUELLE mitteilung des bundesministers fuer ernaehrung,landwirtschaft und forsten
BEGINN ENDE 31.12.1975

BD -003

INST INSTITUT FUER LANDMASCHINENFORSCHUNG DER FORSCHUNGSANSTALT FUER LANDWIRTSCHAFT BRAUNSCHWEIG, BUNDESALLEE 50
VORHAB **brennverhalten von stroh bei unterschiedlichen technischen betriebsbedingungen**
durch gezielte untersuchung des brennverhaltens von stroh unterschiedlicher dichte - lose schuettung bis zum hochverdichteten brikett - wird festgestellt, welcher brennstoffumsatz je zeiteinheit erreicht werden kann, welche emissionen jeweils auftreten und wie weit eine regelung des verbrennungsablaufes moeglich ist. ausserdem wird ermittelt, ob besondere technische einrichtungen fuer die aufbereitung und verfeuerung notwendig sind, um die entstehende waerme zu nutzen. in einem versuchsofen werden hierzu unter definierten bedingungen proben verbrannt, der umsatz und die auftretenden temperaturen gemessen und eine kontinuierliche abgasanalyse durchgefuehrt
S.WORT strohverwertung + brennstoffe + abgasemission
PROLEI DR. -ING. HANS WILHELM ORTH
STAND 13.8.1976
QUELLE fragebogenerhebung sommer 1976
ZUSAM INST. F. WAERME- UND BRENNSTOFFTECHNIK DER TU BRAUNSCHWEIG, 3300 BRAUNSCHWEIG
BEGINN 1.1.1973
LITAN - ORTH, H.;PETERS, H.;KOEHLER, U.: STROH ALS BRENNSTOFF? IN: LANDTECHNIK. 30(6) S. 279-281(1975)
- ORTH, H.;PETERS, H.;KOEHLER, U.: UNTERSUCHUNG DER VERBRENNUNGSTECHNISCHEN EIGENSCHAFTEN VON GETREIDE. IN: GRUNDLAGEN DER LANDTECHNIK. (1976)

BD -004

INST INSTITUT FUER LANDTECHNIK UND BAUMASCHINEN DER TU BERLIN BERLIN 33, ZOPOTTER STRASSE 35
VORHAB **abdrift von pflanzenschutzwirkstoffen bei driftgefuehrten pflanzenschutzmassnahmen**
S.WORT pflanzenschutzmittel + ausbreitung
PROLEI PROF. DR. HORST GOEHLICH
STAND 1.10.1974
FINGEB DEUTSCHE FORSCHUNGSGEMEINSCHAFT

BD -005

INST INSTITUT FUER LANDTECHNISCHE GRUNDLAGENFORSCHUNG DER FORSCHUNGSANSTALT FUER LANDWIRTSCHAFT BRAUNSCHWEIG, BUNDESALLEE 50
VORHAB **staubquellen, staubausbreitung und staubbelastung in der landwirtschaftlichen produktion**
analyse der staubbelastungen am arbeitsplatz und der der umwelt in und durch die landwirtschaftliche produktion. technische massnahmen zur staubbekaempfung, d. h. senken der oben genannnten belastungen.
S.WORT staubminderung + arbeitsplatz + landwirtschaft
PROLEI PROF. DR. -ING. WILHELM BATEL
STAND 26.7.1976
QUELLE fragebogenerhebung sommer 1976
LITAN - BATEL,W.: MESSUNGEN ZUR STAUB-, LAERM- UND GERUCHSBELASTUNG AN ARBEITSPLAETZEN IN DER LANDWIRTSCHAFTLICHEN PRODUKTION UND WEGE ZUR ENTLASTUNG - ERSTER BERICHT. IN:GRUNDLAGEN DER LANDTECHNIK 25(5) S.135-157(1975)
- BATEL,W.: SENKEN DER BELASTUNGEN AM ARBEITSPLATZ AUF FAHRENDEN ARBEITSMASCHINEN DURCH TECHNISCHE MASSNAHMEN. IN:GRUNDLAGEN DER LANDTECHNIK 26(2) S.33-34(1976)
- BATEL,W.: STAUBBEKAEMPFUNG AM ARBEITSPLATZ AUF FAHRENDEN ARBEITSMASCHINEN. IN:GRUNDLAGEN DER LANDTECHNIK 26(2) S.50-56(1976)

BD -006

INST INSTITUT FUER TIERMEDIZIN UND TIERHYGIENE DER UNI HOHENHEIM STUTTGART 70, GARBENSTR. 30
VORHAB **wirkung von antibiotika auf die aerobe behandlung von guelle sowie entstehung und wirkung von aerosolen bei der verregnung von guelle**
bei der fuetterung von tieren in grossbestaenden und deren tieraerztlicher behandlung werden antibiotika verarbeicht, die mit den ausscheidungen der tiere in die guelle gelangen. durch die untersuchungen soll geklaert werden, ob die biologischen prozesse im verlauf der umwaelzbelueftung durch die ausgeschiedenen antibiotika nachteilig beeinflusst werden. bei der landw irtschaftlichen verwertung wird in zahlreichen betrieben die guelle mit tankwagen oder ueber rohrsystem verregnet. dabei entstehen aerosole, die mit der luft weitergetragen werden. es soll die frage geklaert werden, wie stark die aerosolbildung ist und ob eine gefaehrdung der umgebung im bereich solcher guelleverregnungsanlagen entsteht
S.WORT luftreinhaltung + aerosole + antibiotika + guelle + verrieselung
PROLEI PROF. DR. DIETER STRAUCH
STAND 27.7.1976
QUELLE fragebogenerhebung sommer 1976
FINGEB KURATORIUM FUER TECHNIK UND BAUWESEN IN DER LANDWIRTSCHAFT E. V. (KTBL), DARMSTADT
BEGINN 1.7.1974 ENDE 30.6.1976
G.KOST 49.000 DM
LITAN ZWISCHENBERICHT

BD -007

INST INSTITUT FUER WASSER-, BODEN- UND LUFTHYGIENE DES BUNDESGESUNDHEITSAMTES BERLIN 33, CORRENSPLATZ 1

VORHAB **bestimmung von herbiziden in luft und niederschlaegen**
gaschromatographische bestimmung von harnstoffherbiziden und anilinen
S.WORT schadstoffnachweis + herbizide + luftverunreinigung + niederschlag
PROLEI DR. -ING. LASKUS
STAND 1.1.1974
FINGEB BUNDESMINISTER FUER FORSCHUNG UND TECHNOLOGIE
BEGINN 1.1.1973 ENDE 31.12.1975
G.KOST 283.000 DM
LITAN LAHMANN: ZWISCHENBERICHT 1974. 02

BD -008
INST INSTITUT FUER WASSERCHEMIE UND CHEMISCHE BALNEOLOGIE DER TU MUENCHEN
MUENCHEN, MARCHIONINISTR. 17
VORHAB **vorkommen und bestimmung von pestiziden in luftproben**
zielsetzung: ermittlung der basiswerte der belastung der luft mit insektiziden chlorierten kohlenwasserstoffen anhand systematischer reihenmessungen. bestimmungen der grundtendenzen der umweltkontamination, die sich durch gesetzl. massnahmen veraendert haben, sowie auswirkungen im bereich der luftverschmutzung. verbesserungen der analysen- und probenahmetechniken, erhoehung der wiederfindungsraten unter einbeziehung weiterer persistenter luftverunreinigender stoffe in die bestimmung (leichtfluechtige halogenisierte kohlenwasserstoffe u. polycylische aromaten)
S.WORT luftverunreinigung + pestizide + chlorkohlenwasserstoffe + polyzyklische aromaten + analyseverfahren
PROLEI DR. LUDWIG WEIL
STAND 1.1.1974
ZUSAM UMWELTBUNDESAMT BERLIN
BEGINN 1.1.1976 ENDE 31.12.1976
G.KOST 45.000 DM
LITAN ZWISCHENBERICHT

BD -009
INST LEHRSTUHL A UND INSTITUT FUER PHYSIKALISCHE CHEMIE DER TU BRAUNSCHWEIG
BRAUNSCHWEIG, HANS-SOMMER-STR. 10
VORHAB **untersuchung der bedingungen bei der atmosphaerischen verdunstung von pestiziden**
auf anfrage
S.WORT luftverunreinigung + pestizide + verdunstung + atmosphaere
PROLEI DR. HEIKO CAMMENGA
STAND 19.7.1976
QUELLE fragebogenerhebung sommer 1976
FINGEB LAND NIEDERSACHSEN
BEGINN 1.1.1975 ENDE 31.12.1977
G.KOST 60.000 DM

BD -010
INST LEHRSTUHL FUER TIERHYGIENE DER UNI MUENCHEN
MUENCHEN 22, VETERINAERSTR. 13
VORHAB **untersuchung des gas- und staubgehalts in der abluft von mastschweinestaellen in abhaengigkeit von der art und hoehe der abluftentnahme im stall**
feststellung des gas- und staubgehaltes der stalluft sowie feststellung des gas- und staubgehaltes bei der absaugung der luft unterhalb und oberhalb des spaltenbodens auf die gas- und staubkonzentration in der abluft. die gaskonzentrationen werden mit dem draegerschen gasspuergeraet im stall und im abluftkanal und der staubgehalt mit filtern gemessen
S.WORT nutztierstall + abluft + staub
PROLEI PROF. DR. JOHANN KALICH
STAND 21.7.1976
QUELLE fragebogenerhebung sommer 1976
FINGEB KURATORIUM FUER TECHNIK UND BAUWESEN IN DER LANDWIRTSCHAFT E. V. (KTBL), DARMSTADT
BEGINN 1.7.1976 ENDE 31.12.1976
G.KOST 52.000 DM
LITAN ZWISCHENBERICHT

BD -011
INST PFLANZENSCHUTZAMT DES LANDES SCHLESWIG-HOLSTEIN
KIEL, WESTRING 383
VORHAB **abdrift von methoxychlor-praeparaten bei verschiedenen ausbringungsformen in rapskulturen**
untersuchung der abdrift von pflanzenschutzmitteln nach praxisueblicher anwendung: nebel/staeuben/spritzen/spruehen
S.WORT pflanzenschutzmittel + luftverunreinigung
PROLEI DR. FRICKE
STAND 1.1.1974
QUELLE erhebung 1975
ZUSAM BIOLOGISCHE BUNDESANSTALT FUER LAND- U. FORSTWIRTSCHAFT, 33 BRAUNSCHWEIG, MESSEWEG 11/12
BEGINN 1.1.1973 ENDE 31.12.1974
G.KOST 40.000 DM

Weitere Vorhaben siehe auch:

RF -004 MAXIMAL ZULAESSIGE C02-KONZENTRATION IN DER LUFT VON GEFLUEGELINTENSIVHALTUNGEN: 1) IN LEGEHENNENHALTUNG MIT GEREGELTER C02- UND 02-ZUGABE; 2) IM FELDVERSUCH UNTER NATUERLICHEN BEDINGUNGEN

TA -029 DIE BELASTUNG DES SCHLEPPERFAHRERS DURCH DIE ABGASE DER ACKERSCHLEPPER-DIESELMOTOREN

BE -001
INST BATTELLE-INSTITUT E.V.
FRANKFURT 90, AM ROEMERHOF 35
VORHAB standortberatung fuer chemische werke und muellverbrennungsanlagen hinsichtlich der geruchsbelaestigung
S.WORT chemische industrie + muellverbrennungsanlage + standortwahl + geruchsbelaestigung
STAND 1.1.1974

BE -002
INST BATTELLE-INSTITUT E.V.
FRANKFURT 90, AM ROEMERHOF 35
VORHAB entwicklung eines zerstaeuberbrenners auf der basis von ultraschall
entwicklung von verfahren zur messung, begrenzung und beseitigung geruchsintensiver stoffe. erarbeiten wissenschaftlich-technischer grundlagen fuer die beurteilung des standes der technik und der technischen entwicklung als voraussetzung fuer die begrenzung dieser stoffe
S.WORT zerstaeuberbrenner + ultraschall + geruchsstoffe
STAND 1.1.1974
QUELLE umweltforschungsplan 1975 des bmi
FINGEB - BUNDESMINISTER DES INNERN
- FIRMA LECHNER UND FIRMA BUDERUS
BEGINN 1.1.1972 ENDE 31.12.1974
G.KOST 160.000 DM

BE -003
INST DAIMLER-BENZ AG
STUTTGART 60, MERCEDESSTR. 136
VORHAB verminderung der geruchsbelaestigung durch absorptionsverfahren mit biologischer regeneration
mit dieser verfahrensentwicklung sollen u. a. phenol-triaethylamin-ammoniak- und formaldehyd-emissionen aus den abgasen entfernt werden. mit hilfe eines absorbens, das kontinuierlich biologisch gereinigt wird, soll eine belastung der abwaesser mit chemikalien vermieden werden. die absorption wird zweistufig betrieben. der stand der technik soll weiterentwickelt werden mit dem ziel der fortschreibung der ta luft oder der verwendung fuer rechtsverordnungen im rahmen des bimschg
S.WORT abgasreinigung + absorption + geruchsminderung + abwasser + schadstoffminderung
PROLEI DR. H. PAUL
STAND 18.12.1975
FINGEB BUNDESMINISTER DES INNERN
ZUSAM INST. F. SIEDLUNGSWASSERBAU UNI STUTTGART
7000 STUTTGART 80 BANDTAELE 1
BEGINN 1.1.1976 ENDE 30.6.1978
G.KOST 710.000 DM

BE -004
INST DECHEMA - DEUTSCHE GESELLSCHAFT FUER CHEMISCHES APPARATEWESEN E.V.
FRANKFURT, THEODOR-HEUSS-ALLEE 25
VORHAB kinetik der reaktionen von ozon mit aminen und ungesaettigten aliphatischen verbindungen im ppm-bereich
entwicklung von verfahren zur messung, begrenzung und beseitigung geruchsintensiver stoffe, erarbeiten wissenschaftlich-technischer grundlagen fuer die beurteilung des standes der technik und der technischen entwicklung als voraussetzung fuer die begrenzung dieser stoffe
S.WORT kohlenwasserstoffe + amine + ozon + reaktionskinetik
PROLEI PROF. DR. KIRCHNER
STAND 1.1.1974
QUELLE umweltforschungsplan 1974 des bmi
FINGEB BUNDESMINISTER DES INNERN
BEGINN 1.2.1972 ENDE 31.12.1974
G.KOST 180.000 DM
LITAN - HAMMES, P. , DISSERTATION: KINETIK DER REAKTIONEN VON OZON MIT AMINEN UND UNGESAETTIGTEN ALIPHATISCHEN VERBINDUNGEN IM PPM-BEREICH. (1975)
- SCHLUSSBERICHT 12. 75

BE -005
INST DECHEMA - DEUTSCHE GESELLSCHAFT FUER CHEMISCHES APPARATEWESEN E.V.
FRANKFURT, THEODOR-HEUSS-ALLEE 25
VORHAB grundlagen (moeglichkeiten) der photometrischen desodorierung von aethylmerkaptanhaltigem abgas
erarbeiten von daten zur formulierung eines reaktionsmechanismus; bedeutsame teilschritte: spezielle wirkung von sauerstoff, ozon und uv-licht
S.WORT geruchsbelaestigung + abgas + oxidation + schwefelverbindungen
PROLEI PROF. DR. KIRCHNER
STAND 12.8.1976
QUELLE fragebogenerhebung sommer 1976
FINGEB DEUTSCHE FORSCHUNGSGEMEINSCHAFT
BEGINN 1.1.1973 ENDE 31.12.1976

BE -006
INST DECHEMA - DEUTSCHE GESELLSCHAFT FUER CHEMISCHES APPARATEWESEN E.V.
FRANKFURT, THEODOR-HEUSS-ALLEE 25
VORHAB geruchsaktive schadstoffe aus abgasen: absorption und oxidation von h2s und mercaptan in wasser und waessrigen loesungen
entwicklung von verfahren zur messung, begrenzung und beseitigung geruchsintensiver stoffe
S.WORT abgas + geruchsbelaestigung + schwefelverbindungen
PROLEI PROF. DR. KIRCHNER
STAND 23.10.1975
FINGEB BUNDESMINISTER DES INNERN
BEGINN 1.1.1975 ENDE 31.12.1977
G.KOST 113.000 DM
LITAN ZWISCHENBERICHT 03. 76

BE -007
INST HALS-NASEN-OHRENKLINIK DER UNI BONN
BONN, VENUSBERG
VORHAB untersuchung der einsatzmoeglichkeit der "kuenstlichen nase" zur bestimmung und messung von emissionen aus tierhaltungen
aehnlich wie mit der menschlichen nase koennen mit einem thermistor-nasen-modell sehr niedrige konzentrationen von duftstoffgemischen - stallgeruechen gemessen werden. die sensibilitaet des geraetes kann noch gesteigert werden, es muss fuer externe messungen am entstehungsort umgeruestet werden. wirksame gegen- oder vorbeugungsmassnahmen sind erst moeglich, wenn exakte messtechniken erarbeitet sind. fuer die landwirtschaft werden sich dadurch entlastungen ergeben.
S.WORT massentierhaltung + geruchsbelaestigung + messverfahren
QUELLE datenuebernahme aus der datenbank zur koordinierung der ressortforschung (dakor)
FINGEB BUNDESMINISTER FUER ERNAEHRUNG, LANDWIRTSCHAFT UND FORSTEN
BEGINN 1.7.1974 ENDE 30.6.1976
G.KOST 63.000 DM

BE -008
INST INSTITUT FUER IMMISSIONS-, ARBEITS- UND STRAHLENSCHUTZ DER LANDESANSTALT FUER UMWELTSCHUTZ BADEN-WUERTTEMBERG
KARLSRUHE, GRIESBACHSTR. 3
VORHAB vermeidung von geruchsemissionen bei tierkoerperbeseitigungsanstalten
die tierkoerperbeseitigungsanstalten baden-wuerttembergs wurden erfasst, ihre technische ausruestung ermittelt sowie die geruchsbelaestigungen registriert. parallel dazu liefen versuche zur messtechnischen erfassung von komponentengruppen. zu genehmigungsantraegen nach bimschg wurden bedingungen formuliert und deren auswirkung kontrolliert
S.WORT tierkoerperbeseitigung + geruchsminderung BADEN-WUERTTEMBERG
PROLEI DR. EBERHARD QUELLMALZ
STAND 4.8.1976

QUELLE fragebogenerhebung sommer 1976
ZUSAM VDI-KOMMISSION REINHALTUNG DER LUFT, GRAF RECKE STR. 84, 4000 DUESSELDORF
BEGINN 1.1.1968 ENDE 31.12.1977
LITAN - VORTRAG: IUPPAC-KONGRESS, DUESSELDORF(1973)
- VORTRAG: FORTBILDUNGSVERANSTALTUNG DER VET. MED. GESELLSCHAFT(1975)

BE -009

INST INSTITUT FUER LANDMASCHINENFORSCHUNG DER FORSCHUNGSANSTALT FUER LANDWIRTSCHAFT BRAUNSCHWEIG, BUNDESALLEE 50
VORHAB **einfluss technischer parameter von belueftungssystemen auf den sauerstoffeintrag und auf die dispergierung bei der belueftung von fluessigmist**
durch zufuhr von sauerstoff werden in analogie zur abwassertechnik in fluessigmisten biologische abbauprozesse in gang gesetzt, die dem fluessigmist die geruchsbelaestigenden eigenschaften nehmen. im fluessigmist ist jedoch wegen seines hohen gehaltes an inhaltsstoffen der sauerstoffeintrag und die dispergierung schwerer als in anderen medien zu erzielen. sie haengen von physikalischen eigenschaften des fluessigmistes und konstruktiven daten der belueftungseinrichtung ab. in modellversuchen sollen die eignung, optimale ausbildung und optimale betriebsweise unterschiedlicher belueftungssysteme fuer dieses spezielle substrat geklaert werden
S.WORT fluessigmist + sauerstoffeintrag + geruchsminderung
PROLEI DR. -ING. RUDOLF THAER
STAND 13.8.1976
QUELLE fragebogenerhebung sommer 1976
BEGINN 1.7.1976 ENDE 31.12.1978

BE -010

INST INSTITUT FUER LANDTECHNISCHE GRUNDLAGENFORSCHUNG DER FORSCHUNGSANSTALT FUER LANDWIRTSCHAFT BRAUNSCHWEIG, BUNDESALLEE 50
VORHAB **messen und bekaempfen der bei biologischen produktionsprozessen emittierten geruchsintensiven stoffe**
die von landwirtschaftlichen produktionsbetrieben verursachten geruchsbelastungen wurden gemessen, ein olfaktorisches messverfahren weiterentwickelt, grundsaetzliche moeglichkeiten zur desodorisierung untersucht, ein modell zur berechnung des gasseitigen stoffuebergangskoeffizienten bei der gas/fluessigkeitsstroemung aufgestellt und mit hilfe von grundlagenversuchen untermauert und schliesslich erste untersuchungen eines fuer diese problemloesung aussichtsreichen waschverfahrens mit biologischer waschwasseraufbereitung an einer im halbtechnischen massstab aufgebauten anlage durchgefuehrt. im anschluss daran sollen wascher unter praxisbedingungen erprobt werden.
S.WORT tierhaltung + geruchsbelaestigung
PROLEI DIPL. -ING. GERHARD WAECHTER
STAND 26.7.1976
QUELLE fragebogenerhebung sommer 1976
ZUSAM KURATORIUM FUER TECHNIK UND BAUWESEN IN DER LANDWIRTSCHAFT, BARTNINGSTR. 49, 6100 DARMSTADT
BEGINN 1.1.1976
LITAN - WAECHTER, G.: ABLUFTBEHANDLUNG BEI. . . IN: FORTSCHRITT DER VERFAHRENSTECHNIK 13 CHEMIE WEINHEIM(1975)
- BATEL, W.: MESSUNG ZUR STAUB-, LAERM- UND GERUCHSBELASTUNG. IN: GRUNDLAGEN DER LANDTECHNIK 25(5) S. 135-157(1975)
- SCHOEDDER, F.: VERFAHREN ZUR ERMITTLUNG. . . IN: BERICHTE UEBER LANDWIRTSCHAFT 50(3) S. 580-588(1972)

BE -011

INST INSTITUT FUER PHYSIOLOGIE UND BIOKYBERNETIK DER UNI ERLANGEN-NUERNBERG ERLANGEN, UNIVERSITAETSSTR. 17
VORHAB **elektrophysiologische aspekte der belaestigung des menschen durch geruchsintensive umweltstoffe**
versuche zur objektivierung von belaestigungseinwirkungen geruchsintensiver umweltstoffe auf den menschen mittels intranasaler riechschleimhauptpotentiale, olfaktorisch - mittels computer - histogramme von reaktionslatenzen weitere parameter der objektivierung werden aus dem eegschiebungen und frequenzanalysen des probanden-eeg. als evozierter hirnpotentiale, sowie gleichspannungsver sowie kreuz- und autokorrelogramme gewonnen
S.WORT geruchsbelaestigung + mensch + physiologische wirkungen + messverfahren
PROLEI PROF. DR. WOLF-DIETER KEIDEL
STAND 12.8.1976
QUELLE fragebogenerhebung sommer 1976
ZUSAM MED. INST. F. LUFTHYGIENE U. SILIKOSEFORSCHUNG AN DER UNI DUESSELDORF, GURLITTSTR. 53, DUESSELDORF
BEGINN 1.12.1973 ENDE 31.12.1976
G.KOST 430.000 DM
LITAN PLATTIG, K.;KOBAL, G.: ZEITRECHENANALYSEN DES EEG BEI OBJEKTIVER BEURTEILUNG VON GERUCHSEMPFINDUNGEN DES MENSCHEN. IN: VDI-BERICHTE. 226 S. 25-35(1975)

BE -012

INST INSTITUT FUER SIEDLUNGSWASSERBAU UND WASSERGUETEWIRTSCHAFT DER UNI STUTTGART STUTTGART 80, BANDTAELE 1
VORHAB **verminderung der geruchsbelaestigung durch absorptionsverfahren mit biologischer regeneration**
mit dieser verfahrensentwicklung sollen u. a. phenol-triaethylamin-ammoniak- und formaldehyd-emissionen aus den abgasen entfernt werden. mit hilfe eines absorbens, das kontinuierlich biologisch gereinigt wird, soll eine belastung der abwaesser mit chemikalien vermieden werden. die absorption wird zweistufig betrieben. der stand der technik soll weiterentwickelt werden mit dem ziel der fortschreibung der ta luft oder der verwendung fuer rechtsverordnungen im rahmen des bimschg
S.WORT abgasreinigung + geruchsminderung + biologischer abbau
PROLEI PROF. DR. DIETER BARDTKE
STAND 18.12.1975
FINGEB BUNDESMINISTER DES INNERN
ZUSAM DAIMLER-BENZ AG. STUTTGART 60, MERCEDESSTR. 136
BEGINN 1.1.1976 ENDE 30.6.1978
G.KOST 332.000 DM

BE -013

INST INSTITUT FUER TIERZUCHT UND HAUSTIERGENETIK DER UNI GOETTINGEN GOETTINGEN, ALBRECHT-THAER-WEG 1
VORHAB **anwendungsmoeglichkeiten biochemischer mittel zur geruchsunterdrueckung in der stalluft**
12 biochemische praeparate werden im simulationsversuch hinsichtlich ihrer eignung zur geruchsunterdrueckung tierhaltungsbedingter gerueche geprueft; die geruchsbewertung erfolgt subjektiv durch 12 personen/psychometrie/olfaktometer und wird durch objektiv erfassbare daten des geruchsemittenden fluessigmist, wie gasdruck, gebildet gasmenge und ph-wert gestuetzt
S.WORT nutztierhaltung + geruchsminderung + biochemie
PROLEI PROF. DR. DR. DIETRICH SMIDT
STAND 1.1.1974
FINGEB - NIEDERSAECHSISCHES ZAHLENLOTTO, HANNOVER
- LAND NIEDERSACHSEN
ZUSAM - INST. F. LANDWIRTSCHAFTL. VERFAHRENSTECHNIK DER UNI KIEL, 23 KIEL, OHLSHAUSENSTR. 40-60
- INST. F. BODENKUNDE D. UNI GOETTINGEN, 34 GOETTINGEN, VON-SIEBOLDSTR. 4; PROF. DR. MEYER
BEGINN 1.10.1973 ENDE 31.12.1975
G.KOST 107.000 DM

LITAN - HOFMANN, G.;SMIDT. D: LABORVERSUCHE ZUR OBJEKTIVIERUNG DER BEURTEILUNG TIERHALTUNGSBEDINGTER GERUECHE/INST. F. TIERZUCHT UNIV. GOETTINGEN IX 73 SCHIRZ ST. GERUCHSBELAESTIGUNG DURCH NUTZTIERHALTUNG/KTBLBAUSCHRIFT 73
- ZWISCHENBERICHT 1974. 07

BE -014

INST INSTITUT FUER VETERINAERHYGIENE DER FU BERLIN
BERLIN 33, KOENIGIN-LUISE-STR. 49
VORHAB **bekaempfung geruchsbelaestigender stoffe aus massentierhaltungen**
entwicklung von verfahren zur messung, begrenzung und beseitigung geruchsintensiver stoffe. erarbeiten wissenschaftlich-technischer grundlagen fuer die beurteilung des standes der technik und der technischen entwicklung als voraussetzung fuer die begrenzung dieser stoffe
S.WORT massentierhaltung + geruchsbelaestigung
STAND 1.1.1975
QUELLE umweltforschungsplan 1975 des bmi
FINGEB BUNDESMINISTER DES INNERN
BEGINN 1.1.1972 ENDE 31.12.1974
G.KOST 170.000 DM

BE -015

INST INSTITUT FUER VETERINAERHYGIENE DER FU BERLIN
BERLIN 33, KOENIGIN-LUISE-STR. 49
VORHAB **analyse und bewertung von tierhaltungsgeruch mit hilfe des gaschromatographen unter verwendung des tieftemperatur-gradientenrohres**
entwicklung von verfahren zur messung, begrenzung und beseitigung geruchsintensiver stoffe. erarbeiten wissenschaftlich-technischer grundlagen fuer die beurteilung des standes der technik und der technischen entwicklung als voraussetzung fuer die begrenzung dieser stoffe
S.WORT massentierhaltung + geruchsbelaestigung
PROLEI DR. H. G. HILLIGER
STAND 1.1.1975
QUELLE umweltforschungsplan 1975 des bmi
FINGEB BUNDESMINISTER DES INNERN
BEGINN 1.1.1975 ENDE 31.12.1975
G.KOST 66.000 DM

BE -016

INST LABORATORIUM FUER ADSORPTIONSTECHNIK GMBH
FRANKFURT, GWINNERSTR. 27-33
VORHAB **verfahren zur geruchsbeseitigung aus abluft mittels aktivkohle**
S.WORT abluftreinigung + geruchsminderung + aktivkohle
STAND 1.1.1974

BE -017

INST LANDESANSTALT FUER IMMISSIONS- UND BODENNUTZUNGSSCHUTZ DES LANDES NORDRHEIN-WESTFALEN
ESSEN, WALLNEYERSTR. 6
VORHAB **bekaempfung von geruchsbelaestigungen bei kleinen und mittleren gewerbebetrieben wie tierintensivhaltungen, raeucherei, braterei**
S.WORT geruchsbelaestigung + gewerbebetrieb + nutztierhaltung
PROLEI DIPL. -ING. K. WELZEL
STAND 1.1.1974
FINGEB LAND NORDRHEIN-WESTFALEN
BEGINN 1.1.1966

BE -018

INST LANDESANSTALT FUER IMMISSIONS- UND BODENNUTZUNGSSCHUTZ DES LANDES NORDRHEIN-WESTFALEN
ESSEN, WALLNEYERSTR. 6
VORHAB **entwicklung von messverfahren fuer die identifizierung von geruchsstoffen in abgasen**
S.WORT abgas + geruchsstoffe + nachweisverfahren
PROLEI DIPL. -ING. K. WELZEL
STAND 1.1.1974
FINGEB LAND NORDRHEIN-WESTFALEN
BEGINN 1.1.1969

BE -019

INST LANDESANSTALT FUER IMMISSIONS- UND BODENNUTZUNGSSCHUTZ DES LANDES NORDRHEIN-WESTFALEN
ESSEN, WALLNEYERSTR. 6
VORHAB **versuche zur verminderung geruchsbelaestigender emission mit hilfe biologisch-aktiver verfahren**
S.WORT emissionsminderung + geruchsstoffe + biologischer abbau
PROLEI DIPL. -ING. K. WELZEL
STAND 1.1.1974
FINGEB LAND NORDRHEIN-WESTFALEN
BEGINN 1.1.1965

BE -020

INST LANDESANSTALT FUER IMMISSIONS- UND BODENNUTZUNGSSCHUTZ DES LANDES NORDRHEIN-WESTFALEN
ESSEN, WALLNEYERSTR. 6
VORHAB **ermittlung von geruchsschwellenwerten (olfaktometrie) mit hilfe der enzephalographie**
S.WORT geruchsbelaestigung + grenzwerte + messverfahren
PROLEI DR. BUCK
STAND 1.1.1974
FINGEB LAND NORDRHEIN-WESTFALEN
BEGINN 1.1.1972

BE -021

INST LANDWIRTSCHAFTLICHE UNTERSUCHUNGS- UND FORSCHUNGSANSTALT DER LANDWIRTSCHAFTSKAMMER WESER-EMS
OLDENBURG, MARS-LA-TOUR-STR. 4
VORHAB **bestimmungsgruende fuer die staerke der von tierhaltungen ausgehenden geruchsimmissionen**
durch systematische untersuchungen soll geklaert werden, in welchem masse geruchsemissionen aus tierhaltungsbetrieben durch unterschiedliche faktoren bestimmt werden. die ermittlung der geruchsimmissionenen erfolgt durch olfaktometermessungen in den tierstaellen sowie feststellung der entfernung der geruchsschwellen mit der nase. ausser diesen feststellungen werden temperatur und luftfeuchtigkeit im und ausserhalb der staelle sowie die windgeschwindigkeit ermittelt
S.WORT geruchsbelaestigung + tierhaltung
PROLEI PROF. DR. HEINZ VETTER
STAND 22.7.1976
QUELLE fragebogenerhebung sommer 1976
FINGEB - GEFLUEGELWIRTSCHAFTSVERBAND WESER-EMS
- DEUTSCHE LANDWIRTSCHAFTS-GESELLSCHAFT, FRANKFURT
- KURATORIUM FUER TECHNIK UND BAUWESEN IN DER LANDWIRTSCHAFT E. V. (KTBL), DARMSTADT
BEGINN 1.6.1975 ENDE 30.11.1976
G.KOST 70.000 DM

BE -022

INST LEHRSTUHL FUER CHEMISCH-TECHNISCHE ANALYSE DER TU BERLIN
BERLIN 65, SEESTR. 13
VORHAB **bildung fluechtiger mailard-reaktionsprodukte waehrend des wuerzekochens, ihre geruchsbelaestigende wirkung im pfannendunst und ihr beitrag zu aroma und geschmacksstabilitaet des bieres**
mittels adsorptionschromatographie, gaschromatographie, massenspektrometrie und sensorischer charakterisierung werden fluechtige aromaintensive maillard-reaktions-produkte in wuerze und pfannendunst untersucht. entfernen der geruchsbelaestigenden spurenkomponenten des pfannendunstes mit moeglichst kostensparenden verfahren
S.WORT brauereiindustrie + geruchsbelaestigung
PROLEI PROF. DR. ROLAND TRESSL

STAND 21.7.1976
QUELLE fragebogenerhebung sommer 1976
FINGEB ARBEITSGEMEINSCHAFT INDUSTRIELLER FORSCHUNGSVEREINIGUNGEN E. V. (AIF)
BEGINN 1.7.1976 ENDE 31.7.1979
G.KOST 275.000 DM

BE -023

INST LEHRSTUHL FUER CHEMISCH-TECHNISCHE ANALYSE UND CHEMISCHE LEBENSMITTELTECHNOLOGIE DER TU MUENCHEN
FREISING -WEIHENSTEPHAN
VORHAB **gaschromatographische untersuchung der geruchsbelaestigenden substanzen in der stalluft**
erfassung, bewertung und verminderung geruchsbelaestigender emissionen. spezifische probenahme- und anreicherungsverfahren-gaschromatographisch-massenspektrometrische bzw. spezifische identifikation (n-s-spez. detektoren) der geruchstraeger. ermittlung von "leitsubstanzen" anhand verschiedener systeme zur korrelation von sensorischen und phys. -chemischen messdaten. verfahren zur verminderung unter analytischer kontrolle - entwicklung von "einfachen" testverfahren zur kontrolle
S.WORT geruchsbelaestigung + emissionsminderung + nutztierstall
PROLEI PROF. DR. FRIEDRICH DRAWERT
STAND 21.7.1976
QUELLE fragebogenerhebung sommer 1976
FINGEB TECHNISCHE UNIVERSITAET MUENCHEN
ZUSAM INST. F. LANDTECHNIK DER TU MUENCHEN, 8050 FREISING-WEIHENSTEPHAN
BEGINN 1.1.1972
G.KOST 200.000 DM
LITAN SCHREIER, P.: GASCHROMATOGRAPHISCH-MASSENSPEKTROMETRISCHE UNTERSUCHUNGEN VON GERUCHSSTOFFEN AUS DER TIERHALTUNG. IN: VDI-BERICHTE (226)(1975)

BE -024

INST MEDIZINISCHES INSTITUT FUER LUFTHYGIENE UND SILIKOSEFORSCHUNG AN DER UNI DUESSELDORF
DUESSELDORF, GURLITTSTR. 53
VORHAB **untersuchungen ueber immissionsbedingte geruchsbelaestigungen**
untersuchungen ueber art und ausmass der belastung des menschen und seiner umwelt durch immissionen von schadstoffen. feststellung der wirkung luftverunreinigender stoffe auf mensch, tier und pflanze unter spezieller beruecksichtigung der wirkung auf gewebekulturen, stoffwechselvorgaenge, atmungsorgane und kreislaufsystem. objektivierung der wirkung geruchsintensiver stoffe. entwicklung biologischer messverfahren
S.WORT luftverunreinigung + geruchsbelaestigung
PROLEI DR. MED. GEZA FODOR
STAND 1.1.1974
QUELLE umweltforschungsplan 1974 des bmi
FINGEB BUNDESMINISTER DES INNERN
BEGINN 1.1.1971 ENDE 31.12.1974
G.KOST 1.050.000 DM

BE -025

INST MEDIZINISCHES INSTITUT FUER LUFTHYGIENE UND SILIKOSEFORSCHUNG AN DER UNI DUESSELDORF
DUESSELDORF, GURLITTSTR. 53
VORHAB **psychologische aspekte der belaestigung durch geruchsintensive umweltstoffe**
objektivierung von belaestigungen durch geruchsintensive stoffe mittels sozialpsychologischer und psychophysiologischer techniken. 1) entwicklung einer fragebogentechnik zur erfassung von geruchsbelaestigungen in problemgebieten. 2) messung psychophysiologischer reaktionen auf geruchsreize. 3) entwicklung olfaktometrischer techniken zur quantifizierung von geruchsimmissionen. 4) versuch zur herstellung von korrelationen zwischen analytischen und olfaktometrischen messwerten
S.WORT geruchsbelaestigung + psychologische faktoren
RHEIN-RUHR-RAUM
PROLEI PROF. DR. MED. HANS-WERNER SCHLIPKOETER
STAND 26.7.1976
QUELLE fragebogenerhebung sommer 1976
ZUSAM INST. F. PHYSIOLOGIE DER UNI ERLANGEN/NUERNBERG, UNIVERSITAETSSTR. 17, 8520 ERLANGEN
BEGINN 1.11.1973 ENDE 31.12.1976
G.KOST 1.200.000 DM
LITAN - WINNEKE, G.;KASTKA, J.: GERUCHSBELAESTIGUNG DURCH LUFTVERUNREINIGUNGEN. IN: PRAX. PNEUMOL. 29 S. 393-399(1975)
- WINNEKE, G.;KASTKA, J.: ZUR WIRKUNG VON GERUCHSSTOFFEN IN LABOR- UND FELDVERSUCHEN. IN: ZBL. BAKT. HYG. I ABT. ORIG. B. 162(1976)

BE -026

INST NUKEM GMBH
HANAU 11, INDUSTRIEGEBIET WOLFGANG
VORHAB **systemstudie zur erfassung und verminderung von belaestigenden geruchsemissionen**
die studie soll mit hilfe von literaturangaben den derzeitigen stand des wissens und der technik bezueglich entstehung, erfassung und verminderung von geruchsemissionen ermitteln. modelle fuer die berechnung der ausbreitung von geruchsintensiven stoffen werden angefuehrt. die in der praxis ueblichen messmethoden werden zusammengestellt sowie die verursacher geruchsintensiver emissionen erfasst. verfahren zur verminderung solcher emissionen werden unter beruecksichtigung technischer und wirtschaftlicher gesichtspunkte behandelt
S.WORT emissionsminderung + geruchsbelaestigung + ausbreitungsmodell
PROLEI DR. STEFAN SCHINDLER
STAND 12.8.1976
QUELLE fragebogenerhebung sommer 1976
FINGEB BUNDESMINISTER FUER FORSCHUNG UND TECHNOLOGIE
ZUSAM - MED. INST. F. LUFTHYGIENE U. SILIKOSEFORSCHUNG AN DER UNI DUESSELDORF, GURLITTSTR. 53, DUESSELDORF
- LEHRSTUHL FUER ENERGIEANLAGENTECHNIK, UNIVERSITAETSSTR. 150, 4630 BOCHUM
- DECATOX GMBH, POSTFACH 110080, 6450 HANAU
BEGINN 1.5.1975 ENDE 31.12.1976
G.KOST 336.000 DM
LITAN ZWISCHENBERICHT

BE -027

INST PHYSIOLOGISCH-CHEMISCHES INSTITUT DER UNI ERLANGEN-NUERNBERG
ERLANGEN, WASSERTURMSTR. 5
VORHAB **objektivierung von belaestigungswirkungen auf den menschen**
untersuchungen ueber art und ausmass der belastung des menschen und seiner umwelt durch immissionen von schadstoffen. feststellung der wirkung luftverunreinigender stoffe auf mensch, tier und pflanze unter spezieller beruecksichtigung der wirkung auf gewebekulturen, stoffwechselvorgaenge, atmungsorgane und kreislaufsystem. objektivierung der wirkung geruchsintensiver stoffe. entwicklung biologischer messverfahren. das forschungsvorhaben hat die aufgabe, sinnesphysiologische grundlagen fuer den objektiven nachweis stoerender und schaedlicher riechstoffe in der umgebung des menschen zu erarbeiten, um tolerierbare grenzkonzentrationen nicht nur aus toxikologischer, sondern auch aus objektiv sinnesphysiologischer sicht bestimmen zu koennen. es sollen konzentratiionsleistungstests sowie psychosensorische und psychophysiologische untersuchungen an versuchspersonen durchgefuehrt werden
S.WORT umweltbelastung + geruchsbelaestigung + nachweisverfahren
STAND 15.11.1975
FINGEB BUNDESMINISTER DES INNERN
BEGINN 10.12.1973 ENDE 31.12.1976
G.KOST 2.312.000 DM

BE -028

INST TECHNISCHER UEBERWACHUNGSVEREIN BAYERN E.V.
MUENCHEN, KAISERSTR. 14-16

VORHAB **erfassung und verminderung von geruchsbelaestigenden emissionen**
entwicklung von bestimmungsmethoden und pruefverfahren zur erfassung geruchsrelevanter stoffklassen, aufschluesselung dieser stoffklassen in einzelkomponenten. pruefung von verfahren zur verminderung geruchsbelaestigender emissionen

S.WORT geruchsstoffe + emissionsminderung
PROLEI DR. JOHANN GUGGENBERGER
STAND 29.7.1976
QUELLE fragebogenerhebung sommer 1976
FINGEB BUNDESMINISTER FUER FORSCHUNG UND TECHNOLOGIE
G.KOST 500.000 DM

Weitere Vorhaben siehe auch:

BA -019 ERFASSUNG UND MINDERUNG VON BELAESTIGUNGEN (NASE, RACHEN, AUGEN) DURCH ABGASE VON VERBRENNUNGSKRAFTMASCHINEN

BB -023 MOEGLICHKEITEN ZUR VERRINGERUNG DER SCHADSTOFFEMISSION VON HEIZANLAGEN - KOHLENWASSERSTOFFE UND GERUCHSINTENSIVE STOFFE

CA -062 ENTWICKLUNG VON METHODEN ZUR BEURTEILUNG DES VERUNREINIGUNGSGRADES DER LUFT DURCH RUSS, BLEI, CHLOR UND GERUECHE

DA -005 GERUCHS- UND RUSSBESEITIGUNG AN DIESELMOTOREN MITTELS KATALYTISCHER NACHVERBRENNUNG DER ABGASE

KD -005 POPULATIONSSTEUERUNG WAEHREND DER FLUESSIGMISTBEHANDLUNG DURCH EINSATZ VON PROTOZOEN UND DURCH BELUEFTUNG

KD -006 GUELLEBEHANDLUNG: 1. GERUCHSFREIE UNTERBRINGUNG, 2. GERUCHSUNTERDRUECKUNG, GERUCHSUMSTIMMUNG, 3. GERUCHSMESSUNG, 4. GUELLEKONDITIONIERUNG

KD -007 TECHNIK DER AEROBEN AUFBEREITUNG VON FLUESSIGMIST

KD -008 EINFLUSS DER STOFFLICHEN ZUSAMMENSETZUNG UND PHYSIKALISCHEN PARAMETER AUF DEN AEROBEN ABBAU IN HAUFWERKEN AUS ORGANISCHEN STOFFEN

KD -009 EINFLUSS VON TEMPERATUR UND SAUERSTOFFVERSORGUNG AUF DEN ABBAU ORGANISCHER SUBSTANZ BEI DER AEROBEN BEHANDLUNG VON FLUESSIGMIST

MB -055 UNTERSUCHUNGEN ZUR AUFBEREITUNG VON TIERISCHEN EXKREMENTEN DURCH BELUEFTUNG MIT DEM ZIEL DER GERUCHSMINDERUNG, ENTSEUCHUNG UND GEHALTSVERMINDERUNG

CA -001

INST ABTEILUNG CHEMISCHE SICHERHEITSTECHNIK DER BUNDESANSTALT FUER MATERIALPRUEFUNG
BERLIN 45, UNTER DEN EICHEN 87
VORHAB **pruefgase zur kontrolle von luftreinhaltungsmessungen**
pruefung der haltbarkeit bestimmter pruefgase in abhaengigkeit von temperatur, druck und werkstoff des behaelters sowie seiner oberflaechenmorphologie. untersuchungen moeglicher chemischer reaktionen der beimengungen (messkomponenten). verbesserung der analysemethoden. ermittlung von sicherheitstechnisch bedingten grenzwerten der zusammensetzung. verbesserung der messicherheit bei emissions- und immissionsmessungen
S.WORT pruefgase + analyse
PROLEI DR. STRESE
STAND 4.9.1975
G.KOST 900.000 DM

CA -002

INST ABTEILUNG FUER STRAHLENHYGIENE DES BUNDESGESUNDHEITSAMTES
BERLIN 33, CORRENSPLATZ 1
VORHAB **pruefung und bewertung von messverfahren zur bestimmung smogbildender substanzen im abgas oelgefeuerter grosskessel**
katastermaessige erfassung von anlagenemissionen und staendige kontrolle; erarbeitung der technisch-wissenschaftlichen voraussetzungen fuer erhebungen, messverfahren, geraeteentwicklungen
S.WORT emissionskataster + smogbildung + feuerungsanlage
PROLEI DR. -ING. JANDER
STAND 14.11.1975
FINGEB BUNDESMINISTER DES INNERN
BEGINN 1.1.1975 ENDE 31.12.1977
G.KOST 282.000 DM

CA -003

INST ABTEILUNG SONDERGEBIETE DER MATERIALPRUEFUNG DER BUNDESANSTALT FUER MATERIALPRUEFUNG
BERLIN 45, UNTER DEN EICHEN 87
VORHAB **entwicklung eines elektrochemisch arbeitenden analysators zur kontinuierlichen messung von fluoridionen in der luft**
elektrochemisches messverfahren zur kontinuierlichen luftanalyse auf loesliche fluoride; auch zur fluoridbestimmung in sammelproben geeignet
S.WORT luftverunreinigung + fluoride + messgeraet + geraeteentwicklung
PROLEI DR. TESKE
STAND 1.1.1974
ZUSAM VDI-KOMMISSION REINHALTUNG DER LUFT, 4 DUESSELDORF, GRAF-RECKE-STR. 84
BEGINN 1.8.1975 ENDE 31.12.1976

CA -004

INST ALLGEMEINE ELEKTRIZITAETS-GESELLSCHAFT AEG-TELEFUNKEN, FRANKFURT
FRANKFURT, THEODOR-STERN-KAI 1
VORHAB **laserstrahlungsquellen fuer gasanalysengeraete im spektralbereich 2-20 mikron**
analyse von gasen (kohlenmonoxid/ stickstoffmonoxid/ stickstoffdioxid/ schwefeldioxid/ peroxyacetylnitrat); abstimmbare laserstrahlungsquelle im bereich der absorptionslinien der zu messenden gase; zucht von einkristallen hoher qualitaet
S.WORT abgas + analyseverfahren + geraeteentwicklung
PROLEI DR. HORST PREIER
STAND 1.10.1974
FINGEB BUNDESMINISTER FUER BILDUNG UND WISSENSCHAFT
ZUSAM AEG-TFK UNTERN. BER. BAUELEMENTE ULM/AEG-TFK FORSCH. INST.
BEGINN 1.1.1973 ENDE 31.12.1974
G.KOST 2.260.000 DM
LITAN - PREIER, H.;PFEIFFER, H.: ETCHING SOLUTION FOR REVEALING P-N JUNCTION IN PB S AND PB S1-X SEC, PB S1-X SEX, IN: JOURNAL OF THE ELECTROCHEMICAL SOCIETY (IN VORBEREITUNG)
- PREIER, H.;HERKERT, HR.;PFEIFFER, H.: GROWTH OF PB S1-X SEX SINGLE CRYSTALS BY SUBLIMATION, IN: JOURNAL OF CRYSTAL GROWTH (IN VORBEREITUNG)
- ZWISCHENBERICHT JANUAR 1974

CA -005

INST ALLGEMEINE ELEKTRIZITAETS-GESELLSCHAFT AEG-TELEFUNKEN, FRANKFURT
FRANKFURT, THEODOR-STERN-KAI 1
VORHAB **elektrochemisches messgeraet zum nachweis von kohlenoxid, schwefelwasserstoff, wasserstoff, schwefeldioxid in verschiedenen gasen**
messung und nachweis von einzelkomponenten in gasgemischen mit robuster und wartungsfrei arbeitender elektrochemischer zelle; gasdiffusionselektroden; unempfindlichkeit gegen katalysatorgifte; messgroesse ist strom, den zellen aufgrund der konzentration des zu bestimmenden gasbestandteils abgeben; potentiostatische messwertgewinnung; vollautomatische empfindlichkeitskontrolle
S.WORT luftverunreinigung + nachweisverfahren + geraeteentwicklung
PROLEI PROF. DR. POHL
STAND 1.1.1974
FINGEB BUNDESMINISTER FUER BILDUNG UND WISSENSCHAFT
BEGINN 1.1.1972 ENDE 31.12.1974
G.KOST 824.000 DM
LITAN ZWISCHENBERICHT FUER ZEITRAUM 1. 4. 73 - 30. 9. 73

CA -006

INST ALLGEMEINE ELEKTRIZITAETS-GESELLSCHAFT AEG-TELEFUNKEN, FRANKFURT
FRANKFURT, THEODOR-STERN-KAI 1
VORHAB **infrarot-optisches gasanalysensystem mit blei-chalkogenid-laserdioden**
entwicklung eines gasanalysensystems hoher selektiver empfindlichkeit mit gepulsten dioden-lasern als lichtquelle und photovoltaischen ir-detektoren; einsatz geplant im rahmen des umweltschutzes zur luftueberwachung, in medizinischer technik und zur prozesskontrolle. betrieb bei temperaturen) 200 grad k angestrebt, um mit peltier-kuehlung auszukommen
S.WORT luftueberwachung + gase + analysengeraet + infrarottechnik
PROLEI DR. HORST PREIER
STAND 29.7.1976
QUELLE fragebogenerhebung sommer 1976
FINGEB BUNDESMINISTER FUER FORSCHUNG UND TECHNOLOGIE
ZUSAM FIRMA HARTMANN & BRAUN, FRANKFURT AM MAIN
BEGINN 1.4.1975 ENDE 31.3.1978
G.KOST 3.376.000 DM
LITAN ZWISCHENBERICHT

CA -007

INST ALLGEMEINE ELEKTRIZITAETS-GESELLSCHAFT AEG-TELEFUNKEN, HAMBURG
HAMBURG 11, STEINHOEFT 9
VORHAB **empfindlicher nachweis von no mit optischen methoden**
es soll ein messverfahren entwickelt werden, das die gasfoermigen schadstoffe no und no2 in selektiver weise bis zu konzentrationen von einigen ppm zu messen gestattet. hierfuer wird der physikalische effekt der infrarot-resonanzabsorption ausgenutzt in verbindung mit einem co-kompakt-laser und einer effektmodulationstechnik. durch eine zeemann-effektmodulation werden im falle des no und no2 querempfindlichkeiten gegen andere gaskomponenten weitgehend eliminiert
S.WORT luftverunreinigung + messverfahren + stickstoffmonoxid
PROLEI DIPL. -PHYS. HORST WINTERHOFF

STAND 6.1.1975
FINGEB BUNDESMINISTER FUER FORSCHUNG UND TECHNOLOGIE
BEGINN 1.1.1974 ENDE 30.6.1976
G.KOST 1.840.000 DM

CA -008
INST ASTRONOMISCHES INSTITUT DER UNI TUEBINGEN RAVENSBURG, RASTHALDE
VORHAB **die elektrische luftleitfaehigkeit als indikator der aerosolkonzentration in troposphaere und stratosphaere**
ziel ist es, mit hilfe von radiosonden zur messung der elektrischen luftleitfaehigkeit, die freie atmosphaere bis etwa 30 km hoehe auf schichten erhoehter aerosolkonzentration, die zum teil zeitlich begrenzt auftreten, zu untersuchen. solche schichten haben infolge anlagerung von kleinionen an aerosol eine verringerung der leitfaehigkeit zur folge, die in 1. naeherung proportional zur aerosolkonzentration ist. zur berechnung der aerosolkonzentration ist allerdings die kenntnis der kleinionenaanlagerungskoeffizienten, die vom aerosolradius und der hoehe abhaengen und bislang nur aus der theorie bekannt sind, notwendig. deshalb sollen zunaechst durch gleichzeitige messungen von leitfaehigkeit und aerosolkonzentration und durch vergleich mit lidarmessungen diesse koeffizienten auch experimentell bestimmt werden
S.WORT meteorologie + troposphaere + stratosphaere + aerosolmesstechnik + (luftleitfaehigkeit)
PROLEI PROF. DR. -ING. RICHARD MUEHLEISEN
STAND 9.8.1976
QUELLE fragebogenerhebung sommer 1976
FINGEB DEUTSCHE FORSCHUNGSGEMEINSCHAFT
ZUSAM INST. F. GEOPHYSIK UND METEOROLGIE DER UNI KOELN
BEGINN 1.3.1974 ENDE 30.6.1976
G.KOST 27.000 DM
LITAN ZWISCHENBERICHT

CA -009
INST BATTELLE-INSTITUT E.V. FRANKFURT 90, AM ROEMERHOF 35
VORHAB **aerosoluntersuchung und entwicklung von messgeraeten**
S.WORT aerosolmesstechnik + geraeteentwicklung
STAND 1.1.1974

CA -010
INST BATTELLE-INSTITUT E.V. FRANKFURT 90, AM ROEMERHOF 35
VORHAB **messung von immissionen;bestimmung organischer mikroverbindungen (10-7 bis 10-9 vol%) der luft**
"immissionsueberwachung", die bundesregierung strebt eine flaechenbezogene und fortlaufende kontrolle der immissionen (par. 27, 36, 37 e/bimschg, nr. 2, 5 ta-luft) an, um die einhaltung der festgelegten immissionswerte (par. 40 e/bimschg, nr. 2. 4 ta-luft) zu gewaehrleisten. gleichzeitig sollen moegliche umweltschaeden fruehzeitig erkannt und die eindaemmung von gefahrenherden (par. 39 e/bimschg) ermoeglicht werden. hierzu sind insbesondere mess- und auswerteverfahren (par. 40 e/bimschg) zu entwickeln und grundlagen fuer die standardisierung zu erarbeiten
S.WORT immissionsmessung + schadstoffnachweis + kohlenwasserstoffe
PROLEI DIPL. -CHEM. BERGER
STAND 1.1.1974
QUELLE umweltforschungsplan 1974 des bmi
FINGEB BUNDESMINISTER DES INNERN
ZUSAM INST. F. METEOROLOGIE UND GEOPHYSIK DER UNI FRANKFURT, FELDBERGSTR. 47, 6 FRANKFURT/MAIN
BEGINN 1.11.1973 ENDE 28.2.1974
G.KOST 84.000 DM
LITAN ZWISCHENBERICHT 1974. 03

CA -011
INST BATTELLE-INSTITUT E.V. FRANKFURT 90, AM ROEMERHOF 35
VORHAB **feststellung fluechtiger organischer halogenverbindungen in der atmosphaere**
untersuchung und feststellung der verteilung von organischen halogenverbindungen in der atmosphaere. durch probenahme in verschiedenen troposphaerischen luftmassen sowie der stratosphaere und analyse auf organische halogenverbindungen. erarbeitung der technisch-wissenschaftlichen grundlagen zur beurteilung der gefaehrdung durch die verwendung dieser substanzen als aerosoltreibgas und kuehlmittel und ableitung von massnahmen. ermittlung konkreter konzentrationsangaben ueber schadstoffe, z. b. fluorchlormethane, die als chemisch bestaendige und leichte molekuele in die stratosphaere gelangen und dort die ozonschicht beeintraechtigen koennten. dafuer wird eine im battelle-institut entwickelte analysenmethode verwendet
S.WORT organische schadstoffe + halogene + nachweisverfahren + atmosphaere + stratosphaere
PROLEI GERHARD ARENDT
STAND 15.12.1975
FINGEB BUNDESMINISTER DES INNERN
BEGINN 1.11.1975 ENDE 31.3.1977
G.KOST 619.000 DM

CA -012
INST BATTELLE-INSTITUT E.V. FRANKFURT 90, AM ROEMERHOF 35
VORHAB **entwicklung eines verfahrens zur direkten messtechnischen erfassung von grenzueberschreitenden luftverunreinigungen**
schaffung messtechnischer grundlagen zur erfassung des grenzueberschreitenden transports von luftverunreinigungen mit hilfe korrelationsspektrometrischer verfahren und erarbeitung von grundlagen fuer ein allgemein anwendbares verfahren zur bewertung interregionaler transporte von luftverunreinigungen. phase 1: entwicklung der messtechnischen grundlagen des verfahrens
S.WORT messverfahren + luftverunreinigung + schadstofftransport + (grenzueberschreitung)
STAND 18.12.1975
FINGEB BUNDESMINISTER DES INNERN
BEGINN 1.12.1975 ENDE 30.11.1976
G.KOST 681.000 DM

CA -013
INST BATTELLE-INSTITUT E.V. FRANKFURT 90, AM ROEMERHOF 35
VORHAB **entwicklung eines messystems einer messung von luftverunreinigungen und natuerlichen bestandteilen der atmosphaere mittels laser-satelliten-fernanalyse**
entwicklung eines systems zur fernanalyse von gasen, das nach dem prinzip der adsorptionsmessung arbeitet, einen kontinuierlichen co2-laser als spender verwendet und die rueckreflektierte bzw. rueckgestreute strahlung nach dem prinzip des heterodyn-ueberlagerungsempfangs misst
S.WORT luftverunreinigung + messtation + (laser-satelliten-fernanalyse)
PROLEI DIPL. -PHYS. WOLFGANG ENGLISCH
STAND 4.8.1976
QUELLE fragebogenerhebung sommer 1976
FINGEB DEUTSCHE FORSCHUNGS- UND VERSUCHSANSTALT FUER LUFT- UND RAUMFAHRT
BEGINN 1.11.1973 ENDE 31.8.1975
G.KOST 598.000 DM
LITAN ENDBERICHT

CA -014
INST BATTELLE-INSTITUT E.V. FRANKFURT 90, AM ROEMERHOF 35
VORHAB **ausruestung eines umweltmessfahrzeugs**
ausruestung eines kleinbusses mit einem geraet zur spektroskopischen analyse von luftverunreinigungen (so2, no2), rechen- und navigationshilfsmitteln, einem sichtgeraet fuer die unmittelbare darstellung der messergebnisse und einem massenspeicher fuer die ablage zur weiteren analyse

S.WORT luftverunreinigung + immission + schwefeldioxid + stickoxide + messwagen
PROLEI DR. KLAUS WEVELSIEP
STAND 4.8.1976
QUELLE fragebogenerhebung sommer 1976
FINGEB UMWELTBUNDESAMT
BEGINN 1.1.1976 ENDE 30.11.1976
G.KOST 681.000 DM

CA -015
INST BAYER AG
LEVERKUSEN, BAYERWERK
VORHAB selbstabgleichende betriebsfotometer mit fernmesskopf fuer emissionsmessungen
S.WORT emissionsmessung + geraeteentwicklung
STAND 1.1.1974
FINGEB BUNDESMINISTER FUER FORSCHUNG UND TECHNOLOGIE
BEGINN 1.1.1973 ENDE 31.12.1975

CA -016
INST BAYERISCHES STAATSMINISTERIUM FUER LANDESENTWICKLUNG UND UMWELTFRAGEN
MUENCHEN, ROSENKAVALIERPLATZ 2
VORHAB die verteilung der so2-konzentration und der lufttemperatur am fernsehturm in muenchen und der zusammenhang der immissionsmessungen im uebrigen stadtgebiet
"immissionsueberwachung"; die bundesregierung strebt eine flaechenbezogene und fortlaufende kontrolle der immissionen (par. 27, 36, 37 e/bimschg, nr. 2, 5 ta-luft) an, um die einhaltung der festgelegten immissionswerte (par. 40 e/bimschg, nr. 2. 4 ta-luft) zu gewaehrleisten. gleichzeitig sollen moegliche umweltschaeden fruehzeitig erkannt und die eindaemmung von gefahrenherden (par. 39 e/bimschg) ermoeglicht werden. hierzu sind insbesondere mess- und auswerteverfahren (par. 40 e/bimschg) zu entwickeln und grundlagen fuer die standardisierung zu erarbeiten
S.WORT immissionsmessung + schwefeldioxid + stadtgebiet MUENCHEN
STAND 1.1.1974
QUELLE umweltforschungsplan 1974 des bmi
FINGEB BUNDESMINISTER DES INNERN
BEGINN 1.1.1972 ENDE 31.12.1974
G.KOST 351.000 DM

CA -017
INST BETRIEBSFORSCHUNGSINSTITUT VDEH - INSTITUT FUER ANGEWANDTE FORSCHUNG
DUESSELDORF, SOHNSTR. 65
VORHAB grundlagen der messplanung fuer die erfassung der schadstoffverteilung in luft
1) ueberpruefung von aussagefaehigkeit und genauigkeit von ausbreitungsrechnungen durch vergleich mit messwerten aus der stahlindustrie. 2) entwicklung einer methode zur auslegung von immissions-messnetzen mit minimaler messstellenzahl
S.WORT luftverunreinigung + schadstoffausbreitung + messtechnik + ausbreitungsmodell NORDRHEIN-WESTFALEN
PROLEI DR. -ING. LUTZ WILLNER
STAND 30.8.1976
QUELLE fragebogenerhebung sommer 1976
FINGEB EUROPAEISCHE GEMEINSCHAFT FUER KOHLE UND STAHL, LUXEMBURG
ZUSAM VEREIN DEUTSCHER EISENHUETTENLEUTE, BREITE STR. 27, 4000 DUESSELDORF
BEGINN 1.1.1977 ENDE 31.12.1979
G.KOST 770.000 DM

CA -018
INST BODENSEEWERK GERAETETECHNIK GMBH
UEBERLINGEN, ALTE NUSSDORFER STRASSE
VORHAB entwurf eines geraetes nach dem prinzip der bifrequenztechnik zur kontinuierlichen, automatischen analyse von gasfoermigen emissionen
S.WORT luftueberwachung + emissionsmessgeraet
PROLEI DR. JOACHIM MARCKMANN
STAND 1.10.1974
FINGEB BUNDESMINISTER FUER FORSCHUNG UND TECHNOLOGIE
BEGINN 1.10.1972 ENDE 31.5.1974
G.KOST 1.044.000 DM
LITAN - MARCKMANN, J.: ENTWICKLUNG EINES INFRAROT-GASSPEKTROMETERS NACH DEM PRINZIP DER BIFREQUENZTECHNIK ZUR KONTINUIERLICHEN AUTOMATISCHEN ANALYSE VON GASFOERMIGEN EMISSIONEN. IN: FORSCHUNGSBERICHT T 16-22, TECHNOLOGISCHE FORSCHUNG UND ENTWICKLUNG BMFT(JUN 1976)
- ENDBERICHT

CA -019
INST BODENSEEWERK GERAETETECHNIK GMBH
UEBERLINGEN, ALTE NUSSDORFER STRASSE
VORHAB entwicklung einer heizbaren langweg-gaskuevette mit probennahme zur empfindlichen spektroskopischen messung von gasfoermigen schadstoffen
das vorhaben hat die entwicklung einer heizbaren langweg-gaskuevette mit probennahme fuer spektroskopische gasanalysatoren zum ziel. das system soll es ermoeglichen, bei erhoehten temperaturen selbst wasserhaltige emissionen direkt und mit hoher empfindlichkeit zu messen. die gaskuevette arbeitet nach dem prinzip der mehrfachreflektion mit gefaltetem strahlengang. die innenliegenden spiegel bedingen eine hochwirksame staubabscheidung im probenstrom sowie hohe anforderungen an die temperatur und schadstoffbestaendigkeit der zu verwendenden spiegelschichten. das system wird nach fertigstellung im dauertest unter erschwerten bedingungen erprobt (muellverbrennungsabgase)
S.WORT luftverunreinigende stoffe + nachweisverfahren + messgeraet + (langweg-gaskuevette)
PROLEI DR. JOACHIM MARCKMANN
STAND 2.8.1976
QUELLE fragebogenerhebung sommer 1976
FINGEB BUNDESMINISTER FUER FORSCHUNG UND TECHNOLOGIE
BEGINN 1.12.1974 ENDE 31.12.1976
G.KOST 1.280.000 DM

CA -020
INST CARL ZEISS
OBERKOCHEN, CARL-ZEISS-STR. 1
VORHAB forschung und entwicklung auf dem gebiet der laser-spektroskopie fuer den umweltschutz
direkter spektroskopischer nachweis von molekuel-verunreinigungen in der atmosphaere durch molekuelfluoreszenz und resonanzabsorption; indirekter spektroskopischer nachweis von schwermetallverunreinigungen durch atomfluoreszenz und atomabsorption jeweils mit schmalbandigem farbstofflaser
S.WORT luftverunreinigende stoffe + schadstoffnachweis + laser + (atomabsorptions-spektroskopie)
PROLEI DR. -ING. TORGE
STAND 1.1.1974
FINGEB BUNDESMINISTER FUER FORSCHUNG UND TECHNOLOGIE
ZUSAM LANDESAMT F. IMMISSIONS- U. BODENNUTZUNGSSCHUTZ, D. LANDES NRW, WALLNEYER STR. 6, 4300 ESSEN
BEGINN 1.1.1972 ENDE 31.12.1976
G.KOST 1.830.000 DM
LITAN 1974. 12

CA -021
INST CARL ZEISS
OBERKOCHEN, CARL-ZEISS-STR. 1
VORHAB infrarot-gasanalysator fuer abgase
robustes betriebs-filterphotometer mit 9 infrarot-kanaelen zum gleichzeitigen nachweis von maximal 8 schadgasen im kontinuierlichen betrieb
S.WORT abgas + schadstoffe + infrarottechnik
PROLEI DR. FREITAG

STAND 1.1.1974
FINGEB BUNDESMINISTER FUER FORSCHUNG UND TECHNOLOGIE
BEGINN 1.1.1974 ENDE 31.12.1977
G.KOST 1.025.000 DM

CA -022
INST DECHEMA - DEUTSCHE GESELLSCHAFT FUER CHEMISCHES APPARATEWESEN E.V. FRANKFURT, THEODOR-HEUSS-ALLEE 25
VORHAB **datensammlung fuer die kontinuierliche automatische emissionsanalyse von gasfoermigen, vorzugsweise organischen komponenten und komponentengruppen**
S.WORT emission + gase + analyse + datensammlung
STAND 1.1.1974
FINGEB BUNDESMINISTER FUER FORSCHUNG UND TECHNOLOGIE
BEGINN 1.1.1972 ENDE 31.12.1975
G.KOST 29.000 DM

CA -023
INST DECHEMA - DEUTSCHE GESELLSCHAFT FUER CHEMISCHES APPARATEWESEN E.V. FRANKFURT, THEODOR-HEUSS-ALLEE 25
VORHAB **untersuchung ueber die zuverlaessigkeit gaschromatographischer analysen im spurenbereich bei der messung von emissionen**
auswahl geeigneter methoden zur erfassung vielzaehliger schadstoffe in einem analysegang, erfassung einer grossen zahl der substanzen auf gaschromatographischem wege aufgabenstellung: zur verbesserung der grundlage ta-luft soll geklaert werden, welche einfluesse die gaschromatographische analyse organisch-chemischer schadstoffe beeintraechtigen koennen. besondere beachtung sollen die verschiedenen methoden der probenahme sowie die probenlagerung finden
S.WORT emissionsmessung + organische schadstoffe + messtechnik + gaschromatographie
PROLEI DIPL. -CHEM. KARL-HEINZ BERGERT
STAND 20.11.1975
FINGEB BUNDESMINISTER DES INNERN
BEGINN 1.7.1975 ENDE 31.12.1978
G.KOST 467.000 DM
LITAN ZWISCHENBERICHT

CA -024
INST ELEKTRO SPEZIAL GMBH HAMBURG 1, POSTFACH 992
VORHAB **entwicklungsarbeiten fuer ein geraet zur kontinuierlichen und automatischen emissionskontrolle**
S.WORT emissionsueberwachung + messtechnik + geraeteentwicklung + (mikrowellenspektrograph)
QUELLE datenuebernahme aus der datenbank zur koordinierung der ressortforschung (dakor)
FINGEB BUNDESMINISTER FUER FORSCHUNG UND TECHNOLOGIE
BEGINN 1.3.1975 ENDE 31.12.1975
G.KOST 520.000 DM

CA -025
INST ELEKTRO SPEZIAL GMBH HAMBURG 1, POSTFACH 992
VORHAB **experimentalstudie mikrowellenradiometer**
experimentalstudie ueber die eignung und realisierung eines mikrowellenradiometers zur analyse von fremdgasen in der atmosphaere. (untersuchungen im 60 ghz-bereich)
S.WORT luftueberwachung + messtechnik + geraeteentwicklung + (mikrowellenradiometer)
QUELLE datenuebernahme aus der datenbank zur koordinierung der ressortforschung (dakor)
FINGEB GESELLSCHAFT FUER WELTRAUMFORSCHUNG MBH (GFW) IN DER DFVLR, KOELN
BEGINN 1.9.1972 ENDE 31.3.1975

CA -026
INST FACHBEREICH PHYSIK UND ELEKTROTECHNIK DER UNI BREMEN BREMEN 33, ACHTERSTR.
VORHAB **aerosol-groessenspektrometrie**
zur nachfolgenden roentgenfluoreszenzanalyse soll eine groessenseparation von aerosolen mit einem kaskadenimpaktor erfolgen. im anwendungszusammenhang mit dem beim schweissen auftretenden schadstoffen soll die abhanegigkeit der schwermetall-deposition von der teilchengroesse und das verhalten der aerosole in der lunge studiert werden
S.WORT aerosolmesstechnik + teilchengroesse + schwermetallkontamination + atemtrakt
PROLEI DR. KLAUS BAETJER
STAND 12.8.1976
QUELLE fragebogenerhebung sommer 1976

CA -027
INST GESELLSCHAFT DEUTSCHER CHEMIKER FRANKFURT 90, VARRENTRAPPSTR. 40-42
VORHAB **probenahme von luft**
erarbeitung von vorschlaegen fuer die einheitliche probenahme von luft im rahmen der umweltueberwachung
S.WORT luftverunreinigung + probenahme + richtlinien
PROLEI DR. HABIL. DIETER KLOCKOW
STAND 30.8.1976
QUELLE fragebogenerhebung sommer 1976
ZUSAM - DFG, KENNEDYALLEE, 5300 BONN-BAD GODESBERG
BEGINN 1.1.1972
LITAN KLOCKOW, D.: SAMPLING OF AIR: SAMPLING OF PROBLEMS. IN: Z. ANAL. CHEMIE (1976) (IM DRUCK)

CA -028
INST GOEPFERT, PETER, DIPL.-ING. UND REIMER, HANS, DR.-ING., VDI-BERATENDE INGENIEURE HAMBURG 60, BRAMFELDER STR. 70
VORHAB **schadgas- und staubmessungen im rahmen von laufenden immissionsmessungen in der luft**
betrieb mehrerer messnetze nach den richtlinien der ta-luft; schadgasbestimmungen salzsaeure/fluorwasserstoff/ schwefeldioxid; staubniederschlag; staubkonzentration; gravimetrische und analytische auswertung der staubproben
S.WORT luftverunreinigung + immissionsmessung
PROLEI DIPL. -ING. PETER HILLEBRAND
STAND 1.1.1974
FINGEB FREIE UND HANSESTADT HAMBURG, BAUBEHOERDE
ZUSAM INST. F. ANGEWANDTE U. ANORGANISCHE CHEMIE DER UNI HAMBURG, 2 HAMBURG 13, PAPENDAMM 6
BEGINN 1.1.1972

CA -029
INST HARTMANN UND BRAUN AG FRANKFURT, GRAEFSTR. 97
VORHAB **interferometrisches verfahren im infraroten spektralbereich fuer die betriebliche gasanalyse besonders zur messung von luftverunreinigungen**
mit der methode der fouriertransformationsspektroskopie im mittleren infrarot sollte ein preiswertes analysensystem zur mehrkomponentenmessung der konzentration von gasen geschaffen werden; haupteinsatzgebiet sollte die messung von luftverunreinigungen sein
S.WORT gase + analyse + infrarottechnik
PROLEI DR. ENGELHARDT
STAND 1.1.1974
FINGEB BUNDESMINISTER FUER FORSCHUNG UND TECHNOLOGIE

CA -030
INST HARTMANN UND BRAUN AG FRANKFURT, GRAEFSTR. 97

VORHAB **entwicklung eines automatischen gasanalysengeraetes zur kontinuierlichen emissionsmessung von nox nach dem verfahren der ultraviolett-resonanzabsorption**
anstrebung flaechenbezogener und fortlaufender immissionskontrollen; einhaltung der werte frueherkennung und eindaemmung der gefahrenherde
S.WORT stickoxide + messverfahren + geraeteentwicklung
PROLEI DR. SCHAEFER
STAND 10.11.1975
FINGEB BUNDESMINISTER DES INNERN
BEGINN 1.1.1975 ENDE 31.7.1976
G.KOST 1.157.000 DM

CA -031
INST HESSISCHE LANDESANSTALT FUER UMWELT WIESBADEN, AARSTR. 1
VORHAB **emission, probenahme und analyse von tracern in der atmosphaere**
im rahmen des gesamtprojekts "untersuchung der schadstoffausbreitung bei windschwachen wetterlagen als grundlage fuer die ausbreitungsrechnung" ist die hessische landesanstalt fuer umwelt zustaendig fuer die analytik. die engere zielsetzung des teilvorhabens ist es, ausbreitungsexperimente mit schwefelhexafluorid als tracer oder zusaetzlich mit einem zweittracer durchzufuehren und probenahme und analytik daraufhin einzurichten, abzustimmen und entsprechend auszufuehren
S.WORT luftverunreinigung + schadstoffausbreitung + tracer + probenahme + analytik + (windschwache wetterlagen)
MAIN (UNTERMAIN) + RHEIN-MAIN-GEBIET
PROLEI DR. MATTHIAS BUECHEN
STAND 30.8.1976
QUELLE fragebogenerhebung sommer 1976
ZUSAM - REGIONALE PLANUNGSGEMEINSCHAFT UNTERMAIN, FRANKFURT
- UBA, BERLIN
- DEUTSCHER WETTERDIENST, OFFENBACH
BEGINN 1.7.1976 ENDE 31.12.1979
G.KOST 542.000 DM

CA -032
INST IMPULSPHYSIK GMBH
HAMBURG 56, SUELLDORFER LANDSTRASSE 400
VORHAB **raman-lidar-spektroskopie mit bildverstaerkerplatte**
S.WORT messtechnik + luftueberwachung + raman-lidar-geraet
STAND 6.1.1975
FINGEB BUNDESMINISTER FUER FORSCHUNG UND TECHNOLOGIE
BEGINN 1.2.1974 ENDE 31.8.1974

CA -033
INST INSTITUT FUER AEROBIOLOGIE DER FRAUNHOFER-GESELLSCHAFT E.V.
SCHMALLENBERG GRAFSCHAFT, UEBER SCHMALLENBERG
VORHAB **untersuchungen zur methodik der analyse und kontrolle von luftverunreinigungen**
koagulationsverhalten von aerosolen; identifizierung von aerosolen; erarbeitung von messverfahren; bau von aerosolgeneratoren
S.WORT aerosolmesstechnik
PROLEI PROF. DR. WERNER STOEBER
STAND 1.1.1974
FINGEB - DEUTSCHE FORSCHUNGSGEMEINSCHAFT
- BUNDESMINISTER FUER FORSCHUNG UND TECHNOLOGIE
- LANDESANSTALT FUER IMMISSIONS- UND BODENNUTZUNGSSCHUTZ, ESSEN
ZUSAM - STAUBFORSCHUNGSINSTITUT, BONN
- LANDESANSTALT FUER IMMISSIONS- UND BODENNUTZUNGSSCHUTZ, 43 ESSEN, WALLNEYERSTR. 6
BEGINN 1.1.1974 ENDE 31.12.1974
G.KOST 637.000 DM
LITAN ZWISCHENBERICHT 1974. 12

CA -034
INST INSTITUT FUER AEROBIOLOGIE DER FRAUNHOFER-GESELLSCHAFT E.V.
SCHMALLENBERG GRAFSCHAFT, UEBER SCHMALLENBERG
VORHAB **aerosol-massenmonitor**
mit verhaeltnismaessig kurzen sammelzeiten soll eine anzeige der massenkonzentration des aerosols moeglich sein. es wird die transmission von kernporenfiltern waehrend ihrer beladung gemessen. das geraet verwendet ein in der aerosolphysik neuartiges prinzip, das herkoemmlichen verfahren in der empfindlichkeit weit ueberlegen ist
S.WORT aerosolmesstechnik + luftueberwachung + messverfahren
PROLEI DIPL. -PHYS. WERNER HOLLAENDER
STAND 29.7.1976
QUELLE fragebogenerhebung sommer 1976
FINGEB US ENVIRONMENTAL PROTECTION AGENCY, RESEARCH TRIANGLE PARK NORTH CAROLINA
BEGINN 1.1.1976 ENDE 31.12.1977
G.KOST 200.000 DM
LITAN HOLLAENDER; SCHOERMANN: SENSITIVE DETECTION OF PARTICULATE AIR POLLUTANTS BY MEANS OF METAL-COATED NUCLEOPOSE FILTERS

CA -035
INST INSTITUT FUER AEROBIOLOGIE DER FRAUNHOFER-GESELLSCHAFT E.V.
SCHMALLENBERG GRAFSCHAFT, UEBER SCHMALLENBERG
VORHAB **messung von asbestfasern in der luft**
messungen der konzentration von asbestfasern in der aussenluft in verschiedenen gebieten und am arbeitsplatz. internationaler vergleich der messwerte, entwicklung verbesserter probenahmemethoden und automatisierter auswertverfahren
S.WORT luftverunreinigende stoffe + asbest + probenahmemethode
PROLEI PROF. KVETOSLAV SPURNY
STAND 29.7.1976
QUELLE fragebogenerhebung sommer 1976
FINGEB EUROPAEISCHE GEMEINSCHAFTEN
ZUSAM - CHEMISCHES LABORATORIUM TNO HOLLAND, LANGE KLEIWEG 137, RIJSWIJK Z. H. /HOLLAND
- STUDIENCENTRUM FUER KERNENERGIE S. C. K. /C. E. N. , MOL, BELGIEN
BEGINN 1.1.1977 ENDE 31.12.1979
G.KOST 886.000 DM
LITAN SPURNY, K.;STOEBER, W.: THE SAMPLING AND ELECTRON MICROSCOPY OF ASBESTOS AEROSOL IN AMBIENT AIR BY MEANS OF NUCLEPORE FILTERS. IN: JOURNAL OF THE AIR POLLUTION CONTROL ASSOCIATION 25(5)(MAY 1976)

CA -036
INST INSTITUT FUER AEROBIOLOGIE DER FRAUNHOFER-GESELLSCHAFT E.V.
SCHMALLENBERG GRAFSCHAFT, UEBER SCHMALLENBERG
VORHAB **monitor fuer aerosol-massenverteilungsspektren**
bau und erprobung eines monitors, der es gestattet, laufend das massenverteilungsspektrum eines vorliegenden aerosols abzufragen. es wird hierfuer eine aerosolzentrifuge mit stoeber-rotor verwendet, in der schwingquarze angebracht sind, die durch das aerosol beladen werden und dadurch ihre frequenz aendern. die frequenz kann bei laufender zentrifuge abgefragt werden
S.WORT aerosolmesstechnik + messverfahren + (zentrifuge)
PROLEI DIPL. -ING. FRANZ JOSEF MOENIG
STAND 29.7.1976
QUELLE fragebogenerhebung sommer 1976
FINGEB - BUNDESMINISTER FUER FORSCHUNG UND TECHNOLOGIE
- ENVIRONMENTAL PROTECTION AGENCY, USA
BEGINN 1.7.1975 ENDE 31.12.1977
G.KOST 357.000 DM
LITAN STOEBER, W.;MOENIG, F.: MEASUREMENTS WITH A PROTOTYPE MASS DISTRIBUTION MONITOR FOR PARTICULATE AIR POLLUTION. IN: INSTITUTE OF ELECTRICAL AND ELECTRONICS ENGINEERS, INC. USA, ANNALS NO. 75CH1004-1 5-3(1976)

CA -037

INST INSTITUT FUER ANGEWANDTE GASDYNAMIK DER DFVLR
KOELN 90, LINDER HOEHE
VORHAB investigation of the technical applicability of laser techniques for pollution measurements
ziel: emission-reduktion bei strahltriebwerken in geringen flughoehen/entwicklung der erforderlichen messtechnik; methode: laser-absorptionsspektroskopie und raman-laserlichtstreuung; anwendung: abgas-reduktion und entgiftung bei flugzeug-turbinen-triebwerken
S.WORT emissionsmessung + laser
PROLEI DIPL. -ING. STURSBERG
STAND 1.1.1974
FINGEB EUROPAEISCHE GEMEINSCHAFTEN
ZUSAM EUROPEAN ENGINE CONSORTIUM, VERTRETEN D. MOTOREN U. TURBINEN UNION GMBH, 8 MUENCHEN 50, POSTFACH 5
BEGINN 1.7.1974 ENDE 30.6.1977
G.KOST 436.000 DM
LITAN ZWISCHENBERICHT 1975

CA -038

INST INSTITUT FUER ANORGANISCHE UND ANGEWANDTE CHEMIE DER UNI HAMBURG
HAMBURG 13, MARTIN-LUTHER-KING-PLATZ 6
VORHAB chemisch-analytische untersuchungen an staeuben und aerosolen der luft
bei immissionsmessungen im raum hamburg wurden bisher hauptsaechlich gasfoermige schadstoffe wie schwefeldioxid, stickoxide, kohlenmonoxid erfasst. durch noch laufende untersuchungen werden staubmassenbestimmungen unter gleichzeitiger ermittlung der chemischen zusammensetzung durchgefuehrt. dabei wird das hauptaugenmerk auf die feststellung der konzentrationen an toxischen schwermetallen in staeuben und aerosolen der luft gelegt. die untersuchungen sollen auch zur entwicklung einfacherer analysenverfahren zur luftstaub- und aerosoluntersuchung, welche zur aufstellung der immissionskataster in ballungsraeumen benoetigt werden, fuehren
S.WORT luftverunreinigung + ballungsgebiet + schwermetalle + aerosolmesstechnik
HAMBURG (RAUM)
PROLEI DR. WALTER DANNECKER
STAND 30.8.1976
QUELLE fragebogenerhebung sommer 1976
BEGINN 1.1.1973

CA -039

INST INSTITUT FUER ATMOSPHAERISCHE UMWELTFORSCHUNG DER FRAUNHOFER-GESELLSCHAFT E.V.
GARMISCH-PARTENKIRCHEN, KREUZECKBAHNSTR.19
VORHAB entwicklung aerosol-chemischer analysenverfahren
S.WORT aerosolmesstechnik
PROLEI DR. DOETZL
STAND 1.1.1974
BEGINN 1.1.1973
G.KOST 50.000 DM

CA -040

INST INSTITUT FUER CHEMIE DER TREIB- UND EXPLOSIVSTOFFE DER FRAUNHOFER-GESELLSCHAFT E.V.
PFINZTAL -BERGHAUSEN, INSTITUTSSTR.
VORHAB analysenverfahren fuer stickstoffdioxid
erarbeitung einer messmethode fuer die untersuchung der stickoxidbildung beim druckluftplasmaschneiden. die schadstoffkonzentration der abgase, die beim druckluftplasmaschneiden entstehen, liegen oberhalb des messbereichs von spurenanalysengeraeten (chemolumineszenzgeraeten). es wird daher die erstellung einer gas-chromatographische analysenmethode vorgeschlagen, die sich fuer die no2-bestimmung der abgase eines plasmabrenners eignet
S.WORT schadstoffnachweis + stickstoffdioxid + spurenanalytik + (plasmabrenner)
PROLEI DR. FRED VOLK
STAND 22.7.1976
QUELLE fragebogenerhebung sommer 1976
FINGEB BUNDESMINISTER FUER FORSCHUNG UND TECHNOLOGIE
ZUSAM INST. F. TECHNISCHE THERMODYNAMIK DER UNI KARLSRUHE
G.KOST 66.000 DM

CA -041

INST INSTITUT FUER ELEKTRISCHE NACHRICHTENTECHNIK DER TH AACHEN
AACHEN, ALTE MAASTRICHTER STRASSE 23
VORHAB arbeiten zum problem der rauchalterung
S.WORT rauch + messverfahren
PROLEI PROF. LUCH
STAND 1.1.1974

CA -042

INST INSTITUT FUER EXPERIMENTALPHYSIK DER UNI BOCHUM
BOCHUM, UNIVERSITAETSSTR. 150
VORHAB projekt zur entwicklung einer neuen methode der mehrkomponentenbestimmung von umweltchemikalien in luft
in diesem projekt wird die methode der ioneninduzierten roentgenstrahlfluoreszenz angewandt auf die spurenelementanalyse. charakteristisch fuer diese methode ist eine erreichbare empfindlichkeit zwischen 0, 5 und 10 ppm simultan fuer alle elemente mit z) 13
S.WORT luftverunreinigende stoffe + nachweisverfahren + spurenanalytik + (mehrkomponentenanalyse)
PROLEI DR. MANFRED ROTH
STAND 12.8.1976
QUELLE fragebogenerhebung sommer 1976
FINGEB MINISTER FUER WISSENSCHAFT UND FORSCHUNG, DUESSELDORF
ZUSAM LANDESANSTALT F. IMMISSIONS- U. BODENNUTZUNGSSCHUTZ, WALLNEYERSTR. 6, 4300 ESSEN
BEGINN 1.1.1974
LITAN - GOELLNER, K.;GONSIOR, B.;RAITH, B.;ET AL.: ANWENDUNGSORIENTIERTE OPTIMIERUNG VON PARAMETERN DER IONENINDUZIERTEN ROENTGENFLUORESZENZ. IN: VERHANDL. DPG(VI). 10 S. 65(1975)
- GOELLNER, K.;GONSIOR, B.;RAITH, B.;ET AL.: SPURENELEMENTANALYSE DURCH IONENINDUZIERTE ROENTGENSTRAHLUNG. IN: VERHANDL. DPG(VI). 11 S. 69(1976)

CA -043

INST INSTITUT FUER GESTEINSHUETTENKUNDE DER TH AACHEN
AACHEN, MAUERSTR 5
VORHAB quantitative bestimmung feinster anorganischer verunreinigungen der luft mit elektronenmikroskopie und -beugung
verbesserung der bestimmung feinster luftverunreinigungen mittels automation zur erzielung quantitativer ergebnisse; elektronenmikroskopie einschliesslich beugung; automatische punkterfassung und auswertung ueber die astm-kartei; anwendung fuer staeube/metallforschung/materialpruefung/kriminalistik-/medizin; fachspezifische methode: mineralogisch
S.WORT luftverunreinigung + anorganische stoffe + nachweisverfahren + (elektronenmikroskop + elektronenbeugung)
PROLEI PROF. DR. RADCZEWSKI
STAND 1.1.1974
FINGEB STIFTERVERBAND FUER DIE DEUTSCHE WISSENSCHAFT E. V. , ESSEN
ZUSAM - VDI-KOMMISSION, REINHALTUNG DER LUFT, 4 DUESSELDORF, GRAF-RECKE-STR. 84
- DR. BURCHARD, GEMEINSCHAFTSLABOR FUER ELEKTROMIKROSKOPIE, RWTH AACHEN
BEGINN 1.8.1970 ENDE 31.7.1974
LITAN ZWISCHENBERICHT 1974. 05

CA -044

INST INSTITUT FUER KERNPHYSIK DER UNI FRANKFURT
FRANKFURT, AUGUST-EULER-STRASSE 6

VORHAB **spurenanalyse von baumringen aus verschiedenen verkehrsreichen stellen des frankfurter stadtgebietes**
schwerioneninduzierte roentgenspurenanalyse; stoffwechselmechanismen; chronologie der umwelteinfluesse von boden oder luft

S.WORT luftverunreinigung + bioindikator + stadtgebiet
FRANKFURT + RHEIN-MAIN-GEBIET

PROLEI GROENEVELD

STAND 1.1.1974

BEGINN 1.12.1973

G.KOST 20.000 DM

CA -045

INST INSTITUT FUER MEDIZINISCHE BALNEOLOGIE UND KLIMATOLOGIE DER UNI MUENCHEN
MUENCHEN 70, MARCHIONINISTR. 17

VORHAB **identifizierung und messung von kohlenwasserstoffen natuerlicher und anthropogener herkunft in luft**
entwicklung eines probenahme- und anreicherungsverfahrens; verbesserung der gaschromatographischen nachweismethodik; versuch der identifizierung moeglichst vieler vorkommender kohlenwasserstoffe natuerlicher und anthropogener herkunft; zusammenhang der in reinluft und belasteter luft gefundenen konzentrationen einzelner kohlenwasserstoffe mit meteorologischen faktoren und anderen luftbeimengungen

S.WORT luftverunreinigung + kohlenwasserstoffe
+ nachweisverfahren

PROLEI DIPL. -PHYS. KARL DIRNAGL

STAND 1.1.1974

FINGEB DEUTSCHE FORSCHUNGSGEMEINSCHAFT

ZUSAM MESSTELLENNETZ DES UMWELTBUNDESAMTES, 1 BERLIN 33, BISMARCKPLATZ 1

BEGINN 1.1.1970

G.KOST 70.000 DM

CA -046

INST INSTITUT FUER MEDIZINISCHE BALNEOLOGIE UND KLIMATOLOGIE DER UNI MUENCHEN
MUENCHEN 70, MARCHIONINISTR. 17

VORHAB **quantitative erfassung organischer mikroverunreinigungen und deren resorption ueber die atemwege**

S.WORT luftverunreinigung + organische schadstoffe
+ atemtrakt + nachweisverfahren

PROLEI DIPL. -PHYS. KARL DIRNAGL

STAND 7.9.1976

QUELLE datenuebernahme von der deutschen forschungsgemeinschaft

FINGEB DEUTSCHE FORSCHUNGSGEMEINSCHAFT

CA -047

INST INSTITUT FUER METEOROLOGIE DER UNI MAINZ
MAINZ, ANSELM-F. V. BENTZEL-WEG 12

VORHAB **bestimmung des komplexen berechnungsindex von aerosolen im luftgetragenen zustand**

S.WORT aerosolmesstechnik

PROLEI PROF. DR. REINER EIDEN

STAND 1.1.1974

BEGINN 1.1.1972

CA -048

INST INSTITUT FUER PHYSIK DER ATMOSPHAERE DER DFVLR
OBERPFAFFENHOFEN, MUENCHENER STRASSE

VORHAB **strahlungsextinktion und normsichtweite in getruebter atmosphaere**
mobile und ortsfeste registrierungen der normsichtweite in verschiedenen spektralbereichen gegen aussagen ueber eigenschaften des atmosphaerischen aerosols

S.WORT atmosphaere + aerosole + sichtweite

PROLEI DR. RUPPERSBERG

STAND 1.10.1974

ZUSAM - AEG-TELEFUNKEN, V22, 2 HAMBURG 36, STADTHAUS BRUECKE 9
- BUNDESMINISTER DER VERTEIDIGUNG, 53 BONN 1, POSTFACH 161

BEGINN 1.1.1966 ENDE 31.12.1977

LITAN - RUPPERSBERG, G. H. (INST. F. PHYSIK D. ATMOSPHAERE, OBERPFAFFENHOFEN): TRANSMISSION DER ATMOSPHAERE. DFVLR (1973); INTERNER BERICHT
- RUPPERSBERG, G. H.;REDWITZ, H. V.;SCHILHASE, R.: ATMOSPHAERISCHE LICHTDURCHLAESSIGKEIT UND STREUUNG. BMVG-FBWT 71-16(1971); 79 S.

CA -049

INST INSTITUT FUER PHYSIK DER ATMOSPHAERE DER DFVLR
OBERPFAFFENHOFEN, MUENCHENER STRASSE

VORHAB **parameterization of atmospheric aerosol concentration**
bestimmung der globalen verteilung stratosphaerischer und troposphaerischer aerosolteilchen, die hoehe der wolkenobergrenze, des alstern, des shuttle-erdoberflaeche; unter bestimmten voraussetzungen bestimmung der gasdichte

S.WORT aerosolmesstechnik

PROLEI DIPL. -ING. RENGER

STAND 1.10.1974

FINGEB BUNDESMINISTER FUER FORSCHUNG UND TECHNOLOGIE

BEGINN 1.1.1975 ENDE 31.12.1981

LITAN - INST. F. PHYSIK DER ATMOSPHAERE, OBERPFAFFENHOFEN: AEROSOL LIDAR EXPERIMENT. DFVLR (1973); 19 S.
- INST. F. PHYSIK DER ATMOSPHAERE: PARAMETERIZATION OF ATMOSPHERIC AEROSOL CONCENTRATION. DFVLR

CA -050

INST INSTITUT FUER PHYSIK DER UNI HOHENHEIM
STUTTGART 70, GARBENSTR. 30

VORHAB **stoffliche zusammensetzung von natuerlichen aerosolen**
seit 1972 werden laufend in stuttgart-hohenheim nach ausschalten des grobstaubs (durchmesser groesser als 10 um) staubfilterproben gewonnen und mittels der roentgenfluoreszenzanalyse untersucht. die messungen werden z. zt. auch auf die gase h 2 s und so 2 ausgedehnt. neben der roentgenfluoreszenzanalyse koennen die schon gewonnenen proben ab 1977 auch mit der neutronenaktivierungsanalyse untersucht werden

S.WORT luftueberwachung + aerosole + analytik + (stoffliche zusammensetzung)

PROLEI DR. HERMANN SCHREIBER

STAND 29.7.1976

QUELLE fragebogenerhebung sommer 1976

FINGEB KULTUSMINISTERIUM, STUTTGART

BEGINN 1.1.1972

LITAN EBERSPAECHER, H.;SCHREIBER, H.: UEBER DIE ROENTGENFLUORESZENZANALYSE VON AEROSOLPRAEPARATEN. IN: X-RAY SPECTROMETRY 5(49)(1976)

CA -051

INST INSTITUT FUER THERMISCHE KRAFTANLAGEN MIT HEIZKRAFTWERK DER TU MUENCHEN
MUENCHEN 2, ARCISSTR. 21

VORHAB **registrierende messungen von staubfoermigen emissionen, untersuchung ueber genauigkeit der messungen**
die emissionen von anlagen muessen katastermaessig erfasst (par. 25, 38 bimschg) und einer staendigen kontrolle (par. 24-29, 40 bimschg, nr. 2. 7ta-luft) unterliegen. hierfuer sind die technisch-wissenschaftlichen voraussetzungen fuer erhebungen, messverfahren, geraeteentwicklung und deren bundeseinheitliche standardisierung zu erarbeiten

S.WORT emissionsueberwachung + staub + messtechnik

PROLEI DIPL. -ING. WERNER GEIPEL

STAND 15.1.1976
FINGEB BUNDESMINISTER DES INNERN
ZUSAM - LANDESANSTALT F. IMMISSIONS- U. BODENNUTZUNGSSCHUTZ, 4300 ESSEN
- TUEV, BAYERN, 8000 MUENCHEN
- TUEV, RHEINLAND, 5000 KOELN
BEGINN 1.1.1974 ENDE 31.12.1976
G.KOST 411.000 DM
LITAN GEIPEL: UNTERSUCHUNGEN AN REGISTRIERENDEN STAUBEMISSIONSMESSGERAETEN. IN: VERFAHRENSTECHNIK 9 S. 12, 626 MAINZ: KRAUSSKOPF-VERL. (1975)

CA -052

INST INSTITUT FUER TIERMEDIZIN UND TIERHYGIENE DER UNI HOHENHEIM
STUTTGART 70, GARBENSTR. 30
VORHAB untersuchung handelsueblicher luftprobensammelgeraete auf ihre leistungsfaehigkeit und brauchbarkeit
geprueft werden: 1) impactor (n. mueller-gaertner) 2) impinger (agi-30) 3) zentrifugalabscheider 4) elektrostatischer abscheider 5) venturi scrubber. die geraete sind repraesentativ fuer die verschiedenen techniken der luftkeimabscheidung. pruefungskriterien sind die sammelergebnisse aus natuerlichen und kuenstlichen keimaerosolen verschiedener dichte. die ergebnisse werden zur leistung des standard-impingers in bezug gesetzt.
S.WORT luftueberwachung + keime + probenahmemethode + geraetepruefung
PROLEI PROF. DR. WOLFGANG MUELLER
STAND 27.7.1976
QUELLE fragebogenerhebung sommer 1976
FINGEB FRAUNHOFER-GESELLSCHAFT ZUR FOERDERUNG DER ANGEWANDTEN FORSCHUNG E. V. , MUENCHEN
BEGINN 1.10.1975 ENDE 31.12.1976
G.KOST 129.000 DM

CA -053

INST INSTITUT FUER VERFAHRENS- UND KERNTECHNIK DER TU BRAUNSCHWEIG
BRAUNSCHWEIG, LANGER KAMP 7
VORHAB staubgehaltsbestimmung in stroemenden gasen
untersuchung der genauigkeit der staubgehaltsbestimmung in stroemenden gasen mit absaugsonden. theoretische berechnung des stroemungsfeldes und experimentelle ueberpruefung der rechnungsergebnisse
S.WORT gase + staubbelastung + nachweisverfahren
PROLEI PROF. DR. -ING. MATTHIAS BOHNET
STAND 21.7.1976
QUELLE fragebogenerhebung sommer 1976
LITAN BOHNET, M.: STAUBGEHALTSBESTIMMUNG IN STROEMENDEN GASEN. IN: CHEMIE-ING. TECHN. 45(1) S. 18-24

CA -054

INST INSTITUT FUER WASSER-, BODEN- UND LUFTHYGIENE DES BUNDESGESUNDHEITSAMTES
BERLIN 33, CORRENSPLATZ 1
VORHAB entwicklung und erprobung eines halbautomatischen probenahmegeraetes zur durchfuehrung von kurzzeitmessungen der staubkonzentration in den abgaskanaelen
emissionsueberwachung: die emissionen von anlagen muessen katastermaessig erfasst (par. 25, 38 e/bimschg) und einer staendigen kontrolle (par. 24-29, 40 e/bimschg, nr. 2. 7 ta-luft) unterliegen. hierfuer sind die technisch-wissenschaftlichen veraussetzungen fuer erhebungen, messverfahren, geraeteentwicklung und deren bundeseinheitliche standardisierung zu erarbeiten
S.WORT staubkonzentration + emissionsueberwachung + geraeteentwicklung
PROLEI PROF. DR. -ING. H. SCHNITZLER
STAND 1.1.1974
QUELLE umweltforschungsplan 1974 des bmi
FINGEB BUNDESMINISTER DES INNERN
BEGINN 1.1.1971 ENDE 31.12.1974
G.KOST 116.000 DM
LITAN PATENTANMELDUNG P 2327444. 4, 601-5-02 VOM 25. 5. 73

CA -055

INST INSTITUT FUER WASSER-, BODEN- UND LUFTHYGIENE DES BUNDESGESUNDHEITSAMTES
BERLIN 33, CORRENSPLATZ 1
VORHAB atomabsorptionsspektrophotometrische erfassung von schwermetallspuren in staubniederschlaegen
untersuchungen einer groesseren zahl von staubniederschlagsproben von rund 200 messtellen
S.WORT schwermetalle + staubniederschlag + messtellennetz
PROLEI DR. -ING. SEIFERT
STAND 1.1.1974
FINGEB BUNDESMINISTER FUER JUGEND, FAMILIE UND GESUNDHEIT
BEGINN 1.1.1973 ENDE 31.12.1974
G.KOST 105.000 DM

CA -056

INST INSTITUT FUER WASSER-, BODEN- UND LUFTHYGIENE DES BUNDESGESUNDHEITSAMTES
BERLIN 33, CORRENSPLATZ 1
VORHAB erfassung von schwermetallen in staubniederschlaegen und im schwebstaub
pruefung und anwendung der atomabsorptionsspektrometrie fuer staubuntersuchungen auf verschiedene metalle
S.WORT luftverunreinigung + staubniederschlag + schwermetalle + messmethode
PROLEI DR. -ING. SEIFERT
STAND 1.1.1974
FINGEB BUNDESGESUNDHEITSAMT, BERLIN
BEGINN 1.1.1973 ENDE 31.12.1977
G.KOST 187.000 DM
LITAN ZWISCHENBERICHT 1974. 02

CA -057

INST INSTITUT FUER WASSER-, BODEN- UND LUFTHYGIENE DES BUNDESGESUNDHEITSAMTES
BERLIN 33, CORRENSPLATZ 1
VORHAB untersuchungen ueber die meteorologische normierung von immissionsmesswerten
meteorologische normierung sporadischer einzelwerte und laufender serienmessungen; oekonomisierung der massplanung durch die meteorologische normierung der bewertung
S.WORT immissionsmessung + meteorologie + standardisierung
PROLEI DR. W. FETT
STAND 1.1.1974
FINGEB BUNDESGESUNDHEITSAMT, BERLIN
BEGINN 1.1.1972 ENDE 31.12.1977
G.KOST 124.000 DM
LITAN - BERICHT VOM 21. 2. 1973
- FETT, W.: OEKONOMISCHE MESSWERTVERTEILUNG METEOROLOGISCH ABHAENGIGER GROESSEN. IN: ANNALEN METEOROL. (6)(1972)
- ZWISCHENBERICHT 1974. 03

CA -058

INST INSTITUT FUER WASSER-, BODEN- UND LUFTHYGIENE DES BUNDESGESUNDHEITSAMTES
BERLIN 33, CORRENSPLATZ 1
VORHAB automatische vielkomponentenmessung mit datenfernuebertragung
gewinnung von erfahrung ueber kontinuierlich-automatische messungen mit fernuebertragung und zentraler auswertung der messdaten
S.WORT luftueberwachung + simultananalyse
PROLEI DR. -ING. PRESCHER

STAND 1.1.1974
FINGEB BUNDESGESUNDHEITSAMT, BERLIN
BEGINN 1.1.1971 ENDE 31.12.1974
G.KOST 331.000 DM
LITAN INST. F. WASSER-, BODEN- UND LUFTHYGIENE DES BGA: ERGEBNISSE VON KONTINUIERLICHEN SCHWEFELDIOXID- MESSUNGEN IN BERLIN. IN: WA-BO-LU-BERICHT (10)(1973)

CA -059

INST INSTITUT FUER WASSER-, BODEN- UND LUFTHYGIENE DES BUNDESGESUNDHEITSAMTES BERLIN 33, CORRENSPLATZ 1
VORHAB bewertung und entwicklung chromatographischer verfahren zur bestimmung lufthygienisch bedeutsamer organischer schadstoffe
flaechenbezogene, fortlaufende immissionskontrolle zur gewaehrleistung der einhaltung der festgelegten immissionswerte, frueherkennung und eindaemmung von gefahrenherden
S.WORT luftueberwachung + schadstoffnachweis + immissionsmessung
PROLEI DR. -ING. SEIFERT
STAND 17.11.1975
FINGEB BUNDESMINISTER DES INNERN
BEGINN 1.5.1974 ENDE 31.12.1977
G.KOST 911.000 DM

CA -060

INST INSTITUT FUER WASSER-, BODEN- UND LUFTHYGIENE DES BUNDESGESUNDHEITSAMTES BERLIN 33, CORRENSPLATZ 1
VORHAB untersuchung der konzentration und korngroessenverteilung von luftstaeuben
bestimmung des lungengaengigen anteils von luftstaeuben
S.WORT staub + korngroessenverteilung + atemtrakt
PROLEI DR. -ING. LASKUS
STAND 27.10.1975
FINGEB BUNDESMINISTER DES INNERN
BEGINN 1.2.1975 ENDE 31.7.1977
G.KOST 767.000 DM

CA -061

INST INSTITUT FUER WASSER-, BODEN- UND LUFTHYGIENE DES BUNDESGESUNDHEITSAMTES BERLIN 33, CORRENSPLATZ 1
VORHAB gaschromatographische untersuchung zur bestimmung halogenierter kohlenwasserstoffe in der luft unter besonderer beruecksichtigung moderner probenahmetechniken
erarbeitung von grundlagen praxisgerechter probenahmetechniken zur entwicklung eines leistungsfaehigen verfahrens zur bestimmung von leichter und schwerer fluechtigen organohalogenverbindungen in der luft. es sollen die tieftemperaturgradientenrohr-technik und die probenahme mit polymeren-beschichtetem silicagel eingesetzt werden. die analyse der probe erfolgt durch gaschromatographie. es ist geplant, das verfahren im gelaende zu ueberpruefen
S.WORT luftverunreinigende stoffe + nachweisverfahren + halogenkohlenwasserstoffe + probenahmemethode + gaschromatographie
PROLEI PROF. DR. ERDWIN LAHMANN
STAND 30.8.1976
QUELLE fragebogenerhebung sommer 1976
FINGEB BUNDESMINISTER FUER FORSCHUNG UND TECHNOLOGIE
BEGINN 1.7.1975 ENDE 31.3.1978
G.KOST 218.000 DM

CA -062

INST INSTITUT FUER WASSER-, BODEN- UND LUFTHYGIENE DES BUNDESGESUNDHEITSAMTES DUESSELDORF, AUF'M HENNEKAMP 70
VORHAB entwicklung von methoden zur beurteilung des verunreinigungsgrades der luft durch russ, blei, chlor und gerueche
S.WORT luftverunreinigung + geruchsbelaestigung + schadstoffbelastung
PROLEI PROF. DR. KETTNER
STAND 1.1.1974

CA -063

INST INSTITUT FUER WASSER-, BODEN- UND LUFTHYGIENE DES BUNDESGESUNDHEITSAMTES DUESSELDORF, AUF'M HENNEKAMP 70
VORHAB entwicklung eines neuen messverfahrens zur bestimmung von fluor unter vorabscheidung von staeuben (immission und emission)
S.WORT schadstoffbelastung + fluor
PROLEI PROF. DR. KETTNER
STAND 1.1.1974
BEGINN 1.1.1974 ENDE 31.12.1975

CA -064

INST INSTITUT FUER WASSER-, BODEN- UND LUFTHYGIENE DES BUNDESGESUNDHEITSAMTES DUESSELDORF, AUF'M HENNEKAMP 70
VORHAB getrennte gas- und staubfoermige fluorid-bestimmung in luft
unterscheidung zwischen gas- und staubfoermigen fluoriden ist im hinblick auf unterschiedliche biologische wirkung (vegetation/organismus) von entscheidender bedeutung
S.WORT luftverunreinigung + fluoride + nachweisverfahren
PROLEI PROF. DR. KETTNER
STAND 1.1.1974
BEGINN 1.1.1973 ENDE 31.12.1974
G.KOST 20.000 DM

CA -065

INST LABORATORIUM FUER AEROSOLPHYSIK UND FILTERTECHNIK DER GESELLSCHAFT FUER KERNFORSCHUNG MBH KARLSRUHE 1, WEBERSTR. 5
VORHAB entwicklung von messverfahren luftgetragener schadstoffe
weiterentwicklung von aerosolmessverfahren (insbesondere optische methoden, entwicklung von pruefnormalen und auswertemethoden)
S.WORT luftverunreinigende stoffe + aerosolmesstechnik
PROLEI DR. WERNER SCHOECK
STAND 13.8.1976
QUELLE fragebogenerhebung sommer 1976
FINGEB BUNDESMINISTER FUER FORSCHUNG UND TECHNOLOGIE
ZUSAM VDI-KOMMISSION REINHALTUNG DER LUFT, GRAF RECKE STR. 84, 4000 DUESSELDORF
BEGINN 1.1.1973 ENDE 31.12.1976
G.KOST 300.000 DM
LITAN - SCHOECK, W.: FORTSCHRITTE IN DER LASER-AEROSOLSPEKTROMETRIE. IN: 38. PHYSIKERTAGUNG, NUERNBERG (1974)
- SCHOECK, W.: MESSBEREICHSGRENZEN UND AUFLOESUNGSVERMOEGEN BEI OPTISCHEN PARTIKELZAEHLERN. IN: KOLLOQUIUM AEROSOLMESSTECHNIK, RWTH/IENT, AACHEN (MAR 1975)

CA -066

INST LABORATORIUM FUER AEROSOLPHYSIK UND FILTERTECHNIK DER GESELLSCHAFT FUER KERNFORSCHUNG MBH KARLSRUHE 1, WEBERSTR. 5
VORHAB entwicklung von messverfahren luftgetragener schadstoffe
weiterentwicklung (insbesondere optischer) aerosolmessverfahren; entwicklung von pruefnormalen fuer kalibrierung von messgeraeten; us-patent 3. 646. 352
S.WORT aerosolmesstechnik + normen
PROLEI DR. WERNER SCHOECK

STAND 1.1.1974
FINGEB BUNDESMINISTER FUER FORSCHUNG UND TECHNOLOGIE
BEGINN 1.6.1972
LITAN - SCHOECK, W. , 1. INT. KONGRESS FUER AEROSOLE IN DER MEDIZIN, WIEN-BADEN, 1973: MESSUNG DER TROEPFCHENGROESSENSPEKTREN.
- SCHOECK, W. , JAHRESTAGUNG DER GESELLSCHAFT FUER AEROSOLFORSCHUNG, BAD SODEN(TS), 1973: AEROSOLBILDUNG DURCH BESTRAHLUNG VON SCHWEFELDIOXID, STICKOXID, KOHLENWASSERSTOFF.

CA -067
INST LABORATORIUM FUER ISOTOPENTECHNIK DER GESELLSCHAFT FUER KERNFORSCHUNG MBH
KARLSRUHE, WEBERSTR. 5
VORHAB **anwendung der instrumentellen multielement-neutronenaktivierungsanalyse zur bestimmung von luftstaubaerosolen (monatsmittelwerte)**
errichtung einer automatischen probenahmestation fuer luftstaubaerosol-monatsproben; quantitative analyse von bis zu 45 elementen aus den monatsproben mit hilfe instrumenteller neutronen-aktivierungsanalyse; durchfuehrung eines 2-jahres-programms, beinhaltend die analyse von 24 monatsproben
S.WORT luftverunreinigung + aerosolmesstechnik
PROLEI DR. HUBERT VOGG
STAND 30.8.1976
QUELLE fragebogenerhebung sommer 1976
BEGINN 1.3.1974 ENDE 28.2.1976
G.KOST 300.000 DM
LITAN PROCEEDINGS MODERN TRENDS IN ACTIVATION ANALYSIS. MUENCHEN, 13. -17. SEP 1976

CA -068
INST LANDESANSTALT FUER IMMISSIONS- UND BODENNUTZUNGSSCHUTZ DES LANDES NORDRHEIN-WESTFALEN
ESSEN, WALLNEYERSTR. 6
VORHAB **erstellung manueller und automatischer eichsysteme fuer immissionsmessverfahren**
S.WORT immission + messverfahren + eichung
PROLEI DR. BUCK
STAND 1.1.1974
QUELLE erhebung 1975
FINGEB LAND NORDRHEIN-WESTFALEN
BEGINN 1.1.1965

CA -069
INST LANDESANSTALT FUER IMMISSIONS- UND BODENNUTZUNGSSCHUTZ DES LANDES NORDRHEIN-WESTFALEN
ESSEN, WALLNEYERSTR. 6
VORHAB **entwicklung eines immissions-messverfahrens fuer cadmium-immissionen**
S.WORT immissionsmessung + cadmium
PROLEI DR. BUCK
STAND 1.1.1974
QUELLE erhebung 1975
FINGEB LAND NORDRHEIN-WESTFALEN
BEGINN 1.1.1972

CA -070
INST LANDESANSTALT FUER IMMISSIONS- UND BODENNUTZUNGSSCHUTZ DES LANDES NORDRHEIN-WESTFALEN
ESSEN, WALLNEYERSTR. 6
VORHAB **entwicklung eines verfahrens zur gaschromatographischen messung von benzol und anderen aromaten**
S.WORT luftverunreinigende stoffe + aromaten + gaschromatographie
PROLEI DR. BUCK
STAND 1.1.1974
QUELLE erhebung 1975
FINGEB LAND NORDRHEIN-WESTFALEN

CA -071
INST LANDESANSTALT FUER IMMISSIONS- UND BODENNUTZUNGSSCHUTZ DES LANDES NORDRHEIN-WESTFALEN
ESSEN, WALLNEYERSTR. 6
VORHAB **untersuchung der moeglichkeiten zur emissionsfernueberwachung partikelfoermiger substanzen**
S.WORT emissionsueberwachung + raman-lidar-geraet
PROLEI DIPL. -ING. K. WELZEL
STAND 1.1.1974
FINGEB LAND NORDRHEIN-WESTFALEN
BEGINN 1.1.1972

CA -072
INST LANDESANSTALT FUER IMMISSIONS- UND BODENNUTZUNGSSCHUTZ DES LANDES NORDRHEIN-WESTFALEN
ESSEN, WALLNEYERSTR. 6
VORHAB **entwicklung automatischer verfahren zur messung von fluorwasserstoff, salzsaeure und stickoxid-emission**
S.WORT luftverunreinigende stoffe + messverfahren + automatisierung
PROLEI DIPL. -ING. K. WELZEL
STAND 1.1.1974
FINGEB LAND NORDRHEIN-WESTFALEN
BEGINN 1.1.1970

CA -073
INST LANDESANSTALT FUER IMMISSIONS- UND BODENNUTZUNGSSCHUTZ DES LANDES NORDRHEIN-WESTFALEN
ESSEN, WALLNEYERSTR. 6
VORHAB **entwicklung und erprobung filternder und filterfreier gasentnahme-vorrichtungen fuer gasemissionsmessungen bei staubhaltigen abgasen**
S.WORT abgas + staubemission + messverfahren
PROLEI DIPL. -ING. K. WELZEL
STAND 1.1.1974
QUELLE erhebung 1975
FINGEB LAND NORDRHEIN-WESTFALEN
BEGINN 1.1.1969

CA -074
INST LANDESANSTALT FUER IMMISSIONS- UND BODENNUTZUNGSSCHUTZ DES LANDES NORDRHEIN-WESTFALEN
ESSEN, WALLNEYERSTR. 6
VORHAB **kristallographische untersuchung von staeuben mit hilfe der roentgen-feinstruktur-analyse**
S.WORT staub + nachweisverfahren
PROLEI H. SCHADE
STAND 1.1.1974
QUELLE erhebung 1975
FINGEB LAND NORDRHEIN-WESTFALEN
BEGINN 1.1.1970

CA -075
INST LEHRSTUHL FUER ANALYTISCHE CHEMIE DER GESAMTHOCHSCHULE WUPPERTAL
WUPPERTAL 2, GEWERBESCHULSTR. 34
VORHAB **kalibrierung und pruefung von analytischen methoden zur bestimmung gas- und aerosolfoermiger spurenstoffe in der luft, in abgasen und in prozessgasen**
herstellung von pruefgasen und pruefaerosolen fuer gas- und partikelfoermige spurenstoffe verschiedenster anorganischer und organischer zusammensetzung, entsprechend ihrem tatsaechl ichen vorkommen in luft, ab- und prozessgasen, im konzentrationsbereich von 10 exp-7 bis 10 exp-10vol. -, . angestrebt wird hohe guete und verfuegbarkeit der pruefnormale. zur realisierung werden kapillar- und permeationsdosierverfahren eingesetzt und bei staendiger kontrolle mittels atomabsorption, chromatographie und partikelzaehlung weiterentwickelt. die entwicklung schliesst auch die methoden des transfers von spurengasen ein

S.WORT luftverunreinigung + aerosole + spurenstoffe + messverfahren + (pruefgas + kalibrierung)
PROLEI PROF. DR. HEINRICH HARTKAMP
STAND 30.8.1976
QUELLE fragebogenerhebung sommer 1976
FINGEB MINISTER FUER WISSENSCHAFT UND FORSCHUNG, DUESSELDORF
G.KOST 1.000.000 DM

CA -076

INST LEHRSTUHL FUER ANALYTISCHE CHEMIE DER GESAMTHOCHSCHULE WUPPERTAL
WUPPERTAL 2, GEWERBESCHULSTR. 34
VORHAB **aufbau, erprobung und betrieb eines massenfilters mit vorgeschaltetem gaschromatographen zur analyse von halogenkohlenstoffverbindungen in der luft**
aufbau, erprobung und betrieb eines verfahrens, das im konzentrationsbereich "nanogram/kubikmeter" verlaessliche aussagen liefert und das anderen arbeitsgruppen als basisverfahren oder als vergleichsstandard zur verfuegung gestellt werden kann. die produkte chemischer umwandlungen von halogenkohlenstoffverbindungen sollen unter stratosphaerischen und troposphaerischen bedingungen zugaenglich gemachtwerden. dazu ist ein anreicherndes probenahmesystem mit autarker energieversorung und mit selektivem verhalten zu entwickeln. die damit gewonnen proben sind gaschromatographisch in ihre komponenten zu zerlegen, die zum zwecke der sicheren identifikation einem massenfilter zugefuehrt werden. besonderes interesse verdienen in diesem zusammenhang die bedingungen der ionisation und die langzeitstabilisierung des massenspektrometers
S.WORT luftverunreinigung + halogenkohlenwasserstoffe + messverfahren + probenahmemethode
PROLEI PROF. DR. HEINRICH HARTKAMP
STAND 30.8.1976
QUELLE fragebogenerhebung sommer 1976
FINGEB BUNDESMINISTER FUER FORSCHUNG UND TECHNOLOGIE
G.KOST 500.000 DM

CA -077

INST LEHRSTUHL FUER ANALYTISCHE CHEMIE DER UNI FREIBURG
FREIBURG, ALBERTSTR. 21
VORHAB **anwendung der substoechiometrischen isotopenverduennungsanalyse auf die bestimmung von spuren an sulfat und chlorid in luft und wasser**
S.WORT luft + wasser + schadstoffnachweis + chloride + sulfate
PROLEI DR. HABIL. DIETER KLOCKOW
STAND 1.1.1974
FINGEB DEUTSCHE FORSCHUNGSGEMEINSCHAFT
BEGINN 1.1.1973

CA -078

INST LEHRSTUHL FUER ANALYTISCHE CHEMIE DER UNI FREIBURG
FREIBURG, ALBERTSTR. 21
VORHAB **entwicklung und erprobung einer radiochemischen methode zur bestimmung starker saeuren in luft und niederschlagswasser**
zielsetzung: bestimmung starker mineralsaeuren (speziell schwefelsaeure) in luft und niederschlaegen. kenntnis ueber "background"-konzentrationen saurer atmosphaerischer komponenten. vorgehen: untersuchung des partikel- und gasphasenanteils der atmosphaere sowie von regenproben. bei regenwasser "voll"-analysen und anschliessende korrelation von anionen und kationen
S.WORT luftueberwachung + niederschlag + schwefelverbindungen + messverfahren
PROLEI DR. HABIL. DIETER KLOCKOW
STAND 9.8.1976
QUELLE fragebogenerhebung sommer 1976
FINGEB DEUTSCHE FORSCHUNGSGEMEINSCHAFT
ZUSAM PILOTSTATION SCHAUINSLAND, TUNIBERGSTRASSE 14, 7801 SCHALLSTADT
BEGINN 1.5.1974
G.KOST 200.000 DM
LITAN KLOCKOW, D.;DENZINGER, H.;ROENICKE, G.: ANWENDUNG DER SUBSTOECHIOMETRISCHEN ISOTOPENVERDUENNUNGSANALYSE AUF DIE BESTIMMUNG VON ATMOSPHAERISCHEM SULFAT UND CHLORID IN "BACKGROUND"-LUFT. IN: CHEMIE-INGENIEUR-TECHNIK. (19) S. 831(1974)

CA -079

INST LEHRSTUHL FUER MECHANISCHE VERFAHRENSTECHNIK DER TU CLAUSTHAL
CLAUSTHAL-ZELLERFELD, ZELLBACH 5
VORHAB **sondenmesstechnik in gas-feststoff-zweiphasenstroemungen**
ziel dieses teilprojektes ist die entwicklung einer kompakten sonde zur ermittlung der lokalen stroemungsgroessen teilchengeschwindigkeit, massenstrom oder massenstromdichte aus korrelationen und impulsrueckwirkungen. gleichzeitig soll die messung der gasphase moeglich sein, sodass ueber quasiisokinetische probenahme auch aussagen ueber die groessenverteilung und den impulstransport moeglich werden
S.WORT stroemungstechnik + probenahmemethode + (zweiphasenstroemung)
PROLEI PROF. DR. -ING. KURT LESCHONSKI
STAND 13.8.1976
QUELLE fragebogenerhebung sommer 1976
FINGEB DEUTSCHE FORSCHUNGSGEMEINSCHAFT
ZUSAM INST. F. MESS- UND REGLUNGSTECHNIK DER UNI KARLSRUHE
BEGINN 1.9.1972 ENDE 31.12.1976
G.KOST 220.000 DM
LITAN ZWISCHENBERICHT

CA -080

INST LICHTTECHNISCHES INSTITUT DER UNI KARLSRUHE
KARLSRUHE, KAISERSTR. 12
VORHAB **entwicklung einer speziellen messkammer zur bestimmung extrem kleiner konzentrationen von loesungsmitteln in luft**
im rahmen des umweltschutzes sind kleine konzentrationen von loesungsmitteln in der luft zu messen. der grenzwert liegt hier bei 200 mg/l cbm luft. bisher konnten diese messungen nur mit hilfe umfangreicher apparaturen (perkin-elmer oder beckman spektographen)) bestimmt werden. voennoeten ist ein kleineres, handlicheres geraet, das ausserdem noch eine hoehere empfindlichkeit hat. das fuer die messung der atemalkoholkonzentration an der universitaet karlsruhe entwickelte geraet laesst sich in einer modifikation dafuer einsetzen
S.WORT luftverunreinigung + loesungsmittel + immissionsmessung + geraeteentwicklung
PROLEI PROF. DR. WERNER ADRIAN
STAND 19.7.1976
QUELLE fragebogenerhebung sommer 1976
FINGEB DEUTSCHE FORSCHUNGSGEMEINSCHAFT
ZUSAM LANDESANSTALT FUER UMWELTSCHUTZ BADEN-WUERTTEMBERG, GRIESBACHSTR. 3, 7500 KARLSRUHE 21
BEGINN 1.7.1976 ENDE 30.8.1977
G.KOST 60.000 DM

CA -081

INST MAX-PLANCK-INSTITUT FUER CHEMIE (OTTO-HAHN-INSTITUT)
MAINZ, SAARSTR. 23
VORHAB **entwicklung von messverfahren zur bestimmung von co, h2, h2co, hg, n2o in luft und wasser**
zielsetzung: erforschung der kreislaeufe der oben genannten gase in der atmosphaere. dazu gehoert u. a. die bestimmung der verteilung dieser gase in der atmosphaere, die erfassung moeglicher quellen und senken sowie bestimmung der abbau- bzw. produktionsraten. da kommerziell verfuegbare geraete,

die zu diesen untersuchungen benoetigt werden, nicht ueber die ausreichende empfindlichkeit verfuegen, muessen nachweismethoden und messgeraete selbst entwickelt werden
S.WORT luftchemie + atmosphaere + spurenstoffe + nachweisverfahren + geraeteentwicklung
PROLEI DR. WOLFGANG SEILER
STAND 30.8.1976
QUELLE fragebogenerhebung sommer 1976
FINGEB - DEUTSCHE FORSCHUNGSGEMEINSCHAFT
- BUNDESMINISTER FUER FORSCHUNG UND TECHNOLOGIE
BEGINN 1.1.1970
LITAN - SEILER,W.;JUNGE,C.: ENTWICKLUNG EINES MESSVERFAHRENS ZUR BESTIMMUNG KLEINER MENGEN CO. IN:METEOROL. RUNDSCHAU 20 S.175-176(1967)
- SEILER,W.(UNI MAINZ), DISSERTATION: ENTWICKLUNG UND BAU EINES VOLLAUTOMATISCHEN CO-REGISTRIERGERAETES IM PPM-BEREICH UND STUDIEN ZUR GLOBALEN VERTEILUNG VON KOHLENOXID IN DER ATMOSPHAERE. (1970)
- SCHMIDT,U.;SEILER,W.: ENTWICKLUNG EINES VERFAHRENS ZUR KONTINUIERLICHEN MESSUNG VON MOLEKULAREM WASSERSTOFF. IN:METEOROL. RUNDSCHAU 23 S.112-114(1970)

CA -082
INST MEDIZINISCHES INSTITUT FUER LUFTHYGIENE UND SILIKOSEFORSCHUNG AN DER UNI DUESSELDORF
DUESSELDORF, GURLITTSTR. 53
VORHAB die messung partikelfoermiger immissionen
ermittlung der konzentration, groessenverteilung und chemischer zusammensetzung atembarer partikelfoermiger immissionen
S.WORT immissionsmessung + staub
PROLEI DR. FRIEDRICH
STAND 1.1.1974

CA -083
INST MESSTELLE FUER IMMISSIONS- UND STRAHLENSCHUTZ BEIM LANDESGEWERBEAUFSICHTSAMT RHEINLAND-PFALZ
MAINZ, RHEINALLEE 97-101
VORHAB ermittlung der fluor-immissionsbelastung in der umgebung von fluoremittenten
ermittlung der vorbelastung an gasfoermigen, anorganischen fluorverbindungen. stichprobenuntersuchungen gemaess 2. 5. 2 ta-luft. angewandte verfahren: silberkugel-sorptionsverfahren mit vorabscheidung und elektrometrischem nachweis (vdi 2452, bl. 2). testpflanzmethode: analyse von wild- und kulturpflanzen. fluorionengehalt in staubniederschlaegen
S.WORT luftverunreinigende stoffe + fluorverbindungen + nachweisverfahren
RHEINLAND-PFALZ
PROLEI DR. BERNHARD BOCKHOLT
STAND 13.8.1976
QUELLE fragebogenerhebung sommer 1976
LITAN ENDBERICHT

CA -084
INST METEOROLOGISCHES INSTITUT DER UNI MUENCHEN
MUENCHEN 40, SCHELLINGSTR. 12
VORHAB bestimmung des streukoeffizienten getruebter luft mit hilfe verschiedener sichtweitemessgeraete
berechnung der eichkurven verschiedener sichtweitemessgeraete mit hilfe der mie-theorie; abhaengigkeit von groessenverteilung und brechungsindex der aerosolpartikel
S.WORT aerosole + messgeraet + teilchengroesse
PROLEI DR. QUENZEL
STAND 1.1.1974
FINGEB DEUTSCHE FORSCHUNGSGEMEINSCHAFT
BEGINN 1.1.1969 ENDE 28.2.1974
LITAN QUENZEL; RUPPERSBERG: THE SYSTEMATIC ERROR OF VISIBILITY-METERS MEASURING SCATTERED LIGHT ATM. IN: ENVIRONMENT 8(1974)

CA -085
INST METEOROLOGISCHES INSTITUT DER UNI MUENCHEN
MUENCHEN 40, SCHELLINGSTR. 12
VORHAB bestimmung der kontinuum-absorption atmosphaerischer aerosolpartikel im luftgetragenen zustand
numerische verifikation der strahlungsuebertragung in der atmosphaere; komplettes messprogramm bezueglich der eingangsparameter der equation of radiative transfer; liefert beitrag zum energiehaushalt der atmosphaere in abhaengigkeit vom aerosolgehalt
S.WORT atmosphaere + aerosole + strahlungsabsorption
AFRIKA (SUEDWEST)
PROLEI DR. QUENZEL
STAND 1.1.1974
FINGEB DEUTSCHE FORSCHUNGSGEMEINSCHAFT
ZUSAM INST. F. METEOROLOGIE DER UNI MAINZ, 65 MAINZ, JOACHIM-BECHER-WEG 21
BEGINN 1.1.1969

CA -086
INST PORSCHE AG
STUTTGART, PORSCHESTR.42
VORHAB korrelation der messverfahren fuer abgasemission nach cvs- und ece-vorschriften
"verbesserung der mess- und pruefverfahren der otto- und dieselmotoren und der nachverbrennungsverfahren sowie verbesserung der konstruktion von otto- und dieselmotoren". erarbeiten wissenschaftlich-technischer grundlagen fuer die beurteilung des standes der technik und der technischen entwicklung als voraussetzung fuer die konkretisierung von zielvorstellungen und den entwurf von rechtsnormen
S.WORT abgasemission + messverfahren
STAND 1.1.1975
QUELLE umweltforschungsplan 1975 des bmi
FINGEB BUNDESMINISTER DES INNERN
BEGINN 1.11.1975 ENDE 31.12.1975
G.KOST 85.000 DM

CA -087
INST SEKTION PHYSIK DER UNI MUENCHEN
MUENCHEN, SCHELLINGSTR. 4
VORHAB gleichzeitige erfassung von luftverunreinigenden molekularen gasen und daempfen nach dem raman-lidar-prinzip
da die sequentielle registrierung der ramanspektren von luftverunreinigenden gasen und daempfen zu zeitraubend ist, wurde eine vielkanal-registriermethode mit hilfe einer bildverstaerker-platte und anschliessender fernsehkamera auf ihre eignung fuer das raman-lidar verfahren untersucht. es konnte gezeigt werden, dass einzelne rueckgestreute photonen mit diesem verfahren nachweisbar sind. ausserdem wurden raman-streuquerschnitte gemessen
S.WORT luftverunreinigende stoffe + raman-lidar-geraet
PROLEI PROF. DR. BRANDMUELLER
STAND 1.10.1974
FINGEB BUNDESMINISTER FUER BILDUNG UND WISSENSCHAFT
ZUSAM IMPULSPHYSIK GMBH, 2 HAMBURG 56, SUELLDORFER LANDSTR. 400
BEGINN 1.1.1974 ENDE 30.6.1976
G.KOST 220.000 DM
LITAN ZWISCHENBERICHT 1975. 02

CA -088
INST SEKTION PHYSIK DER UNI MUENCHEN
MUENCHEN, SCHELLINGSTR. 4
VORHAB untersuchung von luftverunreinigungen mit hilfe von lasern
mit hilfe von lasern sollen luftverunreinigungen mit einem radaraehnlichen verfahren untersucht werden. gemessen wird die absorption der verunreinigung in der atmosphaere, wobei die mie-streuung benuetzt wird, um das laserlicht an den ausgangspunkt zurueckzuwerfen. da gepulste laser fuer die messungen verwendet werden, ist eine untersuchung der verunreinigungen als funktion der entfernung moeglich. die methode wird "differentielle absorption" genannt. die untersuchungen befassen sich mit dem aufbau einer apparatur und mit der erprobung der methode

S.WORT luftverunreinigung + nachweisverfahren
PROLEI PROF. DR. WALTHER
STAND 1.10.1974
FINGEB - DEUTSCHE FORSCHUNGSGEMEINSCHAFT
- BUNDESMINISTER FUER FORSCHUNG UND TECHNOLOGIE
BEGINN 1.1.1973 ENDE 31.12.1976
G.KOST 1.300.000 DM
LITAN - K. W. ROTHE, U. BRINKMANN, H. WALTHER APPLICATION OF LASERS TO AIR POLLUTION MEASUREMENTS, PROGRESS REPORT WIRD VEROEFFENTLICHT IN KONFERENZBERICHT DER 8. ICPEAC-KONFERENZ, BELGRAD
- K. W. ROTHE, U. BRINKMANN, H. WALTHER, APPLICATION OF TUNABLE LASERS TO AIR POLLUTION, WIRD VEROEFFENTLICHT IN APPLIED PHYSICS FEBRUAR 1974

CA -089

INST SONDERFORSCHUNGSBEREICH 80 "AUSBREITUNGS- UND TRANSPORTVORGAENGE IN STROEMUNGEN" DER UNI KARLSRUHE
KARLSRUHE, KAISERSTR. 12
VORHAB **entwicklung von laserstrahlanemometern und deren anwendung in ein- und zweiphasenstroemungen**
ziel: entwicklung der laser-doppler-anemometrie fuer geschwindigkeitsmessungen in ein- und zweiphasenstroemungen; anwendung der entwickelten geraete in komplexen stroemungen
S.WORT stroemungstechnik + geraeteentwicklung
PROLEI DR. DURST
STAND 1.1.1974
FINGEB DEUTSCHE FORSCHUNGSGEMEINSCHAFT
BEGINN 1.7.1972 ENDE 31.12.1977
G.KOST 1.257.000 DM
LITAN - SFB-80/TAETIGKEITSBERICHT 1972/73
- ZWISCHENBERICHT 1974. 05

CA -090

INST STAATLICHES INSTITUT FUER HYGIENE UND INFEKTIONSKRANKHEITEN SAARBRUECKEN
SAARBRUECKEN, MALSTATTER STRASSE 17
VORHAB **gaschromatische bestimmung von organischen verbindungen in der atmosphaerischen luft unter beruecksichtigung der autoabgase**
S.WORT luftverunreinigung + kfz-abgase + organische schadstoffe + gaschromatographie
STAND 1.1.1974
BEGINN 1.1.1971

CA -091

INST STAATLICHES INSTITUT FUER HYGIENE UND INFEKTIONSKRANKHEITEN SAARBRUECKEN
SAARBRUECKEN, MALSTATTER STRASSE 17
VORHAB **messung der kohlenwasserstoffe in der atmosphaerischen luft von stadtzentren**
S.WORT luftverunreinigung + stadtgebiet + kohlenwasserstoffe
PROLEI HERBOLSHEIMER
STAND 1.1.1974
BEGINN 1.1.1973 ENDE 31.12.1974

CA -092

INST STANDARD ELEKTRIK LORENZ AG
STUTTGART 40, HELMUTH-HIRTH-STR. 42
VORHAB **entwicklung eines gas-emissionssensors fuer den einsatz in abgaskanaelen**
S.WORT abgas + emissionsueberwachung + schwefeldioxid
PROLEI DR. HARTMANN
STAND 1.10.1974
FINGEB BUNDESMINISTER FUER FORSCHUNG UND TECHNOLOGIE
BEGINN 1.11.1972 ENDE 31.12.1974
G.KOST 300.000 DM

CA -093

INST STANDARD ELEKTRIK LORENZ AG
STUTTGART 40, HELMUTH-HIRTH-STR. 42
VORHAB **sensor zur kontinuierlichen automatischen emissionsanalyse von gasen fuer den robusten betrieb**
projektziel ist ein vollautomatisch arbeitendes, wartungsfreies geraet zur in-situ-messung von schadstoffen in abgaskaminen; das messverfahren besteht in der messung von absoptionsbanden und ihre auswertung zu mengenangaben; die messung erfolgt im kaminstrom vorzugsweise im infraroten spektralbereich; eine nachfolgende datenerfassung ist vorgesehen
S.WORT abgaskamin + emissionsmessung + geraeteentwicklung + (gassensor)
PROLEI DR. BECKER
STAND 1.1.1974
FINGEB BUNDESMINISTER FUER FORSCHUNG UND TECHNOLOGIE
BEGINN 1.1.1973 ENDE 30.6.1975
G.KOST 800.000 DM
LITAN - BECKER, M.: SENSOR ZUR KONTINUIERLICHEN AUTOMATISCHEN EMISSIONSANALYSE VON GASEN FUER DEN ROBUSTEN BETRIEB. IN: BMFT FORSCHUNGSBERICHT T 3 (1976)
- ZWISCHENBERICHT 1974. 05
- ENDBERICHT

CA -094

INST TECHNISCHER UEBERWACHUNGSVEREIN BAYERN E.V.
MUENCHEN, KAISERSTR. 14-16
VORHAB **erarbeitung von mindestanforderungen an fortlaufend aufzeichnende messeinrichtungen zur erfassung von stickoxid-emissionen**
die emissionen von anlagen muessen katastermaessig erfasst (para. 27, 46 bimschg) und einer staendigen kontrolle (para. 26-31, 48 bimschg, nr. 2. 8 und nr. 3 ta luft) unterliegen. hierfuer sind die technisch-wissenschaftlichen voraussetzungen fuer erhebungen, messverfahren, geraeteentwicklungen und deren bundeseinheitliche standardisierung zu erarbeiten
S.WORT schadstoffnachweis + messgeraet + stickoxide
STAND 1.9.1976
QUELLE umweltforschungsplan 1975 des bmi
FINGEB BUNDESMINISTER DES INNERN
BEGINN 1.11.1974 ENDE 31.10.1975
G.KOST 307.000 DM

CA -095

INST TECHNISCHER UEBERWACHUNGSVEREIN BAYERN E.V.
MUENCHEN, KAISERSTR. 14-16
VORHAB **definition von mindestanforderungen sowie eignungspruefung und kalibrierungsvorschriften fuer laufend aufzeichnende stickoxid-emissionsmessgeraete**
emissionsueberwachung. die emissionen von anlagen muessen katastermaessig erfasst (par. 25, 38 bimschg) und einer staendigen kontrolle (par. 24-29, 40 bimschg, nr. 2. 7 ta-luft) unterliegen. hierfuer sind die technisch-wissenschatlichen voraussetzungen fuer erhebungen, messverfahren, geraeteentwicklung und deren bundeseinheitliche standardisierung zu erarbeiten
S.WORT emissionsmessgeraet + eichung + stickoxide
STAND 1.1.1974
QUELLE erhebung 1975
BEGINN 1.1.1974 ENDE 31.12.1976
G.KOST 290.000 DM
LITAN ZWISCHENBERICHT

CA -096

INST TECHNISCHER UEBERWACHUNGSVEREIN BAYERN E.V.
MUENCHEN, KAISERSTR. 14-16
VORHAB **ueberpruefung und weiterentwicklung des staubemissionsmessgeraetes "nulldrucksonde" als einfaches staubemissionsmessgeraet**
das staubemissionsmessgeraet "nulldrucksonde" wird weiterentwickelt und hinsichtlich der mit ihm zu erzielenden messgenauigkeit ueberprueft

S.WORT emissionsmessung + staubmessgeraet + geraeteentwicklung + (nulldrucksonde)
PROLEI DIPL. -ING. ARNO STREIDL
STAND 29.7.1976
QUELLE fragebogenerhebung sommer 1976
FINGEB STAATSMINISTERIUM FUER LANDESENTWICKLUNG UND UMWELTFRAGEN, MUENCHEN
G.KOST 100.000 DM

CA -097

INST TECHNISCHER UEBERWACHUNGSVEREIN BAYERN E.V.
MUENCHEN, KAISERSTR. 14-16
VORHAB **entwicklung eines einfachen pruefverfahrens zur erfassung von chlorwasserstoff-emissionen**
entwicklung eines pruefverfahrens, das mit geringem aufwand eine orientierende aussage ueber die hoehe der chlorwasserstoff-emissionen ermoeglicht
S.WORT abluftkontrolle + emissionsmessung + geraeteentwicklung + (chlorwasserstoff)
PROLEI DR. JOHANN GUGGENBERGER
STAND 29.7.1976
QUELLE fragebogenerhebung sommer 1976
FINGEB STAATSMINISTERIUM FUER LANDESENTWICKLUNG UND UMWELTFRAGEN, MUENCHEN
G.KOST 10.000 DM

CA -098

INST TECHNISCHER UEBERWACHUNGSVEREIN RHEINLAND E.V.
KOELN 91, KONSTANTIN-WILLE-STR. 1
VORHAB **vorstudie ueber die einsatzmoeglichkeiten registrierender messgeraete zur ueberwachung der emissionen anorganischer chlorverbindungen**
die studie wurde mit dem ziel durchgefuehrt, die verschiedenen messmethoden daraufhin zu pruefen, ob sie fuer die registrierende daueruebe rwachung der emissionen von anorgan. chlorverbindungen und/oder von schwefelwasserstoffen aus technischen anlagen entsprechend den forderungen der ta luft eingesetzt werden koennten
S.WORT emissionsueberwachung + anorganische stoffe + chlor + messverfahren
PROLEI DR. KOSS
STAND 18.11.1975
FINGEB BUNDESMINISTER DES INNERN
BEGINN 1.10.1975 ENDE 31.3.1976
G.KOST 45.000 DM
LITAN ENDBERICHT

CA -099

INST TECHNISCHER UEBERWACHUNGSVEREIN RHEINLAND E.V.
KOELN 91, KONSTANTIN-WILLE-STR. 1
VORHAB **eignungspruefung des rauchdichtemessgeraetes rm 41**
typpruefung gemaess den mindestanforderungen an registrierenden emissionsueberwachungsgeraeten
S.WORT emissionsueberwachung + rauchgas + messgeraet + (eignungspruefung)
PROLEI DIPL. -ING. K. W. BUEHNE
STAND 2.8.1976
QUELLE fragebogenerhebung sommer 1976
FINGEB FIRMA SICK, MUENCHEN
BEGINN 1.2.1974 ENDE 28.2.1975
G.KOST 33.000 DM
LITAN ENDBERICHT

CA -100

INST TECHNISCHER UEBERWACHUNGSVEREIN RHEINLAND E.V.
KOELN 91, KONSTANTIN-WILLE-STR. 1
VORHAB **eignungspruefung des rauchdichtemessgeraetes dr 116**
typpruefung gemaess den mindestanforderungen an registrierenden emissionsueberwachungsgeraeten
S.WORT emissionsueberwachung + rauchgas + messgeraet + (eignungspruefung)
PROLEI DIPL. -ING. K. W. BUEHNE
STAND 2.8.1976
QUELLE fragebogenerhebung sommer 1976
FINGEB FIRMA DURAG, HAMBURG
BEGINN 1.1.1972 ENDE 28.2.1976
G.KOST 40.000 DM
LITAN ENDBERICHT

CA -101

INST TECHNISCHER UEBERWACHUNGSVEREIN RHEINLAND E.V.
KOELN 91, KONSTANTIN-WILLE-STR. 1
VORHAB **untersuchungen ueber die leckraten von statischen dichtelementen**
ziel der untersuchung war, differenziertere leckfaktoren aus statischen dichtungen zu ermitteln, die ausschliesslich mit kohlenwasserstoffen beaufschlagt waren
S.WORT emissionsueberwachung + luftverunreinigende stoffe + kohlenwasserstoffe + rohrleitung + (leckraten)
PROLEI DIPL. -ING. P. GUEDELHOEFER
STAND 2.8.1976
QUELLE fragebogenerhebung sommer 1976
FINGEB MINISTER FUER ARBEIT, GESUNDHEIT UND SOZIALES, DUESSELDORF
BEGINN 1.1.1972 ENDE 31.12.1975
G.KOST 60.000 DM
LITAN DUEWEL, L.;GUEDELHOEFER, P.: ZUM LECKAGE-EMISSIONSPROBLEM. UNTERSUCHUNGEN DER EMISSIONEN LUFTFREMDER STOFFE DURCH LECKAGEN VON STAT. DICHTELEMENTEN IN ROHRLEITUNGSSYSTEMEN. IN: LUFTVERUNREINIGUNG, DEUTSCHER KOMMUNAL-VERLAG GMBH, DUESSELDORF S. 5-12(1975)

CA -102

INST TECHNISCHER UEBERWACHUNGSVEREIN RHEINLAND E.V.
KOELN 91, KONSTANTIN-WILLE-STR. 1
VORHAB **untersuchungen ueber die eignung von registrierenden messgeraeten zur emissionsueberwachung organischer verbindungen als gesamt-kohlenstoff**
weiterentwicklung von ueberwachungsgeraeten zur messung von kohlenwasserstoffen als gesamt-c. erarbeitung von mindestanforderungen auf den zukuenftigen einsatz der zu pruefenden geraete in anlehnung an bestehende anforderungen registrierender messgeraete
S.WORT organische stoffe + emissionsmessung
PROLEI DIPL. -ING. K. W. BUEHNE
STAND 12.11.1975
BEGINN 1.11.1974 ENDE 31.10.1976
G.KOST 488.000 DM

CA -103

INST TECHNISCHER UEBERWACHUNGSVEREIN RHEINLAND E.V.
KOELN 91, KONSTANTIN-WILLE-STR. 1
VORHAB **untersuchungen ueber den einbau und die kalibrierung von registrierenden staubmessgeraeten in grossen dampfkesselanlagen**
katastermaessige erfassung von anlagenemissionen
S.WORT emissionsueberwachung + industrieanlage + staubmessgeraet + (dampfkesselanlagen)
PROLEI DIPL. -ING. K. W. BUEHNE
STAND 12.11.1975
BEGINN 1.11.1974 ENDE 31.8.1976
G.KOST 368.000 DM

CA -104

INST TECHNISCHER UEBERWACHUNGSVEREIN RHEINLAND E.V.
KOELN, KONSTANTIN-WILLE-STR. 1
VORHAB **vergleichende untersuchungen ueber die eignung von registrierenden messgeraeten zur ueberwachung der emissionen organischer verbindungen**
katastermaessige erfassung von anlagenemissionen und deren staendige ueberwachung

S.WORT emissionsueberwachung + organischer stoff + messgeraetetest
PROLEI DIPL. -ING. BUEHNE
STAND 12.11.1975
FINGEB BUNDESMINISTER DES INNERN
BEGINN 1.11.1974 ENDE 31.10.1976
G.KOST 488.000 DM

CA -105

INST VEREWA, HANS UGOWSKI & CO
MUELHEIM A.D.RUHR, EPPINGHOFER STRASSE 92-94
VORHAB messgeraet zur multielementbestimmung von schwebestoffen in luft und wasser mittels nichtdispersiver roentgenfluoreszenzanalyse
entwicklung von messgeraeten zur kontinuierlichen messung von partikeln in luft und wasser (beta-staubmeter, beta-sedimeter) rfa zur nachtraeglichen analyse der vorhandenen proben
S.WORT schwebstoffe + messverfahren + geraeteentwicklung + (roentgenfluoreszenzanalyse)
PROLEI FRANZ SPOHR
STAND 9.8.1976
QUELLE fragebogenerhebung sommer 1976
FINGEB BUNDESMINISTER FUER FORSCHUNG UND TECHNOLOGIE
ZUSAM UNI ESSEN
BEGINN 1.7.1973 ENDE 31.12.1976
G.KOST 542.000 DM

CA -106

INST WISSENSCHAFTLICHE BETRIEBSEINHEIT BOTANIK DER UNI FRANKFURT
FRANKFURT, SIESMAYERSTR. 70
VORHAB bestimmung des pollen- und sporengehalts der luft sowie ermittlung der ph-werte
modelluntersuchungen ueber ausmass, art und wirkung luftverunreinigender stoffe in ausgewaehlten gebieten. feststellung der gegenwaertigen belastung und der bedeutung des zusammenwirkens einzelner parameter (z. b. meteorologisch-klimatische faktoren, art der anlage eines messtellennetzes, emissionskataster, bebauung und industrieller entwicklung, oekologische situation, epidemiologische faktoren)
S.WORT luftverunreinigung + pollen + sporen
STAND 1.10.1974
BEGINN 1.1.1974 ENDE 31.12.1976
G.KOST 48.000 DM

CA -107

INST ZENTRALINSTITUT FUER ARBEITSMEDIZIN DER UNI HAMBURG
HAMBURG 76, ADOLPH-SCHOENFELDER-STR. 5
VORHAB luftanalyse im ultraspurenbereich
fuer arbeitsmedizinische und andere oekotoxikologische fragestellungen hat sich zum nachweis fluechtiger stoffe die gaschromatographie bewaehrt. einem erfordernis der praxis nach analysenmethoden zur qualitativen und quantitativen bestimmung derartiger stoffe im ultraspurenbereich entsprechend und im hinblick auf eine moeglichkeit zur erfassung instabiler schadstoffe wurde ein neues probenanreicherungs- und -aufgabeverfahren unter einsatz einer kombination von gaschromatograph und massenspektrometer entwickelt
S.WORT luftverunreinigende stoffe + spurenanalytik + (gaschromatographie)
PROLEI DR. J. ANGERER
STAND 30.8.1976
QUELLE fragebogenerhebung sommer 1976
BEGINN 1.1.1972 ENDE 30.6.1975

Weitere Vorhaben siehe auch:

AA -044 INDIREKTE SONDIERUNG DER TROPOSPHAERE MIT ELEKTROMAGNETISCHEN UND AKUSTISCHEN WELLEN
HG -026 MESSTECHNIK FUER ZWEIPHASENSTROEMUNGEN INNERHALB DES SFB 62-VERFAHRENSTECHNISCHE GRUNDLAGEN DER WASSER- UND GASREINIGUNG
OA -003 EMPFINDLICHER NACHWEIS VON STICKOXIDEN MIT OPTISCHEN METHODEN
OA -004 ELEKTROCHEMISCHES MESSGERAET ZUM NACHWEIS VON KOHLENMONOXYD, SCHWEFELWASSERSTOFF, WASSERSTOFF UND SCHWEFELDIOXYD IN VERSCHIEDENEN GASEN
OB -011 BESTIMMUNG SEHR KLEINER CHLOR-KONZENTRATIONEN IN DER LUFT
OB -026 AUFSTELLUNG VON MINDESTANFORDERUNGEN AN FORTLAUFEND AUFZEICHNENDE MESSEINRICHTUNGEN ZUR ERFASSUNG VON ANORGANISCHEN GASFOERMIGEN FLUORVERBINDUNGEN
PE -053 EIN GASCHROMATOGRAPHISCHES VERFAHREN FUER EPIDEMIOLOGISCHE UNTERSUCHUNGEN AUF KOHLENMONOXID IN LUFT UND BLUT
TA -002 GASWARNANLAGEN, PRIMAERER EXPLOSIONSSCHUTZ, GESUNDHEITSSCHUTZ

CB -001
INST ARBEITSGRUPPE FUER TECHNISCHEN STRAHLENSCHUTZ DER TU HANNOVER
HANNOVER, CALLINSTR. 15
VORHAB **untersuchung der einfluesse von wetteraenderungen auf die ausbreitung radioaktiver stoffe in der atmosphaere**
auswertung meteorologischer daten zur vorhersage von konzentrationsfeldern nach reaktorstoerfaellen mit laengerdauernder abgabe radioaktiver stoffe durch analyse amerikanischer messergebnisse und rechenmethoden und durch statistische auswertung meteorologischer daten aus norddeutschland
S.WORT kernreaktor + stoerfall + radioaktive substanzen + meteorologie
PROLEI PROF. DR. HEINRICH SCHULTZ
STAND 1.1.1974
QUELLE erhebung 1975
FINGEB GESELLSCHAFT FUER KERNFORSCHUNG MBH (GFK), KARLSRUHE
BEGINN 1.1.1973 ENDE 31.12.1974
G.KOST 215.000 DM
LITAN - HALBJAHRESBERICHTE ZUM PROJEKT NUKLEARE SICHERHEIT
- VOELZ,E.;SCHULTZ,H.4312 FA: STATIST.ANALYSE...;KFK 1859 S.182-187 (1973)
- WUENEK,C.D.;SCHULTZ,H.4312 FB: ANALYSE DER ....;KFK 1859 S.187-197;(1973)

CB -002
INST BATTELLE-INSTITUT E.V.
FRANKFURT 90, AM ROEMERHOF 35
VORHAB **vergleich von rechenmodellen zur ausbreitungsrechnung (fortsetzung durch III a 324)**
es sollen verschiedene rechenmodelle zur ausbreitungsrechnung analysiert und miteinander verglichen werden. durch den vergleich geklaert werden sollen insbesondere standardisierungsmoeglichkeiten, genauigkeitsanforderungen an eingabedaten, verwendungsmoeglichkeiten erhobener werte und der umfang der zusaetzlich notwendigen messungen
S.WORT ausbreitung + berechnungsmodell + (standardisierung)
PROLEI DIPL. -MATH. STROTT
STAND 1.1.1975
QUELLE umweltforschungsplan 1975 des bmi
FINGEB BUNDESMINISTER DES INNERN
BEGINN 25.10.1973 ENDE 30.6.1975
G.KOST 416.000 DM
LITAN ZWISCHENBERICHTE UEBER DEN VERGLEICH VON RECHENMODELLEN ZUR AUSBREITUNGSRECHNUNG

CB -003
INST BATTELLE-INSTITUT E.V.
FRANKFURT 90, AM ROEMERHOF 35
VORHAB **weiterentwicklung eines rechenmodells zur ausbreitungsrechnung**
anpassung von rechenmodellen an natuerliche verhaeltnisse
S.WORT ausbreitung + berechnungsmodell + (weiterentwicklung)
STAND 31.10.1975
FINGEB BUNDESMINISTER DES INNERN
BEGINN 1.6.1975 ENDE 30.6.1976
G.KOST 243.000 DM

CB -004
INST BATTELLE-INSTITUT E.V.
FRANKFURT 90, AM ROEMERHOF 35
VORHAB **studie ueber die auswirkungen von fluorchlorkohlenwasserstoff auf die ozonschicht der stratosphaere und die moeglichen folgen**
durch die darlegung des standes wissenschaftlicher diskussion und erkenntnis wird die notwendigkeit und konsequenz gesetzgeberischer massnahmen untersucht. dabei werden die standpunkte verschiedener interessengruppen beruecksichtigt und bewertungsgrundlagen fuer die ableitung von massnahmen geschaffen. beurteilungshilfe ueber moegliche physikalische, chemische und biologische auswirkungen von fck durch beeintraechtigung der stratosphaerischen ozonschicht. abschaetzung wirtschaftlicher folgen bei beschraenkung der fck-produktion
S.WORT fluorchlorkohlenwasserstoffe + stratosphaere + auswirkungen + oekonomische aspekte
PROLEI DR. S. HARTWIG
STAND 15.12.1975
FINGEB BUNDESMINISTER DES INNERN
BEGINN 1.11.1975 ENDE 30.6.1976
G.KOST 168.000 DM
LITAN ENDBERICHT

CB -005
INST BUNDESANSTALT FUER STRASSENWESEN
KOELN, BRUEHLER STRASSE 1
VORHAB **untersuchungen ueber die abgaskonzentration in abhaengigkeit von der lage der strasse und vom angrenzenden bewuchs bei lockerer oder abgesetzter randbebauung**
die immissionskonzentrationen in der umgebung von fernstrassen haengen zum grossen teil von der lage der strasse im gelaende und dem angrenzenden bewuchs ab. der einfluss dieser parameter auf die schadstoffkonzentration soll quantitativ untersucht werden, um zum beispiel fuer strassenplanerische zwecke im hinblick auf die jeweilige immissionssituation entscheidungshilfen geben zu koennen. die an geeigneten streckenabschnitten durchzufuehrenden konzentrations-messungen werden durch gleichzeitige erfassung aller verkehrsdaten ergaenzt
S.WORT abgasausbreitung + strassenrand + immissionsmessung
PROLEI DIPL. -PHYS. JOERG ESSER
STAND 29.7.1976
QUELLE fragebogenerhebung sommer 1976
FINGEB BUNDESMINISTER FUER VERKEHR
BEGINN 1.1.1975 ENDE 31.12.1977
G.KOST 100.000 DM

CB -006
INST BUNDESANSTALT FUER STRASSENWESEN
KOELN, BRUEHLER STRASSE 1
VORHAB **untersuchung ueber die ausbreitung von abgaskonzentrationen in abhaengigkeit von atmosphaerischen und meteorologischen bedingungen**
die ausbreitung der von einem strassenzug als linienquelle herruehrenden abgaskonzentrationen haengt sehr stark von den meteorologischen bedingungen ab. bei dem problem der vorausberechnung von immissionskonzentrationen in unterschiedlichen entfernungen zur strasse soll deshalb mittels umfangreicher messungen an geeigneten streckenabschnitten eine beziehung zwischen konzentration und meteorologischen daten (unter beruecksichtigung der verkehrsdaten) gewonnen werden
S.WORT abgasausbreitung + kfz-abgase + meteorologie + strassenverkehr + (ausbreitungsmodell)
PROLEI DIPL. -PHYS. JOERG ESSER
STAND 29.7.1976
QUELLE fragebogenerhebung sommer 1976
FINGEB BUNDESMINISTER FUER VERKEHR
BEGINN 1.1.1976 ENDE 31.12.1977
G.KOST 100.000 DM

CB -007
INST DECHEMA - DEUTSCHE GESELLSCHAFT FUER CHEMISCHES APPARATEWESEN E.V.
FRANKFURT, THEODOR-HEUSS-ALLEE 25
VORHAB **oxidation von halogen- und schwefelhaltigen kohlenwasserstoffen mit sauerstoff (3p)**
untersuchung des reaktionsablaufes im stroemungsrohr; probenahme durch molekularstrahl; analyse durch massenspektrometer. ziel: abschaetzung des abbaus der substanzen in der atmosphaere; durch kinetische messungen ermittlung der kinetik
S.WORT schwefelverbindungen + chlorkohlenwasserstoffe + oxidation + reaktionskinetik

PROLEI PROF. DR. KIRCHNER
STAND 1.1.1974
FINGEB BUNDESMINISTER FUER WIRTSCHAFT
BEGINN 1.1.1974 ENDE 31.12.1976
LITAN ZWISCHENBERICHT 12. 75

CB -008
INST DEUTSCHE VEREINIGUNG FUER VERBRENNUNGSFORSCHUNG E.V. ESSEN 1, KLINKESTR. 29-31
VORHAB **physikalisch-chemische reaktionen bei der verbrennung von kohlenwasserstoffen in diffusionsflammen**
besondere beruecksichtigung der russ- und pyrolyse-kohlenwasserstoffbildung sowie der bildung von schwefeloxiden und stickoxiden
S.WORT kohlenwasserstoffe + verbrennung + schadstoffbildung
PROLEI PROF. MEIER
STAND 1.1.1974
QUELLE erhebung 1975
FINGEB ARBEITSGEMEINSCHAFT INDUSTRIELLER FORSCHUNGSVEREINIGUNGEN E. V. (AIF)
ZUSAM INT. FLAME RESEARCH FOUNDATION (IFRF)
BEGINN 1.7.1972 ENDE 31.7.1975
G.KOST 112.000 DM

CB -009
INST DEUTSCHER VEREIN VON GAS- UND WASSERFACHMAENNERN E.V. ESCHBORN 1, FRANKFURTER ALLEE 27
VORHAB **ausbreitung der abgase von aussenwandfeuerstaetten unter verschiedenen atmosphaerischen einfluessen**
durch die untersuchung soll festgestellt werden: a) wie aendert sich die abgaskonzentration bei windstille entlang einer senkrechten wand ueber und neben der aussenwandeinrichtung eines aussenwand-gasheizofens? b) wie aendert sich die stickstoffoxid- bzw. co2-konzentration in einem raum, dessen fenster ueber der aussenwandeinrichtung des gasheizofens geschlossen, halbgeoeffnet (gekippt) und geoeffnet ist?
S.WORT luftverunreinigung + abgasausbreitung + heizungsanlage + (aussenwandfeuerstaetten)
PROLEI PROF. DR. R. GUENTHER
STAND 30.8.1976
QUELLE fragebogenerhebung sommer 1976
BEGINN 1.10.1975 ENDE 31.12.1976
G.KOST 55.000 DM

CB -010
INST DEUTSCHER WETTERDIENST OFFENBACH, FRANKFURTER STR. 135
VORHAB **arbeiten ueber die atmosphaerischen bedingungen fuer fragen der ausbreitung von luftbeimengungen (fest, gasfoermig, radioaktiv)**
die arbeiten dienen der begutachtung von standorten fuer fragen der auswirkung technischer anlagen (kraftwerke) auf die umwelt
S.WORT luftverunreinigung + kraftwerk + standortwahl + umweltbelastung
PROLEI DIPL. -ING. CASPAR
STAND 1.1.1974
BEGINN 1.1.1959

CB -011
INST DEUTSCHER WETTERDIENST OFFENBACH, FRANKFURTER STR. 135
VORHAB **interregionaler transport von luftverunreinigungen; wind- und temperaturmessungen**
es muessen verfahren zur erkennung und vorhersage austauscharmer wetterlagen (par. 49 blmschg, nr. 2. 2 ta luft) ermittelt, verfahren und programmiertechniken zur berechnung der ausbreitung von schadstoffen als grundlage fuer luftreinhalteplaene (par. 47 bimschg), zur festlegung von schornsteinmindesthoehen (par. 48 bimschg, nr. 2. 6 ta luft) und fuer planungen (par. 50 bimschg) erarbeitet und standardisiert werden. die auswirkungen zunehmender luftverunreinigungen auf das klima sind vornehmlich in internationaler zusammenarbeit vorsorglich festzustellen und laufend zu kontrollieren
S.WORT luftreinhaltung + schadstoffe + ausbreitung RHEIN-RUHR-RAUM + HOLLAND
PROLEI DIPL. -METEOR. HELENE BARTELS
STAND 15.11.1975
FINGEB BUNDESMINISTER DES INNERN
BEGINN 1.1.1974 ENDE 30.6.1977
G.KOST 434.000 DM

CB -012
INST DEUTSCHER WETTERDIENST OFFENBACH, FRANKFURTER STR. 135
VORHAB **untersuchung der schadstoffausbreitung bei windschwachen wetterlagen als grundlage fuer ausbreitungsberechnungen**
die untersuchung soll qualitativen und evtl. auch quantitativen aufschluss geben ueber die anwendung multispektraler fernsensorenaufzeichnungen, insbesondere der ir-thermographie fuer fragen den angewandten klimatologie. ausarbeitung einer messmethodik ueber umfang und art der durchfuehrung von gleichzeitigen meteorologischen bodenkontrollmessungen (waehrend der befliegung) fuer eine eindeutige interpretation. klaerung der frage, inwieweit durch fernmessungen umfangreiche und zeitaufwendige bodenmessungen zur flaechenhaften erfassung lokalklimatischer gegebenheiten ersetzt oder ergaenzt werden koennen
S.WORT klimatologie + fliegende messtation + fernerkundung + schadstoffausbreitung + (ir-thermographie) MAIN + TAUNUS + WETTERAU + RHEIN-MAIN-GEBIET
PROLEI DIPL. -METEOR. HELENE BARTELS
STAND 12.8.1976
QUELLE fragebogenerhebung sommer 1976
FINGEB BUNDESMINISTER FUER FORSCHUNG UND TECHNOLOGIE
ZUSAM - REGIONALE PLANUNGSGEMEINSCHAFT UNTERMAIN, ZEIL 127, 6000 FRANKFURT
- HESSISCHES LANDESKULTURAMT
- STADTBAUPLAN
BEGINN 1.1.1976 ENDE 31.12.1977
G.KOST 62.000 DM
LITAN REGIONALE PLANUNGSGEMEINSCHAFT UNTERMAIN, FRANKFURT: ERDWISSENSCHAFTLICHES FLUGZEUGMESSPROGRAMM, TESTGEBIET 2 (UNTERMAIN - TAUNUS - WETTERAU), 1. ARBEITSBERICHT (VORPROGRAMM) (JULI 1975)

CB -013
INST DEUTSCHER WETTERDIENST HOHENPEISSENBERG, ALBIN-SCHWAIGER-WEG 10
VORHAB **verhalten des spurengases ozon in der freien atmosphaere**
regelmaessige, taegliche messung des gesamtozongehaltes der atmosphaere, messung des vertikalprofils des ozons mittels ballonsondierungen mit radiosonden. erforschung des verhaltens des atmosphaerischen ozons und der zusammenhaenge zwischen atmosphaerischem ozon und meterologischen groessen. untersuchungen zur frage einer aenderung der ozonschicht der freien atmosphaere durch anthropogene einfluesse, besonders durch fluorkohlenwasserstoffe (hierfuer muss die sondierungsfolge auf 3-2mal pro woche erhoeht werden)
S.WORT atmosphaere + ozon + meteorologie + fluorkohlenwasserstoffe
PROLEI DR. WALTER ATTMANNSPACHER
STAND 12.8.1976
QUELLE fragebogenerhebung sommer 1976
ZUSAM LABOR FUER ATMOSPHAERENPHYSIK DER EIDGENOESSISCHEN TH, HOENGGERBERG HHP, CH-8049 ZUERICH
BEGINN 1.1.1967
LITAN - HARTMANNSGRUBER, R.: VERTIKALES OZONPROFIL UND AENDERUNGEN IM TROPOSPHAERISCHEN WETTERGESCHEHEN. IN: ANN. METEOR. N. F. 6 S. 237-240(1973)
- ATTMANNSPACHER, W.;HARTMANNSGRUBER, R.: 6 JAHRE (1967-1972) OZONSONDIERUNGEN AM

METEOROLOGISCHEN OBSERVATORIUM HOHENPEISSENBERG (EIN BEITRAG ZUR KLIMATOLOGIE DER FREIEN ATMOSPHAERE). IN: BER. DR. WETTERD. 18 NR. 137(1975)

CB -014
INST FACHBEREICH ANORGANISCHE CHEMIE UND KERNCHEMIE DER TH DARMSTADT
DARMSTADT, HOCHSCHULSTR. 4
VORHAB bestimmung von geringen mengen an hcl in verschiedenen luftschichten zur klaerung des problems des abbaus der ozonschicht
geringe mengen hcl sollen in luft bestimmt werden in abhaengigkeit von der hoehe (atmosphaere, troposphaere, stratosphaere). die hcl spielt eine entscheidende rolle beim abbau der ozonschicht durch fluorchlorkohlenwasserstoffe
S.WORT atmosphaere + salzsaeure + nachweisverfahren
PROLEI PROF. DR. KNUT BAECHMANN
STAND 30.8.1976
QUELLE fragebogenerhebung sommer 1976
FINGEB BUNDESMINISTER FUER FORSCHUNG UND TECHNOLOGIE
ZUSAM FIRMA HOECHST
BEGINN 1.1.1975 ENDE 31.12.1980
G.KOST 500.000 DM
LITAN BAECHMANN, K.;RUDOLPH, J.;BUETTNER, K.: IN: Z. ANALYT. CHEMIE (IM DRUCK)

CB -015
INST FACHBEREICH CHEMIE, TEXTILCHEMIE, BIOLOGIE DER GESAMTHOCHSCHULE WUPPERTAL
WUPPERTAL, GEWERBESCHULSTR. 34
VORHAB untersuchungen ueber das verhalten von schwefelwasserstoff an silberoberflaechen unter atmosphaerischen bedingungen
entwicklungsmoeglichkeiten eines neuen h2s-detektors im ppb-bereich
S.WORT schwefelwasserstoff + nachweisverfahren
PROLEI DR. ADRIAN IONESCU
STAND 13.8.1976
QUELLE fragebogenerhebung sommer 1976
FINGEB MINISTER FUER WISSENSCHAFT UND FORSCHUNG, DUESSELDORF
ZUSAM INST. F. PHYSIKALISCHE CHEMIE DER UNI BONN, WEGELERSTR. 12, 5300 BONN 1
BEGINN 1.2.1974 ENDE 30.4.1976
G.KOST 79.000 DM
LITAN - BECKER, K.;COMSA, G.: BESTIMMUNG DES H2S-GEHALTES IN LUFT DURCH WIDERSTANDSMESSUNGEN AN DUENNEN SILBERSCHICHTEN. IN: METALLOBERFLAECHE. (5) S. 241-242(1975)
- ENDBERICHT

CB -016
INST FACHRICHTUNG METEOROLOGIE DER FU BERLIN
BERLIN 33, THIELALLEE 49
VORHAB forschung zur ausbreitungsrechnung, insbesondere fuer den fall zeitlich variierender meteorologischer parameter
"ausbreitung und meteorologie". es muessen verfahren zur erkennung und vorhersage austauscharmer wetterlagen (par. 41 e/bimschg, nr. 2. 2 ta-luft) ermittelt, verfahren und programmiertechniken fuer berechnung der ausbreitung von schadstoffen als grundlage fuer luftreinhalteplaene (par. 39 e/bimschg) und zur festlegung von schornsteinmindesthoehen (par. 40 e/bimschg, nr. 2. 6 ta-luft) erarbeitet und standardisiert werden. die auswirkungen zunehmender luftverunreinigungen auf das klima sind vorsorglich festzustellen
S.WORT luftreinhaltung + schadstoffausbreitung + meteorologie
PROLEI PROF. DR. FORTAK
STAND 1.1.1974
QUELLE umweltforschungsplan 1974 des bmi
FINGEB BUNDESMINISTER DES INNERN
BEGINN 1.10.1971 ENDE 31.12.1974
G.KOST 50.000 DM

CB -017
INST GASWAERME-INSTITUT E.V.
ESSEN, HAFENSTR. 101
VORHAB untersuchung der ausbreitung von verbrennungsprodukten bei kaminen haeuslicher und gewerblicher gasfeuerungen (luftreinhaltung)
S.WORT gasfeuerung + abgasausbreitung
PROLEI DIPL. -ING. MOENCH
STAND 1.1.1974
FINGEB LANDESAMT FUER FORSCHUNG, DUESSELDORF
ZUSAM LANDESANSTALT F. IMMISSIONS- U. BODENNUTZUNGSSCHUTZ, 43 ESSEN, WALLNEYERSTR. 6
BEGINN 1.3.1974 ENDE 31.3.1977
G.KOST 200.000 DM
LITAN ZWISCHENBERICHT 1974. 12

CB -018
INST GASWAERME-INSTITUT E.V.
ESSEN, HAFENSTR. 101
VORHAB entwicklung von beurteilungskriterien fuer die neigung verschiedener brenngase zur bildung von stickstoffoxiden
um eine vergleichende aussage ueber die entstehung von stickstoffoxiden bei unterschiedlichen gasen machen zu koennen, ist es notwendig, den einfluss der brennerkonstruktion zu eliminieren. legt man einen bestimmten pruefbrenner zugrunde, in dem alle infrage kommenden gase verbrannt werden koennen, so ist es evtl. moeglich, eine aussage ueber neigung zur bildung von stickstoffoxiden unter vergleichbaren bedingungen zu machen. ziel der untersuchung ist es, in der praxis anwendbare kriterien fuer voraussagen ueber die nox-bildung durch die entwicklung eines geeigneten pruefbrenners zu gewinnen
S.WORT verbrennung + gasfoermige brennstoffe + stickoxide
PROLEI PROF. DR. -ING. H. KREMER
STAND 13.8.1976
QUELLE fragebogenerhebung sommer 1976
BEGINN 1.9.1975 ENDE 31.12.1976
G.KOST 15.000 DM

CB -019
INST GEOGRAPHISCHES INSTITUT DER UNI HEIDELBERG
HEIDELBERG, UNIVERSITAETSPLATZ
VORHAB smogtypen und simulationsmodelle
ausgewaehlte fallstudien zur luftverunreinigung (los angeles, san francisco, new york, mannheim/ludwigshafen u. a.) mit dem ziel einer smogtypisierung in abhaengigkeit von den jeweiligen emissionen und meteorologischen grundbedingungen. erarbeiten und testen von simulationsmodellen
S.WORT smog + ballungsgebiet + meteorologie + simulationsmodell
PROLEI DR. HEINZ KARRASCH
STAND 23.7.1976
QUELLE fragebogenerhebung sommer 1976
ZUSAM AIR RESOURCES BOARD, STATE OF CALIFORNIA, SACRAMENTO
BEGINN 1.1.1976 ENDE 31.12.1980
G.KOST 50.000 DM
LITAN KARRASCH, H.: DER SMOG VON LOS ANGELES. IN: DIE ERDE, ZEITSCHRIFT DER GESELLSCHAFT FUER ERDKUNDE ZU BERLIN

CB -020
INST HAHN-MEITNER-INSTITUT FUER KERNFORSCHUNG BERLIN GMBH
BERLIN 39, GLIENICKER STRASSE 100
VORHAB reaktionen halogenierter kohlenwasserstoffe in der atmosphaere
die methode gekreuzter molekularstrahlen wird zur untersuchung von ionischen primaerstossprozessen im ueberthermischen energiebereich (0. 5-50 ev) angewendet. diese untersuchungen sind relevant fuer das verstaendnis von atomaren und molekularen stossvorgaengen in der oberen atmosphaere. aus den gemessenen wirkungsquerschnitten lassen sich durch geeignete mittelung geschwindigkeitskonstanten fuer verschiedene stossprozesse (reaktion, ladungsaustausch, anregung) ermitteln. bisher wurden

reaktionen von kohlenwasserstoffionen sowie von sauerstoff- und stickstoffverbindungen - in letzter zeit insbesondere protonenuebertragung von fluorverbindungen bf+, f+ und wasserfragmenten (h2o+, oh+ sowie deren isotope) untersucht
S.WORT luftchemie + atmosphaere + kohlenwasserstoffe + reaktionskinetik
PROLEI DR. ADALBERT DING
STAND 13.8.1976
QUELLE fragebogenerhebung sommer 1976
BEGINN 1.1.1972
LITAN BEREICH STRAHLENCHEMIE, HMI: WISSENSCHAFTLICHER ERGEBNISBERICHT 2 S. 27FF(1975)

CB -021
INST HESSISCHE LANDESANSTALT FUER UMWELT WIESBADEN, AARSTR. 1
VORHAB emission, probenahme und analyse von tracern in der atmosphaere
zielsetzung ist es, ausbreitungsexperimente mit schwefelhexafluorid als tracer oder mit einem zusaetzlichen zweiten tracer durchzufuehren und probenahme und analytik daraufhin einzurichten, abzustimmen und entsprechend auszufuehren
S.WORT schadstoffausbreitung + tracer + atmosphaere RHEIN-MAIN-GEBIET
PROLEI DR. MATTHIAS BUECHEN
STAND 21.7.1976
QUELLE fragebogenerhebung sommer 1976
ZUSAM - REGIONALE PLANUNGSGEMEINSCHAFT UNTERMAIN, ZEIL 127, 6000 FRANKFURT
- UMWELTBUNDESAMT, BISMARCKPLATZ 1, 1000 BERLIN 33
- DEUTSCHER WETTERDIENST, OFFENBACH
BEGINN 1.1.1976 ENDE 31.12.1979
G.KOST 542.000 DM

CB -022
INST HYGIENE INSTITUT DES RUHRGEBIETS GELSENKIRCHEN, ROTTHAUSERSTR. 19
VORHAB interregionaler transport von luftverunreinigungen, bodenmessungen
anstrebung einer flaechenbezogenen und fortlaufenden kontrolle der immissionen, um die einhaltung der festgelegten immissionswerte zu gewaehrleisten. gleichzeitige frueherkennung und eindaemmung von gefahrenherden
S.WORT luftreinhaltung + transportprozesse + schadstoffausbreitung
BUNDESREPUBLIK DEUTSCHLAND + NIEDERLANDE
PROLEI PROF. DR. MED. ALTHAUS
STAND 21.11.1975
FINGEB BUNDESMINISTER DES INNERN
BEGINN 1.11.1972 ENDE 30.6.1977
G.KOST 633.000 DM

CB -023
INST INSTITUT FUER AEROBIOLOGIE DER FRAUNHOFER-GESELLSCHAFT E.V.
SCHMALLENBERG GRAFSCHAFT, UEBER SCHMALLENBERG
VORHAB photochemischer abbau von polycyclischen aromatischen kohlenwasserstoffen (pah)
untersuchung des photochemischen abbaus von pah-aerosolen
S.WORT polyzyklische aromaten + photochemische reaktion + schadstoffabbau
PROLEI DR. HANS-JOACHIM SCHROEDER
STAND 29.7.1976
QUELLE fragebogenerhebung sommer 1976
BEGINN 1.1.1976 ENDE 31.12.1977
G.KOST 319.000 DM
LITAN ZWISCHENBERICHT

CB -024
INST INSTITUT FUER ALLGEMEINE MECHANIK DER TH AACHEN
MUENSTER, TEMPLERGRABEN 64
VORHAB dissoziation von kohlendioxid-kohlenmonoxid-stickstoff-sauerstoff-gemischen bei hohen temperaturen
optisches messverfahren von spektrallinien; chemische reaktionen der kohlenoxide bei hohen temperaturen; bestimmung von massenwirkungskonstanten; bestimmung von reaktionsgeschwindigkeitskonstanten
S.WORT luftchemie + reaktionskinetik + messverfahren
PROLEI PROF. DR. FROHN
STAND 1.1.1974
FINGEB LANDESAMT FUER FORSCHUNG, DUESSELDORF
BEGINN 1.12.1969
LITAN - (INST. F. ALLG. MECHANIK TH-AACHEN): EXPERIMENTELLE UNTERSUCHUNG DER DISSOZIATIONSRELAXATIONSZEIT VON C02 IM STOSSWELLENROHR (1971) BERICHT
- ZWISCHENBERICHT 1975. 02

CB -025
INST INSTITUT FUER ALLGEMEINE MECHANIK DER TH AACHEN
MUENSTER, TEMPLERGRABEN 64
VORHAB dissoziation und ionisation von co2-o2-n2-gasgemischen
primaer wird die reaktionsgeschwindigkeit in co2-o2-n2-gasgemischen experimentell mit hilfe von stossrohruntersuchungen bestimmt. mit hilfe von numerischen rechenprogrammen wird der gesamte nichtgleichgewichtsbereich erfasst. ueber die massenwirkungskonstante kann man auf die rekombinationsgeschwindigkeiten schliessen. kennt man die verweilzeiten eines gases in einem reaktor, so laesst sich mit diesen untersuchungen eine aussage gewinnen, in welchem masse das bei der co2-dissoziation entstehende giftige blutgas co ausgestossen wird
S.WORT luftchemie + kohlenmonoxid + reaktionskinetik
PROLEI DR. -ING. GUENTER BERG
STAND 2.8.1976
QUELLE fragebogenerhebung sommer 1976
FINGEB LANDESAMT FUER FORSCHUNG, DUESSELDORF
BEGINN 1.1.1972 ENDE 31.12.1979
G.KOST 500.000 DM
LITAN BERG, G. (RWTH AACHEN), DISSERTATION (1975)

CB -026
INST INSTITUT FUER ALLGEMEINE MECHANIK DER TH AACHEN
MUENSTER, TEMPLERGRABEN 64
VORHAB schadstoffbildung bei verbrennungsprozessen. bildung hoeherer kohlenwasserstoffe bei verbrennungsprozessen von gasen und fluessigkeiten
technische verbrennungsprozesse sind in der regel mit der bildung unerwuenschter zwischen- und rueckstandsprodukte verknuepft, zu denen auch russ und hoehere kohlenwasserstoffe gehoeren. es liegen bereits zahlreiche experimentelle untersuchungen dieser prozesse vor, ohne dass die in diesen arbeiten zur erklaerung der messdaten vorgeschlagenen reaktionsmechanismen quantitativen modellrechnungen zugrunde gelegt worden waren. in dieser arbeit werden daher verbrennungsprozesse in einer staupunktsstroemung brennbarer kohlenwasserstoffe unter einschluss von reaktionskinetischen ansaetzen, die zur bildung hoeherer kohlenwasserstoffe fuehren, berechnet
S.WORT schadstoffbildung + kohlenwasserstoffe + verbrennung
PROLEI DIPL. -ING. WILFRIED HOCKS
STAND 2.8.1976
QUELLE fragebogenerhebung sommer 1976
BEGINN 1.1.1974 ENDE 31.12.1980
G.KOST 500.000 DM
LITAN VDI-FLAMMENTAGUNG. IN: VDI-BERICHT 246(1975)

CB -027
INST INSTITUT FUER ANGEWANDTE GASDYNAMIK DER DFVLR
KOELN 90, LINDER HOEHE

VORHAB **grundlegende untersuchungen der verbrennungsvorgaenge an troepfchen unter beruecksichtigung der schadstoffbildung**
ausgangssituation: erzeugung volumengleicher flussigkeitstropfen und untersuchung des verhaltens von tropfen in einem stroemungsfeld; ziel: oertlich-zeitliche bestimmung von verdampfungs- und verbrennungsvorgaengen an troepfchen
S.WORT verbrennung + schadstoffemission
PROLEI DIPL. -ING. WIEGAND
STAND 1.1.1974
FINGEB FORSCHUNGSVEREINIGUNG VERBRENNUNGSKRAFTMASCHINEN E. V. , FRANKFURT
ZUSAM - KLOECKNER-HUMBOLDT-DEUTZ AG, ENTWICKLUNGSWERK PORZ
- FORSCHUNGSVEREINIGUNG VERBRENNUNGSKRAFTMASCHINEN E. V. , 6 FRANKFURT/M. -NIEDERRAD 71, LYONER STR. 18
BEGINN 1.1.1974
G.KOST 300.000 DM
LITAN WANDERS, K.;WIEGAND, H.: METHODEN UND ANLAGEN ZUR UNTERSUCHUNG VON EINSPRITZVORGAENGEN IN STROEMENDE MEDIEN. IN: DLR-MITT. 72-19(1972)

CB -028
INST INSTITUT FUER ANGEWANDTE GASDYNAMIK DER DFVLR
KOELN 90, LINDER HOEHE
VORHAB **bestimmung der konzentration von gasgemischen als grundlage zur untersuchung von mischungsvorgaengen**
ziel: bereitstellung einer messtechnik zur lokalen, beruehrungslosen messung von gaskonzentrationen/verfolgung zeitlicher veraenderungen; methode: raman-streulicht-verfahren; anwendung: schadstoff-analyse-verfolgung und reduzierung (z. b. bei verbrennungsvorgaengen)
S.WORT gasgemisch + verbrennung + schadstoffnachweis
PROLEI DIPL. -ING. STURSBERG
STAND 1.10.1974
FINGEB - BUNDESMINISTER FUER FORSCHUNG UND TECHNOLOGIE
- BUNDESMINISTER DER VERTEIDIGUNG
BEGINN 1.7.1973 ENDE 31.12.1976
G.KOST 426.000 DM
LITAN - SCHWEIGER,G.;REQUARDT,G.: LASERLICHTSTREUUNG IN GASEN. DLR-FORSCHUNGSBERICHT 70-53(OKT 1973)
- SCHWEIGER,G.;FIEBIG,M.: MOEGLICHKEITEN DER STREULICHTANALYSE ZUR DICHTE- UND TEMPERATURMESSUNG IN NICHTSTRAHLENDEN GASEN. BMBW-FORSCHUNGSBERICHT W 72-20(JUL 1972)
- SCHWEIGER,G., EUROMECH 18 COLLOQUIUM,SOUTHAMPTON,ENGLAND,16.-18.SEP 1970: LIGHT SCATTERING ON GASES AS A DIAGNOSTIC TOOL. IN:DLR-MITT.71-01 (JAN.1971)

CB -029
INST INSTITUT FUER MECHANISCHE VERFAHRENSTECHNIK DER UNI ERLANGEN-NUERNBERG
ERLANGEN, MARTENSSTR. 9
VORHAB **betriebsverhalten von wirbelschichten**
erforschung der zusammenhaenge, die zum feingutaustrag aus wirbelschichten fuehren
S.WORT staubemission + schadstoffausbreitung
PROLEI DR. J. WERTHER
STAND 1.1.1974
FINGEB DEUTSCHE FORSCHUNGSGEMEINSCHAFT
ZUSAM - PROF. K. RIETEMA, TH ENDHOVEN
- PROF. G. VOLPICELLI, UNI NEAPEL
BEGINN 1.7.1968 ENDE 31.3.1975
G.KOST 500.000 DM
LITAN WERTHER, J.;MOERUS, O.: THE LOCAL STRUCTURE OF GES FLUIDIZED BEDS. INST. J. MULTIPHASE FLOW(1973)

CB -030
INST INSTITUT FUER MECHANISCHE VERFAHRENSTECHNIK DER UNI KARLSRUHE
KARLSRUHE, RICHARD-WILLSTAETTER-ALLEE
VORHAB **wechselwirkungen zwischen feststoffteilchen und fluessigkeitstropfen in gasstroemungen**
die untersuchungen sollen aufschluss ueber das verhalten von feststoffteilchen bei der umstroemung und beim aufprall auf tropfen geben; die untersuchung dient dem aufstellen von berechnungsgleichungen fuer die nassentstehung von gasstroemen
S.WORT gase + staub + fluessigkeit + stroemung
PROLEI PROF. DR. -ING. HANS RUMPF
STAND 1.1.1974
FINGEB - DEUTSCHE FORSCHUNGSGEMEINSCHAFT
- LAND BADEN-WUERTTEMBERG
ZUSAM - SONDERFORSCHUNGSBEREICH 62 DER DFG, UNI KARLSRUHE, 75 KARLSRUHE, KAISERSTR. 12
- INST. F. MECH. VERFAHRENSTECHNIK DER UNI KARLSRUHE, 75 KARLSRUHE, RICHARD-WILLSTAETTER-ALLEE
BEGINN 1.1.1974 ENDE 31.12.1976
G.KOST 203.000 DM
LITAN ZWISCHENBERICHT 1974. 06

CB -031
INST INSTITUT FUER MECHANISCHE VERFAHRENSTECHNIK DER UNI KARLSRUHE
KARLSRUHE, RICHARD-WILLSTAETTER-ALLEE
VORHAB **verteilungen von konzentration, teilchengroesse und geschwindigkeit in mehrphasigen systemen**
optische verfahren und messeinrichtungen; bereitstellung optischer messverfahren zur messung der verteilung von konzentration, teilchengroesse und-geschwindigkeit sowie zur sichtbarmachung von bewegungsablaeufen in mehrphasigen systemen; methode: hochfrequenzkinematographie/spark-tracing-verfahren/laser-doppler-anemometrie/streulichtmessverfahren/holographie/extinktionsmessungen
S.WORT gase + staub + stroemung + messverfahren
PROLEI DR. -ING. UMHAUER
STAND 1.1.1974
FINGEB DEUTSCHE FORSCHUNGSGEMEINSCHAFT
ZUSAM - SONDERFORSCHUNGSBEREICH 62 DER DFG, UNI KARLSRUHE, 75 KARLSRUHE, KAISERSTR. 12
- INST. F. MECH. VERFAHRENSTECHNIK DER UNI KARLSRUHE
BEGINN 1.1.1970
G.KOST 1.600.000 DM
LITAN - GESAMTANTRAG DES SFB 62 FUER 1974 BIS 1976
- ZWISCHENBERICHTE DES SFB (1972)
- ZWISCHENBERICHT 1974. 06

CB -032
INST INSTITUT FUER METEOROLOGIE DER FORSTLICHEN FORSCHUNGSANSTALT
MUENCHEN 40, AMALIENSTR. 52
VORHAB **kohlendioxidstroeme und bilanzen**
kontinuierliche messung der kohlendioxidkonzentrationen; berechnung der kohlendioxidstroeme und der sauerstoffumsaetze durch fichtenwald
S.WORT wald + kohlendioxid + sauerstoff + messung
PROLEI PROF. DR. ALBERT BAUMGARTNER
STAND 1.10.1974
QUELLE erhebung 1975
FINGEB - DEUTSCHE FORSCHUNGSGEMEINSCHAFT
- FORSTLICHE FORSCHUNGSANSTALT, INSTITUT FUER METEOROLOGIE, MUENCHEN
ZUSAM INTERNATIONALES BIOLOGISCHES PROGRAMM (IBP)
BEGINN 1.7.1969 ENDE 31.8.1974
G.KOST 150.000 DM
LITAN - BAUMGARTNER, A.: SAUERSTOFFUMSAETZE VON BAEUMEN U. WAELDERN. IN: ALLG. FORSTH. S. 482-483(1970)
- HAGER(UNI MUENCHEN, WISS. METEOROL. INST. , FORSTWISS. FACHBER.). DISSERTATION: KOHLENDIOXID-KONZENTATIONEN, -FLUESSE UND -BILANZEN IN EINEM FICHTENHOCHWALD. (1975)

CB -033

INST INSTITUT FUER METEOROLOGIE DER TH DARMSTADT DARMSTADT, HOCHSCHULSTR. 1
VORHAB **feststellung und vorhersage der ausbreitungsbedingungen in der bundesrepublik deutschland**
untersuchung des einflusses der orographie auf den zusammenhang zwischen dem geostrophischen wind und dem bodenwind. klimatologie der ausbreitungsbedingungen. vorhersage der ausbreitungsbedingungen. immissionsvorbelastung bei kuehltuermen (klimatologie der enthalpie)
S.WORT atmosphaere + schadstoffausbreitung + klimatologie BUNDESREPUBLIK DEUTSCHLAND
PROLEI PROF. DR. G. MANIER
STAND 30.10.1975
FINGEB BUNDESMINISTER DES INNERN
BEGINN 1.6.1974 ENDE 31.5.1977
G.KOST 152.000 DM
LITAN MANIER, G.: VERGLEICH ZWISCHEN AUSBREITUNGSKLASSEN UND TEMPERATUR GRADIENTEN. IN: METEOROLOGISCHE RUNDSCHAU, GEBR. BORNTRAEGER 28 S. 6-11(1975)

CB -034

INST INSTITUT FUER METEOROLOGIE DER TH DARMSTADT DARMSTADT, HOCHSCHULSTR. 1
VORHAB **modelle zur berechnung der schadstoffausbreitung**
modellrechungen zur umstroemung von hindernissen und zur diffusion im bereich von hindernissen
S.WORT schadstoffausbreitung + ausbreitungsmodell
PROLEI PROF. DR. G. MANIER
STAND 1.1.1974
FINGEB DEUTSCHE FORSCHUNGSGEMEINSCHAFT
BEGINN 1.1.1971 ENDE 31.12.1976
G.KOST 100.000 DM
LITAN ZWISCHENBERICHT 1975. 12

CB -035

INST INSTITUT FUER METEOROLOGIE DER TH DARMSTADT DARMSTADT, HOCHSCHULSTR. 1
VORHAB **bestimmung der dreidimensionalen haeufigkeitsverteilung der ausbreitungsbedingungen**
dreidimensionale haeufigkeitsverteilung der windgeschwindigkeit windrichtung und ausbreitungsklasse fuer 30 stationen in der bundesrepublik deutschland
S.WORT luftbewegung + aerologische messung + ausbreitungsmodell
PROLEI PROF. DR. G. MANIER
STAND 1.1.1974
FINGEB BUNDESMINISTER FUER BILDUNG UND WISSENSCHAFT
BEGINN 1.1.1972 ENDE 31.10.1974
G.KOST 20.000 DM
LITAN ZWISCHENBERICHT 1974. 12

CB -036

INST INSTITUT FUER METEOROLOGIE DER TH DARMSTADT DARMSTADT, HOCHSCHULSTR. 1
VORHAB **interregionaler transport von luftverunreinigungen, entwicklung und anwendung des ausbreitungsmodells**
das gesamtprojekt umfasst alle aspekte des interregionalen transportes, von so2-messungen am boden (kontin.), so2-flugzeugmessungen ueber erstellung eines katasters bis zur erfassung der meteorologischen gegebenheiten und der modellmaessigen simulation des transportes. die arbeitsgruppe der thd bearbeitet den zuletzt genannten teil des vorhabens mit dem ziel, ein ausbreitungsmodell fuer transporte ueber ca. 200 km zu erstellen, es anhand der messungen zu testen und es evtl. fuer vorhersagen der schadstoffbelastung im hollaendischen gebiet zu nutzen
S.WORT luftverunreinigung + ausbreitungsmodell RHEIN-RUHR-RAUM + NIEDERLANDE
PROLEI PROF. DR. W. KLUG
STAND 21.11.1975
FINGEB BUNDESMINISTER DES INNERN
ZUSAM - KOENIGL. NIEDERL. METEOROL. INSTITUT, DE BILT/HOLLAND
- METEOROL. INSTITUT, UNI FRANKFURT, FELDBERGSTR. 47, 6000 FRANKFURT
- DEUTSCHER WETTERDIENST, ABT. KLIMA, OFFENBACH A. M.
BEGINN 1.4.1974 ENDE 31.12.1977
G.KOST 526.000 DM
LITAN - HERRMANN, K.: USING LINE SOURCES FOR THE SIMULATION OF AERA SOURCES. IN: PROCEEDINGS OF NATO-CCMS 6TH INTERNATIONAL TECHNICAL MEETING ON AIR POLL. MOD. 1975
- HERRMANN, K.: DIE GAUSS'SCHE LINIENQUELLFORMEL ALS GRUNDLAGE FUER EINFACHE FLAECHENQUELL-MODELLE. IN: STAUB (OKT 1976)

CB -037

INST INSTITUT FUER METEOROLOGIE DER UNI MAINZ MAINZ, ANSELM-F. V. BENTZEL-WEG 12
VORHAB **physikalische chemie atmosphaerischer schwebeteilchen**
messungen des realteils des mittleren brechungsindex, der mittleren materialdichte trockener teilchenproben sowie der masse des an teilchenproben kondensierten wassers als funktion der relativen feuchte. auswertung der messergebnisse durch eine kombination strahlungs- und wolkenphysikalischer modellrechnungen. anwendungen: strahlungshaushalt der atmosphaere, wolkenphysik, vorhersage von luftverunreinigungen, inhalation
S.WORT luftchemie + schwebstoffe + atmosphaere + messtechnik
PROLEI DR. GOTTFRIED HAENEL
STAND 9.8.1976
QUELLE fragebogenerhebung sommer 1976
FINGEB DEUTSCHE FORSCHUNGSGEMEINSCHAFT
G.KOST 500.000 DM
LITAN HAENEL, G.: IN: ADVANCES IN GEOPHYSICS. 19 S. 73-188(1976)

CB -038

INST INSTITUT FUER METEOROLOGIE UND GEOPHYSIK DER UNI FRANKFURT FRANKFURT, FELDBERGSTR. 47
VORHAB **grossraeumiger transport von luftverunreinigungen - flugzeugmessungen (oecd-projekt)**
verfahrensermittlung zur erkennung und vorhersage austauscharmer wetterlagen, verfahren und programmiertechniken zur berechnung der ausbreitung von schadstoffen als grundlage fuer luftreinhalteplaene zur festlegung von schornsteinmindesthoehen
S.WORT schadstoffausbreitung + luftverunreinigung BUNDESREPUBLIK DEUTSCHLAND + SKANDINAVIEN
PROLEI PROF. DR. H. -W. GEORGII
STAND 1.1.1975
QUELLE umweltforschungsplan 1975 des bmi
FINGEB BUNDESMINISTER DES INNERN
ZUSAM - ORGANIZATION F. ECONOMIC COOPERATION AND DEVELOPMENT(OECD), 2 RUE ANDRE PASCAL, PARIS 16, FRANKREICH
- LANDESANSTALT FUER IMMISSIONS-U. BODENNUTZUNGSSCHUTZ, WALLNEYERSTR. 6, 43 ESSEN
- NORWEGIAN INSTITUTE FOR AIR RESEARCH KICKER
BEGINN 1.7.1972 ENDE 31.12.1975
G.KOST 582.000 DM

CB -039

INST INSTITUT FUER METEOROLOGIE UND GEOPHYSIK DER UNI FRANKFURT FRANKFURT, FELDBERGSTR. 47

VORHAB **interregionaler transport von luftverunreinigungen - flugzeugmessungen**
ermittlung von verfahren zur erkennung und vorhersage austauscharmer wetterlagen und zur festlegung von schornsteinmindesthoehen, vorsorgliche feststellung und laufende kontrolle der auswirkungen zunehmender luftverunreinigungen auf das klima in internationaler zusammenarbeit
S.WORT luftverunreinigende stoffe + schwefeldioxid + transport + messung
PROLEI DR. DIETER JOST
STAND 17.11.1975
FINGEB BUNDESMINISTER DES INNERN
BEGINN 1.7.1973 ENDE 31.3.1977
G.KOST 700.000 DM

CB -040
INST INSTITUT FUER METEOROLOGIE UND GEOPHYSIK DER UNI FRANKFURT
FRANKFURT, FELDBERGSTR. 47
VORHAB **untersuchung ueber smogbildung, insbesondere ueber die ausbildung von oxidationen als folge der luftverunreinigungen in der bundesrepublik deutschland**
verfahrensermittlung zur erkennung und vorhersage austauscharmer wetterlagen, sowie programmiertechniken zur berechnung der ausbreitung von schadstoffen als grundlage fuer luftreinhalteplaene zur festlegung von schornsteinmindesthoehen
S.WORT atmosphaere + oxidierende substanzen + smog + ausbreitung
BUNDESREPUBLIK DEUTSCHLAND
PROLEI PROF. DR. H. -W. GEORGII
STAND 20.11.1975
FINGEB BUNDESMINISTER DES INNERN
BEGINN 1.7.1974 ENDE 30.6.1977
G.KOST 482.000 DM

CB -041
INST INSTITUT FUER OEKOLOGISCHE CHEMIE DER GESELLSCHAFT FUER STRAHLEN- UND UMWELTFORSCHUNG MBH
NEUHERBERG, SCHLOSS BIRLINGHOVEN
VORHAB **bilanz der umwandlung von umweltchemikalien unter simulierten atmosphaerischen bedingungen**
reaktionen von modellsubstanzen in loesung (1), in der gasphase (2) und in adsorbierter form an festen traegermaterialien (3) bei uv-bestrahlung. die experimente (2) und (3) werden in normaler luft, aber auch unter zusatz reaktiver spezies (wie z. b. o3, o(3p)) durchgefuehrt. versuche mit folgenden substanzen werden durchgefuehrt bzw. fortgesetzt: cyclodieninsektizide, chlorierte benzole, anilin und phenole (1, 2, 3). photochemie der chlordanderivate und dechlorierungsverhalten chlorierter kohlenwasserstoffe (1). photochemische reaktionskinetik unter besonderer beruecksichtigung der dechlorierungsreaktionen. umwandlung von herbiziden, wie tribunil, linuron und sencor, unter simulierten atmosphaerischen bedingungen. reaktionskinetik der desaminierungsreaktion ddes sencors und der sencorabkoemmlinge
S.WORT umweltchemikalien + reaktionskinetik + atmosphaere + pestizide
PROLEI PROF. DR. F. KORTE
STAND 30.8.1976
QUELLE fragebogenerhebung sommer 1976
BEGINN 1.1.1975 ENDE 31.12.1979
G.KOST 3.457.000 DM
LITAN - GAEB,S.;COCHRANE,W.P.;PARLAR,H.;KORTE,F.: PHOTOCHEMISCHE REAKTIONEN VON CHLORDEN-ISOMEREN DES TECHNISCHEN CHLORDANS. IN:Z. NATURFORSCH. 30B S.239-244(1975)
- PARLAR,H.;GAEB,S.;LAHANIATIS,E.S.;KORTE,F.: PHOTOREVERSIBLER WASSERSTOFFTRANSFER AN VERBRUECKTEN CHLORKOHLENWASSERSTOFFEN ALS KONKURRENZSCHRITT ZUR (PI SIGMA-2 SIGMA)-REAKTION. IN:CHEM. BER. 108 S.3692(1975)
- VOLLNER,L.;ROHLEDER,H.;KORTE,F.: DEGRADATION OF PERSISTENT ORGANOCHLORINE POLLUTANTS BY GAMMA-RADIATION AND ITS POSSIBLE USE OF WASTE-WATER TREATMENT. IN:RADIOATION FOR A CLEAN ENVIRONMENT. IAEA:STI/PUB/402 S.285-296(1975)

CB -042
INST INSTITUT FUER PHYSIK DER ATMOSPHAERE DER DFVLR
OBERPFAFFENHOFEN, MUENCHENER STRASSE
VORHAB **messung horizontaler und vertikaler aerosolvariationen mit flugzeuggetragener rueckstreusonde**
messungen der aerosolvariationen unterstuetzen die entwicklung von ausbreitungsmodellen einzelner oder flaechenhaft verteilter luftverunreinigungsquellen
S.WORT aerosolmesstechnik
PROLEI DIPL. -ING. RENGER
STAND 1.10.1974
FINGEB BUNDESMINISTER FUER FORSCHUNG UND TECHNOLOGIE
ZUSAM DFVLR-INST. F. PHYSIK DER ATMOSPHAERE, 8031 OBERPFAFFENHOFEN, POST WESSLING/OBB.
BEGINN 1.1.1968
LITAN RENGER, W.: HERSTELLUNG UND UNTERSUCHUNG VON SENSOREN ZUR MESSUNG DES STREULICHTES IN GROSSER HOEHE MIT DEM ZIEL DER FESTSTELLUNG DER LUFTDICHTE RESP. LUFTZUSAMMENSETZUNG SOW. DES AEROSOLGEHALTES IN GROSSER HOEHE

CB -043
INST INSTITUT FUER PHYSIK DER ATMOSPHAERE DER DFVLR
OBERPFAFFENHOFEN, MUENCHENER STRASSE
VORHAB **aerosol lidar system zur messung der ausbreitung von schwebeteilchen in der atmosphaere**
aerosol-lidar-system zur messung der ausbreitung von schwebeteilchen, der vertikalen feuchtestruktur und zur erfassung von warm- und kaltluftstruktur in der unteren atmosphaere
S.WORT aerosolmesstechnik + raman-lidar-geraet
PROLEI DIPL. -PHYS. WERNER
STAND 1.10.1974
FINGEB - BUNDESMINISTER FUER FORSCHUNG UND TECHNOLOGIE
- EUROPAEISCHE GEMEINSCHAFTEN
ZUSAM - INST. F. ATMOSPHAER. UMWELTFORSCHUNG DER FRAUNHOFER GESELL. , 31 GARMISCH-PARTENKIRCHEN, KREUZECK
- CNR, FLORENZ, ITALIEN
BEGINN 1.1.1974 ENDE 31.12.1976
LITAN - ANGEBOT ZUR ERSTELLUNG EINES AEROSOL-LIDAR-SYSTEMS
- ZWISCHENBERICHT 1975

CB -044
INST INSTITUT FUER PHYSIK DER ATMOSPHAERE DER DFVLR
OBERPFAFFENHOFEN, MUENCHENER STRASSE
VORHAB **probleme der luftverschmutzung; turbulenz und austausch in der grenzschicht; ausbreitung von luftverunreinigungen**
untersuchung der ausbreitung und des transportes radioaktiver substanzen und anderer schmutzstoffe (z. b. aerosole) in der atmosphaere, insbesondere in vertikalrichtung durch turbulenten austausch mit hilfe von flugzeugmessungen; bestimmung von austauschgroessen, z. b. von austauschkoeffizienten in der atmosphaere; untersuchung des zusammenhangs zwischen austausch und meteorologischen bedingungen; einfluss von inversionsschichten auf ausbreitung von luftverunreinigungen; anlagerung an wolkenelemente
S.WORT luftverunreinigung + austauschprozesse
PROLEI DR. PAFFRATH
STAND 1.10.1974
FINGEB DEUTSCHE FORSCHUNGS- UND VERSUCHSANSTALT FUER LUFT- UND RAUMFAHRT
ZUSAM UNI FRANKFURT
BEGINN 1.1.1970 ENDE 31.12.1975
LITAN - PAFFRATH,D.: UNTERSUCHUNG DER VERTIKALVERTEILUNG VON RADONFOLGEPRODUKTEN IN DER TROPOSPHAERE MIT DEM FLUGZEUG MIT ANWENDUNG AUF DEN

VERTIKALEN TURBULENTEN AUSTAUSCH. DEUTSCHE LUFT- UND RAUMFAHRTFB 71-68(1971)
- PAFFRATH,D.: BESTIMMUNG DES VERTIKALEN AUSTAUSCHKOEFFIZIENTEN IN DER FREIEN ATMOSPHAERE MIT DEM FLUGZEUG. IN:ANNALEN DER METEOROLOGIE,NEUE FOLGE (6) S.177-180(1973)
- PAFFRATH,D.: FORSCHUNGSARBEITEN IN DER DFVLR AUF DEM GEBIET DES UMWELTSCHUTZES TEIL I.REINHALTUNG DER LUFT. IN:DEUTSCHE LUFT- UND RAUMFAHRT DLR MITT. 72-14 S.1-19(1972)

CB -045

INST INSTITUT FUER PHYSIK DER ATMOSPHAERE DER DFVLR
OBERPFAFFENHOFEN, MUENCHENER STRASSE
VORHAB **erstellung eines aerosol-lidar-systems zur messung der ausbreitung von schwebeteilchen**
S.WORT aerosolmesstechnik + schwebstoffe + messgeraet + (aerosol-lidar-system)
STAND 6.1.1975
FINGEB BUNDESMINISTER FUER FORSCHUNG UND TECHNOLOGIE
BEGINN 1.1.1974 ENDE 31.12.1975

CB -046

INST INSTITUT FUER PHYSIK DER UNI HOHENHEIM
STUTTGART 70, GARBENSTR. 30
VORHAB **groessenverteilung, ladungsverteilung, beweglichkeit und wachstum natuerlicher und kuenstlicher aerosolen**
aerosolphysikalische daten, wie groessenverteilung/ladungsverteilung/wachstum/koagulation usw. werden mit verschiedenen methoden untersucht (abscheider verschiedener art/impaktoren/aerosolzentrifugen/streulichtphotometer/elektronenmikroskopische groessenbestimmung)
S.WORT aerosole + messtechnik
PROLEI PROF. DR. WALTER RENTSCHLER
STAND 1.1.1974
QUELLE erhebung 1975
FINGEB - DEUTSCHE FORSCHUNGSGEMEINSCHAFT
- KULTUSMINISTERIUM, STUTTGART
BEGINN 1.1.1965
LITAN - WIESER,P.H.: UEBER DIE GROESSENVERTEILUNG DES NATUERLICH RADIOAKTIVEN AEROSOLS. IN:ATOMPRAXIS 12 S.294-296 (1966)
- SCHREIBER,H.;WOERNER,F.: BEITRAG ZUR BESTIMMUNG DER MITTLEREN VERWEILDAUER VON NATUERLICHEN AEROSOLEN II. IN:ARCH. MET. GEOPH. BIOKL.SER. A, 19 S.383-390 (1970)
- SCHREIBER,D.;SCHREIBER,H.;WOERNER,F.: DER EINFLUSS AEROLOGISCHER GROESSEN AUF DIE LANGLEBIGE RADIOAKTIVITAET DER BODENNAHEN LUFT. IN:MET.RUNDSCHAU, 24 (6) S.171-175 (1971)

CB -047

INST INSTITUT FUER PHYSIKALISCHE CHEMIE DER TH DARMSTADT
DARMSTADT, PETERSENSTR. 15
VORHAB **kondensation und polymerisationsreaktionen von kleinen kohlenwasserstoff-radikalen mit ungesaettigten kohlenwasserstoffen**
untersuchung der kinetik von elementaren einleitungs- und folgeschritten
S.WORT luftverunreinigung + kohlenwasserstoffe + polymere
PROLEI PROF. DR. KLAUS-HEINRICH HOMANN
STAND 1.1.1974
FINGEB DEUTSCHE FORSCHUNGSGEMEINSCHAFT
BEGINN 1.1.1972

CB -048

INST INSTITUT FUER PHYSIKALISCHE CHEMIE DER TH DARMSTADT
DARMSTADT, PETERSENSTR. 15
VORHAB **bildung von hoeheren kohlenwasserstoffen bei der verbrennung von benzol und toluol in flammen**
untersuchung, inwieweit die methylgruppe am benzolkern bei der verbrennung im luftunterschuss die bildung von hoeheren aromatischen kohlenwasserstoffen und russ beeinflusst. es werden gasproben aus flachen flammen entnommen und mit einem massenspektrometer analysiert
S.WORT luftverunreinigung + kohlenwasserstoffe + verbrennung + benzol
PROLEI PROF. DR. KLAUS-HEINRICH HOMANN
STAND 30.8.1976
QUELLE fragebogenerhebung sommer 1976
FINGEB - LAND HESSEN
- DEUTSCHE FORSCHUNGSGEMEINSCHAFT
- FONDS DER CHEMISCHEN INDUSTRIE
BEGINN 1.9.1974 ENDE 30.9.1976
G.KOST 70.000 DM
LITAN ENDBERICHT (DISS.)

CB -049

INST INSTITUT FUER PHYSIKALISCHE CHEMIE DER UNI BONN
BONN, WEGELERSTR. 12
VORHAB **untersuchungen ueber reaktionen und lebensdauer des so2 in der atmosphaere durch laboratoriumsexperimente**
es muessen verfahren zur erkennung und vorhersage austauscharmer wetterlagen ermittelt werden. verfahren und programmiertechniken zur berechnung der ausbreitung von schadstoffen als grundlage fuer luftreinhalteplaene, zur festlegung von schornsteinmindesthoehen und fuer planungen erarbeitet und standardisiert werden. die auswirkungen zunehmender luftverunreinigungen auf das klima sind vornehmlich in internationaler zusammenarbeit vorsorglich festzustellen und laufend zu kontrollieren
S.WORT atmosphaere + schwefeldioxid
PROLEI PROF. DR. K. H. BECKER
STAND 1.1.1975
QUELLE umweltforschungsplan 1975 des bmi
FINGEB BUNDESMINISTER DES INNERN
BEGINN 24.3.1972 ENDE 31.12.1975
G.KOST 1.047.000 DM
LITAN - JAHRESBERICHT 1972
- JAHRESBERICHT 1973
- ZWISCHENBERICHT 1975. 03

CB -050

INST INSTITUT FUER PHYSIKALISCHE CHEMIE DER UNI BONN
BONN, WEGELERSTR. 12
VORHAB **atmosphaerische radikalreaktionen und spektroskopie der radikale**
S.WORT smogbildung + radikale + messverfahren
PROLEI PROF. DR. K. H. BECKER
STAND 1.10.1974
BEGINN 1.1.1973
G.KOST 120.000 DM

CB -051

INST INSTITUT FUER PHYSIKALISCHE CHEMIE DER UNI BONN
BONN, WEGELERSTR. 12
VORHAB **untersuchungen ueber smogbildung, insbesondere ueber die ausbildung von oxidantien als folge der luftverunreinigung in der bundesrepublik deutschland**
verfahrensermittlung zur erkennung und vorhersage austauscharmer wetterlagen und programmiertechniken zur berechnung der ausbreitung von schadstoffen als grundlage fuer luftreinhalteplaene und zur festlegung fuer schornsteinmindesthoehen
S.WORT smogbildung + oxidation
KOELN + BONN + RHEIN-RUHR-RAUM
PROLEI PROF. DR. K. H. BECKER

STAND 18.11.1975
FINGEB BUNDESMINISTER DES INNERN
BEGINN 1.7.1974 ENDE 30.6.1977
G.KOST 946.000 DM
LITAN - BECKER, K. H.;SCHURATH, U.:ENTSTEHT PHOTOCHEMISCHER SMOG IN DER BUNDESREPUBLIK DEUTSCHLAND? IN: UMSCHAU 73 S. 310-311 (1973)
- BECKER, K. H.;DEIMEL, M.;GEORGII, H. W. G.:UNTERSUCHUNG UEBER SMOGBILDUNG, INSBESONDERE UEBER DIE AUSBILDUNG VON OXIDANTIEN ALS FOLGE DER LUFTVERUNREINIGUNG IN DER BRD. PROJEKTBESCHREIBUNG, BONN (MAR 1974)

CB -052

INST INSTITUT FUER PHYSIKALISCHE CHEMIE DER UNI BONN
BONN, WEGELERSTR. 12
VORHAB **atmosphaerische oxidationsprozesse**
elementarschritte atmosphaerischer oxidationsprozesse; radikalreaktionen; photochemische primaerreaktionen; ozonolyse von olefinen; analyse der hydroxyl-bildung
S.WORT atmosphaere + oxidation
PROLEI PROF. DR. K. H. BECKER
STAND 1.1.1974
FINGEB DEUTSCHE FORSCHUNGSGEMEINSCHAFT
BEGINN 1.9.1973 ENDE 30.9.1974
G.KOST 76.000 DM
LITAN - WEBER,K.(UNI BONN,INST.F.PHYS.CHEMIE)DISSERTATION: DIE REAKTIONEN VON EISENPENTACARBONYL UND NICKELTETRACARBONYL MIT OZON UND DIE ERZEUGUNG VON AEROSOLEN BEI NIEDRIGEN DRUECKEN. (APR 1973)
- BECKER,K.H.;SCHURATH,U.: NATO/AGARD CONFERENCE PROCEEDINGS. (125) S.5 (1973)
- BECKER,K.H.;FINK,E.H.;LANGEN,P.: THE CHEMILUMINESCENCE REACTION OF HCO WITH O2 (1AG). IN: Z.F.NATURF.28A 1872 (1973)

CB -053

INST INSTITUT FUER PHYSIKALISCHE CHEMIE DER UNI BONN
BONN, WEGELERSTR. 12
VORHAB **untersuchung ueber das verhalten von schwefelwasserstoff an silberoberflaechen unter besonderer beruecksichtigung atmosphaerischer bedingungen**
die wirkung von schwefelwasserstoff auf duenne silberschichten wird untersucht; ueber aenderung der metallschicht koennen spurenkonzentrationen von schwefelwasserstoff in der atmosphaere gemessen werden
S.WORT schwefelwasserstoff + spurenanalytik
PROLEI PROF. DR. K. H. BECKER
STAND 1.1.1974
FINGEB LANDESAMT FUER FORSCHUNG, DUESSELDORF
BEGINN 1.1.1974 ENDE 31.12.1974
G.KOST 89.000 DM
LITAN - BECKER, K. H.;COMSA, G.: UNTERSUCHUNGEN UEBER DAS VERHALTEN VON SCHWEFELWASSERSTOFF AN SILBEROBERFLAECHEN UNTER BESONDERER BERUECKSICHTIGUNG ATMOSPHAERISCHER BEDINGUNGEN. PROJEKTBESCHREIBUNG, BONN (SEP 1973)
- 1975. 01

CB -054

INST INSTITUT FUER PHYSIKALISCHE CHEMIE DER UNI GOETTINGEN
GOETTINGEN, TAMMANNSTR. 6
VORHAB **reaktionskinetische untersuchungen zur entstehung und wirkung von luftverunreinigungen**
die reaktionskinetischen einzelschritte sowie das photochemische elementarverhalten von vielen fuer das atmosphaerengeschehen wichtigen atomen, radikalen und molekuelen wird analysiert und experimentell untersucht. ebenso werden die bei der bildung von luftverunreinigungen wichtigen prozesse (z. b. bei verbrennung) in einzelschnitte aufgeteilt und ausgemessen. die gewonnenen daten sind als eingabe fuer atmosphaeren- oder verbrennungsmodelle unerlaesslich. nur mit ihrer kenntnis koennen sinnvole optimierungsvorschlaege erarbeitet werden
S.WORT luftverunreinigung + reaktionskinetik + verbrennung + (atmosphaerenmodelle)
PROLEI PROF. DR. JUERGEN TROE
STAND 11.8.1976
QUELLE fragebogenerhebung sommer 1976
ZUSAM - US NATIONAL BUREAU OF STANDARDS, WASHINGTON, USA
- US DEPARTMENT OF TRANSPORTATION, WASHINGTON, USA
- DFVLR, STUTTGART-VAIHINGEN
LITAN ZWISCHENBERICHT

CB -055

INST INSTITUT FUER RADIOCHEMIE DER GESELLSCHAFT FUER KERNFORSCHUNG MBH
KARLSRUHE -LEOPOLDSHAFEN, KERNFORSCHUNGSZENTRUM
VORHAB **chemische reaktionen atmosphaerischer schadstoffe**
aufklaerung des verhaltens atmosphaerischer schadstoffe (schwefeldioxid/aerosole u. a.) im hinblick auf die immissionsprognose sowie entwicklung von messverfahren luftgetragener schadstoffe; esr-messung
S.WORT luftchemie + luftverunreinigende stoffe + messverfahren
PROLEI DR. GUESTEN
STAND 1.1.1974
FINGEB BUNDESMINISTER FUER FORSCHUNG UND TECHNOLOGIE
ZUSAM INST. F. PHYSIKALISCHE CHEMIE DER UNI BONN, 53 BONN, WEGELERSTR. 12
BEGINN 1.1.1972 ENDE 31.12.1975
G.KOST 1.592.000 DM
LITAN - JAHRESBERICHT DES KERNFORSCHUNGSZENTRUMS KARLSRUHE 1972(1973)
- ZWISCHENBERICHT 1974. 03

CB -056

INST INSTITUT FUER RAUMSIMULATION DER DFVLR
KOELN 90, LINDER HOEHE
VORHAB **untersuchung zur ermittlung verschiedener parameter fuer die entstehung von smog unter besonderer beruecksichtigung der solarstrahlung**
neben temperatur, feuchte und konzentration von schadstoffen hat die sonnenstrahlung, d. h. intensitaeten bestimmter strahlungsbereiche aus dem gesamtspektrum, einen entscheidenen anteil an der smog-entstehung; diese parameter sollen mit hilfe der vorhandenen sonnensimulatoren untersucht werden
S.WORT smog + sonnenstrahlung
PROLEI DR. KLEBER
STAND 1.1.1974
BEGINN 1.9.1973
G.KOST 140.000 DM

CB -057

INST INSTITUT FUER REAKTIONSKINETIK DER DFVLR
STUTTGART 80, PFAFFENWALDRING 38
VORHAB **untersuchungen zu spezifischen stickstoffmonoxid-reaktionen in der atmosphaere, kohlenwasserstoff- und aldehydreaktionen**
zum nachweis geringster stickstoffmonoxid-konzentrationen im ppm-bereich wurde ein neues, physikalisches messverfahren entwickelt; messungen mit photolyseverfahren beginnen 1974
S.WORT stickstoffmonoxid + nachweisverfahren
PROLEI DR. MEINEL

STAND 1.1.1974
FINGEB - DEUTSCHE FORSCHUNGSGEMEINSCHAFT
- BUNDESMINISTER FUER FORSCHUNG UND TECHNOLOGIE
BEGINN 1.1.1972 ENDE 31.12.1976
G.KOST 200.000 DM
LITAN - MEINEL, H.;JUST, T.: A NEW ANALYTIC ETECTION IN THE RANGE FROM 0. 1 TO 5000 PPM. AGARD-CP-125, 8-1 BIS 8-5(1973)
- ZWISCHENBERICHT 1975

CB -058

INST INSTITUT FUER STRAHLENBOTANIK DER GESELLSCHAFT FUER STRAHLEN- UND UMWELTFORSCHUNG MBH
HANNOVER -HERRENHAUSEN, HERRENHAEUSERSTR. 2
VORHAB **untersuchungen von ausbreitungsvorgaengen in der atmosphaere mit hilfe von pyrotechnisch erzeugten, aktivierbaren aerosolen**
bei untersuchungen ueber die ausbreitung von schadstoffen in der atmosphaere ist es vielfach noetig, kuenstliche, markierte aerosole zu erzeugen, deren verhalten im hinblick auf die sedimentation dem der natuerlichen adaequat ist. auf der basis einer pyrotechnisch-chemischen verbindung ist daher ein aerosolgenerator in form einer pyrotechnischen patrone entwickelt worden, bei dem die erzeugten aerosole mit einem leicht aktivierbaren element markiert sind
S.WORT atmosphaere + schadstoffausbreitung + aerosolmesstechnik + sedimentation
PROLEI DR. WILHELM KUEHN
STAND 30.8.1976
QUELLE fragebogenerhebung sommer 1976
ZUSAM INST. F. BIOPHYSIK TU HANNOVER, HERRENHAEUSERSTR. 2, 3000 HANNOVER
BEGINN 1.1.1975 ENDE 31.12.1978
G.KOST 63.000 DM
LITAN - KUEHN, W.;ALPS, W.;KORN, D.: PYROTECHNICALLY PRODUCED ACTIVABLE AEROSOLS AS TRACERS FOR MEASUREMENTS IN THE ATMOSPHERE. INTERNATIONAL ATOMIC ENERGY AGENCY, VIENNA. IAEA-SM-206/25
- GLUBRECHT, H.;KUEHN, W.: INDIKATORAKTIVIERUNGSMETHODE. MUENCHEN: THIEMIG(IM DRUCK)

CB -059

INST INSTITUT FUER STROEMUNGSMECHANIK DER DFVLR
GOETTINGEN, BUNSENSTR.10
VORHAB **einfluss chemischer bzw. biochemischer reaktionen auf die ausbreitung von schmutzstoffen**
minderung der umweltbelastung durch schmutzstoffe mittels verfahrenstechnischer eingriffe; biologische selbstreinigung verschmutzter fluesse; einfluss chemischer reaktionen auf die turbulente dispersion von schmutzstoffen in der atmosphaere
S.WORT schadstoffausbreitung + atmosphaere + fliessgewaesser + selbstreinigung
PROLEI DR. -ING. ROMBERG
STAND 1.10.1974
BEGINN 1.1.1971 ENDE 31.12.1975
G.KOST 190.000 DM

CB -060

INST INSTITUT FUER THERMO- UND FLUIDDYNAMIK DER UNI BOCHUM
BOCHUM, BUSCHEYSTR. 132
VORHAB **aufwirbelung von staub durch luftdruckwellen**
es wird die entwicklung der staubwolke untersucht, die durch das aufwirbeln von staub hinter einer luftdruckwelle (stosswelle) entsteht. der zeitliche verlauf der staubkonzentration in der luftstroemung wird berechnet und mit hilfe eines optischen absorptionsverfahren gemessen
S.WORT staub + (ausbreitung hinter einer luftdruckwelle)
PROLEI PROF. DR. WOLFGANG MERZKIRCH
STAND 19.7.1976
QUELLE fragebogenerhebung sommer 1976
FINGEB MINISTER FUER WISSENSCHAFT UND FORSCHUNG, DUESSELDORF
ZUSAM BERGWERKSCHAFTLICHE VERSUCHSSTRECKE, 4600 DORTMUND-DERNE
BEGINN 1.9.1974
G.KOST 200.000 DM
LITAN ZWISCHENBERICHT

CB -061

INST INSTITUT FUER UMWELTPHYSIK DER UNI HEIDELBERG
HEIDELBERG, IM NEUENHEIMER FELD 366
VORHAB **relative verteilung bestimmter substanzen auf das groessenspektrum des atmosphaerischen aerosols**
untersuchung der verteilung verschiedener spurenstöffe auf verschieden grosse teilchen des atmosphaerischen aerosols; verwendung bekannter und selbst entwickelter verfahren zur groessenklassifizierung; identifizierung der spurenstoffe mittels neutronenaktivierungsanalyse
S.WORT aerosole + teilchengroesse + spurenstoffe + atmosphaere
PROLEI DR. SCHUMANN
STAND 1.1.1974
FINGEB DEUTSCHE FORSCHUNGSGEMEINSCHAFT
BEGINN 1.1.1972 ENDE 31.12.1975
LITAN - BOGEN, J.: TRACE ELEMENTS IN ATMOSPHERIC AEROSOL IN THE HEIDELBERG AREA, MEASURED BY INSTRUMENTAL NEUTRON ACTIVATION ANALYSIS. IN: ATM. ENVIRONMENT 7 S. 1117(1973)
- ZWISCHENBERICHT 1974. 10

CB -062

INST INSTITUT FUER VERFAHRENSTECHNIK UND DAMPFKESSELWESEN DER UNI STUTTGART
STUTTGART 80, PFAFFENWALDRING 23
VORHAB **entstehung und zerfall von stickoxyden in flammen**
untersuchung der bildungsmechanismen und ihrer beeinflussung fuer die entstehung von stickoxiden in stationaeren oelflammen. messung der russ- und flugkoksbildung
S.WORT oelflamme + stickoxide + russ
PROLEI DIPL. -ING. WOLFGANG RICHTER
STAND 1.1.1974
QUELLE erhebung 1975
FINGEB DEUTSCHE FORSCHUNGSGEMEINSCHAFT
ZUSAM - INTERNATIONAL FLAME RESEARCH FOUNDATION, IJMUIDEN/HOLLAND
- SONDERFORSCHUNGSBEREICH 157 DER TU STUTTGART, 7 STUTTGART, KEPLERSTR. 7
BEGINN 1.7.1973 ENDE 31.12.1978
G.KOST 545.000 DM
LITAN ZWISCHENBERICHT

CB -063

INST KERNFORSCHUNGSANLAGE JUELICH GMBH
JUELICH, POSTFACH 365
VORHAB **ausbreitung von schadstoffen in der atmosphaere und umweltbelastung**
untersuchung der ausbreitung von gasen im lokalen und regionalen bereich bis 50 km quelldistanz und vergleich mit den ergebnissen der versuche mit aerosolen der vergangenen jahre. umfassende turbulenzstrukturmessungen zur beurteilung der orts- und hoehenabhaengigkeit der diffusionsparameter und deren verwendung bei der berechnung der umweltbelastung durch schadstoffemissionen. fortsetzung der ablagerungsuntersuchungen von schwermetall- und testaerosolen auf verschiedenen grenzflaechen wie boden und vegetation. ergaenzende messungen zur jodablagerung im freiland und in einem abgeschlossenen system. untersuchung der abhaengigkeit der ablagerung von partikelgroesse und spektrum, von meteorologischen bedingungen und der chemischen bzw. physikalischen beschaffenheit. klimatologische untersuchungen (statistik der verschiedenen bodennahen mikrometeorologischen parameter) als voraussetzung der langfristigen ablagerungsprognose von schadstoffen

S.WORT meteorologie + schadstoffausbreitung + tracer + (ausbreitungsparameter + ablagerungsprognose)
PROLEI DR. K. J. VOGT
STAND 30.8.1976
QUELLE fragebogenerhebung sommer 1976
ZUSAM - EURATOM-C. E. A.
- LEHRSTUHL FUER REAKTOR-TECHNIK DER TH AACHEN, 5300 AACHEN
BEGINN 1.1.1970
G.KOST 6.000.000 DM
LITAN - VOGT,K.;GEISS,H.;HORBERT,M.;ET AL.: UNTERSUCHUNGEN ZUR AUSBREITUNG VON ABLUFTFAHNEN IN DER ATMOSPHAERE. FORSCHUNGSVORHABEN "AUSBREITUNG VON SCHADSTOFFEN IN DER ATMOSPHAERE UND UMWELTBELASTUNG". IN:KFA-BER. JUEL-1143-ST 93 S.(1974)
- HEINEMANN,K.;STOEPPLER,M.;VOGT,K.;ANGELETTI,L.-: UNTERSUCHUNGEN ZUR ABLAGERUNG UND DESORPTION VON JOD AUF VEGETATION. IN:KFA-BER. JUEL.-1287-ST 66 S.(1976)
- HORBERT,M.;VOGT,K.;ANGELETTI,L.: UNTERSUCHUNGEN ZUR ABLAGERUNG VON AEROSOLEN AUF VEGETATION UND ANDERE GRENZFLAECHEN. IN:KFA-BER. JUEL.-1288-ST (1976)

CB -064

INST KERNFORSCHUNGSANLAGE JUELICH GMBH
JUELICH, POSTFACH 365
VORHAB atmosphaerische chemie
entwicklung von messmethoden fuer radikale. drei verschiedene methoden werden genauer verfolgt: resonanzfluoreszenz, messung des absorptionssignals auf langen, optischen wegen und nachweis mit elektronenspinresonanz nach vorausgegangener anreicherung. nach abschluss der laborentwicklung sollen die instrumente verwendet werden, um die horizontale, vertikale und zeitliche verteilung der radikale zunaechst unter reinluftbedingungen zu messen. die zur interpretation der radikalkonzentration benoetigten hilfsmessungen von no, no2, h2o, o3, ch4, co und h2, sowie die messungen des solaren uv-flusses werden entwickelt. (techniken: gaschromatographie, massenspektrometrie, chemolumineszenz.) daneben sollen die vertikalen fluesse einiger weiterer schadstoffe, vor alleem des so2, auf optischem wege gemessen werden. als naechster schritt der modellentwicklung sollen atmosphaerische auswaschvorgaenge und wechselwirkung mit der erdoberflaeche erfasst werden
S.WORT luftchemie + atmosphaere + messverfahren + radikale
PROLEI PROF. D. H. EHHALT
STAND 30.8.1976
QUELLE fragebogenerhebung sommer 1976
ZUSAM - NATIONAL CENTER FOR ATMOS. RES. , BOULDER/USA
- UNI HEIDELBERG
BEGINN 1.1.1975
LITAN - CADLE,R.;CRUTZEN,P.;EHHALT,D.: HETEROGENEOUS CHEMICAL REACTIONS IN THE STRATOSPHERE. IN:J. GEOPHYS. RES. 80(1975)
- KNIGHT,CH.;EHHALT,D.;HEIDT,L.: BALLOON-BORNE LOW TEMPERATURE AIR SAMPLER. REV. SCI. INSTR. 45 S.702-705(1975)
- HEIDT,L.;LUEB,R.;POLLOCK,W.;EHHALT,D.: STRATOSPHERIC PROFILES OF CCL3F AND CCL2F2. IN:GEOPHYS. RES. LETTERS 2(1975)

CB -065

INST KERNFORSCHUNGSANLAGE JUELICH GMBH
JUELICH, POSTFACH 365
VORHAB bio-geochemische stoffzyklen
co2-haushalt: c-13-messungen an datierten holzproben werden zur statistischen absicherung des datenmaterials als routinemethode fortgefuehrt. weitere untersuchungen: der einfluss globaler temperaturschwankungen auf die gleichgewichtslage atmosphaere/meer sowie die auswirkungen der rapide zunehmenden bodenkultivierung. n2-zyklus: wassereutrophierung durch ausgewaschenen kunstduenger anhand der isotopenzusammensetzung des stickstoffs. sauerstoffzyklus: gasaustauschraten zwischen atmosphaere und meer sowie schichtungs- und durchmisschungserscheinungen in den oberen meeresschichten. messungen zur isotopenfraktionierung bei der bodenatmung. die entwicklung der transpirationsratenbestimmung an oekosystemen mit hilfe der h2-18o-konzentrierung wird fortgefuehrt. weitterhin sollen medizinische aspekte der sauerstoffisotopenfraktionierung verfolgt werden
S.WORT geochemie + atmosphaere + stofftransport + kohlendioxid + stickstoff
PROLEI PROF. DR. K. WAGENER
STAND 30.8.1976
QUELLE fragebogenerhebung sommer 1976
ZUSAM - INST. FUER BOTANIK DER UNI FRANKFURT
- PHYSIOLOGISCHES INSTITUT DER UNI BONN
- INST. FUER MEERESKUNDE, KIEL
BEGINN 1.1.1969
LITAN - WAGENER,K.: KINETIC ISOTOPE EFFECTS OF OXYGEN IN PHOTOSYNTHESIS AND RESPIRATION. IN:GOLDBERG,E.(ED.): THE NATURE OF SEAWATER, DAHLEM WORKSHOP REPORT,BERLIN (1975)
- WAGENER,K.: DETERMINATION OF O2-EXCHANGE RATES BETWEEN OCEAN AND ATMOSPHERE CALCULATED FROM STABLE ISOTOPE FRACTIONATION DATA. IN:THALASSIA JUGOSLAVIA II S.31-36(1975)
- FREYER,H.;ALY,A.: NITROGEN-15 STUDIES ON IDENTIFYING FERTILIZER EXCESS IN ENVIRONMENTAL SYSTEMS. IN:PROC. FAO/IAEA-SYMP. ISOTOPE RATIOS AS POLLUTANT SOURCE AND BEHAVIOUR INDICATORS IAEA, VIENNA S.21-33(1974)

CB -066

INST LABORATORIUM FUER AEROSOLPHYSIK UND FILTERTECHNIK DER GESELLSCHAFT FUER KERNFORSCHUNG MBH
KARLSRUHE 1, WEBERSTR. 5
VORHAB experimentelle und modelltheoretische untersuchungen zum atmosphaerischen aerosol- und so2-kreislauf
aufklaerung der chemischen und physikalischen wechselwirkung verschiedener schadstoffe in der atmosphaere, insbesondere von so2 und aerosolen. aus laborexperimenten (smogkammer) werden die chemischen und physikalischen parameter der reaktionen bestimmt und mit hilfe von modellrechnungen auf atmosphaerische verhaeltnisse uebertragen
S.WORT atmosphaere + schadstoffbelastung + aerosole + schwefeldioxid + luftchemie
PROLEI DR. SIEGFRIED JORDAN
STAND 13.8.1976
QUELLE fragebogenerhebung sommer 1976
ZUSAM - COST 61A DER EG KOMMISSION, BRUESSEL
- LIB, ESSEN
BEGINN 1.1.1971 ENDE 31.12.1976
G.KOST 500.000 DM
LITAN - HAURY, G.;JORDAN, S.: UNTERSUCHUNGEN ZUR KATALYTISCHEN OXIDATION VON SO2 AN AEROSOLEN. IN: KFK-NACHRICHTEN 6(2)(1974)
- HAURY, G.;JORDAN, S.: UEBER DEN EINFLUSS DER LUFTFEUCHTE UND TEMPERATUR AUF DIE KATAL. SO2-OXIDATION AN ATMOSPHAERISCHEN AEROSOLEN. IN: JAHRESTAGUNG DER GAF (1975)

CB -067

INST LABORATORIUM FUER AEROSOLPHYSIK UND FILTERTECHNIK DER GESELLSCHAFT FUER KERNFORSCHUNG MBH
KARLSRUHE 1, WEBERSTR. 5
VORHAB experimentelle und modelltheoretische untersuchungen zum atmosphaerischen aerosol- und schwefeldioxidkreislauf
aufklaerung des verhaltens atmosphaerischer schadstoffsysteme (insbesondere schwefeldioxid und aerosole) im hinblick auf die immissionsprognose
S.WORT schwefeldioxid + aerosole + atmosphaere
PROLEI DR. SIEGFRIED JORDAN

STAND 1.1.1974
FINGEB BUNDESMINISTER FUER FORSCHUNG UND TECHNOLOGIE
ZUSAM - BESTANDTEIL DER AKTION 61A DER EG - KOMMISSION, BRUESSEL
- LANDESANSTALT F. IMMISSIONS- U. BODENNUTZUNGSSCHUTZ, 43 ESSEN, WALLNEYERSTR. 6
BEGINN 1.1.1971
G.KOST 490.000 DM
LITAN - JORDAN, S.: MESSUNGEN DER PERMEABILITAET... IN: STAUB-REINH. LUFT 33(1)(1973)
- HAURY, G.;JORDAN, S, VORTRAG GES. F. AEROSOLFORSCHG., BAD SODEN, 17.-18. 10. 73: KATALYTISCHE OXIDATION VON SCHWEFELDIOXID AN AEROSOLEN.

CB -068

INST LANDESANSTALT FUER IMMISSIONS- UND BODENNUTZUNGSSCHUTZ DES LANDES NORDRHEIN-WESTFALEN
ESSEN, WALLNEYERSTR. 6
VORHAB ermittlung von zusammenhaengen zwischen kohlenmonoxid-, schwefeldioxid-, stickoxid- und schwebstoff-immissionen
S.WORT luftverunreinigende stoffe + emission + korrelation
PROLEI DR. BUCK
STAND 1.1.1974
FINGEB LAND NORDRHEIN-WESTFALEN
BEGINN 1.1.1972

CB -069

INST LANDESANSTALT FUER IMMISSIONS- UND BODENNUTZUNGSSCHUTZ DES LANDES NORDRHEIN-WESTFALEN
ESSEN, WALLNEYERSTR. 6
VORHAB ermittlung des zusammenhanges zwischen immissions-kalkulationen und messungen zur justierung und optimierung von ausbreitungsmodellen
S.WORT immissionsmessung + schadstoffausbreitung
PROLEI DR. BUCK
STAND 1.1.1974
QUELLE erhebung 1975
FINGEB LAND NORDRHEIN-WESTFALEN
BEGINN 1.1.1971

CB -070

INST LANDESANSTALT FUER IMMISSIONS- UND BODENNUTZUNGSSCHUTZ DES LANDES NORDRHEIN-WESTFALEN
ESSEN, WALLNEYERSTR. 6
VORHAB untersuchungen zur ermittlung relevanter meteorologischer input-groessen fuer ausbreitungsmodelle
S.WORT luftverunreinigung + schadstoffausbreitung + meteorologie
PROLEI DR. BUCK
STAND 1.1.1974
QUELLE erhebung 1975
FINGEB LAND NORDRHEIN-WESTFALEN
BEGINN 1.1.1971

CB -071

INST LEHRSTUHL UND LABORATORIUM FUER STROEMUNGSMECHANIK DER TU MUENCHEN
MUENCHEN 2, ARCISSTR. 21
VORHAB leistungsfaehigkeit von gebaeudekaminen und umweltbeeinflussung durch emittierte schadstoffe bei windanfall
der einfluss von parametern, wie kaminhoehe, standort des kamins auf dem dach, gebaeudeabmessungen und windrichtung sowie die auswirkung eines benachbarten gebaeudes auf das leistungsvermoegen eines gebaeudeschornsteins und das ausbreitungsverhalten der emittierten schadstoffe sollen quantitativ (experimentell und rechnerisch) erfasst werden. anhand der ergebnisse soll eine optimierung des kamins im hinblick auf grosses leistungsvermoegen und verminderung der umweltbeeinflussung durch schadstoffe erreicht werden
S.WORT schornstein + schadstoffausbreitung
PROLEI DR. -ING. RUDOLF FRIMBERGER
STAND 19.7.1976
QUELLE fragebogenerhebung sommer 1976
BEGINN 1.1.1974 ENDE 31.12.1976
G.KOST 200.000 DM
LITAN ZWISCHENBERICHT

CB -072

INST MAX-PLANCK-INSTITUT FUER AERONOMIE
KATLENBURG-LINDAU 3, MAX-PLANCK-STR.
VORHAB projekt troposphaerisches ozon (atmosphaerische transport- und austauschparameter)
meridionale messkette: 18 stationen zwischen tromso/norwegen und hermanns/suedafrika, messung der jahresgaenge des tropischen ozon, zusaetzliche flugzeug- und ballonmessungen; auswertung; theorie
S.WORT atmosphaere + ozon + transportprozesse NORWEGEN + AFRIKA(SUED)
PROLEI DR. PETER FABIAN
STAND 1.10.1974
FINGEB - DEUTSCHE FORSCHUNGSGEMEINSCHAFT
- MAX-PLANCK-GESELLSCHAFT ZUR FOERDERUNG DER WISSENSCHAFTEN E. V., MUENCHEN
ZUSAM - MAX-PLANCK-INST. F. CHEMIE MAINZ
- DEUTSCHER WETTERDIENST
- WETTERDIENSTE VON NORWEGEN, ITALIEN, TUNESIEN, TSCHAD, ANGOLA, PORTUGAL, SUEDAFRIKA
G.KOST 1.200.000 DM
LITAN - PRUCHNIEWICZ,P.: A NEW AUTOMATIC OZONE RECORDER FOR NEAR-SURFACE OZONE MEASUREMENTS WORKING AT 19 STATIONS ON A MERIDIONAL CHAIN BETWEEN NORWAY AND SOUTH AFRICA. IN:PURE AND APPLIED GEOPHYS. 106-108 S.1074-1084(1973)
- FABIAN,P.;PRUCHNIEWICZ,P.: MERIDIONAL DISTRIBUTION OF TROPOSPHERIC OZONE FROM GROUND BASED REGISTRATIONS BETWEEN NORWAY AND SOUTH AFRICA. IN:PURE AND APPLIED GEOPHYS. 106-108 S.1027-1035(1973)
- FABIAN,P.: A THEORETICAL INVESTIGATION OF TROPOSHERIC OZONE AND STRATOSPHERIC-TROPOSHERIC EXCHANGE PROCESSES. IN:PURE AND APPLIED GEOPHYS. 106-108 S.1044-1057(1973)

CB -073

INST MAX-PLANCK-INSTITUT FUER AERONOMIE
KATLENBURG-LINDAU 3, MAX-PLANCK-STR.
VORHAB globale kreislaeufe von atmosphaerischen spurengasen
entwicklung von sensoren zur messung von stickoxiden, ozon, aerosolen, sammlungstechnik fuer stratosphaerische luftprobennahme (ballone, flugzeuge, raketen) und laboranalyse von kohlendioxid, stickoxide, methan, wasserdampf, salpetersaeure und andere
S.WORT atmosphaere + schadstoffnachweis + messverfahren
PROLEI DR. PETER FABIAN
STAND 1.10.1974
FINGEB MAX-PLANCK-GESELLSCHAFT ZUR FOERDERUNG DER WISSENSCHAFTEN E. V., MUENCHEN
BEGINN 1.1.1973 ENDE 31.12.1979
G.KOST 1.000.000 DM
LITAN - FABIAN, P.;LIBBY, W.: US DEPARTMENT OF TRANSPORTATION THIRD CONFERENCE ON CIAP S. 103-116(1974)
- FABIAN, P.: IN: PURE AND APPLIED GEOPHYS. 112 S. 901-913(1974)

CB -074

INST MAX-PLANCK-INSTITUT FUER CHEMIE (OTTO-HAHN-INSTITUT)
MAINZ, SAARSTR. 23
VORHAB erforschung der atmosphaerischen aerosole; groessenverteilung, chemische zusammensetzung, kreislauf
grundlagen zur erfassung der physikalischen und chemischen eigenschaften atmosphaerischer aerosole: groessenverteilung, chemische zusammensetzung, insebsondere organische verbindungen, elementverteilung. entwicklung von messmethoden und -geraeten, modellrechnungen zur erfassung von quellen

und senken, transportberechnungen
S.WORT atmosphaere + aerosole + schadstofftransport
PROLEI DR. JAENICKE
STAND 1.10.1974
FINGEB - DEUTSCHE FORSCHUNGSGEMEINSCHAFT
- BUNDESMINISTER FUER FORSCHUNG UND TECHNOLOGIE
- MAX-PLANCK-GESELLSCHAFT ZUR FOERDERUNG DER WISSENSCHAFTEN E. V., MUENCHEN
ZUSAM METEOROLOGISCHE INSTITUTE MAINZ UND FRANKFURT
BEGINN 1.1.1969
LITAN - VEROEFFENTLICHUNGEN DER MAX-PLANCK-GESELLSCHAFT ZUR FOERDERUNG DER WISSENSCHAFTEN
- JAENICKE,R. IN:PROMET (3) S.6-9(1975)
- KETSERIDIS,G.;HAHN,J.;JAENICKE,R.;JUNGE,C. IN:ATM. ENV. 10 S.603-610(1976)

CB -075

INST MAX-PLANCK-INSTITUT FUER CHEMIE (OTTO-HAHN-INSTITUT)
MAINZ, SAARSTR. 23
VORHAB verteilung, chemie und kreislauf der atmosphaerischen spurengase
erforschung des kreislaufs der gasfoermigen spurenstoffe als grundlage fuer die erkennung und erfassung regionaler und globaler einfluesse durch anthropogene aktivitaeten; studiert wird die globale verteilung der spurengase, ihre quellen und senken und ihre chemischen wechselwirkungen
S.WORT atmosphaere + gase + spurenstoffe + schadstofftransport
PROLEI DR. WOLFGANG SEILER
STAND 1.10.1974
FINGEB - DEUTSCHE FORSCHUNGSGEMEINSCHAFT
- MAX-PLANCK-GESELLSCHAFT ZUR FOERDERUNG DER WISSENSCHAFTEN E. V., MUENCHEN
BEGINN 1.1.1969
G.KOST 800.000 DM

CB -076

INST MAX-PLANCK-INSTITUT FUER CHEMIE (OTTO-HAHN-INSTITUT)
MAINZ, SAARSTR. 23
VORHAB reaktionskinetik wichtiger atmosphaerischer spurengase und deren photochemie
studium der chemischen reaktionen der spurengase in der atmosphaere einschliesslich der photochemie und der durch radikale und katalyse verursachten reaktionen; homogene und heterogene reaktion an aerosolen
S.WORT atmosphaere + spurenstoffe + reaktionskinetik
PROLEI DR. WARNECK
STAND 1.10.1974
FINGEB - DEUTSCHE FORSCHUNGSGEMEINSCHAFT
- MAX-PLANCK-GESELLSCHAFT ZUR FOERDERUNG DER WISSENSCHAFTEN E. V., MUENCHEN
BEGINN 1.1.1969
G.KOST 400.000 DM

CB -077

INST MAX-PLANCK-INSTITUT FUER CHEMIE (OTTO-HAHN-INSTITUT)
MAINZ, SAARSTR. 23
VORHAB bestimmung der anthropogenen produktion von co, h2, hg, h2co, ch4 und n2o
zielsetzung: bestimmung des anthropogenen einflusses auf den kreislauf verschiedener spurengase und abschaetzung der dadurch verursachten aenderungen der umwelt (atmosphaere). methoden: fluege ueber grosstaedten, messung der verteilung der betreffenden gase in verschiedenen hoehen ueber einer grosstadt und berechnung der anthropogenen produktion
S.WORT luftchemie + atmosphaere + spurenstoffe + anthropogener einfluss
PROLEI DR. WOLFGANG SEILER
STAND 30.8.1976
QUELLE fragebogenerhebung sommer 1976
BEGINN 1.1.1974
LITAN - SEILER, W.;ZANKL, H.: DIE SPURENGASE CO UND H2 UEBER MUENCHEN. IN: UMSCHAU 75 S. 284-285(1975)
- SEILER, W.;ZANKL, H., SYMPOSIUM "ENVIRONMENTAL BIOGEOCHEMISTRY", BURLINGTON, ONTARIO, 1975: MAN'S IMPACT ON THE ATMOSPHERIC CO-CYCLE. IN: ENVIRONM. BIOCHEM. VOL. 1 S. 25-37(1976). ANN ARBOR SCIENCE, ED. J. O. NRIAGU

CB -078

INST MAX-PLANCK-INSTITUT FUER STROEMUNGSFORSCHUNG
GOETTINGEN, BOETTINGERSTR. 6-8
VORHAB untersuchung von reaktionen, die bei verbrennungsvorgaengen zu stickoxid und anderen stickstoff- und kohlenstoff-verbindungen fuehren
entstehung von zyanid- und stickstoffverbindungen sowie von russ bei verbrennungsvorgaengen
S.WORT luftverunreinigung + verbrennung + schadstoffbildung
PROLEI WAGNER
STAND 1.1.1974
FINGEB - DEUTSCHE FORSCHUNGSGEMEINSCHAFT
- MAX-PLANCK-GESELLSCHAFT ZUR FOERDERUNG DER WISSENSCHAFTEN E. V., MUENCHEN
BEGINN 1.1.1966 ENDE 31.12.1976
LITAN SIEHE: INTERN SYMPOSIUM ON COMBUSTION SEIL 1956

CB -079

INST MEDIZINISCHES INSTITUT FUER LUFTHYGIENE UND SILIKOSEFORSCHUNG AN DER UNI DUESSELDORF
DUESSELDORF, GURLITTSTR. 53
VORHAB der einfluss oxidierender substanzen der atmosphaere auf die ultrastruktur der zelle
elektronenmikroskopische untersuchungen
S.WORT luftverunreinigende stoffe + oxidierende substanzen + zelle
PROLEI DR. BRUCH
STAND 1.1.1974
BEGINN 1.1.1971

CB -080

INST METEOROLOGISCHES INSTITUT DER UNI HAMBURG
HAMBURG 13, BUNDESSTR. 55
VORHAB bedeutung der stabilen bodenluftschichten fuer die ausbreitung gasfoermiger schadstoffe
untersuchung der hoehenabhaengigkeit gefaehrlicher schadstoffmaximalkonzentrationen (schwefeldioxid); einfluss der inversionswetterlagen auf die hoehenlage (100-300 meter) der maximalkonzentration; begrenzte repraesentanz von bodenwerten; wirkung auf hochhaeuser und fernwirkung auf randgebiete; physikalisch-mathematische modelle; methode: gleichzeitige messungen der atmosphaerischen schichtung der turbulenzparameter und des schwefeldioxidgehalts an einem 300 meter hohen mast
S.WORT schadstoffausbreitung + inversionswetterlage HAMBURG (RAUM)
PROLEI PROF. DR. GERD STILKE
STAND 1.1.1974
FINGEB FREIE UND HANSESTADT HAMBURG
ZUSAM - FORSCHUNGSBEREICH UMWELTSCHUTZ UND UMWELTGESTALTUNG DER UNI HAMBURG
- DR. GRAEFE, HYGIENISCHES INSTITUT; HAMBURG
BEGINN 1.1.1974
LITAN STILKE: BERICHT UEBER ANMERKUNGEN ZUR STADTKLIMATOLOGIE UND ZU DEM PROBLEM DER LUFTVERUNREINIGUNG FUER DEN RAUM HAMBURG. (NOV 1973)

CB -081

INST REGIONALE PLANUNGSGEMEINSCHAFT UNTERMAIN
FRANKFURT, ZEIL 127

VORHAB **untersuchung der schadstoffausbreitung bei windschwachen wetterlagen als grundlage fuer ausbreitungsrechnungen**
es muessen verfahren zur erkennung und vorhersage austauscharmer wetterlagen ermittelt, verfahren und programmiertechniken zur berechnung der ausbreitung von schadstoffen als grundlage fuer luftreinhalteplaene zur festlegung von schornsteinmindesthoehen und fuer planungen erarbeitet und standardisiert werden. die auswirkungen zunehmender luftverunreinigungen auf das klima sind vornehmlich in internationaler zusammenarbeit vorsorglich festzustellen und laufend zu kontrollieren
S.WORT luftreinhaltung + klima +
PROLEI DR. VON HESLER
STAND 15.12.1975
FINGEB BUNDESMINISTER DES INNERN
BEGINN 1.1.1976 ENDE 31.12.1978
G.KOST 1.840.000 DM

CB -082
INST RHEINISCH-WESTFAELISCHER TECHNISCHER UEBERWACHUNGS-VEREIN E. V.
ESSEN, STEUBENSTR. 53
VORHAB **interregionaler transport von luftverunreinigungen - erstellung eines so2-emissionskatasters fuer das ruhrgebiet und anschliesenden gebieten**
es muessen verfahren zur erkennung und vorhersage austauscharmer wetterlagen (para. 49 bimschg, nr. 2. 2. ta luft) ermittelt, verfahren und programmiertechniken zur berechnung der ausbreitung von schadstoffen als grundlage fuer luftreinhalteplaene (para. 47 bimschg), zur festlegung von schornsteinmindesthoehen (para. 48 bimschg, nr. 2. 6 ta luft) und fuer planungen (para. 50 bimschg) erarbeitet und standardisiert werden. die auswirkungen zunehmender luftverunreinigungen auf das klima sind vornehmlich in internationaler zusammenarbeit vorsorglich festzustellen und laufend zu kontrollieren
S.WORT luftverunreinigung + schadstofftransport + emissionskataster + schwefeldioxid
RHEIN-RUHR-RAUM
STAND 15.11.1975
FINGEB BUNDESMINISTER DES INNERN
BEGINN 1.9.1974 ENDE 30.6.1976
G.KOST 350.000 DM

CB -083
INST SONDERFORSCHUNGSBEREICH 80 "AUSBREITUNGS- UND TRANSPORTVORGAENGE IN STROEMUNGEN" DER UNI KARLSRUHE
KARLSRUHE, KAISERSTR. 12
VORHAB **pulsierende einleitung in eine grundstroemung**
ziel: untersuchungen des wirbelringverhaltens im nah- und fernfeld einer duese als grundlage zur erstellung von wirbelkaminen und anderen bauwerken fuer pulsierende einleitungen von schadstoffen
S.WORT stroemungstechnik + abgaskamin
PROLEI DR. DURST
STAND 1.10.1974
QUELLE erhebung 1975
FINGEB DEUTSCHE FORSCHUNGSGEMEINSCHAFT
BEGINN 1.3.1971 ENDE 31.12.1977
G.KOST 698.000 DM
LITAN ZWISCHENBERICHT 1974. 04

CB -084
INST TECHNISCHER UEBERWACHUNGSVEREIN RHEINLAND E.V.
KOELN 91, KONSTANTIN-WILLE-STR. 1
VORHAB **standardisierung und weiterentwicklung der ausbreitungsrechnung**
es muessen verfahren zur erkennung und vorhersage austauscharmer wetterlagen (par. 49 bimschg, nr. 2. 2 ta luft) ermittelt, verfahren und programmiertechniken zur berechnung der ausbreitung von schadstoffen als grundlage fuer luftreinhalteplaene (par. 47 bimschg), zur festlegung von schornsteinmindesthoehen (par. 48 bimsch, nr. 2. 6 ta luft) und fuer planungen (par. 50 bimschg) erarbeitet und standardisiert werden. die auswirkungen zunehmender luftverunreinigungen auf das klima sind vornehmlich in internationaler zusammenarbeit vorsorglich festzustellen und laufend zu kontrollieren
S.WORT luftverunreinigung + ausbreitungsmodell + (standardisierung)
PROLEI DR. KROPP
STAND 13.11.1975
BEGINN 1.1.1975 ENDE 31.3.1976
G.KOST 449.000 DM

CB -085
INST TECHNISCHER UEBERWACHUNGSVEREIN RHEINLAND E.V.
KOELN, KONSTANTIN-WILLE-STR. 1
VORHAB **standardisierung und weiterentwicklung der ausbreitungsrechnung**
es muessen verfahren zur erkennung und vorhersage austauscharmer wetterlagen (par. 49 bimschg, nr. 2. 2 ta luft) ermittelt, verfahren und programmiertechniken zur berechnung der ausbreitung von schadstoffen als grundlage fuer luftreinhalteplaene (par. 47 bimschg), zur festlegung von schornsteinmindesthoehen (par. 48 bimschg, nr. 2. 6 ta luft) und fuer planungen (par. 50 bimschg) erarbeitet und standardisiert werden. die auswirkungen zunehmender luftverunreinigungen auf das klima sind vornehmlich in internationaler zusammenarbeit vorsorglich festzustellen und laufend zu kontrollieren
S.WORT meteorologie + ausbreiten + kontrolle
PROLEI DR. KROPP
STAND 13.11.1975
FINGEB BUNDESMINISTER DES INNERN
BEGINN 1.1.1975 ENDE 31.3.1976
G.KOST 449.000 DM

CB -086
INST UMWELTAMT DER STADT KOELN
KOELN, EIFELWALL 7
VORHAB **untersuchungen ueber smogbildung, insbesondere ueber die ausbildung von oxydantien als folge der luftverunreinigung in der bundesrepublik deutschland**
verfahrensermittlung zur erkennung und vorhersage austauscharmer wetterlagen sowie programmiertechniken zur berechnung der ausbreitung von schadstoffen als grundlage fuer luftreinhalteplaene, zur festlegung von schornsteinmindesthoehen und fuer planungen sind zu erarbeiten
S.WORT smogbildung + luftverunreinigung + immissionsueberwachung
PROLEI DR. MARIA DEIMEL
STAND 5.12.1975
FINGEB BUNDESMINISTER DES INNERN
BEGINN 1.7.1974 ENDE 30.6.1977
G.KOST 554.000 DM

CB -087
INST VGB-FORSCHUNGSSTIFTUNG DER TECHNISCHEN VEREINIGUNG DER GROSSKRAFTWERKSBETREIBER E. V.
ESSEN 1, KLINKESTR. 27-31
VORHAB **ausbreitungsrechnung**
1) vergleichende betrachtung wissenschaftlicher arbeiten zur ausbreitung von fremdstoffen, die aus hohen kaminen emittiert werden, in der atmosphaere. 2) vergleichende bewertung von einzelfaktoren, die die ausbreitungsvorgaenge beeinflussen. 3) auswertung neuerer forschungsergebnisse ueber physikalisch-chemische veraenderungen, denen die fremdstoffe in der atmosphaere unterliegen. 4) auswertung frueherer emissions-immissionsmessungen entprechen den ergebnissen 1. - 3. 5) gezieltes messprogramm. 6) modellrechnungen fuer spezielle faelle entsprechen den ergebnissen 1. - 5.
S.WORT luftverunreinigung + schadstoffemission + ausbreitungsmodell + emissionsmessung
PROLEI PROF. DR. HELMUT KIRSCH
STAND 11.8.1976

QUELLE fragebogenerhebung sommer 1976
FINGEB BUNDESMINISTER FUER FORSCHUNG UND TECHNOLOGIE
G.KOST 1.500.000 DM

CB -088

INST ZENTRALINSTITUT FUER ARBEITSMEDIZIN DER UNI HAMBURG
HAMBURG 76, ADOLPH-SCHOENFELDER-STR. 5
VORHAB vertikales verteilungsmuster und windabhaengigkeit der luftbleikonzentrationen im bereich einer innerstaedtischen strassenkreuzung
fuer das vertikale verteilungsmuster laesst sich der einfluss des windes statistisch nicht sichern, jedoch ist folgende tendenz abzulesen: 1. bis in eine hoehe von 18 m nimmt die luftbleikonzentration mit steigender windstaerke ab; 2. oberhalb 18 m steigt der luftbleigehalt bei wachsender windstaerke; 3. der beschriebene kurvenverlauf der vertikalen bleiverteilung ist bei hoeheren windgeschwindigkeiten ausgepraegter. man muss daher annehmen, dass steigende windgeschwindigkeiten das blei aus bodennahen bezirken verstaerkt verwirbeln und hoeher transportieren
S.WORT luftverunreinigende stoffe + stadtverkehr + blei + luftbewegung + (vertikalprofil)
PROLEI DR. V. KASSEBART
STAND 30.8.1976
QUELLE fragebogenerhebung sommer 1976
BEGINN 1.3.1971 ENDE 31.8.1974
LITAN MEDIZINISCHE MONATSSCHRIFT 28 S. 335-340(1974)

CB -089

INST ZENTRALSTELLE FUER GEOPHOTOGRAMMETRIE UND FERNERKUNDUNG DER DEUTSCHEN FORSCHUNGSGEMEINSCHAFT
MUENCHEN, LUISENSTR. 37
VORHAB luftverschmutzung und deren areal-ausdehnung vom flugzeug
S.WORT luftverunreinigung + schadstoffausbreitung + ueberwachung
STAND 1.1.1974

Weitere Vorhaben siehe auch:

AA -055 HETEROGENE KONDENSATION IN FEUCHTER LUFT
AA -058 ERFORSCHUNG DER TROPOSPHAERISCHEN TRANSPORTVORGAENGE UND AUSTAUSCHPROZESSE
AA -059 AUSWIRKUNGEN DER LUFTVERUNREINIGUNGEN AUF DAS KLIMA
BB -022 VERBLEIB DES BRENNSTOFFSCHWEFELS
NB -004 THEORETISCHE UND EXPERIMENTELLE UNTERSUCHUNGEN ZUR AUSBREITUNG RADIOAKTIVER GASE UND AEROSOLE
PC -008 ANTIMIKROBIELLE AKTIVITAET DES LUFTAEROSOLS

INST NUKEM GMBH
HANAU 11, INDUSTRIEGEBIET WOLFGANG

VORHAB **aufstellung eines emissionskatasters in der bundesrepublik deutschland fuer das gebiet entlang der grenze zur ddr (bis ca.100 km abstand) fuer ein flaeche**
emissionsueberwachung: die emissionen von anlagen muessen katastermaessig erfasst (par. 25, 38 e/bimschg) und einer staendigen kontrolle (par. 24-29, 40 e/bimschg, nr. 2. 7 ta-luft) unterliegen. hierfuer sind die technisch-wissenschaftlichen voraussetzungen fuer erhebungen, messverfahren, geraeteentwicklung und deren bundeseinheitliche standardisierung zu erarbeiten

S.WORT luftueberwachung + emissionskataster
+ (zonengrenzgebiet)
BUNDESREPUBLIK DEUTSCHLAND

STAND 1.1.1974

QUELLE umweltforschungsplan 1974 des bmi

FINGEB BUNDESMINISTER DES INNERN

ZUSAM - PROJEKT 0880 002
- PROJEKT 0471 055
- PROJEKT 0438 021

BEGINN 1.1.1974 ENDE 30.4.1974

G.KOST 35.000 DM

DA -001
INST ARBEITSGRUPPE FUER KATALYSEFORSCHUNG DER FRAUNHOFER-GESELLSCHAFT E.V.
HERRSCHING, RIEDERSTR. 25
VORHAB **entwicklung eines nachverbrennungs-katalysators**
S.WORT kfz-abgase + nachverbrennung + katalysator
PROLEI PROF. DR. DR. SCHWAB
STAND 1.1.1974

DA -002
INST AUDI NSU AUTO UNION AKTIENGESELLSCHAFT
NECKARSULM, FELIX-WANKEL-STRASSE
VORHAB **kreiskolbenmotor-system nsu-wankel mit weiterentwickeltem gemischbildungs- und verbrennungsverfahren**
in einzelnen abschnitten soll untersucht werden: variation der einspritzstrahlausbildung; vereinfachte kaskadenmulde; aeussere ladungsschichtung, langrohrgestaltung, abstimmung des motors; betrieb mit idealem gemisch; systemanpassung; teilladungsschichtung und direkteinspritzung
S.WORT verbrennungsmotor + wankelmotor + treibstoffe
PROLEI DR. -ING. D. STOCK
STAND 18.12.1975
QUELLE mitteilung des bundesministers fuer forschung und technologie vom 15.01.76
FINGEB BUNDESMINISTER FUER FORSCHUNG UND TECHNOLOGIE
ZUSAM INST. F. MOTORENBAU, PROF. HUBER E. V. , 8 MUENCHEN 81, EGGENFELDER STR. 104
BEGINN 1.1.1975 ENDE 31.12.1975
G.KOST 3.219.000 DM

DA -003
INST BOSCH GMBH
STUTTGART 1, POSTFACH 50
VORHAB **gemischzusammensetzung, gemischaufbereitung, zuendung, abgasrueckfuehrung und thermisch-katalytische abgasnachbehandlung bei otto-motoren**
S.WORT kfz-abgase + abgasentgiftung + ottomotor
STAND 1.10.1974
FINGEB BUNDESMINISTER FUER FORSCHUNG UND TECHNOLOGIE
BEGINN 1.1.1972 ENDE 31.12.1976
G.KOST 4.570.000 DM

DA -004
INST BROWN, BOVERIE UND CIE AG
HEIDELBERG, EPPELHEIMER STRASSE 82
VORHAB **abgassonde zur kontrolle und regelung von verbrennungsmotoren und heizungsanlagen**
zur kontrolle und regelung der verbrennungsprozesse in heizungsanlagen und kraftfahrzeugmotoren sollen elektrochemische messfuehler mit sauerstoffionenleitenden zirkonoxid-festelektrolyten entwickelt werden, die eine genaue und schnelle erfassung des brennstoff-luftverhaeltnisses ermoeglichen. das elektrische signal des messfuehlers, das vom sauerstoffpartialdruck des abgases abhaengt, bewirkt ueber ein elektronisches regelsystem die hinsichtlich der schadstoffemission und des wirkungsgrades optimale einstellung der brennstoff- bzw. luftzufuhr. die erprobung der abgassonden bzw. des mess- und regelsystems erfolgt in zusammenarbeit mit kraftfahrzeug- und heizanlagen-herstellern
S.WORT abgasemission + heizungsanlage + verbrennungsmotor + schadstoffminderung + messgeraet
PROLEI DR. FRANZ-JOSEF ROHR
STAND 2.8.1976
QUELLE fragebogenerhebung sommer 1976
BEGINN 1.1.1976 ENDE 31.12.1977
G.KOST 750.000 DM

DA -005
INST DAIMLER-BENZ AG
STUTTGART 60, MERCEDESSTR. 136
VORHAB **geruchs- und russbeseitigung an dieselmotoren mittels katalytischer nachverbrennung der abgase**
S.WORT abgasminderung + dieselmotor + nachverbrennung
STAND 1.10.1974
FINGEB BUNDESMINISTER FUER FORSCHUNG UND TECHNOLOGIE
BEGINN 1.1.1973 ENDE 31.12.1975
G.KOST 530.000 DM

DA -006
INST DAIMLER-BENZ AG
STUTTGART 60, MERCEDESSTR. 136
VORHAB **optimierung motorischer parameter beim einsatz von methanol fuer verbrennungskraftmaschinen mit kraftstoffeinspritzung**
optimierung der motorischen parameter zur verringerung der schadstoffemissionen unter verwendung von methanol
S.WORT kfz-technik + verbrennungsmotor + emissionsminderung + kraftstoffzusaetze + (methanol)
PROLEI DR. -ING. JOERG ABTHOFF
STAND 30.8.1976
QUELLE fragebogenerhebung sommer 1976
FINGEB BUNDESMINISTER FUER FORSCHUNG UND TECHNOLOGIE
BEGINN 1.1.1975 ENDE 31.12.1976
G.KOST 570.000 DM

DA -007
INST DAIMLER-BENZ AG
STUTTGART 60, MERCEDESSTR. 136
VORHAB **komponentenentwicklung eines wasserstoffmotors**
theoretische und experimentelle untersuchung von gemischbildung, verbrennungsablauf und lastregelung beim wasserstoffmotor, insbesondere im zusammenwirken mit einem wasserstoff-metallhydrid-speicher
S.WORT kfz-technik + verbrennungsmotor + wasserstoff + (wasserstoffmotor)
PROLEI DIPL. -ING. DIETRICH GWINNER
STAND 30.8.1976
QUELLE fragebogenerhebung sommer 1976
FINGEB BUNDESMINISTER FUER FORSCHUNG UND TECHNOLOGIE
BEGINN 1.1.1976 ENDE 31.12.1977
G.KOST 1.461.000 DM
LITAN ZWISCHENBERICHT

DA -008
INST DEGUSSA AG
HANAU, STADTTEIL WOLFGANG
VORHAB **katalytische reinigung von autoabgasen**
S.WORT kfz-abgase + abgasentgiftung + katalysator
STAND 1.10.1974
QUELLE erhebung 1975
FINGEB BUNDESMINISTER FUER FORSCHUNG UND TECHNOLOGIE
BEGINN 1.1.1972 ENDE 31.12.1976
G.KOST 641.000 DM

DA -009
INST DEUTSCHE VERGASER GMBH & CO KG
NEUSS, LEUSCHSTR.1
VORHAB **zusammenhaenge zwischen erreichbarer gemischaufbereitung, abgasrueckfuehrung, abgasemission und kraftstoffverbrauch am ottomotor**
modellversuche zur aufbereitung des gemisches. motorversuche zur bestimmung der magerlaufgrenzen abhaengig von gemischbildungsorgan und gemischaufbereitung. beurteilung von fahrversuchen und abgastesten. steuereinrichtung fuer aeussere abgasrueckfuehrung
S.WORT abgasentgiftung + treibstoffe + ottomotor
STAND 1.9.1975

QUELLE erhebung 1975
FINGEB BUNDESMINISTER FUER FORSCHUNG UND TECHNOLOGIE
BEGINN 1.6.1974 ENDE 31.12.1976
G.KOST 1.083.000 DM

DA -010
INST DORNIER SYSTEM GMBH
FRIEDRICHSHAFEN, POSTFACH 1360
VORHAB programmbegleitung fuer das programm emissionsverminderung im verkehr
verbesserung der mess- und pruefverfahren der otto-dieselmotoren sowie deren nachverbrennungsverfahren und deren konstruktionsverbesserung
S.WORT verkehr + emissionsminderung
PROLEI DIPL. -ING. NEUBAUER
STAND 1.1.1975
QUELLE umweltforschungsplan 1975 des bmi
BEGINN 28.7.1972 ENDE 31.12.1975
G.KOST 750.000 DM
LITAN DORNIER-SYSTEM, PLANUNG UND DURCHFUEHRUNG DES VERKEHRSEMISSIONS-PROGRAMMS (VEP) DES BMI, BMI(DEZ 1973)

DA -011
INST DORNIER SYSTEM GMBH
FRIEDRICHSHAFEN, POSTFACH 1360
VORHAB fluessiggas und druckgas als kraftstoff fuer kfz-antriebe
untersuchung ueber moeglichkeiten der umruestung von kraftfahrzeugflotten unterschiedlicher groesse auf lpg, lng und h2 in ballungsgebieten
S.WORT kfz + gasfoermige brennstoffe
PROLEI DIPL. -ING. DEKITSCH
STAND 1.1.1974
QUELLE umweltforschungsplan 1974 des bmi
BEGINN 1.1.1973 ENDE 31.1.1974
G.KOST 40.000 DM
LITAN ENDBERICHT-DORNIER-SYSTEM-"FLUESSIGGAS UND DRUCKGAS. . . "-BMI-JANUAR 1974

DA -012
INST FACHGEBIET VERBRENNUNGSKRAFTMASCHINEN DER TH DARMSTADT
DARMSTADT, PETERSENSTR. 18
VORHAB untersuchung zur verminderung der emission schaedlicher abgaskomponenten durch abgasrueckfuehrung bei schnellaufenden dieselmotoren unter einschluss der abgasturboaufladung
verbesserung der mess- und pruefverfahren der otto- und dieselmotoren und der nachverbrennungsverfahren sowie verbesserung der konstruktion von otto- und dieselmotoren. erarbeiten wissenschaftlich-technischer grundlagen fuer die beurteilung des standes der technik und der technischen entwicklung als voraussetzung fuer die konkretisierung von zielvorstellungen und den entwurf von rechtsnormen
S.WORT dieselmotor + emissionsminderung + nachverbrennung
PROLEI DIPL. -ING. SCHAEFER
STAND 1.1.1975
QUELLE umweltforschungsplan 1975 des bmi
FINGEB BUNDESMINISTER DES INNERN
BEGINN 1.7.1971 ENDE 30.6.1975
G.KOST 270.000 DM
LITAN - FORTNAGEL: BEEINFLUSSUNG DER ABGASZUSAMMENSETZUNG DURCH ABGASRUECKFUEHRUNG BEI EINEM AUFGELADENEN WIRBELKAMMER-DIESELMOTOR. IN: MTZ 2(1972)
- SCHAEFER: TITEL SIEHE B01, PROJEKTTITEL, HEFT R 239, 1974, BERICHTE DER FORSCHUNGSVEREINIGUNG VERBRENNUNGSKRAFTMASCHINEN

DA -013
INST FACHGEBIET VERBRENNUNGSKRAFTMASCHINEN DER TH DARMSTADT
DARMSTADT, PETERSENSTR. 18
VORHAB entwicklung eines hybridmotors zwecks verminderter abgasemission
entwicklung neuer verbrennungsverfahren mit geringem schadstoffausstoss; optimierung des kraftstoffverbrauchs beim wirbelkammer-hybridmotor; untersuchung des verbrennungsablaufs in der wirbelkammer durch probenentnahme; wirbelkammer als vergasungszone; kraftstoffuntersuchung hinsichtlich schadstoffemission; ergebnis: wesentliche verbesserung durch verwendung von aethanol oder methanol als kraftstoff; leistungssteigerung durch aufladung
S.WORT kfz-technik + hybridmotor + emissionsminderung + kraftstoffzusaetze
PROLEI DIPL. -ING. POLACH
STAND 1.1.1974
BEGINN 1.10.1970
LITAN DER KRAFTSTOFFEINFLUSS AUF DIE SCHADSTOFFEMISSION VON MOTOREN MIT UNTERSCHIEDLICHEN VERBRENNUNGSVERFAHREN. IN: MOTORTECHNISCHE ZEITSCHRIFT 36(1975)

DA -014
INST FACHGEBIET VERBRENNUNGSKRAFTMASCHINEN DER TH DARMSTADT
DARMSTADT, PETERSENSTR. 18
VORHAB untersuchung des diesel-gas-verfahrens hinsichtlich seiner eignung zur verbesserung der abgasqualitaet
abgastruebung des diesel-verfahrens begrenzt leistungsausbeute; abgastruebung wird verursacht durch russ, welcher in steigendem masse als hochgradig kanzerogen erkannt wird; zugabe von gas ins ansaugrohr unter gleichzeitiger verminderung der dieselmenge hat stark entrussende wirkung; dadurch leistungssteigerung und drastische verminderung der russemission unter beibehaltung des guenstigen kraftstoffverbrauchs des dieselverfahrens
S.WORT dieselmotor + russ + emissionsminderung + (diesel-gas-verfahren)
PROLEI DIPL. -ING. TESAREK
STAND 1.1.1974
BEGINN 1.1.1971
LITAN - (VORTRAG, GEHALTEN AM 28. 3. 74 BEI VDI FRANKFURT A. M.)TESAREK: DER DIESEL-GAS-MOTOR-EINE ALTERNATIVE ZUR VERMINDERUNG DER RUSSEMISSION.
- INVESTIGATIONS CONCERNING THE EMPLOYMENT POSSIBILITIES OF THE DIESEL-GAS PROCESS FOR REDUCING EXHAUST EMISSIONS, ESPECIALLY SOOT (PARTICULATE MATTERS). SAE-PAPER NR. 750 158

DA -015
INST FACHGEBIET VERBRENNUNGSKRAFTMASCHINEN DER TH DARMSTADT
DARMSTADT, PETERSENSTR. 18
VORHAB untersuchung des gas-otto-motors im hinblick auf seine moeglichkeiten zur verbesserung der abgasqualitaet
beim dieselmotor ist leistungsgrenze durch russ bestimmt; erdgas verbrennt fast russfrei, so dass russminderung, wenn statt dieselkraftstoff erdgas im motor gezuendet wird; verringerung der schaedlichen abgasbestandteile durch gaszugabe ins ansaugrohr; geringerer schadstoffausstoss durch luftdrosselung und abgasrueckfuehrung; verbesserung des kraftstoffverbrauches auf dieselmotorwerte; erhoehung des mittleren effektiven druckes gegenueber dieselmotor
S.WORT dieselmotor + gasfoermige brennstoffe + abgasverbesserung
PROLEI DIPL. -ING. WEIDMANN
STAND 1.1.1974
BEGINN 1.12.1972

DA -016
INST FACHGEBIET VERBRENNUNGSKRAFTMASCHINEN DER TH DARMSTADT
DARMSTADT, PETERSENSTR. 18

VORHAB **untersuchung der eignung und moeglichkeit der anpassung des wankelmotors fuer bzw. an gasbetrieb**
anpassung des wankel-motors an gasbetrieb mit besonderem schwerpunkt auf verminderung der schaedlichen abgaskomponenten- vor allem kohlenwasserstoffe, hervorgerufen durch unguenstige brennraumform; gas-betrieb ermoeglicht weite variation des gas- luft-verhaeltnisses-minimierung der summe aller schaedlichen abgasbestandteile
S.WORT wankelmotor + gasfoermige brennstoffe + kohlenwasserstoffe + abgasminderung
PROLEI DIPL. -ING. BORN
STAND 1.1.1974
ZUSAM - PROJEKT 0105 005
- PROJEKT 0105 006
BEGINN 1.6.1973

DA -017
INST FACHGEBIET VERBRENNUNGSKRAFTMASCHINEN DER TH DARMSTADT
DARMSTADT, PETERSENSTR. 18
VORHAB **verbrennungstechnische untersuchung am pkw-vorkammerdieselmotor**
der vorkammerdieselmotor, der wegen seiner vergleichsweise, dem verfahren typischen laufruhe sehr gut fuer den einsatz im pkw geeignet ist, zeigt vor allem im teillastgebiet eine hohe russemission; in diesem forschungsvorhaben wird nun in erster linie versucht, sowohl durch aenderung der vorkammergeometrie und der stroemungsverhaeltnisse in der vorkammer und im hauptbrennraum die russemission, bei gleichzeitiger absenkung der uebrigen schaedlichen abgaskomponenten, zu vermindern; nachteilige geruchsveraenderungen der abgase sollen festgestellt und durch geeignete massnahmen beseitigt werden
S.WORT dieselmotor + russ + abgasminderung + geruchsminderung + kfz-technik + (pkw-vorkammerdieselmotor)
PROLEI DIPL. -ING. BESSLEIN
STAND 1.10.1974
BEGINN 1.9.1973 ENDE 31.8.1976
G.KOST 211.000 DM
LITAN ZWISCHENBERICHT 1974. 12

DA -018
INST FACHGEBIET VERBRENNUNGSKRAFTMASCHINEN DER TH DARMSTADT
DARMSTADT, PETERSENSTR. 18
VORHAB **verminderung der emission von schadstoffen aus dieselmotoren durch abgasrueckfuehrung und turboaufladung**
mess- und pruefverbesserungen von otto- und dieselmotoren sowie konstruktionsverbesserungen
S.WORT dieselmotor + abgasemission + schadstoffminderung
PROLEI DIPL. -ING. SCHAEFER
STAND 1.1.1975
QUELLE umwelforschungsplan 1975 des bmi
FINGEB - BUNDESMINISTER DES INNERN
- FORSCHUNGSVEREINIGUNG VERBRENNUNGSKRAFTMASCHINEN E. V. , FRANKFURT
BEGINN 1.7.1974 ENDE 30.6.1975
G.KOST 62.000 DM

DA -019
INST FACHGEBIET VERBRENNUNGSKRAFTMASCHINEN DER TH DARMSTADT
DARMSTADT, PETERSENSTR. 18
VORHAB **forschungsarbeiten an einem 1-zylinder-4-takt-dieselmotor mit direkteinspritzung zwecks verminderung der abgasschadstoffemissionen bei gleichzeitiger verbesserung der leistung und des kraftstoffverbrauches**
um den aus wirtschaftlicher sicht wegen seines hohen wirkungsgrades und somit seiner kraftstoffwirtschaftlichkeit vorteilhaften und in bezug auf umweltfreundlichkeit ohnehin schon recht schadstoffarmen dieselmotor zunaechst noch attraktiver zu machen, gilt es, den nachteil des hohen leistungsgewichtes durch leistungssteigerung bei gleichzeitig geringer triebwerksbelastung zu verringern. nach vorbereitenden arbeiten am brennverfahren gelangt eine vielzahl von massnahmen - wie fumigation, simulierte abgasturboaufladung, heisskuehlung, ansaugluftdrosselung, ansaugluftvorwaermung und abgasrueckfuehrung - zur anwendung. angestrebt wird die fuer dieses brennverfahren hohe drehzahl von 4000 upm bei hohem mitteldruck und geringem verbrauch und unter besonderer berueecksichtigung der fuer die 80er jahre strengen forderungen bezueglich des zulaessigen schadstoffgehaltes der verbrennungsmotorenabgase
S.WORT kfz-technik + dieselmotor + abgasminderung
PROLEI DIPL. -ING. H. HARALD MELZER
STAND 30.8.1976
QUELLE fragebogenerhebung sommer 1976

DA -020
INST FORSCHUNGSINSTITUT FUER KRAFTFAHRWESEN UND FAHRZEUGMOTOREN AN DER UNI STUTTGART
STUTTGART 1, KEPLERSTR. 17
VORHAB **alternative kraftstoffe fuer kraftfahrzeuge - teilstudie wasserstoff -**
literaturrecherche: teilkapitel wasserstoff
S.WORT kfz + treibstoffe + wasserstoff + (literaturstudie)
PROLEI PROF. DR. -ING. ULF ESSERS
STAND 30.8.1976
QUELLE fragebogenerhebung sommer 1976
FINGEB BUNDESMINISTER FUER FORSCHUNG UND TECHNOLOGIE
ZUSAM - DAIMLER-BENZ AG, 7000 STUTTGART 60
- DEUTSCHE FORSCHUNGS- UND VERSUCHSANSTALT FUER LUFT- UND RAUMFAHRT E. V. , OBERPFAFFENHOFEN
- LEHRSTUHL FUER KRAFT- UND ARBEITSMASCHINEN DER UNI TRIER-KAISERSLAUTERN
BEGINN 1.5.1974 ENDE 31.10.1974
G.KOST 22.000 DM
LITAN - BUNDESMINISTERIUM FUER FORSCHUNG UND TECHNOLOGIE, BONN: NEUEN KRAFTSTOFFEN AUF DER SPUR. ALTERNATIVE KRAFTSTOFFE FUER FAHRZEUGE. (1974)
- ENDBERICHT

DA -021
INST FORSCHUNGSVEREINIGUNG VERBRENNUNGSKRAFTMASCHINEN E. V.
FRANKFURT, LYONER STRASSE 18
VORHAB **untersuchung zur russverminderung bei fahrzeug-dieselmotoren**
das programm umfasst folgende teilaufgaben: 1) grundsatzuntersuchungen zur russverminderung bei dieselmotoren durch thermische aufbereitung des kraftstoffes; 2) messung der luftbewegung im brennraum eines dieselmotors im kurbelwinkelbereich der kraftstoffeinspritzung; 3) russbildung, russanalyse und russbewertung; 4) einfluss von kraftstoffparametern und kraftstoffzusaetzen auf die russemission von dieselmotoren
S.WORT kfz-technik + dieselmotor + emissionsminderung + russ
STAND 13.8.1976
QUELLE fragebogenerhebung sommer 1976
FINGEB ARBEITSGEMEINSCHAFT INDUSTRIELLER FORSCHUNGSVEREINIGUNGEN E. V. (AIF)
ZUSAM UMWELTBUNDESAMT, BISMARCKPLATZ 1, 1000 BERLIN 33
G.KOST 4.000.000 DM

DA -022
INST INSTITUT FUER ANGEWANDTE GASDYNAMIK DER DFVLR
KOELN 90, LINDER HOEHE
VORHAB **stroemungsmechanische untersuchungen fuer das projekt arbeitsraumbildender motor mit innerer, kontinuierlicher verbrennung**
ziel: entwicklung eines umweltfreundlichen und kraftstoffsparsamen antriebsystems fuer den strassenverkehr; simulation von stroemungsmechanischen vorgaengen in triebwerken;

vorschlag und auswahl eines antriebs nach stroemungsmechanischen kriterien; anwendung und weiterentwicklung beruehrungsloser messverfahren
S.WORT verbrennungsmotor + stroemungstechnik
PROLEI DIPL. -ING. WIEGAND
STAND 1.10.1974
FINGEB - BUNDESMINISTER FUER FORSCHUNG UND TECHNOLOGIE
- KLOECKNER-HUMBOLDT-DEUTZ AG, KOELN
ZUSAM - KLOECKNER-HUMBOLDT-DEUTZ AG, ENTWICKLUNGSWERK PORZ
- VOLKSWAGENWERK AG, 318 WOLFSBURG
BEGINN 1.12.1973
G.KOST 750.000 DM
LITAN (0931007)

DA -023
INST INSTITUT FUER ANTRIEBSSYSTEME DER DFVLR BRAUNSCHWEIG, BIENRODERWEG 53
VORHAB **hochbelastbare filmverdampfungsbrennkammer: erarbeitung von auslegungskriterien**
erarbeitung von auslegungskriterien fuer eine hochbelastbare, kompakte brennkammer, die sich durch hohe brennraumbelastung, kurze bauweise sowie russfreie und schadstoffarme abgase auszeichnen soll, wobei die kraftstoffaufbereitung und kuehlung vorwiegend auf dem prinzip der filmverdampfung beruhen
S.WORT brennstoffe + abgasminderung + (filmverdampfungsbrennkammer)
PROLEI DR. -ING. SPLETTSTOESSER
STAND 1.1.1974
FINGEB - DEUTSCHE FORSCHUNGSGEMEINSCHAFT
- BUNDESMINISTER FUER FORSCHUNG UND TECHNOLOGIE
ZUSAM DFVLR-ARBEITSKREIS ENTSTEHUNG UND VERMINDERUNG VON SCHADSTOFFEN BEI VERBRENNUNGSPROZESSEN
BEGINN 1.1.1968
LITAN - EISFELD,F.: DIE FILMVERDAMFPUNGSBRENNKAMMER UND IHRE PHYSIKALISCHEN GRUNDLAGEN. IN:MTZ 31(2) S.47-51(1970); MTZ 33(1) S.8-15(1972)
- EISFELD,F.: FILMVERDAMPFUNG IN KONKURRENZ ZUR TROPFENVERDAMPFUNG. IN:UMSCHAU 72(11) S.364(1972)
- JUNGHANS,D.;SPLETTSTOESSER,W.: UNTERSUCHUNG DES STOFFUEBERGANGS AN EINEM EBENEN KOHLENWASSERSTOFFILM(N-HEXAN)BEI TANGENTIALER ANSTROEMUNG. IN:DLR - FB 71-106(1971)

DA -024
INST INSTITUT FUER CHEMIEINGENIEURTECHNIK DER TU BERLIN
BERLIN 10, ERNST-REUTER-PLATZ 7
VORHAB **untersuchungen zur optimalen reaktionsfuehrung in thermischen nachverbrennungskammern**
verfahrensentwicklung zur messung, begrenzung und beseitigung geruchsintensiver stoffe. erarbeiten wissenschaftlich-technischer grundlagen fuer die beurteilung des standes der technik und der technischen entwicklung als voraussetzung fuer die begrenzung dieser stoffe
S.WORT nachverbrennung + schadstoffminderung + geruchsminderung + verfahrensoptimierung
PROLEI PROF. DR. HEINZ MEIER ZU KOECKER
STAND 1.1.1975
QUELLE umweltforschungsplan 1975 des bmi
FINGEB BUNDESMINISTER DES INNERN
BEGINN 1.4.1972 ENDE 30.9.1975
G.KOST 150.000 DM
LITAN ABSCHLUSSBERICHT ZUM FORSCHUNGSVORHABEN VON SEP. 1975 (IM UBA VORHANDEN)

DA -025
INST INSTITUT FUER CHEMIEINGENIEURTECHNIK DER TU BERLIN
BERLIN 10, ERNST-REUTER-PLATZ 7
VORHAB **katalytische nachverbrennung**
berechnung von katalytischen reaktoren besonders zur luftreinhaltung aus daten ueber katalysatoren und abgasgemischen; entwicklung einer halbtechnischen pilotanlage
S.WORT luftreinhaltung + nachverbrennung + verfahrenstechnik + katalysator
PROLEI PROF. DR. SCHUETT
STAND 1.1.1974
FINGEB DEUTSCHE FORSCHUNGSGEMEINSCHAFT
BEGINN 1.1.1970 ENDE 31.7.1975
G.KOST 273.000 DM
LITAN ZWISCHENBERICHT 1975. 12

DA -026
INST INSTITUT FUER CHEMISCHE TECHNOLOGIE UND BRENNSTOFFTECHNIK DER TU CLAUSTHAL CLAUSTHAL-ZELLERFELD, ERZSTR. 18
VORHAB **entwicklung eines gemischaufbereitungssystems zur thermisch katalytischen spaltung eines konstanten kraftstoffteilstroms fuer eine schadstoffarme und kraftstoffsparende verbrennung im ottomotor**
entwicklung eines reaktors zur umsetzung eines konstanten kraftstoffteilstroms in verbrennungstechnisch guenstige kohlenwasserstoffgase an einem hochaktiven und selektiven "festbett-catcracker" zum betrieb an otto-motoren. vor aufgabe auf den katalysator wird der kraftstoff unter ausnutzung des waermeinhalts der abgase verdampft und mit heissem abgas gemischt. das produktgas wird dem kraftstoff-luft-gemisch wieder zugemischt und als besser aufbereitetes gemisch zur verbrennung bereitgestellt. eine senkung der hc- und co-emission, erhoehung des spez. wirkungsgrades und durch motorische zusatzmassnahmen eine reduzierung der no-emission wird angestrebt
S.WORT abgasverbesserung + treibstoffe + ottomotor
PROLEI DR. -ING. JOACHIM ZAJONTZ
STAND 23.7.1976
QUELLE fragebogenerhebung sommer 1976
FINGEB BUNDESMINISTER FUER FORSCHUNG UND TECHNOLOGIE
ZUSAM - KALI-CHEMIE AG. , HANS-BOECKLER-ALLEE, 3000 HANNOVER
- DAIMLER-BENZ AG. , POSTFACH 202, 7000 STUTTGART 60
BEGINN 1.9.1975 ENDE 30.6.1978
G.KOST 397.000 DM
LITAN ZWISCHENBERICHT

DA -027
INST INSTITUT FUER ERDOELFORSCHUNG HANNOVER, AM KLEINEN FELDE 30
VORHAB **untersuchung der zuendwilligkeit von leichten kohlenwasserstoffen und deren gemischen, hier einsatz in dieselmotoren**
S.WORT dieselmotor + brennstoffe + abgas + kohlenwasserstoffe
PROLEI DR. BARTZ
STAND 1.1.1974
BEGINN 1.1.1967

DA -028
INST INSTITUT FUER KOLBENMASCHINEN DER TU BRAUNSCHWEIG
BRAUNSCHWEIG, LANGER KAMP 6
VORHAB **die nachverbrennung der abgase von ottomotoren bei stationaerem betrieb**
S.WORT kfz-abgase + nachverbrennung + ottomotor
PROLEI PROF. DR. -ING. WOSCHNI
STAND 1.1.1974

DA -029
INST INSTITUT FUER KOLBENMASCHINEN DER TU BRAUNSCHWEIG
BRAUNSCHWEIG, LANGER KAMP 6

VORHAB **fahrzeuge und antriebe; hybridmotoren fuer fahrzeuge im stadtverkehr**
untersuchung von hybridmotoren fuer fahrzeuge im hinblick auf abgasemission, verbrauch und instationaeren betrieb
S.WORT kfz-abgase + hybridmotor + stadtverkehr
PROLEI PROF. MUELLER
STAND 1.10.1974
FINGEB DEUTSCHE FORSCHUNGSGEMEINSCHAFT
ZUSAM SONDERFORSCHUNGSBEREICH 97, FAHRZEUG UND ANTRIEBE, DER TU BRAUNSCHWEIG, 33 BRAUNSCHWEIG, POCKELSSTR. 1
BEGINN 1.1.1972

DA -030
INST INSTITUT FUER KOLBENMASCHINEN DER TU BRAUNSCHWEIG
BRAUNSCHWEIG, LANGER KAMP 6
VORHAB **verbrennungsmotor bei hybridem und direktem antrieb**
messungen an ottomotoren. reduzierung der stickoxid-emission durch abgasrueckfuehrung, messung am serienmaessigen dieselmotor. berechnung von schadstoff-emissionen und kraftstoffverbrauch von kraftfahrzeugen mit direktem und hybriden antrieb mit elektromotor und batterie; grundlage: kennfelder aus stationaerem motorbetriebszustaenden; fahrsimulations-rechenprogramm fuer beliebige fahrzyklen; variation der leistungsaufteilung; untersuchung fuer pkw, lieferwagen, omnibus
S.WORT kfz-motor + hybridmotor + schadstoffemission
PROLEI PROF. LOEHNER
STAND 1.10.1974
FINGEB DEUTSCHE FORSCHUNGSGEMEINSCHAFT
ZUSAM SONDERFORSCHUNGSBEREICH 97, FAHRZEUG UND ANTRIEBE, DER TU BRAUNSCHWEIG, 33 BRAUNSCHWEIG, POCKELSSTR. 1
BEGINN 1.6.1972 ENDE 31.12.1974
G.KOST 409.000 DM

DA -031
INST INSTITUT FUER KRAFTFAHRWESEN DER TH AACHEN
AACHEN, TEMPLERGRABEN 86-90
VORHAB **axialkolbenmotor mit innerer kontinuierlicher verbrennung**
ziel des projektes ist die entwicklung eines umweltfreundlichen motors mit innerer kontinuierlicher verbrennung, der in der lage ist, alle bisher bekannten abgasbestimmungen zu erfuellen
S.WORT verbrennungsmotor + abgasminderung
PROLEI DIPL. -ING. ROHS
STAND 1.1.1974
FINGEB DEUTSCHE FORSCHUNGSGEMEINSCHAFT
BEGINN 1.1.1969
G.KOST 3.000.000 DM
LITAN - ROHS, FISITA PARIS, MAI 1974, VORTRAG: AXIALKOLBENMOTOR MIT KONTINUIERLICHER VERBRENNUNG
- ZWISCHENBERICHT 1974. 07
- ROHS, U. , VDI-TAGUNG 100 JAHRE VIERTAKT-OTTOMOTOR, KOELN, 1976: UNTERSUCHUNGEN AN EINER BRENNKAMMER FUER EINEN MOTOR MIT KONTINUIERLICHER INNERER VERBRENNUNG

DA -032
INST INSTITUT FUER KRAFTFAHRWESEN DER TH AACHEN
AACHEN, TEMPLERGRABEN 86-90
VORHAB **schwungrad-hybridanbetrieb fuer kraftfahrzeuge mit ausgepraegt instationaerer betriebsweise**
hybrider fahrzeugbetrieb, bei dem verbrennungsmotot durch eine zusatzkomponente mit schwungrad bei instationaerer leistungsabgabe unterstuetzt wird. das antriebskonzept ermoeglicht guenstige betriebsbedingungen fuer den verbrennungsmotor (geraeusche, emissionen, energieverbrauch) und speicherung von bremsenergie im schwungrad (nutzbremsung)
S.WORT kfz-technik + hybridmotor
PROLEI DIPL. -ING. SCHRECK
STAND 1.1.1974
FINGEB BUNDESMINISTER FUER FORSCHUNG UND TECHNOLOGIE
BEGINN 1.1.1971
G.KOST 900.000 DM
LITAN - GIERA;HELLING;SCHRECK: HYBRIDANTRIEB MIT GYROKOMPONENTE FUER WIRTSCHAFTLICHE U.DYNAMISCHE BETRIEBSWEISE. IN:ETZ (11)(1973)
- HELLING;SCHRECK, FISITA PARIS,MAI 1974,BERICHT: WIRKUNGSGRAD EINES HYBRIDANTRIEBS MIT KINETISCHEM SPEICHER BEI INSTATIONAEREM BETRIEB.
- SCHRECK;TORRES, 2. SYMPOSIUM ON LOW POLLUTION POWER DEVELOPMENT,DUESSELDORF,NOV 1974: HYBRIDANTRIEB MIT KINETISCHEN ENERGIESPEICHER ALS FAHRZEUGANTRIEB

DA -033
INST INSTITUT FUER MOTORENBAU PROF. HUBER E. V.
MUENCHEN 81, EGGENFELDENER STRASSE 104
VORHAB **entwicklung motortechnischer konstruktionen zur verminderung des auftretens schaedlicher abgasbestandteile beim hubkolben-ottomotor**
konstruktionsverbesserung von otto- und dieselmotoren. verbesserung des mess- und pruefverfahren sowie der nachverbrennungsverfahren
S.WORT verbrennungsmotor + abgasminderung
PROLEI DR. PRESCHER
STAND 1.1.1975
QUELLE umweltforschungsplan 1975 des bmi
FINGEB - BUNDESMINISTER DES INNERN
- FORSCHUNGSVEREINIGUNG VERBRENNUNGSKRAFTMASCHINEN E. V. , FRANKFURT
BEGINN 1.1.1974 ENDE 30.6.1975
G.KOST 377.000 DM

DA -034
INST INSTITUT FUER PHYSIKALISCHE ELEKTRONIK DER UNI STUTTGART
STUTTGART 1, BOEBLINGER STRASSE 70
VORHAB **experimentelle und theoretische analyse der einleitung und ausbreitung der verbrennung durch den elektrischen funken**
korrelation der strahlungsemission mit elektrischen groessen und den gemischparametern. photochemische wirkungen der emittierten strahlung. anwendung der verfahren auf periodisch mit konventionellen zuendanlagen entflammte gemische. optimierung der relevanten parameter auf der basis der erarbeiteten theoretischen und praktischen grundlagen
S.WORT kfz-technik + emissionsminderung + verbrennungsmotor
PROLEI DR. DIPL. -ING. RUDOLF MALY
STAND 4.8.1976
QUELLE fragebogenerhebung sommer 1976
FINGEB BUNDESMINISTER FUER FORSCHUNG UND TECHNOLOGIE
ZUSAM - FA. BOSCH, STUTTGART
- FA. BOSCH, SCHWIEBERDINGEN
BEGINN 1.10.1974 ENDE 30.9.1976
G.KOST 875.000 DM

DA -035
INST INSTITUT FUER STROMRICHTERTECHNIK UND ELEKTRISCHE ANTRIEBE DER TH AACHEN
AACHEN, TEMPLERGRABEN 55
VORHAB **untersuchungen zur optimierung von elektrospeicherfahrzeugen**
erforschung und optimierung umweltfreundlicher elektroantriebe fuer strassenfahrzeuge
S.WORT kfz-technik + emissionsminderung + elektrofahrzeug
PROLEI PROF. DR. -ING. SKUDELNY
STAND 1.1.1974
FINGEB DEUTSCHE FORSCHUNGSGEMEINSCHAFT
BEGINN 1.1.1973 ENDE 31.12.1975
G.KOST 600.000 DM

DA -036

INST KALI CHEMIE AG
HANNOVER, HANS-BOECKLER-ALLEE 20
VORHAB **entwicklung eines gemischaufbereitungssystems zur thermisch katalytischen spaltung eines konstanten kraftstoffteilstroms fuer eine schadstoffarme, kraftstoffsparende verbrennung im ottomotor**
entwicklung von katalysatoren zur erzeugung von kohlenwasserstoffspaltgasen, die zum betrieb von kraftfahrzeugen im konstanten teilstromverfahren eingesetzt werden. dabei soll fuer benzinbetriebene ottomotoren ein unter allen betriebsbedingungen konstanter teilstrom des kraftstoffes vor dem vergaser abgezweigt, unter gegenstromaufwaermung verdampft, mit heissem abgas vermischt und durch endotherme crackung an einem geeigneten katalysator zu verbrennungstechnisch guenstigen kohlenwasserstoffgasen und wasserstoff umgesetzt werden. das produktgas wird nach waermeaustausch dem ueber einen konventionellen vergaser erzeugten kraftstoff-luft-gemisch im ansaugrohr zugemischt
S.WORT ottomotor + abgasminderung + nachverbrennung
PROLEI DR. GUENTER WEIDENBACH
STAND 2.8.1976
QUELLE fragebogenerhebung sommer 1976
FINGEB BUNDESMINISTER FUER FORSCHUNG UND TECHNOLOGIE
ZUSAM INST. F. CHEMISCHE TECHNOLOGIE UND BRENNSTOFFTECHNIK DER TU CLAUSTHAL, 3392 CLAUSTHAL-ZELLERFELD
BEGINN 1.7.1975 ENDE 30.6.1977
G.KOST 260.000 DM

DA -037

INST KLOECKNER-HUMBOLDT-DEUTZ AG
KOELN 90, OTTOSTR. 1
VORHAB **emissionsarmer fahrzeugmotor auf der basis des ad-vielstoffverfahrens**
entwicklung eines direkteinspritzenden, benzinverarbeitenden fahrzeugmotors, der die wirtschaftlichkeit des dieselmotors mit der leistungsdichte des ottomotors verbindet und die abgasvorschriften einhaelt
S.WORT verbrennungsmotor + emissionsminderung
PROLEI DIPL. -ING. GERHARD FINSTERWALDER
STAND 1.10.1975
QUELLE erhebung 1975
FINGEB BUNDESMINISTER FUER FORSCHUNG UND TECHNOLOGIE
BEGINN 1.8.1973 ENDE 30.6.1977
G.KOST 3.152.000 DM
LITAN STATUSBERICHT IN CCMS, END SYMPOSIUM ON LOW POLLUTION POWER SYSTEM, 4. -8. NOV. 1974 IN DUESSELDORF

DA -038

INST KLOECKNER-HUMBOLDT-DEUTZ AG
KOELN 90, OTTOSTR. 1
VORHAB **arbeitsraumbildender motor mit innerer kontinuierlicher verbrennung**
nachweis der durchfuehrbarkeit eines motors mit innerer, kontinuierlicher verbrennung; ermittlung der optimalen loesung zur verwirklichung der inneren, kontinuierlichen verbrennung
S.WORT verbrennungsmotor + technologie + umweltfreundliche technik
PROLEI DIPL. -ING. LUKAS SIENCNIK
STAND 1.10.1975
QUELLE erhebung 1975
FINGEB - BUNDESMINISTER FUER FORSCHUNG UND TECHNOLOGIE
- VOLKSWAGENWERK AG, WOLFSBURG
ZUSAM - VOLKSWAGEN AG, 3180 WOLFSBURG, POSTFACH
- DEUTSCHE FORSCHUNGS-U. VERSUCHSANSTALT F. LUFT-U. RAUMFAHRT E. V. , 5000 KOELN 90, LINDER HOEHE
- TU BERLIN; RWTH AACHEN
BEGINN 1.10.1973 ENDE 31.8.1975
G.KOST 1.277.000 DM
LITAN STATUSBERICHT IN CCMS, 2ND SYMPOSIUM ON LOW POLLUTION POWER SYSTEMS, 4. -8. NOV. 1974 IN DUESSELDORF

DA -039

INST LABORATORIUM FUER ADSORPTIONSTECHNIK GMBH
FRANKFURT, GWINNERSTR. 27-33
VORHAB **reinigung der abgase von kraftfahrzeugen mittels aktivkohle**
S.WORT kfz-abgase + reinigung + aktivkohle
PROLEI DR. STORP
STAND 1.1.1974
BEGINN 1.1.1972 ENDE 31.12.1974

DA -040

INST LANDESGEWERBEANSTALT BAYERN
MUENCHEN 40, HESS-STR. 130B
VORHAB **untersuchung eines oelfilters fuer verlaengerte oelwechselintervalle**
verbesserung der mess- und pruefverfahren der otto- und dieselmotoren und der nachverbrennungsverfahren sowie verbesserung der konstruktion von otto- und dieselmotoren. erarbeiten wissenschaftlich-technischer grundlagen fuer die beurteilung des standes der technik und der technischen entwicklung als voraussetzung fuer die konkretisierung von zielvorstellungen und den entwurf von rechtsnormen
S.WORT kfz-technik + oel + filtermaterial
PROLEI DIPL. -CHEM. ADALBERT WEBER
STAND 1.1.1975
QUELLE umweltforschungsplan 1975 des bmi
FINGEB BUNDESMINISTER DES INNERN
ZUSAM - AACHENER STRASSENBAHN U. ENERGIEVERSORGUNGS AG(ASEAG), ADALBERT-STEIN-WEG 59/65, 51 AACHEN
- INST. F. ERDOELFORSCHUNG, AM KLEINEN FELDE 30, 3 HANNOVER; PRUEFSTANDSVERSUCHE
BEGINN 1.1.1974 ENDE 31.8.1975
G.KOST 49.000 DM

DA -041

INST LEHRSTUHL FUER ANGEWANDTE THERMODYNAMIK DER TH AACHEN
AACHEN, SCHINKELSTR. 8
VORHAB **die verwendung von synthetischen kohlenwasserstoffen (z.b. methanol) bei ottomotoren im hinblick auf abgasverbesserung**
literaturstudium
S.WORT ottomotor + abgasverbesserung
PROLEI PROF. DR. FRANZ PISCHINGER
STAND 1.1.1974
FINGEB LANDESAMT FUER FORSCHUNG, DUESSELDORF

DA -042

INST LEHRSTUHL FUER ANGEWANDTE THERMODYNAMIK DER TH AACHEN
AACHEN, SCHINKELSTR. 8
VORHAB **das betriebsverhalten von katalytischen abgasreaktoren im mageren bereich bei verwendung maessig verbleiter brennstoffe**
S.WORT abgasreaktor + brennstoffe + bleigehalt
PROLEI PROF. DR. FRANZ PISCHINGER
STAND 1.1.1974
BEGINN 1.1.1974 ENDE 31.12.1976

DA -043

INST LEHRSTUHL FUER ANGEWANDTE THERMODYNAMIK DER TH AACHEN
AACHEN, SCHINKELSTR. 8
VORHAB **berechnungsverfahren zur beurteilung von schichtladungsmotoren, insbesondere hinsichtlich schadstoffemissionen. rechenprogramm ii - schichtladung**
"verbesserung der mess- und pruefverfahren der otto- und dieselmotoren und der nachverbrennungsverfahren sowie verbesserung der konstruktion von otto- und dieselmotoren". erarbeiten wissenschaftlich-technischer grundlagen fuer die beurteilung des standes der technik und der technischen entwicklung als voraussetzung fuer die konkretisierung von zielvorstellungen und den entwurf von rechtsnormen
S.WORT schichtladungsmotor + schadstoffemission

PROLEI PROF. DR. FRANZ PISCHINGER
STAND 1.1.1975
QUELLE umweltforschungsplan 1975 des bmi
FINGEB - BUNDESMINISTER DES INNERN
- FORSCHUNGSVEREINIGUNG VERBRENNUNGSKRAFTMASCHINEN E. V., FRANKFURT
BEGINN 1.1.1974 ENDE 31.12.1975
G.KOST 311.000 DM

DA -044
INST LEHRSTUHL FUER ANGEWANDTE THERMODYNAMIK DER TH AACHEN
AACHEN, SCHINKELSTR. 8
VORHAB **emissionsarmer fahrzeugmotor auf der basis des ad-vielstoffverfahrens**
S.WORT verbrennungsmotor + emissionsminderung
PROLEI PROF. DR. FRANZ PISCHINGER
STAND 1.1.1974
FINGEB BUNDESMINISTER FUER FORSCHUNG UND TECHNOLOGIE
BEGINN 1.1.1973 ENDE 31.12.1976
G.KOST 495.000 DM

DA -045
INST LEHRSTUHL FUER ANGEWANDTE THERMODYNAMIK DER TH AACHEN
AACHEN, SCHINKELSTR. 8
VORHAB **untersuchung von gasfoermigen brennstoffen im hinblick auf die schadstoffemission von ottomotoren**
S.WORT ottomotor + gasfoermige brennstoffe + schadstoffemission
PROLEI PROF. DR. FRANZ PISCHINGER
STAND 1.1.1974
BEGINN 1.1.1974 ENDE 31.12.1975

DA -046
INST LEHRSTUHL FUER ANGEWANDTE THERMODYNAMIK DER TH AACHEN
AACHEN, SCHINKELSTR. 8
VORHAB **dieselmotorische verbrennung bei zweistoffbetrieb mit gasfoermigem brennstoff als zusatzkraftstoff**
untersuchung im hinblick auf die schadstoffemission
S.WORT dieselmotor + gasfoermige brennstoffe + schadstoffemission
PROLEI PROF. DR. FRANZ PISCHINGER
STAND 1.1.1974
FINGEB DEUTSCHE FORSCHUNGSGEMEINSCHAFT
BEGINN 1.1.1973 ENDE 31.12.1975

DA -047
INST LEHRSTUHL FUER ANGEWANDTE THERMODYNAMIK DER TH AACHEN
AACHEN, SCHINKELSTR. 8
VORHAB **entwicklung technischer verfahren und einrichtungen zur verminderung der emission von kohlenwasserstoffgruppen mit krebserregenden eigenschaften der abgasreaktoren**
verbesserung der mess- und pruefverfahren der otto- und dieselmotoren und der nachverbrennungsverfahren sowie verbesserung der konstruktion von otto- und dieselmotoren. erarbeiten wissenschaftlich-technischer grundlagen fuer die beurteilung des standes der technik und der technischen entwicklung als voraussetzung fuer die konkretisierung von zielvorstellungen und den entwurf von rechtsnormen
S.WORT verbrennungsmotor + emissionsminderung + kohlenwasserstoffe
PROLEI PROF. DR. FRANZ PISCHINGER
STAND 1.1.1974
QUELLE umweltforschungsplan 1974 des bmi
FINGEB BUNDESMINISTER DES INNERN
BEGINN 1.1.1973 ENDE 31.12.1974
G.KOST 231.000 DM

DA -048
INST LEHRSTUHL FUER ANGEWANDTE THERMODYNAMIK DER TH AACHEN
AACHEN, SCHINKELSTR. 8
VORHAB **untersuchung des arbeitsprozesses von methanol- und wasserstoffbetriebenen ottomotoren im hinblick auf wirkungsgradverhalten und schadstoffemission**
zielsetzung und loesungsweg: - erstellung von thermodynamischen diagrammen (wie z. b. enthalpie-entropie- und temperatur-entropie-diagramme) fuer wasserstoff-luft-bzw. methanol-luft-gemische. - untersuchung der fuer die schadstoffemission massgeblichen nichtgleichgewichtsvorgaenge waehrend des motorischen arbeitsprozesses. - entwicklung von rechenprogrammen, die eine simulation des otto-motorischen prozesses bei verwendung nicht-konventioneller brennstoffe auch unter beruecksichtigung der reaktionskinetischen gesetzmaessigkeiten gestatten, um erkenntnisse bezueglich des wirkungsgrades und der schadstoffemission zu erhalten
S.WORT kfz-technik + verbrennungsmotor + thermodynamik + emissionsminderung + treibstoffe + (methanol + wasserstoff)
PROLEI DR. SCHAFFRATH
STAND 12.8.1976
QUELLE fragebogenerhebung sommer 1976
FINGEB ARBEITSGEMEINSCHAFT INDUSTRIELLER FORSCHUNGSVEREINIGUNGEN E. V. (AIF)
BEGINN 1.1.1976 ENDE 31.12.1976
G.KOST 80.000 DM

DA -049
INST LEHRSTUHL FUER KRAFT- UND ARBEITSMASCHINEN DER UNI TRIER-KAISERSLAUTERN
KAISERSLAUTERN, PFAFFENBERGSTR. 95
VORHAB **erstellen eines pflichtenheftes zur beurteilung der emissionen von motoren mit geschichteter ladung**
verbesserung der mess- und pruefverfahren der otto- und dieselmotoren und der nachverbrennungsverfahren sowie verbesserung der konstruktion von otto- und dieselmotoren. erarbeiten wissenschaftlich-technischer grundlagen fuer die beurteilung des standes der technik und der technischen entwicklung als voraussetzung fuer die konkretisierung von zielvorstellungen und den entwurf von rechtsnormen
S.WORT schichtladungsmotor + emissionsmessung + bewertungskriterien
STAND 1.1.1974
QUELLE umweltforschungsplan 1974 des bmi
FINGEB BUNDESMINISTER DES INNERN
BEGINN 1.1.1974 ENDE 31.12.1974
G.KOST 39.000 DM

DA -050
INST LEHRSTUHL FUER KRAFT- UND ARBEITSMASCHINEN DER UNI TRIER-KAISERSLAUTERN
KAISERSLAUTERN, PFAFFENBERGSTR. 95
VORHAB **erforschung reaktionskinetischer vorgaenge in verbrennungsmotoren mit hilfe spektroskopischer messmethoden**
bisher kaum messungen reaktionskinetischer parameter bei der motorischen verbrennung bekannt; geplant sind spektroskopische messungen von temperatur- und konzentrationsverlaeufen im verbrennungsmotor, sowie beeinflussbarkeit des reaktionsmechanismus im hinblick auf schadstoffaermere abgase
S.WORT verbrennungsmotor + reaktionskinetik + messmethode
PROLEI PROF. DR. HANS MAY
STAND 1.1.1974
FINGEB BUNDESMINISTER FUER FORSCHUNG UND TECHNOLOGIE
BEGINN 1.9.1973 ENDE 31.5.1976
G.KOST 468.000 DM

DA -051

INST LEHRSTUHL FUER KRAFT- UND ARBEITSMASCHINEN DER UNI TRIER-KAISERSLAUTERN
KAISERSLAUTERN, PFAFFENBERGSTR. 95
VORHAB **beeinflussung der entstehung von schadstoffkomponenten im verbrennungsraum von ottomotoren durch aenderung reaktionskinetischer parameter**
beeinflussung der reaktionskinteik im brennraum von ottomotoren durch ueberlagerte gasentladung mit dem ziel die konzentrationen gesundheitsschaedlicher abgaskomponenten zu reduzieren insbesondere stickoxide.
S.WORT ottomotor + reaktionskinetik + abgasminderung + stickoxide
PROLEI PROF. DR. HANS MAY
STAND 31.10.1975
FINGEB BUNDESMINISTER DES INNERN
BEGINN 1.12.1972 ENDE 30.9.1976
G.KOST 521.000 DM

DA -052

INST LEHRSTUHL FUER KRAFT- UND ARBEITSMASCHINEN DER UNI TRIER-KAISERSLAUTERN
KAISERSLAUTERN, PFAFFENBERGSTR. 95
VORHAB **reduktion der schadstoffemission und verbesserung der wirtschaftlichkeit von ottomotoren bei verwendung von wasserstoff als zusatzkraftstoff**
ziel der untersuchungen ist es, einen schadstoffarmen ottomotor mit hohem wirkungsgrad - aehnlich dem dieselmotor - bei nicht reduzierter leistungsdichte zu entwickeln. die untersuchungen werden zunaechst an einem einzylinder-versuchsmotor durchgefuehrt. die dabei gewonnenen erkenntnisse werden auf einen vierzylinder-vollmotor uebertragen, dessen verhalten im stationaeren und instationaeren betrieb (beschleunigung, verzoegerung) untersucht werden soll
S.WORT kfz-technik + ottomotor + emissionsminderung + kraftstoffzusaetze
PROLEI PROF. DR. HANS MAY
STAND 12.8.1976
QUELLE fragebogenerhebung sommer 1976
G.KOST 514.000 DM
LITAN - MAY, H.;HATTINGEN, U.;JORDAN, W.: THERMODYNAMISCHE UNTERSUCHUNG DES OTTOMOTOREN-PROZESSES MIT WASSERSTOFF ALS ZUSATZKRAFTSTOFF. IN: MTZ MOTORTECHNISCHE ZEITSCHRIFT. 37(4)(1976)
- HATTINGEN, U.;JORDAN, W.: WASSERSTOFF ALS ZUSATZKRAFTSTOFF. IN: VDI-NACHRICHTEN. 21 (MAI 1974)

DA -053

INST LEHRSTUHL FUER VERBRENNUNGSKRAFTMASCHINEN UND KRAFTFAHRZEUGE DER TU MUENCHEN
MUENCHEN 50, SCHRAGENHOFSTR. 31
VORHAB **schadstoffverminderung durch adaptive regelung des luftverhaeltnisses von ottomotoren**
regelung des luftdurchsatzes von ottomoten derart, dass stets ein optimales luftverhaeltnis fuer alle betriebspunkte und betriebszustaende gewaehrleistet ist
S.WORT ottomotor + kfz-abgase + schadstoffminderung
PROLEI PROF. DR. -ING. HUSSMANN
STAND 1.1.1974
QUELLE erhebung 1975
FINGEB DEUTSCHE FORSCHUNGSGEMEINSCHAFT
BEGINN 1.5.1971 ENDE 31.12.1974
G.KOST 90.000 DM
LITAN - FINK: ZWISCHENBERICHT - INST. BERICHT (351)1972. 09
- ZEILINGER: ZWISCHENBERICHT - INST. BERICHT (362) 1973. 10

DA -054

INST LEHRSTUHL FUER VERBRENNUNGSKRAFTMASCHINEN UND KRAFTFAHRZEUGE DER TU MUENCHEN
MUENCHEN 50, SCHRAGENHOFSTR. 31
VORHAB **entwicklung eines aufgeladenen ottomotors als wirtschaftliche antriebsquelle mit niedrigem leistungsgewicht, kleinem bauvolumen und geringen emissionswerten**
verbesserung der mess- und pruefverfahren der otto- und dieselmotoren und der nachverbrennungsverfahren sowie verbesserung der konstruktion von otto- und dieselmotoren; erarbeiten wissenschaftlich-technischer grundlagen fuer die beurteilung des standes der technik und der technischen entwicklung als vorraussetzung fuer die konkretisierung von zielvorstellungen und den entwurf von rechtsnormen
S.WORT kfz-technik + ottomotor + emissionsminderung + wirtschaftlichkeit
PROLEI PROF. DR. -ING. HUSSMANN
STAND 20.11.1975
FINGEB - BUNDESMINISTER DES INNERN
- FORSCHUNGSVEREINIGUNG VERBRENNUNGSKRAFTMASCHINEN E. V., FRANKFURT
BEGINN 1.7.1974 ENDE 30.6.1976
G.KOST 358.000 DM

DA -055

INST LINDE AG
HOELLRIEGELSKREUTH, POSTFACH
VORHAB **alternative kraftstoffe fuer kraftfahrzeuge. teilstudie wasserstoff**
S.WORT kfz-technik + treibstoffe + wasserstoff
QUELLE datenuebernahme aus der datenbank zur koordinierung der ressortforschung (dakor)
FINGEB BUNDESMINISTER FUER FORSCHUNG UND TECHNOLOGIE
ZUSAM - DAIMLER-BENZ
- TUEV RHEINLAND E. V.
- UNI TRIER-KAISERSLAUTERN
BEGINN 1.4.1974 ENDE 30.9.1974

DA -056

INST MASCHINENFABRIK AUGSBURG-NUERNBERG AG (MAN)
AUGSBURG, STADTBACHSTR. 1
VORHAB **untersuchungen zur abgasverbesserung von pkw-benzinmotoren durch anwendung des man-fm-brennverfahrens**
S.WORT kfz-technik + abgasreinigung + verbrennungsmotor
STAND 1.10.1974
FINGEB BUNDESMINISTER FUER FORSCHUNG UND TECHNOLOGIE
BEGINN 1.1.1973 ENDE 31.12.1975
G.KOST 225.000 DM

DA -057

INST MASCHINENFABRIK AUGSBURG-NUERNBERG AG (MAN)
AUGSBURG, STADTBACHSTR. 1
VORHAB **verminderung der schad- und feststoffemission von fahrzeugdieselmotoren**
S.WORT kfz-abgase + dieselmotor + emissionsminderung
STAND 1.10.1974
FINGEB BUNDESMINISTER FUER FORSCHUNG UND TECHNOLOGIE
BEGINN 1.7.1974 ENDE 30.6.1976
G.KOST 262.000 DM

DA -058

INST MASCHINENFABRIK AUGSBURG-NUERNBERG AG (MAN)
AUGSBURG, STADTBACHSTR. 1
VORHAB **fluessig-erdgas als kraftstoff fuer nutzfahrzeuge**
die studie behandelt die technischen und wirtschaftlichen probleme, die mit einer umstellung von dieselgetriebenen nutzfahrzeugen (insbesondere stadtomnibussen) auf den betrieb mit fluessigem erdgas verbunden sind. ausgangsbasis waren die erfahrungen, die bei der entwicklung und dem versuchseinsatz von m. a. n. -bussen mit fluessig-erdgas-antrieben (1971-1975) gewonnen wurden. es zeigte sich, dass dort, wo die verfuegbarkeit von fluessig-erdgas gewaehrleistet ist, das erdgas durchaus

eine wirtschaftlich vertretbare und umweltfreundliche alternative zu kraftstoffen auf mineraloelbasis sein kann
S.WORT fahrzeugantrieb + erdgasmotor + treibstoffe + oekonomische aspekte + emissionsminderung
PROLEI DIPL. -ING. ERICH HAU
STAND 2.8.1976
QUELLE fragebogenerhebung sommer 1976
FINGEB BUNDESMINISTER FUER FORSCHUNG UND TECHNOLOGIE
ZUSAM - SALZGITTER AG, 3321 SALZGITTER-DRUETTE
- VOLKSWAGEN AG, 3180 WOLFSBURG
- SCHERING AG, 1000 BERLIN
BEGINN 1.1.1975 ENDE 31.7.1975
G.KOST 25.000 DM
LITAN ENDBERICHT

DA -059
INST MASCHINENFABRIK AUGSBURG-NUERNBERG AG (MAN)
AUGSBURG, STADTBACHSTR. 1
VORHAB **studie ueber den einsatz von fahrzeugen mit erdgasantrieb in ballungszentren**
entwicklung von umweltfreundlichen antrieben fuer kraftfahrzeuge. durch die verwendung von fluessigerdgas (lng) als kraftstoff werden die schadstoffanteile im abgas stark reduziert. russ und rauch verschwinden vollstaendig. der geraeuschpegel wird reduziert. die studie untersucht einen praxisnahen einsatz von erdgasbussen in ballungszentren einschliesslich der dazu erforderlichen einrichtungen, wie erdgasversorgung (transport, verfluessigung, lagerung) und tankstellenkonzeptionen
S.WORT fahrzeugantrieb + erdgasmotor + emissionsminderung + stadtverkehr + ballungsgebiet
PROLEI DIPL. -ING. ELMAR SCHULTE-SILBERKUHL
STAND 2.8.1976
QUELLE fragebogenerhebung sommer 1976
FINGEB STAATSMINISTERIUM FUER LANDESENTWICKLUNG UND UMWELTFRAGEN, MUENCHEN
ZUSAM - NATURAL GAS SERVICE (NGS), 5480 REMAGEN-ROLANDSECK
- TUEV MUENCHEN
BEGINN 1.2.1973 ENDE 28.2.1974
G.KOST 120.000 DM
LITAN ENDBERICHT

DA -060
INST MOTOREN- UND TURBINEN UNION MUENCHEN GMBH
MUENCHEN, DACHAUER STRASSE 665
VORHAB **verbesserung der abgaszusammensetzung von fahrzeuggasturbinen und fluggasturbinen**
S.WORT abgaszusammensetzung + schadstoffminderung + gasturbine + flugzeug
PROLEI DR. KAPPLER
STAND 1.10.1974
G.KOST 100.000 DM

DA -061
INST NATURAL GAS SERVICE DEUTSCHLAND GMBH
REMAGEN -ROLANDSECK, POSTFACH 603
VORHAB **alternative kraftstoffe fuer kraftfahrzeuge. teilstudie methanol**
S.WORT kfz-technik + treibstoffe + (methanol)
QUELLE datenuebernahme aus der datenbank zur koordinierung der ressortforschung (dakor)
FINGEB BUNDESMINISTER FUER FORSCHUNG UND TECHNOLOGIE
ZUSAM - VOLKSWAGENWERK AG
- KERNFORSCHUNGSANLAGE JUELICH
- BADISCHE ANILIN UND SODAFABRIK
BEGINN 1.4.1974 ENDE 30.9.1974

DA -062
INST OBERRHEINISCHE MINERALOELWERKE GMBH
KARLSRUHE, DEA-SCHOLVEN-STR.
VORHAB **entwicklung von einrichtungen zur absaugung und beseitigung von kohlenwasserstoffen beim umschlag von benzin**
massnahmen zur ermittlung des standes der technik als grundlage fuer die fortschreibung der technischen anleitung zur reinhaltung der luft. die bundesregierung strebt an, menschen sowie tiere, pflanzen und andere sachgueter vor erheblichen nachteilen, gefahren oder belaestigungen, die durch luftverunreinigungen aus industriellen anlagen, anlagen im gewerblichen bereich und aus haeuslichen feuerstaetten hervorgerufen werden koennen, durch verminderung der emissionen an schadstoffen und geruchstoffen zu schuetzen
S.WORT tankanlage + benzindaempfe + luftreinhaltung
PROLEI DIPL. -ING. RUDOLF LANGEN
STAND 1.1.1975
QUELLE umweltforschungsplan 1975 des bmi
FINGEB BUNDESMINISTER DES INNERN
BEGINN 1.1.1973 ENDE 31.12.1975
G.KOST 2.735.000 DM
LITAN ENDBERICHT

DA -063
INST OESTERREICHISCHE MINERALOELVERTRIEBSGESELLSCHAFT MBH
WIEN 9/OESTERREICH, OTTO-WAGNER-PLATZ
VORHAB **untersuchung des oktanzahlbedarfs der kraftfahrzeuge bei einer verminderung des bleigehalts im benzin auf 0,15 g/l**
verbesserung der mess- und pruefverfahren der otto- und dieselmotoren und der nachverbrennungsverfahren sowie verbesserung der konstruktion von otto- und dieselmotoren; erarbeiten wissenschaftlich-technischer grundlagen fuer die beurteilung des standes der technik und der technischen entwicklung als voraussetzung fuer die konkretisierung von zielvorstellungen und den entwurf von rechtsnormen
S.WORT verbrennungsmotor + treibstoffe + bleigehalt + oktanzahl
STAND 1.1.1974
QUELLE umweltforschungsplan 1974 des bmi
FINGEB BUNDESMINISTER DES INNERN
BEGINN 1.1.1974 ENDE 31.12.1974
G.KOST 42.000 DM

DA -064
INST OESTERREICHISCHE MINERALOELVERTRIEBSGESELLSCHAFT MBH
WIEN 9/OESTERREICH, OTTO-WAGNER-PLATZ
VORHAB **ermittlung der oktanzahlen von typischen kraftstoffserien 1976 und untersuchung des einflusses der kraftstoffkomponenten auf die oktanzahlen**
in ergaenzung der bisher durchgefuehrten untersuchungen ueber den oktanzahlbedarf der kraftfahrzeuge bei einer verminderung des bleigehalts im benzin auf 0, 15 g/i sollen noch weitere versuche zur klaerung der frage durchgefuehrt werden, inwieweit die qualitaet der kraftstoffe auch nach dem inkrafttreten der 2. stufe des benzinbleigesetzes den anforderungen der kraftfahrzeuge entspricht und, ob das in manchen faellen zu beobachtende, guenstigere abschneiden von staerker verbleiten kraftstoffen gegenueber geringer verbleiten kraftstoffen tatsaechlich als "blei-bonus" aufzufassen ist oder ob nicht etwa die im mittel naturgemaess abweichende chemische struktur der kohlenwasserstoffe solcher benzine als ursache fuer das im fahrzeugmotor gelegentlich guenstigere abbschneiden hoeher verbleiter vergaserkraftstoffe anzusehen ist
S.WORT treibstoffe + oktanzahl
STAND 1.1.1975
QUELLE umweltforschungsplan 1975 des bmi
FINGEB BUNDESMINISTER DES INNERN
BEGINN 1.10.1974 ENDE 29.2.1975
G.KOST 333.000 DM

DA -065
INST PORSCHE AG
STUTTGART, PORSCHESTR.42

VORHAB **nutzung der bremsenergie in individualfahrzeugen zur verbrauchs- und emissionsverminderung**
S.WORT kfz-technik + emissionsminderung
STAND 6.1.1975
FINGEB BUNDESMINISTER FUER FORSCHUNG UND TECHNOLOGIE
BEGINN 1.1.1974 ENDE 31.3.1975
G.KOST 112.000 DM

DA -066
INST PORSCHE AG
STUTTGART, PORSCHESTR.42
VORHAB **motor-abstell- und startautomatik**
"verbesserung der mess- und pruefverfahren der otto- und dieselmotoren und der nachverbrennungsverfahren sowie verbesserung der konstruktion von otto- und dieselmotoren". erarbeiten wissenschaftlich-technischer grundlagen fuer die beurteilung des standes der technik und der technischen entwicklung als voraussetzung fuer die konkretisierung von zielvorstellungen und den entwurf von rechtsnormen
S.WORT verbrennungsmotor + emissionsminderung
STAND 1.1.1975
QUELLE umweltforschungsplan 1975 des bmi
FINGEB BUNDESMINISTER DES INNERN
BEGINN 1.6.1975 ENDE 31.7.1975
G.KOST 45.000 DM

DA -067
INST PORSCHE AG
STUTTGART, PORSCHESTR.42
VORHAB **studie ueber die kosten schadstoffarmer antriebskonzepte**
ermittlung der herstellkosten von antriebsystemen, die voraussichtlich die 1980er abgasgesetzgebung erfuellen. dabei ist geplant, jaehrlich eine ueberarbeitung-erweiterung der studie vornehmen zu lassen
S.WORT antriebssystem + emissionsminderung + kosten
STAND 20.11.1975
FINGEB BUNDESMINISTER DES INNERN
BEGINN 1.11.1975 ENDE 29.2.1976
G.KOST 75.000 DM

DA -068
INST RHEINISCH-WESTFAELISCHER TECHNISCHER UEBERWACHUNGS-VEREIN E. V.
ESSEN, STEUBENSTR. 53
VORHAB **pruefverfahren zur bestimmung der verdampfungsverluste aus dem kraftstoffsystem von kraftfahrzeugen mit ottomotor**
verbesserung der mess- und pruefverfahren der otto- und dieselmotoren und der nachverbrennungsverfahren sowie verbesserung der konstruktion von otto- und dieselmotoren. wissenschaftlich-technische grundlagenerarbeitung fuer die beurteilung des standes der technik und der technischen entwicklung als voraussetzung fuer die konkretisierung von zielvorstellungen und den entwurf von rechtsnormen
S.WORT kfz-abgase + treibstoffe + nachverbrennung + ottomotor + pruefverfahren + (verdampfungsverluste)
PROLEI DIPL. -ING. HELMUT WEBER
STAND 2.12.1975
FINGEB BUNDESMINISTER DES INNERN
BEGINN 1.3.1974 ENDE 30.6.1976
G.KOST 226.000 DM
LITAN ZWISCHENBERICHT

DA -069
INST TECHNISCHER UEBERWACHUNGSVEREIN BAYERN E.V.
MUENCHEN, KAISERSTR. 14-16
VORHAB **untersuchungen ueber das verhalten des calvi-geraetes zur entgiftung von kfz-abgasen**
zusatzgeraet zum nachtraeglichen einbau in die kraftstoffaufbereitungsanlagen von vergasermotoren zur verbesserung der abgasqualitaet
S.WORT abgasentgiftung + kfz-abgase + geraetepruefung
PROLEI DIPL. -ING. FASSL
STAND 1.10.1974
FINGEB STAATSMINISTERIUM FUER LANDESENTWICKLUNG UND UMWELTFRAGEN, MUENCHEN
ZUSAM TUEV BAYERN E. V.
BEGINN 1.1.1972 ENDE 31.12.1974
G.KOST 150.000 DM
LITAN ENDBERICHT

DA -070
INST TECHNISCHER UEBERWACHUNGSVEREIN BAYERN E.V.
MUENCHEN, KAISERSTR. 14-16
VORHAB **untersuchung eines kraftstoffzusatzmittels**
zusatzmittel zu vergaserkraftstoffen zur verbesserung der abgasqualitaet
S.WORT abgasverbesserung + kfz-abgase + kraftstoffzusaetze
PROLEI DIPL. -ING. HOERDEGEN
STAND 1.1.1974
QUELLE erhebung 1975
FINGEB STAATSMINISTERIUM FUER LANDESENTWICKLUNG UND UMWELTFRAGEN, MUENCHEN
ZUSAM TUEV BAYERN E. V.
G.KOST 5.000 DM
LITAN ENDBERICHT

DA -071
INST TECHNISCHER UEBERWACHUNGSVEREIN RHEINLAND E.V.
KOELN, KONSTANTIN-WILLE-STR. 1
VORHAB **forschungsvorhaben auf dem gebiet neuartiger antriebe (projektbegleitung)**
S.WORT kfz-technik + fahrzeugantrieb
STAND 1.1.1974
FINGEB BUNDESMINISTER FUER FORSCHUNG UND TECHNOLOGIE
BEGINN 1.1.1973 ENDE 31.12.1974
G.KOST 4.053.000 DM

DA -072
INST VOLKSWAGENWERK AG
WOLFSBURG
VORHAB **schichtladungsmotor**
ziel: umweltfreundlicher und wirtschaftlicher verbrennungsmotor ohne verwendung von nachbehandlungseinrichtungen fuer kfz-antrieb; entwicklung von gemischbildungs- und verbrennungsverfahren; experimentelle optimierung und simulation
S.WORT kfz-technik + schichtladungsmotor
PROLEI DR. BRANDSTETTER
STAND 1.1.1974
FINGEB BUNDESMINISTER FUER FORSCHUNG UND TECHNOLOGIE
ZUSAM - INST. F. ANGEWANDTE THERMODYNAMIK DER RWTH AACHEN, 51 AACHEN, SCHINKELSTR. 8
- SCHAEFER EINSPRITZTECHNIK, 8 MUENCHEN 80, TRUDERINGER STR. 191
BEGINN 1.11.1972 ENDE 31.12.1975
G.KOST 3.385.000 DM
LITAN - BMFT (STATUSSEMINAR 1973): AUF DEM WEG ZUM AUTO VON MORGEN VERLAG TUEV RHEINLAND GMBH, KOELN (1973)
- DECKER; BRANDSTETTER: ERSTE ERGEBNISSE MIT DEM VW-SCHICHTLADUNGSVERFAHREN. IN: MTZ 10(1973)
- ZWISCHENBERICHT 1974. 10

DA -073
INST VOLKSWAGENWERK AG
WOLFSBURG
VORHAB **arbeitsraumbildender motor mit innerer kontinuierlicher verbrennung**
nachweis der durchfuehrbarkeit einer maschine mit innerer, kontinuierlicher verbrennung; ermittlung der optimalen loesung zur verwirklichung der inneren kontinuierlichen verbrennung
S.WORT kfz-technik + maschinenbau + verbrennungsmotor
PROLEI DIPL. -ING. PETER HOFBAUER
STAND 1.1.1974

QUELLE erhebung 1975
FINGEB - BUNDESMINISTER FUER FORSCHUNG UND TECHNOLOGIE
- KLOECKNER-HUMBOLDT-DEUTZ AG, KOELN
- VOLKSWAGENWERK AG, WOLFSBURG
ZUSAM - TU BERLIN, 1 BERLIN 12, STR. DES 17. JUNI 135
- RWTH AACHEN
- KLOECKNER-HUMBOLDT-DEUTZ AG
BEGINN 1.10.1973 ENDE 31.3.1975
G.KOST 1.080.000 DM
LITAN ZWISCHENBERICHT 1974. 06

DA -074

INST VOLKSWAGENWERK AG
WOLFSBURG
VORHAB **entwicklung eines schadstoffarmen und vielstoffaehigen verbrennungssystems fuer pkw-gasturbinen**
entwicklungsziel ist es, die fuer die schadstoffbildung massgebenden kriterien zu erforschen und loesungen fuer ein schadstoffarmes verbrennungssystem einer regenerativen fahrzeuggasturbine zu finden; die verwendbaren brennstoffe sollen dabei ein moeglichst breites spektrum ueberdecken
S.WORT kfz-abgase + gasturbine + schadstoffminderung
PROLEI DIPL. -ING. BUCHHEIM
STAND 1.1.1974
FINGEB BUNDESMINISTER FUER FORSCHUNG UND TECHNOLOGIE
BEGINN 1.1.1974 ENDE 31.12.1976
G.KOST 2.330.000 DM
LITAN ZWISCHENBERICHT 1974. 06

DA -075

INST VOLKSWAGENWERK AG
WOLFSBURG
VORHAB **entwicklung eines schadstoffarmen motors**
ziele des vorhabens: beitrag zur diskussion ueber eine moegliche europaeische abgasgesetzgebung. kompatibilitaet hinsichtlich anderer fahrzeuge und motoren sowie, wenn erforderlich, durch zusatzmassnahmen erfuellung anderer abgasgesetze. senkung des kraftstoffverbrauchs gegenueber heutigen konzepten. keine einbusse des fahrkomforts trotz abmagerung. vergroesserte wartungsabstaende gegenueber heutiger serie. kein unzulaessiger anstieg der schadstoffemissionen ueber der lebensdauer des motors. diese genannten ziele sollen im wesentlichen durch regeltechnische massnahmen am gemischbildungs- und zuendungssystem erreicht werden. aufwendige innermotorische massnahmen und teure nachverbrennungsanlagen sind nicht vorgesehen. das konzept wird auf dem konventionellen ottomotor aufgebaut
S.WORT kfz-technik + abgasverbesserung
+ schadstoffminderung + ottomotor
PROLEI PROF. DR. -ING. H. HEITLAND
STAND 8.12.1975
FINGEB BUNDESMINISTER DES INNERN
BEGINN 1.7.1975 ENDE 30.6.1977
G.KOST 3.334.000 DM

DA -076

INST VOLKSWAGENWERK AG
WOLFSBURG
VORHAB **die zielsetzung dieses forschungsvorhabens besteht darin, massnahmen zu erarbeiten, die es erlauben, die bisherigen nachteile des dieselmotors zu beseitigen**
es soll ein pkw-dieselmotor untersucht werden, der fuer den antrieb von kleinwagen besonders geeignet erscheint. die derzeitigen dieselmotoren eignen sich wenig fuer den einsatz in kleinwagen wegen ihrer unguenstigen leistungsgewichte und bauvolumina. hierzu kommen die geraeuschbelaestigung sowie die geruchs- und russemissionen. um das leistungsgewicht und bauvolumen des dieselmotors zu verbessern, sollen studien sowie versuche an triebwerken durchgefuehrt werden. durch die modifizierung des brennverfahrens sollen die schadstoffemissionen und dabei besonders die geruchsemissionen und die geraeuschentwicklung positiv beeinflusst werden. es soll untersucht werden, inwieweit die ergebnisse aus der modifizierten verbrennung als eingangsgroessen fuer eine optimierung dess triebwerkes verwendet werden koennen
S.WORT dieselmotor + abgasminderung
+ geraeuschminderung
PROLEI DIPL. -ING. PETER HOFBAUER
STAND 10.12.1975
QUELLE mitteilung des bmft vom 15.1.76
FINGEB BUNDESMINISTER FUER FORSCHUNG UND TECHNOLOGIE
ZUSAM TECHNISCHER UEBERWACHUNGSVEREIN RHEINLAND E. V.
G.KOST 2.410.000 DM

DA -077

INST VOLKSWAGENWERK AG
WOLFSBURG
VORHAB **verbrauchs- und emissionguenstige dieselmotoren fuer kleinwagen**
es sollen pkw-dieselmotoren untersucht werden, die fuer den antrieb von kleinwagen besonders geeignet sind. zu diesem zweck sollen studien und versuche durchgefuehrt werden. durch modifizierung des brennverfahrens sollen die schadstoffemissionen und das geraeusch positiv beeinflusst werden
S.WORT dieselmotor + abgasminderung + energieverbrauch
PROLEI DIPL. -ING. PETER HOFBAUER
STAND 4.8.1976
QUELLE fragebogenerhebung sommer 1976
FINGEB BUNDESMINISTER FUER FORSCHUNG UND TECHNOLOGIE
BEGINN 1.1.1976 ENDE 30.9.1978
G.KOST 2.506.000 DM

Weitere Vorhaben siehe auch:

FB -059 AUSWERTUNG VORHANDENEN DATENMATERIALS UEBER DEN STAND DER ABGASENTGIFTUNGSTECHNIK UND GERAEUSCHENTWICKLUNG BEI KRAFTFAHRZEUGEN

UI -010 EINFUEHRUNG DES SYSTEMS ELEKTRISCHER STRASSENVERKEHR IN NAHVERKEHRSBEREICHEN

DB -001
INST BASF AKTIENGESELLSCHAFT
LUDWIGSHAFEN, CARL-BOSCH-STR. 38
VORHAB **entwicklung eines verfahrens zur herstellung schwefelarmer schwerer heizoele**
hoher schwefelgehalt schwerer heizoele gibt beim verbrennen hohe schwefeldioxid-emissionen; schwefelentfernung vor verbrennung liefert schwefelfreie rauchgase; entschwefelung und entasphaltierung von rueckstandsoelen
S.WORT heizoel + entschwefelung + verfahrensentwicklung
PROLEI DR. SCHWARZMANN
STAND 1.1.1974
FINGEB BUNDESMINISTER FUER FORSCHUNG UND TECHNOLOGIE
ZUSAM INSTITUT FRANCAISE DE PETROLE, PARIS, ERFAHRUNGSAUSTAUSCH AUF DEM GEBIET DER ENTASPHALTIERUNG
BEGINN 1.1.1973 ENDE 31.12.1975
G.KOST 1.850.000 DM
LITAN ZWISCHENBERICHT 1974. 05

DB -002
INST BERGBAU AG NIEDERRHEIN
HOMBERG, POSTFACH 260
VORHAB **herstellung umweltfreundlicher brennstoffe**
durch die umstellung des brikettierverfahrens auf bitumen als bindemittel sollen die ab 1976 geltenden immissionsbegrenzungen erfuellt werden. fuer diese umstellung auf die herstellung raucharmer briketts ist entwicklungsaufwnad zu treiben in den bereichen 1. vorauswahl der bindemittel, 2. apparatetechnische realisierung der bitumenbeimischung, 3. eignungspruefungen der hergestellten briketts. dieser antrag befasst sich mit der erforderlichen apparatetechnischen entwicklung und mit eignungspruefungen beim verbrauchen durch verbrauchernahe tests.
S.WORT brennstoffe + schadstoffimmission + kohle + verfahrenstechnik
QUELLE datenuebernahme aus der datenbank zur koordinierung der ressortforschung (dakor)
FINGEB KERNFORSCHUNGSANLAGE JUELICH GMBH (KFA), JUELICH
ZUSAM - BERGBAUFORSCHUNG GMBH
- PREUSSAG AG
- GEWERKSCHAFT SOPHIA-JACOBA
BEGINN 1.9.1974 ENDE 31.12.1975
G.KOST 450.000 DM

DB -003
INST BERGBAU-FORSCHUNG GMBH - FORSCHUNGSINSTITUT DES STEINKOHLENBERGBAUVEREINS
ESSEN 13, FRILLENDORFER STRASSE 351
VORHAB **entschwefelung von kraftwerkskohle**
entwicklung von verfahren zur entschwefelung von brennstoffen, zur entschwefelung bei oder nach der vergasung von brennstoffen und zur abgasentschwefelung, um die emissionen von schwefeldioxid zu vermindern. erarbeiten wissenschaftlich-technischer grundlagen fuer die beurteilung des standes der technik und der technischen entwicklung als voraussetzung fuer die begrenzung von emissionen an schwefeloxiden
S.WORT brennstoffe + kohle + entschwefelung + (kraftwerkskohle)
STAND 4.2.1976
FINGEB BUNDESMINISTER DES INNERN
BEGINN 1.8.1972 ENDE 31.12.1976
G.KOST 4.073.000 DM

DB -004
INST BERGBAUVERBAND
ESSEN
VORHAB **verwendung von kunststoffen als bindemittel fuer die herstellung von raucharmen steinkohlenbriketts**
ausgangssituation: ersatz fuer die mit teerpech gebundenen briketts durch raucharme briketts. forschungsziel: entwicklung eines brikettierverfahrens bei verwendung von kunststoffen als bindemittel zur herstellung von raucharmen steinkohlenbriketts. anwendung der ergebnisse: ersatz des teerpeches durch kunststoffe als bindemittel in den steinkohlenbrikettfabriken. mittel und wege, verfahren: untersuchung der brauchbarkeit verschiedener kunststoffe als bindemittel. ermittlung geeigneter brikettiertechniken mit hilfe von brikettiervergleichsversuchen. umgebungs- und randbedingungen: einfache, in die brikettfabriken uebertragbare verfahrenstechnik. beeinflussende groessen: bindefaehigkeit, einfluss auf brennverhalten der briketts, rohstoffkosten. beeinflusste ggroessen: rauchverhalten der briketts, herstellungskosten. weiter notwendige groessen: geringe investitionskoste.
S.WORT steinkohle + verwertung + emissionsminderung + rauch + (brikettierung)
QUELLE datenuebernahme aus der datenbank zur koordinierung der ressortforschung (dakor)
FINGEB BUNDESMINISTER FUER WIRTSCHAFT
BEGINN 1.1.1973 ENDE 1.1.1974
G.KOST 43.000 DM

DB -005
INST DEUTSCHER VEREIN VON GAS- UND WASSERFACHMAENNERN E.V.
ESCHBORN 1, FRANKFURTER ALLEE 27
VORHAB **entwicklung von gas-infrarot-kochstellenbrennern**
entwicklung eines nox-emissionsarmen kochstellenbrenners ohne wirkungsgradverlust gegenueber herkoemmlichen brennerkonstruktionen
S.WORT emissionsminderung + stickoxide + (kochstellenbrenner)
STAND 30.8.1976
QUELLE fragebogenerhebung sommer 1976
G.KOST 50.000 DM
LITAN ZWISCHENBERICHT

DB -006
INST ESCHWEILER BERGWERKSVEREIN AG
HERZOGENRATH -KOHLSCHEID
VORHAB **termische vorbehandlung backender steinkohlen**
etwa 75 % der in der bundesrepublik deutschland gefoerderten kohle baeckt. das geplante verfahren soll diese backfaehgkeit so stark herabsetzen, dass sowohl eine herstellung raucharmer briketts durch heissbrikettierung als auch eine weiterverarbeitung in kohleveredlungsprozessen wie z. b. der lurgi-druckvergasung moeglich wird. dazu werden neben den arbeiten mit einer versuchsanlage auch analysen von kohle und endprodukt erforderlich.
S.WORT kohle + verbrennung + energieumwandlung + emissionsminderung + (kohleveredelung)
QUELLE datenuebernahme aus der datenbank zur koordinierung der ressortforschung (dakor)
FINGEB KERNFORSCHUNGSANLAGE JUELICH GMBH (KFA), JUELICH
BEGINN 1.11.1974 ENDE 31.12.1976
G.KOST 4.000.000 DM

DB -007
INST ESCHWEILER BERGWERKSVEREIN AG
HERZOGENRATH -KOHLSCHEID
VORHAB **herstellung umweltfreundlicher brennstoffe**
durch die umstellung des brikettierverfahrens auf bitumen als bindemittel sollen die ab 1976 geltenden immissionsbegrenzungen erfuellt werden. fuer diese umstellung auf die herstellung raucharmer briketts ist entwicklungsaufwnad zu treiben in den bereichen 1. vorauswahl der bindemittel, 2. apparatetechnische realisierung der bitumenbeimischung, 3. eignungspruefungen der hergestellten briketts. dieser antrag befasst sich mit der erforderlichen apparatetechnischen entwicklung und mit eignungspruefungen beim verbrauchen durch verbrauchernahe tests.
S.WORT kohle + emissionsminderung + verfahrenstechnik

QUELLE datenuebernahme aus der datenbank zur koordinierung der ressortforschung (dakor)
FINGEB KERNFORSCHUNGSANLAGE JUELICH GMBH (KFA), JUELICH
ZUSAM - BERGBAU-FORSCHUNG GMBH
- PREUSSAG AG
- RUHRKOHLE AG
BEGINN 1.11.1974 ENDE 31.12.1975
G.KOST 450.000 DM

DB -008

INST FACHBEREICH MASCHINENWESEN/ELEKTROTECHNIK DER UNI TRIER-KAISERSLAUTERN
KAISERSLAUTERN, POSTFACH 3049
VORHAB **einfl.der konstruktiven anordn.der verbrennungsraeume und waermeaustauschflaechen oel- und gasgefeuerter heizungskessel aus stahl bzw.guss auf die emissionshoehe nitroser gase waehrend d.heizungsprozesses**
ermittlung des zusammenhanges zwischen konstruktion der verbrennungsraeume, der art der brenner, der brennraumbelastung und der stickoxidemissionen. durch auswahl schadstoffarmer brenner, bau und betrieb von versuchsbrennkammern mit variabler geometrie sollen die grundlagen zur herstellung schadstoffarmer heizkessel mit wesentlicher minderung der schadstoffemissionen erarbeitet werden.
S.WORT heizungsanlage + emissionsminderung
+ verfahrenstechnik
QUELLE datenuebernahme aus der datenbank zur koordinierung der ressortforschung (dakor)
FINGEB GESELLSCHAFT FUER WELTRAUMFORSCHUNG MBH (GFW) IN DER DFVLR, KOELN
BEGINN 1.3.1975 ENDE 30.6.1978

DB -009

INST FACHBEREICH VERFAHRENSTECHNIK DER FH BERGBAU DER WESTFAELISCHEN BERGGEWERKSCHAFTSKASSE BOCHUM
BOCHUM, HERNER STRASSE 45
VORHAB **entfernung von pyrit aus steinkohlen mit hilfe von bakterien**
durch die entpyritisierung der kohlen sollen die so2-emissionen bei der verbrennung von kohle und koks vermindert und die technischen anwendungsmoeglichkeiten der kohlen verbessert werden. in den bisherigen versuchen wurde eine nahezu vollstaendige entpyritisierung der kohlen erreicht, jedoch waren zu lange reaktionszeiten erforderlich. jetzt wird versucht, durch aenderung der reaktionsbedingungen und verbesserung der apparaturen auf akzeptable reaktionszeiten zu kommen. ausserdem wird untersucht, wie sich die bei der entpyritisierung anfallenden loesungen ohne umweltschaedigungen verwerten oder beseitigen lassen
S.WORT entschwefelung + steinkohle + mikrobieller abbau
+ (pyrit)
PROLEI DR. . ERNST BEIER
STAND 21.7.1976
QUELLE fragebogenerhebung sommer 1976
FINGEB MINISTER FUER WISSENSCHAFT UND FORSCHUNG, DUESSELDORF
BEGINN 1.11.1973
G.KOST 100.000 DM
LITAN - BEIER, E.: EINFLUSS VON FEUCHTIGKEIT, EISENSALZEN UND MIKROORGANISMEN AUF DIE ATMOSPHAERISCHE OXYDATION VON KOHLE UND PYRIT. IN: GLUECKAUF-FORSCHUNGSHEFTE 34(1) S. 24-32(1973)
- BEIER, E.: EMISSION VON SCHWEFELVERBINDUNGEN UND MASSNAHMEN ZU IHRER VERMINDERUNG. IN: BERGBAU 26(3) S. 54-59(1975)
- BEIER, E.: EMISSION VON SCHWEFELVERBINDUNGEN UND MASSNAHMEN ZU IHRER VERMINDERUNG. IN: BERGBAU 26(4) S. 87-90(1975)

DB -010

INST FICHTNER, BERATENDE INGENIEURE GMBH & CO KG
STUTTGART 30, GRAZER STRASSE 22
VORHAB **wirtschaftlichkeitsvergleich der brennstoff- und rauchgasentschwefelung bei einsatz von schwerem heizoel**
aufbauend auf der entschwefelungsstudie vom maerz 1974 wurde eine aktuelle ergaenzung durchgefuehrt. die kosten fuer die entschwefelung von schwerem heizoel werden unter verschiedenen voraussetzungen fuer 1985 und die folgende zeit ermittelt. dabei wird der heizoelverbrauch im jahre 1985 zwischen 24 und 40 mio t/a, der mittlere schwefelgeahlt der atmospaerischen rueckstaende von 2, 2 bis 2, 6 % und der restschwefelgehalt von 0, 5 bis 1, 0 % variiert. im guenstigsten fall ergeben sich jaehrliche entschwefelungskosten von 0, 7 milliarden dm, im unguenstigsten ist mit kosten von 2, 3 milliarden dm/a zu rechnen
S.WORT heizoel + rauchgas + entschwefelung
+ oekonomische aspekte
PROLEI DR. PETER ANTON
STAND 1.1.1975
QUELLE umweltforschungsplan 1975 des bmi
FINGEB BUNDESMINISTER DES INNERN
BEGINN 1.1.1975 ENDE 1.3.1975
G.KOST 43.000 DM
LITAN ENDBERICHT

DB -011

INST FRIED. KRUPP GMBH
ESSEN, MUENCHENER STRASSE 100
VORHAB **entschwefelung fester brennstoffe im kraftwerk mit hilfe von supraleitenden magneten**
mit hilfe von supraleitenden magneten besteht die moeglichkeit, bisher als unmagnetisch bezeichnete stoffe mit den zur verfuegung stehenden trennkraeften abzuscheiden. es sollen hier die verfahrenstechnischen moeglichkeiten besonders fuer die pyrit-abscheidung (fes2) von kohle untersucht und erprobt werden
S.WORT kraftwerk + entschwefelung
PROLEI DR. -ING. ARMIN SUPP
STAND 18.12.1975
FINGEB - BUNDESMINISTER DES INNERN
- DEUTSCHE BABCOCK UND WILCOX AG, OBERHAUSEN
- BERGBAU-FORSCHUNG GMBH, ESSEN
ZUSAM - DEUTSCHE BABCOCK + WILCOX AG
- BERGBAU-FORSCHUNG GMBH
BEGINN 1.1.1976 ENDE 31.12.1978
G.KOST 1.677.000 DM

DB -012

INST GEWERKSCHAFT SOPHIA-JACOBA
HUECKELHOVEN, POSTFACH 100
VORHAB **herstellung umweltfreundlicher brennstoffe**
durch die umstellung des brikettierverfahrens auf bitumen als bindemittel sollen die ab 1976 geltenden immissionsbegrenzungen erfuellt werden. fuer diese umstellung auf die herstellung raucharmer briketts ist entwicklungsaufwnad zu treiben in den bereichen 1. vorauswahl der bindemittel, 2. apparatetechnische realisierung der bitumenbeimischung, 3. eignungspruefungen der hergestellten briketts. dieser antrag befasst sich mit der erforderlichen apparatetechnischen entwicklung und mit eignungspruefungen beim verbrauchen durch verbrauchernahe tests.
S.WORT emissionsminderung + rauch + kohle
+ verfahrensentwicklung + geraeteentwicklung
QUELLE datenuebernahme aus der datenbank zur koordinierung der ressortforschung (dakor)
FINGEB KERNFORSCHUNGSANLAGE JUELICH GMBH (KFA), JUELICH
ZUSAM - BERGBAU-FORSCHUNG GMBH
- PREUSSAG AG
- RUHRKOHLE AG
BEGINN 1.11.1974 ENDE 31.12.1975
G.KOST 635.000 DM

DB -013

INST GOEPFERT, PETER, DIPL.-ING. UND REIMER, HANS, DR.-ING., VBI-BERATENDE INGENIEURE
HAMBURG 60, BRAMFELDER STR. 70
VORHAB untersuchungen ueber die entfernung von salzsaeure aus muellrauchgasen
untersuchung der leistungsfaehigkeit von verschiedenen rauchgas-waeschertypen unter praxisnahen bedingungen. hierunter ist insebesondere das absorptionsverhalten (salzsaeure, schwefeldioxid, fluorwasserstoff) im hinblick auf die ta-luft zu sehen
S.WORT luftverunreinigung + rauchgas + salzsaeure + absorption + emissionsminderung
PROLEI DR. -ING. ADOLF NOTTRODT
STAND 2.8.1976
QUELLE fragebogenerhebung sommer 1976

DB -014

INST HOELTER & CO
GLADBECK, BEISENSTR. 39-41
VORHAB entwicklung und bau einer rauchgasreinigungs-anlage fuer das kraftwerk weiher ii der saarbergwerke ag
erstellen einer betriebssicheren verfahrensweise und anlage zur rauchgasreinigung (staub und schadstoffe wie z. b. so2, nox, hcl und hf) von kraftwerken unter besonderer beruecksichtigung des verfahrens an das verhalten von mittellastbloecken
S.WORT rauchgas + kraftwerk + gasreinigung + verfahrenstechnik
PROLEI HEINRICH HOELTER
STAND 13.8.1976
QUELLE fragebogenerhebung sommer 1976
ZUSAM SAARBERGWERKE AG, 6600 SAARBRUECKEN
BEGINN 1.10.1974 ENDE 31.12.1976
G.KOST 3.400.000 DM
LITAN - ESCHE, M. 2. SEMINAR DER ECONOMIC COMMISSION FOR EUROPE (UNITED NATIONS) ZUR ENTSCHWEFELUNG VON BRENNSTOFFEN UND RAUCHGASEN, WASHINGTON USA, 11. -20. NOV. 1975: VERSUCHSERGEBNISSE MIT EINER RAUCHGASENTSCHWEFELUNGSANLAGE NACH DEM HOELTER-VERFAHREN
- ESCHE, M.;HOFMANN, F.;MEYER, W. , VGB-KONFERENZ "KRAFTWERK UND UMWELT 1975": ERSTE BETRIEBSERFAHRUNGEN MIT EINER RAUCHGASENTSCHWEFELUNGSANLAGE NACH DEM HOELTER-VERFAHREN

DB -015

INST INSTITUT FUER CHEMIEINGENIEURTECHNIK DER TU BERLIN
BERLIN 10, ERNST-REUTER-PLATZ 7
VORHAB ausbrandoptimierung in technischen oelflammen
gemeinsame einfluesse von brennstoff und betriebsbedingungen auf die emission von oelfeuerungen; parameter: tropfengrosse/ brennstoffimpuls/aequivalenter duesendurchmesser/ rueckstroemungsparameter
S.WORT oelfeuerung + schadstoffemission + russ
PROLEI PROF. DR. HEINZ MEIER ZU KOECKER
STAND 1.1.1974
FINGEB - DEUTSCHE FORSCHUNGSGEMEINSCHAFT
- ARBEITSGEMEINSCHAFT INDUSTRIELLER FORSCHUNGSVEREINIGUNGEN E. V. (AIF)
BEGINN 1.11.1969 ENDE 31.12.1974
G.KOST 355.000 DM
LITAN ZWISCHENBERICHT 1975. 03

DB -016

INST INSTITUT FUER CHEMISCHE TECHNOLOGIE DER TH DARMSTADT
DARMSTADT, PETERSENSTR. 15
VORHAB russunterdrueckung in flammen
S.WORT verbrennung + russ
PROLEI PROF. DR. F. FETTING
STAND 1.10.1974
FINGEB DEUTSCHE FORSCHUNGSGEMEINSCHAFT
ZUSAM INST. F. PHYSIKALISCHE CHEMIE DER TH DARMSTADT, 61 DARMSTADT, HOCHSCHULSTR. 4
BEGINN 1.1.1972 ENDE 31.12.1978
G.KOST 400.000 DM

DB -017

INST INSTITUT FUER DAMPF- UND GASTURBINEN DER TH AACHEN
AACHEN, TEMPLERGRABEN 55
VORHAB messung und beeinflussung der abgaskomponenten von gasturbinen
untersuchung des abgasverhaltens von gasturbinen fuer verschiedene belastungsfaelle; optimierung der verbrennung und der brennkammergeometrie unter dem gesichtspunkt der schadstoffverminderung und des brennstoffbedarfes
S.WORT abgasminderung + gasturbine
PROLEI PROF. DR. -ING. DIBELIUS
STAND 1.1.1974
ZUSAM LEHRSTUHL FUER TECHN. THERMODYNAMIK DER RWTH AACHEN, 51 AACHEN, SCHINKELSTR. 8
BEGINN 1.1.1974

DB -018

INST INSTITUT FUER LUFTSTRAHLENANTRIEBE DER DFVLR
KOELN 90, LINDER HOEHE
VORHAB untersuchung ueber die verminderung der schadstoffemission, vorwiegend der stickoxidbildung in primaerverbrennungszonen
verminderung der schadstoffemission bei gasturbinen
S.WORT schadstoffemission + stickoxide + emissionsminderung + gasturbine
PROLEI DR. -ING. WINTERFELD
STAND 1.1.1974
ZUSAM - DFVLR-INST. F. REAKTIONSKINETIK, 7 STUTTGART 80, PFAFFENWALDRING 38/40
- MOTOREN UND TURBINEN UNION GMBH, 8 MUENCHEN 50, POSTFACH 500640
BEGINN 1.11.1972
LITAN WINTERFELD, G.;KAYSER, A.;SUTTROP, F.: UNTERSUCHUNGEN UEBER DIE STICKOXYDBILDUNG IN DER NACHREAKTIONSZONE EINER QUASI-EINDIMENSIONALEN PROPAN-LUFT-FLAMME. BEZUGSQUELLE: INSTITUT FUER LUFTSTRAHLANTRIEBE-IB 352-74/

DB -019

INST INSTITUT FUER MECHANISCHE VERFAHRENSTECHNIK DER GESAMTHOCHSCHULE ESSEN
ESSEN, UNIONSTR. 2
VORHAB untersuchungen von oelbrennern fuer haushaltsfeuerungen mit dem ziel, deren emissionen zu vermindern
entwicklung von verfahren zur messung, begrenzung und beseitigung geruchsintensiver stoffe. erarbeiten wissenschaftlich-technischer grundlagen fuer die beurteilung des standes der technik und der technischen entwicklung als voraussetzung fuer die begrenzung dieser stoffe
S.WORT oelfeuerung + emissionsminderung
STAND 1.1.1974
QUELLE umweltforschungsplan 1974 des bmi
FINGEB BUNDESMINISTER DES INNERN
BEGINN 1.1.1972 ENDE 31.12.1974
G.KOST 222.000 DM

DB -020

INST INSTITUT FUER UMWELTSCHUTZ UND AGRIKULTURCHEMIE DR. HELMUT BERGE
HEILIGENHAUS, AM VOGELSANG 14
VORHAB ueberpruefung angeblicher so2-grenzwertueberschreitungen durch ein steag-steinkohlenkraftwerk
S.WORT kraftwerk + schwefeldioxid + grenzwerte
PROLEI DR. DIPL. -ING. HELMUT BERGE
STAND 1.1.1974
BEGINN 1.1.1972

DB -021

INST INSTITUT FUER UMWELTSCHUTZ UND AGRIKULTURCHEMIE DR. HELMUT BERGE
HEILIGENHAUS, AM VOGELSANG 14
VORHAB **gas- und staubfoermige immissionen im rheinischen braunkohlengebiet**
immissionskontrollen im einwirkungsbereich von kraftwerken
S.WORT kraftwerk + immissionsueberwachung
RHEINISCHES BRAUNKOHLENGEBIET
PROLEI DR. DIPL. -ING. HELMUT BERGE
STAND 1.1.1974
FINGEB RHEINISCH-WESTFAELISCHES ELEKTRIZITAETSWERK AG, ESSEN
BEGINN 1.9.1960

DB -022

INST INSTITUT FUER UMWELTSCHUTZ UND UMWELTGUETEPLANUNG DER UNI DORTMUND
DORTMUND, ROSEMEYERSTR. 6
VORHAB **abscheidung von fluor-ionen aus rauchgasen, speziell aus den rauchgasen von muellverbrennungsanlagen**
an einer versuchsanlage im technikumsmasstab werden systematisch die trockene abscheidung von fluor-ionen sowie hcl und u. u. auch so2 aus den rauchgasen von muellverbrennungsanlagen untersucht. dabei wird in einer kleinen brennkammer stadtgas mittels eines vielstoff-brenners verbrannt. die rauchgase durchstroemen einen rauchgaskanal, in dessen verlauf mehrere verteilervorrichtungen angeordnet sind, ueber die additive (z. b. caco, ca(oh)2, caco3, camg(co3)2) zugegeben werden koennen. nach einer abkuehlung der rauchgase durch das ansaugen von frischluft werden die staubpartikel in einem gewebefilter abgeschieden
S.WORT muellverbrennungsanlage + rauchgas + schadstoffabscheidung + fluor
PROLEI DIPL. -ING. PAUL-GERHARD SCHUCH
STAND 22.7.1976
QUELLE fragebogenerhebung sommer 1976
FINGEB MINISTER FUER WISSENSCHAFT UND FORSCHUNG, DUESSELDORF
BEGINN 1.2.1976 ENDE 31.12.1978
G.KOST 615.000 DM

DB -023

INST INSTITUT FUER UMWELTSCHUTZ UND UMWELTGUETEPLANUNG DER UNI DORTMUND
DORTMUND, ROSEMEYERSTR. 6
VORHAB **energieverbrauch der privaten haushalte und luftbelastung in dortmund; massnahmen zu ihrer beeinflussung**
quantitative erfassung des heizenergieverbrauchs der privaten haushalte an der beispielstadt dortmund; ermittlung der heizstruktur im zeitablauf (untersuchungsraum: 1968 bis 1974); diesen untersuchungsergebnissen wurde die entwicklung der schadstoffemissionen und -immissionen (staub, so2) gegenuebergestellt; ferner wurden die relevanten gesetze und verordnungen zur energieeinsparung und luftreinhaltung dargestellt; diskutiert wurden die auswirkungen gesetzgeberischer massnahmen auf den heizenergieverbrauch, der heizstruktur und der damit verbundenen verbesserung der luftqualitaet
S.WORT luftverunreinigung + heizungsanlage + private haushalte + energieverbrauch
DORTMUND + RHEIN-RUHR-RAUM
PROLEI DIPL. -VOLKSW. INGO HEINZ
STAND 22.7.1976
QUELLE fragebogenerhebung sommer 1976
FINGEB OECD, PARIS
BEGINN 1.7.1975 ENDE 30.9.1975
G.KOST 30.000 DM
LITAN ENDBERICHT

DB -024

INST INSTITUT FUER WAERMETECHNIK UND INDUSTRIEOFENBAU DER TU CLAUSTHAL
CLAUSTHAL-ZELLERFELD, AGRICOLASTR. 4
VORHAB **beeinflussung der rueckstroemung durch impulse der verbrennungsgase; ofenraumgeometrie und brenneranordnung zur vergleichmaessigung der temperatur**
es wird angestrebt, durch beeinflussung der rueckstroemung in feuerraeumen das temperaturfeld dort zu vergleichmaessigen um u. a. zu erreichen, dass ein vollstaendiger ausbrand moeglich wird und sich keine schadstoffe bilden, d. h. moeglichst wenig umweltbelastende stoffe emittiert werden
S.WORT feuerungsanlage + verfahrensoptimierung + emissionsminderung
PROLEI PROF. DR. -ING. RUDOLF JESCHAR
STAND 1.1:1974
FINGEB ARBEITSGEMEINSCHAFT INDUSTRIELLER FORSCHUNGSVEREINIGUNGEN E. V. (AIF)
BEGINN 1.1.1972 ENDE 31.12.1974
G.KOST 124.000 DM
LITAN ZWISCHENBERICHT 1975. 01

DB -025

INST INSTITUT FUER WAERMETECHNIK UND INDUSTRIEOFENBAU DER TU CLAUSTHAL
CLAUSTHAL-ZELLERFELD, AGRICOLASTR. 4
VORHAB **entwicklung von brennkammern mit hohen energieumsetzungsdichten zur optimalen verbrennung schadstoffbeladener abluft**
untersuchung von stroemungsarten (mit und ohne rueckstroembereich, mit und ohne periodische schwingungen), die moeglichst hohe energieumsetzungsdichten bei der verbrennung von schadstoffbeladenen abgasen und abluft erlauben. dazu turbulenzuntersuchungen ("mikro"- und "makro"-turbulenz) mittels hitzdrahtanemometrie (untersuchung dreidimensional) bei verschiedenen geometrien von brennkammern
S.WORT feuerungsanlage + verbrennung + verfahrensoptimierung + emissionsminderung
PROLEI PROF. DR. -ING. RUDOLF JESCHAR
STAND 12.8.1976
QUELLE fragebogenerhebung sommer 1976
BEGINN 1.1.1976
G.KOST 150.000 DM
LITAN ZWISCHENBERICHT

DB -026

INST INSTITUT FUER WASSERFORSCHUNG GMBH DORTMUND
DORTMUND, DEGGINGSTR. 40
VORHAB **untersuchungen des einflusses verschiedener technischer methoden der kuenstlichen grundwasseranreicherung auf menge und guete des rueckgewinnbaren grundwassers**
verbesserung der trinkwasserguete bei der nutzung von wasser aus oberflaechengewaessern. versuche an versuchs-anreicherungsbecken
S.WORT trinkwassergewinnung + grundwasseranreicherung
STAND 1.1.1974
QUELLE umweltforschungsplan 1974 des bmi
FINGEB BUNDESMINISTER DES INNERN
BEGINN 1.1.1972 ENDE 31.12.1974
G.KOST 158.000 DM
LITAN ZWISCHENBERICHT 1974. 04

DB -027

INST INSTITUT FUER WASSERFORSCHUNG GMBH DORTMUND
DORTMUND, DEGGINGSTR. 40
VORHAB **schadstoffeliminierung bei der wasseraufbereitung**
die zahl der schadstoffe, die im rohwasser der wasserwerke ermittelt werden, steigt laufend an. insbesondere bei stossbelastungen, aber auch generell stellt sich immer haeufiger an einem belasteten gewaesser die frage nach der eliminierbarkeit verschiedener stoffe bei der trinkwasseraufbereitung. da die in der literatur niedergelegten untersuchungsergebnisse im bedarfsfall meist nicht zugaenglich sind, soll diese studie eine zusammenfassung der eliminierungsraten wassergefaehrdender stoffe bei verschiedenen verfahren der wasseraufbereitung liefern. ausgewertet

wird dazu zunaechst die umfangreiche diesbezuegliche literatursammlung, ueber die das institut fuer wasserforschung gmbh dortmund in form einer edv-dokumentation verfuegt
S.WORT wasseraufbereitung + schadstoffentfernung + trinkwasserguete + (literaturstudie)
PROLEI NINETTE ZULLEI
STAND 2.8.1976
QUELLE fragebogenerhebung sommer 1976
FINGEB DEUTSCHER VEREIN VON GAS- UND WASSERFACHMAENNERN E. V. , ESCHBORN
ZUSAM STADTWERKE WIESBADEN
BEGINN 1.4.1976 ENDE 31.3.1977
G.KOST 33.000 DM

DB -028
INST INSTITUT FUER ZIEGELFORSCHUNG ESSEN E.V. ESSEN, AM ZEHNTHOF 197-203
VORHAB **vermeidung von fluoraustreibung durch materialzusaetze und veraenderungen der ofenatmosphaere und der brennstoffart**
erarbeitung wissenschaftlich-technischer grundlagen fuer die beurteilung des standes der technik und der technischen entwicklung als voraussetzung fuer die begrenzung von emissionen an chlor- und fluorhaltigen verbindungen ueberpruefung des einflusses der gebraeuchlichen brennstoffe auf die f-austreibung durch direkte ofenmessungen vor und nach der brennstoffumstellung. vergleichende materialuntersuchungen zur erstellung einer stoffbilanz. fluor-kreislauf. bei den vergleichsuntersuchungen (brennstoffumst. -materialzusaetze). ermittlung der emissionswerte, der gasfoermigen und staubfoermigen anteile im rauchgas. reduzierung der schadstoff-emissionen
S.WORT emissionsminderung + fluor + ziegeleiindustrie
PROLEI DR. KLAUS JEPSEN
STAND 18.11.1975
FINGEB BUNDESMINISTER DES INNERN
BEGINN 1.1.1975 ENDE 31.12.1977
G.KOST 276.000 DM
LITAN ZWISCHENBERICHT

DB -029
INST KAVAG-GESELLSCHAFT FUER LUFTREINHALTUNG HASSELROTH 3, R.-RUFF-STR. 2
VORHAB **nasswaesche fuer abgase aus muellverbrennungsanlagen**
erprobung der effektivitaet des niederdruckwaeschers uop kavag - turbulent kontakt absorbers zur absorption und abscheidung von gasen und staeuben bei kommunalen muellverbrennungsanlagen. der waescher wird als halbtechnische versuchsanlage ueber wochen an einer betriebsanlage installiert. verschiedenste betriebszustaende werden simuliert sowie die operationsgrenzen des waeschers in verbindung mit der effektivitaet ermittelt
S.WORT muellverbrennungsanlage + abgas + nassreinigung
PROLEI HANS PREDIKANT
STAND 13.8.1976
QUELLE fragebogenerhebung sommer 1976
ZUSAM GOEPFERT UND REIMER, ING. -BUERO, POSTFACH 600 840, 2000 HAMBURG 60
BEGINN 1.5.1976 ENDE 31.10.1976
G.KOST 100.000 DM

DB -030
INST LANDESANSTALT FUER IMMISSIONS- UND BODENNUTZUNGSSCHUTZ DES LANDES NORDRHEIN-WESTFALEN ESSEN, WALLNEYERSTR. 6
VORHAB **verfahrenstechnische entwicklung von chlorwasserstoff-abscheide-verfahren zum einsatz bei muellverbrennungsanlagen**
S.WORT muellverbrennungsanlage + schadstoffentfernung + verfahrensoptimierung
PROLEI H. SCHADE
STAND 1.1.1974
QUELLE erhebung 1975
FINGEB LAND NORDRHEIN-WESTFALEN
BEGINN 1.1.1972

DB -031
INST LEHRSTUHL FUER TECHNISCHE CHEMIE II (TRENNTECHNIK) DER UNI ERLANGEN-NUERNBERG ERLANGEN, EGERLANDSTR. 3
VORHAB **ueberfuehrung der in abgasen, speziell rauchgasen enthaltenen schwefeloxide in elementaren schwefel**
die untersuchungen haben zum ziel, ein verfahren zu entwickeln, bei dem sich nach konzentrierung der schwefeloxide durch sorption ein wiederaufheizen der abgase eruebrigt. die reaktionssubstanzen sollen nach der regeneration, bei der fluessiger schwefel als produkt erzeugt wird, erneut verwendbar sein. die untersuchungen gliedern sich in 1. die ermittlung von ab- bzw. adsorptionsdaten fuer so2, 2. die erzeugung von h2s aus methan und schwefel, wobei anfallender cs2 durch hydrolyse in h2s ueberfuehrt wird, und 3. die umsetzung von so2 mit h2s zu elementarem schwefel
S.WORT rauchgas + entschwefelung + schwefeloxide + rueckgewinnung
PROLEI DIPL. -ING. GEORG HAERTEL
STAND 12.8.1976
QUELLE fragebogenerhebung sommer 1976
BEGINN 1.10.1973
LITAN ZWISCHENBERICHT

DB -032
INST MESSERSCHMITT-BOELKOW-BLOHM GMBH MUENCHEN 80, POSTFACH 80 11 69
VORHAB **studie zur festlegung und optimierung der massnahmen zur reduzierung der so2-emissionen in der bundesrepublik deutschland**
definition von massnahmen auf bundesebene zur reduktion des schwefeldioxid-ausstosses aus grosskesselanlagen mit hilfe systemanalytischer methoden
S.WORT emissionsminderung + schwefeldioxid + feuerungsanlage + (bundesrepublik deutschland)
PROLEI DIPL. -PHYS. FRIEDER WOLZ
STAND 1.1.1974
QUELLE umweltforschungsplan 1974 des bmi
FINGEB BUNDESMINISTER DES INNERN
BEGINN 1.1.1974 ENDE 12.9.1975
G.KOST 1.064.000 DM

DB -033
INST RHEINISCHE BRAUNKOHLENWERKE AG KOELN 1, POSTFACH 101666
VORHAB **kohlevergasung im hochtemperatur-winkler-vergaser (htw-vergasung)**
die bewaehrte technik der kohlevergasung im winklergenerator wird eingesetzt um schwefel-, teer- und staubfreies gas mit hohem reduktionspotential zu erzeugen, das in einer hitze im hochofen eingesetzt werden kann. folgende verfahrensaenderungen sind hierfuer erforderlich: zugabe von kalkstein zur erhoehung des schlackeschmelzpunktes und zur bindung des schwefels, erhoehung der reaktionstemperatur zur spaltung hochmolekularer substanzen und verbesserte massnahmen zur heissgasstaubabscheidung.
S.WORT kohle + schadstoffminderung + verfahrenstechnik + (kohleversorgung)
QUELLE datenuebernahme aus der datenbank zur koordinierung der ressortforschung (dakor)
FINGEB KERNFORSCHUNGSANLAGE JUELICH GMBH (KFA), JUELICH
BEGINN 15.11.1974 ENDE 31.1.1978
G.KOST 7.238.000 DM

DB -034
INST SAARBERG-FERNWAERME GMBH SAARBRUECKEN, SULZBACHSTR. 26
VORHAB **entwicklung und erprobung einer rauchgasreinigungsanlage zur abscheidung von staub hcn, so2, so3, nox, hf fuer eine sonderabfallverbrennungsanlage**
entwicklung von abscheidevorrichtungen fuer chlor- und fluorverbindungen. wissenschaftlich-technische grundlagenerarbeitung fuer die beurteilung des standes der technik und der technischen entwicklung als

voraussetzung fuer die begrenzung von emissionen an chlor- und fluorhaltigen verbindungen
S.WORT muellverbrennungsanlage + sondermuell + abgasreinigung
PROLEI DR. -ING. HORST HUCK
STAND 27.11.1975
FINGEB BUNDESMINISTER DES INNERN
BEGINN 1.8.1974 ENDE 31.12.1976
G.KOST 3.136.000 DM

DB -035

INST SAARBERGWERKE AG
SAARBRUECKEN, TRIERER STRASSE 1
VORHAB **entwicklung und erprobung einer rauchgasreinigungsanlage nach dem system hoelter fuer das kraftwerk weiher**
verfahrensentwicklung zur brennstoff-sowie abgasentschwefelung; grundlagenentwicklung
S.WORT kraftwerk + rauchgas + schadstoffbeseitigung
PROLEI DIPL. -ING. HEINZ MEYER
STAND 5.11.1975
FINGEB BUNDESMINISTER DES INNERN
BEGINN 13.11.1973 ENDE 31.12.1976
G.KOST 5.784.000 DM
LITAN - ESCHE, M.;HOFMANN, F.;MEYER, W.: ERSTE BETRIEBSERFAHRUNGEN MIT EINER RAUCHGASENTSCHWEFELUNGSANLAGE NACH DEM HOELTER-VERFAHREN. VORTRAG: VGB-KONFERENZ "KRAFTWERKE UND UMWELT 1975"
- ENDBERICHT

DB -036

INST SIEDLUNGSVERBAND RUHRKOHLENBEZIRK
ESSEN 1, KRONPRINZENSTR. 35
VORHAB **entwicklung eines verfahrens zur entfernung von fluor und chlorwasserstoff aus den abgasen von muellverbrennungsanlagen**
entwicklung von ausscheidevorrichtungen fuer chlor und fluorverbindungen, grundlagenerarbeitung wissenschaftlich-technischer art fuer die beurteilung des standes der technik und der technischen entwicklung als voraussetzung fuer die begrenzung von emissionen an chlor- und fluorhaltigen verbindungen
S.WORT muellverbrennungsanlage + abgasreinigung + fluor + chlorkohlenwasserstoffe
PROLEI DIPL. -ING. VAN WICKEREN
STAND 20.11.1975
FINGEB BUNDESMINISTER DES INNERN
BEGINN 1.1.1972 ENDE 31.12.1976
G.KOST 1.337.000 DM

DB -037

INST TECHNISCHER UEBERWACHUNGSVEREIN BAYERN E.V.
MUENCHEN, KAISERSTR. 14-16
VORHAB **untersuchungen zur gewinnung von kriterien zur optimalen abstimmung von brennraum-oelbrenner-abgasanlage bei heizungsanlagen**
ermittlung der voraussetzung fuer eine umweltfreundliche arbeitsweise von oelbefeuerten heizungsanlagen durch richtige abstimmung zwischen brenner, waermetauscher und abgasfuehrung
S.WORT emissionsminderung + heizungsanlage + verfahrensoptimierung
PROLEI ROBERT BRINKE
STAND 1.1.1975
QUELLE umweltforschungsplan 1975 des bmi
FINGEB BUNDESMINISTER DES INNERN
BEGINN 1.1.1973 ENDE 1.3.1975
G.KOST 421.000 DM
LITAN - ZWISCHENBERICHT 1974. 10
- BRINKE, R.: ZUORDNUNG VON OELBRENNERN ZU BRENNKAMMERN UND SCHORNSTEINEN. IN: DAS SCHORNSTEINFEGERHANDWERK (10) S. 2-8(1975)
- ENDBERICHT

DB -038

INST TECHNISCHER UEBERWACHUNGSVEREIN BAYERN E.V.
MUENCHEN, KAISERSTR. 14-16
VORHAB **untersuchungen bei gasheizungsanlagen zur gewinnung von kriterien zur optimalen abstimmung von brennzone-gasbrenner-abgasanlage**
erarbeiten wissenschaftlich-technischer grundlagen fuer die beurteilung des standes der technik und der technischen entwicklung als voraussetzung fuer die hausfeuerungsanlagen
S.WORT heizungsanlage + verfahrensoptimierung
STAND 3.2.1976
FINGEB BUNDESMINISTER DES INNERN
BEGINN 1.3.1975 ENDE 31.12.1976
G.KOST 419.000 DM

DB -039

INST TECHNISCHER UEBERWACHUNGSVEREIN RHEINLAND E.V.
KOELN, KONSTANTIN-WILLE-STR. 1
VORHAB **untersuchungen ueber den einbau und die kalibrierung von registrierenden staubmessgeraeten in grossen dampfkesselanlagen**
katastermaessige erfassung von anlagenemissionen
S.WORT staubmessgeraet + (dampfkesselanlage)
PROLEI DIPL. -ING. BUEHNE
STAND 12.11.1975
FINGEB BUNDESMINISTER DES INNERN
BEGINN 1.11.1974 ENDE 31.8.1976
G.KOST 368.000 DM

DB -040

INST VGB-FORSCHUNGSSTIFTUNG DER TECHNISCHEN VEREINIGUNG DER GROSSKRAFTWERKSBETREIBER E. V.
ESSEN 1, KLINKESTR. 27-31
VORHAB **ausarbeitung einer systemanalyse fuer verfahren zur entschwefelung von brennstoffen und rauchgasen**
rauchgasentschwefelung/brennstoffentschwefelung; ziel: ermittlung der technisch und wirtschaftlich optimalen verfahren
S.WORT brennstoffe + rauchgas + entschwefelung + oekonomische aspekte
PROLEI DR. FORCK
STAND 1.1.1974
FINGEB BUNDESMINISTER FUER FORSCHUNG UND TECHNOLOGIE
ZUSAM ARBEITSGRUPPE SCHWEFELDIOXID; PROJEKTGRUPPE UMWELTFREUNDLICHE TECHNIK; VERFAHREN UND PRODUKTE
BEGINN 1.9.1973 ENDE 31.7.1975
G.KOST 447.000 DM
LITAN - ZWISCHENBERICHT A, VBG, SYSTEMANALYSE ENTSCHWEFELUNGSVERFAHREN, VGB, 06/73
- ZWISCHENBERICHT 1974. 08

DB -041

INST VGB-FORSCHUNGSSTIFTUNG DER TECHNISCHEN VEREINIGUNG DER GROSSKRAFTWERKSBETREIBER E. V.
ESSEN 1, KLINKESTR. 27-31
VORHAB **planung von versuchsanlagen mit schweroel-vergasung und entschwefelung des hierbei entstehenden gases vor der verbrennung zur energieumwandlung in strom**
entwicklung von verfahren zur entschwefelung von brennstoffen, zur entschwefelung bei oder nach der vergasung von brennstoffen und zur abgasentschwefelung, um die emissionen von schwefeldioxid zu vermindern. erarbeiten wissenschaftlich-technischer grundlagen fuer die beurteilung des standes der technik und der technischen entwicklung als voraussetzung fuer die begrenzung von emissionen an schwefeloxiden
S.WORT oelvergasung + entschwefelung + versuchsanlage + schweroel
PROLEI DR. FORCK
STAND 1.1.1975

QUELLE umweltforschungsplan 1975 des bmi
FINGEB BUNDESMINISTER DES INNERN
BEGINN 1.1.1972 ENDE 31.12.1975
G.KOST 727.000 DM
LITAN - PLANUNG VON VERSUCHSANLAGEN MIT SCHWEROEL-VERGASUNG UND ENTSCHWEFELUNG DER HIERBEI ENTSTEHENDEN GASE VOR DER VERBRENNUNG ZUR ENERGIEUMWANDLUNG IN STROM UND/ODER DAMPF. VGB DEZ 1972
- ZWISCHENBERICHT 1974. 10

DB -042

INST VGB-FORSCHUNGSSTIFTUNG DER TECHNISCHEN VEREINIGUNG DER GROSSKRAFTWERKSBETREIBER E. V.
ESSEN 1, KLINKESTR. 27-31
VORHAB **aufstellung von stoffbilanzen fuer schlacken, aschen und rauchgase in verbrennungsanlagen fuer haus- und stadtmuell**
qualitative und quantitative ermittlung der in muellverbrennungsanlagen anfallenden schlacken, aschen und rauchgase. verwertung der verbrennungsrueckstaende. verhinderung oder verminderung von emissionen. korrosionsprobleme
S.WORT muellverbrennungsanlage + rueckstaende + rauchgas + emissionsminderung
PROLEI PROF. DR. HELMUT KIRSCH
STAND 25.11.1975
QUELLE umweltforschungsplan 1974 des bmi
FINGEB BUNDESMINISTER DES INNERN
BEGINN 1.1.1972 ENDE 31.12.1974
G.KOST 730.000 DM

Weitere Vorhaben siehe auch:

SB -028 SYSTEMANALYSE: SCHADSTOFFARME HAUSHEIZUNGEN MIT HOHER ENERGIEAUSNUTZUNG

DC -001
INST BASF AKTIENGESELLSCHAFT
LUDWIGSHAFEN, CARL-BOSCH-STR. 38
VORHAB untersuchungen zur bestimmung und verminderung von leckraten an dichtelementen
messungen von emissionen, die durch flansche, stopfbuchsen und andere dichtelemente aehnlicherer art verursacht werden
S.WORT emissionsminderung + geraetepruefung + (dichtelement + leckrate)
PROLEI PROF. DR. RICHARD SINN
STAND 1.10.1974
FINGEB BUNDESMINISTER FUER FORSCHUNG UND TECHNOLOGIE
BEGINN 31.12.1973 ENDE 31.12.1976
G.KOST 2.000.000 DM

DC -002
INST BAYER AG
LEVERKUSEN, BAYERWERK
VORHAB abluft und abwasser in der chemischen industrie; forschungs- und entwicklungsarbeiten fuer spezielle mess- und verfahrenstechniken
S.WORT chemische industrie + abwasser + abluft + verfahrenstechnik
PROLEI DR. MANN
STAND 1.1.1974
QUELLE erhebung 1975
FINGEB BUNDESMINISTER FUER FORSCHUNG UND TECHNOLOGIE
BEGINN 1.1.1971 ENDE 31.12.1976
G.KOST 2.978.000 DM
LITAN - 2. HALBJAHRESBERICHT AN BMFT
- ZWISCHENBERICHT 1974. 08

DC -003
INST BERGBAU-FORSCHUNG GMBH - FORSCHUNGSINSTITUT DES STEINKOHLENBERGBAUVEREINS
ESSEN 13, FRILLENDORFER STRASSE 351
VORHAB beseitigung der emissionen beim koksdruecken und kontinuierlichen loeschen von koks
entwicklung von abscheidevorrichtungen fuer feinstaeube. erarbeiten wissenschaftlich-technischer grundlagen fuer die beurteilung des standes der technik und der technischen entwicklung als voraussetzung fuer die begrenzung von feinstaubemissionen
S.WORT kokerei + feinstaeube + emissionsminderung
PROLEI DR. EISENHUT
STAND 1.1.1975
QUELLE umweltforschungsplan 1975 des bmi
FINGEB BUNDESMINISTER DES INNERN
BEGINN 1.1.1974 ENDE 31.12.1975
G.KOST 927.000 DM

DC -004
INST BERGBAU-FORSCHUNG GMBH - FORSCHUNGSINSTITUT DES STEINKOHLENBERGBAUVEREINS
ESSEN 13, FRILLENDORFER STRASSE 351
VORHAB entwicklung und erprobung eines verfahrens zum emissionsfreien druecken von koks aus horizontalkammeroefen und zur verminderung der emissionen beim loeschvorgang
entwicklung von abscheidevorrichtungen fuer feinstaeube. erarbeiten wissenschaftlich-technischer grundlagen fuer die beurteilung des standes der technik und der technischen entwicklung als voraussetzung fuer die begrenzung von feinstaubemissionen
S.WORT kokerei + feinstaeube + emissionsminderung
PROLEI DR. EISENHUT
STAND 18.12.1975
FINGEB BUNDESMINISTER DES INNERN
BEGINN 14.11.1973 ENDE 31.12.1976
G.KOST 3.385.000 DM

DC -005
INST BERGBAU-FORSCHUNG GMBH - FORSCHUNGSINSTITUT DES STEINKOHLENBERGBAUVEREINS
ESSEN 13, FRILLENDORFER STRASSE 351
VORHAB errichtung und dauererprobung des prototyps einer rauchgasentschwefelungsanlage nach dem bergbau-forschungs-verfahren
entwicklung von verfahren zur entschwefelung von brennstoffen, zur entschwefelung bei oder nach der vergasung von brennstoffen und zur abgasentschwefelung, um die emissionen von schwefeldioxyd zu vermindern. erarbeiten wissenschaftlich-technischer grundlagen fuer die beurteilung des standes der technik und der technischen entwicklung als voraussetzung fuer die begrenzung von emissionen an schwefeloxiden
S.WORT brennstoffe + abgas + entschwefelung
PROLEI DR. K. KNOBLAUCH
STAND 16.12.1975
FINGEB - BUNDESMINISTER DES INNERN
- DEUTSCHE BABCOCK UND WILCOX AG, OBERHAUSEN
- STEAG AG, ESSEN
BEGINN 1.12.1972 ENDE 31.12.1976
G.KOST 17.885.000 DM

DC -006
INST BETRIEBSFORSCHUNGSINSTITUT VDEH - INSTITUT FUER ANGEWANDTE FORSCHUNG
DUESSELDORF, SOHNSTR. 65
VORHAB abhaengigkeit des staubgehaltes im sinterabgas und der physikalischen eigenschaften des staubes von den einsatz- und betriebsbedingungen
variation der einsatz- und betriebsbedingungen eines sinterbandes auf 60m2 saugflaeche in weitem rahmen und feststellen der davon abhaengigen staub- und schwefeldioxidemission
S.WORT industrieabgase + staubminderung + schwefeldioxid
PROLEI ING. GRAD. KAHNWALD
STAND 1.10.1974
QUELLE erhebung 1975
FINGEB RHEINSTAHL SCHLAUER-VEREIN
ZUSAM RHEINSTAHL-SCHALKER VEREIN
BEGINN 1.3.1971 ENDE 28.2.1975
G.KOST 185.000 DM
LITAN STAHL UND EISEN (16)(AUG 1976)

DC -007
INST BETRIEBSFORSCHUNGSINSTITUT VDEH - INSTITUT FUER ANGEWANDTE FORSCHUNG
DUESSELDORF, SOHNSTR. 65
VORHAB entwicklung technisch und wirtschaftlich optimaler verfahren zur lueftung und entstaubung von stahlwerkshallen
lueftung und entstaubung von stahlwerkshallen
S.WORT fabrikhalle + abluft + staubminderung
PROLEI DIPL. -ING. MARCHAND
STAND 1.10.1974
FINGEB EUROPAEISCHE GEMEINSCHAFTEN
ZUSAM EUROPAEISCHE GEMEINSCHAFT F. KOHLE U. STAHL, LUXEMBOURG 2, PLACE DE METZ
BEGINN 1.1.1973 ENDE 31.12.1977
G.KOST 970.000 DM
LITAN ZWISCHENBERICHT 1976. 06

DC -008
INST BROWN, BOVERIE UND CIE AG
DORTMUND, UEBERWASSERSTR. 3
VORHAB induktionsoefen fuer die emissionsarme stahlerzeugung
elektrostahlerzeugung erfolgt derzeit in lichtbogenoefen; induktionsoefen haben sich auf dem giessereisektor bewaehrt, entwicklung dieser oefen wegen verfahrens- und umwelttechnischer sowie metallurgischer vorteile , vorzugsweise auf der basis von eisenschwamm. dazu sind theoretische und experimentelle untersuchungen auf folgenden gebieten noetig: ofentechnik, metallurgie, feuerfestauskleidung und verfahrenstechnik

S.WORT stahlindustrie + emissionsminderung + verfahrenstechnik
PROLEI DIPL. -ING. HEGEWALDT
STAND 1.10.1974
FINGEB BUNDESMINISTER FUER FORSCHUNG UND TECHNOLOGIE
ZUSAM - THYSSEN POROFER GMBH, 42 OBERHAUSEN, ESSENER STR. 66
- INST. F. GESTEINSKUNDE DER RWTH AACHEN, 51 AACHEN, HANERSTR. 5
BEGINN 1.1.1972 ENDE 31.12.1975
G.KOST 1.068.000 DM
LITAN ZWISCHENBERICHT 1974. 09

DC -009

INST DAIMLER-BENZ AG
STUTTGART 60, MERCEDESSTR. 136
VORHAB abluftaufbereitung fuer eine leichtmetallgiesserei
abluftaufbereitung fuer eine leichtmetallgiesserei nach dem cold-box- und croning-verfahren durch eine 2stufige abgaswaesche, die mit einer biologischen waschwasseraufbereitung arbeitet
S.WORT abluftreinigung + waschfluessigkeit + metallindustrie + (leichtmetallgiesserei)
PROLEI DR. H. PAUL
STAND 30.8.1976
QUELLE fragebogenerhebung sommer 1976
ZUSAM INST. FUER SIEDLUNGSWASSERBAU UND WASSERGUETEWIRTSCHAFT, UNI STUTTGART
BEGINN 1.1.1976 ENDE 31.12.1978
G.KOST 1.000.000 DM
LITAN ZWISCHENBERICHT

DC -010

INST DEUTSCHE NOVOPAN GESELLSCHAFT MBH
GOETTINGEN, INDUSTRIESTR.
VORHAB verfahren zur entfernung von phenol und formaldehyd aus den abgasen der trockner von anlagen zur herstellung von spanplatten
entwicklung von verfahren zur messung, begrenzung und beseitigung geruchsintensiver stoffe, erarbeiten wissenschaftlich-technischer grundlagen fuer die beurteilung des standes der technik und der technischen entwicklung als voraussetzung fuer die begrenzung dieser stoffe
S.WORT industrieabgase + schadstoffentfernung
FINGEB BUNDESMINISTER DES INNERN
BEGINN 1.7.1975 ENDE 31.12.1976
G.KOST 765.000 DM
LITAN ZWISCHENBERICHT

DC -011

INST ENGLER-BUNTE-INSTITUT DER UNI KARLSRUHE
KARLSRUHE, WILLSTAETTER WEG 5
VORHAB entwicklung von katalysatoren fuer die nachverbrennung von abgasen, welche halogenhaltige kohlenwasserstoffe enthalten
industrielle abgase enthalten bisweilen geringe mengen an chlorierten kohlenwasserstoffen. derartige abgase werden bisher thermisch verbrannt bei temperaturen von 1200-1300 c. ziel dieser arbeiten ist es, katalysatoren zu entwickeln, welche diese nachverbrennung bei erheblich tieferen temperaturen von ca. 350-500 c erlauben und gleichzeitig gegen die halogenkohlenwasserstoffe bzw. deren folgeprodukte resistent sind
S.WORT industrieabgase + chlorkohlenwasserstoffe + nachverbrennung + katalysator
PROLEI PROF. DR. KARL GRIESBAUM
STAND 26.7.1976
QUELLE fragebogenerhebung sommer 1976
FINGEB DEUTSCHE FORSCHUNGSGEMEINSCHAFT
ZUSAM LEHRSTUHL FUER CHEMISCHE VERFAHRENSTECHNIK DER UNI KARLSRUHE
BEGINN 1.1.1974

DC -012

INST FACHBEREICH KUNSTSTOFFTECHNIK UND WIRTSCHAFTSINGENIEURWESEN DER FH ROSENHEIM
ROSENHEIM, MARIENBERGER STRASSE 26
VORHAB verminderung des anteils fluechtiger bestandteile in polystyrol
aufgabe dieser untersuchung ist es, den anteil fluechtiger bestandteile in polystyrol durch geeignete massnahmen zu reduzieren. dabei wurde die abhaengigkeit der sog. restmonomeren, bzw. die entstehung solcher waehrend der verarbeitung, von verschiedenen personen ermittelt
S.WORT kunststoffe + arbeitsplatz + schadstoffminderung
PROLEI GUENTER KREHBIEL
STAND 11.8.1976
QUELLE fragebogenerhebung sommer 1976
BEGINN 1.4.1974 ENDE 30.4.1976
LITAN ZWISCHENBERICHT

DC -013

INST FACHGEBIET THERMISCHE VERFAHRENSTECHNIK DER TH DARMSTADT
DARMSTADT, PETERSENSTR. 16
VORHAB verfahrenstechnische auslegung von adsorptionsanlagen zur beseitigung von unerwuenschten komponenten aus abgasen
berechnung der durchbruchskurven in adsorptionskolonnen mit hilfe der am adsorbens ermittelten gleichgewichts- und kinetischen daten
S.WORT abgasreinigung + verfahrenstechnik + adsorption
PROLEI PROF. DR. KAST
STAND 1.1.1974
FINGEB ARBEITSGEMEINSCHAFT INDUSTRIELLER FORSCHUNGSVEREINIGUNGEN E. V. (AIF)
BEGINN 1.1.1972 ENDE 31.12.1975
G.KOST 56.000 DM

DC -014

INST FICHTNER, BERATENDE INGENIEURE GMBH & CO KG
STUTTGART 30, GRAZER STRASSE 22
VORHAB studie emissionen von nitrosen gasen bei der salpetersaeureherstellung
die emission von nitrosen restgasen bei der salpetersaeureherstellung muessen aus gruenden der luftreinhaltung moeglichst weitgehend begrenzt werden. zu diesem zweck sind effektivitaet und wirtschaftlichkeit der verschiedenen verfahrensmoeglichkeiten zur begrenzung dieser emissionen zu untersuchen. als moegliche verfahren sollen hierbei, die absorption mit wasser, die absorption im sauren medium bei gleichzeitigem einleiten von luft, die alkalische absorption, die absorption, die katalytische reduktion beruecksichtigt werden
S.WORT luftreinhaltung + emissionsminderung + nitrose verbindungen + (salpetersaeureherstellung)
PROLEI DR. PETER ANTON
STAND 3.2.1976
FINGEB BUNDESMINISTER DES INNERN
BEGINN 1.12.1975 ENDE 28.2.1977
G.KOST 301.000 DM

DC -015

INST FORSCHUNGSGEMEINSCHAFT FUER TECHNISCHES GLAS E.V.
WERTHEIM, FERDINAND-HOTZ-STR. 6
VORHAB ersatz von quecksilber in der thermometerindustrie
quecksilber als thermometerfluessigkeit soll durch eine andere fluessigkeit ersetzt werden, die die vorzuege des quecksilbers in der thermometrie aufweist, aber umweltfreundlicher ist
S.WORT schwermetallkontamination + quecksilber + (thermometerfluessigkeit)
PROLEI DIPL. -ING. SCHAUDEL
STAND 1.1.1974
BEGINN 1.1.1972
G.KOST 80.000 DM

DC -016

INST FORSCHUNGSINSTITUT DER ZEMENTINDUSTRIE
DUESSELDORF, TANNENSTR. 2

VORHAB bindung des schwefels beim brennen von zementklinker
beim brennen des zementklinkers tritt praktisch keine so2-emission auf, da der aus den roh- und brennstoffen stammende schwefel mit den alkalien des brennguts unter bildung von schwerverdampfbarem alkalisulfat reagiert. um ohne erhoehung der so2-emission auch schwefelreiche abfaelle (oelrueckstaende, saeureharz) als brennstoff verwenden zu koennen, muss in betriebsversuchen geprueft werden, ob der schwefel nicht nur von den alkalien, sondern auch vom kalk gebunden werden kann. ausserdem ist zu untersuchen, ob der dann hoehere sulfatgehalt im zementklinker die eigenschaften des zements veraendert

S.WORT zementindustrie + luftreinhaltung + schwefel
PROLEI DR. -ING. SIEGBERT SPRUNG
STAND 22.7.1976
QUELLE fragebogenerhebung sommer 1976
FINGEB ARBEITSGEMEINSCHAFT INDUSTRIELLER FORSCHUNGSVEREINIGUNGEN E. V. (AIF)
G.KOST 925.000 DM
LITAN - SPRUNG, S.: DAS VERHALTEN DES SCHWEFELS BEIM BRENNEN VON ZEMENTKLINKER. IN: TONIND. -ZEITUNG 89(5/6) S. 124-130(1965)
- LOCHER, F. W.;SPRUNG, S.: EINFLUESSE AUF DAS ERSTARREN VON ZEMENT. IN: TONIND. -ZEITUNG 98(10) S. 273-276(1974)

DC -017

INST FORSCHUNGSINSTITUT DER ZEMENTINDUSTRIE
DUESSELDORF, TANNENSTR. 2

VORHAB bindung und emission von stickstoffoxiden beim brennen von zementklinker
beim brennen von zementklinker entstehen stickstoffoxide (no und no2), die ueberwiegend emittiert werden, da nur ein kleiner anteil mit dem alkalischen brenngut reagiert. in labor- und betriebsuntersuchungen wird geprueft, ob es moeglich ist, die reaktion zwischen den stickstoffoxiden und dem brenngut zu foerdern, um auf diese weise die emission zu vermindern

S.WORT zementindustrie + emissionsminderung + stickoxide
PROLEI DR. -ING. SIEGBERT SPRUNG
STAND 22.7.1976
QUELLE fragebogenerhebung sommer 1976
FINGEB BUNDESMINISTER FUER FORSCHUNG UND TECHNOLOGIE
G.KOST 450.000 DM

DC -018

INST FORSCHUNGSINSTITUT FUER PIGMENTE UND LACKE E.V.
STUTTGART, WIEDERHOLDSTR. 10/1

VORHAB moegliche veraenderungen von organischen beschichtungen durch einbrennen in sauerstoffarmer und mit verbrennungsprodukten angereicherter atmosphaere
in lacktrockenoefen freiwerdende loesungsmittel werden zur luftreinhaltung nachverbrannt; aus wirtschaftlichen gruenden wird die heisse abluft danach zum aufwaermen weiterer lackschichten verwendet; da sie an sauerstoff verarmt ist, muessen die folgen dieses vorgehens fuer die lackfilmeigenschaften untersucht werden

S.WORT farbauftrag + ofen
PROLEI DR. ULRICH ZORLL
STAND 1.1.1974
FINGEB DEUTSCHE FORSCHUNGSGESELLSCHAFT FUER BLECHVERARBEITUNG UND OBERFLAECHENBEHANDLUNG E. V. , DUESSELDORF
ZUSAM DEUTSCHE FORSCHUNGSGESELLSCHAFT F. BLECHVERARBEITUNG U. OBERFLAECHENBEHANDLUNG E. V. , 4 DUESSELDORF
BEGINN 1.4.1973 ENDE 31.3.1976
G.KOST 136.000 DM
LITAN ZWISCHENBERICHT 1975. 04

DC -019

INST FORSCHUNGSINSTITUT FUER PIGMENTE UND LACKE E.V.
STUTTGART, WIEDERHOLDSTR. 10/1

VORHAB untersuchung ueber die einflussgroessen bei der herstellung von mehrschicht-pulverlacken
pulverbeschichtungsstoffe setzen bei der filmbildung keine loesungsmittel frei; sie sind daher umweltfreundlich; bei der verfilmung von mischungen aus polymerpulvern treten haeufig phasentrennungen unter anreicherung einzelner komponenten an der substratgrenzflaeche auf; in guenstigen faellen koennen ueberzuege mit optimalen eigenschaften entstehen; untersucht werden die einflussgroessen, die fuer die phasentrennung und die anreicherung einzelner komponenten an der substratgrenzflaeche verantwortlich sind

S.WORT farbauftrag + verfahrensoptimierung
PROLEI DR. REICHERT
STAND 1.1.1974
BEGINN 1.4.1974
LITAN FUNKE, W.;REICHERT, K. -H.: - 12. INT. KONFERENZ UEBER ORGANISCHE UEBERZUEGE POPRAD (CSSR), JUNI 1973, IN: MITTEILUNG DES HAUSES DER TECHNIK, BRATISLAVA, S. 19(1973)

DC -020

INST FRIED. KRUPP GMBH
ESSEN, MUENCHENER STRASSE 100

VORHAB fluorabscheidung bei entstaubungsverfahren von co-haltigen abgasen der stahlerzeugung
bei sauerstoffblasverfahren sollen die abscheidebedingungen gasfoermiger fluoranteile bei trockenentstaubungsverfahren und die hoehe der zu erwartenden fluoremissionen an versuchsschmelzen gemessen werden. durch spezielle massnahmen soll die beeinflussung der fluoremission ermittelt werden. die hier gewonnenen erkenntnisse sollen dem gesetzgeber unterlagen ueber erreichbare emissionsgrenzwerte geben

S.WORT abgasreinigung + entstaubung + fluorverbindungen + stahlindustrie + (emissionsgrenzwerte)
PROLEI DR. -ING. RADKE
STAND 30.8.1976
QUELLE fragebogenerhebung sommer 1976
FINGEB EUROPAEISCHE GEMEINSCHAFT FUER KOHLE UND STAHL, LUXEMBURG
BEGINN 1.1.1976 ENDE 31.12.1977
G.KOST 300.000 DM

DC -021

INST FRIED. KRUPP GMBH
BREMEN 71, FARGERSTR. 130

VORHAB methoden und einrichtungen zur verminderung der staubbelaestigung an faseroeffnungs- und krempelmaschinen
die faseroeffnungsmaschinen und krempeln bzw. karden der textilbetriebe sind von jeher durch eine hohe staubkonzentration gekennzeichnet. diese liegt nach neutralen untersuchungen um bis zu 40mal hoeher als die maximale arbeitsplatzkonzentration. mit hilfe des beantragten vorhabens sollen verfahren und einrichtungen entwickelt werden, welche an den genannten maschinen die beseitigung von staub und faserflug so verbessern, dass staubhaltige luft nicht mehr aus diesen maschinen austreten kann und faserflugansammlungen innerhalb der maschine vermieden werden. letztere erlauben, die reinigungsintervalle erheblich zu verlaengern

S.WORT textilindustrie + staubminderung + verfahrensentwicklung
PROLEI DR. -ING. PETER MUELLER
STAND 10.9.1976
QUELLE fragebogenerhebung sommer 1976
FINGEB BUNDESMINISTER FUER FORSCHUNG UND TECHNOLOGIE
ZUSAM INST. F. TEXTILTECHNIK DER TH AACHEN
BEGINN 1.4.1976 ENDE 30.9.1978
G.KOST 1.266.000 DM

DC -022

INST HOELTER & CO
GLADBECK, BEISENSTR. 39-41

VORHAB **entfernung von anorganischen gasfoermigen schwefelverbindungen, insbesondere schwefelwasserstoff (h2s) aus kokerei-unterfeuerungsgas**
entwicklung von abscheidevorrichtungen fuer anorganische gasfoermige schwefelverbindungen, erarbeiten wissenschaftlich-technischer grundlagen fuer die beurteilung des standes der technik und der technischen entwicklung als voraussetzung fuer die begrenzung von emissionen anorganischer gasfoermiger schwefelverbindungen

S.WORT kokerei + schadstoffminderung + schwefelverbindungen
STAND 20.11.1975
FINGEB BUNDESMINISTER DES INNERN
BEGINN 17.11.1975 ENDE 31.12.1976
G.KOST 756.000 DM
LITAN ZWISCHENBERICHT

DC -023

INST HOELTER & CO
GLADBECK, BEISENSTR. 39-41

VORHAB **roto-vent-gasreinigungsversuchsanlage fuer die kdv-anlage, luenen**
auslegung, bau und montage einer versuchsanlage zur reinigung des kdv-gases von teer und staub ohne wasserzugabe. die anlage soll ihre funktion fuer gasdurchsaetze zwischen 30% bis 100% der vollast sowie bei lastaenderungsgeschwindigkeiten von 5%min. erfuellen

S.WORT gasreinigung + (versuchsanlage)
PROLEI HEINZ HOELTER
STAND 13.8.1976
QUELLE fragebogenerhebung sommer 1976
BEGINN 1.6.1975
G.KOST 1.940.000 DM
LITAN ZWISCHENBERICHT

DC -024

INST HUETTENTECHNISCHE VEREINIGUNG DER DEUTSCHEN GLASINDUSTRIE E.V.
FRANKFURT, BOCKENHEIMER LANDSTR. 126

VORHAB **einfluss der betriebsweise auf die stickoxidemissionen von glasschmelzwannen**
das zusammenspiel zwischen schmelzleistung und energieaufwand einerseits und nox- und so2-emission andererseits in abhaengigkeit der betriebsparameter wie ofenkonstruktion, betriebsweise, brennstoffart soll untersucht und daraus umweltfreundliche und energiesparende schmelzverfahren und schmelzoefen entwickelt werden.

S.WORT glasindustrie + emissionsminderung + verfahrensoptimierung + (glasschmelzwannen)
QUELLE datenuebernahme aus der datenbank zur koordinierung der ressortforschung (dakor)
FINGEB GESELLSCHAFT FUER WELTRAUMFORSCHUNG MBH (GFW) IN DER DFVLR, KOELN
BEGINN 15.6.1975 ENDE 31.12.1977

DC -025

INST INDUSTRIEGESELLSCHAFT FUER NEUE TECHNOLOGIEN (I.N.T.)
LINDAU/BODENSEE, ALWINDSTR. 9

VORHAB **umweltfreundliche verfahren zur entlackung fehllackierter metallteile**
vollverkleidete rund-takt-schaltanlage mit diversen baedern und brausen etc. ist mit spezieller abluftregelung kombiniert

S.WORT emissionsminderung + loesungsmittel + daempfe + (lackentfernung)
PROLEI HAUG
STAND 1.1.1974
FINGEB ROBERT BOSCH GMBH, STUTTGART

DC -026

INST INSTITUT FUER ANORGANISCHE CHEMIE DER UNI WUERZBURG
WUERZBURG, AM HUBLAND

VORHAB **rauchgasentschwefelung**
schwefelchemie in waschlaugen in verbrennungsanlagen fuer fossile brennstoffe (klassische kraftwerke)

S.WORT luftverunreinigung + rauchgas + entschwefelung
PROLEI PROF. DR. SCHMIDT
STAND 1.1.1974
BEGINN 1.1.1969
LITAN SCHMIDT, M.: FUNDAMENTAL CHEMISTRY OF SULFURDIOXIDE REMOVAL. IN: INT. JOURNAL OF SULFUR CHEMISTRY, PART B (7) S. 11-19(1972)

DC -027

INST INSTITUT FUER ARBEITSMEDIZIN DER UNI TUEBINGEN
TUEBINGEN, FRONDSBERGSTR. 31

VORHAB **verbesserung der arbeitsumwelt durch beseitigung organischer schadstoffe aus industrieller abluft**
es werden einerseits neue produktions- und verfahrenstechnologien entwickelt und andererseits bestehende so verbessert, dass durch verringerung der schadstoffemission der gefahr einer gesundheitsschaedigung am arbeitsplatz begegnet wird. ziel der untersuchungen ist es, u. a. oxidationsmittel einzusetzen, die den schadstoff unter wirtschaftlichen bedingungen unschaedlich machen

S.WORT arbeitsplatz + luftverunreinigende stoffe + schadstoffminderung + (neue technologien)
PROLEI PROF. DR. HEINZ WEICHARDT
STAND 6.8.1976
QUELLE fragebogenerhebung sommer 1976
FINGEB BUNDESMINISTER FUER ARBEIT UND SOZIALORDNUNG
BEGINN 1.1.1975
LITAN - JAEGER, W.;SCHMIDT, K.;WEICHARDT, H.: EINE NEUE METHODE ZUR ENTGIFTUNG PHENOLHALTIGER ABLUFT BEIM GIESSEN NACH DEM MASKENFORMVERFAHREN. IN: ZBL. ARBEITSMED. 24 S. 177(1975)
- JAEGER, W.;JAEGER, F.;SCHMIDT, K.;WEICHARDT, H.: ERFASSUNG UND BESEITIGUNG VON PHENOLHALTIGEN ABGASEN BEIM GIESSEN NACH DEM MASKENFORMVERFAHREN. IN: ZSCH. GIESSEREI (IM DRUCK)

DC -028

INST INSTITUT FUER CHEMISCHE TECHNIK DER UNI KARLSRUHE
KARLSRUHE, KAISERSTR. 12

VORHAB **loesung des emissionsproblems von ferrolegierungsoefen (niederschacht- und raffinationsofen) durch ofenschliessung**
umweltfreundliches produktionsverfahren

S.WORT emissionsminderung + stahlindustrie + (ferrolegierungsofen)
PROLEI DR. RENTZ
STAND 1.1.1974
FINGEB BUNDESMINISTER FUER FORSCHUNG UND TECHNOLOGIE
ZUSAM FRIEDRICH KRUPP AG, SCHMIEDEWERKE SOELLINGEN
BEGINN 1.1.1973 ENDE 31.12.1976

DC -029

INST INSTITUT FUER EISENHUETTENKUNDE DER TH AACHEN
AACHEN, INTZESTR. 1-2

VORHAB **minderung der emission an luftfremden stoffen beim sintern durch uebergang zum druck- oder gegendruckverfahren**
die industriellen saugzugsinteranlagen emittieren staub und gasfoermige schadstoffe. sie erfordern aufwendige massnahmen zur abgasreinigung. im institut fuer eisenhuettenkunde der rwth aachen ist gezeigt worden, dass beim gegendrucksinterverfahren die gasgeschwindigkeit und damit der staubaustrag verringert werden koennen, wenn man auf einen teil der moeglichen leistungssteigerung verzichtet. ausserdem werden eine verringerung des spezifischen energieverbrauchs und vorteile hinsichtlich der emission von stickoxiden erwartet. die mechanische

und chemische reinigung unter druck bietet darueberhinaus noch technische vorteile. in experimenten an einer versuchsanlage wird die emission bestimmt. die entstehung und entfernung von staeuben und gasfoermigen schadstofffen (so2, hf, co, nox) werden ergruendet und die abhaengigkeit der schadstoffentstehung von der verfahrensfuehrung und der reaktionskinetik eroertert

S.WORT emissionsminderung + sinteranlage + staubemission
PROLEI DR. FRANZ RUDOLF BLOCK
STAND 21.7.1976
QUELLE fragebogenerhebung sommer 1976
FINGEB MINISTER FUER WISSENSCHAFT UND FORSCHUNG, DUESSELDORF
ZUSAM - VDEH, DUESSELDORF
- FA. GUTEHOFFNUNGSHUETTE, OBERHAUSEN
- FA. LURGI CHEMIE, FRANKFURT
BEGINN 1.3.1974
LITAN - BLOCK, F.: MATHEMATISCHE MODELLE FUER DIE THERMISCHEN VORGAENGE BEIM SINTERN. IN: ARCH. EISENHUETTENWESEN 43 S. 83(FEB 1972)
- WEIRICH, F. (TH AACHEN), DISSERTATION: THERMISCHE VORGAENGE BEIM TROCKNEN, BRENNEN, SINTERN UND ROESTEN. (1974)

DC -030

INST INSTITUT FUER EISENHUETTENKUNDE DER TH AACHEN
AACHEN, INTZESTR. 1-2
VORHAB **grundlagenforschung zur entwicklung von umweltfreundlichen schlacken fuer das elektro-schlacke-umschmelzverfahren**
fuer das elektro-schlacke-umschmelzverfahren wurden bisher fluorhaltige schlacken verwendet. die fluorkomponente ist fuer den menschen sehr schaedlich. ziel dieses forschungsprogramms ist es, auf cao-a12o3 basis zusammengesetzte schlacken fuer das elektro-schlacke-umschmelzverfahren zu entwickeln, die keine umweltschaedlichen stoffe enthalten. hierbei werden die vorgesehenen schlacken auf ihr physikalisches (z. b. elektrische leitfaehigkeit, viskositaet und dichte) sowie metallurgisches (z. b. entschwefelung) verhalten getestet. die eigenschaften der umgeschmolzenen bloecke werden auch geprueft.
S.WORT schadstoffemission + fluor + schlacken + (umschmelzverfahren)
PROLEI PROF. DR. -ING. TAREK EL GAMMAL
STAND 19.7.1976
QUELLE fragebogenerhebung sommer 1976
FINGEB MINISTER FUER WISSENSCHAFT UND FORSCHUNG, DUESSELDORF
BEGINN 1.8.1974 ENDE 28.7.1976
G.KOST 178.000 DM
LITAN ZWISCHENBERICHT

DC -031

INST INSTITUT FUER EISENHUETTENKUNDE DER TH AACHEN
AACHEN, INTZESTR. 1-2
VORHAB **grundlagenforschung zur verwendung von geschmolzenen salzen in der luftreinhaltungstechnik**
ziel der vorhaben ist die verwendung von geschmolzenen salzen als adsorptionmittel fuer schwefeldioxid aus abgasen. in einem drehrohrofen wird das entschwefelungsvermoegen von ternaeren, niedrigschmelzenden karbonatschmelzen untersucht, wobei auch eine regenerative verwendung der salze vorgesehen ist, was auch eine ueberfuehrung des chwefels in seine umweltfreundliche elementarform ermoeglicht
S.WORT luftreinhaltung + abgas + entschwefelung + (salzschmelzen)
PROLEI PROF. DR. -ING. TAREK EL GAMMAL
STAND 19.7.1976
QUELLE fragebogenerhebung sommer 1976
FINGEB MINISTER FUER WISSENSCHAFT UND FORSCHUNG, DUESSELDORF
BEGINN 1.1.1973
G.KOST 148.000 DM
LITAN ZWISCHENBERICHT

DC -032

INST INSTITUT FUER HOLZCHEMIE UND CHEMISCHE TECHNOLOGIE DES HOLZES DER BUNDESFORSCHUNGSANSTALT FUER FORST- UND HOLZWIRTSCHAFT
HAMBURG 80, LEUSCHNERSTR. 91 B
VORHAB **entwicklung eines verfahrens zur schwefelfreien zellstofferzeugung**
S.WORT verfahrensentwicklung + schadstoffminderung
PROLEI PROF. DR. W. SCHWEERS
STAND 1.1.1976
FINGEB BUNDESMINISTER FUER ERNAEHRUNG, LANDWIRTSCHAFT UND FORSTEN
BEGINN ENDE 31.12.1976
LITAN - SCHWEERS,W.;PEREIRA,H.N.: UEBER DEN HOLZAUFSCHLUSS MIT PHENOLEN. I.MITTEILUNG;TRAENKUNG VERSCHIEDENER HOELZER MIT PHENOL. IN:HOLZFORSCHUNG 26(2) S.51-54(1972)
- SCHWEERS,W.;BEHLER,H.;BEINHOFF,O.: UEBER DEN HOLZAUFSCHLUSS MIT PHENOLEN. 2.MITTEILUNG;VORLAEUFIGE UNTERSUCHUNGEN UEBER DIE PHENOLBILANZ.IN: HOLZFORSCHUNG 26(3) S.103-105(1972)
- SCHWEERS,W.;RECH,M.: MOEGLICHKEITEN EINES SCHWEFELFREIEN HOLZAUFSCHLUSSES. IN:DAS PAPIER 26(10A) S.585-590(1972)

DC -033

INST INSTITUT FUER HOLZPHYSIK UND MECHANISCHE TECHNOLOGIE DES HOLZES DER BUNDESFORSCHUNGSANSTALT FUER FORST- UND HOLZWIRTSCHAFT
HAMBURG 80, LEUSCHNERSTR. 91C
VORHAB **moeglichkeiten zur verminderung der staubemission in der holzbe- und verarbeitenden industrie**
S.WORT holzindustrie + staubemission + emissionsminderung
PROLEI PROF. DR. NOACK
STAND 1.1.1976
FINGEB BUNDESFORSCHUNGSANSTALT FUER FORST- UND HOLZWIRTSCHAFT, REINBEK

DC -034

INST INSTITUT FUER IMMISSIONS-, ARBEITS- UND STRAHLENSCHUTZ DER LANDESANSTALT FUER UMWELTSCHUTZ BADEN-WUERTTEMBERG
KARLSRUHE, GRIESBACHSTR. 3
VORHAB **begrenzung der so2-emission bei anlagen zur flaschen-sterilisation**
begrenzung der so2-emission in luft und wasser aus flaschen-sterilisationsanlagen durch oxidative gaswaesche oder abwasseroxidation. systematische erfassung dieser quellen, analytische feststellung der so2-emission, ausarbeitung moeglicher verfahren zur emissionsminderung
S.WORT emissionsminderung + schwefeldioxid + getraenkeindustrie + (flaschen-sterilisation)
PROLEI DR. EBERHARD SCHWARZBACH
STAND 4.8.1976
QUELLE fragebogenerhebung sommer 1976
ZUSAM GEWERBEAUFSICHT BADEN-WUERTTEMBERG
BEGINN 1.12.1974
LITAN - SCHWARZBACH, E.;KAMM, K.: BEGRENZUNG DER SO2-EMISSION BEI ANLAGEN ZUR WEINFLASCHEN-STERILISATION. IN: BERICHT 29 DER LFU(APR 1976)
- SCHWARZBACH, E.;SCHNEIDER, W.;REITHER, K.: SO2-VERNICHTUNG FUER FLASCHEN-STERILISIERANLAGE. IN: WLB 20(5) S. 235-238(MAI 1976)

DC -035

INST INSTITUT FUER IMMISSIONS-, ARBEITS- UND STRAHLENSCHUTZ DER LANDESANSTALT FUER UMWELTSCHUTZ BADEN-WUERTTEMBERG
KARLSRUHE, GRIESBACHSTR. 3

VORHAB **verminderung der aminkonzentration am arbeitsplatz und in der emission bei der kernherstellung nach dem cold-box-verfahren**
die herstellung von kernen nach dem cold-box-verfahren ist energiesparender als die anderen verfahren. durch technische verfahrensaenderungen soll der amineinsatz minimiert werden. zur vermeidung von belaestigungen muessen geeignete massnahmen zur ablufterfassung und -reinigung getroffen werden
S.WORT schadstoffbelastung + arbeitsplatz + amine + ablufttreinigung
PROLEI DR. EBERHARD QUELLMALZ
STAND 4.8.1976
QUELLE fragebogenerhebung sommer 1976
ZUSAM VEREIN DEUTSCHER GIESSEREIFACHLEUTE
BEGINN 1.1.1974 ENDE 31.12.1977
LITAN VDG-MERKBLATT G 630. 1. UND 2. AUSGABE

DC -036
INST INSTITUT FUER IMMISSIONS-, ARBEITS- UND STRAHLENSCHUTZ DER LANDESANSTALT FUER UMWELTSCHUTZ BADEN-WUERTTEMBERG
KARLSRUHE, GRIESBACHSTR. 3
VORHAB **ermittlung der faktoren, die die fluoremissionen von ziegeleien beeinflussen**
verminderung der fluoremissionen von ziegeleien
S.WORT emissionsminderung + fluor + steine/erden betriebe
PROLEI DR. EBERHARD QUELLMALZ
STAND 4.8.1976
QUELLE fragebogenerhebung sommer 1976
BEGINN 1.1.1969 ENDE 31.12.1977
LITAN - QUELLMALZ, E.: ERGEBNISSE VON FLUORMESSUNGEN. IN: STAUB 30 S. 292(1970)
- QUELLMALZ, E.: FLUORGEHALTE VON LUFT UND PFLANZEN IN DER UMGEBUNG EINER ZIEGELEI. IN: STAUB 31 S. 206(1971)

DC -037
INST INSTITUT FUER LANDTECHNIK / FB 20 DER UNI GIESSEN
GIESSEN, BRAUGASSE 7
VORHAB **weiterentwicklung des biologischen folienwaeschers zur kostensenkung von umweltmassnahmen**
entwicklung von kenngroessen und grenzwerten in ausstattung und auslegung eines standard-abluftwaeschers mit dem ziel der investitionskostensenkung; entwicklung vereinfachter betriebsformen (reinigung, wartung, wirkungsgradueberpruefung) mit dem ziel der betriebskostensenkung; untersuchung der waermerueckgewinnung im winter und kuehlung im sommer mit dem ziel der energieeinsparung
S.WORT abluftreinigung + geraeteentwicklung + (kostensenkung)
PROLEI SEUFERT
STAND 6.8.1976
QUELLE fragebogenerhebung sommer 1976
ZUSAM - INST. F. LANDWIRTSCHAFTLICHES BAUWESEN, WAGENINGEN
- BUNDESFORSCHUNGSANSTALT BRAUNSCHWEIG, VOELKENRODE
BEGINN 1.1.1976 ENDE 31.12.1978

DC -038
INST INSTITUT FUER MECHANISCHE VERFAHRENSTECHNIK DER GESAMTHOCHSCHULE ESSEN
ESSEN, UNIONSTR. 2
VORHAB **abscheidbarkeit von kupolofenstaeben und gasfoermigen, luftfremden bestandteilen des kupolofenabgases unter betriebsbedingungen**
ziel: bestimmung des staub- und gasanfalles bei heisswind- und kaltwindkupolofenanlagen; wirksamkeit der abscheider im hinblick auf die niederschlagung fester und gasfoermiger komponenten; betriebsverhalten; standzeiten; kostenermittlung
S.WORT abluftreinigung + industrieabgase
PROLEI PROF. DR. -ING. EKKEHARD WEBER
STAND 1.1.1974
QUELLE erhebung 1975
FINGEB - DEUTSCHE FORSCHUNGSGEMEINSCHAFT
- VEREIN DEUTSCHER GIESSEREIFACHLEUTE E. V. , DUESSELDORF
BEGINN 1.7.1971 ENDE 31.12.1974
G.KOST 70.000 DM

DC -039
INST INSTITUT FUER PHYSIKALISCHE CHEMIE DER UNI MUENCHEN
MUENCHEN, SOPHIENSTR. 11
VORHAB **entwicklung und charakterisierung von oxidischen katalysatoren zur reduktion von stickoxiden in industrieabgasen**
es soll die funktionsweise von katalysatoren zur stickoxidreduktion auf spinellbasis (cu, ni) verstanden werden und durch geeignete modifikation sollen aktivitaet und lebensdauer, auch resistenz gegen schwefelverbindungen verbessert werden. dazu werden strukturuntersuchungen an frischen und gebrauchten katalysatoren (roentgenbeugung, esca, uv-vis-spektren, esr) durchgefuehrt und ergaenzt durch das studium von chemiesorptionsvorgaengen (ir-spektroskopie, temp. programmierte desorption und reduktion). schliesslich werden katalysatortests unter standardbedingungen gefahren
S.WORT abgasminderung + stickoxide + katalysator
PROLEI PROF. DR. GERHARD ERTL
STAND 29.7.1976
QUELLE fragebogenerhebung sommer 1976
ZUSAM CONSEJO SUPERIOR DE INVESTIGACIONES CIENTIFICAS, INSTITUTO DE CATALISIS, SERRANO 119, ES MADRID 6
BEGINN 1.6.1976
G.KOST 350.000 DM

DC -040
INST INSTITUT FUER ZIEGELFORSCHUNG ESSEN E.V.
ESSEN, AM ZEHNTHOF 197-203
VORHAB **aufbau und erprobung einer anlage zur trockenen absorption von fluorverbindungen aus dem abgas eines ziegelofens mit nachgeschalteter entstaubung**
ziel des forschungsvorhabens ist die ermittlung eines brauchbaren verfahrens fuer die grobkeramische industrie zur trockenen absorption gasfoermiger fluor- und schwefelanteile durch pulverfoermige erdalkalien im rauchgas. dabei soll handelsuebliches kalkhydrat in den rauchgassammler von ziegeloefen injiziert werden. weiterhin soll infolge erhoehter staubbeladung ein entstaubungssystem nachgeschaltet und erprobt werden. weiterhin sind wirkungsgrad sowohl der trockenabsorption als auch der entstauberleistung laengerfristig in ziegelwerken zu kontrollieren
S.WORT abluftreinigung + schadstoffabsorption + entstaubung + ziegeleiindustrie
PROLEI DR. KLAUS JEPSEN
STAND 9.8.1976
QUELLE fragebogenerhebung sommer 1976
FINGEB - MINISTER FUER ARBEIT, GESUNDHEIT UND SOZIALES, DUESSELDORF
- BUNDESMINISTER FUER JUGEND, FAMILIE UND GESUNDHEIT
- BUNDESVERBAND DER DEUTSCHEN ZIEGELINDUSTRIE E. V. , BONN
ZUSAM LANDESANSTALT FUER IMMISSIONS- UND BODENNUTZUNGSSCHUTZ NRW, WALLNEYER STR. 6, 4300 ESSEN-BREDENEY
BEGINN 1.1.1970 ENDE 30.11.1976
G.KOST 350.000 DM
LITAN SCHMIDT, E.: VERMINDERUNG LUFTVERUNREINIGENDER FLUOR-EMISSIONEN DURCH KALKHYDRAT-PULVER. IN: ZIEGELINDUSTRIE. (3)(1972)

DC -041
INST INSTITUT FUER ZUCKERINDUSTRIE BERLIN
BERLIN 65, AMRUMER STRASSE 32
VORHAB **verringerung der emission von zuckerfabriken**
trockenschnitzel- und bagasse-staubemissionen, planung von umweltfreundlichen fabriken, mitarbeit bei der aufstellung von emissionskataster

S.WORT zuckerindustrie + emissionsminderung + staub
PROLEI PROF. DR. ANTON BALOH
STAND 21.7.1976
QUELLE fragebogenerhebung sommer 1976
BEGINN 1.6.1977
G.KOST 40.000 DM

DC -042
INST KALI UND SALZ AG
KASSEL, FRIEDRICH-EBERT-STR. 160
VORHAB **herstellung von staubfreiem kaliumsulfat**
ziel ist die herstellung eines nicht staubenden kaliumsulfats bei gleichzeitig geringerem anfall an abzustossenden magnesiumhaltigen salzloesungen. es sollen in den versuchen folgende probleme bearbeitet werden: die herstellung von kaliumsulfat aus schoenit (zwischenstufe) und kaliumchlorid, ermittlung der zu optimalen korngroessenverteilung erforderlichen reaktionsbedingungen und stroemungsverhaeltnissen in einem grobkristallisationsverfahren, herstellung des zwischenprodukts schoenit aus kaliumchlorid und magnesiumsulfat, kontinuierliches betreiben des gesamtverfahrens
S.WORT staubemission + chemische industrie + verfahrenstechnik + salze + abwasserbelastung
PROLEI DR. HERBERT EBERLE
STAND 2.8.1976
QUELLE fragebogenerhebung sommer 1976
BEGINN 1.10.1974 ENDE 31.12.1976
G.KOST 2.400.000 DM

DC -043
INST LABORATORIUM FUER ADSORPTIONSTECHNIK GMBH
FRANKFURT, GWINNERSTR. 27-33
VORHAB **verfahren zur reinigung von claus-ofen-abgasen durch katalytische umsetzung von h2s und so2 an aktivkohle**
S.WORT abgasreinigung + clausanlage + aktivkohle
STAND 1.1.1974

DC -044
INST LABORATORIUM FUER ADSORPTIONSTECHNIK GMBH
FRANKFURT, GWINNERSTR. 27-33
VORHAB **verfahren zur katalytischen und adsorptiven reinigung von abluft aus viskosefabriken mittels aktivkohle**
S.WORT abluftreinigung + aktivkohle
STAND 1.1.1974

DC -045
INST LANDESANSTALT FUER IMMISSIONS- UND BODENNUTZUNGSSCHUTZ DES LANDES NORDRHEIN-WESTFALEN
ESSEN, WALLNEYERSTR. 6
VORHAB **untersuchungen ueber die moeglichkeiten zur erfassung und verminderung der saeuredaempfe von beizbaedern**
S.WORT arbeitsschutz + metallindustrie + immissionsminderung + saeuren + (beizbad)
PROLEI DIPL. -ING. K. WELZEL
STAND 1.1.1974
QUELLE erhebung 1975
FINGEB LAND NORDRHEIN-WESTFALEN
BEGINN 1.1.1965

DC -046
INST LANDESANSTALT FUER IMMISSIONS- UND BODENNUTZUNGSSCHUTZ DES LANDES NORDRHEIN-WESTFALEN
ESSEN, WALLNEYERSTR. 6
VORHAB **versuche zur absorption von phenolen und phosphorsaeure-estern in abgasen von lacktrockenoefen**
S.WORT abgas + schadstoffentfernung + (lackindustrie + lacktrockenofen)
PROLEI DIPL. -ING. K. WELZEL
STAND 1.1.1974
QUELLE erhebung 1975
FINGEB LAND NORDRHEIN-WESTFALEN
BEGINN 1.1.1969

DC -047
INST LEHRSTUHL FUER GEOGRAPHIE DER UNI FREIBURG
FREIBURG, WERDERRING 4
VORHAB **gelaende- und wetterlagenabhaengigkeit der so2-immissionen**
ausgangspunkte waren ein gutachten ueber die so2-belastung durch das kraftwerk marbach ii und studien ueber die wetterabhaengigkeit der so2-immissionen fuer drei stationen im ruhrgebiet. bei der auswertung der von den entsprechenden landesaemtern nach den richtlinien der ta luft gewonnenen messwerte ergaben sich neue gesichtspunkte fuer eine verbesserung der vorschriften in der ta luft hinsichtlich der erfassung der wahren belastung in siedlungen einerseits und bei austauscharmen wetterlagen andererseits
S.WORT kraftwerk + immission + schwefeldioxid + inversionswetterlage
NECKAR (RAUM) + STUTTGART + NORDRHEIN-WESTFALEN
PROLEI PROF. DR. WOLFGANG WEISCHET
STAND 30.8.1976
QUELLE fragebogenerhebung sommer 1976
FINGEB LANDKREIS LUDWIGSBURG
G.KOST 3.000 DM
LITAN - NOTWENDIGKEIT UND MOEGLICHKEIT EINER RAUM- UND KLIMAGERECHTEREN FASSUNG DER "TECHNISCHEN ANLEITUNG ZUR REINHALTUNG DER LUFT" (TA LUFT). IN: VERHANDLUNGEN DER GESELLSCHAFT FUER OEKOLOGIE, SAARBRUECKEN S. 329-349(1973)
- ENDBERICHT

DC -048
INST LEHRSTUHL FUER TECHNISCHE CHEMIE II (TRENNTECHNIK) DER UNI ERLANGEN-NUERNBERG
ERLANGEN, EGERLANDSTR. 3
VORHAB **beseitigung des schwefelgehaltes aus abgasen von clausanlagen**
entwicklung neuer methoden und verfahren zur entschwefelung von abgasen, insbesondere claus-anlagen
S.WORT abgasreinigung + entschwefelung + clausanlage
PROLEI PROF. DR. PETER
STAND 1.1.1974
BEGINN 1.10.1970 ENDE 31.12.1975

DC -049
INST NEUNKIRCHER EISENWERK AG
NEUNKIRCHEN, LANDSWEILER STRASSE
VORHAB **entwicklung eines verfahrens zur verminderung des staubauswurfes beim aufstellen und umlegen von bodenblasenden konvertern zur stahlerzeugung nach dem dbm-verfahren**
ermittlung von verfahren zur verminderung des staubauswurfes durch verwendung von inertgasen anstelle von sauerstoff waehrend der zeit, in der sich die konvertermuendung nicht in kongruenz mit der gasfanghaube des entstaubungssystems befindet. der blasdruck soll dabei vorteilhafterweise nur geringfuegig ueber dem ferrostatischen liegen
S.WORT staubminderung + verfahrensentwicklung + eisen- und stahlindustrie
PROLEI DIPL. -ING. MANFRED FROEHLKE
STAND 17.12.1975
FINGEB BUNDESMINISTER DES INNERN
BEGINN 1.1.1976 ENDE 31.12.1978
G.KOST 2.847.000 DM
LITAN ZWISCHENBERICHT

DC -050
INST NORDWESTDEUTSCHE KRAFTWERKE AG
HAMBURG, SCHOENE AUSSICHT 14

VORHAB **abgasentschwefelungsanlage als demonstrationsvorhaben hinter einen steinkohlegefeuerten kessel nach dem bischoff-verfahren**
entwicklung von verfahren zur entschwefelung von brennstoffen, zur entschwefelung bei oder nach der vergasung von brennstoffen und zur abgasentschwefelung, um die emissionen von schwefeldioxid zu vermindern. erarbeiten wissenschaftlich-technischer grundlagen fuer die beurteilung des standes der technik und der technischen entwicklung als voraussetzung fuer die begrenzung von emissionen an schwefeloxiden errichtung, versuchsbetrieb und erprobung einer rauchgasentschwefelungsanlage im kraftwerk wilhelmshaven
S.WORT kraftwerk + rauchgas + entschwefelung
WILHELMSHAVEN + JADEBUSEN
PROLEI BERNHARD STELLBRINK
STAND 21.11.1975
FINGEB - BUNDESMINISTER DES INNERN
- ERP-KREDIT-LUFTREINHALTEPROGRAMM
BEGINN 1.7.1974 ENDE 31.12.1977
G.KOST 15.796.000 DM
LITAN ZWISCHENBERICHT

DC -051
INST NUKEM GMBH
HANAU 11, INDUSTRIEGEBIET WOLFGANG
VORHAB **untersuchungen zur fluoremission bei steine- und erdenbetrieben**
vorhersagen feur das auftreten zu grosser fluoremissionen; technische moeglichkeiten zu deren unterdrueckung
S.WORT schadstoffemission + fluor + steine/erden betriebe
PROLEI DR. NEUMANN
STAND 1.1.1974
FINGEB BUNDESMINISTER FUER FORSCHUNG UND TECHNOLOGIE
BEGINN 1.8.1972 ENDE 31.7.1974
G.KOST 380.000 DM

DC -052
INST NUKEM GMBH
HANAU 11, INDUSTRIEGEBIET WOLFGANG
VORHAB **anwendung der feinstaubfiltration mit glasfasern in der umwelttechnologie**
ziel der studie ist die erweiterung des anwendungsbereiches von glasfaserfiltern zur abscheidung von feinstaeuben. dazu wurde ein pilotanlage gebaut und zur sammlung praktischer betriebserfahrungen in phosphor- und schwefelsaeurefabriken, beizereibetrieben, saeureharzverbrennungsanlagen, in der organisch-chemischen industrie und in metallhuetten eingesetzt. dabei wurde die adaption an betriebsbedingte abgasverhaeltnisse und die ueberpruefung des abscheidegrades durch messungen und analysen sichergestellt. dauerbetriebsversuche zum erkennen der verstopfungsgefahr ergaenzen das programm
S.WORT abgasreinigung + staubabscheidung + filtermaterial + (glasfasern)
PROLEI DR. GERHARD WAGNER
STAND 1.10.1974
FINGEB BUNDESMINISTER FUER FORSCHUNG UND TECHNOLOGIE
BEGINN 30.10.1974 ENDE 31.12.1976
G.KOST 495.000 DM
LITAN ZWISCHENBERICHT

DC -053
INST RHEINMETALL GMBH
DUESSELDORF, ULMENSTR. 125
VORHAB **schadstoffarme metallverarbeitungstechniken**
die metallverarbeitende industrie ist durch die bei verschiedenen bearbeitungsverfahren anfallenden toxischen und umweltgefaehrdenden schadstoffe ein industriezweig, der auch bei geringen anfallmengen hohe umweltbelastungen (luft, wasser, abfall) verursacht. in dieser studie werden die gegenwaertigen metallverarbeitungstechniken mit dem ziel beurteilt, eine f + e-planung zu erreichen, die zu moeglichst grossen umweltentlastungseffekten fuehrt
S.WORT metallindustrie + schadstoffemission + (umweltbelastungsmodell)
PROLEI DIETER MOLL
STAND 29.7.1976
QUELLE fragebogenerhebung sommer 1976
FINGEB BUNDESMINISTER FUER FORSCHUNG UND TECHNOLOGIE
BEGINN 1.12.1975 ENDE 31.12.1976
LITAN ZWISCHENBERICHT

DC -054
INST RUHRKOHLE AG
ESSEN, POSTFACH 5
VORHAB **verbesserung der hochleistungsnassentstauber**
die anzahl der venturistrecken soll verringert und der drallabschneider verkleinert werden. die entwicklung neuer luefter soll zur vergleichmaessigung der durchsatzmenge von nassenstaubern fuehren und damit gleichzeitig den energiebedarf senken. die kurvengaengigkeit des entstaubers wird unter verwendung flexibler verbindungselemente verbessert.
S.WORT emissionsminderung + nassentstaubung + verfahrensoptimierung
QUELLE datenuebernahme aus der datenbank zur koordinierung der ressortforschung (dakor)
FINGEB GESELLSCHAFT FUER WELTRAUMFORSCHUNG MBH (GFW) IN DER DFVLR, KOELN
ZUSAM VERSCHIEDENE FIRMEN
BEGINN 15.10.1974 ENDE 30.4.1977
G.KOST 1.030.000 DM

DC -055
INST RUHRKOHLE AG
ESSEN, POSTFACH 5
VORHAB **entwicklung von trockenfilterentstaubern fuer streckenvortriebsmaschinen**
es wird eine auswahl von filtermaterial mit erhoehter belastbarkeit untersucht mit dem ziel, eine hoehere als bisher erreichbare filterflaechenbelastbarkeit zu verwirklichen. ausserdem soll der abreinigungsmechanismus verbessert werden. schliesslich ist vorgesehen, in mehreren betriebsversuchen die optimale wirkungsweise der trockenfilter verschiedener hersteller zu erproben.
S.WORT emissionsminderung + staub + filter + verfahrensoptimierung
QUELLE datenuebernahme aus der datenbank zur koordinierung der ressortforschung (dakor)
FINGEB GESELLSCHAFT FUER WELTRAUMFORSCHUNG MBH (GFW) IN DER DFVLR, KOELN
ZUSAM VERSCHIEDENE FIRMEN
BEGINN 1.7.1974 ENDE 31.12.1976
G.KOST 744.000 DM

DC -056
INST RUHRKOHLE AG
ESSEN, POSTFACH 5
VORHAB **staubabsaugung bei vortriebsmaschinen mit ableitung der staubhaltigen wetter zu stationaeren entstaubern**
das absaugen des staubes im schneidraum soll durch die entwicklung einer sperrluftglocke gewaehrleistet werden. die einrichtung ist an der vortriebsmaschine montiert und erzeugt einen glockenfoermigen luftschleiter um den schneidraum. auf dem innern dieser luftglocke werden nur ca. 120 m3/min abgesaugt werden. der abgesaugte staub wird ueber eine kunststoffleitung, die immer mit einem antistatischen material ausgelegt ist, dem weit entfernt aufgestellten ortsfesten entstauber zugefuehrt.
S.WORT staubminderung + bergbau + geraeteentwicklung
QUELLE datenuebernahme aus der datenbank zur koordinierung der ressortforschung (dakor)
FINGEB GESELLSCHAFT FUER WELTRAUMFORSCHUNG MBH (GFW) IN DER DFVLR, KOELN
ZUSAM VERSCHIEDENE
BEGINN 1.7.1974 ENDE 31.5.1976
G.KOST 470.000 DM

DC -057

INST RUHRKOHLE AG
ESSEN, POSTFACH 5
VORHAB **anwendung von schaum und einsatz netzmittelhaltiger salzloesungen zur staubbekaempfung**
es ist beabsichtigt, hinsichtlich des einsatzes von schaum in zusammenarbeit mit der grosschemie geeignete schaumbildner zu finden. darueber hinaus sind die technischen einrichtungen zum einbringen des schaumes weiterzuentwickeln. ferner sollen netzer im betriebseinsatz erprobt werden. von dem ergebnis dieser arbeiten wird eine merkliche verbesserung des verstaubungsgrades der betriebe sowohl in der gewinnung als auch im streckenvortrieb erwartet.
S.WORT staubminderung + bergbau + verfahrenstechnik
QUELLE datenuebernahme aus der datenbank zur koordinierung der ressortforschung (dakor)
FINGEB GESELLSCHAFT FUER WELTRAUMFORSCHUNG MBH (GFW) IN DER DFVLR, KOELN
ZUSAM VERSCHIEDENE FACHINSTITUTE
BEGINN 1.7.1974 ENDE 31.12.1976
G.KOST 288.000 DM

DC -058

INST RUHRKOHLE AG
ESSEN, POSTFACH 5
VORHAB **verkleidung und entstaubung von kohlebrechern (durchlauf- und schlagwalzenbrechern) mittels eines kleinstbauenden druckluftrotovents**
die entwicklung verschiedener dichter umkleidungen soll weitergefuehrt werden mit dem ziel, normeinkleidungen festzulegen. unter der voraussetzung einer dichten brecherverkleidung soll erstmalig ein kleinst-venturi-entstauber eingesetzt werden. der vorgeschlagene und mit der firma hoelter schon konstruktiv festgelegte venturi-rotation-entstauber wendet das bekannte und erprobte venturi-rotation-entstauberprinzip an, erhaelt aber venturi-duesen. die entstaubungsleistung soll 30-50m3/min betragen. wirkungsgrade ueber 95 % sollen angestrebt werden. laengenausmasse max. 4 m. der prototyp soll betrieblich erprobt werden.
S.WORT staubminderung + bergbau + geraeteentwicklung
QUELLE datenuebernahme aus der datenbank zur koordinierung der ressortforschung (dakor)
FINGEB GESELLSCHAFT FUER WELTRAUMFORSCHUNG MBH (GFW) IN DER DFVLR, KOELN
ZUSAM FREMDFIRMA
BEGINN 1.7.1974 ENDE 30.6.1975
G.KOST 232.000 DM

DC -059

INST RUHRKOHLE AG
ESSEN, POSTFACH 5
VORHAB **integrierte staubbekaempfung**
integrierte staubbekaempfung. aufgabe des vorhabens inst es, im bereich der gewinnung, des versatzes, der uebergabestellen und der foerderung verschiedenartige massnahmen der staubbekaempfung anzuwenden und voreinander getrennt auf ihre wirksamkeit untersuchen zu koennen. im einzelnen handelt es sich um folgende teilprojekte: diagonaltraenken in verbindung mit automatisch gesteuerter hobelgassen- und bruchfeldbeduesung, reinigen von foerdergurten im untertrum, automatische bruchfeldbeduesung in streben mit einzelstempelausbau.
S.WORT staubminderung + bergbau
QUELLE datenuebernahme aus der datenbank zur koordinierung der ressortforschung (dakor)
FINGEB GESELLSCHAFT FUER WELTRAUMFORSCHUNG MBH (GFW) IN DER DFVLR, KOELN
BEGINN 1.8.1974 ENDE 31.12.1975
G.KOST 435.000 DM

DC -060

INST SAARBERGWERKE AG
SAARBRUECKEN, TRIERER STRASSE 1
VORHAB **optimierung des prototyps eines fuellgasreinigungswagens fuer die kokerei fuerstenhausen**
entwicklung von abscheidevorrichtungen fuer feinstaeube; erarbeitung wissenschaftlich-technischer grundlagen fuer die beurteilung des standes der technik und der technischen entwicklung als voraussetzung fuer die begrenzung von feinstaubemissionen
S.WORT kokerei + feinstaeube + emissionsminderung FUERSTENHAUSEN
PROLEI DIPL. -ING. LEIBROCK
STAND 1.1.1975
QUELLE umweltforschungsplan 1975 des bmi
FINGEB BUNDESMINISTER DES INNERN
BEGINN 2.5.1975 ENDE 31.11.1975
G.KOST 246.000 DM
LITAN LEIBROCK, K.: FUELLGASREINIGUNG IN KOKEREIEN NACH DEM SYSTEM SAARBERG-HOELTER. IN: PROSPEKT SAARBERG-HOELTER (1975)

DC -061

INST SAARBERGWERKE AG
SAARBRUECKEN, TRIERER STRASSE 1
VORHAB **untersuchung ueber die wirksamkeit verschiedener zusatzmittel im hinblick auf eine verbesserung der effektivitaet der nassen staubbekaempfung**
auswahl und erprobung geeigneter zusatzmittel zum berieselungswasser zwecks verbesserung der effektivitaet der nassen staubbekaempfung, versuche im labor und unter tage. als zusatzmittel kommen vor allem nichtionogene netzmittel zum einsatz. durch netzmittel wird die oberflaechenspannung des wassers herabgesetzt, wodurch der hydrophobe kohlenstaub besser niedergeschlagen wird. weiterhin gilt es, geeignete dosiereinrichtungen fuer netzmittel zu entwicklen, die einen gleichbleibenden netzmittelgehalt auch bei unterschiedlicher wasserabnahme gewaehrleisten
S.WORT kohle + feinstaeube + nassentstaubung
PROLEI DR. -ING. HANS-GUIDO KLINKNER
STAND 9.8.1976
QUELLE fragebogenerhebung sommer 1976
FINGEB EUROPAEISCHE GEMEINSCHAFT FUER KOHLE UND STAHL, LUXEMBURG
ZUSAM SILIKOSE-FORSCHUNGSINSTITUT DER BERGBAU-BERUFSGENOSSENSCHAFT, HUNSCHEIDTSTRASSE 12, 4630 BOCHUM
BEGINN 1.1.1973 ENDE 31.12.1976
G.KOST 258.000 DM

DC -062

INST SAARBERGWERKE AG
SAARBRUECKEN, TRIERER STRASSE 1
VORHAB **untersuchung zur staubbekaempfung in hochmechanisierten gewinnungsbetrieben**
ziel ist die verbesserung der staubbekaempfungsverfahren und -einrichtungen, die durch den einsatz von grossgewinnungsmaschinen und schreitausbau, insbes. mit blasversatz, bei steigender staubentwicklung notwendig werden.
projektausfuehrung: erstellung von prototypen, montage, betriebliche erprobung, messtechnische ueberwachung, einsatz von benetzungshilfen (oberflaechenaktive stoffe), anpassung der beduesungswassermenge an die staubentwicklung der schraemwalze, verbesserung der von den herstellern gelieferten schildbeduesung und anpassung an die jeweiligen oertlichen gegebenheiten, entwicklung einer automatischen beduesung beim blasversatz mit seitenaustraegern
S.WORT bergwerk + staubminderung
PROLEI DR. -ING. HANS-GUIDO KLINKNER
STAND 9.8.1976
QUELLE fragebogenerhebung sommer 1976
FINGEB BUNDESMINISTER FUER FORSCHUNG UND TECHNOLOGIE
BEGINN 1.1.1976 ENDE 31.12.1978
G.KOST 900.000 DM

DC -063
INST STAHLWERKE SUEDWESTFALEN AG
HUETTENTAL -WEIDENAU, POSTFACH 6
VORHAB entwicklung eines verfahrens zur vollstaendigen erfassung von abgasen aus offenen und geschlossenen elektrolichtbogenoefen mit dem ziel ihrer entstaubung
entwicklung von ausscheidevorrichtungen fuer feinstaeube. wissenschaftlich-technische grundlagenerarbeitung fuer die beurteilung des standes der technik und der technischen entwicklung als voraussetzung fuer die begrenzung von feinstaubemissionen
S.WORT abgasentstaubung + feinstaeube + (elektrolichtbogenofen)
STAND 1.12.1975
FINGEB - BUNDESMINISTER DES INNERN
- LAND NORDRHEIN-WESTFALEN
BEGINN 1.9.1971 ENDE 31.12.1976
G.KOST 7.082.000 DM

DC -064
INST STEAG AG
ESSEN, BISMARCKSTR. 54
VORHAB entwicklung eines verfahrens zur entschwefelung von kohledruckvergasungsgas fuer kombinierte kraftwerksprozesse
entwicklung von verfahren zur entschwefelung von brennstoffen, zur entschwefelung bei oder nach der vergasung von brennstoffen und zur abgasentschwefelung, um die emissionen von schwefeldioxid zu vermindern. erarbeiten wissenschaftlich-technischer grundlagen fuer die beurteilung des standes der technik und der technischen entwicklung als voraussetzung fuer die begrenzung von emissionen an schwefeloxiden
S.WORT kraftwerk + kohle + entschwefelung + emissionsminderung
PROLEI DR. RUDOLF PASTERNAK
STAND 1.1.1975
QUELLE umweltforschungsplan 1975 des bmi
FINGEB - BUNDESMINISTER DES INNERN
- MINISTER FUER ARBEIT, GESUNDHEIT UND SOZIALES, DUESSELDORF
ZUSAM LURGI
BEGINN 1.1.1972 ENDE 31.12.1975
G.KOST 4.777.000 DM
LITAN - GOLDSCHMIDT, K.: ABGASENTSCHWEFELUNG, STAND DER ARBEITEN UND ARBEITSERGEBNISSE DER STEAG. IN: VGB KRAFTWERK UND UMWELT (1973) S. 77-81
- ENDBERICHT

DC -065
INST SUEDDEUTSCHE KALKSTICKSTOFFWERKE AG
TROSTBERG, DR.-ALBERT-FRANK-STR. 32
VORHAB rueckfuehrung der an fesi-ofen-abgasen entfernten staeube in den ofen
massnahmen zur ermittlung des standes der technik als grundlage fuer die fortschreibung der technischen anleitung zur reinhaltung der luft. die bundesregierung strebt an, menschen sowie tiere, pflanzen und andere sachgueter vor erheblichen nachteilen, gefahren oder belaestigungen, die durch luftverunreinigungen aus industriellen anlagen, anlagen im gewerblichen bereich und aus haeuslichen feuerstaetten hervorgerufen werden koennen, durch verminderung der emissionen an schadstoffen und geruchstoffen zu schuetzen
S.WORT luftverunreinigung + ofen + abgas + staubminderung
STAND 1.1.1974
QUELLE umweltforschungsplan 1974 des bmi
FINGEB BUNDESMINISTER DES INNERN
BEGINN 1.1.1972 ENDE 31.12.1974
G.KOST 462.000 DM

DC -066
INST SUEDDEUTSCHE ZUCKER AG
OBRIGHEIM 5, WORMSERSTR. 1
VORHAB staubauswurf aus trocknungsanlagen fuer trockenschnitzel
erreichen des geforderten emissionswertes fuer staub von 150 milligramm pro normkubikmeter trockenluft
S.WORT staubemission + zuckerindustrie + (trocknungsanlage)
PROLEI DR. SCHIWECK
STAND 1.1.1974
ZUSAM INGENIERBUERO DR. PAULI, 8035 GAUTING/MUENCHEN
BEGINN 1.1.1968 ENDE 31.12.1975
LITAN CRONEWITZ, T.;MUELLER, G.;BISSINGER, B.;STADLER, G.: UEBER DEN EINFLUSS VERSCHIED. GROESSEN AUF DEN ENERGIEBEDARF UND DIE STAUBEMISSION VON SCHNITZELTROCKNUNGSANLAGEN. IN: ZUCKER. 28 S. 401-410(1975)

DC -067
INST TECHNOCONSULT GMBH, GESELLSCHAFT FUER TECHNOLOGISCHE BERATUNG
DUESSELDORF, TALSTR. 22
VORHAB untersuchung der speziellen entstaubungsprobleme in der ferrolegierungsindustrie
massnahmen zur ermittlung des standes der technik als grundlage fuer die fortschreibung der technischen anleitung zur reinhaltung der luft. die bundesregierung strebt an, menschen sowie tiere, pflanzen und andere sachgueter vor erheblichen nachteilen, gefahren oder belaestigungen, die durch luftverunreinigungen aus industriellen anlagen, anlagen im gewerblichen bereich und aus haeuslichen feuerstaetten hervorgerufen werden koennen, durch verminderung der emissionen an schadstoffen und geruchstoffen zu schuetzen
S.WORT industrieabgase + ferrolegierungen + entstaubung
STAND 1.1.1974
QUELLE umweltforschungsplan 1974 des bmi
FINGEB BUNDESMINISTER DES INNERN
BEGINN 1.1.1973 ENDE 31.12.1974
G.KOST 48.000 DM

DC -068
INST TH. GOLDSCHMIDT AG
MANNHEIM 81, MUELHEIMERSTR. 16-22
VORHAB umweltfreundliche beschichtungssysteme
forschungsvorhaben zur entwicklung von umweltfreundlichen produkten-folien, klebern, verbundsysteme, die im produktions- und anwendungsbereich stark verminderte oder keine emissionen hervorrufen. grundlage fuer die erstellung einer rechtsverordnung
S.WORT verbrauchsgueter + umweltbelastung + schadstoffminderung
STAND 27.1.1976
FINGEB BUNDESMINISTER DES INNERN
BEGINN 1.1.1976 ENDE 31.12.1978
G.KOST 1.192.000 DM

DC -069
INST THYSSEN PUROFER GMBH
ESSEN 1, AM RHEINSTAHLHAUS 1
VORHAB emissionsarme verhuettung von eisenerzen mittels direktreduktion auf der basis ungebrannter pellets
erzeugung von ungebrannten eisenerzpellets und deren weiterverarbeitung zu eisenschwamm mittels purofer-verfahren
S.WORT eisenerz + reduktionsverfahren
PROLEI DIPL. -ING. WELKE
STAND 1.1.1974
FINGEB BUNDESMINISTER FUER FORSCHUNG UND TECHNOLOGIE
BEGINN 1.1.1972 ENDE 31.12.1975
G.KOST 8.444.000 DM
LITAN - GUTACHTEN
- 1. ZWISCHENBERICHT: WELKE-EMISSIONSARME VERHUETTUNG VON EISENERZEN MITTELS DIREKTREDUKTION AUF DER BASIS UNGEBR. PELLETS, THYSSEN PUROFER, 1973. 10

DC -070
INST VEBA-CHEMIE AG
GELSENKIRCHEN, PAWIKER STRASSE 30
VORHAB **entwicklung und erprobung eines verfahrens zur reinigung der bei reparatur- und wartungsarbeiten in der petrochemischen industrie anfallenden abgase**
entwicklung von verfahren zur messung, begrenzung und beseitigung geruchsintensiver stoffe erarbeiten wissenschaftlich-technischer grundlagen fuer die beurteilung des standes der technik und der technischen entwicklung als voraussetzung fuer die begrenzung dieser stoffe
S.WORT abgasreinigung + petrochemische industrie + verfahrensentwicklung
STAND 10.2.1976
FINGEB BUNDESMINISTER DES INNERN
BEGINN 1.11.1972 ENDE 31.12.1976
G.KOST 854.000 DM

DC -071
INST VEREINIGTE ALUMINIUMWERKE AG (VAW)
BONN, GERICHTSWEG 48
VORHAB **regulierung von fluorverbindungen aus den ofenabgasen der aluminiumelektrolyse**
entwicklung von abscheidevorrichtungen fuer chlor- und fluorverbindungen erarbeiten wissenschaftlich-technischer grundlagen fuer die beurteilung des standes der technik und der technischen entwicklung als voraussetzung fuer die begrenzung von emissionen an chlor- und fluorhaltigen verbindungen
S.WORT aluminiumindustrie + emissionsminderung + halogene
STAND 1.1.1974
QUELLE umweltforschungsplan 1974 des bmi
FINGEB BUNDESMINISTER DES INNERN
BEGINN 1.1.1972 ENDE 31.12.1974
G.KOST 1.984.000 DM

DC -072
INST VGB-FORSCHUNGSSTIFTUNG DER TECHNISCHEN VEREINIGUNG DER GROSSKRAFTWERKSBETREIBER E. V.
ESSEN 1, KLINKESTR. 27-31
VORHAB **errichtung und betrieb einer demonstrationsanlage zur rauchgasentschwefelung**
S.WORT rauchgas + entschwefelung + demonstrationsanlage
PROLEI DR. FORCK
STAND 1.1.1974

Weitere Vorhaben siehe auch:

TA -010 BEWETTERUNG UND ENTSTAUBUNG VON STRECKENVORTRIEBEN MIT TEILSCHNITTMASCHINEN

TA -011 MESSUNGEN AN KOKSOFENBATTERIEN UND MODELLUNTERSUCHUNGEN FUER DEN BAU EINER HALLE ZUR ERFASSUNG ALLER EMISSIONEN BEIM BETRIEB VON KOKSOEFEN

TA -013 ENTWICKLUNG LOESUNGSMITTELFREIER BZW. LOESUNGSMITTELARMER LACKE

TA -018 UNTERSUCHUNGEN UEBER DEN EINFLUSS DES WASSERGEHALTES DER EINBRENNLUFT AUF LACKIERUNGEN BEI TROCKENPROZESSEN MIT HOHER EMISSIONSREDUZIERUNG

TA -019 UNTERSUCHUNGEN UEBER DIE QUALITATIVE UND QUANTITATIVE ZUSAMMENSETZUNG DER EMISSIONSPRODUKTE BEIM EINBRENNEN VON LACKFILMEN

TA -037 REDUZIERUNG DER UMWELTPROBLEME IN DER KUNSTSTOFFINDUSTRIE

TA -050 VERMINDERN DER UMWELTBELASTUNG DURCH OPTIMIEREN DER VERFAHRENSTECHNISCHEN EINFLUSSGROESSEN AUF DIE FILMBILDUNG VON LACKEN

TA -051 SCHADSTOFFARME UND ROHSTOFFSPARENDE LACKIERTECHNIK

DD -001

INST AMEG, VERFAHRENS- UND UMWELTSCHUTZ-TECHNIK GMBH & CO KG
STUHR-MOORDEICH, AN DER BAHN 3

VORHAB **luftreinhaltung durch rueckgewinnung von aliphatischen und aromatischen kohlenwasserstoffen aus stationaeren und mobilen tanks**
werden feste oder mobile tanks neu mit fluessigen loesemitteln aufgefuellt, so wird luft mit hoher konzentration an kohlenwasserstoffen verdraengt und gelangt in die atmosphaere. dadurch erfolgt eine belastung der umwelt und wertvolle stoffe gehen verloren. es werden die oekonomischen aspekte der rueckgewinnung allein durch adsorption an aktivkohle und durch eine kombination von kondensation und adsorption untersucht. die untersuchungen beschraenken sich zunaechst auf vergaserkraftstoff. die verfahren sind jedoch auch fuer andere organische loesemittel anwendbar

S.WORT luftverunreinigung + loesungsmittel + adsorption + aktivkohle + oekonomische aspekte + (rueckgewinnung)
PROLEI MARTIN ZIMMERMANN
STAND 6.8.1976
QUELLE fragebogenerhebung sommer 1976
ZUSAM - VERBAND DER MINERALOELINDUSTRIE
- UMWELTBUNDESAMT, BISMARCKPLATZ 1, 1000 BERLIN 33
BEGINN 1.1.1976 ENDE 31.12.1976
G.KOST 50.000 DM

DD -002

INST BAYER AG
LEVERKUSEN, BAYERWERK

VORHAB **thermische reinigung zeitweise explosibler abluft zur beseitigung von gesundheitsschaedlichen, giftigen schadstoffen am arbeitsplatz**
entwicklung eines verfahrens zur thermischen reinigung explosibler abluft zur beseitigung von gesundheitsschaedlichen und giftigen schadstoffen am arbeitsplatz

S.WORT arbeitsplatz + schadstoffentfernung + abluftreinigung
PROLEI DIPL. -ING. HUENING
STAND 28.7.1976
QUELLE fragebogenerhebung sommer 1976
FINGEB BUNDESMINISTER FUER FORSCHUNG UND TECHNOLOGIE
ZUSAM - FIRMA KLEINEWEFERS, 4150 KREFELD
- FIRMA LEINEMANN/PTB, 3300 BRAUNSCHWEIG
- PROF. KREMER & PROF. GERSTEN DER UNI BOCHUM
BEGINN 1.10.1975 ENDE 31.12.1977
G.KOST 2.500.000 DM

DD -003

INST COLLO GMBH
BORNHEIM -HERSEL, SIMON-ARZT-STR. 2

VORHAB **sanilan filtermaterial zur entfernung von schadstoffen wie schwefeldioxid, stickoxid, kohlenmonoxid aus der luft**
ziel: herstellung des filtermaterials sanilan zur entfernung von schadstoffen aus der luft; anwendungsmoeglichkeit im gesamten umweltschutzbereich; patente in den wichtigen industriestaaten z. b. usa/grossbritannien/canada/frankreich/ japan; deutsches ausgangspatent- nr. 1279652

S.WORT luftreinigung + filtermaterial
PROLEI DIPL. -ING. KALBOW
STAND 1.1.1974
BEGINN 1.1.1969

DD -004

INST DECHEMA - DEUTSCHE GESELLSCHAFT FUER CHEMISCHES APPARATEWESEN E.V.
FRANKFURT, THEODOR-HEUSS-ALLEE 25

VORHAB **zur absorption von schwefeldioxid mittels kalziumkarbonat- und kalziumhydroxid-suspensionen im freistrahl**

S.WORT schwefeldioxid + absorption
PROLEI PROF. DR. KIRCHNER
STAND 1.1.1974
FINGEB - BUNDESMINISTER FUER WIRTSCHAFT
- ARBEITSGEMEINSCHAFT INDUSTRIELLER FORSCHUNGSVEREINIGUNGEN E. V. (AIF)
BEGINN 1.2.1972 ENDE 28.2.1974
LITAN - BENGTSSON, S. , DISSERTATION: ZUR ABSORPTION UND OXIDATION VON SO2 IN CACO3- UND CA(OH)2-SUSPENSIONEN. (1974)
- SCHLUSSBERICHT 01. 75

DD -005

INST ENGLER-BUNTE-INSTITUT DER UNI KARLSRUHE
KARLSRUHE, RICHARD-WILLST. ALLEE 5

VORHAB **grundlagen fuer die technische berechnung von adsorbern zur gasreinigung**

S.WORT gasreinigung + adsorber
PROLEI PROF. DR. KURT HEDDEN
STAND 1.1.1976
QUELLE erhebung 1975
FINGEB DEUTSCHE FORSCHUNGSGEMEINSCHAFT
ZUSAM SONDERFORSCHUNGSBEREICH 62 A. DER UNI KARLSRUHE, 75 KARLSRUHE, KAISERSTR. 12; VERFAHRENSTECHN. GRUNDL.
BEGINN 1.1.1974
G.KOST 560.000 DM
LITAN ZWISCHENBERICHT 1976

DD -006

INST ENGLER-BUNTE-INSTITUT DER UNI KARLSRUHE
KARLSRUHE, RICHARD-WILLST. ALLEE 5

VORHAB **katalytische hydrierung organischer schwefelverbindungen**
ziel: naeheres verstaendnis des reaktionsablaufs bei der entschwefelung von erdoelprodukten; methode: untersuchung der kinetik der hydrierenden umsetzung schwefelhaltiger modellverbindungen; produktanalyse vorwiegend gaschromatographisch

S.WORT entschwefelung + erdoelverarbeitung
PROLEI PROF. DR. KURT HEDDEN
STAND 1.1.1974
BEGINN 1.6.1973
G.KOST 200.000 DM
LITAN ZWISCHENBERICHT 1975

DD -007

INST ENGLER-BUNTE-INSTITUT DER UNI KARLSRUHE
KARLSRUHE, RICHARD-WILLST. ALLEE 5

VORHAB **reaktionskinetische untersuchungen der schwefelwasserstoffoxidation zu schwefel mit luft an aktivkohle**
die reaktionskinetik der oxidation von schwefelwasserstoff zu schwefel mit luftsauerstoff an aktivkohle soll aufgeklaert werden. weiterhin soll geprueft werden, ob sich andere adsorbentien wie z. b. kieselgel, molekularsieb usw. als katalysatoren eignen. die katalytische oxidation des schwefelwasserstoffs wird bei verschiedenen versuchsbedingungen - h2s-konzentration, feuchtigkeit der luft, temperatur, verweilzeit, beladungsgrad des adsorbens usw. - untersucht, wobei die zeitliche konzentrationsaenderung von schwefelwasserstoff sowie von eventuell gebildetem schwefeldioxid gaschromatographisch mit einem schwefelempfindlichen flammenphotometrischen detektor gemessen wird

S.WORT schadstoffminderung + schwefelwasserstoff + oxidation + reaktionskinetik
PROLEI PROF. DR. KURT HEDDEN
STAND 4.8.1976
QUELLE fragebogenerhebung sommer 1976
BEGINN 1.3.1975
LITAN HEDDEN, K.;HUBER, L.;RAO, B.: ADSORPTIVE REINIGUNG VON SCHWEFELWASSERSTOFFHALTIGEN ABGASEN. VORTRAG KOLLOQUIUM TECHNISCHE SORPTIONSVERFAHREN ZUR REINHALTUNG DER LUFT. 1975 ERSCHEINT IN: STAUB-REINH. LUFT

DD -008

INST FACHBEREICH VERFAHRENSTECHNIK DER FH BERGBAU DER WESTFAELISCHEN BERGGEWERKSCHAFTSKASSE BOCHUM
BOCHUM, HERNER STRASSE 45

VORHAB **entfernung von kohlenmonoxid aus der atmosphaere mit hilfe von mikroorganismen**
fruehere arbeiten haben gezeigt, dass der kohlenmonoxidgehalt der atmosphaere trotz starker kohlenmonoxidemissionen nicht ansteigt, weil sich auf der erdoberoberflaeche mikroorganismen befinden, die das kohlenmonoxid abbauen. nun wird versucht, mit hilfe von fluessigkeitsmischkulturen, die aus abwasserbaechen gewonnen worden sind, kohlenmonoxid aus der luft auszuwaschen, die mit etwa 0, 2, v-% co angereichert worden ist. - fernziel dieser arbeiten ist die aufstellung von "springbrunnen" oder waschtuermen mit co-kulturen an orten, an denen sich luft mit bedenklichen co-gehalten staut. -

S.WORT luftreinhaltung + kohlenmonoxid + mikrobieller abbau
PROLEI DR. ERNST BEIER
STAND 26.7.1976
QUELLE fragebogenerhebung sommer 1976
BEGINN 1.3.1974 ENDE 31.8.1978
G.KOST 250.000 DM
LITAN - BEIER, E.: DIE ENTSTEHUNG DES KOHLENMONOXIDS BEI DER VERWITTERUNG VON KOHLEN UND SEINE UMWANDLUNG DURCH MIKROORGANISMEN. IN: BERGBAU 22(9) S. 224-227(1971)
- BEIER, E.: ENTSTEHUNG UND ABBAU VON KOHLENMONOXID IN DER NATUR. IN: VDI-ZEITSCHRIFT: STAUB, REINHALTUNG DER LUFT(SEP 1976)

DD -009

INST FACHBEREICH VERFAHRENSTECHNIK DER FH FRANKFURT
FRANKFURT, NIBELUNGENPLATZ 1

VORHAB **abscheidung gasfoermiger emissionen an adsorptionsmitteln**
erarbeitung von auslegungsgrundlagen (adsorptions- und desorptionsbedingungen) fuer anlagen zur adsorptiven entfernung gasfoermiger emissionen, vorzugsweise kohlenwasserstoffe. versuche in halbtechnischen anlagen

S.WORT schadstoffadsorption + kohlenwasserstoffe
PROLEI PROF. DIPL. -ING. HARALD MENIG
STAND 21.7.1976
QUELLE fragebogenerhebung sommer 1976
FINGEB KULTUSMINISTER, WIESBADEN
G.KOST 20.000 DM

DD -010

INST FACHGEBIET THERMISCHE VERFAHRENSTECHNIK DER TH DARMSTADT
DARMSTADT, PETERSENSTR. 16

VORHAB **kinetik der adsorption spezieller komponenten in der luft an festen adsorbentien, adsorption von co, nox, chx, so2**
untersuchung des adsorptionsgleichgewichtes und der sorptionskinetik an poroesen adsorbentien

S.WORT luftverunreinigende stoffe + adsorptionsmittel
PROLEI PROF. DR. KAST
STAND 1.10.1974
FINGEB ARBEITSGEMEINSCHAFT INDUSTRIELLER FORSCHUNGSVEREINIGUNGEN E. V. (AIF)
ZUSAM INST. F. CHEMISCHE TECHNOLOGIE DER TH DARMSTADT, 61 DARMSTADT, HOCHSCHULSTR. 2
BEGINN 1.1.1968 ENDE 31.12.1974
G.KOST 125.000 DM
LITAN KAST, W.;JOKISCH, F.:STOFFTRANSPORT IN TECHNISCHEN ADSORBENTIEN. IN: CHEM. ING. TECHN. 45 (8)S. 538-543 (1973)

DD -011

INST FORSCHUNGSINSTITUT FUER PIGMENTE UND LACKE E.V.
STUTTGART, WIEDERHOLDSTR. 10/1

VORHAB **untersuchungen ueber festkoerperreiche beschichtungsstoffe (high solids) und charakterisierung ihrer anwendungstechnischen eigenschaften**
das vorliegende forschungsvorhaben wird mit der absicht durchgefuehrt, anwendungsmoeglichkeiten, grenzen und besondere bedingungen solcher anstrich- und beschichtungsmaterialien festzustellen, die im zusammenhang mit umweltfreudnlichen beschichtungssystemen fuer besonders wichtig und erfolgversprechend betrachtet werden

S.WORT farbauftrag + umweltfreundliche technik + (beschichtungsmaterial)
PROLEI PROF. DR. WERNER FUNKE
STAND 10.9.1976
QUELLE fragebogenerhebung sommer 1976
FINGEB ARBEITSGEMEINSCHAFT INDUSTRIELLER FORSCHUNGSVEREINIGUNGEN E. V. (AIF)
BEGINN 1.1.1977 ENDE 31.12.1979
G.KOST 360.000 DM

DD -012

INST FORSCHUNGSINSTITUT FUER PIGMENTE UND LACKE E.V.
STUTTGART, WIEDERHOLDSTR. 10/1

VORHAB **anwendungstechnische eigenschaften von wasserlacken - spritzverhalten, rheologische eigenschaften und koagulationsverhalten**
das vorliegende forschungsvorhaben wird mit der absicht durchgefuehrt, anwendungsmoeglichkeiten, grenzen und besondere bedingungen solcher anstrich- und beschichtungsmaterialien festzustellen, die im zusammenhang mit umweltfreundlichen beschichtungssystemen fuer besonders wichtig und erfolgversprechend betrachtet werden

S.WORT farbauftrag + umweltfreundliche technik + (wasserlacke)
PROLEI PROF. DR. WERNER FUNKE
STAND 10.9.1976
QUELLE fragebogenerhebung sommer 1976
FINGEB DEUTSCHE FORSCHUNGSGESELLSCHAFT FUER BLECHVERARBEITUNG UND OBERFLAECHENBEHANDLUNG E. V. , DUESSELDORF
BEGINN 1.9.1976 ENDE 31.8.1979
G.KOST 435.000 DM

DD -013

INST FORSCHUNGSINSTITUT FUER PIGMENTE UND LACKE E.V.
STUTTGART, WIEDERHOLDSTR. 10/1

VORHAB **charakterisierung der pigmente im hinblick auf optimale benetzung, dispergierung und stabilisierung in modernen lackbindemitteln, insbesondere "loesungsmittelarmen systemen" und "wasserverduennbaren systemen"**
die forderung nach umweltfreundlichen lacksystemen (rule 66 usa) hat zur entwicklung von wasserloeslichen und loesemittelarmen lacken gefuehrt. ziel dieses forschungsvorhabens ist es, die besonderheiten und neu aufgetretenen schwierigkeiten dieser lacksysteme im vergleich zu herkoemmlichen, loesemittelhaltigen lacken zu untersuchen (z. b. benetzungs-, dispergier-, fliess- und absetzverhalten)

S.WORT farbstoffe + loesungsmittel + umweltfreundliche technik + (lacksysteme)
PROLEI DR. OSKAR-JOCHEN SCHMITZ
STAND 10.9.1976
QUELLE fragebogenerhebung sommer 1976
FINGEB ARBEITSGEMEINSCHAFT INDUSTRIELLER FORSCHUNGSVEREINIGUNGEN E. V. (AIF)
ZUSAM INST. F. PHYSIK UND CHEMIE DER GRENZFLAECHEN DER FRAUNHOFER-GESELLSCHAFT, STUTTGART
BEGINN 1.1.1975 ENDE 31.12.1977
G.KOST 282.000 DM
LITAN ZWISCHENBERICHT

DD -014

INST GESELLSCHAFT DEUTSCHER CHEMIKER
FRANKFURT 90, VARRENTRAPPSTR. 40-42

VORHAB **moeglichkeiten zur verminderung von quecksilberemissionen bei alkalichlorid-elektrolysen**
das in der bundesrepublik deutschland hauptsaechlich betriebene verfahren zur erzeugung von chlor und natronlauge ist die elektrolyse von natrium-chloridloesung in elektrolysezellen mit quecksilberkathode. die oekologische bedeutung des quecksilbers erzwingt eine tiefere betrachtung der situation als sie bisher schon notwendig war. aus diesem grunde soll eine zusammenfassung des standes der technik bezueglich der quecksilberemission, deren auswirkung auf bereits bestehende anlagen sowie eine weiterentwicklung und ausarbeitung von neuen verfahren vorgenommen werden, wobei besonders oekologische erfordernisse in betracht gezogen werden muessen. gleichzeitig soll eine moeglichkeit geboten werden, technische unterlagen fuer legislative massnahmen zur verfuegung zu stellen. solche massnahmen sollen sich auf neuanlagen und altanlagen beziehen
S.WORT quecksilber + emission + chemische industrie
PROLEI DIPL. -ING. WALTER FRITZ
STAND 30.1.1976
FINGEB BUNDESMINISTER DES INNERN
BEGINN 1.1.1975 ENDE 31.12.1978
G.KOST 2.758.000 DM

DD -015

INST GILLET KG, FABRIK FUER SCHALLDAEMPFENDE EINRICHTUNGEN
EDENKOBEN, LUITPOLDSTR.
VORHAB **entwicklung abgasentgiftung**
abgasreinigung durch thermische reaktoren und katalytische konverter; nach dauererprobung zubehoerteil fuer die automobilindustrie
S.WORT abgasentgiftung + technologie
PROLEI DIPL. -ING. KRAUSE
STAND 1.10.1974
BEGINN 1.1.1970 ENDE 31.12.1977
G.KOST 500.000 DM

DD -016

INST GRILLO-WERKE AG
DUISBURG, WESELER STRASSE 1
VORHAB **entwicklung und erprobung eines verfahrens zur entschwefelung von abgasen und abluft mit niedrigen gehalten an h2s**
entwicklung von verfahren zur entschwefelung von brennstoffen, zur entschwefelung bei oder nach der vergasung von brennstoffen und zur abgasentschwefelung, um die emissionen von schwefeldioxid zu vermindern. erarbeiten wissenschaftlich-technischer grundlagen fuer die beurteilung des standes der technik und der technischen entwicklung als voraussetzung fuer die begrenzung von emissionen an schwefeloxiden.
S.WORT abgasreinigung + entschwefelung + schwefeldioxid
STAND 1.1.1974
BEGINN 1.1.1968 ENDE 31.12.1976
G.KOST 1.549.000 DM

DD -017

INST GRUENZWEIG & HARTMANN UND GLASFASER AG
LUDWIGSHAFEN, BGM.-GRUENZWEIG-STR. 1-47
VORHAB **entstaubung einer spezialglas-wanne mittels trocken-elektrofilter**
spezialglaswannen, in denen beispielsweise alkaliborsilikatglaeser zerschmolzen werden, erfuellen im staubauswurf haeufig nicht die strengen vorschriften, die durch die "ta-luft 74" erlassen wurden. nachdem in versuchen im technikum prinzipiell die moeglichkeit der abscheidung dieser schwierigen staeube durch elektrische gasreinigung nachgewiesen wurden, soll durch das f+e-vorhaben eine gasreinigungsanlage den bedingungen des glashuettenbetriebes angepasst und eingefahren werden
S.WORT gasreinigung + staubabscheidung + filter
PROLEI PAUL DOHET
STAND 21.11.1975
FINGEB BUNDESMINISTER DES INNERN
BEGINN 1.4.1975 ENDE 1.8.1976
G.KOST 930.000 DM
LITAN ZWISCHENBERICHT

DD -018

INST GUTEHOFFNUNGSHUETTE STERKRADE AG
OBERHAUSEN 11, BAHNHOFSTR. 66
VORHAB **stroemungsmaschinen fuer staubhaltige gase**
energieausnutzung und ausstossverminderung der staubhaltigen heissen abgase aus hochoefen, wirbelfeuerungen und crackanlagen mit gasentspannungsturbinen fuer staubhaltige gase. die staubhaltigen heissen abgase aus anlagen der roheisenerzeugung, aus feuerungen und aus raffinerien enthalten nutzbare energie und staeube. durch den einsatz von gasentstaubungsturbinen ergeben sich energieeinsparung und verminderung des staubausstosses. das vorhaben umfasst parameterstudien, die entwicklung einer beschaufelung fuer staubhaltige gase, und den bau einer gasentspannungsturbine sowie deren langzeiterprobung unter betriebsbedingungen
S.WORT energietechnik + abgas + staubkonzentration + (gasentspannungsturbine)
PROLEI DR. DIETER WEBER
STAND 12.8.1976
QUELLE fragebogenerhebung sommer 1976
FINGEB KERNFORSCHUNGSANLAGE JUELICH GMBH (KFA), JUELICH
BEGINN 1.1.1976 ENDE 31.12.1981

DD -019

INST HOCHSPANNUNGSINSTITUT DER UNI KARLSRUHE
KARLSRUHE 1, KAISERSTR. 12
VORHAB **untersuchungen an elektrofiltern, physikalische grundlagen des staubabscheidemechanismus und rueckspruehens**
erarbeitung von grundlagen zur staubabscheidung bei wechselspannung
S.WORT staubfilter + luftverunreinigung + elektrische gasreinigung
PROLEI DIPL. -ING. KLUMPP
STAND 1.10.1974
QUELLE erhebung 1975
FINGEB DEUTSCHE FORSCHUNGSGEMEINSCHAFT
BEGINN 1.1.1973 ENDE 31.12.1977
G.KOST 190.000 DM

DD -020

INST HOELTER & CO
GLADBECK, BEISENSTR. 39-41
VORHAB **holztrockner-entstauber und gasauswaescher**
erstellen einer betriebssicheren verfahrensweise und anlage zur rauchgasreinigung von holztrocknern
S.WORT rauchgas + gaswaesche + entstaubung + (holztrocknung)
PROLEI HEINRICH HOELTER
STAND 13.8.1976
QUELLE fragebogenerhebung sommer 1976
ZUSAM - KASTRUP KG, POSTFACH 4629, 4000 DUESSELDORF 1
- FIRMA DEUTSCHE NOVOPAN
BEGINN 1.1.1976 ENDE 31.12.1976
G.KOST 956.000 DM
LITAN ZWISCHENBERICHT

DD -021

INST HYGIENE INSTITUT DER UNI BONN
BONN, KLINIKGELAENDE 35
VORHAB **beeinflussung der schadgaskonzentrationen durch lueftungstechnische anlagen**
verminderung von schadgasen in nennenswertem umfang durch teil- oder vollklimaanlagen nicht zu erwarten; konsequenzen fuer den bau der klimaanlagen
S.WORT klimaanlage + bautechnik
PROLEI DR. HENNING RUEDEN

STAND 1.1.1974
BEGINN 1.10.1973 ENDE 31.12.1975
G.KOST 60.000 DM

DD -022

INST INSTITUT FUER AEROBIOLOGIE DER FRAUNHOFER-GESELLSCHAFT E.V.
SCHMALLENBERG GRAFSCHAFT, UEBER SCHMALLENBERG
VORHAB **adsorption von 3,4-benzpyren an russaerosolen aus der gasphase**
sorptionsgleichgewicht russ/benzpyren in abhaengigkeit von partikelgroesse und temperatur
S.WORT aerosole + russ + benzpyren + adsorption
PROLEI PROF. KVETOSLAV SPURNY
STAND 29.7.1976
QUELLE fragebogenerhebung sommer 1976
FINGEB BUNDESMINISTER FUER FORSCHUNG UND TECHNOLOGIE
BEGINN 1.1.1975 ENDE 31.12.1976
G.KOST 185.000 DM
LITAN BERICHT FUER DEN JAHRESKONGRESS DER GAF (NOV 1976): ZUR HERSTELLUNG UND RA-MARKIERUNG VON HOCHDISPERSEN RUSSAEROSOLEN

DD -023

INST INSTITUT FUER ALLGEMEINE MIKROBIOLOGIE DER UNI KIEL
KIEL, OLSHAUSENSTR. 40-60
VORHAB **isolierung und untersuchung von bakterien, die kohlenmonoxid als kohlenstoff- und energiequelle nutzen**
a) der stoffwechselweg der aeroben kohlenmonoxidoxidation soll aufgeklaert werden; b) aus dem erdboden werden bakterien isoliert und auf medien kultiviert, die co als einzige kohlenstoff - und energiequelle enthalten; c) die co-verwertung wird mit radioaktiv markiertem 14-co nachgewiesen, die atmungsaktivitaet wird mit hilfe des warburg-respirometers ermittelt. die gasatmosphaere wird waehrend des versuchsablaufs mit hilfe des gaschromatographen kontrolliert; d) das fuer die co-verwertung verantwortliche enzymsystem wird untersucht
S.WORT bakterien + mikrobieller abbau + kohlenmonoxid
PROLEI PROF. DR. PETER HIRSCH
STAND 21.7.1976
QUELLE fragebogenerhebung sommer 1976
BEGINN 1.11.1973

DD -024

INST INSTITUT FUER BRENNSTOFFCHEMIE UND PHYSIKALISCH-CHEMISCHE VERFAHRENSTECHNIK DER TH AACHEN
AACHEN, ALTE MAASTRICHTER STRASSE 2
VORHAB **heterogen-katalytische zersetzung von stickoxiden, chemisorption von stickoxiden an aktivkoksen**
heterogen-katalytische zersetzung von stickoxiden; chemisorption von stickoxiden an aktivkoksen
S.WORT abgasreinigung + stickoxide + adsorption + aktivkoks
PROLEI PROF. DR. -ING. HAMMER
STAND 1.1.1974
FINGEB MINISTER FUER WISSENSCHAFT UND FORSCHUNG, DUESSELDORF
BEGINN 1.3.1972 ENDE 31.12.1978
G.KOST 260.000 DM

DD -025

INST INSTITUT FUER CHEMIEINGENIEURTECHNIK DER TU BERLIN
BERLIN 10, ERNST-REUTER-PLATZ 7
VORHAB **verbrennungskinetische untersuchungen zur thermischen nachverbrennung organischer emissionsstoffe**
die haeufig sehr unterschiedliche stoffliche zusammensetzung der abgase laesst es bei diesem forschungsvorhaben fuer die erstellung moeglichst allgemeingueltiger richtlinien als zweckmaessig erscheinen, die einzelnen schadstoffe nach ihrem verbrennungstechnischen verhalten zu klassifizieren, z. b. nach der kohlenwasserstoffstruktur. so wird in einem stroemungsreaktor mit und ohne fremdflamme das zuend- und brennverhalten unter praxisorientierten konzentrations-, druck- und temperaturbedingungen untersucht
S.WORT luftreinhaltung + nachverbrennung + organische schadstoffe + reaktionskinetik
PROLEI PROF. DR. HEINZ MEIER ZU KOECKER
STAND 11.8.1976
QUELLE fragebogenerhebung sommer 1976
FINGEB DEUTSCHE FORSCHUNGSGEMEINSCHAFT
ZUSAM VDI, DUESSELDORF
BEGINN 1.10.1972 ENDE 30.6.1976
G.KOST 162.000 DM
LITAN ZWISCHENBERICHT

DD -026

INST INSTITUT FUER CHEMIEINGENIEURTECHNIK DER TU BERLIN
BERLIN 10, ERNST-REUTER-PLATZ 7
VORHAB **entwicklung und erprobung eines schwingsieb-gasreinigers zur kombinierten abscheidung von feinstaeuben und gasfoermigen schadstoffen aus abgasen**
es soll ein apparat zur gleichzeitigen abscheidung staub- und gasfoermiger schadstoffe aus abgasen entwickelt werden. die schadstoffe werden vom abgas in eine fluessigkeit uebertragen. zur erzeugung einer grossen phasengrenzflaeche dient ein schwingendes siebsystem. der apparat zeichnet sich durch folgende eigenschaften aus: 1) kleines bauvolumen. 2) sehr grosse phasengrenzflaeche je volumeneinheit des apparates. 3) sehr lange verweilzeit der fluessigkeit im schwingsiebsystem. 4) geringer druckverlust des gasstromes. 5) hohe abscheideleistung
S.WORT gasreinigung + entstaubung + schadstoffabscheidung + geraeteentwicklung
PROLEI PROF. DR. -ING. HEINZ BRAUER
STAND 11.8.1976
QUELLE fragebogenerhebung sommer 1976
BEGINN 1.7.1975 ENDE 30.6.1979
G.KOST 280.000 DM
LITAN ZWISCHENBERICHT

DD -027

INST INSTITUT FUER CHEMISCHE TECHNIK DER UNI KARLSRUHE
KARLSRUHE, KAISERSTR. 12
VORHAB **bestimmung des verhaltens (insbesondere der energiedissipationsdichte) von strahldusenreaktoren anhand von modellreaktionen (absorption von schadgasen aus luft)**
S.WORT luftverunreinigende stoffe + schadstoffabsorption + (strahlduesenreaktor)
PROLEI DR. WERNER WEISWEILER
STAND 7.9.1976
QUELLE datenuebernahme von der deutschen forschungsgemeinschaft
FINGEB DEUTSCHE FORSCHUNGSGEMEINSCHAFT

DD -028

INST INSTITUT FUER CHEMISCHE TECHNIK DER UNI KARLSRUHE
KARLSRUHE, KAISERSTR. 12
VORHAB **adsorption von gasen an feststoffen, insbesondere an kohlenstoff**
S.WORT kohlenstoff + gase + absorption
STAND 1.1.1974
BEGINN 1.1.1966

DD -029

INST INSTITUT FUER CHEMISCHE VERFAHRENSTECHNIK DER UNI KARLSRUHE
KARLSRUHE, KAISERSTR. 12
VORHAB **katalytische reduktion des stickoxids bei gegenwart von sauerstoff**
ziel der untersuchung ist es, die besonderheiten der kinetik der no/co reaktion als zusammenwirken von vorgaengen an der phasengrenze, transportvorgaengen in der gasphase und vorgaengen im metall zu verstehen, um die in der praxis bei der katalytischen umsetzung von no in abgasen auftretenden schwierigkeiten zu beheben. zunaechst untersuchung der vorgaenge an platin, dem in der praxis der katalytischen no-beseitigung wichtigsten katalysatormetall
S.WORT abgasentgiftung + stickoxide + katalyse
PROLEI DR. HANS-GUENTHER LINTZ
STAND 21.7.1976
QUELLE fragebogenerhebung sommer 1976
FINGEB DEUTSCHE FORSCHUNGSGEMEINSCHAFT
ZUSAM SONDERFORSCHUNGSBEREICH 62 DER UNI KARLSRUHE, KAISERSTR. 12, 7500 KARLSRUHE
BEGINN 1.1.1974 ENDE 31.12.1976
G.KOST 356.000 DM
LITAN ZWISCHENBERICHT

DD -030

INST INSTITUT FUER CHEMISCHE VERFAHRENSTECHNIK DER UNI KARLSRUHE
KARLSRUHE, KAISERSTR. 12
VORHAB **erstellung und kennzeichnung poroeser adsorbentien und katalysatoren**
ziel der untersuchung ist es, von quantitativer einsicht in das zusammenwirken von transportvorgaengen, porenmorphologie und porenentstehung ausgehend, die herstellungsverfahren von poroesen adsorbentien bzw. katalysatoren methodisch zu begruenden und zu verbessern
S.WORT adsorptionsmittel + katalysator + (herstellungsverfahren)
PROLEI PROF. DR. LOTHAR RIEKERT
STAND 21.7.1976
QUELLE fragebogenerhebung sommer 1976
FINGEB DEUTSCHE FORSCHUNGSGEMEINSCHAFT
ZUSAM SONDERFORSCHUNGSBEREICH 62 DER UNI KARLSRUHE, KAISERSTR. 12, 7500 KARLSRUHE
BEGINN 1.1.1974 ENDE 31.12.1976
G.KOST 435.000 DM
LITAN ZWISCHENBERICHT

DD -031

INST INSTITUT FUER MECHANISCHE VERFAHRENSTECHNIK DER GESAMTHOCHSCHULE ESSEN
ESSEN, UNIONSTR. 2
VORHAB **untersuchungen der absorption von gasen, insbesondere von schwefeloxiden, chlor-, fluorwasserstoff, stickoxiden durch wasser in fluessiger und gemischter phase**
massnahmen zur ermittlung des standes der technik als grundlage fuer die fortschreibung der technischen anleitung zur reinhaltung der luft. die bundesregierung strebt an, menschen sowie tiere, pflanzen und andere sachgueter vor erheblichen nachteilen, gefahren oder belaestigungen, die durch luftverunreinigungen aus industriellen anlagen, anlagen im gewerblichen bereich und aus haeuslichen feuerstaetten hervorgerufen werden koennen, durch verminderung der emissionen an schadstoffen und geruchstoffen zu schuetzen
S.WORT abgasreinigung + nassreinigung + schadstoffabsorption
PROLEI PROF. DR. -ING. EKKEHARD WEBER
STAND 15.11.1975
FINGEB BUNDESMINISTER DES INNERN
BEGINN 15.10.1972 ENDE 31.5.1977
G.KOST 617.000 DM
LITAN WEBER, E.;BUETTNER: EINSATZ UND OPTIMIERUNG VON NASSABSCHEIDERN ZUR KOMBINIERTEN ABSCHEIDUNG FESTER UND GASFOERMIGER SCHADSTOFFKOMPONENTEN. IN: PROCEEDINGS OF THE THIRD INTERNATIONAL CLEAN AIR CONGRESS, DUESSELDORF(1973)

DD -032

INST INSTITUT FUER MECHANISCHE VERFAHRENSTECHNIK DER GESAMTHOCHSCHULE ESSEN
ESSEN, UNIONSTR. 2
VORHAB **untersuchung der staubkonzentrationsverteilung im elektrofilter bei verschiedenen geometrischen filterabmessungen und elektrodenformen**
erarbeiten wissenschaftlich-technischer grundlagen fuer die beurteilung des standes der technik und der technischen entwicklung als voraussetzung fuer die begrenzung von feinstaubemissionen
S.WORT filter + staubbelastung + feinstaeube
PROLEI PROF. DR. -ING. EKKEHARD WEBER
STAND 17.12.1975
FINGEB BUNDESMINISTER DES INNERN
BEGINN 1.12.1974 ENDE 30.6.1977
G.KOST 263.000 DM

DD -033

INST INSTITUT FUER MECHANISCHE VERFAHRENSTECHNIK DER GESAMTHOCHSCHULE ESSEN
ESSEN, UNIONSTR. 2
VORHAB **untersuchungen ueber die abscheidung von staeuben und schadstoffkomponenten aus gasen mit hilfe von metall-, salz- oder oxidschmelzen**
es soll untersucht werden, wie mit hilfe von metall-, salz- oder oxidschmelzen eine staub- und gaskomponentenabscheidung aus gasen bei hohen temperaturen - also unter vermeidung von bei kuehlung der gase auftretenden energieverlusten durchgefuehrt werden kann
S.WORT staubabscheidung + gasreinigung + verfahrenstechnik
STAND 20.11.1975
FINGEB BUNDESMINISTER DES INNERN
BEGINN 1.11.1975 ENDE 31.12.1976
G.KOST 208.000 DM

DD -034

INST INSTITUT FUER MECHANISCHE VERFAHRENSTECHNIK DER GESAMTHOCHSCHULE ESSEN
ESSEN, UNIONSTR. 2
VORHAB **untersuchung der grundvorgaenge in radialdesintegratoren**
ziel des vorhabens ist es, die vorgaenge in desintegratoren im hinblick auf die stroemungstechnik wie auch auf die trennung fest-gasfoermig zu optimieren. dadurch soll eine optimale staubabscheidung gewaehrleistet sein
S.WORT staubabscheidung + verfahrensoptimierung
PROLEI PROF. DR. -ING. EKKEHARD WEBER
STAND 9.8.1976
QUELLE fragebogenerhebung sommer 1976
FINGEB DEUTSCHE FORSCHUNGSGEMEINSCHAFT
BEGINN 1.1.1972 ENDE 30.9.1976
G.KOST 140.000 DM

DD -035

INST INSTITUT FUER MECHANISCHE VERFAHRENSTECHNIK DER UNI KARLSRUHE
KARLSRUHE, RICHARD-WILLSTAETTER-ALLEE
VORHAB **einfluss elektrostatischer aufladungen des staubes auf seine abscheidung in faserschichtfiltern**
ziel: erforschung des einflusses elektrostatischer kraefte zwischen partikel und faser auf die wirksamkeit von faserschichtfiltern; ebenso untersuchung der abhaengigkeit ausstroemgeschwindigkeit und struktur des filters; erarbeitung neuer theorien und deren tests und damit bereitstellung von kriterien zur filterauslegung und zu filtertests
S.WORT staubabscheidung + staubfilter + (faserschichtfilter)
PROLEI PROF. DR. -ING. LOEFFLER

STAND 1.10.1974
FINGEB DEUTSCHE FORSCHUNGSGEMEINSCHAFT
ZUSAM SONDERFORSCHUNGSBEREICH 62 DER DFG, UNI KARLSRUHE, 75 KARLSRUHE, KAISERSTR. 12
BEGINN 1.10.1972 ENDE 31.10.1975
G.KOST 265.000 DM
LITAN - LOEFFLER, F.;MUHR, W.:STUDY OF THE DEPOSITION OF PARTICLES IN THE 1-10 MM RANGE IN MODEL FILTERS. IN: FILTRATION AND SEPARATION 2 (1974)
- LOEFFLER, F.;MUHR, W.:ZWISCHENBERICHT LO 142/5 DEUTSCHE FORSCHUNGSGEMEINSCHAFT
- ZWISCHENBERICHT 1975. 01

DD -036

INST INSTITUT FUER MECHANISCHE VERFAHRENSTECHNIK DER UNI KARLSRUHE KARLSRUHE, RICHARD-WILLSTAETTER-ALLEE
VORHAB **einfluss elektrostatischer aufladung auf die agglomeration von staeuben in stroemenden gasen**
teststaub (durchmesser ca. 1 mikron; dichte: ca. 100000 teilchen pro ccm; mittels kornverteilung und ladungsverteilung beschreiben; einstellung bestimmter ladungsverteilungen; jeweils agglomeration und wandansatz bestimmen; ergebnisse mit vorhandenen theorien vergleichen
S.WORT gase + staub + stroemung
PROLEI PROF. DR. -ING. HANS RUMPF
STAND 1.1.1974
FINGEB DEUTSCHE FORSCHUNGSGEMEINSCHAFT
ZUSAM SONDERFORSCHUNGSBEREICH 62 DER DFG, UNI KARLSRUHE, 75 KARLSRUHE, KAISERSTR. 12
BEGINN 1.1.1967 ENDE 31.12.1974
G.KOST 247.000 DM
LITAN - ZWISCHENBERICHT 1973. 05
- ZWISCHENBERICHT 1974. 05

DD -037

INST INSTITUT FUER MECHANISCHE VERFAHRENSTECHNIK DER UNI KARLSRUHE KARLSRUHE, RICHARD-WILLSTAETTER-ALLEE
VORHAB **dispergierung feinkoerniger feststoffe in gasen**
zur herstellung von gas-feststoff-aerosolen sollen feinkoernige feststoffe dispergiert werden; da die dispergierung infolge der zwischen den feststoffteilchen wirksamen haftkraefte mit einfachen mitteln nicht erreichbar ist, werden neue zuverlaessige verfahren hierfuer gesucht
S.WORT staub + gase + aerosole
PROLEI PROF. DR. -ING. LOEFFLER
STAND 1.1.1974
FINGEB DEUTSCHE FORSCHUNGSGEMEINSCHAFT
ZUSAM - SONDERFORSCHUNGSBEREICH 62 DER DFG, UNI KARLSRUHE, 75 KARLSRUHE, KAISERSTR. 12
- INST. F. MECH. VERFAHRENSTECHNIK DER UNI KARLSRUHE, 75 KARLSRUHE, RICHARD-WILLSTAETTER-ALLEE
BEGINN 1.3.1970 ENDE 31.12.1975
G.KOST 196.000 DM
LITAN - ZWISCHENBERICHT 1972, SFB 62
- ZWISCHENBERICHT 1974. 06

DD -038

INST INSTITUT FUER MECHANISCHE VERFAHRENSTECHNIK DER UNI KARLSRUHE KARLSRUHE, RICHARD-WILLSTAETTER-ALLEE
VORHAB **stroemungskraefte auf teilchen in grenzschichten mit oder ohne wandberuehrung**
ziel ist, die auf kugelfoermige teilchen wirkenden stroemungskraefte und drehmomente zu bestimmen, wenn die teilchen auf einer ebenen oder gekruemmten wand ruhen oder sich in wandnaehe bewegen; damit sollen fuer diesen technisch bedeutsamen, bislang jedoch unerforschten fall allgemeine widerstandsgesetze formuliert werden; diese erkenntnisse sollen bei der auslegung von filteranlagen oder von stroemungsfoerderanlagen verwertet werden; unerwuenschte feststoffablagerungen an waenden in foerderanlagen und apparaten sollen hiermit erklaert werden koennen
S.WORT staub + gase + stroemung
PROLEI PROF. DR. -ING. LOEFFLER
STAND 1.1.1974
FINGEB DEUTSCHE FORSCHUNGSGEMEINSCHAFT
ZUSAM - SONDERFORSCHUNGSBEREICH 62 DER DFG, UNIVERSITAET KARLSRUHE, 75 KARLSRUHE, KAISERSTR. 12
- INST. F. MECH. VERFAHRENSRECHNIK DER UNI KARLSRUHE, RICHARD-WILLSTAETTER-ALLEE
BEGINN 1.9.1970 ENDE 31.12.1976
G.KOST 186.000 DM
LITAN - ZWISCHENBERICHT 1974. 06
- ANTRAEGE FUER 1974-76
- ENDBERICHT 1972 UND ANTRAEGE FUER 1974-76

DD -039

INST INSTITUT FUER MECHANISCHE VERFAHRENSTECHNIK DER UNI KARLSRUHE KARLSRUHE, RICHARD-WILLSTAETTER-ALLEE
VORHAB **haftwahrscheinlichkeit von partikeln beim aufprall auf feste oberflaechen**
haftwahrscheinlichkeit von partikeln bei der abscheidung in faserfiltern; hochgeschwindigkeitskinematografie der partikelbahnen; ermittlung der stosszahl mikroskopischer partikel
S.WORT staubabscheidung + staubfilter + (faserfilter)
PROLEI PROF. DR. -ING. LOEFFLER
STAND 1.1.1974
FINGEB DEUTSCHE FORSCHUNGSGEMEINSCHAFT
ZUSAM SONDERFORSCHUNGSBEREICH 62 DER DFG, UNI KARLSRUHE, 75 KARLSRUHE, KAISERSTR. 12
BEGINN 1.10.1970 ENDE 31.12.1976
G.KOST 400.000 DM
LITAN - UNIVERSITAET KARLSRUHE, ANTRAEGE SFB 62 (1974-76)
- ZWISCHENBERICHT 1974. 06

DD -040

INST INSTITUT FUER MECHANISCHE VERFAHRENSTECHNIK DER UNI KARLSRUHE KARLSRUHE, RICHARD-WILLSTAETTER-ALLEE
VORHAB **erstellung einer studie zur kostenoptimierung bei staubabscheidern**
erarbeitung wissenschaftlich fundierter grundlagen fuer die kostenberechnung und die auswahl des optimalen abscheideverfahrens; hinweise auf ansatzpunkte fuer weitere entwicklungen
S.WORT staubabscheidung + kosten
PROLEI PROF. DR. -ING. LOEFFLER
STAND 1.10.1974
FINGEB BUNDESMINISTER FUER FORSCHUNG UND TECHNOLOGIE
ZUSAM SONDERFORSCHUNGSBEREICH 62 DER DFG, UNI KARLSRUHE, 75 KARLSRUHE, KAISERSTR. 12
BEGINN 1.1.1972 ENDE 31.12.1975
G.KOST 129.000 DM
LITAN - LOEFFLER: ZWISCHENBERICHT 1972. 10
- WEBER: ZWISCHENBERICHT 1973. 04

DD -041

INST INSTITUT FUER MECHANISCHE VERFAHRENSTECHNIK DER UNI KARLSRUHE KARLSRUHE, RICHARD-WILLSTAETTER-ALLEE
VORHAB **einfluss der gutbeladung auf das verhalten von zyklonen**
verbesserung vorhandener berechnungsmodelle, bzw. erweiterung auf gut beladene stroemung zur dimensionierung von zyklonabscheidern und zur optimierung derselben
S.WORT abluftreinigung + staub + modell
PROLEI PROF. DR. -ING. LOEFFLER
STAND 1.1.1974
FINGEB DEUTSCHE FORSCHUNGSGEMEINSCHAFT
ZUSAM SONDERFORSCHUNGSBEREICH 62 DER DFG, UNI KARLSRUHE, 75 KARLSRUHE, KAISERSTR. 12
BEGINN 1.4.1973 ENDE 30.4.1976
G.KOST 460.000 DM
LITAN ZWISCHENBERICHT 1974. 04

DD -042

INST INSTITUT FUER MECHANISCHE VERFAHRENSTECHNIK DER UNI STUTTGART
STUTTGART, BOEBLINGER STRASSE 72
VORHAB untersuchung der staub- und filtermaterialseitigen einflussfaktoren bei der staubabscheidung in gewebefiltern
S.WORT staubabscheidung + filtermaterial
PROLEI PROF. DR. -ING. CHRISTIAN ALT
STAND 1.1.1974
FINGEB DEUTSCHE FORSCHUNGSGEMEINSCHAFT
BEGINN 1.1.1971 ENDE 31.12.1974
LITAN ZWISCHENBERICHT 1974. 10

DD -043

INST INSTITUT FUER MECHANISCHE VERFAHRENSTECHNIK DER UNI STUTTGART
STUTTGART, BOEBLINGER STRASSE 72
VORHAB untersuchungen ueber den abscheidegrad von feinsten fluessigen teilchen an poroesen filtermedien
entwicklung einer messmethode zur tropfengroessenbestimmung im bereich 50 mikron, welche ueber konzentration und tropfenspektrum aufschluss gibt
S.WORT aerosolmesstechnik + filter
PROLEI PROF. DR. -ING. CHRISTIAN ALT
STAND 1.1.1974
FINGEB BUNDESMINISTER FUER ARBEIT UND SOZIALORDNUNG
BEGINN 1.1.1972 ENDE 31.12.1975

DD -044

INST INSTITUT FUER MESS- UND REGELUNGSTECHNIK DER TU BERLIN
BERLIN 15, KURFUERSTENDAMM 195
VORHAB vorabscheider fuer lungengaengige staeube
unter ausnutzung der coriolsbeschleunigung wird in einem radialverdichter aus der luft die groebere, nicht lungengaengige komponente abgeschieden. der lungengaengige feinere staubanteil wird mit der luft ausgetragen und kann getrennt bestimmt werden, wodurch eine beurteilung der gesundheitlichen gefaehrdung an staubexponierten arbeitsplaetzen ermoeglicht wird
S.WORT schadstoffbelastung + arbeitsplatz + feinstaeube + staubabscheidung
PROLEI PROF. DR. -ING. HABIL. THEODOR GAST
STAND 9.8.1976
QUELLE fragebogenerhebung sommer 1976
BEGINN 1.9.1974 ENDE 31.12.1977
G.KOST 75.000 DM

DD -045

INST INSTITUT FUER TECHNISCHE CHEMIE DER TU BERLIN
BERLIN 12, STRASSE DES 17. JUNI 128
VORHAB untersuchungen zur homogen-katalytischen sulfit-oxidation mit luftsauerstoff
die so 2-oxidation ist ein anliegen verschiedener verfahren zur rauchgas- und abgasentschwefelung. bisherige verfahren arbeiten bei relativ hohen temperaturen (100 c) und sind heterogen katalysiert. die abgaswaesche mit ionenhaltigem wasser, bei der gleichzeitig das absorbierte schwefeldioxid zur sulfatstufe mittels luftsauerstoff oxidiert wird, ergibt nach der saeureneutralisation ein umweltfreundliches abwasser, das wahrscheinlich nicht weiter aufgearbeitet werden muss
S.WORT abgas + rauchgas + gaswaesche + schwefeldioxid + oxidation
PROLEI NORBERT GRAVIUS
STAND 11.8.1976
QUELLE fragebogenerhebung sommer 1976
FINGEB MAX-BUCHNER-FORSCHUNGSSTIFTUNG
ZUSAM INST. F. SCHIFFSTECHNIK DER TU BERLIN, ABT. SCHIFFSKRAFTANLAGEN
BEGINN 1.10.1975 ENDE 31.12.1978
G.KOST 8.000 DM

DD -046

INST INSTITUT FUER VERFAHRENSTECHNIK UND DAMPFKESSELWESEN DER UNI STUTTGART
STUTTGART 80, PFAFFENWALDRING 23
VORHAB katasteraehnliche erfassung von schadstoffimmissionen in der bundesrepublik deutschland
S.WORT entstaubung + filter
STAND 1.1.1974

DD -047

INST INSTITUT FUER VERFAHRENSTECHNIK UND DAMPFKESSELWESEN DER UNI STUTTGART
STUTTGART 80, PFAFFENWALDRING 23
VORHAB elektrische staubabscheidung
S.WORT entstaubung + elektrische gasreinigung
PROLEI BRUCKHOFF
STAND 1.10.1974
QUELLE erhebung 1975
G.KOST 5.000 DM

DD -048

INST INSTITUT FUER VERFAHRENSTECHNIK UND DAMPFKESSELWESEN DER UNI STUTTGART
STUTTGART 80, PFAFFENWALDRING 23
VORHAB elektrische staubabscheidung
fortsetzung systematischer untersuchungen an vorhandenem versuchsfilter; auswertung von abnahmeversuchen mit hilfe der regressionsanalyse
S.WORT entstaubung + abluftreinigung
PROLEI DIPL. -ING. HARALD GROSS
STAND 1.1.1974
FINGEB DEUTSCHE FORSCHUNGSGEMEINSCHAFT
ZUSAM - VGB E. V. , 43 ESSEN 1, KLINKESTR. 29-31
- LURG, 6000 FRANKFURT
BEGINN 1.10.1973 ENDE 31.12.1976
G.KOST 525.000 DM
LITAN ZWISCHENBERICHT

DD -049

INST LABORATORIUM FUER ADSORPTIONSTECHNIK GMBH
FRANKFURT, GWINNERSTR. 27-33
VORHAB verfahren zur abscheidung von loesungsmitteldaempfen aus abluft mittels aktivkohle
S.WORT abluft + loesungsmittel + aktivkohle
STAND 1.1.1974

DD -050

INST LABORATORIUM FUER AEROSOLPHYSIK UND FILTERTECHNIK DER GESELLSCHAFT FUER KERNFORSCHUNG MBH
KARLSRUHE 1, WEBERSTR. 5
VORHAB entwicklung von abluftfiltern fuer wiederaufarbeitungsanlagen
reduktion der jod-aktivitaet in der abluft von wiederaufarbeitungsanlagen
S.WORT radioaktive substanzen + abluftfilter + aufbereitungstechnik
PROLEI DIPL. -CHEM. JUERGEN WILHELM
STAND 1.1.1974
QUELLE erhebung 1975
FINGEB BUNDESMINISTER FUER FORSCHUNG UND TECHNOLOGIE
ZUSAM WIEDERAUFARBEITUNGSANLAGE DER GESELLSCHAFT ZUR WIEDERAUFARBEITUNG VON KERNBRENNSTOFF
BEGINN 1.1.1973 ENDE 31.12.1976
G.KOST 2.000.000 DM
LITAN - FURRER, J.;WILHELM, J.: IN: DOC. V/559/74 (EURATOM) S. 185-198
- FURRER, J.;KAEMPFFER, R.: IN: MH. CHEM. 107/IV S. 953-958(1976)
- WILHELM, J.;FURRER, J.: IN: 14TH ERDA AIR CLEANING CONFERENCE (AUG 1976)

DD -051
INST LANDESANSTALT FUER IMMISSIONS- UND BODENNUTZUNGSSCHUTZ DES LANDES NORDRHEIN-WESTFALEN
ESSEN, WALLNEYERSTR. 6
VORHAB **versuche ueber die gleichzeitige abscheidung verschiedener gasfoermiger substanzen in staubhaltigen oder -freien abgasen**
S.WORT abgas + schadstoffentfernung + staubabscheidung
PROLEI DIPL. -ING. K. WELZEL
STAND 1.1.1974
QUELLE erhebung 1975
FINGEB LAND NORDRHEIN-WESTFALEN
BEGINN 1.1.1969

DD -052
INST LANDESANSTALT FUER IMMISSIONS- UND BODENNUTZUNGSSCHUTZ DES LANDES NORDRHEIN-WESTFALEN
ESSEN, WALLNEYERSTR. 6
VORHAB **thermogravimetrische untersuchungen von zerfalls- und umwandlungsprozessen im hinblick auf emissions-minderungsmassnahmen**
S.WORT schadstoffbildung + emissionsminderung
PROLEI H. SCHADE
STAND 1.1.1974
QUELLE erhebung 1975
FINGEB LAND NORDRHEIN-WESTFALEN
BEGINN 1.1.1971

DD -053
INST LANDESANSTALT FUER IMMISSIONS- UND BODENNUTZUNGSSCHUTZ DES LANDES NORDRHEIN-WESTFALEN
ESSEN, WALLNEYERSTR. 6
VORHAB **entwicklung eines abgasreinigers zur abscheidung von gefaehrdenden feinst-staeuben**
S.WORT abgasreinigung + staubabscheidung + geraeteentwicklung
PROLEI H. SCHADE
STAND 1.1.1974
FINGEB LAND NORDRHEIN-WESTFALEN
BEGINN 1.1.1973

DD -054
INST LEHRSTUHL B FUER VERFAHRENSTECHNIK DER TU MUENCHEN
MUENCHEN 2, ARCISSTR. 21
VORHAB **untersuchungen zum stationaeren und dynamischen verhalten einer adiabat betriebenen absorptionskolonne**
ziel der untersuchung ist eine sichere vorausberechnung von absorptionskolonnen; teilfragen sind die dimensionierung von absorptionskolonnen sowie das regelverhalten
S.WORT luftreinhaltung + absorption + (vorausberechnung)
PROLEI DR. -ING. JOHANN STICHLMAIR
STAND 1.1.1974
FINGEB DEUTSCHE FORSCHUNGSGEMEINSCHAFT
BEGINN 1.1.1969 ENDE 31.12.1974
G.KOST 230.000 DM
LITAN - STICHLMAIR: DIE ADIABATE ABSORPTION. CHEM. ING. TECHN. 43. 1+2 (1971)S. 17-23
- ZWISCHENBERICHT 1974. 06
- STICHLMAIR: UNTERSUCHUNGEN ZUM DYNAMISCHEN VERHALTEN EINER ABSORPTIONSKOLONNE. CHEM. ING. TECHN. 44 (1972)S. 411-416

DD -055
INST LEHRSTUHL B FUER VERFAHRENSTECHNIK DER TU MUENCHEN
MUENCHEN 2, ARCISSTR. 21
VORHAB **adsorption von kohlendioxid an molekularsieben in festbetten**
ziel: verbesserte auslegungsmoeglichkeit von festbettadsorbern; pruefung der einsetzbarkeit von vorhandenen theoretischen modellansaetzen
S.WORT gasreinigung + kohlendioxid + adsorption + (molekularsieb)
PROLEI DR. -ING. KLAUS MARTIN
STAND 1.10.1974
FINGEB DEUTSCHE FORSCHUNGSGEMEINSCHAFT
BEGINN 1.12.1972 ENDE 31.12.1974
G.KOST 120.000 DM
LITAN - MARTIN, K.:ADSORPTION VON KOHLENDIOXID AN MOLEKULARSIEB 5. ANGSTROEM CHEM. ING. TECH. (FEBRUAR 1974)
- ZWISCHENBERICHT 1974. 12

DD -056
INST LEHRSTUHL B FUER VERFAHRENSTECHNIK DER TU MUENCHEN
MUENCHEN 2, ARCISSTR. 21
VORHAB **absorptionsbodenkolonnen: eigenschaften der zweiphasenschicht und stoffuebergang**
die studie beschaeftigt sich mit der abtrennung von schadstoffen aus abgasen mit hilfe von bodenkolonnen. dabei geht es um eine erfassung der eigenschaften des gas/fluessigkeitsgemisches auf kolonnenboeden, wie z. b. der hoehe der zweiphasenschicht, deren fluessigkeitsinhalt, phasengrenzflaeche, entrainment u. a. darueberhinaus sollen die gesetzmaessigkeiten des stoffuebergangs zwischen gas und fluessigkeit erforscht werden
S.WORT abgasreinigung + schadstoffabsorption
PROLEI DR. -ING. JOHANN STICHLMAIR
STAND 22.7.1976
QUELLE fragebogenerhebung sommer 1976
FINGEB DEUTSCHE FORSCHUNGSGEMEINSCHAFT
ZUSAM SONDERFORSCHUNGSBEREICH 153, ARCISSTR. 21, 8000 MUENCHEN 2
BEGINN 1.1.1976 ENDE 31.12.1978
G.KOST 300.000 DM

DD -057
INST MESSERSCHMITT-BOELKOW-BLOHM GMBH
MUENCHEN 80, POSTFACH 80 11 69
VORHAB **staubabscheidung mit hilfe einer wirbelkammer**
es wird ein neuartiges geraet entwickelt, das auf dem prinzip der abscheidung von staub bzw. der entnahme von "staubfreiem" gas aus gasstroemen durch traegheitskraefte beruht und mit dessen hilfe z. b. die staubkonzentration in rauchgasen industrieller anlagen so erhoeht wird, dass sie mit hilfe konventioneller methoden mit stark reduziertem aufwand auf die zulaessigen werte gebracht werden kann
S.WORT rauchgas + staubabscheidung + (wirbelkammer)
PROLEI DIPL. -ING. E. -A. BIELEFELD
STAND 22.7.1976
QUELLE fragebogenerhebung sommer 1976
FINGEB - BUNDESMINISTER FUER FORSCHUNG UND TECHNOLOGIE
- DEUTSCHE FORSCHUNGS- UND VERSUCHSANSTALT FUER LUFT- UND RAUMFAHRT
BEGINN 1.7.1975 ENDE 31.12.1976
G.KOST 2.000.000 DM
LITAN ZWISCHENBERICHT

DD -058
INST NIEDERSAECHSISCHES LANDESAMT FUER BODENFORSCHUNG
HANNOVER -BUCHHOLZ, STILLEWEG 2
VORHAB **grundlegende untersuchungen zur bindung anorganischer und organischer kationen an torf**
entwicklung eines (billigen) torfgranulates zur reinigung von schadstoffbelasteten abwaessern und -gasen. ersatz von aktivkohle oder kunststoffaustauschern. leichtere wiedergewinnbarkeit z. b. von schwermetallen. entwicklung eines granulates mit moeglichst hoher austauschkapazitaet, pruefung der chemisch-physikalischen eigenschaften (auch fuer transport und lagerung)
S.WORT schadstoffentfernung + adsorptionsmittel + torf
PROLEI PROF. DR. HEINRICH SCHNEEKLOTH
STAND 6.8.1976

QUELLE fragebogenerhebung sommer 1976
FINGEB ARBEITSGEMEINSCHAFT INDUSTRIELLER FORSCHUNGSVEREINIGUNGEN E. V. (AIF)
BEGINN 1.10.1974 ENDE 31.12.1976
G.KOST 220.000 DM

DD -059
INST PREUSSAG AG METALL
GOSLAR, RAMMELSBERGERSTR. 2
VORHAB **verfahren zur entchlorung von flugstaeuben**
verfahren zur entchlorung von flugstaeuben auf nassem wege
S.WORT flugstaub + schadstoffentfernung + chlor
PROLEI DR. HANUSCH
STAND 1.1.1974
QUELLE erhebung 1975
BEGINN 1.1.1973
G.KOST 80.000 DM

DD -060
INST SAARBERGWERKE AG
SAARBRUECKEN, TRIERER STRASSE 1
VORHAB **ursache und vermeidung von kaminstaubbelaegen**
kaminroehren haben die eigenschaft, staubbelaege zu bilden, die bei ploetzlichem stroemungswechsel in der roehre abfallen und als flocken ausgetragen werden. belagsbildung und reinigung der kaminroehren sollen untersucht werden
S.WORT luftreinhaltung + schornstein + staubabscheidung
PROLEI DR. -ING. HEINZ SPLIETHOFF
STAND 9.8.1976
QUELLE fragebogenerhebung sommer 1976
BEGINN 1.1.1976 ENDE 31.12.1980
G.KOST 50.000 DM

DD -061
INST SIEMENS AG
MUENCHEN 2, WITTELSBACHERPL. 2
VORHAB **basisprogramm - kompakte gasgeneratoren**
entwicklung kompakter gasgeneratoren zur erzeugung von brenngasen fuer den schadstoffarmen betrieb von verbrennungskraftmaschinen ohne kraftstoff-mehrverbrauch
S.WORT verbrennungsmotor + gasgenerator + (abgasminderung)
PROLEI DR. MICHEL
STAND 1.1.1974
FINGEB BUNDESMINISTER FUER FORSCHUNG UND TECHNOLOGIE
BEGINN 1.8.1973 ENDE 31.7.1974
G.KOST 2.770.000 DM
LITAN ZWISCHENBERICHT 1974. 09

DD -062
INST THYSSEN-RHEINSTAHL-TECHNIK GMBH
DUESSELDORF 1, KOENIGSALLEE 106
VORHAB **entstaubung von sinteranlagen**
verbesserung der abgasentstaubung von sinteranlagen mit elektrofiltern durch einsatz von konditionierungstuermen. vermeidung von glimmbraenden in elektrofiltern bei aufgabe von oel- und teerhaltigen stahlwerksabfaellen auf das sinterband durch gezielte abreinigung der elektroden
S.WORT sinteranlage + entstaubung
PROLEI DIPL. -ING. KARL REMMERS
STAND 13.8.1976
QUELLE fragebogenerhebung sommer 1976
FINGEB VEREIN DEUTSCHER EISENHUETTENLEUTE, DUESSELDORF
BEGINN 1.4.1975 ENDE 31.12.1976
G.KOST 220.000 DM
LITAN ENDBERICHT

DD -063
INST VEREINIGTE KESSELWERKE AG
DUESSELDORF, WERDENER STRASSE 3
VORHAB **gaswaesche**
rauchgase werden mit aufbereitetem wasser gesaettigt, bespuehlt; trennung von gas und wasser; ausfaellen der aus dem gas herausgewaschenen gase, daempfe und stoffe; neutralisieren und aufbereiten des wassers; aufheizen der gase
S.WORT abgasreinigung + gaswaesche + rauchgas
PROLEI DR. -ING. HEBBEL
STAND 1.1.1974
QUELLE erhebung 1975
BEGINN 1.2.1973 ENDE 31.12.1974
G.KOST 200.000 DM

DD -064
INST VERFAHRENSTECHNIK DR.-ING. K. BAUM
ESSEN, POSTFACH 230
VORHAB **theoretische und experimentelle untersuchungen auf dem gebiet der nassabscheider fuer submicrone schwebestoffe**
S.WORT nassentstaubung + schwebstoffe
STAND 6.1.1975
FINGEB BUNDESMINISTER FUER FORSCHUNG UND TECHNOLOGIE
ZUSAM INST. F. VERFAHRENSTECHNIK DER TU HANNOVER, 3 HANNOVER, LANGE LAUBE 14
BEGINN 1.4.1974 ENDE 31.3.1977
G.KOST 739.000 DM

Weitere Vorhaben siehe auch:

NA -001 UNTERSUCHUNG DER WIRKSAMKEIT VON UV-STRAHLEN IN KLIMAKANAELEN

EA -001

INST DEUTSCHER WETTERDIENST
OFFENBACH, FRANKFURTER STR. 135
VORHAB meteorologische steuerung der smogwarndienste der laender, einschliesslich der vorhersage austauscharmen wetters
kontrolle
S.WORT smogwarndienst + meteorologie
+ inversionswetterlage + prognose
STAND 1.1.1974
FINGEB DEUTSCHER WETTERDIENST, OFFENBACH
ZUSAM LANDESANSTALTEN FUER UMWELTFRAGEN
BEGINN 1.1.1964

EA -002

INST EUROPA-INSTITUT DER UNI MANNHEIM
MANNHEIM, SCHLOSS WESTFLUEGEL
VORHAB die bekaempfung der industriellen luftverschmutzung in westeuropa und nordamerika
ueberlegungen anhand rechtsvergleichend gewonnenen materials zur zweckmaessigsten ausgestaltung der normativen regelung und ihrer verwaltungsmaessigen und gerichtlichen handhabung unter dem gesichtspunkt des effektivsten umweltschutzes
S.WORT luftverunreinigung + rechtsvorschriften
EUROPA + NORDAMERIKA
PROLEI PROF. DR. HELMUT STEINBERGER
STAND 1.1.1974
FINGEB GESELLSCHAFT DER FREUNDE DER UNI MANNHEIM
BEGINN 1.1.1973
G.KOST 5.000 DM

EA -003

INST EUROPA-INSTITUT DER UNI MANNHEIM
MANNHEIM, SCHLOSS WESTFLUEGEL
VORHAB geltende rechtsvorschriften und ihre verwaltungsmaessige sowie gerichtliche anwendung zur bekaempfung der luftverschmutzung in den wichtigsten westlichen industrielaendern
es soll jeweils das rechtliche instrumentarium und seine verwaltungsmaessige und gerichtliche durchsetzung bei der bekaempfung der luftverschmutzung einer westlichen industrienation mit dem recht der bundesrepublik deutschland verglichen werden. die gefundenen ergebnisse koennen anregungen fuer die weitere entwicklung des deutschen umweltrechts geben und als ausgangspunkt fuer international-rechtliche vorhaben dienen
S.WORT luftreinhalterecht + industrienationen
+ internationaler vergleich
PROLEI PROF. DR. HELMUT STEINBERGER
STAND 6.8.1976
QUELLE fragebogenerhebung sommer 1976
BEGINN 1.1.1972
LITAN - STEINBERGER, H.: BEACHTUNG UND DURCHSETZUNG VOELKERRECHTLICHER UMWELTSCHUTZNORMEN. IN: UMWELTSCHUTZ UND INTERNATIONALE WIRTSCHAFT. KOELN: CARL HEYMANNS VERLAG(1974); S. 25 FF
- IGL GERHARD: DIE RECHTLICHE BEHANDLUNG DER LUFTVERUNREINIGUNG DURCH GEWERBEBETRIEBE IN FRANKREICH UND IN DER BUNDESREPUBLIK DEUTSCHLAND (IM DRUCK)

EA -004

INST FACHBEREICH RECHTSWISSENSCHAFT DER UNI FRANKFURT
FRANKFURT, SENCKENBERGANLAGE 31
VORHAB vollzugsdefizit im recht der luftreinhaltung
europaeische untersuchung ueber ausmass und gruende des sog. vollzugsdefizits im recht der luftreinhaltung. befragung der behoerden, betreiber und betroffener anhand eines fragebogens; ausserdem fallstudien anhand von verfahrensakten
S.WORT luftreinhaltung + recht + vollzugsdefizit
PROLEI PROF. DR. ECKARD REHBINDER
STAND 30.8.1976
QUELLE fragebogenerhebung sommer 1976
ZUSAM PROFESSUR FUER OEFFENTLICHES RECHT IV, PROF. DR. HEINHARD STEIGER, LICHERSTR. 76, 6300 GIESSEN
BEGINN 1.9.1975 ENDE 31.12.1976

EA -005

INST FAKULTAET FUER RECHTSWISSENSCHAFT DER UNI BIELEFELD
BIELEFELD, UNIVERSITAETSSTR.
VORHAB zivilrechtliche fragen des immissionsschutzes
es sollen "prozessuale und materielle rechtliche moeglichkeiten des nachbarrechtlichen immissionsschutzes" behandelt werden
S.WORT umweltrecht + immissionsschutzgesetz
PROLEI PROF. DR. WINFRIED PINGER
STAND 9.8.1976
QUELLE fragebogenerhebung sommer 1976

EA -006

INST GESELLSCHAFT FUER WELTRAUMFORSCHUNG MBH BEI DER DFVLR
KOELN 90, POSTFACH 906027
VORHAB umweltschutztechnik
S.WORT umweltschutz + emissionsminderung
QUELLE datenuebernahme aus der datenbank zur koordinierung der ressortforschung (dakor)
FINGEB BUNDESMINISTER FUER FORSCHUNG UND TECHNOLOGIE
BEGINN 1.4.1974 ENDE 31.12.1978

EA -007

INST INSTITUT FUER AEROBIOLOGIE DER FRAUNHOFER-GESELLSCHAFT E.V.
SCHMALLENBERG GRAFSCHAFT, UEBER SCHMALLENBERG
VORHAB durchfuehrung von einzelvorhaben im rahmen des umweltprogrammes der bundesregierung
untersuchungen zur entwicklung eines fusionsinjektors; nachweis und identifizierung von luftverunreinigungen; entwicklung eines filterlosen partikelabscheiders; kalibrierung von staub- und aerosolmessgeraeten
S.WORT luftverunreinigende stoffe + aerosole
+ nachweisverfahren + geraeteentwicklung
PROLEI DR. PFEIFFER
STAND 1.1.1974
FINGEB - BUNDESMINISTER FUER FORSCHUNG UND TECHNOLOGIE
- GESELLSCHAFT FUER KERNFORSCHUNG MBH (GFK), KARLSRUHE
ZUSAM - KERNFORSCHUNGSZENTRUM KARLSRUHE
- LANDESANSTALT FUER IMMISSIONS- UND BODENNUTZUNGSSCHUTZ, 43 ESSEN, WALLNEYERSTR. 6
BEGINN 1.10.1972 ENDE 31.12.1976
G.KOST 840.000 DM
LITAN ZWISCHENBERICHT 1974. 12

EA -008

INST INSTITUT FUER UMWELTSCHUTZ UND AGRIKULTURCHEMIE DR. HELMUT BERGE
HEILIGENHAUS, AM VOGELSANG 14
VORHAB drittes messprogramm nach paragraph 7 des immissionsschutzgesetzes
S.WORT immissionsschutzgesetz + schwefeldioxid + messung
PROLEI DR. DIPL. -ING. HELMUT BERGE
STAND 1.10.1974
FINGEB MINISTER FUER ARBEIT, GESUNDHEIT UND SOZIALES, DUESSELDORF
G.KOST 32.000 DM

EA -009

INST INSTITUT FUER UMWELTSCHUTZ UND AGRIKULTURCHEMIE DR. HELMUT BERGE
HEILIGENHAUS, AM VOGELSANG 14
VORHAB erstes programm nach paragraph 7 des immissionsschutzgesetzes
S.WORT immissionsschutzgesetz + staub + messung
PROLEI DR. DIPL. -ING. HELMUT BERGE

STAND 1.10.1974
FINGEB MINISTER FUER ARBEIT, GESUNDHEIT UND SOZIALES, DUESSELDORF
G.KOST 28.000 DM

EA -010
INST INSTITUT FUER WASSER-, BODEN- UND LUFTHYGIENE DES BUNDESGESUNDHEITSAMTES DUESSELDORF, AUF'M HENNEKAMP 70
VORHAB **grenzwertermittlung schaedigender luftverunreinigungen bei gruenraeumen in ballungsgebieten**
ermittlung der resistenz insbesondere von gehoelzpflanzen gegenueber luftfremdstoffen in feldversuchen bei industrieller oekosphaere; eignungsbewertung der pflanzen zur abschirmung in ballungsraeumen; hygienische abschirmung und erholungswirksame funktion dieser gruenraeume
S.WORT luftverunreinigung + ballungsgebiet + gruenflaechen + grenzwerte
PROLEI DR. MATHE
STAND 1.10.1974
BEGINN 1.1.1971 ENDE 31.12.1976
G.KOST 180.000 DM

EA -011
INST JURISTISCHES SEMINAR DER UNI GOETTINGEN GOETTINGEN, NIKOLAUSBERGER WEG 9A
VORHAB **fortentwicklung des haftungsrechts auf dem gebiet des immissionsschutzes**
moeglichkeiten der fortentwicklung des haftungsrechts auf dem gebiet des immissionsschutzes in zusammenhang mit dem entwurf eines bundesimmissionsschutzgesetzes
S.WORT immissionsschutz + umweltrecht
STAND 1.10.1974
FINGEB BUNDESMINISTER DES INNERN
BEGINN 1.1.1973 ENDE 31.12.1975
G.KOST 15.000 DM

EA -012
INST KOMMUNALWISSENSCHAFTLICHES INSTITUT DER UNI MUENSTER
MUENSTER, UNIVERSITAETSSTR. 14-16
VORHAB **der rechtsschutz der nachbarn gegen immissionen beim einrichten und betreiben einer anlage nach dem bundesimmissionsschutzgesetz**
untersuchung des oeffentlichen-rechtlichen nachbarschutzes nach dem neuen immissionsschutzgesetz im rahmen einer rechtswissenschaftlichen dissertation
S.WORT bundesimmissionsschutzgesetz + luftreinhaltung + immissionsbelastung + (nachbarschutz)
PROLEI PROF. DR. FRIEDRICH MENGER
STAND 19.7.1976
QUELLE fragebogenerhebung sommer 1976
BEGINN 1.4.1974 ENDE 31.4.1975
LITAN MEYER, J. (UNI MUENSTER), DISSERTATION: RECHTSSCHUTZ DES NACHBARN GEGEN IMMISSIONEN BEIM ERREICHTEN UND BETREIBEN EINER ANLAGE NACH DEM BUNDESIMMISSIONSSCHUTZGESETZ. (1975)

EA -013
INST KRUPP-KOPPERS GMBH
ESSEN, MOLTKESTR. 29
VORHAB **kosten-effektivitaetsvergleich bei anwendung von verfahren zur erhoehung der oktanzahl (roz und moz)**
verbesserung der mess- und pruefverfahren der otto- und dieselmotoren und der nachverbrennungsverfahren sowie verbesserung der konstruktion von otto- und dieselmotoren. erarbeiten wissenschaftlich-technischer grundlagen fuer die beurteilung des standes der technik und der technischen entwicklung als voraussetzung fuer die konkretisierung von zielvorstellungen und den entwurf von rechtsnormen
S.WORT treibstoffe + oktanzahl + oekonomische aspekte
STAND 1.1.1974
QUELLE umweltforschungsplan 1974 des bmi
FINGEB BUNDESMINISTER DES INNERN
BEGINN 1.1.1973 ENDE 31.12.1974
G.KOST 519.000 DM

EA -014
INST LEHRSTUHL FUER ANALYTISCHE CHEMIE DER GESAMTHOCHSCHULE WUPPERTAL
WUPPERTAL 2, GEWERBESCHULSTR. 34
VORHAB **erarbeitung eines rahmenplanes zur bewertung von immissionsmessverfahren**
es wird ein pruefplan nebst protokollmuster entwickelt, der unter anwendung statistischer, operativer und funktionaler kenngroessen eine objektive verfahrenspruefung und eine auf den anwendungszweck bezogene wertung zulaesst, insbesondere im hinblick auf normen- und richtlinienwerte
S.WORT luftverunreinigung + immissionsbelastung + messverfahren + richtlinien
PROLEI PROF. DR. HEINRICH HARTKAMP
STAND 30.8.1976
QUELLE fragebogenerhebung sommer 1976
BEGINN 1.12.1975 ENDE 31.12.1976
LITAN VORTRAG, MESSTECHNISCHES KOLLOQUIUM DES LAENDERAUSSCHUSSES FUER IMMISSIONSSCHUTZ, MUENSTER, 1976

EA -015
INST LEHRSTUHL UND INSTITUT FUER STAEDTEBAU UND LANDESPLANUNG DER TH AACHEN
AACHEN, SCHINKELSTR. 1
VORHAB **luftreinhaltung als faktor der stadt- und regionalplanung**
S.WORT luftreinhaltung + regionalplanung
STAND 1.1.1974

EA -016
INST LOEBLICH, H.J.
HAMBURG 60, KAPSTADTRING 2 ESSO HAUS
VORHAB **einfluss von schwefelminderungsmassnahmen auf die regionale so2-immission 1972 und 1985 / schwefelgehalt von schwerem heizoel**
studie ueber den einfluss von schwefelminderungsmassnahmen auf die regionale so2-immission 1972 und 1985 zur vorbereitung einer nationalen und eg-einheitlichen vorschrift ueber die begrenzung des schwefelgehalts von schwerem heizoel
S.WORT heizoel + schwefelverbindungen + immissionsminderung
PROLEI ING. GRAD. HANS-JOACHIM LOEBLICH
STAND 1.10.1974
FINGEB BUNDESMINISTER DES INNERN
BEGINN 1.1.1974 ENDE 31.12.1974
G.KOST 95.000 DM

EA -017
INST LOEBLICH, H.J.
HAMBURG 60, KAPSTADTRING 2 ESSO HAUS
VORHAB **rechnungen ueber einfluss von schwefelminderungsmassnahmen auf die regionale so2-immission**
zielsetzung: ermittlung der so2-emissionen nach stadt- und landkreisen fuer basisjahr (1972) und prognosejahre (1980, 1985). ermittlung einer transmissionsbeziehung zwischen emission und immission aufgrund aufbereiteter messdaten, berechnung der immission je stadt- und landkreis fuer basisjahr und prognosejahre, unterteilt in anteil aus den betrachteten energieverbrauchssektoren (verkehr, haushalte, industrie, kraftwerke) und brennstoffe (heizoele, kohle usw.) und gegenueberstellung der ergebnisse bei alternativen schwefelgehalten der einzelnen brennstoffe
S.WORT emissionsmessung + schwefeldioxid + energieverbrauch + brennstoffe + prognose
PROLEI ING. GRAD. HANS-JOACHIM LOEBLICH
STAND 9.8.1976

QUELLE fragebogenerhebung sommer 1976
BEGINN 1.1.1974 ENDE 31.12.1974
G.KOST 93.000 DM
LITAN - LOEBLICH, H. -J.: RECHNUNGEN UEBER EINFLUSS VON SCHWEFELMINDERUNGSMASSNAHMEN AUF DIE REGIONALE SO2-IMMISSION. 4 BDE.
- LOEBLICH, H. -J.: IN: UMWELT (BMI) 39 S. 6-15

EA -018

INST MESSERSCHMITT-BOELKOW-BLOHM GMBH
MUENCHEN 80, POSTFACH 80 11 69
VORHAB **erarbeitung der technisch-wissenschaftlichen grundlagen fuer die erstellung eines modellhaften luftreinhalteplans**
zur loesung der komplexen probleme der ueberwachung von emissionen und immissionen (par. 26-31, 44-48 bimschg und nr. 2. 5, 2. 8 und nr. 3 ta luft), der ausbreitungsrechnung (par. 48, 49, 50 bimschg und 2. 7 ta luft) und der smogbildung (par. 49 bimschg) ist eines systematische planung, koordination und integration erforderlich. dies gilt insbesondere fuer die erarbeitung von grundlagen fuer luftreinhalteplaene (par. 47 bimschg), die in erster linie massnahmen zur verminderung von luftverunreinigungen und zur vorsorge enthalten sollen
S.WORT luftreinhaltung + luftueberwachung + planungsmodell
STAND 5.11.1975
FINGEB BUNDESMINISTER DES INNERN
BEGINN 1.10.1975 ENDE 30.4.1976
G.KOST 346.000 DM

EA -019

INST MESSERSCHMITT-BOELKOW-BLOHM GMBH
MUENCHEN 80, POSTFACH 80 11 69
VORHAB **studie zur erarbeitung der technisch-wissenschaftlichen grundlagen fuer die erstellung eines modellhaften luftreinhalteplanes (unter verwendung von luremp)**
luremp (= luftreinhalte-massnahmen-planung) ist der name des entwickelten programmsystems. band i enthaelt die systematische darstellung der grundlagen einer methodischen luftreinhalteplanung im hinblick auf einen modellhaften luftreinhalteplan im sinne des bundesimmissionsschutzgesetzes, wobei im mittelpunkt der untersuchung die massnahmenplanung (mit hilfe von luremp) steht. band ii stellt die erste version des "benutzerhandbuches luremp" dar und enthaelt die vollstaendige dokumentation des programmsystems zum stand ende 1975 (luremp 75)
S.WORT luftreinhaltung + bundesimmissionsschutzgesetz + planungshilfen
PROLEI DIPL. -PHYS. FRIEDER WOLZ
STAND 22.7.1976
QUELLE fragebogenerhebung sommer 1976
ZUSAM - DEUTSCHES INSTITUT FUER WIRTSCHAFTSFORSCHUNG (DIW)
- BATTELLE INSTITUT E. V. , AM ROEMERHOF, FRANKFURT
BEGINN 1.10.1975 ENDE 30.4.1976
G.KOST 328.000 DM
LITAN ENDBERICHT

EA -020

INST PROJEKTGRUPPE BEWERTUNGSSYSTEM FUER UMWELTEINFLUESSE DER GESAMTHOCHSCHULE ESSEN
ESSEN, ROBERT-SCHMIDT-STR. 1
VORHAB **bewertungssystem fuer umwelteinfluesse**
erarbeitung eines mehrstufigen informationssystems fuer planungs- und entscheidungsprozesse. sammlung und gewichtung aller immissionsfaktoren. kartographische darstellung in abstraktionsstufen medienspezifisch
S.WORT umwelteinfluesse + immissionsbelastung + bewertung
PROLEI PROF. DIPL. -ING. KLAUS EICK
STAND 21.7.1976
QUELLE fragebogenerhebung sommer 1976
BEGINN 1.1.1976 ENDE 31.12.1978
G.KOST 300.000 DM

EA -021

INST RHEINISCH-WESTFAELISCHER TECHNISCHER UEBERWACHUNGS-VEREIN E. V.
ESSEN, STEUBENSTR. 53
VORHAB **erfahrungen bei der anwendung der richtlinie des rates vom 2.8.1972**
angleichung der rechtsvorschriften der mitgliedsstaaten ueber massnahmen gegen die emission verunreinigender stoffe aus dieselmotoren zum antrieb von fahrzeugen. ermittlung von verbesserungsbeduerftigen teilen in der richtlinie 72/306/ewg gestuetzt auf truebungsmessungen an dieselfahrzeugen und pruefungen von truebungsmessgeraeten
S.WORT radioaktivitaet + wohnraum + strahlenbelastung
PROLEI DIPL. -ING. HELMUT WEBER
STAND 12.8.1976
QUELLE fragebogenerhebung sommer 1976
FINGEB BUNDESMINISTER FUER VERKEHR
BEGINN 1.1.1975 ENDE 31.12.1975
G.KOST 25.000 DM
LITAN ENDBERICHT

EA -022

INST STANFORD RESEARCH INSTITUTE (SRI)
MENLO PARK/CALIFORNIA USA, 94025
VORHAB **untersuchung ueber die aufstellung eines lufthaushaltsplanes**
zur loesung der komplexen probleme der ueberwachung von emissionen und immissionen (para. 26-31, 44-48 bimschg und nrn. 2. 5, 2. 8 und 3 ta luft), der ausbreitungsrechnung (para. 48, 49, 50 bimschg und 2. 7 ta luft) und der smogbildung (para. 49 bimschg) ist eine systematische planung, koordination und integration erforderlich. dies gilt insbesondere fuer die erarbeitung von grundlagen fuer luftreinhalteplaene (para. 47 bimschg), die in erster linie massnahmen zur verminderung von luftverunreinigungen und zur vorsorge enthalten sollen
S.WORT lufthaushalt + emissionsueberwachung + bundesimmissionsschutzgesetz
STAND 20.11.1975
FINGEB BUNDESMINISTER DES INNERN
BEGINN 1.1.1976 ENDE 31.3.1978
G.KOST 868.000 DM

EA -023

INST TECHNISCHER UEBERWACHUNGSVEREIN BAYERN E.V.
MUENCHEN, KAISERSTR. 14-16
VORHAB **neubearbeitung der din 4705 bemessung von schornsteinen hinsichtlich richtiger funktion**
din-norm zur bemessung der erforderlichen querschnitte fuer schornsteine
S.WORT luftverunreinigung + schornstein + normen
PROLEI DIPL. -ING. WIEDMANN
STAND 1.10.1974
FINGEB VEREINIGUNG VON VERBAENDEN DER DEUTSCHEN ZENTRALHEIZUNGSWIRTSCHAFT E. V. , HAGEN
BEGINN 1.1.1964 ENDE 31.12.1976
G.KOST 316.000 DM
LITAN ENDBERICHT

EA -024

INST TECHNISCHER UEBERWACHUNGSVEREIN RHEINLAND E.V.
KOELN, KONSTANTIN-WILLE-STR. 1
VORHAB **erarbeitung einer richtlinie zur erstellung von emissionskatastern sowie mitarbeit bei zugehoerigen verordnungen und allgemeinen verwaltungsvorschriften**
katastermaessige erfassung von anlagenemissionen und staendige kontrolle
S.WORT emissionskataster + richtlinien
PROLEI DR. KROPP
STAND 12.11.1975
FINGEB BUNDESMINISTER DES INNERN
BEGINN 15.11.1974 ENDE 31.12.1976
G.KOST 254.000 DM

EA -025

INST VOLKSWAGENWERK AG
WOLFSBURG

VORHAB **analyse der gesetzlich vorgeschriebenen abgas-pruefmethoden und messverfahren fuer europa und fuer usa**
angeregt durch die unklarheit und unvollkommenheit der gesetzlichen pruefvorschriften zur verminderung der abgasemissionen von kraftfahrzeugen wurden wissenschaftliche untersuchungen der wesentlichen grundlagen begonnen. grundlage ist eine analyse der statistischen und systematischen fehler, wobei die frage der richtigen verteilungsfunktion und die der vergleichbarkeit von messergebnissen verschiedener pruefstellen geklaert werden muessen. im rahmen des projektes wurde ein testsystem fuer abgasrollenpruefstaende entwickelt und erprobt. dieses testsystem ermoeglicht die unabhaengige kalibrierung von abgasrollenpruefstaenden unter testbedingungen. es besteht aus einem fahrzeug, das mit einem fahrautomaten und einer messanlage zur erfassung interessierender messsgroessen ausgestattet ist

S.WORT abgasemission + verbrennungsmotor + pruefverfahren + richtlinien
EUROPA + USA

PROLEI DR. KLINGENBERG

STAND 8.12.1975

FINGEB BUNDESMINISTER DES INNERN

BEGINN 1.7.1975 ENDE 30.6.1977

G.KOST 2.019.000 DM

LITAN - KARSTENS, D.;KUHLER, M.: VERGLEICH GESETZLICH VORGESCHRIEBENER FAHRPROGRAMME FUER ABGASMESSUNGEN AUF FAHRLEISTUNGSPRUEFSTAENDEN MIT FAHRVERSUCHEN IN EUROPAEISCHEN GROSSSTAEDTEN. IN: MTZ (WIRD VEROEFFENTLICHT)
- KLINGENBERG, H.;KINNE, D.;SCHUERMANN, D.;WILL, R.: A METHOD FOR CORRELATING DIFFERENT EMISSION TEST CELLS. IN: ISATA 76, ROM(SEP 1976)

Weitere Vorhaben siehe auch:

AA -082 AUFSTELLUNG EINES RECHENPROGRAMMS ZUR BESTIMMUNG DER SCHORNSTEINMINDESTHOEHEN

AA -152 ENTWICKLUNG EINES ERFASSUNGSSYSTEMS FUER DIE EINHEITLICHE AUFBEREITUNG UND AUSWERTUNG VON INFORMATIONEN AUS MESSBERICHTEN UND GUTACHTEN

AA -156 PILOTSTUDIE FUER EINEN LUFTHAUSHALT FUER DIE BUNDESREPUBLIK DEUTSCHLAND

BA -066 INTERNATIONALE ANWENDUNG UND WEITERENTWICKLUNG DER ABGASVORSCHRIFTEN ECE-GRPA

BC -039 EMISSIONSMESSTECHNIK, VORSCHRIFTEN UND VERFAHREN ZUR MESSTECHNISCHEN UEBERWACHUNG DER EMISSION LUFTVERUNREINIGENDER STOFFE AUS GENEHMIGUNGSBEDUERFTIGEN ANLAGEN

BC -042 ENTWICKLUNG EINES ERFASSUNGSSYSTEMS FUER DIE EINHEITLICHE AUFBEREITUNG UND AUSWERTUNG VON MESSBERICHTEN UND GUTACHTEN UEBER EMISSIONEN VON GENEHMIGUNGSBEDUERFTIGEN ANLAGEN

CA -095 DEFINITION VON MINDESTANFORDERUNGEN SOWIE EIGNUNGSPRUEFUNG UND KALIBRIERUNGSVORSCHRIFTEN FUER LAUFEND AUFZEICHNENDE STICKOXID-EMISSIONSMESSGERAETE

DA -010 PROGRAMMBEGLEITUNG FUER DAS PROGRAMM EMISSIONSVERMINDERUNG IM VERKEHR

DA -049 ERSTELLEN EINES PFLICHTENHEFTES ZUR BEURTEILUNG DER EMISSIONEN VON MOTOREN MIT GESCHICHTETER LADUNG

TA -001 LOESEMITTELDAMPFKONZENTRATION BEIM FARBAUFTRAG IN ENGEN RAEUMEN

TA -035 BESTIMMUNG VON SCHADSTOFFKONZENTRATIONEN (MAK-WERTE) IN ARBEITSRAEUMEN

TA -046 OELNEBELSCHMIERUNG - OPTIMIERUNG TECHNOLOGISCHER VERFAHREN IM HINBLICK AUF DIE UMWELTVERSCHMUTZUNG IN FABRIKATIONSRAEUMEN

TA -047 OELNEBELKONZENTRATION IN FABRIKATIONSRAEUMEN - MESSEINRICHTUNG; MAK-WERT UND BASISMATERIAL FUER DIE FESTLEGUNG VON MAK-WERTEN

FA -001

INST ABTEILUNG BURGSTEINFURT DER FH MUENSTER
BURGSTEINFURT, LINDENSTR. 59-60

VORHAB laermminderung von grosstransformatoren durch akustische kompensation

S.WORT laermminderung + akustik + (grosstransformator + akustische kompensation)
PROLEI DR. -ING. P. WALISKO
STAND 10.10.1976
QUELLE basis-forschungsregister nrw, august 1976

FA -002

INST AMTLICHE PRUEFSTELLE FUER BAUAKUSTIK DER FH DES LANDES RHEINLAND-PFALZ
TRIER, IRMINENFREIHOF 8

VORHAB schall- und schwingungsmessungen

schall- und schwingungsmessungen nach einschlaegigen normen, richtlinien usw.
S.WORT bauakustik + schallmessung + schwingungsschutz
PROLEI PROF. DIPL. -PHYS. HERMANN HUEBSCHEN
STAND 1.1.1974
BEGINN 1.1.1965

FA -003

INST BATTELLE-INSTITUT E.V.
FRANKFURT 90, AM ROEMERHOF 35

VORHAB messung der geraeuscherzeugung von maschinen, maschinenteilen oder industrieanlagen; massnahmen zur geraeuschbeseitigung

S.WORT industrielaerm + laermmessung + laermminderung
STAND 1.1.1974

FA -004

INST BATTELLE-INSTITUT E.V.
FRANKFURT 90, AM ROEMERHOF 35

VORHAB zusammenstellung und auswertung von grundlagen zum entwurf der vdi-richtlinie 2720

literaturauswertung ueber den schallschutz durch abschirmung im freien und in geschlossenen raeumen
S.WORT schallschutz + richtlinien + (vdi-richtlinie 2720)
PROLEI DR. ULRICH KURZE
STAND 4.8.1976
QUELLE fragebogenerhebung sommer 1976
FINGEB BUNDESMINISTER FUER ARBEIT UND SOZIALORDNUNG
BEGINN 1.11.1975 ENDE 31.3.1976
G.KOST 59.000 DM
LITAN ENDBERICHT

FA -005

INST DEUTSCH-FRANZOESISCHES FORSCHUNGSINSTITUT ST.LOUIS (ISL)
WEIL AM RHEIN, RUE DE L'INDUSTRIE 12

VORHAB wirkung von impulsartigem laerm auf lebewesen

untersuchungen zum verstaendnis der entstehungsweise anatomischer schaeden zur aufstellung von normen ueber moegliche grenzbelastungen. biologische, biochemische, physiologische und psychoakustische untersuchungsmethoden, druckmessungen, holographie des trommelfells, interferometrie. untersuchungen an kleinen tieren (z. b. meerschweinchen)
S.WORT laermbelastung + lebewesen + physiologische wirkungen
PROLEI DR. ARMAND DANCER
STAND 23.7.1976
QUELLE fragebogenerhebung sommer 1976
ZUSAM - ERPROBUNGSSTELLE 91 DER BUNDESWEHR MEPPEN
- UNI MUENCHEN
BEGINN 1.1.1974
LITAN DANCER, A.;FRANKE, R.;BAILLE, G.;VASSOUT, P.;DEVRIERE, F. (ISL): INFLUENCE DE LA PRESSION DE CRETE ET DE LA DUREE D'UN BRUIT IMPULSIF (BRUIT D'ARME) SUR L'APPAREIL AUDITIF DU COBAYE

FA -006

INST DEUTSCHE VEREINIGUNG FUER VERBRENNUNGSFORSCHUNG E.V.
ESSEN 1, KLINKESTR. 29-31

VORHAB vermeidung von brennkammer-schwingungen

S.WORT laermminderung + vibration
PROLEI PROF. DR. RUDOLF GUENTHER
STAND 13.8.1976
QUELLE fragebogenerhebung sommer 1976
FINGEB ARBEITSGEMEINSCHAFT INDUSTRIELLER FORSCHUNGSVEREINIGUNGEN E. V. (AIF)
ZUSAM INTERNATIONAL FLAME RESEARCH FOUNDATION, IJMUIDEN/HOLLAND
BEGINN 1.1.1977 ENDE 31.12.1979
G.KOST 140.000 DM
LITAN HATAMI, R. (KARLSRUHE), DISSERTATION: DAS UEBERTRAGUNGSVERHALTEN VON TURBULENTEN DIFFUSIONSFLAMMEN. (1973)

FA -007

INST ENGLER-BUNTE-INSTITUT DER UNI KARLSRUHE
KARLSRUHE, RICHARD-WILLSTAETTER-ALLEE 5

VORHAB geraeuschentwicklung in flammen

es werden pegel und frequenzverteilung an flammen verschiedener geometrie gemessen insbesondere an strahlflammen ohne und mit drall. mit einer besonderen sonde wird die geraeuschverteilung im inneren der flamme gemessen
S.WORT geraeuschmessung + feuerungstechnik + (strahlflammen)
PROLEI DIETMAR PAULS
STAND 26.7.1976
QUELLE fragebogenerhebung sommer 1976
FINGEB ARBEITSGEMEINSCHAFT INDUSTRIELLER FORSCHUNGSVEREINIGUNGEN E. V. (AIF)
BEGINN 1.1.1972 ENDE 31.12.1976
G.KOST 150.000 DM
LITAN ZWISCHENBERICHT

FA -008

INST FACHGEBIET MASCHINENELEMENTE UND GETRIEBE DER TH DARMSTADT
DARMSTADT, MAGDALENENSTR. 8-10

VORHAB untersuchung der akustischen uebertragsfunktion von maschinen im hinblick auf die geraeuschentstehung

untersuchung der akustischen uebertragsfunktion von maschinen anhand des koerperschall- und abstrahlverhaltens der struktur. entwicklung von abschaetzungsformeln fuer den einfluss von steifigkeits- und massenbelegungsaenderungen plattenfoermiger strukturen auf die geraeuschentstehung. erarbeitung von konstruktionsregeln und abfassung eines "kataloges geraeuschmindernder massnahmen" mit berechnungsverfahren und einer sammlung von konstruktiven beispielen fuer den ingenier
S.WORT schallentstehung + koerperschall + geraeuschminderung + maschinenbau
PROLEI DR. -ING. DIETER FOELLER
STAND 30.8.1976
QUELLE fragebogenerhebung sommer 1976
FINGEB - ARBEITSGEMEINSCHAFT INDUSTRIELLER FORSCHUNGSVEREINIGUNGEN E. V. (AIF)
- FORSCHUNGSKURATORIUM MASCHINENBAU E. V., FRANKFURT
BEGINN 1.9.1973 ENDE 31.12.1974
G.KOST 205.000 DM
LITAN - FOELLER, D.: MASCHINENAKUSTISCHE PROBLEME IN NEUERER SICHT. IN: AKUSTIK UND SCHWINGUNGSTECHNIK, DAGA 73, VDI-VERLAG, DUESSELDORF S. 57-75(1973)
- FOELLER, D.;ET AL.: GERAEUSCHARME MASCHINENTEILE - DIE ENTSTEHUNG VON MASCHINENGERAEUSCHEN UND KONSTRUKTIVE MASSNAHMEN ZU IHRER VERMINDERUNG. IN: FORSCHUNGSHEFTE DES FORSCHUNGSKURATORIUMS MASCHINENBAU E. V., MASCH. -BAU-VERL. , FRANKFURT/M. (26)(1974)
- ENDBERICHT

FA -009
INST GEOGRAPHISCHES INSTITUT DER UNI DES SAARLANDES
SAARBRUECKEN, UNIVERSITAET
VORHAB **schallpegelgutachten, saarbruecken 1972**
erfassung der grundbelastung und spitzenbelastung (tages- und jahresgang) mit schallpegelmessern
S.WORT schallpegelmessung + gutachten
SAARBRUECKEN + VOELKLINGEN
PROLEI PROF. DR. PAUL MUELLER
STAND 1.1.1974
FINGEB STADT SAARBRUECKEN
BEGINN ENDE 31.12.1975

FA -010
INST GEOPHYSIKALISCHES INSTITUT DER UNI KARLSRUHE
KARLSRUHE, HERTZSTR. 16
VORHAB **messung von erschuetterungen, die durch industrie, strassenverkehr und explosionen verursacht werden**
S.WORT erschuetterungen + industrie + strassenverkehr + explosion + messung
PROLEI DR. PRODEHL
STAND 1.1.1974
BEGINN 1.1.1965 ENDE 31.12.1975

FA -011
INST GEOPHYSIKALISCHES INSTITUT DER UNI KARLSRUHE
KARLSRUHE, HERTZSTR. 16
VORHAB **messungen von erschuetterungen, verursacht durch explosionen**
erschuetterungsmessungen; messung von bodenbewegungen
S.WORT erschuetterungen + explosion + messung
PROLEI PROF. DR. K. FUCHS
STAND 1.1.1974

FA -012
INST GUTEHOFFNUNGSHUETTE STERKRADE AG
OBERHAUSEN 11, BAHNHOFSTR. 66
VORHAB **schallminderung von schraubenverdichtern**
verminderung der schallerregung durch konstruktive gestaltung der maschine. abschirmung der schallerreger durch entwicklung und einbau von saug- und druckschalldaempfern. abschirmung der gesamten schraubenverdichteranlagen durch den einsatz von schallhauben
S.WORT maschinenbau + schalldaempfer + laermminderung + (kapselung)
PROLEI ARNO HEINZ
STAND 12.8.1976
QUELLE fragebogenerhebung sommer 1976
FINGEB MINISTER FUER ARBEIT, GESUNDHEIT UND SOZIALES, DUESSELDORF
ZUSAM - BATELLE-INSTITUT, 6000 FRANKFURT 90
- GILLET KG. , EDENKOBEN/PFALZ
BEGINN 1.1.1972 ENDE 31.12.1978
G.KOST 500.000 DM

FA -013
INST INSTITUT FUER BAUMASCHINEN UND BAUBETRIEB DER TH AACHEN
AACHEN, TEMPLERGRABEN 55
VORHAB **geraeuschuntersuchungen bei gewerblichen anlagen und gewerbebetrieben sowie an einzelnen maschinen und maschinengruppen zur ermittlung kennzeichnender emissionswerte**
minderung des laerms gewerblicher und nichtgewerblicher anlagen durch schaffung sachlich und zeitlich abgestufter emissionsbegrenzungen in rechtsvorschriften
S.WORT laermmessung + gewerbebetrieb
PROLEI DR. -ING. HUBERT FRENKING
STAND 20.1.1976
FINGEB BUNDESMINISTER DES INNERN
BEGINN 15.10.1973 ENDE 31.12.1976
G.KOST 1.136.000 DM

FA -014
INST INSTITUT FUER BAUMASCHINEN UND BAUBETRIEB DER TH AACHEN
AACHEN, TEMPLERGRABEN 55
VORHAB **entwicklung einheitlicher mess- und bewertungsverfahren**
erarbeitung einheitlicher verfahren unter beruecksichtigung der nationalen und internationalen normen und vorschriften; kriterien fuer die messung und bewertung
S.WORT laermmessung + normen + internationaler vergleich
PROLEI DR. -ING. HUBERT FRENKING
STAND 13.8.1976
QUELLE fragebogenerhebung sommer 1976
ZUSAM - PHYSIKALISCH TECHNISCHE BUNDESANSTALT, PROF. DR. MARTIN, BUNDESALLEE 100, BRAUNSCHWEIG
- MUELLER BBM, DR. SCHREIBER, 8000 MUENCHEN
BEGINN 1.1.1973 ENDE 30.6.1976

FA -015
INST INSTITUT FUER DAMPF- UND GASTURBINEN DER TH AACHEN
AACHEN, TEMPLERGRABEN 55
VORHAB **schallerzeugung und -ausbreitung in axialturbinen und abstrahlung in angeschlossene rohrleitungen**
untersuchung von einflussgroessen auf die laermerzeugung und- ausbreitung der axialturbinen; die kenntnis der zusammenhaenge erlaubt eine verbesserung der turbinenkonstruktion im hinblick auf eine laermverminderung und eine verbesserte vorausberechnung der laermerzeugung
S.WORT turbine + laermminderung + schallausbreitung
PROLEI PROF. DR. -ING. DIBELIUS
STAND 1.10.1974
FINGEB DEUTSCHE FORSCHUNGSGEMEINSCHAFT
BEGINN 1.2.1973
G.KOST 330.000 DM
LITAN - DIBELIUS; GHILADI: ZWISCHENBERICHT, DFG 8. 11. 73
- ZWISCHENBERICHT 1974. 04

FA -016
INST INSTITUT FUER HUMANGENETIK UND ANTHROPOLOGIE DER UNI ERLANGEN - NUERNBERG
ERLANGEN, BISMARCKSTR. 10
VORHAB **zytogenetische wirkung von ultraschall in vitro**
chromosomenuntersuchungen in lymphozytenkulturen nach einwirkung von dauer- und impulsschall
S.WORT ultraschall + mensch + genetische wirkung
PROLEI DR. MED. ROTT
STAND 1.10.1974
FINGEB SIEMENS AG, MUENCHEN
G.KOST 6.000 DM

FA -017
INST INSTITUT FUER HYGIENE DER UNI DUESSELDORF
DUESSELDORF, GURLITTSTR. 53
VORHAB **laermkarte von duisburg**
flaechenmaessige, das gesamte stadtgebiet von duisburg erfassende geraeuschaufnahme fuer die tageszeit (6. 00 - 22. 00) und fuer die nachtzeit (22. 00 - 6. 00) in form von konturen gleicher dauerschallpegel
S.WORT laermkarte + taglaerm + nachtlaerm
DUISBURG + RHEIN-RUHR-RAUM
PROLEI DR. -ING. EDMUND BUCHTA
STAND 21.7.1976
QUELLE fragebogenerhebung sommer 1976
FINGEB STADT DUISBURG
BEGINN 1.1.1975 ENDE 1.4.1977
G.KOST 280.000 DM

FA -018
INST INSTITUT FUER HYGIENE UND ARBEITSMEDIZIN DER GESAMTHOCHSCHULE ESSEN
ESSEN, HUFELANDSTR. 55

VORHAB **grundlagen auf dem gebiet des laermschutzes - klaerung der begriffe ueber laermwirkungen**
1. koordinierung der durchfuehrung des programmes "grundlagenforschung auf dem gebiet des laermschutzes" 2. durchfuehrung des forschungsprojektes "klaerung der begriffe ueber laermwirkungen" 3. erstellung einer umfassenden uebersicht der nationalen und internationalen literatur und bibliographie zum thema "laerm und schlaf" mit kritischer auswertung
S.WORT laermbelastung + schallschutz + (begriffsklaerung)
PROLEI PROF. DR. MED. WERNER KLOSTERKOETTER
STAND 20.1.1976
FINGEB BUNDESMINISTER DES INNERN
BEGINN 18.9.1973 ENDE 1.10.1976
G.KOST 219.000 DM

FA -019
INST INSTITUT FUER MASCHINENWESEN IM BAUBETRIEB DER UNI KARLSRUHE
KARLSRUHE, AM FASANENGARTEN
VORHAB **laermuntersuchungen an grossen baumaschinen**
entwicklung neuer laermarmer techniken; entwicklung neuer technischer und wissenschaftlicher moeglichkeiten zur minderung des laerms
S.WORT laermmessung + baumaschinen
PROLEI PROF. DR. -ING. GUENTER KUEHN
STAND 20.11.1975
FINGEB BUNDESMINISTER DES INNERN
BEGINN 1.1.1975 ENDE 31.12.1977
G.KOST 229.000 DM

FA -020
INST INSTITUT FUER MEDIZINISCHE BALNEOLOGIE UND KLIMATOLOGIE DER UNI MUENCHEN
MUENCHEN 70, MARCHIONINISTR. 17
VORHAB **spontanes vorkommen und biotrope wirkungen von infraschall (0,1...20 hz)**
infraschall tritt u. a. auf in klimatisierten raeumen, hochhaeusern, verkehrsmitteln, ausserdem im zusammenhang mit bestimmten meteorologischen vorgaengen. ueber die vorkommenden intensitaeten und frequenzbereiche sollen messreihen aufschluss geben
S.WORT infraschall + physiologische wirkungen
PROLEI DIPL. -PHYS. KARL DIRNAGL
STAND 22.7.1976
QUELLE fragebogenerhebung sommer 1976
ZUSAM UNIVERSITAETSKLINIKUM GROSSHADERN, MARCHIONINISTR. 16, 8000 MUENCHEN 70
BEGINN 1.3.1976 ENDE 31.12.1976
G.KOST 20.000 DM

FA -021
INST INSTITUT FUER PHYSIOLOGIE UND BIOKYBERNETIK DER UNI ERLANGEN-NUERNBERG
ERLANGEN, UNIVERSITAETSSTR. 17
VORHAB **quantitativ bestimmbare korrelationen zwischen (neuro-) physiologischen messwerten und laerm- und erschuetterungsbelaestigung**
vergleich elektrophysiologischer messgroessen des menschen (evoziertes potential, hautwiderstandsaenderung, elektromyogramm) bei laerm, definierter schmerzreizung und erschuetterung; objektivierung von belaestigungseinwirkungen auf den menschen
S.WORT laerm + erschuetterungen + mensch + physiologische wirkungen
PROLEI PROF. DR. WOLF-DIETER KEIDEL
STAND 12.8.1976
QUELLE fragebogenerhebung sommer 1976
BEGINN 1.12.1973 ENDE 31.12.1976
G.KOST 451.000 DM
LITAN - SPRENG, M.: KONTROVERSE: VERKEHRSLAERM. IN: BILD DER WISSENSCHAFT. (1976)
- SPRENG, M.;ANDERNACH, K.: PSYCHOPHYSIKALISCHE SKALIERUNGSVERSUCHE ZUR BESTIMMUNG EINER UNBEHAGLICHKEITS- UND UNANNEHMBARKEITSSCHWELLE BEI EINWIRKUNG VERSCHIEDENER SCHALLE. IN: KAMPF DEM LAERM. (1)(1976)

FA -022
INST INSTITUT FUER PHYSIOLOGIE UND BIOKYBERNETIK DER UNI ERLANGEN-NUERNBERG
ERLANGEN, UNIVERSITAETSSTR. 17
VORHAB **untersuchungen ueber spezielle hoerstoerungen und die anfaelligkeit von leicht hoergestoerten bei laermeinfluss**
dieses forschungsprojekt stellt eine spezielle anwendung des unter 0196/003 beschriebenen projektes dar. dabei werden vor allem leicht oder maessig hoergestoerte menschen einschliesslich von kindern untersucht
S.WORT gehoerschaeden + laermbelastung
PROLEI PROF. DR. WOLF-DIETER KEIDEL
STAND 1.1.1974
FINGEB DEUTSCHE FORSCHUNGSGEMEINSCHAFT
BEGINN 31.12.1973 ENDE 31.12.1976
G.KOST 80.000 DM

FA -023
INST INSTITUT FUER PRUEFUNG UND FORSCHUNG IM BAUWESEN E. V. AN DER FH HILDESHEIM-HOLZMINDEN
HILDESHEIM, HOHNSEN 2
VORHAB **luftschall-, trittschall-erschuetterungs- und waermeflussmessungen mit laborwagen fuer die bauindustrie**
S.WORT bautechnik + waermefluss + erschuetterungen + geraeuschmessung
STAND 1.1.1974

FA -024
INST INSTITUT FUER PRUEFUNG UND FORSCHUNG IM BAUWESEN E. V. AN DER FH HILDESHEIM-HOLZMINDEN
HILDESHEIM, HOHNSEN 2
VORHAB **schallschutzgutachten und waermeschutzgutachten fuer verschiedene bedarfstraeger**
S.WORT schallschutz + waermeschutz + gutachten
STAND 1.1.1974

FA -025
INST INSTITUT FUER PRUEFUNG UND FORSCHUNG IM BAUWESEN E. V. AN DER FH HILDESHEIM-HOLZMINDEN
HILDESHEIM, HOHNSEN 2
VORHAB **schallabsorption von leichtbaustoffen (leca und reba leichtbetonzuschlaege)**
S.WORT bautechnik + schallabsorption
STAND 1.1.1974

FA -026
INST INSTITUT FUER PSYCHOLOGIE DER TU BERLIN
BERLIN 41, DIETRICH-SCHAEFER-WEG 6
VORHAB **adaptions- und sensibilisierungsprozesse (vorhaben nr.5)**
grundlagenforschung auf dem gebiete des laermschutzes. schaffung von physiologischen, psychologischen, soziologischen und oekonomischen grundlagen fuer die laermbekaempfung, insbesondere in der rechtsetzung und raumwirksamen planung sowie in der normen- und richtlinienarbeit
S.WORT laerm + gesundheit
PROLEI PROF. DR. WOLFGANG SCHOENPFLUG
STAND 16.1.1976
FINGEB BUNDESMINISTER DES INNERN
BEGINN 1.9.1974 ENDE 31.12.1977
G.KOST 512.000 DM

FA -027
INST INSTITUT FUER SCHIFFBETRIEBSFORSCHUNG DER FH FLENSBURG
FLENSBURG, MUNKETOFT 7
VORHAB **schallmessungen auf schiffen**
pegelmessungen; frequenzanalysen; laermmessung
S.WORT laermmessung + schiffsraeume
PROLEI DIPL. -ING. VOSS

STAND 1.1.1974
BEGINN 1.1.1955

FA -028

INST INSTITUT FUER STRAHLANTRIEBE UND TURBOARBEITSMASCHINEN DER TH AACHEN
AACHEN, TEMPLERGRABEN 55
VORHAB untersuchungen ueber die laermerzeugung ummantelter luftschrauben in abhaengigkeit ihrer entwurfsparameter
S.WORT laermentstehung + stroemungstechnik + (ummantelte luftschrauben)
PROLEI PROF. DIPL. -ING. OTTO DAVID
STAND 10.10.1976
QUELLE basis-forschungsregister nrw, august 1976

FA -029

INST INSTITUT FUER STROEMUNGSMASCHINEN DER TU HANNOVER
HANNOVER, APPELSTR. 25
VORHAB schallentstehung und laermminderung bei radialverdichtern
erforschung eines unbekannten zusammenhanges; entwicklung neuer methoden
S.WORT laermminderung + schallentstehung + (radialverdichter)
PROLEI DR. -ING. KASSENS
STAND 1.1.1974
FINGEB DEUTSCHE FORSCHUNGSGEMEINSCHAFT
ZUSAM SCHWERPUNKTPROGRAMM DER DEUTSCHEN FORSCHUNGSGEMEINSCHAFT
BEGINN 1.1.1968
LITAN - BAMMERT; KASSENS: PROBLEME BEI DER ERFORSCHUNG DER SCHALLENTSTEHUNG IN RADIALVERDICHTERN. IN: FORSCHUNGSVEREINIGUNG VERBRENNUNGSKRAFTMASCHINEN E. V. , FRANKFURT (231) (1973)
- KASSENS(HANNOVER, TU, INST. F. STROEMUNGSMASCHINEN) FORSCHUNGSBERICHT (1) (1975): ZUR INSTATIONAEREN STROEMUNG IM RADIALVERDICHTER MIT SCHAUFELLOSEM DIFFUSER UND IHRER AUSWIRKUNG AUF DEN LUFT- UND KOERPERSCHALL
- ZWISCHENBERICHT 1974. 04

FA -030

INST INSTITUT FUER STROEMUNGSMECHANIK DER DFVLR
GOETTINGEN, BUNSENSTR.10
VORHAB untersuchung der schallquellenverteilung in turbulenten gasstrahlen
ueber die verteilung der schallquellenstaerke in turbulenten strahlen ist experimentell und theoretisch bisher sehr wenig bekannt; ziel der arbeit ist es, die schallquellenverteilung in unterschall- und ueberschallstrahlen mit hilfe eines neu entwickelten messverfahrens zu bestimmen und damit neue aufschluesse ueber die mechanismen der strahlerzeugung zu gewinnen; das messverfahren eignet sich auch fuer anwendung auf laermmindernde duesenanordnungen, strahlklappen usw.
S.WORT stroemungstechnik + laermminderung
PROLEI DR. GROSCHE
STAND 1.11.1975
QUELLE erhebung 1975
ZUSAM - DFG-PROGRAMM GERAEUSCHENTSTEHUNG UND -DAEMPFUNG
- DFVLR-PROGRAMM LAERMMINDERUNG
BEGINN 1.5.1972 ENDE 31.12.1976
G.KOST 264.000 DM
LITAN - GROSCHE, F. -R.;HOLST H.: ZUR VERTEILUNG DER SCHALLQUELLENSTAERKE IN TURBULENTEN GASSTRAHLEN. IN: DAGA 75 S. 269-272(1975)
- GROSCHE, F. -R.;JONES, J. H.;WILHOLD, G. A.: MEASUREMENTS OF THE DISTRIBUTION OF SOUND INTENSITIES IN TURBULENT JETS. IN: AIAA PAPER NO. 73-989(1973); 11 S. , 17 BILD. , 2 TAB. , 45 LIT.

FA -031

INST INSTITUT FUER STROEMUNGSMECHANIK DER DFVLR
GOETTINGEN, BUNSENSTR.10
VORHAB einfluss atmosphaerischer schichtung und turbulenz auf die laermausbreitung
ziel ist die angabe analytischer loesungen fuer den laerm in einer realen atmosphaere; die anlage von flughaefen wie auch die vorgabe bestimmter an- und abfluege in der flughafenzone sollte die resultate beruecksichtigen; im falle von versuchen ist mehr zeit erforderlich
S.WORT schallausbreitung + atmosphaerische schichtung
PROLEI DR. -ING. STUFF
STAND 1.10.1974
BEGINN 1.7.1973 ENDE 31.12.1975
G.KOST 120.000 DM
LITAN - STUFF, R. , AIAA AERO-ACOUSTICS SPECIALISTS CONFERENCE, SEATTLE, WASH. , 17. 10. 1973: DISTORTION OF WEAK SCHOCK WAVES BY TURBULENCE IN A STRATIFIED STILL ATMOSPHERE
- ZWISCHENBERICHT 1974. 06

FA -032

INST INSTITUT FUER TECHNISCHE AKUSTIK DER TH AACHEN
AACHEN, KLAUSENERSTR. 13-19
VORHAB entwicklung von mess- und analysemethoden fuer infraschalluntersuchungen
S.WORT schallmessung + infraschall
PROLEI PROF. DR. KUTTRUFF
STAND 1.1.1974
FINGEB DEUTSCHE FORSCHUNGSGEMEINSCHAFT
BEGINN 1.8.1973 ENDE 31.12.1976
G.KOST 150.000 DM

FA -033

INST INSTITUT FUER TECHNISCHE AKUSTIK DER TU BERLIN
BERLIN 10, EINSTEINUFER 27
VORHAB beurteilung der laestigkeit von zeitlich schwankenden schallreizen
vergleich der laestigkeit nicht stationaerer schalle mit der laestigkeit stationaerer schalle (dauerschall); anwendung auf pegel-mittelungsverfahren
S.WORT laermbelastung + schallpegel + berechnung
PROLEI PROF. DR. GRUBER
STAND 1.1.1974
FINGEB DEUTSCHE FORSCHUNGSGEMEINSCHAFT
BEGINN 1.9.1972 ENDE 31.8.1974
G.KOST 90.000 DM
LITAN ZWISCHENBERICHT 1974. 08

FA -034

INST INSTITUT FUER TECHNISCHE AKUSTIK DER TU BERLIN
BERLIN 10, EINSTEINUFER 27
VORHAB geraeusche aufprallender wassertropfen
erforschung der laermerzeugung von kuehltuermen
S.WORT laermentstehung + kuehlturm
PROLEI PROF. DR. MANFRED HECKL
STAND 1.1.1974
FINGEB DEUTSCHE FORSCHUNGSGEMEINSCHAFT
BEGINN 1.12.1973 ENDE 31.12.1975
G.KOST 80.000 DM

FA -035

INST INSTITUT FUER TECHNISCHE AKUSTIK DER TU BERLIN
BERLIN 10, EINSTEINUFER 27
VORHAB schallentstehung und ausbreitung bei durchstroemten rohren mit querschnittsspruengen und kruemmern
geraeuschentstehung in rohren mit stroemenden medien, speziell bei querschnittsspruengen und umlenkungen; anwendung auf reduzierventile, hochgeschwindigkeitsgasleitungen etc.
S.WORT laermentstehung + schallausbreitung + rohrleitung
PROLEI PROF. DR. MANFRED HECKL
STAND 1.1.1974
FINGEB DEUTSCHE FORSCHUNGSGEMEINSCHAFT
BEGINN 1.1.1972 ENDE 31.12.1975
G.KOST 120.000 DM

FA -036

INST INSTITUT FUER THERMISCHE STROEMUNGSMASCHINEN DER UNI KARLSRUHE
KARLSRUHE, KAISERSTR. 12

VORHAB **erforschung des zusammenhanges zwischen der veraenderung des geraeuschspektrums und dem betriebszustand thermischer turbomaschinen**
ausgangssituation: steigende kosten durch schaeden an turbosaetzen insbesondere grosser leistung. aussichtsreiche ansaetze des laufenden forschungsauftrages nr. 110 "akustische turbinenueberwachung". forschungsziel: zusammenhang zwischen art und umfang mechanischer beschaedigungen und der veraenderung des geraeuschspektrums. anwendung: zeitweise oder staendige analyse der geraeuschemissionen zur frueherkennung mechanischer schaeden als ergaenzung bestehender ueberwachungseinrichtungen. mittel und wege, verfahren: kuenstliche fehler an einzelbauteilen und versuchsmaschinen. geraeuschanalyse mittels realzeitanalysator und prozessrechner. einschraenkende faktoren, umgebungs- und randbedingungen: verfuegbarkeit echter betriebsmaschinen zur nachpruefung der ergebnnisse von versuchsmaschinen. beeinflussende groessen: maschinengroesse, stufenzahl, drehzahl, konstruktive gestaltung. beeinflusste groessen: signal/rausch-abstand.

S.WORT stroemungstechnik + gasturbine + schallmessung
QUELLE datenuebernahme aus der datenbank zur koordinierung der ressortforschung (dakor)
FINGEB BUNDESMINISTER FUER WIRTSCHAFT
BEGINN 1.1.1973 ENDE 1.1.1975
G.KOST 187.000 DM

FA -037

INST INSTITUT FUER TURBULENZFORSCHUNG DER DFVLR
BERLIN 12, MUELLER-BRESLAU-STR. 8

VORHAB **modellgesetze fuer ventilatorengeraeusche**
zweck: auffinden der gesetze der laermerzeugung in ventilatoren

S.WORT ventilator + laerm
PROLEI DR. -ING. TIMME
STAND 1.10.1974
FINGEB DEUTSCHE FORSCHUNGSGEMEINSCHAFT
ZUSAM - INST. F. TECHNISCHE AKUSTIK DER TU BERLIN, 1 BERLIN 10, EINSTEINUFER 27
- INST. F. SOUND AND VIBRATION RESEARCH, SOUTHAMPTON
BEGINN 1.1.1965 ENDE 31.12.1975

FA -038

INST INSTITUT FUER WERKZEUGMASCHINEN DER UNI STUTTGART
STUTTGART 1, HOLZGARTENSTR. 17

VORHAB **entwicklung eines aktiven fluessigkeitsschalldaempfers zur minderung der druckpulsation und der geraeuschabstrahlung von hydrosystemen**
periodische druckschwankungen im hydrosystem, verursacht durch verdraengerpumpen, sind haeufig ursache hoher geraeuschpegel. die nachteile passiver fluessigkeitsschalldaempfer, wie begrenzte wirksamkeit und verminderte steifigkeit des systems, koennen vermieden werden, wenn das prinzip der aktiven schalldaempfung angewendet wird. es soll ein elektro-hydraulischer regelkreis erprobt werden, mit welchem eine periodische gegendruckpulsation zur pulsation im system erzeugt wird. dieses system soll hinsichtlich seines verhaltens und seiner wirksamkeit untersucht und ausgelegt werden

S.WORT wasserversorgung + laermentstehung + schalldaempfer
PROLEI DR. -ING. COSMAS MAGNUS LANG
STAND 2.8.1976
QUELLE fragebogenerhebung sommer 1976
FINGEB DEUTSCHE FORSCHUNGSGEMEINSCHAFT
BEGINN 1.1.1976 ENDE 31.12.1976
G.KOST 58.000 DM

FA -039

INST INSTITUT FUER WERKZEUGMASCHINEN DER UNI STUTTGART
STUTTGART 1, HOLZGARTENSTR. 17

VORHAB **geraeuschuntersuchungen an aussen- und innenverzahnten druckkompensierten hochdruckpumpen mit schraegverzahnten raedern und raedern mit nichtevolventem zahnprofil**
es soll ermittelt werden, welche auslegung der pumpen und der verzahnungen die guenstigsten voraussetzungen fuer einen laermarmen betrieb aufweisen. hierzu sollen untersuchungen hinsichtlich des druckaufbaus, der steuerung des quetschoelstromes und der druckpulsation vorgenommen werden

S.WORT laermentstehung + maschinen + (hochdruckpumpen)
PROLEI DR. -ING. COSMAS MAGNUS LANG
STAND 2.8.1976
QUELLE fragebogenerhebung sommer 1976
FINGEB DEUTSCHE FORSCHUNGSGEMEINSCHAFT
BEGINN 1.10.1974 ENDE 31.10.1976
G.KOST 100.000 DM

FA -040

INST INSTITUT FUER WERKZEUGMASCHINEN UND FERTIGUNGSTECHNIK DER TU BRAUNSCHWEIG
BRAUNSCHWEIG, LANGER KAMP 19

VORHAB **geraeuschuntersuchung und geraeuschminderung an kreissaegen fuer die holzbearbeitung**
minderung des leerlauf- und schnittgeraeusches an kreissaegen und vorritzsaegen fuer die holzbearbeitung. die erhebliche minderung wird durch veraenderungen am stark schallabstrahlenden stammblatt erzielt

S.WORT laermmessung + werkzeugmaschinen + holzindustrie + geraeuschminderung + (kreissaege)
PROLEI PROF. DR. -ING. ERNST SALJE
STAND 23.7.1976
QUELLE fragebogenerhebung sommer 1976
BEGINN 1.1.1976

FA -041

INST INSTITUT UND LEHRSTUHL FUER MESSTECHNIK IM MASCHINENBAU DER TU HANNOVER
HANNOVER, NIENBURGER STRASSE 17

VORHAB **untersuchung von verfahren zur messung mechanischer impedanzen**
messung der mechanischen impedanz von komplexen gebilden und vergleich mit berechneten werten

S.WORT vibration + messverfahren
PROLEI DIPL. -ING. JAHN
STAND 1.1.1974
FINGEB DEUTSCHE FORSCHUNGSGEMEINSCHAFT

FA -042

INST INSTITUT UND LEHRSTUHL FUER MESSTECHNIK IM MASCHINENBAU DER TU HANNOVER
HANNOVER, NIENBURGER STRASSE 17

VORHAB **realisierungsmoeglichkeit und untersuchung stossfoermiger erreger**
zur schwingungsanregung mechanisch steifer systeme eignet sich der elastische stoss; es werden schwingungserreger entwickelt, die hohe stosskraefte und hohe stossfolgefrequenzen erreichen; mittels stossanregung mit diesen erregern werden uebertragungsfunktionen mechanischer systeme (auch maschinen) gemessen

S.WORT vibration + messverfahren
PROLEI DIPL. -ING. HALBAUER
STAND 1.10.1974
FINGEB DEUTSCHE FORSCHUNGSGEMEINSCHAFT
BEGINN 1.7.1973 ENDE 31.7.1975
G.KOST 150.000 DM

FA -043

INST INSTITUT UND LEHRSTUHL FUER MESSTECHNIK IM MASCHINENBAU DER TU HANNOVER
HANNOVER, NIENBURGER STRASSE 17

VORHAB **grundsaetzliche untersuchung ueber die druckluftwellen, die beim schmieden mit haemmern entstehen**
beim schmieden mit haemmern entstehen zwischen den gesenken durch schnelle kompression luftdruckschwankungen, die sich als schallwellen ausbreiten und zum laermverhalten der schmiedehaemmer beitragen; es soll festgestellt werden, welchen anteil dieser direkte luftschall an der gesamten schallabstrahlung hat
S.WORT laermentstehung + schallausbreitung + werkzeugmaschinen + (schmiedehaemmer)
PROLEI DIPL. -ING. BRANDT
STAND 1.1.1974
FINGEB DEUTSCHE FORSCHUNGSGEMEINSCHAFT
BEGINN 1.2.1973 ENDE 30.9.1974
G.KOST 125.000 DM
LITAN ZWISCHENBERICHT 1974. 03

FA -044
INST INSTITUT UND LEHRSTUHL FUER MESSTECHNIK IM MASCHINENBAU DER TU HANNOVER
HANNOVER, NIENBURGER STRASSE 17
VORHAB **holographisch-interferometrische geraeuschuntersuchungen an maschinen**
grundlegende untersuchungen zur geraeuschminderung an maschinen; ziel: erarbeitung konstruktiver massnahmen zur geraeuschminderung sowohl fuer den entwurf als auch fuer den einsatz von maschinen und fertigungseinrichtungen
S.WORT laermminderung + maschinen
PROLEI DR. -ING. FRANK SCHROEDTER
STAND 1.1.1974
FINGEB DEUTSCHE FORSCHUNGSGEMEINSCHAFT
BEGINN 1.11.1973 ENDE 30.11.1975
G.KOST 165.000 DM
LITAN ZWISCHENBERICHT 1974. 04

FA -045
INST INSTITUT UND LEHRSTUHL FUER MESSTECHNIK IM MASCHINENBAU DER TU HANNOVER
HANNOVER, NIENBURGER STRASSE 17
VORHAB **untersuchungen holographisch-interferometrischer verfahren zur analyse von elast-transversal- und biegewellen bei stossfoermigen anregungen mechanischer systeme**
untersuchung der ausbreitung von transversal- und biegewellen in stossfoermig belasteten technischen bauteilen mit hilfe kurzzeit- holographischer methoden; untersuchung des dynamischen verhaltens und von materialeigenschaften bei stossfoermiger belastung
S.WORT schallausbreitung + maschinen + messverfahren
PROLEI DIPL. -PHYS. KREITLOW
STAND 1.1.1974
FINGEB DEUTSCHE FORSCHUNGSGEMEINSCHAFT
G.KOST 128.000 DM
LITAN - KREITLOW: HOLOGRAPHISCH INTERFEROMETRISCHE UNTERSUCHUNG VON OBERFLAECHEN-BIEGEWELLEN BEI IMPULSFOERMIGER ANREGUNG MECHANISCHER SYSTEME
- ZWISCHENBERICHT 1974. 11

FA -046
INST KENTNER, WOLFGANG, DR.
KOELN 41, FRANGENHEIMERSTR. 27
VORHAB **grundlagen einer laermschutzoekonomie. ein beitrag zur oekonomischen theorie und politik des schallschutzes. abteilung alternativer laermschutzstrategien fuer die bundesrepublik deutschland (hab.)**
S.WORT laermschutz + oekonomische aspekte + planungsmodell
PROLEI DR. WOLFGANG KENTNER
STAND 7.9.1976
QUELLE datenuebernahme von der deutschen forschungsgemeinschaft
FINGEB DEUTSCHE FORSCHUNGSGEMEINSCHAFT

FA -047
INST KINDERKLINIK DER UNI FREIBURG
FREIBURG, MATHILDENSTR. 1
VORHAB **untersuchungen ueber nebennierenreaktionen des saeuglings bei unterschiedlicher, dosierter laermbelastung**
schaffung von physiologischen, psychologischen, soziologischen und oekonomischen grundlagen fuer die laermbekaempfung, insbesondere in der rechtsetzung und der raumwirksamen planung sowie in der normen- und richtlinienarbeit im rahmen des projektes "wirkung von laerm auf besondere personengruppen, vor allem auf kinder und alte menschen"
S.WORT laermbelastung + physiologische wirkungen
PROLEI PROF. DR. R. GAEDEKE
STAND 20.1.1976
FINGEB BUNDESMINISTER DES INNERN
BEGINN 1.11.1974 ENDE 31.12.1976
G.KOST 140.000 DM

FA -048
INST KNAUER GMBH & CO KG
GERETSRIED 1, ELBESTR. 11
VORHAB **laermpegelmessung und laermpegelreduzierungsmassnahmen an steinformmaschinen**
feststellung der laermpegel-ist-werte an steinformmaschinen (bodenfertigern); ermittlung der wesentlichen geraeuschquellen und des abstrahlverhaltens, erstellung eines massnahmenkataloges zur laermpegelreduzierung, durchfuehrung der massnahmen unter laborbedingungen, kontroll-erfolgs-messungen, einfuehrung der verbesserungen in der praxis
S.WORT laermmessung + geraeuschminderung + (steinformmaschinen)
PROLEI RUDOLF PAPPERS
STAND 22.7.1976
QUELLE fragebogenerhebung sommer 1976
FINGEB MINISTER FUER ARBEIT, GESUNDHEIT UND SOZIALES, DUESSELDORF
ZUSAM FA. MESSERSCHMITT-BOELKOW-BLOHM, MUENCHEN-OTTOBRUNN
BEGINN 1.5.1975 ENDE 31.8.1976
G.KOST 336.000 DM

FA -049
INST LANDESANSTALT FUER IMMISSIONS- UND BODENNUTZUNGSSCHUTZ DES LANDES NORDRHEIN-WESTFALEN
ESSEN, WALLNEYERSTR. 6
VORHAB **schallausbreitung im freien**
S.WORT schallausbreitung
PROLEI DR. MEURERS
STAND 1.1.1974
FINGEB LAND NORDRHEIN-WESTFALEN
BEGINN 1.1.1970

FA -050
INST LEHRSTUHL FUER ANGEWANDTE MECHANIK UND STROEMUNGSPHYSIK DER UNI GOETTINGEN
GOETTINGEN, BOETTINGERSTR. 6-8
VORHAB **schalldaempfung durch kondensat**
schallwellen unterliegen bei ihrer ausbreitung in einem gemisch von luft und submikroskopisch kleinen wassertropfen einer ausserordentlich hohen daempfung. es wird experimentell untersucht, ob und unter welchen bedingungen dieser effekt zur geraeuschminderung in durchstroemten systemen herangezogen werden kann
S.WORT schallausbreitung + geraeuschminderung + stroemungstechnik
PROLEI DIPL. -PHYS. W. HILLER
STAND 21.7.1976
QUELLE fragebogenerhebung sommer 1976
FINGEB DEUTSCHE FORSCHUNGSGEMEINSCHAFT
ZUSAM MAX-PLANCK-INSTITUT FUER STROEMUNGSFORSCHUNG, BOETTINGERSTR. 4-8, 3400 GOETTINGEN
BEGINN 1.7.1973
LITAN - JAESCHKE, M.;HILLER, W. J.;MEIER, G. E. A. (MPI F. STROEMUNGSFORSCHUNG): ACOUSTIC DAMPING IN

TRANSONIC JETS BY CONDENSED VAPOUR. IN BERICHT 138 (1973)
- JAESCHKE, M.;HILLER, W. J.;MEIER, G. E. A.: ACOUSTIC DAMPING IN A GAS MIXTURE WITH SUSPENDED SUBMICROSCOPIC DROPLETS. J. SOUND VIB. 43 S. 467-481(1976)

FA -051

INST LEHRSTUHL FUER ANGEWANDTE MECHANIK UND STROEMUNGSPHYSIK DER UNI GOETTINGEN
GOETTINGEN, BOETTINGERSTR. 6-8
VORHAB **experimentelle untersuchungen zur wechselwirkung zwischen schall, stroemung, angestroemten koerpern und verbrennung in einer flamme**
schallentstehung und geraeuschminderung bei schallbeeinflussten flammen und bei schallbeeinflussten flammen, die koerper anstroemen; flammen- und flammenwirbelstruktur; messung von schallspektren; stroboskopische und schlierenoptische beobachtung
S.WORT schallentstehung + geraeuschminderung + stroemungstechnik + (untersuchung von flammen)
PROLEI DIPL. -PHYS. P. E. M. SCHNEIDER
STAND 19.7.1976
QUELLE fragebogenerhebung sommer 1976
LITAN - SCHNEIDER,P.E.M.(MPI F. STROEMUNGSFORSCHUNG GOETTINGEN): BERICHT 2 UEBER EXPERIMENTELLE UNTERSUCHUNG DER ANSTROEMUNG VON KOERPERN DURCH SCHALLBEEINFLUSSTE FLAMMEN- U. GASFREISTRAHLEN. (1975)
- SCHNEIDER,P.E.M.(MPI F. STROEMUNGSFORSCHUNG GOETTINGEN): BERICHT 9 UEBER MORPHOLOGISCHE AEHNLICHKEIT VON WIRBELUMBILDUNG/TROPFENUMBILDUNG UND WIRBELSTRAHL/TROPFENSTRAHL. (1975)
- SCHNEIDER,P.E.M.(MPI F. STROEMUNGSFORSCHUNG GOETTINGEN): BERICHT 10 UEBER SCHALLVERSTAERKUNG UND GERAEUSCHMINDERUNG MIT HILFE DES MITNAHMEPRINZIPS BEI BEEINFLUSSTEN RHYTHMISCHEN WIRBELSTROEMUNGEN, DARGESTELLT AM BEISPIEL SENSIBLER FLAMMEN. (1975)

FA -052

INST LEHRSTUHL FUER ANGEWANDTE THERMODYNAMIK DER TH AACHEN
AACHEN, SCHINKELSTR. 8
VORHAB **geraeuschentstehung durch verbrennungsschwankungen in oelheizungen - messverfahren fuer muendungsimpedanz und umsatzschwankung**
S.WORT laermentstehung + oelfeuerung + messverfahren
PROLEI PROF. DR. FRANZ PISCHINGER
STAND 7.9.1976
QUELLE datenuebernahme von der deutschen forschungsgemeinschaft
FINGEB DEUTSCHE FORSCHUNGSGEMEINSCHAFT

FA -053

INST LEHRSTUHL FUER LUFT- UND RAUMFAHRT DER TH AACHEN
AACHEN, TEMPLERGRABEN 55
VORHAB **interferenz bei ueberschallstrahlen**
das auftreten diskreter frequenzen im schallspektrum von ueberschallstrahlen, welche auf hindernisse prallen, soll untersucht werden. dabei tritt laerm auf, der weit staerker ist als der bekannte "shock-cell-noise". derartige schallerzeugung kann auftreten bei raketen- und senkrechten flugzeugstarts oder bei vom flugtriebwerk angeblasenen fluegelklappen. im schalltoten raum werden richtcharakteristik des schallfeldes, schalleistungswerte und schmalbandige frequenzspektren des schallfeldes gemessen. schallwellen und makroskopische sowie mikroskopische wirbel werden durch spezielle schlierenoptiken sichtbar gemacht
S.WORT laermentstehung + schallmessung + ueberschall + stroemungstechnik
PROLEI PROF. DR. -ING. ROLF STAUFENBIEL
STAND 19.7.1976
QUELLE fragebogenerhebung sommer 1976
FINGEB DEUTSCHE FORSCHUNGSGEMEINSCHAFT
BEGINN 1.1.1974 ENDE 31.12.1976
G.KOST 310.000 DM
LITAN ZWISCHENBERICHT

FA -054

INST LEHRSTUHL FUER VERKEHRS- UND STADTPLANUNG DER TU MUENCHEN
MUENCHEN 2, ARCISSTR. 21
VORHAB **schallpegelabnahme bei typischen baukoerperformen und stellungen**
erstellung einer beispielsammlung fuer schallausbreitungsmodelle im staedtebau
S.WORT schallimmission + bauwesen + (baukoerperform + baukoerper + stellung)
PROLEI DR. -ING. KARL GLUECK
STAND 1.1.1974
FINGEB INNENMINISTER, DUESSELDORF
ZUSAM PROF. MACHTEMES, DUESSELDORF
BEGINN 1.2.1974 ENDE 31.8.1974
G.KOST 284.000 DM
LITAN ZWISCHENBERICHT

FA -055

INST LEHRSTUHL UND INSTITUT FUER ALLGEMEINE NACHRICHTENTECHNIK DER TU HANNOVER
HANNOVER, CALLINSTR. 15
VORHAB **laermmessungen im rahmen gutachtlicher taetigkeit**
elektroakustische messtechnik
S.WORT laermmessung + gutachten
PROLEI DR. -ING. FALKENBACH
STAND 1.1.1974
BEGINN 1.1.1950

FA -056

INST MAX-PLANCK-INSTITUT FUER STROEMUNGSFORSCHUNG
GOETTINGEN, BOETTINGERSTR. 6-8
VORHAB **der ueberschallknall, physikalische beschreibung, auswirkungen auf die soziale und technische umwelt**
versuch einer vorhersage der belaestigung der bevoelkerung durch ueberschallknalle; materielle schaeden durch ueberschallknalle
S.WORT laermbelaestigung + ueberschallknall
PROLEI PROF. DR. MUELLER
STAND 1.1.1974
FINGEB MAX-PLANCK-GESELLSCHAFT ZUR FOERDERUNG DER WISSENSCHAFTEN E. V. , MUENCHEN
ZUSAM INTERNATIONAL CIVIL AVIATION ORGANIZATION; MONT
BEGINN 1.1.1969
LITAN - OBERMEIER,F.: ZF.W 16 S.105-108 (1968);OBERMEIER,F.;RAPP,D.:MPI F.STROEMUNGSFORSCHUNG BERICHT 6/1969;MATSCHAT,K.;MUELLER,E.A.;OBERMEIER,F.:AC-USTICA 23 S.49-50 (1970)
- OBERMEIER,F.: SYMPOSIUM UEBER AERO-AKUSTIC. IN:DLR MITT.70-25,S.29-30
- ZIMMERMANN:MPK F.STROEMUNGSFORSCHUNG,BERICHT 114/1970;OBERMEIER,F. ETAL. IN:ICAO DOCHM.8894,SBP II

FA -057

INST MAX-PLANCK-INSTITUT FUER STROEMUNGSFORSCHUNG
GOETTINGEN, BOETTINGERSTR. 6-8
VORHAB **experimentelle untersuchungen zur wechselwirkung zwischen schall, stroemung und verbrennung in einer flamme**
schallentstehung und geraeuschminderung bei schallbeeinflussten flammen und freistrahlen
S.WORT verbrennung + schall + stroemungstechnik
PROLEI DIPL. -PHYS. P. SCHNEIDER

STAND 1.1.1974
FINGEB - DEUTSCHE FORSCHUNGSGEMEINSCHAFT
- MAX-PLANCK-GESELLSCHAFT ZUR FOERDERUNG DER WISSENSCHAFTEN E. V., MUENCHEN
BEGINN 1.1.1969 ENDE 31.12.1974
G.KOST 100.000 DM
LITAN - SCHNEIDER, P. I. M. (MPI F. STROEMUNGSFORSCHUNG): EXPERIMENTELLE UNTERSUCHUNGEN VON SCHALLBEEINFLUSSTEN FLAMMEN. IN: BERICHT 12(1969)
- EXPERIMENTELLE UNTERSUCHUNGEN UEBER DEN EINFLUSS VON SCHALL AUF DIFFUSIONSFLAMMEN. IN: ZEF. FLUGWISS. 19 S. 485-493 (1971)
- SCHALLVERSTAERKUNG UND GERAEUSCHMINDERUNG BEI SCHALLBEEINFLUSSTEN FLAMMEN. IN: BERICHT 8(1972)MAX-PLANCK-INSTITUT F. STROEMUNGSFORSCHUNG

FA -058

INST MAX-PLANCK-INSTITUT FUER STROEMUNGSFORSCHUNG
GOETTINGEN, BOETTINGERSTR. 6-8
VORHAB **untersuchung des mechanismus des instationaeren verhaltens schallnaher gasstroemungen in kanaelen und um koerper**
schallnahe gasstroemungen sind oft instationaer und erzeugen in den durchstroemten maschinen laerm und mechanische beanspruchungen; ziel der arbeit ist die ursache des instationaeren verhaltens zu erforschen und dann vorstellungen zu entwickeln, wie dieses verhalten vermieden werden kann
S.WORT laermentstehung + ueberschall + stroemungstechnik
PROLEI DIPL. -PHYS. G. E. A. MEIER
STAND 1.1.1974
FINGEB - DEUTSCHE FORSCHUNGSGEMEINSCHAFT
- MAX-PLANCK-GESELLSCHAFT ZUR FOERDERUNG DER WISSENSCHAFTEN E. V., MUENCHEN
BEGINN 1.1.1968
G.KOST 200.000 DM
LITAN - MEIER, G.;HILLER, W.: HOCHFREQUENZINTERFEROMETRIE. . . PROC. 8TH INT. CONGR. ON HIGH-SPEED-PHOTOGR. WILEY & SONS NY (USA)
- MEIER, G.;HILLER, W.: EXPERIMENTALINVESTIGATION. . . . AGARD CONF. PROC. NO. 35

FA -059

INST MAX-PLANCK-INSTITUT FUER STROEMUNGSFORSCHUNG
GOETTINGEN, BOETTINGERSTR. 6-8
VORHAB **physikalische prinzipien zur minimierung des instationaeren verhaltens und der geraeuscherzeugung von stroemungen**
konventionelle drosselorgane fuer gase und fluessigkeiten erzeugen oft laerm und koerperschall; bei kenntnis der mechanismen, die das instationaere stroemungsverhalten erzeugen, lassen sich physikalische prinzipien formulieren, die eine vermeidung der instationaeren zustaende in den drosselorganen gestatten
S.WORT laermentstehung + stroemungstechnik
PROLEI DIPL. -PHYS. G. E. A. MEIER
STAND 1.1.1974
FINGEB MAX-PLANCK-GESELLSCHAFT ZUR FOERDERUNG DER WISSENSCHAFTEN E. V., MUENCHEN
BEGINN 1.1.1971 ENDE 31.12.1974
G.KOST 15.000 DM
LITAN - MEIER, G. E. A.;HILLER, W. J.: PHYSIKALISCHE PRINZIPIEN. . . (MPI FUER STROEMUNGSFORSCHUNG)IN: BERICHT 11 (1973)
- MEIER, G. E. A.;HILLER, W. J.: GERAEUSCHARME DROSSELVENTILE. IN: FORTSCHRITTE DER AKUSTIK VDI 1973

FA -060

INST MEDIZINISCHE KLINIK DER UNI BONN
BONN -VENUSBERG
VORHAB **einfluss von laerm auf hypertoniepatienten; analyse von adaptionsprozessen bei belaermung**
grundlagenforschung auf dem gebiete des laermschutzes; schaffung von physiologischen, psychologischen, soziologischen und oekonomischen grundlagen fuer die laermbekaempfung, insbesondere in der rechtsetzung und der raumwirksamen planung sowie in der normen- und richtlienienarbeit
S.WORT laerm + gesundheitsschutz + richtlinien
STAND 15.11.1975
FINGEB BUNDESMINISTER DES INNERN
BEGINN 1.1.1974 ENDE 31.12.1977
G.KOST 150.000 DM

FA -061

INST METALLGESELLSCHAFT AG
FRANKFURT 1, POSTFACH 3724
VORHAB **entwicklung und prototypanwendung von metallischen bauteilen aus superplastischen werkstoffen fuer die luftschalldaemmung nach dem prinzip der engen kapsel**
unter verwendung von kapseln oder kapselteilen aus superelastischem metall sollen prototypanwendungen durchgefuehrt werden. das prinzip der engen kapsel soll dabei mit unterschiedlichen wandabstaenden angewendet werden. gleichzeitig soll durch variation des umformprozesses und dadurch bedingter unterschiedlicher wanddickenverteilung ueberprueft werden, inwieweit sich die akustischen eigenschaften hinsichtlich daemmung und daempfung veraendern.
S.WORT laermminderung + schalldaemmung + bauteile + werkstoffe
QUELLE datenuebernahme aus der datenbank zur koordinierung der ressortforschung (dakor)
FINGEB GESELLSCHAFT FUER WELTRAUMFORSCHUNG MBH (GFW) IN DER DFVLR, KOELN
ZUSAM FORSCHUNGSINST. FUER GERAEUSCHE U. ERSCHUETT.
BEGINN 1.5.1975 ENDE 30.4.1978
G.KOST 1.843.000 DM

FA -062

INST METALLGESELLSCHAFT AG
FRANKFURT 1, POSTFACH 3724
VORHAB **untersuchungen ueber die schwingungs- und spannungsrisskorrosion von unlegierten und niedriglegierten staehlen fuer apparate der umwelttechnik, insbesondere entstaubungsanlagen**
durch schwingungsrisskorrosion koennen anlagenteile, die mechanischer wechselbelastung ausgesetzt sind, vorzeitig zu bruch gehen. daher sind kenntnisse ueber swrk und ihre einflussgroessen im chemieapparatebau von allgemeinem interesse. es ist das ziel des f+e-vorhabens, solche kenntnisse fuer den wichtigsten konstruktionswerkstoff -stahl- unter echten praxisbedingungen zu gewinnen. auch bei den der entstaubung dienenden elektrofiltern wird swrk und spannungsrisskorrosion beobachtet. diese e-filter eignen sich gut fuer durchfuehrung der betriebsversuche, bei denen der einfluss des werkstoffzustandes, der mechanischen und der chemischen komponente auf swrk und sprk bei un- und niedriglegierten staehlen geprueft wird. chemische und mechanische bedingungen wirdd in laborversuchen geprueft und die ergebnisse verglichen.
S.WORT schwingungsschutz + korrosion + metalle
QUELLE datenuebernahme aus der datenbank zur koordinierung der ressortforschung (dakor)
FINGEB DEUTSCHE GESELLSCHAFT FUER CHEMISCHES APPARATEWESEN E. V. (DECHEMA), FRANKFURT
ZUSAM UNI ERLANGEN-NUERNBERG
BEGINN 1.8.1974 ENDE 31.7.1977
G.KOST 451.000 DM

FA -063

INST MOTOREN- UND TURBINEN UNION MUENCHEN GMBH
MUENCHEN, DACHAUER STRASSE 665

VORHAB **laermemission von triebwerken schalldurchgang durch schaufelgitter**
schallpegelermittlung von stroemungsmaschinen und triebwerken
S.WORT laerm + triebwerk + schallpegelmessung
PROLEI DIPL. -ING. HEINIG
STAND 1.1.1974
FINGEB BUNDESMINISTER DER VERTEIDIGUNG
ZUSAM INDUSTRIEANLAGEN-BETRIEBSGESELLSCHAFT GMBH, 8012 OTTOBRUNN, EINSTEINSTRASSE
BEGINN 1.1.1973 ENDE 31.12.1974
G.KOST 350.000 DM
LITAN ZWISCHENBERICHT 1973, 1974

FA -064
INST MOTOREN- UND TURBINEN UNION MUENCHEN GMBH
MUENCHEN, DACHAUER STRASSE 665
VORHAB **moeglichkeiten der laermminderung bei kleingasturbinen**
S.WORT laermminderung + gasturbine
PROLEI DIPL. -ING. HEINIG
STAND 1.10.1974
G.KOST 60.000 DM

FA -065
INST MOTOREN- UND TURBINEN UNION MUENCHEN GMBH
MUENCHEN, DACHAUER STRASSE 665
VORHAB **geblaeselaerm-parameteruntersuchung**
einfluss verschiedener auslegungsparameter auf die geblaeseschallerzeugung
S.WORT schallentstehung + geblaese
PROLEI DIPL. -ING. HEINIG
STAND 1.1.1974
BEGINN 1.1.1973 ENDE 31.12.1974
G.KOST 12.000 DM
LITAN ZWISCHENBERICHT 1975. 02

FA -066
INST MOTOREN- UND TURBINEN UNION MUENCHEN GMBH
MUENCHEN, DACHAUER STRASSE 665
VORHAB **schallabsorption in kanaelen**
rechenprogramm zur berechnung der schalldaempfung in schallabsorbierend ausgekleideten kanaelen
S.WORT schallabsorption + kanal
PROLEI DIPL. -ING. HEINIG
STAND 1.1.1974
BEGINN 1.6.1974 ENDE 31.12.1974
G.KOST 40.000 DM
LITAN ZWISCHENBERICHT 1975. 02

FA -067
INST MUELLER-BBM GMBH, SCHALLTECHNISCHES BERATUNGSBUERO
PLANEGG, ROBERT-KOCH-STR. 11
VORHAB **untersuchungen ueber schallentstehungen und schallausbreitung bei verschiedenen anlagen der petrochemischen industrie**
S.WORT schallemission + petrochemische industrie
PROLEI DR. STUBER
STAND 1.10.1974
BEGINN 1.1.1969
G.KOST 100.000 DM

FA -068
INST MUELLER-BBM GMBH, SCHALLTECHNISCHES BERATUNGSBUERO
PLANEGG, ROBERT-KOCH-STR. 11
VORHAB **entwicklung einheitlicher mess- und bewertungsverfahren**
entwicklung einheitlicher mess- und ueberwachungsverfahren zur verbesserung der geraeuschmessverfahren, damit die messunsicherheit verringert und die wirkung der geraeusche auf menschen zutreffender erfasst werden kann. verbesserung der geraeuschueberwachung. abstimmung von mess- und ueberwachungsverfahren im nationalen und internationalen bereich
S.WORT schallmessung + normen + ueberwachungssystem
PROLEI DR. -ING. SCHREIBER
STAND 1.1.1974
FINGEB BUNDESMINISTER DES INNERN
ZUSAM - PHYS. TECHN. BUNDESANSTALT BRAUNSCHWEIG, ABT. V, PROF. DR. MARTIN, 33 BRAUNSCHWEIG, BUNDESALLEE 100
- INST. F. BAUMASCHINEN U. BAUBETRIEB DER RWTH AACHEN, DR. FRENKING, 51 AACHEN
BEGINN 1.1.1973 ENDE 31.12.1975
G.KOST 332.000 DM

FA -069
INST NORMENAUSSCHUSS AKUSTIK UND SCHWINGUNGSTECHNIK IM DEUTSCHEN INSTITUT FUER NORMUNG E. V.
BERLIN 30, BURGGRAFENSTR. 4-7
VORHAB **anforderungen an schallpegelmesser und impulsschallpegelmesser (din 45634)**
S.WORT schallpegel + messgeraet + normen
PROLEI PROF. MARTY
STAND 1.1.1974
FINGEB BUNDESMINISTER FUER WIRTSCHAFT
ZUSAM BEUTH-VERTRIEB GMBH, 1 BERLIN 30, BURGGRAFENSTR. 4-7
BEGINN 1.1.1969 ENDE 31.12.1974
LITAN DIN 45634 ENTWURF BEUTH VERTRIEB BERLIN/KOELN (JUL 1971)

FA -070
INST NORMENAUSSCHUSS AKUSTIK UND SCHWINGUNGSTECHNIK IM DEUTSCHEN INSTITUT FUER NORMUNG E. V.
BERLIN 30, BURGGRAFENSTR. 4-7
VORHAB **mitteilung zeitlich schwankender schallpegel (din 45641)**
S.WORT schallpegel + normen
PROLEI DR. BUCHTA
STAND 1.1.1974
FINGEB BUNDESMINISTER FUER WIRTSCHAFT
ZUSAM BEUTH-VERTRIEB GMBH, 1 BERLIN 30, BURGGRAFENSTR. 4-7
BEGINN 1.1.1968 ENDE 31.12.1974
LITAN DIN 45641 ENTWURF; BEUTH VERTRIEB BERLIN/KOELN

FA -071
INST NORMENAUSSCHUSS AKUSTIK UND SCHWINGUNGSTECHNIK IM DEUTSCHEN INSTITUT FUER NORMUNG E. V.
BERLIN 30, BURGGRAFENSTR. 4-7
VORHAB **gueteklassen von geraeuschmessverfahren**
S.WORT laermmessung + messverfahren + (bewertungskriterien)
PROLEI PROF. MARTIN
STAND 1.1.1974
FINGEB BUNDESMINISTER FUER WIRTSCHAFT
ZUSAM BEUTH-VERTRIEB GMBH, 1 BERLIN 30, BURGGRAFENSTR. 4-7
BEGINN 1.1.1972

FA -072
INST NORMENAUSSCHUSS AKUSTIK UND SCHWINGUNGSTECHNIK IM DEUTSCHEN INSTITUT FUER NORMUNG E. V.
BERLIN 30, BURGGRAFENSTR. 4-7
VORHAB **erstellung von technischen normen im nationalen und internationalen rahmen auf dem gebiet der akustik und schwingungstechnik - insbesondere fuer laerm und geraeusche -**
erarbeitung und auswertung von normungsprojekten im nationalen und internationalen rahmen zur wissenschaftlich-technischen vorbereitung von vorschriften bei der durchfuehrung des bundesimmissionsschutzgesetzes normung auf dem gebiet der akustik, insbesondere terminologie, lautstaerke- und geraeuschmessungen an verschiedenen quellen (einschliesslich messgeraete und schallbewertungsverfahren), ultraschall und musikalische akustik; normung auf dem gebiet der

mechanischen schwingungen und stoesse, insbesondere terminologie, mess- und pruefeinrichtungen, beurteilungsmassstaebe fuer schwingungen und stoesse an verschiedenen objekten sowie bei einwirkung auf den menschen, massnahmen zur schwingungs- und stossminderung
S.WORT akustik + schallmessung + schwingungsschutz + normen
PROLEI PROF. DR. DIESTEL
STAND 15.11.1975
FINGEB BUNDESMINISTER DES INNERN
BEGINN 1.9.1974 ENDE 31.8.1977
G.KOST 436.000 DM
LITAN ZWISCHENBERICHT

FA -073
INST PHYSIKALISCH-TECHNISCHE BUNDESANSTALT BRAUNSCHWEIG, BUNDESALLEE 100
VORHAB raum- und bauakustische messtechnik
vervollkommung und rationalisierung der messmethoden; mitarbeit bei internationaler und nationaler normung; messtechnische ueberwachung der anerkannten pruefstellen fuer baulichen schallschutz
S.WORT bauakustik + schallschutz + messtechnik
PROLEI DR. DAEMMIG
STAND 1.1.1974
FINGEB BUNDESMINISTER FUER WIRTSCHAFT
ZUSAM INST. F. BAUTECHNIK DER TU, REICHPIETSCHUFER 72-76, 1000 BERLIN 30
BEGINN 1.1.1958
LITAN ZWISCHENBERICHT

FA -074
INST PHYSIKALISCH-TECHNISCHE BUNDESANSTALT BRAUNSCHWEIG, BUNDESALLEE 100
VORHAB schalluebertragung
pruefung und zulassung von schallpegelmessgeraeten; messtechnische grundlagen der audiometerkalibrierung; untersuchungen ueber die wirksamkeit von gehoerschuetzern; entwicklung von verfahren zur beurteilung von gehoerschaeden; mitarbeit bei nationaler und internationaler normung
S.WORT schallausbreitung + messverfahren
PROLEI DR. BRINKMANN
STAND 1.1.1974
FINGEB BUNDESMINISTER FUER WIRTSCHAFT
BEGINN 1.1.1950
LITAN - DER PHYSIKALISCH-TECHNISCHEN BUNDESANSTALT, JAHRESBERICHT
- ZWISCHENBERICHT 1974. 02

FA -075
INST PHYSIKALISCH-TECHNISCHE BUNDESANSTALT BRAUNSCHWEIG, BUNDESALLEE 100
VORHAB geraeusch- und schwingungsmessung: verbesserung der bisherigen verfahren, entwicklung neuer verfahren
messtechnische grundlagen der geraeuschmessung; anforderungen an messgeraete; normung; zuordnung von messwerten zu subjektiver beurteilung; emissionskennzeichnung von geraeuschquellen; messtechnische grundlagen der schwingungsmessung; kalibrierung von schwingungsmessgeraeten; forschung und entwicklung
S.WORT geraeusch + vibration + messverfahren
PROLEI PROF. DR. RUDOLF MARTIN
STAND 1.1.1974
FINGEB - BUNDESMINISTER FUER WIRTSCHAFT
- DEUTSCHE FORSCHUNGSGEMEINSCHAFT
ZUSAM VDI
BEGINN 1.1.1950
LITAN - DER PHYSIKALISCH-TECHNISCHEN BUNDESANSTALT, JAHRESBERICHT
- FINKE, H. -O.;MARTIN, R.: INNENGERAEUSCHE IM SCHALLPEGELBEREICH UNTER KAMPF DEM LAERM/LAERMBEKAEMPFUNG 21 S. 149-153(1974)
- MARTIN, R.: THE IMPULSE SOUND LEVEL METER AND PROPOSALS FOR ITS USE IN GERMANY. IN: PROCEEDINGS INTER NOISE 1976; INSTITUTE OF NOISE CONTROL ENGINEERING 1976, POUGHKEEPSIE, NEW YORK 12601, USA S. 117-122

FA -076
INST PHYSIKALISCH-TECHNISCHE BUNDESANSTALT BRAUNSCHWEIG, BUNDESALLEE 100
VORHAB entwicklung einheitlicher mess- und bewertungsverfahren
entwicklung einheitlicher mess- und ueberwachungsverfahren. verbesserung der geraeuschmessverfahren, damit die messunsicherheit verringert und die wirkung der geraeusche auf menschen zutreffender erfasst werden kann. verbesserung der geraeuschueberwachung. abstimmung von mess- und ueberwachungsverfahren im nationalen und internationalen bereich
S.WORT geraeuschmessung + messverfahren + bewertungsmethode + standardisierung
STAND 1.1.1975
FINGEB BUNDESMINISTER DES INNERN
ZUSAM - INST. F. BAUMASCHINEN U. BAUBETRIEB DER RWTH AACHEN, AACHEN
- MUELLER - BBN GMBH, MUENCHEN
BEGINN 1.1.1973 ENDE 31.12.1976
G.KOST 418.000 DM

FA -077
INST PHYSIKALISCH-TECHNISCHE BUNDESANSTALT BRAUNSCHWEIG, BUNDESALLEE 100
VORHAB entwicklung einheitlicher verfahren zur messung und beurteilung von geraeuschemissionen und -immissionen
entwicklung einheitlicher mess- und bewertungsverfahren zur wirksamen laermbekaempfung im rahmen des umweltprogramms der bundesregierung. uebersicht ueber die nationale und internationale normung. uebersicht ueber die verwendbaren geraeteklassen einschliesslich der pruef- und zulassungsverfahren
S.WORT laerm + messverfahren + normen + internationaler vergleich
PROLEI PROF. DR. RUDOLF MARTIN
STAND 12.8.1976
QUELLE fragebogenerhebung sommer 1976
ZUSAM - TH AACHEN, MIES VON DER ROHE-STRASSE, 5100 AACHEN
- FA. MUELLER-BBM, ROBERT-KOCH-STR. 11, 8033 PLANYG
BEGINN 1.9.1973 ENDE 30.6.1976
G.KOST 115.000 DM
LITAN ZWISCHENBERICHT

FA -078
INST ROHDE UND SCHWARZ MUENCHEN 80, MUEHLDORFSTR. 15
VORHAB kraftfahrzeug-schallpegelmesser zur nahfeldmessung
ziel: entwicklung eines kombinierten drehzahl- und schallpegelmessers zur normgerechten messung des auspuffgeraeusches an kraftfahrzeugen. messungen an verschiedenen orten; laermkarten; laermzone
S.WORT laermmessung + geraeteentwicklung
PROLEI DIPL. -ING. UNTERHOLZNER
STAND 1.1.1974
QUELLE erhebung 1975
ZUSAM TUEV BAYERN E. V. , 8 MUENCHEN 23, KAISERSTR. 14-16
BEGINN 1.1.1974 ENDE 31.12.1975

FA -079
INST ROHDE UND SCHWARZ MUENCHEN 80, MUEHLDORFSTR. 15
VORHAB entwicklung eines schallpegelmessgeraetes entsprechend den messverfahren der ta-laerm
ziel: entwicklung eines universellen messgeraetes zur bestimmung des momentanen und integrierten schallpegels mit laufender digitaler anzeige des mittelungspegels und der ueberschreitungsdauer
S.WORT schallpegel + messgeraet + geraeteentwicklung
PROLEI DIPL. -ING. UNTERHOLZNER
STAND 1.1.1974

QUELLE erhebung 1975
FINGEB MINISTER FUER ARBEIT, GESUNDHEIT UND SOZIALES, DUESSELDORF
ZUSAM LANDESANSTALT F. IMMISSIONS- U. BODENNUTZUNGSSCHUTZ, 43 ESSEN, WALLNEYER STR. 6
BEGINN 1.12.1972 ENDE 31.12.1974
LITAN ZWISCHENBERICHT 1974. 12

FA -080
INST ROHDE UND SCHWARZ
MUENCHEN 80, MUEHLDORFSTR. 15
VORHAB integrierende laermmessgeraete
ziel: entwicklung eines messgeraetes zur bestimmung der laermbelastung, geeignet als zusatzgeraet fuer schallpegelmesser mit wechselspannungsausgang
S.WORT laermmessung + geraeteentwicklung
PROLEI DIPL. -ING. UNTERHOLZNER
STAND 1.1.1974
QUELLE erhebung 1975
FINGEB STAATSMINISTERIUM FUER LANDESENTWICKLUNG UND UMWELTFRAGEN, MUENCHEN
BEGINN 1.1.1974

FA -081
INST ROHDE UND SCHWARZ
MUENCHEN 80, MUEHLDORFSTR. 15
VORHAB entwicklung integrierender laermmessgeraete, laermdosimeter fuer den umweltschutz
ziel: entwicklung eines integrierenden schallmessgeraetes fuer den breiten einsatz im umweltschutz; konzept: trennung in integratorteil und auswertgeraet; integratorteil: klein/einfach/taschenformat; auswertgeraet: digitale anzeige von aequivalentem dauerschallpegel/laermdosis/messzeit/ueberschreitungszeit; anwendung: viele gleichzeitige messungen an verschiedenen orten ; laermkarten; laermzone
S.WORT laermmessung + geraeteentwicklung
PROLEI DIPL. -ING. UNTERHOLZNER
STAND 1.1.1974
QUELLE erhebung 1975
FINGEB STAATSMINISTERIUM FUER LANDESENTWICKLUNG UND UMWELTFRAGEN, MUENCHEN
BEGINN 1.9.1973 ENDE 31.12.1974
LITAN ZWISCHENBERICHT 1974. 03

FA -082
INST RUHRKOHLE AG
ESSEN, POSTFACH 5
VORHAB entwicklung von hilfsmitteln zur laermminderung
entwicklung eines geraeuscharmen druckluftbohrhammers. entwicklung eines geraeuscharmen hydraulikbohrhammers. weiterentwicklung von radialschalldaempfern. entwicklung einer geraeuscharmen hobelanlage. entwicklung eines geraeuscharmen kettenfoerderers. entwicklung von geraeuscharmen mitnehmern fuer kettenfoerderer.
S.WORT laermminderung + schallschutz + geraeteentwicklung
QUELLE datenuebernahme aus der datenbank zur koordinierung der ressortforschung (dakor)
FINGEB GESELLSCHAFT FUER WELTRAUMFORSCHUNG MBH (GFW) IN DER DFVLR, KOELN
BEGINN 1.7.1974 ENDE 31.12.1977
G.KOST 1.686.000 DM

FA -083
INST TECHNISCHER UEBERWACHUNGSVEREIN RHEINLAND E.V.
KOELN, KONSTANTIN-WILLE-STR. 1
VORHAB untersuchung der schallemission einer grosschemischen anlage
S.WORT chemische industrie + schallemission
PROLEI DR. ESCHENAUER
STAND 1.10.1974
G.KOST 40.000 DM

FA -084
INST TECHNISCHER UEBERWACHUNGSVEREIN RHEINLAND E.V.
KOELN, KONSTANTIN-WILLE-STR. 1
VORHAB schalltechnische beratung bei der planung und dem bau eines krankenhauses
S.WORT infrastrukturplanung + krankenhaus + schallschutz + (beratung)
PROLEI RUDOLPH
STAND 1.10.1974
BEGINN 1.1.1972 ENDE 31.12.1974
G.KOST 10.000 DM

FA -085
INST TECHNISCHER UEBERWACHUNGSVEREIN RHEINLAND E.V.
KOELN, KONSTANTIN-WILLE-STR. 1
VORHAB messungen der erschuetterungsausbreitung im boden bei grosschrottscheren
beurteilung der geraeusch- und erschuetterungseinwirkung, die durch den betrieb einer hydraulischen gross-schrottschere (prototyp) an einem definierten standort zu erwarten sind. ermittlung von orientierungshilfen ueber die bodenverhaeltnisse, vorschlag von minderungsmassnahmen gegenueber erschuetterungseinwirkungen
S.WORT bodenbeschaffenheit + erschuetterungen + schallausbreitung + (grossschrottscheren)
PROLEI DR. JOACHIM MELKE
STAND 2.8.1976
QUELLE fragebogenerhebung sommer 1976
BEGINN 1.1.1974 ENDE 31.12.1975
G.KOST 25.000 DM
LITAN ENDBERICHT

FA -086
INST TECHNISCHER UEBERWACHUNGSVEREIN RHEINLAND E.V.
KOELN, KONSTANTIN-WILLE-STR. 1
VORHAB untersuchung zur bestimmung der verteilung von schallpegeln durch meteorologische einfluesse in der unteren atmosphaere
ausarbeitung eines rechenprogramms zur berechnung der schallpegelintensitaeten in groesseren entfernungen von einer schallquelle unter verwendung von gemessenen aerologischen daten. vergleich und wertung mit verschiedenen bestehenden rechenverfahren. festlegung eines optimalen rechenprogramms. anwendung des programms bei verschiedenen punktfoermigen schallquellen in unterschiedlichen hoehen, bei verschiedenen wetterlagen und windrichtungen. berechnung der schallintensitaeten in der umgebung von flaechenhaft ausgedehnten industrieanlagen. statistische auswertung der ergebnisse und vergleich mit messungen
S.WORT laermmessung + schallausbreitung + wetterwirkung + berechnungsmodell
PROLEI DR. S. C. MARTINEZ
STAND 2.8.1976
QUELLE fragebogenerhebung sommer 1976
FINGEB MINISTER FUER ARBEIT, GESUNDHEIT UND SOZIALES, DUESSELDORF
ZUSAM DEUTSCHER WETTERDIENST, WETTERAMT ESSEN
BEGINN 1.2.1976 ENDE 30.6.1977
G.KOST 180.000 DM

Weitere Vorhaben siehe auch:

FD -012 PHYSIOLOGISCHE UNTERSUCHUNGEN UEBER DIE LANGZEITWIRKUNGEN VON LAERM AUF DEN SCHLAFENDEN MENSCHEN UNTER BESONDERER BERUECKSICHTIGUNG DES VERKEHRSLAERMS

FD -013 EXPERIMENTELLE UNTERSUCHUNGEN UEBER DIE AUSWIRKUNGEN WAEHREND DES SCHLAFS EINGESPIELTEN VERKEHRSLAERMS AUF DIE SCHLAFTIEFENKURVE ALTER MENSCHEN

FD -030 ENTWICKLUNG EINER AKUSTISCHEN MESSMETHODE ZUR ERMITTLUNG DER LUFTDURCHLAESSIGKEIT VON BAUELEMENTEN IN EINGEBAUTEM ZUSTAND

FB -001

INST ABTEILUNG BAUWESEN DER BUNDESANSTALT FUER MATERIALPRUEFUNG
BERLIN 45, UNTER DEN EICHEN 87

VORHAB **koerperschallisolierung von gleistroegen im u-bahnbau**
entwicklung eines dynamisch gegruendeten gleistroges zur reduzierung des koerperschalls in benachbarten bauten; selektion des gruendungsmaterials; messung an probestrecken und an der fertigen strecke

S.WORT untergrundbahn + schalldaemmung
BERLIN

PROLEI DIPL. -ING. WERNER RUECKWARD

STAND 1.9.1975

FINGEB SENATOR FUER BAU- UND WOHNUNGSWESEN, BERLIN

BEGINN 1.11.1974

G.KOST 10.000 DM

LITAN ZWISCHENBERICHT 1974. 04

FB -002

INST ANSTALT FUER VERBRENNUNGSMOTOREN
GRAZ/OESTEREICH, KLEISTSTR. 48A

VORHAB **triebswerksfestigkeit**
ausgangssituation: dieselmotoren der ueblichen bauweise, kenntnis deren schallabstrahlung, erkenntnisse aus den vorhaben "geraeuschminderung bei dieselmotoren mittels geraeuschdaempfung unter beibehaltung der heute erprobten kurbelgehaeusebauweise" und "zukunftskonstruktion geraeuscharmer dieselmotoren", messeinrichtungen und messmethoden auf dem gebiet der akustik und materialpruefung. forschungsergebnis: erkenntnisse ueber die gestaltung von triebwerkstraegern mit geringem gewicht und ausreichender festigkeit. anwendung und bedeutung der ergebnisse: basis fuer konstruktion und entwicklung von geraeuscharmen dieselmotoren. mittel und wege, verfahren: entwurf, konstruktion und bau von triebwerkstraegern, spannungsuntersuchungen an den triebwerkstraegern und an modellen. einschraenkende faktoren: entfaellt umgebungs- und randbedingungen: wie bei dieselmotoren der ueblichen bauweise. beeinflussende groessen: formgebung, material. beeinflusste groessen: spannungen, steifigkeit, gewicht und herstellungskosten. weiter notwendige groessen: triebwerk, steuerung, einspritzung- und verbrennungssystem von dieselmotoren der ueblichen bauweise, koerperschallisoliert befestigte aussenverkleidung.

S.WORT kfz-technik + dieselmotor + geraeuschminderung

QUELLE datenuebernahme aus der datenbank zur koordinierung der ressortforschung (dakor)

FINGEB BUNDESMINISTER FUER WIRTSCHAFT

BEGINN 1.6.1972 ENDE 1.6.1974

G.KOST 199.000 DM

FB -003

INST ANSTALT FUER VERBRENNUNGSMOTOREN
GRAZ/OESTEREICH, KLEISTSTR. 48A

VORHAB **untersuchungen an neuartigen geraeuscharmen motoren ueber die zusammenhaenge zwischen dem geraeusch und den die verschaltung betreffenden parameter**
ausgangssituation: das motorgeraeusch kann durch koerperschallisolierung aller aeusseren waende und deckel gegenueber kraftfuehrendem inneren motoraubau erheblich herabgesetzt werden. das ist bei neuartiger bauweise mit in sich geschlossener verschalung verwirklicht. innerer motoraufbau kann dabei auf triebwerkstraeger reduziert werden. forschungsziel: zusammenstellung allgemeingueltiger unterlagen fuer eine zielsichere und wirtschaftliche dimensionierung bzw. materialauswahl betreffend die verschalung und deren befestigung bei neuartigen geraeuscharmen motoren. anwendung und bedeutung des ergebnisses: basis fuer konstruktion und entwicklung von geraeuscharmen verbrennungsmotoren. mittel und wege, verfahren: anhand von vorhandenen experimentiermotoren bzw. nneuartigen geraeuscharmen mustermotoren zunaechst untersuchung der vorgaenge bei der geraeuschentstehung. anschliessend auf experimentellem weg ermittlung der einfluesse der verschiednen parameter. umgebungs- und randbedingungen: entfaellt. beeinflussende groessen: formgebung, material. beeinflusste groesse: geraeuschemission. weiter notwendige groessen: innerer motoraufbau.

S.WORT kfz-technik + verbrennungsmotor
+ geraeuschminderung

QUELLE datenuebernahme aus der datenbank zur koordinierung der ressortforschung (dakor)

FINGEB BUNDESMINISTER FUER WIRTSCHAFT

BEGINN 1.1.1975 ENDE 31.12.1976

G.KOST 232.000 DM

FB -004

INST ANSTALT FUER VERBRENNUNGSMOTOREN
GRAZ/OESTEREICH, KLEISTSTR. 48A

VORHAB **untersuchungen ueber die moeglichkeit zur verschiebung der koerperschalleitungen von der motorstruktur in benachbarte teile**
ausgangssituation: die geraeuschemmision eines verbrennungsmotors setzt sich aus verschiedenen anteilen zusammen: muendungsgeraeusche von luftansaug und auspuff; motoroberflaeche. geraeuschabstrahlung von teilen, die mit dem motor in verbindung stehen und in die ueber die verbindungselemente koerperschall eingeleitet wird, die also vom motor zu schwingungen angeregt werden. forschungsziel: die moeglichkeiten der minderung der aufgefuehrten geraeuschanteile wurden bzw. werden an verschiedenen stellen des in und auslandes bereits eingehend untersucht. noch absolut unzureichend erforscht ist die unter akustischen gesichtspunkten zweckmaessige ausbildung der verbindungselemente zwischen dem motorgehaeuse und den anbauteilen (hilfsaggregaten, getriebe). mit dieseem vorhaben sollen richtlinien fuer die optimale auslegung derartiger verbindungselemente erarbeitet werden. anwendung des ergebnisses: fuer saemtliche einbaufaelle von dieselmotoren und in gewisse ausmass auch von ottomotoren, ergebnisse zumindest partiell auch im allgemeinen maschinenbau verwertbar.

S.WORT kfz-technik + verbrennungsmotor
+ geraeuschminderung

QUELLE datenuebernahme aus der datenbank zur koordinierung der ressortforschung (dakor)

FINGEB BUNDESMINISTER FUER WIRTSCHAFT

BEGINN 1.1.1974 ENDE 1.1.1976

G.KOST 193.000 DM

FB -005

INST BATTELLE-INSTITUT E.V.
FRANKFURT 90, AM ROEMERHOF 35

VORHAB **geraeuscheinwirkung des strassenverkehrs auf kliniken, schulen, wohngebiete; massnahmen zur geraeuschminderung**

S.WORT geraeuschminderung + oeffentliche einrichtungen
+ strassenverkehr

STAND 1.1.1974

FB -006

INST BUNDESANSTALT FUER STRASSENWESEN
KOELN, BRUEHLER STRASSE 1

VORHAB **statistische erfassung der laermemission verschiedener fahrzeuge in verschiedenen betriebszustaenden**
beweissicherung der derzeitigen strassenverkehrslaermsituation, verkehrslaerm in abhaengigkeit von betriebsbedingungen der fahrzeuge

S.WORT laermbelastung + verkehrsmittel

PROLEI DIPL. -PHYS. GUENTER REINHOLD

STAND 1.10.1974

FINGEB BUNDESMINISTER FUER VERKEHR

BEGINN 1.1.1972 ENDE 31.12.1974

G.KOST 125.000 DM

FB -007

INST BUNDESANSTALT FUER STRASSENWESEN
KOELN, BRUEHLER STRASSE 1

VORHAB **untersuchung ueber die reflexion von verkehrsgeraeuschen an leit- und schutzeinrichtungen, an verkehrszeichen und bruecken usw.**
daten zur berechnung des strassenverkehrslaermes bei nicht freier schallausbreitung
S.WORT verkehrslaerm + schallausbreitung
PROLEI DR. ULLRICH
STAND 1.1.1974
FINGEB BUNDESMINISTER FUER VERKEHR
BEGINN 1.1.1971 ENDE 31.12.1975
G.KOST 150.000 DM
LITAN ZWISCHENBERICHT 1975. 06

FB -008
INST BUNDESANSTALT FUER STRASSENWESEN
KOELN, BRUEHLER STRASSE 1
VORHAB **abhaengigkeit des strassenverkehrslaerms von den verkehrsdaten und von den betriebsbedingungen der fahrzeuge**
erstellung von berechnungsunterlagen fuer verkehrslaermprognosen durch messungen an strassen und gleichzeitiger aufnahme der verkehrsdaten; ermittlung der zusammenhaenge
S.WORT verkehrslaerm + kfz-technik + prognose
PROLEI DIPL. -PHYS. GUENTER REINHOLD
STAND 1.1.1974
FINGEB BUNDESMINISTER FUER VERKEHR
BEGINN 1.1.1973 ENDE 31.12.1974
G.KOST 90.000 DM

FB -009
INST BUNDESANSTALT FUER STRASSENWESEN
KOELN, BRUEHLER STRASSE 1
VORHAB **zusammenwirken von flugverkehrslaerm und strassenverkehrslaerm**
grosse unterschiede im spitzenwert und der frequenzzusammensetzung bei flug- bzw. strassenverkehrsgeraeuschen; bisher noch keine einheitliche bewertung der beiden laermarten; ziel: in abhaengigkeit von der entfernung zur geraeuschquelle herausarbeitung eines einheitlichen bewertungsmasstabes fuer flug- bzw. strassenverkehrslaerm mit z. t. empirischen und z. t. rechnerischen methoden
S.WORT verkehrslaerm + fluglaerm + bewertungskriterien
PROLEI DIPL. -PHYS. JOERG ESSER
STAND 1.1.1974
FINGEB BUNDESMINISTER FUER VERKEHR
BEGINN 1.5.1973 ENDE 31.12.1974
G.KOST 105.000 DM
LITAN ZWISCHENBERICHT 1974. 05

FB -010
INST BUNDESANSTALT FUER STRASSENWESEN
KOELN, BRUEHLER STRASSE 1
VORHAB **statistische erfassung der laermemission von strassenfahrzeugen**
beweissicherung der derzeitigen strassenverkehrslaerm-situation; berechnungsgrundlagen fuer strassenverkehrslaerm; verkehrslaerm in abhaengigkeit von betriebsbedingungen der fahrzeuge und strassenoberflaeche
S.WORT strassenverkehr + verkehrslaerm + statistik
PROLEI DR. ULLRICH
STAND 1.1.1974
FINGEB BUNDESMINISTER FUER VERKEHR
BEGINN 1.1.1972 ENDE 31.12.1974
G.KOST 126.000 DM
LITAN - ULLRICH: GESCHWINDIGKEITSBESCHRAENKUNGEN– EIN MITTEL ZUR REDUZIERUNG D. LAERMES V. AUTOBAHNEN. IN: STRASSENVERKEHRSTECHNIK 17 S. 9 (1973)
- DER EINFLUSS VON FAHRZEUGGESCHWINDIGKEIT UND STRASSENBELAG AUF DEN ENERGIEUQUIRVALENTEN DAUERSCHALLPEGEL DES LAERMES VON STRASSEN. IN: ACUSTICA 30 (2)(1974)
- ZWISCHENBERICHT 1975. 06

FB -011
INST BUNDESANSTALT FUER STRASSENWESEN
KOELN, BRUEHLER STRASSE 1
VORHAB **ausbreitung des verkehrslaerms in unbebautem gebiet; abhaengigkeit von der bodenabsorption, hoehe ueber dem erdboden, lage der strasse**
berechnungsgrundlage fuer schallausbreitung in unbebautem gebiet oder gebiet mit lockerer bebauung
S.WORT verkehrslaerm + schallausbreitung
PROLEI DR. ULLRICH
STAND 1.1.1974
FINGEB BUNDESMINISTER FUER VERKEHR
BEGINN 1.1.1974 ENDE 31.12.1975
G.KOST 85.000 DM
LITAN ZWISCHENBERICHT 1975. 12

FB -012
INST BUNDESANSTALT FUER STRASSENWESEN
KOELN, BRUEHLER STRASSE 1
VORHAB **untersuchung ueber den stoergrad verschiedener verkehrsgeraeusche durch subjektiven vergleich mit normgeraeuschen**
subjektiver vergleich verschiedener geraeusche durch testpersonen; statistische auswertung
S.WORT verkehrslaerm + bewertungsmethode + statistische auswertung
PROLEI DIPL. -PHYS. GUENTER REINHOLD
STAND 1.1.1974
FINGEB BUNDESMINISTER FUER VERKEHR
BEGINN 1.1.1971
G.KOST 50.000 DM

FB -013
INST BUNDESANSTALT FUER STRASSENWESEN
KOELN, BRUEHLER STRASSE 1
VORHAB **strassenverkehrslaerm in tunneln und am tunnelmund; wirkung absorbierender verkleidung**
ermittlung der geraeuschpegel in tunneln, schallausbreitung an den tunneloeffnungen; wirkung absorbierender verkleidung von tunnelwaenden und -decken auf die ausbreitung an den oeffnungen
S.WORT strassenlaerm + geraeuschmessung + schalldaemmung + (tunnel)
PROLEI DR. SIEGFRIED ULLRICH
STAND 29.7.1976
QUELLE fragebogenerhebung sommer 1976
FINGEB BUNDESMINISTER FUER VERKEHR
BEGINN 1.1.1974 ENDE 31.12.1978
G.KOST 100.000 DM
LITAN ULLRICH, S.: SCHALLMESSUNG IN STRASSENTUNNELN. IN: STRASSE BRUECKE TUNNEL 26(9) S. 240-243(1974)

FB -014
INST BUNDESANSTALT FUER STRASSENWESEN
KOELN, BRUEHLER STRASSE 1
VORHAB **einfluss von laermschutzmassnahmen auf die leichtigkeit, fluessigkeit und sicherheit des verkehrsablaufes**
klassierung von laermschutzmassnahmen hinsichtlich ihrer wirksamkeit; ermittlung der abhaengigkeit der den verkehrsablauf bestimmenden parameter von der art der laermschutzmassnahme, ihrer hoehe (laermschutzwaende) und dem abstand zur strasse; messgroessen: geschwindigkeit der fahrzeuge, abstand der fahr zeuge untereinander sowie zum strassenrand
S.WORT laermschutz + verkehrslaerm + laermschutzwand
PROLEI DIPL. -PHYS. GUENTER REINHOLD
STAND 29.7.1976
QUELLE fragebogenerhebung sommer 1976
FINGEB BUNDESMINISTER FUER VERKEHR
BEGINN 1.1.1976
G.KOST 100.000 DM

FB -015
INST BUNDESANSTALT FUER STRASSENWESEN
KOELN, BRUEHLER STRASSE 1

VORHAB **der strassenverkehrslaerm an kreuzungen mit randbebauung**
abhaengigkeit verschiedener laermparameter in der naehe von kreuzungen von der art der kreuzung, der art der randbebauung, der rot-gruen-phasen bei ampelregelungen; ausbreitung des laermes in die randbebauung; entwicklung von rechenverfahren
S.WORT strassenverkehr + bebauungsart + laermentstehung + (randbebauung)
PROLEI DR. SIEGFRIED ULLRICH
STAND 29.7.1976
QUELLE fragebogenerhebung sommer 1976
FINGEB BUNDESMINISTER FUER VERKEHR
BEGINN 1.1.1975 ENDE 31.12.1978
G.KOST 100.000 DM

FB -016
INST BUNDESANSTALT FUER STRASSENWESEN
KOELN, BRUEHLER STRASSE 1
VORHAB **freifeld- und modelluntersuchungen zum einfluss der formgebung von trogstrecken, erdwaellen und haeuserzeilen auf die schutzwirkung gegen strassenverkehrslaerm**
sammlung von daten zur verringerung der strassenverkehrsgeraeuschimmissionen durch einschnitte verschiedener querschnittsgestaltung, erdwaelle und ausgedehnte hindernisse; entwicklung einfacher rechenverfahren zur abschaetzung der schutzwirkung gegen verkehrsgeraeusche; messungen an modellen und im freifeld
S.WORT laermschutzbauten + verkehrslaerm
PROLEI DR. SIEGFRIED ULLRICH
STAND 29.7.1976
QUELLE fragebogenerhebung sommer 1976
FINGEB BUNDESMINISTER FUER VERKEHR
ZUSAM CENTRE SCIENTIFIQUE ET TECHNIQUE DU BATIMENT C. S. T. B. , F-38400 SAINT-MARTIN-D'HERES
BEGINN 1.1.1976 ENDE 31.12.1978
G.KOST 100.000 DM

FB -017
INST BUNDESBAHN-ZENTRALAMT MUENCHEN
MUENCHEN 2, ARNULFSTR. 19
VORHAB **ermittlung und erprobung von passiven massnahmen zur verminderung von schallemissionen bei hohen geschwindigkeiten**
S.WORT schienenverkehr + schallemission + laermminderung
STAND 6.1.1975
FINGEB BUNDESMINISTER FUER FORSCHUNG UND TECHNOLOGIE
ZUSAM TU MUENCHEN, 8 MUENCHEN 2, ARCISSTR. 21
BEGINN 1.6.1974 ENDE 30.9.1975
G.KOST 511.000 DM

FB -018
INST BUNDESBAHN-ZENTRALAMT MUENCHEN
MUENCHEN 2, ARNULFSTR. 19
VORHAB **passive schallschutzmassnahmen fuer hochgeschwindigkeitssysteme mit rad/schiene-technik**
im rahmen dieses forschungsvorhabens werden die erkenntnisse eines bereits abgeschlossenen vorhabens hinsichtlich der effizienz von passiven schallschutzmassnahmen fuer rad/schiene-verkehrssysteme mit hohen geschwindigkeiten auf breiter basis untersucht und abgerundet. insbesondere sollen schallschuerzen an triebfahrzeugen und wagen, schallblenden vor den radscheiben, daempfungselemente auf der fahrbahn sowie varianten der schallschutzwand untersucht und die erzielbaren wirkungen ermittelt werden
S.WORT schienenverkehr + schallemission + laermschutzplanung
PROLEI DIPL. -ING. RAINER KIEFMANN
STAND 9.8.1976
QUELLE fragebogenerhebung sommer 1976
FINGEB BUNDESMINISTER FUER FORSCHUNG UND TECHNOLOGIE
BEGINN 1.1.1976 ENDE 31.12.1979
G.KOST 2.500.000 DM

FB -019
INST BUNDESBAHN-ZENTRALAMT MUENCHEN
MUENCHEN 2, ARNULFSTR. 19
VORHAB **aktive laermschutzmassnahmen bei hohen geschwindigkeiten der rad/schiene-technik**
im rahmen dieses forschungsvorhabens sollen die moeglichkeiten aktiver schallschutzmassnahmen in der rad/schiene-technik bei hochgeschwindigkeiten grundsaetzlich untersucht werden. die grundlagenuntersuchung baut auf der bereits durchgefuehrten voruntersuchung auf. aus einer ideensammlung von laermschutzmassnahmen werden die erfolgversprechenden auf ihre wirksamkeit abgeschaetzt, deren konstruktive realisierbarkeit geprueft und empfehlungen fuer weiterfuehrende massnahmen ausgesprochen
S.WORT schienenverkehr + schallemission + laermschutzplanung
PROLEI DIPL. -ING. RAINER KIEFMANN
STAND 9.8.1976
QUELLE fragebogenerhebung sommer 1976
FINGEB BUNDESMINISTER FUER FORSCHUNG UND TECHNOLOGIE
ZUSAM UMWELT SYSTEME GESELLSCHAFT MBH. , INST. F. UMWELTSCHUTZ UND ANGEWANDTE OEKOLOGIE, 8000 MUENCHEN 81
BEGINN 1.1.1976 ENDE 31.12.1978
G.KOST 423.000 DM

FB -020
INST BUNDESVEREINIGUNG GEGEN FLUGLAERM E.V.
MOERFELDEN, BRUECKENSTR. 9
VORHAB **listen fuer medizinische fluglaerm-gutachten**
S.WORT fluglaerm + gutachten
PROLEI DR. VON HALLE-TISCHENDORF
STAND 1.1.1974
BEGINN 1.1.1972

FB -021
INST DEUTSCH-FRANZOESISCHES FORSCHUNGSINSTITUT ST.LOUIS (ISL)
WEIL AM RHEIN, RUE DE L'INDUSTRIE 12
VORHAB **untersuchungen ueber entstehung und ausbreitung von ueberschallknallen und flugzeuglaerm**
knall-ausbreitung in normalatmosphaere und geschichteter atmosphaere; druckamplituden bei mehrfachreflexion und am rand des knallteppichs
S.WORT ueberschallknall + fluglaerm + schallausbreitung
PROLEI ING. GRAD. MASURE
STAND 1.1.1974
FINGEB - BUNDESMINISTER DER VERTEIDIGUNG
- DIRECTION RECHERCHES ET MATERIAUX D'ESSAIS
G.KOST 1.900.000 DM

FB -022
INST DEUTSCH-FRANZOESISCHES FORSCHUNGSINSTITUT ST.LOUIS (ISL)
WEIL AM RHEIN, RUE DE L'INDUSTRIE 12
VORHAB **flugzeugknall; wirkung auf strukturen und lebewesen**
untersuchung der wirkung des flugzeugknalls auf das hoersystem von menschen und tieren. aufschreckeffekt. simulation des knalls mit knallgeneratoren. druckgeber, mikrophon, holographie, biologische und biochemische analysationsmethoden
S.WORT fluglaerm + ueberschallknall + laermbelastung + lebewesen + gehoerschaeden
PROLEI DR. ARMAND DANCER
STAND 23.7.1976
QUELLE fragebogenerhebung sommer 1976
ZUSAM ERPROBUNGSSTELLE 91 DER BUNDESWEHR MEPPEN
BEGINN 1.1.1968 ENDE 31.12.1976
G.KOST 1.500.000 DM
LITAN - SCHAFFAR, M.;PARMENTIER, G.;DANCER, A.;FROBOESE, M.: REVUE ET SYNTHESE DE L'ENSEMBLE DES TRAVAUX EFFECUES SUR LE BANG SONIQUE. IN: PARTICULIER A L'ISL. (1961-1974)
- ENDBERICHT

FB -023

INST DEUTSCH-FRANZOESISCHES FORSCHUNGSINSTITUT ST.LOUIS (ISL)
WEIL AM RHEIN, RUE DE L'INDUSTRIE 12

VORHAB **untersuchungen zur verminderung des laerms eines duesenfreistrahls**
untersuchung ueber den mechanismus der laermentstehung bei kalten und heissen freistrahlen mit dem ziel, den duesenlaerm eines flugzeugs oder anderer freistrahlgeraete (z. b. schweissbrenner) zu vermindern. theoretische und experimentelle arbeiten an modellmaessig verkleinerten freistrahlen. untersuchungen der ausbreitung von laerm hoher intensitaet. anwendung schneller, nicht strahlstoerender messmethoden (laseranemometrie etc.)

S.WORT laermminderung + fluglaerm + (duesenfreistrahl)
PROLEI DR. RUDI SCHALL
STAND 23.7.1976
QUELLE fragebogenerhebung sommer 1976
ZUSAM - DFVLR, OBERPFAFFENHOFEN
- GARTEUR
BEGINN 1.1.1972
LITAN SAVA; SMIGIELSKI: DISPOSITIF D'ETUDE EXPERIMENTALE DES SOURCES DE BRUIT DANS UN JET D'AIR PAR LA MESURE DIRECT DU D'ALEMBERTIEN DE LA MASSE VOLUMIQUE. PARIS: C. R. ACAD. SC. TOME 282 SERIE B (MAR 1976); 267 S.

FB -024

INST DORNIER GMBH
FRIEDRICHSHAFEN, POSTFACH 317

VORHAB **laermreduzierung von propellerflugzeug-antrieben**
es wird angestrebt, unterlagen zu erarbeiten, die es erlauben, neben der bedingten laermminderung bestehender flugzeuge der "allgemeinen luftfahrt" die laermbestrahlung von propellergetriebenen flugzeugen bereits im projektstadium bei der auslegung der gesamtkonzeption zu beruecksichtigen und so gering wie moeglich zu halten. neben dem schwerpunktmaessig untersuchten propellerlaerm fuer meterleistungen von 100 - 200 ps werden auch rechnerische und experimentelle arbeiten zur abgaslaermreduzierung durchgefuehrt

S.WORT laermminderung + flugzeug + (propellerantrieb)
PROLEI PETER BARTELS
STAND 30.8.1976
QUELLE fragebogenerhebung sommer 1976
FINGEB - BUNDESMINISTER FUER VERKEHR
- EIDGENOESSISCHES LUFTAMT, SEKTION FLUGMATERIAL
ZUSAM - DEUTSCHE FORSCHUNGS- UND VERSUCHSANSTALT FUER LUFT- UND RAUMFAHRT, BRAUNSCHWEIG
- PILATUS AG, STANS, SCHWEIZ
- PROPELLERWERK HOFFMANN & CO. KG, ROSENHEIM
BEGINN 1.11.1973 ENDE 31.12.1976
G.KOST 1.022.000 DM
LITAN ENDBERICHT

FB -025

INST DORSCH CONSULT INGENIEURGESELLSCHAFT MBH
MUENCHEN 21, ELSENHEIMERSTR. 68

VORHAB **laermberechnung fuer ein prognostiziertes verkehrsaufkommen**
simulation der ausbreitung von verkehrslaerm unter beruecksichtigung der topographischen gegebenheiten; optimierung von baulichen laermschutzmassnahmen; zeichnen von laermkarten (isophonen) ueber einen plotter; laermprognosen fuer geplante verkehrswege

S.WORT verkehrslaerm + laermschutz + prognose
PROLEI DIPL. -ING. SAMMER
STAND 1.1.1974
QUELLE erhebung 1975
FINGEB BUNDESMINISTER FUER FORSCHUNG UND TECHNOLOGIE
BEGINN 1.7.1973 ENDE 31.12.1974
G.KOST 625.000 DM
LITAN ZWISCHENBERICHT 1974. 03

FB -026

INST FORSCHUNGSINSTITUT GERAEUSCHE UND ERSCHUETTERUNGEN E.V.
AACHEN, FRANZSTR. 83

VORHAB **emissionsgrenzwerte fuer kraftfahrzeuge**
minderung des verkehrslaerms, insbesondere des strassen-, schienen- und schiffsverkehrslaerms durch a) schaffung sachlich und zeitlich abgestufter emissionsbegrenzungen in rechtsvorschriften b) bestimmung von immissionsbegrenzungen fuer bebaute gebiete in verbindung mit der festlegung von schallschutzanforderungen fuer bauliche anlagen zum schutz der bewohner vor verkehrslaerm c) foerderung der entwicklung und erprobung laermarmer verkehrsmittel

S.WORT verkehrslaerm + grenzwerte + richtlinien
STAND 20.11.1975
FINGEB BUNDESMINISTER DES INNERN
BEGINN 1.10.1975 ENDE 31.12.1978
G.KOST 6.444.000 DM

FB -027

INST FORSCHUNGSVEREINIGUNG VERBRENNUNGSKRAFTMASCHINEN E. V.
FRANKFURT, LYONER STRASSE 18

VORHAB **erarbeitung neuer moeglichkeiten zur ausbildung geraeuscharmer kuehler-luefter-systeme fuer verbrennungsmotorbetriebene aggregate, insbesondere kraftfahrzeuge**
erstellung grundlegender physikalisch-technischer unterlagen, die geraeuschminderung des gesamtkomplexes kuehler-luefter betreffen; beschreibung der qualitativen und quantitativen wirkungen veraenderlicher einflussgroessen auf einzelteil und gesamtanordnung sowohl hinsichtlich ihrer gegenseitigen beeinflussung als auch bezueglich der funktionen des gesamtsystems

S.WORT kfz-technik + verbrennungsmotor
+ geraeuschminderung + (kuehler-luefter-system)
PROLEI DIPL. -ING. GERHARD THIEN
STAND 13.8.1976
QUELLE fragebogenerhebung sommer 1976
FINGEB ARBEITSGEMEINSCHAFT INDUSTRIELLER FORSCHUNGSVEREINIGUNGEN E. V. (AIF)
BEGINN 1.1.1976 ENDE 31.12.1977
G.KOST 380.000 DM

FB -028

INST FORSCHUNGSVEREINIGUNG VERBRENNUNGSKRAFTMASCHINEN E. V.
FRANKFURT, LYONER STRASSE 18

VORHAB **theoretische und experimentelle untersuchung von ein- und mehrkammerfiltern zur abgasschalldaempfung**
erstellung einer rechenmethode fuer die auslegung von abgasschalldaempfern fuer motoren mit innerer verbrennung. anwendung eines neuen, der finit-element-methode aehnlichen verfahrens der rechentechnik, welches gestattet, querschnittsveraenderungen zu berechnen. durchfuehrung ergaenzender versuche zur ermittlung der beiwerte fuer daempfungs- und stroemungsverluste und zur ueberpruefung der richtigkeit der rechenansaetze

S.WORT kfz-technik + verbrennungsmotor
+ geraeuschminderung + (abgasschalldaempfung)
PROLEI DIPL. -ING. GERHARD THIEN
STAND 13.8.1976
QUELLE fragebogenerhebung sommer 1976
FINGEB ARBEITSGEMEINSCHAFT INDUSTRIELLER FORSCHUNGSVEREINIGUNGEN E. V. (AIF)
BEGINN 1.1.1976 ENDE 31.12.1977
G.KOST 500.000 DM

FB -029

INST FORSCHUNGSVEREINIGUNG VERBRENNUNGSKRAFTMASCHINEN E. V.
FRANKFURT, LYONER STRASSE 18

VORHAB **untersuchung an neuartigen geraeuscharmen motoren ueber die zusammenhaenge zwischen dem geraeusch und den die verschalung betreffenden parametern**
schaffung grundlegender erkenntnisse ueber die entstehung des geraeusches bei motoren einer neuartigen bauweise (skelettmotoren mit koerperschalldaemmender aussenverschalung). untersuchungen an je einem wasser- und luftgekuehlten experimentiermotor sowie je einem wasser- und luftgekuehlten mustermotor der neuartigen geraeuscharmen bauweise
S.WORT kfz-technik + verbrennungsmotor + geraeuschminderung + schalldaemmung + (verschalung)
PROLEI DIPL. -ING. GERHARD THIEN
STAND 13.8.1976
QUELLE fragebogenerhebung sommer 1976
FINGEB ARBEITSGEMEINSCHAFT INDUSTRIELLER FORSCHUNGSVEREINIGUNGEN E. V. (AIF)
BEGINN 1.1.1975 ENDE 31.12.1976
G.KOST 272.000 DM

FB -030
INST GEOGRAPHISCHES INSTITUT DER UNI STUTTGART
STUTTGART 1, SILCHERSTR. 9
VORHAB **laermkarte stuttgart**
ermittlung der laermbelastung in stuttgart aufgrund einer verkehrszaehlung und kartographische darstellung (laermkarte)
S.WORT verkehr + laermkarte
STUTTGART
PROLEI PROF. DR. CHRISTOPH BORCHERDT
STAND 9.8.1976
QUELLE fragebogenerhebung sommer 1976
BEGINN 1.5.1976 ENDE 31.10.1976

FB -031
INST GILLET KG, FABRIK FUER SCHALLDAEMPFENDE EINRICHTUNGEN
EDENKOBEN, LUITPOLDSTR.
VORHAB **untersuchung der umweltbelaestigung und umweltschaeden durch den strassenverkehr in stadtgebieten (laerm und abgase)**
die teilstudie in 1. 2 der enquete der europaeischen gemeinschaften untersucht die gegenwaertige laermbelastung in stadtgebieten, qualifiziert und quantifiziert die teilschallquellen, schlaegt ausserdem fuer alle fahrzeugarten technisch realisierbare laermminderungsmassnahmen vor, nennt deren kosten und gibt zahlen ueber die wirksamkeit dieser massnahmen in einzelnen betriebsbereichen an
S.WORT stadtgebiet + strassenverkehr + laerm + abgas
PROLEI FRIETZSCHE
STAND 1.10.1974
FINGEB - BUNDESMINISTER FUER VERKEHR
- VEREIN DEUTSCHER INGENIEURE, DUESSELDORF
BEGINN 1.1.1970 ENDE 31.12.1974
G.KOST 36.000 DM
LITAN FRIETZSCHE, G.: EG ENQUETE TEILSTUDIE I 1. 2 - VDI

FB -032
INST HEUSCH, DR.-ING.; BOESEFELDT, DIPL.-ING.; BERATENDE INGENIEURE
AACHEN, PETERSTR. 2-4
VORHAB **einfluss der verkehrszusammensetzung auf die laermimmission**
1. (vorstufe): gruppierung der wochenpegelzaehlstellen nach funktions- und lagekriterien, womit neubaustrecken ohne kenntnis von detaillierten verkehrsdaten einer abschaetzung der lkw-verteilungen unterzogen werden koennen. 2. errechnung mittlerer lkw-anteile fuer die in 1) gebildeten gruppen, um an strecken ohne lkw-angaben einen naeherungswert angeben zu koennen. 3. untersuchung der zusammenhaenge zwischen schwerem gueterverkehr (lkw) 9 t zul. gesamtgewicht) und allen gueterfahrzeugen (gv), da bei prognosen i. a. nur gv bekannt ist, die laermemissionen aber besonders von den schweren gueterfahrzeugen ausgehen. auch hier werden die daten nach den 1) gebildeten gruppen gegliedert. 4. ermittlung der lkw-anteile fuer die tagesstunden 6-19 uhr und die abenstunnden 19-22 uhr der werktage sowie die nachtstunden 22-6 uhr. fuer den sonntag (6-22 uhr) kann nur ein mittlerer anteil des bus-verkehrs aus den wochenpegelzaehlstellen abgeleitet werden. diese antele werden in diagrammen in abhaengigkeit vom dtv-wert des gueterverkehrs dargestellt, um daraus unmittelbar die mittleren lkw-werte in den verschiedenen stundengruppen ablesen zu koennen. auch hier wird die differenzierung nach den gruppen aus 1) vorgenommen.
S.WORT verkehrsmittel + kfz + laermentstehung + (lastkraftwagen)
QUELLE datenuebernahme aus der datenbank zur koordinierung der ressortforschung (dakor)
FINGEB BUNDESMINISTER FUER VERKEHR
BEGINN 22.4.1974 ENDE 2.6.1974

FB -033
INST IGI-INGENIEUR-GEOLOGISCHES INSTITUT DIPL.-ING. NIEDERMEYER
WESTHEIM
VORHAB **geraeuschimmissionen im stadtbereich fulda, entlang vorhandener eisenbahnstrecken und der kuenftigen neubaustrecke**
erfassung der derzeitigen geraeuschimmissionen im stadtbereich fulda, geraeuschimmissionen durch die vorbeifahrgeraeusche der eisenbahnzuege, messung der geraeuschimmissionen, prognostizierung der geraeuschimmissionen bis zum jahre 1990, laermschutzmassnahmen, wirkung von laermschutzwaenden entlang der neubaustrecke im bereich schutzwuerdiger bebauungen, vorschlaege zum laermschutz
S.WORT stadtgebiet + schienenverkehr + laermentstehung + schallmessung + laermschutzwand + (bahnstrecke)
FULDA
PROLEI DIPL. -ING. NIEDERMEYER
STAND 10.9.1976
QUELLE fragebogenerhebung sommer 1976
FINGEB DEUTSCHE BUNDESBAHN, FRANKFURT
G.KOST 30.000 DM
LITAN ZWISCHENBERICHT

FB -034
INST INSTITUT FUER ANGEWANDTE GEODAESIE
FRANKFURT, RICHARD-STRAUSS-ALLEE 11
VORHAB **herstellung von laermschutzkarten und laermschutzatlanten**
herstellung von karten der laermschutzbereiche von zivilen und militaerischen flughaefen usw. als bestandteil der rechtsverordnungen zum vollzug des gesetzes zum schutz gegen fluglaerm vom 30. maerz 1971
S.WORT laermschutz + fluglaerm + kartierung
PROLEI DR. -ING. WALTER SATZINGER
STAND 13.8.1976
QUELLE fragebogenerhebung sommer 1976
BEGINN 1.1.1973 ENDE 31.12.1980
G.KOST 1.600.000 DM
LITAN ENDBERICHT

FB -035
INST INSTITUT FUER ANTHROPOGEOGRAPHIE, ANGEWANDTE GEOGRAPHIE UND KARTOGRAPHIE DER FU BERLIN
BERLIN 41, GRUNEWALDSTR. 35
VORHAB **flughafenlaerm und umweltschutz am beispiel der flughaefen tempelhof und tegel**
S.WORT fluglaerm
BERLIN-TEMPELHOF/TEGEL
PROLEI DR. VETTER
STAND 1.1.1974
FINGEB SENATOR FUER GESUNDHEIT UND UMWELTSCHUTZ, BERLIN
BEGINN 1.1.1972 ENDE 31.12.1974

FB -036
INST INSTITUT FUER ANTRIEBSSYSTEME DER DFVLR
BRAUNSCHWEIG, BIENRODERWEG 53

VORHAB **minderung von verdichterlaerm und koaxialstrahlgeraeusch**
flugtriebwerke immer noch zu laut; daher ziel: minderung an den quellen und erfassung der laermimmission, um laermbelastung der bevoelkerung zu vermindern und sonst erforderliche finanzielle aufwendungen zu ersparen; erarbeitung praktikabler vorschriften; wechselwirkung fluegel-klappen-etc.
S.WORT triebwerk + laermminderung
PROLEI DIPL. -PHYS. DAHLEN
STAND 1.1.1974
FINGEB - DEUTSCHE FORSCHUNGSGEMEINSCHAFT
- BUNDESMINISTER FUER VERKEHR
- BUNDESMINISTER FUER VERKEHR
ZUSAM - DORNIER AG, 779 FRIEDRICHSHAFEN, POSTFACH 317
- VEREINIGTE FLUGTECHNISCHE WERKE-FOKKER GMBH, 28 BREMEN 1, HUENEFELDSTR. 1-5
BEGINN 1.1.1964

FB -037
INST INSTITUT FUER EISENBAHN- UND VERKEHRSWESEN DER UNI STUTTGART
STUTTGART, KEPLERSTR. 11
VORHAB **beitrag zur ermittlung der belaestigung durch verkehrslaerm in abhaengigkeit von verkehrssystem und verkehrsdichte in ballungsgebieten**
ziel dieser studie ist der vergleich objektiver laermmessungen mit der subjektiven meinung der betroffenen bevoelkerung. dabei soll vor allem die unterschiedliche stoerwirkung verschiedener verkehrsmittel - zunaechst strassenverkehr und schienenverkehr (db) - ermittelt werden. die untersuchung basiert auf laermmessungen an ausgesuchten orten und einer an den gleichen orten durchgefuehrten befragungsaktion zum thema umweltschutz und wohnqualitaet
S.WORT laermbelastung + bevoelkerung + ballungsgebiet + verkehrssystem
STUTTGART (RAUM)
PROLEI DIPL. -ING. EKKEHARD HOLZMANN
STAND 11.8.1976
QUELLE fragebogenerhebung sommer 1976
FINGEB DEUTSCHE FORSCHUNGSGEMEINSCHAFT
ZUSAM INMA-INSTITUT FUER MARKTFORSCHUNG, SCHIRCKSTRASSE 2, 7000 STUTTGART
BEGINN 1.4.1976 ENDE 31.12.1977
G.KOST 80.000 DM

FB -038
INST INSTITUT FUER FLUGMECHANIK DER DFVLR
BRAUNSCHWEIG, FLUGHAFEN
VORHAB **laermoptimale flugbahnprofile von vtol-flugzeugen**
laermminderung von kurz- und senkrechtstartern; untersuchung von steilanfluegen zur laermminderung von herkoemmlichen flugzeugen; parametereinfluesse; neue steuerungsarten wie z. b. auftriebssteuerung; flugversuche mit flugzeug variabler flugeigenschaften hfb-320 s-1; simulationen; flugeigenschaftsprobleme
S.WORT flugzeug + laermminderung
PROLEI DR. -ING. WILHELM
STAND 1.1.1974
FINGEB - BUNDESMINISTER FUER FORSCHUNG UND TECHNOLOGIE
- BUNDESMINISTER DER VERTEIDIGUNG
- US AIR FORCE
BEGINN 1.9.1971 ENDE 31.12.1977
LITAN - HAMEL, P.: ERPROBUNG LAERMMINDERNDER ANFLUGVERFAHREN. IN: DFVLR-NACHR. 10 S. 413-416(1973)
- PLAETSCHKE, E. U. A.: BERECHNUNG LAERMMINIMALER STARTFLUGBAHNEN. IN: ZFW(1974)
- ZWISCHENBERICHT 1974. 12

FB -039
INST INSTITUT FUER FLUGTECHNIK DER TH DARMSTADT
DARMSTADT, PETERSENSTR. 18
VORHAB **verringerung des fluglaerms durch massnahmen der flugmechanik und der flugzeugauslegung**
es sollen die moeglichkeiten der laermreduzierung durch wahl steilerer an- und abflugbahnen in umfassender weise aufgezeigt werden. hierzu wird fuer das spektrum zukuenftiger flugzeugkategorien unterschiedlicher antriebsarten die laermbelaestigung der verschiedenen technisch realisierbaren flugbahnen im an- und abflug untersucht. durch eine eingehende pruefung der einzelnen flugbahnen am flugsimulator mit sichtsimulation sollen durch nachweis der durchfuehrbarkeit, insbesondere mit ruecksicht auf die pilotenbelastung die grenzen dieser moeglichkeiten zur laermreduzierung aufgezeigt werden
S.WORT flugverkehr + laermminderung
PROLEI DIPL. -ING. VOLKER NITSCHE
STAND 30.8.1976
QUELLE fragebogenerhebung sommer 1976
FINGEB DEUTSCHE FORSCHUNGSGEMEINSCHAFT

FB -040
INST INSTITUT FUER FLUGTECHNIK DER TH DARMSTADT
DARMSTADT, PETERSENSTR. 18
VORHAB **flugmechanische untersuchung zum problem steiler laermguenstiger flugbahnen fuer vtol-flugzeuge**
in dem vorhaben werden fuer typische vtol-flugzeuge bei variation des maximalen startschubes optimale start- und landeflugprofile berechnet und der hierfuer benoetigte aufwand an flugzeit und kraftstoffverbrauch ermittelt. fuer einen vtol-flugplatz mit vorgegebenen jaehrlichen transportaufkommen wird der einfluss der verschiedenen start- und landeflugprofile und des schubes sowie atmosphaerischer bedingungen auf die form und groesse des laermschutzbereichs um den flugplatz bestimmt. dabei werden die grenzen des laermschutzbereichs zum einen entsprechend dem deutschen gesetz zum schutz gegen den fluglaerm festgelegt, zum anderen wird eine demgegenueber um weitere laermkenngroessen erweiterte definition des laermschutzbereichs verwendet
S.WORT flugverkehr + laermminderung + (vtol-flugzeuge)
PROLEI DIPL. -ING. VOLKER NITSCHE
STAND 30.8.1976
QUELLE fragebogenerhebung sommer 1976
FINGEB DEUTSCHE FORSCHUNGSGEMEINSCHAFT
BEGINN 1.5.1970
G.KOST 325.000 DM
LITAN NITSCHE, V.: EIN BEITRAG ZUM PROBLEM DES FLUGLAERMS BEI START UND LANDUNG VON VTOL-FLUGZEUGEN. IN: Z. FUER FLUGWISSENSCHAFTEN. BRAUNSCHWEIG: VERL. FRIEDR. VIEWEG + SOHN GMBH. 23(10) S. 356(1975)

FB -041
INST INSTITUT FUER KOLBENMASCHINEN DER TU HANNOVER
HANNOVER, WELFENGARTEN 1A
VORHAB **laestigkeit von dieselmotor-geraeuschen, erstellung eines messverfahrens**
zeitfrequenzanalyse; impuls-schallanalyse an motoren; ermittlung der laestigkeit; konstruktionshilfen fuer leise maschinen
S.WORT dieselmotor + laermbelaestigung + messverfahren
PROLEI DIPL. -ING. HAUSER
STAND 1.1.1974
FINGEB DEUTSCHE FORSCHUNGSGEMEINSCHAFT
BEGINN 1.6.1969
G.KOST 204.000 DM
LITAN - VEROEFFENTLICHUNG 12/(1970) MASCHINENMARKT
- VEROEFFENTLICHUNG:3/(1972) RHODE+SCHARZ NACHRICHTEN
- ZWISCHENBERICHT 1974.11

FB -042
INST INSTITUT FUER KRAFTFAHRWESEN UND FAHRZEUGMOTOREN DER UNI STUTTGART
STUTTGART 1, KEPLERSTR. 17

VORHAB **einfluss der fahrbahn auf das reifenabrollgeraeusch und den kraftschlussbeiwert**
zusammenhang zwischen reifengeraeusch und kraftschlussbeiwert zwischen reifen und fahrbahn; einfluss von fahrbahnoberflaeche, reifenbauart, reifenprofil usw. auf das reifengeraeusch
S.WORT verkehrslaerm + kfz-technik
PROLEI DIPL. -ING. LIEDL
STAND 1.1.1974
FINGEB DEUTSCHE FORSCHUNGSGEMEINSCHAFT
BEGINN 1.10.1973 ENDE 31.10.1974
G.KOST 100.000 DM
LITAN ZWISCHENBERICHT 1974. 10

FB -043
INST INSTITUT FUER LANDVERKEHRSWEGE DER TU BERLIN
BERLIN 12, STRASSE DES 17. JUNI 135
VORHAB **voruntersuchung zu riffelbildung auf schienen**
zusammenstellung, sichtung und auswertung der literatur im hinblick auf weitere forschungen. a) riffelbildung auf schienen b) rattermarken an werkzeugmaschinen c) pittingbildung d) riffelbildung in waelzlagern
S.WORT schienenverkehr + werkzeugmaschinen + laermentstehung + (rad-schiene-system)
PROLEI DIPL. -ING. PAUL WIMBER
STAND 21.7.1976
QUELLE fragebogenerhebung sommer 1976
FINGEB BUNDESMINISTER FUER FORSCHUNG UND TECHNOLOGIE
BEGINN 30.4.1975 ENDE 31.12.1976
LITAN ENDBERICHT

FB -044
INST INSTITUT FUER LANDVERKEHRSWEGE DER TU BERLIN
BERLIN 12, STRASSE DES 17. JUNI 135
VORHAB **untersuchung zur minderung der innen- und aussengeraeusche bei schienengebundenen systemen des stadtverkehrs**
sichtung, zusammenstellung und auswertung der literatur ueber folgende schwerpunkte: rollgeraeusche, kurvengeraeusche, schlaggeraeusche. ursachen und auswirkungen: unterbau, oberbau, rad-schiene, rad, radsarg, drehgestell
S.WORT geraeuschminderung + schienenverkehr
PROLEI DIPL. -ING. PAUL WIMBER
STAND 19.7.1968
QUELLE fragebogenerhebung sommer 1976
ZUSAM BERLINER VERKEHRSGESELLSCHAFT
BEGINN 31.12.1975 ENDE 28.2.1976
LITAN ENDBERICHT

FB -045
INST INSTITUT FUER MECHANIK DER TH DARMSTADT
DARMSTADT, HOCHSCHULSTR. 1
VORHAB **entstehung des laufgeraeusches von kraftfahrzeugreifen**
experimentelle und theoretische untersuchungen zur entstehung des reifengeraeusches. messungen am pruefstand des instituts und auf der strasse. gegebenenfalls vorschlaege der minderung des geraeusches
S.WORT kfz-technik + laermentstehung + geraeuschminderung + (reifengeraeusche)
PROLEI PROF. DR. PETER HAGEDORN
STAND 30.8.1976
QUELLE fragebogenerhebung sommer 1976
BEGINN 1.1.1976

FB -046
INST INSTITUT FUER PRUEFUNG UND FORSCHUNG IM BAUWESEN E. V. AN DER FH HILDESHEIM-HOLZMINDEN
HILDESHEIM, HOHNSEN 2
VORHAB **ermittlung des zu erwartenden verkehrslaerms bei einer citybuilding im salzgittergebiet und in hannover**
S.WORT verkehrslaerm + prognose
SALZGITTER + HANNOVER
STAND 1.1.1974

FB -047
INST INSTITUT FUER PRUEFUNG UND FORSCHUNG IM BAUWESEN E. V. AN DER FH HILDESHEIM-HOLZMINDEN
HILDESHEIM, HOHNSEN 2
VORHAB **schallschutzmassnahmen fuer die verkehrsplanungen der stadt hildesheim**
a) bestandsaufnahmen der zur zeit gueltigen schallpegel an besonders belasteten strassen. b) bestimmung der zu erwartenden schallpegel nach durchfuehrung umfangreicher strassen-neuplanungen und strassenumlegungen. c) ausarbeitung von vorschlaegen fuer schallschutzmassnahmen
S.WORT schallschutz + verkehrsplanung
HILDESHEIM
PROLEI DIPL. -ING. GERHARD SCHEICH
STAND 29.7.1976
QUELLE fragebogenerhebung sommer 1976
FINGEB STADT HILDESHEIM
ZUSAM PLANUNGSBUERO FUER VERKEHRSFRAGEN, DR. -ING. SCHUBERT, 3000 HANNOVER
BEGINN 1.5.1976
LITAN ZWISCHENBERICHT

FB -048
INST INSTITUT FUER SCHALL- UND SCHWINGUNGSTECHNIK
HAMBURG 70, FEHMARNSTR. 12
VORHAB **bundesautobahn hamburg-flensburg; elbtunnel: luefterbauwerke nord-mitte-sued; schallschutz**
messungen; planung
S.WORT verkehrsplanung + autobahn + laermschutz + belueftung
HAMBURG (ELBTUNNEL)
PROLEI ING. GRAD. GUENTHER WILMSEN
STAND 1.1.1974
FINGEB FREIE UND HANSESTADT HAMBURG, BAUBEHOERDE
BEGINN 1.8.1973 ENDE 31.12.1974
G.KOST 40.000 DM
LITAN GUTACHTEN

FB -049
INST INSTITUT FUER SCHALL- UND SCHWINGUNGSTECHNIK
HAMBURG 70, FEHMARNSTR. 12
VORHAB **beweissicherung der vorhandenen schallimmission durch bahnlaerm**
vor dem bau der geplanten p + r anlage am bahnhof elbgaustrasse. durchfuehrung von akustischen messungen als beweissicherung
S.WORT laermschutzplanung + schallimmission + eisenbahn
HAMBURG
PROLEI MANFRED KESSLER
STAND 26.7.1976
QUELLE fragebogenerhebung sommer 1976
FINGEB FREIE UND HANSESTADT HAMBURG
BEGINN 1.6.1976 ENDE 31.7.1976
G.KOST 6.000 DM

FB -050
INST INSTITUT FUER SCHALL- UND SCHWINGUNGSTECHNIK
HAMBURG 70, FEHMARNSTR. 12
VORHAB **neubau der s-bahn hamburg-harburg, streckenabschnitt hammerbrookstrasse in hamburg**
messungen zur erfassung der vorhandenen laermbelastung in der hammerbrookstrasse, untersuchungen an s-bahnzuegen, untersuchungen an stahlbeton-s-bahn-bruecken, planung von schallschutzmassnahmen, abschliessende messungen zur bestimmung laermeinwirkungen mit s-bahn-betrieb in der hammerbrookstrasse
S.WORT laermschutzplanung + grosstadt + schallimmission + oeffentlicher nahverkehr + (s-bahn)
HAMBURG (CENTRUM)
PROLEI ING. GRAD. GUENTHER WILMSEN

STAND 26.7.1976
QUELLE fragebogenerhebung sommer 1976
FINGEB DEUTSCHE BUNDESBAHN, BEZIRKSDIREKTION MUENCHEN
ZUSAM FREIE UND HANSESTADT HAMBURG, AMT FUER INGENIEURWESEN, ROEDINGMARKT 43, 2000 HAMBURG 1
BEGINN 1.1.1976
G.KOST 70.000 DM
LITAN ZWISCHENBERICHT

FB -051
INST INSTITUT FUER STRAHLANTRIEBE UND TURBOARBEITSMASCHINEN DER TH AACHEN
AACHEN, TEMPLERGRABEN 55
VORHAB laermminderung an schubumkehreinrichtungen von strahltriebwerken
experimentelle modelluntersuchungen an schubumkehreinrichtungen von strahlflugzeugen zur ermittlung der laermursachen; entwicklung von modifikationen von laermgeminderten schubumkehreinrichtungen
S.WORT fluglaerm + laermminderung + triebwerk
PROLEI PROF. DIPL. -ING. OTTO DAVID
STAND 1.10.1974
FINGEB DEUTSCHE FORSCHUNGSGEMEINSCHAFT
BEGINN 1.11.1972
G.KOST 177.000 DM
LITAN ZWISCHENBERICHT 1975. 12

FB -052
INST INSTITUT FUER STRAHLANTRIEBE UND TURBOARBEITSMASCHINEN DER TH AACHEN
AACHEN, TEMPLERGRABEN 55
VORHAB laermentstehung und laermminderung an turbinenstufen mit kuehlluftausblasung an den turbinenleitschaufeln
im rahmen des forschungsvorhabens sollen ergebnisse von untersuchungen der laermentstehungsmechanismen bei geblaesen und verdichtern auf den anwendungsfall der turbine mit kuehlluftausblasung uebertragen werden. ziel des vorhabens ist es, auslegungskriterien fuer die wahl der kuehlluftausblasung bei gekuehlten turbinenstufen festzulegen, die zu einer laermminderung von turbinen beitragen
S.WORT fluglaerm + laermminderung + schallentstehung + turbine
PROLEI PROF. DIPL. -ING. OTTO DAVID
STAND 4.8.1976
QUELLE fragebogenerhebung sommer 1976
FINGEB DEUTSCHE FORSCHUNGSGEMEINSCHAFT
ZUSAM - INST. F. DAMPF- UND GASTURBINEN DER TH AACHEN
- INST. F. LUFT- UND RAUMFAHRT DER TH AACHEN
BEGINN 1.1.1976
G.KOST 300.000 DM

FB -053
INST INSTITUT FUER STROEMUNGSMECHANIK DER DFVLR
GOETTINGEN, BUNSENSTR.10
VORHAB auftriebsbedingter ueberschallknall von flugzeugen
theoretische untersuchung des durch ein ueberschallflugzeug verursachten druckverlaufs (knallverlaufs) und untersuchung der moeglichkeiten einer knallgerechten formgebung von ueberschallflugzeugen
S.WORT flugzeug + ueberschallknall
PROLEI SUN
STAND 1.10.1974
FINGEB - BUNDESMINISTER FUER FORSCHUNG UND TECHNOLOGIE
- BUNDESMINISTER DER VERTEIDIGUNG
BEGINN 1.1.1972 ENDE 31.12.1977
G.KOST 300.000 DM
LITAN OSWATITSCH-Y. G. SUN, K.: THE WAVE FORMATION AND SONIC BOOM DUE TO A DELTA WING. IN: AERONAUTICAL QUARTERLY XXIII(2) S. 87-108(1972)

FB -054
INST INSTITUT FUER TECHNISCHE AKUSTIK DER TH AACHEN
AACHEN, KLAUSENERSTR. 13-19
VORHAB auswertung der bestimmung der mittleren periodizitaet von verkehrsgeraeuschen in abhaengigkeit von ihrer pegelhoehe
S.WORT verkehrslaerm + schallpegel + (mittlerere periodizitaet)
PROLEI DR. -ING. PAUL SCHERER
STAND 7.9.1976
QUELLE datenuebernahme von der deutschen forschungsgemeinschaft
FINGEB DEUTSCHE FORSCHUNGSGEMEINSCHAFT

FB -055
INST INSTITUT FUER TECHNISCHE AKUSTIK DER TU BERLIN
BERLIN 10, EINSTEINUFER 27
VORHAB geraeuschentwicklung beim rollen auf benetzten oberflaechen
die beim rollen entstehenden geraeusche haengen u. a. davon ab, ob die oberflaechen benetzt sind oder nicht, z. b. reifen auf nasser strasse. an hand von einfachen versuchen soll geklaert werden, wie diese art der geraeuschentstehung von der rollgeschwindigkeit und insbesondere von der oberflaechenspannung der beteiligten fluessigkeit abhaengt
S.WORT geraeuschminderung + strassenverkehr + fahrzeug + schallentstehung + (abrollgeraeusche)
PROLEI PROF. DR. MANFRED HECKL
STAND 4.8.1976
QUELLE fragebogenerhebung sommer 1976
FINGEB DEUTSCHE FORSCHUNGSGEMEINSCHAFT
G.KOST 63.000 DM

FB -056
INST INSTITUT FUER TURBULENZFORSCHUNG DER DFVLR
BERLIN 12, MUELLER-BRESLAU-STR. 8
VORHAB instabilitaet, struktur der turbulenz und schallerzeugung in runden freistrahlen
zweck: herabsetzung des freistrahllaerms
S.WORT fluglaerm + stroemungstechnik
PROLEI DR. PFIZENMAIER
STAND 1.10.1974
FINGEB DEUTSCHE FORSCHUNGSGEMEINSCHAFT
ZUSAM - INST. F. TECHNISCHE AKUSTIK DER TU BERLIN, 1 BERLIN 10, EINSTEINUFER 27
- INST. F. STROEMUNGSMECHANIK DER DFVLR, 34 GOETTINGEN, BUNSENSTR. 10; III PHYSIKALISCHES INST.
- INST. F. SOUND AND VIBRATION RESEARCH, SOUTHAMPTON
BEGINN 1.1.1960

FB -057
INST INSTITUT FUER VERKEHRSWESEN DER UNI KARLSRUHE
KARLSRUHE, KAISERSTR. 12
VORHAB laermschutz an strassen
literaturauswertung ueber den laermschutz an strassen, messungen von laerm an strassen und deren auswertung. ausgehend von den bestehenden vorschriften und richtlinien wurde laerm und seine ausbreitung an strassen und seine auswirkung auf bebaute gebiete untersucht
S.WORT laermschutz + strassenverkehr
PROLEI PROF. DR. WILHELM LENTZBACH
STAND 19.7.1976
QUELLE fragebogenerhebung sommer 1976
ZUSAM STADT KARLSRUHE, MARKTPLATZ, 7500 KARLSRUHE
BEGINN 31.10.1975 ENDE 28.2.1976
LITAN ENDBERICHT

FB -058
INST INSTITUT FUER VERKEHRSWISSENSCHAFT DER UNI KOELN
KOELN 41, UNIVERSITAETSSTR. 22

VORHAB **die bewertung von umweltbelastenden verkehrseffekten in den richtlinien fuer wirtschaftliche vergleichsrechnungen im strassenwesen (rws)**
entwicklung anwendungsnaher und allgemeingueltiger bewertungsverfahren fuer die umweltbeeintraechtigungen im anwendungsgebiet der rws. arbeitsschwerpunkt ist die bewertung der laermbelastung. in der arbeit wird gezeigt, wie auf empirisch-statistischem wege mengengerueste erstellt und unter zuhilfenahme interdisziplinaerer informationen (medizinischer, technischer und physikalischer art) monetaer und nichtmonetaer bewertet werden koennen
S.WORT verkehrswesen + laermbelastung + bewertungsmethode
PROLEI DIPL. -KFM. ERHARD HERION
STAND 2.8.1976
QUELLE fragebogenerhebung sommer 1976
FINGEB BUNDESMINISTER FUER VERKEHR
BEGINN 1.11.1974 ENDE 31.1.1976
LITAN ENDBERICHT

FB -059
INST KRAFTFAHRT-BUNDESAMT
FLENSBURG, FOERDESTR. 16
VORHAB **auswertung vorhandenen datenmaterials ueber den stand der abgasentgiftungstechnik und geraeuschentwicklung bei kraftfahrzeugen**
bei erteilung der allgemeinen betriebserlaubnis fallen daten ueber den stand der abgasentgiftung und geraeuschentwicklung bei kraftfahrzeugen an; wobei die daten ueber den stand der abgasentgiftung auf datentraeger uebernommen werden und fuer eine auswertung zur verfuegung stuenden; die auswertung und aufbereitung vorhandenen datenmaterials kann mit ruecksicht auf die oft fehlenden mittel nur in kleinstem rahmen erfolgen
S.WORT kfz-technik + abgasentgiftung + laermentstehung + datenerfassung
STAND 1.1.1974

FB -060
INST LANDESANSTALT FUER IMMISSIONS- UND BODENNUTZUNGSSCHUTZ DES LANDES NORDRHEIN-WESTFALEN
ESSEN, WALLNEYERSTR. 6
VORHAB **erschuetterungsausbreitung**
S.WORT erschuetterungen + ausbreitung
PROLEI DR. MEURERS
STAND 1.1.1974
FINGEB LAND NORDRHEIN-WESTFALEN
BEGINN 1.1.1969

FB -061
INST LANDESANSTALT FUER IMMISSIONS- UND BODENNUTZUNGSSCHUTZ DES LANDES NORDRHEIN-WESTFALEN
ESSEN, WALLNEYERSTR. 6
VORHAB **entwicklung von messverfahren zur flugbahnverfolgung waehrend der schallmessung bei start- und landevorgaengen**
S.WORT fluglaerm + flughafen + messmethode
PROLEI DR. MEURERS
STAND 1.1.1974
QUELLE erhebung 1975
FINGEB LAND NORDRHEIN-WESTFALEN
BEGINN 1.1.1973

FB -062
INST LANDESANSTALT FUER IMMISSIONS- UND BODENNUTZUNGSSCHUTZ DES LANDES NORDRHEIN-WESTFALEN
ESSEN, WALLNEYERSTR. 6
VORHAB **untersuchung der anwendbarkeit der fourier-analyse zur verbesserung der beurteilung von erschuetterungseinwirkungen**
S.WORT erschuetterungen + bewertungskriterien
PROLEI DR. MEURERS
STAND 1.1.1974
QUELLE erhebung 1975
FINGEB LAND NORDRHEIN-WESTFALEN
BEGINN 1.1.1973

FB -063
INST LANDESANSTALT FUER IMMISSIONS- UND BODENNUTZUNGSSCHUTZ DES LANDES NORDRHEIN-WESTFALEN
ESSEN, WALLNEYERSTR. 6
VORHAB **erhebung ueber verkehrslaerm an strasse und schiene**
zweck: ermittlung der belastung und einleitung von minderungsmassnahmen
S.WORT strassenverkehr + schienenverkehr + laermbelastung
PROLEI DR. MEURERS
STAND 1.1.1974
FINGEB LAND NORDRHEIN-WESTFALEN
BEGINN 1.1.1966

FB -064
INST LEHRSTUHL FUER ANGEWANDTE THERMODYNAMIK DER TH AACHEN
AACHEN, SCHINKELSTR. 8
VORHAB **untersuchung der geraeuschemission von intermittierenden verbrennungsvorgaengen**
geraeuschemission von intermittierenden verbrennungsvorgaengen, insbesondere an verbrennungskraftmaschinen; methoden zur emissionsminderung
S.WORT verbrennungsmotor + laermminderung
PROLEI PROF. DR. FRANZ PISCHINGER
STAND 1.1.1974
FINGEB DEUTSCHE FORSCHUNGSGEMEINSCHAFT
BEGINN 1.1.1973 ENDE 31.12.1974

FB -065
INST LEHRSTUHL FUER ANGEWANDTE THERMODYNAMIK DER TH AACHEN
AACHEN, SCHINKELSTR. 8
VORHAB **geraeuschentstehung in ottomotoren mit ladungsschichtung und unterteiltem brennraum**
S.WORT schichtladungsmotor + geraeusch
PROLEI PROF. DR. FRANZ PISCHINGER
STAND 1.1.1974
FINGEB DEUTSCHE FORSCHUNGSGEMEINSCHAFT
BEGINN 1.1.1974

FB -066
INST LEHRSTUHL FUER DEN BAU VON LANDVERKEHRSWEGEN DER TU MUENCHEN
MUENCHEN 2, ARCISSTR. 21
VORHAB **koerperschallmessungen bei u-bahnen und hochbahnen**
erforschung des koerperschalls, erzeugt durch u- und hochbahnen, mit dem ziel, verbesserungen der oberbauarten fuer diese bahnen bezueglich des koerperschalls vorzuschlagen
S.WORT schallmessung + schienenverkehr
PROLEI DR. -ING. STEINBEISSER
STAND 1.1.1974
FINGEB - BUNDESMINISTER FUER VERKEHR
- STADT MUENCHEN
BEGINN 1.1.1966
LITAN INSTITUTSBERICHTE, VERSCH. , VOM U-BAHNREF. STADT MUENCHEN (AUFTRAGGEBER) ZU BEZIEHEN

FB -067
INST LEHRSTUHL FUER FLUGANTRIEBE DER TU MUENCHEN
MUENCHEN 2, ARCISSTR. 21
VORHAB **untersuchung und verminderung der schallentwicklung von triebwerk-komponenten**
gegenueberstellung der einzelnen laermentstehungsmechanismem; grenzschichtlaerm/flugtechnik/erdgebundene schnellverkehrstechnik

S.WORT triebwerk + laermminderung
PROLEI DR. DITTRICH
STAND 1.1.1974
BEGINN 1.1.1972 ENDE 31.12.1977

FB -068
INST LEHRSTUHL FUER FLUGANTRIEBE DER TU MUENCHEN
MUENCHEN 2, ARCISSTR. 21
VORHAB **auslegung einer triebwerkanlage fuer ein stol-flugzeug mit elektrostrahlklappen**
zusammenhang zwischen nutzlast, thermodynamischer belastung der triebwerke, gewicht der flugzeugteile, festigkeit und der laermentwicklung eines stol-flugzeuges mit ejektorstrahlklappen (augmentor wing)
S.WORT triebwerk + fluglaerm
PROLEI DIPL. -ING. KURZKE
STAND 1.1.1974
QUELLE erhebung 1975
BEGINN 1.2.1973 ENDE 31.12.1974
LITAN ZWISCHENBERICHT 1974. 06

FB -069
INST LEHRSTUHL FUER FLUGANTRIEBE DER TU MUENCHEN
MUENCHEN 2, ARCISSTR. 21
VORHAB **seminar "umweltfreundliche verkehrstechnik"**
vermittlung neuester erkenntnisse; diskussion der probleme
S.WORT verkehrstechnik + luft + laerm
PROLEI PROF. DR. BUECHNER
STAND 1.1.1974
QUELLE erhebung 1975
FINGEB TECHNISCHE UNIVERSITAET MUENCHEN
BEGINN 1.11.1972

FB -070
INST LEHRSTUHL FUER LUFT- UND RAUMFAHRT DER TH AACHEN
AACHEN, TEMPLERGRABEN 55
VORHAB **abhaengigkeit der laermerzeugung durch rotoren von definierten stoerungen in der zustroemung**
ziel der geplanten untersuchungen ist, den einfluss der wesentlichen parameter der gestoerten zustroemung und der rotoren auf den abgestrahlten laerm zu erfassen. es soll von der laermquelle ausgegangen werden und diese im detail untersucht werden. hierzu gehoert die messung der druckschwankungen auf der rotoroberflaeche zur erfassung der staerke der schallquellen (dipole)
S.WORT laermentstehung + fluglaerm + (strahltriebwerk)
PROLEI PROF. DR. -ING. DIETER GEROPP
STAND 19.7.1976
QUELLE fragebogenerhebung sommer 1976
FINGEB MINISTER FUER WISSENSCHAFT UND FORSCHUNG, DUESSELDORF
BEGINN 1.1.1976 ENDE 31.12.1977

FB -071
INST LEHRSTUHL FUER VERKEHRS- UND STADTPLANUNG DER TU MUENCHEN
MUENCHEN 2, ARCISSTR. 21
VORHAB **schallschutz an strassen (beispielsammlung)**
erarbeitung von allgemeinen beispielen aus speziellen anwendungsfaellen
S.WORT laermschutzplanung + strassenbau
PROLEI DR. -ING. KARL GLUECK
STAND 22.7.1976
QUELLE fragebogenerhebung sommer 1976
FINGEB BUNDESMINISTER FUER VERKEHR
ZUSAM - STRASSENBAUAEMTER
- HERSTELLER VON SCHALLSCHUTZEINRICHTUNGEN
BEGINN 1.6.1975 ENDE 30.9.1976
G.KOST 84.000 DM
LITAN ZWISCHENBERICHT

FB -072
INST LEHRSTUHL UND INSTITUT FUER KRAFTFAHRWESEN DER TU HANNOVER
HANNOVER, NIENBURGER STRASSE 1
VORHAB **laermbelaestigung durch nutzfahrzeuge - impulshaltige geraeusche**
das forschungsvorhaben soll dazu beitragen, die laermbelaestigung durch nutzfahrzeuge zu verringern. die geraeuschentwicklung der motoren ist weitgehend bekannt und nicht gegenstand der untersuchungen. vielmehr treten bei nutzfahrzeugen zum reinen rollgeraeusch haeufig impulsfoermige oder impulshaltige "zusatzgeraeusche" (z. b. klappern, quietschen u. a. durch bewegungen in bauelementen und aufbauten), die oft im pegel, meistens jedoch hinsichtlich ihrer stoerwirkung und laestigkeit hervortreten
S.WORT fahrzeug + laermminderung
PROLEI DIPL. -ING. SIEGFRIED JAEKEL
STAND 21.7.1976
QUELLE fragebogenerhebung sommer 1976
FINGEB DEUTSCHE FORSCHUNGSGEMEINSCHAFT
BEGINN 1.4.1973
G.KOST 200.000 DM
LITAN JAEKEL, S. , VORTRAG, DAGA (1976): SCHLAGGERAEUSCHE BEI NUTZFAHRZEUGEN

FB -073
INST LUFTFAHRT-BUNDESAMT
BRAUNSCHWEIG, FLUGHAFEN
VORHAB **untersuchung des einflusses von laermminderungsverfahren auf die kapazitaet des flughafens frankfurt/main**
untersuchung ueber ausbaumassnahmen des flughafens frankfurt, aenderung des fs-systems im zusammenhang mit der auflassung des flugplatzes wiesbaden-erbenheim und die auswirkungen auf die kapazitaet des flughafens frankfurt
S.WORT flughafen + laermminderung
FRANKFURT + RHEIN-MAIN-GEBIET
PROLEI TED HOOTON
STAND 12.8.1976
QUELLE fragebogenerhebung sommer 1976
ZUSAM BUNDESANSTALT FUER FLUGSICHERUNG
BEGINN ENDE 31.5.1974
G.KOST 40.000 DM

FB -074
INST LUFTFAHRT-BUNDESAMT
BRAUNSCHWEIG, FLUGHAFEN
VORHAB **untersuchung des einflusses von laermminderungsverfahren auf die kapazitaet des flughafens frankfurt/main**
untersuchung ueber ausbaumassnahmen des flughafens frankfurt, aenderung des fs-systems im zusammenhang mit der auflassung des flugplatzes wiesbaden-erbenheim und die auswirkungen auf die kapazitaet des flughafens frankfurt/m. (phase 2)
S.WORT flughafen + laermminderung
FRANKFURT + RHEIN-MAIN-GEBIET
PROLEI TED HOOTON
STAND 12.8.1976
QUELLE fragebogenerhebung sommer 1976
ZUSAM BUNDESANSTALT FUER FLUGSICHERUNG
G.KOST 30.000 DM

FB -075
INST MAX-PLANCK-INSTITUT FUER STROEMUNGSFORSCHUNG
GOETTINGEN, BOETTINGERSTR. 6-8
VORHAB **test von fluglaermindizes mit hilfe der ergebnisse der muenchener fluglaermuntersuchung der deutschen forschungsgemeinschaft**
laermindizes bewerten komplexe, laengerandauernde laermereignisse; anwendung: laermschutz/gesetzgebung; hier: formulierung und weiterentwicklung von mathematischen ansaetzen fuer laermindizes; test der ansaetze mit hilfe der ergebnisse der muenchener fluglaermuntersuchung der dfg
S.WORT fluglaerm + bewertungskriterien
PROLEI DR. GEERT ZIMMERMANN

STAND 1.1.1974
FINGEB MAX-PLANCK-GESELLSCHAFT ZUR FOERDERUNG DER WISSENSCHAFTEN E. V. , MUENCHEN
ZUSAM DEUTSCHE FORSCHUNGSGEMEINSCHAFT, BAD GODESBERG; GEMEINSCHAFTSVORHABEN FLUGLAERM
BEGINN 1.10.1971
G.KOST 15.000 DM
LITAN MATSCHAT, K.;MUELLER, E. A.;ZIMMERMANN, G. (MPI F. STROEMUNGSFORSCHUNG): ZUR WEITERENTWICKLUNG VON LAERMINDICES UNTER BERUECKSICHTIGUNG DER ERGEBNISSE DER FLUGLAERMUNTERSUCHUNGE DER DFG IN MUENCHEN

FB -076

INST MAX-PLANCK-INSTITUT FUER STROEMUNGSFORSCHUNG
GOETTINGEN, BOETTINGERSTR. 6-8
VORHAB **ermittlung von laermschutzbereichen nach dem gesetz zum schutz gegen fluglaerm vom 30.3.71**
entwicklung der verfahren, nach denen der in par. 2 fluglaerm-gesetz definierte laermschutzbereich ermittelt werden soll. a) entwicklung eines fragebogens zur prognose des voraussehbaren flugbetriebes an einem flughafen ("datenerfassungssystem des"); b) entwicklung der verfahren, nach denen die kurven konstanten aequivalenten dauerschallpegels in der flughafenumgebung zu gegebenen des berechnet werden ("anleitung zur berechnung azb"); c) durchfuehrung der laermschutzbereichsermittlung fuer die verkehrsflughaefen der brd
S.WORT laermschutzbereich + fluglaerm
PROLEI DR. KLAUS MATSCHAT
STAND 29.7.1976
QUELLE fragebogenerhebung sommer 1976
ZUSAM - BMI, RHEINDORFER STR. 198, 5300 BONN 7
- INST. F. ANGEWANDTE GEODAESIE, KENNEDYALLEE 151, 6000 FRANKFURT
BEGINN 1.8.1971 ENDE 31.12.1976
LITAN - KOPPE, E.;LEINEMANN, H.;MATSCHAT, K.;MUELLER, E.: UEBER DIE METHODEN ZUR ERMITTLUNG VON LAERMSCHUTZBEREICHEN NACH DEM GESETZ ZUM SCHUTZ GEGEN FLUGLAERM. IN: JAHRBUCH 1974 DER DEUTSCHEN GESELLSCHAFT FUER LUFT- UND RAUMFAHRT E. V. S. 279-289(JUN 1975)
- MUELLER, E.;MATSCHAT, K.;LEINEMANN, H.;KOPPE, E.: PHYSIKALISCH-TECHNISCHE ASPEKTE ZUM FLUGLAERMGESETZ. IN: AIRPORT FORUM 5(6) S. 47-54(1975)

FB -077

INST MAX-PLANCK-INSTITUT FUER STROEMUNGSFORSCHUNG
GOETTINGEN, BOETTINGERSTR. 6-8
VORHAB **bestandsaufnahme der aktivitaeten auf dem gebiet der fluglaermforschung**
alle in der bundesrepublik durchgefuehrten forschungsvorhaben, welche fluglaerm oder damit in beziehung stehende randthemen zum gegenstand haben und in den zeitraum vom 1. 1. 1976 bis 31. 12. 1976 fallen, sollen mittels einer fragebogenaktion erfasst, und in einem katalog dokumentiert werden. ein dazu erarbeiteter fragebogen wird allen in betracht kommenden institutionen vorgelegt. die aus dieser umfrage erhaltenen informationen werden zu einem katalog zusammengestellt, der auskunft ueber die beteiligten institutionen und die art ihrer forschungsvorhaben gibt. ferner wird eine expertise ausgearbeitet, die eine beurteilung der im katalog dargestellten situation auf dem gebiet der fluglaermforschung in der brd zum inhalt hat
S.WORT fluglaerm + forschungsplanung + (dokumentation)
PROLEI PROF. DR. ERNST-AUGUST MUELLER
STAND 29.7.1976
QUELLE fragebogenerhebung sommer 1976
FINGEB BUNDESMINISTER FUER FORSCHUNG UND TECHNOLOGIE
ZUSAM - DEUTSCHE GESELLSCHAFT FUER LUFT- UND RAUMFAHRT E. V. , GOETHESTR. 10, 5000 KOELN 51
- DFVLR
- FACHAUSSCHUSS STROEMUNGSAKUSTIK/FLUGLAERM DER DEUTSCHEN GESELLSCHAFT FUER LUFT- UND RAUMFAHRT E. V.
BEGINN 1.3.1976 ENDE 28.2.1977
G.KOST 50.000 DM

FB -078

INST MOTOREN- UND TURBINEN UNION MUENCHEN GMBH
MUENCHEN, DACHAUER STRASSE 665
VORHAB **schallpegeluebermittlungen zukuenftiger strahlenantriebe und untersuchungen ueber die minderung des abgaslaerms von zweistromtriebwerken**
S.WORT triebwerk + schallpegelmessung + laermminderung
PROLEI DIPL. -ING. HEINIG
STAND 1.10.1974
FINGEB BUNDESMINISTER DER VERTEIDIGUNG
BEGINN 1.1.1969
G.KOST 250.000 DM

FB -079

INST MUELLER-BBM GMBH, SCHALLTECHNISCHES BERATUNGSBUERO
PLANEGG, ROBERT-KOCH-STR. 11
VORHAB **koerperschallanregung von baulich mit schnellverkehrsstrassen und strassentunneln verbundenen gebaeuden**
sammlung von erfahrungen und messergebnissen ueber die staerke der koerperschallanregung von gebaeuden durch verkehr als grundlage fuer richtlinien ueber notwendige schallschutzmassnahmen bei der ueberbauung von strassen mit gebaeuden, die dem dauerndn aufenthalt von menschen dienen
S.WORT schallschutzplanung + strassenlaerm + wohnungsbau
PROLEI DIPL. -PHYS. GERARDO VOLBERG
STAND 11.8.1976
QUELLE fragebogenerhebung sommer 1976
FINGEB BUNDESMINISTER FUER VERKEHR
G.KOST 100.000 DM

FB -080

INST MUELLER-BBM GMBH, SCHALLTECHNISCHES BERATUNGSBUERO
PLANEGG, ROBERT-KOCH-STR. 11
VORHAB **verkehrslaermprognosen bei stadtstrassen**
durchfuehrung einer groesseren anzahl von schallpegelmessungen in stadtstrassen unter verschiedensten verkehrsbedingungen und -situationen mit dem ziel der ueberpruefung der anwendbarkeit der bisher verwendeten verkehrslaerm-prognose-verfahren, die aus messungen bei frei fliessendem verkehr mit geschwindigkeiten ueber 60 km/h abgeleitet sind. gegebenfalls entwicklung besserer prognoseverfahren fuer staedtische verkehrssituationen
S.WORT verkehrslaerm + strassenverkehr + stadtgebiet + prognose
PROLEI DIPL. -ING. HORST WITTMANN
STAND 11.8.1976
QUELLE fragebogenerhebung sommer 1976
FINGEB BUNDESMINISTER FUER VERKEHR
G.KOST 125.000 DM

FB -081

INST NORMENAUSSCHUSS AKUSTIK UND SCHWINGUNGSTECHNIK IM DEUTSCHEN INSTITUT FUER NORMUNG E. V.
BERLIN 30, BURGGRAFENSTR. 4-7
VORHAB **geraeuschmessungen an kraftfahrzeugen, wasserfahrzeugen (din-normen)**
S.WORT laermmessung + kfz + normen

STAND 1.1.1974
FINGEB BUNDESMINISTER FUER WIRTSCHAFT
ZUSAM BEUTH-VERTRIEB GMBH, 1 BERLIN 30, BURGGRAFENSTR. 4-7
LITAN - DIN 45636 BEUTH VERTRIEB BERLIN/KOELN (JUN 1967)
- DIN 45637 BEUTH VERTRIEB BERLIN/KOELN (NOV 1968)
- DIN 45638 BEUTH VERTRIEB BERLIN/KOELN (FEB 1971)

FB -082

INST NORMENAUSSCHUSS AKUSTIK UND SCHWINGUNGSTECHNIK IM DEUTSCHEN INSTITUT FUER NORMUNG E. V.
BERLIN 30, BURGGRAFENSTR. 4-7
VORHAB messung von verkehrsgeraeuschen (din 45642)
S.WORT verkehrslaerm + messung + normen
PROLEI DR. ROBBERT
STAND 1.1.1974
FINGEB BUNDESMINISTER FUER WIRTSCHAFT
ZUSAM BEUTH-VERTRIEB GMBH, 1 BERLIN 30, BURGGRAFENSTR. 4-7
BEGINN 1.1.1968 ENDE 31.12.1974
LITAN DIN 45642 ENTWURF; BEUTH VERTRIEB BERLIN/KOELN (DEZ 1971)

FB -083

INST NORMENAUSSCHUSS AKUSTIK UND SCHWINGUNGSTECHNIK IM DEUTSCHEN INSTITUT FUER NORMUNG E. V.
BERLIN 30, BURGGRAFENSTR. 4-7
VORHAB fluglaermueberwachung (din 45643)
S.WORT fluglaerm + normen
PROLEI PROF. BUERCK
STAND 1.1.1974
FINGEB BUNDESMINISTER FUER WIRTSCHAFT
ZUSAM BEUTH-VERTRIEB GMBH, 1 BERLIN 30, BURGGRAFENSTR. 4-7
BEGINN 1.1.1969 ENDE 31.12.1974
LITAN DIN 45643 ENTWURF; BEUTH VERTRIEB BERLIN/KOELN (MAR 1972)

FB -084

INST NORMENAUSSCHUSS AKUSTIK UND SCHWINGUNGSTECHNIK IM DEUTSCHEN INSTITUT FUER NORMUNG E. V.
BERLIN 30, BURGGRAFENSTR. 4-7
VORHAB geraeuschmessung an schalldaempfern
S.WORT laermmessung + schalldaempfer
PROLEI PROF. HUBERT
STAND 1.1.1974
FINGEB BUNDESMINISTER FUER WIRTSCHAFT
ZUSAM BEUTH-VERTRIEB GMBH, 1 BERLIN 30, BURGGRAFENSTR. 4-7
BEGINN 1.1.1971

FB -085

INST PORSCHE AG
STUTTGART, PORSCHESTR.42
VORHAB verringerung der motorengeraeusche von kraftfahrzeugmotoren
S.WORT kfz-technik + laermminderung
STAND 6.1.1975
FINGEB BUNDESMINISTER FUER FORSCHUNG UND TECHNOLOGIE
BEGINN 1.1.1974 ENDE 31.8.1976
G.KOST 566.000 DM

FB -086

INST SONDERFORSCHUNGSBEREICH 77 "FELSMECHANIK" DER UNI KARLSRUHE
KARLSRUHE, RICHARD-WILLSTAETTER-ALLEE
VORHAB tunnel mit geringer ueberdeckung (u-bahn bzw. s-bahn, wasserversorgung etc.)
erforschung von einflussfaktoren zur wirtschaftlichen herstellung von untertagebauten mit geringer ueberdeckung. zur verminderung der laermbelaestigung und des verkehrsaufkommens und damit der abgasbelastung in ballungszentren muessen methoden entwickelt werden, kostenguenstig untertagebauten bergmaennisch aufzufahren und zu betreiben
S.WORT felsmechanik + bautechnik + verkehrsplanung + ballungsgebiet
PROLEI DIPL. -ING. GERHARD SAUER
STAND 11.8.1976
QUELLE fragebogenerhebung sommer 1976
FINGEB - DEUTSCHE FORSCHUNGSGEMEINSCHAFT
- BUNDESMINISTER FUER VERKEHR
BEGINN 1.1.1971
G.KOST 500.000 DM
LITAN - LOETGERS, G.: DAS RAUMLICHE VERFORMUNGSGESCHEHEN BEIM VORTRIEB OBERFLAECHENNAHER TUNNELROEHREN. IN: VEROEFF. DES INSTITUTS FUER BODEN- UND FELSMECHANIK. (59)(1974)
- MUELLER, L.;SAUER, G.;CHAMBOSSE, G.: BERECHNUNGEN, MODELLVERSUCHE UND IN-SITU-MESSUNGEN BEI EINEM BERGMAENNISCHEN VORTRIEB IN TONIGEM UNTERGRUND. IN: BAUINGENIEUR(1977)(IM DRUCK)
- SAUER, G.: BERECHNUNGEN NACH DER METHODE DER FINITENELEMENTE IM U-BAHNBAU. IN: PUDIS-VEROEFFENTLICHUNG, PRAG(1973)

FB -087

INST STUDIENGESELLSCHAFT FUER UNTERIRDISCHE VERKEHRSANLAGEN E.V. (STUVA)
DUESSELDORF 30, MOZARTSTR. 7
VORHAB untersuchungen zur minderung der innen- und aussengeraeusche bei schienengebundenen systemen des stadtverkehrs - vorstudie laerm
S.WORT laermminderung + schienenverkehr + oeffentlicher nahverkehr
QUELLE datenuebernahme aus der datenbank zur koordinierung der ressortforschung (dakor)
FINGEB BUNDESMINISTER FUER FORSCHUNG UND TECHNOLOGIE
BEGINN 1.4.1975 ENDE 30.11.1976

FB -088

INST TECHNISCHER UEBERWACHUNGSVEREIN RHEINLAND E.V.
KOELN, KONSTANTIN-WILLE-STR. 1
VORHAB berechnung zur schallausbreitung bei ausgewaehlten baukoerper-formen und -stellungen
berechnung und zeichnerische darstellung von linien gleichen schallpegels in abhaengigkeit von strassenfuehrung, baukoerperformen und -stellungen
S.WORT verkehrslaerm + schallausbreitung + bebauungsart
PROLEI DIPL. -PHYS. W. GLOECKNER
STAND 2.8.1976
QUELLE fragebogenerhebung sommer 1976
FINGEB INNENMINISTER, DUESSELDORF
ZUSAM TU MUENCHEN, DR. GLUECK, MUENCHEN
BEGINN 1.3.1975 ENDE 31.10.1976
G.KOST 150.000 DM

FB -089

INST TECHNISCHER UEBERWACHUNGSVEREIN RHEINLAND E.V.
KOELN, KONSTANTIN-WILLE-STR. 1
VORHAB untersuchung des vom verkehrsflughafen duesseldorf - unter einbeziehung der parallelbahn - ausgehenden bodenlaerms und moeglichkeiten zur minderung dieser laermbelastung
ermittlung der derzeitigen, wie zu erwartenden laermbelastungen bei verschiedenen witterungsbedingungen: unter einbeziehung saemtlicher laermquellen, wie flug- und verkehrslaerm; bestimmung des laerm-anteils der einzelquellen, vorschlag und bewertung von baulichen schutzmassnahmen

S.WORT laermminderung + verkehrslaerm + flugverkehr DUESSELDORF-LOHHAUSEN + RHEIN-RUHR-RAUM
PROLEI DR. S. C. MARTINEZ
STAND 2.8.1976
QUELLE fragebogenerhebung sommer 1976
FINGEB MINISTER FUER WIRTSCHAFT, MITTELSTAND UND VERKEHR, DUESSELDORF
ZUSAM DEUTSCHER WETTERDIENST, WETTERAMT ESSEN
BEGINN 1.10.1975 ENDE 31.12.1976
G.KOST 73.000 DM

FB -090

INST UMWELT-SYSTEME GMBH
MUENCHEN 81, GNESENER STRASSE 4-6
VORHAB **aktive laermschutzmassnahmen bei hohen geschwindigkeiten der rad-schiene-technik**
im rahmen dieses forschungsvorhabens sollen die moeglichkeiten aktiver schallschutzmassnahmen in der rad-schiene-technik bei hochgeschwindigkeiten grundsaetzlich untersucht werden. aus einer ideensammlung von laermschutzmassnahmen werden die erfolgsversprechenden auf ihre wirksamkeit abgeschaetzt, deren konstruktive realisierbarkeit geprueft und empfehlungen fuer weiterfuehrende massnahmen ausgesprochen. die ergebnisse des forschungsvorhabens bilden die grundlage fuer die in der naechsten stufe bis zu 250 km/h mit den ausgewaehlten erprobungstraegern durchzufuehrende untersuchung
S.WORT schienenverkehr + laermschutz
PROLEI DR. -ING. KARL-HEINZ JENDGES
STAND 30.8.1976
QUELLE fragebogenerhebung sommer 1976
FINGEB BUNDESMINISTER FUER FORSCHUNG UND TECHNOLOGIE
ZUSAM DEUTSCHE BUNDESBAHN
BEGINN 1.7.1975 ENDE 30.6.1978
G.KOST 630.000 DM
LITAN JENDGES, K. H.: AKTIVE LAERMSCHUTZMASSNAHMEN BEI HOHEN GESCHWINDIGKEITEN DER RAD/SCHIENE-TECHNIK (VORUNTERSUCHUNG). FORSCHUNGSBERICHT BMFT. (NICHT VEROEFFENTLICHT)

FB -091

INST UMWELT-SYSTEME GMBH
MUENCHEN 81, GNESENER STRASSE 6
VORHAB **aktive laermschutzmassnahmen bei hohen geschwindigkeiten der rad/schiene-technik, vorstudie**
S.WORT verkehrslaerm + schienenverkehr + laermschutz + planungshilfen
QUELLE datenuebernahme aus der datenbank zur koordinierung der ressortforschung (dakor)
FINGEB BUNDESMINISTER FUER FORSCHUNG UND TECHNOLOGIE
BEGINN 1.7.1975 ENDE 31.12.1975

FB -092

INST VERSUCHSANSTALT FUER BINNENSCHIFFBAU E.V.
DUISBURG, KLOECKNERSTR. 77
VORHAB **experimentelle untersuchungen ueber die moeglichkeiten zur minderung von koerper- und luftschall bei verschiedenen hinterschiffsformen**
zur erarbeitung schiffbaulicher richtlinien unter besonderer beruecksichtigung der erwartungen der besatzung nach geraeuscharmen wohnraum, der sich bei binnenfrachtschiffen auf dem achterdeck befindet
S.WORT geraeuschminderung + schiffe
PROLEI DR. -ING. ERICH SCHAELE
STAND 1.1.1974
FINGEB DEUTSCHE FORSCHUNGSGEMEINSCHAFT
BEGINN 1.1.1974 ENDE 31.12.1974
G.KOST 80.000 DM
LITAN ZWISCHENBERICHT 1974. 12

FB -093

INST VERSUCHSANSTALT FUER BINNENSCHIFFBAU E.V.
DUISBURG, KLOECKNERSTR. 77
VORHAB **neues messverfahren zur ermittlung der laermemission von schiffen und booten auf binnenwasserstrassen**
zweck: bestehendes messverfahren nach din 45 640 durch eine weitere variante ergaenzen, damit suk waehrend der schiffsabnahme unmittelbar an bord messen kann. variante: 6 bis 8 messpunkte werden auf einem um die schiffslaengsachse im laermbereich konstruierten halbzylinder so angeordnet, dass eindeutige einzelergebnisse gewonnen und diese nach beschriebenem rechnungsgang zu einem mittelwert fuehren, der in 25 m entfernung als abnahmewert gemessen wuerde. anwendung: neues verfahren nur anwendbar auf schubbooten, gueterschiffen und wenig gegliederten fahrgastschiffen, nicht auf stark gegliederten fahrgastschiffen und motorbooten jeder art
S.WORT laermmessung + schiffahrt + binnengewaesser
PROLEI DR. -ING. ERICH SCHAELE
STAND 29.7.1976
QUELLE fragebogenerhebung sommer 1976
FINGEB BUNDESMINISTER FUER VERKEHR
ZUSAM PHYSIKALISCH-TECHNISCHE BUNDESANSTALT, BUNDESALLEE 100, BRAUNSCHWEIG
BEGINN 1.6.1975 ENDE 31.5.1976
G.KOST 74.000 DM

FB -094

INST ZENTRALABTEILUNG LUFTFAHRTTECHNIK DER DFVLR
OBERPFAFFENHOFEN
VORHAB **laermmessungen im auftrag der luftfahrt-zulassungsbehoerden gemaess nfl ii 3272 und damit verbundene aufgaben**
fluglaermmessungen; muster fuer zulassungen von kleinflugzeugen; verbesserung des messverfahrens und der messanlage; bekaempfung des laerms an der quelle
S.WORT fluglaerm + messtechnik
PROLEI ING. GRAD. SEIFERT
STAND 1.10.1974
FINGEB - BUNDESMINISTER FUER VERKEHR
- BUNDESMINISTER FUER FORSCHUNG UND TECHNOLOGIE
ZUSAM LUFTFAHRT-BUNDESAMT, 33 BRAUNSCHWEIG, FLUGHAFEN
BEGINN 1.2.1969
LITAN - SEIFERT: VORSCHLAEGE ZUM ENTWURF VON RICHTLINIEN FUER FLUGLAERM-ZULASSUNGSVORSCHRIFTEN FUER FLUGZEUGE BIS 5 700 KG UND MOTORSEGLER. IN: DFVLR-IB 6/70
- SEIFERT: FLUGLAERMMESSUNGEN NACH DEM ENTWURF UEBER DIE BEKANNTMACHUNG UEBER DIE LAERMERZEUGUNG VON PROPELLERFLUG. IN: DFVLR-IB 19-4/71
- PAFFRATH, D.: FORSCHUNGSARBEITEN IN DER DFVLR AUF DEM GEBIET DES UMWELTSCHUTZES TEIL II. LAERMBEKAEMPFUNG, GEWAESSERSCHUTZ, NATUR UND LANDSCHAFT, UMWELTFREUNDLICHE TECHNIK. IN: DLR-MITT. 72-15

Weitere Vorhaben siehe auch:

DA -076 DIE ZIELSETZUNG DIESES FORSCHUNGSVORHABENS BESTEHT DARIN, MASSNAHMEN ZU ERARBEITEN, DIE ES ERLAUBEN, DIE BISHERIGEN NACHTEILE DES DIESELMOTORS ZU BESEITIGEN

UI -021 DIE BERUECKSICHTIGUNG VON UMWELTBELASTUNGEN BEI DER PLANUNG STAEDTISCHER VERKEHRSINVESTITIONEN

FC -001

INST ARBEITSSTELLE ARBEITERKAMMER DER UNI BREMEN
BREMEN 33, ACHTERSTR.

VORHAB **laermquellen und moeglichkeiten ihrer bekaempfung im urteil von betriebsraeten, sicherheitsbeauftragten und arbeitnehmern**
im rahmen des aktionsprogramms "forschung zur humanisierung des arbeitslebens" werden u. a. empirische untersuchungen mit den schwerpunkten: - laermbelastung und laermwahrnehmung, - der einsatz von laermdosimetern in der betrieblichen praxis durchgefuehrt

S.WORT laermbelastung + arbeitsplatz + laermminderung
PROLEI PROF. DR. VOLKER VOLKHOLZ
STAND 12.8.1976
QUELLE fragebogenerhebung sommer 1976
FINGEB BUNDESMINISTER FUER ARBEIT UND SOZIALORDNUNG
BEGINN 1.12.1973 ENDE 31.12.1975
G.KOST 200.000 DM
LITAN ENDBERICHT

FC -002

INST AUGUST-THYSSEN-HUETTE AG
DUISBURG, POSTFACH 67

VORHAB **geraeuschminderung der arbeitsplaetze an grobblech-scherenstrassen**
ziel des vorhabens ist, konstruktive moeglichkeiten der geraeuschminderung an anlagenteilen von blechscherenstrassen durch anwendung aufzuzeigen und ihre auswirkungen durch vergleichende messungen zu beurteilen.

S.WORT arbeitsplatz + werkzeugmaschinen + geraeuschminderung
QUELLE datenuebernahme aus der datenbank zur koordinierung der ressortforschung (dakor)
FINGEB GESELLSCHAFT FUER WELTRAUMFORSCHUNG MBH (GFW) IN DER DFVLR, KOELN
BEGINN 15.9.1974 ENDE 31.12.1976
G.KOST 887.000 DM

FC -003

INST BERNHARD-NOCHT-INSTITUT FUER SCHIFFS- UND TROPENKRANKHEITEN AN DER UNI HAMBURG
HAMBURG 4, BERNHARD-NOCHT-STR. 74

VORHAB **untersuchung der effektiven laermbelastung der besatzungen auf see- und binnenschiffen**
untersuchungen der individuellen laermbelastung an arbeitsplaetzen in verschiedenen dienstzweigen und taetigkeitsarten, insbesondere im maschinenbetrieb, unter fahrbetriebsbedingungen zur schaffung von grundlagen zur beurteilung von art und umfang der erforderlichen technischen und individuellen laermschutzmassnahmen.

S.WORT laermbelastung + arbeitsplatz + schiffahrt
QUELLE datenuebernahme aus der datenbank zur koordinierung der ressortforschung (dakor)
FINGEB BUNDESMINISTER FUER ARBEIT UND SOZIALORDNUNG
BEGINN 1.7.1974 ENDE 31.12.1976
G.KOST 338.000 DM

FC -004

INST BETRIEBSFORSCHUNGSINSTITUT VDEH - INSTITUT FUER ANGEWANDTE FORSCHUNG
DUESSELDORF, SOHNSTR. 65

VORHAB **entwicklung einer einheitlichen gehoerueberwachungskarte zur auswertung auf edv-anlagen**
gehoerueberwachung an arbeitsplaetzen

S.WORT arbeitsplatz + arbeitsschutz + laermbelastung
PROLEI DR. -ING. IRMER
STAND 1.1.1974
QUELLE erhebung 1975
FINGEB HAUPTVERBAND DER GEWERBLICHEN BERUFSGENOSSENSCHAFTEN E. V. , BONN
BEGINN 1.7.1972 ENDE 30.6.1974
G.KOST 110.000 DM
LITAN ABSCHLUSSBERICHT 1974. 06

FC -005

INST BETRIEBSFORSCHUNGSINSTITUT VDEH - INSTITUT FUER ANGEWANDTE FORSCHUNG
DUESSELDORF, SOHNSTR. 65

VORHAB **gehoerueberwachung von arbeitnehmern der eisen- und stahlindustrie**
durch audiometrische reihenuntersuchungen an laermarbeitern in der stahlindustrie und der laermsituation am arbeitsplatz sollen zusammenhaenge zwischen arbeitsplatz-laerm und evtl. auftretenden gehoerschaeden ermittelt werden. medizinische erhebungen durch werksaerzte, zentrale erfassung und datenauswertung ueber grossrechenanlage im bfi

S.WORT laermbelastung + arbeitsplatz + gehoerschaeden + audiometrie + eisen- und stahlindustrie
PROLEI DIPL. -ING. DIRK PANNHAUSEN
STAND 30.8.1976
QUELLE fragebogenerhebung sommer 1976
FINGEB EUROPAEISCHE GEMEINSCHAFT FUER KOHLE UND STAHL, LUXEMBURG
ZUSAM MINISTER FUER ARBEIT, GESUNDHEIT UND SOZIALES, DUESSELDORF
BEGINN 1.2.1975 ENDE 31.12.1977
G.KOST 814.000 DM
LITAN ZWISCHENBERICHT

FC -006

INST BETRIEBSFORSCHUNGSINSTITUT VDEH - INSTITUT FUER ANGEWANDTE FORSCHUNG
DUESSELDORF, SOHNSTR. 65

VORHAB **laermverteilung und -ausbreitung in hallen der stahlerzeugenden industrie**
ziel des vorhabens ist, moeglichkeiten der beeinflussung der laermverteilung und -ausbreitung in hallen der stahlerzeugenden industrie zu ermitteln, um die laermbelastung am arbeitsplatz zu verringern: a) messung der laermverteilung in hallen, b) einzelmassnahmen zur laermminderung, c) aufstellung eines massnahmenkatalogs, d) berechnungsverfahren, e) allgemeingueltige projektierungsunterlagen fuer laermverteilung und -ausbreitung

S.WORT laermbelastung + arbeitsplatz + eisen- und stahlindustrie + schallausbreitung
PROLEI DIPL. -ING. GERHARD NEUGEBAUER
STAND 30.8.1976
QUELLE fragebogenerhebung sommer 1976
FINGEB BUNDESMINISTER FUER FORSCHUNG UND TECHNOLOGIE
BEGINN 1.12.1974 ENDE 31.12.1977
G.KOST 481.000 DM
LITAN ZWISCHENBERICHT

FC -007

INST BETRIEBSFORSCHUNGSINSTITUT VDEH - INSTITUT FUER ANGEWANDTE FORSCHUNG
DUESSELDORF, SOHNSTR. 65

VORHAB **laermminderung an walzwerksanlagen und adjustageeinrichtungen**
in walzwerksanlagen und adjustageeinrichtungen der eisen- und stahlindustrie sind die arbeiter laermbelaestigungen mit spitzenschallpegeln bis zu 115 dba ausgesetzt. mit dieser untersuchung sollen die laermemission und die dadurch hervorgerufene laermbelastung des personals in mehreren anlagen bestimmt werden. anhand der ergebnisse dieser messungen sollen vorschlaege zu technologischen, konstruktiven und organisatorischen aenderungen zur verminderung des laerms erarbeitet und beurteilt werden. auf diesem wege werden praxisnahe planungsunterlagen fuer neukonstruktionen oder veraenderungen an bestehenden anlagen und verfahren erstellt

S.WORT laermminderung + eisen- und stahlindustrie + (walzwerkanalge + adjustageeinrichtungen)
PROLEI DR. -ING. HERBERT FRITZ
STAND 30.8.1976

QUELLE fragebogenerhebung sommer 1976
FINGEB EUROPAEISCHE GEMEINSCHAFT FUER KOHLE UND STAHL, LUXEMBURG
ZUSAM - STAHLWERKE SUEDWESTFALEN AG, HUETTENTAL-GEISWEID
- MANNESMANN AG, DUESSELDORF
BEGINN 1.3.1975 ENDE 28.2.1978
G.KOST 710.000 DM
LITAN ZWISCHENBERICHT

FC -008

INST BETRIEBSFORSCHUNGSINSTITUT VDEH - INSTITUT FUER ANGEWANDTE FORSCHUNG
DUESSELDORF, SOHNSTR. 65
VORHAB **ursachen der geraeuschentstehung und pulsation an gasbrennern fuer industrieoefen**
es werden geraeuschmessungen an verschiedenen industriebrennern gleicher bauart aber unterschiedlicher leistung durchgefuehrt. anhand von frequenzanalysen sollen wege aufgezeigt werden, wie die entstehenden geraeusche zu reduzieren sind. unter anwendung von modellgesetzmaessigkeiten soll geprueft werden, ob z. b. in relation zur brennerleistung und geometrie des brennraums die an kleineren brennkammern und brennern gewonnenen erkenntnisse auf grosse industrieanlagen uebertragen werden koennen. aus diesen untersuchungen sollen konstruktive und betriebliche massnahmen sowohl am brenner wie am brennraum zur geraeuschminderung im sinne einer humaneren arbeitsplatzgestaltung abgeleitet werden
S.WORT laermentstehung + arbeitsplatz + geraeuschminderung + (gasbrenner)
PROLEI DR. -ING. ALFRED SCHMITZ
STAND 30.8.1976
QUELLE fragebogenerhebung sommer 1976
FINGEB BUNDESMINISTER FUER FORSCHUNG UND TECHNOLOGIE
ZUSAM GASWAERME-INSTITUT, HAFENSTR. 101, 4300 ESSEN 11
BEGINN 1.7.1974 ENDE 30.6.1977
G.KOST 531.000 DM
LITAN ZWISCHENBERICHT

FC -009

INST BETRIEBSFORSCHUNGSINSTITUT VDEH - INSTITUT FUER ANGEWANDTE FORSCHUNG
DUESSELDORF, SOHNSTR. 65
VORHAB **laermemission und laermminderung an elektrolichtbogenoefen - verbesserung des gesundheitsschutzes fuer die belegschaft**
bei diesem vorhaben sollen an elektrolichtbogenoefen verschiedener bauart und leistung (bis 85 mva) vergleichende untersuchungen durchgefuehrt werden. dabei muss die beschickung mit verschiedenen einsatzarten beruecksichtigt werden, ebenso wie trafogeraeusche und die betriebsweise. durch eine vergleichende bewertung sollen folgerungen fuer die zweckmaessigste laermminderung gezogen werden
S.WORT laermentstehung + geraeuschminderung + arbeitsplatz + gesundheitsschutz + (elektrolichtbogenofen)
PROLEI DR. -ING. ALFRED SCHMITZ
STAND 30.8.1976
QUELLE fragebogenerhebung sommer 1976
FINGEB EUROPAEISCHE GEMEINSCHAFT FUER KOHLE UND STAHL, LUXEMBURG
BEGINN 1.4.1975 ENDE 31.3.1978
G.KOST 1.429.000 DM
LITAN ZWISCHENBERICHT

FC -010

INST BETRIEBSFORSCHUNGSINSTITUT VDEH - INSTITUT FUER ANGEWANDTE FORSCHUNG
DUESSELDORF, SOHNSTR. 65
VORHAB **einflussgroessen auf die schallemission bei warm- und kaltsaegen und massnahmen zur laermminderung**
ziel des forschungsvorhabens ist, die einflussgroessen auf die geraeuschentstehung bei warm- und kaltsaegen zu erfassen, um daraus konstruktive anlagenaenderungen zu entwickeln. in gezielten versuchen an einer saege werden die einflussgroessen systematisch ermittelt. entstehung, weiterleitung und abstrahlung an saegen unterschiedlicher bauart und leistung werden untersucht. die in den laborversuchen erarbeiteten konstruktiven aenderungen werden in der praxis erprobt
S.WORT laermminderung + schallemission + werkzeuge + metallindustrie + (warm- und kaltsaegen)
PROLEI DIPL. -ING. DIRK PANNHAUSEN
STAND 30.8.1976
QUELLE fragebogenerhebung sommer 1976
FINGEB BUNDESMINISTER FUER FORSCHUNG UND TECHNOLOGIE
BEGINN 1.7.1974 ENDE 31.12.1977
G.KOST 450.000 DM
LITAN ZWISCHENBERICHT

FC -011

INST BRUENINGHAUS HYDRAULIK GMBH
HORB 1, POSTFACH 80
VORHAB **geraeuschminderung von verstellbaren axialkolbenpumpen und -motoren**
ziel des vorhabens ist es, durch experimentelle und theoretische untersuchungen des druckumsteuersystems (unterschiedliche zylindernierenteilung, degrenive daempfungsschlitze, kombinierte umsteuersysteme, daempfungsschlitze am steuerspiegel nach druckteilerprinzip aufgebaut) eine geraeuschminderung von verstellbaren axialkolbenpumpen zu erreichen. eine von der pumpenform und pumpengroesse unabhaengiges forschungsprogramm wird in angriff genommen. spezifische kennwerte sollen die geometrische und physikalische aehnlichkeit beruecksichtigen.
S.WORT motor + geraeuschminderung + (kolbenpumpe)
QUELLE datenuebernahme aus der datenbank zur koordinierung der ressortforschung (dakor)
FINGEB GESELLSCHAFT FUER WELTRAUMFORSCHUNG MBH (GFW) IN DER DFVLR, KOELN
ZUSAM TU KARLSRUHE
BEGINN 1.10.1974 ENDE 30.9.1976
G.KOST 770.000 DM

FC -012

INST BUDERUS'SCHE EISENWERKE
WETZLAR, POSTFACH 1220
VORHAB **entwicklungsarbeiten zur verbesserung der arbeitsverhaeltnisse in putzereien**
ziel dieser aufgabe ist es, durch geeignete auswahl einer putzerei als pilotprojekt unter darstellung des derzeitigen ist-zustandes mit einbeziehung der belastungen wie staub, laerm, klima, auf die physis des menschen in der putzerei, ein arbeitsprogramm zu erstellen, das zu einer um- bzw. neugestaltung der putzereien fuehrt.
S.WORT arbeitsplatz + laermbelastung + (putzerei)
QUELLE datenuebernahme aus der datenbank zur koordinierung der ressortforschung (dakor)
FINGEB GESELLSCHAFT FUER WELTRAUMFORSCHUNG MBH (GFW) IN DER DFVLR, KOELN
BEGINN 1.9.1975 ENDE 28.3.1977
G.KOST 1.092.000 DM

FC -013

INST BUNDESBAHN-ZENTRALAMT MUENCHEN
MUENCHEN 2, ARNULFSTR. 19
VORHAB **entwicklung integrierter schallschutzeinrichtungen an baumaschinen fuer den gleisbau**
bei einigen maschinen, insbesondere bei maschinen zur bearbeitung von schotter im gleis, liegen die schallpegelwerte ueber den werten anderer maschinen des gleisbaues. fuer diese laermintensiven maschinen sind in zusammenarbeit mit der einschlaegigen industrie integrierte schallschutzeinrichtungen zu entwickeln, im betriebseinsatz zu erproben und auf ihre wirksamkeit zu untersuchen
S.WORT eisenbahn + baumaschinen + schallpegel + laermschutz
PROLEI DIPL. -ING. KLAUS RIEBOLD
STAND 9.8.1976

QUELLE fragebogenerhebung sommer 1976
BEGINN 1.1.1974 ENDE 31.12.1977
G.KOST 313.000 DM

FC -014

INST DEUTSCHE FORSCHUNGSGESELLSCHAFT FUER BLECHVERARBEITUNG UND OBERFLAECHENBEHANDLUNG E.V.
DUESSELDORF, PRINZ-GEORG-STR. 42
VORHAB **laermminderung beim schleifen von blech und konstruktionselementen aus blech**
S.WORT laermminderung + werkzeugmaschinen
PROLEI PROF. DR. MINTROP
STAND 1.10.1974
BEGINN 1.1.1973 ENDE 31.12.1974
G.KOST 167.000 DM

FC -015

INST DEUTSCHE VEREINIGUNG FUER VERBRENNUNGSFORSCHUNG E.V.
ESSEN 1, KLINKESTR. 29-31
VORHAB **geraeuschentwicklung industrieller gasbrenner**
messung der akustischen eigenschaften von diffusionsflammen, vorwiegend gasflammen ohne und mit drall; zusammenhang mit turbulenzeigenschaften
S.WORT laermentstehung + gasfeuerung + industrie
PROLEI PROF. DR. RUDOLF GUENTHER
STAND 1.1.1974
QUELLE erhebung 1975
FINGEB ARBEITSGEMEINSCHAFT INDUSTRIELLER FORSCHUNGSVEREINIGUNGEN E. V. (AIF)
ZUSAM INT. FLAME RESEARCH FOUNDATION (IFRF)
BEGINN 1.1.1973 ENDE 31.12.1975
G.KOST 160.000 DM

FC -016

INST DEUTSCHER VERBAND FUER SCHWEISSTECHNIK E.V.
DUESSELDORF, AACHENER STRASSE 172
VORHAB **humanisierung des arbeitslebens des schweissers**
untersuchung der entstehung gesundheitsgefaerdender schweissrauche und -gase, massnahmen zu deren reduzierung, vermeidung oder massnahmen zum schutz vor schaedigendem einfluss. bestimmung von schallemissionskennwerten und massanhmen zur vermeidung oder minderung von schaedigenden einfluessen. (die genannten uebergeordneten themen beziehen sich auf schweissen und verwandte verfahren, zum beispiel brennschneiden, loeten, thermisches spritzen)
S.WORT arbeitsschutz + laermminderung + schadstoffminderung + schweisstechnik
STAND 4.8.1976
QUELLE fragebogenerhebung sommer 1976
FINGEB - BUNDESMINISTER FUER FORSCHUNG UND TECHNOLOGIE
- BUNDESMINISTER FUER ARBEIT UND SOZIALORDNUNG
G.KOST 2.100.000 DM

FC -017

INST DOLMAR MASCHINEN-FABRIK GMBH & CO
HAMBURG 70, JENFELDERSTR. 38
VORHAB **reduzierung des gesamt-schallpegels an motorkettensaegen mit dem ziel der erstellung einer motorsaege, deren schallpegel geringer ist als 90 dezibel (a)**
ziel des vorhabens ist die erstellung einer handmotorsaege (e, 5ps) mit einem gemittelten schalldruckpegel, der unter 90 db (a) am ohr des bedienungsmannes betraegt. besondere beruecksichtigung finden dabei die handlichkeit, das gesamtgewicht, die motorleistung, die betriebssicherheit sowie die fertigungskosten.
S.WORT laermminderung + maschinen + (motorsaege)
QUELLE datenuebernahme aus der datenbank zur koordinierung der ressortforschung (dakor)
FINGEB GESELLSCHAFT FUER WELTRAUMFORSCHUNG MBH (GFW) IN DER DFVLR, KOELN
ZUSAM TU HANNOVER, GROTH, PROF.
BEGINN 15.2.1975 ENDE 30.11.1977
G.KOST 664.000 DM

FC -018

INST DORNIER GMBH
FRIEDRICHSHAFEN, POSTFACH 317
VORHAB **untersuchungen ueber laermquellen im industrie- und gewerbebereich**
erarbeitung der grundlagen fuer ein foerderungsprogramm - datensammlung (subjektive kriterien) - auswahl und prioritaetenfestlegung - vertiefte untersuchung in ausgewaehlten bereichen - vergleich von soll- (gesetz) und ist-zustand - technische verbesserungsmoeglichkeiten
S.WORT laermbelastung + industrie + gewerbe
PROLEI PETER BARTELS
STAND 30.8.1976
QUELLE fragebogenerhebung sommer 1976
FINGEB BUNDESMINISTER FUER FORSCHUNG UND TECHNOLOGIE
BEGINN 1.1.1975 ENDE 31.10.1976
G.KOST 125.000 DM
LITAN ZWISCHENBERICHT

FC -019

INST ENGLER-BUNTE-INSTITUT DER UNI KARLSRUHE
KARLSRUHE, RICHARD-WILLSTAETTER-ALLEE 5
VORHAB **geraeuschentwicklung in gasbrennern**
messung der akustischen eigenschaften von diffusionsflammen, vorwiegend gasflammen ohne und mit drall; zusammenhang mit den aus anderen messungen bekannten turbulenzeigenschaften
S.WORT geraeuschmessung + feuerungstechnik + (gasbrenner)
PROLEI DR. LENZE
STAND 1.1.1974
FINGEB - BUNDESMINISTER FUER WIRTSCHAFT
- DEUTSCHE VEREINIGUNG FUER VERBRENNUNGSFORSCHUNG E. V. , DUESSELDORF
BEGINN 1.1.1973 ENDE 31.12.1975
G.KOST 250.000 DM

FC -020

INST FACHGEBIET MASCHINENELEMENTE UND GETRIEBE DER TH DARMSTADT
DARMSTADT, MAGDALENENSTR. 8-10
VORHAB **untersuchung der anregung und abstrahlung von geraeuschen der bedruckstoffe bei verschiedenen bearbeitungsvorgaengen**
quantitative ermittlung der physikalischen einflussgroessen auf die anregung und abstrahlung von luftschall bei bedruckstoffen. erarbeitung von richtlinien fuer die verfahrenstechnische verbesserung der druck- und verarbeitungsvorgaenge sowie von konstruktionsregeln fuer laermaermere druck- und verarbeitungsmaschinen
S.WORT laermmessung + geraeuschminderung + maschinen + druckereiindustrie
PROLEI DIPL. -ING. DIETER WUERTENBERGER
STAND 30.8.1976
QUELLE fragebogenerhebung sommer 1976
FINGEB - ARBEITSGEMEINSCHAFT INDUSTRIELLER FORSCHUNGSVEREINIGUNGEN E. V. (AIF)
- FORSCHUNGSGESELLSCHAFT DRUCKMASCHINEN E. V. , FRANKFURT
BEGINN 1.5.1973 ENDE 31.12.1975
G.KOST 368.000 DM

FC -021

INST FACHGEBIET MASCHINENELEMENTE UND GETRIEBE DER TH DARMSTADT
DARMSTADT, MAGDALENENSTR. 8-10

VORHAB **untersuchung der akustischen uebertragungsfunktion von maschinen im hinblick auf die geraeuschentstehung (fortsetzung)**
experimentelle untersuchung des abstrahlgrades von maschinengehaeusen. abschaetzung des abstrahlgrades unter beruecksichtigung der abstrahlgesetzmaessigkeiten fuer kugel- und plattenstrahler. untersuchung des koerperschallverhaltens von maschinenstrukturen mit der methode der finiten elemente. abschaetzung der uebertragungsadmittanz typischer maschinenstrukturen. erarbeitung von konstruktionsrichtlinien und berechnungsgrundlagen fuer den bau von laermaermeren maschinen
S.WORT schallentstehung + koerperschall + geraeuschminderung + maschinenbau
PROLEI DR. -ING. DIETER FOELLER
STAND 30.8.1976
QUELLE fragebogenerhebung sommer 1976
FINGEB ARBEITSGEMEINSCHAFT INDUSTRIELLER FORSCHUNGSVEREINIGUNGEN E. V. (AIF)
BEGINN 1.1.1975 ENDE 31.12.1976
G.KOST 253.000 DM
LITAN - FOELLER, D.: MASCHINENAKUSTISCHE BERECHNUNGSGRUNDLAGEN FUER DEN KONSTRUKTEUR. IN: VDI-BERICHTE NR. 239 S. 55-65(1975)
- KASSING, W. (TH DARMSTADT), DISSERTATION: UNTERSUCHUNGEN ZUM SCHWINGUNGS- UND KOERPERSCHALLVERHALTEN RATIONSSYMMETRISCHER MASCHINENSTRUKTUREN. IN: FORSCHUNGSHEFTE DES FORSCHUNGSKURATORIUMS MASCHINENBAU, MASCH. -BAU-VERL. FFM. (42)(1976)

FC -022
INST FACHGEBIET MASCHINENELEMENTE UND GETRIEBE DER TH DARMSTADT
DARMSTADT, MAGDALENENSTR. 8-10
VORHAB **geraeuschminderungsmassnahmen an hydrostatischen komponenten und systemen**
theoretische und experimentelle untersuchungen zur koerperschallabkopplung von aggregaten in hydrostatischen komponenten und systemen. erarbeitung von berechnungsgrundlagen und auswahlkriterien fuer optimal angepasste isolierelemente sowie erstellung eines kataloges von geraeuschminderungsmassnahmen fuer den hydrauliksektor
S.WORT schallentstehung + koerperschall + geraeuschminderung + maschinenbau + (hydrostatische systeme)
PROLEI DIPL. -ING. WILFRIED GERWIG
STAND 30.8.1976
QUELLE fragebogenerhebung sommer 1976
FINGEB - BUNDESMINISTER FUER FORSCHUNG UND TECHNOLOGIE
- FACHGEMEINSCHAFT OELHYDRAULIK IM VEREIN DEUTSCHER MASCHINENBAU-ANSTALTEN E. V. , FRANKFURT
ZUSAM INST. F. ANTRIEBSTECHNIK DER TU EINDHOVEN/NIEDERLANDE
BEGINN 1.10.1974 ENDE 31.12.1976
G.KOST 180.000 DM
LITAN MUELLER, H. W.;FOELLER, D.: MOEGLICHKEITEN DER GERAEUSCHMINDERUNG BEI HYDRAULISCHEN ANLAGEN. IN: INDUSTRIEANZEIGER 43 S. 744-749(1976)

FC -023
INST FORSCHUNGSGEMEINSCHAFT FUER TECHNISCHES GLAS E.V.
WERTHEIM, FERDINAND-HOTZ-STR. 6
VORHAB **verringerung der laermbelaestigung in glasverarbeitenden betrieben**
die laermbelastung am arbeitsplatz wird ueber einen arbeitstag gemessen; hieraus werden entsprechende arbeitsschutzmassnahmen abgeleitet
S.WORT glasindustrie + arbeitsplatz + laermminderung
PROLEI DIPL. -ING. SCHAUDEL
STAND 1.1.1974
FINGEB MINISTERIUM FUER WIRTSCHAFT, MITTELSTAND UND VERKEHR, STUTTGART
BEGINN 1.1.1972

FC -024
INST FORSCHUNGSVEREINIGUNG VERBRENNUNGSKRAFTMASCHINEN E. V.
FRANKFURT, LYONER STRASSE 18
VORHAB **entwicklung laermarmer kompressoren**
entwicklung neuer laermarmer techniken; entwicklung neuer technischer und wissenschaftlicher moeglichkeiten zur minderung des laerms
S.WORT laermminderung + maschinen + strassenbau + (kompressor)
STAND 1.1.1974
QUELLE umweltforschungsplan 1974 des bmi
FINGEB BUNDESMINISTER DES INNERN
BEGINN 1.1.1972 ENDE 31.12.1974
G.KOST 179.000 DM

FC -025
INST FRIED. KRUPP GMBH
BREMEN 71, FARGERSTR. 130
VORHAB **untersuchung und ermittlung von massnahmen zur geraeuschminderung an unseren spinnmaschinen und strecken**
in 1976 werden gesetzliche bestimmungen zur maximal zulaessigen geraeuschbelaestigung am arbeitsplatz wirksam, welche einen teil unseres maschinenprgramms betreffen, und zwar offen-end-spinn-maschinen, doppelnadelstab-strecken und ringspinnmaschinen. die hierfuer erforderlich werdenden massnahmen koennen nur in einer systematischen untersuchung des laermproblems gefunden werden. es ist vorgesehen, aufgrund von zum teil schon vorliegenden geraeuschanalysen gezielte daempfungsmassnahmen an bestimmten bauteilen zu erproben und den zu findenden optimalen weg in die serien zu uebernehmen
S.WORT textilindustrie + arbeitsplatz + laermbelastung + schalldaempfung
PROLEI GERHARD REHME
STAND 10.9.1976
QUELLE fragebogenerhebung sommer 1976
BEGINN 1.1.1976 ENDE 31.12.1977
G.KOST 300.000 DM
LITAN ZWISCHENBERICHT

FC -026
INST GESELLSCHAFT FUER WELTRAUMFORSCHUNG MBH BEI DER DFVLR
KOELN 90, POSTFACH 906027
VORHAB **entwicklung geraeuscharmer technologien im bergbau bzw. baugewerbe; berechnung der laermdosisverteilung in fabrikhallen**
S.WORT arbeitsschutz + laermminderung + bergbau + baugewerbe + fabrikhalle
QUELLE datenuebernahme aus der datenbank zur koordinierung der ressortforschung (dakor)
FINGEB BUNDESMINISTER FUER FORSCHUNG UND TECHNOLOGIE
BEGINN 1.7.1974 ENDE 31.12.1977

FC -027
INST INGENIEURBUERO K.-P. SCHMIDT VDI
METTMANN
VORHAB **untersuchungen zur entwicklung laermmindernder massnahmen fuer schmiedepressen am beispiel einer doppelstaender-exzenterschmiedepresse**
durch untersuchungen ueber den schallentstehungsmechanismus sollen technische laermminderungsmassnahmen erarbeitet werden, die unter betriebsbedingungen ueberprueft werden sollen. zur aktiven laermminderung von bestimmten schmiedepressen sollen dann die bei neukonstruktionen notwendigen konstruktiven aenderungen aufgezeigt werden.
S.WORT laermminderung + schallschutz + arbeitsplatz + (schmiedepresse)

QUELLE datenuebernahme aus der datenbank zur koordinierung der ressortforschung (dakor)
FINGEB BUNDESMINISTER FUER ARBEIT UND SOZIALORDNUNG
BEGINN 1.4.1975 ENDE 30.9.1976
G.KOST 112.000 DM

FC -028

INST INGENIEURBUERO K.-P. SCHMIDT VDI METTMANN
VORHAB **ermittlung der mechanischen eingangsimpedanz an maschinenelementen sowie erarbeitung von massnahmen zur impendanzerhoehung mit beispielen**
durch experimentelle untersuchungen sollen an konstruktionselementen des maschinenbaues die widerstaende (impedanzen) ermittelt werden, die der entstehung laermerzeugender schwingungen entgegenwirken. fuer die im maschinenbau typischen konstruktionselemente soll dann ein katalog mit den mechanischen eingangsimpedanzen aufgestellt und ausserdem sollen massnahmen zur impedanzerhoehung aufgezeigt werden.
S.WORT laermentstehung + schallschutz + maschinen + (impedanzerhoehung)
QUELLE datenuebernahme aus der datenbank zur koordinierung der ressortforschung (dakor)
FINGEB BUNDESMINISTER FUER ARBEIT UND SOZIALORDNUNG
BEGINN 1.4.1975 ENDE 30.9.1976
G.KOST 155.000 DM

FC -029

INST INSTITUT FUER ARBEITSWISSENSCHAFT DER BUNDESFORSCHUNGSANSTALT FUER FORST- UND HOLZWIRTSCHAFT
REINBEK, VORWERKSBUSCH 1
VORHAB **die schallausbreitung des laerms von forstgeraeten und betrieben der holzindustrie in bestimmten bestandsformen bzw. landschaftsformen**
festlegen von laermkatastern in betrieben der holzwirtschaft und der umwelt von holzverarbeitendenden betrieben. erkennen der schaedigenden bereiche. vorschlaege fuer minderung der laermeinfluesse
S.WORT forstmaschinen + holzindustrie + laermkarte
PROLEI PROF. DR. GERHARD KAMINSKY
STAND 21.7.1976
QUELLE fragebogenerhebung sommer 1976
FINGEB STIFTUNG DER GESELLSCHAFT FUER FORSTLICHE ARBEITSWISSENSCHAFT
BEGINN 1.1.1975 ENDE 31.12.1978
G.KOST 90.000 DM
LITAN - KAMINSKY, G.;BORZUTZKI, R.;LEMBKE, E.: DIE SCHALLAUSBREITUNG DES LAERMS VON MOTORSAEGEN UND SEINE WIRKUNG AUF DAS GEHOER DES WALDARBEITERS. IN: MITTEILUNGEN DER BUNDESFORSCHUNGSANSTALT FUER FORST- UND HOLZWIRTSCHAFT 103, HAMBURG(1974); 63 S.
- BORZUTZKI, R.: DER VERLAUF DER SCHALLAUSBREITUNG IN VERSCHIEDENEN BESTANDESFORMATIONEN. IN: FORSTARCHIV 46(7) S. 137-139(1975)

FC -030

INST INSTITUT FUER ARBEITSWISSENSCHAFT DER BUNDESFORSCHUNGSANSTALT FUER FORST- UND HOLZWIRTSCHAFT
REINBEK, VORWERKSBUSCH 1
VORHAB **die auswirkungen von arbeitslaerm auf den waldarbeiter und die umgebung**
audiometrische messungen an einer repraesentativen gruppe von laermarbeitern und einer vergleichsgruppe ohne arbeitslaermeinfluesse (300 bzw. 50 vpn.) statistische auswertungen
S.WORT laermbelastung + arbeitsplatz + forstmaschinen + gehoerschaeden
PROLEI PROF. DR. GERHARD KAMINSKY
STAND 21.7.1976
QUELLE fragebogenerhebung sommer 1976
FINGEB STIFTUNG DER GESELLSCHAFT FUER FORSTLICHE ARBEITSWISSENSCHAFT
BEGINN 1.1.1974 ENDE 31.12.1984
G.KOST 150.000 DM
LITAN - KAMINSKY, G.: AUSWIRKUNGEN DER MASCHINENARBEIT IM WALDE AUF LEISTUNG UND GESUNDHEIT. IN: MITTEILUNGEN DER FORSTLICHEN BUNDESVESUCHSANSTALT, WIEN 86(1969)
- KAMINSKY, G.;LEMBKE, E.: THE DECREASE OF HEARING-CAPACITY OF FOREST WORKERS AFTER THE USE OF CHAIN SAWS. IN: METHODS IN ERGONOMIC RESEARCH IN FORESTRY; IUFRO-SEMINAR; SILVIFUTURUM HURDAL, NORWAY, PUBLICATION 2(1971)

FC -031

INST INSTITUT FUER ARBEITSWISSENSCHAFT DER BUNDESFORSCHUNGSANSTALT FUER FORST- UND HOLZWIRTSCHAFT
REINBEK, VORWERKSBUSCH 1
VORHAB **messung der mechanischen schwingungen an forstmaschinen und an arbeitsplaetzen in der holzindustrie**
durch messung der schwingungen in den 3 achsrichtungen an der maschine und am menschen soll ermittelt werden, wie hoch die belastung des maschinenfuehrers durch die vibration ist, welche folgerungen fuer die arbeitsgestaltung zu ziehen und welche empfehlungen oder auflagen an die maschinenindustrie gegebenenfalls zu machen sind, um gesundheitsgefaehrdende belastungen des maschinenfuehrers zu vermeiden
S.WORT holzindustrie + vibration + arbeitsschutz + schwingungsschutz
STAND 1.1.1976
QUELLE mitteilung des bundesministers fuer ernaehrung,landwirtschaft und forsten
BEGINN 1.1.1975 ENDE 31.12.1978

FC -032

INST INSTITUT FUER ARBEITSWISSENSCHAFT DER BUNDESFORSCHUNGSANSTALT FUER FORST- UND HOLZWIRTSCHAFT
REINBEK, VORWERKSBUSCH 1
VORHAB **ermittlung von kennzahlen fuer die laermbelastung in betrieben der forst- und holzwirtschaft unter beruecksichtigung verschiedener verfahrenstechniken**
das forschungsvorhaben soll daten liefern, die eine vergleichsfaehige aussage der laermbelastung fuer unterschiedliche technologien und maschinenkombinationen erlauben und eine grundlage fuer die arbeitshygienische kennzeichnung der verschiedenen arbeitsplatzkombinationen sein koennen. die aus der laermbelastung resultierenden werte sollen zu den in der forst- und holzwirtschaft ueblichen kenngroessen in beziehung gesetzt werden koennen, indem sie auf die zeit- und produktionseinheiten bezogen werden. hieraus sind eindeutige kriterien ueber die gehoerphysiologische belastung des arbeitenden menschen und der umwelt in abhaengigkeit der verschiedenen verfahren fuer diesen wirtschaftssektor abzuleiten
S.WORT forstwirtschaft + maschinen + mensch + laermbelastung
STAND 1.1.1976
QUELLE mitteilung des bundesministers fuer ernaehrung,landwirtschaft und forsten
FINGEB BUNDESMINISTER FUER ERNAEHRUNG, LANDWIRTSCHAFT UND FORSTEN
BEGINN 1.1.1975 ENDE 31.12.1977

FC -033

INST INSTITUT FUER ARBEITSWISSENSCHAFT DER BUNDESFORSCHUNGSANSTALT FUER FORST- UND HOLZWIRTSCHAFT
REINBEK, VORWERKSBUSCH 1

VORHAB **die schallausbreitung des laermes von forstmaschinen, insbesondere motorsaegen, und moeglichkeiten seiner verringerung**
die mechanisierung der waldarbeit hat zur folge, dass das laermproblem bei der waldarbeit eine immer groesser werdende rolle einnimmt. waehrend der waldarbeiter unmittelbar durch den laerm gefaehrdet ist, fuehlt sich der erholungssuchende im wald durch die laermemission belaestigt. die untersuchungen sollen zeigen, wie die schallausbreitung in verschiedenen gelaende- und bestandesformen verlaeuft und welche arbeitsorganisatorischen massnahmen moeglich sind, um die arbeitshygienischen forderungen mit den oekonomischen bedingungen in einklang zu bringen
S.WORT holzindustrie + forstwirtschaft + laermbelastung + erholungsgebiet
STAND 1.1.1976
QUELLE mitteilung des bundesministers fuer ernaehrung,landwirtschaft und forsten
FINGEB BUNDESMINISTER FUER ERNAEHRUNG, LANDWIRTSCHAFT UND FORSTEN
BEGINN ENDE 31.12.1975
LITAN - BORZUTZKI, R.: KRITISCHE BEMERKUNGEN ZUR ERMITTLUNG DES BEURTEILUNGSPEGELS DER INTERMITTIERENDEN LAERMBELASTUNG DER MOTORSAEGENARBEIT NACH DIN 45 641. IN: FORSTARCHIV 45(9) S. 182-184(1974)
- KAMINSKY, G.;BORZUTZKI, R.;LEMBKE, E.: DIE SCHALLAUSBREITUNG DES LAERMS VON MOTORSAEGEN UND SEINE WIRKUNGEN AUF DAS GEHOER DES WALDARBEITERS. IN: MITT. BUNDESFORSCHUNGSANSTALT FUER FORST-HOLZWIRTSCHAFT (103)(1974)

FC -034
INST INSTITUT FUER ARBEITSWISSENSCHAFT DER TH DARMSTADT
DARMSTADT, PETERSENSTR. 18
VORHAB **superpositionswirkungen von laerm und einseitig dynamischer arbeit in bezug auf ermuedung / erholung**
ziel: ermuedung und erholung bei einseitig dynamischer muskelarbeit mit/ohne laermeinfluss. methodik: ergometerarbeit, messungen von leistungen mechanischer aktivitaet, verschiedenen elektromyogrammen und herzfrequenz mit/ohne laermexposition
S.WORT ergonomie + arbeitsplatz + laermbelastung + physiologische wirkungen
PROLEI DIPL. -ING. KLAUS MARTIN
STAND 12.8.1976
QUELLE fragebogenerhebung sommer 1976
FINGEB DEUTSCHE FORSCHUNGSGEMEINSCHAFT
BEGINN 1.1.1974

FC -035
INST INSTITUT FUER ARBEITSWISSENSCHAFT DER TH DARMSTADT
DARMSTADT, PETERSENSTR. 18
VORHAB **wirkungen mechanischer schwingungen auf den menschen bei arbeit (steuerungstaetigkeit)**
ziel: pausenforschung, ueberpruefung und verbesserung der vdi-richtlinie. methodik: hydropulsanlage, fahrsimulator, elektromoyographische messungen an verschiedenen stamm-muskeln, herzfrequenz, okulogramme
S.WORT arbeitsplatz + laermbelastung + erschuetterungen + physiologische wirkungen
PROLEI DIPL. -ING. WOLFRAM SCHEIBE
STAND 12.8.1976
QUELLE fragebogenerhebung sommer 1976
BEGINN 1.1.1973

FC -036
INST INSTITUT FUER BAUMASCHINEN UND BAUBETRIEB DER TH AACHEN
AACHEN, TEMPLERGRABEN 55
VORHAB **entwicklung integrierter schallschutzeinrichtungen fuer rammen - untersuchung der geraeuschemissionen neuer rammentypen**
minderung des laerms gewerblicher und nichtgewerblicher anlagen durch schaffung sachlich und zeitlich abgestufter emissionsbegrenzungen in rechtsvorschriften
S.WORT bautechnik + laermmessung + schallschutz
PROLEI DR. -ING. HUBERT FRENKING
STAND 20.11.1975
FINGEB BUNDESMINISTER DES INNERN
BEGINN 1.1.1975 ENDE 31.12.1976
G.KOST 75.000 DM

FC -037
INST INSTITUT FUER BAUMASCHINEN UND BAUBETRIEB DER TH AACHEN
AACHEN, TEMPLERGRABEN 55
VORHAB **fortentwicklung der emissionswerte von baumaschinen - erarbeitung von wissenschaftlichen-technischen grundlagen fuer vorschriften nach dem bundesimmissionsschutzgesetz**
messungen der emission von baumaschien unter besonderer beruecksichtigung von neukonstruktionen und emissionsmaessig guenstiger maschinen. ueberpruefung der emissionsrichtwerte bezueglich uebertragbarkeit in den eg-bereich bei anwendung eines veraenderten eg-einheitlichen messverfahren
S.WORT baulaerm + laermmessung + normen + (eg-normen)
PROLEI DR. -ING. HUBERT FRENKING
STAND 1.1.1974
BEGINN 1.1.1975 ENDE 31.12.1977
LITAN FRENKING: GERAEUSCHUNTERSUCHUNGEN AN BAUMASCHINEN ZUR FESTSTELLUNG DER LAERMEINWIRKUNG AM ARBEITSPLATZ UND ZUR ERMITTLUNG DES STANDES DER TECHNIK, BUNDESANSTALT FUER ARBEITSSCHUTZ UND UNFALLFORSCHUNG

FC -038
INST INSTITUT FUER BAUMASCHINEN UND BAUBETRIEB DER TH AACHEN
AACHEN, TEMPLERGRABEN 55
VORHAB **geraeuschminderung durch festlegung des standes der technik am arbeitsplatz von maschinen der stein- und betonelementfertigung**
laermmessung am arbeitsplatz in werken der stein- und betonelementenfertigung; aufnehmen des istzustandes; laermminderung durch planerische umgestaltung der fertigung
S.WORT baumaschinen + arbeitsplatz + laermminderung
PROLEI DR. -ING. HUBERT FRENKING
STAND 1.1.1974
FINGEB BUNDESMINISTER FUER ARBEIT UND SOZIALORDNUNG
BEGINN 1.1.1973 ENDE 31.12.1974

FC -039
INST INSTITUT FUER BAUMASCHINEN UND BAUBETRIEB DER TH AACHEN
AACHEN, TEMPLERGRABEN 55
VORHAB **fortentwicklung der emissionswerte von baumaschinen**
minderung des laerms gewerblicher und nichtgewerblicher anlagen durch schaffung sachlich und zeitlich abgestufter emissionsbegrenzungen in rechtsvorschriften
S.WORT laermminderung + baumaschinen + grenzwerte
PROLEI DR. -ING. HUBERT FRENKING
STAND 20.11.1975
FINGEB BUNDESMINISTER DES INNERN
BEGINN 1.1.1975 ENDE 31.12.1977
G.KOST 1.111.000 DM

FC -040
INST INSTITUT FUER BETRIEBSTECHNIK DER FORSCHUNGSANSTALT FUER LANDWIRTSCHAFT BRAUNSCHWEIG, BUNDESALLEE 50
VORHAB **beanspruchung des arbeitenden menschen durch mechanische schwingungen auf landwirtschaftlichen schleppern und arbeitsmaschinen**
die langjaehrige einwirkung mechanischer schwingungen auf den menschen fuehrt zu chronischen schaeden der wirbelsaeule und des magens. kurzfristig ergeben sich minderung der arbeitsleistung und -qualitaet. verfahren der schwingungsminderung und -daempfung muessen im hinblick auf veraenderte beanspruchung bewertet werden. massnahmen zur gestaltung von schleppern und anderer arbeitsmittel sind zu konkretisieren. (das vorhaben befindet sich im ersten planungsstadium)
S.WORT erschuetterungen + schwingungsschutz + landmaschinen
PROLEI DR. WILFRIED HAMMER
STAND 21.7.1976
QUELLE fragebogenerhebung sommer 1976
ZUSAM INST. F. LANDTECHNISCHE GRUNDLAGENFORSCHUNG DER FAL, BUNDESALLEE 50, 3300 BRAUNSCHWEIG
BEGINN 1.1.1978

FC -041
INST INSTITUT FUER FABRIKANLAGEN DER TU HANNOVER HANNOVER, WELFENGARTEN 1
VORHAB **vorausberechnung der laermdosisverteilung in fabrikhallen**
es wird ein rechnerprogramm entwickelt, mit dem laermkarten (darstellung der oertrlichen verteilung des beurteilungsschalldruckpegels) mit hinreichender genauigkeit vkrausberechnet werden koennen fuer die betriebe der blechverarbeitungsindustrie (hohe impulshaltige immissionswerte). parallel dazu wird ein prkgramm fuer fertigungsgerechte layouts (maschinenaufstellungsplaene) entwickelt, das mit dem laermkartenprogramm kombiniert wird.
S.WORT laermbelastung + arbeitsplatz + fabrikhalle + metallbearbeitung + (rechenprogramm)
QUELLE datenuebernahme aus der datenbank zur koordinierung der ressortforschung (dakor)
FINGEB GESELLSCHAFT FUER WELTRAUMFORSCHUNG MBH (GFW) IN DER DFVLR, KOELN
ZUSAM INST. FUER MESSTECHN. IM MASCHINENBAU, HANNOVER
BEGINN 1.1.1975 ENDE 30.6.1977

FC -042
INST INSTITUT FUER GEOPHYSIK, SCHWINGUNGS- UND SCHALLTECHNIK DER WESTFAELISCHEN BERGGEWERKSCHAFTSKASSE BOCHUM, HERNER STRASSE 45
VORHAB **emissionsmessungen an druckluftwerkzeugen**
feststellung des ist-zustandes der laermemission von druckluftwerkzeugen ermittlung der emissionswerte gemaess allgemeiner verwaltungsvorschriften zum bundes-immissionsschutzgesetz
S.WORT druckluftwerkzeuge + laerm
PROLEI PROF. DR. HEINRICH BAULE
STAND 14.11.1975
FINGEB BUNDESMINISTER DES INNERN
BEGINN 1.11.1971 ENDE 31.12.1976
G.KOST 103.000 DM

FC -043
INST INSTITUT FUER HOLZPHYSIK UND MECHANISCHE TECHNOLOGIE DES HOLZES DER BUNDESFORSCHUNGSANSTALT FUER FORST- UND HOLZWIRTSCHAFT HAMBURG 80, LEUSCHNERSTR. 91C
VORHAB **moeglichkeiten zur verminderung der laermemission von holzbearbeitungsmaschinen**
S.WORT holzindustrie + laermminderung
PROLEI PROF. DR. NOACK
STAND 1.1.1976
FINGEB BUNDESFORSCHUNGSANSTALT FUER FORST- UND HOLZWIRTSCHAFT, REINBEK

FC -044
INST INSTITUT FUER HYDRAULISCHE UND PNEUMATISCHE ANTRIEBE UND STEUERUNGEN DER TH AACHEN AACHEN, KOPERNIKUSSTR. 16
VORHAB **untersuchungen zur minderung von kavitationsgeraeuschen in ventilen der oelhydraulik**
im rahmen des forschungsvorhabens werden geeignete konstruktive und schaltungstechnische massnahmen untersucht, durch die kavtationsgeraeusche in ventilen der oelhydraulik auf ein ertraegliches mass reduziert bzw. voellig vermieden werden koennen
S.WORT geraeuschminderung + antriebssystem + hydraulik + (ventile)
PROLEI PROF. DR. -ING. WOLFGANG BACKE
STAND 9.8.1976
QUELLE fragebogenerhebung sommer 1976
FINGEB DEUTSCHE FORSCHUNGSGEMEINSCHAFT
BEGINN 1.9.1973
G.KOST 338.000 DM
LITAN EICH, O.: MASSNAHMEN ZUR MINDERUNG VON KAVITATIONSGERAEUSCHEN IN GERAETEN DER OELHYDRAULIK. IN: INDUSTRIE ANZEIGER. 43, VERLAG W. GIRARDET, ESSEN S. 739-743(MAI 1976)

FC -045
INST INSTITUT FUER IMMISSIONS-, ARBEITS- UND STRAHLENSCHUTZ DER LANDESANSTALT FUER UMWELTSCHUTZ BADEN-WUERTTEMBERG KARLSRUHE, GRIESBACHSTR. 3
VORHAB **bestimmung des schallemissionspegels einer raffineriehochfackel in abhaengigkeit von betriebsbedingungen**
das ziel, eine schadstoffarme hochfackel zu betreiben, wird zur zeit im wesentlichen durch eine raucharme verbrennung infolge wasserdampfzugabe erreicht. diese bedingt aber andererseits eine erhoehte laermerzeugung. aus diesem grunde muss ein kompromiss zwischen schadstoff- und schallemission gefunden werden. es soll der schallleistungspegel bestimmt werden sowie die beim abfackeln auftretenden, fuer die verschiedenen kohlenwasserstoffgemische und betriebszustaende charakteristischen frequenzspektren
S.WORT schallemission + raffinerie + (hochfackel)
PROLEI DIPL. -PHYS. GUNTHER WOLFF-ZURKUHLEN
STAND 4.8.1976
QUELLE fragebogenerhebung sommer 1976
FINGEB - BUNDESMINISTER FUER FORSCHUNG UND TECHNOLOGIE
- OBERRHEINISCHE MINERALOELWERKE, KARLSRUHE
ZUSAM DGMK, NORDKANALSTR. 28, 2000 HAMBURG 1
BEGINN 1.6.1976 ENDE 30.4.1978
G.KOST 331.000 DM

FC -046
INST INSTITUT FUER KOLBENMASCHINEN DER TU HANNOVER HANNOVER, WELFENGARTEN 1A
VORHAB **extrapolation von geraeuschmessungen an hydraulischen kolbenmaschinen**
untersuchung der extrapolaktionsmoeglichkeit von geraeuschmessungen an hydraulischen kolbenmaschinen
S.WORT werkzeugmaschinen + laermmessung
PROLEI DIPL. -ING. HEYNE
STAND 1.1.1974
FINGEB DEUTSCHE FORSCHUNGSGEMEINSCHAFT
BEGINN 1.11.1973 ENDE 31.12.1977
G.KOST 180.000 DM
LITAN - ANTRAG VOM 25. 4. 73
- ZWISCHENBERICHT 1974. 09

FC -047

INST INSTITUT FUER KOLBENMASCHINEN DER TU HANNOVER
HANNOVER, WELFENGARTEN 1A
VORHAB **reduzierung des gesamtschallpegels an motorkettensaegen**
an dem saegenmotor (schnellaufende zweitaktmaschine) werden neue moeglichkeiten zur abgasschalldaempfung erprobt. weitergehende theoretische und experimentelle untersuchungen ueber den einfluss der steuerzeiten auf die schallemission schliessen sich an. zusaetzlich sind die triebwerksgeraeusche zu erfassen und einflussgroessen festzustellen
S.WORT laermminderung + schalldaempfer + messverfahren + (motorkettensaegen)
PROLEI PROF. DR. -ING. KLAUS GROTH
STAND 13.8.1976
QUELLE fragebogenerhebung sommer 1976
FINGEB BUNDESMINISTER FUER FORSCHUNG UND TECHNOLOGIE
ZUSAM FIRMA DOLMAR, 2000 HAMBURG
BEGINN 1.3.1975 ENDE 31.10.1976
G.KOST 187.000 DM
LITAN ZWISCHENBERICHT

FC -048

INST INSTITUT FUER LANDTECHNISCHE GRUNDLAGENFORSCHUNG DER FORSCHUNGSANSTALT FUER LANDWIRTSCHAFT
BRAUNSCHWEIG, BUNDESALLEE 50
VORHAB **erfassen der schwingungsbelastung des menschen auf landwirtschaftlichen fahrzeugen**
die messungen dienen in erster linie dazu, die auf den menschen einwirkenden schwingungen auf landwirtschaftlichen fahrzeugen bei verschiedenen repraesentativen arbeiten in der aussenwirtschaft und bei transportfahrten zu analysieren. sie bieten somit die moeglichkeit, die gesundheitliche gefaehrdung und beeintraechtigung der arbeitsleistung des menschen durch schwingungen abzuschaetzen und technische massnahmen zum senken der schwingungsbelastung abzuleiten. weiterhin sollen die messungen den zusammenhang zwischen in den regelwerken angegebenen belastungsgrenzen und den in der praxis vorhandenen belastungen durch schwingungen aufzuzeigen
S.WORT arbeitsmedizin + erschuetterungen + landmaschinen
PROLEI DIPL. -ING. MICHAEL GRAEF
STAND 26.7.1976
QUELLE fragebogenerhebung sommer 1976
BEGINN 1.1.1975

FC -049

INST INSTITUT FUER LANDTECHNISCHE GRUNDLAGENFORSCHUNG DER FORSCHUNGSANSTALT FUER LANDWIRTSCHAFT
BRAUNSCHWEIG, BUNDESALLEE 50
VORHAB **erfassen der belastung durch laerm an typischen arbeitsplaetzen in der landwirtschaft**
die messungen dienen in erster linie zur analyse der laermsituation an typischen arbeitsplaetzen in der landwirtschaft und bilden damit die basis, aus der technische massnahmen zur senkung der belastung abgeleitet werden koennen. weiterhin bieten die messwerte die moeglichkeit einer abschaetzung der gesundheitlichen gefaehrdung und der beintraechtigung der arbeitsleistung. mit den untersuchungen soll ferner ein zusammenhang zwischen pruefstandsmesswerten und der tatsaechlich auftretenden laermbelastung, die durch aenderung der betriebszustaende und durch eine folge von laerm und laermpausen gekennzeichnet ist, gefunden werden
S.WORT arbeitsplatz + laermbelaestigung + landwirtschaft
PROLEI DR. -ING. ERNST WITTE
STAND 26.7.1976
QUELLE fragebogenerhebung sommer 1976
BEGINN 1.1.1975
LITAN BATEL, W.: MESSUNGEN ZUR STAUB-, LAERM- UND GERUCHSBELASTUNG AN ARBEITSPLAETZEN IN DER LANDWIRTSCHAFTLICHEN PRODUKTION UND WEGE ZUR ENTLASTUNG. IN: GRUNDL. LANDTECHNIK 25(5) S. 135-157(1975)

FC -050

INST INSTITUT FUER MASCHINENELEMENTE DER TU MUENCHEN
MUENCHEN 2, ARCISSTR. 21
VORHAB **geraeuschmessungen an zahnradgetrieben**
ziel: zahnradgeraeusch-schwingungen; untersuchung geometrischer einfluesse bei hohen lasten und drehzahlen bis in den ueberkritischen bereich
S.WORT laermmessung + getriebe
PROLEI PROF. DR. -ING. WINTER
STAND 1.1.1974
FINGEB DEUTSCHE FORSCHUNGSGEMEINSCHAFT
BEGINN 1.1.1970 ENDE 31.12.1976
G.KOST 30.000 DM
LITAN ZWISCHENBERICHT 1975. 06

FC -051

INST INSTITUT FUER MASCHINENWESEN IM BAUBETRIEB DER UNI KARLSRUHE
KARLSRUHE, AM FASANENGARTEN
VORHAB **verbesserung der umweltfreundlichkeit von maschinen, insbesondere von baumaschinenantrieben**
massnahmen gegen den laerm gewerblicher und nichtgewerblicher anlagen. minderung des laerms gewerblicher und nichtgewerblicher anlagen durch schaffung sachlich und zeitlich abgestufter emissionsbegrenzungen in rechtsvorschriften
S.WORT laermminderung + baumaschinen
STAND 15.11.1975
FINGEB BUNDESMINISTER DES INNERN
BEGINN 1.9.1974 ENDE 30.6.1977
G.KOST 352.000 DM

FC -052

INST INSTITUT FUER MASCHINENWESEN IM BAUBETRIEB DER UNI KARLSRUHE
KARLSRUHE, AM FASANENGARTEN
VORHAB **untersuchungen ueber entwicklungstendenzen laermarmer tiefbauverfahren fuer den innerstaedtischen einsatz**
minderung des laerms gewerblicher und nichtgewerblicher anlagen durch schaffung sachlich und zeitlich abgestufter emissionsbegrenzungen in rechtsvorschriften
S.WORT laermminderung + baumaschinen
PROLEI PROF. DR. -ING. GUENTER KUEHN
STAND 20.11.1975
FINGEB BUNDESMINISTER DES INNERN
BEGINN 1.7.1975 ENDE 30.6.1976
G.KOST 54.000 DM

FC -053

INST INSTITUT FUER SCHIFFBETRIEBSFORSCHUNG DER FH FLENSBURG
FLENSBURG, MUNKETOFT 7
VORHAB **schallmessungen in gewerblichen raeumen**
pegelmessungen; frequenzanalysen; laermmessung
S.WORT laermmessung + gewerbliche raeume
PROLEI DIPL. -ING. VOSS
STAND 1.1.1974
BEGINN 1.1.1955

FC -054

INST INSTITUT FUER TECHNISCHE AKUSTIK DER TU BERLIN
BERLIN 10, EINSTEINUFER 27

VORHAB **bestandsaufnahme der zur zeit bekannten massnahmen zur erzielung laermarmer konstruktionen**
sammlung der zur zeit bekannten methoden zur erzielung laermarmer konstruktionen, insbesondere laermarmer maschinen
S.WORT laermminderung + maschinenbau + datensammlung
PROLEI PROF. DR. MANFRED HECKL
STAND 1.1.1974
FINGEB BUNDESMINISTER FUER ARBEIT UND SOZIALORDNUNG
BEGINN 1.11.1973 ENDE 31.12.1974
G.KOST 30.000 DM

FC -055
INST INSTITUT FUER TECHNISCHE AKUSTIK DER TU BERLIN
BERLIN 10, EINSTEINUFER 27
VORHAB **erhoehung der koerperschalldaempfung durch reibung zwischen maschinenteilen**
es soll festgestellt werden, von welchen parametern (flaeche, rauhigkeit, anpressdruck, art der zwischenschicht, anzahl der verbindungselemente etc.) die koerperschalldaempfung durch reibung abhaengt. des weiteren soll an mindestens einem beispiel (z. b. maschinenverkleidung) die erreichbare schallpegelminderung bestimmt werden
S.WORT laermminderung + schallpegel + maschinenbau + (koerperschalldaempfung)
PROLEI PROF. DR. MANFRED HECKL
STAND 4.8.1976
QUELLE fragebogenerhebung sommer 1976
FINGEB BUNDESMINISTER FUER ARBEIT UND SOZIALORDNUNG
BEGINN 1.10.1975 ENDE 30.9.1977

FC -056
INST INSTITUT FUER TEXTILTECHNIK DER INSTITUTE FUER TEXTIL- UND FASERFORSCHUNG STUTTGART
REUTLINGEN
VORHAB **hinweise fuer gezielte massnahmen zur laermminderung an textilmaschinen**
fuer die wichtigsten laermintensivsten textilmaschinen sollen 1. grundlagen fuer die festsetzung von laermemissionsgrenzwerten oder -richtwerten erarbeitet werden. 2. konkrete angaben ueber den weiteren forschungsbedarf zur schallpegelsenkung der lautesten maschinen gemacht werden. die ergebnisse sollen fuer die untersuchten maschinen die grundlage fuer die festsetzung von grenzwerten und richtwerten fuer die laermabstrahlung an arbeitsplaetzen bilden.
S.WORT laermbelaestigung + geraeuschminderung + arbeitsplatz + maschinen
QUELLE datenuebernahme aus der datenbank zur koordinierung der ressortforschung (dakor)
FINGEB BUNDESMINISTER FUER ARBEIT UND SOZIALORDNUNG
BEGINN 1.5.1974 ENDE 31.7.1974
G.KOST 13.000 DM

FC -057
INST INSTITUT FUER VERFAHRENSTECHNIK UND DAMPFKESSELWESEN DER UNI STUTTGART
STUTTGART 80, PFAFFENWALDRING 23
VORHAB **verringerung der laermemission in kraftwerken**
der schutz sowohl des kraftwerkspersonals als auch der nachbarschaft gegen unzumutbare laermbelaestigung erfordert ermittlung der wesentlichen laermquellen (kompressoren, getriebe, sicherheitsventile, rueckkuehlwerke usw.); analyse des geraeuschspektrums; entwurf von massnahmen zur verringerung der geraeuschentstehung und geraeuschausbreitung
S.WORT laermminderung + kraftwerk + arbeitsplatz
PROLEI PROF. DR. -ING. RUDOLF QUACK
STAND 1.10.1974
ZUSAM DECHEMA E. V. , 6 FRANKFURT 97, THEODOR-HEUSS-ALLEE 25
BEGINN 1.1.1970 ENDE 31.12.1975
G.KOST 30.000 DM

FC -058
INST INSTITUT FUER WERKZEUGMASCHINEN DER UNI STUTTGART
STUTTGART 1, HOLZGARTENSTR. 17
VORHAB **einfluss der hydraulik auf das geraeuschverhalten von werkzeugmaschinen**
forderung nach geraeuscharmen werkzeugmaschinen; aktive und passive geraeuschminderung von hydraulischen steuerungen; erarbeitung von abhilfe- und konstruktionsrichtlinien; ermittlung der geraeuscherreger; beurteilung; auswahl von hydroelementen; konstruktive aenderungen kopplungseigenschaften von erregern; leitungen und arbeitsmaschinen; beeinflussungsmoeglichkeiten durch isolier- und daempfungsmassnahmen; einfluss der umgebung und der betriebsbedingungen
S.WORT werkzeugmaschinen + laermminderung
PROLEI DR. -ING. COSMAS MAGNUS LANG
STAND 1.1.1974
FINGEB BUNDESMINISTER FUER WIRTSCHAFT
ZUSAM - INST. F. HYDRAULISCHE U. PNEUMATISCHE ANTRIEBE U. STEUERUNGEN DER RWTH, 51 AACHEN, EILFSCHORNSTEINSTR.
- INST. PROF. MUELLER, DARMSTADT
BEGINN 1.5.1973 ENDE 30.4.1975
G.KOST 247.000 DM
LITAN ZWISCHENBERICHT 1974. 03

FC -059
INST INSTITUT FUER WERKZEUGMASCHINEN DER UNI STUTTGART
STUTTGART 1, HOLZGARTENSTR. 17
VORHAB **geraeuschemission von holzbearbeitungsmaschinen und massnahmen zur laermminderung**
ausgangslage: hoher anteil an berufsbedingter laermschwerhoerigkeit in holzverarbeitungsindustrie; ziel: erarbeiten von laermrichtwerten fuer bestimmte gattungen von holzbearbeitungsmaschinen durch messungen in betrieben; methode: ermittlung der geraeuschemission nach einheitlichen messverfahren bei charakteristischen betriebsbedingungen; ergebnis: zusammenstellung von laermrichtwerten (ist-zustand)/ laermminderungsmassnahmen
S.WORT holzindustrie + laermminderung
PROLEI DR. -ING. COSMAS MAGNUS LANG
STAND 1.1.1974
FINGEB BUNDESMINISTER FUER ARBEIT UND SOZIALORDNUNG
BEGINN 1.11.1973 ENDE 31.10.1975
G.KOST 208.000 DM
LITAN ZWISCHENBERICHT 1974. 04

FC -060
INST INSTITUT FUER WERKZEUGMASCHINEN UND BETRIEBSWISSENSCHAFTEN DER TU MUENCHEN
MUENCHEN 2, ARCISSTR. 21
VORHAB **methoden zur auswertung von industrielaerm hinsichtlich der gehoerschaedigenden wirkung**
entwicklung neuer auswertemethoden zur beurteilung der gehoerschaedigenden wirkung von industrielaerm
S.WORT industrielaerm + gehoerschaeden + bewertungskriterien
PROLEI DIPL. -PHYS. EDER
STAND 1.1.1974
ZUSAM HNO-ABTEILUNG DES KREISKRANKENHAUSES PASING
BEGINN 1.7.1973
LITAN ZWISCHENBERICHT 1974. 09

FC -061
INST INSTITUT FUER WERKZEUGMASCHINEN UND BETRIEBSWISSENSCHAFTEN DER TU MUENCHEN
MUENCHEN 2, ARCISSTR. 21

VORHAB **ein beitrag zur dosimetrie von arbeitslaerm unter beruecksichtigung langzeitlicher pegelschwankungen**
es werden verschiedene moeglichkeiten dargestellt, eine physiologisch-adaequatere bewertung von langzeitlich schwankendem betriebslaerm zu erreichen, als dies durch das mittelungsverfahren nach din 45641 moeglich ist: 1) ermittlung eines gehoerphysiologisch-aequivalenten dauerschallpegels lgeq aus dem pegelzeitverlauf eines geraeusches. 2) hoerschwellendosimetrie 3) messung einer risiko-proportionalen laermdosis (rld). zu jedem der besprochenen verfahren wird ein messverfahren entwickelt und erprobt
S.WORT schallpege + arbeitsplatz + (messverfahren)
PROLEI HEINRICH EDER
STAND 28.7.1976
QUELLE fragebogenerhebung sommer 1976
ZUSAM KREISKRANKENHAUS MUENCHEN-PASING, STEINERWEG, 8000 MUENCHEN 60
BEGINN 1.1.1974 ENDE 30.6.1976
G.KOST 50.000 DM
LITAN - EDER, H. (TU MUENCHEN), DISSERTATION: EIN BEITRAG ZUR DOSIMETRIE VON ARBEITSLAERM UNTER BERUECKSICHTIGUNG LANGZEITLICHER PEGELSCHWANKUNGEN. (1976)
- ENDBERICHT

FC -062
INST INSTITUT FUER WERKZEUGMASCHINEN UND BETRIEBSWISSENSCHAFTEN DER TU MUENCHEN MUENCHEN 2, ARCISSTR. 21
VORHAB **untersuchungen ueber das steifigkeits- und geraeuschverhalten von werkzeugmaschinengetrieben**
schallpegelmessungen und frequenzanalyse des abgestrahlten geraeusches von werkzeugmaschinenantrieben. zuordnung zu konstruktiven ursachen und entwicklung von abhilfemassnahmen. die untersuchung wird mit schallpegelmesser und digitalem frequenzanalysator durchgefuehrt
S.WORT geraeuschmessung + laermminderung + werkzeugmaschinen
PROLEI DIPL. -ING. REINER BOEHM
STAND 28.7.1976
QUELLE fragebogenerhebung sommer 1976
FINGEB VEREIN DEUTSCHER WERKZEUGMASCHINENFABRIKEN E. V. (VDW), FRANKFURT
BEGINN 1.5.1976 ENDE 31.5.1977
G.KOST 40.000 DM

FC -063
INST INSTITUT FUER WERKZEUGMASCHINEN UND FERTIGUNGSTECHNIK DER TU BRAUNSCHWEIG BRAUNSCHWEIG, LANGER KAMP 19
VORHAB **geraeuschuntersuchungen an fraesmaschinen**
ermittlung der schallabstrahlung von maschine und werkstueck bei schnittaehnlicher stossanregung und erregung durch schnittvorgang; einfluss von daemm- und daempfungsmassnahmen
S.WORT werkzeugmaschinen + geraeusch
PROLEI DIPL. -ING. ECKERT
STAND 1.1.1974
FINGEB FORSCHUNGSKURATORIUM MASCHINENBAU E. V. , FRANKFURT
BEGINN 1.1.1973 ENDE 31.12.1974
G.KOST 100.000 DM
LITAN GERAEUSCHVERHALTEN VON BESAEUMZERSPANERN. IN: HOLZBEARBEITUNG, 20 S. 77-80(1973)

FC -064
INST INSTITUT FUER WERKZEUGMASCHINEN UND FERTIGUNGSTECHNIK DER TU BRAUNSCHWEIG BRAUNSCHWEIG, LANGER KAMP 19
VORHAB **ermittlung der geraeuschemission an fertigungsstrassen der holzbearbeitung**
ermittlung des standes der technik bezueglich der geraeuschemission von fertigsstrassen der holzbearbeitung. klassifikation von einzelmaschinen aus fertigungsstrassen hinsichtlich ihrer geraeuschentwicklung. geraeuschminderung an diesen maschinen
S.WORT laermmessung + holzindustrie + geraeuschminderung
PROLEI PROF. DR. -ING. ERNST SALJE
STAND 1.1.1974
FINGEB - DEUTSCHE FORSCHUNGSGEMEINSCHAFT
- FORSCHUNGSKURATORIUM MASCHINENBAU E. V. , FRANKFURT
ZUSAM ARBEITSAUSSCHUSS HOLZBEARBEITUNGSMASCHINEN IN FM, LYONER STRASSE 18, 6000 FRANKFURT
BEGINN 1.10.1975 ENDE 31.10.1977
G.KOST 200.000 DM

FC -065
INST INSTITUT FUER WERKZEUGMASCHINEN UND UMFORMTECHNIK DER TU HANNOVER HANNOVER
VORHAB **schaffung eines pruefwerkzeuges zur beurteilung der laermquellen an pressen und vergleichende untersuchungen mit diesem pruefwerkzeug an verschiedenen pressen**
ausgangssituation: die grundlage dieses forschungsvorhabens bilden untersuchungen des statischen und dynamischen federungsverhaltens von pressen und allgemeine untersuchungen ueber schallentstehung, -ausbreitung und moeglichkeiten, den schall messtechnisch zu erfassen. forschungsziel: es soll ein pruefwerkzeug hergestellt werden, mit dem das betriebsverhalten von pressen waehrend des arbeitsganges an der wirkstelle gemessen werden kann. dabei sollen bestimmte betriebsparameter variiert werden. bei gleichzeitigen schallmessungen werden aufschluesse ueber die schallentstehung und -abstrahlung von pressen erwartet. die ergebnisse bilden die grundlage fuer das ziel dieser untersuchung, die zu erarbeitenden laermminderungsmassnahmen. forschungsergebnis: das genannnte werkzeug wurde hergestellt, mit den erforderlichen messeinrichtungen versehen, im labor eingemessen und im praktischen einsatz (bisher nur an einer schnellaeuferpresse) erprobt.
S.WORT schallentstehung + laermminderung + arbeitsplatz + messgeraet + (schnellaeuferpresse)
QUELLE datenuebernahme aus der datenbank zur koordinierung der ressortforschung (dakor)
FINGEB BUNDESMINISTER FUER WIRTSCHAFT
BEGINN 1.1.1971 ENDE 1.1.1974
G.KOST 354.000 DM

FC -066
INST INSTITUT UND LEHRSTUHL FUER MESSTECHNIK IM MASCHINENBAU DER TU HANNOVER HANNOVER, NIENBURGER STRASSE 17
VORHAB **grundsaetzliche untersuchungen ueber die schallabstrahlung von schmiedehaemmern**
S.WORT laermmessung + werkzeuge
PROLEI DR. -ING. WALTER ECKER
STAND 1.10.1974
FINGEB LAND NORDRHEIN-WESTFALEN
G.KOST 100.000 DM

FC -067
INST INSTITUT UND LEHRSTUHL FUER MESSTECHNIK IM MASCHINENBAU DER TU HANNOVER HANNOVER, NIENBURGER STRASSE 17
VORHAB **auswahl und entwicklung eines vereinfachten messverfahrens zur bestimmung der schallabstrahlung von umformenden werkzeugmaschinen**
ziel: einfache messverfahren; normgerechte und vergleichbare messbedingungen
S.WORT laermmessung + werkzeugmaschinen + messverfahren
PROLEI DIPL. -ING. ROTH

STAND 1.1.1974
FINGEB DEUTSCHE FORSCHUNGSGEMEINSCHAFT
BEGINN 1.3.1973 ENDE 28.2.1974
G.KOST 60.000 DM
LITAN - ROTH URBON, P. , DAGA, SEP 1973, TAGUNGSBEITRAG: AUSWAHL U. MESSUNG VON BETRIEBSBEDINGUNGEN BEI DER GERAEUSCHMESSUNG AN HAEMMERN U. PRESSEN.
- ZWISCHENBERICHT 1974. 04

FC -068

INST INSTITUT UND LEHRSTUHL FUER MESSTECHNIK IM MASCHINENBAU DER TU HANNOVER
HANNOVER, NIENBURGER STRASSE 17
VORHAB **laermminderung beim schleifen von blech und konstruktionselementen aus blech**
ausgangslage: schleifprozess, schwingungsverhalten und schallabstrahlung von feinblechen; forschungsziel: - massnahmen zur minderung der schallanregung- trennung des einflusses von werkzeug, werkstueck, maschine auf laerm (bereits durchgefuehrt) geraeuschminderung an maschine, werkstueck, werkzeug anwendung: umweltschutz, mittel: parameter variable beeinflussende groessen: werkstueck, werkzeug, maschine
S.WORT laermminderung + werkzeuge
PROLEI DR. -ING. FROHMUND HOCK
STAND 1.10.1974
FINGEB DEUTSCHE FORSCHUNGSGESELLSCHAFT FUER BLECHVERARBEITUNG UND OBERFLAECHENBEHANDLUNG E. V. , DUESSELDORF
ZUSAM INST. F. FERTIGUNGSTECHNIK U. SPANENDE WERKZEUGMASCHINEN DER TU HANNOVER, 3 HANNOVER, WELFENGARTEN 1
BEGINN 1.11.1973 ENDE 30.4.1976
G.KOST 463.000 DM
LITAN - MESSUNG DES SCHALLEISTUNGSPEGELS MIT HILFE DER HOLOGRAPHISCHEN INTERFEROMETRIE. IN:MESSEN + PRUEFEN 3 S.163(1974)
- ZWISCHENBERICHT 1974.11
- PEECK,A.: SCHLEIFEN VON BLECH: GRENZEN DER LAERMMINDERUNG AM WERKSTUECK. IN:BAENDER, BLECHE, ROHRE 5 S.196-198(1975)

FC -069

INST INSTITUT UND LEHRSTUHL FUER MESSTECHNIK IM MASCHINENBAU DER TU HANNOVER
HANNOVER, NIENBURGER STRASSE 17
VORHAB **laermquellen von pressen und entwicklung laermmindernder massnahmen sowie deren ueberpruefung**
ermitteln der laermquellen beispielhaft an einigen pressen; schall- und schwingungsmesstechnische untersuchungen (redzeitanalyse) an laermintensiven bauteilen und baugruppen unter beruecksichtigung der kopplungseinfluesse; entwicklung und erprobung laermmindernder massnahmen; aufstellung von richtlinien, nach denen bereits ausgefuehrte maschinen und neukonstruktionen bezueglich ihrer laermentwicklung verbessert werden koennen
S.WORT laermminderung + werkzeugmaschinen
PROLEI DR. -ING. FRANK SCHROEDTER
STAND 1.10.1974
FINGEB DEUTSCHE FORSCHUNGSGESELLSCHAFT FUER BLECHVERARBEITUNG UND OBERFLAECHENBEHANDLUNG E. V. , DUESSELDORF
ZUSAM INST. F. WERKZEUGMASCHINEN U. UMFORMTECHNIK DER TU HANNOVER, 3 HANNOVER, WELFENGARTEN 1 A
BEGINN 1.6.1974 ENDE 30.6.1976
G.KOST 251.000 DM
LITAN ZWISCHENBERICHT 1975. 06

FC -070

INST INSTITUT UND LEHRSTUHL FUER MESSTECHNIK IM MASCHINENBAU DER TU HANNOVER
HANNOVER, NIENBURGER STRASSE 17
VORHAB **bestimmung des vom schmiedehammer unmittelbar abgestrahlten impulsschalles als teil der gesamtschalleistung**
die aufgabe besteht in der angabe darueber, wie die zwei einwirkenden schallanteile - unmittelbarer und mittelbarer luftschall - bei schmiedehaemmern energetisch zum luftgesamtschall beitragen. aus den ergebnissen ergeben sich konsequenzen fuer die schallmesstechnik impulsfoermiger schallvorgaenge bei schmiedehaemmern und zum schutz des arbeitenden menschen in unmittelbarer naehe zu derartigen laermerzeugern
S.WORT laermentstehung + arbeitsplatz + metallbearbeitung + (schmiedehaemmer)
STAND 2.8.1976
QUELLE fragebogenerhebung sommer 1976
FINGEB DEUTSCHE FORSCHUNGSGEMEINSCHAFT
BEGINN 1.4.1976 ENDE 30.9.1976
G.KOST 37.000 DM

FC -071

INST INSTITUT UND LEHRSTUHL FUER MESSTECHNIK IM MASCHINENBAU DER TU HANNOVER
HANNOVER, NIENBURGER STRASSE 17
VORHAB **auffindung von teilschallquellen an fertigungseinrichtungen durch schalleistungsdichtemessung im nahfeld**
die messung der schallintensitaet soll unter unguenstigen bedingungen (nahfeldeffekte, stoerpegel) ermoeglicht werden. dazu soll ein mikrofon entwickelt und kolibriert werden. zur kolibrierung wird ein schallkanal (kundt'sches rohr) aufgebaut, das grosse schallintensitaeten mit hohem blindanteil enthaelt. das mikrofon soll den besonderen bedingungen bei der messung von maschinenlaerm genuegen
S.WORT schallentstehung + maschinen + messverfahren + (nahfeldmessung)
PROLEI DR. -ING. WALTER ECKER
STAND 28.7.1976
QUELLE fragebogenerhebung sommer 1976
FINGEB DEUTSCHE FORSCHUNGSGEMEINSCHAFT
ZUSAM INST. F. FERTIGUNGSTECHNIK UND SPANENDE WERKZEUGMASCHINEN DER TU HANNOVER
BEGINN 1.5.1975 ENDE 31.12.1976
G.KOST 130.000 DM
LITAN ZWISCHENBERICHT

FC -072

INST INSTITUT UND LEHRSTUHL FUER MESSTECHNIK IM MASCHINENBAU DER TU HANNOVER
HANNOVER, NIENBURGER STRASSE 17
VORHAB **berechnung der laermdosisverteilung in fabrikhallen**
entwicklung eines rechenprogramms zur vorausberechnung von immissionswerten in fabrikhallen. erstellung einer entsprechenden laermkarte. grundlage der vorausberechnung sind akutische und geometrische daten. daraus errechnung von ausbreitungsfakten fuer direkt und streuschall. statistische theorie, ueberpruefung des programms durch messungen in hauptausfuehrungen. weitere kontrolle durch aufbau eines akustischen modells (masstab 1: 10); darin auch erfassung sekundaerer laermmindernder messnahmen. ziel: erfassung auch zeitlich schwankender geraeusche und beruecksichtigung von schirmwirkungen in der vorausberechnung
S.WORT laermbelastung + immissionsmessung + arbeitsplatz + fabrikhalle
PROLEI DR. -ING. WALTER ECKER
STAND 28.7.1976
QUELLE fragebogenerhebung sommer 1976
FINGEB BUNDESMINISTER FUER FORSCHUNG UND TECHNOLOGIE
ZUSAM INST. F. FABRIKANALGEN DER TU HANNOVER, CALLINSTR. 15 A, 3000 HANNOVER
BEGINN 1.1.1975 ENDE 30.6.1977
G.KOST 235.000 DM
LITAN ZWISCHENBERICHT

FC -073
INST LABORATORIUM FUER WERKZEUGMASCHINEN UND BETRIEBSLEHRE DER TH AACHEN
AACHEN, WUELLNERSTR. 5
VORHAB **analyse des geraeuschverhaltens spanender werkzeugmaschinen im hinblick auf geraeuschmessung, beurteilung, minderung**
erstellung einer messvorschrift zur geraeuschmessung an spanenden werkzeugmaschinen; rechnerunterstuetzte erstellung von unterlagen zur beurteilung von werkzeugmaschinen
S.WORT werkzeugmaschinen + geraeuschmessung + laermminderung + (messvorschrift)
PROLEI PROF. DR. -ING. MANFRED WECK
STAND 1.1.1974
FINGEB DEUTSCHE FORSCHUNGSGEMEINSCHAFT
ZUSAM HOCHSCHULGRUPPE FERTIGUNGSTECHNIK (HGF)
BEGINN 1.1.1972 ENDE 31.12.1975
LITAN ZWISCHENBERICHT 1974. 04

FC -074
INST LABORATORIUM FUER WERKZEUGMASCHINEN UND BETRIEBSLEHRE DER TH AACHEN
AACHEN, WUELLNERSTR. 5
VORHAB **berechnung des schalluebertragungs- und schallabstrahlverhaltens von maschinenbauteilen**
rechnerische erfassung der akustischen eigenschaften plattenfoermiger maschinenbauteile mit hilfe der edv; aussagen ueber die schalldruckverteilung in der umgebung der bauteile; untersuchung der auswirkungen konstruktiver aenderungen auf die geraeuschabstrahlung der bauteile
S.WORT werkzeugmaschinen + schallausbreitung + schalldruck + (berechnungsmodell)
PROLEI DR. -ING. MIESSEN
STAND 1.1.1974
FINGEB BUNDESMINISTER FUER FORSCHUNG UND TECHNOLOGIE
ZUSAM RECHNERUNTERSTUETZTES ENTWICKELN UND KONSTRUIEREN IM WERKZEUGMASCHINENBAU
BEGINN 1.4.1974 ENDE 31.12.1975
LITAN ZWISCHENBERICHT 1974. 12

FC -075
INST LABORATORIUM FUER WERKZEUGMASCHINEN UND BETRIEBSLEHRE DER TH AACHEN
AACHEN, WUELLNERSTR. 5
VORHAB **technische geraeuschgrenzwerte fuer spanende werkzeugmaschinen unter beruecksichtigung technischer und wirtschaftlicher moeglichkeiten zur geraeuscharmen gestaltung**
ziel der untersuchungen ist es, entscheidungsgrundlagen fuer die festlegung von zulaessigen technischen geraeuschgrenzwerten fuer werkzeugmaschinen zu erarbeiten. dazu werden zum einen serienuntersuchungen ausgewertet, die in der industrie durchgefuehrt wurden und den stand der technik bezueglich des geraeuschverhaltens von werkzeugmaschinen kennzeichnen. zum anderen werden moeglichkeiten der geraeuschminderung an werkzeugmaschinen labormaessig erarbeitet. die ergebnisse dieses forschungsvorhabens dienen als grundlage fuer eine vdi-richtlinie, die im ets-unterausschuss "spanende werkzeugmaschinen" erstellt wird
S.WORT werkzeugmaschinen + schallimmission + geraeuschminderung + (vdi-richtlinie)
PROLEI PROF. DR. -ING. MANFRED WECK
STAND 28.7.1976
QUELLE fragebogenerhebung sommer 1976
FINGEB BUNDESMINISTER FUER ARBEIT UND SOZIALORDNUNG
BEGINN 1.6.1975 ENDE 31.5.1978
G.KOST 580.000 DM

FC -076
INST LEHRSTUHL FUER HYGIENE DER UNI HAMBURG
HAMBURG 36, ALSTERGLACIS 3
VORHAB **erfassung der auswirkung einzelner und komplexer umweltbedingungen auf besatzungen von schiffen im simulationsversuch**
im simulationsversuch sollte die auswikrung von umwelteinfluessen auf schiffsbesatzungen studiert werden. unter beschallung mit kontinuierlichen und diskontinuierlichen norm- und umweltgeraeuschen wurden bei wehrpflichtigen muskelaktionspotentiale, atem- und pulsfrequenz sowie der leitwert der haut als parameter fuer die psychophysische wirkung des laerms registriert. mit flimmerverschmelzungs-, reaktionszeit- und additionstests (paulitest) wurde ausserdem der einfluss auf die leistungs- und konzentrationsfaehigkeit der probanden untersucht
S.WORT schiffsantrieb + laermbelastung + physiologische wirkungen
PROLEI PROF. DR. ERNST EFFENBERGER
STAND 30.8.1976
QUELLE fragebogenerhebung sommer 1976
FINGEB BUNDESMINISTER DER VERTEIDIGUNG
ZUSAM SCHIFFFAHRTMEDIZINISCHES INSTITUT DER MARINE, KOPPERPAHLER ALLEE 120, 2300 KIEL-KRONSHAGEN
BEGINN 1.10.1973 ENDE 31.12.1975
G.KOST 105.000 DM
LITAN ENDBERICHT

FC -077
INST LEHRSTUHL UND INSTITUT FUER FERTIGUNGSTECHNIK UND SPANENDE WERKZEUGMASCHINEN DER TU HANNOVER
HANNOVER, WELFENGARTEN 1A
VORHAB **geraeuschverhalten von werkzeugmaschinen**
frequenzspektren (schmalband) zur untersuchung der geraeuschquellen; korrelation verschiedener kraft-, koerperschall- und luftschallsignale
S.WORT laermentstehung + geraeusch + werkzeugmaschinen
PROLEI PROF. DR. -ING. HANS KURT TOENSHOFF
STAND 1.10.1974
FINGEB DEUTSCHE FORSCHUNGSGEMEINSCHAFT
BEGINN 1.1.1973 ENDE 31.1.1975
G.KOST 160.000 DM

FC -078
INST LEHRSTUHL UND INSTITUT FUER FERTIGUNGSTECHNIK UND SPANENDE WERKZEUGMASCHINEN DER TU HANNOVER
HANNOVER, WELFENGARTEN 1A
VORHAB **laermminderung beim schleifen von blech und konstruktionselementen aus blech**
minderung der schallabstrahlung, einfluss des bearbeitungsverfahrens auf das geraeusch, parameter: bindung, koernung, drehzahl, durchmesser der schleifscheibe
S.WORT laermminderung + metallbearbeitung
PROLEI PROF. DR. -ING. HANS KURT TOENSHOFF
STAND 1.1.1974
FINGEB DEUTSCHE FORSCHUNGSGESELLSCHAFT FUER BLECHVERARBEITUNG UND OBERFLAECHENBEHANDLUNG E. V. , DUESSELDORF
ZUSAM INST. F. SCHWINGUNGS-U. MESSTECHNIK DER TU, 3 HANNOVER, WELFENGARTEN 1
BEGINN 1.12.1973 ENDE 31.12.1976
G.KOST 263.000 DM

FC -079
INST LEHRSTUHL UND INSTITUT FUER FERTIGUNGSTECHNIK UND SPANENDE WERKZEUGMASCHINEN DER TU HANNOVER
HANNOVER, WELFENGARTEN 1A
VORHAB **entwicklung eines geraeuscharmen bearbeitungsverfahrens fuer bleche und blechkonstruktionen als ersatz fuer geraeuschintensive schleifprozesse mit handschleifmaschinen**
anpassung des werkzeuges an die erfordernisse der freihandbearbeitung unter einhaltung eines maximalen geraeuschpegels; konzeption eines antriebes und der kraftuebertragung fuer ein handwerkzeug
S.WORT laermminderung + werkzeuge + metallbearbeitung
PROLEI PROF. DR. -ING. HANS KURT TOENSHOFF

STAND 23.7.1976
QUELLE fragebogenerhebung sommer 1976
FINGEB - BUNDESMINISTER FUER FORSCHUNG UND TECHNOLOGIE
- FIRMA LUKAS-ERZETT OHG, ENGELSKIRCHEN
- ROBERT BOSCH GMBH, LEINFELDEN
G.KOST 320.000 DM

FC -080

INST LEHRSTUHL UND INSTITUT FUER FERTIGUNGSTECHNIK UND SPANENDE WERKZEUGMASCHINEN DER TU HANNOVER
HANNOVER, WELFENGARTEN 1A
VORHAB **analyse des geraeuschverhaltens und massnahmen zur laermminderung an kreissaegemaschinen fuer die gesteinsbearbeitung**
durchfuehrung von laermminderungsmassnahmen an einer kreissaegemaschine. kostenabschaetzungen fuer laermminderungsmassnahmen. aufzeigen von moeglichkeiten zur kompensation von eventuell anfallenden mehrkosten
S.WORT laermminderung + werkzeuge + (gesteinsbearbeitung)
PROLEI PROF. DR. -ING. HANS KURT TOENSHOFF
STAND 23.7.1976
QUELLE fragebogenerhebung sommer 1976
FINGEB BUNDESMINISTER FUER FORSCHUNG UND TECHNOLOGIE
ZUSAM VERBAND DER DEUTSCHEN GRANITINDUSTRIE E. V., SCHWARZENBACH/SAALE
G.KOST 300.000 DM
LITAN ROHR, G; WESTPHAL, R.: EIN BEITRAG ZUR GERAEUSCHMINDERUNG AN KREISSAEGEMASCHINEN DER STEININDUSTRIE. IN: INDUSTRIE DIAMANTEN RUNDSCHAU 1 S. 37FF(1976)

FC -081

INST LEHRSTUHL UND INSTITUT FUER FERTIGUNGSTECHNIK UND SPANENDE WERKZEUGMASCHINEN DER TU HANNOVER
HANNOVER, WELFENGARTEN 1A
VORHAB **untersuchungen von grundlagen und von methoden zur vorherbestimmung des geraeuschverhaltens von fraesmaschinen bei arbeitsbedingungen**
beschreibung des geraeuschverhaltens von werkzeugmaschinen durch kennfunktionen. untersuchung der einfluesse einzelner prozessparameter
S.WORT geraeuschminderung + werkzeugmaschinen + (fraesmaschinen)
PROLEI PROF. DR. -ING. HANS KURT TOENSHOFF
STAND 23.7.1976
QUELLE fragebogenerhebung sommer 1976
FINGEB DEUTSCHE FORSCHUNGSGEMEINSCHAFT
ZUSAM WERKZEUGMASCHINENLABOR DER TH AACHEN, WUELLNERSTR. 5, 5100 AACHEN
BEGINN 1.1.1975 ENDE 31.12.1977
G.KOST 300.000 DM
LITAN ZWISCHENBERICHT

FC -082

INST LEHRSTUHL UND INSTITUT FUER FERTIGUNGSTECHNIK UND SPANENDE WERKZEUGMASCHINEN DER TU HANNOVER
HANNOVER, WELFENGARTEN 1A
VORHAB **untersuchung und entwicklung schnellaufender geraeuscharmer werkzeuge**
entwicklung schnellaufender werkzeuge, die der forderung nach hoher schnittleistung und laufruhe gleichermassen genuegen. verbesserung der arbeitsbedingungen. messung mechanischer, technologischer und akustischer groessen
S.WORT geraeuschminderung + werkzeuge + verfahrensoptimierung
PROLEI PROF. DR. -ING. HANS KURT TOENSHOFF
STAND 23.7.1976
QUELLE fragebogenerhebung sommer 1976
FINGEB DEUTSCHE FORSCHUNGSGEMEINSCHAFT
ZUSAM - VDEH, DUESSELDORF
- INST. F. WERKZEUGMASCHINEN DER TU BRAUNSCHWEIG
BEGINN 1.1.1975 ENDE 31.12.1977
G.KOST 250.000 DM
LITAN ROHR, G.;WESTPHAL, G.: EIN BEITRAG ZUR GERAEUSCHMINDERUNG AN KREISSAEGEMASCHINEN DER STEININDUSTRIE. IN: INDUSTRIE DIAMANTEN RUNDSCHAU 1 S. 37FF(1976)

FC -083

INST LEHRSTUHL UND INSTITUT FUER WERKZEUGMASCHINEN UND BETRIEBSTECHNIK DER UNI KARLSRUHE
KARLSRUHE, KAISERSTR. 12
VORHAB **untersuchung des geraeuschverhaltens und der geraeuschursachen an steuer- und regelbaren hydrostatischen pumpen**
in staendigem kontakt mit herstellern und anwendern hydraulischer antriebssysteme soll ein sinnvolles und praxisnahes konzept zur geraeuschminderung speziell an steuer- und regelbaren hydrostatischen pumpen erarbeitet werden. vorgehensweise: 1. aufbau eines entsprechenden versuchsstandes; 2. ermittlung des standes der technik (geraeuschentwicklung) als (betriebsparameter, baugroesse, fabrikat); 3. luft- und koerperschallanalysen (geraeuschursachen und uebertragungsverhalten); 4. entwicklung von geraeuschminderungsmassnahmen (z. b. pumpenmodell m. kraftkompensation)
S.WORT laermentstehung + laermminderung + druckluftwerkzeuge + (hydrostatische pumpen)
PROLEI DIPL. -ING. BODO STICH
STAND 21.7.1976
QUELLE fragebogenerhebung sommer 1976
FINGEB DEUTSCHE FORSCHUNGSGEMEINSCHAFT
BEGINN 1.3.1973 ENDE 1.3.1977
G.KOST 385.000 DM
LITAN STICH, B.: GERAEUSCHVERHALTEN VON AXIALKOLBENPUMPEN UND MASSNAHMEN ZUR GERAEUSCHMINDERUNG. IN: WT-ZEITSCHRIFT FUER INDUSTRIELLE FERTIGUNG. (6) S. 334-337(1974)

FC -084

INST LEHRSTUHL UND INSTITUT FUER WERKZEUGMASCHINEN UND BETRIEBSTECHNIK DER UNI KARLSRUHE
KARLSRUHE, KAISERSTR. 12
VORHAB **geraeuschminderung an verstellbaren axialkolbenpumpen und -motoren durch beeinflussung der druckaenderungsgeschwindigkeit am umsteuersystem**
axialkolbenpumpen werden i. a. mit hohen systemdruecken betrieben. beim wechsel von nieder- auf hochdruck und umgekehrt treten grosse kraftaenderungen auf, die triebflansch und gehaeuse zu schwingungen anregen. es soll versucht werden, durch eine geeignete umsteuergeometrie den vorgang ueber einen moeglichst grossen winkelbereich zu erstrecken und damit eine daempfungswirkung zu erzielen. zu diesem zweck wurde ein rechenprogramm erstellt, das den druckverlauf im kolbenraum berechnet. unter vorgabe eines guenstigen druckverlaufes soll mit diesem programm die umsteuergeometrie ermittelt werden
S.WORT laermentstehung + laermminderung + druckluftwerkzeuge + (axialkolbenpumpen)
PROLEI DIPL. -ING. EGON LECHNER
STAND 21.7.1976
QUELLE fragebogenerhebung sommer 1976
FINGEB - BUNDESMINISTER FUER FORSCHUNG UND TECHNOLOGIE
- DEUTSCHE FORSCHUNGS- UND VERSUCHSANSTALT FUER LUFT- UND RAUMFAHRT
BEGINN 1.10.1974 ENDE 1.9.1976
G.KOST 119.000 DM
LITAN ZWISCHENBERICHT

FC -085

INST MAX-PLANCK-INSTITUT FUER STROEMUNGSFORSCHUNG
GOETTINGEN, BOETTINGERSTR. 6-8

VORHAB **geraeuscherzeugung bei schneid- und flaemmbrennern**
messung der beim schneiden und flaemmen entstehenden geraeusche mit dem ziel, aufschluss ueber art und entstehung dieser geraeusche zu erhalten und moeglichkeiten zu ihrer verminderung zu finden

S.WORT werkzeuge + laermentstehung + geraeuschminderung + (schneidbrenner)
PROLEI DR. ALBRECHT DINKELACKER
STAND 2.8.1976
QUELLE fragebogenerhebung sommer 1976
FINGEB MESSER GRIESHEIM GMBH, FRANKFURT
BEGINN 1.5.1973 ENDE 30.4.1976
LITAN -
DINKELACKER,A.;HILLER,W.;KRAEMER,W.;MEIER,G., 8TH INTERNAT. CONGRESS ON ACOUSTICS,LONDON,1974: EXPERIMENTS ON THE NOISE OF COAXIAL JETS WITH COMBUSTION
-
DINKELACKER,A.;HILLER,W.;KRAEMER,W.;MEIER,G.: GERAEUSCHMESSUNGEN AN SCHNEID-, FLAEMM- UND PLASMABRENNERN. IN:BERICHT MAX-PLANCK-INSTITUT FUER STROEMUNGSFORSCHUNG, GOETTINGEN. 9(1974)
-
HILLER,W.;DINKELACKER,A.;KRAEMER,W.;MEIER,G.: EXPERIMENTELLE UNTERSUCHUNGEN AN UEBERSCHALLFREISTRAHLEN MIT HEISSEM MANTELSTRAHL. IN:BERICHT MAX-PLANCK-INSTITUT FUER STROEMUNGSFORSCHUNG, GOETTINGEN. 7(1975)

FC -086

INST NORMENAUSSCHUSS AKUSTIK UND SCHWINGUNGSTECHNIK IM DEUTSCHEN INSTITUT FUER NORMUNG E. V.
BERLIN 30, BURGGRAFENSTR. 4-7

VORHAB **geraeuschmessung an maschinen (din 45635)**

S.WORT laermmessung + maschinen + normen
STAND 1.1.1974
FINGEB BUNDESMINISTER FUER WIRTSCHAFT
ZUSAM BEUTH-VERTRIEB GMBH, 1 BERLIN 30, BURGGRAFENSTR. 4-7
BEGINN 1.1.1963
LITAN - DIN 45635 BLATT 1; BEUTH VERTRIEB BERLIN/KOELN (JUN 1972)
- DIN 45635 BLATT 10 ENTWURF; BEUTH VERTRIEB BERLIN/KOELN (JUN 1972)
- DIN 45635 BLATT 11 ENTWURF; BEUTH VERTRIEB BERLIN/KOELN (MAR 1972)

FC -087

INST OELKERS, H.D., DIPL.-PHYS.
HAGEN

VORHAB **stand der technik bei stadtbahnen hinsichtlich ihrer luft- und koerperschallemissionen**
im rahmen des forschungsvorhabens sollen die ergebnisse der in den letzten jahren durchgefuehrten luft- und koerperschallmessungen bei stadtbahnen unter beruecksichtigung der vergleichbarkeit gesammelt und ausgewertet werden. ziel des vorhabens ist es, eine geschlossene darstellung des standes der technik hinsichtlich der luft- und koerperschallemissionen von stadtbahnen zu geben. die ergebnisse dieser untersuchungen sollen insbesondere entscheidungshilfen fuer eine aufgrund des bundes-immissionsschutz-gesetzes zu erarbeitende "laermschutz"-verordnung fuer den bereich der schienenbahnen liefern.

S.WORT stadtverkehr + schienenverkehr + schallemission + laermschutz
QUELLE datenuebernahme aus der datenbank zur koordinierung der ressortforschung (dakor)
FINGEB BUNDESMINISTER FUER VERKEHR
BEGINN 1.8.1974 ENDE 31.3.1975

FC -088

INST ORDINARIAT FUER WELTFORSTWIRTSCHAFT DER UNI HAMBURG
HAMBURG 80, LEUSCHNERSTR. 1

VORHAB **die schallausbreitung des maschinenlaerms in verschiedenen gelaendeformen und industriebetrieben und seine wirkungen auf den arbeitenden menschen**
durch die untersuchung soll festgestellt werden, wie die schallausbreitung in verschiedenen gelaendeformen und industriebetrieben verlaeuft, um daraus effiziente massnahmen zu laermabwehr ableiten zu koennen. es konnte bisher festgestellt werden, dass signifikante unterschiede zwischen den einzelnen gelaendeformen in abhaengigkeit der unterschiedlichen belastungsgrade der maschinen und der verschiedenen jahreszeiten nachzuweisen sind und welchen verlauf der schallpegel in einzelnen betrieben aufweist

S.WORT maschinen + schallausbreitung + arbeitsplatz + laermbelaestigung
STAND 30.8.1976
QUELLE fragebogenerhebung sommer 1976
LITAN - KAMINSKY, G.;BORZUTZKI, R.;LEMBKE, E.: DIE SCHALLAUSBREITUNG DES LAERMS VON MOTORSAEGEN UND SEINE WIRKUNG AUF DAS GEHOER DES WALDARBEITERS. IN: MITT. D. BFA F. FORST- UND HOLZWIRTSCH. NR. 103(1974)
- BORZUTZKI, R.: KRITISCHE BEMERKUNGEN ZUR ERMITTLUNG DES BEURTEILUNGSPEGELS DER INTERMITTIERENDEN LAERMBELASTUNG NACH DIN 45 641. IN: FORSTARCH. 45(9) S. 182-184(1974)

FC -089

INST RUHRKOHLE AG
ESSEN, POSTFACH 5

VORHAB **gehoerschutzmittel unter besonderer beruecksichtigung der tragefaehigkeit im untertage-bergbau**
unter beachtung des daemmungsvermoegens wird persoenlicher gehoerschutz ausgewaehlt. trageversuche mit verschiedenen gehoerschutzmitteln werden durchgefuehrt unter besonderer beachtung der hautvertraeglichkeit. entwicklung von verbessertem gehoerschutz.

S.WORT laermminderung + bergbau + geraeteentwicklung + (gehoerschutzmittel)
QUELLE datenuebernahme aus der datenbank zur koordinierung der ressortforschung (dakor)
FINGEB GESELLSCHAFT FUER WELTRAUMFORSCHUNG MBH (GFW) IN DER DFVLR, KOELN
BEGINN 1.7.1974 ENDE 31.12.1975
G.KOST 191.000 DM

FC -090

INST SAARBERGWERKE AG
SAARBRUECKEN, TRIERER STRASSE 1

VORHAB **laermbekaempfung an ventilatoren von sonderbewetterungsanlagen**
es soll die wirksamkeit von schalldaempfern fuer ventilatoren von unterschiedlicher leistung untersucht und ein katalog erarbeitet werden, aus dem fuer unterschiedliche betriebsbedingungen wirksame massnahmen der schalldaempfung abgeleitet werden koennen. projektausfuehrung: pruefstandsuntersuchungen von lueftern und luefter-schalldaempferkombinationen, erprobung von lueftern unter praxisnahen bedingungen; betriebsversuche, einzelmessungen an luefter-schalldaempfer-kombinationen unter verschiedenen betriebsbedingungen

S.WORT bergwerk + belueftungsgeraet + laermminderung + (ventilatoren)
PROLEI DR. -ING. HANS-GUIDO KLINKNER
STAND 9.8.1976
QUELLE fragebogenerhebung sommer 1976
FINGEB EUROPAEISCHE GEMEINSCHAFT FUER KOHLE UND STAHL, LUXEMBURG
BEGINN 1.12.1975 ENDE 31.12.1977
G.KOST 206.000 DM

FC -091
INST TECHNISCHER UEBERWACHUNGSVEREIN RHEINLAND E.V.
KOELN, KONSTANTIN-WILLE-STR. 1
VORHAB **schalltechnische beratung bei bauplanung und bauueberwachung eines kraftwerkes**
S.WORT kraftwerk + schallschutzplanung
PROLEI DR. K. TEGEDER
STAND 1.10.1974
FINGEB STADTWERKE KOELN
BEGINN 1.1.1972 ENDE 31.12.1975
G.KOST 100.000 DM

FC -092
INST TRAPP SYSTEMTECHNIK GMBH
WESEL 1, POSTFACH 445
VORHAB **analyse fortschrittlicher methoden zur baulaermverminderung hinsichtlich durchfuehrbarkeit, kosten und einsatzmoeglichkeiten**
neue methoden und techniken um die laermemission von baumaschinen und geraeten zu vermindern, sollen systematisiert und auf wirksamkeit, realisierbarkeit sowie wirtschaftlichkeit untersucht und kritisch bewertet werden.
S.WORT laermminderung + baumaschinen + methodenentwicklung + wirtschaftlichkeit
QUELLE datenuebernahme aus der datenbank zur koordinierung der ressortforschung (dakor)
FINGEB GESELLSCHAFT FUER WELTRAUMFORSCHUNG MBH (GFW) IN DER DFVLR, KOELN
BEGINN 1.5.1975 ENDE 30.11.1975

FC -093
INST TRAPP SYSTEMTECHNIK GMBH
WESEL 1, POSTFACH 445
VORHAB **untersuchung geraeuscharmer verfahren zur zerstoerung von mauerwerk und beton als alternativen zum sprengen mit dynamit (vorstudie)**
die studie soll zu laermschwerpunkten bei bauarbeiten orientiert neue verfahren aufzeigen, um den baulaerm bei der zersoerung von mauerwerk und beton drastisch zu reduzieren. dabei sollen realisierbarkeit und wirtschaftlichkeit dargelegt und die verfahren kritisch bewertet werden.
S.WORT baulaerm + geraeuschminderung + methodenentwicklung
QUELLE datenuebernahme aus der datenbank zur koordinierung der ressortforschung (dakor)
FINGEB GESELLSCHAFT FUER WELTRAUMFORSCHUNG MBH (GFW) IN DER DFVLR, KOELN
BEGINN 1.5.1975 ENDE 31.12.1975

FC -094
INST VEREIN DEUTSCHER WERKZEUGMASCHINENFABRIKEN E.V. (VDW) FACHGEMEINSCHAFT WERKZEUGMASCHINEN IM VDMA
FRANKFURT, CORNELIUSSTR. 4
VORHAB **einfluss der hydraulik auf das geraeuschverhalten von werkzeugmaschinen und massnahmen zur laermminderung**
klaerung der zusammenhaenge zwischen hydraulikaggregaten als geraeuscherzeuger, der schallweiterleitung durch koerperschall und der schallabstrahlung von waenden an maschinen und anlagen; aufzeigen von gezielten laermminderungsmassnahmen als abhilfe- und konstruktionsrichtlinien
S.WORT laermminderung + hydraulik + werkzeugmaschinen
PROLEI PROF. DR. -ING. TUFFENTSAMMER
STAND 1.1.1974
FINGEB BUNDESMINISTER FUER WIRTSCHAFT
BEGINN 1.1.1973 ENDE 31.12.1974
G.KOST 247.000 DM
LITAN ZWISCHENBERICHT 1973. 03

FC -095
INST ZENTRALINSTITUT FUER ARBEITSMEDIZIN DER UNI HAMBURG
HAMBURG 76, ADOLPH-SCHOENFELDER-STR. 5
VORHAB **auswirkungen des arbeitslaerms auf die arbeitssicherheit und gesundheit von beschaeftigten in raeumen mit schallreflektierenden waenden**
die berufliche laermbelastung im tunnelbau stellt im vergleich zu anderen bauberufen insofern eine besonderheit dar, als schallreflektionen die laermemissionen von maschinen erheblich zu potenzieren vermoegen. ausserdem muss von fall zu fall mit maschinenabgas-bedingten kohlenmonoxid-immissionen, die erfahrungsgemaess gleichfalls zu einer innenohrschwerhoerigkeit fuehren koennen, gerechnet werden. an den wichtigsten tunnelbaustellen des bundesgebietes werden in interdisziplinaerer zusammenarbeit mit arbeitsschutztechnikern arbeitshygienische und klinische (u. a. audiometrische) untersuchungen durchgefuehrt werden, um informationen darueber zu erhalten, inwieweit gesundheit und arbeitssicherheit des tunnelbauarbeiters besonders gefaehrdet sind
S.WORT strassenbau + laermbelastung + arbeitsschutz + (tunnelbau)
PROLEI PROF. DR. G. LEHNERT
STAND 30.8.1976
QUELLE fragebogenerhebung sommer 1976
BEGINN 1.3.1974 ENDE 31.12.1975

Weitere Vorhaben siehe auch:
BC -003 UNTERSUCHUNG DER SCHADSTOFFKONZENTRATIONEN SOWIE DER GERAEUSCHPEGEL BEIM PLASMASCHMELZSCHNEIDEN

FD -001

INST ABTEILUNG BAUWESEN DER BUNDESANSTALT FUER MATERIALPRUEFUNG
BERLIN 45, UNTER DEN EICHEN 87
VORHAB **umweltschutz - materialspezifische geraeuschbekaempfungsmassnahmen und bauakustik**
S.WORT laermschutz + bauakustik
PROLEI DIPL. -ING. WERNER RUECKWARD
STAND 1.1.1974

FD -002

INST ABTEILUNG BAUWESEN DER BUNDESANSTALT FUER MATERIALPRUEFUNG
BERLIN 45, UNTER DEN EICHEN 87
VORHAB **ausbreitung von u-bahn-erschuetterungen in den boden und massnahmen zu ihrer abschirmung**
u-bahn erschuetterungen beeintraechtigen oft nahegelegene gebaeude und einrichtungen; in einem konkreten falle in berlin war die abschirmwirkung einer gefederten gleistrogkonstruktion nachzupruefen; es sollen nun die grundsaetzlichen zusammenhaenge der ausbreitung von schwingungen in tunnelkoerper und umgebendem boden theoretisch und experimentell erforscht werden
S.WORT untergrundbahn + erschuetterungen + schwingungsschutz
PROLEI DR. DOLLING
STAND 1.10.1974
FINGEB SENATOR FUER WIRTSCHAFT, ERP-FOND, BERLIN
ZUSAM BERLINER VERKEHRSBETRIEBE, 1 BERLIN 30, POTSDAMER STR. 188
BEGINN 1.2.1973 ENDE 31.12.1977
G.KOST 240.000 DM
LITAN ZWISCHENBERICHT 1974. 03

FD -003

INST ABTEILUNG BAUWESEN DER BUNDESANSTALT FUER MATERIALPRUEFUNG
BERLIN 45, UNTER DEN EICHEN 87
VORHAB **ueberpruefung des stoerverhaltens von armaturen und geraeten der wasserinstallation in fertiggestellten bauten (din 4109, pruefzeichenpflicht)**
feststellung, inwieweit die pruefzeichenpflicht von eingestuften armaturen der wasserinstallation gefoerdert hat; abweichung der messwerte von sollwerten; zusammenhang zwischen armaturengruppe, grundriss und leitungen nachpruefen (installationsgeraeusche din 4109)
S.WORT bautechnik + laermschutz + wasserleitung + richtlinien
BERLIN
PROLEI DIPL. -ING. WERNER RUECKWARD
STAND 10.9.1976
QUELLE fragebogenerhebung sommer 1976
FINGEB INSTITUT FUER BAUTECHNIK, BERLIN
ZUSAM WOHNUNGSBAUGESELLSCHAFT
BEGINN 1.1.1976 ENDE 31.12.1977
G.KOST 123.000 DM
LITAN ZWISCHENBERICHT 1975. 12

FD -004

INST BUNDESANSTALT FUER STRASSENWESEN
KOELN, BRUEHLER STRASSE 1
VORHAB **bau- und betriebstechnische erprobung von laermschutzwaenden fuer den einsatz an strassen**
erprobung der witterungsbestaendigkeit verschiedener konstruktionen; wartungsaufwand/bestaendigkeit gegen streusalz; fragen der wirtschaftlichen erstellung und unterhaltung; aesthetik; verwendung neuartiger materialen; schallabsorptionsschichten
S.WORT laermschutzwand + strassenbau + (erprobung)
PROLEI DIPL. -PHYS. GUENTER REINHOLD
STAND 1.1.1974
FINGEB BUNDESMINISTER FUER VERKEHR
ZUSAM GROSSVERSUCH ZUR ERPROBUNG VON ABSCHIRMEINRICHTUNGEN AN DER BAB A15 IN PORZ-HEUMAR
BEGINN 1.1.1970
G.KOST 4.000.000 DM
LITAN REINHOLD; BURGER: BAU- UND BETRIEBSTECHNISCHE ERPROBUNG ABSORBIERENDER LAERMSCHUTZWAENDE. IN: STRASSE UND AUTOBAHN (1)(1971)

FD -005

INST DEUTSCH-FRANZOESISCHES FORSCHUNGSINSTITUT ST.LOUIS (ISL)
WEIL AM RHEIN, RUE DE L'INDUSTRIE 12
VORHAB **untersuchungen im flugzeugknallgenerator ueber wirkungen von knallen verschiedener intensitaet**
wirkung von flugzeugknall (militaerisch und zivil) auf bauelemente (fenster, kirchenfenster, gipsdecken etc.) und biologische objekte (arbeitende und schlafende menschen/fische/bruteier/gehoer/gleichgewicht ect.); bestimmung von schadensgrenzen
S.WORT laermbelastung + ueberschallknall + lebewesen + bauten
PROLEI ING. GRAD. MASURE
STAND 1.1.1974
FINGEB - BUNDESMINISTER DER VERTEIDIGUNG
- MINISTERE AVIATION CIVILE
ZUSAM KLINIKUM DER GH ESSEN, PROF. JANSEN, 43 ESSEN, HUFELANDSTR. 55
BEGINN 1.1.1972 ENDE 31.12.1974
G.KOST 3.000.000 DM

FD -006

INST DEUTSCHE GESELLSCHAFT FUER HOLZFORSCHUNG E.V. (DGFH)
MUENCHEN, PRANNERSTR. 9
VORHAB **untersuchungen ueber schallschutz von holzbalkendecken, fenstern und tueren**
S.WORT holz + laermschutz
STAND 1.1.1974
BEGINN 1.1.1954

FD -007

INST DORNIER SYSTEM GMBH
FRIEDRICHSHAFEN, POSTFACH 1360
VORHAB **laermkarte konstanz**
die immissionssituation wird auf laermkarten im massstab des flaechennutzungsplanes dargestellt. die laermkarte vermittelt vor allem folgende informationen: punkte der laermbelastung innerhalb des stadtgebietes. 2) laermbelastung der strassen- und rueckfront der bebauung; hoehe des schallpegels in bestimmten pegelabnahmestufen vom strassenrand. 3) die kartographische darstellung des vergleichs von soll- mit istpegelwerten zeigt bestehende ueberlastungen auf. 4) die auf verkehrsplanungsfall vi beruhende laermprognose zeigt zukuenftige ueberlastungen auf, wobei die bestehende flaechennutzung angenommen wurde. 5) aus den karten 3 und 4 wurden tabellarisch massnahmen aufgefuehrt und deren kosten bestimmt. (kosten von massnahmen, die infolge des im wesentlichen aaus zukuenftigen ueberlastungen entstehenden bimschges. notwendig werden und solche, die zwar laermhygienisch notwendig, aber voraussichtlich ohne rechtsanspruch der betroffenen sind) 1) schwer
S.WORT laermbelastung + stadtgebiet + kartierung + bundesimmissionsschutzgesetz + oekonomische aspekte
KONSTANZ + BODENSEE-HOCHRHEIN
PROLEI DIPL. -WIRTSCH. -ING. HANS-JUERGEN WICHT
STAND 10.9.1976
QUELLE fragebogenerhebung sommer 1976
FINGEB STADT KONSTANZ
BEGINN 1.7.1974 ENDE 30.9.1975
G.KOST 80.000 DM
LITAN ENDBERICHT

FD -008

INST EISENBERG, DR.-ING.
DORTMUND

VORHAB **neubearbeitung der din 4109 - schallschutz im hochbau -.**
zielstellung: neubearbeitung von din 4109 - schallschutz im hochbau. der arbeitsplan umfasst folgende teilaufgaben: 1. sammeln von aenderungsvorschlaegen fuer din 4109 a) auf grund eigener erfahrungen waehrend der taetigkeit im staatlichen materialpruefungsamt nrw b) durch literaturstudium c) durch schriftliche umfrage bei fachleuten 2. ausarbeitung eines vorentwurfs 3. beratung des vorentwurfs in einem kleinen kreis von fachleuten 4. fertigstellung des vorentwurfs mit vorschlaegen fuer weiteres vorgehen.

S.WORT schallschutz + hochbau + rechtsvorschriften
QUELLE datenuebernahme aus der datenbank zur koordinierung der ressortforschung (dakor)
FINGEB BUNDESMINISTER FUER RAUMORDNUNG, BAUWESEN UND STAEDTEBAU
BEGINN 1.11.1973 ENDE 1.11.1974
G.KOST 11.000 DM

FD -009

INST FACHBEREICH VERSORGUNGSTECHNIK DER FH MUENCHEN
MUENCHEN 2, LOTHSTR.34

VORHAB **stroemungstechnische untersuchungen an versorgungsanlagen von gebaeuden und gebaeudegruppen (geraeuscheinfluesse)**
es werden insbesondere die stroemungsvorgaenge in grosswasserspeichern untersucht, um eine einwandfreie gewaehr des wasseraustauschs in trinkwasserbehaeltern zu erzielen. weiter sollen armaturen und formstuecke von hausrohrleitungen stroemungstechnisch untersucht werden, um die geraeuscheinfluesse festzustellen

S.WORT trinkwasserversorgung + rohrleitung + stroemungstechnik + geraeuschminderung
PROLEI PROF. DR. -ING. DIETER LIEPSCH
STAND 9.8.1976
QUELLE fragebogenerhebung sommer 1976
ZUSAM TU MUENCHEN, ARCISSTR. 21, 8000 MUENCHEN 2
G.KOST 30.000 DM

FD -010

INST GESELLSCHAFT FUER LAERMBEKAEMPFUNG UND UMWELTSCHUTZ E.V.
BERLIN, THEODOR-HEUSS-PLATZ 7

VORHAB **geraeuschentwicklung bei motorsportveranstaltungen**

S.WORT laermbelaestigung + wohngebiet + motorsport
STAND 1.1.1974

FD -011

INST INDUSTRIEGESELLSCHAFT FUER NEUE TECHNOLOGIEN (I.N.T.)
LINDAU/BODENSEE, ALWINDSTR. 9

VORHAB **mini-kuehltuerme fuer keller-aufstellung**
zerlegbare blechbauweise fuer batterieanordnungen und dergleichen mit service erleichtert. merkmal laermmindernd

S.WORT laermminderung + geraeteentwicklung + kuehlturm + (mini-kuehlturm)
PROLEI ING. GRAD. SELLIN
STAND 1.1.1974
QUELLE erhebung 1975

FD -012

INST INSTITUT FUER ARBEITSPHYSIOLOGIE DER TU MUENCHEN
MUENCHEN, BARBARASTR. 16

VORHAB **physiologische untersuchungen ueber die langzeitwirkungen von laerm auf den schlafenden menschen unter besonderer beruecksichtigung des verkehrslaerms**
vergleich der wirkung eines taeglich dargebotenen 9-stuendigen starken verkehrslaerms (expositionszeit: 8 tage) auf schlafstadienmuster, vegetative reaktionen, leistungsfaehigkeit und stimmung von 6 vpn im laboratoriumsversuch. das experiement gliedert sich in 4 abschnitte a 12 tage: laermexposition nur nachts, nur tags, tag und nacht oder ruhe. zielsetzung: untersuchung der gewoehung bzw. sensibilisierung verschiedener messgroessen. entwicklung eines automatischen registriersystems zur erfassung, aufbereitung und digitalen speicherung relevanter umgebungsparameter und physiologischer messgroessen von vpn im feldversuch. erprobung des systems in einer pilot-studie

S.WORT verkehrslaerm + physiologie + mensch
PROLEI PROF. DR. MED. W. MUELLER-LIMMROTH
STAND 19.1.1976
FINGEB BUNDESMINISTER DES INNERN
BEGINN 1.10.1973 ENDE 31.12.1976
G.KOST 1.283.000 DM
LITAN ZWISCHENBERICHT

FD -013

INST INSTITUT FUER ARBEITSPHYSIOLOGIE DER TU MUENCHEN
MUENCHEN, BARBARASTR. 16

VORHAB **experimentelle untersuchungen ueber die auswirkungen waehrend des schlafs eingespielten verkehrslaerms auf die schlaftiefenkurve alter menschen**
12 menschen im alter ueber 60 jahren verbringen 12 aufeinanderfolgende naechte im schlaflaboratorium zur aufzeichnung der schlaftiefenkurve; nach festem versuchsplan wird in 6 naechten strassenlaerm eingespielt und dessen auswirkung auf die aus dem elektroenzephalogramm ermittelte schlaftiefenkurve ermittelt

S.WORT verkehrslaerm + mensch + physiologie
PROLEI PROF. DR. MED. W. MUELLER-LIMMROTH
STAND 1.10.1974
FINGEB STAATSMINISTERIUM FUER LANDESENTWICKLUNG UND UMWELTFRAGEN, MUENCHEN
BEGINN 1.5.1974 ENDE 28.2.1975
G.KOST 175.000 DM
LITAN - ZWISCHENBERICHT 1975. 03
- ENDBERICHT

FD -014

INST INSTITUT FUER BAUMASCHINEN UND BAUBETRIEB DER TH AACHEN
AACHEN, TEMPLERGRABEN 55

VORHAB **laermminderung an rasenmaehern und kombigeraeten; eg-vereinheitlichung**
minderung des laerms gewerblicher und nichtgewerblicher anlagen durch schaffung sachlich und zeitlich abgestufter emissionsbegrenzungen in rechtsvorschriften

S.WORT geraeuschminderung + laermmessung + normen + (eg-normen + rasenmaeher)
PROLEI DR. -ING. HUBERT FRENKING
STAND 20.11.1975
BEGINN 1.1.1975 ENDE 31.12.1976

FD -015

INST INSTITUT FUER BAUPHYSIK
MUELHEIM A.D.RUHR, GROSSENBAUMER STRASSE 240

VORHAB **schallschutz an fassaden**
schallschutz an fassaden durch massive profile, sondergläser, doppelverglasung, fugendichtung und lueftungseinrichtungen mit schalldaempfern

S.WORT bautechnik + schallschutz
PROLEI ING. GRAD. CLEMENS
STAND 1.1.1974
FINGEB BUNDESMINISTER FUER WIRTSCHAFT
BEGINN 1.8.1973 ENDE 31.8.1974
G.KOST 20.000 DM
LITAN - GUTACHTEN: BEURTEILUNG DES DURCHGEHENDEN UND FLANKIERENDEN SCHALLSCHUTZES AN GLASFASSADEN
- ZWISCHENBERICHT 1974. 02

FD -016

INST INSTITUT FUER BAUPHYSIK DER FRAUNHOFER-GESELLSCHAFT E.V.
STUTTGART, KOENIGSSTRAESSLE 74
VORHAB **schaffung der grundlagen fuer preiswerte, schalldaemmende fenster und lueftungsoeffner**
S.WORT schalldaemmung + bauwesen
PROLEI LUTZ
STAND 1.1.1974
FINGEB FORSCHUNGSGEMEINSCHAFT BAUEN UND WOHNEN, STUTTGART
BEGINN 1.1.1973 ENDE 31.12.1974

FD -017

INST INSTITUT FUER BAUPHYSIK DER FRAUNHOFER-GESELLSCHAFT E.V.
STUTTGART, KOENIGSSTRAESSLE 74
VORHAB **bestimmung der schalldaemmung von aussenbauteilen im hinblick auf fluglaerm und strassenverkehrslaerm**
S.WORT schalldaemmung + bautechnik
PROLEI LUTZ
STAND 1.10.1974
BEGINN 1.1.1972 ENDE 31.12.1974
G.KOST 30.000 DM

FD -018

INST INSTITUT FUER BODENMECHANIK UND FELSMECHANIK DER UNI KARLSRUHE
KARLSRUHE, RICHARD-WILLSTAETTER-ALLEE
VORHAB **abschirmung von untergrunderschuetterungen an bauwerken**
es wird die abschirmende wirkung von steifen, wandartigen einbauten (schlitzwand) sowie bohrlochreihen auf die ausbreitung von erschuetterungen im untergrund untersucht. dies sowohl im nahbereich als auch im fernbereich der erschuetterungsquelle (maschinenfundament, verkehrserschuetterungen). die untersuchung erfolgt durch berechnung mit der finite-element-methode an einem ebenen modell. ausserdem werden messungen der abschirmwirkung im modellmass-stab in einer versuchs-sandgrube durchgefuehrt
S.WORT untergrund + erschuetterungen + bauten
PROLEI PROF. DR. -ING. GERD GUDEHUS
STAND 21.7.1976
QUELLE fragebogenerhebung sommer 1976
FINGEB BUNDESMINISTER FUER RAUMORDNUNG, BAUWESEN UND STAEDTEBAU
BEGINN 1.9.1975 ENDE 31.9.1977
G.KOST 175.000 DM

FD -019

INST INSTITUT FUER FORSTLICHE ERTRAGSKUNDE DER UNI FREIBURG
FREIBURG, BERTOLDSTR. 17
VORHAB **laermdaemmung durch waldbestaende**
untersucht wird die schallausbreitung in bestaenden der baumarten eiche/buche/fichte/kiefer in verschiedenen altersklassen; die ausbreitung weissen rauschens wird auf mehreren messlinien durch den bestand gemessen, ebenfalls die ausbreitung von in oktavbaendern gefilterten weissem rauschen; ziel: ist laermschutz durch wald moeglich, in welcher groessenordnung liegt die schutzwirkung, bestehen unterschiede zwischen den hauptbaumarten
S.WORT laermschutz + wald + schallausbreitung
PROLEI DIPL. -FORSTW. SCHOELZKE
STAND 1.10.1974
FINGEB - DEUTSCHE FORSCHUNGSGEMEINSCHAFT
- MINISTERIUM FUER ERNAEHRUNG, LANDWIRTSCHAFT UND UMWELT, STUTTGART
BEGINN 1.8.1972 ENDE 31.12.1977
G.KOST 170.000 DM
LITAN - TAGUNGSBEITRAG "WALD ALS LAERMSCHUTZ", VEROEFFENTLICHT IN EINEM SONDERHEFT DER SCHUTZGEMEINSCHAFT DEUTSCHER WALD. (MAR 1974)
- ZWISCHENBERICHT 1975. 12

FD -020

INST INSTITUT FUER HYGIENE DER UNI DUESSELDORF
DUESSELDORF, GURLITTSTR. 53
VORHAB **stoerwirkung von autobahnlaerm auf die anlieger**
durch akustische messungen und sozialwissenschaftliche erhebungsmethodik soll die stoerwirkung von autobahnlaerm ermittelt werden
S.WORT laermbelastung + autobahn + wohngebiet
PROLEI DR. -ING. EDMUND BUCHTA
STAND 21.7.1976
QUELLE fragebogenerhebung sommer 1976
FINGEB BUNDESMINISTER FUER VERKEHR
BEGINN 1.9.1975 ENDE 1.3.1977
G.KOST 155.000 DM

FD -021

INST INSTITUT FUER HYGIENE UND ARBEITSMEDIZIN DER GESAMTHOCHSCHULE ESSEN
ESSEN, HUFELANDSTR. 55
VORHAB **wirkung von laerm auf besondere personengruppen vor allem auf kinder und alte menschen**
grundlagenforschung auf dem gebiete des laermschutzes. schaffung von physiologischen, psychologischen, soziologischen und oekonomischen grundlagen fuer die laermbekaempfung, insbesondere in der rechtsetzung und der raumwirksamen planung sowie in der normen- und richtlinienarbeit
S.WORT laerm + mensch + physiologische wirkungen
PROLEI PROF. DR. MED. DR. PHIL. G. JANSEN
STAND 14.1.1976
FINGEB BUNDESMINISTER DES INNERN
BEGINN 1.1.1973 ENDE 31.12.1976
G.KOST 818.000 DM

FD -022

INST INSTITUT FUER HYGIENE UND ARBEITSMEDIZIN DER GESAMTHOCHSCHULE ESSEN
ESSEN, HUFELANDSTR. 55
VORHAB **wirkung von laerm auf kranke, genesende und erholungsbeduerftige**
grundlagenforschung auf dem gebiet des laermschutzes. schaffung von physiologischen, psychologischen, soziologischen und oekonomischen grundlagen fuer die laermbekaempfung, insbesondere in der rechtsetzung und der raumwirksamen planung sowie in der normen- und richtlinienarbeit
S.WORT laerm + physiologie
PROLEI PROF. DR. MED. WERNER KLOSTERKOETTER
STAND 15.1.1976
FINGEB BUNDESMINISTER DES INNERN
BEGINN 1.7.1973 ENDE 31.12.1976
G.KOST 497.000 DM

FD -023

INST INSTITUT FUER LAENDLICHE SIEDLUNGSPLANUNG DER UNI STUTTGART
STUTTGART, KEPLERSTR. 11
VORHAB **laermschutz im staedtebau**
S.WORT staedtebau + laermschutz
PROLEI DIPL. -ING. DETLEV SIMONS
STAND 21.7.1976
QUELLE fragebogenerhebung sommer 1976

FD -024

INST INSTITUT FUER LANDSCHAFTS- UND FREIRAUMPLANUNG DER TU BERLIN
BERLIN 10, FRANKLINSTR. 29
VORHAB **pflanzen als mittel zur laermbekaempfung**
S.WORT laermschutz + pflanzen
PROLEI PROF. DR. BECK
STAND 1.1.1974

FD -025

INST INSTITUT FUER SCHALL- UND SCHWINGUNGSTECHNIK
HAMBURG 70, FEHMARNSTR. 12

VORHAB **grossbauvorhaben columbus-center in bremerhaven**
grossbauvorhaben mit gewerblichen einrichtungen und wohnungen. untersuchungen und auf den gebieten umweltschutz (verkehrslaerm, maschinenlaerm), bauakustik, raumakustik
S.WORT stadtplanung + laermschutzplanung + bauakustik + (columbus-center)
BREMERHAVEN (CENTRUM)
PROLEI MANFRED KESSLER
STAND 26.7.1976
QUELLE fragebogenerhebung sommer 1976
FINGEB NEUE HEIMAT NORD, BREMEN
BEGINN 1.1.1974
G.KOST 200.000 DM
LITAN ZWISCHENBERICHT

FD -026
INST INSTITUT FUER SCHALL- UND SCHWINGUNGSTECHNIK
HAMBURG 70, FEHMARNSTR. 12
VORHAB **stadtentwicklung brunsbuettel, vorhandene und kuenftige laermbelastung**
messungen zur bestimmung der vorhandenen laermbelastung mit ausarbeitung einer laermkarte; berechnungen zur bestimmung der kuenftigen laermeinwirkung aus strassenverkehr und industrie
S.WORT stadtentwicklung + laermschutzplanung + strassenverkehr + industrie + laermkarte
BRUNSBUETTEL + ELBE-AESTUAR
PROLEI ING. GRAD. GUENTHER WILMSEN
STAND 26.7.1976
QUELLE fragebogenerhebung sommer 1976
FINGEB STADT BRUNSBUETTEL
ZUSAM NEUE HEIMAT NORD, SCHWALBENPLATZ 18, 2000 HAMBURG 60
BEGINN 1.12.1974 ENDE 31.6.1976
G.KOST 30.000 DM
LITAN ENDBERICHT

FD -027
INST INSTITUT FUER SOZIALWISSENSCHAFTEN DER UNI MANNHEIM
MANNHEIM, SCHLOSS
VORHAB **belaestigung der bevoelkerung durch sportflugbetrieb**
grundlagenforschung auf dem gebiet des laermschutzes. schaffung von physiologischen, psychologischen, soziologischen und oekonomischen grundlagen fuer die laermbekaempfung, insbesondere in der rechtsetzung und der raumwirksamen planung sowie in der normen- und richtlinienarbeit im rahmen des forschungsprojektes nr. 7 "durchfuehrung grossangelegter laermstudien in typischen gebieten zur bestandsaufnahme der geraeusche, untersuchungen der bevoelkerungsreaktionen usw. "
S.WORT fluglaerm + laermminderung + richtlinien
STAND 1.1.1974
FINGEB BUNDESMINISTER DES INNERN
BEGINN 1.8.1974 ENDE 31.5.1975
G.KOST 80.000 DM

FD -028
INST INSTITUT FUER TECHNISCHE AKUSTIK DER TH AACHEN
AACHEN, KLAUSENERSTR. 13-19
VORHAB **laermausbreitung in bebauten oder bepflanzten gebieten**
laermausbreitung in wohngebieten; laermabschirmung durch wald
S.WORT wohngebiet + schallausbreitung + laermschutz + wald
PROLEI PROF. DR. KUTTRUFF
STAND 1.1.1974
FINGEB LANDESAMT FUER FORSCHUNG, DUESSELDORF
BEGINN 1.1.1973 ENDE 31.12.1976
G.KOST 150.000 DM
LITAN - KUTTRUFF, ZWISCHENBERICHT: LAERMAUSBREITUNG. . . . , LANDESAMT FUER FORSCHUNG(1973)
- ZWISCHENBERICHT 1974. 11

FD -029
INST INSTITUT FUER TECHNISCHE AKUSTIK DER TU BERLIN
BERLIN 10, EINSTEINUFER 27
VORHAB **akustische modelltechnik fuer schallschutzmassnahmen in laermbelasteten landschaftsgebieten**
anwendung akustischer modellverfahren fuer die planung und bewertung von schallschutzmassnahmen in laermbelasteten landschaftsgebieten
S.WORT laermschutzplanung + schallschutz + landschaftsbelastung
PROLEI DR. -ING. KUERER
STAND 1.1.1974
FINGEB DEUTSCHE FORSCHUNGSGEMEINSCHAFT
BEGINN 1.11.1973 ENDE 31.12.1975
G.KOST 185.000 DM

FD -030
INST INSTITUT FUER TECHNISCHE AKUSTIK DER TU BERLIN
BERLIN 10, EINSTEINUFER 27
VORHAB **entwicklung einer akustischen messmethode zur ermittlung der luftdurchlaessigkeit von bauelementen in eingebautem zustand**
messung der schalldaemmung von fugenmodellen in einem pruefkanal mit dem ziel, einen zusammenhang zwischen der luftdurchlaessigkeit und der schalldaemmung zu finden
S.WORT schalldaemmung + bauakustik + messmethode
PROLEI PROF. DR. ESDORN
STAND 1.1.1974
FINGEB BUNDESMINISTER FUER RAUMORDNUNG, BAUWESEN UND STAEDTEBAU
ZUSAM HERMANN-RIETSCHEL-INSTITUT FUER HEIZUNGS- U. KLIMATECHNIK, TU BERLIN, 1 BERLIN 10, MARCHSTR. 4
BEGINN 1.1.1973 ENDE 31.12.1974
G.KOST 65.000 DM

FD -031
INST INSTITUT FUER TECHNISCHE AKUSTIK DER TU BERLIN
BERLIN 10, EINSTEINUFER 27
VORHAB **kanalelemente**
untersuchung der schalldaempfung von verschiedenen kanalelementen in lueftungsanlagen
S.WORT klimaanlage + schalldaemmung
PROLEI PROF. DR. HUBERT
STAND 1.1.1974
FINGEB FORSCHUNGSVEREINIGUNG FUER LUFT- UND TROCKNUNGSTECHNIK E. V. , FRANKFURT
BEGINN 1.1.1971 ENDE 31.12.1974
G.KOST 150.000 DM
LITAN BERICHT BEI DER DAGA 73: REFLEXIONS- U. TRANSMISSIONSFAKTOR EINES 90 GR. -KNICKES IN EINEM KANAL MIT RECHTECKIGEM QUERSCHNITT

FD -032
INST INSTITUT FUER TECHNISCHE AKUSTIK DER TU BERLIN
BERLIN 10, EINSTEINUFER 27
VORHAB **koerperschallmessungen an haustechnischen anlagen**
ausarbeitung eines messverfahrens fuer koerperschallmessungen an haustechnischen anlagen und durchfuehrung von messungen mit dem ziel, unterlagen fuer eine eventuelle norm zu erhalten und zuverlaessige messdaten fuer die dimensionierung von schallschutzmassnahmen zu gewinnen. es soll ein geeigneter elektrodynamischer koerperschallsender gebaut werden, mit dem dann messungen in gebaeuden sowie laborversuche an haustechnischen anlagen durchgefuehrt werden, um dimensionierungsregeln fuer die isolierung von haustechnischen anlagen zu erarbeiten
S.WORT laermschutzplanung + bauakustik + koerperschall + schallmessung
PROLEI PROF. DR. MANFRED HECKL
STAND 4.8.1976
QUELLE fragebogenerhebung sommer 1976

FINGEB BUNDESMINISTER FUER RAUMORDNUNG, BAUWESEN UND STAEDTEBAU
BEGINN 1.5.1975 ENDE 31.5.1977
G.KOST 91.000 DM

FD -033

INST LANDESANSTALT FUER IMMISSIONS- UND BODENNUTZUNGSSCHUTZ DES LANDES NORDRHEIN-WESTFALEN
ESSEN, WALLNEYERSTR. 6
VORHAB **einwirkungen von erschuetterungen auf gebaeude und bauteile**
beurteilung von gebaeudeschaeden
S.WORT bauwesen + erschuetterungen + bewertungskriterien
PROLEI DR. MEURERS
STAND 1.1.1974
FINGEB LAND NORDRHEIN-WESTFALEN
BEGINN 1.1.1970

FD -034

INST LEHRSTUHL FUER VERKEHRS- UND STADTPLANUNG DER TU MUENCHEN
MUENCHEN 2, ARCISSTR. 21
VORHAB **schallschutz bei sanierungsplanungen**
ueberpruefung der praktischen nutzanwendung einer staedtebaulichen schallbestandsaufnahme bei stadtsanierungsplanungen
S.WORT laermschutzplanung + stadtsanierung
PROLEI DR. -ING. KARL GLUECK
STAND 1.1.1974
FINGEB BUNDESMINISTER FUER RAUMORDNUNG, BAUWESEN UND STAEDTEBAU
BEGINN 1.1.1974 ENDE 30.6.1976
G.KOST 139.000 DM
LITAN ZWISCHENBERICHT

FD -035

INST LEHRSTUHL UND INSTITUT FUER STAEDTEBAU UND LANDESPLANUNG DER TH AACHEN
AACHEN, SCHINKELSTR. 1
VORHAB **einfluss staedtebaulicher einzelelemente auf die laermausbreitung**
S.WORT staedtebau + schallausbreitung
STAND 1.1.1974

FD -036

INST MUELLER-BBM GMBH, SCHALLTECHNISCHES BERATUNGSBUERO
PLANEGG, ROBERT-KOCH-STR. 11
VORHAB **schallschutz im hochbau**
S.WORT laermschutz + bautechnik
PROLEI DIPL. -ING. NUTSCH
STAND 1.10.1974
BEGINN 1.1.1962
G.KOST 100.000 DM

FD -037

INST MUELLER-BBM GMBH, SCHALLTECHNISCHES BERATUNGSBUERO
PLANEGG, ROBERT-KOCH-STR. 11
VORHAB **schallschutz im staedtebau**
sichtung der einschlaegigen literatur zur schaffung von arbeitsunterlagen fuer die ueberarbeitung von din 18005 "schallschutz im staedtebau"
S.WORT laermschutz + staedtebau + normen
PROLEI DR. -ING. SCHREIBER
STAND 1.1.1974
FINGEB INNENMINISTER, DUESSELDORF
BEGINN 1.12.1970 ENDE 30.9.1974
G.KOST 50.000 DM

FD -038

INST OTTO-GRAF-INSTITUT DER UNI STUTTGART
STUTTGART 80, PFAFFENWALDRING 4
VORHAB **einfluss von erschuetterungen auf die putzhaftung**
bei starkem verkehr oder infolge des sog. "duesenknalls" koennen an gebaeuden aussergewoehnlich starke erschuetterungen auftreten. es soll geklaert werden, inwieweit dadurch die haftung des putzes beeinflusst wird
S.WORT erschuetterungen + bauschaeden + (putzhaftung)
PROLEI DR. -ING. RUPRECHT ZIMBELMANN
STAND 21.7.1976
QUELLE fragebogenerhebung sommer 1976
FINGEB BUNDESMINISTER FUER RAUMORDNUNG, BAUWESEN UND STAEDTEBAU
BEGINN 1.1.1975 ENDE 31.12.1976
G.KOST 100.000 DM
LITAN ZWISCHENBERICHT

FD -039

INST PHYSIKALISCH-TECHNISCHE BUNDESANSTALT
BRAUNSCHWEIG, BUNDESALLEE 100
VORHAB **betroffenheit einer stadt durch laerm**
grundlagenforschung auf dem gebiet des laermschutzes. schaffung von physiologischen, psychologischen, soziologischen und oekonomischen grundlagen fuer die laermbekaempfung, insbesondere in der rechtsetzung und der raumwirksamen planung sowie in der normen-und richtlinienarbeit
S.WORT laerm + mensch + physiologische wirkungen
PROLEI DR. PHIL. B. ROHRMANN
STAND 19.1.1976
FINGEB BUNDESMINISTER DES INNERN
BEGINN 1.7.1975 ENDE 30.6.1978
G.KOST 938.000 DM
LITAN ZWISCHENBERICHT

FD -040

INST PSYCHOLOGISCHES INSTITUT DER UNI BOCHUM
BOCHUM, UNIVERSITAETSSTRASSE
VORHAB **auswirkungen von laerm auf den menschen**
interaktion von reiz- und persoenlichkeitsfaktoren in der auswirkung von laerm auf verhalten und erleben
S.WORT laermbelaestigung + gesundheitsschutz
PROLEI PROF. HOERMANN
STAND 1.1.1974

FD -041

INST TECHNISCHER UEBERWACHUNGSVEREIN RHEINLAND E.V.
KOELN, KONSTANTIN-WILLE-STR. 1
VORHAB **schalltechnische beratung bei der aufstellung von bebauungsplaenen bzw. flaechennutzungsplaenen**
S.WORT bauleitplanung + schallschutz + (beratung)
PROLEI DR. THOMASSEN
STAND 1.10.1974
G.KOST 3.000 DM

FD -042

INST TECHNISCHER UEBERWACHUNGSVEREIN RHEINLAND E.V.
KOELN, KONSTANTIN-WILLE-STR. 1
VORHAB **laermimmissionsprognose mit planungsgutachten bei verlagerung von industrieanlagen im rahmen der stadtsanierung**
verlagerung von laermintensiven industrieanlagen
S.WORT laermschutzplanung + stadtsanierung + industrieanlage + standortwahl
PROLEI DR. JOACHIM MELKE
STAND 2.8.1976
QUELLE fragebogenerhebung sommer 1976
FINGEB STADT BIELEFELD
BEGINN 1.5.1973 ENDE 30.6.1974
G.KOST 30.000 DM
LITAN ENDBERICHT

FD -043

INST TECHNISCHER UEBERWACHUNGSVEREIN RHEINLAND E.V.
KOELN, KONSTANTIN-WILLE-STR. 1

VORHAB **berechnung der flaechenhaften schallausbreitung innerhalb bestimmter bebauungssituationen**
die berechnung soll anhand eines bestehenden rechenmodells die ergebnisse einer von prof. roemer im auftrag des mags (nrw) erarbeiteten "dokumentation von loesungsmoeglichkeiten der engeren nachbarschaft von industrie- und wohnbereichen durch bauformen und planfiguren" unter laermgesichtspunkten umsetzen. die optimale anwendungsmoeglichkeit der dokumentation wird nach laermgesichtspunkten untersucht
S.WORT laermschutzplanung + bebauungsart + schallausbreitung + berechnungsmodell
PROLEI DIPL. -PHYS. W. GLOECKNER
STAND 2.8.1976
QUELLE fragebogenerhebung sommer 1976
FINGEB MINISTER FUER ARBEIT, GESUNDHEIT UND SOZIALES, DUESSELDORF
BEGINN 1.5.1976 ENDE 30.6.1976
G.KOST 8.000 DM
LITAN ENDBERICHT

FD -044
INST TECHNISCHER UEBERWACHUNGSVEREIN RHEINLAND E.V.
KOELN, KONSTANTIN-WILLE-STR. 1
VORHAB **sicherheitsabstaende fuer raffinerien und petrochemische anlagen, - geraeuschimmission**
berechnung der sicherheitsabstaende fuer eine modellmaessig angenommene raffinerie mit petrochemischer verarbeitung (von ca. 10 hoch 7 jahrestonnen rohoeldurchsatz), die sich aufgrund der geraeuschimmissionen ergeben. die berechnung der in der umgebung auftretenden immissionspegel - mit angabe der dauer und haeufigkeit - beruecksichtigt die innerbetrieblichen abschaltungen und daempfungen, luft- und bodenabsorption. linien gleicher lautstaerke wurden fuer die pegel 35 bis 50 db(a) in stufen (jeweils 5 db(a)) ermittelt
S.WORT laermschutzplanung + raffinerie + abstandsflaechen + berechnungsmodell + schallausbreitung
PROLEI DR. K. TEGEDER
STAND 2.8.1976
QUELLE fragebogenerhebung sommer 1976
FINGEB MINISTER FUER ARBEIT, GESUNDHEIT UND SOZIALES, DUESSELDORF
BEGINN 1.11.1975 ENDE 31.3.1976
G.KOST 20.000 DM

FD -045
INST UMWELT-SYSTEME GMBH
MUENCHEN 81, GNESENER STRASSE 4-6
VORHAB **laermschutztechnische planung und gestaltung von gebaeuden und fassaden im einflussbereich von laermquellen**
die untersuchung hat zum ziel, einen ueberblick ueber die verfuegbaren und prinzipiell moeglichen bautechnischen vorkehrungen fuer einen wirksamen laermschutz am betroffenen bauobjekt zu geben. durch eine systematische erfassung verschiedenartiger problemloesungen im aussenbereich von gebaeuden (fenster ausgenommen) soll die schutzwirkung der einzelnen oder kombinierten massnahmen ermittelt und von der kostenseite her untersucht werden. fuer typische laermschutzmassnahmen werden in der zweiten untersuchungsphase konstruktive detailloesungen ausgearbeitet und die entsprechenden richtpreise ermittelt. abschliessend soll in einem noch zu definierenden messprogramm die effektive wirkung der einzelnen laermschutzmassnahmen am objekt oder modell nachgeprueft werdeen
S.WORT bautechnik + laermschutz + kosten
PROLEI DIPL. -ING. KARL ASSMANN
STAND 30.8.1976
QUELLE fragebogenerhebung sommer 1976
FINGEB MINISTER FUER ARBEIT, GESUNDHEIT UND SOZIALES, DUESSELDORF
ZUSAM DR. GLUECK, DOZENT AN DER TU MUENCHEN
BEGINN 1.1.1974 ENDE 30.9.1975
G.KOST 70.000 DM
LITAN - ASSMANN, K.: LAERMSCHUTZTECHNISCHE PLANUNG UND GESTALTUNG VON GEBAEUDEN UND FASSADEN IM EINFLUSSBEREICH VON LAERMQUELLEN. (NICHT VEROEFFENTLICHT)
- ENDBERICHT

FD -046
INST UMWELTAMT DER STADT KOELN
KOELN, EIFELWALL 7
VORHAB **ergaenzung des verkehrslaermkatasters, messung von gewerbelaerm in wohngebieten**
erfassung des ist-zustandes mit dem ziel, aussagen ueber gesundheitliche auswirkungen machen zu koennen und gewonnene erkenntnisse bei stadtplanung zu verwerten
S.WORT wohngebiet + verkehrslaerm + kataster
KOELN + RHEIN-RUHR-RAUM
PROLEI DIPL. -PHYS. GABLESKE
STAND 1.1.1974
FINGEB STADT KOELN
BEGINN 1.11.1972

FD -047
INST WIRTSCHAFT UND INFRASTRUKTUR GMBH & CO PLANUNGS-KG
MUENCHEN 70, SYLVENSTEINSTR. 2
VORHAB **untersuchung der laermquellen im haushalts-, freizeit- und gewerbebereich**
S.WORT laermbelastung + kosten-nutzen-analyse
QUELLE datenuebernahme aus der datenbank zur koordinierung der ressortforschung (dakor)
FINGEB BUNDESMINISTER FUER FORSCHUNG UND TECHNOLOGIE
BEGINN 1.1.1975 ENDE 31.8.1975

Weitere Vorhaben siehe auch:

FB -005 GERAEUSCHEINWIRKUNG DES STRASSENVERKEHRS AUF KLINIKEN, SCHULEN, WOHNGEBIETE; MASSNAHMEN ZUR GERAEUSCHMINDERUNG
FC -024 ENTWICKLUNG LAERMARMER KOMPRESSOREN
FC -051 VERBESSERUNG DER UMWELTFREUNDLICHKEIT VON MASCHINEN, INSBESONDERE VON BAUMASCHINEN-ANTRIEBEN
FC -052 UNTERSUCHUNGEN UEBER ENTWICKLUNGSTENDENZEN LAERMARMER TIEFBAUVERFAHREN FUER DEN INNERSTAEDTISCHEN EINSATZ
SB -004 AUSWERTUNG VON FORSCHUNGSERGEBNISSEN FUER DIN 4108 UND DIN 4109
TB -031 EIN BEITRAG ZUR BEWERTUNG DER VOM KRAFTWAGENVERKEHR BEEINFLUSSTEN UMWELTQUALITAET VON STADTSTRASSEN
UF -013 STADTSANIERUNG OSNABRUECK: BEURTEILUNG, BERECHNUNG DER SCHALLEMISSIONEN UND -IMMISSIONEN

GA -001
INST ABTEILUNG STRAHLENSCHUTZ UND SICHERHEIT DER GESELLSCHAFT FUER KERNFORSCHUNG MBH KARLSRUHE, POSTFACH 3640
VORHAB **auswirkungen von kuehltuermen grosser kernkraftwerke auf ihre umgebung**
S.WORT kernkraftwerk + abwaerme + kuehlturm
PROLEI DIPL. -METEOR. NESTER
STAND 1.1.1974
FINGEB BUNDESMINISTER FUER FORSCHUNG UND TECHNOLOGIE
BEGINN 1.1.1974 ENDE 31.12.1977
G.KOST 630.000 DM

GA -002
INST DEUTSCHER WETTERDIENST OFFENBACH, FRANKFURTER STR. 135
VORHAB **untersuchungen ueber den einfluss von kuehltuermen auf das klima**
erforschung eines unbekannten zusammenhanges
S.WORT abwaerme + kuehlturm + klimaaenderung
PROLEI DIPL. -ING. CASPAR
STAND 1.1.1974
BEGINN 1.1.1971
G.KOST 100.000 DM

GA -003
INST DEUTSCHER WETTERDIENST OFFENBACH, FRANKFURTER STR. 135
VORHAB **untersuchung der durch ein grosskraftwerk verursachten agrarklimatologischen beeinflussung der umgebung**
erfassung der auswirkungen auf die natuerliche, soziale und technische umwelt
S.WORT kraftwerk + klimaaenderung + umweltbelastung NIEDERAUSSEM
PROLEI DR. LORENZ
STAND 1.1.1974
FINGEB INSTITUT FUER UMWELTSCHUTZ UND AGRIKULTURCHEMIE
BEGINN 1.7.1972 ENDE 31.12.1974
G.KOST 96.000 DM

GA -004
INST FACHBEREICH ENERGIE- UND WAERMETECHNIK DER FH GIESSEN GIESSEN, WIESENSTR. 14
VORHAB **rueckkuehlung des kuehlwassers von kraftwerken unter vermeidung grosser kuehltuerme und verringerung der wasserdampfemission**
kraftwerkkuehltuerme beeinflussen zumindest das landschaftsbild negativ; ihre einfluesse auf das kleinklima sind umstritten. aus frueheren arbeiten des institutes ist bekannt, dass gleiche kuehlleistungen mit rotierenden waermeaustauschern moeglich sind, deren abmessungen etwa um den faktor 150 kleiner sind. dabei hat sich gezeigt, dass auch die wasserdampfemission in die umgebung erheblich geringer ist, als bei offenen kuehltuermen
S.WORT kraftwerk + kuehlturm + mikroklima
PROLEI PROF. DR. PHILIPP KATZ
STAND 11.8.1976
QUELLE fragebogenerhebung sommer 1976
BEGINN 1.1.1970
LITAN ZWISCHENBERICHT

GA -005
INST INDUSTRIEGESELLSCHAFT FUER NEUE TECHNOLOGIEN (I.N.T.) LINDAU/BODENSEE, ALWINDSTR. 9
VORHAB **entfeuchtung von kuehlturm-abluft**
kuehlturm-abluft soll unter minimalem fremdenergie-aufwand und wasser- bzw. waerme-rueckgewinnung soweit entfeuchtet werden, dass umgebung geschuetzt und witterungseinfluesse vermindert werden
S.WORT kuehlturm + abluft + entfeuchtung
PROLEI ING. GRAD. SELLIN
STAND 1.1.1974
LITAN - INT-MITTEILUNG 711. 21, 1. 1974 SELLIN "KUEHLTURM-ABLUFT-ENTFEUCHTUNG"
- ZWISCHENBERICHT 1974. 05

GA -006
INST INSTITUT FUER ANGEWANDTE SYSTEMANALYSE DER GESELLSCHAFT FUER KERNFORSCHUNG MBH KARLSRUHE, WEBERSTR 5
VORHAB **energie und umwelt: auswirkungen nasser rueckkuehlung**
ausgangsfrage: klimatologische auswirkungen grosser nasskuehltuerme im oberrheintal; untersucht wird beschattung/ zunahme der natuerlichen bodennebelhaeufigkeit
S.WORT nasskuehlturm + klimatologie OBERRHEINEBENE
PROLEI DR. GERT SPANNAGEL
STAND 1.1.1974
FINGEB MINISTERIUM FUER WIRTSCHAFT, MITTELSTAND UND VERKEHR, STUTTGART
BEGINN 1.6.1973
LITAN ENERGIE UND UMWELT IN BADEN-WUERTTEMBERG. KFK-BERICHT(1966)

GA -007
INST INSTITUT FUER DAMPF- UND GASTURBINEN DER TH AACHEN AACHEN, TEMPLERGRABEN 55
VORHAB **messung der dampf- (luft-) feuchte und des tropfengroessenspektrums**
messung des tropfengroessenspektrums mittels streulichtmessung; dazu feuchtemessung bei dampf; kondensatbeladungsmessung in luft; bestimmung der feuchte in kernkraftwerksturbinen (hd/nd); messung der umweltbelastung durch kuehltuerme
S.WORT kernkraftwerk + nasskuehlturm
PROLEI DIPL. -ING. EDERHOF
STAND 1.1.1974
BEGINN 1.1.1972
LITAN - BESCHREIBUNG VGB, EDERHOF, STREULICHTMESSONDE ZUR TROPFENGR. -SPEKTR. -IN KONDENSATIONSDAMPFTURBINEN
- VDI-ENTWURF 2043 78DAMPFFEUCHTEMESSUNG"

GA -008
INST INSTITUT FUER PHYSIK DER ATMOSPHAERE DER DFVLR OBERPFAFFENHOFEN, MUENCHENER STRASSE
VORHAB **einfluss von nass- und trockenkuehltuermen auf das mikroklima der umgebung**
messtechnische erfassung von parametern fuer die numerische simulation von kuehlturmschwaden; theoretische simulation des einflusses von kuehltuermen auf das mikroklima der umgebung
S.WORT kuehlturm + mikroklimatologie
PROLEI PROF. DR. FORTAK
STAND 1.1.1974
FINGEB KERNFORSCHUNGSANLAGE JUELICH GMBH (KFA), JUELICH
ZUSAM - KERNFORSCHUNGSANLAGE JUELICH, 5170 JUELICH, POSTFACH 365
- VEREIN DEUTSCHER INGENIEURE (VDI), 4 DUESSELDORF, GRAF-RECKE-STR. 84
- EIDGENOESSISCHES INSTITUT FUER REAKTORENFORSCHUNG
BEGINN 1.3.1974 ENDE 31.3.1975
LITAN 1975. 03

GA -009
INST INSTITUT FUER THERMODYNAMIK DER TU HANNOVER HANNOVER, CALLINSTR. 15F
VORHAB **umweltbelastung durch nasskuehltuerme**
optische messung der tropfen-radien in kuehlturmschwaden; messgeraet
S.WORT nasskuehlturm + umweltbelastung + messgeraet
PROLEI DIPL. -PHYS. STAPELMANN

STAND 1.1.1974
FINGEB - DEUTSCHE FORSCHUNGSGEMEINSCHAFT
- KULTUSMINISTERIUM, HANNOVER
BEGINN 1.1.1973 ENDE 31.12.1977
G.KOST 80.000 DM

GA -010
INST INSTITUT FUER THERMODYNAMIK DER TU HANNOVER
HANNOVER, CALLINSTR. 15F
VORHAB **umweltbelastung durch nasskuehltuerme**
messung der enthalpie und des tropfengehaltes der schwaden von nasskuehltuermen; ausgangsdaten fuer ausbreitungsrechnung fuer schwaden-fahne; messgeraet: drosselkalorimeter
S.WORT nasskuehlturm + umweltbelastung + messgeraet
PROLEI PROF. DR. ROEGENER
STAND 1.1.1974
FINGEB - DEUTSCHE FORSCHUNGSGEMEINSCHAFT
- KULTUSMINISTERIUM, HANNOVER
ZUSAM VDI-FACHGRUPPE ENERGIETECHNIK, 4 DUESSELDORF, GRAF-RECKE-STR. 84
BEGINN 1.1.1968
G.KOST 300.000 DM

GA -011
INST INSTITUT FUER THERMODYNAMIK DER TU HANNOVER
HANNOVER, CALLINSTR. 15F
VORHAB **umweltbelastung durch nasskuehltuerme**
theorie der schwadenbildung; ausgangsdaten zur ausbreitungsrechnung fuer kuehlturmschwadenfahne; berechnung der kuehlturmleistung
S.WORT nasskuehlturm + umweltbelastung + datenerfassung
PROLEI PROF. DR. ROEGENER
STAND 1.1.1974
FINGEB - DEUTSCHE FORSCHUNGSGEMEINSCHAFT
- KULTUSMINISTERIUM, HANNOVER
ZUSAM TU BRAUNSCHWEIG, POCKELSSTR. 14, 33 BRAUNSCHWEIG
BEGINN 1.1.1972 ENDE 31.12.1975
G.KOST 60.000 DM

GA -012
INST INSTITUT FUER UMWELTSCHUTZ UND AGRIKULTURCHEMIE DR. HELMUT BERGE
HEILIGENHAUS, AM VOGELSANG 14
VORHAB **wasserdampfimmissionen im bereich eines konventionellen thermischen kraftwerks**
im bereich eines braunkohlenkraftwerks wurden ueber zwei jahre hinweg die auswirkungen von kuehlturmschwaden auf autotrophe lebewesen untersucht. als meteorologische faktoren wurden strahlung, lufttemperatur, luftfeuchtigkeit und niederschlaege, als agrikulturchemische komponenten blattbenetzungsdauer, aehrenfeuchte, fluorimmissionen und -aufnahme einer naeheren betrachtung unterzogen
S.WORT kraftwerk + kuehlturm + immissionsbelastung + wasserdampf
PROLEI DR. DIPL. -ING. HELMUT BERGE
STAND 28.7.1976
QUELLE fragebogenerhebung sommer 1976
ZUSAM DEUTSCHER WETTERDIENST, AGRARMETEOROLOGISCHE FORSCHUNGSSTELLE, 5300 BONN
BEGINN 1.7.1972 ENDE 30.6.1974
G.KOST 300.000 DM
LITAN - BERGE, H.;KING, E.;LORENZ, D.: WASSERDAMPFIMMISSIONEN IM BEREICH EINES KONVENTIONELLEN THERMISCHEN KRAFTWERKS. IN: FORTSCHRITT-BERICHTE DER VDI-ZEITSCHRIFTEN 15(6)(1975)
- ENDBERICHT

GA -013
INST INSTITUT FUER VERFAHRENSTECHNIK UND DAMPFKESSELWESEN DER UNI STUTTGART
STUTTGART 80, PFAFFENWALDRING 23
VORHAB **untersuchung eines kaeltemittelkreislaufs fuer indirekte kuehlung mit luft**
kraftwerkstechnik, trockenkuehlung (kuehlturm), kuehlkreislauf nicht mit wasser, sondern mit kaeltemittel; ziel: ermittlung des kreislaufverhaltens/bessere kuehlturmausnutzung; damit geringere umweltbelastung/kreislaufrechenprogramm fuer die praxis/experimentell ermittelte waermeuebergangszahlen
S.WORT abwaerme + kuehlturm + (kaeltemittel)
PROLEI DR. -ING. BRUNO BRAUN
STAND 1.1.1974
FINGEB DEUTSCHE FORSCHUNGSGEMEINSCHAFT
ZUSAM - FACHBEREICH ENERGIETECHNIK DER UNI STUTTGART, 7 STUTTGART, KEPLERSTR. 7
- SONDERFORSCHUNGSPROGRAMM 157 DER TU STUTTGART, 7 STUTTGART, KEPLERSTR. 7
BEGINN 1.7.1974 ENDE 31.12.1975
G.KOST 160.000 DM

GA -014
INST INSTITUT FUER VERFAHRENSTECHNIK UND DAMPFKESSELWESEN DER UNI STUTTGART
STUTTGART 80, PFAFFENWALDRING 23
VORHAB **trockenkuehlung mit zeitweise ueberlagerter oberflaechen-verdunstungskuehlung**
trockenkuehlelemente sollen in zeiten schlechter kuehlung durch luft zusaetzlich mit wasser besprueht werden; bessere kuehlung; ziel: auslegungsunterlagen fuer verschiedene kuehlelemente/ berechnungsgrundlagen durch messen an versuchstand
S.WORT abwaerme + kuehlsystem
PROLEI DR. -ING. BRUNO BRAUN
STAND 1.1.1974
FINGEB DEUTSCHE FORSCHUNGSGEMEINSCHAFT
ZUSAM - FACHBEREICH ENERGIETECHNIK DER UNI STUTTGART, 7 STUTTGART, KEPLERSTR. 7
- SONDERFORSCHUNGSBEREICH 157 DER TU STUTTGART, 7 STUTTGART, KEPLERSTR. 7
BEGINN 1.7.1974 ENDE 31.12.1978
G.KOST 470.000 DM
LITAN ZWISCHENBERICHT

GA -015
INST LEHRSTUHL UND INSTITUT FUER TECHNISCHE THERMODYNAMIK IN DER FAKULTAET FUER MASCHINENBAU DER UNI KARLSRUHE
KARLSRUHE, KAISERSTR. 12
VORHAB **untersuchungen an einem naturzugnasskuehlturm**
messung der thermodynamischen groessen zur beschreibung des betriebsverhaltens des kuehlturms. erarbeitung von theoretischen modellen
S.WORT kuehlturm + thermodynamik + (betriebsverfahren)
PROLEI PROF. DR. -ING. GUENTER ERNST
STAND 19.7.1976
QUELLE fragebogenerhebung sommer 1976
ZUSAM - DEUTSCHER WETTERDIENST, FRANKFURTER STRASSE 135, 6050 OFFENBACH
- INST. F. DAMPF- UND GASTURBINEN DER RWTH AACHEN
- LEHRSTUHL FUER TECHNISCHE THERMODYNAMIK DER UNI HANNOVER
BEGINN 1.6.1973
G.KOST 600.000 DM
LITAN ERNST, G. ET AL.: UNTERSUCHUNGEN AN EINEM NATURZUG-NASSKUEHLTURM. IN: FORTSCHRITTSBERICHTE DER VDI ZEITSCHRIFTEN 15(5) VDI-VERLAG, DUESSELDORF

GA -016
INST LEHRSTUHL UND INSTITUT FUER TECHNISCHE THERMODYNAMIK IN DER FAKULTAET FUER MASCHINENBAU DER UNI KARLSRUHE
KARLSRUHE, KAISERSTR. 12

VORHAB **entwicklung von hybrid-kuehltuermen (nass-trocken)**
die in einem nasskuehlturm uebertragene waerme besteht aus dem trockenanteil und dem nassanteil durch die verdampfung des wassers. es soll festgestellt werden, wie stark sich das verhaeltnis von nassanteil zu trockenanteil aendern laesst, wenn durch konstruktive massnahmen erreicht werden kann, dass die einbauplattenhaelften unterschiedlich stark berieselt werden. durch die regelung dieses verhaeltnisses in abhaengigkeit vom aussenluftzustand soll ein sichtbarer kuehlturmschwaden vermieden werden

S.WORT kuehlturm + (entwicklung einer anlage)
PROLEI PROF. DR. -ING. GUENTER ERNST
STAND 19.7.1976
QUELLE fragebogenerhebung sommer 1976

GA -017

INST LEHRSTUHL UND INSTITUT FUER TECHNISCHE THERMODYNAMIK IN DER FAKULTAET FUER MASCHINENBAU DER UNI KARLSRUHE
KARLSRUHE, KAISERSTR. 12

VORHAB **berechnung der ausbreitung von kuehlturmschwaden mit numerisch-mathematischen modellen**
es soll ein rechenverfahren bereitgestellt werden, mit dem die verteilung von kuehlturmemissionen in der umgebung eines kraftwerkes bestimmt werden kann. dafuer wird ein dreidimensionales rechenprogramm entwickelt. es wird ein turbulenzmodell verwendet, das zwar erheblichen numerischen aufwand erfordert, dafuer aber auch weitgehend universellen charakter hat und dementsprechend mit bekannten stroemungen geeicht werden kann

S.WORT kuehlturm + emission + (ausbreitungsmodell)
PROLEI PROF. DR. -ING. GUENTER ERNST
STAND 19.7.1976
QUELLE fragebogenerhebung sommer 1976
BEGINN 1.7.1974

GA -018

INST METEOROLOGISCHES INSTITUT DER UNI KARLSRUHE
KARLSRUHE, KAISERSTR. 12

VORHAB **lokalklimatische wirkungen von nasskuehltuermen bei grosskraftwerken**

S.WORT mikroklimatologie + kraftwerk + nasskuehlturm
PROLEI PROF. DR. DIEM
STAND 1.1.1974
BEGINN 1.1.1971
LITAN MAYER, H.;WALK, O.:AENDERUNGEN DES ENERGIEHAUSHALTS EINER WASSEROBERFLAECHE DURCH EINLEITEN VON ERWAERMTEM WASSER. IN: METEOR. RDSCH. (26)S. 52-58 (1973)

GA -019

INST TECHNISCHER UEBERWACHUNGSVEREIN BAYERN E.V.
MUENCHEN, KAISERSTR. 14-16

VORHAB **temperaturverhalten von schornsteinen bei intermittierend betriebenen feuerstaetten**
die wesentlichen einflussfaktoren fuer den in din 4705 "berechnung von schornsteinabmessungen" genannten korrekturfaktor zur querschnittsbemessung von schornsteinen, an die intermittierend betriebene feuerstaette angeschlossen sind, sollen angegeben werden

S.WORT bautechnik + abwaerme + schornstein
PROLEI DIPL. -ING. ANTON HOESS
STAND 29.7.1976
QUELLE fragebogenerhebung sommer 1976
FINGEB INSTITUT FUER BAUTECHNIK, BERLIN
BEGINN 1.10.1974 ENDE 31.12.1976
G.KOST 35.000 DM

Weitere Vorhaben siehe auch:

AA -018 ENTWICKLUNG EINES METEOROLOGISCHEN MODELLS UND ERMITTLUNG DER AENDERUNG DER KLIMAPARAMETER INFOLGE ANTHROPOGENER WAERMEBELASTUNG IM OBERRHEINGEBIET

SA -023 ANALYSE DER STOFFLICHEN UND THERMISCHEN UMWELTBELASTUNG DURCH DEN INDUSTRIELLEN ENERGIEVERBRAUCH

GB -001

INST ABTEILUNG METALLE UND METALLKONSTRUKTION DER BUNDESANSTALT FUER MATERIALPRUEFUNG BERLIN 45, UNTER DEN EICHEN 87
VORHAB **sauerstoffmessungen in vorflutern vor und nach nutzung der kuehlwaesser in kraftwerken**
S.WORT sauerstoffgehalt + kraftwerk + kuehlwasser + vorfluter
PROLEI DR. WITTE
STAND 1.1.1974
FINGEB BERLINER KRAFT UND LICHT AG (BEWAG), BERLIN
BEGINN 1.6.1968
LITAN SALEWSKI, K. H.;WITTE, P.: DIE SAUERSTOFFGEHALTE IM FLUSSWASSER VOR U. NACH DER NUTZUNG FUER KUEHLZWECKE IN BERLINER KRAFTWERKEN. IN: GES. ING. 92 (1971)

GB -002

INST BUNDESANSTALT FUER GEWAESSERKUNDE KOBLENZ, KAISERIN-AUGUSTA-ANLAGEN 15
VORHAB **untersuchungen ueber den einfluss von warmwassereinleitungen auf die gewaesser**
untersuchungen ueber die auswirkungen von thermischen gewaesserbelastungen. grundlagenarbeit zur begrenzung der abwaermeableitung von kraftwerken. feststellung von grenzwerten der aufwaermung der gewaesser. teil i: physikalisch-wasserwirtschaftliche wirkungen; teil ii: chemisch-biologische auswirkungen
S.WORT mikroklimatologie + gewaesser + waermebelastung
PROLEI DIPL. -ING. HANISCH
STAND 15.11.1975
FINGEB BUNDESMINISTER DES INNERN
BEGINN 1.6.1969 ENDE 31.12.1976
G.KOST 2.042.000 DM

GB -003

INST BUNDESANSTALT FUER GEWAESSERKUNDE KOBLENZ, KAISERIN-AUGUSTA-ANLAGEN 15
VORHAB **moeglischkeiten und auswirkungen ueberregionaler kuehlregie**
neben messung und berechnung von termperatur- und sauerstofflaengsprofilen sind auch untersuchungen ueber natuerliche wassertemperatur, gleichgewichtstemperatur und verdunstungsverluste mit eingeschlossen. die kraftwerksseitig aufzubringende kuehl- und belueftungsleistung wird fuer verschiedene wettersituationen und betriebszustaende untersucht. eine monetaere bewertung der wasserwirtschaftlichen auswirkungen ist ebenfalls vorgesehen
S.WORT gewaesserbelastung + abwaerme + kraftwerk + gewaesserbelueftung
PROLEI DIPL. -ING. H. HANISCH
STAND 10.10.1976

GB -004

INST BUNDESANSTALT FUER GEWAESSERKUNDE KOBLENZ, KAISERIN-AUGUSTA-ANLAGEN 15
VORHAB **bestimmung der natuerlichen temperatur aufgeheizter fluesse**
die gleichgewichtstemperatur von wasserflaechen wird in einer versuchsanlage als funktion der meteorologischen einflussgroessen gemessen. damit laesst sich die natuerliche temperatur eines flusses als resultat der raeumlich und zeitlich variierenden meteorologischen einfluesse laengs einer fliesstrecke von mehreren tagen berechnen. als differenz zwischen berechneter und gemessener temperatur erhaelt man die kuenstliche erwaermung
S.WORT gewaesserbelastung + abwaerme + meteorologie + (natuerliche temperatur)
PROLEI F. GUENNEBERG
STAND 10.10.1976

GB -005

INST BUNDESANSTALT FUER GEWAESSERKUNDE KOBLENZ, KAISERIN-AUGUSTA-ANLAGEN 15
VORHAB **waermehaushalt der kuestengewaesser**
der waermehaushalt der trockenfallenden wattflaechen und der wasserflaechen wird untersucht. waermestroeme im boden und temperaturaenderungen des wassers werden zusammen mit den meteorologischen einflussgroessen an 4 stationen registriert. daraus laesst sich die reichweite der auswirkungen von kuehlwassereinleitungen angeben, als grundlage fuer biologische und klimatische untersuchungen
S.WORT kuestengewaesser + wattenmeer + waermebelastung + waermehaushalt + meteorologie
PROLEI F. GUENNEBERG
STAND 10.10.1976
FINGEB BUNDESMINISTER FUER VERKEHR

GB -006

INST BUNDESANSTALT FUER GEWAESSERKUNDE KOBLENZ, KAISERIN-AUGUSTA-ANLAGEN 15
VORHAB **nebelbildung an mit abwaerme belasteten fluessen**
nebel ueber fluessen entsteht ueberwiegend durch vermischung der waermeren feuchteren luft ueber dem wasser mit fremden kaelteren luftmassen. mit modellflugzeugen werden temperatur- und feuchteprofile und ihre strahlungsbilanz gemessen. daraus werden waermebilanz und wasserdampfbilanz im luftkoerper und waerme- und wasserdampfuebergang aus der flussoberflaeche bestimmt
S.WORT fliessgewaesser + waermebelastung + wasserverdunstung + meteorologie + (nebelbildung)
PROLEI F. GUENNEBERG
STAND 10.10.1976

GB -007

INST BUNDESANSTALT FUER GEWAESSERKUNDE KOBLENZ, KAISERIN-AUGUSTA-ANLAGEN 15
VORHAB **der einfluss von waermekraftwerken auf die biologie der gewaesser**
der aspekt der temperaturabhaengigkeit des biologischen anteils am sauerstoffhaushalt sowie anderer kreislaeufe (kohlenstoff, stickstoff) wird untersucht. des weiteren werden spezielle oekologische probleme wie die veraenderung der artenzusammensetzung bei saprophyten und algen der fliessenden welle sowie moegliche adaptionen untersucht. auch sind thermische experimentaluntersuchungen an mikrobiozoenosen vorgesehen
S.WORT gewaesserbelastung + abwaerme + kraftwerk
PROLEI DR. MICHAEL WUNDERLICH
STAND 10.10.1976

GB -008

INST DEUTSCHER WETTERDIENST OFFENBACH, FRANKFURTER STR. 135
VORHAB **flossmessungen auf dem rhein am standort des kernkraftwerkes biblis**
fuer den nebelwarndienst und zur beweissicherung einer vom deutschen wetterdienst erstellten dampfnebelgutachtens
S.WORT kernkraftwerk + abwaerme + wasserdampf + klimaaenderung
OBERRHEIN
PROLEI DIPL. -METEOR. HARTMUT SCHARRER
STAND 12.8.1976
QUELLE fragebogenerhebung sommer 1976
FINGEB RHEINISCH-WESTFAELISCHES ELEKTRIZITAETSWERK AG, ESSEN
BEGINN 1.11.1972

GB -009

INST FACHGEBIET THERMISCHE VERFAHRENSTECHNIK DER TH DARMSTADT DARMSTADT, PETERSENSTR. 16
VORHAB **untersuchungen zur rueckkuehlung von wasser**
untersuchungen zum waerme-stoffaustausch in verdunstungs-kuehltuermen

S.WORT abwaerme + kuehlturm + verdunstung
PROLEI PROF. DR. KAST
STAND 1.1.1974
BEGINN 1.1.1972 ENDE 31.12.1976
G.KOST 50.000 DM

GB -010

INST FRANZIUS-INSTITUT FUER WASSERBAU UND KUESTENINGENIEURWESEN DER TU HANNOVER
HANNOVER, NIENBURGER STRASSE 4
VORHAB **untersuchungen ueber die ausbreitung von kuehlwaessern im tidegebiet hamburgs**
im rahmen des forschungsvorhabens werden naturmessungen im einflussbereich einer vorher in einem hydraulisch-thermischen modell untersuchten kuehlwasserrueckgabe durchgefuehrt und ausgewertet. als untersuchungsgebiet wurde die suederelbe in hamburg im einflussbereich des kraftwerkes moorbuch ausgewaehlt. ziel der untersuchungen ist, theoretisch abgeleitete kriterien fuer die uebertragung von ergebnissen aus hydraulisch-thermischen modellversuchen in die natur zu bestaetigen oder zu modifizieren
S.WORT kuehlwasser + waermetransport + (tidegebiet + modell)
ELBE
PROLEI DR. -ING. HORST SCHWARZE
STAND 21.7.1976
QUELLE fragebogenerhebung sommer 1976
FINGEB FREIE UND HANSESTADT HAMBURG, BEHOERDE FUER WIRTSCHAFT UND VERKEHR
BEGINN 1.1.1974 ENDE 31.12.1976
G.KOST 50.000 DM

GB -011

INST GOEPFERT, PETER, DIPL.-ING. UND REIMER, HANS, DR.-ING., VBI-BERATENDE INGENIEURE
HAMBURG 60, BRAMFELDER STR. 70
VORHAB **untersuchung von rohgas - reingas - waermetauschern in muellverbrennungsanlagen**
waermetauscher sollen eingesetzt werden, um den wasserverbrauch fuer die abkuehlung der rauchgaswaesche und die wasserdampfemission in die atmosphaere zu verringern. der waermebedarf fuer die wiedererwaermung wird aus sonst nicht verwertbarer abwaerme abgedeckt. erprobung der waermetauscher in einer versuchsanlage im langzeitversuch, besonders im hinblick auf verschmutzungsverhalten/reinigbarkeit der austauschflaechen im betrieb sowie verhalten gegen die aggressivitaet der gasstroeme
S.WORT muellverbrennungsanlage + abwaerme + energieeinsparung + (waermeaustauscher)
PROLEI DR. -ING. ADOLF NOTTRODT
STAND 2.8.1976
QUELLE fragebogenerhebung sommer 1976
G.KOST 489.000 DM

GB -012

INST INSTITUT FUER ANGEWANDTE SYSTEMANALYSE DER GESELLSCHAFT FUER KERNFORSCHUNG MBH
KARLSRUHE, WEBERSTR 5
VORHAB **energie und umwelt: abbau organischer und thermischer verunreinigungen in fluessen**
ausgangsfrage: moegliche kraftwerksbelegung des rheins; untersucht wird abhaengigkeit von temperaturrestriktionen fuer das flusswasser / auswirkungen der erwaermung auf die nebelhaeufigkeit in flussnaehe / aenderung des selbstreinigungsverhaltens durch erwaermung (mit hilfe eines mathematischen modells) / auswirkungen anderer massnahmen (z. b. klaeranlagenbau) auf die selbstreinigung
S.WORT kraftwerk + abwaerme + gewaesserbelastung
RHEIN
PROLEI DR. HARALD STEHFEST
STAND 1.1.1974
ZUSAM INST. F. RADIOCHEMIE, GESELLSCHAFT FUER KERNFORSCHUNG, 75 KARLSRUHE, POSTFACH 3640
BEGINN 1.2.1971
LITAN - STEHFEST, H.: MODELLTHEORETISCHE UNTERSUCHUNGEN ZUR SELBSTREINIGUNG VON FLIESSGEWAESSERN, KFK 1654 UF (1973)
- FAUDE, D.;BAYER, A.;HALBRITTER, G.;SPANNAGEL, H.;STEHFEST, H.;WINTZER, D.: ENERGIE UND UMWELT IN BADEN-WUERTTEMBERG, KFK(1966, 1974)

GB -013

INST INSTITUT FUER HYDROMECHANIK DER UNI KARLSRUHE
KARLSRUHE 1, KAISERSTR. 12
VORHAB **ausbreitungsverhalten von abwaermeeinleitungen in gewaesser**
ergaenzend zu anderen forschungsvorhaben soll hier das tatsaechliche verhalten warmwassers in gewaessern untersucht werden. ueblicherweise setzt man voraus, dass sich die abwaerme im gewaesser ideal verteilt. dies ist eine moeglichkeit der waermeausbreitung, jedoch es koennen auch andere verbreitungsphaenomene auftreten, z. b. waermefahne analog zur abwasserfahne. die bedingungen die zu diesen erscheinungen fuehren, werden untersucht. das vorhaben ist von wichtigkeit fuer die abwaermekommission und wird dort betreut
S.WORT gewaesserschutz + waermebelastung + ausbreitungsmodell
PROLEI PROF. DR. -ING. NAUDASCHER
STAND 20.11.1975
FINGEB BUNDESMINISTER DES INNERN
BEGINN 1.8.1975 ENDE 31.7.1976
G.KOST 91.000 DM

GB -014

INST INSTITUT FUER HYDROMECHANIK DER UNI KARLSRUHE
KARLSRUHE 1, KAISERSTR. 12
VORHAB **gesetzmaessigkeiten der modelldarstellung von anlagen zur sauerstoffanreicherung erwaermter gewaesser durch erzwungenen lufteintrag**
S.WORT gewaesser + waermebelastung + sauerstoffeintrag + modell
PROLEI PROF. DR. HELMUT KOBUS
STAND 7.9.1976
QUELLE datenuebernahme von der deutschen forschungsgemeinschaft
FINGEB DEUTSCHE FORSCHUNGSGEMEINSCHAFT

GB -015

INST INSTITUT FUER SIEDLUNGSWASSERWIRTSCHAFT DER TH AACHEN
AACHEN, MIES-VAN-DER-ROHE-STR. 1
VORHAB **auswirkungen von kuehlverfahren bei konventionellen thermischen und nuklearen thermischen kraftwerken auf die umwelt**
in einer vergleichenden untersuchung sollen die auswirkungen der thermischen belastungen ueber gewaesser in abhaengigkeit von der herkunft der abwaerme festgestellt werden
S.WORT abwaerme + kuehlsystem + kraftwerk + gewaesserbelastung
STAND 1.1.1974
BEGINN 1.1.1974 ENDE 31.12.1976
G.KOST 120.000 DM

GB -016

INST INSTITUT FUER TECHNISCHE THERMODYNAMIK UND THERMISCHE VERFAHRENSTECHNIK DER UNI STUTTGART
STUTTGART 1, KEPLERSTR. 17

VORHAB **waermeabgabe fliessender oberflaechengewaesser**
thermische belastung der fluesse durch kraftwerke; durch diese untersuchung sollen die durch verdunstung und konvektion bewirkten abkuehlungsvorgaenge geklaert und kennwerte bestimmt werden, die eine zuverlaessige vorausberechnung der sich in einem gewaesser einstellenden temperaturen ermoeglichen
S.WORT fliessgewaesser + waermebelastung + kraftwerk
PROLEI PROF. DR. -ING. HELMUTH GLASER
STAND 1.1.1974
FINGEB MINISTERIUM FUER ERNAEHRUNG, LANDWIRTSCHAFT UND UMWELT, STUTTGART
ZUSAM VEREIN DEUTSCHER INGENIEURE (VDI), FACHGRUPPE ENERGIETECHNIK, 4 DUESSELDORF 1, GRAF-RECKE-STR. 84
BEGINN 1.1.1971 ENDE 31.12.1976
G.KOST 400.000 DM
LITAN 1976

GB -017

INST INSTITUT FUER WASSER- UND ABFALLWIRTSCHAFT DER LANDESANSTALT FUER UMWELTSCHUTZ BADEN-WUERTTEMBERG
KARLSRUHE, GRIESBACHSTR. 2
VORHAB **hochwasserschutz, untersuchung der hochwasserverhaeltnisse am oberrhein**
untersuchung der hochwasserverhaeltnisse am oberrhein nach dessen ausbau zwischen basel und iffezheim-neugurgweier steuerung der waermeabgabe von kraftwerken und industriellen grosseinleitern; schaffung von entscheidungsgrundlagen fuer genehmigungsverfahren; verbesserung der derzeit angewandten methoden
S.WORT abwaerme + gewaesserschutz + hochwasser
OBERRHEIN
PROLEI FLEIG
STAND 1.1.1974
FINGEB ARBEITSGEMEINSCHAFT RHEIN
ZUSAM ELECTRICITE DE FRANCE (EDF) PARIS-CHATOU
BEGINN 1.1.1970
G.KOST 700.000 DM
LITAN - LAWA - ARBEITSGRUPPE "WAERMEBELASTUNG DER GEWAESSER", BERICHT: GRUNDLAGEN FUER DIE BEURTEILUNG DER WAERMEEINLEITUNGEN VON GEWAESSERN (MIT WAERMELASTPLAN RHEIN, 2. AUFL.), VERTRIEB KOEHLER UND HENNEMANN, WIESBADEN(1971)
- MINISTERIUM FUER ERNAEHRUNG, LANDWIRTSCHAFT UND UMWELT BADEN-WUERTTEMBERG, WASSERWIRTSCHAFTSVERWALTUNG, BERICHT: WAERMELASTPLAN NECKAR (3)(MAI 1973)
- ZWISCHENBERICHT 1974. 12

GB -018

INST INSTITUT FUER WASSER- UND ABFALLWIRTSCHAFT DER LANDESANSTALT FUER UMWELTSCHUTZ BADEN-WUERTTEMBERG
KARLSRUHE, GRIESBACHSTR. 2
VORHAB **messtellen fuer waermehaushalt**
bau und betrieb (dauereinrichtungen) von messtellen fuer wassertemperatur und sauerstoffgehalt(an einzelnen stellen auch lufttemperatur/luftfeuchte/windgeschwindigkeit und -richtung/globalstrahlung/strahlungsbilanz) einschliesslich auswertung und uebernahme auf datentraeger; vorgesehen an rhein und neckar; 12 stationen mit datenfernuebertragung zur laufenden steuerung von waermeabgaben der kraftwerke und grossindustrie; koordination und kontrolle der messtationen von kraftwerken und industrie einschliesslich zentraler datensammlung
S.WORT abwaerme + gewaesserschutz + messtellennetz
RHEIN + NECKAR
PROLEI FLEIG
STAND 1.1.1974
FINGEB MINISTERIUM FUER ERNAEHRUNG, LANDWIRTSCHAFT UND UMWELT, STUTTGART
BEGINN 1.11.1972
G.KOST 1.000.000 DM
LITAN ZWISCHENBERICHT 1975. 03

GB -019

INST INSTITUT FUER WASSER- UND ABFALLWIRTSCHAFT DER LANDESANSTALT FUER UMWELTSCHUTZ BADEN-WUERTTEMBERG
KARLSRUHE, GRIESBACHSTR. 2
VORHAB **rechnerische simulation der waermeaustauschvorgaenge in einem gewaesser**
rechnerische erfassung der temperatur eines gewaessers zur aufstellung von prognosen, ausloesung von warnfunktionen und steuerung der waermeabgabe von kraftwerken und industriellen grosseinleitern. schaffung von entscheidungsgrundlagen fuer genehmigungsverfahren. verbesserung der derzeit angewandten methoden
S.WORT fluss + waermehaushalt + abwaerme + (entscheidungsgrundlagen + genehmigungsverfahren)
RHEIN + NECKAR
PROLEI FLEIG
STAND 29.7.1976
QUELLE fragebogenerhebung sommer 1976
FINGEB - MINISTERIUM FUER ERNAEHRUNG, LANDWIRTSCHAFT UND UMWELT, STUTTGART
- ARBEITSGEMEINSCHAFT RHEIN
ZUSAM - ELECTRICITE DE FRANCE, PARIS-CHATOU
- INTERN. KOMMISSION ZUM SCHUTZ DES RHEINS GEGEN VERUNREINIGUNG
BEGINN 1.1.1970
G.KOST 700.000 DM

GB -020

INST INSTITUT FUER WASSER-, BODEN- UND LUFTHYGIENE DES BUNDESGESUNDHEITSAMTES
BERLIN 33, CORRENSPLATZ 1
VORHAB **einfluss kuenstlich erhoehter gewaessertemperatur auf hygienische eigenschaften von in ufernaehe entnommenem grundwasser**
versickerungsbecken werden mit oberflaechenwasser betrieben, das einmal natuerlich temperiert und zum anderen durch ein kraftwerk erwaermt ist; sickerwasser kann aus drains in verschiedenen tiefen entnommen werden; zusaetzlich lysimeter; parallelversuche auf groeberem untergrund geplant
S.WORT wasserhygiene + grundwasser + oberflaechenwasser + waermebelastung
PROLEI DIPL. -ING. KUNOWSKI
STAND 1.10.1974
FINGEB BUNDESMINISTER FUER JUGEND, FAMILIE UND GESUNDHEIT
ZUSAM DEUTSCHE FORSCHUNGSGEMEINSCHAFT; SCHWERPUNKTPROGRAMM GEWAESSERERWAERMUNG
BEGINN 1.1.1974 ENDE 31.12.1979
G.KOST 500.000 DM
LITAN ZWISCHENBERICHT 1975. 09

GB -021

INST INSTITUT FUER WASSERBAU UND WASSERWIRTSCHAFT DER TH DARMSTADT
DARMSTADT, RUNDETURMSTR. 1
VORHAB **umwelteinfluesse der thermischen energiequellen auf die mengenorientierte wasserwirtschaft**
die umwelteinfluesse der thermischen energiequellen auf die mengenorientierte wasserwirtschaft sollen wissenschaftlich untersucht werden. es sollen die wasserintensiven und wassersparsamen energien festgestellt werden, um entscheidungshilfen fuer die auswahl von energieformen zu geben, die dem wasserkreislauf wasser entziehen. einbeziehung bisher vernachlaessigter und neuer technologien der energieerzeugung
S.WORT wasserwirtschaft + energieversorgung + bedarfsanalyse
PROLEI DIPL. -ING. EBERHARD KRIESEL
STAND 20.11.1975
FINGEB BUNDESMINISTER DES INNERN
BEGINN 1.6.1975 ENDE 31.12.1976
G.KOST 117.000 DM
LITAN ZWISCHENBERICHT

GB -022

INST INSTITUT FUER WASSERBAU UND WASSERWIRTSCHAFT DER TU BERLIN
BERLIN 10, STRASSE DES 17. JUNI 140-144
VORHAB **stadtwerke-duisburg, heizkraftwerk-kuehlwasser-versorgung**
modelluntersuchungen ueber die entnahme und wiedereinleitung von kuehlwasser in den rhein
S.WORT kraftwerk + kuehlwasser + waermebelastung
RHEIN
PROLEI PROF. DR. -ING. HANS BLIND
STAND 1.1.1974
QUELLE erhebung 1975
BEGINN 1.6.1973 ENDE 31.3.1974
LITAN ZWISCHENBERICHT 1974. 03

GB -023

INST INSTITUT FUER ZOOLOGIE DER UNI HOHENHEIM
STUTTGART 70, EMIL-WOLFF-STR. 27
VORHAB **biochemische mechanismen der temperaturadaptation bei wirbeltieren**
ziel der untersuchung ist die aufklaerung molekularer mechanismen, mit deren hilfe poikilotherme wirbeltiere (vornehmlich fische) in der lage sind, sich schwankenden umwelttemperaturen (saisonale akklimatisation u. experimentell ausgeloeste akklimation) anzupassen. hierbei stehen mechanismen, die primaer das nervensystem betreffen, im vordergrund. die arbeitsmethoden sind physiologischer u. biochemischer natur
S.WORT biochemie + physiologie + fische
PROLEI PROF. DR. HINRICH RAHMANN
STAND 21.7.1976
QUELLE fragebogenerhebung sommer 1976
FINGEB LAND BADEN-WUERTTEMBERG
BEGINN 1.1.1975
LITAN - BREER, H.: GANGLIOSIDE PATTERN AND THERMAL TOLERANCE OF FISH SPEZIES. IN: LIFE SCIENCES. 16 S. 1459(1975)
- BREER, H.;RAHMANN, H.: GANGLIOSIDES AND TEMPERATURADAPTION. IN: JOURNAL OF THERMAL BIOLOGY. (1976)
- RAHMANN, H.: POSSIBLE FUNCTIONAL ROLE OF GANGLIOSIDES. IN: PORCELLATI, G.: BIOCHEM. AND PHARMACOLOGICAL INPL. OF GANGLIOSIDE FUNCTION. PLENUM PRESS CORPORATION(1976)

GB -024

INST INSTITUT FUER ZOOLOGIE DER UNI MAINZ
MAINZ, SAARSTR. 21
VORHAB **auswirkung von gewaessererwaermung auf oekologie und physiologie von wirbellosen**
reaktion wirbelloser tiere (von bedeutung im wasser-oekosystem als nahrungsketten-glieder oder bei der biologischen "selbst"-reinigung der gewaesser) gegenueber erhoehten temperaturen ihres wohngewaessers. ziel ist es, von etwa 30 bedeutsamen makro-invertebrata des rheins (in ihm erwaermung unmittelbar bevorstehend) grunddaten zu ermitteln ueber: a) waermetoleranz (obere belastungsgrenze), b) waermepraeferenz (bevorzugte temperatur unter bestimmten normbedingungen). im gleichen experiment fallen informationen ueber sauerstoffbedarf der einzelnen arten an
S.WORT fliessgewaesser + waermebelastung + invertebraten + wasserguete
RHEIN
PROLEI PROF. DR. RAGNAR KINZELBACH
STAND 21.7.1976
QUELLE fragebogenerhebung sommer 1976
FINGEB DEUTSCHE FORSCHUNGSGEMEINSCHAFT
BEGINN 1.4.1976 ENDE 31.4.1977
G.KOST 3.000 DM

GB -025

INST INSTITUT FUER ZOOLOGIE DER UNI MAINZ
MAINZ, SAARSTR. 21
VORHAB **temperatur-praeferenz und temperatur-toleranz von invertebraten des rheins bei gleichzeitiger belastung durch weitere schaedigende faktoren**
S.WORT abwaerme + schadstoffe + kombinationswirkung + invertebraten
RHEIN
PROLEI PROF. DR. RAGNAR KINZELBACH
STAND 7.9.1976
QUELLE datenuebernahme von der deutschen forschungsgemeinschaft
FINGEB DEUTSCHE FORSCHUNGSGEMEINSCHAFT

GB -026

INST INSTITUT FUER ZUCKERINDUSTRIE BERLIN
BERLIN 65, AMRUMER STRASSE 32
VORHAB **verringerung der abwaerme von zuckerfabriken**
verringerung der abwaerme von rohr- und ruebenzuckerfabriken durch verbesserung der energiewirtschaft. nutzung der verbleibenden abwaerme durch waermepumpen oder heizzwecke
S.WORT zuckerindustrie + abwaerme + energiewirtschaft
PROLEI PROF. DR. ANTON BALOH
STAND 21.7.1976
QUELLE fragebogenerhebung sommer 1976
ZUSAM - TU-INSTITUTE
- ZUCKERINDUSTRIE
BEGINN 1.1.1977
G.KOST 20.000 DM

GB -027

INST ISOTOPENLABORATORIUM DER BUNDESFORSCHUNGSANSTALT FUER FISCHEREI
HAMBURG 55, WUESTLAND 2
VORHAB **thermische auswirkungen des kernkraftwerkes unterweser auf die biozoenosen in der unterweser**
der einfluss der abwaerme des kernkraftwerkes unterweser auf das biotop unterweser wird untersucht. es werden an ausgewaehlten stationen vierteljaehrliche plankton- und fischproben entnommen. qualitative und quantitative des materials soll aufschluss ueber eventuelle aenderungen in der biozoenose der unterweser geben
S.WORT gewaesserbelastung + abwaerme + kernkraftwerk
WESER-AESTUAR
PROLEI PROF. DIPL. -PHYS. WERNER FELDT
STAND 21.7.1976
QUELLE fragebogenerhebung sommer 1976
FINGEB LANDKREIS WESERMARSCH
ZUSAM - WASSER- U. SCHIFFAHRTSAMT BRAKE, WESERSTR. 2 2880 BRAKE
- NORDWESTDEUTSCHE KRAFTWERKE AG, SCHOENE AUSSICHT 14, 2000 HAMBURG 76
BEGINN 1.7.1975 ENDE 30.6.1980
G.KOST 1.630.000 DM

GB -028

INST LABORATORIUM FUER AEROSOLPHYSIK UND FILTERTECHNIK DER GESELLSCHAFT FUER KERNFORSCHUNG MBH
KARLSRUHE 1, WEBERSTR. 5
VORHAB **untersuchungen zur thermischen belastung von fluessen**
messung der waerme- und wasserdampfemission aus dem rhein in die atmosphaere in abhaengigkeit meteorologischer und hydrologischer parameter; beitrag zur kuehlregie von kraftwerken; beitrag zur verbesserung der daten fuer das gesamtwaermebelastungsmodell des rheins sowie zur kraftwerksstandortdichte; beitrag zu den grundlagen des waermeaustausches fliessgewaesser-atmosphaere
S.WORT gewaesserbelastung + abwaerme + wasserdampf
OBERRHEIN
PROLEI DR. WOLFGANG SCHIKARSKI
STAND 13.8.1976
QUELLE fragebogenerhebung sommer 1976
FINGEB BADENWERK AG, KARLSRUHE
ZUSAM - LANDESANSTALT FUER GEWAESSERKUNDE, KARLSRUHE
- BUNDESANSTALT FUER GEWAESSERKUNDE, KOBLENZ
BEGINN 1.1.1972 ENDE 31.12.1977
G.KOST 1.000.000 DM
LITAN HALBJAHRESBERICHTE DES PNS: KFK 1859/1908/2050/2130

GB -029
INST LABORATORIUM FUER AEROSOLPHYSIK UND FILTERTECHNIK DER GESELLSCHAFT FUER KERNFORSCHUNG MBH
KARLSRUHE 1, WEBERSTR. 5
VORHAB **untersuchungsprogramm oberrheingebiet; teilprojekt 1: abwaermekataster oberrheingebiet**
messung der waerme- und wasserdampfemission aus dem rhein in die atmosphaere in abhaengigkeit meteorologischer und hydrologischer parameter; beitrag zur kuehlregie von kraftwerken; beitrag zur verbesserung der daten fuer das gesamtwaermebelastungsmodell des rheins sowie zur kraftwerksstandortdichte; beitrag zu den grundlagen des waeremaustausches fliessgewaesser-atmosphaere
S.WORT abwaerme + kataster + gewaesserbelastung + wasserdampf
OBERRHEINEBENE
PROLEI DR. WOLFGANG SCHIKARSKI
STAND 13.8.1976
QUELLE fragebogenerhebung sommer 1976
ZUSAM DEUTSCHER WETTERDIENST, FRANKFURT
BEGINN 1.1.1976 ENDE 31.12.1978
G.KOST 900.000 DM

GB -030
INST LABORATORIUM FUER AEROSOLPHYSIK UND FILTERTECHNIK DER GESELLSCHAFT FUER KERNFORSCHUNG MBH
KARLSRUHE 1, WEBERSTR. 5
VORHAB **untersuchungen zur thermischen belastung von fluessen**
messung der waerme- und wasserdampfemission aus dem rhein; beitrag zur kuehlregie von kraftwerken; beitrag zur verbesserung der daten fuer das gesamtwaermebelastungsmodell des rheins sowie zur kraftwerksstandortdichte; beitrag zu den grundlagen des waermeaustauschs wasser - atmosphaere
S.WORT fliessgewaesser + waermebelastung + kraftwerk
OBERRHEIN
PROLEI DR. WOLFGANG SCHIKARSKI
STAND 1.1.1974
FINGEB - BUNDESMINISTER FUER FORSCHUNG UND TECHNOLOGIE
- ENERGIEVERSORGUNG SCHWABEN AG, STUTTGART
ZUSAM - LANDESANSTALT F. GEWAESSERKUNDE, 75 KARLSRUHE, HEBELSTR. 2
- BUNDESANSTALT F. GEWAESSERKUNDE, 54 KOBLENZ, KAISERIN-AUGUSTA-ANLAGEN 15
- BADENWERK AG, 75 KARLSRUHE, BADENWERKSTR. 2 U. ENERGIEVERSORGUNG SCHWABEN AG, 7 STUTTGART 1
BEGINN 1.1.1972
G.KOST 450.000 DM
LITAN - HOFFMANN, G.;SAUTER, H.;SCHIKARSKI, W.: UNTERSUCHUNGEN ZUR THERMISCHEN BELASTUNG DES RHEINS. KFK (1859)
- HOFFMANN, G.;SAUTER, H.;SCHIKARSKI, W.: ZUR MESSUNG DES LATENTEN WAERMESTROMES, 2. HALBJAHRESBER. PNS (1973)

GB -031
INST LANDESAMT FUER GEWAESSERKUNDE RHEINLAND-PFALZ
MAINZ, AM ZOLLHAFEN 9
VORHAB **untersuchung ueber den einfluss von kuehlwassereinleitungen auf den rhein**
S.WORT gewaesserbelastung + abwaerme + kuehlwasser
RHEIN
PROLEI DR. HANTGE
STAND 1.1.1974
BEGINN 1.1.1969

GB -032
INST LANDESANSTALT FUER WASSER UND ABFALL
DUESSELDORF, BOERNESTR. 10
VORHAB **untersuchung ueber die verteilung der waerme im rhein durch profilmessung und ir-befliegung an grossen kuehlwassereinleitern**
S.WORT waermebelastung + fluss
RHEIN
PROLEI DR. PLAETZE
STAND 1.1.1974
QUELLE erhebung 1975
FINGEB MINISTER FUER ERNAEHRUNG, LANDWIRTSCHAFT UND FORSTEN, DUESSELDORF
BEGINN 1.1.1975
LITAN ZWISCHENBERICHT 1975. 10

GB -033
INST LEHRSTUHL A FUER THERMODYNAMIK DER TU MUENCHEN
MUENCHEN 2, ARCISSTR. 21
VORHAB **waermeausbreitung in gewaessern mit homogener und geschichteter temperaturverteilung**
S.WORT abwaerme + transportprozesse + hydrodynamik
PROLEI PROF. DR. -ING. ULRICH GRIGULL
STAND 7.9.1976
QUELLE datenuebernahme von der deutschen forschungsgemeinschaft
FINGEB DEUTSCHE FORSCHUNGSGEMEINSCHAFT

GB -034
INST LEHRSTUHL FUER SPEZIELLE ZOOLOGIE DER UNI BOCHUM
BOCHUM, UNIVERSITAETSSTR. 150
VORHAB **untersuchungen ueber aufheizungseffekte durch das waermekraftwerk elwerlingsen auf die invertebratenfauna der lenne (nebenfluss der ruhr)**
die auswirkungen der aufheizung des flusswassers durch das kraftwerk werden im vergleich zu nicht aufgeheizten flussabschnitten verfolgt. gemessen werden abiotische parameter wie temperatur, o2-gehalt, leitfaehigkeit, ph, globalstrahlung, organische belastung. untersucht wird das verhalten wichtiger insektenlarven (driftverhalten, fressgewohnheiten, entwicklungsdauer, verhalten gegenueber temperaturschocks). ergaenzende experimente laufen am lehrstuhl fuer spezielle zoologie der ruhr-universitaet bochum
S.WORT kraftwerk + abwaerme + gewaesserbelastung + (invertebratenfauna)
LENNE + RUHR
PROLEI DR. HELMUT SCHUHMACHER
STAND 21.7.1976
QUELLE fragebogenerhebung sommer 1976
FINGEB DEUTSCHE FORSCHUNGSGEMEINSCHAFT
ZUSAM KRAFTWERK ELVERLINGSEN, WERDOHL B. LUEDENSCHEID
BEGINN 1.1.1973 ENDE 31.12.1976
G.KOST 190.000 DM

GB -035
INST LEHRSTUHL UND INSTITUT FUER WASSERBAU UND WASSERWIRTSCHAFT DER TH AACHEN
AACHEN, MIES-VAN-DER-ROHE-STR.
VORHAB **ein mathematisches modell zur beschreibung der abkuehlung eines warmwasserstromes im boden**
im vorhaben soll ein mathematisches modell entwickelt werden, mit dem die temperaturverteilung in einer sickerstroemung berechnet werden kann. die untersuchungen sollen mit hilfe der finite -elemente-methode durchgefuehrt werden. das temperaturfeld im boden und insbesondere die oberflaechentemperaturen sollen dann das hauptkriterium darstellen bei der beurteilung der umweltbelastung durch die einleitung warmer kuehlwaesser in den boden
S.WORT kuehlwasser + bodenwasser + umweltbelastung + (mathematisches modell)
PROLEI DIPL. -ING. HERBERT LUETKESTRATKOETTER
STAND 9.8.1976
QUELLE fragebogenerhebung sommer 1976
G.KOST 70.000 DM

GB -036
INST LIMNOLOGISCHES INSTITUT DER UNI FREIBURG
KONSTANZ -EGG, MAINAUSTR. 212

VORHAB **einfluss ploetzlicher temperaturerhoehungen auf populationsstruktur, biomasse, energieausnutzung und p-mobilisierung bei zymogenen gewaesserbakterien**
auswirkungen der gewaesseraufheizung auf bakterielle abbauaktivitaeten in der naehe der temperaturmaxima sowie spezifische abbauprozesse nach aufheizungsbedingter umstrukturierung bakterieller biocoenosen (mikrobiologie der selbstreinigung). populationsdynamische auswirkungen der gewaesseraufheizung unter beruecksichtigung potentieller schadstoffproduzenten und indikatorbakterien (mikrobiologie der trinkwassergewinnung)
S.WORT gewaesserbelastung + abwaerme + bakterienflora + populationsdynamik
PROLEI DR. WOLFGANG REICHARDT
STAND 30.8.1976
QUELLE fragebogenerhebung sommer 1976
FINGEB DEUTSCHE FORSCHUNGSGEMEINSCHAFT
G.KOST 160.000 DM

GB -037
INST MESSERSCHMITT-BOELKOW-BLOHM GMBH
MUENCHEN 80, POSTFACH 80 11 69
VORHAB **studie ueber jahreswaermespeicher niedrigen temperaturniveaus**
es soll die moeglichkeit der einleitung von abwaerme in den boden, den schotteruntergrund und seen zum zwecke der speicherung untersucht werden. damit wuerde waerme niederer temperatur, die fuer heizzwecke eingesetzt werden koennte in der warmen jahreszeit fuer den winter gespeichert werden. es waere dann sowohl das abwaermeproblem der kraftwerke zu loesen, als auch eine rationellere verwendung der energie zu erreichen
S.WORT abwaerme + energietechnik
STAND 16.12.1975
QUELLE mitteilung der abwaermekommission vom 16.12.75
FINGEB BUNDESMINISTER FUER FORSCHUNG UND TECHNOLOGIE
BEGINN 1.7.1974 ENDE 30.6.1976

GB -038
INST MESSERSCHMITT-BOELKOW-BLOHM GMBH
MUENCHEN 80, POSTFACH 80 11 69
VORHAB **studie ueber die speichermoeglichkeiten fuer die abwaerme niedrigen temperaturniveaus von kraftwerken**
S.WORT waermespeicher + abwasser + kraftwerk
PROLEI DR. WEISSENBACH
STAND 1.1.1976
QUELLE mitteilung des bundesministers fuer wirtschaft
FINGEB BUNDESMINISTER FUER FORSCHUNG UND TECHNOLOGIE
ZUSAM BUNDESANSTALT FUER GEOWISSENSCHAFTEN UND ROHSTOFFE, 3 HANNOVER 23, POSTFACH 230153
BEGINN ENDE 1.3.1976
LITAN VDI-BERICHTE NR. 223 (1974)

GB -039
INST NORDWESTDEUTSCHE KRAFTWERKE AG
HAMBURG, SCHOENE AUSSICHT 14
VORHAB **weser-messprogramm**
messung der ausbreitung von kuehlwasser aus einem kernkraftwerk, ermittlung der einfluesse der waermeeinhaltung auf chemie und biologie in der unterweser
S.WORT gewaesserbelastung + kernkraftwerk + abwaerme + kuehlwasser + biologische wirkungen
WESER
PROLEI DR. WILHELM BOSSELMANN
STAND 13.8.1976
QUELLE fragebogenerhebung sommer 1976
ZUSAM - FRANZIUS-INSTITUT DER TU HANNOVER
- BUNDESFORSCHUNGSANSTALT FUER FISCHEREI, HAMBURG
- WASSERWIRTSCHAFTSAMT BRAKE
BEGINN 1.1.1976 ENDE 31.12.1981
G.KOST 13.000.000 DM

GB -040
INST RUHRVERBAND UND RUHRTALSPERRENVEREIN ESSEN
ESSEN 1, KRONPRINZENSTR. 37
VORHAB **einfluss der aufwaermung eines fliessgewaessers auf seinen sauerstoffhaushalt und seine biozoenose**
feststellung der abhaengigkeit der belastung eines gewaessers durch temperaturerhoehung von der verschmutzung mit dem ziel, grenzwerte fuer maximale aufwaermspannen zu begruenden
S.WORT fliessgewaesser + abwaerme + sauerstoffhaushalt + biozoenose
PROLEI DR. PAUL KOPPE
STAND 1.1.1974
FINGEB DEUTSCHE FORSCHUNGSGEMEINSCHAFT
BEGINN 1.10.1973 ENDE 31.12.1975
G.KOST 250.000 DM
LITAN - "WATER POLLUTION AND THE CAPACITY OF WATERS FOR WASTE HEAT"(PREPRINT), 9. WELT-ENERGIEKONFERENZ, DETROIT, 1974
- ZWISCHENBERICHT 1974. 10

GB -041
INST SENCKENBERGISCHE NATURFORSCHENDE GESELLSCHAFT
FRANKFURT, SENCKENBERGANLAGE 25
VORHAB **experimentell-oekologische untersuchungen an tierischen einzellern im kuehlwassersystem eines konventionellen grosskraftwerks am untermain**
es werden die einfluesse thermischer belastung auf mikroorganismen unter praxisnahen milieubedingungen untersucht. wichtigster wissenschaftlicher aspekt ist die frage nach oekologischen wechselwirkungen, die durch die kuenstliche temperaturanhebung des zu kuehlzwecken im kraftwerk verwendeten flusswassers induziert werden. aus den resultaten dieser studie sollen konkrete argumente fuer die oekologische beurteilung von waerme-immissionen auf verschmutzte oberflaechengewaesser abgeleitet werden
S.WORT kraftwerk + kuehlwasser + mikroorganismen + wasserverunreinigung + oekologische faktoren
MAIN (UNTERMAIN) + RHEIN-MAIN-GEBIET
PROLEI DR. WOLFGANG TOBIAS
STAND 12.8.1976
QUELLE fragebogenerhebung sommer 1976
FINGEB MINISTER FUER LANDWIRTSCHAFT UND UMWELT, WIESBADEN
ZUSAM HESSISCHE LANDESANSTALT FUER UMWELT, KRANZPLATZ 5/6, 6200 WIESBADEN
BEGINN 1.1.1975 ENDE 31.12.1977
G.KOST 140.000 DM
LITAN ZWISCHENBERICHT

GB -042
INST SONDERFORSCHUNGSBEREICH 80 "AUSBREITUNGS- UND TRANSPORTVORGAENGE IN STROEMUNGEN" DER UNI KARLSRUHE
KARLSRUHE, KAISERSTR. 12
VORHAB **ausbreitung bei seitlicher einleitung in eine gerinnestroemung**
ziel: ausarbeitung der einleitungsbedingungen fuer kuehlwasser und abwasser in einen fluss; entwicklung von berechnungsmethoden fuer geschwindigkeitsverlauf/durchmischung/temperaturabbau; zusammenhang mit chemischen und biologischen reaktionen; geschwindigkeitsmessung mit laser-doppler-velocimeter
S.WORT stroemungstechnik + kuehlwasser + abwasser + fluss
PROLEI DR. GEHRIG
STAND 1.10.1974
FINGEB DEUTSCHE FORSCHUNGSGEMEINSCHAFT
BEGINN 1.3.1971 ENDE 31.12.1976
G.KOST 1.035.000 DM
LITAN - TAETIGKEITSBERICHT DES SFB 80 1973
- WEITERE VEROEFFENTLICHUNGEN SIEHE IM TAETIGKEITSBERICHT
- ZWISCHENBERICHT 1974. 05

GB -043
INST SONDERFORSCHUNGSBEREICH 80 "AUSBREITUNGS- UND TRANSPORTVORGAENGE IN STROEMUNGEN" DER UNI KARLSRUHE
KARLSRUHE, KAISERSTR. 12
VORHAB **massenaustausch in schichtenstroemungen in natuerlichen gewaessern**
unzureichende kenntnisse ueber physikalische vorgaenge bei der einmischung in schichtenstroemungen mit dichteunterschieden (warmwasser-/abwasser-/salz-bzw. suesswasser-schichten) in natuerlichen gewaessern sollen durch modellversuche ergaenzt werden; ziel: verbesserte berechnungsmethoden bei warmwassereinleitungen und kuehlwasserentnahmen bei kraftwerken und dichtestroemungen in aestuarien
S.WORT stroemungstechnik + oberflaechengewaesser + kuehlwasser + abwasser + modell
PROLEI PROF. DR. -ING. ERICH PLATE
STAND 1.9.1975
QUELLE erhebung 1975
FINGEB DEUTSCHE FORSCHUNGSGEMEINSCHAFT
BEGINN 1.1.1975 ENDE 31.12.1977
G.KOST 342.000 DM
LITAN THE STABILITY OF AN INTERFACE IN STRATIFIED CHANNEL FLOW, BEITRAG ZUM IAHR-KONGRESS 1975 IN SAO PAULO

GB -044
INST SONDERFORSCHUNGSBEREICH 80 "AUSBREITUNGS- UND TRANSPORTVORGAENGE IN STROEMUNGEN" DER UNI KARLSRUHE
KARLSRUHE, KAISERSTR. 12
VORHAB **einfluss von sekundaerstroemung und temperatur auf feststofftransport und sohlausbildung in gerinnen**
ziel: einfluss der sekundenaerstroemung auf sohlausbildung und sedimenttransport in geraden und gekruemmten gerinnen; erweiterung bisher verwendeter sedimenttransportgleichungen im flussbau; ausweitung auf temperatureinfluesse durch abwaermeeinleitungen auf sohlausbildung und sedimenttransport in fluessen
S.WORT fliessgewaesser + abwaerme + sedimentation + transportprozesse
PROLEI PROF. DR. -ING. NAUDASCHER
STAND 1.10.1974
FINGEB DEUTSCHE FORSCHUNGSGEMEINSCHAFT
ZUSAM THEODOR-REHBOCK-FLUSSBAULABOR, DIR. PROF. DR. MOSONYI, UNI KARLSRUHE; SEKUNDAERSTROEMUNG IN MAEANDERN
BEGINN 1.1.1970 ENDE 31.12.1976
G.KOST 976.000 DM
LITAN - ZIMMERMANN, C.;KENNEDY, J. F. , IAHR-CONGRESS, ISTANBUL, 1973.: SEDIMANT TRANSPORT AND BED FORMS IN LABORATORY STREAMS OF CIRCULAR PLAN FORM.
- ZWISCHENBERICHT 1974. 08

GB -045
INST SONDERFORSCHUNGSBEREICH 80 "AUSBREITUNGS- UND TRANSPORTVORGAENGE IN STROEMUNGEN" DER UNI KARLSRUHE
KARLSRUHE, KAISERSTR. 12
VORHAB **einfluss von stroemung und temperatur auf die biozoenose und deren leistungsfaehigkeit in fliessgewaessern**
modellfliessgewaesser; zusammenhang: naehrstoff/thermische und hydraulische belastung/organismenvergesellschaftung
S.WORT fliessgewaesser + biozoenose
PROLEI PROF. DR. LUDWIG HARTMANN
STAND 1.10.1974
FINGEB DEUTSCHE FORSCHUNGSGEMEINSCHAFT
BEGINN 1.1.1975 ENDE 31.12.1977
G.KOST 372.000 DM

GB -046
INST SONDERFORSCHUNGSBEREICH 80 "AUSBREITUNGS- UND TRANSPORTVORGAENGE IN STROEMUNGEN" DER UNI KARLSRUHE
KARLSRUHE, KAISERSTR. 12
VORHAB **instationaerer waermetransport in stabil geschichteten fluiden**
in stabil geschichtetem wasser werden instationaere konvektionsstroemungen erzeugt, die die entwicklung einer sprungschicht bewirken; deren zeitliches verhalten soll bei verschiedenen anfangsbedingungen gemessen und theoretisch modelliert werden; anwendungsmoeglichkeiten: entwicklung von sprungschichten in seen/entwicklung von inversionsschichten in der atmosphaere
S.WORT gewaesser + waermetransport + modell
PROLEI PROF. DR. -ING. ERICH PLATE
STAND 1.10.1974
QUELLE erhebung 1975
FINGEB DEUTSCHE FORSCHUNGSGEMEINSCHAFT
BEGINN 1.1.1975 ENDE 31.12.1977
G.KOST 280.000 DM
LITAN - TAETIGKEITSBERICHT, 1973/74, SFB 80-PROJEKT A11
- ZWISCHENBERICHT 1976. 03

GB -047
INST SONDERFORSCHUNGSBEREICH 80 "AUSBREITUNGS- UND TRANSPORTVORGAENGE IN STROEMUNGEN" DER UNI KARLSRUHE
KARLSRUHE, KAISERSTR. 12
VORHAB **mathematische simulierung von impuls-, waerme- und stoffausbreitung in flusssystemen**
simulation der ausbreitung von abwaerme und abwasser in fluessen mit hilfe von computern; numerische loesung der transportdifferentialgleichungen unter verwendung von turbulenzmodellen
S.WORT fliessgewaesser + abwaerme + abwasser + transportprozesse
PROLEI RODI
STAND 1.10.1974
FINGEB DEUTSCHE FORSCHUNGSGEMEINSCHAFT
BEGINN 1.11.1973 ENDE 31.12.1977
G.KOST 374.000 DM
LITAN ZWISCHENBERICHT 1975. 01

GB -048
INST SONDERFORSCHUNGSBEREICH 80 "AUSBREITUNGS- UND TRANSPORTVORGAENGE IN STROEMUNGEN" DER UNI KARLSRUHE
KARLSRUHE, KAISERSTR. 12
VORHAB **anfachung einer turbulenten kanalstroemung bei erodibler sohle**
erstellung von monographien zu den themen: ausbreitungsverhalten von fremdstoff- und abwaermeeinleitungen in gewaesser, austauschvorgaenge gewaesser-atmosphaere, regionale aspekte von abwasser- und abwaermeeinleitungen
S.WORT gewaesser + abwaerme + waermetransport + schadstofftransport
PROLEI PROF. DR. -ING. ERICH PLATE
STAND 1.10.1974
QUELLE erhebung 1975
FINGEB DEUTSCHE FORSCHUNGSGEMEINSCHAFT
BEGINN 1.1.1975 ENDE 31.12.1977
G.KOST 300.000 DM
LITAN ZWISCHENBERICHT 1974. 12

GB -049
INST SONDERFORSCHUNGSBEREICH 80 "AUSBREITUNGS- UND TRANSPORTVORGAENGE IN STROEMUNGEN" DER UNI KARLSRUHE
KARLSRUHE, KAISERSTR. 12
VORHAB **fremdstoff- und abwaermeeinleitung in gewaessern**
kontaktaufnahme zu organisationen in der brd, die naturmessungen im interessenbereich des sfb 80 durchfuehren; informationssammlung; auswahl von naturgegebenheiten, die als testfaelle fuer einzelprojekte geeignet sind; messungen; auswertung und aufbereitung der naturmessdaten; aktive teilnahme an planung und durchfuehrung von naturmessungen; auswertung und aufbereitung der naturmessdaten
S.WORT gewaesser + schadstoffe + abwaerme + datensammlung

PROLEI DR. GRIMM-STRELE
STAND 1.10.1974
QUELLE erhebung 1975
FINGEB DEUTSCHE FORSCHUNGSGEMEINSCHAFT
ZUSAM ALLE PROJEKTE DES SFB 80
BEGINN 1.1.1975 ENDE 31.12.1977
G.KOST 225.000 DM

GB -050

INST ZENTRALABTEILUNG RAUMFLUGBETRIEB DER DFVLR OBERPFAFFENHOFEN
VORHAB **erstellung einer studie ueber den einsatz von infrarot-luftbildaufnahmen fuer die aufstellung eines emissionskatasters**
es werden parallel infrarot-linescanneraufnahmen und normale luftbilder vom stadtgebiet augsburg gemacht; die aufnahmen werden ausgewertet; es wird geprueft, inwieweit die ergebnisse als basis fuer die erstellung eines waermekatasters von gesamt-bayern geeignet sind
S.WORT waermebelastung + luftbild + emissionskataster AUGSBURG
PROLEI DIPL.-ING. DINGER
STAND 1.9.1975
QUELLE erhebung 1975
FINGEB STAATSMINISTERIUM FUER LANDESENTWICKLUNG UND UMWELTFRAGEN, MUENCHEN
ZUSAM - WIP-WIRTSCHAFTS-U. INFRASTRUKTUR GMBH U. CO KG
- DEUTSCHE FORSCHUNGS-U. VERSUCHSANSTALT FUER LUFT-U. RAUMFAHRT E. V. (DFVLR)
BEGINN 1.6.1973 ENDE 31.7.1975
G.KOST 68.000 DM
LITAN ABSCHLUSSBERICHT ZUR STUDIE UEBER DEN EINSATZ VON INFRAROT-LUFTBILSAUFNAHMEN FUER DIE AUFSTELLUNG EINES EMISSIONSKATASTERS, ARBEITSGEMEINSCHAFT. IN: WIP-DFVLR (JUL 1975)

Weitere Vorhaben siehe auch:

HA -052 ABKUEHLUNG ERWAERMTEN FLUSSWASSERS IN THEORIE UND PRAXIS

HG -056 AUSBREITUNG BEI EINLEITUNG RUNDER STRAHLEN IN EINE GRUNDSTROEMUNG

IC -072 ZUSAMMENHAENGE ZWISCHEN THERMISCHER VORFLUTERBELASTUNG, INTENSIVER ABWASSERBELASTUNG UND GGF. KUENSTLICHER FLUSSBELUEFTUNG

IC -084 VERGLEICH DES EINFLUSSES VON WAERMEBELASTUNGEN AUF DIE ABBAULEISTUNG FREISCHWEBENDER UND FESTSITZENDER BAKTERIEN IN EINEM FLIESSGEWAESSER

IC -112 OEKOLOGISCHE UNTERSUCHUNGEN DES UNTEREN MAINS UND SEINER NEBENFLUESSE

ID -055 EINLEITUNG VON KUEHLWAESSERN IN RAEUMLICH KONTROLLIERTE GRUNDGEWAESSERTRAEGER

SA -025 UNTERSUCHUNGEN DER DYNAMIK DER NEBENSYSTEME AN DER HELIUMTURBINE IN OBERHAUSEN

GC -001

INST ENERGIEANLAGEN BERLIN GMBH
BERLIN 30, LUETZOWPLATZ 11-13

VORHAB **planstudie fuer das ballungsgebiet berlin zur ermittlung der moeglichkeiten der einsparung von energie und der substitution fossiler brennstoffe durch kernenergie**
die planstudie berlin ist teil der gesamtstudie der arbeitsgemeinschaft fernwaerme e. v. in dieser studie wird das verfuegbare mittels fernwaerme zu deckende waermebedarfspotential ermittelt. der in der berlinstudie bearbeitete teil beschaeftigt sich mit der besonderen situation (insellage) in berlin. es sollen moeglichkeiten der erweiterung der berliner stadtheizung durch optimale abwaermenutzung aus einen kernkraftwerk, verbunden mit einer darstellung der wirtschaftlichen aspekte untersucht werden. dafuer sollen eine genaue erfassung der waermedichte und des waermebedarfs durchgefuehrt werden. es sollen auch die aspekte der energieeinsparung und der luftverbesserung in dichtbesiedelten gebieten beim einsatz von fernwaerme dargestellt werden.

S.WORT kernkraftwerk + abwaerme + waermeversorgung + oekonomische aspekte + luftreinhaltung
BERLIN (WEST)

QUELLE datenuebernahme aus der datenbank zur koordinierung der ressortforschung (dakor)

FINGEB KERNFORSCHUNGSANLAGE JUELICH GMBH (KFA), JUELICH

ZUSAM - BEWAG
- INGENIEUR-BUERO GERHARD BARTELS
- KA-PLAN HEIDELBERG

BEGINN 1.10.1974 ENDE 30.6.1976

GC -002

INST FORSCHUNGSSTELLE FUER ENERGIEWIRTSCHAFT DER GESELLSCHAFT FUER PRAKTISCHE ENERGIEKUNDE E.V.
MUENCHEN 50, AM BLUETENANGER 71

VORHAB **grundsaetzliche untersuchungen ueber die moeglichkeiten der abwaermenutzung im haushalt**
es soll grundsaetzlich geklaert werden, inwieweit und unter welchen bedingungen waermerueckgewinnung im haushalt sinnvoll ist. dabei sollen konzepte fuer waermerueckgewinnungstechniken entwickelt und daraufhin ueberprueft werden, ob sie in privaten haushalten unter wirtschaftlichen bedingungen eingesetzt werden koennen

S.WORT abwaerme + waermerueckgewinnung + private haushalte

STAND 16.12.1975

QUELLE mitteilung der abwaermekommission vom 16.12.75

FINGEB BUNDESMINISTER FUER FORSCHUNG UND TECHNOLOGIE

BEGINN 1.4.1974 ENDE 31.12.1975

G.KOST 236.000 DM

GC -003

INST INDUSTRIEGESELLSCHAFT FUER NEUE TECHNOLOGIEN (I.N.T.)
LINDAU/BODENSEE, ALWINDSTR. 9

VORHAB **waermerueckgewinnung und verbrennungs-optimierung in brennkraftmaschinen (endotherme spaltvergasung)**
abwaerme wird zur spaltvergasung fluessiger brennstoffe verwendet, die damit ein hoeheres energiepotential und bessere brenneigenschaften erhalten

S.WORT gasturbine + abwaerme + rueckgewinnung

STAND 1.1.1974

QUELLE erhebung 1975

FINGEB MAN, MUENCHEN

GC -004

INST INDUSTRIEGESELLSCHAFT FUER NEUE TECHNOLOGIEN (I.N.T.)
LINDAU/BODENSEE, ALWINDSTR. 9

VORHAB **reaktionsrohr-einsatz zur nutzung der abwaerme aus dem heliumkreislauf eines kernreaktors**
optimiertes reaktionsrohr soll bessere gleichmaessigkeit und hoehere lebensdauer im roehrenofen-betrieb bringen

S.WORT kernreaktor + abwaerme

PROLEI DR. V. O. DECKEN

STAND 1.1.1974

QUELLE erhebung 1975

FINGEB KERNFORSCHUNGSANLAGE JUELICH GMBH (KFA), JUELICH

GC -005

INST INSTITUT FUER GEOGRAPHIE DER UNI MUENSTER
MUENSTER, ROBERT-KOCH-STR. 26

VORHAB **abwaerme von kraftwerken und ballungsraeumen**
die umweltbelastung der luft aus lokal konzentrierten quellen, z. b. gross-staedten, industrieballungsgebieten, kraftwerken, soll im gegensatz zu weitlaeufig getrennten und teils mobilen quellen untersucht werden. insbesondere ist hier die energieabgabe im hinblick auf lokale klimaaenderungen zu untersuchen, die in groesseren bereichen schon die natuerliche, durch sonneneinstrahlung zugefuehrte energie uebersteigt. es soll eine quasi-homogen bebaute landschaft von einer stark inhomogen bebauten diskriminiert werden. der messtechnische teil erfordert ein stationsnetz gefesselter radiosonden zur datengewinnung. im theoretischen teil werden flaechenhaftverteilte quellen raeumlich modelliert.

S.WORT abwaerme + kraftwerk + ballungsgebiet
RHEIN-RUHR-RAUM

PROLEI DIPL. -METEOR. GERHARD SCHWANHAEUSSER

STAND 21.7.1976

QUELLE fragebogenerhebung sommer 1976

ZUSAM - SIEDLUNGSVERBAND RUHRKOHLE, ESSEN
- VEREINIGTE ELEKTRIZITAETSWERKE, DORTMUND
- DFVLR, PROF. FORTAK, UNTERPFAFFENHOFEN

BEGINN 1.1.1977 ENDE 28.7.1976

GC -006

INST INSTITUT FUER TECHNISCHE THERMODYNAMIK UND THERMISCHE VERFAHRENSTECHNIK DER UNI STUTTGART
STUTTGART 1, KEPLERSTR. 17

VORHAB **waerme- und stoffuebergangskoeffizienten**

S.WORT abwaerme + waermetransport + stofftransport

PROLEI PROF. DR. -ING. HELMUTH GLASER

STAND 7.9.1976

QUELLE datenuebernahme von der deutschen forschungsgemeinschaft

FINGEB DEUTSCHE FORSCHUNGSGEMEINSCHAFT

GC -007

INST INSTITUT FUER THERMODYNAMIK UND WAERMETECHNIK DER UNI STUTTGART
STUTTGART -VAIHINGEN, PFAFFENWALDRING 6

VORHAB **entwurf einer richtlinie fuer waermerueckgewinnungsanlagen**
es ist das ziel, eine richtlinie mit einheitlichen auslegungsgroessen, kennzahlen und beurteilungskriterien in energetischer und wirtschaftlicher hinsicht fuer waermerueckgewinnungs-einrichtungen zu schaffen. im rahmen des vdi-richtlinienausschusses vdi 2071 werden auslegungsgroessen, kennzahlen ueber das leistungsverhalten und den energieverbrauchs sowie die beurteilungskriterien fuer waermerueckgewinnungseinrichtungen in raumlufttechnischen anlagen gesammelt und einander gegenuebergestellt. auf der vdi-richtlinie 2076 "leistungsnachweis fuer waermeaustauscher mit zwei massenstroemen" aufbauend, werden einheitliche richtlinien fuer waermerueckgewinnungs-einrichtungen entwickelt

S.WORT waermerueckgewinnung + (richtlinien fuer anlagen)

PROLEI PROF. DR. -ING. HEINZ BACH

STAND 19.7.1976

QUELLE fragebogenerhebung sommer 1976
FINGEB BUNDESMINISTER FUER FORSCHUNG UND TECHNOLOGIE
BEGINN 1.7.1975 ENDE 30.7.1976
G.KOST 36.000 DM
LITAN BACH, H. , VORTRAG III "KONGRESS HEIZUNG-LUEFTUNG-KLIMATECHNIK" PRAG, NOV 1975: EINHEITLICHE KENNZAHLEN FUER WAERMERUECKGEWINNUNGSEINRICHTUNGEN

GC -008

INST KA-PLANUNGS-GMBH
HEIDELBERG, POSTFACH 103420
VORHAB **planungsstudie zur fernwaermeversorgung aus heizkraftwerken im raum mannheim-ludwigshafen-heidelberg**
S.WORT energieversorgung + fernwaerme + kraftwerk + abwaerme
MANNHEIM + LUDWIGSHAFEN + HEIDELBERG
QUELLE datenuebernahme aus der datenbank zur koordinierung der ressortforschung (dakor)
FINGEB BUNDESMINISTER FUER FORSCHUNG UND TECHNOLOGIE
ZUSAM - AGFW
- WIBERA, DUESSELDORF
- BBC MANNHEIM
BEGINN 1.9.1974 ENDE 28.2.1976

GC -009

INST MESSERSCHMITT-BOELKOW-BLOHM GMBH
MUENCHEN 80, POSTFACH 80 11 69
VORHAB **systemanalyse zur nutzung der abwaermen von waermekraftwerken in der landwirtschaft**
"agrotherm" ist ein system zur nutzung der abwaermen von waermekraftwerken in der landwirtschaft; dabei werden felder durch unterirdisch verlegte rohre mit dem kuehlwasser der werke beheizt. es wird ein mathematisches modell erstellt, das die temperatur- und feuchtigkeitsverhaeltnisse in diesen beheizten feldern beschreibt. anhand von messergebnissen aus versuchsfeldern wird dieses modell den realen verhaeltnissen laufend angepasst. eine kosten-nutzen-analyse beschreibt die rentabilitaet des systems agrotherm
S.WORT abwaerme + kraftwerk + landwirtschaft + (systemanalyse)
PROLEI DIPL. -PHYS. OSKAR ULLMANN
STAND 22.7.1976
QUELLE fragebogenerhebung sommer 1976
FINGEB AUGUST THYSSEN-HUETTE AG, DUISBURG
ZUSAM LANDWIRTSCHAFTSKAMMER RHEINLAND, POSTFACH, BONN
BEGINN 1.6.1975 ENDE 31.12.1978
G.KOST 497.000 DM
LITAN ZWISCHENBERICHT

GC -010

INST NIEDERSAECHSISCHES LANDESAMT FUER BODENFORSCHUNG
BREMEN, WERDERSTR. 101
VORHAB **speicherung von abfallenergien im untergrund**
zwischenspeicherung von abfallenergien in einem hydrogeologisch und baulich begrenzten porengrundwasserleiter hoher durchlaessigkeit. auswertung des bohrarchivs zur standortfrage
S.WORT energiespeicher + hydrogeologie
PROLEI DR. DIETER ORTLAM
STAND 21.7.1976
QUELLE fragebogenerhebung sommer 1976
ZUSAM BUNDESANSTALT FUER GEOWISSENSCHAFTEN UND ROHSTOFFE, STILLEWEG 2, 3000 HANNOVER 51

GC -011

INST RHEINISCH-WESTFAELISCHES ELEKTRIZITAETSWERK AG (RWE)
ESSEN, POSTFACH 27
VORHAB **zentrale waermerueckgewinnung aus dem wasserverbrauch in mehrfamilienhaeusern**
S.WORT abwasser + abwaerme + private haushalte + waermerueckgewinnung
QUELLE datenuebernahme aus der datenbank zur koordinierung der ressortforschung (dakor)
FINGEB BUNDESMINISTER FUER FORSCHUNG UND TECHNOLOGIE
BEGINN 1.2.1974 ENDE 31.12.1976
G.KOST 438.000 DM

GC -012

INST SAARBERG-FERNWAERME GMBH
SAARBRUECKEN, SULZBACHSTR. 26
VORHAB **"fernwaermeschiene saar", fernwaermeversorgung der stadt voelklingen**
nutzbarmachung von industrieller abwaerme fuer fernwaermezwecke. projektierung und erstellung einer "fernwaermeschiene saar", die als leitung hoher kapazitaet auf einen ueberregionalen fernwaermeverbund hinzielt. sie ermoeglicht die einspeisung verschiedener abwaermequellen und die ueberregionale leistungsverschiebung. aufbau eines innerstaedtischen fernwaermeverteilnetzes in der mittelstadt voelklingen mit ca. 50. 000 einwohner mit einem anschlusswert von ca. 75 gcal/h. erforschung und entwicklung neuartiger verfahren sowie verbesserungen bekannter verfahren der fernwaermetechnik im hinblick auf die speziellen erfordernisse und moeglichkeiten der abwaermenutzung
S.WORT waermeversorgung + abwaerme + recycling + fernwaerme
SAARLAND
PROLEI DIPL. -ING. HELMUT BESCH
STAND 9.8.1976
QUELLE fragebogenerhebung sommer 1976
FINGEB BUNDESMINISTER FUER FORSCHUNG UND TECHNOLOGIE
BEGINN 1.3.1975 ENDE 31.12.1978
G.KOST 55.700.000 DM

GC -013

INST WIBERA WIRTSCHAFTSBERATUNG
DUESSELDORF, ACHENBACHSTR. 43
VORHAB **oekologische auswirkungen der fernwaermeversorgung aus heizkraftwerken insbesondere nuklearer art im vergleich zu anderen moeglichkeiten der waermebedarfsdeckung**
verminderung der innerstaedtischen und der gesamten immissionsbelastung der luft. verminderung der abwaermeabgabe. einsparung von primaerenergie. edv-gestuetzte ermittlung flaechenbezogener emissionen und immissionen mittels lufttopfmodell. erstellung eines luftqualitaetskatasters. kleinraeumige feststellung des oeffentlichen beduerfnisses fuer den anschluss- und benutzungszwang zugunsten von fernwaermeversorgung
S.WORT waermeversorgung + kernkraftwerk + oekologische faktoren + (fernwaerme)
MANNHEIM + LUDWIGSHAFEN + HEIDELBERG + RHEIN-NECKAR-RAUM
PROLEI DR. DIPL. -ING. WERNER BRAUN
STAND 23.7.1976
QUELLE fragebogenerhebung sommer 1976
ZUSAM KA PLANUNGS GMBH, IM BREITENSPIEL 7, 6900 HEIDELBERG
BEGINN 1.9.1974 ENDE 31.7.1976
LITAN ENDBERICHT

GC -014

INST WIBERA WIRTSCHAFTSBERATUNG
DUESSELDORF, ACHENBACHSTR. 43
VORHAB **oekologische auswirkungen der fernwaermeversorgung aus heizkraftwerken insbesondere nuklearer art im vergleich zu anderen moeglichkeiten der waermebedarfsdeckung**
verminderung der innerstaedtischen und der gesamten immissionsbelastung der luft. verminderung der abwaermeabgabe. einsparung von primaerenergie. edv-gestuetzte ermittlung flaechenbezogener emissionen und immissionen mittels lufttopfmodell. erstellung eines luftqualitaetskatasters. kleinraeumige feststellung des oeffentlichen beduerfnisses fuer den anschluss-

und benutzungszwang zugunsten von fernwaermeversorgung
S.WORT waermeversorgung + kernkraftwerk + oekologische faktoren + (fernwaerme)
BONN + KOELN + RHEIN-RUHR-RAUM
PROLEI DR. DIPL. -ING. WERNER BRAUN
STAND 23.7.1976
QUELLE fragebogenerhebung sommer 1976
ZUSAM KA PLANUNGS GMBH, IM BREITSPIEL 7, 6900 HEIDELBERG
BEGINN 1.9.1974 ENDE 31.7.1976
LITAN ENDBERICHT

Weitere Vorhaben siehe auch:

ME -028 NUTZUNG VON ABFALLSTOFFEN UND ABWAERME-RECYCLING ALS BEITRAG ZUM UMWELTSCHUTZ UND ZUR ROHSTOFF- UND ENERGIEEINSPARUNG
SA -014 UNTERSUCHUNGEN ZU DEN MOEGLICHKEITEN DER ENERGIERUECKGEWINNUNG UND DER INTEGRIERTEN ENERGIEVERSORGUNG VON GIESSEREIBETRIEBEN
SA -029 OPTIMIERUNGSMODELL FUER DAS ENERGIESYSTEM BADEN-WUERTTEMBERGS

HA -001
INST ABTEILUNG SYSTEMATIK UND GEOBOTANIK DER TH AACHEN
AACHEN, ALTE MAASTRICHTER STRASSE 30
VORHAB **einfluss chemischer belastungen auf das oekologische gleichgewicht von talsperrenwaessern**
S.WORT talsperre + schadstoffbelastung
PROLEI PROF. DR. LUDWIG ALETSEE
STAND 1.1.1974
BEGINN 1.1.1971

HA -002
INST AKTIONSGEMEINSCHAFT NATUR- UND UMWELTSCHUTZ BADEN-WUERTTEMBERG E.V.
STUTTGART, STAFFLENBERGSTR. 26
VORHAB **reinhalteprogramm bodensee und reinhalteprogramm rhein-neckar-donau**
dokumentation
S.WORT gewaesserschutz
BODENSEE + RHEIN + NECKAR + DONAU
PROLEI DR. FAHRBACH
STAND 1.1.1974
FINGEB MINISTERIUM FUER ERNAEHRUNG, LANDWIRTSCHAFT UND UMWELT, STUTTGART
BEGINN 1.1.1971 ENDE 31.12.1978
G.KOST 50.000 DM

HA -003
INST BAKTERIOLOGISCHES INSTITUT DER SUEDDEUTSCHEN VERSUCHS- UND FORSCHUNGSANSTALT FUER MILCHWIRTSCHAFT DER TU MUENCHEN
FREISING -WEIHENSTEPHAN, WEIHENSTEPHAN
VORHAB **die enterobakterienflora des oberflaechenwassers**
S.WORT oberflaechenwasser + bakterienflora
PROLEI DR. M. BUSSE
STAND 1.1.1976
QUELLE mitteilung des bundesministers fuer ernaehrung,landwirtschaft und forsten

HA -004
INST BAYERISCHE BIOLOGISCHE VERSUCHSANSTALT
MUENCHEN 22, KAULBACHSTR. 37
VORHAB **einfluss von heterogenen anorganischen buildern (hab) auf die gewaesseroekologie**
mit diesem forschungsvorhaben soll der einfluss von hab auf die biozoenosen von fliessenden und stehenden gewaessern untersucht werden. hierbei wird von der voraussetzung ausgegangen, dass das hab auf grund einer fehlschaltung in das gewaesser gelangen kann. im normalfall ist anzunehmen, dass das hab in den abwasserreinigungsanlagen zurueckgehalten wird
S.WORT gewaesserschutz + oekologische faktoren
+ anorganische builder
PROLEI PROF. DR. MANFRED RUF
STAND 20.11.1975
FINGEB BUNDESMINISTER DES INNERN
BEGINN 1.1.1976 ENDE 31.12.1976
G.KOST 186.000 DM

HA -005
INST BAYERISCHE BIOLOGISCHE VERSUCHSANSTALT
MUENCHEN 22, KAULBACHSTR. 37
VORHAB **untersuchung der abbauleistung des speichersees bei ismaning**
bestimmung der abbauleistung fuer organische substanzen; nachweis von inhaltsstoffen, die fuer die beurteilung der wasserguete bedeutung haben; beurteilung von remobilisierungsvorgaengen aus den sedimenten bei aenderungen der wasserfuehrung des vorfluters
S.WORT oberflaechengewaesser + organische schadstoffe
+ selbstreinigung + (speichersee)
ISMANING
PROLEI DR. HUBER
STAND 30.8.1976
QUELLE fragebogenerhebung sommer 1976
BEGINN 1.4.1976 ENDE 31.12.1976

HA -006
INST BAYERISCHES LANDESAMT FUER WASSERWIRTSCHAFT
MUENCHEN 19, LAZARETTSTR. 61
VORHAB **bestandsaufnahme suedbayerischer seen**
systematische beschaffung von daten und informationen in form von jahresreihen fuer sanierungs- und vorbeugemassnahmen; pumpverfahren zur entnahme von wasserproben aus variablen tiefen
S.WORT gewaesserueberwachung + datenerfassung
+ probenahmemethode
PROLEI DR. -ING. SCHEURMANN
STAND 1.1.1974
FINGEB STAATSMINISTERIUM DES INNERN, MUENCHEN
ZUSAM - REGIERUNG VON OBERBAYERN, MUENCHEN
- BAYRISCHES LANDESAMT FUER WASSERVERSORGUNG UND GEWAESSERSCHUTZ, 8 MUENCHEN 19, LAZARETTSTR. 67
- REGIERUNG VON SCHWABEN, AUGSBURG
BEGINN 1.4.1970
LITAN FROEBRICH; MANGELSDORF: BEITRAEGE ZUR LIMNOLOGIE DER NIEDERSONTHOFNER SEEN IM ALLGAEU. IN: SCHRIFTENR. DER LFG, MUENCHEN (8)(1973)

HA -007
INST BUNDESANSTALT FUER GEWAESSERKUNDE
KOBLENZ, KAISERIN-AUGUSTA-ANLAGEN 15
VORHAB **aufbau einer informationsbank fuer umweltrelevante gewaesserkundliche daten als grundlage fuer forschungsarbeiten**
schaffung einer zentralen einrichtung zur erfassung und aufbereitung von messergebnissen. eine gewaesserkundliche datenbank fuer wassermengenwirtschaft ist zur zeit bei der bundesanstalt fuer gewaesserkunde im aufbau. diese datenbank soll aber von anfang so konzipiert werden, dass auch die wasserguetewirtschaft mit beruecksichtigt werden kann
S.WORT wasserwirtschaft + datenbank + umweltinformation
PROLEI DR. HANS-J. LIEBSCHER
STAND 20.11.1975
FINGEB BUNDESMINISTER DES INNERN
BEGINN 1.1.1973 ENDE 31.12.1977
G.KOST 848.000 DM

HA -008
INST BUNDESANSTALT FUER GEWAESSERKUNDE
KOBLENZ, KAISERIN-AUGUSTA-ANLAGEN 15
VORHAB **anwendung biologischer methoden bei der ermittlung von geschiebetransport und flussbettaenderungen**
die moeglichkeiten, auf grund von benthos-untersuchungen aussagen ueber den geschiebetransport zu machen, werden untersucht
S.WORT gewaesserschutz + geschiebetransport
+ flussbettaenderung
PROLEI DR. KOTHE
STAND 1.10.1974
QUELLE erhebung 1975
FINGEB DEUTSCHE FORSCHUNGSGEMEINSCHAFT
ZUSAM INTERNATIONALE HYDROLOGISCHE DEKADE
BEGINN 1.1.1966 ENDE 31.12.1974

HA -009
INST BUNDESANSTALT FUER GEWAESSERKUNDE
KOBLENZ, KAISERIN-AUGUSTA-ANLAGEN 15
VORHAB **untersuchung und dokumentation des guetezustandes der oberflaechengewaesser in der bundesrepublik deutschland zur erstellung von karten (hydrologischer atlas)**
die von den dienststellen der laender und des bundes erarbeiteten daten zur gewaesserguete werden in einem kartenwerk zusammengestellt
S.WORT hydrologie + wasserguete + kartierung
+ oberflaechengewaesser
BUNDESREPUBLIK DEUTSCHLAND
PROLEI DR. SCHUHMACHER
STAND 1.10.1974

QUELLE erhebung 1975
FINGEB DEUTSCHE FORSCHUNGSGEMEINSCHAFT
ZUSAM GEWAESSERKUNDLICHE DIENSTSTELLEN DER LAENDER UND INTERNATIONALE HYDROLOGISCHE DEKADE
BEGINN 1.1.1971 ENDE 31.12.1974

HA -010

INST BUNDESANSTALT FUER GEWAESSERKUNDE
KOBLENZ, KAISERIN-AUGUSTA-ANLAGEN 15
VORHAB untersuchungen ueber die technischen moeglichkeiten der gewaesserbelueftung
es soll an groesseren fliessgewaessern untersucht werden, in welchem ausmass durch belueftung eine sanierung der gewaesser herbeigefuehrt werden kann. als untersuchungsobjekt wird vor allem der rhein eingesetzt und die veraenderungen einzelner faktoren wie o2-saettigung, bsb 5, csb, schwermetalle untersucht. zusaetzlich werden modelluntersuchungen zur klaerung der vorgaenge im gewaesser durchgefuehrt
S.WORT gewaesser + sauerstoffeintrag + belueftungsverfahren
PROLEI DIPL. -ING. HANISCH
STAND 15.11.1975
FINGEB BUNDESMINISTER DES INNERN
BEGINN 1.10.1974 ENDE 31.12.1976
G.KOST 293.000 DM

HA -011

INST BUNDESANSTALT FUER GEWAESSERKUNDE
KOBLENZ, KAISERIN-AUGUSTA-ANLAGEN 15
VORHAB grossraeumige erforschung der gesetzmaessigkeit des feststofftransportes der deutschen gewaesser
erforschung der beziehungen zwischen feststofftransport (geschiebe/schwebestoffe/schwimmstoffe) und niederschlag, abfluss, groesse und art des einzugsgebietes
S.WORT fliessgewaesser + feststofftransport + niederschlag
BUNDESREPUBLIK DEUTSCHLAND
PROLEI DR. HINRICH
STAND 1.1.1974
FINGEB - BUNDESMINISTER FUER VERKEHR
- DEUTSCHE FORSCHUNGSGEMEINSCHAFT
ZUSAM DEUTSCHE FORSCHUNGSGEMEINSCHAFT UND INTERNATIONALE HYDROLOGISCHE DEKADE
BEGINN 1.12.1971

HA -012

INST BUNDESANSTALT FUER GEWAESSERKUNDE
KOBLENZ, KAISERIN-AUGUSTA-ANLAGEN 15
VORHAB verdunstungsmessungen auf freien wasserflaechen (binnenseen, fluessen)
S.WORT oberflaechengewaesser + wasserverdunstung
PROLEI DR. JULIUS WERNER
STAND 1.1.1974
FINGEB DEUTSCHE FORSCHUNGSGEMEINSCHAFT

HA -013

INST BUNDESANSTALT FUER GEWAESSERKUNDE
KOBLENZ, KAISERIN-AUGUSTA-ANLAGEN 15
VORHAB entwicklung eines verfahrens fuer die taegliche wasserstands- und abflussvorhersage an ausgebauten grossen gewaessern
S.WORT oberflaechengewaesser + wasserstand
PROLEI DR. HANS-J. LIEBSCHER
STAND 1.1.1974
FINGEB DEUTSCHE FORSCHUNGSGEMEINSCHAFT

HA -014

INST BUNDESANSTALT FUER WASSERBAU
KARLSRUHE, HERTZSTR. 16
VORHAB untersuchungen von filter-vliesen fuer uferdeckwerke
ermittlung der dauerzugbelastung in kombinierten filter-vliesen auf sehr feinkoernigem untergrund unter moeglichst naturnaher belastung in einer versuchsrinne. diese untersuchungen dienen der vermeidung von erosionsschaeden an boeschungen.
S.WORT wasserbau + uferschutz + erosion + (filter-vlies)
QUELLE datenuebernahme aus der datenbank zur koordinierung der ressortforschung (dakor)
FINGEB BUNDESMINISTER FUER VERKEHR
BEGINN 1.9.1974 ENDE 31.3.1975

HA -015

INST DORNIER SYSTEM GMBH
FRIEDRICHSHAFEN, POSTFACH 1360
VORHAB vorentwicklung messnetz nord-, ostsee
erfassung ozeanographischer und meteorologischer umweltdaten in nord- und ostsee; messmittel sind automatisch arbeitende bojen, die in einem spaeteren internationalen messnetz integriert werden; besondere zielsetzung ist es hier, grossraeumige langzeitmessungen durchzufuehren, die wissenschaftliche aussagen ueber das meer ermoeglichen sollen; ausserdem sollen betriebsdaten fuer anwender gewonnen werden (umweltschutz, kuestenschutz, schiffahrt, off-shore-industrie usa)
S.WORT messtellennetz
NORDSEE + OSTSEE
PROLEI GOVAERS
STAND 10.9.1976
QUELLE fragebogenerhebung sommer 1976
FINGEB BUNDESMINISTER FUER FORSCHUNG UND TECHNOLOGIE
BEGINN 1.11.1971 ENDE 31.12.1976
LITAN - PROJEKTDEFINITION: SYSTEME AUTOMATISCH ARBEITENDER MESSSTATIONEN IM MEER, ZUSAMMENFASSENDER BERICHT, DORNIER SYSTEM, 1969
- VEMNO STAND DER ENTWICKLUNG (ZWISCHENBERICHT) DORNIER SYSTEM 1973 - 1974. 04

HA -016

INST DORNIER SYSTEM GMBH
FRIEDRICHSHAFEN, POSTFACH 1360
VORHAB prognostisches modell der wasserguetebewirtschaftung am beispiel des neckars
am beispiel des neckar soll ein guetestandsmodell entwickelt werden, um eine flexible wasserguetebewirtschaftung in zusammenhang mit einem optimierungsmodell zu ermoeglichen; beurteilung technologischer verfahren auf ihre wirksamkeit
S.WORT wasserguete + wasserwirtschaft
NECKAR
PROLEI ING. GRAD. TIEMON
STAND 10.9.1976
QUELLE fragebogenerhebung sommer 1976
FINGEB BUNDESMINISTER FUER FORSCHUNG UND TECHNOLOGIE
ZUSAM - LANDESANSTALT FUER UMWELTSCHUTZ BADEN-WUERTTEMBERG
- INST. F. WASSER- UND ABFALLWIRTSCHAFT
- INST. F. SIEDLUNGSWASSERBAU DER UNI, 75 KARLSRUHE, KAISERSTR. 12
BEGINN 1.1.1973 ENDE 31.12.1977

HA -017

INST ENGLER-BUNTE-INSTITUT DER UNI KARLSRUHE
KARLSRUHE, RICHARD-WILLSTAETTER-ALLEE 5
VORHAB untersuchung der rheinwasserqualitaet
ueberwachung der wasserqualitaet von bodensee und rhein; erstellung von mathematischen modellen zur beschreibung des gewaesserguetezustandes
S.WORT wasserguete
BODENSEE-HOCHRHEIN
PROLEI PROF. DR. SONTHEIMER

STAND 1.1.1974
BEGINN 1.1.1953
G.KOST 200.000 DM
LITAN - 29. BERICHT DER ARW 1973
- 4. BERICHT DER AWBR 1973
- ZWISCHENBERICHT 1974. 10

HA -018
INST ERNO RAUMFAHRTECHNIK GMBH
BREMEN 1, HUENEFELDSTR. 1-5
VORHAB **entwicklung eines messystems zur fluss- und meeresueberwachung**
S.WORT fluss + meer + wasserueberwachung
PROLEI BAUER
STAND 1.10.1974
FINGEB - BUNDESMINISTER DER VERTEIDIGUNG
- BUNDESMINISTER FUER BILDUNG UND WISSENSCHAFT
BEGINN 1.6.1970 ENDE 31.12.1974
G.KOST 500.000 DM

HA -019
INST ERNO RAUMFAHRTECHNIK GMBH
BREMEN 1, HUENEFELDSTR. 1-5
VORHAB **najade - ein mobiles system zur gewaesserueberwachung**
nutzen der mobilitaet des systems: anwender hat die moeglichkeit, mit wenig aufwand die wasserqualitaet in seinem gesamten zustaendigkeitsbereich zu erfassen; einsatzmoeglichkeit: seen/fluesse/stroeme/aestuarien/kuestenvorfeld/stau- und speicherseen/kanaele; erno-patent angemeldet
S.WORT gewaesserueberwachung
PROLEI DIPL. -ING. HOFFMANN
STAND 1.1.1974
BEGINN 1.5.1973 ENDE 31.8.1974
G.KOST 400.000 DM

HA -020
INST FACHBEREICH LANDWIRTSCHAFT DER GESAMTHOCHSCHULE KASSEL
WITZENHAUSEN, NORDBAHNHOFSTR. 1A
VORHAB **die entwicklung eines limnischen oekosystems**
entwicklung eines kuenstlich limnischen oekosystems, sukzessionstadien der biocoenose, veraenderungen der chemischen beschaffenheit des gewaessers. chemische analytische wasseruntersuchungen, schoepfproben zur untersuchung der fauna etc.
S.WORT gewaesseruntersuchung + fauna + (limnisches oekosystem)
PROLEI PROF. DR. PETER RZEPKA
STAND 4.8.1976
QUELLE fragebogenerhebung sommer 1976
FINGEB LAND HESSEN
ZUSAM - LANDESAMT FUER UMWELT, AUSSENSTELLE KASSEL
- MAX-PLANCK-INSTITUT FLUSSSTATION, SCHLITZ
BEGINN 1.1.1976 ENDE 31.12.1980
G.KOST 20.000 DM

HA -021
INST FORSCHUNGS- UND VORARBEITENSTELLE NEUWERK
CUXHAVEN, LENTZKAI
VORHAB **entwicklung der stroemungsverhaeltnisse an der nordseekueste**
S.WORT meereskunde + kuestengebiet + stroemung
NORDSEE
QUELLE datenuebernahme aus der datenbank zur koordinierung der ressortforschung (dakor)
FINGEB BUNDESMINISTER FUER FORSCHUNG UND TECHNOLOGIE
ZUSAM - NIEDERS. FORSCH. -STELLE F. INSEL-U. KUESTENSCHUTZ
- WSA'S WILHELMSHAVEN, CUXHAVEN, TOENNING
- PEGELAUSSENSTELLE BUESUM DES BAUAMTES HEIDE
BEGINN 1.3.1973 ENDE 31.10.1974

HA -022
INST FORSCHUNGSSTELLE FUER EXPERIMENTELLE LANDSCHAFTSOEKOLOGIE DER UNI FREIBURG
FREIBURG, BELFORTSTR. 18-20
VORHAB **vergleichende untersuchungen ueber massnahmen des gewaesserschutzes in frankreich und der bundesrepublik deutschland**
es werden an hand der gesetzgebungen, verordnungen und amtsinterner unterlagen der gewaesserschutzstellen von frankreich und der bundesrepublik deutschland die bestrebungen und loesungsversuche auf dem gebiet des gewaesserschutzes vergleichend untersucht
S.WORT gewaesserschutz + internationaler vergleich
BUNDESREPUBLIK DEUTSCHLAND + FRANKREICH
PROLEI DIPL. -GEOGR. BENOIT SITTLER
STAND 9.8.1976
QUELLE fragebogenerhebung sommer 1976
FINGEB DEUTSCHER AKADEMISCHER AUSTAUSCHDIENST, BONN-BAD GODESBERG
BEGINN 1.5.1973
G.KOST 6.000 DM

HA -023
INST FORSCHUNGSSTELLE VON SENGBUSCH GMBH
HAMBURG 67, WALDREDDER 4
VORHAB **biologische wasserklaerung**
wasserklaerung im kreislauf durch folgende phasen: denitrifizierung, nitrifizierung, absetzen, belueftung zur haltung von warmwassertieren. stufenprogramm entsprechend dem wert des objektes, unabhaengigkeit von natuerlichen gewaessern und von ihren gefahren, schutz der natuerlichen gewaesser von der verschmutzung durch fischhaltung
S.WORT wasserhygiene + gewaesserbelueftung + fische
PROLEI PROF. DR. REINHOLD VON SENGBUSCH
STAND 1.1.1974
FINGEB DEUTSCHE FORSCHUNGSGEMEINSCHAFT
BEGINN 1.1.1973
LITAN - SENGBUSCH, R.;MESKE; SZABLEWSKI: BESCHLEUNIGTES WACHSTUM VON KARPFEN IN AQUARIEN MIT HILFE BIOLOGISCHER WASSERKLAERUNG. IN: EXPERIMENTA 21(1965)
- MESKE: FISCHFORSCHUNG IM KUENSTLICHEN WARMWASSERKREISLAUF. IN: VW BERICHT. (1972)

HA -024
INST GEOGRAPHISCHES INSTITUT DER UNI KIEL
KIEL, OLSHAUSENSTR. 40-60
VORHAB **stoffhaushalt von seen im schleswig-holsteinischen jungmoraenengebiet**
im uebergangsraum jungmoraenengebiet/sanderzone der letzten nordischen inlandeisvergletscherung schleswig-holsteins werden 17 seen geo-oekologisch-limnochemisch untersucht. unter der hypothese, dass jeder see ein "resonator seiner umwelt" ist, werden die einzugsgebiete bezueglich ihrer eutrophierungswirksamen struktur erfasst. eine exakte bathymetrische aufnahme des seebeckens wird mit einem ultraschall-sediment-echolot durchgefuehrt. seen und zu- und abfluesse werden von maerz bis november monatlich chemisch untersucht
S.WORT binnengewaesser + stoffhaushalt + indikatoren
SCHLESWIG-HOLSTEIN
PROLEI DR. MUELLER
STAND 1.1.1974
QUELLE erhebung 1975
FINGEB DEUTSCHE FORSCHUNGSGEMEINSCHAFT
BEGINN 1.8.1972 ENDE 31.8.1977
G.KOST 90.000 DM
LITAN - MUELLER,H.E.;UNTERSUCHUNGEN SCHLESWIG-HOLSTEINISCHER SEEN MIT EINEM 30 KHZ-SEDIMENT-ECHOLOT.IN:NATURWISS.60 S.387 (1973)
- MUELLER,H.E.;PROFILLOTUNGEN IN SEEN DES SCHLESWIG-HOLSTEINISCHEN JUNGMORAENENGEBIETES MIT EINEM 30-KHZ SEDIMENT-ECHOLOT.IN:WASSER+BODEN 26 S.135-158 (1974)
- MUELLER H.E.;ECHOGRAPHISCHE BEOBACHTUNGEN JAHRESRHYTMISCHER VERAENDERUNGEN IN SEDIMENT VON SEEN.IN:DEUTSCHE HYDROGR.Y.28 S.26-31 (1975)

HA -025
INST GEOLOGISCHES INSTITUT DER UNI WUERZBURG
WUERZBURG, PLEICHERWALL 1
VORHAB hydrogeologie - maintalprojekt (dfg)
wasserbilanz eines karstgebietes
S.WORT hydrogeologie + karstgebiet
MAINTAL
PROLEI PROF. DR. WALTER ALEXANDER SCHNITZER
STAND 1.10.1974
FINGEB DEUTSCHE FORSCHUNGSGEMEINSCHAFT
ZUSAM - BAY. LANDESAMT F. WASSERVERSORGUNG U. GEWAESSERSCHUTZ, 8 MUENCHEN 19, LAZARETTSTR. 67
- GEOLOGISCHES INST. DER UNI ERLANGEN-NUERNBERG, 852 ERLANGEN, SCHLOSSGARTEN 5
BEGINN 1.1.1974 ENDE 31.12.1976
G.KOST 28.000 DM

HA -026
INST GEOLOGISCHES INSTITUT DER UNI WUERZBURG
WUERZBURG, PLEICHERWALL 1
VORHAB die salzfracht des mains und seiner zufluesse zwischen viereth und schweinfurt in abhaengigkeit zur lithologie des einzugsgebietes
S.WORT fliessgewaesser + salzgehalt + gestein
MAIN (MITTELMAIN)
PROLEI PROF. DR. WALTER ALEXANDER SCHNITZER
STAND 13.8.1976
QUELLE fragebogenerhebung sommer 1976
ZUSAM BAYERISCHES LANDESAMT FUER WASSERVERSORGUNG UND GEWAESSERSCHUTZ, LAZARETTSTR. 67, 8000 MUENCHEN 19
BEGINN 1.1.1975 ENDE 31.12.1977

HA -027
INST IBAK - H. HUNGER
KIEL 14, WEHDERWEG 122
VORHAB entwicklung, lieferung und inbetriebnahme eines schleppsystems zur unterwasser-probennahme
entwicklung, lieferung und inbetriebnahme eines schleppsystems zur unterwasser-probennahme, bestehend aus kabelwinde, zugrolle, schleppkoerper, kabelbefestigung, kabelverkleidung, wasserprobenkabel und hydraulik-aggregat mit steuereinheit.
S.WORT wasseruntersuchung + probenahme
+ geraeteentwicklung + (schleppsystem)
QUELLE datenuebernahme aus der datenbank zur koordinierung der ressortforschung (dakor)
FINGEB GESELLSCHAFT FUER KERNENERGIEVERWERTUNG IN SCHIFFBAU UND SCHIFFAHRT MBH (GKSS), HAMBURG
BEGINN 1.10.1974 ENDE 31.12.1975

HA -028
INST II. ZOOLOGISCHES INSTITUT UND MUSEUM DER UNI GOETTINGEN
GOETTINGEN, BERLINER STR. 28
VORHAB oekologische untersuchungen an zoozoenosen suedniedersaechsischer kleingewaesser
phaenologische, oekophysiologische und produktionsoekologische untersuchungen an ausgewaehlten tiergruppen (turbellaria, mollusca, crustacea, insecta) suedniedersaechsischer kleingewaesser
S.WORT oekologie + biozoenose + oberflaechengewaesser
NIEDERSACHSEN (SUED)
PROLEI DR. ULRICH HEITKAMP
STAND 9.8.1976
QUELLE fragebogenerhebung sommer 1976
FINGEB - DEUTSCHE FORSCHUNGSGEMEINSCHAFT
- STIFTUNG VOLKSWAGENWERK, HANNOVER
LITAN - HEITKAMP, U.: DIE MECHANISMEN DER SUBITAN- UND DAUEREIBILDUNG BEI MESOSTOMA LINGUA. IN: Z. MORPH. TIERE. 71 S. 203-289(1972)
- HEITKAMP, U.: ENTWICKLUNGSDAUER UND LEBENSZYKLEN VON MESOSTOMA PRODUKTUM. IN: OCEOLOGIA. 10 S. 59-68(1972)

HA -029
INST INGENIEURGEMEINSCHAFT MEERESTECHNIK UND SEEBAU GMBH
HAMBURG 50, HOLSTENSTR. 2
VORHAB bau, aufstellung und inbetriebnahme der forschungs- und erprobungsplattform nordsee
entwicklungs- und liefergegenstand ist eine voll funktionsfaehige und betriebsbereite, fest auf dem meeresboden gegruendete plattform.
S.WORT meerestechnik + meereskunde
+ (forschungsplattform)
QUELLE datenuebernahme aus der datenbank zur koordinierung der ressortforschung (dakor)
FINGEB GESELLSCHAFT FUER KERNENERGIEVERWERTUNG IN SCHIFFBAU UND SCHIFFAHRT MBH (GKSS), HAMBURG
BEGINN 1.9.1973 ENDE 31.10.1975
G.KOST 6.270.000 DM

HA -030
INST INSTITUT FUER AGRIKULTURCHEMIE DER UNI GOETTINGEN
GOETTINGEN, VON-SIEBOLD-STR. 6
VORHAB naehrstoffbilanzierung fuer ein abgrenzbares landwirtschaftlich genutztes areal (mittelgebirgslandschaft)
ziel: ermittlung des naehrstoffeintrages in fliessgewaesser durch landwirtschaftliche nutzung und duengung. untersucht wird ein 6 - 7 km2 grosses gewaessereinzugsgebiet mit wald-, weide-/wiese- und ackernutzung, wobei ein teil der als acker genutzten flaechen gedraent ist, so dass in diesem bereich auch draenwasseruntersuchungen durchgefuehrt werden. weiterhin wird der oberflaechenabfluss von landwirtschaftlich genutzten flaechen mit hilfe von erosionsmessanlagen in teilbereichen ermittelt
S.WORT fliessgewaesser + gewaesseruntersuchung
+ naehrstoffhaushalt + landwirtschaft
NIEDERSACHSEN (SUED)
PROLEI DR. FRIEDEL TIMMERMANN
STAND 9.8.1976
QUELLE fragebogenerhebung sommer 1976
FINGEB DEUTSCHE FORSCHUNGSGEMEINSCHAFT
ZUSAM NIEDERSAECHSISCHES LANDESAMT FUER BODENFORSCHUNG, ALFRED-BENTZ-HAUS, 3000 HANNOVER 51
BEGINN 1.5.1973
G.KOST 150.000 DM
LITAN ZWISCHENBERICHT

HA -031
INST INSTITUT FUER BIOLOGIE DER UNI TUEBINGEN
TUEBINGEN 1, AUF DER MORGENSTELLE 1
VORHAB untersuchungen ueber den gewaesserzustand von einigen wuerttembergischen fluessen und seen
feststellung des istzustandes von fluessen und seen in wuerttemberg; auswirkung des gewaesserzustandes auf die flora
S.WORT oberflaechengewaesser + flora
WUERTTEMBERG
PROLEI PROF. DR. WINKLER
STAND 1.1.1974
FINGEB LAND BADEN-WUERTTEMBERG
ZUSAM AUSSENSTELLE FUER GEWAESSERSCHUTZ BEIM REGIERUNGSPRAESIDIUM SUEDWUERTTEMBERG-HOHENZOLLERN
BEGINN 1.6.1968
G.KOST 30.000 DM
LITAN - ZULASSUNGSARBEITEN BEI PROF. DR. S. WINKLER, UNIVERSITAET TUEBINGEN, INSTITUT FUER BIOLOGIE
- ENTSPRECHENDE DIPLOMARBEITEN

HA -032
INST INSTITUT FUER BOTANIK DER UNI HOHENHEIM
STUTTGART, KIRCHNERSTR. 5

VORHAB **zur frage der abflussverhaeltnisse sueddeutscher flusssysteme in abhaengigkeit von klimaschwankungen und eingriffen des menschen**
aufbau einer absoluten eichenchronologie des postglazials, ueberpruefung der kohlenstoffproduktion; datierung von erosions- und akkumulationsphasen ueber jahrringanalysen subfossiler stammlagen; veraenderung der oekologie der auenwaelder, des hydrosystems; vermoorung der flusstaeler; auswirkungen des menschlichen eingriffes (rodung, oberflaechenerosion, auelehmakkumulation)
S.WORT fliessgewaesser + klimatologie + landwirtschaft
PROLEI DR. BECKER
STAND 1.10.1974
FINGEB DEUTSCHE FORSCHUNGSGEMEINSCHAFT
ZUSAM - AKADEMIE DER WISSENSCHAFTEN U. DER LITERATUR MAINZ, 65 MAINZ, GESCHWISTER-SCHOLL-STR. 2
- GEOGRAPHISCHES INSTITUT DER UNI HEIDELBERG, 69 HEIDELBERG, GRABENGASSE 1; GEOGRAPH. INST. DER UNI WIEN;
- BUNDESANSTALT FUER BODENFORSCHUNG, 3 HANNOVER, STILLEWEG 2
BEGINN 1.1.1970 ENDE 31.12.1976
G.KOST 254.000 DM

HA -033
INST INSTITUT FUER GEOGRAPHIE DER UNI MUENSTER
MUENSTER, ROBERT-KOCH-STR. 26
VORHAB **verdunstungsmessungen an freien wasserflaechen (binnenseen, fluessen)**
entwicklung eines neuen geraets zur kontinuierlichen erfassung der verdunstung freier wasserflaechen
S.WORT wasserverdunstung + messverfahren + baggersee
NORDRHEIN-WESTFALEN
PROLEI DR. WERNER
STAND 1.1.1974
FINGEB DEUTSCHE FORSCHUNGSGEMEINSCHAFT
ZUSAM WASSERWIRTSCHAFTSAMT MUENSTER, 44 MUENSTER, STUBENGASSE 34
BEGINN 1.10.1965 ENDE 31.12.1974
G.KOST 300.000 DM
LITAN - BROCKAMP, B.;WERNER, J.:IN: EIN WEITERENTWICKELTES VERDUNSTUNGSMESSGERAET FUER KLEINGEWAESSER (ALS BEITRAG ZUR HYDROLOGISCHEN DEKASE DER UNESCO). IN: METEOROL. RUNDSCHAU 23, S. 53-56 (1970)
- WERNER, J.: EIN VERSUCH ZUR BESTIMMUNG DES VERTIKALEN AUSTAUSCHKOEFFIZIENTEN FUER WASSERDAMPF IN DER WASSERNAECHSTEN LUFTSCHICHT. IN : ARCH. MET. BIOKL. , SER. A, 20 S. 159-174 (1971)
- WERNER, J.: LAESST SICH DIE VERDUENSTUNG FREIER WASSERFLAECHEN MIT ANDEREN ALS DEN BISHER UEBLICHEN METHODEN MESSEN? IN: DT. GEWAESSERKUNDL. MITT. (IM DRUCK)(1974)

HA -034
INST INSTITUT FUER HYDROBIOLOGIE UND FISCHEREIWISSENSCHAFT DER UNI HAMBURG
HAMBURG 50, OLBERSWEG 24
VORHAB **verteilung und artenspektrum der fische in der unterelbe in abhaengigkeit von den umweltbedingungen**
mit der zunehmenden industrialisierung des unterelberaumes und dem bau von kernkraftwerken ist mit nicht unerheblichen veraenderungen der oekologischen verhaeltnisse in der unterelbe zu rechnen. die untersuchungen sollten den gegenwaertigen zustand analysieren, wobei insbesondere die wirkung der regional unterschiedlichen wasserqualitaet herausgearbeitet werden sollte
S.WORT fluss + fische + wasserguete + kernkraftwerk
ELBE-AESTUAR
PROLEI KONSTANCE KNOWLES
STAND 30.8.1976
QUELLE fragebogenerhebung sommer 1976
BEGINN 1.1.1973 ENDE 31.12.1974

HA -035
INST INSTITUT FUER HYGIENE UND MIKROBIOLOGIE DER UNI DES SAARLANDES
HOMBURG/SAAR
VORHAB **vorkommen und effekte anaerober bakterien im sediment des bodensees**
zahl und leistung anaerober mikroorganismen im sediment des bodensees in abhaengigkeit zur lage von abwassereinleitern
S.WORT binnengewaesser + sediment + bakterien
BODENSEE
PROLEI PROF. DR. REINHARD SCHWEISFURTH
STAND 1.1.1974
FINGEB INNENMINISTERIUM, STUTTGART
ZUSAM INST. F. SEENFORSCHUNG UND SEENBEWIRTSCHAFTUNG, UNTERE SEENSTR. 81, 7994 LANGENARGEN, DR. ZAEHNE

HA -036
INST INSTITUT FUER LANDESKULTUR UND PFLANZENOEKOLOGIE DER UNI HOHENHEIM
STUTTGART 70, SCHLOSS 1
VORHAB **untersuchungen zur verbreitung und oekologie submerser makrophyten auf der schwaebischen alb zwischen baeren und grosser lauter und zwischen iller- und lechplatten**
submerse makrophyten werden in ausgesuchten gewaessern abschnittsweise aufgenommen und kartiert. gleichzeitig werden alle daten miterhoben, die die eigenart der gewaesser charakterisieren. parallel zur feldarbeit werden wasserproben bestimmter entnahmestellen im labor untersucht. es soll versucht werden, entsprechend der gewaesserguete oekologisch relevante gruppen von makrophyten herauszuarbeiten, die als indikatorformen fuer gewaesserbelastung zu benutzen sind
S.WORT wasserpflanzen + gewaesserguete + bioindikator + (submerse makrophyten)
SCHWAEBISCHE ALB
PROLEI PROF. DR. ALEXANDER KOHLER
STAND 23.7.1976
QUELLE fragebogenerhebung sommer 1976
BEGINN 1.8.1974 ENDE 31.5.1977

HA -037
INST INSTITUT FUER LANDSCHAFTSPFLEGE UND LANDSCHAFTSOEKOLOGIE DER BUNDESFORSCHUNGSANSTALT FUER NATURSCHUTZ UND LANDSCHAFTSOEKOLOGIE
BONN -BAD GODESBERG, HEERSTR. 110
VORHAB **ueber den einfluss des gehoelzbewuchses auf die wasser- und ufervegetation kleiner fliessgewaesser**
arbeitsaufwand und kosten fuer die pflege kleiner wasserlaeufe haengen vom bewuchs im gewaesserprofil ab; durch vergleichende untersuchungen wird ueberprueft, wie sich fehlen oder vorhandensein uferbegleitender gehoelzstreifen auf den pflanzenwuchs (massenproduktion) und auf die stabilitaet der ufer auswirken
S.WORT uferschutz + gewaesserschutz + fliessgewaesser + vegetation
PROLEI DR. W. LOHMEYER
STAND 1.1.1974
QUELLE erhebung 1975
FINGEB MINISTER FUER ERNAEHRUNG, LANDWIRTSCHAFT UND FORSTEN, DUESSELDORF
BEGINN 1.1.1971 ENDE 31.12.1974
G.KOST 160.000 DM
LITAN - JAHRESBERICHT 1971 DER BAVNL
- JAHRESBERICHT 1972 DER BAVNL

HA -038
INST INSTITUT FUER LANDSCHAFTSPFLEGE UND LANDSCHAFTSOEKOLOGIE DER BUNDESFORSCHUNGSANSTALT FUER NATURSCHUTZ UND LANDSCHAFTSOEKOLOGIE
BONN -BAD GODESBERG, HEERSTR. 110

VORHAB **ueber die auswirkungen des gehoelzbewuchses an kleinen wasserlaeufen des muensterlandes auf die vegetation im wasser und an den boeschungen**
ueber die auswirkungen des gehoelzbewuchses an kleinen wasserlaeufen des muensterlandes auf die vegetation im wasser und an den boeschungen im hinblick auf die unterhaltung der gewaesser
S.WORT fliessgewaesser + vegetationskunde + gewaesserschutz
MUENSTERLAND
PROLEI DR. W. LOHMEYER
STAND 1.1.1976
FINGEB BUNDESMINISTER FUER ERNAEHRUNG, LANDWIRTSCHAFT UND FORSTEN
BEGINN ENDE 31.12.1975
LITAN SCHRIFTENREIHE VEGETATIONSKUNDE HEFT 9 (1975)

HA -039
INST INSTITUT FUER METEOROLOGIE UND GEOPHYSIK DER UNI FRANKFURT
FRANKFURT, FELDBERGSTR. 47
VORHAB **washout und rainout von spurenstoffen**
S.WORT spurenstoffe + auswaschung
PROLEI DR. BEILKE
STAND 1.10.1974
QUELLE erhebung 1975
FINGEB DEUTSCHE FORSCHUNGSGEMEINSCHAFT
ZUSAM - KOMMISSION DER EUROPAEISCHEN GEMEINSCHAFTEN; COST ACTION 6/A
- SONDERFORSCHUNGSBEREICH 73 DER DFG
BEGINN 1.1.1971 ENDE 31.12.1974
G.KOST 250.000 DM

HA -040
INST INSTITUT FUER METEOROLOGIE UND KLIMATOLOGIE DER TU HANNOVER
HANNOVER 21, HERRENHAEUSERSTR. 2
VORHAB **wasserforschung, verdunstung freier wasserflaechen**
vergleich von verdunstungsbestimmungsverfahren und methoden zur optimierung der bestimmung
S.WORT oberflaechengewaesser + wasserverdunstung
PROLEI DR. FRITZ WILMERS
STAND 1.1.1974
FINGEB - DEUTSCHE FORSCHUNGSGEMEINSCHAFT
- KULTUSMINISTERIUM, HANNOVER
BEGINN 1.1.1970 ENDE 31.12.1974
G.KOST 70.000 DM

HA -041
INST INSTITUT FUER METEOROLOGIE UND KLIMATOLOGIE DER TU HANNOVER
HANNOVER 21, HERRENHAEUSERSTR. 2
VORHAB **meteorologische entwicklung von flusshochwasser in deutschland**
S.WORT meteorologie + fliessgewaesser + hochwasser
PROLEI DIPL. -METEOR. JOPPICH
STAND 1.1.1974
QUELLE erhebung 1975
FINGEB DEUTSCHE FORSCHUNGSGEMEINSCHAFT
ZUSAM INTERNATIONALE HYDROLOGISCHE DEKADE
BEGINN 1.1.1972 ENDE 31.12.1975
G.KOST 120.000 DM
LITAN JOPPICH, C.: METEROLOGISCHE ENTWICKLUNG DER EMS-HOCHWASSER (VORUNTERSUCHUNG) IN: BER. INSTITUT F. MET. U. KLIMAT. TU HANNOVER (1973)

HA -042
INST INSTITUT FUER RADIOHYDROMETRIE DER GESELLSCHAFT FUER STRAHLEN- UND UMWELTFORSCHUNG MBH
NEUHERBERG, INGOLSTAEDTER LANDSTR. 1
VORHAB **bestimmung hydraulischer parameter auf einem versuchsfeld in fluvioglazilen kies-sand-ablagerungen im bayrischen alpenvorland**
S.WORT hydrologie + bodenstruktur + modell
ALPENVORLAND
PROLEI PROF. DR. FERDINAND NEUMAIER
STAND 1.1.1974
FINGEB DEUTSCHE FORSCHUNGSGEMEINSCHAFT
ZUSAM INTERNATIONALE HYDROLOGISCHE DEKADE
BEGINN 1.1.1971

HA -043
INST INSTITUT FUER RADIOHYDROMETRIE DER GESELLSCHAFT FUER STRAHLEN- UND UMWELTFORSCHUNG MBH
NEUHERBERG, INGOLSTAEDTER LANDSTR. 1
VORHAB **wasserhaushalt in der umwelt: anwendungen auf oberflaechenwasser, schnee und eis**
weitere abflussmessungen mit messfluegeln und fluoreszenzindikatoren zur eichung der pegelstation vernagtbach (oetztaler alpen). pumpversuch am kesselwandferner. - wasserdruck- und wasserspiegelmessungen mit bohraufschluessen am vernagt- und kasselwandferner zur bestimmung der wasserbewegung im gletscher. fortfuerhrung von isotopengehaltsmessungen an schnee- und schmelzwasserproben aus den oetztaler und davoser alpen als beitrag zu wasserbilanzuntersuchungen mit ergaenzenden kuehlraumexperimenten. isotopenuntersuchungen an einem see in schleswig-holstein (verdampfungseffekte, mischungsprobleme, kommunikation mit dem grundwasser)
S.WORT hydrologie + wasserhaushalt + oberflaechenwasser
ALPEN + SCHLESWIG-HOLSTEIN
PROLEI PROF. DR. HERIBERT MOSER
STAND 30.8.1976
QUELLE fragebogenerhebung sommer 1976
ZUSAM - PHYSIKALISCHES INSTITUT DER UNI INNSBRUCK
- EIDGENOESSISCHES INSTITUT FUER SCHNEE- UND LAWINENFORSCHUNG, DAVOS
BEGINN 1.1.1969 ENDE 31.12.1978
G.KOST 1.890.000 DM
LITAN - AMBACH,W.;ELSAESSER,M.;BEHRENS,H.;MOSER,H.: STUDIE ZUM SCHMELZWASSER-ABFLUSS AUS DEM AKKUMULATIONSGEBIET EINES ALPENGLETSCHERS (HINTEREISFERNER, OETZTALER ALPEN). IN:Z. GLETSCHERKDE. U. GLAZIALGEOLOGIE (IM DRUCK)
-
BEHRENS,H.;BERGMANN,H.;MOSER,H.;AMBACH,W.;J-OCHUM,O.: ON THE WATER CHANNELS OF THE INTERNATIONAL DRAINAGE SYSTEMS OF THE HINTEREISFERNER, OETZTAL ALPS, AUSTRIA. IN:J. GLACIOLOGY 14 S.375-382(1975)
- MOSER,H.;STICHLER,W.: DEUTERIUM AND OXYGEN-18 CONTENTS AS AN INDEX OF THE PROPERTIES OF SNOW COVERS. IN:SNOW MECHANICS-SYMPOSIUM (PROC. GRINDELWALD SYMP. APR 1974) IAHS-AISH PUBL. 114 S.122-135(1975)

HA -044
INST INSTITUT FUER SEENFORSCHUNG UND FISCHEREIWESEN DER LANDESANSTALT FUER UMWELTSCHUTZ BADEN-WUERTTEMBERG
LANGENARGEN, UNTERE SEESTR. 81
VORHAB **pelagial-ueberwachung des bodensee-obersees**
ueberwachung der temperatur und des sauerstoffgehaltes
S.WORT gewaesserueberwachung + wassertiere
BODENSEE (OBERSEE)
PROLEI DR. RUDOLF ZAHNER
STAND 1.1.1974
FINGEB MINISTERIUM FUER ERNAEHRUNG, LANDWIRTSCHAFT UND UMWELT, STUTTGART
ZUSAM LANDESSTELLE F. GEWAESSERKUNDE U. WASSERWIRTSCHAFTSPLANUNG, 75 KARLSRUHE, HEBELSTR. 2-4
BEGINN 1.4.1961

HA -045
INST INSTITUT FUER SEENFORSCHUNG UND FISCHEREIWESEN DER LANDESANSTALT FUER UMWELTSCHUTZ BADEN-WUERTTEMBERG
LANGENARGEN, UNTERE SEESTR. 81

VORHAB **uferplan bodensee**
erstellung eines dreiteiligen uferplans im rahmen einer gesamtkonzeption bodensee: limnologische grundkarte, nutzungskarte, erlaeuterungsbericht. hierzu erhebungen ueber flachwasserausdehnung, uferstroemungen, freiwasser- und seebodenzustand im uferbereich, makrophyten, ufertypen, uferverbauungen, aufschuettungen, baggerungen, hafenanlagen, bojenfelder, campingplaetze, strandbaeder und andere nutzungen
S.WORT oberflaechengewaesser + limnologie + nutzungsplanung + (uferplan)
BODENSEE
PROLEI DR. RUDOLF ZAHNER
STAND 26.7.1976
QUELLE fragebogenerhebung sommer 1976
ZUSAM WASSERWIRTSCHAFTSAMT KONSTANZ
BEGINN 1.1.1974 ENDE 31.12.1976

HA -046
INST INSTITUT FUER SEENFORSCHUNG UND FISCHEREIWESEN DER LANDESANSTALT FUER UMWELTSCHUTZ BADEN-WUERTTEMBERG
LANGENARGEN, UNTERE SEESTR. 81
VORHAB **simulationsmodell "phosphorhaushalt bodensee-obersee"**
rechnerische ermittlung der anteile und der bedeutung der einzelkomponenten und der teilablaeufe des phosphorhaushalt des bodensee-obersees. iterationen zur anpassung des mathematischen modells an die empirischen daten; spezielle untersuchung von teilablaeufen
S.WORT oberflaechengewaesser + stoffhaushalt + phosphor + simulationsmodell
BODENSEE (OBERSEE)
PROLEI DR. G. WAGNER
STAND 26.7.1976
QUELLE fragebogenerhebung sommer 1976
ZUSAM - INST. F. KERNENERGETIK DER UNI STUTTGART
- INST. F. SIEDLUNGSWASSERBAU, KARLSRUHE
BEGINN 1.1.1975 ENDE 31.12.1976
LITAN WAGNER, G.;WOHLAND, H.: DIE IN SIMULATIONSMODELLEN VERWENDETEN DATEN VOM BODENSEE-OBERSEE. IN: ARCH. HYDROBIOL

HA -047
INST INSTITUT FUER SEENFORSCHUNG UND FISCHEREIWESEN DER LANDESANSTALT FUER UMWELTSCHUTZ BADEN-WUERTTEMBERG
LANGENARGEN, UNTERE SEESTR. 81
VORHAB **experimentelle analyse der auswirkungen des sauerstoffschwundes in der wasser-sedimentgrenzschicht**
untersuchung der auswirkung der mit zunehmendem sauerstoffschwund in der bodennahen wasserschicht sich vollziehenden aenderung im stoffumsatz und -austausch an der phasengrenzflaeche sediment-wasser, unter beruecksichtigung des wasserdrucks. durchfuehrung: experimente in der hydrobiologischen testanlage; physikal. -chemische analysen; biologische untersuchungen
S.WORT oberflaechengewaesser + sediment + sauerstoffgehalt
PROLEI DR. RUDOLF ZAHNER
STAND 26.7.1976
QUELLE fragebogenerhebung sommer 1976
ZUSAM INST. F. HEISSE CHEMIE, KERNFORSCHUNGSZENTRUM KARLSRUHE
BEGINN 1.1.1974 ENDE 31.12.1978

HA -048
INST INSTITUT FUER SEENFORSCHUNG UND FISCHEREIWESEN DER LANDESANSTALT FUER UMWELTSCHUTZ BADEN-WUERTTEMBERG
LANGENARGEN, UNTERE SEESTR. 81
VORHAB **schwebstoffe in bodensee-zufluessen**
ermittlung der zufuhr partikulaerer stoffmengen aus den zufluessen in den bodensee. durchfuehrung: probenentnahmen; physikal. -chemische analysen; feststellungen der schwebstofffrachten und der frachten an c, p, n und metallen
S.WORT oberflaechengewaesser + feststofftransport + schwebstoffe + (zuflussfracht)
BODENSEE
PROLEI DR. G. WAGNER
STAND 26.7.1976
QUELLE fragebogenerhebung sommer 1976
FINGEB DEUTSCHE FORSCHUNGSGEMEINSCHAFT
BEGINN ENDE 31.1.1975
LITAN ENDBERICHT

HA -049
INST INSTITUT FUER SEENFORSCHUNG UND FISCHEREIWESEN DER LANDESANSTALT FUER UMWELTSCHUTZ BADEN-WUERTTEMBERG
LANGENARGEN, UNTERE SEESTR. 81
VORHAB **belastung des seebodens des bodensees mit mineraloel**
aus der derzeitigen belastung des seebodens des bodensees mit mineraloel soll im vergleich mit den untersuchungen vor fuenf jahren die belastungstendenz ermittelt werden. infraotspektroskopische, saeulenchromatographische und gaschromatographische analysen der kohlenwasserstoffe
S.WORT gewaesserbelastung + mineraloel + kohlenwasserstoffe + (seeboden)
BODENSEE
PROLEI DR. U. UNGER
STAND 26.7.1976
QUELLE fragebogenerhebung sommer 1976
ZUSAM - INST. F. HEISSE CHEMIE, KERNFORSCHUNGSZENTRUM KARLSRUHE
- ARBEITSGRUPPE "SCHUTZ DES BODENSEES VOR VERUNREINIGUNG DURCH MINERALOEL" DER IGKB
- KERNFORSCHUNGSZENTRUM KARLSRUHE
BEGINN 1.1.1974 ENDE 31.12.1980
LITAN UNTERSUCHUNG UEBER DIE VERUNREINIGUNG DES BODENSEES DURCH MINERALOEL. IN: GWF 112 S. 255-261(1971)

HA -050
INST INSTITUT FUER SEENFORSCHUNG UND FISCHEREIWESEN DER LANDESANSTALT FUER UMWELTSCHUTZ BADEN-WUERTTEMBERG
LANGENARGEN, UNTERE SEESTR. 81
VORHAB **zoobenthos-untersuchungen im bodensee**
die bislang im bodensee-obersee ueberwiegend auf dem vorkommen der verschiedenen tubificidengruppen basierenden beurteilungen der belastung des seebodens sollen durch andere geeignete und andere oekologische bedingungen anzeigende indikator organismen ergaenzt und in verbindung mit chemischen untersuchungen der aussagewert ueber die standortbedingungen erweitert werden. durchfuehrung: freilanduntersuchungen; wahlversuche; verhaltungsbeobachtungen; resistenz- und toxizitaetsversuche
S.WORT gewaesserbelastung + benthos + bioindikator + (seeboden)
BODENSEE (OBERSEE)
PROLEI L. PROBST
STAND 26.7.1976
QUELLE fragebogenerhebung sommer 1976
ZUSAM ARBEITSGRUPPE "SEEBODENZUSTAND" DER IGKB
BEGINN 1.1.1974

HA -051
INST INSTITUT FUER SIEDLUNGSWASSERWIRTSCHAFT DER TH AACHEN
AACHEN, MIES-VAN-DER-ROHE-STR. 1
VORHAB **untersuchungen der einflussparameter auf die abbaugeschwindigkeit der natuerlichen selbstreinigung von fliessenden gewaessern**
untersuchung der belastbarkeit der gewaesser. ermittlung von toleranz-, richt- und grenzwerten fuer die belastbarkeit von gewaesser unter beruecksichtigung der gegebenen abbaubedingungen
S.WORT fliessgewaesser + selbstreinigung
PROLEI DIPL. -ING. POEPPINGHAUS
STAND 1.1.1975
QUELLE umweltforschungsplan 1975 des bmi
FINGEB BUNDESMINISTER DES INNERN
BEGINN 1.1.1971 ENDE 31.12.1975
G.KOST 195.000 DM
LITAN ZWISCHENBERICHT 1974

HA -052

INST INSTITUT FUER SIEDLUNGSWASSERWIRTSCHAFT DER TH AACHEN
AACHEN, MIES-VAN-DER-ROHE-STR. 1
VORHAB **abkuehlung erwaermten flusswassers in theorie und praxis**
ziel: erstellung eines simulationsmodells fuer die abkuehlung erwaermten flusswassers in abhaengigkeit von klimadaten; standortfragen beim kraftwerksbau; messen in der fliessenden welle
S.WORT fliessgewaesser + waermehaushalt + kraftwerk + abwaerme + klima + (simulationsmodell)
PROLEI DIPL. -ING. RITTER
STAND 1.10.1974
FINGEB LANDESAMT FUER FORSCHUNG, DUESSELDORF
BEGINN 1.1.1974 ENDE 31.12.1976
G.KOST 175.000 DM

HA -053

INST INSTITUT FUER SIEDLUNGSWASSERWIRTSCHAFT DER TH AACHEN
AACHEN, MIES-VAN-DER-ROHE-STR. 1
VORHAB **moeglichkeiten des sauerstoffeintrags durch wasserstrahlen in einen wasserkoerper**
S.WORT gewaesser + sauerstoffeintrag
PROLEI DIPL. -ING. GASSEN
STAND 1.1.1974
FINGEB MINISTER FUER ERNAEHRUNG, LANDWIRTSCHAFT UND FORSTEN, DUESSELDORF
BEGINN 1.7.1974 ENDE 31.12.1975
G.KOST 75.000 DM
LITAN ZWISCHENBERICHT 1974. 12

HA -054

INST INSTITUT FUER STAEDTEBAU, BODENORDNUNG UND KULTURTECHNIK DER UNI BONN
BONN 1, NUSSALLEE 1
VORHAB **einsatz chemischer mittel (herbizide) zur unterhaltung von gewaessern**
S.WORT gewaesserschutz + herbizide
PROLEI PROF. DR. -ING. B. BAITSCH
STAND 1.1.1974
FINGEB KURATORIUM FUER KULTURBAUWESEN E. V. , BONN
BEGINN 1.1.1972 ENDE 31.12.1974

HA -055

INST INSTITUT FUER STAEDTEBAU, WOHNUNGSWESEN UND LANDESPLANUNG DER TU BRAUNSCHWEIG
BRAUNSCHWEIG, POCKELSSTR. 4
VORHAB **auswertung der untersuchungsergebnisse der gewaesserueberwachung im verwaltungsbezirk braunschweig**
aufbereitung und auswertung von flussuntersuchungen (biologische/chemische/physikalische parameter) von 40 pegeln fuer einen zeitraum von 1960-1971; methoden: uebertragen auf lochkarten/statistische verfahren/sachlogische interpretation; ziel: erhoehung des aussagewertes von messwerten/theoretische zusammenhaenge im gewaesser/abhaengigkeiten der messwerte untereinander
S.WORT gewaesserueberwachung + datenerfassung
BRAUNSCHWEIG + HARZ
PROLEI PROF. HABEKOST
STAND 1.1.1974
FINGEB KULTUSMINISTERIUM, HANNOVER
BEGINN 1.9.1970 ENDE 30.6.1974
G.KOST 158.000 DM
LITAN - HABEKOST, KAYSER, STEGMANN(INST. F. STADTBAUWESEN TU BRAUNSCHWEIG): AUFBEREITUNG DER UNTERSUCHUNGSERGEBNISSE DER GEWAESSERUEBERWACHUNG IM VERWALTUNGSBEZIRK BRAUNSCHWEIG. (MAI 1972)
- ZWISCHENBERICHT 1974. 06

HA -056

INST INSTITUT FUER SYSTEMTECHNIK UND INNOVATIONSFORSCHUNG (ISI) DER FRAUNHOFER-GESELLSCHAFT E.V.
KARLSRUHE, BRESLAUER STRASSE 48
VORHAB **systemanalytische arbeiten auf dem gebiet der wasserreinhaltung, wasserreinhaltungsmodell des wasserkreislaufes in der bundesrepublik deutschland**
entscheidungshilfe fuer langfristige forschungsplanung auf den gebieten umweltfreundliche technik, wasseraufbereitung und abwasserklaerung; modell der gesamtkostenminimierung von wasseraufbereitung und abwasserklaerung in einem flussabschnitt
S.WORT wasserschutz + wasserkreislauf + systemanalyse
RHEIN
PROLEI DR. FISCHER
STAND 1.1.1974
FINGEB BUNDESMINISTER FUER FORSCHUNG UND TECHNOLOGIE
BEGINN 1.1.1973 ENDE 31.12.1975
G.KOST 288.000 DM
LITAN - ZWISCHENBERICHT 1974. 12
- ENDBERICHT

HA -057

INST INSTITUT FUER UMWELTPHYSIK DER UNI HEIDELBERG
HEIDELBERG, IM NEUENHEIMER FELD 366
VORHAB **geochemische untersuchungen am bodensee**
die innere mischung des sees, sowie die wechselwirkung des sees mit der atmosphaere und dem sediment soll mit hilfe von spurenstoffmessungen untersucht werden. geplant sind messungen von temperatur, sauerstoff, leitfaehigkeit, phosphat, so2, tritium, helium-3, radium 226, radon-222, blei-210 und ionium
S.WORT oberflaechengewaesser + hydrologie + spurenanalytik + (mischungsmodell)
BODENSEE
PROLEI DR. WOLFGANG WEISS
STAND 13.8.1976
QUELLE fragebogenerhebung sommer 1976
ZUSAM - MAX-PLANCK-INSTITUT FUER KERNPHYSIK, HEIDELBERG
- MAX-AUERBACH-INSTITUT, KONSTANZ
- LIMNOLOGISCHES INSTITUT DER UNI FREIBURG
BEGINN 1.8.1976
G.KOST 50.000 DM

HA -058

INST INSTITUT FUER UMWELTPHYSIK DER UNI HEIDELBERG
HEIDELBERG, IM NEUENHEIMER FELD 366
VORHAB **stabile isotope im oberflaechenwasser**
mit hilfe der stabilen isotope deuterium und sauerstoff-18 werden fuer verschiedene kuenstliche angelegte seen (z. b. stausee in nigeria, baggersee bei heidelberg) bilanzen aufgestellt und verdunstung, innere vermischung (auch unterirdische) zu- und ablauf bestimmt. zusaetzlich soll das verfahren auf die ostsee angewendet werden
S.WORT oberflaechenwasser + tracer + (mischungsmodell)
PROLEI PROF. DR. UWE ZIMMERMANN
STAND 13.8.1976
QUELLE fragebogenerhebung sommer 1976
FINGEB - BUNDESMINISTER FUER FORSCHUNG UND TECHNOLOGIE
- INTERNATIONAL ATOMIC ENERGY AGENCY
ZUSAM - DEPARTMENT OF BIOLOGICAL SCIENCES, UNIVERSITY OF IFE, NIGERIA
- FISHERIES DEPARTMENT, FAO, ROM
- HEIDELBERGER AKADEMIE DER WISSENSCHAFTEN, KARLSTR. 4, 6900 HEIDELBERG
BEGINN 1.1.1973 ENDE 31.12.1977
G.KOST 10.000 DM

HA -059

INST INSTITUT FUER WASSER- UND ABFALLWIRTSCHAFT DER LANDESANSTALT FUER UMWELTSCHUTZ BADEN-WUERTTEMBERG
KARLSRUHE, GRIESBACHSTR. 2

VORHAB **hochwasserschutz, untersuchung der hochwasserverhaeltnisse am oberrhein**
aufstellung eines hochwasservorhersageplanes fuer den neckar als voraussetzung fuer den hochwasservorhersageplan fuer den rhein
S.WORT hochwasserschutz + prognose
OBERRHEIN
PROLEI VIESER
STAND 1.10.1974
FINGEB MINISTERIUM FUER ERNAEHRUNG, LANDWIRTSCHAFT UND UMWELT, STUTTGART
ZUSAM - WASSER- UND SCHIFFAHRTSDIREKTIONEN, 78 FREIBURG I. BR., STEPHAN-MEIER-STR. 4-8
- WASSER- UND SCHIFFAHRTSDIREKTIONEN, 65 MAINZ, STRESEMANN-UFER 2
BEGINN 1.1.1968 ENDE 31.12.1975

HA -060
INST INSTITUT FUER WASSER- UND ABFALLWIRTSCHAFT DER LANDESANSTALT FUER UMWELTSCHUTZ BADEN-WUERTTEMBERG
KARLSRUHE, GRIESBACHSTR. 2
VORHAB **modellstudie zur wasserguetebewirtschaftung am beispiel des neckars**
grundlagenermittlung fuer rechenmodelle; ueberpruefung von rechenmodellen
S.WORT wasserguetewirtschaft + fliessgewaesser + (rechenmodell)
NECKAR
PROLEI TRAUB
STAND 1.1.1974
FINGEB BUNDESMINISTER FUER FORSCHUNG UND TECHNOLOGIE
ZUSAM - DORNIER GMBH, 799 FRIEDRICHSHAFEN, POSTFACH 317
- INST. F. SIEDLUNGSWASSERWIRTSCHAFT DER UNI KARLSRUHE, 75 KARLSRUHE, KAISERSTR. 12
- INST. F. SIEDLUNGSWASSERWIRTSCHAFT DER UNI STUTTGART, 7 STUTTGART 80, BANDTAELE 1
BEGINN 1.10.1973 ENDE 31.3.1975
G.KOST 700.000 DM

HA -061
INST INSTITUT FUER WASSER- UND ABFALLWIRTSCHAFT DER LANDESANSTALT FUER UMWELTSCHUTZ BADEN-WUERTTEMBERG
KARLSRUHE, GRIESBACHSTR. 2
VORHAB **prognostisches modell der wasserguetebewirtschaftung am beispiel des neckars**
vorarbeiten zum aufbau eines netzes automatischer kontrollstationen fuer die gewaesserguete-ueberwachung
S.WORT wasserguetewirtschaft + fliessgewaesser + messtation
NECKAR
PROLEI DR. SCHMITZ
STAND 1.1.1974
FINGEB MINISTERIUM FUER ERNAEHRUNG, LANDWIRTSCHAFT UND UMWELT, STUTTGART
BEGINN 1.1.1973 ENDE 31.12.1974
G.KOST 200.000 DM

HA -062
INST INSTITUT FUER WASSER- UND ABFALLWIRTSCHAFT DER LANDESANSTALT FUER UMWELTSCHUTZ BADEN-WUERTTEMBERG
KARLSRUHE, GRIESBACHSTR. 2
VORHAB **hochwasservorhersage am neckar**
aufstellung eines hochwasservorhersageplanes fuer den neckar als voraussetzung fuer den hochwasservorhersageplan des rheins
S.WORT hochwasser + prognose
NECKAR (EINZUGSGEBIET)
PROLEI VIESER
STAND 1.1.1974
FINGEB MINISTERIUM FUER ERNAEHRUNG, LANDWIRTSCHAFT UND UMWELT, STUTTGART
BEGINN 1.1.1974

HA -063
INST INSTITUT FUER WASSER- UND ABFALLWIRTSCHAFT DER LANDESANSTALT FUER UMWELTSCHUTZ BADEN-WUERTTEMBERG
KARLSRUHE, GRIESBACHSTR. 2
VORHAB **folgen des rheinausbaus unterhalb iffezheim**
auswirkungen einer weiteren rheinstaustufe auf die wasserwirtschaft und die landschaft; auswirkung der zulassung der erosion auf die wasserwirtschaft und die landschaft
S.WORT wasserwirtschaft + landschaft + staustufe
OBERRHEINEBENE + RASTATT (RAUM)
PROLEI ARMBRUSTER
STAND 1.1.1974
FINGEB MINISTERIUM FUER ERNAEHRUNG, LANDWIRTSCHAFT UND UMWELT, STUTTGART
ZUSAM - LEHRGEBIET LANDWIRTSCHAFTLICHER WASSERBAU DER UNI, 75 KARLSRUHE, KAISERSTR. 12
- GEOLOG. LANDESAMT FREIBURG. ABT. V - WASSERWIRTSCHAFT, 78 FREIBURG, ALBERTSTR. 5
BEGINN 1.7.1972 ENDE 31.12.1974
G.KOST 300.000 DM
LITAN - I. BERICHT (OKT 1972)
- II. BERICHT (APR 1973)
- ZWISCHENBERICHT 1974. 12

HA -064
INST INSTITUT FUER WASSER- UND ABFALLWIRTSCHAFT DER LANDESANSTALT FUER UMWELTSCHUTZ BADEN-WUERTTEMBERG
KARLSRUHE, GRIESBACHSTR. 2
VORHAB **rheinausbau unterhalb neuburgweier**
erfassen der derzeitigen wasserwirtschaftlichen verhaeltnisse, auswirkungen des baues einer weiteren staustufe bzw. der zulassung der erosion; abhilfemassnahmen. hydrologische, statistische, hydrochemische, hydraulische, geologische, pflanzensoziologische und bodenkundliche untersuchungen; modelluntersuchungen; einrichten von testgebieten und messtationen
S.WORT wasserwirtschaft + fliessgewaesser + staustufe + erosion
RHEIN
PROLEI DIPL. -ING. KLAUS LAMPRECHT
STAND 29.7.1976
QUELLE fragebogenerhebung sommer 1976
FINGEB LAND BADEN-WUERTTEMBERG
ZUSAM - REGIERUNGSPRAESIDIUM, KARLSRUHE
- WASSERWIRTSCHAFTSAMT KARLSRUHE
- GEOLOGISCHES LANDESAMT BADEN-WUERTTEMBERG, FREIBURG
BEGINN 1.1.1975 ENDE 31.12.1978

HA -065
INST INSTITUT FUER WASSER- UND ABFALLWIRTSCHAFT DER LANDESANSTALT FUER UMWELTSCHUTZ BADEN-WUERTTEMBERG
KARLSRUHE, GRIESBACHSTR. 2
VORHAB **wasserwirtschaftliche untersuchungen breisgauer bucht**
untersuchung der menschlichen einfluesse auf die quantitaet und qualitaet des grundwassers und der oberflaechengewaesser. statistische auswertung der grundwasserstaende und der abflussverhaeltnisse. veraenderung der bodennutzung. bestandsaufnahme der gewaesserbelastung mit organischen stoffen und der sauerstoffversorgung. untersuchung von grundwasserproben; hydrogeologie, grundwassermodell, pflanzensoziologie
S.WORT oberflaechengewaesser + grundwasser + wasserguete + anthropogener einfluss
FREIBURG + OBERRHEIN
PROLEI DIPL. -ING. HERMANN ESSLER
STAND 29.7.1976
QUELLE fragebogenerhebung sommer 1976
FINGEB LAND BADEN-WUERTTEMBERG
ZUSAM - REGIERUNGSPRAESIDIUM UND WASSERWIRTSCHAFTSAMT FREIBURG
- GEOLOGISCHES LANDESAMT BADEN-WUERTTEMBERG, FREIBURG I. BR.
BEGINN 1.8.1973 ENDE 31.12.1977
G.KOST 500.000 DM
LITAN ZWISCHENBERICHT

HA -066

INST INSTITUT FUER WASSER- UND ABFALLWIRTSCHAFT DER LANDESANSTALT FUER UMWELTSCHUTZ BADEN-WUERTTEMBERG
KARLSRUHE, GRIESBACHSTR. 2

VORHAB **wasserwirtschaftliche untersuchungen an baggerseen**
untersuchung der veraenderungen der wasserqualitaet von baggerseen in der oberrheinebene sowie ihre auswirkungen auf das grundwasser und den wasserhaushalt. untersuchung von 42 baggerseen der oberrheinebene. regelmaessige beobachtung der grundwasserstaende und untersuchung von see- und grundwasserproben an 5 ausgewaehlten baggerseen. einrichtung eines testsees fuer eingehende untersuchungen mit umfangreichem messnetz. monatliche limnologische untersuchungen des testsees und benachbarter grundwassermesstellen

S.WORT baggersee + wasserguete + grundwasser + (wasserwirtschaftliche untersuchungen)
OBERRHEINEBENE

PROLEI DIPL. -PHYS. JOERGEN KOHM

STAND 29.7.1976

QUELLE fragebogenerhebung sommer 1976

FINGEB LAND BADEN-WUERTTEMBERG

ZUSAM - UNI KARLSRUHE
- GESELLSCHAFT FUER STRAHLEN- UND UMWELTFORSCHUNG, MUENCHEN

BEGINN 1.1.1969

LITAN ZWISCHENBERICHT

HA -067

INST INSTITUT FUER WASSER-, BODEN- UND LUFTHYGIENE DES BUNDESGESUNDHEITSAMTES
FRANKFURT 70, KENNEDYALLEE 70

VORHAB **identifizierung der cholinesterasehemmer im wasser und ermittlung ihrer herkunft zur hygienischen beurteilung der trinkwassergewinnung aus oberflaechenwaessern**
die mit enzymatischen methoden festgestellten hemmstoffe sollen identifiziert werden

S.WORT trinkwasserversorgung + oberflaechengewaesser + schadstoffbelastung + nachweisverfahren + (cholinesterasehemmer)

PROLEI DR. HORST KUSSMAUL

STAND 10.9.1976

QUELLE fragebogenerhebung sommer 1976

FINGEB BUNDESMINISTER FUER JUGEND, FAMILIE UND GESUNDHEIT

BEGINN 1.1.1976 ENDE 31.12.1977

G.KOST 98.000 DM

HA -068

INST INSTITUT FUER WASSERBAU UND WASSERWIRTSCHAFT MIT THEODOR-REHBOCK-FLUSSBAULABORATORIUM DER UNI KARLSRUHE
KARLSRUHE, KAISERSTRASSE 12

VORHAB **methodik der optimierung in der wasserwirtschaftlichen rahmenplanung / hochwasserschutz - kontrolle**
entwicklung einer methodik fuer den wirtschaftlich optimalen ausbau von hochwasserschutz-massnahmen; darstellung der vorgehensweise an einem mustereinzugsgebiet; entscheidungshilfe

S.WORT wasserwirtschaft + hochwasserschutz + rahmenplan

PROLEI PROF. DR. DR. H. C. EMIL MOSONYI

STAND 1.1.1974

FINGEB DEUTSCHE FORSCHUNGSGEMEINSCHAFT

ZUSAM INST. F. SIEDLUNGSWASSERWIRTSCHAFT, UNI KARLSRUHE, KAISERSTR. 12, 75 KARLSRUHE

BEGINN 1.1.1970 ENDE 31.12.1974

G.KOST 168.000 DM

LITAN - MOSONY, E.;BUCK, W.;KIEFER, W.:MEYHODOLOGY FOR OPTIMIZATION OF FLOOD PROTECTION MEASURES. (TAGUNGSBEITRAG)PROCEEDNINGS INTERN. SYMPOSIUM ON RIVER MECHANICS, BANGKOK 1973
- MOSONYI, E.;KIEFER, W.;BUCK, W.:SENSITIVITY ANALYSIS OF THE OPTIMUM DESIGN FLOOD EVALUATED BY AN OPTIMIZATION PROCEDURE. (TAGUNGSBEITRAG)PROCEEDINGS FIRST WORLD CONGRESS ON WATER RESOURCES CHICAGO 1973
- ZWISCHENBERICHT 1974. 09

HA -069

INST INSTITUT FUER WASSERBAU UND WASSERWIRTSCHAFT MIT THEODOR-REHBOCK-FLUSSBAULABORATORIUM DER UNI KARLSRUHE
KARLSRUHE, KAISERSTRASSE 12

VORHAB **gesetzmaessigkeiten zum sauerstoffeintrag erwaermter gewaesser durch wechselsprung, wehre und kaskaden**
modelluntersuchungen spezieller baulicher massnahmen zum sauerstoffeintrag; uebertragbarkeit der versuchsergebnisse auf grossausfuehrungen und deren wirtschaftlichkeit. schwerpunkt der untersuchung: sauerstoffeintrag durch ueberfaelle unter besonderer beruecksichtigung des temperatureinflusses

S.WORT gewaesser + sauerstoffeintrag

PROLEI PROF. DR. DR. H. C. EMIL MOSONYI

STAND 1.1.1974

FINGEB DEUTSCHE FORSCHUNGSGEMEINSCHAFT

ZUSAM INSTI. F. HYDROMECHANIK DER UNI, KAISERSTR. 12, 75 KARLSRUHE

BEGINN 1.3.1974

LITAN ZWISCHENBERICHT

HA -070

INST INSTITUT FUER WASSERCHEMIE UND CHEMISCHE BALNEOLOGIE DER TU MUENCHEN
MUENCHEN, MARCHIONINISTR. 17

VORHAB **hydrogeologie und hydrochemie des sinnsaalegebietes im rahmen des mainprojektes**
die forschungen erstrecken sich vor allem auf die erfassung der grundwasserverhaeltnisse im zentralbereich des sueddeutschen buntsandsteins. muschelkalks u. keupers. hierbei werden mit hilfe einer reihe von modernen untersuchungsmethoden aussagen ueber die grundwasserspeicher und leitfaehigkeit der sedimente sowie ueber die fliessrichtung u. fliessbewegung des grundwassers gewonnen. weiterhin liefert die auswertung der wasserbilanzgroessen wichtige aussagen zur grundwassererneuerung in dieser region. spurenelementbestimmungen an grund- u. oberflaechenwaessern sowie an sedimenten sollen das verhalten der spurenstoffe im oekosystem wasser-sediment zeigen. ferner ist vorgesehen aufgrund der festgestellten spurenstoffmengen eine bewertung der oeberflaechenwaesseer hinsichtlich der heutigen umweltbelastungsprobleme durchzufuehren

S.WORT hydrogeologie + wasserchemie
MAIN (REGION MITTELMAIN)

PROLEI PROF. DR. KARL-ERNST QUENTIN

STAND 1.1.1974

FINGEB DEUTSCHE FORSCHUNGSGEMEINSCHAFT

BEGINN 1.1.1970 ENDE 31.12.1976

G.KOST 400.000 DM

LITAN ZWISCHENBERICHT

HA -071

INST INSTITUT FUER WASSERCHEMIE UND CHEMISCHE BALNEOLOGIE DER TU MUENCHEN
MUENCHEN, MARCHIONINISTR. 17

VORHAB **verteilung von spurenelementen im vorfeld anthropogener belastung. ihr verhalten bei der verwitterung und abtragung, dargestellt an einzelbeispielen im einzugsgebiet der tiroler achen**
zielsetzung: regionale bestandsaufnahme der schwermetallverteilung (pb, cd, cu, zn) in gesteinen, boeden, gewaessern und fluviativen sedimenten. beitrag zur klaerung des stoffaustrags alpiner fluesse. geol. u. pedolog. profilaufnahme, entnahme einer adaequaten probenzahl. wasserprobennahme waehrend bestimmter hydrologischer ereignisse (z. b. schneeschmelze, trockenzeit). mehrmalige entnahme von schwebstoff und fluviatilen sedimenten. analytik: mineralogische untersuchung mittels roentgenbeugung, schwermetalluntersuchungen mittels aas und rfa

S.WORT fliessgewaesser + stofftransport + spurenelemente + analytik
ACHEN (TIROL) + ALPENRAUM

PROLEI PROF. DR. KARL-ERNST QUENTIN

STAND 22.7.1976

QUELLE fragebogenerhebung sommer 1976
FINGEB DEUTSCHE FORSCHUNGSGEMEINSCHAFT
ZUSAM INST. F. GEOLOGIE UND MINERALOGIE, ABT. SEDIMENTFORSCHUNG U. MEERESGEOLOGIE DER TU MUENCHEN
BEGINN 1.4.1976 ENDE 31.3.1977
G.KOST 30.000 DM

HA -072

INST INSTITUT FUER WASSERWIRTSCHAFT UND MELIORATIONSWESEN DER UNI KIEL
KIEL, OLSHAUSENSTR. 40-60
VORHAB **untersuchungen der wasserqualitaet im einzugsgebiet der honigau / ostholstein**
belastung (22 chem. parameter) eines wasserlaufes (13, 5 quadratkilometer einzugsgebiet); ermittlungen der frachten werden an 6 messwerten gemessen, mit dem ziel, u. a. aus regionalen und saisonalen unterschieden quantitative schluesse auf die quellen der belastung in einem laendlichen raum des ostholsteinischen huegellandes zu ziehen
S.WORT gewaesserbelastung + laendlicher raum + (einzugsgebeit)
HOLSTEIN (OST) + HONIGAU
PROLEI PROF. DR. -ING. HANS BAUMANN
STAND 1.1.1974
QUELLE erhebung 1975
FINGEB - DEUTSCHE FORSCHUNGSGEMEINSCHAFT
- MINISTER FUER ERNAEHRUNG, LANDWIRTSCHAFT UND FORSTEN, KIEL
ZUSAM - INST. F. BODENKUNDE DER UNI KIEL, 23 KIEL, OLSHAUSENSTR. 40-60
- INST. F. PFLANZENBAU, ABT. GRUENLANDWIRTSCHAFT DER UNI KIEL, 23 KIEL, OLSHAUSENSTR. 40-60
- INST. F. PFLANZENERNAEHRUNG DER UNI KIEL, 23 KIEL, OLSHAUSENSTR. 40-60
BEGINN 1.4.1972 ENDE 31.12.1975
LITAN ZWISCHENBERICHT 1974. 03

HA -073

INST INSTITUT FUER WASSERWIRTSCHAFT UND MELIORATIONSWESEN DER UNI KIEL
KIEL, OLSHAUSENSTR. 40-60
VORHAB **wasser- und naehrstoffbilanz eines kleinen gewaessers im ostholsteinischen huegelland**
ermittlung der wasser- und naehrstoffbilanz eines kleinen gewaessers in einem gebiet intensiver landwirtschaftlicher nutzung. kontinuierliche erfassung der wasserhaushaltsgroessen und der naehrstoffein- und -austraege durch regelmaessige probeentnahmen
S.WORT oberflaechengewaesser + laendlicher raum + wasserhaushalt + naehrstoffhaushalt
HOLSTEIN (OST)
PROLEI PROF. DR. URSUS SCHENDEL
STAND 4.8.1976
QUELLE fragebogenerhebung sommer 1976
BEGINN 1.1.1974 ENDE 31.12.1976

HA -074

INST INSTITUT FUER WASSERWIRTSCHAFT UND MELIORATIONSWESEN DER UNI KIEL
KIEL, OLSHAUSENSTR. 40-60
VORHAB **wasserhaushalt in schleswig-holstein**
ermittlung von wasserhaushaltsdaten in schleswig-holsteinischen naturraeumen. untersuchungsmethode: wasserhaushaltsmengen und berechnungen mit hilfe eines hydrologischen modells
S.WORT wasserhaushalt + naturraum
SCHLESWIG-HOLSTEIN
PROLEI PROF. DR. URSUS SCHENDEL
STAND 4.8.1976
QUELLE fragebogenerhebung sommer 1976
ZUSAM EIDERVERBAND RENDSBURG
BEGINN 1.1.1973 ENDE 31.12.1976

HA -075

INST INSTITUT FUER WASSERWIRTSCHAFT, HYDROLOGIE UND LANDWIRTSCHAFTLICHER WASSERBAU DER TU HANNOVER
HANNOVER, CALLINSTR. 15
VORHAB **hochwasserschutz in flussgebieten**
S.WORT fluss + hochwasserschutz
PROLEI DR. -ING. KLEEBERG
STAND 1.1.1974
FINGEB MINISTERIUM FUER ERNAEHRUNG, LANDWIRTSCHAFT UND FORSTEN, HANNOVER
BEGINN 1.5.1971 ENDE 31.5.1974
G.KOST 400.000 DM
LITAN ZWISCHENBERICHT 1974. 06

HA -076

INST INSTITUT FUER WASSERWIRTSCHAFT, HYDROLOGIE UND LANDWIRTSCHAFTLICHER WASSERBAU DER TU HANNOVER
HANNOVER, CALLINSTR. 15
VORHAB **oberflaechenwasserhaushalt im kuestengebiet**
S.WORT oberflaechenwasser + kuestengebiet
PROLEI DR. -ING. KLEEBERG
STAND 1.1.1974
FINGEB DEUTSCHE FORSCHUNGSGEMEINSCHAFT
ZUSAM SONDERFORSCHUNGSBEREICH 79 DER DFG, UNI HANNOVER, 3 HANNOVER, WELFENGARTEN 1
BEGINN 1.1.1970 ENDE 31.12.1975
G.KOST 1.500.000 DM
LITAN - JAHRESBERICHTE DES SFB 79
- ZWISCHENBERICHT 1974. 12

HA -077

INST INSTITUT FUER WASSERWIRTSCHAFT, HYDROLOGIE UND LANDWIRTSCHAFTLICHER WASSERBAU DER TU HANNOVER
HANNOVER, CALLINSTR. 15
VORHAB **mathematisches modell zur ermittlung von hochwassergrenzen in fluss-vorlandsystemen**
es werden die auswirkungen verschiedener diskretisierungsverfahren auf den rechenaufwand bei der untersuchung der wasserbewegung in fluss-vorland-systemen untersucht
S.WORT hochwasserschutz + fluss + wasserbewegung + berechnungsmodell
PROLEI DR. -ING. ROLF MULL
STAND 13.8.1976
QUELLE fragebogenerhebung sommer 1976
FINGEB DEUTSCHE FORSCHUNGSGEMEINSCHAFT
BEGINN 1.5.1975 ENDE 31.5.1976
G.KOST 90.000 DM
LITAN - HOMAGK, P.;MULL, R.: ZWEIDIMENSIONALES MODELL ZUR BERECHNUNG STATIONAERER WASSERSTAENDE UND DURCHFLUESSE IN FLUSS-VORLANDSYSTEMEN. IN: WASSERWIRTSCHAFT. 61 S. 262(1974)
- ENDBERICHT

HA -078

INST JENAER GLASWERK SCHOTT & GEN
MAINZ 1, POSTFACH 2480
VORHAB **poroeses glas zur reinhaltung von gewaessern und zum entsalzen von meer- und brackwasser**
S.WORT wasserreinhaltung + meerwasserentsalzung + verfahrensentwicklung + glas
QUELLE datenuebernahme aus der datenbank zur koordinierung der ressortforschung (dakor)
FINGEB BUNDESMINISTER FUER FORSCHUNG UND TECHNOLOGIE
BEGINN 1.6.1973 ENDE 31.12.1977
G.KOST 1.873.000 DM

HA -079

INST KALLE AG
WIESBADEN -BIEBRICH, POSTFACH 9165
VORHAB **entwicklung von membransystemen zur entsalzung und reinigung von waessern**
S.WORT wasserreinigung + entsalzung + verfahrensentwicklung + filtration + (membranen)
QUELLE datenuebernahme aus der datenbank zur koordinierung der ressortforschung (dakor)
FINGEB BUNDESMINISTER FUER FORSCHUNG UND TECHNOLOGIE
BEGINN 1.1.1974 ENDE 31.12.1975

HA -080
INST LANDESAMT FUER GEWAESSERKUNDE RHEINLAND-PFALZ
MAINZ, AM ZOLLHAFEN 9
VORHAB wasserbeschaffenheit von badeseen
chemisch-biologische beeinflussung von seen durch intensiven badebetrieb bei gegebener abwasserbelastung
S.WORT binnengewaesser + badewasser + wasserguete
PROLEI DR. SCHARF
STAND 1.1.1974
BEGINN 1.6.1973 ENDE 31.12.1975
G.KOST 30.000 DM

HA -081
INST LANDESANSTALT FUER WASSER UND ABFALL
DUESSELDORF, BOERNESTR. 10
VORHAB untersuchungen ueber die saisonalen veraenderungen der gueteverhaeltnisse des niederrheins - ursachen und ausmass
das ausmass von guetepegel-schwankungen im jahresgang, die vor allem auf veraenderten temperatur- und abflussverhaeltnissen beruhen, wird aus der struktur der litoralen makrozoobenthos- und plankton-zoenose erschlossen
S.WORT gewaesserguete + fluss + litoral + (saisonale veraenderungen)
NIEDERRHEIN
PROLEI DIPL. -BIOL. K. HEUSS
STAND 2.8.1976
QUELLE fragebogenerhebung sommer 1976

HA -082
INST LANDESANSTALT FUER WASSER UND ABFALL
DUESSELDORF, BOERNESTR. 10
VORHAB untersuchung der wechselbeziehung von rheinhochwasser und grundwasser an einem messprofil bei meerbusch-buederich
S.WORT hochwasser + grundwasserspiegel + (korrelation)
RHEIN (MEERBUSCH-BUEDERICH)
PROLEI DR. KALTHOFF
STAND 1.1.1974
BEGINN 1.1.1972 ENDE 31.12.1977

HA -083
INST LANDESANSTALT FUER WASSER UND ABFALL
DUESSELDORF, BOERNESTR. 10
VORHAB sedimentuntersuchungen in oberflaechengewaessern
gemessen und differenziert werden anorganische und organische stoffe im flussediment; aufklaerung der ursachen, steuerung und verminderung schaedlicher stoffe im sediment
S.WORT oberflaechengewaesser + sedimentation
PROLEI DIPL. -ING. ANNA
STAND 1.1.1974
QUELLE erhebung 1975
BEGINN 1.2.1974
LITAN ZWISCHENBERICHT 1975. 10

HA -084
INST LANDESANSTALT FUER WASSER UND ABFALL
DUESSELDORF, BOERNESTR. 10
VORHAB beeinflussung des guetezustandes einer talsperre durch abwasserbelastete zufluesse
umfassende biologische und chemische untersuchungen der talsperre, ihrer vorsperre und der wesentlichen zufluesse, bestimmung der produktion und produktivitaet
S.WORT talsperre + abwasserableitung + wasserguete
PROLEI DR. G. FRIEDRICH
STAND 2.8.1976
QUELLE fragebogenerhebung sommer 1976

HA -085
INST LANDESANSTALT FUER WASSER UND ABFALL
DUESSELDORF, BOERNESTR. 10
VORHAB untersuchungen ueber die wirksamkeit des o2-eintrages in oberirdische gewaesser durch zugabe von luft in den abstrom von schiffspropellern
ermittlung der wirksamkeit des o2-eintrages in oberirdische gewaesser durch zugabe von luft in den abstrom von schiffspropellern, insbesondere die ermittlung des spezifischen o2-eintrages, der o2-ausnutzung und des o2-ertrages jeweils in abhaengigkeit von der durchgesetzten luftmenge und der tiefe der propellerachse unter dem wasserspiegel
S.WORT oberflaechengewaesser + sauerstoffeintrag + schiffsantrieb
PROLEI DR. -ING. HANS-PETER BUYSCH
STAND 2.8.1976
QUELLE fragebogenerhebung sommer 1976
ZUSAM VERSUCHSANSTALT FUER BINNENSCHIFFBAU E. V., 4100 DUISBURG
BEGINN 1.4.1975
G.KOST 260.000 DM

HA -086
INST LEHRSTUHL A FUER THERMODYNAMIK DER TU MUENCHEN
MUENCHEN 2, ARCISSTR. 21
VORHAB temperaturverteilung in seen
berechnung der jahreszeitlichen temperaturverteilung in tiefen und flachen seen zur ermittlung der bestimmenden parameter. vereinfachung des gestellten problems durch detaillierte abschaetzung aller einfluesse wie strahlungshaushalt, verdunstung, wind, adsorptionsverhalten des seewassers etc. . aufstellen eines mathematischen modells in dimensionsloser darstellung (zwecks uebertragbarkeit auf beliebige seen). ueberpruefung der rechnerischen ergebnisse im modellexperiment und an messergebnissen anderer autoren. versuch einer klassifizierung von seen auf grund der als massgeblich erkannten einflussgroessen wie zeitlicher verlauf des verhaeltnisses von waermezufuhr (durch strahlung) zu waermeabfuhr, adsorptionskoeffizient etc.
S.WORT fliessgewaesser + waermehaushalt + (temperaturverteilung)
PROLEI PROF. DR. -ING. ULRICH GRIGULL
STAND 19.7.1976
QUELLE fragebogenerhebung sommer 1976
BEGINN 1.4.1970 ENDE 30.9.1976
G.KOST 10.000 DM
LITAN - BLOSS, S.;GRIGULL, U.: TEMPERATURVERTEILUNG IN SEEN. IN: WASSER- UND ABWASSERFORSCHUNG 7(4) S. 121-127(1974)
- BLOSS, S.;GRIGULL, U.: ENERGY STORAGE AND TEMPERATURE DISTRIBUTION IN LAKES. IN: PROCEEDINGS OF THE 1975 INTERNATIONAL SEMINAR DUBROVNIK, FUTURE ENERGY PRODUCTION - HEAT AND MASS TRANSFER PROBLEMS

HA -087
INST LEHRSTUHL A FUER THERMODYNAMIK DER TU MUENCHEN
MUENCHEN 2, ARCISSTR. 21
VORHAB waermeausbreitung in gewaessern mit homogener und geschichteter temperaturverteilung
theoretische untersuchungen des strahlungsausbreitungsproblems, aufstellen von turbulenten ausbreitungsmodellen zur eingabe und verbesserung existierender numerischer rechenprogramme. dimensionslose darstellung zwecks uebertragbarkeit auf atmosphaerische ausbreitungsvorgaenge. pruefung der aufgestellten modelle an messergebnissen anderer institute (wie sfb80, mit, caltech etc.) und in eigenen versuchen im mach-zehnder-interferometer
S.WORT oberflaechengewaesser + waermehaushalt + (ausbreitungsmodell)
PROLEI DR. -ING. JOHANNES STRAUB
STAND 19.7.1976

QUELLE fragebogenerhebung sommer 1976
FINGEB DEUTSCHE FORSCHUNGSGEMEINSCHAFT
ZUSAM SONDERFORSCHUNGSBEREICH 80 DER UNI KARLSRUHE, KAISERSTR. 12, 7500 KARLSRUHE
BEGINN 1.1.1976

HA -088

INST LEHRSTUHL FUER GEOBOTANIK DER UNI GOETTINGEN
GOETTINGEN, UNTERE KARSPUELE 2
VORHAB **oekologie und vegetationsdynamik der oberharzer stauteiche, ihre eignung fuer die erholung**
bestandsaufnahme: oekologisch, vegetationskundlich. voraussichtliche veraenderungen der oekologie und vegetation nach durchfuehrung der geplanten wasserwirtschaftlichen massnahmen. beurteilung unter dem gesichtspunkt des natur- und landschaftsschutzes
S.WORT binnengewaesser + vegetationskunde + oekologie + wasserwirtschaft + naturschutz + (stauteich)
HARZ
PROLEI DR. WIEGLEB
STAND 13.8.1976
QUELLE fragebogenerhebung sommer 1976
BEGINN 1.6.1976 ENDE 31.12.1977

HA -089

INST LEHRSTUHL FUER GEOGRAPHIE UND HYDROLOGIE DER UNI FREIBURG
FREIBURG, WERDERRING 4
VORHAB **einfluss des menschen auf hydrologische prozesse im suedbadischen oberrheingebiet**
quantifizierung des anthropogenen einflusses auf hydrologische parameter durch a) archivstudien zu hydrolog. messreihen, landnutzungsaenderungen etc. , b) hydrologische kartierungen zur charakterisierung des derzeitigen zustandes, c) modelluntersuchungen an ausgewaehlten beispielen im suedbadischen oberrheingebiet, e) erstellung von niederschlag-abfluss-modellen
S.WORT hydrologie + anthropogener einfluss + kartierung + niederschlagsabfluss
OBERRHEIN
PROLEI PROF. DR. REINER KELLER
STAND 13.8.1976
QUELLE fragebogenerhebung sommer 1976
FINGEB DEUTSCHE FORSCHUNGSGEMEINSCHAFT
ZUSAM - INST. F. WASSERWIRTSCHAFT DES LANDESAMTES FUER UMWELTSCHUTZ, BANNWALDALLEE, 7500 KARLSRUHE
- GEOLOGISCHES LANDESAMT DES LANDES BADEN-WUERTTEMBERG, ALBERTSTRASSE, FREIBURG I. BR.
BEGINN 1.1.1976 ENDE 31.12.1979
G.KOST 210.000 DM

HA -090

INST LEHRSTUHL FUER GEOLOGIE DER TU MUENCHEN
MUENCHEN 2, ARCISSTR. 21
VORHAB **sedimentologische untersuchungen an oberbayerischen seen (chiemsee, ammersee, starnberger see)**
erfassung der heutigen sedimente (deren textur, mineralogie, chemie) und sedimentationsbedingungen durch oberflaechenproben. untersuchung der veraenderung der sedimentation seit dem ende der letzten eiszeit mit hilfe von bohrkernen, versuch der zeitlichen einordnung der aenderung der sedimentationsbedingungen und abgrenzung der anthropogen verursachten veraenderungen
S.WORT sediment + oberflaechengewaesser + anthropogener einfluss
BAYERN (OBERBAYERN)
PROLEI DR. FRANK FABRICIUS
STAND 21.7.1976
QUELLE fragebogenerhebung sommer 1976
FINGEB DEUTSCHE FORSCHUNGSGEMEINSCHAFT
BEGINN 1.6.1973
G.KOST 75.000 DM
LITAN ZWISCHENBERICHT

HA -091

INST LEHRSTUHL FUER GEOLOGIE DER TU MUENCHEN
MUENCHEN 2, ARCISSTR. 21
VORHAB **untersuchung der sedimente und der schwebstoffe oberbayerischer fluesse**
bestandsaufnahme der mineralogischen und chemischen zusammensetzung von fluss-sedimenten und schwebstoffen sowie der loesungsfracht in abhaengigkeit vom geologischen und hydrogeologischen einzugsgebiet (zwischen salzach und iller). bestimmung der natuerlichen belastung durch schadstoffe (spurenelemente z. b.) im einzugsgebiet ausgewaehlter fluesse. bestimmung der saisonalen veraenderungen in der mineral- und loesungsfracht. bestimmung der bindungsarten von spurenelementen im sediment und schweb sowie der wechselbeziehung sediment-schweb-wasser (mobilisationsfaktoren) an ausgewaehlten beispielen
S.WORT sedimentation + fliessgewaesser + spurenelemente
BAYERN (OBERBAYERN)
PROLEI DR. FRANK FABRICIUS
STAND 21.7.1976
QUELLE fragebogenerhebung sommer 1976
FINGEB - DEUTSCHE FORSCHUNGSGEMEINSCHAFT
- DEUTSCHE FORSCHUNGSGEMEINSCHAFT
ZUSAM INST. F. WASSERCHEMIE UND CHEMISCHE BALNEOLOGIE, MARCHIONINSTR. 17, 8000 MUENCHEN 70
BEGINN 1.5.1974
G.KOST 150.000 DM
LITAN ZWISCHENBERICHT

HA -092

INST LEHRSTUHL FUER GRUENLANDLEHRE DER TU MUENCHEN
FREISING -WEIHENSTEPHAN, SONNENFELDWEG 4
VORHAB **biozoenotisch-oekologische untersuchungen eines fliesswassersystems der muenchener ebene**
S.WORT fliessgewaesser + biozoenose + oekologie
MUENCHENER EBENE
PROLEI DR. HEINRICH VOLLRATH
STAND 1.1.1974
FINGEB DEUTSCHE FORSCHUNGSGEMEINSCHAFT

HA -093

INST LEHRSTUHL FUER WASSERBAU UND WASSERWIRTSCHAFT DER TU MUENCHEN
MUENCHEN 2, ARCISSTR. 21
VORHAB **verhinderung der weiteren eintiefung der isar bei dingolfing**
S.WORT flussbettaenderung
ISAR + DINGOLFING
PROLEI DR. HEUSLER
STAND 1.1.1974
BEGINN 1.1.1971

HA -094

INST LIMNOLOGISCHES INSTITUT DER UNI FREIBURG
KONSTANZ -EGG, MAINAUSTR. 212
VORHAB **quantitative untersuchungen zur ingestion verschiedener futterarten durch daphnia**
S.WORT gewaesser + mikroorganismen + nahrungsumsatz + (daphnia)
PROLEI PROF. DR. HANS-JOACHIM ELSTER
STAND 1.1.1974
FINGEB DEUTSCHE FORSCHUNGSGEMEINSCHAFT
BEGINN 1.1.1973

HA -095

INST MAX-PLANCK-INSTITUT FUER LIMNOLOGIE
SCHLITZ, DAMENWEG 1
VORHAB **chemismus der fliessgewaesser in einer buntsandstein-landschaft**
analyse der kausalbeziehungen zwischen dem fliessgewaesser-chemismus und den milieubedingungen in den fliessgewaesser-einzugsgebieten mit dem ziel, transportmodelle fuer ausgewaehlte chemische stoffe (anorganische n-verbindungen u. a.) in den untersuchten oekosystemen zu entwickeln: hydrologische und

hydrochemische untersuchung von ausgewaehlten fliessgewaessern (buntsteinstein-landschaft des schlitzerlandes)

S.WORT fliessgewaesser + stofftransport + hydrochemie + vegetation + klima
SCHLITZERLAND + HESSEN
PROLEI DR. JOERG BREHM
STAND 9.8.1976
QUELLE fragebogenerhebung sommer 1976
BEGINN 1.8.1966
LITAN - BREHM, J.: HYDROLOGISCHE UND CHEMISCHE UEBERSICHTSUNTERSUCHUNGEN AN DEN FLIESSGEWAESSERN DES SCHLITZERLANDES: I. QUELLTEMPERATUREN. IN: BEITRAEGE ZUR NATURKUNDE IN OSTHESSEN. (5/6) S. 121-140(JAN 1973)
- BREHM, J.: HYDROLOGISCHE UND CHEMISCHE UEBERSICHTSUNTERSUCHUNGEN AN DEN FLIESSGEWAESSERN DES SCHLITZERLANDES: II. ELEKTROLYTE IN QUELLWAESSERN. IN: BEITRAEGE ZUR NATURKUNDE IN OSTHESSEN. (7/8) S. 78-93(JUN 1974)
- BREHM, J.: HYDROLOGISCHE UND CHEMISCHE UEBERSICHTSUNTERSUCHUNGEN AN DEN FLIESSGEWAESSERN DES SCHLITZERLANDES: III. DIE FULDA. IN: BEITRAEGE ZUR NATURKUNDE IN OSTHESSEN. (9/10) S. 37-80(AUG 1975)

HA -096

INST METALLGESELLSCHAFT AG
FRANKFURT 1, POSTFACH 3724
VORHAB meerwasserentsalzung. teilprojekt: entwicklung und pruefung geeigneter halbzeuge fuer meerwasserentsalzungsanlagen
S.WORT wasseraufbereitung + meerwasserentsalzung + verfahrensentwicklung
QUELLE datenuebernahme aus der datenbank zur koordinierung der ressortforschung (dakor)
FINGEB BUNDESMINISTER FUER FORSCHUNG UND TECHNOLOGIE
ZUSAM - VEREINIGTE DEUTSCHE METALLWERKE AG, DUISBURG
- VEREINIGTE DEUTSCHE METALLWERKE, ALTENA
- TNO, DELFT, NIEDERLANDE
BEGINN 1.1.1971 ENDE 31.12.1976
G.KOST 3.740.000 DM

HA -097

INST METALLGESELLSCHAFT AG
FRANKFURT 1, POSTFACH 3724
VORHAB gemeinsame untersuchungen mit der arya-mehr-universitaet in teheran/iran zur weiterentwicklung und erprobung von werkstoffen und halbzeugen fuer meerwasserentsalzungsanlagen im iran
S.WORT wasseraufbereitung + meerwasserentsalzung + werkstoffe
QUELLE datenuebernahme aus der datenbank zur koordinierung der ressortforschung (dakor)
FINGEB BUNDESMINISTER FUER FORSCHUNG UND TECHNOLOGIE
ZUSAM - ARYA-MEHR-UNIVERSITAET, TEHERAN/IRAN
- GKSS MBH, GEESTHACHT-TESPERHUDE
- VEREINIGTE DEUTSCHE METALLWERKE AG, DUISBURG
BEGINN 1.5.1974 ENDE 31.10.1977
G.KOST 802.000 DM

HA -098

INST MINERALOGISCHES INSTITUT DER UNI ERLANGEN-NUERNBERG
ERLANGEN, SCHLOSSGARTEN 5
VORHAB erstellung einer geochemischen bilanz und einer umweltbilanz des weissen und des roten mains
S.WORT umweltbelastung + geochemie
MAIN
PROLEI DR. SCHWAB
STAND 1.1.1974
BEGINN 1.1.1973

HA -099

INST NIEDERSAECHSISCHES LANDESVERWALTUNGSAMT
HANNOVER, RICHARD-WAGNER-STR. 22
VORHAB untersuchungen ueber die eignung verschiedener pflanzenarten zum aufbau stabiler biozoenosen fuer den uferschutz von fliessgewaessern
durch das oben genannte forschungsvorhaben sollen zum ersten mal ueberpruefbare und abgesicherte daten ueber die auswirkungen von lebendbaumassnahmen auf struktur und funktion von fliessgewaessern gewonnen werden, die fuer planung und anwendung des naturnahen gewaesserausbaues unbedingt noetig sind
S.WORT fliessgewaesser + uferschutz + biozoenose + pflanzenoekologie
ALLER (OBERALLER)
PROLEI DIPL. -ING. PETERS
STAND 13.8.1976
QUELLE fragebogenerhebung sommer 1976
BEGINN 1.1.1974 ENDE 31.12.1976

HA -100

INST NIEDERSAECHSISCHES LANDESVERWALTUNGSAMT
HANNOVER, RICHARD-WAGNER-STR. 22
VORHAB typisierung und bewertung der struktur und biologisch-oekologischen funktion der fliessgewaesser niedersachsens und aufstellung einer liste von quellgebieten fuer ein gewaesserschutzprogramm
nach einem zu erarbeitenden katalog struktureller, oekologischer, genetischer, dynamischer, chorologischer u. a. kriterien sollen die fliessgewaesser einschliesslich ihrer quellgebiete und ihrer talraeume aus der sicht des naturschutzes und der landschaftspflege bewertet werden. es soll dabei versucht werden, die gewaesser nach diesen kriterien zu typisieren und zu einen typensystem zu ordnen. sodann sollen diejenigen gewaesse rstrecken, die in ihren merkmalen die einzelnen gewaessertypen in noch weitgehend natuerlichen und naturnahem zustand repraesentieren koennen, kartographisch erfasst und katalogisiert werden als grundlage fuer ein schutzprogramm der niedersaechsischen fliessgewaesser
S.WORT fliessgewaesser + quelle + landespflege + gewaesserschutz
NIEDERSACHSEN
PROLEI PROF. DR. ERNST PREISING
STAND 13.8.1976
QUELLE fragebogenerhebung sommer 1976
BEGINN 1.1.1976 ENDE 31.12.1977

HA -101

INST NIEDERSAECHSISCHES LANDESVERWALTUNGSAMT
HANNOVER, RICHARD-WAGNER-STR. 22
VORHAB untersuchungen ueber moeglichkeiten der sicherung und neuanlage von biotopen und biozoenosen an natuerlichen und kuenstlichen fliess- und stillgewaessern
die tier- und pflanzengesellschaften im bereich von feuchtgebieten und gewaessern aller art sind durch zahlreiche veraenderungen ihrer natuerlichen lebensstaetten in ihrer existenz bedroht. diese veraenderungen bewirken eine zunehmende nivellierung der lebensbedingungen, durch die bereits eine erhebliche verarmung der natuerlichen artenvielfalt eingetreten und weiterhin zu befuerchten ist. eine weitere beeintraechtigung der an die gewaesser gebundenen pflanzen- und tierarten ist in hinblick auf deren biologisch-oekologische bedeutung nicht mehr vertretbar
S.WORT oberflaechengewaesser + pflanzensoziologie + biotop + biozoenose + naturschutz
NIEDERSACHSEN
PROLEI DR. DAHL
STAND 13.8.1976
QUELLE fragebogenerhebung sommer 1976
BEGINN 1.1.1974 ENDE 31.12.1976

HA -102

INST RHEINMETALL GMBH
DUESSELDORF, ULMENSTR. 125
VORHAB **wasser-ueberwachungs-systeme**
messboje; geraet zum quasistationaeren einsatz fuer die erfassung in situ verschiedener verschmutzungsparameter des wassers; konzipiert fuer ein ueberregionales messnetz; tragbares geraet wm4: messgeraet zum stickprobenartigen messen der parameter sauerstoff/lf/ph-wert/temperatur
S.WORT wasserueberwachung + messtellennetz + (messboje)
PROLEI DR. -ING. RAIMUND GERMERSHAUSEN
STAND 1.1.1974
BEGINN 1.12.1971

HA -103

INST RUHRVERBAND UND RUHRTALSPERRENVEREIN ESSEN
ESSEN 1, KRONPRINZENSTR. 37
VORHAB **ruhrreinhalteplan lenne-, moehne-, volmeplan**
erstellung eines wasserwirtschaftlichen flussmodells; ermittlung von lastprofilen fuer den biochemischen und chemischen sauerstoffbedarf
S.WORT gewaesserschutz + sauerstoffverbrauch
RUHR (EINZUGSGEBIET)
PROLEI DIPL. -ING. ROESLER
STAND 1.1.1974
FINGEB RUHRVERBAND, ESSEN
BEGINN 1.1.1965 ENDE 31.12.1975
LITAN ABSCHLUSSBERICHT 1973, RUHRREINHALTEPLAN, EIGENVERLAG

HA -104

INST SONDERFORSCHUNGSBEREICH 80 "AUSBREITUNGS- UND TRANSPORTVORGAENGE IN STROEMUNGEN" DER UNI KARLSRUHE
KARLSRUHE, KAISERSTR. 12
VORHAB **stabilitaet natuerlicher kolloide in stroemungen natuerlicher gewaesser**
kolloidale stoffe (tone, quarz, bakterien, algen) verursachen die truebung in natuerlichen gewaessern; die geloesten stoffe veraendern das verhalten dieser partikulaeren stoffe in der weise, dass sie zu groesseren aggregaten (flocken) anwachsen; mittels korngroessenanalyse wird dieser einfluss quantifiziert; anwendung: verlandung von hafengebieten
S.WORT oberflaechengewaesser + kolloide + sedimentation + flockung
PROLEI DIPL. -ING. NEIS
STAND 1.10.1974
QUELLE erhebung 1975
FINGEB DEUTSCHE FORSCHUNGSGEMEINSCHAFT
BEGINN 1.8.1970 ENDE 30.6.1975
G.KOST 426.000 DM
LITAN - TAETIGKEITSBERICHT DES SFB 80 1970/71
- TAETIGKEITSBERICHT DES SFB 80 1972/73
- NEISS,CL.;HAHN,H.: DIFFERENTIELLE AGGREGATION VERSCHIEDENER TRUEBSTOFFE IN NATUERLICHEN GEWAESSERN. IN:VOM WASSER 39(1972)

HA -105

INST SONDERFORSCHUNGSBEREICH 80 "AUSBREITUNGS- UND TRANSPORTVORGAENGE IN STROEMUNGEN" DER UNI KARLSRUHE
KARLSRUHE, KAISERSTR. 12
VORHAB **waerme- und sauerstoffuebergang an der oberflaeche offener gerinne**
in einem wind- und wellenkanal wird wind ueber wasser geblasen und es werden stroemungsgeschwindigkeits-, temperatur- und feuchteprofile gemessen; aus ihnen wird der waerme- und stofftransport berechnet und fuer die verschiedenen bedingungen gesetzmaessig erfasst; ferner soll der sauerstoffeintrag ermittelt werden.
S.WORT gewaesser + sauerstoffeintrag + waermetransport
PROLEI PROF. DR. -ING. ERICH PLATE
STAND 1.9.1975
FINGEB DEUTSCHE FORSCHUNGSGEMEINSCHAFT
BEGINN 1.1.1972 ENDE 31.12.1977
G.KOST 683.000 DM
LITAN - TAETIGKEITSBERICHT, SFB80, 1973/74
- EIGENSCHAFTEN EINES KAPAZITIVEN WELLENMESSVERFAHRENS, SFB-BERICHT. (1974) EM 01
- ZWISCHENBERICHT 1974. 04

HA -106

INST SONDERFORSCHUNGSBEREICH 94 "MEERESFORSCHUNG" DER UNI HAMBURG
HAMBURG 13, VON-MELLE-PARK 6
VORHAB **wechselwirkung der primaerproduktion im meer (hier fruehjahrsplanktonbluete) mit den physikalischen, chemischen und biologischen zustandsfeldern**
S.WORT meeresorganismen + plankton
NORDSEE
QUELLE datenuebernahme aus der datenbank zur koordinierung der ressortforschung (dakor)
FINGEB BUNDESMINISTER FUER FORSCHUNG UND TECHNOLOGIE
BEGINN 1.7.1975 ENDE 31.12.1975

HA -107

INST STAATLICHES MEDIZINALUNTERSUCHUNGSAMT DILLENBURG
DILLENBURG, WOLFRAMSTR. 23
VORHAB **erarbeitung von richtlinien fuer die benutzung von oberflaechengewaessern als badegewaesser**
es werden folgende bereiche beruecksichtigt: a) bakteriologische parameter, insbesondere die erfassung pathogener keime b) chemisch-hygienischer parameter c) technische und organisatorische belange, die fuer einen ordnungsgemaessen badebetrieb notwendig erscheinen
S.WORT hygiene + oberflaechengewaesser + badeanstalt + richtlinien
PROLEI BERNHARD HOEPFNER
STAND 21.7.1976
QUELLE fragebogenerhebung sommer 1976
LITAN ZWISCHENBERICHT

HA -108

INST TECHNISCHER UEBERWACHUNGSVEREIN RHEINLAND E.V.
KOELN 1, VOGELSANGER WEG 6
VORHAB **vorstudie zur erstellung eines mathematischen modells zur selbstreinigung des alzette-flusses in luxemburg**
S.WORT fliessgewaesser + selbstreinigung
ALZETTE + LUXEMBURG
PROLEI DR. TREMMEL
STAND 1.10.1974
FINGEB STADT LUXEMBURG
G.KOST 4.000 DM

HA -109

INST VERSUCHSANSTALT FUER BINNENSCHIFFBAU E.V.
DUISBURG, KLOECKNERSTR. 77
VORHAB **untersuchung ueber die wirksamkeit des o2-eintrages in oberirdische gewaesser durch zugabe von luft in den abstrom von schiffspropellern**
sauerstoffanreicherung durch einblasen atmosph. luft in den propellerabstrom. ziel: sicherstellung eines mindestsauerstoffgehalts stark belasteter fluesse. zunaechst modellversuche. hier: versuche im halbtechnischen massstab, propeller in duese mit strahlmischring, laufende messung der sauerstoffkonzentration im gesamten tankwasser (ca. 2. 500 m3) der vbd
S.WORT oberflaechengewaesser + sauerstoffeintrag + schiffsantrieb
PROLEI WILFRIED NUSSBAUM
STAND 29.7.1976

QUELLE fragebogenerhebung sommer 1976
FINGEB LANDESANSTALT FUER WASSER UND ABFALL, DUESSELDORF
BEGINN 1.8.1974 ENDE 30.11.1975
G.KOST 152.000 DM
LITAN - BUYSCH, H. P.: BELUEFTUNG OBERIRDISCHER GEWAESSER DURCH ZUGABE VON LUFT IN DEN ABSTROM VON SCHIFFSPROPELLERN. IN: WASSER UND BODEN 5(1975)
- HEUSER, H.: SAUERSTOFFANREICHERUNG VON BINNENGEWAESSERN DURCH LUFTZUMISCHUNG IN DEN ABSTROM VON SCHIFFSPROPELLERN. IN: ZEITSCHRIFT FUER BINNENSCHIFFAHRT UND WASSERSTRASSEN 3(1973)
- ENDBERICHT

HA -110

INST WAHNBACHTALSPERRENVERBAND
SIEGBURG, KRONPRINZENSTR. 13
VORHAB **beluftung von talsperren unter erhaltung der schichtung**
der wahnbachtalsperrenverband hat ein belueftungssytem entwickelt, bei dem die waehrend der sommermonate thermisch bedingte schichtung in der talsperre trotz eingeblasener luft erhalten bleibt und auf diese weise der kaltwasservorrat auch waehrend des sommers zur trinkwasserversorgung zur verfuegung steht; ausserdem wird ein naehrstofftransport in die tropogene zone vermieden; die auswirkungen dieses belueftungsgeraetes auf die chemischen reaktionen in der sediment-wasser-grenzschicht, die steuerung der belueftung, die prognose der zu installierenden leistung von belueftungsgeraeten bei neuanlagen, die auswirkung auf die oekologie des sees werden studiert
S.WORT gewaesserbelueftung + talsperre + trinkwassergewinnung
WAHNBACH-TALSPERRE
PROLEI PROF. DR. HEINZ BERNHARDT
STAND 1.1.1974
BEGINN 1.1.1961
G.KOST 300.000 DM
LITAN BERNHARDT, H.: BELUEFTUNG STEHENDER GEWAESSER AUFGEZEIGT AM BEISPIEL DER WAHNBACHTALSPERRE, GEWAESSERSCHUTZ-WASSER- ABWASSER 1 S. 129 (1968)

HA -111

INST WASSER- UND SCHIFFAHRTSAMT WILHELMSHAVEN
WILHELMSHAVEN, POSTFACH .
VORHAB **seegangsmessungen im jade-weser aestuar**
S.WORT kuestenschutz + aestuar + messtellennetz
JADE + WESER
QUELLE datenuebernahme aus der datenbank zur koordinierung der ressortforschung (dakor)
FINGEB BUNDESMINISTER FUER FORSCHUNG UND TECHNOLOGIE
BEGINN 1.5.1975 ENDE 31.12.1975

HA -112

INST WASSERWERK DES KREISES AACHEN
AACHEN, TRIERER STRASSE 652-654
VORHAB **ueberwachung der chemischen, biologischen und bakteriologischen belastung der fuer die trinkwasserversorgung dienenden zufluesse und talsperren der nordeifel**
kontrolle der chemischen, bakteriellen und biologischen belastung des wassers, das fuer die trinkwasserversorgung genutzt wird
S.WORT wasserueberwachung + schadstoffbelastung + trinkwasserversorgung
EIFEL (NORD) + NIEDERRHEIN
PROLEI BRANDTS
STAND 1.1.1974
BEGINN 1.1.1959
LITAN ZWISCHENBERICHT 1974. 12

HA -113

INST WASSERWERK DES KREISES AACHEN
AACHEN, TRIERER STRASSE 652-654
VORHAB **einfluss wassermengenwirtschaftlicher massnahmen unterschiedlicher wasserqualitaetsparameter auf die oekologischen gegebenheiten von drei nordeifeltalsperren, die im verbund betrieben werden**
planktonuntersuchungen, chemische untersuchungen, kontinuierliche plankton-kulturen
S.WORT wassermenge + wasserguete + talsperre
EIFEL (NORD) + NIEDERRHEIN
PROLEI PROF. DR. LUDWIG ALETSEE
STAND 28.7.1976
QUELLE fragebogenerhebung sommer 1976
ZUSAM - RHEINISCH-WESTFAELISCHE TH AACHEN, TEMPLERGRABEN 55, 5100 AACHEN
- ARBEITSGEMEINSCHAFT TRINKWASSERTALSPERREN E. V. , FRANZHAEUSCHEN, 5200 SIEGBURG
BEGINN 1.1.1975 ENDE 31.12.1978
G.KOST 90.000 DM
LITAN ZWISCHENBERICHT

HA -114

INST ZOOLOGISCHES INSTITUT / FB 15 DER UNI GIESSEN
GIESSEN, STEPHANSTR. 24
VORHAB **untersuchungen zur bedeutung von filterorganismen in limnischen oekosystemen**
filterorganismen wie suesswasserschwaemme, bryozoen und muscheln nehmen mit dem wasserstrom partikel entsprechend der groesse ihres "filterporenapparates" auf. die belastbarkeit des jeweiligen filtersystems soll quantitativ erfasst werden, dabei ist die gesamte population zu kartieren und das auswahl- und anreicherungsvermoegen der einzelnen arten zu analysieren. angestrebt wird eine bestimmung des teils an der biologischen selbstreinigung des untersuchten gewaessers
S.WORT oberflaechengewaesser + selbstreinigung + biologischer abbau + filter
PROLEI KILIAN
STAND 6.8.1976
QUELLE fragebogenerhebung sommer 1976
BEGINN 1.1.1975

HA -115

INST ZOOLOGISCHES INSTITUT DER UNI MUENCHEN
MUENCHEN, SEIDLSTR. 25
VORHAB **oekosystemanalyse von bagger-(bade-)seen**
erhaltung der wasserqualitaet fuer badebetrieb bzw. verbesserung der wasserqualitaet. es wird eine vergleichend limnologische untersuchung von vier nahe beieinanderliegenden baggerseen durchgefuehrt, die im naherholungsraum der stadt muenchen liegen. die qualitaet des wassers ist durch unterschiedlichen chemismus der grundwaesser verschieden. dies bedingt unterschiedliche zusammensetzung der flora und fauna. - chemische und physikalische untersuchungen des grundwassers vor und nach eintritt in das seebecken 2
S.WORT gewaesserguete + baggersee + naherholung
MUENCHEN
PROLEI PROF. DR. OTTO SIEBECK
STAND 26.7.1976
QUELLE fragebogenerhebung sommer 1976
FINGEB STADT MUENCHEN
BEGINN 1.4.1975 ENDE 1.4.1977
G.KOST 20.000 DM

Weitere Vorhaben siehe auch:

AA -028 SAMMLUNG VON MARITIM-METEOROLOGISCHEN UND OZEANOGRAPHISCHEN UMWELTDATEN
HB -013 GEOCHEMISCHE UND SEDIMENTOLOGISCHE UNTERSUCHUNGEN AN GRUNDWAESSERN UND BACHLAEUFEN IM RAUM WETZLAR - GIESSEN
HG -062 SPEICHER IN FLUSSYSTEMEN
IA -020 IDENTIFIZIERUNG UND QUANTITATIVE BESTIMMUNG ORGANISCHER SAEUREN IM WASSER
IF -040 PRIMAERPRODUKTION IN BINNENSEEN

HB -001

INST ABTEILUNG METALLE UND METALLKONSTRUKTION DER BUNDESANSTALT FUER MATERIALPRUEFUNG BERLIN 45, UNTER DEN EICHEN 87

VORHAB **ueberpruefung des mechanischen verhaltens faserverstaerkter kunststofflagerbehaelter fuer heizoel und dieselkraftstoff**
pruefung von gfk-tanks zur lagerung brennbarer fluessigkeiten im hinblick auf eine allgemeine bauartzulassung

S.WORT mineraloelprodukte + kunststoffbehaelter + lagerung
PROLEI DIPL. -ING. BERND SCHULZ-FORBERG
STAND 1.1.1974
FINGEB - TECHNISCHER UEBERWACHUNGSVEREIN BAYERN E. V. , MUENCHEN
- RHEINISCH-WESTFAELISCHER TECHNISCHER UEBERWACHUNGSVEREIN E. V. , ESSEN
- TECHNISCHER UEBERWACHUNGSVEREIN RHEINLAND E. V. , KOELN
ZUSAM - TECHNISCHER UEBERWACHUNGSVEREIN BAYERN E. V. , KAISERSTR. 14-16, 8 MUENCHEN
- TECHNISCHER UEBERWACHUNGSVEREIN RHEINLAND E. V. , LUKASSTR. 10. 5 KOELN
- TECHNISCHER UEBERWACHUNGSVEREIN ESSEN E. V.
LITAN - WIESER, K.: BAUARTZUGELASSENE GFK-LAGERTANKS. IN: KUNSTSTOFFE IM BAU (1) S. 21-26 (1975)
- SCHULZ-FORBERG, B.: PROBLEME DER SICHERHEITSTECHNISCHEN BEGUTACHTUNG VON KUNSTSTOFFBAUTEILEN. IN: TUE (9) S. 306-308 (1974)

HB -002

INST BAYERISCHES GEOLOGISCHES LANDESAMT MUENCHEN 22, PRINZREGENTENSTR. 28

VORHAB **faerbeversuche zur erkundung unterirdischer wasserwege im hinblick auf massnahmen zum schutze des grundwassers**
grundlagenerarbeitung fuer grundwasserschutzmassnahmen und fuer spezialprobleme der hydrologischen landesaufnahme

S.WORT grundwasserschutz + hydrogeologie + grundwasserbewegung + tracer
BAYERN
PROLEI DR. APEL
STAND 1.1.1974
FINGEB BAYERISCHES GEOLOGISCHES LANDESAMT, MUENCHEN
BEGINN 1.1.1971 ENDE 31.12.1975
LITAN GROSSFAERBEVERSUCHE IN DER FRANKENALB. IN: GEOLOGICA BAVARICA (1971)

HB -003

INST BAYERISCHES GEOLOGISCHES LANDESAMT MUENCHEN 22, PRINZREGENTENSTR. 28

VORHAB **untersuchung von kiesvorkommen im hinblick auf nutzbarkeit unter beruecksichtigung ihrer funktion als grundwasserleiter**
methode: geologisch

S.WORT kies + grundwasser
PROLEI DR. STEPHAN
STAND 1.1.1974
FINGEB BAYERISCHES GEOLOGISCHES LANDESAMT, MUENCHEN
BEGINN 1.1.1973 ENDE 31.12.1975
LITAN GUTACHTEN ZUM REGIONALPLAN

HB -004

INST BAYERISCHES GEOLOGISCHES LANDESAMT MUENCHEN 22, PRINZREGENTENSTR. 28

VORHAB **geoelektrische sondierungen zur erstellung des hydrogeologischen fachbeitrages zu wasserwirtschaftlichen rahmenplaenen**
geophysikalisches messprogramm zur erforschung von grundwassertraegern im bereich der fluesse in bayern

S.WORT grundwasser + geophysik + wasserwirtschaft + rahmenplan
BAYERN
PROLEI DR. GUDDEN
STAND 30.8.1976
QUELLE fragebogenerhebung sommer 1976
BEGINN 1.1.1974

HB -005

INST BUNDESANSTALT FUER GEOWISSENSCHAFTEN UND ROHSTOFFE HANNOVER 51, STILLEWEG 2

VORHAB **quantitative erfassung der komponenten des wasserhaushalts in der ungesaettigten bodenzone / messungen in situ mit hoher raum-zeitlicher ausloesung**
registierende messungen der wasserspannung (mit druckaufnehmer tensiometer) und des wassergehaltes (mit gamma- dipplesonde) im gelaende als funktion der tiefe und der zeit; daraus u. a. errechnung der evatransspiration und tiefenversickerung (grundwasserneubildung)

S.WORT wasserhaushalt + grundwasser + simulationsmodell
HILDESHEIM (RAUM)
PROLEI PROF. DR. ALBRECHT HAHN
STAND 1.10.1974
FINGEB DEUTSCHE FORSCHUNGSGEMEINSCHAFT
ZUSAM NIEDERSAECHSISCHES LANDESAMT FUER BODENFORSCHUNG, 3 HANNOVER-BUCHHOLZ, ALFRED-BENTZ-HAUS
BEGINN 1.1.1970 ENDE 31.12.1974
G.KOST 180.000 DM
LITAN - GIESEL;RENGER;STREBEL: IN:Z. PFLANZENERNAEHR., BODENKDE. 132 S.17-30(1972)
- GIESEL;RENGER;STREBEL: IN:WATER RESOURC. RES. 9 S.174-177(1973)
- STREBEL;RENGER;GIESEL: IN:Z. PFLANZENERN., BODENKDE. S.61-72(1975)

HB -006

INST BUNDESANSTALT FUER GEOWISSENSCHAFTEN UND ROHSTOFFE HANNOVER 51, STILLEWEG 2

VORHAB **erfordernis von daten fuer mathematisch-physikalische modelle zur grundwassererschliessung und -bewirtschaftung**
abhaengigkeit der genauigkeit der aussagen von grundwassermodellen von umfang und genauigkeit der eingabedaten; folgerungen daraus fuer die erfordernis der verschiedenen datengruppen. untersuchung anhand konkreter projekte mit umfangreichem datenmaterial

S.WORT grundwassererschliessung + (modell)
PROLEI PROF. DR. HANS-JUERGEN DUERBAUM
STAND 29.7.1976
QUELLE fragebogenerhebung sommer 1976
ZUSAM - BUNDESANSTALT FUER GEOWISSENSCHAFTEN UND ROHSTOFFE, STILLEWEG 2, 3000 HANNOVER 51
- INST. F. WASSERWIRTSCHAFT DER TU HANNOVER
BEGINN 1.12.1973 ENDE 30.6.1976
G.KOST 299.000 DM
LITAN ENDBERICHT

HB -007

INST BUNDESANSTALT FUER GEWAESSERKUNDE KOBLENZ, KAISERIN-AUGUSTA-ANLAGEN 15

VORHAB **zusammenhaenge zwischen oberflaechenwasser und ufernahem grundwasser (uferfiltration) anhand repraesentativer fassungsanlagen**
erfassung der chemischen zusammenhaenge zwischen oberflaechenwasser und grundwasser im hinblick auf die gewinnung von uferfiltrat

S.WORT oberflaechenwasser + grundwasser + uferfiltration + wassergewinnung
MOSEL + RHEINLAND-PFALZ
PROLEI DR. FRIEDRICH SCHWILLE
STAND 1.1.1974
FINGEB DEUTSCHE FORSCHUNGSGEMEINSCHAFT
BEGINN 1.1.1964 ENDE 31.12.1974
LITAN - SCHWILLE, F.: DIE CHEMISCHEN ZUSAMMENHAENGE ZWISCHEN OBERFLAECHENWASSER UND GRUNDWASSER IM MOSELTAL ZWISCHEN TRIER UND KOBLENZ. IN: BES. MITTEILUNGEN ZUM DTSCH. GEWAESSERKUNDL. JAHRBUCH (38) (1973) KOBLENZ
- ZWISCHENBERICHT 1974. 03

HB -008
INST BUNDESANSTALT FUER GEWAESSERKUNDE
KOBLENZ, KAISERIN-AUGUSTA-ANLAGEN 15
VORHAB **der gang des grundwassers im gebiet der bundesrepublik deutschland**
S.WORT grundwasserbewegung
BUNDESREPUBLIK DEUTSCHLAND
PROLEI DR. FRIEDRICH SCHWILLE
STAND 1.1.1974
FINGEB DEUTSCHE FORSCHUNGSGEMEINSCHAFT

HB -009
INST DEUTSCHE EDELSTAHLWERKE AG
KREFELD
VORHAB **meerwasserentsalzung. teilprojekt: untersuchung von superferriten als werkstoff fuer meerwasserentsalzungsanlagen**
S.WORT meerwasserentsalzung + wasseraufbereitung + (superferrit)
QUELLE datenuebernahme aus der datenbank zur koordinierung der ressortforschung (dakor)
FINGEB BUNDESMINISTER FUER FORSCHUNG UND TECHNOLOGIE
BEGINN 1.4.1972 ENDE 31.12.1974

HB -010
INST FACHBEREICH ARCHITEKTUR UND BAUINGENIEURWESEN DER FH HANNOVER
NIENBURG/WESER, STAHNWALL 9
VORHAB **untersuchungen ueber die physikalischen, biologischen und chemischen bewertungen eines flusstaues auf die wasserbeschaffenheit von rohwasser fuer die trinkwasserversorgung**
feststellung der auswirkungen von flusstauanlagen auf die wassergewinnung. mit hilfe von langzeitig vorliegenden untersuchungsergebnissen eines flusstaues an der weser und zusaetzlicher untersuchungen werden kriterien fuer vergleichbare verhaeltnisse in anderen flusstaelern aufgestellt
S.WORT grundwasser + fluss + staustufe
PROLEI PROF. DR. HOLZ
STAND 1.1.1974
QUELLE umweltforschungsplan 1974 des bmi
FINGEB BUNDESMINISTER DES INNERN
ZUSAM UEBRIGE TEAMS IM FACHAUSSCHUSS DES BMI; WASSERVERSORGUNG UND UFERFILTRAT
BEGINN 1.1.1971 ENDE 31.12.1974
G.KOST 77.000 DM

HB -011
INST FRIED. KRUPP GMBH
BREMEN 1, POSTFACH 9
VORHAB **meerwasserentsalzung. teilprojekt: untersuchung ueber die anforderungen an meerwasserentsalzungsanlagen geringer leistung mit nuklearer energieversorgung**
S.WORT meerwasserentsalzung + energieversorgung + kernenergie
QUELLE datenuebernahme aus der datenbank zur koordinierung der ressortforschung (dakor)
FINGEB BUNDESMINISTER FUER FORSCHUNG UND TECHNOLOGIE
BEGINN 1.1.1972 ENDE 31.12.1974

HB -012
INST GEOLOGISCH-PALAEONTOLOGISCHES INSTITUT / FB 22 DER UNI GIESSEN
GIESSEN, SENCKENBERGSTR. 3
VORHAB **grundwasserverhaeltnisse im bereich des rheins, schiefergebirges und der hessischen senke**
wasserbilanzuntersuchungen, grundwasserspenden verschiedener gesteine, chemische zusammensetzung des grundwassers, umwelteinfluesse auf das grundwasser
S.WORT wasserbilanz + grundwasserbildung
RHEINISCHES SCHIEFERGEBIRGE + HESSISCHE SENKE
PROLEI PROF. DR. KNOBLICH. K.
STAND 6.8.1976
QUELLE fragebogenerhebung sommer 1976
FINGEB DEUTSCHE FORSCHUNGSGEMEINSCHAFT
BEGINN 1.1.1973

HB -013
INST GEOLOGISCH-PALAEONTOLOGISCHES INSTITUT / FB 22 DER UNI GIESSEN
GIESSEN, SENCKENBERGSTR. 3
VORHAB **geochemische und sedimentologische untersuchungen an grundwaessern und bachlaeufen im raum wetzlar - giessen**
die grundwaesser der verschiedenen geologischen gesteinsformationen koennen aufgrund ihrer loesungsinhalte charakterisiert werden. je nach land- oder forstwirtschaftlicher nutzung des gebietes koennen grundwasserbeeinflussungen nachgewiesen werden. die oberflaechenwaesser sowie die dazugehoerigen sedimente werden ebenfalls spurenanalytisch untersucht, im hinblick auf natuerliche herkunft des loesungsinhalts (metall-kationen) oder ob anthropogene einwirkungen vorliegen
S.WORT fliessgewaesser + grundwasser + anthropogener einfluss
PROLEI SCHOETTLE
STAND 6.8.1976
QUELLE fragebogenerhebung sommer 1976
FINGEB DEUTSCHE FORSCHUNGSGEMEINSCHAFT
ZUSAM STRAHLENZENTRUM DER UNI GIESSEN
BEGINN 1.1.1970

HB -014
INST GEOLOGISCH-PALAEONTOLOGISCHES INSTITUT DER UNI FRANKFURT
FRANKFURT, SENCKENBERGANLAGE 32-34
VORHAB **beziehungen zwischen grundwasserabfluss und tektonischem bau im buntsandstein des mainvierecks zwischen lohr und aschaffenburg/spessart**
exakte tektonische analyse des gebietes (buntsandstein); vor allem untersuchungen ueber den kluftraum, da dieser der wesentliche grundwasserspeicher ist; kontrolle der oberirdischen wasserspende; kontrolle der niederschlaege; vergleich aller daten miteinander; kontrolle der stoerungen in diesen systemen
S.WORT grundwasserabfluss + geologie
SPESSART (SUED)
PROLEI PROF. DR. MURAWSKI
STAND 1.1.1974
FINGEB DEUTSCHE FORSCHUNGSGEMEINSCHAFT
BEGINN 1.5.1971 ENDE 31.3.1974
G.KOST 37.000 DM
LITAN KEINE BERICHTE AUSSER INTERNER BERICHTE FUER DIE DFG

HB -015
INST GEOLOGISCH-PALAEONTOLOGISCHES INSTITUT UND MUSEUM DER UNI GOETTINGEN
GOETTINGEN, GOLDSCHMIDTSTR. 3
VORHAB **zusammenhaenge zwischen abflusslosen senken, gipsvorkommen und chemismus von grund- und quellwasser (westlicher und suedlicher harz)**
ursachen von grundwasser-versalzung; hydrogeologische bestandsaufnahme/hydrochemie incl. isotopische daten/messungen in einem anthropogen nicht veraenderten gebiet
S.WORT grundwasser + hydrogeologie
HARZ
PROLEI PROF. DR. MEISCHNER
STAND 1.1.1974
FINGEB KULTUSMINISTERIUM, HANNOVER
ZUSAM - NIEDERSAECHSISCHES LANDESAMT FUER BODENFORSCHUNG, 3 HANNOVER-BUCHHOLZ, ALFRED-BENTZ-HAUS
- ABT. FUER PALYNOLOGIE, UNIVERSITAET GOETTINGEN; POLLENANALYSE
BEGINN 1.10.1973 ENDE 31.12.1975
G.KOST 77.000 DM
LITAN - PROJEKTVORSCHLAG, MEISCHNER, D.;PAUL, J.: FORSCHUNGSVORHABEN SALINAR-TEKTONIK,

INSTITUT, 7. 11. 73
- ZWISCHENBERICHT 1974. 12

HB -016

INST GEOLOGISCH-PALAEONTOLOGISCHES INSTITUT UND MUSEUM DER UNI KIEL
KIEL, OLSHAUSENSTR. 40/60
VORHAB **die grundwasserbeschaffenheit in sandern (schleswig-holstein)**
ziel: analyse und quantifizierung der die chemische und bakteriologische qualitaet von grundwasser in sandergebieten beeinflussenden faktoren; fernziel: erarbeitung von moeglichkeiten zur chemischen und bakteriologischen bewirtschaftung von grundwasser
S.WORT grundwasser + bakteriologie
SCHLESWIG-HOLSTEIN (SANDERGEBIET)
PROLEI DR. SCHULZ
STAND 1.10.1974
FINGEB DEUTSCHE FORSCHUNGSGEMEINSCHAFT
ZUSAM ARBEITSGRUPPE BODENNUTZUNG UND WASSERBESCHAFFENHEIT -MUENDENER KREIS-, 351 HANN-MUENDEN
BEGINN 1.1.1971 ENDE 31.12.1976
G.KOST 75.000 DM
LITAN - VORTRAG: SYMPOSIUM"GRUNDWASSER UND UMWELT" MAI 1973 ESSEN HAUS DER TECHNIK
- GRUNDWASSERHAUSHALT IM NORDDEUTSCHEN FLACHLAND. IN: BESONDERE MITT. Z. DT. GEWK 36

HB -017

INST GEOLOGISCH-PALAEONTOLOGISCHES INSTITUT UND MUSEUM DER UNI KIEL
KIEL, OLSHAUSENSTR. 40/60
VORHAB **labor- und feldversuche zur bestimmung des sauerstofftransportes in der ungesaettigten zone und im grundwasser**
zum abbau organischer substanzen im grundwasser ist sauerstoff erforderlich. dessen zufuhr aus der atmosphaere haengt vom porenvolumen, porengroesse, bodenfeuchte und maechtigkeit in der ungesaettigten zone ab. in lysimeterversuchen wird an modellkorngemischen die wirkung des freien prenraumes auf den diffusionsvorgang untersucht. die uebertragung der laborergebnisse auf das gelaende wird in feldversuchen erfolgen
S.WORT grundwasser + sauerstoffhaushalt + organische stoffe + abbau
PROLEI PROF. DR. GEORG MATTHESS
STAND 26.7.1976
QUELLE fragebogenerhebung sommer 1976
FINGEB DEUTSCHE GESELLSCHAFT FUER MINERALOELWISSENSCHAFT UND KOHLECHEMIE E. V. , HAMBURG
BEGINN 1.5.1975 ENDE 31.12.1977
G.KOST 65.000 DM
LITAN ZWISCHENBERICHT

HB -018

INST GEOLOGISCHES INSTITUT DER UNI HEIDELBERG
HEIDELBERG, IM NEUENHEIMER FELD 234
VORHAB **wasser- und umweltschaeden durch wasserwerke**
die uebersteigerte entnahme von grundwasser aus dem boden fuehrt zu schweren schaeden in der landschaft wie: versiegen der quellen und baeche; verschlechterung der wasserqualitaet in baechen und seen; grundwasser-raubbau
S.WORT wasserwerk + grundwasserabsenkung
SAARLAND (OST)
PROLEI DR. DACHROTH
STAND 1.1.1974
QUELLE erhebung 1975
LITAN - DACHROTH, W.
- UMWELTSCHAEDEN IM BEREICH GESPANNTER GRUNDWAESSER IN: BOHRTECHNIK, BRUNNENBAU, ROHRLEITUNGSBAU BBR 24(7)(1973)

HB -019

INST GEOLOGISCHES INSTITUT DER UNI HEIDELBERG
HEIDELBERG, IM NEUENHEIMER FELD 234
VORHAB **grundwasser-kartierung, -chemie und -bilanz in der oberrheinebene und ihrem einzugsgebiet**
erarbeitung der grundlagen fuer die derzeitige und zukuenftige wasserversorgung
S.WORT grundwasser + kartierung
OBERRHEINEBENE
PROLEI PROF. DR. SAUER
STAND 1.1.1974
ZUSAM GEOLOGISCHES LANDESAMT BADEN-WUERTTEMBERG, FREIBURG, ALBERTSTR. 5
LITAN DISSERTATIONEN

HB -020

INST GEOLOGISCHES INSTITUT DER UNI KARLSRUHE
KARLSRUHE, KAISERSTR. 12
VORHAB **hydrogeologie klueftiger festgesteine**
erfassung des wasserhaushaltes geschlossener einzugsgebiete. bestimmung der grundwassererneuerung, besonders in karstgebieten. untersuchung der chemischen beschaffenheit von grundwaessern sowie deren veraenderung durch anthropogene einfluesse. methoden: hydrogeologische aufnahmen, markierungsversuche zur verfolgung unterirdischer waesser, messung der hydrologischen basisdaten, statistische auswertung, multivariate analysenverfahren
S.WORT grundwasserbildung + karstgebiet + anthropogener einfluss
PROLEI PROF. DR. VIKTOR MAURIN
STAND 21.7.1976
QUELLE fragebogenerhebung sommer 1976
FINGEB - DEUTSCHE FORSCHUNGSGEMEINSCHAFT
- SALZBURGER LANDESREGIERUNG
- ZWECKVERBAND OBERHESSISCHER VERSORGUNGSBETRIEBE
ZUSAM - INST. F. RADIOHYDROMETRIE DER GESELLSCHAFT FUER STRAHLENFORSCHUNG, MUENCHEN-NEUHERBERG
- GEOLOGISCHES LANDESAMT DES LANDES BADEN-WUERTTEMBERG, ALBERTSTRASSE, FREIBURG I. BR.
LITAN - KAESS,W.;HOETZL,H.: WEITERE UNTERSUCHUNGEN IM RAUM DONAUVERSICKERUNG - AACHQUELLE (BADEN-WUERTTEMBERG). IN:STEIRISCHE BEITRAEGE ZUR HYDROGEOLOGIE. 25 S.103-116(1973)
- HOETZL,H.: HYDROGEOLOGIE UND HYDROCHEMIE DES EINZUGSGEBIETES DER OBERSTEN DONAU. IN:STEIRISCHE BEITRAEGE ZUR HYDROGEOLOGIE. 25 S.5-102(1973)
- WALTER,H.: HYDROGEOLOGIE UND WASSERHAUSHALT IM OBEREN HORLOFFTAL (WESTL. VOGELSBERG). IN:ABH.HESS.LANDESAMT FUER BODENFORSCHUNG. 69 (1974);104 S.
LITAN£a

HB -021

INST GEOLOGISCHES INSTITUT DER UNI MAINZ
MAINZ, SAARSTR. 21
VORHAB **das grundwasser im luxemburger sandstein - geologie, wasserhaushalt und umweltbelastung am beispiel von drei grosstestflaechen**
grundwasserbilanzkalkulation zur ermittlung des jaehrlichen regenerationsfaktors (grundwasserneubildung). chemismus des grundwassers in abhaengigkeit von oekologischen faktoren (landwirtschaft, forstwirtschaft etc.), anthropogene beeinflussung
S.WORT grundwasserbildung + anthropogener einfluss + oekologische faktoren
TRIER + HUNSRUECK
PROLEI PROF. DR. HELMUT WEILER
STAND 21.7.1976
QUELLE fragebogenerhebung sommer 1976
FINGEB - LANDESSTELLE FUER NATURSCHUTZ UND LANDSCHAFTSPFLEGE IN RHEINLAND-PFALZ
- FIRMA LAHMEYER, FRANKFURT
ZUSAM GEOLOGISCHES LANDESAMT RHEINLAND-PFALZ, FLACHSMARKTSTR. 9, 6500 MAINZ 1
BEGINN 1.1.1972 ENDE 1.1.1976
LITAN ENDBERICHT

HB -022

INST GEOLOGISCHES INSTITUT DER UNI TUEBINGEN
TUEBINGEN, SIGWARTSTR. 10

VORHAB **grundwasseruntersuchungen in der talaue im rahmen des maintalprojektes der deutschen forschungsgemeinschaft**
neubildung von talgrundwasser und dessen wechselbeziehungen zum festgesteins-grundwasser der talraender und des tieferen untergrundes (buntsandstein); chemische veraenderungen des grundwassers durch kalkfuehrende talschotter und anthropogene einfluesse; jahreszeitliche schwankungen des wasserchemismus; mischungsverhaeltnis von talgrundwasser und flusswasser in fassungsanlagen

S.WORT bodenbeschaffenheit + anthropogener einfluss + grundwasserbildung
MAINTAL

PROLEI PROF. DR. GERHARD EINSELE
STAND 1.1.1974
FINGEB DEUTSCHE FORSCHUNGSGEMEINSCHAFT
ZUSAM INST. F. RADIOHYDROMETRIE DER GESELLSCHAFT FUER STRAHLEN- UND UMWELTFORSCHUNG MBH, 8 MUENCHEN 2
BEGINN 1.1.1971 ENDE 31.12.1974
G.KOST 150.000 DM
LITAN - DFG-BERICHT V. 5. 12. 72
- DFG-BERICHT V. 22. 3. 74

HB -023

INST GEOLOGISCHES INSTITUT DER UNI TUEBINGEN
TUEBINGEN, SIGWARTSTR. 10

VORHAB **talauen - grundwasser des neckars zwischen tuebingen und rottenburg**
kiesfuellung des neckartales zwischen rottenburg und tuebingen enthaelt sehr grosses grundwasservorkommen; zu untersuchen sind wasserbilanz/herkunft/qualitaet; methoden: schuettungsmessungen (quellen)/abflussmessungen (baeche)/bohrungen/geophysikalische untersuchungen (flachseismik/elektrik)

S.WORT geophysik + grundwasser + wasserbilanz
NECKARTAL

PROLEI PROF. DR. SCHOENENBERG
STAND 1.1.1974
FINGEB ZWECKVERBAND AMMERTAL-SCHOENBUCH-GRUPPE
BEGINN 1.1.1972 ENDE 31.12.1975
G.KOST 160.000 DM

HB -024

INST GEOLOGISCHES INSTITUT DER UNI TUEBINGEN
TUEBINGEN, SIGWARTSTR. 10

VORHAB **einzugsgebiet der cannstatter mineralquellen**
abgrenzung des einzugsgebietes der cannstaetter mineralquellen; fliessmechanismus des karstwassersystems; wasserbilanz; verweildauer des wassers im untergrund; methoden: faerbversuche mit uranin und eosin/schuettungsmessungen (quellen)/ abflussmessungen (fluesse/baeche)/chemische wasseranalysen

S.WORT karstgebiet + mineralquelle + grundwasser
STUTTGART (RAUM)

PROLEI PROF. DR. SCHOENBERGER
STAND 1.1.1974
FINGEB DEUTSCHE FORSCHUNGSGEMEINSCHAFT
BEGINN 1.1.1971 ENDE 31.12.1975
G.KOST 286.000 DM

HB -025

INST GEOLOGISCHES INSTITUT DER UNI TUEBINGEN
TUEBINGEN, SIGWARTSTR. 10

VORHAB **einspeisung von grundwasser aus dem festgesteinsbereich zwischen nordschwarzwald und odenwald in den grundwasserkoerper der oberrheinebene**
gewinnung quantitativer daten ueber die seitlich in die oberrheinebene einstroemende grundwassermenge durch untersuchung des wasserhaushalts, hydrochemie, grundwasserhydraulik u. a

S.WORT wasserchemie + grundwasserbildung + wasserhaushalt
OBERRHEINEBENE

PROLEI PROF. DR. GERHARD EINSELE
STAND 29.7.1976
QUELLE fragebogenerhebung sommer 1976
FINGEB LANDESANSTALT FUER UMWELTSCHUTZ, KARLSRUHE
ZUSAM GEOLOGISCHES LANDESAMT BADEN-WUERTTEMBERG, FREIBURG
BEGINN 1.10.1975 ENDE 31.7.1978
G.KOST 100.000 DM
LITAN ZWISCHENBERICHT

HB -026

INST GEOLOGISCHES INSTITUT DER UNI TUEBINGEN
TUEBINGEN, SIGWARTSTR. 10

VORHAB **haushalt und loesungsfracht des grundwassers im einzugsgebiet der tauber oberhalb von bad mergentheim**
auswertung von abfluss- und quellmessungen in geologisch einheitlichen teileinzugsgebieten, korrelierung mit der loesungsfracht einschliesslich spurenmetalle und hochrechnung auf gesamtgebiet

S.WORT hydrogeologie + grundwasser + schadstofftransport
MAIN + TAUBER

PROLEI PROF. DR. GERHARD EINSELE
STAND 29.7.1976
QUELLE fragebogenerhebung sommer 1976
FINGEB DEUTSCHE FORSCHUNGSGEMEINSCHAFT
ZUSAM WASSERWIRTSCHAFTSAMT, KUENZELSAU
BEGINN 1.1.1975 ENDE 28.2.1977
G.KOST 125.000 DM
LITAN ZWISCHENBERICHT

HB -027

INST GEOLOGISCHES INSTITUT DER UNI TUEBINGEN
TUEBINGEN, SIGWARTSTR. 10

VORHAB **austrag umweltrelevanter spurenstoffe aus naturnahen oekochoren des schwaebischen keuperberglandes und albvorlandes**
bestimmung von haupt- und spurenelementen (mn, zn, cu, co, ni, cr, pb und cd) in bodensickerwaessern, quellen und baechen ausgewaehlter repraesentativer und anthropogen moeglichst unbeeinflusster einzugsgebiete

S.WORT hydrogeologie + bodenwasser + spurenelemente + analytik
ALPENVORLAND

PROLEI PROF. DR. GERHARD EINSELE
STAND 29.7.1976
QUELLE fragebogenerhebung sommer 1976
FINGEB DEUTSCHE FORSCHUNGSGEMEINSCHAFT
ZUSAM - INST. F. BODENKUNDE DER UNI HOHENHEIM
- FORSTL. VERSUCHS- UND FORSCHUNGSANSTALT, STUTTGART-WEILIMDORF
BEGINN 1.5.1976 ENDE 31.12.1978
G.KOST 150.000 DM

HB -028

INST GEOLOGISCHES INSTITUT DER UNI WUERZBURG
WUERZBURG, PLEICHERWALL 1

VORHAB **grundwasserneubildung**
grundwasserneubildung und beziehungen zwischen quartaerem grundwasser und tiefengrundwasser im raum kulmbach unter beruecksichtigung der schwermetallgehalte

S.WORT bodenwasser + grundwasserbildung + schwermetallkontamination
MAIN (OBERMAIN) + KULMBACH

PROLEI PROF. DR. WALTER ALEXANDER SCHNITZER
STAND 13.8.1976
QUELLE fragebogenerhebung sommer 1976
FINGEB DEUTSCHE FORSCHUNGSGEMEINSCHAFT
ZUSAM BAYERISCHES LANDESAMT FUER WASSERVERSORGUNG UND GEWAESSERSCHUTZ, LAZARETTSTR. 67, 8000 MUENCHEN 19
BEGINN 1.1.1974 ENDE 30.6.1977
G.KOST 12.000 DM
LITAN ZWISCHENBERICHT

HB -029

INST GEOLOGISCHES LANDESAMT HAMBURG
HAMBURG, OBERSTR. 88

VORHAB **basisuntersuchungen ueber die grundwasserbeschaffenheit und moegliche anthropogene veraenderungen in hamburg**
grundwassernutzung in der zukunft; chemische beeinflussung des grundwassers; messmethodik; ziel: erstellung von unterlagen fuer die wasserwirtschaft
S.WORT wasserwirtschaft + grundwasser
HAMBURG
PROLEI DR. NIEDERMAYER
STAND 1.1.1974
BEGINN 1.1.1969 ENDE 31.12.1975
G.KOST 50.000 DM
LITAN - GUTACHTEN UND BERICHTE FUER HAMBURGER BEHOERDEN
- VEROEFFENTLICHUNGEN VERGL. ANLAGE

HB -030
INST GEOLOGISCHES LANDESAMT HAMBURG
HAMBURG, OBERSTR. 88
VORHAB **hydrogeologische und ingenieurgeologische grundlagenforschung fuer die grundwasserschutzgebiete in hamburg**
bisher keine gesetzliche grundlage fuer grundwasserschutzgebiete; geologische kartierung/ hydrogeologische untersuchungen/ vorschlaege fuer grundwasserschutzgebiete
S.WORT hydrogeologie + kartierung + grundwasserschutz
HAMBURG
PROLEI DR. NIEDERMAYER
STAND 1.1.1974
FINGEB HAMBURGER WASSERWERKE
BEGINN 1.1.1970 ENDE 31.12.1975
LITAN GUTACHTEN UEBER DAS SCHUTZGEBIET FUER DAS WASSERWERK CURSLACK

HB -031
INST GEOLOGISCHES LANDESAMT NORDRHEIN-WESTFALEN
KREFELD, DE-GREIFF-STR. 195
VORHAB **untersuchung zur auswirkung der grundwasserabsenkungen auf boeden und pflanzen**
S.WORT grundwasserabsenkung + boden + pflanzen + auswirkungen
STAND 1.1.1974

HB -032
INST GEOLOGISCHES LANDESAMT NORDRHEIN-WESTFALEN
KREFELD, DE-GREIFF-STR. 195
VORHAB **deutscher beitrag zur mineralquellenkarte in mitteleuropa**
S.WORT mineralquelle + kartierung
EUROPA (MITTELEUROPA)
PROLEI PROF. DR. KARL FRICKE
STAND 1.1.1974
FINGEB DEUTSCHE FORSCHUNGSGEMEINSCHAFT

HB -033
INST GROSSER ERFTVERBAND BERGHEIM
BERGHEIM, PAFFENDORFER WEG 42
VORHAB **grundwasserbeschaffenheit im oberen stockwerk**
grossraeumige, stockwerkbezogene, hydrochemische untersuchungen an repraesentativen grundwasserproben, z. t. im 3-monatigen turnus, zur schaffung von vergleichswerten, sowie zur beobachtung zeitlicher und raeumlicher aenderungen
S.WORT grundwasser + wasserguete
ERFTGEBIET
PROLEI DR. DIPL. -GEOL. SCHENK
STAND 1.1.1974
BEGINN 1.1.1969
G.KOST 906.000 DM
LITAN - BERICHT IM JAHRESBERICHT DES GROSSEN ERFTVERBANDES 1969 - 73
- ZWISCHENBERICHT 1975. 04

HB -034
INST IGI-INGENIEUR-GEOLOGISCHES INSTITUT DIPL.-ING. NIEDERMEYER
WESTHEIM
VORHAB **gewinnung von kriterien zur optimalen abstimmung zwischen bestehenden und geplanten trinkwassererschliessungen und der geplanten neubaustrecke hannover-wuerzburg der deutschen bundesbahn in unterfranken**
S.WORT trinkwassergewinnung + bodennutzung + verkehrsplanung + (bundesbahn-neubaubahnstrecke)
UNTERFRANKEN
PROLEI DIPL. -ING. NIEDERMEYER
STAND 10.9.1976
QUELLE fragebogenerhebung sommer 1976
FINGEB DEUTSCHE BUNDESBAHN, FRANKFURT
ZUSAM - BAYERISCHES LANDESAMT FUER UMWELTSCHUTZ, ROSENKAVALIERPLATZ 3, 8000 MUENCHEN
- WASSERWIRTSCHAFTSAMT, WUERZBURG
BEGINN 1.4.1976
G.KOST 650.000 DM

HB -035
INST IGI-INGENIEUR-GEOLOGISCHES INSTITUT DIPL.-ING. NIEDERMEYER
WESTHEIM
VORHAB **hydrologische und hydrogeologische bestandsaufnahme zwischen gemuenden und wuerzburg entlang der geplanten neubaustrecke hannover-wuerzburg der deutschen bundesbahn**
hydrogeologische beschreibung, buntsandstein, muschelkalk, einfluss neubaustrecke auf grundwasser und trinkwasserversorgungsanlagen, hydrogeologische arbeitsmethoden
S.WORT trinkwasserversorgung + hydrogeologie + bodenstruktur + verkehrsplanung + (bundesbahn-neubaubahnstrecke)
FRANKEN (UNTERFRANKEN)
PROLEI DIPL. -ING. NIEDERMEYER
STAND 10.9.1976
QUELLE fragebogenerhebung sommer 1976
FINGEB DEUTSCHE BUNDESBAHN, FRANKFURT
ZUSAM - BAYERISCHES LANDESAMT FUER WASSERWIRTSCHAFT, 8000 MUENCHEN
- BAYERISCHES GEOLOGISCHES LANDESAMT, 8000 MUENCHEN
BEGINN 1.12.1975
G.KOST 560.000 DM
LITAN ZWISCHENBERICHT

HB -036
INST INSTITUT FUER ALLGEMEINE BAUINGENIEURMETHODEN DER TU BERLIN
BERLIN 12, STRASSE DES 17. JUNI 135
VORHAB **eichung von ebenen instationaeren grundwassermodellen**
ziel des forschungsvorhabens ist es, ein allgemeines praxisgerechtes programm zu entwickeln, das die eichnung von ebenen instationaeren grundwassermodellen fuer ein beliebiges geologisches gebiet weitestgehend automatisch durchfuehrt. die grundlage fuer die analyse der instationaeren stroemungsvorgaenge bildet die methode der finiten elemente. verschiedenartige elemente und verfahren der instationaeren vorgaenge werden auf ihre brauchbarkeit hin untersucht. der eichnungsprozess des grundwassermodells wird in einer ersten phase interaktiv durchgefuehrt. in einer zweiten phase wird untersucht, inwieweit eine automatisierung des eichprozesses moeglich ist
S.WORT wasserwirtschaft + grundwasser + hydrodynamik + modell
PROLEI PROF. DR. RUDOLF DAMRATH
STAND 30.8.1976
QUELLE fragebogenerhebung sommer 1976
ZUSAM INST. F. WASSERBAU UND WASSERWIRTSCHAFT DER TU BERLIN

HB -037

INST INSTITUT FUER APPARATEBAU UND ANLAGENTECHNIK DER TU CLAUSTHAL CLAUSTHAL-ZELLERFELD, LEIBNIZSTR.
VORHAB **bewertung und entwicklung von plattenwaermeaustauschern aus duennen kunststoff-folien fuer entsalzungsanlangen**
S.WORT meerwasserentsalzung + energiebedarf + (waermeaustauscher)
QUELLE datenuebernahme aus der datenbank zur koordinierung der ressortforschung (dakor)
FINGEB BUNDESMINISTER FUER FORSCHUNG UND TECHNOLOGIE
BEGINN 1.7.1973 ENDE 31.12.1975

HB -038

INST INSTITUT FUER BODENKUNDE DER UNI GOETTINGEN GOETTINGEN, VON-SIEBOLD-STR. 4
VORHAB **wasserhaushalt der bodendecke in hinblick auf die grundwassererneuerung**
S.WORT wasserhaushalt + boden + grundwasserbildung
PROLEI PROF. DR. MEYER
STAND 1.1.1974
FINGEB DEUTSCHE FORSCHUNGSGEMEINSCHAFT
BEGINN 1.1.1965 ENDE 31.12.1975

HB -039

INST INSTITUT FUER BODENKUNDE DER UNI GOETTINGEN GOETTINGEN, VON-SIEBOLD-STR. 4
VORHAB **wassergehaltsmessung im boden mit thermosonden**
S.WORT bodenwasser + messverfahren
PROLEI PROF. DR. MEYER
STAND 1.1.1974
FINGEB DEUTSCHE FORSCHUNGSGEMEINSCHAFT

HB -040

INST INSTITUT FUER BODENKUNDE UND STANDORTSLEHRE DER FORSTLICHEN FORSCHUNGSANSTALT MUENCHEN 40, AMALIENSTR. 52
VORHAB **wirkungen forstlicher eingriffe (u.a. duengung) auf wasserqualitaet**
S.WORT forstwirtschaft + duengung + wasserguete
PROLEI DR. KREUTZER
STAND 1.1.1974
BEGINN 1.1.1971

HB -041

INST INSTITUT FUER BODENKUNDE UND WALDERNAEHRUNG DER UNI GOETTINGEN GOETTINGEN, BUESGENWEG 2
VORHAB **grundwasserneubildung in verschiedenen oekosystemen**
messung der flussraten des bodenwassers unterhalb der durchwurzelten bodenzone
S.WORT grundwasser + bodenwasser + oekosystem
PROLEI DR. BENECKE
STAND 1.10.1974
FINGEB DEUTSCHE FORSCHUNGSGEMEINSCHAFT
BEGINN 1.1.1967 ENDE 31.12.1977
G.KOST 200.000 DM

HB -042

INST INSTITUT FUER BOTANIK DER UNI HOHENHEIM STUTTGART, KIRCHNERSTR. 5
VORHAB **stoerungen des wasserhaushaltes durch rodungen in der eifel und im hunsrueck**
zeitpunkt und ausmass postglazialer klimaschwankungen sind zu ermitteln und gegenueber den stoerungen des haushalts der natur durch den menschen abzugrenzen
S.WORT waldoekosystem + forstwirtschaft + klima
EIFEL + HUNSRUECK
PROLEI PROF. DR. FRENZEL
STAND 1.10.1974
FINGEB DEUTSCHE FORSCHUNGSGEMEINSCHAFT
ZUSAM - BUNDESANSTALT FUER BODENFORSCHUNG, 3 HANNOVER, STILLEWEG 2
- STAATSFORSTVERWALTUNG RHEINLAND-PFALZ
BEGINN 1.1.1972 ENDE 31.12.1976
G.KOST 76.000 DM

HB -043

INST INSTITUT FUER GEOPHYSIK, SCHWINGUNGS- UND SCHALLTECHNIK DER WESTFAELISCHEN BERGGEWERKSCHAFTSKASSE BOCHUM, HERNER STRASSE 45
VORHAB **gewaesserschutz und lagerung von abfallstoffen, kartenwerk 1:50000**
S.WORT abfallagerung + gewaesserschutz
STAND 1.1.1974

HB -044

INST INSTITUT FUER GRUNDBAU UND BODENMECHANIK DER TU MUENCHEN MUENCHEN 60, PAUL-GERHARDT-ALLEE 2
VORHAB **gutachtliche stellungnahme zu grundwasserproblemen fuer die durchfuehrung eines wasserrechtlichen verfahrens zum vollzug der wasserrechte**
bei grossen tiefbauwerken u-bahn, grossgaragen, mehrgeschossigen kellern und tiefen baugruben, die in eines oder mehrere grundwasserstockwerke einschneiden, muessen untersuchungen, studien und gutachten erstellt werden, die den zustaendigen wasserrechtsbehoerden die beurteilung des sachverhaltens ermoeglichen. untersucht wird und wurde die beeintraechtigung der grundwasserverhaeltnisse fuer die nachbarschaft und ganze stadtteile, die grundwasserverschmutzung, die wasserentnahme und versickerung, das verhalten und die einfluesse bei katastrophenzustaenden. eine groessere anzahl solcher untersuchungen wird und wurde erstellt
S.WORT wasserrecht + grundwasserschutz + tiefbau
ISAR + MUENCHEN (REGION)
PROLEI DIPL. -GEOL. HANS-OSKAR HELLERER
STAND 11.8.1976
QUELLE fragebogenerhebung sommer 1976
FINGEB U-BAHNREFERAT, MUENCHEN
LITAN ENDBERICHT

HB -045

INST INSTITUT FUER GRUNDBAU UND BODENMECHANIK DER TU MUENCHEN MUENCHEN 60, PAUL-GERHARDT-ALLEE 2
VORHAB **pruefung verschiedener haertungsmittel fuer bodenverfestigungen auf alkalisilikatbasis**
zur unterfangung von gebaeuden um zuge von tiefbauwerken und zur abdichtung von bauwerken gegen grundwasser, z. b. bei der u-bahn, werden mittel in den boden injiziert, um ihn zu verfestigen oder zu dichten. chemische bodeninjektionen auf natrium- (oder kalium-) silikatbasis werden meist mit organischen mitteln ausgefaellt. thema sind jeweils die grundwasserbelastung dieser haertungsmittel, (meist carbonsaeurenester) die teils neu auf den markt kommen, teils bereits angewendet werden. es wurden verduennungen und deren verhalten sowie die ausbreitung der organischen und anorganischen reste dieser injektionsmischung untersucht
S.WORT bodenmechanik + tiefbau + grundwasserbelastung + (haertungsmittel)
MUENCHEN (STADTGEBIET)
PROLEI DIPL. -GEOL. HANS-OSKAR HELLERER
STAND 11.8.1976
QUELLE fragebogenerhebung sommer 1976
BEGINN 1.1.1974 ENDE 31.12.1976
G.KOST 10.000 DM
LITAN ENDBERICHT

HB -046

INST INSTITUT FUER GRUNDBAU UND BODENMECHANIK DER TU MUENCHEN MUENCHEN 60, PAUL-GERHARDT-ALLEE 2

VORHAB **untersuchung von grundwasserverhaeltnissen in sueddeutschland (besonders muenchner raum)**
fuer die errichtung von tiefbauwerken, besonders tiefgaragen, ist haeufig die genaue kenntnis der grundwasserverhaeltnisse, hoechster grundwasserstand, mittlerer grundwasserspiegel, etc. noetig. weiterhin interessiert, inwieweit durch die errichtung von bauwerken oder brunnen andere bauwerke oder brunnen beeintraechtigt werden. es wurden mehr als 400 untersuchungen seit 1964 durchgefuehrt
S.WORT grundwasserbewegung + tiefbau
MUENCHEN (REGION) + BAYERN
PROLEI DIPL. -GEOL. HANS-OSKAR HELLERER
STAND 11.8.1976
QUELLE fragebogenerhebung sommer 1976
BEGINN 1.1.1964
LITAN ENDBERICHT

HB -047
INST INSTITUT FUER GRUNDBAU UND BODENMECHANIK DER TU MUENCHEN
MUENCHEN 60, PAUL-GERHARDT-ALLEE 2
VORHAB **abdichtung des untergrundes zum schutz gegen verunreinigung durch mineraloel**
im zuge der errichtung mehrerer raffinerien, tanklager und petrochemiewerke wurde die moeglichkeit der abdichtung des untergrundes mit bindigem boden zum schutz gegen verunreinigung durch mineraloel untersucht. es wurde ein geraet zur pruefung der dichtigkeit von sperrschichten entwickelt
S.WORT grundwasserschutz + mineraloel + untergrund + (abdichtung)
PROLEI DIPL. -ING. HANS WALTER KORECK
STAND 11.8.1976
QUELLE fragebogenerhebung sommer 1976
LITAN KORECK, W.: DAS GERAET "MUENCHEN I" ZUR BESTIMMUNG DER EINDRINGTIEFE VON FLUESSIGKEITEN IN DEN BODEN

HB -048
INST INSTITUT FUER GRUNDBAU UND BODENMECHANIK DER TU MUENCHEN
MUENCHEN 60, PAUL-GERHARDT-ALLEE 2
VORHAB **veraenderung des grundwassers durch injektionsarbeiten bei der u-bahnlinie u 8/1**
im zuge des u-bahnbaues werden zur unterfangung von gebaeuden injektionen vorgenommen. diese injektionsmittel enthalten starke laugen und organische haerter. untersucht wird der einfluss dieser chemischen mittel auf das grundwasser. es werden regelmaessig grundwasserproben in der naehe und in weiteren abstaenden von den injektionsstellen gezogen und untersucht. untersucht werden: bsb 5, (=biochemischer sauerstoffbedarf), chlorid csb (= chemischer sauerstoffbedarf), kaliumpermanganatverbrauch, ph-wert, abdampfrueckstand, sauerstoffgehalt, teilweisem- und p-wert, leitfaehigkeit, sulfatgehalt, gesamthaerte, karbonathaerte, calcium, magnesium, ammonium, nitrat, phosphat und bei besonderem verdacht weitere kennwerte
S.WORT bodenmechanik + tiefbau + untergrundbahn + grundwasserbelastung + (haertungsmittel)
MUENCHEN (STADTGEBIET)
PROLEI DIPL. -GEOL. HANS-OSKAR HELLERER
STAND 11.8.1976
QUELLE fragebogenerhebung sommer 1976
FINGEB U-BAHNREFERAT, MUENCHEN
BEGINN 1.12.1973

HB -049
INST INSTITUT FUER RADIOHYDROMETRIE DER GESELLSCHAFT FUER STRAHLEN- UND UMWELTFORSCHUNG MBH
NEUHERBERG, INGOLSTAEDTER LANDSTR. 1
VORHAB **wasserhaushalt in der umwelt: anwendungen im grundwasser**
karsthydrologische untersuchungen mit hilfe von einbohrlochmethoden, markierungsversuchen und messungen von umweltisotopen (d, r, c-14 und o-18) im altmuehltal und bei regensburg/abensberg im hinblick auf die kommunikation zwischen niederschlags- bzw. oberflaechenwasser und karstwasser: mitarbeit an hydrogeologischen studien in saudi-arabien und im iran. beitraege zur untersuchung der herkunft von mineral- und thermalwaessern in oesterreich und bayern. versuch einer altersmaessigen gliederung des wassers aus tertiaeren tiefbrunnen im grossraum muenchen. gelaendeuntersuchungen zur flusswasserinfiltration ueber alpinen hangschutt mit hilfe von farbtracern. hammerschlagseismische, isotopenhydrologische, hydrogeologische und gefuegekundliche untersuchungen an grrundwasserstroemungsfeldern in alpentaelern
S.WORT hydrogeologie + wasserhaushalt + grundwasser
PROLEI PROF. DR. HERIBERT MOSER
STAND 30.8.1976
QUELLE fragebogenerhebung sommer 1976
ZUSAM - BALNEOLOGISCHES INSTITUT DER UNI INNSBRUCK
- TH GRAZ, ABTEILUNG FUER HYDROLOGIE
BEGINN 1.1.1967
G.KOST 7.877.000 DM
LITAN - JOB, C.;MOSER, H.;RAUERT, W.;STICHLER, W.;ZOETL, J.: ISOTOPENUNTERSUCHUNGEN IM RAHMEN QUARTAERGEOLOGISCHER UNTERSUCHUNGEN IN SAUDI-ARABIEN. IN: DIE NATURWISSENSCHAFTEN 62 S. 136-137(1975)
- SEILER, K. -P.: GEOLOGISCHE GRENZFLAECHEN IN FLUVIOGLAZIALEN KIESSANDEN UND IHR EINFLUSS AUF DIE GRUNDWASSERBEWEGUNG. HYDROMETRISCHE UND RADIOHYDROMETRISCHE UNTERSUCHUNGSERGEBNISSE AUS DEM NORDEN DER MUENCHNER SCHOTTEREBENE. IN: Z. DT. GEOL. GES. 126 S. 349-357(1975)
- ENDBERICHT

HB -050
INST INSTITUT FUER SIEDLUNGSWASSERWIRTSCHAFT DER TU HANNOVER
HANNOVER, WELFENGARTEN 1
VORHAB **typisierung von grundwasser im norddeutschen kuestenbereich und aufbereitungsverfahren**
erschliessung weiterer grundwasservorkommen, die aufgrund ihrer qualitaet bisher nicht genutzt werden konnten, durch neue aufbereitungsverfahren; beobachtung der zeitlichen veraenderung der grundwasserqualitaet bei langfristiger foerderung
S.WORT grundwassererschliessung + wasseraufbereitung
NORDDEUTSCHER KUESTENRAUM
PROLEI DR. -ING. ROTT
STAND 1.1.1974
FINGEB DEUTSCHE FORSCHUNGSGEMEINSCHAFT
ZUSAM SFB 79, TU HANNOVER, 3 HANNOVER, WELFENGARTEN 1
BEGINN 1.1.1974 ENDE 31.12.1976
G.KOST 600.000 DM
LITAN ZWISCHENBERICHT 1975. 10

HB -051
INST INSTITUT FUER UMWELTPHYSIK DER UNI HEIDELBERG
HEIDELBERG, IM NEUENHEIMER FELD 366
VORHAB **grundwasser in nordafrika**
da die grundwasservorraete der nordsahara besonders in libyen verstaerkt als nutzwasser herangezogen werden, muss die frage der ausschoepfbarkeit dieser vorraete und die eventuelle derzeitige ergaenzung geprueft werden. es wird die hydrogeologische struktur dieses gebiets untersucht und altersbestimmungen des wassers mit hilfe des kohlenstoff-14 vorgenommen
S.WORT grundwasser + hydrogeologie
SAHARA (NORD) + AFRIKA + LIBYEN
PROLEI DR. CHRISTIAN SONNTAG
STAND 13.8.1976

QUELLE fragebogenerhebung sommer 1976
ZUSAM - INST. F. GEOLOGIE UND PALAEONTOLOGIE DER TU BERLIN, PROF. KLITZSCH, HARDENBERGSTR. 42, BERLIN 12
- HEIDELBERGER AKADEMIE DER WISSENSCHAFTEN, KARLSTR. 4, 6900 HEIDELBERG
BEGINN 1.4.1976
G.KOST 5.000 DM

HB -052

INST INSTITUT FUER WASSER- UND ABFALLWIRTSCHAFT DER LANDESANSTALT FUER UMWELTSCHUTZ BADEN-WUERTTEMBERG
KARLSRUHE, GRIESBACHSTR. 2
VORHAB **auswirkungen der im zuge des kiesabbaus in der oberrheinebene entstehenden kiesgruben auf den wasserhaushalt des grundwassers**
auswirkungen der im zuge des kiesabbaues in der oberrheinebene entstehenden kiesgruben (baggerseen) auf den wasserhaushalt und das grundwasser in quantitativer und qualitativer hinsicht
S.WORT wasserhaushalt + kiesabbau + grundwasser
OBERRHEINEBENE
PROLEI DIPL. -PHYS. JUERGEN KOHM
STAND 1.1.1974
FINGEB - BUNDESMINISTER FUER ERNAEHRUNG, LANDWIRTSCHAFT UND FORSTEN
- MINISTERIUM FUER ERNAEHRUNG, LANDWIRTSCHAFT UND UMWELT, STUTTGART
BEGINN 1.1.1970 ENDE 31.12.1979
G.KOST 575.000 DM

HB -053

INST INSTITUT FUER WASSER- UND ABFALLWIRTSCHAFT DER LANDESANSTALT FUER UMWELTSCHUTZ BADEN-WUERTTEMBERG
KARLSRUHE, GRIESBACHSTR. 2
VORHAB **grundwasserbewirtschaftung im rhein-neckarraum**
verhalten des grundwassers (trend); grundwasserstockwerke; grundwasserdargebot; wasserbilanz; grundwassermodell; grundwasserbewirtschaftungsplan; kuenstliche grundwasseranreicherung
S.WORT grundwasser + wasserwirtschaft + fliessgewaesser
RHEIN-NECKAR-RAUM
PROLEI DIPL. -ING. KLAUS LAMPRECHT
STAND 1.1.1974
FINGEB MINISTERIUM FUER ERNAEHRUNG, LANDWIRTSCHAFT UND UMWELT, STUTTGART
ZUSAM - GEOLOG. LANDESAMT, 78 FREIBURG, ALBERTSTR. 5
- WASSERWIRTSCHAFTSAMT, 69 HEIDELBERG, TREITSCHKESTR. 6
BEGINN 1.8.1973 ENDE 31.12.1976
G.KOST 630.000 DM
LITAN ZWISCHENBERICHT 1974. 07

HB -054

INST INSTITUT FUER WASSER- UND ABFALLWIRTSCHAFT DER LANDESANSTALT FUER UMWELTSCHUTZ BADEN-WUERTTEMBERG
KARLSRUHE, GRIESBACHSTR. 2
VORHAB **grundwasserbilanz fuer die oberrheinebene**
feststellung des gewinnbaren grundwasserdargebots in der baden-wuerttembergischen oberrheinebene unter beruecksichtigung der hydrologischen und meteorologischen verhaeltnisse und der vorhandenen entnahmen
S.WORT grundwasser + wasserhaushalt
OBERRHEINEBENE
PROLEI ARMBRUSTER
STAND 1.1.1974
FINGEB MINISTERIUM FUER ERNAEHRUNG, LANDWIRTSCHAFT UND UMWELT, STUTTGART
BEGINN 1.1.1971 ENDE 31.12.1981
G.KOST 200.000 DM
LITAN ZWISCHENBERICHT 1974. 05

HB -055

INST INSTITUT FUER WASSER- UND ABFALLWIRTSCHAFT DER LANDESANSTALT FUER UMWELTSCHUTZ BADEN-WUERTTEMBERG
KARLSRUHE, GRIESBACHSTR. 2
VORHAB **grundwassererkundung im illertal**
grundwasservorkommen des erolzheimer feldes, moeglichkeiten der gewinnung, speicherung und anreicherung mit illerwasser, moeglichkeiten der wassergewinnung in der wochenau. auswerten hydrologischer daten; ausbau des messnetzes; durchfuehrung von pumpversuchen; hydrochemie; statistische untersuchungen ueber den einfluss der iller auf das grundwasser
S.WORT fliessgewaesser + grundwasseranreicherung
ILLERTAL
PROLEI DIPL. -ING. OTTMAR HUPPMANN
STAND 29.7.1976
QUELLE fragebogenerhebung sommer 1976
FINGEB - LAND BADEN-WUERTTEMBERG
- STADTWERKE ULM
ZUSAM - GEOLOGISCHES LANDESAMT BADEN-WUERTTEMBERG, FREIBURG
- BAYERISCHES LANDESAMT FUER WASSERWIRTSCHAFT
- BUNDESANSTALT FUER GEOWISSENSCHAFTEN UND ROHSTOFFE, STILLEWEG 2, 3000 HANNOVER 51
BEGINN 1.1.1974 ENDE 31.12.1977
LITAN ZWISCHENBERICHT

HB -056

INST INSTITUT FUER WASSERCHEMIE UND CHEMISCHE BALNEOLOGIE DER TU MUENCHEN
MUENCHEN, MARCHIONINISTR. 17
VORHAB **untersuchungen der loeslichkeit von gesteinen des perm und der trias durch co2-reiches wasser**
durch vergleiche des mineralstoff- und spurenmetallgehaltes natuerlicher tiefenwaesser zwischen spessart und vogelsberg im westen und thueringer wald im osten mit dem mineralstoffgehalt kuenstlich hergestellter waesser soll der geogene hintergrund ermittelt werden. zur herstellung der kuenstlichen waesser werden gesteinsproben aus dem perm u. der trias metallfrei gemahlen. die proben werden im co2-gas durchsprudelten wasser aufgeschlaemmt. vergleichende spurenbestimmungen werden zum ausgangsmaterial durchgefuehrt. untersucht werden im wasser: na+, k+, mg2+, ca2+, cl-, so2-, no3-, hco3-; wasser und gestein: cr, mn, fe, co, ni, cu, zn, sr, cd, pb, (hg)
S.WORT hydrogeologie + mineralstoffe + spurenelemente
BAYERN (NORD)
PROLEI DR. PETER UDLUFT
STAND 22.7.1976
QUELLE fragebogenerhebung sommer 1976
FINGEB DEUTSCHE FORSCHUNGSGEMEINSCHAFT
ZUSAM - DR. G. ANDRES, REG. DIR. AM BAYERISCHEN LANDESAMT FUER WASSERWIRTSCHAFT, MUENCHEN
- INST. F. WASSERCHEMIE UND CHEMISCHE BALNEOLOGIE DER TU MUENCHEN, DR. H. A. WINKLER
G.KOST 20.000 DM
LITAN ZWISCHENBERICHT

HB -057

INST INSTITUT FUER WASSERWIRTSCHAFT, HYDROLOGIE UND LANDWIRTSCHAFTLICHER WASSERBAU DER TU HANNOVER
HANNOVER, CALLINSTR. 15
VORHAB **untersuchung der grundwasser-stroemungsverhaeltnisse (sicherung der wasserversorgung)**
S.WORT grundwasser + stroemung
PROLEI PROF. DR. -ING. HERBERT BILLIB
STAND 1.1.1974

HB -058

INST INSTITUT FUER WASSERWIRTSCHAFT, HYDROLOGIE UND LANDWIRTSCHAFTLICHER WASSERBAU DER TU HANNOVER
HANNOVER, CALLINSTR. 15
VORHAB **simulationsmodelle in der grundwasser-hydrologie**
S.WORT grundwasser + hydrologie + modell
PROLEI PROF. DR. HOFFMANN
STAND 1.1.1974
FINGEB DEUTSCHE FORSCHUNGSGEMEINSCHAFT

HB -059

INST INSTITUT FUER WASSERWIRTSCHAFT, HYDROLOGIE UND LANDWIRTSCHAFTLICHER WASSERBAU DER TU HANNOVER
HANNOVER, CALLINSTR. 15
VORHAB **grundwasserhaushalt im kuestenbereich**
S.WORT grundwasser
PROLEI PROF. DR. HOFFMANN
STAND 1.1.1974

HB -060

INST INSTITUT FUER WASSERWIRTSCHAFT, HYDROLOGIE UND LANDWIRTSCHAFTLICHER WASSERBAU DER TU HANNOVER
HANNOVER, CALLINSTR. 15
VORHAB **mathematisches modell zur beschreibung der grundwasseranreicherung**
S.WORT grundwasseranreicherung + (mathematisches modell)
PROLEI PROF. DR. -ING. HERBERT BILLIB
STAND 1.1.1974
FINGEB DEUTSCHE FORSCHUNGSGEMEINSCHAFT

HB -061

INST INSTITUT FUER WASSERWIRTSCHAFT, HYDROLOGIE UND LANDWIRTSCHAFTLICHER WASSERBAU DER TU HANNOVER
HANNOVER, CALLINSTR. 15
VORHAB **untersuchung kurzfristiger ueberbelastung eines grundwasserreservoirs im rahmen langfristiger wassergewinnungsmassnahmen**
zur optimalen nutzung der grundwasservorraete in gebieten, in denen bereits ein grundwasser-reservoir durch entnahmen bereits die grenzen der belastbarkeit als langfristiges mittel erreicht hat, wird zunaechst eine quantifizierung der grenzbedingungen unter beruecksichtigung der jeweiligen versorgungssituation vorgenommen. weiterhin wird durch eine instationaere analyse untersucht, welche auswirkungen ein kurzfristiges ueberschreiten bestimmter grenzbedingungen mit sich bringt. die ergebnisse dieser exemplarisch fuer ein grossflaechiges gw-reservoir durchgefuehrten simulationen sollen eine optimale anpassung der betriebszustaende von foerderbrunnen an die jeweils vorliegenden bedingungen ermoeglichen
S.WORT wassergewinnung + wasserversorgung + grundwasserentzug + optimierungsmodell
PROLEI DR. -ING. BERNHARD HOFFMANN
STAND 13.8.1976
QUELLE fragebogenerhebung sommer 1976
FINGEB KULTUSMINISTERIUM, HANNOVER
BEGINN 1.6.1976 ENDE 31.12.1979
G.KOST 195.000 DM

HB -062

INST INSTITUT FUER WASSERWIRTSCHAFT, HYDROLOGIE UND LANDWIRTSCHAFTLICHER WASSERBAU DER TU HANNOVER
HANNOVER, CALLINSTR. 15
VORHAB **entwicklung von grundwasserguetemodellen**
weiterentwicklung von transportmodellen zur beschreibung der ausbreitung von inhaltsstoffen in grundwasser. experimentelle untersuchung der adsorption von ionen an sanden. einbau des adsorptionsterms in die theorie und numerische loesung der differentialgleichung
S.WORT wasserguetewirtschaft + grundwasser + schadstoffausbreitung + (grundwasserguetemodell)
PROLEI DR. -ING. ROLF MULL
STAND 13.8.1976
QUELLE fragebogenerhebung sommer 1976
FINGEB DEUTSCHE FORSCHUNGSGEMEINSCHAFT
BEGINN 1.8.1974 ENDE 30.9.1976
G.KOST 250.000 DM
LITAN ZWISCHENBERICHT

HB -063

INST LAHMEYER INTERNATIONAL GMBH
FRANKFURT 71, POSTFACH 710230
VORHAB **untersuchungen zu einer mobilen schiffsinstallierten meerwasserentsalzungsanlage fuer die suedkueste pakistans**
S.WORT schiffe + trinkwasserversorgung + meerwasserentsalzung
PAKISTAN
QUELLE datenuebernahme aus der datenbank zur koordinierung der ressortforschung (dakor)
FINGEB BUNDESMINISTER FUER FORSCHUNG UND TECHNOLOGIE
BEGINN 1.9.1974 ENDE 31.8.1976

HB -064

INST LANDESANSTALT FUER IMMISSIONS- UND BODENNUTZUNGSSCHUTZ DES LANDES NORDRHEIN-WESTFALEN
ESSEN, WALLNEYERSTR. 6
VORHAB **hydrologische untersuchung zur ermittlung des grundwasserhaushaltes, grundwasserbildung auf versuchsfeld**
S.WORT grundwasserbildung + wasserhaushalt
PROLEI DR. LANGNER
STAND 1.1.1974
FINGEB LAND NORDRHEIN-WESTFALEN
BEGINN 1.1.1969

HB -065

INST LANDESANSTALT FUER WASSER UND ABFALL
DUESSELDORF, BOERNESTR. 10
VORHAB **tritiumtransport - erprobung von mess- und anreicherungsverfahren**
S.WORT grundwasser + kartierung + tracer + (tritium)
PROLEI DR. PAETZE
STAND 1.10.1974
QUELLE erhebung 1975
FINGEB MINISTER FUER ERNAEHRUNG, LANDWIRTSCHAFT UND FORSTEN, DUESSELDORF
BEGINN 1.1.1970 ENDE 31.12.1975
G.KOST 150.000 DM

HB -066

INST LEHRSTUHL FUER GEOLOGIE DER UNI ERLANGEN-NUERNBERG
ERLANGEN, SCHLOSSGARTEN 5
VORHAB **hydrogeologische untersuchungen im quartaer des regnitzgebietes mit besonderer beruecksichtigung des chemismus der oberflaechen- und grundwaesser**
grundwasser-bilanz (vorraete, erneuerung, spende, fliessrichtungen); chemismus der grundwaesser im regnitztal und seinen einzugsgebieten; beeinflussung der grundwaesser durch (anthropogene) kontamination. untersuchung aller quellen und brunnen im arbeitsgebiet ueber ein hydrologisches jahr. woechentliche probennahme. stichproben aus ausgewaehlten stellen der oberflaechenwaesser
S.WORT grundwasserbewegung + hydrogeologie
REGNITZTAL
PROLEI DR. KURT POLL
STAND 21.7.1976
QUELLE fragebogenerhebung sommer 1976
FINGEB DEUTSCHE FORSCHUNGSGEMEINSCHAFT
G.KOST 50.000 DM
LITAN ZWISCHENBERICHT

HB -067
INST LEHRSTUHL FUER INGENIEUR- UND HYDROGEOLOGIE DER TH AACHEN
AACHEN, KOPERNIKUS-STRASSE 6
VORHAB hydrogeologische untersuchungen im einzugsgebiet der wahnbachtalsperre
hydrogeologische arbeitsmethoden
S.WORT hydrogeologie + kartierung
WAHNBACH-TALSPERRE
PROLEI PROF. DR. HEITFELD
STAND 1.1.1974
FINGEB MINISTER FUER ERNAEHRUNG, LANDWIRTSCHAFT UND FORSTEN, DUESSELDORF
ZUSAM HYDROGEOLOGISCHES KARTENWERK DER WASSERWIRTSCHAFTSVERWALTUNG VON NRW
BEGINN 1.1.1973 ENDE 31.12.1974

HB -068
INST LEHRSTUHL FUER WASSERBAU UND WASSERWIRTSCHAFT DER TU MUENCHEN
MUENCHEN 2, ARCISSTR. 21
VORHAB aenderung der statistik von niedrigwasserperioden infolge anthropogener einfluesse
S.WORT wasserstand + anthropogener einfluss + (statistik)
PROLEI DR. -ING. GUENTHER J. SEUS
STAND 7.9.1976
QUELLE datenuebernahme von der deutschen forschungsgemeinschaft
FINGEB DEUTSCHE FORSCHUNGSGEMEINSCHAFT

HB -069
INST LEHRSTUHL UND INSTITUT FUER APPARATETECHNIK UND ANLAGENBAU DER UNI ERLANGEN-NUERNBERG
ERLANGEN, ERWIN-ROMMEL-STR. 1
VORHAB systemanalyse submariner entsalzungsanlagen nach dem prinzip der umgekehrten osmose
S.WORT meerwasserentsalzung + verfahrensentwicklung + systemanalyse
QUELLE datenuebernahme aus der datenbank zur koordinierung der ressortforschung (dakor)
FINGEB BUNDESMINISTER FUER FORSCHUNG UND TECHNOLOGIE
ZUSAM INST. F. THERM. VERFAHRENSTECHNIK DER TU CLAUST
BEGINN 1.10.1974 ENDE 31.5.1976
G.KOST 231.000 DM

HB -070
INST LEHRSTUHL UND INSTITUT FUER VERFAHRENSTECHNIK DER TU HANNOVER
HANNOVER, LANGE LAUBE 14
VORHAB untersuchungen zum dynamischen verhalten von entspannungsverdampfern fuer meerwasserentsalzungsanlagen
S.WORT meerwasserentsalzung + verfahrensoptimierung + (entspannungsverdampfer)
QUELLE datenuebernahme aus der datenbank zur koordinierung der ressortforschung (dakor)
FINGEB BUNDESMINISTER FUER FORSCHUNG UND TECHNOLOGIE
BEGINN 1.10.1974 ENDE 30.6.1975
G.KOST 69.000 DM

HB -071
INST LURGI GMBH
FRANKFURT 2, GERVINUSSTR. 17-19
VORHAB meerwasserentsalzung. teilprojekt: entwicklung der mehrfachverdampfung zur meerwasserentsalzung
S.WORT meerwasserentsalzung + verfahrensentwicklung
QUELLE datenuebernahme aus der datenbank zur koordinierung der ressortforschung (dakor)
FINGEB BUNDESMINISTER FUER FORSCHUNG UND TECHNOLOGIE
BEGINN 1.1.1970 ENDE 1.2.1975
G.KOST 656.000 DM

HB -072
INST MAX-PLANCK-INSTITUT FUER BIOPHYSIK
FRANKFURT 70, KENNEDYALLEE 70
VORHAB meerwasserentsalzung. teilprojekt: untersuchungen zur hyperfiltration
S.WORT meerwasserentsalzung + biologische membranen + wirkmechanismus + osmose
QUELLE datenuebernahme aus der datenbank zur koordinierung der ressortforschung (dakor)
FINGEB BUNDESMINISTER FUER FORSCHUNG UND TECHNOLOGIE
BEGINN 1.1.1970 ENDE 31.12.1975

HB -073
INST MAX-PLANCK-INSTITUT FUER BIOPHYSIK
FRANKFURT 70, KENNEDYALLEE 70
VORHAB untersuchungen zur umgekehrten osmose fuer die wasserentsalzung
S.WORT meerwasserentsalzung + osmose
QUELLE datenuebernahme aus der datenbank zur koordinierung der ressortforschung (dakor)
FINGEB BUNDESMINISTER FUER FORSCHUNG UND TECHNOLOGIE
BEGINN 1.4.1975 ENDE 31.12.1975
G.KOST 57.000 DM

HB -074
INST NIEDERSAECHSISCHES LANDESAMT FUER BODENFORSCHUNG
HANNOVER -BUCHHOLZ, STILLEWEG 2
VORHAB umweltrelevante forschungen und untersuchungen auf dem gebiet der hydrologie
untersuchungen zur deponierung von haus- und sonderabfaellen, zur sanierung von mineraloelunfaellen, zur bemessung von wasserschutzgebieten, zur kuehlwassereinleitung in den untergrund. darueberhinaus werden u. a. arbeiten ueber das flaechenhafte ausmass der anthropogenen beeinflussung der grundwasserbeschaffenheit vorgenommen und karten ueber den gefaehrdungsgrad der grundwasservorkommen erarbeitet
S.WORT hydrogeologie + gewaesserschutz + grundwasserschutz
PROLEI DR. JUERGEN HAHN
STAND 6.8.1976
QUELLE fragebogenerhebung sommer 1976
ZUSAM BUNDESANSTALT FUER GEOWISSENSCHAFTEN UND ROHSTOFFE, STILLEWEG 2, 3000 HANNOVER 51
LITAN
- RICHTER, W.: EXPERIENCES IN OIL AND GAS EXPLORATION AND EXPLOITATION WITH REGARD TO GROUNDWATER CONTAMINATION AND GROUNDWATER PROTECTION. IN: PROC. VII WORLD PETR. CONGRESS S. 285(1967)
- LILLICH, W.;LUETTIG, G.: DER GEWAESSERSCHUTZ AUS HYDROGEOL. SICHT. IN: GWF-WASSER/ABWASSER 113(10) S. 477(1972)
- GROBA, E.;HAHN, J.: VARIATIONS OF GROUNDWATER CHEMISTRY BY ANTHROPOGENETIC FACTORS IN NORTHWEST GERMANY. IN: PROC. 24. INTERNATIONAL GEOL. CONGR. , MONTREAL 1972, SECT. II S. 270

HB -075
INST RHEINISCH-WESTFAELISCHER TECHNISCHER UEBERWACHUNGS-VEREIN E. V.
ESSEN, STEUBENSTR. 53
VORHAB untersuchungen ueber wiederkehrende pruefungen von fernleitungen fuer wassergefaehrdende fluessigkeiten
es ist zu pruefen, welche wiederkehrenden pruefungen an vergleichbaren bauwerken fuer eingeerdete oder oberirdische fernleitungen anwendbar sind. mechanische, thermische und chemische beanspruchungen im betrieb fuehren zu materialermuedungen. diese ermuedungserscheinungen, die den vorgegebenen sicherheitsbeiwert unterlaufen koennen, muessen bewertet werden. dies hat weiterhin zur folge, dass die lebensdauer der pipelines je nach beanspruchung unterschiedlich ist. daher sind wiederkehrende pruefungen erforderlich

S.WORT rohrleitung + pipeline + materialtest
STAND 15.11.1975
FINGEB BUNDESMINISTER DES INNERN
BEGINN 1.1.1973 ENDE 1.12.1975
G.KOST 153.000 DM

HB -076

INST SARTORIUS-MEMBRANFILTER GMBH
GOETTINGEN, POSTFACH 142
VORHAB **entwicklung von membranen fuer die meer- und brackwasserentsalzung durch umgekehrte osmose**
S.WORT meerwasserentsalzung + verfahrenstechnik
QUELLE datenuebernahme aus der datenbank zur koordinierung der ressortforschung (dakor)
FINGEB BUNDESMINISTER FUER FORSCHUNG UND TECHNOLOGIE
BEGINN 1.1.1975 ENDE 31.12.1977
G.KOST 2.095.000 DM

HB -077

INST SARTORIUS-MEMBRANFILTER GMBH
GOETTINGEN, POSTFACH 142
VORHAB **meerwasserentsalzung. teilprojekt: herstellung von membran-kapillarschlaeuchen zur wasserentsalzung nach dem prinzip der umgekehrten osmose**
S.WORT meerwasserentsalzung + verfahrensentwicklung
QUELLE datenuebernahme aus der datenbank zur koordinierung der ressortforschung (dakor)
FINGEB BUNDESMINISTER FUER FORSCHUNG UND TECHNOLOGIE
BEGINN 1.1.1973 ENDE 31.12.1975

HB -078

INST SONDERFORSCHUNGSBEREICH 79
"WASSERFORSCHUNG IM KUESTENBEREICH" DER TU HANNOVER
HANNOVER, CALLINSTR. 15 C VIII
VORHAB **analyse von grundwassersystemen unter ausnutzung natuerlicher anregungen**
zielsetzung ist die entwicklung und anwendung von simulationsmodellen, die aufgrund der durch die tide hervorgerufenen grundwasserstandsschwankungen und bewegungen der suess-salzwasser-grenze eine bestimmung des speicherkoeffizienten und des dispersionskoeffizienten erlauben. nach der ermittlung der systemparameter koennen fliessvorgaenge im grundwasser und konzentrationsverteilungen geloester inhaltsstoffe simuliert werden. hierbei wird im rahmen des genannten projekts hauptsaechlich die suess-salzwasser-vermischung betrachtet
S.WORT grundwasserspiegel + brackwasser
+ schadstoffbelastung + grundwasserbewegung
+ (simulationsmodell)
PROLEI DR. -ING. MANFRED KLENKE
STAND 30.8.1976
QUELLE fragebogenerhebung sommer 1976
FINGEB DEUTSCHE FORSCHUNGSGEMEINSCHAFT
ZUSAM BUNDESANSTALT FUER GEOWISSENSCHAFTEN UND ROHSTOFFE (BGR)
BEGINN 1.1.1974 ENDE 31.12.1979
G.KOST 1.037.000 DM
LITAN - HOFFMANN, B.;KLENKE, M.: EINSATZ EINES HYBRIDEN RECHNERSYSTEMS ZUR BERECHNUNG INSTATIONAERER GRUNDWASSERSTROEMUNG. IN: RAPPORTS DE REUNION INT. AIRH/SIA, COMITE DES MILLIEUX POREUX C 3 (1975)
- KLENKE, M.: EINSATZ EINES HYBRIDEN RECHNERSYSTEMS BEI GRUNDWASSERHAUSHALTSUNTERSUCHUNGEN. IN: MITT. INST. F. WASSERWIRTSCHAFT, HYDROLOGIE UND LANDWIRTSCHAFTL. WASSERBAU. TU HANNOVER (32) S. 255-376(1975)
- THIEM, H.: UNTERSUCHUNGEN ZUR AUSBREITUNG VON INHALTSSTOFFEN IN EINEM GRUNDWASSERLEITER MIT EINEM HYBRIDEN TRANSPORTMODELL. TECHNISCHER BERICHT SFB 79 TU HANNOVER (1975)

HB -079

INST SONDERFORSCHUNGSBEREICH 79
"WASSERFORSCHUNG IM KUESTENBEREICH" DER TU HANNOVER
HANNOVER, CALLINSTR. 15 C VIII
VORHAB **grundwassermodell "ems-jade"**
exemplarische untersuchung des grundwasserhaushaltes mit hinblick auf die ermittlung des nutzbaren grundwasserangebotes in einer kuestenregion; einsatz mathematisch-numerischer grundwassermodelle
S.WORT grundwasser + kuestengebiet + wasserhaushalt + (modell)
EMS + JADE
PROLEI DR. -ING. ROLF MULL
STAND 30.8.1976
QUELLE fragebogenerhebung sommer 1976
FINGEB DEUTSCHE FORSCHUNGSGEMEINSCHAFT
ZUSAM - WASSERWIRTSCHAFTSAMT AURICH
- WASSERWIRTSCHAFTSAMT, 2940 WILHELMSHAVEN, RATHAUSPLATZ
- NIEDERS. LANDESAMT F. BODENFORSCHUNG, 3000 HANNOVER-BUCHHOLZ
BEGINN 1.1.1975
G.KOST 400.000 DM

HB -080

INST SONDERFORSCHUNGSBEREICH 80 "AUSBREITUNGS- UND TRANSPORTVORGAENGE IN STROEMUNGEN" DER UNI KARLSRUHE
KARLSRUHE, KAISERSTR. 12
VORHAB **physikalische einfluesse auf sickerstroemungen mit polymer-additiven**
veraenderung des stroemungswiderstandes durch polymer-additive soll untersucht werden; neue technologien fuer grundwasserschutz sollen entwickelt werden
S.WORT grundwasser + sickerwasser + stroemung
PROLEI PROF. DR. -ING. NAUDASCHER
STAND 1.10.1974
FINGEB DEUTSCHE FORSCHUNGSGEMEINSCHAFT
BEGINN 1.1.1972 ENDE 31.12.1977
G.KOST 480.000 DM
LITAN - SFB ANTRAG 1974/75
- ZWISCHENBERICHT 1974. 05

HB -081

INST SONDERFORSCHUNGSBEREICH 80 "AUSBREITUNGS- UND TRANSPORTVORGAENGE IN STROEMUNGEN" DER UNI KARLSRUHE
KARLSRUHE, KAISERSTR. 12
VORHAB **chemische einfluesse auf sickerstroemungen mit polymer-additiven**
ziel: erfassung des einflusses chemischer parameter auf die durchlaessigkeit poroeser medien; erarbeitung von auswahlkriterien fuer polymeradditive bezueglich anwendbarkeit bei poroesen systemen mit bekannten chemischen eigenschaften
S.WORT sickerwasser + stroemung + filtration
PROLEI DR. ALBERT
STAND 1.10.1974
FINGEB DEUTSCHE FORSCHUNGSGEMEINSCHAFT
ZUSAM SONDERFORSCHUNGSBEREICH 62 DER DFG, UNI KARLSRUHE, 75 KARLSRUHE, KAISERSTR. 12
BEGINN 1.6.1974 ENDE 31.12.1977
G.KOST 273.000 DM

HB -082

INST SONDERFORSCHUNGSBEREICH 80 "AUSBREITUNGS- UND TRANSPORTVORGAENGE IN STROEMUNGEN" DER UNI KARLSRUHE
KARLSRUHE, KAISERSTR. 12
VORHAB **einfluss einer sickerstroemung auf den feststofftransport und dessen beginn**
einfluss der sickerstroemung auf die bodennahe schicht der gerinnestroemung a und b sind entgegengesetzt; einfluesse sollen quantifiziert werden
S.WORT sickerwasser + stroemung + feststofftransport
PROLEI PROF. WITTKE
STAND 1.10.1974

QUELLE erhebung 1975
FINGEB DEUTSCHE FORSCHUNGSGEMEINSCHAFT
BEGINN 1.6.1970 ENDE 31.12.1974
G.KOST 246.000 DM

HB -083
INST STAATLICHES AMT FUER WASSER- UND ABFALLWIRTSCHAFT MUENSTER
MUENSTER, STUBENGASSE 34
VORHAB **entwicklung eines physikalischen wasserhaushaltsmodells zur quantitativen bestimmung der grundwasserneubildung**
S.WORT grundwasserbildung + wasserhaushalt + (physikalisches modell)
PROLEI DR. MANFRED SCHROEDER
STAND 7.9.1976
QUELLE datenuebernahme von der deutschen forschungsgemeinschaft
FINGEB DEUTSCHE FORSCHUNGSGEMEINSCHAFT

HB -084
INST STADTWERKE WIESBADEN AG
WIESBADEN, SOEHNLEINSTR. 158
VORHAB **qualitative und quantitative vorgaenge bei der grundwasserneubildung in einem definierten einzugsgebiet**
ziel: wasserhaushaltsbilanz des untersuchungsgebietes; zusammenhaenge zwischen wassergewinnung und kleinklimatischen faktoren; veraenderungen der wasserqualitaet bei der boden- und gesteinspassage; optimierung der nutzung eines unterirdischen wasserspeichers
S.WORT grundwasserbildung + wasserhaushalt
TAUNUS + WIESBADEN
PROLEI DR. KLAUS HABERER
STAND 1.1.1974
FINGEB DEUTSCHE FORSCHUNGSGEMEINSCHAFT
ZUSAM INTERNATIONALE HYDROLOGISCHE DEKADE
BEGINN 1.5.1967 ENDE 30.9.1974
G.KOST 370.000 DM
LITAN - HABERER, K. U.;HESSLER, K. -G.: HYDROLOGISCHE UND WASSERCHEMISCHE UNTERSUCHUNGEN IM BEREICH DER WASSERGEWINNUNGSANLAGEN IM TAUNUS. IN: DIE SICHERSTELLUNG DER TRINKWASSERVERSORGUNG WIESBADENS
- ZWISCHENBERICHT 1974. 09

HB -085
INST VERFAHRENSTECHNISCHE VERWERTUNGEN - DIPL.-ING.-CHEM. O.E.A. KRAMER -
STUTTGART 80, SCHILTACHER STRASSE 35
VORHAB **entwicklung eines verfahrens zur meerwasserentsalzung durch korneisbildung im drehrohrkristallisator**
S.WORT meerwasserentsalzung + verfahrensentwicklung + (kristallisationsverfahren)
QUELLE datenuebernahme aus der datenbank zur koordinierung der ressortforschung (dakor)
FINGEB BUNDESMINISTER FUER FORSCHUNG UND TECHNOLOGIE
BEGINN 10.1.1974 ENDE 28.2.1975
G.KOST 88.000 DM

HB -086
INST WALTER GMBH
KIEL 21, PROJENSDORFER STR. 324
VORHAB **entwicklung einer hochdruck-kolbenpumpe mit energierueckgewinnung fuer meerwasserentsalzung durch umgekehrte osmose**
S.WORT meerwasserentsalzung + energie + rueckgewinnung + osmose
QUELLE datenuebernahme aus der datenbank zur koordinierung der ressortforschung (dakor)
FINGEB BUNDESMINISTER FUER FORSCHUNG UND TECHNOLOGIE
ZUSAM GKSS GEESTHACHT
BEGINN 1.9.1973 ENDE 31.12.1974
G.KOST 231.000 DM

HB -087
INST WIRTSCHAFT UND INFRASTRUKTUR GMBH & CO PLANUNGS-KG
MUENCHEN 70, SYLVENSTEINSTR. 2
VORHAB **standortuntersuchung fuer eine versuchs- und demonstrationsanlage zur meerwasserentsalzung in tunesien**
S.WORT meerwasserentsalzung + aufbereitungsanlage + standortwahl
TUNESIEN
QUELLE datenuebernahme aus der datenbank zur koordinierung der ressortforschung (dakor)
FINGEB BUNDESMINISTER FUER FORSCHUNG UND TECHNOLOGIE
BEGINN 1.8.1974 ENDE 30.4.1975

HB -088
INST ZENTRALSTELLE FUER GEOPHOTOGRAMMETRIE UND FERNERKUNDUNG DER DEUTSCHEN FORSCHUNGSGEMEINSCHAFT
MUENCHEN, LUISENSTR. 37
VORHAB **hydrogeologische untersuchungen an den kuesten siziliens**
ziel: erfassen des grundwasserverlaufes an den kuesten siziliens. vorgehensweise: aufnahme von pan-sw-stereoluftbildern, falschfarben und multispektralenphotographien, thermal-scanner-aufnahmen in zwei wellenlaengenbereichen ueber i. -kuestenstreifen. untersuchungsmethode: tektonische bearbeitung der interessierenden gebiete, analoge auswertung der multispektralen aufnahmen hinsichtlich bodenfeuchte und vegetationszustandes. aequidensiten der thermalaufnahmen. korrelation der ergebnisse aus den drei auswertegaengen
S.WORT hydrogeologie + grundwasserbewegung + kuestengebiet + luftbild
SIZILIEN
PROLEI PROF. DR. JOHANN BODECHTEL
STAND 12.8.1976
QUELLE fragebogenerhebung sommer 1976
FINGEB IDROTECNECO, S. LORENZO I. CAMPO
BEGINN 1.1.1975
G.KOST 10.000 DM

HB -089
INST ZENTRUM DER HYGIENE DER UNI FRANKFURT
FRANKFURT, PAUL-EHRLICH STR. 40
VORHAB **untersuchung der zusammenhaenge zwischen grund- und oberflaechenwasser bei der gw-anreicherung auf grund mikrobiologischer methoden**
eleminierung von organischen substanzen durch bakterien durch mikrobiologische untersuchungen; identifizierung bestim mter bakterienstaemme; an bestehenden grundwasseranreicherungsbecken (natuerlicher untergrund) werden veraenderungen der organischen belastung ausgewertet und verbesserungsmoeglichkeiten vorgeschlagen
S.WORT grundwasseranreicherung + oberflaechenwasser + mikrobieller abbau
STAND 1.1.1974
QUELLE umweltforschungsplan 1974 des bmi
FINGEB BUNDESMINISTER DES INNERN
BEGINN 1.1.1970 ENDE 31.12.1974
G.KOST 258.000 DM

Weitere Vorhaben siehe auch:

HA -070 HYDROGEOLOGIE UND HYDROCHEMIE DES SINN-SAALEGEBIETES IM RAHMEN DES MAINPROJEKTES
HG -048 HYDROLOGISCHER ATLAS DER BUNDESREPUBLIK DEUTSCHLAND; BEARBEITUNG VON GEWAESSERGUETEKARTEN
HG -049 HYDROGEOLOGIE DER DOLLENDORFER MULDE (EIFEL)
HG -050 HYDROGEOLOGISCHES KARTENWERK DER WASSERWIRTSCHAFTSVERWALTUNG VON NORDRHEIN-WESTFALEN

HG -055 DISPERSION VON HYDROLOGISCHEN TRACERN IN POROESEN MEDIEN ZUR MESSUNG DER ABSTANDSGESCHWINDIGKEIT EINER GRUNDWASSERSTROEMUNG

HG -058 PHYSIKALISCHE, CHEMISCHE UND BIOLOGISCHE VORGAENGE BEI DER SELBSTDICHTUNG VON GEWAESSERSOHLEN

LA -003 MITWIRKUNG BEI DER FESTSETZUNG VON WASSERSCHUTZZONEN

RC -017 GEOELEKTRISCHE MESSUNGEN ZUR BESCHAFFENHEIT UND MAECHTIGKEIT DES QUARTAERS SOWIE DER TIEFENLAGE DES TERTIAERS

HC -001

INST ABTEILUNG FUER HYGIENE DER MEDIZINISCHEN HOCHSCHULE LUEBECK
LUEBECK, RATZEBURGER ALLEE 160
VORHAB **untersuchungen ueber die hygienische und biologische beschaffenheit des badewassers vor der ostseekueste - suedlicher kuestenbereich**
an der gesamten ostseekueste der bundesrepublik werden nach einem festgelegten plan in einem zeitraum von 3 jahren turnusmaessig proben gezogen und auf sauerstoffsaettigung, ph-wert, kmno4-gehalt, keimzahl, colititer u. a. parametern untersucht. das untersuchungsmaterial dient als grundlage einer gesamtbeurteilung der hygienischen verhaeltnisse im untersuchungsgebiet
S.WORT wasseruntersuchung + wasserhygiene + kuestengewaesser
OSTSEE
STAND 15.11.1975
FINGEB BUNDESMINISTER DES INNERN
BEGINN 1.1.1971 ENDE 31.12.1976
G.KOST 914.000 DM

HC -002

INST ABTEILUNG HYGIENE UND MIKROBIOLOGIE DER UNI KIEL
KIEL, BRUNSWIKERSTR. 2-6
VORHAB **untersuchungen ueber die hygienische und biologische beschaffenheit des badewassers vor der ostseekueste - noerdlicher kuestenbereich**
an der gesamten ostseekueste der bundesrepublik, spaeter auch an der nordseekueste, werden nach einem festgelegten plan innerhalb von 3 jahresablaeufen turnusmaessig proben gezogen und auf sauerstoffsaettigung, ph-wert, kmno4-gehalt, keimzahl, colititer und andere messwerte untersucht. der auf grund der ergebnisse ermittelte befund dient als grundlage einer gesamtbeurteilung der vorherrschenden hygienischen verhaeltnisse
S.WORT wasseruntersuchung
OSTSEE
PROLEI DR. HAVEMEISTER
STAND 15.11.1975
FINGEB BUNDESMINISTER DES INNERN
BEGINN 1.6.1971 ENDE 31.12.1976
G.KOST 831.000 DM

HC -003

INST BEHOERDE FUER WIRTSCHAFT, VERKEHR UND LANDWIRTSCHAFT DER FREIEN UND HANSESTADT HAMBURG
CUXHAVEN, LENTZKAI
VORHAB **entwicklung der stroemungsverhaeltnisse an der nordseekueste**
S.WORT kuestengewaesser + stroemung
NORDSEEKUESTE
STAND 1.10.1974
FINGEB BUNDESMINISTER FUER FORSCHUNG UND TECHNOLOGIE
BEGINN 1.1.1973 ENDE 31.12.1974
G.KOST 122.000 DM

HC -004

INST BEHOERDE FUER WIRTSCHAFT, VERKEHR UND LANDWIRTSCHAFT DER FREIEN UND HANSESTADT HAMBURG
CUXHAVEN, LENTZKAI
VORHAB **gutachten ueber die voraussichtlichen sedimentologischen veraenderungen im neuwerker watt infolge der geplanten dammbauten**
grundlage fuer die planung des dammes von der kueste nach scharhoern
S.WORT kuestengewaesser + wattenmeer + sedimentation + wasserbau + (dammbauten)
ELBE-AESTUAR + NEUWERK + SCHARHOERN
PROLEI DIPL. -ING. MUNDT
STAND 13.8.1976
QUELLE fragebogenerhebung sommer 1976
FINGEB KURATORIUM FUER FORSCHUNG IM KUESTENINGENIEURWESEN
ZUSAM KURATORIUM FUER FORSCHUNG IM KUESTENINGENIEURWESEN POSTFACH 4448, 2300 KIEL
BEGINN 15.8.1974 ENDE 31.12.1976
G.KOST 40.000 DM

HC -005

INST BEHOERDE FUER WIRTSCHAFT, VERKEHR UND LANDWIRTSCHAFT DER FREIEN UND HANSESTADT HAMBURG
CUXHAVEN, LENTZKAI
VORHAB **untersuchung einer prielverlegung im neuwerker watt**
grundlage fuer hafenplanung scharhoern
S.WORT kuestengewaesser + wattenmeer + wasserbau + (prielverlegung + hafenplanung)
ELBE-AESTUAR + NEUWERK + SCHARHOERN
PROLEI DR. -ING. HANS VOLLMERS
STAND 13.8.1976
QUELLE fragebogenerhebung sommer 1976
ZUSAM AMT FUER STROM- UND HAFENBAU, SCHARHOERN
BEGINN 29.9.1975 ENDE 31.1.1976
G.KOST 30.000 DM
LITAN ENDBERICHT

HC -006

INST BEHOERDE FUER WIRTSCHAFT, VERKEHR UND LANDWIRTSCHAFT DER FREIEN UND HANSESTADT HAMBURG
CUXHAVEN, LENTZKAI
VORHAB **fortsetzung der morphologisch-historischen untersuchungen des elbe-aestuars**
morphologische entwicklung des elbmuendungsgebietes, grundlage fuer hafenplanung
S.WORT kuestengewaesser + wattenmeer + meeresboden + wasserbau + (hafenplanung)
ELBE-AESTUAR
PROLEI DR. A. W. SANG
STAND 13.8.1976
QUELLE fragebogenerhebung sommer 1976
BEGINN 4.6.1971 ENDE 31.1.1976
G.KOST 25.000 DM
LITAN ENDBERICHT

HC -007

INST BEHOERDE FUER WIRTSCHAFT, VERKEHR UND LANDWIRTSCHAFT DER FREIEN UND HANSESTADT HAMBURG
CUXHAVEN, LENTZKAI
VORHAB **die biologischen verhaeltnisse in der aussenelbe und im neuwerker watt**
bestandsaufnahme von wattfauna und -flora
S.WORT kuestengewaesser + wattenmeer + meeresbiologie + fauna + flora + (bestandsaufnahme)
ELBE-AESTUAR + NEUWERK
PROLEI PROF. CASPERS
STAND 13.8.1976
QUELLE fragebogenerhebung sommer 1976
BEGINN 6.1.1965 ENDE 31.12.1976
G.KOST 100.000 DM

HC -008

INST BIOLOGISCHE ANSTALT HELGOLAND
HAMBURG 50, PALMAILLE 9
VORHAB **produktionsbiologie mariner planktischer nahrungsketten unter kontrollierten bedingungen**
S.WORT hydrobiologie + marine nahrungskette
PROLEI DR. WOLFGANG HICKEL
STAND 1.10.1974
FINGEB DEUTSCHE FORSCHUNGSGEMEINSCHAFT

HC -009

INST BIOLOGISCHE ANSTALT HELGOLAND
HAMBURG 50, PALMAILLE 9

VORHAB **studium der struktur, funktion und dynamik lebender systeme im meer**
raeumliche und zeitliche verbreitung von meeresorganismen, wechselbeziehungen zwischen zooplanktonpopulationen, bestandsaufnahme und populationsdynamik tierischer lebensgemeinschaften des meeresbodens, produktionsbiologie der nordsee
S.WORT meeresorganismen + populationsdynamik + plankton
NORDSEE
PROLEI DR. OTTO KINNE
STAND 9.8.1976
QUELLE fragebogenerhebung sommer 1976
FINGEB - BUNDESMINISTER FUER FORSCHUNG UND TECHNOLOGIE
- DEUTSCHE FORSCHUNGSGEMEINSCHAFT

HC -010

INST BIOLOGISCHE ANSTALT HELGOLAND
HAMBURG 50, PALMAILLE 9
VORHAB **analyse der reaktionen mariner organismen auf veraenderungen natuerlicher umweltfaktoren**
umweltabhaengigkeit des stoffwechsels mariner bakterien, einfluss abiotischer und biotischer faktoren auf wachstums- und fortpflanzungsvorgaenge von litoralorganismen, photophysiologie und photomorphogenese mariner grossalgen, osmo- und ionenregulation bei meeresalgen, regulationen und adaptionen des stoffwechsels von meeres- und brackwassertieren, orientierungsvermoegen und wanderungen mariner fische
S.WORT meeresorganismen + litoral + algen + metabolismus + oekologische faktoren
PROLEI DR. OTTO KINNE
STAND 9.8.1976
QUELLE fragebogenerhebung sommer 1976
FINGEB BUNDESMINISTER FUER FORSCHUNG UND TECHNOLOGIE
LITAN KINNE, O. (ED.): MARINE ECOLOGY. IN: WILEY-INTERSCIENCE, LONDON 2(1) S. 1-8

HC -011

INST BIOLOGISCHE ANSTALT HELGOLAND
HAMBURG 50, PALMAILLE 9
VORHAB **erforschung der methodischen und biologischen grundlagen der kultur mariner organismen**
kultivierung mariner mikroorganismen, pflanzen und tiere, abbauleistung in marinen filtersystemen, lebenszyklen und umweltanspprueche von primaer- und sekundaerproduzenten, entwicklung von verfahren zur massenproduktion von planktonorganismen, aufzucht- und wachstumsversuche an nutzfischen der nord- und ostsee, pruefung nichteinheimischer arten fuer aquakulturzwecke, parasitaere erkrankungen und missbildungen bei marinen nutztieren
S.WORT meeresorganismen + plankton + fische
NORDSEE + OSTSEE
PROLEI DR. OTTO KINNE
STAND 9.8.1976
QUELLE fragebogenerhebung sommer 1976
FINGEB BUNDESMINISTER FUER FORSCHUNG UND TECHNOLOGIE

HC -012

INST BUNDESANSTALT FUER WASSERBAU
HAMBURG 13, MOORWEIDENSTR. 14
VORHAB **untersuchungen fuer die umleitung der ems durch den dollart und den bau des neuen dollarthafens**
es ist geplant, die ems kuenftig in einer neu zu baggernden rinne durch den dollart zu fuehren. in dem hydraulischen modell der tideems, das von borkum bis herbrum reicht (massstab 1: 500/100) soll die auswirkung dieser massnahme auf wasserstaende und stroemungen untersucht werden, welche strombauwerke sind eventuell zusaetzlich erforderlich? in einer studie soll aufgrund der ergebnisse der modelluntersuchungen und frueherer messungen in der natur die wirkung der geplanten massnahmen auf den salzgehalt der ems und des dollarts sowie auf die sedimentationsverhaeltnisse (sand- u. schlickhaushalt) untersucht werden
S.WORT aestuar + flussbettaenderung + sedimentation + kuestenschutz + (hydraulisches modell)
EMS-AESTUAR
PROLEI DIPL. -ING. FRIEDRICH OHLMEYER
STAND 21.7.1976
QUELLE fragebogenerhebung sommer 1976
FINGEB WASSER- UND SCHIFFAHRTSDIREKTION NORD (BMV)
BEGINN 1.1.1976 ENDE 31.12.1979

HC -013

INST BUNDESANSTALT FUER WASSERBAU
HAMBURG 13, MOORWEIDENSTR. 14
VORHAB **modellversuche fuer den ausbau der jade und der aussenweser**
die wasser- u. schiffahrtsdirektion nordwest betreibt den ausbau des jadefahrwassers nach wilhelmshafen fuer schiffe bis 20 m tiefgang und den ausbau der aussen- und unterweser. die auswirkungen dieser massnahmen auf wasserstaende und stroemungen - auch die gegenseitige beeinflussung der beiden aestuarien - werden an einem grossflaechigen hydraulischen tidemodell untersucht (massstab 1: 800/1: 100)
S.WORT aestuar + kuestenschutz + schiffahrt + (modellversuche)
JADE + WESER-AESTUAR
PROLEI DIPL. -ING. HERMANN HARTEN
STAND 21.7.1976
QUELLE fragebogenerhebung sommer 1976
FINGEB WASSER- UND SCHIFFAHRTSDIREKTION NORD (BMV)
BEGINN 1.1.1976
LITAN ZWISCHENBERICHT

HC -014

INST BUNDESANSTALT FUER WASSERBAU
HAMBURG 13, MOORWEIDENSTR. 14
VORHAB **sturmflutuntersuchungen fuer die tideelbe**
an dem hydraulischen modell mit fester sohle sollen verschiedene moeglichkeiten untersucht werden, die scheitelhoehen kuenftiger sturmfluten zu verringern. im fruehjahr 1976 sind im auftrage der freien hansestadt hamburg erste untersuchungen fuer sturmflutsperrwerke ausgefuehrt worden
S.WORT kuestenschutz + hochwasserschutz + sturmflut + (hydraulisches modell)
ELBE-AESTUAR
PROLEI DIPL. -ING. DIETER BERNDT
STAND 21.7.1976
QUELLE fragebogenerhebung sommer 1976
FINGEB - FREIE UND HANSESTADT HAMBURG
- BUNDESMINISTER DER FINANZEN
ZUSAM FRANZIUS-INSTITUT DER TU HANNOVER
BEGINN 1.1.1976 ENDE 31.12.1979
G.KOST 2.500.000 DM

HC -015

INST BUNDESANSTALT FUER WASSERBAU
HAMBURG 13, MOORWEIDENSTR. 14
VORHAB **modellversuche fuer den ausbau tideelbe**
die wasser- und schiffahrtsdirektion nord betreibt den ausbau der aussen- und unterelbe auf 13, 5 m unter kartennull. die auswirkung dieser massnahme auf wasserstaende und stroemungen werden in grossflaechigen hydraulischen tidemodellen untersucht und zwar vorwiegend fuer die unterelbe am modell mit fester sohle (massstab 1: 5000/100) und vorwiegend fuer die aussenelbe am modell mit beweglicher sohle (massstab 1: 800/100). es wird dabei u. a. untersucht, wie sich die verbreiterung der fahrrinne auswirkt, wo baggerboden abgelagert werden kann, ohne sich auf stroemungen und wasserstaende schaedlich auszuwirken oder wieder durch stroemungen in das fahrwasser zu gelangen. welche strombauwerke sind zweckmaessig und wie wirken sie sich aus?
S.WORT aestuar + flussbettaenderung + schiffahrt + (modellversuche)
ELBE-AESTUAR
PROLEI DIPL. -ING. DIETER BERNDT
STAND 21.7.1976

QUELLE fragebogenerhebung sommer 1976
FINGEB WASSER- UND SCHIFFAHRTSDIREKTION NORD (BMV)
BEGINN 1.1.1966 ENDE 31.12.1979
LITAN ZWISCHENBERICHT

HC -016

INST DEUTSCHES HYDROGRAPHISCHES INSTITUT
HAMBURG, BERNHARD-NOCHT-STR. 78
VORHAB **wassertransportmessung mit driftkoerpern**
entwicklung von driftkoerpern fuer verschiedene vorgegebene wassertiefen. entwicklung von akustischen signalgebern. feststellung der wasserverlagerung zur ermittlung strategischer punkte eines zukuenftigen effektiven ueberwachungssystems
S.WORT gewaesserueberwachung + meer + wasserbewegung + transportprozesse + messtechnik + (driftkoerper)
PROLEI HOLZKAMM
STAND 13.8.1976
QUELLE fragebogenerhebung sommer 1976
BEGINN 1.1.1978
G.KOST 840.000 DM

HC -017

INST DEUTSCHES HYDROGRAPHISCHES INSTITUT
HAMBURG, BERNHARD-NOCHT-STR. 78
VORHAB **vorkommen und ausbreitung der transurane im meer**
untersuchungen zum vorkommen und verhalten kritischer transurane (v. a. plutonium)
S.WORT meer + radioaktivitaet + transurane + plutonium
NORDSEE
PROLEI DR. KAUTSKY
STAND 13.8.1976
QUELLE fragebogenerhebung sommer 1976
BEGINN 1.1.1974 ENDE 31.12.1978
G.KOST 450.000 DM
LITAN ZWISCHENBERICHT

HC -018

INST DEUTSCHES HYDROGRAPHISCHES INSTITUT
HAMBURG, BERNHARD-NOCHT-STR. 78
VORHAB **numerische simulierung der stroemung und des wasserstandes in der deutschen bucht**
numerische simulierung von bewegungsvorgaengen und deren ursachen in der deutschen bucht. einsatz von grossrechenanlagen fuer schnelle vorhersagen zu auswirkungen von stroemungen in beliebigen seegebieten innerhalb der deutschen bucht. hierdurch wird es moeglich, z. b. bei unfaellen auf see (oel-, chemikalientanker) fruehzeitig und gezielt massnahmen zu ergreifen
S.WORT meereskunde + hydrodynamik + stroemung + wasserstand + simulation
DEUTSCHE BUCHT + NORDSEE
PROLEI DR. MITTELSTAEDT
STAND 13.8.1976
QUELLE fragebogenerhebung sommer 1976
BEGINN 1.1.1977 ENDE 31.12.1982
G.KOST 199.000 DM

HC -019

INST FORSCHUNGSSTELLE FUER INSEL- UND KUESTENSCHUTZ DER NIEDERSAECHSISCHEN WASSERWIRTSCHAFTSVERWALTUNG
NORDERNEY, AN DER MUEHLE 5
VORHAB **substrate und lebensgemeinschaften der watten des jadebusens**
es ist das ziel des vorhabens, zu einem zeitpunkt wachsender belastung (ausbau wilhelmshavens zum oelhafen und zum standort abwasserreicher industrien) den zustand repraesentativer glieder des oekosystems jadebusen festzuhalten. die untersuchung erstreckt sich auf substrate und organismen der wattflaechen (120 km2) und umfasst z. b. folgende punkte: 1) morphologisches relief der oberflaeche nach bodenuntersuchung. 2) verteilung niederer pilze (chytridineen). 3) verteilung der autotrophen bentischen mikroflora. 4) verteilung der makroflora. 5) verteilung der benthischen meoofauna. 6) verteilung der bentischen makrofauna
S.WORT kuestengebiet + wattenmeer + oekosystem + meeresbiologie
JADEBUSEN + NIEDERSACHSEN
PROLEI DR. HERMANN MICHAELIS
STAND 9.8.1976
QUELLE fragebogenerhebung sommer 1976
FINGEB DEUTSCHE FORSCHUNGSGEMEINSCHAFT
ZUSAM - INST. F. MEERESFORSCHUNG, AM HANDELSHAFEN 12, BREMERHAVEN
- INST. F. PHOTOGRAMMETRIE, NIENBURGER STRASSE 5, HANNOVER
BEGINN 1.7.1976
G.KOST 350.000 DM

HC -020

INST GEOLOGISCH-PALAEONTOLOGISCHES INSTITUT DER UNI HAMBURG
HAMBURG 13, BUNDESSTR. 55
VORHAB **art und groesse biogeochemischer umsetzungen im flachmeer-bereich**
S.WORT meeresbiologie + kuestengebiet
PROLEI PROF. DR. EGON DEGENS
STAND 7.9.1976
QUELLE datenuebernahme von der deutschen forschungsgemeinschaft
FINGEB DEUTSCHE FORSCHUNGSGEMEINSCHAFT

HC -021

INST GEOLOGISCH-PALAEONTOLOGISCHES INSTITUT UND MUSEUM DER UNI KIEL
KIEL, OLSHAUSENSTR. 40/60
VORHAB **sedimentation und erosion kohaesiver sedimente im feld- und laborversuch**
wechselwirkung meer- meeresboden; grundlagenuntersuchungen zur sedimentation, erosion und deformation extrem wasserreicher kuenstlicher und natuerlicher toniger sedimente, umlagerungsprozesse im marinen bereich
S.WORT meeresboden + wattenmeer + sedimentation
NORDSTRAND + NORDFRIESISCHES WATTENMEER
PROLEI PROF. DR. ECKART WAGNER
STAND 1.1.1974
FINGEB DEUTSCHE FORSCHUNGSGEMEINSCHAFT
ZUSAM INST. F. MEERESKUNDE DER UNI KIEL, 23 KIEL, NIEMANNSWEG 11
BEGINN 1.1.1971
G.KOST 1.300.000 DM
LITAN EINSELE; OVERBECK; SCHWARZ; UNSOELD: MASS PHYSICAL PROPERTIES, SLIDING, AND ERODIBILITY OF EXPERIMENTALLY DEPOSITED AND DIFFERENTLY CONSOLIDATED CLAYEY MUDS. IN: SEDIMENTOLOGY 21 (3) (1974)

HC -022

INST GEOLOGISCH-PALAEONTOLOGISCHES INSTITUT UND MUSEUM DER UNI KIEL
KIEL, OLSHAUSENSTR. 40/60
VORHAB **kartierung des nordseebodens vor den nordfriesischen inseln**
anwendung geologischer methoden
S.WORT meeresboden + kartierung
NORDSEE
PROLEI PROF. DR. KOESTER
STAND 1.10.1974
FINGEB DEUTSCHE FORSCHUNGSGEMEINSCHAFT
ZUSAM - BUNDESMIN. FUER VERKEHR, 53 BONN, STERNSTR. 100, ABT. WASSERSTRASSEN
- BUNDESMIN. FUER VERKEHR, 53 BONN, STERNSTR. 100, ABT. WASSERSTRASSEN
- DEUTSCHES HYDROGRAPHISCHES INSTITUT, 2 HAMBURG 4, BERNHARD-NOCHT-STR. 78
BEGINN 1.1.1967 ENDE 31.12.1975
G.KOST 880.000 DM

HC -023

INST GEOLOGISCH-PALAEONTOLOGISCHES INSTITUT UND MUSEUM DER UNI KIEL
KIEL, OLSHAUSENSTR. 40/60
VORHAB **untersuchungen zur sandvorspuelung westerland/sylt (geologie)**
anwendung geologischer methoden

S.WORT meeresgeologie + uferschutz + (sandvorspuelung)
WESTERLAND (SYLT) + DEUTSCHE BUCHT
PROLEI PROF. DR. KOESTER
STAND 1.1.1974
FINGEB MINISTER FUER ERNAEHRUNG, LANDWIRTSCHAFT UND FORSTEN, KIEL
ZUSAM - LEHRSTUHL F. HYDROMECHANIK U. KUESTENWASSERBAU D. TU BRAUNSCHWEIG, 33 BRAUNSCHWEIG, SPIELMANNSTR.
- AMT FUER LAND- UND WASSERWIRTSCHAFT, 225 HUSUM, HERZOG-ADOLF-STR. 1
- LANDESAMT FUER WASSERHAUSHALT VON KUESTEN, 23 KIEL, SAARBRUECKENSTR. 38
BEGINN 1.5.1971 ENDE 31.12.1974
G.KOST 300.000 DM
LITAN ZWISCHENBERICHT 1974. 10

HC -024

INST GEOLOGISCH-PALAEONTOLOGISCHES INSTITUT UND MUSEUM DER UNI KIEL
KIEL, OLSHAUSENSTR. 40/60
VORHAB **auswertung der fahrten mit fs meteor**
erforschung des inputs von material aus der luft, vom land, von der wassersaeule auf dem meeresboden; schwerpunkt: variation durch regionale und klimatische unterschiede; methoden: geologische, geophysikalische, ferner chemische und biologische
S.WORT meereskunde + meeresboden
PROLEI PROF. DR. EUGEN SEIBOLD
STAND 1.1.1974
FINGEB - DEUTSCHE FORSCHUNGSGEMEINSCHAFT
- KULTUSMINISTER, KIEL
ZUSAM - BUNDESANSTALT FUER BODENFORSCHUNG, 3 HANNOVER, STILLEWEG 2; METEOREXPEDITION
- INST. F. MEERESKUNDE DER UNI KIEL, 23 KIEL, OLSHAUSENSTR. 40-60; METEOREXPEDITION
BEGINN 1.1.1971 ENDE 31.12.1976
G.KOST 4.000.000 DM
LITAN MEHRERE VEROEFFENTLICHUNGEN IN "METEOR" FORSCHUNGSERGEBNISSE, REIHE C

HC -025

INST INSTITUT FUER ANGEWANDTE BOTANIK DER UNI HAMBURG
HAMBURG, MARSEILLER STRASSE 7
VORHAB **morphologie und oekologie von puccinellia maritima parl. und ihr einsatz im kuestenschutz**
autoekologie der art; experimentelle oekologie der infraspezifischen typen; isolierung von standortspezialisten; synoekologie des puccinellietum maritimae; speziell: einfluss der ueberflutung und der hydratur; oekologische kennzahlen fuer den einsatz der art im kuestenschutz
S.WORT kuestenschutz + oekologie + pflanzenzucht
PROLEI PROF. DR. KONRAD VON WEIHE
STAND 30.8.1976
QUELLE fragebogenerhebung sommer 1976
BEGINN 1.1.1969 ENDE 31.12.1977

HC -026

INST INSTITUT FUER ANGEWANDTE BOTANIK DER UNI HAMBURG
HAMBURG, MARSEILLER STRASSE 7
VORHAB **untersuchungen zur festigkeit hamburger elbdeiche in abhaengigkeit von der vegetation und der bewirtschaftungsform**
im grossraum hamburg werden zur hochwasserabdaemmung viele kilometer deichstrecken unterhalten, die nach unterschiedlichen gesichtspunkten bewirtschaftet werden. zu diesen bewirtschaftungsformen gehoeren u. a. die beweidung, die mahd und das mulchverfahren. mit hilfe dieser arbeit soll geklaert werden, ob die verschiedenen bewirtschaftungen einen einfluss auf die vegetation und die festigkeit der hamburger elbdeiche ausueben und ob ihnen damit eine grosse bedeutung fuer den hochwasserschutz zukommt
S.WORT hochwasserschutz + vegetation + landwirtschaft
HAMBURG (RAUM)
PROLEI DR. LARS NEUGEBOHRN
STAND 30.8.1976
QUELLE fragebogenerhebung sommer 1976

HC -027

INST INSTITUT FUER HYDROBIOLOGIE UND FISCHEREIWISSENSCHAFT DER UNI HAMBURG
HAMBURG 50, OLBERSWEG 24
VORHAB **sekundaerproduzenten und sekundaerproduktion im freien wasser und am meeresboden in abhaengigkeit von abiotischen und biotischen faktoren**
produktionsbiologische zusammenhaenge in einzelnen brackwasserbereichen und im offenen meer; energiefluss im aquatischen oekosystem; jahreszeitliche faktoren; geloeste naehrstoffe; primaer- und sekundaerproduktion
S.WORT meeresbiologie
NORDSEE
PROLEI PROF. DR. HUBERT CASPERS
STAND 1.1.1974
FINGEB DEUTSCHE FORSCHUNGSGEMEINSCHAFT
ZUSAM INST. F. MEERESKUNDE DER UNI HAMBURG, 2 HAMBURG 13, HEIMHUDER STR. 71
BEGINN 1.1.1971
G.KOST 280.000 DM

HC -028

INST INSTITUT FUER HYDROBIOLOGIE UND FISCHEREIWISSENSCHAFT DER UNI HAMBURG
HAMBURG 50, OLBERSWEG 24
VORHAB **nahrungsketten, biomasse und produktion des benthos in der tiefsee**
der tiefseeboden wird in immer staerkerem masse zur ablagerung von abfallstoffen und in zukunft zur gewinnung mineralischer rohstoffe benoetigt. beide wirtschaftlich orientierten interessen der menschen bedeuten stoerung des lebensraumes und der lebensgemeinschaften am tiefseeboden. zur beurteilung der auswirkungen der stoerung auf diese ausserordentlich stabilen lebensgemeinschaften ist das sammeln von basisdaten erforderlich. die stoerung lebender systeme mit hoher stabilitaet bewirkt langfristige veraenderungen, deren nachteile kaum vorhersehbar sind
S.WORT marine nahrungskette + oekosystem + meeresboden + benthos + schadstoffwirkung
PROLEI DR. HJALMAR THIEL
STAND 30.8.1976
QUELLE fragebogenerhebung sommer 1976
FINGEB - BUNDESMINISTER FUER FORSCHUNG UND TECHNOLOGIE
- DEUTSCHE FORSCHUNGSGEMEINSCHAFT
- DEUTSCHER AKADEMISCHER AUSTAUSCHDIENST, BONN-BAD GODESBERG
BEGINN 1.1.1966 ENDE 31.12.1974
LITAN - THIEL, H.: DER AUFBAU DER LEBENSGEMEINSCHAFT AM TIEFSEEBODEN. IN: NAT. MUS. 103/2 S. 39-49(1973)
- THIEL, H.;HESSLER, R. R.: FERNGESTEUERTES UNTERWASSERFAHRZEUG ERFORSCHT TIEFSEEBODEN. IN: UMSCHAU IN WISS. UND TECHN. 74 D6792D S. 451-453(1974)
- GREENSLATE, J.;HESSLER, R. R.;THIEL, H.: MANGANESE MODULES AREALIVE AND WELL ON THE SEA FLOOR. IN: MAR. TECHN. SOC. 10TH ANN. CONF. PROC. S. 171-181(1974)

HC -029

INST INSTITUT FUER HYDROBIOLOGIE UND FISCHEREIWISSENSCHAFT DER UNI HAMBURG
HAMBURG 50, OLBERSWEG 24
VORHAB **nahrungsketten, biomasse und produktion des benthos in nord- und ostsee**
nord- und ostsee sind besonders hohen belastungen durch abwaesser, eingebrachte industrieprodukte und starke schiffahrt ausgesetzt. generelles verstaendnis zum aufbau der lebensgemeinschaften und der produktion sollen dazu beitragen, die rolle des benthos im energiekreislauf des meeres und die veraenderungen des systems durch menschliche eingriffe zu verstehen. stoff- und energieumsatz durch einzelne arten (besonders sedimentfresser) sollen ihre funktion in den lebensgemeinschaften klaeren

S.WORT marine nahrungskette + biomasse + benthos + wasserverunreinigung
NORDSEE + OSTSEE
PROLEI DR. HJALMAR THIEL
STAND 30.8.1976
QUELLE fragebogenerhebung sommer 1976
FINGEB DEUTSCHE FORSCHUNGSGEMEINSCHAFT
BEGINN 1.1.1974
LITAN - UHLIG, G.;THIEL, H.;GRAY, J. S.: THE QUANTITATIVE SEPARATION OF MEIOFAUNA. IN: HELGOL. WISS. MEERESUNTERSUCH. 25 S. 173-195(1973)
- THIEL, H.;THISTLE, D.;WILSON, G. D.: ULTRASONIC TREATMENT OF SEDIMENT SAMPLES FOR MORE EFFICIENT SORTING OF MEIOFAUNA. IN: LIMNOL. OCEANOGR. 20(3) S. 472-473(1975)

HC -030

INST INSTITUT FUER MEERESFORSCHUNG
BREMERHAVEN, AM HANDELSHAFEN 12
VORHAB wasserqualitaet im weser-aestuar
einmal monatlich auf sechs stationen zwischen esenshamm und robbenplate bei flut je zwei proben. analysen auf temperatur, salzgehalt, sauerstoff, bsb5, csb, kjeldahl-n, truebe, imhoff-absetz-volumen, gesamt-p; bei station nordschleuse bremerhaven auch coli-bakterien
S.WORT wasserguete + kuestengewaesser + messtellennetz
WESER-AESTUAR
PROLEI DR. WELLERSHAUS
STAND 1.1.1974
FINGEB DEUTSCHE FORSCHUNGSGEMEINSCHAFT
ZUSAM - WASSERWIRTSCHAFTSAMT BREMEN
- PROJEKTGRUPPE "BIOINDIKATOREN" IM DFG-SCHWERPUNKT LITORALFORSCHUNG
BEGINN 1.1.1973
G.KOST 157.000 DM
LITAN WELLERSHAUS, S.: DATEN 1973/74 ZUR HYDROGRAPHIE UND GEWAESSERGUETE DES WESER-AESTUARS. IN: VEROEFFENTLICHUNGEN AUS DEM INST. F. MEERESFORSCHUNG, BREMERHAVEN 16 (1976)

HC -031

INST INSTITUT FUER MEERESFORSCHUNG
BREMERHAVEN, AM HANDELSHAFEN 12
VORHAB tiergemeinschaften und ihre verbreitung in der deutschen bucht 1975
das sublitorale makrobenthos der deutschen bucht wurde in der 2. jahreshaelfte 1975 auf der grundlage eines umfangreichen stationsnetzes in seinem artenbestand, seiner verbreitung und vergesellschaftung untersucht. die untersuchung soll vergleiche mit frueheren erhebungen (hagmeier: 1923/24 und stripp: 1965-68) ermoeglichen und zur beurteilung langfristiger milieuveraenderungen dienen
S.WORT benthos + litoral + biozoenose + messtellennetz
DEUTSCHE BUCHT
PROLEI DR. ELKE RACHOR
STAND 22.7.1976
QUELLE fragebogenerhebung sommer 1976
ZUSAM DEUTSCHES HYDROGRAPHISCHES INSTITUT, HAMBURG
BEGINN 1.8.1975 ENDE 31.12.1976
G.KOST 30.000 DM

HC -032

INST INSTITUT FUER MEERESFORSCHUNG
BREMERHAVEN, AM HANDELSHAFEN 12
VORHAB bakterienpopulationen in ozeanischen bodensedimenten
S.WORT meeresbiologie + sediment + bakterien + populationsdynamik
PROLEI DR. HORST WEYLAND
STAND 7.9.1976
QUELLE datenuebernahme von der deutschen forschungsgemeinschaft
FINGEB DEUTSCHE FORSCHUNGSGEMEINSCHAFT

HC -033

INST INSTITUT FUER MEERESFORSCHUNG
BREMERHAVEN, AM HANDELSHAFEN 12
VORHAB oekologie mariner "niederer saprophytischer pilze (aquatic phycomcetes)",wechselwirkungen zwischen der besiedlung des wasserkoerpers und der siedlungsdichte am meeresboden (es folgen verschiedene unterthemen)
S.WORT meeresbiologie + meerestiere + bodentiere
PROLEI DR. ALWIN GAERTNER
STAND 7.9.1976
QUELLE datenuebernahme von der deutschen forschungsgemeinschaft
FINGEB DEUTSCHE FORSCHUNGSGEMEINSCHAFT

HC -034

INST INSTITUT FUER MEERESKUNDE AN DER UNI KIEL
KIEL, NIEMANNSWEG 11
VORHAB austauschuntersuchungen in der kieler bucht
S.WORT austauschprozesse + meerwasser
KIELER BUCHT + OSTSEE
PROLEI DIPL. -OZEANOGR. HUBRICH
STAND 1.1.1974
FINGEB BUNDESMINISTER FUER FORSCHUNG UND TECHNOLOGIE
BEGINN 1.1.1971

HC -035

INST INSTITUT FUER MEERESKUNDE AN DER UNI KIEL
KIEL, NIEMANNSWEG 11
VORHAB mischungsuntersuchungen in den kuestennahen gewaessern der ostsee
arbeiten ueber transport- und austauschvorgaenge in der ostsee, insbesondere die vertikale vermischung in oberflaechennaehe und sprungschicht und bodenwassererneuerung; schwergewicht z. zt. bei entwicklung von messverfahren
S.WORT kuestengewaesser + austauschprozesse + messverfahren
OSTSEE
PROLEI PROF. DR. SIEDLER
STAND 1.8.1974
FINGEB BUNDESMINISTER FUER FORSCHUNG UND TECHNOLOGIE
ZUSAM ANDERE ARBEITSGRUPPEN, UNI KIEL
BEGINN 1.1.1971

HC -036

INST INSTITUT FUER MEERESKUNDE AN DER UNI KIEL
KIEL, NIEMANNSWEG 11
VORHAB verteilung und chemismus von spurenmetallen im meerwasser
vorkommen von spurenmetallen in der wassersaeule und in planktonorganismen; keine korrosionserscheinungen
S.WORT meerwasser + spurenelemente
PROLEI DR. DIPL. -CHEM. KREMLING
STAND 1.10.1974
FINGEB - DEUTSCHE FORSCHUNGSGEMEINSCHAFT
- KULTUSMINISTER, KIEL
BEGINN 1.1.1971
LITAN - KREMLING: SPURENMETALL-VERTEILUNG I. D. OSTSEE. KIELER MEERESFORSCHUNG (IM DRUCK)
- KREMLING U. PETERSEN: DETERMINATION OF IRON AND COPPES. . . . IN: ANALYTICA CHIMICA ACTA (IM DRUCK)

HC -037

INST INSTITUT FUER MEERESKUNDE DER UNI HAMBURG
HAMBURG 13, HEIMHUDER STRASSE 71
VORHAB untersuchungen zu reststroemen in nord- und ostsee
zur behandlung von fragen, die mit der verschmutzung des meeres zusammenhaengen, ist eine kenntnis der mittleren stroemungsrichtung erforderlich. zur klaerung dieser fragen werden hydrodynamisch-numerische modelle unterschiedlicher aufloesung fuer nord- und ostsee erstellt
S.WORT meeresverunreinigung + stroemung + (hydrodynamisches modell)
NORDSEE + OSTSEE
PROLEI REINER MAIER
STAND 30.8.1976

QUELLE fragebogenerhebung sommer 1976
LITAN MAIER, R. (UNI HAMBURG), DISSERTATION: HYDRO-DYNAMISCH-NUMERISCHE UNTERSUCHUNGEN ZU HORIZONTALEN AUSBREITUNGS- UND TRANSPORTVORGAENGEN IN DER NORDSEE. IN: MITT. D. INS. F. MEERESKUNDE, XXI, HAMBURG (1973)

HC -038

INST INSTITUT FUER MEERESKUNDE DER UNI HAMBURG
HAMBURG 13, HEIMHUDER STRASSE 71
VORHAB ermittlung der vertikalstruktur von bewegungen in geschichteten meeresgebieten, insbesondere seen und aestuarien
fuer die biologisch wichtige frage des wasseraustausches und der wassererneuerung ist eine kenntnis der vertikalstruktur der bewegung bei unterschiedlichen meteorologischen vertikallinien erforderlich. geplant ist eine untersuchung des eindringens von salzwasser in die ostsee und in die elbe
S.WORT meer + aestuar + wasserbewegung
+ austauschprozesse
OSTSEE + ELBE-AESTUAR
PROLEI REINER MAIER
STAND 30.8.1976
QUELLE fragebogenerhebung sommer 1976
BEGINN 1.1.1974

HC -039

INST INSTITUT FUER MEERESKUNDE DER UNI HAMBURG
HAMBURG 13, HEIMHUDER STRASSE 71
VORHAB untersuchung physikalischer prozesse im kuesten-, flachwasser- und aestuarienbereich
a) weiterentwicklung eines bestehenden numerischen modells der nordsee unter beruecksichtigung der gitternetzverfeinerung und der bewegungsvorgaenge im flachen wasser mit dem ziel der wasserstandsvorhersage im kuestennahen bereich. b) verwendung des o. a. modells zur numerischen ermittlung der stoffverfrachtung und bilanzierung geloesten materials. untersuchung von stroemungsabhaengigen horizontalausbreitungen. ziel: aufstellung eines standardmodells zur vorhersage physikalischer prozesse im kuestennahen bereich
S.WORT kuestengebiet + wasserbewegung
+ schadstoffausbreitung + stofftransport
NORDSEE
PROLEI DR. HANS-GERHARD RAMMING
STAND 30.8.1976
QUELLE fragebogenerhebung sommer 1976
BEGINN 1.1.1970
LITAN RAMMING, H.: REPRODUKTION PHYSIKALISCHER PROZESSE IN KUESTENGEBIETEN. IN: DIE KUESTE (23)(1973)

HC -040

INST INSTITUT FUER REINE UND ANGEWANDTE KERNPHYSIK DER UNI KIEL
KIEL, OLSHAUSENSTR. 40-60
VORHAB bestimmung von flugasche in marinen und limnischen sedimenten mit der c14-methode
der organisch gebundene kohlenstoff in den sedimenten der letzten 100 jahre hat einen etwa 10 % geringeren gehalt an kohlenstoff 14 als die tieferen sedimentschichten (erlenkeuser, willkomm), im gleichen bereich ist der gehalt einiger schwermetalle auf das 2- bis 7-fache der natuerlichen konzentration angestiegen (erwin suess). beide effekte lassen sich durch die ablagerung von flugasche erklaeren
S.WORT flugasche + sedimentation + schwermetalle
PROLEI DR. WILLKOMM
STAND 1.1.1974
FINGEB DEUTSCHE FORSCHUNGSGEMEINSCHAFT
ZUSAM SONDERFORSCHUNGSBEREICH 95 DER DFG, UNI KIEL, 23 KIEL, OLSHAUSENSTR. 40-60
BEGINN 1.1.1972
G.KOST 200.000 DM
LITAN - ERLENKEUSER; SUESS; WILLKOMM: INDUSTRIALIZATION AFFECTS HEAVY METAL AND CARBON ISOTOPE CONCENTRATION IN RECENT BALTIC SEA SEDIMENT. IN: GEOCHIMICA ET COCMOCHIMICA ACTA (1974)
- ZWISCHENBERICHT 1974. 04

HC -041

INST INSTITUT FUER UMWELTPHYSIK DER UNI HEIDELBERG
HEIDELBERG, IM NEUENHEIMER FELD 366
VORHAB thorium- und uran-isotopenuntersuchungen in tiefseesedimenten
neben der datierung der tiefseesedimente gilt es die frage zu klaeren, welche sedimente verstaerkt spurenstoffe, hier uran und radium, einbauen bzw. abgeben. von besonderem interesse sind dabei wenig untersuchte sedimentkerne von den kontinentalabhaengen westafrikas und des mittelmeers, wo neben hoeheren sedimentationsraten erhoehte mengen organischen kohlenstoffs und uran angetroffen werden. methode: messung des radioaktiven ungleichgewichts (ueberschussaktivitaet) bei ionium und ionium/plutonium-231
S.WORT meereskunde + sediment + radioaktive spurenstoffe
MITTELMEER + AFRIKA (WEST) + PAZIFIK
PROLEI DR. AUGUSTO MANGINI
STAND 13.8.1976
QUELLE fragebogenerhebung sommer 1976
FINGEB DEUTSCHE FORSCHUNGSGEMEINSCHAFT
ZUSAM - MINERALOGISCHES INSTITUT DER UNI HEIDELBERG, IM NEUENHEIMER FELD, 6900 HEIDELBERG
- INST. F. GEOLOGIE DER TU MUENCHEN, ARCUSSTR. 21, 8000 MUENCHEN
- GEOLOGISCH-PALAEONTOLOGISCHES INSTITUT UNI KIEL, OLSHAUSENSTR. 40/60, 2300 KIEL
BEGINN 1.1.1976 ENDE 31.12.1977
G.KOST 92.000 DM

HC -042

INST INSTITUT FUER UMWELTPHYSIK DER UNI HEIDELBERG
HEIDELBERG, IM NEUENHEIMER FELD 366
VORHAB ozeanische tiefenwassererneuerung
nach arbeiten ueber die zumischung von oberflaechen- und zwischenwasser ins tiefenwasser des nordatlantik mit hilfe von kohlenstoff-14 und tritium als tracer, werden jetzt spezielle probleme einzelner tiefseebecken untersucht: zur erhoehten messgenauigkeit im c-14 kommen bilanzrechnungen, die temperatur, salzgehalt, naehrstoffe und das kohlenstoffsystem mit einschliessen
S.WORT meer + transportprozesse + tracer
+ (tiefenwassererneuerung)
ATLANTIK (NORD)
PROLEI PROF. DR. KARL-OTTO MUENNICH
STAND 13.8.1976
QUELLE fragebogenerhebung sommer 1976
FINGEB DEUTSCHE FORSCHUNGSGEMEINSCHAFT
ZUSAM HEIDELBERGER AKADEMIE DER WISSENSCHAFTEN, KARLSTR. 4, 6900 HEIDELBERG
BEGINN 1.1.1975 ENDE 31.12.1977
G.KOST 110.000 DM

HC -043

INST INSTITUT FUER UMWELTPHYSIK DER UNI HEIDELBERG
HEIDELBERG, IM NEUENHEIMER FELD 366
VORHAB ozeanische mischungsmodelle
ziel: parametrisierung der mischungs- und transportmechanismen fuer spurenstoffe, die an der oberflaeche in den nord-atlantik eingebracht werden (wie z. b. radioaktiver fallout). methode: der modellbereich wird (3-dimensional) in zellen aufgeteilt, die wassermassen verschiedener charakteristik repraesentieren. zwischen den zellen wirkt diffusiver und advektiver austausch, im norden zusaetzlich mischung durch winterkonvektion. an der oberflaeche werden die spurenstoffe gemaess ihrer orts- und zeitabhaengigen produktion zugefuehrt. die parameter des modells werden variiert zur optimalen anpassung an die experimentell beobachteten konzentrationen. die rechnungen wurden zunaechst an tritium und am salzgehalt durchgefuehrt

S.WORT meer + transportprozesse + tracer
+ (diffusionsmodell)
ATLANTIK (NORD)
PROLEI PROF. DR. WOLFGANG ROETHER
STAND 13.8.1976
QUELLE fragebogenerhebung sommer 1976
ZUSAM HEIDELBERGER AKADEMIE DER WISSENSCHAFTEN, KARLSTR. 4, 6900 HEIDELBERG
BEGINN 1.3.1975 ENDE 31.7.1977
G.KOST 6.000 DM

HC -044

INST INSTITUT FUER UMWELTPHYSIK DER UNI HEIDELBERG
HEIDELBERG, IM NEUENHEIMER FELD 366
VORHAB geochemische untersuchungen im mittelmeer
es soll die tiefenwassererneuerung der verschiedenen mittelmeerbecken, die herkunft des ausstromwassers an der strasse von gibraltar und sizilien, sowie die ausbreitung des mittelmeerwassers in den ostatlantik untersucht werden. methode: messung von tiefenprofilen an verschiedenen stationen von folgenden groessen: temperatur, salzgehalt, tritium, krypton-85, helium-3, silikat, sauerstoff, freon
S.WORT meereskunde + transportprozesse
+ (tiefenwassererneuerung)
MITTELMEER
PROLEI PROF. DR. WOLFGANG ROETHER
STAND 13.8.1976
QUELLE fragebogenerhebung sommer 1976
FINGEB DEUTSCHE FORSCHUNGSGEMEINSCHAFT
ZUSAM - INST. F. MEERESFORSCHUNG, PROF. SIEDLER, DUESTERNBROOKER WEG 20, 2300 KIEL
- WOODS HOLE OCEANOGRAPHIC INSTITUTION, DR. BOWEN, WOODS HOLE, MASSACHUSETTS 02543
- HEIDELBERGER AKADEMIE DER WISSENSCHAFTEN, KARLSTR. 4, 6900 HEIDELBERG
BEGINN 1.2.1974
G.KOST 102.000 DM

HC -045

INST INSTITUT FUER UNKRAUTFORSCHUNG DER BIOLOGISCHEN BUNDESANSTALT FUER LAND- UND FORSTWIRTSCHAFT
BRAUNSCHWEIG -GLIESMARODE, MESSEWEG 11/12
VORHAB versuche zur zweckmaessigen berasung von seedeichen
S.WORT kuestenschutz + naturschutz
PROLEI DR. GEORG MAAS
STAND 1.1.1976
QUELLE mitteilung des bundesministers fuer ernaehrung,landwirtschaft und forsten
FINGEB DEUTSCHE FORSCHUNGSGEMEINSCHAFT

HC -046

INST KOENIG, DIETRICH, DR.
KIEL -KRONSHAGEN, SANDKOPPEL 39
VORHAB kieselalgen (diatomeen) des schleswig-holsteinischen kuestengebietes
vor allem benthos-formen. verbreitung. oekologische bindungen (substrat, salzgehalt, jahreszeiten, gezeiten, diatomeen als tiernahrung). flora der verschiedenen biotope (schlick, sand, salz-, brack-, suesswasser, oberstes litoral). diatomees als oekologische indikatoren (subfossil in versch. vor- und fruehgeschichtlichen grabungen). taxonomie. sammeln von proben im gelaende: an verschiedenen orten; mehrfach oder regelmaessig an denselben stellen; vergleich mit entsprechenden biotopen anderer regionen !bisher frankreich, skandinavien, ostafrika, binnenlaendische salzstellen)
S.WORT kuestengewaesser + litoral + benthos + biotop
SCHLESWIG-HOLSTEIN
PROLEI DR. DIETRICH KOENIG
STAND 9.8.1976
QUELLE fragebogenerhebung sommer 1976
ZUSAM - GEOLOGISCHES INSTITUT DER UNI KIEL, OLSHAUSENSTRASSE, 2300 KIEL
- GEOLOGISCHES LANDESAMT, MERCATORSTRASSE, KIEL
- INST. F. MEERESFORSCHUNG, AM HANDELSHAFEN, BREMERHAVEN
G.KOST 10.000 DM
LITAN - KOENIG, D. FIRST SYMPOSIUM ON RECENT AND FOSSIL DIATOMS, BREMERHAVEN, 1970: DIATOM INVESTIGATIONS AT THE WEST COAST OF SCHLESWIG-HOLSTEIN. IN: NOVA HEDWIGIA. BEIHEFT 39 S. 127-137(1972)
- KOENIG, D. , SECOND SYMPOSIUM ON RECENT AND FOSSIL DIATOMS, LONDON, 1972: SUBFOSSIL DIATOMS IN A FORMER TIDAL REGION OF THE EIDER. IN: NOVA HEDWIGIA. BEIHEFT 45 S. 259-274(1974)

HC -047

INST KURATORIUM FUER FORSCHUNG IM KUESTENINGENIEURWESEN
KIEL 1, FELDSTR. 251/253
VORHAB synoptische vermessung der deutschen kuestengewaesser an der nordsee
S.WORT kuestengewaesser + kartierung
DEUTSCHE BUCHT
STAND 6.1.1975
FINGEB BUNDESMINISTER FUER FORSCHUNG UND TECHNOLOGIE
BEGINN 1.3.1974 ENDE 31.12.1975

HC -048

INST LEHRSTUHL FUER HYDROMECHANIK UND KUESTENWASSERBAU DER TU BRAUNSCHWEIG
BRAUNSCHWEIG, BEETHOVENSTR. 51A
VORHAB brandungsstau und brandungsenergie
erforschung des brandungsstaus und der brandungsenergie im kuestennahen bereich unter gleichzeitiger beruecksichtigung von umwelt- und seegangsparametern; dazu durchfuehrung von messungen der wellenhoehen, wellenperioden, stroemungsgeschwindigkeiten (in 2 richtungen), des tideabhaengigen wasserstandes an verschiedenen stationen in einem kuestennormalen messprofil an der westkueste der insel sylt (suedl. westerland). messwerterfassung analog, zur korrelationsrechnung der seegangsgroessen mit umweltparametern wie windgeschwindigkeit, windrichtung, spaetere digital2sierung der daten, dann einsatz der edv. zielsetzung: darstellung der ergebnisse des brandungsstaus und der brandungsenergie in abhaengigkeit charakteristischer seegangsgroessen.
S.WORT kuestengebiet + (brandung)
SYLT + NORDSEEKUESTE
PROLEI PROF. DR. -ING. ALFRED FUEHRBOETER
STAND 19.7.1976
QUELLE fragebogenerhebung sommer 1976
FINGEB DEUTSCHE FORSCHUNGSGEMEINSCHAFT
BEGINN 1.1.1975 ENDE 1.1.1977
G.KOST 260.000 DM
LITAN ZWISCHENBERICHT

HC -049

INST WASSER- UND SCHIFFAHRTSDIREKTION KIEL
KIEL, HINDENBURGUFER 247
VORHAB aufbau eines funkortungssystems im seegebiet von sylt fuer zwecke der kuestenforschung
S.WORT kuestengewaesser + stroemung
SYLT
STAND 1.10.1974
FINGEB BUNDESMINISTER FUER FORSCHUNG UND TECHNOLOGIE
BEGINN 1.1.1972 ENDE 31.12.1974

HC -050

INST ZOOLOGISCHES INSTITUT DER UNI KOELN
KOELN 41, WEYERTAL 119
VORHAB analyse der physiologischen grundlagen interspezifischer tiervergesellschaftungen und strukturelle und physiologische mechanismen der umweltanpassung von tieren
1. es wird untersucht, welche physiologischen, ethologischen und oekologischen voraussetzungen erfuellt sind, damit es zum zusammenleben artverschiedener tiere im marinen bereich kommt. es werden die signale bzw. kommunikationsmoeglichkeiten, die haeufig

chemischer natur sind, analysiert. 2. aktinien (nesseltiere) sind physiologisch und strukturell ausgezeichnet daran angepasst, direkt mit der koerperoberflaeche aus dem meere geloeste organische verbindungen aufzunehmen und zu verwerten. es ist danach zu fragen, welche generelle bedeutung dieser seitenzweig in der marinen nahrungskette bzw. im energiefluss hat

S.WORT meeresorganismen + biozoenose + marine nahrungskette
NORDSEE
PROLEI PROF. DR. DIETRICH SCHLICHTER
STAND 9.8.1976
QUELLE fragebogenerhebung sommer 1976
FINGEB DEUTSCHE FORSCHUNGSGEMEINSCHAFT
G.KOST 50.000 DM
LITAN ENDBERICHT

Weitere Vorhaben siehe auch:

AA -104 GASAUSTAUSCH ATMOSPHAERE / OZEAN

HA -018 ENTWICKLUNG EINES MESSYSTEMS ZUR FLUSS- UND MEERESUEBERWACHUNG

HB -088 HYDROGEOLOGISCHE UNTERSUCHUNGEN AN DEN KUESTEN SIZILIENS

UN -003 ORNITHO-OEKOLGISCHES GUTACHTEN FUER DAS GEBIET NEUWERK-SCHARHOERN IM RAHMEN DER PLANUNGEN FUER EINEN TIEFWASSERHAFEN

HD -001

INST BAYERISCHE LANDESANSTALT FUER BODENKULTUR UND PFLANZENBAU
MUENCHEN 19, MENZINGER STRASSE 54
VORHAB **einfluss landwirtschaftlicher duengungs- und bewirtschaftungsmassnahmen auf die gesundheit des trinkwassers**
S.WORT duengung + trinkwasserguete
PROLEI DR. G. SCHMID
STAND 1.1.1976
QUELLE mitteilung des bundesministers fuer ernaehrung,landwirtschaft und forsten
FINGEB STAATSMINISTERIUM FUER ERNAEHRUNG, LANDWIRTSCHAFT UND FORSTEN, MUENCHEN

HD -002

INST HYGIENE INSTITUT DER UNI BONN
BONN, KLINIKGELAENDE 35
VORHAB **untersuchungen zur bakteriellen besiedlung benetzter flaechen unterschiedlicher beschaffenheit in trinkwasserversorgungsanlagen**
hygienisch-mikrobiologische pruefung von bau-, anstrich- und auskleidungsmaterialien fuer trinkwasserspeicher auf bakteriellen bewuchs unter den praxisbedingungen verschiedener waesser (eutroph, nicht eutroph, grundwasser). erarbeitung von materialempfehlungen fuer behaelterneubauten und -sanierungen
S.WORT trinkwasser + speicherung + materialtest + bakterien
PROLEI DIPL. -BIOL. KARL SPEH
STAND 13.8.1976
QUELLE fragebogenerhebung sommer 1976
FINGEB KURATORIUM FUER WASSER- UND KULTURBAUWESEN (KWK), BONN
BEGINN 1.1.1976 ENDE 31.7.1978
G.KOST 140.000 DM

HD -003

INST HYGIENE INSTITUT DES RUHRGEBIETS
GELSENKIRCHEN, ROTTHAUSERSTR. 19
VORHAB **untersuchung der guete und haltbarkeit von im handel befindlichen trinkwasser in tueten und einwegflaschen**
im handel werden laufend wasserkonserven mit allen moeglichen gueteversprechungen angeboten. es ist aus gruenden der sicherung der trinkwasserversorgung erforderlich, diese konserven hinsichtlich ihrer hygienischen beschaffenheit (bakteriologisch und chemisch) zu ueberpruefen
S.WORT trinkwasserguete + verpackung + (einwegflaschen und tueten)
PROLEI PROF. DR. MED. ALTHAUS
STAND 1.1.1975
QUELLE umweltforschungsplan 1975 des bmi
FINGEB BUNDESMINISTER DES INNERN
BEGINN 1.1.1972 ENDE 31.5.1975
G.KOST 177.000 DM
LITAN ZWISCHENBERICHT 1974. 12

HD -004

INST HYGIENE INSTITUT DES RUHRGEBIETS
GELSENKIRCHEN, ROTTHAUSERSTR. 19
VORHAB **untersuchung ueber art und hygienische bedeutung von organischen wasserinhaltsstoffen natuerlichen ursprungs**
sicherung der trinkwasserversorgung - dem gewaesser werden neben kuenstlichen verunreinigungen auch teilweise ohne menschliches zutun organische stoffe zugefuehrt, die bei der wasserversorgung eine minderung der wasserqualitaet herbeifuehren und die ausserdem naehrboden fuer andere biologische stoffe sein koennen
S.WORT trinkwasser + organische schadstoffe
PROLEI PROF. DR. MED. ALTHAUS
STAND 20.11.1975
FINGEB BUNDESMINISTER DES INNERN
BEGINN 15.12.1974 ENDE 31.12.1977
G.KOST 272.000 DM

HD -005

INST HYGIENEINSTITUT DER UNI HEIDELBERG
HEIDELBERG, THIBAUTSTR. 2
VORHAB **kunststoffe im trinkwasser**
ausarbeitung von pruefmethoden ueber die verwertbarkeit von kunststoffen im lebensmittelsektor fuer mikroorganismen (bakterien und pilze)
S.WORT trinkwasser + kunststoffe + lebensmittelhygiene
PROLEI DR. BARTH
STAND 1.1.1974
BEGINN 1.1.1968

HD -006

INST HYGIENEINSTITUT DER UNI HEIDELBERG
HEIDELBERG, THIBAUTSTR. 2
VORHAB **spurenstoffe im trinkwasser aus sandsteingebirgen im vergleich zu solchen aus der rheinebene**
epidemiologische auswertung betrefend der haeufigkeit kardiologischer erkrankungen
S.WORT trinkwasser + spurenstoffe + epidemiologie
PROLEI PROF. DR. BRAUSS
STAND 1.1.1974
ZUSAM MED. FAKULTAET, HEIDELBERG; ERFORSCHUNG D. HERZINFARKTES
BEGINN 1.1.1974

HD -007

INST INSTITUT FUER HYGIENE DER UNI BOCHUM
BOCHUM, GEBAEUDE MA-O
VORHAB **analytik,vorkommen und verhalten von halogenierten kohlenwasserstoffen bei der trinkwassergewinnung**
erarbeitung reproduzierbarer nachweisverfahren fuer kurzkettige chloraliphate, leichfluechtige halogenierte loesungsmittel, chlorierte purinkoerper und produkte der abwasserchlorung. untersuchung von oberflaechengewaessern und uferfiltrierten waessern in verhaltens und ihres metabolismus waehrend der chemischen trinkwassergewinnung
S.WORT trinkwassergewinnung + chlorkohlenwasserstoffe + analytik
QUELLE datenuebernahme aus der datenbank zur koordinierung der ressortforschung (dakor)
FINGEB KERNFORSCHUNGSANLAGE JUELICH GMBH (KFA), JUELICH
ZUSAM - SCHMIDT, DR. , GEISEKE
- KUSSMAUL, DR. , BGA
- BORNEFF, PROF. DR. , MAINZ
BEGINN 1.7.1975 ENDE 30.6.1978

HD -008

INST INSTITUT FUER SIEDLUNGSWASSERWIRTSCHAFT DER TH AACHEN
AACHEN, MIES-VAN-DER-ROHE-STR. 1
VORHAB **qualitative und quantitative erfassung ausgewaehlter spurenelemente (metalle - metalloide) in oberflaechen- und trinkwasser**
S.WORT oberflaechenwasser + trinkwasser + spurenelemente + messverfahren
PROLEI PROF. DR. JOHANNES REICHERT
STAND 1.1.1974
FINGEB DEUTSCHE FORSCHUNGSGEMEINSCHAFT

HD -009

INST INSTITUT FUER SPEKTROCHEMIE UND ANGEWANDTE SPEKTROSKOPIE
DORTMUND, BUNSEN-KIRCHHOFF-STR. 11
VORHAB **algenabbauprodukte im trinkwasser**
studium der algenabbauprodukte und deren einfluss auf die qualitaet des trinkwassers. ganz speziell interessieren die produkte, die waehrend der algenbluete auftreten. diese untersuchungen sollen nach anreicherung durch kopplung gc-ms untersucht werden
S.WORT trinkwasserguete + algen + rueckstaende + (algenbluete)
PROLEI DR. KLEIN
STAND 11.8.1976

QUELLE fragebogenerhebung sommer 1976
ZUSAM HYDROLOGISCHE FORSCHUNGSABTEILUNG DER STADTWERKE DORTMUND
BEGINN 1.1.1975

HD -010
INST INSTITUT FUER WASSER-, BODEN- UND LUFTHYGIENE DES BUNDESGESUNDHEITSAMTES BERLIN 33, CORRENSPLATZ 1
VORHAB **geruchs- und geschmacksstoffe im trinkwasser bakterieller genese**
bakteriologische untersuchungen; ausarbeitung einer untersuchungsmethode; trinkwasseraufbereitung
S.WORT trinkwasser + geruchsstoffe + bakterien
PROLEI PROF. DR. GERTRUD MUELLER
STAND 1.1.1974
FINGEB BUNDESMINISTER FUER JUGEND, FAMILIE UND GESUNDHEIT
BEGINN 1.1.1973 ENDE 31.12.1978
G.KOST 460.000 DM
LITAN ZWISCHENBERICHT 1973

HD -011
INST INSTITUT FUER WASSER-, BODEN- UND LUFTHYGIENE DES BUNDESGESUNDHEITSAMTES BERLIN 33, CORRENSPLATZ 1
VORHAB **nachweis, identifizierung und ermittlung des verhaltens von spuren organischer verunreinigungen bei der aufbereitung von trinkwasser aus oberflaechenwasser**
fuer den nachweis, die identifizierung und das verhalten von mikroverunreinigungen im wasser stehen bisher nur schwierige analyseverfahren zur verfuegung. durch das forschungsvorhaben soll der einsatz eines mit einem massenspektrometer gekuppelten gaschromatographen auf seine eignung, insbesondere zur schnellanalyse ueberprueft werden
S.WORT wasserverunreinigung + organische schadstoffe + nachweisverfahren + (trinkwasseraufbereitung)
PROLEI DR. MANFRED SONNEBORN
STAND 15.11.1975
FINGEB BUNDESMINISTER DES INNERN
BEGINN 1.12.1972 ENDE 31.12.1979
G.KOST 3.293.000 DM

HD -012
INST INSTITUT FUER WASSER-, BODEN- UND LUFTHYGIENE DES BUNDESGESUNDHEITSAMTES BERLIN 33, CORRENSPLATZ 1
VORHAB **erfassung von schwermetallspuren im trinkwasser**
verbesserung bestehender methoden zum nachweis von schwermetallen im trinkwasser; erfassung des istzustandes bei verschiedenen trinkwasser-qualitaeten und-gebieten
S.WORT trinkwasser + schwermetalle + nachweisverfahren
PROLEI DR. MANFRED SONNEBORN
STAND 1.10.1974
FINGEB BUNDESMINISTER FUER JUGEND, FAMILIE UND GESUNDHEIT
BEGINN 1.11.1972 ENDE 31.12.1976
G.KOST 248.000 DM
LITAN ZWISCHENBERICHT 1974. O6

HD -013
INST INSTITUT FUER WASSER-, BODEN- UND LUFTHYGIENE DES BUNDESGESUNDHEITSAMTES BERLIN 33, CORRENSPLATZ 1
VORHAB **bewertung von wasserinhaltsstoffen**
ueber den gehalt an schadstoffen im wasser, insbesondere den nach der trinkwasser-verordnung auf maximal zulaessige grenzwert limitierten substanzen und ihre auswirkung auf den menschlichen organismus soll eine beschreibende literaturzusammenstellung erstellt werden. dabei steht die gesundheitliche bewertung der schadstoffe im vordergrund des interesses, um fuer die festsetzung von grenzwerten beruecksichtigung zu finden
S.WORT wassergefaehrdende stoffe + physiologische wirkungen + bewertungskriterien + (trinkwasser-verordnung)
PROLEI PROF. DR. GERTRUD MUELLER
STAND 30.8.1976
QUELLE fragebogenerhebung sommer 1976
FINGEB DEUTSCHE FORSCHUNGSGEMEINSCHAFT
BEGINN 1.4.1976
G.KOST 52.000 DM

HD -014
INST INSTITUT FUER WASSER-, BODEN- UND LUFTHYGIENE DES BUNDESGESUNDHEITSAMTES DUESSELDORF, AUF'M HENNEKAMP 70
VORHAB **auswirkung des oberflaechenwassers stark befahrener strassen auf die wasserbeschaffenheit einer trinkwassertalsperre**
erfassung der inhaltsstoffe von strassenablaeufen und deren auswirkung auf die wasserbeschaffenheit einer trinkwassersperre; vorschlaege fuer geeignete massnahmen zur vermeidung von schaeden unter beruecksichtigung der schutzzonenbestimmung
S.WORT talsperre + strassenverkehr + trinkwasser + schadstoffbelastung
PROLEI PROF. DR. GIEBLER
STAND 1.1.1974
FINGEB AUTOBAHNAMT KOELN
ZUSAM AUTOBAHNAMT, 5 KOELN-POLL, AM GRAUEN STEIN 33
BEGINN 1.1.1971 ENDE 31.12.1974

HD -015
INST INSTITUT FUER WASSER-, BODEN- UND LUFTHYGIENE DES BUNDESGESUNDHEITSAMTES DUESSELDORF, AUF'M HENNEKAMP 70
VORHAB **nachweisverfahren ueber das vorkommen von hefen und schimmelpilzen im trink- und brauchwasser**
zunehmende verderbnis von nahrungsmitteln und getraenken sowie eine zu erwartende starke mykotoxinbelastung durch hefen und durch soprophytische schimmelpilze veranlasst zur ueberpruefung des trinkwassers auf das vorkommen von derartigen mikroorganismen
S.WORT trinkwasser + hefen + schimmelpilze + nachweisverfahren
PROLEI DR. GOTTFRIED SIEBERT
STAND 1.1.1974
FINGEB BUNDESGESUNDHEITSAMT, BERLIN
BEGINN 1.1.1975 ENDE 31.12.1978
G.KOST 60.000 DM
LITAN ZWISCHENBERICHT 1976. 01

HD -016
INST INSTITUT FUER WASSER-, BODEN- UND LUFTHYGIENE DES BUNDESGESUNDHEITSAMTES DUESSELDORF, AUF'M HENNEKAMP 70
VORHAB **ueber vorkommen und verbreitung von saprophytischen schimmelpilzen im trink- und brauchwasser**
in der qualitaetsbeurteilung von nahrungsmitteln sollen kuenftig pilzkolonie-zahlen angegeben werden. es war deshalb erforderlich, gesicherte methoden zum nachweis von saprophytischen schimmelpilzen im trink- und brauchwasser zu entwickeln. als geeignet erwies sich das membranfilterverfahren. nunmehr ist es moeglich, vergleiche ueber vorkommen und verbreitung von schimmelpilzen in der trinkwasserversorgung vorzunehmen. neben den artbestimmungen auf grund mikroskopischer wuchsformen kommt den physiologischen reaktionen bei der wasserhygienischen und wassertechnischen beurteilung besondere bedeutung zu. die untersuchungen sind langfristig, weil die validitaet der merkmale gesichert sein muss
S.WORT wasserhygiene + trinkwasser + schimmelpilze + lebensmittel
NIEDERRHEIN
PROLEI DR. GOTTFRIED SIEBERT
STAND 30.8.1976

QUELLE fragebogenerhebung sommer 1976
BEGINN 1.1.1974 ENDE 31.12.1978
G.KOST 30.000 DM
LITAN - SIEBERT, G.: BIOLOGISCHE VORGAENGE BEI DER GEWINNUNG VON TRINK- UND BRAUCHWASSER AUS RHEINUFERFILTRAT. IN: VOM WASSER 40(1973)
- SIEBERT, G.: METHODISCHE GESICHTSPUNKTE BEIM NACHWEIS VON SAPROPHYTISCHEN SCHIMMELPILZEN IM TRINK- UND BRAUCHWASSER MIT DEM MEMBRANFILTERVERFAHREN. IN: VOM WASSER 47(1976)

HD -017

INST INSTITUT FUER WASSER-, BODEN- UND LUFTHYGIENE DES BUNDESGESUNDHEITSAMTES FRANKFURT 70, KENNEDYALLEE 70
VORHAB **analytik von organofluorverbindungen in der umwelt, insbesondere im wasser**
zur hygienischen beurteilung der trinkwassergewinnung und -versorgung wird die belastung von oberflaechen-, roh- und trinkwaessern mit organofluorverbindungen ermittelt
S.WORT wasserverunreinigende stoffe + trinkwasser + nachweisverfahren + fluorkohlenwasserstoffe
PROLEI DR. HORST KUSSMAUL
STAND 10.9.1976
QUELLE fragebogenerhebung sommer 1976
FINGEB BUNDESMINISTER FUER FORSCHUNG UND TECHNOLOGIE

HD -018

INST INSTITUT FUER WASSER-, BODEN- UND LUFTHYGIENE DES BUNDESGESUNDHEITSAMTES FRANKFURT 70, KENNEDYALLEE 70
VORHAB **korrelation zwischen bakteriologischen und chemischen faekalindikatoren im wasser**
bestimmung und verwendung spezifischer faekaler ausscheidungsprodukte des menschen und von saeugetieren zum nachweis von abwasser-trinkwasser-kurzschluessen im vergleich zum bakteriologischen e. coli-nachweis
S.WORT trinkwasserguete + abwasser + faekalien + bakteriologie + nachweisverfahren
PROLEI DR. HORST KUSSMAUL
STAND 10.9.1976
QUELLE fragebogenerhebung sommer 1976
BEGINN 1.5.1974 ENDE 31.12.1978
G.KOST 273.000 DM
LITAN KUSSMAUL, H.;MUEHLE, A.: BESTIMMUNG VON KOPROSTERIN UND KOPROSTANON IM GRUND- UND OBERFLAECHENWASSER. IN: FORTSCHRITTE IN DER WASSER- UND ABWASSERTECHNIK. HAUS DER TECHNIK, ESSEN. VORTRAGSVEROEFFENTLICHUNGEN 283852-59(1972)

HD -019

INST INSTITUT FUER WASSERCHEMIE UND CHEMISCHE BALNEOLOGIE DER TU MUENCHEN MUENCHEN, MARCHIONINISTR. 17
VORHAB **verhalten von herbiziden - phenoxy-alkancarbonsaeuren - in gewaessern und waehrend der trinkwasseraufbereitung**
a) adsorption von phenoxyessigsaeuren und deren ester an aktivkohle als eliminierungsmittel bei der trinkwasseraufbereitung. b) ozonung von phenoxyalkancarbonsaeuren bei der oxidativen trinkwasseraufbereitung, ihr abbauverhalten gegenueber ozon. zwischen- u. endprodukte zu identifizieren und quantitativ zu bestimmen
S.WORT trinkwasseraufbereitung + herbizide + adsorption + oxidation + (phenoxy-alkancarbonsaeuren)
PROLEI DR. LUDWIG WEIL
STAND 22.7.1976
QUELLE fragebogenerhebung sommer 1976
FINGEB DEUTSCHE FORSCHUNGSGEMEINSCHAFT
ZUSAM - PROF. DR. SELENKA, HYGIENE-INSTITUT MAINZ
- ABT. ANALYTISCHE CHEMIE DER UNI ULM, PROF. DR. BALLSCHMITER
BEGINN 1.1.1974 ENDE 31.12.1976
G.KOST 210.000 DM
LITAN STRUIF, B.;WEIL, L.;QUENTIN, K. -E.: VERHALTEN VON HERBIZIDEN PHENOXYESSIGSAEUREN UND IHRER ESTER IM GEWAESSER. IN: VOM WASSER 45 (1975)

HD -020

INST LANDESANSTALT FUER WASSER UND ABFALL DUESSELDORF, BOERNESTR. 10
VORHAB **entwicklung einer testapparatur zur trinkwasserueberwachung**
die schwimmaktivitaet von testfischen wird in einem differenzmessverfahren mit hilfe photoelektrischer registrierung kontinuierlich ueberwacht und aufgezeichnet. veraenderungen in der wasserqualitaet werden so sehr empfindlich angezeigt und koennen fuer ein warnsystem genutzt werden
S.WORT trinkwasser + wasserueberwachung + testverfahren
PROLEI DIPL. -BIOL. JUHNKE
STAND 1.1.1974
BEGINN 1.6.1970 ENDE 31.10.1974
LITAN ZWISCHENBERICHT 1974. 10

HD -021

INST LANDESANSTALT FUER WASSER UND ABFALL DUESSELDORF, BOERNESTR. 10
VORHAB **entwicklung von testverfahren zur fruehzeitigen erkennung von veraenderungen in der beschaffenheit des rohwassers fuer wasserwerke**
rechtzeitige warnung von wasserwerken durch geeignete biologische, kontinuierlich anzeigende testverfahren. bisher werden an verschiedenen stellen fischtestverfahren zur kontinuierlichen kontrolle auf toxische stoffe entwickelt. hier sollen experimentelle untersuchungen mit niederen organismen (u. a. asseln, wuermern, schnecken) als wassertest durchgefuehrt und ihre eignung festgestellt werden. entscheidend ist die auswahl geeigneter testorganismen und die konstruktion praktikabler apparaturen
S.WORT wasserueberwachung + bioindikator + (fruehdiagnose)
PROLEI DR. ALBERTI
STAND 15.11.1975
QUELLE erhebung 1975
FINGEB BUNDESMINISTER DES INNERN
BEGINN 1.1.1972 ENDE 31.12.1977
G.KOST 506.000 DM

HD -022

INST RUHRVERBAND UND RUHRTALSPERRENVEREIN ESSEN
ESSEN 1, KRONPRINZENSTR. 37
VORHAB **spurenelemente in oberflaechenwasser, angereichertem grundwasser sowie im trinkwasser - ihre herkunft und ihr verhalten bei der trinkwassergewinnung im einzugsgebiet der ruhr**
S.WORT oberflaechenwasser + grundwasser + trinkwasser + spurenelemente
RUHR (EINZUGSGEBIET)
PROLEI DR. PAUL KOPPE
STAND 7.9.1976
QUELLE datenuebernahme von der deutschen forschungsgemeinschaft
FINGEB DEUTSCHE FORSCHUNGSGEMEINSCHAFT

HD -023

INST ZWECKVERBAND BODENSEE-WASSERVERSORGUNG UEBERLINGEN -SUESSENMUEHLE
VORHAB **biologische schnellteste zur ueberwachung des rohrwassers bei trinkwasserversorgungen**
das auftreten von letalen giftstoffkonzentrationen im rohwasser soll in einer automatischen warnanlage festgestellt werden. reaktion auf giftstoffe durch drei organismen, alge haematococcus, zooplankter daphnia pulex, fisch guppy und / oder nilhecht gnathonemus. geeignete lebensaeusserungen der organismen werden kontinuierlich gemessen und elektronisch registriert; ausfall des mess-signals loest automatischen alarm aus
S.WORT wasserueberwachung + bioindikator + (schnelltest)
PROLEI PROF. DR. JULIUS GRIM
STAND 22.7.1976

QUELLE fragebogenerhebung sommer 1976
FINGEB KURATORIUM FUER WASSER- UND KULTURBAUWESEN (KWK), BONN
ZUSAM LANDESAMT FUER GEWAESSERKUNDE DES LANDES NRW, DR. HERBST, 4150 KREFELD
BEGINN 1.1.1974
G.KOST 240.000 DM
LITAN MAECKLE, H. (UNI STUTTGART), DIPLOM-ARBEIT: UNTERSUCHUNGEN ZUR FRAGE BIOLOGISCHER TESTE AUF PESTIZIDE IM WASSER. (1973)

Weitere Vorhaben siehe auch:

HA -067 IDENTIFIZIERUNG DER CHOLINESTERASEHEMMER IM WASSER UND ERMITTLUNG IHRER HERKUNFT ZUR HYGIENISCHEN BEURTEILUNG DER TRINKWASSERGEWINNUNG AUS OBERFLAECHENWAESSERN

HA -112 UEBERWACHUNG DER CHEMISCHEN, BIOLOGISCHEN UND BAKTERIOLOGISCHEN BELASTUNG DER FUER DIE TRINKWASSERVERSORGUNG DIENENDEN ZUFLUESSE UND TALSPERREN DER NORDEIFEL

HE -038 BETRIEB VON VERDUNSTUNGSKESSELN DER "CLASS A" ZU VERGLEICHSZWECKEN

IC -011 BIOGENE ENTSTEHUNG VON GERUCHS- UND GESCHMACKSSTOFFEN IN FLIESSGEWAESSERN UND UFERFILTRATGEWINNUNG VON TRINKWASSER

IC -030 NACHWEIS VON SCHADSTOFFEN IM GRUND- UND OBERFLAECHENWASSER, DAS ZUR TRINKWASSERGEWINNUNG DIENT

IC -074 UNTERSUCHUNG UEBER CHEMISCHE UND BIOLOGISCHE EIGENSCHAFTEN ORGANISCHER SAEUREN IN WAESSERN, AUCH HINSICHTLICH IHRER HYGIENISCHEN BEDEUTUNG FUER DIE TRINKWASSERVERSORGUNG

IC -076 ABTOETUNG VON E.COLI UND INAKTIVIERUNG VON VIREN DURCH EINWIRKUNG VON QUARTAEREN AMMONIUMBASEN UND VON CHLOR

ID -015 GRUNDWASSERHAUSHALT UND DUENGEMITTELAUSTRAG IM BUNTSANDSTEIN - SCHWARZWALD

LA -024 FRISCH- UND BRAUCHWASSERUNTERSUCHUNG NACH PARAGRAPH 11 BUNDESSEUCHENGESETZ BZW. PARAGRAPH 79 WASSERGESETZ NORDRHEIN-WESTFALEN

MC -008 ANALYTISCHE METHODEN AUF DEM GEBIET DES UMWELTSCHUTZES

OC -010 SPEZIFISCHER GASCHROMATISCHER NACHWEIS VON PESTIZIDEN UND DEREN VERHALTEN IN NATUERLICHEN GEWAESSERN, DIE ALS ROHWASSER FUER DIE TRINKWASSERGEWINNUNG DIENEN

OD -057 ABBAU UND BEWEGUNG VON PESTIZIDEN UND STICKSTOFF IM BODEN

PE -016 HARTES UND WEICHES WASSER UND SEINE BEZIEHUNGEN ZUR MORTALITAET BESONDERS AN KARDIOVASKULAEREN KRANKHEITEN IN HANNOVER 1968 UND 1969

PE -017 TRINKWASSERHAERTE UND MORTALITAET IN NIEDERSACHSEN

PE -027 WASSERINHALTSSTOFFE UND ZIVILISATIONSKRANKHEITEN

PF -010 PRUEFUNG DER VERWENDBARKEIT VON FLUORHALTIGEM TRINKWASSER ALS GIESSWASSER

QA -001 UNTERSUCHUNGEN VON KUNSTSTOFFEN IM LEBENSMITTELVERKEHR UND IM TRINKWASSERBEREICH GEMAESS DEN EMPFEHLUNGEN DER KUNSTSTOFF-KOMMISSION DES BUNDESGESUNDHEITSAMTES

QA -052 BAKTERIOLOGISCHE UNTERSUCHUNG VON MINERALWAESSERN

HE -001
INST AGRAR- UND HYDROTECHNIK GMBH, BERATENDE INGENIEURE
ESSEN, HUYSSENALLEE 66/68
VORHAB **optimale dimensionierung veraestelter und vermaschter wasserversorgungsrohrnetze**
unter beruecksichtigung saemtlicher technischer bedingungen, berechnung beliebiger versorgungsrohrnetze mit hilfe erprobter optimierungsverfahren und mit der zielsetzung, die investitions- und/oder betriebskosten zu minimieren
S.WORT wasserversorgung + kosten
+ (optimierungsverfahren)
PROLEI DIPL. -MATH. LEONHARD VON DOBSCHUETZ
STAND 30.8.1976
QUELLE fragebogenerhebung sommer 1976
BEGINN ENDE 30.6.1976
G.KOST 120.000 DM
LITAN DOBSCHUETZ, L. V.: MATHEMATISCHE METHODEN FUER DIE OPTIMIERUNG VON VERAESTELUNGSROHRNETZEN. IN: WASSERWIRTSCHAFT 65(6) S. 160-164(1975)

HE -002
INST BATTELLE-INSTITUT E.V.
FRANKFURT 90, AM ROEMERHOF 35
VORHAB **untersuchung der entwicklung des trinkwasserbedarfs in den haushalten in abhaengigkeit von der zahl der versorgten einwohner**
durch die zunehmende ausstattung der haushalte mit wasserverbrauchenden geraeten, einrichtungen und maschinen steigt der trinkwasserbedarf. es gilt zu klaeren: - ob der mehrbedarf fuer den verbesserten wohnkomfort mit der vervollstaendigten ausstattung aller haushalte im versorgungsgebiet abklingt, - wie gross der mehrbedarf anteilig fuer die versorgung von mehr einwohner bzw. dem betrieb fuer mehr komfortausstattung ist und - ob der trinkwasserbedarf ohne gefaehrdung der versorgung und der hygienischen sicherheit verringert werden kann
S.WORT trinkwasserversorgung + private haushalte
+ bedarfsanalyse
PROLEI HANS FAKINER
STAND 20.11.1975
FINGEB BUNDESMINISTER DES INNERN
BEGINN 1.9.1975 ENDE 31.12.1976
G.KOST 200.000 DM

HE -003
INST BATTELLE-INSTITUT E.V.
FRANKFURT 90, AM ROEMERHOF 35
VORHAB **zeitstandsbericht ueber den wasserbedarf**
S.WORT wasserversorgung + bedarfsanalyse
BUNDESREPUBLIK DEUTSCHLAND

HE -004
INST BAYERISCHES STATISTISCHES LANDESAMT
MUENCHEN 2, NEUHAUSERSTR. 51
VORHAB **zusatzerhebung zum industriebericht (wasserversorgung und abwasserbeseitigung in der industrie)**
darstellung der wasserversorgung der industrie in der untergliederung nach wasseraufkommen, -verwendung und - ableitung; erhebung im zweijaehrigen turnus von 1958 bis 1973
S.WORT wasserversorgung + abwasserbeseitigung + industrie
BAYERN
PROLEI DIPL. -KFM. ZIEGLER
STAND 12.8.1974
QUELLE erhebung 1975
ZUSAM STATISTISCHES BUNDESAMT, 62 WIESBADEN, GUSTAV-STRESEMANN-RING 11
BEGINN 1.1.1973 ENDE 31.12.1974
LITAN VEROEFFENTLICHUNG IN STATISTISCHEN TABELLEN

HE -005
INST BUNDESANSTALT FUER GEWAESSERKUNDE
KOBLENZ, KAISERIN-AUGUSTA-ANLAGEN 15
VORHAB **betrieb von einigen landverdunstungskesseln "class a" zu vergleichszwecken**
S.WORT wasserverdunstung + (verdunstungskessel)
PROLEI DR. LIEBSCHER HANS-J.
STAND 1.1.1974
FINGEB DEUTSCHE FORSCHUNGSGEMEINSCHAFT

HE -006
INST DEUTSCHER VEREIN VON GAS- UND WASSERFACHMAENNERN E.V.
ESCHBORN 1, FRANKFURTER ALLEE 27
VORHAB **modellvorhaben fuer die einrichtung von schwerpunkt-wasserwerken mit analysen- und messgeraeten zur sicherung der oeffentlichen wasserversorgung**
unerwartet auftretende schadstoffe im rohwasser von wasserwerken muessen rechtzeitig erkannt werden. es werden insbesondere messgeraete erprobt werden, mit denen schadstoffe nach art und menge moeglichst kontinuierlich erfassbar sind, dabei sollen einerseits geraete getestet werden, die bei guenstigem beschaffungswert bedeutsame aussagen liefern (zur anwendung auch in kleinen wasserwerken) und zusaetzliche geraete, die moeglichst alle gefahrenbereiche erfassen, letztere koennen dann in schwerpunktwasserwerken auch zur sicherung kleinerer wasserwerke zur verfuegung stehen
S.WORT wasserwerk + schadstoffnachweis
+ geraeteentwicklung
STAND 15.11.1975
FINGEB BUNDESMINISTER DES INNERN
BEGINN 1.1.1972 ENDE 31.12.1976
G.KOST 560.000 DM

HE -007
INST DEUTSCHER VEREIN VON GAS- UND WASSERFACHMAENNERN E.V.
ESCHBORN 1, FRANKFURTER ALLEE 27
VORHAB **ermittlung des wasserbedarfs als planungsgrundlage zur bemessung von wasserversorgungsanlagen**
in einer groesseren zahl von staedten und wohngebieten werden mit spezialmessgeraeten systematische erhebungen ueber groesse und veraenderung der spitzenbelastung in abhaengigkeit von z. b. monat, wochentag, stunde, witterung, einwohnerdichte, wohnstruktur, grossabnehmer wie krankenanstalten, schulen, bueros usw. untersucht und ausgewertet. infolge von spitzenbedarf der wasserversorgung von oft ueber 100 % gerade in trockenzeiten muessen wasserversorgungsanlagen ueberdimensioniert werden. es sollen ursachen und bessere oekonomische loesungen gefunden werden
S.WORT wasserversorgung + bedarfsanalyse + planungshilfen
STAND 15.11.1975
FINGEB BUNDESMINISTER DES INNERN
BEGINN 1.1.1972 ENDE 31.12.1976
G.KOST 400.000 DM

HE -008
INST DEUTSCHER VEREIN VON GAS- UND WASSERFACHMAENNERN E.V.
ESCHBORN 1, FRANKFURTER ALLEE 27
VORHAB **moeglichkeiten der zentralen enthaertung von trinkwasser; die wirtschaftlichkeit der bisher untersuchten verfahren sowie darstellung noch notwendiger forschung**
durch gezielte neue forschungsvorhaben soll eine zentrale trinkwasserenthaertung gefoerdert werden. es fehlen noch geeignete, wirtschaftliche verfahren zur zentralen enthaertung von trinkwasser; entsprechende untersuchungen sind angelaufen, insbesondere bei den wasserwerken in wiesbaden. es soll der stand der erkenntnisse zusammengestellt und die zielrichtung der entscheidend notwendigen untersuchungen dargelegt werden
S.WORT trinkwasseraufbereitung + enthaertung
+ wirtschaftlichkeit
STAND 1.12.1975
FINGEB BUNDESMINISTER DES INNERN
BEGINN 1.7.1976 ENDE 31.12.1979
G.KOST 160.000 DM

HE -009

INST HAMBURGISCHE GARTENBAU-VERSUCHSANSTALT FUENFHAUSEN
HAMBURG 80, OCHSENVERDER LANDSCHEIDEWEG 277

VORHAB **pruefung der verwendbarkeit von caco3 im gartenbau, das bei der physikalischen aufbereitung des trinkwassers anfaellt**
bei der physikalischen aufbereitung des trinkwassers fallen - im gegensatz zur chemischen aufbereitung - keine abfaelle an, die schwierigkeit bei der ablagerung nach sich ziehen. das anfallende produkt - caco3 mit einem kern von sio2 - koennte moeglicherweise im gartenbau zur bodenverbesserung eingesetzt werden. diese einsatzmoeglichkeit wird geprueft

S.WORT trinkwasseraufbereitung + kalk + wiederverwendung + bodenverbesserung
PROLEI ULRIKE SCHROEDER
STAND 21.7.1976
QUELLE fragebogenerhebung sommer 1976
ZUSAM HAMBURGER WASSERWERKE
BEGINN 1.7.1976 ENDE 31.10.1976
G.KOST 4.000 DM

HE -010

INST HYGIENE INSTITUT DER UNI BONN
BONN, KLINIKGELAENDE 35

VORHAB **mikrobielle wiederbesiedlung von aufbereitetem trinkwasser in fernleitungen und speicherbehaeltern**
die ergebnisse der untersuchungen koennen die aufbereitungsverfahren und die technologie im bau von speicherbehaeltern beeinflussen

S.WORT trinkwasseraufbereitung + mikroflora
PROLEI PROF. DR. EDGAR THOFERN
STAND 1.1.1974
ZUSAM - WAHNBACHTALSPERRENVERBAND, 52 SIEGBURG, KRONPRINZENSTR. 13
- DT. VEREIN DER GAS- U. WASSERFACHMAENNER E. V. , 6 FRANKFURT 97, THEODOR-HEUSS-ALLEE 90-98
BEGINN 1.1.1973 ENDE 31.12.1976
G.KOST 55.000 DM

HE -011

INST HYGIENEINSTITUT DER UNI MAINZ
MAINZ, HOCHHAUS AM AUGUSTUSPLATZ

VORHAB **stoerung der trinkwasseraufbereitung durch algenbuertige substanzen**

S.WORT trinkwasseraufbereitung + algen
STAND 1.1.1974
FINGEB DEUTSCHE FORSCHUNGSGEMEINSCHAFT

HE -012

INST INSTITUT FUER ANGEWANDTE GEODAESIE
FRANKFURT, RICHARD-STRAUSS-ALLEE 11

VORHAB **erfassung und darstellung des standes der oeffentlichen wasserversorgung in der bundesrepublik deutschland in einem kartenwerk**
die darstellung der wasserversorgungsanlagen in der bundesrepublik deutschland liefert grundlagen fuer - erfassung ueberoertlicher notstaende vor allem in witterungsbedingten trockenzeiten und sonstigen krisenzeiten - sanierungsprogramm der gewaesser (bundesmittel) - vorschriften fuer wasserhygienegesetz - wasserwirtschaftspolitik

S.WORT wasserversorgung + kartierung
BUNDESREPUBLIK DEUTSCHLAND
STAND 15.11.1975
FINGEB BUNDESMINISTER DES INNERN
ZUSAM BUNDESFORSCHUNGSANSTALT FUER LANDESKUNDE UND RAUMORDNUNG, BONN-BAD GODESBERG
BEGINN 31.12.1972 ENDE 31.12.1978
G.KOST 174.000 DM

HE -013

INST INSTITUT FUER ANGEWANDTE GEODAESIE
FRANKFURT, RICHARD-STRAUSS-ALLEE 11

VORHAB **kartenwerk der oeffentlichen wasserversorgung**
kartographische nachweisung im massstab 1: 200 000 der im bundesgebiet vorhandenen wassergewinnungs- und wasserversorgungsanlagen

S.WORT wasserversorgung + kartierung
PROLEI DR. -ING. WALTER SATZINGER
STAND 13.8.1976
QUELLE fragebogenerhebung sommer 1976
BEGINN 1.1.1969 ENDE 31.12.1979
G.KOST 800.000 DM
LITAN ZWISCHENBERICHT

HE -014

INST INSTITUT FUER ANTHROPOGEOGRAPHIE, ANGEWANDTE GEOGRAPHIE UND KARTOGRAPHIE DER FU BERLIN
BERLIN 41, GRUNEWALDSTR. 35

VORHAB **staatsgrenzen ueberschreitende raumplanung - wasserversorgung und wasserreinhaltung in verdichtungsraeumen -**
entwicklung von planungsmodellen

S.WORT raumplanung + ballungsgebiet + wasserreinhaltung + wasserversorgung
PROLEI DR. AUST
STAND 1.1.1974
BEGINN 1.1.1971 ENDE 31.12.1975

HE -015

INST INSTITUT FUER HYGIENE UND MEDIZINISCHE MIKROBIOLOGIE DER FU BERLIN
BERLIN 65, FOEHRER STRASSE 14

VORHAB **trinkwasserversorgung in erholungsgebieten in berlin (west)**
frage der sicherstellung der trinkwasserversorgung auf inseln in binnengewaessern; erhebungen der wasserguete

S.WORT trinkwasserversorgung + wasserguete + erholungsgebiet
BERLIN (WEST)
PROLEI PROF. DR. KAMPF
STAND 1.1.1974
BEGINN 1.1.1972 ENDE 31.12.1974

HE -016

INST INSTITUT FUER HYGIENE UND MIKROBIOLOGIE DER UNI DES SAARLANDES
HOMBURG/SAAR

VORHAB **besiedlung von aktivkohlefiltern mit mikroorganismen - trinkwasseraufbereitung**
aktivkohlefilter fuehren zur vermehrung von bakterien in grosser zahl; adsorptionsleistung der filter physikalisch und ueber bakterientaetigkeit erklaerbar; bedeutung fuer trinkwasseraufbereitung

S.WORT trinkwasseraufbereitung + aktivkohle + mikroorganismen
PROLEI PROF. DR. REINHARD SCHWEISFURTH
STAND 1.1.1974
FINGEB DEUTSCHE FORSCHUNGSGEMEINSCHAFT
ZUSAM STADTWERKE, 62 WIESBADEN, KIRCHGASSE 2
BEGINN 1.1.1972 ENDE 31.12.1976
G.KOST 400.000 DM
LITAN ZWISCHENBERICHT 1975. 01

HE -017

INST INSTITUT FUER MEDIZINISCHE MIKROBIOLOGIE, INFEKTIONS- UND SEUCHENMEDIZIN IM FB TIERMEDIZIN DER UNI MUENCHEN
MUENCHEN, VETERINAERSTR. 13

VORHAB **trinkwasserdesinfektion unter besonderer beruecksichtigung der viren**
ziel des vorhabens ist die erarbeitung feldbrauchbarer methoden chemischer und physikalischer art, um in trink- und oberflaechenwasser enthaltene viren zu inaktivieren. es wird die vergleichende stabilitaet der verschiedenen virusarten in trink- und oberflaechenwasser untersucht und ermittelt, mit welchen mitteln und welcher dosis viren inaktiviert werden koennen ohne beeintraechtigung der wasserqualitaet. auch die viruzide wirkung einer wasserbehandlung mittels anodischer oxydation wird geprueft

S.WORT trinkwasser + viren + desinfektion + (methodenentwicklung)
PROLEI PROF. DR. HELMUT MAHNEL
STAND 21.7.1976
QUELLE fragebogenerhebung sommer 1976
FINGEB FRAUNHOFER-GESELLSCHAFT ZUR FOERDERUNG DER ANGEWANDTEN FORSCHUNG E. V. , MUENCHEN
ZUSAM INST. F. BIOMEDIZINISCHE TECHNIK, MUSEUMSINSEL, 8000 MUENCHEN
BEGINN 1.7.1974 ENDE 31.12.1978
G.KOST 400.000 DM
LITAN ZWISCHENBERICHT

HE -018
INST INSTITUT FUER RADIOCHEMIE DER GESELLSCHAFT FUER KERNFORSCHUNG MBH
KARLSRUHE -LEOPOLDSHAFEN, KERNFORSCHUNGSZENTRUM
VORHAB **wasserschadstoffe und trinkwasseraufbereitung**
studium der organischen belastung des rheins, der selbstreinigung und der toxikologischen erheblichkeit von organischen wasserschadstoffen
S.WORT organische schadstoffe + gewaesserbelastung + selbstreinigung + wasseraufbereitung
BODENSEE-HOCHRHEIN
PROLEI DR. EBERLE
STAND 1.1.1974
FINGEB BUNDESMINISTER FUER FORSCHUNG UND TECHNOLOGIE
ZUSAM - INST. F. SIEDLUNGSWASSERBAU DER UNI KARLSRUHE, 75 KARLSRUHE, KAISERSTR. 12
- ARBEITSGEMEINSCHAFT RHEINWASSERWERKE
BEGINN 1.1.1972 ENDE 31.12.1977
G.KOST 1.602.000 DM

HE -019
INST INSTITUT FUER SIEDLUNGSWASSERWIRTSCHAFT DER TH AACHEN
AACHEN, MIES-VAN-DER-ROHE-STR. 1
VORHAB **untersuchungen zur verbesserung der aufbereitung und gewinnung von trinkwasser**
verbesserung der wasseraufbereitung mit hilfe der filtration; untersuchung an einer halbtechnischen anlage zur verbesserung bestehender methoden
S.WORT wasseraufbereitung + filtration + trinkwasser
PROLEI DIPL. -ING. GATZ
STAND 1.1.1974
FINGEB STADTWERKE ESSEN
ZUSAM STAEDTISCHE WERKE ESSEN, 43 ESSEN, RUETTENSCHEIDERSTR. 27-37
BEGINN 1.1.1968 ENDE 31.12.1974
LITAN ZWISCHENBERICHTE-GATZ

HE -020
INST INSTITUT FUER SIEDLUNGSWASSERWIRTSCHAFT DER TU HANNOVER
HANNOVER, WELFENGARTEN 1
VORHAB **aufbereitung von stark huminsaeurehaltigem oberflaechenwasser**
aufbereitung von huminsaeurehaltigem oberflaechenwasser durch flockung und adsorption an makroporoesen kunstharzen; erreichen von trink- oder brauchwasserqualitaet; weiterverwendung zur grundwasseranreicherung
S.WORT oberflaechenwasser + trinkwassergewinnung + grundwasseranreicherung
NORDDEUTSCHER KUESTENRAUM
PROLEI DIPL. -ING. SCHILLING
STAND 1.1.1974
FINGEB DEUTSCHE FORSCHUNGSGEMEINSCHAFT
ZUSAM SFB 79, TU HANNOVER, 3 HANNOVER, WELFENGARTEN 1
BEGINN 1.1.1970 ENDE 31.12.1974
G.KOST 450.000 DM
LITAN - RUEFFER; MOEHLE; SCHILLING: VERSUCHE ZUR AUFBEREITUNG HUMINSAEUREHALTIGEN OBERFLAECHENWASSERS. IN: VOM WASSER (41) (1973)
- SCHILLING: AUFBEREITUNG VON HUMINSAEUREHALTIGEM OBERFLAECHENWASSER. SFB 79, JAHREBERICHT (1972)

HE -021
INST INSTITUT FUER WASSER-, BODEN- UND LUFTHYGIENE DES BUNDESGESUNDHEITSAMTES
BERLIN 33, CORRENSPLATZ 1
VORHAB **trinkwassernachbehandlung**
bakteriologische untersuchungen; untersuchungen von trinkwassernachbehandlungsanlagen (kleingeraete) auf moegliche nachverkeimung des trinkwassers
S.WORT trinkwasser + nachbehandlung
PROLEI PROF. DR. GERTRUD MUELLER
STAND 1.10.1974
FINGEB BUNDESGESUNDHEITSAMT, BERLIN
BEGINN 1.1.1973
G.KOST 120.000 DM
LITAN ZWISCHENBERICHT 1973

HE -022
INST INSTITUT FUER WASSER-, BODEN- UND LUFTHYGIENE DES BUNDESGESUNDHEITSAMTES
BERLIN 33, CORRENSPLATZ 1
VORHAB **ausbildung und stabilitaet von schutzschichten auf metallischen rohwerkstoffen**
untersuchungen zum einfluss von verschiedenen oberflaechenbehandlungen auf den eintrag von rohrwerkstoffen im trinkwasser
S.WORT trinkwasser + rohrleitung + korrosionsschutz
PROLEI DR. MEYER
STAND 1.1.1974
FINGEB BUNDESGESUNDHEITSAMT, BERLIN
BEGINN 1.7.1974 ENDE 31.12.1975

HE -023
INST INSTITUT FUER WASSER-, BODEN- UND LUFTHYGIENE DES BUNDESGESUNDHEITSAMTES
BERLIN 33, CORRENSPLATZ 1
VORHAB **bestimmung des flockungsumsatzes bei anwendung von polyelektrolyten bei der aufbereitung von trinkwasser**
aufstellung reaktionskinetischer geschwindigkeitsgradienten bei der flockenbildung
S.WORT trinkwasseraufbereitung + wasser + flockung
PROLEI PROF. DR. HAESSELBARTH
STAND 1.1.1974
FINGEB BUNDESGESUNDHEITSAMT, BERLIN
BEGINN 1.1.1974 ENDE 31.12.1976

HE -024
INST INSTITUT FUER WASSER-, BODEN- UND LUFTHYGIENE DES BUNDESGESUNDHEITSAMTES
BERLIN 33, CORRENSPLATZ 1
VORHAB **spezielle untersuchungen ueber flockungsmittel bei ihrer anwendung in der trinkwasseraufbereitung**
sicherung der trinkwasserversorgung. neuartige organische flockungs- und faellhilfsmittel sind entwickelt worden und befinden sich in anderen staaten in anwendung. vor anwendung in der bundesrepublik deutschland sind die gesundheitlichen belange und die wirksamkeit zu ueberpruefen
S.WORT trinkwasseraufbereitung + wasser + flockung
PROLEI DR. SCHOLZ
STAND 15.11.1975
FINGEB BUNDESMINISTER DES INNERN
BEGINN 1.1.1972 ENDE 31.12.1976
G.KOST 217.000 DM

HE -025
INST INSTITUT FUER WASSER-, BODEN- UND LUFTHYGIENE DES BUNDESGESUNDHEITSAMTES
BERLIN 33, CORRENSPLATZ 1
VORHAB **hemmung der korrosion von rohren in versorgungsnetzen mit zeitlich schwankenden wasserzusammensetzungen durch trinkwassernachaufbereitung**
anforderungen zur betriebssicherheit, betriebskontrolle und zu konstruktiven merkmalen von apparaturen, soweit dadurch hygienische belange der nachaufbereiteten trinkwasser oder der zentralen trinkwasserversorgung beruehrt werden

S.WORT trinkwasser + nachbehandlung + wasserleitung + korrosion
PROLEI DR. GROHMANN
STAND 1.1.1974
FINGEB BUNDESGESUNDHEITSAMT, BERLIN
ZUSAM DECHEMA, 6 FRANKFURT 97, POSTFACH 970146; FE-KORROSION; GRUPPE 5. 2 FEINFILTER IM FELDVERSUCH
BEGINN 1.1.1974 ENDE 31.12.1976
G.KOST 120.000 DM
LITAN - MUELLER, G: IONENAUSTAUSCHER ALS BAKTERIOLOGISCH-HYGIENISCHES PROBLEM. IN: BUNDESGESUNDHEITSBLATT 14 S. 1-3(1971)
- ZWISCHENBERICHT 1975. 03

HE -026
INST INSTITUT FUER WASSER-, BODEN- UND LUFTHYGIENE DES BUNDESGESUNDHEITSAMTES BERLIN 33, CORRENSPLATZ 1
VORHAB **flora und fauna der aktivkohlefilter-anlagen in wasserwerken und deren bedeutung bei der wasseraufbereitung**
bedeutung und einfluss der mikroorganismen in aktivkohlefiltern fuer die trinkwasseraufbereitung
S.WORT trinkwasseraufbereitung + wasserwerk + filtration + aktivkohle + mikroorganismen
PROLEI PROF. DR. LUEDEMANN
STAND 1.10.1974
FINGEB BUNDESGESUNDHEITSAMT, BERLIN
BEGINN 1.2.1974 ENDE 31.12.1976
G.KOST 165.000 DM
LITAN ZWISCHENBERICHT 1975. 12

HE -027
INST INSTITUT FUER WASSER-, BODEN- UND LUFTHYGIENE DES BUNDESGESUNDHEITSAMTES DUESSELDORF, AUF'M HENNEKAMP 70
VORHAB **schutz der gewaesser gegen beeintraechtigung durch zivilisationsprodukte zur sicherung der trinkwasserversorgung**
gutachtliche gewaesseruntersuchungen. beurteilung ihrer ergebnisse im hinblick auf die ursache der gewaesserbeeintraechtigung. vorschlaege fuer die wasserbehoerde und den gesetzgeber ueber geeignete massnahmen zur sicherung der trinkwasserversorgung
S.WORT trinkwasserversorgung + gewaesserschutz
STAND 1.1.1974
BEGINN 1.1.1960

HE -028
INST INSTITUT FUER WASSER-, BODEN- UND LUFTHYGIENE DES BUNDESGESUNDHEITSAMTES DUESSELDORF, AUF'M HENNEKAMP 70
VORHAB **entfernung natuerlicher und kuenstlicher inhaltsstoffe bei der aufbereitung von grund- und oberflaechenwasser zu trinkwasser**
untersuchungen und versuche zur aufbereitung von wasser zu hygienisch einwandfreiem trinkwasser
S.WORT trinkwasser + wasserhygiene + schadstoffentfernung
STAND 1.1.1974
BEGINN 1.1.1960

HE -029
INST INSTITUT FUER WASSER-, BODEN- UND LUFTHYGIENE DES BUNDESGESUNDHEITSAMTES DUESSELDORF, AUF'M HENNEKAMP 70
VORHAB **entfernung schwer abbaubarer, organischer stoffe im rheinuferfiltrat mittels bio-katalytisch wirksamen sauerstoffes**
durch zivilsatorische einfluesse belastetes ausgangswasser, uferfiltrat, oberflaechenwasser u. a. fuer die trinkwasserversorgung hygienisch einwandfrei verwendbar aufbereiten
S.WORT trinkwasseraufbereitung + schadstoffabbau + uferfiltration
RHEIN
PROLEI PROF. DR. GIEBLER
STAND 1.1.1974
FINGEB STADT DUESSELDORF
BEGINN 1.1.1970 ENDE 31.12.1975
LITAN - GRIEBLER: VERSUCHE ZUR VERBESSERUNG DES RHEINUFERFILTRATS. IN: SCHR. REIHE VER. WASS. -BODEN-LUFTHYG. 433 S. 1-56(1970)
- GRIEBLER: GERUCHSBELAESTIGENDE STOFFE. IN: SCHR. REIHE VER. WASS. -BODEN-LUFTHYG. 435 S. 135-139(1971)

HE -030
INST INSTITUT FUER WASSERBAU UND WASSERWIRTSCHAFT DER TU BERLIN BERLIN 10, STRASSE DES 17. JUNI 140-144
VORHAB **modellversuche hochwasserentlastungsanlage siebertalsperre**
die harzwasserwerke des landes niedersachsens planen, oberhalb der ortschaft sieber, unmittelbar nach der einmuendung der kulmke in die sieber, das wasser zur trinkwasserversorgung des norddeutschen raumes aufzustauen. da eine hydraulische berechnung der hochwasserentlastungsanlage, bestehend aus sammelgerinne, schussrinne und sprungschanze wegen der komplizierten stroemungsverhaeltnisse nicht moeglich ist, soll durch eine modelltechnische untersuchung die dimensionierung dieser hwe-anlage durchgefuehrt werden
S.WORT trinkwasserversorgung + talsperre + wasserbau + (hochwasserentlastungsanlage)
HARZ
PROLEI PROF. DR. -ING. HANS BRETSCHNEIDER
STAND 2.8.1976
QUELLE fragebogenerhebung sommer 1976
FINGEB HARZWASSERWERKE
BEGINN 1.9.1975 ENDE 31.8.1976
G.KOST 40.000 DM

HE -031
INST INSTITUT FUER WASSERBAU UND WASSERWIRTSCHAFT DER TU BERLIN BERLIN 10, STRASSE DES 17. JUNI 140-144
VORHAB **stabilitaet des metalimnions gegenueber einem parallel eingefuehrten freistrahl**
um von eutrophierung bedrohte trinkwassertalsperren mit sauerstoff anzureichern, wird luft in das hypolomnion eingeblasen. dieses verfahren zerstoert die natuerliche temperaturschichtung des sees, was sich unguenstig auf das biotop auswirkt. nach einem neuen verfahren wird belueftetes wasser unterhalb des metalimnions eingeleitet. untersucht werden die grenzbedingungen dieser einleitung, bei denen das metalimnion noch stabil bleibt
S.WORT trinkwassergewinnung + sauerstoffeintrag + verfahrensoptimierung
PROLEI PROF. DR. -ING. CARLWALTER SCHRECK
STAND 2.8.1976
QUELLE fragebogenerhebung sommer 1976
BEGINN 1.8.1975
G.KOST 60.000 DM

HE -032
INST INSTITUT FUER WASSERCHEMIE UND CHEMISCHE BALNEOLOGIE DER TU MUENCHEN MUENCHEN, MARCHIONINISTR. 17
VORHAB **badewasseraufbereitung - chemische kontaminierung und dekontaminierung von badewaessern**
untersuchung der reaktion von ozon mit stickstoffhaltigen badewasserbelastungsstoffen wie harnstoff, aminosaeuren, kreatinin
S.WORT wasseraufbereitung + dekontaminierung
PROLEI DR. DIPL. -CHEM. EICHELSDOERFER
STAND 1.1.1974
FINGEB DEUTSCHE FORSCHUNGSGEMEINSCHAFT
BEGINN 1.5.1969 ENDE 31.12.1974
LITAN EICHELSDOERFER; HARPE: EINWIRKUNG VON OZON AUF HARNSTOFF IM HINBLICK AUF DIE BADEWASSERAUFBEREITUNG. IN: VOM WASSER (37) S. 73-81 (1970)

HE -033
INST INSTITUT FUER WASSERVERSORGUNG, ABWASSERBESEITIGUNG UND STADTBAUWESEN DER TH DARMSTADT
DARMSTADT, PETERSENSTR. 13
VORHAB **untersuchungen zum absetz- und eindickverhalten von filterrueckspuelwasser der trinkwasseraufbereitung**
schlammvolumenverminderung durch schlammkonditionierung und anschliessender eindickung. das absetzverhalten des filterrueckspuelwassers und das eindickverhalten des daraus gewonnenen schlammes wurde unter einfluss der vorbehandlung untersucht. die vorbehandlung hat eine verbesserung der absetzeigenschaften zum ziel. es wurden geeignete mittel zur vorbehandlung und ein bereich optimaler dosierung angegeben
S.WORT trinkwasser + wasseraufbereitung + filtration + schlammbeseitigung
PROLEI DIPL. -ING. WOLFRAM WEYRAUCH
STAND 30.8.1976
QUELLE fragebogenerhebung sommer 1976
FINGEB STADTWERKE WOLFSBURG
BEGINN 1.5.1975 ENDE 30.9.1975
G.KOST 8.000 DM
LITAN ENDBERICHT

HE -034
INST INSTITUT FUER WASSERWIRTSCHAFT, HYDROLOGIE UND LANDWIRTSCHAFTLICHER WASSERBAU DER TU HANNOVER
HANNOVER, CALLINSTR. 15
VORHAB **wirtschaftlichkeitsuntersuchungen in der wasservorratswirtschaft**
S.WORT wasserwirtschaft + oekonomische aspekte
PROLEI DIPL. -ING. SCHREIBER
STAND 1.1.1974
FINGEB DEUTSCHE FORSCHUNGSGEMEINSCHAFT
BEGINN 1.1.1971 ENDE 31.5.1974
G.KOST 140.000 DM
LITAN - ZWISCHENBERICHT FUER DAS JAHR 1972
- ZWISCHENBERICHT 1974. 08

HE -035
INST LABORATORIUM FUER ADSORPTIONSTECHNIK GMBH
FRANKFURT, GWINNERSTR. 27-33
VORHAB **trinkwassergewinnung, desodorisierung, enteisenung, entmanganung und entchlorung von wasser mittels aktivkohle**
S.WORT trinkwassergewinnung + aktivkohle
STAND 1.1.1974

HE -036
INST LEHRSTUHL A UND INSTITUT FUER PHYSIKALISCHE CHEMIE DER TU BRAUNSCHWEIG
BRAUNSCHWEIG, HANS-SOMMER-STR. 10
VORHAB **weiterentwicklung von apparaturen zur reindarstellung von wasser fuer oekologische untersuchungen**
S.WORT wasseraufbereitung
PROLEI DR. HEIKO CAMMENGA
STAND 21.7.1976
QUELLE fragebogenerhebung sommer 1976
ZUSAM DESTILLATION RESEARCH LABORATORY, ROCHESTER INSTITUTE OF TECHNOLOGY, ROCHESTER, N. Y. 14614
G.KOST 8.000 DM

HE -037
INST LEHRSTUHL FUER WIRTSCHAFTS- UND SOZIALGEOGRAPHIE DER UNI ERLANGEN-NUERNBERG
NUERNBERG, FINDELGASSE 7-9
VORHAB **bestimmungsfaktoren des regionalen wasserverbrauchs in der bundesrepublik deutschland unter besonderer beruecksichtigung der ballungsraeume**
ermittlung der wichtigsten bestimmungsfaktoren fuer die regionalen und kleinraeumlichen unterschiede im wasserverbrauch. kartenmaessige darstellung des relativen wasserverbrauchs der regionen, differenziert nach verbrauchergruppen. dabei u. a. untersuchung des einflusses der gewaesserverschmutzung auf die standorte der wassergewinnungsanlagen
S.WORT wasserverbrauch + ballungsgebiet
PROLEI DR. DIETMAR GOHL
STAND 21.7.1976
QUELLE fragebogenerhebung sommer 1976
BEGINN 1.1.1976 ENDE 31.12.1978
G.KOST 1.000 DM
LITAN - GOHL, D.: DIE WASSERFRAGE IM NUERNBERGER BALLUNGSRAUM. IN: NUERNBERGER WIRTSCHAFTS- UND SOZIALGEOGRAPHISCHE ARBEITEN 18 S. 66-89(1974)
- GOHL, D.: AUSWIRKUNGEN DER BEGRENZTHEIT DER RESSOURCE WASSER AUF DIE REGIONALE WIRTSCHAFTSENTWICKLUNG IN BEIDEN TEILEN DEUTSCHLANDS. IN: SECOND ANGLO-GERMAN SYMPOSIUM ON APPLIED GEOGRAPHY 1975. (1976)

HE -038
INST LEICHTWEISS-INSTITUT FUER WASSERBAU DER TU BRAUNSCHWEIG
BRAUNSCHWEIG, BEETHOVENSTR. 51A
VORHAB **betrieb von verdunstungskesseln der "class a" zu vergleichszwecken**
S.WORT wasserverdunstung + (verdunstungskessel)
PROLEI PROF. DR. -ING. HANS-JUERGEN COLLINS
STAND 1.1.1974
FINGEB DEUTSCHE FORSCHUNGSGEMEINSCHAFT

HE -039
INST MINERALOGISCH-PETROGRAPHISCHES INSTITUT DER UNI HEIDELBERG
HEIDELBERG, IM NEUENHEIMER FELD 236
VORHAB **untersuchung ueber sedimentologische einfluesse auf menge und guete des rohwassers fuer die trinkwasserversorgung bei verschiedenen methoden**
erarbeitung fuer die wassergewinnung aus uferfiltrat. es werden die auswirkungen von ablagerungen im flussbett auf guete und menge von uferfiltrat untersucht sowie vorschlaege fuer technische verbesserungsmassnahmen aufgestellt
S.WORT trinkwassergewinnung + oberflaechenwasser + uferfiltration
PROLEI PROF. DR. GERMAN MUELLER
STAND 1.1.1974
QUELLE umweltforschungsplan 1974 des bmi
FINGEB BUNDESMINISTER DES INNERN
ZUSAM - INST. F. WASSER-, BODEN-U. LUFTHYGIENE DES BUNDESGESUNDHEITSAMTES, CORRENSPLATZ 1, 1 BERLIN 33
- FACHHOCHSCHULE NIENBURG, DRATZENBURGER STR. 17A, 307 NIENBURG
BEGINN 1.1.1970 ENDE 31.12.1974
G.KOST 123.000 DM
LITAN FOERSTNER; MUELLER: HYDROCHEMSICHE BEZIEHUNGEN ZWISCHEN FLUSSWASSER UND UFERFILTRAT. IN: GWF WASSER/ABWASSER 116 S. 74-79(1975)

HE -040
INST SONDERFORSCHUNGSBEREICH 79 "WASSERFORSCHUNG IM KUESTENBEREICH" DER TU HANNOVER
HANNOVER, CALLINSTR. 15 C VIII
VORHAB **nutzung der wasservorraete auf den nordseeinseln**
das ziel der projektarbeit ist die erstellung von planungsunterlagen und -instrumenten zur optimalen nutzung der auf den inseln vorhandenen suesswasservorraete. gerade der bereich der nordseeinseln wird im steigenden mass als erholungsgebiet erschlossen. ein wesentlicher faktor

bei diesen regionalen entwicklungen ist die wasserversorgung. der wasserbedarf verlaeuft jedoch nicht synchron zur regeneration des suesswasservorkommens. deshalb ist eine besondere bewirtschaftung von ortseigenem und gegebenenfalls fremdem suesswasser erforderlich

S.WORT wasserversorgung + wasserwirtschaft + erholungsgebiet NORDSEEINSELN
PROLEI PROF. DR. BERNHARD HOFFMANN
STAND 30.8.1976
QUELLE fragebogenerhebung sommer 1976
FINGEB DEUTSCHE FORSCHUNGSGEMEINSCHAFT
ZUSAM - NIEDERSAECHSISCHES LANDESAMT FUER BODENFORSCHUNG, HANNOVER
- FORSCHUNGSSTELLE FUER INSEL- UND KUESTENSCHUTZ, NORDERNEY
BEGINN 1.1.1974 ENDE 31.12.1979
G.KOST 1.140.000 DM
LITAN GERHARDY; HOFFMANN; MEYER; WICHMANN: TRINKWASSERVERSORGUNG DER OSTFRIESISCHEN INSELN. TECHNISCHER BERICHT SFB 79 TU HANNOVER (1976)

HE -041

INST STADTWERKE FRANKFURT
FRANKFURT 1, DOMINIKANERPLATZ 3
VORHAB untersuchungen ueber die besiedlung von aktivkohlefiltern mit mikroorganismen und deren auswirkung auf die trinkwasseraufbereitung
S.WORT trinkwasseraufbereitung + aktivkohle + mikroorganismen
PROLEI DR. WALTER MEVIUS
STAND 1.1.1974
BEGINN 1.1.1968

HE -042

INST STADTWERKE WIESBADEN AG
WIESBADEN, SOEHNLEINSTR. 158
VORHAB untersuchung ueber die besiedlung von aktivkohlefiltern mit mikroorganismen und deren auswirkung auf die trinkwasseraufbereitung
S.WORT trinkwasseraufbereitung + filter + mikroorganismen
PROLEI PROF. DR. REINHARD SCHWEISFURTH
STAND 1.1.1974
FINGEB DEUTSCHE FORSCHUNGSGEMEINSCHAFT

HE -043

INST STADTWERKE WIESBADEN AG
WIESBADEN, SOEHNLEINSTR. 158
VORHAB schadstoff-eliminierung aus dem rheinwasser
untersuchung der eliminierbarkeit organischer und anorganischer mikroverunreinigungen - insbesondere schadstoffe - bei der trinkwasseraufbereitung. getestet werden die verfahren oxidation durch belueftung und oxidationsmittel, flockung mit filtration und a-kohlefiltration unter verschiedenen bedingungen durch zusatz einzelner schadstoffe zum rheinwasser. angewendet werden u. a. spezielle analysenmethoden wie gc, dc und lc
S.WORT oberflaechengewaesser + trinkwasseraufbereitung + schadstoffentfernung RHEIN
PROLEI DR. KLAUS HABERER
STAND 30.8.1976
QUELLE fragebogenerhebung sommer 1976
FINGEB KURATORIUM FUER WASSER- UND KULTURBAUWESEN (KWK), BONN
BEGINN 1.8.1974 ENDE 31.12.1977
G.KOST 184.000 DM
LITAN HABERER, K.;NORMANN, S.;WENDLING, I.: EINE VERSUCHSANLAGE ZUR BESTIMMUNG DER SCHADSTOFFELIMINIERUNG BEI DER TRINKWASSERAUFBEREITUNG AUS RHEINWASSER. IN: WISSENSCHAFTLICHE BERICHTE DER STADTWERKE WIESBADEN AG 3(JAN 1976)

HE -044

INST STADTWERKE WIESBADEN AG
WIESBADEN, SOEHNLEINSTR. 158
VORHAB moeglichkeiten der zentralen enthaertung von trinkwasser in bezug auf die wirtschaftlichkeit bisher untersuchter und zukuenftiger verfahren
die verschiedenen moeglichkeiten der zentralen enthaertung von trinkwasser sollen zusammengestellt und in bezug auf die wirtschaftlichkeit untersucht werden. neben den bisher bekannten und groesstenteils auch im modellmasstab schon untersuchten verfahren sollen auch solche beruecksichtigt werden, die sich noch in der entwicklung befinden, auf grund ihrer technologie jedoch gewisse technische oder wirtschaftliche vorteile versprechen
S.WORT trinkwasseraufbereitung + enthaertung + oekonomische aspekte
PROLEI DR. KLAUS HABERER
STAND 30.8.1976
QUELLE fragebogenerhebung sommer 1976
ZUSAM DEUTSCHER VEREIN DES GAS- UND WASSERFACHES E. V. (DVGW), FRANKFURTER ALLEE 27, 6236 ESCHBORN
BEGINN 1.7.1976 ENDE 30.6.1979
G.KOST 152.000 DM

HE -045

INST STADTWERKE WIESBADEN AG
WIESBADEN, SOEHNLEINSTR. 158
VORHAB weitergehende untersuchungen zur optimierung von faellung und flockung organischer inhaltsstoffe des rheinwassers
S.WORT oberflaechenwasser + wasseraufbereitung + organische schadstoffe + faellung + flockung RHEIN
PROLEI DR. KLAUS HABERER
STAND 30.8.1976
QUELLE fragebogenerhebung sommer 1976
FINGEB MINISTER FUER LANDWIRTSCHAFT UND UMWELT, WIESBADEN
BEGINN 1.1.1976 ENDE 31.12.1976
G.KOST 15.000 DM

HE -046

INST TECHNISCHER UEBERWACHUNGSVEREIN BAYERN E.V.
MUENCHEN, KAISERSTR. 14-16
VORHAB untersuchung von verschiedenen rohrmaterialien fuer die trinkwasserversorgung auf ihre eignung fuer projekte in entwicklungslaendern
vergleichende untersuchungen hinsichtlich werkstoff- und bauteilverhalten von marktueblichen rohrtypen um dem anwender die auswahl des optimalen rohrmaterials und der technischen und wirtschaftlichen gesichtspunkte zu ermoeglichen
S.WORT trinkwasserversorgung + rohrleitung + entwicklungslaender
STAND 1.1.1975
QUELLE umweltforschungsplan 1975 des bmi
FINGEB BUNDESMINISTER DES INNERN
ZUSAM HYGIENEINSTITUT DES RUHRGEBIETES GELSENKIRCHEN
BEGINN 1.1.1972 ENDE 31.12.1975
G.KOST 300.000 DM
LITAN ZWISCHENBERICHT

HE -047

INST VEREINIGUNG DER TECHNISCHEN UEBERWACHUNGSVEREINE E.V.
ESSEN, KURFUERSTENSTR. 56

VORHAB **systemanalyse fuer unfallalarm und abwehrplaene fuer wasserwerke zur sicherung der oeffentlichen wasserzufuhr**
aufstellung einheitlicher alarmplaene. sammlung und auswertung bestehender alarmplaene und erarbeitung eines bundeseinheitlichen melde- und alarmsystems unter einbeziehung vorhandener zentraler einrichtungen; edv-gerechte konzeption fuer hilfsinformationen
S.WORT wasserwerk + wasserueberwachung + alarmplan + systemanalyse
STAND 1.1.1974
QUELLE umweltforschungsplan 1974 des bmi
FINGEB BUNDESMINISTER DES INNERN
BEGINN 1.1.1972 ENDE 31.12.1974
G.KOST 35.000 DM

HE -048

INST WAHNBACHTALSPERRENVERBAND SIEGBURG, KRONPRINZENSTR. 13
VORHAB **stoerung der trinkwasseraufbereitung durch algenbuertige substanzen und algen**
algen und algenbuertige substanzen, die in einem stehenden gewaesser als folge der eutrophierung in grossem umfang entstehen koennen, fuehren zu beeintraechtigungen des flockungsprozesses mit eisen oder aluminiumkomplexen im rahmen der wasseraufbereitungstechnik; zur zeit ist noch nichts ueber die art dieser organischen verbindungen bekannt; ziel der untersuchungen ist es, den einflussmechanismus dieser organischen verbindung auf den flockenungsprozess kennenzulernen, um gegenmassnahmen fuer die wasseraufbereitsungstechnik zu entwickeln; ausserdem sollen verfahren entwickelt werden, mit deren hilfe algen mit groesserer wirksamkeit vom aufzubereitenden wasser abgetrennt werden koennen
S.WORT wasseraufbereitung + algen + flockung + trinkwasser
PROLEI PROF. DR. HEINZ BERNHARDT
STAND 1.1.1974
FINGEB DEUTSCHE FORSCHUNGSGEMEINSCHAFT
ZUSAM ARBEITSGEMEINSCHAFT DER TRINKWASSERTALSPERREN; PROF. DR. REICHERT
BEGINN 1.1.1972
G.KOST 238.000 DM

HE -049

INST ZWECKVERBAND BODENSEE-WASSERVERSORGUNG UEBERLINGEN -SUESSENMUEHLE
VORHAB **analytische untersuchungen zur optimierung des ozonverfahrens bei der trinkwasseraufbereitung von oberflaechenwaessern**
mit diesen untersuchungen soll geklaert werden, welche vorgaenge bei der anwendung unterschiedlicher ozonkonzentrationen bei der aufbereitung von oberflaechenwasser einsetzen, welche organischen reaktionsprodukte entstehen, welche folgeerscheinungen auftreten und welche verfahrenstechnische konsequenzen gezogen werden muessen
S.WORT oberflaechenwasser + trinkwasseraufbereitung + ozon
PROLEI DR. -ING. DIETRICH MAIER
STAND 22.7.1976
QUELLE fragebogenerhebung sommer 1976
FINGEB KURATORIUM FUER WASSER- UND KULTURBAUWESEN (KWK), BONN
ZUSAM - ENGLER-BUNTE-INSTITUT, KARLSRUHE
- KERNFORSCHUNGSZENTRUM, 7500 KARLSRUHE-LEOPOLDSHAFEN
BEGINN 1.11.1975 ENDE 31.12.1979
G.KOST 600.000 DM

Weitere Vorhaben siehe auch:

HB -034 GEWINNUNG VON KRITERIEN ZUR OPTIMALEN ABSTIMMUNG ZWISCHEN BESTEHENDEN UND GEPLANTEN TRINKWASSERERSCHLIESSUNGEN UND DER GEPLANTEN NEUBAUSTRECKE HANNOVER-WUERZBURG DER DEUTSCHEN BUNDESBAHN IN UNTERFRANKEN
HB -035 HYDROLOGISCHE UND HYDROGEOLOGISCHE BESTANDSAUFNAHME ZWISCHEN GEMUENDEN UND WUERZBURG ENTLANG DER GEPLANTEN NEUBAUSTRECKE HANNOVER-WUERZBURG DER DEUTSCHEN BUNDESBAHN
HB -050 TYPISIERUNG VON GRUNDWASSER IM NORDDEUTSCHEN KUESTENBEREICH UND AUFBEREITUNGSVERFAHREN
HB -057 UNTERSUCHUNG DER GRUNDWASSER-STROEMUNGSVERHAELTNISSE (SICHERUNG DER WASSERVERSORGUNG)
IA -013 DIE VERAENDERUNG DER PHYSIOLOGISCHEN LEISTUNGSFAEHIGKEIT DES FAEKALINDIKATORS E.COLI IN KLAERANLAGEN UND OBERFLAECHENGEWAESSERN
IC -012 BILANZIERUNG DER INTOXIKATION DES NECKARS DURCH GIFTIGE INDUSTRIEABWAESSER IM HINBLICK AUF DIE TRINKWASSERVERSORGUNG
IC -048 IDENTIFIZIERUNG UND QUANTITATIVE BESTIMMUNG VON ORGANISCHEN SCHADSTOFFEN IN OBERFLAECHENGEWAESSERN (SICHERUNG DER TRINKWASSERVERSORGUNG)
IC -117 NAEHRSTOFFELIMINIERUNGSANLAGE AN DER WAHNBACHTALSPERRE
IC -118 AUSWERTUNG DER BESTANDSAUFNAHME DER BIOZIDBELASTUNG VON 20 TALSPERREN
IC -119 UEBERWACHUNG DER RADIOAKTIVITAET DER FUER DIE TRINKWASSERVERSORGUNG DIENENDEN ZUFLUESSE UND TALSPERREN DER NORD-EIFEL
ID -010 MIKROBIOLOGIE DES RHEINWASSERS (GRUNDWASSER UND TRINKWASSER)
IF -015 BODENEROSION UND GEWAESSEREUTROPHIERUNG
IF -038 ZUSAMMENHANG ZWISCHEN NAEHRSTOFFBELASTUNG UND TROPHIEGRAD EINER OLIGOTROPHEN TALSPERRE IN ABHAENGIGKEIT VOM EINZUGSGEBIET
IF -039 OLIGOTROPHIERUNG STEHENDER GEWAESSER DURCH CHEMISCHE NAEHRSTOFFELIMINIERUNG AUS DEN ZUFLUESSEN AM BEISPIEL DER WAHNBACHTALSPERRE
KB -003 DER WIRKUNGSGRAD UND DIE KATALYTISCHE BEEINFLUSSUNG DES ELEKTRO-CHEMISCHEN ABBAUS VON GIFT- UND SCHMUTZSTOFFEN IN WASSER
KB -089 STOERUNG DER FLOCKUNG DURCH CHELATBILDENDE SUBSTANZEN UND FLOCKUNGSINHIBITOREN, TEIL I: ENTWICKLUNG EINER FLOCKUNGSTESTAPPARATUR
KB -090 STOERUNG DER FLOCKUNG DURCH CHELATBILDENDE SUBSTANZEN UND FLOCKUNGSINHIBITOREN, TEIL II: ERMITTLUNG DES EINFLUSSES VERSCHIEDENER WASSERINHALTSSTOFFE AUF DEN FLOCKUNGSPROZESS

HF -001

INST BATTELLE-INSTITUT E.V.
FRANKFURT 90, AM ROEMERHOF 35
VORHAB betone fuer meerwasserentsalzungsanlagen nach dem mehrstufenverdampfungsverfahren
grundlegende untersuchungen, um die einsatzmoeglichkeiten von betonen bei verschiedenen temperaturen und solekonzentrationen zu ermitteln. derartige betone koennten fuer einfach zu bauende anlagen in entwicklungslaendern wichtig sein. die arbeiten werden gemeinsam mit einer internationalen arbeitsgruppe durchgefuehrt
S.WORT betontechnologie + meerwasserentsalzung + verfahrensentwicklung
PROLEI DR. FERDINAND FINK
STAND 4.8.1976
QUELLE fragebogenerhebung sommer 1976
FINGEB BUNDESMINISTER FUER FORSCHUNG UND TECHNOLOGIE
ZUSAM COST AKTION 53, PROF. JEVTIC, JUGOSLAWIEN
BEGINN 1.11.1975 ENDE 31.12.1977
G.KOST 1.048.000 DM

HF -002

INST FACHGEBIET PHYSIKALISCHE CHEMIE DER UNI MARBURG
MARBURG, LAHNBERGE 74
VORHAB aufklaerung der wasserstruktur an und in membranen zur wasserentsalzung nach dem prinzip der umgekehrten osmose
in diesem projekt soll versucht werden, die mechanismen aufzuklaeren, nach denen membranen zur meerwasserentsalzung und zur wasserreinigung wirken. ziel ist es, die membranverfahren aufgrund dieser kenntnisse zu optimieren bzw. neuartige membranen mit besseren eigenschaften zu finden. infrarotspektren des wassers innerhalb von membranen geben aufschluss ueber die wasserstruktur. nach bisherigen ergebnissen ist es zweckmaessig, membranen zu verwenden, die die ausbildung der normalen wasserstruktur verhindern, da sonst das ionenrueckhaltevermoegen zurueckgeht
S.WORT wasserreinigung + meerwasserentsalzung + biologische membranen
PROLEI PROF. DR. WERNER-A. P. LUCK
STAND 13.8.1976
QUELLE fragebogenerhebung sommer 1976
FINGEB BUNDESMINISTER FUER FORSCHUNG UND TECHNOLOGIE
ZUSAM HEBREW UNIVERSITY JERUSALEM, SCHOOL OF APPLIED SCIENCE, JERUSALEM
BEGINN 1.7.1975 ENDE 30.6.1978
G.KOST 180.000 DM
LITAN ZWISCHENBERICHT

HF -003

INST FRIED. KRUPP GMBH
ESSEN, MUENCHENER STRASSE 100
VORHAB beherrschung der krustenbildung bei meerwasserentsalzungsanlagen nach dem verfahren der entspannungsverdampfung
durch vorherige ausscheidung der krustenbildner kann die nachfolgende entspannungsverdampfung mit hoeheren temperaturen bzw. wirtschaftlicher gefahren werden
S.WORT meerwasserentsalzung + sulfate
PROLEI DR. -ING. HARTWIG
STAND 1.1.1974
FINGEB - BUNDESMINISTER FUER BILDUNG UND WISSENSCHAFT
- FRIEDRICH KRUPP GMBH, ESSEN
BEGINN 1.1.1969

HF -004

INST FRIED. KRUPP GMBH
ESSEN, MUENCHENER STRASSE 100
VORHAB untersuchung des verfahrens der umgekehrten osmose zur suesswassergewinnung aus brachwasser
aus brackwasser wird durch hyperfiltration trinkwasserqualitaet gewonnen
S.WORT trinkwassergewinnung + brackwasser + filtration
PROLEI DR. -ING. HARTWIG
STAND 1.1.1974
FINGEB - BUNDESMINISTER FUER BILDUNG UND WISSENSCHAFT
- FRIEDRICH KRUPP GMBH, ESSEN
BEGINN 1.1.1969 ENDE 31.12.1975

HF -005

INST GESELLSCHAFT FUER KERNENERGIEVERWERTUNG IN SCHIFFBAU UND SCHIFFAHRT
GEESTHACHT, REAKTORSTR. 1
VORHAB meerwasserentsalzung, reinhaltung der gewaesser, abwasser-technologie, membranverfahren, ionentauscher
stuetzung des suesswasserhaushalts der natur; gewaesserreinhaltung
S.WORT abwasserreinigung + gewaesserschutz + wasserhaushalt
PROLEI DR. HAUSER
STAND 1.1.1974
FINGEB BUNDESMINISTER FUER FORSCHUNG UND TECHNOLOGIE
BEGINN 1.1.1972 ENDE 31.12.1975
G.KOST 1.010.000 DM

HF -006

INST GESELLSCHAFT FUER KERNENERGIEVERWERTUNG IN SCHIFFBAU UND SCHIFFAHRT
GEESTHACHT, REAKTORSTR. 1
VORHAB errichtung einer versuchsstation fuer die erprobung von meerwasser-entsalzungsanlagen
S.WORT meerwasserentsalzung + versuchsanlage
PROLEI DR. HAUSER
STAND 1.1.1974
BEGINN 1.1.1972 ENDE 31.12.1975
G.KOST 970.000 DM

HF -007

INST PHYSIKALISCH-CHEMISCHES INSTITUT DER UNI HEIDELBERG
HEIDELBERG, IM NEUENHEIMER FELD 253
VORHAB suesswassergewinnung aus meerwasser und dadurch auftretende umweltbelaestigung durch konzentriertes und mit zusatzstoffen belastetes abwasser
S.WORT wassergewinnung + meerwasserentsalzung + abwasser
PROLEI DR. SCHNEIDER
STAND 1.10.1974
FINGEB BUNDESMINISTER FUER FORSCHUNG UND TECHNOLOGIE
BEGINN 1.1.1973 ENDE 31.12.1975
G.KOST 450.000 DM

HF -008

INST POLYTECHNISCHES INSTITUT
KARLSRUHE 1, POSTFACH 6168
VORHAB meerwasserentsalzung. teilprojekt: untersuchungen zur wassersparenden bewaesserung mit suesswasser aus entsalzungsanlagen
S.WORT wasseraufbereitung + meerwasserentsalzung + bewaesserung
QUELLE datenuebernahme aus der datenbank zur koordinierung der ressortforschung (dakor)
FINGEB BUNDESMINISTER FUER FORSCHUNG UND TECHNOLOGIE
BEGINN 1.6.1973 ENDE 31.12.1974

HG -001
INST AKTIONSGEMEINSCHAFT NATUR- UND UMWELTSCHUTZ BADEN-WUERTTEMBERG E.V. STUTTGART, STAFFLENBERGSTR. 26
VORHAB schutz des wassers - hydrogeologische kartierung
S.WORT hydrogeologie + wasserschutz + kartierung
PROLEI DR. FAHRBACH
STAND 1.1.1974
FINGEB MINISTERIUM FUER ERNAEHRUNG, LANDWIRTSCHAFT UND UMWELT, STUTTGART
BEGINN 1.1.1971 ENDE 31.12.1976
G.KOST 10.000 DM

HG -002
INST BUNDESANSTALT FUER GEWAESSERKUNDE KOBLENZ, KAISERIN-AUGUSTA-ANLAGEN 15
VORHAB untersuchung ueber die anwendbarkeit der mathematischen modelltechnik in der wasserguetewirtschaft
entwicklung eines simulationsmodells fuer ein flussgebiet. anstelle wasserwirtschaftlicher einzelmassnahmen muessen alle massnahmen zur sanierung und wirtschaftlichen entwicklung eines flussgebietskomplexes im volkswirtschaftlichen rahmen gesehen werden. die zusammenhaenge und auswirkungen einzelner massnahmen sollen mit hilfe der modelle durchschaubar gemacht werden
S.WORT wasserwirtschaft + fluss + simulationsmodell
PROLEI DR. HANS-J. LIEBSCHER
STAND 20.11.1975
FINGEB BUNDESMINISTER DES INNERN
BEGINN 1.1.1973 ENDE 31.12.1976
G.KOST 588.000 DM

HG -003
INST BUNDESANSTALT FUER GEWAESSERKUNDE KOBLENZ, KAISERIN-AUGUSTA-ANLAGEN 15
VORHAB auswahl und einrichtung einer hinreichenden anzahl von dekademessstellen im rahmen der hydrologischen dekade
einrichtung neuer und ergaenzung bestehender messtellen zur erfassung von quantitativen und qualitativen hydrologischen daten
S.WORT hydrologie + oberflaechengewaesser + messtellennetz
PROLEI DIPL. -ING. JANSEN
STAND 1.1.1974
FINGEB DEUTSCHE FORSCHUNGSGEMEINSCHAFT
BEGINN 1.1.1965 ENDE 31.12.1974
LITAN JAHRESBERICHTE AN DIE DFG

HG -004
INST BUNDESANSTALT FUER GEWAESSERKUNDE KOBLENZ, KAISERIN-AUGUSTA-ANLAGEN 15
VORHAB anwendbarkeit der mehrdimensionalen harmonischen analyse fuer mathemathische flussgebietsmodelle, bearbeitet am beispiel niederschlags-abflussmodell
S.WORT fluss + niederschlag + abflussmodell
PROLEI DR. HANS-J. LIEBSCHER
STAND 1.1.1974
FINGEB DEUTSCHE FORSCHUNGSGEMEINSCHAFT

HG -005
INST BUNDESANSTALT FUER GEWAESSERKUNDE KOBLENZ, KAISERIN-AUGUSTA-ANLAGEN 15
VORHAB untersuchungen ueber die anwendbarkeit mathematischer modelle in der wasserwirtschaft
planung, ueberwachung und bilanzierung bei der gewaesserbewirtschaftung an einem pilotprojekt (mathematische modelle sind grundlage fuer planung der wassernutzung, ueberwachung der gewaesserbeschaffenheit und bilanzierung von wasserdargebot und -bedarf). die entwicklung integrierter modelle aus sachbezogenen einzelmodellen fuer die bewirtschaftungsplaene ganzer flussgebiete soll erreicht werden und an einem pilotprojekt auf funktionsbereitschaft ueberprueft werden. die moeglichkeit zur uebertragung von loesungsansaetzen aus dem ausland auf die verhaeltnisse in der bundesrepublik deutschland wird untersucht
S.WORT wasserwirtschaft + gewaesserueberwachung + planungsmodell
STAND 20.11.1975
FINGEB BUNDESMINISTER DES INNERN
BEGINN 1.1.1976 ENDE 31.12.1979
G.KOST 790.000 DM

HG -006
INST BUNDESANSTALT FUER GEWAESSERKUNDE KOBLENZ, KAISERIN-AUGUSTA-ANLAGEN 15
VORHAB internationales hydrologisches programm (ihp) - langzeitprogramm der unesco fuer hydrologie
vorbereitung und abwicklung des deutschen forschungsprogramms zum ihp in zusammenarbeit mit bundes- und landesstellen sowie hochschulinstituten, betreuung von deutschen forschungsvorhaben im rahmen des deutschen nationalkomitees, abstimmung im internationalen rahmen der unesco, wahrnehmung der zusammenarbeit bei regionalen forschungsprojekten (rhein, donau, ostsee)
S.WORT hydrologie + internationale zusammenarbeit
FINGEB BUNDESMINISTER DES INNERN
BEGINN 22.7.1974
G.KOST 729.000 DM

HG -007
INST BUNDESFORSCHUNGSANSTALT FUER LANDESKUNDE UND RAUMORDNUNG BONN -BAD GODESBERG, MICHAELSHOF
VORHAB modellrechnungen wasserbilanz
ueber vereinfachte annahmen ueber die regionale verteilung von wasserbedarfstraegern und spezifischen wasserbedarfszahlen, sowie annahmen ueber die mittlere grundwasserneubildung werden wasserbilanzen errechnet. diese sollen als grundlage fuer grossraeumige nutzungskonzepte und standortentscheidungen fuer grossindustrie herangezogen werden
S.WORT wasserbilanz + grundwasserbildung + bodennutzung
PROLEI DIPL. -ING. DIETRICH KAMPE
STAND 29.7.1976
QUELLE fragebogenerhebung sommer 1976
BEGINN ENDE 31.12.1978

HG -008
INST CALORIC, GESELLSCHAFT FUER APPARATEBAU MBH GRAEFELFING, AKILINDASTR. 56
VORHAB aufkonzentration von salzloesungen
S.WORT abwasserbehandlung + salze
STAND 1.1.1974

HG -009
INST ERNO RAUMFAHRTECHNIK GMBH BREMEN 1, HUENEFELDSTR. 1-5
VORHAB messsystem argus - automatische registrierung von hydrologischen und meteorologischen messreihen in fluss- und kuestengewaessern
automatische registrierung von hydrologischen und meteorologischen messreihen mit externer datenerfassung und -auswertung in fluss- und kuestengewaesser; erno-patent angemeldet
S.WORT fliessgewaesser + kuestengewaesser + hydrometeorologie + messverfahren WESER-AESTUAR
PROLEI ING. GRAD. LUENERS
STAND 1.10.1974
QUELLE erhebung 1975
BEGINN 1.9.1971 ENDE 31.8.1974
G.KOST 700.000 DM
LITAN
- INTEROCEAN 73 S. 789-802, BERICHT
- BERICHT IN DER FAZ VOM 19. 12. 73 SEITE 25
- OZEAN + TECHNIK 1973. 12

HG -010
INST FACHGEBIET GEOLOGIE UND PALAEONTOLOGIE DER TH DARMSTADT
DARMSTADT, SCHNITTSPAHNSTR. 9
VORHAB **auswirkung und zusammenhaenge zwischen tektonik und hydrogeologie bei den wasserverhaeltnissen im bereich des suedlichen muemling (odenwald)**
S.WORT hydrogeologie + bodenmechanik
ODENWALD
PROLEI PROF. DR. EGON BACKHAUS
STAND 1.1.1974
FINGEB DEUTSCHE FORSCHUNGSGEMEINSCHAFT
ZUSAM HESSISCHES LANDESAMT FUER BODENFORSCHUNG, 62 WIESBADEN, LEBERBERG 9; PROF. DR. NOERING
BEGINN 1.1.1973

HG -011
INST FORSTDIREKTION DER BEZIRKSREGIERUNG KOBLENZ
KOBLENZ, HOHENZOLLERNSTR. 118-120
VORHAB **der einfluss von bestockungsunterschieden auf den wasserhaushalt des waldes und seine wasserspende an die landschaft**
S.WORT wald + wasserhaushalt + vegetation
PROLEI DIETRICH HOFFMANN
STAND 1.1.1974
FINGEB DEUTSCHE FORSCHUNGSGEMEINSCHAFT
ZUSAM INTERNATIONALE HYDROLOGISCHE DEKADE
BEGINN 1.1.1964

HG -012
INST GEOGRAPHISCHES INSTITUT / FB 22 DER UNI GIESSEN
GIESSEN, SENCKENBERGSTR. 1
VORHAB **einfluss naturraeumlicher und anthropogener faktoren auf den oberflaechenabfluss. eignung der zeitreihenanalyse zur simulation und prognose stochastischer prozesse in hydrologie und klimatologie**
fragestellung: untersuchung des einflusses verschiedener einzugsgebietscharakteristika auf den abflussvorgang; aufdecken von statistischen beziehungen zwischen abfluss-kenngroessen und klimatischen, pedologischen etc. variablen. methoden: auswertung topographischer, klimatologischer, geologischer etc. karten; analyse und modellierung der systeme "wasserkreislauf" bzw. "abfluss"; statistische analysen
S.WORT abflussmodell + hydrologie + klimatologie
PROLEI STREIT
STAND 6.8.1976
QUELLE fragebogenerhebung sommer 1976
BEGINN 1.1.1973

HG -013
INST GEOGRAPHISCHES INSTITUT DER UNI MUENCHEN
MUENCHEN 2, LUISENSTR.37
VORHAB **hydrographische untersuchungen zum wasserhaushalt eines alpinen niederschlagsgebietes**
S.WORT wasserhaushalt + hydrologie
ALPENRAUM
PROLEI PROF. DR. FRITZ WILHELM
STAND 1.10.1974
FINGEB DEUTSCHE FORSCHUNGSGEMEINSCHAFT

HG -014
INST GEOLOGISCH-PALAEONTOLOGISCHES INSTITUT DER UNI FRANKFURT
FRANKFURT, SENCKENBERGANLAGE 32-34
VORHAB **hydrologisch-geologische untersuchungen am suedhang des vogelsberges unter besonderer beruecksichtigung des fluors**
kontrolle der beeinflussung des chemismus von quellen durch umweltfaktoren (natuerliche faktoren/anthropogene faktoren); kontrolle durch analytische erfassung der fluoride
S.WORT hydrogeologie + quelle + umweltfaktoren + fluoride
VOGELSBERG
PROLEI PROF. DR. MURAWSKI
STAND 1.1.1974
BEGINN 1.7.1970 ENDE 31.12.1975
G.KOST 3.000 DM

HG -015
INST GEOLOGISCHES INSTITUT DER UNI TUEBINGEN
TUEBINGEN, SIGWARTSTR. 10
VORHAB **hydrogeologische untersuchung im nachbarschaftsgebiet reutlingen - tuebingen**
zur erstellung eines landschaftsplanes durch das geolog. landesamt werden u. a. das abflussverhalten, der boden- und grundwasserhaushalt, in ca. 8 ausgewaehlten repraesentativen einzugsgebieten untersucht
S.WORT landschaftsplanung + hydrogeologie + bodenwasser + wasserhaushalt
REUTLINGEN + TUEBINGEN + STUTTGART
PROLEI PROF. DR. GERHARD EINSELE
STAND 29.7.1976
QUELLE fragebogenerhebung sommer 1976
FINGEB REGIERUNGSPRAESIDIUM BADEN-WUERTTEMBERG
ZUSAM GEOLOGISCHES LANDESAMT, FREIBURG
BEGINN 1.1.1976 ENDE 31.3.1978
G.KOST 80.000 DM

HG -016
INST GEOLOGISCHES LANDESAMT NORDRHEIN-WESTFALEN
KREFELD, DE-GREIFF-STR. 195
VORHAB **deutscher beitrag zur hydrogeologischen karte von europa 1:15 millionen**
S.WORT hydrogeologie + kartierung
EUROPA
PROLEI PROF. DR. HERBERT KARRENBERG
STAND 1.1.1974
FINGEB DEUTSCHE FORSCHUNGSGEMEINSCHAFT

HG -017
INST GESELLSCHAFT DEUTSCHER CHEMIKER
FRANKFURT 90, VARRENTRAPPSTR. 40-42
VORHAB **probenahme von wasser**
erarbeitung von vorschlaegen fuer die einheitliche probenahme von abwasser und trinkwasser im rahmen der umweltueberwachung
S.WORT wasserueberwachung + probenahme + richtlinien
PROLEI PROF. DR. RUDOLF WAGNER
STAND 30.8.1976
QUELLE fragebogenerhebung sommer 1976
ZUSAM - GESELLSCHAFT DEUTSCHER CHEMIKER, VARRENTRAPPSTR. 40-42, 6000 FRANKFURT
- DFG, KENNEDYALLEE, 5300 BONN-BAD GODESBERG
BEGINN 1.1.1972
LITAN WAGNER, R.: SAMPLING AND SAMPLE PREPARATION. WATER. IN: Z. ANAL. CHEMIE (1976)

HG -018
INST INSTITUT FUER BODENMECHANIK UND FELSMECHANIK DER UNI KARLSRUHE
KARLSRUHE, RICHARD-WILLSTAETTER-ALLEE
VORHAB **wirksamkeit unvollkommener dichtwaende im untergrund**
untersuchung des zusammenhanges zwischen abdichtungswirkung und der geometrie unvollkommener abdichtungswaende im durchlaessigen untergrund unter stauwerken (daemme, deiche). theoretische studie, analytisch, teilweise unter zuhilfnahme von elektro-analogie-versuchen und unter anwendung von finite-element-berechnungen
S.WORT staudamm + bodenbeschaffenheit + (abdichtungswirkung)
PROLEI DR. -ING. JOSEF BRAUNS
STAND 21.7.1976
QUELLE fragebogenerhebung sommer 1976
BEGINN 1.1.1974 ENDE 31.12.1976
G.KOST 80.000 DM

HG -019

INST INSTITUT FUER GEOLOGIE UND PALAEONTOLOGIE DER TU BRAUNSCHWEIG
BRAUNSCHWEIG, POCKELSSTR. 4

VORHAB **geochemische untersuchungen an gesteinen, boeden, bachsedimenten und waessern im bereich des harzvorlandes**
im harzvorland treten eine reihe von halokinetisch entstandenen antiklinalstrukturen auf, deren aus buntsandstein, muschelkalk und keuper bestehenden kerne allseits von schichten des jura und der kreide umgeben werden. eine anthropogen nur wenig beeinflusste und von verschiedenen fluessen durchschnittene beulenartige sattelstruktur bildet der elm. im unmittelbaren harzvorland sind dagegen die aus dem harz austretenden fluesse (oker, innerste) durch den oberharzer bergbau und die huettenindust rie mit schwermetallen stark belastet. am beispiel des elms und des unmittelbaren harzvorlandes soll der zusammenhang der schwermetallverteilung in den ausgangsgesteinen, deren boeden, den bachsedimenten und bachwaessern erarbeitet werden

S.WORT fliessgewaesser + sedimentation + schwermetallkontamination
ELM + HARZVORLAND
PROLEI DR. ALBRECHT BAUMANN
STAND 21.7.1976
QUELLE fragebogenerhebung sommer 1976
FINGEB DEUTSCHE FORSCHUNGSGEMEINSCHAFT
BEGINN 1.7.1975
G.KOST 75.000 DM
LITAN ZWISCHENBERICHT

HG -020

INST INSTITUT FUER HYDRAULIK UND HYDROLOGIE DER TH DARMSTADT
DARMSTADT, PETERSENSTR.

VORHAB **die bestimmung von basisabfluss und verlustrate**

S.WORT wasserbilanz
PROLEI PROF. DR. RALPH C. M. SCHROEDER
STAND 1.1.1974
FINGEB DEUTSCHE FORSCHUNGSGEMEINSCHAFT
ZUSAM INTERNATIONALE HYDROLOGISCHE DEKADE
BEGINN 1.1.1972

HG -021

INST INSTITUT FUER HYDRAULIK UND HYDROLOGIE DER TH DARMSTADT
DARMSTADT, PETERSENSTR.

VORHAB **analogmodell fuer schwach instationaere ebene und raeumliche stroemungen mit freier oberflaeche (sickerstollen)**
im zuge der grundwasseranreicherung wird es erforderlich, auch grossflaechige gebiete zu bewirtschaften. die einleitung von beispielsweise flusswasser in den untergrund zur grundwasserspiegelanhebung kann durch einen sickerstollen erfolgen, der horizontal bis leicht geneigt im grundwasserleiter liegt. bei der bearbeitung des stollens aus hydraulischer sicht handelt es sich um eine dreidimensionale, instationaere, raeumliche stroemung mit freier oberflaeche. die aufgabe wird in zwei teilbereiche zerlegt. die groesse des fliesswiderstandes bei der versickerung aus einem gefuellten kreisquerschnitt wurde als zweidimensionales, horizontal ebenes problem einer grundwasserstroemung mit freier oberflaeche geloest (verwendung eines mathematischen modells). weiterhinn muss die potentialverteilung laengs der stollenachse ermittelt werden, um dann mit der superposition des obengenannten zweidimensionalen falles den dreidimensionalen stroemungsfall zu erfassen

S.WORT hydrologie + grundwasseranreicherung + stroemungstechnik + (mathematisches modell)
PROLEI PROF. DR. HANNES LACHER
STAND 30.8.1976
QUELLE fragebogenerhebung sommer 1976
FINGEB DEUTSCHE FORSCHUNGSGEMEINSCHAFT
BEGINN 1.1.1975 ENDE 31.12.1979
G.KOST 300.000 DM
LITAN ZWISCHENBERICHT

HG -022

INST INSTITUT FUER HYDROMECHANIK DER UNI KARLSRUHE
KARLSRUHE 1, KAISERSTR. 12

VORHAB **untersuchung zur stroemungstechnisch guenstigen gestaltung von entnahmebauwerken an fluessen**
entwurf: kriterien beim bau von entnahmebauwerken an fluessen; ziel: gestaltung des einlauftrichters zur vermeidung von feststoffablagerungen im entnahmebereich; anstrebung einer abloesefreien zustroemung, untersuchung lediglich der reinen stroemung; rueckschluesse auf ablagerungstendenzen; neue untersuchungsmethode: stroemungsmessungen im luftmodell; beispielhafte methodik fuer simulation von wasserstroemungen

S.WORT fliessgewaesser + stroemungstechnik + feststofftransport
PROLEI PROF. DR. HELMUT KOBUS
STAND 1.10.1974
FINGEB BADISCHE ANILIN- UND SODAFABRIK AG (BASF), LUDWIGSHAFEN
BEGINN 1.5.1973 ENDE 31.7.1974
G.KOST 41.000 DM
LITAN - GUTACHTEN
- ZWISCHENBERICHT 1974. 12

HG -023

INST INSTITUT FUER HYDROMECHANIK DER UNI KARLSRUHE
KARLSRUHE 1, KAISERSTR. 12

VORHAB **einfluss von hochpolymeren auf stroemungen unter besonderer beruecksichtigung der nutzanwendung in industrie und umwelt**
die zugabe kleiner mengen von hochpolymeren veraendert die struktur turbulenter wandgrenzschichten derart, dass erniedrigungen von reibungsverlusten in hoehe von 75% auftreten. diese strukturellen aenderungen sollen untersucht werden. die experimentellen untersuchungen werden mittels eines laser-doppler-anemometers durchgefuehrt und sollen zu ergebnissen fuer die entwicklung von turbulenzmodellen fuehren

S.WORT stroemungstechnik + hochpolymere
PROLEI DR. DURST
STAND 1.1.1974
FINGEB BUNDESMINISTER FUER FORSCHUNG UND TECHNOLOGIE
ZUSAM SFB 80, UNI KARLSRUHE, 75 KARLSRUHE, KAISERSTR. 12; AUSBREITUNGS- UND TRANSPORTVORGAENGE IN STROEMUNG
BEGINN 1.8.1974 ENDE 31.7.1977
LITAN ZWISCHENBERICHT 1975. 04

HG -024

INST INSTITUT FUER LANDESKULTUR / FB 16/21 DER UNI GIESSEN
GIESSEN, SENCKENBERGSTR. 3

VORHAB **agrarhydrologische und hydropedologische kriterien zur festlegung von empfehlungen und auflagen fuer die bodennutzung in wasserschutzgebieten**
der stoffeintrag als suspensions- und loesungsfracht in die gewaesser haengt entscheidend vom filtersystem "pflanze-boden" ab, das von gartenbaulichen sowie land- und forstwirtschaftlichen massnahmen mehr oder weniger beeinflusst wird. aus der naeheren behandlung diesbezueglicher wirkungs- und wechselwirkungsmechanismen ergeben sich hydropedologische und agrarhydrologische beurteilungskriterien fuer die ausweisung von wasserschutzgebiten und fuer die festlegung bestimmter auflagen hinsichtlich der bodennutzung. heranzuziehen sind zunaechst angaben ueber den spezifischen bodenaufbau (filterkoerper) bis zur grundwasseroberflaeche

S.WORT wasserschutzgebiet + bodennutzung + (empfehlungen und auflagen)
PROLEI PROF. DR. WOHLRAB
STAND 6.8.1976

QUELLE fragebogenerhebung sommer 1976
FINGEB DEUTSCHE FORSCHUNGSGEMEINSCHAFT
ZUSAM DEUTSCHE BODENKUNDLICHE GESELLSCHAFT
BEGINN 1.1.1975 ENDE 31.12.1977
LITAN - WOHLRAB, B.: FORDERUNGEN AN DIE BODENNUTZUNG IN WASSERSCHUTZGEBIETEN AUS DER SICHT DER GEWAESSERGUETE - KONSEQUENZEN FUER DIE BODENKUNDLICHE ARBEIT. IN: MITTEIL. D. DT. BODENKUNDL. GES. 18 S. 152-165(1974)
- WOHLRAB, B.: BODENNUTZUNG UND WASSERSCHUTZGEBIETE. IN: Z. DT. GEOL. GES. 126 S. 359-372(1975)

HG -025

INST INSTITUT FUER LEICHTE FLAECHENTRAGWERKE DER UNI STUTTGART
STUTTGART 80, PFAFFENWALDRING 14
VORHAB **konstrukt. membranen im wasserbau, klaertech. u. energietech. (hochwasserschutz, deichsicherung, schwimmende behaelter, regen- u. klaerbecken, barrieren geg. oel u. abwasser, warmwasserspeicher, kuehlturm)**
entwicklung von wasser gefuellten, mobilen schlauchkonstruktionen, die ein schnelles schliessen von deich-luecken oder ein erhoehen des deiches bei flutkatastrophen erlauben. grundlagenuntersuchungen fuer unterwasserspeicher und wassersperren. anwendung von membranen und seilnetzen fuer kuehltuerme. anwendung von membranen fuer speicher und behaelter von warmwasser und abwasser. konstruktive systeme, eignung von materialien, belastungen, allg. konstruktive ausbildung, einzelne bauteile und details
S.WORT hochwasserschutz + kuehlturm + (anwendung von membranen)
PROLEI PROF. DR. -ING. OTTO FREI
STAND 21.7.1976
QUELLE fragebogenerhebung sommer 1976
FINGEB DEUTSCHE FORSCHUNGSGEMEINSCHAFT
ZUSAM - INST. F. WASSERBAU, PFAFFENWALDRING 6, 7000 STUTTGART 80
- INSTITUTE DES SFB 64, GESCHAEFTSSTELLE PFAFFENWALDRING 46, 7000 STUTTGART 80

HG -026

INST INSTITUT FUER MESS- UND REGELUNGSTECHNIK MIT MASCHINENLABORATORIUM DER UNI KARLSRUHE
KARLSRUHE, RICHARD-WILLSTAETTER-ALLEE
VORHAB **messtechnik fuer zweiphasenstroemungen innerhalb des sfb 62-verfahrenstechnische grundlagen der wasser- und gasreinigung**
S.WORT stroemungstechnik + messverfahren
PROLEI PROF. DR. F. MESCH
STAND 12.8.1976
QUELLE fragebogenerhebung sommer 1976
FINGEB DEUTSCHE FORSCHUNGSGEMEINSCHAFT
LITAN ZWISCHENBERICHT

HG -027

INST INSTITUT FUER METEOROLOGIE DER FORSTLICHEN FORSCHUNGSANSTALT
MUENCHEN 40, AMALIENSTR. 52
VORHAB **wasserbilanz der erde und europas**
neubearbeitung der niederschlags-, verdunstungs- und abflusskarten fuer kontinente und meere; berechnen der wasserbilanzen fuer breitengrade, kontinente und meere, fuer die gesamte erde, europa und den alpenraum
S.WORT wasserbilanz + kartierung
PROLEI PROF. DR. ALBERT BAUMGARTNER
STAND 1.1.1974
QUELLE erhebung 1975
FINGEB DEUTSCHE FORSCHUNGSGEMEINSCHAFT
ZUSAM INTERNATIONALE HYDROLOGISCHE DEKADE (IHD)
BEGINN 1.1.1970 ENDE 31.12.1975
G.KOST 100.000 DM
LITAN - BAUMGARTNER; REICHEL: EINE NEUE BILANZ DES GLOBALEN WASSERKREISLAUFS. IN: UMSCHAU IN WISS. TECHN. 73 S. 631-632(1973)
- ZWISCHENBERICHT 1974. 08
- BAUMGARTNER; REICHEL: DIE WELTWASSERBILANZ. MUENCHEN: OLDENBURG-VERL. (1975)

HG -028

INST INSTITUT FUER METEOROLOGIE DER FORSTLICHEN FORSCHUNGSANSTALT
MUENCHEN 40, AMALIENSTR. 52
VORHAB **hydrologische bilanz der alpen**
S.WORT hydrologie
ALPEN
PROLEI PROF. DR. ALBERT BAUMGARTNER
STAND 7.9.1976
QUELLE datenuebernahme von der deutschen forschungsgemeinschaft
FINGEB DEUTSCHE FORSCHUNGSGEMEINSCHAFT

HG -029

INST INSTITUT FUER METEOROLOGIE UND KLIMATOLOGIE DER TU HANNOVER
HANNOVER 21, HERRENHAEUSERSTR. 2
VORHAB **bestimmung des vertikalen wasserdampftransports im boden und in vegetationsdecken unter verwendung von nuklearverfahren**
methode ausgearbeitet zur bestimmung des wasserdampftransportes im boden in situ; unter natuerlichen bedingungen wird gemessen
S.WORT boden + wasserbewegung + tracer
PROLEI DR. ELMDUST
STAND 1.1.1974
QUELLE erhebung 1975
FINGEB DEUTSCHE FORSCHUNGSGEMEINSCHAFT
BEGINN 1.1.1972 ENDE 31.12.1974
G.KOST 70.000 DM

HG -030

INST INSTITUT FUER RADIOHYDROMETRIE DER GESELLSCHAFT FUER STRAHLEN- UND UMWELTFORSCHUNG MBH
NEUHERBERG, INGOLSTAEDTER LANDSTR. 1
VORHAB **modellmaessige untersuchung von fliessvorgaengen im oberflaechen- und grundwasser**
erst vergleichende modelluntersuchungen der grundwasserergiebigkeit nach dem verduennungsverfahren und nach kleinpumpversuchen; weitere untersuchungen zur alterung von brunnen- und draenfiltern. modellaufbau eines klueftigen grundwasserleiters zur untersuchung der disperion von tracern. untersuchung bodenphysikalischer kenngroessen (permeabilitaet, effektive porositaet) und der fliessgeschwindigkeit im gesaettigten grundwasserleiter und in der ungesaettigten bodenzone. studium des einflusses des luftgehalts im wasser auf die durchlaessigkeit des grundwasserleiters im labor. laboruntersuchung der durchlaessigkeit von alpinem kleinstueckigem hangschutt. datensammlung zur co2-bodengaskonzentration in kalkarmen klueftigen festgesteinen
S.WORT hydrogeologie + grundwasserbewegung + tracer + modell
PROLEI PROF. DR. HERIBERT MOSER
STAND 30.8.1976
QUELLE fragebogenerhebung sommer 1976
BEGINN 1.1.1969 ENDE 31.12.1980
G.KOST 3.624.000 DM
LITAN - KLOTZ,D.: DAS VERDUENNUNGSVERFAHREN ZUR BESTIMMUNG DER DURCHLAESSIGKEIT POROESER MEDIEN GROSSER KOERNUNG. IN:CATENA 2 S.153-160(1975)
- KLOTZ,D.: HYDRAULISCHE EIGENSCHAFTEN HANDELSUEBLICHER BRUNNENFILTERROHRE. IN:Z. DT. GEOL. GES. 126 S.411-421(1975)
- KLOTZ,D.: ALTERUNG VON BRUNNENFILTERN, TEILI: BESCHREIBUNG DER VERSCHLAMMUNG VON FILTERROHREN. IN:BOHRTECHNIK BRUNNENBAU, ROHRLEITUNGSBAU 26 S.201-204(1975)

HG -031

INST INSTITUT FUER RADIOHYDROMETRIE DER GESELLSCHAFT FUER STRAHLEN- UND UMWELTFORSCHUNG MBH
NEUHERBERG, INGOLSTAEDTER LANDSTR. 1
VORHAB **kuenstliche tracer und strahlenquellen in der hydrologie**
entwicklung einer bohrlochsonde fuer die messung der filtergeschwindigkeit des grundwassers zur verwendung unter gelaende- und servicebedingungen in entwicklungslaendern. ausbau der messwageneinrichtungen zur rationalisierung der gelaendemessungen mit der einbohrlochmethode. weiteres studium der chemischen stabilitaet und des adsorptionsverhaltens fluoreszenzindikatoren, u. a. im vergleich mit radioaktiven indikatoren. automatisierung der fluoreszenzspektrometrie und entwicklung des direktnachweises von fluoreszenzindikatoren an mehreren entnahmestellen mit einem fluorimeter bei der untersuchung von ausbreitungsvorgaengen im oberflaechenwasser
S.WORT hydrologie + messverfahren + tracer
PROLEI PROF. DR. HERIBERT MOSER
STAND 30.8.1976
QUELLE fragebogenerhebung sommer 1976
BEGINN 1.1.1967 ENDE 31.12.1978
G.KOST 1.561.000 DM
LITAN - BEHRENS, H.: ANWENDUNG VON TRACERVERFAHREN ZUR ABFLUSSBESTIMMUNG. IN: SONDERFORSCHUNGSBEREICH 81 MUENCHEN: TECHN. UNIV. S. 15-27(1975)
- ENDBERICHT

HG -032

INST INSTITUT FUER SEENFORSCHUNG UND FISCHEREIWESEN DER LANDESANSTALT FUER UMWELTSCHUTZ BADEN-WUERTTEMBERG
LANGENARGEN, UNTERE SEESTR. 81
VORHAB **hydrologischer atlas der bundesrepublik deutschland - hydrologische karten des bodensees**
entwurf mehrerer teilkarten, insbesondere von der entwicklung des alpenrheindeltas seit 1900, fuer die hydrologischen karten des bodensees
S.WORT hydrologie + kartierung
BODENSEE
PROLEI DR. H. LEHN
STAND 26.7.1976
QUELLE fragebogenerhebung sommer 1976
FINGEB DEUTSCHE FORSCHUNGSGEMEINSCHAFT
ZUSAM GEOGRAPHISCHES INSTITUT DER UNI FREIBURG
BEGINN 1.1.1973 ENDE 31.12.1978
LITAN ZWISCHENBERICHT

HG -033

INST INSTITUT FUER SIEDLUNGSWASSERWIRTSCHAFT DER UNI KARLSRUHE
KARLSRUHE, AM FASANENGARTEN
VORHAB **mathematische modellierung und simulation des phosphorkreislaufs**
verstaerkte algenbluete in stehenden gewaessern beeinflusst die trinkwasserqualitaet negativ; haeufigste ursache: phosphateintrag durch z. b. abwasser; mathematische modellierung des phosphatkreislaufes in stehenden gewaessern zur vorhersage von qualitaetsveraenderungen; zunaechst korrelations- und spektralanalyse von bestehenden messreihen zwecks informationsverdichtung ueber zeitliches verhalten von phosphorfraktionen; ermittlung von flusskonstanten aus bilanzen zur anwendung der kompartmentheorie, die als grundlage der modellierung dient
S.WORT gewaesser + trinkwasserguete + phosphate + modell
PROLEI DIPL. -ING. KNOBLAUCH
STAND 1.9.1975
QUELLE erhebung 1975
ZUSAM - LIMNOLOGISCHES INSTITUT DER UNI FREIBURG, 775 KONSTANZ, MAINAUSTR. 212
- WAHNBACHTALSPERRENVERBAND, 52 SIEGBURG, KRONPRINZENSTR. 13
BEGINN 1.8.1975 ENDE 31.7.1977
G.KOST 84.000 DM
LITAN - ZWISCHENBERICHT FUER DIE DFG
- ZWISCHENBERICHT 1974. 04

HG -034

INST INSTITUT FUER SIEDLUNGSWASSERWIRTSCHAFT DER UNI KARLSRUHE
KARLSRUHE, AM FASANENGARTEN
VORHAB **mathematische modellierung der gewaesserguete mit wirtschaftlichkeitsbetrachtungen**
es wird an einem simulationsmodell gearbeitet, das aussagen ueber die gewaesserguete mit verschiedenen belastungszustaenden zulaesst; ausserdem wird an einem optimierungsmodell gearbeitet mit dem investitionen fuer klaeranlagenbau oder aehnlich optimal durchgefuehrt werden koennen
S.WORT gewaesserguete + klaeranlage + wirtschaftlichkeit + modell
PROLEI DIPL. -ING. ABENDT
STAND 1.1.1974
QUELLE erhebung 1975
FINGEB BUNDESMINISTER FUER FORSCHUNG UND TECHNOLOGIE
ZUSAM - DORNIER SYSTEM GMBH, 799 FRIEDRICHSHAFEN
- LAN DESSTELLE FUER GEWAESSERKUNDE, 75 KARLSRUHE, HEBELSTR. 2
BEGINN 1.7.1973 ENDE 31.7.1975
G.KOST 500.000 DM
LITAN - ABENDT-WAQUAMA3-TECHN. BERICHT DES INSTITUTS, ABENDT/HAHN-VORSCHLAG ZUR STANDORTBESTIMMUNG VON THERM. KRAFTWERKEN. IN: GWF 114 (3) (1973)
- HAHN; ABENDT; GEWAESSERSCHUTZ ALS REALE PLANUNGSAUFGABE. IN: OESTERR. ING. -ZEITSCHRIFT 16 (1) (1973)
- PROGNOSTISCHES MODELL NECKAR, BERICHTE 1-11, HRGB: BMFT, APRIL 1974

HG -035

INST INSTITUT FUER WASSER- UND ABFALLWIRTSCHAFT DER LANDESANSTALT FUER UMWELTSCHUTZ BADEN-WUERTTEMBERG
KARLSRUHE, GRIESBACHSTR. 2
VORHAB **grossversuch zur loesung der donauversinkungsfrage immendingen**
umleitung von donauwasser um die hauptversinkungsstellen bei immendingen zur verbesserung der vorflut im raum tuttlingen und versickerung der umgeleiteten wassermenge bei fridingen; untersuchung der auswirkungen dieser massnahmen auf die schuettung der aachquelle bei aach (quantitativ und qualitativ) im grossversuch; abflussverhaeltnisse in einem karstgebiet
S.WORT flussbettaenderung + karstquelle
DONAU + AACH
PROLEI BIRKENBERGER
STAND 1.1.1974
FINGEB MINISTERIUM FUER ERNAEHRUNG, LANDWIRTSCHAFT UND UMWELT, STUTTGART
BEGINN 1.5.1972 ENDE 31.12.1981
G.KOST 5.500.000 DM
LITAN ERLAEUTERUNGSBERICHT DES REG. -PRAESIDIUMS FREIBURG (OKT 1963)

HG -036

INST INSTITUT FUER WASSER- UND ABFALLWIRTSCHAFT DER LANDESANSTALT FUER UMWELTSCHUTZ BADEN-WUERTTEMBERG
KARLSRUHE, GRIESBACHSTR. 2
VORHAB **instationaeres abflussmodell rhein - neckar**
instationaere wasserspiegelberechnung im rueckstaubereich des rheins und des neckars
S.WORT fliessgewaesser + abflussmodell
RHEIN + NECKAR
PROLEI VIESER

STAND 1.10.1974
FINGEB - BUNDESMINISTER FUER VERKEHR
- MINISTERIUM FUER ERNAEHRUNG, LANDWIRTSCHAFT UND UMWELT, STUTTGART
ZUSAM BUNDESANSTALT FUER GEWAESSERKUNDE, 54 KOBLENZ, KAISERIN-AUGUSTA-ANLAGE 15
BEGINN 1.1.1974 ENDE 31.12.1974
G.KOST 180.000 DM
LITAN ZWISCHENBERICHT 1976. 12

HG -037

INST INSTITUT FUER WASSER- UND ABFALLWIRTSCHAFT DER LANDESANSTALT FUER UMWELTSCHUTZ BADEN-WUERTTEMBERG
KARLSRUHE, GRIESBACHSTR. 2
VORHAB **hydrologische testgebiete**
untersuchung von niederschlag- abfluss beziehungen am beispiel repraesentativer einzugsgebiete; ableitung allgemeingueltiger parameter zur ermittlung von hydrologischen bemessungsgroessen; hydrologische voruntersuchung fuer wasserwirtschaftliche projekte
S.WORT hydrologie + bewertungskriterien + testgebiet
BADEN-WUERTTEMBERG
PROLEI GANZ
STAND 1.1.1974
FINGEB MINISTERIUM FUER ERNAEHRUNG, LANDWIRTSCHAFT UND UMWELT, STUTTGART
BEGINN 1.1.1974

HG -038

INST INSTITUT FUER WASSERBAU III DER UNI KARLSRUHE
KARLSRUHE 1, KAISERSTR. 12
VORHAB **stochastische modelle zur simulation von anthropogenen einfluessen auf hydrologische zeitreihen**
S.WORT hydrologie + anthropogener einfluss + simulationsmodell
PROLEI PROF. DR. -ING. ERICH PLATE
STAND 1.1.1974
FINGEB DEUTSCHE FORSCHUNGSGEMEINSCHAFT
ZUSAM INTERNATIONALE HYDROLOGISCHE DEKADE
BEGINN 1.1.1971

HG -039

INST INSTITUT FUER WASSERBAU UND WASSERWIRTSCHAFT DER TU BERLIN
BERLIN 10, STRASSE DES 17. JUNI 140-144
VORHAB **berechnung raeumlicher, instationaerer grundwasserstroemungen mit hilfe eines differenzenverfahrens**
entwicklung eines differenzenverfahrens zur bestimmung der zeitlichen veraenderung einer freien grundwasseroberflaeche in einem raeumlichen gebiet
S.WORT grundwasserbewegung + mathematisches verfahren
PROLEI PROF. DR. -ING. HANS BRETSCHNEIDER
STAND 1.1.1974
QUELLE erhebung 1975
FINGEB DEUTSCHE FORSCHUNGSGEMEINSCHAFT
BEGINN 1.7.1972 ENDE 30.9.1974

HG -040

INST INSTITUT FUER WASSERBAU UND WASSERWIRTSCHAFT DER TU BERLIN
BERLIN 10, STRASSE DES 17. JUNI 140-144
VORHAB **der einfluss von oberflaechenwellen auf aufgeloeste konstruktionen**
theoretische sowie experimentelle untersuchungen von aufgeloesten wellenbrecher-konstruktionen bei periodischen wellen im hinblick auf einfache konstruktion, wirtschaftliche bauweise und anwendung der theoretischen loesungsmethode von j. schwinger
S.WORT kuestengewaesser + uferschutz
PROLEI PROF. DR. -ING. HANS BRETSCHNEIDER
STAND 1.1.1974
FINGEB DEUTSCHE FORSCHUNGSGEMEINSCHAFT
BEGINN 1.1.1974 ENDE 30.6.1975
G.KOST 59.000 DM
LITAN ZWISCHENBERICHT 1975. 01

HG -041

INST INSTITUT FUER WASSERWIRTSCHAFT UND MELIORATIONSWESEN DER UNI KIEL
KIEL, OLSHAUSENSTR. 40-60
VORHAB **hydrologische untersuchungen in einzugsgebieten in den naturraeumen der norddeutschen tiefebene**
S.WORT wasseruntersuchung
NORDDEUTSCHE TIEFEBENE
PROLEI PROF. DR. -ING. HANS BAUMANN
STAND 1.1.1974
FINGEB DEUTSCHE FORSCHUNGSGEMEINSCHAFT

HG -042

INST INSTITUT FUER WASSERWIRTSCHAFT, HYDROLOGIE UND LANDWIRTSCHAFTLICHER WASSERBAU DER TU HANNOVER
HANNOVER, CALLINSTR. 15
VORHAB **wasserbewegung im ungesaettigten boden**
S.WORT wasserbewegung + boden
PROLEI PROF. DR. -ING. HERBERT BILLIB
STAND 1.1.1974

HG -043

INST INSTITUT FUER WASSERWIRTSCHAFT, HYDROLOGIE UND LANDWIRTSCHAFTLICHER WASSERBAU DER TU HANNOVER
HANNOVER, CALLINSTR. 15
VORHAB **simulation von wasserbewegungen mit einem hybridrechner**
simulation nicht linearer ausbreitungsvorgaenge im wasserbau mit einem regelbaren widerstands-kondensatoren-netzwerk
S.WORT wasserbewegung + simulation
PROLEI DR. -ING. MULL
STAND 1.1.1974
FINGEB STIFTUNG VOLKSWAGENWERK, HANNOVER
ZUSAM SONDERFORSCHUNGSBEREICH 79 DER DFG, UNI HANNOVER, 3 HANNOVER, WELFENGARTEN 1
BEGINN 1.1.1972 ENDE 31.12.1974
G.KOST 750.000 DM

HG -044

INST INSTITUT FUER WASSERWIRTSCHAFT, HYDROLOGIE UND LANDWIRTSCHAFTLICHER WASSERBAU DER TU HANNOVER
HANNOVER, CALLINSTR. 15
VORHAB **computergerechte wasserwirtschaftliche rahmenplanung**
S.WORT wasserwirtschaft + planung
PROLEI DR. -ING. KLEEBERG
STAND 1.1.1974
FINGEB BUNDESMINISTER FUER FORSCHUNG UND TECHNOLOGIE
BEGINN 1.5.1974 ENDE 30.4.1977
G.KOST 2.000.000 DM
LITAN ZWISCHENBERICHT 1974. 12

HG -045

INST LEHRSTUHL FUER GEOGRAPHIE UND HYDROLOGIE DER UNI FREIBURG
FREIBURG, WERDERRING 4
VORHAB **erarbeitung eines leitfadens ueber die anwendung von isotopen in der hydrologie**
S.WORT hydrologie + isotopen + untersuchungsmethoden
PROLEI PROF. DR. REINER KELLER
STAND 1.1.1974
FINGEB DEUTSCHE FORSCHUNGSGEMEINSCHAFT
ZUSAM INTERNATIONALE HYDROLOGISCHE DEKADE
BEGINN 1.1.1972

HG -046

INST LEHRSTUHL FUER GEOGRAPHIE UND HYDROLOGIE DER UNI FREIBURG
FREIBURG, WERDERRING 4
VORHAB **regionale und vergleichende hydrologie eines festlandes**
internationale gemeinschaft im rahmen der internationalen geographischen union (gu) als beitrag zur internationalen hydrologischen dekade

S.WORT hydrologie + festland + internationale zusammenarbeit
PROLEI PROF. DR. REINER KELLER
STAND 1.1.1974
FINGEB DEUTSCHE FORSCHUNGSGEMEINSCHAFT
ZUSAM INTERNATIONALE HYDROLOGISCHE DEKADE
BEGINN 1.1.1964

HG -047

INST LEHRSTUHL FUER GEOGRAPHIE UND HYDROLOGIE DER UNI FREIBURG
FREIBURG, WERDERRING 4
VORHAB wasserhaushaltsstudien und untersuchung hydrologischer probleme in naturlaboratorien
S.WORT wasserhaushalt + hydrologie
PROLEI PROF. DR. REINER KELLER
STAND 1.1.1974
FINGEB DEUTSCHE FORSCHUNGSGEMEINSCHAFT
ZUSAM INTERNATIONALE HYDROLOGISCHE DEKADE
BEGINN 1.1.1965

HG -048

INST LEHRSTUHL FUER GEOGRAPHIE UND HYDROLOGIE DER UNI FREIBURG
FREIBURG, WERDERRING 4
VORHAB hydrologischer atlas der bundesrepublik deutschland; bearbeitung von gewaesserguetekarten
kartographische darstellung der hydrologischen zusammenhanege im bereich der brd auf der grundlage vorhandener daten. cirka 80 karten informieren ueber die hydrometeorologischen verhaeltnisse, den abfluss an der oberflaeche und das grundwasser, ueber die besonderen verhaeltnisse im kuestenbereich und ueber wasserwirtschaftliche massnahmen, die auf hydrologische prozesse einfluss nehmen; ferner ueber wasserbilanz und veraenderungen des gewaessernetzes durch den einfluss des menschen
S.WORT hydrometeorologie + kartierung + gewaesserguete + kuestengebiet + wasserwirtschaft
PROLEI PROF. DR. REINER KELLER
STAND 1.1.1974
FINGEB DEUTSCHE FORSCHUNGSGEMEINSCHAFT
BEGINN 1.1.1970 ENDE 30.6.1977
LITAN KELLER, R.: DER HYDROLOGISCHE ATLAS DER BUNDESREPUBLIK DEUTSCHLAND. IN: DEUTSCHE GEWAESSERKUNDL. MITT. S. 99-103

HG -049

INST LEHRSTUHL FUER INGENIEUR- UND HYDROGEOLOGIE DER TH AACHEN
AACHEN, KOPERNIKUS-STRASSE 6
VORHAB hydrogeologie der dollendorfer mulde (eifel)
hydrogeologische und hydrochemische arbeitsmethoden
S.WORT hydrogeologie
EIFEL (DOLLENDORFER MULDE) + NIEDERRHEIN
PROLEI PROF. DR. HEITFELD
STAND 1.1.1974
FINGEB - BUNDESMINISTER FUER BILDUNG UND WISSENSCHAFT
- MINISTER FUER ERNAEHRUNG, LANDWIRTSCHAFT UND FORSTEN, DUESSELDORF
BEGINN 1.1.1970 ENDE 31.12.1974
G.KOST 15.000 DM
LITAN HIGAZI, M.:DISSERTATION RWTH AACHEN

HG -050

INST LEHRSTUHL FUER INGENIEUR- UND HYDROGEOLOGIE DER TH AACHEN
AACHEN, KOPERNIKUS-STRASSE 6
VORHAB hydrogeologisches kartenwerk der wasserwirtschaftsverwaltung von nordrhein-westfalen
hydrogeologische kartierung; hydrochemische kartierung; detaillierte raeumlich-geometrische darstellung; praktische andwendbarkeit
S.WORT hydrogeologie + kartierung + grundwasser
EIFEL (NORD) + NIEDERRHEIN
PROLEI PROF. DR. HEITFELD
STAND 1.1.1974
FINGEB MINISTER FUER ERNAEHRUNG, LANDWIRTSCHAFT UND FORSTEN, DUESSELDORF
BEGINN 1.1.1955

HG -051

INST LEICHTWEISS-INSTITUT FUER WASSERBAU DER TU BRAUNSCHWEIG
BRAUNSCHWEIG, BEETHOVENSTR. 51A
VORHAB auswertung von messergebnissen forstlich-hydrologischer untersuchungen im oberharz
S.WORT wald + hydrologie
HARZ (OBERHARZ)
PROLEI PROF. DR. -ING. ULRICH MANIAK
STAND 1.1.1974
FINGEB DEUTSCHE FORSCHUNGSGEMEINSCHAFT

HG -052

INST METEOROLOGISCHES INSTITUT DER UNI BONN
BONN, AUF DEM HUEGEL 20
VORHAB untersuchungen zum globalen wasserhaushalt
S.WORT wasserhaushalt
PROLEI PROF. DR. HERMANN FLOHN
STAND 1.1.1974
FINGEB DEUTSCHE FORSCHUNGSGEMEINSCHAFT
ZUSAM INTERNATIONALE HYDROLOGISCHE DEKADE
BEGINN 1.1.1967

HG -053

INST METEOROLOGISCHES INSTITUT DER UNI BONN
BONN, AUF DEM HUEGEL 20
VORHAB hydrologischer atlas der bundesrepublik deutschland; ermittlung der verdunstung aus klimatologischen daten
S.WORT hydrologie + klimatologie + kartierung
PROLEI PROF. DR. HERMANN FLOHN
STAND 1.1.1974
FINGEB DEUTSCHE FORSCHUNGSGEMEINSCHAFT
BEGINN 1.1.1969

HG -054

INST OTT, A.
KEMPTEN, JAEGERSTR. 4-12
VORHAB studie zu einem geraet fuer die datenerfassung und -uebertragung an pegeln
schnelle rechnergesteuerte erfassung von daten weit auseinander liegender messtationen mit grosser wirtschaftlichkeit; an daten werden insbesondere wasserstaende erfasst und bis zum abruf zwischengespeichert, uebertragung der daten ueber das oeffentliche telefonnetz
S.WORT wasserstand + messtellennetz + datenerfassung
PROLEI ING. GRAD. MUENSTEDT
STAND 1.1.1974
FINGEB LANDESSTELLE FUER GEWAESSERKUNDE, MUENCHEN
ZUSAM BAYRISCHE LANDESSTELLE FUER GEWAESSERKUNDE, 8 MUENCHEN 22, PRINZREGENTENSTR. 24
BEGINN 1.10.1973 ENDE 31.12.1975
G.KOST 100.000 DM
LITAN MUENSTEDT-STUDIE ZU EINEM GERAET FUER DIE DATENERFASSUNG UND- , 8960 KEMPTEN JAEGERSTR. 4-12(1973) UEBERTRAGUNG AN PEGELN

HG -055

INST SEKTION PHYSIK DER UNI MUENCHEN
MUENCHEN, SCHELLINGSTR. 4
VORHAB dispersion von hydrologischen tracern in poroesen medien zur messung der abstandsgeschwindigkeit einer grundwasserstroemung
S.WORT grundwasserbewegung + hydrologie + tracer
PROLEI PROF. DR. HERBERT MOSER
STAND 1.1.1974
FINGEB DEUTSCHE FORSCHUNGSGEMEINSCHAFT

HG -056

INST SONDERFORSCHUNGSBEREICH 80 "AUSBREITUNGS- UND TRANSPORTVORGAENGE IN STROEMUNGEN" DER UNI KARLSRUHE
KARLSRUHE, KAISERSTR. 12
VORHAB **ausbreitung bei einleitung runder strahlen in eine grundstroemung**
ziel: ausbreitung eingeleiteten fluids in einer grundstroemung in abhaengigkeit von einleitungsbedingungen nach raum und zeit festzustellen und mathematische beschreibung der vorgaenge zu ermoeglichen
S.WORT stroemungstechnik + kuehlwasser
PROLEI PROF. DR. -ING. NAUDASCHER
STAND 1.10.1974
QUELLE erhebung 1975
FINGEB - DEUTSCHE FORSCHUNGSGEMEINSCHAFT
- STIFTUNG VOLKSWAGENWERK, HANNOVER
BEGINN 1.4.1970 ENDE 31.12.1977
G.KOST 1.094.000 DM
LITAN - SFB-JAHRESBERICHT
- ZWISCHENBERICHT 1974.03
- ZWISCHENBERICHT 1975.01

HG -057

INST SONDERFORSCHUNGSBEREICH 80 "AUSBREITUNGS- UND TRANSPORTVORGAENGE IN STROEMUNGEN" DER UNI KARLSRUHE
KARLSRUHE, KAISERSTR. 12
VORHAB **austauschvorgaenge in drallstrahlen und gekruemmten gerinnen**
entwicklung von rechenmethoden fuer drallstrahlen und stroemungen in gekruemmten gerinnen; numerische loesung der zeitlich gemittelten transportgleichungen mit hilfe von turbulenzmodellen
S.WORT stroemungstechnik
PROLEI RODI
STAND 1.10.1974
QUELLE erhebung 1975
FINGEB DEUTSCHE FORSCHUNGSGEMEINSCHAFT
BEGINN 1.1.1973 ENDE 31.12.1977
G.KOST 662.000 DM
LITAN ZWISCHENBERICHT MAERZ 1974

HG -058

INST SONDERFORSCHUNGSBEREICH 80 "AUSBREITUNGS- UND TRANSPORTVORGAENGE IN STROEMUNGEN" DER UNI KARLSRUHE
KARLSRUHE, KAISERSTR. 12
VORHAB **physikalische, chemische und biologische vorgaenge bei der selbstdichtung von gewaessersohlen**
infiltration von flusswasser in grundwasserleiter; minderung der versickerungsrate durch selbstdicktung; bedeutung fuer uferfiltration; kuenstliche abdichtung von kanaelen; experimentelle untersuchung der durchlaessigkeitsmindernden wirkung von wasserinhaltsstoffen in verbindung mit auswertungen in natur
S.WORT fliessgewaesser + grundwasser + sickerwasser
PROLEI PROF. DR. BLEINES
STAND 1.10.1974
QUELLE erhebung 1975
FINGEB DEUTSCHE FORSCHUNGSGEMEINSCHAFT
ZUSAM INGENIEURBIOLOGIE, KARLSRUHE; BIOLOG. BEWUCHS IN ROHREN UND GERINNEN
BEGINN 1.11.1970 ENDE 31.12.1974
G.KOST 357.000 DM
LITAN - BLEINES, W.;VAN RIESEN, S. G.: ERGEBNISBER. SFB80, PHYSIKALISCHE, CHEMISCHE UND BIOLOGISCHE VORGAENGE BEI DER SELBSTDICHTUNG, KARLSRUHE, (1974)
- VAN RIESEN: UNTERSUCHUNG VON SELBSTDICHTUNGSMECHANISMEN AN EINEM SANDFILTER MIT UND OHNE UEBERSTROEMUNG MITT. THEOR. REHB. FLUSSB. LAB. , KARLSRUHE, H160 (1973)
- ABSCHLUSSBERICHT 1975. 05

HG -059

INST SONDERFORSCHUNGSBEREICH 80 "AUSBREITUNGS- UND TRANSPORTVORGAENGE IN STROEMUNGEN" DER UNI KARLSRUHE
KARLSRUHE, KAISERSTR. 12
VORHAB **mathematische simulierung von transport, aggregation und sedimentation suspendierter feststoffe in natuerlichen gewaessern**
der transport von suspendierten partikeln, die aggregation dieser partikel zu flocken und die dadurch ausgeloeste sedimentation dieser aggregate in den fluessen, meeres-(bzw. aestuar-) gebieten soll in einem geschlossenen mathematischen modell beschrieben werden
S.WORT gewaesser + flockung + sedimentation + modell
PROLEI PROF. DR. HAHN
STAND 1.10.1974
QUELLE erhebung 1975
FINGEB DEUTSCHE FORSCHUNGSGEMEINSCHAFT
BEGINN 1.1.1975 ENDE 31.12.1977
G.KOST 146.000 DM

HG -060

INST SONDERFORSCHUNGSBEREICH 80 "AUSBREITUNGS- UND TRANSPORTVORGAENGE IN STROEMUNGEN" DER UNI KARLSRUHE
KARLSRUHE, KAISERSTR. 12
VORHAB **ausbreitung von zweiphasigen auftriebsstrahlen; entwicklung eines konzentrationsmessverfahrens**
untersuchungen an zweiphasigen auftriebsstrahlen (speziell wasser-luft-gemischen) zur bestimmung von: verhaeltnis von massen- zu impulstransport; blasengeschwindigkeitsverteilung - blasengroessenverteilung
S.WORT stroemungstechnik + schadstofftransport
PROLEI PROF. DR. H. KOBUS
STAND 1.1.1974
FINGEB DEUTSCHE FORSCHUNGSGEMEINSCHAFT
ZUSAM - INST. F. VERFAHRENSTECHNIK DER TU MUENCHEN, 8 MUENCHEN, LUISEN-THERESIENSTR. 11
- INST. F. WASSERBAU TU MUENCHEN
BEGINN 1.1.1974 ENDE 31.12.1977

HG -061

INST SONDERFORSCHUNGSBEREICH 80 "AUSBREITUNGS- UND TRANSPORTVORGAENGE IN STROEMUNGEN" DER UNI KARLSRUHE
KARLSRUHE, KA ISERSTR. 12
VORHAB **massenaustausch in stroemungen mit totwasserzonen**
vorgang des massenaustauschs zwischen fluss und seitlichem totwassergebiet (hafen, buhnen und dergleichen)- experimentelle bestimmung des konzentrationsfeldes bei tracerzugabe im totwassergebiet-bestimmung von verweilzeit, maximaler konzentration; wichtig fuer beurteilung der gewaesserbelastung, der aufenthaltszeit von schadstoffen in gewaessern und vorratsspeichern
S.WORT fliessgewaesser + schadstoffe + transport
PROLEI PROF. DR. H. KOBUS
STAND 1.10.1974
FINGEB DEUTSCHE FORSCHUNGSGEMEINSCHAFT
ZUSAM SFB-PROJEKT: INSTATIONAERE TRANSPORTVERHAELTNISSE U. DEREN BERUECKSICHTIGUNG IM WASSERGUETEMODELL
BEGINN 1.1.1975 ENDE 31.12.1977
G.KOST 308.000 DM

HG -062

INST SONDERFORSCHUNGSBEREICH 81 "ABFLUSS IN GERINNEN" DER TU MUENCHEN
MUENCHEN, ARCISSTR. 21
VORHAB **speicher in flussystemen**
unter spezieller ausrichtung auf problemstellungen im alpinen und voralpinen raum werden mathematische modelle und verfahren zur berechnung sowie optimierung der langfristigen speicherwirkung untersucht und weiterentwickelt. ausgehend von grundlagenuntersuchungen --modelleigenschaften und anwendungsbereiche-- soll dabei ein methodisch

abgesichertes planungskonzept fuer speicher aufgebaut werden. diese quantitative beschreibung der abflussveraenderung durch speicher bildet eine der grundlagen zur bestimmung der qualitativen veraenderung
S.WORT fliessgewaesser + speicherung
ALPENRAUM
PROLEI DR. THEO LEIPOLD
STAND 21.7.1976
QUELLE fragebogenerhebung sommer 1976
FINGEB DEUTSCHE FORSCHUNGSGEMEINSCHAFT
ZUSAM VERBUND IM SFB 81
BEGINN 1.7.1974
G.KOST 650.000 DM
LITAN - FRANKE, P. -G.;SPIEGEL, R. -P. , VIII KONFERENZ DER DONAULAENDER UEBER HYDROLOGISCHE VORHERSAGEN, BEITR. 2. 12. , REGENSBURG, 1975: STRUKTURPROGNOSEN FUER DEN DURCH SPEICHER VERAENDERTEN ABFLUSS.
- LEIPOLD, TH.;SIEGERSTETTER, L. A. IAHS-SYMPOSIUM, TOKYO, 1975: ANALYTIC APPROACH VERSUS MONTE-CARLO-SIMULATION. IN: A COMPARISON OF RESULTS FOR RESERVOIR PROBLEMS. S. 659-668

HG -063

INST VOLKSWIRTSCHAFTLICHES SEMINAR DER UNI ERLANGEN-NUERNBERG
NUERNBERG, HAUPTMARKT 2
VORHAB untersuchung ueber die anwendbarkeit der mathematischen modelltechnik in der wasserguetewirtschaft
ziel: aufstellung eines mathematischen modelles fuer ein gesamtes flussgebiet, das sowohl die physikalischen, chemischen und biologischen gesetzmaessigkeiten umfasst, als auch volkswirtschaftliche und wasserwirtschaftliche fragen und problemen beinhaltet und das spaeter als entscheidungshilfe fuer planungen herangezogen werden kann
S.WORT wasserguetewirtschaft + mathematisches verfahren + planungsmodell
PROLEI PROF. DR. JOACHIM KLAUS
FINGEB BUNDESMINISTER DES INNERN
ZUSAM - INST. F. SIEDLUNGSWASSERWIRTSCHAFT DER TU KARLSRUHE, KAISERSTR. 12, 7500 KARLSRUHE
- INST. F. WASSERBAU III DER TU KARLSRUHE, KAISERSTR. 12, 7500 KARLSRUHE
BEGINN 1.1.1976 ENDE 31.12.1977
G.KOST 68.000 DM

HG -064

INST WASSER- UND SCHIFFAHRTSDIREKTION KIEL
KIEL, HINDENBURGUFER 247
VORHAB wasserstandsmessungen mit einem echopegel
S.WORT wasserstand + messverfahren
STAND 1.10.1975
QUELLE erhebung 1975
FINGEB BUNDESMINISTER FUER FORSCHUNG UND TECHNOLOGIE
BEGINN 1.11.1972 ENDE 31.12.1976
G.KOST 95.000 DM

Weitere Vorhaben siehe auch:

AA -005 WEITERFUEHRENDE UNTERSUCHUNGEN ZUR METEOROLOGIE UND HYDROLOGIE AM BODENSEE
CA -089 ENTWICKLUNG VON LASERSTRAHLANEMOMETERN UND DEREN ANWENDUNG IN EIN- UND ZWEIPHASENSTROEMUNGEN
GB -042 AUSBREITUNG BEI SEITLICHER EINLEITUNG IN EINE GERINNESTROEMUNG
GB -043 MASSENAUSTAUSCH IN SCHICHTENSTROEMUNGEN IN NATUERLICHEN GEWAESSERN
GB -046 INSTATIONAERER WAERMETRANSPORT IN STABIL GESCHICHTETEN FLUIDEN
GB -047 MATHEMATISCHE SIMULIERUNG VON IMPULS-WAERME- UND STOFFAUSBREITUNG IN FLUSSSYSTEMEN
HA -009 UNTERSUCHUNG UND DOKUMENTATION DES GUETEZUSTANDES DER OBERFLAECHENGEWAESSER IN DER BUNDESREPUBLIK DEUTSCHLAND ZUR ERSTELLUNG VON KARTEN (HYDROLOGISCHER ATLAS)
HB -066 HYDROGEOLOGISCHE UNTERSUCHUNGEN IM QUARTAER DES REGNITZGEBIETES MIT BESONDERER BERUECKSICHTIGUNG DES CHEMISMUS DER OBERFLAECHEN- UND GRUNDWAESSER
HB -067 HYDROGEOLOGISCHE UNTERSUCHUNGEN IM EINZUGSGEBIET DER WAHNBACHTALSPERRE
HB -074 UMWELTRELEVANTE FORSCHUNGEN UND UNTERSUCHUNGEN AUF DEM GEBIET DER HYDROLOGIE
HE -030 MODELLVERSUCHE HOCHWASSERENTLASTUNGSANLAGE SIEBERTALSPERRE
ID -036 UNTERSUCHUNGEN UEBER MATHEMATISCHE UND ANALOGIE-MODELLE FUER DIE WASSERENTNAHME IN FLUSSNAEHE
ID -052 DIFFERENZENKARTEN DER CHEMISCHEN BESCHAFFENHEIT DES GRUNDWASSERS IM NIEDERRHEINGEBIET
KA -005 DURCHFLUSSMESSAUFNEHMER FUER DIE ABWASSERMESSTECHNIK
MG -029 PLANUNGSKARTE WASSERGEWINNUNG UND LAGERUNG VON ABFALLSTOFFEN (SUEDLICHE NIEDERRHEINISCHE BUCHT UND EIFEL)

IA -001
INST BROWN, BOVERIE UND CIE AG
HEIDELBERG, EPPELHEIMER STRASSE 82
VORHAB messsystem zur ueberwachung der qualitaet von wasser
S.WORT wasserueberwachung + messverfahren
STAND 1.10.1974
FINGEB BUNDESMINISTER FUER FORSCHUNG UND TECHNOLOGIE
BEGINN 1.1.1972 ENDE 31.12.1975

IA -002
INST BUNDESANSTALT FUER GEWAESSERKUNDE
KOBLENZ, KAISERIN-AUGUSTA-ANLAGEN 15
VORHAB entwicklung von verfahren und erweiterung der mess- und auswertestation zur ueberwachung des rheinwassers
es sind verfahren und methoden zur bestimmung der schadstoffe im rheinwasser zu erarbeiten. die schadstoffe sind im rahmen der vereinbarungen der internationalen kommission zum schutze des rheins in den 3 listen aufgefuehrt. ziel dieser arbeit ist eine weitgehende automatisch arbeitende mess- und auswertestation einzurichten. in der zeit der ausarbeitung der untersuchungsmethoden und -verfahren wird dieses vorhaben als forschungsarbeit betrieben. da die ueberwachung des rheins spaeterhin eine staendige aufgabe der bfg sein wird, ist es erforderlich, hierfuer die entsprechenden dienstposten einzurichten und fuer den unterhalt der mess- und auswertestation im etat der bfg die erforderlichen mittel auszuweisen. in dieses forschungsvorhaben fliessen die vorhaben - entwwicklung eines giftschreibers fuer toxische abwaesser; bilanzierung von toxischen schwermetallen in gewaessern; auswertung und ergaenzung der vorhandenen untersuchung fuer das rheingebiet
S.WORT gewaesserueberwachung + schadstoffe + messtation
RHEIN
STAND 15.11.1975
FINGEB BUNDESMINISTER DES INNERN
BEGINN 1.1.1974 ENDE 31.12.1976
G.KOST 734.000 DM

IA -003
INST BUNDESFORSCHUNGSANSTALT FUER LANDESKUNDE UND RAUMORDNUNG
BONN -BAD GODESBERG, MICHAELSHOF
VORHAB untersuchungen ueber die einsatzmoeglichkeiten von fernerkundungsverfahren aus flugzeugen fuer die ueberwachung der gewaesser
die richtlinien, die von der bundesregierung erlassen werden, muessen auf moderne planungstechniken abgestellt werden. um die einsatzmoeglichkeiten von fernerkundungsverfahren fuer wasserwirtschaftliche planungs- und ueberwachungsaufgaben erkennen zu koennen, sollen anhand konkreter wasserwirtschaftlicher gegebenheiten weitere untersuchungen ueber aufnahmeverfahren und -techniken und deren leistungen sowie ueber aussage und auswertung von luftbildaufnahmen durchgefuehrt werden
S.WORT gewaesserueberwachung + fliegende messtation + fernerkundung
STAND 15.11.1975
FINGEB BUNDESMINISTER DES INNERN
BEGINN 1.1.1971 ENDE 31.12.1976
G.KOST 432.000 DM

IA -004
INST BUNDESFORSCHUNGSANSTALT FUER LANDESKUNDE UND RAUMORDNUNG
BONN -BAD GODESBERG, MICHAELSHOF
VORHAB ermittlung der gewaesserbelastung durch verfahren der fernerkundung am beispiel unterelbe
S.WORT gewaesserbelastung + messmethode + (fernerkundung)
ELBE-AESTUAR
STAND 1.1.1976
QUELLE mitteilung des bundesministers fuer raumordnung,bauwesen und staedtebau
FINGEB BUNDESMINISTER FUER RAUMORDNUNG, BAUWESEN UND STAEDTEBAU

IA -005
INST FACHBEREICH PHYSIK DER UNI KONSTANZ
KONSTANZ, JACOB-BURCKHARDT-STR.
VORHAB spurenelementanalyse mit protoneninduzierten roentgenstrahlen
untersuchung der elementzusammensetzung des bodenseewasser und des wassers in seinem einzugsbereich mit dem ziel, herkunft und weitertransport verschiedener stoffe festzustelllen. als untersuchungsmethode wird die charakteristische roentgenemission nach beschusss der proben mit protonen angewandt
S.WORT wasserverunreinigende stoffe + spurenanalytik + roentgenstrahlung
BODENSEE
PROLEI DR. ALOIS WEIDINGER
STAND 21.7.1976
QUELLE fragebogenerhebung sommer 1976
BEGINN 1.10.1976
G.KOST 100.000 DM

IA -006
INST FACHBEREICH PHYSIK DER UNI MARBURG
MARBURG, RENTHOF 5
VORHAB spurenelementanalyse in gewaessern, abwaessern und sedimenten im rahmen des interdisziplinaeren umweltprojektes "obere lahn" der universitaet marburg
ziel des vorliegenden projekts ist die untersuchung von spurenelementgehalten und ihre verteilung in fluss-sedimenten, schwebestoffen und geloester form im rahmen eines interdisziplinaeren projekts ueber das verhalten eines raeumlich begrenzten oekosystems. die spurenelemente werden nach der methode der ioneninduzierten roentgenfluoreszenzanalyse bestimmt
S.WORT fliessgewaesser + spurenelemente + (nachweisverfahren)
LAHN
PROLEI PROF. DR. FRIEDRICH-WILHELM RICHTER
STAND 21.7.1976
QUELLE fragebogenerhebung sommer 1976
ZUSAM "UMWELTSEMINAR", SPRECHER: PROF. DR. D. WERNER, FB BIOLOGIE, LAHNBERG, 3550 MARBURG

IA -007
INST GEOLOGISCH-PALAEONTOLOGISCHES INSTITUT DER UNI HAMBURG
HAMBURG 13, BUNDESSTR. 55
VORHAB umweltrelevante spurenelemente in fluessen und seen (alster und elbe)
beziehung zwischen umweltrelevanten spurenelementen und organischer und anorganischer geochemie in sedimenten, schwebstoffen und wasser der elbe und einiger nebenfluesse, sowie des grundwassers im elbetal von lauenburg bis zur elbmuendung
S.WORT gewaesseruntersuchung + spurenelemente + geochemie
ALSTER + ELBE
PROLEI PROF. DR. EGON DEGENS
STAND 28.7.1976
QUELLE fragebogenerhebung sommer 1976
FINGEB DEUTSCHE FORSCHUNGSGEMEINSCHAFT
BEGINN 1.9.1975 ENDE 30.9.1977
G.KOST 102.000 DM

IA -008
INST HARTMANN UND BRAUN AG
FRANKFURT, GRAEFSTR. 97
VORHAB automatische wasserprobeentnahme- und wasseraufbereitungseinrichtung und toc-messgeraet
entwicklung eines weitgehend selbststaendig arbeitenden und wartungsfreien geraets zur wasseraufbereitung und zur bestimmung des organischen kohlenstoffgehalts

S.WORT wasseraufbereitung + probenahme + schadstoffnachweis + kohlenstoff + geraeteentwicklung
STAND 10.9.1976
QUELLE fragebogenerhebung sommer 1976
FINGEB BUNDESMINISTER FUER FORSCHUNG UND TECHNOLOGIE
BEGINN 1.3.1974 ENDE 31.5.1976
G.KOST 1.525.000 DM

IA -009
INST HYGIENE INSTITUT DER UNI BONN
BONN, KLINIKGELAENDE 35
VORHAB **methodische untersuchungen zur analytik der schadstoffe in rezenten gewaessersedimenten und im wasser**
bei der untersuchung von rezenten sedimenten werden von verschiedenen autoren unterschiedliche verfahren - besonders bei der probenvorbereitung - angewandt. ziel der untersuchung ist es, an einem einheitlichen material die genannten verfahren durchzufuehren und die resultate zu vergleichen. die untersuchung erstreckt sich auf anorganische wie organichse inhaltsstoffe. daneben sollen untersuchungen ueber die loeslichkeit der schadstoffe unter natuerlichen bedingungen - auch in gegenwart von komplexbildern - durchgefuehrt werden. der einfluss der alterung der sedimente auf das loeslichkeitsverhalten soll mit erfasst werden
S.WORT wasserverunreinigende stoffe + sediment + analyseverfahren + (methodenvergleich)
PROLEI DR. -ING. ULRICH MIHM
STAND 13.8.1976
QUELLE fragebogenerhebung sommer 1976
ZUSAM WAHNBACHTALSPERRENVERBAND, KRONPRINZENSTRASSE 13, 5200 SIEGBURG
LITAN DGM.: METALLE UND PHOSPHAT IM SEDIMENT

IA -010
INST IMPULSPHYSIK GMBH
HAMBURG 56, SUELLDORFER LANDSTRASSE 400
VORHAB **ortung und quantitative vermessung der abwaesser von papierfabriken (sulfid-ablauge) in natuerlichen gewaessern; ortung und quantitative vermessung von oel-derivaten in fluessen und seen**
es ist daran gedacht, zuerst mittels eines spektrofluorometers bei lichtimpulsanregung im uv-bereich messungen an den substanzen der sulfid-ablauge (lignin), sowie den derivaten bestimmter oele durchzufuehren und danach filter zu entwickeln, die sowohl im abwaesser als auch im fluss- und seewasser eine ortung geringster konzentrationen gewaehrleisten. es werden praktische messungen unter verwendung unseres eigenen mess-schiffes von norddeutschen fluessen in situ durchgefuehrt und die elektronische schaltung sowie die filtertechnik aufgrund dieser messungen weiterentwickelt mit der zielsetzung einer messanordnung fuer in situ-betrieb zu schaffen, die unabhaengig von der wassertruebung einen praktischen einsatz von kleineren messfahrzeugen aus gestattet
S.WORT abwasseranalyse + oberflaechengewaesser + papierindustrie + messgeraet
PROLEI DR. -ING. FRANK FRUENGEL
STAND 2.8.1976
QUELLE fragebogenerhebung sommer 1976
ZUSAM INTERNATIONAL IMPULSPHYSICS ASSOCIATION E. V. HAMBURG, HERWIGREDDER 105 A, 2000 HAMBURG 56
G.KOST 600.000 DM

IA -011
INST INSTITUT FUER AEROBIOLOGIE DER FRAUNHOFER-GESELLSCHAFT E.V.
SCHMALLENBERG GRAFSCHAFT, UEBER SCHMALLENBERG
VORHAB **wirkung von umweltchemikalien auf biologische systeme zur optimierung von nachweisverfahren fuer den gewaesserschutz**
untersuchungen zum nachweis von schadstoffen in gewaessern und deren wirkung auf biologische systeme
S.WORT umweltchemikalien + bioindikator + gewaesserschutz
PROLEI DR. DIDA KUHNEN-CLAUSEN
STAND 1.1.1974
FINGEB BUNDESMINISTER FUER JUGEND, FAMILIE UND GESUNDHEIT
ZUSAM BUNDESGESUNDHEITSAMT, 1 BERLIN 33, POSTFACH
BEGINN 1.1.1974 ENDE 31.12.1976
G.KOST 290.000 DM
LITAN ZWISCHENBERICHT 1975. 12

IA -012
INST INSTITUT FUER HYGIENE UND MIKROBIOLOGIE DER UNI DES SAARLANDES
HOMBURG/SAAR
VORHAB **wasserforschung - schadstoffe im wasser**
analytik von phenolen im wasser
S.WORT wasser + schadstoffe + phenole
PROLEI DR. CHRISTIAN RUEBELT
STAND 1.1.1974
FINGEB DEUTSCHE FORSCHUNGSGEMEINSCHAFT
BEGINN 1.8.1970 ENDE 31.12.1975
G.KOST 200.000 DM

IA -013
INST INSTITUT FUER INGENIEURBIOLOGIE UND BIOTECHNOLOGIE DES ABWASSERS DER UNI KARLSRUHE
KARLSRUHE, AM FASANENGARTEN
VORHAB **die veraenderung der physiologischen leistungsfaehigkeit des faekalindikators e.coli in klaeranlagen und oberflaechengewaessern**
fortentwicklung der gefahrenabwehr. das vorhaben hat das ziel, methoden zu entwickeln und zu verfeinern, mit denen die veraenderung des faekalindikators e. coli und spaeter auch echter pathogener keime bei der abwasserbehandlung und bei der selbstreinigung im vorfluter bestimmt werden kann. dem vorhaben kommt bei dem in zukunft verstaerkten rueckgriff der trinkwasserversorgung auf verunreinigte oberflaechengewaesser grosse bedeutung zu
S.WORT trinkwasserversorgung + schadstoffnachweis + bioindikator
STAND 20.11.1975
FINGEB BUNDESMINISTER DES INNERN
BEGINN 1.1.1975 ENDE 31.12.1976
G.KOST 60.000 DM

IA -014
INST INSTITUT FUER LANDESKULTUR UND PFLANZENOEKOLOGIE DER UNI HOHENHEIM
STUTTGART 70, SCHLOSS 1
VORHAB **submerse makrophyten als bioindikatoren fuer gewaesserbelastung mit anionaktiven tensiden und schwermetallen**
quantitative beurteilung einer schaedigung von hoeheren wasserpflanzen durch tenside und schwermetalle. dazu wird die photosynthese herangezogen. eine eigens dafuer konstruierte messkuevette fuer unterwasserbetrieb ist in benuetzung. als vergleichswerte sollen bei der tensidschaedigung auch der chlorophyllgehalt und die enzymaktivitaet verwendet werden. die untersuchungszeit pro einheit belaeuft sich auf etwa 4 wochen
S.WORT gewaesserbelastung + tenside + schwermetalle + bioindikator + (submerse makrophyten)
PROLEI PROF. DR. ALEXANDER KOHLER
STAND 23.7.1976
QUELLE fragebogenerhebung sommer 1976
FINGEB DEUTSCHE FORSCHUNGSGEMEINSCHAFT
BEGINN 1.1.1975 ENDE 31.12.1976
G.KOST 133.000 DM
LITAN - LABUS, B. UMWELTTAGUNG, HOHENHEIM, 1976: WIRKUNGEN VON TENSIDEN AUF WASSERPFLANZEN
- SCHUSTER, H. UMWELTTAGUNG, HOHENHEIM, 1976: INDIKATION VON SCHWERMETALLSCHAEDIGUNGEN AN HOEHEREN WASSERPFLANZEN UEBER CO2-GASWECHSEL

IA -015

INST INSTITUT FUER LANDSCHAFTSPFLEGE UND LANDSCHAFTSOEKOLOGIE DER BUNDESFORSCHUNGSANSTALT FUER NATURSCHUTZ UND LANDSCHAFTSOEKOLOGIE
BONN -BAD GODESBERG, HEERSTR. 110

VORHAB **hoehere wasserpflanzen als bioindikatoren fuer die gewaesserverunreinigung**
da die wasserpflanzenzusammensetzung von der gewaesserguete abhaengt, koennen hydrophyten als bioindikatoren fuer den jeweiligen verschmutzungsgrad von still- und fliessgewaessern herangezogen werden; zielsetzung: kennzeichnen der oekologischen amplitude der zeigerarten; methode: vergleichende bestandsaufnahme an unterschiedlich stark verschmutzten wasserlaeufen

S.WORT gewaesserverunreinigung + bioindikator + wasserpflanzen
BUNDESREPUBLIK DEUTSCHLAND

PROLEI DR. KRAUSE

STAND 1.1.1974

FINGEB BUNDESANSTALT FUER VEGETATIONSKUNDE, NATURSCHUTZ UND LANDESPFLEGE, BONN-BAD GODESBERG

BEGINN 1.1.1971

G.KOST 90.000 DM

LITAN JAHRESBERICHT 1972 BAVNL, S. F11/12

IA -016

INST INSTITUT FUER MESS- UND REGELUNGSTECHNIK DER TU BERLIN
BERLIN 15, KURFUERSTENDAMM 195

VORHAB **quasikontinuierliche bestimmung des phosphorgehaltes in waessriger loesung**
zur messung des phosphorgehaltes in waessriger loesung wird ein quasikontinuierlich messendes geraet entwickelt werden. das phorphorhaltige wasser wird auf ein beheiztes stahlband aufgebracht. der abdampfrueckstand wird auf dem band mit roentgenstrahlung bestrahlt. jedes in der probe enthaltene element sendet eine charakteristische fluoreszenzstrahlung aus. die intensitaet der phosphorlinie des fluoreszenzspektrums dient als mass fuer die phosphorkonzentration

S.WORT gewaesserverunreinigung + phosphor + messverfahren + geraeteentwicklung
TEGELER SEE + BERLIN

PROLEI PROF. DR. -ING. HABIL. THEODOR GAST

STAND 6.1.1975

FINGEB BUNDESMINISTER FUER FORSCHUNG UND TECHNOLOGIE

BEGINN 1.1.1974 ENDE 30.9.1976

G.KOST 152.000 DM

LITAN ZWISCHENBERICHT

IA -017

INST INSTITUT FUER MINERALOGIE UND PETROGRAPHIE DER UNI KOELN
KOELN, ZUELPICHER STR 49

VORHAB **untersuchung von schlammproben**
an schlammproben, die von der landesanstalt fuer wasser und abfall aus dem rhein entnommen und uns zur bestimmung uebergeben werden, werden bestimmt: korngroesse und korngroessenverteilung, spezifische oberflaeche, mineralbestand (qualitativ) der kornfraktion (2 um (mittels roentgenbeugungsanalyse), gehalte an sio2 und al2o3 (quantitativ), zeta-potential (im dispersionsmittel der schlammprobe oder in reinem wasser)

S.WORT fluss + schlaemme + (bestimmung von korngroesse und mineralbestand)
RHEIN

PROLEI ANNA

STAND 21.7.1976

QUELLE fragebogenerhebung sommer 1976

FINGEB LANDESANSTALT FUER WASSER UND ABFALL, DUESSELDORF

BEGINN 1.11.1975 ENDE 1.10.1976

G.KOST 48.000 DM

LITAN ZWISCHENBERICHT

IA -018

INST INSTITUT FUER RADIOCHEMIE DER GESELLSCHAFT FUER KERNFORSCHUNG MBH
KARLSRUHE -LEOPOLDSHAFEN, KERNFORSCHUNGSZENTRUM

VORHAB **wasseranalytik**
identifizierung organischer stoffe in fliessgewaessern und entwicklung von analysenverfahren fuer organische stoffe im wasser

S.WORT fliessgewaesser + organische schadstoffe + nachweisverfahren

PROLEI DR. SCHWEER

STAND 1.1.1974

FINGEB BUNDESMINISTER FUER FORSCHUNG UND TECHNOLOGIE

ZUSAM - INST. F. SIEDLUNGSWASSERBAU DER UNI KARLSRUHE, 75 KARLSRUHE, KAISERSTR. 12
- ARBEITSGEMEINSCHAFT RHEINWASSERWERKE
- ZWECKVERBAND BODENSEEWASSERVERSORGUNG

BEGINN 1.1.1972 ENDE 31.12.1975

G.KOST 2.690.000 DM

LITAN - KFK-BERICHT WASSER- UND ABWASSERCHEMISCHE UNTERSUCHUNGEN 1971 KERNFORSCHUNGSZENTRUM KARLSRUHE KFK-1690 UF(OKT 72)
- ZWISCHENBERICHT 1974. 03

IA -019

INST INSTITUT FUER RADIOCHEMIE DER TU MUENCHEN
GARCHING

VORHAB **untersuchung von natuerlichen waessern und von abwaessern sowie von klaerschlamm auf den gehalt an toxischen elementen und einigen hauptbestandselementen (z.b. n, p)**
1. ausarbeitung zuverlaessiger aktivierungsanalytischer verfahren zur bestimmung toxischer elemente und einiger hauptbestandselemente in schlamm und in wasser sowie bodenproben und pflanzenmaterial. 2. klaerung des stoffaustauschs der betreffenden elemente zwischen hydrosphaere, dem klaerschlamm, dem ackerboden und den nutzpflanzen. es wird auch die frage der moeglichkeit einer landwirtschaftlichen nutzbarmachung des klaerschlamms eroertert

S.WORT toxische abwaesser + klaerschlamm + nutzpflanzen + stoffaustausch

PROLEI DR. RICHARD HENKELMANN

STAND 21.7.1976

QUELLE fragebogenerhebung sommer 1976

FINGEB DEUTSCHE FORSCHUNGS- UND VERSUCHSANSTALT FUER LUFT- UND RAUMFAHRT

ZUSAM BAYERISCHE LANDESANSTALT FUER BODENKULTUR UND PFLANZENBAU, MENZINGER STR. 54, 8000 MUENCHEN 19

BEGINN 1.1.1976 ENDE 31.12.1978

G.KOST 250.000 DM

LITAN ROSOPULO, A.;FIEDLER, I.;STAERK, H.;SUESS, A. , IAEA-SYMPOSIUM "RADIATION FOR A CLEAN ENVIRONMENT": EXPERIENCE WITH A PILOT PLANT FOR THE IRRADIATION OF SEWAGE SLUDGE - ANALYTICAL STUDIES ON SEWAGE SLUDGE AND PLANT MATERIAL. IN: IAEA-SM-194/610, S. 535-551

IA -020

INST INSTITUT FUER RADIOCHEMIE DER UNI KARLSRUHE
KARLSRUHE, KERNFORSCHUNGSZENTRUM

VORHAB **identifizierung und quantitative bestimmung organischer saeuren im wasser**
identifizierung und entwicklung von methoden zur quantitativen bestimmung organischer saeuren in grund- und oberflaechenwaessern. sowie untersuchungen ueber ihre umwandlung in gewaessern und ihren verbleib bei der wasseraufbereitung

S.WORT wasseraufbereitung + oberflaechengewaesser + saeuren + nachweisverfahren
BODENSEE-HOCHRHEIN

PROLEI DR. S. H. EBERLE

STAND 30.8.1976

QUELLE fragebogenerhebung sommer 1976
FINGEB GESELLSCHAFT FUER KERNFORSCHUNG MBH (GFK), KARLSRUHE
ZUSAM - ENGLER-BUNTE-INSTITUT DER UNI KARLSRUHE
- WAHNBACHTALSPERRENVERBAND
- STADTWERKE WIESBADEN
BEGINN 1.7.1974
G.KOST 50.000 DM
LITAN - HOYER, O. (UNI KARLSRUHE), DIPLOMARBEIT. (1974)
- KNOBEL, K. (UNI KARLSRUHE), DIPLOMARBEIT. (1975)
- EBERLE, S.;ET AL.: UNTERSUCHUNGEN UEBER ORGANISCHE SAEUREN IM RHEIN UND EINIGEN SEINER ZUFLUESSE. IN: KFK 1969 UF

IA -021

INST INSTITUT FUER RADIOHYDROMETRIE DER GESELLSCHAFT FUER STRAHLEN- UND UMWELTFORSCHUNG MBH
NEUHERBERG, INGOLSTAEDTER LANDSTR. 1
VORHAB **natuerlicher tracer und spurenstoffe in der hydrologie**
isotopenanalysen von niederschlags-, oberflaechen- und grundwasser, insbesondere auch von mineral- und thermalwasser als grundlage fuer die interpretation von isotopenhydrologischen untersuchungsergebnissen; weiterfuehrung der palaeoklimatischen untersuchungen mittels stabiler isotope an fossilen hoelzern. weitere aktivierungsanalysen von spurenstoffen als hydrologische tracer
S.WORT hydrologie + spurenstoffe + nachweisverfahren + tracer
PROLEI PROF. DR. HERIBERT MOSER
STAND 30.8.1976
QUELLE fragebogenerhebung sommer 1976
ZUSAM - PHYSIKALISCHES INSTITUT DER UNI INNSBRUCK
- FIRMA F. HOFFMANN-LA ROCHE & CO. AG, BASEL
- BOTANISCHES INSTITUT DER UNI MUENCHEN
BEGINN 1.1.1969 ENDE 31.12.1980
G.KOST 3.833.000 DM
LITAN - AMBACH, W.;ELSAESSER, M.;MOSER, H.;ET AL.: VARIATIONEN DES GEHALTS AN DEUTERIUM, SAUERSTOFF-18 UND TRITIUM WAEHREND EINZELNER NIEDERSCHLAEGE. IN: WETTER UND LEBEN, Z. F. ANGEW. METEOROLOGIE (IM DRUCK)
- BOMMER, P.;MOSER, H.;STICHLER, W.;ET AL.: HERKUNFTSBESTIMMUNG VON ARZNEIMITTELN DURCH MESSUNG VON NATUERLICHEN ISOTOPENVERHAELTNISSEN: D/H UND 13C/12C-VERHAELTNISSE EINIGER PROBEN VON DIAZEPAM. IN: Z. NATURFORSCHUNG

IA -022

INST INSTITUT FUER SYSTEMATISCHE BOTANIK UND PFLANZENGEOGRAPHIE DER FU BERLIN
BERLIN 33, ALTENSTEINSTR. 6
VORHAB **taxonomie ausgewaehlter algengruppen sowie algenflora und -vegetation unterschiedlicher lebensraeume in abhaengigkeit von umweltfaktoren**
die untersuchungen z. b. beruecksichtigen besonders die feinstruktur von diotomeenschalen in abhaengigkeit von den standortfaktoren. damit soll u. a. ein beitrag zur genaueren kenntnis von indikator-arten (z. b. fuer die wasserverschmutzung) geliefert werden. die bestaende von algen in unterschiedlichen lebensraeumen, den kuesten der griechischen see, den oberflaechen-gewaessern deutschlands, im raum berlin und deren veraenderungen sind haeufig noch unvollstaendig bekannt, ebenso wie d. einfluss verschiedener standortfaktoren auf das vorkommen von arten und individuen
S.WORT wasserverunreinigung + bioindikator + algen
PROLEI PROF. DR. GEISSLER
STAND 1.1.1974
ZUSAM INTERDISZIPLINAERE ARBEITSGRUPPE TU BERLIN, "OEKOLOGIE UND UMWELTFORSCHUNG"
BEGINN 1.1.1971
LITAN - FORSCHUNGSBERICHT DER FUB (14 STAATSEXAMENS- UND DIPLOMARBEITEN) (1973-1974)
- GERLOFF, J.;GEISSLER, U.: EINE REVIDIERTE LISTE DER MEERESALGEN GRIECHENLANDS. IN: NOVA HEDWIGIA 22 S. 721-793(1971/1974)
- GEISSLER, U.: INVESTIGATIONS REGARDING THE INFLUENCE OF ECOLOGICAL CONDITIONS ON SOME CENTRIC DIATOMS. IN: ABSTRACTS, 12. INTERNATIONAL BOT. CONGRESS LENINGRAD, SECT. 3 (PHYCOLOGY) S. 38(1975)

IA -023

INST INSTITUT FUER WASSER- UND ABFALLWIRTSCHAFT DER LANDESANSTALT FUER UMWELTSCHUTZ BADEN-WUERTTEMBERG
KARLSRUHE, GRIESBACHSTR. 2
VORHAB **entwicklung von standard-toxizitaetstests**
ziel des projektes ist die entwicklung von testverfahren fuer die routinemaessige ueberwachung der landesgewaesser auf toxische belastungen; entwickelte verfahren: fischmonitortest (patentiert)/hydropsyche-test/daphnientest/algen-aufwuchstest
S.WORT gewaesserueberwachung + schadstoffnachweis
PROLEI DR. BESCH
STAND 1.1.1974
FINGEB MINISTERIUM FUER ERNAEHRUNG, LANDWIRTSCHAFT UND UMWELT, STUTTGART
BEGINN 1.1.1971
G.KOST 200.000 DM

IA -024

INST INSTITUT FUER WASSER-, BODEN- UND LUFTHYGIENE DES BUNDESGESUNDHEITSAMTES
BERLIN 33, CORRENSPLATZ 1
VORHAB **bestimmung der cholinesterase-hemmung als nachweis fuer phosphor-pestizide im wasser**
die arbeit hat zum ziel, ein nachweisverfahren zur bestimmung der gruppe der p-haltigen biozide zu entwickeln. in dieser gruppe sind eine reihe hochtoxischer verbindungen vertreten
S.WORT wasserverunreinigung + pestizide + nachweisverfahren
PROLEI DR. HORST KUSSMAUL
STAND 15.11.1975
FINGEB BUNDESMINISTER DES INNERN
BEGINN 1.1.1972 ENDE 31.12.1976
G.KOST 216.000 DM

IA -025

INST INSTITUT FUER WASSER-, BODEN- UND LUFTHYGIENE DES BUNDESGESUNDHEITSAMTES
BERLIN 33, CORRENSPLATZ 1
VORHAB **gaschromatographisch-massenspektroskopischer nachweis von phenolen im wasser**
die in verschiedenen wasserarten (grund-, oberflaechen- und trinkwasser) vorhandenen phenole werden mit hilfe der gaschromatographie und der hochdruckfluessigkeitschromatographie aufgetrennt und quantitativ erfasst. die identifizierung der einzelnen phenole erfolgt durch massenspektroskopische untersuchung der aufgetrennten verbindungen
S.WORT wasserverunreinigende stoffe + phenole + nachweisverfahren + gaschromatographie
PROLEI DR. MANFRED SONNEBORN
STAND 30.8.1976
QUELLE fragebogenerhebung sommer 1976
FINGEB DEUTSCHE FORSCHUNGSGEMEINSCHAFT
BEGINN 1.4.1976
G.KOST 140.000 DM

IA -026

INST INSTITUT FUER WASSER-, BODEN- UND LUFTHYGIENE DES BUNDESGESUNDHEITSAMTES
BERLIN 33, CORRENSPLATZ 1
VORHAB **korrelation zwischen bakteriologischen und chemischen faekalindikatoren im wasser**
bei der hygienischen bewertung von wasser ist von ausschlaggebender bedeutung die schnelle und einfache bewertung des wassers anhand von speziellen nachweisverfahren. in diesem forschungsvorhaben werden die beziehungen zwischen den chemischen und bakteriologischen daten experimentell ueberprueft und festgestellt. zielsetzung der vereinfachung des nachweisverfahrens

S.WORT wasserhygiene + schadstoffnachweis + indikatoren
STAND 15.11.1975
FINGEB BUNDESMINISTER DES INNERN
BEGINN 1.1.1973 ENDE 31.12.1976
G.KOST 270.000 DM

IA -027

INST INSTITUT FUER WASSER-, BODEN- UND LUFTHYGIENE DES BUNDESGESUNDHEITSAMTES FRANKFURT 70, KENNEDYALLEE 70
VORHAB **summenbestimmungsmethode fuer organchlorverbindungen im oberflaechenwasser, uferfiltrat und trinkwasser**
zur hygienischen beurteilung der oeffentlichen trinkwasserversorgung sollen die summen der leicht- und schwerfluechtigen unpolaren und polaren organochlorverbindungen im wasser bestimmt und "durchlaeufer" im roh- und trinkwasser identifiziert werden
S.WORT trinkwasserversorgung + uferfiltration + schadstoffbelastung + messmethode + (organochlorverbindungen)
PROLEI DR. HORST KUSSMAUL
STAND 10.9.1976
QUELLE fragebogenerhebung sommer 1976
FINGEB DEUTSCHE FORSCHUNGSGEMEINSCHAFT
BEGINN 1.1.1975 ENDE 31.12.1978

IA -028

INST INSTITUT FUER WASSER-, BODEN- UND LUFTHYGIENE DES BUNDESGESUNDHEITSAMTES FRANKFURT 70, KENNEDYALLEE 70
VORHAB **bestimmung der cholinesterase-hemmung als nachweis fuer phosphor-pestizide im wasser**
die arbeit hat zum ziel, ein nachweisverfahren zur bestimmung der gruppe der p-haltigen biozide zu entwickeln. in dieser gruppe sind eine reihe hochtoxischer verbindungen vertreten
S.WORT wasserverunreinigung + pestizide + nachweisverfahren
PROLEI DR. HORST KUSSMAUL
STAND 15.11.1975
BEGINN 1.1.1972 ENDE 31.12.1976
G.KOST 216.000 DM
LITAN FRITSCHI, G.;KUSSMAUL, H.;SONNENBURG, J.: CHOLINESTERASE-HEMMTEST ZUR BEURTEILUNG DER WASSERGEWINNUNG DURCH UFERFILTRATION. IN: VOM WASSER 45 S. 75-90(1975)

IA -029

INST INSTITUT FUER WASSERCHEMIE UND CHEMISCHE BALNEOLOGIE DER TU MUENCHEN MUENCHEN, MARCHIONINISTR. 17
VORHAB **nitrosamine**
nitrosamine; bestimmung/verhalten/bildung im wasser
S.WORT gewaesserbelastung + nitrosamine + analyseverfahren
PROLEI DR. LUDWIG WEIL
STAND 1.1.1974
FINGEB DEUTSCHE FORSCHUNGSGEMEINSCHAFT
ZUSAM HYGIENE-INSTITUT, MAINZ
BEGINN 1.1.1973 ENDE 31.12.1976
G.KOST 140.000 DM
LITAN DURE, G.;WEIL, L.;QUENTIN, K. E.: ZUR BESTIMMUNG VON NITROSAMINEN IN NATUERLICHEN WAESSERN UND IN ABWAESSERN. IN: WASSER UND ABWASSER-FORSCHUNG 8(1)(1975)

IA -030

INST LANDESANSTALT FUER WASSER UND ABFALL DUESSELDORF, BOERNESTR. 10
VORHAB **entwicklung eines warnungsfischtestes zur gewaesserueberwachung**
frueherkennung kritisch toxischer belastungen von gewaessern und abwaessern durch verhaltensaenderungen der testfische in einer speziellen testapparatur durch automatische registrierung und testablauf. apparatur gestattet kontinuierliche ueberwachung, registriert wird stoerung des positiv rheotaktischen verhaltens
S.WORT gewaesserueberwachung + toxische abwaesser + fruehdiagnose + (bioindikator)
PROLEI DIPL. -BIOL. JUHNKE
STAND 1.1.1974
QUELLE erhebung 1975
FINGEB MINISTER FUER ERNAEHRUNG, LANDWIRTSCHAFT UND FORSTEN, DUESSELDORF
BEGINN 1.4.1970 ENDE 31.12.1974
LITAN - JUHNKE, I.: EINE NEUE TESTMETHODE ZUR FRUEHERKENNUNG AKUT TOXISCHER INHALTSSTOFFE IM WASSER. IN: GEWAESSER U. ABWAESSER 50/51(1971)
- JUHNKE, I.: NEUKONSTRUKTION DES STROEMUNGSBECKENS FUER DIE AUTOMATISCHE NACHWEISVORRICHTUNG VON AKUTEN INTOXIKATIONE. IN: GEWAESSER U. ABWAESSER 52(1973)
- ERMISCH, R.;JUHNKE, I.: AUTOMATISCHE NACHWEISVORRICHTUNG FUER AKUT TOXISCHE EINWIRKUNGEN AUF FUECHE IM STROEMUNGSTEST. IN: GEWAESSER U. ABWAESSER (52)(1973)

IA -031

INST LANDESANSTALT FUER WASSER UND ABFALL DUESSELDORF, BOERNESTR. 10
VORHAB **untersuchung ueber die bioindikation von schwermetallen**
die auspraegung aquatischer biozoenosen in schwermetallbelasteten gewaessern und das fuer einzelne organismengruppen naeher analysierte vermoegen zur speicherung von schwermetallen sollen fuer biologische verfahren des schwermetallnachweises in gewaessern genutzt werden
S.WORT gewaesser + schwermetallkontamination + bioindikator
PROLEI DIPL. -BIOL. K. HEUSS
STAND 2.8.1976
QUELLE fragebogenerhebung sommer 1976

IA -032

INST LANDESANSTALT FUER WASSER UND ABFALL DUESSELDORF, BOERNESTR. 10
VORHAB **untersuchung neuer sensoren im hinblick auf die anwendungsmoeglichkeiten in automatischen mess-systemen**
weiterentwicklung bisheriger messeinrichtungen zur gewaesserueberwachung
S.WORT gewaesserueberwachung + messgeraetetest
PROLEI DIPL. -ING. BERGHOFF
STAND 1.1.1974
QUELLE erhebung 1975
BEGINN 1.2.1974 ENDE 31.10.1977
LITAN ZWISCHENBERICHT 1976. 12

IA -033

INST LANDESANSTALT FUER WASSER UND ABFALL DUESSELDORF, BOERNESTR. 10
VORHAB **bestimmung des chemischen sauerstoffbedarfs (csb)**
die derzeitige analytik des csb ist verbesserungsbeduerftig; es wird ein breit anwendbares geraet entwickelt, und das verfahren veraendert
S.WORT sauerstoffbedarf + messgeraet
PROLEI DR. ADELT
STAND 1.1.1974
QUELLE erhebung 1975
BEGINN 1.1.1974 ENDE 31.5.1975
LITAN ZWISCHENBERICHT 1974. 06

IA -034

INST LEHRSTUHL FUER GEOLOGIE DER TU MUENCHEN MUENCHEN 2, ARCISSTR. 21

VORHAB **methodik der schwebstoffgewinnung in flusswaessern fuer mineralogische und chemische untersuchungen**
erarbeitung geeigneter methoden und geraete zur gewinnung von schwebstoffen aus fusswaessern in solchen mengen, die neben eingehenden mineralogischen untersuchungen auch die bestimmung von spurenmetallen und deren bindungsarten im schweb erlauben
S.WORT fliessgewaesser + schwebstoffe + schadstoffnachweis
PROLEI DR. FRANK FABRICIUS
STAND 21.7.1976
QUELLE fragebogenerhebung sommer 1976
FINGEB DEUTSCHE FORSCHUNGSGEMEINSCHAFT
BEGINN 1.5.1974
G.KOST 10.000 DM
LITAN MUELLER, J.;KRETZLER; HIRNER: ZUR METHODIK VON SCHWEBSTOFFUNTERSUCHUNGEN AN FLUSSWAESSERN. IN: GWF-WASSER. 5 S. 24-27(1976)

IA -035
INST MAX-PLANCK-INSTITUT FUER AERONOMIE
KATLENBURG-LINDAU 3, MAX-PLANCK-STR.
VORHAB **literaturzusammenstellung zum thema "physikalische wasseruntersuchungsmethoden"**
einbezogen wurden mehr als 30 verschiedene institutionen in deutschland, die dokumentation auf dem gebiet "wasser" betreiben
S.WORT wasseruntersuchung + messverfahren + (dokumentation)
PROLEI DR. GERD HARTMANN
STAND 29.7.1976
QUELLE fragebogenerhebung sommer 1976
FINGEB INSTITUT FUER DOKUMENTATIONSWESEN, FRANKFURT
BEGINN 1.7.1975 ENDE 31.12.1976
G.KOST 30.000 DM
LITAN ZWISCHENBERICHT

IA -036
INST MAX-PLANCK-INSTITUT FUER STROEMUNGSFORSCHUNG
GOETTINGEN, BOETTINGERSTR. 6-8
VORHAB **untersuchung und weiterentwicklung der tropfenbildmethode nach schwenk**
methode zur untersuchung der qualitaet von wasser
S.WORT wasserguete + messmethode
PROLEI DIPL. -PHYS. P. SCHNEIDER
STAND 1.1.1974
FINGEB MAX-PLANCK-GESELLSCHAFT ZUR FOERDERUNG DER WISSENSCHAFTEN E. V. , MUENCHEN
BEGINN 1.1.1971 ENDE 31.12.1975
G.KOST 75.000 DM
LITAN RAPP, D.;SCHNEIDER P. E. M. (MPI F. STROEMUNGSFORSCHUNG): TROPFENBILD ALS AUSDRUCK HARMONISCHER STROEMUNGEN IN DUENNEN SCHICHTEN. IN: BERICHT 102 (1974)

IA -037
INST PHYSIKALISCH-CHEMISCHES INSTITUT DER UNI HEIDELBERG
HEIDELBERG, IM NEUENHEIMER FELD 253
VORHAB **gasadsorption**
schnellanalyse fuer wasserverunreinigungen; messverfahren fuer kleine drucke; kondensationsenergien organischer stoffe mit kleinsten dampfdrucken
S.WORT wasserverunreinigung + schadstoffnachweis + (gasadsorption)
PROLEI PROF. DR. KLAUS SCHAEFER
STAND 1.1.1974
FINGEB BERGBAU-FORSCHUNG GMBH, ESSEN
ZUSAM BERGBAU-FORSCHUNG, 43 ESSEN-KRAY, FRILLENDORFERSTR. 351
BEGINN 1.1.1968 ENDE 31.12.1975
LITAN ZWISCHENBERICHT 1974. 08

IA -038
INST PROJEKTGRUPPE LEBENSRAUM HAARENNIEDERUNG DER UNI OLDENBURG
OLDENBURG, AMMERLAENDER HEERSTR. 67-99
VORHAB **polarografische bestimmung von gewaesserinhaltsstoffen**
polagrafische analyse metallischer und/oder organischer verunreinigungen in waessern
S.WORT gewaesserverunreinigung + schadstoffnachweis + organische schadstoffe
PROLEI PROF. DR. DIETER SCHULLER
STAND 12.8.1976
QUELLE fragebogenerhebung sommer 1976

IA -039
INST SIEMENS AG
MUENCHEN 2, WITTELSBACHERPL. 2
VORHAB **entwicklung von mess-stationen und messnetzen zur gewaesserueberwachung**
entwicklung von automatischen mess-stationen und messnetzen zur gewaesserueberwachung; messwertreduktion und speicherung auch in den stationen; rechnergesteuerte geraeteueberwachung und messfuehlerreinigung
S.WORT gewaesserueberwachung + messtellennetz
STAND 1.1.1974
BEGINN 1.1.1971 ENDE 31.12.1975
G.KOST 400.000 DM
LITAN ZWISCHENBERICHT 1974. 06

IA -040
INST ZENTRALSTELLE FUER GEOPHOTOGRAMMETRIE UND FERNERKUNDUNG DER DEUTSCHEN FORSCHUNGSGEMEINSCHAFT
MUENCHEN, LUISENSTR. 37
VORHAB **ueberwachung von oberflaechengewaessern mit multispektralen und infrarot-methoden vom flugzeug**
S.WORT oberflaechenwasser + ueberwachung + infrarottechnik
PROLEI PROF. DR. JOHANN BODECHTEL
STAND 1.1.1974
FINGEB DEUTSCHE FORSCHUNGSGEMEINSCHAFT
BEGINN 1.1.1970

Weitere Vorhaben siehe auch:

CA -105 MESSGERAET ZUR MULTIELEMENTBESTIMMUNG VON SCHWEBESTOFFEN IN LUFT UND WASSER MITTELS NICHTDISPERSIVER ROENTGENFLUORESZENZANALYSE
GB -050 ERSTELLUNG EINER STUDIE UEBER DEN EINSATZ VON INFRAROT-LUFTBILDAUFNAHMEN FUER DIE AUFSTELLUNG EINES EMISSIONSKATASTERS
HD -017 ANALYTIK VON ORGANOFLUORVERBINDUNGEN IN DER UMWELT, INSBESONDERE IM WASSER
HD -018 KORRELATION ZWISCHEN BAKTERIOLOGISCHEN UND CHEMISCHEN FAEKALINDIKATOREN IM WASSER
HG -017 PROBENAHME VON WASSER
IE -007 ENTWICKLUNG NEUER ANALYSEVERFAHREN; VERBLEIB PARTIKULAERER SCHMUTZSTOFFE; ABSORPTIONSFAEHIGKEIT VON MEERESBOEDEN
KA -004 ENTWICKLUNG EINES ROENTGENFLUORESZENZGERAETES ZUR AUTOMATISCHEN MULTIELEMENTANALYSE AUF DER BASIS KAEUFLICHER GERAETEKOMPONENTE
NB -013 AUSLEGUNG UND ERRICHTUNG EINER AUTOMATISCHEN ANLAGE FUER DIE NEUTRONENAKTIVIERUNGSANALYSE
NB -039 RADIOOEKOLOGISCHE STUDIEN IN DER UNTERELBE UND IHREM ANSCHLIESSENDEN AESTUAR (ELBESTUDIE)
OB -018 AUTOMATISIERUNG DER FLAMMENPHOTOMETRISCHEN BESTIMMUNG VON METALLEN IN UMWELTPROBEN, INSBESONDERE WASSER, UNTER EINBEZIEHUNG DER EDV

PH -013 UNTERSUCHUNG MORPHOLOGISCH MARKANTER BAKTERIEN AUF IHRE TAUGLICHKEIT ALS BIOINDIKATOR

PI -036 DIFFERENZIERTE TOXIZITAETSTESTS MITTELS SUESSWASSER-OEKOSYSTEMEN IM LABOR

QA -055 NACHWEIS VON SCHWERMETALLEN UND ANDEREN BIOZIDEN IN LEBENSMITTEL- UND WASSERPROBEN

IB -001

INST AACHEN-CONSULTING GMBH (ACG)
AACHEN, MONHEIMSALLEE 53

VORHAB automatisches telefonnetz zur fernkontrolle von abwasserpumpwerken

in einem regionalen abwasserverband sind zur ueberwindung von hoehenunterschieden in abgelegenen ortsteilen und im aussenbereich abwasserpumpwerke installiert. bei ausfall der anlagen gelangt unbehandeltes abwasser ueber die notueberlaeufe in die vorfluter. deshalb ist staendige kontrolle gefordert. die personalaufwendigen kontrollfahrten sollen durch automatische telefonmeldung an die zentralstelle "gruppenklaerwerk" ersetzt werden. hauptproblem ist die ueberwindung mehrerer fernmelde-on-grenzen

S.WORT abwasserableitung + ueberwachung + automatisierung
HEINSBERG (NORDRHEIN-WESTFALEN)
PROLEI ING. GRAD. HEINZ HOFMANN
STAND 2.8.1976
QUELLE fragebogenerhebung sommer 1976
FINGEB - GEMEINDE SELFKANT, KREIS HEINSBERG
- STAATLICHES AMT FUER WASSER- UND ABFALLWIRTSCHAFT, AACHEN
ZUSAM DEUTSCHE BUNDESPOST, FERNMELDEAMT AACHEN
BEGINN 1.1.1976 ENDE 30.6.1977
G.KOST 10.000 DM
LITAN HOFMANN, H.: PROJEKTVEROEFFENTLICHUNGEN. IN: ACG-SELBSTVERLAG, AACHEN

IB -002

INST ABWASSERTECHNIK GMBH, BERATENDE INGENIEURE
ESSEN, HUYSSENALLEE 74

VORHAB entwicklung mathematischer modelle fuer die beurteilung und bemessung von kanalisationsanlagen in quantitativer und qualitativer hinsicht

ermittlung der belastungsdaten - simulation des oberflaechenabflusses und kanalabflusses - beurteilung der kanalnetze - vorfluterbelastung - bemessung von sonderbauwerken - wirtschaftliche auslegung kuenftiger kanalnetze - vergleiche mit naturmessungen

S.WORT kanalisation + bewertungskriterien + kanalabfluss + planungsdaten
PROLEI GUENTER GEBHARDT
STAND 30.8.1976
QUELLE fragebogenerhebung sommer 1976
FINGEB - KURATORIUM FUER WASSER- UND KULTURBAUWESEN (KWK), BONN
- LANDESANSTALT FUER WASSER UND ABFALL, DUESSELDORF
BEGINN 1.1.1969
G.KOST 450.000 DM
LITAN - LANDESANSTALT FUER WASSER UND ABFALL NORDRHEIN-WESTFALEN, DUESSELDORF (ED): ANWENDERHANDBUCH FUER PROGRAMM KANAL ZUR PRUEFUNG DER BERECHNUNG VON KANALISATIONSNETZEN MIT ADV-PROGRAMMEN. (1976)
- ENDBERICHT

IB -003

INST BAUBEHOERDE DER FREIEN UND HANSESTADT HAMBURG
HAMBURG, STADHAUSBRUECKE 12

VORHAB sammlerbau

bau von kanalstationen

S.WORT abwasser + kanalisation
PROLEI DR. -ING. KUNTZE
STAND 1.1.1974
FINGEB SENAT DER FREIEN UND HANSESTADT HAMBURG
BEGINN 1.1.1968

IB -004

INST BUNDESANSTALT FUER GEWAESSERKUNDE
KOBLENZ, KAISERIN-AUGUSTA-ANLAGEN 15

VORHAB untersuchung des abflussvorganges in charakteristischen einzugsgebieten

S.WORT niederschlagsabfluss
PROLEI DR. HANS-J. LIEBSCHER
STAND 1.1.1974
FINGEB DEUTSCHE FORSCHUNGSGEMEINSCHAFT

IB -005

INST DEUTSCHER WETTERDIENST
HOHENPEISSENBERG, ALBIN-SCHWAIGER-WEG 10

VORHAB flaechenniederschlagsmessung mittels radar

erarbeitung einer "real time"-messmethode des flaechenniederschlags mittels radar als grundlage fuer abflussvorhersagen von fluessen. die methode der aneichung der radarmesswerte wurde bereits entwickelt, jetzt muessen die voraussetzungen fuer die "real time"-messung teilweise geschaffen und programmaessig verwirklicht werden. dazu gehoert u. a. die bestimmung der meteorologisch sinnvollen messfolge (radarumlaeufe) bei vorgegebenen computerdaten (speichergroesse, rechengeschwindigkeit) sowie der versuch, methoden fuer brauchbare quantitative flaechenniederschlagsvorhersagen zu entwickeln

S.WORT niederschlagsmessung + messverfahren + (radar)
PROLEI DR. WALTER ATTMANNSPACHER
STAND 13.8.1976
QUELLE fragebogenerhebung sommer 1976
FINGEB DEUTSCHE FORSCHUNGSGEMEINSCHAFT
ZUSAM INST. F. WASSERBAU III AN DER UNI KARLSRUHE, KAISERSTR. 12, 7500 KARLSRUHE 1
BEGINN 1.1.1970 ENDE 31.12.1979
LITAN - ATTMANNSPACHER, W.: GRUNDSAETZLICHE PROBLEME UND MOEGLICHKEITEN DER QUANTITATIVEN FLAECHENNIEDERSCHLAGSMESSUNG MITTELS RADAR. IN: ANN. METEOR. N. F. 6 S. 283-288(1973)
- ATTMANNSPACHER, W.;HARTMANNSGRUBER, R.;RIEDL, J.: EINE METHODE ZUR HALBAUTOMATISCHEN FLAECHENNIEDERSCHLAGSMESSUNG MIT EINEM X-BAND-RADAR. IN: ARCH. METEOR. GEOPHYS. BIOKLIMAT. B 22(1/2) S. 27-38(1974)

IB -006

INST DEUTSCHER WETTERDIENST
HOHENPEISSENBERG, ALBIN-SCHWAIGER-WEG 10

VORHAB abfluss-vorhersage durch quantitative flaechenniederschlagsmessung mit einem speziellen 3.2 cm-wetterradargeraet

S.WORT niederschlagsmessung + niederschlagsabfluss + prognose
PROLEI DR. WALTER ATTMANNSPACHER
STAND 1.1.1974
FINGEB DEUTSCHE FORSCHUNGSGEMEINSCHAFT

IB -007

INST DORSCH CONSULT INGENIEURGESELLSCHAFT MBH
MUENCHEN 21, ELSENHEIMERSTR. 68

VORHAB vorfluterbelastung infolge von misch- und trennkanalisation

quantitative und qualitative simulierung des regen- und abwasserabflusses aus stadtgebieten; dient zur erfassung des ist-zustandes und zur vorhersage zukuenftiger belastungen; liefert unterlagen zur beurteilung der gewaesserguete fuer die wasserwirtschaftliche rahmenplanung; dient zur erarbeitung optimaler sanierungsvorschlaege fuer stadtgebiete

S.WORT abwasserableitung + niederschlagsabfluss + stadtgebiet + vorfluter + (simulation)
PROLEI DIPL. -ING. GEIGER
STAND 1.1.1974
FINGEB BUNDESMINISTER FUER FORSCHUNG UND TECHNOLOGIE
G.KOST 474.000 DM

IB -008

INST FACHGEBIET EISENBAHN- UND STRASSENWESEN DER TH DARMSTADT
DARMSTADT, PETERSENSTR. 18

VORHAB **untersuchung des abflussvorganges duenner wasserfilme auf kuenstlich beregneten modelloberflaechen**
das ziel der arbeiten besteht darin, den abfluss von niederschlagswasser auf verwindungsstrecken besser beurteilen zu koennen. die aufgabe der modellversuche und deren auswertung bestand in der messung von wasserfilmdicken bei verschiedenen begrenzungszustaenden und laengsneigungen der versuchsflaechen und in der ermittlung der verteilung der wasserfilmdicke auf den modelloberflaechenfilm den messaufwand zur loesung der gestellten aufgabe im hinblick auf das umfangreiche versuchsprogramm durch ein hoechstmass an informationsdichte der eingesetzten aufnahmetechnik zu optimieren, wurde ein elektrisch arbeitendes wasserfilmdicken-messverfahren entwickelt und zu einer neuen messmethode hoher genauigkeit ausgebaut
S.WORT niederschlagsabfluss + berechnungsmodell
PROLEI PROF. DR. RUDOLF KLEIN
STAND 30.8.1976
QUELLE fragebogenerhebung sommer 1976
FINGEB FORSCHUNGSGESELLSCHAFT FUER DAS STRASSENWESEN E. V., KOELN
ZUSAM FACHGEBIET PHOTOGRAMMETRIE UND KARTEGRAPHIE DER TH DARMSTADT
BEGINN 1.8.1972 ENDE 30.6.1976
G.KOST 190.000 DM
LITAN ENDBERICHT

IB -009

INST FORSCHUNGSSTELLE FUER INSEL- UND KUESTENSCHUTZ DER NIEDERSAECHSISCHEN WASSERWIRTSCHAFTSVERWALTUNG
NORDERNEY, AN DER MUEHLE 5
VORHAB **ermitteln der abflusspenden im kuestengebiet**
S.WORT kuestengebiet + niederschlagsabfluss
PROLEI DR. -ING. GUENTHER LUCK
STAND 1.1.1974
FINGEB DEUTSCHE FORSCHUNGSGEMEINSCHAFT
ZUSAM INTERNATIONALE HYDROLOGISCHE DEKADE
BEGINN 1.1.1973

IB -010

INST INSTITUT FUER ERNAEHRUNGSWISSENSCHAFTEN II / FB 19 DER UNI GIESSEN
GIESSEN, WIESENSTR. 3-5
VORHAB **vorkommen polycyclischer aromate in regen- und sickerwasser**
S.WORT polyzyklische aromaten + regenwasser + sickerwasser
PROLEI PROF. DR. MED. HABIL. WAGNER
STAND 1.1.1974

IB -011

INST INSTITUT FUER HYDRAULIK UND HYDROLOGIE DER TH DARMSTADT
DARMSTADT, PETERSENSTR.
VORHAB **die berechnung des ablaufs von hochwasserwellen in natuerlichen gerinnen**
S.WORT hochwasser + fliessgewaesser
PROLEI PROF. DR. RALPH C. M. SCHROEDER
STAND 1.1.1974
FINGEB DEUTSCHE FORSCHUNGSGEMEINSCHAFT
ZUSAM INTERNATIONALE HYDROLOGISCHE DEKADE
BEGINN 1.1.1972

IB -012

INST INSTITUT FUER HYDRAULIK UND HYDROLOGIE DER TH DARMSTADT
DARMSTADT, PETERSENSTR.
VORHAB **verfahren der ingenieurhydrologie zur berechnung von abflussereignissen aus regen und schneeschmelze**
die aus der gemeinsamen auswirkung von regen und schneeschmelze resultierenden "taufluten" haben zu den bisher groessten bekannten hochwaessern gefuehrt. im rahmen des forschungsvorhabens soll ein mathematisches modell entwickelt werden, mit dem derartige hochwasserereignisse berechnet werden koennen. das angestrebte ziel ist die mathematische simulation der komplizierten zusammenhaenge zwischen den ursaechlichen faktoren der schneeschmelze, der strukturaenderung infolge regen, den rueckhalteeigenschaften der schneedecke und der wasserabgabeintensitaet in einer tauperiode
S.WORT hydrologie + niederschlagsabfluss + hochwasser + abflussmodell + (schneeschmelze)
PROLEI PROF. DR. RALPH C. M. SCHROEDER
STAND 30.8.1976
QUELLE fragebogenerhebung sommer 1976
FINGEB DEUTSCHE FORSCHUNGSGEMEINSCHAFT
ZUSAM - INST. F. FORSTHYDROLOGIE, DR. H. BRECHTEL, HANN. -MUENDEN
- VERSUCHSANSTALT FUER WASSERBAU, HYDROLOGIE UND GLAZIOLOGIE, ETH ZUERICH, DR. H. LANG
BEGINN 1.1.1974 ENDE 31.12.1976
G.KOST 180.000 DM
LITAN - KNAUF, D.: ABFLUSS AUS REGEN UND SCHNEESCHMELZE. G. FORTBILDUNGSLEHRGANG FUER HYDROLOGIE DES DVWW, BAD HERRENALB (1974)
- ENDBERICHT

IB -013

INST INSTITUT FUER HYDRAULIK UND HYDROLOGIE DER TH DARMSTADT
DARMSTADT, PETERSENSTR.
VORHAB **untersuchung ueblicher berechnungsmethoden fuer gerinnestroemungen**
die zur berechnung offener gerinne verwendeten empirischen fliessformeln weisen zum teil erhebliche maengel auf. um fuer ihre anwendung beurteilungskriterien zu finden, wurde ausgehend von betrachtungen ueber das aehnliche stroemungsverhalten von abfluessen in kreisrohren und offenen gerinnen unter einbeziehung des formeinflusses der weg zu einem universellen fliessgesetz fuer den turbulenten abfluss in rohren und kanaelen dargelegt. auf dieser basis fuehrte eine vergleichende betrachtung zu qualitativen und quantitativen aussagen ueber die zuverlaessigkeit der fliessformeln von kutter, bazin und manning-strickler. aus diesen ueberlegungen wurden hinweise fuer die berechnung offener gerinne entwickelt
S.WORT hydrologie + fliessgewaesser + kanalabfluss + abflussmodell
PROLEI PROF. DR. RALPH C. M. SCHROEDER
STAND 30.8.1976
QUELLE fragebogenerhebung sommer 1976
FINGEB DEUTSCHE FORSCHUNGSGEMEINSCHAFT
BEGINN 1.10.1973 ENDE 31.10.1975
LITAN - DALLWIG, H.: FLIESSFORMELN UND FORMBEIWERT - EINE KRITISCHE UNTERSUCHUNG UEBLICHER BERECHNUNGSMETHODEN FUER GERINNESTROEMUNGEN. IN: TECHNISCHER BERICHT NR. 12, INST. F. HYDRAULIK UND HYDROLOGIE, TH DARMSTADT
- ENDBERICHT

IB -014

INST INSTITUT FUER LANDESKULTUR / FB 16/21 DER UNI GIESSEN
GIESSEN, SENCKENBERGSTR. 3
VORHAB **wirkungen verschiedener flaechennutzung auf das abflussregime und den stoffeintrag in gewaesser**
im waldecker buntsandsteingebiet soll das abflussverhalten von teilniederschlagsgebieten mit verschiedener flaechennutzung (landwirtschaftlich, forstlich, schwach besiedelt, dichter bebaut, konzentrierte fremdenverkehrseinrichtungen) erfasst werden. in verbindung damit sind suspensions- und loesungsfrachten zu analysieren und somit die verschiedenen belastungen der gewaesser zu ermitteln. das ziel ist eine bilanzierung der nutzungsbedingt variierenden abflussregime in mengen- und guetemaessiger hinsicht
S.WORT niederschlagsabfluss + gewaesserbelastung + flaechennutzung
PROLEI PROF. DR. BOTHO WOHLRAB
STAND 6.8.1976

QUELLE fragebogenerhebung sommer 1976
FINGEB DEUTSCHE FORSCHUNGSGEMEINSCHAFT
ZUSAM - LEICHTWEISS-INSTITUT FUER WASSERBAU DER TU BRAUNSCHWEIG
- WASSERWIRTSCHAFTSAMT, MARBURG
BEGINN 1.1.1975 ENDE 31.12.1979
LITAN WOHLRAB, B.;WENZEL, V.;MOLLENHAUER, K.: WIRKUNGEN VERSCHIED. BODENNUTZUNG AUF DAS ABFLUSSREGIME UND DEN STOFFEINTRAG IN GEWAESSER. IN: JAHRESBER. D. OEKOL. FORSCHUNGSANST. D. JLU S. 1-40(1974)

IB -015

INST INSTITUT FUER PHYSIK DER ATMOSPHAERE DER DFVLR
OBERPFAFFENHOFEN, MUENCHENER STRASSE
VORHAB **radarmeteorologische bestimmung von gebietsniederschlaegen**
quantitative erfassung von gebietsniederschlaegen mit hilfe digitalisierter radarmesswerte; bestimmung von gesamtniederschlagsmengen fuer grosse gebiete; hochwasserwarnungen; schnelle information fuer alle fragen der wasserwirtschaft
S.WORT niederschlag + messtechnik
PROLEI DR. HERBERT SCHUSTER
STAND 1.10.1974
FINGEB DEUTSCHE FORSCHUNGSGEMEINSCHAFT
ZUSAM DEUTSCHER WETTERDIENST-ZENTRALAMT, 605 OFFENBACH, FRANKFURTER STR. 135
BEGINN 1.1.1967 ENDE 31.1.1977
LITAN - KUERS, G.: DIGITALE MESSWERTERFASSUNG UND-VERARBEITUNG VON WETTERRADARDATEN. DLR-FORSCHUNGSBERICHT 70-32(OKT 1970)
- SCHUSTER, H. U. A.: DIE QUANTITATIVE BESTIMMUNG VON NIEDERSCHLAGSDICHTEN MIT HILFE DIGITALER MESSWERTERFASSUNG VON WETTERRADARDATEN. IN: ANNALEN D. METEOR. (6) S. 289(1971)

IB -016

INST INSTITUT FUER RADIOHYDROMETRIE DER GESELLSCHAFT FUER STRAHLEN- UND UMWELTFORSCHUNG MBH
NEUHERBERG, INGOLSTAEDTER LANDSTR. 1
VORHAB **abfluss in und von gletschern**
angestrebt wird eine modellmaessige beschreibung des intraglazialen abflusssystems, die es gestattet, die meteorologischen bedingungen, den gletscherzustand und den gesamtabfluss in einen funktionalen zusammenhang zu bringen, um so die grundlage fuer die angabe der anteile der gletscherabfluesse auch fuer grossraeumige einzugsgebiete zu schaffen
S.WORT niederschlagsabfluss + abflussmodell + (gletscher) ALPEN (OETZTAL)
PROLEI PROF. DR. HERIBERT MOSER
STAND 30.8.1976
QUELLE fragebogenerhebung sommer 1976
FINGEB DEUTSCHE FORSCHUNGSGEMEINSCHAFT
ZUSAM - PHYSIKALISCHES INSTITUT DER UNI INNSBRUCK
- LEHRSTUHL FUER PHOTOGRAMMETRIE DER TU MUENCHEN, ARCISSTR. 21, 8000 MUENCHEN 2
- INST. F. METEOROLOGIE DER UNI MUENCHEN, AMALIENSTR. 54, 8000 MUENCHEN 2
BEGINN 1.9.1974
G.KOST 1.500.000 DM
LITAN INSTITUT FUER RADIOHYDROMETRIE DER GSF: JAHRESBERICHTE 1974 FF.

IB -017

INST INSTITUT FUER SIEDLUNGSWASSERBAU UND WASSERGUETEWIRTSCHAFT DER UNI STUTTGART
STUTTGART 80, BANDTAELE 1
VORHAB **belastung der vorfluter bei hintereinandergeschalteten regenwasserbehandlungsanlagen**
bei der ableitung von regenwasser im mischverfahren erreicht der abfluss bereits nach sehr kurzen fliesszeiten so hohe mengenwerte, dass aus wirtschaftlichen gruenden eine entlastung zum naechstliegenden vorfluter erforderlich ist. durch solche entlastungen erfaehrt dieser vorfluter eine erhebliche schmutzbelastung. haeufig weisen entwaesserungsnetze mehrere hintereinanderliegende entlastungen auf. mit diesem forschungsvorhaben wird untersucht, wie hoch in solchen faellen die belastung des vorfluters ist, welche abhaengigkeiten bestehen und welche verfahren zur behandlung des regenwassers vorteilhaft sind, um eine moeglichst geringe belastung der vorfluter durch eingeleitete regenwasserabfluesse zu gewaehrleisten. messungen in bestehenden mischkanalisationsnetzen, rechnerische auswertung
S.WORT gewaesserbelastung + regenwasser + niederschlagsabfluss + vorfluter
PROLEI PROF. DR. -ING. KARLHEINZ KRAUTH
STAND 13.8.1976
QUELLE fragebogenerhebung sommer 1976
FINGEB - KURATORIUM FUER WASSER- UND KULTURBAUWESEN (KWK), BONN
- VEREINIGUNG DER WASSERVERSORGUNGSVERBAENDE UND GEMEINDEN MIT WASSERWERKEN E. V. (VEDEWA), STUTTGART
BEGINN 1.1.1973 ENDE 30.6.1976
G.KOST 222.000 DM
LITAN KRAUTH, K.;QUADT, K. S.: UNTERSUCHUNGEN UEBER DIE WIRKUNG VON HINTEREINANDERGESCHALTETEN REGENWASSER-BEHANDLUNGSANLAGEN. IN: KA 21(10) S. 247-248(1974)

IB -018

INST INSTITUT FUER SIEDLUNGSWASSERWIRTSCHAFT DER TH AACHEN
AACHEN, MIES-VAN-DER-ROHE-STR. 1
VORHAB **ermittlung von abflusspenden je hektar bebauter flaeche bei verschiedener bebauungsdichte**
richtwerte fuer die messung von vorfluterausbau und regenrueckhaltebecken werden anhand von simulation an entwaesserungsnetzmodellen unter variation der einflussgroessen allgemeingueltig abgeleitet
S.WORT niederschlagsabfluss + kanalisation + vorfluter
PROLEI DIPL. -ING. FEYEN
STAND 1.1.1974
FINGEB MINISTER FUER ERNAEHRUNG, LANDWIRTSCHAFT UND FORSTEN, DUESSELDORF
BEGINN 1.8.1968 ENDE 31.7.1974
G.KOST 60.000 DM
LITAN ZWISCHENBERICHT 1974. 08

IB -019

INST INSTITUT FUER SIEDLUNGSWASSERWIRTSCHAFT DER TH AACHEN
AACHEN, MIES-VAN-DER-ROHE-STR. 1
VORHAB **untersuchung der verschmutzung des abfliessenden regenwassers**
konstruktion eines probennahmegeraetes, das abhaengig vom abfluss und von der regendauer wasserproben aus einem regenwasserkanal entnimmt; untersuchung der verschmutzung auf chemischen sauerstoffbedarf/organischen kohlenstoffgehalt/gehalt an absetzbaren stoffen und ihren gluehverlust/leitfaehigkeit/ph-wert/stickstoffbilanz/phosphat-/oelgehalt; suchen nach allgemeinen aussagen in bezug auf die schmutzfrachten der deutschen gewaesser und klaeranlagenbemessung
S.WORT niederschlagsabfluss + wasserverunreinigung
PROLEI DR. SCHULZE-RETTMER
STAND 1.1.1974
FINGEB LANDESAMT FUER FORSCHUNG, DUESSELDORF
BEGINN 1.7.1971
G.KOST 250.000 DM
LITAN - ZWISCHENBERICHT 1973
- ZWISCHENBERICHT 1975. 02

IB -020

INST INSTITUT FUER WASSER-, BODEN- UND LUFTHYGIENE DES BUNDESGESUNDHEITSAMTES
DUESSELDORF, AUF'M HENNEKAMP 70
VORHAB **beeintraechtigung des vorfluters einer industriestadt durch auskiesungen**
versandung und eintruebung eines staedtischen vorfluters als folge von auskiesungen

S.WORT vorfluter + kies + feststofftransport
PROLEI DR. GOTTFRIED SIEBERT
STAND 1.10.1974
ZUSAM TIEFBAUAMT DINSLAKEN
BEGINN 1.1.1972 ENDE 31.5.1974
G.KOST 8.000 DM
LITAN ZWISCHENBERICHT 1974. 01

IB -021
INST INSTITUT FUER WASSERBAU III DER UNI KARLSRUHE
KARLSRUHE 1, KAISERSTR. 12
VORHAB **hochwasserberechnungen auf der basis radargemessener niederschlaege**
computerberechnung von hochwasserganglinien (hyreun-modell) auf der basis von radar-niederschlagsdaten
S.WORT hochwasser + niederschlagsmessung + berechnungsmodell
PROLEI DR. -ING. GERT A. SCHULTZ
STAND 1.1.1974
QUELLE erhebung 1975
FINGEB DEUTSCHE FORSCHUNGSGEMEINSCHAFT
ZUSAM INTERNATIONALE HYDROLOGISCHE DEKADE
BEGINN 1.1.1972

IB -022
INST INSTITUT FUER WASSERWIRTSCHAFT, HYDROLOGIE UND LANDWIRTSCHAFTLICHER WASSERBAU DER TU HANNOVER
HANNOVER, CALLINSTR. 15
VORHAB **simulation des abflussvorganges in kanalisationsnetzen**
digital gesteuerte elektroanaloge simulation des ungleichfoermigen, instationaeren, reibungsbehafteten abflussvorganges in bestehenden, vermaschten und rueckstaubeeinflussten kanalisationsnetzen. entwicklung eines hybriden modells fuer instationaere abflussvorgaenge in vermaschten rohrleitungen der staedtischen misch- und regenentwaesserung. simulation des komplexen abflussvorganges zur ermittlung der belastung des kanalsystems und des vorflutersystems durch abgeschlagenes mischwasser. erarbeiten der grundlagen einer prozessteuerung mit hilfe eines hybriden modells
S.WORT niederschlag + kommunale abwaesser + kanalisation + abflussmodell
PROLEI PROF. DR. -ING. HERBERT BILLIB
STAND 13.8.1976
QUELLE fragebogenerhebung sommer 1976
FINGEB DEUTSCHE FORSCHUNGSGEMEINSCHAFT
BEGINN 1.2.1975 ENDE 31.7.1977
G.KOST 103.000 DM
LITAN ZWISCHENBERICHT

IB -023
INST INSTITUT FUER WASSERWIRTSCHAFT, HYDROLOGIE UND LANDWIRTSCHAFTLICHER WASSERBAU DER TU HANNOVER
HANNOVER, CALLINSTR. 15
VORHAB **entwicklung und installation eines elektronischen datenerfassungssystems in kanalisationen**
die aus hydrologischen untersuchungen gewonnenen messdaten dienen zur festlegung hydrologischer berechnungsparameter, die eingangsgroessen fuer berechnungsverfahren zur sanierung und bemessung von kanalnetzen und sonderbauwerken darstellen. - es ist ein grossflaechiges messnetz zu entwickeln, in dem unterschiedlichste stadtgebiete hydrometrisch erfasst und die abflussbildungsvorgaenge registriert werden. zeitsynchrone einzelwerte jeder messstelle in kleinen intervallen und eine nichtmanuelle auswertung der daten erlauben dann objektive aussagen ueber den urbanen abflussprozess. berechnungsverfahren koennen dann geeicht und ueberprueft werden, und es werden die voraussetzungen fuer geplante, prozessrechnergesteuerte kanalnetze geschaffen
S.WORT niederschlagsabfluss + kanalisation + stadtgebiet + messtellennetz
PROLEI DR. -ING. JUERGEN KESER
STAND 13.8.1976
QUELLE fragebogenerhebung sommer 1976
FINGEB DEUTSCHE FORSCHUNGSGEMEINSCHAFT
BEGINN 1.1.1976
G.KOST 170.000 DM

IB -024
INST LANDESGEWERBEANSTALT BAYERN
NUERNBERG, GEWERBEMUSEUMSPLATZ 2
VORHAB **verhalten verschiedener filterstoffe fuer entwaesserungaufgaben im strassenbau**
untersuchung von durchlaessigkeit und rueckhaltevermoegen von kunststoff-filtern im strassenbau; deren einsatz immer haeufiger erwogen wird, da oft schwierigkeiten bei beschaffung geeigneter erdstoff-filter auftreten
S.WORT strassenbau + entwaesserung + filtermaterial
PROLEI DR. -ING. KANY
STAND 1.1.1974
QUELLE erhebung 1975
FINGEB BUNDESMINISTER FUER VERKEHR
ZUSAM - ARBEITSKREIS 1H DER DEUTSCHEN GESELLSCHAFT F. ERD-UND GRUNDBAU E. V. , 43 ESSEN, KRONPRINZENSTR. 35A
- BUNDESANSTALT FUER WASSERBAU, 75 KARLSRUHE 21, HERTZSTR. 16
BEGINN 1.7.1974 ENDE 31.8.1977
G.KOST 122.000 DM

IB -025
INST LAUTRICH UND PECHER VBI, BERATENDE INGENIEURE
DUESSELDORF 12, GLASHUETTENSTR. 57
VORHAB **gewaesserverschmutzung durch regenwasserabfluss**
es soll ermittelt werden, in welchem ausmass regenwasser im abfluss in die gewaesser schmutzmengen aufnehmen und damit zur verunreinigung der gewaesser beitragen. das gutachten soll eine zusammenfassende auswertung aller bekannter literatur darstellen und pauschale beurteilung des regenabflusses ermoeglichen
S.WORT regenwasser + gewaesserverunreinigung
PROLEI DR. -ING. ROLF PECHER
STAND 1.1.1974
QUELLE umweltforschungsplan 1974 des bmi
FINGEB BUNDESMINISTER DES INNERN
BEGINN 1.12.1973 ENDE 30.6.1974
G.KOST 19.000 DM

IB -026
INST LAUTRICH UND PECHER VBI, BERATENDE INGENIEURE
DUESSELDORF 12, GLASHUETTENSTR. 57
VORHAB **berechnung und bauliche ausbildung von regenrueckhaltebecken**
anhand bestehender regenrueckhaltebecken sollen konstruktive einzelheiten hinsichtlich ihrer auswirkungen auf die wartung und den betrieb untersucht werden. in einer gegenueberstellung sollen positive und negative konstruktionsdetails hervorgehoben werden. ausserdem sollen durch spezielle regenauswertungen neuartige bemessungsdiagramme fuer rueckhaltebecken in staedtischen einzugsgebieten entwickelt und mit den bestehenden beckeninhalten verglichen werden
S.WORT niederschlagsabfluss + stadtgebiet + bautechnik
PROLEI DR. -ING. ROLF PECHER
STAND 9.8.1976
QUELLE fragebogenerhebung sommer 1976
BEGINN 1.8.1976 ENDE 31.8.1978
G.KOST 250.000 DM

IB -027
INST LEHRSTUHL UND INSTITUT FUER WASSERBAU UND WASSERWIRTSCHAFT DER TH AACHEN
AACHEN, MIES-VAN-DER-ROHE-STR.
VORHAB **stochastische niederschlags-abflussmodelle in abhaengigkeit von der struktur des einzugsgebietes**
S.WORT niederschlagsabfluss + abflussmodell + einzugsgebiet
PROLEI PROF. DR. -ING. FRITZ G. ROHDE

STAND 7.9.1976
QUELLE datenuebernahme von der deutschen forschungsgemeinschaft
FINGEB DEUTSCHE FORSCHUNGSGEMEINSCHAFT

IB -028

INST LEHRSTUHL UND PRUEFAMT FUER HYDRAULIK UND GEWAESSERKUNDE DER TU MUENCHEN
MUENCHEN 2, ARCISSTR. 21
VORHAB **stroemungs- und messtechnische probleme bei uebergaengen zwischen teil- und vollfuellung in kanalstrecken**
1) charakterisierung der abflussarten. 2) messtechnische erfassung der hydraulischen einflussgroessen bei bestimmter stroemung bzw. bei stroemungsumschlag. 3) kombination verschiedener messmethoden zur sicheren durchflussmessung unabhaengig vom jeweiligen stroemungsregime. 4) theoretische erfassung von stationaerer und instationaerer zweiphasenstroemung sowie der mechanismen fuer stroemungsumschlag (math. modelle). 5) erstellung vereinfachter physikalischer modelle fuer rohrnetzberechnungen. 6) erprobung von messverfahren im entwaesserungsnetz der stadt muenchen
S.WORT kanalabfluss + stroemungstechnik + abflussmodell
PROLEI DR. -ING. FRANZ VALENTIN
STAND 1.1.1974
FINGEB DEUTSCHE FORSCHUNGSGEMEINSCHAFT
ZUSAM SONDERFORSCHUNGSBEREICH 81 TU MUENCHEN, 8 MUENCHEN 2, ARCISSTR. 21
BEGINN 1.7.1974 ENDE 31.12.1977
G.KOST 325.000 DM
LITAN - ZWISCHENBERICHT 1975. 12
- FRANKE, P. (ED)(TU MUENCHEN): MITTEILUNGEN DES INSTITUTS FUER HYDRAULIK UND GEWAESSERKUNDE (17)(1975)

IB -029

INST LEHRSTUHL UND PRUEFAMT FUER WASSERGUETEWIRTSCHAFT UND GESUNDHEITSINGENIEURWESEN DER TU MUENCHEN
MUENCHEN 2, ARCISSTR. 21
VORHAB **flutkurve in regenwasserkanalisationen**
ermittlung des regenswasserabflusses in staedtischen einzugsgebieten; modellbildung auf grund von theoretischen und hydrologischen annahmen; messung von niederschlag und kanalabfluss in einem trennsystem
S.WORT niederschlagsmessung + kanalisation + abflussmodell + stadtgebiet
MUENCHEN
PROLEI DR. -ING. MARR
STAND 1.1.1974
FINGEB DEUTSCHE FORSCHUNGSGEMEINSCHAFT
BEGINN 1.1.1971 ENDE 30.4.1975
G.KOST 320.000 DM
LITAN - DREI ZWISCHENBERICHTE (UNVEROEFFENTLICHT)
- ZWISCHENBERICHT 1975. 04

IB -030

INST LEHRSTUHL UND PRUEFAMT FUER WASSERGUETEWIRTSCHAFT UND GESUNDHEITSINGENIEURWESEN DER TU MUENCHEN
MUENCHEN 2, ARCISSTR. 21
VORHAB **auswirkungen von niederschlagsabfluss und -beschaffenheit in staedtischen gebieten auf klaeranlage und vorfluter**
untersuchung ueber den niederschlags-abfluss aus staedtischen einzugsgebieten in quantitativer und qualitativer hinsicht; einfluss von entlastungs- und speicherbauwerken auf das niederschlagswasser; arbeitsweise; mathematische modelle (hydraulisch/hydrologisch) fuer den fliessvorgang; messtechnische untersuchungen zur verifizierung der modelle; zur klaerung des stofftransportes; der art der verschmutzung und des zeitlichen verlaufes
S.WORT niederschlagsabfluss + stadtgebiet + klaeranlage + vorfluter
MUENCHEN (RAUM)
PROLEI DR. -ING. MARR
STAND 1.1.1974
FINGEB DEUTSCHE FORSCHUNGSGEMEINSCHAFT
ZUSAM - INST. F. HYDRAULIK DER TU MUENCHEN, 8 MUENCHEN, THERESIEN-/ARCISSTRASSE
- INST. F. WASSERWIRTSCHAFT DER TU MUENCHEN, 8 MUENCHEN 2, ARCISSTR. 21
BEGINN 1.1.1974
G.KOST 750.000 DM
LITAN - FINANZIERUNGSANTRAG FUER 1974 - 1976
- ZWISCHENBERICHT 1975. 12

IB -031

INST MAX-PLANCK-INSTITUT FUER ZUECHTUNGSFORSCHUNG (ERWIN-BAUR-INSTITUT)
KREFELD, AM WALDWINKEL 70
VORHAB **strassen-ablaufwaesser, ihre biologische aufbereitung und ihre anlage im landschaftsgefuege**
hoch belastete strassenablaufwaesser (pathogene keime/phenole/oele u. a.) bedeuten fuer das grundwasser eine grosse gefahr; rueckhaltung durch pflanzen und mikroben in besonderer anordnung. dazu bei auswahl der pflanzen anwendung eines bestimmten know-how
S.WORT biologische abwasserreinigung + regenwasser + pflanzen
PROLEI DR. SEIDEL
STAND 1.1.1974
BEGINN 1.1.1969

IB -032

INST SONDERFORSCHUNGSBEREICH 81 "ABFLUSS IN GERINNEN" DER TU MUENCHEN
MUENCHEN, ARCISSTR. 21
VORHAB **niederschlagsabfluss und -beschaffenheit in staedtischen gebieten**
untersuchung ueber den niederschlags-abfluss aus staedtischen einzugsgebieten in quantitativer und qualitativer hinsicht; einfluss von entlastungs- und speicherbauwerken auf das niederschlagswasser; arbeitsweise; mathematische modelle (hydraulisch/hydrologisch) fuer den fliessvorgang; messtechnische untersuchungen zur verifizierung der modelle; zur klaerung des stofftransports; der art der verschmuztung und des zeitlichen verlaufs
S.WORT niederschlagsabfluss + stadtregion + abflussmodell
ALPENVORLAND
PROLEI DR. -ING. GERHARD MARR
STAND 21.7.1976
QUELLE fragebogenerhebung sommer 1976
FINGEB DEUTSCHE FORSCHUNGSGEMEINSCHAFT
ZUSAM - LEHRSTUHL UND PRUEFAMT FUER HYDRAULIK UND GEWAESSERKUNDE DER TU MUENCHEN
- WASSERWIRTSCHAFTSAMT DER STADT MUENCHEN
BEGINN 1.7.1974
G.KOST 945.000 DM
LITAN MARR, G. , BERICHTE AUS WASSERGUETEWIRTSCHAFT UND GESUNDHEITSINGENIEURWESEN, INST. F. BAUINGENIEURWESEN V DER TU MUENCHEN: ANALYSE UND SIMULATION DES NIEDERSCHLAGSABFLUSSES IN STAEDT. GEBIETEN. (11) (1976)

Weitere Vorhaben siehe auch:

BD -007 BESTIMMUNG VON HERBIZIDEN IN LUFT UND NIEDERSCHLAEGEN

HA -059 HOCHWASSERSCHUTZ, UNTERSUCHUNG DER HOCHWASSERVERHAELTNISSE AM OBERRHEIN

HA -062 HOCHWASSERVORHERSAGE AM NECKAR

HG -004 ANWENDBARKEIT DER MEHRDIMENSIONALEN HARMONISCHEN ANALYSE FUER MATHEMATHISCHE FLUSSGEBIETSMODELLE, BEARBEITET AM BEISPIEL NIEDERSCHLAGS-ABFLUSSMODELL

PF -054 IM NIEDERSCHLAG MITGEFUEHRTE LUFTVERUNREINIGUNGEN UND IHRE WIRKUNG AUF DIE BODENAZIDITAET

RG -010 AUSWIRKUNGEN DES WALDES AUF DIE SCHNEEANSAMMLUNG UND SCHNEESCHMELZE IN DEN VERSCHIEDENEN HOEHENZONEN DER HESSISCHEN MITTELGEBIRGE

IC -001

INST ABTEILUNG ORGANISCHE STOFFE DER BUNDESANSTALT FUER MATERIALPRUEFUNG
BERLIN 45, UNTER DEN EICHEN 87

VORHAB **eigenschaften und wirkungsweise von oelaufsaugmitteln fuer den boden- und wasserschutz**
charakterisierung von oelaufsaugmitteln zum optimalen einsatz bei oelunfaellen; kriterien sind: stoffklasse, aufnahmefaehigkeit, -menge, -geschwindigkeit, lagerfaehigkeit, wiederabgabe, regenerierung, vernichtung

S.WORT bodenschutz + wasserschutz + mineraloel
PROLEI DR. MIRISCH
STAND 1.1.1974
FINGEB BUNDESANSTALT FUER MATERIALPRUEFUNG, BERLIN
BEGINN 1.1.1975 ENDE 31.12.1978
G.KOST 50.000 DM

IC -002

INST BAKTERIOLOGISCHES INSTITUT DER SUEDDEUTSCHEN VERSUCHS- UND FORSCHUNGSANSTALT FUER MILCHWIRTSCHAFT DER TU MUENCHEN
FREISING -WEIHENSTEPHAN, WEIHENSTEPHAN

VORHAB **biozoenotisch-oekologische untersuchungen eines fliesswassersystems der muenchener ebene**
uebersicht ueber bakterienflora moosach in abhaengigkeit vom verschmutzungsgrad

S.WORT wasserverunreinigung + fliessgewaesser + bakterienflora
MUENCHEN-MOOSACH + FREISING
PROLEI DR. M. BUSSE
STAND 1.1.1974
FINGEB DEUTSCHE FORSCHUNGSGEMEINSCHAFT
BEGINN 1.2.1970 ENDE 30.4.1974
G.KOST 95.000 DM
LITAN ZWISCHENBERICHT 1973 DFG

IC -003

INST BAKTERIOLOGISCHES INSTITUT DER SUEDDEUTSCHEN VERSUCHS- UND FORSCHUNGSANSTALT FUER MILCHWIRTSCHAFT DER TU MUENCHEN
FREISING -WEIHENSTEPHAN, WEIHENSTEPHAN

VORHAB **hydrobakteriologische untersuchungen im fluss-system der isar zwischen muenchen und moosburg**
bestimmung von faekalindikatoren

S.WORT fluss + gewaesserverunreinigung + faekalien + bioindikator
ISAR
PROLEI DR. M. BUSSE
STAND 30.8.1976
QUELLE fragebogenerhebung sommer 1976
BEGINN 1.7.1976 ENDE 31.12.1977

IC -004

INST BATTELLE-INSTITUT E.V.
FRANKFURT 90, AM ROEMERHOF 35

VORHAB **forschungsarbeiten zur entwicklung von photosensibilisatoren zum beschleunigten abbau von erdoel auf wasseroberflaechen**
untersuchung der moeglichkeit, die langsam verlaufende oxydation von oelen durch geringe zusaetze von photosensibilisatoren stark zu beschleunigen durch praxisnahe labortests, optimierung gefundener sensibilisatoren im hinblick auf oelloeslichkeit, toxizitaet und abbauprodukte. tierversuche in zusammenarbeit mit zustaendigen stellen

S.WORT oberflaechengewaesser + mineraloel + schadstoffabbau + photochemische reaktion
PROLEI PROF. DR. WALTER KLOEPFFER
STAND 6.1.1975
QUELLE erhebung 1975
FINGEB BUNDESMINISTER FUER FORSCHUNG UND TECHNOLOGIE
BEGINN 1.8.1974 ENDE 31.7.1976
G.KOST 555.000 DM

IC -005

INST BAYERISCHE BIOLOGISCHE VERSUCHSANSTALT
MUENCHEN 22, KAULBACHSTR. 37

VORHAB **untersuchungen ueber die belastung bayerischer gewaesser mit quecksilber und kadmium**

S.WORT gewaesserbelastung + schwermetalle + quecksilber + cadmium + nachweisverfahren
BAYERN
PROLEI DR. KURT OFFHAUS
STAND 30.8.1976
QUELLE fragebogenerhebung sommer 1976
BEGINN 1.1.1972 ENDE 31.12.1977
LITAN UNTERSUCHUNGEN UEBER DIE BELASTUNG BAYERISCHER GEWAESSER MIT QUECKSILBER (WASSER, WASSERPFLANZEN UND FLUSS-SEDIMENTE) 1972-1975. BBVA, 41 S.

IC -006

INST BAYERISCHE BIOLOGISCHE VERSUCHSANSTALT
MUENCHEN 22, KAULBACHSTR. 37

VORHAB **transport und speicherung von kationen (hg und cu) in einer benthischen nahrungskette**

S.WORT gewaesserbelastung + schwermetalle + benthos + nahrungskette
PROLEI DR. KURT OFFHAUS
STAND 7.9.1976
QUELLE datenuebernahme von der deutschen forschungsgemeinschaft
FINGEB DEUTSCHE FORSCHUNGSGEMEINSCHAFT

IC -007

INST BAYERISCHE LANDESANSTALT FUER BODENKULTUR UND PFLANZENBAU
MUENCHEN 19, MENZINGER STRASSE 54

VORHAB **einfluss der sozialbrache auf naehrstoff- und schwermetallgehalt von oberflaechenwasser**

S.WORT landwirtschaft + brachflaechen + wasserverunreinigende stoffe + (sozialbrache)
PROLEI DR. G. SCHMID
STAND 1.1.1976
QUELLE mitteilung des bundesministers fuer ernaehrung,landwirtschaft und forsten

IC -008

INST BIOCHEMISCHES INSTITUT FUER UMWELTCARCINOGENE
AHRENSBURG, SIEKER LANDSTRASSE 19

VORHAB **untersuchungen von sedimentschichten des bodensees auf ihren gehalt an polycyclischen carcinogenen kohlenwasserstoffen und schwermetallen**
bohrkerne des seegrundes werden in schichten zerlegt und kontrolliert vollstaendig extrahiert, der extrakt auf polycyclische aromatische kohlenwasserstoffe sowie stickstoffhaltige polycyclische aromatische heterocyclen aufgearbeitet und die beiden fraktionen der pah und n-pah gaschromatographisch untersucht

S.WORT gewaesserverunreinigung + sediment + schadstoffnachweis + kohlenwasserstoffe + schwermetalle
BODENSEE
PROLEI PROF. DR. GERNOT GRIMMER
STAND 23.7.1976
QUELLE fragebogenerhebung sommer 1976
FINGEB DEUTSCHE FORSCHUNGSGEMEINSCHAFT
BEGINN 1.1.1976 ENDE 31.12.1976
G.KOST 65.000 DM

IC -009

INST BRAN & LUEBBE
NORDERSTEDT 1, POSTFACH 469

VORHAB **entwickl. eines automatisch arbeitenden betriebsanalysengeraetes zur bestimmung org. verbind. an oberflaechenwassern und abwassern; probennahme- u.filtrationssystem als vorstufe sowie modifiziertes analyseger.**

S.WORT oberflaechenwasser + organische schadstoffe + analysengeraet

QUELLE datenuebernahme aus der datenbank zur koordinierung der ressortforschung (dakor)
FINGEB BUNDESMINISTER FUER FORSCHUNG UND TECHNOLOGIE
BEGINN 1.9.1975 ENDE 31.10.1977
G.KOST 640.000 DM

IC -010

INST BUNDESANSTALT FUER GEWAESSERKUNDE KOBLENZ, KAISERIN-AUGUSTA-ANLAGEN 15
VORHAB **untersuchungen ueber die herabsetzung des selbstreinigungsvermoegens der gewaesser durch toxische abwaesser**
untersuchung ueber verhalten und wirkung wassergefaehrdender stoffe. ermittlung der schaedlichkeitswerte (oder einwohnerwerte) von toxischen abwaessern auf der basis der schadenswirkung im gewaesser
S.WORT gewaesserverunreinigung + fliessgewaesser + selbstreinigung + toxische abwaesser
PROLEI DR. KOTHE
STAND 15.11.1975
FINGEB BUNDESMINISTER DES INNERN
BEGINN 1.1.1972 ENDE 31.12.1977
G.KOST 489.000 DM

IC -011

INST BUNDESANSTALT FUER GEWAESSERKUNDE KOBLENZ, KAISERIN-AUGUSTA-ANLAGEN 15
VORHAB **biogene entstehung von geruchs- und geschmacksstoffen in fliessgewaessern und uferfiltratgewinnung von trinkwasser**
art und umfang der belastung von uferfiltrat mit biogenen geruchs- und geschmacksstoffen wird ermittelt; gaschromatographischer vergleich der abgase von kulturen mit den geruchsstoffen aus uferfiltrat
S.WORT fliessgewaesser + geruchsstoffe + trinkwasser RHEIN + MAIN
PROLEI DIPL. -BIOL. DIETER MUELLER
STAND 1.1.1974
FINGEB DEUTSCHE FORSCHUNGSGEMEINSCHAFT
BEGINN 1.4.1972

IC -012

INST BUNDESANSTALT FUER GEWAESSERKUNDE KOBLENZ, KAISERIN-AUGUSTA-ANLAGEN 15
VORHAB **bilanzierung der intoxikation des neckars durch giftige industrieabwaesser im hinblick auf die trinkwasserversorgung**
die moeglichkeit zur verbesserung der selbstreinigungskraft des neckars durch fernhaltung von abwassergiften soll untersucht werden; voraussetzung ist die ermittlung des derzeitigen zustands der intoxikation des flusses
S.WORT fluss + schadstoffbilanz + industrieabwaesser + trinkwasserversorgung
NECKAR + RHEIN-NECKAR-RAUM
PROLEI DR. HERBERT KNOEPP
STAND 1.1.1974

IC -013

INST BUNDESANSTALT FUER GEWAESSERKUNDE KOBLENZ, KAISERIN-AUGUSTA-ANLAGEN 15
VORHAB **ueber das auftreten und verhalten von radionukliden in oberflaechengewaessern - eine radiooekologische studie**
der radiotoxikologische status eines betrachteten oekosystems kann allein aus einer umfassenden einzelnuklidanalyse abgeleitet werden; hierzu wurden bisher geeignete verfahren fuer besonders bedenkliche nuklide (jod-131/caesium-137/zink-65 u. a.) in geeigneter weise modifiziert und unter praxisnahen bedingungen am system flusswasser erprobt; aus dem nuklidverteilungsmuster koennen hinweise ueber herkunft und alter der proben erhalten und radiooekologische auswirkungen geschaetzt werden
S.WORT radionuklide + oberflaechengewaesser RHEIN
PROLEI DR. MUNDSCHENK
STAND 1.1.1974
FINGEB BUNDESMINISTER FUER VERKEHR
BEGINN 1.1.1974
LITAN - MUNDSCHENK, H.: EINE SCHWELLMETHODE ZUR QUANTITATIVEN BESTIMMUNG VON J-13 IN FLUSSWASSER. IN: DGM 16 S. 105-112 (1972)
- MUNDSCHENK, H.: UEBER EINE METHODE ZUR QUANTITATIVEN BESTIMMUNG VON CS-137 IN FLUSSWASSER. IN: DGM

IC -014

INST BUNDESANSTALT FUER GEWAESSERKUNDE KOBLENZ, KAISERIN-AUGUSTA-ANLAGEN 15
VORHAB **quantitative erfassung schwer abbaubarer organischer und toxischer stoffe im rhein**
entwicklung von verfahren zur erkennung, bestimmung und behandlung toxischer abwaesser. chemisch-analytische erfassung von schwer abbaubaren organischen und toxischen inhaltsstoffen des rheins. auftrennung in einzelne schadstoffgruppen
S.WORT gewaesserschutz + toxische abwaesser + schadstoffnachweis
RHEIN
STAND 15.11.1975
FINGEB BUNDESMINISTER DES INNERN
ZUSAM INST. F. WASSERVERSORGUNG, ABWASSERBESEITIGUNG UND STADTBAUWESEN DER TH DARMSTADT
BEGINN 1.1.1973 ENDE 31.12.1977
G.KOST 528.000 DM

IC -015

INST BUNDESANSTALT FUER GEWAESSERKUNDE KOBLENZ, KAISERIN-AUGUSTA-ANLAGEN 15
VORHAB **studie ueber den einfluss von kuehlwasserkonditionierungsmitteln auf die chemie und biologie der gewaesser**
es soll eine literaturstudie ueber art und menge von kuehlwasserkonditionierungsmittel, die ueblicherweise zum einsatz gelangen, angestellt werden. hierbei soll besonders auf die toxizitaet dieser stoffe geachtet werden. diese studie soll aufschluss geben, ob hier weitere forschungsarbeiten erforderlich sind
S.WORT gewaesserschutz + kuehlwasser + toxische abwaesser
STAND 1.12.1975
FINGEB BUNDESMINISTER DES INNERN
BEGINN 1.12.1975 ENDE 1.5.1976
G.KOST 50.000 DM

IC -016

INST BUNDESANSTALT FUER GEWAESSERKUNDE KOBLENZ, KAISERIN-AUGUSTA-ANLAGEN 15
VORHAB **bilanzierung von toxischen schwermetallen in gewaessern - auswertung und ergaenzung der vorhandenen untersuchungen fuer das rheingebiet**
das vorliegende ergebnismaterial ueber die schwermetallgehalte des rheinwassers und der wichtigsten nebenfluesse soll zusammengestellt, ausgewertet und ergaenzt werden durch eigene untersuchungen. es sollen ueberlegungen und untersuchungen ueber den natuerlichen schwermetallgehalt und kuenstlichen schwermetallgehalt angestellt werden. eine vergleichende gegenueberstellung der analysenmethoden ist in dieser arbeit mit eingeschlossen
S.WORT fliessgewaesser + schadstoffbilanz + schwermetalle RHEIN
STAND 15.11.1975
FINGEB BUNDESMINISTER DES INNERN
BEGINN 22.7.1974
G.KOST 318.000 DM

IC -017

INST BUNDESANSTALT FUER GEWAESSERKUNDE KOBLENZ, KAISERIN-AUGUSTA-ANLAGEN 15

VORHAB **einfluss von kuehlwasserzusatzmitteln auf die selbstreinigungsleistung der fliessgewaesser**
durch den einsatz von kuehlwasserzusatzmitteln zur konditionierung, korrosionsinhibierung und bewuchsbekaempfung gelangen z. t. hochaktive substanzen in den vorfluter. auf der grundlage einer fragebogenaktion wird versucht, eine analyse der gegenwaertigen situation sowie eine prognose ueber den zukuenftigen einsatz dieser mittel zu geben. nach einer untersuchung der biologischen wirksamkeit lassen sich die auswirkungen auf die selbstreinigung der vorfluter abschaetzen
S.WORT gewaesserbelastung + wasserverunreinigung + kuehlwasser + (kuehlwasserzusatzmittel)
PROLEI DR. MICHAEL WUNDERLICH
STAND 11.10.1976

IC -018
INST DEUTSCHER VEREIN VON GAS- UND WASSERFACHMAENNERN E.V.
ESCHBORN 1, FRANKFURTER ALLEE 27
VORHAB **untersuchungen ueber organische schadstoffe in fliessgewaessern**
untersuchungen auf polycyclische, aromatische kohlenwasserstoffe. untersuchungen auf pestizide. untersuchungen auf gesamt-organisch-chlor; doc, cod und uv. konzentration an organischen saeuren und an ligninsulfonsaeure
S.WORT fliessgewaesser + organische schadstoffe + schadstoffnachweis
PROLEI DR. -ING. WOLFGANG MERKEL
STAND 30.8.1976
QUELLE fragebogenerhebung sommer 1976
ZUSAM - HYGIENE INSTITUT DES RUHRGEBIETS, GELSENKIRCHEN
- INST. F. WASSERCHEMIE UND CHEMISCHE BALNEOLOGIE DER TU MUENCHEN
- ENGLER-BUNTE-INSTITUT DER UNI KARLSRUHE
BEGINN 1.1.1976 ENDE 31.12.1979
G.KOST 400.000 DM

IC -019
INST ERNO RAUMFAHRTECHNIK GMBH
BREMEN 1, HUENEFELDSTR. 1-5
VORHAB **abwasserbelastung der unterweser**
S.WORT abwasserbelastung
WESER-AESTUAR
PROLEI KOWALKE
STAND 1.10.1974
QUELLE erhebung 1975
BEGINN 1.1.1971
G.KOST 300.000 DM

IC -020
INST FACHBEREICH GESUNDHEITSWESEN DER FH GIESSEN
GIESSEN, WIESENSTR. 12
VORHAB **pestizide und wasser, schwermetalle und wasser**
S.WORT pestizide + schwermetalle + wasser
PROLEI DR. OTT
STAND 1.1.1974

IC -021
INST FACHBEREICH PHYSIK UND ELEKTROTECHNIK DER UNI BREMEN
BREMEN 33, ACHTERSTR.
VORHAB **oekologische folgen anthropogener belastungen der unterweser**
das projekt "ww" soll die langfristig zu erwartenden oekologischen folgen von biologischen, chemischen und physikalischen flussbelastungen messen und bewerten. vorlaeufige fragestellungen: a) messung, dokumentation und zusammenwirken von wasserparametern. b) auswirkung von waermeeintrag auf organisch belastete tidegewaesser. c) nutzung von tidegewaessern als trinkwasserreservoirs. d) immunisierungsreaktionen durch antibiotikaeintrag. e) entwicklung von messmethoden zu a) bis d)
S.WORT fluss + schadstoffbelastung + oekologische faktoren + anthropogener einfluss
WESER-AESTUAR
PROLEI DR. KLAUS BAETJER
STAND 12.8.1976
QUELLE fragebogenerhebung sommer 1976
ZUSAM - UNI OLDENBURG
- WASSERWIRTSCHAFTSAMT BREMEN
G.KOST 1.000.000 DM

IC -022
INST FACHBEREICH WERKSTOFFTECHNIK DER FH OSNABRUECK
OSNABRUECK, ALBRECHTSTR. 30
VORHAB **verschmutzung der ems durch industrieansiedlung**
untersuchung der versalzung des emswassers, direkte messungen vor ort sowie untersuchung der proben im labor, untersuchungsmethoden vor allem elektrochemisch
S.WORT gewaesserverunreinigung + industrieanlage
EMSLAND (REGION)
PROLEI PROF. DR. KARL-HEINZ BIRR
STAND 21.7.1976
QUELLE fragebogenerhebung sommer 1976
ZUSAM WASSERWIRTSCHAFTSAMT
G.KOST 10.000 DM

IC -023
INST GEOGRAPHISCHES INSTITUT DER UNI DES SAARLANDES
SAARBRUECKEN, UNIVERSITAET
VORHAB **erfassung der westpalaearktischen invertebraten; belastbarkeit der saar**
ausarbeitung eines immissionswirkungskatasters (limnische organismen) zur bewertung der saarbelastung
S.WORT gewaesserbelastung + immission + kataster
SAAR
PROLEI PROF. DR. PAUL MUELLER
STAND 1.10.1974
FINGEB - DEUTSCHE FORSCHUNGSGEMEINSCHAFT
- EUROPAEISCHE GEMEINSCHAFTEN
ZUSAM - INSTITUT D'ECOLOGIE EUROPEENNE(METZ)
- INST. F. BIOCHEMIE DER UNI DES SAARLANDES, 66 SAARBRUECKEN 15, UNIVERSITAET, BAU 23
- INST. F. MIKROBIOLOGIE DER UNI DES SAARLANDES, 66 SAARBRUECKEN 11, UNIVERSITAET, BAU 24
BEGINN 1.5.1974 ENDE 31.5.1976
G.KOST 84.000 DM
LITAN ZWISCHENBERICHT 1975. 05

IC -024
INST GEOGRAPHISCHES INSTITUT DER UNI DES SAARLANDES
SAARBRUECKEN, UNIVERSITAET
VORHAB **bewertung der saarbelastung durch produktivitaetsuntersuchungen an exponierten organismen**
S.WORT gewaesserbelastung + bioindikator + bewertungsmethode
SAAR
PROLEI PROF. DR. PAUL MUELLER
STAND 7.9.1976
QUELLE datenuebernahme von der deutschen forschungsgemeinschaft
FINGEB DEUTSCHE FORSCHUNGSGEMEINSCHAFT

IC -025
INST GEOGRAPHISCHES INSTITUT DER UNI TUEBINGEN
TUEBINGEN, SCHLOSS
VORHAB **gewaesserbelastung durch kommunale und industrielle abwaesser, insbesondere durch schwermetalle**
untersuchung der gewaesserbelastung unter beruecksichtigung von kommunalen und industriellen abwaessern, wirksamkeit von klaeranlagen und schwermetallgehalt in wasser und sediment
S.WORT gewaesserbelastung + kommunale abwaesser + industrieabwaesser + schwermetalle
MURR + NECKAR (MITTLERER NECKAR-RAUM) + STUTTGART

PROLEI WALTER E. KIENZLE
STAND 28.7.1976
QUELLE fragebogenerhebung sommer 1976
ZUSAM - LFU, REGIERUNGSPRAES. 7000 STUTTGART
- WASSERWIRTSCHAFTSAMT, 7060 SCHORNDORF
BEGINN 1.10.1975

IC -026
INST GEOLOGISCH-PALAEONTOLOGISCHES INSTITUT / FB 22 DER UNI GIESSEN
GIESSEN, SENCKENBERGSTR. 3
VORHAB schwermetallanreicherungen in der lahn
im rahmen der hydrochemischen und sedimentologischen untersuchungen an grundwaessern und bachlaeufen im raum giessen-wetzlar erfolgt eine bestandsaufnahme der lahn (wasser, sediment). die untersuchungen erstreckten sich im wesentlichen auf anorganische loesungsbestandteile, insbesondere der schwermetallbelastung. die sedimente werden weiterhin auf absorbierte spurenmetalle und organische substanz untersucht. die untersuchungen sollen hinweise auf die natuerliche belastung sowie auf anthropogene verunreinigungen geben
S.WORT fliessgewaesser + schwermetallkontamination + sediment + spurenstoffe
LAHN
PROLEI SCHOETTLE
STAND 6.8.1976
QUELLE fragebogenerhebung sommer 1976
FINGEB DEUTSCHE FORSCHUNGSGEMEINSCHAFT
ZUSAM STRAHLENZENTRUM DER UNI GIESSEN
BEGINN 1.1.1973

IC -027
INST GEOLOGISCHES INSTITUT DER UNI TUEBINGEN
TUEBINGEN, SIGWARTSTR. 10
VORHAB schwermetallspuren im bereich oberer neckar
abhaengigkeit der im flusswasser geloesten oder im schlamm adsorbierten schwermetallkonzentrationen von abflusshoehe und kornverteilung
S.WORT fliessgewaesser + schlaemme + schwermetalle
NECKAR
PROLEI DR. LOESCHKE
STAND 1.10.1974
FINGEB DEUTSCHE FORSCHUNGSGEMEINSCHAFT
BEGINN 1.1.1971 ENDE 31.12.1975
G.KOST 120.000 DM

IC -028
INST GEOLOGISCHES INSTITUT DER UNI WUERZBURG
WUERZBURG, PLEICHERWALL 1
VORHAB detergentien im weissen main und nebenfluessen von der quelle bis unterhalb berneck
ziel der untersuchung ist zunaechst eine bestandsaufnahme des gehaltes an detergentien in einem flussystem im vorfeld anthropogener verschmutzung - in abhaengigkeit von wasserfuehrung, besiedlung u. a.
S.WORT detergentien + fliessgewaesser
MAIN
PROLEI PROF. DR. WALTER ALEXANDER SCHNITZER
STAND 1.10.1974
ZUSAM REG. BEZ. OBERFRANKEN, STADT BAYREUTH
BEGINN 1.4.1972 ENDE 31.12.1974
G.KOST 20.000 DM
LITAN KRETSCHMAR DISSERTATION (1974)

IC -029
INST HYGIENE INSTITUT DER UNI BONN
BONN, KLINIKGELAENDE 35
VORHAB abbau faekaler verunreinigungen in oberflaechengewaessern; besonders talsperren-beeinflussung durch algenbuertige wirkstoffe
extraktion von antibakteriellen wirkstoffen aus algen, die in talsperren und versickungsbecken eine massenentwicklung zeigen; identifizierung und ausrestung der substanzen an verschiedenen bakterienarten
S.WORT talsperre + algen + schadstoffabbau

PROLEI DR. KONRAD BOTZENHART
STAND 1.1.1974
BEGINN 1.10.1972 ENDE 30.6.1975
G.KOST 30.000 DM
LITAN ZWISCHENBERICHT 1975. 10

IC -030
INST HYGIENE INSTITUT DER UNI BONN
BONN, KLINIKGELAENDE 35
VORHAB nachweis von schadstoffen im grund- und oberflaechenwasser, das zur trinkwassergewinnung dient
ermittlung des schadstoffgehaltes auch kleiner und kleinster oberflaechengewaesser mit differenzierung nach natuerlicher und anthropogener herkunft; pruefung und eichung entsprechender messverfahren, pruefverfahren fuer bsb-messgeraete
S.WORT trinkwasser + schadstoffnachweis + oberflaechengewaesser + messmethode
PROLEI DR. -ING. ULRICH MIHM
STAND 1.1.1974
BEGINN 1.10.1972
LITAN - U. MIHM. D. SCHOENEN, KONTROLLE EINES BSB-MESSGERAETES ZBL. BAKT. HYG. I. ABT. ORIG. B158, 199-201 (1973)
- ZWISCHENBERICHT 1975. 03

IC -031
INST HYGIENE INSTITUT DES RUHRGEBIETS
GELSENKIRCHEN, ROTTHAUSERSTR. 19
VORHAB untersuchungen ueber den einfluss des planktons auf virusbelastetes oberflaechenwasser unter besonderer beruecksichtigung der adeno-viren
plankton uebt eine antagonistische wirkung auf die bakterienbelastung eines gewaessers aus. nach den befunden der vorangegangenen untersuchungen gibt es bestimmte anhaltspunkte, dass auch ein antagonismus zwischen plankton und viren besteht. in der forschungsarbeit sollen diese zusammenhaenge aufgehellt werden
S.WORT oberflaechenwasser + viren + plankton + antagonismus
PROLEI PROF. DR. PRIMAVESI
STAND 1.1.1975
QUELLE umweltforschungsplan 1975 des bmi
FINGEB BUNDESMINISTER DES INNERN
BEGINN 1.1.1970 ENDE 31.12.1975
G.KOST 452.000 DM

IC -032
INST HYGIENEINSTITUT DER UNI MAINZ
MAINZ, HOCHHAUS AM AUGUSTUSPLATZ
VORHAB metalle und metalloxide im wasser
qualitative und quantitative erfassung ausgewaehlter spurenelemente (metalle-metalloide) in oberflaechenwasser und aus oberflaechenwasser gewonnener trinkwasser, schwerpunkt "wasserforschung" - schadstoffe im wasser
S.WORT wasserverunreinigung + oberflaechenwasser + metalle + nachweisverfahren
PROLEI DR. REICHERT
STAND 1.10.1974
FINGEB DEUTSCHE FORSCHUNGSGEMEINSCHAFT
BEGINN 1.1.1969 ENDE 31.12.1975
G.KOST 400.000 DM

IC -033
INST HYGIENEINSTITUT DER UNI MAINZ
MAINZ, HOCHHAUS AM AUGUSTUSPLATZ
VORHAB phenolische substanzen im oberflaechenwasser
bestimmung, vorkommen, verhalten und beseitigung von phenolen (kupplungsfaehigen substanzen) im wasser, schwerpunkt "wasserforschung" - schadstoffe im wasser
S.WORT wasserverunreinigung + oberflaechenwasser + phenole + nachweisverfahren + schadstoffabbau
PROLEI DR. KUNTE

STAND 1.10.1974
FINGEB DEUTSCHE FORSCHUNGSGEMEINSCHAFT
BEGINN 1.1.1970 ENDE 31.12.1975
G.KOST 100.000 DM

IC -034

INST HYGIENEINSTITUT DER UNI MAINZ
MAINZ, HOCHHAUS AM AUGUSTUSPLATZ
VORHAB **belastung von oberflaechenwaessern mit chlorbenzolen, spezielle trichlorbenzole hexachlorbenzole unter dem einfluss von industriellen und landwirtschaftlichen abwaessern**
mit dieser untersuchung soll ein erster ueberblick ueber das auftreten von organchlorverbindungen (pestizide und pestizidabbauprodukte) im rheingebiet gewonnen werden. die arbeit beinhaltet eine zusammenstellung der analysenmethoden, eine bestandsaufnahme und weitere spezielle untersuchungen bezueglich der herkunft und der toxizitaet dieser organochlorverbindungen. die ergebnisse dieser untersuchungen sollen als informationsmaterial fuer die konferenz der minister der rheinanliegerstaaten 1975/76 dienen
S.WORT wasserverunreinigung + pestizide + chlorkohlenwasserstoffe + analyseverfahren
RHEIN
PROLEI PROF. DR. BORNETT
STAND 15.11.1975
FINGEB BUNDESMINISTER DES INNERN
BEGINN 1.1.1974 ENDE 31.12.1977
G.KOST 143.000 DM

IC -035

INST INSTITUT FUER AGRIKULTURCHEMIE DER UNI GOETTINGEN
GOETTINGEN, VON-SIEBOLD-STR. 6
VORHAB **oekologische probleme der gewaesserbewirtschaftung**
erarbeitung von beurteilungsmassstaeben bei der belastung von gewaessern durch tierische exkremente sowie einleitungen von sickersaeften der futterkonservierung. anhand von fliesskanalversuchen wurden regenbogenforellen verschiedener groesse auf ihre widerstandsfaehigkeit bezueglich ammoniak und organischer saeuren getestet
S.WORT gewaesserbelastung + landwirtschaftliche abwaesser + oekologische faktoren + fische
PROLEI PROF. DR. ERWIN WELTE
STAND 9.8.1976
QUELLE fragebogenerhebung sommer 1976
BEGINN 1.11.1972 ENDE 30.5.1976
G.KOST 62.000 DM
LITAN - STEFFENS, F. (UNI GOETTINGEN), DISSERTATION: ZUR TOXIZITAET VON GUELLEN UND SILAGESAEFTEN IN SALMMONIDENGEWAESSERN. (1976)
- ENDBERICHT

IC -036

INST INSTITUT FUER AGRIKULTURCHEMIE DER UNI GOETTINGEN
GOETTINGEN, VON-SIEBOLD-STR. 6
VORHAB **ueber die beurteilung und bewertung der organischen belastung von gewaessern anhand biochemischer und chemischer analysenmethoden (suedharz)**
erstellung automatischer gewaesserguetueberwachungssysteme und laborautomatisierung. vorgehensweise: optische analyse der o. g. gewaesser, auswahl von wasserprobenahmestellen und konzeption von probeplaenen: analyse der probewaesser auf organische inhaltsstoffe; statistische auswertung der ergebnisse und korrelationsrechnung bezueglich der abhaengigkeit der einzelnen anlysenparameter
S.WORT gewaesserbelastung + organische schadstoffe + bewertungsmethode
HARZ (SUED) + SIEBER + ODER + RHUME
PROLEI PROF. DR. ERWIN WELTE
STAND 9.8.1976
QUELLE fragebogenerhebung sommer 1976
FINGEB HOMANN-WERKE, HERZBERG/HARZ
BEGINN 1.5.1973
G.KOST 65.000 DM

IC -037

INST INSTITUT FUER AGRIKULTURCHEMIE DER UNI GOETTINGEN
GOETTINGEN, VON-SIEBOLD-STR. 6
VORHAB **die belastung einiger westharzgewaesser mit siedlungs- und industriebedingten organischen schmutzfrachten und schwermetallen**
gegenstand des projekts sind die drei harzgewaesser innerste, sieber und soese. an ihnen wird die auswirkung von schwermetallen und organischen belastungen auf das selbstreinigungsvermoegen und den fischereibiologischen und landwirtlichen nutzungswert untersucht. die verschmutzungsquellen (industriebetriebe, klaeranlagen u. a.) wurden durch eine flussbegehung kartographisch erfasst und danach die probeentnahmestelle festgelegt
S.WORT gewaesserbelastung + schwermetalle + organische schadstoffe + kartierung
HARZ (WEST) + INNERSTE + SIEBER + SOESE
PROLEI DR. RUDOLF RABE
STAND 9.8.1976
QUELLE fragebogenerhebung sommer 1976
FINGEB DEUTSCHE FORSCHUNGSGEMEINSCHAFT
BEGINN 1.10.1975 ENDE 30.9.1977
G.KOST 100.000 DM

IC -038

INST INSTITUT FUER AGRIKULTURCHEMIE DER UNI GOETTINGEN
GOETTINGEN, VON-SIEBOLD-STR. 6
VORHAB **einfluss der haeuslichen und landwirtschaftlichen abwaesser auf die verbreitung der makrophyten in fliessgewaessern suedniedersachsens**
charakterisierung der gewaesserguete durch makrophyten. kartierung der makrophyten in unterschiedlich belasteten fliessgewaessern in suedniedersachsen. untersuchung des gewaessermechanismus dieser fliessgewaesser. erstellung von korrelationen zwischen wasserbeschaffenheit und verbreitung von makrophyten
S.WORT gewaesserbelastung + fliessgewaesser + landwirtschaftliche abwaesser + kommunale abwaesser + (makrophyten)
NIEDERSACHSEN (SUED)
PROLEI PROF. DR. ERWIN WELTE
STAND 9.8.1976
QUELLE fragebogenerhebung sommer 1976
ZUSAM BOTANISCHE ANSTALTEN DER UNI GOETTINGEN, UNTERE KARSPULE, 3400 GOETTINGEN
BEGINN 1.3.1972 ENDE 31.12.1975
G.KOST 80.000 DM
LITAN SIEFERT, A. (UNI GOETTINGEN), DISSERTATION: UEBER DIE VERSCHMUTZUNG VON FLIESSGEWAESSERN IM SUEDNIEDERSAECHSISCHEN RAUM UND IHR EINFLUSS AUF VORKOMMEN UND VERBREITUNG EINIGER MAKROPHYTEN, DIATOMEEN UND BAKTERIEN. (1976)

IC -039

INST INSTITUT FUER AGRIKULTURCHEMIE DER UNI GOETTINGEN
GOETTINGEN, VON-SIEBOLD-STR. 6
VORHAB **naehrstofffrachten und organische belastung der leine im zonengrenzgebiet**
ermittlung der belastung der oberen leine (organische belastung und naehrstofffrachten) durch die ddr. entnahme zeitproportionaler wasserproben; untersuchung auf die wichtigsten fracht- und gueteparameter nach den dev fuer wasseruntersuchung. berechnung des naehrstoffaustrages sowie der organischen frachten unter beruecksichtigung der wasserfuehrung eines definierten einzugsgebietes. erstellung einer gewaesserguetekarte

S.WORT gewaesserbelastung + organische schadstoffe + naehrstoffhaushalt + wasseruntersuchung
NIEDERSACHSEN (SUED) + LEINE
PROLEI PROF. DR. ERWIN WELTE
STAND 9.8.1976
QUELLE fragebogenerhebung sommer 1976
BEGINN 1.10.1972 ENDE 31.7.1975
G.KOST 65.000 DM
LITAN KASTEN, E. (UNI GOETTINGEN), DISSERTATION: CHEMISMUS UND GUETEEIGENSCHAFTEN DER "OBEREN LEINE" UNTER BESONDERER BERUECKSICHTIGUNG DER VORFRACHTBELASTUNG DURCH DIE DDR. (1975)

IC -040
INST INSTITUT FUER AGRIKULTURCHEMIE DER UNI GOETTINGEN
GOETTINGEN, VON-SIEBOLD-STR. 6
VORHAB **die belastung der leine durch die in den abwaessern der stadt goettingen enthaltenen schwermetalle**
1) untersuchungen ueber die belastung der leine mit schwermetallen durch die abwaesser der stadt goettingen 2) probenahme oberhalb und unterhalb der stadt zu verschiedenen zeiten. untersucht werden sedimente, wasser, wasserpflanzen und fische
S.WORT gewaesserbelastung + abwasser + schwermetalle
LEINE + GOETTINGEN
PROLEI PROF. DR. ERWIN WELTE
STAND 9.8.1976
QUELLE fragebogenerhebung sommer 1976
BEGINN 1.4.1974
G.KOST 60.000 DM

IC -041
INST INSTITUT FUER AGRIKULTURCHEMIE DER UNI GOETTINGEN
GOETTINGEN, VON-SIEBOLD-STR. 6
VORHAB **die belastung der leine durch die in den abwaessern der stadt goettingen enthaltenen radioisotope**
das ziel des forschungsvorhabens besteht einmal darin, das ausmass der belastung der leine an schwermetallen durch die industriellen abwaesser der stadt goettingen zu bestimmen und zu charakterisieren. andererseits soll ueberprueft werden, ob und inwieweit die abwaesser der radioisotopen laboratorien zusammen mit denen der radiokliniken den natuerlichen aktivitaets-pegel der leine merklich erhoehen
S.WORT gewaesserbelastung + abwasser + schwermetalle + radioaktive substanzen
LEINE + GOETTINGEN
PROLEI PROF. DR. ERWIN WELTE
STAND 9.8.1976
QUELLE fragebogenerhebung sommer 1976
FINGEB DEUTSCHE FORSCHUNGSGEMEINSCHAFT
ZUSAM ZENTRALES ISOTOPENLABOR DER UNI GOETTINGEN, ALBRECHT-THAER-WEG, 3400 GOETTINGEN
BEGINN 1.1.1976
G.KOST 83.000 DM

IC -042
INST INSTITUT FUER AGRIKULTURCHEMIE DER UNI GOETTINGEN
GOETTINGEN, VON-SIEBOLD-STR. 6
VORHAB **untersuchungen ueber die belastung der leine durch die in den abwaessern der stadt goettingen enthaltenen radioisotope und schwermetalle**
S.WORT gewaesserbelastung + schwermetalle + radioaktive substanzen
LEINE
PROLEI PROF. DR. ERWIN WELTE
STAND 7.9.1976
QUELLE datenuebernahme von der deutschen forschungsgemeinschaft
FINGEB DEUTSCHE FORSCHUNGSGEMEINSCHAFT

IC -043
INST INSTITUT FUER ANALYTISCHE CHEMIE UND RADIOCHEMIE DER UNI DES SAARLANDES
SAARBRUECKEN, IM STADTWALD
VORHAB **chemische und mikrobiologische untersuchungen an natuerlichen, verunreinigten und industriellen waessern auf anwesenheit von anionischen schadstoffen, insbesondere von schwefelverbindungen**
ermittlung des gehalts von waessern, sedimenten und ablagerungen an schwefel in verschiedenen bindungsformen (sulfat, sulfit, sulfid, u. ae. sowie organisch gebundener schwefel) durch unabhaengige analysenverfahren. miteinbezogen werden weitere anionen, wie cyanid, halogenide, nitrit und nitrat, phosphat. 2) sammlung von kenntnisse ueber die beteiligung von mikroorganismen an den umwandlungen der verschiedenen schwefelverbindungen, wobei vor allem die bisher wenig untersuchten bindungsformen interessieren. 3) langzeitmessungen an wasser und sediment bei fliessgewaessern (saar und zufluesse) zur ermittlung des derzeitigen zustandes
S.WORT gewaesserbelastung + schwefelverbindungen + mikrobieller abbau
SAAR (NEBENFLUESSE)
PROLEI PROF. DR. EWALD BLASIUS
STAND 11.8.1976
QUELLE fragebogenerhebung sommer 1976
FINGEB EUROPAEISCHE GEMEINSCHAFTEN, KOMMISSION
ZUSAM - STAATLICHES INSTITUT FUER HYGIENE UND INFEKTIONSKRANKHEITEN, 6600 SAARBRUECKEN 1
- LANDESAMT FUER WASSERWIRTSCHAFT UND ABFALLBESEITIGUNG, 6600 SAABRUECKEN
BEGINN 1.1.1977 ENDE 31.12.1979
G.KOST 720.000 DM

IC -044
INST INSTITUT FUER CHEMISCHE PFLANZENPHYSIOLOGIE DER UNI TUEBINGEN
TUEBINGEN, CORRENSSTR. 41
VORHAB **untersuchungen ueber die beeinflussung der wasserqualitaet durch algen**
untersuchungen zur entfernung von mikroorganismen und ihrer stoffwechselprodukte durch aufbereitungsverfahren. chemisch-analytische feststellung der in das wasser gelangenden stoffwechselprodukte von algen als vorstufe zu arbeiten fuer die entfernung der algen bzw. der von diesen abgegebenen stoffe
S.WORT wasserguete + algen
STAND 1.1.1974
QUELLE umweltforschungsplan 1974 des bmi
FINGEB BUNDESMINISTER DES INNERN
BEGINN 1.1.1970 ENDE 31.12.1974
G.KOST 359.000 DM

IC -045
INST INSTITUT FUER FORSTZOOLOGIE DER UNI GOETTINGEN
GOETTINGEN, BUESGENWEG 3
VORHAB **quecksilbervorkommen in den fliessgewaessern der kreise hann. muenden, goettingen, duderstadt und northeim**
S.WORT wasserverunreinigung + fliessgewaesser + quecksilber
GOETTINGEN (RAUM)
PROLEI PROF. DR. BOMBOSCH
STAND 1.1.1974
BEGINN 1.1.1972

IC -046
INST INSTITUT FUER GEOLOGIE DER UNI BOCHUM
BOCHUM, UNIVERSITAETSSTR. 150

VORHAB **hydrologie des flussgebietes der diemel**
chemische untersuchungen des flusswassers im jahresgang und an zahlreichen stellen des flusslaufes, sowie untersuchungen der gesteine und boeden des einzugsgebietes sollen auskunft ueber die natuerlichen gehalte an den haeufigsten ionen sowie an pb, zn, cu geben. zugleich werden umfang und zeitlich-raeumlicher verlauf einiger bekannter anthropogener verunreinigungen (cu, no3) untersucht
S.WORT hydrologie + fluss + schadstoffnachweis
DIEMEL + SAUERLAND (OST)
PROLEI PROF. DR. HANS FUECHTBAUER
STAND 9.8.1976
QUELLE fragebogenerhebung sommer 1976
BEGINN 1.1.1973 ENDE 31.10.1976

IC -047
INST INSTITUT FUER GEWERBLICHE WASSERWIRTSCHAFT UND LUFTREINHALTUNG E.V.
KOELN 51, OBERLAENDER UFER 84-88
VORHAB **schadstoffe im wasser / untersuchung des rheinwassers**
bestimmung der metallkonzentrationen und -frachten und ihres zeitlichen verlaufes im rhein; entwicklung von analysenverfahren dazu
S.WORT wasserverunreinigung + schadstoffnachweis
RHEIN
PROLEI DR. DITTRICH
STAND 1.1.1974
QUELLE erhebung 1975
FINGEB DEUTSCHE FORSCHUNGSGEMEINSCHAFT
ZUSAM - INST. F. WASSER-, BODEN- U. LUFTHYGIENE, 1 BERLIN 33, CORRENSPLATZ 1
- INST. FUER WASSERCHEMIE U. CHEM. BALNEOLOGIE DER UNI, 8 MUENCHEN 55, MARCHIANINISTR. 17
- RUHRVERBAND, 43 ESSEN, KRONPRINZENSTR. 37
BEGINN 1.1.1970
LITAN - DITTRICH, DR.: UEBER DURCHGEFUEHRTE ARBEITEN UND UNTERSUCHUNGSERGEBNISSE-DFG-JAEHRLICH
- ZWISCHENBERICHT 1970-1974

IC -048
INST INSTITUT FUER HEISSE CHEMIE DER GESELLSCHAFT FUER KERNFORSCHUNG MBH
KARLSRUHE, POSTFACH 3640
VORHAB **identifizierung und quantitative bestimmung von organischen schadstoffen in oberflaechengewaessern (sicherung der trinkwasserversorgung)**
gewinnung von analytischen daten ueber die schadstoffbelastung von oberflaechengewaessern in zusammenhang mit der sicherung der trinkwasserversorgung und zur verbesserung der wasseraufbereitungstechnologie durch identifizierung und quantitative bestimmung organischer mikroverunreinigungen. selektive quantitave analyse von schadstoffen, die heteroelemente enthalten (z. b. f, cl, br, n, p, s) durch spezifische detektoren (mikrowellenplasmadetektor). dadurch besteht die moeglichkeit, gezielt spezielle substanzklassen von hygienischer und toxikologischer bedeutung zu analysieren
S.WORT oberflaechengewaesser + organische schadstoffe + nachweisverfahren + trinkwasserversorgung
BODENSEE-HOCHRHEIN
PROLEI DR. LUDWIG STIEGLITZ
STAND 22.7.1976
QUELLE fragebogenerhebung sommer 1976
ZUSAM - ENGLER-BUNTE-INSTITUT, BEREICH WASSERCHEMIE DER UNI KARLSRUHE
- EUROPAEISCHE GEMEINSCHAFTEN, AKTION EUROCOP COST 64B
BEGINN 1.1.1971
LITAN - KOELLE, W.;STIEGLITZ, L.;RUF, H.: DIE BELASTUNG DES RHEINS MIT ORGANISCHEN SCHADSTOFFEN. IN: NATURWISSENSCHAFTEN 59 S. 299-305(1972)
- STIEGLITZ, L.;LEGER, W.: DIE ANWENDUNG DER PYROLYSE-GASCHROMATOGRAPHIE ZUR ANALYTIK VON SCHWERFLUECHTIGEN ORGANISCHEN WASSERINHALTSSTOFFEN. IN: VOM WASSER 45 S. 233-251(1975)

IC -049
INST INSTITUT FUER HOLZBIOLOGIE UND HOLZSCHUTZ DER BUNDESFORSCHUNGSANSTALT FUER FORST- UND HOLZWIRTSCHAFT
HAMBURG 80, LEUSCHNERSTR. 91 C
VORHAB **auswaschung von wasserloeslichen holzschutzmitteln aus kuehlturmholz als moegliche umweltbelastung**
ermittlung der auswaschung von wasserloeslichen holzschutzmitteln aus getraenktem schnittholz in abhaengigkeit von schutzmitteltyp, traenkverfahren und lagerungsdauer bis zum einsatz, einschliesslich deren auswirkung auf die standdauer des holzes im kuehlturmbetrieb. ermittlung der optimalen traenkverfahren und lagerungszeiten fuer kuehlturmhoelzer
S.WORT kuehlturm + holzschutzmittel + auswaschung + umweltbelastung
PROLEI DR. HUBERT WILLEITNER
STAND 13.8.1976
QUELLE fragebogenerhebung sommer 1976
BEGINN 1.8.1975
G.KOST 50.000 DM

IC -050
INST INSTITUT FUER HYDROBIOLOGIE UND FISCHEREIWISSENSCHAFT DER UNI HAMBURG
HAMBURG 50, OLBERSWEG 24
VORHAB **auswirkungen von abwaessern auf hamburger stadtgewaesser**
S.WORT abwasser + gewaesserbelastung
HAMBURG
PROLEI PROF. DR. HUBERT CASPERS
STAND 1.1.1974
FINGEB DEUTSCHE FORSCHUNGSGEMEINSCHAFT
BEGINN 1.1.1966 ENDE 31.12.1977

IC -051
INST INSTITUT FUER HYGIENE UND MEDIZINISCHE MIKROBIOLOGIE DER UNI MUENCHEN
MUENCHEN, PETTENKOFERSTR. 9A
VORHAB **untersuchung von enterobakterien im fluss- und abwasser durch serologische typisierung - speziell e.coli**
S.WORT fliessgewaesser + abwasser + bakterien
PROLEI DR. RUCKDESCHEL
STAND 1.1.1974
BEGINN 1.1.1972 ENDE 31.12.1975
G.KOST 20.000 DM

IC -052
INST INSTITUT FUER HYGIENE UND MIKROBIOLOGIE DER UNI DES SAARLANDES
HOMBURG/SAAR
VORHAB **auftrennung und identifizierung phenolischer verbindungen**
S.WORT gewaesserverunreinigung + wassergefaehrdende stoffe + phenole
PROLEI DR. CHRISTIAN RUEBELT
STAND 7.9.1976
QUELLE datenuebernahme von der deutschen forschungsgemeinschaft
FINGEB DEUTSCHE FORSCHUNGSGEMEINSCHAFT

IC -053
INST INSTITUT FUER INGENIEURBIOLOGIE UND BIOTECHNOLOGIE DES ABWASSERS DER UNI KARLSRUHE
KARLSRUHE, AM FASANENGARTEN
VORHAB **einfluss von metallgiften auf flussbiocoenosen**
einfluss von metallsalzen auf die zusammensetzung und leistungsfaehigkeit von lebensgemeinschaften des uferbewuchses
S.WORT fliessgewaesser + schwermetallkontamination + metallsalze + biozoenose
PROLEI PROF. DR. LUDWIG HARTMANN
STAND 1.1.1974
FINGEB EUROPAEISCHE GEMEINSCHAFTEN
ZUSAM SONDERFORSCHUNGSBEREICH 80, B2, B3, UNI KARLSRUHE, 75 KARLSRUHE, KAISERSTR. 12

IC -054

INST INSTITUT FUER INGENIEURBIOLOGIE UND BIOTECHNOLOGIE DES ABWASSERS DER UNI KARLSRUHE
KARLSRUHE, AM FASANENGARTEN

VORHAB **bestimmung der rueckloesung organischer substanzen aus dem bodenschlamm durch anaerobe prozesse und der damit verbundenen 02-zehrung**
quantitative angaben ueber rueckloesung und sauerstoffzehrung aus dem bodenschlamm von flusssedimenten, um modellbausteine dieser vorgaenge formulieren und in den gesamtkomplex eines flussguetemodells einordnen zu koennen. methoden: laboranlage; messung von o2, toc und anderer relevanter groessen

S.WORT fliessgewaesser + sediment + organische stoffe + sauerstoffbedarf + (flussguetemodell)
PROLEI PROF. DR. LUDWIG HARTMANN
STAND 26.7.1976
QUELLE fragebogenerhebung sommer 1976
FINGEB LANDESANSTALT FUER UMWELTSCHUTZ, KARLSRUHE
BEGINN 1.10.1975 ENDE 30.6.1976

IC -055

INST INSTITUT FUER LANDESKULTUR / FB 16/21 DER UNI GIESSEN
GIESSEN, SENCKENBERGSTR. 3

VORHAB **verunreinigung der gewaesser durch anwendung von abwasserschlamm**
durch verstaerkte anwendung in der landwirtschaft besteht die gefahr einer verunreinigung des draenwassers und damit der vorfluter. ein versuchsfeld wurde gedraent und mit abwasserklaerschlamm geduengt. das draenwasser wurde aufgefangen und analysiert

S.WORT klaerschlamm + gewaesserbelastung
PROLEI PROF. DR. RAINER KOWALD
STAND 6.8.1976
QUELLE fragebogenerhebung sommer 1976
BEGINN 1.1.1973

IC -056

INST INSTITUT FUER LANDSCHAFTSPFLEGE UND LANDSCHAFTSOEKOLOGIE DER BUNDESFORSCHUNGSANSTALT FUER NATURSCHUTZ UND LANDSCHAFTSOEKOLOGIE
BONN -BAD GODESBERG, HEERSTR. 110

VORHAB **ermittlung des wasserpflanzenbesatzes der fluesse saar, ahr, sieg und fulda und ihrer aussage ueber die gewaesserverschmutzung**

S.WORT gewaesserverunreinigung + wasserpflanzen + bioindikator
SAAR + AHR + SIEG + FULDA
PROLEI DR. KRAUSE
STAND 1.1.1976
FINGEB BUNDESANSTALT FUER VEGETATIONSKUNDE, NATURSCHUTZ UND LANDESPFLEGE, BONN-BAD GODESBERG
BEGINN ENDE 31.12.1975
LITAN JAHRESBERICHT 1972 BAVNL

IC -057

INST INSTITUT FUER MEERESGEOLOGIE UND MEERESBIOLOGIE SENCKENBERG
WILHELMSHAVEN, SCHLEUSENSTR. 39 A

VORHAB **untersuchungen ueber den einfluss von schadstoffen auf die biologie von fliessgewaessern**
entwicklung von analytischen verfahren kombiniert mit biologischen und biochemischen testen zur bestimmung von organischen und anorganischen stoffen in gewaessern. es werden grundlegende untersuchungen ueber bsb, csb und toc in einem stark belasteten flussgebiet untersucht, die verhaeltnisse von bsb, csb und toc zueinander ermittelt und die relationen dieser faktoren zur mikro- und makrofauna bestimmt. bsb, csb und toc-untersuchungen sind wichtig fuer die ermittlung der reinigungsbauwerke von abwasser (grundlegende fragestellung)

S.WORT fliessgewaesser + schadstoffbelastung + biologische wirkungen
STAND 1.1.1975
QUELLE umweltforschungsplan 1975 des bmi
FINGEB BUNDESMINISTER DES INNERN
BEGINN 1.1.1972 ENDE 31.12.1975
G.KOST 251.000 DM

IC -058

INST INSTITUT FUER MINERALOGIE UND PETROGRAPHIE DER UNI MAINZ
MAINZ, SAARSTR. 21

VORHAB **bildung und vorkommen metallorganischer komplexe der elemente ni, cu, zn, ag, cd und hg in anthropogen belasteten kontinentalen gewaessern**
die in anthropogen belasteten waessern, schwebpartikeln und sedimenten wirkenden transport- und fixierungsmechanismen der elemente ni, cu, zn, ag, cd und hg sollen aufgeklaert werden. unter verwendung von entsprechenden proben aus dem ginsheimer altrhein werden folgende arbeiten durchgefuehrt: 1) bestimmung der gesamtkonzentration obiger metalle in a) oberflaechenwaessern des altrheins und seiner zufluesse und b) in den porenwaessern der sedimente. 2) bestimmung der metallorganischen komplexe obiger metalle in den erwaehnten waessern. 3) bestimmung der art der geloesten organischen komponenten in oberflaechen- und porenwaessern und 4) bestimmung der zusammensetzung der im schweb und in den sedimenten vorhandenen organischen koagulate. methoden: polarographiee, duennschicht- und gaschromatographische verfahren

S.WORT oberflaechengewaesser + schwermetallkontamination + anthropogener einfluss
RHEIN (GINSHEIMER ALTRHEIN)
PROLEI PROF. DR. H. J. TOBSCHALL
STAND 21.7.1976
QUELLE fragebogenerhebung sommer 1976
FINGEB DEUTSCHE FORSCHUNGSGEMEINSCHAFT
ZUSAM LABORATORIUM FUER SEDIMENTFORSCHUNG DER UNI HEIDELBERG, BERLINER STR. 19, 6900 HEIDELBERG
BEGINN 1.6.1975 ENDE 31.6.1978
G.KOST 240.000 DM

IC -059

INST INSTITUT FUER MINERALOGIE UND PETROGRAPHIE DER UNI MAINZ
MAINZ, SAARSTR. 21

VORHAB **die gehalte der elemente ni, cu, zn, rb, sr, y, zr, nb, ag, cd, hg und tl in sedimenten der fliessgewaesser des hessischen rieds**
bevor eine toxikologische wirkungsanalyse von in ein oekosystem eingebrachten schwermetallen durchgefuehrt werden kann, sind stoffanalysen sowohl der natuerlichen als auch der anthropogen veraenderten systeme durchzufuehren. als objekt dieser stoffanalysen sind limnisch-fluviatile systeme bevorzugt zu behandeln, da diese im allgemeinen als erste in unmittelbaren kontakt mit anthropogen emissioen gelangen. eine stoffanalyse obiger thematik ist am ginsheimer altrhein und seinen zufluessen in arbeit. der altrhein wurde als studienobjekt gewaehlt, da er von sueden nach norden einen kontinuierlichen anstieg der anthropogen belastung erwarten liess

S.WORT fliessgewaesser + schwermetalle + kontamination + toxikologie

HESSISCHES RIED
PROLEI PROF. DR. H. J. TOBSCHALL
STAND 26.7.1976
QUELLE fragebogenerhebung sommer 1976
ZUSAM HESSISCHE LANDESANSTALT FUER UMWELT, KRANZPLATZ 5-6, 6200 WIESBADEN
BEGINN 1.6.1973 ENDE 31.6.1977
G.KOST 10.000 DM
LITAN - LASKOWSKI, N.;POMMERENKE, D.;SCHAEFER, A.;TOBSCHALL, H. J.: HOHE QUECKSILBERKONZENTRATIONEN IN SEDIMENTEN DES GINSHEIMER ALTRHEINS. IN: NATURWISSENSCHAFTEN (61) S. 681(1974)
- LASKOWSKI, N.;KOST, T.;POMMERENKE, D.;SCHAEFER, A.;TOBSCHALL, H. J.: HEAVY METAL AND ORGANIC CARBON CONTENT OF RECENT SEDIMENTS NEAR MAINZ. IN: NATURWISSENSCHAFTEN (62) S. 136(1975A)
- NRIAGU, J. O. (ED); LASKOWSKI, N.;KOST, T.;POMMERENKE, D.;SCHAEFER, A.;TOBSCHALL, H. J.: ABUNDANCE AND DISTR. OF SOME HEAVY METALS IN RECENT SEDIMENTS OF A HIGHLY POLLUTED LIMN. -FLUV. ECOSYSTEM NEAR MAINZ, W. GER. IN: ENVIR. BIOGEOCHEMISTRY. ANN ARBBOR SCIENCE PUBL. (1976)

IC -060
INST INSTITUT FUER OEKOLOGIE DER TU BERLIN
BERLIN 33, ENGLERALLEE 19-21
VORHAB **chemische belastung des tegeler sees**
periodische messungen umweltrelevanter elemente im wasser und porenwasser verschiedener positionen des tegeler sees und seiner ufer
S.WORT oberflaechengewaesser + schadstoffbelastung + messung
BERLIN + TEGELER SEE
PROLEI DIPL. -MIN. HANS-PETER ROEPER
STAND 30.8.1976
QUELLE fragebogenerhebung sommer 1976
ZUSAM - INST. F. GEOGRAPHIE DER FU BERLIN, GRUNEWALDSTR. 35, 1000 BERLIN 33
- FISCHEREIAMT, MARTIN-LUTHER-STR. 105, 1000 BERLIN 30
BEGINN 1.1.1972 ENDE 31.3.1974
G.KOST 75.000 DM
LITAN BLUME, H. -P.;ROEPER, H. -P.: VERAENDERUNGEN HYDROMORPHER BOEDEN DURCH UFERINFILTRATION VERSCHMUTZTER GEWAESSER. IN: MITT. DEUTSCH. BODENK. GES. 16 S. 272(1972)

IC -061
INST INSTITUT FUER PFLANZENERNAEHRUNG UND BODENKUNDE DER UNI KIEL
KIEL, OLSHAUSENSTR. 40-60
VORHAB **gehalte und bindungsformen toxischer elemente in fluvialen sedimenten**
bestimmung der schwermetallgehalte in sedimenten schleswig-holsteinischer fliessgewaesser (elbe, trave, schwentine, eider); erfassung der verteilungsmuster der schwermetallkonzentrationen; aufklaerung der bindungsformen der schwermetalle
S.WORT fliessgewaesser + sediment + schwermetallkontamination
SCHLESWIG-HOLSTEIN
PROLEI DIPL. -ING. RUDOLF LICHTFUSS
STAND 22.7.1976
QUELLE fragebogenerhebung sommer 1976
FINGEB DEUTSCHE FORSCHUNGSGEMEINSCHAFT
ZUSAM DR. A. J. DE GROOT, INSTITUT FUER BODENFRUCHTBARKEIT, HAREN-GRONINGEN, NIEDERLANDE
BEGINN 1.1.1974 ENDE 31.12.1976
G.KOST 140.000 DM
LITAN - LICHTFUSS, R.;BRUEMMER, G.: ROENTGENFLUORESZENZANALYTISCHE BESTIMMUNGEN VON SCHWERMETALLEN IN BOEDEN UND SEDIMENTEN. IN: MITT. DTSCH. BODENKDL. GES. 20 S. 465-472(1974)
- LICHTFUSS, R.;BRUEMMER, G.: GEHALTE AN UMWELTRELEVANTEN ELEMENTEN IN ELBE-SEDIMENTEN. IN: MITT. DTSCH. BODENKDL. GES. 22 S. 349-354(1975)

IC -062
INST INSTITUT FUER SEENFORSCHUNG UND FISCHEREIWESEN DER LANDESANSTALT FUER UMWELTSCHUTZ BADEN-WUERTTEMBERG
LANGENARGEN, UNTERE SEESTR. 81
VORHAB **beladung der schwebstoffe in bodenseezufluessen mit oel**
die beladung der schwebstoffe aus verschiedenen bodenseezufluessen mit heizoel wird untersucht. aus den ergenissen wird erwartet, dass sich daraus richtlinien fuer den zuflussspezifischen einsatz von bindemitteln erarbeiten lassen. durchfuehrung der untersuchungen: probeentnahme; infrarotspektroskopische analyse; experimente mit kuenstlichen schwebstoffen
S.WORT gewaesserbelastung + schwebstoffe + heizoel + (zuflussfracht)
BODENSEE
PROLEI DR. RUDOLF ZAHNER
STAND 26.7.1976
QUELLE fragebogenerhebung sommer 1976
BEGINN 1.1.1973 ENDE 31.12.1976

IC -063
INST INSTITUT FUER SIEDLUNGSWASSERWIRTSCHAFT DER TH AACHEN
AACHEN, MIES-VAN-DER-ROHE-STR. 1
VORHAB **entwicklung eines verfahrens zur weiterfuehrenden reinigung verschmutzter waesser**
ziel: entwicklung eines natuerlichen verfahrens zur elimination gewaesserbelastender substanzen, speziell eines stehenden gewaessers
S.WORT gewaesserbelastung + schadstoffentfernung + selbstreinigung
PROLEI PROF. DR. -ING. BERNHARDT
STAND 1.1.1974
FINGEB MINISTER FUER ERNAEHRUNG, LANDWIRTSCHAFT UND FORSTEN, DUESSELDORF
ZUSAM ARBEITSGEMEINSCHAFT TRINKWASSERTALSPERREN
BEGINN 1.9.1973 ENDE 31.12.1976
G.KOST 340.000 DM
LITAN ZWISCHENBERICHT 1974. 07

IC -064
INST INSTITUT FUER SIEDLUNGSWASSERWIRTSCHAFT DER TH AACHEN
AACHEN, MIES-VAN-DER-ROHE-STR. 1
VORHAB **belastung der gewaesser des deutschen rheineinzugsgebietes mit organo-phosphorverbindungen (pestizide)**
im rahmen der arbeiten der internationalen kommission zum schutz von rhein und mosel ist es dringend erforderlich unterlagen ueber analysenverfahren und vorkommen von organo-phosphorverbindungen (pestizide) verfuegbar zu haben. dieses material dient zur information der deutschen mitglieder der internationalen kommissionen
S.WORT gewaesserschutz + pestizide + internationale zusammenarbeit
RHEIN + MOSEL
PROLEI PROF. DR. -ING. BOEHNKE
STAND 20.11.1975
FINGEB BUNDESMINISTER DES INNERN
BEGINN 1.10.1975 ENDE 31.12.1977
G.KOST 299.000 DM

IC -065
INST INSTITUT FUER SIEDLUNGSWASSERWIRTSCHAFT DER UNI KARLSRUHE
KARLSRUHE, AM FASANENGARTEN
VORHAB **stabilitaet von kolloidalen wasserinhaltsstoffen in natuerlichen gewaessern**
kolloidale stoffe in natuerlichen gewaessern verursachen truebung; diese stoffe sind in der hauptsache: tone/quarz/ bakterien/algen; die geloeste phase (salzgehalt/organische stoffe) veraendert das verhalten dieser partikulaeren stoffe; sie aggregieren unter umstaenden; korngroessenanalyse (coulter-counter-technik); anwendung: verlandung von hafengebieten

S.WORT gewaesser + kolloide + schwebstoffe + sedimentation
PROLEI DIPL. -ING. NEIS
STAND 1.1.1974
FINGEB DEUTSCHE FORSCHUNGSGEMEINSCHAFT
ZUSAM - INST. F. HYDROMECHANIK DER UNI KARLSRUHE, 75 KARLSRUHE, KAISERSTR. 12
- INST. F. INGENIEURBIOLOGIE DER UNI KARLSRUHE, 75 KARLSRUHE, KAISERSTR. 12
BEGINN 1.8.1970 ENDE 31.12.1975
G.KOST 500.000 DM
LITAN - TAETIGKEITSBERICHT DES SFB 80 1970/71
- ZWISCHENBERICHT 1974. 04

IC -066

INST INSTITUT FUER STADTBAUWESEN DER TU BRAUNSCHWEIG
BRAUNSCHWEIG, POCKELSSTR. 4
VORHAB **aufstellung eines edv-systems zur erfassung und verarbeitung von gewaesserguetemesswerten in niedersachsen**
auswertung der an gewaesserguetepegeln gewonnenen messwerte fuer die guetedarstellung eines gewaessers. komprimierung von kontinuierlich gemessenen parametern bei einer minierung des informationsverlustes. pruefung einer kopplung von kontinuierlich und diskontinuierlich gewonnenen werten und damit eventuell moegliche verminderung von probenahmefrequenzen. sinnvolle und kompakte darstellung der analyse der messwerte eines jahres zur beurteilung des aktuellen belastungszustandes
S.WORT gewaesserbelastung + wasserguete + bewertungsmethode
NIEDERSACHSEN
PROLEI PROF. DR. ROLF KAYSER
STAND 11.8.1976
QUELLE fragebogenerhebung sommer 1976
FINGEB LAND NIEDERSACHSEN
ZUSAM NIEDERSAECHSISCHES WASSERUNTERSUCHUNGSAMT, LANGELINIENWALL, HILDESHEIM
BEGINN 1.8.1976 ENDE 31.7.1977
G.KOST 68.000 DM

IC -067

INST INSTITUT FUER STADTBAUWESEN DER TU BRAUNSCHWEIG
BRAUNSCHWEIG, POCKELSSTR. 4
VORHAB **untersuchung der dynamik des lang- und kurzfristigen stoffaustrages bei kleinen einzugsgebieten mit ackerbaulicher nutzung**
an drei niederschlagseinzugegebieten (0. 5 - 1. 6 km2) mit ackernutzung werden niederschlag, abfluss, naehrstoffeintrag- austrag und die anbau verhaeltnisse kontinuierlich aufgezeichnet. es soll mittels statisch-mathematischer verfahren dem zusammenhang zwischen niederschlag, ackernutzung, abfluss und stoffeintrag bzw. -austrag unter vorgegebenen standortbedingungen nachgegangen werden, sowie die dynamik des kurz- und langfristigen stoffaustrages beschrieben und der beitrag der landwirtschaft an der belastung eines flusssystems quantifiziert werden
S.WORT gewaesserbelastung + niederschlag + ackerbau + stofftransport
PROLEI PROF. DR. ROLF KAYSER
STAND 11.8.1976
QUELLE fragebogenerhebung sommer 1976
FINGEB DEUTSCHE FORSCHUNGSGEMEINSCHAFT
BEGINN 1.3.1976 ENDE 30.6.1977
G.KOST 120.000 DM
LITAN WALTHER, W.: DER STOFFAUSTRAGUNG BEI KLEINEN EINZUGSGEBIETEN MIT ACKERBAULICHER NUTZUNG - BEOBACHTUNGSZEITRAUM 1974-1975. IN: VEROEFFENTLICHUNG DES INSTITUTS FUER STADTBAUWESEN. (19)(1976)

IC -068

INST INSTITUT FUER STAEDTEBAU, BODENORDNUNG UND KULTURTECHNIK DER UNI BONN
BONN, NUSSALLEE 1
VORHAB **anwendung von herbiziden in der gewaesserunterhaltung**
S.WORT gewaesserguete + herbizide
PROLEI PROF. DR. -ING. BAITSCH
STAND 1.1.1974
FINGEB KURATORIUM FUER KULTURBAUWESEN E. V. , BONN
BEGINN 1.1.1972

IC -069

INST INSTITUT FUER UMWELTPHYSIK DER UNI HEIDELBERG
HEIDELBERG, IM NEUENHEIMER FELD 366
VORHAB **tritium in fluessen**
bei der messung des tritiumgehalts in deutschen fluessen stehen zwei aspekte im vordergrund: zum einen sollen basiswerte erarbeitet werden fuer die tritium-belastung durch die kernenergie, zum anderen sollen die laufzeitspektren fuer das wasser zwischen ausregnen und auftreten im flusswasser untersucht werden
S.WORT fliessgewaesser + radioaktive spurenstoffe + tritium
RHEIN + WESER + EMS
PROLEI DR. CHRISTIAN SONNTAG
STAND 13.8.1976
QUELLE fragebogenerhebung sommer 1976
ZUSAM HEIDELBERGER AKADEMIE DER WISSENSCHAFTEN, KARLSTR. 4, 6900 HEIDELBERG
BEGINN 1.8.1974
G.KOST 10.000 DM

IC -070

INST INSTITUT FUER WASSER- UND ABFALLWIRTSCHAFT DER LANDESANSTALT FUER UMWELTSCHUTZ BADEN-WUERTTEMBERG
KARLSRUHE, GRIESBACHSTR. 2
VORHAB **die zur einleitung in den neckar gelangenden schmutzstoffe und die feststellung der noetigen abflussmenge**
ziel: vergleich verschiedener sanierungsmoeglichkeiten fuer das flussystem des neckars spezifische methoden: modellrechnung, konkrete anwendungsmoeglichkeit; instrument zur entscheidungsfindung; gewaesserguetemodell; abwasser, wasserversorgung, wasserkraftwirtschaft, hochwasser und regenwasser
S.WORT fliessgewaesser + schadstoffbelastung + wasserwirtschaft
NECKAR
PROLEI ARMBRUSTER
STAND 1.1.1974
FINGEB MINISTERIUM FUER ERNAEHRUNG, LANDWIRTSCHAFT UND UMWELT, STUTTGART
ZUSAM - INST. F. SIEDLUNGSWASSERWIRTSCHAFT DER UNI, 75 KARLSRUHE, KAISERSTR. 12
- WASSERWIRTSCHAFTSAMT FREIBURG
BEGINN 1.8.1973 ENDE 31.12.1975
G.KOST 200.000 DM
LITAN ZWISCHENBERICHT 1974. 06

IC -071

INST INSTITUT FUER WASSER- UND ABFALLWIRTSCHAFT DER LANDESANSTALT FUER UMWELTSCHUTZ BADEN-WUERTTEMBERG
KARLSRUHE, GRIESBACHSTR. 2
VORHAB **benthische fliesswasserorganismen als schadstoffvektoren zwischen epi- und hypogaeischen, zwischen terrestrischen und aquatischen biotopen unter besonderer beruecksichtigung von baetis (ephemeroptera)**
S.WORT fliessgewaesser + wasserorganismen + schadstofftransport
PROLEI DR. WULF K. BESCH
STAND 7.9.1976
QUELLE datenuebernahme von der deutschen forschungsgemeinschaft
FINGEB DEUTSCHE FORSCHUNGSGEMEINSCHAFT

IC -072

INST INSTITUT FUER WASSER-, BODEN- UND LUFTHYGIENE DES BUNDESGESUNDHEITSAMTES
BERLIN 33, CORRENSPLATZ 1

VORHAB **zusammenhaenge zwischen thermischer vorfluterbelastung, intensiver abwasserbelastung und ggf. kuenstlicher flussbelueftung**
untersuchungen ueber die auswirkungen von thermischen gewaesserbelastungen. feststellung der auswirkungen kombinierter gewaesserbelastungen (temperatur und schadstoffe). untersuchung der moeglichkeiten, diese belastungen durch belueftung des gewaessers zu eliminieren
S.WORT gewaesserueberwachung + waermebelastung
PROLEI PROF. DR. WALTER NIEMITZ
STAND 15.11.1975
FINGEB BUNDESMINISTER DES INNERN
BEGINN 1.1.1970 ENDE 31.12.1976
G.KOST 542.000 DM

IC -073
INST INSTITUT FUER WASSER-, BODEN- UND LUFTHYGIENE DES BUNDESGESUNDHEITSAMTES BERLIN 33, CORRENSPLATZ 1
VORHAB **bestandsaufnahme und abbauverhalten von harnstoffherbiziden, verhalten bei der bodenpassage, bestimmung von rueckstaenden an phenylharn**
abbauverhalten von harnstoffherbiziden in oberflaechenwasser und verhalten bei der bodenpassage; bestimmung von rueckstaenden an phenylharnstoffen in wasser und boden
S.WORT oberflaechenwasser + schadstoffabbau + herbizide + boden
PROLEI DR. HERZEL
STAND 1.10.1974
FINGEB BUNDESMINISTER FUER FORSCHUNG UND TECHNOLOGIE
BEGINN ENDE 31.12.1975
G.KOST 550.000 DM

IC -074
INST INSTITUT FUER WASSER-, BODEN- UND LUFTHYGIENE DES BUNDESGESUNDHEITSAMTES BERLIN 33, CORRENSPLATZ 1
VORHAB **untersuchung ueber chemische und biologische eigenschaften organischer saeuren in waessern, auch hinsichtlich ihrer hygienischen bedeutung fuer die trinkwasserversorgung**
abwasserbelastete oberflaechengewaesser enthalten zu einem teil inerte, sich dem biologischen abbau entziehende organische stoffe, vorwiegend organische saeuren. infolge ihrer persistenz passieren sie die aufbereitungsanlagen und gehen nicht vollstaendig in die ergebnisse der ueberwachungsuntersuchungen mit ein. eine toxizitaet ist nicht in jedem falle auszuschliessen. im rahmen des forschungsvorhabens sollen analysenverfahren zur vollstaendigen erfassung und ueberwachung ausgearbeitet werden
S.WORT wasserverunreinigung + organische schadstoffe + analyseverfahren
PROLEI DR. HEINZ-THEO KEMPF
STAND 1.1.1975
QUELLE umweltforschungsplan 1975 des bmi
FINGEB BUNDESMINISTER DES INNERN
BEGINN 1.1.1972 ENDE 31.12.1975
G.KOST 117.000 DM

IC -075
INST INSTITUT FUER WASSER-, BODEN- UND LUFTHYGIENE DES BUNDESGESUNDHEITSAMTES BERLIN 33, CORRENSPLATZ 1
VORHAB **schadstoffe im wasser: metalle**
bestandsaufnahme der gehalte an schermetallen und anderen toxischen spurenelementen im rhein, weser und anderen oberflaechengewaessern zur beurteilung der frachtmengen
S.WORT wasser + schadstoffe + schwermetalle
PROLEI DR. HEINZ-THEO KEMPF
STAND 1.10.1974
FINGEB DEUTSCHE FORSCHUNGSGEMEINSCHAFT
BEGINN 1.1.1971 ENDE 31.12.1975
G.KOST 162.000 DM

IC -076
INST INSTITUT FUER WASSER-, BODEN- UND LUFTHYGIENE DES BUNDESGESUNDHEITSAMTES BERLIN 33, CORRENSPLATZ 1
VORHAB **abtoetung von e.coli und inaktivierung von viren durch einwirkung von quartaeren ammoniumbasen und von chlor**
erfassung der abtoetung von e. coli und inaktivierung von viren auf einer reaktionskinetischen messtrecke durch redoxpotentialmessungen; ziel: automatische ueberwachung der trinkwasser- und schwimmbadwasserdesinfektion
S.WORT colibakterien + viren + trinkwasser + ueberwachung
PROLEI PROF. DR. MED. CARLSON
STAND 1.1.1974
ZUSAM - HYGIENE-INST. DER UNI KIEL, 23 KIEL, BRUNSWIKER STR. 2-6
- EIDGENOESSISCHE TECHNISCHE HOCHSCHULE ZUERICH
BEGINN 1.1.1974 ENDE 31.12.1975
G.KOST 100.000 DM
LITAN - CARLSON,S.: HYGIENE DES WASSERS. IN:TRINKWASSER UND UMWELTSCHUTZ,SONDERHEHFT S.13-21(1971)
- CARLSON,S.;HAESSELBARTH,U.: DIE HYGIENISCHEN ANFORDERUNGEN IN DEN NEUEN RICHTLINIEN FUER BAEDERBAU UND BAEDERBETRIEB. IN:ARCH.BADEWESEN 25 S.105-106(1972)
- CARLSON,S.;HAESSELBARTH,U.: STAND UND ENTWICKLUNG DER BADEWASSERBEHANDLUNG. IN:PROTOKOLL INTERNATIONALE AKADEMIE FUER BAEDER-,SPORT-U.FREIZEITBAUTEN,BREMEN S56-60(1972) 7

IC -077
INST INSTITUT FUER WASSER-, BODEN- UND LUFTHYGIENE DES BUNDESGESUNDHEITSAMTES BERLIN 33, CORRENSPLATZ 1
VORHAB **jahreszeitliche verteilung einiger schadstoffe und spurenelemente in verschiedenen oberflaechenwaessern**
S.WORT oberflaechengewaesser + schadstoffe + schwermetalle
PROLEI DR. HEINZ-THEO KEMPF
STAND 1.1.1974
FINGEB DEUTSCHE FORSCHUNGSGEMEINSCHAFT

IC -078
INST INSTITUT FUER WASSER-, BODEN- UND LUFTHYGIENE DES BUNDESGESUNDHEITSAMTES BERLIN 33, CORRENSPLATZ 1
VORHAB **bewertung von wasserinhaltsstoffen**
S.WORT wasserverunreinigende stoffe + bewertungskriterien
PROLEI PROF. DR. GERTRUD MUELLER
STAND 7.9.1976
QUELLE datenuebernahme von der deutschen forschungsgemeinschaft
FINGEB DEUTSCHE FORSCHUNGSGEMEINSCHAFT

IC -079
INST INSTITUT FUER WASSERCHEMIE UND CHEMISCHE BALNEOLOGIE DER TU MUENCHEN MUENCHEN, MARCHIONINISTR. 17
VORHAB **untersuchung, vorkommen und verhalten von metallen im oberflaechenwasser**
aufbauend auf das erarbeitende verteilungsmuster fuer 20 haupt- und spurenelemente in oberflaechenwaessern sollen 1) mit modifizierter probenahmetechnik der zeitliche und abflussabhaengige trend f. einige toxikologisch-relevante spurenelemente im wasser und schwebstoffe erfasst werden; 2) durch erfassung chemischer, petrographischer und hydrologischer parameter das verhalten der spurenmetalle im gewaesser und die wechselwirkung zwischen wasser, schwebstoff und sediment hinsichtlich eliminierung bzw. remobilisierung verstaendlich gemacht werden; 3) moeglichkeiten und grenzen der trinkwasseraufbereitung aus oberflaechenwasser unter einbeziehung des trinkwasserverteilungssystems festgestellt werden; 4) auf grund der festgestellten gesamtsituation eine bewertungg des gewaesserzustandes erfolgen

S.WORT gewaesserueberwachung + schwermetalle
DONAU + BODENSEE
PROLEI PROF. DR. KARL-ERNST QUENTIN
STAND 1.1.1974
FINGEB DEUTSCHE FORSCHUNGSGEMEINSCHAFT
ZUSAM - INSTITUT F. SIEDLUNGSWASSERWIRTSCHAFT AN DER TH AACHEN
- INSTITUT F. WASSER-, BODEN- U. LUFTHYGIENE DES BGA, BERLIN
- CHEM. BIOL. LABORATURIUM DES RUHRVERBANDES, ESSEN
BEGINN 1.1.1970
G.KOST 336.000 DM
LITAN - FRIMMEL; WINKLER: DIFFERENZIERTE BESTIMMUNG VERSCHIEDENER QUECKSILBERVERBINDUNGEN IN WASSER U. SEDIMENT. IN: VOM WASSER 45 S. 285-298(1975)
- WINKLER, H. A.: VORKOMMEN VON QUECKSILBER IN GEWAESSERN UND SEINE ANALYTISCHE ERFASSUNG. IN: CHEMIE INGENIEUR TECHNIK 47(16) S. 659-694(AUG 1975)

IC -080
INST INSTITUT FUER WASSERCHEMIE UND CHEMISCHE BALNEOLOGIE DER TU MUENCHEN
MUENCHEN, MARCHIONINISTR. 17
VORHAB **pestizide in gewaessern**
verhalten, bildung und bestimmung von pestiziden in gewaessern
S.WORT gewaesserverunreinigung + pestizide
+ analyseverfahren
PROLEI PROF. DR. KARL-ERNST QUENTIN
STAND 1.1.1974
FINGEB DEUTSCHE FORSCHUNGSGEMEINSCHAFT
BEGINN 1.1.1968
LITAN WEIL, L.;FRIMMEL, F.;QUENTIN, K. E.: KOMBINIERTE GAS-CHROMATOGRAPHIE-MASSENSPEKTROMETRIE. IN: ANALYTISCHE CHEMIE (268)S. 97-101 (1974)

IC -081
INST INSTITUT FUER WASSERCHEMIE UND CHEMISCHE BALNEOLOGIE DER TU MUENCHEN
MUENCHEN, MARCHIONINISTR. 17
VORHAB **grundlagenforschung ueber schadstoffe in fliessgewaessern**
vorkommen und verhalten von schadstoffen in main und donau; insbesondere schwermetalle. kontinuierliche probenahme und parameterregistrierung, profilaufnahmen. csb-, toc-bestimmungen
S.WORT fluss + schadstoffbelastung + schwermetalle
+ (grundlagenforschung)
MAIN + DONAU
PROLEI DR. DURE
STAND 1.1.1974
FINGEB STAATSMINISTERIUM FUER LANDESENTWICKLUNG UND UMWELTFRAGEN, MUENCHEN
BEGINN 1.12.1976 ENDE 30.6.1978
G.KOST 842.000 DM
LITAN ZWISCHENBERICHT

IC -082
INST INSTITUT FUER WASSERCHEMIE UND CHEMISCHE BALNEOLOGIE DER TU MUENCHEN
MUENCHEN, MARCHIONINISTR. 17
VORHAB **untersuchung, vorkommen und verhalten von metallen in oberflaechenwasser**
S.WORT oberflaechenwasser + schwermetallkontamination
PROLEI PROF. DR. KARL-ERNST QUENTIN
STAND 7.9.1976
QUELLE datenuebernahme von der deutschen forschungsgemeinschaft
FINGEB DEUTSCHE FORSCHUNGSGEMEINSCHAFT

IC -083
INST INSTITUT FUER WASSERFORSCHUNG GMBH DORTMUND
DORTMUND, DEGGINGSTR. 40
VORHAB **untersuchungen des einflusses von zeolithen, insbesondere hab auf die nitrifikation in abwaessern und oberflaechengewaessern**
mit diesen untersuchungen soll der einfluss von hab auf die nitrifikation in abwaessern und oberflaechengewaessern untersucht werden. damit wird auch der einfluss des hab auf den stickstoffabbau im abwasser waehrend des biologischen reinigungsverfahrens aufgeklaert. die durchfuehrung des forschungsvorhabens ist erforderlich, um auch ueber diesen faktor aufklaerung zu erhalten
S.WORT detergentien + abwasserbehandlung + anorganische builder + denitrifikation
PROLEI DR. SCHWARZ
STAND 20.11.1975
FINGEB BUNDESMINISTER DES INNERN
BEGINN 1.12.1975 ENDE 31.12.1977
G.KOST 170.000 DM

IC -084
INST INSTITUT FUER WASSERVERSORGUNG, ABWASSERBESEITIGUNG UND STADTBAUWESEN DER TH DARMSTADT
DARMSTADT, PETERSENSTR. 13
VORHAB **vergleich des einflusses von waermebelastungen auf die abbauleistung freischwebender und festsitzender bakterien in einem fliessgewaesser**
S.WORT fliessgewaesser + waermebelastung + bakterien
+ schadstoffabbau
PROLEI PROF. DR. -ING. GUENTHER RINCKE
STAND 30.8.1976
QUELLE fragebogenerhebung sommer 1976
ZUSAM - BUNDESANSTALT FUER GEWAESSERKUNDE, KOBLENZ
- SENCKENBERG INSTITUT, FRANKFURT/MAIN
BEGINN 1.3.1976
G.KOST 24.000 DM

IC -085
INST INSTITUT FUER WASSERVERSORGUNG, ABWASSERBESEITIGUNG UND STADTBAUWESEN DER TH DARMSTADT
DARMSTADT, PETERSENSTR. 13
VORHAB **vergleichende untersuchung der reinigungsleistung freischwebender und festsitzender bakterien in einem fliessgewaesser mit besonderer beruecksichtigung der nitrifikation**
durch die entwicklung eines modells, das statt des sauerstoffgehalts die summe der verschiedenen verunreinigungen als primaeren gueteparameter enthaelt, sollen die konzentrationsabhaengigen abbaugeschwindigkeiten der festsitzenden und freischwebenden biomassen getrennt erfasst werden. durch messungen an einem natuerlichen gewaesser soll die uebertragbarkeit der erkenntnis der modelluntersuchungen nachgewiesen werden. das forschungsvorhaben wird somit nicht nur das verstaendnis ueber die selbstreinigungsvorgaenge erweitern, sondern kann auch wesentlich dazu beitragen, die betraechtlichen aufwendungen fuer weitergehende reinigungsmassnahmen wirkungsvoll einzusetzen
S.WORT fliessgewaesser + gewaesserguete + bakterien
+ reinigung + (nitrifikation)
PROLEI PROF. DR. -ING. GUENTHER RINCKE
STAND 30.8.1976
QUELLE fragebogenerhebung sommer 1976
ZUSAM - BUNDESANSTALT FUER GEWAESSERKUNDE, KOBLENZ
- SENCKENBERG INSTITUT, FRANKFURT/MAIN
BEGINN 1.9.1973 ENDE 31.12.1975
G.KOST 171.000 DM

IC -086
INST INSTITUT FUER WASSERVERSORGUNG, ABWASSERBESEITIGUNG UND STADTBAUWESEN DER TH DARMSTADT
DARMSTADT, PETERSENSTR. 13

VORHAB **theoretische untersuchungen ueber den sauerstoffeintrag von wasserbelueftungssystemen in abhaengigkeit vom sauerstoffpartialdruck**
S.WORT gewaesserbelueftung + sauerstoffeintrag
PROLEI DR. RICHARD SCHREIBER
STAND 30.8.1976
QUELLE fragebogenerhebung sommer 1976
BEGINN 1.1.1976
G.KOST 200.000 DM
LITAN SCHREIBER, R. (TH DARMSTADT), DISSERTATION: THEORETISCHE UNTERSUCHUNGEN UEBER DEN SAUERSTOFFEINTRAG VON WASSERBELUEFTUNGSSYSTEMEN IN ABHAENGIGKEIT VON SAUERSTOFFPARTIALDRUCK. (1975)

IC -087
INST INSTITUT FUER WASSERWIRTSCHAFT UND MELIORATIONSWESEN DER UNI KIEL
KIEL, OLSHAUSENSTR. 40-60
VORHAB **gewaesserbelastung in laendlichen niederschlagsgebieten**
zu erfassen versucht wird, zu welchen anteilen verursachergruppen in laendlichen raeumen an gewaesserbelastungen beteiligt sind. als verursachergruppen werden die wohnbevoelkerung, die landbewirtschaftung, die tierhaltung und eine natuerliche belastung (niederschlag, boden, pflanzenbestand) unterschieden. durch in regelmaessigen intervallen stattfindende probeentnahmen an mehreren charakteristischen stellen an vorflutern wird die wasserqualitaet anhand von 27 parametern untersucht. in verbindung mit kontinuierlichen abflussmessungen errechnen sich stofffrachten, die die verursacher hervorrufen
S.WORT gewaesserbelastung + laendlicher raum + (verursachergruppen)
HOLSTEIN (OST)
PROLEI DR. RAYMUND KRETZSCHMAR
STAND 1.1.1974
FINGEB - DEUTSCHE FORSCHUNGSGEMEINSCHAFT
- LAND SCHLESWIG-HOLSTEIN
BEGINN 1.11.1972

IC -088
INST INSTITUT FUER ZOOLOGIE DER UNI MAINZ
MAINZ, SAARSTR. 21
VORHAB **auswirkung sublethaler und synergistischer belastung auf makro-invertebrata des rheins**
an einer groesseren anzahl von tieren aus dem rhein wird die auswirkung gleichzeitiger belastung mit 3-4 stoffen bzw. schadfaktoren (o2-mangel, erwaermung) geprueft. gemessen wird nicht der tod der versuchstiere, sondern bereits vorher sich andeutende, sublethale schaedigung ueber die messgroessen sauerstoff-verbrauch, aktivitaet, filtrationsleistung etc. als ergebnisse sind daten ueber resistenz-unterschiede bei den versuchstieren zu erwarten, weiterhin auskunft ueber synergistisch besonders aktive substanzen im abwasser
S.WORT fliessgewaesser + schadstoffbelastung + wassertiere + (synergistische wirkungen)
RHEIN
PROLEI PROF. DR. RAGNAR KINZELBACH
STAND 21.7.1976
QUELLE fragebogenerhebung sommer 1976
FINGEB - DEUTSCHE FORSCHUNGSGEMEINSCHAFT
- DR. K. FELDBAUSCH-STIFTUNG, MAINZ
BEGINN 1.5.1976 ENDE 1.5.1977
G.KOST 50.000 DM

IC -089
INST INSTITUT FUER ZOOLOGIE DER UNI MAINZ
MAINZ, SAARSTR. 21
VORHAB **die invertebraten-fauna des rheins und seiner nebengewaesser**
dokumentation aller informationen ueber invertebraten-fauna des rheins und der in der rheinniederung befindlichen nebengewaesser. erfassung des derzeitigen bestandes in regelmaessigen abstaenden (1971, 1976) in qualitativer und teil-quantitativer hinsicht. zweck: exemplarische darstellung der schleichenden veroedung einer flussfauna. erfassung und publizierung der weiteren veraenderungen als indikatoren fuer veraenderungen der wasserguete. erarbeitung der physiologischen eigenschaften, die es ueberlebenden und zugewanderten unter den derzeitigen rheinbewohnern ermoeglichen, zu ueberdauern. erarbeitung von vorschlaegen des managements der rheinfauna, z. b. einfuehrung neuer fischnaehrtiere an stelle ausgestorbener etc
S.WORT fliessgewaesser + schadstoffbelastung + invertebraten + wasserguete
RHEIN
PROLEI PROF. DR. RAGNAR KINZELBACH
STAND 21.7.1976
QUELLE fragebogenerhebung sommer 1976
FINGEB UNIVERSITAET MAINZ
ZUSAM NATUR-MUSEUM SENCKENBERG, SENCKENBERG-ANLAGE 25, 6000 FRANKFURT
BEGINN 1.1.1976 ENDE 1.5.1977
LITAN - ARBEITSGEMEINSCHAFT UMWELT, MAINZ: BESTANDSRUECKGANG DER SCHNECKENFAUNA DES RHEINS ZWISCHEN STRASSBURG UND KOBLENZ. IN: NATUR UND MUSEUM. 102(6) S. 197-206(JUN 1972)
- KINZELBACH, R.: EINSCHLEPPUNG UND EINWANDERUNG VON WIRBELLOSEN IN OBER- UND MITTELRHEIN. IN: MAINZER NATURWISS. ARCHIV. 11 S. 109-150(1972)

IC -090
INST ISOTOPENLABORATORIUM DER BUNDESFORSCHUNGSANSTALT FUER FISCHEREI
HAMBURG 55, WUESTLAND 2
VORHAB **radiooekologische erhebungen im bereich der unterweser**
1.) ermittlung der vorbelastung des unterweserraumes im hinblick auf die relevanten nahrungsketten durch kuenstliche und natuerliche radionuklide. 2.) bestimmung der uebergangsfaktoren in den relevanten nahrungsketten nach inbetriebnahme des kernkraftwerkes an der unterweser. 3.) ermittlung "unguenstiger stellen" im hinblick auf das 30mrem-konzept der neuen strahlenschutzverordnung. die felddaten, die durch gezielte probenahme an fisch, plankton, wasser, sedimenten, gras und milch gewonnen werden, sollen im hinblick auf fische durch aquarienversuche gestuetzt resp. befragt werden
S.WORT gewaesseruntersuchung + kernkraftwerk + radionuklide
WESER-AESTUAR
PROLEI PROF. DIPL. -PHYS. WERNER FELDT
STAND 21.7.1976
QUELLE fragebogenerhebung sommer 1976
FINGEB LANDKREIS WESERMARSCH
BEGINN 1.8.1975 ENDE 31.7.1980
G.KOST 1.730.000 DM

IC -091
INST LABORATORIUM FUER BOTANISCHE MITTELPRUEFUNG DER BIOLOGISCHEN BUNDESANSTALT FUER LAND- UND FORSTWIRTSCHAFT
BRAUNSCHWEIG, MESSEWEG 11/12
VORHAB **verhalten von herbiziden in gewaessern**
durch die anwendung von herbiziden in gewaessern ist eine beeintraechtigung des wassers selbst sowie der wasseroekologie moeglich. mit hilfe von biotesten sollen derartige veraenderungen nachgewiesen werden. hierfuer sind geeignete testorganismen erforderlich, die sowohl aufschluss darueber geben, um welche wirkstoffe es sich handelt, als auch eine ausreichende empfindlichkeit erkennen lassen, damit selbst spuren von aktivsubstanzen angezeigt werden. neben dem nachweis von wirkstoffen interessierte bei diesem forschungsvorhaben vor allem die beeinflussung der wasserqualitaet. hier ist es

insbesondere die sauerstoffkonzenerqualitaet. hier ist es insbesondere die sauerstoffkonzentration, deren veraenderung zu einer erheblichen beeintraechtigung der biozoenose des wassers fuehren kann. aus diesem grunde wurde daher vorrangig der einfluss von verschiedenen wasserherbiziden auf diese konstante untersucht
S.WORT gewaesserbelastung + herbizide + bioindikator + wasserguete
PROLEI DR. HEIDLER
STAND 1.1.1974
FINGEB BUNDESMINISTER FUER ERNAEHRUNG, LANDWIRTSCHAFT UND FORSTEN
BEGINN 1.5.1973
G.KOST 16.000 DM
LITAN ANTRAG DER BBA VOM 27. 3. 1973-0300 A

IC -092
INST LANDESAMT FUER GEWAESSERKUNDE RHEINLAND-PFALZ
MAINZ, AM ZOLLHAFEN 9
VORHAB **nichtionische tenside im wasser**
ausarbeitung von routineanalytik und messung von produkten und waessern auf nichtionische tenside
S.WORT tenside + wasserchemie
PROLEI DR. PLATZ
STAND 1.1.1974
BEGINN 1.1.1974 ENDE 31.12.1974
G.KOST 20.000 DM

IC -093
INST LANDESANSTALT FUER WASSER UND ABFALL DUESSELDORF, BOERNESTR. 10
VORHAB **systematische kontrolle der gewaesser innerhalb nordrhein-westfalens auf metallische spurenstoffe (z.b. quecksilber)**
gemessen und differenziert werden metallkontaminationen in schwebstoffen, wasser, und biologischem material; aufklaerung der ursachen; steuerung und verminderung der kontamination durch kuenstliche und natuerlich verfahren
S.WORT gewaesserueberwachung + spurenstoffe + schwermetalle
NORDRHEIN-WESTFALEN
PROLEI DIPL. -CHEM. NAGEL
STAND 1.1.1974
QUELLE erhebung 1975
FINGEB MINISTER FUER ERNAEHRUNG, LANDWIRTSCHAFT UND FORSTEN, DUESSELDORF
ZUSAM LANDESANSTALT F. IMMISSIONS- U. BODENNUTZUNGSSCHUTZ, 43 ESSEN, WALLNEYERSTR. 6, LUFTKATASTER
BEGINN 1.5.1970
LITAN - BISHER AUSZUGSWEISE IN BERICHTEN DER L, G, DUESSELDORF
- ZWISCHENBERICHT 1975. 05

IC -094
INST LANDESANSTALT FUER WASSER UND ABFALL DUESSELDORF, BOERNESTR. 10
VORHAB **untersuchung ueber die frachtverteilung im querschnitt des rheins an verschiedenen profilen**
da im querprofil des rheins eine dauer-probenahme nicht realisierbar ist, muss der bezugspunkt der probenahme durch eichung fuer die fracht im querschnitt repraesentativ gemacht werden
S.WORT transportprozesse + fluss
RHEIN
PROLEI DR. REINKE
STAND 1.1.1974
QUELLE erhebung 1975
FINGEB MINISTER FUER ERNAEHRUNG, LANDWIRTSCHAFT UND FORSTEN, DUESSELDORF
BEGINN 1.1.1972
LITAN ZWISCHENBERICHT 1975. 06

IC -095
INST LANDESANSTALT FUER WASSER UND ABFALL DUESSELDORF, BOERNESTR. 10
VORHAB **untersuchung ueber stoffhaushalt des niederrheins**
S.WORT stoffhaushalt + (fluss)
NIEDERRHEIN
PROLEI DIPL. -BIOL. K. HEUSS
STAND 1.1.1974
QUELLE erhebung 1975
FINGEB MINISTER FUER ERNAEHRUNG, LANDWIRTSCHAFT UND FORSTEN, DUESSELDORF
BEGINN 1.5.1971
LITAN ZWISCHENBERICHT 1974. 08

IC -096
INST LANDESANSTALT FUER WASSER UND ABFALL DUESSELDORF, BOERNESTR. 10
VORHAB **dauermessungen des schmutzzuwachses in der fliessenden welle im rhein; verunreinigung in der bundesrepublik deutschland**
S.WORT gewaesserverunreinigung + fluss
RHEIN
PROLEI DR. REINKE
STAND 1.10.1974
BEGINN 1.10.1971
LITAN ZWISCHENBERICHT 1975. 10

IC -097
INST LANDESANSTALT FUER WASSER UND ABFALL DUESSELDORF, BOERNESTR. 10
VORHAB **untersuchungen ueber biogene komponenten des stoffhaushalts des niederrheins**
auf der grundlage von daten ueber den organismenbestand und die stoffwechseldynamik werden biogene aspekte des stoffhaushaltes, insbesondere die des sauerstoffs, erfasst
S.WORT stoffhaushalt + fluss + (biogene komponenten)
NIEDERRHEIN
PROLEI DIPL. -BIOL. K. HEUSS
STAND 2.8.1976
QUELLE fragebogenerhebung sommer 1976

IC -098
INST LANDESANSTALT FUER WASSER UND ABFALL DUESSELDORF, BOERNESTR. 10
VORHAB **feldversuche zur bekaempfung und sanierung von gewaesser- und untergrundschaedigungen durch mineraloele und wassergefaehrdende stoffe**
S.WORT gewaesserverunreinigung + mineraloel + untergrund
PROLEI DIPL. -GEOL. VORREYER
STAND 1.1.1974
BEGINN 1.6.1974 ENDE 31.12.1976

IC -099
INST LANDESANSTALT FUER WASSER UND ABFALL DUESSELDORF, BOERNESTR. 10
VORHAB **untersuchung ueber den einfluss von vorlandauskiesungen am rhein auf den grundwasserabfluss bei strom-km 813,5 (wesel)**
S.WORT grundwasserabfluss + kiesabbau
WESEL + NIEDERRHEIN
PROLEI DR. KALTHOFF
STAND 1.1.1974
BEGINN 1.1.1974 ENDE 31.12.1979

IC -100
INST LEHRSTUHL A UND INSTITUT FUER PHYSIKALISCHE CHEMIE DER TU BRAUNSCHWEIG
BRAUNSCHWEIG, HANS-SOMMER-STR. 10
VORHAB **der einfluss technischer tenside auf die gasaustauschgeschwindigkeit wasser / atmosphaere**
S.WORT tenside + stoffaustausch + (wasser-atmosphaere)
PROLEI DR. HEIKO CAMMENGA
STAND 19.7.1976
QUELLE fragebogenerhebung sommer 1976
BEGINN 1.3.1975 ENDE 31.12.1977
G.KOST 8.000 DM

IC -101

INST LEHRSTUHL FUER BODENKUNDE DER TU MUENCHEN FREISING -WEIHENSTEPHAN
VORHAB **gehalt und bindungsformen von quecksilber, blei, kadmium und zink in verbreiteten pedosequenzen und suesswassersedimenten**
S.WORT suesswasser + sediment + schwermetallkontamination
PROLEI PROF. DR. UDO SCHWERTMANN
STAND 7.9.1976
QUELLE datenuebernahme von der deutschen forschungsgemeinschaft
FINGEB DEUTSCHE FORSCHUNGSGEMEINSCHAFT

IC -102

INST MEDIZINALUNTERSUCHUNGSAMT TRIER TRIER, MAXIMINERACHT 11 B
VORHAB **vorkommen menschenpathogener mikroorganismen in oberflaechengewaessern**
untersuchungen ueber art und menge von salmonellen in oberflaechengewaessern und ihre bedeutung in bezug auf die gefaehrdung der gesundheit des menschen
S.WORT oberflaechengewaesser + salmonellen + gesundheitsschutz
TRIER
PROLEI DR. WOLF ROTTMANN
STAND 21.7.1976
QUELLE fragebogenerhebung sommer 1976
BEGINN 1.1.1972
LITAN ROTTMANN, W.: SALMONELLENVORKOMMEN IM FLUSSWASSER VON MOSEL UND SAUER. IN: STAEDTEHYGIENE 24 S. 201-208(1973)

IC -103

INST MINERALOGISCH-PETROGRAPHISCHES INSTITUT DER UNI HEIDELBERG
HEIDELBERG, IM NEUENHEIMER FELD 236
VORHAB **wechselwirkungen zwischen wasser und sediment in stark metallbelasteten gewaessern der bundesrepublik deutschland**
studium der wechselwirkung zwischen wasser und partikulaerer substanz, die durch sorption und ausfaellung einerseits und andererseits durch remobilisierung von schadstoffen auf chemischem bzw. biochemischem wege erfolgt. themenkreise: a) indikatoreigenschaften von feinkoernigen sedimenten beim aufsuchen von lokalen schadstoffeinleitungen, b) metallgehalte in den sedimenten bei veraenderungen der auesseren bedingungen (verringerte sauerstoffgehalte, senkung der ph-werte, erhoehte salzfrachten, verstaerkter eintrag natuerlicher oder synthetischer komplexbildner), c) rueckhaltevermoegen von bodenschichten gegenueber metallen im wasser (uferfiltration, kuenstliche infiltration)
S.WORT binnengewaesser + anorganische verunreinigungen
PROLEI PROF. DR. ULRICH FOERSTNER
STAND 1.1.1974
QUELLE erhebung 1975
FINGEB DEUTSCHE FORSCHUNGSGEMEINSCHAFT
ZUSAM - HYGIENE-INST. DER UNI MAINZ, 65 MAINZ, POSTFACH 3960; PROF. J. BORNEFF, MAINZ; PROF. REICHERT, AACHEN
- INST. F. WASSERCHEMIE U. CHEMISCHE BALNEOLOGIE DER TU MUENCHEN, 8 MUENCHEN 55, MARCHIONINISTR. 17
BEGINN 1.5.1969 ENDE 31.12.1975
G.KOST 200.000 DM
LITAN FOERSTNER; MUELLER: SCHWERMETALLE IN FLUESSEN UND SEEN. BERLIN: SPRINGER(1974); 225 S.

IC -104

INST MINERALOGISCH-PETROGRAPHISCHES INSTITUT DER UNI HEIDELBERG
HEIDELBERG, IM NEUENHEIMER FELD 236
VORHAB **schwermetalle und andere umweltrelevante elemente im einzugsgebiet der elsenz: eine fallstudie**
schadstoffe (vor allem schwermetalle) in gestein/ wasser/ boden/ luft/ tieren und pflanzen innerhalb eines raeumlich begrenzten gebiets
S.WORT schadstoffbelastung + schwermetalle
ELSENZ (GEBIET)
PROLEI PROF. DR. GERMAN MUELLER
STAND 1.1.1974
FINGEB DEUTSCHE FORSCHUNGSGEMEINSCHAFT
ZUSAM LEHRSTUHL FUER MINERALOGIE U. PETROGRAPHIE DER UNI KARLSRUHE, 75 KARLSRUHE 1, KAISERSTR. 12; PROF. DR.
BEGINN 1.4.1974
G.KOST 100.000 DM

IC -105

INST MINERALOGISCH-PETROGRAPHISCHES INSTITUT DER UNI HEIDELBERG
HEIDELBERG, IM NEUENHEIMER FELD 236
VORHAB **spurenelementgehalte oberflaechennaher sedimente in binnen- und kuestengewaessern: natuerlicher background und umweltbelastung**
sedimente als indikatoren von lokalen und ueberregionalen schwermetallanreicherungen; aus datierbaren sedimentkernen aus kuesten- und binnengewaessern soll die zunahme der metallbelastung seit einsetzen der industriellen massenproduktion (abwasser) festgestellt werden
S.WORT sediment + schwermetalle + binnengewaesser + kuestengewaesser
PROLEI PROF. DR. ULRICH FOERSTNER
STAND 1.10.1974
QUELLE erhebung 1975
FINGEB DEUTSCHE FORSCHUNGSGEMEINSCHAFT
BEGINN 1.4.1974
G.KOST 150.000 DM
LITAN - FOERSTNER; MUELLER, G.: SCHWERMETALLANREICHERUNGEN IN DATIERTEN SEDIMENTKERNEN AUS DEM BODENSEE UND AUS DEM TEGERNSEE. IN: TSCHERMAKS MINER. PETROGR. MITT. 21 S. 145-163(1974)
- FOERSTNER; REINECK, H. E.: DIE ANREICHERUNG VON SPURENELEMENTEN IN DEN REZENTEN SEDIMENTEN EINES PROFILKERNS AUS DER DEUTSCHEN BUCHT. SENCKENBERGIANA. IN: MARITIMA 6 S. 175-184(1974)

IC -106

INST PROJEKTGRUPPE LEBENSRAUM HAARENNIEDERUNG DER UNI OLDENBURG
OLDENBURG, AMMERLAENDER HEERSTR. 67-99
VORHAB **herbizide und herbizidrueckstaende in der haarenniederung**
problemstellung: seit jahren werden im gebiet der haaren bei oldenburg herbizide regelmaessig im fruehjahr eingesetzt, um entwaesserungsgraeben und den fluss selbst sowie uferboeschungen zu entkrauten. zielsetzung des vorhabens: pruefung, ob anreicherung von herbizidrueckstaenden stattgefunden hat. methoden: bisher wie in der literatur angegeben, unter einsatz eines gaschromatographen
S.WORT herbizide + gewaesserbelastung
HAARENNIEDERUNG (OLDENBURG)
PROLEI PROF. DR. DIETER SCHULLER
STAND 12.8.1976
QUELLE fragebogenerhebung sommer 1976
BEGINN 1.5.1976

IC -107

INST PROJEKTGRUPPE LEBENSRAUM HAARENNIEDERUNG DER UNI OLDENBURG
OLDENBURG, AMMERLAENDER HEERSTR. 67-99
VORHAB **bornhorster see-analysen-prognosen-therapievorschlaege**
es wurden die einfluesse der einleitungen und zufluesse zu einem neu (beim autobahnbau) entstandenen spuelbaggersee untersucht. eine prognose zur wahrscheinlichen entwicklung des sees unter den heutigen einfluessen und eine empfehlung zur oekologischen therapie wurden erarbeitet
S.WORT baggersee + abwasserableitung + gewaesserbelastung + oekologische faktoren
OLDENBURG (RAUM)
PROLEI PROF. DR. DIETER SCHULLER
STAND 12.8.1976

QUELLE fragebogenerhebung sommer 1976
BEGINN 1.10.1975 ENDE 31.5.1976
G.KOST 5.000 DM
LITAN ENDBERICHT

IC -108

INST RAT VON SACHVERSTAENDIGEN FUER UMWELTFRAGEN
WIESBADEN, GUSTAV-STRESEMANN-RING 11
VORHAB **umweltprobleme des rheins**
integrierte darstellung und bewertung der umweltprobleme des rheingebietes, und zwar wasserguetewirtschaft einschliesslich der oekologischen gegebenheiten, grundwasser und wassernutzung, belastung der landschaft und oekologisch wertvoller raeume des rheintals, klimatische besonderheiten und luftverschmutzung einschliesslich der auswirkungen der kraftwerkstechnologie, laermprobleme. darstellung von zielen und strategien sowie politischen loesungsansaetzen
S.WORT wasserguetewirtschaft + landschaftsoekologie + klima
RHEIN
PROLEI PROF. DR. KARL-HEINRICH HANSMEYER
STAND 26.7.1976
QUELLE fragebogenerhebung sommer 1976
BEGINN 1.10.1974 ENDE 31.3.1976
LITAN ENDBERICHT

IC -109

INST RUHRVERBAND UND RUHRTALSPERRENVEREIN ESSEN
ESSEN 1, KRONPRINZENSTR. 37
VORHAB **bestimmung von spurenelementen in fliessgewaessern**
erfassung des gehaltes an spurenelementen in der ruhr, erforschung ihrer herkunft und ihres verhaltens im fliessgewaesser und bei untergrundpassage
S.WORT fliessgewaesser + spurenelemente
RUHR (EINZUGSGEBIET)
PROLEI DR. PAUL KOPPE
STAND 1.10.1974
FINGEB DEUTSCHE FORSCHUNGSGEMEINSCHAFT
BEGINN 1.9.1971 ENDE 31.12.1976
G.KOST 18.000 DM
LITAN - ZWISCHENBERICHT 1973. 05
- DIETZ, F.: DIE ANREICHERUNG VON SCHWERMETALLEN IN SUBMERSEN PFLANZEN. GWF, 113 (1972)
- ZWISCHENBERICHT 1974. 05

IC -110

INST RUHRVERBAND UND RUHRTALSPERRENVEREIN ESSEN
ESSEN 1, KRONPRINZENSTR. 37
VORHAB **phenole und phenolverwandte stoffe im wasser**
nachweis von spuren zahlreicher phenolartiger substanzen in waessern in gegenwart vieler anderer inhaltsstoffe mittels spezifischer anreicherungs- und identifizierungsmethoden mit der zielsetzung, diese substanzen als indikatoren fuer die herkunft von gewaesserverschmutzungen zu benutzen
S.WORT wasser + phenole + nachweisverfahren
PROLEI DR. PAUL KOPPE
STAND 1.10.1974
FINGEB - DEUTSCHE FORSCHUNGSGEMEINSCHAFT
- RUHRVERBAND, ESSEN
ZUSAM - HYGIENE-INST. DER UNI DES SAARLANDES, 6650 HOMBURG-SAAR, MEDIZ. FAKULTAET, HAUS 5
- HYGIENE-INST. DER UNI MAINZ, 65 MAINZ, POSTFACH 3960
BEGINN 1.1.1971 ENDE 31.12.1976
G.KOST 300.000 DM
LITAN - 3. ZWISCHENBERICHT 1973. 05
- KOPPE P.;TRAUD, J.: UNTERSUCHUNGEN UEBER PHENOLARTIGE STOFFE IN WAESSERN, GEWAESSERSCHUTZ- IN: WASSER-ABWASSER 10 (1973)
- ZWISCHENBERICHT 1974. 05

IC -111

INST SENCKENBERGISCHE NATURFORSCHENDE GESELLSCHAFT
FRANKFURT, SENCKENBERGANLAGE 25
VORHAB **der altrhein "schusterwoerth" als modell zur erfassung der langfristigen, anthropogen bedingten aenderungen im aquatischen oekosystem**
unsere zielsetzung: verschiedene parameter der populationsstruktur der fische in den belasteten fluessen als bioindikatoren verwenden zu koennen. es ist bekannt und es wird leider fast ueberall auch akzeptiert, dass die fische im heutigen zustand unserer grossen fluesse (rhein, main, elbe, weser usw.) nur geringe oder keine bedeutung haben. trotz dieser starken belastungen und ausnutzungen des wassers fuer zivilisationszwecke wurden dort fische in den unterschiedlichsten mengen und artenzusammensetzungen festgestellt. viele bestandsaufnahmen, die zur ermittlung der verschiedensten parameter der populationsstruktur fuehren, weisen darauf hin, dass die fische im allgemeinen in den belasteten fluessen als indikatororganismen angesehen werden koennen
S.WORT gewaesserbelastung + fische + populationsstruktur + bioindikator
RHEIN
PROLEI DR. ANTONIN LELEK
STAND 12.8.1976
QUELLE fragebogenerhebung sommer 1976
ZUSAM - UNI FRANKFURT
- HESSISCHES LANDESAMT FUER UMWELT, WIESBADEN
BEGINN 1.1.1973
LITAN SCHAEFER, W.: ERSTER FISCHEREIBIOLOGISCHER EINSATZ DES FORSCHUNGSBOOTES "COURIER" IM MAIN UND RHEIN. IN: NATUR UND MUSEUM 105(10) S. 312-316

IC -112

INST SENCKENBERGISCHE NATURFORSCHENDE GESELLSCHAFT
FRANKFURT, SENCKENBERGANLAGE 25
VORHAB **oekologische untersuchungen des unteren mains und seiner nebenfluesse**
der untere main fungiert neben seiner funktion als grossschiffahrtsstrasse als hauptsammelbecken (vorfluter) fuer kommunale und industrielle abwaesser aus den ballungsraeumen aschaffenburg, hanau, frankfurt und wiesbaden. die biologisch-oekologischen verhaeltnisse der gestauten wasserstrasse sind nur mangelhaft bekannt. das forschungsprojekt untermain dient der erarbeitung wissenschaftlicher grundlagen fuer die oekologische optimierung des flusslaufes. innerhalb des rahmenprojektes werden schwerpunkthaft der rezente faunenbestand, der physikalisch-chemische zustand und die oekologischen auswirkungen von kanalisation, stauhaltung, schiffsverkehr, abwasser- und abwaermezufuhr auf die fluviatilen lebensgemeinschaften des gewaessers untersucht
S.WORT fluss + abwasser + abwaerme + schadstoffwirkung
MAIN (UNTERMAIN) + RHEIN-MAIN-GEBIET
PROLEI DR. WOLFGANG TOBIAS
STAND 12.8.1976
QUELLE fragebogenerhebung sommer 1976
FINGEB - DEUTSCHE FORSCHUNGSGEMEINSCHAFT
- LAND HESSEN
ZUSAM - UNI FRANKFURT
- UNI MUENSTER
BEGINN 1.1.1970 ENDE 31.12.1980
G.KOST 1.100.000 DM
LITAN - TOBIAS, W.: KRITERIEN FUER DIE OEKOLOGISCHE BEURTEILUNG DES UNTEREN MAINS. IN: COUR. FORSCH. -INST. SENCKENBERG II, FRANKFURT A. M. S. 1-136(1974)
- TOBIAS, W.: KRITERIEN FUER DIE OEKOLOGISCHE BEURTEILUNG DES UNTEREN MAINS, II. UNTERSUCHUNGEN UEBER DEN ORGANISCHEN STOFFHAUSHALT. IN: COUR. FORSCH. -INST. SENCKENBERG 18, FRANKFURT A. M. S. 1-137(1976)

IC -113

INST SENCKENBERGISCHE NATURFORSCHENDE GESELLSCHAFT
FRANKFURT, SENCKENBERGANLAGE 25

VORHAB **untersuchungen ueber den einfluss von schadstoffen auf die biologie von fliessgewaessern**
entwicklung von analytischen verfahren kombiniert mit biologischen und biochemischen testen zur bestimmung von organischen und anorganischen stoffen in gewaessern. es werden grundlegende untersuchungen ueber bsb, csb und toc in einem stark belasteten flussgebiet untersucht, die verhaeltnisse von bsb, csb und toc zueinander ermittelt und die relationen dieser faktoren zur mikro- und makrofauna bestimmt. bsb, csb und toc-untersuchungen sind wichtig fuer die ermittlung der reinigungsbauwerke von abwasser (grundlegende fragestellung)

S.WORT fliessgewaesser + schadstoffbelastung + biologische wirkungen
STAND 1.1.1975
QUELLE umweltforschungsplan 1975 des bmi
BEGINN 1.1.1972 ENDE 31.12.1975
G.KOST 251.000 DM

IC -114

INST STAATLICHE VERSUCHSANSTALT FUER GRUENLANDWIRTSCHAFT UND FUTTERBAU AULENDORF
AULENDORF, LEHMGRUBENWEG 5

VORHAB **die chloridkonzentration in den gewaessern der oberrheinebene und ihrer randgebirge**
messung der cl'-konzentration als leicht fassbarer anzeiger fuer 1) bestimmte formen der umweltverschmutzung, i) die beeinflussung des gewaesserchemismus durch den gesteinsuntergrund. 3) fuer die wasserbewegung innerhalb eines komplizierten hydrologischen systems, zunaechst im dienste der erkundung der wasserversorgung ausgedehnter gruenlandflaechen und ihrer beeinflussung durch technische eingriffe

S.WORT gewaesserguete + chloride + chemische indikatoren
OBERRHEINEBENE + VOGESEN + SCHWARZWALD
PROLEI DR. WERNER KRAUSE
STAND 21.7.1976
QUELLE fragebogenerhebung sommer 1976
ZUSAM - UNI STRASSBURG, PHARMAZIE, BOTANISCHES LABORATORIUM
- CONSEIL D'EUROPE, GROUPE DE TRAVAIL NAPPE PHREATIQUE RHENANE
BEGINN 1.1.1960 ENDE 31.12.1975
LITAN - KRAUSE, W.;CARBIENER, R.: DIE CHLORIDKONZENTRATION IN DEN GEWAESSERN DER OBERRHEINEBENE UND IHRER RANDGEBIRGE. IN: ERDKUNDE, ARCHIV FUER WISSENSCHAFTLICHE GEOGRAPHIE 29(4) S. 267-277(1975)
- KRAUSE, W.: VERAENDERUNGEN DES CHLORIDGEHALTES DER RHEINAUENGEWAESSER IM ZUSAMMENHANG MIT DEM BAU DES RHEINSEITENKANALS. IN: BERICHTE DER NATURFORSCHENDEN GESELLSCHAFT FREIBURG I. B. 64 S. 5-23(1974)
- ENDBERICHT

IC -115

INST STAATLICHES MEDIZINALUNTERSUCHUNGSAMT BRAUNSCHWEIG
BRAUNSCHWEIG, HALLESTR. 1

VORHAB **gewaesserueberwachung**
die gewaesserueberwcahung im verw. -bez. braunschweig umfasst laufende kontrolle folgender parameter: bsb5, nh4, hydrobiologische beurteilung und bakteriologische untersuchungen, speziell nach salmonellen und vibrionen. die bakteriologische untersuchungen geben aufschluesse ueber die belastung der gewaesser mit pathogenen bzw. fakultativ pathogenen keimen, die wir in korrelation setzen mit den ebenfalls in unserem amt isolierten erregern beim menschen im gleichen gebiet. die hygienisch-chemischen und hydrobiologischen untersuchungen dienen der laufenden ueberwachung

S.WORT gewaesserueberwachung + salmonellen + (langzeituntersuchung)
BRAUNSCHWEIG + HARZVORLAND
PROLEI PROF. DR. DR. H. E. MUELLER
STAND 21.7.1976
QUELLE fragebogenerhebung sommer 1976
LITAN POPP, I.: SALMONELLEN BEIM MENSCHEN UND IN SEINER UMWELT. BERICHT UEBER BEOBACHTUNGEN AUS EINEM ZEITRAUM VON 21 JAHREN (1954-1974 INCL.). IN: DAS OEFFENTLICHE GESUNDHEITSWESEN 37(10) S. 650-663(1975)

IC -116

INST UMWELTAMT DER STADT KOELN
KOELN, EIFELWALL 7

VORHAB **untersuchung der oberflaechenwaesser im stadtgebiet koeln**

S.WORT wasseruntersuchung + oberflaechengewaesser
KOELN (STADT) + RHEIN-RUHR-RAUM
PROLEI DIPL. -CHEM. RATHE
STAND 1.1.1974
FINGEB STADT KOELN
ZUSAM UNTERE WASSERBEHOERDE STADT KOELN
BEGINN 1.11.1973

IC -117

INST WAHNBACHTALSPERRENVERBAND
SIEGBURG, KRONPRINZENSTR. 13

VORHAB **naehrstoffeliminierungsanlage an der wahnbachtalsperre**
entwicklung einer grossanlage zum entzug von phosphor und truebstoffen aus zufluessen mit dem ziel der eutrophierung entgegenzutreten

S.WORT abwasserreinigung + phosphate + talsperre + trinkwassergewinnung
WAHNBACH-TALSPERRE
PROLEI DIPL. -ING. HOETTER
STAND 1.1.1974
QUELLE erhebung 1975
FINGEB MINISTER FUER ERNAEHRUNG, LANDWIRTSCHAFT UND FORSTEN, DUESSELDORF
BEGINN 1.1.1973 ENDE 31.12.1975
G.KOST 23.000.000 DM

IC -118

INST WAHNBACHTALSPERRENVERBAND
SIEGBURG, KRONPRINZENSTR. 13

VORHAB **auswertung der bestandsaufnahme der biozidbelastung von 20 talsperren**

S.WORT gewaesser + talsperre + biozide + trinkwasserversorgung
STAND 1.1.1974
QUELLE umweltforschungsplan 1974 des bmi
FINGEB BUNDESMINISTER DES INNERN
BEGINN 1.1.1973 ENDE 31.12.1974
G.KOST 110.000 DM

IC -119

INST WASSERWERK DES KREISES AACHEN
AACHEN, TRIERER STRASSE 652-654

VORHAB **ueberwachung der radioaktivitaet der fuer die trinkwasserversorgung dienenden zufluesse und talsperren der nord-eifel**
feststellung der radioaktivitaet im wasser, das fuer die trinkwasserversorgung genutzt wird

S.WORT wasserueberwachung + radioaktivitaet + trinkwasserversorgung
EIFEL (NORD) + NIEDERRHEIN
PROLEI BRANDTS
STAND 1.1.1974
BEGINN 1.1.1958
LITAN ZWISCHENBERICHT 1974. 12

IC -120

INST ZENTRUM DER HYGIENE DER UNI FRANKFURT
FRANKFURT, PAUL-EHRLICH STR. 40

VORHAB **untersuchungen ueber die wirkung leicht-, mittelschwer- und schwer abbaubarer sowie toxischer stoffe auf die mikrobiellen selbstreinigungsvorgaenge im gewaesser**
dieses vorhaben beinhaltet die eingehende untersuchung und klassifizierung des kohlenstoffhaushaltes des gewaessers. es sollen die biologisch und biochemisch bedingten uebergaenge zwischen den einzelnen abbaustufen ermittelt werden. das vorhaben ist sowohl fuer den gewaesserschutz als auch fuer die weitergehende abwasserreinigung von bedeutung

S.WORT gewaesserschutz + mikrobieller abbau
PROLEI PROF. SCHUBERT
STAND 15.11.1975
FINGEB BUNDESMINISTER DES INNERN
BEGINN 1.9.1974 ENDE 31.12.1976
G.KOST 140.000 DM

Weitere Vorhaben siehe auch:

CB -059 EINFLUSS CHEMISCHER BZW. BIOCHEMISCHER REAKTIONEN AUF DIE AUSBREITUNG VON SCHMUTZSTOFFEN

GB -049 FREMDSTOFF- UND ABWAERMEEINLEITUNG IN GEWAESSERN

HA -049 BELASTUNG DES SEEBODENS DES BODENSEES MIT MINERALOEL

HD -014 AUSWIRKUNG DES OBERFLAECHENWASSERS STARK BEFAHRENER STRASSEN AUF DIE WASSERBESCHAFFENHEIT EINER TRINKWASSERTALSPERRE

KA -025 SANIEREN DER ABWASSERZUFLUESSE IN EINEN BADEWEIHER

KB -076 EINFLUSS DER VORKLAERUNG AUF DEN BIOLOGISCHEN WIRKUNGSGRAD UND AUSWIRKUNGEN AUF DIE GEWAESSERBELASTUNGEN

KC -006 UNTERSUCHUNG VON GRUND- UND BACHWAESSERN IM HINBLICK AUF VERUNREINIGUNGEN DURCH ABWAESSER DER BUNTMETALLINDUSTRIE

KC -061 EINBRINGUNG SAUERSTOFFZEHRENDER SUBSTANZEN IN VORFLUTER DURCH PAPIERABWASSER

KF -004 VERSUCHE IM TECHNISCHEN MASSTAB ZUR WEITERGEHENDEN ABWASSERREINIGUNG

LA -019 SCHWIERIGKEITEN UND MOEGLICHE GEFAEHRDUNGEN DER GEWAESSER BEI DER LAGERUNG WASSERGEFAEHRDENDER STOFFE DURCH UNTERSCHIEDLICHE LAENDERVORSCHRIFTEN

NB -008 ZEITLICHE AENDERUNG DER RADIOAKTIVITAET FLIESSENDER VERSTRAHLTER GEWAESSER

NB -049 UNTERSUCHUNG DER LIPPE AUF EINZELNUKLID-AKTIVITAETEN IM WASSER

OC -011 ANALYTIK UND VERHALTEN VON NITROSAMINEN IM WASSER

PF -012 BELEBTE UND UNBELEBTE SCHADFAKTOREN IN WASSER, ABWASSER UND BODEN

PF -027 EINFLUSS VON AUFTAUSALZEN AUF BODEN, WASSER UND VEGETATION

PH -055 EINFLUSS VON UMWELTFAKTOREN AUF DIE BILDUNG ALGENBUERTIGER SCHADSTOFFE SOWIE IHRE WIRKUNG AUF ANDERE ORGANISMEN

PI -008 OEKOLOGISCHES FORSCHUNGSPROJEKT NATURPARK SCHOENBUCH (TEILGEBIET: MIKROBIELLE UND SCHWERMETALLBELASTUNG DER WASSERVORKOMMEN IM NATURPARK SCHOENBUCH)

ID -001
INST AGRIKULTURCHEMISCHES INSTITUT DER UNI BONN
BONN, MECKENHEIMER ALLEE 176
VORHAB **naehrstoffverlagerung in grundwasser und oberflaechengewaesser aus boden und duengung**
unter den bedingungen des freilandes (feldversuch auf parabraunerde mit verschieden hoher n-gabe und muellklaerschlammkompostgaben, laufende untersuchung des bodenwassers auf loesliche stoffe aus der duengung (nitrat, sulfat, kalium, calcium, magnesium usw.) bodenwasser wird mit filterkerzen aus 50, 100 und 150 cm tiefe abgesaugt
S.WORT bodenwasser + duengung + naehrstoffgehalt
PROLEI PROF. DR. HERMANN KICK
STAND 1.10.1974
FINGEB BUNDESMINISTER FUER BILDUNG UND WISSENSCHAFT
ZUSAM VERBAND LANDWIRTSCHAFTLICHER UNTERSUCHUNGS- UND FORSCHUNGSANSTALTEN, 61 DARMSTADT, BISMARCKSTR. 41
BEGINN 1.1.1972 ENDE 31.12.1975
G.KOST 50.000 DM

ID -002
INST ANSTALT FUER HYGIENE DES HYGIENISCHEN INSTITUTS HAMBURG
HAMBURG 36, GORCH-FOCK-WALL 15
VORHAB **grundwasseruntersuchungen im unterstrom von abfalldeponien**
ermittlung der grundwasserbeeintraechtigung durch abgelagerten haus- und industriemuell und abgrenzung derartiger einfluesse gegen moegliche auswirkungen der tide
S.WORT grundwasserbelastung + sickerwasser + deponie
ELBE-AESTUAR
PROLEI PROF. DR. ERNST EFFENBERGER
STAND 30.8.1976
QUELLE fragebogenerhebung sommer 1976
FINGEB FREIE UND HANSESTADT HAMBURG
ZUSAM GEOLOGISCHES LANDESAMT, OBERSTR. 88, 2000 HAMBURG 13
BEGINN 1.1.1974 ENDE 31.12.1978
G.KOST 100.000 DM
LITAN ZWISCHENBERICHT

ID -003
INST BATTELLE-INSTITUT E.V.
FRANKFURT 90, AM ROEMERHOF 35
VORHAB **grundwasserverschmutzung durch chemikalien, mineraloelhaltige abfaelle**
S.WORT grundwasserverunreinigung + mineraloel + chemikalien
STAND 1.1.1974

ID -004
INST BAYERISCHE LANDESANSTALT FUER BODENKULTUR UND PFLANZENBAU
MUENCHEN 19, MENZINGER STRASSE 54
VORHAB **einfluss von massentierhaltungen auf grundwasserverunreinigung**
S.WORT grundwasserverunreinigung + tierische faekalien
PROLEI DR. G. SCHMID
STAND 1.1.1976
QUELLE mitteilung des bundesministers fuer ernaehrung,landwirtschaft und forsten

ID -005
INST BAYERISCHES GEOLOGISCHES LANDESAMT
MUENCHEN 22, PRINZREGENTENSTR. 28
VORHAB **hausmuell und grundwasserbeschaffenheit**
feststellung der auswirkung von deponien auf das grundwasser. untersuchung der verunreinigung von grundwasser durch deponien bei karst- und kluftgrundwasserleitern durch messungen an entsprechenden deponien
S.WORT deponie + hausmuell + grundwasserbelastung
STAND 1.1.1975
QUELLE umweltforschungsplan 1975 des bmi
FINGEB BUNDESMINISTER DES INNERN
BEGINN 1.1.1970 ENDE 31.12.1975
G.KOST 179.000 DM

ID -006
INST BAYERISCHES GEOLOGISCHES LANDESAMT
MUENCHEN 22, PRINZREGENTENSTR. 28
VORHAB **beeinflussung des grundwassers durch mit bauschutt verfuellte kiesgruben**
ermittlung von kennwerten zur erstellung einer beurteilungsgrundlage fuer die im genehmigungsverfahren festzulegende weiterverwendung von kiesgruben nach der ausbeutung
S.WORT kiesabbau + deponie + grundwasserbelastung + (bauschutt)
PROLEI DR. WROBEL
STAND 30.8.1976
QUELLE fragebogenerhebung sommer 1976
BEGINN 1.1.1976 ENDE 31.12.1977

ID -007
INST BAYERISCHES GEOLOGISCHES LANDESAMT
MUENCHEN 22, PRINZREGENTENSTR. 28
VORHAB **kontrollen ueber ein messtationensystem im bereich der muelldeponie grosslappen (muenchen)**
erforschung der grundwasserverunreinigung durch muelldeponien
S.WORT grundwasserverunreinigung + deponie + messtellennetz
MUENCHEN-GROSSLAPPEN
PROLEI DR. EXLER
STAND 30.8.1976
QUELLE fragebogenerhebung sommer 1976
BEGINN 1.1.1972
LITAN DAS AUSMASS VON GRUNDWASSERVERUNREINIGUNGEN. IN: GWF WASSER/ABWASSER 10 (1973)

ID -008
INST BUNDESANSTALT FUER GEOWISSENSCHAFTEN UND ROHSTOFFE
HANNOVER 51, STILLEWEG 2
VORHAB **vertikale verlagerung von nitrat- und ammoniumstickstoff durch sickerwasser aus dem wasser ungesaettigter boeden ins grundwasser bei sandboeden**
getrennte bestimmung der vertikalen wasserbewegung im boden und der konzentration der bodenloesung als funktion der tiefe und der zeit in ungestoerten bodenprofilen unter vegetation; methoden: tensiometer-messungen/bodensonden zur entnahme von bodenloesung
S.WORT wasserbewegung + stickstoffverbindungen + sickerwasser
HANNOVER-FUHRENBERG
PROLEI DR. STREBEL
STAND 1.1.1974
FINGEB DEUTSCHE FORSCHUNGSGEMEINSCHAFT
ZUSAM - NIEDERSAECHSISCHES LANDESAMT FUER BODENFORSCHUNG, 3 HANNOVER 23, ALFRED-BENTZ-HAUS
- LANDWIRTSCHAFTSKAMMER
BEGINN 1.1.1974 ENDE 31.12.1975
LITAN - FORSCHUNGSANTRAG, DFG, 6. 4. 1973
- STREBEL, O.;RENGER, M.;GIESEL, W.: BESTIMMUNG DES VERTIKALEN TRANSPORTES VON LOESLICHEN STOFFEN IM WASSERUNGESAETTIGTEN BODEN. IN: WASSER UND BODEN 25 (8) S. 251-253 (1973)
- STREBEL, O.;RENGER, M.;GIESEL, W.: VERTIKALE WASSERBEWEGUNG UND NITRATVERLAGERUNG UNTERHALB DES WURZELRAUMES. IN: MITT. DEUTSCH. BODENKUNDL. GES. 22 S. 277-286(1975)

ID -009
INST BUNDESANSTALT FUER GEWAESSERKUNDE
KOBLENZ, KAISERIN-AUGUSTA-ANLAGEN 15

VORHAB **untersuchungen ueber das verhalten von mineraloelen auf das grundwasser in klueftigen gesteinen auf grund von ausgewaehlten mineraloelunfaellen**
abschaetzung der gefahren bei versickerung von mineraloel. mineraloelunfaelle ereignen sich oft im bereich klueftigen untergrunds (u. a. karstgebiete). die folgen solcher unfaelle, vor allem ihr ausdehnungsbereich, sollen fuer diese besonders unguenstigen umstaende untersucht werden
S.WORT oelunfall + grundwasser + karstgebiet
STAND 15.11.1975
FINGEB BUNDESMINISTER DES INNERN
BEGINN 1.1.1971 ENDE 31.12.1976
G.KOST 406.000 DM

ID -010

INST FACHBEREICH BIOLOGIE UND CHEMIE DER UNI BREMEN
BREMEN 33, ACHTERSTR.
VORHAB **mikrobiologie des rheinwassers (grundwasser und trinkwasser)**
bei bisheriger betonung der hygienischen fragen (mikroorganismen als krankheitserreger oder als faekalindikatoren) wurde die mikrobiologie des reinen grundwassers und der trinkwasserversorgungsanlagen stark vernachlaessigt. einzelbefunde lassen zusammenhaenge zwischen keimbesiedlung und anderen faktoren vermuten, die noch nicht planmaessig untersucht wurden
S.WORT grundwasser + trinkwasser + keime + bioindikator
PROLEI PROF. DR. ALEXANDER NEHRKORN
STAND 12.8.1976
QUELLE fragebogenerhebung sommer 1976
BEGINN 1.1.1977 ENDE 31.12.1980

ID -011

INST GEOLOGISCH-PALAEONTOLOGISCHES INSTITUT UND MUSEUM DER UNI KIEL
KIEL, OLSHAUSENSTR. 40/60
VORHAB **mineralstoffspuren und ursachen der verbreitung in quartaeren grundwasserleitern in ausgewaehlten gebieten schleswig-holsteins**
vorkommen von mineralstoffspuren in grundwaessern; blei, kadmium, eisen, kobalt, kupfer, mangan, nickel, quecksilber, selen, zink
S.WORT grundwasser + mineralstoffe
PROLEI PROF. DR. GEORG MATTHESS
STAND 1.1.1974
QUELLE erhebung 1975
FINGEB DEUTSCHE FORSCHUNGSGEMEINSCHAFT
BEGINN 1.1.1974 ENDE 31.12.1977
G.KOST 175.000 DM

ID -012

INST GEOLOGISCH-PALAEONTOLOGISCHES INSTITUT UND MUSEUM DER UNI KIEL
KIEL, OLSHAUSENSTR. 40/60
VORHAB **quantifizierung der abbauvorgaenge organischer substanzen im grundwasser (sauerstoff- und kohlendioxidtransport)**
modellversuche zur bestimmung des sauerstofftransportes in der ungesaettigten zone
S.WORT grundwasser + organische stoffe + abbau + (sauerstofftransport)
PROLEI PROF. DR. GEORG MATTHESS
STAND 1.1.1974
QUELLE erhebung 1975
FINGEB DEUTSCHE GESELLSCHAFT FUER MINERALOELWISSENSCHAFT UND KOHLECHEMIE E. V. , HAMBURG
ZUSAM INST. F. PFLANZENERNAEHRUNG UND BODENKUNDE DER UNI KIEL, 23 KIEL, OLSHAUSENSTR. 40-60
BEGINN 1.1.1974 ENDE 31.12.1977
G.KOST 120.000 DM
LITAN GLOWER; MATTHESS: DIE BEDEUTUNG DES GASAUSTAUSCHES IN DER GRUNDLUFT FUER DIE SELBSTREINIGUNGSVORGAENGE IN VERUNREINIGTEN GRUNDWAESSERN. IN: Z. DT. GEOL. GES. 123 S. 29(1972)

ID -013

INST GEOLOGISCH-PALAEONTOLOGISCHES INSTITUT UND MUSEUM DER UNI KIEL
KIEL, OLSHAUSENSTR. 40/60
VORHAB **chemisch-biochemische umsetzung im sickerwasser in der ungesaettigten zone**
verfolgung der beschaffenheitsaenderung in der reihe regenwasser- sickerwasser- grundwasser durch in- situ-messung im gelaende und an lysimenten im labor
S.WORT regenwasser + sickerwasser + grundwasser
PROLEI PROF. DR. GEORG MATTHESS
STAND 1.1.1974
QUELLE erhebung 1975
FINGEB DEUTSCHE FORSCHUNGSGEMEINSCHAFT
ZUSAM - II. PHYSIKALISCHES INST. D. UNI HEIDELBERG, 69 HEIDELBERG, PHILOSOPHENWEG 12; ABT. UMWELTFORSCHUNG
- INST. F. WASSER-, BODEN- UND LUFTHYGIENE, 1 BERLIN 33, CORRENSPLATZ 1
- INST. F. GEOPHYSIK D. UNI KIEL, 23 KIEL, OLSHAUSENSTR. 40-60
BEGINN 1.1.1974 ENDE 31.12.1976
G.KOST 240.000 DM
LITAN SCHULZ: CHEMISCHE VORGAENGE BEIM UEBERGANG VOM SICKERWASSER ZUM GRUNDWASSER. IN: GEOL. MITTEILUNGEN, AACHEN(1970)

ID -014

INST GEOLOGISCH-PALAEONTOLOGISCHES INSTITUT UND MUSEUM DER UNI KIEL
KIEL, OLSHAUSENSTR. 40/60
VORHAB **untersuchung ueber die auswirkungen verschiedener beim strassenbau einzusetzender berge- und schlackematerialien auf das grundwasser**
die anwendung von ersatzbaustoffen (vor allem bergematerial und hochofenschlacke als frostschutzschicht) zur dammschuettung wirft die frage der verwendungsmoeglichkeiten dieser stoffe in wassergewinnungsgebieten auf, da diese ersatzbaustoffe auswaschbare bestandteile enthalten. es sollen aussagen ueber die art der ausgewaschenen stoffe und die auswaschungsrate, ueber das verhalten dieser stoffe bei der untergrundpassage und ueber geeignete massnahmen zur verhinderung einer grundwasserbeeintraechtigung erarbeitet werden
S.WORT grundwasserbelastung + strassenbau + baustoffe + (hochofenschlacke)
PROLEI PROF. DR. GEORG MATTHESS
STAND 27.7.1976
QUELLE fragebogenerhebung sommer 1976
FINGEB MINISTER FUER WIRTSCHAFT, MITTELSTAND UND VERKEHR, DUESSELDORF
ZUSAM - GEOLOGISCHES LANDESAMT NORDRHEIN-WESTFALEN
- HYDROLOGISCHE ABTEILUNG DER DORTMUNDER STADTWERKE AG
BEGINN 1.1.1976 ENDE 31.12.1978
G.KOST 306.000 DM

ID -015

INST GEOLOGISCHES INSTITUT DER UNI TUEBINGEN
TUEBINGEN, SIGWARTSTR. 10
VORHAB **grundwasserhaushalt und duengemittelaustrag im buntsandstein - schwarzwald**
auswertung von abfluss- und quellmessungen im einzugsgebiet der eyach (geplanter trinkwasserspeicher), grossflaechige duengung im wald, hydrochemie
S.WORT wasserchemie + grundwasserbelastung + duengemittel + trinkwasserguete
SCHWARZWALD + EYACH
PROLEI PROF. DR. GERHARD EINSELE
STAND 29.7.1976

QUELLE fragebogenerhebung sommer 1976
FINGEB DEUTSCHE FORSCHUNGSGEMEINSCHAFT
ZUSAM FORSTLICHE VERSUCHS- UND FORSCHUNGSANSTALT BADEN-WUERTTEMBERG, 7000 STUTTGART-WEILIMDORF
BEGINN 1.5.1975 ENDE 30.9.1977
G.KOST 147.000 DM
LITAN ZWISCHENBERICHT

ID -016
INST GEOLOGISCHES LANDESAMT NORDRHEIN-WESTFALEN
KREFELD, DE-GREIFF-STR. 195
VORHAB **bearbeitung, bergeverkippung und grundwasserbeeinflussung am niederrhein**
S.WORT grundwasser + bergbau
NIEDERRHEIN
STAND 1.1.1974

ID -017
INST GROSSER ERFTVERBAND BERGHEIM
BERGHEIM, PAFFENDORFER WEG 42
VORHAB **bestimmung der auf dauer nutzbaren menge an rheinuferfiltrat**
ermittelt wird mit hilfe von grundwasser-bilanzrechnungen - unter besonderer beruecksichtigung der uferselbstdichtung - diejenige menge an rheinuferfiltrat, die z. z. und in zukunft gewinnbar ist
S.WORT grundwasserbilanz + uferfiltration + fluss
KOELN-BONN + NIEDERRHEIN
PROLEI DR. -ING. DIETER BRIECHLE
STAND 2.8.1976
QUELLE fragebogenerhebung sommer 1976
BEGINN 1.4.1976 ENDE 31.3.1977
G.KOST 70.000 DM

ID -018
INST HESSISCHES LANDESAMT FUER BODENFORSCHUNG
WIESBADEN, LEBERBERG 9
VORHAB **untersuchungen ueber die belastung des unterirdischen wassers mit anorganischen toxischen spurenstoffen im gebiet von strassen**
ziel der untersuchungen ist, zu klaeren, a) in welchen konzentrationen die anorganischen toxischen spurenstoffe im fahrbahnabfluss, im boden am fahrbahnrand, im sickerwasser und im grundwasser auftreten; b) welche massnahmen sich aus den untersuchungsergebnissen fuer die entwaesserung von strassen in wasserschutzgebieten ergeben
S.WORT grundwasserbelastung + schadstoffe
+ strassenverkehr + wasserschutzgebiet
PROLEI DR. ARTHUR GOLWER
STAND 29.7.1976
QUELLE fragebogenerhebung sommer 1976
FINGEB BUNDESMINISTER FUER VERKEHR
ZUSAM INSTITUT FRESENIUS, 6204 TAUNUSSTEIN-NEUHOF
BEGINN 1.9.1975 ENDE 30.10.1977
G.KOST 80.000 DM

ID -019
INST INDUSTRIEVERBAND GIESSEREI-CHEMIE E.V.
FRANKFURT, KARLSTR. 21
VORHAB **deponieverhalten von giesserei-altsanden**
untersuchung der grundwasserkontamination durch herausloesbare schadstoffe bei der ablagerung von giesserei-altsanden auf deponien. ausfuehrung von laborauslaugenversuchen mit 10 verschiedenen formsanden vor und nach dem abgiessen. technische auslaugungsversuche mit 1 m3-proben unter natuerlichen witterungsbedingungen. vorschlaege fuer eine zweckmaessige ablagerung von altsanden in altsand-deponien und allgemeinen deponien. weiterverwendung und rueckgewinnung von altsanden
S.WORT giessereiindustrie + abfallablagerung + deponie
+ grundwasserbelastung + (altsand)
PROLEI DR. V. DITTRICH
STAND 28.11.1975
FINGEB BUNDESMINISTER DES INNERN
BEGINN 1.1.1974 ENDE 31.12.1976
G.KOST 140.000 DM
LITAN DEPONIEVERHALTEN UND VERWERTUNG VON GIESSEREISANDEN. IN: GIESSEREI 62(5) S. 103-105(1975)

ID -020
INST INGENIEURBUERO KARL J. DOHMEN
KEMPEN, NACHTIGALLENWEG 10
VORHAB **einleitung von oberflaechenwasser in stehende gewaesser (grundwasser) unter besonderer beachtung der verunreinigung durch salze und oele**
S.WORT oberflaechenwasser + grundwasserverunreinigung
PROLEI KARL J. DOHMEN
STAND 1.1.1974
ZUSAM GESELLSCHAFT Z. INDUSTRIELLEN NUTZUNG V. FORSCHUNGSERGEBNISSEN MBH, 8046 GARCHING

ID -021
INST INSTITUT FRESENIUS, CHEMISCHE UND BIOLOGISCHE LABORATORIEN GMBH
TAUNUSSTEIN -NEUHOF, IM MAISEL
VORHAB **belastung und verunreinigung des grundwassers durch feste abfallstoffe**
S.WORT grundwasserbelastung + abfallstoffe + deponie
PROLEI PROF. DR. GEORG MATTHES
STAND 21.7.1976
QUELLE fragebogenerhebung sommer 1976
FINGEB LAND HESSEN
ZUSAM - HESSISCHES LANDESAMT FUER BODENFORSCHUNG, LEBERBERG 9, WIESBADEN
- UNI GIESSEN
- UNI KIEL
BEGINN 1.1.1964 ENDE 31.12.1976
LITAN - GOLWER, A.;SCHNEIDER, W.: BELASTUNG DES BODENS UND DES UNTERIRDISCHEN WASSERS DURCH STRASSENVERKEHR. IN: GAS- UND WASSERFACH (4) S. 153-208(1973)
- HELMER, R.: MENGE UND ZUSAMMENSETZUNG VON SICKERWASSER AUS DEPONIEN VERSCHIEDENARTIGER ABFALLSTOFFE. IN: MUELL UND ABFALL 3 S. 61-81(1974)
- ENDBERICHT

ID -022
INST INSTITUT FUER BODENKUNDE DER UNI GOETTINGEN
GOETTINGEN, VON-SIEBOLD-STR. 4
VORHAB **stoffbilanz bodenwasser - grundwasser - oberflaechenwasser**
S.WORT bodenwasser + grundwasser + oberflaechenwasser
+ stoffhaushalt
PROLEI PROF. DR. MEYER
STAND 1.1.1974
FINGEB DEUTSCHE FORSCHUNGSGEMEINSCHAFT

ID -023
INST INSTITUT FUER BODENKUNDE UND WALDERNAEHRUNG DER UNI GOETTINGEN
GOETTINGEN, BUESGENWEG 2
VORHAB **belastbarkeit und veraenderung von bestand, boden und grundwasser bei abwasserverrieselung auf bewaldeten standorten**
methodik: untersuchung des abwassers sowie des sickerwassers und der elementvorraete im boden vor, waehrend und in verschiedenen zeitpunkte nach der berieselung; aufstellung von elementbilanzen
S.WORT abwasserverrieselung + waldoekosystem
+ bodenbelastung + geochemie
PROLEI PROF. DR. HANS-WERNER FASSBENDER
STAND 29.7.1976

QUELLE fragebogenerhebung sommer 1976
FINGEB LAND NIEDERSACHSEN
BEGINN 1.1.1973
G.KOST 50.000 DM
LITAN SOMMER, U.;FASSBENDER, H.: MOEGLICHKEITEN DER ABWASSERVERRIESELUNG IN WALDBESTAENDEN. IN: ALLGEMEINE FORSTZEITSCHRIFT 22(1975)

ID -024

INST INSTITUT FUER BODENKUNDE UND WALDERNAEHRUNGSLEHRE DER UNI FREIBURG FREIBURG, BERTOLDSTR. 17
VORHAB wasserspeicherleistung und filterwirksamkeit gegenueber schadstoffen der boeden im trinkwassereinzugsgebiet der teninger allmend (landkreis emmendingen)
untersuchungen zur klaerung der frage, in welchen mengen flusswasser (elz und glotterbach) in das trinkwassereinzugsgebiet eingeleitet werden koennen, um den grundwasserstand anzuheben (verbesserung der wuchsleistung der waldbestaende angestrebt). es soll einerseits die groessenordnung der wasserspeicherfaehigkeit der deckschichten festgestellt werden, andererseits die groessenordnung der sorptionsfaehigkeit der deckschichten gegenueber den schadstoffen des flusswassers
S.WORT fliessgewaesser + schadstofftransport + grundwasserschutzgebiet
FREIBURGER BUCHT + OBERRHEIN
PROLEI DR. WOLFGANG MOLL
STAND 29.7.1976
QUELLE fragebogenerhebung sommer 1976
ZUSAM STAATLICHES FORSTAMT EMMENDINGEN, SCHWARZWALDSTR. 1, 7830 EMMENDINGEN
BEGINN 1.4.1975 ENDE 31.10.1976
G.KOST 4.000 DM

ID -025

INST INSTITUT FUER GEOLOGIE DER UNI BOCHUM BOCHUM, UNIVERSITAETSSTR. 150
VORHAB untersuchungen ueber grundwasserveraenderungen durch landwirtschaftliche nutzung im einzugsbereich von wasserwerken
es wird im einzugsbereich von wasserwerken die zeitliche und raeumliche verteilung (vor allem) der no3-konzentration unter auf verschiedene weise landwirtschaftlich genutzten flaechen gemessen. daraus wird in verbindung mit hydromechanischen werten eine bilanz des no3-gehaltes im grundwasserleiter aufgestellt. zur gewinnung von wasserproben aus bestimmten teilbereichen des grundwassersleiter wurde eine spezielle entnahmemethodik (doppelpacker) entwickelt. das ziel des vorhabens ist es, einen quantitativ fundierten beitrag zu leisten zur abgrenzung landwirtschaftlicher nutzung im einzugsbereich von wasserwerken
S.WORT wasserwerk + grundwasserbelastung + landwirtschaft + stickstoffverbindungen
PROLEI DR. PETER OBERMANN
STAND 9.8.1976
QUELLE fragebogenerhebung sommer 1976
FINGEB - DEUTSCHE FORSCHUNGSGEMEINSCHAFT
- LANDESANSTALT FUER WASSER UND ABFALL, DUESSELDORF
ZUSAM - LANDESANSTALT FUER IMMISSIONS- UND BENUTZUNGSSCHUTZ NRW, WALLNEYER-STR. 6, 4300 ESSEN-BREDENEY
- HYGIENE-INSTITUT DES RUHRGEBIETES, ROTTHAUSER STRASSE 19, 4650 GELSENKIRCHEN
BEGINN 1.2.1975 ENDE 28.2.1978
G.KOST 250.000 DM
LITAN OBERMANN, P.: MOEGLICHKEITEN DER ANWENDUNG DES DOPPELPACKERS IN BEOBACHTUNGSBRUNNEN BEI DER GRUNDWASSERERKUNDUNG. IN: BOHRTECHNIK - BRUNNENBAU - ROHRLEITUNGSBAU. 27(3)(VERLAG MUELLER, R. , KOELN) S. 93-96(1976)

ID -026

INST INSTITUT FUER GEOLOGIE DER UNI BOCHUM BOCHUM, UNIVERSITAETSSTR. 150
VORHAB untersuchungen ueber grundwasserveraenderungen durch landwirtschaftliche nutzung
S.WORT landwirtschaft + grundwasserbelastung + umweltchemikalien
PROLEI DR. PETER OBERMANN
STAND 7.9.1976
QUELLE datenuebernahme von der deutschen forschungsgemeinschaft
FINGEB DEUTSCHE FORSCHUNGSGEMEINSCHAFT

ID -027

INST INSTITUT FUER GEOLOGIE UND PALAEONTOLOGIE DER TU BERLIN BERLIN 12, HARDENBERGSTR. 42
VORHAB grundwasserzirkulation und grundwasserverschmutzung zwischen westerwald und oberem lahntal
S.WORT grundwasserbewegung + grundwasserverunreinigung
WESTERWALD + LAHNTAL
PROLEI PROF. DR. EBERHARD KLITZSCH
STAND 1.1.1974
QUELLE erhebung 1975
FINGEB DEUTSCHE FORSCHUNGSGEMEINSCHAFT
BEGINN 1.1.1973

ID -028

INST INSTITUT FUER HOLZBIOLOGIE UND HOLZSCHUTZ DER BUNDESFORSCHUNGSANSTALT FUER FORST- UND HOLZWIRTSCHAFT HAMBURG 80, LEUSCHNERSTR. 91 C
VORHAB ermittlung einer moeglichen belastung von gewaessern bei der berieselung von holz in grosspoltern
zur erhaltung eines marktgerechten preises wird holz aus windwurfkatastrophen in mengen von mehreren 1000 m3 in grosspoltern gelagert. es ist festzustellen, inwieweit durch ausgewaschene holz- und rindeninhaltsstoffe eine belastung des grundwassers und von oberflaechengewaessern eintritt
S.WORT holzwirtschaft + lagerung + grundwasserbelastung
PROLEI PROF. DR. WALTER LIESE
STAND 13.8.1976
QUELLE fragebogenerhebung sommer 1976
FINGEB CENTRALE MARKETINGGESELLSCHAFT DER DEUTSCHEN AGRARWIRTSCHAFT MBH (CMA), BONN-BAD GODESBERG
BEGINN 1.1.1973
G.KOST 30.000 DM
LITAN PEEK, R. -D.;LIESE, W.: ERSTE ERFAHRUNGEN MIT DER BEREGNUNG VON STURMHOLZ IN NIEDERSACHSEN. IN: DER FORST- UND HOLZWIRT 29(12) S. 261-263(1974)

ID -029

INST INSTITUT FUER HYGIENE UND MIKROBIOLOGIE DER UNI DES SAARLANDES HOMBURG/SAAR
VORHAB oekologische, systematische und biochemische untersuchungen an eisenoxidierenden bakterien
einbeziehung spezieller fragen der verockerung von draenrohren
S.WORT oxidierende substanzen + bakterien + bodenwasser
PROLEI PROF. DR. REINHARD SCHWEISFURTH
STAND 1.1.1974
FINGEB DEUTSCHE FORSCHUNGSGEMEINSCHAFT

ID -030

INST INSTITUT FUER LANDESKULTUR / FB 16/21 DER UNI GIESSEN GIESSEN, SENCKENBERGSTR. 3
VORHAB verunreinigung von grund- und oberflaechenwasser durch muelldeponien
es wird vor allem die verunreinigung des oberflaechennahen grundwassers durch geschlossene oder zu schliessende muellkippen untersucht

S.WORT grundwasserverunreinigung
+ gewaesserverunreinigung + deponie
HESSEN
PROLEI PROF. DR. KOWALD
STAND 1.1.1974
BEGINN 1.1.1972 ENDE 28.2.1974
LITAN ZWISCHENBERICHT 1975. 03

ID -031

INST INSTITUT FUER PFLANZENBAU UND PFLANZENZUECHTUNG / FB 16 DER UNI GIESSEN
GIESSEN, LUDWIGSTR. 23
VORHAB **untersuchungen des wasserhaushaltes und naehrstoffumsatzes und der naehrstoffein- und auswaschung in lysimetern**
wanderung und bilanz von duenger- und bodennaehrstoffen im hinblick auf entzug durch landwirtschaftliche kulturpflanzen und abwanderung im sickerwasser - im falle von stickstoff mittels tracer-methode mit isotop 15 n - u. a. beitrag zum problem der abwanderung von stoffen zum grundwasser
S.WORT duengemittel + auswaschung
+ grundwasserbelastung
PROLEI PROF. DR. ALMUT VOEMEL
STAND 6.8.1976
QUELLE fragebogenerhebung sommer 1976
ZUSAM STRAHLENZENTRUM DER UNI GIESSEN
BEGINN 1.1.1955

ID -032

INST INSTITUT FUER PFLANZENBAU UND SAATGUTFORSCHUNG DER FORSCHUNGSANSTALT FUER LANDWIRTSCHAFT
BRAUNSCHWEIG, BUNDESALLEE 50
VORHAB **belastbarkeit landwirtschaftlich genutzter flaechen durch staedtische abwaesser und ihr einfluss auf die grundwasserbeschaffenheit**
S.WORT kommunale abwaesser + duengung
+ grundwasserbelastung
PROLEI A. BAMM
STAND 1.1.1976
QUELLE mitteilung des bundesministers fuer ernaehrung,landwirtschaft und forsten
FINGEB FORSCHUNGSANSTALT FUER LANDWIRTSCHAFT, BRAUNSCHWEIG-VOELKENRODE

ID -033

INST INSTITUT FUER PHYTOMEDIZIN DER UNI HOHENHEIM
STUTTGART 70, OTTO-SANDER-STR.5
VORHAB **abbau von herbiziden in tieferen bodenschichten**
abbau in tieferen bodenschichten grundwasserkontamination durch herbizide/rolle der mikroorganismen in tieferen bodenschichten
S.WORT herbizide + schadstoffabbau + grundwasserbelastung
PROLEI PROF. DR. WERNER KOCH
STAND 1.1.1974
FINGEB DEUTSCHE FORSCHUNGSGEMEINSCHAFT
BEGINN 1.1.1972 ENDE 12.12.1976
LITAN ZWISCHENBERICHT 1974. 05

ID -034

INST INSTITUT FUER REBENKRANKHEITEN DER BIOLOGISCHEN BUNDESANSTALT FUER LAND- UND FORSTWIRTSCHAFT
BERNKASTEL-KUES, BRUENINGERSTR. 84
VORHAB **untersuchung ueber die verfrachtung der mit duengemittel in weinbergboeden eingebrachten anionen (phosphate, nitrate, sulfate, borate) in das grundwasser und die fluesse**
untersuchung ueber die beweglichkeit der anionen in den wichtigsten weinbaulich genutzten bodentypen werden unter beruecksichtigung ihres kulturzustandes durchgefuehrt. analysen von bodenproben werden ergaenzt durch die ermittlung von zusammenhaengen zwischen art und menge der angewandten duengemittel. daneben wird der anionengehalt (phosphate, nitrate, sulfate und borate) des aus den weinbergen abfliessenden oberflaechen- und sickerwassers festgestellt.
S.WORT grundwasserbelastung + duengemittel + phosphate
+ nitrate + sulfate + (weinbergsboeden)
QUELLE datenuebernahme aus der datenbank zur koordinierung der ressortforschung (dakor)
FINGEB GESELLSCHAFT FUER STRAHLEN- UND UMWELTFORSCHUNG MBH (GSF), MUENCHEN
BEGINN 1.7.1974 ENDE 30.6.1977

ID -035

INST INSTITUT FUER SIEDLUNGSWASSERWIRTSCHAFT DER TU HANNOVER
HANNOVER, WELFENGARTEN 1
VORHAB **weitergehende abwasserreinigung zum zwecke der grundwasseranreicherung**
weiterbehandlung von mechanisch- biologisch gereinigtem haeuslichem abwasser durch filtration, adsorption an aktivkohle und chemische faellung vor versickerung in den untergrund; untersuchung von abbauvorgaengen im durchlueftetten und grundwassergefuellten bodenkoerper nach der infiltration
S.WORT abwasseraufbereitung + schadstoffabbau
+ grundwasseranreicherung
PROLEI DIPL. -ING. WICHMANN
STAND 1.1.1974
FINGEB DEUTSCHE FORSCHUNGSGEMEINSCHAFT
ZUSAM SFB 79, TU HANNOVER, 3 HANNOVER, WELFENGARTEN 1
BEGINN 1.1.1970 ENDE 31.12.1976
G.KOST 560.000 DM
LITAN - DOEDENS, H.:GRUNDWASSERANREICHERUNG IM KUESTENBEREICH DURCH VERSICKERUNG. . . , SFB 79, JAHRESBERICHT 1970, HANNOVER (1971)
- WICHMANN: WEITERGEHENDE BEHANDLUNG VON MECHAN. -BIOL. GEREINIGTEM ABWASSER ZUM ZWECKE. . . . , SFB 79 JAHRESBERICHT 1971, HANNOVER (1972)
- ZWISCHENBERICHT 1975. 07

ID -036

INST INSTITUT FUER SIEDLUNGSWASSERWIRTSCHAFT DER UNI KARLSRUHE
KARLSRUHE, AM FASANENGARTEN
VORHAB **untersuchungen ueber mathematische und analogie-modelle fuer die wasserentnahme in flussnaehe**
untersuchungen an mathematischen zwei- und dreidimensionalen grundwassermodellen, geohydrologische auswertung und erarbeitung einer allgemein anwendbaren modellkonzeption
S.WORT grundwasser + uferfiltration + modell
STAND 1.1.1974
QUELLE umweltforschungplan 1974 des bmi
FINGEB BUNDESMINISTER DES INNERN
BEGINN 1.1.1972 ENDE 31.12.1974
G.KOST 130.000 DM

ID -037

INST INSTITUT FUER UMWELTPHYSIK DER UNI HEIDELBERG
HEIDELBERG, IM NEUENHEIMER FELD 366
VORHAB **nitrat und bombentritium im grundwasser**
bestimmung des nitrat- und bombentritiumgehalts des grundwassers hinsichtlicher korrelation, massenspektrometrische messung von n-15 des nitrats zur unterscheidung zwischen natuerlichem und kuenstlichem nitratgehalt, vergleich zwischen nitratduengung und nitratgehalt des grundwassers
S.WORT grundwasser + nitrate + tritium
PROLEI DR. CHRISTIAN SONNTAG
STAND 1.10.1974
ZUSAM - KERNFORSCHUNGSANLAGE, 5170 JUELICH, POSTF. 365
- INST. F. PHYSIKALISCHE CHEMIE, PROF. WAGENER
BEGINN 1.11.1973 ENDE 30.11.1975
G.KOST 20.000 DM
LITAN ZWISCHENBERICHT 1975. 01

ID -038

INST INSTITUT FUER UMWELTPHYSIK DER UNI HEIDELBERG
HEIDELBERG, IM NEUENHEIMER FELD 366

VORHAB wasserbewegung in ungesaettigten boeden
fruehere experimente der vertikalen verteilung des kernwaffen- (oder kuenstlich eingebrachten) tritiums zeigten eine nur sehr langsame, geschichtete abwaertsbewegung des niederschlagswassers in der ungesaettigten bodenzone. da das vorruecken des tritium tracers immer schneller als das anderer verunreinigungen im regenwasser ist, sind so abschaetzungen des unguenstigsten falles moeglich (zivilschutz, umweltschutz). jetzt soll geprueft werden, inwieweit eine geschichtete abwaertsbewegung der grundwasserspende in der ungesaettigten bodenzone bei starker kuenstlicher beregnung erhalten bleibt, bzw. ab welchen regen-intensitaeten mit staerkerer dispersion und kanalbildung zu rechnen ist

S.WORT grundwasserbelastung + radioaktive spurenstoffe + fall-out + (dispersionsmodell)
PROLEI DR. CHRISTIAN SONNTAG
STAND 13.8.1976
QUELLE fragebogenerhebung sommer 1976
ZUSAM - INST. F. BODENKUNDE DER UNI HOHENHEIM
- HEIDELBERGER AKADEMIE DER WISSENSCHAFTEN, KARLSTR. 4, 6900 HEIDELBERG
BEGINN 1.9.1974
G.KOST 40.000 DM

ID -039

INST INSTITUT FUER UMWELTPHYSIK DER UNI HEIDELBERG
HEIDELBERG, IM NEUENHEIMER FELD 366

VORHAB uran-isotopen untersuchungen in grund- und mineralwaessern
es wird geprueft, inwieweit der urangehalt oder das uranaktivitaetsverhaeltnis (u-234/u-238) empfindliche parameter zur charakterisierung von wassermassen darstellen, bzw. ob ein zusammenhang zwischen diesen messgroessen und anderen hydrologischen parametern (karbonat, phosphatgehalt) besteht. so wird z. b. der grundwasser-urangehalt in landwirtschaftlich intensiv genutztem gebiet (mit eindeutiger phosphaterhoehung) untersucht. es ist damit zu rechnen, dass sich hieraus hinweise auf die herkunft des urans in flusswaessern ergeben. die kenntnis des mittleren flusswasser-urangehalts ist entscheidend fuer die erstellung einer uran-bilanz des ozeans

S.WORT grundwasser + mineralwasser + radioaktive spurenstoffe + uran
PROLEI DR. CHRISTIAN SONNTAG
STAND 13.8.1976
QUELLE fragebogenerhebung sommer 1976
FINGEB DEUTSCHE FORSCHUNGSGEMEINSCHAFT
ZUSAM - GEOLOGISCHES INSTITUT, PROF. MATTHESS, 2300 KIEL
- HEIDELBERGER AKADEMIE DER WISSENSCHAFTEN, KARLSTR. 4, 6900 HEIDELBERG
BEGINN 1.1.1976 ENDE 31.12.1977
G.KOST 26.000 DM

ID -040

INST INSTITUT FUER UMWELTPHYSIK DER UNI HEIDELBERG
HEIDELBERG, IM NEUENHEIMER FELD 366

VORHAB grundwasseruntersuchungen in sandhausen
in einer frueheren untersuchung (atakan et al. 1974) wurde die tiefenverteilung des kernwaffentritiums (maximalwert 1963) im flachen grundwasser des rheintales gemessen: die jahresschichten des niederschlages erscheinen uebereinandergeschichtet, aber durch stroemungsdispersion (d-vertikal etwa 3. 10 hoch -4 cm2/sek) vermischt. in einem neuen untersuchungsprojekt wird die vertikalverteilung von kr-85 und von halogenkohlenwasserstoffen (diese gruppe von spurenstoffen hat eine andere inputfunktion, naemlich einen langsamen und stetigen anstieg) untersucht. methode: horizontierte probenentnahme mit ramm-sonden bzw. aus beobachtungsbrunnen, die mit packern in geeigneter weise abgesperrt sind

S.WORT grundwasserbelastung + radioaktive spurenstoffe
SANDHAUSEN + OBERRHEIN
PROLEI DR. CHRISTIAN SONNTAG
STAND 13.8.1976
QUELLE fragebogenerhebung sommer 1976
FINGEB BUNDESMINISTER FUER FORSCHUNG UND TECHNOLOGIE
ZUSAM - KERNFORSCHUNGSANLAGE JUELICH IPC, JUELICH
- HEIDELBERGER AKADEMIE DER WISSENSCHAFTEN, KARLSTR. 4, 6900 HEIDELBERG
BEGINN 1.3.1976 ENDE 28.2.1978
G.KOST 40.000 DM

ID -041

INST INSTITUT FUER WASSER-, BODEN- UND LUFTHYGIENE DES BUNDESGESUNDHEITSAMTES
BERLIN 33, CORRENSPLATZ 1

VORHAB untersuchungen ueber die hydrochemischen zusammenhaenge zwischen flusswasser und uferfiltrat unter besonderer beruecksichtigung der toxischen wasserinhaltsstoffe
welche toxischen stoffe werden durch hydrochemische vorgaenge bei der uferfiltration eliminiert? mit hilfe von untersuchungen an ufernahen wassergewinnungsanlagen sollen angaben ueber abbau, veraenderung oder eliminierung von schadstoffen fuer das trinkwasser ermoeglicht werden

S.WORT wasserchemie + uferfiltration + schadstoffentfernung
PROLEI DR. HORST KUSSMAUL
STAND 1.1.1975
QUELLE umweltforschungsplan 1975 des bmi
FINGEB BUNDESMINISTER DES INNERN
BEGINN 1.1.1970 ENDE 31.12.1975
G.KOST 276.000 DM

ID -042

INST INSTITUT FUER WASSER-, BODEN- UND LUFTHYGIENE DES BUNDESGESUNDHEITSAMTES
BERLIN 33, CORRENSPLATZ 1

VORHAB untersuchungen ueber ionenaustausch und adsorptionsvorgaenge bei der uferfiltration hinsichtlich toxischer spurenelemente
die wirksamkeit der uferfiltration von rheinwasser fuer eine anzahl von schwermetallen wird auf grund der eliminationsraten ermittelt.
atomabsorptionsspektrometrische und kalorimetrische messverfahren

S.WORT gewaesserverunreinigung + schwermetalle + uferfiltration
RHEIN
PROLEI DR. HEINZ-THEO KEMPF
STAND 1.10.1974
FINGEB BUNDESGESUNDHEITSAMT, BERLIN
BEGINN 1.1.1971 ENDE 31.12.1974
G.KOST 126.000 DM

ID -043

INST INSTITUT FUER WASSER-, BODEN- UND LUFTHYGIENE DES BUNDESGESUNDHEITSAMTES
DUESSELDORF, AUF'M HENNEKAMP 70

VORHAB verbesserung der rheinuferfiltration durch biologische massnahmen
ausgangslage: biologische bestandsaufnahme bei einer trinkwassergewinnung mittels rheinuferfiltration, ermittlungen der vegetation auf die mikrobiologie der infiltrationsstrecke

S.WORT trinkwassergewinnung + uferfiltration + litoral
RHEIN
PROLEI DR. GOTTFRIED SIEBERT
STAND 1.1.1974
FINGEB BUNDESGESUNDHEITSAMT, BERLIN
BEGINN 1.1.1971 ENDE 31.12.1974
G.KOST 26.000 DM
LITAN - ZWISCHENBERICHTE ZUM VORLIEGENDEN PROJEKT/ 1971/1972 UND 1073
- ZWISCHENBERICHT 1975. 01
- BIOLOGISCHE VORGAENGE BEI DER GEWINNUNG VON TRINK- UND BRAUCHWASSER AUS RHEINUFERFILTRAT

ID -044

INST INSTITUT FUER WASSER-, BODEN- UND LUFTHYGIENE DES BUNDESGESUNDHEITSAMTES
FRANKFURT 70, KENNEDYALLEE 70
VORHAB **untersuchungen ueber die hydrochemischen zusammenhaenge zwischen flusswasser und uferfiltrat unter besonderer beruecksichtigung der toxischen wasserinhaltsstoffe**
welche toxischen stoffe werden durch hydrochemische vorgaenge bei der uferfiltration eliminiert? mit hilfe von untersuchungen an ufernahen wassergewinnungsanlagen sollen angaben ueber abbau, veraenderung oder eliminierung von schadstoffen fuer das trinkwasser ermoeglicht werden
S.WORT wasserchemie + uferfiltration + schadstoffentfernung
PROLEI DR. HORST KUSSMAUL
STAND 1.1.1975
QUELLE umweltforschungsplan 1975 des bmi
BEGINN 1.1.1970 ENDE 31.12.1975
G.KOST. 276.000 DM
LITAN - HAUSEN, B.;KUSSMAUL, H.: EINFACHE UND SCHNELLE BESTIMMUNG VON SPURENMETALLEN MIT FLAMMENLOSEN ATOMABSORPTIONS-SPEKTROPHOTOMETRIE. IN: VOM WASSER 40 S. 101-114(1973)
- KUSSMAUL, H.;MAJLIS, S.: BESTIMMUNG VON BLEI IN SALZHALTIGEN WAESSERN UNTER VERWENDUNG DER FLAMMENLOSEN ATOMABSORPTIONS-SPEKTROPHOTOMETRIE. IN: GWF-WASSER/ABWASSER 116 S. 552-554(1975)
- KUSSMAUL, H.: UFERFILTRATION - MOEGLICHKEITEN UND GRENZEN DES WASSERSCHUTZES. IN: SCHR. REIHE VER. WASS. -BODEN-LUFTHYG. S. 123-133(1975)

ID -045

INST INSTITUT FUER WASSER-, BODEN- UND LUFTHYGIENE DES BUNDESGESUNDHEITSAMTES
FRANKFURT 70, KENNEDYALLEE 70
VORHAB **verhalten von harnstoffherbiziden bei grundwasseranreicherung und uferfiltration**
bei uferfiltrat-wasserwerken an rhein und main wird das verhalten der phenylharnstoff-herbiziden (bzw. aromatischen aminen) vom abwasserbelasteten fluss bis zum trinkwasserhahn verfolgt
S.WORT grundwasser + uferfiltration + herbizide
PROLEI DR. HORST KUSSMAUL
STAND 1.10.1974
FINGEB BUNDESMINISTER FUER FORSCHUNG UND TECHNOLOGIE
BEGINN 1.1.1972 ENDE 31.12.1975
G.KOST 163.000 DM
LITAN - KUSSMAUL, H.;HEGAZI, M.;PFEILSTICKER, K.: ZUR ANALYTIK VON PHENYLHARNSTOFF-HERBIZIDEN IM WASSER. IN: VOM WASSER 41 S. 115-127(1973)
- KUSSMAUL, H.;HEGAZI, M.;PFEILSTICKER, K.: ZUR ANALYTIK VON PHENYLHARNSTOFF-HERBIZIDEN IM WASSER. GASCHROMATOGRAPHISCHE BESTIMMUNG DER WIRKSTOFFE UND METABOLITEN. IN: VOM WASSER 44 S. 31-47(1975)

ID -046

INST INSTITUT FUER WASSER-, BODEN- UND LUFTHYGIENE DES BUNDESGESUNDHEITSAMTES
FRANKFURT 70, KENNEDYALLEE 70
VORHAB **verhalten von pestiziden im wasser bei uferfiltration und grundwasseranreicherung**
bei uferfiltratwasserwerken an rhein und main wird das verhalten von chlorkohlenwasserstoff- und phosphor-pestiziden vom abwasserbelasteten fluss ueber die uferfiltration bis zum trinkwasserhahn verfolgt
S.WORT grundwasser + pestizide + uferfiltration + trinkwasser
PROLEI DR. HORST KUSSMAUL
STAND 1.10.1974
FINGEB DEUTSCHE FORSCHUNGSGEMEINSCHAFT
ZUSAM DFG-ARBEITSGRUPPE: PESTIZIDE IM WASSER
BEGINN 1.1.1972 ENDE 31.12.1975
G.KOST 76.000 DM

ID -047

INST INSTITUT FUER WASSERWIRTSCHAFT UND MELIORATIONSWESEN DER UNI KIEL
KIEL, OLSHAUSENSTR. 40-60
VORHAB **die belastbarkeit von landflaechen durch abwaesser und ihr einfluss auf die grundwasserbeschaffenheit**
S.WORT abwasser + grundwasserbelastung
PROLEI PROF. DR. -ING. HANS BAUMANN
STAND 1.1.1974
FINGEB DEUTSCHE FORSCHUNGSGEMEINSCHAFT

ID -048

INST INSTITUT FUER WASSERWIRTSCHAFT, HYDROLOGIE UND LANDWIRTSCHAFTLICHER WASSERBAU DER TU HANNOVER
HANNOVER, CALLINSTR. 15
VORHAB **grundwasserverschmutzung durch mineraloelprodukte - ausbreitungsvorgaenge**
S.WORT grundwasserverunreinigung + mineraloelprodukte
PROLEI PROF. DR. -ING. HERBERT BILLIB
STAND 1.1.1974

ID -049

INST LANDESAMT FUER GEWAESSERKUNDE RHEINLAND-PFALZ
MAINZ, AM ZOLLHAFEN 9
VORHAB **veraenderungen des grundwassers unterhalb von deponien**
grundwasserschutz gegen infiltration von schadstoffen aus abfalldeponien. untersuchungen qualitativer veraenderungen des grundwassers, analysierung und vergleich von grundwasserproben
S.WORT grundwasserverunreinigung + sickerwasser + deponie
PROLEI DR. DIPL. -CHEM. WELLER
STAND 1.1.1974
BEGINN 1.1.1968 ENDE 31.12.1975
G.KOST 40.000 DM

ID -050

INST LANDESANSTALT FUER IMMISSIONS- UND BODENNUTZUNGSSCHUTZ DES LANDES NORDRHEIN-WESTFALEN
ESSEN, WALLNEYERSTR. 6
VORHAB **grundwasserkontamination mit pestiziden auf einem grundwasserstandsversuchsfeld**
S.WORT pestizide + grundwasserverunreinigung
PROLEI DR. LANGNER
STAND 1.1.1974
FINGEB LAND NORDRHEIN-WESTFALEN
BEGINN 1.1.1968

ID -051

INST LANDESANSTALT FUER WASSER UND ABFALL
DUESSELDORF, BOERNESTR. 10
VORHAB **untersuchung ueber verhalten von mineraloel im untergrund und im grundwasser anhand von oelschadensfaellen**
an oelschadensfaellen wird untersucht: ausbreitung/ loesung/ verduennung/ abbau von mineraloelprodukten in untergrund und grundwasser
S.WORT grundwasser + untergrund + mineraloel + (oelunfall)
PROLEI DIPL. -GEOL. VORREYER
STAND 1.1.1974
BEGINN 1.1.1971

ID -052

INST LEHRSTUHL FUER INGENIEUR- UND HYDROGEOLOGIE DER TH AACHEN
AACHEN, KOPERNIKUS-STRASSE 6
VORHAB **differenzenkarten der chemischen beschaffenheit des grundwassers im niederrheingebiet**
automatische darstellung hydrochemischer karten durch edv ; vergleich verschiedener zustaende; darstellung der differenzen und der tendenzen
S.WORT grundwasser + kartierung
NIEDERRHEIN
PROLEI PROF. DR. LANGGUTH

STAND 1.1.1974
FINGEB MINISTER FUER ERNAEHRUNG, LANDWIRTSCHAFT UND FORSTEN, DUESSELDORF
BEGINN 1.1.1972

ID -053

INST LEHRSTUHL FUER PFLANZENERNAEHRUNG DER TU MUENCHEN
FREISING -WEIHENSTEPHAN
VORHAB **ermittlung der mineralstoffauswaschung (incl. schwermetalle) unter dem einfluss der mkk-duengung**
vergleich der mineralstoffauswaschung nach duengung mit mkk bzw. mineralduenger; saugkerzen f. bodenwasser, feldversuch, mineralstoffanalysen, bodenuntersuchungen
S.WORT gewaesserbelastung + mineralduenger + auswaschung
PROLEI PROF. DR. ANTON AMBERGER
STAND 29.7.1976
QUELLE fragebogenerhebung sommer 1976
FINGEB - FACHVERBAND DER STICKSTOFFINDUSTRIE E. V. DUESSELDORF
- BUNDESMINISTER FUER FORSCHUNG UND TECHNOLOGIE
ZUSAM - PROF. KICK, BONN
- PROF. FINCK, KIEL
- PROF. SIEGEL, SPEYER
BEGINN 1.1.1973 ENDE 31.12.1977
G.KOST 300.000 DM
LITAN ZWISCHENBERICHT

ID -054

INST LEHRSTUHL FUER WASSERBAU UND WASSERWIRTSCHAFT DER TU MUENCHEN
MUENCHEN 2, ARCISSTR. 21
VORHAB **oelabwehr bei pipelinebruch**
S.WORT pipeline + katastrophenschutz
PROLEI PROF. HARTUNG
STAND 1.1.1974
BEGINN 1.1.1973 ENDE 31.12.1976

ID -055

INST LEHRSTUHL UND INSTITUT FUER WASSERBAU UND WASSERWIRTSCHAFT DER TH AACHEN
AACHEN, MIES-VAN-DER-ROHE-STR.
VORHAB **einleitung von kuehlwaessern in raeumlich kontrollierte grundgewaessertraeger**
S.WORT kuehlwasser + grundwasserbelastung
PROLEI PROF. DR. -ING. GERHARD ROUVE
STAND 1.1.1974
FINGEB DEUTSCHE FORSCHUNGSGEMEINSCHAFT
BEGINN 1.1.1973

ID -056

INST MAX-PLANCK-INSTITUT FUER LIMNOLOGIE
SCHLITZ, DAMENWEG 1
VORHAB **das oekologische gleichgewicht im grundwasser sandigkiesiger ablagerungen und seine stoerung durch infiltrierende verunreinigungen**
S.WORT grundwasserverunreinigung + bodenstruktur
PROLEI DR. SIEGFRIED HUSMANN
STAND 1.1.1974
FINGEB DEUTSCHE FORSCHUNGSGEMEINSCHAFT
BEGINN 1.1.1973

ID -057

INST NIEDERSAECHSISCHES LANDESAMT FUER BODENFORSCHUNG
HANNOVER -BUCHHOLZ, STILLEWEG 2
VORHAB **untersuchungen ueber den einfluss des wasser- und lufthaushaltes der boeden auf die eignung fuer die erdbestattung**
aufgrund bisheriger untersuchungsergebnisse ueber den wasser- und lufthaushalt sollen allgemeine richtlinien zur beurteilung der bodeneignung fuer die erdbestattung erarbeitet werden
S.WORT grundwasserschutz + bodenbeschaffenheit + (erdbestattung)
PROLEI PROF. DR. HEINZ VOIGT
STAND 1.1.1974
BEGINN 1.1.1973
LITAN VOIGT, H.: BODENEIGNUNG FUER ERDBESTATTUNGEN. IN: FRIEDHOFSPLANUNG BDLA 15 S. 68-74, VERLAG CALLWEY, MUENCHEN(1974)

ID -058

INST NIEDERSAECHSISCHES LANDESAMT FUER BODENFORSCHUNG
HANNOVER -BUCHHOLZ, STILLEWEG 2
VORHAB **vertikale verlagerung von nitrat- und ammonium-n durch sickerwasser aus dem wasserungesaettigten boden ins grundwasser bei sandboeden**
in freilandversuchen sollen der verlauf der vertikalen nitrat- und ammonium-stickstoff-bewegung in der wasserungesaettigten bodenzone (spaeter im oberen grundwasserbereich) verfolgt werden. anhand dieser und weiterer untersuchungen soll die abhaengigkeit der stickstoff-verlagerung von den eigenschaften der wasserungesaettigten bodenzone, die hoehe des stickstoff-austrages und die moegliche belastung des grundwassers verschiedener bodennutzung erfasst werden
S.WORT grundwasserbelastung + sickerwasser + schadstofftransport
HANNOVER-FUHRENBERG
PROLEI DR. O. STREBEL
STAND 1.10.1974
FINGEB DEUTSCHE FORSCHUNGSGEMEINSCHAFT
ZUSAM - BUNDESANSTALT F. GEOWISSENSCHAFTEN U. ROHSTOFFE, 3 HANNOVER, STILLEWEG 2
- LANDWIRTSCHAFTSKAMMER, 3 HANNOVER, JOHANNSENSTR. 10
- INST. F. BODENKUNDE DER UNI GOETTINGEN, 34 GOETTINGEN, VON-SIEBOLD-STR. 4
BEGINN 1.1.1974 ENDE 31.12.1977
LITAN - STREBEL, O.;RENGER, M.;GIESEL, W.: VERTIKALE WASSERBEWEGUNG UND NITRATVERLAGERUNG UNTERHALB DES WURZELRAUMES. IN: MITT. DTSCH. BODENKUNDL. GESELLSCHAFT 22 S. 277-286(1975)
- STREBEL, O.;RENGER, M.;GIESEL, W.: BESTIMMUNG DES VERTIKALEN TRANSPORTS VON LOESLICHEN STOFFEN IM WASSERUNGESAETTIGTEN BODEN. IN: WASSER UND BODEN 25 (8)S. 251-253(1973)
- 7

ID -059

INST NIEDERSAECHSISCHES LANDESAMT FUER BODENFORSCHUNG
HANNOVER -BUCHHOLZ, STILLEWEG 2
VORHAB **auswirkungen der abwasser- und klaerschlammverregnung auf die chemischen und physikalischen eigenschaften wichtiger boeden und auf das grundwasser**
bodenkartierung von flaechen mit abwasser- und klaerschlammverregnung; bodenchemische untersuchungen in verschiedenen profiltiefen; bestimmung der wasserbewegung im boden; hydrochemische untersuchungen des abwassers und des klaerschlammwassers der bodenloesung und des grundwassers
S.WORT abwasserverrieselung + klaerschlamm + grundwasserbelastung + bodenkontamination
PROLEI DR. HEINRICH FLEIGE
STAND 1.1.1974
FINGEB NIEDERSAECHSISCHES ZAHLENLOTTO, HANNOVER
ZUSAM NIEDERSAECHSISCHES LANDESAMT FUER BODENFORSCHUNG, 3 HANNOVER-BUCHHOLZ, ALFRED-BENTZ-HAUS
BEGINN 1.1.1974 ENDE 31.12.1976
G.KOST 130.000 DM

ID -060

INST UMWELTAMT DER STADT KOELN
KOELN, EIFELWALL 7
VORHAB **untersuchung einer muelldeponie auf grundwassergefaehrdende stoffe**
S.WORT deponie + grundwasserbelastung
PROLEI DIPL. -CHEM. RATHE

STAND 1.1.1974
FINGEB STADT KOELN
BEGINN 1.1.1971
G.KOST 5.000 DM

Weitere Vorhaben siehe auch:

HB -026 HAUSHALT UND LOESUNGSFRACHT DES GRUNDWASSERS IM EINZUGSGEBIET DER TAUBER OBERHALB VON BAD MERGENTHEIM

KC -019 GRUNDWASSERBELASTUNG DURCH ZUCKERFABRIKABWAESSER

KD -016 EINFLUSS HOHER FLUESSIGMISTGABEN AUF GRUND-, OBERFLAECHEN- UND DRAINWASSERBESCHAFFENHEIT SOWIE AUF ERTRAG UND QUALITAET DES PFLANZENWACHSTUMS

MB -066 WASSER- UND STOFFHAUSHALT IN ABFALLDEPONIEN UND DEREN AUSWIRKUNGEN AUF GEWAESSER. UNTERTHEMA: UMWELTHYGIENISCHE UNTERSUCHUNGEN, INSBESONDERE WANDERUNG VON INDIKATORKEIMEN IM DEPONIENKOERPER UND IM GRUNDWASSER

MC -012 SCHADSTOFFE UND WASSER

MC -013 ERPROBUNG VON UNTERSUCHUNGSMETHODEN; UEBERWACHUNG; PROGNOSEN; KONTROLLE FUER ROTTEMUELLDEPONIE

MC -023 UNTERSUCHUNGEN UEBER DIE DAUER UND DAS AUSMASS DER UMWELTBELASTUNG DURCH GESCHLOSSENE UND ZU SCHLIESSENDE MUELLKIPPEN

MC -024 DIE FILTERWIRKUNG VERSCHIEDENER SANDE UND KIESE BEI DER DUENGUNG MIT ABWASSERKLAERSCHLAMM UND MUELLKOMPOST

MC -027 ERSTELLUNG EINER KLIMATISCHEN WASSERBILANZ AUF EINER MUELL-VERSUCHSDEPONIE; MINIMIERUNG DER SICKERWASSERMENGE DURCH DIE AUSWAHL EINER ENTSPRECHENDEN VEGETATIONSDECKE

MC -035 WANDERUNGSGESCHWINDIGKEIT VON MIKROORGANISMEN DURCH LYSIMETER AUS SIEDLUNGSABFAELLEN

MC -037 WASSERBILANZ VON MUELLDEPONIEN

MC -043 VERMINDERUNG DER SICKERWASSERMENGEN AUS MUELLDEPONIEN DURCH BETRIEBLICHE MASSNAHMEN

MC -054 HYGIENISCHE, BIOLOGISCHE UND CHEMISCH-HYDROGEOLOGISCHE UNTERSUCHUNGEN EINER GEORDNETEN MUELLDEPONIE

OD -073 PERSISTENZ UND VERHALTEN SPEZIELLER PFLANZENSCHUTZ- UND SCHAEDLINGSBEKAEMPFUNGSMITTEL IN BODEN UND WASSER

PG -010 MITWIRKUNG BEI OELUNFAELLEN, AUSWIRKUNGEN VON OELUNFAELLEN AUF BODEN UND WASSER

PH -007 GEOCHEMIE UMWELTRELEVANTER SPURENSTOFFE

IE -001
INST ABTEILUNG HYGIENE UND MIKROBIOLOGIE DER UNI KIEL
KIEL, BRUNSWIKERSTR. 2-6
VORHAB virusuntersuchungen im meerwasser unter besonderer bewertung des ostseewassers
S.WORT gewaesseruntersuchung + viren
OSTSEEKUESTE
PROLEI DR. SPEER
STAND 1.1.1974
FINGEB INNENMINISTER, KIEL
BEGINN 1.1.1973

IE -002
INST ABTEILUNG PHYSIKALISCHE CHEMIE DER UNI ULM
ULM, OBERER ESELSBERG
VORHAB beseitigung von oelschichten auf wasseroberflaechen
die methode basiert auf der irreversiblen adsorption von oel an einer mit aliphatischem, langkettigem amin "aktivierten" sandoberflaeche
S.WORT meeresverunreinigung + oelunfall
+ (verfahrensentwicklung)
PROLEI DR. MARWAN DAKKOURI
STAND 21.7.1976
QUELLE fragebogenerhebung sommer 1976
BEGINN 1.2.1975
G.KOST 6.000 DM

IE -003
INST BIOLOGISCHE ANSTALT HELGOLAND
HAMBURG 50, PALMAILLE 9
VORHAB untersuchungen ueber die beeinflussung mariner organismen durch kuesten- und meeresverschmutzung
biologie und chemie des mikrobiellen oelabbaues, einfluss von abwasserinhaltsstoffen auf plankton- und benthosalgen, wirkung subletaler schwermetallkonzentrationen auf embryonal- und larvalentwicklung einiger nutzfische, erarbeitung biochemischer kriterien fuer die erfassung und beurteilung der schadwirkung von schwermetallionen, populationsdynamik von krebsen und deren beeinflussung durch konventionelle schadstoffe und ionisierende strahlung, rolle der partikulaeren substanz hinsichtlich des verbleibs und der wirkung radioaktiver und konventioneller abwasserinhaltstoffe
S.WORT meeresorganismen + schwermetallkontamination
+ radioaktive substanzen
NORDSEE + OSTSEE
PROLEI DR. OTTO KINNE
STAND 9.8.1976
QUELLE fragebogenerhebung sommer 1976
FINGEB BUNDESMINISTER FUER FORSCHUNG UND TECHNOLOGIE
LITAN KINNE, O.: BIOLOGICAL AND HYDROGRAPHICAL PROBLEMS OF WATER POLLUTION IN THE NORTH SEA AND ADJACENT WATERS. IN: HELGOLAENDER WISS. MEERESUNTERS. 17 S. 518-522(1968)

IE -004
INST BUNDESANSTALT FUER GEWAESSERKUNDE
KOBLENZ, KAISERIN-AUGUSTA-ANLAGEN 15
VORHAB untersuchungen ueber den chemischen und biologischen zustand, ueber das selbstreinigungsvermoegen und ueber die belastbarkeit des ems-aestuariums
schutz der kuestengewaesser. durchfuehrung von untersuchungen ueber den derzeitigen belastungszustand an schadstoffen des ems-aestuars mit der zielsetzung der begrenzung von abwasser- und abfallabgaben in das kuestengewaesser
S.WORT kuestengewaesser + abwasserbelastung
+ selbstreinigung
EMS-AESTUAR
PROLEI DR. KLEIN
STAND 15.11.1975
FINGEB BUNDESMINISTER DES INNERN
ZUSAM NIEDERSAECHSISCHES WASSERUNTERSUCHUNGSAMT HILDESHEIM
BEGINN 1.1.1970 ENDE 31.12.1977
G.KOST 1.336.000 DM

IE -005
INST BUNDESANSTALT FUER GEWAESSERKUNDE
KOBLENZ, KAISERIN-AUGUSTA-ANLAGEN 15
VORHAB untersuchung der langfristigen veraenderungen von mineraloelen auf gewaessern
natuerliche selbstreinigung von gewaessern in bezug auf mineraloele. feststellung des biochemischen abbaus von mineraloelprodukten im gewaesser nach oelunfaellen. feststellung der bedingungen, die diesen abbau foerdern als massnahme zum gewaesser
S.WORT gewaesserverunreinigung + mineraloel + toxizitaet
PROLEI DR. HELLMANN
STAND 15.11.1975
FINGEB BUNDESMINISTER DES INNERN
BEGINN 1.8.1972 ENDE 31.12.1976
G.KOST 325.000 DM

IE -006
INST BUNDESANSTALT FUER GEWAESSERKUNDE
KOBLENZ, KAISERIN-AUGUSTA-ANLAGEN 15
VORHAB tritiumakkumulation im bereich der kuestengewaesser (nordsee)
tritium faellt bei der energieerzeugung in kernkraftanlagen in betraechtlichem umfange an; da eine abtrennung aus kontaminierten abwaessern wirtschaftlich nicht vertretbar ist; muss bei der ableitung in die vorfluter fuer ausreichende verduennung gesorgt werden; die durch unsere hauptfluesse jaehrlich in den kuestenbereich transportierte tritiumfracht kann, im hinblick auf die langlebigkeit dieses isotops (halbwertszeit: 12 jahre) dort unter umstaenden zu einer aktivitaetsakkumulation fuehren; die kuenftig bei fortschreitender installierung von kernkraftwerken beachtet werden muss
S.WORT kuestengewaesser + tritium + kernkraftwerk
NORDSEE
PROLEI DR. MUNDSCHENK
STAND 1.1.1974
FINGEB BUNDESMINISTER FUER VERKEHR
BEGINN 1.1.1974 ENDE 31.12.1979

IE -007
INST DEUTSCHES HYDROGRAPHISCHES INSTITUT
HAMBURG, BERNHARD-NOCHT-STR. 78
VORHAB entwicklung neuer analyseverfahren; verbleib partikulaerer schmutzstoffe; absorptionsfaehigkeit von meeresboeden
S.WORT meeresreinhaltung + analyseverfahren
STAND 1.10.1974
FINGEB BUNDESMINISTER FUER FORSCHUNG UND TECHNOLOGIE
BEGINN 1.1.1971 ENDE 31.12.1974
G.KOST 692.000 DM

IE -008
INST DEUTSCHES HYDROGRAPHISCHES INSTITUT
HAMBURG, BERNHARD-NOCHT-STR. 78
VORHAB erfassung partikulaerer schadstoffe in nord- und ostsee. (verklappung von abwaessern; verklappung von ausgefaulten klaerschlaemmen)
partikulaere schadstoffe werden nach ihrer einbringung in die see den am einbringungsort herrschenden stroemungen und seegangsbedingungen ausgesetzt und koennen den bedingungen entsprechend am boden verdriftet werden. entsprechen ihre hydraulischen eigenschaften denen des sediments - am einbringungsort oder dort, wohin sie durch stroemungen verfrachtet worden sind - dann werden sie in das natuerliche bodensediment inkorporiert. ziel dieses forschungsprogramms ist es, die mechanismen zu untersuchen, die fuer den transport, die veraenderung und den verbleib der schadstoffe massgebend sind. es sollen bemessungsgrundlagen fuer die belastbarkeit eines sediments erarbeitet werden, damit fragen nach sinnvollen systemen fuer staendige ggfls. automatische messungen vvon schadstoffkonzentrationen, nach geeigneten standorten von messstationen und nach geeigneten einbringungsgebieten geloest werden koennen

S.WORT meeresverunreinigung + abfallstoffe + hydrodynamik + schadstofftransport + sedimentation
DEUTSCHE BUCHT + NORDSEE
PROLEI DIPL. -GEOL. NIELS-PETER RUEHL
STAND 13.8.1976
QUELLE fragebogenerhebung sommer 1976
ZUSAM INST. F. HYDROBIOLOGIE UND FISCHEREIWISSENSCHAFTEN DER UNI HAMBURG, OLBERSWEG 24, 2000 HAMBURG 50
LITAN – NAUKE, M.: DIE SCHWERMETALLGEHALTE DER SEDIMENTE IM KLAERSCHLAMM VERKLAPPUNGSGEBIET VOR DER ELBMUENDUNG. IN: DT. HYDR. Z. 27(516)(1974)
– NAUKE, M.: ROTSCHLAMM-VERKLAPPUNG IN DER NORDSEE. IN: MEERESTECHNIK 5(5)(1974)

IE -009

INST DEUTSCHES HYDROGRAPHISCHES INSTITUT HAMBURG, BERNHARD-NOCHT-STR. 78
VORHAB hydrographischer aufbau der deutschen bucht in kleinerskaliger aufloesung
feststellung der zeitlichen und raeumlichen entwicklung von sprungschichten, die je nach ausbildung einfluss auf das verhalten der in die see eingebrachten partikulaerer stoffe haben koennen. durchfuehrung quasisynoptischer messungen. entwicklung von software fuer die rationelle aufbereitung und auswertung der ozeanographischen messdaten. beteiligung an der entwicklung ferngesteuerter geraetetraeger und an der adaption von temperatur- und leitfaehigkeitssonden
S.WORT meereskunde + schadstoffausbreitung + messverfahren + (sprungschichten)
DEUTSCHE BUCHT + NORDSEE
PROLEI DR. PRAHM
STAND 13.8.1976
QUELLE fragebogenerhebung sommer 1976
LITAN ZWISCHENBERICHT

IE -010

INST DEUTSCHES HYDROGRAPHISCHES INSTITUT HAMBURG, BERNHARD-NOCHT-STR. 78
VORHAB ausbreitung von stoffen im meer durch vermischungsvorgaenge
einbringen des farbstoffs rhotamin b (simulation geloester und feinsuspendierter schadstoffe) in verschiedenen tiefenstufen. feststellung der ausbreitung (fluorometrische messungen) in abhaengigkeit von wind-, seegangs-, schichtungs- und stroemungsverhaeltnissen
S.WORT meeresverunreinigung + schadstoffausbreitung + hydrodynamik + messtechnik
NORDSEE + OSTSEE
PROLEI PROF. DR. WEIDEMANN
STAND 13.8.1976
QUELLE fragebogenerhebung sommer 1976
LITAN – WEIDEMANN, H.;SENDNER, H.: DILUTION AND DISPERSION OF POLLUTANTS BY PHYSICAL PROCESSES. IN: FAO TECHNICAL CONFERENCE ON MARINE POLLUTION, ROME, NO MP/70/E-43
– WEIDEMANN, H. (ED.): THE ICES DIFFUSION EXPERIMENT RHENO(1965)

IE -011

INST DEUTSCHES HYDROGRAPHISCHES INSTITUT HAMBURG, BERNHARD-NOCHT-STR. 78
VORHAB entwicklung von vorhersagemethoden ueber ausbreitung und verlagerung von schadstoffen in der deutschen bucht
erfassung der mittleren stroemung und deren schwankungen sowie des wasseraustausches in der nordsee. ermittlung langperiodischer wasserstandsschwankungen sowie der horizontalen und vertikalen komponenten grossraeumiger stroemungen in der nordsee und ihre auswirkungen auf die bewegungsvorgaenge in der deutschen bucht
S.WORT meeresverunreinigung + hydrodynamik + schadstoffausbreitung + prognose
DEUTSCHE BUCHT + NORDSEE
PROLEI DR. MITTELSTAEDT
STAND 13.8.1976
QUELLE fragebogenerhebung sommer 1976

IE -012

INST DEUTSCHES HYDROGRAPHISCHES INSTITUT HAMBURG, BERNHARD-NOCHT-STR. 78
VORHAB entwicklung von analysenverfahren zur schnelleren und besseren bestimmung von radioisotopen im meerwasser und -sediment
entwicklung von strahlenmessgeraeten und messgeraeten, die zum einsatz auf see geeignet sind. anpassung bekannter analysenverfahren an natuerliche gegebenheiten der see. entwicklung spezieller schnellverfahren. technische entwicklung von geraeten, die fuer einen laengeren betrieb an bord eines schiffes geeignet sind
S.WORT meerwasser + sediment + radioaktivitaet + isotopen + messgeraet
NORDSEE + OSTSEE
PROLEI DR. KAUTSKY
STAND 13.8.1976
QUELLE fragebogenerhebung sommer 1976

IE -013

INST DEUTSCHES HYDROGRAPHISCHES INSTITUT HAMBURG, BERNHARD-NOCHT-STR. 78
VORHAB kreislauf der schwermetalle und ihr verbleib im meer
der kreislauf toxischer spurenelemente (ohne die biologische komponente) soll im brackischen und marinen milieu untersucht werden. die quantitativen zusammenhaenge insgesamt und die der einzelnen kreislaufphasen sollen erforscht werden, um die von den fluessen in die see eingebrachten mengen an spurenelementen besser abschaetzen zu koennen und um ihre wege im marinen bereich zu verfolgen. um aussagen zum endgueltigen verbleib machen zu koennen, muessen untersuchungen ueber das wasser- und sedimentationsverhalten der schadstoffe in der nordsee angestellt werden. die erhofften ergebnisse sollen eine abschaetzung der belastung und belastbarkeit der nordsee mit schwermetallen ermoeglichen und zu einer brauchbaren ueberwachungsmethodik fuehren
S.WORT fliessgewaesser + schadstofftransport + schwermetalle + meer + sedimentation
ELBE-AESTUAR + DEUTSCHE BUCHT + NORDSEE
PROLEI DR. KLAUS FIGGE
STAND 13.8.1976
QUELLE fragebogenerhebung sommer 1976
FINGEB BUNDESMINISTER FUER FORSCHUNG UND TECHNOLOGIE
ZUSAM – BUNDESANSTALT FUER GEWAESSERKUNDE, POSTFACH 309, 5400 KOBLENZ
– INST. F. HYDROBIOLOGIE UND FISCHEREI, OLBERSWEG 24, 2000 HAMBURG
BEGINN 1.1.1975 ENDE 31.12.1978
G.KOST 900.000 DM

IE -014

INST DEUTSCHES HYDROGRAPHISCHES INSTITUT HAMBURG, BERNHARD-NOCHT-STR. 78
VORHAB untersuchungen ueber die auswirkungen von naehrstoffzufuhren in die see und ueber die entstehung von akutem sauerstoffmangel in der ostsee
messungen von naehrstoffkonzentrationen (phosphat, nitrat, silikat). erfassung der zusammenhaenge naehrstoffangebot/planktonentwicklung. auswirkungen von massenentwicklungen verschiedener planktonarten auf den chemismus des meerwassers (produktion toxischer substanzen, akuter sauerstoffmangel bei absterben). auswirkungen meteorologischer und hydrographischer faktoren auf den sauerstoffhaushalt und die schwefelwasserstoffbildung in der ostsee
S.WORT meeresverunreinigung + naehrstoffzufuhr + eutrophierung + sauerstoffhaushalt
NORDSEE + OSTSEE
PROLEI DR. WEICHART
STAND 13.8.1976
QUELLE fragebogenerhebung sommer 1976

IE -015

INST DEUTSCHES HYDROGRAPHISCHES INSTITUT HAMBURG, BERNHARD-NOCHT-STR. 78

VORHAB **untersuchungen ueber die veraenderungen des meerwassers durch salzsaeure, die bei der verbrennung von chlorierten kohlenwasserstoffen in der nordsee entsteht**
erfassung chemischer veraenderungen des seewassers und deren auswirkungen (erhoehung der h+ - ionenkonzentration, co2 - partialdruck). ermittlung der abhaengigkeiten bei unterschiedlichen meteorologischen bedingungen
S.WORT meeresverunreinigung + salzsaeure + chlorkohlenwasserstoffe + verbrennung NORDSEE
PROLEI DR. WEICHART
STAND 13.8.1976
QUELLE fragebogenerhebung sommer 1976
BEGINN 1.1.1977 ENDE 31.12.1982
G.KOST 175.000 DM

IE -016

INST DEUTSCHES HYDROGRAPHISCHES INSTITUT HAMBURG, BERNHARD-NOCHT-STR. 78
VORHAB **erdwissenschaftliches flugzeugmessprogramm. erfassung chemischer und partikulaere verschmutzung durch remote-sensing-verfahren**
bestimmung chemischer, ozeanographischer und geologischer messgroessen an der meeresoberflaeche durch fernerkundung (ueberfliegen) und synoptischer messungen auf see (schiff) pruefung, ob und in welcher form die fernerkundung als hilfsmittel zur ueberwachung der meeresverschmutzung dienen kann
S.WORT gewaesserueberwachung + meeresverunreinigung + fliegende messtation DEUTSCHE BUCHT + ELBE-AESTUAR
PROLEI DIPL. -GEOGR. STRUEBING
STAND 13.8.1976
QUELLE fragebogenerhebung sommer 1976
FINGEB BUNDESMINISTER FUER FORSCHUNG UND TECHNOLOGIE
ZUSAM INST. F. HYDROBIOLOGIE UND FISCHEREIWISSENSCHAFTEN DER UNI HAMBURG, OLBERSWEG 24, 2000 HAMBURG 50
BEGINN 1.1.1976 ENDE 31.12.1978
G.KOST 146.000 DM

IE -017

INST FRANZIUS-INSTITUT FUER WASSERBAU UND KUESTENINGENIEURWESEN DER TU HANNOVER HANNOVER, NIENBURGER STRASSE 4
VORHAB **horizontale ausbreitungsvorgaenge in tideaestuarien in abhaengigkeit von der herrschenden turbulenzstruktur**
in der natur un in im franzius-institut vorhandenen hydraulischen modellen werden die ausbreitungsvorgaenge (physikalische systeme) untersucht und in abhaengigkeit der turbulenzstruktur ausgewertet. als ergebnisse sollen die massgebenden ausbreitungskoeffizienten als funktion der tidezeit (fuer die anwendung in mathematischen modellen) und verbesserte uebertragungskriterien bzw. modellgesetze fuer die untersuchung von abwassereinleitungen in hydraulischen modellen erarbeitet werden
S.WORT abwasserableitung + (in tideregion + ausbreitungsmodell) ELBE + WESER + JADE + EMS
PROLEI DIPL. -ING. GERD FLUEGGE
STAND 19.7.1976
QUELLE fragebogenerhebung sommer 1976
BEGINN 1.1.1976 ENDE 1.1.1978
G.KOST 50.000 DM

IE -018

INST GEOLOGISCH-PALAEONTOLOGISCHES INSTITUT DER UNI HAMBURG HAMBURG 13, BUNDESSTR. 55
VORHAB **schwerpunkt: litoralforschung - abwaesser in kuestennaehe; art und groesse biogeochemischer umsetzungen im flachmeerbereich**
in zusammenarbeit mit biologen und ozeanographen werden sedimente und die darueberstehenden waesser im seegebiet nordwestlich von helgoland und im einzugsgebiet der elbe auf ihre umsatzkapazitaet hinsichtlich organischer und mineralischer verunreinigungen untersucht. zucker und aminosaeuren bieten sich fuer derartige untersuchungen besonders an (bildung von metallorganischen komplexen). indem man nichtkontaminierte mit kontaminierten gebieten vergleicht, erhaelt man einen faktor, der es erlaubt, abzuschaetzen, wieviel abfallstoffe man einem gewaesser oder einem sediment zumuten kann, ohne aber die natuerlichen mikrobiologischen populationen zu veraendern
S.WORT meeresverunreinigung + kuestengewaesser + abwasserableitung + mikroorganismen + biologische wirkungen HELGOLAND + ELBE + DEUTSCHE BUCHT
PROLEI PROF. DR. EGON DEGENS
STAND 30.8.1976
QUELLE fragebogenerhebung sommer 1976
BEGINN 1.1.1974 ENDE 31.12.1976

IE -019

INST GEOLOGISCH-PALAEONTOLOGISCHES INSTITUT UND MUSEUM DER UNI GOETTINGEN GOETTINGEN, GOLDSCHMIDTSTR. 3
VORHAB **die sedimente des golfes von piran und objektive kriterien fuer ihre anthropogene pollution**
S.WORT wasserverunreinigung + meeressediment + anthropogener einfluss GOLF VON PIRAN
PROLEI PROF. DR. MEISCHNER
STAND 1.1.1974
ZUSAM INST. ZA BIO. DER UNI VON LJUBLANA (JUGOSLAWIEN)
BEGINN 1.10.1972

IE -020

INST GEOLOGISCH-PALAEONTOLOGISCHES INSTITUT UND MUSEUM DER UNI GOETTINGEN GOETTINGEN, GOLDSCHMIDTSTR. 3
VORHAB **sedimentbildung an und vor kalkkuesten durch biologische korrosion und biologische erosion; abhaengigkeit der prozesse von der gewaesser-verschmutzung**
untersuchungen zur verteilung und oekologie von litoralorganismen (epi- und endolithische makro- und mikroorganismen), untersuchung der sedimentproduktion an einer kalkkueste durch dominierende weidende und bohrende organismen im litoralbereich der jugoslawischen nord-adria. ziel ist eine bilanz der biologischen erosionsleistung in bezug auf die sedimentgenese und damit ein beitrag zu einem sedimentationsmodell in der oestlichen nord-adria. (arbeitsmethodik: sedimentologie - oekologie.) auf der basis der sedimentologisch-oekologischen ergebnisse sollen - durch vergleichende untersuchungen an nicht, mittel und stark verschmutzten kuestenabschnitten - moeglichst einfach zu handhabende methoden zur schnellen beurteilung der qualitaet des kuestenwassers gewonnenn werden
S.WORT gewaesserverunreinigung + meeressediment + korrosion + erosion + (sedimentationsmodell) ADRIA (NORD)
PROLEI DR. DIPL. -GEOL. JUERGEN SCHNEIDER
STAND 2.8.1976
QUELLE fragebogenerhebung sommer 1976
FINGEB DEUTSCHE FORSCHUNGSGEMEINSCHAFT
ZUSAM
- MARINE BIOLOGICAL STATION, UNI OF LJUBLJANA, PORTOROZ, JUGOSLAWIEN
- INSTITUT RUDJER BOSKOVIC, CENTER OF MARINE RESEARCH, ROVINJ, JUGOSLAWIEN
- STATION MARINE D'ENDOUME, CENTRE D'OCEANOGRAPHIE, MARSEILLE, FRANKREICH (DR. T. LE CAMPION-ALSUMARD)

BEGINN 1.3.1976 ENDE 31.12.1978
G.KOST 35.000 DM

IE -021

INST GEOLOGISCH-PALAEONTOLOGISCHES INSTITUT UND MUSEUM DER UNI KIEL
KIEL, OLSHAUSENSTR. 40/60

VORHAB **experimente zur benthosproduktion auf schwebesubstraten vor boknis eck, westliche ostsee**
experimente ueber die produktion, speziell karbonatproduktion, von benthos in abhaengigkeit von hydrologie und bodenverhaeltnissen bei besonderer beruecksichtigung der mollusken, diatomeen und der meiofauna; technologie; probenahme durch tauchgruppe/ messfuehlersystem des institut fuer angewandte physik, universitaet kiel; produktionsdaten anwendbar unter anderem in der fischereibiologie

S.WORT meeresorganismen + benthos
OSTSEE

PROLEI PROF. DR. SARNTHEIM

STAND 1.1.1974

FINGEB DEUTSCHE FORSCHUNGSGEMEINSCHAFT

ZUSAM INST. F. MEERESKUNDE DER UNI KIEL (SFB 95 MEERESKUNDE), 23 KIEL, NIEMANNSWEG 11

BEGINN 1.6.1972 ENDE 31.12.1976

G.KOST 55.000 DM

LITAN - SFB-95, JAHRESBERICHT 1972, S. 123
- SARNTHEIN, M.: QUANTITATIVE DATEN UEBER BENTHISCHE KARBONATPRODUKTION IN MITTLEREN BREITEN. -FESTSCHR. UNIV. INNSBRUCK, (MONOGRAPHIEN) S. 15 (1973)
- ZWISCHENBERICHT 1974. 04

IE -022

INST HOWALDTSWERKE-DEUTSCHE WERFT AG
HAMBURG

VORHAB **entwicklung eines oelgehaltmessgeraetes zum messen von oel im bilgen- und ballastwasser von schiffen**

S.WORT meeresverunreinigung + oel + messgeraet

QUELLE datenuebernahme aus der datenbank zur koordinierung der ressortforschung (dakor)

FINGEB BUNDESMINISTER FUER FORSCHUNG UND TECHNOLOGIE

ZUSAM HEIMANN GMBH, WIESBADEN

BEGINN 1.11.1974 ENDE 31.10.1975

G.KOST 307.000 DM

IE -023

INST INSTITUT FUER HYDROBIOLOGIE UND FISCHEREIWISSENSCHAFT DER UNI HAMBURG
HAMBURG 50, OLBERSWEG 24

VORHAB **effekt der einbringung von klaerschlamm in die deutsche bucht**
bodenfauna: besiedlung bei klaerschlammeintrag; gehalt an klaerschlammbildung; faunistische aenderungen in jahren und jahreszeiten

S.WORT klaerschlamm + meeresverunreinigung
DEUTSCHE BUCHT

PROLEI PROF. DR. HUBERT CASPERS

STAND 1.1.1974

FINGEB DEUTSCHE FORSCHUNGSGEMEINSCHAFT

BEGINN 1.6.1972

G.KOST 110.000 DM

IE -024

INST INSTITUT FUER HYDROBIOLOGIE UND FISCHEREIWISSENSCHAFT DER UNI HAMBURG
HAMBURG 50, OLBERSWEG 24

VORHAB **der einfluss faeulnisfaehiger und toxischer substanzen auf die biozoenotische struktur und den stoffwechselprozess im kuestengewaesser**
auswirkung haeuslicher und industrieller abwaesser in kuestengewaessern und in flussmuendungen

S.WORT abwasser + schadstoffbelastung + kuestengewaesser

PROLEI PROF. DR. HUBERT CASPERS

STAND 1.1.1974

FINGEB DEUTSCHE FORSCHUNGSGEMEINSCHAFT

BEGINN 1.1.1967

G.KOST 600.000 DM

LITAN FORSCHUNGSBERICHT DFG: ABWAESSER IN KUESTENNAEHE (1973)

IE -025

INST INSTITUT FUER HYDROBIOLOGIE UND FISCHEREIWISSENSCHAFT DER UNI HAMBURG
HAMBURG 50, OLBERSWEG 24

VORHAB **synoptische untersuchungen ueber die ausdehnung von truebungszonen und planktonfeldern im bereich der unter- und aussen-elbe**

S.WORT truebwasser + plankton
ELBE

STAND 1.1.1974

FINGEB DEUTSCHE FORSCHUNGSGEMEINSCHAFT

IE -026

INST INSTITUT FUER HYDROBIOLOGIE UND FISCHEREIWISSENSCHAFT DER UNI HAMBURG
HAMBURG 50, OLBERSWEG 24

VORHAB **der einfluss faeulnisfaehiger und toxischer substanzen auf die biozoenotische struktur und die stoffwechseldynamischen prozesse der kuestengewaesser; insbesondere im bereich der aestuare**
experimentelle untersuchungen ueber die vermehrungsraten von phytoplankton und copepoden; abbauraten organischer reststoffe unter verschiedener beeinflussung durch haeusliche und industrielle abwaesser; plattenversuche ueber den bewuchs im hamburger hafen; abwassereinfluesse in wattengebieten; einfluesse von rohoel auf wattenorganismen; tracer-versuche ueber die kontamination durch radionuklide in sedimenten und in ausgewaehlten bodentieren

S.WORT kuestengewaesser + toxische abwaesser
+ biozoenose + aestuar

PROLEI PROF. DR. HUBERT CASPERS

STAND 30.8.1976

QUELLE fragebogenerhebung sommer 1976

FINGEB DEUTSCHE FORSCHUNGSGEMEINSCHAFT

BEGINN 1.1.1967

IE -027

INST INSTITUT FUER HYDROBIOLOGIE UND FISCHEREIWISSENSCHAFT DER UNI HAMBURG
HAMBURG 50, OLBERSWEG 24

VORHAB **einfluss von klaerschlamm auf die bodenfauna und saprobiologische typisierung mariner gewaesser**
bicoenotische untersuchungen ueber die bodenfauna in klaerschlammsedimenten der suedlichen nordsee; anreicherung von schwermetallen im sediment und in organismen; jahreszeitliche fluktuationen; populationsdynamik des benthos

S.WORT klaerschlamm + meeressediment + schwermetalle
+ benthos + populationsdynamik
NORDSEE

PROLEI PROF. DR. HUBERT CASPERS

STAND 30.8.1976

QUELLE fragebogenerhebung sommer 1976

FINGEB DEUTSCHE FORSCHUNGSGEMEINSCHAFT

BEGINN 1.1.1970 ENDE 31.12.1978

IE -028

INST INSTITUT FUER HYDROBIOLOGIE UND FISCHEREIWISSENSCHAFT DER UNI HAMBURG
HAMBURG 50, OLBERSWEG 24

VORHAB **oekologie von arten des zooplanktons an der grenzschicht meer-atmosphaere**
fragestellung: verbreitung, verhalten und oekologische bedeutung von planktischen crustaceen der meeresoberflaeche des subtropischen und tropischen atlantiks. anwendungsmoeglichkeit der ergebnisse: die arten der copepodenfamilie pontellidae eignen sich als biologische indikatoren a) zur ad hoc-identifikation von stroemungssystemen und von wassermassen in der deckschicht (0-200 m) des atlantiks, b) zur schnellen abschaetzung der produktivitaet von wassermassen, c) zur schnellen information ueber die struktur von lebensgemeinschaften in wasserkoerpern der deckschicht. die pontelliden erscheinen durch ihre lebensweise unmittelbar an der meeresoberflaeche (0-10 cm) praedestiniert zur beobachtung und kontrolle der meeresverschmutzung

S.WORT meeresverunreinigung + plankton + bioindikator
PROLEI DR. HORST WEIKERT
STAND 30.8.1976
QUELLE fragebogenerhebung sommer 1976

IE -029

INST INSTITUT FUER HYDROBIOLOGIE UND FISCHEREIWISSENSCHAFT DER UNI HAMBURG
HAMBURG 50, OLBERSWEG 24
VORHAB **bilanzierung der biologischen umsetzungsprozesse im elbe-aestuar**
untersuchungen in verschiedenen salzgehaltbereichen bis hin zur offenen nordsee: versuche ueber den stoff- und energietransport in seiner regionalen und saisonalen abhaengigkeit; experimentelle untersuchungen ueber die selbstreinigungsvorgaenge. beziehungen zum auftreten von phyto- und zooplankton in abhaengigkeit von den jahreszeiten; registrierung der chemischen parameter in beziehung zum sauerstoffregime. synoptische kartierung biologischer parameter im meer: flugzeugmessungen ueber die verteilung von truebungszonen und planktonfeldern
S.WORT wasserverunreinigung + selbstreinigung + aestuar + plankton
ELBE-AESTUAR
PROLEI PROF. DR. HUBERT CASPERS
STAND 30.8.1976
QUELLE fragebogenerhebung sommer 1976
FINGEB DEUTSCHE FORSCHUNGSGEMEINSCHAFT

IE -030

INST INSTITUT FUER KUESTEN- UND BINNENFISCHEREI DER BUNDESFORSCHUNGSANSTALT FUER FISCHEREI
HAMBURG, PALMAILLE 9
VORHAB **schadwirkung und akkumulation von kombinationen von schwermetallen, pestiziden und detergentien an embryonal- und larvenstadien mariner organismen zur festlegung von wasserqualitaetskriterien**
die untersuchungen sollen der klaerung kombinierter schadwirkungen von schwermetallen, pestiziden und detergentien dienen. zusaetzlich sollen fragen der gegenseitigen beeinflussung der akkumulation der o. a. schadstoffe untersucht werden. von den ergebnissen werden aufschluesse ueber moegliche synergistische oder antagonistische effekte von schadstoffen erwartet, die die kuenftige festlegung von wasserqualitaetskriterien erleichtern sollen. folgende schadstoffe sollen untersucht werden: schwermetalle, cadmium, blei und kupfer, pestizide; ddt und dieldrin. detergentien; natriumlaurylbenzsulfat und nonophenylethoxylat
S.WORT schwermetalle + detergentien + pestizide + schadstoffwirkung + meeresorganismen
DEUTSCHE BUCHT
PROLEI DR. DIPL. -BIOL. VOLKERT DETHLEFSEN
STAND 12.8.1976
QUELLE fragebogenerhebung sommer 1976
FINGEB BUNDESMINISTER FUER FORSCHUNG UND TECHNOLOGIE
ZUSAM BIOLOGISCHE ANSTALT HELGOLAND, PALMAILLE 9, 2000 HAMBURG 50
BEGINN 1.1.1976 ENDE 31.12.1979

IE -031

INST INSTITUT FUER MEERESFORSCHUNG
BREMERHAVEN, AM HANDELSHAFEN 12
VORHAB **populationsdynamik und produktivitaet der bodenfauna in der deutschen bucht unter besonderer beruecksichtigung der meeresverschmutzung**
oekologisch wichtige bodentiere werden aus regelmaessig an dauerstationen genommenen, quantitativen proben analysiert , um aufschluesse ueber den lebenszyklus, das wachstum, die variationen der siedlungsdichte und die produktionsleistung zu erhalten. die zusammensetzung der tiergemeinschaften wird langfristig verfolgt, um natuerliche und durch meeresverschmutzung bedingte veraenderungen zu erkennen (titan-abwaesser und kommunale klaerschlaemme)
S.WORT meeresverunreinigung + benthos + populationsdynamik
DEUTSCHE BUCHT
PROLEI DR. ELKE RACHOR
STAND 1.10.1974
FINGEB DEUTSCHE FORSCHUNGSGEMEINSCHAFT
ZUSAM - DEUTSCHES HYDROGRAPHISCHES INSTITUT, 2 HAMBURG 4, BERNHARD-NOCHT-STR. 78
- BIOLOGISCHE ANSTALT, HELGOLAND
- PROJEKTGRUPPE "BIOINDIKATOREN" IM DFG-SCHWERPUNKT LITORALFORSCHUNG
BEGINN 1.1.1969
G.KOST 139.000 DM
LITAN - RUIVO, M. (ED.); RACHOR, E.: MARINE POLLUTION AND SEA LIFE. P. 390-392 LONDON(1972)
- RACHORE, E.: STRUCTURE, DYNAMICS AND PRODUCTIVITY OF A POPULATION OF NUCULA NITIDOSA (BIVALVIA, PROTOBRANCHIATA). IN: BER. DT. WISS. KOMMN. MEERESFORSCH. 22 P. 296-331(1976)
- ENDBERICHT

IE -032

INST INSTITUT FUER MEERESFORSCHUNG
BREMERHAVEN, AM HANDELSHAFEN 12
VORHAB **filtrierrate und nahrungsausnutzung von muscheln und der einfluss von truebungssubstanzen auf deren lebensfaehigkeit**
entwicklung von abwassertests; einfluss inerter truebstoffe auf filtrierende meeresorganismen
S.WORT meeresverunreinigung + truebwasser + muscheln
PROLEI DR. WINTER
STAND 1.1.1974
FINGEB DEUTSCHE FORSCHUNGSGEMEINSCHAFT
ZUSAM PROJEKTGRUPPE"TOXIZITAET" IM DFG-SCHWERPUNKT LITORALFORSCHUNG
BEGINN 1.1.1965
G.KOST 64.000 DM
LITAN - PERSOONE, G.;JASPERS, E. (EDS.); WINTER, J. E.;LANGTON, R. W.: THE INFLUENCE OF THE TOTAL AMOUNT OF FOOD INGESTED AND FOOD CONCENTRATION ON GROWTH. IN: PROC. 10TH EUR. SYMP. MAR. BIOL. , OSTEND, BERGIUM 17-23 SEPT. 1975 WETTEREN: UNIVERSA PRESS(1976)
- PERSOONE, G.;JASPERS, E. (EDS.); WINTER, J. E.: THE INFLUENCE OF SUSPENDED SILT IN ADDITION TO ALGAL SUSPENSIONS ON GROWTH. IN: PROC. 10TH EUR. SYMP. MAR. BIOL. , OSTEND, BELGIUM 17-23 SEPT. 1975 WETTEREN: UNIVERSA PRESS(1976)
- PERSOONE, G.;JASPERS, E. (EDS.); MURKEN, J.: FEEDING OF WASTE ORGANIC PRODUCTS RECYCLING BIODEGRADABLE WASTES. IN: PROC. 10TH EUR. SYMP. MAR. BIOL. , OSTEND BELGIUM 17-23 SEPT. 1975 WETTEREN: UNIVERSA PRESS(1976)

IE -033

INST INSTITUT FUER MEERESFORSCHUNG
BREMERHAVEN, AM HANDELSHAFEN 12
VORHAB **einfluss von schwermetallsalzen auf bakterien im wasser des weser-aestuars**
untersuchung von toxizitaet, aufnahme und abgabe von cadmium und blei bei bakterien in wasserproben des weser-aestuars
S.WORT wasserverunreinigung + schwermetallsalze + bakterien
WESER-AESTUAR
PROLEI DR. HORST WEYLAND
STAND 1.1.1974
FINGEB DEUTSCHE FORSCHUNGSGEMEINSCHAFT
ZUSAM - PROJEKTGRUPPE "TOXIZITAET" IM DFG-SCHWERPUNKT LITORALFORSCHUNG
- PROJEKTGRUPPE "AKKUMULATION" IM DFG-SCHWERPUNKT LITORALFORSCHUNG
BEGINN 1.1.1973
G.KOST 27.000 DM

IE -034

INST INSTITUT FUER MEERESFORSCHUNG
BREMERHAVEN, AM HANDELSHAFEN 12

VORHAB **chlorierte kohlenwasserstoffe in meeressedimenten**
bestimmung von chlorierten kohlenwasserstoffen in sedimentschichten der nordsee
S.WORT meeressediment + chlorkohlenwasserstoffe
PROLEI DR. GERHARD EDER
STAND 1.1.1974
FINGEB BUNDESMINISTER FUER FORSCHUNG UND TECHNOLOGIE
ZUSAM PROJEKTGRUPPE "SCHICKSAL VON SCHADSTOFFEN" IM DFG-SCHWERPUNKT LITORALFORSCHUNG
BEGINN 1.1.1973
G.KOST 41.000 DM

IE -035
INST INSTITUT FUER MEERESFORSCHUNG BREMERHAVEN, AM HANDELSHAFEN 12
VORHAB **pilzkeime im weser-aestuar**
qualitative und quantitative untersuchungen ueber hoehere pilzkeime im wasser und sediment des weser-aestuars, unter besonderer beruecksichtigung potentiell pathogener pilzkeime in beziehung zur abwasserbelastung des weser-aestuars. entwicklung eines mykologischen testverfahrens zur beurteilung des gewaesserzustandes sowie seines verseuchungsgrades mit potentiell pathogenen pilzkeimen. es werden wasserproben aus 1 m wassertiefe und ca. 3 m ueber dem grund entnommen, mit hilfe einschlaegiger methoden (plattengussverfahren, membranfiltertechnik, selektivnaehrmedien etc.) auf das vorkommen myzelbildender und hefeartiger hoeherer pilzkeime untersucht, in "potentiell pathogene" und "nicht pathogene" pilze differenziert und z. t. in kultur genommen
S.WORT abwasserbelastung + kuestengewaesser + krankheitserreger + (pilzkeime)
WESER-AESTUAR
PROLEI DR. K. SCHAUMANN
STAND 22.7.1976
QUELLE fragebogenerhebung sommer 1976
FINGEB DEUTSCHE FORSCHUNGSGEMEINSCHAFT
BEGINN 1.1.1974 ENDE 31.12.1976
G.KOST 150.000 DM
LITAN - SCHAUMANN, K.: PILZKEIME IM WASSER DES WESER-AESTUARS (DEUTSCHE BUCHT) - QUANTITATIVE ERGEBNISSE 1974. IN: VEROEFF. INST. MEERESFORSCH. BREMERHAVEN 16 (1976)
- WELLERSHAUS, S.: DATEN 1973/74 ZUR HYDROGRAPHIE UND GEWAESSERGUETE DES WESER-AESTUARS. IN: VEROEFF. INST. MEERESFORSCH. BREMERHAVEN 16 (1976)

IE -036
INST INSTITUT FUER MEERESFORSCHUNG BREMERHAVEN, AM HANDELSHAFEN 12
VORHAB **absorption und abbau von organischen schadstoffen bei marinen bakterien**
S.WORT meeresbiologie + organische schadstoffe + schadstoffabbau + bakterien
PROLEI DR. GERHARD EDER
STAND 7.9.1976
QUELLE datenuebernahme von der deutschen forschungsgemeinschaft
FINGEB DEUTSCHE FORSCHUNGSGEMEINSCHAFT

IE -037
INST INSTITUT FUER MEERESGEOLOGIE UND MEERESBIOLOGIE SENCKENBERG WILHELMSHAVEN, SCHLEUSENSTR. 39 A
VORHAB **litoralforschung: abwasser in kuestennaehe, makrobenthos, jade und suedliche nordsee**
S.WORT kuestengewaesser + abwasserbelastung + benthos
DEUTSCHE BUCHT + JADE + WESER-AESTUAR
PROLEI DR. JUERGEN DOERJES
STAND 1.1.1974
FINGEB DEUTSCHE FORSCHUNGSGEMEINSCHAFT
BEGINN 1.1.1966 ENDE 31.12.1975
G.KOST 252.000 DM

IE -038
INST INSTITUT FUER MEERESGEOLOGIE UND MEERESBIOLOGIE SENCKENBERG WILHELMSHAVEN, SCHLEUSENSTR. 39 A
VORHAB **bestandsaufnahme jade**
zunehmende industrialisierung und abwasserbelastungen gefaehrden die jade. es werden biologische, hydrographische, chemische und sedimentologische parameter gemessen, um den status quo der jade sowie anthropogen bedingte veraenderungen festzustellen
S.WORT kuestengewaesser + abwasserbelastung + industriegebiet
JADE + DEUTSCHE BUCHT
PROLEI DR. JUERGEN DOERJES
STAND 1.10.1974
FINGEB VERWALTUNGSPRAESIDENT OLDENBURG
ZUSAM - FORSCHUNGSSTELLE NORDERNEY, AN DER MUEHLE 5, 2982 NORDERNEY
- NIEDERS. WASSERUNTERSUNGSAMT, POSTFACH, 3200 HILDESHEIM
- WASSERWIRTSCHAFTSAMT WILHELMSHAVEN, FLIEGERDEICH, 2940 WILHELMSHAVEN
BEGINN 1.1.1972 ENDE 31.12.1977
G.KOST 80.000 DM

IE -039
INST INSTITUT FUER MEERESGEOLOGIE UND MEERESBIOLOGIE SENCKENBERG WILHELMSHAVEN, SCHLEUSENSTR. 39 A
VORHAB **schwermetall- und biozid-untersuchungen in der kuestenzone der suedlichen nordsee**
bewertung der umweltbelastung in der hohen see und in kuestengewaessern. feststellung des derzeitigen zustands an bioziden im kuestengewaesser. abschaetzung der folgen bei weiterer belastung der kuestenzone mit bioziden. aufstellung von grenzwerten fuer einleitungen
S.WORT meeresverunreinigung + biozide + schwermetalle
NORDSEE + DEUTSCHE BUCHT
STAND 1.12.1975
FINGEB BUNDESMINISTER DES INNERN
BEGINN 1.12.1975 ENDE 31.12.1978
G.KOST 450.000 DM

IE -040
INST INSTITUT FUER MEERESGEOLOGIE UND MEERESBIOLOGIE SENCKENBERG WILHELMSHAVEN, SCHLEUSENSTR. 39 A
VORHAB **anwendung von fernerkundungsmethoden im marinen umweltschutz**
mit hilfe von methoden der fernerkundung (11-kanal scanner, radiometer, kameras) wird versucht, grossraeumige veraenderungen im biologischen und sedimentologischen geschehen der watten zu erfassen. die arbeiten werden im rahmen des flugzeugmessprogramms des bmft und des sfb 194 der dfg durchgefuehrt
S.WORT kuestengewaesser + meeresbiologie + ueberwachungssystem
DEUTSCHE BUCHT + JADE + WESER-AESTUAR
PROLEI DR. JUERGEN DOERJES
STAND 23.7.1976
QUELLE fragebogenerhebung sommer 1976
FINGEB - DEUTSCHE FORSCHUNGSGEMEINSCHAFT
- BUNDESMINISTER FUER FORSCHUNG UND TECHNOLOGIE
ZUSAM - DFVLR, OBERPFAFFENHOFEN
- INST. F. PHOTOGRAMMETRIE UND INGENIEURVERMESSUNG DER TU HANNOVER, NIENBURGER STR. 1, 3000 HANNOVER
BEGINN 1.1.1975
LITAN ZWISCHENBERICHT

IE -041
INST INSTITUT FUER MEERESGEOLOGIE UND MEERESBIOLOGIE SENCKENBERG WILHELMSHAVEN, SCHLEUSENSTR. 39 A

VORHAB **schwermetalle im bereich der ostfriesischen watten, der deutschen bucht und des nordseeschelfs**
erarbeitung der grundlagen von anreicherungsmechanismen im sediment/porenwassersystem. akkumulation in benthosorganismen in abhaengigkeit von der art der nahrungsaufnahme und dem biotop. verteilungsmuster (vertikal und horizontal) der schwermetallkontamination im sediment und porenwasser
S.WORT kuestengewaesser + wattenmeer + schadstoffnachweis + schwermetalle
DEUTSCHE BUCHT
PROLEI PROF. DR. H. E. REINECK
STAND 23.7.1976
QUELLE fragebogenerhebung sommer 1976
FINGEB DEUTSCHE FORSCHUNGSGEMEINSCHAFT
ZUSAM LABORATORIUM FUER SEDIMENTFORSCHUNG DER UNI HEIDELBERG, BERLINER STR. 19, 6900 HEIDELBERG
BEGINN 1.7.1976 ENDE 31.12.1977
G.KOST 160.000 DM

IE -042
INST INSTITUT FUER MEERESKUNDE AN DER UNI KIEL
KIEL, NIEMANNSWEG 11
VORHAB **untersuchungen ueber die mineralisierung organischer schmutzstoffe in der ostsee**
in situ- und laboruntersuchungen ueber den einfluss organischer und anorganischer schadstoffe auf die aktivitaet der mikroorganismen und damit auf den abbau organischer schutzstoffe in kuestengewaessern
S.WORT kuestengewaesser + schadstoffe + mikroorganismen
OSTSEE
PROLEI DR. GOCKE
STAND 1.10.1974
FINGEB BUNDESMINISTER FUER FORSCHUNG UND TECHNOLOGIE
ZUSAM - DFG ARBEITSGRUPPE LITORALFORSCHUNG, 2 HAMBURG 50, PALMAILLE 55
- MIKROBIOLOGISCHE INSTITUTE DER OSTSEESTAATEN
BEGINN 1.1.1971
G.KOST 650.000 DM

IE -043
INST INSTITUT FUER MEERESKUNDE AN DER UNI KIEL
KIEL, NIEMANNSWEG 11
VORHAB **pestizide und polychlorierte biphenyle im seewasser**
testen verschiedener extraktionsmethoden fuer unpolare stoffe im seewasser
S.WORT meerwasser + wasserverunreinigung + pestizide + extraktionsmethode
PROLEI DR. OSTERROHT
STAND 1.10.1974
FINGEB DEUTSCHE FORSCHUNGSGEMEINSCHAFT
ZUSAM - DFG ARBEITSGRUPPEN: 'ANALYTIK(II)' UND 'SCHICKSALE VON SCHADSTOFFEN (V)'
- WOODS HOLE OCEANOGRAPHIC INSTITUTION, CEMISTRY DEPT.
BEGINN ENDE 31.12.1980
G.KOST 600.000 DM

IE -044
INST INSTITUT FUER MEERESKUNDE AN DER UNI KIEL
KIEL, NIEMANNSWEG 11
VORHAB **untersuchungen zur vermischung in oberflaechennaehe und in der sprungschicht der westlichen ostsee (kieler bucht)**
die vermischung im meer und damit die verteilung eingebrachter schmutzstoffe ist stark abhaengig von turbulenten transporten, deren intensitaet und aehnliches stark von der vertikalen schichtung abhaengt; eine unterwasser-winde dient zur messung der vertikalverteilung wichtiger groessen und deren schwankungen, um diese dann fuer numerische modelle zu parametrisieren
S.WORT meerwasser + abwasser + austauschprozesse
KIELER BUCHT + OSTSEE
PROLEI PROF. DR. SIEDLER
STAND 1.1.1974
FINGEB - BUNDESMINISTER FUER FORSCHUNG UND TECHNOLOGIE
- KULTUSMINISTER, KIEL
BEGINN 1.2.1974
LITAN ZWISCHENBERICHT 1975. 02

IE -045
INST INSTITUT FUER MEERESKUNDE AN DER UNI KIEL
KIEL, NIEMANNSWEG 11
VORHAB **entwicklung analytischer methoden fuer die untersuchung nichtpolarer organischer substanzen (kohlenwasserstoffe, organopestizide, pcb's) im meerwasser, in suspendierten partikeln und in marinen organismen**
S.WORT meeresverunreinigung + organische stoffe + meeresorganismen + nachweisverfahren
PROLEI DR. MANFRED EHRHARDT
STAND 7.9.1976
QUELLE datenuebernahme von der deutschen forschungsgemeinschaft
FINGEB DEUTSCHE FORSCHUNGSGEMEINSCHAFT

IE -046
INST INSTITUT FUER PFLANZENERNAEHRUNG UND BODENKUNDE DER UNI KIEL
KIEL, OLSHAUSENSTR. 40-60
VORHAB **phosphor- und stickstoffzufuhr aus der landwirtschaft in die ostsee; insbesondere durch schwebstoffe der gewaesser**
in einem abgeschlossenen gewaessersystem soll eine bilanz ueber alle phosphor-einleitungen vorgenommen werden. ziel hierbei ist, die gesamtbelastung festzustellen, die einzelnen quellen nach phosphor-art und menge zu lokalisieren und vorhersagen ueber die effizienz von phosphoreliminierungsanlagen zu erstellen
S.WORT meeresreinhaltung + landwirtschaftliche abwaesser + phosphor
OSTSEE
PROLEI PROF. DR. WENZEL HOFFMANN
STAND 15.11.1975
FINGEB BUNDESMINISTER DES INNERN
BEGINN 1.9.1974 ENDE 31.8.1976
G.KOST 271.000 DM
LITAN ZWISCHENBERICHT

IE -047
INST INSTITUT FUER PHYSIKALISCHE CHEMIE DER UNI KIEL
KIEL, OLSHAUSENSTR. 40-60 (S 12 C)
VORHAB **ionenverhaeltnisse in oberflaechenfilmen von fluss- und meerwasser, schaeumen und marinen aerosolen**
zielsetzung der untersuchungen ist die aufklaerung eines potentiellen ausbreitungsmechanismus fuer in fluss- und meerwasser geloest vorliegende schadstoffe, insbesondere schwermetallkationen ("schwarze" und "graue" liste der paris-konvention), bei dem zunaechst eine anreicherung in den haeufig vorhandenen oberflaechenfilmen natuerlicher waesser vorangeht. das in der phasengrenzflaeche angereicherte material wird dann durch schaum- und aerosolbildung an der loesungsoberflaeche in die atmosphaere uebertragen und kann durch windeinfluss weit verbreitet werden. bei der durchfuehrung des vorhabens werden sowohl oberflaechenfilme aufihre zusamensetzung hin analysiert als auch marine aerosole nach verschiedenen methoden gesammelt und untersucht
S.WORT oberflaechenwasser + aerosole + stoffaustausch + schadstoffausbreitung
ELBE-AESTUAR + DEUTSCHE BUCHT
PROLEI DR. PETER H. KOSKE
STAND 21.7.1976

QUELLE fragebogenerhebung sommer 1976
ZUSAM UMWELTBUNDESAMT, MESS-STELLE SYLT, 2280 WESTERLAND/SYLT
LITAN - KOSKE, P.;MARTIN, H.: UEBER EINE METHODE ZUR MESSUNG VON OBERFLAECHENKONZENTRATIONEN FLUESSIGER MISCHPHASEN. IN: ZEITSCHRIFT FUER PHYSIKALISCHE CHEMIE, NF 82 S. 287-294(1972)
- KOSKE, P. H.;MARTIN, H.: ION FRACTIONATIONS AT THE SURFACE OF AQUEONS INORGANIC SALT SOLUTIONS BY MEANS OF A FILM CENTRIFUGE. IN: J. GEOPHYSICAL RESEARCH 77(27) S. 5201-5203(1972)
- KOSKE, P.: SURFACE STRUCTURE OF AQUEONS SALT SOLUTIONS AND ION FRACTIONATION. IN: J. RECHERCHES ATMOSPHERIQUES 4/5(1975)

IE -048

INST INSTITUT FUER SCHIFFBAU DER UNI HAMBURG
HAMBURG
VORHAB **auswirkungen des imco-uebereinkommens zur verhuetung der meeresverschmutzung auf den entwurf und die konstruktion von mineraloeltankern (imco)**
die auswirkungen der von der imco getroffenen vereinbarung auf entwurf, bau- und betriebskosten von tankschiffen sollen durch ueberschlaegliche entwurfsrechnungen fuer mehrere tankertypen untersucht werden.
S.WORT meeresreinhaltung + richtlinien + schiffe + bautechnik + (tankerbau + imco-uebereinkommen)
QUELLE datenuebernahme aus der datenbank zur koordinierung der ressortforschung (dakor)
FINGEB BUNDESMINISTER FUER VERKEHR
BEGINN 1.7.1974 ENDE 31.3.1975

IE -049

INST INSTITUT FUER SIEDLUNGSWASSERWIRTSCHAFT DER TU HANNOVER
HANNOVER, WELFENGARTEN 1
VORHAB **wasserguetemodell eines tidebeeinflussten vorfluters**
quantitative erfassung eingeleiteter anorganischer und organischer belastungsstoffe und der abbauvorgaenge in einem tidebeeinflussten vorflutersystem; naturmessungen mit hilfe mehrerer monitorstationen und eines zentrallabors bei gleichzeitiger erfassung des abflusses, der niederschlaege und des grundwassers durch eine parallelgruppe, anschliessend mathematische behandlung
S.WORT wasserguete + vorfluter + schadstoffbilanz + ueberwachungssystem + modell
PROLEI PROF. DR. -ING. RUEFFER
STAND 1.1.1974
FINGEB DEUTSCHE FORSCHUNGSGEMEINSCHAFT
ZUSAM SFB 79, TU HANNOVER, 3 HANNOVER, WELFENGARTEN 1
BEGINN 1.1.1974 ENDE 31.12.1976
G.KOST 605.000 DM

IE -050

INST INSTITUT FUER SPEKTROCHEMIE UND ANGEWANDTE SPEKTROSKOPIE
DORTMUND, BUNSEN-KIRCHHOFF-STR. 11
VORHAB **determination of cd, hg, zn, as, pb in sea-water and explanation of graphite furnace reactions**
die konzentrationsbestimmung von schwermetallen in seewasser (mittelmeer) wird vom institut fuer analytische chemie der hacettepe universitaet in ankara durchgefuehrt. die im institut fuer spektrochemie und angewandte spektroskopie in dortmund durchgefuehrten untersuchungen betreffen die bei der atomabsorptionsspektrochemischen bestimmung auftretenden analysenstoerungen durch molekulare untergrundabsorption und durch reaktionen mit dem graphit
S.WORT meerwasser + schwermetallkontamination + messtechnik
MITTELMEER
PROLEI DR. H. MASSMANN
STAND 11.8.1976
QUELLE fragebogenerhebung sommer 1976
FINGEB NATO
ZUSAM FACULTY OF CHEMISTRY, HACETTEPE UNIVERSITY, ANKARA
BEGINN 1.1.1975 ENDE 31.12.1977
G.KOST 200.000 DM

IE -051

INST LEHRSTUHL UND INSTITUT FUER PHOTOGRAMMETRIE UND INGENIEURVERMESSUNGEN DER TU HANNOVER
HANNOVER, NIENBURGER STRASSE 1
VORHAB **untersuchungen ueber die wechselbeziehungen land/wasser im kuestenbereich**
mit hilfe von multispektralen bilddaten und bodenmessungen sollen fernmessverfahren fuer tide, stroemung, versandung und verschmutzung entwickelt werden, in testgebiet i a, ostfriesisches wattengebiet/jade.
S.WORT kuestengebiet + wattenmeer + wasserverunreinigung + fernerkundung
NORDSEE + JADE
QUELLE datenuebernahme aus der datenbank zur koordinierung der ressortforschung (dakor)
FINGEB GESELLSCHAFT FUER WELTRAUMFORSCHUNG MBH (GFW) IN DER DFVLR, KOELN
BEGINN 1.8.1974 ENDE 31.12.1975

IE -052

INST LIMNOLOGISCHES INSTITUT DER UNI FREIBURG
KONSTANZ -EGG, MAINAUSTR. 212
VORHAB **gewaesserbakterien als "mobile" glieder einer pelagischen nahrungskette**
experimentelle untersuchungen zur bilanz der aktiven und passiven festlegung organischer schadstoffe mit beruecksichtigung der abbauverluste
S.WORT marine nahrungskette + mikroorganismen + organische schadstoffe
PROLEI DR. WOLFGANG REICHARDT
STAND 1.1.1974
FINGEB DEUTSCHE FORSCHUNGSGEMEINSCHAFT
BEGINN 1.1.1972

IE -053

INST LIMNOLOGISCHES INSTITUT DER UNI FREIBURG
KONSTANZ -EGG, MAINAUSTR. 212
VORHAB **experimentelle untersuchungen zur p-remobilisierung durch junge karpfen (cyprinus carpio l.)**
gegenstand der untersuchung ist die frage nach der hoehe der po4-p- und gesamt-p-abgabe stuendlich und waehrend 24 stunden durch karpfen unterschiedlicher groesse im hunger und bei fuetterung unter routinestoffwechselbdeingungen und in abhaengigkeit von der temperatur. ziel ist, einen methodischen zugang zum problem der p-remobilisierung auf der stufe der sekundaerkonsumenten zu erhalten
S.WORT marine nahrungskette + phosphate + metabolismus + fische + (karpfen)
PROLEI DR. HARTMUT KAUSCH
STAND 30.8.1976
QUELLE fragebogenerhebung sommer 1976
FINGEB DEUTSCHE FORSCHUNGSGEMEINSCHAFT
BEGINN 1.7.1974 ENDE 31.7.1977
G.KOST 80.000 DM
LITAN ZWISCHENBERICHT

IE -054

INST MINERALOGISCH-PETROGRAPHISCHES INSTITUT DER UNI HEIDELBERG
HEIDELBERG, IM NEUENHEIMER FELD 236
VORHAB **bindungsart und mobilisierbarkeit an schwermetallen und schwebstoffen im uebergangsbereich suesswasser - meerwasser**
klaerung der frage des verhaltens der schwermetalle im aestuarbereich
S.WORT oberflaechengewaesser + schwermetallbelastung + aestuar
PROLEI PROF. DR. GERMAN MUELLER

STAND 2.8.1976
QUELLE fragebogenerhebung sommer 1976
FINGEB DEUTSCHE FORSCHUNGSGEMEINSCHAFT
ZUSAM INST. F. MEERESFORSCHUNG, AM HANDELSHAFEN 12, BREMERHAVEN
BEGINN 1.1.1976
G.KOST 100.000 DM
LITAN MUELLER, G.;FOERSTNER, U.: HEAVY METALS IN SEDIMENTS OF THE RHINE AND ELBE ESTUARIES: MOBILIZATION OR MIXING EFFECT? IN: ENVIRONMENTAL GEOLOGY 1 S. 33-39(1975)

IE -055

INST TECHNISCHER UEBERWACHUNGSVEREIN RHEINLAND E.V.
KOELN 1, VOGELSANGER WEG 6
VORHAB untersuchungen der sicherheitstechnischen richtlinien fuer fernleitungen (rff 1971) hinsichtlich der bedingungen und auflagen fuer kuestengewaesser und hohe see
richtlinien gemaess paragraph 19 des wasserhaushaltsgesetzes die zur befoerderung der in paragraph 19a des wasserhaushaltsgesetzes genannten stoffe bestehenden richtlinien muessen ausgedehnt werden auf die besonderen anforderungen an fernleitungen in kuestengewaessern und auf hoher see. es sind daher die kriterien zusammenzustellen, die hierbei besonders relevant sind (seegang, erosion, sandgeschiebe, stroemung, gezeiten) und hieraus die bestimmten anforderungen festgelegt werden
S.WORT meer + kuestengewaesser + rohrleitung + richtlinien + wasserhaushaltsgesetz
STAND 1.1.1974
QUELLE umweltforschungsplan 1974 des bmi
BEGINN 1.1.1973 ENDE 31.12.1974
G.KOST 50.000 DM

IE -056

INST ZOOLOGISCHES INSTITUT DER UNI ERLANGEN-NUERNBERG
ERLANGEN, BISMARCKSTR. 10
VORHAB abwaesser in kuestennaehe (schwerpunktprogramm der deutschen forschungsgemeinschaft)
S.WORT kuestengewaesser + abwasser + schadstoffe + lebewesen
STAND 1.1.1974

Weitere Vorhaben siehe auch:

IC -105 SPURENELEMENTGEHALTE OBERFLAECHENNAHER SEDIMENTE IN BINNEN- UND KUESTENGEWAESSERN: NATUERLICHER BACKGROUND UND UMWELTBELASTUNG

OA -006 ENTWICKLUNG NEUER PROBENAHME- UND ANALYSENMETHODEN ZUR UEBERWACHUNG DER CHEMISCHEN BESCHAFFENHEIT DES MEERWASSERS

OA -007 ENTWICKLUNG VON ANALYSENVERFAHREN UND UEBERWACHUNGSMETHODEN FUER KOHLENWASSERSTOFFE IM MEERWASSER

OA -008 ENTWICKLUNG VON ANALYSENVERFAHREN UND UEBERWACHUNGSMETHODEN MIT DER NEUTRONENAKTIVIERUNGSANALYSE AUF SCHAEDLICHE SPURENELEMENTE IM MEERWASSER

IF -001

INST AGRIKULTURCHEMISCHES INSTITUT DER UNI BONN
BONN, MECKENHEIMER ALLEE 176

VORHAB **stickstoffrueckstaende von handelsduengern**
bei der weltweiten zunahme des einsatzes von stickstoffduengern muss auch im hinblick auf moegliche auswirkungen der von den pflanzen nicht verwerteten duengerreste die auswirkung solcher reste auf die umwelt (oberirdische gewaesser, grundwasser, atmosphaere) eingehende untersucht werden. fuer die vorgesehenen untersuchungen ist eine besondere lysimeterbatterie verfuegbar, sowohl in bonn wie auch in tunesien. ausserdem ist auch ein feldversuch vorhanden, bei dem 120 filterkerzen in 0, 5 m, 1, 0 m und 1, 50 m eingebaut sind. es wird 15 n markierter n-duenger eingesetzt

S.WORT duengemittel + stickstoff + gewaesserbelastung
PROLEI PROF. DR. HERMANN KICK
STAND 11.8.1976
QUELLE fragebogenerhebung sommer 1976
FINGEB BUNDESMINISTER FUER FORSCHUNG UND TECHNOLOGIE
ZUSAM - GESELLSCHAFT FUER STRAHLEN- UND UMWELTFORSCHUNG MBH, 8042 NEUHERBERG
- JAEA, KAERTNER RING 11, A-1011 WIEN
BEGINN 1.1.1976
G.KOST 90.000 DM

IF -002

INST BAYERISCHE BIOLOGISCHE VERSUCHSANSTALT
MUENCHEN 22, KAULBACHSTR. 37

VORHAB **chemisch-biologisches gutachten ueber den walchensee und kochelsee sowie ueber deren naehrstoffbelastung durch die zufluesse**
erstellung einer naehrstoffbilanz; nachpruefung eines seemodells

S.WORT binnengewaesser + naehrstoffhaushalt + schadstoffbelastung + (seemodell)
WALCHENSEE + KOCHELSEE
PROLEI DR. HAMM
STAND 30.8.1976
QUELLE fragebogenerhebung sommer 1976
BEGINN 1.1.1976 ENDE 31.12.1977

IF -003

INST BAYERISCHE BIOLOGISCHE VERSUCHSANSTALT
MUENCHEN 22, KAULBACHSTR. 37

VORHAB **bakteriologische untersuchungen zum stickstoffkreislauf des speichersees bei ismaning und des isarkanals**
stickstoffkreislauf (wasser, sedimente) im stark belasteten vorfluter der muenchner abwaesser

S.WORT abwasserableitung + vorfluter + stickstoff + bakteriologie + (speichersee)
ISMANING + ISAR
PROLEI DR. POPP
STAND 30.8.1976
QUELLE fragebogenerhebung sommer 1976
BEGINN 1.7.1976 ENDE 31.12.1977

IF -004

INST BAYERISCHE LANDESANSTALT FUER BODENKULTUR UND PFLANZENBAU
MUENCHEN 19, MENZINGER STRASSE 54

VORHAB **grundsatzfragen zur eutrophierung der seen in oberbayern**
entwicklung von massnahmen zur besserung oder behebung von umweltbelastungen

S.WORT grundwasserverunreinigung + massentierhaltung + gewaesserschutz + eutrophierung
PROLEI DR. G. SCHMID
STAND 1.1.1974
QUELLE erhebung 1975
BEGINN 1.1.1969

IF -005

INST BAYERISCHE LANDESANSTALT FUER BODENKULTUR UND PFLANZENBAU
MUENCHEN 19, MENZINGER STRASSE 54

VORHAB **eutrophierung von gewaessern**
einfluss der tiefenduengung mit npk auf die eutrophierung der gewaesser

S.WORT gewaesserschutz + eutrophierung
PROLEI DR. G. SCHMID
STAND 1.1.1974
BEGINN 1.1.1969 ENDE 31.12.1978

IF -006

INST BUNDESANSTALT FUER GEWAESSERKUNDE
KOBLENZ, KAISERIN-AUGUSTA-ANLAGEN 15

VORHAB **gewaesserkundliche untersuchungen ueber die dynamik des umsatzes von phosphat, nitrat und borat**
es sind verfahren und methoden zur bestimmung von phosphat, borat und nitrat neben verfahrensentwicklung im rheinwasser zu erarbeiten. ziel dieser untersuchung ist, eine bestandsaufnahme dieser stoffe im rheinwasser zu erstellen. diese stoffe sind im rahmen der vereinbarungen der internationalen kommission zum schutze des rheins in den 3 listen aufgefuehrt

S.WORT gewaesserverunreinigung + phosphate + nitrate + analyseverfahren
RHEIN
PROLEI DR. STURZ
STAND 15.11.1975
FINGEB BUNDESMINISTER DES INNERN
BEGINN 1.10.1974 ENDE 31.12.1976
G.KOST 168.000 DM

IF -007

INST GEOLOGISCH-PALAEONTOLOGISCHES INSTITUT / FB 22 DER UNI GIESSEN
GIESSEN, SENCKENBERGSTR. 3

VORHAB **vergleichsstudie von sedimenten von seen verschiedener trophiegrade**
die arbeit ist eine vergleichsstudie, die auf verschiedenen eigenen seenuntersuchungen basiert, die zum teil noch nicht vollstaendig fertiggestellt sind. es werden die sedimente von oligotrophen, mesotrophen und eutrophen seen untersucht. waehrend oliogotrophe seen den naturzustand repraesentieren, laesst sich eine enge beziehung zwischen zunehmender eutrophierung, industriealisierung und bevoelkerungsdichte herstellen. sedimente signalisieren naemlich den momentanen zustand eines gewaessers. vergleiche mit tieferliegenden sedimenten im gleichen see lassen die veraenderungen deutlich werden

S.WORT sedimentation + eutrophierung + industrialisierung + binnengewaesser
PROLEI SCHOETTLE
STAND 6.8.1976
QUELLE fragebogenerhebung sommer 1976
FINGEB DEUTSCHE FORSCHUNGSGEMEINSCHAFT
ZUSAM STRAHLENZENTRUM DER UNI GIESSEN
BEGINN 1.1.1973

IF -008

INST INSTITUT FUER AGRIKULTURCHEMIE DER UNI GOETTINGEN
GOETTINGEN, VON-SIEBOLD-STR. 6

VORHAB **anteil der abwaesser landwirtschaftlicher herkunft an der eutrophierung und belastung von fliessgewaessern**
untersuchungen ueber den anteil und die zusammensetzung der abwaesser landwirtschaftlicher herkunft und des durch duengungsmassnahmen bedingten naehrstoffabflusses landwirtschaftlich genutzter flaechen an der eutrophierung und belastung von fliessgewaessern dritter und hoeherer ordnung - aufgezeichnet an einem modellprojekt im raum sued-niedersachsen

S.WORT fliessgewaesser + gewaesserbelastung + landwirtschaftliche abwaesser + eutrophierung
PROLEI PROF. DR. ERWIN WELTE
STAND 1.1.1974
FINGEB DEUTSCHE FORSCHUNGSGEMEINSCHAFT
BEGINN 1.1.1973

IF -009

INST INSTITUT FUER AGRIKULTURCHEMIE DER UNI GOETTINGEN
GOETTINGEN, VON-SIEBOLD-STR. 6

VORHAB **herkunft und anteil von phosphat, borat und anderen belastungsfaktoren in kleinen flussgewaessern**
fuer die untersuchungen sind 4 fluesse ausgewaehlt worden - leine, soese, sieber und innerste. durch eine gelaendeaufnahme wurden saemtliche einleitungen registriert. bei den haeuslichen abwaessern ist ein besonderer augenmerk auf die bor-gehalte und das borat/phosphat-verhaeltnis gelegt worden, um hierdurch eine zusaetzliche aussage ueber den von dieser art abwaesser ausgehenden einfluss auf die eutrophierung der fliessgewaesser zu gewinnen

S.WORT fliessgewaesser + gewaesserbelastung + eutrophierung + phosphate + (borate)
HARZ + LEINE + SOESE + SIEBER + INNERSTE

PROLEI PROF. DR. ERWIN WELTE

STAND 20.11.1975

FINGEB BUNDESMINISTER DES INNERN

BEGINN 1.6.1975 ENDE 31.12.1978

G.KOST 231.000 DM

IF -010

INST INSTITUT FUER AGRIKULTURCHEMIE DER UNI GOETTINGEN
GOETTINGEN, VON-SIEBOLD-STR. 6

VORHAB **moeglichkeiten zur bestimmung des trophiezustandes eines gewaessers durch algenkulturen**
entwiclung einer methode zur bestimmung des trophiegrades sowie der primaerproduktion natuerlicher waesser anhand ausgewaehlter algenkulturen. wasserproben suedniedersaechsicher gewaessersysteme werden nach autoklavieren auf ihre primaerproduktivitaet mittels synchroner algenkulturen geprueft und die ergebnisse in beziehung zur chemischen wasseranalyse gesetzt

S.WORT gewaesseruntersuchung + eutrophierung + algen

PROLEI PROF. DR. ERWIN WELTE

STAND 9.8.1976

QUELLE fragebogenerhebung sommer 1976

ZUSAM INST. F. BODENKUNDE DER TU MUENCHEN, 8050 FREISING-WEIHENSTEPHAN

BEGINN 1.5.1976

G.KOST 45.000 DM

IF -011

INST INSTITUT FUER AGRIKULTURCHEMIE DER UNI GOETTINGEN
GOETTINGEN, VON-SIEBOLD-STR. 6

VORHAB **die naehrstoffverlagerung in einer suedniedersaechsischen loessparabraunerde in abhaengigkeit von duengerart, duengermenge und pflanzenbewuchs**
es ist zu pruefen, inwieweit durch die verstaerkte duengeranwendung eine gefaehrung des grund- und oberflaechenwassers gegeben ist. um das aussmass der naehrstoffauswaschung von landwirtschaftliche genutzten boeden in abhaengigkeit von hoehe und form der duengung zu ermitteln, wurde ein vergleichender duengungsfeldversuch mit gestaffelten gaben von organischer (muellklaerschlammkompost) und mineralischer duengung angelegt. der eine teil des versuchsfeldes befindet sich in landwirtschaftlicher nutzung (fruchtfolge: zuckerrueben, winterweizen, hafer), der andere teil wird mechanisch unkrautfrei in schwarzbrache gehalten

S.WORT gewaesserbelastung + duengemittel + naehrstoffhaushalt
NIEDERSACHSEN (SUED) + LEINE

PROLEI DR. FRIEDEL TIMMERMANN

STAND 9.8.1976

QUELLE fragebogenerhebung sommer 1976

FINGEB BUNDESMINISTER FUER FORSCHUNG UND TECHNOLOGIE

ZUSAM - INST. F. PFLANZENERNAEHRUNG, WEIHENSTEPHAN
- INST. F. PFLANZENBAU UND PFLANZENZUECHTUNG DER UNI GIESSEN
- AGRIKULTURCHEMISCHES INSTITUT, BONN

BEGINN 1.10.1972

G.KOST 50.000 DM

LITAN - FEGER, U. (UNI GOETTINGEN), DISSERTATION: EINFLUSS VON DUENGUNGSMASSNAHMEN AUF DIE AUSWASCHUNG VON N, P UND K UNTER BERUECKSICHTIGUNG DER SICKERWASSERBEWEGUNG AUF BRACHE UND LANDWIRTSCHAFTLICH GENUTZTER FLAECHEN. (1975)
- TIMMERMANN, F.;FEGER, U.;WELTE, E.: SICKERWASSERBERECHNUNG UND NAEHRSTOFFGEHALTSMESSUNGEN IN DER ABGESAUGTEN BODENLOESUNG ZUR BESTIMMUNG DER NAEHRSTOFFAUSWASCHUNG AUF EINEM LOESSLEHMSTANDORT. IN: MITT. D. DT. BODENKDL. GESELLSCHAFT. 22 S. 251-270(1975)

IF -012

INST INSTITUT FUER AGRIKULTURCHEMIE DER UNI GOETTINGEN
GOETTINGEN, VON-SIEBOLD-STR. 6

VORHAB **ausmass und ursachen der oberflaechenwasserbelastung durch stickstoff aus land- und forstwirtschaftlich genutzten flaechen**

S.WORT stickstoffverbindungen + stofftransport + gewaesserbelastung

PROLEI PROF. DR. ERWIN WELTE

STAND 7.9.1976

QUELLE datenuebernahme von der deutschen forschungsgemeinschaft

FINGEB DEUTSCHE FORSCHUNGSGEMEINSCHAFT

IF -013

INST INSTITUT FUER AGRIKULTURCHEMIE DER UNI GOETTINGEN
GOETTINGEN, VON-SIEBOLD-STR. 6

VORHAB **untersuchungen ueber die naehrstoffbelastung von grundwasser und oberflaechengewaesser aus boden und duengung**
feststellung des ausmasses von auswaschungsverlusten unter vorgegebenen klimatischen und bodenkundlichen bedingungen bei unterschiedlicher bondenutzung und duengung. untersuchungsobjekt: feldversuche des instituts fuer agrikulturchemie. erfassung der naehrstoffverlagerung durch permanente unetersuchung von bodenproben im profil in verbindung mit der untersuchung von sickerwasserproben

S.WORT gewaesserbelastung + grundwasserbelastung + duengemittel
NIEDERSACHSEN (SUED)

PROLEI DR. FRIEDEL TIMMERMANN

STAND 10.9.1976

QUELLE fragebogenerhebung sommer 1976

FINGEB BUNDESMINISTER FUER FORSCHUNG UND TECHNOLOGIE

BEGINN 1.4.1973

LITAN TIMMERMANN, F.;FEGER, U.;WELTE, E.: SICKERWASSERBERECHNUNG UND NAEHRSTOFFGEHALTSMESSUNGEN IN DER ABGESAUGTEN BODENLOESUNG ZUR BEST. DER NAEHRSTOFFAUSWASCHUNG AUF EINEM LOESSLEHMSTANDORT. IN: MITT. DTSCH. BODENKDL. GES. 22 S. 251-270(1975)

IF -014

INST INSTITUT FUER BODENKUNDE UND BODENERHALTUNG / FB 16/21 DER UNI GIESSEN
GIESSEN, LUDWIGSTR. 23

VORHAB **eutrophierung von gewaessern und ihre ursachen**
zunehmende gewaessereutrophierung, wobei ursachen und verursacher z. t. unbekannt; ziel der untersuchungen: einfluss natuerlicher (geologisches substrat/boden und niederschlag) und antropogener (u. a. landnutzung/abwassereinleitung) faktoren bezueglich der eutrophierung unter besonderer beruecksichtigung der bodenerosion und der oberflaechennahen wasserbewegung

S.WORT gewaesser + eutrophierung + bodenerosion + niederschlag
PROLEI PROF. DR. PREUSSE
STAND 1.1.1974
FINGEB LANDWIRTSCHAFTLICHE UNTERSUCHUNGS- UND FORSCHUNGSANSTALT, DARMSTADT
ZUSAM - LANDWIRTSCHAFTL. UNTERSUCHUNGS-U. FORSCHUNGSWIRTSCHAFT E. V. , 61 DARMSTADT, BISMARCKSTR. 41A
- FORSTHYDROLOG. INST. DER HESS. FORSTL. VERSUCHSANSTALT, 351 HANN. -MUENDEN, PRO. -OELKERS-STR. 6
- INST. F. BODENKUNDE DER UNI HOHENHEIM, 7 STUTTGART 70, EMIL-WOLFF-STR. 27
BEGINN 1.1.1971
LITAN - HOFFMANN; JENS: URSACHEN UND FOLGEN DER EUTROPHIERUNG VON GEWAESSERN IN : ERGEBNISSE LANDWIRTSCHF. FORSCHUNG 12, S. 335-342(1972)
- PREUSSE, H. U.:DIE FILTERFUNKTION DES BODENS. IN: ERGEBN. LANDW. FORSCH. 12, S. 343-350(1972)
- ZWISCHENBERICHT 1974. 10

IF -015
INST INSTITUT FUER BODENKUNDE UND BODENERHALTUNG / FB 16/21 DER UNI GIESSEN GIESSEN, LUDWIGSTR. 23
VORHAB **bodenerosion und gewaessereutrophierung**
die naehrstoffanreicherung in oberflaechengewaessern fuehrt zur verstaerkten produktion von biomassen. daraus resultiert u. a. erhoehter sauerstoffbedarf, anreicherung organischer sedimente, negative beeinflussung der trinkwasserversorgung aus oberflaechengewaessern. fuer die produktion der biomasse sind vor allem phosphate verantwortlich (gesteins- und bodenbuertig, p in regenwaessern und in abwaessern sowie eintrag geloester und gebundener phosphate infolge bodenabtrages (erosion), hervorgerufen durch auf der bodenoberflaeche abfliessendes niederschalgswasser)
S.WORT eutrophierung + oberflaechengewaesser + biomasse + trinkwasserversorgung
PROLEI PROF. DR. PREUSSE
STAND 6.8.1976
QUELLE fragebogenerhebung sommer 1976
BEGINN 1.1.1972 ENDE 31.12.1976

IF -016
INST INSTITUT FUER HYGIENE UND MIKROBIOLOGIE DER UNI DES SAARLANDES HOMBURG/SAAR
VORHAB **verminderung der eutrophierung von oberflaechengewaessern durch die flechtbinse scirpus lagustris**
bestimmung der abnahme von nitraten, phosphaten u. a.
S.WORT eutrophierung + oberflaechengewaesser
PROLEI PROF. DR. ZIMMERMANN
STAND 1.10.1974
ZUSAM MAX-PLANCK-INST. , LIMNOLOGISCHE ARBEITSGRUPPE, 415 KREFELD-HUELSERBERG, AM WALDWINKEL 70
BEGINN 1.5.1970 ENDE 31.12.1975
G.KOST 20.000 DM
LITAN NATURWISS. 60 (1973) 159

IF -017
INST INSTITUT FUER LANDSCHAFTSPFLEGE UND LANDSCHAFTSOEKOLOGIE DER BUNDESFORSCHUNGSANSTALT FUER NATURSCHUTZ UND LANDSCHAFTSOEKOLOGIE BONN -BAD GODESBERG, HEERSTR. 110
VORHAB **auswirkungen der gewaesserverschmutzung auf die rasche ausbreitung nitrophiler pflanzen**
untersuchung der mit der eutrophierung der fliessgewaesser verbundenen foerderung nitrophiler uferpflanzen. ihre rasche ausbreitung bringt eine nachhaltige veraenderung der natuerlichen pflanzendecke mit sich, die sich vor allem in einer uniformierung des uferbewuchses aeussert
S.WORT gewaesserverunreinigung + fliessgewaesser + eutrophierung + (nitrophile pflanzen)
PROLEI DR. W. LOHMEYER
STAND 1.10.1974
QUELLE erhebung 1975
FINGEB BUNDESMINISTER FUER ERNAEHRUNG, LANDWIRTSCHAFT UND FORSTEN
BEGINN 1.1.1966 ENDE 31.12.1975
G.KOST 50.000 DM
LITAN OLSCHOWY, G. (HRSG.): BELASTETE LANDSCHAFT, GEFAEHRDETE UMWELT. MUENCHEN: WILHELM GOLDMANN(1971); S. 177-180

IF -018
INST INSTITUT FUER MEERESKUNDE AN DER UNI KIEL KIEL, NIEMANNSWEG 11
VORHAB **eutrophierung in der kieler bucht durch staedtische abwaesser**
einfluss unterschiedlicher wirkstoffkonzentrationen, wie phosphat, nitrat usw. auf das planktische oekosystem anhand von produktionsbiologischen untersuchungen
S.WORT eutrophierung + abwasser
KIELER BUCHT + OSTSEE
PROLEI DR. HORSTMANN
STAND 1.1.1974
FINGEB BUNDESMINISTER FUER FORSCHUNG UND TECHNOLOGIE
ZUSAM - INST. F. MEERESKUNDE, KIEL, ABT. MARINE PLANKTOLOGIE; ABT. MARINE MIKROBIOLOGIE
- SONDERFORSCHUNGSBEREICH 95 DER UNI KIEL: WECHSELWIRKUNG MEER-MEERESBODEN
BEGINN 1.1.1971

IF -019
INST INSTITUT FUER MEERESKUNDE AN DER UNI KIEL KIEL, NIEMANNSWEG 11
VORHAB **automatische analysenverfahren fuer eutrophierende substanzen im meerwasser**
methoden sind fuer ueberwachungssysteme anwendbar
S.WORT meerwasser + eutrophierung + analyseverfahren
OSTSEE
PROLEI PROF. DR. GRASSHOFF
STAND 1.1.1974
FINGEB DEUTSCHE FORSCHUNGSGEMEINSCHAFT
BEGINN 1.1.1964
LITAN - GRASSHOFF DFG-BERICHTE
- ZWISCHENBERICHT 1974. 03

IF -020
INST INSTITUT FUER OEKOLOGIE DER TU BERLIN BERLIN 41, ROTHENBURGSTR. 12
VORHAB **chemisch-oekologische untersuchungen ueber eutrophierung berliner gewaesser unter besonderer beruecksichtigung von phosphaten, nitraten und boraten**
der rueckgang des roehrichts in berlin wird weitgehend auf mechanische faktoren zurueckgefuehrt. in neuerer zeit mehren sich die anzeichen, dass auch die gewaessereutrophierung zu diesem rueckgang beitraegt. in freilandflaechen und einer versuchsanlage wird die wirkung der eutrophierung (n, p, b) auf wachstum und zusammensetzung von schilf untersucht. der anteil des planktons an den umsetzungen der genannten elemente wird ermittelt
S.WORT oberflaechengewaesser + eutrophierung + phosphate + nitrate + (roehricht)
BERLIN
PROLEI PROF. DR. HANS-PETER BLUME
STAND 30.8.1976
QUELLE fragebogenerhebung sommer 1976
FINGEB BUNDESMINISTER FUER FORSCHUNG UND TECHNOLOGIE
ZUSAM - INST. F. OEKOLOGIE, FACHGEBIET BODENKUNDE, ENGLERALLEE 19, 1000 BERLIN 33
- INST. F. WASSER-, BODEN- UND LUFTHYGIENE, CORRENSPLATZ 1, 1000 BERLIN 33
BEGINN 1.6.1974 ENDE 30.6.1977
G.KOST 120.000 DM
LITAN RAGHI-ATRI, F. (UNI BERLIN), DISS.: OEKOLOGISCHE UNTERSUCHUNGEN AN PHRAGMITES COMMUNIS TRINIUS IN BERLIN UNTER BERUECKSICHTIGUNG DES EUTROPHIERUNGSEINFLUSSES

IF -021

INST INSTITUT FUER OEKOLOGIE DER TU BERLIN
BERLIN 33, ENGLERALLEE 19-21

VORHAB **chemisch-oekologische untersuchungen ueber eutrophierung berliner gewaesser unter besonderer beruecksichtigung von phosphaten, nitraten und boraten**
in einer gemeinschaftsarbeit der tu berlin - institut fuer bodenkunde; institut fuer angewandte botanik und des instituts fuer wasser-, boden- und lufthygiene des bundesgesundheitsamts wird eine bestandsaufnahme von p, b und no3 in den berliner gewaessern (oberflaechen- und grundwasser) durchgefuehrt. es werden herkunftsermittlungen und pruefung der schadwirkung von b vorgenommen

S.WORT oberflaechengewaesser + eutrophierung + phosphate + nitrate + (sedimentgrund)
BERLIN

PROLEI PROF. DR. HANS-PETER BLUME

STAND 15.11.1975

FINGEB BUNDESMINISTER DES INNERN

ZUSAM - INST. F. WASSER-, BODEN-UND LUFTHYGIENE, CORRENSPLATZ 1, 1 BERLIN 33
- INSTITUT FUER ANGEWANDTE BOTANIK, TU BERLIN

BEGINN 1.8.1974 ENDE 31.7.1977

G.KOST 353.000 DM

LITAN ZWISCHENBERICHT

IF -022

INST INSTITUT FUER PFLANZENERNAEHRUNG UND BODENKUNDE DER UNI KIEL
KIEL, OLSHAUSENSTR. 40-60

VORHAB **naehrstoffauswaschung**
wasserbelastung durch duenger ; eutrophierung

S.WORT gewaesserbelastung + duengemittel + eutrophierung
SCHLESWIG-HOLSTEIN

PROLEI PROF. DR. A. FINCK

STAND 1.1.1974

FINGEB BUNDESMINISTER FUER BILDUNG UND WISSENSCHAFT

BEGINN 1.1.1972 ENDE 31.12.1975

G.KOST 80.000 DM

IF -023

INST INSTITUT FUER PFLANZENERNAEHRUNG UND BODENKUNDE DER UNI KIEL
KIEL, OLSHAUSENSTR. 40-60

VORHAB **phosphatbilanz unter beruecksichtigung der phosphor-quellen**
in einem abgeschlossenen gewaessersystem soll eine bilanz ueber alle phosphor-einleitungen vorgenommen werden. ziel hierbei ist, die gesamtbelastung festzustellen, die einzelnen quellen nach phosphor-art und -menge zu lokalisieren und vorhersagen ueber die effizienz von phosphor-eliminierungsanlagen zu erstellen

S.WORT gewaesserschutz + phosphate

STAND 1.10.1974

BEGINN 1.1.1974 ENDE 31.12.1976

G.KOST 160.000 DM

IF -024

INST INSTITUT FUER PFLANZENERNAEHRUNG UND BODENKUNDE DER UNI KIEL
KIEL, OLSHAUSENSTR. 40-60

VORHAB **naehrstoffbelastung von gewaessern durch duengung**
untersuchung von oberflaechenwaessern bei unterschiedlicher duengungshoehe auf unterschiedlichen boeden

S.WORT gewaesserbelastung + duengemittel

PROLEI PROF. DR. A. FINCK

STAND 22.7.1976

QUELLE fragebogenerhebung sommer 1976

FINGEB - BUNDESMINISTER FUER FORSCHUNG UND TECHNOLOGIE
- LAND SCHLESWIG-HOLSTEIN

BEGINN 1.6.1973 ENDE 31.12.1976

G.KOST 60.000 DM

LITAN ZWISCHENBERICHT

IF -025

INST INSTITUT FUER SEENFORSCHUNG UND FISCHEREIWESEN DER LANDESANSTALT FUER UMWELTSCHUTZ BADEN-WUERTTEMBERG
LANGENARGEN, UNTERE SEESTR. 81

VORHAB **erarbeitung repraesentativer guetekriterien fuer freiwasserraeume von seen**
erarbeitung von einfachen kennlinien und kennzahlen zur repraesentativen beschreibung jahreszyklischer und langfristiger veraenderungen in den freiwasserraeumen von seen, insbesondere des bodensees waehrend dessen eutrophierungsphase. art und dimension eines witterungsfaktors, probleme von prognosen und der enteutrophierung. statistische auswertungen der in der "limnologischen datenbank" gesammelten ergebnisse von hydrographisch-biologischen freiwasseruntersuchungen des bodensees aus mehr als 20 jahren

S.WORT oberflaechengewaesser + hydrobiologie + eutrophierung + wasserguete
BODENSEE

PROLEI DR. H. LEHN

STAND 26.7.1976

QUELLE fragebogenerhebung sommer 1976

FINGEB DEUTSCHE FORSCHUNGSGEMEINSCHAFT

ZUSAM RECHENZENTRUM DER UNI KONSTANZ

BEGINN ENDE 31.12.1977

IF -026

INST INSTITUT FUER SEENFORSCHUNG UND FISCHEREIWESEN DER LANDESANSTALT FUER UMWELTSCHUTZ BADEN-WUERTTEMBERG
LANGENARGEN, UNTERE SEESTR. 81

VORHAB **bodenbuertiger anteil an der zuflussfracht in den bodensee**
pruefung von modellfunktionen fuer die ermittlung des anteils der aus laendlichen arealen stammenden phosphorfrachten in den bodensee. edv-berechnung von daten aus den zuflussuntersuchungen; errechnung von stoffkonzentrationen und frachten

S.WORT oberflaechengewaesser + duengung + phosphate + (zuflussfracht)
BODENSEE

PROLEI DR. G. WAGNER

STAND 26.7.1976

QUELLE fragebogenerhebung sommer 1976

ZUSAM EAWAG, DUEBENDORF

BEGINN ENDE 31.12.1976

LITAN - WAGNER, G.: DIE ZUNAHME DER BELASTUNG DES BODENSEES. IN: GWF 111 (1970)
- WAGNER, G.: DIE BERECHNUNG VON FRACHTEN GELOESTER PHOSPHOR- UND STICKSTOFFVERBINDUNGEN AUS KONZENTRATIONSMESSUNGEN IN BODENSEEZUFLUESSEN. IN: IGKB-BERICHT 11 (1972)

IF -027

INST INSTITUT FUER WASSER- UND ABFALLWIRTSCHAFT DER LANDESANSTALT FUER UMWELTSCHUTZ BADEN-WUERTTEMBERG
KARLSRUHE, GRIESBACHSTR. 2

VORHAB **untersuchung ueber zustand und eutrophierung des bodensees**
ziel des projektes ist die ermittlung von grundlagen fuer die erstellung von prognosen ueber die entwicklung des bodensees; auswirkungen wasserbaulicher massnahmen auch fuer sanierungsplaene

S.WORT gewaesserueberwachung + eutrophierung + prognose
BODENSEE

PROLEI DR. SCHROEDER

STAND 1.1.1974

FINGEB MINISTERIUM FUER ERNAEHRUNG, LANDWIRTSCHAFT UND UMWELT, STUTTGART

BEGINN 1.1.1971

G.KOST 100.000 DM

IF -028

INST INSTITUT FUER WASSER-, BODEN- UND LUFTHYGIENE DES BUNDESGESUNDHEITSAMTES
BERLIN 33, CORRENSPLATZ 1

VORHAB **phosphatelimination aus dem nordgraben durch 2-stufenfiltration zur sanierung des tegeler sees**
flockung von phosphaten aus hochbelastetem seenzufluss als eisenaquophosphatkomplexe unter anwendung von eisendreisalzen, anionischen und kationischen polyelektrolyten auf gehalte unter 30 mikrogramm pro liter phosphat
S.WORT gewaesserverunreinigung + phosphate + filtration
BERLIN (TEGELER SEE)
PROLEI PROF. DR. HAESSELBARTH
STAND 1.10.1974
FINGEB SENATOR FUER BAU- UND WOHNUNGSWESEN, BERLIN
ZUSAM BERLINER ENTWAESSERUNGSWERKE, 1 BERLIN 31, EISENZAHNSTR. 32
BEGINN 1.1.1973 ENDE 31.12.1974
G.KOST 185.000 DM

IF -029
INST INSTITUT FUER WASSERWIRTSCHAFT, HYDROLOGIE UND LANDWIRTSCHAFTLICHER WASSERBAU DER TU HANNOVER
HANNOVER, CALLINSTR. 15
VORHAB **analyse und prognose der belastung kleiner vorfluter durch landwirtschaftliche und urbane naehrstoffe**
als verursacher der in kleinen wasserlaeufen unerwuenschten naehrstoffe phosphor und stickstoff (verkrautung, eutrophierung) werden in erster linie staedte und gemeinden einerseits und die landwirtschaft andererseits (kuenstliche duengung der felder) genannt. durch messungen von niederschlag, abfluss und naehrstoffkonzentrationen in zwei einzugsgebieten nahe hannover sollen - aehnlich wie in der wassermengenhydrologie - gebietscharakteristische, vom niederschlag abhaengige ganglinien fuer den naehrstoffeintrag (besonders von landwirtschaftlichen flaechen) ermittelt und der ganglinie der grundlast (klaeranlagenablaeufe) gegenuebergestellt werden. die auf der grundlage dieser untersuchungen gewonnenen gesetzmaessigkeiten lassen die simulation langjaehriger einntragsgangslinien und damit des belastungskontinuums zu
S.WORT gewaesserbelastung + kommunale abwaesser + duengemittel + naehrstoffhaushalt + eutrophierung
PROLEI PROF. DR. KURT LECHER
STAND 1.1.1974
FINGEB BUNDESMINISTER FUER ERNAEHRUNG, LANDWIRTSCHAFT UND FORSTEN
ZUSAM WASSERWIRTSCHAFTSAMT HANNOVER, AUESTRASSE 41 A, 3000 HANNOVER
BEGINN 31.7.1973 ENDE 31.3.1977
G.KOST 311.000 DM
LITAN - ZWISCHENBERICHT
- ZWISCHENBERICHT 1975. 03

IF -030
INST LEHRSTUHL FUER GEOBOTANIK DER UNI GOETTINGEN
GOETTINGEN, UNTERE KARSPUELE 2
VORHAB **makrophytenvegetation der fliessgewaesser in sued-niedersachsen und ihre beziehungen zur gewaesserverschmutzung**
S.WORT eutrophierung + gewaesserverunreinigung + fliessgewaesser
NIEDERSACHSEN (SUED)

IF -031
INST LEHRSTUHL FUER PFLANZENERNAEHRUNG DER TU MUENCHEN
FREISING -WEIHENSTEPHAN
VORHAB **phosphat-nitratfracht von oberflaechengewaessern**
anteil der landwirtschaft an der anreicherung verschiedener gewaesser mit phosphat und nitrat sowie computer-simulation; zielsetzung: es sind aussagen zu machen ueber die voraussichtliche belastung von oberflaechengewaessern bzw. grundwasser durch landwirtschaftliche kulturmassnahmen
S.WORT gewaesserbelastung + landwirtschaft + duengemittel
PROLEI PROF. DR. ANTON AMBERGER
STAND 1.1.1974
FINGEB DEUTSCHE FORSCHUNGSGEMEINSCHAFT
ZUSAM TECHNION, HAIFA/ISRAEL: PROF. DR. HAGIN
BEGINN 1.1.1971 ENDE 31.12.1974
G.KOST 75.000 DM
LITAN - ZWISCHENBERICHT AN DFG
- ZWISCHENBERICHT 1974. 11

IF -032
INST LIMNOLOGISCHES INSTITUT DER UNI FREIBURG
KONSTANZ -EGG, MAINAUSTR. 212
VORHAB **die rolle der sedimente fuer die phosphortrophierung des bodensees (obersee)**
physikalisch-chemische bedingungen der phosphorfreisetzung aus sedimenten in das ueberstehende wasser. dabei besondere beruecksichtigung elektrochemischer parameter. untersuchungen in situ mit ergaenzenden experimenten im labor
S.WORT gewaesserbelastung + phosphate + eutrophierung + sediment
BODENSEE (OBERSEE)
PROLEI PROF. DR. HANS JOACHIM ELSTER
STAND 30.8.1976
QUELLE fragebogenerhebung sommer 1976
BEGINN 1.1.1975 ENDE 31.12.1977
G.KOST 120.000 DM
LITAN ZWISCHENBERICHT

IF -033
INST LIMNOLOGISCHES INSTITUT DER UNI FREIBURG
KONSTANZ -EGG, MAINAUSTR. 212
VORHAB **untersuchungen ueber den phosphatkreislauf und seine beziehungen zur eutrophierung des bodensees**
rolle des vertikalen wasseraustauschs im bodensee, besonders des durch starkwindlagen verursachten auftriebs kalten und naehrstoffreichen tiefenwassers fuer die trophie der oberen wasserschichten. austauschprozesse in der boden-wasser-kontaktschicht des sees mit besonderer beruecksichtigung des phosphats und redoxabhaengiger parameter. chemisch-physikalische untersuchungen im pelagial und profundal
S.WORT gewaesserbelastung + phosphate + eutrophierung + wasserbewegung
BODENSEE
PROLEI PROF. DR. HANS JOACHIM ELSTER
STAND 30.8.1976
QUELLE fragebogenerhebung sommer 1976
FINGEB DEUTSCHE FORSCHUNGSGEMEINSCHAFT
ZUSAM INST. F. MEERESFORSCHUNG, KIEL
BEGINN 1.1.1977 ENDE 31.12.1978
G.KOST 300.000 DM

IF -034
INST LIMNOLOGISCHES INSTITUT DER UNI FREIBURG
KONSTANZ -EGG, MAINAUSTR. 212
VORHAB **untersuchungen ueber den phosphatkreislauf und seine beziehungen zur eutrophierung des bodensees**
S.WORT phosphate + stofftransport + gewaesserverunreinigung + eutrophierung
BODENSEE
PROLEI PROF. DR. HANS-JOACHIM ELSTER
STAND 7.9.1976
QUELLE datenuebernahme von der deutschen forschungsgemeinschaft
FINGEB DEUTSCHE FORSCHUNGSGEMEINSCHAFT

IF -035

INST ORGANISATIONSEINHEIT NATURWISSENSCHAFTEN UND MATHEMATIK DER GESAMTHOCHSCHULE KASSEL
KASSEL, HEINRICH-PLETT-STR. 40

VORHAB **ueber eutrophierung der aquatischen, amphibischen und terrestrischen uferzone an fliessgewaessern der kasseler umgebung und ihre bioindikatoren**
ziel der untersuchung ist die kenntnis der eutrophierung von ufern und ihre auswirkung auf den pflanzenbewuchs. dabei werden zwei fragestellungen verfolgt: welche unterschiede bestehen im eutrophierungsgrad der boeden zwischen aquatischer, amphibischer und terrestrischer uferzone, d. h. welche auswirkung haben unterschiedliche wasserstaende auf den pflanzennaehrstoffgehalt des uferbodens? besteht eine nachgeweisbare korrelation zwischen dem eutrophierungsgrad und dem pflanzenbestandsaufbau in einzelnen uferzonen? welche pflanzenarten koennen als oekologische bioindikatoren fuer die eutrophierung gelten?

S.WORT fliessgewaesser + litoral + eutrophierung + pflanzendecke + bioindikator
HESSEN (NORD) + FULDA

PROLEI PROF. DR. VJEKOSLAV GLAVAC

STAND 10.9.1976

QUELLE fragebogenerhebung sommer 1976

BEGINN 1.3.1976 ENDE 31.3.1979

G.KOST 30.000 DM

IF -036

INST PROJEKTGRUPPE LEBENSRAUM HAARENNIEDERUNG DER UNI OLDENBURG
OLDENBURG, AMMERLAENDER HEERSTR. 67-99

VORHAB **entwicklung von analysenverfahren fuer eutrophierungsrelevante wasserinhaltsstoffe**
die analytik von gewaessern bezueglich euthrophierungsrelevanter inhaltsstoffe ist in vielfaeltiger weise nicht hinreichend entwickelt. insbesondere fehlen meist die automatisierbaren und dann in mess-stationen einsetzbaren verfahren, die ohne komplizierte auf- und vorbereitungsverfahren arbeiten. es wird versucht, durch einsatz entsprechender physikalisch-chemischer und biochemischer methoden neue, automatisierbare bestimmungsmethoden zu entwickeln. aktuelle untersuchungen sind auf phosphat-analyse und bestimmung des bsb gerichtet

S.WORT oberflaechengewaesser + eutrophierung + phosphate + biologischer sauerstoffbedarf + messverfahren

PROLEI PROF. DR. DIETER SCHULLER

STAND 12.8.1976

QUELLE fragebogenerhebung sommer 1976

BEGINN 1.1.1976

G.KOST 10.000 DM

IF -037

INST WAHNBACHTALSPERRENVERBAND
SIEGBURG, KRONPRINZENSTR. 13

VORHAB **oekonomische vorstudie bezueglich der alternativen zur loesung des phosphat-eutrophierungsproblems**
in einer kurzen vorstudie sollen unter beruecksichtigung aller oekonomischen aspekte die moeglichkeiten untersucht werden, das eutrophierungsproblem bei den gewaessern zu loesen. hierbei sollen sowohl planspiele ueber p-ersatz in waschmitteln als auch p-eliminierung in gewaessern durchgefuehrt werden

S.WORT gewaesserschutz + phosphate + eutrophierung + oekonomische aspekte

STAND 12.1.1975

FINGEB BUNDESMINISTER DES INNERN

ZUSAM RUHRVERBAND U. RUHRTALSPERRENVEREIN, KRONPRINZENSTR. 37, 43 ESSEN

BEGINN 1.1.1975 ENDE 30.6.1976

G.KOST 60.000 DM

IF -038

INST WAHNBACHTALSPERRENVERBAND
SIEGBURG, KRONPRINZENSTR. 13

VORHAB **zusammenhang zwischen naehrstoffbelastung und trophiegrad einer oligotrophen talsperre in abhaengigkeit vom einzugsgebiet**

S.WORT gewaesseruntersuchung + naehrstoffgehalt + talsperre + trinkwasser

PROLEI PROF. DR. HEINZ BERNHARDT

STAND 29.7.1976

QUELLE fragebogenerhebung sommer 1976

FINGEB KURATORIUM FUER WASSER- UND KULTURBAUWESEN (KWK), BONN

BEGINN 1.1.1974 ENDE 31.12.1976

G.KOST 155.000 DM

LITAN ZWISCHENBERICHT

IF -039

INST WAHNBACHTALSPERRENVERBAND
SIEGBURG, KRONPRINZENSTR. 13

VORHAB **oligotrophierung stehender gewaesser durch chemische naehrstoffeliminierung aus den zufluessen am beispiel der wahnbachtalsperre**
die gewinnung von trinkwasser aus stehenden gewaessern wird durch eutrophierungsprozesse beeintraechtigt. ursache hierfuer sind plankton-algen u. organische substanzen, die die aufbereitung (flockung und filtration) und desinfektion des wassers stoeren. dies fuehrt zu technischen schwierigkeiten, hoeheren aufbereitungskosten und fehlender sicherheit der versorgung mit einwandfreiem trinkwasser. der wahnbachtalsperrenverband hat ein verfahren zur eliminierung des phosphors aus dem hauptzulauf seiner trinkwassertalsperre entwickelt, das im technischen massstab 1977 in betrieb gehen wird. die auswirkungen der herabsetzung der phosphorbelastung der sperre (oligotrophierung) sollen an diesem grossversuch (masstab 1: 1) unter natuerlichen bedingungen anhand eingeheender talsperrenuntersuchungen vor und nach inbetriebnahme der anlage studiert werden

S.WORT gewaesserreinigung + talsperre + phosphor + trinkwassergewinnung + (oligotrophierung)
WAHNBACH-TALSPERRE

PROLEI PROF. DR. HEINZ BERNHARDT

STAND 29.7.1976

QUELLE fragebogenerhebung sommer 1976

FINGEB BUNDESMINISTER FUER FORSCHUNG UND TECHNOLOGIE

ZUSAM ARBEITSGEMEINSCHAFT DER TRINKWASSERTALSPERREN, 5106 ROETGEN B. AACHEN

BEGINN 1.1.1976 ENDE 31.12.1980

G.KOST 1.400.000 DM

IF -040

INST ZOOLOGISCHES INSTITUT DER UNI MUENCHEN
MUENCHEN, SEIDLSTR. 25

VORHAB **primaerproduktion in binnenseen**
primaerproduktion; beginnende seeneutrophierung; frueherkennung

S.WORT binnengewaesser + eutrophierung
ATTERSEE (OESTERREICH) + ALPENRAUM

PROLEI PROF. DR. OTTO SIEBECK

STAND 1.10.1974

FINGEB OESTERREICHISCHE BUNDES- UND LAENDERMINISTERIEN

ZUSAM - OESTERR. AKADEMIE DER WISSENSCHAFTEN
- OECD-SEEN-EUTROPHIERUNGSPROGRAMM
- LIMNOLOGISCHE LEHRKANZEL DER UNI WIEN, BERGGASSE 18-19, WIEN 1, OESTERREICH

BEGINN 1.1.1972 ENDE 31.12.1977

G.KOST 30.000 DM

LITAN ZWISCHENBERICHT

Weitere Vorhaben siehe auch:

HA -046 SIMULATIONSMODELL "PHOSPHORHAUSHALT BODENSEE-OBERSEE"

IE -014 UNTERSUCHUNGEN UEBER DIE AUSWIRKUNGEN VON NAEHRSTOFFZUFUHREN IN DIE SEE UND UEBER DIE ENTSTEHUNG VON AKUTEM SAUERSTOFFMANGEL IN DER OSTSEE

KF -019 ENZYMATISCHE POLYPHOSPHATHYDROLYSE

PF -060 PHOSPHATE UND BORATE IN UNTERWASSERBOEDEN EINES WEICHWASSERSYSTEMS

PH -030 DER EINFLUSS DES BAKTERIENAUFWUCHSES AUF SUBMERSE MAKROPHYTEN, INSBESONDERE AUF POTAMOGETON LUCENS U. P. CRISPUS BEI UNTERSCHIEDLICHER NH4- UND PO4-BELASTUNG

PH -031 DER EINFLUSS PHOSPHAT-, BORAT- UND STREUSALZ-BELASTETER WEICHWAESSER AUF SUBMERSE MAKROPHYTEN

PH 035 WIRKUNG VON SCHWERMETALLIONEN, BIOZIDEN UND EUTROPHIERUNGSFAKTOREN AUF MARINE BENTHOSALGEN

KA -001

INST AACHEN-CONSULTING GMBH (ACG)
AACHEN, MONHEIMSALLEE 53

VORHAB **eignung von baggerseen als erholungsgewaesser unter gleichzeitiger einbeziehung als rueckhaltespeicher im vorflutsystem**
vorhandene und entstehende baggerseen (ca. 25 ha) bei ophoven in der stadt wassenberg, kreis heinsberg, werden nach einer flurbereinigungsmassnahme als rueckhaltespeicher in das vorfluternetz einbezogen. diese gewaesser sind durch mischwasser-kanalabschlaege verschmutzt. die stadtentwicklungsplanung weist diesen baggerseen regionale erholungsfunktionen zu, auch als natuerliche badeseen. der entstandene zielkonflikt ist zu beheben. hygienische und bakteriologische untersuchungen werden grundlagen weiterer entscheidungen und massnahmen

S.WORT baggersee + mischabwaesser + erholungsgebiet + regionalplanung + (zielkonflikt)
NIEDERRHEIN

PROLEI ING. GRAD. HEINZ HOFMANN

STAND 2.8.1976

QUELLE fragebogenerhebung sommer 1976

FINGEB STADT WASSENBERG, KREIS HEINSBERG

ZUSAM STAATLICHES AMT FUER WASSER- UND ABFALLWIRTSCHAFT, AACHEN

BEGINN 1.6.1976 ENDE 30.6.1977

G.KOST 25.000 DM

LITAN HOFFMANN, HEINZ: IN: PROJEKTVEROEFFENTLICHUNGEN, ACG SELBSTVERLAG, AACHEN

KA -002

INST ABTEILUNG SONDERGEBIETE DER MATERIALPRUEFUNG DER BUNDESANSTALT FUER MATERIALPRUEFUNG
BERLIN 45, UNTER DEN EICHEN 87

VORHAB **messanlage zur kontinuierlichen cyanidspurenkontrolle im wasser von cyanidkonzentrationen**
messverfahren nach db patent nr. 2. 013. 378 (erfinder: w. schwarz und w. simon) vom 20. 3. 70; hauptanwendung: ueberwachung der entgiftungsmassnahmen fuer galvanik-abwaesser; vollautomatische dauerkontrolle von fluessen und klaeranlagen; auch als labormethode zur zyanid-anion-bestimmung (titrations-endpunkt) geeignet

S.WORT abwasserkontrolle + spurenanalytik + gewaesserueberwachung + cyanide + messverfahren

PROLEI DR. TESKE

STAND 1.10.1974

BEGINN 1.9.1972 ENDE 31.12.1975

G.KOST 28.000 DM

LITAN - SCHWARZ, W.;SIMON, W: DB PATENT NR. 2. 013. 378 DEUTSCHES PATENTAMT, MUENCHEN V. 20. 3. 1970
- TESKE, G.: KONTINUIERLICHE EL. CHEM. MESSUNG V. CYANIONEN-U. HALOGENIONEN-(SPUREN-)KONZENTRATIONEN MIT POTENTIOSTATISCHEN ANORDNUNGEN. IN: DECHEMA-MONOGRAPHIEN 75 (1974)

KA -003

INST BAKTERIOLOGISCHES INSTITUT DER SUEDDEUTSCHEN VERSUCHS- UND FORSCHUNGSANSTALT FUER MILCHWIRTSCHAFT DER TU MUENCHEN
FREISING -WEIHENSTEPHAN, WEIHENSTEPHAN

VORHAB **taxonomie von achromobakterien und verwandten keimen aus wasser und abwasser**

S.WORT wasser + abwasser + bakterien + taxonomie

PROLEI DIPL. -BIOL. BRAATZ

STAND 1.1.1974

FINGEB DEUTSCHE FORSCHUNGSGEMEINSCHAFT

BEGINN 1.1.1974 ENDE 31.12.1976

G.KOST 70.000 DM

KA -004

INST BATTELLE-INSTITUT E.V.
FRANKFURT 90, AM ROEMERHOF 35

VORHAB **entwicklung eines roentgenfluoreszenzgeraetes zur automatischen multielementanalyse auf der basis kaeuflicher geraetekomponente**
analyse; filterproben; schwebstoffe: roentgenfluoreszenz: halbleiterdetektor: radioaktive praeparate

S.WORT abwasser + schadstoffnachweis + geraeteentwicklung

PROLEI DR. FREUND

STAND 1.1.1974

QUELLE erhebung 1975

FINGEB BUNDESMINISTER FUER FORSCHUNG UND TECHNOLOGIE

BEGINN 1.12.1973 ENDE 31.10.1975

G.KOST 402.000 DM

LITAN ZWISCHENBERICHT 1974. 12

KA -005

INST BROWN, BOVERIE UND CIE AG
HEIDELBERG, EPPELHEIMER STRASSE 82

VORHAB **durchflussmessaufnehmer fuer die abwassermesstechnik**

S.WORT messtechnik + abwasserkontrolle

STAND 6.1.1975

FINGEB BUNDESMINISTER FUER FORSCHUNG UND TECHNOLOGIE

BEGINN 1.1.1974 ENDE 31.12.1975

KA -006

INST BUNDESANSTALT FUER GEWAESSERKUNDE
KOBLENZ, KAISERIN-AUGUSTA-ANLAGEN 15

VORHAB **entwicklung eines giftschreibers fuer toxische abwaesser**
entwicklung von verfahren zur erkennung und bestimmung toxischer abwaesser. untersuchungen zur erstellung eines automatisch arbeitenden pauschalen toxizitaetsmessgeraetes mit dokumentationseinrichtung

S.WORT toxische abwaesser + schadstoffnachweis + geraeteentwicklung

PROLEI DIPL. -BIOL. DIETER MUELLER

STAND 1.1.1974

QUELLE umweltforschungsplan 1974 des bmi

FINGEB BUNDESMINISTER DES INNERN

BEGINN 1.10.1972 ENDE 31.12.1974

G.KOST 184.000 DM

KA -007

INST EMSCHERGENOSSENSCHAFT UND LIPPEVERBAND
ESSEN 1, KRONPRINZENSTR. 24

VORHAB **gaschromatographische untersuchungen von kokereiabwaessern auf phenole**
identifizierung von im kokereiabwasser enthaltenen phenolen nach art und menge

S.WORT abwasser + kokerei + phenole + analytik

PROLEI DR. MALZ

STAND 1.1.1974

QUELLE erhebung 1975

KA -008

INST EMSCHERGENOSSENSCHAFT UND LIPPEVERBAND
ESSEN 1, KRONPRINZENSTR. 24

VORHAB **entwicklung von untersuchungstechniken zur bes timmung des sauerstoffbedarfs (biochemisch, chemisch, gesamt)**
csb-, tsb-, bsb-bestimmung

S.WORT abwasser + sauerstoffhaushalt + methodenentwicklung

PROLEI DR. MALZ

STAND 1.1.1974

BEGINN 1.1.1971 ENDE 31.12.1975

KA -009

INST EMSCHERGENOSSENSCHAFT UND LIPPEVERBAND
ESSEN 1, KRONPRINZENSTR. 24

VORHAB **probenstabilisierung bei entnahme und aufbewahrung von wasserproben**
vermeidung unkontrollierbar und irreversibel verlaufender veraenderungen von wasserproben zwischen zeitpunkt ihrer entnahme und untersuchung durch chemikalienzusatz oder durch physikalische behandlung; hemmung bzw. abtoetung probenveraendernder mikroorganismen; unterbindung chemischer reaktionen in proben
S.WORT abwasser + mikroflora + untersuchungsmethoden
PROLEI DR. SPRENGER
STAND 1.1.1974
FINGEB GESELLSCHAFT DEUTSCHER CHEMIKER, FACHGRUPPE WASSERCHEMIE, FRANKFURT
ZUSAM INST. F. WASSERCHEMIE UND CHEM. BALNEOLOGIE, 8 MUENCHEN, MARCHIONINISTR. 17
BEGINN 1.1.1969

KA -010
INST FACHBEREICH GESUNDHEITSWESEN DER FH GIESSEN
GIESSEN, WIESENSTR. 12
VORHAB **erarbeitung neuer methoden fuer den wasserschutz und die abfallbeseitigung**
ziel: erarbeitung neuer messmethoden; aufstellen von messwertkatastern; interpretation der messergebnisse in bezug auf morbiditaet und mortalitaet
S.WORT wasserschutz + abfallbeseitigung + messmethode
PROLEI DIPL. -CHEM. FUNK
STAND 1.1.1974
BEGINN 1.1.1972
LITAN - 1. TEILVEROEFFENTLICHUNGEN IM DRUCK
- ZWISCHENBERICHT 1974. 06

KA -011
INST INSTITUT FUER CHEMIEINGENIEURTECHNIK DER TU BERLIN
BERLIN 10, ERNST-REUTER-PLATZ 7
VORHAB **entwicklung eines kontinuierlichen kurzzeitmessverfahrens fuer die konzentration biochemisch abbaubarer wasserinhaltsstoffe**
durch wahl geeigneter werte fuer bakterienkonzentration, reaktionstemperatur, sauerstoffeintrag und reaktorbauform soll der biochemische substratabbau in einer kontinuierlich durchstroemten messzelle so beschleunigt werden, dass er in einer stunde nahezu vollstaendig erfolgt. aus der gasanalytisch gemessenen sauerstoffkonzentrationsdifferenz des gases wird in erster naeherung auf die abgebaute substratmenge und damit auf die eintrittssubstratkonzentration geschlossen. das entwickelte verfahren eignet sich darueberhinaus auch fuer reaktionskinetische untersuchungen zur biologischen abwasserreinigung
S.WORT abwasserkontrolle + wasserreinigung + biochemischer sauerstoffbedarf + messverfahren
PROLEI PROF. DR. UDO WIESMANN
STAND 11.8.1976
QUELLE fragebogenerhebung sommer 1976
BEGINN 1.1.1976
G.KOST 50.000 DM

KA -012
INST INSTITUT FUER HYGIENE UND MEDIZINISCHE MIKROBIOLOGIE DER FAKULTAET FUER KLINISCHE MEDIZIN MANNHEIM DER UNI HEIDELBERG
MANNHEIM, THEODOR-KUTZER-UFER
VORHAB **hygienische bedeutung des nachweises von salmonellen im kanalnetz**
S.WORT abwasser + schadstoffnachweis + salmonellen
STAND 1.1.1974

KA -013
INST INSTITUT FUER INGENIEURBIOLOGIE UND BIOTECHNOLOGIE DES ABWASSERS DER UNI KARLSRUHE
KARLSRUHE, AM FASANENGARTEN
VORHAB **einfluss der temperatur auf die bsb-kinetik, gezeigt am beispiel escherichia-coli**
theoretische untersuchungen ueber die bedeutung der an lebenden organismen bestimmten kinetischen parameter und darstellung einer methode, diese groessen durch messung des biochemischen o2-verbrauchs nach dem warburg-verfahren zu bestimmen. theoretische erfassung des temperatur-einflusses auf die kinetischen parameter. praktische untersuchungen dazu und zur temperatur-abhaengigkeit des gesamt-bsb.
S.WORT biochemischer sauerstoffbedarf + colibakterien + mikroorganismen + reaktionskinetik
PROLEI PROF. DR. LUDWIG HARTMANN
STAND 26.7.1976
QUELLE fragebogenerhebung sommer 1976
BEGINN 1.2.1973 ENDE 31.12.1975
LITAN - PETERS, H.: JAHRESBERICHT DES INSTITUTS FUER INGENIEURBIOLOGIE: EINFLUSS DER TEMPERATUR AUF DIE BSB-KINETIK GEZEIGT AM BEISPIEL ESCHERICHIA COLI. DISSERTATION (UNI KARLSRUHE)(MAI 1976)
- ENDBERICHT

KA -014
INST INSTITUT FUER MESS- UND REGELUNGSTECHNIK DER TU BERLIN
BERLIN 15, KURFUERSTENDAMM 195
VORHAB **erforschung der moeglichkeiten zur entwicklung einer automatischen gravimetrischen apparatur**
ziel dieser arbeit ist die entwicklung einer automatischen apparatur, die kontinuierlich die feststoffkonzentration in gewaessern und im abwasser mittels schreiber oder drucker registriert. vorgesehenes ergebnis ist ein prototyp. die apparatur bietet den vorteil, dass sie ohne ueberwachung tag und nacht eingesetzt werden kann und den zustand der untersuchten gewaesser objektiv ueberwacht. die probe wird automatisch filtriert, die masse des rueckstandes ergibt sich aus der frequenzaenderung einer mechanischen schwingung des substrats
S.WORT gewaesserueberwachung + abwasserkontrolle + feststoffe + geraeteentwicklung
STAND 6.1.1975
FINGEB BUNDESMINISTER FUER FORSCHUNG UND TECHNOLOGIE
BEGINN 30.9.1975 ENDE 31.12.1977
G.KOST 330.000 DM
LITAN GAST, T.;BAHNER, H.: EINE AUTOMATISCHE APPARATUR ZUR BESTIMMUNG DER FESTSTOFFKONZENTRATION IN GEWAESSERN UND IM ABWASSER. IN: CHEMIE-ING. -TECHNIK. 5(1976)

KA -015
INST INSTITUT FUER ORGANISCHE CHEMIE DER UNI TUEBINGEN
TUEBINGEN 1, AUF DER MORGENSTELLE
VORHAB **analyse und isolierung von organischen substanzen aus abwasser in verschiedenen stadien der abwasserreinigung**
S.WORT abwasseranalyse + organische stoffe + nachweisverfahren
PROLEI PROF. DR. ERNST BAYER
STAND 7.9.1976
QUELLE datenuebernahme von der deutschen forschungsgemeinschaft
FINGEB DEUTSCHE FORSCHUNGSGEMEINSCHAFT

KA -016
INST INSTITUT FUER RADIOCHEMIE DER GESELLSCHAFT FUER KERNFORSCHUNG MBH
KARLSRUHE -LEOPOLDSHAFEN, KERNFORSCHUNGSZENTRUM
VORHAB **orientierende versuche ueber die bei der haushaltsentsorgung durch muellabschwemmung auftretende zusaetzliche abwasserbelastung**
S.WORT abwasserbelastung + siedlungsabfaelle + entsorgung

STAND 1.1.1974
FINGEB BUNDESMINISTER FUER FORSCHUNG UND TECHNOLOGIE
BEGINN 1.1.1973 ENDE 31.12.1974
G.KOST 12.000 DM

KA -017
INST INSTITUT FUER REGELUNGSTECHNIK DER TU BERLIN
BERLIN 10, EINSTEINUFER 35-37
VORHAB **erforschung der moeglichkeiten zur entwicklung einer automatischen gravimetrischen apparatur zur kontunuierlichen erfassung der feststoffkonzentration in gewaessern und im abwasser**
S.WORT wasserverunreinigung + feststoffe + messgeraet + automatisierung
QUELLE datenuebernahme aus der datenbank zur koordinierung der ressortforschung (dakor)
FINGEB BUNDESMINISTER FUER FORSCHUNG UND TECHNOLOGIE
BEGINN 1.1.1974 ENDE 30.6.1976
G.KOST 136.000 DM

KA -018
INST INSTITUT FUER SIEDLUNGSWASSERBAU UND WASSERGUETEWIRTSCHAFT DER UNI STUTTGART
STUTTGART 80, BANDTAELE 1
VORHAB **untersuchung zur erfassung und kennzeichnung der organischen reststoffe in gereinigten abwaessern**
ziel ist, die im biologisch gereinigtem abwasser verbliebenen reststoffe bzw. die bei einer biologischen behandlung gebildeten resistenten sekundaerstoffe nach menge und chemischer beschaffenheit zu klassifizieren
S.WORT biologische abwasserreinigung + rueckstaende
PROLEI PROF. DR. -ING. RUDOLF WAGNER
STAND 1.10.1974
FINGEB DEUTSCHE FORSCHUNGSGEMEINSCHAFT
BEGINN 1.1.1971 ENDE 31.12.1976
G.KOST 696.000 DM

KA -019
INST INSTITUT FUER SIEDLUNGSWASSERBAU UND WASSERGUETEWIRTSCHAFT DER UNI STUTTGART
STUTTGART 80, BANDTAELE 1
VORHAB **verbesserung und vereinheitlichung der "csb-methodik" auf der basis der kaliumdichromatoxidation im hinblick auf das abwasserabgabengesetz**
dieses forschungsvorhaben soll die technische ausarbeitung und ueberpruefung einer arbeitsmethode fuer csb-bestimmung bringen. an diesen arbeiten sind 11 fachinstitute beteiligt. die arbeiten sollen auftragsgemaess juni/juli 1975 abgeschlossen werden grundlage fuer die neuueberarbeitung der systeme nr. 4, 2 der dev. weiterentwicklung des dichromat-csb in richtung tsb (totaler sauerstoffbedarf) im sinne der oxidationsgleichung als stoechiometrisch definierte kenngroesse. suchen einer modifikation fuer die methode, bei der ohne anwendung von quecksilbersalzen die stoerung durch chlorid ausgeschlossen ist
S.WORT gewaesserbelastung + abwasserabgabengesetz + sauerstoffbedarf + messverfahren
PROLEI PROF. DR. -ING. RUDOLF WAGNER
STAND 15.11.1975
FINGEB BUNDESMINISTER DES INNERN
BEGINN 1.1.1974 ENDE 31.7.1976
G.KOST 302.000 DM
LITAN WAGNER, R.: DIE CSB-METHODIK IM ABWASSERABGABENGESETZ. IN: VOM WASSER 46 (1976)

KA -020
INST INSTITUT FUER SIEDLUNGSWASSERBAU UND WASSERGUETEWIRTSCHAFT DER UNI STUTTGART
STUTTGART 80, BANDTAELE 1
VORHAB **untersuchung ueber die toxischen einfluesse von abwasser auf fische mit hilfe der enzymaktivitaet des serums mit dem ziel der modifikation und verbesserung von fischtesten**
es wird versucht, ein vereinfachtes verfahren der feststellung der toxizitaet von abwasserinhaltsstoffen auszuarbeiten. hierbei sollen die veraenderungen der enzymaktivitaeten in abhaengigkeit von art und menge toxischer abwasserinhaltsstoffe festgestellt werden. dieses verfahren hat aussichten, den derzeitigen gifttest (nach dem abwasserabgabengesetz) zu ersetzen
S.WORT abwasserkontrolle + bioindikator + fische
PROLEI PROF. DR. GERHARD HAIDER
STAND 20.11.1975
FINGEB BUNDESMINISTER DES INNERN
BEGINN 1.1.1975 ENDE 31.12.1978
G.KOST 277.000 DM
LITAN ZWISCHENBERICHT

KA -021
INST INSTITUT FUER SIEDLUNGSWASSERWIRTSCHAFT DER TH AACHEN
AACHEN, MIES-VAN-DER-ROHE-STR. 1
VORHAB **entwicklung von einfachen analytischen schnellverfahren zur identifizierung und quantitativen bestimmung von organischen laststoffen bei der biologischen klaerung**
untersuchungen zur bestimmung von pestiziden, spurenelementen, naehrstoffen und polycyclischen aromatischen kohlenwasserstoffen. ausarbeitung von analysenverfahren zur spurenanalyse. erstellung von daten fuer die geplante datenbank ueber schadstoffe im gewaesser
S.WORT gewaesser + organische schadstoffe + spurenanalytik
PROLEI DIPL. -CHEM. REINHOLD
STAND 1.1.1975
QUELLE umweltforschungsplan 1975 des bmi
FINGEB BUNDESMINISTER DES INNERN
BEGINN 1.1.1973 ENDE 31.12.1975
G.KOST 142.000 DM
LITAN ZWISCHENBERICHT 1975. 01

KA -022
INST LANGE GMBH
DUESSELDORF, HEESENSTR. 19
VORHAB **analysen-automat fuer die kontinuierliche chromat- und phosphatbestimmung im abwasser; truebungs- und farbmessung im abwasser**
S.WORT abwasserkontrolle + messgeraet + phosphate
STAND 6.1.1975
FINGEB BUNDESMINISTER FUER FORSCHUNG UND TECHNOLOGIE
BEGINN 1.1.1974 ENDE 30.6.1975

KA -023
INST LEHRSTUHL FUER MAKROMOLEKULARE STOFFE DER TU MUENCHEN
MUENCHEN 2, ARCISSTR. 21
VORHAB **die wirkung der makromolekularen adsorption auf die stabilitaet von suspensionen**
aufklaerung des zusammenhangs zwischen der struktur adsorbierter polymerschichten auf suspendierten partikeln und der stabilitaet dieser suspensionen. untersuchungsmethoden: a) zur adsorption: spektroskopie (ir, nmr), ellipsometrie, kalorimetrie. b) zur stabilitaet: viskositaet, sedimentation, elektrophorese, photokorrelationsspektroskopie
S.WORT polymere + adsorption + (suspensionen)
PROLEI PROF. DR. ERWIN KILLMANN
STAND 10.9.1976

QUELLE fragebogenerhebung sommer 1976
FINGEB ARBEITSGEMEINSCHAFT INDUSTRIELLER FORSCHUNGSVEREINIGUNGEN E. V. (AIF)
LITAN - GEBHARD, H.;KILLMANN, E.: ELLIPSOMETRISCHE UNTERSUCHUNG DER ADSORPTION VON POLYSTYROL UND POLYMETHYLMETHACRYLAT AN METALLOBERFLAECHEN. IN: DIE ANGEWANDTE MAKROM. CHEM. 53 S. 171(1976)
- KILLMANN, E.;EISENLAUER, J.: SEDIMENTATIONSUNTERSUCHUNGEN ZUR WIRKUNG MAKROMOLEKULARER ADSORPTIONSSCHICHTEN AUF DIE STABILITAET VON AEROSILSUSPENSIONEN. IN: PROGR. COLLOID + POLYMER SEI. 60 S. 147(1976)
- ENDBERICHT

KA -024
INST LIMNOLOGISCHES INSTITUT DER UNI FREIBURG KONSTANZ -EGG, MAINAUSTR. 212
VORHAB untersuchungen zur ernaehrung der abwasserchironomiden prodiamesa olivacea und brilla longifurca
S.WORT abwasser + mikroflora + ernaehrung
PROLEI PROF. DR. JUERGEN SCHWOERBEL
STAND 1.1.1974
FINGEB DEUTSCHE FORSCHUNGSGEMEINSCHAFT
BEGINN 1.1.1973

KA -025
INST MAX-PLANCK-INSTITUT FUER ZUECHTUNGSFORSCHUNG (ERWIN-BAUR-INSTITUT) KREFELD, AM WALDWINKEL 70
VORHAB sanieren der abwasserzufluesse in einen badeweiher
sedimentation, elimination, reduktion in verschmutzten zulaeufen in einem wichtigen erholungsgebiet; natuerliche selbstreinigung durch gezielte und gesteuerte biologische leistungen bestimmter pflanzen
S.WORT erholungsgebiet + badewasser + selbstreinigung + biologischer abbau
PROLEI DR. SEIDEL
STAND 1.1.1974
ZUSAM OBERSTE NATURSCHUTZBEHOERDE DES SAARLANDES
BEGINN 1.6.1973
LITAN ZWISCHENBERICHT 1974. 12

KA -026
INST RUHRVERBAND UND RUHRTALSPERRENVEREIN ESSEN
ESSEN 1, KRONPRINZENSTR. 37
VORHAB feststellung der giftigkeit von abwasser mittels bakterientest
in ringversuchen soll ermittelt werden, ob ein von der bfg und der robra/ruhrverband entwickelter gifttest auf der basis der feststellung der bakterientoxizitaet repraesentative und reproduzierbare ergebnisse liefert und damit geeignet ist, als verfahren und bewertungskriterium in das abwasserabgabengesetz aufgenommen zu werden
S.WORT abwasserkontrolle + toxizitaet + bioindikator
PROLEI DR. ROBRA
STAND 1.1.1975
QUELLE umweltforschungsplan 1975 des bmi
FINGEB BUNDESMINISTER DES INNERN
BEGINN 1.1.1975 ENDE 31.12.1975
G.KOST 13.000 DM

Weitere Vorhaben siehe auch:

AA -048 BIOINDIKATOREN
BC -014 ERHEBUNGEN ZU LUFT- UND ABWASSERPROBLEMEN IN DER FEINKERAMISCHEN FLIESENINDUSTRIE
CA -077 ANWENDUNG DER SUBSTOECHIOMETRISCHEN ISOTOPENVERDUENNUNGSANALYSE AUF DIE BESTIMMUNG VON SPUREN AN SULFAT UND CHLORID IN LUFT UND WASSER
IA -006 SPURENELEMENTANALYSE IN GEWAESSERN, ABWAESSERN UND SEDIMENTEN IM RAHMEN DES INTERDISZIPLINAEREN UMWELTPROJEKTES "OBERE LAHN" DER UNIVERSITAET MARBURG
IA -019 UNTERSUCHUNG VON NATUERLICHEN WAESSERN UND VON ABWAESSERN SOWIE VON KLAERSCHLAMM AUF DEN GEHALT AN TOXISCHEN ELEMENTEN UND EINIGEN HAUPTBESTANDSELEMENTEN (Z.B. N, P)
IA -029 NITROSAMINE
NB -048 DIE ISOTOPENVERTEILUNG IN SCHLAEMMEN EINES VORFLUTERS IM EINZUGSGEBIET EINES REAKTORS
PA -021 PHYSIOLOGISCHE UNTERSUCHUNGSVERFAHREN ZUR ERMITTLUNG VON ABWASSERSCHAEDEN DURCH UNTERSUCHUNG DER WIRKUNG VON STRESSFAKTOREN

KB -001

INST ABTEILUNG FUER ALGENFORSCHUNG UND ALGENTECHNOLOGIE DER GESELLSCHAFT FUER STRAHLEN- UND UMWELTFORSCHUNG MBH
DORTMUND, BUNSEN-KIRCHHOFF-STR. 13

VORHAB **einsatz von abwasser-algen-systemen zur kombinierten wasserrueckgewinnung und proteinerzeugung**
es wird untersucht, inwieweit organische c-quellen des abwassers in bakterienfreien kulturen zur c-versorgung der algen unter labor- und freilandbedingungen beitragen. im rahmen technologischer entwicklungsarbeiten wird die verwendbarkeit von polyelektrolyten zur flockung und filtration von abwasseralgen geprueft

S.WORT biologische abwasserreinigung + algen + proteine + recycling
PROLEI PROF. DR. C. J. SOEDER
STAND 30.8.1976
QUELLE fragebogenerhebung sommer 1976
FINGEB BUNDESMINISTER FUER FORSCHUNG UND TECHNOLOGIE
BEGINN 1.1.1974 ENDE 31.12.1977
LITAN - DOR, I.: HIGH DENSITY, DIALYSIS CULTURE OF ALGAE ON SEWAGE. IN: WATER RES. 9 P. 251-254(1975)
- DIALYSIS CULTURE FOR PRODUCTION OF ALGAL FOOD FROM SEWAGE. PROC. 6TH SCI. CONF. ISRAEL ECOL. SOC. P. 41-50(1975)

KB -002

INST ABTEILUNG FUER ALGENFORSCHUNG UND ALGENTECHNOLOGIE DER GESELLSCHAFT FUER STRAHLEN- UND UMWELTFORSCHUNG MBH
DORTMUND, BUNSEN-KIRCHHOFF-STR. 13

VORHAB **selektion und ernaehrungsphysiologie filtrierbarer mikroalgen**
die suche nach filtrierbaren mikroalgen, die sich zur kultur in abwasser eignen, wird fortgesetzt. ihre taxonomische einordnung wird auch unter dem gesichtspunkte der verwertung organischer substrate untersucht. verschiedene algenstaemme werden auf ihre faehigkeit geprueft, bestimmte mineralische und organische substrate aus abwasser zu eliminieren. sofern sich in kulturversuchen herausstellt, dass algen unter dem einfluss der schwermetalle pb und cd ohne schwerwiegende schaedigung wachsen, soll die aufnahmekinetik von cd, sein anreicherungsfaktor und moeglichst auch seine verteilung in algenzellen unter einsatz von cd-109 untersucht werden

S.WORT biologische abwasserreinigung + algen + schadstoffabbau + schwermetalle
PROLEI PROF. DR. C. J. SOEDER
STAND 30.8.1976
QUELLE fragebogenerhebung sommer 1976
BEGINN 1.1.1973 ENDE 31.12.1977

KB -003

INST ABTEILUNG SONDERGEBIETE DER MATERIALPRUEFUNG DER BUNDESANSTALT FUER MATERIALPRUEFUNG
BERLIN 45, UNTER DEN EICHEN 87

VORHAB **der wirkungsgrad und die katalytische beeinflussung des elektro-chemischen abbaus von gift- und schmutzstoffen in wasser**
ausbeute-bestimmung bei der abwasser-(abluft)-reinigung und trinkwassersterilisation durch anodische oxidation

S.WORT abwasserreinigung + schadstoffabbau + trinkwasser + verfahrenstechnik
PROLEI DR. TESKE
STAND 1.1.1974
BEGINN 1.1.1976

KB -004

INST AMEG, VERFAHRENS- UND UMWELTSCHUTZ-TECHNIK GMBH & CO KG
STUHR-MOORDEICH, AN DER BAHN 3

VORHAB **entfernung von organischen loesemitteln aus wasser**
eine moeglichkeit der entfernung von loesemitteln des abwassers ist das strippen im gegenstrom mit frischluft. die loesemittelhaltige luft wird zurueckgefuehrt auf einen adsorber. eine andere moeglichkeit ist das filtern des abwassers ueber aktivkohle. ziel ist die entwicklung von anlagen, die nach dem baukasten-prinzip dem jeweiligen bedarfsfall optimal angepasst werden koennen. durch die ueberwachung des gefilterten abwassers mittels messgeraeten, kann die aktivkohle maximal beladen werden. ebenfalls ziel ist die entwicklung und der bau der o. g. messgeraete. die gesaettigte aktivkohle wird auf einfache art und weise dem filter entnommen und reaktiviert

S.WORT abwasseraufbereitung + loesungsmittel + aktivkohle
PROLEI PROF. KLAUS TUREK
STAND 6.8.1976
QUELLE fragebogenerhebung sommer 1976
ZUSAM - GESELLSCHAFT FUER GERAETEBAU, DORTMUND
- ARC TRADING AG, THUN-SCHWEIZ
BEGINN 1.5.1976 ENDE 31.12.1976
G.KOST 20.000 DM

KB -005

INST BATTELLE-INSTITUT E.V.
FRANKFURT 90, AM ROEMERHOF 35

VORHAB **biologischer abbau in gewaessern und klaeranlagen**

S.WORT gewaesser + klaeranlage + biologischer abbau
STAND 1.1.1974

KB -006

INST BAYER AG
LEVERKUSEN, BAYERWERK

VORHAB **entfernung biologisch schwer abbaubarer sowie den biologischen abbau hemmender substanzen aus abwaessern mittels aktivkohle**
adsorptive abwasserreinigung mit aktivkohle

S.WORT abwasserbehandlung + biologischer abbau + aktivkohle
PROLEI DR. MANN
STAND 1.1.1974
QUELLE erhebung 1975
FINGEB BUNDESMINISTER FUER FORSCHUNG UND TECHNOLOGIE
ZUSAM - MERCK AG, 61 DARMSTADT, FRANKFURTER STR. 250
- LURGI CHEMIE U. HUETTENTECHNIK GMBH, 6 FRANKFURT 8, GERVINUSSTR . 17-19
- LABORATORIUM F. ABSORPTIONSTECHNIK, 6 FRANKFURT, GWINNERSTR. 27-33
BEGINN 1.9.1973 ENDE 31.12.1975
G.KOST 205.000 DM
LITAN - BERICHT AN BMFT (OKT 1973)
- ZWISCHENBERICHT 1974. 08

KB -007

INST BAYER AG
LEVERKUSEN, BAYERWERK

VORHAB **verbrennung von organisch belasteten salzloesungen und salzschlaemmen**
entwicklung eines wirtschaftlich vertretbaren verfahrens zur verbrennung organisch belasteter salzloesungen, salzschlaemme und duennsaeuren. optimierung der verbrennungseinrichtung und der erforderlichen rauchgasbehandlu belasteter salzloesungen, salzschlaemme und duennsaeuren. optimierung der verbrennungseinrichtung und der erforderlichen rauchgasbehandlung

S.WORT organische stoffe + schadstoffentfernung + salze + verbrennung + wirtschaftlichkeit
PROLEI DR. HOEFER
STAND 28.7.1976
QUELLE fragebogenerhebung sommer 1976
FINGEB BUNDESMINISTER FUER FORSCHUNG UND TECHNOLOGIE
BEGINN 1.6.1975 ENDE 30.6.1977
G.KOST 6.000.000 DM
LITAN ZWISCHENBERICHT

KB -008

INST BAYER AG
LEVERKUSEN, BAYERWERK
VORHAB nassoxidation von abwaessern
reinigung stark organisch-chemisch belasteter abwaesser durch oxidation mit luft zu kohlendioxid und wasser bei 200 bis 350 grad celsius und 20 - 250 bar druck
S.WORT abwasserreinigung + organische schadstoffe + oxidation
PROLEI DR. THIEL
STAND 1.1.1974
FINGEB BUNDESMINISTER FUER FORSCHUNG UND TECHNOLOGIE
BEGINN 1.11.1972 ENDE 30.6.1977
G.KOST 1.577.000 DM
LITAN ZWISCHENBERICHT 1974. 06

KB -009

INST BAYERISCHE BIOLOGISCHE VERSUCHSANSTALT
MUENCHEN 22, KAULBACHSTR. 37
VORHAB absicherung des umweltverhaltens von heterogenen anorganischen buildern (hab) in klaeranlagen
dieses forschungsvorhaben hat zum ziel, das verhalten von hab in biologischen abwasserreinigungsanlagen (oxidationsgraben und tropfkoerperanlagen) aufzuklaeren. hierbei soll festgestellt werden, ob das hab unschaedlich ist fuer die mikroorganismen, die den abbau der abwasserinhaltsstoffe bewerkstelligen. gleichzeitig soll ermittelt werden, wie sich hab gegenueber anderen abwasserinhaltsstoffen verhaelt. es besteht begruendete aussicht, dass durch hab die abwasserreinigung positiv beeinflusst wird
S.WORT biologische abwasserreinigung + anorganische builder
PROLEI PROF. DR. MANFRED RUF
STAND 20.11.1975
FINGEB BUNDESMINISTER DES INNERN
BEGINN 1.12.1975 ENDE 31.12.1976
G.KOST 213.000 DM

KB -010

INST BERLINER STADTREINIGUNGSBETRIEBE
BERLIN 42, RINGBAHNSTR. 96
VORHAB abwasserreinigung beim destrugas-pyrolyse-verfahren
es soll bei einer abfallpyrolyseanlage (vorerst n. d. destruga-verf.) der output (feste, fl. und gasf. reststoffe) als funktion des inputs (abfalls), des reaktortyps und der betriebsbedingungen nach moeglichkeit mathematisch erfasst werden. da beim gen. verf. als einer der 3 abstroeme ein schwer verunreinigtes abwasser anfaellt, darf man die betrachtungen nicht auf den thermoreaktor beschraenken. deshalb soll mittels einer technikumsanlage die reinigungsmoeglichkeit der abwaesser untersucht werden. es wird die entstehung der einzelnen schadstoffe im thermoreaktor und ihre zerstoerung bzw. bindung usw. u. a. im abwasser soweit wie moeglich verfolgt
S.WORT abwasserreinigung + gasreinigung + pyrolyse
PROLEI DR. HEINRICH MOSCH
STAND 9.12.1975
FINGEB BUNDESMINISTER DES INNERN
BEGINN 10.12.1975 ENDE 9.8.1977
G.KOST 303.000 DM
LITAN MOSCH, H.: UMWELTHYGIENISCHE GESICHTSPUNKTE BEI ABFALLPYROLYSEVERFAHREN. IN: MUELL UND ABFALL. 8(3) S. 87-92(1976)

KB -011

INST DECHEMA - DEUTSCHE GESELLSCHAFT FUER CHEMISCHES APPARATEWESEN E.V.
FRANKFURT, THEODOR-HEUSS-ALLEE 25
VORHAB elektrochemische vorgaenge in wirbelschichtzellen
kinetik der wirbelschichtelektro-schwermetallspurenabscheidung; mathematische beschreibung
S.WORT abwasserreinigung + schwermetalle
PROLEI DR. HEITZ
STAND 1.1.1974
FINGEB DEUTSCHE FORSCHUNGSGEMEINSCHAFT
BEGINN 1.8.1972 ENDE 30.4.1976
G.KOST 120.000 DM
LITAN - KREYSA,G.;HEITZ,E.: THE SIMILARITY LAW OF EFFECTIVE BED HEIGHT OF PACKED BED ELECTRODES. IN:ELECTROCHIMICA ACTA. 20 S.919(1975)
- KREYSA,G.;PIONTECK,S.;HEITZ,E.: COMPARATIVE INVESTIGATIONS OF PACKED AND FLUIDIZED BED ELECTRODES WITH NON-CONDUCTING AND CONDUCTING PARTICLES. IN:JOURNAL OF APPLIED ELECTRO-CHEMISTRY. 5 S.305(1975)
- KREYSA,G.: THEORETISCHE GRUNDLAGEN, TECHNISCHER STAND UND ANWENDUNGSMOEGLICHKEITEN VON FEST- UND WIRBELBETTELEKTRODEN. IN:ERZMETALL. 28 S.440(1975)

KB -012

INST DEUTSCHE FORSCHUNGSGESELLSCHAFT FUER DRUCK- UND REPRODUKTIONSTECHNIK E.V.
MUENCHEN 40, BRUNNERSTRASSE 2
VORHAB untersuchung zur vorbeugenden reinhaltung des abwassers von druckereien und reproanstalten
der zustand des abwassers wird durch druckereien und reproanstalten beeinflusst. eine quantitative uebersicht fehlt bisher. es soll daher eine dokumentation ueber die abwasserbelastung durch die einzelnen teilprozesse dieser industriezweige sowie die erarbeitung umweltfreundlicher alternativprozesse zusammengestellt werden. hierdurch ist es moeglich verfahren zur vermeidung unnoetiger abwasserbelastung zu ermitteln. weiterhin werden analysen der abwaesser verschiedener teilprozesse vorgenommen und versuche ueber alternativprozesse gemacht.
S.WORT druckereiindustrie + abwasserbelastung + dokumentation + schadstoffminderung
QUELLE datenuebernahme aus der datenbank zur koordinierung der ressortforschung (dakor)
FINGEB BUNDESMINISTER FUER WIRTSCHAFT
BEGINN 1.1.1974 ENDE 1.1.1976
G.KOST 267.000 DM

KB -013

INST ELGIM ECOLOGY LTD.
REHOVOT/ISRAEL
VORHAB vergleich von membranprozessen fuer die behandlung von verunreinigten waessern
S.WORT abwasserreinigung + verfahrenstechnik
STAND 6.1.1975
FINGEB BUNDESMINISTER FUER FORSCHUNG UND TECHNOLOGIE
BEGINN 1.2.1974 ENDE 31.12.1975
G.KOST 678.000 DM

KB -014

INST EMSCHERGENOSSENSCHAFT UND LIPPEVERBAND
ESSEN 1, KRONPRINZENSTR. 24
VORHAB abbauverhalten organischer substanzen unter besonderer beruecksichtigung der nichtionogenen detergentien
abbau von detergentien in biologischen versuchsanlagen; screening-test; confirmatory-test
S.WORT abwasser + detergentien + schadstoffabbau + testverfahren
PROLEI DR. MALZ
STAND 1.1.1974
BEGINN 1.1.1972 ENDE 31.12.1975

KB -015

INST EMSCHERGENOSSENSCHAFT UND LIPPEVERBAND
ESSEN 1, KRONPRINZENSTR. 24

VORHAB **chemische faellung zur verminderung der restbelastung biologisch gereinigter abwaesser**
ph-gesteuerte hydroxyd- bzw. oxydhydratfaellung bewirkt im biologisch geklaerten abwasser die weitergehende reduzierung der verbliebenen restbelastung durch mitfaell-adsorption und aehnliche effekte; verminderung csb-relevanter organischer verbindungen
S.WORT biologische abwasserreinigung + faellungsmittel
PROLEI DR. MALZ
STAND 1.1.1974
BEGINN 1.1.1972

KB -016
INST EMSCHERGENOSSENSCHAFT UND LIPPEVERBAND ESSEN 1, KRONPRINZENSTR. 24
VORHAB **absicherung des umweltverhaltens von heterogenen anorganischen buildern**
im rahmen dieser untersuchungen ist geplant, das verhalten von hab in laboratoriums- und technikumsmodellen gegenueber verschiedener abwaesser zu untersuchen. gleichzeitig soll der verbleib von hab - die moegliche hab-ablagerung - in den unterschiedlichen abwasserreinigungsanlagen ermittelt werden und weitere ergaenzende untersuchungen ueber das verhalten von schwermetallen gegenueber hab im abwasserreinigungsprozess untersucht werden
S.WORT abwasserbehandlung + anorganische builder
PROLEI DR. MALZ
STAND 20.11.1975
FINGEB BUNDESMINISTER DES INNERN
BEGINN 1.12.1975 ENDE 31.12.1976
G.KOST 57.000 DM

KB -017
INST ENGLER-BUNTE-INSTITUT DER UNI KARLSRUHE KARLSRUHE, RICHARD-WILLSTAETTER-ALLEE 5
VORHAB **adsorption an aktivkohle**
untersuchung der adsorption organischer wasserinhaltsstoffe an aktivkohle am einzelkorn und an festbettadsorbern
S.WORT abwasserreinigung + aktivkohle + adsorption
PROLEI PROF. DR. SCHLUENDER
STAND 1.10.1974
FINGEB DEUTSCHE FORSCHUNGSGEMEINSCHAFT
ZUSAM SONDERFORSCHUNGSBEREICH 62 DER DFG, UNI KARLSRUHE, 75 KARLSRUHE, KAISERSTR. 12
BEGINN 1.1.1969
G.KOST 969.000 DM
LITAN - SFB-ZWISCHENBERICHT FUER 1972, 5. 73
- HEIL, G. , DISS. (1971)

KB -018
INST ENGLER-BUNTE-INSTITUT DER UNI KARLSRUHE KARLSRUHE, RICHARD-WILLSTAETTER-ALLEE 5
VORHAB **untersuchungen zur flockung und filtration**
untersuchungen ueber die wirksamkeit makromolekularer substanzen auf die agglomeration und filtration von truebstoffen
S.WORT wasseraufbereitung + flockung + filtration
PROLEI PROF. DR. SONTHEIMER
STAND 1.10.1974
FINGEB DEUTSCHE FORSCHUNGSGEMEINSCHAFT
ZUSAM SONDERFORSCHUNGSBEREICH 62 DER UNI KARLSRUHE, 75 KARLSRUHE, KAISERSTR. 12
BEGINN 1.1.1969
G.KOST 828.000 DM
LITAN - JAHRESBERICHT FUER 1972, VOM 5. 73
- ALBERT, G. , DISS. (1972)
- ZWISCHENBERICHT 1974. 05

KB -019
INST ENGLER-BUNTE-INSTITUT DER UNI KARLSRUHE KARLSRUHE, RICHARD-WILLSTAETTER-ALLEE 5
VORHAB **teilentsalzung von waessern unter verwendung billiger regenerationsmittel, insbesondere kohlendioxid**
ziel: verwendung von kohlendioxid zur regeneration von schwach sauren ionenaustauschern in teilentsalzungsanlagen
S.WORT abwasser + entsalzung + kohlendioxid
PROLEI PROF. DR. SONTHEIMER
STAND 1.1.1974
FINGEB BUNDESMINISTER FUER FORSCHUNG UND TECHNOLOGIE
ZUSAM FA. BAYER LEVERKUSEN
BEGINN 1.1.1971
G.KOST 600.000 DM
LITAN - ZWISCHENBERICHT 1972
- MATTER, J. , DISS. (1971)
- ZWISCHENBERICHT 1974. 04

KB -020
INST ENGLER-BUNTE-INSTITUT DER UNI KARLSRUHE KARLSRUHE, RICHARD-WILLSTAETTER-ALLEE 5
VORHAB **entfernung von ammoniak und schwer abbaubaren organischen substanzen aus abwaessern durch ozonbehandlung und belueftung**
ziel: suche nach neuen wegen zur entfernung von ammoniumionen aus abwaessern, sowie zur beseitigung schwer abbaubarer substanzen durch ozon
S.WORT abwasserreinigung + ammoniak + ozon + belueftung
PROLEI PROF. DR. SONTHEIMER
STAND 1.10.1974
FINGEB BUNDESMINISTER FUER FORSCHUNG UND TECHNOLOGIE
ZUSAM - TECHNION-ISRAEL-INSTITUTE OF TECHNOLOGY, HAIFA, ISRAEL
- THE HEBREW UNIVERSITY-HADASSAH MEDICAL SCHOOL, JERUSALEM ISRAEL
- GESELLSCHAFT F. KERNFORSCHUNG; ARBEITSGRUPPE UMWELTSCHUTZ WASSER; INST. F. RADIOCHEMIE
BEGINN 1.1.1974 ENDE 31.12.1977
G.KOST 760.000 DM
LITAN ZWISCHENBERICHT 1975. 04

KB -021
INST ERNO RAUMFAHRTECHNIK GMBH BREMEN 1, HUENEFELDSTR. 1-5
VORHAB **entwicklung eines mit kunstlicht betriebenen bioreaktors zur abwasserreinigung mittels algen**
elimination von kohlenstoff, stickstoff, phoshor aus biologisch geklaertem abwasser; durch kohlendioxidextraktion waehrend der photosynthese wird der ph-wert verschoben; dies fuehrt zur faellung von phosphaten und karbonaten; gleichzeitig wird eine weitgehende entkeimung des abwassers erzielt
S.WORT abwasserreinigung + algen + bioreaktor
PROLEI DIPL. -PHYS. SELKE
STAND 1.1.1974
QUELLE erhebung 1975
FINGEB BUNDESMINISTER FUER FORSCHUNG UND TECHNOLOGIE

KB -022
INST ERNO RAUMFAHRTECHNIK GMBH BREMEN 1, HUENEFELDSTR. 1-5
VORHAB **prototyp-entwicklung fuer flotation nach dem blaseneintrags-verfahren gemaess erno / volvo-patentanmeldung**
erno/volvo-patent fuer blaseneintragungsverfahren angemeldet, wirkungsweise an laborversuchsanlage nachgewiesen; zielsetzung: schlammentfernung aus abwaessern waehrend der 2. und 3. reinigungsstufe
S.WORT abwasser + schlammbeseitigung
PROLEI KARSCHUNKE
STAND 1.1.1974
ZUSAM - INST. F. SIEDLUNGSWASSERWIRTSCHAFT DER UNI STUTTGART, 7 STUTTGART, BANDTAELE 1
- VOLVO FLYGMOTOR, TROLLHAETTEN/SCHWEDEN
BEGINN 1.2.1974 ENDE 31.12.1975
LITAN ZWISCHENBERICHT 1974. 12

KB -023
INST FACHBEREICH CHEMIE DER FH NIEDERRHEIN KREFELD, REINARZSTR. 49

VORHAB **der einfluss von komplexbildnern auf die ausfaellung von schwermetallhydroxiden im abwasser und untersuchungen ueber die abbaubarkeit von schwermetallkomplexen**
ziel des programmes ist festzustellen, welchen einfluss komplexbildner auf die ausfaellung von schwermetallhydroxiden haben, wie diese komplexe zerstoert werden koennen, und welchen einfluss die komplexe und deren zersetzungsprodukte auf mikroorganismen biologischer abwassereinigungsanlagen haben. vorgehensweise: 1.)untersuchungen ueber den einfluss des ph-wertes auf die ausfaellung von schwermetallhydroxiden aus komplexbildnerhaltigen definierten modellabwaessern. 2.) untersuchungen ueber die zerstoerbarkeit der nach 1.) ermittelten komplexe mit herk. oxidationsmitteln wie cl2 und a. 3.) versuche zur komplexierung der komplexe nach feststellung ihrer stabilitaet 4.) standardisierung von belebtschlaemmen, zuechtung auf konstante dehydrogenasenaktivitaet 5.) ffeststellung der giftigkeit bzw. abbaubarkeit der komplexe auf bzw. durch belebtschlaemme
S.WORT biologische abwasserreinigung + schwermetalle
PROLEI PROF. DR. MANFRED EWALD
STAND 21.7.1976
QUELLE fragebogenerhebung sommer 1976
G.KOST 50.000 DM
LITAN EWALD, M. , INTERFINISH 76: DER EINFLUSS DES PH-WERTES AUF DIE AUSFAELLUNG VON METALLHYDROXIDEN AUS KOMPLEXBILDNERHALTIGEN GALVANIKABWAESSERN

KB -024
INST GROSSER ERFTVERBAND BERGHEIM
BERGHEIM, PAFFENDORFER WEG 42
VORHAB **versuche zur schwebstoffentnahme aus biologischen gereinigten klaeranlagenablaeufen mit hilfe eines mikrosiebes**
untersuchungen des wirkungsgrades verschiedener siebmaschenweiten auf die abnahme des suspensagehaltes, bsb5 und csb in biologisch gereinigten klaeranlagenablaeufen
S.WORT biologische klaeranlage + schwebstoffe + schadstoffentfernung + (mikrosieb)
PROLEI DIPL. -ING. GEORG PILOTEK
STAND 2.8.1976
QUELLE fragebogenerhebung sommer 1976
BEGINN 1.3.1976 ENDE 31.7.1976
G.KOST 50.000 DM

KB -025
INST GROSSER ERFTVERBAND BERGHEIM
BERGHEIM, PAFFENDORFER WEG 42
VORHAB **versuche zur reduzierung der restverschmutzung in biologisch gereinigten klaeranlagenablaeufen mit hilfe eines flockungsfilters**
untersuchungen im halbtechnischen massstab mit dem ziel, die abnahme der restverschmutzung - bsb5, csb und po4 - festzustellen. variiert werden: beschickungsmenge, flockungsmittelzugabe, ph-wert. das mit quarzsand befuellte flockungsfilter wird von unten nach oben durchstroemt (aufwaertsfiltration)
S.WORT abwasserreinigung + biologische klaeranlage + flockung + filter
PROLEI DIPL. -ING. GEORG PILOTEK
STAND 2.8.1976
QUELLE fragebogenerhebung sommer 1976
BEGINN 1.1.1976 ENDE 31.12.1977
G.KOST 65.000 DM

KB -026
INST INSTITUT FUER ALLGEMEINE MIKROBIOLOGIE DER UNI KIEL
KIEL, OLSHAUSENSTR. 40-60
VORHAB **entwicklung von methoden und apparaten zur anreicherung von antibiotika- und pestizidabbauenden mikroorganismen mit hilfe von in kunststoffen eingebetteten substraten**
1) die abzubauenden stoffe werden mikroverkapselt oder in poroese kunststoffe eingebettet. 2) in geeigneten apparaten werden diese "immobilisierten" stoffe in teiche oder fluesse gebracht. es sollen sich dann in den bereichen erhoehter substratkonzentration mikroorganismen anreichern, die die stoffe als nahrung verwerten koennen. 3) durch radioaktive markierung der substrate und eventuellen nachweis der radioaktivitaet in angereicherten mikroorganismen koennten daten ueber den abbau von antibiotika oder pesticiden unter relativ natuerlichen bedingungen erhalten werden. 4) die zu entwickelnden methoden sollen an mikroorganismen erprobt werden, die penicillin g als c- und/oder n-quelle nutzen koennen
S.WORT mikrobieller abbau + antibiotika + pestizide + (geraeteentwicklung)
PROLEI DR. JUERGEN JOHNSON
STAND 21.7.1976
QUELLE fragebogenerhebung sommer 1976
FINGEB DEUTSCHE FORSCHUNGSGEMEINSCHAFT
BEGINN 1.1.1976
G.KOST 12.000 DM

KB -027
INST INSTITUT FUER AUFBEREITUNG DER TU CLAUSTHAL
CLAUSTHAL-ZELLERFELD, ERZSTR. 20
VORHAB **der einfluss der restkonzentration von flotationsreagenzien in den abwaessern auf deren qualitaet bei der wiederverwendung**
schaedliche restkonzentration an chemikalien und metallen im abwasser, spurenanalyse von tensiden, kassverfahren, reinigung von metallen, faellung, adsorption
S.WORT abwasserreinigung + flotation + rueckstaende
PROLEI PROF. DR. -ING. ALBERT BAHR
STAND 1.1.1974
FINGEB PREUSSAG AG, HANNOVER
BEGINN 1.8.1972

KB -028
INST INSTITUT FUER BODENKUNDE DER UNI GOETTINGEN
GOETTINGEN, VON-SIEBOLD-STR. 4
VORHAB **bindung tropischer fraechte in kommunalen abwaessern durch induzierte flockenbildung, im wurzelraum geeigneter hoeherer pflanzen**
S.WORT kommunale abwaesser + flockung
PROLEI PROF. DR. REINHOLD KICKUTH
STAND 1.1.1974
FINGEB DEUTSCHE FORSCHUNGSGEMEINSCHAFT

KB -029
INST INSTITUT FUER BODENKUNDE UND STANDORTLEHRE DER UNI HOHENHEIM
STUTTGART 70, EMIL-WOLFF-STR. 27
VORHAB **abbaubarkeit relativ persistenter organischer restverbindungen aus geklaertem abwasser mit nitrat als h-akzeptor unter anaeroben bedingungen (= denitrifikation)**
ziel ist es, festzustellen, ob relativ persistente organische verbindungen, welche als restsubstanzen einer biologischen abwasserreinigung in den vorfluter gelangen, mit no3 als einzigem h-akzeptor unter anaeroben bedingungen weiter mineralisiert werden koennen. zweck: elimination organischer verbindungen mit gleichzeitiger stickstoffentgasung
S.WORT biologische abwasserreinigung + organische schadstoffe + denitrifikation
PROLEI PROF. DR. J. C. G. OTTOW
STAND 21.7.1976

QUELLE fragebogenerhebung sommer 1976
ZUSAM INST. F. SIEDLUNGSWASSERWIRTSCHAFT DER TU STUTTGART, STUTTGART-BUESNAU
BEGINN 1.1.1974 ENDE 31.12.1978
LITAN FABIG, W.;OTTOW, J.: DENITRIFIKATION BEI VERWERTUNG UNTERSCHIEDLICH PERSISTENTER, OXIDIERTER UND AROMATISCHER ELEKTRONENDONATOREN. IN: GWF WASSER/ABWASSER. (1976)

KB -030

INST INSTITUT FUER CHEMIEINGENIEURTECHNIK DER TU BERLIN
BERLIN 10, ERNST-REUTER-PLATZ 7
VORHAB reaktionstechnische untersuchungen an flockungsreaktoren unter besonderer beruecksichtigung der stroemungsfuehrung
die untersuchungen sollen beitraege zur entwicklung neuer flockungsreaktoren liefern, die u. a. zur phosphateliminierung aus abwasser und zur reduzierung des truebstoffgehaltes vor der kuenstlichen grundwasseranreicherung benoetigt werden. dabei soll besonders den geschwindigkeitsfeldern und der verweilzeitverteilung aufmerksamkeit geschenkt werden
S.WORT wasserreinigung + flockung + schadstoffentfernung + phosphate
PROLEI PROF. DR. UDO WIESMANN
STAND 11.8.1976
QUELLE fragebogenerhebung sommer 1976
ZUSAM INST. F. WASSER-, BODEN- UND LUFTHYGIENE DES BUNDESGESUNDHEITSAMTES, CORRENSPLATZ 1, 1000 BERLIN 33

KB -031

INST INSTITUT FUER CHEMIEINGENIEURTECHNIK DER TU BERLIN
BERLIN 10, ERNST-REUTER-PLATZ 7
VORHAB untersuchungen zur sedimentation von mehrkornsuspensionen im lamellenabscheider
von den untersuchungen werden informationen ueber betriebszustaende erwartet, die bei minimaler verstopfungsgefahr eine hohe leistungsdichte der anlage gewaehrleisten. dabei sollen verschiedene lamellenquerschnittsformen und betriebsweisen (gleich-, gegenkreuzstrom) zum einsatz kommen. neben quarzsand/wasser-suspensionen verschiedener verteilungsfunktionen werden auch suspensionen aus wasser und flocken verwendet. durch vergleich der messergebnisse mit theoretischen ergebnissen sollen versucht werden, bisher nur beschraenkt verwendbare berechnungsunterlagen weiterzuentwickeln
S.WORT abwasserreinigung + schadstoffabscheidung + verfahrensoptimierung + (lamellenabscheider)
PROLEI PROF. DR. UDO WIESMANN
STAND 11.8.1976
QUELLE fragebogenerhebung sommer 1976
BEGINN 1.1.1976
G.KOST 70.000 DM
LITAN ZWISCHENBERICHT

KB -032

INST INSTITUT FUER CHEMIEINGENIEURTECHNIK DER TU BERLIN
BERLIN 10, ERNST-REUTER-PLATZ 7
VORHAB entwicklung und erprobung eines bioreaktors fuer die abwasserbehandlung
es soll ein kontinuierlicher prozess zur biologischen abwasserreinigung in einer geschlossenen anlage entwickelt und erprobt werden. die anlage soll sich durch folgende eigenschaften auszeichnen: 1) kleinvolumige anlage mit biologischer umsatzrate, die etwa 20 mal groesser ist als in herkoemmlichen apparaten. 2) geschlossene anlage zur vermeidung von geruchsintensiven emissionen. 3) minimaler sauerstoffverbrauch. 4) kolbenfoermige durchstroemung des bioreaktors zur vermeidung jeglicher stroemungstotraeume. 5) gewaehrleistung einer hohen bakterienkonzentration
S.WORT abwasserreinigung + bioreaktor + verfahrenstechnik
PROLEI PROF. DR. -ING. HEINZ BRAUER
STAND 11.8.1976
QUELLE fragebogenerhebung sommer 1976
BEGINN 1.1.1976 ENDE 31.12.1977
G.KOST 68.000 DM

KB -033

INST INSTITUT FUER CHEMISCHE TECHNOLOGIE DER TU BRAUNSCHWEIG
BRAUNSCHWEIG, HANS-SOMMER-STR. 10
VORHAB feststoff-fixierung von mikroorganismen
1) einbau von mikroorganismen in polymere netzwerke (physikalischer einschluss). beispiel: einbau einer phenolabbauenden hefe. 2) kinetische untersuchungen zur reaktivitaet und stabilitaet der fixierten mikroorganismen. 3) ziel: entwicklung von kontinuierlichen technischen verfahren, die auf der katalyse mit mikroorganismen basieren. beispiel: kontinuierliche reinigung phenolhaltiger abwaesser
S.WORT abwasserreinigung + mikroorganismen + biotechnologie + (feststoff-fixierung)
PROLEI PROF. DR. JOACHIM KLEIN
STAND 29.7.1976
QUELLE fragebogenerhebung sommer 1976
FINGEB BUNDESMINISTER FUER FORSCHUNG UND TECHNOLOGIE
ZUSAM GESELLSCHAFT FUER MOLEKULARBIOLOGISCHE FORSCHUNG, 3300 BRAUNSCHWEIG-STOECKHEIM
BEGINN 1.4.1974 ENDE 31.12.1978
G.KOST 1.000.000 DM
LITAN HACKEL, U.;KLEIN, J.;MEGNET, R.;WAGNER, F.: IMMOBILISATION OF MICROBIAL CELLS IN POLYMERIC MATRICES. IN: EUROPEAN J. APPL. MICROBIOL. 1 S. 291-293(1975)

KB -034

INST INSTITUT FUER CHEMISCHE TECHNOLOGIE UND BRENNSTOFFTECHNIK DER TU CLAUSTHAL
CLAUSTHAL-ZELLERFELD, ERZSTR. 18
VORHAB nachweis des gehaltes an rest-xanthaten in flotationsabwaessern
entwicklung und anwednung von analysenmethoden zum nachweis von xanthaten in abwaessern von aufbereitungsanlagen der montanindustrie
S.WORT abwasseranalyse + schadstoffnachweis + (rest-xanthate)
PROLEI PROF. DR. -ING. ABEL
STAND 1.1.1974
BEGINN 1.1.1972

KB -035

INST INSTITUT FUER CHEMISCHE VERFAHRENSTECHNIK DER UNI STUTTGART
STUTTGART, BOEBLINGER STRASSE 72
VORHAB untersuchung der adsorption organischer reststoffe an aktivkohle unter den bedingungen der weitgehenden abwasserreinigung
aufgabenstellung: 1. charakterisierung des adsorptionssystemes aktivkohle - biologisch vorgereinigtes haeusliches abwasser 2. untersuchung der adsorptionskinetik insbesondere im hinblick auf die radienabhaengigkeit bei der adsorption organischer substanzen an aktivkohle 3. untersuchung des betriebsverhaltens von festbettadsorbern zur weitergehenden reinigung haeuslichen abwassers. untersuchungsmethoden: photometrische und gravimetrische konzentrationsmessungen; messung von cod, toc, bsb5 und anderer summarischer parameter
S.WORT abwasserreinigung + aktivkohle + (haeusliches abwasser)
PROLEI DR. -ING. WOLFGANG KRUECKELS
STAND 19.7.1976
QUELLE fragebogenerhebung sommer 1976
FINGEB DEUTSCHE FORSCHUNGSGEMEINSCHAFT
ZUSAM - INST. F. SIEDLUNGSWASSERBAU UND WASSERGUETEWIRTSCHAFT DER UNI STUTTGART
- INST. F. MECHANISCHE VERFAHRENSTECHNIK, BOEBLINGER STR. 72, 7000 STUTTGART
BEGINN 1.1.1972 ENDE 31.12.1975
G.KOST 600.000 DM
LITAN ENDBERICHT

KB -036

INST INSTITUT FUER EISENHUETTENKUNDE DER TH AACHEN
AACHEN, INTZESTR. 1-2

VORHAB **einsatz von braunkohlen-herdofenkoks als adsorptionskoks zur reinigung biologisch gereinigter abwaesser**
zur untersuchung der reinigungswirkung von braunkohlenkoksen wurden biologisch gereinigte abwaesser der klaeranlage aachen-soers eingesetzt. die adsorptionsfaehigkeit der eingesetzten braunkohlenkokse wurde in einer ruehrapparatur und einer durchstroemungsapparatur mit einem festbettfilter untersucht. zum vergleich wurde neben den braunkohlekoksen handelsuebliche aktivkohle unter gleichen bedingungen eingesetzt. eine erhoehung der adsorptionsfaehigkeit der braunkohlekokse konnte durch die gezielte teilvergasung (aktivierung) mit co2 und h2o erreicht werden

S.WORT abwasserreinigung + filtermaterial + braunkohle
PROLEI DIPL. -ING. MEHRDAD MOHTADI
STAND 21.7.1976
QUELLE fragebogenerhebung sommer 1976
FINGEB LANDESAMT FUER FORSCHUNG, DUESSELDORF
ZUSAM INST. F. SIEDLUNGSWASSERWIRTSCHAFT DER TH AACHEN
BEGINN 1.7.1975 ENDE 31.6.1976
G.KOST 124.000 DM

KB -037

INST INSTITUT FUER ERDOELFORSCHUNG
HANNOVER, AM KLEINEN FELDE 30

VORHAB **untersuchungen zur emulgierbarkeit von erdoelen**

S.WORT erdoel + emulgierung
PROLEI DR. NEUMANN
STAND 1.1.1974
BEGINN 1.1.1970

KB -038

INST INSTITUT FUER GRENZFLAECHEN- UND BIOVERFAHRENSTECHNIK DER FRAUNHOFER-GESELLSCHAFT E. V.
STUTTGART, EIERSTR. 46

VORHAB **optimierung der behandlung von abwasser durch untersuchung des zusammenhanges zwischen der flockungsgeschwindigkeit und der elektrischen ladung der schwebestoffe**
es soll versucht werden, die zugabe von dispersionsmitteln und tensiden am entstehungsort der abwaesser so zu optimieren, dass die faellung bei der abwasserreinigung moeglichst erleichtert wird und der gesamtbedarf an hilfsstoffen (dispersions- und flockungsmittel) moeglichst gering gehalten wird

S.WORT abwasserbehandlung + flockung + tenside
PROLEI DR. -ING. LEINER
STAND 1.1.1974
BEGINN 1.1.1973
G.KOST 220.000 DM

KB -039

INST INSTITUT FUER HYDRAULIK UND HYDROLOGIE DER TH DARMSTADT
DARMSTADT, PETERSENSTR.

VORHAB **druckentwaesserung**
in gebieten mit weitraeumiger bebauung (kleinere landgemeinden, feriensiedlungen, abgelegene anwesen usw.) bietet oft die druckentwaesserung gegenueber dem gefaellekanal bedeutende wirtschaftliche vorteile. bei der dimensionierung von druckentwaesserungssystemen stuetzt man sich bisher auf erfahrungswerte und benutzt im wesentlichen die verfahren, die auch zur berechnung von wasserleitungsnetzen verwendet werden. dabei bleibt jedoch noch weitgehend der einfluss von eingeschlossener luft infolge luftspuelung und belueften unberuecksichtigt, der zu vielen formen von zweiphasenstroemung im system fuehrt. es ist ziel dieses forschungsvorhabens, diese einfluesse zu erfassen und verfahren zu entwickeln, die eine genauere bemessung gestatten

S.WORT hydrologie + abwasserableitung + stroemungstechnik + (druckentwaesserung)
PROLEI PROF. DR. WALTER TIEDT
STAND 30.8.1976
QUELLE fragebogenerhebung sommer 1976
FINGEB FREIE UND HANSESTADT HAMBURG
BEGINN 1.1.1974 ENDE 31.12.1976
G.KOST 120.000 DM
LITAN ENDBERICHT

KB -040

INST INSTITUT FUER INGENIEURBIOLOGIE UND BIOTECHNOLOGIE DES ABWASSERS DER UNI KARLSRUHE
KARLSRUHE, AM FASANENGARTEN

VORHAB **verwertbarkeit biochemischer parameter zur beurteilung kommunaler abwaesser**
anwendung biologischer modellvorstellungen zur mathematischen beschreibung der abbaubarkeit von abwasser und zur dimensionierung von klaeranlagen

S.WORT kommunale abwaesser + klaeranlage + biologischer abbau + berechnungsmodell
PROLEI PROF. DR. LUDWIG HARTMANN
STAND 1.1.1974
BEGINN 1.1.1970
LITAN KARLSRUHER BERICHTE ZUR INGENIEURBIOLOGIE, HEFT 6

KB -041

INST INSTITUT FUER INGENIEURBIOLOGIE UND BIOTECHNOLOGIE DES ABWASSERS DER UNI KARLSRUHE
KARLSRUHE, AM FASANENGARTEN

VORHAB **reaktionskinetische analyse der elimination von substanzen in biologischen klaersystemen**
ziel: erfassung der kinetik biologischer eliminationsprozesse; methoden: chemischer einzelnachweis/sauerstoffverbrauch mit hilfe warburg-technik

S.WORT biologische klaeranlage + reaktionskinetik + schadstoffentfernung
PROLEI PROF. DR. LUDWIG HARTMANN
STAND 1.1.1974
FINGEB - BUNDESMINISTER FUER WIRTSCHAFT
- DEUTSCHE GESELLSCHAFT FUER CHEMISCHES APPARATEWESEN E. V. (DECHEMA), FRANKFURT
BEGINN 1.7.1973 ENDE 30.6.1976
G.KOST 280.000 DM
LITAN ZWISCHENBERICHT 1973. 12

KB -042

INST INSTITUT FUER LEBENSMITTELVERFAHRENSTECHNIK DER UNI KARLSRUHE
KARLSRUHE, KAISERSTR. 12

VORHAB **untersuchung von nachspuelvorgaengen an modellstrecken**
ziel der arbeit ist es, die kinetik des nachspuelens von rohren zu untersuchen und nach moeglichkeit durch modelle zu beschreiben. weiterhin soll untersucht werden, ob sich durch eine verstaerkung der mechanischen komponente (z. b. erhoehung der re-zahl, pulsation), die zum erreichen einer bestimmten endkonzentration benoetigte menge nachspuelwasser, reduziert werden kann. die konzentrationsbestimmungen erfolgt kontinuierlich mit hilfe eines fluorimeters

S.WORT lebensmitteltechnik + reinigung + (von lebensmittelverarbeitenden anlagen)
PROLEI PROF. DR. DR. -ING. MARCEL LONCIN
STAND 28.7.1976
QUELLE fragebogenerhebung sommer 1976
BEGINN 1.1.1975
G.KOST 100.000 DM
LITAN THOR, W.: SYMPOSIUM UEBER REINIGEN UND DESINFIZIEREN LEBENSMITTELVERARBEITENDER ANLAGEN. IN: VDI(GVC) 1-3, 1-11(1975)

KB -043

INST INSTITUT FUER MECHANISCHE VERFAHRENSTECHNIK DER UNI KARLSRUHE
KARLSRUHE, RICHARD-WILLSTAETTER-ALLEE

VORHAB **elektrophoretische feststoffabscheidung in koernigen filterschichten**
erarbeitung der grundlagen der elektrophoretischen abscheidung im mischbett

S.WORT wasserreinigung + filtration
PROLEI PROF. DR. -ING. HANS RUMPF
STAND 1.1.1974
FINGEB DEUTSCHE FORSCHUNGSGEMEINSCHAFT
ZUSAM - SONDERFORSCHUNGSBEREICH 62 DER DFG, UNI KARLSRUHE, 75 KARLSRUHE, KAISERSTR. 12
- INST. F. WASSERCHEMIE DER UNI KARLSRUHE
BEGINN 1.1.1974 ENDE 31.12.1976
G.KOST 220.000 DM
LITAN - UNIVERSITAET KARLSRUHE, ANTRAEGE SFB 62 (1974-76)
- ZWISCHENBERICHT 1974. 07

KB -044

INST INSTITUT FUER MECHANISCHE VERFAHRENSTECHNIK DER UNI KARLSRUHE
KARLSRUHE, RICHARD-WILLSTAETTER-ALLEE

VORHAB **untersuchungen zur beeinflussung der ablagerung von feststoffteilchen an einer filterflaeche durch stroemungsvorgaenge in der truebe**
experimentelle untersuchung mit dem ziel, die zusammenhaenge zwischen der ablagerung von feststoffteilchen auf einer filterflaeche und den stroemungsvorgaengen ueber dieser filterflaeche quantitativ zu erfassen

S.WORT abwasser + feststofftransport + stroemung + filtration
PROLEI DR. -ING. RAASCH
STAND 1.1.1974
FINGEB DEUTSCHE FORSCHUNGSGEMEINSCHAFT
ZUSAM - SONDERFORSCHUNGSBEREICH 62 DER DFG, UNI KARLSRUHE, 75 KARLSRUHE, KAISERSTR. 12
- INST. F. MECH. VERFAHRENSTECHNIK DER UNI KARLSRUHE
BEGINN 1.1.1974
G.KOST 150.000 DM
LITAN - GESAMTANTRAG DES SFB 62 FUER 1974 BIS 1976
- ZWISCHENBERICHT 1975. 06

KB -045

INST INSTITUT FUER MEERESFORSCHUNG
BREMERHAVEN, AM HANDELSHAFEN 12

VORHAB **absorption und abbau von schadstoffen an sedimentkomponenten**
kinetik des abbaus von parathion in aestuar- und meerwasser, einfluss von ph, temperatur, salzgehalt; adsorption und abbau von parathion an detrius und marinen sedimenten

S.WORT pestizide + meeressediment + detritus + biologischer abbau
PROLEI DR. ERNST
STAND 1.10.1974
FINGEB BUNDESMINISTER FUER FORSCHUNG UND TECHNOLOGIE
ZUSAM PROJEKTGRUPPE "SCHICKSAL VON SCHADSTOFFEN" IM DFG-SCHWERPUNKT LITORALFORSCHUNG
BEGINN 1.1.1973
G.KOST 57.000 DM

KB -046

INST INSTITUT FUER MIKROBIOLOGIE DER UNI BONN
BONN, MECKENHEIMER ALLEE 168

VORHAB **die biochemischen leistungen photosynthetisierender bakterien im abwasser**
in dem forschungsprojekt sollen die biochemischen leistungen phototropher bakterien in abwaessern untersucht werden. da ueber die funktion dieser organismen im zuge der abwasserreinigung sowie ueber ihre interaktionen mit der normalflora der klaeranlagen praktisch nichts bekannt ist, sollen detaillierte kulturphysiologische und biochemische analysen mit reinkulturen durchgefuehrt werden, um so zu einem verstaendnis der rolle dieser organismengruppe bei der abwasserklaerung zu gelangen

S.WORT klaeranlage + biologische abwasserreinigung + (phototrophe bakterien)
PROLEI PROF. DR. JOBST-HEINRICH KLEMME
STAND 11.8.1976
QUELLE fragebogenerhebung sommer 1976
FINGEB MINISTER FUER WISSENSCHAFT UND FORSCHUNG, DUESSELDORF
ZUSAM INST. F. MIKROBIOLOGIE DER GSF, ABT. PROF. DR. N. PFENNIG, GRISEBACHSTRASSE 8, 3400 GOETTINGEN
BEGINN 1.1.1976 ENDE 31.12.1979
G.KOST 200.000 DM

KB -047

INST INSTITUT FUER PAPIERFABRIKATION DER TH DARMSTADT
DARMSTADT, ALEXANDERSTR. 22

VORHAB **entwicklung der technologie der fabrikationsabwasserlosen papierherstellung (kreislaufschliessung)**
ziel des vorhabens ist die fabrikationsabwasserlose papiererzeugung in erster linie fuer altpapierverarbeitende, papier- und kartonerzeugende fabriken. als nebenprodukt die minderung des wasserbedarfs anderer papierfabriken von 40 - 70 %.

S.WORT papier + herstellungsverfahren + abwassermenge
QUELLE datenuebernahme aus der datenbank zur koordinierung der ressortforschung (dakor)
FINGEB GESELLSCHAFT FUER WELTRAUMFORSCHUNG MBH (GFW) IN DER DFVLR, KOELN
BEGINN 1.5.1975 ENDE 31.12.1978
G.KOST 2.227.000 DM

KB -048

INST INSTITUT FUER RADIOCHEMIE DER GESELLSCHAFT FUER KERNFORSCHUNG MBH
KARLSRUHE -LEOPOLDSHAFEN, KERNFORSCHUNGSZENTRUM

VORHAB **technologie der abwasserbehandlung**
entwicklung, erprobung und demonstration neuer verfahren zur abtrennung biologisch schwer abbaubarer verunreinigungen aus abwaessern

S.WORT abwasserbehandlung + schadstoffentfernung + verfahrenstechnik
PROLEI DR. EBERLE
STAND 1.1.1974
FINGEB BUNDESMINISTER FUER FORSCHUNG UND TECHNOLOGIE
ZUSAM ENGLER-BUNTE-INSTITUT DER UNI KARLSRUHE, 75 KARLSRUHE
BEGINN 1.1.1974 ENDE 31.12.1976
G.KOST 1.503.000 DM
LITAN - KFK-BERICHT WASSER- UND ABWASSERCHEMISCHE UNTERSUCHUNGEN 1971 KERNFORSCHUNGS ZENTRUM KARLSRUHE KFK-1692 UF(OKT 72)
- ZWISCHENBERICHT 1974. 03

KB -049

INST INSTITUT FUER RADIOCHEMIE DER UNI KARLSRUHE
KARLSRUHE, KERNFORSCHUNGSZENTRUM

VORHAB **wirkung von ozon auf organische wasserschadstoffe**
identifizierung und quantitative bestimmung der bei der ozonierung von wasser aus den darin enthaltenen organischen stoffen entstehenden produkten in abhaengigkeit von reaktionszeit und der ozondosis. untersuchung der moeglichkeit zur biologischen nachreinigung ozonierter abwaesser

S.WORT wasserreinigung + ozon + organische schadstoffe + oxidation
PROLEI DR. S. H. EBERLE
STAND 30.8.1976

QUELLE fragebogenerhebung sommer 1976
FINGEB GESELLSCHAFT FUER KERNFORSCHUNG MBH (GFK), KARLSRUHE
ZUSAM ENGLER-BUNTE-INSTITUT DER UNI KARLSRUHE
BEGINN 1.1.1974
G.KOST 50.000 DM
LITAN JOY, P. (UNI KARLSRUHE), DISSERTATION: UEBER DIE EINWIRKUNG VON OZON AUF P-TOLUOLSULFONSAEURE UND NONYLBENZOLSULFONSAEURE IN WAESSRIGER LOESUNG

KB -050
INST INSTITUT FUER RADIOCHEMIE DER UNI KARLSRUHE KARLSRUHE, KERNFORSCHUNGSZENTRUM
VORHAB **untersuchungen zur anwendung von aluminiumoxid als adsorptionsmittel fuer die wasserreinigung**
entwicklung eines neuen verfahrens zur abtrennung biologisch nicht abbaubarer organischer stoffe aus wasser auf der basis der adsorption an aluminiumoxid und der regeneration des beladenen oxids mittels chemischer oder thermischer methoden
S.WORT abwasserreinigung + organische stoffe + adsorption + (aluminiumoxid)
PROLEI DR. S. H. EBERLE
STAND 30.8.1976
QUELLE fragebogenerhebung sommer 1976
FINGEB GESELLSCHAFT FUER KERNFORSCHUNG MBH (GFK), KARLSRUHE
ZUSAM ENGLER-BUNTE-INSTITUT DER UNI KARLSRUHE
BEGINN 1.1.1973
G.KOST 100.000 DM
LITAN - EBERLE, S.: VERSUCHE UEBER DIE ADSORPTIONSEIGENSCHAFTEN VON ALUMINIUMOXID. IN: VEROEFFENTLICHUNGSREIHE DES LEHRSTUHLS FUER WASSERCHEMIE DER UNI KARLSRUHE (9)(1975)
- EBERLE, S.: MOEGLICHKEITEN DES EINSATZES VON AL-OXYD ZUR REINIGUNG ORGANISCH BELASTETER ABWASSER. IN: CHEMIE-INGENIEUR-TECHNIK (IM DRUCK)
- BERICHT KFK 2275(1975)

KB -051
INST INSTITUT FUER SIEDLUNGSWASSERBAU UND WASSERGUETEWIRTSCHAFT DER UNI STUTTGART STUTTGART 80, BANDTAELE 1
VORHAB **das verhalten von filtern aus kornmaterial bei belastung mit abwaessern, die konzentrierte stoffe und bakterien enthalten**
weitergehende abwasserreinigung biologisch gereinigter abwaesser mit hilfe von sandfiltern mit besonderem kornaufbau und spezieller rueckspuelmethodik
S.WORT abwasserreinigung + filtermaterial
PROLEI PROF. DR. -ING. BALDEFRIED HANISCH
STAND 1.10.1974
FINGEB DEUTSCHE FORSCHUNGSGEMEINSCHAFT
ZUSAM SONDERFORSCHUNGSBEREICH 82, SIEDLUNGSWASSERBAU U. WASSERGUETEWIRTSCHAFT, 7 STUTTGART 80, BANDTAELE 1
BEGINN 1.1.1971 ENDE 31.12.1976
G.KOST 656.000 DM

KB -052
INST INSTITUT FUER SIEDLUNGSWASSERBAU UND WASSERGUETEWIRTSCHAFT DER UNI STUTTGART STUTTGART 80, BANDTAELE 1
VORHAB **einsatz von chemischen oxidationsmitteln in der abwasserreinigung**
entwicklung neuer und verbesserung vorhandener verfahren zur reinigung von abwaessern, insbesondere von industrieabwaessern und toxischen abwaessern. untersuchungen ueber den einsatz von oxidationsmitteln, um die im ablauf einer biologischen klaeranlage enthaltenen resistenten organischen stoffe biologisch oxidierbar zu machen. untersuchungen ueber den einsatz von wasserstoffperoxid als sauerstofftraeger und oxidationsmittel bei der reinigung hochkonzentrierter industrieabwaesser und abwasserschlaemme
S.WORT abwasserreinigung + oxidierende substanzen
PROLEI DIPL. -ING. STEINWAND
STAND 15.11.1975
FINGEB BUNDESMINISTER DES INNERN
BEGINN 1.1.1973 ENDE 31.12.1976
G.KOST 696.000 DM

KB -053
INST INSTITUT FUER SIEDLUNGSWASSERBAU UND WASSERGUETEWIRTSCHAFT DER UNI STUTTGART STUTTGART 80, BANDTAELE 1
VORHAB **untersuchungen ueber die elimination von resistenten stoffen aus dem ablauf biologischer reinigungsanlagen**
S.WORT biologische abwasserreinigung + ionenaustauscher + oxidationsmittel
STAND 6.1.1975
FINGEB BUNDESMINISTER FUER FORSCHUNG UND TECHNOLOGIE
BEGINN 1.7.1974 ENDE 31.12.1976
G.KOST 100.000 DM

KB -054
INST INSTITUT FUER SIEDLUNGSWASSERBAU UND WASSERGUETEWIRTSCHAFT DER UNI STUTTGART STUTTGART 80, BANDTAELE 1
VORHAB **untersuchungen ueber die intensivierung der stickstoffelimination aus dem abwasser durch mikrobielle nitrifikation - denitrifikation**
ziel des forschungsvorhabens ist es, eine intensive nitrifikation in vorhandenen filteranlagen (festbettreaktoren), die primaer fuer die suspensaentnahme gebaut wurden, zu ermoeglichen. fuer die denitrifikation werden untersuchungen an festbettreaktoren unter anaeroben bedingungen durchgefuehrt. als h-donator wird hochbelasteter belebtschlamm benutzt. neue materialien mit chemisch gebundenen enzymen oder organischen verbindungen, die als h-donatoren geeignet sind, werden auf ihre anwendbarkeit als filterschicht geprueft. zur optimierung des verfahrens werden die einzelnen einfluesse wie temperatur, alkalitaet, ph-wert, nh4+-konzentration, org. c u. ae. an 10 l laboranlagen untersucht
S.WORT abwasserbehandlung + mikrobieller abbau + denitrifikation
PROLEI DR. -ING. IVAN SEKOULOV
STAND 13.8.1976
QUELLE fragebogenerhebung sommer 1976
FINGEB DEUTSCHE FORSCHUNGSGEMEINSCHAFT
BEGINN 1.1.1974 ENDE 31.12.1978
G.KOST 250.000 DM
LITAN ZWISCHENBERICHT

KB -055
INST INSTITUT FUER SIEDLUNGSWASSERBAU UND WASSERGUETEWIRTSCHAFT DER UNI STUTTGART STUTTGART 80, BANDTAELE 1
VORHAB **kontrolle der elimination von anionaktiven nichtionischen tensiden aus kommunalabwasser in einer mechanisch-biologischen klaeranlage**
die untersuchungen haben zum ziel, festzustellen, in welchem ausmass anionaktive und nichtionische tenside durch das konventionelle abwasserreinigungsverfahren aus dem wasser entfernt werden. die ergebnisse sollen mit den erwartungswerten verglichen werden, die sich aufgrund von abbaubarkeitstests ergeben
S.WORT kommunale abwaesser + schadstoffentfernung + tenside + biologischer abbau
PROLEI PROF. DR. -ING. RUDOLF WAGNER
STAND 13.8.1976
QUELLE fragebogenerhebung sommer 1976
FINGEB KURATORIUM FUER WASSER- UND KULTURBAUWESEN (KWK), BONN
BEGINN 1.1.1976 ENDE 31.12.1976
G.KOST 26.000 DM

KB -056

INST INSTITUT FUER SIEDLUNGSWASSERWIRTSCHAFT DER TH AACHEN
AACHEN, MIES-VAN-DER-ROHE-STR. 1

VORHAB **untersuchungen zur erzielung einer besseren sauerstoffausnutzung bei belueftungsverfahren**
ausnutzung des sauerstoffgehalts der luft bei abwasserbelueftung nur 5-20%; wasserstroemung entgegen aufstiegsrichtung der luftblasen verlaengert aufenthaltszeit, damit bessere sauerstoffausnutzung; untersuchung der einflussfaktoren: eingetragene luftmenge/turbulenz/wassertemperatur; vergleiche mit energieaufwand; nebenergebnisse: vergleich der verfahren zur sauerstoffeintragsbestimmung/stoereinfluesse bei elektro-chemischer sauerstoffmessung

S.WORT abwasserbehandlung + sauerstoff + belueftungsverfahren

PROLEI DIPL. -ING. GEGENMANTEL

STAND 1.1.1974

FINGEB LANDESAMT FUER FORSCHUNG, DUESSELDORF

BEGINN 1.1.1970 ENDE 31.12.1974

G.KOST 100.000 DM

KB -057

INST INSTITUT FUER SIEDLUNGSWASSERWIRTSCHAFT DER TH AACHEN
AACHEN, MIES-VAN-DER-ROHE-STR. 1

VORHAB **untersuchungen zur weitergehenden reinigung biologisch gereinigten abwassers**
anwendung der schwerkraftfiltration zur weitergehenden abwasserreinigung

S.WORT abwasserreinigung + filtration

PROLEI DIPL. -ING. HERMANN MEYER

STAND 1.10.1974

FINGEB MINISTER FUER ERNAEHRUNG, LANDWIRTSCHAFT UND FORSTEN, DUESSELDORF

ZUSAM - INST. F. SIEDLUNGSWASSERWIRTSCHAFT DER TU HANNOVER, 3 HANNOVER, WELFENGARTEN 1
- INST. F. SIEDLUNGSWASSERBAU UND WASSERGUETEWIRTSCHAFT DER TU STUTTGART, 7 STUTTGART 80

BEGINN 1.1.1971 ENDE 31.12.1975

G.KOST 232.000 DM

LITAN 4 SACHBERICHTE (NICHT VEROEFFENTLICHT)

KB -058

INST INSTITUT FUER SIEDLUNGSWASSERWIRTSCHAFT DER TH AACHEN
AACHEN, MIES-VAN-DER-ROHE-STR. 1

VORHAB **entwicklung eines verfahrens zur wirtschaftlichen mitbehandlung von (faulraum) -truebwasser**
truebwasser aus faulanlagen gibt auf klaeranlagen haeufig anlass zu stoerungen, wenn sie als konzentrate anaeroben ursprungs zur weiteren behandlung aus dem schlammbehandlungsteil in die abwasserbehandlungsstufe zurueckgefuehrt werden; ursachen der stoerungen sollen herausgefunden werden; vorschlaege zur mitbehandlung erarbeitet werden; dazu sind besondere probleme der biologischen abbaubarkeit zu loesen

S.WORT abwasserbehandlung + truebwasser + klaeranlage

PROLEI DIPL. -ING. WITTE

STAND 1.1.1974

QUELLE erhebung 1975

FINGEB EMSCHERGENOSSENSCHAFT, ESSEN

ZUSAM INST. F. SIEDLUNGSWASSERWIRTSCHAFT DER TU HANNOVER, 3 HANNOVER, WELFENGARTEN 1

BEGINN 1.2.1971

G.KOST 236.000 DM

LITAN - GEWAESSERSCHUTZ-WASSER-ABWASSER (6) S. 89, AACHEN
- GWA 15 ATV-BERICHTSHEFT 27

KB -059

INST INSTITUT FUER SIEDLUNGSWASSERWIRTSCHAFT DER TH AACHEN
AACHEN, MIES-VAN-DER-ROHE-STR. 1

VORHAB **untersuchung ueber die sauerstoffaufnahme bei verschiedenen salzgehalten des wassers und unterschiedlichen abwasserkonzentrationen**
ziel: herausfinden der abhaengigkeit der sauerstoffaufnahmefaehigkeit von unterschiedlichen salzgehalten und schmutzkonzentrationen des wassers, da von interesse fuer wirtschaftlichkeit von klaeranlagen; nebenziel: herausfinden eindeutiger parameter fuer modelluebertragungen

S.WORT wasser + gewaesserbelueftung + sauerstoffeintrag + klaeranlage

PROLEI DIPL. -ING. RODERIGO

STAND 1.1.1974

FINGEB MINISTER FUER ERNAEHRUNG, LANDWIRTSCHAFT UND FORSTEN, DUESSELDORF

BEGINN 1.6.1974 ENDE 31.5.1976

G.KOST 146.000 DM

KB -060

INST INSTITUT FUER SIEDLUNGSWASSERWIRTSCHAFT DER TH AACHEN
AACHEN, MIES-VAN-DER-ROHE-STR. 1

VORHAB **entwicklung eines verfahrens zur weitergehenden reinigung verschmutzter waesser**
ermittlung von eliminationsmechanismen einer hanffiltrationsstufe (bodenpassage) im hinblick auf die reduzierung von phosphaten, leckstoffen, org. inhaltsstoffen und metallen

S.WORT wasserreinigung + filtration + schadstoffentfernung + (hangfiltrationsstufe)

PROLEI DIPL. -ING. ARNO GRAU

STAND 28.7.1976

QUELLE fragebogenerhebung sommer 1976

FINGEB MINISTER FUER ERNAEHRUNG, LANDWIRTSCHAFT UND FORSTEN, DUESSELDORF

ZUSAM ARBEITSGEMEINSCHAFT TRINKWASSERTALSPERREN, POSTFACH, 5100 AACHEN-BRAND

BEGINN 1.9.1973 ENDE 30.9.1976

G.KOST 300.000 DM

KB -061

INST INSTITUT FUER SIEDLUNGSWASSERWIRTSCHAFT DER TH AACHEN
AACHEN, MIES-VAN-DER-ROHE-STR. 1

VORHAB **untersuchungen zum einsatz der flockungsfiltration zur weitergehenden abwasserreinigung**
durch eine praktikable zusaetzliche behandlungsstufe soll eine moeglichst weitgehende abwasserreinigung erzielt werden. das verfahren besteht aus einer chemikalienzugabe (faellungs-/flockungsmittel) mit direkt nachfolgender filtration und ist als dritte behandlungsstufe einer mechanisch biologischen reinigung nachgeschaltet. eine intensive mischung der chemikalien erfolgt an der zugabestelle, die mischung zur flockenbildung im filterbett

S.WORT abwasserbehandlung + flockung + filtration

PROLEI DIPL. -ING. KARL HIBBELN

STAND 28.7.1976

QUELLE fragebogenerhebung sommer 1976

FINGEB MINISTER FUER ERNAEHRUNG, LANDWIRTSCHAFT UND FORSTEN, DUESSELDORF

BEGINN 1.1.1975 ENDE 31.12.1977

G.KOST 360.000 DM

KB -062

INST INSTITUT FUER SIEDLUNGSWASSERWIRTSCHAFT DER UNI KARLSRUHE
KARLSRUHE, AM FASANENGARTEN

VORHAB **einfluss der stroemungsbedingungen auf die flockung kolloidaler wasserinhaltsstoffe mit polymeren**
der einfluss physikalischer parameter auf die flockung von kolloiden mit polyelektrolyten wird untersucht, insbesondere der mikrostruktur der turbulenz auf flockenbildung und -zerstoerung; messmethoden: korngroessenanalyse mit coulter counter/truebungsmessung/konzentrationsmessung von radioaktiv markierten polymeren; anwendung optimierung von ruhraggregaten bei flockung

S.WORT wasser + kolloide + flockung
PROLEI DIPL. -PHYS. KLUTE
STAND 1.9.1975
QUELLE erhebung 1975
ZUSAM INST. F. HYDROMECHANIK DER UNI KARLSRUHE, 75 KARLSRUHE, KAISERSTR. 12
BEGINN 1.1.1972 ENDE 30.9.1977
G.KOST 400.000 DM
LITAN - ZWISCHENBERICHT 1974. 05
- KURTE; HAHN; LABORUNTERSUCHUNG UEBER DEN EINFLUSS DES ENERGIEEINTRAGES AUF DEN FLOCKUNGSVORGANG. IN: VOM WASSER 43 (1971)

KB -063

INST INSTITUT FUER VERFAHRENSTECHNIK DER TH AACHEN
AACHEN, TURMSTR. 46
VORHAB **filterhilfsmittel (precoats) bei der umgekehrten osmose und ultrafiltration, insbesondere im hinblick auf die abwasseraufarbeitung**
will man rohabwasser, das suspendierte feststoffe, schaedliche organische substanzen sowie mikroorganismen enthaelt, mit hilfe von membranverfahren (umgekehrte osmose, ultrafiltration) zu brauch- oder sogar trinkwasser aufarbeiten, so haben analysen derartiger prozesse ergeben, dass es wirtschaftlich von vorteil ist, ohne aufwendige vorbehandlung des abwassers zu arbeiten. dann werden jedoch die bisher technisch am weitesten entwickelten asymmetrischen membranen aus zellulose-azetat von den feststoffpartikeln eines nur grob mechanisch vorgereinigten abwassers in kurzer zeit verstopft bzw. zerstoert. u. e. ist es moeglich, mit hilfe der aus der konventionellen filtration bekannten precoattechnik eine filterhilfsschicht an die membranoberflaeche anzuschwemmen, durch die bei verwendung eines geeigneten precoatmaterials eine mechanische und biochemische schutzfunktion erzielt wird
S.WORT abwasseraufbereitung + filtration + (membranverfahren + precoattechnik)
PROLEI DIPL. -ING. RIESS
STAND 1.1.1974
FINGEB DEUTSCHE FORSCHUNGSGEMEINSCHAFT
ZUSAM INST. F. SIEDLUNGSWASSERWIRTSCHAFT D. RWTH AACHEN, 51 AACHEN, MIES-VAN-DER-ROHE-STR.
BEGINN 1.6.1973 ENDE 31.12.1975
G.KOST 169.000 DM

KB -064

INST INSTITUT FUER WASSER-, BODEN- UND LUFTHYGIENE DES BUNDESGESUNDHEITSAMTES
BERLIN 33, CORRENSPLATZ 1
VORHAB **verhalten von choleravibrionen in verschiedenen wasserarten, waehrend der abwasserreinigung - standarduntersuchungsmethode**
bakteriologische untersuchungsmethode; ausarbeitung und verbesserung von nachweismethoden; verhalten und ueberlebungszeit der vibrionen unter verschiedenen bedingungen
S.WORT abwasserbehandlung + bakterien + epidemiologie + cholera
PROLEI PROF. DR. GERTRUD MUELLER
STAND 1.1.1974
FINGEB BUNDESMINISTER FUER JUGEND, FAMILIE UND GESUNDHEIT
BEGINN 1.1.1973 ENDE 31.12.1978
G.KOST 470.000 DM
LITAN ZWISCHENBERICHT 1973

KB -065

INST INSTITUT FUER WASSERVERSORGUNG, ABWASSERBESEITIGUNG UND STADTBAUWESEN DER TH DARMSTADT
DARMSTADT, PETERSENSTR. 13
VORHAB **behandlung von konzentrierten kohlehydrathaltigen abwaessern in anaeroben festbettreaktor mit synthetischer fuellung**
beobachtungen des anaeroben abbaus, bedarf bzw. verbrauch von stickstoff und phosphor, sulfatreduktion, temperatureinfluss, optimale feststoffmenge in reaktor, schlammzuwachs, gasproduktion und die wasserstoffproduktion als indikator optimaler fermentation. auswertungen dieser einzelgroessen im hinblick auf eine technische anwendung der aussagen
S.WORT abwasserbehandlung + kohlenhydrate + mikrobieller abbau + (anaerober abbau)
PROLEI DIPL. -ING. WOLFRAM WEYRAUCH
STAND 30.8.1976
QUELLE fragebogenerhebung sommer 1976
BEGINN 1.10.1975 ENDE 31.3.1977
G.KOST 20.000 DM

KB -066

INST INSTITUT FUER WASSERVERSORGUNG, ABWASSERBESEITIGUNG UND STADTBAUWESEN DER TH DARMSTADT
DARMSTADT, PETERSENSTR. 13
VORHAB **behandlung petrochemischer abwaesser mit hilfe des kombinierten extraktions- und e-flotations-verfahrens**
S.WORT petrochemische industrie + abwasserbehandlung + flotation + extraktion
QUELLE datenuebernahme aus der datenbank zur koordinierung der ressortforschung (dakor)
FINGEB BUNDESMINISTER FUER FORSCHUNG UND TECHNOLOGIE
BEGINN 1.7.1973 ENDE 31.3.1975
G.KOST 24.000 DM

KB -067

INST LABORATORIUM FUER ADSORPTIONSTECHNIK GMBH
FRANKFURT, GWINNERSTR. 27-33
VORHAB **abwasserreinigung mit aktivkohle und regeneration der aktivkohle durch loesemittelextraktion**
S.WORT abwasserreinigung + aktivkohle
STAND 1.1.1974

KB -068

INST LABORATORIUM FUER ADSORPTIONSTECHNIK GMBH
FRANKFURT, GWINNERSTR. 27-33
VORHAB **entfernung biologisch schwer abbaubarer sowie den biologischen abbau hemmender substanzen aus abwaessern mittels aktivkohle**
S.WORT abwasserreinigung + biologischer abbau + aktivkohle
PROLEI DR. WIRTH
STAND 1.10.1974
FINGEB BUNDESMINISTER FUER FORSCHUNG UND TECHNOLOGIE
BEGINN 1.1.1973 ENDE 31.12.1974
G.KOST 150.000 DM

KB -069

INST LANDESANSTALT FUER WASSER UND ABFALL
DUESSELDORF, BOERNESTR. 10
VORHAB **untersuchung ueber die wirksamkeit von verfahren zur kuenstlichen belueftung von gewaessern mittels fluessigem sauerstoff**
ermittlung von praktikablen methoden zur gewaesserbelueftung mit hilfe von sauerstoff in faellen kritischen gewaesserzustandes
S.WORT gewaesserbelueftung + sauerstoffeintrag + (fluessiger sauerstoff)
PROLEI DR. -ING. HANS-PETER BUYSCH
STAND 1.1.1974
BEGINN 1.2.1974 ENDE 31.12.1975

KB -070

INST LEHRGEBIET GETREIDEVERARBEITUNG DER TU BERLIN
BERLIN 12, HARDENBERGSTR. 34

VORHAB **reinigung von weizenstaerkefabrikwasser mit hilfe der ultrafiltration**
abwaesser von weizenstaerkefabriken koennen nur begrenzt biologisch abgebaut werden. nachteile dieser methode sind der verlust an proteinen, kohlehydraten und vitaminen im abwasser und die geruchsbelaestigung. forschungsziel ist eine technische abwasseraufbereitung (ultrafiltration) unter umgehung biologischer und chemischer methoden. mit hilfe der ultrafiltration ist gleichzeitig eine rueckgewinnung der inhaltsstoffe moeglich. verregnungs- und teichflaechen sind ueberfluessig. das brauchwasser kann rezirkulieren, was zu geringerem frischwasserbedarf fuehrt. die uebertragung auf andere lebensmittelindustriezweige ist geplant.

S.WORT lebensmittelindustrie + getreideverarbeitung + abwasseraufbereitung + filtration
QUELLE datenuebernahme aus der datenbank zur koordinierung der ressortforschung (dakor)
FINGEB BUNDESMINISTER FUER WIRTSCHAFT
BEGINN 1.1.1974 ENDE 1.1.1977
G.KOST 265.000 DM

KB -071

INST LEHRSTUHL B FUER VERFAHRENSTECHNIK DER TU MUENCHEN
MUENCHEN 2, ARCISSTR. 21

VORHAB **stoffaustausch in fuellkoerperkolonnen/untersuchung am modellsystem wasser-sauerstoff**
der einfluss der betriebsparameter einer fuellkoerper-gegenstromkolonne auf die austauschwirkung soll untersucht werden; als modellversuch soll u. a. sauerstoffabsorption in wasser untersucht werden; hierzu messung der stoffuebergangszahl in rieselfilmapparatur; sauerstoffkonzentrationsmessung polarographisch

S.WORT austauschprozesse + wasser + sauerstoff + (fuellkoerperkolonnen)
PROLEI DIPL. -ING. ZECH
STAND 1.1.1974
BEGINN 1.1.1972 ENDE 31.12.1975
G.KOST 30.000 DM

KB -072

INST LEHRSTUHL FUER BIOCHEMIE UND BIOTECHNOLOGIE DER TU BRAUNSCHWEIG
BRAUNSCHWEIG -STOECKHEIM, MASCHERODER WEG 1

VORHAB **feststoff-fixierung von mikroorganismen fuer mehrphasen-reaktoren**

S.WORT industrieabwaesser + phenole + biologischer abbau + mikroorganismen
QUELLE datenuebernahme aus der datenbank zur koordinierung der ressortforschung (dakor)
FINGEB BUNDESMINISTER FUER FORSCHUNG UND TECHNOLOGIE
ZUSAM - GMBF, STOECKHEIM
- FARBWERKE HOECHST
BEGINN 1.1.1974 ENDE 31.12.1978

KB -073

INST LEHRSTUHL FUER GEMUESEBAU DER TU MUENCHEN
FREISING -WEIHENSTEPHAN

VORHAB **einsatz von ionenaustauschern zur fixierung von schwermetallen aus siedlungsabfaellen**
im gefaessversuch stehen mit verschiedenen siedlungsabfaellen angereicherte boeden, denen teilweise ionenaustauscher zugesetzt sind. verschiedene gemuesearten werden in den substraten angebaut und auf ihren schwermetall-gehalt analysiert

S.WORT siedlungsabfaelle + gemuese + schwermetallkontamination
PROLEI DR. FRITZ VENTER
STAND 21.7.1976
QUELLE fragebogenerhebung sommer 1976
FINGEB BAYERWERKE AG, LEVERKUSEN
ZUSAM BAYERISCHE HAUPTVERSUCHSANSTALT FUER LANDWIRTSCHAFT, 8050 FREISING-WEIHENSTEPHAN
G.KOST 15.000 DM

KB -074

INST LEHRSTUHL FUER TECHNISCHE CHEMIE B DER UNI DORTMUND
DORTMUND 50, AUGUST-SCHMIDT-STR. 8

VORHAB **untersuchungen auf dem gebiet der abwasserreinigung mit hilfe von ozon**
die anwendung von ozon als ein indifferentes oxidationsmittel zur desinfektion von trinkwasser ist allgemein bekannt. in der weiterfuehrung hierzu sollen untersuchungen zur abwasserbehandlung mit ozon durchgefuehrt werden. bisher scheiterte die anwendung des ozons hier an technischen maengeln (herstellung, dosierung, vermischung in abwasser)

S.WORT abwasserreinigung + oxidation + ozon + adsorption
PROLEI PROF. OPHEN
STAND 15.11.1975
FINGEB BUNDESMINISTER DES INNERN
BEGINN 1.12.1974 ENDE 31.12.1976
G.KOST 153.000 DM

KB -075

INST LEHRSTUHL FUER TECHNISCHE CHEMIE II (TRENNTECHNIK) DER UNI ERLANGEN-NUERNBERG
ERLANGEN, EGERLANDSTR. 3

VORHAB **beseitigung von phenol aus abwaessern durch umgekehrte osmose**
entwicklung semipermeabler membranen mit hohem rueckhaltevermoegen fuer phenole

S.WORT abwasserreinigung + filtration + phenole + (membranverfahren)
PROLEI PROF. DR. PETER
STAND 1.1.1974
FINGEB BUNDESMINISTER FUER FORSCHUNG UND TECHNOLOGIE
ZUSAM MEERWASSERENTSALZUNG, PROJEKTE DES BMFT
BEGINN 1.9.1973

KB -076

INST LEHRSTUHL UND PRUEFAMT FUER WASSERGUETEWIRTSCHAFT UND GESUNDHEITSINGENIEURWESEN DER TU MUENCHEN
MUENCHEN 2, ARCISSTR. 21

VORHAB **einfluss der vorklaerung auf den biologischen wirkungsgrad und auswirkungen auf die gewaesserbelastungen**
abbaufaehigkeit fester stoffe durch belebten schlamm; einfluss auf ueberschuss- und ruecklaufschlamm bei verkuerzter vorklaerung; einfluss auf gewaesserbelastung bei misch- und trennsystemen

S.WORT gewaesserbelastung + schadstoffabbau + belebtschlamm + vorklaerung
PROLEI DIPL. -ING. VEITS
STAND 1.1.1974
FINGEB KURATORIUM FUER WASSER- UND KULTURBAUWESEN (KWK), BONN
ZUSAM ABWASSERTECHNISCHE VEREINIGUNG E. V. , BERTHA-VON-SUTTNER-PLATZ 8, 53 BONN
BEGINN 1.1.1974 ENDE 31.12.1976
G.KOST 120.000 DM

KB -077

INST LEHRSTUHL UND PRUEFAMT FUER WASSERGUETEWIRTSCHAFT UND GESUNDHEITSINGENIEURWESEN DER TU MUENCHEN
MUENCHEN 2, ARCISSTR. 21

VORHAB **leistung und optimierung chemischer faellung mit eisensalzen**
die faellmittelkombination fe(ii)so4 und kalk soll im einsatz fuer die weitergehende abwasserreinigung optimiert werden. dafuer werden zuerst untersuchungen im labormassstab durchgefuehrt. aus den ergebnissen soll eine steuervorschrift fuer die dosierung der faellmittel in abhaengigkeit von der jeweiligen abwasserbeschaffenheit im technischen

masstab entwickelt werden
S.WORT chemische abwasserreinigung + faellung + schwermetallsalze
PROLEI DR. HORST OVERATH
STAND 22.7.1976
QUELLE fragebogenerhebung sommer 1976
FINGEB KURATORIUM FUER WASSER- UND KULTURBAUWESEN (KWK), BONN
BEGINN 1.1.1976 ENDE 30.6.1978
G.KOST 190.000 DM

KB -078
INST MAX-PLANCK-INSTITUT FUER ZUECHTUNGSFORSCHUNG (ERWIN-BAUR-INSTITUT) KREFELD, AM WALDWINKEL 70
VORHAB **einwirkung von pflanzen, besonders von deren wurzeln, auf krankheitskeime und wurmeier in gewaessern, abwaessern, schlaemmen**
mit besonderem know-how lassen sich die wurzelausscheidungen hoeherer pflanzen zur elimination von pathogenen keimen, wurmeiern usw. verwenden
S.WORT abwasser + pflanzen + entkeimung
PROLEI DR. SEIDEL
STAND 1.1.1974
BEGINN 1.10.1958

KB -079
INST MAX-PLANCK-INSTITUT FUER ZUECHTUNGSFORSCHUNG (ERWIN-BAUR-INSTITUT) KREFELD, AM WALDWINKEL 70
VORHAB **leistungen hoeherer pflanzen als zweite oder dritte reinigungsstufe oder als alleiniges klaersystem**
bei entsprechender pflanzenauswahl und aufenthaltszeit koennen z. b. alle abwaesser eines campingplatzes gemaess der erfahrung voellig gereinigt werden
S.WORT klaeranlage + biologische abwasserreinigung + pflanzen
PROLEI DR. SEIDEL
STAND 1.1.1974
BEGINN 1.10.1968

KB -080
INST MAX-PLANCK-INSTITUT FUER ZUECHTUNGSFORSCHUNG (ERWIN-BAUR-INSTITUT) KREFELD, AM WALDWINKEL 70
VORHAB **entfaerben und reinigung zur rueckgewinnung des abwassers mit mikro- und makrophyten und bestimmtem know how**
besonderer biotop-aufbau und besondere pflanzenwahl; wesentliche erhoehung der sichttiefe und rueckgewinnung des abwassers; patent beantragt
S.WORT biologische abwasserreinigung + pflanzen
PROLEI DR. SEIDEL
STAND 1.1.1974
BEGINN 1.1.1974
LITAN ZWISCHENBERICHT 1974. 10

KB -081
INST MESSERSCHMITT-BOELKOW-BLOHM GMBH MUENCHEN 80, POSTFACH 80 11 69
VORHAB **belueftungsgeraet**
belueftung von seen zum zweck der sauerstoffanreicherung
S.WORT gewaesserbelueftung + geraeteentwicklung
PROLEI DIPL. -GEOL. SCHUBERT-KLEMPNAUER
STAND 1.1.1974
FINGEB STAATSMINISTERIUM DES INNERN, MUENCHEN
BEGINN 1.6.1973 ENDE 28.2.1974
G.KOST 150.000 DM

KB -082
INST NIEDERSAECHSISCHES LANDESAMT FUER BODENFORSCHUNG HANNOVER -BUCHHOLZ, STILLEWEG 2
VORHAB **wasserhaushalt und abwasserprobleme unter beruecksichtigung der verhaeltnisse in niedersachsen**
auswirkung der klaerschlamm-abwasserverregnung auf bodeneigenschaften (z. b. bodengefuege, filtereigenschaften) sowie moegliche auswirkungen auf grundwasser und pflanzen
S.WORT klaerschlamm + abwasserverrieselung + grundwasserbelastung + bodenkontamination NIEDERSACHSEN
PROLEI DR. HEINRICH FLEIGE
STAND 1.10.1974
FINGEB NIEDERSAECHSISCHES ZAHLENLOTTO, HANNOVER
ZUSAM - LANDWIRTSCHAFTSKAMMER HANNOVER, 3 HANNOVER, JOHANNSENSTR. 10; KLAERSCHLAMMVERREGNUNG
- FORSCHUNGSANSTALT F. LANDWIRTSCHAFT BRAUNSCHWEIG-VOELKENRODE, 3301 BRAUNSCHWEIG, BUNDESALLEE 50
BEGINN 1.1.1974 ENDE 31.12.1976
G.KOST 146.000 DM
LITAN - ZWISCHENBERICHT- FLEIGE- UNTERSUCHUNGEN UEBER DIE AUSWIRKUNG DER ABWASSER-KLAERSCHLAMMVERREGNUNG AUF DIE CHEM. U. PHYS. EIGENSCHAFTEN UNTERSCHIEDLICHER BOEDEN SOWIE AUF DAS GRUNDWASSER. NDS. LANDESAMT F. BODENFORS
- ZWISCHENBERICHT 1975. 02

KB -083
INST NIERSVERBAND VIERSEN VIERSEN, FREIHEITSSTR. 173
VORHAB **automatische schwerkraftfiltration unter extremen betriebsbedingungen**
unter praxisnahen verhaeltnissen wird die verwendung eines automatisch arbeitenden schwerkraftfilters zur klaerung des ablaufs einer kompakt-klaeranlage untersucht. da es bei derartigen systemen haeufig zu staerkerem feststoffabtrieb kommen kann, wird insbesondere die belastbarkeit des filters mit hoeheren feststoffkonzentrationen untersucht
S.WORT klaeranlage + feststoffe + filtermaterial + pruefverfahren + (schwerkraftfilter + kompakt-klaeranlage)
PROLEI DR. JOERG LOHMANN
STAND 13.8.1976
QUELLE fragebogenerhebung sommer 1976
FINGEB MINISTER FUER ERNAEHRUNG, LANDWIRTSCHAFT UND FORSTEN, DUESSELDORF
BEGINN 1.8.1975 ENDE 31.12.1976
G.KOST 133.000 DM

KB -084
INST RUHRVERBAND UND RUHRTALSPERRENVEREIN ESSEN ESSEN 1, KRONPRINZENSTR. 37
VORHAB **weitergehende verminderung des gehaltes an organischen stoffen in haeuslichen und speziellen industriellen abwaessern durch einwirkung von aktivkohle**
entwicklung neuer und verbesserung vorhandener verfahren zur abwasserreinigung. entwicklung eines hochleistungs-kombinationsverfahrens zur biochemischen reinigung von abwaessern. kombinierung der belueftung mit der aktivkohlefilterung zur eliminierung, besonders der schwer abbaubaren organischen inhaltsstoffe
S.WORT abwasserreinigung + aktivkohle + mikroorganismen
PROLEI DR. PAUL KOPPE
STAND 15.11.1975
FINGEB BUNDESMINISTER DES INNERN
BEGINN 1.1.1970 ENDE 31.12.1976
G.KOST 401.000 DM

KB -085
INST SCHWAEBISCHE ZELLSTOFF AG EHINGEN 1, BIBERACHER STRASSE 56

VORHAB **verminderung des schadstoffgehaltes in bleichereiabwaessern der sulfitstoffherstellung - wasserstoffperoxidbleiche**
ziel des vorhabens ist die entwicklung eines umweltfreundlichen verfahrens zur bleiche von sulfitzellstoffen mit wasserstoffperoxid bzw. einer kombination sauerstoff/wasserstoffperoxid. dieses verfahren zeichnet sich gegenueber der heute durchgefuehrten chlorbleiche insbesondere dadurch aus, dass keine organischen chlorverbindungen entstehen und dadurch eine wesentliche verminderung der umweltbelastung erzielt werden kann, die durch eine thermische aufarbeitung der verbrauchten peroxid/o2-bleichereiwaesser noch weiter verbessert werden soll.
S.WORT abwasser + zellstoffindustrie + schadstoffminderung
QUELLE datenuebernahme aus der datenbank zur koordinierung der ressortforschung (dakor)
FINGEB GESELLSCHAFT FUER WELTRAUMFORSCHUNG MBH (GFW) IN DER DFVLR, KOELN
ZUSAM - DEGUSSA AG, HANAU
- WOLFF AG, WALSRODE
BEGINN 15.6.1975 ENDE 31.12.1977
G.KOST 3.235.000 DM

KB -086
INST SONDERFORSCHUNGSBEREICH 80 "AUSBREITUNGS- UND TRANSPORTVORGAENGE IN STROEMUNGEN" DER UNI KARLSRUHE
KARLSRUHE, KAISERSTR. 12
VORHAB **leistungsfaehigkeit biologischen bewuchses in durchstroemten koerpern**
beschreibung biologischer abbauvorgaenge in einem kunststofftropfkoerper mit laminarem rieselfilm und in sickerkoerpern
S.WORT wasseraufbereitung + tropfkoerper + biologischer abbau
PROLEI PROF. DR. LUDWIG HARTMANN
STAND 1.10.1974
FINGEB DEUTSCHE FORSCHUNGSGEMEINSCHAFT
BEGINN 1.4.1972 ENDE 31.12.1977
G.KOST 528.000 DM
LITAN - TAETIGKEITSBERICHT DES SONDERFORSCHUNGSBEREICHES 80 AN DER T. U. KARLSRUHE
- ZWISCHENBERICHT 1974. 05

KB -087
INST SUEDDEUTSCHE ZUCKER AG
WAGHAEUSEL
VORHAB **verbesserungen und neuerungen der abwasserreinigung**
zweck: senkung der betriebs- und investitionskosten
S.WORT abwasserreinigung + verfahrensoptimierung
PROLEI DR. METZ
STAND 1.10.1974
BEGINN 1.1.1973 ENDE 31.12.1975
G.KOST 200.000 DM

KB -088
INST TECHNION, ISRAEL INSTITUTE OF TECHNOLOGY
HAIFA/ISRAEL
VORHAB **einsatz von abwasser-algen-systemen zur gleichzeitigen wasserrueckgewinnung und zur proteinerzeugung**
S.WORT abwasserreinigung + algen + filtration + proteine + futtermittel
QUELLE datenuebernahme aus der datenbank zur koordinierung der ressortforschung (dakor)
FINGEB BUNDESMINISTER FUER FORSCHUNG UND TECHNOLOGIE
ZUSAM - TECHNION, HAIFA
- HEBREW UNIVERITY
- NEGEV RES. INST.
BEGINN 1.10.1973 ENDE 31.12.1977

KB -089
INST WAHNBACHTALSPERRENVERBAND
SIEGBURG, KRONPRINZENSTR. 13
VORHAB **stoerung der flockung durch chelatbildende substanzen und flockungsinhibitoren, teil i: entwicklung einer flockungstestapparatur**
S.WORT wasseraufbereitung + flockung + (flockungstestapparatur)
PROLEI PROF. DR. HEINZ BERNHARDT
STAND 29.7.1976
QUELLE fragebogenerhebung sommer 1976
BEGINN 1.1.1975 ENDE 31.12.1976
G.KOST 100.000 DM
LITAN ZWISCHENBERICHT

KB -090
INST WAHNBACHTALSPERRENVERBAND
SIEGBURG, KRONPRINZENSTR. 13
VORHAB **stoerung der flockung durch chelatbildende substanzen und flockungsinhibitoren, teil ii: ermittlung des einflusses verschiedener wasserinhaltsstoffe auf den flockungsprozess**
nach abschluss der im teil i dieses vorhabens standardisierten flockungstestapparatur sollen nun die verschiedenen wasserinhaltsstoffe und in unseren oberflaechengewaessern auftretenden stoerenden substanzen, wie z. b. chelatbildner, algenbuertige substanzen usw. auf ihren einfluss hinsichtlich des flockungsprozesses getestet werden. auf diese weise soll erfahrungsmaterial zur steuerung des flockungsprozesses gesammelt werden, mit dessen hilfe es moeglich wird, den im technischen masstab betriebenen flockungsprozess in der wasseraufbereitungspraxis besser ueberschaubar zu machen und gegenueber zeitweise auftretenden stoerungen, die bisher nicht definiert werden konnten, abzusichern
S.WORT wasseraufbereitung + flockung + (stoerfaktoren)
PROLEI PROF. DR. HEINZ BERNHARDT
STAND 29.7.1976
QUELLE fragebogenerhebung sommer 1976
ZUSAM INST. F. SIEDLUNGSWASSERWIRTSCHAFT DER TH KARLSRUHE
BEGINN 1.1.1977

KB -091
INST WASSERWERK DES KREISES AACHEN
AACHEN, TRIERER STRASSE 652-654
VORHAB **beseitigung der absetzbaren stoffe des filterspuelwassers**
sedimentation und beseitigung der absetzbaren stoffe eines filterspuelwassers
S.WORT abwasserreinigung + sedimentation
PROLEI BRANDTS
STAND 1.1.1974
BEGINN 1.1.1956

KB -092
INST WERNER & PFLEIDERER
STUTTGART 30, POSTFACH 301220
VORHAB **hygienisierung von klaerschlamm mittels elektronenstrahlen aus elektronenbeschleunigern**
S.WORT klaerschlammbehandlung + hygienisierung + bestrahlung
QUELLE datenuebernahme aus der datenbank zur koordinierung der ressortforschung (dakor)
FINGEB BUNDESMINISTER FUER FORSCHUNG UND TECHNOLOGIE
ZUSAM BBC
BEGINN 1.7.1974 ENDE 30.6.1975
G.KOST 274.000 DM

Weitere Vorhaben siehe auch:

DD -030 ERSTELLUNG UND KENNZEICHNUNG POROESER ADSORBENTIEN UND KATALYSATOREN

DD -058 GRUNDLEGENDE UNTERSUCHUNGEN ZUR BINDUNG ANORGANISCHER UND ORGANISCHER KATIONEN AN TORF

KC -001
INST ABTEILUNG METALLE UND METALLKONSTRUKTION DER BUNDESANSTALT FUER MATERIALPRUEFUNG BERLIN 45, UNTER DEN EICHEN 87
VORHAB **untersuchung von abwaessern von betrieben verschiedenster art zur kontrolle der reinhaltung von oberflaechengewaessern**
S.WORT oberflaechengewaesser + industrieabwaesser + wasserreinhaltung
PROLEI DR. WITTE
STAND 1.1.1974

KC -002
INST ABWASSER- UND VERFAHRENSTECHNIK GUETLING OEFFINGEN, HOFENER 47
VORHAB **entwaessern von oelhaltigem abwasser**
S.WORT abwasserreinigung + oel
PROLEI CHEM. -ING. OSWALD
STAND 1.1.1974
BEGINN 1.8.1973 ENDE 30.6.1974
G.KOST 300.000 DM

KC -003
INST BAYER AG LEVERKUSEN, BAYERWERK
VORHAB **bestrahlung und abbau spezieller abwaesser der chemischen industrie**
oxidation organischer abwasserinhaltsstoffe durch mit gamma-strahlen angeregten sauerstoff
S.WORT chemische industrie + abwasserbehandlung + oxidation
PROLEI DR. MANN
STAND 1.1.1974
QUELLE erhebung 1975
FINGEB BUNDESMINISTER FUER FORSCHUNG UND TECHNOLOGIE
ZUSAM KERNFORSCHUNGSZENTRUM KARLSRUHE
BEGINN 1.1.1973 ENDE 31.12.1974
G.KOST 112.000 DM
LITAN ZWISCHENBERICHT 1974. 03

KC -004
INST BEKLEIDUNGSPHYSIOLOGISCHES INSTITUT E.V. HOHENSTEIN BOENNIGHEIM, SCHLOSS HOHENSTEIN
VORHAB **untersuchung der emulgier- bzw. solubilisierbarkeit von perchloraethylen in wasser**
untersuchung der emulgierbarkeit bzw. solubilisierbarkeit von perchloraethylen in wasser unter bildung stabiler perchloraethylen in wasser emulsionen bzw. solubilisate; moeglichkeiten zur umweltfreundlichen verfahrensgestaltung in der chemischen reinigung und loesemittelveredelung
S.WORT wasser + chlorkohlenwasserstoffe + emulgierung
PROLEI DR. RIEKER
STAND 1.1.1974
FINGEB MINISTERIUM FUER WIRTSCHAFT, MITTELSTAND UND VERKEHR, STUTTGART
BEGINN 1.7.1973 ENDE 31.12.1974
G.KOST 132.000 DM
LITAN - RIEKER, J.: BEITRAG ZU UMWELTSCHUTZFRAGEN IN DER LOESEMITTELTECHNIK - ABWASSERPROBLEME BEI DER LOESEMITTELRUECKGEWINNUNG. IN: HOHENSTEINER FORSCHUNGSBERICHT 2 BLATT 1, 2 (1975)
- MECHEELS, J.;RIEKER, J.: AUSRUESTEN UND FAERBEN AUS ORGANISCHEN LOESEMITTELN? IN: CHEMIEFASERN/TEXTILINDUSTRIE 25(77) S. 1147-1156(1975)
- ENDBERICHT

KC -005
INST BERGBAU-FORSCHUNG GMBH - FORSCHUNGSINSTITUT DES STEINKOHLENBERGBAUVEREINS ESSEN 13, FRILLENDORFER STRASSE 351
VORHAB **abwasserreinigung durch abscheidung suspendierter und geloester organischer stoffe an geeigneten regenerierbaren aktivkohlen**
erarbeitung der grundlagen zur reinigung von vorwiegend industriellen abwaessern mittels aktivkohlen sowie die der regeneration der verwendeten aktivkohlen und optimierung der aktivkohle-eigenschaften. demonstration der technischen durchfuehrbarkeit des adsorptiven abwasserreinigungsverfahrens mittels einer prototypanlage fuer einen durchsatz von ca. 30 cbm/h kokereiabwasser
S.WORT kokerei + abwasserreinigung + aktivkohle + organische stoffe
PROLEI PROF. DR. HARALD JUENTGEN
STAND 6.8.1976
QUELLE fragebogenerhebung sommer 1976
FINGEB BUNDESMINISTER FUER FORSCHUNG UND TECHNOLOGIE
ZUSAM RUHRKOHLE AG, RELLINGHAUSER STR. 1, 4300 ESSEN 1
BEGINN 1.1.1974 ENDE 31.12.1976
G.KOST 10.000.000 DM
LITAN NEFF, I.;KLEIN, J.;GAPPA, G.;JUENTGEN, H.: NEUES VERFAHREN ZUR REINIGUNG ORGANISCH HOCHBELASTETER INDUSTRIEABWAESSER. IN: CHEM. IND. 6(1975)

KC -006
INST BUNDESANSTALT FUER GEOWISSENSCHAFTEN UND ROHSTOFFE HANNOVER 51, STILLEWEG 2
VORHAB **untersuchung von grund- und bachwaessern im hinblick auf verunreinigungen durch abwaesser der buntmetallindustrie**
beeinflussung von grund- und oberflaechenwasser durch abwaesser der buntmetallindustrie
S.WORT industrieabwaesser + buntmetallindustrie + gewaesserbelastung
PROLEI DR. FAUTH
STAND 1.1.1974
LITAN ZWISCHENBERICHT

KC -007
INST DECHEMA - DEUTSCHE GESELLSCHAFT FUER CHEMISCHES APPARATEWESEN E.V. FRANKFURT, THEODOR-HEUSS-ALLEE 25
VORHAB **reaktionstechnische untersuchungen zur elektrolytischen metallabscheidung in festbett- und wirbelbettzellen**
aufgabenstellung: untersuchungen zur elektrochemischen beseitigung und rueckgewinnung von schwer- und edelmetallen aus galvanikabwaessern, galvanikschlaemmen und endelektrolyten. vorgehensweise: reaktionstechnische untersuchungen der metallabscheidung in fest- und wirbelbettelektrolysezellen, bestimmung von anreicherungsraten und raum-zeit-ausbeuten, konstruktive entwicklung geeigneter zellen, theorie des scale-up, entwicklung von prozessmodellen, versuche mit abwaessern und aufgeloesten galvanikschlaemmen
S.WORT abwasserreinigung + schadstoffabscheidung + schwermetalle + rueckgewinnung + (elektrolyse)
PROLEI DR. GERHARD KREYSA
STAND 12.8.1976
QUELLE fragebogenerhebung sommer 1976
FINGEB BUNDESMINISTER FUER FORSCHUNG UND TECHNOLOGIE
ZUSAM - FORSCHUNGSINSTITUT FUER EDELMETALLE UND METALLCHEMIE, KATHARINENSTR. 17, 7070 SCHWAEBISCH-GMUEND
- LURGI APPARATETECHNIK GMBH, 6000 FRANKFURT
BEGINN 1.4.1975 ENDE 31.3.1978
G.KOST 294.000 DM
LITAN KREYSA, G.;HEITZ, E.: REAKTIONS- UND VERFAHRENSTECHNISCHE ASPEKTE ELEKTROCHEMISCHER FEST- UND WIRBELBETTZELLEN. IN: CHEM. -ING. -TECHN. (1976)

KC -008

INST DECHEMA - DEUTSCHE GESELLSCHAFT FUER CHEMISCHES APPARATEWESEN E.V.
FRANKFURT, THEODOR-HEUSS-ALLEE 25
VORHAB **beurteilung von fe-projekten im bereich umweltfreundliche technik - erweiterung der methodik und anwendung auf die textilveredelungsindustrie**
als fortsetzung der studie "beurteilung von fe-projekten im bereich umweltfreundliche technik - eine studie zur methodik und exemplarischen anwendung fuer die zellstoff- und papierindustrie" (oktober 1974) verfolgt die hier angesprochene studie folgende wesentlichen ziele: 1. erweiterung der systematischen beurteilungsmethode von wirtschaftlichen aspekten. 2. darstellung der umweltsituation in der textilveredelungsindustrie. 3. anregung von fe-projekten zur wirksamen verbesserung der umweltsituation
S.WORT textilindustrie + umweltfreundliche technik + oekonomische aspekte
PROLEI DR. JUERGEN WIESNER
STAND 12.8.1976
QUELLE fragebogenerhebung sommer 1976
FINGEB BUNDESMINISTER FUER FORSCHUNG UND TECHNOLOGIE
ZUSAM INST. F. SYSTEMTECHNIK UND INNOVATIONFORSCHUNG (ISI) DER FHG, BRESLAUERSTR. 48, 7500 KARLSRUHE
BEGINN 1.11.1974 ENDE 31.12.1976
G.KOST 213.000 DM
LITAN ZWISCHENBERICHT

KC -009

INST DEGUSSA AG
HANAU, STADTTEIL WOLFGANG
VORHAB **entwicklung von verfahren zur entgiftung cyanid / cyanathaltiger und nitrit / nitrathaltiger haertesalze, die zusaetzlich giftige bariumverbindungen enthalten**
S.WORT haertesalze + entgiftung + cyanide + nitrate + nitrite
STAND 1.10.1974
QUELLE erhebung 1975
FINGEB BUNDESMINISTER FUER FORSCHUNG UND TECHNOLOGIE
BEGINN 1.1.1973 ENDE 31.12.1974
G.KOST 330.000 DM

KC -010

INST DEUTSCHE GESELLSCHAFT FUER HOLZFORSCHUNG E.V. (DGFH)
MUENCHEN, PRANNERSTR. 9
VORHAB **herstellung von zellstoff nach dem sulfitverfahren mit hohen ausbeuten und optimalen technologischen eigenschaften**
ziel ist es, sulfitzellstoffe mit hohen ausbeuten und optimalen technologischen eigenschaften, deren ausbeute und eigenschaften bei der bleiche und mahlung erhalten bleiben, herzustellen. bereits in vorversuchen hergestellte zellstoffe mit optimalen eigenschaften sollen im hinblick auf die zusammensetzung, struktur und verteilung der verschiedenen kohlehydrate in der zellwand untersucht werden und der einfluss dieser komponenten auf die technologischen eigenschaften festgestellt werden. dann sollen zellstoffe nach modifizierten sulfitverfahren auf magnesium- und natrium-basis hergestellt werden, wobei die in den grundlagenuntersuchungen gewonnenen erkenntnisse angewandt werden
S.WORT zellstoffindustrie + verfahrensoptimierung
PROLEI DR. RUDOLF PATT
STAND 30.8.1976
QUELLE fragebogenerhebung sommer 1976
FINGEB ARBEITSGEMEINSCHAFT INDUSTRIELLER FORSCHUNGSVEREINIGUNGEN E. V. (AIF)
ZUSAM FACHAUSSCHUSS FUER HOLZCHEMIE DER DGFH, PRANNERSTR. 9, 8000 MUENCHEN 2
BEGINN 1.8.1976 ENDE 31.7.1978
G.KOST 197.000 DM

KC -011

INST E. MERCK
DARMSTADT, FRANKFURTER STR. 250
VORHAB **untersuchungen zur kombination von adsorptiver und biologischer reinigung bei industrieabwaessern**
S.WORT biologische abwasserreinigung + industrieabwaesser
PROLEI DR. FRED KOPPERNOCK
STAND 1.10.1974
FINGEB BUNDESMINISTER FUER FORSCHUNG UND TECHNOLOGIE
BEGINN 1.7.1973 ENDE 30.6.1976
G.KOST 754.000 DM

KC -012

INST FACHHOCHSCHULE REUTLINGEN
REUTLINGEN, KAISERSTR. 99
VORHAB **verfahren zur reinigung von abwaessern aus textilen produktionsstaetten, insbesondere von farbstoffen und oberflaechenaktiven verbindungen**
zielsetzung: beseitigung von biologisch nicht abbaubaren schadstoffen aus abwaessern, insbesondere tensiden, faerbebeschleunigern (carrier), farbstoffe, schlichtemittel, fette, oele. loesungsweg: adsorption an besonders gearteten, regenerierbaren traegern. analytik: extraktion, elektrophorese, chromatographie, polargraphie, photometrie, csb, bsb
S.WORT chemische abwasserreinigung + industrieabwaesser + textilindustrie
PROLEI DR. DIETRICH FRAHNE
STAND 21.7.1976
QUELLE fragebogenerhebung sommer 1976

KC -013

INST FELDMUEHLE AG
PLOCHINGEN, FABRIKSTR. 23-29
VORHAB **entwicklung und erprobung eines verfahrens der reinigung von zellstoffabrikabwaessern unter anwendung der adsorption an aluminiumoxid**
S.WORT abwasserreinigung + zellstoffindustrie + adsorptionsmittel + (aluminiumoxid)
STAND 6.1.1975
FINGEB BUNDESMINISTER FUER FORSCHUNG UND TECHNOLOGIE
BEGINN 1.1.1974 ENDE 31.12.1975

KC -014

INST FORSCHUNGSGEMEINSCHAFT FUER TECHNISCHES GLAS E.V.
WERTHEIM, FERDINAND-HOTZ-STR. 6
VORHAB **abwasseraufbereitung in glasbearbeitenden betrieben**
S.WORT glasindustrie + abwasseraufbereitung
PROLEI DIPL. -ING. SCHAUDEL
STAND 1.1.1974
BEGINN 1.1.1974

KC -015

INST FORSCHUNGSINSTITUT BERGHOF GMBH
TUEBINGEN -LUSTNAU, BERGHOF
VORHAB **untersuchung zur anwendung der elektrodialyse zur aufarbeitung spezieller industrieabwaesser**
S.WORT abwasserbehandlung + industrieabwaesser + geraeteentwicklung
PROLEI DR. DIPL. -CHEM. KLAUS KOCK
STAND 1.10.1974
FINGEB BUNDESMINISTER FUER FORSCHUNG UND TECHNOLOGIE
ZUSAM - RESEARCH & DEVELOPMENT AUTHORITY, BEER SHEVA 84110, POB 1025
- BEN-GUVION UNIVERS. OF THE NEGEV, ISRAEL
BEGINN 1.9.1974 ENDE 30.9.1976
G.KOST 370.000 DM

KC -016
INST FORSCHUNGSINSTITUT BERGHOF GMBH
TUEBINGEN -LUSTNAU, BERGHOF
VORHAB **entwicklung von membranfiltrationssystemen zur reinigung von industrieabwaessern**
S.WORT abwasserreinigung + industrieabwaesser + (membranfiltration)
PROLEI DR. DIPL. -CHEM. KLAUS KOCK
STAND 1.10.1974
FINGEB BUNDESMINISTER FUER FORSCHUNG UND TECHNOLOGIE
BEGINN 1.1.1976 ENDE 31.12.1977
G.KOST 479.000 DM

KC -017
INST FORSCHUNGSINSTITUT FUER EDELMETALLE UND METALLCHEMIE
SCHWAEBISCH GMUEND, KATHARINENSTR. 17
VORHAB **untersuchung der schlaemme von entgiftungsanlagen metallverarbeitender betriebe im hinblick auf ihre deponierung und verwertung**
feststellung des gehaltes an schwermetallen in abfallschlaemmen einer mittleren industriestadt; untersuchung der rueckgewinnungsmoeglichkeiten der metalle; untersuchung der auswirkungen extremer rueckloeseeinfluesse auf abzulagernde hydroxidschlaemme
S.WORT abfallaufbereitung + schlaemme + schwermetalle
PROLEI DR. RAUB
STAND 1.10.1974
FINGEB MINISTERIUM FUER WIRTSCHAFT, MITTELSTAND UND VERKEHR, STUTTGART
ZUSAM - INNENMINISTERIUM BADEN-WUERTTEMBERG, 7000 STUTTGART
- REGIERUNGS-PRAESIDIUM BADEN-WUERTTEMBERG, 7000 STUTTGART
- WASSERWIRTSCHAFTSAMT, 7090 ELLWANGEN
BEGINN 1.1.1974 ENDE 31.12.1976
G.KOST 288.000 DM
LITAN ZWISCHENBERICHT 1975

KC -018
INST FRIED. KRUPP GMBH
ESSEN 1, AM WESTBAHNHOF 2
VORHAB **entwicklung von membranfiltrationssystemen zur reinigung von industrieabwaessern**
durch das vorhaben sollen definierte industrieabwaesser mittels filtrationseinheiten so getrennt werden, dass der teilstrom-filtrat (permeat) den behoerdlichen auflagen genuegt bzw. fuer die wiederverwendung im betrieb eingesetzt werden kann. der teilstrom "konzentrat" wird entweder wiederverwendet oder einer vernichtung zugefuehrt. das vorhaben ist in 3 arbeitsabschnitte aufgeteilt. arbeitsabschnitt 1 hatte das ziel, die behandlungsmoeglichkeit industrieller abwaesser mittels membranfiltration grundsaetzlich zu klaeren. hierfuer sind membranen in zusammenarbeit mit dem forschungsinstitut berghof gmbh, tuebingen, entwickelt und in laborversuchen eingesetzt worden. arbeitsabschnitt 2 umfasste die herstellung von asymmetrischen kapillarmembranen und den bau voon labor- und betriebsversuchsanlagen. arbeitsabschnitt 3 umfasst den bau und die optimierung von demonstrations-membranfiltrationsanlagen sowie das aufstellen von wirtschaftlichkeitsberechnungen
S.WORT abwasserreinigung + industrieabwaesser + (membranfiltration)
PROLEI DIPL. -ING. MANFRED SCHAADE
STAND 30.8.1976
QUELLE fragebogenerhebung sommer 1976
FINGEB BUNDESMINISTER FUER FORSCHUNG UND TECHNOLOGIE
ZUSAM - FORSCHUNGSINSTITUT BERGHOF GMBH, 7400 TUEBINGEN
- KRUPP FORSCHUNGSINSTITUT, MUENCHENER STR. 100, 4300 ESSEN 1
BEGINN 1.1.1974 ENDE 31.12.1977
G.KOST 2.550.000 DM
LITAN - KRIEGEL; EFELSBERG; SCHAADE: STOFFTRENNUNG DURCH UMGEKEHRTE OSMOSE UND ULTRAFILTRATION. IN: TECHN. MITT. KRUPP
- WYSOCKI: TECHNOLOGIE UND WIRTSCHAFTLICHKEIT. NEUE ULTRAFILTRATIONSANLAGE WLB 4(1976)
- STRATHMANN; SAIER; MUELLER; WYSOCKI: DIE MEMBRANFILTRATION, EIN WIRTSCHAFTLICHES VERFAHREN ZUR REINIGUNG SPEZIELLER INDUSTRIEABWAESSER. WLB 9(1973)

KC -019
INST GROSSER ERFTVERBAND BERGHEIM
BERGHEIM, PAFFENDORFER WEG 42
VORHAB **grundwasserbelastung durch zuckerfabrikabwaesser**
auswirkungen der versickernden abwaesser auf das grundwasser durch mineralische inhaltsstoffe und sekundaerreaktionen beim abbau organischer substanzen; ziel: schadlose beseitigung der abwaesser
S.WORT grundwasserbelastung + abwasserbeseitigung + zuckerindustrie
PROLEI DR. DIPL. -GEOL. SCHENK
STAND 1.1.1974
BEGINN 1.10.1970
G.KOST 375.000 DM
LITAN - HYDROCHEMISCHE UNTERSUCHUNGEN DES GRUNDWASSERS IM BEREICH DER ABWASSERVERSICKERUNGSANLAGEN DER ZUCKERFABRIK WEVELINGHOVEN, - UNVEROEFFENTLICHT
- ZWISCHENBERICHT 1975

KC -020
INST INGENIEURBUERO DR.-ING. WERNER WEBER
PFORZHEIM, BLEICHSTR. 19-21
VORHAB **reinigung von abwassergemischen aus faerbereien und siedlungen**
pufferung und mechanische klaerung; biologische reinigung mit belebtschlammanlagen unter verwendung von reinem sauerstoff; faellung von farbstoffresten
S.WORT abwasserreinigung + siedlung + faerberei
PROLEI ING. GRAD. LANG
STAND 1.1.1974
BEGINN 1.1.1974 ENDE 30.4.1974
G.KOST 15.000 DM
LITAN ZWISCHENBERICHT 1974. 04

KC -021
INST INSTITUT FUER AUFBEREITUNG DER TU CLAUSTHAL
CLAUSTHAL-ZELLERFELD, ERZSTR. 20
VORHAB **analytische bestimmung zur aminkonzentration in abwaessern von eisenflotationsanlagen**
aufgabenstellung: ermittlung der restkonzentration von alkylamin (flotationsreagenzien) in den abwaessern quarzitischer haematitlagerstaetten. zielsetzung: verringerung der restkonzentration auf zulaessige grenzgehalte
S.WORT abwasseranalyse + flotation + amine + (eisenflotationsanlage)
PROLEI PROF. DR. -ING. ALBERT BAHR
STAND 22.7.1976
QUELLE fragebogenerhebung sommer 1976
FINGEB STUDIENGESELLSCHAFT FUER EISENERZAUFBEREITUNG, OTHFRESEN
ZUSAM STUDIENGESELLSCHAFT FUER EISENERZAUFBEREITUNG, OTHFRESEN, 3384 LIEBENBURG 2
BEGINN 1.6.1975
G.KOST 10.000 DM

KC -022
INST INSTITUT FUER BIOCHEMIE DES BODENS DER FORSCHUNGSANSTALT FUER LANDWIRTSCHAFT
BRAUNSCHWEIG, BUNDESALLEE 50
VORHAB **verwertung von sulfitablaugen der zellstoffindustrie als langsam nachliefernder organischer stickstoffduenger (n-lignin)**
S.WORT zellstoffindustrie + sulfite + stickstoff + duengemittel
PROLEI H. SOECHTIG
STAND 1.1.1976

QUELLE mitteilung des bundesministers fuer ernaehrung,landwirtschaft und forsten
FINGEB - FORSCHUNGSANSTALT FUER LANDWIRTSCHAFT, BRAUNSCHWEIG-VOELKENRODE
- BUNDESMINISTER FUER ERNAEHRUNG, LANDWIRTSCHAFT UND FORSTEN
LITAN - FLAIG, W.: VERWERTUNG EINES ABFALLPRODUKTES DER ZELLSTOFFINDUSTRIE ALS DUENGEMITTEL-EIN BEITRAG ZUR UMWELTFREUNDLICHEN TECHNIK. IN: LANDBAUFORSCHUNG VOELKENRODE SONDERHEFT 14(1972)
- FLAIG, W.: SLOW RELEASING NITROGEN FERTILISER FROM THE WASTE PRODUCT, LIGNIN SULPHONATES. IN: CHEMISTRY AND INDUSTRY S. 553-554(1973)

KC -023

INST INSTITUT FUER BIOCHEMIE DES BODENS DER FORSCHUNGSANSTALT FUER LANDWIRTSCHAFT BRAUNSCHWEIG, BUNDESALLEE 50
VORHAB **wirtschaftliche beseitigung der ablaugen der zellstoffindustrie unter beruecksichtigung landwirtschaftshygienischer forderungen**
S.WORT zellstoffindustrie + abwasser + landwirtschaft + oekonomische aspekte
PROLEI U. FISCHER
STAND 1.1.1976
FINGEB BUNDESMINISTER FUER ERNAEHRUNG, LANDWIRTSCHAFT UND FORSTEN
BEGINN ENDE 31.12.1976

KC -024

INST INSTITUT FUER BODENKUNDE DER UNI GOETTINGEN GOETTINGEN, VON-SIEBOLD-STR. 4
VORHAB **reinigung von abwaessern mit hoeherer organischer belastung durch bodenfiltration am beispiel von zuckerfabrikabwaessern**
es ist das ziel, festzustellen, inwieweit unterschiedliche bodentypen in der lage sind, aus organisch hoch belasteten abwaessern (zuckerfabriken, staerkefabriken, konservenfabriken) bestimmte ionen auszufiltern, und welche anteile des abwassers den boden passieren und das grundwasser belasten
S.WORT abwasserreinigung + zuckerindustrie + boden + filtration + grundwasserbelastung
PROLEI DR. FRIEDRICH-WILHELM KLAGES
STAND 29.7.1976
QUELLE fragebogenerhebung sommer 1976
FINGEB BUNDESMINISTER FUER FORSCHUNG UND TECHNOLOGIE
BEGINN 1.1.1974
G.KOST 220.000 DM
LITAN THORMANN, A.: HYDRO-KATIONEN- UND ANIONENBILANZ VON LOESS- UND SANDBOEDEN ALS ABWASSERFILTER. IN: MITTEILUNGEN DBG 22(1975)

KC -025

INST INSTITUT FUER EISENHUETTENKUNDE DER TH AACHEN AACHEN, INTZESTR. 1-2
VORHAB **einsatz von braunkohlenkoksen zur reinigung von abwaessern aus der mittelstaendischen industrie mit dem schwerpunkt auf wirtschaftlichkeitsstudien dieser abwasserreinigungsmoeglichkeiten**
die reinigungswirkung von braunkohlenkoksen soll an organisch belasteten abwaessern der mittelstaendischen industrien untersucht werden. darauf soll eine systematische studie unter beruecksichtigung der wirtschaftlichkeit der adsorptionsverfahren im hinblick auf den einsatz von braunkohlenkoksen erstellt werden. zur adsorptiven reinigung der mit organischen stoffen belasteten abwaesser aus der mittelstaendischen industrie wird ein festbettadsorber mit vorgeschaltetem sandfilter (zur reduzierung der ungeloesten stoffe, die eine verstopfung der adsorber verursachen) eingesetzt
S.WORT abwasserreinigung + adsorptionsmittel + braunkohle + (wirtschaftlichkeit)
PROLEI DIPL. -ING. MEHRDAD MOHTADI
STAND 21.7.1976
QUELLE fragebogenerhebung sommer 1976
FINGEB ARBEITSGEMEINSCHAFT INDUSTRIELLER FORSCHUNGSVEREINIGUNGEN E. V. (AIF)
ZUSAM INST. F. SIEDLUNGSWASSERWIRTSCHAFT DER TH AACHEN
BEGINN 1.7.1976 ENDE 30.7.1977
G.KOST 113.000 DM

KC -026

INST INSTITUT FUER GEWERBLICHE WASSERWIRTSCHAFT UND LUFTREINHALTUNG E.V. KOELN 51, OBERLAENDER UFER 84-88
VORHAB **die behandlung von abwaessern der backhefefabriken**
darstellung des standes der technik anhand des schrifttums und der ergebnisse von versuchs- und betriebsanlagen zur abwasserbehandlung verschiedener hefefabriken
S.WORT abwasserbehandlung + hefen
PROLEI DR. DITTRICH
STAND 1.1.1974
FINGEB BUNDESVEREINIGUNG DER DEUTSCHEN HEFEINDUSTRIE E. V. , HAMBURG

KC -027

INST INSTITUT FUER HOLZCHEMIE UND CHEMISCHE TECHNOLOGIE DES HOLZES DER BUNDESFORSCHUNGSANSTALT FUER FORST- UND HOLZWIRTSCHAFT HAMBURG 80, LEUSCHNERSTR. 91 B
VORHAB **isolierung, identifizierung und toxizitaetspruefung chlorhaltiger verbindungen in den abwaessern der zellstoffbleiche**
bei der zellstoffbleiche wird durch einwirkung von chlor das restlignin chloriert; es wird dabei in teilweise direkt loesliche, teilweise alkaliloesliche verbindungen ueberfuehrt. es ist bekannt, dass hierbei chlorierte aromatische verbindungen, moeglicherweise auch chlorierte biphenyle entstehen. die struktur der chlorierten aromaten soll aufgeklaert u. ihre toxizitaet geprueft werden. weiterhin soll das verhalten solcher verbindungen bei der thermischen zersetzung -wie diese evtl. bei der eindampfung u. verbrennung von bleichablaugen moeglich ist- untersucht werden
S.WORT zellstoffindustrie + abwasser + halogenverbindungen + toxizitaet
PROLEI PROF. DR. WERNER SCHWEERS
STAND 22.7.1976
QUELLE fragebogenerhebung sommer 1976
FINGEB BUNDESMINISTER FUER FORSCHUNG UND TECHNOLOGIE
BEGINN 1.8.1976 ENDE 1.8.1978
G.KOST 360.000 DM

KC -028

INST INSTITUT FUER HOLZCHEMIE UND CHEMISCHE TECHNOLOGIE DES HOLZES DER BUNDESFORSCHUNGSANSTALT FUER FORST- UND HOLZWIRTSCHAFT HAMBURG 80, LEUSCHNERSTR. 91 B
VORHAB **untersuchung der moeglichkeiten fuer die verwendung von phenolischen pyrolyse- und hydrogenolyseprodukten aus phenollignin zur gewinnung von zellstoff aus holz**
heutige zellstoffherstellungsverfahren belasten die umwelt mit s-verbindungen. durch behandlung von holz mit phenolen kann ebenfalls zellstoff erzeigt werden. ein solcher prozess ist schwefelfrei. das lignin faellt dabei als wenig kondensiertes phenollignin, an aus welchem durch pyrolyse oder hydrogenolyse phenol oder phenolgemische erhaeltlich sind. ausreichende ausbeuten an phenolen gestatten es, den aufschlussprozess hinsichtlich der aufschlusschemikalien selbsttragend zu gestalten. sofern ueberschuessiges phenollignin zur verfuegung steht ergibt sich eine moeglichkeit zur ligninverwertung auf grund der guten reaktivitaet dieses stoffes
S.WORT zellstoffindustrie + gewaesserbelastung + (substitution von schwefelverb. durch phenole)
PROLEI PROF. DR. WERNER SCHWEERS

STAND 22.7.1976
QUELLE fragebogenerhebung sommer 1976
BEGINN 1.9.1973 ENDE 31.8.1976
G.KOST 400.000 DM
LITAN - SCHWEERS, W.;RECHY, M.: UEBER DEN HOLZAUFSCHLUSS MIT PHENOLEN (III). IN: DAS PAPIER 27 S. 636(1973)
- SCHWEERS, W.;RECHY, M.;BEINHOFF, O.: PHENOL PULPING. IN: CHEM. TECHN. S. 490-493(AUG 1974)
- VORHER, W.;SCHWEERS, W.: UTILIZATION OF PHENOLLIGNIN. IN: APPL. POLYM. SYM. 28 S. 227-284(1975)

KC -029

INST INSTITUT FUER IMMISSIONS-, ARBEITS- UND STRAHLENSCHUTZ DER LANDESANSTALT FUER UMWELTSCHUTZ BADEN-WUERTTEMBERG
KARLSRUHE, GRIESBACHSTR. 3
VORHAB **schadlose beseitigung von galvanikschlaemmen durch zusatz zur ziegelherstellung**
es ist zu pruefen, ob zusaetze von 5 - 10 % galvanikschlaemmen zur herstellung von mauerziegeln die ziegelqualitaet, die sicherheit am arbeitsplatz und die emissionen unguenstig beeinflussen
S.WORT metallindustrie + schlaemme + recycling + baustoffe + (galvanikschlaemme)
PROLEI DR. EBERHARD QUELLMALZ
STAND 4.8.1976
QUELLE fragebogenerhebung sommer 1976
ZUSAM REGIERUNGSPRAESIDIUM STUTTGART
BEGINN 1.1.1975 ENDE 31.12.1977

KC -030

INST INSTITUT FUER INFRASTRUKTUR DER UNI MUENCHEN
MUENCHEN, BAUERSTR. 20
VORHAB **umweltbezogene optimierungsmodelle fuer die zellstoff- und papierindustrie unter einbeziehung des altpapierwiedereinsatzes**
zielsetzung: entwicklung anwendbarer, quantitativer entscheidungshilfen. 1) zur unterstuetzung von unternehmen der zellstoff- und papierwerke bei der identifizierung und auswahl optimaler anpassungsstrategien im umweltschutzbereich. 2) zur unterstuetzung staatlicher entscheidungstraeger bei der prognose des anpassungsverhalten der genannten betriebe als reaktion auf staatliche umweltschutzauflagen (emissionsabgaben, -verbote). untersuchungsmethode: konstruktion quantitativer entscheidungsmodelle (operations research-modelle) fuer die wichtigsten betriebs- und aktivitaetkategorien der branche und ihre auswertung unter einsatz empirischer daten
S.WORT papierindustrie + zellstoffindustrie + umweltschutzmassnahmen + recycling + optimierungsmodell
PROLEI DIPL. -KFM. JOSEF SCHOENBAUER
STAND 21.7.1976
QUELLE fragebogenerhebung sommer 1976
BEGINN 30.6.1973 ENDE 30.4.1976
G.KOST 60.000 DM
LITAN ENDBERICHT

KC -031

INST INSTITUT FUER INGENIEURBIOLOGIE UND BIOTECHNOLOGIE DES ABWASSERS DER UNI KARLSRUHE
KARLSRUHE, AM FASANENGARTEN
VORHAB **optimierung und steuerung eines fermentationssystems mit sequentieller prozessfuehrung, dargestellt am system ammonifikation-nitrifikation**
voraussetzung fuer eine sequentielle prozessfuehrung, ist die genaue kenntnis der reaktionskinetischen daten fuer die daten fuer die einzelnen biologischen systeme. sie bilden die grundlage fuer die bemessung, optimierung und steuerung der verfahrenselemente. ausschlaggebend fuer die wahl der reaktortypen ist die aufrechterhaltung optimaler umweltbedingungen (z. b. ph-o2-konz.) sowie die erhaltung einer moeglichst grossen organismenmenge im system. fuer die nitrifikation sind ruehrkessel-, festbett- und wirbelschichtreaktor die zu untersuchenden alternativen. die loesung dieses problems wird als beitrag zur leistungssteigerung von klaeranlagen sowie zur entwicklung einer hochleistungsnitrifikation fuer industrieabwaesser verstanden
S.WORT industrieabwaesser + klaeranlage + stickstoffverbindungen + biologischer abbau
PROLEI PROF. DR. LUDWIG HARTMANN
STAND 26.7.1976
QUELLE fragebogenerhebung sommer 1976
FINGEB BUNDESMINISTER FUER FORSCHUNG UND TECHNOLOGIE

KC -032

INST INSTITUT FUER LANDWIRTSCHAFTLICHE TECHNOLOGIE UND ZUCKERINDUSTRIE DER TU BRAUNSCHWEIG
BRAUNSCHWEIG, LANGER KAMP 5
VORHAB **untersuchungen ueber den zusammenhang zwischen schlammstruktur und zuckergehalt in zuckerfabrikabwaessern**
untersuchungen ueber die ursachen fuer die schlechte sedimentation und entartung des belebtschlammes beim abbau von frischem zuckerfabrikabwasser
S.WORT zuckerindustrie + abwasser + belebtschlamm + sedimentation
PROLEI PROF. DR. RER. NAT. REINEFELD
STAND 1.1.1974
G.KOST 192.000 DM

KC -033

INST INSTITUT FUER MAKROMOLEKULARE CHEMIE DER TH DARMSTADT
DARMSTADT, ALEXANDERSTR. 24
VORHAB **untersuchungen ueber art, menge und wirkung wasserloeslicher organischer substanzen im fabrikationswasser der papierherstellung**
die untersuchungen sollen zunaechst die qualitative und, im falle der hauptkomponenten, quantitative bestimmung der beim schleifen von holz und beim mahlen verschiedener zellstofftypen in loesung gehenden verbindungen zum ziel haben. weitere untersuchungen sollen den einfluss klaeren, den diese substanzen auf die physikalisch-chemischen vorgaenge ausueben, die in der faserstoffsuspension bei der blattbildung ablaufen
S.WORT papierindustrie + betriebswasser + organische stoffe + analytik
PROLEI PROF. DR. THOMAS KRAUSE
STAND 30.8.1976
QUELLE fragebogenerhebung sommer 1976
FINGEB ARBEITSGEMEINSCHAFT INDUSTRIELLER FORSCHUNGSVEREINIGUNGEN E. V. (AIF)
ZUSAM FACHAUSSCHUSS HOLZCHEMIE DER DEUTSCHEN GESELLSCHAFT F. HOLZFORSCHUNG, PRANNENSTR. 9, 8000 MUENCHEN 2
BEGINN 1.4.1975 ENDE 31.8.1978
G.KOST 153.000 DM
LITAN ZWISCHENBERICHT

KC -034

INST INSTITUT FUER MAKROMOLEKULARE CHEMIE DER TH DARMSTADT
DARMSTADT, ALEXANDERSTR. 24
VORHAB **untersuchungen zur gewinnung von ligninsulfonaten aus ablaugen und entfernung aus restabwaessern der sulfitzellstoffherstellung**
die in den ablaugen der sulfitzellstoffindustrie anfallenden ligninsulfonate werden aufgrund ihrer dispergierwirkung heute z. b. als zusaetze in erdoelbohrschlaemmen und in der zementindustrie angewandt. einer breiteren nutzung steht bisher entgegen, dass es kein technisch anwendbares und wirtschaftlich tragbares verfahren zu ihrer gewinnung in moeglichst reiner form und abtrennung der hochmolekularen fraktionen gibt. es sollen daher verfahren zur abtrennung, reinigung und fraktionierung vom ligninsulfonaten aus sulfitablaugen nach den prinzipien der ultrafiltration bzw. gelpermeation

entwickelt werden. die in den restabwaessern der sulfitstoffindustrie enthaltenen ligninsulfonate verursachen eine starke faerbung dieser abwaesser. es soll nach moeglichkeitenn zu ihrer entfernung aus den abwaessern vor allem durch adsorptionsmethoden gesucht werden

S.WORT zellstoffindustrie + abwasseraufbereitung + recycling + (ligninsulfonat)
PROLEI PROF. DR. THOMAS KRAUSE
STAND 30.8.1976
QUELLE fragebogenerhebung sommer 1976
FINGEB ARBEITSGEMEINSCHAFT INDUSTRIELLER FORSCHUNGSVEREINIGUNGEN E. V. (AIF)
ZUSAM - FACHAUSSCHUSS HOLZCHEMIE DER DEUTSCHEN GESELLSCHAFT F. HOLZF ORSCHUNG PRANNERSTR. 9, 8000 MUENCHEN 2
- FIRMA LURGI, 6000 FRANKFURT
BEGINN 1.9.1974 ENDE 31.12.1976
G.KOST 131.000 DM
LITAN ZWISCHENBERICHT

KC -035

INST INSTITUT FUER MIKROBIOLOGIE DER BUNDESANSTALT FUER MILCHFORSCHUNG
KIEL, HERMANN-WEIGMANN-STR. 1-27
VORHAB **verbesserung der technologie der herstellung von einzellerprotein mit dem ziel, eine verminderung der abwasserbelastung zu erreichen**
durch zentralisierung der milchverarbeitung ist die konventionelle verwertung von molke und ultrafiltraten in ihrer wirtschaftlichkeit in frage gestellt, eine einfache beseitigung dieser problemabfaelle wegen unzumutbarer abwasserbelastung undurchfuehrbar. eine sinnvolle verwertung durch erzeugung von einzellerprotein wird geprueft. in bezug auf umweltprobleme wird eine nach verwertung zu fordernde abwasserbelastung von maximal 800 bsb durch verbesserte technik angestrebt
S.WORT molkerei + abwasserbehandlung + recycling + eiweissgewinnung + (verfahrensoptimierung)
PROLEI DR. KARL-ERNST VON MILCZEWSKI
STAND 6.8.1976
QUELLE fragebogenerhebung sommer 1976
FINGEB BUNDESMINISTER FUER FORSCHUNG UND TECHNOLOGIE
BEGINN 1.1.1976 ENDE 31.12.1976
G.KOST 354.000 DM

KC -036

INST INSTITUT FUER MIKROBIOLOGIE DER GESELLSCHAFT FUER STRAHLEN- UND UMWELTFORSCHUNG MBH
GOETTINGEN -WEENDE, GRIESBACHSTR. 8
VORHAB **biologischer abbau sulfonierter naphthaline in abwaessern**
von einer auswahl von sulfonierten naphthalinen, welche bezueglich hoehe der produktion und typischer chemischer strukturelemente repraesentativ sind, soll geprueft werden, ob unter bestimmten bedingungen der anreicherung und selektionierung von bakterien der biologische abbau der sulfonierten naphthaline beschleunigt werden kann. die relativen abbauraten der verbindungen sollen zunaechst in kontinuierlicher kultur an mischpopulationen verfolgt und optimiert werden. isolierung reiner bakterien-staemme, die zur verwertung von "weichen" (=relativ leicht abbaubaren) naphthalinsulfonsaeuren (ns) befaehigt sind. bewertung der isolierten staemme auf ihre faehigkeit zum cometabolismus "harter" naphthalinsulfonsaeuren
S.WORT abwasserreinigung + schwefelverbindungen + biologischer abbau
PROLEI PROF. DR. HANS-JOACHIM KNACKMUSS
STAND 30.8.1976
QUELLE fragebogenerhebung sommer 1976
FINGEB - BUNDESMINISTER FUER FORSCHUNG UND TECHNOLOGIE
- BAYERWERKE AG, LEVERKUSEN
ZUSAM MAX-PLANCK-INSTITUT FUER MEDIZINISCHE FORSCHUNG, ABT. NATURSTOFFCHEMIE, 6900 HEIDELBERG
BEGINN 1.3.1976 ENDE 28.2.1977
G.KOST 57.000 DM
LITAN BECKMANN, W. (UNI GOETTINGEN), DISSERTATION: ZUR BIOLOGISCHEN PERSISTENZ VON SULFONIERTEN AROMATISCHEN KOHLENWASSERSTOFFEN: DESULFONIERUNG UND KATABOLISMUS DER NAPHTHALIN-2-SULFONSAEURE. (1976)

KC -037

INST INSTITUT FUER PAPIERFABRIKATION DER TH DARMSTADT
DARMSTADT, ALEXANDERSTR. 22
VORHAB **erkenntnisse zur kreislaufschliessung von produktionswasserkreislaeufen in papierfabriken**
untersuchung der verfahrenstechnik in papierfabriken mit eingeengten oder geschlossenen wasserkreislaeufen; herausarbeiten und loesen der dabei entstehenden speziellen probleme; ratschlaege und beratungen anderer papierfabriken mit dem ziel, abwasser und damit umweltbelastung zu vermeiden
S.WORT papierindustrie + wasserkreislauf + verfahrenstechnik
PROLEI DR. -ING. HANNS LUTZ DALPKE
STAND 1.1.1974
BEGINN 1.1.1972
LITAN - VEROEFFENTLICHUNG, W. BRECHT UND H. -L. DALPKE: DER GESCHLOSSENE WASSERKREISLAUF IN GRUNDSAETZLICHER BETRACHTUNG, ZEITSCHRIFT "WOCHENBLATT F. PAPIERFABR. "101, S. 235
- BOERNER, F.: GESCHLOSSENE WASSERKREISLAEUFE IN WEITEREN ALTPAPIERVERARBEITENDEN PAPIERFABRIKEN, IN: WOCHENBLATT F. PAPIERFABR. , 102, S. 223, (APRIL 1974)

KC -038

INST INSTITUT FUER PAPIERFABRIKATION DER TH DARMSTADT
DARMSTADT, ALEXANDERSTR. 22
VORHAB **untersuchungen und beratungen von papierfabriken**
gutachten zur aufnahme von ist-zustaenden und beratung fuer verbesserungen der verfahrenstechnik; vorstudien und vorplanungen von klaeranlagen; begutachtung von planungen fuer verfahrenstechniken in zellstoff- oder papierfabriken
S.WORT papierindustrie + klaeranlage + verfahrensoptimierung
PROLEI PROF. DR. -ING. GOETTSCHING
STAND 1.1.1974
QUELLE erhebung 1975
BEGINN 1.1.1956

KC -039

INST INSTITUT FUER PAPIERFABRIKATION DER TH DARMSTADT
DARMSTADT, ALEXANDERSTR. 22
VORHAB **dokumentation ueber umweltprobleme der papier-zellstoffindustrie**
S.WORT papierindustrie + umweltprobleme + dokumentation
PROLEI PROF. DR. BRECHT
STAND 1.1.1974

KC -040

INST INSTITUT FUER PAPIERFABRIKATION DER TH DARMSTADT
DARMSTADT, ALEXANDERSTR. 22
VORHAB **die entwicklung der technologie der fabrikationsabwasserlosen papierherstellung (kreislaufschliessung)**
verminderung des frischwasserverbrauchs und damit der abwasser- und schadstoff-emissionen bei der papiererzeugung. bestandsaufnahme der stoff-wasser-stroeme und der abwasser-summenparameter sowie der sonstigen kenngroessen in verschiedenen produktgruppen, in abhaengigkeit vom grad der innerbetrieblichen kreislaufschliessung. laborsimulation der kreislaufschliessung zum studium der einfluesse auf produktqualitaet, korrosion der maschinenelemente und mikrobielles leben. entwickeln von abhilfemassnahmen durch einbau biologischer und nichtbiologischer abwasserreinigungsverfahren in

kreislaeufen zwecks verminderung oder beseitigung negativer einfluesse bei papierproduktion und auf das erzeugnis
S.WORT papierindustrie + emissionsminderung + abwasserreinigung + (abwasserlose papierherstellung)
PROLEI DR. -ING. HANNS-LUTZ DALPKE
STAND 30.8.1976
QUELLE fragebogenerhebung sommer 1976
FINGEB - BUNDESMINISTER FUER FORSCHUNG UND TECHNOLOGIE
- VERBAND DEUTSCHER PAPIERFABRIKEN E. V.
ZUSAM ABTEILUNG MIKROBIOLOGIE IM FB BIOLOGIE DER TH DARMSTADT, SCHNITTSPAHNSTR. 9, DARMSTADT
BEGINN 1.5.1975 ENDE 31.12.1978
G.KOST 2.240.000 DM
LITAN GOETTSCHING, L.;DALPKE, H. L.: CHANCEN UND RISIKEN DER WASSERKREISLAUFSCHLIESSUNG IN PAPIERFABRIKEN. IN: DAS PAPIER 30(10A)(1976) EDUARD ROETHER VERLAG, DARMSTADT

KC -041
INST INSTITUT FUER PAPIERFABRIKATION DER TH DARMSTADT
DARMSTADT, ALEXANDERSTR. 22
VORHAB **chemische und biochemische bewertung sowie biologische abbaubarkeit von hilfsstoffen fuer die papierindustrie**
erfassung von abwasserrelevanten summenparametern (csb, bsb, toc) an organischen hilfsstoffen fuer die erzeugung und veredelung von papier. pruefung der biologischen abbaubarkeit dieser hilfsstoffe bei biologischer abwasserreinigung. messung der summenparameter mit hilfe halbautomatischer analysengeraete. hemmungsmessungen in bsb-grossmessanlage (72 zellen). retentionsuntersuchungen, um den in das abwasser bei der papierherstellung ueberfuehrten und den im papier verbliebenen hilfsstoffanteil zu ermitteln
S.WORT papierindustrie + abwasserreinigung + biologischer abbau + (hilfsstoffe)
PROLEI DIPL. -ING. WALTER LUETTGEN
STAND 30.8.1976
QUELLE fragebogenerhebung sommer 1976
FINGEB ARBEITSGEMEINSCHAFT INDUSTRIELLER FORSCHUNGSVEREINIGUNGEN E. V. (AIF)
BEGINN 1.7.1975 ENDE 30.6.1977
G.KOST 270.000 DM

KC -042
INST INSTITUT FUER SCHIFFBETRIEBSFORSCHUNG DER FH FLENSBURG
FLENSBURG, MUNKETOFT 7
VORHAB **typ-pruefungen von bilge-wasser-entoelern**
auf einem versuchsstand wird die wirkungsweise der entoeler geprueft; dazu werden oel-wasser-gemische hergestellt und dem entoeler zugefuehrt; probenentnahme am austritt; bewertung durch analyse des oelgehaltes am austritt
S.WORT abwasserreinigung + oel
PROLEI DIPL. -ING. NEUMANN
STAND 1.1.1974
BEGINN 1.1.1960

KC -043
INST INSTITUT FUER SIEDLUNGSWASSERBAU UND WASSERGUETEWIRTSCHAFT DER UNI STUTTGART
STUTTGART 80, BANDTAELE 1
VORHAB **entwicklung von methoden zur beurteilung der biologischen abbaubarkeit von industrieabwasser unter besonderer beruecksichtigung der anpassungsfaehigkeit von belebtschlamm**
untersuchungen zur ermittlung und eliminierung von stoerfaktoren bei der abwasserreinigung. versuche zur standardisierung der biologischen reinigung von industrieabwasser im bezug auf reinigung haeuslicher abwaesser (als standardverfahren). festlegung der einwohnerwerte von industrieabwasser
S.WORT biologischer abbau + industrieabwaesser
STAND 1.1.1975
QUELLE umweltforschungsplan 1975 des bmi
FINGEB BUNDESMINISTER DES INNERN
BEGINN 1.1.1972 ENDE 31.12.1975
G.KOST 224.000 DM

KC -044
INST INSTITUT FUER SIEDLUNGSWASSERWIRTSCHAFT DER TU HANNOVER
HANNOVER, WELFENGARTEN 1
VORHAB **ermittlung der bei der reinigung von molkereiabwaessern entstehenden schlammengen**
untersuchungen ueber die bei der reinigung von molkereiabwaessern anfallenden schlammengen unter besonderer beruecksichtigung der sich aus den verschiedenen produktionsbereichen eines molkereibetriebes und aus dem einsatz entsprechender reinigungsverfahren.
S.WORT abwasserschlamm + molkerei
STAND 1.1.1975
QUELLE umweltforschungsplan 1975 des bmi
FINGEB - BUNDESMINISTER DES INNERN
- VERBAND DER DEUTSCHEN MILCHWIRTSCHAFT E. V. , BONN
BEGINN 1.1.1973 ENDE 31.12.1975
G.KOST 188.000 DM

KC -045
INST INSTITUT FUER SIEDLUNGSWASSERWIRTSCHAFT DER TU HANNOVER
HANNOVER, WELFENGARTEN 1
VORHAB **abwasserreinigung einer altoelraffinerie**
versuche zur reinigung der abwaesser einer altoelraffinerie mittels einer flockungs-, flotations-, einstufigen oder zweistufigen belebungsanlage. diese versuche werden in laboranlagen oder in versuchsanlagen im halbtechnischen masstab durchgefuehrt
S.WORT abwasserreinigung + raffinerie + altoel
PROLEI DIPL. -ING. DIRK FRIES
STAND 22.7.1976
QUELLE fragebogenerhebung sommer 1976
FINGEB HABERLAND & CO. , DOLLBERGEN
BEGINN 1.6.1975 ENDE 30.9.1976
G.KOST 100.000 DM

KC -046
INST INSTITUT FUER SIEDLUNGSWASSERWIRTSCHAFT DER TU HANNOVER
HANNOVER, WELFENGARTEN 1
VORHAB **erhebung ueber bestehende reinigungsanlagen fuer hochkonzentriertes abwasser und auswertung des gesammelten materials**
fragebogenerhebung ueber bestehende industrieabwasserreinigungsanlagen. auswertung des materials mit einem parallel betriebenem literaturstudium. erarbeiten von loesungsvorschlaegen zur reinigung von spezifischen industrieabwaessern
S.WORT industrieabwaesser + abwasserreinigung + toxische abwaesser
PROLEI DIPL. -ING. DIRK FRIES
STAND 22.7.1976
QUELLE fragebogenerhebung sommer 1976
FINGEB KURATORIUM FUER WASSER- UND KULTURBAUWESEN (KWK), BONN
ZUSAM ATV-FACHAUSSCHUSS 2. 7
BEGINN 1.1.1976 ENDE 31.12.1977
G.KOST 144.000 DM

KC -047
INST INSTITUT FUER SIEDLUNGSWASSERWIRTSCHAFT DER TU HANNOVER
HANNOVER, WELFENGARTEN 1

VORHAB **untersuchungen ueber aufbereitungsmoeglichkeiten bei speziellen hochbelasteten industrieabwaessern nach dem anaeroben belebungsverfahren**
viele industrieabwaesser sind mit dem herkoemmlichen aeroben verfahren ueberhaupt nicht mehr oder wirtschaftlich nicht mehr vertretbar zu reinigen. deshalb sollen moeglichkeiten und grenzen des einsatzes der anaeroben belebungsverfahren untersucht werden. dazu werden versuche mit einer versuchsanlage im halbtechnischen masstab durchgefuehrt, um bemessungsparameter und randbedingungen der biotechnik zu erkennen. weiterhin soll die auswirkung einer anaeroben vorbehandlung auf das aerobe verfahren untersucht werden
S.WORT industrieabwaesser + abwasseraufbereitung + belebungsverfahren
PROLEI DIPL. -ING. HELMUT SIXT
STAND 22.7.1976
QUELLE fragebogenerhebung sommer 1976
FINGEB KURATORIUM FUER WASSER- UND KULTURBAUWESEN (KWK), BONN
BEGINN 1.1.1975 ENDE 31.12.1976
G.KOST 224.000 DM
LITAN ZWISCHENBERICHT

KC -048
INST INSTITUT FUER SIEDLUNGSWASSERWIRTSCHAFT DER TU HANNOVER
HANNOVER, WELFENGARTEN 1
VORHAB **abwasserreinigung einer wollwaescherei**
es sollten in mehreren verfahrensstufen chemische stufe (flockung), zweistufige belebung, einstufige belebung und zweistufige biologische anlage (tropfkoerper-belebung), die moeglichkeit der teil- bzw. vollreinigung geklaert werden, ausserdem auch die frage der gemeinsamen reinigung: wollwaschwasser u. kommunales abwasser. die ergebnisse sollen unter beruecksichtigung einer optimalen wirtschaftlichen loesung verglichen und diskutiert werden. saemtliche versuche fuehrte man in einer versuchsanlage im halbtechnischen masstab durch
S.WORT industrieabwaesser + abwasserbehandlung + belebungsanlage + (wollwaescherei)
PROLEI DIPL. -ING. DIRK FRIES
STAND 22.7.1976
QUELLE fragebogenerhebung sommer 1976
FINGEB - BREMER WOLL-KAEMMEREI, BREMEN/BLUMENTHAL
- FREIE HANSESTADT BREMEN, STADTENTWAESSERUNGSAMT
BEGINN 1.4.1974 ENDE 30.11.1975
G.KOST 250.000 DM

KC -049
INST INSTITUT FUER TECHNISCHE CHEMIE DER TU BERLIN
BERLIN 12, STRASSE DES 17. JUNI 128
VORHAB **projektierung, vorkalkulation und optimierung von abwasseranlagen in chemiebetrieben**
entwicklung allgemeingueltiger systematischer richtlinien fuer die projektierung, kostenermittlung und technisch-wirtschaftliche optimierung der abwasseranlagen in chemiebetrieben
S.WORT abwasserbehandlung + chemische industrie + betriebsoptimierung + richtlinien
PROLEI PROF. DR. JOACHIM SCHULZE
STAND 11.8.1976
QUELLE fragebogenerhebung sommer 1976
BEGINN 1.6.1971

KC -050
INST INSTITUT FUER VERFAHRENSTECHNIK DER BUNDESANSTALT FUER MILCHFORSCHUNG
KIEL, HERMANN-WEIGMANN-STR. 1-27
VORHAB **aufarbeitung von molke durch ultrafiltration und elektrodialyse**
die untersuchungen sollen dazu dienen, durch eine verbesserte aufarbeitung von molke die gefahr ihres ableitens in gewaesser zu verhindern und dadurch zur loesung der probleme des abwassers bzw. des gewaesserschutzes beizutragen. die betriebsparameter auf den trenneffekt fuer inhaltsstoffe, erreichbaren konzentrationsgrad, leistung und mikrobiologische beschaffenheit der konzentrate sollen untersucht werden. ermittlung der funktionellen eigenschaften der konzentrate und filtrate, bestimmung des einflusses der betriebsparameter auf den entsalzungsgrad und den mengendurchsatz bei der elektrodialyse
S.WORT molkerei + abwasserbehandlung + filtration
PROLEI PROF. DR. -ING. HELMUT REUTER
STAND 22.7.1976
QUELLE fragebogenerhebung sommer 1976
FINGEB BUNDESMINISTER FUER ERNAEHRUNG, LANDWIRTSCHAFT UND FORSTEN
BEGINN 1.1.1974
G.KOST 260.000 DM
LITAN JAHRESBERICHTE DER BUNDESANSTALT FUER MILCHFORSCHUNG (1974, 1975)

KC -051
INST INSTITUT FUER VERFAHRENSTECHNIK DER BUNDESANSTALT FUER MILCHFORSCHUNG
KIEL, HERMANN-WEIGMANN-STR. 1-27
VORHAB **ermittlung technischer kenndaten der einzellerproteinerzeugung aus abfallstoffen**
erzeugung von einzellerprotein aus abfallstoffen der molkereien, vornehmlich molke und filtrate der ultrafiltration. schwerpunkt der untersuchungen: versorgung der mikroorganismen mit geloestem sauerstoff, eintrag des sauerstoffs in die kulturloesung. ermittlung des volumetrischen stoffaustauschkoeffizienten, der blasengroessenverteilung, der stoffaustauschflaeche und des stoffaustauschkoeffizienten in abhaengigkeit mechanischer und physikalischer einflussgroessen
S.WORT molkerei + abwasserbehandlung + mikroorganismen + recycling
PROLEI DIPL. -ING. ALBRECHT GRASSHOFF
STAND 22.7.1976
QUELLE fragebogenerhebung sommer 1976
FINGEB BUNDESMINISTER FUER ERNAEHRUNG, LANDWIRTSCHAFT UND FORSTEN
BEGINN 1.1.1974 ENDE 31.12.1977
G.KOST 140.000 DM
LITAN ZWISCHENBERICHT

KC -052
INST INSTITUT FUER VERFAHRENSTECHNIK DER TH AACHEN
AACHEN, TURMSTR. 46
VORHAB **membranverfahren zur wirtschaftlichen aufarbeitung von molke**
die aufarbeitung von molke gewinnt in zunehmendem masse an bedeutung. entscheidend dafuer sind wirtschaftliche gesichtspunkte, vor allem aber probleme des umweltschutzes; der einsatz von membranverfahren wie umkehrosmose und ultrafiltration scheint besonders erfolgversprechend. bis diese membranprozesse grosstechnisch einsetzbar sind, muessen folgende probleme geklaert werden: a) wahl einer optimalen membran, b) gestaltung der zelle hinsichtlich guenstiger stroemungsbedingungen, c) optimale prozesschaltung
S.WORT molkerei + abwasseraufbereitung + (membranverfahren)
PROLEI DIPL. -ING. RAUCH
STAND 1.1.1974
FINGEB MINISTER FUER WISSENSCHAFT UND FORSCHUNG, DUESSELDORF
BEGINN 1.3.1972 ENDE 31.12.1974
G.KOST 150.000 DM
LITAN - RAUTENBACH. ZWISCHENBERICHT: MEMBRANVERFAHREN ZUR WIRTSCHAFTLICHEN AUFBEREITUNG VON MOLKEN. LANDESAMT FUER WISSENSCHAFT UND FORSCHUNG(FEB 1973)
- ZWISCHENBERICHT 1974. 02

KC -053
INST INSTITUT FUER WASSER-, BODEN- UND LUFTHYGIENE DES BUNDESGESUNDHEITSAMTES
BERLIN 33, CORRENSPLATZ 1

VORHAB **entwicklung mikrobiologisch-toxikologischer testverfahren zur bestimmung der schadwirkung von wassergefaehrdenden stoffen und industrieabwasser**
quantitative mikrobiologisch-toxikologische testverfahren zur erfassung der beginnenden schadwirkung wassergefaehrdender stoffe und industrieabwaesser auf modellorganismen der biologischen selbstreinigung
S.WORT wasserverunreinigung + industrieabwaesser + schadstoffwirkung + testverfahren
PROLEI PROF. DR. BRINGMANN
STAND 1.1.1974
FINGEB BUNDESGESUNDHEITSAMT, BERLIN
BEGINN 1.1.1959
G.KOST 400.000 DM
LITAN - BRINGMANN, G.;MEINCK, F.: WASSERTOXIKOLOGISCHE BEURTEILUNG VON INDUSTRIEABWAESSERN. IN: GES. -ING. 85 S. 229-236(1964)
- BRINGMANN, G.: BESTIMMUNG DER BIOLOGISCHEN SCHADWIRKUNG WASSERGEFAEHRDENDER STOFFE AUS DER HEMMUNG DER GLUKOSE-ASSIMILATION DES BAKTERIUMS PSEUDOMONAS FLUORESCENS. IN: GES. -ING. 94 S. 366-369(1973)

KC -054
INST INSTITUT FUER WASSER-, BODEN- UND LUFTHYGIENE DES BUNDESGESUNDHEITSAMTES
BERLIN 33, CORRENSPLATZ 1
VORHAB **modellversuche zum biologischen abbau organischer nitroverbindungen**
in einer zweistufigen modellanlage wurden mittels azotobacter agilis (beluefftungsstufe) und einer geeigneten bakterienflora (nachgeschaltete tropfkoerperstufe) organische nitroverbindungen (nitrotoluole/nitrobenzole/nitrophenole/nitrokresole) biologisch bis zur grenze der spektroskopischen nachweisbarkeit abgebaut
S.WORT biologische abwasserreinigung + nitroverbindungen
PROLEI PROF. DR. BRINGMANN
STAND 1.1.1974
FINGEB BUNDESGESUNDHEITSAMT, BERLIN
BEGINN 1.1.1971 ENDE 31.12.1975
G.KOST 140.000 DM
LITAN - BRINGMANN, G; KUEHN, R.: BIOLOGISCHER ABBAU VON NITROTOLUKOLEN UND NITROBENZOLEN MITTELS AZOTOBACTER AGILIS. IN: GES. -ING. 92 S. 273-276(1971)
- BRINGMANN, G.;KUEHN, R.: ABBAU VON NITROPHENOLEN UND NITROKRESOLEN IM AZOTOBACTER-VERFAHREN. IN: GES. -ING. 93 S. 301-303(1972)

KC -055
INST INSTITUT FUER WASSERVERSORGUNG, ABWASSERBESEITIGUNG UND STADTBAUWESEN DER TH DARMSTADT
DARMSTADT, PETERSENSTR. 13
VORHAB **behandlung petrochemischer abwasser mit hilfe des kombinierten extraktions- und e-flotationsverfahrens**
S.WORT abwasserbehandlung + petrochemische industrie
STAND 1.10.1974
FINGEB BUNDESMINISTER FUER FORSCHUNG UND TECHNOLOGIE
BEGINN 1.1.1973 ENDE 31.12.1974

KC -056
INST INSTITUT FUER ZUCKERINDUSTRIE BERLIN
BERLIN 65, AMRUMER STRASSE 32
VORHAB **abbau von zuckerfabrikabwasser durch mikroorganismen**
verbesserung der abwasseranalytik, untersuchung des mikrobiellen saccharidabbaus, ultrafiltration des abwassers, ziel eine abwasserlose zuckerfabrik
S.WORT zuckerindustrie + abwasserbehandlung + mikrobieller abbau
PROLEI PROF. DR. WERNER MAUCH
STAND 21.7.1976
QUELLE fragebogenerhebung sommer 1976
ZUSAM - INSTITUTE DER TU BERLIN
- ZUCKERFABRIKEN DER BUNDESREPUBLIK DEUTSCHLAND
BEGINN 1.6.1971
G.KOST 50.000 DM
LITAN ZWISCHENBERICHT

KC -057
INST KALI UND SALZ AG
KASSEL, FRIEDRICH-EBERT-STR. 160
VORHAB **elektrostatische abtrennung von magnesiumsulfat bei der verarbeitung von kalirohsalz**
durchgefuehrt im werk wintershall, 6432 heringen
S.WORT chemische industrie + verfahrenstechnik + salze
STAND 1.10.1974
QUELLE erhebung 1975
FINGEB BUNDESMINISTER FUER FORSCHUNG UND TECHNOLOGIE
BEGINN 1.1.1973 ENDE 31.12.1975
G.KOST 750.000 DM

KC -058
INST KALI UND SALZ AG
KASSEL, FRIEDRICH-EBERT-STR. 160
VORHAB **herstellung von magnesiumchlorid-dihydrat**
ziel ist die verringerung der abstossmengen an mgcl2-haltigen salzloesungen in die flussgebiete innerste/leine und werra durch gewinnung eines verkaufsfaehigen produktes aus diesen loesungen. es sollen versuche zur optimierung der physikalischen und chemischen reinigung der magnesiumchloridloesungen, die trocknung ueber verschiedene hydratstufen bis zum dihydrat und die abgasreinigung durchgefuehrt werden
S.WORT abwassermenge + chemische industrie + emissionsminderung + recycling + salze
INNERSTE + LEINE + WERRA + WESER
PROLEI DR. DIETMAR KUNZE
STAND 2.8.1976
QUELLE fragebogenerhebung sommer 1976
BEGINN 1.1.1976 ENDE 31.12.1978
G.KOST 2.700.000 DM

KC -059
INST KALI UND SALZ AG
KASSEL, FRIEDRICH-EBERT-STR. 160
VORHAB **herstellung von magnesiumoxid**
ziel ist es, aus bisher ungenutzten und die gewaesser belastenden endlaugen der kaliindustrie eine inlaendische basis fuer magnesiumoxid zu schaffen, das bisher ausschliesslich importiert wurde. aus den in den endlaugen enthaltenden magnesiumsalzen soll durch faellung und anschliessendes filtern, trocknen und kalzinieren magnesiumhydroxid bzw. magnesiumoxid gewonnen werden. die untersuchungen sollen ueber labor- und technikumversuche zum betrieb einer kontinuierlich laufenden versuchsanlage fuehren
S.WORT abwasserbehandlung + recycling + salze + chemische industrie
PROLEI DR. KARL-RICHARD LOEBLICH
STAND 2.8.1976
QUELLE fragebogenerhebung sommer 1976
BEGINN 1.1.1976 ENDE 31.12.1979
G.KOST 3.900.000 DM

KC -060
INST KALI UND SALZ AG
KASSEL, FRIEDRICH-EBERT-STR. 160
VORHAB **versuche zur elektrostatischen gewinnung von kieserit aus stark verwachsenen rohsalzen und weiterverarbeitung des produktes zu granuliertem einzelduenger**
ziel ist die gewinnung von kieserit (magnesiumsulfat-monohydrat) aus bisher hierfuer nicht genutzten unguenstig verwachsenen kalirohsalzen und damit eine verringerung der die umwelt belastenden rueckstaende und die herstellung eines granulierten duengers aus dem feinteilig anfallenden kieserit. es ist beabsichtigt, die in diskontinuierlichen laborversuchen erarbeiteten trennbedingungen in einer kontinuierlich arbeitenden

versuchsanlage zu testen. ein verfahren zur granulierung des feinkoernigen kieserits soll ausgearbeitet werden
S.WORT emissionsminderung + verfahrenstechnik + salze + chemische industrie
PROLEI DR. GUENTER FRICKE
STAND 2.8.1976
QUELLE fragebogenerhebung sommer 1976
BEGINN 1.1.1976 ENDE 31.12.1979
G.KOST 4.700.000 DM

KC -061
INST LANDESAMT FUER GEWAESSERKUNDE RHEINLAND-PFALZ
MAINZ, AM ZOLLHAFEN 9
VORHAB **einbringung sauerstoffzehrender substanzen in vorfluter durch papierabwasser**
S.WORT papierindustrie + gewaesserbelastung + vorfluter + sauerstoffhaushalt
PROLEI DR. HANTGE
STAND 1.1.1974
BEGINN 1.1.1967

KC -062
INST LEHRSTUHL A UND INSTITUT FUER PHYSIKALISCHE CHEMIE DER TU BRAUNSCHWEIG
BRAUNSCHWEIG, HANS-SOMMER-STR. 10
VORHAB **untersuchung des einflusses von detergentien und anderen oberflaechenaktiven verunreinigungen bei der aufbereitung chemisch und technisch belasteter abwaesser**
S.WORT detergentien + abwasseraufbereitung + abwaerme
PROLEI DR. HEIKO CAMMENGA
STAND 21.7.1976
QUELLE fragebogenerhebung sommer 1976
FINGEB LAND NIEDERSACHSEN
ZUSAM DISTILLATION RESEARCH LABORATORY, ROCHESTER INSTITUTE OF TECHNOLOGY, ROCHESTER, N. Y. 14614
BEGINN 1.1.1972 ENDE 31.12.1975
G.KOST 90.000 DM
LITAN - CAMMENGA, H. ET AL.: DER EINFLUSS TECHNISCHER TENSIDE AUF DEN MASSE- UND ENERGIETRANSPORT BEI DER WASSERVERDUNSTUNG. IN: TENSIDE-DETERGENTS 12 S. 19(1975)
- ENDBERICHT

KC -063
INST MAX-PLANCK-INSTITUT FUER ZUECHTUNGSFORSCHUNG (ERWIN-BAUR-INSTITUT)
KREFELD, AM WALDWINKEL 70
VORHAB **abbau hoher organischer belastung mit hilfe bestimmter pflanzen**
mit hilfe eines know-how kann erreicht werden, dass bestimmte hoehere pflanzen und die immer mit ihnen vergesellschafteten mikroben organisch belastete abwaesser weitgehend eliminieren; nachgewiesen an verschiedenen abwaessern der lebensmittelindustrie; bestimmte pflanzen fuehren das extrem belastetete wasser in die naehe eines ph-neutralwertes
S.WORT biologische abwasserreinigung + lebensmittelindustrie
PROLEI DR. SEIDEL
STAND 1.1.1974
BEGINN 1.1.1970

KC -064
INST MAX-PLANCK-INSTITUT FUER ZUECHTUNGSFORSCHUNG (ERWIN-BAUR-INSTITUT)
KREFELD, AM WALDWINKEL 70
VORHAB **untersuchungen an abwasser von stoffdruckereien**
stoffdruckereien fabrizieren ein fuerchterliches abwasser, das z. b. in den usa den im ablaufgebiet liegenden farmen schwere schaeden zufuegt
S.WORT abwasser + farbstoffe
STAND 1.1.1974
BEGINN 1.10.1971
LITAN ZWISCHENBERICHT 1974. 12

KC -065
INST MAX-PLANCK-INSTITUT FUER ZUECHTUNGSFORSCHUNG (ERWIN-BAUR-INSTITUT)
KREFELD, AM WALDWINKEL 70
VORHAB **elimination von cyaniden und rodaniden aus gischtwaessern der stahlindustrie mit hilfe von pflanzen**
zyan-haltige abwaesser der stahlindustrie koennen mit bestimmten pflanzen und mit den vergesellschafteten mikroben weitgehend bereinigt werden; geringer platzbedarf; geringe kosten; rumaenisches patent erteilt
S.WORT biologische abwasserreinigung + stahlindustrie + pflanzen
PROLEI DR. SEIDEL
STAND 1.1.1974
FINGEB STAHLKOMBINAT RESIZA, RUMAENIEN
ZUSAM - STAHLKOMBINAT RESIZA, RUMAENIEN
- TECHNISCHE UNIVERSITAET TIMISOARA, RUMAENIEN
BEGINN 1.1.1972
LITAN SCHOENOPIECTUS LACKSTRIS (L.) PALLA ZUR REINIGUNG VON GISCHTWAESSERN. IN: DIE NATURWISSENSCHAFTEN 1974

KC -066
INST MAX-PLANCK-INSTITUT FUER ZUECHTUNGSFORSCHUNG (ERWIN-BAUR-INSTITUT)
KREFELD, AM WALDWINKEL 70
VORHAB **mineralisation von brauereischlaemmen und deren hygienisierung**
veredelung kaum oder schlecht zu entwaessernder schlaemme, die mit hefepilzen belastet sind, mit hilfe geeigneter hoeherer pflanzen in besonders aufgebauten beeten und mit besonders langer aufnahmezeit; sehr preiswert; keimtoetend; patent erteilt
S.WORT brauereiindustrie + klaerschlamm + entkeimung
PROLEI DR. SEIDEL
STAND 1.1.1974
BEGINN 1.7.1973
LITAN - BITTMANN; SEIDEL: ENTWAESSERUNG U. AUFBEREITUNG VON CHEMIESCHLAMM MIT HILFE V. PFLANZEN (SWF 1967)
- ZWISCHENBERICHT 1974. 12

KC -067
INST MAX-PLANCK-INSTITUT FUER ZUECHTUNGSFORSCHUNG (ERWIN-BAUR-INSTITUT)
KREFELD, AM WALDWINKEL 70
VORHAB **aufbereitung von abwaessern der papierindustrie mit hilfe von mikroben und makroben**
rueckgewinnung der papierstoffe; elimination der schadstoffe; neuartiges biologisches verfahren in besonderen systemen
S.WORT biologische abwasserreinigung + papierindustrie + recycling
PROLEI DR. SEIDEL
STAND 1.1.1974
BEGINN 1.2.1974
LITAN ZWISCHENBERICHT 1974. 12

KC -068
INST MINERALOGISCHES INSTITUT DER UNI KARLSRUHE
KARLSRUHE, KAISERSTR. 12
VORHAB **untersuchung von industrieemissionen vergleichender geochemie von flusswaessern und -sedimenten**
untersuchung des fluor-kreislaufs in kraftwerksprozessen (abgeschlossen); untersuchungen anderer elemente folgen; verschmutzung von flusswasser und sediment in relation zu industrie-anrainern (in bearbeitung)
S.WORT gewaesserverunreinigung + industrieabwaesser + fluor
PROLEI DR. SMYKATZ-KLOSS

STAND 1.1.1974
BEGINN 1.5.1971
G.KOST 3.000 DM
LITAN BEISING, R. , TAGUNSREFERAT(1972): DAS VERHALTEN DES FLUORS IM VERBRENNUNGSPROZESS VON KOHLE-KRAFTWERKEN. IN: FORTSCHR. MINERALOGIE 50 (1) S. 12-13(1972)

KC -069

INST PAPIERTECHNISCHE STIFTUNG
MUENCHEN, LORISTRASSE 19
VORHAB **biologische abfallbeseitigung von waessrigen faserdispersionen**
S.WORT papierindustrie + biologische abfallbeseitigung
PROLEI PROF. DR. NITZL
STAND 1.1.1974
FINGEB ARBEITSGEMEINSCHAFT INDUSTRIELLER FORSCHUNGSVEREINIGUNGEN E. V. (AIF)
BEGINN 1.1.1973 ENDE 31.12.1974

KC -070

INST RHEINMETALL GMBH
DUESSELDORF, ULMENSTR. 125
VORHAB **auswahl umweltfreundlicher produktions- und abwasserreinigungsverfahren fuer galvanik und haerterei**
ziel: kostenabschaetzung zur erfuellung des abwag und wahl entsprechender massnahmen. vorgehen: aufnahme des ist-zustandes mittels eigenen labors. kosten-nutzen-analyse der auf dem markt angebotenen verfahren. entscheidung: abwag erfuellen oder abgabe zahlen
S.WORT abwasserabgabengesetz + abwassertechnik + oekonomische aspekte
PROLEI DIPL. -PHYS. RAINER HIELSCHER
STAND 29.7.1976
QUELLE fragebogenerhebung sommer 1976
BEGINN 1.4.1976 ENDE 31.8.1976

KC -071

INST SUEDDEUTSCHE ZUCKER AG
OBRIGHEIM 5, WORMSERSTR. 1
VORHAB **verringerung der bei der zuckerfabrikation anfallenden abwaesser durch rueckfuehrung und mechanische und biologische aufbereitung**
biologischer abbau des bei der fabrikation anfallenden abwassers auf werte kleiner als 50 milligramm bsb5 pro liter
S.WORT biologische abwasserreinigung + zuckerindustrie
PROLEI DR. METZ
STAND 1.1.1974
ZUSAM INSTF. LANDWIRTSCHAFTLICHE TECHNOLOGIE UND ZUCKERINDUSTRIE, 33 BRAUNSCHWEIG
BEGINN 1.1.1955

KC -072

INST SUEDDEUTSCHE ZUCKER AG
OBRIGHEIM 5, WORMSERSTR. 1
VORHAB **rueckbrennen von carbonatationsschlamm, anfallend bei der reinigung des rohsaftes waehrend der herstellung von zucker**
betreiben eines prototypes fuer das rueckbrennen von carbonatationsschlamm; erarbeitung von grundlagen in der technologie von staeuben beim trocknen und rueckbrennen
S.WORT zuckerindustrie + schlammverbrennung + staubemission
PROLEI DR. SCHIWECK
STAND 1.1.1974
FINGEB STAATSMINISTERIUM FUER LANDESENTWICKLUNG UND UMWELTFRAGEN, MUENCHEN
ZUSAM - KOPPERS GMBH, MOLTKESTRASSE 29, 4300 ESSEN
- LUCKS & CO. GMBH, MASCHINENBAU, CELLER STRASSE 66-69, 3300 BRAUNSCHWEIG
BEGINN 31.7.1972 ENDE 28.2.1976
G.KOST 1.600.000 DM
LITAN ENDBERICHT

KC -073

INST VERSUCHS- UND LEHRANSTALT FUER BRAUEREI IN BERLIN
BERLIN 65, SEESTR. 13
VORHAB **senkung der abwasser-schmuztfracht durch innerbetrieblichemassnahmen in brauereien und maelzereien - checkliste zur praktischen durchfuehrung -**
massnahmenkatalog zugleich mit funktion eines fragebogens und einer checkliste. auflistung der abwasserreinhaltungsmassnahmen aufgegliedert nach ueblichen bemessungspapametern. prioritaetenskala der massnahmen. unterlagen zur selbsteinschaetzung der abwasserfracht der betriebe
S.WORT brauereiindustrie + abwassertechnik
PROLEI DR. GUNTHER SCHUMANN
STAND 22.7.1976
QUELLE fragebogenerhebung sommer 1976
FINGEB DEUTSCHE GESELLSCHAFT ZUR FOERDERUNG DER BRAUWISSENSCHAFT
BEGINN 1.4.1975 ENDE 31.4.1976
G.KOST 8.000 DM
LITAN SCHUMANN, G.: SENKUNG DER ABWASSERFRACHT DURCH INNERBETRIEBLICHE MASSNAHMEN IN BRAUEREIEN UND MAELZEREIEN. IN: TAGESZEITUNG FUER BRAUEREI 72(137/138) S. 750 FF. (1975)

Weitere Vorhaben siehe auch:

BC -025 UMWELTRELEVANZ DER MECHANISCHEN HOLZINDUSTRIE

DC -002 ABLUFT UND ABWASSER IN DER CHEMISCHEN INDUSTRIE; FORSCHUNGS- UND ENTWICKLUNGSARBEITEN FUER SPEZIELLE MESS- UND VERFAHRENSTECHNIKEN

IA -010 ORTUNG UND QUANTITATIVE VERMESSUNG DER ABWAESSER VON PAPIERFABRIKEN (SULFID-ABLAUGE) IN NATUERLICHEN GEWAESSERN; ORTUNG UND QUANTITATIVE VERMESSUNG VON OEL-DERIVATEN IN FLUESSEN UND SEEN

IC -034 BELASTUNG VON OBERFLAECHENWAESSERN MIT CHLORBENZOLEN, SPEZIELLE TRICHLORBENZOLE HEXACHLORBENZOLE UNTER DEM EINFLUSS VON INDUSTRIELLEN UND LANDWIRTSCHAFTLICHEN ABWAESSERN

IE -008 ERFASSUNG PARTIKULAERER SCHADSTOFFE IN NORD- UND OSTSEE. (VERKLAPPUNG VON ABWAESSERN; VERKLAPPUNG VON AUSGEFAULTEN KLAERSCHLAEMMEN)

KE -019 MIKROBIOLOGIE EINER KLAERANLAGE FUER PHENOLHALTIGE KOKEREIABWAESSER

ME -036 ORGANISCHER STICKSTOFFDUENGER (N-LIGNIN) AUS DEN ABLAUGEN DER ZELLSTOFFINDUSTRIE UND ANDEREN LIGNINHALTIGEN ABFALLSTOFFEN DURCH OXIDATIVE AMMONISIERUNG

KD -001

INST BAKTERIOLOGISCHES INSTITUT DER SUEDDEUTSCHEN VERSUCHS- UND FORSCHUNGSANSTALT FUER MILCHWIRTSCHAFT DER TU MUENCHEN
FREISING -WEIHENSTEPHAN, WEIHENSTEPHAN
VORHAB **zusammensetzung der mikroflora als parameter fuer die beurteilung von guelle**
S.WORT guelle + mikroflora + bewertungsmethode
PROLEI DR. M. BUSSE
STAND 1.1.1974
FINGEB DEUTSCHE FORSCHUNGSGEMEINSCHAFT
ZUSAM INST. F. LANDTECHNIK DER TU MUENCHEN, 805 FREISING-WEIHENSTEPHAN, VOETTINGER STR. 36
BEGINN 1.1.1975 ENDE 31.12.1977
G.KOST 240.000 DM
LITAN PROJEKTVORSCHLAG 1974

KD -002

INST BAYERISCHE BIOLOGISCHE VERSUCHSANSTALT
MUENCHEN 22, KAULBACHSTR. 37
VORHAB **reinigung der abwaesser von fischintensivhaltungen**
reinigung der abwaesser einer fischintensivhaltung im kreislaufverfahren durch einen reinigungsteich mit kiesfiltration
S.WORT abwasserreinigung + kiesfilter + massentierhaltung + fische
PROLEI DR. BOHL
STAND 30.8.1976
QUELLE fragebogenerhebung sommer 1976
BEGINN 1.1.1976 ENDE 31.12.1976

KD -003

INST INSTITUT FUER BIOLOGISCH-DYNAMISCHE FORSCHUNG E.V.
DARMSTADT, BRANDSCHNEISE 5
VORHAB **untersuchung des rotteverlaufs von guelle bei verschiedener behandlung und deren wirkung auf boden, pflanzenertrag und pflanzenqualitaet**
minderung der geruchsemission von rinder- und schweineguelle bei erhaltung der pflanzennaehrstoffe (speziell stickstoff); verwertung von tierischen abfallprodukten im pflanzenbau; steuerung durch ph-wert/kohlenstoff/stickstoff/temperatur/belueftung
S.WORT guelle + geruchsminderung + recycling + duengung
PROLEI DR. ABELE
STAND 1.1.1974
FINGEB BUNDESMINISTER FUER ERNAEHRUNG, LANDWIRTSCHAFT UND FORSTEN
ZUSAM - FORSCHUNGSANSTALT F. LANDWIRTSCHAFT, 3301 BRAUNSCHWEIG, BUNDESALLEE 50
- MAX-PLANCK-INSTITUT, 655 BAD KREUZNACH, AM KANZENBERG
- INSTITUT FUER MIKROBIOLOGIE, GIESSEN
BEGINN 1.9.1973 ENDE 31.10.1976
G.KOST 191.000 DM

KD -004

INST INSTITUT FUER BIOLOGISCH-DYNAMISCHE FORSCHUNG E.V.
DARMSTADT, BRANDSCHNEISE 5
VORHAB **untersuchung des rotteverlaufs von guelle (harn-kotmischung) bei verschiedener behandlung und deren wirkung auf boden, pflanzenertrag und pflanzenqualitaet**
eine wissenschaftliche klaerung von fragen aus dem bereich der biologischen (-dynamischen, organischen -) wirtschaftsweise ist bei der kritischen einstellung der oeffentlichkeit zu den problemen "gesunde ernaehrung" und umweltschutz von allgemeinem interesse. anknuepfend an bereits vorhandene ergebnisse sieht das vorhaben eine eingehende untersuchung des oben naeher bezeichneten themenkreises vor. dabei sprechen teile des versuchsprogramms auch stark den oekologischen bereich an. dies ist von besonderer bedeutung, da die abgaenge aus der massentierhaltung zunehmend ein oekologisches problem darstellen. weiterhin soll der einfluss der behandlung (bewegung, belueftung, spez. zusaetze) auf das ausgangsmaterial geprueft werden.
S.WORT massentierhaltung + guelle + schadstoffwirkung + boden + pflanzen
QUELLE datenuebernahme aus der datenbank zur koordinierung der ressortforschung (dakor)
FINGEB BUNDESMINISTER FUER ERNAEHRUNG, LANDWIRTSCHAFT UND FORSTEN
BEGINN 1.9.1973 ENDE 1.9.1976
G.KOST 192.000 DM

KD -005

INST INSTITUT FUER BODENBIOLOGIE DER FORSCHUNGSANSTALT FUER LANDWIRTSCHAFT
BRAUNSCHWEIG, BUNDESALLEE 50
VORHAB **populationssteuerung waehrend der fluessigmistbehandlung durch einsatz von protozoen und durch belueftung**
die arbeiten werden mit dem ziel durchgefuehrt, die biologischen grundlagen fuer die steuerung der fluessigmistfermentation zum zwecke der geruchsbefreiung zu vertiefen
S.WORT abfallbehandlung + fluessigmist + geruchsminderung
PROLEI DR. HEINZ BORKOTT
STAND 1.1.1976
QUELLE mitteilung des bundesministers fuer ernaehrung,landwirtschaft und forsten
FINGEB FORSCHUNGSANSTALT FUER LANDWIRTSCHAFT, BRAUNSCHWEIG-VOELKENRODE
BEGINN 1.1.1976 ENDE 31.12.1977
G.KOST 160.000 DM
LITAN ZWISCHENBERICHT

KD -006

INST INSTITUT FUER BODENKUNDE DER UNI GOETTINGEN
GOETTINGEN, VON-SIEBOLD-STR. 4
VORHAB **guellebehandlung: 1. geruchsfreie unterbringung, 2. geruchsunterdrueckung, geruchsumstimmung, 3. geruchsmessung, 4. guellekonditionierung**
bei diesen projekten geht es einmal um die geruchsfreie unterbringung von guelle mit verschiedenen mech. verfahren (systemvergleich: fraese, gruebber, flachausbringung) auf boeden in unterschiedlicher hangneigung. beim zweiten projekt wird die guelle chemisch behandelt und geruchsumstimmung und geruchsunterdrueckung wird ueber die gasentwicklung in gasometern indirekt bzw. mit einem neu entwickelten geruchspruefgeraet direkt beurteilt. ferner wird die trennung der phasen fest und fluessig nach chem. behandlung der guelle untersucht
S.WORT abwasserbehandlung + guelle + geruchsminderung
PROLEI DR. PETER HUGENROTH
STAND 29.7.1976
QUELLE fragebogenerhebung sommer 1976
FINGEB - KURATORIUM FUER TECHNIK UND BAUWESEN IN DER LANDWIRTSCHAFT E. V. (KTBL), DARMSTADT
- SUEDDEUTSCHE KALKSTICKSTOFF-WERKE AG (SKW), TROSTBERG
ZUSAM - FORSCHUNGSANSTALT FUER LANDWIRTSCHAFT, BUNDESALLEE 50, BRAUNSCHWEIG-VOELKENRODE
- LUFA OLDENBURG, MARS-LA-TOUR-STR. , OLDENBURG
BEGINN 1.1.1971
G.KOST 90.000 DM
LITAN - HUGENROTH, P.;MEYER, B.: GERUCHSVERMINDERUNG BEI FLUESSIGMISTEN UND ANDEREN FLUESSIGABFAELLEN DURCH CYANAMID. IN: LANDWIRTSCHAFTL. FORSCH. 26(4)(1973)
- HUGENROTH, P.: FLUESSIGMIST IN LAGUNEN. IN: DLP 96(22)(1973)
- MEYER, B.: EIN GERUCHSHEMMER FUER FLUESSIGMIST 88(33)(1973)

KD -007

INST INSTITUT FUER LANDMASCHINENFORSCHUNG DER FORSCHUNGSANSTALT FUER LANDWIRTSCHAFT
BRAUNSCHWEIG, BUNDESALLEE 50
VORHAB **technik der aeroben aufbereitung von fluessigmist**
geruchsbeseitigung, hygienisierung, verminderung des stickstoffgehaltes; reinhaltung von luft, oberflaechen- und grundwasser

S.WORT fluessigmist + aufbereitung + geruchsminderung
PROLEI DR. -ING. RUDOLF THAER
STAND 1.1.1976
QUELLE mitteilung des bundesministers fuer ernaehrung,landwirtschaft und forsten
FINGEB FORSCHUNGSANSTALT FUER LANDWIRTSCHAFT, BRAUNSCHWEIG-VOELKENRODE
BEGINN ENDE 31.12.1976

KD -008
INST INSTITUT FUER LANDMASCHINENFORSCHUNG DER FORSCHUNGSANSTALT FUER LANDWIRTSCHAFT BRAUNSCHWEIG, BUNDESALLEE 50
VORHAB **einfluss der stofflichen zusammensetzung und physikalischen parameter auf den aeroben abbau in haufwerken aus organischen stoffen**
aus fluessigmist durch beimengung saugfaehigen materials gewonnene feststoffe lassen sich mit hilfe mikrobieller umwandlungsprozesse biologisch stabilisieren, so dass sie ohne geruchsemissionen langzeitig gelagert werden koennen. voraussetzung fuer eine stabilisierung derartiger feststoffe durch aerobe mikroorganismen ist neben einer geeigneten stofflichen zusammensetzung des gutes eine struktur des haufwerkes, die die sauerstoffversorgung der organismen sicherstellt. beide parameter sollen durch laborversuche in ihrer bedeutung und beeinflussbarkeit analysiert werden
S.WORT fluessigmist + recycling + lagerung + mikrobieller abbau + geruchsminderung
PROLEI DIPL. -ING. FRANK SCHUCHARD
STAND 13.8.1976
QUELLE fragebogenerhebung sommer 1976
BEGINN 1.1.1975 ENDE 31.12.1977
LITAN - BAADER, W.;SCHUCHARDT, F.;SONNENBERG, H.: UNTERSUCHUNGEN ZUR ENTWICKLUNG EINES TECHNISCHEN VERFAHRENS FUER DIE GEWINNUNG VON FESTSTOFFEN AUS TIERISCHEN EXKREMENTEN. IN: GRUNDL. LANDTECHNIK. 25(2) S. 33-42(1975)
- BAADER, W.;SCHUCHARDT, F.;SONNENBERG, H.;SOECHTIG, H.: DIE GEWINNUNG EINES LAGERFAEHIGEN UND LANDWIRTSCHAFTLICH NUTZBAREN FESTSTOFFES AUS RINDERFLUESSIGMIST. IN: BER. UE. LANDW. SONDERHEFT 192 S. 798-835(1975)

KD -009
INST INSTITUT FUER LANDMASCHINENFORSCHUNG DER FORSCHUNGSANSTALT FUER LANDWIRTSCHAFT BRAUNSCHWEIG, BUNDESALLEE 50
VORHAB **einfluss von temperatur und sauerstoffversorgung auf den abbau organischer substanz bei der aeroben behandlung von fluessigmist**
die biologische behandlung soll durch abbau organischer inhaltsstoffe des fluessigmistes diesem eine solche stabilitaet verleihen, dass keine belaestigenden geruchsemissionen bei der mistlagerung und -ausbringung auftreten. daneben werden hygienisierung und volumenverminderung angestrebt. in versuchen im laboratoriums- und im halbtechnischen massstab mit verschiedenen fluessigmistarten soll geklaert werden, wie temperaturen im bereich meso- und thermophiler mikroorganismen sowie unterschiedliche sauerstoffeinbringungen den abbau der organischen substanz und die biochemische stabilitaet des substrates beeinflussen
S.WORT fluessigmist + sauerstoffeintrag + schadstoffabbau + geruchsminderung + duengung
PROLEI DR. -ING. RUDOLF THAER
STAND 13.8.1976
QUELLE fragebogenerhebung sommer 1976
ZUSAM - INST. F. BODENBIOLOGIE DER FORSCHUNGSANSTALT FUER LANDWIRTSCHAFT, BRAUNSCHWEIG
- INST. F. LANDWIRTSCHAFTLICHE VERFAHRENSTECHNIK DER UNI KIEL
BEGINN 1.1.1974 ENDE 31.12.1976
LITAN THAER, R.;AHLERS, R.;GRABBE, K.: UNTERSUCHUNGEN ZUM PROZESSVERLAUF UND STOFFUMSATZ BEI DER FERMENTATION VON RINDERFLUESSIGMIST BEI ERHOEHTEN TEMPERATUREN. ERSTE MITTEILUNG. IN: LANDBAUFORSCH. VOELKENRODE. 23(2) S. 117-126(1973)

KD -010
INST INSTITUT FUER LANDWIRTSCHAFTLICHE VERFAHRENSTECHNIK DER UNI KIEL KIEL, OLSHAUSENSTR. 40-60
VORHAB **entwicklung von verfahrenselementen zum biologischen abbau von fluessigdung**
verfahren zur biologischen behandlung von schweinefluessigdung; geruchminderung; hygienische verbesserung; mengenreduktion; umweltfreundliche ausbringung auf landwirtschaftliche nutzflaeche; versuch der fluessigdungklaerung durch umwaelzbelueftung
S.WORT fluessigmist + biologischer abbau + verfahrensentwicklung
PROLEI PROF. DR. U. RIEMANN
STAND 1.1.1974
FINGEB - BUNDESMINISTER FUER ERNAEHRUNG, LANDWIRTSCHAFT UND FORSTEN
- KULTUSMINISTER, KIEL
ZUSAM - INST. F. LANDMASCHINENFORSCHUNG DER FAL, BRAUNSCHWEIG-VOELKENRODE
- FACHGRUPPE AGRARTECHNIK DER UNI HOHENHEIM, 7 STUTTGART 70
BEGINN 1.8.1970 ENDE 31.12.1974
G.KOST 200.000 DM
LITAN - ERGEBNISBERICHTE AN BML/KTBL 1970/71;1971/72;1973
- TRAULSEN,H.:VERFAHREN ZUR BESEITIGUNG TIERISCHER EXKREMENTE, IN:BERICHTE UEBER LANDTECHNIK NR 147,KTBL-SCHRIFTEN
- ZWISCHENBERICHT 1974.03

KD -011
INST INSTITUT FUER LANDWIRTSCHAFTLICHE VERFAHRENSTECHNIK DER UNI KIEL KIEL, OLSHAUSENSTR. 40-60
VORHAB **praktischer einsatz von geraeten und verfahren zur biologischen fluessigdungbehandlung**
S.WORT duengung + geraeteentwicklung
PROLEI PROF. DR. U. RIEMANN
STAND 1.1.1976
QUELLE mitteilung des bundesministers fuer ernaehrung,landwirtschaft und forsten
FINGEB KURATORIUM FUER TECHNIK UND BAUWESEN IN DER LANDWIRTSCHAFT E. V. (KTBL), DARMSTADT
BEGINN ENDE 31.12.1977

KD -012
INST INSTITUT FUER PFLANZENBAU UND PFLANZENZUECHTUNG DER UNI KIEL KIEL, OLSHAUSENSTR. 40/60
VORHAB **beeinflussung von pflanze, boden und wasser durch guelle**
ermittlung der belastung von pflanze, boden und wasser durch guelle; ausnutzung der pflanzennaehrstoffe
S.WORT duengung + guelle + umweltbelastung
PROLEI PROF. DR. KNAUER
STAND 1.1.1974
FINGEB MINISTER FUER ERNAEHRUNG, LANDWIRTSCHAFT UND FORSTEN, KIEL
ZUSAM - INST. F. WASSERWIRTSCHAFT U. MELIORATIONSWESEN DER UNI KIEL, 23 KIEL, OLSHAUSENSTR. 40-60
- INST. F. PFLANZENERNAEHRUNG U. BODENKUNDE DER UNI KIEL, 23 KIEL, OLSHAUSENSTR. 40-60
BEGINN 1.7.1973 ENDE 31.3.1975
G.KOST 25.000 DM
LITAN ZWISCHENBERICHT 1975. 06

KD -013
INST INSTITUT FUER TIERMEDIZIN UND TIERHYGIENE DER UNI HOHENHEIM STUTTGART 70, GARBENSTR. 30

VORHAB **weitergehende reinigung tierischer abwaesser**
die fluessigen abgaenge aus der landwirtschaftlichen nutztierhaltung stellen ein hohes verschmutzungspotential dar, wenn sie in die vorfluter eingeleitet wuerden. am beispiel eines in einem schweinestall eingebauten oxidationsgrabens wird untersucht, ob eine abtoetung der krankheitserreger in der guelle moeglich ist und eine ausreichende reinigung erzielt werden kann
S.WORT abwasserreinigung + guelle + nutztierhaltung + (oxidationsgraben)
PROLEI PROF. DR. DIETER STRAUCH
STAND 27.7.1976
QUELLE fragebogenerhebung sommer 1976
FINGEB DEUTSCHE FORSCHUNGSGEMEINSCHAFT
ZUSAM INST. F. SIEDLUNGSWASSERBAU UND WASSERGUETEWIRTSCHAFT DER UNI STUTTGART
BEGINN 1.1.1975 ENDE 31.12.1976
G.KOST 129.000 DM
LITAN ZWISCHENBERICHT

KD -014
INST INSTITUT FUER WASSERWIRTSCHAFT UND MELIORATIONSWESEN DER UNI KIEL
KIEL, OLSHAUSENSTR. 40-60
VORHAB **abwasserklaerung in teichen**
mit tierischen abgaengen belastete laendliche abwaesser sind in klaeranlagen nicht abbaubar. es wird geprueft, wie weit klaerteiche zum abbau in der lage sind, technische, biologische, chemische und klimatologische einflussfaktoren werden kontrolliert
S.WORT abwasserreinigung + landwirtschaftliche abwaesser
HOLSTEIN (OST)
PROLEI PROF. DR. -ING. HANS BAUMANN
STAND 4.8.1976
QUELLE fragebogenerhebung sommer 1976
BEGINN 1.1.1974 ENDE 31.12.1977

KD -015
INST INSTITUT FUER WASSERWIRTSCHAFT UND MELIORATIONSWESEN DER UNI KIEL
KIEL, OLSHAUSENSTR. 40-60
VORHAB **filterwirkung des bodens gegen fluessige abgaenge der bauernhoefe**
verwertung von guelle, jauche, sickersaeften und hofabluessen auf landwirtschaftlichen flaechen belastet z. zt. das betriebsergebnis. es wird versucht, die filterwirkung des bodens zu nutzen, um nur feststoffe der verwertung zufuehren zu muessen (transportproblem). erdgruben, filterbecken horizontallysimeter und stapelteiche werden auf ihre diesbezuegliche funktion ueberprueft
S.WORT abwasserbeseitigung + landwirtschaftliche abwaesser + filtration
SCHLESWIG-HOLSTEIN
PROLEI PROF. DR. -ING. HANS BAUMANN
STAND 4.8.1976
QUELLE fragebogenerhebung sommer 1976
ZUSAM INST. F. VERFAHRENSTECHNIK DER UNI KIEL
BEGINN 1.1.1975 ENDE 31.12.1978

KD -016
INST LANDWIRTSCHAFTLICHE UNTERSUCHUNGS- UND FORSCHUNGSANSTALT DER LANDWIRTSCHAFTSKAMMER WESER-EMS
OLDENBURG, MARS-LA-TOUR-STR. 4
VORHAB **einfluss hoher fluessigmistgaben auf grund-, oberflaechen- und drainwasserbeschaffenheit sowie auf ertrag und qualitaet des pflanzenwachstums**
welchen einfluss haben starke fluessigmistgaben? a) auf den phosphat-, ammon- und nitratgehalt des bodens in unterschiedlichen tiefen? b) auf die gehalte an phosphat, nitrat, ammonium und chemischen sauerstoffbedarf im grund- und drainwasser; fuehren erhoehte naehrstoffgehalte in boeden zu erhoehter naehrstoffauswaschung? c) auf die gehalte an phosphat, nitrat und csb in oberflaechengewaessern, die in der nachbarschaft von stark mit fluessigmist geduengten feldern liegen? d) auf ertrag und qualitaet aufwachsender pflanzen
S.WORT fluessigmist + oberflaechenwasser + pflanzenernaehrung
PROLEI PROF. DR. HEINZ VETTER
STAND 22.7.1976
QUELLE fragebogenerhebung sommer 1976
FINGEB EUROPAEISCHE GEMEINSCHAFTEN
ZUSAM - INST. F. BODENKUNDE DER TU MUENCHEN, 8050 FREISING-WEIHENSTEPHAN
- INST. F. AGRIKULTURCHEMIE DER UNI BONN, MECKENHEIMER ALLEE 176, 5300 BONN
BEGINN 1.9.1976 ENDE 31.12.1978
G.KOST 225.000 DM

KD -017
INST LEHRSTUHL FUER VERFAHRENSTECHNIK IN DER TIERPRODUKTION DER UNI HOHENHEIM
STUTTGART 70, GARBENSTR. 9
VORHAB **untersuchung ueber die weitergehende reinigung biologisch behandelter abwaesser der massentierhaltung bis zum zulaessigen reinheitsgrad**
hochkonzentrierte abwaesser aus massentierhaltungen, die oft wenig oder gar kein land mehr zur ausbringung des fluessigmistes haben; biologischer abbau dieses fluessigmistes bis zur vorfluterreife: probleme: verfahrenstechnik (landschaftlich) /hygiene/abwassertechnik
S.WORT biologische abwasserreinigung + massentierhaltung
PROLEI PROF. DR. BARDTKE
STAND 1.1.1974
FINGEB DEUTSCHE FORSCHUNGSGEMEINSCHAFT
ZUSAM - INST. F. SIEDLUNGSWASSERBAU UND WASSERGUETEWIRTSCHAFT DER UNI STUTTGART, 7 STUTTGART
- INST. F. TIERHYGIENE DER UNI HOHENHEIM, 7 STUTTGART, HOHENHEIM, SCHLOSS
BEGINN 1.1.1973
LITAN - BARDTKE, D. R.: WISSENSCHAFTLICHER BERICHT STAND: 1. 7. 1973-SFB82/13-
- BARDTKE, D.;RUEPRICH, W.;STAAB, K.;WEISBRODT, W.: ABWASSERTECHNISCHE BEHANDLUNG TIERISCHER EXKREMENTE AUS MASSENTIERHALTUNGEN. IN: KOMMUNALWIRTSCHAFT 9 S. 337-341(1973)
- RUEPRICH, W.:AUFBEREITUNG VON TIERISCHEN EXKREMENTEN MIT UMWAELZBELUEFTER UND OBERFLAECHEN KREISEL. IN: LANDTECHNIK 22 (2) S. 62-66(1974)4

KD -018
INST VERSUCHS- UND LEHRANSTALT FUER SPIRITUSFABRIKATION UND FERMENTATIONSTECHNOLOGIE IN BERLIN
BERLIN 65, SEESTR. 13
VORHAB **gewinnung von amylolytischen enzymen aus schlempe - ein beitrag zur senkung der abwasserbelastung**
bei der schlempetrocknung kommt es wiederholt zu schwierigkeiten beim eindicken des duennsaftes in der verdampferanlage. es wird vorgeschlagen, nur den dickstoffanteil zur schlempetrocknung zu verwenden. der duennsaft besitzt einen schlechteren futterwert und soll aufgrund seiner inhaltsstoffe als substrat bei der submerszuechtung von mikroorganismen zur gewinnung anylolytischer brennereienzyme eingesetzt werden
S.WORT abwasserbelastung + enzyme + futtermittel + (schlempe)
PROLEI DR. -ING. GERHARD OFFER
STAND 21.7.1976
QUELLE fragebogenerhebung sommer 1976
FINGEB ARBEITSGEMEINSCHAFT INDUSTRIELLER FORSCHUNGSVEREINIGUNGEN E. V. (AIF)
BEGINN 1.1.1977 ENDE 31.12.1979
G.KOST 285.000 DM

Weitere Vorhaben siehe auch:

BE -009 EINFLUSS TECHNISCHER PARAMETER VON BELUEFTUNGSSYSTEMEN AUF DEN SAUERSTOFFEINTRAG UND AUF DIE DISPERGIERUNG BEI DER BELUEFTUNG VON FLUESSIGMIST

MF -001 ENTWICKLUNG VON TECHNIKEN ZUR MASSENKULTUR FILTRIERBARER MIKROALGEN

MF -041 BEHANDLUNG VON ABFAELLEN AUS DER MASSENTIERHALTUNG

PG -018 VERWENDUNG VON INDIKATORORGANISMEN FUER DIE KONTROLLE VON BODENBELASTUNGEN BEI GUELLEANWENDUNG

RF -020 WASSERBILANZ VIEHSTARKER LANDWIRTSCHAFTLICHER BETRIEBE HINSICHTLICH QUALITAET UND QUANTITAET

KE -001

INST AACHEN-CONSULTING GMBH (ACG)
AACHEN, MONHEIMSALLEE 53

VORHAB **konditionierung und entwaesserung von faekalschlaemmen aus kleinklaeranlagen - entwicklung und erprobung einer versuchsanlage - know how**

S.WORT klaerschlamm + entwaesserung + faekalien + (kleinklaeranlage)
HEINSBERG (NORDRHEIN-WESTFALEN)

PROLEI DR. PHIL. LEO BAUMANNS

STAND 2.8.1976

QUELLE fragebogenerhebung sommer 1976

FINGEB BUNDESMINISTER FUER FORSCHUNG UND TECHNOLOGIE

BEGINN 1.1.1976 ENDE 31.12.1979

G.KOST 1.540.000 DM

KE -002

INST ABWASSERVERBAND AMPERGRUPPE
EICHENAU, HAUPTSTR. 37

VORHAB **versuchsanlage zur hygienisierung von klaerschlamm mit radioaktiven strahlen und deren erprobung im praktischen einsatz**
1) erprobung und erfahrungssammlung an einer klaerschlammbestrahlungsanlage im praktischen einsatz und erarbeitung betriebswirtschaftlicher unterlagen. 2) untersuchung des hygienischen effekts der bestrahlung auf bakterien, wurmeier und viren. 3) untersuchung der strahlenbedingten veraenderungen des klaerschlammes. 4) untersuchung der wirkung von unbehandelten, bestrahlten und pasteurisiertem schlamm auf boden und pflanze

S.WORT klaerschlammbehandlung + bestrahlung + biologische wirkungen

PROLEI DR. ADALBERT SUESS

STAND 1.10.1974

QUELLE erhebung 1975

FINGEB BUNDESMINISTER FUER FORSCHUNG UND TECHNOLOGIE

ZUSAM - BAYERISCHE LANDESANSTALT FUER BODENKULTUR UND PFLANZENBAU, MENZINGER STRASSE, 8000 MUENCHEN
- FRAUNHOFERGESELLSCHAFT, 8000 MUENCHEN

BEGINN 1.1.1972 ENDE 31.12.1976

G.KOST 2.500.000 DM

LITAN - MOETSCH; SUESS, A.: EINE VERSUCHSBESTRAHLUNGSANLAGE ZUR HYGIENISIERUNG VON KLAERSCHLAMM. IN: ABWASSERTECHNIK, VERLAG U. PFRIEMER, MUENCHEN (6) S. II(1974)
- LESSEL; SUESS, A.: ERSTE ERFAHRUNGEN MIT EINER VERSUCHSANLAGE ZUR KLAERSCHLAMMHYGIENISIERUNG DURCH GAMMABESTRAHLUNG. IN: KORRESPONDENZ ABWASSER, GESELLSCHAFT ZUR FOERDERUNG DER ABWASSERTECHNIK E. V. , BONN (6) S. 191(1975)

KE -003

INST ABWASSERVERBAND AMPERGRUPPE
EICHENAU, HAUPTSTR. 37

VORHAB **untersuchung der mechanischen entwaesserbarkeit von bestrahlten klaerschlaemmen**
untersuchung der entwaesserbarkeit von bestrahltem schlamm in zentrifugen und kammerfilterpressen unter beigabe von verschiedenen flockungsmitteln in verschiedenen mengen. untersuchung der entwaesserbarkeit unter diesen bedingungen bei verschiedenen und verschiedenartigen schlaemmen

S.WORT klaerschlammbehandlung + bestrahlung + schlammentwaesserung

PROLEI DR. HEGEMANN

STAND 13.8.1976

QUELLE fragebogenerhebung sommer 1976

BEGINN 1.1.1976 ENDE 31.12.1978

G.KOST 400.000 DM

KE -004

INST ALLGEMEINE ELEKTRIZITAETS-GESELLSCHAFT AEG-TELEFUNKEN, HAMBURG
HAMBURG 11, STEINHOEFT 9

VORHAB **strahlentechnische moeglichkeiten zur hygienisierung und sterilisierung von abwasser und klaerschlamm mit elektronenstrahlen**
eine geeignete verfahrenstechnik soll entwickelt und an der aeg-service-anlage wedel praktisch erprobt werden. mit der entwicklung leistungsstarker elektronenbeschleuniger stehen fuer die konservierung, pasteurisierung und sterilisierung leistungsfaehige, rationelle und umweltfreundliche strahlenquellen zur verfuegung. sie koennen fuer pasteurisierung und sterilisierung auf folgenden gebieten eingesetzt werden: chemische rohstoffe fuer den arzneimittelsektor, pharmazeutika, abwaesser von krankenhaeusern und flughaefen, abwaesser und klaerschlamm allgemein

S.WORT abwasserbehandlung + klaerschlamm + sterilisation + pasteurisierung + verfahrenstechnik + (strahlentechnik)

PROLEI DR. MANFRED TAUBER

STAND 2.8.1976

QUELLE fragebogenerhebung sommer 1976

FINGEB BUNDESMINISTER FUER FORSCHUNG UND TECHNOLOGIE

BEGINN 1.5.1975 ENDE 31.12.1976

G.KOST 390.000 DM

KE -005

INST BAKTERIOLOGISCHES INSTITUT DER SUEDDEUTSCHEN VERSUCHS- UND FORSCHUNGSANSTALT FUER MILCHWIRTSCHAFT DER TU MUENCHEN
FREISING -WEIHENSTEPHAN, WEIHENSTEPHAN

VORHAB **mikroflora des belebtschlamms unter besonderer beruecksichtigung der coryformen keime**
florabeschreibung als grundlage fuer beurteilung von abwasseranlagen

S.WORT belebtschlamm + mikroflora + bewertungsmethode

PROLEI DR. SEILER

STAND 1.1.1974

FINGEB DEUTSCHE FORSCHUNGSGEMEINSCHAFT

BEGINN 1.1.1972 ENDE 31.12.1976

G.KOST 315.000 DM

LITAN - ZWISCHENBERICHT 1973 DFG
- SEILER, H.:BEURTEILUNG VON KLAERANLAGEN DURCH BAKTERIEN ANALYTIK. 3. SYMP. TECHN. MIKROBIOLOGIE BERLIN 1973

KE -006

INST BAUBEHOERDE DER FREIEN UND HANSESTADT HAMBURG
HAMBURG, STADHAUSBRUECKE 12

VORHAB **bau und erweiterung von klaeranlagen**

S.WORT abwassertechnik + klaeranlage

PROLEI SICKERT

STAND 1.1.1974

FINGEB SENAT DER FREIEN UND HANSESTADT HAMBURG

BEGINN 1.1.1970

KE -007

INST BAYERISCHE BIOLOGISCHE VERSUCHSANSTALT
MUENCHEN 22, KAULBACHSTR. 37

VORHAB **vergleichende kohlenstoffmessung bei der ermittlung der reinigungsleistung von mit luft und technischem sauerstoff begasten belebtschlamm**
dieses vorhaben wird aufschluss geben, ob bei der biologischen intensivbehandlung mit nahezu reinem sauerstoff die reinigungsleistung speziell im bezug auf biologisch schwer abbaubare substanzen verbessert wird. diese untersuchung ergaenzt das forschungsvorhaben ii a 32 (nato-gemeinschaftsvorhaben)

S.WORT belebtschlamm + sauerstoffeintrag + verfahrensoptimierung

STAND 1.1.1975

QUELLE umweltforschungsplan 1975 des bmi

FINGEB BUNDESMINISTER DES INNERN

BEGINN 1.1.1975 ENDE 31.12.1975

G.KOST 20.000 DM

KE -008

INST BAYERISCHE BIOLOGISCHE VERSUCHSANSTALT
MUENCHEN 22, KAULBACHSTR. 37
VORHAB strahlenbehandlung von klaerschlamm und abwaessern (projekt strahlentechnik)
S.WORT klaerschlamm + abwasser + bestrahlung
STAND 6.1.1975
QUELLE erhebung 1975
FINGEB BUNDESMINISTER FUER FORSCHUNG UND TECHNOLOGIE
ZUSAM TU MUENCHEN, 8 MUENCHEN 2, ARCISSTR. 21
BEGINN 1.6.1974 ENDE 31.12.1975
G.KOST 695.000 DM

KE -009

INST BAYERISCHE BIOLOGISCHE VERSUCHSANSTALT
MUENCHEN 22, KAULBACHSTR. 37
VORHAB strahlenbehandlung von klaerschlamm und abwasser
mittels einer kobalt-60-bestrahlungsanlage (80000 curie) sollen klaerschlaemme und abwaesser keimfrei gemacht werden; schwer abbaubare abwasserinhaltsstoffe sollen mittels gamma-bestrahlung einer reinigung zugaenglich werden
S.WORT klaerschlamm + abwasser + entkeimung + ionisierende strahlung
PROLEI DIPL. -PHYS. HUEBEL
STAND 30.8.1976
QUELLE fragebogenerhebung sommer 1976
BEGINN 1.7.1975

KE -010

INST CHEMISCHE WERKE HUELS AG
MARL, POSTFACH 1180
VORHAB tensidabbau in klaeranlagen
die z. z. produzierten tenside muessen aufgrund gesetzlicher auflagen zu) 80 % biologisch abbaubar sein. bevor bestimmte tenside grosstechnisch produziert werden, soll ihr abbau in gross- bzw. halbtechnischen klaeranlagen geprueft werden
S.WORT schadstoffabbau + biologischer abbau + tenside + klaeranlage
PROLEI DR. PETER SCHOEBERL
STAND 30.8.1976
QUELLE fragebogenerhebung sommer 1976
BEGINN 1.1.1976 ENDE 31.12.1977
G.KOST 360.000 DM

KE -011

INST DORNIER SYSTEM GMBH
FRIEDRICHSHAFEN, POSTFACH 1360
VORHAB klaeranlagenautomatisierung - experimentaluntersuchung zur optimierung des belebungsverfahrens
das belebungsverfahren wird so modifiziert, dass die abbauleistung an die im tagesgang wechselnde belastung angepasst und, bei verbesserter qualitaet, der ablauf vergleichmaessig wird. durch die ruecklaufschlammeindickung und -speicherung sollen teilprozesse entkoppelt und der gesamtprozess einer steuerung zugaenglich gemacht werden. neben dem versuchsbetrieb sind simulationen des prozessablaufes erforderlich, um effektive steuer- und regelstrategien zu erarbeiten. experimentelle untersuchungen an versuchsanlagen und computerrechnungen
S.WORT abwasserreinigung + klaeranlage + belebungsverfahren + (automatisierung)
PROLEI DIPL. -ING. REINHART WAIMER
STAND 10.9.1976
QUELLE fragebogenerhebung sommer 1976
FINGEB GESELLSCHAFT FUER KERNFORSCHUNG MBH (GFK), KARLSRUHE
ZUSAM INST. F. SIEDLUNGSWASSERBAU UND WASSERGUETEWIRTSCHAFT DER UNI STUTTGART, BANDTAELE 1, 7 STUTTGART 80
BEGINN 1.7.1975 ENDE 30.6.1977
G.KOST 1.000.000 DM
LITAN ZWISCHENBERICHT

KE -012

INST EMSCHERGENOSSENSCHAFT UND LIPPEVERBAND
ESSEN 1, KRONPRINZENSTR. 24
VORHAB entwicklung und ueberpruefung von verfahren zur bestimmung des stabilisierungsgrades aerob behandelter schlaemme
ermittlung des mineralisierungsgrades von abwasserschlaemmen nach aerober behandlung durch bestimmung der entsprechenden kenngroessen, wie z. b. gluehrueckstand/fettsaeuregehalt/lipoid-gehalt oder aehnliches
S.WORT klaerschlamm + stabilisierung + analytik
PROLEI DR. MALZ
STAND 1.1.1974
QUELLE erhebung 1975
BEGINN 1.1.1970 ENDE 31.12.1974

KE -013

INST ERNO RAUMFAHRTECHNIK GMBH
BREMEN 1, HUENEFELDSTR. 1-5
VORHAB verfahren zur schlammkonditionierung und kombinierten schlamm- und hausmuellverbrennung
S.WORT klaerschlammbehandlung + muellverbrennung
PROLEI PAPENBERG
STAND 1.1.1974
QUELLE erhebung 1975
ZUSAM - VOLVO FLYGMOTOR, TROLLHAETTEN/SCHWEDEN
- INST. F. SIEDLUNGSWASSERWIRTSCHAFT DER UNI STUTTGART, 7 STUTTGART, BANDTAELE 1
BEGINN 1.3.1974 ENDE 31.8.1974
LITAN ZWISCHENBERICHT 1974. 12

KE -014

INST GROSSER ERFTVERBAND BERGHEIM
BERGHEIM, PAFFENDORFER WEG 42
VORHAB erforschung der auswirkungen bei oeleinleitungen in belebungsanlagen
bestimmung der analytischen basiswerte des kohlenwasserstoffgehaltes in haeuslichen abwasser; bestimmung der loeslichkeit von verschiedenen kohlenwasserstoffverbindungen in wasser und abwasser und auswirkung von oelzufluessen (in der praxis: verbotswidriges einleiten in die kanalisation durch unfaelle oder bewusstes handeln) auf die reinigungswirkung von belebungsanlagen und auf die aktivitaet des belebtschlammes
S.WORT abwasserbehandlung + belebungsanlage + mineraloel
PROLEI DIPL. -ING. GEORG PILOTEK
STAND 1.10.1974
BEGINN 1.6.1974 ENDE 31.12.1976
G.KOST 90.000 DM
LITAN ENDBERICHT 1976

KE -015

INST HARTKORN-FORSCHUNGSGESELLSCHAFT MBH
RUESSELSHEIM, WALDSTR. 46
VORHAB versuche und untersuchungen, ueberlastete mechanisch-biologische klaeranlagen mit physikalisch-chemischen methoden ihrem wirkungsgrad zuzufuehren
hartkorn hat ein verfahren entwickelt, auf elektrochemischen wege abwasser weitergehend zu reinigen. das verfahren ist sowohl geeignet, in der vorreinigung als auch in der nachreinigung eingesetzt zu werden. unter der wissenschaftlichen leitung des institutes fuer wasser-, boden- und lufthygiene des bundesgesundheitsamts wird das elektrochemische abwasserreinigungsverfahren erprobt
S.WORT abwasserreinigung + klaeranlage + (elektrochemisches verfahren)
STAND 1.1.1974
QUELLE umweltforschungsplan 1974 des bmi
FINGEB BUNDESMINISTER DES INNERN
ZUSAM INST. F. WASSER-, BODEN-UND LUFTHYGIENE, CORRENSPLATZ 1, 1 BERLIN 33
BEGINN 1.11.1974 ENDE 31.12.1974
G.KOST 22.000 DM

KE -016
INST INGENIEURBUERO DR.-ING. WERNER WEBER
PFORZHEIM, BLEICHSTR. 19-21
VORHAB **entwicklung einer kleinklaeranlage in kompaktbauweise und entwicklung eines beluefters fuer biologische klaeranlagen**
S.WORT klaeranlage + belueftungsgeraet + biologische abwasserreinigung
STAND 1.1.1974

KE -017
INST INGENIEURBUERO DR.-ING. WERNER WEBER
PFORZHEIM, BLEICHSTR. 19-21
VORHAB **einsatz von edv-anlagen zur ueberwachung und steuerung von klaerwerken**
bei den in ausfuehrung befindlichen grossanlagen (ab ca. dm 10 mio. aufwaerts) werden zur betriebsueberwachung und steuerung edv-anlagen eingesetzt. das hauptproblem liegt darin, messinstrumente und mess-systeme zu finden, die kurzfristig verwertbare messgroessen aus dem prozess zur verfuegung stellen, die einen eingriff in den prozess rechtfertigen, um einen gewuenschten betriebszustand herzustellen
S.WORT abwasserbehandlung + klaeranlage + ueberwachungssystem
PROLEI DR. -ING. WERNER WEBER
STAND 2.8.1976
QUELLE fragebogenerhebung sommer 1976
BEGINN 1.1.1973 ENDE 31.12.1978
G.KOST 200.000 DM
LITAN ZWISCHENBERICHT

KE -018
INST INSTITUT FUER CHEMIEINGENIEURTECHNIK DER TU BERLIN
BERLIN 10, ERNST-REUTER-PLATZ 7
VORHAB **modellierung und optimierung von belebtschlammanlagen**
die untersuchungen haben das ziel, dem einfluss verschiedener betriebsparameter, wie schlammrueckklaufverhaeltnis, substratkonzentration, sauerstoffeintrag, schlammeindickgrad und reaktorbauarten wie mischbecken, mischbeckenkaskade und laengsbecken auf die leistungsdichte von belebtschlammanlagen durch theoretische modellierungen zu ermitteln. damit sollen voraussetzungen fuer die anwendung von wirtschaftlichkeitsrechnungen bei der auslegung von belebtschlammanlagen verbessert werden
S.WORT abwasserreinigung + belebungsanlage + wirtschaftlichkeit
PROLEI PROF. DR. UDO WIESMANN
STAND 11.8.1976
QUELLE fragebogenerhebung sommer 1976
BEGINN 1.4.1975
G.KOST 50.000 DM

KE -019
INST INSTITUT FUER HYGIENE UND MIKROBIOLOGIE DER UNI DES SAARLANDES
HOMBURG/SAAR
VORHAB **mikrobiologie einer klaeranlage fuer phenolhaltige kokereiabwaesser**
grundlagenuntersuchungen und verhalten der mikroorganismen im normalen und gestoerten lauf einer klaeranlage fuer ammoniakalische, phenolhaltige kokereiabwaesser
S.WORT kokerei + klaeranlage + abwasser + phenole + mikrobieller abbau
PROLEI PROF. DR. REINHARD SCHWEISFURTH
STAND 1.1.1974
FINGEB INNENMINISTER, KIEL
ZUSAM NEUNKIRCHER EISENWERKE, NEUNKIRCHEN/ SAAR
BEGINN 1.1.1971 ENDE 31.12.1974
G.KOST 28.000 DM
LITAN ZWISCHENBERICHT 1974. 01

KE -020
INST INSTITUT FUER HYGIENISCH-BAKTERIOLOGISCHE ARBEITSVERFAHREN DER FRAUNHOFER-GESELLSCHAFT E.V.
MUENCHEN 80, BAD BRUNNTHAL 3
VORHAB **hygienisch-bakteriologische untersuchungen an bestrahltem klaerschlamm**
untersuchung des effekts der gammabestrahlung auf die vernichtung von im klaerschlamm vorhandenen pathogenen bakterien, viren und parasiten; herabsetzung der infektionsgefahr von landbevoelkerung und weidevieh durch nutzung von klaerschlamm auf acker und weideflaeche
S.WORT klaerschlamm + entkeimung
PROLEI PROF. DR. KANZ
STAND 1.1.1974
FINGEB BUNDESMINISTER FUER FORSCHUNG UND TECHNOLOGIE
ZUSAM - BAYER. LANDESANSTALT F. BODENKULTUR U. PFLANZENBAU, 8 MUENCHEN 19, MENZINGER STR. 54
- STAATL. -BAKTERIOLOG. UNTERSUCHUNGSANSTALT, 8 MUENCHEN 19, LAZARETTSTR. 62
BEGINN 1.5.1973 ENDE 30.4.1976
G.KOST 258.000 DM
LITAN ZWISCHENBERICHT 1974. 03

KE -021
INST INSTITUT FUER INGENIEURBIOLOGIE UND BIOTECHNOLOGIE DES ABWASSERS DER UNI KARLSRUHE
KARLSRUHE, AM FASANENGARTEN
VORHAB **untersuchung ueber die thermische behandlung von klaerschlaemmen**
abbaubarkeit der filterwaesser aus der thermischen schlammkonditionierung; eutrophierende einfluesse der geloesten substanzen; industrieschlaemme; spezielle probleme
S.WORT klaerschlammbehandlung + thermisches verfahren
PROLEI PROF. DR. LUDWIG HARTMANN
STAND 1.1.1974
FINGEB INNENMINISTERIUM, STUTTGART
BEGINN 1.1.1971

KE -022
INST INSTITUT FUER INGENIEURBIOLOGIE UND BIOTECHNOLOGIE DES ABWASSERS DER UNI KARLSRUHE
KARLSRUHE, AM FASANENGARTEN
VORHAB **die leistungsfaehigkeit von belebtschlaemmen und tropfkoerperrasen in anlagen mit komplizierter abwasserlast**
untersuchung ueber den zeitraum der adaptation von mikroorganismen an wechselnde abwasserarten mit hilfe reaktionskinetischer daten
S.WORT abwasser + mikroorganismen + reaktionskinetik
PROLEI PROF. DR. LUDWIG HARTMANN
STAND 1.1.1974
FINGEB DEUTSCHE FORSCHUNGSGEMEINSCHAFT
BEGINN 1.10.1973 ENDE 30.9.1975

KE -023
INST INSTITUT FUER INGENIEURBIOLOGIE UND BIOTECHNOLOGIE DES ABWASSERS DER UNI KARLSRUHE
KARLSRUHE, AM FASANENGARTEN
VORHAB **oekologische untersuchungen an modelltropfkoerper und modellbelebtschlammanlagen**
artenzusammensetzung im verlauf des fliessweges und in abhaengigkeit der naehrstoffsituation; leistungsfaehigkeit des biologischen bewuchses
S.WORT belebtschlamm + tropfkoerper + biologischer bewuchs + (leistungsfaehigkeit)
PROLEI PROF. DR. LUDWIG HARTMANN
STAND 1.1.1974
ZUSAM SONDERFORSCHUNGSBEREICH 80, B2, B3, UNI KARLSRUHE, 75 KARLSRUHE, KAISERSTR. 12
BEGINN 1.1.1973

KE -024
INST INSTITUT FUER MECHANISCHE VERFAHRENSTECHNIK DER UNI STUTTGART
STUTTGART, BOEBLINGER STRASSE 72
VORHAB **stroemungen in schnecken-vollmantelzentrifugen und ihr einfluss auf die sedimentation**
S.WORT klaeranlage + verfahrenstechnik + zentrifuge
PROLEI PROF. DR. -ING. CHRISTIAN ALT
STAND 1.1.1974
FINGEB DEUTSCHE FORSCHUNGSGEMEINSCHAFT
BEGINN 1.1.1972 ENDE 31.12.1975
G.KOST 70.000 DM

KE -025
INST INSTITUT FUER MECHANISCHE VERFAHRENSTECHNIK DER UNI STUTTGART
STUTTGART, BOEBLINGER STRASSE 72
VORHAB **untersuchung der eigenschaften von filtertuechern auf die filtration**
S.WORT abwasserreinigung + verfahrenstechnik + filtration
PROLEI PROF. DR. -ING. CHRISTIAN ALT
STAND 1.1.1974
BEGINN 1.5.1972 ENDE 31.12.1975
G.KOST 30.000 DM

KE -026
INST INSTITUT FUER MECHANISCHE VERFAHRENSTECHNIK DER UNI STUTTGART
STUTTGART, BOEBLINGER STRASSE 72
VORHAB **druckfiltration mit bewegten feststoff-kuchen**
S.WORT abwasserreinigung + verfahrenstechnik + filtration
PROLEI PROF. DR. -ING. CHRISTIAN ALT
STAND 1.1.1974
BEGINN 1.1.1972 ENDE 31.12.1976
G.KOST 50.000 DM

KE -027
INST INSTITUT FUER MECHANISCHE VERFAHRENSTECHNIK DER UNI STUTTGART
STUTTGART, BOEBLINGER STRASSE 72
VORHAB **durchlaessigkeit von filterhilfsmitteln**
S.WORT schlammentwaesserung + filtration
PROLEI PROF. DR. -ING. CHRISTIAN ALT
STAND 1.1.1974
BEGINN 1.5.1972 ENDE 31.12.1975
G.KOST 30.000 DM

KE -028
INST INSTITUT FUER MECHANISCHE VERFAHRENSTECHNIK DER UNI STUTTGART
STUTTGART, BOEBLINGER STRASSE 72
VORHAB **schlammzentrifuge**
diskontinuierliche verarbeitung von schlaemmen nach dem sedimentationsverfahren
S.WORT schlammentwaesserung + sedimentation
PROLEI PROF. DR. -ING. CHRISTIAN ALT
STAND 1.1.1974
BEGINN 1.1.1973
G.KOST 30.000 DM

KE -029
INST INSTITUT FUER MECHANISCHE VERFAHRENSTECHNIK DER UNI STUTTGART
STUTTGART, BOEBLINGER STRASSE 72
VORHAB **feststoffbewegung in schneckenzentrifugen**
durch erforschung der feststoffbewegung errechnung optimaler auslegung von schneckenzentrifugen in der schlammaufbereitung
S.WORT klaeranlage + zentrifuge
PROLEI PROF. DR. -ING. CHRISTIAN ALT
STAND 1.1.1974
FINGEB DEUTSCHE FORSCHUNGSGEMEINSCHAFT
BEGINN 1.1.1973 ENDE 31.12.1976
G.KOST 300.000 DM

KE -030
INST INSTITUT FUER MECHANISCHE VERFAHRENSTECHNIK DER UNI STUTTGART
STUTTGART, BOEBLINGER STRASSE 72
VORHAB **untersuchung der eigenschaften von filterkuchen auf die filtration**
S.WORT filtermaterial + (eigenschaften)
PROLEI PROF. DR. -ING. CHRISTIAN ALT
STAND 29.7.1976
QUELLE fragebogenerhebung sommer 1976

KE -031
INST INSTITUT FUER MEDIZINISCHE MIKROBIOLOGIE, INFEKTIO NS- UND SEUCHENMEDIZIN IM FB TIERMEDIZIN DER UNI MUENCHEN
MUENCHEN, VETERINAERSTR. 13
VORHAB **strahlenbehandlung von klaerschlamm und abwasser**
mittels einer kobalt- 60- bestrahlungsanalge (80000 curie) werden klaerschlaemme und abwaesser keimfrei gemacht; das verhalten von parasiten, mikroorganismen und viren wird untersucht
S.WORT klaerschlamm + abwasser + entkeimung + ionisierende strahlung + biologische wirkungen
PROLEI PROF. DR. DR. H. C. ANTON MAYR
STAND 10.9.1976
QUELLE fragebogenerhebung sommer 1976
BEGINN 1.7.1975

KE -032
INST INSTITUT FUER ORGANISCHE CHEMIE DER UNI TUEBINGEN
TUEBINGEN 1, AUF DER MORGENSTELLE
VORHAB **chemische untersuchungen bei verschiedenen zustaenden der abwaesserreinigung**
untersucht wird der einfluss von substanzen auf die wirksamkeit der biologischen abwasserreinigung; besonders werden stoffliche einfluesse auf verschlechterung der belebtschlammflockenstruktur erforscht, mit dem ziel einer positiven beeinflussung der abwasserreinigung
S.WORT biologische abwasserreinigung + schlaemme
PROLEI PROF. DR. ERNST BAYER
STAND 1.1.1974
FINGEB DEUTSCHE FORSCHUNGSGEMEINSCHAFT
ZUSAM INST. F. SIEDLUNGSWASSERBAU UND WASSERGUETEWIRTSCHAFT D. UNI STUTTGART, 7 STUTTGART 80
BEGINN 1.1.1970 ENDE 31.12.1975
LITAN ARBEITSBERICHT AN DFG 1973. 05

KE -033
INST INSTITUT FUER PARASITOLOGIE DER TIERAERZTLICHEN HOCHSCHULE HANNOVER
HANNOVER, BUENTEWEG 17
VORHAB **bestrahlung von klaerschlamm durch elektronenbeschleuniger**
der verschiedene parasitaere dauerformen enthaltende klaerschlamm wird mit unterschiedlichen dosen k rad verschieden lang bestrahlt, wobei zeiten und dosen genommen werden, die in der praxis anwendbar sind
S.WORT klaerschlamm + parasiten + bestrahlung + (elektronenbeschleuniger)
PROLEI PROF. DR. ENIGK
STAND 1.1.1974
FINGEB LAND NIEDERSACHSEN
ZUSAM POLYMER-PHYSIK GMBH U. CO KG, ABT. HOCHSPANNUNGSTECHNIK, 74 TUEBINGEN, SIEBEN-HOEFE-STR. 91
BEGINN 1.4.1973 ENDE 31.12.1974
G.KOST 4.000 DM
LITAN ZWISCHENBERICHT 1975. 03

KE -034
INST INSTITUT FUER SIEDLUNGSWASSERBAU UND WASSERGUETEWIRTSCHAFT DER UNI STUTTGART
STUTTGART 80, BANDTAELE 1

VORHAB **ursachen der verschlechterung des mikrobiellen flockungsmechanismus und der absetzeigenschaften von belebtschlaemmen**
klaerung, ob im kritischen belastungsbereich 0, 1-0, 5kg bsb5/kg ts. d. mit haeufigerer blaehschlammentwicklung zu rechnen ist, ob verschlechterung der schlammstruktur durch entwicklung fadenfoermiger organismen auf einfluss der nitrifikation zurueckzufuehren ist, ob der o2-gehalt einfluss auf die blaehschlammentwicklung hat, ob temperatur einfluss hat. klassifizierung von blaeschlammorganismen
S.WORT abwassertechnik + belebtschlamm + mikrobieller abbau
PROLEI PROF. DR. DIETER BARDTKE
STAND 1.10.1974
FINGEB DEUTSCHE FORSCHUNGSGEMEINSCHAFT
BEGINN 1.1.1971 ENDE 31.12.1976
G.KOST 1.357.000 DM

KE -035
INST INSTITUT FUER SIEDLUNGSWASSERBAU UND WASSERGUETEWIRTSCHAFT DER UNI STUTTGART STUTTGART 80, BANDTAELE 1
VORHAB **massnahmen zur optimierung des belebungsverfahrens und vergleichmaessigung des klaeranlagenablaufs**
ziel des vorhabens: technische und wirtschaftliche optimierung des belebungsverfahrens durch verfahrenstechnische verbesserungen (z. b. eindickung und speicherung des ruecklaufschlammes). durch einsatz spezieller techniken und hilfsmittel der mess- und regeltechnik vergleichmaessigung des ablaufs bei belastungsschwankungen. steuerung des gesamtprozesses durch kleinprozessrechner vorgesehen
S.WORT abwassertechnik + klaeranlage + belebtschlamm + verfahrensoptimierung
PROLEI PROF. DR. -ING. BALDEFRIED HANISCH
STAND 13.8.1976
QUELLE fragebogenerhebung sommer 1976
FINGEB BUNDESMINISTER FUER FORSCHUNG UND TECHNOLOGIE
ZUSAM FIRMA DORNIER SYSTEM, POSTFACH 648, 7990 FRIEDRICHSHAFEN
BEGINN 1.7.1975 ENDE 30.6.1977
G.KOST 476.000 DM
LITAN ZWISCHENBERICHT

KE -036
INST INSTITUT FUER SIEDLUNGSWASSERBAU UND WASSERGUETEWIRTSCHAFT DER UNI STUTTGART STUTTGART 80, BANDTAELE 1
VORHAB **untersuchungen ueber den einfluss unterschiedlicher gewebe von mikrosieben auf die entnahme suspendierter stoffe aus biologisch-chemisch gereinigten abwaessern**
ziel der arbeiten ist die wissenschaftliche beschreibung des mikrosiebprozesses, d. h. eine charakterisierung der art und des einflusses der beteiligten mechanismen. mit hilfe dieser erkenntnisse sollen der prozess optimiert und empfehlungen fuer die praxis gegeben werden koennen. dazu gehoeren eine sinnvolle abgrenzung des anwendungsbereiches der mikrosiebung sowie angaben ueber die zu erwartenden reinigungsleistungen, die massgebenden dimensionierungsparameter sowie die anfallenden kosten
S.WORT abwasserreinigung + biologische klaeranlage + filtration + (mikrosieb)
PROLEI PROF. DR. -ING. BALDEFRIED HANISCH
STAND 13.8.1976
QUELLE fragebogenerhebung sommer 1976
FINGEB DEUTSCHE FORSCHUNGSGEMEINSCHAFT
BEGINN 1.1.1971 ENDE 31.12.1978
G.KOST 1.000.000 DM
LITAN - HANISCH, B.: WEITERREINIGUNG BIOLOGISCH BEHANDELTER KLAERANLAGEN-ABLAEUFE MIT HILFE VON MICROSTRAINERN. IN: GAS-WASSER-ABWASSER (SCHWEIZ) 54(3) S. 75-77(1974)
- HANISCH, B.;ROTH, M.: VERSUCHE ZUR SUSPENSAENTNAHME AUS BIOLOGISCH GEREINIGTEN KLAERANLAGEABLAEUFEN MIT HILFE EINES MIKROSIEBES. IN: GWF-WASSER/ABWASSER 116(5) S. 209-215(1975)
- ROTH, M.: MIKROSIEBE ALS MITTEL ZUR VERBESSERUNG VON KLAERANLAGENABLAEUFEN DURCH ENTNAHME SUSPENDIERTER FESTSTOFFE. IN: GEWAESSERSCHUTZ-WASSER-ABWASSER 19 S. 675-692(1975)

KE -037
INST INSTITUT FUER SIEDLUNGSWASSERBAU UND WASSERGUETEWIRTSCHAFT DER UNI STUTTGART STUTTGART 80, BANDTAELE 1
VORHAB **untersuchungen ueber den eiweissgehalt und das aminosaeurespektrum der biomasse von belebtschlaemmen als betriebstechnische kenngroesse**
zur charakterisierung der biomasse - parameter fuer die zu stoffwechselleistungen bei der biologischen abwasserreinigung befaehigte substanz - soll der eiweissgehalt des schlammes quantitativ als summe der aminosaeurengehalte ermittelt werden. hierdurch sind aussagen ueber den jeweiligen physiologischen zustand des schlammes moeglich. ueber die automatische bestimmung der biomasse wird eine der jeweiligen abwasserzufuhr entsprechende steuerung der belebtschlammkonzentration im becken angestrebt
S.WORT biologische klaeranlage + belebtschlamm + biomasse + (eiweissgehalt)
PROLEI PROF. DR. DIETER BARDTKE
STAND 13.8.1976
QUELLE fragebogenerhebung sommer 1976
FINGEB BUNDESMINISTER FUER FORSCHUNG UND TECHNOLOGIE
BEGINN 1.6.1975 ENDE 31.5.1977
G.KOST 302.000 DM
LITAN ZWISCHENBERICHT

KE -038
INST INSTITUT FUER SIEDLUNGSWASSERBAU UND WASSERGUETEWIRTSCHAFT DER UNI STUTTGART STUTTGART 80, BANDTAELE 1
VORHAB **beschreibung der entartung der belebtschlammflockenstruktur und morphologische klassierung von blaehschlaemmen**
blaehschlaemme, verursacht durch massenhaftes auftreten faediger mikroorganismen, sind wegen ihres schlechten absetzverhaltens auf klaeranlagen unerwuenscht. eine solche entartung von schlaemmen sowie die wirkung von bekaempfungsmitteln, seien es chemikalien oder flockungsmittel, sollen ueber die strukturveraenderung von schlammflocken beschrieben werden. als wichtigster parameter der morphologischen untersuchungen ist dabei der faedige anteil der blaehschlammflocke unter verwendung eines bildanalysators aus einem vergleich von umfang- und flaechenmessung der gesamtflocke zu bestimmen
S.WORT klaeranlage + belebtschlamm + strukturanalyse + (blaehschlamm)
PROLEI PROF. DR. DIETER BARDTKE
STAND 13.8.1976
QUELLE fragebogenerhebung sommer 1976
FINGEB BUNDESMINISTER FUER FORSCHUNG UND TECHNOLOGIE
BEGINN 1.8.1975 ENDE 31.12.1975
G.KOST 240.000 DM
LITAN ENDBERICHT

KE -039
INST INSTITUT FUER SIEDLUNGSWASSERBAU UND WASSERGUETEWIRTSCHAFT DER UNI STUTTGART STUTTGART 80, BANDTAELE 1
VORHAB **erhebungen ueber moegliche ursachen der blaehschlammbildung auf klaerwerken**
klassifizierung der jeweiligen blaehschlammart in abhaengigkeit von betriebsfuehrung, abwasserzusammensetzung usw. der entsprechenden klaerwerke
S.WORT klaeranlage + abwassertechnik + belebtschlamm + (blaehschlamm)
PROLEI PROF. DR. -ING. KARLHEINZ KRAUTH
STAND 13.8.1976

QUELLE fragebogenerhebung sommer 1976
FINGEB KURATORIUM FUER WASSER- UND KULTURBAUWESEN (KWK), BONN
BEGINN 1.1.1976 ENDE 31.12.1977
G.KOST 90.000 DM

KE -040
INST INSTITUT FUER SIEDLUNGSWASSERWIRTSCHAFT DER TH AACHEN
AACHEN, MIES-VAN-DER-ROHE-STR. 1
VORHAB **untersuchung eines abwasserreinigungsverfahrens nach dem belebtschlammverfahren mit schlammstabilisierung**
entwicklung der grundlagen und der wissenschaftlichen begruendung fuer die bemessungswerte von biologischen kleinklaeranlagen in der ausbaugroesse von 50-300 einwohnern
S.WORT abwasserreinigung + belebtschlamm
PROLEI DIPL. -ING. VOSSBECK
STAND 1.1.1974
FINGEB INNENMINISTER, DUESSELDORF
BEGINN 1.9.1969 ENDE 31.12.1976
G.KOST 58.000 DM
LITAN 3 ZWISCHENBERICHTE (UNVEROEFFENTLICHT)

KE -041
INST INSTITUT FUER SIEDLUNGSWASSERWIRTSCHAFT DER TH AACHEN
AACHEN, MIES-VAN-DER-ROHE-STR. 1
VORHAB **erarbeitung von einheitlichen vorstellungen zur beurteilung von abwasserreinigungsanlagenteilen und abwasserreinigungssystemen**
das abwasserabgabengesetz sieht die beurteilung des abwassers vor nach den kriterien feststoffe, csb und giftigkeit. daraus ergibt sich, dass die abwasserreinigungsanlagen nach den entsprechenden grundsaetzen beurteilt werden muessen. eine pruefung der auf dem markt befindlichen anlagen und anlageteile unter diesen voraussetzungen ist mit diesem vorhaben vorgesehen
S.WORT abwassertechnik + bewertungskriterien
STAND 1.12.1975
FINGEB BUNDESMINISTER DES INNERN
BEGINN 1.1.1975 ENDE 31.12.1976
G.KOST 160.000 DM

KE -042
INST INSTITUT FUER SIEDLUNGSWASSERWIRTSCHAFT DER TU HANNOVER
HANNOVER, WELFENGARTEN 1
VORHAB **untersuchung ueber die bau- und betriebskosten von biologischen oder entsprechend wirksamen klaeranlagen**
weitere auswertung der statistischen unterlagen ueber das abwasserwesen. auswertung der statistischen ergebnisse ueber das abwasserwesen fuer die weitere planung von reinigungsmassnahmen
S.WORT abwasserreinigung + klaeranlage + kosten
STAND 1.1.1974
QUELLE umweltforschungsplan 1974 des bmi
FINGEB BUNDESMINISTER DES INNERN
BEGINN 1.1.1973 ENDE 31.12.1975
G.KOST 137.000 DM
LITAN ZWISCHENBERICHT 1975. 03

KE -043
INST INSTITUT FUER STADTBAUWESEN DER TU BRAUNSCHWEIG
BRAUNSCHWEIG, POCKELSSTR. 4
VORHAB **untersuchungen zur konditionierung von abwasserschlaemmen durch gefrieren**
erarbeitung von grundlagen zur anwendung der gefriertechnik als konditionierungsverfahren fuer abwaesserschlaemme; hier insbesondere kommunalschlaemme. gefrieren des schlammes im indirekten waermeaustausch und eindimensionalen waermetransport. messung des konditionierungserfolges als: spez. filtrationswiderstand, cst, absetzverhalten, schwerkraftwasserabgabe beim tauen, entwaesserungserfolg durch membranpressen. untersuchung der filtratbeschaffenheit
S.WORT kommunale abwaesser + schlammbehandlung + (gefriertechnik)
PROLEI DIPL. -ING. DIETER BAHRS
STAND 11.8.1976
QUELLE fragebogenerhebung sommer 1976
FINGEB KURATORIUM FUER WASSER- UND KULTURBAUWESEN (KWK), BONN
BEGINN 1.1.1975 ENDE 31.12.1976
G.KOST 78.000 DM
LITAN BAHRS, D.: EINIGE ASPEKTE ZUR KONDITIONIERUNG VON ABWASSERSCHLAEMMEN DURCH GEFRIEREN. IN: VEROEFFENTLICHUNGEN DES INSTITUTS FUER STADTBAUWESEN, TU BRAUNSCHWEIG. (19) S. 1-34(1976)

KE -044
INST INSTITUT FUER STAEDTEBAU, WOHNUNGSWESEN UND LANDESPLANUNG DER TU BRAUNSCHWEIG
BRAUNSCHWEIG, POCKELSSTR. 4
VORHAB **abbauvorgaenge und abbauleitungen in der biologischen abwasserreinigung mit belebtschlamm unter dynamischer belastung**
abwassertechnik; verhalten von belebungsanlagen bei stossbelastungen unter beruecksichtigung von vermischungsvorgaengen
S.WORT biologische abwasserreinigung + belebungsanlage + druckbelastung
PROLEI PROF. HABEKOST
STAND 1.1.1974
FINGEB KULTUSMINISTERIUM, HANNOVER
BEGINN 1.1.1968 ENDE 31.12.1975
G.KOST 103.000 DM
LITAN ZWISCHENBERICHT, INTERN

KE -045
INST INSTITUT FUER STAEDTEBAU, WOHNUNGSWESEN UND LANDESPLANUNG DER TU BRAUNSCHWEIG
BRAUNSCHWEIG, POCKELSSTR. 4
VORHAB **die sauerstoffzufuhr von abwasserbelueftungseinrichtungen in bestehenden klaeranlagen**
untersuchung der sauerstoffzufuhr von abwasserbelueftern und der biochemischen reinigungswirkung auf 20 klaeranlagen niedersachsens, die nach dem belebungsverfahren arbeiten
S.WORT abwasserbehandlung + sauerstoffeintrag + klaeranlage
PROLEI PROF. DR. -ING. ROLF KAYSER
STAND 1.1.1974
FINGEB KULTUSMINISTERIUM, HANNOVER
BEGINN 1.1.1974 ENDE 31.12.1975
G.KOST 47.000 DM

KE -046
INST INSTITUT FUER WASSER-, BODEN- UND LUFTHYGIENE DES BUNDESGESUNDHEITSAMTES
BERLIN 33, CORRENSPLATZ 1
VORHAB **beziehungen zwischen cancerogenen polycyclischen aromaten in faulschlamm und tensidgebrauch**
in laboratoriumsanlagen nach dem belebtschlammprinzip, die mit synthetischem abwasser unter kontrollierten bedingungen betrieben werden, wird ein durch tenside bzw. ihren nativen metaboliten beeinflusster belebtschlamm erzeugt, der in nachgeschalteten faulanlagen anerob weiter behandelt wird. die schonend getrockneten faulschlaemme sollen auf ihren gehalt an pca im vergleich zu entsprechend gewonnenen kontrollproben ohne tensidzusatz analysiert werden. parallel zu diesen untersuchungen sollen ca. 10 klaerschlaemme deutscher klaeranlagen ebenfalls auf ihr pca-spektrum untersucht werden
S.WORT abwasserschlamm + tenside + carcinogene + (wechselwirkung)
PROLEI PROF. DR. WALTER NIEMITZ
STAND 30.8.1976

QUELLE fragebogenerhebung sommer 1976
FINGEB BUNDESMINISTER FUER FORSCHUNG UND TECHNOLOGIE
ZUSAM BIOCHEMISCHES INSTITUT FUER UMWELTKARZINOGENE, SIEKER-LANDSTR. 19, 2070 HAMBURG-AHRENSBURG
BEGINN 1.1.1976 ENDE 31.12.1978
G.KOST 336.000 DM
LITAN ZWISCHENBERICHT

KE -047

INST INSTITUT FUER WASSERVERSORGUNG, ABWASSERBESEITIGUNG UND STADTBAUWESEN DER TH DARMSTADT
DARMSTADT, PETERSENSTR. 13
VORHAB vergleich des abbauvorganges (reaktionskinetik) in tropfkoerpern und belebungsanlagen unter identischen bedingungen
quantifizierung der social costs im anwendungsmodell. aufzeigen der einzel- und volkswirtschaftlichen auswirkungen der internalisierung der social costs am beispiel eines industriezweiges (papierfabriken-abwasser)
S.WORT abwasserreinigung + belebungsanlage + tropfkoerper + reaktionskinetik
PROLEI PROF. DR. -ING. GUENTHER RINCKE
STAND 1.10.1974
FINGEB DEUTSCHE FORSCHUNGSGEMEINSCHAFT

KE -048

INST INSTITUT FUER WASSERVERSORGUNG, ABWASSERBESEITIGUNG UND STADTBAUWESEN DER TH DARMSTADT
DARMSTADT, PETERSENSTR. 13
VORHAB untersuchungen ueber das verhalten phosphathaltiger schlaemme unter anaeroben bedingungen
klaerung der frage, ob und ggf. unter welchen bedingungen das im klaerverfahren durch faellung gebundene phosphat bei der anaeroben faulung im faulbehaelter wieder in loesung geht, was dazu fuehren wuerde, dass es mit dem faulwasser erneut in den reinigungsprozess gelangt. die folgen waeren eine immer staerkere phosphatkonzentration im zulauf, staendig steigender faellungsmittelbedarf und letztendlich ansteigender phosphat-restgehalt im klaeranlagen-ablauf
S.WORT abwasserbehandlung + schlammfaulung + phosphate + (anaerobe faulung)
PROLEI DIPL. -CHEM. WILFRIED HIERSE
STAND 30.8.1976
QUELLE fragebogenerhebung sommer 1976
FINGEB KURATORIUM FUER WASSERWIRTSCHAFT E. V. (KFW), BONN
BEGINN 1.11.1975 ENDE 30.6.1978
G.KOST 175.000 DM

KE -049

INST INSTITUT FUER WASSERVERSORGUNG, ABWASSERBESEITIGUNG UND STADTBAUWESEN DER TH DARMSTADT
DARMSTADT, PETERSENSTR. 13
VORHAB entwaesserungsverhalten biologisch stabilisierter abwaesserschlaemme
das entwaesserungsverhalten biologisch stabilisierter abwaesserschlaemme ist eines der bedeutendsten kriterien fuer die beurteilung von unterschiedlichen verfahren der schlammstabilisation. um diesen insbesondere aus wirtschaftlicher sicht wichtigen parameter als vergleichsmasstab benutzen zu koennen, werden entwaesserungsversuche durchgefuehrt, die vom gleichen material ausgehen. die stabilisierungsmethoden: anaerobe faulung, getrennte aerobe schlammstabilisation (bei aussentemperatur), aerob-thermophile schlammstabilisation; entwaesserungsverfahren: beet, zentrifuge, druckfiltration, saugfiltration
S.WORT abwasserschlamm + schlammentwaesserung + schlammfaulung + (biologische stabilisierung)
PROLEI DR. -ING. ULRICH LOLL
STAND 30.8.1976
QUELLE fragebogenerhebung sommer 1976
FINGEB DEUTSCHE FORSCHUNGSGEMEINSCHAFT
BEGINN 1.10.1976 ENDE 30.9.1977
G.KOST 142.000 DM

KE -050

INST INSTITUT FUER WASSERVERSORGUNG, ABWASSERBESEITIGUNG UND STADTBAUWESEN DER TH DARMSTADT
DARMSTADT, PETERSENSTR. 13
VORHAB untersuchungen fuer ein neuartiges belueftungssystem fuer belebungsbecken
untersuchungen ueber die betriebs- und leistungskriterien eines spezial-abwasserbeluefters: bestimmung der sauerstoffeintragsleistung, des beluefterwiderstandes und der sohlgeschwindigkeit des wassers in abhaengigkeit vom luftdurchsatz
S.WORT abwasserbehandlung + belueftungsanlage + sauerstoffeintrag
PROLEI DIPL. -ING. WOLFRAM WEYRAUCH
STAND 30.8.1976
QUELLE fragebogenerhebung sommer 1976
FINGEB FIRMA NEMETZ UND RUESS
BEGINN 1.11.1975 ENDE 31.10.1976
G.KOST 30.000 DM
LITAN ZWISCHENBERICHT

KE -051

INST KOENIG, DIETRICH, DR.
KIEL -KRONSHAGEN, SANDKOPPEL 39
VORHAB diatomeen in klaeranlagen
flora im mehr oder weniger gereinigten abwasser, bei hohem naehrstoffgehalt und schwierigem sauerstoffhaushalt. diatomeen-probenahme zugleich mit entnahme chemischer proben. untersuchung vieler klaeranlagen zu verschiedenen jahreszeiten. rolle der diatomeen bei der abwasser-reinigung. taxonomie, soziologie. lichtmikroskopie und demnaechst elektronenmikroskopie
S.WORT klaeranlage + biologische abwasserreinigung + algen
PROLEI DR. DIETRICH KOENIG
STAND 9.8.1976
QUELLE fragebogenerhebung sommer 1976
ZUSAM - GEOLOGISCHES INSTITUT DER UNI KIEL, OLSHAUSENSTRASSE, 2300 KIEL
- INST. F. MEERESFORSCHUNG, AM HANDELSHAFEN, BREMERHAVEN
BEGINN ENDE 31.12.1977
G.KOST 1.000 DM
LITAN ZWISCHENBERICHT

KE -052

INST LEHRSTUHL FUER MIKROBIOLOGIE DER TU HANNOVER
HANNOVER, SCHNEIDERBERG 50
VORHAB isolierung und identifizierung der blaehschlammorganismen aus klaeranlagen als grundlage zur verbesserung der absetzeigenschaften des belebtschlamms
1. analysen der mikroorganismenflora von belebtschlammanlagen bei normalem betrieb und bei auftreten von blaehschlamm, 2. anzucht der blaehschlamm-mikroorganismen unter definierten bedingungen und definition der spezifischen wachstumsbedingungen
S.WORT klaeranlage + belebtschlamm + mikroorganismen
PROLEI PROF. DR. H. DIEKMANN
STAND 21.7.1976
QUELLE fragebogenerhebung sommer 1976
FINGEB KULTUSMINISTERIUM, HANNOVER
ZUSAM INST. F. SIEDLUNGSWASSERWIRTSCHAFT DER TU HANNOVER
BEGINN 1.5.1976 ENDE 31.4.1978
G.KOST 200.000 DM

KE -053

INST LEHRSTUHL UND PRUEFAMT FUER WASSERGUETEWIRTSCHAFT UND GESUNDHEITSINGENIEURWESEN DER TU MUENCHEN
MUENCHEN 2, ARCISSTR. 21

VORHAB **untersuchungen ueber die leistung von nachklaerbecken bei belebungsanlagen**
ermittlung des einflusses der ruecklaufschlammfuehrung, der temperatur, der ueberfallkantenbelastung auf dimensionierung und betrieb des nachklaerbeckens
S.WORT biologische abwasserreinigung + belebungsanlage + nachklaerbecken
PROLEI DIPL. -ING. BILLMEIER
STAND 1.1.1974
FINGEB DEUTSCHE FORSCHUNGSGEMEINSCHAFT
ZUSAM ABWASSERTECHNISCHE VEREINIGUNG E. V. , BERTHA-VON-SUTTNER-PLATZ 8, 53 BONN
BEGINN 1.11.1973 ENDE 31.10.1975
G.KOST 270.000 DM

KE -054
INST LEHRSTUHL UND PRUEFAMT FUER WASSERGUETEWIRTSCHAFT UND GESUNDHEITSINGENIEURWESEN DER TU MUENCHEN
MUENCHEN 2, ARCISSTR. 21
VORHAB **mathematische verfahren zum einsatz von prozessrechnern auf klaeranlagen**
untersuchung der klaeranlagensteuerung mittels prozessrechner
S.WORT klaeranlage + automatisierung
PROLEI DR. -ING. MERKL
STAND 1.1.1974
FINGEB DEUTSCHE FORSCHUNGSGEMEINSCHAFT
BEGINN 1.10.1973 ENDE 31.12.1975
G.KOST 36.000 DM
LITAN - BISCHOFSBERGER, W. . (LEHRST. F. WASSERWIRTSCHAFT UND GESUNDHEITSWESEN TU MUENCHEN)PROJEKTVORSCHLAG (1973): UNTERSUCHUNG UBER DEN EINSATZ VON PROZESSRECHNERN AUF KLAERNALAGEN
- ZWISCHENBERICHT 1974. 10

KE -055
INST LEHRSTUHL UND PRUEFAMT FUER WASSERGUETEWIRTSCHAFT UND GESUNDHEITSINGENIEURWESEN DER TU MUENCHEN
MUENCHEN 2, ARCISSTR. 21
VORHAB **anwendung von faellungsmitteln zur verbesserung der leistungsfaehigkeit biologischer klaeranlagen**
verbesserung der klaeranlagenablaeufe durch chemische faellungsverfahren; eliminierung von naehrstoffen; verbesserung der hygienischen beschaffenheit; beseitigung toxischer feststoffrestbelastung; phosphate und stickstoff im ablauf; toxizitaet; chemikalienverbrauch; art der aufwendbaren chemikalien; wartungsaufwand; halbtechnische versuche; versuche an bestehenden klaeranlagen
S.WORT biologische klaeranlage + faellungsmittel
PROLEI DR. -ING. WERNER HEGEMANN
STAND 1.1.1974
FINGEB STAATSMINISTERIUM FUER LANDESENTWICKLUNG UND UMWELTFRAGEN, MUENCHEN
ZUSAM BAYERISCHE BIOLOGISCHE VERSUCHSANSTALT, 8 MUENCHEN, KAULBACHSTR. 37
BEGINN 1.8.1973 ENDE 31.7.1975
LITAN - PROJEKTVORSCHLAG
- ZWISCHENBERICHT 1974. 03

KE -056
INST LEHRSTUHL UND PRUEFAMT FUER WASSERGUETEWIRTSCHAFT UND GESUNDHEITSINGENIEURWESEN DER TU MUENCHEN
MUENCHEN 2, ARCISSTR. 21
VORHAB **untersuchungen zur sauerstoffbegasung bei der biologischen abwasserreinigung nach dem belebungsverfahren**
es werden die konventionellen und intensiv biologischen verfahren (unox, lindox) untersucht hinsichtlich ihrer wirksamkeit auf den abbau von kohlenstoff-, stickstoff- und phosphatverbindungen. hierbei sollen die veraenderungen bei den einzelnen faktoren sowohl bei den c- als auch bei den p-verbindungen besonders beruecksichtigt werden
S.WORT biologische abwasserreinigung + belebungsverfahren + sauerstoffeintrag
MUENCHEN
PROLEI DR. -ING. WERNER HEGEMANN
STAND 1.1.1975
QUELLE umweltforschungsplan 1975 des bmi
FINGEB BUNDESMINISTER DES INNERN
BEGINN 1.1.1974 ENDE 31.12.1975
G.KOST 75.000 DM
LITAN HEGEMANN, VORTRAG, LONDON (1973): EXPERIMENTAL RESULTS ON THE APPICATION OF HIGH-PURITY OXYGEN IN WASTE WATER TREATMENT

KE -057
INST LEHRSTUHL UND PRUEFAMT FUER WASSERGUETEWIRTSCHAFT UND GESUNDHEITSINGENIEURWESEN DER TU MUENCHEN
MUENCHEN 2, ARCISSTR. 21
VORHAB **ermittlung von kennwerten zur beschreibung der kapazitaet belebten schlammes und biologisch abbaubarer substrate**
ermittlung der enzymaktivitaeten zur charakterisierung der abbaukapazitaet von belebtem schlamm als grundlage fuer die automatisierung des belebungsverfahrens
S.WORT belebungsverfahren + mikrobieller abbau + (enzymaktivitaet)
PROLEI DR. -ING. WERNER HEGEMANN
STAND 22.7.1976
QUELLE fragebogenerhebung sommer 1976
FINGEB BUNDESMINISTER FUER FORSCHUNG UND TECHNOLOGIE
ZUSAM LEHRSTUHL FUER MIKROBIOLOGIE DER TU MUENCHEN, POSTFACH 202420, 8000 MUENCHEN 2
BEGINN 1.1.1976 ENDE 31.12.1977
G.KOST 420.000 DM

KE -058
INST LEHRSTUHL UND PRUEFAMT FUER WASSERGUETEWIRTSCHAFT UND GESUNDHEITSINGENIEURWESEN DER TU MUENCHEN
MUENCHEN 2, ARCISSTR. 21
VORHAB **untersuchungen ueber den einfluss der bestrahlung mit gammastrahlen auf die schlammeigenschaften und das schlammwasser**
bei der hygienisierung von klaerschlamm durch gamma-bestrahlung treten auch veraenderungen der schlammbeschaffenheit ein. einige schlammeigenschaften (eindickung, spezifischer filtrationswiderstand, konzentration des schlammwassers) werden bestimmt und mit den eigenschaften unbehandelten und pasteurisierten schlammes verglichen. durch entwaesserungsversuche in maschinen (filterpresse, zentrifuge) soll der einfluss auf die entwaesserbarkeit und die menge der konditionierungsmittel untersucht werden
S.WORT klaerschlamm + bestrahlung + schlammentwaesserung
PROLEI DR. -ING. WERNER HEGEMANN
STAND 22.7.1976
QUELLE fragebogenerhebung sommer 1976
FINGEB BUNDESMINISTER FUER FORSCHUNG UND TECHNOLOGIE
ZUSAM - BAYERISCHES LANDESAMT FUER BODENKULTUR UND PFLANZENBAU, MENZINGER STRASSE 54, 8000 MUENCHEN 19
- ABWASSERVERBAND AMPERGRUPPE, HAUPTSTR. 27, 8031 EICHENAU
BEGINN 1.9.1975 ENDE 31.12.1978
G.KOST 374.000 DM
LITAN - HEGEMANN, W.: EINFLUSS DER KLAERSCHLAMMBESTRAHLUNG MIT GAMMA-STRAHLEN AUF DIE SCHLAMMEIGENSCHAFTEN. IN: TAGUNG IM "HAUS DER TECHNIK", ESSEN(MAI 1976)
- HEGEMANN, W.;GUENTHERT, F.: INFLUENCE OF GAMMA-IRRADIATION ON THE BEHAVIOUR OF SEWAGE SLUDGE. IN: ESNA-MEETING "WASTE IRRADIATION", MUENCHEN(JUN 1976)

KE -059

INST LEHRSTUHL UND PRUEFAMT FUER WASSERGUETEWIRTSCHAFT UND GESUNDHEITSINGENIEURWESEN DER TU MUENCHEN
MUENCHEN 2, ARCISSTR. 21

VORHAB **untersuchungen ueber die leistung von nachklaerbecken bei belebungsanlagen (vertikal durchstroemte nachklaerbecken)**
die untersuchungen ueber die leistung von nachklaerbecken bei belebungsanlagen werden an vertikal durchstroemten rundbecken (dortmundbrunnen) im halbtechnischen und technischen masstab in geeigneten klaeranlagen durchgefuehrt. dabei ist die leistung in abhaengigkeit von der beschaffenheit des belebten schlammes, von verschiedenen betriebsparametern sowie von den im beckenraum herrschenden stroemungsverhaeltnissen zu ermitteln

S.WORT biologische abwasserreinigung + belebungsanlage + nachklaerbecken + (dortmundbrunnen)
PROLEI DIPL. -ING. HELMUT RESCH
STAND 22.7.1976
QUELLE fragebogenerhebung sommer 1976
FINGEB DEUTSCHE FORSCHUNGSGEMEINSCHAFT
BEGINN 1.1.1976 ENDE 31.12.1977
G.KOST 205.000 DM

KE -060

INST MAX-PLANCK-INSTITUT FUER ZUECHTUNGSFORSCHUNG (ERWIN-BAUR-INSTITUT)
KREFELD, AM WALDWINKEL 70

VORHAB **mineralisation von organischen und anorganischen schlaemmen aus den klaerwerken mit hilfe hoeherer pflanzen und einer besonderen anlage**
das schadlosmachen der schlaemme, gleich welcher herkunft, ist noch schwieriger und teurer als das abwasserproblem; eingebrachte flockungsmittel erschweren es noch mehr; schlaemme aus der ernaehrungsindustrie, aus faekalabwaessern und aus verschiedenen eisenindustrien koennen durch die wirkung von pflanzen bei bestimmten aufbau voellig vererdet und frei von pathogenen keimen gemacht werden; patent erteilt

S.WORT biologische abwasserreinigung + klaerschlamm + mineralisation + pflanzen
PROLEI DR. SEIDEL
STAND 1.1.1974
BEGINN 1.1.1963

KE -061

INST MEDIZINALUNTERSUCHUNGSAMT TRIER
TRIER, MAXIMINERACHT 11 B

VORHAB **leistungsfaehigkeit von klaeranlagen in bezug auf die inaktivierung von mikroorganismen**
von klaeranlagen wird erwartet, dass sie abwasser von menschenpathogenen keimen befreien. ob ueberhaupt und ggf. in welchem umfang dies moeglich ist, darueber bestehen unterschiedliche ansichten. durch untersuchung des gehaltes an mikroorganismen, insbes. salmonellen, im abwasser vor, waehrend und nach der mechanischen und biologischen klaerung in modernen, regionalen anlagen werden erfahrungswerte gewonnen und fuer die fragestellung ausgewertet

S.WORT klaeranlage + krankheitserreger + salmonellen
PROLEI DR. WOLF ROTTMANN
STAND 21.7.1976
QUELLE fragebogenerhebung sommer 1976
BEGINN 1.1.1973

KE -062

INST STADTWERKE WOLFSBURG AG
WOLFSBURG, HESSLINGERSTR. 1-5

VORHAB **konditionierung von schlamm aus rueckspuelwaessern der wasseraufbereitungsanlagen durch gefrieren und auftauen**
in wasserwerken fallen grosse mengen eisenmanganhaltiger schlamm an, fuer dessen nassdeponierung grosse gelaendeflaechen benoetigt werden, da eine entwaesserung des schlamms wegen dessen gelstruktur nur beschraenkt moeglich ist. die gefrierung veraendert die schlammstruktur und macht die entwaesserung moeglich. im grossversuch sollen das gefrierverfahren entwickelt und bezueglich seiner hohen energiekosten optimiert sowie die betriebsicherheit der gefrieranlage verbessert werden. die versuchsanlage steht 1977 zur verfuegung

S.WORT wasserwerk + schlammentwaesserung + verfahrensentwicklung + (gefrierkonditionierung)
PROLEI DIPL. -ING. WERNER BREUER
STAND 6.1.1975
QUELLE erhebung 1975
FINGEB BUNDESMINISTER FUER FORSCHUNG UND TECHNOLOGIE
BEGINN 1.7.1974

KE -063

INST VEREINIGUNG DER WASSERVERSORGUNGSVERBAENDE UND GEMEINDEN MIT WASSERWERKEN E.V.
STUTTGART, WERFMERSHALDE 22

VORHAB **ermittlung der bsb-belastung einer klaeranlage aus der geschriebenen sauerstoffganglinie des belebungsbeckens**
die wesentlichste bezugsgroesse fuer den klaeranlagenbau und den klaeranlagenbetrieb ist der biologische sauerstoffbedarf bsb. allgemeine kenntnisse ueber die bsb-belastung einer klaeranlage fehlen. der mangel an unterlagen ueber die bsb-belastung ist eine, wenn nicht sogar die wichtigste ursache der vielen ueberlasteten klaeranlagen. um diesem mangel abzuhelfen, wird angestrebt, den bsb an einem zaehlwerk aehnlich dem kwh-zaehler fortlaufend aufzusummieren. voruntersuchungen haben gezeigt, dass dies zumindest fuer bsb-vergleichszahlen moeglich ist

S.WORT klaeranlage + biologischer sauerstoffbedarf
PROLEI DR. -ING. CARL-HEINZ BURCHARD
STAND 13.8.1976
QUELLE fragebogenerhebung sommer 1976
FINGEB KURATORIUM FUER WASSER- UND KULTURBAUWESEN (KWK), BONN
ZUSAM INST. F. SIEDLUNGSWASSERWIRTSCHAFT AN DER UNI STUTTGART, BANDTAELE 1, 7000 STUTTGART 80 (BUESNAU)
BEGINN 1.4.1976 ENDE 31.12.1977
G.KOST 180.000 DM
LITAN STUTTGARTER BERICHTE ZUR SIEDLUNGSWASSERWIRTSCHAFT. (42 U. 46)

Weitere Vorhaben siehe auch:

MB -006 BEHANDLUNG UND BESEITIGUNG KOMMUNALER KLAERSCHLAEMME

ME -022 ENTWICKLUNG EINES VERFAHRENS ZUR AUFKONZENTRIERUNG VON ABSCHLAEMMWAESSERN

TF -028 FLIEGEN ALS VEKTOREN VON SCHAD-MIKROORGANISMEN INSBESONDERE VON PATHOGENEN KEIMEN; KLAERSCHLAMMANWENDUNG IM RASEN- UND SPORTPLATZBAU

KF -001

INST ABTEILUNG ORGANISCHE STOFFE DER BUNDESANSTALT FUER MATERIALPRUEFUNG
BERLIN 45, UNTER DEN EICHEN 87

VORHAB **untersuchung von waschmitteln mit austauschstoffen fuer phosphate hinsichtlich der waschtechnischen eignung**
waschtechnische untersuchung phosphatfreier und phosphatarmer waschmittel mit phosphat-austauschstoffen

S.WORT waschmittel + phosphatsubstitut
PROLEI DR. MILSTER
STAND 1.1.1974
FINGEB BUNDESANSTALT FUER MATERIALPRUEFUNG, BERLIN
BEGINN 1.7.1972 ENDE 31.12.1975
G.KOST 60.000 DM

KF -002

INST BENCKISER GMBH
LUDWIGSHAFEN, BENCKISERPLATZ 1

VORHAB **produktionsverfahren zur herstellung von citronensaeure aus unkonventionellen rohstoffen**

S.WORT phosphatsubstitut + lebensmitteltechnologie + waschmittel + (citronensaeure)
QUELLE datenuebernahme aus der datenbank zur koordinierung der ressortforschung (dakor)
FINGEB BUNDESMINISTER FUER FORSCHUNG UND TECHNOLOGIE
BEGINN 1.8.1973 ENDE 31.7.1978

KF -003

INST EMSCHERGENOSSENSCHAFT UND LIPPEVERBAND
ESSEN 1, KRONPRINZENSTR. 24

VORHAB **vor-, simultan- und nachfaellungsanlage zur phosphateliminierung**
untersuchungen zur phosphatelimination aus dem abwasser im technischen masstab; ermittlung des einflusses verschiedener faellmittel und methoden

S.WORT abwasser + faellungsanlage + phosphate
PROLEI DR. -ING. KALBSKOPF
STAND 1.1.1974
FINGEB MINISTER FUER ERNAEHRUNG, LANDWIRTSCHAFT UND FORSTEN, DUESSELDORF
BEGINN 1.1.1973 ENDE 31.12.1976
G.KOST 755.000 DM

KF -004

INST EMSCHERGENOSSENSCHAFT UND LIPPEVERBAND
ESSEN 1, KRONPRINZENSTR. 24

VORHAB **versuche im technischen masstab zur weitergehenden abwasserreinigung**
untersuchung ueber die gewaessereutrophierung und entwicklung von gegenmassnahmen; ausschoepfung aller technischen moeglichkeiten zur eliminierung von phosphaten aus abwaessern und oberflaechengewaessern unter besonderer beruecksichtigung der 3. reinigungsstufe fuer die abwasserreinigung

S.WORT abwasserreinigung + phosphate + verfahrenstechnik
PROLEI DR. KALBSKOPF
STAND 15.11.1975
FINGEB BUNDESMINISTER DES INNERN
BEGINN 1.8.1972 ENDE 31.12.1976
G.KOST 210.000 DM

KF -005

INST ENGLER-BUNTE-INSTITUT DER UNI KARLSRUHE
KARLSRUHE, RICHARD-WILLSTAETTER-ALLEE 5

VORHAB **entfernung von phosphaten durch filtrationsverfahren**
ziel: neue methoden zur weitgehenden entfernung von phosphaten aus waessern; davon ausgehend suche nach wegen zur technischen anwendung

S.WORT wasser + phosphate + filtration
PROLEI PROF. DR. SONTHEIMER
STAND 1.10.1974
FINGEB BUNDESMINISTER FUER FORSCHUNG UND TECHNOLOGIE
ZUSAM TECHNION-ISRAEL-INSTITUTE OF TECHNOLOGY, HAIFA, ISRAEL
BEGINN 1.1.1974
G.KOST 347.000 DM
LITAN ZWISCHENBERICHT 1975. 03

KF -006

INST GELSENBERG GMBH-CO KG
ESSEN 1, RUETTENSCHEIDER STRASSE 20

VORHAB **cyclopentantetracarbonsaeure als phosphatsubstitut in waschmitteln**

S.WORT detergentien + phosphate + substitution
STAND 1.10.1974
FINGEB BUNDESMINISTER FUER FORSCHUNG UND TECHNOLOGIE
BEGINN 1.1.1973 ENDE 31.12.1974
G.KOST 509.000 DM

KF -007

INST HARTKORN-FORSCHUNGSGESELLSCHAFT MBH
RUESSELSHEIM, WALDSTR. 46

VORHAB **versuche und untersuchungen mit dem elektro-m-verfahren, das mit schwer abbaubaren stoffen, po4, nh4 und detergentien belastete wasser zu reinigen**
versuche und untersuchungen, mit einem neuen elektrochemischen verfahren stark belastete abwaesser, die sich in herkoemmlichen mechanisch-biologischen klaeranlagen nicht ausreichend behandeln lassen, zu reinigen. anwendung insbesondere bei der abwasserbehandlung bestimmter industriebereiche, bei denen eine weitergehende eliminierung der schadstoffe im interesse der gewaesserreinhaltung vordringlich ist

S.WORT abwasserbehandlung + industrieabwaesser + (elektro-m-verfahren)
STAND 1.1.1974
QUELLE umweltforschungsplan 1974 des bmi
FINGEB BUNDESMINISTER DES INNERN
BEGINN 1.1.1974 ENDE 31.12.1975
G.KOST 20.000 DM

KF -008

INST INSTITUT FUER AGRIKULTURCHEMIE DER UNI GOETTINGEN
GOETTINGEN, VON-SIEBOLD-STR. 6

VORHAB **phosphateliminierung aus siedlungsabwaessern unter dem gesichtspunkt der gewinnung von p-duengemitteln**
durch chemische ausfaellung mit al-, fe-salzen oder kalk lassen sich die phosphate aus den abwaessern weitgehendst entfernen. bei einem durchschnittlichen phosphatanfall in den haeuslichen abwaessern von 4 g p/einwohner. tag liesse sich ueber die chemische nachfaellung des klaerwassers etwa 1 kg p/einwohner. jahr rueckgewinnen. die p-reichen faellungsprodukte werden auf ihre duengewirksamkeit in gefaessversuchen (auch nach markierung mit 32p) und feldversuchen vergleichend mit marktgaengigen phosphat-handelsduengern geprueft

S.WORT kommunale abwaesser + schadstoffentfernung + phosphate + duengemittel
PROLEI DR. LADISLAV CERVENKA
STAND 9.8.1976
QUELLE fragebogenerhebung sommer 1976
BEGINN 1.3.1975
G.KOST 15.000 DM
LITAN CERVENKA, L.;TIMMERMANN, F.: PHOSPHATFAELLUNGSPRODUKTE AUS BIOLOGISCH GEKLAERTEN SIEDLUNGSABWAESSERN UND IHRE VERWENDUNGSMOEGLICHKEIT IN DER LANDWIRTSCHAFT. IN: LANDWIRTSCHAFTLICHE FORSCHUNG. 29(3)(1976)

KF -009

INST INSTITUT FUER ORGANISCHE CHEMIE UND BIOCHEMIE DER UNI HAMBURG
HAMBURG 13, MARTIN-LUTHER-KING-PLATZ 6

VORHAB **arbeiten zum umweltschutz und zur umweltgestaltung**
eindickung von faulschlaemmen unter verwertung von abfallsaeuren; analysen organisch-chemischer abwasserinhaltsstoffe (kohlenwasserstoffe, halogenierte kohlenwasserstoffe) und deren moegliche schadwirkung bei mensch und tier; dephosphatierung von abwaessern zur entlastung der vorfluter

S.WORT abwasseranalyse + schadstoffwirkung + phosphateliminierung + schlammbehandlung

PROLEI PROF. DR. WERNER THORN

STAND 30.8.1976

QUELLE fragebogenerhebung sommer 1976

BEGINN 1.1.1968

LITAN
- THORN, W.: VERWENDUNG VON DUENNSAEURE ZUR EINDICKUNG VON FAULSCHLAEMMEN. IN: Z. INDUSTRIEABWASSER (1974)
- THORN, W.: ABFALLBESEITIGUNG, HYGIENISCHE UND TOXIKOLOGISCHE ASPEKTE. IN: Z. KOMMUNALWIRTSCHAFT 1 (1974)

KF -010

INST INSTITUT FUER RADIOCHEMIE DER UNI KARLSRUHE
KARLSRUHE, KERNFORSCHUNGSZENTRUM

VORHAB **adsorption von phosphorsaeuren an aluminiumoxid und ihr einsatz zur phosphatrueckgewinnung aus abwaessern**
untersuchung der adsorptionsgleichgewichte der phosphorsaeuren im system wasser-aluminiumoxid. bestimmung der beladekapazitaet und regenerierfaehigkeit von aktivtonerden

S.WORT abwasserreinigung + phosphate + rueckgewinnung + adsorption + (aluminiumoxid)

PROLEI DR. S. H. EBERLE

STAND 30.8.1976

QUELLE fragebogenerhebung sommer 1976

FINGEB GESELLSCHAFT FUER KERNFORSCHUNG MBH (GFK), KARLSRUHE

BEGINN 1.9.1974 ENDE 30.9.1975

G.KOST 20.000 DM

LITAN
- KLOPP, R. (UNI KARLSRUHE), DIPLOMARBEIT: UEBER DIE ADSORPTION VON PHOSPHATIONEN AN AL. -OXID UND DIE MOEGLICHKEIT, DIESES ZUR PHOSPHATRUECKGEWINNUNG AUS ABWASSER EINZUSETZEN
- ENDBERICHT

KF -011

INST INSTITUT FUER SIEDLUNGSWASSERBAU UND WASSERGUETEWIRTSCHAFT DER UNI STUTTGART
STUTTGART 80, BANDTAELE 1

VORHAB **nachreinigung von abwaessern mit fadenartigen blaualgen unter besonderer beruecksichtigung der phosphat-elimination**
entwicklung der grundlagen fuer den einsatz einer heteropopulation aus algen in der technologie der weitergehenden abwasserreinigung; loesung folgender probleme angestrebt: belichtung; umwaelzung des algengemischs; absetzeinrichtungen; wirksamkeit der steuerung der lichtkapazitaet ueber den ph-wert auf die fotosynthese; evtl. giftwirkung der blaualgen

S.WORT abwasserreinigung + algen + phosphate

PROLEI DR. -ING. IVAN SEKOULOV

STAND 1.10.1974

FINGEB DEUTSCHE FORSCHUNGSGEMEINSCHAFT

BEGINN 1.1.1971 ENDE 31.12.1976

G.KOST 480.000 DM

KF -012

INST INSTITUT FUER SIEDLUNGSWASSERBAU UND WASSERGUETEWIRTSCHAFT DER UNI STUTTGART
STUTTGART 80, BANDTAELE 1

VORHAB **untersuchung und entwicklung von verfahren und geraeten zur phosphor-elimination durch simultanfaellung in einer betriebsanlage mit gesteuerter faellmitteldosierung**
untersuchung ueber die gewaessereutrophierung und entwicklung von gegenmassnahmen. erschoepfende behandlung zur phosphat-eliminierung mit der zielsetzung, ein betriebssicheres verfahren und ein einfuehrbares verfahren (auch unter wirtschaftlichen aspekten) zu erreichen

S.WORT abwasserreinigung + schadstoffentfernung + phosphate + verfahrensentwicklung

PROLEI PROF. DR. -ING. RUDOLF WAGNER

STAND 15.11.1975

FINGEB BUNDESMINISTER DES INNERN

BEGINN 1.9.1972 ENDE 31.12.1976

G.KOST 557.000 DM

KF -013

INST INSTITUT FUER SIEDLUNGSWASSERBAU UND WASSERGUETEWIRTSCHAFT DER UNI STUTTGART
STUTTGART 80, BANDTAELE 1

VORHAB **absicherung des umweltverhaltens von heterogenen anorganischen buildern (hab)**
im rahmen dieses forschungsvorhabens soll das verhalten von hab in der haus- und stadtkanalisation, in der mechanischen und biologischen reinigung und bei der schlammfaulung und -aufbereitung untersucht werden. insgesamt ist dieses vorhaben als eine experimentelle ablaufstudie zum hab-einsatz anzusehen, wobei speziell die auswirkungen von schwermetallanreicherungen im schlamm untersucht werden sollen ziel der arbeiten ist die kenntnis ueber das verhalten des phosphataustauschstoffes hab in einrichtungen der stadtentwaesserung (kanalisation und klaeranlagen). durch die untersuchungen soll vor einem grosstechnischen einsatz des produktes sichergestellt werden, dass es in jeder hinsicht unschaedlich fuer die umwelt ist

S.WORT abwasserbehandlung + anorganische builder + phosphatsubstitut

PROLEI PROF. DR. -ING. RUDOLF WAGNER

STAND 20.11.1975

FINGEB BUNDESMINISTER DES INNERN

BEGINN 1.12.1975 ENDE 31.12.1976

G.KOST 328.000 DM

LITAN ZWISCHENBERICHT

KF -014

INST INSTITUT FUER SIEDLUNGSWASSERBAU UND WASSERGUETEWIRTSCHAFT DER UNI STUTTGART
STUTTGART 80, BANDTAELE 1

VORHAB **vergleichende untersuchungen der gesteuerten faellmitteldosierung zur phosphor-elimination aus abwasser unter anwendung einer simultanfaellung**
ziel des vorhabens ist es, festzustellen, inwieweit durch faellmitteldosierung prop. zur phosphatfracht gegenueber durchflussproportionaler dosierung faellmittel gespart werden kann. weiter soll festgestellt werden, wie im ablauf der klaeranlage ein konstanter wert fuer die p-konzentration eingehalten werden kann, der den bestehenden anforderungen (z. b. bodenseerichtlinien) genuegt. daneben sollen die wirkungsweise, begleiterscheinungen und erreichbarer wirkungsgrad mit verschiedenen faellmitteln im praktischen einsatz untersucht werden

S.WORT abwasserreinigung + klaeranlage + phosphate + faellungsmittel

PROLEI PROF. DR. -ING. RUDOLF WAGNER

STAND 13.8.1976

QUELLE fragebogenerhebung sommer 1976

FINGEB BUNDESMINISTER FUER FORSCHUNG UND TECHNOLOGIE

BEGINN 1.1.1976 ENDE 31.12.1977

G.KOST 384.000 DM

KF -015

INST INSTITUT FUER SIEDLUNGSWASSERWIRTSCHAFT DER UNI KARLSRUHE
KARLSRUHE, AM FASANENGARTEN

VORHAB **untersuchung zur frage der phosphatrueckloesung bei ausfaulung von eisen-phosphat-schlamm aus der phosphorelimination**
phosphatelimination mit eisen (iii); frage: erfolgt bei anaerober ausfaulung der entstehenden faellschlaemme eine rueckloesung der phosphate infolge reduktion des eisen (iii)zu eisen (ii)? vergleichende labor-faulversuche; ergebnisse von bedeutung fuer die praxis der weitergehenden abwasserbehandlung und der schlammbehandlung
S.WORT abfallschlamm + wasserverunreinigende stoffe + phosphate + abwasserbehandlung + (rueckloesung)
PROLEI DIPL. -ING. MOSEBACH
STAND 1.1.1974
ZUSAM - INST. F. SIEDLUNGSWASSERBAU U. WASSERGUETEWIRTSCHAFT DER UNI STUTTGART, 7 STUTTGART 80
- INST. F. INGENIEURBIOLOGIE DER UNI KARLSRUHE, 75 KARLSRUHE, KAISERSTR. 12
BEGINN 1.1.1969 ENDE 31.12.1974
G.KOST 60.000 DM

KF -016
INST INSTITUT FUER WASSER-, BODEN- UND LUFTHYGIENE DES BUNDESGESUNDHEITSAMTES BERLIN 33, CORRENSPLATZ 1
VORHAB **modellversuche zur biologischen phosphateliminierung aus kommunalen abwaessern**
es wurden in modellanlagen verfahren zur biologischen eliminierung von phosphat mittels fe(ii)-oxydierender bakterien entwickelt und jeweils ueber ein jahr betrieben
S.WORT kommunale abwaesser + biologische abwasserreinigung + phosphate
LITAN BRINGMANN, G.;KUEHN, R.: MODELLVERFAHREN ZUR BIOLOGISCHEN ENTPHOSPHATUNG KOMMUNALER ABWAESSER. III. BIOLOGISCHE ENTPHOSPHATUNG BIOLOGISCH VORGEREINIGTEN ABWASSERS EINES KLAERWERKS. IN: GES. ING. 96 S. 249-251(1975)

KF -017
INST INSTITUT FUER WASSER-, BODEN- UND LUFTHYGIENE DES BUNDESGESUNDHEITSAMTES BERLIN 33, CORRENSPLATZ 1
VORHAB **biologische eliminierung des phosphats aus abwaessern durch inkarnierung in speziellen mikroorganismen und versuchsverfuetterung des trockenschlamms**
untersuchung ueber die gewaessereutrophierung und entwicklung von gegenmassnahmen. die weitergehende abwasserreinigung beinhaltet verfahren zur eliminierung von phosphaten aus dem abwasser zur verminderung der gewaessereutrophierung und zur wiederverwertung von phosphat. neben den chemischen fuellungsverfahren sollen auch biologische anreicherungsverfahren untersucht werden. letztere koennen fuer die weiterverwendung von vorteil sein
S.WORT abwasserreinigung + phosphate + mikrobieller abbau
STAND 1.1.1975
QUELLE umweltforschungsplan 1975 des bmi
FINGEB BUNDESMINISTER DES INNERN
BEGINN 1.1.1972 ENDE 31.12.1975
G.KOST 243.000 DM

KF -018
INST INSTITUT FUER WASSERVERSORGUNG, ABWASSERBESEITIGUNG UND STADTBAUWESEN DER TH DARMSTADT DARMSTADT, PETERSENSTR. 13
VORHAB **untersuchung ueber die eigenschaften von schlaemmen aus anlagen zur phosphatelimination im hinblick auf eine weiterbehandlung**
das ziel des forschungsvorhabens ist die untersuchung der phosphatschlaemme. die eigenschaften der schlaemme sollen beschrieben werden, und es soll erprobt werden, wie diese eigenschaften die wirksamkeit und den erforderlichen aufwand der nachfolgenden weiterbehandlung beeinflussen. die arbeit soll dabei im wesentlichen auf die stufe der volumenverminderung durch wasserentzug eingehen. die behandlung des schlammes kann nicht isoliert von den faellungsmethoden betrachtet werden. angestrebt wird eine optimisierung unter einbeziehung der aus der literatur bekannten methoden der phophatfaellung und der weiterbehandlung des schlammes. je nach art der faellung, ob in der vorklaerung, simultan oder in einer dritten reinigungsstufe und je nach faellungsmittel koenneen zusammensetzung und verhalten der schlaeme so voneinander abweichen, dass fuer jeden schlamm je nach erzeugungsart ein abgewandeltes schema der weiterbehandlung gefunden werden muesste
S.WORT abwasserschlamm + phosphate + faellung + schlammbeseitigung
PROLEI PROF. DR. -ING. GUENTHER RINCKE
STAND 1.1.1974
QUELLE umweltforschungsplan 1974 des bmi
FINGEB BUNDESMINISTER DES INNERN
BEGINN 1.1.1972 ENDE 31.12.1974
G.KOST 132.000 DM
LITAN ZWISCHENBERICHT

KF -019
INST PROJEKTGRUPPE LEBENSRAUM HAARENNIEDERUNG DER UNI OLDENBURG OLDENBURG, AMMERLAENDER HEERSTR. 67-99
VORHAB **enzymatische polyphosphathydrolyse**
ca. die haelfte des phosphates in abwaessern stammt aus waschmitteln, in denen es als tripolyphosphat enthalten ist. biologisch (eutrophierend) wirksam ist orthophosphat. es entsteht durch mikrobiologische (enzymatische) hydrolyse aus tripolyphosphat. der prozess wurde bisher nicht bearbeitet. er soll in abwasserleitungen und klaeranlagen analysiert werden. mikroorganismen und ev. extracellulaere enzyme sollen isoliert und charakterisiert werden, der reaktionsmechanismus und die steuerbarkeit der reaktion bearbeitet werden. das vorkommen von polyphosphaten in von abwaessern unberuehrten gewaessern soll dazu beziehung gesetzt werden
S.WORT wasserverunreinigende stoffe + phosphate + eutrophierung + mikrobieller abbau
PROLEI PROF. DR. DIETER SCHULLER
STAND 12.8.1976
QUELLE fragebogenerhebung sommer 1976
ZUSAM - UNI BREMEN, ACHTERSTRASSE, 2800 BREMEN
- ARBEITSGRUPPE "RECYCLING" IN FACHGRUPPE "WASCHMITTELCHEMIE", GESELLSCHAFT DEUTSCHER CHEMIKER
BEGINN 1.9.1977 ENDE 30.9.1979
G.KOST 200.000 DM

KF -020
INST RUHRVERBAND UND RUHRTALSPERRENVEREIN ESSEN ESSEN 1, KRONPRINZENSTR. 37
VORHAB **weitergehende abwasserreinigung durch phosphatfaellung**
untersuchungen zur verbesserung von verfahren der 3. und 4. reinigungsstufe, durchfuehrung von versuchen zur eliminierung von phosphaten im ablauf der klaeranlage voellinghausen im rahmen der weitergehenden abwasserreinigung und als gegenmassnahme zur gewaessereutrophierung. voellinghausen liegt im talsperren-einzugsbereich
S.WORT abwasserreinigung + phosphate
PROLEI DIPL. -ING. ROESLER
STAND 1.1.1974
QUELLE umweltforschungsplan 1974 des bmi
FINGEB BUNDESMINISTER DES INNERN
BEGINN 1.1.1973 ENDE 31.12.1974
G.KOST 125.000 DM
LITAN ZWISCHENBERICHT 1974. 03

Weitere Vorhaben siehe auch:

KE -048 UNTERSUCHUNGEN UEBER DAS VERHALTEN PHOSPHATHALTIGER SCHLAEMME UNTER ANAEROBEN BEDINGUNGEN

LA -001
INST BUNDESANSTALT FUER GEWAESSERKUNDE
KOBLENZ, KAISERIN-AUGUSTA-ANLAGEN 15
VORHAB **internationales hydrologisches programm (ihp) - langzeitprogramm der unesco fuer hydrologie**
1. untersuchung der voraussetzungen der deutschen beteiligung. 2. aufstellen des deutschen forschungsprogramms in zusammenarbeit mit bundes- und landesstellen 3. abstimmung im internationalen rahmen der unesco
S.WORT hydrologie + forschungsplanung
STAND 15.11.1975
FINGEB BUNDESMINISTER DES INNERN
BEGINN 1.7.1974 ENDE 31.12.1979
G.KOST 2.920.000 DM

LA -002
INST FACHBEREICH VERSORGUNGSTECHNIK DER FH MUENCHEN
MUENCHEN 2, LOTHSTR.34
VORHAB **untersuchungen ueber das erfordernis einer ergaenzung der sicherheitstechnischen richtlinien zum befoerdern gefaehrdender fluessigkeiten**
erlass von richtlinien gemaess paragraph 19 des wasserhaushaltsgesetzes durch rechtsverordnung sollen gemaess paragraph 19a wasserhaushaltsgesetzes andere stoffe bestimmt werden, fuer die die derzeitige rechtsverordnung nicht vorgesehen ist. es muessen daher die anforderungen an fernleitungen festgelegt werden, die fuer diese anderen stoffe aus der sicht des gewaesserschutzes erforderlich sind
S.WORT gewaesserschutz + schadstofftransport + rechtsvorschriften
STAND 15.11.1975
FINGEB BUNDESMINISTER DES INNERN
BEGINN 1.1.1973 ENDE 31.12.1977
G.KOST 21.000 DM
LITAN - RICHTLINIE UEBER ANFORDERUNGEN ZUM BEFOERDERN DER NACH PAR. 19 A ABS. 2 NR. 2 WHG BESTIMMTEN WASSERGEFAEHRDENDEN STOFFE. IN: GMBL. (1975)
- RICHTLINIE FUER OELBINDER. IN: BEK. D. BMI V. 30. 10. 73, GMBL. (1973)

LA -003
INST GEOLOGISCHES LANDESAMT NORDRHEIN-WESTFALEN
KREFELD, DE-GREIFF-STR. 195
VORHAB **mitwirkung bei der festsetzung von wasserschutzzonen**
S.WORT wasserschutzgebiet
STAND 1.1.1974

LA -004
INST GROSSER ERFTVERBAND BERGHEIM
BERGHEIM, PAFFENDORFER WEG 42
VORHAB **abwasserlastplan teil ii (1980), fortlaufende untersuchungen des derzeitigen ist-zustandes**
der abwasserlastplan (teil ii) versucht die abwasserbelastung der erft fuer das jahr 1980 rechnerisch zu erfassen und durch gezielte massnahmen (bau von kommunalen und industriellen abwasserreinigungsanlagen) den guetezustand der erft zu verbessern
S.WORT abwasserbelastung + planungsmodell
ERFT
PROLEI DR. TEICHMANN
STAND 1.10.1974
BEGINN 1.1.1970
G.KOST 20.000 DM

LA -005
INST INFRATEST-INDUSTRIA GMBH & CO, INSTITUT FUER UNTERNEHMENSBERATUNG UND PRODUKTIONSGUETER-MARKTFORSCHUNG
MUENCHEN 19, SUEDLICHE AUFFAHRTSALLEE 75
VORHAB **gutachten zum entwurf eines abwasserabgabengesetzes**
zum entwurf eines abwasserabgabengesetzes werden bis zur kabinettsvorlage und waehrend der parlamentarischen beratung zu verschiedenen einzelproblemen -z. b. ermittlung der schaedlichkeit des abwassers, finanzielle auswirkungen der abgabe auf das preisgefuege, auswirkungen auf einzelne industriebranchen- auch im rahmen der rechtsvergleichenden arbeiten mit anderen staaten gutachten, berichte und dergleichen in auftrag gegeben werden muessen. gleiches trifft fuer untersuchungen im rahmen der bestimmungen der 4. novelle zum wasserhaushaltsgesetz fuer die themenbereiche "gewaesseguetestandards, anforderungen an das einleiten von abwasser" zu. hierfuer werden -ohne schon heute genaue arbeitsthemen angeben zu koennen- die in ziffer 4 angebenen mittel benoetigt
S.WORT abwasserabgabengesetz + gesetzesvorbereitung
STAND 15.11.1975
FINGEB BUNDESMINISTER DES INNERN
ZUSAM GESELLSCHAFT Z. FOERDERUNG D. FINANZWISSENSCHAFTLICHEN FORSCHUNG E. V. , UNI KOELN, 5 KOELN-LINDENTHAL
BEGINN 1.1.1974 ENDE 31.12.1976
G.KOST 136.000 DM

LA -006
INST INSTITUT FUER BRAUEREITECHNOLOGIE UND MIKROBIOLOGIE DER TU MUENCHEN
FREISING -WEIHENSTEPHAN
VORHAB **abwassertechnische gutachten und wasserwirtschaftliche beratung und erforschung von brauereien, maelzereien, getraenketechnologischen betrieben**
abwassermenge und abwasserfracht von biotechnologischen betrieben: abwassermenge: induktive messmethoden und venturikanalmessrinne, ph, temperatur. abwasserfracht: kmno4, csb, bsb5 (flaschenmethode und sapromat)
S.WORT brauereiindustrie + abwasserbehandlung + biotechnologie
PROLEI DIPL. -ING. ARMIN KOLLER
STAND 21.7.1976
QUELLE fragebogenerhebung sommer 1976
LITAN - KOLLER, A.: DAS ABWASSER IN DER BRAUEREI - ANFALL UND BEEINFLUSSUNG. IN: BRAUWELT (85) S. 1835-1841(1974)
- MAENDL, B.;KOLLER, A.: AKTUELLE ABWASSERPROBLEME IN BRAUEREIEN. IN: BRAUWISSENSCHAFT (10) S. 265-273(1974)
- KOLLER, A.: AUSTRAGEN DER KIESELGUR-BELASTUNG DES ABWASSERS. IN: BRAUWELT (54) S. 1167-1170(1974)

LA -007
INST INSTITUT FUER HEISSE CHEMIE DER GESELLSCHAFT FUER KERNFORSCHUNG MBH
KARLSRUHE, POSTFACH 3640
VORHAB **datenverarbeitung im eurocop-cost projekt 64b: analyse der organischen mikroverunreinigung im wasser**
einrichtung einer gaschromatographie-massenspektrometrie-datenbibliothek fuer wasserverunreinigungen. koordinierung des austausches von gaschromoatographie-massenspektridaten zwischen den einzelnen mitarbeitenden laboratorien in 12 europaeischen laendern (bundesrepublik deutschland, daenemark, frankreich, grossbritannien, irland, italien, jugoslawien, niederlande, norwegen, portugal, schweiz, spanien)
S.WORT wasserverunreinigung + gaschromatographie + datenbank
PROLEI DR. PETER GROLL
STAND 22.7.1976
QUELLE fragebogenerhebung sommer 1976
BEGINN 1.10.1973

LA -008
INST INSTITUT FUER HYDROBIOLOGIE UND FISCHEREIWISSENSCHAFT DER UNI HAMBURG
HAMBURG 50, OLBERSWEG 24

VORHAB **untersuchungen zur grenzwertbestimmung bei abwassereinleitungen**
die von den aufsichtsbehoerden zugelassenen hoechstkonzentrationen und auflagen bei der einleitung von abwaessern in unsere gewaesser basieren zu einem erheblichen teil auf messungen der aktuellen giftigkeit des schadstoffes bei testorganismen. hierbei handelt es sich vor allem um den sogenannten "goldorfentest". die untersuchungen sollen kritisch die aussagefaehigkeit dieser testmethode analysieren. da die testfische (goldorfen) waehrend des testes unter sonst optimalen umweltbedingungen gehalten werden, werden im experiment die im natuerlichen milieu meist unguenstigen umweltbedingungen kuenstlich simuliert
S.WORT abwasserabgabe + grenzwerte + bioindikator + gewaesserverunreinigung
PROLEI PROF. DR. KURT LILLELUND
STAND 30.8.1976
QUELLE fragebogenerhebung sommer 1976
FINGEB MINISTER FUER ERNAEHRUNG, LANDWIRTSCHAFT UND FORSTEN, DUESSELDORF
BEGINN 1.1.1974 ENDE 31.12.1977

LA -009

INST INSTITUT FUER SIEDLUNGS- UND WOHNUNGSWESEN DER UNI MUENSTER
MUENSTER, AM STADTGRABEN 9
VORHAB **abwasser und umweltschutz**
konstruktion und auffuellung eines abwassermodells
S.WORT abwasser + umweltschutz + (abwassermodell)
PROLEI PROF. DR. R. THOSS
STAND 1.1.1974
QUELLE erhebung 1975
FINGEB DEUTSCHE FORSCHUNGSGEMEINSCHAFT
BEGINN 1.1.1970 ENDE 31.12.1975

LA -010

INST INSTITUT FUER SIEDLUNGSWASSERWIRTSCHAFT DER TH AACHEN
AACHEN, MIES-VAN-DER-ROHE-STR. 1
VORHAB **internationale vergleichende darstellung der belastung der papierindustrie durch abwasserabgaben**
untersucht werden sollen die regelungen frankreichs, der niederlande, der ddr und der bundesrepublik deutschland (entwurf des abwasserabgabengesetzes). grundlage der untersuchung bildet das gutachten von professor dr. guenther rincke vom mai 1975 ueber "einzel- und volkswirtschaftliche auswirkungen des geplanten abwasserabgabengesetzes auf die papier- und zellstoffindustrie" (untersuchung nur im nationalen bereich). als ergebnis soll eine vergleichende darstellung gefunden werden ueber a) die belastung durch abwasserabgaben nach den einzelnen nationalen regelungen, b) die belastung durch vermeidungsmassnahmen unter einschluss der zu den einzelnen regelungen zu gewaehrenden beihilfen, zuschuesse und dergleichen
S.WORT abwasserabgabe + papierindustrie + oekonomische aspekte + internationaler vergleich
PROLEI PROF. DR. JOHANNES REICHERT
STAND 20.11.1975
FINGEB BUNDESMINISTER DES INNERN
BEGINN 23.10.1975 ENDE 31.3.1976
G.KOST 27.000 DM

LA -011

INST INSTITUT FUER VERFAHRENSTECHNIK DER TH AACHEN
AACHEN, TURMSTR. 46
VORHAB **wirtschaftliche verfahren zur intensivbehandlung kommunaler abwaesser**
in zukunft muessen neben den organischen verunreinigungen auch salze und biologisch nicht abbaubare stoffe aus kommunalen abwaessern eliminiert werden. ziel: ermittlung wirtschaftlicher verfahren unter besonderer beruecksichtigung der entsalzungsstoffe, mit der zusaetzlichen forderung, dass die salze in fester form (deponierbar) anfallen
S.WORT kommunale abwaesser + entsalzung + oekonomische aspekte
PROLEI DIPL. -ING. HOECK
STAND 1.1.1974
FINGEB MINISTER FUER ERNAEHRUNG, LANDWIRTSCHAFT UND FORSTEN, KIEL
ZUSAM - INST. F. METALLURGIE DER KERNBRENNSTOFFE U. THEORETISCHE HUETTENKUNDE D. RWTH AACHEN, 51 AACHEN
- INST. F. SIEDLUNGSWASSERWIRTSCHAFT D. RWTH AACHEN, 51 AACHEN, MIES-VAN-DER-ROHE-STR.
BEGINN 1.1.1972 ENDE 31.12.1974
G.KOST 112.000 DM
LITAN - RAUTENBACH. ZWISCHENBERICHT: PROJEKTTITEL, KOSTENTRAEGER, (JAN 1974)
- ZWISCHENBERICHT 1974. 06

LA -012

INST INSTITUT FUER VOELKERRECHT DER UNI BONN
BONN 1, ADENAUERALLEE 24-42
VORHAB **der umweltschutz auf hoher see**
nationale umweltschutzvorschriften fuer den bereich der see, voelkerrechtliche zulaessigkeit
S.WORT umweltschutz + rechtsvorschriften + (hohe see)
PROLEI DR. RUEDIGER WOLFRUM
STAND 13.8.1976
QUELLE fragebogenerhebung sommer 1976
LITAN - BERICHTE DER DEUTSCHEN GESELLSCHAFT FUER VOELKERRECHT. (1975)
- VERFASSUNG UND RECHT IN UEBERSEE. S. 201-219(1975)
- ENDBERICHT

LA -013

INST INSTITUT FUER WASSER-, BODEN- UND LUFTHYGIENE DES BUNDESGESUNDHEITSAMTES
BERLIN 33, CORRENSPLATZ 1
VORHAB **verbesserung der bewertungsgrundlagen fuer die abwasserabgabe**
die entwicklung in der technik, vor allem die veraenderungen der herstellungsverfahren technischer produkte veraendert laufend die beschaffenheit der anfallenden abwaesser. daher ist es erforderlich, die bewertungsgrundlagen fuer die abwaesser dieser entwicklung anzupassen entsprechend die pauschaltabellen zu revidieren
S.WORT abwasserabgabengesetz + bewertungskriterien
STAND 1.12.1975
FINGEB BUNDESMINISTER DES INNERN
BEGINN 1.1.1975 ENDE 31.12.1976
G.KOST 348.000 DM

LA -014

INST INSTITUT FUER WASSER-, BODEN- UND LUFTHYGIENE DES BUNDESGESUNDHEITSAMTES
BERLIN 33, CORRENSPLATZ 1
VORHAB **entwicklung von bewertungsgrundlagen fuer wassergefaehrdende stoffe im hinblick auf transportvorschriften**
es soll festgestellt werden, ob eine klassifizierung nach einheitlichen methoden moeglich ist bzw. welche zusaetzlichen kriterien oder vorschriften erforderlich sind. teil i einfluss mikrobiologischer gegebenheiten auf bakterientest. teil ii einfluss physikalisch-chemischer parameter
S.WORT wassergefaehrdende stoffe + umweltchemikalien + transport
STAND 15.11.1975
FINGEB BUNDESMINISTER DES INNERN
BEGINN 1.1.1972 ENDE 31.12.1977
G.KOST 515.000 DM

LA -015

INST INSTITUT FUER WASSER-, BODEN- UND LUFTHYGIENE DES BUNDESGESUNDHEITSAMTES
BERLIN 33, CORRENSPLATZ 1

VORHAB **vergleichende untersuchungen ueber verhalten und wirkung wassergefaehrdender stoffe zur festlegung von toleranzwerten und transport solcher stoffe**
in den zu erarbeitenden verordnungen muessen grenzwerte fuer verpackungslagerungs- und unfallmeldevorschriften aufgestellt werden. etwa fuenf einschlaegige testverfahren werden durch reihenversuche mit verschiedenen stoffen in mehreren instituten auf ihre anwendbarkeit untersucht
S.WORT wassergefaehrdende stoffe + toleranzwerte + transport
STAND 15.11.1975
FINGEB BUNDESMINISTER DES INNERN
BEGINN 1.1.1972 ENDE 31.12.1977
G.KOST 718.000 DM

LA -016

INST INSTITUT FUER WASSERVERSORGUNG, ABWASSERBESEITIGUNG UND STADTBAUWESEN DER TH DARMSTADT
DARMSTADT, PETERSENSTR. 13
VORHAB **einzel- und volkswirtschaftliche auswirkungen des geplanten abwasserabgabengesetzes auf die papier- und zellstoffindustrie**
quantifizierung der social costs im anwendungsmodell. aufzeigen der einzel- und volkswirtschaftlichen auswirkungen der internalisierung der social costs am beispiel eines industriezweiges (papierfabriken-abwasser)
S.WORT abwasserabgabengesetz + papierindustrie + oekonomische aspekte
PROLEI PROF. DR. -ING. GUENTHER RINCKE
STAND 1.1.1975
QUELLE umweltforschungsplan 1975 des bmi
FINGEB BUNDESMINISTER DES INNERN
BEGINN 1.1.1974 ENDE 31.5.1975
G.KOST 40.000 DM

LA -017

INST INSTITUT FUER WASSERVERSORGUNG, ABWASSERBESEITIGUNG UND STADTBAUWESEN DER TH DARMSTADT
DARMSTADT, PETERSENSTR. 13
VORHAB **wirtschaftliche auswirkungen der vorgesehenen abwasserabgabe auf abwasserintensive produktionszweige**
groessenordnungsmaessige ermittlung bzw. sachgerechte schaetzung von - moeglichen vermeidungsmassnahmen (stand der technik, bezogen auf csb), - kosten dieser vermeidungsmassnahmen, - verbleibenden restschaedlichkeiten (auf csb-basis) und-gesamtbelastungen (vermeidungskosten und restabgabe)
S.WORT abwasserabgabengesetz + oekonomische aspekte + industrie
PROLEI PROF. DR. -ING. GUENTHER RINCKE
STAND 15.11.1975
FINGEB BUNDESMINISTER DES INNERN
BEGINN 1.11.1974 ENDE 31.12.1976
G.KOST 250.000 DM

LA -018

INST INSTITUT FUER WASSERVERSORGUNG, ABWASSERBESEITIGUNG UND STADTBAUWESEN DER TH DARMSTADT
DARMSTADT, PETERSENSTR. 13
VORHAB **gutachten ueber die notwendigkeit neuer bundeseinheitlicher vorschriften fuer den wasserhaushalt**
das gutachten soll sich insbesondere auf die teilgebiete - lagern wassergefaehrdender stoffe - gewaessergueteregelungen wie regelungen ueber gewaesserguetestandards und anforderungen an abwassereinleitungen - einfuehrung einer abwasserabgabe - erstrecken
S.WORT wasserhaushaltsgesetz + gewaesserguete + abwasserabgabengesetz
PROLEI PROF. DR. -ING. GUENTHER RINCKE
STAND 1.1.1975
QUELLE umweltforschungsplan 1975 des bmi
FINGEB BUNDESMINISTER DES INNERN
BEGINN 1.1.1974 ENDE 31.1.1975
G.KOST 42.000 DM

LA -019

INST KRAUSE, G., DIPL.-ING.
ESSEN, STAUSEEBOGEN 107
VORHAB **schwierigkeiten und moegliche gefaehrdungen der gewaesser bei der lagerung wassergefaehrdender stoffe durch unterschiedliche laendervorschriften**
die arbeitsgruppe wassergesetze des innenausschusses des bundestages hat um eine uebersicht ueber die faelle der praxis gebeten, durch die deutlich wird, welche probleme und schwierigkeiten bei der lagerung wassergefaehrdender stoffe zusaetzlich durch unterschiedliche laendervorschriften aufgetreten sind
S.WORT wassergefaehrdende stoffe + lagerung + gewaesserbelastung
PROLEI DIPL. -ING. G. KRAUSE
STAND 1.1.1974
QUELLE umweltforschungsplan 1974 des bmi
FINGEB BUNDESMINISTER DES INNERN
BEGINN 1.8.1974 ENDE 30.9.1974
G.KOST 2.000 DM

LA -020

INST RAT VON SACHVERSTAENDIGEN FUER UMWELTFRAGEN
WIESBADEN, GUSTAV-STRESEMANN-RING 11
VORHAB **abwasserabgabe**
ziele, moeglichkeiten und gestaltungskriterien einer abwasserabgabe einschliesslich der wirkungen auf konjunktur und preisgefuege
S.WORT abwasserabgabe + oekonomische aspekte + gutachten
BUNDESREPUBLIK DEUTSCHLAND
PROLEI PROF. DR. -ING. GUENTHER RINCKE
STAND 22.7.1976
QUELLE fragebogenerhebung sommer 1976
BEGINN 1.1.1974 ENDE 28.2.1974
LITAN ENDBERICHT

LA -021

INST RHEINMETALL GMBH
DUESSELDORF, ULMENSTR. 125
VORHAB **entwicklung eines modells zur bewertung und auswahl von massnahmen (incl. anlagen) zur vermeidung und behandlung umweltbelastender industrieller abwasser**
ziel der studie ist es, ein planungsinstrument zu schaffen, dessen anwendung auf die betriebliche abwassersituation unter beruecksichtigung betriebswirtschaftlicher gesichtspunkte den betrieben entscheidungsgrundlagen liefert, ihre abwassersituation sowohl belastungsarm als auch kostenguenstig zu gestalten. angewandt werden sowohl methoden der zielanalyse, nutzwertmodelle als auch verfahren des wirtschaftlichkeitsvergleichs
S.WORT industrieabwaesser + abwassertechnik + oekonomische aspekte
PROLEI DIPL. -PHYS. RUEDIGER VERKAMP
STAND 29.7.1976
QUELLE fragebogenerhebung sommer 1976

LA -022

INST TECHNISCHER UEBERWACHUNGSVEREIN RHEINLAND E.V.
KOELN 91, KONSTANTIN-WILLE-STR. 1
VORHAB **untersuchungen der sicherheitstechnischen richtlinien fuer fernleitungen (rff 1971) hinsichtlich der bedingungen und auflagen fuer kuestengewaesser und hohe see**
richtlinien gemaess paragraph 19 des wasserhaushaltsgesetzes die zur befoerderung der in paragraph 19a des wasserhaushaltsgesetzes genannten stoffe bestehenden richtlinien muessen ausgedehnt werden auf die besonderen anforderungen an fernleitungen in kuestengewaessern und auf hoher see. es sind daher die kriterien zusammenzustellen, die

hierbei besonders relevant sind (seegang, erosion, sandgeschiebe, stroemung, gezeiten) und hieraus die bestimmten anforderungen festgelegt werden
S.WORT pipeline + meer + kuestengewaesser + richtlinien + wasserhaushaltsgesetz
STAND 1.1.1974
QUELLE umweltforschungsplan 1974 des bmi
FINGEB BUNDESMINISTER DES INNERN
BEGINN 1.1.1973 ENDE 31.12.1974
G.KOST 50.000 DM

LA -023
INST UMWELTAMT DER STADT KOELN
KOELN, EIFELWALL 7
VORHAB abwasseruntersuchung nach paragraph 81 wassergesetz nordrhein-westfalen
S.WORT abwasserkontrolle + gesetz
NORDRHEIN-WESTFALEN
PROLEI DIPL. -CHEM. RATHE
STAND 1.1.1974
FINGEB REGIERUNGSPRAESIDENT KOELN
BEGINN 1.1.1965
G.KOST 30.000 DM

LA -024
INST UMWELTAMT DER STADT KOELN
KOELN, EIFELWALL 7
VORHAB frisch- und brauchwasseruntersuchung nach paragraph 11 bundesseuchengesetz bzw. paragraph 79 wassergesetz nordrhein-westfalen
S.WORT wasseruntersuchung + gesetz + bundesseuchengesetz
NORDRHEIN-WESTFALEN
PROLEI DR. SCHEIDER
STAND 1.1.1974
FINGEB STADT KOELN
ZUSAM - GESUNDHEITSAMT STADT KOELN, 5 KOELN, NEUMARKT 15-21
- UNTERE WASSERBEHOERDE STADT KOELN

LA -025
INST WIBERA WIRTSCHAFTSBERATUNG
DUESSELDORF, ACHENBACHSTR. 43
VORHAB untersuchung ueber den durch erhebung einer abwasserabgabe entstehenden verwaltungsaufwand
entwurf eines gesetzes ueber abgaben fuer das einleiten von abwasser in gewaesser (abwasserabgabengesetz). darstellung und wertung der faktoren des fuer den durch die erhebung der abwasserabgabe entstehenden verwaltungsaufwandes fuer die ermittlung der schaedlichkeit des eingeleiteten abwassers bei den abgabenpflichtigen (pauschaltabelle, besondere messung) oder bei den behoerden (nachpruefung, veranlagung, einziehung und verwaltung der abwasserabgabe)
S.WORT abwasserabgabengesetz + verwaltung + oekonomische aspekte
STAND 1.1.1975
QUELLE umweltforschungsplan 1975 des bmi
FINGEB BUNDESMINISTER DES INNERN
BEGINN 1.1.1973 ENDE 31.12.1975
G.KOST 73.000 DM

Weitere Vorhaben siehe auch:

HD -013 BEWERTUNG VON WASSERINHALTSSTOFFEN
HE -034 WIRTSCHAFTLICHKEITSUNTERSUCHUNGEN IN DER WASSERVORRATSWIRTSCHAFT
KA -019 VERBESSERUNG UND VEREINHEITLICHUNG DER "CSB-METHODIK" AUF DER BASIS DER KALIUMDICHROMATOXIDATION IM HINBLICK AUF DAS ABWASSERABGABENGESETZ
KC -023 WIRTSCHAFTLICHE BESEITIGUNG DER ABLAUGEN DER ZELLSTOFFINDUSTRIE UNTER BERUECKSICHTIGUNG LANDWIRTSCHAFTSHYGIENISCHER FORDERUNGEN
KC -070 AUSWAHL UMWELTFREUNDLICHER PRODUKTIONS- UND ABWASSERREINIGUNGSVERFAHREN FUER GALVANIK UND HAERTEREI
KE -018 MODELLIERUNG UND OPTIMIERUNG VON BELEBTSCHLAMMANLAGEN
KE -041 ERARBEITUNG VON EINHEITLICHEN VORSTELLUNGEN ZUR BEURTEILUNG VON ABWASSERREINIGUNGSANLAGENTEILEN UND ABWASSERREINIGUNGSSYSTEMEN
KE -042 UNTERSUCHUNG UEBER DIE BAU- UND BETRIEBSKOSTEN VON BIOLOGISCHEN ODER ENTSPRECHEND WIRKSAMEN KLAERANLAGEN
MA -021 EMISSIONS-KATASTER WASSER/ABFALL

MA -001
INST BATTELLE-INSTITUT E.V.
FRANKFURT 90, AM ROEMERHOF 35
VORHAB **verwertung von muellkompost; kunststoffmuell, kuenftiger anfall, beseitigung**
S.WORT muellkompost + kunststoffabfaelle + abfallbeseitigung + prognose
STAND 1.1.1974

MA -002
INST BAUBEHOERDE DER FREIEN UND HANSESTADT HAMBURG
HAMBURG, STADHAUSBRUECKE 12
VORHAB **automatisierung der ermittlung von abfuhrplaenen fuer system- und muellfahrzeuge (abfuhr von 35/1101-muellgefaessen)**
rationalisierung der einsatzplanung fuer muellfahrzeuge zur hausmuellentsorgung in der stadt hamburg durch anwendung v on datenverarbeitungsanlagen
S.WORT abfalltransport + entsorgung + datenverarbeitung
HAMBURG
STAND 6.1.1975
FINGEB BUNDESMINISTER FUER FORSCHUNG UND TECHNOLOGIE
ZUSAM DEUTSCHE DATEL-GESELLSCHAFT FUER DATENFERNVERARBEITUNG MBH, 2 HAMBURG 70, KEDENBURGSTR. 53
BEGINN 1.1.1974 ENDE 31.5.1975
G.KOST 390.000 DM

MA -003
INST BERLINER STADTREINIGUNGSBETRIEBE
BERLIN 42, RINGBAHNSTR. 96
VORHAB **umschlag von festen, fluessigen und pastoesen siedlungs- und industrieabfaellen**
errichtung einer umladestation: a) feste siedlungs- und industrieabfaelle: sammeln, verdichten und verladen. das verladen aller abfallstoffe (auch sperriger) soll ohne vorgeschaltete zerkleinerungseinrichtung moeglich sein. das verladen erfolgt in container. die abfaelle sind so zu verdichten, dass im container eine gleichmaessige dichte von 550 kg/m hoch 3 erreicht wird. alle vorgaenge sollen weitestgehend automatisch erfolgen. b) fluessige und pastoese abfaelle: sammeln und verladen
S.WORT siedlungsabfaelle + industrieabfaelle + abfalltransport + abfallsammlung
BERLIN (WEST)
PROLEI MANFRED KRUEGER
STAND 13.8.1976
QUELLE fragebogenerhebung sommer 1976
FINGEB SENAT VON BERLIN
BEGINN 1.7.1974
G.KOST 150.000.000 DM

MA -004
INST BERLINER STADTREINIGUNGSBETRIEBE
BERLIN 42, RINGBAHNSTR. 96
VORHAB **ferntransport von festen, pastoesen und fluessigen siedlungs- und industrieabfaellen**
a) fuer den transport von festen siedlungs- und industrieabfaellen von umschlaganlagen auf deponien sollen sattelzuege mit wechselbaren containern eingesetzt werden. das containervolumen ist unter zugrundelegung einer mittleren abfalldichte von 500 kg/m hoch 3 im fahrzeug in anlehnung an die verbleibende nutzlast des sattelzuges zu bestimmen. die befuellung des containers erfolgt im abgesetzten zustand. alle vorgaenge sollen weitesgehend automatisch erfolgen. b) fuer den transport von fluessigen abfaellen soll ein sattelzug in ausfuehrung der gefahrenklasse ai verwendet werden. das entleeren geschieht mittels ausschubkolben (nicht durch kippen des behaelters)
S.WORT industrieabfaelle + siedlungsabfaelle + abfalltransport
BERLIN (WEST)
PROLEI UDO RAASCH
STAND 13.8.1976
QUELLE fragebogenerhebung sommer 1976
FINGEB SENAT VON BERLIN
BEGINN 1.12.1974
G.KOST 34.000.000 DM

MA -005
INST CENTRALSUG GMBH
HAMBURG 76, WANDSBEKER STIEG 37
VORHAB **pneumatische muellsauganlagen (verschiedene projekte)**
S.WORT muellsauganlage + verfahrenstechnik
PROLEI BUSCHMANN
STAND 1.1.1974

MA -006
INST DORNIER SYSTEM GMBH
FRIEDRICHSHAFEN, POSTFACH 1360
VORHAB **untersuchung ueber glas im hausmuell**
untersuchung ueber die aussagefaehigkeit vorhandener muellanalysen, spezielle probleme bei beseitigung und transport von glas
S.WORT hausmuell + glas
PROLEI DIPL. -ING. ROLF SCHILLER
STAND 1.1.1974
FINGEB FACHVERBAND HOHLGLASINDUSTRIE E. V. , DUESSELDORF
BEGINN 1.12.1973 ENDE 31.5.1974
G.KOST 55.000 DM

MA -007
INST DORNIER SYSTEM GMBH
FRIEDRICHSHAFEN, POSTFACH 1360
VORHAB **untersuchung ueber die trennung und verwertung von papier und glas aus hausmuell, dargestellt am beispiel konstanz**
untersuchung ueber die bereitschaft der bevoelkerung zur mitarbeit bei der getrennten hausmuellsammlung (glas, papier), fragen der organisation, vermarktung und des finanziellen aufwandes sowie der oeffentlichkeitsarbeit werden untersucht. vorgehen: anhand verschieden strukturierter siedlungsgebiete (siedlungsform: offene, geschlossene bauweise, hochhaeuser, sozialstruktur: hohe arbeiteranteile oder hohe anteile beamte/angestellte) werden unterschiedliche sammelsysteme fuer die getrennte abfuhr von wertstoffen aus haushalten in einem modellversuch in konstanz getestet
S.WORT abfallsortierung + hausmuell + papier + glas + recycling
KONSTANZ + BODENSEE-HOCHRHEIN
PROLEI DIPL. -ING. ROLF SCHILLER
STAND 10.9.1976
QUELLE fragebogenerhebung sommer 1976
FINGEB UMWELTBUNDESAMT
ZUSAM - INST. F. SIEDLUNGSWESEN DER UNI STUTTGART, BANDTAELE 1, 7000 STUTTGART 30
- INST. F. PSYCHOLOGIE UND SOZIOLOGIE DER UNI KONSTANZ, KIEFERNWEG 16, 5032 EFFEREN
BEGINN 1.11.1974 ENDE 31.12.1976
G.KOST 560.000 DM
LITAN SCHILLER, R.;SCHNELL, C.: MODELLVERSUCH IN KONSTANZ ZUR RUECKGEWINNUNG VON WERTSTOFFEN AUS DEM HAUSMUELL. IN: DORNIER-POST 3-4075, DORNIER, 799 FRIEDRICHSHAFEN, PF 317

MA -008
INST FACHBEREICH PSYCHOLOGIE UND SOZIOLOGIE DER UNI KONSTANZ
KONSTANZ, UNIVERSITAETSSTR. 10
VORHAB **die bereitschaft zur mitarbeit von bevoelkerungsgruppen bei sammelaktionen von getrenntem hausmuell, motivuntersuchung der universitaet konstanz**
in vier sammelbezirken werden mit hilfe von befragungen korrelationen zwischen wohnsituation, sozialverhalten und sammelmotivation ermittelt
S.WORT abfallsammlung + hausmuell + (mitarbeit der bevoelkerung)
KONSTANZ + BODENSEE-HOCHRHEIN
PROLEI ING. GRAD. SCHAEFER

STAND 3.12.1975
FINGEB BUNDESMINISTER DES INNERN
BEGINN 1.11.1975 ENDE 31.12.1976
G.KOST 109.000 DM

MA -009

INST FACHBEREICH WERKSTOFFTECHNIK DER FH OSNABRUECK
OSNABRUECK, ALBRECHTSTR. 30
VORHAB **sonderabfaelle (industriemuell) im einzugsbereich der stadt und des landkreises osnabrueck: erfassung, beseitigung, verwertung**
moeglichst vollstaendige erfassung des sondermuells, auswertung hinsichtlich menge, herkunft, zusammensetzung, relation tonne produkt zu tonne produktspezifischem abfall. untersuchung der derzeitigen beseitigungsmethode. zielsetzung: ausarbeitung von vorschlaegen fuer das recycling oder andere verwertung; verfahrensauswahl, produktentwicklung, wirtschaftlichkeitsrechnungen
S.WORT sondermuell + abfallbehandlung + verfahrensentwicklung + wirtschaftlichkeit
OSNABRUECK (STADT-LANDKREIS)
PROLEI DR. FRIEDRICH VOHWINKEL
STAND 21.7.1976
QUELLE fragebogenerhebung sommer 1976
ZUSAM INDUSTRIE- UND HANDELSKAMMER, NEUER GRABEN 38, 4500 OSNABRUECK
BEGINN 1.9.1976
G.KOST 5.000 DM

MA -010

INST GOEPFERT, PETER, DIPL.-ING. UND REIMER, HANS, DR.-ING., VBI-BERATENDE INGENIEURE
HAMBURG 60, BRAMFELDER STR. 70
VORHAB **sammlung von kunststoffabfaellen**
es werden kriterien fuer die auslegung von optimalen sammelsystemen fuer kunststoffabfaelle erarbeitet. das ausgewaehlte optimale system wird in einer noch festzulegenden region im bundesgebiet modellhaft erprobt. vorhabenziel ist, eine wirtschaftliche rueckfuehrung der kunststoffabfaelle zu ihrer verwertung zu erreichen
S.WORT abfallsammlung + kunststoffabfaelle
PROLEI DR. -ING. ADOLF NOTTRODT
STAND 5.12.1975
FINGEB - BUNDESMINISTER DES INNERN
- VERBAND KUNSTSTOFFERZEUGENDE INDUSTRIE UND VERWANDTE GEBIETE E. V. , FRANKFURT
ZUSAM INSTITUT FUER KUNSTSTOFFVERARBEITUNG, PONTSTRASSE 49, 5100 AACHEN
BEGINN 1.10.1975 ENDE 30.9.1976
G.KOST 213.000 DM

MA -011

INST INDUSTRIEANLAGEN-BETRIEBSGESELLSCHAFT MBH (IABG)
OTTOBRUNN, EINSTEINSTR.
VORHAB **projektbegleitung der ccms pilotstudie "gefaehrliche abfaelle"**
die deutsche leitstudie "gefaehrliche abfaelle" soll ueber einen zeitraum von 3 jahren richtlinien der sonderabfallbeseitigung erarbeiten. fuer die studie ist eine projektbegleitung vorgesehen, die folgende aufgaben umfasst: a) betreuung und auswertung der internationalen studienbeitraege b) aufbau eines informationswesens fuer sonderabfaelle c) koordination und vorbereitung von expertentreffen d) aufbau von organisationsformen der sonderabfallbeseitigung
S.WORT abfallbeseitigung + sondermuell + richtlinien
PROLEI ING. GRAD. TAUNYS
STAND 1.1.1975
QUELLE umweltforschungsplan 1975 des bmi
FINGEB BUNDESMINISTER DES INNERN
ZUSAM DORNIER-SYSTEM, POSTFACH 317, 799 FRIEDRICHSHAFEN; RECYCLING VON SONDERABFAELLEN
BEGINN 1.1.1974 ENDE 31.12.1975
G.KOST 155.000 DM

MA -012

INST INSTITUT FUER ABFALLWIRTSCHAFT DER TU BERLIN
BERLIN 12, STRASSE DES 17. JUNI 135
VORHAB **trennung von papier aus haushaltsabfaellen**
das projekt hat die papierrueckgewinnung aus haushaltsabfaellen zum ziel. es sollen insbesondere die auswirkungen der unterschiedlichen sortierbedingungen auf die papierqualitaet untersucht werden. die papiertechnologischen untersuchungen von laborblaettern aus hausmuellaltpapier werden in abhaengigkeit der teilchengroesse des hausmuells, der hausmuellzusammensetzung, der dosierung und der windsichtgeschwindigkeit gemessen
S.WORT hausmuell + abfallsortierung + papier
PROLEI DIPL. -ING. DIETER FASSNACHT
STAND 10.9.1976
QUELLE fragebogenerhebung sommer 1976
ZUSAM - BERLINER STADTREINIGUNGSBETRIEBE, RINGBAHNSTR. , 1000 BERLIN 42
- GOTTWALD & CO. KARTON UND PAPIERFABRIK GMBH, WIESENDAMM 20-38, 1000 BERLIN 20
BEGINN 1.1.1975 ENDE 31.12.1976
G.KOST 20.000 DM
LITAN ZWISCHENBERICHT

MA -013

INST INSTITUT FUER ANGEWANDTE INFORMATIK DER TU BERLIN
BERLIN 12, STRASSE DES 17. JUNI 135
VORHAB **untersuchung des zusammenhanges zwischen hausmuellzusammensetzung und dem betrieb verschiedener abfallbeseitigungsanlagen**
mit hilfe einer mobilen sortierstation werden aus verschiedenen sammelgebieten muellanalysen durchgefuehrt. die erhaltenen daten bilden die grundlage fuer den betrieb und die zukuenftige planung von beseitigungsanlagen. mit den dadurch gewonnenen erkenntnissen werden vorhandene probenplaene erweitert und verbessert
S.WORT hausmuellsortierung + abfallbeseitigungsanlage
PROLEI DIPL. -ING. PETER GOESSELE
STAND 8.12.1975
FINGEB BUNDESMINISTER DES INNERN
BEGINN 1.12.1975 ENDE 31.10.1976
G.KOST 290.000 DM
LITAN ZWISCHENBERICHT

MA -014

INST INSTITUT FUER AUFBEREITUNG, KOKEREI UND BRIKETTIERUNG DER TH AACHEN
AACHEN, WUELLNERSTR. 2
VORHAB **entwicklung von verfahren zur sortierung von hausmuell**
recycling von hausmuell. untersuchung eines sortierverfahrens auf trockenem wege (windsichtung, elektrostatik), das ohne wasserverschmutzung arbeiten kann
S.WORT hausmuellsortierung + recycling + verfahrensentwicklung
PROLEI PROF. DR. -ING. HOBERG
STAND 1.1.1975
QUELLE umweltforschungsplan 1975 des bmi
FINGEB BUNDESMINISTER DES INNERN
BEGINN 1.1.1972 ENDE 31.12.1975
G.KOST 359.000 DM
LITAN - HOBERG,H.;SCHULZ,E.: ENTWICKLUNG EINES VERFAHRENS ZUR AUFBEREITUNG VON HAUSMUELL. IN:MUELL UND ABFALL (6) S.263-268(1974)
- HOBERG,H.;SCHULZ,E.: NEUES AUFBEREITUNGSVERFAHREN ZUR RUECKGEWINNUNG VON WERTSTOFFEN AUS HAUSMUELL. IN:DER STAEDTETAG S.254-257(1975)
- HOBERG,H.;SCHULZ,E.:ENTWICKLUNG EINES VERFAHRENS ZUR AUFBEREITUNG VON HAUSMUELL.IN:MUELL UND ABFALL 6 S.263-268 (1974)

MA -015

INST INSTITUT FUER AUFBEREITUNG, KOKEREI UND BRIKETTIERUNG DER TH AACHEN
AACHEN, WUELLNERSTR. 2

VORHAB **entwicklung und erprobung technischer moeglichkeiten zur feinsortierung von erzeugnissen der hausmuellaufbereitung**
die bei der aufbereitung von hausmuell erhaltenen fraktionen "altglas" und "nichteisenmetalle" sollen mit geeigneten verfahren einer weitergehenden feinsortierung unterzogen werden. altglas: 1. erprobung von dichtesortierverfahren zur weitgehenden abscheidung der bei der glasherstellung stoerenden keramischen verunreinigungen. 2. untersuchungen zur farblichen trennung des abfallglases mit dem ziel der erzeugung optimal verwertbarer glaskonzentrate nichteisenmetalle: untersuchung der eignung einer sogenannten "magnetischen fluessigkeit" zur dichtetrennung der verschiedenen metalle
S.WORT hausmuellsortierung + altglas + ne-metalle
STAND 20.11.1975
FINGEB BUNDESMINISTER DES INNERN
BEGINN 15.8.1975 ENDE 15.8.1976
G.KOST 98.000 DM
LITAN ZWISCHENBERICHT

MA -016
INST INSTITUT FUER BODENBIOLOGIE DER FORSCHUNGSANSTALT FUER LANDWIRTSCHAFT BRAUNSCHWEIG, BUNDESALLEE 50
VORHAB **bilanzierungsversuch zur pca-anreicherung in muellkomposten**
S.WORT abfallstoffe + muellkompost + (pca-anreicherung)
PROLEI PROF. DR. KLAUS H. DOMSCH
STAND 1.1.1976
QUELLE mitteilung des bundesministers fuer ernaehrung,landwirtschaft und forsten
FINGEB BUNDESMINISTER FUER FORSCHUNG UND TECHNOLOGIE
BEGINN ENDE 31.12.1978

MA -017
INST INSTITUT FUER KUNSTSTOFFVERARBEITUNG DER TH AACHEN
AACHEN, PONTSTR. 49
VORHAB **erfassung von kunststoffabfaellen**
durch erhebungen in den bereichen der kunststofferzeugung, -verarbeitung und -verwendung soll eine zahlenmaessige erfassung der abfallmenge vorgenommen werden. hierbei sind insbesondere daten zu ermitteln, wo, wann und in welchen mengen und welcher zusammensetzung kunststoffabfaelle anfallen
S.WORT kunststoffabfaelle + abfallmenge + datenerfassung
STAND 20.11.1975
FINGEB - BUNDESMINISTER DES INNERN
- VERBAND KUNSTSTOFFERZEUGENDE INDUSTRIE UND VERWANDTE GEBIETE E. V. , FRANKFURT
BEGINN 1.7.1975 ENDE 30.6.1976
G.KOST 148.000 DM

MA -018
INST INSTITUT FUER LUFT- UND RAUMFAHRT DER TU BERLIN
BERLIN 10, SALZUFER 17-19, G. 12
VORHAB **optische sofortbestimmung der statistischen stueckgroessenverteilung von schuettgut**
1. ein elektronisches messgeraet ist herzustellen, das durch optische beobachtung eines fliessenden schuettgutstromes dessen statistische stueckgroessenverteilung misst. 2. die messfehler des geraetes sind fuer verschiedene schuettgutzusammensetzungen experimentell zu untersuchen
S.WORT abfallbehandlung + korngroessenverteilung + messgeraet + (schuettgut)
PROLEI DIPL. -ING. PAUTZ
STAND 20.11.1975
FINGEB BUNDESMINISTER DES INNERN
BEGINN 1.12.1975 ENDE 31.12.1976
G.KOST 136.000 DM

MA -019
INST INSTITUT FUER SIEDLUNGSWASSERWIRTSCHAFT DER TU HANNOVER
HANNOVER, WELFENGARTEN 1
VORHAB **untersuchung zur optimierung der muellsammlung, des muelltransportes und der muellbehandlung in einem gegebenen planungsgebiet**
berechnung der kostenminimierung des gesamtsystems muellbeseitigung, bestehend aus muellsammlung, muelltransport und muellbeseitigung. mit hilfe einer mathematischen variationsrechnung wird das system muellsammlung, muelltransport und muellbeseitigung auf seine wirtschaftlichkeit untersucht. fuer ein spezifisches planungsgebiet wird eine optimale anlagegroesse bestimmt, derart, dass die behandlungs- und transportkosten minimal werden. (das vorhaben ergaenzt das 1972 fertiggestellte gutachten "technische und wirtschaftliche moeglichkeiten des ferntransportes von abfaellen")
S.WORT abfall + entsorgung + planungshilfen
PROLEI DR. -ING. DOEDENS
STAND 15.11.1975
FINGEB BUNDESMINISTER DES INNERN
BEGINN 1.10.1973 ENDE 31.12.1976
G.KOST 350.000 DM

MA -020
INST INSTITUT FUER SIEDLUNGSWASSERWIRTSCHAFT DER UNI KARLSRUHE
KARLSRUHE, AM FASANENGARTEN
VORHAB **untersuchungen ueber technische und wirtschaftliche optimierungen von regionalen behandlungsanlagen fuer fluessige und feste siedlungsabfaelle**
S.WORT abfallbeseitigung + kommunale abfaelle + abwasserbehandlung + oekonomische aspekte
PROLEI PROF. DR. HANS HERMANN HAHN
STAND 7.9.1976
QUELLE datenuebernahme von der deutschen forschungsgemeinschaft
FINGEB DEUTSCHE FORSCHUNGSGEMEINSCHAFT

MA -021
INST LANDESANSTALT FUER WASSER UND ABFALL DUESSELDORF, BOERNESTR. 10
VORHAB **emissions-kataster wasser/abfall**
messung und ermittlung prozessbezogener daten fuer den umweltschutz
S.WORT emissionskataster + wasser + abfall
PROLEI DR. BRUCKMANN
STAND 1.1.1974
QUELLE erhebung 1975
FINGEB LAND NORDRHEIN-WESTFALEN
BEGINN 1.1.1974
LITAN ZWISCHENBERICHT 1976. 10

MA -022
INST LANDESGEWERBEANSTALT BAYERN NUERNBERG, GEWERBEMUSEUMSPLATZ 2
VORHAB **untersuchung ueber umweltgefaehrdende stoffe in produktionsrueckstaenden von gewerbe- und industriebetrieben**
untersuchung zur optimierung der planung und ueberwachung der abfallbeseitung in bayern
S.WORT abfallbeseitigung + schadstoffbilanz + rueckstaende
PROLEI DIPL. -KFM. WILD
STAND 1.10.1974
FINGEB STAATSMINISTERIUM FUER LANDESENTWICKLUNG UND UMWELTFRAGEN, MUENCHEN
BEGINN 1.5.1974 ENDE 31.12.1976
G.KOST 219.000 DM

MA -023
INST LANDKREIS LINDAU/BODENSEE
LINDAU/BODENSEE, STIFTSPLATZ 4
VORHAB **errichtung und erprobung einer versuchsanlage fuer den transport von abfaellen nach dem system der firma altvater**
errichtung und erprobung einer anlage fuer den transport von muell ueber groessere entfernungen; bau einer containerbeladestation und einer -entladestation. versuche ueber technische und wirtschaftliche bewaehrung des "systems altvater"

S.WORT abfalltransport + versuchsanlage
STAND 1.1.1974
QUELLE umweltforschungsplan 1974 des bmi
FINGEB - BUNDESMINISTER DES INNERN
- FREISTAAT BAYERN
BEGINN 1.1.1973 ENDE 31.12.1974
G.KOST 792.000 DM

MA -024
INST MESSERSCHMITT-BOELKOW-BLOHM GMBH
MUENCHEN 80, POSTFACH 80 11 69
VORHAB konzeptuntersuchung und durchfuehrbarkeitsstudie fuer ein umweltfreundliches, wirtschaftliches, neues muellsammel- und transportsystem
vergleichende analyse (wirtschaftlich, oekologisch) von muellsammel- und -transportbewegungen neuartiger konzeption (schwenkbare ausleger, vollautomatisiert zum einsammeln des hausmuells)
S.WORT abfallsammlung + abfalltransport + automatisierung
PROLEI DIPL. -ING. ROLF A. BRAND
STAND 1.1.1974
FINGEB BUNDESMINISTER FUER FORSCHUNG UND TECHNOLOGIE
ZUSAM KUKA, KELLER UND KNAPPICH, 89 AUGSBURG 31, POSTFACH 160
BEGINN 1.8.1973 ENDE 30.6.1974
G.KOST 179.000 DM
LITAN ZWISCHENBERICHT 1974. 06

MA -025
INST MESSERSCHMITT-BOELKOW-BLOHM GMBH
MUENCHEN 80, POSTFACH 80 11 69
VORHAB untersuchung ueber herstellung, transport und ablagerung von muellballen
vorhandene unterlagen ueber verfahren zur herstellung von muellballen, den transport und die ablagerung werden ausgewertet und mit hilfe von edv-systemen miteinander vergleichbar gemacht
S.WORT abfallbehandlung + muellballen
STAND 20.11.1975
FINGEB BUNDESMINISTER DES INNERN
BEGINN 21.11.1975 ENDE 31.3.1976
G.KOST 67.000 DM

MA -026
INST PAPIERTECHNISCHE STIFTUNG
MUENCHEN, LORISTRASSE 19
VORHAB untersuchung von nicht verrottbarem verpackungsmaterial auf der basis von kunststoff und papier
S.WORT rotte + kunststoffabfaelle + altpapier
PROLEI PROF. DR. NITZL
STAND 1.1.1974
FINGEB ARBEITSGEMEINSCHAFT INDUSTRIELLER FORSCHUNGSVEREINIGUNGEN E. V. (AIF)

MA -027
INST PROGNOS AG, EUROPAEISCHES ZENTRUM FUER ANGEWANDTE WIRTSCHAFTSFORSCHUNG
BASEL/SCHWEIZ, VIADUKTSTR. 65
VORHAB die entwicklung der glasflasche im getraenkebereich und ihre zukuenftige bedeutung im hausmuell
grundlagenuntersuchung ueber gegenwaertigen stand und zukuenftige entwicklung der getraenkeverpackung in der brd bis 1980/85. untersuchungsziel: ermittlung der voraussichtlichen entwicklung des bedarfs der getraenkeindustrie an packmitteln der verschiedenen fuer die getraenkeabfuellung in frage kommenden materialien - glas, metall, kunststoff, karton - sowie die berechnung des aus dem packmittelverbrauch resultierenden muellanfalls
S.WORT getraenkeindustrie + verpackungstechnik + abfallmenge
PROLEI DR. HELMUT LEIBFRIED
STAND 9.8.1976
QUELLE fragebogenerhebung sommer 1976
BEGINN 1.1.1974 ENDE 31.7.1974
G.KOST 90.000 DM
LITAN ENDBERICHT

MA -028
INST RHEINMETALL GMBH
DUESSELDORF, ULMENSTR. 125
VORHAB erfassung gewerblicher und industrieller abfaelle mittels fragebogen in den bereichen des zweckverbandes niederrhein, des regierungsbezirkes muenster und der industrie- und handelskammer essen
nach dem abfallbeseitigungsgesetz des landes nordrhein-westfalen sind die kreisfreien staedte und kreise fuer die behandlung, lagerung und ablagerung aller in ihrem bereich anfallenden abfaelle zustaendig. um die lebensdauer bestehender behandlungsanlagen und deponieflaechen abzuschaetzen bzw. kapazitaeten neuer anlagen bestimmen zu koennen, werden fuer die angesprochenen regionen die produktionsspezifischen rueckstaende der gewerblichen wirtschaft nach art und menge erfasst
S.WORT industrieabfaelle + abfallmenge + abfallbeseitigungsanlage + (kapazitaetsbestimmung)
NORDRHEIN-WESTFALEN + RHEIN-RUHR-RAUM
PROLEI DIPL. -PHYS. RAINER HIELSCHER
STAND 29.7.1976
QUELLE fragebogenerhebung sommer 1976
FINGEB SIEDLUNGSVERBAND RUHRKOHLENBEZIRK, ESSEN
BEGINN 1.4.1975 ENDE 31.1.1976
LITAN ENDBERICHT

MA -029
INST RHEINMETALL GMBH
DUESSELDORF, ULMENSTR. 125
VORHAB erfassung gewerblicher und industrieller abfaelle im rheinisch-bergischen kreis mittels fragebogen; auswertung der fragebogenaktion
im rahmen einer abfalltechnischen untersuchung im rheinisch-bergischen kreis wurde der vom ingenieurbuero fuer gesundheitstechnik, mannheim, entwickelte fragebogen um einen verfahrenstechnischen teil erweitert. die auswertungsergebnisse der befragung ergeben aufschluesse ueber die abhaengigkeiten von abfall - branche - beschaeftigtenzahl - produktionsverfahren und liessen der systemstudie ueber den anfall produktionsspezifischer rueckstaende zu
S.WORT abfallwirtschaft + industrieabfaelle + (fragebogenaktion)
RHEINISCH-BERGISCHER-KREIS
PROLEI DIPL. -PHYS. RAINER HIELSCHER
STAND 29.7.1976
QUELLE fragebogenerhebung sommer 1976
FINGEB SIEDLUNGSVERBAND RUHRKOHLENBEZIRK, ESSEN
BEGINN 1.7.1974 ENDE 31.8.1974
LITAN ENDBERICHT

MA -030
INST RHEINMETALL GMBH
DUESSELDORF, ULMENSTR. 125
VORHAB systemstudie ueber den anfall produktionspezifischer rueckstaende in nordrhein-westfalen: erfassung, auswertung und hochrechnung der psr in der investitionsgueterindustrie
ziel dieser studie ist es, durch eine befragungsaktion in dem industriezweig investitionsgueterindustrie in nordrhein-westfalen die umsatz-rueckstaende-relationen (to psr pro dm umsatz) sowie den dazugehoerigen abfallartenkatalog zu ermitteln. mit den gewonnenen rechengroessen wird eine hochrechnung fuer diesen industriebereich in nordrhein-westfalen durchgefuehrt, um eingangsdaten fuer eine kostenminimale beseitigung zu erhalten
S.WORT industrieabfaelle + abfallmenge + prognose + (investitionsgueterindustrie)
NORDRHEIN-WESTFALEN + RHEIN-RUHR-RAUM
PROLEI DIPL. -PHYS. RUEDIGER VERKAMP
STAND 29.7.1976
QUELLE fragebogenerhebung sommer 1976
FINGEB SIEDLUNGSVERBAND RUHRKOHLENBEZIRK, ESSEN
BEGINN 1.1.1973 ENDE 30.11.1975
LITAN ENDBERICHT

MA -031
INST RHEINMETALL GMBH
DUESSELDORF, ULMENSTR. 125
VORHAB systemstudie ueber den anfall produktionsspezifischer rueckstaende in nordrhein-westfalen: projektdefinition
ziel der systemstudie ist es, durch eine befragungsaktion in der warengruppe maschinenbauerzeugnisse in nordrhein-westfalen die umsatz-rueckstands-relation (to psr pro dm umsatz) sowie den dazugehoerigen abfallartenkatalog fuer diese gruppe zu ermitteln. mit den gewonnenen rechengroessen wird eine hochrechnung der abfallmengen fuer diesen industriebereich in nordrhein-westfalen durchgefuehrt, um eingangsdaten fuer eine kostenminimale beseitigung zu erhalten
S.WORT industrieabfaelle + abfallmenge
+ (gesamthochrechnung)
NORDRHEIN-WESTFALEN + RHEIN-RUHR-RAUM
PROLEI DR. PETER DEMMER
STAND 29.7.1976
QUELLE fragebogenerhebung sommer 1976
FINGEB SIEDLUNGSVERBAND RUHRKOHLENBEZIRK, ESSEN
BEGINN 1.1.1973 ENDE 30.11.1975
LITAN ENDBERICHT

MA -032
INST ROSE, PROF.DR.
OBERNKIRCHEN, VOR DEN BUESCHEN 46
VORHAB glas im muell
literaturstudium, tagungsbesuche, besichtigungen, diskussionen, eigene veroeffentlichungen und vortraege ueber beseitigung, erfassung, verwertung von abfallglas, vorzuege und nachteile von einwegflaschen und/oder pfandflaschen
S.WORT abfall + glas
STAND 1.1.1974
QUELLE erhebung 1975
ZUSAM - FACHVERBAND HOHLGLASINDUSTRIE E. V. , 4 DUESSELDORF, COUVENSTR. 4
- AKTION SAUBERE LANDSCHAFT E. V. , 8070 INGOLSTADT, PARKSTR. 6
BEGINN 1.1.1960
LITAN - ROSE,G.: UMWELT UND VERPACKUNG.IN Z.GESUNDHEITSWESEN UND DESINFEKTION 66 (3) S.56-59 (1974)
- GLASTECHNISCHE BERICHTE Z.F.GLASKUNDE 40 (11) S.438-439 (1967)
- ROSE,G.: GLAS IM MUELL

MA -033
INST ROSE, PROF.DR.
OBERNKIRCHEN, VOR DEN BUESCHEN 46
VORHAB kunststoffe im muell
literaturstudium, tagungsbesuche, besichtigungen, diskussionen, eigene veroeffentlichungen und vortraege ueber erfassung, beseitigung, belastung und verwertung von kunststoffen im muell; verknuepfung des problems mit glasabfaellen und anderen verpackungsmaterialien
S.WORT abfall + kunststoffe
STAND 1.1.1974

MA -034
INST SIEDLUNGSVERBAND RUHRKOHLENBEZIRK
ESSEN 1, KRONPRINZENSTR. 35
VORHAB modell zur erfassung produktionsspezifischer rueckstaende in nordrhein-westfalen und prognoseverfahren
ziel: stichprobenartige erfassung, hochrechnung und prognose von art und menge produktionsspezifischer rueckstaende ueber den zusammenhang von umsatz-produktion-verfahren-rueckstaende
S.WORT industrieabfaelle + sondermuell + prognose
PROLEI DIPL. -ING. VAN WICKEREN
STAND 1.1.1974
ZUSAM RHEINMETALL GMBH, 4 DUESSELDORF 1, ULMENSTR. 125
BEGINN 1.11.1971 ENDE 31.12.1976
LITAN VAN WICKEREN, P.;DEMMER: MODELLANSATZ ZUR ERFASSUNG PRODUKTIONSSPEZ. RUECKSTAENDE. IN: WIRTSCHAFTL. NACHRICHTEN, IHK ESSEN 27(SEP 1973)

MA -035
INST SIEDLUNGSVERBAND RUHRKOHLENBEZIRK
ESSEN 1, KRONPRINZENSTR. 35
VORHAB muelluntersuchung in der stadt bochum
untersuchung einer nach statistischen grundsaetzen ausgewaehlten anzahl von muellbehaeltern bezueglich gesamtgewicht, siebfraktionen und inhaltsstoffen
S.WORT abfallsammlung + abfallmenge + hausmuellsortierung
BOCHUM + RHEIN-RUHR-RAUM
PROLEI DIPL. -ING. AHTING
STAND 10.9.1976
QUELLE fragebogenerhebung sommer 1976
FINGEB SIEDLUNGSVERBAND RUHRKOHLENBEZIRK, ESSEN
BEGINN 1.6.1975 ENDE 30.9.1976

MA -036
INST SIEDLUNGSVERBAND RUHRKOHLENBEZIRK
ESSEN 1, KRONPRINZENSTR. 35
VORHAB leistung und einsatzpruefung von muellverdichtungsfahrzeugen
test von kompaktoren fuer die verwendung im deponiebereich
S.WORT abfallsammlung + muellverdichtung
PROLEI RIMMASCH
STAND 10.9.1976
QUELLE fragebogenerhebung sommer 1976
FINGEB SIEDLUNGSVERBAND RUHRKOHLENBEZIRK, ESSEN
BEGINN 1.1.1976 ENDE 31.12.1976
G.KOST 250.000 DM

MA -037
INST SIEDLUNGSVERBAND RUHRKOHLENBEZIRK
ESSEN 1, KRONPRINZENSTR. 35
VORHAB zerkleinerungseffekt bei rotorzerkleinern
entwicklung eines verfahrens zur kurzbestimmung der qualitativen zerkleinerung von abfaellen als voraussetzung fuer vergleiche von rotorzerkleinerern
S.WORT abfallbehandlung + verfahrensentwicklung
+ (rotorzerkleinerer)
PROLEI RIMMASCH
STAND 10.9.1976
QUELLE fragebogenerhebung sommer 1976
FINGEB SIEDLUNGSVERBAND RUHRKOHLENBEZIRK, ESSEN
BEGINN 1.1.1976 ENDE 31.12.1976
G.KOST 30.000 DM

MA -038
INST SIEDLUNGSVERBAND RUHRKOHLENBEZIRK
ESSEN 1, KRONPRINZENSTR. 35
VORHAB erfassung von abfaellen und rueckstaenden in der gewerblichen wirtschaft (nach art und menge)
nach den abfallgesetzen des bundes und des landes nw ist die kreisfreie stadt bzw. der kreis verpflichtet, die beseitigung aller in ihrem raum anfallenden abfaelle zu besorgen. die gesetze lassen zwar ausnahmeregelungen zu, die jedoch vom zustaendigen regierungspraesidenten genehmigt werden muessen. in diesen faellen obliegt es der beseitigungspflichtigen koerperschaft, den ortsansaessigen gewerbe- und industriebetrieben die unterbringung ihrer problemstoffe in regionalen oder ueberregionalen anlagen zu vermitteln
S.WORT industrieabfaelle + rueckstaende + abfallmenge
+ abfallrecht
PROLEI DIPL. -GEOGR. WILHELM-J. DEWEY
FINGEB LANDESANSTALT FUER WASSER UND ABFALL, DUESSELDORF
BEGINN 1.1.1974
G.KOST 200.000 DM
LITAN ZWISCHENBERICHT

MA -039

INST SIEDLUNGSVERBAND RUHRKOHLENBEZIRK
ESSEN 1, KRONPRINZENSTR. 35

VORHAB **optimierung der sammlung und des transports von abfaellen**
in einer systemanalytischen studie soll ein instrumentarium erarbeitet werden, das sowohl den vergleich von bestehenden sammeltechnologien untereinander als auch den vergleich mit neuen sammeltechnologien ermoeglichen soll. bei der berechnung der wirtschaftlichkeit werden umweltfreundlichkeit und einsetzbarkeit abhanegig von bevoelkerungs-, bebauungs- und verkehrsstrukturen beruecksichtigt. die analyse der wirtschaftlichkeit erfolgt durch routenoptimierungsprogramme, die bewertung der umweltfreundlichkeit und einsetzbarkeit durch nutzwertanalysen. das instrumentarium wird am realen beispiel (modellstaedte bochum und dortmund) entwickelt. somit ist durch den praxisbezogenen aufbau die anwendung der edv-programme zur berechnung optimaler fuhrparks fuer alle innfrage kommenden gemeinde- und stadtstrukturen moeglich

S.WORT abfallsammlung + wirtschaftlichkeit + systemanalyse
PROLEI NORBERT NEUHAUS
ZUSAM MESSERSCHMIDT-BOELKOW-BLOHM, 8000 MUENCHEN
BEGINN 1.1.1975
G.KOST 700.000 DM
LITAN ZWISCHENBERICHT

MA -040

INST WIBERA WIRTSCHAFTSBERATUNG
DUESSELDORF, ACHENBACHSTR. 43

VORHAB **erfassung der abfallarten und -mengen aus gewerbe und industrie mit der moeglichkeit der edv-gemaessen aufbereitung**
erfassung des ist-zustandes und entwicklung eines kontrollsystems fuer soll-/ist-vergleich

S.WORT industrieabfaelle + datenerfassung
PROLEI DIPL. -ING. STUMPF
STAND 1.1.1974
FINGEB LAND NORDRHEIN-WESTFALEN
BEGINN 1.1.1969
LITAN SCHLEUTER, W.:PRODUKTIONSSPEZIFISCHE INDUSTRIEABFAELLE-ERFASSUNG U. BESEITIGUNG. IN: Z. ENERGIE U. TECHNIK S. 183 FF (1972)

MA -041

INST WILHELM-KLAUDITZ-INSTITUT FUER HOLZFORSCHUNG DER FRAUNHOFER-GESELLSCHAFT E.V.
BRAUNSCHWEIG, BIENRODERWEG 54E

VORHAB **eigenschaften von waldhackschnitzeln (nach abraum) und ihre umrechnungszahlen (gewicht-rm-fm) auch aus kiefersturmholz**

S.WORT holzabfaelle + abfallmenge
PROLEI MAY
STAND 1.10.1974
FINGEB KULTUSMINISTERIUM, HANNOVER
BEGINN 1.7.1973 ENDE 31.12.1974
G.KOST 69.000 DM

Weitere Vorhaben siehe auch:

KA -010 ERARBEITUNG NEUER METHODEN FUER DEN WASSERSCHUTZ UND DIE ABFALLBESEITIGUNG

ME -049 FREMDSTOFFABTRENNUNG UND FARBSORTIERUNG VON GETRENNT GESAMMELTEM ALTGLAS

PH -056 BELASTBARKEIT VON NIEDERUNGSBOEDEN MIT ABFALLSTOFFEN (SIEDLUNGSABFALL, KOMPOST, ABWASSERSCHLAMM)

MB -001

INST AKTIONSGEMEINSCHAFT NATUR- UND UMWELTSCHUTZ BADEN-WUERTTEMBERG E.V. STUTTGART, STAFFLENBERGSTR. 26
VORHAB **verbesserung der abfallbeseitigung**
dokumentation
S.WORT abfallbeseitigung + verfahrensoptimierung
PROLEI DR. FAHRBACH
STAND 1.1.1974
BEGINN 1.1.1971 ENDE 31.12.1976
G.KOST 10.000 DM

MB -002

INST BATTELLE-INSTITUT E.V. FRANKFURT 90, AM ROEMERHOF 35
VORHAB **autoverschrottung, stand der technik, marktsituation, standort von verschrottungsanlagen**
S.WORT kfz-wrack + abfallbeseitigungsanlage + standortwahl + (verschrottungsanlagen)
STAND 1.1.1974

MB -003

INST BAUBEHOERDE DER FREIEN UND HANSESTADT HAMBURG HAMBURG, STADHAUSBRUECKE 12
VORHAB **entwicklung der ungelenkten kompostierung (rotte-deponie) zu einem grosstechnischen verfahren**
klaerung ungeloester probleme bei der rotte-deponie (ungelenkte kompostierung) und pruefung ihrer anwendbarkeit im grosstechnischen masstab. entwicklung eines verfahrens zur ablagerung von hausmuell und art der ungelenkten kompostierung, einschliesslich der ermittlung optimaler abdeckungen und hinreichender kontrollmessungen. entwicklung eines verfahrens zur reinigung und verminderung von stark belastetem deponie-sickerwasser und fluessigen abfallstoffen mit hilfe der rotte-deponie
S.WORT abfallbehandlung + rotte + verfahrensentwicklung
STAND 1.1.1974
QUELLE umweltforschungsplan 1974 des bmi
FINGEB BUNDESMINISTER DES INNERN
BEGINN 1.1.1972 ENDE 31.12.1974
G.KOST 619.000 DM

MB -004

INST BEKLEIDUNGSPHYSIOLOGISCHES INSTITUT E.V. HOHENSTEIN BOENNIGHEIM, SCHLOSS HOHENSTEIN
VORHAB **untersuchung der perretention in destillationsrueckstaenden bei der loesemittelrueckgewinnung**
ziel war es, die wirtschaftlichste destillationsmethode zu ermitteln, mit der das loesemittel perchloraethylen weitestgehend quantitativ aus destillationsrueckstaenden ausgetrieben werden kann. dadurch sollte abgeklaert werden, ob es moeglich ist, destillationsrueckstaende aus perchlorarthylenanlagen ohne gefahr fuer das grundwasser auf deponien abzulagern. es wurden analytische bestimmungen von perchloraethylen in destillationsrueckstaenden der praxis sowie modelldestillationen in praxisanlagen durchgefuehrt. ferner wurde die auswaschbarkeit von perchloraethylen aus loesemittelhaltigen destillationsrueckstaenden durch wasser in analogie zu den bedingungen beim lagern im freien geprueft
S.WORT chlorkohlenwasserstoffe + rueckstaende + destillation
PROLEI DR. RIEKER
STAND 1.1.1974
FINGEB - BUNDESMINISTER FUER WIRTSCHAFT
- FORSCHUNGSKURATORIUM GESAMTTEXTIL, FRANKFURT
BEGINN 1.1.1974 ENDE 31.12.1975
G.KOST 153.000 DM
LITAN - RIEKER, J.: IN: HOHENSTEINER FORSCHUNGSBERICHT (MAI 1976) (IM DRUCK)
- RIEKER, J.: IN: MELLIAND TEXTILBERICHTE (IN VORBEREITUNG)
- ENDBERICHT

MB -005

INST DEUTSCHE GESELLSCHAFT FUER HOLZFORSCHUNG E.V. (DGFH) MUENCHEN, PRANNERSTR. 9
VORHAB **untersuchungen zum mikrobiellen abbau von ligninsulfosaeuren durch spezifische ligninverwertende pilze und durch mischkulturen**
ziel ist es, mit hilfe spezifisch durch 14c-markierten ligninsulfosaeuren untersuchungen ueber den abbau durch isolierte ligninverwertende pilze und durch mischkulturen des bodens und des wassers durchzufuehren. der abbau soll mit dem abbau von entsprechend markierten natuerlichen ligninen verglichen werden. mit hilfe von 35s-markierten ligninsulfosaeuren soll die abspaltung des schwefels bestimmt werden. weiterhin soll mit diesen markierten ligninsulfosaeuren der einbau in die fraktion der organischen bodensubstanz untersucht werden. die ergebnisse sollen dazu beitragen, bessere massnahmen zur beseitigung oder unschaedlichmachung von ligninsulfosaeuren treffen zu koennen und beurteilungsverfahren dafuer zu erleichtern. auch haben sie bedeutung fuer verfahreen, bei denen ligninsulfosaeuren als naehrstoffquelle zur erzeugung von biomasse verwendet werden koennten. die untersuchungen sollen unter aeroben und anaeroben bedingungen durchgefuehrt werden
S.WORT holzindustrie + abfallbehandlung + mikrobieller abbau + (ligninsulfosaeure)
PROLEI DR. KONRAD HAIDER
STAND 30.8.1976
QUELLE fragebogenerhebung sommer 1976
FINGEB ARBEITSGEMEINSCHAFT INDUSTRIELLER FORSCHUNGSVEREINIGUNGEN E. V. (AIF)
ZUSAM FACHAUSSCHUSS FUER HOLZCHEMIE DER DGFH, PRANNERSTR. 9, 8000 MUENCHEN 2
BEGINN 1.11.1976 ENDE 31.10.1978
G.KOST 112.000 DM

MB -006

INST DIVO INMAR GMBH FRANKFURT, HAHNSTR. 40
VORHAB **behandlung und beseitigung kommunaler klaerschlaemme**
darstellung der entwicklungstendenzen zur behandlung und beseitigung kommunaler klaerschlaemme. bestands- und entwicklungsanalyse der abwasserreinigung und schlammbehandlung in der brd unter beruecksichtigung der verschiedenen verfahren. abschaetzung der zukuenftigen struktur der schlammbehandlung- und beseitigung 1980/85
S.WORT abwasserbeseitigung + klaerschlamm + kommunale abwaesser
PROLEI DIPL. -VOLKSW. LUTZ EICHLER
STAND 4.8.1976
QUELLE fragebogenerhebung sommer 1976
BEGINN 1.12.1974 ENDE 31.3.1975
LITAN ENDBERICHT

MB -007

INST ECOSYSTEM - GESELLSCHAFT FUER UMWELTSYSTEME MBH MUENCHEN 19, VOITSTR. 4
VORHAB **pyrolyse-verfahren usa**
laufende beobachtung und auswertung (fuer verwertung in brd) von us-amerikanischen pyrolyse-verfahren von siedlungs- und industrieabfaellen
S.WORT abfallbeseitigung + siedlungsabfaelle + industrieabfaelle + pyrolyse USA
STAND 22.7.1976
QUELLE fragebogenerhebung sommer 1976
ZUSAM FRIED. KRUPP GMBH, ESSEN
BEGINN 1.1.1975
LITAN ABFALLWIRTSCHAFT UND RECYCLING. (SACHBUCH) GIRARDET VERL. (1976)

MB -008

INST GOEPFERT, PETER, DIPL.-ING. UND REIMER, HANS, DR.-ING., VBI-BERATENDE INGENIEURE HAMBURG 60, BRAMFELDER STR. 70

VORHAB **hochtemperaturbehandlung von schlacken aus muellverbrennungsanlagen**
analyse der rostschlacke mehrerer muellverbrennungsanlagen; einschmelzen von repraesentativen schlackeproben mit anschliessenden versuchen zur granulat- und pelletbildung; analyse der gewonnenen schmelzschlacke
S.WORT muellverbrennungsanlage + rueckstandsanalytik + schlacken
PROLEI DR. -ING. ADOLF NOTTRODT
STAND 1.1.1974
FINGEB SIEDLUNGSVERBAND RUHRKOHLENBEZIRK, ESSEN
ZUSAM UNI DORTMUND, 46 DORTMUND-HOMBRUCH, POSTFACH 500, PROF. DR. ING. U. WERNER
BEGINN 1.1.1973 ENDE 30.6.1974
G.KOST 200.000 DM
LITAN ZWISCHENBERICHT 1974. 06

MB -009
INST GOEPFERT, PETER, DIPL.-ING. UND REIMER, HANS, DR.-ING., VBI-BERATENDE INGENIEURE
HAMBURG 60, BRAMFELDER STR. 70
VORHAB **untersuchung einer anlage zur hochtemperatur-muellverbrennung der firma wille**
die bearbeitung umfasst die einzelpositionen: 1) auslegung der mess-systeme. 2) durchfuehrung von messungen waehrend der vorgesehenen 1-jaehrigen versuchszeit. 3) auswertung der messdaten und deren zusammenfassende darstellung in einem abschliessenden bericht
S.WORT muellverbrennungsanlage + hochtemperaturabbrand + messverfahren
PROLEI DR. -ING. ADOLF NOTTRODT
STAND 2.8.1976
QUELLE fragebogenerhebung sommer 1976
BEGINN 1.2.1977 ENDE 28.2.1978
G.KOST 296.000 DM

MB -010
INST GOEPFERT, PETER, DIPL.-ING. UND REIMER, HANS, DR.-ING., VBI-BERATENDE INGENIEURE
HAMBURG 60, BRAMFELDER STR. 70
VORHAB **versuchsanlage zur pyrolyse von festen und pasteusen abfaellen mit fluessigem schlackenabzug**
planung, installation und 2-jaehriger betrieb einer pyrolyse-versuchsanlage fuer feste und pasteuse abfaelle mit einer kapazitaet von 8000 kg/h und fluessigem schlackenabzug. massen- und energiebilanzen, dynamische eigenschaften, standzeiten, betriebsverhalten
S.WORT abfallbeseitigungsanlage + pyrolyse + (versuchsanlage)
PROLEI ING. GRAD. E. DIRKS
STAND 2.8.1976
QUELLE fragebogenerhebung sommer 1976
FINGEB BUNDESMINISTER FUER FORSCHUNG UND TECHNOLOGIE
BEGINN 1.12.1975 ENDE 31.12.1978
G.KOST 18.600.000 DM

MB -011
INST HAHN-MEITNER-INSTITUT FUER KERNFORSCHUNG BERLIN GMBH
BERLIN 39, GLIENICKER STRASSE 100
VORHAB **alterungs- und abbauprozesse von kunststoffen**
strahlen- und photochemisch wird der abbau von polymeren untersucht. auftretende zwischenprodukte werden charakterisiert. die untersuchungen tragen einerseits zum verstaendnis von prozessen bei, die fuer die stabilisierung von kunststoffen von bedeutung sind. andererseits liefern sie einen beitrag zur erkenntnisgewinnung ueber den photooxidativen abbau von kunststoffen im hinblick auf die beseitigung von kunststoffabfaellen
S.WORT abfallbeseitigung + hochpolymere + abbau + bestrahlung
PROLEI PROF. DR. WOLFRAM SCHNABEL
STAND 13.8.1976
QUELLE fragebogenerhebung sommer 1976
ZUSAM UNI OSAKA, JAPAN
BEGINN 1.1.1965
LITAN - IN: MACROMOLECULES 8 S. 430(1975)
- IN: MACROMOLECULES 8 S. 9(1975)

MB -012
INST HERBOLD, MASCHINENFABRIK UND MUEHLENBAU
MECKESHEIM, INDUSTRIESTR. 23
VORHAB **untersuchung an der pyrolyseanlage der firma herbold ueber eigenschaften und einsatzmoeglichkeiten der folgeprodukte**
untersuchung der pyrolyseanlage der firma herbold hinsichtlich auswirkungen des verfahrens auf die umwelt und seine wirtschaftlichkeit unter beruecksichtigung der technologischen moeglichkeiten und eines sicheren betriebs bei der verarbeitung energiereicher abfallstoffe, sowie die ueberpruefung der entstehenden folgeprodukte hinsichtlich ihrer einsatzmoeglichkeit in verschiedenen industriezweigen
S.WORT industrieabfaelle + pyrolyse + verfahrensoptimierung
PROLEI BERND BOEHM
FINGEB UMWELTBUNDESAMT
BEGINN 1.12.1975 ENDE 31.10.1976
G.KOST 200.000 DM

MB -013
INST INDUSTRIEANLAGEN-BETRIEBSGESELLSCHAFT MBH (IABG)
OTTOBRUNN, EINSTEINSTR.
VORHAB **langzeitlagerung in containern**
theoretische und experimentelle untersuchung ueber die eignung von iso-containern als lagerhallen zur lagerung von guetern im klima der bundesrepublik deutschland ueber einen zeitraum von mehreren jahren
S.WORT lagerung + transportbehaelter
PROLEI DR. GOTTLIEB
STAND 1.1.1974
FINGEB BUNDESMINISTER DER VERTEIDIGUNG
BEGINN 1.1.1971 ENDE 31.12.1976
G.KOST 650.000 DM
LITAN - GOTTLIEB: UEBERLEGUNGEN UE. D. EIGNUNG VON ISOCONTAINERN FUER D. LANGZEITLAGERUNG. . . (JAN 1971)
- GOTTLIEB: LANGZEITLAGERUNG IN CONTAINERN. (DEZ 1972)

MB -014
INST INGENIEURBUERO FUER GESUNDHEITSTECHNIK
MANNHEIM, L8, 11
VORHAB **muellklaerschlammkompostwerk heidelberg-wieblingen**
erfassung der grundlagen, methodenwahl, technischer entwurf, technische versuche
S.WORT abfallbeseitigungsanlage + klaerschlamm + kompostierung
HEIDELBERG + RHEIN-NECKAR-RAUM
PROLEI DIPL. -ING. BERNHARD JAEGER
STAND 1.10.1974
FINGEB STADT HEIDELBERG
BEGINN 1.1.1968 ENDE 31.12.1974
G.KOST 1.000.000 DM
LITAN GUTACHTEN UND PLANUNGSUNTERLAGEN

MB -015
INST INGENIEURBUERO FUER GESUNDHEITSTECHNIK
MANNHEIM, L8, 11
VORHAB **kompostwerk mit resteverbrennung, pinneberg-ahrenlohe**
S.WORT abfallbehandlung + kompostierung + resteverbrennung
PINNEBERG + HAMBURG
PROLEI BUTSCHKAU
STAND 1.1.1974

MB -016
INST INSTITUT FUER ABFALLWIRTSCHAFT DER TU BERLIN
BERLIN 12, STRASSE DES 17. JUNI 135

VORHAB **aufstellung einer schadstoffbilanz bei der pyrolyse von siedlungs- und sonderabfaellen im schachtreaktor**
in einem vertikalen schachtreaktor im technikumsmassstab werden siedlungs- und sonderabfaelle pyrolysiert. die entstehenden pyrolseprodukte werden speziell auf ihr schadverhalten hin analysiert. die verteilung der elemente n, s, cl und f sowie der schwermetalle hg, cd, pb und zn in den einzelnen pyrolyseprodukten wird analytisch verfolgt
S.WORT siedlungsabfaelle + pyrolyse + schadstoffbilanz
PROLEI DIPL. -ING. KLAUS BOSSE
STAND 10.9.1976
QUELLE fragebogenerhebung sommer 1976
ZUSAM BERLINER STADTREINIGUNGSBETRIEBE, RINGBAHNSTR. , 1000 BERLIN 42
BEGINN 1.1.1975 ENDE 31.12.1977

MB -017

INST INSTITUT FUER ABFALLWIRTSCHAFT DER TU BERLIN BERLIN 12, STRASSE DES 17. JUNI 135
VORHAB **abfallpyrolyse - prozessgestaltung**
die parameter, die den entgasungsvorgang beeinflussen, werden ermittelt. 1) aufbereitung der einsatzstoffe, 2) bereitstellung der hilfsmittel, 3) hauptprozess, 4) aufbereitung der festen produkte, 5) aufbereitung der fluechtigen produkte, 6) aufbereitung des abwassers. dazu wird ein allgemeingueltiges mess- und analysenprogramm entwickelt. erfassung der derzeit bekannten ent- und vergasungsprozesse. erarbeitung eines bewertungsinstrumentariums
S.WORT abfallbeseitigung + verfahrensentwicklung + pyrolyse
PROLEI PROF. DR. KARL J. THOME-KOZMIENSKY
STAND 10.9.1976
QUELLE fragebogenerhebung sommer 1976
FINGEB UMWELTBUNDESAMT
ZUSAM BERLINER STADTREINIGUNGSBETRIEBE, RINGBAHNSTR. , 1000 BERLIN 42
BEGINN 31.12.1975 ENDE 31.8.1977
G.KOST 685.000 DM
LITAN THOME-KOZMIENSKY, K. -J.;FEDERLE, H.;BOSSE, K.: ANSATZ EINER SYSTEMANALYTISCHEN BETRACHTUNG FUER THERMISCHE VERFAHREN DER ABFALLBESEITIGUNG. IN: MUELL UND ABFALL 8(3) S. 74-86(1976)

MB -018

INST INSTITUT FUER ABFALLWIRTSCHAFT DER TU BERLIN BERLIN 12, STRASSE DES 17. JUNI 135
VORHAB **thermodynamische betrachtungen ueber den einfluss der pyrolysetemperatur und des wassergehaltes des abfalls auf die pyrolyse von abfaellen**
das ziel dieser arbeit ist die aufstellung einer stoff-, mengen-, elementar- und enthalpiebilanz. mit hilfe der thermodynamischen betrachtungsweise laesst sich die verkokungsenthalpie bestimmen. die untersuchung soll unter anderem klaeren, ob es sinnvoll ist, den abfall vorzutrocknen. die untersuchungen werden an der jenkner retorte mit einer dafuer speziell entwickelten gasreinigung durchgefuehrt
S.WORT abfallaufbereitung + pyrolyse + gasreinigung
PROLEI DIPL. -ING. HARTMUTH FEDERLE
STAND 10.9.1976
QUELLE fragebogenerhebung sommer 1976
ZUSAM - INST. F. CHEMIEINGENIEURTECHNIK DER TU BERLIN
- BERLINER STADTREINIGUNGSBETRIEBE, RINGBAHNSTR. , 1000 BERLIN 42
BEGINN 1.1.1974 ENDE 31.12.1976
LITAN THOME-KOZMIENSKY, K. -J.;FEDERLE, H.;BOSSE, K.: ANSATZ EINER SYSTEMANALYTISCHEN BETRACHTUNG FUER THERMISCHE VERFAHREN DER ABFALLBESEITIGUNG. IN: MUELL UND ABFALL 8(3) S. 74-86(1976)

MB -019

INST INSTITUT FUER ABFALLWIRTSCHAFT DER TU BERLIN BERLIN 12, STRASSE DES 17. JUNI 135
VORHAB **entgasungsverhalten organischer haushaltsabfaelle bei der hochtemperaturpyrolyse**
der entgasungsverlauf organischer natur- und kunststoffe wird mit thermogravimetrischen untersuchungsmethoden bei verschiedenen abfallkomponenten durchgefuehrt, wobei aufheizgeschwindigkeiten, endtemperaturen und garungsdauern variiert werden. die ergebnisse der untersuchung fuehren zu einer mathematischen formulierung des entgasungsverlaufs
S.WORT hausmuell + pyrolyse + (entgasung)
PROLEI DIPL. -ING. MICHAEL KLUGE
STAND 10.9.1976
QUELLE fragebogenerhebung sommer 1976
ZUSAM INST. F. CHEMIEINGENIEURTECHNIK DER TU BERLIN
BEGINN 1.1.1974 ENDE 31.12.1976
G.KOST 29.000 DM
LITAN ZWISCHENBERICHT

MB -020

INST INSTITUT FUER ABFALLWIRTSCHAFT DER TU BERLIN BERLIN 12, STRASSE DES 17. JUNI 135
VORHAB **einfluss unterschiedlicher betriebsbedingungen auf die pyrolyse von abfaellen in einem horizontalreaktor mit zwangsweisem materialvorschub**
in dem vorhaben sollen die einfluesse unterschiedlicher betriebsbedingungen auf den prozess bei der abfallpyrolyse (spez. altreifen, zelluloserueckstaende) reaktorspezifisch untersucht werden. hierbei werden die parameter aufheizgeschwindigkeit, betriebstemperatur und verweildauer unter beruecksichtigung der auswirkungen auf die produktseite ermittelt. die untersuchungen werden mit einem durch zwangsweisen materialvorschub gekennzeichneten horizontalreaktor durchgefuehrt. abfallpyrolyse, einflussgroessen
S.WORT abfallbeseitigung + pyrolyse + betriebsbedingungen + (horizontalreaktor)
PROLEI DIPL. -ING. VOLRAD VON LUETZAU
STAND 10.9.1976
QUELLE fragebogenerhebung sommer 1976
ZUSAM BERLINER STADTREINIGUNGSBETRIEBE, RINGBAHNSTR. , 1000 BERLIN 42
BEGINN 1.1.1976 ENDE 31.12.1977
G.KOST 19.000 DM

MB -021

INST INSTITUT FUER ABFALLWIRTSCHAFT DER TU BERLIN BERLIN 12, STRASSE DES 17. JUNI 135
VORHAB **messtechnische untersuchung des purox-abfallvergasungsverfahrens**
ziel: beurteilung des prozesses in technischer, oekologischer und wirtschaftlicher hinsicht
S.WORT muellvergasung + wirtschaftlichkeit + oekologische faktoren
PROLEI PROF. DR. KARL J. THOME-KOZMIENZKY
STAND 10.9.1976
QUELLE fragebogenerhebung sommer 1976
ZUSAM FIRMA UNION CARBIDE, NEW JORK
BEGINN 1.10.1976 ENDE 31.7.1977
LITAN THOME-KOZMIENSKY, K. -J.: ANSATZ ZUM VERGLEICH VON ABFALLBESEITIGUNGSVERFAHREN. SONDERDRUCK TUB 1976

MB -022

INST INSTITUT FUER ABFALLWIRTSCHAFT DER TU BERLIN BERLIN 12, STRASSE DES 17. JUNI 135
VORHAB **messtechnische untersuchung des pyrogas-abfallvergasungsverfahrens**
ziel: beurteilung des prozesses in technischer, oekologischer und wirtschaftlicher hinsicht
S.WORT muellvergasung + wirtschaftlichkeit + oekologische faktoren
PROLEI PROF. DR. KARL J. THOME-KOZMIENSKY
STAND 10.9.1976
QUELLE fragebogenerhebung sommer 1976
ZUSAM FIRMA MOTALE, S. MOTALA
BEGINN 1.10.1976 ENDE 31.7.1977

MB -023

INST INSTITUT FUER ABFALLWIRTSCHAFT DER TU BERLIN
BERLIN 12, STRASSE DES 17. JUNI 135

VORHAB **untersuchung des einflusses unterschiedlicher betriebsbedingungen auf die pyrolyse von abfaellen im schachtreaktor**
fuer haushaltsabfaelle mit und ohne zuschlagstoffe sollen verschiedene betriebsbedingungen im schachtreaktor varieert werden. die aufbereitungsmoeglichkeiten der dabei entstehenden produkte sollen das feld optimaler betriebsbedingungen bestimmen

S.WORT abfallaufbereitung + hausmuell + pyrolyse + betriebsbedingungen + (schachtreaktor)
PROLEI DIPL. -ING. JOST SEGEBRECHT
STAND 10.9.1976
QUELLE fragebogenerhebung sommer 1976
ZUSAM BERLINER STADTREINIGUNGSBETRIEBE, RINGBAHNSTR. , 1000 BERLIN 42
BEGINN 1.1.1976 ENDE 31.12.1978

MB -024

INST INSTITUT FUER BERGBAUWISSENSCHAFTEN DER TU BERLIN
BERLIN 12, STRASSE DES 17. JUNI

VORHAB **prozessgestaltung abfall-pyrolyse/destrugas-verfahren**
es soll ein instrumentarium zur auswahl von verfahren und verfahrenskombinationen der thermischen abfallbeseitigung sowie fuer die gestaltung und pruefungen der prozesse geschaffen werden. dazu werden die bisher zugaenglichen informationen ueber derartige verfahren und erfahrungen aus anderen bereichen der verfahrenstechnik ueberprueft. an einer technikumsanlage und in theoretischen untersuchungen werden kenngroessen und kennzahlen hinsichtlich einsatzstoff und betriebsbedingungen ermittelt. anwendungsmoeglichkeiten der produkte und kombinationsmoeglichkeiten mit anderen abfallbeseitigungsmethoden werden ueberprueft

S.WORT abfallbeseitigung + pyrolyse
STAND 20.11.1975
FINGEB BUNDESMINISTER DES INNERN
BEGINN 1.1.1975 ENDE 31.12.1977
G.KOST 720.000 DM

MB -025

INST INSTITUT FUER BODENKUNDE DER UNI BONN
BONN, NUSSALLEE 13

VORHAB **untersuchungen zur strohrotte**
die strohrotte in verschiedenen bodentypen und der einfluss von pflanzenschutzmitteln auf den strohabbau im boden werden im gelaende und im labor mit unterschiedlichen methoden untersucht

S.WORT landwirtschaftliche abfaelle + rotte + pflanzenschutzmittel + (stroh)
PROLEI DR. DIETMAR SCHROEDER
STAND 4.8.1976
QUELLE fragebogenerhebung sommer 1976
BEGINN 1.1.1974
LITAN SCHROEDER, D.: DER EINFLUSS AGROCHEMISCHER SUBSTANZEN UND DER WASSERVERSORGUNG AUF DIE STROHVERROTTUNG IM BODEN. IN: ZEITSCHRIFT ACKER- U. PFLANZENBAU 141 S. 240-248(1975)

MB -026

INST INSTITUT FUER BODENKUNDE UND BODENERHALTUNG / FB 16/21 DER UNI GIESSEN
GIESSEN, LUDWIGSTR. 23

VORHAB **gemeinsame aufbereitung fester und fluessiger abfallstoffe, ihre beseitigung und verwertung**
die getrennte aufbereitung fester und fluessiger abfallstoffe bereitet aus technischen gruenden in zunehmendem masse schwierigkeiten und ist auch aus hygienischen gruenden nicht unbedenklich. im "giessener modell" wird versucht, durch die mischung beider abfallstoffe und anschliessende mechanische (zerkleinerung) und biologische (rotte) aufbereitung ein ablagerungsfaehiges und teilweise verwertbares produkt (rohgemenge) zu erhalten. es werden untersucht: die biologischen und chemischen umwandlungs- und abbauprozesse im verlauf der rotte und einer anschliessenden deponie; die verwertung abgesiebten rohgemenges in landwirtschaft, landschaftsbau und rekultivierung insbesondere im hinblick auf die wirkung des verwendeten rohgemenges auf den anbau von gehoelzen uund graesern. es werden vergleiche mit produkten von kompostwerken angestellt

S.WORT abfallaufbereitung + rotte + biologischer abbau + recycling + (giessener modell)
PROLEI PROF. DR. ERNST SCHOENHALS
STAND 6.8.1976
QUELLE fragebogenerhebung sommer 1976
ZUSAM - BOTANISCHES INSTITUT DER UNI GIESSEN
- INST. F. PFLANZENBAU DER UNI GIESSEN
BEGINN 1.1.1970
LITAN ESCHRAGHI, J.: GRAESERVERSUCHE MIT GEMEINSAM AUFBEREITETEN FESTEN UND FLUESSIGEN ABFALLSTOFFEN. IN: MUELL UND ABFALL 6 S. 158-165(1974)

MB -027

INST INSTITUT FUER CHEMIEINGENIEURTECHNIK DER TU BERLIN
BERLIN 10, ERNST-REUTER-PLATZ 7

VORHAB **pyrolyse von hausmuell**
grundlagen fuer die entscheidung muellpyrolyse oder muellverbrennung. ausgehend von der technologie der kohlenpyrolyse werden den entgasungsverlauf organische natur- und kunststoffe beschreibende, stoffspezifische kennzahlen und kenngroessen ermittelt, die eine mathematische beschreibung der abfallpyrolyse in abhaengigkeit vom rohstoff, reaktor und betriebsbedingungen erlauben

S.WORT hausmuell + pyrolyse
PROLEI PROF. DR. WOLFGANG SIMONIS
STAND 11.8.1976
QUELLE fragebogenerhebung sommer 1976
BEGINN 1.1.1974
G.KOST 39.000 DM
LITAN ZWISCHENBERICHT

MB -028

INST INSTITUT FUER CHEMISCHE TECHNIK DER UNI KARLSRUHE
KARLSRUHE, KAISERSTR. 12

VORHAB **pyrolyse von polymeren zu adsorptionskohlenstoffen**

S.WORT pyrolyse + polymere + kohlenstoff
STAND 1.1.1974
BEGINN 1.1.1967

MB -029

INST INSTITUT FUER LANDWIRTSCHAFTLICHE MIKROBIOLOGIE / FB 16/21 DER UNI GIESSEN
GIESSEN, SENCKENBERGSTR. 3

VORHAB **untersuchung von anaeroben prozessen und deren wirkung auf die kompostierung von siedlungsabfaellen**
untersuchung der wirkung anaerober zwischenphasen; laborexperimente sowie messungen und versuche an freilandmieten in verschiedenen betrieben

S.WORT siedlungsabfaelle + kompostierung
PROLEI PROF. DR. EBERHARD KUESTER
STAND 1.1.1975
QUELLE umweltforschungsplan 1975 des bmi
FINGEB BUNDESMINISTER DES INNERN
BEGINN 1.1.1972 ENDE 31.12.1975
G.KOST 79.000 DM

MB -030

INST INSTITUT FUER LANDWIRTSCHAFTLICHE MIKROBIOLOGIE / FB 16/21 DER UNI GIESSEN
GIESSEN, SENCKENBERGSTR. 3

VORHAB **biologische und hygienische bewertung des blaubeurener beatmungsverfahrens**
beurteilung des blaubeurener verfahrens durch bestimmung der rotte-intensitaet sowie den nachweis der entseuchung

S.WORT abfallbeseitigung + mikrobiologie + blaubeurener beatmungsverfahren

PROLEI PROF. DR. EBERHARD KUESTER
STAND 1.1.1974
QUELLE umweltforschungsplan 1974 des bmi
FINGEB BUNDESMINISTER DES INNERN
ZUSAM - FACHGRUPPE TIERERNAEHRUNG UND TIERHYGIENE DER UNI HOHENHEIM, ABT. TIERHYGIENE I, 7 STUTTGART 70
- INST. F. PHYTOPATHOLOGIE D. UNI GIESSEN, LUDWIGSTR. 23, 63 GIESSEN; DR. HOLST
- INST. F. BODENKUNDE D. UNI GIESSEN, LUDWIGSTR. 23, 63 GIESSEN; DR. HOMRIGHAUSEN
BEGINN 1.1.1971 ENDE 31.12.1974
G.KOST 243.000 DM

MB -031
INST INSTITUT FUER LANDWIRTSCHAFTLICHE MIKROBIOLOGIE / FB 16/21 DER UNI GIESSEN GIESSEN, SENCKENBERGSTR. 3
VORHAB bildung von antibiotisch wirksamen stoffen bei der kompostierung von siedlungsabfaellen
untersuchung der bildungsbedingungen und wirkungsmechanismen der bei der kompostierung von siedlungsabfaellen festgestellten antibiotisch wirksamen stoffe. klaerung folgender fragen: welche mikroorganismen bilden die antibiotika; chemische zusammensetzung der substanzen; findet die biosynthese im mesophilen oder thermophilen bereich statt; einfluss der temperatur und zusammensetzung der abfaelle auf die bildung des antibiotischen hemmstoffes; wirkung des kompost-antibiotikums auf mikroorganismen. aus den ergebnissen werden rueckschluesse auf die steuerung des rotte- bzw. kompostierungsprozesses erwartet
S.WORT siedlungsabfaelle + kompostierung + antibiotika + mikroorganismen
PROLEI PROF. DR. EBERHARD KUESTER
STAND 8.12.1975
FINGEB BUNDESMINISTER DES INNERN
BEGINN 1.12.1975 ENDE 30.9.1978
G.KOST 181.000 DM

MB -032
INST INSTITUT FUER LANDWIRTSCHAFTLICHE MIKROBIOLOGIE / FB 16/21 DER UNI GIESSEN GIESSEN, SENCKENBERGSTR. 3
VORHAB biologische und hygienische bewertung des blaubeurener belueftungsverfahrens
charakterisierung des kompostierungsverfahrens mit einer stationaeren rottezelle. untersuchung der biologischen wirksamkeit in den verschiedenen stadien der rotte
S.WORT blaubeurener beatmungsverfahren + hygiene + (bewertung)
PROLEI FARKASDI
STAND 6.8.1976
QUELLE fragebogenerhebung sommer 1976
ZUSAM - HYGIENE-INSTITUT DER UNI GIESSEN
- INST. F. PHYTOPATHOLOGIE
- INST. F. PARASITOLOGIE UND PARASITAERE KRANKHEITEN DER TIERE DER UNI HOHENHEIM
BEGINN 1.1.1970 ENDE 31.12.1975
LITAN FARKASDI, G.: BERICHT DER ARBEITSGEMEINSCHAFT GIESSENER UNIVERSITAETSINSTITUTE FUER ABFALLWIRTSCHAFT UEBER DIE BIOLOGISCHE UND HYGIENISCHE BEWERTUNG DES BLAUBEURENER BEATMUNGSVERFAHRENS. GIESSEN(1975); 95 S.

MB -033
INST INSTITUT FUER LANDWIRTSCHAFTLICHE MIKROBIOLOGIE / FB 16/21 DER UNI GIESSEN GIESSEN, SENCKENBERGSTR. 3
VORHAB celluloseabbau bei der kompostierung
quantitative und qualitative bestimmung der celluloseabbauenden mikroorganismen waehrend des kompostierungsprozesses. mikrobieller abbau von cellulosehaltigen abfaellen bei der zellkompostierung in rottezellen und bei der mietenkompostierung
S.WORT kompostierung + cellulose + mikrobieller abbau
PROLEI NIESE
STAND 6.8.1976
QUELLE fragebogenerhebung sommer 1976
ZUSAM INST. F. BODENHYGIENE, BLAUBEUREN
BEGINN 1.1.1972 ENDE 31.12.1976

MB -034
INST INSTITUT FUER LANDWIRTSCHAFTLICHE MIKROBIOLOGIE / FB 16/21 DER UNI GIESSEN GIESSEN, SENCKENBERGSTR. 3
VORHAB bildung von antibiotisch wirksamen stoffen bei der kompostierung von siedlungsabfaellen
nachweis von antibiotisch wirksamen stoffen in muellkomposten. isolierung und klassifizierung von antibiotika-produzieremdem organismen aus muellkomposten, speziell von thermophilen. bestimmung des wirkungsspektrums dieser antibiotika. abhaengigkeit der stoffproduktion von hoehe und dauer der temperatur waehrend des kompostierungsprozesses. in situ gebildete antibiotika als hygienisierungsfaktor von muellkomposten
S.WORT siedlungsabfaelle + kompostierung + antibiotika
PROLEI PROF. DR. EBERHARD KUESTER
STAND 6.8.1976
QUELLE fragebogenerhebung sommer 1976
BEGINN 1.1.1975 ENDE 31.12.1978

MB -035
INST INSTITUT FUER LANDWIRTSCHAFTLICHE MIKROBIOLOGIE / FB 16/21 DER UNI GIESSEN GIESSEN, SENCKENBERGSTR. 3
VORHAB bestimmung der co2-produktion waehrend der heissrotte organischer abfallstoffe
kontinuierliche messung und registrierung der co2-produktion von hausmuell und anderen organischen abfallstoffen waehrend der selbsterhitzung. abhaengigkeit der co2-produktion von der zersetzbarkeit der organischen substanz. bestimmung des minimalen luftbedarfs der heissrotte
S.WORT rotte + schadstoffbildung + (kohlendioxid)
PROLEI NIESE
STAND 6.8.1976
QUELLE fragebogenerhebung sommer 1976
BEGINN 1.1.1975

MB -036
INST INSTITUT FUER LANDWIRTSCHAFTLICHE MIKROBIOLOGIE / FB 16/21 DER UNI GIESSEN GIESSEN, SENCKENBERGSTR. 3
VORHAB beseitigung und verwertung von industriellen fermentationsrueckstaenden
unbedenkliche ablagerung von mycelschlaemmen auf abfalldeponien. einsatz von fermentationsrueckstaenden als futter- oder duengemittel. verwertung von fermentationsabfaellen als ausgangsmaterial fuer weitere prozesse von industrieller bedeutung. gewinnung von wertvollen begleitsubstanzen aus industrieabfaellen
S.WORT industrieabfaelle + abfallbeseitigung + recycling
PROLEI PROF. DR. EBERHARD KUESTER
STAND 6.8.1976
QUELLE fragebogenerhebung sommer 1976
ZUSAM DECHEMA, FRANKFURT
BEGINN 1.1.1975 ENDE 31.12.1977

MB -037
INST INSTITUT FUER MIKROBIOLOGIE UND TIERSEUCHEN DER TIERAERZTLICHEN HOCHSCHULE HANNOVER HANNOVER, BISCHOFSHOLER DAMM 15
VORHAB pruefung und einsatzmoeglichkeit einer anlage zur unschaedlichen beseitigung von tierkoerpern und konfiskaten nach den vorschriften des tierkoerperbeseitigunggesetzes
es soll untersucht werden, ob die erhitzung des rohmaterials im heissen fett (stork-duke-verfahren) eine sichere sterilisation gewaehrleistet. zu diesem zweck werden bakteriologische stufenkontrollen und keimtraegerversuche sowie hitzeresistenzbestimmungen an clostridiensporen durchgefuehrt
S.WORT tierkoerperbeseitigung + bakteriologie + (stork-duke-verfahren)
PROLEI PROF. DR. WOLFGANG BISPING
STAND 21.7.1976

QUELLE fragebogenerhebung sommer 1976
FINGEB BUNDESMINISTER FUER ERNAEHRUNG, LANDWIRTSCHAFT UND FORSTEN
ZUSAM - VETERINAERVERWALTUNG DES LANDKREISES OSNABRUECK
- VETERINAERVERWALTUNG DES LANDES NIEDERSACHSEN
BEGINN 30.7.1975 ENDE 31.12.1977
G.KOST 51.000 DM
LITAN ZWISCHENBERICHT

MB -038

INST INSTITUT FUER MIKROBIOLOGIE UND TIERSEUCHEN DER TIERAERZTLICHEN HOCHSCHULE HANNOVER
HANNOVER, BISCHOFSHOLER DAMM 15
VORHAB **pruefung von einsatzmoeglichkeiten einer anlage zur unschaedlichen beseitigung von tierkoerpern und konfiskaten nach den vorschriften des tierkoerperbeseitigungsgesetzes**
es soll untersucht werden, ob die erhitzung des rohmaterials im heissen fett (anderson-verfahren) eine sichere sterilisation gewaehrleistet. zu diesem zweck wurden bakteriologische stufenkontrollen sowie hitzeresistenzbestimmungen an clostridiensporen durchgefuehrt
S.WORT tierkoerperbeseitigung + bakteriologie + (anderson-verfahren)
PROLEI PROF. DR. WOLFGANG BISPING
STAND 21.7.1976
QUELLE fragebogenerhebung sommer 1976
FINGEB BUNDESMINISTER FUER ERNAEHRUNG, LANDWIRTSCHAFT UND FORSTEN
ZUSAM VETERINAERVERWALTUNG DES LANDKREISES TECKLENBURG
BEGINN 2.4.1974 ENDE 31.12.1975
G.KOST 31.000 DM
LITAN ENDBERICHT

MB -039

INST INSTITUT FUER ORGANISCHE CHEMIE DER UNI HEIDELBERG
HEIDELBERG, POSTFACH .
VORHAB **untersuchung der biozoenose und der niedermolekularen stoffwechselprodukte bei der kompostierung**
1. untersuchung der organisch-chemischen prozesse (gaschromatografische analysen) 2. hygienische untersuchungen (testkeimverfahren)
S.WORT kompostierung + biozoenose
STAND 20.11.1975
FINGEB BUNDESMINISTER DES INNERN
BEGINN 1.12.1975 ENDE 31.12.1976
G.KOST 299.000 DM

MB -040

INST INSTITUT FUER PHYSIKALISCHE CHEMIE UND ELEKTROCHEMIE DER UNI KARLSRUHE
KARLSRUHE, KAISERSTR. 12
VORHAB **vernichtung von festen cyanidabfaellen**
chemische umsetzung der cyanide in wasser bei temperaturen zwischen 150 und 200 grad celsius oder in der schmelze durch einleiten von wasserdampf bei 700 bis 900 grad celsius
S.WORT abfallbeseitigung + cyanide + thermisches verfahren
PROLEI PROF. DR. ULRICH SCHINDELWOLF
STAND 1.1.1974
FINGEB - BUNDESMINISTER FUER FORSCHUNG UND TECHNOLOGIE
- MINISTERIUM FUER ERNAEHRUNG, LANDWIRTSCHAFT UND UMWELT, STUTTGART
ZUSAM DEGUSSA, 6 FRANKFURT/M. 1, WEISSFRAUSTR. 9
BEGINN 1.1.1972 ENDE 30.6.1974
G.KOST 74.000 DM
LITAN ZWISCHENBERICHT 1975. 01

MB -041

INST INSTITUT FUER PHYSIKALISCHE CHEMIE UND ELEKTROCHEMIE DER UNI KARLSRUHE
KARLSRUHE, KAISERSTR. 12
VORHAB **vernichtung von cyanid- und nitritabfaellen**
vernichtung von cyanid- und nitritabfaellen. hydrolytische spaltung der cyanide in waessriger loesung bei erhoehter temperatur. umsatz der nitrite durch zugabe von ammoniumsalzen in waessriger loesung
S.WORT abfallbeseitigung + cyanide + nitrite
PROLEI PROF. DR. ULRICH SCHINDELWOLF
STAND 23.7.1976
QUELLE fragebogenerhebung sommer 1976
FINGEB - MINISTERIUM FUER WIRTSCHAFT, MITTELSTAND UND VERKEHR, STUTTGART
- INNENMINISTERIUM, STUTTGART
G.KOST 100.000 DM
LITAN - SCHINDEWOLF, U.: EIN NEUES VERFAHREN ZUR VERNICHTUNG VON CYANID-ABFAELLEN. IN: CHEM. ING. TECHN. 44 S. 682(1972)
- HOERTH, J.;ZBINDEN, W.;SCHINDEWOLF, U.: ENTGIFTUNG VON CYANID-ABFAELLEN DURCH VERSEIFUNG. IN: CHEM. ING. TECHN. 45 S. 641(1973)
- WOLFBEISS, E.;SCHINDEWOLF, U.: HALBTECHNISCHE UNTERSUCHUNGEN ZUR GEGENSEITIGEN ODER UNABHAENGIGEN ZERSTOERUNG VON ABFALLCYANIDEN UND ABFALLNITRITEN. IN: CHEM. ING. TECHN. 48 S. 63(1976)

MB -042

INST INSTITUT FUER PHYTOMEDIZIN DER UNI HOHENHEIM
STUTTGART 70, OTTO-SANDER-STR.5
VORHAB **abbau organischer abfallstoffe mittels der mikrobiellen heissrotte**
der mikrobielle abbau organischer kommunaler abfaelle bei der muellkompostierung durch thermophile mikroorganismen wird untersucht
S.WORT abfallbeseitigung + muellkompost + mikroorganismen
PROLEI PROF. DR. KNOESEL
STAND 1.1.1974
BEGINN 1.1.1972
LITAN KNOESEL, D. N. A.;REISZ: STAEDTEGYGIENE (JUN 1973)

MB -043

INST INSTITUT FUER SIEDLUNGSWASSERBAU UND WASSERGUETEWIRTSCHAFT DER UNI STUTTGART
STUTTGART 80, BANDTAELE 1
VORHAB **gelenkte intensivkompostierung von festen abfallstoffen mit geeigneten kohlenstoff- und stickstofftraegern**
untersuchung des mikrobiellen abbaus von zellulose und der zersetzung von lignin: rottevorgaenge und deren foerderung bei der kompostierung von zellulosehaltigen abfallstoffen, zellulosebestimmung, abbaugeschwindigkeit, beeinflussung durch abbauvorgaenge anderer stoffe (fette), aufstellung von stoffbilanzen. untersuchung der schwierigkeiten bei der gemeinsamen kompostierung von papier und konditioniertem abwasserschlamm. literaturstudie ueber zelluloseabbau bei verschiedenartigen ausgangssubstanzen als zellulosetraeger werden abfallpapiere und abfallstoffe aus der papierverarbeitenden industrie verwendet. der fuer die rottevorgaenge notwendige stickstoff soll in form von abwasserschlaemmen und ammoniumnitrat bereitgestellt werden. der einfluss einzelner faktoren wiie ph-wert, c/n-verhaeltnis, wassergehalt usw. wird an der laboranlage untersucht, die guenstigen betriebsbedingungen und rottezeiten werden an der pilotanlage abgeklaert
S.WORT abfallbehandlung + cellulose + kompostierung + mikrobieller abbau
PROLEI PROF. DR. -ING. OKTAY TABASARAN
STAND 8.12.1975
FINGEB BUNDESMINISTER DES INNERN
BEGINN 3.11.1975 ENDE 31.10.1977
G.KOST 294.000 DM

MB -044

INST INSTITUT FUER SIEDLUNGSWASSERBAU UND WASSERGUETEWIRTSCHAFT DER UNI STUTTGART
STUTTGART 80, BANDTAELE 1

VORHAB **untersuchung an der pyrolyse-pilotanlage der firma herbold ueber wirtschaftlichkeit und umweltbelastung des verfahrens**
untersuchung der pyrolyseanlage der firma herbold in meckesheim hinsichtlich der auswirkungen des verfahrens auf die umwelt und der wirtschaftlichkeit unter beruecksichtigung der technologischen moeglichkeiten und eines sicheren betriebes bei der verarbeitung energiereicher abfallstoffe
S.WORT abfallbeseitigung + pyrolyse + umwelteinfluesse + oekonomische aspekte
PROLEI PROF. DR. -ING. OKTAY TABASARAN
STAND 9.12.1975
FINGEB BUNDESMINISTER DES INNERN
BEGINN 1.12.1975 ENDE 31.10.1976
G.KOST 227.000 DM
LITAN TABASARAN, O.;BESEMER, G.: STAND DER ABFALLPYROLYSE. IN: STUTTGARTER BERICHTE ZUR ABFALLWIRTSCHAFT 3 (1975)

MB -045
INST INSTITUT FUER SIEDLUNGSWASSERBAU UND WASSERGUETEWIRTSCHAFT DER UNI STUTTGART
STUTTGART 80, BANDTAELE 1
VORHAB **messtechnische untersuchungen an einer pyrolyse pilotanlage (fa. kiener) goldshoefe**
untersuchungen der technologie, betriebstechnik, sicherheit und wirtschaftlichkeit sowie der umwelt- und energiebilanzen der abfallpyrolyseanlage system goldshoefe
S.WORT abfallbehandlung + pyrolyse + umwelteinfluesse + oekonomische aspekte
PROLEI PROF. DR. -ING. OKTAY TABASARAN
STAND 1.1.1976
QUELLE umweltforschungsplan 1976 des bmi
FINGEB BUNDESMINISTER DES INNERN
BEGINN 1.12.1975 ENDE 31.12.1976
G.KOST 108.000 DM
LITAN - TABASARAN, O.: DIE PYROLYTISCHE BEHANDLUNG VON KOMMUNALEM MUELL. IN: WIENER MITTEILUNGEN WASSER-ABWASSER-GEWAESSER 20 (1976)
- TABASARAN, O.: PYROLYTISCHE BEHANDLUNG VON HAUSMUELL UND KLAERSCHLAMM. IN: UMWELT (2) S. 81-84(1976)

MB -046
INST INSTITUT FUER SIEDLUNGSWASSERWIRTSCHAFT DER TH AACHEN
AACHEN, MIES-VAN-DER-ROHE-STR. 1
VORHAB **untersuchung eines abgewandelten verfahrens zur gemeinsamen biologischen behandlung von muell und frischschlamm**
wissenschaftliche untersuchung eines intensivierten biologischen aufbereitungsverfahrens, in dem muell und frischschlamm einwohneraequivalent in den natuerlichen stoffkreislauf zurueckgefuehrt werden. durch ein intensiviertes, biologisches aufbereitungsverfahren unter verwendung von frischschlamm sollen die nachteile der muell-klaerschlamm kompostierung reduziert werden. dabei parallele untersuchungen ueber auftretende sickergewaesser und ihre weiterverwendung. darstellung des verhaltens der schwermetallverbindungen waehrend der kompostierung
S.WORT abfall + schlaemme + biotechnologie
PROLEI DIPL. -ING. DIERING
STAND 15.11.1975
FINGEB BUNDESMINISTER DES INNERN
BEGINN 1.11.1973 ENDE 31.12.1976
G.KOST 259.000 DM

MB -047
INST INSTITUT FUER TECHNISCHE CHEMIE DER TU BERLIN
BERLIN 12, STRASSE DES 17. JUNI 128
VORHAB **untersuchungen zum einfluss von licht auf die festigkeit von folien aus polyacenaphthylen und copolymeren aus styrol mit acenaphthylen**
im hinblick auf die probleme der abfallbeseitigung wird in letzter zeit immer staerker die forderung nach der entwicklung abbaubarer kunststoffe erhoben. ausgangspunkt der arbeit ist die idee, einer sensibilisierung des abbaus eines polymeren werkstoffes durch strahlung dadurch zu erreichen, dass durch copolymerisation abbaufaehige einheiten in die kette eingebaut werden. eine praktische bedeutung ist allerdings nur dann gegeben, wenn die guenstigen eigenschaften des werkstoffes dadurch nur unbedeutend vermindert werden. auf grund bereits vorliegenden versuchsmaterials werden copolymeren aus styrol und acenaphthylen als dafuer geeignete substanzen ausgewaehlt
S.WORT abfallbeseitigung + kunststoffindustrie + hochpolymere + bestrahlung + abbau
PROLEI DIPL. -ING. HEINRICH HEITZ
STAND 11.8.1976
QUELLE fragebogenerhebung sommer 1976
BEGINN 1.1.1975 ENDE 30.6.1977
G.KOST 6.000 DM

MB -048
INST INSTITUT FUER TIERMEDIZIN UND TIERHYGIENE DER UNI HOHENHEIM
STUTTGART 70, GARBENSTR. 30
VORHAB **veterinaerhygienische untersuchungen zur bewertung des blaubeurener beatmungsverfahrens**
test der hygienischen leistungsfaehigkeit des blaubeurener verfahrens. untersuchung der wirkung der stationaeren rottezelle gegenueber beweglichen zellen
S.WORT abfallbeseitigung + blaubeurener beatmungsverfahren + (hygienische leistungsfaehigkeit)
STAND 1.1.1974
QUELLE umweltforschungsplan 1974 des bmi
FINGEB BUNDESMINISTER DES INNERN
ZUSAM GIESSENER ARBEITSGEMEINSCHAFT VON INSTITUTEN FUER ABFALLWIRTSCHAFT
BEGINN 1.1.1971 ENDE 31.12.1974
G.KOST 96.000 DM

MB -049
INST INSTITUT FUER TIERMEDIZIN UND TIERHYGIENE DER UNI HOHENHEIM
STUTTGART 70, GARBENSTR. 30
VORHAB **hygienische untersuchungen an dem amerikanischen muellkompostierungsverfahren "varro conversion system" und dem deutschen verfahren der firma fahr ag gottmadingen**
die endprodukte beider verfahren werden als duenge- und bodenverbesserungsmittel und evtl. als ausgangsprodukt fuer futtermittel verwendet. wegen des zusatzes von klaerschlamm oder tierischen abfaellen entstehen besondere hygienische probleme. es ist daher festzustellen, ob die o. g. verfahren ein hygienisch einwandfreies produkt erzeugen. darueber hinaus soll untersucht werden, in welchen mischungsverhaeltnissen klaerschlamm und tierische abfaelle verwendbar sind, wobei insbesondere die obergrenze fuer den zusatz solcher stoffe zu erfassen ist
S.WORT kompostierung + tierische faekalien + klaerschlamm + duengemittel + futtermittel + (hygienische untersuchungen)
PROLEI PROF. DR. DIETER STRAUCH
STAND 8.12.1975
FINGEB BUNDESMINISTER DES INNERN
BEGINN 1.11.1975 ENDE 31.12.1978
G.KOST 179.000 DM

MB -050
INST INSTITUT FUER VERFAHRENSTECHNIK UND DAMPFKESSELWESEN DER UNI STUTTGART
STUTTGART 80, PFAFFENWALDRING 23

VORHAB **behandlung und verbleib von industrierueckstaenden**
vorbereitung, durchfuehrung und auswertung von erfahrungsaustausch-seminaren
S.WORT industrieabfaelle + abfallbehandlung
PROLEI PROF. DR. -ING. RUDOLF QUACK
STAND 1.10.1974
ZUSAM - DECHEMA E. V. , 6 FRANKFURT 97, THEODOR-HEUSS-ALLEE 25
- VDI, 4 DUESSELDORF, GRAF-RECKE-STR 84
BEGINN 1.1.1969 ENDE 31.12.1975
G.KOST 21.000 DM

MB -051
INST INSTITUT FUER VERFAHRENSTECHNIK UND DAMPFKESSELWESEN DER UNI STUTTGART
STUTTGART 80, PFAFFENWALDRING 23
VORHAB **energie aus abfallbeseitigung**
systematische erfassung der verfahrenstechnik zur abfallbeseitigung unter besonderer beruecksichtigung der energiegewinnung und verwertung
S.WORT abfallbeseitigung + verfahrenstechnik
PROLEI DR. -ING. BRUNO BRAUN
STAND 1.1.1974
FINGEB BUNDESMINISTER FUER FORSCHUNG UND TECHNOLOGIE
ZUSAM INST. F. SIEDLUNGSWASSERBAU UND WASSERGUETEWIRTSCHAFT DER UNI STUTTGART, 7 STUTTGART 80
BEGINN 1.7.1974 ENDE 31.12.1975
LITAN ZWISCHENBERICHT 1975. 10

MB -052
INST LACORAY S. A., ENVIRONMENTAL CONTROL DEPT. GENF
GENF/SCHWEIZ, 1, PLACE ST.GERVAIS
VORHAB **hochtemperatur-muellschmelzung**
anwendung des flk-patents zur volumenreduktion von radioaktiven abfaellen, hausmuell, sonderabfaellen und schlaemmen durch schmelzung; analyse auf verfahrensspezifische geringere emissionswerte; analyse der recycling-moeglichkeit des schmelzgranulats
S.WORT sondermuell + radioaktive abfaelle
+ hochtemperaturabbrand + emissionsmessung
+ recycling
PROLEI DIPL. -ING. HANS-PETER SCHMIDT
STAND 1.1.1974
FINGEB S. C. K. /C. E. N. (BELGONUCLKEAIRE) WASTE DIVISION, B-2400 MOL/BELGIEN
ZUSAM - BELGONUCLEAIRE MOL, BELGIEN
- EBARA-INFILCO INC. , TOKYO, JAPAN
BEGINN 1.5.1972
LITAN - EISENBURGER, J. P.: SCHMELZEN VON MUELL. IN: MUELL UND ABFALL 6 S. 199-202(1973)
- EISENBURGER, J. P.: WANN UND WIE HOCHTEMPERATURVERBRENNUNG? IN: MM MASCHINENMARKT 69 S. 1292-1294(1975)
- EISENBURGER, J. P.: VERGASUNG DER ABFAELLE MIT SCHMELZFLUESSIGEM ABZUG DES UNVERBRENNLICHEN. IN: WLB WASSER, LUFT UND BETRIEB 4 S. 186-187(1976)

MB -053
INST LANDESANSTALT FUER WASSER UND ABFALL
DUESSELDORF, BOERNESTR. 10
VORHAB **untersuchungen ueber die moeglichkeiten einer schadlosen beseitigung von saeureharzen aus der altoelraffination**
untersuchung der abfallsituation in nordrhein-westfalen; moegliche schadwirkungen bei ablagerungen; untersuchungen ueber die moeglichkeiten einer schadlosen beseitigung im labortechnischen masstab und im grossversuch; weitere verwendung als einsatzstoff in der baustoffindustrie
S.WORT abfallbeseitigung + altoel + (saeureharz)
NORDRHEIN-WESTFALEN
PROLEI DIPL. -CHEM. MERKEL
STAND 1.1.1974
ZUSAM INST. F. ORGANISCHE CHEMIE DER TU, 3 HANNOVER, SCHNEIDERBERG 1B, PROF. DR. F. BOELSING
BEGINN 1.1.1973 ENDE 31.12.1975
LITAN ZWISCHENBERICHT 1975. 01

MB -054
INST LANDESANSTALT FUER WASSER UND ABFALL
DUESSELDORF, BOERNESTR. 10
VORHAB **untersuchungen ueber die technischen moeglichkeiten der muellvergasung**
untersuchungen ueber die technischen moeglichkeiten der vergasung von abfaellen; mischungen von hausmuell mit problematischen industrieabfaellen
S.WORT muellvergasung + abfallbeseitigung + hausmuell
+ sondermuell
PROLEI DIPL. -ING. BERGHOFF
STAND 1.1.1974
BEGINN 1.10.1974 ENDE 31.12.1977
LITAN ZWISCHENBERICHT 1975. 10

MB -055
INST LEHRSTUHL FUER VERFAHRENSTECHNIK IN DER TIERPRODUKTION DER UNI HOHENHEIM
STUTTGART 70, GARBENSTR. 9
VORHAB **untersuchungen zur aufbereitung von tierischen exkrementen durch belueftung mit dem ziel der geruchsminderung, entseuchung und gehaltsverminderung**
durch die steigenden anforderungen an die umwelt wird die einfuehrung umweltfreundlicher stallhaltungssysteme und dungbehandlungsverfahren unerlaesslich. im rahmen des forschungsauftrags sollen folgende dungbehandlungsverfahren naeher untersucht werden: a) oxidationsgraben mit teilspaltenboden; b) fluessigkompostierung von schweinemist mit umwaelzbeluefter im reaktor. es werden die verfahrenstechnischen kennwerte sowie die verfahrenskosten ermittelt
S.WORT tierische faekalien + aufbereitung
+ geruchsminderung + entseuchung
PROLEI DR. WALTER RUEPRICH
STAND 6.8.1976
QUELLE fragebogenerhebung sommer 1976
FINGEB EUROPAEISCHE GEMEINSCHAFTEN
ZUSAM - INST. F. TIERMEDIZIN UND TIERHYGIENE DER UNI HOHENHEIM
- INST. F. ACKER- UND PFLANZENBAU, UNI HOHENHEIM
BEGINN 1.9.1975 ENDE 31.12.1978
G.KOST 118.000 DM
LITAN RUEPRICH, W.: VERFAHREN ZUR AUFBEREITUNG VON TIERISCHEN EXKREMENTEN. IN: HANDBUCH DER TIERISCHEN VEREDLUNG 76. OSNABRUECK: VERLAG KAMLAGE(1976); S. 169-187

MB -056
INST LEICHTWEISS-INSTITUT FUER WASSERBAU DER TU BRAUNSCHWEIG
BRAUNSCHWEIG, BEETHOVENSTR. 51A
VORHAB **ermittlung von guenstigen betriebsbedingungen bei der mischung von hausmuell mit klaerschlamm in drehtrommeln**
ermittlung guenstiger bedingungen (zeit, wassergehalt, zusatzstoffe) bei der mischung von einwohnergleichen mengen von muell und klaerschlamm
S.WORT abfallbeseitigung + siedlungsabfaelle + klaerschlamm
+ (mischtrommel)
PROLEI PROF. DR. -ING. HANS-JUERGEN COLLINS
STAND 28.7.1976
QUELLE fragebogenerhebung sommer 1976
ZUSAM INST. F. STADTBAUWESEN DER TU BRAUNSCHWEIG, SCHLEINITZSTRASSE, 3300 BRAUNSCHWEIG
BEGINN 1.1.1975 ENDE 31.12.1977
G.KOST 83.000 DM
LITAN ZWISCHENBERICHT

MB -057
INST MESSERSCHMITT-BOELKOW-BLOHM GMBH
MUENCHEN 80, POSTFACH 80 11 69

VORHAB **studie ueber den technologischen stand von pyrolyse- und hochtemperaturverbrennungsverfahren in usa, europa und japan**
ziel der arbeit ist es, bestehende pyrolyseanlagen im hinblick auf technische aspekte, kosten, wert der rohstoffrueckgewinnung (monetaer und nicht monetaer) und umweltbelastung zu untersuchen. die anlagen werden auf 100-150 tagestonnen-anlagen umgerechnet und danach einer kosten-nutzenanalyse unterzogen. abhaengig von lokalen gegebenheiten wird die gewichtung der kriterien im analysemodell vorgenommen. das ergebnis ist die benennung einer oder mehrerer verfahren, die die gestellten anforderungen erfuellen. die ausgewaehlten verfahren werden dann noch einmal kritisch untersucht, um auskunft ueber verfahrenstechnische probleme zu erhalten
S.WORT abfallbeseitigung + pyrolyse + hochtemperaturabbrand + internationaler vergleich USA + EUROPA + JAPAN
PROLEI DIPL. -ING. ROLF A. BRAND
STAND 22.7.1976
QUELLE fragebogenerhebung sommer 1976
FINGEB LANDESAMT FUER UMWELTSCHUTZ, MUENCHEN
ZUSAM ROY E. WESTON
BEGINN 1.10.1974 ENDE 31.8.1975
G.KOST 384.000 DM
LITAN ENDBERICHT

MB -058
INST MESSERSCHMITT-BOELKOW-BLOHM GMBH
MUENCHEN 80, POSTFACH 80 11 69
VORHAB **modellstudie abfallbeseitigung bei einsatz von muellballenpressen**
der abfall wird in sammelfahrzeugen zu den pressanlagen transportiert, evtl. vorbehandelt und zu leicht handhabbaren und umweltfreundlichen abfallballen, etwa der abmessungen 1x1x1. 2 m3 gepresst. der transport der ballen zu den eigentlichen beseitigungsanlagen (i. a. deponien) erfolgt dann kostenguenstig mit sehr einfachen serienmaessigen fahrzeugen. die wichtigsten pressverfahren werden analysiert und ihr einsatz an einigen realen planungsfaellen diskutiert
S.WORT abfallbeseitigung + muellpresslinge + (modellstudie)
PROLEI DIPL. -MATH. HANS OSTERMANN
STAND 22.7.1976
QUELLE fragebogenerhebung sommer 1976
FINGEB UMWELTBUNDESAMT
BEGINN 1.11.1975 ENDE 31.4.1976
G.KOST 64.000 DM

MB -059
INST NIEDERSAECHSISCHES LANDESAMT FUER BODENFORSCHUNG
HANNOVER -BUCHHOLZ, STILLEWEG 2
VORHAB **umweltfreundliche nutzung von salzlagerstaetten und aufgelassenen bergwerken**
beratungen und untersuchungen fuer die tieflagerung (endlagerung) von abfallstoffen, lagerung in auflaessigen bergwerken (thiederhall, desdemono), lagerung in salzkavernen (kewa). beratungen und untersuchungen fuer die herstellung von kavernen in salzgesteinen zwecks speicherung von energietraegern (oel, gas)
S.WORT abfallstoffe + endlagerung + bergwerk
PROLEI PROF. DR. FRIEDRICH PREUL
STAND 6.8.1976
QUELLE fragebogenerhebung sommer 1976
LITAN ENDBERICHT

MB -060
INST PORTLAND-ZEMENTWERKE HEIDELBERG AG
BLAUBEUREN, DR.-GEORG-SPOHN-STR. 1
VORHAB **entwicklung eines verfahrens zur kompostierung von huehnerkot aus massentierhaltungen mit hilfe des knet- und beatmungsverfahrens**
kompostierung schwierig zu verarbeitender abfaelle aus massentierhaltung; versuche, durch mischung mit anderen organischen produkten huehnerkot rottefaehig zu machen und zu kompostieren
S.WORT massentierhaltung + tierische faekalien + kompostierung
STAND 1.1.1974
QUELLE umweltforschungsplan 1974 des bmi
FINGEB BUNDESMINISTER DES INNERN
BEGINN 1.1.1971 ENDE 31.12.1974
G.KOST 200.000 DM

MB -061
INST ROSE, PROF.DR.
OBERNKIRCHEN, VOR DEN BUESCHEN 46
VORHAB **zusatz von zeitungspapier zu kleinkompostanlagen**
erfassung der papiermengen, die in einer miete mit haushalt- und gartenabfaellen verarbeitet werden koennen
S.WORT altpapier + kompostanlage
PROLEI PROF. DR. GERHARD ROSE
STAND 1.1.1974
BEGINN 1.1.1974 ENDE 31.12.1976
G.KOST 1.000 DM
LITAN ZWISCHENBERICHT 1976. 12

MB -062
INST SAARBERG-FERNWAERME GMBH
SAARBRUECKEN, SULZBACHSTR. 26
VORHAB **vergasung von haus- und industriemuell**
untersuchung der bedingungen, unter denen durch vergasung von haus- und industriemuell und anschliessender reinigung des entstandenen gasgemisches energie in form von brenngasen, rohstoffe in form verwertbarer kohlenwasserstoffe, wie z. b. olefine, aus abfaellen ohne beeintraechtigung der umwelt zu gewinnen sind. es wird eine versuchsanlage im pilot-masstab (muelldurchsatz 1 to/h) errichtet und versuche und messungen durchgefuehrt
S.WORT muellvergasung + abgasreinigung + recycling
PROLEI DR. -ING. HORST HUCK
STAND 9.8.1976
QUELLE fragebogenerhebung sommer 1976
FINGEB BUNDESMINISTER FUER FORSCHUNG UND TECHNOLOGIE
BEGINN 1.6.1974 ENDE 31.12.1978
G.KOST 9.356.000 DM

MB -063
INST SUEDDEUTSCHE ZUCKER AG
OBRIGHEIM 5, WORMSERSTR. 1
VORHAB **gemeinsame kompostierung des bei der zuckerfabrikation anfallenden erdschlammes zusammen mit anfallenden pflanzlichen substanzen**
S.WORT schlammbeseitigung + kompostierung + zuckerindustrie
PROLEI DR. SCHIWECK
STAND 1.1.1974
BEGINN 1.1.1974
LITAN ZWISCHENBERICHT

MB -064
INST SUEDDEUTSCHE ZUCKER AG
WAGHAEUSEL
VORHAB **kompostierung, versuche fuer probleme der abfallbeseitigung von rueben, kraut und sonstige**
S.WORT abfallbeseitigung + kompostierung
PROLEI DR. SCHIWEG
STAND 1.1.1974
BEGINN 1.1.1973

MB -065

INST TH. GOLDSCHMIDT AG
MANNHEIM 81, MUELHEIMERSTR. 16-22
VORHAB **gesamtaufbereitung aller festen salzrueckstaende aus haertereibetrieben**
entwicklung eines verfahrens (bis zur technikumsstufe), das es erlaubt, die cyanidhaltigen abfaelle der salzbadhaertereien praktisch vollstaendig zu wiederverwertbaren salzen aufzuarbeiten, ohne dass luft und gewaesser belastet werden
S.WORT abfallaufbereitung + industrieabfaelle + cyanide
STAND 1.10.1974
QUELLE erhebung 1975
FINGEB BUNDESMINISTER FUER FORSCHUNG UND TECHNOLOGIE
BEGINN 1.1.1973 ENDE 31.12.1974
G.KOST 525.000 DM

MB -066

INST ZENTRUM FUER OEKOLOGIE-HYGIENE / FB 23 DER UNI GIESSEN
GIESSEN, FRIEDRICHSTR. 16
VORHAB **wasser- und stoffhaushalt in abfalldeponien und deren auswirkungen auf gewaesser. unterthema: umwelthygienische untersuchungen, insbesondere wanderung von indikatorkeimen im deponienkoerper und im grundwasser**
S.WORT deponie + wasserhaushalt + grundwasser + stoffaustausch + keime
PROLEI PROF. DR. KARL-HEINZ KNOLL
STAND 7.9.1976
QUELLE datenuebernahme von der deutschen forschungsgemeinschaft
FINGEB DEUTSCHE FORSCHUNGSGEMEINSCHAFT

Weitere Vorhaben siehe auch:

BB -020 UNTERSUCHUNG DER DESTRUGAS-MUELL-ENTGASUNGS-ANLAGE KALUNDBORG HINSICHTLICH DER AUSWIRKUNGEN DES VERFAHRENS AUF DIE UMWELT

KB -073 EINSATZ VON IONENAUSTAUSCHERN ZUR FIXIERUNG VON SCHWERMETALLEN AUS SIEDLUNGSABFAELLEN

KE -013 VERFAHREN ZUR SCHLAMMKONDITIONIERUNG UND KOMBINIERTEN SCHLAMM- UND HAUSMUELLVERBRENNUNG

MC -001

INST ABTEILUNG ORGANISCHE STOFFE DER BUNDESANSTALT FUER MATERIALPRUEFUNG
BERLIN 45, UNTER DEN EICHEN 87
VORHAB **untersuchung und pruefung der eigenschaften von kunststofflagerbehaeltern zur lagerung grundwasserschaedigender fluessigkeiten**
pruefung der chemischen und mechanischen bestaendigkeit
S.WORT schadstofflagerung + kunststoffbehaelter + materialtest
PROLEI PROF. DR. PASTUSKA
STAND 1.1.1974
ZUSAM LANDESARBEITSGEMEINSCHAFT WASSER

MC -002

INST BUNDESANSTALT FUER GEOWISSENSCHAFTEN UND ROHSTOFFE
HANNOVER 51, STILLEWEG 2
VORHAB **dauernde sichere beseitigung hochgradig giftiger abfallstoffe - methoden zum rechnerischen und experimentellen nachweis der langzeitsicherheit unterirdischer speicherraeume**
S.WORT abfallablagerung + tieflagerung + sondermuell
PROLEI DR. LANGER
STAND 1.1.1974

MC -003

INST BUNDESANSTALT FUER GEOWISSENSCHAFTEN UND ROHSTOFFE
HANNOVER 51, STILLEWEG 2
VORHAB **kontrolle und beurteilung der standsicherheit unterirdischer hohlraeume im fels fuer depotanlagen**
zur kontrolle und beurteilung der standsicherheit von felshohlraeumen werden ueberwiegend in situ-untersuchungen und messungen im gebirge und am ausbau durchgefuehrt; als messgeraete werden u. a. extensiometer, druckmessdosen und belastungsgeraete eingesetzt
S.WORT depotanlage + felsmechanik
PROLEI DR. PAHL
STAND 1.1.1974
FINGEB BUNDESMINISTER DER VERTEIDIGUNG
BEGINN 1.1.1965
LITAN INT. BERICHTE, BUNDESANSTALT FUER BODENFORSCHUNG

MC -004

INST BUNDESANSTALT FUER GEOWISSENSCHAFTEN UND ROHSTOFFE
HANNOVER 51, STILLEWEG 2
VORHAB **versenkung von fluessigen abfallstoffen in poroese oder klueftige gesteine**
1. auswertung der erfahrungen anderer laender auf dem gebiet der tiefversenkung von fluessigen abfaellen; 2. erarbeitung von grundlagen fuer eine sinnvolle nutzung eigener moeglichkeiten; 3. erarbeitung von grundlagen zur vermeidung von fehlentwicklungen und kuenftigen problemen als hilfe fuer die gesetzgeberische handhabung
S.WORT abfallbeseitigung + tiefversenkung + bodenstruktur
PROLEI DR. KLAUS KREYSING
STAND 29.7.1976
QUELLE fragebogenerhebung sommer 1976
ZUSAM - GEOLOGISCHES LANDESAMT SCHLESWIG-HOLSTEIN, MERCATORSTR. 7, 2300 KIEL
- HESSISCHES LANDESAMT FUER BODENFORSCHUNG, LEBERBERG 9, 6200 WIESBADEN
BEGINN 1.1.1976 ENDE 31.12.1977
G.KOST 254.000 DM

MC -005

INST BUNDESANSTALT FUER GEOWISSENSCHAFTEN UND ROHSTOFFE
HANNOVER 51, STILLEWEG 2
VORHAB **die bebaubarkeit von muelldeponien und die verwendung von hausmuell als erdbaumaterial**
S.WORT deponie + hausmuell + recycling + baustoffe
STAND 29.7.1976
QUELLE fragebogenerhebung sommer 1976

MC -006

INST BUNDESANSTALT FUER GEOWISSENSCHAFTEN UND ROHSTOFFE
HANNOVER 51, STILLEWEG 2
VORHAB **moeglichkeit der muell- und giftstoffdeponierung in abgeworfenen bergwerken, wirtschaftlich-geotechnische untersuchungen**
abgeworfene bergwerke sind zur deponie von muell und giftstoffen geeignet; geplantes projekt soll klaeren, ob die voraussetzungen fuer die lagerung von abfallstoffen aus geotechnischer und wirtschaftlicher sicht gegeben sind; dazu muessen die standfestigkeit der grubenraeume, die wasserhaltung und die foerdertechnischen gegebenheiten untersucht werden; das projekt sollte planungsunterlagen fuer deponiemassnahmen liefern
S.WORT sondermuell + tieflagerung + bergwerk + planungshilfen
PROLEI DIPL. -ING. MEISTER
STAND 1.1.1974

MC -007

INST BUNDESANSTALT FUER GEOWISSENSCHAFTEN UND ROHSTOFFE
HANNOVER 51, STILLEWEG 2
VORHAB **versenkung fluessiger abfallstoffe in poroese oder klueftige gesteine durch bohrsonden**
1) geologische voraussetzungen einer tiefenversenkung; untersuchungsmethoden zur aufnahmefaehigkeit; angewandte techniken und anlagen-dimensionierung; art und menge zu versenkender abfaelle; datensammlung zur aufnahmefaehigkeit von versenkraeumen; steuerung und kontrolle der versenkung; auswirkungen der tiefenversenkung fluessiger abfaelle auf geohydrologische verhaeltnisse und natuerliche ressourcen; kriterien einer schadlosen anwendung des verfahrens. 2) grundsaetzliche moeglichkeiten und grenzen einer versenkung fluessiger abfaelle im bundesgebiet; abschaetzung des potentials an versenkraum
S.WORT abfallbeseitigung + tiefversenkung
STAND 20.11.1975
FINGEB BUNDESMINISTER DES INNERN
BEGINN 1.1.1976 ENDE 31.12.1977
G.KOST 254.000 DM

MC -008

INST CHEMISCHE WERKE HUELS AG
MARL, POSTFACH 1180
VORHAB **analytische methoden auf dem gebiet des umweltschutzes**
die loesung konkreter umweltprobleme erfordert exakte analytische bestimmungsmethoden. im rahmen dieses vorhabens wird u. a. bearbeitet: 1. die erfassung von metaboliten des biologischen alkylbenzolsulfonates auch im hinblick auf die trinkwasserversorgung. 2. entwicklung einer analyse fuer kationaktive tenside. 3. analyse von sickerwasserproben aus versuchsdeponien
S.WORT deponie + sickerwasser + trinkwasserversorgung + tenside
PROLEI DR. ERICH KUNKEL
STAND 30.8.1976
QUELLE fragebogenerhebung sommer 1976
BEGINN 1.1.1976 ENDE 31.12.1977
G.KOST 400.000 DM

MC -009

INST DUISBURGER KUPFERHUETTE
DUISBURG 1, WERTHAUSERSTR. 220

VORHAB **deponierung von sondermuell; auslaugeverhalten metallhaltiger faellschlaemme**
deponie von faellschlaemmen z. b. aus nassmetallurgischen prozessen ohne vermischung mit anderen abfaellen; untersuchung der sickerwaesser nach art/menge/chemismus/allgemeinem verhalten; vergleich mit labormessungen
S.WORT deponie + sondermuell + metallindustrie + sickerwasser
PROLEI DR. VOIGT
STAND 1.1.1974
FINGEB BUNDESMINISTER FUER FORSCHUNG UND TECHNOLOGIE
BEGINN 1.9.1973 ENDE 31.12.1974
G.KOST 207.000 DM
LITAN ZWISCHENBERICHT 1974. 04

MC -010
INST EMCH UND BERGER INGENIEURBUERO GMBH
GRENZACH-WYHLEN, SOLVAY PLATZ 55
VORHAB **standortuntersuchungen von industriemuelldeponien unter besonderer beruecksichtigung des kleinklimas**
ziel: erarbeitung von relevanten kriterien zur beurteilung von deponien hinsichtlich kleinklimabeeintraechtigungen
S.WORT deponie + industrieabfaelle + mikroklimatologie
PROLEI DIPL. -ING. LUBOSCHIK
STAND 1.1.1974
ZUSAM - LANDESSTELLE F. GEWAESSERKUNDE, 75 KARLSRUHE, HEBELSTR. 2
- LANDESAMT F. UMWELTSCHUTZ, 75 KARLSRUHE, GRIESBACHSTR. 2
BEGINN 1.1.1974 ENDE 30.9.1974

MC -011
INST FACHGEBIET VORRATSSCHUTZ / FB 16/21 DER UNI GIESSEN
GIESSEN, ALTER STEINBACHER WEG 44
VORHAB **die entomofauna von muelldeponien und ihre hygienische bedeutung**
in zusammenarbeit zwischen dem fg vorratsschutz und dem zentrum fuer oekologie-hygiene werden laufend untersuchungen verschiedener art ueber die zusammensetzung der insektenfauna, besonders der fliegen, auf muelldeponien und ueber die kontamination der betreffenden insekten mit mikroorganismen durchgefuehrt
S.WORT deponie + fauna + hygiene
PROLEI PROF. DR. W. STEIN
STAND 6.8.1976
QUELLE fragebogenerhebung sommer 1976
ZUSAM ZENTRUM FUER OEKOLOGIE-HYGIENE DER UNI GIESSEN
BEGINN 1.1.1970
LITAN - STEIN, W.: UNTERSUCHUNGEN UEBER DIE FLIEGENFAUNA EINER GEORDNETEN MUELLDEPONIE. IN: UMWELTHYGIENE 25 S. 168-172(1974)
- STEIN, W.: ABFALLBEHAELTER ALS ZOOLOGISCH-HYGIENISCHES PROBLEM. IN: FORUM UMWELT HYGIENE 26(8) S. 238-241(1975)
- STEIN, W.: GROSSBEHAELTER UND FLIEGEN. IN: UMWELT 4(2) S. 2(1974)

MC -012
INST GEOLOGISCHES INSTITUT DER UNI HEIDELBERG
HEIDELBERG, IM NEUENHEIMER FELD 234
VORHAB **schadstoffe und wasser**
es werden die geologischen und hydrogeologischen grundlagen fuer die errichtung von muelldeponien erarbeitet
S.WORT wasser + schadstoffe + deponie
PROLEI DR. DACHROTH
STAND 1.1.1974
QUELLE erhbung 1975
ZUSAM GEOLOGISCHES LANDESAMT BADEN-WUERTTEMBERG, FREIBURG, ALBERTSTR. 5

MC -013
INST GEOLOGISCHES LANDESAMT HAMBURG
HAMBURG, OBERSTR. 88
VORHAB **erprobung von untersuchungsmethoden; ueberwachung; prognosen; kontrolle fuer rottemuelldeponie**
neuanlage einer deponie(hoeltigbaum bei hamburg); ziel: beobachtung des grundwassers vor, waehrend, und nach betrieb der deponie
S.WORT deponie + grundwasser
PROLEI DR. GRUBE
STAND 1.1.1974
ZUSAM BAUBEHOERDE HAMBURG, 2 HAMBURG 36, STADTHAUSBRUECKE 8
BEGINN 1.1.1972 ENDE 31.12.1980
G.KOST 10.000 DM
LITAN GUTACHTEN FUER BAUBEHOERDE HAMBURG 1973

MC -014
INST GESELLSCHAFT FUER ANGEWANDTE GEOPHYSIK MBH
MUENCHEN 90, EDUARD-SCHMID-STR. 3
VORHAB **diagenetische vorgaenge in muelldeponien**
geophysikalische untersuchungen ueber strukturveraenderungen in deponien, entwicklung neuer geraete und geraetekombinationen zur durchfuehrung erforderlicher langzeit-unternehmungen
S.WORT deponie + strukturanalyse + geophysik + (geraeteentwicklung)
MUENCHEN + AUGSBURG (REGION)
PROLEI DR. JUERGEN BRUGGEY
STAND 2.8.1976
QUELLE fragebogenerhebung sommer 1976
BEGINN 1.3.1976
G.KOST 50.000 DM

MC -015
INST HESSISCHES OBERBERGAMT
WIESBADEN, PAULINENSTR. 5
VORHAB **fortentwicklung der bergbaulichen rekultivierung auf schwierigen standorten**
nutzung aller bekannten rekultivierungsverfahren und pruefung ihrer anwendbarkeit auf schwierige objekte wie halden aus wachstumsfeindlichen aufbereitungs- und verarbeitungsrueckstaenden
S.WORT bergbau + rekultivierung
HESSEN (NORD) + HESSEN (SUED)
PROLEI DR. -ING. HARTMUT SCHADE
STAND 21.7.1976
QUELLE fragebogenerhebung sommer 1976
ZUSAM NATURSCHUTZ- UND LANDSCHAFTSPFLEGEBEHOERDEN SOWIE BERGWERKSGESELLSCHAFTEN UND LANDSCHAFTSBAUFIRMEN
LITAN ZWISCHENBERICHT

MC -016
INST HYGIENE INSTITUT DER UNI TUEBINGEN
TUEBINGEN, SILCHERSTR. 7
VORHAB **untersuchung von muellhaldenablaeufen auf n-nitrosoverbindungen und ihre praecursoren**
S.WORT deponie + nitrosoverbindungen + analytik
PROLEI DR. JOHANNES SANDER
STAND 7.9.1976
QUELLE datenuebernahme von der deutschen forschungsgemeinschaft
FINGEB DEUTSCHE FORSCHUNGSGEMEINSCHAFT

MC -017
INST IGI-INGENIEUR-GEOLOGISCHES INSTITUT DIPL.-ING. NIEDERMEYER
WESTHEIM
VORHAB **gutachten ueber die geordnete abfallbeseitigung in den landkreisen donau-ries und dillingen/donau**
erfassung des istzustandes der abfallbeseitigung, mengenermittlung der abfaelle (derzeitiger stand und prognostizierung bis zum jahre 1990), vorschlaege fuer die neuordnung der abfallbeseitigung und untersuchung verschiedener standorte auf ihre eignung als deponie, insbesondere unter geologischen und

hydrologischen kriterien sowie unter beruecksichtigung der verkehrs- und umweltsituation
S.WORT abfallbeseitigung + deponie + standortfaktoren + abfallmenge + prognose
DILLINGEN A. D. DONAU
PROLEI DIPL. -ING. NIEDERMEYER
STAND 10.9.1976
QUELLE fragebogenerhebung sommer 1976
FINGEB ARBEITSGEMEINSCHAFT FUER ABFALLBESEITIGUNG, DILLINGEN/DONAU
ZUSAM - BAYERISCHES LANDESAMT FUER UMWELTSCHUTZ, ROSENKAVALIERPLATZ 3, 8000 MUENCHEN
- WASSERWIRTSCHAFTSAMT, DONAUWOERTH
G.KOST 30.000 DM

MC -018
INST INGENIEURBUERO FUER GESUNDHEITSTECHNIK MANNHEIM, L8, 11
VORHAB **ermittlung der lagerungsdichte von kommunalen abfaellen in deponien**
an etwa 10 grossdeponien, die mit erfassungssystemen ausgeruestet und deren einzugsgebiete abgrenzbar sind, werden lagerungsdichten von abfaellen in abhaengigkeit von der zusammensetzung, der deponiebetriebsweise und der ablagerungsdauer ermittelt
S.WORT abfallablagerung + siedlungsabfaelle + deponie + (lagerungsdichte)
PROLEI DIPL. -ING. PETER HILLEBRAND
STAND 9.12.1975
FINGEB BUNDESMINISTER DES INNERN
BEGINN 5.12.1975 ENDE 31.12.1979
G.KOST 199.000 DM

MC -019
INST INGENIEURBUERO FUER GESUNDHEITSTECHNIK MANNHEIM, L8, 11
VORHAB **ermittlung der ablagerungsdichte von kommunalen abfaellen in deponien**
erarbeitung von kenndaten ueber lagerungsdichte und setzungsverhalten bei der deponie von abfaellen. messprogramm zur feststellung der volumensaenderung: wiederholte vermessung und setzungsmessung nach der schlauchmethode. gleichzeitige erfassung saemtlicher eingebrachten abfallmengen durch wiegen
S.WORT abfallablagerung + siedlungsabfaelle + deponie + (lagerungsdichte)
PROLEI DIPL. -ING. BERNHARD JAEGER
STAND 27.7.1976
QUELLE fragebogenerhebung sommer 1976
FINGEB UMWELTBUNDESAMT
ZUSAM DEPONIEBETREIBER
BEGINN 1.10.1976 ENDE 31.3.1979
G.KOST 200.000 DM
LITAN ZWISCHENBERICHT

MC -020
INST INSTITUT FRESENIUS, CHEMISCHE UND BIOLOGISCHE LABORATORIEN GMBH TAUNUSSTEIN -NEUHOF, IM MAISEL
VORHAB **wasser- und stoffhaushalt in abfalldeponien und deren auswirkungen auf gewaesser. unterthema: analysen von muell, klaerschlamm, sickerwasser und gas von abfalldeponien**
S.WORT abfall + deponie + schadstoffwirkung + gewaesser + analytik
PROLEI PROF. DR. WILHELM FRESENIUS
STAND 7.9.1976
QUELLE datenuebernahme von der deutschen forschungsgemeinschaft
FINGEB DEUTSCHE FORSCHUNGSGEMEINSCHAFT

MC -021
INST INSTITUT FUER ANGEWANDTE GEOLOGIE DER WESTFAELISCHEN BERGGEWERKSCHAFTSKASSE BOCHUM, HERNER STRASSE 45
VORHAB **untersuchungen zur ausweisung von standorten fuer die ablagerung produktionsspezifischer rueckstaende in nordrhein-westfalen (psr)**
projekt soll grundlage fuer die im lande nordrhein-westfalen zu erstellenden abfallbeseitigungsplaene sein. ziel der vorlaeufig abgeschlossenen arbeiten war, sich einen ueberbilck ueber jene gebiete zu verschaffen, die auf grund der hydrogeologischen gegebenheiten und der wasserwirtschaftlichen situation die einrichtung von deponien fuer sonderabfaelle am ehesten zulassen
S.WORT abfallagerung + sondermuell + deponie + standortfaktoren
NORDRHEIN-WESTFALEN
PROLEI DR. FELIX BIRK
STAND 30.8.1976
QUELLE fragebogenerhebung sommer 1976
FINGEB LANDESANSTALT FUER WASSER UND ABFALL, DUESSELDORF
BEGINN 1.1.1975 ENDE 31.7.1976
G.KOST 85.000 DM
LITAN - BIRK, F.;VORREYER; (LANDESANST. F. WASSER U. ABFALL NW): HYDROGEOL. U. WASSERWIRTSCHAFTL. GESICHTSPUNKTE BEI DER STANDORTWAHL VON SONDERABFALLDEPONIEN. IN: TAGUNG GEWAESSERSCHUTZ-WASSER-ABWASSER, ESSEN (MAI 1976)
- ENDBERICHT

MC -022
INST INSTITUT FUER LACKPRUEFUNG DIPL.-CHEM. WALTER HENNIGE GIESSEN, GARTFELD 2
VORHAB **untersuchung der wirksamkeit von dichtungsmitteln fuer auffangwannen bei lagerung wassergefaehrdender stoffe**
erstellung von pruefrichtlinien fuer dichtungsmittel; es gibt verschiedene dichtungsverfahren, deren wirkungsweise jedoch nicht eindeutig bekannt ist. da die zulassung dieser mittel erforderlich und gesetzlich gefordert ist, muessen die fuer richtlinien zugrunde zu legenden kriterien in einem serientest ueberprueft werden
S.WORT schadstofflagerung + gewaesserschutz
PROLEI DIPL. -CHEM. HENNIGE
STAND 1.1.1975
QUELLE umweltforschungsplan 1975 des bmi
FINGEB BUNDESMINISTER DES INNERN
BEGINN 1.1.1973 ENDE 31.12.1975
G.KOST 38.000 DM

MC -023
INST INSTITUT FUER LANDESKULTUR / FB 16/21 DER UNI GIESSEN
GIESSEN, SENCKENBERGSTR. 3
VORHAB **untersuchungen ueber die dauer und das ausmass der umweltbelastung durch geschlossene und zu schliessende muellkippen**
an drei kleineren muelldeponien wird die verunreinigung des oberflaechennahen grundwassers bis zu einer tiefe von 1, 50 m mit zunehmendem abstand von der muellkippe untersucht
S.WORT deponie + grundwasserbelastung
PROLEI PROF. DR. KOWALD
STAND 6.8.1976
QUELLE fragebogenerhebung sommer 1976
BEGINN 1.1.1972 ENDE 31.12.1976

MC -024
INST INSTITUT FUER LANDESKULTUR / FB 16/21 DER UNI GIESSEN
GIESSEN, SENCKENBERGSTR. 3

VORHAB **die filterwirkung verschiedener sande und kiese bei der duengung mit abwasserklaerschlamm und muellkompost**
in muelldeponien treten sickerwaesser auf, die das grundwasser stark verunreinigen koennen. in lysimetern soll festgestellt werden, wie gross die filterwirkung von kies, sand, boden und muellkompost bezueglich der sickerwaesser ist. muellkompost fuehrte zu einer erhoehten verunreinigung des sickerwassers
S.WORT deponie + sickerwasser + grundwasserbelastung + bodenbeschaffenheit + kiesfilter
PROLEI PROF. DR. RAINER KOWALD
STAND 6.8.1976
QUELLE fragebogenerhebung sommer 1976
BEGINN 1.1.1972
LITAN KOWALD, R.: DIE FILTERUNG VON MUELLSICKERWAESSERN DURCH VERSCHIEDENE BODENSUBSTRATE IN LYSIMETERN. IN: GIESSENER BERICHTE Z. UMWELTSCHUTZ 5 S. 121-126(1975)

MC -025

INST INSTITUT FUER LANDSCHAFTS- UND FREIRAUMPLANUNG DER TU BERLIN
BERLIN 10, FRANKLINSTR. 29
VORHAB **planung und einrichtung einer versuchsdeponie in berlin-wannsee**
einblick in den bisher nicht ausreichend bekannten wasserhaushalt einer muelldeponie bei unterschiedlichen abdeckungs- und rekultivierungsmassnahmen. es sollen die sickerwasserquantitaet und -qualitaet sowie ihre beeinflussung bzw. mengenmaessige verminderung durch die evapotranspiration von verschiedenen pflanzenbestaenden, die bei der rekultivierung eingesetzt werden und durch andere kleinklimatische faktoren ermittelt werden. der weitere weg des sickerwassers im untergrund der deponie ist zu verfolgen und dort die sedimentation und zersetzung der dort enthaltenen organischen und anorganischen stoffe festzustellen
S.WORT deponie + sickerwasser + wasserhaushalt + rekultivierung
BERLIN-WANNSEE
PROLEI PROF. DR. J. WESCHE
STAND 9.12.1975
FINGEB BUNDESMINISTER DES INNERN
BEGINN 1.12.1975 ENDE 30.11.1977
G.KOST 1.929.000 DM

MC -026

INST INSTITUT FUER LANDWIRTSCHAFTLICHE MIKROBIOLOGIE / FB 16/21 DER UNI GIESSEN
GIESSEN, SENCKENBERGSTR. 3
VORHAB **wasser- und stoffhaushalt in abfalldeponien und deren auswirkungen auf gewaesser. unterthema: bestimmung der biologischen aktivitaet zur kennzeichnung des stabilisierungsvorganges**
S.WORT deponie + gewaesserbelastung + biologische wirkungen + (stabilisierungsvorgang)
PROLEI PROF. DR. EBERHARD KUESTER
STAND 7.9.1976
QUELLE datenuebernahme von der deutschen forschungsgemeinschaft
FINGEB DEUTSCHE FORSCHUNGSGEMEINSCHAFT

MC -027

INST INSTITUT FUER OEKOLOGIE DER TU BERLIN
BERLIN 41, ROTHENBURGSTR. 12
VORHAB **erstellung einer klimatischen wasserbilanz auf einer muell-versuchsdeponie; minimierung der sickerwassermenge durch die auswahl einer entsprechenden vegetationsdecke**
zielsetzung: minimierung d. sickerwassermenge aus einer muell-versuchs-deponie durch auswahl einer geeigneten bepflanzung. vorgehensweise: erstellung einer strahlungs- und energiebilanz; erstellung einer klimatischen wasserbilanz; messung von energiehaushalt und wasserhaushalt mit hilfe einer klimamessstation, die an eine automatische datenerfassungsanlage angeschlossen ist. weitere auswertung ueber edv
S.WORT deponie + sickerwasser + wasserbilanz + vegetation
BERLIN-WANNSEE
PROLEI PROF. DR. JOACHIM WESCHE
STAND 30.8.1976
QUELLE fragebogenerhebung sommer 1976
FINGEB UMWELTBUNDESAMT
ZUSAM INST. F. LANDSCHAFTSBAU DER TU BERLIN, LENTZEALLEE 76, 1000 BERLIN 33
BEGINN 1.12.1975
G.KOST 200.000 DM

MC -028

INST INSTITUT FUER OEKOLOGIE DER TU BERLIN
BERLIN 41, ROTHENBURGSTR. 12
VORHAB **erstellung einer klimatischen wasserbilanz auf einer muellversuchsdeponie; minimierung der sickerwassermenge durch die auswahl einer entsprechenden vegetationsdecke**
zielsetzung: minimierung der sickerwassermenge aus einer muellversuchsdeponie durch auswahl einer geeigneten bepflanzung. vorgehensweise: erstellung einer strahlungs- und energiebilanz; erstellung einer klimatischen wasserbilanz. messung von energiehaushalt und wasserhaushalt mit hilfe einer klimamessstation, die an eine automatische datenerfassungsanlage angeschlossen ist. weitere auswertung erfolgt ueber edv
S.WORT deponie + sickerwasser + pflanzendecke + wasserbilanz
PROLEI PROF. DR. JOACHIM WESCHE
STAND 10.9.1976
QUELLE fragebogenerhebung sommer 1976
FINGEB UMWELTBUNDESAMT
ZUSAM INST. F. LANDSCHAFTSBAU DER TU BERLIN, LENTZEALLEE 76, 1000 BERLIN 33
BEGINN 1.12.1975 ENDE 31.12.1978
G.KOST 200.000 DM

MC -029

INST INSTITUT FUER SIEDLUNGSWASSERBAU UND WASSERWIRTSCHAFT DER FH GIESSEN
GIESSEN, WIESENSTR. 12
VORHAB **untersuchungen ueber das verhalten abgelagerter sondermuellarten in einer deponie**
in 4 versuchsdeponien (gen. muell-lysimeter) soll untersucht werden, inwieweit inhaltsstoffe aus speziellen industrieschlaemmen, die in einer hausmuell-deponie schichtweise eingebaut werden, von hindurchsickernden niederschlagswaessern ausgelaugt werden und in den grundwasserbereich gelangen
S.WORT grundwasserbelastung + sickerwasser + deponie + sondermuell
PROLEI DIPL. -ING. ARMIN GOSCH
STAND 30.8.1976
QUELLE fragebogenerhebung sommer 1976
FINGEB HESSISCHE LANDESANSTALT FUER UMWELT, WIESBADEN
BEGINN 1.5.1976 ENDE 31.12.1977
G.KOST 50.000 DM
LITAN ZWISCHENBERICHT

MC -030

INST INSTITUT FUER STADTBAUWESEN DER TU BRAUNSCHWEIG
BRAUNSCHWEIG, POCKELSSTR. 4
VORHAB **untersuchungen ueber die biologische abbaubarkeit von sickerwasser aus muelldeponien**
test von sickerwaessern von verschiedenen versuchslysimetern auf biologische abbaubarkeit. die versuchslysimeter werden als verdichtete und rottedeponie mit und ohne zugabe von klaerschlamm betrieben. die verdichteten versuchsdeponien werden in unterschiedlichen schichtstaerken aufgebaut
S.WORT deponie + sickerwasser + biologischer abbau
PROLEI PROF. DR. ROLF KAYSER
STAND 11.8.1976

QUELLE fragebogenerhebung sommer 1976
FINGEB DEUTSCHE FORSCHUNGSGEMEINSCHAFT
ZUSAM LEICHTWEISSINSTITUT FUER WASSERBAU DER TU BRAUNSCHWEIG
BEGINN 1.5.1976 ENDE 31.5.1977
G.KOST 54.000 DM

MC -031

INST INSTITUT FUER STADTBAUWESEN DER TU BRAUNSCHWEIG
BRAUNSCHWEIG, POCKELSSTR. 4
VORHAB reinigung von muellsickerwasser unter betriebsbedingungen - beruecksichtigung einer bedarfsverregnung
versuche zur reinigung von muellsickerwasser in 6 hintereinandergeschalteten belueftеten teichen im massstab 1: 1 unter betriebsbedingungen. anschliessende bedarfsverregnung des biologisch teilgereinigten muellsickerwassers
S.WORT deponie + sickerwasser + abwasserreinigung + verrieselung
PROLEI PROF. DR. ROLF KAYSER
STAND 11.8.1976
QUELLE fragebogenerhebung sommer 1976
FINGEB KULTUSMINISTERIUM, HANNOVER
BEGINN 1.4.1976 ENDE 31.12.1978
G.KOST 146.000 DM

MC -032

INST INSTITUT FUER STADTBAUWESEN DER TU BRAUNSCHWEIG
BRAUNSCHWEIG, POCKELSSTR. 4
VORHAB ermittlung der konzentration organischer und anorganischer inhaltsstoffe von sickerwasser aus muelldeponien und deren biochemischer abbaubarkeit
messung der sickerwassermenge und -qualitaet von ca. 15 deponien. test der sickerwaesser auf biologische abbaubarkeit. schwerpunkt: untersuchung auf anorganische inhaltsstoffe mittels atomabsorption. die deponien sind alle zum untergrund gedichtet. es soll versucht werden, abhaengigkeiten der sickerwasserkonzentrationen von verschiedenen einflussfaktoren zu ermitteln (deponiealter, betriebswert, etc.)
S.WORT deponie + sickerwasser + anorganische stoffe + biologischer abbau
PROLEI PROF. DR. ROLF KAYSER
STAND 11.8.1976
QUELLE fragebogenerhebung sommer 1976
FINGEB DEUTSCHE FORSCHUNGSGEMEINSCHAFT
BEGINN 1.10.1974 ENDE 31.10.1976
G.KOST 143.000 DM
LITAN ZWISCHENBERICHT

MC -033

INST INSTITUT FUER STAEDTEBAU UND LANDESPLANUNG DER UNI KARLSRUHE
KARLSRUHE, KAISERSTR. 12
VORHAB gutachten zur standort- und flaechenbedarfsplanung fuer die mittelfristige muellbeseitigung der stadt karlsruhe
ziel: bestimmung des muellvolumens fuer ca. 15 jahre, bestimmung des standortes einer muelldeponie innerhalb der gemarkung einer grosstadt, grobanalyse moeglicher standorte, auswahl des guenstigsten standortes mit hilfe der nutzwertanalyse
S.WORT abfallbeseitigung + deponie + standortwahl + gutachten
KARLSRUHE + OBERRHEIN
PROLEI PROF. DR. -ING. GADSO LAMMERS
STAND 1.1.1974
QUELLE erhebung 1975
FINGEB STADT KARLSRUHE
ZUSAM DR. MIESS, INST. F. ORTS-, REGIONAL- U. LANDESPLANUNG, UNIVERSITAET KARLSRUHE, 75 KARLSRUHE

MC -034

INST INSTITUT FUER STAEDTEBAU, WOHNUNGSWESEN UND LANDESPLANUNG DER TU BRAUNSCHWEIG
BRAUNSCHWEIG, POCKELSSTR. 4
VORHAB wasser- und stoffhaushalt in abfalldeponien und deren auswirkung auf gewaesser. unterthema: untersuchungen ueber die biologische abbaubarkeit von sickerwasser aus modelldeponien
S.WORT deponie + gewaesserbelastung + sickerwasser + biologischer abbau
PROLEI PROF. DR. -ING. ROLF KAYSER
STAND 7.9.1976
QUELLE datenuebernahme von der deutschen forschungsgemeinschaft
FINGEB DEUTSCHE FORSCHUNGSGEMEINSCHAFT

MC -035

INST INSTITUT FUER UMWELTHYGIENE UND KRANKENHAUSHYGIENE DER UNI MARBURG
MARBURG, BAHNHOFSTR. 13A
VORHAB wanderungsgeschwindigkeit von mikroorganismen durch lysimeter aus siedlungsabfaellen
ermittlung der ueberlebensdauer von pathogenen keimen in siedlungsabfaellen bzw. ihre durchwanderungsgeschwindigkeit in vertikaler und horizontaler richtung in abhaengigkeit von verschiedenen bodenprofilen im lysimeter-modell. arbeiten mit modell-keimen und reisolierungsversuche dieser keime aus unterschiedlich zusammengesetzten lysimetern bzw. horizontalgerinnen
S.WORT kommunale abfaelle + grundwasserbelastung + pathogene keime
PROLEI PROF. DR. KARL-HEINZ KNOLL
STAND 30.8.1976
QUELLE fragebogenerhebung sommer 1976
FINGEB DEUTSCHE FORSCHUNGSGEMEINSCHAFT
ZUSAM INST. F. SIEDLUNGSWASSERWIRTSCHAFT DER TH BRAUNSCHWEIG (PROF. DR. COLLINS)
BEGINN 1.10.1976 ENDE 31.12.1979
G.KOST 200.000 DM

MC -036

INST INSTITUT FUER WASSER-, BODEN- UND LUFTHYGIENE DES BUNDESGESUNDHEITSAMTES
BERLIN 33, CORRENSPLATZ 1
VORHAB gas- und wasserhaushalt in abgeschlossenen muelldeponien
untersuchung der in abgeschlossenen muelldeponien ablaufenden zersetzungs- und umwandlungsprozesse. qualitative und quantitative erfassung der zersetzungsgase und entwicklung von methoden zu ihrer schadlosen ableitung. untersuchung des rueckhaltevermoegens verschiedener lockergesteine hinsichtlich der inhaltsstoffe von sickerwaessern aus deponien. ausarbeitung von empfehlungen fuer die standortbestimmung kuenftiger muelldeponien
S.WORT deponie + wasserhaushalt + standortwahl
PROLEI DIPL. -ING. WAGENKNECHT
STAND 1.1.1975
QUELLE umweltforschungsplan 1975 des bmi
FINGEB BUNDESMINISTER DES INNERN
ZUSAM BERLINER STADTREINIGUNGSBETRIEBE, RINGBAHNSTR. 96, 1 BERLIN 42
BEGINN 1.1.1972 ENDE 31.12.1975
G.KOST 818.000 DM

MC -037

INST INSTITUT FUER WASSERBAU UND WASSERWIRTSCHAFT DER TH DARMSTADT
DARMSTADT, RUNDETURMSTR. 1
VORHAB wasserbilanz von muelldeponien
im rahmen der wasserbilanz von muelldeponien wird die abhaengigkeit der bilanzglieder von natuerlichen und kuenstlichen deponie-technologischen einfluessen untersucht. der schwerpunkt der untersuchung erstreckt sich auf die ermittlung der quantitativen auswirkungen deponiespezifischer einflussgroessen mit hilfe von labor- und naturversuchen. auf der basis dieser untersuchungen wird ein mathematisches modell entwickelt, mit dem die wasserbilanz von

muelldeponien in abhaengigkeit von natuerlichen meteorologischen eingangsdaten und von deponietechnologischen parametern ermittelt werden kann
S.WORT abfallagerung + deponie + wasserbilanz + berechnungsmodell
PROLEI DIPL. -ING. VOLKER FRANZIUS
STAND 30.8.1976
QUELLE fragebogenerhebung sommer 1976
BEGINN 1.1.1975 ENDE 31.12.1977

MC -038

INST LANDESANSTALT FUER WASSER UND ABFALL DUESSELDORF, BOERNESTR. 10
VORHAB untersuchungen ueber die auswirkungen bei der ablagerung von schlacken aus den umschmelzbetrieben der aluminiumhuetten
untersuchungen ueber zusammensetzung, schad- und giftwirkungen; moeglichkeiten einer schadlosen beseitigung
S.WORT aluminiumindustrie + abfallagerung + schlacken
PROLEI DIPL. -CHEM. MERKEL
STAND 1.1.1974
BEGINN 1.1.1973 ENDE 31.12.1975
LITAN BUYSCH, H. -P.: BELUEFTUNG OBERIRDISCHER GEWAESSER DURCH ZUGABE VON LUFT IN DEN ABSTROM VON SCHIFFSPROPELLERN. IN: ZEITSCHRIFT WASSER UND BODEN (5) HAMBURG S. 111-115(1976)

MC -039

INST LANDESANSTALT FUER WASSER UND ABFALL DUESSELDORF, BOERNESTR. 10
VORHAB untersuchungen ueber das langzeitverhalten von industrieabfaellen bei der ablagerung von hausmuell
untersuchungen ueber das langzeitverhalten produktionsspezifischer abfaelle, insbesonders untersuchungen ueber das reaktionsverhalten komplexer cyanidhaltiger stoffe bei einer ablagerung gemeinsam mit hausmuell; untersuchung des wasserhaushaltes; schlussfolgerung ueber moegliche ausschluesse
S.WORT abfallablagerung + industrieabfaelle + hausmuell + cyanide + (langzeitverhalten)
PROLEI DIPL. -CHEM. MERKEL
STAND 1.1.1974
ZUSAM FORSCHUNGSGEMEINSCHAFT SVR, 43 ESSEN, KRONPRINZENSTR. 35, GEMEINSAME ABLAGERUNG VON HAEUSLICHEN MUELL
BEGINN 1.7.1973 ENDE 31.12.1978

MC -040

INST LEHRSTUHL FUER INGENIEUR- UND HYDROGEOLOGIE DER TH AACHEN
AACHEN, KOPERNIKUS-STRASSE 6
VORHAB optimale anlage von abfalldeponien auf geologischer grundlage unter beruecksichtigung aller sonstigen einflussfaktoren
das gebiet aachen-stolberg-eschweiler-dueren, ein raum mit starker besiedlung, industrialisierung und bergbau, wird auf standorte fuer abfalldeponien untersucht. im einzelnen werden 5 gruppen von einflussdaten untersucht: 1) daten der geologie und angewandten geologie, 2) klimatologische daten, 3) landschaftsplanerische und lanschaftsschutzdaten, 4) wasserschutzdaten, 5) wirtschaftstechnische und rechtliche daten. die synthese aller o. a. daten wird mit hilfe der edv durchgefuehrt. dabei stehen 3 auswertungsmoeglichkeiten (eliminierung, superposition, optimierung) zur wahl.
S.WORT deponie + standortfaktoren
AACHEN (RAUM)
PROLEI DIPL. -GEOL. RAINER OLZEM
STAND 29.7.1976
QUELLE fragebogenerhebung sommer 1976
ZUSAM - LANDSCHAFTSOEKOLOGIE UND LANDSCHAFTSGESTALTUNG, PROF. PFLUG, TH AACHEN
- AUFBEREITUNG, KOKEREI UND BRIKETTIERUNG, PROF. HOBERG, TH AACHEN
- SIEDLUNGSWASSERWIRTSCHAFT, PROF. BOEHNKE, TH AACHEN
BEGINN 1.1.1977 ENDE 31.12.1978
G.KOST 205.000 DM
LITAN HEITFELD, K.;KRAPP, L.;OLZEM, R.: FUNDAMENTALS TO DEVELOP A PROGRAMME FOR THE OPTIMUM DESIGN OF REGIONAL REFUSE DEPOSITS. IN: IAIG. ENGINEERING GEOLOGY. (1976)

MC -041

INST LEICHTWEISS-INSTITUT FUER WASSERBAU DER TU BRAUNSCHWEIG
BRAUNSCHWEIG, BEETHOVENSTR. 51A
VORHAB temperaturverlauf in hochverdichteten hausmuellablagerungen ohne abdeckung
bestimmung des temperaturverlaufs in einer 1, 50 meter maechtigen hausmuellschicht, die von einem compactor in lagen von 0, 20 - 0, 40 meter dicke verdichtet wurden; bestimmung der sickerwasserbelastung; ziel: minderung der sickerwassermenge in hochverdichteten hausmuelldeponien durch hohe abbautemperaturen
S.WORT sickerwasser + hausmuell + deponie
PROLEI DIPL. -ING. SPILLMANN
STAND 1.1.1974
FINGEB ZEPPELIN METALLWERKE, GARCHING
BEGINN 1.8.1973 ENDE 31.10.1974
G.KOST 9.000 DM
LITAN ZWISCHENBERICHT 1974. 09

MC -042

INST LEICHTWEISS-INSTITUT FUER WASSERBAU DER TU BRAUNSCHWEIG
BRAUNSCHWEIG, BEETHOVENSTR. 51A
VORHAB abdichtung des untergrundes von muelldeponien mit hilfe von kieselsaeureverbindungen
messung der hydraulischen leitfaehigkeit und deren aenderung durch die behandlung des bodens mit kolloidalen kieselsaeuren; die versuche werden mit reinem und belastetem wasser (muellsickerwasser) durchgefuehrt.
S.WORT deponie + untergrund + (abdichtung)
PROLEI PROF. DR. -ING. HANS-JUERGEN COLLINS
STAND 1.1.1974
FINGEB - DEUTSCHE FORSCHUNGSGEMEINSCHAFT
- LAND NIEDERSACHSEN
BEGINN 1.3.1973 ENDE 30.6.1975
LITAN ZWISCHENBERICHT 1975. 06

MC -043

INST LEICHTWEISS-INSTITUT FUER WASSERBAU DER TU BRAUNSCHWEIG
BRAUNSCHWEIG, BEETHOVENSTR. 51A
VORHAB verminderung der sickerwassermengen aus muelldeponien durch betriebliche massnahmen
ablagerung des hausmuells als aerobe heissrotte; rueckfuehrung des daraus austretenden sickerwassers zur iterativen verminderung der menge; untersuchung der sickerwasserbelastung in abhaengigkeit von muellvorbehandlung, rottetemperaturen und sickerwassermenge
S.WORT sickerwasser + deponie + rotte
PROLEI DIPL. -ING. SPILLMANN
STAND 1.1.1974
FINGEB LAND NIEDERSACHSEN
ZUSAM INST. F. STADTBAUWESEN DER TU BRAUNSCHWEIG, 33 BRAUNSCHWEIG, POCKELSSTR. 4
BEGINN 1.9.1973 ENDE 31.12.1975
G.KOST 103.000 DM
LITAN - ZWISCHENBERICHT 1974. 01
- ZWISCHENBERICHT 1975. 01

MC -044
INST LEICHTWEISS-INSTITUT FUER WASSERBAU DER TU BRAUNSCHWEIG
BRAUNSCHWEIG, BEETHOVENSTR. 51A
VORHAB **beeinflussung von sickerwassermenge und -belastung durch nutzung von rottevorgaengen in deponien**
minderung des sickerwasseranteils durch heissrotte. bestimmung der sickerwasserbelastung. bildung bevorzugter sickerwege. bestimmung von sackungen vor allem in durchlueftеten ablagerungen
S.WORT deponie + rotte + sickerwasser
PROLEI PROF. DR. -ING. HANS-JUERGEN COLLINS
STAND 28.7.1976
QUELLE fragebogenerhebung sommer 1976
FINGEB DEUTSCHE FORSCHUNGSGEMEINSCHAFT
ZUSAM INST. F. STADTBAUWESEN DER TU BRAUNSCHWEIG, SCHLEINITZSTRASSE, 3300 BRAUNSCHWEIG
BEGINN 1.1.1974 ENDE 31.12.1977
G.KOST 170.000 DM
LITAN ZWISCHENBERICHT

MC -045
INST LEICHTWEISS-INSTITUT FUER WASSERBAU DER TU BRAUNSCHWEIG
BRAUNSCHWEIG, BEETHOVENSTR. 51A
VORHAB **wasser- und stoffhaushalt in abfalldeponien und deren auswirkungen auf gewaesser**
ziel der beabsichtigten forschungsarbeiten ist die bestimmung der umweltbelastung durch sickerwasser aus abfalldeponien bis zum zeitpunkt der stabilisierung der ablagerung. die bislang durchgefuehrten versuche lassen selten einen schluss auf eine langzeitwirkung zu, da meist nicht unter definierten und reproduzierbaren bedingungen gearbeitet werden konnte. da durch die beobachtung am und im deponiekoerper allein noch nicht die wirkung auf die umwelt bestimmt werden kann, sind vorgaenge im boden und im grundwasser und die moeglichkeit einer klaerung der sickerwaesser ebenfalls zu untersuchen
S.WORT deponie + sickerwasser + wasserhaushalt + stoffhaushalt + gewaesserbelastung
PROLEI PROF. DR. -ING. HANS-JUERGEN COLLINS
STAND 28.7.1976
QUELLE fragebogenerhebung sommer 1976
FINGEB DEUTSCHE FORSCHUNGSGEMEINSCHAFT
BEGINN 1.7.1976
G.KOST 230.000 DM

MC -046
INST LEICHTWEISS-INSTITUT FUER WASSERBAU DER TU BRAUNSCHWEIG
BRAUNSCHWEIG, BEETHOVENSTR. 51A
VORHAB **vergleich der schmutzfracht aus einer hochverdichteten und einer rottedeponie**
S.WORT deponie + rotte + umweltbelastung + (vergleich)
PROLEI PROF. DR. -ING. HANS-JUERGEN COLLINS
STAND 28.7.1976
QUELLE fragebogenerhebung sommer 1976
ZUSAM INST. F. STADTBAUWESEN DER TU BRAUNSCHWEIG, SCHLEINITZSTRASSE, 3300 BRAUNSCHWEIG
BEGINN 1.1.1975 ENDE 31.12.1977
G.KOST 110.000 DM
LITAN SPILLMANN, P.;COLLINS, H.: EINJAEHRIGE BEOBACHTUNGEN VON TEMPERATURVERLAUF UND SICKERWASSERBELASTUNG EINER HOCHVERDICHTETEN HAUSMUELLDEPONIE. IN: MUELL UND ABFALL (2)(1975)

MC -047
INST MESSERSCHMITT-BOELKOW-BLOHM GMBH
MUENCHEN 80, POSTFACH 80 11 69
VORHAB **neuordnung der abfallbeseitigung im wirtschaftsraum muenchen**
optimierung (oekologisch & oekonomisch) der abfallbeseitigung in der region 14 und der stadt muenchen bis zum jahre 1990. festlegung der standorte, art und kapazitaet der beseitigungsanlagen
S.WORT abfallbeseitigung + planung + standortwahl MUENCHEN
PROLEI DR. WAGNER
STAND 1.10.1974
FINGEB STAATSMINISTERIUM FUER LANDESENTWICKLUNG UND UMWELTFRAGEN, MUENCHEN
ZUSAM - KUKA, KELLER UND KNAPPICH, 89 AUGSBURG 31, POSTFACH 160
- DORSCH CONSULT, 8 MUENCHEN 90, ASCHAUERSTR. 19
BEGINN 1.4.1973 ENDE 28.2.1974
G.KOST 500.000 DM
LITAN ABSCHLUSSBERICHT; MBB/DORSCH CONSULT KUKA: PROJEKTGUTACHTEN ZUR NEUORDNUNG DER ABFALLBESEITIGUNG IN DER REGION MUENCHEN (FEB 1974)

MC -048
INST MESSERSCHMITT-BOELKOW-BLOHM GMBH
MUENCHEN 80, POSTFACH 80 11 69
VORHAB **hochtemperaturabbrand von deponien**
beseitigung von deponien an ort und stelle durch gesteuerten abbrand der ablagerungen
S.WORT abfallbeseitigung + deponie + hochtemperaturabbrand
PROLEI DIPL. -ING. MUNDING
STAND 1.1.1974
FINGEB STAATSMINISTERIUM FUER LANDESENTWICKLUNG UND UMWELTFRAGEN, MUENCHEN
BEGINN 1.1.1974 ENDE 31.12.1974
G.KOST 200.000 DM
LITAN ZWISCHENBERICHT 1974. 06

MC -049
INST NIEDERSAECHSISCHES LANDESAMT FUER BODENFORSCHUNG
BREMEN, FRIEDRICH-MISSLER-STR. 46-48
VORHAB **moeglichkeiten und grenzen einer abwasserfaulschlammdeponie auf teilabgetorften hochmoorflaechen**
in nwd gibt es schaetzungsweise 30-50. 000 ha hochmoorflaechen, die bis zum liegenden "schwarztorf" abgebaut (teilabgetorft) sind. es wird geprueft, ob sich solche standorte zur deponie fluessiger siedlungsschlaemme eignen, da anderweitige nutzung dieser oedlaendereien in den meisten faellen ausscheidet. schwerpunkt der arbeit ist, die filtereigenschaften der torfe gegenueber hochbelasteten sickergewaessern zu erfassen und den moeglichen "reinigungsgrad" zu bestimmen. die untersuchungen werden auf 4 ebenen durchgefuehrt: 1) modellversuche im labor. 2) versuche in grundwasserlysimetern. 3) messungen in einem versuchspolder im moor. 4) untersuchungen an einer grossdeponie im moor
S.WORT moor + klaerschlamm + deponie + standortfaktoren DEUTSCHLAND (NORD-WEST)
PROLEI DR. WOLFGANG FEIGE
STAND 21.7.1976
QUELLE fragebogenerhebung sommer 1976
FINGEB - AMT FUER STADTENTWAESSERUNG
- NIEDERSAECHSISCHES ZAHLENLOTTO, HANNOVER
ZUSAM AMT FUER STADTENTWAESSERUNG UND STADTREINIGUNG, STOLZENAUERSTRASSE 36, 2800 BREMEN
BEGINN 1.1.1969 ENDE 31.12.1980
G.KOST 260.000 DM
LITAN - FEIGE, W.: DIE RETENTIONSFAEHIGKEIT VON TORFEN FUER EINIGE IM ABWASSER GELOESTEN STOFFE. IN: MITT. DT. BODENK. GES. 16(6) S. 148-157(1972)
- FEIGE, W.: BODENKUNDLICHE KRITERIEN ZUR BEURTEILUNG POTENTIELLER DEPONIESTANDORTE. IN: DAS GAS- UND WASSERFACH, WASSER, ABWASSER 116(12) S. 533-537(1975)

MC -050
INST ORDINARIAT FUER BODENKUNDE DER UNI HAMBURG
REINBEK, SCHLOSS

VORHAB **transport und umsatz der inhaltsstoffe von muellsickerwaessern im boden unter hausmuelldeponien**
es sollen die mechanismen des transports und des umsatzes der inhaltsstoffe von muellsickerwaessern untersucht werden, um so genauere vorstellungen ueber die filterwirkung des untergrundes in abhaengigkeit vom geologischen substrat zu erlangen. zu diesem zweck werden an einer deponie muellsickerwaesser aufgefangen sowie in verschiedenen tiefen aus dem boden durch filterkerzen und aus brunnenbohrungen gewonnen und analysiert. parallel dazu wird in einem laborversuch unter simulation der natuerlichen bedingungen des deponieuntergrundes das sickerwasser durch sandsaeulen perkoliert, um die einzelnen umsaetze messend verfolgen zu koennen. neben biologischen praesenz- und aktivitaetsanalysen werden z. z. hauptsaechlich anorganisch-chemische analysen, spez. spurenanalysen der schwermetalle durchgefuehrt
S.WORT deponie + sickerwasser + schadstoffnachweis
PROLEI DR. DIETMAR GOEK
STAND 21.7.1976
QUELLE fragebogenerhebung sommer 1976
FINGEB FREIE UND HANSESTADT HAMBURG, BAUBEHOERDE
ZUSAM - BAUBEHOERDE HAMBURG
- HYGIENISCHES STAATSINSTITUT HAMBURG
- GEOLOGISCHES LANDESAMT HAMBURG
G.KOST 150.000 DM
LITAN ZWISCHENBERICHT

MC -051
INST SIEDLUNGSVERBAND RUHRKOHLENBEZIRK
ESSEN 1, KRONPRINZENSTR. 35
VORHAB **gemeinsame ablagerung von haeuslichen und industriellen abfaellen**
untersuchungen ueber das verhalten von industriellen abfaellen und hausmuell bei gemeinsamer ablagerung
S.WORT hausmuell + industrieabfaelle + ablagerung
PROLEI DIPL. -ING. AHTING
STAND 1.1.1974
FINGEB LANDESANSTALT FUER WASSER UND ABFALL, DUESSELDORF
ZUSAM - BUNDESGESUNDHEITSAMT, 1 BERLIN 33, THIELALLEE 88-92
- SENAT FUER UMWELTSCHUTZ, 1 BERLIN 30, AN DER URANIA
BEGINN 1.11.1970 ENDE 31.12.1976
G.KOST 1.900.000 DM
LITAN - INTERNE ZWISCHENBERICHTE
- ZWISCHENBERICHT 1975. 01

MC -052
INST SIEDLUNGSVERBAND RUHRKOHLENBEZIRK
ESSEN 1, KRONPRINZENSTR. 35
VORHAB **bodenmechanische untersuchungen auf deponien**
bodenmechanische untersuchungen ueber physikalische vorgaenge im muellkoerper
S.WORT deponie + bodenmechanik
PROLEI DIPL. -ING. AHTING
STAND 1.1.1974
ZUSAM MAIHAK AG, 2 HAMBURG 39, SEMPERSTR. 38
BEGINN 1.7.1973 ENDE 31.12.1980
G.KOST 400.000 DM
LITAN ZWISCHENBERICHT 1975

MC -053
INST SONDERMUELLBESEITIGUNGSANLAGE SCHWABACH/BAYERN
SCHWABACH
VORHAB **untersuchung des deponieverhaltens von verfestigten oelschlaemmen**
S.WORT deponie + oel + schlammbeseitigung

MC -054
INST ZENTRUM FUER OEKOLOGIE-HYGIENE / FB 23 DER UNI GIESSEN
GIESSEN, FRIEDRICHSTR. 16
VORHAB **hygienische, biologische und chemisch-hydrogeologische untersuchungen einer geordneten muelldeponie**
umfassende untersuchungen an einer mit zerkleinertem haus-, sperr- und gewerbemuell beschickten, geordneten deponie. beurteilung der hygienischen, biologischen und chemisch-hydrogeologischen situation im deponiegelaende und im umkreis der deponie
S.WORT abfallbeseitigung + deponie + grundwasser
PROLEI PROF. DR. KARL-HEINZ KNOLL
STAND 1.1.1974
QUELLE umweltforschungsplan 1974 des bmi
BEGINN 1.1.1970 ENDE 31.12.1974
G.KOST 417.000 DM

MC -055
INST ZWECKVERBAND -SONDERMUELLPLAETZE MITTELFRANKEN-
FUERTH, KOENIGSTR. 86/88
VORHAB **deponieverhalten von verfestigungsprodukten mineraloelhaltiger schlaemme**
die bei den bekannten verfahren der verfestigung von oelschlaemmen entstehenden produkte werden untersucht in hinblick auf ihr auslaug- und alterungsverhalten, sowie auf ihre ablagerungsfaehigkeit zusammen mit hausmuell
S.WORT deponie + oel + schlammbeseitigung
PROLEI DR. KURT WACKERNAGEL
STAND 8.12.1975
FINGEB BUNDESMINISTER DES INNERN
BEGINN 1.12.1975 ENDE 31.12.1977
G.KOST 586.000 DM

Weitere Vorhaben siehe auch:

HB -043 GEWAESSERSCHUTZ UND LAGERUNG VON ABFALLSTOFFEN, KARTENWERK 1:50000
ID -002 GRUNDWASSERUNTERSUCHUNGEN IM UNTERSTROM VON ABFALLDEPONIEN
ID -005 HAUSMUELL UND GRUNDWASSERBESCHAFFENHEIT
ID -007 KONTROLLEN UEBER EIN MESSTATIONENSYSTEM IM BEREICH DER MUELLDEPONIE GROSSLAPPEN (MUENCHEN)
ID -019 DEPONIEVERHALTEN VON GIESSEREI-ALTSANDEN
ID -021 BELASTUNG UND VERUNREINIGUNG DES GRUNDWASSERS DURCH FESTE ABFALLSTOFFE
ID -030 VERUNREINIGUNG VON GRUND- UND OBERFLAECHENWASSER DURCH MUELLDEPONIEN
ID -049 VERAENDERUNGEN DES GRUNDWASSERS UNTERHALB VON DEPONIEN
ID -060 UNTERSUCHUNG EINER MUELLDEPONIE AUF GRUNDWASSERGEFAEHRDENDE STOFFE
MG -008 WIRTSCHAFTLICHKEITSVERGLEICH ALTERNATIVER BETRIEBSSYSTEME VON GROSSDEPONIEN
UC -039 ANWENDUNG VON METHODEN DES OPERATIONS RESEARCH AUF DIE STANDORTPLANUNG VON REGIONALEN ABFALLBEHANDLUNGSANLAGEN
UK -012 NUTZUNG DER ABFALLBESEITIGUNG FUER DIE WIEDERVERFUELLUNG UND REKULTIVIERUNG BERGBAULICHER HOHLRAEUME
UL -073 OEKOLOGISCHE UNTERSUCHUNGEN IN AUFFORSTUNGEN EINER SCHUTTHALDE EINES STAHLWERKES
UM -007 BESIEDLUNGSPROZESSE VON MUELLDEPONIEN
UM -008 SUKZESSION DER FLORA AUF ANTHROPOGEN STARK BEEINFLUSSTEN STANDORTEN, INSBESONDERE AUF MUELLDEPONIEN
UN -012 SUKZESSION DER FAUNA AUF NATUERLICH UND KUENSTLICH BEGRUENTEN FLAECHEN VON MUELLDEPONIEN
UN -055 BEITRAEGE ZUR ENTWICKLUNG DER BODENFAUNA AUF REKULTIVIERUNGSFLAECHEN VON SCHUTTHALDEN

MD -001
INST ABTEILUNG FUER PFLANZENBAU UND PFLANZENZUECHTUNG IN DEN TROPEN UND SUBTROPEN / FB 16 DER UNI GIESSEN
GIESSEN, SCHOTTSTR. 2
VORHAB **anwendung, verwertung, beseitigung von muell und muellkompost**
innerhalb der arbeitsgemeinschaft werden kompost-beseitigungs-versuche durchgefuehrt. die anfallenden muellkompost-substanzen werden auf ihre pflanzenvertraeglichkeit und duengewirkung untersucht. berichterstattung erfolgt innerhalb der arbeitsgemeinschaft
S.WORT abfallbeseitigung + kompost + recycling
PROLEI PROF. DR. ANASTASIU
STAND 1.1.1974
FINGEB DEUTSCHER AKADEMISCHER AUSTAUSCHDIENST, BONN-BAD GODESBERG
ZUSAM ARBEITSGEMEINSCHAFT ABFALL AN DER UNI GIESSEN, 63 GIESSEN, LEIHGESTERNER WEG 112
BEGINN 1.1.1960

MD -002
INST ARBEITSGEMEINSCHAFT UMWELTSCHUTZ AN DER UNI HEIDELBERG
HEIDELBERG, IM NEUENHEIMER FELD 360
VORHAB **teiluntersuchungen zur kompostierung von siedlungs- und landwirtschaftsabfaellen**
untersuchung von teilaspekten der kompostierung von siedlungs- und landwirtschaftsabfaellen, gegebenenfalls zur herstellung von produktionsstoffen von landwirtschaft und landschaftsbau
S.WORT landwirtschaftliche abfaelle + siedlungsabfaelle + kompostierung + recycling + landbau
PROLEI PROF. DR. KURT EGGER
STAND 10.9.1976
QUELLE fragebogenerhebung sommer 1976
BEGINN 1.1.1971
LITAN ZWISCHENBERICHT

MD -003
INST BAYERISCHE LANDESANSTALT FUER BODENKULTUR UND PFLANZENBAU
MUENCHEN 19, MENZINGER STRASSE 54
VORHAB **muellkompostanwendung auf ackerland**
einfluss hoher klaerschlamm-und muellkompostgaben auf den naehrstoff-und schwermetallgehalt der gewaesser
S.WORT muellkompost + ackerland + gewaesserverunreinigung
PROLEI DR. G. SCHMID
STAND 1.1.1974
BEGINN 1.1.1967 ENDE 31.12.1979

MD -004
INST BAYERISCHE LANDESANSTALT FUER BODENKULTUR UND PFLANZENBAU
MUENCHEN 19, MENZINGER STRASSE 54
VORHAB **anwendung von zivilisationsabfaellen**
bodenverbesserung durch zivilisationsabfaelle (zur ertragssteigerung)
S.WORT siedlungsabfaelle + recycling + bodenverbesserung
PROLEI DR. G. SCHMID
STAND 1.1.1974
FINGEB BUNDESMINISTER FUER ERNAEHRUNG, LANDWIRTSCHAFT UND FORSTEN
BEGINN 1.1.1967

MD -005
INST EMSCHERGENOSSENSCHAFT UND LIPPEVERBAND
ESSEN 1, KRONPRINZENSTR. 24
VORHAB **versuche zur landwirtschaftlichen nutzung von kommunalen klaerschlaemmen**
phosphor- und stickstoffverbindungen im schlamm koennen die mineralduengung partiell ersetzen; verbesserung des humusgehalts von boeden
S.WORT klaerschlamm + bodenverbesserung
PROLEI DR. MALZ
STAND 1.1.1974
ZUSAM JOSEPH-KOENIG-INSTITUT, MUENSTER/WESTF.
BEGINN 1.1.1968 ENDE 31.12.1978

MD -006
INST FACHBEREICH LANDWIRTSCHAFT DER GESAMTHOCHSCHULE KASSEL
WITZENHAUSEN, NORDBAHNHOFSTR. 1A
VORHAB **entsorgung - recycling , klaerschlamm-duengung, schwermetall in klaerschlamm und proteinqualitaet**
beitrag zur recyklisierung von siedlungsabfaellen; im einzelnen: schwermetallbelastung von boeden bei anwendung von klaerschlamm/ die aufnahme von schwermetallen durch die nutzpflanzen bei klaerschlammanwendung/ beeinflussung der proteinqualitaet des pflanzlichen aufwuchses bei anwendung von klaerschlamm
S.WORT klaerschlamm + recycling + duengung + schwermetallkontamination
PROLEI PROF. NIEBNER
STAND 1.10.1974
FINGEB BUNDESMINISTER FUER BILDUNG UND WISSENSCHAFT
ZUSAM - MODELLVERSUCH ERGAENZUNGSSTUDIUM, UMWELTSICHERUNG A. D. GESAMTHOCHSCHULE KASSEL-ORGANISATIONSEINHEIT
- UNI GOETTINGEN ABT. OEKOCHEMIE, PROF. DR. KICKUTH
BEGINN 1.11.1972 ENDE 31.8.1974
G.KOST 140.000 DM

MD -007
INST FACHGEBIET RASENFORSCHUNG / FB 16/21 DER UNI GIESSEN
GIESSEN, SCHLOSSGASSE 7
VORHAB **verwertung von siedlungsabfaellen im gruenflaechen- und sportplatzbau**
bei der herstellung von gruenflaechen wird nach din 18 915 zwischen belastbaren und nicht belastbaren vegetationsschichten unterschieden. belastbare vegetationsschichten und rasentragschichten fuer sportplaetze nach din 18 035 bl. 4 werden nach dem prinzip der wasserdurchlaessigkeit zusammengestellt. zur wasserversorgung der vegetation ist jedoch eine genuegende wasserspeicherungsfaehigkeit erforderlich. es werden verschiedene maximalmengen an trockenbeet-klaerschlamm fuer belastbare und nicht belastbare vegetationsschichten im gruenflaechenbau sowie fuer tragschichten im sportplatzbau nach den kriterien der norm erarbeitet sowie untersuchungen ueber belastbarkeit, abbau der organischen substanz, naehrstoffwirkung und naehrstoffauswaschung durchgefuehrt
S.WORT klaerschlamm + wiederverwendung + freizeitanlagen
PROLEI DR. WERNER SKIRDE
STAND 6.8.1976
QUELLE fragebogenerhebung sommer 1976
ZUSAM ZENTRUM FUER OEKOLOGIE-HYGIENE DER UNI GIESSEN
BEGINN 1.1.1974
LITAN SKIRDE, W.: UNTERSUCHUNGEN ZUR VERWENDUNG VON KLAERSCHLAMM IM GRUENFLAECHEN- UND SPORTPLATZBAU. 1. VERSUCHSPLANUNG U. ERGEBNISSE 1974. IN: RASEN TURF GAZON 1 (1975); 11 S.

MD -008
INST FACHGEBIET RASENFORSCHUNG / FB 16/21 DER UNI GIESSEN
GIESSEN, SCHLOSSGASSE 7
VORHAB **bodenverbesserung von pflanzflaechen im landschaftsbau**
pflanzflaechen werden in der regel nach auftrag von unzureichendem boden oder gar von rohboden angelegt. der pflanzenausfall ist betraechtlich und der wuchs unbefriedigend. mit hilfe von trockenbeetschlamm wird eine verbesserung der physikalischen und chemischen bodeneigenschaften vorgenommen; wachstums- sowie entwicklungsverhalten von bluetengehoelzen werden untersucht
S.WORT klaerschlamm + wiederverwendung + bodenverbesserung
PROLEI DR. WERNER SKIRDE
STAND 6.8.1976

QUELLE fragebogenerhebung sommer 1976
ZUSAM INST. F. GARTENARCHITEKTUR UND LANDSCHAFTSPFLEGE, GEISENHEIM
BEGINN 1.1.1975

MD -009

INST FACHGEBIET RASENFORSCHUNG / FB 16/21 DER UNI GIESSEN
GIESSEN, SCHLOSSGASSE 7
VORHAB **naehrstoffauswaschung bei anwendung von trockenbeetschlamm im gruenflaechen- und sportplatzbau**
bei der verwertung von trockenbeetschlamm im gruenflaechen- und sportplatzbau werden mehr- und langjaehrig naehrstoffe freigesetzt. hierbei entsteht die frage, ob diese naehrstoffe voll von der vegetationsdecke genutzt oder gegebenenfalls in ruheperioden, z. b. im winter, ausgewaschen werden. dadurch wuerde eine beeinflussung von grundwasser und/oder vorflut stattfinden. die versuchsfrage wird in einem rasenlysimeter-versuch bearbeitet
S.WORT klaerschlamm + auswaschung + freizeitanlagen
PROLEI DR. WERNER SKIRDE
STAND 6.8.1976
QUELLE fragebogenerhebung sommer 1976
ZUSAM ZENTRUM FUER OEKOLOGIE-HYGIENE DER UNI GIESSEN
BEGINN 1.1.1975

MD -010

INST FACHGEBIET VORRATSSCHUTZ / FB 16/21 DER UNI GIESSEN
GIESSEN, ALTER STEINBACHER WEG 44
VORHAB **verwertung von siedlungsabfaellen im gruenflaechen- und sportplatzbau**
verwertungsmoeglichkeit von siedlungsabfaellen unter dem aspekt ihrer eignung fuer vegetationstechnische zwecke. ermittlung verwertbarer maximalmengen an klaerschlamm fuer vegetationsschichten von freizeit-, sport- und erholungsgruenflaechen. entwicklung und erprobung von mischungen aus reinem sand und klaerschlamm bzw. gemischen von klaerschlamm mit anderen vegetationstechnischen zuschlagsstoffen. untersuchung der vegetationsfreundlichkeit dieser schichten bei ansaat einer regelsaatgutmischung
S.WORT abfallbeseitigung + siedlungsabfaelle + gruenflaechen + freizeitanlagen
STAND 15.11.1975
FINGEB BUNDESMINISTER DES INNERN
BEGINN 1.11.1973 ENDE 31.12.1976
G.KOST 255.000 DM

MD -011

INST GEOLOGISCHES INSTITUT DER UNI WUERZBURG
WUERZBURG, PLEICHERWALL 1
VORHAB **nutzbringende anwendung von glas-einwegprodukten**
einsatzmoeglichkeiten von glasmehlen als langzeitduengemittel
S.WORT altglas + recycling + duengemittel
PROLEI PROF. DR. WALTER ALEXANDER SCHNITZER
STAND 1.10.1974
ZUSAM STADT WEISSENBURG, OBERBUERGERM. DR. ZWANZIG
BEGINN 1.1.1976 ENDE 31.12.1978
G.KOST 22.000 DM

MD -012

INST INSTITUT FUER ABFALLWIRTSCHAFT DER TU BERLIN
BERLIN 12, STRASSE DES 17. JUNI 135
VORHAB **entscheidungskriterien fuer recycling-entscheidungen. beispeil: altreifenbeseitigung**
recycling von abfallstoffen bedingt umweltbelastungen, die niedriger oder hoeher liegen als die der primaerproduktion. ausgehend vom entropiebegriff wird das verfahren als das unter einbeziehung oekologischer gesichtspunkte guenstigste erachtet, das die geringste entropieproduktion bewirkt. dieser ansatz wird am beispiel der altreifenbeseitigung untersucht
S.WORT altreifenbeseitigung + recycling + oekologische faktoren
PROLEI DIPL. -ING. PERCY WERTH
STAND 10.9.1976
QUELLE fragebogenerhebung sommer 1976
BEGINN 1.1.1974 ENDE 31.12.1976
G.KOST 19.000 DM
LITAN ZWISCHENBERICHT

MD -013

INST INSTITUT FUER ABFALLWIRTSCHAFT DER TU BERLIN
BERLIN 12, STRASSE DES 17. JUNI 135
VORHAB **herstellung von aktivkohle aus sonder- und haushaltsabfaellen und deren wirtschaftliche bewertung**
pyrolysekoks unterschiedlicher einsatzstoffe (altreifen, zelluloserueckstaende der papierindustrie, unsortierte und sortierte haushaltsabfaelle, klaerschlamm) wird physikalisch aktiviert. es wird eine nicht selektive oxydation durchgefuehrt, indem die kohle einer oxydierenden atmosphaere (wasserdampf, co2 oder luft) bei hohen temperaturen ausgesetzt wird. herstellungskosten und einsetzbarkeit der a-kohle werden gegenuebergestellt und verglichen
S.WORT hausmuell + sondermuell + recycling + aktivkohle + wirtschaftlichkeit
PROLEI DIPL. -ING. BERND BILITEWSKI
STAND 10.9.1976
QUELLE fragebogenerhebung sommer 1976
ZUSAM BERLINER STADTREINIGUNGSBETRIEBE, RINGBAHNSTR. , 1000 BERLIN 42
BEGINN 1.1.1976 ENDE 31.12.1978

MD -014

INST INSTITUT FUER ABFALLWIRTSCHAFT DER TU BERLIN
BERLIN 12, STRASSE DES 17. JUNI 135
VORHAB **die rueckgewinnung der nichteisenmetalle aus haushaltsabfaellen**
die rueckgewinnung von ne-metallen aus abfaellen werden in 1000 tato-anlagen theoretisch dargestellt. die technisch-oekologischen und die wirtschaftlichen gesichtspunkte werden untersucht. dazu werden hausmuellzusammensetzung, wirkungsgrade der anlagenstufen, produktionqualitaeten und altmetallmarktlage fuer diese produkte untersucht. besonderes gewicht wird auf die energiebilanz und die umweltbeeinflussenden faktoren gelegt werden. rueckgewinnung, nichteisenmetalle, haushaltsabfaelle.
S.WORT hausmuell + recycling + ne-metalle + wirtschaftlichkeit + oekologische faktoren
PROLEI DIPL. -ING. GERALD MUELLER
STAND 10.9.1976
QUELLE fragebogenerhebung sommer 1976
BEGINN 1.1.1975 ENDE 31.12.1976
G.KOST 19.000 DM
LITAN THOME-KOZMIENSKY, K. -J.;MUELLER, G. W.: UEBERBLICK UEBER DIE MOEGLICHKEITEN DER SORTIERUNG VON STOFFEN AUS HAUSHALTSABFAELLEN. IN: METALLWISSENSCHAFT UND TECHNIK 30(2) S. 107-112(FEB 1976)

MD -015

INST INSTITUT FUER ABFALLWIRTSCHAFT DER TU BERLIN
BERLIN 12, STRASSE DES 17. JUNI 135
VORHAB **verwertung von altpapier aus haushaltsabfaellen**
ziel der untersuchungen ist die beantwortung der frage, ob mit der derzeitigen papiertechnologie ein technisch-wirtschaftlich und oekologisch sinnvoller wiedereinsatz von altpapier aus haushaltsabfaellen in die papierproduktion moeglich ist. in labor- und grosstechnischen versuchen ist zu untersuchen, ob und welche papierhilfstoffe und fremdfaserstoffe der altpapiersuspension zugesetzt werden muessen, um diese in der laufenden produktion des betriebes einsetzen zu koennen
S.WORT hausmuell + altpapier + recycling + wirtschaftlichkeit + oekologische faktoren
PROLEI DIPL. -ING. BERND BUDDE
STAND 10.9.1976

QUELLE fragebogenerhebung sommer 1976
ZUSAM - BERLINER STADTREINIGUNGSBETRIEBE, RINGBAHNSTR. , 1000 BERLIN 42
- GOTTWALD & CO. KARTON UND PAPIERFABRIK GMBH, WIESENDAMM 20-38, 1000 BERLIN 20
BEGINN 1.1.1975 ENDE 31.12.1976
G.KOST 19.000 DM
LITAN ZWISCHENBERICHT

MD -016

INST INSTITUT FUER BAUMASCHINEN UND BAUBETRIEB DER TH AACHEN
AACHEN, TEMPLERGRABEN 55
VORHAB **entwicklung eines verfahrens zur maschinellen klaerschlammkompostierung zum zwecke der rohstoffrueckfuehrung und -verwertung**
verfahrensentwicklung und erprobung im halbtechnischen masstab zur alleinigen kompostierung von klaerschlamm mit dem ziel einer entlastung der klaeranlagen (wegfall von faulraeumen und faulraumwasser), 1. erfassung des kompostierungsablaufes und -dauer, 2. waermebilanz, 3. untersuchung der abluftbeschaffenheit und der zusammensetzung des klaerschlammkompostes unter einbeziehung seiner hygienischen beschaffenheit, 4. ermittlung des erforderlichen betriebsaufwandes, 5. apparative gestaltung und dimensionierung einer grosstechnischen anlage
S.WORT klaerschlammbehandlung + kompostierung
PROLEI DR. HERMANN JUNG
STAND 8.12.1975
FINGEB BUNDESMINISTER DES INNERN
BEGINN 20.11.1975 ENDE 30.11.1976
G.KOST 298.000 DM

MD -017

INST INSTITUT FUER BODENKUNDE DER UNI GOETTINGEN
GOETTINGEN, VON-SIEBOLD-STR. 4
VORHAB **p-rezyclierung aus abwaessern, klaerschlammkonditionierung**
durch einsatz von caco3 und/oder anderen ueblichen flockungsmitteln soll die entphosphatung des klaerschlammes verbessert werden. gleichzeitig ist eine bessere konditionierung d. h. niedrigerer wassergehalt des klaerschlammes das ziel. die landverwendung des produktes wird ebenfalls geprueft
S.WORT klaerschlammbehandlung + recycling + (entphosphatierung)
PROLEI DR. FRIEDRICH-WILHELM KLAGES
STAND 29.7.1976
QUELLE fragebogenerhebung sommer 1976
G.KOST 200.000 DM
LITAN - KLAGES, F. W.;MEYER, B.: UNTERSUCHUNGEN ZUR ABWASSERENTPHOSPHATUNG DURCH KALK. IN: GWF-WASSER/ABWASSER 116(8)(1975)
- KLAGES, F. W.;MEYER, B.: PHOPHATELIMINATION. IN: DGWM 19(4)(1975)
- ENDBERICHT

MD -018

INST INSTITUT FUER LANDESKULTUR / FB 16/21 DER UNI GIESSEN
GIESSEN, SENCKENBERGSTR. 3
VORHAB **die technische weiterentwicklung im klaeranlagenwesen. eine tendenzstudie zur ermittlung der daraus resultierenden veraenderten verwertungsmoeglichkeiten des abwasserklaerschlamms**
aufgrund von befragungen in der brd, vorwiegend in hessen, soll festgestellt werden, in welcher richtung die technik im klaerwesen sich in den letzten jahren weiterentwickelt hat. aufbauend auf diesen informationen sollen aussagen ueber die weiteren verwendungsmoeglichkeiten von abwasserklaerschlamm gemacht werden
S.WORT klaerschlamm + wiederverwendung + kompostierung + standortwahl
PROLEI PROF. DR. RAINER KOWALD
STAND 6.8.1976
QUELLE fragebogenerhebung sommer 1976
ZUSAM ZENTRUM FUER OEKOLOGIE-HYGIENE DER UNI GIESSEN
BEGINN 1.1.1975

MD -019

INST INSTITUT FUER LANDESKULTUR / FB 16/21 DER UNI GIESSEN
GIESSEN, SENCKENBERGSTR. 3
VORHAB **bedarfsermittlung von muellklaerschlammkompost (klaerschlammkompost) und standortermittlung fuer kuenftige kompostwerke in hessen unter beruecksichtigung neuer kompostierungsanlagen (verfahren)**
es soll der derzeitige verbrauch an muell-, muellklaerschlamm- und klaerschlammkompost in hessen durch kommunale einrichtungen, landwirtschaft, gartenbau, weinbau u. a. bestimmt werden. darueber hinaus sollen die zukuenftigen absatzmoeglichkeiten fuer diese komposte und die regionalen schwerpunkte ermittelt werden
S.WORT klaerschlamm + wiederverwendung + (absatzmoeglichkeiten)
HESSEN
PROLEI PROF. DR. RAINER KOWALD
STAND 6.8.1976
QUELLE fragebogenerhebung sommer 1976
FINGEB LAND HESSEN
ZUSAM LANDESAMT FUER UMWELT, WIESBADEN
BEGINN 1.1.1975

MD -020

INST INSTITUT FUER MEDIZINISCHE MIKROBIOLOGIE, INFEKTIONS- UND SEUCHENMEDIZIN IM FB TIERMEDIZIN DER UNI MUENCHEN
MUENCHEN, VETERINAERSTR. 13
VORHAB **strahlenresistenz von mikroorganismen in klaerschlamm unter besonderer beruecksichtigung der viren**
ziel der untersuchung: strahlenbehandlung von klaerschlamm im hinblick auf die wiederverwendung als duenger. das teilvorhaben untersucht die bedingungen, unter denen alle den klaerschlamm kontaminierenden viren in einer versuchs-bestrahlungsanlage erfasst werden. proben verschiedener virusarten durchlaufen in kapseln mit dem klaerschlamm eine anlage unter abgestuften strahlendosierungen. anhand solcher proben wird in versuchsreihen die dosis-wirkungsbeziehung fuer die viren ermittelt und die grundlage fuer eine praxisgerechte dekontamination (viren) des klaerschlamms in bestrahlungsanlagen erarbeitet
S.WORT klaerschlamm + entkeimung + wiederverwendung
PROLEI PROF. DR. DR. H. C. ANTON MAYR
STAND 21.7.1976
QUELLE fragebogenerhebung sommer 1976
FINGEB STAATSMINISTERIUM FUER LANDESENTWICKLUNG UND UMWELTFRAGEN, MUENCHEN
ZUSAM BAYERISCHE BIOLOGISCHE VERSUCHSANSTALT, KAULBACHSTRASSE, 8000 MUENCHEN 22
BEGINN 1.8.1975 ENDE 31.12.1977
G.KOST 250.000 DM

MD -021

INST INSTITUT FUER PFLANZENBAU UND PFLANZENZUECHTUNG / FB 16 DER UNI GIESSEN
GIESSEN, LUDWIGSTR. 23
VORHAB **abwasserschlammverwertung in der landwirtschaft**
die versuchsanstellung zur abwasserschlammverwertung auf acker- und gruenland wurde im herbst 1973 dahingehend abgeaendert, dass neben der dauerbeschlammung auch die haupt- und nachwirkung geprueft werden kann. diese im rahmen einer dissertation durchgefuehrten untersuchungen haben bisher ergeben, dass die ergebnisse der jaehrlichen beschlammung zunehmend von der naehrstoffwirkung der vorjahre ueberdekkt werden und keine gesicherte aussage mehr zulassen. !) mehr noch als beim abwasserschlamm steht beim muell- und

muellklaerschlammkompost die frage nach der landwirtschaftlicher verwertung an
S.WORT abwasserschlamm + verwertung + landwirtschaft
PROLEI PROF. DR. EDUARD VON BOGSULAWSKI
STAND 6.8.1976
QUELLE fragebogenerhebung sommer 1976
ZUSAM - LANDWIRTSCHAFTLICHE UNTERSUCHUNGS- UND FORSCHUNGSANSTALT, SPEYER
- BASF, LUDWIGSHAFEN
LITAN BOGUSLAWSKI, E. VON; DEBRUCK, Z.: UNTERSUCHUNGEN UEBER DIE NAEHRSTOFFBELASTUNG VON GRUNDWASSER UND OBERFLAECHENWASSER AUS BODEN UND DUENGUNG. IN: BIOLOGIE I. D. UMWELTSICHERUNG 2 S. 24(1974)

MD -022

INST INSTITUT FUER PFLANZENBAU UND SAATGUTFORSCHUNG DER FORSCHUNGSANSTALT FUER LANDWIRTSCHAFT
BRAUNSCHWEIG, BUNDESALLEE 50
VORHAB **untersuchungen zur flaechenkompostierung kommunaler abwasserschlaemme in der landwirtschaft unter beruecksichtigung maximaler bodenbelastung**
klaerschlammbeseitigung in der landwirtschaft. bei der flaechenkompostierung sind die anwendungsmengen ausschlaggebend. zu grosse gaben gefaehrden die biologie und struktur des mutterbodens. es ist gegenstand der forschungsarbeit, die parameter fuer optimale auftragsmengen zu ermitteln
S.WORT abwasserschlamm + flaechenkompostierung + bodenbelastung
PROLEI DR. CORD TIETJEN
STAND 1.1.1974
QUELLE umweltforschungsplan 1975 des bmi
FINGEB - BUNDESMINISTER DES INNERN
- FORSCHUNGSANSTALT FUER LANDWIRTSCHAFT, BRAUNSCHWEIG-VOELKENRODE
BEGINN 1.1.1970 ENDE 31.12.1974
G.KOST 223.000 DM

MD -023

INST INSTITUT FUER PFLANZENBAU UND SAATGUTFORSCHUNG DER FORSCHUNGSANSTALT FUER LANDWIRTSCHAFT
BRAUNSCHWEIG, BUNDESALLEE 50
VORHAB **recycling landwirtschaftlicher und kommunaler abfallstoffe im rahmen organischer duengungsmassnahmen in der pflanzlichen produktion**
die rezyklierung organischer kommunaler abfallstoffe ueber den boden ist ein oekonomisch positiv zu bewertendes verfahren. moegliche applikationsraten und -intervalle sind zu ermitteln, die keine beeintraechtigung der bestehenden produktionssysteme nach sich ziehen sowie die sich daraus ergebenden konsequenzen fuer den einsatz der mineralischen duengung abzuleiten und die konventionellen formen organischer duengungsmassnahmen zu ueberpruefen
S.WORT siedlungsabfaelle + landwirtschaftliche abfaelle + recycling + duengemittel
PROLEI DR. CORD TIETJEN
STAND 4.8.1976
QUELLE fragebogenerhebung sommer 1976
FINGEB BUNDESMINISTER FUER FORSCHUNG UND TECHNOLOGIE
ZUSAM - BODENVERBESSERUNGSVERBAND, BAD KREUZNACH
- DEUTSCH-NIEDERL. KOMMISSION FUER AGRARFORSCHUNG
BEGINN 1.1.1972
LITAN - TIETJEN, C.: GRENZEN DER ANWENDUNG PUMPFAEHIGEN KLAERSCHLAMMS IM PFLANZENBAU. IN: STUTTGARTER BERICHTE ZUR ABFALLWIRTSCHAFT. 2. POLNISCH-DEUTSCHES SEMINAR, STUTTGART(1975)
- EL-BASSAM, N.;POELSTRA, P.;FRISSEL, M. J.: CHROM UND QUECKSILBER IN EINEM SEIT 80 JAHREN MIT STAEDTISCHEM ABWASSER BERIESELTEN BODEN. IN: Z. PFLANZENERN. BODENKDE. 138 S. 309-316(1975)
- EL-BASSAM, N.: VERSUCHE ZUR FESTSTELLUNG DER STOFFBELASTUNG IM BODEN UND ZUR ERMITTLUNG DER SPAETZEITWIRKUNG VON ABFALLSTOFFEN AUF DAS GRUNDWASSER. IN: LANDW. FORSCH. 28 S. 175-182(1975)

MD -024

INST INSTITUT FUER PFLANZENERNAEHRUNG DER UNI HOHENHEIM
STUTTGART 70, FRUWIRTHSTR. 20
VORHAB **ausbringung von fluessigem klaerschlamm auf landwirtschaftlich genuetzter flaeche**
klaerschlammwirkung auf boden und pflanze; spurenelementanreicherung; duengewirkung; klaerschlammbeseitigung klaerschlammbeseitigung
S.WORT klaerschlamm + duengung + landwirtschaft
PROLEI PROF. DR. MICHAEL
STAND 1.1.1974
FINGEB LAND BADEN-WUERTTEMBERG
ZUSAM - INST. F. SIEDLUNGSWASSERBAU U. WASSERGUETEWIRTSCHAFT DER UNI STUTTGART, 7 STUTTGART 80
- LANDESANSTALT F. LANDWIRTSCHAFTLICHE CHEMIE, 7 STUTTGART-HOHENHEIM, MARCO-POLO-STR. 1
BEGINN 1.1.1968

MD -025

INST INSTITUT FUER SIEDLUNGSWASSERBAU UND WASSERGUETEWIRTSCHAFT DER UNI STUTTGART
STUTTGART 80, BANDTAELE 1
VORHAB **entwicklung eines sperrmuellanalysenprogrammes**
aufstellung eines analyseprogrammes; durchfuehrung von analysen nach verschiedenen methoden mit dem ziel, die aussagefaehigkeit und praktikabilitaet der methoden festzustellen entwicklung eines praktikablen untersuchungsprogramms fuer sperrmuellbestandteile um gesicherte werte ueber menge, zusammensetzung und beschaffenheit zu erhalten. diese daten werden als grundlage fuer die muellsortierung im rahmen von recycling-vorhaben benoetigt
S.WORT siedlungsabfaelle + sperrmuell + abfallsortierung + recycling
LUDWIGSBURG (LANDKREIS) + STUTTGART
PROLEI PROF. DR. -ING. OKTAY TABASARAN
STAND 9.12.1975
FINGEB BUNDESMINISTER DES INNERN
BEGINN 1.12.1975 ENDE 31.1.1976
G.KOST 60.000 DM
LITAN ENDBERICHT

MD -026

INST INSTITUT FUER STEINE UND ERDEN DER TU CLAUSTHAL
CLAUSTHAL-ZELLERFELD, ZEHNTNERSTR. 2A
VORHAB **haushaltsmuell als roh- und brennstoff fuer die ziegelindustrie**
zielsetzung: herstellung von ziegelprodukten unter verwendung eines moeglichst hohen anteils von haushaltsmuell. aufgabenstellung: entwicklung normgerechter ziegelprodukte. naehres noch nicht bekannt - versuchsprogramm in arbeit
S.WORT kommunale abfaelle + recycling + baustoffe
PROLEI PROF. DR. -ING. IVAN ODLER
STAND 30.8.1976
QUELLE fragebogenerhebung sommer 1976
ZUSAM - FIRMA GUSTAV EIRICH, 6969 HARDHEIM
- INST. F. WAERMETECHNIK UND INDUSTRIEOFENBAU, FELDGRABEN, 3392 CLAUSTHAL-ZELLERFELD

MD -027

INST INSTITUT FUER TIERMEDIZIN UND TIERHYGIENE DER UNI HOHENHEIM
STUTTGART 70, GARBENSTR. 30

VORHAB **hygienische untersuchungen an einem neuentwickelten verfahren zur behandlung von klaerschlamm**
an einem geraet zur kompostierung und trocknungvon klaerschlamm werden untersuchungen ueber die moeglichkeit der abtoetung von kranheitserregern durchgefuehrt
S.WORT klaerschlammbehandlung + entseuchung + kompostierung
PROLEI PROF. DR. DIETER STRAUCH
STAND 27.7.1976
QUELLE fragebogenerhebung sommer 1976
FINGEB UMWELTBUNDESAMT
ZUSAM RHEINISCH-WESTFAELISCHE TH AACHEN, TEMPLERGRABEN 55, 5100 AACHEN
BEGINN 1.1.1976 ENDE 31.12.1976
G.KOST 17.000 DM

MD -028

INST INSTITUT FUER TIERMEDIZIN UND TIERHYGIENE DER UNI HOHENHEIM
STUTTGART 70, GARBENSTR. 30
VORHAB **hygienische untersuchungen ueber die entseuchung von klaerschlamm vor seiner weiteren verwendung**
wie die bisherigen untersuchungen zeigen, fuehrt die im verlauf der abwasserreinigung durchgefuehrte faulung von klaerschlamm nicht zur abtoetung von krankheitserregern. es wird angestrebt, den klaerschlamm in vermehrtem masse auf dem wege des recycling in der landwirtschaft und verwandten sparten unterzubringen. voraussetzung hierfuer ist jedoch, dass solcher schlamm vor seiner verwertung hygienisch einwandfrei gemacht wird. zweck der untersuchungen ist die ueberpruefung eigener technischer verfahren zur kompostierung von klaerschlamm vor seiner weiteren verwendung. es wird untersucht, ob im verlauf dieser behandlung die vorhandenen krankheitserreger abgetoetet werden
S.WORT klaerschlamm + recycling + krankheitserreger + entseuchung
PROLEI PROF. DR. DIETER STRAUCH
STAND 27.7.1976
QUELLE fragebogenerhebung sommer 1976
FINGEB BUNDESMINISTER FUER FORSCHUNG UND TECHNOLOGIE
ZUSAM GESELLSCHAFT FUER KERNFORSCHUNG MBH., POSTFACH 3640, 7500 KARLSRUHE
BEGINN 1.1.1976 ENDE 31.12.1978
G.KOST 249.000 DM

MD -029

INST LANDESANSTALT FUER LANDWIRTSCHAFTLICHE CHEMIE
STUTTGART -HOHENHEIM, EMIL-WOLFF-STR. 14
VORHAB **verwendbarkeit von abfallstoffen (klaerschlamm, muell-, klaerschlammkompost) bzw. baggergut im landbau**
a) eine gefahrlose verwendung von abwasserklaerschlaemmen als bodenverbesserungsmittel in der landwirtschaft soll durch chemische kontrollanalysen gewaehrleistet werden. dabei werden gesamtgehalt und z. tl. verfuegbare mengen an pflanzennaehrstoffen und verschiedenen schadstoffen wie blei, cadmium ermittelt. um aus den analysendaten eines schlamms gezielte aussagen machen zu koennen, werden an verschiedenen standorten schlamm, boden und ernteprodukt ueber einen laengeren zeitraum untersucht. dadurch sollen praktische hinweise fuer anwendungsmenge und -dauer auf verschiedenen boeden und zu verschiedenen kulturen erhalten werden. b) die beseitigung von baggergut aus fluessen und stauseen kann teilweise durch die landwirtschaft erfolgen. hierbei dient das materiial entweder direkt als pflanzsubstrat oder als bodenverbesserungsmittel
S.WORT klaerschlamm + duengemittel + schwermetalle
PROLEI DR. RICHARD SCHMID
STAND 21.7.1976
QUELLE fragebogenerhebung sommer 1976
ZUSAM - INST. F. PFLANZENERNAEHRUNG DER UNI HOHENHEIM
- REGIERUNGSPRAESIDIEN STUTTGART UND TUEBINGEN
LITAN ZWISCHENBERICHT

MD -030

INST LANDWIRTSCHAFTSKAMMER HANNOVER
HANNOVER 1, JOHANNSSENSTR. 10
VORHAB **schadlose beseitigung von siedlungsabfaellen durch landbehandlung**
in mehreren grossflaechigen feldversuchen (ca. 1000 m2 pro variante) werden im rahmen der fruchtfolge (alle 3 - 4 jahre) verschiedene siedlungsabfaelle (muell-klaerschlammkompost, frischmuell, frischmuell und klaerschlamm, klaerschlamm) ausgebracht. geprueft werden die auswirkungen auf boden (naehr- bzw. schadstoffe) und pflanze (quantitaet und qualitaet)
S.WORT siedlungsabfaelle + muellkompost + klaerschlammbeseitigung + bodenkontamination + pflanzenertrag
HANNOVER (RAUM)
PROLEI DR. WALTER KRUSE
STAND 10.9.1976
QUELLE fragebogenerhebung sommer 1976
FINGEB MINISTERIUM FUER ERNAEHRUNG, LANDWIRTSCHAFT UND FORSTEN, HANNOVER
ZUSAM - LUFA DER LANDWIRTSCHAFTSKAMMER HANNOVER, FINKENBORNER WEG 1A, 3250 HAMELN
- FAL-INSTITUT FUER PFLANZENBAU UND SAATGUTFORSCHUNG, BUNDESALLEE 50, 3300 BRAUNSCHWEIG-VOELKENRODE
BEGINN 1.4.1971
LITAN LANDWIRTSCHAFTSKAMMER HANNOVER, ABT. LAND- UND GARTENBAU: KURZFASSUNG DER REFERATE ANL. DER FACHTAGUNG "ABFALLBESEITIGUNG DURCH LANDBEHANDLUNG", 11. APR 1972

MD -031

INST LEHR- UND VERSUCHSANSTALT FUER GARTENBAU DER LANDWIRTSCHAFTSKAMMER SCHLESWIG-HOLSTEIN
KIEL -STEENBEK, STEENBEKER WEG 153
VORHAB **verwendung von muellkompost im gartenbau**
verwendung von muellkompost im gartenbau. besonders in strassengehoelzen, zierrasen, gruppenpflanzen und in gemuese- und obstkulturen. bonituren durch vegetationsbeobachtungen. bodenuntersuchungen um festzustellen, ob sich schaedliche schwermetalle im boden anreichern
S.WORT muellkompost + recycling + duengung + bodenbelastung + schwermetalle
PROLEI DIPL. -GAERTN. CARL-HEINZ BUENGER
STAND 11.8.1976
QUELLE fragebogenerhebung sommer 1976
FINGEB MINISTER FUER ERNAEHRUNG, LANDWIRTSCHAFT UND FORSTEN, KIEL
ZUSAM INST. F. PFLANZENBAU DER UNI KIEL, OLSHAUSENSTRASSE, 2300 KIEL
BEGINN 1.1.1975 ENDE 31.12.1977
LITAN ZWISCHENBERICHT

MD -032

INST NIEDERSAECHSISCHES LANDESAMT FUER BODENFORSCHUNG
HANNOVER -BUCHHOLZ, STILLEWEG 2
VORHAB **entwicklung eines trockengranulates aus schwarztorf, muellkompost und klaerschlamm als handelsfaehiges bodenverbesserungsmittel**
sinnvolle und wirtschaftliche wiederverwendung von abfaellen. das produkt muss boden- und pflanzenfreundlich, lagerfaehig, transportguenstig und einfach herzustellen sein. pruefung der granulierbarkeit verschiedenartiger abfaelle, pruefung der chemisch-physikalischen eigenschaften, pflanzenversuche
S.WORT torf + klaerschlamm + muellkompost + recycling + bodenverbesserung
PROLEI DR. DIPL. -ING. JOZSEF SIMON

STAND 1.1.1974
BEGINN 1.1.1973
LITAN ZWISCHENBERICHT 1975. 02

MD -033

INST OTTO-GRAF-INSTITUT DER UNI STUTTGART
STUTTGART 80, PFAFFENWALDRING 4
VORHAB **aufbereitung und weiterverwendung von hausmuell**
mit der studie wurde erst begonnen. es soll ein weg gefunden werden, hausmuell nach einer vorbehandlung wie z. b. rotte, verbrennung, nach verschiedenen komponenten zu sichten und diese komponenten als werkstoffe dem bauwesen zuzufuehren
S.WORT hausmuellsortierung + recycling
PROLEI DR. -ING. RUPRECHT ZIMBELMANN
STAND 19.7.1976
QUELLE fragebogenerhebung sommer 1976
ZUSAM INST. F. SIEDLUNGSWASSERBAU UND WASSERGUETEWIRTSCHAFT DER UNI STUTTGART

MD -034

INST SIEDLUNGSVERBAND RUHRKOHLENBEZIRK
ESSEN 1, KRONPRINZENSTR. 35
VORHAB **untersuchungen ueber langfristige anwendung von muellkomposten**
ziel: untersuchung der anwendungsmoeglichkeiten muellkompost im zierpflanzenbau, gemuesebau, zur unterbindung der stippigkeit der aepfel; als substrat fuer hoehere pilze aufgrund chemischer untersuchungen von muellkompost, boden und pflanzenmaterial
S.WORT muellkompost + duengung + langzeitwirkung
PROLEI DIPL. -AGR. HASUK
STAND 1.1.1974
QUELLE erhebung 1975
ZUSAM VERBAND DEUTSCHER LANDWIRTSCHAFTLICHER UNTERSUCHUNGS- U. FORSCHUNGSANSTALTEN E. V. (LUFA), 61 DARMST
BEGINN 1.8.1968 ENDE 31.12.1975
G.KOST 220.000 DM
LITAN ZWISCHENBERICHTE

MD -035

INST STAATLICHES VETERINAERUNTERSUCHUNGSAMT MUENSTER
MUENSTER, VON-ESMARCH-STR. 12
VORHAB **mikrobiologische wirksamkeitspruefung von klaerschlammpasteurisierungsanlagen**
untersuchungen ueber den hygienisierungsgeffekt der klaerschlammpasteurisierung in grosstechnischen anlagen, einfluss verschiedener anlagetypen und verschiedener betriebsparameter auf den mikrobiologischen status von klaerschlamm, welcher zur verwendung im landbau vorgesehen ist
S.WORT klaerschlamm + mikrobieller abbau + recycling
PROLEI DR. WILLI MUENKER
STAND 21.7.1976
QUELLE fragebogenerhebung sommer 1976
FINGEB MINISTER FUER ERNAEHRUNG, LANDWIRTSCHAFT UND FORSTEN, DUESSELDORF
ZUSAM NIERSVERBAND VIERSEN

MD -036

INST TECHNOCHEMIE GMBH VERFAHRENSTECHNIK
DOSSENHEIM, POSTFACH 40
VORHAB **recycling von vollflaechig bedrucktem und beschichtetem papier und karton**
vollflaechig bedruckte bzw. beschichtete papiere, die einer wiederverwendung als hochwertiger faserstoff nicht zugaenglich sind, sollen mit einem umweltfreunlichen verfahren so aufbereitet werden, dass sie in den produktionsprozess zurueckgefuehrt werden koennen.
S.WORT papiertechnik + altpapier + recycling
QUELLE datenuebernahme aus der datenbank zur koordinier ung der ressortforschung (dakor)
FINGEB GESELLSCHAFT FUER WELTRAUMFORSCHUNG MBH (GFW) IN DER DFVLR, KOELN
BEGINN 1.3.1975 ENDE 30.9.1975

MD -037

INST THYSSEN-RHEINSTAHL-TECHNIK GMBH
DUESSELDORF 1, KOENIGSALLEE 106
VORHAB **untersuchungen ueber den einsatz der leichtfraktion aus der hm-aufbereitung in der ziegeleiindustrie**
gewinnung von erfahrungen mit dem betrieb einer kompostaufbereitungsanlage zur erzeugung von industrie-rohstoffen sowie mit der verarbeitung der erhaltenen industrierohstoffe in ziegeleien, klaeranlagen, kunststoffabriken sowie auch zur wegebefestigung und im strassenbau
S.WORT kompostanlage + abfallbehandlung + recycling
PROLEI DIPL. -ING. H. EBERHARDT
STAND 2.12.1975
FINGEB BUNDESMINISTER DES INNERN
BEGINN 23.10.1975 ENDE 16.6.1976
G.KOST 286.000 DM
LITAN ZWISCHENBERICHT

Weitere Vorhaben siehe auch:

KA -016 ORIENTIERENDE VERSUCHE UEBER DIE BEI DER HAUSHALTSENTSORGUNG DURCH MUELLABSCHWEMMUNG AUFTRETENDE ZUSAETZLICHE ABWASSERBELASTUNG
OD -008 POLYCHLORIERTE BIPHENYLE (PCB), BEDEUTUNG, VERBREITUNG UND VORKOMMEN IN MUELL- UND KLAERSCHLAMMKOMPOSTEN, SOWIE IN DEN DAMIT GEDUENGTEN BOEDEN
OD -083 VERHALTEN DER SPURENELEMENTE ZINK, CADMIUM, KUPFER, CHROM, EISEN, MANGAN UND BLEI IN MIT SIEDLUNGSABFAELLEN GEDUENGTEM BODEN
PF -011 EINSATZ VON MUELLKOMPOST IM FREILANDGEMUESEBAU
PG -012 ANALYTIK VON CANCEROGENEN POLYCYCLISCHEN AROMATISCHEN KOHLENWASSERSTOFFEN IN BOEDEN UND TORFPROBEN UND IN DEN DARAUF GEZOGENEN NUTZPFLANZEN
PG -015 ANALYTIK VON CANCEROGENEN POLYCYCLISCHEN AROMATISCHEN KOHLENWASSERSTOFFEN IN BOEDEN UND PFLANZEN, DIE MIT MUELL-KLAERSCHLAMM-KOMPOSTEN BEHANDELT WURDEN
PG -027 EINFLUSS DER ANWENDUNG VON SIEDLUNGSABFAELLEN AUF DEN SCHADSTOFFGEHALT IM BODEN UND IN DER PFLANZE
QC -041 EINFLUSS VON SIEDLUNGSABFAELLEN AUF DIE NAHRUNGSQUALITAET VON GEMUESE
QC -042 EINFLUSS DER VERWENDUNG VON SIEDLUNGSABFAELLEN ZUR DUENGUNG IM GEMUESEBAU AUF DEN GEHALT AN SCHWERMETALLEN UND WERTGEBENDEN INHALTSSTOFFEN IN GEMUESE
QD -004 EINFLUSS DER ANWENDUNG VON SIEDLUNGSABFAELLEN AUF DEN SCHADSTOFFGEHALT (SCHWERMETALLE UND KANZEROGENE STOFFE) IM BODEN UND IN DER PFLANZE
RD -039 BIOMETRISCHE AUSWERTUNG MEHRJAEHRIGER FELDVERSUCHE MIT VERSCHIEDENEN FRUCHTARTEN ZUR PRUEFUNG DES WERTES VON MUELLKOMPOST

ME -001
INST AMEG, VERFAHRENS- UND UMWELTSCHUTZ-TECHNIK GMBH & CO KG
STUHR-MOORDEICH, AN DER BAHN 3
VORHAB **oekonomische rueckgewinnung von adsorbierten loesemitteln**
die desorption und damit die rueckgewinnung der loesemittel geschieht mit wasserdampf. ziel der untersuchung ist ein verfahren zur desorption der loesemittel, ohne wasser in das system zu bringen. dadurch erhaelt man ein wasserfreies desorbat, das ohne grossen aufwand wieder in den kreislauf eingeschleust werden kann, es ergibt sich ein recycling-prozess. dieses trifft auch zu, wenn das desorbat aus mehreren loesemitteln besteht. die derzeitige methode der aufarbeitung, die fraktionierte destillation, ist sehr aufwendig und nicht sehr oekonomisch
S.WORT loesungsmittel + recycling + oekonomische aspekte
PROLEI MARTIN ZIMMERMANN
STAND 6.8.1976
QUELLE fragebogenerhebung sommer 1976
ZUSAM DEUTSCHER BERGWERKSVERBAND, INSTITUT FUER BERGBAUFORSCHUNG, ESSEN
BEGINN 1.5.1976 ENDE 31.5.1977
G.KOST 60.000 DM

ME -002
INST BERGBAU-FORSCHUNG GMBH - FORSCHUNGSINSTITUT DES STEINKOHLENBERGBAUVEREINS
ESSEN 13, FRILLENDORFER STRASSE 351
VORHAB **entwicklung eines verfahrens zur weiterverwertung von altreifen durch verkokung mit kohle**
die entwicklung eines verfahrens, zerkleinerte altreifen im laufenden betrieb einer kokerei zusammen mit kohle zu verkoken, um sie in einen verkaufsfaehigen brennstoff zu verwandeln. im labor und halbtechnischen masstab werden versuchsbedingungen fuer die verkokung von altreifen erprobt. die koksqualitaet wird als funktion des mischungsverhaeltnisses kohle-altreifen untersucht. die verwendbarkeit der fluechtigen destillationsprodukte wird geprueft
S.WORT kokerei + altreifen + wiederverwendung
STAND 1.1.1974
QUELLE umweltforschungsplan 1974 des bmi
FINGEB BUNDESMINISTER DES INNERN
BEGINN 1.1.1973 ENDE 31.12.1974
G.KOST 87.000 DM

ME -003
INST BERZELIUS METALLHUETTEN GMBH
DUISBURG 28, POSTFACH 281180
VORHAB **untersuchungen zum recycling zinnhaltiger produkte und oxidischer staeube mittels versuchs-elektro-widerstandsofens**
S.WORT huettenindustrie + staeube + recycling + elekrtoinduktionsofen
QUELLE datenuebernahme aus der datenbank zur koordinierung der ressortforschung (dakor)
FINGEB BUNDESMINISTER FUER FORSCHUNG UND TECHNOLOGIE
BEGINN 1.4.1975 ENDE 31.3.1978
G.KOST 3.493.000 DM

ME -004
INST BUNDESANSTALT FUER FLEISCHFORSCHUNG
KULMBACH, BLAICH 4
VORHAB **ausmass und minderung von umweltbelastungen durch verarbeitungsrueckstaende der fleischwirtschaft**
ziel: entwicklung neuer technologien in tierkoerperbeseitigungsanstalten zur aufarbeitung vermehrt anfallender heterogener schlachtnebenprodukte
S.WORT fleischprodukte + abfallbeseitigung + schlachthof
PROLEI PROF. DR. SCHOEN
STAND 1.1.1974
FINGEB BUNDESMINISTER FUER ERNAEHRUNG, LANDWIRTSCHAFT UND FORSTEN
BEGINN 1.1.1972
LITAN SCHOEN, L.;HOLZ, K.;BELENDORFF, M.: AUSMASS UND MINDERUNG VON UMWELTBELASTUNGEN DURCH VERARBEITUNGSRUECKSTAENDE DER FLEISCHWIRTSCHAFT IN: BERICHTE UEBER LANDWIRTSCHAFT 50 675 (1972)

ME -005
INST BUNDESANSTALT FUER GEOWISSENSCHAFTEN UND ROHSTOFFE
HANNOVER 51, STILLEWEG 2
VORHAB **mineralogische, chemische und physikalische charakteristika von rotschlamm (moegliche verwendung als rohstofflieferant und zuschlagstoff fuer baumaterial)**
nutzungsmoeglichkeiten fuer rotschlamm
S.WORT industrieabfaelle + recycling + rotschlamm
PROLEI PROF. HARRE
STAND 1.1.1974
FINGEB - BUNDESMINISTER FUER FORSCHUNG UND TECHNOLOGIE
- BUNDESANSTALT FUER BODENFORSCHUNG, HANNOVER
ZUSAM - VEREINIGTE ALUMINIUM-WERKE AG BERLIN-BONN, 53 B ONN 1, GERICHTSWEG 48
- ALUSUISSE DEUTSCHLAND GMBH, 775 KONSTANZ, SEESTR. 1
BEGINN 1.1.1973 ENDE 31.12.1974
G.KOST 55.000 DM

ME -006
INST BUNDESANSTALT FUER GEOWISSENSCHAFTEN UND ROHSTOFFE
HANNOVER 51, STILLEWEG 2
VORHAB **moeglichkeit der bakteriellen laugung von muell und muellverbrennungsrueckstaenden zur gewinnung von buntmetallen**
buntmetallgewinnung aus muellverbrennungsrueckstaenden; einsatz der stoffwechselprozesse von bakterien zur beschleunigung chemischer laugungsvorgaenge
S.WORT recycling + abfallbehandlung + buntmetalle + biologischer abbau
PROLEI DR. BOSECKER
STAND 1.1.1974
ZUSAM - TU BRAUNSCHWEIG, 33 BRAUNSCHWEIG, POCKELSSTR. 14, PROF. NAEVEKE
- GESELLSCHAFT FUER MOLEKULARBIOLOGISCHE FORSCHUNG, STOCKHEIM
BEGINN 1.10.1975 ENDE 31.12.1977
G.KOST 240.000 DM

ME -007
INST CHEMISCHE WERKE HUELS AG
MARL, POSTFACH 1180
VORHAB **verfahrenstechnische entwicklung auf dem gebiet des umweltschutzes**
bei chemischen verfahren besteht grundsaetzlich das problem, nebenprodukte zu verwerten bzw. zu beseitigen. fuer die loesung dieses problems entsprechend den gesetzlichen auflagen ist die entwicklung spezieller technologischer verfahren erforderlich
S.WORT umweltschutz + verfahrensentwicklung + chemische industrie + recycling
PROLEI DR. MUELLER
STAND 30.8.1976
QUELLE fragebogenerhebung sommer 1976
BEGINN 1.1.1976 ENDE 31.12.1977
G.KOST 170.000 DM

ME -008
INST CHEMISCHE WERKE HUELS AG
MARL, POSTFACH 1180

VORHAB **verwertung bzw. beseitigung von kunststoffabfaellen**
verfahren zur wiederverwertung von kunststoffen bzw. deren umweltfreundl. beseitigung. als beispiel fuer die verwertung wird bearbeitet die pyrolyse von verschiedenen kunststoffabfaellen im hinblick auf eine monomeren-rueckgewinnung bzw. andere oekonomische verwertung der pyrolyse-produkte. als beispiel fuer die beseitigung von kunststoffabfaellen wird die aufarbeitung der abwaesser der pvc-produktion behandelt (sedimentation, filtration)
S.WORT kunststoffherstellung + abwasseraufbereitung + abfallbeseitigung + pyrolyse + recycling
PROLEI DR. SCHULTE
STAND 30.8.1976
QUELLE fragebogenerhebung sommer 1976
BEGINN 1.1.1976 ENDE 31.12.1977
G.KOST 250.000 DM

ME -009
INST DEUTSCHE GESELLSCHAFT FUER HOLZFORSCHUNG E.V. (DGFH)
MUENCHEN, PRANNERSTR. 9
VORHAB **untersuchungen ueber die verwendbarkeit von sulfitablauge als bindemittel fuer holzwerkstoffe**
S.WORT abwasser + sulfite + recycling
PROLEI DR. NIMZ
STAND 1.10.1974
BEGINN 1.1.1973 ENDE 31.12.1974
G.KOST 90.000 DM

ME -010
INST DORNIER SYSTEM GMBH
FRIEDRICHSHAFEN, POSTFACH 1360
VORHAB **recycling von sonderabfaellen; dargestellt am wirtschaftsraum nordbaden/nordwuerttemberg**
1. phase: analyse der technisch-wirtschaftlichen moeglichkeiten und grenzen 1973/74 eines abfallverwertungssystems im branchenverbund nordbaden/nordwuerttembergs 2. phase: stufenweiser aufbau in form stoffspezifischer recycling-kooperationen (schwerpunkt-programm), 1974/75 fortsetzung der analyse und erstellung einer abfallverwertungskartei (basisprogramm)
S.WORT sondermuell + recycling
BADEN-WUERTTEMBERG
PROLEI DIPL. -ING. GERNOT GIESELER
STAND 1.10.1974
FINGEB BUNDESMINISTER FUER FORSCHUNG UND TECHNOLOGIE
ZUSAM - BUNDESMINISTER DES INNERN, 53 BONN 7, RHEINDORFER STR. 198; ABFALLWIRTSCHAFTSPROGRAMM
- RECYCLING-PROGRAMM DER NATO/CCMS
- DEUTSCHE GESELLSCHAFT FUER CHEMISCHES APPARATEWESEN E. V. , 6 FRANKFURT 97, THEODOR-HEUSS-ALLEE 25; BEW
BEGINN 1.1.1973 ENDE 30.9.1975
G.KOST 1.645.000 DM
LITAN - ZWISCHENBERICHT 1973. 12
- DORNIER-POST 4/73 DEZ. 1973
- ZWISCHENBERICHT 1974. 04

ME -011
INST DORNIER SYSTEM GMBH
FRIEDRICHSHAFEN, POSTFACH 1360
VORHAB **recycling von sonderabfaellen; phase III dargestellt am beispiel des industrialisierten wirtschaftsraumes nordbaden/nordwuerttemberg**
durch initiierung von recycling-kooperationen zwischen abfallerzeugern und -verwertern soll ein noch aktivierbares recycling-potential im wirtschaftsraum nordbaden-nordwuerttemberg nachgewiesen und aus der summe der erfahrungen (phase i - iii) fuer das bundesgebiet abgeschaetzt werden. in ausgewaehlten branchen (nahrungs- und genussmittel, oberflaechenbehandlung) und fuer bestimmte problemstoffe (anorganische saeuren, quecksilber) sind stoff- bzw. branchenuebergreifende loesungen zu finden und zu realisieren. das instrumentarium eines rechnergestuetzten recycling-informationssystems (doris) wird komplettiert und die angesammelten kenntnisse in form eines recycling-handbuches industrie und verwaltung zugaenglich gemacht
S.WORT sondermuell + industrieabfaelle + recycling + (informationssystem)
BADEN-WUERTTEMBERG (NORD)
PROLEI DIPL. -ING. GERNOT GIESELER
STAND 10.9.1976
QUELLE fragebogenerhebung sommer 1976
FINGEB - BUNDESMINISTER FUER FORSCHUNG UND TECHNOLOGIE
- UMWELTBUNDESAMT
ZUSAM - LANDESANSTALT FUER UMWELTSCHUTZ BADEN-WUERTTEMBERG, POSTFACH 4060, 7500 KARLSRUHE 21
- INST. F. WASSER- UND ABFALLWIRTSCHAFT, POSTFACH 4060, 7500 KARLSRUHE 21
BEGINN 1.1.1976 ENDE 30.6.1978
G.KOST 1.750.000 DM
LITAN - WAHL, K.: SYSTEMATISCHES VORGEHEN BEI INDUSTRIEABFAELLEN. IN: UMWELT 5/75, VDI-VERLAG, DUESSELDORF
- GIESELER, G.;WAHL, K.: RECYCLING - ABFALL ALS ROHSTOFF. IN: DORNIER-POST (4), DORNIER GMBH, FRIEDRICHSHAFEN (1973)

ME -012
INST DORNIER SYSTEM GMBH
FRIEDRICHSHAFEN, POSTFACH 1360
VORHAB **verwertung und beseitigung loesungsmittelhaltiger rueckstaende in hessen**
planungsunterlage fuer das land hessen. bestandsaufnahme loesungsmittelhaltiger rueckstaende. moegliche massnahme zur verbesserung der verwertungsquote (sammelstellenkonzept)
S.WORT industrieabfaelle + loesungsmittel + recycling + planungshilfen
HESSEN
PROLEI DIPL. -ING. UWE RATHMANN
STAND 10.9.1976
QUELLE fragebogenerhebung sommer 1976
FINGEB HESSISCHE LANDESANSTALT FUER UMWELT, WIESBADEN
ZUSAM HESSISCHE INDUSTRIEMUELL GMBH (HIM), ROESSLERSTR. 1, 6200 WIESBADEN
BEGINN 1.12.1974 ENDE 30.4.1976
G.KOST 92.000 DM
LITAN ENDBERICHT

ME -013
INST DUISBURGER KUPFERHUETTE
DUISBURG 1, WERTHAUSERSTR. 220
VORHAB **entwicklung eines verfahrens zur gewinnung reiner ne-metalle aus ruecklaufmaterialien**
es soll ein verfahren zur gewinnung reiner ne-metalle aus polymetallischen ruecklaufmaterialien entwickelt werden. in betracht gezogen werden vornehmlich solche huettenmaennische und industrielle zwischen- und abfallprodukte, die kupfer und zink enthalten, in denen aber auch weitere werttraeger wie z. b. silber, kadmium, kobalt und nickel sowie schadelemente wie z. b. arsen und antimon vorkommen koennen. ziel des verfahrens ist die trennung der elemente und die gewinnung der werttraeger in form reiner metalle oder anderer fuer die wiederverwendung geeigneter verbindungen
S.WORT industrieabfaelle + recycling + ne-metalle + huettenindustrie
PROLEI DR. HELMUT JUNGHANSS
STAND 2.8.1976
QUELLE fragebogenerhebung sommer 1976
FINGEB BUNDESMINISTER FUER FORSCHUNG UND TECHNOLOGIE
BEGINN 1.11.1974 ENDE 30.6.1977
G.KOST 8.000.000 DM

ME -014
INST FACHBEREICH CHEMIE DER FH AACHEN
AACHEN, KURBRUNNENSTR. 14-20

VORHAB **aufbereitung von kunststoffabfaellen aus reaktionsprodukten der polyurethanchemie zur wiederverwendung durch umwandlung in kunstharze**
es sollen z. b. polyurethanabfaellle aus auto-und moebelpolstern durch alkoholyse oder acidolyse zu einem fuer die lackindustrie interessanten polyurethanrohstoff aufbereitet werden. das angestrebte recycling-verfahren wird ausgehend von einfachen polyurethanverbindungen ueber synthetisierungsversuche mit geeigneten zwischenprodukten und katalysatorenzunaechst bis zum modell im technikumsmassstab entwickelt
S.WORT kunststoffabfaelle + recycling + (polyurethanchemie)
STAND 26.7.1976
QUELLE fragebogenerhebung sommer 1976
FINGEB MINISTER FUER WISSENSCHAFT UND FORSCHUNG, DUESSELDORF
BEGINN 1.6.1976
G.KOST 100.000 DM

ME -015
INST FACHBEREICH LANDWIRTSCHAFT DER GESAMTHOCHSCHULE KASSEL
WITZENHAUSEN, NORDBAHNHOFSTR. 1A
VORHAB **die anwendung von abfallqualitaeten auf haldenboeden unter besonderer beruecksichtigung der schwermetallgehalte**
die arbeit soll aufschluss ueber die vertikale wanderung auf haldenboeden geben, sowie ueber die aufnahme speziell des antimons durch verschiedene kultur- und wildpflanzen. es sollen nachweise ueber schaedlichkeitsgrenzen erarbeitet werden
S.WORT abfall + recycling + schwermetalle + (antimon)
HESSEN (NORD)
PROLEI DR. RALF BOKERMANN
STAND 4.8.1976
QUELLE fragebogenerhebung sommer 1976
FINGEB LAND HESSEN
ZUSAM HESSISCHE LANDESANSTALT FUER UMWELT, KRANZPLATZ 5-6, 6200 WIESBADEN
BEGINN 1.1.1976 ENDE 31.12.1980
G.KOST 135.000 DM

ME -016
INST FACHBEREICH WERKSTOFFTECHNIK DER FH OSNABRUECK
OSNABRUECK, ALBRECHTSTR. 30
VORHAB **recycling von kunststoffabfaellen**
chemischer abbau von thermoplasten und duromeren durch hydrolyse u. a. verfahren. aufarbeitung der abbauprodkute. recycling durch einsatz als rohstoffe bei der herstellung der kunststoffe
S.WORT kunststoffabfaelle + recycling
PROLEI DR. FRIEDRICH VOHWINKEL
STAND 21.7.1976
QUELLE fragebogenerhebung sommer 1976
BEGINN 1.8.1975
G.KOST 10.000 DM

ME -017
INST FACHGEBIET RASENFORSCHUNG / FB 16/21 DER UNI GIESSEN
GIESSEN, SCHLOSSGASSE 7
VORHAB **verwertung fester verbrennungsrueckstaende als draenschicht - baustoffe fuer rasensportplaetze**
aus neueren giessener untersuchungen geht die bedeutung der wasserspeicherfaehigkeit von baustoffen der draenschicht fuer die entwicklung der rasendecke hervor. geeignete materialien stehen jedoch nur in regional begrenztem rahmen zur verfuegung. in labor- und freilandversuchen wird die mechanische und vegetationstechnische eignung verschiedener schlacken untersucht
S.WORT schlacken + wiederverwendung + baustoffe + wasserspeicher
PROLEI DR. WERNER SKIRDE
STAND 6.8.1976
QUELLE fragebogenerhebung sommer 1976
BEGINN 1.1.1972 ENDE 31.12.1975
LITAN SKIRDE, W.: VORVERSUCHE MIT MUELLSCHLACKE ALS DRAENSCHICHT - BAUSTOFF FUER RASENSPORTFLAECHEN. IN: MUELL UND ABFALL 6 S. 179-183(1974)

ME -018
INST FICHTNER, BERATENDE INGENIEURE GMBH & CO KG
STUTTGART 30, GRAZER STRASSE 22
VORHAB **33 abgeschlossene projekte zur verwertung und verbrennung von abfallstoffen und minderwertigen brennstoffen**
durchfuehrbarkeitsstudien; wirtschaftlichkeitsstudien; ausfuehrungsplanung und projektabwicklung fuer derartige anlagen
S.WORT muellverbrennungsanlage + oekonomische aspekte + verfahrenstechnik
PROLEI ELSAESSER
STAND 1.1.1974

ME -019
INST FORD-WERKE AG
KOELN, OTTOPLATZ 2
VORHAB **rueckgewinnung der loesemittel bei farbspritzanlagen**
entwicklung von verfahren zur messung, begrenzung und beseitigung geruchsintensiver stoffe. hier: absorptionsverfahren an aktivkohle
S.WORT loesungsmittel + recycling
PROLEI UNTERHANSBERG
STAND 1.1.1974
QUELLE umweltforschungsplan 1974 des bmi
FINGEB BUNDESMINISTER DES INNERN
BEGINN 1.1.1972 ENDE 31.12.1974
G.KOST 122.000 DM

ME -020
INST FORSCHUNGSGEMEINSCHAFT EISENHUETTENSCHLACKEN
RHEINHAUSEN, BLIERSHEIMER STR. 62
VORHAB **untersuchungen ueber den thermischen aufschluss von rohphosphat, insbesondere apatit aus der aufbereitung von schwedenerz**
ausgangssituation: anfall nicht verwertbarer stoffe: apatit aus erzaufbereitung, ld-schlacke von stahlherstellung, sodaschlacke von roheisenbehandlung. grundlagenkenntnisse ueber thermischen aufschluss von rohphosphat mit alkalizusatz oder alkalifrei unter fluoraustreibung. forschungsziel: aufschluss von schwedenapatit zu zitronensaeureloeslichem kalziumphosphat. optimierung von umsatz, umsetzgeschwindigkeit als funktion von temperatur, menge und kontaktmoeglichkeit der aufschlussmittel. anwendung des ergebnisses: zitronensaeureloesliches phosphat mit ld-schlacke vermahlen und als duengemittel fuer landwirtschaft bereitstellen. umweltfreundliche entsorgung von rueckstand der erzaufbereitung, von schlacke und anderen entfallstoffen der huettenindustrie. versoorgung der landwirtschaft mit einem gewuenschten produkt. mittel und wege, verfahren: a) thermischer aufschluss alkalifrei mit kieselsaeure und wasserdampf im roehrenofen, im fluidbett, in wirbelstomrinne. messung: ausbeute, ausbeutegeschwindigkeit, chemische- und roentgenanalyse, kornaufbau. messung abgas: menge, temperatur und analyse. b) thermischer aufschluss mit sodaschlacke im tammannofen. messungen wie oben. einschraenkende faktoren: reinheitsgrad des apatits. hohe prozesstemperatur, gefahr der sinterung. prozess mit aggressiven produkten, wie alkali und fluorbverbindungen. umgebungs- und randbedingungen: reaktoren: roehrenofen, fluidbett, wirbelstromrinne, drehrohrofen. feuerfestes material wegen temperatur ueber 100 grad c. agressive produkte. beeinflussende groessen: temperatur, wasserdampfgehalt atmosphaere wie kieselsaeure, sodaschlacke. mengenverhaeltnisse. reaktionszeit.
S.WORT eisen- und stahlindustrie + abfallaufbereitung + phosphatduengemittel

QUELLE datenuebernahme aus der datenbank zur koordinierung der ressortforschung (dakor)
FINGEB BUNDESMINISTER FUER WIRTSCHAFT
BEGINN 1.1.1974 ENDE 31.12.1975
G.KOST 124.000 DM

ME -021
INST FORSCHUNGSVEREINIGUNG AUTOMOBILTECHNIK E.V. (FAT)
FRANKFURT, WESTENDSTR. 61
VORHAB **wiedergewinnung der im automobilbau verwendeten werkstoffe (recycling)**
jetziger stand, insbesondere in der bundesrepublik deutschland - welche materialien? was wird wiedergewonnen? nutzen-/kosten-untersuchungen. entwicklungsmoeglichkeiten: welche massnahmen am automobil zur verbesserung der wiedergewinnbarkeit? welche voraussetzungen hierzu muessen erfuellt werden?
S.WORT kfz-technik + werkstoffe + recycling
PROLEI DR. -ING. R. WEBER
STAND 2.8.1976
QUELLE fragebogenerhebung sommer 1976
BEGINN 1.11.1974

ME -022
INST FRIED. KRUPP GMBH
ESSEN, MUENCHENER STRASSE 100
VORHAB **entwicklung eines verfahrens zur aufkonzentrierung von abschlaemmwaessern**
die abwaesser insbesondere von meerwasserentsalzungsanlagen und kraftwerken stellen wegen ihrer hohen temperatur und wegen der verunreinigung z. b. mit chlor, schwefelsaeure usw. eine belastung der umwelt dar, der zunehmende bedeutung zukommt. zusaetzlich enthaelt aber gerade die sole von meerwasserentsalzungsanlagen wertvolle rohstoffe, deren gewinnung mit zunehmender verknappung der rohstoffe aus konventionellem abbau interessanter wird. ziel des vorhabens ist es daher, die abwaesser so aufzukonzentrieren, dass eine trennung in nahezu feste stoffe und destillat moeglich wird und die festen abfallstoffe in einer deponie gelagert werden koennen oder die rueckgewinnung der wertstoffe aus diesen wirtschaftlich wird
S.WORT meerwasserentsalzung + schlammbeseitigung + rohstoffe + recycling
PROLEI DR. -ING. ERNST KRIEGEL
STAND 30.8.1976
QUELLE fragebogenerhebung sommer 1976
FINGEB BUNDESMINISTER FUER FORSCHUNG UND TECHNOLOGIE
BEGINN 1.1.1975 ENDE 31.12.1978
G.KOST 2.000.000 DM

ME -023
INST FRIED. KRUPP GMBH
ESSEN 1, AM WESTBAHNHOF 2
VORHAB **entwicklung eines verfahrens zur herstellung von leichtbauzuschlagstoffen aus filterasche**
verwertung von abfallrueckstaenden der huettenindustrie nach dem "system habel". herstellung und erprobung von bausteinen und leichtbauzuschlagstoffen aus rueckstaenden der huettenindustrie (staub und schlacken) in einer pilotanlage
S.WORT industrieabfaelle + huettenindustrie + recycling + baustoffe
STAND 1.1.1975
QUELLE umweltforschungsplan 1975 des bmi
FINGEB BUNDESMINISTER DES INNERN
BEGINN 1.1.1975 ENDE 30.9.1975
G.KOST 65.000 DM

ME -024
INST FRIED. KRUPP GMBH
ESSEN 1, AM WESTBAHNHOF 2
VORHAB **verfahrenstechnische weiterentwicklung der solventextraktion zur gewinnung von kupfer und anderen ne-metallen**
das entwicklungsvorhaben soll sich zunaechst auf folgende konkrete anwendungsgebiete beschraenken: 1. verbesserung der verfahrenstechnik und ermittlung der wirtschaftlichkeitsgrenze der kupfergewinnung aus stark verduennten wasch- und anderen kupferhaltigen kreislaufwaessern. 2. ermittlung der verfahrenstechnik und wirtschaftlichkeit bei der gewinnung von kupfer und zink aus kupferhaltigen filterschlaemmen, zum beispiel aus der laugereinigung der zink-elektrolyse
S.WORT industrieabwaesser + rohstoffe + recycling + kupfer + ne-metalle
PROLEI DIPL. -CHEM. GUENTER BARTHEL
STAND 30.8.1976
QUELLE fragebogenerhebung sommer 1976
FINGEB BUNDESMINISTER FUER FORSCHUNG UND TECHNOLOGIE
ZUSAM - KRUPP FORSCHUNGSINSTITUT, MUENCHENER STR. 100, 4300 ESSEN
- HUETTENWERKE KAYSER AG, 4628 LUENEN/WESTF.
BEGINN 1.1.1976 ENDE 31.10.1976
G.KOST 200.000 DM

ME -025
INST GEBR. GIULINI GMBH
LUDWIGSHAFEN, GIULINI-STR.
VORHAB **untersuchung zur wirtschaftlichen verwertbarkeit von abfallgipsen**
S.WORT recycling + industrieabfaelle
STAND 1.10.1974
FINGEB BUNDESMINISTER FUER FORSCHUNG UND TECHNOLOGIE
BEGINN 1.1.1973 ENDE 31.12.1974
G.KOST 414.000 DM

ME -026
INST GELSENBERG MANNESMANN UMWELTSCHUTZ GMBH
ESSEN 1, POSTFACH 3
VORHAB **pyrolytische rohstoffrueckgewinnung**
S.WORT abfallbehandlung + sondermuell + pyrolyse + recycling
QUELLE datenuebernahme aus der datenbank zur koordinierung der ressortforschung (dakor)
FINGEB BUNDESMINISTER FUER FORSCHUNG UND TECHNOLOGIE
ZUSAM - EISEN- UND METALL AG
- RUETGERSWERKE AG
BEGINN 1.5.1975 ENDE 31.12.1978
G.KOST 7.452.000 DM

ME -027
INST GUMMIWERKE KRAIBURG GMBH & CO
WALDKRAIBURG, POSTFACH 46
VORHAB **verwendung zerkleinerter altreifen zur herstellung von elastikplatten**
entwicklung und erprobung eines wirtschaftlichen verfahrens. weiterverwendung von zerkleinerten altreifen als fuellmaterial bei der herstellung von fussboden-sportplatzbelag
S.WORT altreifen + recycling + (elastilplatten)
STAND 1.10.1974
BEGINN 1.1.1974 ENDE 31.12.1976
G.KOST 300.000 DM

ME -028
INST IFO - INSTITUT FUER WIRTSCHAFTSFORSCHUNG E.V.
MUENCHEN, POSCHINGER STRASSE 5
VORHAB **nutzung von abfallstoffen und abwaerme-recycling als beitrag zum umweltschutz und zur rohstoff- und energieeinsparung**
analyse der technologischen, oekologischen, oekonomischen moeglichkeiten und grenzen einer nutzung von abfallstoffen und abwaerme
S.WORT abfallstoffe + abwaerme + recycling + oekonomische aspekte
PROLEI DIPL. -KFM. ROLF-ULRICH SPRENGER

STAND 1.1.1974
BEGINN 1.12.1973 ENDE 31.5.1974
LITAN SPRENGER, R. U.: DIE NUTZUNG VON ABFALLSTOFFEN UND ABWAERME- RECYCLING ALS BEITRAG ZUM UMWELTSCHUTZ UND ZUR ROHSTOFF- UND ENERGIEEINSPARUNG, IN: IFO-SCHNELLDIENST 15 (MAI 1974)

ME -029

INST INSTITUT FUER ABFALLWIRTSCHAFT DER TU BERLIN BERLIN 12, STRASSE DES 17. JUNI 135
VORHAB **verwendungsmoeglichkeiten der produkte aus der pyrolyse verschiedener abfaelle unter besonderer beruecksichtigung der schadstoffminderung**
die arbeiten gliedern sich in die subsysteme: 1) pyrolysekokserzeugung, 2) aktivierung des pyrolysekokses, 3) biologische abwasserreinigung, 4) chemische abwasserreinigung. die einzelnen subsysteme und das gesamtsystem mit denen sich ergebenden interpendenzen werden erforscht. ziele: schadstoffminimierung - pyrolysegas, optimierung der qualitaet der festen rueckstaende fuer den einsatz als aktivkohle bei der reinigung der prozessabwaesser. untersuchung von anderen verwertungsmoeglichkeiten der pyrolyseprodukte
S.WORT abfallbeseitigung + pyrolyse + recycling + schadstoffminderung
PROLEI PROF. DR. KARL J. THOME-KOZMIENSKY
STAND 10.9.1976
QUELLE fragebogenerhebung sommer 1976
BEGINN 1.10.1976 ENDE 30.9.1977
G.KOST 100.000 DM

ME -030

INST INSTITUT FUER ALLGEMEINE LEBENSMITTELTECHNOLOGIE UND TECHNISCHE BIOCHEMIE DER UNI HOHENHEIM STUTTGART 70, GARBENSTR. 25
VORHAB **cellulose und cellulosehaltige rohstoffe als unkonventionelle biotechnische substrate**
fermentation von cellulose und cellulosehaltigen landwirtschaftlichen und industriellen abfaellen (abfallpapier, stroh, holz) zur gewinnung von biomasse (protein), niedermolekularen substanzen (antibiotica, reduktone) und hochaktiven technischen cellulasepraeparaten sowie deren enzymtechnologische anwendungen
S.WORT abfallbehandlung + cellulose + fermentation + biotechnologie + recycling
PROLEI PROF. DR. BRUCHMANN
STAND 1.10.1974
QUELLE erhebung 1975
FINGEB - BUNDESMINISTER FUER FORSCHUNG UND TECHNOLOGIE
ZUSAM BUNDESFORSCHUNGSANSTALT F. ERNAEHRUNG, ENGESSERSTRASSE 20 7500 KARLSRUHE 1
BEGINN 1.1.1976 ENDE 31.12.1977
G.KOST 286.000 DM
LITAN - BRUCHMANN,E.-E.: BIOTECHNOLOGISCHE NUTZUNG VON CELLULOSEHALTIGEN SUBSTRATEN. IN:STUDIE BIOTECHNOLOGIE, 3. AUFLAGE, BMFT UND DECHEMA, BONN U. FRANKFURT/M. S.130-134(1976)
- BRUCHMANN,E.-E.: 3.SYMPOS.TECH.MIKROBIOLOGIE,BERLIN(1974)BEITRAG ZUR KENNTNIS DES EINFLUSSES FUNKTIONELLER GRUPPEN IN CELLULOSE AUF IHRE SPALTBARKEIT DURCH EIN MIKROBIELLES CELLULASE-SYSTEM.
- BRUCHMANN,E.-E.: ZUR GEWINNUNG HOCHAKTIVER CELLULAXPRAEPARATE UND OPTIMIERUNG DER ENZYMATISCHEN CELLULOSEHYDROLYSE. IN:CHEMIKER-ZTG.99 S.157(1975)

ME -031

INST INSTITUT FUER ANORGANISCHE CHEMIE DER UNI WUERZBURG WUERZBURG, AM HUBLAND
VORHAB **aufarbeitung cyanidhaltiger haertesalze**
chemische umwandlung giftiger haertesalze (cyanide) in ungiftige und verwertbare produkte
S.WORT abfallaufbereitung + haertesalze + cyanide
PROLEI PROF. DR. SCHMIDT
STAND 1.1.1974
BEGINN 1.1.1971
LITAN ZWISCHENBERICHT 1975

ME -032

INST INSTITUT FUER ANORGANISCHE UND ANGEWANDTE CHEMIE DER UNI HAMBURG HAMBURG 13, MARTIN-LUTHER-KING-PLATZ 6
VORHAB **recycling von kunststoffen**
die im labormassstab durchgefuehrten pyrolyseversuche von kunststoffen in der salzschmelze und in der sandwirbelschicht zeigen, dass die abbauprodukte in ihrer zusammensetzung weitgehend mit den spaltprodukten eines naphta-crackers uebereinstimmen. ziel der untersuchungen ist die gewinnung von wertstoffen aus kunststoffabfaellen bei gleichzeitiger minimierung der abfallprodukte. die weiteren arbeiten konzentrieren sich auf die entwicklung einer technikumsanlage (10 kg/h durchsatz)
S.WORT kunststoffabfaelle + recycling + pyrolyse
PROLEI PROF. DR. HANSJOERG SIM
STAND 6.1.1975
FINGEB BUNDESMINISTER FUER FORSCHUNG UND TECHNOLOGIE
BEGINN 1.10.1974 ENDE 30.9.1977
G.KOST 970.000 DM
LITAN - SINN, H.: RECYCLING DER KUNSTSTOFFE. IN: CHEM. -ING. -TECHN. 16 S. 579-589(1974)
- KAMINSKY, W.;MENZEL, J.;SINN, H.: SOME REMARKS ABOUT RECYCLING THERMOPLASTICS BY PYROLYSIS. THE PLASTICS AND RUBBER INST. , LONDON (1975)

ME -033

INST INSTITUT FUER AUFBEREITUNG DER TU CLAUSTHAL CLAUSTHAL-ZELLERFELD, ERZSTR. 20
VORHAB **aufbereitung von kunststoffabfaellen zum zwecke der wiederverwertung (sortierung)**
die im rahmen des vom vke vorgeschlagenen forschungsprogrammes durchzufuehrende untersuchung beschaeftigt sich mit dem problem der sortierung von kunststoffabfaellen. diese sollen nach unterschieden in der dichte, form, in ihren oberflaecheneigenschaften und aufgrund von unterschiedlichen thermischen verhalten sowie unterschiedlichem verhalten im elektrischen feld hinsichtlich einer sortierung in verschiedene kunststoffarten untersucht werden
S.WORT abfallsortierung + kunststoffabfaelle + recycling
PROLEI PROF. DR. -ING. ALBERT BAHR
STAND 9.12.1975
FINGEB - BUNDESMINISTER DES INNERN
- VERBAND KUNSTSTOFFERZEUGENDE INDUSTRIE UND VERWANDTE GEBIETE E. V. , FRANKFURT
ZUSAM LEHRSTUHL F. MECHAN. VERFAHRENSTECHNIK TU CLAUSTHAL, ZELLBACH 5, 3392 CLAUSTHAL-ZELLERFELD
BEGINN 1.12.1975 ENDE 30.11.1977
G.KOST 335.000 DM

ME -034

INST INSTITUT FUER AUFBEREITUNG DER TU CLAUSTHAL CLAUSTHAL-ZELLERFELD, ERZSTR. 20
VORHAB **aufbereitung von aluminiumsalzschlacke**
zielsetzung: abtrennung einer reinen salzfraktion und salzfreier produkte
S.WORT aluminiumindustrie + abfallaufbereitung + recycling + (aluminiumsalzschlacke)
PROLEI PROF. DR. -ING. ALBERT BAHR
STAND 22.7.1976
QUELLE fragebogenerhebung sommer 1976
FINGEB DORNIER SYSTEM GMBH, FRIEDRICHSHAFEN
BEGINN 1.6.1976
G.KOST 10.000 DM

ME -035

INST INSTITUT FUER BAUKONSTRUKTIONEN UND FESTIGKEIT DER TU BERLIN
BERLIN 12, STRASSE DES 17. JUNI 135

VORHAB **gewinnung und eignung von betonzuschlag aus gesinterter muellschlacke (sinterbims)**
nach klaerung des brennverfahrens und der dadurch erzielbaren korngruppen aus muellschlacken-sinterbims wurden zunaechst die erreichbaren betonfestigkeiten, eignung fuer leichtbeton und die rohdichten ermittelt. dabei traten die ersten erfahrungen mit schadstoffen auf (glasgehalt, aluminiumgehalt, kalkgehalt aus zahnpastatuben), die in weiteren versuchen auf ihre auswirkung genauer untersucht wurden. das verhalten unter dauerlast und der zu erwartende korrosionsschutz der bewehrung ist ermittelt worden. die versuche wurden nach din-normen bzw. in anlehnung an diese durchgefuehrt

S.WORT muellschlacken + wiederverwendung + baustoffe
PROLEI PROF. DR. -ING. FRANZ PILNY
STAND 19.7.1976
QUELLE fragebogenerhebung sommer 1976
LITAN - PILNY,F.: SINTERKIES. IN:DIE BAUTECHNIK (4) S.127-132(1963)
- PILNY,F.: SCHWER- UND LEICHTBETON AUS MUELLSCHLACKENSINTER. IN:DIE BAUTECHNIK (7) S.230-238(1967)
- PILNY,F.: STEIFEPRUEFUNG VON MUELLSCHLACKENSINTERBETON. IN:BAUWIRTSCHAFT (12) S.271-273(1976)

ME -036

INST INSTITUT FUER BIOCHEMIE DES BODENS DER FORSCHUNGSANSTALT FUER LANDWIRTSCHAFT
BRAUNSCHWEIG, BUNDESALLEE 50

VORHAB **organischer stickstoffduenger (n-lignin) aus den ablaugen der zellstoffindustrie und anderen ligninhaltigen abfallstoffen durch oxidative ammonisierung**
durch oxidative ammonisierung von ligninhaltigen abfaellen der zellstoffindustrie (ligninsulfonsaeuren) wurde ein organischer stickstoffduenger synthetisiert. dieses verfahren dient einesteils einer nutzbringenden verwendung u. beseitigung dieser abfaelle, anderesteils gelangt man zu einem organischen stickstoffduenger, aus dem der stickstoff nur langsam freigesetzt wird. dieser enthaelt weiterhin auf grund seiner herstellungsweise, bestandteile, die die nitrifizierung hemmen und so zu geringeren auswaschungsverlusten fuehren. auch andere unerwuenschte begleiterscheinungen (verluste durch denitrifizierung und grundwasserverunreinigungen werden vermindert. zur zeit werden versuche mit diesem stickstofffuenger in verschiedenen klimazonen der welt durchgefuehrtt

S.WORT zellstoffindustrie + abfall + recycling + duengemittel + (lignin)
PROLEI PROF. DR. WOLFGANG FLAIG
STAND 26.7.1976
QUELLE fragebogenerhebung sommer 1976
LITAN - FLAIG, W.;SOECHTIG, H.: EIN BEITRAG ZUR UMWELTFREUNDLICHEN TECHNIK DURCH VERWERTUNG DER SULFITABLAUGEN DER ZELLSTOFFINDUSTRIE ALS ORGANISCHER STICKSTOFFDUENGER. IN: NETH. J. AGRICULTURAL SCIENCE 22 S. 255-261(1974)
- FLAIG, W.: SLOW RELEASING NITROGEN FERTILIZER FROM THE WASTE PRODUCT, LIGNIN SULPHONATES. IN: CHEMISTRY AND INDUSTRY S. 553-554(1973)
- FLAIG, W.: ORGANIC NITROGEN FERTILIZERS ON THE BASE OF LIGNIN AND THEIR EFFECT ON THE YIELD. IN: SAVREMENA POLJOPRIVREDA 19 S. 3-19(1971)

ME -037

INST INSTITUT FUER HOLZCHEMIE UND CHEMISCHE TECHNOLOGIE DES HOLZES DER BUNDESFORSCHUNGSANSTALT FUER FORST- UND HOLZWIRTSCHAFT
HAMBURG 80, LEUSCHNERSTR. 91 B

VORHAB **herstellung von polymeren aus phenollignin**
das im rahmen eines mit phenel als aufschlussmittel betriebenen holzaufschlusses anfallende phenollignin ist gegenueber anderen technischen ligninen weniger kondensiert und reaktionsfaehiger. eine verwertung ist denkbar durch umsatz mit diisocyanaten zu polyurethanen oder auch durch umsatz mit epoxiden. im rahmen des programms werden phenollignine charakterisiert und ihre reaktivitaet geprueft

S.WORT zellstoffindustrie + recycling + polymere + (phenollignine)
PROLEI PROF. DR. WERNER SCHWEERS
STAND 22.7.1976
QUELLE fragebogenerhebung sommer 1976
BEGINN 1.1.1970

ME -038

INST INSTITUT FUER HOLZCHEMIE UND CHEMISCHE TECHNOLOGIE DES HOLZES DER BUNDESFORSCHUNGSANSTALT FUER FORST- UND HOLZWIRTSCHAFT
HAMBURG 80, LEUSCHNERSTR. 91 B

VORHAB **kohlenhydratreserven in abfallholz, rinden und ablaugen der holz- und zellstoffindustrie und moeglichkeiten ihrer nutzung**
ermittlung einer kohlenhydratbilanz (qualitativ und quantitativ) fuer abfallholz, rinden und ablaugen, die im hinblick auf die beurteilung optimaler nutzungsmoeglichkeiten ausweisen soll: art u. menge loeslicher niedrigmolekularer zucker. art u. menge loeslicher und leicht loesender hemicellulosen. art u. menge unloeslicher und schwer loeslicher hemicellulosen. menge an cellulose. aufgrund der bilanz kann entschieden werden, welche kohlenhydrate direkt einer nutzung zugefuehrt werden koennen (z. b. loesl. zucker als futtermittel oder proteingewinnung) oder ob zunaechst hydrolyse oder phys. -chem. strukturauflockerung zu erfolgen hat

S.WORT zellstoffindustrie + holzabfaelle + kohlenhydrate + verwertung
PROLEI PROF. DR. HANS-HERMANN DIETRICHS
STAND 22.7.1976
QUELLE fragebogenerhebung sommer 1976
FINGEB BUNDESMINISTER FUER FORSCHUNG UND TECHNOLOGIE
ZUSAM INST. F. MILCHERZEUGUNG, ABT. TIERERNAEHRUNG, HERMANN-WEIGMANN-STRASSE 1-27, 2300 KIEL
BEGINN 1.7.1975 ENDE 30.6.1977
G.KOST 220.000 DM
LITAN ZWISCHENBERICHT

ME -039

INST INSTITUT FUER KUNSTSTOFFVERARBEITUNG DER TH AACHEN
AACHEN, PONTSTR. 49

VORHAB **untersuchung der wirtschaftlichen moeglichkeiten zur wiederverwendung von kunststoffmuell**
recycling von kunststoffabfall. untersuchung von verarbeitungsformen von kunststoffabfall (pulverisierung, granulierung, loesung, bitumeneinbettung) nebst wirtschaftlichkeitsuntersuchung

S.WORT kunststoffabfaelle + wiederverwendung + wirtschaftlichkeit
PROLEI DIPL. -ING. HOFFMANNS
STAND 1.1.1975
QUELLE umweltforschungsplan 1975 des bmi
FINGEB BUNDESMINISTER DES INNERN
ZUSAM FIRMA WERNER UND PFEIDERER, 7 STUTTGART
BEGINN 1.1.1972 ENDE 31.12.1975
G.KOST 321.000 DM

ME -040

INST INSTITUT FUER KUNSTSTOFFVERARBEITUNG DER TH AACHEN
AACHEN, PONTSTR. 49

VORHAB **wiederverwendung von kunststoffmuell unter wirtschaftlichen gesichtspunkten und einbeziehung spezieller eigenschaften der kunststoffe**
in dem vorhaben werden folgende moeglichkeiten der verwertung des kunststoffmuells untersucht: aufschaeumen von wahllos gemischten kunststoffabfaellen zu waermedaemmplatten, herstellung poroeser bausteine durch einmischen von zerkleinerten kunststoffabfaellen. einarbeiten von kunststoffabfaellen in neumaterial, verpressen von kunststoffmuell in einer zu bauenden plastifizier- und presseinrichtung
S.WORT kunststoffabfaelle + wiederverwendung + wirtschaftlichkeit
STAND 20.11.1975
FINGEB - BUNDESMINISTER DES INNERN
- VERBAND KUNSTSTOFFERZEUGENDE INDUSTRIE UND VERWANDTE GEBIETE E. V. , FRANKFURT
BEGINN 1.9.1975 ENDE 31.8.1977
G.KOST 328.000 DM
LITAN FRANZKOCH, B.;MENGES, G.: VERARBEITUNG DER KUNSTSTOFFABFAELLE DES HAUSHALTS UEBER DIE SCHMELZE. VORTRAG, FRANKFURT(1976)

ME -041
INST INSTITUT FUER LEBENSMITTELCHEMIE DER BUNDESFORSCHUNGSANSTALT FUER ERNAEHRUNG
KARLSRUHE, ENGESSERSTR. 20
VORHAB **entwicklung von verfahren zur verringerung der abfallmenge bei der verarbeitung von kartoffeln**
es soll untersucht werden, inwieweit es moeglich ist, die bei der reinigung von kartoffeln und aehnlichen wurzelgemuesen benoetigte brauchwassermenge erheblich zu reduzieren, die beim schaelen anfallende abfallmenge von 15 bis 20 % auf etwa 10 % zu verringern, und den schaelabfall durch geeignete verfahren so weiterzuverarbeiten, dass er einer nutzung zugefuehrt werden kann; das ziel der genannten massnahme ist, neben einer verbesserung der wirtschaftlichkeit der vorverarbeitung von kartoffeln, die mit der vorverarbeitung zwangslaeufig verbundene umweltbelastung auf ein vertretbares mass zu verringern
S.WORT lebensmittelindustrie + kartoffeln + produktionsrueckstaende + recycling
PROLEI DIPL. -ING. WOLF
STAND 1.1.1974
FINGEB BUNDESMINISTER FUER ERNAEHRUNG, LANDWIRTSCHAFT UND FORSTEN
ZUSAM BUNDESVERBAND DER KARTOFFELVERARBEITENDEN INDUSTRIE E. V. , 5201 OBERPLEIS-FROHNHARD, SIEGKREIS
BEGINN 1.10.1973 ENDE 31.12.1975
G.KOST 343.000 DM
LITAN ZWISCHENBERICHT 1974. 12

ME -042
INST INSTITUT FUER MIKROBIOLOGIE DER BUNDESANSTALT FUER MILCHFORSCHUNG
KIEL, HERMANN-WEIGMANN-STR. 1-27
VORHAB **verwertung von abfaellen der ernaehrungsindustrie durch umwandlung in biosynthetisches eiweiss**
S.WORT lebensmittelindustrie + abfall + recycling + (biosynthetisches eiweiss)
PROLEI PROF. DR. DR. LEMBKE
STAND 1.1.1976
QUELLE mitteilung des bundesministers fuer ernaehrung,landwirtschaft und forsten
BEGINN 1.1.1975

ME -043
INST INSTITUT FUER MIKROBIOLOGIE DER UNI MUENSTER
MUENSTER, TIBUSSTR. 7-15
VORHAB **mikrobielle verwertung unkonventioneller kohlenstoffquellen**
S.WORT abfallstoffe + mikrobieller abbau + kohlenstoff
PROLEI PROF. DR. REHM
STAND 1.1.1974
FINGEB BUNDESMINISTER FUER FORSCHUNG UND TECHNOLOGIE

ME -044
INST INSTITUT FUER OBSTBAU UND GEMUESEBAU DER UNI BONN
BONN, AUF DEM HUEGEL 6
VORHAB **verwertung (recycling) von nebenprodukten aus der obst- und gemueseverarbeitenden industrie**
nebenprodukte der obst- und gemueseverarbeitenden industrie werden geprueft auf ihre verwertbarkeit fuer futterzwecke (vorwiegend schafe). zunaechst werden ueber umfragen im in- und ausland art, menge und zeitlicher anfall der nebenprodukte erhoben. die ergebnisse fuehren zu modellvorschlaegen zum aufbau von schafhaltungs-systemen. weitere ziele des vorhabens sind die bewertung der einzelnen "abfall"-produkte in ihrem ernaehrungsphysiologischen wert, evtl. auch nach verschiedenen verfahren der weiterverarbeitung
S.WORT lebensmittelindustrie + recycling + futtermittel
PROLEI PROF. DR. RICHARD MUELLER
STAND 19.7.1976
QUELLE fragebogenerhebung sommer 1976
FINGEB LAND NORDRHEIN-WESTFALEN
BEGINN 1.1.1976
G.KOST 40.000 DM
LITAN MUELLER, R. , EUROPAEISCHER TIERZUCHTKONGRESS, ZUERICH, 1976: DIE VERFUETTERUNG VON INDUSTRIELLEN NAHRUNGSMITTEL-NEBENERZEUGNISSEN AN SCHAFE

ME -045
INST INSTITUT FUER PAPIERFABRIKATION DER TH DARMSTADT
DARMSTADT, ALEXANDERSTR. 22
VORHAB **nachweis der eignung von aschen der schlammverbrennung fuer zwecke der herstellung und veredelung von papieren, kartons usw.**
nutzbarmachung der aschen als fuellstoff und/oder streichpigment bei der papierherstellung und -veredelung. papierfabrikationsschlaemme, aus einer mischung aus organischen und anorganischen komponenten bestehend, werden im labor modellartig nachgestellt und einer nassverbrennung bei temperaturen bis 250 c und druecken bis 300 bar unterworfen. pruefung der gewonnen asche auf optische und struktureigenschaften sowie abrasion. abschliessend entsprechende untersuchungen an schlaemmen aus mechanischen und biologischen abwasserreinigungsanlagen der papierindustrie
S.WORT recycling + schlammverbrennung + papierindustrie + verfahrenstechnik
PROLEI DR. -ING. HANNS-LUTZ DALPKE
STAND 1.1.1974
FINGEB ARBEITSGEMEINSCHAFT INDUSTRIELLER FORSCHUNGSVEREINIGUNGEN E. V. (AIF)
BEGINN 1.7.1974 ENDE 31.12.1976
G.KOST 211.000 DM

ME -046
INST INSTITUT FUER PAPIERFABRIKATION DER TH DARMSTADT
DARMSTADT, ALEXANDERSTR. 22
VORHAB **ueber die eigenschaften von altpapier-fasersuspensionen in abhaengigkeit von den einfluessen des papierrecycling**
physikalisch-technologische charakterisierung von fasersuspensionen aus sekundaerfasern, um einerseits den eigenschaftsveraendernden einfluss des oftmaligen papierrecycling zu quantifizieren und um andererseits kenngroessen zur vorhersage der gebrauchseignung von aus altpapier hergestelltem neupapier zu gewinnen. - von den primaerhalbstoffen zellstoff und holzschliff ausgehend, wird im labor- und halbtechnischen masstab unter variation stofflicher und verfahrenstechnischer groessen in simulation technischer prozesstufen altpapier als

untersuchungsmaterial hergestellt (bis zu 12 recycling-zyklen). an den fasersuspensionen werden neben den traditionellen eigenschaften schopper-riegler-wert (mahlgrad), wasserrueckhaltevermoegen und faserfraktionen mit hilfe derr permeabilitaets-methode sowohl spez. volumen als auch spez. oberflaeche der fasern bestimmt. nach der blattbildung werden an laborblaettern optische und festigkeitseigenschaften ermittelt

S.WORT papierindustrie + altpapier + recycling
PROLEI DIPL. -ING. LOTHAR STUERMER
STAND 30.8.1976
QUELLE fragebogenerhebung sommer 1976
FINGEB STIFTUNG ZUR FOERDERUNG DER FORSCHUNG FUER DIE GEWERBLICHE WIRTSCHAFT, KOELN
BEGINN 1.2.1975 ENDE 31.5.1977
G.KOST 260.000 DM
LITAN ZWISCHENBERICHT

ME -047

INST INSTITUT FUER PAPIERFABRIKATION DER TH DARMSTADT
DARMSTADT, ALEXANDERSTR. 22
VORHAB **nachweis der eignung von aschen der schlammverbrennung (papierfabriken) fuer zwecke der herstellung und veredelung von papieren und kartons**
ausgangssituation: in steigendem mass faellt aus schlammverbrennungsanlagen d. papierindustrie asche an, deren beseitigung schwierigkeiten u. kosten bereitet. diese bisher ungenutzt bleibende asche besteht zum groessten teil aus den von fuellstoffen u. streichpigmenten stammenden mineralien. es ist nichts bekannt ueber die moeglichkeiten nutzbringender verwendung. forschungszeil (fa) ergebnis (fv, fb): nutzbarmachung der aschen als fuellstoffe oder / und als streichpigmente der papierherstellung auf der grundlage entsprechender klein- und grossversuche. anwendung u. bedeutung des ergebnisses: bei positivem ergebnis lassen sich fuer die papier- und kartonherstellung bedeutsame mengen von fuellstoffen und pigmenten zurueckgewinnen, die sonst verloren gehen und dabei durch ihre beseitigung schwierigkeiten und kosten bereiten. mittel und wege, verfahren: feststellung von menge und beschaffenheit der aschen aus schlaemmen verschiedener papier- und kartionfrtigungsarten und ermittlung von ausbeuten und eigenschaftseinfluessen auf papiere und kartons verschiedener stoff- und oberflaechenbeschaffenheit. beeinflussende groesse: verschiedenheit der aschen, herruehrend aus verschiedenen erzeugungsprogrammen der papier- und kartonindustrie, und die bedingungen des veraschungsprozesses. beeinflusste groessen: eigenschaften der asche in abhaengigkeit vom veraschungsprozess und eigenschaften der unter ihrer verwendung hergestellten papiere und kartons.

S.WORT papierindustrie + schlammbehandlung + recycling
QUELLE datenuebernahme aus der datenbank zur koordinierung der ressortforschung (dakor)
FINGEB BUNDESMINISTER FUER WIRTSCHAFT
BEGINN 1.1.1974 ENDE 31.12.1975
G.KOST 139.000 DM

ME -048

INST INSTITUT FUER PFLANZENERNAEHRUNG / FB 19 DER UNI GIESSEN
GIESSEN, BRAUGASSE 7
VORHAB **verwertung von muellschlacken als duengemittel**
verwertung von muellschlacken als mikronaehrstoffduenger; untersuchung von nebenwirkungen, aufnahme unerwuenschter elemente

S.WORT muellschlacken + duengemittel
PROLEI PROF. KUEHN
STAND 1.1.1974
BEGINN 1.1.1970 ENDE 31.12.1976
LITAN JUDEL, G. K.:LDW. FORSCHUNG 28/I. SONDERHEFT S. 353-357(1973)

ME -049

INST INSTITUT FUER SIEDLUNGSWASSERWIRTSCHAFT DER TU HANNOVER
HANNOVER, WELFENGARTEN 1
VORHAB **fremdstoffabtrennung und farbsortierung von getrennt gesammeltem altglas**
entwicklung einer verfahrenskombination, bei der mit wirtschaftlichen mitteln eine abtrennung von fremdstoffen und eine farbsortierung (weiss, gruen, braun) von altglasscherben erreicht wird. diese arbeiten bilden die voraussetzung fuer das recycling von altglas auf dem wege der getrennten sammlung, wenn hoehere recyclingquoten als ca. 10 % beim hohlglas erreicht werden sollen

S.WORT altglas + recycling + (farbsortierung)
PROLEI DR. -ING. HEIKO DOEDENS
STAND 22.7.1976
QUELLE fragebogenerhebung sommer 1976
FINGEB - UMWELTBUNDESAMT
- FACHVERBAND HOHLGLASINDUSTRIE E. V., DUESSELDORF
ZUSAM FACHVERBAND HOHLGLASINDUSTRIE
BEGINN 1.12.1976 ENDE 31.12.1977
G.KOST 170.000 DM

ME -050

INST INSTITUT FUER SILICATFORSCHUNG DER FRAUNHOFER-GESELLSCHAFT E.V.
WUERZBURG, NEUNERPLATZ 2
VORHAB **wiederverwendung von abfallglas**
recycling von bruchglas verschiedenen ursprungs; z. z. schwierigkeiten bei verarbeitung; homogenisierung durch entgasung; entfaerbung

S.WORT altglas + recycling
PROLEI DIPL. -ING. KOUTECKY
STAND 1.1.1974
BEGINN 1.1.1975 ENDE 31.12.1976
G.KOST 200.000 DM
LITAN ZWISCHENBERICHT 1976. 03

ME -051

INST INSTITUT FUER SILICATFORSCHUNG DER FRAUNHOFER-GESELLSCHAFT E.V.
WUERZBURG, NEUNERPLATZ 2
VORHAB **der einfluss von scherben auf das einschmelz-, laeuter- und homogenisierungsverhalten von glasschmelzen**
der einfluss unterschiedlich hoher scherbenanteile auf einschmelz-, laeuter- und homogenisierungsverhalten von schmelzen wird untersucht. ebenso der einfluss auf die festigkeit des glases. durch gezielte zusaetze wird versucht, optimale bedingungen zu finden

S.WORT glasindustrie + verfahrenstechnik + altglas + recycling
PROLEI DR. RUDOLF SCHICHT
STAND 2.8.1976
QUELLE fragebogenerhebung sommer 1976
FINGEB ARBEITSGEMEINSCHAFT INDUSTRIELLER FORSCHUNGSVEREINIGUNGEN E. V. (AIF)
ZUSAM HUETTENTECHNISCHE VEREINIGUNG DER DEUTSCHEN GLASINDUSTRIE, BOCKENHEIMER LANDSTR. 126, FRANKFURT
BEGINN 1.1.1977 ENDE 31.12.1979
G.KOST 360.000 DM

ME -052

INST INSTITUT FUER STEINE UND ERDEN DER TU CLAUSTHAL
CLAUSTHAL-ZELLERFELD, ZEHNTNERSTR. 2A
VORHAB **verwertung von filterschlamm**
entstaubung und entschwefelungsanlagen; hier: umweltfreundliche verwendung der rueckstaende allgemein und speziell zur herstellung von beton

S.WORT filterschlamm + recycling
PROLEI DR. -ING. SCHMIDT
STAND 1.1.1974
FINGEB MINISTER FUER WIRTSCHAFT, MITTELSTAND UND VERKEHR, DUESSELDORF
BEGINN 1.12.1973 ENDE 31.7.1974
G.KOST 40.000 DM
LITAN ZWISCHENBERICHT 1974. 10

ME -053

INST INSTITUT FUER STEINE UND ERDEN DER TU CLAUSTHAL
CLAUSTHAL-ZELLERFELD, ZEHNTNERSTR. 2A
VORHAB **untersuchungen zur verwendung von abfaellen aus entschwefelungsanlagen von steinkohlekraftwerken auf dem bindemittel- und baustoffsektor**
zielsetzung: verwertung der anfallenden abfallprodukte a) als zusatz- oder zuschlagmittel fuer baustoffe, b) zur gefahrlosen lagerung auf deponien. vorgehensweise: a) charakterisierung der abfaelle (chemisch, physikalisch, mineralanalyse, thermisches verhalten), b) herstellung unterschiedlicher mischungen u. verwendung von zementen (variation der parameter wie w/z-wert, kornaufbau usw.), c) untersuchungsmethoden: in anlehnung an bestehende entsprechende din-normen, noetigenfalls entwicklung neuer pruefmethoden
S.WORT abfallbehandlung + recycling + baustoffe + (entschwefelungsanlage)
PROLEI DIPL. -ING. WOLFGANG BLOSS
STAND 30.8.1976
QUELLE fragebogenerhebung sommer 1976
FINGEB - MINISTER FUER WIRTSCHAFT, MITTELSTAND UND VERKEHR, DUESSELDORF
- STEAG AG, ESSEN
BEGINN 1.6.1973
G.KOST 200.000 DM
LITAN ZWISCHENBERICHT

ME -054

INST INSTITUT FUER TIERERNAEHRUNG DER UNI BONN
BONN, ENDENICHER ALLEE 15
VORHAB **verwertung der nebenprodukte der zuckerindustrie durch den wiederkaeuer**
die rueckstaende bei der zuckerherstellung werden zwar immer schon mit erfolg in der nutztierfuetterung eingesetzt. dabei kommt es aber vielfach nicht zum vollen nutzeffekt. zudem wird der melasseabsatz immer schwieriger. seit etwa einem jahrzehnt sind melassierte trockenschnitzel im praktischen grosseinsatz, die mit mineralstoffen, vitaminen, harnstoff usw. angereichert sind, und die sich milchvieh, mastbullen und schafen als kraftfutter bewaehrt haben. ziel: dosierung einzelner wichtiger komponenten sowie einsatz in grossen milchviehbestaenden auf dauergruenland und bei der ueberwinterung von schafherden
S.WORT zuckerindustrie + abfallaufbereitung + futtermittel + nutztiere
PROLEI PROF. DR. RICHARD MUELLER
STAND 21.7.1976
QUELLE fragebogenerhebung sommer 1976
BEGINN 1.1.1966
LITAN - MUELLER, R.: IMPRAEGNIERTE TROCKENSCHNITZEL. IN: DIE ZUCKERRUEBE (6)(1969)
- ENDBERICHT

ME -055

INST INSTITUT FUER WASSER- UND ABFALLWIRTSCHAFT DER LANDESANSTALT FUER UMWELTSCHUTZ BADEN-WUERTTEMBERG
KARLSRUHE, GRIESBACHSTR. 2
VORHAB **untersuchungen ueber das recycling von sonderabfaellen, 2.phase**
die auswertung einer statistischen erfassung von sonderabfaellen soll breite grundlagen fuer "recycling"-programme schaffen
S.WORT sondermuell + recycling
STAND 6.1.1975
FINGEB BUNDESMINISTER FUER FORSCHUNG UND TECHNOLOGIE
ZUSAM DORNIER SYSTEM GMBH, 7990 FRIEDRICHSHAFEN, POSTFACH 317
BEGINN 1.5.1974 ENDE 31.12.1975
G.KOST 100.000 DM

ME -056

INST INSTITUT FUER ZUCKERRUEBENFORSCHUNG
GOETTINGEN, HOLTENSER LANDSTRASSE 77
VORHAB **verwendung von abfallprodukten aus der zuckerherstellung zur bodenverbesserung (scheidekalk)**
bestimmung des naehrstoffgehaltes von scheidekalk (laboranalyse). untersuchung ueber die wirkung von scheidekalk auf wachstum, naehrstoffgehalt, ertrag und qualitaet von zuckerrueben im vergleich zu handelsueblichen duengemitteln
S.WORT zuckerindustrie + abfallstoffe + recycling + bodenverbesserung
PROLEI DR. ANDREAS VON MUELLER
STAND 9.8.1976
QUELLE fragebogenerhebung sommer 1976
ZUSAM UNI GOETTINGEN

ME -057

INST INSTITUT ZUR ERFORSCHUNG TECHNOLOGISCHER ENTWICKLUNGSLINIEN E.V.(ITE)
HAMBURG 36, NEUER JUNGFERNSTIEG 21
VORHAB **substitution und rueckgewinnung von ne-metallen in der bundesrepublik deutschland (al, cu, zn, pb, sn)**
eine quantifizierung der produktspezifischen verwendung der fuenf ne-metalle bildet die grundlage der arbeit. verwendungsbereiche: leitmaterial, technische bauelemente und apparate, fahrzeuge und fahrzeugteile, baumateral, verpackung und die chemische verwendung. fuer die wichtigen produkte und produktgruppen innerhalb der hauptverwendungsbereiche werden die moeglichkeiten von substitution und rueckgewinnung der fuenf metalle analysiert. dabei werden neben den technologischen moeglichkeiten auch umwelt- und energieaspekte sowie fragen der wirtschaftlichkeit in die betrachtung einbezogen
S.WORT ne-metalle + recycling + wirtschaftlichkeit
PROLEI DR. HELMUT STODIECK
STAND 9.8.1976
QUELLE fragebogenerhebung sommer 1976
FINGEB BUNDESMINISTER FUER WIRTSCHAFT
BEGINN 1.10.1974 ENDE 31.12.1975
LITAN - STODIECK, H.;LEFELDT, N.;HARMS, U. ET AL.: SUBSTITUTION UND RUECKGEWINNUNG VON NE-METALLEN IN DER BUNDESREPUBLIK DEUTSCHLAND. IN: ITE HAMBURG, VERLAG WELTARCHIV(1976)
- ENDBERICHT

ME -058

INST INSTITUT ZUR ERFORSCHUNG TECHNOLOGISCHER ENTWICKLUNGSLINIEN E.V.(ITE)
HAMBURG 36, NEUER JUNGFERNSTIEG 21
VORHAB **technical and economic analysis of the recovery and recycling of non-ferrous metals (al, cu, zn, pb, sn)**
bestandsaufnahme der bisher in den laendern der eg durchgefuehrten aktivitaeten zur rueckgewinnung von ne-metallen; analytische beurteilung; ansatzpunkte fuer foerderungsmoeglichkeiten
S.WORT ne-metalle + recycling + wirtschaftlichkeit + europaeische gemeinschaft
PROLEI DR. HELMUT STODIECK
STAND 9.8.1976
QUELLE fragebogenerhebung sommer 1976
FINGEB EUROPAEISCHE GEMEINSCHAFTEN
ZUSAM - BIPE, 122, AVE. CHARLES DE GAULLE, NEUILLY/FRANKREICH
- CHARTER CONSOLIDATED LTD. , 7 ROLLS BUILDINGS, FETTER LANE, LONDON EC 4A 1 HX
BEGINN 1.10.1975 ENDE 31.7.1976

ME -059

INST KATAFLOX-GMBH
HORNBERG, SCHWARZWALDBAHN
VORHAB **herstellung neuer rohstoffe aus abwasserschlaemmen der zellstoff- und papierindustrie sowie anderen industrieabfaellen**
erstinnovation neuer technologien zur abfall- und schlammverwertung und schaffung neuer rohstoffe fuer den brandschutz von holzspan-werkstoffen und neuen rohstoffen fuer die holzspanplattenindustrie

S.WORT papierindustrie + zellstoffindustrie + industrieabfaelle + abwasserschlamm + recycling
PROLEI DIPL. -ING. VOGEL
STAND 1.1.1974
BEGINN 1.7.1973 ENDE 31.5.1974
G.KOST 500.000 DM
LITAN - EXPOSEE, ERRICHTUNG EINER ANLAGE
- HOLZ-ZENTRALBLATT (SEP 1969)

ME -060

INST KISS CONSULTING ENGINEERS
VERFAHRENSTECHNIK GMBH
BERLIN 33, DOUGLASSTR. 9
VORHAB **entwicklung von form- und stranggepressten koerpern aus muellaltpapier unter verwendung geeigneter waermehaertender bzw. reaktionshaertender bindemittel**
muellaltpapier soll nach verschiedenen verfahren aufbereitet, mit unterschiedlichen bindern beleimt und durch strang- bzw. formpressen zu vermarktbaren produkten verarbeitet werden. fuer diese produkte wird eine vollstaendige kostenkalkulation einschliesslich anlageninvestitionskosten sowie eine vermarktungsanalyse gefertigt
S.WORT altpapier + recycling
PROLEI DR. LUDWIG KAMLANDER
STAND 5.12.1975
FINGEB BUNDESMINISTER DES INNERN
BEGINN 24.11.1975 ENDE 31.10.1976
G.KOST 620.000 DM
LITAN ZWISCHENBERICHT

ME -061

INST LABORATORIUM ALFONS K. HERR
KARLSRUHE 1, ERASMUSSTR. 9
VORHAB **wiederverwendung von fang- und feststoffen aus abwasserschlamm als rohstoff fuer holz- und kunststoffindustrie**
untersuchung der restabwasser-klaerschlaemme, insbesondere der zellstoff- papier- und pappenindustie; entwicklung der technologien zur gewinnung und verarbeitung; neue verwendungsgebiete in der holzspanwerkstoff- und kunststoffindustrie; restabwasserklaerschlammuntersuchung; untersuchung auf zusammensetzung; untersuchung der verwertungsmoeglichkeit; beratung zur gewinnung; beratung zur verwertung; entwicklung der technologien; planung von anlagen; brandschutz von holzspanplatten; brandschutzfasern aus abwasserschlamm
S.WORT abwasserschlamm + recycling + holzindustrie + papierindustrie + zellstoffindustrie
PROLEI ALFONS HERR
STAND 1.1.1974
FINGEB MINISTERIUM FUER WIRTSCHAFT, MITTELSTAND UND VERKEHR, STUTTGART
BEGINN 1.1.1970
G.KOST 580.000 DM
LITAN - ZWISCHENBERICHT 1971
- ZWISCHENBERICHT 1974. 12

ME -062

INST LABORATORIUM ALFONS K. HERR
KARLSRUHE 1, ERASMUSSTR. 9
VORHAB **bau einer anlage zur verwertung von kunststoff-beschichteten papier- und kartonabfaellen**
aus polyaethylen-beschichteten randstreifen und spielkarton
S.WORT industrieabfaelle + papierindustrie + recycling
PROLEI ROLF SCHNAUSE
STAND 2.8.1976
QUELLE fragebogenerhebung sommer 1976
BEGINN 1.6.1976 ENDE 31.5.1977
G.KOST 200.000 DM

ME -063

INST LANDESAMT FUER GEWAESSERKUNDE RHEINLAND-PFALZ
MAINZ, AM ZOLLHAFEN 9
VORHAB **beseitigung und verwertung der hefe aus abwaessern und abfaellen**
beseitigung und verwertung der hefe aus nahrungsmittelbetrieben, die in abwaessern oder abfaellen anfaellt
S.WORT nahrungsmittelproduktion + produktionsrueckstaende + hefen + verwertung
PROLEI DR. HANTGE
STAND 1.1.1974
BEGINN 1.1.1967 ENDE 31.12.1975
G.KOST 30.000 DM

ME -064

INST LEHRSTUHL FUER CHEMISCH-TECHNISCHE ANALYSE UND CHEMISCHE LEBENSMITTELTECHNOLOGIE DER TU MUENCHEN
FREISING -WEIHENSTEPHAN
VORHAB **rueckgewinnung von proteinen und aminosaeure aus abwaessern der kartoffelverarbeitenden insustrie unter besonderer beruecksichtigung der verwendung hochwertiger kartoffelproteine fuer menschliche ernaehrung**
bestehende labor=u. technikumseinrichtungen fuer die ultrafiltration von loeslichen kartoffelproteinen sollen unter einsatz von membranen verschiedener trenngrenzen ueberprueft werden. die gruppentrennung von proteinen, aminosauren und mineralsalzen soll mit hilfe der gelchromatographie untersucht werden. zur anreicherung von protein aus verduennter loesung durch selektive faellung, z. b. als metaphosphatkomplexe, eisenkomplexe und als organ. komplexe soll auch die verwendung von ionenaustauschern untersucht werden, die sich sowohl fuer die proteingewinnung, als auch der gewinnung niedermolekularer n-verbindungen eignen. es soll geprueft werden, ob eine hintereinanderschaltung von ionenaustauschern fuer beide vorgenannten verfahren als kontinuierliches system vverwendbar sind unter gleichzeitiger klaerung der regenerierungsfrage und der kosten. die leistungsfaehigkeit der geprueften verfahren soll geprueft und moegliche kombinationen untersucht werden.
S.WORT lebensmittelindustrie + abwasserbehandlung + recycling + eiweissgewinnung
QUELLE datenuebernahme aus der datenbank zur koordinierung der ressortforschung (dakor)
FINGEB GESELLSCHAFT FUER WELTRAUMFORSCHUNG MBH (GFW) IN DER DFVLR, KOELN
BEGINN 1.5.1975 ENDE 30.6.1978

ME -065

INST LEHRSTUHL FUER MECHANISCHE VERFAHRENSTECHNIK DER TU CLAUSTHAL
CLAUSTHAL-ZELLERFELD, ZELLBACH 5
VORHAB **aufbereitung von kunststoffabfaellen zum zwecke der verwertung (zerkleinern und klassieren)**
die im rahmen des vom verband kunststofferzeugender industrie und verwandte gebiete e. v. vorgeschlagenen forschungsprogrammes durchzufuehrende untersuchung beschaeftigt sich mit problemen der zerkleinerung, klassierung und sortierung von industriellen kunststoffabfaellen. es sind verfahrensschemata fuer abfaelle unterschiedlicher eigenschaftswerte und zusammensetzung unter beruecksichtigung definierter ansprueche an das endprodukt und wirtschaftlicher faktoren zu erarbeiten
S.WORT kunststoffabfaelle + recycling
PROLEI PROF. DR. -ING. KURT LESCHONSKI
STAND 9.12.1975
FINGEB - BUNDESMINISTER DES INNERN
- VERBAND KUNSTSTOFFERZEUGENDE INDUSTRIE UND VERWANDTE GEBIETE E. V. , FRANKFURT
BEGINN 1.12.1975 ENDE 30.11.1977
G.KOST 404.000 DM

ME -066

INST LEHRSTUHL FUER TECHNISCHE CHEMIE DER UNI BOCHUM
BOCHUM, UNIVERSITAETSSTR. 150

VORHAB **aufarbeitung von hochsiedenden destillationsrueckstaenden aus petrochemischen prozessen**
sonst nicht weiter verwertbare destillationsrueckstaende aus der petrochemischen industrie sollen in wertprodukte umgewandelt werden, die wieder in chemische prozesse rueckgefuehrt werden koennen. die rueckstaende werden in wirbelschichten pyrolytisch/katalytisch in niedriger siedende wertprodukte gespalten
S.WORT petrochemische industrie + produktionsrueckstaende + recycling
PROLEI PROF. DR. MANFRED BAERENS
STAND 9.8.1976
QUELLE fragebogenerhebung sommer 1976
LITAN ZWISCHENBERICHT

ME -067
INST LEHRSTUHL UND INSTITUT FUER BAUSTOFFKUNDE UND MATERIALPRUEFUNG DER TU HANNOVER HANNOVER, NIENBURGER STRASSE 3
VORHAB **zur gewinnung und aufbereitung von hochofenschlackenschmelzen aus modernen verhuettungsverfahren zu strassenbaustoffen**
S.WORT schlacken + recycling + strassenbau
PROLEI PROF. DR. JOSEF WEINHOLD
STAND 21.7.1976
QUELLE fragebogenerhebung sommer 1976
LITAN WEINHOLD; LUECKE; KROELL: ZUR GEWINNUNG UND AUFBEREITUNG VON HOCHOFENSCHLACKENSCHMELZEN AUS MODERNEN VERHUETTUNGSVERFAHREN ZU STRASSENBAUSTOFFEN. IN: STRASSE UND AUTOBAHN (7) (1969)

ME -068
INST NIEDERSAECHSISCHES LANDESAMT FUER BODENFORSCHUNG HANNOVER -BUCHHOLZ, STILLEWEG 2
VORHAB **erforschung verwertbarer rohstoffe in mineralischen abfallstoffen in niedersachsen**
in vielen betrieben, vor allem der steine und erdenindustrie fallen bei aufbereitungs- und verarbeitungsprozessen grosse mengen mineralischer abfaelle an, welche zumeist unschaedlich sind. dies bedeutet verlust wertvoller rohmaterialien. bisher gibt es fast keine verwertungsmoeglichkeiten dieser abfaelle; ablauf: uebersicht ueber anfallende mengen etc. (chemische und mineralogische zusammensetzung etc.) beurteilung einer eventuellen wirtschaftlichen verwertung - edv-maessige erfassung aller daten
S.WORT industrieabfaelle + steine/erden betriebe + rohstoffe + recycling
PROLEI DR. VOLKER STEIN
STAND 6.8.1976
QUELLE fragebogenerhebung sommer 1976
G.KOST 200.000 DM

ME -069
INST NIEDERSAECHSISCHES LANDESAMT FUER BODENFORSCHUNG BREMEN, FRIEDRICH-MISSLER-STR. 46-48
VORHAB **deponie und verwertung von rotschlamm in mooren**
es wird geprueft, inwieweit industrielle abfallschlaemme (rotschlamm aus der aluminiumgewinnung) in mooren abgelagert oder durch landbaulich genutzten moorboden "verwertet" werden koennen. als positiver effekt bei der verwertung konnte sich die stabilisierung des p-haushaltes saurer hochmoorboeden erweisen, da der eisenreiche rotschlamm ein phosphat-faenger darstellt. dieser effekt wird z. zt. in zwei gefaessversuchen mit saurem hochmoortorf, rotschlamm, rotschlamm-gruensalzuntersuchungen und verschieden hoher p-zufuhr geprueft
S.WORT moor + rekultivierung + abfallschlamm + (rotschlamm)
PROLEI DR. WOLFGANG FEIGE
STAND 21.7.1976
QUELLE fragebogenerhebung sommer 1976
ZUSAM NIEDERSAECHSISCHES LANDESAMT FUER BODENFORSCHUNG, ALFRED-BENTZ-HAUS, 3000 HANNOVER 51
BEGINN 1.1.1975 ENDE 31.12.1978
G.KOST 90.000 DM
LITAN ZWISCHENBERICHT

ME -070
INST OTTO-GRAF-INSTITUT DER UNI STUTTGART STUTTGART 80, PFAFFENWALDRING 4
VORHAB **einsatzmoeglichkeiten von metallhydroxidschlamm bei der mauerziegelherstellung**
aus haertebetrieben der metallverarbeitenden industrie anfallende metallhydroxidschlaemme bereiten bei deponien schwierigkeit. es soll untersucht werden, inwieweit diese schlaemme als zusatz bei der herstellung von mauerziegeln eingesetzt werden koennen
S.WORT klaerschlamm + recycling + (baustoffe)
PROLEI DIPL. -CHEM. WOLF EICHLER
STAND 21.7.1976
QUELLE fragebogenerhebung sommer 1976
FINGEB MINISTERIUM FUER WIRTSCHAFT, MITTELSTAND UND VERKEHR, STUTTGART
ZUSAM LANDESAMT FUER UMWELTSCHUTZ, 7500 KARLSRUHE
BEGINN 1.1.1976 ENDE 30.6.1976
G.KOST 34.000 DM
LITAN ENDBERICHT

ME -071
INST PAPIERTECHNISCHE STIFTUNG MUENCHEN, LORISTRASSE 19
VORHAB **versuche zur wiederverwendung von lackierten, veredelten und kaschierten stanzabfaellen auf cellulosebasis**
aus den bei der verarbeitung veredelter papiere anfallenden abfaellen soll nach bereits erfolgten vorversuchen eine wiederverwertung dieser abfaelle ermoeglicht werden
S.WORT papierindustrie + abfall + recycling
PROLEI PROF. DR. NITZL
STAND 1.1.1974
FINGEB STAATSMINISTERIUM FUER WIRTSCHAFT UND VERKEHR, MUENCHEN
BEGINN 1.1.1974
G.KOST 50.000 DM

ME -072
INST PAPIERTECHNISCHE STIFTUNG MUENCHEN, LORISTRASSE 19
VORHAB **untersuchung der zusammenhaenge zwischen abloesbarkeit der druckfarbe und ihrer chemischen komponenten**
aus der praxis ist bekannt, dass druckfarben je nach ihrer zusammensetzung sehr unterschiedliche abloesbarkeit zeigen koennen. dies gilt besonders fuer das rollenoffset-verfahren, das an bedeutung fuer den zeitungsdruck staendig zunimmt. in zusammenarbeit mit den druckfarbenherstellern soll geklaert werden, welche komponenten hierfuer verantwortlich sind. auch der trocknungsprozess der druckfarben soll dabei naeher studiert werden. fernziel ist die entwicklung "umweltfreundlicher" druckfarben, die sich durch eine moeglichst gute abloesbarkeit auszeichnen und damit den wiedereinsatz von altpapier erleichtern
S.WORT druckereiindustrie + papiertechnik + farbstoffe + recycling
PROLEI PROF. DR. GOTTFRIED SCHWEIZER
STAND 2.8.1976
QUELLE fragebogenerhebung sommer 1976
G.KOST 300.000 DM

ME -073
INST PAPIERTECHNISCHE STIFTUNG MUENCHEN, LORISTRASSE 19

VORHAB **moeglichkeiten zur verwertung von abfaellen der papierfabriken (klaerschlamm)**
erzielung hohen trockengehaltes bei schlaemmen aus der restabwasserklaerung von papierfabriken durch richtige dosierung geeigneter flockungsmittel. die einarbeitung von festen abfaellen der papierfabriken, wie rinde und/oder abwasserschlamm, erbringt verbesserungen in der scherbenrohwichte und der porositaet. mit hilfe einer labor-strangpresse und damit in der waermedaemmung wurden ziegel mit den entsprechenden zusaetzen hergestellt und anschliessend ausgeprueft. auch im praktischen betrieb wurden in einem ziegelwerk abfaelle beigemischt
S.WORT papierindustrie + abwasserschlamm + recycling + baustoffe
PROLEI PROF. DR. GOTTFRIED SCHWEIZER
STAND 2.8.1976
QUELLE fragebogenerhebung sommer 1976
FINGEB STAATSMINISTERIUM FUER WIRTSCHAFT UND VERKEHR, MUENCHEN
BEGINN 1.1.1973 ENDE 31.12.1976
G.KOST 74.000 DM
LITAN - SCHWEIZER, G. WOCHENBLATT FUER PAPIERFABRIKATION 103(22)(1975)
- ENDBERICHT

ME -074
INST PREUSSAG AG ERDOEL UND ERDGAS
HANNOVER 1, ARNDTSTR. 1
VORHAB **umwandlung von rueckstaenden aus der altoelaufbereitung**
bei der aufarbeitung von altoelen unter zusatz von schwefelsaeure fallen erhebliche mengen von saeureharzen an. eine deponie ist wegen verschaerfter umweltbestimmungen in zukunft problematisch. nach dem verfahren der preussag lassen sich saeureharze in ein neutrales umwandlungsprodukt umwandeln, das zusammen mit hausmuell oder u. u. in der baustoffindustrie eingesetzt werden kann
S.WORT altoel + aufbereitung + rueckstaende + recycling
PROLEI DIPL. -ING. HANS-JOACHIM TRIELOFF
STAND 11.8.1976
QUELLE fragebogenerhebung sommer 1976
FINGEB FIRMA HABERLAND & CO. , DOLLBERGEN
ZUSAM FIRMA HABERLAND & CO. , POSTFACH 369, 3160 LEHRTE
BEGINN 1.6.1974
LITAN "ALTOELRUECKSTAENDE ENTSCHAERFT". IN: U - DAS TECHNISCHE UMWELTMAGAZIN (1) S. 40-41(1975)

ME -075
INST PREUSSAG AG METALL
GOSLAR, RAMMELSBERGERSTR. 2
VORHAB **faellung und verarbeitung von eisenrueckstaenden bei der hydrometallurgischen zinkgewinnung**
verfahren zur faellung und verarbeitung eines umweltfreundlichen und problemlos deponierbaren bzw. wiederverwendbaren eisenrueckstandes bei der hydrometallurgischen zinkgewinnung
S.WORT metallindustrie + zinkhuette + produktionsrueckstaende + wiederverwendung + (eisenrueckstaende)
PROLEI DR. HANUSCH
STAND 1.1.1974
BEGINN 1.1.1973

ME -076
INST PREUSSAG AG METALL
GOSLAR, RAMMELSBERGERSTR. 2
VORHAB **entchlorung von zinkaschen und deren wiedereinsatz in einem zinkhuettenprozess**
verfahren zur thermischen entchlorung von zinkaschen
S.WORT metallindustrie + zinkhuette + produktionsrueckstaende + wiederverwendung + (zinkasche)
PROLEI DR. HANUSCH
STAND 1.1.1974
BEGINN 1.1.1972 ENDE 31.12.1974

ME -077
INST ROSE, PROF.DR.
OBERNKIRCHEN, VOR DEN BUESCHEN 46
VORHAB **verwendung von glasabfaellen**
erfassung von glasabfaellen; wirtschaftliche verwertung von glasabfaellen
S.WORT altglas + recycling
PROLEI PROF. DR. GERHARD ROSE
STAND 1.1.1974
FINGEB FACHVERBAND HOHLGLASINDUSTRIE E. V. , DUESSELDORF
ZUSAM - H. HEYE GLASFABRIK, SCHAUENSTEIN, 4962 OBERNKIRCHEN, POSTFACH 1220
- FACHVERBAND HOHLGLASINDUSTRIE E. V. , 4 DUESSELDORF, POSTFACH 8340
BEGINN 1.1.1970 ENDE 31.12.1975
G.KOST 3.000 DM
LITAN - ROSE, G.: GLAS IM MUELLKOMPOST. IN: STAEDTEHYGIENE 6 (1972)
- ROSE, G.: UMWELT UND VERPACKUNG. IN: GESUNDHEITSWESEN U. DESINFEKTION
- ZWISCHENBERICHT 1974. 02

ME -078
INST ROSE, PROF.DR.
OBERNKIRCHEN, VOR DEN BUESCHEN 46
VORHAB **wirtschaftliche verwendung von verbrauchtem verpackungsglas. einsatz von steinsaege- und polierschlaemmen aus sandsteinbruechen und marmorwerken als rohstoff**
suche nach neuen moeglichkeiten altglas oder auch muellglas wirtschaftlich wieder zu verwenden ueber den rahmen der moeglichkeiten hinaus, die in frueheren veroeffentlichungen aufgezaehlt wurden. versuche in zusammenarbeit mit interessierten firmen steinsaege-, schleif- u. polierschlaemme als gemengebestandteile in der glasindustrie zu verwerten
S.WORT abfall + altglas + baustoffe + recycling
PROLEI PROF. DR. GERHARD ROSE
STAND 26.7.1976
QUELLE fragebogenerhebung sommer 1976
FINGEB FIRMA HERMANN HEYE
ZUSAM - FIRMA HERMANN HEYE, POSTFACH 1220, 3063 OBERNKIRCHEN
- DEUTSCHE GLASTECHNISCHE GESELLSCHAFT, BOCKENHEIMER LANDSTR. , 6000 FRANKFURT
- FACHVERBAND HOHLGLASINDUSTRIE E. V. COUVENSTRASSE 4, 4000 DUESSELDORF
G.KOST 2.000 DM
LITAN - ROSE, G.: GLAS IM MUELLKOMPOST - EIGENVERWERTUNG VON GLASSCHERBEN UND EINIGE GRUNDSAETZLICHE BEMERKUNGEN UEBER VERPACKUNGSGLAS UND UMWELT. IN: STAEDTEHYGIENE (6)(1972)
- ROSE, G.: UMWELTSCHUTZ UND ALTSTOFFVERWERTUNG. IN: SCHAUMBURGER ZEITUNG (13. 8. 1974)
- ROSE, G.: UMWELT UND VERPACKUNG. IN: GESUNDHEITSWESEN UND DESINFEKTION (3)(1974)

ME -079
INST STEAG AG
ESSEN, BISMARCKSTR. 54
VORHAB **neue baustoffe - ein beitrag zum umweltschutz**
im vorhaben ist die entwicklung von baustoffen aus spezifischen rueckstaenden der steinkohlegefeuerten kraftwerke vorgesehen
S.WORT baustoffe + kohlefeuerung + schlacken + recycling
STAND 6.1.1975
FINGEB BUNDESMINISTER FUER FORSCHUNG UND TECHNOLOGIE
BEGINN 1.7.1974 ENDE 30.6.1976
G.KOST 570.000 DM

ME -080
INST STEINGUTFABRIK GRUENSTADT GMBH
GRUENSTADT, POSTFACH 1180

VORHAB **entwicklung neuartiger baustoffe aus altglas**
herstellung neuartiger baumaterialien aus abfallglas (bruchglas, leerflaschen usw.). entwicklung eines technischen verfahrens zur herstellung von baustoffen aus abfallglas zur produktionsreife. guetepruefung und untersuchung der verwendungsmoeglichkeiten der hergestellten produkte
S.WORT altglas + recycling + baustoffe
STAND 1.10.1974
BEGINN 1.1.1974 ENDE 31.12.1976
G.KOST 240.000 DM

ME -081
INST TH. GOLDSCHMIDT AG
MANNHEIM 81, MUELHEIMERSTR. 16-22
VORHAB **aufarbeitung von buntmetallhaltigen schlaemmen zu deponieunschaedlichen rueckstaenden unter gleichzeitiger rueckgewinnung der buntmetallinhalte**
das verfahren hat die nasschemische aufbereitung der aus galvanik- und beizereibetrieben in grosser menge anfallenden buntmetallhaltigen schlammabfaelle zum gegenstand. diese werden bisher ueberwiegend auf sondermuelldeponien abgelagert. es ergeben sich 3 signifikante vorteile: 1. aus dem schlamm werden die metalle cu, ni, cr und zn abgetrennt und als volkswirtschaftlich wertvolle rohstoffe wieder in den verarbeitungsprozess zurueckgefuehrt. 2. der entstehende restschlamm kann auf hausmuelldeponien geordnet abgelagert werden. 3. nach dem verfahren koennen auch buntmetallhaltige staeube aufgearbeitet werden
S.WORT abwasserschlamm + buntmetalle + recycling
STAND 20.11.1975
FINGEB BUNDESMINISTER DES INNERN
BEGINN 2.1.1975 ENDE 30.6.1976
G.KOST 1.467.000 DM

ME -082
INST TH. GOLDSCHMIDT AG
MANNHEIM 81, MUELHEIMERSTR. 16-22
VORHAB **recycling von buntmetallen aus galvanikschlaemmen**
oxidative aufloesung von hydroxidschlaemmen mittels chlor und schwefelsaeure. extraktion von chrom vi. mit ionenaustauscher. liquid-liquid-extraktion von cu, zn, ni in mixer-settler-anlagen
S.WORT klaerschlamm + recycling + buntmetalle
PROLEI DR. WOLFGANG MUELLER
STAND 2.8.1976
QUELLE fragebogenerhebung sommer 1976
FINGEB UMWELTBUNDESAMT
BEGINN 1.1.1975 ENDE 31.7.1977
G.KOST 2.300.000 DM
LITAN MUELLER, W.: RECYCLINGSMOEGLICHKEITEN VON GALVANIKSCHLAEMMEN. IN: GALVANOTECHNIK 67(5) S. 381-383(1976)

ME -083
INST THYSSEN-RHEINSTAHL-TECHNIK GMBH
DUESSELDORF 1, KOENIGSALLEE 106
VORHAB **untersuchungen ueber den einsatz der leichtfraktion aus der hm-aufbereitung in der ziegeleiindustrie**
S.WORT hausmuell + recycling + baustoffe + ziegeleiindustrie

ME -084
INST THYSSEN-RHEINSTAHL-TECHNIK GMBH
DUESSELDORF 1, KOENIGSALLEE 106
VORHAB **aufbereitung und verarbeitung von rest- und abfallstoffen in der stahlindustrie**
verminderung des entfalls von rest- und abfallstoffen in der stahlindustrie in der weise, dass diese stoffe - insbesondere staeube und schlaemme - von schaedlichen inhaltsstoffen getrennt und ihre physikalischen eigenschaften so geaendert werde, dass sie in die huettentechnischen prozesse rueckgefuehrt werden koennen
S.WORT eisen- und stahlindustrie + abfallaufbereitung + schadstoffentfernung + recycling
PROLEI DIPL. -ING. RICHARD PFEIL
STAND 13.8.1976
QUELLE fragebogenerhebung sommer 1976
FINGEB BUNDESMINISTER FUER FORSCHUNG UND TECHNOLOGIE
ZUSAM - DEH-GESELLSCHAFT FUER DIE FOERDERUNG DER EISENFORSCHUNG, BREITE STRASSE 10, 4000 DUESSELDORF
- LURGI, 6000 FRANKFURT/MAIN
- FRIEDRICH KRUPP, 4300 ESSEN
BEGINN 1.5.1972 ENDE 31.12.1975
G.KOST 1.100.000 DM
LITAN ENDBERICHT

ME -085
INST VEDAG AKTIENGESELLSCHAFT, VEREINIGTE BAUCHEMISCHE WERKE
FRANKFURT, MAINZER LANDSTRASSE 217
VORHAB **herstellung duenner platten aus feinzerkleinerten altreifen**
herstellung von folien und duennen platten aus feinzerkleinerten altreifen mit korngroessen 2 mm unter zusatz von kunststoffen als reaktionsmittel und von streckmitteln. die hergestellten produkte sollen als schallschutzmaterial im bauwesen und als bodenbelag vielseitig eingesetzt werden
S.WORT altreifen + recycling + baustoffe
STAND 1.10.1974
FINGEB VEDAG RUETTGERSWERKE, FRANKFURT
BEGINN 1.1.1974 ENDE 31.12.1976
G.KOST 750.000 DM

ME -086
INST VEDAG AKTIENGESELLSCHAFT, VEREINIGTE BAUCHEMISCHE WERKE
FRANKFURT, MAINZER LANDSTRASSE 217
VORHAB **pyrolytische rohstoffrueckgewinnung**
kohlenwasserstoffhaltige sonderabfaelle u. a. altkabel, saeureharze, altreifen, kunststoffe, shredderabfaelle stellen teilweise aufgrund ihrer menge oder toxizitaet eine verschmutzung oder gefaehrdung der umwelt dar. da sie heute deponiert oder verbrannt werden, gehen ihre wertvollen rohstoffinhalte der volkswirtschaft verloren. daher ist geplant, ein umweltfreundliches pyrolyseverfahren zu entwicklen und in einer versuchsanlage zu testen, um aus obigen stoffen metalle, kohlenstoff, chemierohstoffe, heizgase zurueckzugewinnen. da veroeffentlichte pyrolyseverfahren das entgasen nur eines definierten stoffes zum gegenstand haben, muss eine technologie entwickelt werden, die es erlaubt, eine breite palette kohlenwasserstoffhaltiger sonderabfaelle einzusetzen. ddie entstehenden pyrolyseprodukte sind in nachzuschaltenden verfahrensstufen so aufzubereiten, dass sie als rohstoffe wieder einsetzbar sind
S.WORT abfallbeseitigung + pyrolyse + kohlenwasserstoffe + recycling
PROLEI DR. -ING. GERD PETER BRACKER
STAND 30.8.1976
QUELLE fragebogenerhebung sommer 1976
FINGEB BUNDESMINISTER FUER FORSCHUNG UND TECHNOLOGIE
BEGINN 1.10.1975 ENDE 31.12.1978
G.KOST 7.500.000 DM
LITAN ZWISCHENBERICHT

ME -087
INST VEREIN DEUTSCHER EISENHUETTENLEUTE (VDEH)
DUESSELDORF 1, BREITE STRASSE 27
VORHAB **aufbereitung und verarbeitung von rest- und abfallstoffen in der stahlindustrie**
anfall von rest- und abfallstoffen in der stahlindustrie (bundesrepublik deutschland). abfallstoffe: 5mill. tonnen/a, pruefung der anwendbarkeit der direktreduktion/der chlorierenden verfluechtigung/hydrometallurgischer verfahren ne-metallhaltige abfallstoffe) und der verbrennung im wirbelschichtofen (oel-und fetthaltige eisenhaltige rest- und abfallstoffe) zur wiederverwendung dieser stoffe und zur vorbereitung einer umweltneutralen beseitigung der verbleibenden abfallstoffe; wirtschaftlichkeitsuntersuchung und betriebsversuche als vorstufe zur grosstechnischen anwendung
S.WORT recycling + eisen- und stahlindustrie + abfallstoffe

PROLEI DR. -ING. GOERGEN
STAND 1.10.1974
QUELLE erhebung 1975
FINGEB - BUNDESMINISTER FUER FORSCHUNG UND TECHNOLOGIE
- FRIEDRICH KRUPP GMBH, ESSEN
- THYSSEN RHEINSTAHL TECHNIK GMBH, ESSEN
BEGINN 1.1.1973 ENDE 31.12.1976
G.KOST 3.034.000 DM
LITAN - ZWISCHENBERICHT 1974.04
- ZWISCHENBERICHT 1974.10
- ZWISCHENBERICHT 1975.05

ME -088
INST VEREINIGTE ALUMINIUMWERKE AG (VAW)
BONN, GERICHTSWEG 48
VORHAB entwicklungsprojekte zur loesung des rotschlamm-problems der aluminiumindustrie
S.WORT schlammbeseitigung + aluminiumindustrie
STAND 6.1.1975
FINGEB BUNDESMINISTER FUER FORSCHUNG UND TECHNOLOGIE
BEGINN 1.1.1972 ENDE 31.12.1977
G.KOST 1.179.000 DM

ME -089
INST WILHELM-KLAUDITZ-INSTITUT FUER HOLZFORSCHUNG DER FRAUNHOFER-GESELLSCHAFT E.V.
BRAUNSCHWEIG, BIENRODERWEG 54E
VORHAB untersuchungen zur verwertung der rinde beim aufschluss nach dem sulfat- und dem neutral-sulfite-semichemical-verfahren (nssc-verfahren)
die holzforschung bemueht sich um eine wertsteigende nutzung der massiert anfallenden entrindungsabfaelle auf wirtschaftlicher basis. eine mitverwendung der rinde bei der zellstoffgewinnung wuerde sowohl eine einsparung des schaelvorganges als auch eine erhoehung des nutzholzanteils bedeuten. die vorgesehenen arbeiten sollen helfen, bei der herstellung von einigen zellstofftypen nach dem sulfat- und dem nssz-verfahren den nutzholzanteil zu erhoehen, den rindenabfall von ca. 10% zu vermeiden und auf den entrindungsvorgang verzichten zu koennen
S.WORT holzabfaelle + verwertung + verfahrensentwicklung + zellstoffindustrie
PROLEI DR. -ING. EDMONE ROFFAEL
STAND 13.8.1976
QUELLE fragebogenerhebung sommer 1976
FINGEB CENTRALE MARKETINGGESELLSCHAFT DER DEUTSCHEN AGRARWIRTSCHAFT MBH (CMA), BONN-BAD GODESBERG
ZUSAM - FACHAUSSCHUSS HOLZCHEMIE DER DEUTSCHEN GESELLSCHAFT F. HOLZFORSCHUNG, PRANNERSTR. 9, 8000 MUENCHEN 2
- ARBEITSKREIS RINDE DER DGFH, PRANNERSTRASSE 9, 8000 MUENCHEN
BEGINN 1.1.1976 ENDE 31.12.1977
G.KOST 90.000 DM

ME -090
INST ZELLER UND GMELIN, MINERALOEL- UND CHEMIEWERK
EISLINGEN/FILS, SCHLOSSTR. 20
VORHAB entwicklung und erprobung eines verfahrens zur aufbereitung und regenerierung von ausgebrauchter bleicherde aus der altoelaufbereitung
entwicklung von abscheidevorrichtungen fuer feinstaeube. erarbeiten wissenschaftlich-technischer grundlagen fuer die beurteilung des standes der technik und der technischen entwicklung als voraussetzung fuer die begrenzung von feinstaubemissionen
S.WORT recycling + bleicherde + altoel
PROLEI DIPL. -ING. WALDT
STAND 5.1.1976
FINGEB BUNDESMINISTER DES INNERN
BEGINN 14.12.1970 ENDE 31.12.1975
G.KOST 1.748.000 DM

Weitere Vorhaben siehe auch:

ID -006 BEEINFLUSSUNG DES GRUNDWASSERS DURCH MIT BAUSCHUTT VERFUELLTE KIESGRUBEN
KC -017 UNTERSUCHUNG DER SCHLAEMME VON ENTGIFTUNGSANLAGEN METALLVERARBEITENDER BETRIEBE IM HINBLICK AUF IHRE DEPONIERUNG UND VERWERTUNG
KC -022 VERWERTUNG VON SULFITABLAUGEN DER ZELLSTOFFINDUSTRIE ALS LANGSAM NACHLIEFERNDER ORGANISCHER STICKSTOFFDUENGER (N-LIGNIN)
KC -029 SCHADLOSE BESEITIGUNG VON GALVANIKSCHLAEMMEN DURCH ZUSATZ ZUR ZIEGELHERSTELLUNG
KC -030 UMWELTBEZOGENE OPTIMIERUNGSMODELLE FUER DIE ZELLSTOFF- UND PAPIERINDUSTRIE UNTER EINBEZIEHUNG DES ALTPAPIERWIEDEREINSATZES
KC -058 HERSTELLUNG VON MAGNESIUMCHLORID-DIHYDRAT
KC -059 HERSTELLUNG VON MAGNESIUMOXID
KC -060 VERSUCHE ZUR ELEKTROSTATISCHEN GEWINNUNG VON KIESERIT AUS STARK VERWACHSENEN ROHSALZEN UND WEITERVERARBEITUNG DES PRODUKTES ZU GRANULIERTEM EINZELDUENGER
KF -018 UNTERSUCHUNG UEBER DIE EIGENSCHAFTEN VON SCHLAEMMEN AUS ANLAGEN ZUR PHOSPHATELIMINATION IM HINBLICK AUF EINE WEITERBEHANDLUNG

MF -001

INST ABTEILUNG FUER ALGENFORSCHUNG UND ALGENTECHNOLOGIE DER GESELLSCHAFT FUER STRAHLEN- UND UMWELTFORSCHUNG MBH DORTMUND, BUNSEN-KIRCHHOFF-STR. 13

VORHAB **entwicklung von techniken zur massenkultur filtrierbarer mikroalgen**
die algenproduktion in verduenntem landwirtschaftlichem abwasser (schweinejauche) wird laengerfristig mit der autotrophen algenproduktion in autotrophen freilandkulturen der betreffenden algen verglichen. fortzusetzen ist die entwicklung von testung automatischer regelsysteme fuer den co2-eintrag in autotrophe algenkulturen. dies setzt auch messungen des co2-bedarfs und des co2-verbrauchs verschiedener algentypen unter massenkulturbedingungen voraus. die messwerterfassung soll weiter automatisiert werden. zu entwickeln ist ein voellig loeslicher algenduenger fuer autotrophe kulturen, da das bisher eingesetzte duengergranulat zu stoerender sedimentbildung fuehrt

S.WORT landwirtschaftliche abwaesser + recycling + algen + duengemittel
PROLEI PROF. DR. C. J. SOEDER
STAND 30.8.1976
QUELLE fragebogenerhebung sommer 1976
BEGINN 1.1.1973 ENDE 31.12.1977
LITAN ENDBERICHT

MF -002

INST BUNDESFORSCHUNGSANSTALT FUER ERNAEHRUNG KARLSRUHE, ENGESSERSTR. 20

VORHAB **umwandlung cellulosehaltiger abfallstoffe der landwirtschaft in single cell protein**

S.WORT abfallaufbereitung + cellulose + proteine

MF -003

INST DEUTSCHE GESELLSCHAFT FUER HOLZFORSCHUNG E.V. (DGFH) MUENCHEN, PRANNERSTR. 9

VORHAB **untersuchungen zur verwertung der rinde von kiefer, fichte und buche in zusammenarbeit mit eignung von rinde als bodenverbesserung**

S.WORT holzabfaelle + recycling + bodenverbesserung
PROLEI PROF. DR. SCHULZ
STAND 1.10.1974
BEGINN 1.1.1972 ENDE 31.12.1974
G.KOST 185.000 DM

MF -004

INST DEUTSCHE GESELLSCHAFT FUER HOLZFORSCHUNG E.V. (DGFH) MUENCHEN, PRANNERSTR. 9

VORHAB **leichte zuschlagstoffe zur betonherstellung unter verwendung von abfallstoffen in der forst- und holzwirtschaft**
aufgabe des genannten vorhabens ist es, eine technologie zur herstellung von leichtzuschlaegen mit guenstigeren eigenschaften zu entwicklen. wesentlich dabei ist es, dass zur erzeugung leichter, poriger zuschlagstoffe abfallstoffe aus der holz- und forstwirtschaft (saegemehl und borke) und dem steinkohlebergbau (abraumhalden) verwendet werden. bei positiven versuchsergebnissen koennen abfallprodukte gewinnbringend verwendet werden. die rohstoffkosten werden durch verwendung von abfallstoffen stark reduziert, es werden nur noch geringe fremdenergiemengen erforderlich, materialeigenschaften sind zielstrebig einhaltbar, durch vermindertes wasseraufnahmevermoegen waere der leichtbeton pumpfaehig

S.WORT holzabfaelle + recycling + baustoffe
PROLEI PROF. DR. ERICH CZIESIELSKI
STAND 30.8.1976
QUELLE fragebogenerhebung sommer 1976
FINGEB ARBEITSGEMEINSCHAFT INDUSTRIELLER FORSCHUNGSVEREINIGUNGEN E. V. (AIF)
ZUSAM FACHAUSSCHUSS "HOLZ IM BAUWESEN" DER DGFH, PRANNERSTR. 9, 8000 MUENCHEN 2
BEGINN 1.1.1977 ENDE 31.12.1978
G.KOST 112.000 DM

MF -005

INST FACHBEREICH HOLZTECHNIK UND INNENARCHITEKTUR DER FH ROSENHEIM ROSENHEIM, MARIENBERGER STRASSE 26

VORHAB **verwertung von holzabfaellen**
rinde und saegespaene werden noch groesstenteils verbrannt oder auf muellplaetzen deportiert. damit stellen sie eine umweltbelastung hins. luft und wasser dar. sie sollen einer nuetzlichen verwertung zugefuehrt werden. untersuchungen (bes. im rahmen von abschlussarbeiten fuer ingenieure) wurden durchgefuehrt, wie kompostierung von rinde, brikettierung von rinde, herstellung von daemmmaterial aus rinde, verarbeitung von rinde und saegespaenen zu baustoffen

S.WORT holzabfaelle + wiederverwendung
PROLEI DR. ANTON SCHNEIDER
STAND 21.7.1976
QUELLE fragebogenerhebung sommer 1976
LITAN SCHNEIDER, A.;BAUMS, M.: WOHIN MIT DER RINDE? STUTTGART: DRW-VERL.

MF -006

INST FORSCHUNGSINSTITUT FUTTERMITTELTECHNIK DER INTERNATIONALEN FORSCHUNGSGEMEINSCHAFT FUTTERMITTELTECHNIK BRAUNSCHWEIG, FRICKEN-MUEHLE

VORHAB **aufbereitung von huehnerkot zur gewinnung schadloser futterzusaetze**
es soll untersucht werden, ob huehnerkot zur gewinnung schadloser futtersaetze aufbereitet werden kann. die in den exkrementen vorhandenen naehrstoffe koennen dadurch einer wiedergewinnung (recycling) zugaenglich gemacht werden. hierzu muessen aussaetzliche schaedliche keime und parasiten ausreichend abgetoetet werden. das vorhaben beschaeftigt sich mit der herstellung eines produktes zur wiederverfuetterung an tiere, insbesondere an wiederkaeuer

S.WORT tierische faekalien + huhn + verwertung + futtermittel
PROLEI DIPL. -ING. HANS-DETLEF JANSEN
STAND 13.8.1976
QUELLE fragebogenerhebung sommer 1976
FINGEB BUNDESMINISTER FUER ERNAEHRUNG, LANDWIRTSCHAFT UND FORSTEN
ZUSAM - INST. F. LANDMASCHINENFORSCHUNG DER BUNDESFORSCHUNGSANSTALT FUER LANDWIRTSCHAFT, BRAUNSCHWEIG
- INST. F. KLEINTIERZUCHT DER FAL, BRAUNSCHWEIG
BEGINN 1.4.1976 ENDE 31.3.1977

MF -007

INST FORSCHUNGSINSTITUT FUTTERMITTELTECHNIK DER INTERNATIONALEN FORSCHUNGSGEMEINSCHAFT FUTTERMITTELTECHNIK BRAUNSCHWEIG, FRICKEN-MUEHLE

VORHAB **alleinfutter fuer wiederkaeuer, loesung der technischen probleme bei der herstellung von presslingen**
die fuetterung von mastbullen mit alleinfutter kann ernaehrungsphysiologische vorteile wegen der einhaltung eines konstanten stroh- und mischfutter-verhaeltnisses beinhalten. durch die kompaktierung der mischung ergeben sich vereinfachungen bei transport, lagerung und fuetterung. bei alleinfutter wird stroh als umweltbelastender faktor verwendet. ziel der arbeit ist die loesung der technischen probleme bei der presslingherstellung

S.WORT futtermittel + stroh + rind + verfahrenstechnik
PROLEI DIPL. -ING. KARL-FRIEDRICH ROBOHM
STAND 13.8.1976
QUELLE fragebogenerhebung sommer 1976
FINGEB ARBEITSGEMEINSCHAFT INDUSTRIELLER FORSCHUNGSVEREINIGUNGEN E. V. (AIF)
BEGINN 1.1.1973 ENDE 31.3.1976
LITAN ZWISCHENBERICHT

MF -008

INST INSTITUT FUER ABFALLWIRTSCHAFT DER TU BERLIN BERLIN 12, STRASSE DES 17. JUNI 135

VORHAB **untersuchung ueber pflanzliche und tierische reststoffe aus landwirtschafts- und forstbetrieben**
die problematischen mengen pflanzlicher und tierischer abfallstoffe sollen nach qualitaet, quantitaet und ort des entstehens erfasst werden. die verschiedenen beseitigungsverfahren sollen technisch, oekologisch und oekonomisch verglichen werden. die untersuchung soll mit einer kosten-nutzen-analyse und dem entwurf eines standortmodells abgeschlossen werden
S.WORT landwirtschaftliche abfaelle + forstwirtschaft + abfallbeseitigung + kosten-nutzen-analyse + oekologische faktoren
PROLEI DIPL. -ING. A. MOENNIG
STAND 10.9.1976
QUELLE fragebogenerhebung sommer 1976
BEGINN 1.7.1976 ENDE 30.6.1978
G.KOST 19.000 DM

MF -009
INST INSTITUT FUER BIOLOGIE DER BUNDESFORSCHUNGSANSTALT FUER ERNAEHRUNG KARLSRUHE, ENGESSERSTR. 20
VORHAB **umwandlung cellulosehaltiger abfallstoffe der landwirtschaft in single cell protein**
cellulosehaltige abfallstoffe (stroh, laub, etc.) sollen mit hilfe geeigneter bakterien und isolate weitgehend abgebaut und in einzeller-eiweiss umgewandelt werden. screening-verfahren zur gewinnung geeigneter aerober bakterien - abbauversuche mit verschiedenen substraten - sublimierung (stickstoff, spurenelemente)
S.WORT biologische abfallbeseitigung + recycling + eiweissgewinnung + futtermittel
PROLEI PROF. DR. HANS K. FRANK
STAND 15.8.1975
QUELLE erhebung 1975
FINGEB BUNDESMINISTER FUER FORSCHUNG UND TECHNOLOGIE
ZUSAM INST. F. ALLGEMEINE LEBENSMITTELTECHNOLOGIE U. TECHNISCHE BIOCHEMIE, 7000 STUTTGART
BEGINN 1.9.1972 ENDE 31.12.1977
G.KOST 634.000 DM
LITAN BOMAR, M. T.;SCHMID, S.: CONTROL OF THE BACTERIAL BREAKDOWN OF CELLULOSE. IN: PROCESS BIOCHEMISTRY 8 S. 22-23 (1973)

MF -010
INST INSTITUT FUER BODENBIOLOGIE DER FORSCHUNGSANSTALT FUER LANDWIRTSCHAFT BRAUNSCHWEIG, BUNDESALLEE 50
VORHAB **erzeugung von tierischer biomasse durch vermehrung auf landwirtschaftlichen reststoffen**
bei versuchen in kleinerem massstab hat sich gezeigt, dass mit dem regenwurm eisenia foetida innerhalb weniger monate in abgaengen aus der tierhaltung eine mehr als 40-fache vermehrung erreicht werden kann
S.WORT landwirtschaftliche abfaelle + biomasse
PROLEI PROF. DR. OTTO GRAFF
STAND 1.1.1976
QUELLE mitteilung des bundesministers fuer ernaehrung,landwirtschaft und forsten
FINGEB FORSCHUNGSANSTALT FUER LANDWIRTSCHAFT, BRAUNSCHWEIG-VOELKENRODE
BEGINN 1.1.1976 ENDE 31.12.1977
G.KOST 20.000 DM

MF -011
INST INSTITUT FUER BODENBIOLOGIE DER FORSCHUNGSANSTALT FUER LANDWIRTSCHAFT BRAUNSCHWEIG, BUNDESALLEE 50
VORHAB **vorarbeiten zur gewinnung von einzellerprotein aus silagesickersaft**
S.WORT landwirtschaftliche abfaelle + silage + proteine + recycling
PROLEI PROF. DR. KLAUS H. DOMSCH
STAND 1.1.1976
QUELLE mitteilung des bundesministers fuer ernaehrung,landwirtschaft und forsten
FINGEB FORSCHUNGSANSTALT FUER LANDWIRTSCHAFT, BRAUNSCHWEIG-VOELKENRODE
BEGINN ENDE 31.12.1977

MF -012
INST INSTITUT FUER BODENBIOLOGIE DER FORSCHUNGSANSTALT FUER LANDWIRTSCHAFT BRAUNSCHWEIG, BUNDESALLEE 50
VORHAB **stabiliserung fermentativ aufbereiteter fluessigmiste durch protozoen im technischen massstab**
S.WORT fluessigmist + abfallbehandlung
PROLEI PROF. DR. KLAUS H. DOMSCH
STAND 1.1.1976
QUELLE mitteilung des bundesministers fuer ernaehrung,landwirtschaft und forsten
FINGEB FORSCHUNGSANSTALT FUER LANDWIRTSCHAFT, BRAUNSCHWEIG-VOELKENRODE

MF -013
INST INSTITUT FUER BODENBIOLOGIE DER FORSCHUNGSANSTALT FUER LANDWIRTSCHAFT BRAUNSCHWEIG, BUNDESALLEE 50
VORHAB **herstellung, lagerung und anwendung von impfmaterial leistungsfaehiger mikroorganismen fuer die fluessigmistfermentierung**
S.WORT fluessigmist + abfallbehandlung + mikroorganismen
PROLEI PROF. DR. KLAUS H. DOMSCH
STAND 1.1.1976
QUELLE mitteilung des bundesministers fuer ernaehrung,landwirtschaft und forsten
FINGEB FORSCHUNGSANSTALT FUER LANDWIRTSCHAFT, BRAUNSCHWEIG-VOELKENRODE
BEGINN ENDE 31.12.1976

MF -014
INST INSTITUT FUER BODENBIOLOGIE DER FORSCHUNGSANSTALT FUER LANDWIRTSCHAFT BRAUNSCHWEIG, BUNDESALLEE 50
VORHAB **bereitung von basissubstraten fuer die kultur von hoeheren pilzen aus reststoffen der landwirtschaftlichen produktion**
auf der grundlage bekannter technologien fuer die herstellung von komposten fuer die champignonkultivierung wird versucht, organische abfallstoffe aus forst- und landwirtschaftlichen produktionsprozessen fuer die kultivierung hoeherer pilze nutzbar zu machen. die bisherigen versuche mit silagesickersaft und n-lignin sind abgeschlossen. weitergefuehrt werden die versuche mit muellklaerschlamm und rinderfluessigmist als zuschlagstoffe fuer die kompostbereitung
S.WORT landwirtschaftliche abfaelle + kompostierung + pilze + (champignonkultivierung)
PROLEI DR. KLAUS GRABBE
STAND 1.1.1976
QUELLE mitteilung des bundesministers fuer ernaehrung,landwirtschaft und forsten
FINGEB FORSCHUNGSANSTALT FUER LANDWIRTSCHAFT, BRAUNSCHWEIG-VOELKENRODE
BEGINN 1.1.1976 ENDE 31.12.1978
G.KOST 250.000 DM
LITAN GRABBE, K.: BEHANDLUNG VON RINDERFLUESSIGMIST. 2. TEIL: VERWERTUNG BEI DER HERSTELLUNG VON PILZKULTURSUBSTRATEN. IN: 192. SONDERHEFT DER BERICHTE UEBER LANDWIRTSCHAFT. S. 882-902(1975)

MF -015
INST INSTITUT FUER BODENBIOLOGIE DER FORSCHUNGSANSTALT FUER LANDWIRTSCHAFT BRAUNSCHWEIG, BUNDESALLEE 50
VORHAB **mikrobielle aufbereitung von stroh zu futterzwecken**
stroh stellt ein abfallprodukt dar, das sich aufgrund des hohen gehaltes an lignin-inkrustierter zellulose nur bedingt zur verfuetterung an wiederkaeuer eignet. es bietet sich ein aufschluss durch lignin-abbauende pilze an, um stroh in ein hoeherwertiges grundfutter zu verwandeln
S.WORT futtermittel + stroh + recycling + (mikrobielle aufbereitung)
PROLEI DR. KLAUS GRABBE
STAND 9.8.1976

QUELLE fragebogenerhebung sommer 1976
ZUSAM INST. F. BIOCHEMIE UND TIERERNAEHRUNG DER FORSCHUNGSANSTALT FUER LANDWIRTSCHAFT, 3300 BRAUNSCHWEIG
BEGINN 1.1.1976 ENDE 31.12.1978
G.KOST 45.000 DM
LITAN ZWISCHENBERICHT

MF -016

INST INSTITUT FUER FORSTBENUTZUNG UND FORSTLICHE ARBEITSWISSENSCHAFT DER UNI FREIBURG FREIBURG, HOLZMARKTPLATZ 4
VORHAB **die verwertung der rinde als technisches, oekonomisches und organisatorisches problem**
da die zentrale entrindung aus kostengruenden unumgaenglich ist und andererseits der konzentrierte anfall von rinde oekonomische und oekologische probleme aufwirft, sollen die bestehenden verwertungsmoeglichkeiten auf ihre praktizierbarkeit untersucht werden. dazu werden von bereits bestehenden zentralen entrindungsanlagen und rindenverwertungsverfahren die technischen und oekonomischen daten erhoben. die so gewonnenen unterlagen sollen die grundlagen zur ermittlung optimaler loesungen und gegebenenfalls zur erarbeitung von marketingkonzepten fuer die einzelnen betriebsgruppen, bei denen eine zentrale entrindung durchgefuehrt werden muesste, bilden
S.WORT holzabfaelle + verwertung + oekonomische aspekte
PROLEI DIPL. -HOLZW. HEINRICH BEHLER
STAND 26.7.1976
QUELLE fragebogenerhebung sommer 1976
G.KOST 50.000 DM

MF -017

INST INSTITUT FUER FORSTBENUTZUNG UND FORSTLICHE ARBEITSWISSENSCHAFT DER UNI FREIBURG FREIBURG, HOLZMARKTPLATZ 4
VORHAB **verwendungsmoeglichkeiten von biomasse-hackschnitzeln in der spanplattenproduktion**
neue technische entwicklungen erlauben den einsatz mobiler hackmaschinen im wald, die baumteile oder ganze baeume (einschl. feinaesten, rinde, blattmasse) zu "biomasse-hackschnitzeln" (sog. green chips) verarbeiten koennen. die untersuchung soll klaeren, - welche baumarten und -dimensionen verwendung zur spanplattenproduktion finden koennen - welche eigenschaften diese platten haben - welche negativen folgen eine totalnutzung des aufstockenden baumbestandes fuer die bodenfruchtbarkeit haben wird (z. b. naehrstoffexport, erosion) - welche positiven folgen die beschriebene nutzung fuer die entlastung der waelder von aesten, resthoelzern, rinde u. ae. hat, die derzeit haeufig als folge exensiver holznutzung liegen bleiben und besonders in erholungswaeldern auf kritik der besucher stossen, aber auch als brutstaetten fuer pilzliche und tierische schaedlinge anzusehen sind
S.WORT holzindustrie + baum + biomasse + abfallbeseitigung
PROLEI DIPL. -FORSTW. ABDOLALI AMRI
STAND 26.7.1976
QUELLE fragebogenerhebung sommer 1976
FINGEB DEUTSCHER AKADEMISCHER AUSTAUSCHDIENST, BONN-BAD GODESBERG
ZUSAM - WILHELM-KLAUDITZ-INSTITUT FUER HOLZFORSCHUNG, BIENRODER WEG 54, BRAUNSCHWEIG-KRALENRIEDE
- FA. GRUBER & WEBER, BISCHWEIER
- HOCHSCHULE TEHERAN
BEGINN 1.6.1976 ENDE 30.6.1978
G.KOST 110.000 DM

MF -018

INST INSTITUT FUER GRUENLANDWIRTSCHAFT, FUTTERBAU UND FUTTERKONSERVIERUNG DER FORSCHUNGSANSTALT FUER LANDWIRTSCHAFT BRAUNSCHWEIG, BUNDESALLEE 50
VORHAB **beseitigung von gaerfutter-sickersaft**
bei der konservierung von gruenfutter durch silierung koennen erhebliche mengen an gaersaft als umweltbelastendes produkt auftreten. hoher bsb, niedriger ph-wert, leichte verderblichkeit in verbindung mit dem stossweisen anfall grosser mengen stehen einer sinnvollen verwertung entgegen und machen gleichzeitig eine schadlose beseitigung schwierig. es bietet sich die ausbringung auf landwirtschaftlich genutzte flaechen an. dabei stellt sich die frage nach der der gaersaftvertraeglichkeit von boeden und pflanzenbestaenden. es wurden dazu gefaess- und feldversuche durchgefuehrt
S.WORT futtermittel + konservierung + rueckstandsanalytik + (silage-sickersaft)
PROLEI DIPL. -LANDW. ULRICH KUENTZEL
STAND 21.7.1976
QUELLE fragebogenerhebung sommer 1976
FINGEB BUNDESMINISTER FUER ERNAEHRUNG, LANDWIRTSCHAFT UND FORSTEN
ZUSAM INST. F. BODENBIOLOGIE, LANDMASCHINENFORSCHUNG DER FAL, BRAUNSCHWEIG
BEGINN 1.1.1971 ENDE 31.12.1975
LITAN - KUENTZEL, U.;ZIMMER, E. , JAHRESBERICHTE DER FAL 1971-1974: AUSMASS UND MINDERUNG VON UMWELTBELASTUNGEN DURCH VERARBEITUNGSRUECKSTAENDE DER FUTTERKONSERVIERUNG. IN: BER. UEBER LANDWIRTSCHAFT 50(3) S. 682-692
- KUENTZEL, U. , KURZFASSUNG DER VORTRAEGE DER 18. JAHRESTAGUNG DER GESELLSCHAFT FUER PFL. BAUWISS. HOHENHEIM: BESEITIGUNG VON SILAGE-SICKERSAFT DURCH LANDBEHANDLUNG (OKT 1974)
- ENDBERICHT

MF -019

INST INSTITUT FUER GRUENLANDWIRTSCHAFT, FUTTERBAU UND FUTTERKONSERVIERUNG DER FORSCHUNGSANSTALT FUER LANDWIRTSCHAFT BRAUNSCHWEIG, BUNDESALLEE 50
VORHAB **silierfaehigkeit von huehnerkot und seiner verwendung als npn-quelle**
durch die rezyklierung von exkrementen aus der intensiv-huehnerhaltung wird eine nutzung als futterstoff fuer wiederkaeuer angestrebt. huehnerkot enthaelt im wesentlichen verwertbares rohprotein und mineralstoffe. im vorhaben wird einmal die moeglichkeit der aufwertung eiweiss- und mineralstoffarmer futterstoffe, wie z. b. silomais, durch technisch aufbereiteten huehnerkot untersucht und zum andern eine direkte haltbarmachung von huehnerkot durch physiologisch einwandfreie agrochemikalien und substratverbessernde zusatzstoffe geprueft. besondere aufmerksamkeit gilt den hygienischen aspekten. speziell werden der naehrwert und die gaerqualitaet untersucht
S.WORT tierische faekalien + recycling + futtermittel
PROLEI DR. HANS-HEINRICH THEUNE
STAND 21.7.1976
QUELLE fragebogenerhebung sommer 1976
FINGEB BUNDESMINISTER FUER ERNAEHRUNG, LANDWIRTSCHAFT UND FORSTEN
ZUSAM INST. F. LANDMASCHINENFORSCHUNG, KLEINTIERZUCHT, TIERERNAEHRUNG DER FAL, BRAUNSCHWEIG
BEGINN 1.1.1976 ENDE 31.12.1978

MF -020

INST INSTITUT FUER GRUENLANDWIRTSCHAFT, FUTTERBAU UND FUTTERKONSERVIERUNG DER FORSCHUNGSANSTALT FUER LANDWIRTSCHAFT BRAUNSCHWEIG, BUNDESALLEE 50
VORHAB **konservierung von mikrobiell zu futterzwecken aufbereitetem stroh**
prinzipiell kann stroh durch einen mikrobiellen aufschluss umweltfreundlich als futterstoff fuer den wiederkaeuer rezykliert werden; speziell werden hierbei die verdaulichkeitsmindernden inkrustierenden geruestsubstanzen abgebaut. das ziel ist es, das aufgeschlossene material im optimalen zustand durch geeignete methoden zu konservieren. speziell werden hierbei naehrwert und gaerqualitaet untersucht

S.WORT strohverwertung + futtermittel + konservierung
PROLEI DR. HANS-HEINRICH THEUNE
STAND 21.7.1976
QUELLE fragebogenerhebung sommer 1976
FINGEB BUNDESMINISTER FUER ERNAEHRUNG, LANDWIRTSCHAFT UND FORSTEN
ZUSAM INST. F. BODENBIOLOGIE, BIOCHEMIE, TIERERNAEHRUNG DER FAL, BRAUNSCHWEIG
BEGINN 1.1.1976 ENDE 31.12.1978

MF -021
INST INSTITUT FUER HOLZBIOLOGIE UND HOLZSCHUTZ DER BUNDESFORSCHUNGSANSTALT FUER FORST- UND HOLZWIRTSCHAFT
HAMBURG 80, LEUSCHNERSTR. 91 C
VORHAB **biologische untersuchungen an werkstoffen aus baumrinde**
verwertung von rindenabfaellen, die auf holzsammelplaetzen oder in saegewerken in grossen mengen anfallen und bisher weitgehend ungenutzt in deponien umweltbelastend gelagert werden. beitrag zur qualitaetsermittlung von werkstoffen aus baumrinden durch bestimmung des abbindevorganges verschiedener rindenzellen sowie der pilzresistenz bei platten aus rinden von verschiedenen baumarten mit unterschiedlichen klebstofftypen
S.WORT holzabfaelle + recycling + werkstoffe
PROLEI PROF. DR. NARAYAN PARAMESWARAN
STAND 13.8.1976
QUELLE fragebogenerhebung sommer 1976
ZUSAM WILHELM-KLAUDITZ-INSTITUT FUER HOLZFORSCHUNG, BIENRODER WEG 54, BRAUNSCHWEIG-KRALENRIEDE
BEGINN 1.10.1974
G.KOST 100.000 DM
LITAN ZWISCHENBERICHT

MF -022
INST INSTITUT FUER HOLZBIOLOGIE UND HOLZSCHUTZ DER BUNDESFORSCHUNGSANSTALT FUER FORST- UND HOLZWIRTSCHAFT
HAMBURG 80, LEUSCHNERSTR. 91 C
VORHAB **grundlegende untersuchungen zum mikrobiellen abbau von rindenabfaellen**
verwertung von rindenabfaellen, die u. a. in der chemischen holzindustrie und in saegewerken in grossen mengen anfallen und derzeit umweltbelastend weitgehend ungenutzt in deponien gelagert oder verbrannt werden. durch mikrobiellen abbau koennten diese abfaelle zur bisher grosstechnisch noch nicht durchfuehrbaren kompostgewinnung eingesetzt werden
S.WORT holzabfaelle + recycling + mikrobieller abbau + kompostierung
PROLEI PROF. DR. WALTER LIESE
STAND 13.8.1976
QUELLE fragebogenerhebung sommer 1976
FINGEB BUNDESMINISTER FUER ERNAEHRUNG, LANDWIRTSCHAFT UND FORSTEN
BEGINN 1.12.1970 ENDE 31.10.1976
G.KOST 175.000 DM
LITAN - WILHELM, G. (UNI HAMBURG), DISSERTATION: UEBER DEN MIKROBIELLEN ABBAU DER RINDE VON FAGUS SYLVATICA UND PICEA ABIES. (1975)
- WILHELM, G.: UEBER DIE ZERSETZUNG VON BUCHEN- UND FICHTENRINDE UNTER NATUERLICHEN BEDINGUNGEN. IN: EUROPEAN JOURNAL FOR. PATHOL. 6 S. 80-9171976)
- WILHELM, G.;LIESE, W.;PARAMESWARAN, N.: ON THE DEGRADATION OF TREE BARK BY MICROORGANISMS. IN: MATERIAL UND ORGANISMEN (BEIHEFT 3) S. 63-75(1976)

MF -023
INST INSTITUT FUER HOLZCHEMIE UND CHEMISCHE TECHNOLOGIE DES HOLZES DER BUNDESFORSCHUNGSANSTALT FUER FORST- UND HOLZWIRTSCHAFT
HAMBURG 80, LEUSCHNERSTR. 91 B
VORHAB **biochemische holzverwertung**
S.WORT holzindustrie + biochemie + (holzverwertung)
PROLEI PROF. DR. H. H. DIETRICHS
STAND 1.1.1976
FINGEB DEUTSCHE GESELLSCHAFT FUER HOLZFORSCHUNG E. V. (DGFH), MUENCHEN
BEGINN ENDE 31.12.1977
LITAN - DIETRICHS, H. H.;ZSCHIRNT, K.: UNTERSUCHUNGEN UEBER DEN ENZYMATISCHEN ABBAU VON HOLOCELLULOSE IN VITRO. IN: HOLZ ALS ROH-UND WERKSTOFF S. 66-74(1972)
- DIETRICHS, H. H.: ENZYMATISCHER ABBAU VON HOLZPOLYSACCHARIDEN UND WIRTSCHAFTLICHE NUTZUNGSMOEGLICHKEITEN. IN: MITTEILUNGEN DER BUNDESFORSCHUNGSANSTALT FUER FORST-U. HOLZWIRTSCHAFT, REINBEK (93)(1973)
- DIETRICHS, H. H.;HENNECKE, E.: ENZYMATISCHER ABBAU VON HOLZPOLYSACCHARIDEN NACH VORBEHANDLUNG MIT ALKALI. IN: HOLZ ALS ROH- UND WERKSTOFF (1974)

MF -024
INST INSTITUT FUER HOLZPHYSIK UND MECHANISCHE TECHNOLOGIE DES HOLZES DER BUNDESFORSCHUNGSANSTALT FUER FORST- UND HOLZWIRTSCHAFT
HAMBURG 80, LEUSCHNERSTR. 91C
VORHAB **stand und moeglichkeiten der restholzverwertung in der holzindustrie**
bei der be- und verarbeitung von holz fallen z. t. grosse mengen an rohstoffen an. fuer die bundesrepublik deutschland wird die gesamtmenge mit 6, 4 mio m3 angegeben, wovon der groesste teil wieder als rohstoff in verschiedenen zweigen der holzindustrie eingesetzt wird. in der studie soll versucht werden, die nicht wiederverwendeten mengen zu erfassen und gruende zu erforschen, die einem recycling entgegenstehen. durch vergleich mit den verhaeltnissen in anderen laendern sollen loesungsmoeglichkeiten gezeigt werden
S.WORT holzindustrie + holzabfaelle + recycling
PROLEI DR. ARNO FRUEHWALD
STAND 21.7.1976
QUELLE fragebogenerhebung sommer 1976
BEGINN 1.7.1976 ENDE 31.12.1977
G.KOST 15.000 DM
LITAN FRUEHWALD, A.;SCHWEERS, W.;STEGMANN, G.: BEREICH PFLANZLICHE RESTSTOFFE AUS DER HOLZWIRTSCHAFT, STOFFGRUPPE HOLZERZEUGUNG UND STOFFGRUPPE HOLZVERARBEITUNG. IN: MATERIALIEN 2 S. 45-64(1976) UMWELTBUNDESAMT

MF -025
INST INSTITUT FUER HOLZPHYSIK UND MECHANISCHE TECHNOLOGIE DES HOLZES DER BUNDESFORSCHUNGSANSTALT FUER FORST- UND HOLZWIRTSCHAFT
HAMBURG 80, LEUSCHNERSTR. 91C
VORHAB **umweltfreundliche abfallbeseitigung bei der holzbe- und verarbeitung; recycling**
S.WORT holzindustrie + abfallbeseitigung + recycling
STAND 1.1.1976
FINGEB BUNDESFORSCHUNGSANSTALT FUER FORST- UND HOLZWIRTSCHAFT, REINBEK
BEGINN ENDE 31.12.1976

MF -026
INST INSTITUT FUER HOLZPHYSIK UND MECHANISCHE TECHNOLOGIE DES HOLZES DER BUNDESFORSCHUNGSANSTALT FUER FORST- UND HOLZWIRTSCHAFT
HAMBURG 80, LEUSCHNERSTR. 91C
VORHAB **entwicklung veraenderter oder neuer holzwerkstoffe, die einen wiedereinsatz nach gebrauch ermoeglichen (recycling) oder umweltneutral beseitigt werden**
S.WORT holz + werkstoffe + recycling
STAND 1.1.1976
FINGEB BUNDESFORSCHUNGSANSTALT FUER FORST- UND HOLZWIRTSCHAFT, REINBEK

MF -027
INST INSTITUT FUER KLEINTIERZUCHT DER FORSCHUNGSANSTALT FUER LANDWIRTSCHAFT CELLE, DOERNBERGSTR. 25-27
VORHAB **rezyklierung von abfaellen in der gefluegelfuetterung**
zielsetzung ist eine verminderung der umweltbelastung durch verfuetterung von abfaellen, die bei der tierischen produktion und verarbeitung anfallen. versuche werden mit trockenkot, eierschalen, hydriertem federmehl und hydriertem schweineborstenmehl durchgefuehrt
S.WORT nutztierhaltung + abfall + recycling + (gefluegelfuetterung)
PROLEI DR. HERMANN VOGT
STAND 22.7.1976
QUELLE fragebogenerhebung sommer 1976
FINGEB BUNDESMINISTER FUER ERNAEHRUNG, LANDWIRTSCHAFT UND FORSTEN
BEGINN 1.3.1968
LITAN PLATZ, S.: HYGIENISIERUNG UND VERWERTUNGSMOEGLICHKEIT VON GEFLUEGELKOT UND -EINSTREU - EINE LITERATURUEBERSICHT. IN: ARCHIV FUER GEFLUEGELKUNDE (5) S. 158-165(1975)

MF -028
INST INSTITUT FUER KLEINTIERZUCHT DER FORSCHUNGSANSTALT FUER LANDWIRTSCHAFT CELLE, DOERNBERGSTR. 25-27
VORHAB **versuche ueber die beseitigung und verwertung von abfaellen aus der tierproduktion**
S.WORT nutztierhaltung + abfallbeseitigung + recycling
PROLEI DR. H. VOGT
STAND 1.1.1976
QUELLE mitteilung des bundesministers fuer ernaehrung,landwirtschaft und forsten
FINGEB BUNDESMINISTER FUER ERNAEHRUNG, LANDWIRTSCHAFT UND FORSTEN
LITAN - VOGT,H.: ABFAELLE DER GEFLUEGELHALTUNG UND MOEGLICHKEITEN IHRER VERFUETTERUNG. IN:DT.GEFLUEGELWIRT. 23 S.1075-1078,1104-1105(1971)
- VOGT,H.;BOEHME,H.: ANWENDUNG VON TIERISCHEN VERARBEITUNGS-UND PRODUKTIONSABFAELLEN IN DER NUTZTIERFUETTERUNG. IN:BER.LDW. 50 S.638-649(1972)
- VOGT,H., 4TH EUROP.POULT.CONF.,LONDON,SEP 1972: DIE VERWERTUNG VON PRODUKTIONS-UND VERARBEITUNGSABFAELLEN DER GEFLUEGELWIRTSCHAFT DURCH LEGEHENNEN.
LITAN£a

MF -029
INST INSTITUT FUER KLEINTIERZUCHT DER FORSCHUNGSANSTALT FUER LANDWIRTSCHAFT CELLE, DOERNBERGSTR. 25-27
VORHAB **untersuchungen zur verhinderung hygienischer gefaehrdung bei der beseitigung und verwertung von gefluegel- und kaninchenkot**
S.WORT abfallbeseitigung + recycling + tierische faekalien + hygiene
PROLEI PROF. DR. HANS-CHRISTOPH LOELIGER
STAND 1.1.1976
QUELLE mitteilung des bundesministers fuer ernaehrung,landwirtschaft und forsten
FINGEB BUNDESMINISTER FUER ERNAEHRUNG, LANDWIRTSCHAFT UND FORSTEN
BEGINN ENDE 31.12.1976

MF -030
INST INSTITUT FUER LANDMASCHINENFORSCHUNG DER FORSCHUNGSANSTALT FUER LANDWIRTSCHAFT BRAUNSCHWEIG, BUNDESALLEE 50
VORHAB **technische grundlagen zur herstellung unbedenklich lagerfaehiger oder verwertbarer zwischenprodukte aus festen abgaengen landwirtschaftlicher nutztiere**
geruchsbeseitigung, hygienisierung, verminderung des stickstoffgehaltes, massereduzierung; reinhaltung von luft, oberflaechen- und grundwasser
S.WORT tierische faekalien + recycling + verfahrensentwicklung
PROLEI PROF. DR. -ING. WOLFGANG BAADER
STAND 1.1.1976
QUELLE mitteilung des bundesministers fuer ernaehrung,landwirtschaft und forsten
FINGEB - FORSCHUNGSANSTALT FUER LANDWIRTSCHAFT, BRAUNSCHWEIG-VOELKENRODE
- BUNDESMINISTER FUER ERNAEHRUNG, LANDWIRTSCHAFT UND FORSTEN
BEGINN ENDE 31.12.1976

MF -031
INST INSTITUT FUER LANDMASCHINENFORSCHUNG DER FORSCHUNGSANSTALT FUER LANDWIRTSCHAFT BRAUNSCHWEIG, BUNDESALLEE 50
VORHAB **technische verfahren der anwendung landwirtschaftlicher und kommunaler abfaelle auf nutzflaechen, brach- und oedland**
geruchsbeseitigung, umsetzung und/oder festlegung der inhaltsstoffe in boden und pflanze; reinhaltung von luft, oberflaechen- und grundwasser
S.WORT siedlungsabfaelle + tierische faekalien + recycling + duengemittel
PROLEI DR. -ING. RUEDIGER KRAUSE
STAND 1.1.1976
QUELLE mitteilung des bundesministers fuer ernaehrung,landwirtschaft und forsten
FINGEB - FORSCHUNGSANSTALT FUER LANDWIRTSCHAFT, BRAUNSCHWEIG-VOELKENRODE
- BUNDESMINISTER FUER ERNAEHRUNG, LANDWIRTSCHAFT UND FORSTEN
BEGINN ENDE 31.12.1976

MF -032
INST INSTITUT FUER LANDMASCHINENFORSCHUNG DER FORSCHUNGSANSTALT FUER LANDWIRTSCHAFT BRAUNSCHWEIG, BUNDESALLEE 50
VORHAB **herstellung unbedenklich lagerbarer und landwirtschaftlich verwertbarer feststoffe aus tierischen exkrementen**
festmist oder durch fluessigkeitsabtrennung oder beimengung saugfaehigen materials aus fluessigmist gewonnene feststoffe lassen sich mit hilfe mikrobieller umwandlungsprozesse (kompostierung) stabilisieren, so dass sie umweltfreundlich langzeitig gelagert und nach bedarf verwertet werden koennen ("feststoffverfahren"). durch eine auf den biologischen abbau-vorgang abgestimmte prozessfuehrung sollen arbeits- und kostensparende sowie umweltfreundliche abfallbehandlungsverfahren erreicht werden. in diesem vorhaben werden die stoffumsetzungen und die funktion des feststoffverfahrens in einer betriebsversuchsanlage und in einer versuchsmiete untersucht. die produkte werden in duengungsversuchen auf ihren nutzwert geprueft
S.WORT tierische faekalien + recycling + duengemittel + lagerung
PROLEI PROF. DR. -ING. WOLFGANG BAADER
STAND 13.8.1976
QUELLE fragebogenerhebung sommer 1976
FINGEB BUNDESMINISTER FUER ERNAEHRUNG, LANDWIRTSCHAFT UND FORSTEN
ZUSAM - FAL-INSTITUTE FUER: BIOCHEMIE DES BODENS, BODENBIOLOGIE, PFLANZENBAU UND SAATGUTFORSCHUNG
- ABTEILUNG TIERHYGIENE DER UNI HOHENHEIM
- INST. F. PARASITOLOGIE DER TIERAERZTLICHEN HOCHSCHULE HANNOVER
BEGINN 1.1.1974 ENDE 31.12.1977
LITAN - BAADER, W.;SCHUCHARDT, F.;SONNENBERG, H.: UNTERSUCHUNGEN ZUR ENTWICKLUNG EINES TECHNISCHEN VERFAHRENS FUER DIE GEWINNUNG VON FESTSTOFFEN AUS TIERISCHEN EXKREMENTEN. IN: GRUNDL. LANDTECHNIK. 25(2) S. 33-42(1975)
- BAADER, W.;SCHUCHARDT, F.;SONNENBERG, H.;SOECHTIG, H.: DIE GEWINNUNG EINES LAGERFAEHIGEN UND LANDWIRTSCHAFTLICH NUTZBAREN FESTSTOFFES AUS RINDERFLUESSIGMIST. IN: BER. UE. LANDW. SONDERH. 192 S. 798-835(1975)
- BAADER, W.: MOEGLICHKEITEN UND GRENZEN DER FESTSTOFFKOMPOSTIERUNG ORGANISCHER RUECKSTAENDE IN DER LANDWIRTSCHAFT. IN:

LANDBAUFORSCH. VOELKENRODE. 24(1) S. 43-48(1974)

MF -033

INST INSTITUT FUER LANDMASCHINENFORSCHUNG DER FORSCHUNGSANSTALT FUER LANDWIRTSCHAFT BRAUNSCHWEIG, BUNDESALLEE 50
VORHAB **aufbereitung von huehnerkot zur gewinnung schadloser futterzusaetze und umweltfreundlicher duenger**
es werden verfahrenstechnische moeglichkeiten der ueberfuehrung von huehnerkot in hochwertige produkte aufgezeigt, wobei der verminderung der umweltbelastung durch geruch, der hygienisierung, der erhaltung bzw. erhoehung des wertes der inhaltsstoffe und der energie- und kostensparende handhabung besondere bedeutung geschenkt wird. in erster linie wird das augenmerk auf die herstellung eines umweltfreundlichen duengers gerichtet. darueber hinaus soll untersucht werden, welche aufbereitungsmassnahmen erforderlich sind, um aus huehnerkot futterzusaetze zu gewinnen, die ohne schadwirkung in der landwirtschaftlichen nutztierhaltung eingesetzt werden koennen
S.WORT tierische faekalien + recycling + duengemittel + futtermittel
PROLEI PROF. DR. -ING. WOLFGANG BAADER
STAND 13.8.1976
QUELLE fragebogenerhebung sommer 1976
FINGEB BUNDESMINISTER FUER ERNAEHRUNG, LANDWIRTSCHAFT UND FORSTEN
ZUSAM FORSCHUNGS-INST. F. FUTTERMITTELTECHNIK, 3301 THUNE
BEGINN 1.1.1976 ENDE 31.12.1978
LITAN ZWISCHENBERICHT

MF -034

INST INSTITUT FUER LANDMASCHINENFORSCHUNG DER FORSCHUNGSANSTALT FUER LANDWIRTSCHAFT BRAUNSCHWEIG, BUNDESALLEE 50
VORHAB **technische verfahren der anwendung organischer reststoffe auf landwirtschaftlichen flaechen**
organische reststoffe - insbesondere tierische exkremente und ernterueckstaende - fallen in grossen mengen und teilweise, sehr konzentriert an. die beseitigung (oberflaechenausbringung von fluessigmist, abtrennen von stroh) ist haeufig mit belaestigung und gefaehrdung der umwelt verbunden. ziel des vorhabens ist die entwicklung geeigneter geraete und verfahren fuer eine umweltneutrale rueckfuehrung in den pflanzlichen produktionsprozess bei moeglichst weitgehender nutzung enthaltener naehr- und huminstoffe. die geraete und verfahren werden im feldeinsatz erprobt und im hinblick auf die umweltwirkungen (luft, wasser, boden, pflanze) beurteilt
S.WORT tierische faekalien + recycling + strohverwertung + geraeteentwicklung + duengung
PROLEI DR. -ING. RUEDIGER KRAUSE
STAND 13.8.1976
QUELLE fragebogenerhebung sommer 1976
FINGEB BUNDESMINISTER FUER ERNAEHRUNG, LANDWIRTSCHAFT UND FORSTEN
ZUSAM - INST. F. BODENKUNDE DER UNI GOETTINGEN
- LANDWIRTSCHAFTLICHE UNTERSUCHUNGS- UND FORSCHUNGSANSTALT, OLDENBURG
BEGINN 1.1.1972 ENDE 31.12.1977
LITAN - KRAUSE, R.: TECHNISCHE VERFAHREN DER ANWENDUNG BEHANDELTER PRODUKTIONSABFAELLE AUF NUTZFLAECHEN, BRACH- UND OEDLAND. IN: BER. UE. LANDW. 50(3) S. 628-637(1972)
- KRAUSE, R.;ZACH, M.: VERFAHREN ZUM DIREKTEN EINARBEITEN VON FLUESSIGMIST IN DEN BODEN. IN: LANDTECHNIK. 29(5) S. 203-204(1974)

MF -035

INST INSTITUT FUER LANDMASCHINENFORSCHUNG DER FORSCHUNGSANSTALT FUER LANDWIRTSCHAFT BRAUNSCHWEIG, BUNDESALLEE 50
VORHAB **stoff- und waermefluss bei der verdunstungstrocknung von organischen stoffen bei grossen schichtdicken**
aus fluessigmist durch beimengung saugfaehigen materialsgewonnene feststoffe lassen sich mit hilfe mikrobieller umwandlungsprozesse in ein langzeitig lagerfaehiges, umweltfreundliches produkt gewinnen ("feststoffverfahren"). das zur beimengung erforderliche material kann aus dem feststoffverfahren selbst durch trocknung eines teils des biologisch stabilisierten, aggregierten materials gewonnen werden. hierfuer wird der zeitliche trocknungsverlauf in grossen schichten im hinblick auf ein sicheres, praxisfaehiges, energiesparendes verfahren nach vorausberechnung des stoffaustausches mit original-material im labormassstab untersucht
S.WORT fluessigmist + mikrobieller abbau + recycling + lagerung + (teststoffverfahren)
PROLEI DIPL. -ING. HANS SONNENBERG
STAND 13.8.1976
QUELLE fragebogenerhebung sommer 1976
BEGINN 1.1.1975
LITAN - BAADER, W.;SCHUCHARDT, F.;SONNENBERG, H.: UNTERSUCHUNGEN ZUR ENTWICKLUNG EINES TECHNISCHEN VERFAHRENS FUER DIE GEWINNUNG VON FESTSTOFFEN AUS TIERISCHEN EXKREMENTEN. IN: GRUNDL. LANDTECHNIK. 25(2) S. 33-42(1975)
- BAADER, W.;SCHUCHARDT, F.;SONNENBERG, H.;SOECHTIG, H.: DIE GEWINNUNG EINES LAGERFAEHIGEN UND LANDWIRTSCHAFTLICH NUTZBAREN FESTSTOFFES AUS RINDERFLUESSIGMIST. IN: BER. UE. LANDW. SONDERH. 192 S. 798-835(1975)

MF -036

INST INSTITUT FUER LANDMASCHINENFORSCHUNG DER FORSCHUNGSANSTALT FUER LANDWIRTSCHAFT BRAUNSCHWEIG, BUNDESALLEE 50
VORHAB **technische verfahren der stabilisierung fermentativ aufbereiteten fluessigmistes durch protozoen**
fuer ein im laboratorium entwickeltes verfahren der stabilisierung fermentativ aufbereiteten fluessigmistes durch protozoen sind die technischen moeglichkeiten und voraussetzungen fuer den einsatz in der praxis zu klaeren. dies soll durch versuche im halbtechnischen massstabe geschehen
S.WORT fluessigmist + recycling + verfahrensentwicklung
PROLEI PROF. DR. -ING. WOLFGANG BAADER
STAND 13.8.1976
QUELLE fragebogenerhebung sommer 1976
ZUSAM INST. F. BODENBIOLOGIE DER FORSCHUNGSANSTALT FUER LANDWIRTSCHAFT, BRAUNSCHWEIG
BEGINN 1.1.1975 ENDE 31.12.1976

MF -037

INST INSTITUT FUER MIKROBIOLOGIE DER BUNDESANSTALT FUER MILCHFORSCHUNG KIEL, HERMANN-WEIGMANN-STR. 1-27
VORHAB **eiweissgewinnung durch verhefung von molke**
molkenverwertung; biosynthese von eiweiss; verbesserung der abwasserqualitaet
S.WORT molkerei + abwasseraufbereitung + eiweissgewinnung
PROLEI PROF. DR. DR. LEMBKE
STAND 1.1.1974
FINGEB BUNDESMINISTER FUER ERNAEHRUNG, LANDWIRTSCHAFT UND FORSTEN
ZUSAM - FORSCHUNGSANSTALT F. LANDWIRTSCHAFT U. FORSTEN, 3301 BRAUNSCHWEIG, BUNDESALLEE 50
- BUNDESFORSCHUNGSANSTALT F. KLEINTIERZUCHT, 31 CELLE, DOERNBERGSTR. 25-27
BEGINN 1.1.1970
G.KOST 1.428.000 DM
LITAN - LEMBKE, A.;MOEBUS, O.: MIKROBIELLE EIWEISSPRODUKTION. IN: MOLK. -ZTG. WELT DER MILCH 27 S. 17(1973)
- ZWISCHENBERICHT 1974. 02: GEWINNUNG VON BIOSYNTHETISCHEM EIWEISS AUS MOLKE

MF -038

INST INSTITUT FUER PFLANZENBAU DER UNI BONN
BONN, KATZENBURGWEG 5
VORHAB getreidestrohverwertung
es wird untersucht wie getreidestroh nutzbringend verwertet werden kann
S.WORT getreide + strohverwertung + recycling
PROLEI PROF. DR. KLAUS-ULRICH HEYLAND
STAND 21.7.1976
QUELLE fragebogenerhebung sommer 1976
ZUSAM INST. F. TIERERNAEHRUNG DER UNI BONN

MF -039

INST INSTITUT FUER PFLANZENBAU UND PFLANZENZUECHTUNG DER UNI KIEL
KIEL, OLSHAUSENSTR. 40/60
VORHAB stallmistverwertung auf acker- und gruenland
S.WORT stallmistverwertung + ackerland + gruenland
STAND 1.1.1974
BEGINN 1.1.1970

MF -040

INST INSTITUT FUER PFLANZENBAU UND PFLANZENZUECHTUNG DER UNI KIEL
KIEL, OLSHAUSENSTR. 40/60
VORHAB strohverwertung durch strohduenger
pruefung unterschiedlicher auf- und einbringungsarten von stroh auf landwirtschaftlich genutzte flaechen; einfluss auf strohrotte und auf pflanzenertrag
S.WORT strohverwertung + duengung
PROLEI PROF. DR. GEISLER
STAND 1.1.1974
FINGEB MINISTER FUER ERNAEHRUNG, LANDWIRTSCHAFT UND FORSTEN, KIEL
ZUSAM FOLGEPROJEKT VON 0133 002
BEGINN 1.1.1973
G.KOST 100.000 DM

MF -041

INST INSTITUT FUER SIEDLUNGSWASSERWIRTSCHAFT DER TU HANNOVER
HANNOVER, WELFENGARTEN 1
VORHAB behandlung von abfaellen aus der massentierhaltung
aufbereitung der fluessigen abgaenge aus der massentierhaltung
S.WORT abfallbehandlung + massentierhaltung + fluessigmist + denitrifikation
PROLEI PROF. DR. MUDRACK
STAND 1.1.1974
FINGEB NIEDERSAECHSISCHES ZAHLENLOTTO, HANNOVER
ZUSAM FORSCHUNGSANSTALT FUER LANDWIRTSCHAFT BRAUNSCHWEIG-VOELKENRODE, 3301 BRAUNSCHWEIG
BEGINN 1.10.1972 ENDE 31.12.1974
G.KOST 150.000 DM

MF -042

INST INSTITUT FUER TIERERNAEHRUNG DER UNI BONN
BONN, ENDENICHER ALLEE 15
VORHAB strohverwertung durch den wiederkaeuer
stroh faellt in zunehmendem masse als laestiges abfallprodukt beim getreideanbau an, und zwar hautpsaechlich in den vielen betrieben, die auf die nutztierhaltung verzichten. andererseits kann stroh bei entsprechender zubereitung als wertvolles futtermittel beim wiederkaeuer eingesetzt werden
S.WORT strohverwertung + futtermittel + nutztiere
PROLEI PROF. DR. RICHARD MUELLER
STAND 21.7.1976
QUELLE fragebogenerhebung sommer 1976
FINGEB - BUNDESMINISTER FUER ERNAEHRUNG, LANDWIRTSCHAFT UND FORSTEN
- MINISTER FUER ERNAEHRUNG, LANDWIRTSCHAFT UND FORSTEN, DUESSELDORF
- UNIVERSITAET BONN
BEGINN 1.1.1971
G.KOST 160.000 DM
LITAN ENDBERICHT

MF -043

INST INSTITUT FUER TIERERNAEHRUNG DER UNI BONN
BONN, ENDENICHER ALLEE 15
VORHAB verwertung (recycling) von nebenprodukten aus der obst- und gemueseverarbeitenden industrie
nebenprodukte der obst- und gemueseverarbeitenden industrie werden geprueft auf ihre verwertbarkeit fuer futterzwecke (vorwiegend schafe). zunaechst werden ueber umfragen im in- und ausland art, menge und zeitlicher anfall der nebenprodukte erhoben. die ergebnisse fuehren zu modellvorschlaegen zum aufbau von schafhaltungs-systemen. weitere ziele des vorhabens sind die bewertung der einzelnen "abfall" - produkte in ihrem ernaehrungsphysiologischen wert, evtl. auch nach verschiedenen verfahren der weiterverarbeitung
S.WORT obstbau + gemuesebau + abfallaufbereitung + futtermittel + recycling
PROLEI PROF. DR. RICHARD MUELLER
STAND 21.7.1976
QUELLE fragebogenerhebung sommer 1976
FINGEB LAND NORDRHEIN-WESTFALEN
BEGINN 1.1.1976
G.KOST 40.000 DM
LITAN MUELLER, R. , JAHRESTAGUNG DER EUROPAEISCHEN VEREINIGUNG FUER TIERZUCHT, ZUERICH, 23. -26. AUG 1976: DIE VERFUETTERUNG VON INDUSTRIELLEN NAHRUNGSMITTEL-NEBENERZEUGNISSEN AN SCHAFE

MF -044

INST INSTITUT FUER TIERERNAEHRUNGSLEHRE DER UNI KIEL
KIEL, OLSHAUSENSTR. 40-60
VORHAB rueckfuetterung von guelle nach aerober behandlung
es soll geprueft werden, ob durch aerobe behandlung von guelle, insbesondere schweineguelle und durch verfuetterung dieser guelle insbesondere an mastschweine eine wesentliche reduktion der guelleinhaltsstoffe durch retention im tierkoerper erfolgt. das problem der guellebeseitigung bei betrieben mit keiner oder geringer landwirtschaftlicher nutzflaeche koennte dadurch verringert werden
S.WORT guelle + wiederverwendung + futtermittel
PROLEI PROF. DR. DR. KRAFT DREGGER
STAND 21.7.1976
QUELLE fragebogenerhebung sommer 1976
FINGEB DEUTSCHE FORSCHUNGSGEMEINSCHAFT
ZUSAM INST. F. TIERHYGIENE, VETERINAERSTR. 13, 8000 MUENCHEN
BEGINN 1.3.1975 ENDE 30.3.1977
G.KOST 59.000 DM
LITAN ZWISCHENBERICHT

MF -045

INST INSTITUT FUER TIERMEDIZIN UND TIERHYGIENE DER UNI HOHENHEIM
STUTTGART 70, GARBENSTR. 30
VORHAB untersuchungen ueber den einsatz des umwaelzbeluefters "system fuchs" zur entseuchung von fluessigmist
die gewinnung tierischer exkremente erfolgt heute meist in form von fluessigmist (guelle). diese guelle fuehrt haeufig zu einer sehr starken geruchsbelastigung. um diese herabzumindern, wurde das verfahren der umwalzbelueftung (system fuchs) entwickelt. die untersuchungen dienen der feststellung, unter welchem umstaenden in der guelle vorhandene krankheitserreger durch das verfahren der umwalzbelueftung abgetoetet werden
S.WORT fluessigmist + entseuchung + belueftungsverfahren
PROLEI PROF. DR. DIETER STRAUCH
STAND 1.1.1974
FINGEB BUNDESMINISTER FUER ERNAEHRUNG, LANDWIRTSCHAFT UND FORSTEN
BEGINN 1.1.1976 ENDE 31.12.1977
G.KOST 73.000 DM
LITAN - ZWISCHENBERICHT
- ZWISCHENBERICHT 1975. 03

MF -046

INST INSTITUT FUER TIERMEDIZIN UND TIERHYGIENE DER UNI HOHENHEIM
STUTTGART 70, GARBENSTR. 30

VORHAB **untersuchungen ueber die aus hygienischen gruenden erforderliche hitzeanwendung bei der herstellung von tiermehlen, unter besonderer beruecksichtigung neuer technischer verfahren**
die durchzufuehrenden untersuchungen erstreckten sich auf die feststellung, inwieweit tierseuchenerreger bei den ueblichen verfahren durch die hitzeeinwirkung abgetoetet werden. da die qualitaet des aus schlachtabfaellen und tierkoerpern gewonnenen tiermehls durch zu hohe erhitzung nachteilig beeinflusst wird, sollen die beziehungen zwischen erhitzung und bakterienabsterberate naeher untersucht und vorschlaege fuer eine optimale sterilisation dieser abfaelle bei gleichzeitigem optimalen schutz der eiweissqualitaet ausgewertet werden

S.WORT tierkoerperbeseitigung + sterilisation + futtermittel + (tiermehl)
PROLEI PROF. DR. DIETER STRAUCH
STAND 27.7.1976
QUELLE fragebogenerhebung sommer 1976
FINGEB BUNDESMINISTER FUER ERNAEHRUNG, LANDWIRTSCHAFT UND FORSTEN
BEGINN 1.1.1975 ENDE 31.12.1976
G.KOST 77.000 DM
LITAN ZWISCHENBERICHT

MF -047

INST INSTITUT FUER VERFAHRENSTECHNIK DER BUNDESANSTALT FUER MILCHFORSCHUNG
KIEL, HERMANN-WEIGMANN-STR. 1-27

VORHAB **untersuchungen zum trennen der inhaltsstoffe von molke durch ultrafiltration und deren verwendung**
durch das verfahren der ultrafiltration eroeffnen sich durch trennen der inhaltsstoffe neue moeglichkeiten der verwertung von molke fuer fuetterungszwecke, die menschliche ernaehrung und die pharmazeutische anwendung, wodurch die gefahr der abwasserbelastung herabgesetzt werden kann. unter diesen gesichtspunkten werden untersuchungen ueber die verfahrenstechnischen grundlagen zur aufarbeitung von molke und den vergleich verschiedener ultrafiltrationsapparate und -membranen durchgefuehrt. auf der grundlage der ergebnisse sollen richtlinien erarbeitet werden, die es ermoeglichen, ultrafiltrationssysteme hinsichtlich ihrer effizienz bei der verarbeitung von molke beurteilen zu koennen

S.WORT milchverarbeitung + produktionsrueckstaende + recycling + (molke)
PROLEI DR. EBERHARD VOSS
STAND 30.8.1976
QUELLE fragebogenerhebung sommer 1976
BEGINN 1.1.1976 ENDE 31.12.1979
G.KOST 600.000 DM
LITAN ENDBERICHT

MF -048

INST LEHRSTUHL FUER TIERHYGIENE DER UNI MUENCHEN
MUENCHEN 22, VETERINAERSTR. 13

VORHAB **entwicklung eines oxydationssystems zur fluessigmistbehandlung mit anschliessender mikrobiologischer verwertung**
oxidation bzw. hygienisierung der schweineguelle durch einbringung der luft durch umwaelzbeluefter. beimpfung der so oxidierten guelle als naehrsubstrat mit eiweissbildenden keimen. beifuetterung des naehrsubstrats an schweine (fluessigfuetterung). untersuchung der fleischqualitaet der schweine, die mit diesem naehrsubstat beigefuettert wurden

S.WORT fluessigmist + sauerstoffeintrag
PROLEI PROF. DR. JOHANN KALICH
STAND 21.7.1976
QUELLE fragebogenerhebung sommer 1976
FINGEB - STAATSMINISTERIUM FUER LANDESENTWICKLUNG UND UMWELTFRAGEN, MUENCHEN
- BSA MASCHINENFABRIK PAUL G. LANGER GMBH, MUENCHBERG
ZUSAM - INST. F. TIERERNAEHRUNGSLEHRE DER UNI KIEL, OLSHAUSERSTR. 40-60, 2300 KIEL
- INST. F. KLEINTIERZUCHT DER FORSCHUNGSANSTALT FUER LANDWIRTSCHAFT BRAUNSCHWEIG, 3100 CELLE
BEGINN 1.10.1973 ENDE 31.12.1976
G.KOST 216.000 DM
LITAN ZWISCHENBERICHT

MF -049

INST WILHELM-KLAUDITZ-INSTITUT FUER HOLZFORSCHUNG DER FRAUNHOFER-GESELLSCHAFT E.V.
BRAUNSCHWEIG, BIENRODERWEG 54E

VORHAB **untersuchungen ueber die verwendung von kiefernsturmholz aus norddeutschland**

S.WORT holzabfaelle + verwertung
PROLEI MAY
STAND 1.1.1974

MF -050

INST WILHELM-KLAUDITZ-INSTITUT FUER HOLZFORSCHUNG DER FRAUNHOFER-GESELLSCHAFT E.V.
BRAUNSCHWEIG, BIENRODERWEG 54E

VORHAB **einfluss der extraktstoffe auf die verwertungsmoeglichkeiten der rinde von fichte und kiefer**
ermittlung des extraktstoffgehalts an fichten- und kiefernrinde in abhaengigkeit von jahreszeit des einschlages, entrindungsart und lagerdauer. chemische untersuchung dieser extraktstoffe in bezug auf ph-wert, zuckergehalt, gerbstoffgehalt und einigen grundkomponenten der chemischen zusammensetzung. untersuchung der wechselwirkungen zwischen den extrakten und wichtigen industriellen chemikalien wie phenolharz, harnstoffharz, beschichtungen, kleber und anstrichen usw.

S.WORT holzabfaelle + verwertung + schadstoffe
PROLEI DR. -ING. EDMONE ROFFAEL
STAND 13.8.1976
QUELLE fragebogenerhebung sommer 1976
FINGEB CENTRALE MARKETINGGESELLSCHAFT DER DEUTSCHEN AGRARWIRTSCHAFT MBH (CMA), BONN-BAD GODESBERG
ZUSAM - FACHAUSSCHUSS HOLZCHEMIE DER DEUTSCHEN GESELLSCHAFT F. HOLZFORSCHUNG, PRANNERSTR. 9, 8000 MUENCHEN 2
- ARBEITSKREIS RINDE DER DGFH, PRANNERSTRASSE 9, 8000 MUENCHEN
BEGINN 1.1.1974 ENDE 31.12.1975
G.KOST 75.000 DM
LITAN - ROFFAEL, E.: DIE BEDEUTUNG DER INHALTSSTOFFE DER RINDE FUER IHRE VERWENDUNG IN SPANPLATTEN. 1. MITT.: EINFLUSS DER INHALTSSTOFFE AUF DIE FORMADEHYDABGABE VON RINDENPLATTEN. IN: HOLZFORSCHUNG 30(1) S. 9-14(1976)
- ENDBERICHT

Weitere Vorhaben siehe auch:

KB -001 EINSATZ VON ABWASSER-ALGEN-SYSTEMEN ZUR KOMBINIERTEN WASSERRUECKGEWINNUNG UND PROTEINERZEUGUNG

KB -070 REINIGUNG VON WEIZENSTAERKEFABRIKWASSER MIT HILFE DER ULTRAFILTRATION

KB -088 EINSATZ VON ABWASSER-ALGEN-SYSTEMEN ZUR GLEICHZEITIGEN WASSERRUECKGEWINNUNG UND ZUR PROTEINERZEUGUNG

KC -035 VERBESSERUNG DER TECHNOLOGIE DER HERSTELLUNG VON EINZELLERPROTEIN MIT DEM ZIEL, EINE VERMINDERUNG DER ABWASSERBELASTUNG ZU ERREICHEN

KC -051 ERMITTLUNG TECHNISCHER KENNDATEN DER EINZELLERPROTEINERZEUGUNG AUS ABFALLSTOFFEN

KD -018 GEWINNUNG VON AMYLOLYTISCHEN ENZYMEN AUS SCHLEMPE - EIN BEITRAG ZUR SENKUNG DER ABWASSERBELASTUNG

MD -002 TEILUNTERSUCHUNGEN ZUR KOMPOSTIERUNG VON SIEDLUNGS- UND LANDWIRTSCHAFTSABFAELLEN

TF -022 VERHINDERUNG HYGIENISCHER GEFAEHRDUNG BEI DER BESEITIGUNG UND VERARBEITUNG TIERISCHER ABFAELLE

MG -001
INST ABTEILUNG FUER PFLANZENBAU UND PFLANZENZUECHTUNG IN DEN TROPEN UND SUBTROPEN / FB 16 DER UNI GIESSEN
GIESSEN, SCHOTTSTR. 2
VORHAB **erhebung ueber die abfallwirtschaft in tropischen und subtropischen gebieten**
es werden daten gesammelt, um einen ueberblick ueber die abfallwirtschaft grosser staedte in entwicklungslaendern und ueber die nutzungsmoeglichkeit in der landwirtschaft zu erhalten
S.WORT abfallwirtschaft + entwicklungslaender + recycling
PROLEI PROF. DR. ANASTASIU
STAND 6.8.1976
QUELLE fragebogenerhebung sommer 1976
ZUSAM - ARBEITSGEMEINSCHAFT GIESSENER UNIVERSITAETSINSTITUTE FUER ABFALLWIRTSCHAFT
- KONTAKTSTELLEN IN ENTWICKLUNGSLAENDERN
BEGINN 1.1.1975

MG -002
INST AGRIKULTURCHEMISCHES INSTITUT DER UNI BONN
BONN, MECKENHEIMER ALLEE 176
VORHAB **untersuchungen zur normung der beschaffenheit von muellkomposten**
untersuchung zur ermittlung von zahlenwerten fuer die berechnung der streuung der ergebnisse von kompostuntersuchungen mit dem ziel, eine gewisse normung der kompostbeschaffenheit zu erreichen
S.WORT muellkompost + normen
PROLEI PROF. DR. HERMANN KICK
STAND 1.1.1974
FINGEB SIEDLUNGSVERBAND RUHRKOHLENBEZIRK, ESSEN
BEGINN 1.1.1973 ENDE 31.12.1976
G.KOST 50.000 DM

MG -003
INST BATTELLE-INSTITUT E.V.
FRANKFURT 90, AM ROEMERHOF 35
VORHAB **planung regionaler abfallbeseitigung; vergleich von moeglichkeiten und kosten verschiedener transportsysteme**
S.WORT regionalplanung + abfallbeseitigung + transport + oekonomische aspekte
STAND 1.1.1974

MG -004
INST BATTELLE-INSTITUT E.V.
FRANKFURT 90, AM ROEMERHOF 35
VORHAB **einrichtungen zur beseitigung fester abfallstoffe: gebietsaufteilung, aufkommensprognose, optimierungsmodell**
S.WORT abfallbeseitigung + planungsmodell
STAND 1.1.1974

MG -005
INST BATTELLE-INSTITUT E.V.
FRANKFURT 90, AM ROEMERHOF 35
VORHAB **studie ueber die voraussetzungen und auswirkungen einer ausgleichsabgabe bzw. einer rechtsverordnung zu par. 14 abfg fuer einwegflaschen aus glas**
mit hilfe einer kosten/nutzen-analyse werden die vor- und nachteile einer ausgleichsabgabe auf einwegflaschen aus glas untersucht und bewertet. im rahmen der studie wird ausserdem die problematik einer rechtsverordnung zu par. 14 abfg, die die beschraenkung bzw. das verbot von gewissen behaeltnissen ermoeglicht, untersucht
S.WORT abfallgesetz + ausgleichsabgabe + altglas + (einwegflasche)
STAND 1.1.1975
QUELLE umweltforschungsplan 1975 des bmi
FINGEB BUNDESMINISTER DES INNERN
BEGINN 20.9.1974 ENDE 31.3.1975
G.KOST 68.000 DM

MG -006
INST DIVO INMAR GMBH
FRANKFURT, HAHNSTR. 40
VORHAB **analyse der voraussetzungen und der moeglichen auswirkungen einer ausgleichsabgabe bzw. einer rechtsverordnung zu par. 14 abfg fuer kunststoffverpackungen**
mit diesen untersuchungen soll die wissenschaftliche grundlage zur beurteilung der vor- und nachteile einer ausgleichsabgabe bzw. einer rechtsverordnung zu par. 14 abfg fuer kunststoffverpackungen erarbeitet werden
S.WORT abfallgesetz + ausgleichsabgabe + kunststoffabfaelle
STAND 1.1.1975
QUELLE umweltforschungsplan 1975 des bmi
FINGEB BUNDESMINISTER DES INNERN
BEGINN 1.1.1975 ENDE 31.7.1975
G.KOST 141.000 DM

MG -007
INST DORNIER SYSTEM GMBH
FRIEDRICHSHAFEN, POSTFACH 1360
VORHAB **mitarbeit bei der realisierung einer datenbank abfallwirtschaft (version o)**
im rahmen des umwelt-planungs-informationssystems (umplis) ist ein datenbank-subsystem abfallwirtschaft zu realisieren. ziel der pilotphase (version o) ist es, die handhabung eines benutzergerechten datensystems (dornier: technologie-, verwerterdatei, iabg: abfallarten-, anlagendatei, abfallkataster) mit realistischen daten zu erproben und erfahrungen fuer den weiteren aufbau (version 1) zu gewinnen. die programmsoftware, wie sie fuer davor beim umweltbundesamt besteht, ist zu verwirklichen
S.WORT abfallwirtschaft + datenbank
PROLEI DIPL. -ING. HELMUT RAUSCHENBERGER
STAND 10.9.1976
QUELLE fragebogenerhebung sommer 1976
FINGEB UMWELTBUNDESAMT
ZUSAM INDUSTRIEANLAGEN-BETRIEBSGESELLSCHAFT MBH, 8012 OTTOBRUNN
BEGINN 1.1.1976 ENDE 30.9.1976
G.KOST 125.000 DM
LITAN ZWISCHENBERICHT

MG -008
INST DORNIER SYSTEM GMBH
FRIEDRICHSHAFEN, POSTFACH 1360
VORHAB **wirtschaftlichkeitsvergleich alternativer betriebssysteme von grossdeponien**
der konventionelle deponiebetrieb mit verteilung der abfaelle durch sammelfahrzeuge ist mit betriebssystemen mit zentraler uebergabestation und festen deponiestrassen zu vergleichen
S.WORT deponie + wirtschaftlichkeit
STAND 20.11.1975
FINGEB BUNDESMINISTER DES INNERN
BEGINN 12.10.1975 ENDE 31.12.1976
G.KOST 40.000 DM

MG -009
INST ECOSYSTEM - GESELLSCHAFT FUER UMWELTSYSTEME MBH
MUENCHEN 19, VOITSTR. 4
VORHAB **studien und gutachten zur erstellung eines abfallwirtschaftsprogramm der bundesregierung**
studiengruppen, ad hoc studienauftraege, unterstuetzung der projektgruppen im rahmen der hauptstudie "abfallwirtschaftsprogramm der bundesregierung"
S.WORT abfallwirtschaftsprogramm + recycling + systemanalyse
BUNDESREPUBLIK DEUTSCHLAND
PROLEI DR. EGON KELLER
STAND 1.1.1974
QUELLE umweltforschungsplan 1974 des bmi
FINGEB BUNDESMINISTER DES INNERN
BEGINN 1.1.1974 ENDE 31.12.1974
G.KOST 600.000 DM
LITAN VORSTUDIE, ABFALLWIRTSCHAFTSPROGRAMM DER BUNDESREGIERUNG

MG -010

INST ECOSYSTEM - GESELLSCHAFT FUER UMWELTSYSTEME MBH
MUENCHEN 19, VOITSTR. 4
VORHAB **vorstudie zur erstellung eines recyclingprogramms der bundesregierung**
in einer vorstudie sollen daten ueber das bereits bestehende recycling in der bundesrepublik zusammengestellt werden. daneben sollen die problemgebiete fuer eine hauptuntersuchung abgesteckt und ein katalog von bewertungskriterien aufgestellt werden. die vorstudie wird den rahmenplan fuer eine sich anschliessende hauptstudie darstellen
S.WORT abfallwirtschaft + recycling + (programm der bundesregierung)
STAND 1.1.1974
QUELLE umweltforschungsplan 1974 des bmi
FINGEB BUNDESMINISTER DES INNERN
BEGINN 1.9.1973 ENDE 31.3.1974
G.KOST 134.000 DM

MG -011

INST FACHGEBIET BETRIEBSWIRTSCHAFTSLEHRE DER TH DARMSTADT
DARMSTADT, HOCHSCHULSTR. 1
VORHAB **modellunterstuetzte planung der raeumlichen entwicklung und der abfallbeseitigung in einer vorgegebenen region**
S.WORT abfallbeseitigung + planungsmodell
PROLEI PROF. DR. HEINER MUELLER-MERBACH
STAND 7.9.1976
QUELLE datenuebernahme von der deutschen forschungsgemeinschaft
FINGEB DEUTSCHE FORSCHUNGSGEMEINSCHAFT

MG -012

INST GOEPFERT, PETER, DIPL.-ING. UND REIMER, HANS, DR.-ING., VBI-BERATENDE INGENIEURE
HAMBURG 60, BRAMFELDER STR. 70
VORHAB **kostenstrukturuntersuchungen zu verschiedenen verfahren der abfallbeseitigung**
ermittlung von fortschreibbaren kosten fuer verschiedene abfallbeseitigungsmethoden von siedlungsabfaellen und deren verfahrenstechnischen kombinationen in abhaengigkeit von der jeweiligen anlagengroesse
S.WORT abfallbeseitigungsanlage + siedlungsabfaelle + kosten
PROLEI DIPL. -ING. PETER GOEPFERT
STAND 22.12.1975
FINGEB BUNDESMINISTER DES INNERN
BEGINN 10.12.1975 ENDE 10.12.1976
G.KOST 256.000 DM

MG -013

INST GOEPFERT, PETER, DIPL.-ING. UND REIMER, HANS, DR.-ING., VBI-BERATENDE INGENIEURE
HAMBURG 60, BRAMFELDER STR. 70
VORHAB **gutachten ueber die zukuenftige abfallbeseitigung und wiederverwendung von abfaellen im raum luebeck**
erarbeiten einer optimalen loesung fuer die abfallbeseitigung im raum luebeck mit hilfe der nutzwertanlyse
S.WORT abfallbeseitigung + recycling + nutzwertanalyse
LUEBECK (RAUM)
PROLEI DIPL. -ING. PETER HILLEBRAND
STAND 2.8.1976
QUELLE fragebogenerhebung sommer 1976
FINGEB STADT LUEBECK, AMT FUER STADTREINIGUNG UND MARKTWESEN
BEGINN 1.3.1975 ENDE 31.12.1976
G.KOST 100.000 DM

MG -014

INST GOEPFERT, PETER, DIPL.-ING. UND REIMER, HANS, DR.-ING., VBI-BERATENDE INGENIEURE
HAMBURG 60, BRAMFELDER STR. 70
VORHAB **gutachten ueber die neuordnung der abfallbeseitigung im raum bielefeld**
erarbeiten einer optimalen loesung fuer die abfallbeseitigung im raum bielefeld mit hilfe der nutzwertanalyse
S.WORT abfallbeseitigung + nutzwertanalyse
BIELEFELD (RAUM)
PROLEI DIPL. -ING. PETER HILLEBRAND
STAND 2.8.1976
QUELLE fragebogenerhebung sommer 1976
FINGEB STADTREINIGUNGSAMT BIELEFELD
BEGINN 1.6.1975 ENDE 30.6.1976
G.KOST 100.000 DM

MG -015

INST INDUSTRIEANLAGEN-BETRIEBSGESELLSCHAFT MBH (IABG)
OTTOBRUNN, EINSTEINSTR.
VORHAB **abfallwirtschaftsprogramm der bundesregierung - projektbetreuung**
betreuung der sachverstaendigen in den arbeitskreisen: papier (1. 1), glas (1. 2), kunststoff (1. 3), altreifen (1. 4)
S.WORT abfallwirtschaftsprogramm + datensammlung
BUNDESREPUBLIK DEUTSCHLAND
PROLEI DR. BIRR
STAND 1.10.1974
FINGEB ECOSYSTEM, GESELLSCHAFT FUER UMWELTSYSTEME MBH, MUENCHEN
BEGINN 1.3.1974 ENDE 31.12.1974
G.KOST 110.000 DM
LITAN - VORSTUDIE: ABFALLWIRTSCHAFTSPROGRAMM DER BUNDESREGIERUNG
- ZWISCHENBERICHT 1975. 08

MG -016

INST INDUSTRIEANLAGEN-BETRIEBSGESELLSCHAFT MBH (IABG)
OTTOBRUNN, EINSTEINSTR.
VORHAB **projektdefinitionsstudie zur errichtung einer abfallwirtschaftsdatenbank**
1) erarbeitung eines grobkonzeptes fuer eine abfallwirtschaftsdatenbank, 2) erarbeitung eines feinkonzeptes, 3) analyse des vorhandenen materials zur vorbereitung des abfallwirtschaftsprogrammes, 4) erarbeitung eines edv-konzeptes fuer die abfallwirtschaftsdatenbank im rahmen des gesamtsystems umplis (informations- und dokumentationssystem zur umweltplanung)
S.WORT abfallwirtschaft + datenbank + abfallwirtschaftsprogramm
PROLEI DR. BIRR
STAND 12.3.1975
QUELLE erhebung 1975
FINGEB UMWELTBUNDESAMT
BEGINN 1.1.1975 ENDE 30.6.1975
G.KOST 41.000 DM

MG -017

INST INDUSTRIEANLAGEN-BETRIEBSGESELLSCHAFT MBH (IABG)
OTTOBRUNN, EINSTEINSTR.
VORHAB **erstellung einer datenbank abfallwirtschaft (version o)**
fuer die geplante datenbank "abfallwirtschaft" des umweltbundesamtes werden pilotversionen zur datei der anlagen, datei der abfallarten und zur abfallkatasterdatei entwickelt
S.WORT abfallwirtschaft + datenbank + (pilotversion)
PROLEI DR. ULRICH LIEBERMEISTER
STAND 2.8.1976
QUELLE fragebogenerhebung sommer 1976
FINGEB UMWELTBUNDESAMT
ZUSAM DORNIER SYSTEM GMBH, POSTFACH 1360, 7990 FRIEDRICHSHAFEN
BEGINN 1.11.1975 ENDE 30.9.1976
G.KOST 110.000 DM

MG -018

INST INSTITUT FUER ABFALLWIRTSCHAFT DER TU BERLIN
BERLIN 12, STRASSE DES 17. JUNI 135

VORHAB **bewertung und entscheidungsvorbereitung bei der planung von sonderabfallbeseitigungssystemen**
bei dem planungsprozess von sonderabfallbeseitigungssystemen wird anhand konkreter planungsunterlagen der planungsprozess analysiert. diese analyse bildet die grundlage fuer eine systemtechnische formalisierung des planungsgeschehens. die bewertungs- und entscheidungssituationen innerhalb des planungsprozesses werden besonders untersucht, wobei die einsatzmoeglichkeiten der nutzwertanalyse einghend geprueft werden
S.WORT abfallbeseitigung + sondermuell + planung + entscheidungsmodell
PROLEI DIPL. -ING. KARL BRANDL
STAND 10.9.1976
QUELLE fragebogenerhebung sommer 1976
BEGINN 1.1.1974 ENDE 31.12.1976
G.KOST 29.000 DM
LITAN ZWISCHENBERICHT

MG -019
INST INSTITUT FUER INDUSTRIELLE FORMGEBUNG DER TU HANNOVER
HANNOVER, WILHELM-BUSCH-STR. 8
VORHAB **gestaltung von produkten unter beruecksichtigung des abfallproblems**
S.WORT verpackung + abfall
PROLEI PROF. LINDINGER
STAND 1.1.1974
BEGINN 1.1.1972

MG -020
INST INSTITUT FUER SIEDLUNGS- UND WOHNUNGSWESEN DER UNI MUENSTER
MUENSTER, AM STADTGRABEN 9
VORHAB **ein regionalisiertes optimierungsmodell einer integrierten abfallwirtschaft**
S.WORT abfallwirtschaft + regionalplanung + optimierungsmodell
PROLEI PROF. DR. R. THOSS
STAND 1.1.1976
QUELLE mitteilung des bundesministers fuer ernaehrung,landwirtschaft und forsten
FINGEB DEUTSCHE FORSCHUNGSGEMEINSCHAFT

MG -021
INST INSTITUT FUER SIEDLUNGSWASSERWIRTSCHAFT DER TH AACHEN
AACHEN, MIES-VAN-DER-ROHE-STR. 1
VORHAB **optimierungen der klaerschlammbeseitigung - monobehandlung oder behandlung gemeinsam mit muell unter beruecksichtigung der regionalstruktur**
klaerschlammbeseitigung z. zt. bei vielen klaeranlagen laengerfristig nicht gesichert; fehlende beseitigungsmoeglichkeiten (deponieflaechen); untersuchung soll vorschlaege erbringen, schlamm optimal - nach kosten und umweltschutzgesichtspunkten - zu beseitigen oder verwerten; wenn moeglich zusammen mit muell
S.WORT klaerschlammbeseitigung + abfallbeseitigung
PROLEI DIPL. -ING. KOEHLHOFF
STAND 1.1.1974
FINGEB MINISTER FUER ERNAEHRUNG, LANDWIRTSCHAFT UND FORSTEN, DUESSELDORF
BEGINN 1.1.1974
G.KOST 152.000 DM

MG -022
INST INSTITUT FUER SIEDLUNGSWASSERWIRTSCHAFT DER UNI KARLSRUHE
KARLSRUHE, AM FASANENGARTEN
VORHAB **wirtschaftliche aspekte der flockung bei der abwasserreinigung**
es ist zu ermitteln, ob und in welchen faellen die abwasserflockung wirtschaftlich ist. hierzu sollen alle kosten (investitions- und betriebskosten) betriebswirtschaftlich korrekt erfasst werden, sowie verhuetete schaeden und alle weiteren erfassbaren vorteile mit in die berechnung aufgenommen werden
S.WORT abwasserreinigung + flockung + oekonomische aspekte
PROLEI PROF. HAHN
STAND 20.11.1975
FINGEB BUNDESMINISTER DES INNERN
BEGINN 1.7.1975 ENDE 31.12.1977
G.KOST 123.000 DM

MG -023
INST INSTITUT FUER UMWELTSCHUTZ UND UMWELTGUETEPLANUNG DER UNI DORTMUND
DORTMUND, ROSEMEYERSTR. 6
VORHAB **anwendung der dynamischen optimierung auf die regionale abfallbeseitigung**
unter anwendung der methodik der dynamischen optimierung sowie unter beruecksichtigung des transportproblems soll ein mathematisches optimierungsmodell fuer die regionale abfallentsorgung entwickelt werden
S.WORT abfallbeseitigung + abfalltransport + optimierungsmodell
PROLEI DIPL. -PHYS. VOLKHARD SCHULZ
STAND 22.7.1976
QUELLE fragebogenerhebung sommer 1976
LITAN ZWISCHENBERICHT

MG -024
INST INSTITUT FUER WASSER- UND ABFALLWIRTSCHAFT DER LANDESANSTALT FUER UMWELTSCHUTZ BADEN-WUERTTEMBERG
KARLSRUHE, GRIESBACHSTR. 2
VORHAB **sonderabfall-rahmenplan**
teilgebiet der rahmenplanung zur abfallbeseitung
S.WORT abfallbeseitigung + sondermuell + rahmenplan BADEN-WUERTTEMBERG
PROLEI KREISCHER
STAND 1.1.1974
FINGEB MINISTERIUM FUER ERNAEHRUNG, LANDWIRTSCHAFT UND UMWELT, STUTTGART
BEGINN 1.3.1971 ENDE 31.12.1985

MG -025
INST INSTITUT FUER WASSER- UND ABFALLWIRTSCHAFT DER LANDESANSTALT FUER UMWELTSCHUTZ BADEN-WUERTTEMBERG
KARLSRUHE, GRIESBACHSTR. 2
VORHAB **abfalltechnischer rahmenplan**
die abfalltechnische rahmenplanung beinhaltet die allgemeine landesplanung unter dem aspekt der abfallbeseitigung; diese rahmenplaene sollen die standorte, die beseitigungsmethode, gegebenenfalls verfahren, die einzugsbereiche, die groesse, sowie die investitionskosten enthalten und gliedern sich in teilplaene wie z. b. hausmuell, industrielle sonderabfalle, klaerschlamm, altautos, altreifen, sperrmuell usw.; die loesungen und ergebnisse werden erreicht aufgrund umfangreicher ausgangsdaten und sinnvoller rechenmodelle
S.WORT abfallbeseitigung + (rahmenplan)
PROLEI SENG
STAND 1.1.1974
FINGEB - BUNDESMINISTER FUER FORSCHUNG UND TECHNOLOGIE
- MINISTERIUM FUER ERNAEHRUNG, LANDWIRTSCHAFT UND UMWELT, STUTTGART
ZUSAM LEHRSTUHL FUER SIEDLUNGSWASSERBAU DER UNI, 75 KARLSRUHE, KAISERSTR. 12
BEGINN 1.3.1971 ENDE 31.12.1985
LITAN ZWISCHENBERICHT 1974. 07

MG -026
INST INSTITUT FUER WASSER-, BODEN- UND LUFTHYGIENE DES BUNDESGESUNDHEITSAMTES
BERLIN 33, CORRENSPLATZ 1

VORHAB **ausarbeitung der wissenschaftlichen grundlagen und aufstellung eines konzepts fuer den entwurf einer rechtsverordnung zu par. 15 abfg**
im rahmen der in par. 15 abs. 2 vorgesehenen verordnungsermaechtigung sind folgende fragen wissenschaftlich zu klaeren: 1. fuer welche der in par. 15 abs. 1 genannten abfaelle ist eine beschraenkung bzw. ein verbot hinsichtlich des ausbringens vorzusehen? 2. festlegung seuchenhygienischer und chemisch-physikalischer verfahren und von grenzwerten fuer inhaltsstoffe, 3. wann wird fuer jauche, guelle und stallmist das mass der ueblichen landwirtschaftlichen duengung ueberschritten? 4. welche qualitaetskriterien sind fuer kompost zu fordern?
S.WORT abfallgesetz + rechtsverordnung
STAND 1.1.1974
QUELLE umweltforschungsplan 1974 des bmi
FINGEB BUNDESMINISTER DES INNERN
BEGINN 1.1.1973 ENDE 31.12.1974
G.KOST 45.000 DM

MG -027
INST INSTITUT FUER WASSER-, BODEN- UND LUFTHYGIENE DES BUNDESGESUNDHEITSAMTES BERLIN 33, CORRENSPLATZ 1
VORHAB **europ-cost-aktion klaerschlammbehandlung**
1. untersuchungen zur standardisierung und weiterentwicklung von charakterisierungsverfahren fuer klaerschlaemme unter besonderer beruecksichtigung der teilchengroessenzusammensetzung, 2. entwicklung von labor-untersuchungsmethoden zur charakterisierung der zentrifugierbarkeit von schlaemmen, 3. untersuchungen ueber die zusammenhaenge zwischen dem kolloid-chemischen aufbau von klaerschlaemmen und ihrer rheologischen eigenschaften sowie ihrer filtrationsfaehigkeit mittels der synthetischen methode
S.WORT abwasserreinigung + klaerschlammbehandlung + standardisierung
STAND 1.1.1975
QUELLE umweltforschungsplan 1975 des bmi
FINGEB BUNDESMINISTER DES INNERN
BEGINN 1.1.1972 ENDE 31.12.1975
G.KOST 230.000 DM

MG -028
INST LEHRSTUHL FUER INDUSTRIEBETRIEBSLEHRE DER UNI ERLANGEN-NUERNBERG NUERNBERG, FINDELGASSE 7-9
VORHAB **integration des abfallstoff-recycling in die unternehmensplanung**
zielsetzung ist die erarbeitung eines planungskonzeptes fuer unternehmen zur vorbereitung und durchfuehrung von betrieblichen, regionalen und branchenuebergreifenden programmen zur wiederverwendung (recycling) und weiterverwendung von abfallstoffen aus produktion und konsum ihrer erzeugnisse. mit der systemtechnischen methode der input-output-analyse werden informationen ueber die sozialkostenintensitaet und ueber die verfahrens- und produktbedingten anforderungs- una abgabeprofile der stofftransformierenden produktions- und verbraucherprozesse gewonnen
S.WORT recycling + planungsdaten + soziale kosten + oekonomische aspekte + (unternehmensplanung)
PROLEI PROF. DR. WERNER PFEIFFER
STAND 11.8.1976
QUELLE fragebogenerhebung sommer 1976
BEGINN 1.4.1972
G.KOST 60.000 DM
LITAN PFEIFFER, W.;SCHULTHEISS, B.;STAUDT, E.: RECYCLING-SYSTEMTECHNISCHER ANSATZ ZUR BERUECKSICHTIGUNG VON WIEDERVERWENDUNGSKREISLAEUFEN IN DER LANGFRISTIGEN UNTERNEHMENSPLANUNG. IN: SYSTEMTECHNIK - GRUNDLAGEN UND ANWENDUNG, ROPOHL, G. (ED.), MUENCHEN/WIEN S. 195-212(1975)

MG -029
INST LEHRSTUHL FUER INGENIEUR- UND HYDROGEOLOGIE DER TH AACHEN AACHEN, KOPERNIKUS-STRASSE 6
VORHAB **planungskarte wassergewinnung und lagerung von abfallstoffen (suedliche niederrheinische bucht und eifel)**
planungskarte mit hydrogeologischer grundlage und wasserwirtschaftlichen gegebenheiten fuer den dienstgebrauch
S.WORT wassergewinnung + kartierung + abfallagerung EIFEL + NIEDERRHEIN
PROLEI PROF. DR. HEITFELD
STAND 1.1.1974
FINGEB MINISTER FUER ERNAEHRUNG, LANDWIRTSCHAFT UND FORSTEN, DUESSELDORF
ZUSAM - GEOLOGISCHES LANDESAMT NORDRHEIN-WESTFALEN, 415 KREFELD, DE-GREIFF-STR. 195
- WESTFAELISCHE BERGGEWERKSCHAFTSKASSE, 463 BOCHUM
BEGINN 1.1.1970

MG -030
INST LEHRSTUHL UND INSTITUT FUER STAEDTEBAU UND LANDESPLANUNG DER TH AACHEN AACHEN, SCHINKELSTR. 1
VORHAB **staedtebauliche anforderungen bei der saeuberung, verwertung und beseitigung von festen siedlungsabfaellen**
S.WORT staedtebau + abfallbeseitigung + siedlungsabfaelle
STAND 1.1.1974

MG -031
INST MESSERSCHMITT-BOELKOW-BLOHM GMBH MUENCHEN 80, POSTFACH 80 11 69
VORHAB **sondermuellbeseitigung in der europaeischen gemeinschaft**
studie ueber die einheitliche behandlung von sondermuell in den europaeischen gemeinschaften. gesetzliche und technische vermessungen fuer die organisation einer supranationalen abfallboerse
S.WORT sondermuell + abfallbeseitigung + abfallboerse + europaeische gemeinschaft
PROLEI DIPL. -PHYS. SCHAFFER
STAND 1.1.1974
FINGEB EUROPAEISCHE GEMEINSCHAFTEN
BEGINN 1.11.1973 ENDE 31.7.1974
G.KOST 80.000 DM
LITAN - ZWISCHENBERICHT 1974. 07
- ABSCHLUSSBERICHT ZUM FORSCHUNGSVORHABEN VOM OKTOBER 1974 (IM UBA VORHANDEN)

MG -032
INST MESSERSCHMITT-BOELKOW-BLOHM GMBH MUENCHEN 80, POSTFACH 80 11 69
VORHAB **edv-instrumentarium fuer planspiele; optimale abfallentsorgungsstrukturen**
ein edv-planungsinstrumentarium wurde unter einbeziehung eines beim siedlungsverband ruhrkohlenbezirk entwickelten programmpakets in eine bildschirm-dialogform gebracht. mit dieser version koennen im interaktiven betrieb planungsrechnungen durchgefuehrt werden, mit der moeglichkeit, ausgangssituationen zu variieren (insbesondere bei unsicherheit), bestimmte loesungsteilbereiche vorzugeben (etwa aus politischen ueberlegungen), vom rechner vorgeschlagene loesungen zu variieren und eigene loesungsvorschlaege vom rechner analysieren zu lassen
S.WORT abfallbeseitigung + datenverarbeitung + planungshilfen RHEIN-RUHR-RAUM
PROLEI DIPL. -MATH. HANS OSTERMANN
STAND 22.7.1976
QUELLE fragebogenerhebung sommer 1976
FINGEB SIEDLUNGSVERBAND RUHRKOHLENBEZIRK, ESSEN
BEGINN 1.1.1973 ENDE 31.12.1976
G.KOST 340.000 DM
LITAN ENDBERICHT

MG -033
INST MESSERSCHMITT-BOELKOW-BLOHM GMBH
MUENCHEN 80, POSTFACH 80 11 69
VORHAB **gefaehrliche und toxische abfaelle in den europaeischen gemeinschaften**
die studie besteht aus einem technischen und einem juristischen teil. der technische teil enthaelt eine uebersicht ueber die abfallmengen in den einzelnen eg-laendern sowie eine ausfuehrliche darstellung der be- und verarbeitungsmethoden und deren kombinationsmoeglichkeiten fuer eine ordnungsgemaesse beseitigung, aufbereitung oder wiederverwendung der gefaehrlichen und toxischen abfaelle. im juristischen teil werden die gesetze, verordnungen und ausfuehrungsbestimmungen, die einen direkten oder mittelbaren bezug auf umweltschutzprobleme bei toxischen und gefaehrlichen stoffen haben, analysiert. zu diesem problemkreis werden vorschlaege unterbreitet, wie im rahmen weiterer arbeiten die rechtsordnungen der eg-laender so angeglichen werden koennen, dass wettbewwerbsverzerrungen und unnoetige eingriffe in die geltenden rechtsordnungen vermieden werden
S.WORT abfallbeseitigung + sondermuell + rechtsvorschriften + internationale zusammenarbeit
EG-LAENDER
PROLEI DIPL. -PHYS. OSKAR ULLMANN
STAND 22.7.1976
QUELLE fragebogenerhebung sommer 1976
FINGEB EUROPAEISCHE GEMEINSCHAFTEN, KOMMISSION
ZUSAM DR. LICHTENBERG, UNI MUENCHEN
BEGINN 1.1.1974 ENDE 30.11.1974
G.KOST 100.000 DM
LITAN ENDBERICHT

MG -034
INST PAPIERTECHNISCHE STIFTUNG
MUENCHEN, LORISTRASSE 19
VORHAB **verfahren zur herstellung umweltfreundlicher papiere**
es sollen, aufbauend auf bereits abgeschlossene arbeiten, papiere durch pfropfpolymerisation hergestellt werden, deren abfallbeseitigung sich umweltpositiv darstellt
S.WORT papierindustrie + umweltfreundliche technik + abfa llbeseitigung
PROLEI PROF. DR. NITZL
STAND 1.1.1974
FINGEB BUNDESMINISTER FUER WIRTSCHAFT
BEGINN 1.1.1975
G.KOST 100.000 DM

MG -035
INST PLANUNGS- UND INGENIEURBUERO DIPLOM-INGENIEUR TUCH
HANAU, GUSTAV-HOCH-STR. 10
VORHAB **mitarbeit fuer das deutsche muellhandbuch**
S.WORT abfallbeseitigung + datensammlung
PROLEI DIPL. -ING. TUCH
STAND 1.1.1974

MG -036
INST PROGNOS AG, EUROPAEISCHES ZENTRUM FUER ANGEWANDTE WIRTSCHAFTSFORSCHUNG
BASEL/SCHWEIZ, VIADUKTSTR. 65
VORHAB **marktmoeglichkeiten fuer muellverbrennungsanlagen in der bundesrepublik deutschland bis 1985**
die studie zeigt die entwicklung des marktpotentials und die angebotsstruktur fuer muellverbrennungsanlagen innerhalb der brd auf. sie sollte die grundlage einer investitionsentscheidung des auftraggebers sein
S.WORT muellverbrennungsanlage + oekonomische aspekte + investitionen
PROLEI HARTMUTH ARRAS
STAND 9.8.1976
QUELLE fragebogenerhebung sommer 1976
BEGINN 1.1.1975 ENDE 30.4.1975
G.KOST 75.000 DM
LITAN ENDBERICHT

MG -037
INST SIEDLUNGSVERBAND RUHRKOHLENBEZIRK
ESSEN 1, KRONPRINZENSTR. 35
VORHAB **planungsinstrument abfallbeseitigung**
ziel: aufbau von mathematischen modellen mit denen planungsaussagen unter beruecksichtigung des aspektes umweltschutz kostenmaessig quantifiziert werden, entscheidungen von methodenwahl, standort und einzugsbereich nach kostenminimum und umweltvertraeglichkeit; dialogfaehiges rechenmodell zur ermittlung optimaler abfallentsorgungsstrukturen
S.WORT abfallbeseitigung + planungsmodell
PROLEI DIPL. -ING. VAN WICKEREN
STAND 1.10.1975
QUELLE erhebung 1975
FINGEB MINISTER FUER ERNAEHRUNG, LANDWIRTSCHAFT UND FORSTEN, DUESSELDORF
ZUSAM - BATTELE-INSTITUT E. V. , 6 FRANKFURT, AM ROEMERHOF 35
- MESSERSCHMIDT, BOELKOW UND BLOHM GMBH, 8 MUENCHEN 80, POSTFACH 801169
BEGINN 1.7.1970 ENDE 31.8.1975
G.KOST 1.700.000 DM
LITAN - VANWICKEREN: PLANUNGSINSTRUMENT ABFALLGESEITIGUNG. IN: MUELL U. ABFALL 4(1)
- VANWICKEREN; SCHNEIDER; STROTT: PROGNOSE U. OPTIMIERUNG IN DER ABFALLBESEIT. IN: STAEDTETAG (3)(1973)

MG -038
INST SIEDLUNGSVERBAND RUHRKOHLENBEZIRK
ESSEN 1, KRONPRINZENSTR. 35
VORHAB **untersuchung von gebuehrenmasstaeben am beispiel der stadt iserlohn**
muellverwiegung einer statistischen anzahl von haushalten und gewerbebetrieben zur ermittlung eines gefaessunabhaengigen gebuehrenmassstabes
S.WORT abfallbeseitigung + kosten + einwohnergleichwert
ISERLOHN + RHEIN-RUHR-RAUM
PROLEI DIPL. -ING. AHTING
STAND 10.9.1976
QUELLE fragebogenerhebung sommer 1976
FINGEB SIEDLUNGSVERBAND RUHRKOHLENBEZIRK, ESSEN
ZUSAM - FIRMA EDELHOFF, ISERLOHN
- PROF. DR. SCHAEFFER, UNI KOELN
BEGINN 1.9.1974 ENDE 31.3.1976

MG -039
INST SIEDLUNGSVERBAND RUHRKOHLENBEZIRK
ESSEN 1, KRONPRINZENSTR. 35
VORHAB **fortschreibung des planungsinstruments (abfallwirtschaft)**
ausbau: der benutzerfreundlichkeit und allgemeinen handhabung sowie des dialogverkehrs; hineinnahme aktueller standardkostendaten fuer deponien, umladestationen und behandlungsanlagen
S.WORT abfallbeseitigung + planungsmodell
NORDRHEIN-WESTFALEN
PROLEI JUERGEN STRITZKE
ZUSAM MESSERSCHMIDT-BOELKOW-BLOHM, 8000 MUENCHEN
BEGINN 1.12.1974
G.KOST 250.000 DM
LITAN ABFALLBESEITIGUNG NORDRHEIN-WESTFALEN. IN: PLANUNGSKONZEPT, SVR, ESSEN (1974)

MG -040
INST VEREINIGUNG DER WASSERVERSORGUNGSVERBAENDE UND GEMEINDEN MIT WASSERWERKEN E.V.
STUTTGART, WERFMERSHALDE 22
VORHAB **planungsstudie zur durchfuehrung des umweltprogrammes der bundesregierung, gezeigt am beispiel des prototyps einer anlage usw.**
erarbeiten der grundlagen und verfahrensmaessigen und rechtlichen voraussetzungen zur errichtung einer recycling-modellanlage fuer das entsorgungsgebiet der landkreise reutlingen und tuebingen, aufzeigen der zusammenhaenge mit den zielen und schwerpunkten des in vorbereitung befindlichen abfallwirtschaftprogramms der bundesregierung

S.WORT abfall + recycling + (modellanlage)
REUTLINGEN (LANDKREIS) + TUEBINGEN (LANDKREIS)
STAND 1.1.1975
QUELLE umweltforschungsplan 1975 des bmi
FINGEB BUNDESMINISTER DES INNERN
BEGINN 1.9.1975 ENDE 30.11.1975
G.KOST 46.000 DM

MG -041

INST WIBERA WIRTSCHAFTSBERATUNG
DUESSELDORF, ACHENBACHSTR. 43
VORHAB **untersuchung der voraussetzungen und der moeglichen auswirkungen einer ausgleichsabgabe bzw. einer rechtsverordnung zu paragraph 14 abfg fuer verpackungen**
mit hilfe einer kosten-nutzen-analyse werden die vor- und nachteile einer ausgleichsabgabe auf verpackungen aus papier und pappe untersucht und bewertet. im rahmen dieser untersuchungen wird ausserdem die problematik einer rechtsverordnung zu para. 14 abfg, die die beschraenkung bzw. das verbot von gewissen verpackungen ermoeglicht, untersucht
S.WORT abfallgesetz + verpackung + rechtsverordnung
PROLEI DIPL. -ING. SCHLEUTER
STAND 1.1.1975
QUELLE umweltforschungsplan 1975 des bmi
FINGEB BUNDESMINISTER DES INNERN
BEGINN 1.10.1974 ENDE 31.5.1975
G.KOST 100.000 DM

Weitere Vorhaben siehe auch:

RB -017 VERRINGERUNG DER UMWELTBEEINFLUSSUNG DURCH VERPACKUNG VON LEBENSMITTEL
RB -018 ERARBEITUNG VON MINDESTANFORDERUNGEN AN DIE VERPACKUNG VON LEBENSMITTELN
UL -005 NUTZEN-KOSTEN-ANALYSE ALTERNATIVER REKULTIVIERUNGSMASSNAHMEN UNTER VERWENDUNG VON ORGANISCHEN ABFALLSTOFFEN

NA -001

INST ABTEILUNG HYGIENE UND MIKROBIOLOGIE DER UNI KIEL
KIEL, BRUNSWIKERSTR. 2-6
VORHAB **untersuchung der wirksamkeit von uv-strahlen in klimakanaelen**
untersuchung, ob keimverbreitung durch klimaanlagen mit uv-bestrahlung der zuluft verhindert werden kann
S.WORT umwelthygiene + klimaanlage + uv-strahlen + (beatmungs-anaesthesiegeraete)
PROLEI DR. GUNDERMANN
STAND 1.1.1974
BEGINN 1.1.1973 ENDE 30.6.1974
G.KOST 2.000 DM
LITAN - KONGRESSVORTRAG ERSCHEINT IN HANAU-SCHRIFTENREIHE
- DOKTORARBEIT

NA -002

INST FACHBEREICH VERSORGUNGSTECHNIK DER FH MUENCHEN
MUENCHEN 2, LOTHSTR.34
VORHAB **einfluesse der bautechnik und der versorgungstechnik auf sekundaere umweltfaktoren (feldstaerke, ionenkonzentration u.a.)**
untersuchungen, sichtung und ordnung der bisherigen arbeiten und koordination zu den gegebenheiten der bautechnik und der versorgungstechnik (klima- und heizungstechnik). zunaechst soll dabei der schwerpunkt auf die feldstaerke und die ionenkonzentration in aufenthaltsraeumen verlegt werden
S.WORT bautechnik + versorgung + elektromagnetische strahlung
PROLEI PROF. DIPL. -ING. HERMANN ALBRICH
STAND 9.8.1976
QUELLE fragebogenerhebung sommer 1976
G.KOST 100.000 DM

NA -003

INST FACHRICHTUNG VETERINAER-PHYSIOLOGIE DER FU BERLIN
BERLIN 33, KOSERSTR. 20
VORHAB **einfluss elektromagnetischer felder auf organismen**
wegen des steigenden bedarfs an elektrischer energie hat man damit begonnen, erheblich hoehere uebertragungsspannungen als bisher anzuwenden. die unter freileitungen auftretenden feldstaerken werden entsprechend groesser. die fuer die anlagenpruefung erforderlichen spannungen uebertreffen die betriebsspannungen noch um ein mehrfaches. dadurch werden in den siedlungsraeumen menschen und tiere dauernd und auf den prueffeldern menschen mindestens voruebergehend hohen feldstaerken ausgesetzt. ueber die biologischen wirkungen ist nichts sicheres bekannt. infolgedessen ist es erforderlich, exakte grundlagen fuer schutznormen zu erarbeiten. in modellversuchen an laboratoriumstieren untersuchen wir den einfluss elektromagnetischer wechselfelder technischer frequenz auf verschiedene funktionsparameter
S.WORT elektromagnetische strahlung + organismen + biologische wirkungen
PROLEI PROF. DR. GUENTER WITTKE
STAND 21.7.1976
QUELLE fragebogenerhebung sommer 1976
ZUSAM - FA. SIEMENS AG
- TU BERLIN, STRASSE DES 17. JUNI 135, 1000 BERLIN 12
- TU HANNOVER
BEGINN 1.1.1974 ENDE 31.12.1979
G.KOST 100.000 DM
LITAN BRINKMANN, J. (TU HANNOVER), DISSERTATION: DIE LANGZEITWIRKUNG HOHER ELEKTRISCHER WECHSELFELDER AUF LEBEWESEN AM BEISPIEL FREI BEWEGLICHER RATTEN. (1976)

NA -004

INST HYGIENE INSTITUT DER UNI HEIDELBERG
HEIDELBERG, IM NEUENHEIMER FELD 324
VORHAB **einfluss von elektro-magnetischen umweltfaktoren bei menschen**
bei menschen: reaktionszeit, blutgerinnungszeit in zusammenhang mit herzinfarkt, sauerstoffaufnahme und transport des blutes; bei mikroorganismen: osmotische druckaenderungen an zellmembranen, vermehrungs- und wachstumseffekte, histogramm
S.WORT elektromagnetische felder + organismen + physiologische wirkungen
PROLEI DR. DIPL. -ING. VARGA
STAND 1.10.1974
ZUSAM DEUTSCHES KREBSFORSCHUNGSZENTRUM, 69 HEIDELBERG, KIRSCHNERSTR. 6
BEGINN 1.1.1972 ENDE 31.12.1976
G.KOST 170.000 DM

NA -005

INST HYGIENEINSTITUT DER UNI HEIDELBERG
HEIDELBERG, THIBAUTSTR. 2
VORHAB **wirkung kuenstlicher elektromagnetischer wellen auf biologische objekte und menschen**
positive einfluesse auf mikrobiologische wachstumsprozesse
S.WORT organismus + elektromagnetische strahlung
PROLEI DR. DIPL. -ING. VARGA
STAND 1.1.1974
FINGEB - BUNDESMINISTER FUER RAUMORDNUNG, BAUWESEN UND STAEDTEBAU
- STREBEL-STIFTUNG
BEGINN 1.1.1963

NA -006

INST INSTITUT FUER BAUBIOLOGIE
STEPHANSKIRCHEN -WALDERING, KORNWEG 6
VORHAB **raumklima in abhaengigkeit von baustoffen und bauart (einschliesslich elektroklima)**
das fuer die gesundheit und das wohlbefinden des menschen besonders wichtige klima der wohn- und arbeitsumwelt soll baubiologisch untersucht werden in abhaengigkeit von baustoffen, bauart, installation und einrichtung. von besonderer bedeutung sind die physiologischen parameter: raumlufttemperatur, oberflaechentemperatur, luftbewegung, luftfeuchte, baustoffeuchte, heizung, temperaturgefaelle im raum, zusammensetzung der raumluft einschl. staubanteil, luftelektrische gleichfelder, elektromagnetische wechselfelder, ionenverhaeltnisse, elektrostatische aufladungen
S.WORT bauhygiene + wohnraum + arbeitsschutz + klima
PROLEI PROF. DR. ANTON SCHNEIDER
STAND 22.7.1976
QUELLE fragebogenerhebung sommer 1976
BEGINN 1.1.1974
G.KOST 20.000 DM
LITAN - SCHNEIDER, A.: ELEKTROSTATISCHE AUFLADUNGEN DER BAUSTOFFE UND IHRE BIOLOGISCHEN AUSWIRKUNGEN. IN: ARCHITEKTUR UND WOHNWELT 1(1975)
- SCHNEIDER, A.: WETTER, BODEN, MENSCH 20(1974)

NA -007

INST INSTITUT FUER MEDIZINISCHE BALNEOLOGIE UND KLIMATOLOGIE DER UNI MUENCHEN
MUENCHEN 70, MARCHIONINISTR. 17
VORHAB **biotropie elektrischer und magnetischer felder, sowie elektromagnetischer wellen auf den menschen; wirkung der luftionisation auf mensch und tier**
mit hilfe einer automatischen registrieranlage fuer die spontanmotilitaet von versuchstieren wird untersucht, ob labortiere mit einer aenderung ihrer bewegungsaktivitaet und deren tagesperiodik auf elektrische, magnetische und elektromagnetische felder reagieren. in ergaenzenden versuchen am menschen werden kreislauffunktionen, reaktionsverhalten und subjektives befinden unter den genannten einwirkungen getestet
S.WORT elektromagnetische strahlung + physiologische wirkungen
PROLEI DR. PETER KROELING
STAND 22.7.1976

QUELLE fragebogenerhebung sommer 1976
BEGINN 1.1.1975
G.KOST 20.000 DM
LITAN ZWISCHENBERICHT

NA -008

INST INSTITUT FUER PHYSIOLOGIE UND BIOKYBERNETIK DER UNI ERLANGEN-NUERNBERG
ERLANGEN, UNIVERSITAETSSTR. 17
VORHAB **objektivierung von belaestigungseinwirkungen auf den menschen durch licht (blendung)**
objektivierung von blendungseffekten aufgrund der ranke-keidelischen blendungstheorie
S.WORT licht + mensch + physiologische wirkungen + (blendung)
PROLEI PROF. DR. WOLF-DIETER KEIDEL
STAND 12.8.1976
QUELLE fragebogenerhebung sommer 1976
BEGINN 1.12.1973 ENDE 31.12.1976
G.KOST 566.000 DM
LITAN ZWISCHENBERICHT

NA -009

INST INSTITUT FUER RADIOLOGIE DER UNI ERLANGEN-NUERNBERG
ERLANGEN, KRANKENHAUSSTR. 12
VORHAB **einwirkung elektrischer und eletromagnetischer felder auf zellen und organismen**
S.WORT organismen + elektromagnetische felder
PROLEI PROF. DR. DR. HELMUT PAULY
STAND 1.1.1974
BEGINN 1.1.1965

NA -010

INST OSRAM GMBH
MUENCHEN 90, HELLABRUNNER STRASSE 1
VORHAB **halogenmetalldampf-hochdruckentladungslampe mit niederer farbtemperatur und hoher lichtausbeute durch molekuelstrahlung**
mit hilfe des zusatzes von dysprosiumjodid soll eine hochdruckentladungslampe entwickelt werden, die sich durch ihre warme farbe, gute lichtausbeute und gute farbwiedergabe auszeichnet. da der leistungsbereich dieser lampen zwischen 100 und 300 watt liegt, koennen sie auch fuer innenbeleuchtungen eingesetzt werden. damit koennten die mit einem schlechten wirkungsgrad arbeitenden gluehlampen durch diese besseren hochdrucklampen ersetzt werden
S.WORT elektrotechnik + beleuchtung + (hochdruckentladungslampe)
STAND 16.12.1975
QUELLE mitteilung der abwaermekommission vom 16.12.75
FINGEB BUNDESMINISTER FUER FORSCHUNG UND TECHNOLOGIE
BEGINN 15.2.1974 ENDE 14.2.1977
G.KOST 914.000 DM

NA -011

INST ZOOLOGISCHES INSTITUT DER UNI DES SAARLANDES
SAARBRUECKEN 15, UNIVERSITAET, BAU 6
VORHAB **einwirkungen atmosphaerischer und kuenstlicher elektrischer felder auf den stoffwechsel von kleinsaeugern**
durch biochemische analysen des intra-extra-zellularen milieus des organismus von kleinsaeugern wird der reaktionsmechanismus untersucht, der der einwirkung atmosphaerischer und kuenstlicher elektrischer felder auf diese tiere zugrunde liegt. dazu werden tiere in kuenstlichen elektronischen feldern gehalten im vergleich zu kontrolltieren in faradaykaefigen. die untersuchungsmethoden umfassen das gesamte spektrum chemisch-physiologischer analyseverfahren
S.WORT elektromagnetische felder + saeugetiere + physiologische wirkungen
PROLEI DR. SIEGNOT
STAND 9.8.1976
QUELLE fragebogenerhebung sommer 1976
ZUSAM - ELEKTROPHYSIKALISCHES INSTITUT DER TU MUENCHEN, ARCISSTRASSE 21, 8000 MUENCHEN
- HYGIENE-INSTITUT DER UNI, UNIVERSITAETSPLATZ 4, A-8010 GRAZ
- DEUTSCHER WETTERDIENST, LESSINGSTR. 4, BAD NAUHEIM
BEGINN 1.1.1969
LITAN ENDBERICHT

NA -012

INST ZOOLOGISCHES INSTITUT DER UNI DES SAARLANDES
SAARBRUECKEN 15, UNIVERSITAET, BAU 6
VORHAB **einfluss von 50 hz-hochspannung-freileitungen auf organismen**
es wird untersucht, ob pflanzliche oder tierische organismen im einfluss von hochspannungsfreileitungen schaedigungen erhalten. dabei werden die moeglichen einflussparameter wie elektrisches feld, magnetisches feld, luftionen, elektromagnetische schwingungen (coronaentladungen) quantitativ in abhaengigkeit des ortes gemessen. diese parameter werden in laborversuchen gezielt, einzeln oder kombiniert den versuchsobjekten appliziert. als reproduzierbare indikatoren fuer eine schaedigung gelten verhaltens- und stoffwechselphysiologische pathologische aenderungen gegenueber kontrollgruppen
S.WORT elektromagnetische felder + organismen + physiologische wirkungen + (hochspannungsfreileitung)
PROLEI DR. ULRICH WARNKE
STAND 9.8.1976
QUELLE fragebogenerhebung sommer 1976
ZUSAM FORSCHUNGSGEMEINSCHAFT FUER HOCHSPANNUNG- UND HOCHSTROMTECHNIK, POSTFACH 816169, 6800 MANNHEIM 81
G.KOST 15.000 DM
LITAN - WARNKE, U.;PAUL, R.: BIENEN UNTER HOCHSPANNUNG. IN: UMSCHAU 75 13 S. 415-416(1975)
- ALTMANN, G.;WARNKE, U.: DER STOFFWECHSEL VON BIENEN (APIS MELLIFICAL.) IM 50-HZ-HOCHSPANNUNGSFELD. IN: ZEITSCHRIFT FUER ANGEWANDTE ENTOMOLOGIE (SONDERDRUCK) 80 3 S. 267-271(1976)

NA -013

INST ZOOLOGISCHES INSTITUT DER UNI DES SAARLANDES
SAARBRUECKEN 15, UNIVERSITAET, BAU 6
VORHAB **biologische wirkungen leistungsstarker sender**
es wird untersucht, ob in der unmittelbaren oder weiteren umgebung leistungsstarker rundfunk- oder fernsehsender biologische schaedigungen auftreten. dazu werden stromdichte und feldstaerke gemessen und vorerst verschiedene tiergruppen in kurzzeit- und langzeitversuchen den parametern ausgesetzt. als kontrolle dienen identische versuche der ausgeschalteten sender. vorerst wird lediglich das motorische verhalten registriert
S.WORT elektromagnetische felder + organismen + physiologische wirkungen + (leistungsstarke sender)
SAARLAND + HENSWEILER
PROLEI DR. ULRICH WARNKE
STAND 9.8.1976
QUELLE fragebogenerhebung sommer 1976
ZUSAM SAARLAENDISCHER RUNDFUNKSENDER HENSWEILER, POSTFACH, 6600 SAARBRUECKEN
BEGINN 16.6.1976 ENDE 31.10.1976
G.KOST 2.000 DM

NA -014

INST ZOOLOGISCHES INSTITUT DER UNI MUENCHEN
MUENCHEN, SEIDLSTR. 25

VORHAB uv-toleranz wasserlebender gebirgsorganismen (crustaceen)
oekologische anpassung an erhoehte uv-dosen in hochgelegenen flachen gewaessern. versuchsobjekte: planktische crustaceen (cladoceren, copepoden) - bestimmung der mittleren toedlichen dosis und ihre schaetzung fuer verschiedene uv-bereiche. vergleichende untersuchungen mit gebirgs- und flachlandbewohnern

S.WORT wassertiere + organismen + strahlung + (oekologische anpassung)
PROLEI PROF. DR. OTTO SIEBECK
STAND 26.7.1976
QUELLE fragebogenerhebung sommer 1976
FINGEB DEUTSCHE FORSCHUNGSGEMEINSCHAFT
BEGINN 1.1.1974 ENDE 31.12.1979
G.KOST 10.000 DM
LITAN ZWISCHENBERICHT

Weitere Vorhaben siehe auch:

AA -063 MIKROWELLENRADIOMETRIE DES ERDBODENS UND DER ATMOSPHAERE
AA -064 INFRAROTTECHNIK-RADIOMETRIE DER ERDOBERFLAECHE
AA -096 MESSUNG DER VON VERAENDERUNGEN DER OZONSCHICHT STARK ABHAENGIGEN KURZWELLIGEN SONNENSTRAHLUNG

NB -001
INST ABTEILUNG SONDERGEBIETE DER MATERIALPRUEFUNG DER BUNDESANSTALT FUER MATERIALPRUEFUNG
BERLIN 45, UNTER DEN EICHEN 87
VORHAB **analyse umweltgefaehrdender spurenelemente durch photonenaktivierungsanalyse**
einsatz nuklearer analysenmethoden zur bestimmung umweltgefaehrdender spurenelemente
S.WORT spurenelemente + aktivierungsanalyse + spurenanalytik
PROLEI DR. -ING. H. P. WEISE
STAND 10.9.1975

NB -002
INST ABTEILUNG STRAHLENSCHUTZ UND SICHERHEIT DER GESELLSCHAFT FUER KERNFORSCHUNG MBH
KARLSRUHE, POSTFACH 3640
VORHAB **optimierung gammaspektroskopischer messmethoden zur identifizierung einzelner radionuklide bei extrem niedrigen aktivitaeten**
anwendung gammaspektroskopischer messmethoden zur identifizierung von radionukliden in der umwelt
S.WORT radioaktive spurenstoffe + nachweisverfahren
PROLEI DIPL. -PHYS. FESSLER
STAND 1.1.1974
QUELLE erhebung 1975
FINGEB BUNDESMINISTER FUER FORSCHUNG UND TECHNOLOGIE
BEGINN 1.1.1973 ENDE 31.12.1976
G.KOST 900.000 DM
LITAN - JAHRESBERICHT 1973 DER ABT. STRAHLENSCHUTZ UND SICHERHEIT: KFK-BERICHT (1974)
- BERICHT UEBER FORSCHUNGS- UND ENTWICKLUNGSARBEITEN IM JAHRE 1973. GESELLSCHAFT FUER KERNFORSCHUNG
- ZWISCHENBERICHT 1974. 04

NB -003
INST ABTEILUNG STRAHLENSCHUTZ UND SICHERHEIT DER GESELLSCHAFT FUER KERNFORSCHUNG MBH
KARLSRUHE, POSTFACH 3640
VORHAB **messung der tritiumkontamination der umwelt**
erfassung des ist-zustandes und analyse
S.WORT radioaktive kontamination + tritium + messung
OBERRHEINEBENE
PROLEI DR. KOENIG
STAND 1.1.1974
FINGEB BUNDESMINISTER FUER FORSCHUNG UND TECHNOLOGIE
BEGINN 1.1.1970
LITAN - JAHRESBERICHT 1973 DER ABT. STRAHLENSCHUTZ UND SICHERHEIT: KFK-BERICHT (1974)
- PNS-HALBJAHRESBERICHT; KFK-BERICHT 1859 (NOV. 73)

NB -004
INST ABTEILUNG STRAHLENSCHUTZ UND SICHERHEIT DER GESELLSCHAFT FUER KERNFORSCHUNG MBH
KARLSRUHE, POSTFACH 3640
VORHAB **theoretische und experimentelle untersuchungen zur ausbreitung radioaktiver gase und aerosole**
methode: meteorologisch
S.WORT radioaktivitaet + gase + aerosole + ausbreitung
PROLEI DR. HUEBSCHMANN
STAND 1.1.1974
QUELLE erhebung 1975
FINGEB BUNDESMINISTER FUER FORSCHUNG UND TECHNOLOGIE
BEGINN 1.1.1970 ENDE 31.12.1978
G.KOST 3.200.000 DM
LITAN - JAHRESBERICHT 1973 DER ABT. STRAHLENSCHUTZ UND SICHERHEIT: KFK-BERICHT (1974)
- PNS-HALBJAHRESBERICHT: KFK-BERICHT 1859 (NOV. 73)

NB -005
INST ABTEILUNG STRAHLENSCHUTZ UND SICHERHEIT DER GESELLSCHAFT FUER KERNFORSCHUNG MBH
KARLSRUHE, POSTFACH 3640
VORHAB **in-vivo-messung radioaktiver stoffe in einem ganzkoerperzaehler**
S.WORT radioaktive kontamination + organismus + ueberwachung
PROLEI DIPL. -PHYS. FESSLER
STAND 1.1.1974
FINGEB BUNDESMINISTER FUER FORSCHUNG UND TECHNOLOGIE
BEGINN 1.1.1961
LITAN JAHRESBERICHT 1973 DER ABT. STRAHLENSCHUTZ UND SICHERHEIT: KFK-BERICHT (1974)

NB -006
INST ABTEILUNG STRAHLENSCHUTZ UND SICHERHEIT DER GESELLSCHAFT FUER KERNFORSCHUNG MBH
KARLSRUHE, POSTFACH 3640
VORHAB **messung der jod-129-konzentration der umwelt**
jod-129-kontamination
S.WORT radioaktive kontamination + messung
PROLEI DIPL. -ING. SCHUETTELKOPF
STAND 1.1.1974
FINGEB BUNDESMINISTER FUER FORSCHUNG UND TECHNOLOGIE
BEGINN 1.1.1974
LITAN - JAHRESBERICHT 1973 DER ABT. STRAHLENSCHUTZ UND SICHERHEIT: KFK-BERICHT (1974)
- PNS-HALBJAHRESBERICHT: KFK-BERICHT 1859 (NOV. 73)

NB -007
INST ASTRONOMISCHES INSTITUT DER UNI TUEBINGEN
RAVENSBURG, RASTHALDE
VORHAB **anreicherungen der luft mit radioaktiven stoffen in geschlossenen raeumen**
in raeumen, die laengere zeit nicht belueftet werden, reichert sich die luft mit radioaktiven stoffen, vornehmlich radon und seinen folgeprodukten, an. es soll untersucht werden, ob derart hohe aktivitaeten vorkommen koennen, dass gesundheitliche schaeden nicht mehr auszuschliessen sind. deshalb ist geplant, die dosisrate unter unterschiedlichen bedingungen der belueftung, klimatisierung und baumaterialien zu bestimmen. die bestimmung der radon-exhalationsrate und des lueftungsfaktors der messraeume kann weitere aufschluesse ueber die strahlenbelastung liefern
S.WORT radioaktivitaet + wohnraum + strahlenbelastung + (radon)
PROLEI PROF. DR. -ING. RICHARD MUEHLEISEN
STAND 9.8.1976
QUELLE fragebogenerhebung sommer 1976
G.KOST 300.000 DM
LITAN - BOESENBERG, U.;MUEHLEISEN, R.: MESSUNGEN ZUM IONENGEHALT IN GESCHLOSSENEN RAEUMEN. IN: STAUB. (1976)
- MUEHLEISEN, R.;BOESENBERG, U.: ERHOEHTE RADIOAKTIVITAET IN GESCHLOSSENEN RAEUMEN. IN: STAUB. (1976)

NB -008
INST BATTELLE-INSTITUT E.V.
FRANKFURT 90, AM ROEMERHOF 35
VORHAB **zeitliche aenderung der radioaktivitaet fliessender verstrahlter gewaesser**
S.WORT fliessgewaesser + radioaktivitaet
STAND 1.1.1974

NB -009
INST DEUTSCHER WETTERDIENST
OFFENBACH, FRANKFURTER STR. 135
VORHAB **ueberwachung der atmosphaere auf radioaktive beimengungen und deren verfrachtung**
kontrolle
S.WORT luftueberwachung + radioaktivitaet
PROLEI DR. KIESEWETTER

STAND 1.1.1974
FINGEB - BUNDESMINISTER FUER BILDUNG UND WISSENSCHAFT
- DEUTSCHER WETTERDIENST, OFFENBACH
BEGINN 1.1.1955

NB -010

INST FACHBEREICH PHYSIK UND ELEKTROTECHNIK DER UNI BREMEN
BREMEN 33, ACHTERSTR.
VORHAB **kontrolle der umweltradioaktivitaet**
es werden luft-, wasser-, boden- und sonstige fluessige und feste proben untersucht. die arbeiten zielen darauf ab, die empfindlichkeit des nachweises zu verbessern
S.WORT umweltbelastung + radioaktive substanzen + nachweisverfahren
PROLEI DR. KLAUS BAETJER
STAND 12.8.1976
QUELLE fragebogenerhebung sommer 1976
G.KOST 700.000 DM

NB -011

INST FACHBEREICH PHYSIK UND ELEKTROTECHNIK DER UNI BREMEN
BREMEN 33, ACHTERSTR.
VORHAB **ermittlung der strahlenbelastung der bevoelkerung im bremer raum durch kuenstlich erzeugte radioaktivitaet mit hilfe eines ganzkoerperzaehlers**
es soll ein detektorsystem aufgestellt werden, das den direkten nachweis radioaktiver strahlen im menschlichen koerper gestattet
S.WORT mensch + radioaktive kontamination + nachweisverfahren
PROLEI PROF. DR. J. BLECK
STAND 12.8.1976
QUELLE fragebogenerhebung sommer 1976
G.KOST 128.000 DM

NB -012

INST FACHBEREICH PHYSIK UND ELEKTROTECHNIK DER UNI BREMEN
BREMEN 33, ACHTERSTR.
VORHAB **dosisleistungsabhaengige strahlenschaeden an membranen**
moegliche mechanismen fuer ueberlineare dosis-wirkungsbeziehungen im bereich geringer dosen sollen studiert werden. experimentelle hinweise auf indirekte membranschaedigungen durch strahlungserzeugte radikale sollen ueberprueft werden
S.WORT strahlenschaeden + strahlendosis + biologische membranen
PROLEI DR. KLAUS BAETJER
STAND 12.8.1976
QUELLE fragebogenerhebung sommer 1976

NB -013

INST GESELLSCHAFT FUER KERNENERGIEVERWERTUNG IN SCHIFFBAU UND SCHIFFAHRT
GEESTHACHT, REAKTORSTR. 1
VORHAB **auslegung und errichtung einer automatischen anlage fuer die neutronenaktivierungsanalyse**
S.WORT schadstoffe + simultananalyse + testverfahren + standardisierung + geraeteentwicklung
QUELLE datenuebernahme aus der datenbank zur koordinierung der ressortforschung (dakor)
FINGEB BUNDESMINISTER FUER FORSCHUNG UND TECHNOLOGIE
BEGINN 1.1.1975 ENDE 31.12.1977

NB -014

INST INSTITUT FUER AEROBIOLOGIE DER FRAUNHOFER-GESELLSCHAFT E.V.
SCHMALLENBERG GRAFSCHAFT, UEBER SCHMALLENBERG
VORHAB **sensibilisierung hypoxischer zellen und von experimentaltumoren durch chemische sensibilisatoren, dicht ionisierende strahlen und hyperthermie**
untersuchungen ueber die moeglichkeiten der strahlensensibilisierung von zellen im hinblick auf moegliche anwendungen in der strahlentherapie unter besonderer beruecksichtigung hypoxischer zellen. als mittel der sensibilisierung sollen eingesetzt und vergleichend analysiert werden: strahlung hoher let (neutronen), chemische sensibilisatoren, hyperthermie
S.WORT ionisierende strahlung + biologische wirkungen
PROLEI DR. FRIEDRICH OTTO
STAND 29.7.1976
QUELLE fragebogenerhebung sommer 1976
FINGEB BUNDESMINISTER FUER FORSCHUNG UND TECHNOLOGIE
BEGINN 15.9.1975 ENDE 31.12.1978
G.KOST 505.000 DM

NB -015

INST INSTITUT FUER ANGEWANDTE SYSTEMANALYSE DER GESELLSCHAFT FUER KERNFORSCHUNG MBH
KARLSRUHE, WEBERSTR 5
VORHAB **radiologische bevoelkerungsbelastung**
unter anwendung von rechenmodellen wird die radiologische bevoelkerungsbelastung ermittelt, die sich bei normalbetrieb kerntechnischer anlagen ergeben koennte
S.WORT kerntechnische anlage + strahlenbelastung + bevoelkerung
PROLEI DR. GERT SPANNAGEL
STAND 30.8.1976
QUELLE fragebogenerhebung sommer 1976

NB -016

INST INSTITUT FUER ANGEWANDTE ZOOLOGIE DER UNI BONN
BONN -ENDENICH, AN DER IMMENBURG 1
VORHAB **aufnahme und ausscheidung radioaktiver isotope durch arthropoden (besonders insekten) als grundlage radiooekologischer untersuchungen. reaktion aquatischer insekten auf thermische belastungen**
aufnahme von radioisotopen per os oder per oberflaeche (cuticula) sowie transport, speicherung, umbau im organismus respektive ausscheidung aus dem koerper. die untersuchungen werden qualitativ und quantitativ durchgefuehrt
S.WORT arthropoden + insekten + metabolismus + radioaktive spurenstoffe
PROLEI PROF. DR. WERNER KLOFT
STAND 30.8.1976
QUELLE fragebogenerhebung sommer 1976
FINGEB - BUNDESMINISTER FUER FORSCHUNG UND TECHNOLOGIE
- DEUTSCHE FORSCHUNGSGEMEINSCHAFT
ZUSAM UNI FUER CYTOLOGIE, GARTENSTR. 5300 BONN
BEGINN 1.1.1969 ENDE 31.12.1978
G.KOST 1.000.000 DM
LITAN ZWISCHENBERICHT

NB -017

INST INSTITUT FUER BIOPHYSIK / FB 13 DER UNI GIESSEN
GIESSEN, LEIHGESTERNER WEG 217
VORHAB **aufnahme, verteilung und biologische wirkung inhalierter radioaktiver aerosole und erholung von strahlenschaeden**
neuartige darstellung der veraenderung des weissen blutbildes durch groessenverteilungsspektrometrie, feststellung eines sehr charakteristischen futteraufnahmeverlaufs in abhaengigkeit von der strahlendosis. zweischlagbestrahlung gibt hinweis auf erholungsfaehige dosisbelastung. herstellung einer einrichtung zur kuenstlichen beatmung extripierter rattenlungen. bereitung von kunststofflungenausgussmodellen und aerosolverteilungsmessungen
S.WORT aerosole + radioaktivitaet + strahlenschaeden
PROLEI SCHRAUB
STAND 6.8.1976

QUELLE fragebogenerhebung sommer 1976
BEGINN 1.1.1970

NB -018

INST INSTITUT FUER BIOPHYSIK / FB 13 DER UNI GIESSEN
GIESSEN, LEIHGESTERNER WEG 217
VORHAB **verhalten von spalt-jod (j 131) in der atmosphaere**
verhalten von spalt-jod (131j) in der atmosphaere. generation von atomaren jod- und methyljodid-daempfen, filteruntersuchungen mit methyljodid an verschiedenen aktivkohlen und aktivkohlepapieren, einfluss der kj-impraegnierung auf den filterwirkungsgrad der aktivkohlepapiere, anlagerung von atomarem jod und methyljodid an kuenstliche und atmosphaerische aerosole
S.WORT radioaktive spaltprodukte + jod + aerosole + filtermaterial
PROLEI PORSTENDOERFER
STAND 6.8.1976
QUELLE fragebogenerhebung sommer 1976
ZUSAM ZENTRALLABOR F. STRAHLENSCHUTZ, WARSCHAU/POLEN
BEGINN 1.1.1973 ENDE 31.12.1975

NB -019

INST INSTITUT FUER BIOPHYSIK UND PHYSIKALISCHE BIOCHEMIE DER UNI REGENSBURG
REGENSBURG, UNIVERSITAETSSTR. 31
VORHAB **wirkung ionisierender strahlen auf organische elemente biologischer strukturen**
traeger der erbeigenschaften von organismen sind nukleinsaeuren und nukleoproteine. die genetische wirkung ionisierender strahlen auf diese makromolekularen substanzen soll erforscht werden durch untersuchung der strahlenwirkung auf die organischen untereinheiten, insbesondere nukleinsaeurebasen, nukleoside, nukleotide und peptide. als objekt dienen hauptsaechlich einkristalle dieser substanzen, deren dichte packung der im makromolekuel auftretenden gleicht. untersucht werden moeglichste primaere prozesse, der strahlenwirkung und ihre folgereaktionen, vor allem erzeugung und reaktionen freier radikale. als untersuchungsmethoden dienen spektrometrische methoden, in erster linie elektronenspin-resonanz-spektroskopie
S.WORT ionisierende strahlung + genetische wirkung
PROLEI PROF. DR. ADOLF MUELLER-BROICH
STAND 19.7.1976
QUELLE fragebogenerhebung sommer 1976
FINGEB - EUROPAEISCHE GEMEINSCHAFTEN
- DEUTSCHE FORSCHUNGSGEMEINSCHAFT
ZUSAM - INST. F. STRAHLENCHEMIE, STIFTSTR. 34-36, 4330 MUEHLHEIM
- MAX-PLANCK-INSTITUT FUER KOHLENFORSCHUNG
G.KOST 265.000 DM
LITAN - FLOSSMANN, W.;MUELLER, A.;WESTHOF, E.: RADICAL FORMATION IN SALTS OF PYRIMIDINES. IN: INTERNATIONAL JOURNAL RADIAT. BIOL. 28(5) S. 427-438(1975)
- HUETTERMANN, J.: ELECTRON SPIN RESONANCE OF FREE RADICALS, V-CENTERS, AND ELECTRONS TRAPPED IN IRRADIATED CRYSTALS OF ADENINE HYDROCHLORIDES. IN: JOURNAL OF MAGNETIC RESONANCE 17 S. 66-88(1975)
- FLOSSMANN, W.;WESTHOF, E.;MUELLER, A.: LIGHT-INDUCED DISPLACEMENT OF HYDROGEN IN PYRIMIDINE H-ADDITION RADICALS. IN: JOURNAL OF CHEMICAL PHYSICS 64(4) S. 1688-1691(1976)

NB -020

INST INSTITUT FUER ELEKTRISCHE ANLAGEN UND ENERGIEWIRTSCHAFT DER TH AACHEN
AACHEN, SCHINKELSTR. 6
VORHAB **radioaktive umweltbelastung in der bundesrepublik deutschland im naechsten jahrhundert**
ziel: prognose des verbrauchs an elektrischer energie und prozesswaerme in der brd und in der welt: zubauleistungsanteile einzelner kernkraftwerktypen zur deckung des energieverbrauchs
S.WORT radioaktivitaet + umweltbelastung + kernkraftwerk + energiewirtschaft + (prognose)
PROLEI PROF. DR. SCHULTEN
STAND 30.8.1976
QUELLE fragebogenerhebung sommer 1976
ZUSAM LEHRSTUHL FUER REAKTORTECHNIK DER TH AACHEN, TEMPLERGRABEN 55, 5100 AACHEN
BEGINN 1.1.1972 ENDE 31.12.1974
LITAN BERICHT JUEL - 1220(JUL 1975)

NB -021

INST INSTITUT FUER HUMANGENETIK DER UNI GOETTINGEN
GOETTINGEN, NIKOLAUSBERGER WEG 5A
VORHAB **genetische wirkung von roentgenstrahlen**
S.WORT roentgenstrahlung + genetische wirkung
PROLEI DR. INGO HANSMANN
STAND 21.7.1976
QUELLE fragebogenerhebung sommer 1976
FINGEB EUROPAEISCHE GEMEINSCHAFTEN
G.KOST 1.200.000 DM

NB -022

INST INSTITUT FUER IMMISSIONS-, ARBEITS- UND STRAHLENSCHUTZ DER LANDESANSTALT FUER UMWELTSCHUTZ BADEN-WUERTTEMBERG
KARLSRUHE, GRIESBACHSTR. 3
VORHAB **umgebungsueberwachung an 4 kerntechnischen anlagen**
S.WORT kernkraftwerk + umgebungsradioaktivitaet + ueberwachung
BADEN-WUERTTEMBERG
PROLEI DR. DANNECKER
STAND 1.1.1974

NB -023

INST INSTITUT FUER IMMISSIONS-, ARBEITS- UND STRAHLENSCHUTZ DER LANDESANSTALT FUER UMWELTSCHUTZ BADEN-WUERTTEMBERG
KARLSRUHE, GRIESBACHSTR. 3
VORHAB **bestimmung der ausbreitungsverhaeltnisse fuer ein kernkraftwerk**
kernkraftwerk obrigheim
S.WORT kernkraftwerk + strahlenbelastung + ausbreitung
PROLEI DR. WERNER OBLAENDER
STAND 1.1.1974
FINGEB MINISTERIUM FUER ARBEIT, GESUNDHEIT UND SOZIALORDNUNG, STUTTGART
BEGINN 1.1.1971

NB -024

INST INSTITUT FUER IMMISSIONS-, ARBEITS- UND STRAHLENSCHUTZ DER LANDESANSTALT FUER UMWELTSCHUTZ BADEN-WUERTTEMBERG
KARLSRUHE, GRIESBACHSTR. 3
VORHAB **bestimmung der stabilitaetsverhaeltnisse der bodennahen atmosphaerenschicht**
S.WORT kernkraftwerk + strahlenbelastung + ausbreitung + (stabilitaetsverhaeltnisse)
OBRIGHEIM
PROLEI DR. WERNER OBLAENDER
STAND 1.1.1974
FINGEB MINISTERIUM FUER ARBEIT, GESUNDHEIT UND SOZIALORDNUNG, STUTTGART
BEGINN 1.1.1968

NB -025

INST INSTITUT FUER NEUTRONENPHYSIK UND REAKTORTECHNIK DER GESELLSCHAFT FUER KERNFORSCHUNG MBH
KARLSRUHE, POSTFACH 3640
VORHAB **langfristige radiooekologische umgebungsbelastung durch eine anhaeufung von nuklearen anlagen**
ziel des vorhabens ist die modelltheoretische beschreibung langfristiger oekologischer auswirkungen - ueber zeitraeume von 20-30 jahren - von radioaktiven freisetzungen aus kerntechnischen anlagen bei normalbetrieb und stoerfaellen

S.WORT kerntechnische anlage + umweltbelastung + oekologische faktoren OBERRHEINEBENE
PROLEI DR. BAYER
STAND 11.8.1976
QUELLE fragebogenerhebung sommer 1976
FINGEB BUNDESMINISTER FUER FORSCHUNG UND TECHNOLOGIE
ZUSAM INST. F. PHYSIKALISCHE GRUNDLAGEN DER REAKTORTECHNIK DER UNI KARLSRUHE
BEGINN 1.1.1973
LITAN - BERICHT NR. 1972/1 KFK 1787(1973)
- BERICHT NR. 1973/1 KFK 1859(1973)
- BERICHT NR. 1973/2 KFK 1908(1974)

NB -026

INST INSTITUT FUER NUKLEARMEDIZIN DES DEUTSCHEN KREBSFORSCHUNGSZENTRUMS
HEIDELBERG, IM NEUENHEIMER FELD 280
VORHAB **untersuchung zur beurteilung der durch kuenstliche bestrahlung bewirkten spaetschaeden bei menschen (thorotrastpatienten), follow-up studie**
die erste klinische untersuchung der noch lebenden thorotrast- und kontrollpatienten erfolgte im rahmen eines vom bmft und von euratom unterstuetzten forschungsvorhabens "thorotrast".
nachuntersuchungen dieser patienten 3 jahre nach der erstuntersuchung ergaben eine starke zunahme thorotrastinduzierter geschwulsterkrankungen. zur beurteilung des ausmasses der strahlenspaetschaedigungen ist es erforderlich, das weitere schicksal der thorotrast- und der kontrollpatienten durch regelmaessige follow-up untersuchungen zu verfolgen
S.WORT nuklearmedizin + strahlenschaeden
PROLEI PROF. DR. KURT-ERNST SCHEER
STAND 30.8.1976
QUELLE fragebogenerhebung sommer 1976
FINGEB - BUNDESMINISTER FUER FORSCHUNG UND TECHNOLOGIE
- EURATOM, BRUESSEL
ZUSAM - INST. F. BIOPHYSIK DER UNI DES SAARLANDES, 6550 HOMBURG/SAAR
- KLINIK F. RADIOLOGIE U. NUK. MEDIZIN - FU, HINDENBURGDAMM 30, 1000 BERLIN 45
- PATHOLOGISCHES INSTITUT DER STAEDTISCHEN KRANKENANSTALTEN, 6700 LUDWIGSHAFEN
BEGINN 1.1.1976 ENDE 31.12.1978
G.KOST 2.180.000 DM
LITAN - KAICK, G. VAN; BECKENBACH, H.: THOROTRASTPARAVASATE UND IHRE SPAETFOLGEN NACH CAROTISANGIOGRAPHIE. IN: ANGIOGRAPHIE UND IHRE LEISTUNGEN. LOOSE, K. (ED), THIEME, STUTTGART(1971)
- KAICK, G. VAN: KNOCHENTUMOREN BEI THOROTRASTTRAEGERN. 15. ARBEITSSITZUNG DER INT. AG. KNOCHENTUMOREN HEIDELBERG (APR 1975)

NB -027

INST INSTITUT FUER PHYSIK DER UNI HOHENHEIM
STUTTGART 70, GARBENSTR. 30
VORHAB **transport, niederfuehrung und speicherung von spaltprodukten aus kernwaffenversuchen in atmosphaere und boden**
seit 1960 werden die radioaktivitaet von luft, fluessigen niederschlaegen und staubniederschlaegen in stuttgart-hohenheim, sowie der strontiumgehalt des bodens an verschiedenen orten des schwarzwaldes gemessen; der zusammenhang zwischen der niederfuehrung von aerosolen und wolkenphysikalischen daten wurde untersucht; solche vorgaenge koennen als modell zum vertikalen und horizontalen aerosoltransport dienen
S.WORT luftverunreinigung + radioaktive spaltprodukte + (kernwaffenversuch)
STUTTGART + SCHWARZWALD
PROLEI PROF. DR. WALTER RENTSCHLER
STAND 1.1.1974
QUELLE erhebung 1975
FINGEB - BUNDESMINISTER FUER BILDUNG UND WISSENSCHAFT
- KULTUSMINISTERIUM, STUTTGART
BEGINN 1.1.1960
LITAN - WIESER, P. H.;WOERNER, F.: KUENSTLICHE RADIOAKTIVITAET VON BODENNAHER LUFT, NIEDERSCHLAG UND STAUB IN STUTTGART-HOHENHEIM IN DEN JAHREN 1963-1968. IN: METEOROL. RUNDSCHAU 23 (4) S. 9
- HAEUSSERMANN, W.;SCHREIBER, H.: UNTERSUCHUNGEN UEBER DIE VERTEILUNG VON STRONTIUM-90 IM ERDBODEN. IN: ATOMPRAXIS 13 S. 303-306 (1967)
- SCHREIBER, D.;WIESER, P. H.: ZUR FUNKTION DER BEWOELKERUNG BEI DER NIEDERFUEHRUNG VON SPALTPRODUKTAEROSOLEN. IN: BEITRAEGE ZUR PHYSIK DER ATMOSPHAERE 38 (3/4) (1965)

NB -028

INST INSTITUT FUER PHYSIKALISCHE GRUNDLAGEN DER REAKTORTECHNIK DER UNI KARLSRUHE
KARLSRUHE 1, KAISERSTR. 12
VORHAB **langfristige radiooekologische umgebungsbelastung durch eine anhaeufung von nuklearen anlagen**
ziel des vorhabens ist die modelltheoretische beschreibung langfristiger oekologischer auswirkungen - ueber zeitraeume von 20-30 jahren - von radioaktiven freisetzungen aus kerntechnischen anlagen bei normalbetrieb und stoerfaellen unter beruecksichtigung der konzentrierung dieser anlagen in bestimmten gebieten, z. b. oberrheingebiet
S.WORT kerntechnische anlage + radioaktive substanzen + langzeitbelastung
PROLEI DR. BAYER
STAND 1.1.1974
QUELLE erhebung 1975
FINGEB GESELLSCHAFT FUER KERNFORSCHUNG MBH (GFK), KARLSRUHE
ZUSAM KERNFORSCHUNGSZENTRUM KARLSRUHE, 75 KARLSRUHE, POSTFACH 3640
BEGINN 1.1.1973
LITAN - HALBJAHRESBERICHTE DES PROJEKTS NUKLEARE SICHERHEIT:BERICHT NR. 1972/1 KFK 1702 (1972)
- BERICHT NR.1972/2 KFK 1787 (1973)
- BERICHT NR.1973/1 KFK 1859 (1973)

NB -029

INST INSTITUT FUER RADIOCHEMIE DER GESELLSCHAFT FUER KERNFORSCHUNG MBH
KARLSRUHE -LEOPOLDSHAFEN, KERNFORSCHUNGSZENTRUM
VORHAB **durchlaessigkeit von boeden fuer transurane und schwermetalle**
S.WORT bodenstruktur + feststofftransport + schwermetalle + transurane
PROLEI DR. EBERLE
STAND 1.1.1974
BEGINN 1.1.1973

NB -030

INST INSTITUT FUER RADIOLOGIE DER UNI ERLANGEN-NUERNBERG
ERLANGEN, KRANKENHAUSSTR. 12
VORHAB **dosisbelastung durch diagnostische roentgenuntersuchungen**
S.WORT strahlenbelastung + bevoelkerung + roentgenstrahlung
PROLEI PROF. DR. DR. HELMUT PAULY
STAND 1.1.1974
QUELLE erhebung 1975
BEGINN ENDE 31.12.1974

NB -031

INST INSTITUT FUER RADIOLOGIE DER UNI ERLANGEN-NUERNBERG
ERLANGEN, KRANKENHAUSSTR. 12

VORHAB **wirkung ionisierender strahlen auf zellen, organe und tiere**
bestrahlung von tieren (maeusen), zellen und organen mit roentgenstrahlen. untersuchung des wachstums der tiere sowie bestimmter funktionen der organe nach bestrahlung sowie untersuchung des verhaltens von saeugetierzellen. untersuchung an isolierten organen nach einwirkung von roentgenstrahlen
S.WORT ionisierende strahlung + physiologische wirkungen + tiere
PROLEI PROF. DR. DR. HELMUT PAULY
STAND 1.1.1974
FINGEB BUNDESAMT FUER ZIVILSCHUTZ, BONN-BAD GODESBERG
ZUSAM PHARMAKOLOGISCHES INSTITUT DER UNI ERLANGEN-NUERNBERG UNIVERSITAETSSTR. 22, 8520 ERLANGEN
BEGINN 1.1.1965
LITAN - MITZNEGG, P.;SAEBEL, M.: ON THE MECHANISM OF RADIOPROTECTION BY CYSTEAMINE. I RELATIONSHIP BETWEEN CYSTEAMINE-INDUCED MITOTIC INHIBITION AND RADIOPROTECTIVE EFFECTS IN THE LIVERS OF YOUNG AND SENILE WHITE MICE. IN: INT. J. RADIAT. BIOL. 24 S. 329-337(1973)
- MITZNEGG, P.: ON THE MECHANISM OF RADIOPROTECTION BY CYSTEAMINE. II THE SIGNIFICANCE OF CYCLIC 3', 5'-AMP FOR THE CYSTEAMINE - INDUCED RADIOPROTECTIVE EFFECTS IN WHITE MICE. IN: INT. J. RADIAT. BIOL. 24 S. 339-344(1973)

NB -032
INST INSTITUT FUER RADIOLOGIE DER UNI ERLANGEN-NUERNBERG
ERLANGEN, KRANKENHAUSSTR. 12
VORHAB **einwirkung ionisierender strahlen auf enzyme**
S.WORT enzyme + strahlung
PROLEI DR. SCHUESSLER
STAND 1.1.1974
FINGEB DEUTSCHE FORSCHUNGSGEMEINSCHAFT
ZUSAM PATERSON LABORATORIES, MANCHESTER, ENGLAND
BEGINN 1.1.1967
LITAN BERICHT AN DIE DFG

NB -033
INST INSTITUT FUER RADIOLOGIE DER UNI ERLANGEN-NUERNBERG
ERLANGEN, KRANKENHAUSSTR. 12
VORHAB **organ- und gewebedosen bei roentgendiagnostischen untersuchungen: ein beitrag zur mittleren somatischen strahlenexposition der bevoelkerung in der bundesrepublik deutschland**
i. physikalische untersuchungen zur strahlenexposition bei den einzelnen roentgendiagnostischen massnahmen. ii. statistische untersuchungen zur haeufigkeit der verschiedenen roentgendiagnostischen massnahmen in der bundesrepublik deutschland. iii. beitrag zur begrifflichen erklaerung der sogenannten "somatisch signifikanten dosis"
S.WORT strahlenschutz + bevoelkerung + roentgenstrahlung
PROLEI PROF. DR. DR. HELMUT PAULY
STAND 26.7.1976
QUELLE fragebogenerhebung sommer 1976
FINGEB EUROPAEISCHE GEMEINSCHAFTEN, KOMMISSION
ZUSAM - GESELLSCHAFT FUER STRAHLEN- UND UMWELTFORSCHUNG MBH. , 8042 NEUHERBERG
- INST. F. STRAHLENHYGIENE DES BUNDESGESUNDHEITSAMTES, CORRENSPLATZ 1, 1000 BERLIN 33
BEGINN 1.7.1976
G.KOST 715.000 DM

NB -034
INST INSTITUT FUER RADIOLOGIE DER UNI ERLANGEN-NUERNBERG
ERLANGEN, KRANKENHAUSSTR. 12

VORHAB **strahlenbelastung der bevoelkerung durch radioaktive stoffe**
bestimmung der strahlenbelastung von personengruppen und der gesamtbevoelkerung in der brd durch radioaktive kleinquellen in relation zur lokalen und regionalen terrestrischen strahlenbelastung - zunaechst am beispiel der radionuklide in phosphatduengemitteln
S.WORT strahlenbelastung + bevoelkerung + phosphatduengemittel + radionuklide
PROLEI PROF. DR. DR. HELMUT PAULY
STAND 26.7.1976
QUELLE fragebogenerhebung sommer 1976
ZUSAM - GEOLOGISCHES INSTITUT DER UNI WUERZBURG, PLEICHERWALL 1, 8700 WUERZBURG
- BUNDESGESUNDHEITSAMT, INSTITUT FUER STRAHLENHYGIENE, CORRENSPLATZ 1, 1000 BERLIN 33
- GESELLSCHAFT FUER STRAHLEN UND UMWELTFORSCHUNG MBH. , 8042 NEUHERBERG
BEGINN 1.1.1973 ENDE 31.12.1976
G.KOST 725.000 DM
LITAN - PFISTER, H.;PAULY, H.: GEHALT AN NATUERLICHEN RADIOAKTIVEN STOFFEN IN PHOSPHATDUENGEMITTELN UND IHR BEITRAG ZUR STRAHLENBELASTUNG DER BEVOELKERUNG. IN: JAHRESTAGUNG DES FACHVERBANDES FUER STRAHLENSCHUTZ, BD. II, HELGOLAND 1974, S. 537
- PFISTER, H.;PHILIPP, G.;PAULY, H.: POPULATION DOSE FROM NATURAL RADIONUCLIDES IN PHOSPHATE FERTILIZERS. IN: IRPA, AMSTERDAM(1975)
- PFISTER, H.;PHILIPP, G.;PAULY, H.: NATUERLICHE RADIONUKLIDE IN PHOSPHATDUENGEMITTELN UND IHR BEITRAG ZUR EXTERNEN STRAHLENBELASTUNG DER BEVOELKERUNG IN DER BRD. BERICHT: INSTITUT FUER RADIOLOGIE, ERLANGEN(1975)

NB -035
INST INSTITUT FUER SEENFORSCHUNG UND FISCHEREIWESEN DER LANDESANSTALT FUER UMWELTSCHUTZ BADEN-WUERTTEMBERG
LANGENARGEN, UNTERE SEESTR. 81
VORHAB **ueberwachung der gewaesser-radioaktivitaet**
kontrolle der umweltradioaktivitaet (rest-ss-aktivitaet) des wassers des bodensees, seiner zufluesse und der niederschlaege
S.WORT gewaesserueberwachung + radioaktivitaet BODENSEE
PROLEI DR. U. UNGER
STAND 26.7.1976
QUELLE fragebogenerhebung sommer 1976
ZUSAM ARBEITSGRUPPE "RADIOAKTIVITAET" DER IGKB
BEGINN 1.1.1963
LITAN ZWISCHENBERICHT

NB -036
INST INSTITUT FUER STRAHLENBIOLOGIE DER GESELLSCHAFT FUER KERNFORSCHUNG MBH
KARLSRUHE, POSTFACH 3640
VORHAB **radiobiologie der actinide**
zweck: erarbeitung experimenteller grundlagen fuer die festsetzung der grenzwerte fuer die maximal zulaessige belastung des menschen sowie fuer die therapie von inkorporationsfaellen. ziele: 1. mikrodosimetrie zur abschaetzung der strahlenbelastung im kritischen organ. 2. extrapolation tierexperimenteller daten auf die verhaeltnisse beim menschen. 3. optimierung der chelatterapie
S.WORT radionuklide + dosimetrie + strahlenschutz + grenzwerte
PROLEI PROF. DR. VLADIMIR VOLF
STAND 11.8.1976
QUELLE fragebogenerhebung sommer 1976
BEGINN 1.1.1976 ENDE 31.12.1980
G.KOST 500.000 DM
LITAN VOLF, V.: PLUTONIUM DECORPORATION IN RATS. IN: DIAGNOSIS AND TREATMENT OF INCORPORATED RADIONUCLIDES. I. A. E. A. , VIENNA S. 307-322(1976)

NB -037

INST INSTITUT FUER STRAHLENSCHUTZ DER GESELLSCHAFT FUER STRAHLEN- UND UMWELTFORSCHUNG MBH
NEUHERBERG, INGOLSTAEDTER LANDSTR. 1

VORHAB **analyse und ueberwachung von radionukliden und toxischen elementspuren in der umwelt**
ueberwachung von alpha-strahlern, insbesondere transuranen, in abluft, primaer- und abwasser kerntechnischer anlagen (mit bga). messung des natuerlichen untergrundes einzelner radionuklide in luftstaub und niederschlag (teilweise mit usaec). ausscheidungsanalyse von radionukliden bei stoffwechseluntersuchungen an kleinkindern (mit kinderklinik der uni muenchen). ueberwachung von elementspuren in luftstaub durch atomabsorptions-, aktivierungs- und elektroanalyse sowie ir-spektroskopie. bestimmung von nullpegel- und intoxikationsgehalten an pb und cd in schlachtrindern zur festlegung von toleranzwerten (mit institut fuer nahrungsmittelkunde der uni muenchen) sowie in zaehnen (mit zahnklinik der uni muenchen). ueberwachung von po-210 in verschiedenen nahrungsmiitteln. abgabe toxischer elemente aus gebrauchsgeschirr

S.WORT radionuklide + spurenelemente + blei + cadmium + ueberwachung
PROLEI PROF. DR. WOLFGANG JACOBI
STAND 30.8.1976
QUELLE fragebogenerhebung sommer 1976
BEGINN 1.1.1966
LITAN - KREUZER, W.;SANSONI, B.;KRACKE, W.;WISZMATH, P.: CADMIUM IN FLEISCH UND ORGANEN VON SCHLACHTTIEREN. IN: FLEISCHWIRTSCHAFT 55 S. 387-396(1975)
- SCHMIDT, W.;DIETL, F.;SANSONI, B.: I. BESTIMMUNG VON BLEI, CADMIUM, CALZIUM, EISEN, KALIUM, MAGNESIUM, MANGAN, NATRIUM UND ZINK DURCH FLAMMEN-ATOMABSORPTION. IN: GSF-BERICHT S. 371(1975)
- ENDBERICHT

NB -038

INST INSTITUT FUER STRAHLENSCHUTZ DER GESELLSCHAFT FUER STRAHLEN- UND UMWELTFORSCHUNG MBH
NEUHERBERG, INGOLSTAEDTER LANDSTR. 1

VORHAB **entwicklung von verfahren zur spurenanalyse von radionukliden und elementen in der umwelt**
alpha-strahler in abluft, primaer- und abwasser kerntechnischer anlagen (teilweise mit bga berlin und neuherberg); spurenanalyse umweltrelevanter radionuklide und toxischer elemente mit hilfe von gamma- und alpha-spektrometrie, atomabsorption, aktivierungsanalyse, voltametrie und ir-spektroskopie sowie h2o2/fe2+-veraschung; beurteilung von umweltanalysedaten und ringversuchen nach statistischen und systemanalytischen gesichtspunkten

S.WORT radionuklide + schadstoffe + spurenanalytik
PROLEI PROF. DR. WOLFGANG JACOBI
STAND 30.8.1976
QUELLE fragebogenerhebung sommer 1976
BEGINN 1.1.1971
LITAN - ALIAN, A.;NAKANISHI, T.;SANSONI, B.: EPITHERMAL NEUTRON ACTIVATION ANALYSIS USING THE MONOSTANDARD METHOD: EXTENSION TO OTHER ELEMENTS, ENVIRONMENTAL AND BIOLOGICAL SAMPLES. IN: J. RADIOANALYT. CHEM. (IM DRUCK)
- ENDBERICHT

NB -039

INST ISOTOPENLABORATORIUM DER BUNDESFORSCHUNGSANSTALT FUER FISCHEREI
HAMBURG 55, WUESTLAND 2

VORHAB **radiooekologische studien in der unterelbe und ihrem anschliessenden aestuar (elbestudie)**
das forschungsvorhaben soll klaeren, welche aktivitaetseinleitungen in die elbe und ihr muendungsgebiet akzeptiert werden koennen, wenn sowohl der strahlenschutz der bevoelkerung als auch eine beliebige nutzung des unterelbraumes fuer die zukunft gewaehrleistet werden soll. um dieses ziel zu erreichen, werden u. a. . - die vorbelastung der elbe und ihre derzeitige kontamination, - relevante hydrologische daten, - die biologischen anreicherungsgroessen und - das sedimentationsverhalten radioaktiver stoffe ermittelt. in aquarienversuchen werden die zeitlichen ablaufe der aufnahme und abgabe in typischen organismen studiert zur ermittlung der "umsatzraten"

S.WORT gewaesserbelastung + aestuar + radioaktive substanzen + strahlenschutz
ELBE-AESTUAR
PROLEI PROF. DIPL. -PHYS. WERNER FELDT
STAND 21.7.1976
QUELLE fragebogenerhebung sommer 1976
BEGINN 1.10.1975
LITAN - FELDT, W.: RESEARCH ON THE MAXIMUM RADIOACTIVE BURDEN OF SOME GERMAN RIVERS. IN: PROCEEDINGS OF THE SYMPOSIUM "ENVIRONMENTAL ASPECTS OF NUCLEAR POWER STATIONS" IAEA, WIEN(1971)
- FELDT, W.: STRAHLENSCHUTZASPEKTE IN DER AQUATISCHEN RADIOOEKOLOGIE. IN: PROCEEDINGS OF THE SYMPOSIUM "RADIOECOLOGY APPLIED TO THE PROTECTION OF MAN AND HIS ENVIRONMENT", ROM(1971)

NB -040

INST KERNFORSCHUNGSANLAGE JUELICH GMBH
JUELICH, POSTFACH 365

VORHAB **nuklearmedizinische entwicklung**
untersuchung des verhaltens von spurenelementkonzentrationen in menschlichen koerperfluessigkeiten in antwort auf unterschiedliche belastungen (koerperliche arbeit, ernaehrung, medikamente) unter besonderer beruecksichtigung spezieller organleistungen wie z. b. bauchspeicheldruese, zur verbesserung der klinischen diagnostik. - messung der genetisch bedingten und umweltbedingten spurenelementkonzentrationsaenderungen in saeugetierorganen und korrelation zu verschiedenen erkrankungen

S.WORT mensch + spurenelemente + messverfahren
PROLEI PROF. L. E. FEINENDEGEN
STAND 30.8.1976
QUELLE fragebogenerhebung sommer 1976
ZUSAM - GOLLWITZER-MEIER-INST. F. HERZ- UND KREISLAUFERKRANKUNGEN, BAD OEYNHAUSEN
- INNERE KLINIK DER UNI DUESSELDORF
- BOEHRINGER GMBH MANNHEIM
BEGINN 1.1.1970
LITAN - SCHICHA, H.;ARNIM, W. V.;BECKER, V.;ET AL.: ISOTOPENUNTERSUCHUNG DER HIRNDURCHBLUTUNG BEI ANWENDUNG EINES MULTI-PARAMETER-SYSTEMS (INTRAVENOESE TRACERINJEKTION). IN: QUALITY FACTORS IN NUCLEAR MEDICINE, FADL. S FORLAG, KOPENHAGEN, ARHUS, ODENSE S. 152, 1-152, 10(1975)
- VYSKA, K.;PROFANT, M.;FREUNDLIEB, CH.;ET AL.: DIE THEORETISCHE ANALYSE MINIMALER KARDIALER TRANSITZEITEN UND DIE MESSUNG DER VENTRIKULAEREN EJEKTIONSFRAKTIONEN. IN: QUALITY FACTORS IN NUCLEAR MEDICINE. FADL. S. FORLAG, KOPENHAGEN, ARHUS, ODENSE S. 91, 1-91, 7 (1975)

NB -041

INST KERNFORSCHUNGSANLAGE JUELICH GMBH
JUELICH, POSTFACH 365

VORHAB **1) pruefung biochemischer vorgaenge am reticulo-endothelial-system mit radioisotopen zur klaerung autoimmunologischer vorgaenge bzw. der metastasierung bosartiger tumorzellen 2) stammzellenentwicklung**

S.WORT nuklearmedizin + strahlenschaeden + zelle + diagnostik
QUELLE datenuebernahme aus der datenbank zur koordinierung der ressortforschung (dakor)
FINGEB BUNDESMINISTER FUER FORSCHUNG UND TECHNOLOGIE
BEGINN 1.1.1974 ENDE 31.12.1976

NB -042

INST KLINIK FUER RADIOLOGIE, NUKLEARMEDIZIN UND PHYSIKALISCHE THERAPIE IM KLINIKUM STEGLITZ DER FU BERLIN
BERLIN 45, HINDENBURGDAMM 30
VORHAB **feststellung des verlaufs der allgemeinen 137-cs-inkorporation des menschen sowie kontrolle des auftretens weiterer "fallout"-produkte**
in vivo-messung von personen mit dem ganzkoerperzaehler
S.WORT fall-out + radioaktive kontamination + mensch
PROLEI PROF. DR. -ING. PETER KOEPPE
STAND 21.7.1976
QUELLE fragebogenerhebung sommer 1976
FINGEB - BUNDESMINISTER FUER FORSCHUNG UND TECHNOLOGIE
- STIFTUNG VOKLSWAGENWERK, HANNOVER
BEGINN 1.1.1960

NB -043

INST KLINIK FUER RADIOLOGIE, NUKLEARMEDIZIN UND PHYSIKALISCHE THERAPIE IM KLINIKUM STEGLITZ DER FU BERLIN
BERLIN 45, HINDENBURGDAMM 30
VORHAB **biokinetik radioaktiver stoffe**
in vivo-messung von patienten, bei denen die anwendung radioaktiver substanzen indiziert war, mit dem endziel einer abschaetzung der erhoehung der strahlenbelastung, die die gesamtbevoelkerung durch anwendung radioaktiver substanzen erfaehrt
S.WORT radioaktive substanzen + strahlenbelastung + mensch
PROLEI PROF. DR. F. E. STIEVE
STAND 21.7.1976
QUELLE fragebogenerhebung sommer 1976
ZUSAM BUNDESGESUNDHEITSAMT, BERLIN

NB -044

INST LABORATORIUM FUER AEROSOLPHYSIK UND FILTERTECHNIK DER GESELLSCHAFT FUER KERNFORSCHUNG MBH
KARLSRUHE 1, WEBERSTR. 5
VORHAB **identifizierung von reaktorabgasen, abluftfilterung an reaktoren**
S.WORT kernreaktor + abluftfilter + radioaktive substanzen + nachweisverfahren
PROLEI DIPL. -CHEM. JUERGEN WILHELM
STAND 1.1.1974
QUELLE erhebung 1975
FINGEB BUNDESMINISTER FUER FORSCHUNG UND TECHNOLOGIE
BEGINN 1.1.1973 ENDE 31.12.1976
G.KOST 1.600.000 DM
LITAN - JAHRESBERICHT 1973 DER ABT. STRAHLENSCHUTZ UND SICHERHEIT. KFK-BERICHT (MAR 1974)
- HALBJAHRESBERICHT DES PNS. KFK-BERICHT 1859(NOV 1973)

NB -045

INST LABORATORIUM FUER AEROSOLPHYSIK UND FILTERTECHNIK DER GESELLSCHAFT FUER KERNFORSCHUNG MBH
KARLSRUHE 1, WEBERSTR. 5
VORHAB **identifizierung von jodverbindungen in der abluft kerntechnischer anlagen**
die chemische und physikalische form der jodverbindungen in der abluft kerntechnischer anlagen ist entscheidend fuer die strahlenbelastung der umgebung, da radiojod vorwiegend mit der milch aufgenommen wird und nur elementares jod in hohem masse am gras (weide-kuh-milchpfad) abgeschieden wird. durch entwicklung selektiver sorptionsmaterialien und durchleiten der zu untersuchenden abluft durch diskriminierende jodsammler, die mit solchen materialien ausgestattet sind, wird eine aufteilung der jodformen erreicht, die eine getrennte messung erlaubt
S.WORT kernreaktor + abluft + jod + nachweisverfahren
PROLEI DR. HERMANN DEUBER
STAND 13.8.1976
QUELLE fragebogenerhebung sommer 1976
FINGEB BUNDESMINISTER FUER FORSCHUNG UND TECHNOLOGIE
BEGINN 1.1.1974 ENDE 31.12.1979
G.KOST 500.000 DM
LITAN ZWISCHENBERICHT

NB -046

INST LABORATORIUM FUER AEROSOLPHYSIK UND FILTERTECHNIK DER GESELLSCHAFT FUER KERNFORSCHUNG MBH
KARLSRUHE 1, WEBERSTR. 5
VORHAB **untersuchungen zur wechselwirkung von spaltprodukten und aerosolen aus lwr - containments**
klaerung und modelltheoretische beschreibung des verhaltens nuklearer schadstoffe innerhalb und ausserhalb von leichtwasser- reaktor- containments
S.WORT kernreaktor + radioaktive spaltprodukte
PROLEI HAURY
STAND 1.1.1974
FINGEB BUNDESMINISTER FUER FORSCHUNG UND TECHNOLOGIE
ZUSAM RCN - AEROSOL - RESEARCH - PROGRAM, PETTEN /NL
BEGINN 1.1.1972
G.KOST 400.000 DM
LITAN - HOSEMANN, J. P.;JORDAN, H.;SCHIKARSKI, W.;WILD, H.: NUKLEARE SCHADSTOFFE IN DER NACHUNFALLATMOSPHAERE EINES LWR-CONTAINMENTS. KFK (1800)
- HOSEMANN, J. P.;SCHIKARSKI, W.;WILD, H.: RADIOACTIVE POLLUTANTS RELEASED IN ACCIDENTS OF LWR-POWER PLOUTS JAEA/SM-181/18, WIEN

NB -047

INST LANDESANSTALT FUER LEBENSMITTEL-, ARZNEIMITTEL- UND GERICHTLICHE CHEMIE
BERLIN 12, KANTSTR. 79
VORHAB **messung der umweltradioaktivitaet und strahlenbelastung**
S.WORT radioaktivitaet + strahlenbelastung
PROLEI DR. MAHLING
STAND 1.1.1974
BEGINN 1.1.1959

NB -048

INST LANDESANSTALT FUER WASSER UND ABFALL
DUESSELDORF, BOERNESTR. 10
VORHAB **die isotopenverteilung in schlaemmen eines vorfluters im einzugsgebiet eines reaktors**
S.WORT abwasseranalyse + schlaemme + vorfluter + kernreaktor + isotopen
PROLEI DR. PAETZE
STAND 1.1.1974
FINGEB MINISTER FUER ERNAEHRUNG, LANDWIRTSCHAFT UND FORSTEN, DUESSELDORF
BEGINN 1.1.1972

NB -049

INST LANDESANSTALT FUER WASSER UND ABFALL
DUESSELDORF, BOERNESTR. 10
VORHAB **untersuchung der lippe auf einzelnuklid-aktivitaeten im wasser**
S.WORT gewaesserbelastung + radionuklide
LIPPE
PROLEI DR. PAETZE
STAND 1.1.1974
FINGEB MINISTER FUER ERNAEHRUNG, LANDWIRTSCHAFT UND FORSTEN, DUESSELDORF
BEGINN 1.1.1972

NB -050

INST LANDWIRTSCHAFTLICHE UNTERSUCHUNGS- UND FORSCHUNGSANSTALT DER LANDWIRTSCHAFTSKAMMER SCHLESWIG-HOLSTEIN
KIEL, GUTENBERGSTR. 75-77

VORHAB **radioaktivitaetsmessungen an boden, wasser, lebensmitteln und fertignahrung**
ermittlung des ist-zustandes der fall-out radioaktivitaet und der umgebungsradioaktivitaet von kernreaktoren
S.WORT radioaktive kontamination + umgebungsradioaktivitaet + kernreaktor
PROLEI DIPL. -CHEM. HERBERT KNAPSTEIN
STAND 1.1.1974
FINGEB SOZIALMINISTER, KIEL
BEGINN 1.1.1959
G.KOST 104.000 DM
LITAN ZWISCHENBERICHT

NB -051

INST LEHRSTUHL FUER NUKLEARMEDIZIN UND NUKLEARMEDIZINISCHE KLINIK UND POLIKLINIK DER TU MUENCHEN
MUENCHEN 80, ISMANINGER STRASSE 22
VORHAB **raster-elektronenmikroskopische untersuchungen ueber gewebeschaeden an oberflaechen verschiedener organe nach einwirkung von roentgenstrahlen, inkorporierten radionukliden und fremdstoffen**
S.WORT gesundheitsschutz + innere organe + roentgenstrahlung
QUELLE datenuebernahme aus der datenbank zur koordinierung der ressortforschung (dakor)
FINGEB BUNDESMINISTER FUER FORSCHUNG UND TECHNOLOGIE
BEGINN 1.11.1972 ENDE 31.12.1975

NB -052

INST LEHRSTUHL FUER PFLANZENERNAEHRUNG DER TU MUENCHEN
FREISING -WEIHENSTEPHAN
VORHAB **umgebungsueberwachung von kernkraftwerken (versuchsatomkraftwerk kahl, kernkraftwerke gundremmingen und niederaichbach)**
ueberwachung der umweltradioaktivitaet in boeden und pflanzen in der umgebung der kernkraftwerke. probennahme von boeden und pflanzen, aufbereitung und messung der rest-beta-aktivitaet. bericht an die auftraggeber (betreiber)
S.WORT kernkraftwerk + radioaktivitaet + strahlenbelastung + boden
KAHL + GUNDREMMINGEN + NIEDERAICHBACH
PROLEI DR. ALBERT WUENSCH
STAND 29.7.1976
QUELLE fragebogenerhebung sommer 1976
FINGEB KERNKRAFTWERKBETREIBER
BEGINN 1.1.1959
LITAN ZWISCHENBERICHT

NB -053

INST LEHRSTUHL FUER REAKTORTECHNIK DER TH AACHEN
AACHEN, EILFSCHORNSTEINSTR.
VORHAB **radioaktive umweltbelastung in der bundesrepublik deutschland durch aus kernreaktoren und wiederaufarbeitungsanlagen freigesetzte radionuklide im naechsten jahrhundert**
zu erwartende radioaktive umweltbelastung durch bei normalbetrieb aus kerntechnischen anlagen freigesetzte radionuklide; wo sind moeglicherweise verbesserte rueckhaltetechniken notwendig; technische realisierbarkeit verbesserter rueckhaltetechniken; bedeutung der radioaktiven umweltbelastung fuer die bevoelkerung in der zukunft
S.WORT strahlenbelastung + radionuklide + kernreaktor
PROLEI DR. HANS BONKA
STAND 2.8.1976
QUELLE fragebogenerhebung sommer 1976
ZUSAM - INST. F. REAKTORENTWICKLUNG, KERNFORSCHUNGSANLAGE JUELICH
- ZENTRALABTEILUNG STRAHLENSCHUTZ, KERNFORSCHUNGSANLAGE JUELICH
BEGINN 1.8.1972
G.KOST 1.500.000 DM
LITAN - BONKA, H.;BIESELT, R.;BRENK, D. ET AL.: ZUKUENFTIGE RADIOAKTIVE UMWELTBELASTUNG IN DER BDR DURCH RADIONUKLIDE AUS KERNTECHNISCHEN ANLAGEN IM NORMALBETRIEB. 1. BERICHT, KERNFORSCHUNGSANLAGE JUELICH JUEL 1220(JUL 1975)
- BONKA, H.;BRENK, D.;VOGT, K. ET AL.: RADIOACTIVE EXPOSURE OF THE POPULATION BY CONTAMINATED AIR EMITTED FROM NUCLEAR PLANTS IN THE FEDERAL REPUBLIC OF GERMANY. EUROPEAN NUCLEAR CONFERENCE, PARIS (APR 1975)

NB -054

INST MESSTELLE FUER IMMISSIONS- UND STRAHLENSCHUTZ BEIM LANDESGEWERBEAUFSICHTSAMT RHEINLAND-PFALZ
MAINZ, RHEINALLEE 97-101
VORHAB **nullpegel- und ueberwachungsmessungen in der umgebung der kernkraftwerke biblis, ludwigshafen, philippsburg und muelheim-kaerlich**
vor inbetriebnahme mindestens 2 jahre nullpegelmessungen, nach inbetriebnahme fortfuehrung der messungen zur umgebungsueberwachung: ueberpruefung der einhaltung der genehmigungsauflagen, langfristige aussagen ueber die radiooekologie, bereitstellung von messstellen und messorganisationen fuer stoerfaelle. bestimmung der umgebungsradioaktivitaet durch luft- und aerosol-messungen
S.WORT luftueberwachung + kernkraftwerk + umgebungsradioaktivitaet + messtellennetz
OBERRHEIN
PROLEI DIPL. -PHYS. KLAUS JANSEN
STAND 13.8.1976
QUELLE fragebogenerhebung sommer 1976
BEGINN 1.1.1973 ENDE 30.6.1976

NB -055

INST PHYSIKALISCH-TECHNISCHE BUNDESANSTALT
BRAUNSCHWEIG, BUNDESALLEE 100
VORHAB **untersuchung der aktivitaetskonzentration von in der bodennahen luft enthaltenen radionukliden und ihrer jahreszeitlichen schwankung**
probennahme mit hochleistungs-staubprobensammlern. 8-spektrometrie mit ge- li- detektoren; chemischer trennungsgang fuer kosmogene radionuklide
S.WORT luftverunreinigung + radionuklide + strahlenbelastung
PROLEI DR. WALTER KOLB
STAND 12.8.1976
QUELLE fragebogenerhebung sommer 1976
FINGEB BUNDESMINISTER FUER WIRTSCHAFT
ZUSAM INSTITUT FOR SAMFUNNSVITENSKAP DER UNI TROMSOE, P. BOKS 1040, N-9001 TROMSOE
LITAN - KOLB, W.: PARTICULATE SULPHUR CONCENTRATION IN GROUND LEVEL AIR IN NORTH GERMANY AND NORTH NORWAY. IN: PTB-RA-3
- KOLB, W.: RADIONUCLIDE CONCENTRATIONS IN GROUND LEVEL AIR FROM 1971-1973 IN BRUNSWICK AND TROMSOE. IN: PTB-RA-4

NB -056

INST PHYSIKALISCH-TECHNISCHE BUNDESANSTALT
BRAUNSCHWEIG, BUNDESALLEE 100
VORHAB **untersuchung der radioaktivitaet von baustoffen**
untersuchung des kalium-40; radium 226 und thorium-232-gehaltes herkoemmlicher und neuartiger baustoffe. ziel: festsetzung von grenzwerten
S.WORT baustoffe + radioaktivitaet + grenzwerte
PROLEI DR. WALTER KOLB
STAND 12.8.1976

QUELLE fragebogenerhebung sommer 1976
FINGEB BUNDESMINISTER FUER WIRTSCHAFT
BEGINN 1.3.1972
LITAN KOLB, W.: EINFLUSS DER BAUSTOFFE AUF DIE STRAHLENBELASTUNG DER BEVOELKERUNG. IN: ATOMINFORMATIONEN 4(1974)

NB -057
INST PHYSIKALISCH-TECHNISCHE BUNDESANSTALT BRAUNSCHWEIG, BUNDESALLEE 100
VORHAB **entwicklung eines dosisleistungsmessgeraetes zur messung der umgebungsstrahlung**
weitgehend energieunabhaengiges szintillationsdosimeter; 5 messbereiche, standardausfuehrung zwischen 3 und 300 mikroroentgen/stunde vollausschlag, themperatur-kompensiert; patentanmeldungen p 17 89 051. 6 und p 24 01 836, 8
S.WORT dosimetrie + messgeraet
PROLEI DR. WALTER KOLB
STAND 1.1.1974
BEGINN 1.7.1970
LITAN - KOLB, W.;LAUTERBACH, U.: DAS SZINTILLATIONSDOSIMETER PTB 1201 IN VERBESSERTER AUSFUEHRUNG. HELGOLAND (SEP 1974)
- KOLB, W; LAUTERBACH; U: SCINTILLATION DOSE RATE METER FOR ENVIRONMENTAL RADIATION SURVEYS. HOUSTON (TEXAS) 6. -11. 8. 72

NB -058
INST PHYSIKALISCH-TECHNISCHE BUNDESANSTALT BRAUNSCHWEIG, BUNDESALLEE 100
VORHAB **bestimmung der energiedosis im gewebeaequivalenten phantom fuer roentgen- und gammastrahlung**
zielsetzung: 1. die entwicklung der ionometrischen messmethode zur absolutbestimmung der energiedosis durch roentgen- und gammastrahlen im wasserphantom. 2. die erforschung optimaler konstruktionsformen fuer ionisationskammern, die zur messung der energiedosis in einem wasserphantom dienen sollen. 3. die bereitstellung von strahlungsfelddaten (photonen- und elektronenspektren im wasserphantom) und von umrechnungsfaktoren (verhaeltnis der massenabsorptionskoeffizienten fuer photonen und massenbremsvermoegen fuer elektronen) fuer die materialien luft, wasser, gewebe u. a. im energiebereich von 10 kev bis 2 mev
S.WORT geraeteentwicklung + ionisierende strahlung + strahlendosis + (wasserphantom)
PROLEI PROF. DR. HERBERT REICH
STAND 12.8.1976
QUELLE fragebogenerhebung sommer 1976
BEGINN 1.10.1976 ENDE 31.12.1980
G.KOST 296.000 DM

NB -059
INST PHYSIKALISCHES INSTITUT I / FB 13 DER UNI GIESSEN
GIESSEN, HEINRICH-BUFF-RING 14-20
VORHAB **neutronendosimetrie mit kernspaltspuren**
dosimetrie von schnellen neutronen mit zellulose-nitrat-folien. aufbau eines funkenzaehlers zur auswertung der dosimeter fuer die personenueberwachung
S.WORT dosimetrie + gesundheitsschutz
PROLEI PROF. DR. A. SCHARMANN
STAND 6.8.1976
QUELLE fragebogenerhebung sommer 1976
ZUSAM - STRAHLENZENTRUM DER UNI GIESSEN
- INST. F. KERNCHEMIE DER UNI KOELN
BEGINN 1.1.1969

NB -060
INST PHYSIKALISCHES INSTITUT I / FB 13 DER UNI GIESSEN
GIESSEN, HEINRICH-BUFF-RING 14-20
VORHAB **gamma-dosimetrie mit radiophotolumineszenzglaesern**
entwicklung eines dosimeter-systems fuer die personenueberwachung auf der basis der radiophotolumineszenz: entwicklung neuer glaeser und aufbau einer auswertungsapparatur
S.WORT dosimetrie + gesundheitsschutz
STAND 6.8.1976
QUELLE fragebogenerhebung sommer 1976
BEGINN 1.1.1972

NB -061
INST SEKTION PHYSIK DER UNI MUENCHEN
MUENCHEN, SCHELLINGSTR. 4
VORHAB **ueberwachung von luft und niederschlaegen auf natuerliche und kuenstliche radioaktivitaet**
ziel des vorhabens ist eine lueckenlose registrierung der beta-aktivitaet atmosphaerischer niederschlaege zur ueberwachung der straheldosis aus diesen quellen, und zum studium des einflusses meteorologischer faktoren auf die spezifische aktivitaet verschiedener niederschlagsformen.
untersuchungsmethode: kontinuierliche trennung trockener und feuchter niederschlaege, messung des abklingens der beta-aktivitaet, registrierung heisser partikel
S.WORT radioaktivitaet + luft + niederschlag MUENCHEN
PROLEI PROF. DR. STIERSTADT
STAND 1.1.1974
ZUSAM MAX-PLANCK-INSTITUT FUER KERNPHYSIK, 69 HEIDELBERG, SAUPFERCHECKWEG
BEGINN 1.1.1955
LITAN STIERSTADT, K.:UNTERSUCHUNGEN UEBER RADIOAKTIVE NIEDERSCHLAEGE (X), IN: ATOMKERNENERGIE 16 S. 153-154 (1970)

NB -062
INST STAATLICHES MATERIALPRUEFUNGSAMT NORDRHEIN-WESTFALEN
DORTMUND 41, MARSBRUCHSTR. 186
VORHAB **erhebungsmessungen zur erfassung der derzeitigen strahlenbelastung in wohn- und aufenthaltsraeumen**
messung der dosisleistung der gesamten strahlung in 20-30000 wohnungen und ihrer umgebung im gesamten bundesgebiet-bestimmung der radioaktivitaet der baustoffe- auswertung der messergebnisse und bestimmung der natuerlichen strahlenbelastung im freien und in wohn- und aufenthaltsraeumen
S.WORT radioaktivitaet + wohnraum + strahlenbelastung + messung
STAND 9.8.1976
QUELLE fragebogenerhebung sommer 1976
BEGINN 1.1.1972 ENDE 31.12.1975

Weitere Vorhaben siehe auch:

AA -095 DER GEHALT DES BODENNAHEN AEROSOLS AN FOLGEPRODUKTEN VON RADON UND THORON
CB -001 UNTERSUCHUNG DER EINFLUESSE VON WETTERAENDERUNGEN AUF DIE AUSBREITUNG RADIOAKTIVER STOFFE IN DER ATMOSPHAERE
DD -050 ENTWICKLUNG VON ABLUFTFILTERN FUER WIEDERAUFARBEITUNGSANLAGEN
EA -021 ERFAHRUNGEN BEI DER ANWENDUNG DER RICHTLINIE DES RATES VOM 2.8.1972
IC -013 UEBER DAS AUFTRETEN UND VERHALTEN VON RADIONUKLIDEN IN OBERFLAECHENGEWAESSERN - EINE RADIOOEKOLOGISCHE STUDIE
IC -041 DIE BELASTUNG DER LEINE DURCH DIE IN DEN ABWAESSERN DER STADT GOETTINGEN ENTHALTENEN RADIOISOTOPE
IC -090 RADIOOEKOLOGISCHE ERHEBUNGEN IM BEREICH DER UNTERWESER
ID -040 GRUNDWASSERUNTERSUCHUNGEN IN SANDHAUSEN

IE -003 UNTERSUCHUNGEN UEBER DIE BEEINFLUSSUNG MARINER ORGANISMEN DURCH KUESTEN- UND MEERESVERSCHMUTZUNG

IE -006 TRITIUMAKKUMULATION IM BEREICH DER KUESTENGEWAESSER (NORDSEE)

PC -013 FUNKTIONSSTOERUNGEN DES ZENTRALNERVENSYSTEMS (ZNS) DURCH IONISIERENDE STRAHLEN U.A. NOXEN

PC -014 ZYTOGENETISCHE WIRKUNG VON IONISIERENDEN STRAHLEN UND CHEMIKALIEN

PC -015 ZELLPROLIFERATION; STOERUNGEN DURCH PHYSIKALISCHE UND CHEMISCHE AGENZIEN

PC -016 KARZINOGENESE BEI KOMBINIERTER EINWIRKUNG VON STRAHLUNG UND CHEMISCHEN STOFFEN

PC -036 SYNERGISMUS VON STRAHLUNG UND CHEMISCHEN SCHADSTOFFEN AN BIOLOGISCHEN MAKROMOLEKUELEN

PC -037 INDUKTION VON ERBSCHAEDEN (ANEUPLOIDIE-CHROMOSOMENVERLUST UND CHROMOSOMENGEWINN) DURCH IONISIERENDE STRAHLEN UND CHEMISCHE SUBSTANZEN

PI -031 BIOSTACK-WIRKUNG EINZELNER TEILCHEN DER KOSMISCHEN STRAHLUNG AUF BIOLOGISCHE SYSTEME

QA -074 UEBERWACHUNG DER UMWELTRADIOAKTIVITAET IN LEBENSMITTELN

QB -036 UNTERSUCHUNGEN UEBER DIE J 131-BELASTUNG DER MILCH IN DER UMGEBUNG GROESSERER KERNKRAFTWERKE IM NORDDEUTSCHEN RAUM

QC -003 KONTAMINATION VON GETREIDE UND GETREIDEPRODUKTEN DURCH RADIONUKLIDE UND MASSNAHMEN ZUR DEKONTAMINATION

QD -027 UNTERSUCHUNGEN ZUR EISEN-55-KONTAMINATION DER UMWELT

TA -007 UEBERWACHUNG UND UNTERSUCHUNG VON STRAHLENGEFAEHRDETEN PERSONEN

NC -001

INST ABTEILUNG STOFFARTUNABHAENGIGE VERFAHREN DER BUNDESANSTALT FUER MATERIALPRUEFUNG BERLIN 45, UNTER DEN EICHEN 87
VORHAB **pruefung der dichtheit der umschliessung radioaktiver stoffe**
entwicklung von pruefverfahren und kriterien zur beurteilung der dichtheit von umschliessungen fuer radioaktive stoffe
S.WORT radioaktive substanzen + behaelter + materialtest
PROLEI DIPL. -PHYS. HELMUT KOWALEWSKY
STAND 10.9.1976
QUELLE fragebogenerhebung sommer 1976
BEGINN 1.9.1976 ENDE 31.12.1978
G.KOST 500.000 DM

NC -002

INST ABTEILUNG STOFFARTUNABHAENGIGE VERFAHREN DER BUNDESANSTALT FUER MATERIALPRUEFUNG BERLIN 45, UNTER DEN EICHEN 87
VORHAB **anwendung der ultraschallimpulsspektrometrie zur verbesserung der aussagesicherheit bei der materialpruefung mit ultraschall**
fourieranalyse von ultraschall-impulsechos soll eine eindeutige zuordnung von fehlerecho und fehlerart, -form und -lage ermoeglichen; dabei besondere beruecksichtigung von pruefungen an dickwandigen reaktorbauteilen
S.WORT reaktorsicherheit + materialtest + ultraschall
PROLEI PROF. MUNDRY
STAND 1.1.1974
FINGEB BUNDESMINISTER FUER FORSCHUNG UND TECHNOLOGIE
BEGINN 1.2.1972 ENDE 28.2.1975
G.KOST 463.000 DM
LITAN - NEUMANN; WUESTENBERG; NABEL; MUNDRY: ANALYSE VON ULTRASCHALLECHOS DURCH IMPULSSPEKTROMETRIE, VORTRAGSTAGUNG 1973 ZERSTOERUNGSFREIE MATERIALPRUEFUNG D. DGZFP UND D. EISENHUETTE. OESTERREICH, SALZBURG
- NABEL; NEUMANN; MUNDRY; WUESTENBERG: ANALYSIS OF ULTRASONIC ECHOES BY MEANS OF PULSE SPECTROSCOPY, TAGUNGSBAND DER V. KONFERENZ F. ZEITGEMAESSE BEMESSUNG, VI. KONGRESS F. MATERIALPRUEFUNG BUDAPEST 1974
- ZWISCHENBERICHT 1974, BAM

NC -003

INST ABTEILUNG STOFFARTUNABHAENGIGE VERFAHREN DER BUNDESANSTALT FUER MATERIALPRUEFUNG BERLIN 45, UNTER DEN EICHEN 87
VORHAB **zerstoerungsfreie pruefverfahren und dazu erforderliche einrichtungen zur fehlersuche in dickwandigen behaeltern**
zerstoerungsfreie wiederholungspruefung mit ultraschall an druckfuehrenden komponenten im primaerkreislauf von reaktor-anlagen; sicherung der integritaet des druckbehaelters von kernkraftwerken
S.WORT reaktorsicherheit + druckbehaelter + materialtest + ultraschall
PROLEI DR. WUESTENBERG
STAND 1.1.1974
FINGEB BUNDESMINISTER FUER FORSCHUNG UND TECHNOLOGIE
ZUSAM - M A N WAERME- U. LUFTTECHNIK GMBH, 85 NUERNBERG, VIKTORIASTR. 20, FORSCHUNGSVORHABEN RS 27/2 (BMFT)
- KRAUTKRAEMER GMBH, 5 KOELN 41, LUXEMBURGER STR. 449
BEGINN 1.10.1972 ENDE 30.6.1975
G.KOST 774.000 DM
LITAN - WUESTENBERG;SCHULZ;MUNDRY: UNTERSUCHUNG ZUM EINFLUSS DER PLATTIERUNG UND DER GEOMETRIE AUF DIE PRUEFBARKEIT VON REAKTORDRUCKBEHAELTERN MIT ULTRASCHALL.BEZUG:IRS OKT.1973
- VIERTELJAHRESBERICHTE DES IRS 1973,MAI 1974,JUNI 1974,AUGUST 1974,OKTOBER 1974
KUTZNER,J.;WUESTENBERG,H.;MOEHRLE,W.;SCHULZ-,E.:JAHRESTAGUNG DER DGZFP,ZONENAUFTEILUNG,EMPFINDLICHKEITSEINSTELLUNG UND PRUEFKOPFHALTERUNG BEI DER MANUELLEN ULTRASCHALLPRUEFUNG MIT DEM TANDEMVERFAHREN,BERLIN '75

NC -004

INST AKTIONSGEMEINSCHAFT NATUR- UND UMWELTSCHUTZ BADEN-WUERTTEMBERG E.V. STUTTGART, STAFFLENBERGSTR. 26
VORHAB **strahlenschutz**
gutachten
S.WORT strahlenschutz + kernreaktor
PROLEI DR. FAHRBACH
STAND 1.1.1974
BEGINN 1.1.1972 ENDE 31.12.1980
G.KOST 100.000 DM

NC -005

INST ALKEM GMBH HANAU 11, POSTFACH 110069
VORHAB **f+e-arbeiten auf dem gebiet der plutoniumtechnologie**
S.WORT kerntechnik + brennstoffe + plutonium + brennelement
QUELLE datenuebernahme aus der datenbank zur koordinierung der ressortforschung (dakor)
FINGEB BUNDESMINISTER FUER FORSCHUNG UND TECHNOLOGIE
BEGINN 1.1.1975 ENDE 31.12.1977
G.KOST 14.702.000 DM

NC -006

INST ALLGEMEINE ELEKTRIZITAETS-GESELLSCHAFT AEG-TELEFUNKEN, FRANKFURT FRANKFURT, THEODOR-STERN-KAI 1
VORHAB **verschiedene reaktorsicherheitsaufgaben**
S.WORT reaktorsicherheit
STAND 1.1.1974

NC -007

INST ALLGEMEINE ELEKTRIZITAETS-GESELLSCHAFT AEG-TELEFUNKEN, FRANKFURT FRANKFURT, THEODOR-STERN-KAI 1
VORHAB **reaktorsicherheit - abgas, abwasser**
S.WORT reaktorsicherheit + abgas + abwasser
STAND 1.1.1974
FINGEB BUNDESMINISTER FUER BILDUNG UND WISSENSCHAFT
BEGINN 1.1.1970 ENDE 31.12.1974

NC -008

INST ALLIANZ-ZENTRUM FUER TECHNIK GMBH ISMANING
VORHAB **koerperschallmessungen an reaktordruckbehaeltern und primaerkreislauf von kernkraftwerken**
S.WORT kernreaktor + stoerfall + frueherkennung + druckbehaelter + schallmessung
QUELLE datenuebernahme aus der datenbank zur koordinierung der ressortforschung (dakor)
FINGEB BUNDESMINISTER FUER FORSCHUNG UND TECHNOLOGIE
BEGINN 15.4.1975 ENDE 14.4.1977
G.KOST 748.000 DM

NC -009

INST ALLIANZ-ZENTRUM FUER TECHNIK GMBH ISMANING
VORHAB **ermittlung von schweisseigenspannungen mit hilfe der roentgenografie im ambulanten einsatz**
S.WORT reaktorsicherheit + schweisstechnik + (werkstoffpruefung)
QUELLE datenuebernahme aus der datenbank zur koordinierung der ressortforschung (dakor)
FINGEB BUNDESMINISTER FUER FORSCHUNG UND TECHNOLOGIE
BEGINN 20.5.1974 ENDE 31.5.1976
G.KOST 292.000 DM

NC -010
INST BATTELLE-INSTITUT E.V.
FRANKFURT 90, AM ROEMERHOF 35
VORHAB **entwicklung eines edv-unterstuetzten entscheidungsinstruments zur standortvorauswahl von kernenergieanlagen**
auswahl von standorten fuer kernenergieanlagen unter besonderer beruecksichtigung des nuklearspezifischen risikos. entwicklung eines bundeseinheitlichen edv-unterstuetzten verfahrens zur beschleunigung des genehmigungsverfahrens. erfassung und nutzwertanalytische verarbeitung von standortdaten
S.WORT kerntechnische anlage + standortwahl + (entscheidungsinstrument)
PROLEI DIPL. -ING. GERHARD STEINSIEK
STAND 4.8.1976
QUELLE fragebogenerhebung sommer 1976
BEGINN 1.4.1976 ENDE 1.7.1976
G.KOST 498.000 DM

NC -011
INST BONNENBERG UND DRESCHER, INGENIEURGESELLSCHAFT MBG & CO KG
JUELICH, LANDSTR. 20
VORHAB **vergleichende untersuchung des kuehlmittelverluststoerfalles und der nachwaermeabfuhr fuer leichtwasserreaktoren (lwr) und hochtemperaturreaktoren (htr)**
S.WORT kernreaktor + kuehlsystem + reaktorsicherheit + stoerfall
QUELLE datenuebernahme aus der datenbank zur koordinierung der ressortforschung (dakor)
FINGEB BUNDESMINISTER FUER FORSCHUNG UND TECHNOLOGIE
BEGINN 1.4.1973 ENDE 30.9.1975

NC -012
INST BUCK, W., DR.-ING.
LEMFOERDE, POSTFACH 74
VORHAB **sicherheits- und zuverlaessigkeitsanalysen kerntechnischer anlagen unter besonderer beruecksichtigung von hochtemperaturreaktorsystemen**
S.WORT reaktorsicherheit + (zuverlaessigkeitsanalysen)
QUELLE datenuebernahme aus der datenbank zur koordinierung der ressortforschung (dakor)
FINGEB BUNDESMINISTER FUER FORSCHUNG UND TECHNOLOGIE
BEGINN 1.10.1974 ENDE 30.9.1976

NC -013
INST BUNDESAMT FUER WEHRTECHNIK UND BESCHAFFUNG
KOBLENZ 1, POSTFACH 7360
VORHAB **untersuchungen der widerstandsfaehigkeit von betonstrukturen gegen flugzeugabsturz**
S.WORT kernkraftwerk + sicherheitstechnik + beton + materialtest + (flugzeugabsturz)
QUELLE datenuebernahme aus der datenbank zur koordinierung der ressortforschung (dakor)
FINGEB BUNDESMINISTER FUER FORSCHUNG UND TECHNOLOGIE
BEGINN 1.10.1974 ENDE 30.4.1977

NC -014
INST BUNDESANSTALT FUER GEOWISSENSCHAFTEN UND ROHSTOFFE
HANNOVER 51, STILLEWEG 2
VORHAB **kernkraftwerk philippsburg, gutachtliche stellungnahme ueber die fuer den lastfall erdbeben repraesentativen bodenkennwerte schubmodul und daempfung**
zielsetzung: bestimmung von baugrunddynamischen kenndaten fuer den nachweis der erdbebensicherheit; vorgehensweise: in situ-untersuchungen, sprengseismisches aufzeitverfahren, datenverarbeitung digitaler seismogramme
S.WORT kernkraftwerk + katastrophenschutz + bodenstruktur + (gutachten)
OBERRHEINEBENE + PHILIPPSBURG
PROLEI DR. ROLF LUDELING
STAND 29.7.1976
QUELLE fragebogenerhebung sommer 1976
FINGEB KERNKRAFTWERK PHILIPPSBURG GMBH, PHILIPPSBURG
BEGINN 1.9.1974 ENDE 31.3.1975
G.KOST 22.000 DM
LITAN - LUEDELING, R. (UNI KIEL), DISSERTATION: IN SITU-UNTERSUCHUNGEN DES BAUGRUNDES NACH DEM SEISMISCHEN AUFZEITVERFAHREN ZUR BESTIMMUNG EINES DYNAMISCHEN SCHERMODULS FUER DIE BERECHNUNG DER ERDBEBENSICHERHEIT VON KERNKRAFTWERKEN. (1975); 103 S.
- ENDBERICHT

NC -015
INST BUNDESANSTALT FUER GEOWISSENSCHAFTEN UND ROHSTOFFE
HANNOVER 51, STILLEWEG 2
VORHAB **kernkraftwerk sued; gutachtliche stellungnahme ueber die fuer den lastfall erdbeben repraesentativen bodenkennwerte schubmodul und daempfung**
zielsetzung: bestimmung von baugrunddynamischen kenndaten fuer den nachweis der erdbebensicherheit; vorgehensweise: in situ-untersuchungen, sprengseismisches aufzeitverfahren, datenverarbeitung digitaler seismogramme
S.WORT kernkraftwerk + katastrophenschutz + bodenstruktur + (gutachten)
OBERRHEINEBENE
PROLEI DR. ROLF LUEDELING
STAND 29.7.1976
QUELLE fragebogenerhebung sommer 1976
FINGEB KERNKRAFTWERK SUED GMBH, ETTLINGEN
BEGINN 1.5.1974 ENDE 30.9.1974
G.KOST 53.000 DM
LITAN - LUEDELING, R. (UNI KIEL), DISSERTATION: IN SITU-UNTERSUCHUNGEN DES BAUGRUNDES NACH DEM SEISMISCHEN AUFZEITVERFAHREN ZUR BESTIMMUNG EINES DYNAMISCHEN SCHERMODULS FUER DIE BERECHNUNG DER ERDBEBENSICHERHEIT VON KERNKRAFTWERKEN. (1975); 103 S.
- ENDBERICHT

NC -016
INST DYCKERHOFF & WIDMANN AG
MUENCHEN 40, POSTFACH 400426
VORHAB **untersuchungen zum verhalten des waermedaemmkuehlsystems (wks) einer berstsicherung (bs) fuer reaktordruckbehaelter bei dynamischer belastung**
S.WORT reaktorsicherheit + druckbehaelter + (berstsicherung)
QUELLE datenuebernahme aus der datenbank zur koordinierung der ressortforschung (dakor)
FINGEB BUNDESMINISTER FUER FORSCHUNG UND TECHNOLOGIE
BEGINN 1.2.1975 ENDE 31.12.1975
G.KOST 328.000 DM

NC -017
INST ERNST-MACH-INSTITUT FUER STOSSWELLENFORSCHUNG DER FRAUNHOFER-GESELLSCHAFT E.V.
FREIBURG, ECKERSTR. 4
VORHAB **untersuchungen ueber das verhalten von materialien und bauteilen des reaktorbaues gegen aufschlagende fragmente und projektile unterschiedlicher masse und auftreffgeschwindigkeit**
es wird das widerstandsverhalten von bauelementen des reaktorbaues - insbesondere von stahl-, stahlbeton- und betonplatten unterschiedlicher dicke und materialzusammensetzung - bei aufschlag von fragmenten und projektilen variierender masse, geschwindigkeit und auftreffwinkel untersucht. diese arbeiten dienen der erforschung des ablaufs aeusserer einwirkungen auf kernkraftwerke, wie sie durch einschlag grosser massen (flugzeugabsturz) oder

einwirkung von projektilen (sabotage, beschuss) und splittern (von explosionen im inneren) auftreten koennen.
S.WORT kernreaktor + reaktorsicherheit + werkstoffe + stahl + untersuchungsmethoden
QUELLE datenuebernahme aus der datenbank zur koordinierung der ressortforschung (dakor)
FINGEB FRAUNHOFER-GESELLSCHAFT ZUR FOERDERUNG DER ANGEWANDTEN FORSCHUNG E. V. , MUENCHEN
BEGINN 1.9.1973 ENDE 31.12.1976
G.KOST 700.000 DM

NC -018

INST FACHBEREICH PHYSIK UND ELEKTROTECHNIK DER UNI BREMEN
BREMEN 33, ACHTERSTR.
VORHAB **gefahren fuer die bevoelkerung durch kernenergieanlagen**
bearbeitet werden folgende fragestellungen: strahlenschutzmessungen, sicherheit von kernkraftwerken, alternative energiequellen, interessenlage von gutachtern, biologische strahlenwirkungen, strahlenschutzgesetzgebung. benutzte unterlagen sind: fachliteratur, behoerdliche und andere gutachten, gerichtsurteile
S.WORT kernkraftwerk + reaktorsicherheit + strahlenschutz + energiepolitik
PROLEI PROF. DR. INGE SCHMITZ-FEUERHAKE
STAND 12.8.1976
QUELLE fragebogenerhebung sommer 1976
ZUSAM ARBEITSGRUPPE BEVOELKERUNGSSTATISTIK, FACHSEKTION MATHEMATIK DER UNI BREMEN
BEGINN 1.4.1972
LITAN - AUTORENGRUPPE DES PROJEKTES SAIU AN DER UNI BREMEN: ZUM RICHTIGEN VERSTAENDNIS DER KERNINDUSTRIE, 66 ERWIDERUNGEN. OBERBAUMVERLAG, BERLIN(1975)
- SCHMITZ-FEUERHAKE, I.: DAS KERNENERGIEPROGRAMM IM LICHTE NEUERER ERKENNTNISSE UEBER DIE BIOLOGISCHE WIRKUNG RADIOAKTIVER STRAHLEN. IN: ZIVILVERTEIDIGUNG III 7(1975)

NC -019

INST FACHGEBIET REAKTORTECHNIK DER TH DARMSTADT
DARMSTADT, PETERSENSTR.18
VORHAB **theoretische untersuchungen zur verbesserung der brennelementhuellrohre im hinblick auf rueckhaltung von spaltprodukten (bruchmechanik)**
elasto-plastische spannungsanalyse an kerben und rissen; anwendung auf bruchkriterien; ermittlung von spannungsintensitaetsfaktoren; risswachstum; anwendung der finite-element-methode
S.WORT kernreaktor + brennelement + radioaktivitaet + emissionsminderung + reaktorsicherheit
PROLEI PROF. DR. RER. NAT. HUMBACH
STAND 1.1.1974
BEGINN 1.9.1972
G.KOST 190.000 DM
LITAN ZWISCHENBERICHT 1974. 06

NC -020

INST FACHGEBIET REAKTORTECHNIK DER TH DARMSTADT
DARMSTADT, PETERSENSTR.18
VORHAB **untersuchungen zur brennstab- und brennelementmechanik**
entwicklung von programmen zur brennelementmodelltheorie; entwicklung neuer messverfahren zur brennstabverformung
S.WORT kernreaktor + brennelement + (brennelementmodelltheorie)
PROLEI PROF. DR. RER. NAT. HUMBACH
STAND 1.10.1974
FINGEB - BUNDESMINISTER FUER FORSCHUNG UND TECHNOLOGIE
- GESELLSCHAFT FUER KERNFORSCHUNG MBH (GFK), KARLSRUHE
ZUSAM KERNFORSCHUNGSZENTRUM KARLSRUHE
BEGINN 1.1.1973 ENDE 31.12.1975
G.KOST 790.000 DM
LITAN BEITRAEGE ZU VIERTELJAHRESBERICHTEN PSB

NC -021

INST FACHGEBIET REAKTORTECHNIK DER TH DARMSTADT
DARMSTADT, PETERSENSTR.18
VORHAB **theoretische und experimentelle untersuchungen von strahlenschaeden in reaktorstrukturmaterialien mit hilfe schwerer zonen**
untersuchungen ueber das schwellverhalten auf grund von porenbildung in reaktorstrukturmaterialien bei teilchenbeschuss (neutronen/elektronen/ionen); suche nach materialien fuer die "schnellen brueter"; entwicklung; mechanismus der porenbildung
S.WORT schneller brueter + reaktorstrukturmaterial + materialschaeden + radioaktivitaet
PROLEI PROF. DR. RER. NAT. HUMBACH
STAND 1.1.1974
ZUSAM - GESELLSCHAFT FUER KERNFORSCHUNG, 75 KARLSRUHE 1, WEBERSTR. 5
- GESELLSCHAFT FUER SCHWERIONFORSCHUNG, WIXHAUSEN
BEGINN 1.10.1971
G.KOST 400.000 DM
LITAN ZWISCHENBERICHT 1974. 10

NC -022

INST FORSCHUNGSINISTITUT BORSTEL - INSTITUT FUER EXPERIMENTELLE BIOLOGIE UND MEDIZIN
BORSTEL, PARKALLEE 1
VORHAB **biologischer strahlenschutz**
verbesserung bestehender methoden; praevention von strahlenschaedigungen; entwicklung von strahlenschutzstoffen
S.WORT strahlenschutz
PROLEI PROF. DR. DR. FREERKSEN
STAND 1.1.1974
LITAN - SONDERDRUCKFORDERUNGEN UND ANFRAGEN AN DAS FORSCHUNGSINSTITUT BORSTEL, ABTEILUNG FUER DOKUMENTATION UND BIBLIOTHEK
- ZWISCHENBERICHT 1975. 10

NC -023

INST GEMEINSAME FORSCHUNGSSTELLE ISPRA DER EURATOM
VARESE/ITALIEN
VORHAB **notkuehlprogramm. teilprojekt: untersuchung des thermohydraulischen ungleichgewichtes**
S.WORT reaktorsicherheit + kuehlsystem + stoerfall
QUELLE datenuebernahme aus der datenbank zur koordinierung der ressortforschung (dakor)
FINGEB BUNDESMINISTER FUER FORSCHUNG UND TECHNOLOGIE
BEGINN 1.12.1972 ENDE 31.12.1975

NC -024

INST GEMEINSAME FORSCHUNGSSTELLE ISPRA DER EURATOM
VARESE/ITALIEN
VORHAB **kernschmelzen. messung von fluessigen reaktorcorematerialien**
S.WORT reaktorsicherheit + materialtest
QUELLE datenuebernahme aus der datenbank zur koordinierung der ressortforschung (dakor)
FINGEB BUNDESMINISTER FUER FORSCHUNG UND TECHNOLOGIE
BEGINN 1.10.1972 ENDE 31.12.1975

NC -025

INST GEMEINSAME FORSCHUNGSSTELLE ISPRA DER EURATOM
VARESE/ITALIEN
VORHAB **notkuehlung - untersuchung der mischungseffekte in paralleldurchstroemten kanaelen im zweiphasengebiet**
S.WORT reaktorsicherheit + kuehlsystem + stoerfall
QUELLE datenuebernahme aus der datenbank zur koordinierung der ressortforschung (dakor)
FINGEB BUNDESMINISTER FUER FORSCHUNG UND TECHNOLOGIE
BEGINN 1.11.1972 ENDE 31.12.1977

NC -026
INST GEMEINSAME FORSCHUNGSSTELLE ISPRA DER EURATOM
VARESE/ITALIEN
VORHAB **notkuehlprogramm. einfluss der dwr-umwaelzschleifen auf den blowdown**
S.WORT reaktorsicherheit + kuehlsystem + stoerfall
QUELLE datenuebernahme aus der datenbank zur koordinierung der ressortforschung (dakor)
FINGEB BUNDESMINISTER FUER FORSCHUNG UND TECHNOLOGIE
BEGINN 1.12.1973 ENDE 30.11.1977

NC -027
INST GESELLSCHAFT FUER KERNENERGIEVERWERTUNG IN SCHIFFBAU UND SCHIFFAHRT
GEESTHACHT, REAKTORSTR. 1
VORHAB **sicherheitsexperimente fuer druckwasserreaktoren**
erstellung von anlagen zur simulierung von sicherheitsexperimenten fuer druckwasserreaktoren
S.WORT reaktorsicherheit + simulationsmodell
PROLEI SEELIGER
STAND 1.1.1974
FINGEB BUNDESMINISTER FUER FORSCHUNG UND TECHNOLOGIE
BEGINN 1.1.1972 ENDE 31.12.1976
G.KOST 138.000 DM

NC -028
INST GESELLSCHAFT FUER KERNENERGIEVERWERTUNG IN SCHIFFBAU UND SCHIFFAHRT
GEESTHACHT, REAKTORSTR. 1
VORHAB **verbesserung von huellrohreigenschaften durch einsatz von zirkonlegierungen**
bestrahlung unter druckwasserreaktor-bedingungen
S.WORT reaktorsicherheit + simulationsmodell + brennelement
PROLEI DR. SPALTHOFF
STAND 1.1.1974
FINGEB BUNDESMINISTER FUER FORSCHUNG UND TECHNOLOGIE
ZUSAM METALLGESELLSCHAFT AG, 6 FRANKFURT 1, REUTERWEG 14
BEGINN 1.1.1972 ENDE 31.12.1976
G.KOST 782.000 DM

NC -029
INST GESELLSCHAFT FUER KERNENERGIEVERWERTUNG IN SCHIFFBAU UND SCHIFFAHRT
GEESTHACHT, REAKTORSTR. 1
VORHAB **untersuchung des bestrahlungsverhaltens von hochtemperaturreaktor-brennelementproben**
sicherheit von hochtemperaturreaktoren (htr)
S.WORT reaktorsicherheit + brennelement
PROLEI DR. MELKONIAN
STAND 1.1.1974
FINGEB BUNDESMINISTER FUER FORSCHUNG UND TECHNOLOGIE
ZUSAM KERNFORSCHUNGSANLAGE JUELICH
BEGINN 1.1.1972 ENDE 31.12.1976
G.KOST 662.000 DM

NC -030
INST HAHN-MEITNER-INSTITUT FUER KERNFORSCHUNG BERLIN GMBH
BERLIN 39, GLIENICKER STRASSE 100
VORHAB **induzierte radioaktivitaet und tritium als umweltfaktoren des fusionsreaktors**
im rahmen des deutschen fusionsreaktor-programms werden die faktoren des fusionsreaktors untersucht, die im wesentlichen eine radioaktive belastung der umwelt bedingen koennten. dazu gehoeren in erster linie die durch neutronen induzierte radioaktivitaet im blanket und die tritium-freisetzung aus dem reaktor
S.WORT kernreaktor + tritium + umgebungsradioaktivitaet + (fusionsreaktor)
PROLEI DR. WERNER LUTZE
STAND 13.8.1976
QUELLE fragebogenerhebung sommer 1976
ZUSAM - HAHN-MEITNER-INSTITUT, BERLIN-WANNSEE
- IPP, 8046 GARCHING BEI MUENCHEN
- KFA, 5170 JUELICH 1
BEGINN 1.1.1974
LITAN BEREICH KERNCHEMIE UND REAKTOR DES HAHN-MEITNER-INSTITUT FUER KERNFORSCHUNG BERLIN GMBH: WISSENSCHAFTLICHER ERGEBNISBERICHT 3 S. 77FF(1975)

NC -031
INST HOCHTEMPERATUR-REAKTORBAU GMBH
MANNHEIM, POSTFACH 5360
VORHAB **beitrag zur spezifikation eines sicherheitsforschungsprogramms fuer hochtemperatur-reaktoren (htr)**
S.WORT reaktorsicherheit + forschungsplanung + (hochtemperatur-reaktoren)
QUELLE datenuebernahme aus der datenbank zur koordinierung der ressortforschung (dakor)
FINGEB BUNDESMINISTER FUER FORSCHUNG UND TECHNOLOGIE
BEGINN 15.10.1974 ENDE 15.3.1975

NC -032
INST HOCHTIEF AG
FRANKFURT 1, POSTFACH 3189
VORHAB **dimensionierung von stahlbetonteilen des aeusseren containments von kernkraftwerken unter der einwirkung von flugkoerpern**
S.WORT kernkraftwerk + sicherheitstechnik + beton + bautechnik + (flugzeugabsturz)
QUELLE datenuebernahme aus der datenbank zur koordinierung der ressortforschung (dakor)
FINGEB BUNDESMINISTER FUER FORSCHUNG UND TECHNOLOGIE
BEGINN 19.11.1973 ENDE 19.4.1974

NC -033
INST HOCHTIEF AG
FRANKFURT 1, POSTFACH 3189
VORHAB **grenztragfaehigkeit von stahlbetonplatten bei hohen belastungsgeschwindigkeiten (z.b. flugzeugabsturz)**
S.WORT reaktorsicherheit + bautechnik + beton + (flugzeugabsturz)
QUELLE datenuebernahme aus der datenbank zur koordinierung der ressortforschung (dakor)
FINGEB BUNDESMINISTER FUER FORSCHUNG UND TECHNOLOGIE
BEGINN 1.4.1975 ENDE 30.6.1978

NC -034
INST HOECHST AKTIENGESELLSCHAFT
FRANKFURT 80, POSTFACH 800320
VORHAB **standortsuche fuer eine grosse wiederaufbereitungsanlage**
S.WORT radioaktive abfaelle + aufbereitungstechnik + standortwahl
STAND 6.1.1975
FINGEB BUNDESMINISTER FUER FORSCHUNG UND TECHNOLOGIE
BEGINN 1.2.1974 ENDE 31.12.1974

NC -035
INST INDUSTRIEANLAGEN-BETRIEBSGESELLSCHAFT MBH (IABG)
OTTOBRUNN, EINSTEINSTR.
VORHAB **edv-programm zur standortueberpruefung aus atomrechtlicher sicht**
aus datenbanken, etwa der statistischen landesaemter, mit geographisch zugeordneten angaben ueber einwohnerzahlen, arbeitskraefte, angaben zur wirtschaft, bodennutzung, infrastruktur, versorgungs- und entsorgungseinrichtungen, oekologischen bedingungen etc. werden die anteile und verteilungen berechnet, die sich in der naeheren umgebung eines beliebig vorgegebenen standorts befinden. die

ergebnisse werden in abhaengigkeit von himmelsrichtung und entfernung in mehreren uebersichtlichen tabellen ausgegeben. das programm wird bei der untersuchung von kernkraftwerksstandorten in bayern eingesetzt
S.WORT infrastrukturplanung + kernkraftwerk + standortwahl + (edv-programm)
PROLEI HANS JOACHIM SPRINZ
STAND 2.8.1976
QUELLE fragebogenerhebung sommer 1976
FINGEB STAATSMINISTERIUM FUER WIRTSCHAFT UND VERKEHR, MUENCHEN
BEGINN 1.12.1974 ENDE 30.4.1975
G.KOST 57.000 DM
LITAN ENDBERICHT

NC -036
INST INSTITUT FUER ANGEWANDTE SYSTEMANALYSE DER GESELLSCHAFT FUER KERNFORSCHUNG MBH KARLSRUHE, WEBERSTR 5
VORHAB **risiken des nuklearen brennstoffzyklus**
risiken des gesamten brennstoffzyklus: brennstoffgewinnung/reaktorbetrieb/transport/wiederaufbereitung/endlagerung; zumutbare risikogrenzen; erforderliche dekontaminationsfaktoren zur erreichung tolerierbarer radioaktiver belastung
S.WORT brennstoffkreislauf + radioaktive kontamination
PROLEI DR. R. PAPP
STAND 1.1.1974
ZUSAM GESELLSCHAFT F. KERNFORSCHUNG MBH, 75 KARLSRUHE, POSTFACH 3640;
LITAN - INST. ANGEW. SYST. TECHN. U. REAKT. PHYS.: STATUSBERICHT REAKTORRISIKO.
- RADIOACTIVE WASTE MANAGEMENT (MC GRATH) - 1974. 04

NC -037
INST INSTITUT FUER ANGEWANDTE SYSTEMANALYSE DER GESELLSCHAFT FUER KERNFORSCHUNG MBH KARLSRUHE, WEBERSTR 5
VORHAB **analyse der einstellungsstrukturen der bevoelkerung gegenueber kernenergierisiken**
ermittlung von faktoren, die die einstellungsstrukturen der bevoelkerung gegenuber kernenergierisiken erklaeren. die ergebnisse sollen zur verbesserung von entscheidungsprozessen im bereich der kernenergie genutzt werden
S.WORT kernenergie + bewertungskriterien + bevoelkerung
PROLEI DIPL. -VOLKSW. REINHARD COENEN
STAND 30.8.1976
QUELLE fragebogenerhebung sommer 1976
ZUSAM PSYCHOLOGISCHES INSTITUT DER UNI HEIDELBERG, 6900 HEIDELBERG
G.KOST 540.000 DM
LITAN - COENEN, R.;FREDERICKS, G.: RISIKO UND AKZEPTIERBARKEIT. IN: INTERNER BERICHT DES IAS (1975) (IM DRUCK)
- BEKER, G.: ZUMUTBARKEIT VON KERNENERGIERISIKEN (BERICHT EINER PILOTBEFRAGUNG). IN: INTERNER BERICHT DES IAS (APR 1976)

NC -038
INST INSTITUT FUER BETON UND STAHLBETON DER UNI KARLSRUHE
KARLSRUHE 1, POSTFACH 6380
VORHAB **f+e fuer spannbeton-reaktordruckbehaelter. teilprojekt: einfluss von temperaturwechseln auf das verhalten von reaktorbeton**
fortfuehrung des programms der f+e fuer spannbeton-reaktordruckbehaelter (sbb) insbesondere der einfluss von temperaturwechseln auf das verhalten von reaktorbeton.
S.WORT reaktorsicherheit + druckbehaelter + beton
QUELLE datenuebernahme aus der datenbank zur koordinierung der ressortforschung (dakor)
FINGEB DEUTSCHER NORMENAUSSCHUSS (DNA), BERLIN
BEGINN 1.5.1973 ENDE 31.12.1975

NC -039
INST INSTITUT FUER KERNENERGETIK DER UNI STUTTGART
STUTTGART 80, PFAFFENWALDRING 31
VORHAB **kernschmelzen. teilprojekt: experimentelle untersuchung der dampfexplosion**
S.WORT kernreaktor + reaktorsicherheit + stoerfall + (kernschmelzen)
QUELLE datenuebernahme aus der datenbank zur koordinierung der ressortforschung (dakor)
FINGEB BUNDESMINISTER FUER FORSCHUNG UND TECHNOLOGIE
ZUSAM INSTITUT FUER KERNENERGETIK DER UNI STUTTGART
BEGINN 1.10.1972 ENDE 31.12.1975

NC -040
INST INSTITUT FUER KERNTECHNIK DER TU BERLIN
BERLIN 10, MARCHSTR. 18
VORHAB **die berechnung der zuverlaessigkeit grosser komplexer systeme nach der methode der relevanten phade**
S.WORT kernkraftwerk + reaktorsicherheit + sicherheitstechnik
QUELLE datenuebernahme aus der datenbank zur koordinierung der ressortforschung (dakor)
FINGEB BUNDESMINISTER FUER FORSCHUNG UND TECHNOLOGIE
BEGINN 1.4.1973 ENDE 30.9.1975

NC -041
INST INSTITUT FUER KERNTECHNIK DER TU BERLIN
BERLIN 10, MARCHSTR. 18
VORHAB **entwicklung von messverfahren zur bestimmung transienter massenstroeme (dampf/wasser) durch signalkorrelation**
S.WORT reaktorsicherheit + notkuehlsystem + rohrleitung + druckbelastung + messverfahren
QUELLE datenuebernahme aus der datenbank zur koordinierung der ressortforschung (dakor)
FINGEB BUNDESMINISTER FUER FORSCHUNG UND TECHNOLOGIE
BEGINN 1.10.1974 ENDE 31.12.1977

NC -042
INST INSTITUT FUER KERNTECHNIK DER TU BERLIN
BERLIN 10, MARCHSTR. 18
VORHAB **ein beitrag zur uebertragbarkeit der rasmussenstudie (wash 1400) auf kernkraftwerke in der bundesrepublik deutschland**
S.WORT kernreaktor + reaktorsicherheit + stoerfall + (rasmussen-studie)
QUELLE datenuebernahme aus der datenbank zur koordinierung der ressortforschung (dakor)
FINGEB BUNDESMINISTER FUER FORSCHUNG UND TECHNOLOGIE
BEGINN 1.10.1975 ENDE 31.3.1976

NC -043
INST INSTITUT FUER KONSTRUKTIVEN INGENIEURBAU DER UNI BOCHUM
BOCHUM, POSTFACH 2148
VORHAB **f+e fuer spannbeton-reaktordruckbehaelter. teilprojekt: stahlfaserbeton**
fortfuehrung des programms der f+e fuer spannbeton-reaktordruckbehaelter (sbb) insbesondere untersuchung von stahlfaserbeton im hinblick auf spezielle problemstellungen bei seiner anwendung beim bau von sbb.
S.WORT reaktorstrukturmaterial + beton + druckbehaelter
QUELLE datenuebernahme aus der datenbank zur koordinierung der ressortforschung (dakor)
FINGEB DEUTSCHER NORMENAUSSCHUSS (DNA), BERLIN
BEGINN 1.7.1971 ENDE 31.12.1975
G.KOST 88.000 DM

NC -044
INST INSTITUT FUER REAKTORBAUELEMENTE DER GESELLSCHAFT FUER KERNFORSCHUNG MBH
KARLSRUHE, POSTFACH 3640
VORHAB **gemeinsamer versuchsstand zum testen und kalibrieren verschiedener zweiphasen-massenstrommessverfahren**
S.WORT reaktorsicherheit + kuehlsystem + stroemungstechnik
QUELLE datenuebernahme aus der datenbank zur koordinierung der ressortforschung (dakor)
FINGEB BUNDESMINISTER FUER FORSCHUNG UND TECHNOLOGIE
BEGINN 1.10.1974 ENDE 31.12.1977

NC -045
INST INTERATOM GMBH
BENSBERG, POSTFACH .
VORHAB **stoerfallanalyse von natrium-wasser-reaktionen im dampferzeuger unter beruecksichtigung der bildung von zwei-phasen-zwei-komponenten-gemischen**
S.WORT reaktorsicherheit + kernreaktor + stoerfall
QUELLE datenuebernahme aus der datenbank zur koordinierung der ressortforschung (dakor)
FINGEB BUNDESMINISTER FUER FORSCHUNG UND TECHNOLOGIE
BEGINN 1.9.1974 ENDE 30.9.1977

NC -046
INST INTERATOM GMBH
BENSBERG, POSTFACH .
VORHAB **spezifikation des sicherheitsforschungsprogrammes fuer schnellbrutreaktoren fuer verschiedene einzelvorhaben**
S.WORT reaktorsicherheit + kernreaktor + schneller brueter
QUELLE datenuebernahme aus der datenbank zur koordinierung der ressortforschung (dakor)
FINGEB BUNDESMINISTER FUER FORSCHUNG UND TECHNOLOGIE
BEGINN 1.9.1974 ENDE 31.12.1975

NC -047
INST INTERATOM GMBH
BENSBERG, POSTFACH .
VORHAB **entwicklung fernbedienter ultraschall-prueftechnik fuer schnellbrutreaktoren (wiederholungspruefung/vorprogramm)**
S.WORT reaktorsicherheit + kernreaktor + schneller brueter + pruefverfahren
QUELLE datenuebernahme aus der datenbank zur koordinierung der ressortforschung (dakor)
FINGEB BUNDESMINISTER FUER FORSCHUNG UND TECHNOLOGIE
BEGINN 1.9.1974 ENDE 30.6.1976

NC -048
INST KERNFORSCHUNGSANLAGE JUELICH GMBH
JUELICH, POSTFACH 365
VORHAB **weiterentwicklung von strahlenschutzmethoden**
prototyp-entwicklung eines albedo-personendosismeters fuer neutronen. fortsetzung der arbeiten zur entwicklung eines energieunabhaengig anzeigenden ortsdosismeters auf halbleiterbasis fuer betastrahlung. weiterentwicklung der radiochemischen methoden zur ueberwachung von inkorporierten alpha- und beta-strahlen. uebernahme der erarbeiteten ergebniskontrollmethoden in die laboratoriumsroutine und anwendung bei der ausarbeitung neuer verfahren. untersuchungen ueber die eignung der herkoemmlichen film- und stabdosimeter hinsichtlich zuverlaessigkeit, genauigkeit, verwendung als orts- und langzeitdosimeter an hand der ueberwachungsergebnisse der zurueckliegenden jahre. erprobung messtechnischer verfahren zur spaltstoffflusskontrolle
S.WORT strahlenschutz + dosimetrie + messtechnik
PROLEI DR. M. HEINZELMANN
STAND 30.8.1976
QUELLE fragebogenerhebung sommer 1976
ZUSAM EURATOM
BEGINN 1.1.1965
LITAN - HEINZELMANN,M.: CONVERSION OF BETA-RAY DOSE RATES MEASURED IN AIR TO DOSE RATES IN SKIN. IN:PHYS. MED. BIOL. 20 S.841-843(1975)
- HEINZELMANN,M.: ABSORPTION VON BETA-STRAHLUNG FUER VERSCHIEDENE VERSUCHSBEDINGUNGEN. IN:KFA-BERICHT JUEL.-1219 24 S.(1975)
- HEINZELMANN,M.: PROBLEME DER BETA-DOSIMETRIE IM STRAHLENSCHUTZ. IN:KFK -2185 S.1-22(1975); UND IN:FS-3 S.1-22(1975)

NC -049
INST KERNFORSCHUNGSANLAGE JUELICH GMBH
JUELICH, POSTFACH 365
VORHAB **sicherheitsproblem verbrauchernaher hochtemperaturreaktor**
die genehmigung verbrauchernaher standorte ist wesentlich an fragen des restrisikos kerntechnischer anlagen gekoppelt, zu dessen ermittlung die umweltbelastung auch nach extremen stoerfaellen erarbeitet werden muss. dazu soll ein programmsystem aufgebaut werden, dass die gesamte spaltprodukttransportkette erfasst (inventar - kuehlgasaktivitaet - aktivitaet der schutzbehaelterfuellung - emissionsstaerke - immissionsstaerke) und mit dem die effektivitaet technischer gegenmassnahmen nachgewiesen werden kann. aufbauend auf bisherige erfahrungen und ergebnisse laufender forschungen soll fuer oberirdische und vor allem auch fuer unterirdische anordnung des reaktors ein anlagenkonzept erarbeitet werden, in dem bevorzugt sicherheitstechnische gesichtspunkte beruecksichtigung finden und sicherheitstechnisch relevante komponenten (z. b. absperrorgane, schleusen, durchfuehrungen) im detail analysiert werden
S.WORT kernreaktor + sicherheitstechnik + umweltbelastung
PROLEI DR. W. KROEGER
STAND 30.8.1976
QUELLE fragebogenerhebung sommer 1976
ZUSAM - BUNDESANSTALT FUER GEWAESSERKUNDE, KOBLENZ
- BUNDESAMT FUER MATERIALPRUEFUNG, BERLIN
BEGINN 1.1.1975
LITAN - KROEGER, W.: UNTERIRDISCHE KRAFTWERKE. IN: ATW 10(1975)
- KROEGER, W.;ALTES, J.;SCHWARZER, K.: UNDERGROUND SITING OF NUCLEAR POWER PLANTS WITH EMPHASIS ON THE "CUT-AND-COVER" TECHNIQUE. IN: NUCLEAR ENGINEERING AND DESIGN (IM DRUCK)
- ENDBERICHT

NC -050
INST KERNFORSCHUNGSANLAGE JUELICH GMBH
JUELICH, POSTFACH 365
VORHAB **sicherheitsverhalten des hochtemperaturreaktors unter extremen unfallbedingungen**
die arbeiten zum verhalten der reaktoranlage bei stoerungen und systemausfaellen, insbesondere bei extremen unfaellen werden fortgefuehrt und vertieft. aus dem gesamten stoerfallspektrum sollen schwerpunktartig transiente vorgaenge, nachwaermeabfuhrprobleme und der einbruch von wasser, luft und gegebenenfalls prozessgas untersucht werden. zur ermittlung der eintrittswahrscheinlichkeiten von stoerfaellen sollen mit der methodik der zuverlaessigkeitsanalyse einzelne teilsysteme der reaktoranlage untersucht werden. dazu werden stoerfallablaeufe analysiert, ereignis- und fehlerbaeume erstellt und zuverlaessigkeitsdaten der beteiligten komponenten gesammelt
S.WORT kernreaktor + sicherheitstechnik + stoerfall
PROLEI DR. E. MUENCH
STAND 30.8.1976

QUELLE fragebogenerhebung sommer 1976
ZUSAM HOCHTEMPERATURREAKTORBAU GMBH, KOELN
BEGINN 1.1.1975
LITAN - TALAREK, H.: EINE ANWENDUNG DER TRANSPORTTHEORIE ZUR INTERPRETATION VON EXPERIMENTELLEN ERGEBNISSEN AN HETEROGENEN KRITISCHEN ANORDNUNGEN. IN: JUEL-1253 (DEZ 1975)
- ENDBERICHT

NC -051
INST KRAFTWERK UNION AG
ERLANGEN, POSTFACH 3220
VORHAB zerstoerungsfreie wiederholungspruefungen an reaktordruckbehaeltern mittels wirbelstromverfahren
S.WORT reaktorsicherheit + druckbehaelter + pruefverfahren
QUELLE datenuebernahme aus der datenbank zur koordinierung der ressortforschung (dakor)
FINGEB BUNDESMINISTER FUER FORSCHUNG UND TECHNOLOGIE
BEGINN 1.12.1972 ENDE 31.12.1975

NC -052
INST KRAFTWERK UNION AG
ERLANGEN, POSTFACH 3220
VORHAB entwicklung von zerstoerungsfreien pruefverfahren und dazu erforderlichen einrichtungen zur fehlersuche in dickwandigen behaeltern
S.WORT reaktorsicherheit + druckbehaelter + pruefverfahren
QUELLE datenuebernahme aus der datenbank zur koordinierung der ressortforschung (dakor)
FINGEB BUNDESMINISTER FUER FORSCHUNG UND TECHNOLOGIE
ZUSAM - MASCHINENFABRIK AUGSBURG-NUERNBERG, NUERNBERG
- KRAUTKRAEMER, J. UND H. , KOELN
BEGINN 1.10.1972 ENDE 31.7.1975

NC -053
INST KRAFTWERK UNION AG
ERLANGEN, POSTFACH 3220
VORHAB notkuehlprogramm: waermeuebergangskoeffizienten fuer einrohr-, vierstab- und vielstabbuendelversuche fuer swr und dwr-erweiterung der hochdruckversuche, vorgaenge im reaktorkern bei kuehlmittelverlust
S.WORT reaktorsicherheit + kuehlsystem + stoerfall
QUELLE datenuebernahme aus der datenbank zur koordinierung der ressortforschung (dakor)
FINGEB BUNDESMINISTER FUER FORSCHUNG UND TECHNOLOGIE
BEGINN 1.5.1971 ENDE 31.12.1974

NC -054
INST KRAFTWERK UNION AG
ERLANGEN, POSTFACH 3220
VORHAB notkuehlprogramm. teilprojekt: berechnung der waermeuebergangskoeffizienten fuer die einrohr-, vierstab- und vierstabbuendelversuche fuer siedewasser- und druckwasserreaktoren
S.WORT reaktorsicherheit + kuehlsystem + stoerfall
QUELLE datenuebernahme aus der datenbank zur koordinierung der ressortforschung (dakor)
FINGEB BUNDESMINISTER FUER FORSCHUNG UND TECHNOLOGIE
BEGINN 15.9.1973 ENDE 31.12.1974

NC -055
INST KRAFTWERK UNION AG
ERLANGEN, POSTFACH 3220
VORHAB konzeptstudie fuer leichtwasser-plutoniumbrenner nach dem druck- und siedewasserkonzept
S.WORT kernreaktor + brennelement + plutonium + unfallverhuetung + kosten-nutzen-analyse
QUELLE datenuebernahme aus der datenbank zur koordinierung der ressortforschung (dakor)
FINGEB BUNDESMINISTER FUER FORSCHUNG UND TECHNOLOGIE
ZUSAM NIS, NUKLEAR-INGENIEUR-SERVICE GMBH, HANAU
BEGINN 1.12.1974 ENDE 30.6.1976
G.KOST 1.172.000 DM

NC -056
INST KRAFTWERK UNION AG
ERLANGEN, POSTFACH 3220
VORHAB auslegungsarbeiten plutoniumhaltiger brennelemente fuer das kernkraftwerk gundremmingen
S.WORT kernkraftwerk + brennelement + plutonium GUNDREMMINGEN
QUELLE datenuebernahme aus der datenbank zur koordinierung der ressortforschung (dakor)
FINGEB BUNDESMINISTER FUER FORSCHUNG UND TECHNOLOGIE
BEGINN 1.10.1972 ENDE 30.6.1974

NC -057
INST KRAFTWERK UNION AG
ERLANGEN, POSTFACH 3220
VORHAB notkuehlprogramm - niederdruckversuche zur wiederauffuellung und notkuehlung des reaktorkerns leichtwassergekuehlter leistungsreaktoren nach groesstem anzunehmenden unfall - bruch des primaerkuehlsystems
S.WORT reaktorsicherheit + kuehlsystem + stoerfall
QUELLE datenuebernahme aus der datenbank zur koordinierung der ressortforschung (dakor)
FINGEB BUNDESMINISTER FUER FORSCHUNG UND TECHNOLOGIE
BEGINN 1.2.1969 ENDE 30.4.1974
G.KOST 120.000 DM

NC -058
INST KRAFTWERK UNION AG
ERLANGEN, POSTFACH 3220
VORHAB notkuehlprogramm. teilprojekt: durchfuehrung theoretischer arbeiten, auswertung der flutversuche am einrohr und stabbuendel
S.WORT reaktorsicherheit + kuehlsystem + stoerfall
QUELLE datenuebernahme aus der datenbank zur koordinierung der ressortforschung (dakor)
FINGEB BUNDESMINISTER FUER FORSCHUNG UND TECHNOLOGIE
BEGINN 1.4.1972 ENDE 30.9.1975

NC -059
INST KRAFTWERK UNION AG
ERLANGEN, POSTFACH 3220
VORHAB notkuehlprogramm: 1. niederdruckversuche; 2. wiederauffuellversuche mit beruecksichtigung der primaerkreislaeufe
S.WORT reaktorsicherheit + kuehlsystem + stoerfall
QUELLE datenuebernahme aus der datenbank zur koordinierung der ressortforschung (dakor)
FINGEB BUNDESMINISTER FUER FORSCHUNG UND TECHNOLOGIE
BEGINN 1.1.1973 ENDE 31.8.1976

NC -060
INST KRAFTWERK UNION AG
ERLANGEN, POSTFACH 3220
VORHAB notkuehlprogramm-niederdruckversuche swr - 2. doppelbuendel
S.WORT reaktorsicherheit + kuehlsystem + stoerfall + datenverarbeitung

QUELLE datenuebernahme aus der datenbank zur koordinierung der ressortforschung (dakor)
FINGEB BUNDESMINISTER FUER FORSCHUNG UND TECHNOLOGIE
BEGINN 1.8.1974 ENDE 30.4.1976
G.KOST 951.000 DM

NC -061
INST KRAFTWERK UNION AG
ERLANGEN, POSTFACH 3220
VORHAB **notkuehlprogramm - hochdruckversuche dwr-post dnb hauptversuche mit einem 25-stabbuendel**
S.WORT reaktorsicherheit + kuehlsystem + brennelement + wasserfluss
QUELLE datenuebernahme aus der datenbank zur koordinierung der ressortforschung (dakor)
FINGEB BUNDESMINISTER FUER FORSCHUNG UND TECHNOLOGIE
BEGINN 1.1.1975 ENDE 31.3.1976
G.KOST 2.506.000 DM

NC -062
INST KRAFTWERK UNION AG
ERLANGEN, POSTFACH 3220
VORHAB **voruntersuchungen zum programm berstsicherheit fuer reaktordruckbehaelter**
S.WORT reaktorsicherheit + druckbehaelter
QUELLE datenuebernahme aus der datenbank zur koordinierung der ressortforschung (dakor)
FINGEB BUNDESMINISTER FUER FORSCHUNG UND TECHNOLOGIE
BEGINN 15.11.1972 ENDE 31.1.1974

NC -063
INST KRAFTWERK UNION AG
ERLANGEN, POSTFACH 3220
VORHAB **experimentelle untersuchung des sproedbruchverhaltens von dickwandigen zylindrischen bauteilen**
S.WORT reaktorsicherheit + materialtest
QUELLE datenuebernahme aus der datenbank zur koordinierung der ressortforschung (dakor)
FINGEB BUNDESMINISTER FUER FORSCHUNG UND TECHNOLOGIE
BEGINN 1.12.1971 ENDE 31.12.1974

NC -064
INST KRAFTWERK UNION AG
ERLANGEN, POSTFACH 3220
VORHAB **experimente zur erstellung einer theorie der wiederbenetzung von hochaufgeheizten brennstaeben mittels rohrversuchen**
S.WORT reaktorsicherheit + kuehlsystem + stoerfall
QUELLE datenuebernahme aus der datenbank zur koordinierung der ressortforschung (dakor)
FINGEB BUNDESMINISTER FUER FORSCHUNG UND TECHNOLOGIE
BEGINN 1.6.1971 ENDE 31.12.1974
G.KOST 164.000 DM

NC -065
INST KRAFTWERK UNION AG
ERLANGEN, POSTFACH 3220
VORHAB **kernschmelzen - theoretische aufstellung der energiebilanzen; - auswertung des rasmussen-reports aus deutscher sicht**
S.WORT reaktorsicherheit + energiehaushalt + (rasmussen-studie)
QUELLE datenuebernahme aus der datenbank zur koordinierung der ressortforschung (dakor)
FINGEB BUNDESMINISTER FUER FORSCHUNG UND TECHNOLOGIE
BEGINN 1.8.1975 ENDE 31.10.1975

NC -066
INST KRAFTWERK UNION AG
ERLANGEN, POSTFACH 3220
VORHAB **kernschmelzen. untersuchung der metallurgischen wechselwirkung zwischen schmelze und rdb-wand**
S.WORT reaktorsicherheit + reaktorstrukturmaterial + stoerfall + (kernschmelzen)
QUELLE datenuebernahme aus der datenbank zur koordinierung der ressortforschung (dakor)
FINGEB BUNDESMINISTER FUER FORSCHUNG UND TECHNOLOGIE
BEGINN 1.11.1972 ENDE 30.4.1975
G.KOST 154.000 DM

NC -067
INST KRAFTWERK UNION AG
ERLANGEN, POSTFACH 3220
VORHAB **vorgaenge beim einblasen von dampf und dampf-luft-gemischen in eine wasservorlage; untersuchungen zur wirkungsweise eines siedewasser-reaktor-druckabbausystems bei einem kuehlmittelverlust**
S.WORT reaktorsicherheit + kuehlsystem + stoerfall
QUELLE datenuebernahme aus der datenbank zur koordinierung der ressortforschung (dakor)
FINGEB BUNDESMINISTER FUER FORSCHUNG UND TECHNOLOGIE
BEGINN 15.10.1974 ENDE 31.3.1976
G.KOST 616.000 DM

NC -068
INST KRAFTWERK UNION AG
ERLANGEN, POSTFACH 3220
VORHAB **bestimmung bruchmechanischer sicherheitskriterien fuer elastisch-plastisches werkstoffverhalten**
S.WORT reaktorsicherheit + reaktorstrukturmaterial + pruefverfahren
QUELLE datenuebernahme aus der datenbank zur koordinierung der ressortforschung (dakor)
FINGEB BUNDESMINISTER FUER FORSCHUNG UND TECHNOLOGIE
BEGINN 1.12.1972 ENDE 30.9.1975

NC -069
INST KRAFTWERK UNION AG
ERLANGEN, POSTFACH 3220
VORHAB **schweissversuche zum plattieren von reaktordruckgefaessen**
S.WORT reaktorsicherheit + druckbehaelter + schweisstechnik
QUELLE datenuebernahme aus der datenbank zur koordinierung der ressortforschung (dakor)
FINGEB BUNDESMINISTER FUER FORSCHUNG UND TECHNOLOGIE
BEGINN 1.12.1972 ENDE 30.6.1976

NC -070
INST KRAFTWERK UNION AG
ERLANGEN, POSTFACH 3220
VORHAB **untersuchungen ueber die auswirkungen des ausstroemens von dampf und dampf-wasser-gemischen aus rohrleitungs-lecks**
S.WORT reaktorsicherheit + kuehlsystem + stoerfall
QUELLE datenuebernahme aus der datenbank zur koordinierung der ressortforschung (dakor)
FINGEB BUNDESMINISTER FUER FORSCHUNG UND TECHNOLOGIE
BEGINN 1.1.1973 ENDE 30.9.1975

NC -071
INST KRAFTWERK UNION AG
ERLANGEN, POSTFACH 3220
VORHAB **untersuchungsprogramm zur erprobung einer berstsicherung fuer reaktorkomponenten**
S.WORT reaktorsicherheit + materialtest + (berstsicherung)
QUELLE datenuebernahme aus der datenbank zur koordinierung der ressortforschung (dakor)
FINGEB BUNDESMINISTER FUER FORSCHUNG UND TECHNOLOGIE
BEGINN 5.2.1973 ENDE 31.12.1975
G.KOST 2.793.000 DM

NC -072

INST KRAFTWERK UNION AG
ERLANGEN, POSTFACH 3220
VORHAB **verhalten von zircaloy (zry) huellrohren unter den bei kuehlmittelverlust-stoerfaellen auftretenden beanspruchungen**
S.WORT reaktorsicherheit + materialtest + kuehlsystem + stoerfall
QUELLE datenuebernahme aus der datenbank zur koordinierung der ressortforschung (dakor)
FINGEB BUNDESMINISTER FUER FORSCHUNG UND TECHNOLOGIE
BEGINN 1.8.1973 ENDE 31.12.1975
G.KOST 772.000 DM

NC -073

INST KRAFTWERK UNION AG
ERLANGEN, POSTFACH 3220
VORHAB **berstsicherheit fuer den primaerkreislauf von druckwasserreaktoren**
S.WORT reaktorsicherheit + reaktorstrukturmaterial + materialpruefung + (berstsicherheit)
QUELLE datenuebernahme aus der datenbank zur koordinierung der ressortforschung (dakor)
FINGEB BUNDESMINISTER FUER FORSCHUNG UND TECHNOLOGIE
BEGINN 1.8.1973 ENDE 31.12.1976
G.KOST 4.586.000 DM

NC -074

INST KRAFTWERK UNION AG
ERLANGEN, POSTFACH 3220
VORHAB **untersuchungen ueber die zuverlaessigkeit von druck- und differenzdruckmessumformer unter gau-bedingungen**
S.WORT reaktorsicherheit + stoerfall + messgeraet + kuehlsystem
QUELLE datenuebernahme aus der datenbank zur koordinierung der ressortforschung (dakor)
FINGEB BUNDESMINISTER FUER FORSCHUNG UND TECHNOLOGIE
BEGINN 1.10.1973 ENDE 31.12.1975
G.KOST 214.000 DM

NC -075

INST KRAFTWERK UNION AG
ERLANGEN, POSTFACH 3220
VORHAB **qualitaetssicherungssystem - darstellung des istzustandes -**
S.WORT reaktorsicherheit + materialtest + pruefverfahren + (qualitaetssicherung)
QUELLE datenuebernahme aus der datenbank zur koordinierung der ressortforschung (dakor)
FINGEB BUNDESMINISTER FUER FORSCHUNG UND TECHNOLOGIE
BEGINN 1.3.1975 ENDE 31.3.1976

NC -076

INST KRAFTWERK UNION AG
ERLANGEN, POSTFACH 3220
VORHAB **einfluss der neutronenbestrahlung auf die festigkeitseigenschaften und die relaxation von hochfesten austenitischen staehlen und nickellegierungen fuer verbindungselemente von lwr-kernstrukturen**
S.WORT reaktorsicherheit + reaktorstrukturmaterial + materialtest
QUELLE datenuebernahme aus der datenbank zur koordinierung der ressortforschung (dakor)
FINGEB BUNDESMINISTER FUER FORSCHUNG UND TECHNOLOGIE
BEGINN 1.2.1975 ENDE 1.4.1976
G.KOST 336.000 DM

NC -077

INST KRAFTWERK UNION AG
ERLANGEN, POSTFACH 3220
VORHAB **untersuchung von betriebstransienten bei versagen des schnellabschaltsystems (atws-studie)**
S.WORT reaktorsicherheit + stoerfall + (schnellabschaltsystem)
QUELLE datenuebernahme aus der datenbank zur koordinierung der ressortforschung (dakor)
FINGEB BUNDESMINISTER FUER FORSCHUNG UND TECHNOLOGIE
BEGINN 1.11.1974 ENDE 31.7.1976
G.KOST 739.000 DM

NC -078

INST KRAFTWERK UNION AG
ERLANGEN, POSTFACH 3220
VORHAB **untersuchung der wechselwirkung zwischen kernschmelze und reaktorbeton**
S.WORT reaktorsicherheit + materialtest + beton + (kernschmelzen)
QUELLE datenuebernahme aus der datenbank zur koordinierung der ressortforschung (dakor)
FINGEB BUNDESMINISTER FUER FORSCHUNG UND TECHNOLOGIE
BEGINN 1.2.1975 ENDE 30.9.1976

NC -079

INST KRAFTWERK UNION AG
ERLANGEN, POSTFACH 3220
VORHAB **untersuchung des selektiven korrosionsverhaltens von in leichtwasserreaktoren eingesetzten werkstoffen; literaturstudie und versuchsprogramm**
S.WORT reaktorsicherheit + reaktorstrukturmaterial + korrosion
QUELLE datenuebernahme aus der datenbank zur koordinierung der ressortforschung (dakor)
FINGEB BUNDESMINISTER FUER FORSCHUNG UND TECHNOLOGIE
BEGINN 1.2.1975 ENDE 30.11.1975
G.KOST 129.000 DM

NC -080

INST KRAFTWERK UNION AG
ERLANGEN, POSTFACH 3220
VORHAB **versuche zur verringerung der primaerkreiskontamination durch einsatz eines elektromagnetfilters**
S.WORT reaktorsicherheit + kuehlsystem + radioaktive kontamination + filter
QUELLE datenuebernahme aus der datenbank zur koordinierung der ressortforschung (dakor)
FINGEB BUNDESMINISTER FUER FORSCHUNG UND TECHNOLOGIE
BEGINN 1.7.1975 ENDE 30.4.1976
G.KOST 374.000 DM

NC -081

INST KRAFTWERK UNION AG
ERLANGEN, POSTFACH 3220
VORHAB **vorlaeufige empirische beschreibung des verhaltens von brennstaeben bei hypothetischen kuehlmitterverluststoerfaellen**
S.WORT reaktorsicherheit + brennelement + kuehlsystem + stoerfall
QUELLE datenuebernahme aus der datenbank zur koordinierung der ressortforschung (dakor)
FINGEB BUNDESMINISTER FUER FORSCHUNG UND TECHNOLOGIE
BEGINN 1.9.1975 ENDE 31.8.1976
G.KOST 101.000 DM

NC -082

INST KRAFTWERK UNION AG
ERLANGEN, POSTFACH 3220
VORHAB **modifizierung eines 3 d - transientenprogramm fuer den siedewasserreaktor**
S.WORT reaktorsicherheit + stoerfall + (programmsystem)

QUELLE datenuebernahme aus der datenbank zur koordinierung der ressortforschung (dakor)
FINGEB BUNDESMINISTER FUER FORSCHUNG UND TECHNOLOGIE
BEGINN 1.9.1975 ENDE 31.8.1977
G.KOST 475.000 DM

NC -083
INST KRAFTWERK UNION AG
ERLANGEN, POSTFACH 3220
VORHAB **energiebilanzen nach hypothetischem rdb-versagen**
S.WORT reaktorsicherheit + reaktorstrukturmaterial + energiehaushalt + stoerfall
QUELLE datenuebernahme aus der datenbank zur koordinierung der ressortforschung (dakor)
FINGEB BUNDESMINISTER FUER FORSCHUNG UND TECHNOLOGIE
BEGINN 1.9.1975 ENDE 31.5.1975
G.KOST 401.000 DM

NC -084
INST KRAFTWERK UNION AG
ERLANGEN, POSTFACH 3220
VORHAB **parameteruntersuchung ueber die beeinflussung des huellrohr-aufblaeh- und berstverhaltens durch nachbarstaebe unter den bei kuehlmittelverluststoerfall auftretenden mechanischen und thermischen belastungen**
S.WORT reaktorsicherheit + kuehlkreislauf + brennelement + stoerfall
QUELLE datenuebernahme aus der datenbank zur koordinierung der ressortforschung (dakor)
FINGEB BUNDESMINISTER FUER FORSCHUNG UND TECHNOLOGIE
BEGINN 1.10.1975 ENDE 31.7.1977
G.KOST 809.000 DM

NC -085
INST KRAFTWERK UNION AG
ERLANGEN, POSTFACH 3220
VORHAB **entwicklung von zerstoerungsfreien pruefverfahren und dazu erforderliche einrichtungen zur fehlersuche in dickwandigen behaeltern**
S.WORT reaktorsicherheit + druckbehaelter + pruefverfahren
QUELLE datenuebernahme aus der datenbank zur koordinierung der ressortforschung (dakor)
FINGEB BUNDESMINISTER FUER FORSCHUNG UND TECHNOLOGIE
ZUSAM - MASCHINENFABRIK AUGSBURG-NUERNBERG, NUERNBERG
- KRAUTKRAEMER, J. UND H., KOELN
- KRAFTWERK UNION AG, FRANKFURT
BEGINN 1.10.1972 ENDE 31.12.1975

NC -086
INST KRAFTWERK UNION AG
ERLANGEN, POSTFACH 3220
VORHAB **untersuchungen ueber das verhalten von hauptkuehlmittelpumpen bei kuehlmittelverluststoerfaellen - phase a**
S.WORT reaktorsicherheit + kuehlkreislauf + stoerfall
QUELLE datenuebernahme aus der datenbank zur koordinierung der ressortforschung (dakor)
FINGEB BUNDESMINISTER FUER FORSCHUNG UND TECHNOLOGIE
BEGINN 1.9.1974 ENDE 31.12.1976
G.KOST 4.790.000 DM

NC -087
INST LABORATORIUM FUER AEROSOLPHYSIK UND FILTERTECHNIK DER GESELLSCHAFT FUER KERNFORSCHUNG MBH
KARLSRUHE 1, WEBERSTR. 5
VORHAB **entwicklung von umluftfiltern fuer reaktorstoerfaelle**
stoerfall-umluftfilter dienen der schnellen reinigung des containments von aerosol- und jodaktivitaet nach einem gau. dadurch wird die umgebungsbelastung ueber leckagen wesentlich verringert und die aktivitaet im containment an einer stelle konzentriert und abgeschieden. solche filter sind hohen belastungen durch druck, temperatur und feuchte (dampf) sowie hohen bestrahlungsdosen ausgesetzt. methoden: a) rechenmodelle zur ermittlung der betriebsdaten. b) entwicklung und bau von komponenten (z. t. industrie) ") pruefung dieser komponenten auf dem pruefstand des laf
S.WORT kernreaktor + stoerfall + abluftfilter
PROLEI DIPL. -ING. HANS-GEORG DILLMANN
STAND 1.1.1974
QUELLE erhebung 1975
FINGEB BUNDESMINISTER FUER FORSCHUNG UND TECHNOLOGIE
BEGINN 1.1.1970 ENDE 31.12.1976
G.KOST 3.800.000 DM
LITAN - JAHRESBERICHT 1973 DER ABT. STRAHLENSCHUTZ UND SICHERHEIT. KFK-BERICHT (MAR 1974)
- WILHELM, J. , EURATOM-BERICHT: JODFILTER IN KERNKRAFTWERKEN (JUN 1976)
- PNS-HALBJAHRESBERICHT. KFK-BERICHT 1859(NOV 1973)

NC -088
INST LABORATORIUM FUER AEROSOLPHYSIK UND FILTERTECHNIK DER GESELLSCHAFT FUER KERNFORSCHUNG MBH
KARLSRUHE 1, WEBERSTR. 5
VORHAB **untersuchungen zur wechselwirkung von spaltprodukten und aerosolen in lwr - containments**
erstellung eines modells und rechencodes zur beschreibung des aerosolverhaltens im lwr - containment
S.WORT kernreaktor + radioaktive spaltprodukte + aerosole + (wechselwirkung)
PROLEI DR. WERNER SCHOECK
STAND 13.8.1976
QUELLE fragebogenerhebung sommer 1976
FINGEB BUNDESMINISTER FUER FORSCHUNG UND TECHNOLOGIE
ZUSAM INST. F. RADIOCHEMIE DER GESELLSCHAFT FUER KERNFORSCHUNG, KARLSRUHE
BEGINN 1.1.1972 ENDE 31.12.1978
G.KOST 700.000 DM
LITAN HAURY, G.;SCHOECK, W.: MODELL ZUM AEROSOLVERHALTEN IM LWR-CONTAINMENT. IN: KTG-FACHTAGUNG SPALTPRODUKTFREISETZUNG, KARLSRUHE 1 (JUNI 1976)

NC -089
INST LABORATORIUM FUER REAKTORREGELUNG UND ANLAGENSICHERUNG DER UNI MUENCHEN
GARCHING
VORHAB **kernnotkuehlung**
ermittlung charakteristischer groessen zur kernnotkuehlung und der wirksamkeit von notkuehleinrichtungen
S.WORT kernreaktor + notkuehlsystem
PROLEI DR. KARWAT
STAND 6.8.1976
QUELLE fragebogenerhebung sommer 1976
ZUSAM - KRAFTWERK-UNION, GARTENSTR. 130-140, 6000 FRANKFURT 70
- SIEMENS AG, UNTERNEHMENSBEREICH ENERGIETECHNIK, 8520 ERLANGEN
BEGINN 1.1.1969 ENDE 31.12.1976
G.KOST 3.600.000 DM

NC -090
INST LABORATORIUM FUER REAKTORREGELUNG UND ANLAGENSICHERUNG DER UNI MUENCHEN
GARCHING
VORHAB **containmentprobleme**
theoretische untersuchungen zum verhalten von sicherheitsbehaeltern unter stoerfallbedingungen; untersuchungen zur wasserstoffbildung im containment

S.WORT kernreaktor + reaktorsicherheit + stoerfall
PROLEI DR. KARWAT
STAND 6.8.1976
QUELLE fragebogenerhebung sommer 1976
ZUSAM BATELLE-INST. E. V., WIESBADENERSTR., 6000 FRANKFURT 90
BEGINN 1.1.1966 ENDE 31.12.1976
G.KOST 3.000.000 DM

NC -091

INST LABORATORIUM FUER REAKTORREGELUNG UND ANLAGENSICHERUNG DER UNI MUENCHEN GARCHING
VORHAB **systemanalyse und zuverlaessigkeitstechnik**
untersuchungen von stoerfallablaeufen innerhalb der schutz- und sicherheitseinrichtungen von reaktoren; untersuchungen zur zuverlaessigkeit der reaktorinstrumentierung
S.WORT kernreaktor + reaktorsicherheit + stoerfall
PROLEI DR. BASTL
STAND 6.8.1976
QUELLE fragebogenerhebung sommer 1976
ZUSAM - KRAFTWERK-UNION, GARTENSTR. 130-140, 6000 FRANKFURT 70
- SIEMENS AG, UNTERNEHMENSBEREICH ENERGIETECHNIK, 8520 ERLANGEN
BEGINN 1.1.1968 ENDE 31.12.1976
G.KOST 2.925.000 DM

NC -092

INST LABORATORIUM FUER REAKTORREGELUNG UND ANLAGENSICHERUNG DER UNI MUENCHEN GARCHING
VORHAB **analyse dynamischer prozesse**
frueherkennung von fehlern und schaeden bei kernreaktoren
S.WORT kernreaktor + reaktorsicherheit + stoerfall + frueherkennung
PROLEI DR. BASTL
STAND 6.8.1976
QUELLE fragebogenerhebung sommer 1976
BEGINN 1.1.1966 ENDE 31.12.1976
G.KOST 2.090.000 DM

NC -093

INST LABORATORIUM FUER REAKTORREGELUNG UND ANLAGENSICHERUNG DER UNI MUENCHEN GARCHING
VORHAB **reaktorregelung**
untersuchungen zur sicherung von regelkonzepten; entwicklung von prozessmodellen
S.WORT kernreaktor + reaktorsicherheit
PROLEI DR. BASTL
STAND 6.8.1976
QUELLE fragebogenerhebung sommer 1976
BEGINN 1.1.1966 ENDE 31.12.1976
G.KOST 1.430.000 DM

NC -094

INST LABORATORIUM FUER REAKTORREGELUNG UND ANLAGENSICHERUNG DER UNI MUENCHEN GARCHING
VORHAB **einsatz der datenverarbeitung (prozessdatenverarbeitung)**
ueberwachung technischer sicherheitseinrichtungen und wichtiger anlagenteile von kernreaktoren durch prozessrechner
S.WORT kernreaktor + reaktorsicherheit + ueberwachungssystem
PROLEI DR. HOERMANN
STAND 6.8.1976
QUELLE fragebogenerhebung sommer 1976
ZUSAM AEG, THEODOR-STERN-KAI 1, 6000 FRANKFURT
BEGINN 1.1.1971 ENDE 31.12.1976
G.KOST 1.560.000 DM

NC -095

INST LEHRSTUHL UND INSTITUT FUER KERNTECHNIK DER TU HANNOVER
HANNOVER, ELBESTR. 38A
VORHAB **anwendung statistischer analysenverfahren in leistungsreaktoren mit dem sicherheitstechnischen ziel der frueherkennung von schaeden**
S.WORT reaktorsicherheit + stoerfall + frueherkennung
QUELLE datenuebernahme aus der datenbank zur koordinierung der ressortforschung (dakor)
FINGEB BUNDESMINISTER FUER FORSCHUNG UND TECHNOLOGIE
BEGINN 1.5.1972 ENDE 31.12.1974

NC -096

INST LEHRSTUHL UND INSTITUT FUER KERNTECHNIK DER TU HANNOVER
HANNOVER, ELBESTR. 38A
VORHAB **fortsetzung der untersuchungen zur anwendung statistischer analyseverfahren in leistungsreaktoren mit dem sicherheitstechnischen ziel der frueherkennung von schaeden**
S.WORT reaktorsicherheit + stoerfall + kuehlsystem + frueherkennung
QUELLE datenuebernahme aus der datenbank zur koordinierung der ressortforschung (dakor)
FINGEB BUNDESMINISTER FUER FORSCHUNG UND TECHNOLOGIE
BEGINN 1.3.1975 ENDE 28.2.1977

NC -097

INST LEHRSTUHL UND INSTITUT FUER STAEDTEBAU UND LANDESPLANUNG DER TH AACHEN
AACHEN, SCHINKELSTR. 1
VORHAB **eine analyse der standortbedingungen fuer reaktoren**
S.WORT reaktor + standortwahl
STAND 1.1.1974

NC -098

INST LEHRSTUHL UND INSTITUT FUER VERFAHRENSTECHNIK DER TU HANNOVER
HANNOVER, LANGE LAUBE 14
VORHAB **theoretische und experimentelle untersuchungen ueber modellgesetze fuer instationaere waermeuebertragungsbedingungen in wassergekuehlten reaktoren bei notkuehlung**
S.WORT kernkraftwerk + reaktorsicherheit + notkuehlsystem
QUELLE datenuebernahme aus der datenbank zur koordinierung der ressortforschung (dakor)
FINGEB BUNDESMINISTER FUER FORSCHUNG UND TECHNOLOGIE
BEGINN 1.5.1970 ENDE 30.4.1975

NC -099

INST LEHRSTUHL UND INSTITUT FUER VERFAHRENSTECHNIK DER TU HANNOVER
HANNOVER, LANGE LAUBE 14
VORHAB **untersuchung thermohydraulischer vorgaenge sowie waerme- und stoffaustausch in der coreschmelze**
S.WORT kernreaktor + reaktorsicherheit + stoerfall + (kernschmelzen)
QUELLE datenuebernahme aus der datenbank zur koordinierung der ressortforschung (dakor)
FINGEB BUNDESMINISTER FUER FORSCHUNG UND TECHNOLOGIE
BEGINN 1.5.1971 ENDE 30.4.1975

NC -100

INST LEHRSTUHL UND INSTITUT FUER VERFAHRENSTECHNIK DER TU HANNOVER
HANNOVER, LANGE LAUBE 14
VORHAB **untersuchungen zur risserkennung an druckfuehrenden reaktorbauteilen mit hilfe der optischen holografie durch oberflaechenwellen-analyse**
S.WORT kernreaktor + reaktorsicherheit + druckbehaelter + (risserkennung)

QUELLE datenuebernahme aus der datenbank zur koordinierung der ressortforschung (dakor)
FINGEB BUNDESMINISTER FUER FORSCHUNG UND TECHNOLOGIE
BEGINN 1.7.1974 ENDE 30.6.1978

NC -101

INST LEHRSTUHL UND INSTITUT FUER VERFAHRENSTECHNIK DER TU HANNOVER
HANNOVER, LANGE LAUBE 14
VORHAB experimentelle und theoretische untersuchungen zum thermohydraulischen verhalten des cores in der ersten blow-down-phase
S.WORT kernreaktor + reaktorsicherheit + notkuehlsystem
QUELLE datenuebernahme aus der datenbank zur koordinierung der ressortforschung (dakor)
FINGEB BUNDESMINISTER FUER FORSCHUNG UND TECHNOLOGIE
BEGINN 1.3.1975 ENDE 31.12.1978
G.KOST 976.000 DM

NC -102

INST LEHRSTUHL UND INSTITUT FUER VERFAHRENSTECHNIK DER TU HANNOVER
HANNOVER, LANGE LAUBE 14
VORHAB verhalten der kernschmelze beim hypothetischen reaktorstoerfall unter beachtung der einfluesse des abschmelzvorganges, des erstarrens von schmelze und des siedens der schmelze
S.WORT kernreaktor + reaktorsicherheit + stoerfall + (kernschmelzen)
QUELLE datenuebernahme aus der datenbank zur koordinierung der ressortforschung (dakor)
FINGEB BUNDESMINISTER FUER FORSCHUNG UND TECHNOLOGIE
ZUSAM KRAFTWERK UNION ERLANGEN
BEGINN 1.5.1975 ENDE 30.4.1979

NC -103

INST MAX-PLANCK-INSTITUT FUER KERNPHYSIK
FREIBURG, ROSASTR. 9
VORHAB messung des kr-85-gehaltes der atmosphaerischen luft
die messungen dienen der vorsorglichen unterrichtung ueber die kr-85-konzentration der luft im zusammenhang mit der verwertung der kernspaltung zur erzeugung von plutonium
S.WORT luftverunreinigung + radioaktive substanzen + messtechnik + (krypton 85)
PROLEI DR. ALBERT SITTKUS
STAND 30.8.1976
QUELLE fragebogenerhebung sommer 1976
FINGEB BUNDESAMT FUER ZIVILSCHUTZ, BONN BAD-GODESBERG
LITAN ZWISCHENBERICHT

NC -104

INST MAX-PLANCK-INSTITUT FUER KERNPHYSIK
FREIBURG, ROSASTR. 9
VORHAB untersuchung des radioaktiven aerosols der luft und der atmosphaerischen niederschlaege
ausgehend von der moeglichen gefaehrdung durch den fall-out von kernwaffen wurde nach dem ende des 2. weltkrieges ein programm zur untersuchung der radioaktiven bestandteile des atmosphaerischen aerosols entwickelt. das luftaerosol wird in hochleistungsfiltern konzentriert, das mit den atmosphaerischen niederschlaegen abgeschiedene aerosol wird durch verdampfen des wassers gewonnen. die probennahme erfolgt kontinuierlich. die erhaltenen messprobenwerden mit kernphysikalischen geraeten auf ihre alpha, beta und gamma kontamination untersucht
S.WORT luftverunreinigung + aerosole + niederschlag + radioaktive substanzen
PROLEI DR. ALBERT SITTKUS
STAND 30.8.1976
QUELLE fragebogenerhebung sommer 1976
FINGEB BUNDESAMT FUER ZIVILSCHUTZ, BONN-BAD GODESBERG
LITAN ZWISCHENBERICHT

NC -105

INST NUKLEAR-INGENIEUR-SERVICE GMBH
FRANKFURT 71, POSTFACH 710461
VORHAB analyse und auswirkungen schwerer stoerfaelle auf die stillegung von kernkraftwerken
S.WORT reaktorsicherheit + stoerfall + (leichtwasserreaktor)
QUELLE datenuebernahme aus der datenbank zur koordinierung der ressortforschung (dakor)
FINGEB BUNDESMINISTER FUER FORSCHUNG UND TECHNOLOGIE
BEGINN 1.1.1975 ENDE 31.8.1975

NC -106

INST PHYSIKALISCH-TECHNISCHE BUNDESANSTALT
BRAUNSCHWEIG, BUNDESALLEE 100
VORHAB sicherheitsueberwachung
messungen in verbindung mit den strahlenschutzaufgaben am forschungsreaktor
S.WORT reaktor + strahlenschutz
PROLEI DR. SIEGEL
STAND 1.1.1974
FINGEB BUNDESMINISTER FUER WIRTSCHAFT
ZUSAM - PTB BRAUNSCHWEIG; GRUPPE PHOTONEN- UND ELEKTRONENDOSIOMETRIE
- PTB BRAUNSCHWEIG; GRUPPE RADIOAKTIVITAET, AKTIVITAETSMESSUNGEN
BEGINN 1.8.1957
LITAN - HEINTZ, W.;SIEGEL, V.: ERFAHRUNGSBERICHT UEBER DEN BETRIEB DES REAKTORS. IN: PTB-FMRB 8(1968), 30(1969), 35(1971), 39(1972), 49(1973), 55(1974), 62(1975)
- KRIKS, H. -J.;RASP, W-; SIEGEL, V.: DER STRAHLENSCHUTZ AM FMRB. IN: PTB-FMRB 45 (1973)
- ZWISCHENBERICHT 1974. 05

NC -107

INST SDK-INGENIEURUNTERNEHMEN FUER SPEZIELLE STATIK, DYNAMIK UND KONSTRUKTION GMBH
LOERRACH, POSTFACH 284
VORHAB berechnungen zu denkbaren extremalbelastungen fuer eine berstsicherung; teilaufgabe
S.WORT reaktorsicherheit + berechnungsmodell
QUELLE datenuebernahme aus der datenbank zur koordinierung der ressortforschung (dakor)
FINGEB BUNDESMINISTER FUER FORSCHUNG UND TECHNOLOGIE
BEGINN 20.11.1973 ENDE 28.2.1974

NC -108

INST SDK-INGENIEURUNTERNEHMEN FUER SPEZIELLE STATIK, DYNAMIK UND KONSTRUKTION GMBH
LOERRACH, POSTFACH 284
VORHAB ergaenzungs- und vervollstaendigungsuntersuchungen fuer berechnungen zu denkbaren extremalbelastungen fuer eine berstsicherung
S.WORT reaktorsicherheit + berechnungsmodell
QUELLE datenuebernahme aus der datenbank zur koordinierung der ressortforschung (dakor)
FINGEB BUNDESMINISTER FUER FORSCHUNG UND TECHNOLOGIE
BEGINN 6.8.1974 ENDE 31.3.1975

NC -109

INST SIEMPELKAMP GIESSEREI KG
KREFELD 1, POSTFACH 2570
VORHAB sicherheitstechnischer vergleich zwischen einem stahldruckbehaelter herkoemmlicher bauweise und einem vorgespannten gussdruckbehaelter
S.WORT reaktorsicherheit + druckbehaelter + (leichtwasserreaktor)

QUELLE datenuebernahme aus der datenbank zur koordinierung der ressortforschung (dakor)
FINGEB BUNDESMINISTER FUER FORSCHUNG UND TECHNOLOGIE
BEGINN 20.1.1974 ENDE 30.4.1974

NC -110

INST STAATLICHE MATERIALPRUEFUNGSANSTALT AN DER UNI STUTTGART
STUTTGART, PFAFFENWALDRING 32
VORHAB **forschungsprogramm reaktordruckbehaelter - dringlichkeitsprogramm 22 nimocr 37**
S.WORT kernreaktor + reaktorsicherheit + druckbehaelter + werkstoffe + stahl
QUELLE datenuebernahme aus der datenbank zur koordinierung der ressortforschung (dakor)
FINGEB BUNDESMINISTER FUER FORSCHUNG UND TECHNOLOGIE
BEGINN 1.12.1972 ENDE 31.12.1976
G.KOST 8.958.000 DM

NC -111

INST TECHNISCHER UEBERWACHUNGSVEREIN BAYERN E.V.
MUENCHEN, KAISERSTR. 14-16
VORHAB **leckratenpruefungen am heiss-dampf-reaktor sicherheitsbehaelter in karlstein/main, (untersuchungen an der kalten hdr-anlage)**
abhaengigkeit der leckratenwerte von druck und druckstufenfolge (hysterese der elastischen dichtungen) ermittlung eines kritischen schwelldurckes (sprunghafte aenderung da leckgeometrie). reproduzierbarkeit des kritischen schwelldruckes
S.WORT kernreaktor + sicherheitstechnik + kuehlsystem + (heissdampfreaktor)
PROLEI DIPL. -ING. DIPL. -WIRTSCH. -ING. MARTIN ENGEL
STAND 29.7.1976
QUELLE fragebogenerhebung sommer 1976
FINGEB BUNDESMINISTER FUER FORSCHUNG UND TECHNOLOGIE
ZUSAM GESELLSCHAFT FUER KERNFORSCHUNG MBH. , POSTFACH 3640, 7500 KARLSRUHE
BEGINN 1.4.1976 ENDE 31.12.1976
G.KOST 100.000 DM

NC -112

INST TECHNISCHER UEBERWACHUNGSVEREIN BAYERN E.V.
MUENCHEN, KAISERSTR. 14-16
VORHAB **leckratenpruefungen am heiss-dampf-reaktor sicherheitsbehaelter in karlstein/main, (untersuchungen an der warmen hdr-anlage)**
leckaratenpruefungen (quantitative ermittlung der dichtheit der reaktor-sicherheits-behaelters, messung des zeitlichen verlaufes der zustandegroessen: druck, temperatur). 1) bei betriebswarmer anlage (optimierung der messtechnik fuer wiederholungspruefungen, entwicklung eines messverfahrens fuer die grobleckratenbestimmung). 2) nach blow donw versuchen (simulierte kuehlmittelverlustunfaelle)
S.WORT kernreaktor + sicherheitstechnik + kuehlsystem + (heissdampfreaktor)
PROLEI DIPL. -ING. DIPL. -WIRTSCH. -ING. MARTIN ENGEL
STAND 29.7.1976
QUELLE fragebogenerhebung sommer 1976
FINGEB BUNDESMINISTER FUER FORSCHUNG UND TECHNOLOGIE
ZUSAM GESELLSCHAFT FUER KERNFORSCHUNG MBH, POSTFACH 3640, 7500 KARLSRUHE
G.KOST 100.000 DM

NC -113

INST TECHNISCHER UEBERWACHUNGSVEREIN RHEINLAND E.V.
KOELN, KONSTANTIN-WILLE-STR. 1
VORHAB **vermeidung von folgeschaeden bei stoerfaellen in kernkraftwerken**
literaturauswertungen zu aufgetretenen schaeden. systematische bewertung von schadensphaenomenen. ermittlung von im stoerfall potentiell gefaehrdeten teilen von sicherheitstechnisch relevanten systemen
S.WORT kernkraftwerk + stoerfall + (schutzmassnahmen)
PROLEI DIPL. -ING. WOLFGANG STOEBEL
STAND 2.8.1976
QUELLE fragebogenerhebung sommer 1976
FINGEB BUNDESMINISTER FUER FORSCHUNG UND TECHNOLOGIE
BEGINN 1.1.1973 ENDE 31.1.1974
G.KOST 227.000 DM
LITAN ENDBERICHT

NC -114

INST TECHNISCHER UEBERWACHUNGSVEREIN RHEINLAND E.V.
KOELN, KONSTANTIN-WILLE-STR. 1
VORHAB **ermittlung und analyse menschlicher funktionen beim betrieb von kernkraftwerken**
ausgehend vom erreichten stand in der kraftwerkstechnik wurden die aufgaben und leistungsanforderungen, die an das personal gestellt werden, ermittelt und nach verschiedenen arbeitswissenschaftlichen gesichtspunkten beschrieben und systematisiert. der entwickelte katalog der von dem kraftwerkspersonal zu erbringenden leistungen soll gezieltere entwicklung von massnahmen zur sicherstellung sicherheitstechnisch-optimaler menschlicher verhaltensweisen waehrend des gestoerten und normalen reaktorbetriebs erlauben
S.WORT reaktorsicherheit + kernkraftwerk + ergonomie
PROLEI DR. ALFONS TIETZE
STAND 2.8.1976
QUELLE fragebogenerhebung sommer 1976
FINGEB BUNDESMINISTER FUER FORSCHUNG UND TECHNOLOGIE
ZUSAM INST. F. REAKTORSICHERHEIT DER TECHNISCHEN UEBERWACHUNGS-VEREINE, GLOCKENGASSE 2, 5000 KOELN
BEGINN 1.4.1973 ENDE 30.9.1975
G.KOST 511.000 DM
LITAN ENDBERICHT

NC -115

INST TRANSNUKLEAR GMBH
HANAU, POSTFACH 348
VORHAB **entwickung von transportbehaeltern fuer radioaktive substanzen**
S.WORT radioaktive substanzen + transportbehaelter
QUELLE datenuebernahme aus der datenbank zur koordinierung der ressortforschung (dakor)
FINGEB BUNDESMINISTER FUER FORSCHUNG UND TECHNOLOGIE
BEGINN 1.1.1970 ENDE 31.12.1975

NC -116

INST ZOOLOGISCHES INSTITUT DER UNI WUERZBURG
WUERZBURG, ROENTGENRING 10
VORHAB **erfassung der fauna im bereich eines kernkraftwerks**
bei schweinfurt wird ein kernkraftwerk in unmittelbarer naehe dreier landschaftsschutzgebiete errichtet. die fauna dieser gebiete soll jetzt inventarisiert werden, um bei einer spaeteren untersuchung nach inbetriebsetzung des kraftwerks veraenderungen feststellen und evtl. nachteilige einfluesse des baues und betriebs nachweisen zu koennen
S.WORT kernkraftwerk + landschaftsschutzgebiet + fauna SCHWEINFURT-GRAFENRHEINFELD
PROLEI PROF. DR. GERHARD KNEITZ
STAND 21.7.1976
QUELLE fragebogenerhebung sommer 1976
FINGEB BAYERWERKE AG, LEVERKUSEN
BEGINN 1.3.1975 ENDE 31.10.1976
G.KOST 76.000 DM
LITAN ZWISCHENBERICHT

Weitere Vorhaben siehe auch:

SA -004 BAUZUGEHOERIGES F+E-PROGRAMM FUER DAS 280 MW-PROTOTYPKERNKRAFTWERK MIT SCHNELLEM NATRIUMGEKUEHLTEM REAKTOR (SNR-300)

ND -001
INST ABTEILUNG BEHANDLUNG RADIOAKTIVER ABFAELLE DER GESELLSCHAFT FUER KERNFORSCHUNG MBH KARLSRUHE, POSTFACH 3640
VORHAB **wanderung langlebiger transuranisotope (z.b. pu-239, am-241) im boden und geologischen formationen**
eine der unumgaenglichen folgen der zunahme des kernbrennstoffumsatzes im brennstoffzyklus in den naechsten jahrzehnten wird die erhoehung der menge langlebiger transurane sein: - sowohl in betriebsmaessigen und in eventuellen stoerfallmaessigen freisetzungen in die umwelt; - als auch in den -abfaellen, die zur endlagerung anfallen werden. daraus ergibt sich die folgende zielsetzung: als basis fuer sicherheitsbetrachtungen bei kerntechnischen anlagen (brennelementfabriken, wiederaufbereitungsanlagen, endlager) und beim transport sind quantitative aussagen ueber die mobilitaet von langlebigen transuranen in boeden un geologischen formationen notwendig. ausser zur beurteilung der wanderung benoetigt man diese daten zur entwicklung von fixierungsverfahren in naatuerlichen materialien
S.WORT radioaktive spaltprodukte + transurane + bodenkontamination + abfalltransport
PROLEI DR. ALEXANDER JAKUBICK
STAND 11.8.1976
QUELLE fragebogenerhebung sommer 1976
FINGEB BUNDESMINISTER FUER FORSCHUNG UND TECHNOLOGIE
BEGINN 1.1.1974 ENDE 31.12.1979
G.KOST 500.000 DM
LITAN - HALBJAHRESBERICHTE DES PROJEKTES NUKLEARE SICHERHEIT (ALS KFK-BERICHTE)
- JAKUBICK, A. T.: IN: PROCEEDINGS OF THE SYMPOSIUM ON "TRANSURANIUM NUCLIDES IN THE ENVIRONMENT", SAN FRANCISCO, USA(NOV 1975)

ND -002
INST ABTEILUNG BEHANDLUNG RADIOAKTIVER ABFAELLE DER GESELLSCHAFT FUER KERNFORSCHUNG MBH KARLSRUHE, POSTFACH 3640
VORHAB **errichtung einer versuchsanlage fuer verfestigung hochaktiver waste (vera) und lagerung und verdampfung hochaktiver waste (lava)**
S.WORT radioaktive abfaelle + aufbereitungstechnik
STAND 1.10.1974
FINGEB BUNDESMINISTER FUER FORSCHUNG UND TECHNOLOGIE
BEGINN 1.1.1972 ENDE 31.12.1975

ND -003
INST ABTEILUNG METALLE UND METALLKONSTRUKTION DER BUNDESANSTALT FUER MATERIALPRUEFUNG BERLIN 45, UNTER DEN EICHEN 87
VORHAB **klassifizierung und sicherheitsreserven von transportbehaeltern fuer radioaktive stoffe**
bestandsaufnahme der in der brd umlaufenden verpackungen fuer radioaktive stoffe; klassifizierung der verpackungen hinsichtlich ihres verhaltens bei unfaellen; modellueberlegungen zur abgrenzung von versuchen an modellen und originalverpackungen; rechenprogramm fuer feuerbeanspruchungen
S.WORT radioaktive substanzen + transportbehaelter + sicherheit + unfall
PROLEI DIPL. -ING. BERND SCHULZ-FORBERG
STAND 10.9.1976
QUELLE fragebogenerhebung sommer 1976
BEGINN 1.8.1974 ENDE 31.3.1977
G.KOST 415.000 DM
LITAN ZWISCHENBERICHT

ND -004
INST ABTEILUNG METALLE UND METALLKONSTRUKTION DER BUNDESANSTALT FUER MATERIALPRUEFUNG BERLIN 45, UNTER DEN EICHEN 87
VORHAB **forschungs- und entwicklungsarbeiten auf dem gebiet des transports radioaktiver stoffe, teil II**
verhalten von behaeltern fuer radioaktive stoffe unter unfallbedingungen. qualitaetssicherung und zuverlaessigkeit von typ b-behaeltern
S.WORT radioaktive substanzen + transportbehaelter + unfall + materialtest
PROLEI DIPL. -ING. BERND SCHULZ-FORBERG
STAND 10.9.1976
QUELLE fragebogenerhebung sommer 1976
FINGEB BUNDESMINISTER FUER FORSCHUNG UND TECHNOLOGIE
ZUSAM TRANSNUKLEAR GMBH
BEGINN 1.1.1976 ENDE 30.9.1978
G.KOST 210.000 DM
LITAN ZWISCHENBERICHT

ND -005
INST ABTEILUNG METALLE UND METALLKONSTRUKTION DER BUNDESANSTALT FUER MATERIALPRUEFUNG BERLIN 45, UNTER DEN EICHEN 87
VORHAB **untersuchung, pruefung und zulassung der bauart-muster von transport-behaeltern fuer radioaktive stoffe (typ-b-verpackungen)**
pruefung von transportverpackungen fuer radioaktive stoffe in versuchen und mit analytischen methoden zum zwecke der zulassung nach nationalen und internationalen vorschriften
S.WORT radioaktive substanzen + transportbehaelter + verpackung
PROLEI DIPL. -ING. BERND SCHULZ-FORBERG
STAND 1.1.1974

ND -006
INST ABTEILUNG METALLE UND METALLKONSTRUKTION DER BUNDESANSTALT FUER MATERIALPRUEFUNG BERLIN 45, UNTER DEN EICHEN 87
VORHAB **forschungs- und entwicklungsarbeiten auf dem gebiet des transportes radioaktiver stoffe**
verhalten von transportbehaeltern fuer radioaktive stoffe unter extremen unfallbedingungen; stossuntersuchungen; feueruntersuchungen; zuverlaessigkeitsfragen; dichtheitsmessungen; versuche an prototypen und modellen; analytische beschreibung
S.WORT radioaktive substanzen + transportbehaelter
PROLEI DIPL. -ING. BERND SCHULZ-FORBERG
STAND 1.1.1974
ZUSAM TRANSNUKLEAR GMBH
BEGINN 1.9.1971 ENDE 31.12.1975
LITAN - ZWISCHENBERICHT 1. 1. 70-31. 12. 72
- ZWISCHENBERICHT 1975. 03
- SCHULZ-FORBERG, B.: BERECHNUNG INSTATIONAERER WAERMESTOERUNGEN BEI FEUEREINWIRKUNG AUF VERPACKUNGEN. IN: WISS. BER. S. 49-52

ND -007
INST ABTEILUNG STOFFARTUNABHAENGIGE VERFAHREN DER BUNDESANSTALT FUER MATERIALPRUEFUNG BERLIN 45, UNTER DEN EICHEN 87
VORHAB **bauartmusterzulassungen von kapseln fuer radioaktive stoffe**
pruefung der sicherheit als "special form radioactive material" nach dem iaea-safety standard "regulations for the safe transport of radioactive materials" und den entsprechenden von der bundesrepublik deutschland uebernommenen transportvorschriften fuer die verschiedenen verkehrstraeger
S.WORT radioaktive substanzen + transportbehaelter + sicherheitstechnik
PROLEI DIPL. -ING. BERND SCHULZ-FORBERG
STAND 1.1.1974
LITAN - SCHULZ-FORBERG, B.: DIE ARBEIT DER BAM-GENEHMIGTE VERPACKUNGEN FUER RADIOAKTIVE STOFFE, GEFAEHRLICHE LADUNG. (12) S. 14-15 (1974)
- SCHULZ-FORBERG, B.: A SEVERE RAILWAY-ACCIDENT WITH UF6 PACKAGINGS U. A. IN: PROCEEDINGS OF THE 4TH INTERNATIONAL SYMPOSIUM ON PACKAGING AND

TRANSPORTATION OF RADIOACTIVE MATERIALS, SEP. 1974, S. 207-206

ND -008

INST ABTEILUNG STOFFARTUNABHAENGIGE VERFAHREN DER BUNDESANSTALT FUER MATERIALPRUEFUNG BERLIN 45, UNTER DEN EICHEN 87

VORHAB **ultraschallprueftechnik im rahmen des forschungs- und entwicklungsvorhabens: entwicklung fernbedienter ultraschallprueftechnik fuer schnellbrutreaktoren**
zerstoerungsfreie wiederholungspruefung mit ultraschall an austenitischen komponenten von schnellbrutreaktoren; beitrag zur sicherung der integritaet von reaktoranlagen

S.WORT schneller brueter + reaktorsicherheit + pruefverfahren + (ultraschallprueftechnik)
PROLEI DR. -ING. NEUMANN
STAND 26.8.1975
FINGEB BUNDESMINISTER FUER FORSCHUNG UND TECHNOLOGIE
ZUSAM - INTERATOM, 506 BENSBERG
- MAN, WERK NUERNBERG, 85 NUERNBERG 2
BEGINN 1.9.1974 ENDE 31.12.1976
G.KOST 852.000 DM
LITAN - NEUMANN: ZUM PROBLEM DER ULTRASCHALLPRUEFBARKEIT VON SCHWEISSVERBINDUNGEN AUSTENITISCHER STAEHLE,BAM,BERLIN 1974
- NEUMANN;WUESTENBERG;NABEL;LEISTER: ULTRASCHALLPRUEFUNG VON SCHWEISSVERBINDUNGEN AUSTENITISCHER STAEHLE -VORTRAGSTAGUNG 1974 "ZERSTOERUNGSFREIE MATERIALPRUEFUNG" DER DGZFP,NIMWEGEN U.MAT.PRUEF.16,395(1974)
- NEUMANN;WUESTENBERG;NABEL;LEISNER: ULTRASONIC NDT IN AUSTENITIC STEELS -TAGUNGSBAND DER INTERNATIONAL CONFERENCE ON QUALITY CONTROL AND NON-DESTRUCTIVE TESTING IN WELDING,1974,WELDING INST.CAMBRIDGE,74 S.115

ND -009

INST ALKEM GMBH
HANAU 11, POSTFACH 110069

VORHAB **rueckfuehrung von plutonium in thermische reaktoren**

S.WORT kernkraftwerk + brennelement + recycling + plutonium
QUELLE datenuebernahme aus der datenbank zur koordinierung der ressortforschung (dakor)
FINGEB BUNDESMINISTER FUER FORSCHUNG UND TECHNOLOGIE
BEGINN 1.1.1975 ENDE 31.12.1977
G.KOST 9.776.000 DM

ND -010

INST AMTLICHE MATERIALPRUEFANSTALT FUER STEINE UND ERDEN AN DER TU CLAUSTHAL
CLAUSTHAL-ZELLERFELD, ZEHNTNERSTR. 2A

VORHAB **verfestigung und endlagerung mittel- und schwachradioaktiver abfaelle am standort der wiederaufarbeitungsanlage**
ziel: a) verfestigung schwach- und mittelaktiver abfaelle unter verwendung anorganischer binder in salzkavernen (endlagerstaette). b) verfahrenstechnik zur foerderung und einbringung in salzkavernen. aufgabenstellung: a) entwicklung geeigneter mischungen. b) entwicklung verfahrenstechnischer moeglichkeiten zur einlagerung. untersuchungsmethoden: in anlehnung an bestehende normen vor allem untersuchungen von: fliessfaehigkeit, abbindeverhalten, chemische resistenz (incl. auslaugverhalten), mechanische eigenschaften, waermeverhalten. untersuchung des langzeitverhaltens

S.WORT radioaktive abfaelle + endlagerung + standortwahl + (salzkaverne)
PROLEI DIPL. -ING. WOLFGANG BLOSS
STAND 10.9.1976
QUELLE fragebogenerhebung sommer 1976
FINGEB BUNDESMINISTER FUER FORSCHUNG UND TECHNOLOGIE
ZUSAM - KERNBRENNSTOFF-WIEDERAUFARBEITUNGSGESELLSCHAFT MBH, 7514 EGGENSTEIN
- GESELLSCHAFT FUER STRAHLENFORSCHUNG, INSTITUT FUER TIEFLAGERUNG, 3392 CLAUSTHAL-ZELLERFELD
BEGINN 1.5.1976 ENDE 31.12.1979
G.KOST 1.000.000 DM

ND -011

INST ANORGANISCH-CHEMISCHES INSTITUT DER UNI GOETTINGEN
GOETTINGEN, TAMMANSTR. 4

VORHAB **abreicherung von radioaktivem caesium aus fluessigkeiten ueber heterogenen isotopenaustausch**
ziel: dekontamination von anfallendem zaesium in fluessigkeiten; verfahren selektiv und als durchlaufprozess technologisch problemlos; fest, komprimierbar und lagerfaehig; anwendung besonders in kleinen bis mittleren masstaeben; patente erteilt in usa, england, frankreich; in deutschland beantragt

S.WORT dekontaminierung + wasser
PROLEI DR. RITTNER
STAND 1.1.1974
BEGINN 1.1.1967
G.KOST 150.000 DM
LITAN - DIPLOM-ARBEIT:FLACHSBARTH,GOETTINGEN 1971
- PATENTANMELDUNG DEUTSCHLAND:P 1564656.7
- PATENT FRANCE: 1583660 (1969)

ND -012

INST ANORGANISCH-CHEMISCHES INSTITUT DER UNI GOETTINGEN
GOETTINGEN, TAMMANSTR. 4

VORHAB **dekontamination von strontium-90 und jod-131 enthaltenden loesungen**
ziel: abreicherung geloester radioaktiver ionen; verfahren selektiv und als durchlaufprozess technologisch problemlos; prinzip des rapiden heterogenen isotopenaustausches an mikrokristalinen systemen, in einer matrix fixiert erweiterbar; produkt fest; komprimierbar und lagerfaehig; anwendung in kleinen bis mittleren masstaeben; patente in england, frankreich, usa

S.WORT dekontaminierung + radioaktive substanzen
PROLEI DR. RITTNER
STAND 1.1.1974
BEGINN 1.1.1969
G.KOST 100.000 DM
LITAN - PATENTANMELDUNG DEUTSCHLAND:P 1564656.7
- PATENT FRANCE:1583660 (1969)
- PATENT GREAT BRITAIN:1146794 (1969)

ND -013

INST BATTELLE-INSTITUT E.V.
FRANKFURT 90, AM ROEMERHOF 35

VORHAB **studie ueber die auswirkungen der einlagerung fluessiger radioaktiver abfaelle in salzstoecken**

S.WORT radioaktive abfaelle + endlagerung
STAND 6.1.1975
QUELLE erhebung 1975
FINGEB BUNDESMINISTER FUER FORSCHUNG UND TECHNOLOGIE
ZUSAM GESELLSCHAFT F. STRAHLEN-U. UMWELTFORSCHUNG, INGOLSTAEDTER LANDSTR. 1, 8042 NEUHERBERG
BEGINN 1.8.1974 ENDE 31.7.1975

ND -014

INST BUNDESANSTALT FUER GEOWISSENSCHAFTEN UND ROHSTOFFE
HANNOVER 51, STILLEWEG 2

VORHAB **geophysikalische untersuchungen an salzformationen im hinblick auf die endlagerung radioaktiver abfaelle in geologischen koerpern**
planung der geometrischen anordnung der lagerkavernen
S.WORT radioaktive abfaelle + ablagerung + (salzbergwerk) ASSE
PROLEI DR. KAPPELMEYER
STAND 1.1.1974
FINGEB BUNDESMINISTER FUER BILDUNG UND WISSENSCHAFT
ZUSAM - GESELLSCHAFT F. STRAHLEN- UND UMWELTFORSCHUNG MBH MUENCHEN, 8042 NEUHERBERG, INGOLSTAEDTER LANDSTR.
- INST. F. TIEFLAGERUNG CLAUSTHAL, 3392 CLAUSTHAL-ZELLERFELD, BORNHARDTSTR. 22
BEGINN 1.1.1966 ENDE 31.12.1974
G.KOST 560.000 DM
LITAN - KAPPELMEYER; MUFTI: COOLING OF HIGH-LEVEL-RADIO-ACTIVE WASTES IN MINES BY AIR VENTILATION. IN: IAEA VIENNA 1967
- SCHMIDT, H. (RWTH AACHEN), DISSERTATION: NUMERISCHE LANGZEITBERECHNUNG INSTATIONAERER TEMPERATURFELDER. (1971)
- MUFTI, I.: THEORETISCHE UNTERSUCHUNGEN ZUR AENDERUNG DES GEOTHERMISCHEN FELDES BEI DER EINLAGERUNG RADIOAKTIVER ABFAELLE IM SALZGEBIRGE. IN: BMWF-FBK 67-62. S. 1-99(1967)

ND -015
INST DEUTSCHES HYDROGRAPHISCHES INSTITUT HAMBURG, BERNHARD-NOCHT-STR. 78
VORHAB **forschungsarbeiten in zusammenhang mit der lagerung von radioaktiven abfaellen im meer**
auswahl, untersuchung und kontrolle geeigneter meeresgebiete, die fuer die versenkung radioaktiver abfaelle geeignet erscheinen
S.WORT radioaktive abfaelle + meer + tiefversenkung + standortwahl
ATLANTIK
PROLEI DR. KAUTSKY
STAND 13.8.1976
QUELLE fragebogenerhebung sommer 1976
LITAN ZWISCHENBERICHT

ND -016
INST FACHGEBIET KERNCHEMIE DER UNI MARBURG MARBURG, LAHNBERGE
VORHAB **untersuchungen von radiolysegasen im salzvorkommen und in darin gelagerten verfestigten radioaktiven abfaellen**
untersuchungen der sich aus bitumen und zement mit eingelagerten radioaktiven abfallstoffen durch radiolyse entwickelnden gase; untersuchung der gasdiffusion aus bitumen und zement und bestimmung der diffusionskoeffizienten unter temperaturbedingungen der lagerung
S.WORT radioaktive abfaelle + endlagerung + gase
STAND 13.8.1976
QUELLE fragebogenerhebung sommer 1976
BEGINN 1.1.1969 ENDE 31.12.1975
G.KOST 336.000 DM

ND -017
INST GELSENBERG GMBH-CO KG ESSEN 1, RUETTENSCHEIDER STRASSE 20
VORHAB **aufarbeitung thoriumhaltiger kernbrennstoffe**
S.WORT kerntechnik + brennstoffe + aufbereitung
STAND 1.10.1974
FINGEB BUNDESMINISTER FUER FORSCHUNG UND TECHNOLOGIE
BEGINN 1.1.1970 ENDE 31.12.1975

ND -018
INST GELSENBERG GMBH-CO KG ESSEN 1, RUETTENSCHEIDER STRASSE 20
VORHAB **verfestigung von hochradioaktiven wasteloesungen (metalleinbettung hochradioaktiver glasprodukte)**
S.WORT radioaktive abfaelle + aufbereitungstechnik
STAND 6.1.1975
FINGEB BUNDESMINISTER FUER FORSCHUNG UND TECHNOLOGIE
ZUSAM EUROCHEMIC. , BELGIEN
BEGINN 1.7.1974 ENDE 30.6.1977

ND -019
INST GESELLSCHAFT ZUR WIEDERAUFARBEITUNG VON KERNBRENNSTOFFEN MBH EGGENSTEIN -LEOPOLDSHAFEN 2, POSTSTELLE LINDENHEIM
VORHAB **systemanalyse radioaktive abfaelle in der bundesrepublik deutschland**
S.WORT radioaktive abfaelle + kerntechnik + systemanalyse
STAND 6.1.1975
FINGEB BUNDESMINISTER FUER FORSCHUNG UND TECHNOLOGIE
BEGINN 1.1.1974 ENDE 31.12.1975

ND -020
INST GESELLSCHAFT ZUR WIEDERAUFARBEITUNG VON KERNBRENNSTOFFEN MBH EGGENSTEIN -LEOPOLDSHAFEN 2, POSTSTELLE LINDENHEIM
VORHAB **leistungsverbesserung der wiederaufbereitungsanlage karlsruhe (lewak)**
S.WORT radioaktive abfaelle + aufbereitungstechnik KARLSRUHE + OBERRHEIN
STAND 6.1.1975
QUELLE erhebung 1975
FINGEB BUNDESMINISTER FUER FORSCHUNG UND TECHNOLOGIE
BEGINN 1.1.1974 ENDE 31.12.1974

ND -021
INST GESELLSCHAFT ZUR WIEDERAUFARBEITUNG VON KERNBRENNSTOFFEN MBH EGGENSTEIN -LEOPOLDSHAFEN 2, POSTSTELLE LINDENHEIM
VORHAB **erweiterung der lagerkapazitaet mittelaktiver abfalloesungen der wiederaufbereitungsanlage karlsruhe (wak)**
S.WORT radioaktive abfaelle + lagerung KARLSRUHE + OBERRHEIN
STAND 6.1.1975
QUELLE erhebung 1975
FINGEB BUNDESMINISTER FUER FORSCHUNG UND TECHNOLOGIE
BEGINN 1.1.1974 ENDE 31.12.1975

ND -022
INST HAHN-MEITNER-INSTITUT FUER KERNFORSCHUNG BERLIN GMBH BERLIN 39, GLIENICKER STRASSE 100
VORHAB **verfestigung von spaltprodukten in keramischen massen**
S.WORT radioaktive spaltprodukte + endlagerung + (keramische massen)
STAND 1.10.1974
FINGEB BUNDESMINISTER FUER FORSCHUNG UND TECHNOLOGIE
BEGINN 1.1.1973 ENDE 31.12.1975
G.KOST 344.000 DM

ND -023
INST HAHN-MEITNER-INSTITUT FUER KERNFORSCHUNG BERLIN GMBH BERLIN 39, GLIENICKER STRASSE 100
VORHAB **analyse der moeglichen umweltgefaehrdung durch radioaktive abfaelle in der bundesrepublik deutschland, systemstudie**
berechnung der freisetzung von radionukliden aus verfestigtem hochradioaktiven abfall durch auslaugung bei potentiellen stoerfaellen der haw-endlagerung und zur beurteilung des rueckhaltevermoegens von haw-verfestigungsprodukten bei wasserangriff. die potentiell freigesetzten mengen sind ausgangspunkt fuer sich anschliessende ausbreitungsrechnungen von radionukliden in wasser und boden

S.WORT radioaktive abfaelle + endlagerung + umgebungsradioaktivitaet + systemanalyse + (keramische massen) BUNDESREPUBLIK DEUTSCHLAND
STAND 6.1.1975
FINGEB BUNDESMINISTER FUER FORSCHUNG UND TECHNOLOGIE
ZUSAM NUKEM, 6450 HANAU
BEGINN 1.4.1974 ENDE 31.12.1976
G.KOST 250.000 DM

ND -024

INST HAHN-MEITNER-INSTITUT FUER KERNFORSCHUNG BERLIN GMBH
BERLIN 39, GLIENICKER STRASSE 100
VORHAB **entwicklung lagerfaehiger verfestigungsprodukte fuer hochradioaktive spaltprodukte**
wegen der ab 1985 zu erwartenden betraechtlichen mengen an abfalloesungen muessen fuer die endlagerung verfahren entwickelt werden, um aus den abfalloesungen feste produkte zu machen. dabei wird groesster wert auf deren mechanische und chemische stabilitaet gelegt, damit sie ihre funktion als zusaetzliche sicherheitsbarriere zum endlagerort steinsalz erfuellen koennen. das material der wahl ist borosilikatglas. eine weiterentwicklung stellt die gezielte umwandlung des glases durch nachtraegliche waermebehandlung in eine glaskeramik dar. hierdurch wird eine erhoehte thermodynamische stabilitaet des produkts erzielt und eine verbesserte fixierung der spaltprodukte angestrebt
S.WORT radioaktive spaltprodukte + endlagerung + (borosilikatglas)
PROLEI DR. WERNER LUTZE
STAND 13.8.1976
QUELLE fragebogenerhebung sommer 1976
ZUSAM - GESELLSCHAFT FUER KERNFORSCHUNG MBH. , POSTFACH 3640, 7500 KARLSRUHE
- SCHOTT U. GEN. MAINZ, JENAER GLASWERK, POSTFACH 2480, 6500 MAINZ 1
- CEA MARCOULE, F-BOITE POSTALE 106, BAGNOLS-SUR-CEZE GARD
LITAN BEREICH KERNCHEMIE UND REAKTOR DES HAHN-MEITNER-INSTITUTS FUER KERNFORSCHUNG BERLIN GMBH: WISSENSCHAFTLICHER ERGEBNISBERICHT 3 S. 53FF(1975)

ND -025

INST HOBEG GMBH
HANAU, POSTFACH 869
VORHAB **f+e zur refabrikation von brennelementen**
S.WORT reaktortechnik + brennelement + recycling
QUELLE datenuebernahme aus der datenbank zur koordinierung der ressortforschung (dakor)
FINGEB BUNDESMINISTER FUER FORSCHUNG UND TECHNOLOGIE
BEGINN 1.7.1973 ENDE 31.12.1975

ND -026

INST INSTITUT FUER ELEKTRISCHE ANLAGEN UND ENERGIEWIRTSCHAFT DER TH AACHEN
AACHEN, SCHINKELSTR. 6
VORHAB **untersuchung zur lagerung hochradioaktiver abfaelle in steinsalzlagern**
ziele: ermittlung der temperaturverteilung und entwicklung eines einlagerungskonzeptes; methode: analytische und numerische rechenverfahren; nebenergebnisse: einlagerungskenndaten; parametervariation zur bestimmung zuverlaessiger grenzwerte
S.WORT radioaktive abfaelle + abfallablagerung + (steinsalzlager)
PROLEI PROF. DR. MANDEL
STAND 30.8.1976
QUELLE fragebogenerhebung sommer 1976
FINGEB BUNDESMINISTER FUER FORSCHUNG UND TECHNOLOGIE
ZUSAM - GESELLSCHAFT FUER KERNFORSCHUNG KARLSRUHE, 7501 LEOPOLDSHAFEN
- GESELLSCHAFT FUER STRAHLEN- UND UMWELTFORSCHUNG MBH, LANDWEHRSTR. 61, 8000 MUENCHEN
BEGINN 1.1.1964 ENDE 31.12.1976
G.KOST 819.000 DM
LITAN - JAEHRLICHE ZWISCHENBERICHTE
- SCHMIDT, H. (TH AACHEN), DISSERTATION: NUMERISCHE LANGZEITBERECHNUNG INSTATIONAERER TEMPERATURFELDER MIT DISKRETER QUELLENVERTEILUNG
- WASTE MANAGEMENT RESEARCH ABSTRACT NR. 1-8 IAEA

ND -027

INST INSTITUT FUER ELEKTRISCHE ANLAGEN UND ENERGIEWIRTSCHAFT DER TH AACHEN
AACHEN, SCHINKELSTR. 6
VORHAB **untersuchung ueber eine wirtschaftlich optimale strategie bei der abfallbeseitigung hochradioaktiver stoffe**
ziel: ermittlung einer wirtschaftlich optimalen strategie (kostenminimierung); methoden: mathematische optimierungsverfahren; nebenergebnisse: auslegungsrichtwerte
S.WORT radioaktive abfaelle + abfallbeseitigung + oekonomische aspekte
PROLEI PROF. DR. MANDEL
STAND 30.8.1976
QUELLE fragebogenerhebung sommer 1976
FINGEB BUNDESMINISTER FUER FORSCHUNG UND TECHNOLOGIE
ZUSAM - GESELLSCHAFT FUER KERNFORSCHUNG KARLSRUHE, 7501 LEOPOLDSHAFEN
- GESELLSCHAFT FUER STRAHLEN- UND UMWELTFORSCHUNG MBH, LANDWEHRSTR. 61, 8000 MUENCHEN
BEGINN 1.1.1969 ENDE 31.12.1976
G.KOST 300.000 DM
LITAN - WASTE MANAGEMENT RESEARCH ABSTRACT NR. 1-8 IAEA
- ZWISCHENBERICHT AUG 1975

ND -028

INST INSTITUT FUER PHYSIKALISCHE CHEMIE UND ELEKTROCHEMIE DER UNI KARLSRUHE
KARLSRUHE, KAISERSTR. 12
VORHAB **tritiumentzug aus reaktorkuehlkreislaeufen und aus abwaessern der wiederaufbereitungsanlagen**
tritiumabtrennung aus waessrigen loesungen mit hilfe der trennmethoden der anreicherung von schwerem wasser
S.WORT kuehlwasser + kernreaktor + schadstoffabscheidung + tritium
PROLEI PROF. DR. ULRICH SCHINDELWOLF
STAND 23.7.1976
QUELLE fragebogenerhebung sommer 1976

ND -029

INST INSTITUT FUER REAKTORSICHERHEIT DER TECHNISCHEN UEBERWACHUNGSVEREINE E.V.
KOELN, GLOCKENGASSE 2
VORHAB **betriebliche ableitung radioaktiver stoffe aus kerntechnischen anlagen**
S.WORT kerntechnische anlage + radioaktive substanzen + schadstoffbeseitigung
PROLEI DIPL. -PHYS. HANDGE
STAND 1.1.1974
BEGINN 1.1.1971

ND -030

INST INSTITUT FUER TIEFLAGERUNG DER GESELLSCHAFT FUER STRAHLEN- UND UMWELTFORSCHUNG MBH
CLAUSTHAL-ZELLERFELD, BORNHARDSTR. 22
VORHAB **gebirgsmechanische laboruntersuchungen**
im rahmen der detaillierten standortuntersuchungen fuer eine grosse deutsche wiederaufarbeitungsanlage werden gebirgsmechanische laboruntersuchungen an bohrkernen durchgefuehrt. die physiko-chemischen versuche an verschiedenen modellen im zusammenhang mit den sicherheitstechnischen untersuchungen zum gau fuer das salzbergwerk asse (wassereinbruch) werden festgesetzt. es wird die auslaugung von radioisotopen aus verschiedenen

behaeltern mit schwachradioaktiven abfaellen bei unterschiedlichen bedingungen beobachtet. es wird damit begonnen, vorschlaege fuer eine sichere verfuellung des salzbergwerkes asse auszuarbeiten
S.WORT felsmechanik + bergwerk + tieflagerung + radioaktive abfaelle
ASSE + BRAUNSCHWEIG/SALZGITTER
PROLEI DR. K. KUEHN
STAND 30.8.1976
QUELLE fragebogenerhebung sommer 1976
BEGINN 1.1.1968 ENDE 31.12.1980

ND -031

INST INSTITUT FUER TIEFLAGERUNG DER GESELLSCHAFT FUER STRAHLEN- UND UMWELTFORSCHUNG MBH CLAUSTHAL-ZELLERFELD, BORNHARDSTR. 22
VORHAB **hydrogeologisches forschungsprogramm asse**
es werden vier tiefbohrungen zur klaerung bestimmter fragestellungen abgeteuft, die sich aus den bisherigen untersuchungen ergeben haben (verlauf des salzspiegels, wasserbewegung am salzspiegel, zusammenhaenge zwischen den laugen am salzspiegel und dem grundwasser im deckgebirge). die fuer 1975 geplanten 12 grundwasserpegel koennen erst 1976 erstellt werden. sie dienen vorbereitenden arbeiten fuer die 1977 folgenden pump-, injektions- und markierungsversuche. isotopenmessungen an grund- und quellwasser aus der umgebung des bergwerks asse ii sowie an lauge- und luftfeuchteproben aus dem bergwerk
S.WORT hydrogeologie + bergwerk + tieflagerung + radioaktive abfaelle
ASSE + BRAUNSCHWEIG/SALZGITTER
PROLEI DR. K. KUEHN
STAND 30.8.1976
QUELLE fragebogenerhebung sommer 1976
BEGINN 1.1.1968 ENDE 31.12.1977

ND -032

INST INSTITUT FUER TIEFLAGERUNG DER GESELLSCHAFT FUER STRAHLEN- UND UMWELTFORSCHUNG MBH CLAUSTHAL-ZELLERFELD, BORNHARDSTR. 22
VORHAB **gebirgsbeobachtung und geologische erkundung in und an der asse-salzstruktur**
die messungen im erweiterten festpunktnetz zur erfassung der gebirgsbewegungen im grubengebaeude werden fortgesetzt. die untersuchungen zu einer moeglichen subrosion oder einem salzauftrieb am asse-sattel werden durch die einrichtung einer ca. 1 km langen festpunktlinie entlang der neuen eisenbahntrasse erweitert. zur erkundung der salzstruktur werden geophysikalische methoden eingesetzt. die geologischen detailuntersuchungen fuer die versuchsweise einlagerung von hochaktiven abfaellen werden fortgefuehrt. im rahmen der umgebungsueberwachung werden proben aus der umgebung und aus kontrollbereichen gammaspektroskopisch analysiert
S.WORT geophysik + bergwerk + tieflagerung + radioaktive abfaelle
ASSE + BRAUNSCHWEIG/SALZGITTER
PROLEI DR. K. KUEHN
STAND 30.8.1976
QUELLE fragebogenerhebung sommer 1976
BEGINN 1.1.1966
LITAN ENDBERICHT

ND -033

INST INSTITUT FUER TIEFLAGERUNG DER GESELLSCHAFT FUER STRAHLEN- UND UMWELTFORSCHUNG MBH WOLFENBUETTEL, WULLENWEBERSTR. 1A
VORHAB **systemstudie "radioaktive abfaelle in der bundesrepublik deutschland" (bmft)**
1. statusbeschreibung und analyse - auswahl der fuer ein zukuenftiges entsorgungsmodell geeigneter endlagertechnologien. 2. entwicklung von alternativmodellen zur entsorgung. 3. risikoanalyse fuer die endlagerung radioaktiver abfaelle in geologischen formationen: weiterentwicklung von fehlerbaeumen - ermittlung von wahrscheinlichkeiten der fehlerelemente - identifizierung und beurteilung von "cutsets" - vorschlaege fuer sicherheitstechnische verbesserungen - vorschlaege fuer durchzufuehrende experimentelle arbeiten. 4. ausbreitungsmechanismen radioaktiver stoffe: toxizitaetsanalyse verschiedener abfallarten - entwicklung von modellen zur ausbreitung freigesetzter radionuklide im boden
S.WORT radioaktive abfaelle + endlagerung + systemanalyse
PROLEI DIPL. -ING. E. ALBRECHT
STAND 30.8.1976
QUELLE fragebogenerhebung sommer 1976
BEGINN 1.1.1974 ENDE 31.12.1976

ND -034

INST INSTITUT FUER TIEFLAGERUNG DER GESELLSCHAFT FUER STRAHLEN- UND UMWELTFORSCHUNG MBH WOLFENBUETTEL, WULLENWEBERSTR. 1A
VORHAB **entwicklung der kaverneneinlagerungstechnik fuer radioaktive abfaelle**
der schacht als zugang zur kaverne wird von der 750-m-sohle bis auf 985 m weitergeteuft. daran anschliessend wird der kavernenhohlraum von 10. 000 cbm bergmaennisch erstellt. uebertage werden die schachhallenerweiterung sowie die umladezelle fuer das auschleusen der abfallbehaelter fertiggestellt. mit der montage der foerder- und beschickungsanlage wird begonnen
S.WORT radioaktive abfaelle + endlagerung + (kaverneneinlagerungstechnik)
PROLEI DIPL. -ING. E. ALBRECHT
STAND 30.8.1976
QUELLE fragebogenerhebung sommer 1976
BEGINN 1.1.1975 ENDE 31.12.1980
G.KOST 1.228.000 DM

ND -035

INST INSTITUT FUER TIEFLAGERUNG DER GESELLSCHAFT FUER STRAHLEN- UND UMWELTFORSCHUNG MBH WOLFENBUETTEL, WULLENWEBERSTR. 1A
VORHAB **behandlung und beseitigung radioaktiver abfaelle. eignungsanalyse eines eisenerzbergwerkes**
1. die uebersetzung und auswertung des berichtes werden weitergefuehrt und abgeschlossen. die daraus abgeleiteten konsequenzen fuer das entsorgungssystem in der deutschen kerntechnik werden u. a. auch in die systemstudie eingespeist. 2. die geologischen, hydrologischen und sicherheitstechnischen untersuchungen sollen in einer zusammenfassenden vorlaeufigen sicherheitsstudie muenden, in der die eignung des eisenerzbergwerkes beurteilt wird. sollte sich die eignung bereits waehrend der genannten untersuchungen herausstellen, so wird zusaetzlich eine einlagerungstechnologie konzipiert
S.WORT radioaktive abfaelle + endlagerung + (eisenerzbergwerk)
PROLEI DIPL. -ING. E. ALBRECHT
STAND 30.8.1976
QUELLE fragebogenerhebung sommer 1976
BEGINN 1.1.1974 ENDE 31.12.1976

ND -036

INST INSTITUT FUER TIEFLAGERUNG DER GESELLSCHAFT FUER STRAHLEN- UND UMWELTFORSCHUNG MBH WOLFENBUETTEL, WULLENWEBERSTR. 1A
VORHAB **endlagerung schwachradioaktiver abfaelle**
1. unterhaltung der tagesanlagen, der foerderanlagen, der strecken und blindschaechte im grubengebaeude. 2. erweiterung der richtstrecke und auffahrung von querschlaegen auf der 725-m-sohle zur erschliessung weiterer einlagerungskammern. 3. herrichten der fuer die einlagerung schwachradioaktiver abfaelle notwendigen einlagerungskammern sowie durchfuehrung der einlagerung; entwicklung und erprobung optimaler einlagerungstechniken. 4. durchfuehrung der gesetzlich vorgeschriebenen strahelnschutzmassnahmen
S.WORT radioaktive abfaelle + endlagerung + bergwerk
PROLEI DIPL. -ING. E. ALBRECHT
STAND 30.8.1976

QUELLE fragebogenerhebung sommer 1976
BEGINN 1.1.1965
LITAN ENDBERICHT

ND -037

INST INSTITUT FUER TIEFLAGERUNG DER GESELLSCHAFT FUER STRAHLEN- UND UMWELTFORSCHUNG MBH WOLFENBUETTEL, WULLENWEBERSTR. 1A
VORHAB **versuchsweise einlagerung mittel- und hochradioaktiver abfaelle**
1. fortfuehrung der im herbst 1972 begonnen versuchsweisen einlagerung mittelradioaktiver abfaelle zur erprobung der maschinentechnischen anlage und des sicherheitstechnischen konzeptes. 2. fertigstellung einer lagerstrecke und von lagerbohrloechern sowie monatge der maschinentechnischen anlagen fuer das singulaere forschungsprogramm der einlagerung von abgebrannten avr-brennelementen aus der kfa juelich. nach abschluss der vorbereitungen wird anfang 1976 mit der einlagerung der avr-brennelemente begonnen. 3. durchfuehrung von planungsarbeiten gemeinsam mit der wissenschaftlichen abteilung (fe 73210 und 73220) fuer die versuchsweise einlagerung hochradioaktiver waermeentwickelnder abfaelle
S.WORT radioaktive abfaelle + endlagerung
PROLEI DIPL. -ING. E. ALBRECHT
STAND 30.8.1976
QUELLE fragebogenerhebung sommer 1976
BEGINN 1.1.1971 ENDE 31.12.1985

ND -038

INST INSTITUT FUER WASSER-, BODEN- UND LUFTHYGIENE DES BUNDESGESUNDHEITSAMTES BERLIN 33, CORRENSPLATZ 1
VORHAB **erhebung und untersuchung ueber zweckmaessigkeit und zuverlaessigkeit von anlagen zur behandlung radioaktiver abwaesser**
die praxis der abgabe radioaktiver abwaesser von der anwendung radioaktiver stoffe wurde festgestellt; vorschlaege fuer eine zweckmaessigere regelung dieser ableitungen konnten auf grund der gewonnenen erkenntnisse erarbeitet werden
S.WORT radioaktive abwaesser + abwasserbehandlung
PROLEI PROF. DR. KARL AURAND
STAND 1.10.1974
FINGEB BUNDESMINISTER FUER JUGEND, FAMILIE UND GESUNDHEIT
BEGINN 1.1.1969 ENDE 31.12.1974
G.KOST 1.159.000 DM

ND -039

INST KERNBRENNSTOFF-WIEDERAUFARBEITUNGS-GESELLSCHAFT MBH FRANKFURT 80, POSTFACH 800207
VORHAB **untersuchung eines standorts zur errichtung einer anlage fuer die entsorgung von kernkraftwerken; teiluntersuchungen zu zwei alternativ-standorten**
S.WORT kernkraftwerk + entsorgung + radioaktive abfaelle + aufbereitungsanlage + standortwahl
QUELLE datenuebernahme aus der datenbank zur koordinierung der ressortforschung (dakor)
FINGEB BUNDESMINISTER FUER FORSCHUNG UND TECHNOLOGIE
BEGINN 1.1.1975 ENDE 31.12.1978
G.KOST 7.937.000 DM

ND -040

INST KERNBRENNSTOFF-WIEDERAUFARBEITUNGS-GESELLSCHAFT MBH FRANKFURT 80, POSTFACH 800207
VORHAB **dokumentation oeffentlichkeitsarbeit fuer die grosse wiederaufbereitungsanlage**
S.WORT kernkraftwerk + entsorgung + radioaktive abfaelle + aufbereitungsanlage + (oeffentlichkeitsarbeit)
QUELLE datenuebernahme aus der datenbank zur koordinierung der ressortforschung (dakor)
FINGEB BUNDESMINISTER FUER FORSCHUNG UND TECHNOLOGIE
BEGINN 1.4.1974 ENDE 31.8.1974

ND -041

INST KERNBRENNSTOFF-WIEDERAUFARBEITUNGS-GESELLSCHAFT MBH FRANKFURT 80, POSTFACH 800207
VORHAB **standorterkundung infrastruktur fuer die grosse wiederaufarbeitungsanlage**
S.WORT kernkraftwerk + entsorgung + radioaktive abfaelle + aufbereitungsanlage + infrastruktur
QUELLE datenuebernahme aus der datenbank zur koordinierung der ressortforschung (dakor)
FINGEB BUNDESMINISTER FUER FORSCHUNG UND TECHNOLOGIE
ZUSAM FICHTNER, BERATENDE INGENIEURE
BEGINN 1.9.1974 ENDE 31.8.1975

ND -042

INST KERNFORSCHUNGSANLAGE JUELICH GMBH JUELICH, POSTFACH 365
VORHAB **systemanalyse radioaktive abfaelle in der bundesrepublik deutschland**
S.WORT radioaktive abfaelle + kerntechnik + systemanalyse BUNDESREPUBLIK DEUTSCHLAND
STAND 6.1.1975
FINGEB BUNDESMINISTER FUER FORSCHUNG UND TECHNOLOGIE
BEGINN 1.1.1974 ENDE 31.3.1976

ND -043

INST KERNFORSCHUNGSANLAGE JUELICH GMBH JUELICH, POSTFACH 365
VORHAB **verfahrensentwicklung von messung, behandlung und beseitigung radioaktiver abfaelle**
untersuchungen ueber spezielle analytische probleme auf dem schmutzwassersektor. beginn mit der untersuchung der nitrifizierungs- und denitrifizierungsvorgaenge in oberflaechenwaessern am beispiel des hauptentwaesserungskanals. untersuchung synthetischer waschmittel und anderer reagentien auf ihre wirksamkeit bei der reinigung kontaminierter schutzkleidung, entwicklung von waschverfahren mit besseren dekontaminationsfaktoren und geringeren abwassermengen. untersuchung gaengiger trennverfahren, wie saegen, autogenes schneiden oder plasmaschneiden, auf ihre anwendbarkeit zur rationellen zerkleinerung sperriger kontaminierter bzw. aktivierter bauteile. anpassung der konventionellen technik an schwierige materialkombinationen, z. b. aluminium, beton oder stahl/aaraldit, und die strahlenschutztechnischen randbedingungen (fernbedienung, abgasreinigung)
S.WORT radioaktive abfaelle + abfallbeseitigung + verfahrensentwicklung
PROLEI DR. W. ZIMMERMANN
STAND 30.8.1976
QUELLE fragebogenerhebung sommer 1976
BEGINN 1.1.1975
LITAN - MALLEK, H.: MUELLVERBRENNUNG, NEUE KONSTRUKTION MIT SAUBEREM RAUCHGAS. IN: UMWELT 3(1975)
- MALLEK, H.: VERBRENNUNGSANLAGE FUER MEDIZINABFAELLE. IN: WASSER, LUFT UND BETRIEB 19(1975)
- ENDBERICHT

ND -044

INST KERNFORSCHUNGSANLAGE JUELICH GMBH JUELICH, POSTFACH 365

VORHAB **behandlung von radioaktiven abgasen und spaltproduktloesungen**
behandlung und verarbeitung der bei der wiederaufarbeitung von htr-brennelementen anfallenden gasfoermigen und fluessigen abfaelle. abtrennung von krypton-85, tritium und aerosolen. entwicklung zweckmaessiger verfestigungsverfahren und endlagerformen fuer spaltproduktloesungen. studien zum waste-management und zur sicherheit des aeusseren brennstoffkreislaufs. ferner werden in studien die risiken der abfallbehandlung und der wiederaufarbeitung von htr-be untersucht und geeignete schritte zur verminderung der risiken vorgeschlagen
S.WORT radioaktive abfaelle + abfallbeseitigung + endlagerung + recycling
PROLEI DR. M. LASER
STAND 30.8.1976
QUELLE fragebogenerhebung sommer 1976
ZUSAM - GESELLSCHAFT FUER KERNFORSCHUNG MBH KARLSRUHE
- HAHN-MEITNER-INSTITUT BERLIN
- NUKEM GMBH
BEGINN 1.1.1969
LITAN - LASER,M.;BRUECHER,H.;MERZ,E.;WOLF,J.: GEPLANTE UND AUSSERPLANMAESSIGE ABGABEN RADIOAKTIVER SPALTPRODUKTE BEI DER WIEDERAUFARBEITUNG, SPALTPRODUKTBEHANDLUNG UND LAGERUNG. IN:STRAHLENSCHUTZ UND UMWELTSCHUTZ, JAHRESTAGUNG 1974, S.287-301(1975)
- RIEDEL,H.-J.;LASER,M.;MERZ,E.;SCHNEZ,H.: CRITERIA FOR HTR/FUEL-REPROCESSING PLANT SITE EVALUATION. IN:IAEA-PROC. "SITING OF NUCLEAR FACILITIES", STI/PUB/384, WIEN/OESTERREICH S.373-383(1975)
- SCHNEZ,H.: BEHANDLUNG UND ABTRENNUNG DER RADIOAKTIVEN SPALTPRODUKTE TRITIUM, EDELGASE UND JOD IN KERNBRENNSTOFFWIEDERAUFARBEITUNGSANLAGE-N. IN:KFA-BERICHT JUEL-1223 124 S.(1975)

ND -045
INST KRAFTWERK UNION AG
ERLANGEN, POSTFACH 3220
VORHAB **auslegungsarbeiten im rahmen der rueckfuehrung von plutonium in thermische reaktoren**
S.WORT kernreaktor + brennelement + aufbereitung + plutonium
QUELLE datenuebernahme aus der datenbank zur koordinierung der ressortforschung (dakor)
FINGEB BUNDESMINISTER FUER FORSCHUNG UND TECHNOLOGIE
BEGINN 1.5.1974 ENDE 31.12.1975
G.KOST 4.960.000 DM

ND -046
INST NUKEM GMBH
HANAU 11, INDUSTRIEGEBIET WOLFGANG
VORHAB **anfall, verwendung, lagerung und endbeseitigung von angereichertem uran**
ausgehend vom heutigen stand soll die zukuenftige entwicklung des anfalles an angereichertem uran bestimmt werden. hierfuer sind schwerpunktmaessig moegliche zwischen- und endlagerungsmoeglichkeiten in technischer und wirtschaftlicher hinsicht zu pruefen. darueber hinaus soll die weiterverwendbarkeit untersucht und ueber eine wertanalyse eine strategie fuer die behandlung und endbeseitigung von angereichertem uran entwickelt werden
S.WORT radioaktive abfaelle + uran + abfallmenge + endlagerung
PROLEI DIPL. -PHYS. LUDWIG AUMUELLER
STAND 12.8.1976
QUELLE fragebogenerhebung sommer 1976
FINGEB BUNDESMINISTER FUER FORSCHUNG UND TECHNOLOGIE
BEGINN 1.10.1975 ENDE 31.8.1976
G.KOST 285.000 DM
LITAN ZWISCHENBERICHT

ND -047
INST STAATLICHES MATERIALPRUEFUNGSAMT NORDRHEIN-WESTFALEN
DORTMUND 41, MARSBRUCHSTR. 186
VORHAB **messung der dekontaminationsfaktoren von eindampfanlagen fuer radioaktive abwaesser an kernkraftwerken**
durchfuehrung von testversuchen an abwassereindampfanlagen in kommerziellen kernkraftwerken. messung von dekontaminationsfaktoren fuer einzelnuklide. bestimmung der wirksamkeit von tropfenabscheidern und fraktionierkolonnen
S.WORT radioaktive abwaesser + abwasserbehandlung + dekontaminierung
PROLEI DR. WOLFGANG HERZOG
STAND 9.8.1976
QUELLE fragebogenerhebung sommer 1976
FINGEB MINISTER FUER WIRTSCHAFT, MITTELSTAND UND VERKEHR, DUESSELDORF
BEGINN 1.11.1974 ENDE 31.12.1977
G.KOST 377.000 DM
LITAN ZWISCHENBERICHT

ND -048
INST VEREINIGTE KESSELWERKE AG
DUESSELDORF, WERDENER STRASSE 3
VORHAB **dekontaminierung von abwaessern in kernkraftwerken**
verdampfen der radioaktiv verseuchten abwaesser mittels verdampfer, waeschen und kondensatoren mit eigener waermeversorgung
S.WORT kernkraftwerk + abwasser + dekontaminierung
PROLEI HELL
STAND 1.1.1974
QUELLE erhebung 1975
ZUSAM KERNFORSCHUNGSANLAGE JUELICH GMBH, 5170 JUELICH, POSTFACH 365
BEGINN 1.6.1973 ENDE 31.3.1975
G.KOST 300.000 DM

Weitere Vorhaben siehe auch:

SA -008 STUDIE: ZUKUENFTIGE TRANSPORTKAPAZITAET VON RADIOAKTIVEM MATERIAL UND MOEGLICHE KONSEQUENZEN

TD -012 DOKUMENTATION KERNBRENNSTOFFTRANSPORT UND OEFFENTLICHKEITSARBEIT

OA -001
INST ABTEILUNG METALLE UND METALLKONSTRUKTION DER BUNDESANSTALT FUER MATERIALPRUEFUNG BERLIN 45, UNTER DEN EICHEN 87
VORHAB **identifizierung fester schadstoffe vornehmlich durch elektronenoptische und roentgenbeugungs-verfahren**
untersuchung der struktur, form, groesse und verteilung sowie der chemischen zusammensetzung von partikeln
S.WORT schadstoffnachweis + messmethode
PROLEI PROF. DR. HAEDECKE
STAND 22.9.1975

OA -002
INST ABTEILUNG STOFFARTUNABHAENGIGE VERFAHREN DER BUNDESANSTALT FUER MATERIALPRUEFUNG BERLIN 45, UNTER DEN EICHEN 87
VORHAB **multielementbestimmungen in umweltproben durch photonenaktivierungsanalyse**
entwicklung der instrumentellen zerstoerungsfreien photonenaktivierungsanalyse unter einsatz von ge (li)-detektoren und edv zu einem routineverfahren zur schnellen quantitativen multielementbestimmung in umweltproben
S.WORT schadstoffnachweis + simultananalyse + spektralanalyse
PROLEI PROF. DR. RUDOLF NEIDER
STAND 10.9.1976
QUELLE fragebogenerhebung sommer 1976
FINGEB BUNDESMINISTER FUER FORSCHUNG UND TECHNOLOGIE
BEGINN 1.1.1975 ENDE 31.12.1977
G.KOST 250.000 DM

OA -003
INST ALLGEMEINE ELEKTRIZITAETS-GESELLSCHAFT AEG-TELEFUNKEN, HAMBURG HAMBURG 11, STEINHOEFT 9
VORHAB **empfindlicher nachweis von stickoxiden mit optischen methoden**
entwicklung eines messverfahrens im ppb-bereich von gasfoermigen stickstoffmonoxid und stickstoffdioxid mit hilfe der infrarotresonanz-absorption in verbindung mit einem kohlenmonoxid-kompaktlaser und effektmodulationstechnik; endziel ist die entwicklung eines messgeraetes, das eine stoerungsfreie messung von stickstoffmonoxid und stickstoffdioxid in emission und immission ermoeglicht
S.WORT stickoxide + infrarottechnik + nachweisverfahren
PROLEI DIPL. -PHYS. HORST WINTERHOFF
STAND 1.1.1974
FINGEB BUNDESMINISTER FUER FORSCHUNG UND TECHNOLOGIE
BEGINN 1.7.1973 ENDE 31.12.1975
G.KOST 1.841.000 DM

OA -004
INST ALLGEMEINE ELEKTRIZITAETS-GESELLSCHAFT AEG-TELEFUNKEN, HAMBURG HAMBURG 11, STEINHOEFT 9
VORHAB **elektrochemisches messgeraet zum nachweis von kohlenmonoxyd, schwefelwasserstoff, wasserstoff und schwefeldioxyd in verschiedenen gasen**
mit einer elektrochemischen zelle sollen schwefeldioxyd, stickstoffmonoxyd, stickkstoffdioxyd, ungesaettigte kohlenwasserstoffe in luft oder anderen gasen nebeneinander nachgewiesen werden. die zelle besteht aus einer nichtpolarisierbaren luftelektrode als gegen- und bezugselektrode und aus messelektroden, die wolframcarbid, molybdaendisulfid oder andere katalysatorsubstanzen enthalten. die bei der elektrochemischen umsetzung der genannten gase auftretenden stroeme, die der konzentration der einzelnen gasbestandteile proportional sind, werden als anzeigegroesse herangezogen
S.WORT luftverunreinigung + schadstoffnachweis + messtechnik
PROLEI DR. HARALD BOEHM
STAND 1.1.1974
FINGEB BUNDESMINISTER FUER FORSCHUNG UND TECHNOLOGIE
BEGINN 1.10.1972 ENDE 30.9.1976
G.KOST 1.648.000 DM
LITAN BOEHM, H.;HARTMANN, V.;HEFFLER, J.: ELECTROCHEMICAL DETECTION AND MEASUREMENT OF AIR POLLUTENT COMPOUNDS. MEETING OF ISE, ZUERICH (1976)

OA -005
INST BUNDESFORSCHUNGSANSTALT FUER GETREIDE UND KARTOFFELVERARBEITUNG DETMOLD 1, SCHUETZENBERG 12
VORHAB **automatisierung von untersuchungsverfahren ueber vorkommen und wirkung von umweltchemikalien und bioziden**
S.WORT umweltchemikalien + biozide + messtechnik
STAND 1.10.1974
FINGEB BUNDESMINISTER FUER FORSCHUNG UND TECHNOLOGIE
BEGINN 1.1.1973 ENDE 31.12.1976

OA -006
INST DEUTSCHES HYDROGRAPHISCHES INSTITUT HAMBURG, BERNHARD-NOCHT-STR. 78
VORHAB **entwicklung neuer probenahme- und analysenmethoden zur ueberwachung der chemischen beschaffenheit des meerwassers**
entwicklung neuartiger techniken und rationeller arbeitsweisen zur bestimmung - anorganischer spurenstoffe (vor allem schwermetalle) - chlorierter kohlenwasserstoffe - phatalate (weichmacher der kunststoffindustrie) - erdoel: unter besonderer beruecksichtigung spezieller verschmutzungstypen (oelfilme, teere, geloeste kwst.)
S.WORT gewaesserueberwachung + meer + schadstoffnachweis + analytik + probenahmemethode NORDSEE + OSTSEE
PROLEI DR. SCHMIDT
STAND 13.8.1976
QUELLE fragebogenerhebung sommer 1976
ZUSAM INST. F. MEERESKUNDE DER UNI KIEL, DUESTERNBROOKER WEG, 2300 KIEL
LITAN ZWISCHENBERICHT

OA -007
INST DEUTSCHES HYDROGRAPHISCHES INSTITUT HAMBURG, BERNHARD-NOCHT-STR. 78
VORHAB **entwicklung von analysenverfahren und ueberwachungsmethoden fuer kohlenwasserstoffe im meerwasser**
entwicklung von probennahmen und extraktionsverfahren an bord. adaption verschiedener analysenmethoden
S.WORT gewaesserueberwachung + meer + schadstoffnachweis + kohlenwasserstoffe NORDSEE + OSTSEE
PROLEI DR. STADLER
STAND 13.8.1976
QUELLE fragebogenerhebung sommer 1976
FINGEB BUNDESMINISTER FUER FORSCHUNG UND TECHNOLOGIE
ZUSAM INST. F. MEERESKUNDE DER UNI KIEL, DUESTERNBROOKER WEG, 2300 KIEL
BEGINN 1.1.1975 ENDE 31.12.1979
G.KOST 345.000 DM

OA -008
INST DEUTSCHES HYDROGRAPHISCHES INSTITUT HAMBURG, BERNHARD-NOCHT-STR. 78
VORHAB **entwicklung von analysenverfahren und ueberwachungsmethoden mit der neutronenaktivierungsanalyse auf schaedliche spurenelemente im meerwasser**
ueberpruefen analytischer verfahrensablaeufe, stoerungsanfaelligkeiten, nachweisgrenzen im vergleich zu bisher entwickelten und praktizierten methoden (atomabsorptionsspektrum, invers-voltametrie)

S.WORT gewaesserueberwachung + meer
+ schadstoffnachweis + spurenelemente
NORDSEE + OSTSEE
PROLEI DR. SCHMIDT
STAND 13.8.1976
QUELLE fragebogenerhebung sommer 1976
FINGEB BUNDESMINISTER FUER FORSCHUNG UND TECHNOLOGIE
ZUSAM GESELLSCHAFT FUER KERNENERGIEVERWERTUNG IN SCHIFFAHRT UND SCHIFFBAU, 2014 GEESTHACHT-TESPERHUDE
BEGINN 1.1.1975 ENDE 31.12.1979
G.KOST 374.000 DM

OA -009

INST ERNST LEITZ WETZLAR GMBH
WETZLAR, ERNST-LEITZ-STR.
VORHAB **optische analysengeraete fuer medizin, umweltschutz und chemie**
es werden prozessrechnergesteuerter fotometer zur analyse von umweltverunreinigungen entwickelt sowie verschiedene ausbauformen eines tyndallometrischen messgeraetes zur erfassung von feinstaub (tm digital)
S.WORT messtechnik + analysengeraet
+ umweltverschmutzung + feinstaeube
PROLEI DR. KARL-HEINZ FEILING
STAND 1.10.1974
FINGEB BUNDESMINISTER FUER FORSCHUNG UND TECHNOLOGIE
ZUSAM STEINKOHLENBERGBAUVEREIN, HAUPTSTELLE FUER STAUB- UND SILIKOSEBEKAEMPFUNG, 4300 ESSEN-KRAY
BEGINN 31.7.1972 ENDE 31.12.1976
G.KOST 1.800.000 DM
LITAN - BREUER, H.;ROBOCK, K.: DAS TYNDALLAMETER TM DIGITAL ZUR UNMITTELBAREN BESTIMMUNG DER FEINSTAUBKONZENTRATION IN ERGAENZUNG ZU LANGZEITWERTEN GRAVIMETRISCHER STAUBMESSGERAETE. IN: SILIKOSEBERICHT NORDRHEIN-WESTFALEN 10 S. 77FF(1975)
- THAER, A.: INSTRUMENTE FUER STAUBMESSUNG UND STAUBANALYSE. IN: LEITZ-MITTEILUNGEN. WISS. U. TECH. BD. VI 8 S. 312FF(1976)

OA -010

INST FACHBEREICH CHEMIE DER FH NIEDERRHEIN
KREFELD, REINARZSTR. 49
VORHAB **darstellung und pruefung von stationaeren phasen, traegern und mobilen phasen fuer den einsatz in der duennschicht-, gas- und hochdruck-fluessigkeitschromatographie als speziellen methoden der umweltanalytik**
es soll untersucht werden, ob die spezielle zusammensetzung und insbesondere die reinheit von traegern, stationaeren und fluessigen phasen der chromatographischen trennverfahren einen einfluss auf die genauigkeit und reproduzierbarkeit von analysenergebnissen in der umweltanalytik haben. insbesonder soll festgestellt werden, inwieweit die reinheit von test- und standardsubstanzen von einfluss auf die genauigkeit quantitativer analysenergebnisse ist
S.WORT schadstoffe + nachweisverfahren
PROLEI PROF. DR. FRANZ SCHLEGELMILCH
STAND 21.7.1976
QUELLE fragebogenerhebung sommer 1976
ZUSAM - TEXTILFORSCHUNGSANSTALT, FRANKENRING 2, 4150 KREFELD
- WGA, SENTAWEG 16, 4000 DUESSELDORF
G.KOST 100.000 DM

OA -011

INST FACHBEREICH PHYSIK DER UNI MARBURG
MARBURG, RENTHOF 5
VORHAB **spurenelementanalytik in biologischen geweben mittels ioneninduzierter roentgenfluoreszenz**
es handelt sich um eine zerstoerungsfreie analysenmethode mit gleichzeitiger erfassung von spurenelementen mit ordnungszahlen oberhalb von z = 13 (multielementanalyse), von hoher nachweisempfindlichkeit und geringem bedarf (weniger als 50 mg) an probenmaterial. die intere nachweisgrenze dieser methode liegt bei massengehalten von etwa 10-7 (d. h. 0, 1 ppm) bezogen auf trockenes probenmaterial oder bei absolutmengen von 10-12 g/10 mg substanzmenge. sie ist daher zur bestimmung der wichtigsten spurenelemente in biologischen geweben sehr gut geeignet.
S.WORT spurenanalytik + nachweisverfahren
PROLEI PROF. DR. FRIEDRICH-WILHELM RICHTER
STAND 21.7.1976
QUELLE fragebogenerhebung sommer 1976
FINGEB DEUTSCHE FORSCHUNGSGEMEINSCHAFT
ZUSAM FB HUMANMEDIZIN PROF. DR. CHR. BODE, ROBERT-KOCH-STRASSE 3550 MARBURG
LITAN - RICHTER, F. , TAGUNG DER GESELLSCHAFT FUER MEDIZINISCHE PHYSIK, HEIDELBERG, MAI 1976: SPURENELEMENTBESTIMMUNGEN MITTELS IONENINDUZIERTER ROENTGENFLUORESZENZANALYSE
- RICHTER, F. , TAGUNG DER GESELLSCHAFT FUER MEDIZINISCHE PHYSIK, HEIDELBERG, MAI 1976: UNTERSUCHUNG DES SPURENELEMENTHAUSHALTS VON RATTENLEBERN BEI SPURENELEMENTMANGEL- UND SPURENELEMENTUEBERSCHUSS-ERNAEHRUNG

OA -012

INST FACHBEREICH PHYSIK UND ELEKTROTECHNIK DER UNI BREMEN
BREMEN 33, ACHTERSTR.
VORHAB **schadstoffnachweis durch roentgenfluoreszenz**
entwicklung von optimalen methoden zum spurennachweis durch roentgenfluoreszenz nach anregung durch roentgenstrahlen und protonen. die ergebnisse sollen vor allem zu fragen des arbeitsschutzes bei der untersuchung von schweissdaempfen eingesetzt werden
S.WORT schadstoffnachweis + spurenanalytik + arbeitsschutz
PROLEI PROF. DR. J. SCHEER
STAND 12.8.1976
QUELLE fragebogenerhebung sommer 1976
G.KOST 200.000 DM

OA -013

INST FACHGEBIET KERNCHEMIE DER UNI MARBURG
MARBURG, LAHNBERGE
VORHAB **radiochemische grundlagen der isotopentechnik unter beruecksichtigung der umweltanalytik**
grundlagenforschung auf dem gebiet der analytischen chemie unter moeglichster verwendung radioaktiver isotope und im hinblick auf die anwendung in der umweltanalytik
S.WORT umweltchemikalien + isotopen + tracer + analytik
+ (grundlagenforschung)
PROLEI DR. KURT STARKE
STAND 13.8.1976
QUELLE fragebogenerhebung sommer 1976
FINGEB BUNDESMINISTER FUER FORSCHUNG UND TECHNOLOGIE
BEGINN 1.1.1976 ENDE 31.12.1978
G.KOST 534.000 DM
LITAN - VULLI, M.;JANGHORBANI, M.;STARKE, K.: INTRA-ELEMENTAL PHOTOELECTRON LINE INTENSITIES AND THEIR SIGNIFICANCE TO QUANTITATIVE ANALYSIS. IN: ANAL. CHIM. ACTA 82 S. 121(1976)
- WUNDT, K.;JANGHORBANI, M.;STARKE, K.: SENSITIVITIES AND DETECTION LIMITS OF X-RAY FLUORESCENCE ANALYSIS WITH A 10 M CI 241AM SOURCE. IN: 2. ANAL. CHEM. (1976)(IM DRUCK)

OA -014

INST FORSCHUNGSSTELLE FUER GEOCHEMIE DER TU MUENCHEN
MUENCHEN, ARCISSTR. 21
VORHAB **geochemie umweltrelevanter spurenstoffe**
das ziel der untersuchungen liegt in der verbesserung der routinemaessigen quantitativen methodik von spurenelementen in den waessrigen und festen phasen. diese untersuchungen bilden eine notwendige ergaenzung zu den untersuchungen auf petrologischen und sedimentgeologischem gebiet. es wird untersucht: langzeitlicher verlauf der schwermetallbelastung, transportmechanismen von spurensubstanzen,

beziehungen zu verschmutzten gewaessern und dem grundwasser
S.WORT spurenstoffe + geochemie + schwermetalle + (untersuchungsmethoden)
ISAR
PROLEI PROF. DR. PAULA HAHN-WEINHEIMER
STAND 21.7.1976
QUELLE fragebogenerhebung sommer 1976
FINGEB DEUTSCHE FORSCHUNGSGEMEINSCHAFT
ZUSAM ABTEILUNG FUER SEDIMENT-OEKOLOGIE AN DER TU MUENCHEN
BEGINN 1.5.1974 ENDE 31.12.1976
G.KOST 70.000 DM

OA -015
INST FRIED. KRUPP GMBH
ESSEN, MUENCHENER STRASSE 100
VORHAB **einsatz der membrantechnik als aufkonzentrierungs- und reinigungsverfahren (nahrungsmittel- und pharmazeutikindustrie, faerberei- und lackierprozesse)**
ziel dieses entwicklungsvorhabens ist es, die membrantrenntechnik als verfahrensschritt in die produktionsablaeufe bei der herstellung von chemischen und pharmazeutischen produkten zu integrieren. es werden in laborversuchen die verschiedenen anwendungsprobleme getestet. die herstellungsprozesse werden auf den optimalen einsatzpunkt der membrantrenntechnik untersucht
S.WORT reinigung + faerberei + (membrantechnik)
PROLEI HEINZ EFFELSBERG
STAND 30.8.1976
QUELLE fragebogenerhebung sommer 1976
BEGINN 1.1.1976 ENDE 31.12.1977
G.KOST 200.000 DM

OA -016
INST GESELLSCHAFT DEUTSCHER CHEMIKER
FRANKFURT 90, VARRENTRAPPSTR. 40-42
VORHAB **arbeiten des ausschusses "einheitsverfahren"**
experimentelle untersuchungen zum teil mit ringanalysen mit den schwerpunkten "bestimmung von chlorcyan, barium, cobalt und beryllium" und "ausarbeitung von analysenvorschriften"
S.WORT umweltchemikalien + beryllium + nachweisverfahren + richtlinien + (einheitsverfahren)
PROLEI DR. HANS MERTENS
STAND 30.8.1976
QUELLE fragebogenerhebung sommer 1976
FINGEB KURATORIUM FUER WASSER- UND KULTURBAUWESEN (KWK), BONN
BEGINN 1.1.1974 ENDE 30.11.1977
LITAN ZWISCHENBERICHT

OA -017
INST GESELLSCHAFT FUER KERNENERGIEVERWERTUNG IN SCHIFFBAU UND SCHIFFAHRT
GEESTHACHT, REAKTORSTR. 1
VORHAB **messung von umweltchemikalien und bioziden mittels neutronenaktivierungsanalyse zur spurenelementbestimmung**
entwicklung einer automatischen messtation zur spurenanalyse
S.WORT umweltchemikalien + biozide + spurenanalytik
PROLEI GREIM
STAND 1.10.1974
FINGEB BUNDESMINISTER FUER BILDUNG UND WISSENSCHAFT
BEGINN 1.1.1972 ENDE 31.12.1975
G.KOST 740.000 DM

OA -018
INST GESELLSCHAFT FUER KERNENERGIEVERWERTUNG IN SCHIFFBAU UND SCHIFFAHRT
GEESTHACHT, REAKTORSTR. 1
VORHAB **laser-ramanspektroskopie von umweltschadstoffen**
durch aufnahme der lasertechnik bezueglich spurenanalyse von schadstoffen wie schwefeldioxid usw. soll versucht werden, die erfassungsgrenze weiter herabzusetzen
S.WORT luftverunreinigende stoffe + spurenanalytik + (laser-raman-spektroskopie)
PROLEI DR. MICHAELIS
STAND 1.1.1974
FINGEB BUNDESMINISTER FUER FORSCHUNG UND TECHNOLOGIE
BEGINN 1.4.1974 ENDE 31.12.1978
G.KOST 300.000 DM
LITAN ZWISCHENBERICHT 1974. 12

OA -019
INST INSTITUT FUER ANORGANISCHE UND ANGEWANDTE CHEMIE DER UNI HAMBURG
HAMBURG 13, MARTIN-LUTHER-KING-PLATZ 6
VORHAB **bestimmung von elementspuren in maritimen, geologischen und biologischen materialien durch neutronenaktivierungsanalyse**
bei der spurenanalytik maritimer proben treten stoerende matrixprobleme auf. die untersuchungen erstrecken sich daher auf: entwicklung von verfahren zur abtrennung der matrixelemente; entwicklung von multielementbestimmungsverfahren; entwicklung von auswerteprogrammen fuer die gamma-spektroskopie; automatisierung der analysenauswertung
S.WORT spurenanalytik + verfahrensentwicklung + (neutronenaktivierungsanalyse)
PROLEI DR. ARNDT KNOECHEL
STAND 30.8.1976
QUELLE fragebogenerhebung sommer 1976
FINGEB BUNDESMINISTER FUER FORSCHUNG UND TECHNOLOGIE

OA -020
INST INSTITUT FUER HYGIENE DER BUNDESANSTALT FUER MILCHFORSCHUNG
KIEL, HERMANN-WEIGMANN-STR. 1-27
VORHAB **identifizierung (gc, ms) von antibiotika in biologischen substraten**
S.WORT antibiotika + nachweisverfahren
STAND 1.1.1976
QUELLE mitteilung des bundesministers fuer ernaehrung,landwirtschaft und forsten
FINGEB BUNDESMINISTER FUER FORSCHUNG UND TECHNOLOGIE
BEGINN 1.1.1974

OA -021
INST INSTITUT FUER KERNPHYSIK DER UNI FRANKFURT
FRANKFURT, AUGUST-EULER-STRASSE 6
VORHAB **untersuchung von aerosolen mit der neutronenaktivierungsanalyse**
es werden die aerosole der luft im raum frankfurt auf feinfiltern abgeschieden; die bestaubten filter werden im reaktor mit neutronen bestrahlt; die spektren der hierbei entstehenden radionuklide werden mit einem hochaufloesenden spektrometer zu verschiedenen zeiten vermessen; aus den energien der linien werden die nuklide und damit die in den aerosolen vorhandenen elemente bestimmt; aus den gemessenen intensitaeten ergibt sich der quantitative gehalt; zum vergleich werden luftproben aus den alpen bzw. aus dem maritimen raum untersucht; die methode hat eine hohe nachweisempfindlichkeit
S.WORT aerosolmesstechnik + (neutronenaktivierungsanlage)
PROLEI DR. WOLF
STAND 1.10.1974
FINGEB DEUTSCHE FORSCHUNGSGEMEINSCHAFT
ZUSAM - INST. F. METEOROLOGIE UND GEOPHYSIK DER UNI FRANKFURT, 6 FRANKFURT, FELDBERGSTR. 47
- INST. F. METEOROLOGIE UND GEOPHYSIK
BEGINN 1.5.1973 ENDE 31.5.1976
G.KOST 150.000 DM

OA -022

INST INSTITUT FUER MESS- UND REGELUNGSTECHNIK DER TU BERLIN
BERLIN 15, KURFUERSTENDAMM 195

VORHAB **automatische messeinrichtung zur korngroessenanalyse mittels druckmessung an einer suspension im schwerefeld**
auf der grundlage der sedementation in fluessigkeiten und der bestimmung des konzentrationsverlaufs durch druckmessung wird ein automatisches, kompaktes korngroessenmessgeraet fuer den durchmesserbereich von 1 bis 100 um entwickelt, das zum anschluss an prozessrechner geeignet ist

S.WORT korngroesse + messtechnik
PROLEI PROF. DR. -ING. HABIL. THEODOR GAST
STAND 9.8.1976
QUELLE fragebogenerhebung sommer 1976
BEGINN 1.4.1976 ENDE 30.4.1978
G.KOST 150.000 DM

OA -023

INST INSTITUT FUER ORGANISCHE CHEMIE DER UNI TUEBINGEN
TUEBINGEN 1, AUF DER MORGENSTELLE

VORHAB **gaschromatographische analyse von luftverunreinigungen**
entwicklung von analytischen methoden, die zur analyse von luftverunreinigungen angewandt werden koennen; anreicherung von spurenstoffen; gaschromatographie

S.WORT luftverunreinigung + gaschromatographie
PROLEI PROF. DR. ERNST BAYER
STAND 1.1.1974
BEGINN 1.1.1970
LITAN VEROEFFENTLICHUNGEN IN DER FACHLITERATUR

OA -024

INST INSTITUT FUER PETROGRAPHIE UND GEOCHEMIE DER UNI KARLSRUHE
KARLSRUHE, KAISERSTR. 12

VORHAB **verteilungsmuster umweltrelevanter spurenstoffe in gesteinssequenzen, bodenprofilen und in kleinlandschaften suedwestdeutschlands**

S.WORT geochemie + umweltchemikalien + spurenanalytik SUEDWESTDEUTSCHLAND
PROLEI PROF. DR. HARALD PUCHELT
STAND 7.9.1976
QUELLE datenuebernahme von der deutschen forschungsgemeinschaft
FINGEB DEUTSCHE FORSCHUNGSGEMEINSCHAFT

OA -025

INST INSTITUT FUER PFLANZENERNAEHRUNG / FB 19 DER UNI GIESSEN
GIESSEN, BRAUGASSE 7

VORHAB **spektrochemische vielelementanalyse**
simultane bestimmung von 40 umweltrelevanten elementen in einem arbeitsgang

S.WORT schadstoffnachweis + spektralanalyse + simultananalyse
PROLEI DR. HEILENZ
STAND 1.1.1974
FINGEB DEUTSCHE FORSCHUNGSGEMEINSCHAFT
BEGINN 1.1.1972 ENDE 31.12.1980
LITAN RUTHNER, E.: DISS.;GIESSEN

OA -026

INST INSTITUT FUER PHYSIKALISCHE BIOCHEMIE UND KOLLOIDCHEMIE DER UNI FRANKFURT
FRANKFURT -NIEDERRAD, SANDHOFSTR. 2-4

VORHAB **chemilumineszenz von gasfoermigen schadstoffen**
messverfahren zur bestimmung von atmosphaerischen schadstoffen mit hilfe von chemilumineszenzreaktionen; dadurch soll hoehere empfindlichkeit erreicht werden; nebenergebnis: patentanmeldung eines messverfahrens fuer schwefeldioxid

S.WORT luft + schadstoffnachweis
PROLEI PROF. DR. STAUFF
STAND 1.1.1974
BEGINN 1.7.1973 ENDE 30.9.1974
G.KOST 2.000 DM
LITAN ZWISCHENBERICHT 1975. 01

OA -027

INST INSTITUT FUER STRAHLENBOTANIK DER GESELLSCHAFT FUER STRAHLEN- UND UMWELTFORSCHUNG MBH
HANNOVER -HERRENHAUSEN, HERRENHAEUSERSTR. 2

VORHAB **strahlenanalyse, radiometrische messverfahren**
untersuchungen ueber diffusions- und kondensationsvorgaenge in den oberen bodenschichten einschliesslich des wasserdampfaustausches zwischen atmosphaere und boden. messung der biomasse an einzelpflanzen und ganzen pflanzenbestaenden in verschiedenen wachstumsstadien. nachweis von elementen niederer ordnungszahl durch roentgenfluoreszenzspektroskopie in biologischem material. einsatz aktivierbarer tracer anstelle von raionukliden zur markierung von insekten und luftkolloiden

S.WORT strahlenbiologie + messverfahren + tracer
PROLEI PROF. DR. E. -G. NIEMANN
STAND 30.8.1976
QUELLE fragebogenerhebung sommer 1976
BEGINN 1.1.1972 ENDE 31.12.1978
LITAN KUEHN, W.;ALPS, W.;SCHULTZ, H.;VOELZ, E.: APPLICATION OF THE INDICATOR ACTIVATION METHOD TO LABEL AEROSOLS. IN: ATOMKERNENERGIE (ATKE) 25(72)(1975)

OA -028

INST INSTITUT FUER WASSER-, BODEN- UND LUFTHYGIENE DES BUNDESGESUNDHEITSAMTES
BERLIN 33, CORRENSPLATZ 1

VORHAB **die aktivierungsanalyse in der umweltforschung**
anwendung der neutronen-aktiverungsanalyse auf spezielle probleme der umweltforschung

S.WORT schadstoffnachweis + tracer
PROLEI PROF. DR. KARL AURAND
STAND 1.1.1974
FINGEB BUNDESGESUNDHEITSAMT, BERLIN
BEGINN 1.1.1972

OA -029

INST INSTITUT UND POLIKLINIK FUER ARBEITS- UND SOZIALMEDIZIN DER UNI KOELN
KOELN 41, JOSEPH-STELZMANN-STR. 9

VORHAB **kovalente bindung von 14c-vinylchlorid an zellulaere makromolekuele als grundlage der toxizitaet von vinylchlorid**

S.WORT umweltchemikalien + vinylchlorid + toxizitaet
PROLEI PROF. DR. WILHELM BOLT
STAND 7.9.1976
QUELLE datenuebernahme von der deutschen forschungsgemeinschaft
FINGEB DEUTSCHE FORSCHUNGSGEMEINSCHAFT

OA -030

INST LANDESANSTALT FUER IMMISSIONS- UND BODENNUTZUNGSSCHUTZ DES LANDES NORDRHEIN-WESTFALEN
ESSEN, WALLNEYERSTR. 6

VORHAB **ermittlung von analysen-verfahren zur bestimmung von immissionsbedingten schadstoffen in der pflanze**

S.WORT pflanzen + immissionsbelastung + schadstoffnachweis
PROLEI DR. PRINZ
STAND 1.1.1974
FINGEB LAND NORDRHEIN-WESTFALEN
BEGINN 1.1.1968

OA -031

INST LANDESANSTALT FUER PFLANZENSCHUTZ
STUTTGART 1, REINSBURGSTR. 107

VORHAB **untersuchungen von fehlermoeglichkeiten bei rueckstandsanalysen, bedingt durch die probenahme**
es hat sich gezeigt, dass rueckstandsanalysen, ausgefuehrt von verschiedenen laboratorien, stark divergieren koennen. der gesamtfehler einer analyse setzt sich aus dem probenahme- und dem analysenfehler zusammen. ziel des forschungsvorhabens ist es, die ursachen und den einfluss des probenahmefehlers auf das gesamtergebnis von rueckstandsanalysen aufzuzeigen und allgemeine regeln fuer die probenahme bei biologischem material herauszuarbeiten
S.WORT rueckstandsanalytik + probenahmemethode + (fehlermoeglichkeiten)
PROLEI DR. MANFRED HAEFNER
STAND 23.7.1976
QUELLE fragebogenerhebung sommer 1976
FINGEB MINISTERIUM FUER ERNAEHRUNG, LANDWIRTSCHAFT UND UMWELT, STUTTGART
ZUSAM BIOLOGISCHE BUNDESANSTALT FUER LAND- UND FORSTWIRTSCHAFT, MESSEWEG 11-12, 3300 BRAUNSCHWEIG
BEGINN 1.6.1974
G.KOST 60.000 DM
LITAN HAEFNER, M.: FEHLERMOEGLICHKEITEN BEI RUECKSTANDSUNTERSUCHUNGEN VON GEMUESE UND OBST, BEDINGT DURCH DIE PROBENAHME. IN: ANZEIGER FUER SCHAEDLINGSKUNDE PFLANZENSCHUTZ, UMWELTSCHUTZ 49 S. 1-9 VERL. PAUL PAREY (1976)

OA -032

INST LANDWIRTSCHAFTLICHE UNTERSUCHUNGS- UND FORSCHUNGSANSTALT DER LANDWIRTSCHAFTSKAMMER WESTFALEN-LIPPE, - JOSEF-KOENIG-INSTITUT -
MUENSTER, V.ESMARCHSTRASSE 2
VORHAB **automatisierung von untersuchungsverfahren ueber vorkommen und wirkungen von umweltchemikalien und bioziden**
S.WORT umweltchemikalien + biozide + nachweisverfahren
PROLEI DR. GERD CROESSMANN
STAND 1.1.1974
FINGEB BUNDESMINISTER FUER FORSCHUNG UND TECHNOLOGIE
ZUSAM - KERNFORSCHUNGSANLAGE JUELICH
- BUNDESGESUNDHEITSAMT, 1 BERLIN 33, THIELALLEE 88-92
- ALLE INSTITUTE VDLUFA
BEGINN 1.10.1973 ENDE 31.10.1976
G.KOST 883.000 DM
LITAN - ZWISCHENBERICHT 1973
- ZWISCHENBERICHT 1974. 03

OA -033

INST LEHRSTUHL UND INSTITUT FUER LANDMASCHINEN DER TU BERLIN
BERLIN, ZOPPOTER STRASSE 35
VORHAB **automatisierung von untersuchungsverfahren ueber vorkommen und wirkungen von umweltchemikalien und bioziden**
S.WORT biozide + umweltchemikalien + nachweisverfahren + automatisierung
QUELLE datenuebernahme aus der datenbank zur koordinierung der ressortforschung (dakor)
FINGEB BUNDESMINISTER FUER FORSCHUNG UND TECHNOLOGIE
BEGINN 1.1.1973 ENDE 30.6.1975

OA -034

INST LEHRSTUHL UND INSTITUT FUER TECHNISCHE CHEMIE DER TU HANNOVER
HANNOVER, CALLINSTR. 46
VORHAB **isotopentechnische untersuchungen; entwicklung und anwendung neuer messtechniken fuer chemische industrie**
S.WORT chemische industrie + messtechnik + isotopen + tracer
QUELLE datenuebernahme aus der datenbank zur koordinierung der ressortforschung (dakor)
FINGEB BUNDESMINISTER FUER FORSCHUNG UND TECHNOLOGIE
BEGINN 1.1.1974 ENDE 31.12.1974

OA -035

INST MAX-PLANCK-INSTITUT FUER METALLFORSCHUNG
STUTTGART, SEESTR. 92
VORHAB **entwicklung von verfahren zur extremen spurenanalyse umweltrelevanter elemente in waessern, abwasserschlaemmen, biologischen matrices und in luft**
ausarbeitung von zuverlaessigen multielementbestimmungsverfahren fuer umweltrelevante spurenelemente in waessern und biolog. matrices fuer den ppb-bereich
S.WORT spurenanalytik + nachweisverfahren + (multielementbestimmung)
PROLEI PROF. DR. GUENTHER TOELG
STAND 22.7.1976
QUELLE fragebogenerhebung sommer 1976
FINGEB DEUTSCHE FORSCHUNGSGEMEINSCHAFT
ZUSAM SONDERFORSCHUNGSBEREICH SIEDLUNGSWASSERBAU DER UNI STUTTGART, 7000 STUTTGART
BEGINN 1.1.1971
G.KOST 900.000 DM
LITAN - TOELG, G.: ZUR FRAGE SYSTEMATISCHER FEHLER IN DER SPURENANALYSE DER ELEMENTE. IN: VOM WASSER 40 S. 181-206 (1973)
- TOELG, G.: SPURENANALYSE VON ELEMENTEN IN ORGANISCHEN MATERIALIEN. IN: METHODICUM CHIMICUM 1(2) S. 724-736(1973)

OA -036

INST PHYSIOLOGISCHES INSTITUT DER UNI MUENCHEN
MUENCHEN 2, PETTENKOFERSTR. 12
VORHAB **optische analysengeraete fuer medizin, umweltschutz und chemie**
S.WORT analysengeraet + messtechnik
STAND 1.10.1974
FINGEB BUNDESMINISTER FUER FORSCHUNG UND TECHNOLOGIE
BEGINN 1.1.1973 ENDE 31.12.1974

OA -037

INST SARTORIUS-MEMBRANFILTER GMBH
GOETTINGEN, POSTFACH 142
VORHAB **entwicklung eines atomabsorptions-teilchenspektrometers zur qualitativen und quantitativen anlayse von aerosolen im natuerlichen schwebezustand**
entwicklungsziel ist es, die atomabsorption zur teilchengroessenanalyse von aerosolen in luft getragenem zustand heranzuziehen. das verfahren erlaubt bei gleichzeitig sehr hoher nachweisempfindlichkeit eine qualitative analyse des aerosolsystemes. mit hilfe einer geeigneten koinzidenzschaltung ist vorgesehen, neben dem absorptionssignal auch das emissionssignal zur analyse heranzuziehen. dadurch soll erreicht werden, dass schwermetalle wie blei, plutonium, cadmium, uran usw. mit einer bisher nicht erreichten empfindlichkeit nachgewiesen werden koennen.
S.WORT aerosolmesstechnik + metalle + spurenanalytik
QUELLE datenuebernahme aus der datenbank zur koordinierung der ressortforschung (dakor)
FINGEB GESELLSCHAFT FUER WELTRAUMFORSCHUNG MBH (GFW) IN DER DFVLR, KOELN
BEGINN 1.4.1974 ENDE 30.9.1975
G.KOST 406.000 DM

OA -038

INST SIEMENS AG
MUENCHEN 2, WITTELSBACHERPL. 2

VORHAB **roentgenanalyse im spurenbereich**
messplatz mit halbleiter-detektoren fuer roentgenfluoreszenz-analyse; optimierung fuer den nachweis von spurenelementen; praeparationstechniken zur erzielung reproduzierbarer messergebnisse im spurenbereich unterhalb ppm-konzentrationen
S.WORT spurenelemente + analyseverfahren
PROLEI PROF. NEFF
STAND 1.1.1974
FINGEB BUNDESMINISTER FUER FORSCHUNG UND TECHNOLOGIE
BEGINN 1.9.1973 ENDE 31.12.1975
G.KOST 854.000 DM
LITAN ZWISCHENBERICHT 1974. 07

OA -039
INST ZENTRUM FUER OEKOLOGIE-HYGIENE / FB 23 DER UNI GIESSEN
GIESSEN, FRIEDRICHSTR. 16
VORHAB **pruefung der toxischen potenz von umweltstoffen mit zellkulturen als testsystem**
untersuchungen ueber art und ausmass der belastung des menschen und seiner umwelt durch immissionen von schadstoffen. feststellung der wirkung luftverunreinigender stoffe auf mensch, tier und pflanze unter spezieller beruecksichtigung der wirkung auf gewebekulturen, stoffwechselvorgaenge, atmungsorgane und kreislaufsystem. objektivierung der wirkung geruchsintensiver stoffe. entwicklung biologischer messverfahren. es sollen die wirkungen atmosphaerischer schwebstaeube aus verschiedenen ballungsgebieten auf die zellpermeabilitaet und die loh-aktivitaet bei alveolar- und peritonealmakrophagen von meerschweinchen, sowie die veraenderungen von zellteilungen unter einwirkung von schwermetallionen untersucht werden. ziel der versuche ist die entwicklung eines testsystems, mit dem toxische komponenten des atmosphaerischen schwebstaubes erfasst werden koennen
S.WORT umweltchemikalien + toxizitaet + bioindikator
STAND 1.1.1975
QUELLE umweltforschungsplan 1975 des bmi
FINGEB - BUNDESMINISTER DES INNERN
- EUROPAEISCHE GEMEINSCHAFTEN
BEGINN 1.1.1974 ENDE 31.12.1975
G.KOST 292.000 DM

Weitere Vorhaben siehe auch:

NB -002 OPTIMIERUNG GAMMASPEKTROSKOPISCHER MESSMETHODEN ZUR IDENTIFIZIERUNG EINZELNER RADIONUKLIDE BEI EXTREM NIEDRIGEN AKTIVITAETEN
NB -037 ANALYSE UND UEBERWACHUNG VON RADIONUKLIDEN UND TOXISCHEN ELEMENTSPUREN IN DER UMWELT
NB -038 ENTWICKLUNG VON VERFAHREN ZUR SPURENANALYSE VON RADIONUKLIDEN UND ELEMENTEN IN DER UMWELT

OB -001

INST ABTEILUNG FUER ANGEWANDTE LAGERSTAETTENLEHRE DER TH AACHEN
AACHEN, SUESTERFELDSTR. 22
VORHAB **geochemie umweltrelevanter spurenstoffe**
1) entwicklung bzw. weiterentwicklung von aufschluss- und extraktionsverfahren und analysenvorschriften zur routinemaessigen bestimmung der gesamtgehalte an cd, as, se und sb in gesteinen und boeden. 2) bestimmung der gesamtgehalte an cd, as, se und sb in den gesteinen und boeden des untersuchungsgebietes. fortsetzung der ermittlung der gesamtgehalte an pb, cu und zn. 3) ermittlung von parametern ueber das verhalten der untersuchten elemente in verschiedenen bodentypen auf unterschiedlichen ausgangsgesteinen. charakterisierung der diesbezueglichen verhaeltnisse im raum aachen-stolberg
S.WORT umweltchemikalien + geochemie + spurenanalytik + schwermetalle
AACHEN-STOLBERG
PROLEI PROF. DR. GUENTHER FRIEDRICH
STAND 9.8.1976
QUELLE fragebogenerhebung sommer 1976
FINGEB DEUTSCHE FORSCHUNGSGEMEINSCHAFT
ZUSAM - LEHRSTUHL FUER GEOLOGIE DER TH AACHEN
- LEHRSTUHL FUER INGENIER- UND HYDROGEOLOGIE DER TH AACHEN
BEGINN 1.10.1974 ENDE 31.5.1977
G.KOST 99.000 DM

OB -002

INST ABTEILUNG FUER MEDIZINISCHE PHYSIK / FB 23 DER UNI GIESSEN
GIESSEN, SCHLANGENZAHL 14
VORHAB **entwicklung von analysenmethoden fuer schwefelkonzentrationen**
die chemilumineszenz von schwefel im langwelligen uv-bereich in kalten flammen soll dazu benutzt werden, um das element schwefel in menschlichen zaehnen quantitativ zu bestimmen. durch die kombination mit thermochemischen verfahren sollen aussagen darueber gewonnen werden, in welchen chemischen bindungen der schwefel im zahn vorkommt. als geraet ist ein meca-geraet eingesetzt (meca = molecular emission cavity analysis). es sollen zusammenhaenge zwischen schwefel-gehalt und z. b. kariesvorkommen untersucht werden
S.WORT schwefel + nachweisverfahren + gesundheitsvorsorge + (karies)
PROLEI HERRMANN
STAND 6.8.1976
QUELLE fragebogenerhebung sommer 1976
BEGINN 1.1.1975 ENDE 31.12.1976

OB -003

INST ABTEILUNG FUER MEDIZINISCHE PHYSIK / FB 23 DER UNI GIESSEN
GIESSEN, SCHLANGENZAHL 14
VORHAB **untersuchungen ueber moeglichkeiten fuer einfache spezifische nachweismethoden fuer anorganisch gebundenes fluor**
die analyse von mikromengen von fluor (bzw. spurenanalysen von fluor) bereiten schwierigkeiten, da die nachweisgrenze der meisten bekannten analysenmethoden einschliesslich der mit glaselektroden arbeitenden methoden unguenstig liegen. ziel aller arbeiten zu diesem thema ist einfache, spezifische und schnelle fluoranalysenmethoden zu entwickeln, die mit moeglichst wenig analysenmaterial auskommen. als hauptanwender solcher methoden kommen die zahnmediziner in frage und zwar wegen des zusammenhangs zwischen dem f-gehalt in nahrungsmitteln usw. und der karies
S.WORT fluor + nachweisverfahren + gesundheitsvorsorge + (karies)
PROLEI HERRMANN
STAND 6.8.1976
QUELLE fragebogenerhebung sommer 1976
FINGEB DEUTSCHE FORSCHUNGSGEMEINSCHAFT
BEGINN 1.1.1971 ENDE 31.12.1977

OB -004

INST ABTEILUNG METALLE UND METALLKONSTRUKTION DER BUNDESANSTALT FUER MATERIALPRUEFUNG
BERLIN 45, UNTER DEN EICHEN 87
VORHAB **verbesserung der analysenverfahren zum nachweis von anorganischen schadstoffen in geringen konzentrationen**
entwicklung von analysenverfahren zur erfassung von anorganischen schadstoffen in industrieemissionen in konzentrationen, die unterhalb der grenze ihrer schadwirkung liegen. vergleich der nachweisgrenzen bestehender insbesondere photometrischer, atomabsorptionsspektrometrischer und elektrochemischer nalysenverfahren mit den anforderungen des umweltschutzes. erforderlichenfalls herabsetzung der nwg durch erarbeitung von anreicherungsverfahren fuer das zu erfassende element
S.WORT anorganische schadstoffe + nachweisverfahren
PROLEI DR. -ING. KLAUS WANDELBURG
STAND 10.9.1976
QUELLE fragebogenerhebung sommer 1976
ZUSAM CHEMIKERAUSSCHUSS DER GESELLSCHAFT DEUTSCHER METALLHUETTEN- UND BERGLEUTE, 6000 FRANKFURT 1

OB -005

INST CARL ZEISS
OBERKOCHEN, CARL-ZEISS-STR. 1
VORHAB **atomabsorptionsautomat fmd 5**
zweistrahlgeraet zur komfortablen routineanalyse metallischer elemente mittels atomabsorption mit intergriertem rechner zur steuerung und auswertung
S.WORT metalle + nachweisverfahren
PROLEI DR. GAUSMANN
STAND 1.1.1974
FINGEB BUNDESMINISTER FUER FORSCHUNG UND TECHNOLOGIE
BEGINN 1.11.1972 ENDE 31.12.1975
G.KOST 766.000 DM

OB -006

INST CHEMISCHES INSTITUT DER TIERAERZTLICHEN HOCHSCHULE HANNOVER
HANNOVER, BISCHOFSHOLER DAMM 15
VORHAB **einsatz der gaschromatographie bei der analytik anorganischer stoffe**
die gaschromatographie ist eine schnelle analysenmethode mit hervorragenden trennwirkungen. es ist deshalb moeglich, geeignete anorganische verbindungen selektiv oder spezifisch zu bestimmen. im vorliegenden projekt werden aus umweltgefaehrdenden, anorganischen stoffen geeignete derivate mit hoher fluechtigkeit gewonnen und deren eignung zur anwendung in der gas-chromatographischen spurenanalyse geprueft. mittels radiochemischer markierung verfolgt man den weg der zu analysierenden substanz und bestimmt die wiederfindungsrate. erfolge liegen beim quecksilber und arsen vor
S.WORT schadstoffnachweis + blei + arsen + gaschromatographie
PROLEI PROF. DR. HARALD RUESSEL
STAND 1.1.1974
FINGEB DEUTSCHE FORSCHUNGSGEMEINSCHAFT
BEGINN 1.1.1973
LITAN ZWISCHENBERICHT

OB -007

INST DEUTSCHER WETTERDIENST
HOHENPEISSENBERG, ALBIN-SCHWAIGER-WEG 10
VORHAB **untersuchung des bodennahen ozons**
kontinuierliche messung des bodennahen ozons in verschiedenen hoehen ueber grund (bis zu 30 m). bestimmung der jahres-, monat- und tagesgaenge. erforschung des zusammenhangs mit meterologischen groessen. untersuchung der ursachen gefundener kurzzeitiger extremwerte (bis 500 nb) des natuerlichen ozons. untersuchung der zusammenhaenge zwischen bodennahem ozon und anthropogenen spurengasen (z. b. so2)
S.WORT ozon + messverfahren
ALPENVORLAND

PROLEI DR. WALTER ATTMANNSPACHER
STAND 12.8.1976
QUELLE fragebogenerhebung sommer 1976
ZUSAM - INST. F. PHYSIK DER ATMOSPHAERE, 8081 OBERPFAFFENHOFEN
- LABOR FUER ATMOSPHAERENPHYSIK DER EIDGENOESSISCHEN TH, HOENGGERBERG HPP, CH 8049 ZUERICH
BEGINN 1.1.1972
LITAN - ATTMANNSPACHER, W.: EXTREM HOHE WERTE DES BODENNAHEN OZONGEHALTS. IN: METEOR. RDSCH. 27(3) S. 94(1971)
- ATTMANNSPACHER, W.: EIN EINFACHES, NASSCHEMISCHES GERAET MIT GERINGER TRAEGHEIT ZUR MESSUNG DES BODENNAHEN OZONS DER ATMOSPHAERE. IN: METEOR. RDSCH. 24(6) S. 183-188(1971)

OB -008

INST EMSCHERGENOSSENSCHAFT UND LIPPEVERBAND
ESSEN 1, KRONPRINZENSTR. 24
VORHAB **spektralphotometrische bestimmung von quecksilber im mikrogrammbereich**
quecksilberbestimmung in spurenbereich durch anwendung der atomabsorptionsspektrophotometrie
S.WORT abwasser + quecksilber + spurenanalytik
PROLEI DR. MALZ
STAND 1.1.1974
BEGINN 1.1.1972 ENDE 31.12.1974

OB -009

INST HARTMANN UND BRAUN AG
FRANKFURT, GRAEFSTR. 97
VORHAB **kontinuierlich arbeitendes analysengeraet fuer die emissions- und immissionsmessung von fluorwasserstoff**
elektrochemische messzelle mit organischem festelektrolyt, einer mess- und einer vergleichselektrode, bilden den sensor. die elektrochemische reaktion von fluorwasserstoff an der messelektrode bildet das messignal; weitere notwendige hilfsaggregate wie verstaerker, gasdosierpumpe, entsprechen dem geraet picos der firma hartmann + braun. messbereich 10 ppb- 10 ppm; problem der querempfindlichkeit gegen stoergase noch ungeloest
S.WORT analysengeraet + fluorwasserstoff
PROLEI DR. ENGELHARDT
STAND 1.1.1974
FINGEB BUNDESMINISTER FUER FORSCHUNG UND TECHNOLOGIE
ZUSAM BAYER LEVERKUSEN

OB -010

INST INSTITUT FUER AGRIKULTURCHEMIE DER UNI GOETTINGEN
GOETTINGEN, VON-SIEBOLD-STR. 6
VORHAB **die mineralstoffbestimmung in waessern, pflanzlicher substanz und duengemittel**
mit diesem forschungsvorhaben wurden u. a. die einsatzmoeglichkeiten der roentgenfluoreszanalyse fuer die bestimmung von schwermetallen in waessrigen loesungen und pflanzlichen substanzen geprueft. es werden anreicherungsmethoden beschrieben, die einen schwermetallnachweis bis 1 ppb erlauben. die nachweisgrenzen im pflanzlichen material liegen zwischen 2 und 4 ppm
S.WORT schwermetalle + spurenanalytik + nachweisverfahren
PROLEI PROF. DR. ERWIN WELTE
STAND 9.8.1976
QUELLE fragebogenerhebung sommer 1976
FINGEB DEUTSCHE FORSCHUNGSGEMEINSCHAFT
BEGINN 1.11.1971 ENDE 30.5.1975
G.KOST 80.000 DM
LITAN RABE, R. (UNI GOETTINGEN), DISSERTATION: ZUM EINSATZ DES ROENTGENFLUORESZENZVERFAHRENS IN DER AGRIKULTURCHEMIE UNTER BESONDERER BERUECKSICHTIGUNG DER WASSER- UND PFLANZENANALYSE. (1975)

OB -011

INST INSTITUT FUER ANORGANISCHE CHEMIE DER TU HANNOVER
HANNOVER, CALLINSTR. 46
VORHAB **bestimmung sehr kleiner chlorkonzentrationen in der luft**
S.WORT chlor + luft + spurenanalytik
PROLEI PROF. DR. BODE
STAND 1.1.1974
BEGINN 1.1.1974

OB -012

INST INSTITUT FUER ANORGANISCHE CHEMIE DER TU HANNOVER
HANNOVER, CALLINSTR. 46
VORHAB **untersuchung von schwermetallspuren in waessrigen loesungen**
S.WORT wasser + schwermetalle + spurenanalytik
PROLEI PROF. DR. BODE
STAND 1.1.1974
BEGINN 1.1.1967

OB -013

INST INSTITUT FUER BODENKUNDE UND STANDORTLEHRE DER UNI HOHENHEIM
STUTTGART 70, EMIL-WOLFF-STR. 27
VORHAB **untersuchung von spurenelementumsetzungen**
aussagen ueber moegliche pflanzen- oder gewaesserkontamination durch siedlungsabfall-spurenelemente erfodern kenntnisse ueber deren natuerliche verteilungsmuster sowie ueber verteilung auf phasen, horizonte und fraktionen von geduengten boeden
S.WORT spurenelemente + abfall + gewaesserverunreinigung
PROLEI PROF. DR. SCHLICHTING
STAND 1.1.1974
FINGEB - DEUTSCHE FORSCHUNGSGEMEINSCHAFT
- BUNDESMINISTER FUER BILDUNG UND WISSENSCHAFT
ZUSAM - ABT. WASSERWIRTSCHAFT, REG. PRAES. STUTTGART
- INST. F. PETROGRAPHIE DER UNI KARLSRUHE, 75 KARLSRUHE, KAISERSTR. 12
BEGINN 1.1.1974 ENDE 31.12.1977
G.KOST 350.000 DM

OB -014

INST INSTITUT FUER GEOPHYSIK UND METEOROLOGIE DER UNI KOELN
KOELN 41, ALBERTUS-MAGNUS-PLATZ
VORHAB **messung des totalen ozonbetrages mittels eines automatischen filterspektrometers**
S.WORT ozon + messverfahren
PROLEI PROF. DR. HANS-KARL PAETZOLD
STAND 1.1.1974
FINGEB DEUTSCHE FORSCHUNGSGEMEINSCHAFT
BEGINN 1.1.1969

OB -015

INST INSTITUT FUER HYGIENE UND TECHNOLOGIE DES FLEISCHES DER TIERAERZTLICHEN HOCHSCHULE HANNOVER
HANNOVER, BISCHOFSHOLER DAMM 15
VORHAB **schwermetalle (quecksilber, blei, cadmium): nachweis in organen und haaren als parameter fuer umweltbelastung**
S.WORT schwermetalle + bioindikator
PROLEI DR. WENZEL
STAND 1.10.1974
BEGINN 1.1.1972 ENDE 31.12.1974
G.KOST 55.000 DM

OB -016

INST INSTITUT FUER MEDIZINISCHE MIKROBIOLOGIE, INFEKTIONS- UND SEUCHENMEDIZIN IM FB TIERMEDIZIN DER UNI MUENCHEN
MUENCHEN, VETERINAERSTR. 13

VORHAB **untersuchungen zum vorkommen und der nachweisbarkeit von mykotoxinen, die keine aflatoxine sind**
S.WORT mykotoxine + schadstoffbildung + nachweisverfahren
PROLEI PROF. DR. BRIGITTE GEDEK
STAND 7.9.1976
QUELLE datenuebernahme von der deutschen forschungsgemeinschaft
FINGEB DEUTSCHE FORSCHUNGSGEMEINSCHAFT

OB -017

INST INSTITUT FUER TIERERNAEHRUNG DER UNI HOHENHEIM
STUTTGART 70, EMIL-WOLFF-STR. 10
VORHAB **atomabsorptions-spektrometrie zur bestimmung von blei, cadmium, chrom, eisen, kupfer, mangan, zink in verschiedenen materialien**
untersuchung ueber die brauchbarkeit der methodik als voraussetzung fuer die bestimmung luftverunreinigender stoffe in diesen materialien. erarbeitung und verbesserung von methoden zur bestimmung der einzelelemente mit hilfe der aas unter besonderer beruecksichtigung saemtlicher im extremen spurenbereich auftretenden stoerfaktoren, sowie erforschung und beseitigung der letzteren
S.WORT schwermetalle + nachweisverfahren + methodenentwicklung + (atomabsorptions-spektrometrie)
PROLEI DR. WALTER OELSCHLAEGER
STAND 1.1.1974
FINGEB DEUTSCHE FORSCHUNGSGEMEINSCHAFT
LITAN - OELSCHLAEGER, W.;FRENKEL, E.: BESTIMMUNG VON BLEI IN PFLANZLICHEN UND TIERISCHEN MATERIALIEN, SOWIE IN MINERALFUTTERMITTELN MIT HILFE DER ATOMABSORPTIONSSPEKTRALPHOTOMETRIE. IN: Z. LANDW. FORSCH. 26(3)(1973)
- OELSCHLAEGER, W.;BESTENLEHNER: BESTIMMUNG VON CADMIUM IN BIOLOGISCHEN UND ANDEREN MATERIALIEN MIT HILFE DER ATOMABSORPTIONSSPEKTRALPHOTOMETRIE. IN: Z. LANDW. FORSCH. 27(1)(1974)

OB -018

INST INSTITUT FUER WASSER-, BODEN- UND LUFTHYGIENE DES BUNDESGESUNDHEITSAMTES
BERLIN 33, CORRENSPLATZ 1
VORHAB **automatisierung der flammenphotometrischen bestimmung von metallen in umweltproben, insbesondere wasser, unter einbeziehung der edv**
methoden zur automatischen untersuchung von waessern und anderen umweltproben mittels atomabsorptionsspektrometrischer techniken sollen entwickelt werden; die gewonnenen messwerte sollen automatisch erfasst und ausgewertet werden; die so gewonnenen resultate sollen in eine groessere datensammlung (bibidat) eingebracht werden
S.WORT wasseruntersuchung + schwermetalle + messverfahren
PROLEI DIPL. -CHEM. WOLTER
STAND 1.10.1974
FINGEB BUNDESMINISTER FUER FORSCHUNG UND TECHNOLOGIE
BEGINN 1.1.1974 ENDE 31.12.1975
G.KOST 240.000 DM
LITAN ZWISCHENBERICHT 1974. 12

OB -019

INST INSTITUT FUER WASSER-, BODEN- UND LUFTHYGIENE DES BUNDESGESUNDHEITSAMTES
BERLIN 33, CORRENSPLATZ 1
VORHAB **zuverlaessigkeit der blutbleianalytik verschiedener labors und entwicklung von bleiblutstandards**
untersuchung ueber stand und verbesserung der blutbleianalytik mit hilfe von ringversuchen und methodenvergleich zwischen in- und auslaendischen labors. entwicklung von standards fuer bleiblut
S.WORT mensch + bleikontamination + analyseverfahren + standardisierung
PROLEI DR. KRAUSE
STAND 30.8.1976
QUELLE fragebogenerhebung sommer 1976
ZUSAM INST. F. ARBEITS- UND SOZIALMEDIZIN, UNI ERLANGEN-NUERNBERG
BEGINN 1.1.1975 ENDE 31.12.1976

OB -020

INST MAX-PLANCK-INSTITUT FUER METALLFORSCHUNG
STUTTGART, SEESTR. 92
VORHAB **beryllium: spurenanalyse, bindungsformen und verteilung in biologischen matrices**
die unsicherheit der bisherigen auffassung ueber die toxizitaet des be bzw. seine cancerogene wirkung liess z. b. bis heute die festlegung seines mak-wertes offen. das vorhaben befasst sich mit der entwicklung neuer analytischer verfahren zur bestimmung von be in org. matrices im p-bereich und mit der aufklaerung der bindungsform. wesentlicher gesichtspunkt: wirtschaftliche gewinnung von zuverlaessigen ergebnissen auch im relevanten ppb-bereich
S.WORT toxizitaet + beryllium + schadstoffnachweis
PROLEI PROF. DR. GUENTHER TOELG
STAND 22.7.1976
QUELLE fragebogenerhebung sommer 1976
FINGEB DEUTSCHE FORSCHUNGSGEMEINSCHAFT
ZUSAM PROF. DR. H. ZORN, TWS - AG, LAUTENSCHLAGERSTRASSE 21, 7000 STUTTGART 1
BEGINN 1.6.1976 ENDE 30.6.1978
G.KOST 70.000 DM

OB -021

INST MAX-PLANCK-INSTITUT FUER METALLFORSCHUNG
STUTTGART, SEESTR. 92
VORHAB **geochemie umweltreleveanter spurenstoffe**
entwicklung zuverlaessiger bestimmungsverfahren fuer hg, bi, te, se, as u. sb im ppb-bereich in umweltrelevanten matrices, da herkoemmliche verfahren teilweise mit grossen systematischen fehlern behaftet sind, so dass ergebnisse um groessenordnungen numerisch falsch sein koennen. deshalb entwicklung mehrerer unabhaengiger analysenverfahren fuer jedes element mit moeglichst geringen systematischen fehlerquellen, die zum gleichen ergebnis fuehren muessen. ausarbeitung von verbundverfahren, die auf erfahrungen der reinststoff-analytik (extreme spurenanalyse) basieren
S.WORT geochemie + schwermetalle + spurenanalytik DEUTSCHLAND (SUED-WEST)
PROLEI PROF. DR. GUENTHER TOELG
STAND 26.7.1976
QUELLE fragebogenerhebung sommer 1976
FINGEB DEUTSCHE FORSCHUNGSGEMEINSCHAFT
ZUSAM - INST. F. GEOCHEMIE DER UNI KARLSRUHE, PROF. DR. H. PUCHELT
- INST. F. BODENKUNDE DER UNI HOHENHEIM, PROF. DR. SCHLICHTING, 7000 STUTTGART
BEGINN 1.4.1974 ENDE 31.12.1979
G.KOST 400.000 DM
LITAN - KAISER, G.;GOETZ, D.;SCHOCH, P.;TOELG, G.: EMISSIONSSPEKTROMETRISCHE ELEMENTBESTIMMUNG IM NANO- UND PICOGRAMM-BEREICH. IN: TALANTA 22 S. 889-899(1975)
- TOELG, G.: WIE QUALIFIZIERT SIND ANALYTISCHE INFORMATIONEN IM UMWELTSCHUTZ. IN: ERZMETALL 28 S. 390-398(1975)

OB -022

INST MINERALOGISCH-PETROGRAPHISCHES INSTITUT DER UNI MUENCHEN
MUENCHEN, THERESIENSTR. 41
VORHAB **verbesserung der methodik der quantitativen spurenbestimmung von as, se, hg, cd, tl, bi, pb, cu, s2- und s gesamt**
S.WORT geochemie + metalle + schwefelverbindungen + spurenanalytik
PROLEI DR. KARL CAMMANN
STAND 7.9.1976
QUELLE datenuebernahme von der deutschen forschungsgemeinschaft
FINGEB DEUTSCHE FORSCHUNGSGEMEINSCHAFT

OB -023

INST ORGANISCH-CHEMISCHES LABORATORIUM DER TU MUENCHEN
MUENCHEN 2, CHEMIEGEBAEUDE HOCHSCHULSTRASSE

VORHAB **system zur codierung chemischer strukturen und vorhersage von folgeprodukten von chemikalien in der umwelt**
aufgabe: 1)die ausarbeitung einer eindeutigen codierung beliebiger chemischer verbindungen und ein zugriffsystem fuer die auswertung der gespeicherten informationen, unter besonderer beruecksichtigung von substrukturvergleichen. 2)die vorhersage von reaktionsmoeglichkeiten und folgeprodukten von xenobiotika in der umwelt. ausgehend von der erkenntnis, dass der gesamten chemie eine universelle logische struktur zugrunde liegt, welche einem multidimensionalen mathematischen raum entspricht, gelangt man zu allgemeingueltigen datenstrukturen und algorithmen. das modell stuetzt sich auf folgende begriffshierarchie: bruttozusammensetzung-konstitution-konfiguration. die bruttozusammensetzung wird durch den vektor der in einem molekuel vorhandenen atome erfasst. die konstitutiion wird beschrieben durch die zwischen den komponenten dieses vektors bestehenden beziehungen(bindungen), die konfiguration wird durch paritaetsvektoren ausgedrueckt

S.WORT umweltchemikalien
PROLEI PROF. DR. IVAR UGI
STAND 26.2.1976
QUELLE projektantrag im vorgang 92471/1 vom 30.10.74,contract nr.115-74-10 env d prop.nr.1.76
FINGEB EUROPAEISCHE GEMEINSCHAFTEN
ZUSAM ENVIRONMENTAL CHEMICAL DATA AND INFORMATION NETWORK-ECDIN, GEMEINS. FORSCH. STELLE D. EG, ISPRA/ITAL
BEGINN 1.1.1975

OB -024

INST PHYSIKALISCH-TECHNISCHE ABTEILUNG DER GESELLSCHAFT FUER STRAHLEN- UND UMWELTFORSCHUNG MBH
NEUHERBERG, INGOLSTAEDTER LANDSTR. 1

VORHAB **spurenelementanalyse in medizin, biologie und umwelt**
1. verhalten von spurenelementen in der schwangerschaft und bestimmung von spurenelementkonzentrationen in der menschlichen plazenta bei verschiedenen bedingungen, gemeinsam mit der frauenklinik der tu muenchen. 2. spurenelementkonzentrationen in fleisch und fleischerzeugnissen (einfluss von umweltfaktroen u. einfluss auf die feischqualitaet), gemeinsam mit der bundesanstalt f. fleischforschung (forschungsvertrag). 3. durchfuerhung v. schwermetallanalysen f. forschungsprojekte anderer institute. 4. inaktive traceruntersuchungen zur feststellung von blutgerinnsel im gehirn von fruehgeborenen kindern, gemeinsam mit der kinderklinik der tu muenchen. 5. durchfuerhung von routineanalysen fuer krankenhaeuser. anwednungsorientierte entwicklung und verbesserung geeiigneter spurenanalytischer methoden

S.WORT umweltchemikalien + spurenelemente + oekotoxizitaet + nachweisverfahren
PROLEI DIPL. -PHYS. WERNER WESTPHAL
STAND 30.8.1976
QUELLE fragebogenerhebung sommer 1976
ZUSAM - FRAUENKLINIK DER TU MUENCHEN
- BUNDESANSTALT FUER FLEISCHFORSCHUNG, KULMBACH
- KINDERKLINIK DER TU MUENCHEN
BEGINN 1.1.1975 ENDE 31.12.1979
G.KOST 4.734.000 DM
LITAN - THIEME, R.;SCHRAMEL, P.;KLOSE, B. J.;WAIDL, E.: SPURENELEMENTE IN DER PLAZENTA. IN: GEBURTSHILFE UND FRAUENHEILKUNDE 35 S. 349-353(1975)
- ENDBERICHT

OB -025

INST RHEINISCH-WESTFAELISCHER TECHNISCHER UEBERWACHUNGS-VEREIN E. V.
ESSEN, STEUBENSTR. 53

VORHAB **aufstellung von mindestanforderungen an fortlaufend aufzeichnende messeinrichtungen zur erfassung von kohlenmonoxid-emissionen**
anlagenemissionen muessen katastermaessig erfasst und einer staendigen kontrolle unterliegen. hierfuer sind die technisch-wissenschaftlichen voraussetzungen fuer erhebungen, messverfahren, und geraeteentwicklungen zu erarbeiten

S.WORT kohlenmonoxid + messgeraet + eichung
PROLEI ING. GRAD. W. GUSE
STAND 1.1.1975
QUELLE umweltforschungsplan 1975 des bmi
FINGEB BUNDESMINISTER DES INNERN
BEGINN 1.11.1974 ENDE 31.10.1975
G.KOST 321.000 DM

OB -026

INST RHEINISCH-WESTFAELISCHER TECHNISCHER UEBERWACHUNGS-VEREIN E. V.
ESSEN, STEUBENSTR. 53

VORHAB **aufstellung von mindestanforderungen an fortlaufend aufzeichnende messeinrichtungen zur erfassung von anorganischen gasfoermigen fluorverbindungen**
anlagenemissionen muessen katastermaessig erfasst und einer staendigen kontrolle unterliegen. hierfuer sind die technisch-wissenschaftlichen voraussetzungen fuer erhebungen, messverfahren und geraeteentwicklungen zu erarbeiten

S.WORT abgasemission + fluorverbindungen + messverfahren
PROLEI ING. GRAD. W. GUSE
STAND 28.11.1975
FINGEB BUNDESMINISTER DES INNERN
BEGINN 1.10.1975 ENDE 31.3.1976
G.KOST 85.000 DM
LITAN RHEIN. WESTF. TECHN. UEBERWACHUNGSVEREIN E. V. ESSEN: VORSTUDIE ZUM VORHABEN "AUFSTELLUNG VON MINDESTANFORDERUNGEN AN FORTLAUFEND AUFZUZEICHNENDE MESSEINRICHTUNGEN ZUR ERFASSUNG VON ANORGANISCHEN GASFOERMIGEN FLUORVERBINDUNGEN". ESSEN 36 S.; 4 ABB. (JUL 1976)

OB -027

INST TECHNISCHER UEBERWACHUNGSVEREIN RHEINLAND E.V.
KOELN 91, KONSTANTIN-WILLE-STR. 1

VORHAB **vorstudie ueber die einsatzmoeglichkeiten registrierender messgeraete zur ueberwachung der emissionen von schwefelwasserstoff**
in der studie sollte geprueft werden, inwieweit bekannte messverfahren und geraetetypen eine registrierende ueberwachung der schwefelwasserstoffemissionen aus technischen anlagen erlauben. bei dem derzeitigen entwicklungsstand der geraete sollte diese studie eine entscheidungsgrundlage liefern, ob eine vollstaendige eignungspruefung der messeinrichtungen bereits erfolgversprechend erscheint

S.WORT emissionsueberwachung + schwefelwasserstoff + geraeteentwicklung
PROLEI DR. KOSS
STAND 17.11.1975
FINGEB BUNDESMINISTER DES INNERN
BEGINN 1.11.1975 ENDE 30.4.1976
G.KOST 45.000 DM
LITAN ENDBERICHT

OB -028

INST ZENTRALINSTITUT FUER ARBEITSMEDIZIN DER UNI HAMBURG
HAMBURG 76, ADOLPH-SCHOENFELDER-STR. 5

VORHAB **eine praxisgerechte methode zur bestimmung von quecksilber in blut und harn**
fuer die aerztliche ueberwachung beruflich quecksilber-exponierter personen ist eine praktikable, zugleich aber ausreichend valide methode zur schadstoffbestimmung im blut erforderlich. in modifikation der bisher gebraeuchlichen atomabsorptionsspektrometrischen bestimmung wurde ein verfahren erarbeitet, das in

anbetracht seiner hohen analytischen zuverlaessigkeit nicht nur arbeitsmedizinischen sondern auch umweltmedizinischen problemstellungen angepasst ist
S.WORT organismus + schwermetallkontamination + quecksilber + messmethode
PROLEI DR. J. ANGERER
STAND 30.8.1976
QUELLE fragebogenerhebung sommer 1976

Weitere Vorhaben siehe auch:

QA -044 SCHWERMETALLIONENABGABE VON GLAESERN

OC -001

INST ABTEILUNG ANALYTISCHE CHEMIE DER UNI ULM
ULM, OBERER ESELSBERG

VORHAB pcb-analytik und vorkommen: analytik der isomeren und gesamt-isomeren bei pcb und pct

fuer die einzelbestimmung sowie die summenbestimmung der komponenten der technischen pcb sollen geeignete bestimmungsverfahren erstellt werden. eingesetzt werden: radiochemische methoden fuer die ausbeutebestimmungen der anreicherungen, gas-chromatographie und hochdruckfluessig-chromatographie fuer die summenbestimmung nach dechlorierung; kapillar-gas-chromatographie fuer die bestimmung der einzelkomponenten

S.WORT umweltchemikalien + pcb + nachweisverfahren
PROLEI PROF. DR. KARLHEINZ BALLSCHMITER
STAND 30.8.1976
QUELLE fragebogenerhebung sommer 1976
FINGEB - BUNDESMINISTER FUER FORSCHUNG UND TECHNOLOGIE
- BAYERWERKE AG, LEVERKUSEN
ZUSAM - BAYERWERKE AG, LEVERKUSEN
- GESELLSCHAFT FUER STRAHLEN- UND UMWELTFORSCHUNG, NEUHERBERG
BEGINN 1.8.1974 ENDE 30.6.1976
G.KOST 210.000 DM
LITAN ZWISCHENBERICHT

OC -002

INST ABTEILUNG FUER MEDIZINISCHE PHYSIK / FB 23 DER UNI GIESSEN
GIESSEN, SCHLANGENZAHL 14

VORHAB organhalogenverbindungen in der umwelt - teilvorhaben 1: spektroskopische analysenmethoden zur messung der konzentration von organhalogenverbindungen

a) entwicklung von elementspezifischen detektoren fuer halogene zum anschluss an gas-chromatographen, fluessigkeits-chromatographen usw. b) entwicklung von optischen isotopennachweismethoden zur markierung von organhalogenverbindungen mit stabilen (nichtstrahlenden) isotopen unter ausnuetzung der optischen isotopenverschiebung von molekuelspektren. als anwendung kommt der gesamte umweltschutz in frage, sowie die kontrolle von atemluft an gefaehrdeten arbeitsplaetzen. weitere anwendungen koennen sich in der toxikologie eroeffnen

S.WORT halogenkohlenwasserstoffe + analyseverfahren
PROLEI HERRMANN
STAND 6.8.1976
QUELLE fragebogenerhebung sommer 1976
ZUSAM INST. F. WASSER-, BODEN- UND LUFTHYGIENE DES BUNDESGESUNDHEITSAMTES, CORRENSPLATZ 1, 1000 BERLIN 33
BEGINN 1.1.1975 ENDE 31.12.1978

OC -003

INST ABTEILUNG FUER MEDIZINISCHE PHYSIK / FB 23 DER UNI GIESSEN
GIESSEN, SCHLANGENZAHL 14

VORHAB entwicklung von einfachen analysenmethoden fuer rueckstaende von p- und s-haltigen insektiziden

S.WORT insektizide + rueckstandsanalytik
STAND 6.8.1976
QUELLE fragebogenerhebung sommer 1976
BEGINN 1.1.1971 ENDE 31.12.1974

OC -004

INST BAYER AG
LEVERKUSEN, BAYERWERK

VORHAB beurteilung von herbiziden unter umweltgesichtspunkten am beispiel des triazinon-herbizids sencor (metribuzin)

S.WORT herbizide + umweltbelastung
STAND 1.1.1974
FINGEB BUNDESMINISTER FUER FORSCHUNG UND TECHNOLOGIE
BEGINN 1.1.1973 ENDE 31.12.1974
G.KOST 415.000 DM

OC -005

INST BAYER AG
LEVERKUSEN, BAYERWERK

VORHAB analytik und vorkommen von polychlorierten biphenylen

S.WORT pcb + analytik
STAND 1.1.1974
FINGEB BUNDESMINISTER FUER FORSCHUNG UND TECHNOLOGIE
BEGINN 1.1.1973 ENDE 31.12.1976
G.KOST 450.000 DM

OC -006

INST FACHGEBIET ORGANISCHE CHEMIE DER GESAMTHOCHSCHULE DUISBURG
DUISBURG, BISMARCKSTR. 81

VORHAB photochemie grosstechnischer nitroverbindungen (riechstoffe, herbizide)

es geht darum, mg-mengen definierter photo-abbauprodukte technischer nitro-aromaten zu erhalten und diese zu charakterisieren und zu identifizieren. hierzu werden die gereinigten ausgangsstoffe unter bedingungen, die den natuerlichen weitestgehend angepasst sind, belichtet. die rohphotolysate werden chromatographisch aufgetrennt

S.WORT nitroverbindungen + photochemische reaktion + herbizide + abiotischer abbau
PROLEI PROF. DR. DIETRICH DOEPP
STAND 11.8.1976
QUELLE fragebogenerhebung sommer 1976
FINGEB FONDS DER CHEMISCHEN INDUSTRIE
LITAN DOEPP, D.;SAILER, K. -H.: VERGILBUNG VON KRISTALLINEM KETON-MOSCHUS, XYLOL-MOSCHUS UND TIBETEN-MOSCHUS. IN: CHEM. BER. 108 S. 3483-3496(1975)

OC -007

INST FACHHOCHSCHULE DER NATURWISSENSCHAFTLICH-TECHNISCHEN AKADEMIE ISNY/ALLGAEU
ISNY, SEIDENSTR. 12-35

VORHAB nachweis und nachweisgrenzen von herbiziden in drogen

es sollen in drogen einzelne pesticide nachgewiesen werden. dabei ist die empfindlichkeit und nachweisgrenze fuer einzelne pesticide bei verschiedenen methoden festzustellen und zu vergleichen. herangezogen werden uv- u. ir-spektroskopie, aas, gc und dc

S.WORT pharmaka + pestizide + nachweisverfahren
PROLEI PROF. DR. HARALD GRUEBLER
STAND 21.7.1976
QUELLE fragebogenerhebung sommer 1976
BEGINN 1.6.1976

OC -008

INST FORSCHUNGSINISTITUT BORSTEL - INSTITUT FUER EXPERIMENTELLE BIOLOGIE UND MEDIZIN
BORSTEL, PARKALLEE 1

VORHAB entwicklung neuer toxikologischer methoden und verfahren

nachweis von umweltschadstoffen und ihr wirkungsmechanismus; einsatz der ovulation von huehnern als besonders empfindliches biologisches system; differenzierung der gebraeuchlichen biozide, herbizide und anderer chemikalien nach ihrem toxizitaetsgrad und wirkungsmodus

S.WORT toxikologie + schadstoffnachweis + bioindikator
PROLEI PROF. DR. DR. FREERKSEN
STAND 1.1.1974
LITAN - SONDERDRUCKANFORDERUNGEN UND ANFRAGEN AN DAS FORSCHUNGSINSTITUT BORSTEL, ABTEILUNG FUER DOKUMENTATION UND BIBLIOTHEK
- ZWISCHENBERICHT 1975. 12

OC -009

INST HYGIENE INSTITUT DER UNI MUENSTER
MUENSTER, WESTRING 10

VORHAB **untersuchungen zum nachweis und zur wirkung von mykotoxinen**
analyse des vorkommens von mykotoxinen. entwicklung neuer nachweistechniken fuer mykotoxine. erforschung der stoffwechselwege von aflatoxin
S.WORT mykotoxine + nachweisverfahren + aflatoxine + toxizitaet
PROLEI PROF. DR. HEIKE BOESENBERG
STAND 12.8.1976
QUELLE fragebogenerhebung sommer 1976
FINGEB DEUTSCHE FORSCHUNGSGEMEINSCHAFT
BEGINN 1.1.1965
LITAN - BOESENBERG, H.: DIAGNOSTISCHE MOEGLICHKEITEN VON AFLATIKIN-VERGIFTUNGEN. IN: ZBL. BAKT. HYGIENEINST. ORIG. A, MUENSTER 220 S. 252-257(1972)
- BOESENBERG, H.: UNTERSUCHUNGEN UEBER DEN NACHWEIS VON AFLATOXINEN. IN: ARZNEIMITTELFORSCHUNG "DRUG RESEARCH" 20 S. 1157-1167, 1521-1528(1970)

OC -010
INST HYGIENE INSTITUT DES RUHRGEBIETS
GELSENKIRCHEN, ROTTHAUSERSTR. 19
VORHAB **spezifischer gaschromatischer nachweis von pestiziden und deren verhalten in natuerlichen gewaessern, die als rohwasser fuer die trinkwassergewinnung dienen**
ziel der weitgehend abgeschlossenen forschungsarbeit war es, verfahren fuer den nachweis von pestiziden im wasser auf gaschromatischem weg auszuarbeiten, zu erproben und fortzuentwickeln. die forschungsarbeit fuehrte zu dem erwarteten erfolg. im untersuchungsjahr 1973 sollen die verfahren im einsatz erprobt werden
S.WORT pestizide + wasser + nachweisverfahren
PROLEI PROF. DR. MED. ALTHAUS
STAND 1.1.1974
QUELLE umweltforschungsplan 1974 des bmi
FINGEB BUNDESMINISTER DES INNERN
BEGINN 1.1.1970 ENDE 31.12.1974
G.KOST 360.000 DM

OC -011
INST HYGIENEINSTITUT DER UNI MAINZ
MAINZ, HOCHHAUS AM A UGUSTUSPLATZ
VORHAB **analytik und verhalten von nitrosaminen im wasser**
erste stufe: entwicklung einer methode zur anreicherung von nitrosaminen aus dem wasser und ihrer qualitativen und quantitativen bestimmung; zweite stufe: systematische untersuchung von trinkwasser, oberflaechenwasser und abwasser auf diese substanzen
S.WORT wasser + nitrosamine + analytik
PROLEI PROF. DR. JOACHIM BORNEFF
STAND 1.1.1974
FINGEB DEUTSCHE FORSCHUNGSGEMEINSCHAFT
BEGINN 1.1.1973

OC -012
INST INSTITUT FUER BIOCHEMIE DES BODENS DER FORSCHUNGSANSTALT FUER LANDWIRTSCHAFT
BRAUNSCHWEIG, BUNDESALLEE 50
VORHAB **nachweis und bestimmung von 3,4-benzpyren und identifizierung von dessen metaboliten**
S.WORT benzpyren + nachweisverfahren
PROLEI P. CH. ELLWARDT
STAND 1.1.1976
QUELLE mitteilung des bundesministers fuer ernaehrung,landwirtschaft und forsten
FINGEB BUNDESMINISTER FUER ERNAEHRUNG, LANDWIRTSCHAFT UND FORSTEN
BEGINN ENDE 31.12.1976

OC -013
INST INSTITUT FUER BODENBIOLOGIE DER FORSCHUNGSANSTALT FUER LANDWIRTSCHAFT
BRAUNSCHWEIG, BUNDESALLEE 50
VORHAB **auswertung vorhandener informationen ueber pestizidnebenwirkungen fuer eine datenbank der europaeischen gemeinschaften**
es sollen fuer eine bei der kommission der eg im aufbau begriffenen datenbank fuer umweltchemikalien kurzbeschreibungen fuer die nebeneffekte ausgewaehlter pestizide erarbeitet werden
S.WORT umweltchemikalien + pestizide + nebenwirkungen + datenbank
PROLEI PROF. DR. KLAUS H. DAUSCH
STAND 9.8.1976
QUELLE fragebogenerhebung sommer 1976
BEGINN ENDE 31.12.1978
LITAN ZWISCHENBERICHT

OC -014
INST INSTITUT FUER CHEMIE DER UNI HOHENHEIM
STUTTGART 70, EMIL-WOLFF-STR. 14
VORHAB **isolierung, strukturaufklaerung und synthese natuerlich vorkommender insektizide**
das programm hat zum ziel, pflanzenschutzmittel zu entwickeln, die eine gezielte insektenbekaempfung ermoeglichen, ohne die umwelt durch biologisch nicht abbaubare rueckstaende zu gefaehrden
S.WORT insektizide + biologischer abbau + (synthese)
MITTELMEERLAENDER + SUBTROPEN + TROPEN
PROLEI PROF. DR. WOLFGANG KRAUS
STAND 21.7.1976
QUELLE fragebogenerhebung sommer 1976
ZUSAM INST. F. PHYTOPATHOLOGIE DER UNI GIESSEN, LUDWIGSTR. 23, 6300 GIESSEN

OC -015
INST INSTITUT FUER ERNAEHRUNGS- UND HAUSHALTSWISSENSCHAFTEN DER UNI DES SAARLANDES
SAARBRUECKEN, IM STADTWALD
VORHAB **vergleichende mikroanalytische bestimmung von triazenen bei arzneipflanzen**
auf dem gebiet der arzneipflanzenforschung gibt es bisher keinerlei richtlinien fuer die erfassung von herbiziden bei drogen. wir bemuehen uns herauszufinden, welche triazene fuer die unkrautbekaempfung bei 10 verschiedenen arzneipflanzen herangezogen werden sollen. die rueckstandsanalytik wird vergleichend mithilfe der hochdruck-fluessigkeits-chromatographie, der duennschicht-chromatographie und der saeulen-chromatographie durchgefuehrt. die bearbeitung erfolgt zunaechst mit reinsubstanzen und wird anschliessend auf bereits laufende feldversuche uebertragen
S.WORT arzneipflanzen + herbizide + rueckstandsanalytik
STAND 21.7.1976
QUELLE fragebogenerhebung sommer 1976
FINGEB - DEUTSCHE FORSCHUNGSGEMEINSCHAFT
- FONDS DER CHEMISCHEN INDUSTRIE
- GESELLSCHAFT DEUTSCHER CHEMIKER, FRANKFURT
- CARL ZEISS, OBERKOCHEN
ZUSAM INST. F. PFLANZENZUECHTUNG, FRAU PROF. A. VOEMEL, EBSDORFERGRUND, 3571 RAUISCHHOLZHAUSEN
BEGINN 1.1.1974 ENDE 1.2.1977

OC -016
INST INSTITUT FUER EXPERIMENTELLE THERAPIE DER UNI FREIBURG
FREIBURG, HUGSTETTER STRASSE 55
VORHAB **analytik und entstehen der n-nitroso-verbindungen**
S.WORT nitrosoverbindungen + analytik
PROLEI PROF. DR. PETER MARQUARDT
STAND 1.1.1974
FINGEB DEUTSCHE FORSCHUNGSGEMEINSCHAFT
BEGINN 1.1.1971

OC -017

INST INSTITUT FUER OEKOLOGISCHE CHEMIE DER GESELLSCHAFT FUER STRAHLEN- UND UMWELTFORSCHUNG MBH
NEUHERBERG, SCHLOSS BIRLINGHOVEN

VORHAB **synthetische und naturstoffchemie, struktur-aktivitaetsbeziehungen**
ausarbeitung von mikrosynthesen fuer radioaktiv markierte technische umweltchemikalien bzw. signifikante umwandlungsprodukte, z. b. c-14-endo-dieldrin, c-14-oxoanaloges des tetrahydrocannabinols (thc) usw.; darstellung niedrig chlorierter toxaphenkomponenten. synthese von identifizierten umwandlungsprodukten; isomerisierungs-kondensations- bzw. polymerisationsreaktionen ausgewaehlter organohalogenverbindungen bei drucken bis 25 kbar und temperaturen bis 250 grad c. darstellung von homologen und analogen des thc zur untersuchung der struktur-aktivitaetsbeziehung. anreicherung von niedermolekularen spureninhhaltsstoffen mittels zerschaeumungsanalyse und gegenstromverteilung; charakterisierung und identifizierung isolierter substanzen mit chromatographischen unnd spektroskopischen methoden

S.WORT umweltchemikalien + spurenanalytik + dieldrin + (thc)
PROLEI PROF. DR. F. KORTE
STAND 30.8.1976
QUELLE fragebogenerhebung sommer 1976
BEGINN 1.1.1975 ENDE 31.12.1979
G.KOST 4.123.000 DM
LITAN - COCHRANE,W.P.;PARLAR,H.;GAEB,S.;KORTE,F.: STRUCTURAL ELUCIDATION OF THE CHLORDEN ISOMER CONSTITUENTS OF TECHNICAL CHLORDANE. IN:J. AGRIC. FOOD CHEM. 23 P.882-886(1975)
- GAEB,S.;PARLAR,H.;COCHRANE,W.P.;WENDISCH,D.;F-ITZKY,H.G.;KORTE,F.: ZUR STRUKTUR VON CHLORDEN-ISOMEREN DES TECHNISCHEN CHLORDANS; BEITRAEGE ZUR OEKOLOGISCHEN CHEMIE XCVI. IN:LIEBIGS ANN. CHEM. (IM DRUCK)
- HUSTERT,K.;PARLAR,H.;KORTE,F.: ZUR STRUKTUR VON POLYCHLORMETHANOINDENEN; BEITRAEGE ZUR OEKOLOGISCHEN CHEMIE CIX. IN:CHEMOSPHERE 4 S.381-386(1975)

OC -018

INST INSTITUT FUER OEKOLOGISCHE CHEMIE DER GESELLSCHAFT FUER STRAHLEN- UND UMWELTFORSCHUNG MBH
NEUHERBERG, SCHLOSS BIRLINGHOVEN

VORHAB **methoden der analytik fuer synthetische organische umweltchemikalien (xenobiotika)**
die ausarbeitung allgemein anwendbarer analysengaenge fuer organische umweltchemikalien soll weitergefuehrt werden. es muessen moeglichst viele substanzen nebeneinander bestimmt werden (multidetection). wegen der oekologischen zusammenhaenge muessen verschiedenartige umweltproben analysiert werden (multimatrix). die schwerpunkte der entwicklungsarbeiten liegen bei den chromatographischen trenn- und detektorsystemen (hochdruckfluessigchromatographie, kapillargaschromatographie, felddesorptionsmassenspektrometrie und polarographie) und bei den methoden der probenvorbereitung (extraktion, fluessig/fluessig-verteilung, gelpermeation und zerschaeumungsanalyse). die genannten methoden werden besonders zur analyse von organohalogenverbindungen unterschiedlicher pollaritaet (chlorierte wachse, chlorierte phenole und carbonsaeure) ausgearbeitet

S.WORT umweltchemikalien + organische schadstoffe + analytik + (mehrkomponentenanalyse + probennahme)
PROLEI PROF. DR. F. KORTE
STAND 30.8.1976
QUELLE fragebogenerhebung sommer 1976
BEGINN 1.1.1975 ENDE 31.12.1979
G.KOST 2.623.000 DM
LITAN - LAY, J. P.;KOTZIAS, D.;KLEIN, W.;KORTE, F.: THE CHROMATOGRAPHIC BEHAVIOUR OF TECHNICAL "CHLORALKYLENE-9"; BEITRAEGE ZUR OEKOLOGISCHEN CHEMIE CX. IN: CHEMOSPHERE (IM DRUCK)
- ROHLEDER, H.;STAUDACHER, H.;SUEMMERMANN, W.: HOCHDRUCK-FLUESSIGCHROMATOGRAPHIE ZUR ABTRENNUNG LIPOPHILER CHLORORGANISCHER UMWELTCHEMIKALIEN VON TRIGLYZERIDEN IN DER SPURENANALYSE. IN: FRESENIUS ZEITSCHRIFT FUER ANALYTISCHE CHEMIE (IM DRUCK)
- ENDBERICHT

OC -019

INST INSTITUT FUER ORGANISCHE CHEMIE DER UNI ERLANGEN-NUERNBERG
ERLANGEN, HENKESTR. 42

VORHAB **strukturaufklaerung und synthese von pheromonen**
die zielsetzung des forschungsvorhabens ist der einsatz von pheromonen als umweltfreundliche schaedlingsbekaempfungsmittel. hauptarbeitsrichtungen zur erreichung dieses ziels sind 1.) synthese von pheromonen, pheromonanlagen, inhibitoren und repllents. 2.) elektrophysiologische testung der syntheseprodukte im elektroantennogramm 3.) isolierung und strukturaufklaerung natuerlich vorkommender pheromone. 4.) verhalten der syntheseprodukte im olfaktometer 5.) freiland-einsatz der verbindungen, die sich in punkt 2 und 4 als wirksam erweisen

S.WORT schaedlingsbekaempfungsmittel + pheromonen + (synthese)
PROLEI PROF. DR. HANS-JUERGEN BESTMANN
STAND 21.7.1976
QUELLE fragebogenerhebung sommer 1976
FINGEB - BUNDESMINISTER FUER FORSCHUNG UND TECHNOLOGIE
- DEUTSCHE FORSCHUNGSGEMEINSCHAFT
ZUSAM - FARBWERKE HOECHST, 6000 FRANKFURT/MAIN
- MAX-PLANCK-INSTITUT FUER VERHALTENSFORSCHUNG, SEEWIESEN
BEGINN 1.1.1972 ENDE 31.12.1980
G.KOST 42.500.000 DM
LITAN - BESTMANN,H.J.;KOSCHATZKY,K.H.;STRANSKY,W.;V-OSTROWSKY,O.: PHEROMONE IX. STEREO SELEKTIVE SYNTHESEN VON (Z)-7,(Z)-11- UND (Z)-7,(E)-11-HEXADECADIENYLACETAT, DEM SEXUALPHEROMON VON PECTINOPHORA GOSSYPIELLA (GELECHIIDAE, LEP.). IN:TETRAHEDRON (5) S.353-356(1976)
- BESTMANN,H.J.;STRANSKY,W.;VOSTROWSKY;RANG-E,P.: PHEROMONE VII, SYNTHESE VON 1-SUBSTITUIERTEN (Z)-9-ALKENEN. IN:CHEMISCHE BERICHTE (3582) S.3582-3595(1975)
- VOSTROWSKY,O.;BESTMANN,H.J.;PRIESNER,E.: STRUKTUR UND AKTIVITAET VON PHEROMONEN. IN:NACHRICHTEN AUS CHEMIE UND TECHNIK 21 S.497(1973)

OC -020

INST INSTITUT FUER ORGANISCHE CHEMIE DER UNI KOELN
KOELN 41, GREINSTR. 4

VORHAB **nachweis sowie untersuchungen der metaboliten von herbiziden mit hilfe einer gc/ms-kopplung**

S.WORT herbizide + metabolismus + nachweisverfahren
PROLEI PROF. DR. HERBERT BUDZIKIEWICZ
STAND 7.9.1976
QUELLE datenuebernahme von der deutschen forschungsgemeinschaft
FINGEB DEUTSCHE FORSCHUNGSGEMEINSCHAFT

OC -021

INST INSTITUT FUER ORGANISCHE CHEMIE UND BIOCHEMIE DER UNI HAMBURG
HAMBURG 13, MARTIN-LUTHER-KING-PLATZ 6
VORHAB **mikro-analytik und chemie von n-nitrosoverbindungen (nitrosamine, nitrosamide, nitrosaminosaeuren) und aminen**
mikroanalytik von aminen, nitrosaminen und nitrosaminosaeuren mit hilfe der gaschromatographie und gaschromatographie/massenspektrometrie. analytik schwerfluechtiger nitrosamide durch anwendung der hochdruckfluessigkeitschromatographie. nachweis- und bestimmungsmethode fuer nitrosamine im picomolbereich durch anwendung radiochemischer methoden
S.WORT nitrosoverbindungen + amine + analytik
PROLEI PROF. DR. KURT HEYNS
STAND 18.11.1975
QUELLE vorfragebogen vom 29.10.75
FINGEB DEUTSCHE FORSCHUNGSGEMEINSCHAFT
BEGINN 1.1.1967 ENDE 31.12.1977
LITAN HEYNS, K.;ROEPER, H.:EIN SPEZIFISCHES ANALYTISCHES TRENN-UND NACHWEISVERFAHREN DURCH KOMBINATION VON CAPILLARGASCHROMATOGRAPHIE UND MASSENSPEKTROMETRIE. IN: Z. LEBENSM. UNTERS. FORSCH. 145 S. 69-75(1971)

OC -022

INST INSTITUT FUER ORGANISCHE CHEMIE UND BIOCHEMIE DER UNI HAMBURG
HAMBURG 13, MARTIN-LUTHER-KING-PLATZ 6
VORHAB **multikomponentenanalyse von carcinogenen kohlenwasserstoffen**
S.WORT kohlenwasserstoffe + carcinogene + analytik
PROLEI PROF. DR. GERNOT GRIMMER
STAND 1.1.1974
FINGEB DEUTSCHE FORSCHUNGSGEMEINSCHAFT

OC -023

INST INSTITUT FUER PFLANZENSCHUTZMITTELFORSCHUNG DER BIOLOGISCHEN BUNDESANSTALT FUER LAND- UND FORSTWIRTSCHAFT
BERLIN 33, KOENIGIN-LUISE-STR. 19
VORHAB **entwicklung automatisierter multipler methoden zur identifizierung und bestimmung der umweltkontamination durch verschiedenartige biozidrueckstaende**
ein verbundsystem eines dedicated computers mit mehreren gaschromatographen zur automatischen identifizierung und bestimmung von pflanzenschutzmittelrueckstaenden in vorgereinigten proben unbekannter vorgeschichte wird entwickelt
S.WORT rueckstandsanalytik + pflanzenschutzmittel + nachweisverfahren
LITAN ZWISCHENBERICHT

OC -024

INST INSTITUT FUER PHARMAKOLOGIE UND TOXIKOLOGIE DER UNI WUERZBURG
WUERZBURG, VERSBACHER LANDSTRASSE 9
VORHAB **auffindung empfindlicher biochemischer kriterien zur wirkung geringer konzentrationen gesundheitsschaedlicher arbeitsstoffe**
S.WORT organische schadstoffe + nachweisverfahren + bewertungskriterien
PROLEI DR. FREUNDT
STAND 1.1.1974
FINGEB DEUTSCHE FORSCHUNGSGEMEINSCHAFT
BEGINN 1.1.1970
G.KOST 15.000 DM

OC -025

INST INSTITUT FUER PHYSIKALISCHE BIOCHEMIE UND KOLLOIDCHEMIE DER UNI FRANKFURT
FRANKFURT -NIEDERRAD, SANDHOFSTR. 2-4
VORHAB **reaktionen von 3,4 benzpyren mit proteinen im licht**
modellversuche zur karzinogenese; 3, 4 benzpyren zerstoert proteine in gegenwart von sauerstoff und licht; angegriffene gruppe ist tryptophan; ziel: aufklaerung des reaktionsmechanismus und auffindung von schutzmassnahmen; 3, 4 benzpyren ist bestandteil von abwaessern und abgasen
S.WORT benzpyren + carcinogenese
PROLEI PROF. DR. RESKE
STAND 1.1.1974
BEGINN 1.1.1960
LITAN RESKE, G.;STAUFF, J.: Z. NATURFORSCHUNG 18 (774)(1963) IBID. 19 (716)(1964)

OC -026

INST INSTITUT FUER PHYSIOLOGIE, PHYSIOLOGISCHE CHEMIE UND ERNAEHRUNGSPHYSIOLOGIE IM FB TIERMEDIZIN DER UNI MUENCHEN
MUENCHEN 22, VETERINAERSTR. 13
VORHAB **organohalogenverbindungen in der umwelt**
S.WORT umweltchemikalien + halogenverbindungen
PROLEI PROF. DR. H. ZUCKER
STAND 12.8.1976
QUELLE fragebogenerhebung sommer 1976

OC -027

INST INSTITUT FUER PHYTOMEDIZIN DER UNI HOHENHEIM
STUTTGART 70, OTTO-SANDER-STR.5
VORHAB **ausarbeitung von nachweisverfahren fuer pflanzenschutzmittelrueckstaende**
es werden analysenverfahren ausgearbeitet und erprobt mit dem ziel, pflanzenschutzmittelrueckstaende in pflanzen und boeden schnell und sicher nachzuweisen
S.WORT pflanzenschutzmittel + pestizide + nachweisverfahren
PROLEI DR. KIRCHHOFF
STAND 1.1.1974
BEGINN 1.1.1973

OC -028

INST INSTITUT FUER RADIOCHEMIE DER GESELLSCHAFT FUER KERNFORSCHUNG MBH
KARLSRUHE -LEOPOLDSHAFEN, KERNFORSCHUNGSZENTRUM
VORHAB **physikalisch-organische chemie zur identifizierung und laufenden ueberwachung organischer schadstoffe**
entwicklung von analyseverfahrenn zur identifizierung und laufenden ueberwachung organischer schadstoffe
S.WORT organische schadstoffe + nachweisverfahren
PROLEI DR. GUESTEN
STAND 1.1.1974
FINGEB BUNDESMINISTER FUER FORSCHUNG UND TECHNOLOGIE
ZUSAM INST. F. SIEDLUNGSWASSERBAU DER UNI KARLSRUHE, 75 KARLSRUHE, KAISERSTR. 12
BEGINN 1.1.1973 ENDE 31.12.1975
G.KOST 535.000 DM
LITAN - JAHRESBERICHT DES KERNFORSCHUNGSZENTRUMS KARLSRUHE 1973
- ZWISCHENBERICHT 1974. 03

OC -029

INST INSTITUT FUER REAKTIONSKINETIK DER DFVLR
STUTTGART 80, PFAFFENWALDRING 38
VORHAB **messung von pyrolyse und oxidation einfacher kohlenwasserstoffe**
grundlagen der chemischen kinetik der kohlenwasserstoffverbrennung; technische verbrennungsprozesse
S.WORT kohlenwasserstoffe + verbrennung + reaktionskinetik
PROLEI DR. -ING. ROTH
STAND 1.1.1974
FINGEB - DEUTSCHE FORSCHUNGSGEMEINSCHAFT
- BUNDESMINISTER FUER FORSCHUNG UND TECHNOLOGIE
BEGINN 1.3.1973 ENDE 31.12.1975
G.KOST 400.000 DM
LITAN ZWISCHENBERICHT 1974. 12

OC -030

INST INSTITUT FUER STAUBLUNGENFORSCHUNG UND ARBEITSMEDIZIN DER UNI MUENSTER
MUENSTER, WESTRING 10

VORHAB **entwicklung und erprobung von analysenmethoden zur beurteilung von gesundheitsgefahren durch luftgaengige alkylierende verbindungen**
entwicklung standardisierbarer analysenverfahren fuer den spurennachweis alkylierender luftinhaltsstoffe; colorimetrische nachweismethoden allein und in verbindung mit gaschromatographischen methoden; zusaetzlich untersuchungen zur verbesserung der probenahmetechnik fuer den nachweis alkylierender luftkomponenten

S.WORT gesundheitsschutz + luftverunreinigende stoffe + spurenanalytik + (alkylierende verbindungen)
PROLEI PROF. DR. KLAUS NORPOTH
STAND 1.1.1974
FINGEB LAND NORDRHEIN-WESTFALEN
ZUSAM INST. F. PHARMAKOLOGIE UND TOXIKOLOGIE, WESTRING 12, 4400 MUENSTER
BEGINN 1.1.1971 ENDE 31.12.1974
G.KOST 280.000 DM
LITAN - NORPOTH,K.;MUELLER,G.: NACHWEISMOEGLICHKEITEN ALKYLIERENDER LUFTINHALTSSTOFFE. IN:ZENTRALBL. F. BAKTERIOLOGIE, PARASITENKUNDE, INFEKTIONSKRANKHEITEN UND HYGIENE. REIHE B(1976)
- MUELLER,G.;PEPPING,J.;NORPOTH,K.: SELEKTRIVE PHOTOMETRISCHE BESTIMMUNG ALIPHATISCHER NITROOLEFINE MIT HILFE DES ALKYLIERUNGSINDIKATORS 4-(4-NITROBENZYL)PYRIDIN (NBP). IN:INT. ARCH. OF OCCUPATIONAL AND ENVIRONMENTAL HEALTH. 36 S.299-310(1976)
- NORPOTH,L.;PAPATHEODOROU,T.;VENJAKOB,G.: CHROMATOGRAPHISCHE UNTERSUCHUNGEN ZUR AUFTRENNUNG ALKYLIERENDER FRAKTIONEN DES CIGARETTENTABAKS UND DES CIGARETTENRAUCHES.IN:BEITRAEGE ZUR TABAKFORSCHUNG,6 S.106-116

OC -031

INST LANDESANSTALT FUER WASSER UND ABFALL
DUESSELDORF, BOERNESTR. 10

VORHAB **anreicherung von organischen spurenstoffen durch druckdestillation**
eine stofftrennung und anreicherung in der dampfphase bei druecken bis 30 atue und temperaturen bis 200 grad celsius

S.WORT spurenstoffe + organische stoffe + (druckdestillation)
PROLEI DR. GIAVOTCHANOFF
STAND 1.1.1974
QUELLE erhebung 1975
FINGEB MINISTER FUER ERNAEHRUNG, LANDWIRTSCHAFT UND FORSTEN, DUESSELDORF
BEGINN 1.1.1972
LITAN GJAVOTCHANOFF, ST.;LUESSEM, H.;SCHLIMME, E.: DRUCKDESTILLATION. IN: WASSER/ABWASSER 112(9) S. 448-449(1971)

OC -032

INST LEHRSTUHL B FUER PHYSIKALISCHE CHEMIE DER TU BRAUNSCHWEIG
BRAUNSCHWEIG, HANS-SOMMER-STR. 10

VORHAB **die quenchofluorimetrie als neue analytische methode zur bestimmung von polycyclischen aromatischen stoffen in der umwelt**
die arbeitsgruppe "lumineszenz-spektroskopie" beschaeftigt sich mit der anwendung gezielter fluoreszenzloesch-effekte zur steigerung der selektivitaet in der spektrometrie. diese neue analytische methode -die "quenchofluoriemetrie"- erlaubt die qualitative und quantitative erfassung von spuren kanzerogenr stoffe in der umwelt. ziel dieser arbeiten ist es, neue effekte zu erforschen und die fuer diese effekte massgeblichen mechanismen aufzuklaeren und deren theoretische grundlagen zu entwickeln, um damit die moeglichkeit zu haben, diese technik allgemein auf den verschiedensten gebieten der umwelt-analytik anzuwenden

S.WORT polyzyklische aromaten + nachweisverfahren
PROLEI DR. ERICH KOCH
STAND 21.7.1976
QUELLE fragebogenerhebung sommer 1976
G.KOST 100.000 DM
LITAN - KOCH,E.(RUHR-UNIVERSITAET BOCHUM), DISSERTATION: SCHWERATOM-INDUZIERTE PHOTOPHYSIKALISCHE PROZESSE UND TERMSCHEMATA VON MEHRKERNIGEN AROMATISCHEN SYSTEMEN. (1975);219 S.
- DREESKAMP,H.;KOCH,E.;ZANDER,M.: HEAVY ATOM QUENCHING. IN:CHEMICAL PHYSICS LETTERS 31(2) S.251-253(1975)
- DREESKAMP,H.;KOCH,E.;ZANDER,M.: ON THE FLUORESCENCE QUENCHING OF POLYCYCLIC AROMATIC HYDROCARBONS. IN:Z. NATURFORSCHUNG 30A S.1311-1314(1975)

OC -033

INST LEHRSTUHL FUER OEKOLOGISCHE CHEMIE DER TU MUENCHEN
FREISING -WEIHENSTEPHAN

VORHAB **methoden der analytik fuer synthetische organische umweltchemikalien (xenobiotika)**
weiterentwicklung und anwendung neuer schneller und zuverlaessiger analysenmethoden-besonders hochdruckfluessigchromatographie, wechselstrom-polarographie und gaschromatographie mit spezifischen detektoren

S.WORT umweltchemikalien + analyseverfahren
PROLEI PROF. DR. FRIEDHELM KORTE
STAND 21.7.1976
QUELLE fragebogenerhebung sommer 1976
FINGEB BUNDESMINISTER FUER FORSCHUNG UND TECHNOLOGIE
ZUSAM GESELLSCHAFT FUER STRAHLEN- UND UMWELTFORSCHUNG MBH. , 8042 NEUHERBERG
BEGINN 1.1.1968 ENDE 31.12.1979

OC -034

INST MIKROANALYTISCHES LABOR
HAMBURG 56, HEXENTWIETE 32

VORHAB **systematische untersuchungen von umweltmedien des menschen auf amine als vorstufen fuer die entstehung cancerogener n-nitroso-verbindungen**

S.WORT umweltchemikalien + carcinogene + amine + nitrosoverbindungen
PROLEI DR. GEORG NEURATH
STAND 1.1.1974
FINGEB DEUTSCHE FORSCHUNGSGEMEINSCHAFT
BEGINN 1.1.1972

OC -035

INST ORGANISCH-CHEMISCHES LABORATORIUM DER TU MUENCHEN
MUENCHEN 2, CHEMIEGEBAEUDE HOCHSCHULSTRASSE

VORHAB **photochemie von nitrosoverbindungen und analogen**

S.WORT nitrosoverbindungen + photochemische reaktion
PROLEI PROF. DR. -ING. GUENTER KRESZE
STAND 7.9.1976
QUELLE datenuebernahme von der deutschen forschungsgemeinschaft
FINGEB DEUTSCHE FORSCHUNGSGEMEINSCHAFT

OC -036

INST PHARMAZEUTISCHES-CHEMISCHES INSTITUT DER UNI HEIDELBERG
HEIDELBERG, IM NEUENHEIMER FELD 364

VORHAB **qualitative und quantitative analytik von pflanzenschutzmitteln mittels der polarographie zur feststellung von umwelt-belastungen**
zielsetzung ist die ausarbeitung einer einfachen, sehr wirtschaftlichen und zeitlich nicht aufwendigen methode zur quantitativen bestimmung kleinster mengen von pestiziden. zur untersuchung sollen einige vertreter zweier grosser chemischer substanzklassen, der carbamate und der halogenkohlenwasserstoffe,

herangezogen werden. die methode ist die polarographie (anodic stripping voltermetry). der versuchsweise einsatz einer neuen elektrode (glaskohlenstoff) soll zu einer erhoehung der empfindlichkeit der methode fuehren. ausserdem soll die art der chemischen veraenderungen, die die substanzen an der elektrode erleiden, untersucht werden

S.WORT pestizide + messmethode
PROLEI DR. BERND STACKEBRANDT
STAND 19.7.1976
QUELLE fragebogenerhebung sommer 1976
BEGINN 1.1.1976 ENDE 31.12.1979

OC -037

INST STAATLICHES MEDIZINALUNTERSUCHUNGSAMT OSNABRUECK
OSNABRUECK, ALTE POST 11
VORHAB analytik und entstehung krebserzeugender n-nitrosoverbindungen
analysen zur entstehung krebserzeugender nitrosoverbindungen unter physiologischen bedingungen und unter umweltbedingungen. -uebergang von nitrosoverbindungen aus dem boden in nahrungspflanzen -wasseranalysen im hinblick auf krebserzeugende nitrosoverbindungen (einzelproben)
S.WORT umweltchemikalien + nitrosoverbindungen + analytik
PROLEI PROF. DR. JOHANNES SANDER
STAND 21.7.1976
QUELLE fragebogenerhebung sommer 1976
FINGEB DEUTSCHE FORSCHUNGSGEMEINSCHAFT
ZUSAM - DEUTSCHES KREBSFORSCHUNGSZENTRUM, HEIDELBERG
- BUNDESANSTALT FUER GEOWISSENSCHAFTEN, HANNOVER
BEGINN 1.1.1968 ENDE 31.12.1977
LITAN ZWISCHENBERICHT

OC -038

INST WILHELM-KLAUDITZ-INSTITUT FUER HOLZFORSCHUNG DER FRAUNHOFER-GESELLSCHAFT E.V.
BRAUNSCHWEIG, BIENRODERWEG 54E
VORHAB untersuchungen ueber verlauf und bedingungen von formaldehydabspaltung aus spanplatten in raeumen
S.WORT holzindustrie + schadstoffe
PROLEI MEHLHORN
STAND 1.10.1974
BEGINN 1.7.1973 ENDE 30.9.1974
G.KOST 60.000 DM

Weitere Vorhaben siehe auch:

RE -013 ERHEBUNGEN DIESER ART UND MENGE DER IN DEN VERSCHIEDENEN KULTUREN AUSGEBRACHTEN PFLANZENSCHUTZMITTEL

OD -001

INST ABTEILUNG ANALYTISCHE CHEMIE DER UNI ULM
ULM, OBERER ESELSBERG
VORHAB **vorkommen und verbleib von umweltchemikalien, insbesondere cyclodien-biozide und halogenierte aromaten**
mit leistungsfaehigen analytischen methoden sollen bekannte organische umwelt-chemikalien nachgewiesen und unbekannte identifiziert werden. besonderer wert wird auf eine kritische beurteilung der analysenverfahren gelegt. eingesetzt werden schwerpunktmaessig kapillar-chromatographie in kombination mit der massenspektrometrie
S.WORT umweltchemikalien + aromaten
+ chlorkohlenwasserstoffe + biozide
+ nachweisverfahren
PROLEI PROF. DR. KARLHEINZ BALLSCHMITER
STAND 30.8.1976
QUELLE fragebogenerhebung sommer 1976
BEGINN 1.6.1974
G.KOST 1.010.000 DM

OD -002

INST ABTEILUNG ANALYTISCHE CHEMIE DER UNI ULM
ULM, OBERER ESELSBERG
VORHAB **metabolismus der polychlorierten biphenyle durch mikroorganismen**
fuer die beurteilung des verbleibs der polychlorierten biphenyle in der biosphaere ist ihr moeglicher mikrobieller abbau von zentraler bedeutung. dieser soll am beispiel von bodenmischkulturen untersucht werden
S.WORT biosphaere + boden + pcb + mikrobieller abbau
+ metabolismus
PROLEI PROF. DR. KARLHEINZ BALLSCHMITER
STAND 30.8.1976
QUELLE fragebogenerhebung sommer 1976
FINGEB BUNDESMINISTER FUER FORSCHUNG UND TECHNOLOGIE
ZUSAM GESELLSCHAFT FUER STRAHLEN- UND UMWELTFORSCHUNG, NEUHERBERG
BEGINN 1.6.1974 ENDE 31.12.1976
G.KOST 533.000 DM
LITAN ZWISCHENBERICHT

OD -003

INST ABTEILUNG FUER ANGEWANDTE LAGERSTAETTENLEHRE DER TH AACHEN
AACHEN, SUESTERFELDSTR. 22
VORHAB **spurenelementdispersionen in gesteinen, boeden, gewaessern, pflanzen und luft im raum aachen-stolberg**
S.WORT bodenkontamination + pflanzenkontamination
+ luftverunreinigung + spurenelemente
AACHEN-STOLBERG
PROLEI PROF. DR. GUENTHER FRIEDRICH
STAND 7.9.1976
QUELLE datenuebernahme von der deutschen forschungsgemeinschaft
FINGEB DEUTSCHE FORSCHUNGSGEMEINSCHAFT

OD -004

INST ABTEILUNG FUER PFLANZENBAU UND PFLANZENZUECHTUNG IN DEN TROPEN UND SUBTROPEN / FB 16 DER UNI GIESSEN
GIESSEN, SCHOTTSTR. 2
VORHAB **aufnahme und abbau von herbiziden durch kulturpflanzen und unkraeuter**
kulturpflanzen werden in gefaess- und feldversuchen mit herbiziden behandelt. es werden untersucht: aufnahme der herbizide in kurzzeitversuchen, vergleiche zwischen simazin- und atrazinbehandlungen in fluessiger und granulierter form, nachwirkungen auf folgefruechte
S.WORT pflanzen + herbizide
PROLEI PROF. DR. ALKAEMPER
STAND 1.1.1974
BEGINN 1.1.1965

OD -005

INST ABTEILUNG FUER TOXIKOLOGIE DER GESELLSCHAFT FUER STRAHLEN- UND UMWELTFORSCHUNG MBH
NEUHERBERG, INGOLSTAEDTER LANDSTR. 1
VORHAB **wirkung und verbleib von umweltchemikalien in versuchstieren**
akute und chronische toxizitaetspruefungen von halogenierten kohlenwasserstoffen und nitroseverbindungen unter einbeziehung biochemischer und haematologischer untersuchungen. untersuchungen ueber die verteilung halogenierten kohlenwasserstoffe und deren metaboliten im organismus. bestimmung der verteilung dieser substanzen durch radioaktive markierung. identifizierung der substanzen und ihrer metaboliten in den organen und ausscheidungsprodukten
S.WORT toxizitaet + kohlenwasserstoffe
+ nitrosoverbindungen + metabolismus
PROLEI PROF. DR. H. GREIM
STAND 30.8.1976
QUELLE fragebogenerhebung sommer 1976
BEGINN 1.1.1975 ENDE 31.12.1979
G.KOST 3.151.000 DM
LITAN ENDBERICHT

OD -006

INST AGRIKULTURCHEMISCHES INSTITUT DER UNI BONN
BONN, MECKENHEIMER ALLEE 176
VORHAB **anreicherung von schwermetallen in boeden und pflanzen durch muellkomposte und abwasserklaerschlaemme im landbau**
S.WORT boden + schwermetalle + muellkompost
+ klaerschlamm
PROLEI PROF. DR. HERMANN KICK
STAND 1.10.1974
FINGEB BUNDESMINISTER FUER JUGEND, FAMILIE UND GESUNDHEIT
BEGINN 1.1.1972 ENDE 31.12.1975
G.KOST 163.000 DM

OD -007

INST ANORGANISCH-CHEMISCHES LABORATORIUM DER TU MUENCHEN
MUENCHEN 2, ARCISSTR. 21
VORHAB **biologischer abbau von silikonen, umweltbelastung durch silikone**
die technik verwendet in steigendem masse silikone. es ist jedoch wenig ueber den biologischen abbau dieser substanzen bekannt, so dass unklar bleiben muss, wo die silikone letzten endes bleiben. im augenblick scheinen sie einfach zu verschwinden. es ist das ziel des projekts, anhaltspunkte dafuer zu erhalten, welche wege die natur benuetzt, die silikone wieder zu silikaten, kohlendioxid und wasser abzubauen
S.WORT silikone + biologischer abbau
PROLEI PROF. DR. HUBERT SCHMIDBAUR
STAND 19.7.1976
QUELLE fragebogenerhebung sommer 1976
BEGINN 1.3.1976 ENDE 31.3.1978
G.KOST 90.000 DM

OD -008

INST ARBEITSKREIS FUER DIE NUTZBARMACHUNG VON SIEDLUNGSABFAELLEN (ANS) E.V.
MUENCHEN 60, PLAENTSCHWEG 72
VORHAB **polychlorierte biphenyle (pcb), bedeutung, verbreitung und vorkommen in muell- und klaerschlammkomposten, sowie in den damit geduengten boeden**
gefaehrdung der boeden durch muell- und muellklaerschlammkomposte wegen deren gehalt an pcbs
S.WORT bodenkontamination + pcb + klaerschlamm
+ muellkompost
PROLEI DR. GUSTAV ROHDE
STAND 2.8.1976

QUELLE fragebogenerhebung sommer 1976
FINGEB KURATORIUM FUER WASSER- UND KULTURBAUWESEN (KWK), BONN
BEGINN 1.1.1975 ENDE 30.6.1975
G.KOST 8.000 DM
LITAN - "POLYCHLORIERTE BIPHENYLE (PCBS) - BEDEUTUNG, VERBREITUNG UND VORKOMMEN IN MUELL- UND MUELLKLAERSCHLAMMKOMPOSTEN SOWIE IN DEN DAMIT GEDUENGTEN BOEDEN. IN: ANS-MITTEILUNGEN, SONDERHEFT (1)(1975)
- ENDBERICHT

OD -009
INST BAYERISCHE LANDESANSTALT FUER BODENKULTUR UND PFLANZENBAU
MUENCHEN 19, MENZINGER STRASSE 54
VORHAB **mikrobieller abbau von chemischen pflanzenschutzmitteln und bioziden umweltchemikalien**
S.WORT pflanzenschutzmittel + biozide + mikrobieller abbau
PROLEI PROF. DR. PETER WALLNOEFER
STAND 1.1.1974
QUELLE erhebung 1975
FINGEB DEUTSCHE FORSCHUNGSGEMEINSCHAFT
BEGINN 1.1.1973 ENDE 31.12.1976

OD -010
INST BIOCHEMISCHES INSTITUT FUER UMWELTCARCINOGENE
AHRENSBURG, SIEKER LANDSTRASSE 19
VORHAB **entwicklungsstand der erdoele und ihr gehalt an mehrkernigen aromaten und heterocyclen**
S.WORT mineraloel + polyzyklische aromaten + heterozyklische kohlenwasserstoffe
PROLEI PROF. DR. GERNOT GRIMMER
STAND 1.1.1974
FINGEB DEUTSCHE FORSCHUNGSGEMEINSCHAFT
BEGINN 1.1.1973 ENDE 31.12.1976

OD -011
INST FACHRICHTUNG MIKROBIOLOGIE DER UNI DES SAARLANDES
SAARBRUECKEN, IM STADTWALD
VORHAB **anreicherung und beseitigung anorganischer spurenstoffe durch mikroorganismen**
es werden mit dem forschungsvorhaben die ermittlungen ueber schwermetalle in saar und mosel untersucht. hierbei werden insbesondere die wechselbeziehungen zwischen wasser, sediment und aquatischen mikroorganismen aufgedeckt. damit werden neben der bestandsaufnahme wesentliche erkenntnisse ueber das verhalten von schwermetallen in den gewaessern allgemein erzielt
S.WORT fliessgewaesser + schwermetallkontamination + schadstoffbeseitigung + mikroorganismen
SAAR + MOSEL
PROLEI PROF. DR. HEINRICH KALTWASSER
STAND 20.11.1975
FINGEB BUNDESMINISTER DES INNERN
BEGINN 1.1.1975 ENDE 31.12.1977
G.KOST 366.000 DM

OD -012
INST GEOCHEMISCHES INSTITUT DER UNI GOETTINGEN
GOETTINGEN, GOLDSCHMIDTSTR. 1
VORHAB **spurenelemente und umweltforschung**
S.WORT umweltforschung + spurenelemente
PROLEI PROF. DR. KARL HANS WEDEPOHL
STAND 1.1.1974
FINGEB DEUTSCHE FORSCHUNGSGEMEINSCHAFT
BEGINN 1.1.1973

OD -013
INST GEOCHEMISCHES INSTITUT DER UNI GOETTINGEN
GOETTINGEN, GOLDSCHMIDTSTR. 1
VORHAB **natuerlicher und anthropogen beeinflusster kreislauf von pb, bi, cd, tl, as, sb, hg und f**
entwicklung und verbesserung analytischer methoden hoher reproduzierbarkeit fuer extrem niedrige konzentrationen von pb, hg, bi, cd, as, sb, tl. bestimmung der genannten elemente in haeufigen gesteinen, boeden, gewaessern und natuerlichen rohstoffen (ziegeltone, handelsduenger, kohle, oel) sowie klaerschlaemmen
S.WORT schadstoffbilanz + schwermetalle + nachweisverfahren
PROLEI PROF. DR. KARL HANS WEDEPOHL
STAND 9.8.1976
QUELLE fragebogenerhebung sommer 1976
FINGEB DEUTSCHE FORSCHUNGSGEMEINSCHAFT
ZUSAM INST. F. BODENKUNDE UND WALDERNAEHRUNG DER UNI GOETTINGEN, BUESENWEG, 3400 GOETTINGEN-WEENDE
LITAN HEINRICHS, H. (UNI GOETTINGEN), DISSERTATION: DIE UNTERSUCHUNG VON GESTEINEN UND GEWAESSERN AUF CD, SB, HG, PB UND BI MIT DER FLAMMENLOSEN ATOM-ABSORPTIONS-SPEKTRALPHOTOMETRIE. (1975)

OD -014
INST HESSISCHE LANDWIRTSCHAFTLICHE VERSUCHSANSTALT
DARMSTADT, RHEINSTR. 91
VORHAB **automatisierung von untersuchungsverfahren ueber vorkommen und wirkungen von umweltchemikalien und bioziden**
S.WORT umweltchemikalien + biozide + messtechnik
STAND 1.10.1974
QUELLE erhebung 1975
FINGEB BUNDESMINISTER FUER FORSCHUNG UND TECHNOLOGIE
BEGINN 1.1.1973 ENDE 31.12.1975

OD -015
INST HYGIENEINSTITUT DER UNI MAINZ
MAINZ, HOCHHAUS AM AUGUSTUSPLATZ
VORHAB **pestizide in der umwelt**
S.WORT pestizide + umweltbelastung
PROLEI PROF. DR. SELENKA
STAND 1.10.1974
FINGEB DEUTSCHE FORSCHUNGSGEMEINSCHAFT
BEGINN 1.1.1967 ENDE 1.1.1975
G.KOST 250.000 DM

OD -016
INST HYGIENEINSTITUT DER UNI MAINZ
MAINZ, HOCHHAUS AM AUGUSTUSPLATZ
VORHAB **untersuchungen ueber das verhalten von polyzyklischen aromaten in boden und kompost unter verschiedenen bedingungen**
ziel: feststellung des verhaltens der polyzyklischen aromaten in erdproben mit und ohne kompostduenger, in abhaengigkeit von temperatur, feuchtigkeit und licht und der mikrobiologischen flora
S.WORT schadstoffabbau + polyzyklische aromaten + persistenz + boden + kompost
PROLEI DR. KUNTE
STAND 1.1.1974
FINGEB BUNDESMINISTER FUER JUGEND, FAMILIE UND GESUNDHEIT
BEGINN 1.1.1974 ENDE 31.12.1977
G.KOST 207.000 DM

OD -017
INST INSTITUT FUER ALLGEMEINE BOTANIK DER UNI HAMBURG
HAMBURG 36, JUNGIUSSTR. 6
VORHAB **speicherung von blei, mangan und quecksilber durch algen (gruen- und kieselalgen)**
ziel unserer untersuchungen ist es, herauszufinden, wie hoch die anreicherungsquote der oben genannten metalle durch algen ist. wir arbeiten mit axenischen kulturen im stedy-state- bzw. batch-verfahren. die metallkonzentrationen entsprechen weitgehend den "natuerlichen" kontaminationen

S.WORT pflanzenphysiologie + schwermetallkontamination + algen
PROLEI DR. ADOLF WEBER
STAND 21.7.1976
QUELLE fragebogenerhebung sommer 1976
FINGEB DEUTSCHE FORSCHUNGSGEMEINSCHAFT
ZUSAM INST. F. HYDROBIOLOGIE UND FISCHEREIWISSENSCHAFTEN DER UNI HAMBURG
BEGINN 31.12.1973 ENDE 1.1.1978
G.KOST 250.000 DM
LITAN WETTERN, M.;LORCH, D.;WEBER, A.: DIE WIRKUNG VON BLEI UND MANGAN AUF DIE GRUENALGE PEDIASTRUM TETRAS IN AXENISCHER KULTUR. 1. SPEICHERUNGSRATEN UND BEEINFLUSSUNG DES WACHSTUMS. IN: ARCH. HYDROBIOLOGIE. 77 S. 267FF(1976)

OD -018
INST INSTITUT FUER ALLGEMEINE BOTANIK DER UNI HAMBURG
HAMBURG 36, JUNGIUSSTR. 6
VORHAB **mikrobieller abbau polycyclischer aromatischer kohlenwasserstoffe**
polycyclische aromatische kohlenwasserstoffe sind aufgrund ihrer entstehungsweise - pyrolyse und verbrennung von organischen materialen - ueberall vorhanden. da ein teil dieser verbindungen stark krebserregend ist - z. b. benz(a)pyren, benz(a)anthracen - interessiert primaer die frage, ob es in der natur zu einer anreicherung dieser verbindungen kommt, oder ein abbau durch mikroorganismen zu erwarten ist. die vorliegende arbeit beschaeftigt sich mit dem moeglichen abbau durch mikroorganismen
S.WORT carcinogene + polyzyklische kohlenwasserstoffe + mikrobieller abbau
PROLEI DIRK GROENEWEGEN
STAND 30.8.1976
QUELLE fragebogenerhebung sommer 1976
FINGEB DEUTSCHE GESELLSCHAFT FUER MINERALOELWISSENSCHAFT UND KOHLECHEMIE E. V. , HAMBURG
BEGINN 1.1.1972 ENDE 31.12.1976
LITAN GROENEWEGEN, D.;STOLP, H.: MIKROBIELLER ABBAU VON POLYCYCLISCHEN AROMATISCHEN KOHLENWASSERSTOFFEN. IN: ERDOEL U. KOHLE 28 S. 206(1975)

OD -019
INST INSTITUT FUER BAUBIOLOGIE
STEPHANSKIRCHEN -WALDERING, KORNWEG 6
VORHAB **entwicklung biologisch unbedenklicher hauspflege- und holzschutzmittel**
die hauspflege- und holzschutzmittel duerfen wohlbefinden und gesundheit des menschen nicht beeintraechtigen. es sollen praeparate aus natuerlichen grundstoffen entwickelt und hinsichtlich anwendung, kosten, aussehen, geruch, widerstandsfaehigkeit und dauerhaftigkeit geprueft werden
S.WORT wohnungshygiene + holzschutzmittel + gesundheitsschutz
PROLEI PROF. DR. ANTON SCHNEIDER
STAND 22.7.1976
QUELLE fragebogenerhebung sommer 1976
FINGEB FORSCHUNGSKREIS FUER GEOLOGIE
BEGINN 1.1.1974
G.KOST 20.000 DM
LITAN - SCHNEIDER,A.: GESUNDES WOHNKLIMA DURCH BIENENWACHS. IN:ARCHITEKTUR UND WOHNWELT 1(1976)
- SCHNEIDER,A.: GESUNDES BAUEN - GESUNDES WOHNEN. AGBW-SELBST-VERLAG(1974) 2.AUFL.
- SCHNEIDER,A.: ELEKTROSTATISCHE AUFLADUNGEN DER BAUSTOFFE UND IHRE BIOLOGISCHEN AUSWIRKUNGEN. IN:ARCHITEKTUR UND WOHNWELT 1(1975)

OD -020
INST INSTITUT FUER BIOCHEMIE DES BODENS DER FORSCHUNGSANSTALT FUER LANDWIRTSCHAFT
BRAUNSCHWEIG, BUNDESALLEE 50
VORHAB **mikrobieller abbau chlorierter cycloalkane und aromaten unter anaeroben und aeroben bedingungen**
halogenkohlenwasserstoffe gelangen aus verschiedenen quellen in die umwelt und sind zum teil gegenueber dem mikrobiellen abbau widerstandsfaehige verbindungen. es wird untersucht, inwieweit mikroorganismen mit spezifischen faehigkeiten, wie z. b. phenol oder benzol verwertende bakterien, auch die halogenierten - besonders chlorierten - verbindungen abbauen koennen. andererseits ist bekannt, dass andere mikroorganismen besonders unter anaeroben bedingungen halogenierte verbindungen rasch abbauen. hierbei scheinen aliphatische verbindungen, aber auch cycloalkane bevorzugt zu sein. es werden hierzu anaerobe mischkulturen des bodens, aber auch des kuhpansens verwendet, weiterhin werden reinkulturen isoliert und untersucht. fuer diese untersuchungen werden entwedeer 14 -c oder durch radioaktive halogen-isotope markierte verbindungen synthesiert und verwendet
S.WORT bodenkontamination + aromaten + chlorkohlenwasserstoffe + mikrobieller abbau
PROLEI PROF. DR. GERHARD JAGNOW
STAND 26.7.1976
QUELLE fragebogenerhebung sommer 1976
BEGINN 1.1.1975 ENDE 31.12.1978
LITAN - HAIDER, K.;JAGNOW, G.;LIM, S.: ABBAU CHLORIERTER BENZOLE, PHENOLE UND CYCLOHEXAN-DERIVATE DURCH BENZOL UND PHENOL VERWERTENDE BODENBAKTERIEN UNTER AEROBEN BEDINGUNGEN. IN: ARCH. MICROBIOL. 96 S. 183-200(1974)
- HAIDER, K.;JAGNOW, G.: ABBAU VON 14C-, 3H- UND 36CL-MARKIERTEN Y-HEXACHLORCYCLOHEXAN DURCH ANAEROBE BODENMIKROORGANISMEN. IN: ARCH. MICROBIOL. 104 S. 113-121(1975)
- JAGNOW, G.;HAIDER, K.: EVOLUTION OF 14CO2 FROM SOIL INCUBATED WITH DIELDRIN-14C- AND THE ACTION OF SOIL BACTERIA ON LABELLED DIELDRIN. IN: SOIL BIOL. BIOCHEM. 4 S. 43-49(1972)

OD -021
INST INSTITUT FUER BIOCHEMIE DES BODENS DER FORSCHUNGSANSTALT FUER LANDWIRTSCHAFT
BRAUNSCHWEIG, BUNDESALLEE 50
VORHAB **bindung und komplexierung chlorierter phenole und anilin-derivate in der organischen bodensubstanz**
die organische substanz des bodens hat eine betraechtliche sorptionskapazitaet, durch die auch fremdstoffe sorbiert oder komplexiert werden koennen. weiterhin entstehen im verlauf der humifizierungsprozesse intermediaer reaktionsfaehige verbindungen, die mit solchen stoffen reagieren, sie aggregieren oder binden. durch beide prozesse koennen fremdstoffe entweder unschaedlich gemacht werden oder auch dem weiteren mikrobiellen abbau entzogen werden. an einer reihe ausgewaehlter herbizide u. deren abbauprodukten, wie chlorierten phenolen oder anilinen, werden solche prozesse untersucht. hierzu werden spezifisch radioaktiv markierte verbindungen eingesetzt
S.WORT schadstoffabbau + herbizide
PROLEI DR. KONRAD HAIDER
STAND 26.7.1976
QUELLE fragebogenerhebung sommer 1976
BEGINN 1.1.1975 ENDE 31.12.1978

OD -022
INST INSTITUT FUER BIOCHEMIE DES BODENS DER FORSCHUNGSANSTALT FUER LANDWIRTSCHAFT
BRAUNSCHWEIG, BUNDESALLEE 50
VORHAB **verlagerung von naehrstoffen, insbesondere nach der duengung mit n-lignin, unter dem einfluss von niederschlaegen**
S.WORT duengung + stofftransport + niederschlag
PROLEI H. SOECHTIG
STAND 1.1.1976

QUELLE mitteilung des bundesministers fuer ernaehrung,landwirtschaft und forsten
FINGEB BUNDESMINISTER FUER ERNAEHRUNG, LANDWIRTSCHAFT UND FORSTEN
BEGINN ENDE 31.12.1976

OD -023
INST INSTITUT FUER BODENBIOLOGIE DER FORSCHUNGSANSTALT FUER LANDWIRTSCHAFT BRAUNSCHWEIG, BUNDESALLEE 50
VORHAB **der abbau von hexachlorcyclohexan im boden und in kulturen von mikroorganismen**
S.WORT schadstoffabbau + chlorkohlenwasserstoffe + boden + mikroorganismen
PROLEI PROF. DR. GERHARD JAGNOW
STAND 1.1.1974
FINGEB DEUTSCHE FORSCHUNGSGEMEINSCHAFT
BEGINN 1.1.1972

OD -024
INST INSTITUT FUER BODENBIOLOGIE DER FORSCHUNGSANSTALT FUER LANDWIRTSCHAFT BRAUNSCHWEIG, BUNDESALLEE 50
VORHAB **mikrobieller abbau der thiocarbamate diallate und triallate in verschiedenen boeden**
S.WORT schadstoffabbau + mikrobieller abbau + boden
PROLEI PROF. DR. KLAUS H. DOMSCH
STAND 1.1.1974
FINGEB DEUTSCHE FORSCHUNGSGEMEINSCHAFT
BEGINN 1.1.1972

OD -025
INST INSTITUT FUER BODENBIOLOGIE DER FORSCHUNGSANSTALT FUER LANDWIRTSCHAFT BRAUNSCHWEIG, BUNDESALLEE 50
VORHAB **enzymregulierung beim mikrobiellen abbau von natuerlichen aromatischen verbindungen und beim kometabolismus von halogen-substituierten aromaten**
die in den aromatenwechsel eingreifenden enzyme unterliegen, wie andere enzyme, bestimmten regelmechanismen (repression der enzymsynthese bzw. rompetitive hemmung von enzymaktivitaeten). es wird vermutet, dass der kometabolismus chlorierter aromaten von den gleichen mechanismen abhaengt. benzoesaeure und anilin abbauende bakterien werden auf ihre faehigkeit zum kometabolismus der chlorierten derivate untersucht
S.WORT pestizide + aromaten + mikrobieller abbau + enzyme
PROLEI DR. HANS REBER
STAND 1.1.1976
QUELLE mitteilung des bundesministers fuer ernaehrung,landwirtschaft und forsten
FINGEB - FORSCHUNGSANSTALT FUER LANDWIRTSCHAFT, BRAUNSCHWEIG-VOELKENRODE
- DEUTSCHE FORSCHUNGSGEMEINSCHAFT
ZUSAM INST. F. MOLEKULARE BIOLOGIE, BRAUNSCHWEIG-STOECKHEIM
BEGINN 1.1.1975 ENDE 31.12.1978
G.KOST 640.000 DM
LITAN - REBER, H.: IN: ARRCH. MIKROBIOL. 89 S. 305-315(1973)
- REBER, H. , 1ER COLLOQUE INTERNATIONALE, NANCY, 1974. IN: BIODEGRADATION ET HUMIFICATION. S. 466-469(1975)

OD -026
INST INSTITUT FUER BODENBIOLOGIE DER FORSCHUNGSANSTALT FUER LANDWIRTSCHAFT BRAUNSCHWEIG, BUNDESALLEE 50
VORHAB **beeinflussung der mikrobiellen stickstoffbindung durch pestizide unter aeroben und anaeroben bedingungen**
mit hilfe des acetylen-reduktionstests soll untersucht werden, ob pestizide den prozess der n-bindung bei azotobacter und clostridium und in boeden unterbindet
S.WORT bodenbeeinflussung + pestizide + stickstoff
PROLEI PROF. DR. GERHARD JAGNOW
STAND 1.1.1976
QUELLE mitteilung des bundesministers fuer ernaehrung,landwirtschaft und forsten
FINGEB DEUTSCHE FORSCHUNGSGEMEINSCHAFT
BEGINN 1.1.1976 ENDE 31.12.1978
G.KOST 300.000 DM

OD -027
INST INSTITUT FUER BODENBIOLOGIE DER FORSCHUNGSANSTALT FUER LANDWIRTSCHAFT BRAUNSCHWEIG, BUNDESALLEE 50
VORHAB **aufnahme, transport und verbleib von schwermetallionen in mikroorganismen**
S.WORT mikroorganismen + schwermetalle + transportprozesse
PROLEI PROF. DR. KLAUS H. DOMSCH
STAND 1.1.1976
QUELLE mitteilung des bundesministers fuer ernaehrung,landwirtschaft und forsten
FINGEB FORSCHUNGSANSTALT FUER LANDWIRTSCHAFT, BRAUNSCHWEIG-VOELKENRODE
BEGINN ENDE 31.12.1978

OD -028
INST INSTITUT FUER BODENBIOLOGIE DER FORSCHUNGSANSTALT FUER LANDWIRTSCHAFT BRAUNSCHWEIG, BUNDESALLEE 50
VORHAB **analyse von schwermetallcyklen**
S.WORT schwermetalle + organismen + transportprozesse
PROLEI PROF. DR. KLAUS H. DOMSCH
STAND 1.1.1976
QUELLE mitteilung des bundesministers fuer ernaehrung,landwirtschaft und forsten
FINGEB FORSCHUNGSANSTALT FUER LANDWIRTSCHAFT, BRAUNSCHWEIG-VOELKENRODE
BEGINN ENDE 31.12.1978

OD -029
INST INSTITUT FUER BODENBIOLOGIE DER FORSCHUNGSANSTALT FUER LANDWIRTSCHAFT BRAUNSCHWEIG, BUNDESALLEE 50
VORHAB **modelluntersuchungen zum einfluss wichtiger bodenparameter auf den mikrobiellen pestizidabbau**
die untersuchungen basieren auf der beobachtung, dass pestizide in verschiedenen boeden unterschiedlich schnell abgebaut werden. es soll einerseits untersucht werden, die faktoren, die in den verschiedenen boeden zu unterschiedlichen abbauleistungen fuehren. durch genaue analyse zu ermitteln, andererseits durch veraenderung einzelner faktoren die abbauleistung eines bodens zu veraendern. in die untersuchungen werden sowohl herbizide als auch pestizde einbezogen
S.WORT bodenbeschaffenheit + pestizide + mikrobieller abbau
PROLEI PROF. DR. KLAUS H. DOMSCH
STAND 1.1.1976
QUELLE mitteilung des bundesministers fuer ernaehrung,landwirtschaft und forsten
FINGEB DEUTSCHE FORSCHUNGSGEMEINSCHAFT
BEGINN 1.1.1976 ENDE 31.12.1978
G.KOST 240.000 DM
LITAN - ANDERSON, J.;DOMSCH, K.: IN: ARCH. ENVIRON. CONTAMINATION AND TOXICOL. 4(1976)
- ANDERSON, J.: IN: Z. PFLANZENKRANKHEITEN. SONDERHEFT 7(1975)

OD -030
INST INSTITUT FUER BODENBIOLOGIE DER FORSCHUNGSANSTALT FUER LANDWIRTSCHAFT BRAUNSCHWEIG, BUNDESALLEE 50
VORHAB **untersuchungen ueber die den pestizidabbau beeinflussenden bodenparameter durch vergleichende bodenanalyse**
S.WORT bodenbeschaffenheit + pestizide + mikrobieller abbau
PROLEI PROF. DR. KLAUS H. DOMSCH
STAND 1.1.1976

QUELLE mitteilung des bundesministers fuer ernaehrung,landwirtschaft und forsten
FINGEB FORSCHUNGSANSTALT FUER LANDWIRTSCHAFT, BRAUNSCHWEIG-VOELKENRODE
BEGINN ENDE 31.12.1978

OD -031

INST INSTITUT FUER BODENBIOLOGIE DER FORSCHUNGSANSTALT FUER LANDWIRTSCHAFT BRAUNSCHWEIG, BUNDESALLEE 50
VORHAB **mikrobieller abbau von chlorierten cycloalkanen und aromaten unter anaeroben und aeroben bedingungen**
chlorierte cycloalkane und chlorierte aromaten scheinen je nach bodenluftverhaeltnissen unterschiedlich schnell dechloriert bzw. abgebaut zu werden. es wird daher versucht, die fuer beide substanzklassen optimalen abbaubedingungen im boden zu charakterisieren. versuche mit reinkulturen von mikroorganismen sind auch vorgesehen
S.WORT mikrobieller abbau + chlorkohlenwasserstoffe + aromaten
PROLEI PROF. DR. GERHARD JAGNOW
STAND 1.1.1976
QUELLE mitteilung des bundesministers fuer ernaehrung,landwirtschaft und forsten
FINGEB FORSCHUNGSANSTALT FUER LANDWIRTSCHAFT, BRAUNSCHWEIG-VOELKENRODE
ZUSAM INST. F. BIOCHEMIE DES BODENS FAL, BUNDESALLEE 50, BRAUNSCHWEIG
BEGINN 1.1.1975 ENDE 31.12.1978
G.KOST 320.000 DM
LITAN HAIDER, K.;JAGNOW, G.: ABBAU VON 14C-, 3H- UND 36CL-MARKIERTEM GAMMA-HCH DURCH ANAEROBE BODENMIKROORGANISMEN. IN: ARCH. MIKROBIOL. 104 S. 113-121(1975)

OD -032

INST INSTITUT FUER BODENBIOLOGIE DER FORSCHUNGSANSTALT FUER LANDWIRTSCHAFT BRAUNSCHWEIG, BUNDESALLEE 50
VORHAB **isolierung und biochemische charakterisierung von mikroorganismen mit der faehigkeit zum aeroben abbau und zum kometabolismus chlorierter benzoesaeuren**
S.WORT mikroorganismen + schadstoffabbau + chlorkohlenwasserstoffe + (chlorierte benzoesaeuren)
PROLEI DR. HANS REBER
STAND 1.1.1976
QUELLE mitteilung des bundesministers fuer ernaehrung,landwirtschaft und forsten
FINGEB - DEUTSCHE FORSCHUNGSGEMEINSCHAFT
- FORSCHUNGSANSTALT FUER LANDWIRTSCHAFT, BRAUNSCHWEIG-VOELKENRODE
BEGINN ENDE 31.12.1978

OD -033

INST INSTITUT FUER BODENBIOLOGIE DER FORSCHUNGSANSTALT FUER LANDWIRTSCHAFT BRAUNSCHWEIG, BUNDESALLEE 50
VORHAB **bilanzierungsversuche zur pca-anreicherung in muellkomposten und beim erntegut**
durch untersuchungen von muellkomposten waehrend der herstellung und anwendung werden hinweise auf umfang und zeitliches auftreten mikrobieller biosynthese- und abbauvorgaenge bei polycyklischen aromaten erwartet. analyse moeglicher zwischen- und endprodukte. untersuchung von moehren und pilzen (agaricus bisporus) hinsichtlich aufnahme 14 c-markierter pca's
S.WORT polyzyklische aromaten + muellkompost + gemuese + schadstoffbelastung
PROLEI DR. RAINER MARTENS
STAND 1.1.1976
QUELLE mitteilung des bundesministers fuer ernaehrung,landwirtschaft und forsten
FINGEB BUNDESMINISTER FUER FORSCHUNG UND TECHNOLOGIE
ZUSAM GESELLSCHAFT FUER STRAHLEN- UND UMWELTFORSCHUNG
BEGINN 1.1.1976 ENDE 31.12.1978
G.KOST 230.000 DM
LITAN ZWISCHENBERICHT

OD -034

INST INSTITUT FUER BODENBIOLOGIE DER FORSCHUNGSANSTALT FUER LANDWIRTSCHAFT BRAUNSCHWEIG, BUNDESALLEE 50
VORHAB **entwicklung mikrobieller entgiftungssysteme fuer pestizide**
die faehigkeit bakterieller mischpopulationen zum enzymatischen abbau von phosphorsaeureester-insektiziden ist allen verfahren der chemischen entgiftung ueberlegen. es soll ein enzymatisches entgiftungssystem entwickelt werden, mit dem insektizide dieser gruppe zu unbedenklichen metaboliten abgebaut werden koennen
S.WORT schadstoffabbau + pestizide + insektizide + mikrobieller abbau
PROLEI DR. DOUGLAS MUNNECKE
STAND 1.1.1976
QUELLE mitteilung des bundesministers fuer ernaehrung,landwirtschaft und forsten
FINGEB DEUTSCHE FORSCHUNGSGEMEINSCHAFT
BEGINN 1.1.1976 ENDE 31.12.1977
G.KOST 160.000 DM
LITAN - MUNNECKE, D.;HSIEH, D.: IN: APPL. MICROBIOL. 30 S. 575-580(1975)
- MUNNECKE, D.;HSIEH, D.: IN: APPL. AND ENVIRON. MICROBIOL. 31 S. 63-69(1976)

OD -035

INST INSTITUT FUER BODENKUNDE DER UNI BONN BONN, NUSSALLEE 13
VORHAB **urangehalte in boeden (terrestrische, hydromorphe, subhydrische)**
uranuntersuchungen in bodenmaterial und fraktionen der anorganischen und organischen bodenbestandteile; probenahme durchgefuehrt nach catenaprinzip; speziell untersuchung in akkumulationslagen
S.WORT boden + uran + analyse
PROLEI PROF. DR. SCHARPENSEEL
STAND 1.1.1974
FINGEB - DEUTSCHE FORSCHUNGSGEMEINSCHAFT
- BUNDESMINISTER FUER FORSCHUNG UND TECHNOLOGIE
BEGINN 1.1.1973 ENDE 31.12.1976
G.KOST 150.000 DM
LITAN ZWISCHENBERICHT 1974. 10

OD -036

INST INSTITUT FUER BODENKUNDE UND STANDORTLEHRE DER UNI HOHENHEIM STUTTGART 70, EMIL-WOLFF-STR. 27
VORHAB **austrag umweltrelevanter haupt- und spurenstoffe aus naturnahen oekochoren des schwaebischen keuperberglandes und albvorlandes**
S.WORT naturstein + umweltchemikalien + spurenelemente + emission
SCHWAEBISCHE ALB
PROLEI PROF. DR. ERNST SCHLICHTING
STAND 7.9.1976
QUELLE datenuebernahme von der deutschen forschungsgemeinschaft
FINGEB DEUTSCHE FORSCHUNGSGEMEINSCHAFT

OD -037

INST INSTITUT FUER BODENKUNDE UND WALDERNAEHRUNGSLEHRE DER UNI FREIBURG FREIBURG, BERTOLDSTR. 17
VORHAB **bleibindung in boeden**
untersuchung von bleibindung an bodenbestandteilen humus/ tonminerale/oxide und abhaengigkeit von variablen, z. b. ph-wert

S.WORT blei + boden
PROLEI DR. BLUM
STAND 1.1.1974
BEGINN 1.4.1972 ENDE 31.8.1974
G.KOST 8.000 DM
LITAN - ZWISCHENBERICHT 1974.09
- HILDEBRAND,E.E.;BLUM,W.E.:LEAD FIXATION BY DAY MINERALS
- HILDEBRAND,E.E.;BLUM,E.W.:LEAD FIXATION BY IVON OXIDES

OD -038

INST INSTITUT FUER BODENKUNDE UND WALDERNAEHRUNGSLEHRE DER UNI FREIBURG
FREIBURG, BERTOLDSTR. 17
VORHAB **untersuchungen zur spurenelementdynamik (be, co, cu, mn, pb, v, zn, cd, ni) einer kleinlandschaft des suedschwarzwaldes**
ermittlung des wasser- und elementhaushaltes der boeden und der kleinlandschaft. pruefung der hypothesen bezueglich richtung und ausmass der umsaetze. abschaetzung der filterwirkung von vegetation und pedosphaere
S.WORT boden + spurenelemente + schwermetalle + wasserhaushalt + stoffhaushalt
SCHWARZWALD (SUED)
PROLEI PROF. DR. HEINZ W. ZOETTL
STAND 29.7.1976
QUELLE fragebogenerhebung sommer 1976
FINGEB DEUTSCHE FORSCHUNGSGEMEINSCHAFT
ZUSAM MINERALOGISCHES INSTITUT DER UNI FREIBURG, HEBELSTRASSE 40, 7800 FREIBURG I. BR.
BEGINN 1.5.1974 ENDE 31.5.1980
G.KOST 250.000 DM
LITAN - KEILEN, K.;STAHR, K.;ZOETTL, H.: ELEMENTSPEZIFISCHE MINERALVERWITTERUNG IN GLAZIALSCHUTTBOEDEN DES GRANIT-SCHWARZWALDES. IN: MITT. DEUTSCHE BODENKDL. GES. 22 S. 655-662(1975)
- KEILEN, K.;STAHR, K.;ZOETTL, H.: ELEMENTSPEZIFISCHE VERWITTERUNG UND VERLAGERUNG IN BOEDEN AUF BAERHALDEGRANIT UND IHRE BILANZIERUNG. IN: Z. F. PFLANZENERNAEHRUNG UND BODENKDE. (1976)

OD -039

INST INSTITUT FUER CHEMISCHE PFLANZENPHYSIOLOGIE DER UNI TUEBINGEN
TUEBINGEN, CORRENSSTR. 41
VORHAB **charakterisierung algenbuertiger schadstoffe**
charakterisierung toxischer produkte des algenstoffwechsels
S.WORT algen + schadstoffe
PROLEI PROF. DR. METZNER
STAND 1.1.1974
QUELLE erhebung 1975
FINGEB DEUTSCHE FORSCHUNGSGEMEINSCHAFT
ZUSAM LIMNOLOGISCHES INSTITUT(WALTER-SCHLIENZ-INSTITUT) DER UNI FREIBURG, 775 KONSTANZ, MAINAUSTR. 21
BEGINN 1.8.1971
G.KOST 380.000 DM
LITAN - JAHRESBERICHT 1972.02
- JAHRESBERICHT 1973.03
- ZWISCHENBERICHT 1974.04

OD -040

INST INSTITUT FUER ERNAEHRUNGSWISSENSCHAFTEN II / FB 19 DER UNI GIESSEN
GIESSEN, WIESENSTR. 3-5
VORHAB **metabolitenbildung polycyclischer aromaten**
S.WORT polyzyklische aromaten + metabolismus
PROLEI DR. SIDDIGI
STAND 1.1.1974
BEGINN 1.1.1973 ENDE 31.12.1975

OD -041

INST INSTITUT FUER ERNAEHRUNGSWISSENSCHAFTEN II / FB 19 DER UNI GIESSEN
GIESSEN, WIESENSTR. 3-5
VORHAB **cancerogene substanzen**
fragestellung: anreicherung der umwelt mit cancerogenen organischen und anorganischen substanzen. untersuchungen von luft, wasser, boden, pflanzen, tierorganen und abfallprodukten. stoffgruppen, die als cancerogene zu betrachten sind. ziel dieser untersuchungen ist eine reduzierung dieser substanzen in der umwelt
S.WORT carcinogene + (anreicherung in der umwelt)
PROLEI PROF. DR. MED. HABIL. WAGNER
STAND 6.8.1976
QUELLE fragebogenerhebung sommer 1976

OD -042

INST INSTITUT FUER HOLZBIOLOGIE UND HOLZSCHUTZ DER BUNDESFORSCHUNGSANSTALT FUER FORST- UND HOLZWIRTSCHAFT
HAMBURG 80, LEUSCHNERSTR. 91 C
VORHAB **allgemeine erfassung der auswirkungen von holzschutzmassnahmen auf die umwelt**
S.WORT holzschutzmittel + umweltbelastung
PROLEI DR. HUBERT WILLEITNER
STAND 1.1.1976
QUELLE mitteilung des bundesministers fuer ernaehrung,landwirtschaft und forsten
FINGEB BUNDESFORSCHUNGSANSTALT FUER FORST- UND HOLZWIRTSCHAFT, REINBEK
BEGINN ENDE 31.12.1975
LITAN HOLZ ALS ROH-UND WERKSTOFF 31 S. 137-140(1973); DIE HOLZSCHWELLE 75 S. 3-20(1973)

OD -043

INST INSTITUT FUER HYGIENE DER BUNDESANSTALT FUER MILCHFORSCHUNG
KIEL, HERMANN-WEIGMANN-STR. 1-27
VORHAB **bakterieller um- und abbau von hch-isomeren und hcb**
S.WORT insektizide + mikrobieller abbau + (hch)
STAND 1.1.1976
QUELLE mitteilung des bundesministers fuer ernaehrung,landwirtschaft und forsten
FINGEB BUNDESMINISTER FUER ERNAEHRUNG, LANDWIRTSCHAFT UND FORSTEN
BEGINN 1.1.1974

OD -044

INST INSTITUT FUER LANDTECHNIK UND BAUMASCHINEN DER TU BERLIN
BERLIN 33, ZOPOTTER STRASSE 35
VORHAB **automatisierung von untersuchungsverfahren ueber vorkommen und wirkungen von umweltchemikalien und bioziden**
S.WORT umweltchemikalien + biozide + messtechnik
PROLEI PROF. DR. HORST GOEHLICH
STAND 1.10.1974
QUELLE erhebung 1975
FINGEB BUNDESMINISTER FUER FORSCHUNG UND TECHNOLOGIE
BEGINN 1.1.1973 ENDE 31.12.1976
G.KOST 443.000 DM

OD -045

INST INSTITUT FUER LANDWIRTSCHAFTLICHE MIKROBIOLOGIE / FB 16/21 DER UNI GIESSEN
GIESSEN, SENCKENBERGSTR. 3
VORHAB **abbau von keratin durch bodenmikroorganismen**
mit besonderer beruecksichtigung der thermophilen. isolierung von keratin-abbauenden enzymen (keratinase) aus streptomyceten, insbesondere aus gefluegelfedern und deren wirkung auf das pflanzenwachstum, speziell auf die entwicklung von stecklingen
S.WORT mikrobieller abbau + boden + (keratin)
PROLEI PROF. DR. EBERHARD KUESTER
STAND 6.8.1976
QUELLE fragebogenerhebung sommer 1976
ZUSAM INST. F. PFLANZENERNAEHRUNG DER UNI GIESSEN
BEGINN 1.1.1974 ENDE 31.12.1974

OD -046

INST INSTITUT FUER MEERESFORSCHUNG
BREMERHAVEN, AM HANDELSHAFEN 12
VORHAB **akkumulation und stoffwechsel von pestiziden**
untersuchung der akkumulation, eliminierung und umwandlung von pestiziden bei marinen organismen
S.WORT meeresorganismen + pestizide + metabolismus
PROLEI DR. ERNST
STAND 1.1.1974
FINGEB DEUTSCHE FORSCHUNGSGEMEINSCHAFT
ZUSAM - PROJEKTGRUPPE "SCHICKSAL VON SCHADSTOFFEN" IM DFG-SCHWERPUNKT LITORALFORSCHUNG
- PROJEKTGRUPPE "TOXIZITAET" IM DFG-SCHWERPUNKT LITORALFORSCHUNG
BEGINN 1.1.1967
G.KOST 104.000 DM
LITAN ERNST, W. IN: RUIVO, M. (ED.): MARINE POLLUTION AND SEA LIFE. LONDON 1972 P 260-262

OD -047

INST INSTITUT FUER MEERESFORSCHUNG
BREMERHAVEN, AM HANDELSHAFEN 12
VORHAB **abbau, weiterleitung und verteilung von organohalogenen in organismen des nordseelitorals**
S.WORT halogenverbindungen + abbau
+ schadstoffausbreitung + litoral
PROLEI DR. WOLFGANG ERNST
STAND 7.9.1976
QUELLE datenuebernahme von der deutschen forschungsgemeinschaft
FINGEB DEUTSCHE FORSCHUNGSGEMEINSCHAFT

OD -048

INST INSTITUT FUER MIKROBIOLOGIE DER GESELLSCHAFT FUER STRAHLEN- UND UMWELTFORSCHUNG MBH
GOETTINGEN -WEENDE, GRIESBACHSTR. 8
VORHAB **mechanismus der biologischen persistenz von umweltchemikalien: halogenierte und sulfonierte kohlenwasserstoffe**
vergleichende untersuchungen zur kinetik des umsatzes von modellverbindungen und deren metaboliten durch bakterienenzyme sollen typische strukturprinzipien als ursache der biologischen persistenz von umweltchemikalien erkennen lassen und grundlagen fuer die gezielte synthese von verbindungen mit verminderter persistenz schaffen
S.WORT umweltchemikalien + halogenkohlenwasserstoffe
+ biologischer abbau
PROLEI PROF. DR. HANS-JOACHIM KNACKMUSS
STAND 30.8.1976
QUELLE fragebogenerhebung sommer 1976
ZUSAM MAX-PLANCK-INSTITUT FUER MEDIZINISCHE FORSCHUNG, JAHNSTR. 29, 6900 HEIDELBERG 1
BEGINN 1.1.1975 ENDE 31.12.1978
G.KOST 1.152.000 DM
LITAN - KNACKMUSS, H. -J.: UEBER DEN MECHANISMUS DER BIOLOGISCHEN PERSISTENZ VON HALOGENIERTEN AROMATISCHEN KOHLENWASSERSTOFFEN. IN: CHEMIKER ZEITUNG 99 S. 213-219(1975)
- KNACKMUSS, H. -J.;HELLWIG, M.;LACKNER, H.;OTTING, W.: COMETABOLISM OF 3-METHYL-BENZOATE AND METHYLCATECHOLS BY A 3-CHLOROBENZOATE UTILIZING PSEUDOMONAD IN: EUR. J. APPL. MICROBIOL. (IM DRUCK)

OD -049

INST INSTITUT FUER MIKROBIOLOGIE DER GESELLSCHAFT FUER STRAHLEN- UND UMWELTFORSCHUNG MBH
GOETTINGEN -WEENDE, GRIESBACHSTR. 8
VORHAB **totalabbau von halogenierten kohlenwasserstoffen (gsf-programm 77 991)**
pruefung und anwendung der an modellverbindungen des abbauweges der ortho-spaltung aufgestellten struktur-persistenz-korrelation chlorierter kohlenwasserstoffe (gsf-projekt 73740) bei fluorierten kohlenwasserstoffen sowie bei halogenierten kohlenwasserstoffen in gegenwart zusaetzlicher nichthalogensubstituenten unter einbeziehung anderer zentraler aromatenabbauwege. zuechtung von bakterien mit erhoehter abbauleistung fuer halogenierte aromatische kohlenwasserstoffe
S.WORT schadstoffabbau + halogenkohlenwasserstoffe
+ biologischer abbau
PROLEI PROF. DR. HANS-JOACHIM KNACKMUSS
STAND 30.8.1976
QUELLE fragebogenerhebung sommer 1976
FINGEB BUNDESMINISTER FUER FORSCHUNG UND TECHNOLOGIE
ZUSAM MAX-PLANCK-INSTITUT FUER MEDIZINISCHE FORSCHUNG, JAHNSTR. 29, 6900 HEIDELBERG 1
BEGINN 1.7.1975 ENDE 30.6.1978
G.KOST 330.000 DM
LITAN - DORN, E. (UNI GOETTINGEN), DISSERTATION: URSACHEN DER BIOLOGISCHEN PERSISTENZ CHLORIERTER AROMATISCHER KOHLENWASSERSTOFFE: EINFLUSS VON HALOGENSUBSTITUENTEN AUF DIE INTRADIOL-SPALTUNG VON BRENZCATECHIN. (1976)
- REINEKE, W. (UNI GOETTINGEN), DISSERTATION: URSACHEN DES VERLANGSAMTEN BIOLOGISCHEN ABBAUS VON HALOGENIERTEN AROMATISCHEN KOHLENWASSERSTOFFEN: MODELLUNTERSUCHUNGEN AN SUBSTITUIERTEN BENZOATEN UND 3, 5-CYCLOHEXADIEN-1, 2-DIOL-1-CARBON-SAEUREN. (1976)

OD -050

INST INSTITUT FUER MIKROBIOLOGIE DER GESELLSCHAFT FUER STRAHLEN- UND UMWELTFORSCHUNG MBH
GOETTINGEN -WEENDE, GRIESBACHSTR. 8
VORHAB **ernaehrungs- und stoffwechselphysiologie sowie anzuchtverfahren phototropher bakterien**
gewinnung von einzellerprotein mit methanol als einziger kohlenstoffquelle durch phototrophe bakterien im 10-l-fermenter. gewinnung von einzellerprotein mit zellulose (stroh) als einziger kohlenstoffquelle durch mischkulturen anaeroberzellulosezersetzer und phototropher bakterien; auswahl geeigneter staemme; test auf wachstumsgeschwindigkeit und ertrag. erarbeitung der mikrobiilogischen grundlagen fuer verfahren zur reinigung geruchsbelaestigender guelle aus massentierhaltungen (huehnerfarm) mit phototrophen bakterien. beginn von versuchen fuer eine biologische entschwefelung von methangas mit phototrophen schwefelbakterien
S.WORT mikrobiologie + bakterien + ernaehrung
+ metabolismus
PROLEI PROF. DR. N. PFENNIG
STAND 30.8.1976
QUELLE fragebogenerhebung sommer 1976
BEGINN 1.1.1972 ENDE 31.12.1977
LITAN ENDBERICHT

OD -051

INST INSTITUT FUER MIKROBIOLOGIE DER UNI BONN
BONN, MECKENHEIMER ALLEE 168
VORHAB **mikrobieller schwefelwechsel**
phototrophe schwefelbakterien sind am massenumsatz von h 2 s, schwefel und sulfat innerhalb der biosphaere der erde in hohem masse beteiligt. die enzymologie dieser vorgaenge soll geklaert werden, u. a. um das ausmass dieser beteiligung korrekt zu beurteilen (die belastung der atmosphaere in kuestenbereichen durch h 2 s waere um mehrere zehnerpotenzen hoeher ohne die existenz dieser bakterien)
S.WORT mikrobieller abbau + schwefelverbindungen
+ atmosphaere + (phototrophe bakterien)
PROLEI PROF. DR. HANS G. TRUEPER
STAND 11.8.1976
QUELLE fragebogenerhebung sommer 1976
FINGEB DEUTSCHE FORSCHUNGSGEMEINSCHAFT
ZUSAM - INST. F. MIKROBIOLOGIE DER UNI GOETTINGEN, GRISEBACHSTR. 8, 3400 GOETTINGEN
- C. N. R. S., MARSEILLE
BEGINN 1.1.1976 ENDE 31.12.1979
G.KOST 425.000 DM

OD -052
INST INSTITUT FUER MIKROBIOLOGIE DER UNI HOHENHEIM
STUTTGART -HOHENHEIM, GARBENSTR. 30
VORHAB **mikrobieller abbau von herbiziden und fungiziden**
aus erdproben werden mikroorganismen angereichert und isoliert, die mit herbiziden bzw. fungiziden als einziger kohlenstoff- und stickstoffquelle wachsen koennen. die zwischenprodukte des abbaus werden aus dem kulturmedium isoliert und in ihrer struktur ermittelt. das dabei erzielte abbauschema wird durch enzymatische studien weiter gestuetzt. interessante enzyme werden hoch angereichert und naeher untersucht. die abbauenden mikroorganismen, bevorzugt bakterien, werden durch einwirkung von mutagenen genetisch veraendert. im abbauweg genetisch blockierte mutanten sind besonders geeignete objekte zur untersuchung von abbaumechanismen
S.WORT umweltchemikalien + herbizide + fungizide + mikrobieller abbau
PROLEI PROF. DR. FRANZ LINGENS
STAND 21.7.1976
QUELLE fragebogenerhebung sommer 1976
FINGEB DEUTSCHE FORSCHUNGSGEMEINSCHAFT
LITAN - LINGENS,F.: ABBAU AROMATISCHER VERBINDUNGEN UNTER BERUECKSICHTIGUNG VON HERBIZIDEN DURCH MIKROORGANISMEN DES BODENS. IN:ZEITSCHRIFT FUER PFLANZENKRANKHEITEN SONDERHEFT VI S.35-42(1972)
- HAUG,S.;EBERSPAECHER,J.;LINGENS,F.: ENZYMATIC AND CHEMICAL PREPARATION OF 5-AMINO-4-CHLORO-2-(2,3-DIHYDROXYPHEN-1-YL)-3(2H)-PYRIDAZINONE. IN:BIOCH. BIOPHYS. RESEARCH COMM. 54 NO2 (1973)
- DE FRENNE,E.;EBERSPAECHER,J.;LINGENS,F.: THE BACTERIAL DEGRADATION OF 5-AMINO-4-CHLORO-2-PHENYL-3(2H)-PYRIDAZINONE. IN:EUR.J.BIOCHEM. 33 S.357-363(1973)
LITAN£a

OD -053
INST INSTITUT FUER MIKROBIOLOGIE DER UNI STUTTGART
STUTTGART 70, GARBENSTR. 30
VORHAB **untersuchung des abbaus des herbizids pyramin durch mikroorganismen des bodens**
S.WORT schadstoffabbau + herbizide + mikroorganismen + boden
PROLEI PROF. DR. FRANZ LINGENS
STAND 1.1.1974
FINGEB DEUTSCHE FORSCHUNGSGEMEINSCHAFT
BEGINN 1.1.1973

OD -054
INST INSTITUT FUER MINERALOGIE UND PETROGRAPHIE DER UNI KOELN
KOELN, ZUELPICHER STR 49
VORHAB **untersuchung der grossraeumigen verbreitung des berylliums in den hohen tauern (oesterreich), seiner mobilisierung und wechselwirkung mit der umwelt**
die bestimmung von beryllium in proben von boeden und gewaessern aus nicht-anthropogen beeinflussten gebieten mit erhoehten be-gehalten soll zeigen, in welchem umfang das beryllium in wechselwirkung mit der umwelt tritt, d. h. , mit welchen maximalen natuerlich vorgegebenen be-konzentrationen man in mitteleuropa rechnen muss. die bestimmung des berylliums erfolgt zerstoerungsfrei mit einem hochempfindlichen photoneutronen-detektor
S.WORT bodenbeschaffenheit + beryllium + spurenstoffe + (geochemische untersuchung)
HOHE TAUERN + ALPEN
PROLEI PROF. DR. PAUL NEY
STAND 21.7.1976
QUELLE fragebogenerhebung sommer 1976
FINGEB DEUTSCHE FORSCHUNGSGEMEINSCHAFT
BEGINN 1.5.1974 ENDE 1.5.1977
LITAN ZWISCHENBERICHT

OD -055
INST INSTITUT FUER MINERALOGIE UND PETROGRAPHIE DER UNI KOELN
KOELN, ZUELPICHER STR 49
VORHAB **verteilungsprozesse der elemente mn, pb, zn, cd, co, ni, ba, mo, und tl bei der verwitterung der metamorphen manganlagerstaette ultevis / schwedisch-lappland**
sedimentaere oxidische manganlagerstaetten koennen hohe konzentrationen der umweltfeindlichen elemente pb, zn, cd, ba, tl und mo enthalten, deren bindung aufgrund der elektrostatischen eigenschaften der mangan-oxidhydrate durch adsorption erfolgt. waehrend der diagenese-metamorphose werden diese elemente auf die nun im gleichgewicht befindlichen oxidischen, silikatischen und im falle der lagerstaette ultevis auch karbonatischen phasen umverteilt. diese phasen sind unterschiedlich verwitterungsanfaellig und fuehren daher in unterschiedlicher weise die umweltrelevanten spurenstoffe in den verwitterungszyklus zurueck
S.WORT bodenkontamination + schwermetalle
SCHWEDEN + LAPPLAND (ULTEVIS)
PROLEI DR. ULRICH KRAMM
STAND 21.7.1976
QUELLE fragebogenerhebung sommer 1976
FINGEB DEUTSCHE FORSCHUNGSGEMEINSCHAFT
BEGINN 1.5.1974
LITAN ZWISCHENBERICHT

OD -056
INST INSTITUT FUER NICHTPARASITAERE PFLANZENKRANKHEITEN DER BIOLOGISCHEN BUNDESANSTALT FUER LAND- UND FORSTWIRTSCHAFT
BERLIN 33, KOENIGIN-LUISE-STR. 19
VORHAB **untersuchungen ueber die aufnahme von schadstoffen aus industrie- und siedlungsabwaessern bzw. -schlaemmen durch nutzpflanzen**
ermittlung der aufnahmerate von schwermetallen durch pflanzen bei duengung mit komposten oder schlaemmen aus industrie-abwaessern oder -schlaemmen. die ergebnisse dienen als unterlage fuer empfehlungen an die praxis ueber aufwandmengen solcher materialien zu duengungszwecken. b) gefaessversuche mit schlaemmen und komposten. analyse des erntegutes auf schwermetalle
S.WORT abwasserschlamm + duengung + nutzpflanzen + schwermetallkontamination
PROLEI PROF. DR. ADOLF KLOKE
STAND 30.8.1976
QUELLE fragebogenerhebung sommer 1976
FINGEB BUNDESMINISTER FUER ERNAEHRUNG, LANDWIRTSCHAFT UND FORSTEN
BEGINN 1.1.1976 ENDE 31.12.1978

OD -057
INST INSTITUT FUER OEKOLOGIE DER TU BERLIN
BERLIN 33, ENGLERALLEE 19-21
VORHAB **abbau und bewegung von pestiziden und stickstoff im boden**
bewegung und abbau der herbizide aminotriazol und pyramin sowie n-duenger im feldversuch unter blattfrucht in sand-braunerde und lehm-parabraunerde studiert, dabei teils humoser oberboden entfernt bzw. 600 mm kuenstlicher niederschlag zwecks ermittlung moeglicher grundwasserkontamination. bewegungs- und abbauversuche unter laborbedingungen
S.WORT bodenkontamination + trinkwasser + schadstoffabbau + pestizide + stickstoff
PROLEI PROF. DR. HANS-PETER BLUME
STAND 30.8.1976
QUELLE fragebogenerhebung sommer 1976
FINGEB DEUTSCHE FORSCHUNGSGEMEINSCHAFT
ZUSAM BIOLOGISCHE BUNDESANSTALT, KOENIGIN-LUISE-STR. , 1000 BERLIN 33
BEGINN 1.1.1973
G.KOST 62.000 DM

OD -058

INST INSTITUT FUER OEKOLOGISCHE CHEMIE DER GESELLSCHAFT FUER STRAHLEN- UND UMWELTFORSCHUNG MBH
NEUHERBERG, SCHLOSS BIRLINGHOVEN

VORHAB **bilanz des schicksals von n-15-harnstoffduenger unter freilandbedingungen**
messung der gesamtstickstoffwanderung nach duengung mit harnstoff n 15; aufnahme von n 15 durch kulturpflanzen und auswaschung aus dem boden in abhaengigkeit von bodenart, klima und anderen faktoren. in den 1975 benutzten boxen werden fruchtfolgekulturen angebaut; zur bestimmung des restlichen n 15 aus dem vorjahr wird bei 2 versuchen mit harnstoff n 14 geduengt

S.WORT schadstofftransport + stickstoff + duengemittel + auswaschung
PROLEI PROF. DR. F. KORTE
STAND 30.8.1976
QUELLE fragebogenerhebung sommer 1976
FINGEB - BUNDESMINISTER FUER FORSCHUNG UND TECHNOLOGIE
- INTERNATIONAL ATOMIC ENERGY AGENCY
BEGINN 1.1.1975 ENDE 31.12.1979
LITAN ENDBERICHT

OD -059

INST INSTITUT FUER OEKOLOGISCHE CHEMIE DER GESELLSCHAFT FUER STRAHLEN- UND UMWELTFORSCHUNG MBH
NEUHERBERG, SCHLOSS BIRLINGHOVEN

VORHAB **polychlorierte biphenyle in der umwelt**
2, 5, 2'-trichlorbiphenyl-c-14 wird oral an ratten appliziert; ausscheidungs- und umwandlungsraten sowie verteilung der radioaktivitaet im organismus werden bestimmt und metaboliten aus kot und urin identifiziert; bilanz, verteilung und metabolismus von trichlobiphenyl-c-14 und 2, 4, 6, 2', 4'-pentachlorbiphenyl-c-14 in aquatischen oekosystemen. - freilandversuche mit trichlorbiphenyl und pentachlorbiphenyl-c-14 an karotten. - umwandlung von pcb unter abiotischen bedingungen mit besonderer beruecksichtigung der o(3p)-atome und o3

S.WORT umweltchemikalien + pcb + metabolismus + biologischer abbau + abiotischer abbau
PROLEI PROF. DR. F. KORTE
STAND 30.8.1976
QUELLE fragebogenerhebung sommer 1976
BEGINN 1.1.1973 ENDE 31.12.1976
LITAN - KLEIN,W.;WEISGERBER,I.: PCBS AND ENVIRONMENTAL CONTAMINATION. IN:ENVIRONMENTAL QUALITY AND SAFETY 5 (EDS.: COULSTON,F.;KORTE,F.) STUTTGART:G.THIEME ACADEMIC PRESS P.237-250(1975)
- LAY,J.P.;KLEIN,W.;KORTE,F.: AUSSCHEIDUNG, SPEICHERUNG UND METABOLISIERUNG VON 2,4,6,2',4'-PENTACHLORBIPHENYL-C-14 NACH LANGZEITFUETTERUNG AN RATTEN; BEITRAEGE ZUR OEKOLOGISCHEN CHEMIE. C. IN:CHEMOSPHERE 4 S.161-168(1975)
- MOZA,P.;KILZER,L.;WEISGERBER,I.;KLEIN,W.: METABOLISM OF 2,5,4'-TRICHLOROBIPHENYL-C-14 AND 2,4,6,2',4'-PENTACHLORBIPHENYL-C-14 IN THE MARSH PLANT VERONICA BECCABUNGA; BEITRAEGE ZUR OEKOLOGISCHEN CHEMIE CXV. IN:BULL. ENVIRON. CONTAM. TOXICOL. (IM DRUCK)

OD -060

INST INSTITUT FUER OEKOLOGISCHE CHEMIE DER GESELLSCHAFT FUER STRAHLEN- UND UMWELTFORSCHUNG MBH
NEUHERBERG, SCHLOSS BIRLINGHOVEN

VORHAB **ausbreitungsverhalten synthetischer organischer umweltchemikalien (xenobiotika)**
alle teilvorhaben zielen u. a. auf die erstellung eines modells, das ausbreitungs- und substanzparameter miteinander verknuepft, um die ausbreitung bzw. den verbleib einer xenobiotischen substanz aus ihren physikalischen und chemischen eigenschaften abschaetzen und voraussagen zu koennen. hierzu werden studien ueber transport und umwandlung bei der einwaschung von organischen chlorverbindungen aus klaerschlamm in waldboden durchgefuehrt. ein besonderer schwerpunkt liegt bei den abfallbehandlungstechniken. die bilanz- und umwandlungsstudien zur muellkompostierung mit simulationsapparaturen werden fortgefuehrt und fuer mehrere substanzen abgeschlossen (s. fe-berichte), ebenso die studien zur auslaugung von muelldeponien. dafuer sollen verstaerkt andere technollogien der abfallbehandlung wie pyrolyse und anaerober abbau sowie recycling-systeme in die untersuchung einbezogen werden, um die oekologisch-chemischen konsequenzen fruehzeitig zu erkennen

S.WORT umweltchemikalien + organische schadstoffe + ausbreitungsmodell + abiotischer abbau + (xenobiotika)
PROLEI PROF. DR. F. KORTE
STAND 30.8.1976
QUELLE fragebogenerhebung sommer 1976
BEGINN 1.1.1975 ENDE 31.12.1979
G.KOST 2.319.000 DM
LITAN - KOTZIAS,D.;KLEIN,W.;KORTE,F.: VORKOMMEN VON XENOBIOTIKA IM SICKERWASSER VON MUELLDEPONIEN; BEITRAEGE ZUR OEKOLOGISCHEN CHEMIE CVI. IN:CHEMOSPHERE 4 S.301-306(1975)
- KOTZIAS,D.;LAY,J.P.;KLEIN,W.;KORTE,F.: RUECKSTANDSANALYTIK VON HEXACHLORBUTADIEN IN LEBENSMITTELN UND GEFLUEGELFUTTER; BEITRAEGE ZUR OEKOLOGISCHEN CHEMIE CIV. IN:CHEMOSPHERE 4 S.247-250(1975)
- MUELLER,W.P.;KORTE,F.: MICROBIAL DEGRADATION OF BENZO-(A)-PYRENE, MONOLINURON, AND DIELDRIN IN WASTE COMPOSTING; BEITRAEGE ZUR OEKOLOGISCHEN CHEMIE CII. IN:CHEMOSPHERE 4 S.195-198(1975)

OD -061

INST INSTITUT FUER PAPIERFABRIKATION DER TH DARMSTADT
DARMSTADT, ALEXANDERSTR. 22

VORHAB **chemische und biochemische bewertung sowie biologische abbaubarkeit von hilfsstoffen fuer die papiererzeugung**
ausgangssituation: keine kenntnis ueber die auswirkungen von hilfsstoffen fuer die papiererzeugung auf die umwelt, gegeben durch lueckenhafte kenntnis der retentionsverhaeltnisse und unkenntnis der schadwirkung solcher hilfsstoffe. mangelnde kenntnis ueber die biologische abbaubarkeit solcher hilfsstoffe. forschungsziel, ergebnis: bestimmung des theoretischen schaedlichkeitsgrades von papierhilfsstoffen durch messung von biochemischen und chemischen sauerstoffbedarf, bestimmung des abbauverhaltens bei biologischer klaerbehandlung, aussage ueber unvermeidbare praktisch wirksame umweltbelastung unter beruecksichtigung der retentionsverhaeltnisse. anwendung und bedeutung des ergebnisses: ersatz weniger geeigneter hilfsstoffe nach kriterien der rohstoffeinsparung (retention) und umweltbelastung (schadwirkung), aussage ueber die abbaubarkeit zur vermeidung von umweltschaeden. mittel und wege, verfahren: messung von biochemischem und chemischem sauerstoffbdarf pro hilfsstoffmasse (mg 0 tief 2/g substanz), ersteres nach einer differenzmessmethode in papierfabriksabwasser, letzteres direkt und nach differenzmethode, abbauversuche mit luft- und sauerstoffbiologie, retentionsuntersuchungen. einschraenkende faktoren: bei biochemischem sauerstoffbedarf ist eine direktmessung meist nicht moeglich. umgebungs- und randbedingungen: abhaengigkeit der hilfsstoffe von papiersorte (qualitaet), abhaengigkeit der retention vom maschinenpark, verfahrensbedingungen und rohstoffzusammensetzung bei der papiererzeugung. beeinflussende groessen: art und chem. konstitution der hilfsstoffe, retentionsverhaeltnisse bei der papiererzeugung.

S.WORT papierindustrie + herstellungsverfahren + schadstoffemission + biologischer abbau
QUELLE datenuebernahme aus der datenbank zur koordinierung der ressortforschung (dakor)
FINGEB BUNDESMINISTER FUER WIRTSCHAFT
BEGINN 1.7.1975 ENDE 30.6.1977
G.KOST 269.000 DM

OD -062
INST INSTITUT FUER PETROLOGIE, GEOCHEMIE UND LAGERSTAETTENKUNDE DER UNI FRANKFURT SAARBRUECKEN, UNIVERSITAET
VORHAB **in welchen verbindungen liegen die aus den autoabgasen stammenden bleiverunreinigungen auf der erdoberflaeche, boden und wasser**
S.WORT kfz-abgase + bleikontamination + analytik
STAND 1.1.1974

OD -063
INST INSTITUT FUER PFLANZENBAU UND SAATGUTFORSCHUNG DER FORSCHUNGSANSTALT FUER LANDWIRTSCHAFT BRAUNSCHWEIG, BUNDESALLEE 50
VORHAB **dynamik der schwermetalle (cd, cr, hg, as) im system boden-wasser-pflanze**
das ausmass der umweltbehandlung durch schwermetalle in produktionsrueckstaenden ist bisher ungenuegend quantifiziert. ihr verhalten im boden und in der pflanze ist entscheidend fuer die begrenzung der applikationsraten. wechselwirkung von naehrstoffen und schwermetall auf die aufnahme durch die kulturpflanze sowie die lokalisation der schwermetalle im pflanzengewebe sind schwerpunkte der untersuchungen
S.WORT schwermetalle + bodenbelastung + pflanzenkontamination
PROLEI DIPL. -CHEM. HANS KEPPEL
STAND 4.8.1976
QUELLE fragebogenerhebung sommer 1976
ZUSAM DEUTSCH-NIEDERLAENDISCHE KOMMISSION FUER AGRARFORSCHUNG
BEGINN 1.1.1975
LITAN KANNAN, S.;KEPPEL, H.: INTRACELLULAR REGULATION OF ABSORPTION AND TRANSPORT OF FE AND MN IN WHEAT SEEDLINGS CULTURED IN LOW AND HIGH SALT MEDIA. IN: ZEITSCHRIFT FUER PFLANZENPHYSIOLOGIE 79 S. 132-142(1976)

OD -064
INST INSTITUT FUER PFLANZENSCHUTZMITTELFORSCHUNG DER BIOLOGISCHEN BUNDESANSTALT FUER LAND- UND FORSTWIRTSCHAFT BERLIN 33, KOENIGIN-LUISE-STR. 19
VORHAB **untersuchungen zum abbau von diallat bzw. triallat (acadex bzw. avadex bw) in kulturpflanzen**
abbau und einfluss der wirkstoffe auf den lebenshaushalt der pflanzen
S.WORT kulturpflanzen + stoffhaushalt + umweltchemikalien + (diallat)
PROLEI DR. -ING. WINFRIED EBING
STAND 1.1.1974
FINGEB DEUTSCHE FORSCHUNGSGEMEINSCHAFT
BEGINN ENDE 31.12.1977

OD -065
INST INSTITUT FUER PHYTOMEDIZIN DER UNI HOHENHEIM STUTTGART 70, OTTO-SANDER-STR.5
VORHAB **aufnahme, verteilung und translokation von bodenherbiziden in getreide und mais**
verhalten und metabolismus von herbiziden in kulturpflanzen
S.WORT herbizide + bodenkontamination + kulturpflanzen + metabolismus
PROLEI DR. FRANZ MUELLER
STAND 1.1.1974
FINGEB DEUTSCHE FORSCHUNGSGEMEINSCHAFT
BEGINN 1.1.1972
LITAN - ZWISCHENBERICHT AN DFG (JAN 1974)
- ZWISCHENBERICHT 1975. 01

OD -066
INST INSTITUT FUER STRAHLENSCHUTZ DER GESELLSCHAFT FUER STRAHLEN- UND UMWELTFORSCHUNG MBH NEUHERBERG, INGOLSTAEDTER LANDSTR. 1
VORHAB **aufnahme, verteilung und dosimetrie von spurenstoffen im organismus**
inhalation von biologisch inertem aerosol durch hunde und messung der deposition in der hundelunge; erste messungen der retention von inertem aerosol in hundelungen. bestimmung der lokalen deposition von inertem aerosol in der menschlichen lunge durch pulsinhalation und modellrechnungen; untersuchung des teilchengroessenwachstums in feuchter luft. spezielle stoffwechseluntersuchungen mit dem ganzkoerperzaehler an menschen mit radioaktiv markierten substanzen im rahmen von forschungsvorhaben der muenchener universitaetskliniken
S.WORT spurenanalytik + organismus
PROLEI PROF. DR. WOLFGANG JACOBI
STAND 30.8.1976
QUELLE fragebogenerhebung sommer 1976
BEGINN 1.1.1975 ENDE 31.12.1979
G.KOST 2.653.000 DM
LITAN ENDBERICHT

OD -067
INST INSTITUT FUER TIERERNAEHRUNG DER UNI HOHENHEIM STUTTGART 70, EMIL-WOLFF-STR. 10
VORHAB **befund-dokumentation**
S.WORT umweltchemikalien + dokumentation
PROLEI PROF. DR. KARL-HEINZ MENKE
STAND 1.10.1974
QUELLE erhebung 1975
BEGINN 1.1.1972 ENDE 31.12.1975
G.KOST 6.000 DM

OD -068
INST INSTITUT FUER TOXIKOLOGIE DER UNI TUEBINGEN TUEBINGEN, WILHELMSTR. 56
VORHAB **charakterisierung des fremdstoffe abbauenden enzymsystems in der leber, differenzierung seiner komponenten**
ziel: erweiterung der kenntnisse ueber das fremdstoffe abbauende enzymsystem des koerpers
S.WORT schadstoffabbau + organismus + enzyme
PROLEI PROF. DR. HERBERT REMMER
STAND 1.1.1974
FINGEB DEUTSCHE FORSCHUNGSGEMEINSCHAFT
ZUSAM DEPARTMENT OF PATHOLOGY, MOUNT SINAI SCHOOL OF MEDICINE; NEW YORK
BEGINN 1.1.1972
G.KOST 100.000 DM
LITAN - REMMER, H.: INDUCTION OF DRUG METABOLIZING ENZYME SYSTEM IN THE LIVER. (EUROP. J. CLIN. PHARMACOL. 5 S. 116-136(1972).
- REMMER, H.: WIRKUNGSAENDERUNGEN VON ARZNEIMITTELN DURCH GEGENSEITIGE STOERUNG IHRER EIWEISSBINDUNG UND IHRES ABBAUS. (DEUTSCH. MED. WOSCHR. 1974)

OD -069
INST INSTITUT FUER TOXIKOLOGIE DER UNI TUEBINGEN TUEBINGEN, WILHELMSTR. 56
VORHAB **arzneimittelsicherheit: entgiftung synthetischer oestrogene im organismus**
das programm dient der erforschung der synthetischen oestrogene, die breiteste anwendung in kontrazeptiven praeparaten finden; ergebnisse: siehe kappusetal; steroids 22, 203 (1973)
S.WORT pharmaka + organismus + oestrogene + entgiftung
PROLEI DR. HERMANN M. BOLT
STAND 1.1.1974
FINGEB BUNDESMINISTER FUER JUGEND, FAMILIE UND GESUNDHEIT
BEGINN 1.3.1973 ENDE 31.3.1975
G.KOST 170.000 DM
LITAN - BOLDT,M.;REMMER,H.: XENOBIOTICA 2 S.77(1973)
- 2 S.489(1973)
- HORM.METAB.RES.5 S.101(1973)

OD -070
INST INSTITUT FUER TOXIKOLOGIE DER UNI TUEBINGEN TUEBINGEN, WILHELMSTR. 56

VORHAB **organhalogenverbindungen in der umwelt; der metabolismus von organohalogenverbindungen**
lipidperoxidation durch tri-, tetrachloraethylen und tetrachloraethan, getestet an malondialdehydbildung und aethanfreisetzung im leberhomogenat und in isolierten hepatozyten; messung von kovalenter bindung der metaboliten an proteine und dns. lipidperoxidation, gemessen am ganztier, nach gabe der oben genannten stoffe, mit hilfe der bestimmung von aethan in der atemluft. nachweis von metabolisierungsprodukten mit hilfe von hochdruckfluessigkeitschromatographie und gaschromatographie. einsatz von katecholderivaten zur hemmung der lipidperoxidation in vitro und in vivo
S.WORT organische stoffe + halogenverbindungen + metabolismus + tierexperiment
PROLEI PROF. DR. HERBERT REMMER
STAND 4.8.1976
QUELLE fragebogenerhebung sommer 1976
FINGEB BUNDESMINISTER FUER FORSCHUNG UND TECHNOLOGIE
ZUSAM GESELLSCHAFT FUER STRAHLEN- UND UMWELTFORSCHUNG MBH. , 8042 NEUHERBERG
BEGINN 1.1.1976 ENDE 31.12.1978
G.KOST 452.000 DM

OD -071
INST INSTITUT FUER TOXIKOLOGIE UND CHEMOTHERAPIE DES DEUTSCHEN KREBSFORSCHUNGSZENTRUMS HEIDELBERG, IM NEUENHEIMER FELD 280
VORHAB **analytik und bildung von n-nitroso-verbindungen**
entwicklung und verbesserung von analytischen nachweismethoden fuer fluechtige und nicht-fluechtige cancerogene n-nitroso-verbindungen. anwendung dieser methoden zum nachweis solcher stoffe in der menschlichen umwelt. zur bildung von n-nitroso-verbindungen aus vorstufen unter bedingungen des magen-darm-traktes werden chemische und biologische untersuchungen durchgefuehrt mit dem ziel einer risiko-abschaetzung
S.WORT carcinogene + nitrosoverbindungen + analytik + nachweisverfahren
PROLEI PROF. DR. RUDOLF PREUSSMANN
STAND 1.1.1974
FINGEB DEUTSCHE FORSCHUNGSGEMEINSCHAFT
BEGINN 1.1.1971 ENDE 31.12.1976
G.KOST 300.000 DM
LITAN PREUSSMANN, R.:ZWISCHENBERICHT DFG (1973)

OD -072
INST INSTITUT FUER WASSER-, BODEN- UND LUFTHYGIENE DES BUNDESGESUNDHEITSAMTES BERLIN 33, CORRENSPLATZ 1
VORHAB **modelluntersuchung ueber schadwirkungen von herbiziden auf mikroorganismen und ueber abbaubarkeit bzw. entgiftung von herbiziden durch mikroorganismen**
es sind modelluntersuchungen ueber die schadwirkung von herbiziden auf mikroorganismen sowie ueber die entgiftung von herbiziden durch mikroorganismen vorgesehen
S.WORT herbizide + mikroorganismen + schadstoffabbau
PROLEI PROF. DR. BRINGMANN
STAND 1.1.1974
FINGEB BUNDESMINISTER FUER FORSCHUNG UND TECHNOLOGIE
BEGINN 1.1.1974
G.KOST 195.000 DM
LITAN ZWISCHENBERICHT 1975

OD -073
INST INSTITUT FUER WASSER-, BODEN- UND LUFTHYGIENE DES BUNDESGESUNDHEITSAMTES BERLIN 33, CORRENSPLATZ 1
VORHAB **persistenz und verhalten spezieller pflanzenschutz- und schaedlingsbekaempfungsmittel in boden und wasser**
studium von pflanzenschutzmittel-verhalten bei der bodenpassage unter verschiedensten bedingungen; lysimeterversuche; mikroanalytik
S.WORT biozide + boden + wasser + persistenz
PROLEI DR. HERZEL
STAND 1.10.1974
FINGEB BUNDESGESUNDHEITSAMT, BERLIN
BEGINN 1.1.1972 ENDE 31.12.1974
G.KOST 162.000 DM

OD -074
INST INSTITUT FUER WASSER-, BODEN- UND LUFTHYGIENE DES BUNDESGESUNDHEITSAMTES BERLIN 33, CORRENSPLATZ 1
VORHAB **verhalten polycyclischer kohlenwasserstoffe in flusswasser, abwasser, regen- und trinkwasser**
ausarbeitung von chromatographischen analysenmethoden zum nachweis von bekannten und unbekannten cancerogenen polycyclischen kohlenwasserstoffen und erfassung und bilanzierung in verschiedenen wasserarten
S.WORT wasser + polyzyklische aromaten + carcinogene + analyseverfahren
PROLEI DR. MANFRED SONNEBORN
STAND 1.1.1974
FINGEB BUNDESMINISTER FUER JUGEND, FAMILIE UND GESUNDHEIT
BEGINN 1.1.1974 ENDE 31.12.1976
G.KOST 170.000 DM

OD -075
INST INSTITUT FUER ZOOLOGIE DER UNI MAINZ MAINZ, SAARSTR. 21
VORHAB **schicksal der insecticide abate und fenethcarb in einem suesswasser-oekosystem**
an vertretern aller wichtigen organismusgruppen der betroffenen suesswasserbiotope wird die aufnahme von radioaktiv markiertem abate bzw. fenethcarb aus dem wasser, die anreicherung und ausscheidung dieser substanzen untersucht. unter verwendung dieser daten soll ein multikompartiment-modell formuliert werden, mit dessen hilfe vorhergesagt werden kann, wie sich die insecticide nach einer mueckenbekaempfungsaktion in den betroffenen suesswasser-oekosystemen weiter verhalten
S.WORT biooekologie + insektizide + suesswasser + oekosystem
PROLEI PROF. DR. KLAUS URICH
STAND 21.7.1976
QUELLE fragebogenerhebung sommer 1976
FINGEB MINISTERIUM FUER LANDWIRTSCHAFT, WEINBAU UND UMWELTSCHUTZ, MAINZ
ZUSAM ARBEITSGEMEINSCHAFT OEKOLOGIE (PROF. KINZELBACH), INST. F. ZOOLOGIE DER UNI MAINZ
BEGINN 1.10.1975 ENDE 31.12.1977
G.KOST 12.000 DM
LITAN ZWISCHENBERICHT

OD -076
INST INTERFAKULTATIVES LEHRGEBIET CHEMIE DER UNI GOETTINGEN GOETTINGEN, VON-SIEBOLD-STR. 2
VORHAB **die eliminierung von herbiziden der triazin-reihe durch organische stoffe des bodens**
S.WORT herbizide + schadstoffabbau + enzyme + boden
PROLEI PROF. DR. WOLFGANG ZIECHMANN
STAND 1.1.1974
FINGEB DEUTSCHE FORSCHUNGSGEMEINSCHAFT
BEGINN 1.1.1973
LITAN ZWISCHENBERICHT

OD -077
INST INTERFAKULTATIVES LEHRGEBIET CHEMIE DER UNI GOETTINGEN GOETTINGEN, VON-SIEBOLD-STR. 2

VORHAB **festlegung von phenolen in boeden und gewaessern durch huminstoffe**
erhebliche mengen an phenolen (etwa via lignine) gelangen beim mikrobiellen abbau von pflanzlichen materialien in den boden. ihre oft negativen wirkungen auf biologische systeme sind bekannt. es erhebt sich daher die frage, ob der boden ueber natuerliche regulationsmechanismen verfuegt, durch die toxische oder inhibierende effekte aufgehoben werden koennen. es konnte in der 1. phase dieses vorhabens gezeigt werden, dass huminstoffe in bestimmtem umfang phenole zu binden vermoegen. es wurden die modalitaeten dieser festlegung untersucht, es muss sodann geprueft werden, ob einer negativen physiologischen wirkung der phenole durch diesen effekt entgegengewirkt werden kann

S.WORT pflanzen + mikrobieller abbau + schadstoffbildung + phenole + physiologische wirkungen
PROLEI PROF. DR. WOLFGANG ZIECHMANN
STAND 13.8.1976
QUELLE fragebogenerhebung sommer 1976
G.KOST 50.000 DM

OD -078

INST INTERFAKULTATIVES LEHRGEBIET CHEMIE DER UNI GOETTINGEN
GOETTINGEN, VON-SIEBOLD-STR. 2
VORHAB **die veraenderung von enzymaktivitaeten in boeden durch chemische systeme**
enzyme in boeden bestimmen nachhaltig chemische aktivitaeten in diesem milieu. dadurch wird wiederum der boden als natuerlicher standort hoeherer pflanzen hinsichtlich ertragsbestimmender faktoren in relativ engen grenzen festgelegt. so kommt es, dass ein ueber laengere zeiten ackerbaulich genutzter boden ueber ein voellig anderes enzymspektrum verfuegt wie beispielsweise ein waldboden. fuer mehr als 20 enzyme konnte eine deutliche aktivitaetsveraenderung durch im boden gebildete huminstoffe nachgewiesen werden

S.WORT bodennutzung + enzyme + biologische wirkungen + nutzpflanzen
NIEDERSACHSEN
PROLEI PROF. DR. WOLFGANG ZIECHMANN
STAND 13.8.1976
QUELLE fragebogenerhebung sommer 1976
FINGEB - MINISTERIUM FUER WIRTSCHAFT UND VERKEHR, HANNOVER
- NIEDERSAECHSISCHES ZAHLENLOTTO, HANNOVER
- DEUTSCHE FORSCHUNGSGEMEINSCHAFT
G.KOST 150.000 DM

OD -079

INST KERNFORSCHUNGSANLAGE JUELICH GMBH
JUELICH, POSTFACH 365
VORHAB **automatisierung von untersuchungsverfahren ueber vorkommen und wirkungen von umweltchemikalien und bioziden**
S.WORT umweltchemikalien + biozide + nachweisverfahren + wirkungen
STAND 1.10.1974
FINGEB BUNDESMINISTER FUER FORSCHUNG UND TECHNOLOGIE
BEGINN 1.1.1973 ENDE 31.12.1976
G.KOST 944.000 DM

OD -080

INST KERNFORSCHUNGSANLAGE JUELICH GMBH
JUELICH, POSTFACH 365
VORHAB **transport, umwandlung und metabolisierung von bioziden wirkstoffen**
die untersuchungen ueber die aufnahme von herbiziden aus verschiedenen krumentiefen sowie deren translokation in abhaengigkeit von beregnung und bepflanzung werden am beispiel von "methabenzthiazuron" (tribunil) fortgesetzt. an zwei neuen wirkstoffen (metamitron und bue 620) werden aufgrund ihrer besonderen spezifischen wirksamkeit und der zu erwartenden wirtschaftlichen bedeutung bilanz- und stoffwechsel unter freilandbedingungen verfolgt. aufnahme durch pflanzen, stoffwechsel in pflanze und boden, mineralisierung, verlagerung im boden, adsorption - inaktivierung, desorption, metaboliten in pflanze und boden

S.WORT umweltchemikalien + herbizide + pflanzen + metabolismus
PROLEI DR. F. FUEHR
STAND 30.8.1976
QUELLE fragebogenerhebung sommer 1976
FINGEB BAYERWERKE AG, LEVERKUSEN
ZUSAM - BAYERWERKE AG, LEVERKUSEN
- LANDWIRTSCHAFTLICHE FAKULTAET, UNI BONN
- WASHINGTON STATE UNIVERSITY, PULLMANN/USA
BEGINN 1.1.1971
LITAN - STEFFENS,W.;WIENEKE,J.: INFLUENCE OF HUMIDITY AND RAIN ON UPTAKE AND METABOLISM OF 14C-AZINOPHOS-METHYL IN BEAN PLANTS (PHASEOLUS VULGARIS L.). IN:ARCH. ENVIRONM. CONT. TOXICOL. 3 S.364-370(1975)
- CHENG,H.;FUEHR,F.;MITTELSTAEDT,M.: FATE OF METABENZTHIAZURON IN THE PLANT SOIL SYSTEM. IN:ENVIRONM. QUALITY AND SAFETY: PESTICIDES. KORTE,F.;COULSTON,F.(EDS.) S.271-276(1975)
- WIENEKE,J.;STEFFENS,W.: TRANSLOCATION AND METABOLISM OF AZINPHOS-METHYL IN BEAN PLANTS AFTER ROOT AND LEAF ABSORPTION. IN:J. AGRIC. FOOD CHEM. 24 S.2(1976)

OD -081

INST KERNFORSCHUNGSANLAGE JUELICH GMBH
JUELICH, POSTFACH 365
VORHAB **bestimmung und bilanzierung von schadstoffen in der umwelt**
fortsetzung der entwicklung standardisierter bestimmungsmethoden fuer toxische metalle (cd, pb, hg, as, cu, se, zn, ni) in wasser, boeden, nahrungsmitteln, tierischen und menschlichen organen und koerperfluessigkeiten im rahmen internationaler programme (cd-programm, fao/un iupac). aufnahme von untersuchungen und modellstudien ueber verteilung, fluss und akkumulation toxischer metalle in ausgewaehlten umweltmatrices und biomen. fortsetzung der entwicklung simultaner und automatisierter bestimmungsmethoden fuer toxische metalle und gaengige luftverunreinigungen (co, co2, so2, nox, nh3, h2s, cmhn) fuer die umweltueberwachung im rahmen des programmes der bmft-projektgruppe "umweltchemikalien und biozide", sowie fuer die hoechstmengenverordnung. fortsetzung der untersuchungen ueber gehalt und verteilung von anabolika und oestrogen im tierfutter, gewebe und koerperfluessigkeiten von schlachtvieh sowie von pharmazeutika

S.WORT umweltchemikalien + schwermetalle + schadstoffbilanz + nachweisverfahren
PROLEI DR. H. DUERBECK
STAND 30.8.1976
QUELLE fragebogenerhebung sommer 1976
FINGEB - EUROPAEISCHE GEMEINSCHAFTEN
- INSTITUTO NACIONAL DE TECNOLOGIA
- BUNDESMINISTER FUER FORSCHUNG UND TECHNOLOGIE
ZUSAM - BMFT-PROJEKTGRUPPE "UMWELTCHEMIKALIEN UND BIOZIDE"
- BUNDESGESUNDHEITSAMT, BERLIN
- KAROLINSKA-INSTITUT STOCKHOLM
BEGINN 1.1.1972
LITAN - STOEPPLER,M.;NUERNBERG,H.: TOXISCHE SPURENELEMENTE IN DER UMWELT. IN:JAHRESBERICHT DER KFA JUELICH S.45-53(1974)
-
VALENTA,P.;MART,L.;NUERNBERG,H.;STOEPPLER,M.: VOLTAMMETRISCHE SIMULTANE SPURENANALYSE TOXISCHER METALLE. IN:JAHRBUCH "VOM WASSER" (IM DRUCK)
- FRISCHKORN,C.;FRISCHKORN,H.: CHININBESTIMMUNG IN GETRAENKEN. IN:Z. LEBENSMITTELUNTERS.-FORSCH. (IM DRUCK)

OD -082

INST LANDWIRTSCHAFTLICHE UNTERSUCHUNGS- UND FORSCHUNGSANSTALT SPEYER
SPEYER, OBERE LANGGASSE 40

VORHAB **eintrag von nitrat, phosphat und anderen pflanzennaehrstoffen sowie von schwermetallen und pestiziden in unterboden und grundwasser**
hohe mineralduengergaben, pflanzenschutzmitteleinsaetze im zusammenhang mit zusatzberegnung bedingen eine moegliche belastung des grundwassers mit nitrat und anderen fremd- oder schadstoffen. dem heimischen intensiven anbau von gemuese und sonderkulturen kommt dabei prioritaet zu. es gilt deshalb zu ueberpruefen, inwieweit unter den verhaeltnissen der leichten boeden im oberrheintalgraben derartige umweltschaedigende tatbestaende zutreffend sind. zudem bedarf auch unter dem blickpunkt begrenzter wasservorraete die moegliche einwaschung von pflanzenschutzmitteln zur bekaempfung bodenbuertiger schadorganismen der klaerung
S.WORT grundwasserbelastung + bodenbeschaffenheit + schadstoffe + gemuesebau
OBERRHEINEBENE + PFALZ
PROLEI DR. WOLFGANG KAMPE
STAND 21.7.1976
QUELLE fragebogenerhebung sommer 1976
FINGEB BUNDESMINISTER FUER FORSCHUNG UND TECHNOLOGIE
ZUSAM VERBAND DEUTSCHER LANDWIRTSCHAFTLICHER UNTERSUCHUNGS- U. FORSCHUNGSANSTALTEN, 6100 DARMSTADT
BEGINN 1.7.1976 ENDE 31.12.1977
G.KOST 170.000 DM

OD -083

INST LEHRSTUHL FUER BODENKUNDE DER TU MUENCHEN
FREISING -WEIHENSTEPHAN
VORHAB **verhalten der spurenelemente zink, cadmium, kupfer, chrom, eisen, mangan und blei in mit siedlungsabfaellen geduengtem boden**
untersuchung der wanderung verschiedener schwermetalle im boden
S.WORT bodenkontamination + schwermetalle + siedlungsabfaelle + duengemittel
PROLEI PROF. DR. UDO SCHWERTMANN
STAND 21.7.1976
QUELLE fragebogenerhebung sommer 1976
FINGEB STAATSMINISTERIUM FUER LANDESENTWICKLUNG UND UMWELTFRAGEN, MUENCHEN
ZUSAM LEHRSTUHL FUER GEMUESEBAU DER TU MUENCHEN
BEGINN 1.9.1975 ENDE 31.9.1977

OD -084

INST LEHRSTUHL FUER OEKOLOGISCHE CHEMIE DER TU MUENCHEN
FREISING -WEIHENSTEPHAN
VORHAB **ausbreitungsverhalten synthetischer organischer umweltchemikalien (xenobiotika)**
die dispersionstendenz und persistenz von umweltchemikalien werden einschliesslich der umwandlungsprodukte und unter einbezieehung von abfallbeseitigungsverfahren bestimmt. ziel ist es, eine bessere abschaetzung und voraussage des ueberregionalen umweltrisikos zu ermoeglichen
S.WORT umweltchemikalien + schadstoffausbreitung + persistenz
PROLEI PROF. DR. FRIEDHELM KORTE
STAND 21.7.1976
QUELLE fragebogenerhebung sommer 1976
FINGEB BUNDESMINISTER FUER FORSCHUNG UND TECHNOLOGIE
ZUSAM GESELLSCHAFT FUER STRAHLEN- UND UMWELTFORSCHUNG MBH. , 8042 NEUHERBERG
BEGINN 1.1.1971 ENDE 31.12.1979
LITAN - KOTZIAS, D.;KLEIN, W.;KORTE, F.: VORKOMMEN VON XENOBIOTIKA IM SICKERWASSER VON MUELLDEPONIEN. IN: BEITRAEGE ZUR OEKOLOGISCHEN CHEMIE CVI, CHEMOSPHERE 4 S. 301-306(1975)
- KORTE, F.: GENERAL POLLUTION PROBLEMS. IN: ENVIRONMENTAL QUALITY AND SAFETY 4 STUTTGART, S. 53-55(1975)
- KORTE, I.;ISMAIL, R.;HOCKWIN, O.;KLEIN, W.: STUDIES ON THE INFLUENCE OF SOME ENVIRONMENTAL CHEMICALS. . . IN: CHEMOSPHERE(IM DRUCK)

OD -085

INST LEHRSTUHL FUER OEKOLOGISCHE CHEMIE DER TU MUENCHEN
FREISING -WEIHENSTEPHAN
VORHAB **bilanz der umwandlung von umweltchemikalien unter simulierten atmosphaerischen bedingungen**
chemisches verhalten unter simulierten umweltbedingungen bei beruecksichtigung von z. b. adsorptiven und katalytischen effekten und des einflusses von fremdgasen. die reaktionen von umweltchemikalien mit uv-strahlen unter verschiedenen experimentellen bedingungen werden durchgefuehrt mit dem ziel, chemische veraenderungen unter diesen bedingungen zu erkennen
S.WORT umweltchemikalien + (chemisches verhalten)
PROLEI PROF. DR. FRIEDHELM KORTE
STAND 21.7.1976
QUELLE fragebogenerhebung sommer 1976
FINGEB BUNDESMINISTER FUER FORSCHUNG UND TECHNOLOGIE
ZUSAM GESELLSCHAFT FUER STRAHLEN- UND UMWELTFORSCHUNG MBH, 8042 NEUHERBERG
BEGINN 1.1.1968
LITAN BARTL, P. (TU MUENCHEN), DISSERTATION: UNTERSUCHUNGEN AN 4-AMINO-6-R-3-(METHYLTHIO)-1, 2, 4-TRIAZIN-5 (4H)-ONEN UNTER SIMULIERTEN UMWELTBEDINGUNGEN. . . (1975)

OD -086

INST LEHRSTUHL FUER PFLANZENERNAEHRUNG DER TU MUENCHEN
FREISING -WEIHENSTEPHAN
VORHAB **mineralstoffbewegung im boden unter dem einfluss der duengung (lysimeter)**
lysimeterversuche: ermittlung der mineralstoffauswaschung unter dem einfluss der stickstoffduengung; sickerwassermessung, mineralstoffanalyse; ermittlung des mineralstoffentzuges durch pflanzen; mineralstoffbilanz
S.WORT bodenkontamination + stofftransport + mineralstoffe + duengung
PROLEI PROF. DR. ANTON AMBERGER
STAND 29.7.1976
QUELLE fragebogenerhebung sommer 1976
BEGINN 1.1.1927
G.KOST 20.000 DM
LITAN AMBERGER, A.;SCHWEIGER, P.: IN: WASSER UND ABWASSERF. 7 S. 18-25(1974)

OD -087

INST LIMNOLOGISCHES INSTITUT DER UNI FREIBURG
KONSTANZ -EGG, MAINAUSTR. 212
VORHAB **aufnahme, anreicherung und weitergabe von herbiziden durch ancylus fluviatilis, prodiamesa olivacea und glossiphonia complanata**
das herbizid atrazin wird von ancylus fluviatilis und prodiamesa olivacea (primaerkonsumenten) aus dem wasser oder/und mit der nahrung aufgenommen und angereichert. die bedingungen und das ausmass dieser schadstoffaufnahme werden untersucht sowie die anreicherung, biochemische umwandlung und ausscheidung dieses stoffes. weiterhin werden lethale und sublethale konzentrationen bestimmt sowie sublethale effekte ermittelt. glossiphonia complanata als sekundaerkonsument nimmt ebenfalls aus dem wasser und mit schadstoffbelastetem futter atrazin auf. anreicherung und transport von atrazin in dieser nahrungskette ist also das ziel. verglichen wird mit anderen herbiziden und insektiziden
S.WORT marine nahrungskette + algen + schadstofftransport + herbizide
PROLEI PROF. DR. JUERGEN SCHWOERBEL
STAND 1.1.1974
FINGEB DEUTSCHE FORSCHUNGSGEMEINSCHAFT
ZUSAM INSTITUT FUER HYDROBIOLOGIE UND FISCHEREIWISSENSCHAFT DER UNI HAMBURG, 2000 HAMBURG
BEGINN 1.10.1975 ENDE 31.12.1978
LITAN ZWISCHENBERICHT

OD -088

INST MAX-PLANCK-INSTITUT FUER ZUECHTUNGSFORSCHUNG (ERWIN-BAUR-INSTITUT) KREFELD, AM WALDWINKEL 70

VORHAB **die bedeutung hoeherer wasserpflanzen fuer die chemische dynamik besonders verschmutzter gewaesser**
hoehere pflanzen, die besonders in ihrem wurzelraum entsprechenden bakterien schutz und lebensmoeglichkeit bieten, koennten gemeinsam in der lage sein, einen fuer sie voellig neuartigen biotop zu veraendern; bestimmte pflanzenanordnung und -auswahl verringern organische und anorganische belastungen erheblich

S.WORT wasserverunreinigung + schadstoffabbau + wasserpflanzen + uferfiltration
PROLEI DR. SEIDEL
STAND 1.1.1974
FINGEB DEUTSCHE FORSCHUNGSGEMEINSCHAFT
BEGINN 1.1.1961
LITAN SONDERDRUCKE VORHANDEN

OD -089

INST MAX-VON-PETTENKOFER-INSTITUT DES BUNDESGESUNDHEITSAMTES BERLIN 45, UNTER DEN EICHEN 82-84

VORHAB **ermittlung der rueckstandssituation bei herbiziden**
entwicklung einer methode zur erfassung aller daten ueber herbizid-rueckstaende aus analysenberichten und aus der fachliteratur; entwicklung eines systems fuer die beurteilung, speicherung und gezielte abfrage der untersuchungsbefunde (datenbank); beurteilung der rueckstandssituation bei herbiziden

S.WORT umweltchemikalien + herbizide + rueckstandsanalytik
PROLEI DR. BECK
STAND 1.1.1974
FINGEB BUNDESMINISTER FUER FORSCHUNG UND TECHNOLOGIE
ZUSAM - BIOLOGISCHE BUNDESANSTALT F. LAND-U. FORSTWIRTSCHAFT (BBA), 1 BERLIN 33, KOENIGIN-LUISE STR. 19
- GESELLSCHAFT F. STRAHLEN- U. UMWELTFORSCHUNG, 8 MUENCHEN 2, LUISENSTR. 37
BEGINN 1.1.1972 ENDE 31.12.1975
G.KOST 426.000 DM
LITAN INTERNE BERICHTE

OD -090

INST PHARMAKOLOGISCHES INSTITUT DER UNI TUEBINGEN TUEBINGEN, WILHELMSTR. 56

VORHAB **hexachlorophen / halotan, wirkungsmechanismus mit kohlenwasserstoff**

S.WORT chlorphenole + chlorkohlenwasserstoffe + kohlenwasserstoffe + wirkmechanismus
PROLEI PROF. DR. UEHLEKE
STAND 1.1.1974

OD -091

INST PHARMAKOLOGISCHES INSTITUT DER UNI TUEBINGEN TUEBINGEN, WILHELMSTR. 56

VORHAB **chlorofizierte wasserstoffe, wirkungsmechanismus**

S.WORT chlorkohlenwasserstoffe + wirkmechanismus
PROLEI PROF. DR. UEHLEKE
STAND 1.1.1974

OD -092

INST STAATLICHES MEDIZINALUNTERSUCHUNGSAMT OSNABRUECK OSNABRUECK, ALTE POST 11

VORHAB **spezielle aspekte der nitrosaminbildung unter physiologischen bedingungen**

S.WORT nitrosoverbindungen + metabolismus + physiologische wirkungen
PROLEI PROF. DR. JOHANNES SANDER
STAND 7.9.1976
QUELLE datenuebernahme von der deutschen forschungsgemeinschaft
FINGEB DEUTSCHE FORSCHUNGSGEMEINSCHAFT

OD -093

INST ZOOLOGISCHES INSTITUT / FB 15 DER UNI GIESSEN GIESSEN, STEPHANSTR. 24

VORHAB **transport markierter stoffe in chemorezeptoren von fischen. chemorezeptoren als umweltabhaengige bioindikatoren**
klaerung der transportvorgaenge in chemorezeptoren, pruefung der rezeption von spezifischen stoffgruppen, klaerung der funktionsunterschiede verschiedener rezeptortypen, lokalisation von enzymen an den feinstrukturen von chemorezptoren. belastung von chemorezeptoren durch schadstoffe wie a) detergenzien und derivate b) chlor und chlorverbindungen '') erhoehter phosphatgehalt d) sulfate. ziel ist die aufstellung einer allgemeinen indikatorreihe mittels chemorezeptoren bei fischen fuer immissionsbelastungen chemischer art, die aber auch geeignet ist, gewaesserveraenderung positiver natur zu erkennen

S.WORT bioindikator + schadstoffimmission + fische
PROLEI SCHALK
STAND 6.8.1976
QUELLE fragebogenerhebung sommer 1976
BEGINN 1.1.1972

Weitere Vorhaben siehe auch:

DD -008 ENTFERNUNG VON KOHLENMONOXID AUS DER ATMOSPHAERE MIT HILFE VON MIKROORGANISMEN

DD -023 ISOLIERUNG UND UNTERSUCHUNG VON BAKTERIEN, DIE KOHLENMONOXID ALS KOHLENSTOFF- UND ENERGIEQUELLE NUTZEN

HC -017 VORKOMMEN UND AUSBREITUNG DER TRANSURANE IM MEER

ID -008 VERTIKALE VERLAGERUNG VON NITRAT- UND AMMONIUMSTICKSTOFF DURCH SICKERWASSER AUS DEM WASSER UNGESAETTIGTER BOEDEN INS GRUNDWASSER BEI SANDBOEDEN

ID -051 UNTERSUCHUNG UEBER VERHALTEN VON MINERALOEL IM UNTERGRUND UND IM GRUNDWASSER ANHAND VON OELSCHADENSFAELLEN

IE -013 KREISLAUF DER SCHWERMETALLE UND IHR VERBLEIB IM MEER

NB -027 TRANSPORT, NIEDERFUEHRUNG UND SPEICHERUNG VON SPALTPRODUKTEN AUS KERNWAFFENVERSUCHEN IN ATMOSPHAERE UND BODEN

PA -037 EMISSION VON KADMIUM BEI VERARBEITUNG VON KADMIUMHALTIGEN PRODUKTEN, GEFAHREN DES UEBERGANGS VON KADMIUM IN DEN MENSCHLICHEN ORGANISMUS

PI -029 BILANZ DER VERTEILUNG UND UMWANDLUNG VON UMWELTCHEMIKALIEN IN MODELL-OEKOSYSTEMEN BODEN-PFLANZEN UND ALGEN

PI -040 BILANZ DER VERTEILUNG UND UMWANDLUNG VON UMWELTCHEMIKALIEN IN MODELL-OEKOSYSTEMEN BODEN-PFLANZEN UND ALGEN

QD -025 ERFORSCHUNG DER AUFNAHME VON SCHWERMETALLEN DURCH FISCHE UEBER DIE NAHRUNGSKETTE UND UEBERWACHUNG DER SCHWERMETALLSPEICHERUNG IN VERSCHIEDENEN MEERESTIEREN

UC -037 SEKTORALE SCHADSTOFFKOEFFIZIENTEN

PA -001

INST ABTEILUNG FUER TOXIKOLOGIE DER UNI KIEL
KIEL, HOSPITALSTR. 4-6
VORHAB **wirkungen subakuter cadmiumvergiftung in organen, beeinflussung von leberenzymen**
kumulation von kadmium in organen; beeinflussung von leberenzymen
S.WORT cadmium + organismus
PROLEI PROF. DR. MED. OHNESORGE
STAND 1.1.1974
FINGEB BUNDESMINISTER FUER JUGEND, FAMILIE UND GESUNDHEIT
BEGINN 1.1.1972

PA -002

INST FACHBEREICH BIOLOGIE UND CHEMIE DER UNI BREMEN
BREMEN 33, ACHTERSTR.
VORHAB **wirkung von metallionen auf biosynthese und funktion biologischer makromolekuele**
themen und zielsetzung: untersuchung der wirkung von metallionen und metallorganischen verbindungen auf die enzymatische funktion von proteinen. studien zu transport, bindungsgleichgewichten und einfluessen auf die enzymstrukturkinetik, schwerpunkt zur zeit die hemmung der porphyrin-biosynthese durch blei. untersuchungen aus zellkulturen sind geplant. ziel ist die aufklaerung der detaillierten wirkungsmechanismen von metallionen
S.WORT schwermetalle + biologische wirkungen + eiweisse + enzyme
PROLEI PROF. DR. DIETMAR BEYERSMANN
STAND 12.8.1976
QUELLE fragebogenerhebung sommer 1976

PA -003

INST INSTITUT FUER AEROBIOLOGIE DER FRAUNHOFER-GESELLSCHAFT E.V.
SCHMALLENBERG GRAFSCHAFT, UEBER SCHMALLENBERG
VORHAB **physiologische und verhaltensphysiologische untersuchungen an ratten nach chronischer inhalation von blei- und cadmiumhaltigen aerosolen**
untersuchungen ueber art und ausmass der belastung des menschen und seiner umwelt durch immissionen von schadstoffen. feststellung der wirkung luftverunreinigender stoffe auf mensch, tier und pflanze unter spezieller beruecksichtigung der wirkung auf gewebekulturen, stoffwechselvorgaenge, atmungsorgane und kreislaufsystem. objektivierung der wirkung geruchtsintensiver stoffe. entwicklung biologischer messverfahren. untersuchung der foetotoxischen wirkung von pb- bzw. cd-aerosolen an chronisch exponierten weiblichen tieren; verhaltensphysiologische untersuchungen und untersuchungen des leber- und lungenstoffwechsels nach chronischer exposition maennlicher tiere
S.WORT toxizitaet + blei + verhaltensphysiologie + embryopathie + tierexperiment + (ratten)
STAND 1.1.1975
QUELLE umweltforschungsplan 1975 des bmi
FINGEB - BUNDESMINISTER DES INNERN
- EUROPAEISCHE GEMEINSCHAFTEN
BEGINN 1.1.1974 ENDE 31.12.1975
G.KOST 659.000 DM

PA -004

INST INSTITUT FUER AEROBIOLOGIE DER FRAUNHOFER-GESELLSCHAFT E.V.
SCHMALLENBERG GRAFSCHAFT, UEBER SCHMALLENBERG
VORHAB **einfluss chronischer schwermetall-inhalation auf zellzahl und stoffwechsel der alveolaer-makrophagen der saeugetierlunge**
untersuchungen ueber art und ausmass der belastung des menschen und seiner umwelt durch immissionen von schadstoffen. feststellung der wirkung luftverunreinigender stoffe auf mensch, tier und pflanze unter spezieller beruecksichtigung der wirkung auf gewebekulturen, stoffwechselvorgaenge, atmungsorgane und kreislaufsystem. objektivierung der wirkung geruchtsintensiver stoffe. entwicklung biologischer messverfahren. untersuchungen eventueller schaedigung alveolaerer makrophagen durch cd- bzw. pb-verunreinigte atemluft im tierversuch; ueberpruefung der makrophagen auf lebensfaehigkeit und funktionsfaehigkeit
S.WORT toxizitaet + schwermetalle + atemtrakt
STAND 1.1.1975
QUELLE umweltforschungsplan 1975 des bmi
FINGEB - BUNDESMINISTER DES INNERN
- EUROPAEISCHE GEMEINSCHAFTEN
BEGINN 1.1.1974 ENDE 31.12.1975
G.KOST 269.000 DM

PA -005

INST INSTITUT FUER AEROBIOLOGIE DER FRAUNHOFER-GESELLSCHAFT E.V.
SCHMALLENBERG GRAFSCHAFT, UEBER SCHMALLENBERG
VORHAB **einfluss chronischer schwermetallinhalation auf zellzahl und stoffwechsel der alveolarmakrophagen der saeugetierlunge**
zytologische, histologische und biochemische untersuchungen an alveolarmakrophagen von ratten nach chronischer einwirkung von schwermetallsalzen und -oxiden
S.WORT schwermetallkontamination + atemtrakt + biologische wirkungen
PROLEI DR. HARTWIG MUHLE
STAND 29.7.1976
QUELLE fragebogenerhebung sommer 1976
FINGEB EUROPAEISCHE GEMEINSCHAFTEN
BEGINN 1.1.1976 ENDE 31.12.1978
G.KOST 737.000 DM
LITAN - MUHLE, H.;OTTO, F.;STUEER, D. , 10TH FEBS MEETING, PARIS, 20. -25. JUL 1975: THE EFFECT OF CHRONIC INHALATION OF LEAD AEROSOLS ON RAT ALVEOLAR MACROPHAGES. IN: ABSTRACT NO. 1629(1975)
- HOCHRAINER, D.;STOEBER, W.: A GENERATOR FOR THE PRODUCTION OF

PA -006

INST INSTITUT FUER AEROBIOLOGIE DER FRAUNHOFER-GESELLSCHAFT E.V.
SCHMALLENBERG GRAFSCHAFT, UEBER SCHMALLENBERG
VORHAB **toxikologische und verhaltensphysiologische untersuchungen an ratten nach chronischer inhalation von zn- und cd-haltigen aerosolen allein und in kombination**
ermittlung der retention und resorption der schadstoffe; wirkung auf funktion und morphologie der lunge; teratologische effekte und fetale toxizitaet; kombinationswirkung mit kohlenmonoxid; verhaltensphysiologische effekte; einfluss auf klinisch-chemische parameter
S.WORT schwermetallkontamination + aerosole + verhaltensphysiologie + toxikologie + atemtrakt
PROLEI DR. ERWIN PRIGGE
STAND 29.7.1976
QUELLE fragebogenerhebung sommer 1976
FINGEB EUROPAEISCHE GEMEINSCHAFTEN
BEGINN 1.1.1976 ENDE 31.12.1978
G.KOST 1.364.000 DM
LITAN PRIGGE, E.;BAUMERT, H.;MUHLE, H.: EFFECTS OF DIETARY AND INHALATIVE CADMIUM ON HEMOGLOBIN AND HEMATOCRIT IN RATS

PA -007

INST INSTITUT FUER ANATOMIE, PHYSIOLOGIE UND HYGIENE DER HAUSTIERE DER UNI BONN
BONN, KATZENBURGWEG 7/9
VORHAB **wirkungen von cadmium- und berylliumverbindungen auf das huhn**
untersuchungen der wirkungen von cd und be auf gesundheitszustand, futteraufnahme und legeleistung von huehnern. studien ueber akkumulation von cd und be in fuer den menschlichen verzehr bestimmten produkten (fleisch, eier) und ueber effekte auf eischalenqualitaet und fertilitaet (teratogene wirkungen)

S.WORT nutztiere + schwermetallkontamination + biologische wirkungen + huhn
PROLEI PROF. DR. GOTTFRIED KRAMPITZ
STAND 26.7.1976
QUELLE fragebogenerhebung sommer 1976
FINGEB MINISTER FUER WISSENSCHAFT UND FORSCHUNG, DUESSELDORF
BEGINN 1.10.1972
G.KOST 60.000 DM
LITAN - KRAMPITZ, G.;SUELZ, M.;MARDEBECK, H.: DIE WIRKUNG VON CADMIUMGABEN AUF DAS HUHN. 1. MITTEILUNG: DIE TOXIZITAET VON CADMIUM BEIM HUHN. IN: ARCHIV FUER GEFLUEGELKUNDE (3) S. 86-90(1974)
- HARDEBECK, H.;SUELZ, M.;KRAMPITZ, G.: DIE WIRKUNG VON CADMIUMGABEN AUF DAS HUHN. 2. MITTEILUNG: DIE VERTEILUNG VON CADMIUM IM ORGANISMUS. IN: ARCHIV FUER GEFLUEGELKUNDE (3) S. 100-103(1974)
- SUELZ, M.;HARDEBECK, H.;KRAMPITZ, G.: DIE WIRKUNG VON CADMIUMGABEN AUF DAS HUHN. 3. MITTEILUNG: LANGZEITEINFLUSS VON CADMIUM AUF FUTTERVERZEHR, GEWICHTSZUNAHME, LEGELEISTUNG UND EIERSCHALENQUALITAET BEI LEGEHENNEN. IN: ARCHIV FUER GEFLUEGELKUNDE (4) S. 150-154(1974)

PA -008

INST INSTITUT FUER ANGEWANDTE BOTANIK DER UNI MUENSTER
MUENSTER, HINDENBURGPLATZ 55
VORHAB **untersuchungen ueber die physiologische wirkung von schwermetallen**
untersuchungen ueber art und ausmass der belastung des menschen und seiner umwelt durch immissionen von schadstoffen. das vorhaben ist teil des gesamtforschungsprojektes "belastungen und wirkungen auf pflanzen und boden durch metallische staeube". in hydrokulturversuchen sollen die wirkungen von mangan, nickel, kobalt, chrom und vanadin auf den stoffwechsel und auf physiologische vorgaenge der pflanze untersucht werden
S.WORT schwermetalle + physiologische wirkungen
PROLEI PROF. DR. WALTER BAUMEISTER
STAND 20.11.1975
FINGEB BUNDESMINISTER DES INNERN
BEGINN 1.11.1975 ENDE 31.12.1977
G.KOST 100.000 DM

PA -009

INST INSTITUT FUER ARBEITS- UND SOZIALMEDIZIN UND POLIKLINIK FUER BERUFSKRANKHEITEN DER UNI ERLANGEN-NUERNBERG
ERLANGEN, SCHILLERSTR. 25-29
VORHAB **der bleigehalt im gewebe und in den verkalkungen der menschlichen placenta als spiegel der oekologischen bleilast**
in verschiedenen gebieten deutschlands werden placenten auf ihren bleigehalt untersucht; die bestimmung wird atomabsorptionsspektrometrisch nach veraschung bzw. nach aufschluss im placentagewebe und in den kalkablagerungen durchgefuehrt; parallel dazu wird der blutbleispiegel, die delta-aminolaekulinsaeure-dehydratase und die freien erythrozytenporphyrine im nabelschnurblut und muetterlichen blut ermittelt
S.WORT schadstoffbelastung + blei + organismus + (placenta)
PROLEI PROF. DR. MED. HELMUT VALENTIN
STAND 1.1.1974
FINGEB BUNDESMINISTER FUER JUGEND, FAMILIE UND GESUNDHEIT
BEGINN 1.2.1974 ENDE 31.3.1975
G.KOST 50.000 DM
LITAN ZWISCHENBERICHT 1975. 06

PA -010

INST INSTITUT FUER ARBEITS- UND SOZIALMEDIZIN UND POLIKLINIK FUER BERUFSKRANKHEITEN DER UNI ERLANGEN-NUERNBERG
ERLANGEN, SCHILLERSTR. 25-29
VORHAB **die beeinflussung des bleistoffwechsels unter definierter belastung**
untersuchungen ueber art und ausmass der belastung des menschen und seiner umwelt durch immissionen von schadstoffen. feststellung der wirkung luftverunreinigender stoffe auf mensch, tier und pflanze unter spezieller beruecksichtigung der wirkung auf gewebekulturen, stoffwechselvorgaenge, atmungsorgane und kreislaufsystem. objektivierung der wirkung geruchsintensiver stoffe. entwicklung biologischer messverfahren
S.WORT schadstoffbelastung + bleikontamination + metabolismus
STAND 1.1.1975
QUELLE umweltforschungsplan 1975 des bmi
FINGEB - BUNDESMINISTER DES INNERN
- EUROPAEISCHE GEMEINSCHAFTEN
BEGINN 1.1.1974 ENDE 31.12.1975
G.KOST 311.000 DM

PA -011

INST INSTITUT FUER BIOCHEMIE UND TECHNOLOGIE DER BUNDESFORSCHUNGSANSTALT FUER FISCHEREI
HAMBURG 50, PALMAILLE 9
VORHAB **methodik der hg, cd und pb-bestimmung in fischen und fischerzeugnissen**
ueberpruefung der einflussgroessen der probenahme des aufschlusses, der anreicherung und aas messung (flammenlos) auf die ergebnisse. erarbeitung von fuer die amtliche ueberwachung geeigneter arbeitsvorschriften
S.WORT fische + schwermetallkontamination + nachweisverfahren
PROLEI DR. NIKOLAUS ANTONACOPOULOS
STAND 1.1.1976
QUELLE mitteilung des bundesministers fuer ernaehrung,landwirtschaft und forsten
ZUSAM - BIOLOGISCHE ANSTALT HELGOLAND
- INST. F. HYDROBIOLOGIE UND FISCHERWISSENSCHAFT DER UNI HAMBURG
BEGINN 1.1.1972

PA -012

INST INSTITUT FUER BIOLOGIE DER GESELLSCHAFT FUER STRAHLEN- UND UMWELTFORSCHUNG MBH
NEUHERBERG, INGOLSTAEDTER LANDSTR. 1
VORHAB **wirkung von metallverbindungen auf spezifische zellfunktionen**
1. die untersuchungen ueber die wirkung von hgcl2 auf die funktionen von nerven- und muskelgewebe des herzens werden ergaenzt durch versuche mit quecksilberverbindungen, die - im gegensatz zu sublimat - nicht oder nur sehr schlecht durch die aeussere zellmembran permeiern. damit soll geklaert werden, inwieweit toxische wirkungen von quecksilberverbindungen von deren permeationsfaehigkeit abhaengen. 2. die versuche ueber die antagonistischen wirkungen von calcium- und magnesiumionen auf die herzfunktion werden erweitert hinsichtlich der moeglichen beeinflussung durch natriumionen
S.WORT metallverbindungen + zelle + physiologische wirkungen
PROLEI PROF. DR. M. REITER
STAND 30.8.1976
QUELLE fragebogenerhebung sommer 1976
BEGINN 1.1.1975 ENDE 31.12.1978
G.KOST 1.736.000 DM
LITAN - HALBACH, S.: EFFECT OF MERCURIC CHLORIDE ON CONTRACTILITY AND TRANSMEMBRANE POTENTIAL OF THE GUINEA-PIG MYOCARDIUM. IN: NAUNYN-SCHMIEDEBERG'S ARCH. PHARMACOL. 289 S. 137-148
- ENDBERICHT

PA -013

INST INSTITUT FUER BIOLOGISCHE CHEMIE DER UNI HOHENHEIM
STUTTGART 70, GARBENSTR. 30

VORHAB **kochsalzbelastung tierischer systeme**
extreme kochsalzbelastung von tierischen zellen in der gewebekultur fuehrt zu anpassungserscheinungen, die sich in z. t. weitgehend veraenderten lebenserscheinungen solcher zellen aeussert. in versuchstieren laesst sich zeigen, dass es bindungsmechanismen fuer natrium und kalium gibt, welche salzbelastungen abzufangen vermoegen. der umweltbezug liegt in der grundlagenuntersuchung lebender systeme, wie sie auf salzbelastung (natriumchlorid, kaliumchlorid) reagieren
S.WORT tierorganismus + kochsalz
PROLEI PROF. DR. GUENTHER SIEBERT
STAND 21.7.1976
QUELLE fragebogenerhebung sommer 1976
FINGEB UNIVERSITAETSBUND HOHENHEIM, FONDS DER CHEMIE
G.KOST 70.000 DM
LITAN - NITTINGER, J.;ROMEN, W.;JANSON, E.;SIEBERT, G.: PRODUCTION AND PROPERTIES OF SODIO-TOLERANT L CELLS. IN: HOPPE-SEYLER'S ZEITSCHRIFT FUER PHYSIOLOGISCHE CHEMIE. 355 S. 761-775(JUL 1974)
- BESENFELDER, E.;SIEBERT, G.: ON THE BOUND STATE OF ALKALI CATIONS IN SUBCELLULAR PREPARATIONS OF RAT LIVER. IN: HOPPE-SEYLER'S ZEITSCHRIFT FUER PHYSIOLOGISCHE CHEMIE. 356 S. 495-506(MAI 1975)

PA -014
INST INSTITUT FUER ERNAEHRUNGSWISSENSCHAFTEN I / FB 19 DER UNI GIESSEN
GIESSEN, WILHELMSTR. 20
VORHAB **einfluss einer chronischen blei-intoxikation auf enzymatische vorgaenge in der niere der ratte**
fragestellung/ziel der untersuchungen: bei chronischer pb-intoxikation scheinen aktive vorgaenge der tubulaeren rueckresorption gestoert zu sein. moeglicherweise ist eine beeintraechtigung des energiestoffwechsels der proximalen tubuluszellen die ursache der gestoerten nierenfunktion. es soll untersucht werden, ob die intensitaet energieliefernder stoffwechselprozesse in der niere unter dem einfluss einer langdauernden pb-aufnahme veraendert ist. besondere beruecksichtigung finden einige schritte des citratzyklus, des pentophosphatweges un der glykolyse
S.WORT blei + toxizitaet + biologische wirkungen + tierexperiment + (ratten)
PROLEI REHNER
STAND 6.8.1976
QUELLE fragebogenerhebung sommer 1976
BEGINN 1.1.1975

PA -015
INST INSTITUT FUER ERNAEHRUNGSWISSENSCHAFTEN I / FB 19 DER UNI GIESSEN
GIESSEN, WILHELMSTR. 20
VORHAB **einfluss chronischer einwirkungen von pb auf das zentrale nervensystem**
chronische bleiaufnahme in subtoxischen dosen soll bei kindern zu verhaltensstoerungen mit hyperaktivitaet und agressivitaet fuehren. ein aehnlich abweichendes verhalten zeigen jugendliche, bleiexponierte ratten. an diesen tieren fuehren wir untersuchungen zum stoffwechsel von neurotransmittern und modulatoren im gehirn durch, um hinweise auf den mechanismus der bleiwirkung und eine moegliche therapie des abweichenden verhaltens zu gewinnen
S.WORT bleivergiftungen + biologische wirkungen + neurotoxizitaet
PROLEI BITSCH
STAND 6.8.1976
QUELLE fragebogenerhebung sommer 1976
BEGINN 1.1.1973

PA -016
INST INSTITUT FUER ERNAEHRUNGSWISSENSCHAFTEN II / FB 19 DER UNI GIESSEN
GIESSEN, WIESENSTR. 3-5
VORHAB **einfluss von schwermetallen auf den enzymstoffwechsel**
S.WORT schwermetalle + enzyme + metabolismus
PROLEI PROF. DR. MED. HABIL. WAGNER
STAND 1.1.1974
BEGINN 1.1.1973 ENDE 31.12.1974

PA -017
INST INSTITUT FUER HUMANGENETIK DER UNI BONN
BONN, WILHELMSSTR. 7
VORHAB **untersuchungen zur embryopathologie von aminfluoriden**
einige langkettige amine sind auch ohne fluor teratogen; das stickstoffgebundene fluor hat kaum effekte auf die embryogenese
S.WORT embryopathie + teratogene wirkung + amine + fluorverbindungen + (struktur-wirkung)
PROLEI DR. KOEHLER
STAND 1.10.1974
ZUSAM - ZAHN-U. KIEFERKLINIK DER UNI KOELN, 5 KOELN 41, KERPENERSTR. 32
- ZAHNKLINIK DER UNI ZUERICH
- KLINIK F. MUND-, ZAHN-U. KIEFERKRANKHEITEN DER UNI BONN, 53 BONN, HANS-BOECKLER-STR. 5
G.KOST 20.000 DM

PA -018
INST INSTITUT FUER HYDROBIOLOGIE UND FISCHEREIWISSENSCHAFT DER UNI HAMBURG
HAMBURG 50, OLBERSWEG 24
VORHAB **oekologisch-toxikologische untersuchungen ueber wirkung und anreicherung von schwermetallen in meeresorganismen**
testung der eignung von meeresorganismen fuer versuche zur abschaetzung der grenzen einer schadlosen belastung von kuestengewaessern durch schadstoffe; toxizitaet und akkumulation von schadstoffen in meeresorganismen unter besonderer beruecksichtigung der spurenmetalle; interferierender effekt oekologischer faktoren
S.WORT schwermetalle + meeresorganismen
PROLEI DR. KARBE
STAND 1.1.1974
FINGEB DEUTSCHE FORSCHUNGSGEMEINSCHAFT
ZUSAM - BUNDESFORSCHUNGSANSTALT F. FISCHEREI, 2 HAMBURG 50, PALMILLE 9
- DEUTSCHES HYDROGRAPHISCHES INSTITUT, 2 HAMBURG 4, BERNHARD-NOCHT-STR. 78
BEGINN 1.1.1972 ENDE 31.12.1976
G.KOST 380.000 DM
LITAN FORSCHUNGSBERICHT DFG: ABWAESSER IN KUESTENNAEHE (1973)

PA -019
INST INSTITUT FUER HYDROBIOLOGIE UND FISCHEREIWISSENSCHAFT DER UNI HAMBURG
HAMBURG 50, OLBERSWEG 24
VORHAB **schadwirkung von schwefelwasserstoff auf wassertiere**
S.WORT wassertiere + schwefelwasserstoff + schadstoffwirkung
PROLEI PROF. DR. HUBERT CASPERS
STAND 1.1.1974
FINGEB DEUTSCHE FORSCHUNGSGEMEINSCHAFT

PA -020
INST INSTITUT FUER HYDROBIOLOGIE UND FISCHEREIWISSENSCHAFT DER UNI HAMBURG
HAMBURG 50, OLBERSWEG 24
VORHAB **schadwirkung von schwefelwasserstoff auf wassertiere; auswirkung auf tiere des marinen benthos**
dauerversuche ueber den einfluss von schwefelwasserstoff in verschiedener konzentration auf suesswasser-, brackwasser- und meerestiere
S.WORT wasserverunreinigung + schwefelwasserstoff + schadstoffwirkung + benthos
PROLEI PROF. DR. HUBERT CASPERS
STAND 30.8.1976
QUELLE fragebogenerhebung sommer 1976
FINGEB DEUTSCHE FORSCHUNGSGEMEINSCHAFT
BEGINN 1.1.1972 ENDE 31.12.1978

PA -021

INST INSTITUT FUER KUESTEN- UND BINNENFISCHEREI DER BUNDESFORSCHUNGSANSTALT FUER FISCHEREI
HAMBURG, PALMAILLE 9

VORHAB **physiologische untersuchungsverfahren zur ermittlung von abwasserschaeden durch untersuchung der wirkung von stressfaktoren**
festlegung von ertraeglichkeitskonzentrationen verschiedener "abwassergifte" auf meeresfische unter beruecksichtugung von stressfaktoren (z. b. sauerstoffmangel/schwermetalle)

S.WORT schwermetalle + physiologische wirkungen + fische + belastbarkeit

PROLEI DR. EGON HALSBAND

STAND 1.1.1974

FINGEB - DEUTSCHE FORSCHUNGSGEMEINSCHAFT
- BUNDESMINISTER FUER ERNAEHRUNG, LANDWIRTSCHAFT UND FORSTEN

ZUSAM - BUNDESFORSCHUNGSANSTALT FUER FISCHEREI, 2 HAMBURG 50, PALMAILLE 9
- INST. FUER HYDROBIOLOGIE DER UNI HAMBURG, 2 HAMBURG 50, OLBERSWEG 24

BEGINN 1.7.1967

G.KOST 140.000 DM

LITAN - HALSBAND,E.:DIE AUSWIRKUNG EXTRM NIEDRIGER WASSERFUEHRUNG IN REGENARMEN JAHREN AUF DAS STOFFWECHSEPHYSIOLOGISCHE VERHALTEN DER FISCHE,DARGESTELLT AM BEISPIEL DER WESER IN DEN JAHREN 1971/1972.IN:ARCH.FISCH.WIS
- HALSBAND,E.:DER EINFLUSS VON ASBESTABFALLPRODUKTIONEN AUF MIESMUSCHEL.WASSER,LUFT UND BETRIEB (IN DRUCK)
- ZWISCHENBERICHT 1974.07

PA -022

INST INSTITUT FUER MEERESFORSCHUNG
BREMERHAVEN, AM HANDELSHAFEN 12

VORHAB **aufnahme und anreicherung von blei in der marinen nahrungskette und untersuchung ueber die toxizitaet von blei**
untersuchung der toxizitaet; aufnahme und abgabe von blei bei miesmuscheln, die bei verschiedenen konzentrationen von blei im wasser und in futteralgen gehaeltert wurden; vergleich mit verhaeltnissen in der nordsee

S.WORT blei + toxizitaet + marine nahrungskette + muscheln

PROLEI DR. MEINHARD SCHULZ-BALDES

STAND 1.1.1974

FINGEB DEUTSCHE FORSCHUNGSGEMEINSCHAFT

BEGINN 1.1.1971

G.KOST 43.000 DM

LITAN SCHULZ-BALDES, M. IN: MARINE BIOLOGY 21 P 98-102

PA -023

INST INSTITUT FUER MEERESFORSCHUNG
BREMERHAVEN, AM HANDELSHAFEN 12

VORHAB **einfluss von asbeststaub auf die lebensfaehigkeit von miesmuscheln**
untersuchung von mortalitaet und gewichtsveraenderung gehaelterter miesmuscheln in abhaengigkeit von im wasser suspendierten asbestfasern

S.WORT meeresverunreinigung + asbeststaub + muscheln

PROLEI DR. WINTER

STAND 1.1.1974

FINGEB DEUTSCHE FORSCHUNGSGEMEINSCHAFT

ZUSAM - BUNDESFORSCHUNGSANSTALT FUER FISCHEREI, 2 HAMBURG 50, PALMAILLE 9
- PROJEKTGRUPPE "TOXIZITAET" IM DFG-SCHWERPUNKT LITORALFORSCHUNG

BEGINN 1.1.1973 ENDE 31.12.1974

G.KOST 47.000 DM

PA -024

INST INSTITUT FUER MEERESFORSCHUNG
BREMERHAVEN, AM HANDELSHAFEN 12

VORHAB **aufnahme und anreicherung von antimon in der marinen nahrungskette**
untersuchung der toxizitaet und der akkumulation von antimonsalzen auf gehaelterte miesmuscheln

S.WORT schwermetallsalze + antimon + marine nahrungskette + muscheln

PROLEI DIPL. -BIOL. WALZ

STAND 1.1.1974

FINGEB DEUTSCHE FORSCHUNGSGEMEINSCHAFT

BEGINN 1.1.1974

PA -025

INST INSTITUT FUER MEERESFORSCHUNG
BREMERHAVEN, AM HANDELSHAFEN 12

VORHAB **akkumulation und lokalisation von blei in marinen organismen**
akkumulation von blei bei einzelligen marinen algen in batch- und fliesskultur. akkumulation von blei in der miesmuschel bei umweltrelevanten konzentrationen zur kalibrierung als monitoring-organismus. lokalisation von blei in algen und muscheln durch elektronenoptische verfahren

S.WORT bleikontamination + meeresorganismen + nachweisverfahren

PROLEI DR. MEINHARD SCHULZ-BALDES

STAND 22.7.1976

QUELLE fragebogenerhebung sommer 1976

FINGEB DEUTSCHE FORSCHUNGSGEMEINSCHAFT

BEGINN 1.2.1974

G.KOST 200.000 DM

LITAN - SCHULZ-BALDES, M.: LEAD UPTAKE FROM SEA WATER AND FOOD, AND LEAD LOSS IN THE COMMON MUSSEL MYTIIUS EDULIS. IN: MARINE BIOLOGY 25 S. 177-193(1974)
- SCHULZ-BALDES, M.;LEWIN, R. A.: LEAD UPTAKE IN TWO MARINE PHYTOPLANKTON ORGANISMS. IN: BIOLOGICAL BULLETIN 150 S. 118-127(1976)

PA -026

INST INSTITUT FUER PHARMAKOLOGIE UND TOXIKOLOGIE DER UNI BOCHUM
BOCHUM, IM LOTTENTAL

VORHAB **intestinale resorption und sekretion von schwermetallen**
in vitro und in vivo sollen am gastrointestinal-trakt der ratte die transfervorgaenge von toxikologisch bedeutsamen schwermetallen(thallium, quecksilber, kadmium etc.) untersucht werden. ziel der untersuchung ist es, informationen ueber die verhinderung der resorption von schwermetallen bzw. deren ausschleusung ueber den gastrointestinal-trakt in vergiftungsfaellen zu gewinnen

S.WORT toxikologie + schwermetalle + metabolismus + tierexperiment

PROLEI PROF. DR. WOLFGANG FORTH

STAND 19.7.1976

QUELLE fragebogenerhebung sommer 1976

FINGEB - MINISTER FUER WISSENSCHAFT UND FORSCHUNG, DUESSELDORF
- DEUTSCHE FORSCHUNGSGEMEINSCHAFT

G.KOST 355.000 DM

LITAN - FORTH,W.;BECKER,G.;SKORYNA,ST.C.;TANAKA,Y.: N.-SCHMIEDEBERG'S ARCH.PHARMACOL. SUPPL.293 S.R44,176(1976)
- HEMPHILL,D.D.(ED);FORTH,W.;NELL,G.;RUMMEL,W.: TRACE SUBSTANCES IN ENVIRONMENTAL HEALTH VII. S.339-346(1974)
- HOEHSTRA,W.G.;SUTTIE,J.W.;GAUTHER,H.-E.;MERTE,W.(EDS);FORTH,W. IN:TRACE ELEMENT METABOLISM IN ANIMALS. 2 S.1,9,215 BALTIMORE: UNIV. PARK PRESS(1974)

PA -027

INST INSTITUT FUER PHARMAKOLOGIE, TOXIKOLOGIE UND PHARMAZIE DER TIERAERZTLICHEN HOCHSCHULE HANNOVER
HANNOVER, BISCHOFSHOLER DAMM 15

VORHAB **stoerung des fortpflanzungsverhaltens von voegeln durch quecksilber**
einfluesse von quecksilber auf instinktives verhalten; fortpflanzungsverhalten wird in einzelnen phasen durch quecksilber gestoert

S.WORT schadstoffwirkung + quecksilber + tierorganismus
PROLEI PROF. DR. HANS-JUERGEN HAPKE
STAND 1.1.1974
FINGEB DEUTSCHE FORSCHUNGSGEMEINSCHAFT
BEGINN 1.1.1968 ENDE 31.3.1974

PA -028

INST INSTITUT FUER PHARMAKOLOGIE, TOXIKOLOGIE UND PHARMAZIE DER TIERAERZTLICHEN HOCHSCHULE HANNOVER
HANNOVER, BISCHOFSHOLER DAMM 15
VORHAB **biochemische untersuchungen ueber kombinationswirkungen von blei und zink**
pruefung, ob die gleichzeitige anwesenheit von zink das fuer blei ausgearbeitete diagnoseverfahren stoert und ob die blei-toxizitaet durch zink variiert werden kann. versuche an schafen und kaninchen
S.WORT schadstoffbelastung + synergismus + blei + zink + tierorganismus
PROLEI PROF. DR. HANS-JUERGEN HAPKE
STAND 1.1.1974
FINGEB DEUTSCHE FORSCHUNGSGEMEINSCHAFT
BEGINN 1.6.1974 ENDE 31.10.1975
LITAN ENDBERICHT

PA -029

INST INSTITUT FUER PHARMAKOLOGIE, TOXIKOLOGIE UND PHARMAZIE DER TIERAERZTLICHEN HOCHSCHULE HANNOVER
HANNOVER, BISCHOFSHOLER DAMM 15
VORHAB **untersuchungen zur diagnose subklinischer chronischer kadmiumvergiftungen bei schafen**
in versuchen an schafen werden diagnostisch auswertbare untersuchungsmethoden erarbeitet, um eine toxikologische interpretation der gegenwaertigen kadmiummengen im tierfutter vornehmen zu koennen und um unterlagen zu liefern fuer die festsetzung von kadmium-hoechstmengen im tierfutter
S.WORT schadstoffbelastung + cadmium + futtermittel + toxizitaet + (schaf)
PROLEI PROF. DR. HANS-JUERGEN HAPKE
STAND 2.8.1976
QUELLE fragebogenerhebung sommer 1976
FINGEB DEUTSCHE FORSCHUNGSGEMEINSCHAFT
BEGINN 1.1.1975
G.KOST 35.000 DM
LITAN ZWISCHENBERICHT

PA -030

INST INSTITUT FUER PHARMAKOLOGIE, TOXIKOLOGIE UND PHARMAZIE IM FB TIERMEDIZIN DER UNI MUENCHEN
MUENCHEN 22, VETERINAERSTR. 13
VORHAB **untersuchungen ueber quecksilber- und cadmiumgehalte in gehirn, fett und leber von seehunden**
S.WORT tierorganismus + schwermetallkontamination + blei + cadmium + (seehund)
PROLEI PROF. DR. ALBRECHT SCHMID
STAND 1.1.1974
ZUSAM KRAFT, PROF. MED. , TIERKLINIK DER UNI MUENCHEN, 8 MUENCHEN 22, VETERINAERSTR. 13

PA -031

INST INSTITUT FUER RECHTSMEDIZIN DER UNI GOETTINGEN
GOETTINGEN, WINDAUSWEG 2
VORHAB **die beurteilung des spurenelementgehaltes von haaren in kriminalistik, toxikologie und umweltschutz. untersuchungen zur wanderungskinetik von metallionen in keratin.**
nachweis der einwanderung und konzentration von metallionen in keratin. direkte messung der einwanderungsgeschwindigkeit und verteilung am haarquerschnitt. konsequenzen fuer toxikologie, kriminalistik und umweltschutz. verteilung am haarquerschnitt wurde mit der elektronenstrahlmikrosonde, die konzentration und relative anreicherung mit der atom-absorptions-spektralphotometrie gemessen
S.WORT schwermetallkontamination + spurenanalytik + (haare)
PROLEI DR. HARALD KIJEWSKI
STAND 21.7.1976
QUELLE fragebogenerhebung sommer 1976
ZUSAM INST. F. GEOCHEMIE DER UNI GOETTINGEN, DR. J. LANGE, GOLDSCHMIDTSTRASSE, 3400 GOETTINGEN
BEGINN 1.3.1975 ENDE 31.12.1975
G.KOST 5.000 DM
LITAN ENDBERICHT

PA -032

INST INSTITUT FUER RECHTSMEDIZIN DER UNI MUENCHEN
MUENCHEN, FRAUENLOBSTR. 7
VORHAB **schaedigung durch kohlenoxid und blei durch autoabgase**
S.WORT kfz-abgase + kohlenmonoxid + blei
PROLEI PROF. HAUCK
STAND 1.1.1974
BEGINN 1.1.1970 ENDE 31.12.1980

PA -033

INST INSTITUT FUER SEENFORSCHUNG UND FISCHEREIWESEN DER LANDESANSTALT FUER UMWELTSCHUTZ BADEN-WUERTTEMBERG
LANGENARGEN, UNTERE SEESTR. 81
VORHAB **toxizitaet von synthetischen oelen**
ermittlung der akuten toxizitaet von synthetischem oel (mit und ohne additive), das als ersatz fuer das bisher fuer den betrieb von bootsmotoren verwendete oel vorgesehen ist. fischtoxikologische untersuchungen in der toxitestanlage; toxische wirkungen auf zoobenthosorganismen (ermittlung der manifestationsreaktionen, manifestations- und letalzeiten)
S.WORT wassertiere + mineraloel + toxizitaet + (synthetische oele)
PROLEI L. PROBST
STAND 26.7.1976
QUELLE fragebogenerhebung sommer 1976
BEGINN 1.1.1975 ENDE 31.12.1977

PA -034

INST INSTITUT FUER SIEDLUNGSWASSERBAU UND WASSERGUETEWIRTSCHAFT DER UNI STUTTGART
STUTTGART 80, BANDTAELE 1
VORHAB **die physiologie der schwermetallvergiftung von fischen**
S.WORT fische + schwermetallkontamination + physiologische wirkungen
PROLEI PROF. DR. GERHARD HAIDER
STAND 1.10.1974
BEGINN 1.1.1965
G.KOST 40.000 DM

PA -035

INST INSTITUT FUER WASSER-, BODEN- UND LUFTHYGIENE DES BUNDESGESUNDHEITSAMTES
BERLIN 33, CORRENSPLATZ 1
VORHAB **intrakorporale kinetik und stoffwechsel inhalatorisch und ingestorisch mit automobilabgasen und ingestorisch aufgenommenen bleies**
toxikologie und kinetik inhalierter bleiverbindungen
S.WORT kfz-abgase + bleikontamination + toxikologie + metabolismus
PROLEI PROF. DR. SINN
STAND 1.1.1974
FINGEB - BUNDESGESUNDHEITSAMT, BERLIN
- EUROPAEISCHE GEMEINSCHAFTEN, KOMMISSION
- BUNDESMINISTER FUER FORSCHUNG UND TECHNOLOGIE
BEGINN 1.4.1974 ENDE 31.12.1975
G.KOST 251.000 DM

PA -036

INST INSTITUT FUER WASSER-, BODEN- UND LUFTHYGIENE DES BUNDESGESUNDHEITSAMTES
BERLIN 33, CORRENSPLATZ 1

VORHAB **untersuchungen zur exogenen und endogenen bleibelastung von schwangeren frauen sowie neugeborenen**
longitudinalstudie zum verhalten von bleibelastungsparametern im ablauf von schwangerschaft, entbindung, laktation; analyse des schwermetallgehalts im anfallenden plazentagewebe sowie in der muttermilch
S.WORT mensch + bleikontamination + schwermetallbelastung + physiologische wirkungen
NORDENHAM + WESER-AESTUAR
PROLEI DR. KRAUSE
STAND 30.8.1976
QUELLE fragebogenerhebung sommer 1976
FINGEB EUROPAEISCHE GEMEINSCHAFTEN
ZUSAM - INSTITUT FUER ARBEITS- UND SOZIALMEDIZIN, UNI ERLANGEN-NUERNBERG
- KREISKRANKENHAUS, GEBURTSHILFL. ABT., NORDENHAM

PA -037
INST LANDESGEWERBEANSTALT BAYERN
NUERNBERG, GEWERBEMUSEUMSPLATZ 2
VORHAB **emission von kadmium bei verarbeitung von kadmiumhaltigen produkten, gefahren des uebergangs von kadmium in den menschlichen organismus**
verarbeitungsprozesse; vernichtung, bzw. aufarbeitung von kadmiumhaltigen produkten; verbrauch und verbleib von kadmium und seiner verbindung
S.WORT schwermetallkontamination + cadmium + organismus
PROLEI DIPL. -KFM. WILD
STAND 1.1.1974
QUELLE erhebung 1975
FINGEB BUNDESMINISTER FUER JUGEND, FAMILIE UND GESUNDHEIT
ZUSAM - BUNDESGESUNDHEITSAMT, 1 BERLIN 33, POSTFACH
- GESELLSCHAFT F. STRAHLEN- UND UMWELTFORSCHUNG MBH MUENCHEN, 8042 NEUHERBERG, INGOLSTAEDTER LANDSTR.
BEGINN 1.9.1973 ENDE 31.12.1974
G.KOST 112.000 DM
LITAN ZWISCHENBERICHT 1974. 04

PA -038
INST LEHRSTUHL FUER TIERERNAEHRUNG DER TU MUENCHEN
FREISING -WEIHENSTEPHAN
VORHAB **bestimmung von enzymaktivitaeten im tier**
ziel: ausarbeitung von verfahren zur bestimmung von enzymaktivitaeten im tier; nachweis der wirkung von spurenelementen und schwermetallen durch enzymreaktionen
S.WORT tiere + schwermetalle + spurenelemente + nachweisverfahren
PROLEI PROF. DR. KIRCHGESSNER
STAND 1.1.1974
FINGEB DEUTSCHE FORSCHUNGSGEMEINSCHAFT
BEGINN 1.1.1971
G.KOST 170.000 DM

PA -039
INST MEDIZINISCHES INSTITUT FUER LUFTHYGIENE UND SILIKOSEFORSCHUNG AN DER UNI DUESSELDORF
DUESSELDORF, GURLITTSTR. 53
VORHAB **untersuchung ueber die pulmonale resorption und elimination sowie die wirkung von chlorderivaten des methans an mensch und tier**
wirksamkeit relativ niedriger konzentrationen
S.WORT luftverunreinigung + chlorkohlenwasserstoffe + organismus
PROLEI DR. MED. GEZA FODOR
STAND 1.1.1974

PA -040
INST MEDIZINISCHES INSTITUT FUER LUFTHYGIENE UND SILIKOSEFORSCHUNG AN DER UNI DUESSELDORF
DUESSELDORF, GURLITTSTR. 53
VORHAB **histologische und autoradiographische untersuchungen ueber die einwirkung von blei, cadmium und quecksilber auf die embryonalen geschlechtszellen**
untersuchungen ueber art und ausmass der belastung des menschen und seiner umwelt durch immissionen von schadstoffen. feststellung der wirkung luftverunreinigender stoffe auf mensch, tier und pflanze unter spezieller beruecksichtigung der wirkung auf gewebekulturen, stoffwechselvorgaenge, atmungsorgane und kreislaufsystem. objektivierung der wirkung geruchsintensiver stoffe. entwicklung biologischer messverfahren. erstellung von schnittserien verschieden alter rattenembryonen und deren placenten von cadmium- , blei- oder quecksilberbelasteten muttertieren und kontrolltieren zur dokumentation der wirkung dieser metalle auf die entwicklung von placenta und embryo
S.WORT luftverunreinigung + schwermetalle + embryopathie
STAND 1.1.1975
QUELLE umweltforschungsplan 1975 des bmi
FINGEB - BUNDESMINISTER DES INNERN
- EUROPAEISCHE GEMEINSCHAFTEN
BEGINN 1.1.1974 ENDE 31.12.1975
G.KOST 366.000 DM

PA -041
INST MEDIZINISCHES INSTITUT FUER LUFTHYGIENE UND SILIKOSEFORSCHUNG AN DER UNI DUESSELDORF
DUESSELDORF, GURLITTSTR. 53
VORHAB **verhaltenstoxikologische untersuchungen zur erfassung der bleiwirkungen bei prae- und postnatal belasteten ratten**
untersuchungen ueber art und ausmass der belastung des menschen und seiner umwelt durch immissionen von schadstoffen. feststellung der wirkung luftverunreinigender stoffe auf mensch, tier und pflanze unter spezieller beruecksichtigung der wirkung auf gewebekulturen, stoffwechselvorgaenge, atmungsorgane und kreislaufsystem. objektivierung der wirkung geruchsintensiver stoffe. entwicklung biologischer messverfahren. die versuche sollen klaeren, ob eine minderung der diskriminationsleistungen von rattenjungtieren in abhaengigkeit vom blutbleispiegel der muttertiere nachzuweisen ist
S.WORT toxizitaet + blei + verhaltensphysiologie
STAND 1.1.1975
QUELLE umweltforschungsplan 1975 des bmi
FINGEB - BUNDESMINISTER DES INNERN
- EUROPAEISCHE GEMEINSCHAFTEN
BEGINN 1.1.1974 ENDE 31.12.1975
G.KOST 53.000 DM

PA -042
INST UNTERSUCHUNGSSTELLE FUER UMWELTTOXIKOLOGIE DES LANDES SCHLESWIG-HOLSTEIN
KIEL, FLECKENSTR.
VORHAB **quecksilber, arsen und selengehalt (cadmium, blei, zink) in verschiedenen organen des menschen**
das ziel dieser untersuchung besteht darin, die grundbelastung des menschen durch metalle festzulegen. krankheitsbilder und andere routinemaessig erfasste laborwerte (na, k usw.) werden bei der auswertung beruecksichtigt. blut- und organproben werden nach der methode von toelg (kotz et al. , 1972) aufgeschlossen und die metalle atomabsorptionsspektrometrisch bestimmt
S.WORT schwermetallkontamination + organismus
PROLEI DIPL. -CHEM. HERMANN KRUSE
STAND 21.7.1976
QUELLE fragebogenerhebung sommer 1976
ZUSAM KLINIKEN DES LANDES SCHLESWIG-HOLSTEIN
BEGINN 1.1.1976
G.KOST 250.000 DM

PA -043
INST ZENTRALINSTITUT FUER ARBEITSMEDIZIN DER UNI HAMBURG
HAMBURG 76, ADOLPH-SCHOENFELDER-STR. 5

VORHAB **tierexperimentelle untersuchungen ueber das stoffwechselverhalten von blei-stearaten**
im gegensatz zu dem biochemischen verhalten anorganischer bleiverbindungen ist ueber das stoffwechselverhalten der in der kunststoffindustrie als stabilisatoren verwendeten bleistearate nur wenig bekannt. in tierexperimentellen untersuchungen soll geklaert werden, ob und inwieweit sich bleistearate im vergleich zu anorganischen bleiverbindungen toxikologisch in ihren rueckwirkungen auf den intermediaerstoffwechsel unterschiedlich verhalten
S.WORT bleiverbindungen + metabolismus + toxikologie + tierexperiment
PROLEI DR. J. ANGERER
STAND 30.8.1976
QUELLE fragebogenerhebung sommer 1976
BEGINN 1.5.1975 ENDE 30.6.1976

Weitere Vorhaben siehe auch:

IE -027 EINFLUSS VON KLAERSCHLAMM AUF DIE BODENFAUNA UND SAPROBIOLOGISCHE TYPISIERUNG MARINER GEWAESSER

QD -013 DER EINFLUSS VON MIT QUECKSILBER KONTAMINIERTEM FUTTER AUF DIE LEISTUNG DER TIERE UND AUF RUECKSTANDSGEHALTE IN DEN EIERN UND IM GEFLUEGELFLEISCH

QD -014 DER EINFLUSS VON MIT BLEI UND CADMIUM KONTAMINIERTEM FUTTER AUF DIE LEISTUNG DER TIERE UND AUF RUECKSTANDSGEHALTE IN DEN EIERN UND IM GEFLUEGELFLEISCH

TA -070 BESTIMMUNG DES BLUT-BLEIGEHALTS UND DER DELTAAMINOLAEVULINSAEURE-AUSSCHEIDUNG IM HARN VON BERUFLICH BELASTETEN PERSONENGRUPPEN

PB -001

INST ABTEILUNG FUER TOXIKOLOGIE DER GESELLSCHAFT FUER STRAHLEN- UND UMWELTFORSCHUNG MBH
NEUHERBERG, INGOLSTAEDTER LANDSTR. 1

VORHAB **analyse neurotoxischer wirkungen von umweltchemikalien**
untersuchung der wirkung von halogenierten kohlenwasserstoffen auf das nervensystem von versuchstieren: quantitative registrierung der beeinflussung angeborener verhaltensweisen von buntbarschen (cichlidae) durch pcbs und tetrahydrocannabinol-verbindungen. analyse konditionierter verhaltensweisen von ratten in der skinnerbox; registrierung der motorischen aktivitaet von ratten. extra- bzw. intrazellulaere elektrophysiologische ableitung am nervensystem von froeschen. korrelation der verhaltensweisen am tier zu biochemischen parametern im gehirn und nervenzellkulturen

S.WORT umweltchemikalien + kohlenwasserstoffe + pcb + neurotoxizitaet

PROLEI PROF. DR. H. GREIM

STAND 30.8.1976

QUELLE fragebogenerhebung sommer 1976

BEGINN 1.1.1975 ENDE 31.12.1979

G.KOST 3.653.000 DM

LITAN - SONNHOF, U.;GRAFE, P.;KRUMNIKL, J.;LINDER, M.;SCHINDLER, L.: INHIBITORY POSTSYNAPTIC ACTIONS OF TAURINE, GAGA, AND OTHER AMINO ACIDS ON MONONEURONS OF THE ISOLATED FROG SPINAL CORD. IN: BRAIN RESEARCH 100 S. 327-341(1975)
- ENDBERICHT

PB -002

INST ABTEILUNG FUER TOXIKOLOGIE DER GESELLSCHAFT FUER STRAHLEN- UND UMWELTFORSCHUNG MBH
NEUHERBERG, INGOLSTAEDTER LANDSTR. 1

VORHAB **untersuchungen zur beurteilung von herbiziden unter umweltgesichtspunkten**
beobachtung und registrierung der motorischen aktivitaet an wachen ratten: erfassung verschiedener bewegungsqualitaeten wie lokomotion und tremor und ihre veraenderung unter der wirkung von phenylharnstoff-herbiziden (monolinuron, buturon). es sollen verhaltensanalytische tests bei instrumenteller konditionierung und intercranialer selbststimulation von ratten in der skinnerbox eine aussage machen ueber evtl. schaedigende wirkung von phenylharnstoff-herbiziden auf das tierverhalten

S.WORT herbizide + schadstoffwirkung + tierexperiment + (ratten)

PROLEI PROF. DR. H. GREIM

STAND 30.8.1976

QUELLE fragebogenerhebung sommer 1976

BEGINN 1.1.1972 ENDE 31.12.1975

LITAN ENDBERICHT

PB -003

INST ABTEILUNG FUER TOXIKOLOGIE DER UNI KIEL
KIEL, HOSPITALSTR. 4-6

VORHAB **wirkung von organophosphaten auf fische**
wirkung von organophosphaten auf fische; entwicklung von antidoten

S.WORT phosphate + fische

PROLEI PROF. DR. MED. OHNESORGE

STAND 1.1.1974

FINGEB FRAUNHOFER-GESELLSCHAFT ZUR FOERDERUNG DER ANGEWANDTEN FORSCHUNG E. V. , MUENCHEN

BEGINN 1.1.1967

PB -004

INST ABTEILUNG FUER TOXIKOLOGIE DER UNI KIEL
KIEL, HOSPITALSTR. 4-6

VORHAB **wirkungen chlorierter kohlenwasserstoffe auf carbonanhydratase**

S.WORT chlorkohlenwasserstoffe + enzyme + physiologische wirkungen

PROLEI PROF. DR. MED. OHNESORGE

STAND 1.1.1974

BEGINN 1.1.1971

PB -005

INST BOTANISCHES INSTITUT DER UNI MARBURG
MARBURG, LAHNBERGE

VORHAB **auswirkungen von pflanzenschutzmitteln und insektiziden auf evertebraten**
die anwendung von pflanzenschutzmitteln bedingt, dass evertebraten in mitleidenschaft gezogen werden, denen der mitteleinsatz nicht gilt. im versuch sind: erdnematoden und gastropoden. in sito und in begrenzten biotopen werden zunaechst die letaldosen festgestellt. mit subletalen dosen behandelte tiere zeigen zumeist defekte am hautmuskelschlauch und am darmtrakt. mit hilfe mikrochemischer und feinstruktureller methoden wird versucht, genese und heilung derartiger defekte aufzuzeigen

S.WORT pflanzenschutzmittel + insektizide + oekotoxizitaet + invertebraten

PROLEI PROF. DR. KARL-AUGUST SEITZ

STAND 21.7.1976

QUELLE fragebogenerhebung sommer 1976

G.KOST 8.000 DM

LITAN ZWISCHENBERICHT

PB -006

INST BUNDESANSTALT FUER FLEISCHFORSCHUNG
KULMBACH, BLAICH 4

VORHAB **wirkung von mykotoxinen nach simultaner verabreichung**

S.WORT mykotoxine + physiologische wirkungen

PROLEI PROF. DR. LOTHAR LEISTNER

STAND 1.1.1974

FINGEB DEUTSCHE FORSCHUNGSGEMEINSCHAFT

PB -007

INST CHEMISCHES INSTITUT DER TIERAERZTLICHEN HOCHSCHULE HANNOVER
HANNOVER, BISCHOFSHOLER DAMM 15

VORHAB **rueckstandsuntersuchungen von pestiziden und anderen giften in freilebenden wirbeltieren niedersachsens**
es sollte festgestellt werden, ob bei in freier wildbahn lebenden tieren besonders voegeln, chlorierte kohlenwasserstoffe eine entscheidende rolle fuer den tod spielen. die untersuchungsobjekte wurden gesammelt und makroskopisch untersucht. die untersuchung der inneren organe auf pcp's, ddt und folgeprodukte erfolgt nach den bekannten methoden der rueckstandsanalytik durch gaschromatographie

S.WORT chlorkohlenwasserstoffe + pestizide + rueckstandsanalytik + voegel
NIEDERSACHSEN

PROLEI PROF. DR. HARALD RUESSEL

STAND 9.8.1976

QUELLE fragebogenerhebung sommer 1976

FINGEB KULTUSMINISTERIUM, HANNOVER

BEGINN 1.4.1974 ENDE 30.9.1976

G.KOST 28.000 DM

PB -008

INST HYGIENE INSTITUT DER UNI MUENSTER
MUENSTER, WESTRING 10

VORHAB **untersuchungen ueber den nachweis und die wirkung von aflatoxinen**

S.WORT aflatoxine + nachweisverfahren + wirkungen

PROLEI PROF. DR. HEIKE BOESENBERG

STAND 1.1.1974

FINGEB DEUTSCHE FORSCHUNGSGEMEINSCHAFT

PB -009

INST INSTITUT FUER AEROBIOLOGIE DER FRAUNHOFER-GESELLSCHAFT E.V.
SCHMALLENBERG GRAFSCHAFT, UEBER SCHMALLENBERG

VORHAB **untersuchung zentralnervoeser wirkungen von pestiziden auf den saeugetierorganismus**
untersuchungen an ratten; eeg; ekg; kreislaufanalysen

S.WORT pestizide + neurotoxizitaet + tierexperiment

PROLEI DR. OBERDOERSTER

STAND 1.10.1974
ZUSAM - UNI KOELN
- UNI DUESSELDORF
- UNI GOETTINGEN
BEGINN 1.1.1974 ENDE 31.12.1975
G.KOST 280.000 DM

PB -010

INST INSTITUT FUER AEROBIOLOGIE DER FRAUNHOFER-GESELLSCHAFT E.V.
SCHMALLENBERG GRAFSCHAFT, UEBER SCHMALLENBERG
VORHAB **untersuchungen zum schutz gegen akute wirkungen von schadstoffen**
studien zur intoxikation durch alkylphosphate; entwicklung eines hautschutzes; pruefung neuer antidote; innere und aeussere dekontamination
S.WORT schadstoffwirkung + gesundheitsschutz + alkylphosphate
PROLEI DR. HUBERT OLDIGES
STAND 1.1.1974
FINGEB BUNDESMINISTER DER VERTEIDIGUNG
ZUSAM - CHEM. LABORATORIUM DER UNI FREIBURG, 78 FREIBURG, ALBERTSTR. 21
- INST. F. PHARMAKOLOGIE U. TOXIKOLOGIE DER UNI GOETTINGEN, 34 GOETTINGEN, GEISTSTR. 9
BEGINN 1.1.1974 ENDE 31.12.1974
G.KOST 584.000 DM
LITAN ZWISCHENBERICHT 1974. 12

PB -011

INST INSTITUT FUER ANATOMIE, PHYSIOLOGIE UND HYGIENE DER HAUSTIERE DER UNI BONN
BONN, KATZENBURGWEG 7/9
VORHAB **wirkungen von polychlorierten kohlenwasserstoffen auf die molekularmechanismen von biologischen kalzifizierungsprozessen**
aufklaerung der fuer die erhoehte eischalenbruechigkeit verantwortlichen molekularmechanismen; applikation von verschiedenen polychlorierten kohlenwasserstoffen (pck) an huehnern und wachteln; untersuchung der beeinflussung der syntheseprozesse von carboanhydratasen und calcium-bindungsmolekuelen in der uterusmucosa durch pck. untersuchungen ueber die konkurrenzeffekte von pck und sexualhormonen an zellrezeptoren. isolierung von carboanhydratasen und ca-bindungsmolekuelen durch proteinchemische methoden, molekularbiologische techniken
S.WORT nutztiere + kohlenwasserstoffe + biologische wirkungen + (huhn + wachtel)
PROLEI PROF. DR. GOTTFRIED KRAMPITZ
STAND 21.7.1976
QUELLE fragebogenerhebung sommer 1976
FINGEB DEUTSCHE FORSCHUNGSGEMEINSCHAFT
ZUSAM FORSCHERGEMEINSCHAFT BIOMINERALISATION A. D. UNI BONN, NUSSALLEE 8, 5300 BONN
BEGINN 1.10.1970
G.KOST 300.000 DM
LITAN - KRAMPITZ,G.;HARDEBECK,H.: UEBER DEN EINFLUSS VON POLYCHLORIERTEN KOHLENWASSERSTOFFEN AUF DEN STOFFWECHSEL VON WARMBLUETERN. 1. MITTEILUNG: UEBER PERSISTENTE INSEKTIZIDE IN OEKOLOGISCHEN SYSTEMEN. IN:DEUTSCHE TIERAERZTLICHE WOCHENSCHRIFT (1) S.14-16(JAN 1973)
- KRAMPITZ,G.;HARDEBECK,H.: UEBER DEN EINFLUSS VON POLYCHLORIERTEN KOHLENWASSERSTOFFEN AUF DEN STOFFWECHSEL VON WARMBLUETERN. II. MITTEILUNG: UEBER DEN STOFFWECHSEL VON DDT UND VERWANDTEN VERBINDUNGEN. IN:DEUTSCHE TIERAERZTLICHE WOCHENSCHRIFT (4) S.82-85(FEB 1973)
- KRAMPITZ,G.;HARDEBECK,H.: 1EBER DEN EINFLUSS VON POLYCHLORIERTEN INSEKTIZIDEN AUF ENZYM- UND HORMONSYSTEME VON SAEGETIEREN UND VOEGELN. IN:DEUTSCHE TIERAERZTLICHE WOCHENSCHRIFT (5(S.108-112(MAR 1973)

PB -012

INST INSTITUT FUER BIOLOGISCHE CHEMIE DER UNI HOHENHEIM
STUTTGART 70, GARBENSTR. 30
VORHAB **drogenstoffwechsel am beispiel des alkaloids colchicin**
stoffwechseluntersuchungen am lebenden tier und in vitro sowie modelluntersuchungen haben zur (erstmaligen) entdeckung, isolierung und strukturaufklaerung der metaboliten von colchicin gefuehrt. die untersuchung der wirkungsweise der metaboliten steht derzeit im vordergrund der biochemischen experimente. der umweltbezug ergibt sich aus der uebertragbarkeit der untersuchungsmethodik auf den groessten teil der umwelt-relevanten schadstoffe
S.WORT tierernaehrung + metabolismus + umweltchemikalien + (colchicin)
PROLEI PROF. DR. GUENTHER SIEBERT
STAND 21.7.1976
QUELLE fragebogenerhebung sommer 1976
FINGEB UNIVERSITAETSBUND HOHENHEIM, FONDS DER CHEMIE
ZUSAM - DEUTSCHES KREBSFORSCHUNGSZENTRUM, HEIDELBERG
- SCHLESISCHE MEDIZINISCHE AKADEMIE, PROF. WILCZOK, KATTOWITZ
G.KOST 80.000 DM
LITAN -
SCHOENHARTING,M.;PFAENDER,P.;RIEKER,A.;SIEBER-T,G.: METABOLIC TRANSFORMATION OF COLCHICINE. I. THE OXIDATIVE FORMATION OF PRODUCTS FROM COLCHICINE IN THE UDENFRIEND SYSTEM. IN:HOPPE-SEYLER'S ZEITSCHRIFT FUER PHYSIOLOGISCHE CHEMIE. 354 S.421-436(APR 1973)
- SCHOENHARTING,M.;MENDE,G.;SIEBERT,G.: METABOLIC TRANSFORMATION OF COLCHICINE,II. THE METABOLISM OF COLCHICINE BY MAMMALIAN LIVER MICROSOMES. IN:HOPPE-SEYLER'S ZEITSCHRIFT FUER PHYSIOLOGISCHE CHEMIE. 355 S.1391-1399(NOV 1974)
- SIEBERT8G.;SCHOENHARTING,M.;SURJANA,S.: INHIBITION OF PHOSPHATASES BY THE METABOLITE 0-10-DEMETHYLCHOLCHICINE (COLCHICEINE) AND THEIR REACTIVATION BY DIVALENT CATIONS. IN:HOPPE-SEYLER'S Z. F. PHYS. CHEM. 356 S.855-860(JUN 1975)

PB -013

INST INSTITUT FUER ERNAEHRUNGSLEHRE DER UNI HOHENHEIM
STUTTGART 70, FRUHWIRTHSTR.
VORHAB **vorkommen von chlorierten kohlenwasserstoff-insektiziden in menschlichen geweben**
es werden fettgewebe, leber, niere und gehirn aus sektionsgut untersucht. die qualitative und quantitative bestimmung erfolgt gaschromatographisch. die ausarbeitung erfolgt im hinblick darauf, ob und in welchem umfang die chlor. kw (ddt u. analoge, aldrin, dieldrin, heptachlor, heptachlorepoxid, methoxychlor und hexachlorcyclohexan-isomere sowie hexachlorbenzol) trotz verbots bzw. starker einschraenkung in der brd in menschlichen geweben wiederzufinden sind. ausserdem soll untersucht werden, ob beziehungen bestehen hinsichtlich alter und geschlecht und konzentration der stoffe und ob sich korrelationen zwischen krankheiten bzw. todesursache und hoehe der gefundenen werte ergeben
S.WORT insektizide + chlorkohlenwasserstoffe + gewebe
PROLEI DIPL. -ERN. -WISS. GABRIELE WELLER
STAND 21.7.1976
QUELLE fragebogenerhebung sommer 1976
BEGINN 1.7.1974

PB -014

INST INSTITUT FUER ERNAEHRUNGSWISSENSCHAFTEN II / FB 19 DER UNI GIESSEN
GIESSEN, WIESENSTR. 3-5
VORHAB **resorption polycyclischer aromate aus dem magen-darm-trakt**
S.WORT polyzyklische aromaten + resorption

PROLEI DR. BUCHHAUPT
STAND 1.1.1974
BEGINN 1.1.1973 ENDE 31.12.1974

PB -015

INST INSTITUT FUER EXPERIMENTELLE OPHTHALMOLOGIE DER UNI BONN
BONN, ABBESTR. 2
VORHAB **der einfluss von umweltchemikalien (organochlorverbindungen) auf die proteinverteilung der augenlinse**
bei der benutzung von organochlorverbindungen als schaedlingsbekaempfungsmittel geraten diese substanzen an und in die augen der landarbeiter. es ist das ziel der erwaehnten forschungsarbeiten, den einfluss von diesen substanzen auf die proteinverteilung der augenlinse zu untersuchen, mittels einer speziellen und empfindlichen elektrophoresemethode zur charakterisierung der augenlinsenproteine und zur quantitativer untersuchung ihrer loeslichkeitsabnahme
S.WORT schaedlingsbekaempfungsmittel + biologische wirkungen + (organochlorverbindungen)
PROLEI DR. JOHAN BOURS
STAND 21.7.1976
QUELLE fragebogenerhebung sommer 1976
FINGEB - DEUTSCHE FORSCHUNGSGEMEINSCHAFT
- GESELLSCHAFT FUER STRAHLEN- UND UMWELTFORSCHUNG MBH (GSF), MUENCHEN
ZUSAM INST. F. OEKOLOGISCHE CHEMIE DER GSF, POST OBERSCHLEISSHEIM, 8042 NEUHERBERG
LITAN HOCKWIN, O.;ISMAEL, R.;BOURS, J.;KORTE, I.;KORTE, F.: UEBER DIE EINWIRKUNG VON UMWELTCHEMIKALIEN AUF DEN GEHALT AN EIWEISSFRAKTIONEN IN RINDERLINSEN. BULL. SOC. OPHTHAL. FRANCE

PB -016

INST INSTITUT FUER EXPERIMENTELLE OPHTHALMOLOGIE DER UNI BONN
BONN, ABBESTR. 2
VORHAB **einfluss von organochlorverbindungen auf inkubierte rinderlinsen**
bei der benutzung von organochlorverbindungen als schaedlingsbekaempfungsmittel geraten diese substanzen an und in die augen der landarbeiter. es ist das ziel der vorliegenden studie, den einfluss dieser verbindungen auf den stoffwechsel und die funktion des auges zu untersuchen
S.WORT schaedlingsbekaempfungsmittel + biologische wirkungen + (organochlorverbindungen)
PROLEI DR. INGE KORTE
STAND 21.7.1976
QUELLE fragebogenerhebung sommer 1976
FINGEB GESELLSCHAFT FUER STRAHLEN- UND UMWELTFORSCHUNG MBH (GSF), MUENCHEN
ZUSAM INST. F. OEKOLOGISCHE CHEMIE DER GSF, POST OBERSCHLEISSHEIM, 8042 NEUHERBERG
LITAN KORTE, I.;ISMAIL, R.;HOCKWIN, O.;KLEIN, W.: STUDIES ON THE INFLUENCE OF SOME ENVIRONMENTAL CHEMICALS AND THEIR METABOLITES ON THE CONTENT OF FREE. IN: CHEMOSPHERE 2 S. 131-136(1976)

PB -017

INST INSTITUT FUER GEOGRAPHIE DER UNI MUENSTER
MUENSTER, ROBERT-KOCH-STR. 26
VORHAB **einfluss von insektizidspritzungen auf die population von hoehlenbruetern, insbesondere meisen**
untersuchung von lege- und bruterfolg und vitalitaet sowie einer anreicherung (kontamination) von insektizidrueckstaenden in der nahrung sowie von jung- und altvoegeln von meisenpopulationen in stark gespritzten intensivobstanlagen gegenueber nicht gespritzten kontrollgebieten
S.WORT voegel + insektizide + kontamination + (meise)
PROLEI PROF. DR. SCHREIBER
STAND 1.1.1974
FINGEB MINISTERIUM FUER ERNAEHRUNG, LANDWIRTSCHAFT UND UMWELT, STUTTGART
ZUSAM - FORSCHUNGSSTELLE F. STANDORTSKUNDE IM FACHBEREICH AGRARBIOLOGIE DER UNI HOHENHEIM, 7 STUTTGART 70
- FORSCHUNGSSTATION FUER OBSTBAU, 798 RAVENSBURG- BAUENDORF
BEGINN 1.3.1963 ENDE 31.12.1975
G.KOST 20.000 DM

PB -018

INST INSTITUT FUER HUMANGENETIK DER UNI BONN
BONN, WILHELMSSTR. 7
VORHAB **praenatale toxikologien von pharmakas und deren derivate**
nebenwirkungen eingrenzen
S.WORT embryopathie + pharmaka + nebenwirkungen
PROLEI DR. KOEHLER
STAND 1.10.1974
FINGEB DEUTSCHE FORSCHUNGSGEMEINSCHAFT
ZUSAM PHARMAZEUTISCHES INST. D. UNI BONN, 53 BONN, KREUZBERGWEG 26
BEGINN 1.5.1974 ENDE 31.12.1975
G.KOST 100.000 DM
LITAN - DIE PHARMAZIE 10(28)S. 680-81 (1973)
- EXPERIENTIA 28(4)S. 423 (1973)

PB -019

INST INSTITUT FUER HUMANGENETIK DER UNI HAMBURG
HAMBURG 20, MARTINISTR. 52
VORHAB **untersuchungen zur biochemie und genetik der induktion von kohlenwasserstoff-hydroxylasen**
S.WORT enzyminduktion + genetik + kohlenwasserstoffe
PROLEI DR. RALF W. HOFFBAUER
STAND 1.1.1974
FINGEB DEUTSCHE FORSCHUNGSGEMEINSCHAFT
BEGINN 1.1.1971

PB -020

INST INSTITUT FUER HYGIENE DER BUNDESANSTALT FUER MILCHFORSCHUNG
KIEL, HERMANN-WEIGMANN-STR. 1-27
VORHAB **tierexperimentelle untersuchung zur biologischen wirkung von fasciolziden auf die physiologie und biochemie der laktation**
nach applikation von fasziolziden treten chemische rueckstaende in der milch auf, gleichfalls werden technologische stoerungen beobachtet. es ist das ziel des forschungsvorhabens, die chemische oder biochemische grundlage fuer das auftreten dieser veraenderungen zu erfassen, um technologische schaeden zu vermeiden. gleichzeitig sollen erkenntnisse ueber die mechanismen der ausscheidung von arzneimitteln ueber die milch erarbeitet werden
S.WORT biozide + biologische wirkungen + (tierexperiment)
PROLEI PROF. DR. WALTHER HEESCHEN
STAND 1.1.1976
QUELLE mitteilung des bundesministers fuer ernaehrung,landwirtschaft und forsten
FINGEB BUNDESMINISTER FUER FORSCHUNG UND TECHNOLOGIE
BEGINN 1.1.1974
LITAN TOLLE, A.;HEESCHEN, W.;BLUETHGEN, A. ET AL.: RUECKSTAENDE VON BIOZIDEN UND UMWELTCHEMIKALIEN IN DER MILCH - EINE UNTERSUCHUNG UEBER NACHWEIS, VORKOMMEN UND LEBENSMITTELHYGIENISCHE BEDEUTUNG. IN: KIELER MILCHW. -FORSCH. BER. 25(4) S. 379-546

PB -021

INST INSTITUT FUER KUESTEN- UND BINNENFISCHEREI DER BUNDESFORSCHUNGSANSTALT FUER FISCHEREI
HAMBURG, PALMAILLE 9

VORHAB **untersuchung der speicherung von pestiziden und pcb bei nutztieren des meeres**
ziel: bestandsaufnahme von chlorierten pestiziden und polychlorierten biphenylen im nutzfisch aus ost- und nordsee und binnengewaessern; grundlagen fuer verordnung ueber hoechstmengen an ddt und pcb im fisch
S.WORT lebensmittel + fische + pestizide + hoechstmengenverordnung
PROLEI DR. HUSCHENBETH
STAND 1.1.1974
FINGEB BUNDESMINISTER FUER FORSCHUNG UND TECHNOLOGIE
ZUSAM INTERNATIONALER RAT FUER MEERESFORSCHUNG, KOPENHAGEN(JCES)
BEGINN 1.1.1970
G.KOST 300.000 DM
LITAN - HUSCHENBETH: ZUR SPEICHERUNG VON CHLORIERTEN KOHLENWASSERSTOFFEN IM FISCH. IN: ARCH. FISCH. WISS. (24)S. 1-3, 105-116 (AUG. 1973)
- ZWISCHENBERICHT 1975. 01
- ICES-PAPER, 1973 E 9, FISHERIES IMPROVEMENT COMMITTEE

PB -022
INST INSTITUT FUER MEERESFORSCHUNG
BREMERHAVEN, AM HANDELSHAFEN 12
VORHAB **analyse von pestiziden in marinen organismen**
bestimmung von organischen schadstoffen durch gaschromatographie und massenspektrometrie im marinen bereich
S.WORT meeresorganismen + organische schadstoffe + pestizide + nachweisverfahren
PROLEI DR. ERNST
STAND 1.1.1974
FINGEB BUNDESMINISTER FUER FORSCHUNG UND TECHNOLOGIE
ZUSAM - PROJEKTGRUPPE "ANALYTIK" IM DFG-SCHWERPUNKT LITORALFORSCHUNG
- PROJEKTGRUPPE "SCHICKSAL VON SCHADSTOFFEN" IM DFG-SCHWERPUNKT LITORALFORSCHUNG
BEGINN 1.1.1970
G.KOST 221.000 DM

PB -023
INST INSTITUT FUER MEERESFORSCHUNG
BREMERHAVEN, AM HANDELSHAFEN 12
VORHAB **einfluss von organischen schadstoffen auf normale physiologische vorgaenge in marinen organismen**
biotest; schadstoffeinfluss auf photosyntheseleistung (sauerstoff-produktion) mariner algen
S.WORT organische schadstoffe + meeresorganismen + photosynthese + algen
PROLEI DR. WEBER
STAND 1.1.1974
FINGEB BUNDESMINISTER FUER FORSCHUNG UND TECHNOLOGIE
ZUSAM PROJEKTGRUPPE "SCHICKSAL VON SCHADSTOFFEN" IM DFG-SCHWERPUNKT LITORALFORSCHUNG
BEGINN 1.1.1973
G.KOST 57.000 DM

PB -024
INST INSTITUT FUER OBSTKRANKHEITEN DER BIOLOGISCHEN BUNDESANSTALT FUER LAND- UND FORSTWIRTSCHAFT
DOSSENHEIM, SCHWABENHEIMERSTR. 20
VORHAB **untersuchungen ueber die wirkung von pflanzenschutzmitteln auf nutzarthropoden im freiland**
da fuer trichogramma sp. bereits eine standardisierte laborpruefmethode vorlag, wurden die untersuchungen mit diesem im obstbau bedeutenden eiparasiten eingeleitet. das ziel der untersuchungen besteht darin, eine standardisierte kaefig-pruefmethode unter freilandaehnlichen bedingungen zu erarbeiten, die eine reproduzierbare aussage ueber die nuetzlingsschonende oder -schaedigende eigenschaft von pflanzenschutzmitteln ermoeglicht
S.WORT bodenkontamination + pflanzenschutzmittel + nutzarthropoden
PROLEI DR. ERICH DICKLER
STAND 30.8.1976
QUELLE fragebogenerhebung sommer 1976
FINGEB DEUTSCHE FORSCHUNGSGEMEINSCHAFT
ZUSAM INST. F. BIOLOGISCHE SCHAEDLINGSBEKAEMPFUNG, BIOLOGISCHE BUNDE SANSTALT, 6100 DARMSTADT
BEGINN 1.1.1974 ENDE 31.12.1978
G.KOST 60.000 DM
LITAN ZWISCHENBERICHT

PB -025
INST INSTITUT FUER PHARMAKOLOGIE UND TOXIKOLOGIE DER TU BRAUNSCHWEIG
BRAUNSCHWEIG, BUELTENWEG 17
VORHAB **wechselwirkungen zwischen herbiziden und insektiziden**
es soll untersucht werden, wie sich der einfluss der herbizide, die weltweit in ungeheurem umfang angewandt werden, auf die toxizitaet der insektizide beim warmblueter auswirkt, zum einen in vivo, zum andern in vitro
S.WORT herbizide + insektizide + synergismus + toxizitaet + (warmblueter)
PROLEI DR. ROLAND NIEDNER
STAND 21.7.1976
QUELLE fragebogenerhebung sommer 1976
BEGINN 1.11.1975
G.KOST 100.000 DM

PB -026
INST INSTITUT FUER PHARMAKOLOGIE UND TOXIKOLOGIE DER UNI WUERZBURG
WUERZBURG, VERSBACHER LANDSTRASSE 9
VORHAB **experimentelle untersuchungen zur pharmakokinetik und trichloraethylen und seiner metaboliten**
trichloraethanol und trichloressigsaeure an versuchspersonen bei mehrfach wiederholter exposition in analytisch definierten trichloraethylen-konzentrationen
S.WORT gesundheitsschutz + chlorkohlenwasserstoffe + metabolismus
PROLEI PROF. DR. MED. DIETRICH HENSCHLER
STAND 1.1.1974
FINGEB DEUTSCHE FORSCHUNGSGEMEINSCHAFT

PB -027
INST INSTITUT FUER PHARMAKOLOGIE, TOXIKOLOGIE UND PHARMAZIE IM FB TIERMEDIZIN DER UNI MUENCHEN
MUENCHEN 22, VETERINAERSTR. 13
VORHAB **gewebe- und organverteilung von pcbs bei legehennen nach subchronischer oraler belastung mit clophen a 60**
gaschromatographische pcb-bestimmung in gehirn, blut, leber, nieren, fettgewebe, muskulatur, haut und federn von legehennen nach 20taegiger oraler belastung mit 17-114 ppm clophan a 60 im futter
S.WORT umweltchemikalien + pcb + huhn + (clophen a 60)
PROLEI PROF. DR. ALBRECHT SCHMID
STAND 27.7.1976
QUELLE fragebogenerhebung sommer 1976
BEGINN 1.9.1973 ENDE 30.11.1975
LITAN ENDBERICHT

PB -028
INST INSTITUT FUER PHYTOMEDIZIN DER UNI HOHENHEIM
STUTTGART 70, OTTO-SANDER-STR.5
VORHAB **ursachen der vergiftung von bienenvoelkern durch im weinbau eingesetzte insektizide**
verteilung von carbaryl in der weinrebe; einlagerung von carbaryl in reben-pollen
S.WORT weinbau + insektizide + bienen + (vergiftung)
PROLEI DR. FRANZ MUELLER

STAND 1.1.1974
FINGEB MINISTERIUM FUER ERNAEHRUNG, LANDWIRTSCHAFT UND UMWELT, STUTTGART
ZUSAM LANDESANSTALT F. BIENENKUNDE DER UNI HOHENHEIM, 7 STUTTGART 70, EMIL-WOLFF-STR. 60
BEGINN 1.1.1972 ENDE 31.12.1976

PB -029
INST INSTITUT FUER PHYTOPATHOLOGIE / FB 16 DER UNI GIESSEN
GIESSEN, LUDWIGSTR. 23
VORHAB **nebenwirkungen verschiedener fungizide auf blattlauspopulationen des getreides**
untersucht werden die einfluesse zunehmend im getreideanbau verwendeter fungizide auf die entwicklung von blattlauspopulationen
S.WORT fungizide + biologische wirkungen + insekten + (blattlauspopulationen)
PROLEI PROF. DR. SCHMUTTERER
STAND 1.1.1974
BEGINN 1.1.1973

PB -030
INST INSTITUT FUER PHYTOPATHOLOGIE / FB 16 DER UNI GIESSEN
GIESSEN, LUDWIGSTR. 23
VORHAB **nebenwirkungen systemischer fungizide auf phytoparasitaere nematoden**
in freilandversuchen wird der einfluss verschiedener systemischer fungizide auf wandernde, gallenbildende und zystenbildende nematoden untersucht. laboruntersuchungen befassen sich mit der frage inwieweit systemische fungizide, die als beizmittel verwendet werden, eine wirkung auf den nematodenbefall besitzen und welche einfluesse gegenueber nematodenfangenden pilzen auftreten
S.WORT fungizide + biologische wirkungen + nematoden
PROLEI DR. JUERGEN ROESSNER
STAND 1.1.1974
BEGINN 1.1.1973

PB -031
INST INSTITUT FUER TOXIKOLOGIE UND PHARMAKOLOGIE DER UNI MARBURG
MARBURG, PILGRIMSTEIG 2
VORHAB **biochemische grundlagen der arzneimittel- und fremdstoffwirkungen**
wirkungen insektizider chlorierter kohlenwasserstoffe (ddt, lindan) auf die warmblueter; aenderung der ansprechbarkeit des zentralnervensystems auf pharmaka; ursachen und folgen des durch die chlorkohlenwasserstoffe ausgeloesten leberwachstums
S.WORT chlorkohlenwasserstoffe + wirkmechanismus + tiere
PROLEI PROF. DR. WOLFGANG KORANSKY
STAND 1.1.1974
FINGEB DEUTSCHE FORSCHUNGSGEMEINSCHAFT

PB -032
INST INSTITUT FUER TOXIKOLOGIE UND PHARMAKOLOGIE DER UNI MARBURG
MARBURG, PILGRIMSTEIG 2
VORHAB **verhalten von antioxidantien und insektiziden im tierischen organismus und ihre beeinflussung physiologischer reaktionen**
S.WORT insektizide + physiologische wirkungen
PROLEI DR. DIPL. -BIOL. GUENTER KOSS
STAND 1.1.1974
FINGEB DEUTSCHE FORSCHUNGSGEMEINSCHAFT

PB -033
INST INSTITUT FUER TOXIKOLOGIE UND PHARMAKOLOGIE DER UNI MARBURG
MARBURG, PILGRIMSTEIG 2
VORHAB **biotransformation und cerebrale wirkungen chlorierter kohlenwasserstoffe**
S.WORT chlorkohlenwasserstoffe + pharmakologie + toxikologie + (biochemische grundlagen)
PROLEI PROF. DR. JOACHIM PORTIG
STAND 7.9.1976
QUELLE datenuebernahme von der deutschen forschungsgemeinschaft
FINGEB DEUTSCHE FORSCHUNGSGEMEINSCHAFT

PB -034
INST INSTITUT FUER VETERINAERMEDIZIN DES BUNDESGESUNDHEITSAMTES
BERLIN, THIELALLEE 88-92
VORHAB **rueckstands- und stoffwechseluntersuchungen mit harnstoffherbiziden an landwirtschaftlichen nutztieren**
erfassung der auswirkungen auf die natuerliche umwelt
S.WORT herbizide + nutztiere + rueckstandsanalytik
PROLEI DR. GODGLUECK
STAND 1.1.1974
FINGEB BUNDESMINISTER FUER FORSCHUNG UND TECHNOLOGIE
ZUSAM - BIOLOGISCHE BUNDESANSTALT LAND-U. FORSTWIRTSCHAFT (BBA), 1 BERLIN 33, KOENIGIN-LUISE-STR. 19
- MAX VON PETTENKOFER-INSTITUT DES BUNDESGESUNDHEITSAMTES, 1 BERLIN 33, UNTER DEN EICHEN 82-84
BEGINN 1.6.1972 ENDE 31.12.1975
G.KOST 254.000 DM
LITAN ZWISCHENBERICHT 1974. 12

PB -035
INST INSTITUT FUER VETERINAERMEDIZIN DES BUNDESGESUNDHEITSAMTES
BERLIN, THIELALLEE 88-92
VORHAB **stoffwechseluntersuchungen von herbiziden und insektiziden an der isoliert perfundierten leber von ratte und huhn**
in bisherigen untersuchungen wurde festgestellt, dass es moeglich ist, mit hilfe der isoliert perfundierten ratten erkenntnisse zur biotransformation von pflanzenschutzmitteln zu erhalten. allerdings zeigte sich, dass bei geprueftert funktionsfaehigkeit der isoliert perfundierten leber im gegensatz zur intakten ratte keine phenylringhydroxylierung stattfindet. zur klaerung des problems sollen in neuen perfusionsexperimenten stoffspezifitaet, konzentrationsabhaengigkeit, tierspezifitaet sowie fragen der stimulierung/hemmung der mikrosomaler arylhydroxylierung untersucht werden
S.WORT herbizide + insektizide + metabolismus + tierexperiment
PROLEI DR. GODGLUECK
STAND 1.1.1974
FINGEB BUNDESMINISTER FUER FORSCHUNG UND TECHNOLOGIE
ZUSAM - BIOLOGISCHE BUNDESANSTALT F. LAND-U. FORSTWIRTSCHAFT(BBA), 1 BERLIN 33, KOENIGIN-LUISE-STR. 19
- MAX VON PETTENKOFER-INST. DES BGA, 1 BERLIN 33, UNTER DEN EICHEN 82-84
BEGINN 1.1.1973 ENDE 31.12.1975
G.KOST 254.000 DM
LITAN ZWISCHENBERICHT 1975. 02

PB -036
INST INSTITUT FUER WASSER-, BODEN- UND LUFTHYGIENE DES BUNDESGESUNDHEITSAMTES
BERLIN 33, CORRENSPLATZ 1
VORHAB **untersuchungen zur resorption und elimination von dampffoermigen kohlenwasserstoffen bei der respiration des menschen**
ermittlung der retention und elimination dampffoermiger paraffine, olefine und alicyclischer kohlenwasserstoffe, die als benzin- bzw. kfz-abgaskomponenten eine rolle spielen; vergleich des retentionsverhaltens mit verschiedenen aethern
S.WORT kfz-abgase + kohlenwasserstoffe + mensch + resorption
PROLEI DR. WAGNER
STAND 1.1.1974
BEGINN 1.1.1971

PB -037
INST INSTITUT FUER ZOOPHYSIOLOGIE DER UNI HOHENHEIM
STUTTGART 70, SCHLOSS
VORHAB **einfluss von pestiziden und pcb auf innersekretorische organe**
carnivore vogelarten sind infolge der pestizidakkumula tion vom aussterben bedroht (legen duennschaliger und infertiler eier); die untersuchung soll klaeren, ob ddt und seine derivate eine direkte oder indirekte wirkung auf die hoden oder ovarien haben; auch im hinblick auf den menschen von interesse (impotenz bei farmarbeitern, die mit pestiziden umgehen)
S.WORT pestizide + pcb + ddt + tiere + organismus
PROLEI PROF. DR. DR. FABER
STAND 1.1.1974
BEGINN 1.1.1971
G.KOST 50.000 DM

PB -038
INST LABORATORIUM FUER PHARMAKOLOGIE UND TOXIKOLOGIE
HAMBURG 92, BREDENGRUND 31
VORHAB **toxikologisch-pharmakokinetische untersuchung mit organischen loesungsmitteln und deren gemischen bei kurz- und langdauernder inhalation**
S.WORT schadstoffbelastung + loesungsmittel + atemtrakt
PROLEI PROF. DR. FRED LEUSCHNER
STAND 1.1.1974
FINGEB DEUTSCHE FORSCHUNGSGEMEINSCHAFT
BEGINN 1.1.1972

PB -039
INST LANDESANSTALT FUER BIENENZUCHT
MAYEN, IM BANNEN 38-55
VORHAB **untersuchungen zur toxitaet von tormona 80 (= unkrautvernichtungsmittel auf hormonbasis)**
vermehrt werden unkrautbekaempfungen in forstkulturen durch kostensparenden einsatz von hubschraubern durchgefuehrt. dadurch wird direkt die letzte bienenweide vernichtet. gleichzeitig wird noch befuerchtet, dass eine kontamination von bienenhonig und pollen erfolgt. auch eine evtl. teratogene wirkung auf die bienenbrut ist nicht ausgeschlossen
S.WORT herbizide + toxizitaet + bienen + (tormona 80)
PROLEI DR. HORST REHM
STAND 21.7.1976
QUELLE fragebogenerhebung sommer 1976
ZUSAM CHEMISCHE LANDESUNTERSUCHUNGSANSTALT, GERBERSTRASSE 24, 7600 OFFENBURG
BEGINN 1.6.1973 ENDE 30.9.1976
G.KOST 5.000 DM

PB -040
INST LANDESANSTALT FUER PFLANZENSCHUTZ
STUTTGART 1, REINSBURGSTR. 107
VORHAB **untersuchung der wirkung von pflanzenschutzmitteln auf die ei-praedatoren der kohlfliege (erioischia brassicae bouche)**
S.WORT pflanzenschutzmittel + nebenwirkungen + (kohlfliege)
PROLEI DR. KARL WARMBRUNN
STAND 7.9.1976
QUELLE datenuebernahme von der deutschen forschungsgemeinschaft
FINGEB DEUTSCHE FORSCHUNGSGEMEINSCHAFT

PB -041
INST LEHRSTUHL FUER BIOCHEMIE DER PFLANZEN DER UNI BOCHUM
BOCHUM, BUSCHEYSTR. 132
VORHAB **wirkung von pestiziden**
S.WORT pestizide + herbizide + schadstoffwirkung + landwirtschaftliche produkte
PROLEI PROF. DR. TREBST
STAND 1.10.1974
FINGEB BUNDESMINISTER FUER FORSCHUNG UND TECHNOLOGIE
BEGINN 1.1.1972 ENDE 31.12.1976
G.KOST 656.000 DM

PB -042
INST MAX-VON-PETTENKOFER-INSTITUT DES BUNDESGESUNDHEITSAMTES
BERLIN 45, UNTER DEN EICHEN 82-84
VORHAB **untersuchungen zur toxikologie von bioziden**
entwicklung von parametern zur beurteilung toxischer umweltchemikalien z. b. neurotoxische untersuchungsverfahren
S.WORT umweltchemikalien + toxizitaet + biozide
PROLEI PROF. DR. DR. BAER
STAND 1.1.1974
FINGEB BUNDESMINISTER FUER JUGEND, FAMILIE UND GESUNDHEIT
BEGINN 1.1.1972 ENDE 31.12.1977
G.KOST 570.000 DM
LITAN ZWISCHENBERICHT 1974. 12

PB -043
INST MAX-VON-PETTENKOFER-INSTITUT DES BUNDESGESUNDHEITSAMTES
BERLIN 45, UNTER DEN EICHEN 82-84
VORHAB **speziell neurotoxische und verhaltensphysiologische untersuchungen unter der einwirkung von phenylharnstoffherbiziden**
wirkung von phenylharnstoffherbiziden auf verhaltensphysiologische parameter einschliesslich eeg-untersuchungen; die untersuchungen werden mit histomorphologischen befunden korreliert
S.WORT neurotoxizitaet + herbizide
PROLEI DR. HANSEN
STAND 1.1.1974
FINGEB BUNDESMINISTER FUER FORSCHUNG UND TECHNOLOGIE
BEGINN 1.1.1972 ENDE 31.12.1975
G.KOST 370.000 DM
LITAN ZWISCHENBERICHT 1973

PB -044
INST MAX-VON-PETTENKOFER-INSTITUT DES BUNDESGESUNDHEITSAMTES
BERLIN 45, UNTER DEN EICHEN 82-84
VORHAB **dosisabhaengigkeit von umwandlung, speicherung und ausscheidung von phenylharnstoffherbiziden bei laboratoriumstieren**
metabolismus von phenylharnstoffherbiziden in abhaengigkeit von der dosis
S.WORT metabolismus + herbizide
PROLEI DR. BOEHME
STAND 1.1.1974
FINGEB BUNDESMINISTER FUER FORSCHUNG UND TECHNOLOGIE
BEGINN 1.1.1972 ENDE 31.12.1975
G.KOST 321.000 DM
LITAN ZWISCHENBERICHT 1973

PB -045
INST PFLANZENSCHUTZAMT DER LANDWIRTSCHAFTSKAMMER WESER-EMS
OLDENBURG, MARS-LA-TOUR-STR. 9-11
VORHAB **beeintraechtigung der freilebenden tierwelt durch pflanzenschutzmittel**
S.WORT pflanzenschutzmittel + tiere
PROLEI DR. PAUL BLASZYK
STAND 1.1.1974
BEGINN 1.1.1968

PB -046
INST PHARMAKOLOGISCHES INSTITUT DER UNI HAMBURG
HAMBURG 20, MARTINISTR. 52
VORHAB **toxikologie von polychlorierten biphenylen und phosphatsaeure-ester**
aufklaerung der chronischen toxicitaet von polichlorierten biphenylen und chlorierten phenolen. abbaufaehigkeit verschieden hoch chlorierter pcbs im tierorganismus. ziel: entwicklung umweltfreundlicher pcb's
S.WORT pcb + phenole + toxizitaet + (tierversuch)
PROLEI DR. HANS BENTHE

STAND 30.8.1976
QUELLE fragebogenerhebung sommer 1976
BEGINN 1.1.1970 ENDE 31.12.1978

PB -047

INST STAATLICHES VETERINAERUNTERSUCHUNGSAMT FRANKFURT
FRANKFURT -NIEDERRAD, DEUTSCHORDENSTR. 48
VORHAB **feststellung von pestiziden (hch, hcb) bei fasanen mit hilfe der gaschromatographie**
bei fasanen wurden erhoehte gehalte an pestiziden im fettgewebe nachgewiesen. an 100 lebende tiere wird futter mit bestimmten mengen an hch und hcb verabreicht. nach verschiedenen zeitraeumen werden nach toetung der tiere rueckstandsuntersuchungen durchgefuehrt
S.WORT pestizide + rueckstandsanalytik + tierexperiment
PROLEI DR. HELMUT GEMMER
STAND 12.8.1976
QUELLE fragebogenerhebung sommer 1976
BEGINN 1.8.1976
G.KOST 20.000 DM

PB -048

INST UNTERSUCHUNGSSTELLE FUER UMWELTTOXIKOLOGIE DES LANDES SCHLESWIG-HOLSTEIN
KIEL, FLECKENSTR.
VORHAB **persistierende chlorierte kohlenwasserstoffe im fettgewebe des menschen**
chlorierte kohlenwasserstoffe (ddt, hch usw.) persistieren im fettgewebe des menschen. der nachweis und die bestimmung der konzentrationen dieser verbindungen ist fuer die beurteilung der gesamtbelastung der menschen notwendig. fettgewebsproben, die zufaellig in chirurgischen krankenanstalten des landes schleswig-holstein anfallen, werden eingeholt und nach dem wood (1969) angegebenen standardverfahren aufbereitet. nachweis und konzentrationsbestimmungen erfolgen gaschromatographisch
S.WORT chlorkohlenwasserstoffe + organismus + schadstoffbelastung + (nachweisverfahren)
PROLEI DR. CARSTEN ALSEN
STAND 21.7.1976
QUELLE fragebogenerhebung sommer 1976
ZUSAM KLINIKEN DES LANDES SCHLESWIG-HOLSTEIN
BEGINN 1.1.1976
G.KOST 130.000 DM

PB -049

INST ZOOLOGISCHES FORSCHUNGSINSTITUT UND MUSEUM ALEXANDER KOENIG
BONN 1, ADENAUERALLEE 150-164
VORHAB **spitzmausprojekt - fragestellung: inwieweit ist der einsatz bestimmter pflanzenschutzmittel fuer den rueckgang einer bestimmten spitzmausart verantwortlich zu machen**
versuchsplan: in einem fuetterungsversuch soll einer spitzmausart kontaminiertes futter verabreicht werden und die pesticidrueckstaende in den tieren nach einer bestimmten applikationsdauer ermittelt werden. als kontrolle dienen tiere, die nicht-kontaminiertes futter erhalten, jedoch unter den gleichen bedingungen gehalten werden
S.WORT pestizide + nebenwirkungen + (spitzmaus)
PROLEI DR. RAINER HUTTERER
STAND 21.7.1976
QUELLE fragebogenerhebung sommer 1976
ZUSAM INST. F. PHYSIOLOGIE, PHYSIOLOGISCHE CHEMIE UND ERNAEHRUNGSPHYSIOLOGIE DER UNI MUENCHEN
BEGINN 1.1.1976
LITAN LEHMANN, E. V.: DIE KLEINSAEUGETIERE DES NATURPARKS "RHEIN-WESTERWALD". IN: RHEINISCHE HEIMATPFLEGE, NF 4 S. 296-315(1972)

Weitere Vorhaben siehe auch:

CA -046 QUANTITATIVE ERFASSUNG ORGANISCHER MIKROVERUNREINIGUNGEN UND DEREN RESORPTION UEBER DIE ATEMWEGE
OC -009 UNTERSUCHUNGEN ZUM NACHWEIS UND ZUR WIRKUNG VON MYKOTOXINEN
QA -033 VORKOMMEN VON CHLORIERTEN KOHLENWASSERSTOFFEN IM FETTGEWEBE DES MENSCHEN UND IN LEBENSMITTELN
QB -053 BELASTUNG MIT PESTIZIDEN IM BEREICH DES NIEDERSAECHSISCHEN VERWALTUNGSBEZIRKS BRAUNSCHWEIG BEI LEBENSMITTELN TIERISCHEN URSPRUNGS, HAUSTIEREN UND WILDLEBENDEN TIEREN
QD -016 UNTERSUCHUNG DER TOXIZITAET UND SPEICHERUNG VON PESTIZIDEN UND SCHWERMETALLSALZEN BEI NUTZTIEREN DES MEERES
RH -005 UNTERSUCHUNGEN UEBER DEN EINFLUSS VERSCHIEDENER ANWENDUNGSVERFAHREN FUER PFLANZENSCHUTZMITTEL IM RUEBENBAU AUF DIE NUETZLINGSFAUNA
TA -043 PHARMAKOKINETIK VON HALOTHAN UND SEINEN METABOLITEN IM MENSCHEN BEI LANGFRISTIGER EINWIRKUNG GERINGER KONZENTRATIONEN AM ARBEITSPLATZ
TA -054 GESUNDHEITSGEFAEHRDUNG DURCH ARBEITSSTOFFE: METABOLISMUS UND METABOLISCHE AKTIVIERUNG VON VINYLCHLORID
TA -056 ERARBEITUNG EINER SPEZIELLEN ARBEITSMEDIZINISCHEN UEBERWACHUNGSUNTERSUCHUNG IN KORRELATION ZUR INDIVIDUELLEN VINYLCHLORID-EXPOSITION
TA -063 FRUEHERKENNUNG GEWERBLICHER INTOXIKATIONEN DURCH ORGANISCHE LOESEMITTELDAEMPFE
TA -072 CHRONISCHE LOESUNGSMITTELBELASTUNG AM ARBEITSPLATZ; SCHADSTOFFSPIEGEL IM BLUT UND METABOLITENELIMINATION IM HARN BEI TOLUOLEXPONIERTEN TRIEFDRUCKERN
TA -073 1. CHRONISCHE LOESUNGSMITTELBELASTUNG AM ARBEITSPLATZ. 2. EINE GASCHROMATOGRAPHISCHE METHODE ZUR BESTIMMUNG VON HIPPURSAEURE IM SERUM
TA -074 LANGZEITBEOBACHTUNGEN UEBER DIE AUSWIRKUNG EINER CHRONISCHEN BENZOLBELASTUNG AUF DIE ELEMENTE DES ROTEN UND WEISSEN BLUTBILDES
TA -075 LITERATURSTUDIE ZUR SOGENANNTEN VINYLCHLORIDKRANKHEIT
TA -076 ZUR TAGESPERIODIK DER HIPPURSAEURE IM HARN
TA -077 INFLUENCE OF DICHLOROMETHANE ON THE DISSAPPEARANCE RATE OF ETHANOL IN THE BLOOD OF RATS
UM -059 NEBENWIRKUNGEN VON HERBIZIDEN AUF BLATTLAEUSE, INSBESONDERE AUF MYZUS PERSICAE UND APHIS FABAE AN RUEBEN

PC -001
INST ABTEILUNG FUER TOXIKOLOGIE DER GESELLSCHAFT FUER STRAHLEN- UND UMWELTFORSCHUNG MBH
NEUHERBERG, INGOLSTAEDTER LANDSTR. 1
VORHAB **wirkungen von umweltchemikalien auf den zellulaeren stoffwechsel**
untersuchungen zur hemmung und stimulierung des fremd- und intermediaerstoffwechsels durch halogenierte kohlenwasserstoffe und nitrosoverbindungen. wirkungen dieser substanzen auf zellkomponenten (zellkern, plasmamembranen, mikrosomen, mitochondrien) der erfolgsorgane. versuche zur wirkung von karzinogenen substanzen auf kulturen von mikroorganismen und saeugetierzellen
S.WORT umweltchemikalien + zellkultur + metabolismus
PROLEI PROF. DR. H. GREIM
STAND 30.8.1976
QUELLE fragebogenerhebung sommer 1976
BEGINN 1.1.1975 ENDE 31.12.1979
G.KOST 6.671.000 DM
LITAN - MOBARAK,Z.;BIENIEK,D.;KORTE,F.: UNTERSUCHUNGEN DER INHALTSSTOFFE DER CANNABIS SATIVA WAEHREND DER VEGETATIONSPERIODE. IN:CHEMOSPHERE 4 S.299-300(1975)
- SCHMITZ,A.;KRAATZ,U.;KORTE,F.: UEBER DIE SYNTHESE UND REAKTIVITAET VON ALPHA-DIAZO-GAMMA-BUTYROLACTON. IN:CHEM. BER. 108 S.1010-1016(1975)
- WOLFERS,H.;KRAATZ,U.;KORTE,F.: REACTIONS OF 5-ACETONYL-6-CHLOROPYRIMIDINES WITH HYDRAZINES AND DIAMINES. IN:HETRACYLES 3 S.187(1975)

PC -002
INST BATTELLE-INSTITUT E.V.
FRANKFURT 90, AM ROEMERHOF 35
VORHAB **experimentelle untersuchungen ueber den einfluss von bleiverbindungen in der aussenluft auf infektionen der respirationsorgane, dargestellt an der influenzainfektion der maus**
untersuchungen ueber art und ausmass der belastung des menschen und seiner umwelt durch immissionen von schadstoffen. feststellung der wirkung luftverunreinigender stoffe auf mensch, tier und pflanze unter spezieller beruecksichtigung der wirkung auf gewebekulturen, stoffwechselvorgaenge, atmungsorgane und kreislaufsystem. objektivierung der wirkung geruchsintensiver stoffe. entwicklung biologischer messverfahren. erforschung der vermuteten synergistischen kombinationswirkung von bleiverbindungen und asiatischem grippevirus in der atemluft. benutzung von maeusen als modelltiere mit auf den menschen extrapolierbarer infektionsreaktion. experimentelle begasung der maeuse mit bleiacetat-aerosolen; anschliessende grippevirus-infektion und aufstellung einer dosis--wirkung-beziehung anhand zweier messbarer effekte: lungengewebeveraenderung und leukozytenvermehrung
S.WORT immissionsbelastung + blei + synergismus + infektionskrankheiten + (influenza-viren)
PROLEI DR. HEINZ-JOACHIM KINKEL
STAND 20.11.1975
FINGEB - BUNDESMINISTER DES INNERN
- EUROPAEISCHE GEMEINSCHAFTEN
BEGINN 1.1.1974 ENDE 31.12.1976
G.KOST 264.000 DM
LITAN ENDBERICHT

PC -003
INST BIOLOGISCHE ANSTALT HELGOLAND
HAMBURG 50, PALMAILLE 9
VORHAB **experimentell-oekologische untersuchungen ueber den einfluss von schwermetall-abwaessern auf litoraltiere (teleosteer)**
S.WORT abwasser + schwermetalle + schadstoffwirkung + tiere + litoral
PROLEI DR. HARALD ROSENTHAL
STAND 7.9.1976
QUELLE datenuebernahme von der deutschen forschungsgemeinschaft
FINGEB DEUTSCHE FORSCHUNGSGEMEINSCHAFT

PC -004
INST DEUTSCHE GESELLSCHAFT FUER HOLZFORSCHUNG E.V. (DGFH)
MUENCHEN, PRANNERSTR. 9
VORHAB **holzschutz-hygiene untersuchungen ueber die schaedliche einwirkung auf mensch und tier, die laetale dosis usw.**
S.WORT holzschutz + umweltchemikalien + toxizitaet
STAND 1.1.1974
BEGINN 1.1.1956

PC -005
INST FACHRICHTUNG PHYSIOLOGISCHE CHEMIE DER UNI DES SAARLANDES
HOMBURG/SAAR, LANDESKRANKENHAUS BAU 44
VORHAB **stoffwechsel von fremdstoffen**
organische fremdstoffe, wie pharmaka, insektizide, loesungsmittel, werden vom organismus zu wasserloeslichen und damit ausscheidungsfaehigen derivaten umgewandelt. in einigen faellen kommt es jedoch auch zu einer "giftung", wie z. b. bei tetrachlorkohlenstoff, polycyclischen kohlenwasserstoffen oder azoverbindungen bzw. amine. das dafuer zustaendige enzymsystem soll hinsichtlich seines mechanismus, seiner regulation und seines vorkommens mit biochemischen methoden untersucht werden
S.WORT organische schadstoffe + metabolismus + enzyme
PROLEI PROF. DR. VOLKER ULLRICH
STAND 9.8.1976
QUELLE fragebogenerhebung sommer 1976
FINGEB DEUTSCHE FORSCHUNGSGEMEINSCHAFT
LITAN - FROMMER, U.;ULLRICH, V.: IN: FEBS LETTERS 41 S. 14-16
- KRAEMER, A.;STAUDINGER, H. -J.;ULLRICH, V.: IN: CHEM. -BIOL. INTERACTIONS 8 S. 11-18(1974)
- ULLRICH, V.;WEBER, P.: IN: BIOCHEM. PHARMACOL. 23 S. 3309-3315(1974)

PC -006
INST FORSCHUNGSINISTITUT BORSTEL - INSTITUT FUER EXPERIMENTELLE BIOLOGIE UND MEDIZIN
BORSTEL, PARKALLEE 1
VORHAB **fetale umwelt**
diaplazentarer transport von schadstoffen und medikamenten
S.WORT organismus + schadstofftransport + embryopathie
PROLEI PROF. DR. DR. FREERKSEN
STAND 1.1.1974
LITAN - SONDERDRUCKANFORDERUNGEN UND ANFRAGEN AN DAS FORSCHUNGSINSTITUT BORSTEL, ABTEILUNG FUER DOKUMENTATION UND BIBLIOTHEK
- ZWISCHENBERICHT 1975. 10

PC -007
INST HAHN-MEITNER-INSTITUT FUER KERNFORSCHUNG BERLIN GMBH
BERLIN 39, GLIENICKER STRASSE 100
VORHAB **transport und speicherung von spurenelementen im menschlichen organismus**
monitormaterialien fuer die bestimmung von spurenelementveraenderungen in mensch und umwelt; untersuchung der funktion des menschlichen skelettsystems als spurenelementsdepot; bestimmung der organischen traegermolekuele von spurenelementen; untersuchung des zusammenhangs zwischen spurenelementverschiebungen und stoffwechselvorgaengen (z. b. diabetes); untersuchung des einflusses von sexualhormonen auf den spurenelementmetabolismus
S.WORT spurenelemente + organismus + metabolismus
PROLEI DR. PETER BRAETTER
STAND 13.8.1976

QUELLE fragebogenerhebung sommer 1976
ZUSAM - SCHERING AG, BERLIN
- GESELLSCHAFT FUER STRAHLEN- UND UMWELTFORSCHUNG, NEUHERBERG
- SANDOZ AG, NUERNBERG
BEGINN 1.1.1969
LITAN BEREICH KERNCHEMIE UND REAKTOR DES HAHN-MEITNER-INSTITUTS FUER KERNFORSCHUNG BERLIN GMBH: WISSENSCHAFTLICHER ERGEBNISBERICHT 3 S. 87FF(1975)

PC -008

INST HYGIENE INSTITUT DER UNI BONN
BONN, KLINIKGELAENDE 35
VORHAB **antimikrobielle aktivitaet des luftaerosols**
untersuchungen der auf luftfiltern angereicherten abgeschiedenen luftinhaltsstoffe auf ihre antimikrobielle wirkung. identifizierung der substanzgruppen in luftfiltern von lueftungsbetriebenen anlagen aus vielen standorten der brd und angrenzenden westeuropaeischen staaten
S.WORT luft + filtration + rueckstaende + biologische wirkungen + analytik
PROLEI DR. HENNING RUEDEN
STAND 13.8.1976
QUELLE fragebogenerhebung sommer 1976
BEGINN 1.3.1975
LITAN - RUEDEN, H.;THOFERN, E.: WASSERLOESLICHE INHALTSSTOFFE UND MIKROORGANISMEN IN FEINSTAUBFILTERN VON KLIMAANLAGEN. IN: STAUB-REINHALTUNG D. LUFT. 35 S. 215-219(1975)
- RUEDEN, H.;THOEFERN, E.: ABSCHEIDUNG VON SCHADSTOFFEN UND MIKROORGANISMEN IN LUFTFILTER. IN: STAUB-REINHALTUNG DER LUFT. 36 S. 33-36(1976)

PC -009

INST HYGIENE INSTITUT DER UNI HEIDELBERG
HEIDELBERG, IM NEUENHEIMER FELD 324
VORHAB **physiologische wirkung von luftionen, elektromagnetischer parameter und deren bedeutung als umweltfaktoren**
raumklimatisierung als eventuelle schutzmassnahme bei technischen geraeten aufgrund der messergebnisse, die diese notwendigkeit beweisen, z. b. partialdruck von sauerstoff im blut, reaktionszeiten, genetische veraenderungen, veraenderungen an zellmembranen
S.WORT luftverunreinigende stoffe + physiologische wirkungen
PROLEI DR. DIPL. -ING. VARGA
STAND 1.10.1974
ZUSAM - MAX-PLANCK-INSTITUT FUER MEDINZINISCHE FORSCHUNG, 69 HEIDELBERG
- DEUTSCHES KREBSFORSCHUNGSZENTRUM, 69 HEIDELBERG, KIRSCHNERSTR. 6
BEGINN 1.1.1970 ENDE 31.12.1975
G.KOST 230.000 DM
LITAN - ZWISCHENBERICHT 1974. 09
- EINFLUSS VON MAGNETFELDERN UND MIKROORGANISMEN, DISSERTATION DR. A. VARGA, KARLSRUHE 1973
- ENDBERICHT: PHYSIOLOGISCHE WIRKUNG VON LUFTIONEN, EIGENER VERLAG 1972

PC -010

INST INSTITUT FUER AEROBIOLOGIE DER FRAUNHOFER-GESELLSCHAFT E.V.
SCHMALLENBERG GRAFSCHAFT, UEBER SCHMALLENBERG
VORHAB **untersuchungen zum chronischen einfluss von umwelttoxika auf die sinnesphysiologie bei tieren**
labyrinthversuche; lern- und gedaechtnisleistung; spontanaktivitaet; bewegungskoordination
S.WORT umweltchemikalien + toxizitaet + langzeitwirkung
PROLEI DR. HEERING
STAND 1.10.1974
FINGEB EUROPAEISCHE GEMEINSCHAFTEN
ZUSAM TNO RIJSWIJK, HOLLAND
BEGINN 1.6.1974 ENDE 30.6.1976
G.KOST 160.000 DM

PC -011

INST INSTITUT FUER AEROBIOLOGIE DER FRAUNHOFER-GESELLSCHAFT E.V.
SCHMALLENBERG GRAFSCHAFT, UEBER SCHMALLENBERG
VORHAB **untersuchungen zum schutz gegen akute wirkungen von schadstoffen**
carbamate, alkylphosphate: spurenanalytik, abbau, hautschutz, chemotherapie
S.WORT schadstoffwirkung + gesundheitsschutz
PROLEI DR. HUBERT OLDIGES
STAND 29.7.1976
QUELLE fragebogenerhebung sommer 1976
FINGEB BUNDESMINISTER DER VERTEIDIGUNG
ZUSAM - CHEMISCHES LABORATORIUM DER UNI FREIBURG, ALBERTSTRASSE 21, 7800 FREIBURG
- INST. F. PHARMAKOLOGIE, TOXIKOLOGIE DER UNI GOETTINGEN, GEISTSTR. 9, 3400 GOETTINGEN
BEGINN 1.1.1975 ENDE 31.12.1976
G.KOST 1.849.000 DM
LITAN - KUHNEN, H.: SCHUTZWIRKUNG EINIGER PYRIDINIUMVERBINDUNGEN GEGEN DIE INHIBIERUNG STRUKTURGEBUNDENER ACETYLCHOLINESTERASE. IN: FORSCH. BER. WEHRTECHN. 75(16)(1975)
- KUHNEN-CLAUSEN, D.: PHARMAKOKINETIK DER SPASMOLYTISCHEN WIRKUNG EINIGER PYRIDINIUM-VERBINDUNGEN AUF MUSKELSTREIFEN DES MEERSCHWEINCHEN-ILEUM. IN: FORSCH. BER. WEHRTECHN. 75(17)(1975)

PC -012

INST INSTITUT FUER ANGEWANDTE ZOOLOGIE DER UNI BONN
BONN -ENDENICH, AN DER IMMENBURG 1
VORHAB **ameisen als bioindikatoren: anpassungen an umweltfaktoren**
in mitteleuropa sind ca. 75 ameisenarten verbreitet. als bodenbewohner sind die arten an spezielle umweltbedingungen angepasst und lassen aus einem standoertlich gegebenen artenspektrum umgekehrt schluesse auf veraenderungen zu. neben der erfassung der verbreitungsareale der arten in der bundesrepublik werden verschiedene anpassungsformen im freiland und labor untersucht. dabei stehen waermehaushaltsuntersuchungen, anpassungen physiologischer art an temperatur und luftfeuchte im vordergrund. mit dem rasterelektronen-mikroskop werden morphologische anpassungen ueberprueft
S.WORT umweltbelastung + bioindikator + insekten + (ameisen)
PROLEI PROF. DR. GERHARD KNEITZ
STAND 30.8.1976
QUELLE fragebogenerhebung sommer 1976
ZUSAM BUNDESANSTALT FUER NATURSCHUTZ, HEERSTR. 110, 5300 BONN-BAD GODESBERG 1
BEGINN 1.1.1974 ENDE 31.12.1980
G.KOST 100.000 DM
LITAN ZWISCHENBERICHT

PC -013

INST INSTITUT FUER BIOLOGIE DER GESELLSCHAFT FUER STRAHLEN- UND UMWELTFORSCHUNG MBH
NEUHERBERG, INGOLSTAEDTER LANDSTR. 1
VORHAB **funktionsstoerungen des zentralnervensystems (zns) durch ionisierende strahlen u.a. noxen**
fortfuehrung der aufbereitung magnetbandgespeicherter elektroenzephalogramme und extrazellulaerer entladungsmuster von katzen und ratten nach korrelationsstatistischen ansaetzen. kombination dieser elektrophysiologischen technik mit verhaltensanalytischen tests (instrumentelle konditionierung mit intrakranialer selbststimulation) zur quantitativen erfassung der fuer einzelne zns-bereiche spezifischen wirkung von umweltchemikalien und pharmaka sowie praenataler strahlenexposition und kurzzeitbestrahlungen hoher dosisleistung
S.WORT neurotoxizitaet + ionisierende strahlung + umweltchemikalien
PROLEI PROF. DR. OTTO HUG
STAND 30.8.1976

QUELLE fragebogenerhebung sommer 1976
BEGINN 1.1.1975 ENDE 31.12.1979
G.KOST 3.326.000 DM

PC -014

INST INSTITUT FUER BIOLOGIE DER GESELLSCHAFT FUER STRAHLEN- UND UMWELTFORSCHUNG MBH NEUHERBERG, INGOLSTAEDTER LANDSTR. 1
VORHAB **zytogenetische wirkung von ionisierenden strahlen und chemikalien**
1. in vitro untersuchungen zur anwendung der chromosomenaberrationen in menschlichen lymphozyten als quantitativen biologischen indikator sowie chromosomenanalysen bei tumorpatienten nach neutronentherapie werden fortgesetzt zur ueberpruefung der in vitro ermittelten eichkurven als grundlage fuer eine biologische dosisabschaetzung. 2. fortfuehrung der quantitativen studien ueber die zytogenetische wirkung verschiedener umweltchemikalien, insbesondere schwermetalle, in menschlichen lymphozyten und saeugetierzellen. geplant sind vergleichende in vitro untersuchungen ueber die interindividuelle empfindlichkeit gegenueber chemischen mutagenen und roentgenstrahlung sowie chromosomenanalysen bei tumorpatienten nach kombinierter zytostatikatherapie
S.WORT ionisierende strahlung + chemikalien + zytotoxizitaet + mutation
PROLEI PROF. DR. OTTO HUG
STAND 30.8.1976
QUELLE fragebogenerhebung sommer 1976
BEGINN 1.1.1967
G.KOST 2.576.000 DM
LITAN - BAUCHINGER,M.;SCHMID,E.;RIMPL,G.;KUEHN,H.: CHROMOSOME ABERRATIONS IN HUMAN LYMPHOCYTES AFTER IRRADIATION WITH 15 MEV NEUTRONS IN VITRO. I. DOSE RESPONSE RELATION AND RBE. IN:MUTAT. RES. 27 S.103-109(1975)
- SCHMID,E.;BAUCHINGER,M.: ANALYSE OF THE NUMBER OF ABSORPTION EVENTS AND THE INTERACTION DISTANCE IN THE FORMATION OF DICENTRIC CHROMOSOMES. IN:MUT. RES. 27 S.111-117(1975)
- BAUCHINGER,M.;SCHMID,E.;EINBRODT,H.;DRESP,J.: CHROMOSOME ABERRATIONS IN LYMPHOCYTES AFTER OCCUPATIONAL EXPOSURE TO LEAD AND CALCIUM. IN:MUTAT. RES. 33(IM DRUCK)

PC -015

INST INSTITUT FUER BIOLOGIE DER GESELLSCHAFT FUER STRAHLEN- UND UMWELTFORSCHUNG MBH NEUHERBERG, INGOLSTAEDTER LANDSTR. 1
VORHAB **zellproliferation; stoerungen durch physikalische und chemische agenzien**
1. abhaengigkeit der wirkung dicht ionisierender strahlen und chemischer agenzien vom zellzyklus. 2. der einfluss verschiedener noxen auf das proliferationsverhalten von knochenmarkstammzellen in vivo. 3. das proliferationsverhalten von chronisch hypoxischen zellen unter akuter hyperthermie. 4. die wirkungen von alkylierenden zytostatika, antimetaboliten und anderen pharmaka auf chronisch hypoxische zellen. 5. zellproliferation von zellen maligner geschwuelste des menschen, der maus und anderer saeugetiere in vitro und ihre chemo- und strahlensensibilitaet
S.WORT ionisierende strahlung + chemikalien + zelle + zytostatika
PROLEI PROF. DR. OTTO HUG
STAND 30.8.1976
QUELLE fragebogenerhebung sommer 1976
BEGINN 1.1.1975 ENDE 31.12.1979
G.KOST 2.962.000 DM
LITAN - BORN,R.;TROTT,K.-R.;HUG,O.: THE EFFECT OF PROLONGED HYPOXIA ON GROWTH AND VIABILITY OF CHINESE HAMSTER CELLS. IN:INT. J. RADIATION ONCOLOGY, BIOLOGY, PHYSICS (IM DRUCK)
- DOERMER,P.;BRINKMANN,W.;BORN,R.;STEEL,G.: RATE AND TIME OF DNA SYNTHESIS OF INDIVIDUAL CHINESE HAMSTER CELLS. IN:CELL TISSUE KINET. 8 S.399-412(1975)
- SZCZEPANSKI,L.V.;TROTT,K.-R.: POSTIRRADIATION PROLIFERATION KINETICS OF SERIALLY TRANSPLANTED MURINE ADENOCARCINOMA. IN:BRIT. J. RADIOL. 48 S.200-208(1975)

PC -016

INST INSTITUT FUER BIOLOGIE DER GESELLSCHAFT FUER STRAHLEN- UND UMWELTFORSCHUNG MBH NEUHERBERG, INGOLSTAEDTER LANDSTR. 1
VORHAB **karzinogenese bei kombinierter einwirkung von strahlung und chemischen stoffen**
1. dosisabhaengigkeit nach intratrachealer applikation (maus oder hamster) eines kurzlebigen alpha-strahlers; bedeutung der dosisfraktionierung und des kolloidalen traegers fuer das tumorrisiko. 2. proliferationsstoerungen am normalen und neoplastischen harnblasenepithel; einfluss von isoproterenol und strahlung
S.WORT carcinogenese + strahlung + chemikalien + synergismus
PROLEI PROF. DR. W. GOESSNER
STAND 30.8.1976
QUELLE fragebogenerhebung sommer 1976
BEGINN 1.1.1976 ENDE 31.12.1984
G.KOST 2.319.000 DM

PC -017

INST INSTITUT FUER BIOPHYSIK DER UNI FRANKFURT FRANKFURT, PAUL-EHRLICH-STR. 20
VORHAB **regionale deposition von staubteilchen im menschlichen atemtrakt als funktion ihrer groesse im hinblick auf die festlegung von mak-werten fuer gesundheitsschaedliche arbeitsstoffe**
S.WORT aerosole + schadstoffwirkung + atemtrakt + mak-werte
PROLEI PROF. DR. WOLFGANG POHLIT
STAND 7.9.1976
QUELLE datenuebernahme von der deutschen forschungsgemeinschaft
FINGEB DEUTSCHE FORSCHUNGSGEMEINSCHAFT

PC -018

INST INSTITUT FUER EXPERIMENTELLE OPHTHALMOLOGIE DER UNI BONN BONN, ABBESTR. 2
VORHAB **verteilung von umweltchemikalien (organochlorverbindungen) in verschiedenen augengeweben**
bei der benutzung von organochlorverbindungen als schaedlingsbekaempfungsmittel geraten diese substanzen an und in die augen der landarbeiter. es ist das ziel der erwaehnten forschungsarbeiten, den einfluss auf den stoffwechsel und die funktion des auges von diesen substanzen zu untersuchen
S.WORT schaedlingsbekaempfungsmittel + biologische wirkungen + (organochlorverbindungen)
PROLEI DR. ROSHDY OSMAIL
STAND 21.7.1976
QUELLE fragebogenerhebung sommer 1976
FINGEB - DEUTSCHE FORSCHUNGSGEMEINSCHAFT
- GESELLSCHAFT FUER STRAHLEN- UND UMWELTFORSCHUNG MBH (GSF), MUENCHEN
ZUSAM INST. F. OEKOLOGISCHE CHEMIE DER GSF, POST OBERSCHLEISSHEIM, 8042 NEUHERBERG
LITAN ISMAIL, R.;HOCKWIN, O.;KORTE, F.;KLEIN, W.: ENVIRONMENTAL CHEMICAL PERMEATION OF BOVINE OCULAR LENS CAPSULE. IN: CHEMOSPHERE 2 S. 145-150(1976)

PC -019

INST INSTITUT FUER GERICHTLICHE MEDIZIN DER UNI MUENSTER MUENSTER, VON-ESMARCHSTR. 86
VORHAB **morphologische untersuchungen an organen nach intoxikationen**
aus dem obduktionsmaterial und dem untersuchungsmaterial von lebenden wurden untersuchungen an organen mit histologischen und histochemischen methoden durchgefuehrt. in zusammenarbeit mit der abteilung toxokologie erfolgt die toxikologische analytik, quantitativ und qualitativ aus organen und koerperfluessigkeiten. das

organmaterial wird histologisch und histochemisch aufgearbeitet. untersucht wurden bisher organschaeden nach rauschmittelintoxikationen (alkohol und rauschdrogen), schadstoffe aus dem arbeitsplatzbereich, co-konzentration bei kraftfahrern, intoxikationen mit verschiedenen stoffen und verschiedener konzentration (gewerbliche gifte, arzneimittel usw.)

S.WORT toxikologie + schadstoffwirkung + arbeitsschutz + (organschaeden)
PROLEI DR. DIETER GERLACH
STAND 21.7.1976
QUELLE fragebogenerhebung sommer 1976
FINGEB MINISTER FUER WISSENSCHAFT UND FORSCHUNG, DUESSELDORF
G.KOST 100.000 DM

PC -020

INST INSTITUT FUER HYDROBIOLOGIE UND FISCHEREIWISSENSCHAFT DER UNI HAMBURG
HAMBURG 50, OLBERSWEG 24
VORHAB **kombinierte wirkungen zwischen toxischen abfallstoffen, wasseraustausch und exogenem sauerstoffmangel auf die teleostivembryogenese**
fischeier sind gegenueber milieuverschlechterungen besonders empfindlich. im experiment werden die wirkung chemischer noxen bei eingeschraenkter oxydativer atmung untersucht. im zentrum der untersuchung stehen beobachtungen an eiern genutzter fischarten
S.WORT fische + toxische abwaesser + sauerstoffgehalt + synergismus + physiologische wirkungen
PROLEI DR. ERICH BRAUM
STAND 30.8.1976
QUELLE fragebogenerhebung sommer 1976
FINGEB DEUTSCHE FORSCHUNGSGEMEINSCHAFT
BEGINN 1.1.1972 ENDE 31.12.1976
LITAN BRAUM, E.: EINFLUESSE CHRONISCHEN EXOGENEN SAUERSTOFFMANGELS AUF DIE EMBRYOGENESE DES HERINGS (CLUPEA HARENGUS). IN: NETHERLANDS J. OF SEA RES. 7 S. 363-375(1973)

PC -021

INST INSTITUT FUER HYDROBIOLOGIE UND FISCHEREIWISSENSCHAFT DER UNI HAMBURG
HAMBURG 50, OLBERSWEG 24
VORHAB **schadstoffwirkung auf fischverhalten**
die einwirkung von korrosionsschutzmitteln in subletalen konzentrationsbereichen auf verhaltensweisen von fischen wird im experiment geprueft. korrosionsschutzmittel werden durch kuehlwasserauslaeufe in gewaesser eingebracht und koennen sich bis auf fische und andere aquatische organismen auswirken
S.WORT schadstoffwirkung + fische + verhaltensphysiologie + (korrosionsschutzmittel)
PROLEI G. HOFFMANN
STAND 30.8.1976
QUELLE fragebogenerhebung sommer 1976
BEGINN 1.1.1975 ENDE 31.12.1977

PC -022

INST INSTITUT FUER HYDROBIOLOGIE UND FISCHEREIWISSENSCHAFT DER UNI HAMBURG
HAMBURG 50, OLBERSWEG 24
VORHAB **kombinierte wirkungen zwischen toxischen abfallstoffen, wasseraustausch und exogenem sauerstoffmangel auf die teleostierembryogenese**
S.WORT embryopathie + fische + umweltchemikalien + sauerstoff + kombinationswirkung
PROLEI DR. ERICH BRAUM
STAND 7.9.1976
QUELLE datenuebernahme von der deutschen forschungsgemeinschaft
FINGEB DEUTSCHE FORSCHUNGSGEMEINSCHAFT

PC -023

INST INSTITUT FUER KUESTEN- UND BINNENFISCHEREI DER BUNDESFORSCHUNGSANSTALT FUER FISCHEREI
HAMBURG, PALMAILLE 9
VORHAB **toxizitaet von emulgatoren (tenside) bei verschiedenem salzgehalt**
ziel: einfluss von tensiden auf organismen des seewassers; grenzwerte; abbau der tenside
S.WORT meeresorganismen + tenside + schadstoffabbau + grenzwerte
PROLEI PROF. DR. MANN
STAND 1.1.1974
FINGEB DEUTSCHE FORSCHUNGSGEMEINSCHAFT
ZUSAM - SCHWERPUNKT LITORALFORSCHUNG DER DFG
- CHEMISCHE INDUSTRIE
BEGINN 1.1.1968
G.KOST 90.000 DM
LITAN - MANN,H.:WIRKUNG NICHTIONOGENER TENSIDE AUF FISCHE UND FISCHNAEHRTIERE DES BRACKWASSERS. BER.DT.WISS.KOMM.MEERESFORSCH.(22)S.452-457
- MANN,H.:UNTERSUCHUNGEN UEBER DIE WIRKUNG VON BORVERBINDUNGEN AUF FISCHE UND EINIGE ANDERE WASSERORGANISMEN. IN:ARCH.FISCH.WISS.(24)S.171-175 (1973)
- MANN,H.;ROSENTHAL,H.:WIRKUNGEN EINES PROTEOLYTISCHEN ENZYMS(MAXATASE P) AUF EMBRYONEN DES HERINGS (CLUPEA HARENGUS) BEI UNTERSCHIEDLICHEN TEMPERATUREN UND SALZGEHALTEN. IN:ARCH.FISCH.WISS.(24)S.217-236

PC -024

INST INSTITUT FUER KUESTEN- UND BINNENFISCHEREI DER BUNDESFORSCHUNGSANSTALT FUER FISCHEREI
HAMBURG, PALMAILLE 9
VORHAB **anwendung physiologischer untersuchungsverfahren zur ermittlung einzelner toxischer schadstoffe und deren kombination unter beruecksichtigung von stressfaktoren**
S.WORT toxikologie + schadstoffe + physiologische wirkungen + stressfaktoren + synergismus
PROLEI DR. EGON HALSBAND
STAND 7.9.1976
QUELLE datenuebernahme von der deutschen forschungsgemeinschaft
FINGEB DEUTSCHE FORSCHUNGSGEMEINSCHAFT

PC -025

INST INSTITUT FUER KUESTEN- UND BINNENFISCHEREI DER BUNDESFORSCHUNGSANSTALT FUER FISCHEREI
HAMBURG, PALMAILLE 9
VORHAB **untersuchungen zur toxizitaet und speicherung von pestiziden und schwermetallsalzen bei nutztieren des meeres**
erarbeitung von methoden zur erbruetung mariner organismen zum zweck der toxikologischen untersuchung. es wurden untersuchungen durchgefuehrt zur schadwirkung von ddt und dde auf embryonen und larven der scholle, der flunder sowie des kabeljau; zur schadwirkung und akkumulation von cadmium bei verschiedenen salzgehalten an flunder und hornhecht
S.WORT ddt + schwermetalle + schadstoffwirkung + fische + toxikologie
OSTSEE
PROLEI DR. DIPL. -BIOL. VOLKERT DETHLEFSEN
STAND 12.8.1976
QUELLE fragebogenerhebung sommer 1976
FINGEB BUNDESMINISTER FUER FORSCHUNG UND TECHNOLOGIE
ZUSAM BIOLOGISCHE ANSTALT HELGOLAND, PALMAILLE 9, 2000 HAMBURG 50
BEGINN 1.11.1970 ENDE 31.12.1976
G.KOST 750.000 DM
LITAN - DETHLEFSEN,V.: EFFECTS OF DDT AND DDE ON EMBRYOS AND LARVAE OF COD, FLOUNDER AND PLAICE. IN:ICES C.M.1974/E:6, FISHERIES IMPROVEMENT COMM. S.1-17(1974)

- DETHLEFSEN,V.;WESTERNHAGEN,V.;ROSENTHAL: CADMIUM UPTAKE BY MARINE FISH LARVAE. IN:HELGOLAENDER WISS. MEERESUNTERS. 27 S.396-407(1975)
- WESTERNHAGEN,V.;DETHLEFSEN,V.: COMBINED EFFECTS OF CADMIUM AND SALINITY ON DEVELOPMENT AND SURVIVAL OF FLOUNDER EGGS. IN:J. MAR. BIOL. ASS. U. K. 55 S.945-951(1975)

PC -026

INST INSTITUT FUER OEKOLOGISCHE CHEMIE DER GESELLSCHAFT FUER STRAHLEN- UND UMWELTFORSCHUNG MBH
NEUHERBERG, SCHLOSS BIRLINGHOVEN
VORHAB **bilanz der verteilung und umwandlung von umweltchemikalien in nichtmenschlichen primaten**
einfluss von dieldrin und hexachlorbenzol auf hormone der nebennierenrinde. bilanz, metabolismus und wirkungen von dichlordifluoraethan auf hormonsysteme
S.WORT dieldrin + hexachlorbenzol + organismen + metabolismus
PROLEI PROF. DR. F. KORTE
STAND 30.8.1976
QUELLE fragebogenerhebung sommer 1976
BEGINN 1.1.1975 ENDE 31.12.1979
G.KOST 1.374.000 DM

PC -027

INST INSTITUT FUER OEKOLOGISCHE CHEMIE DER GESELLSCHAFT FUER STRAHLEN- UND UMWELTFORSCHUNG MBH
NEUHERBERG, SCHLOSS BIRLINGHOVEN
VORHAB **oekologisch-toxikologische effekte von fremdstoffen in nicht-menschlichen primaten und anderen labortieren**
wirkungen von schwermetallen auf den foetus im nichtmenschlichen primaten: wirkungen von methylquecksilber auf sich entwickelnde nervensystem von primatfoeten anhand von histochemischen enzymbestimmungen; sowie morphologische untersuchungen von gehirnschnitten und verhaltensuntersuchungen an prae- und postnatal mit methylquecksilber behandelten jungtieren. metabolismus von organohalogen-verbindungen: pharmakokinetik folgender verbindungen: pentachlorphenol, pentachlornitrobenzol, 2. 4. 5-trichlorphenol, 2. 4. 6-trichloranilin. endokrinologische wirkungen von umweltchemikalien: einfluss von pcb und hcb auf die foetale geschlechtsentwicklung. untersuchungen von resistenzbildung, praemunition und haptenbildung sollen aufschluss ueber zellulaere immunreaktionen gebeen
S.WORT umweltchemikalien + neurotoxizitaet + zytotoxizitaet + immunologie
PROLEI PROF. DR. F. KORTE
STAND 30.8.1976
QUELLE fragebogenerhebung sommer 1976
FINGEB BUNDESMINISTER FUER FORSCHUNG UND TECHNOLOGIE
BEGINN 1.1.1974 ENDE 31.12.1976
LITAN -
COULSTON,F.;DOUGHERTY,W.J.;LEFEVRE,F.;ABRAHAM,R.;SILVESTRINI,B.: REVERSIBLE INHIBITION OF SPERMATOGENESIS IN RATS AND MONKEYS WITH A NEW CLASS OF INDAZOL-CARBOCYLIC ACIDS. IN:EXPERIMENTAL AND MOLECULAR PATHOLOGY 23 S.357-366(1975)
-
ROZMAN,K.;MUELLER,W.;IATROPOULUS,M.;COULSTON,F.;KORTE,F.: AUSSCHEIDUNG, KOERPERVERTEILUNG UND METABOLISIERUNG VON HEXACHLORBENZOL NACH ORALER EINZELDOSIS IN RATTEN UND RHESUSAFFEN. IN:CHEMOSPHERE 4 S.289-298(1975)
-
WINTER,J.S.D.;FAIMAN,D.;HOBSON,W.;PROSAD,A.V.;-REYES,F.I.: PITUITARY GONADAL RELATIONS IN INFANCY: PATTERNS OF SERUM GONADOTROPIN CONCENTRATIONS FROM BIRTH TO FOUR YEARS OF AGE IN MAN AND CHIMPANZEE. IN:J. CLIN. ENDO METAB. 40 S.545(1975)

PC -028

INST INSTITUT FUER OEKOLOGISCHE CHEMIE DER GESELLSCHAFT FUER STRAHLEN- UND UMWELTFORSCHUNG MBH
NEUHERBERG, SCHLOSS BIRLINGHOVEN
VORHAB **bilanz der verteilung und umwandlung von umweltchemikalien in labortieren und mikroorganismen**
versuche mit perfundierter rattenleber und mikrosomalen systemen von verschiedenen wirbeltierspezies an perchlorbutadien zum vergleich mit ganztierversuchen. fortsetzung der untersuchungen ueber den einfluss von umweltchemikalien (trichloraethylen, chlorierte aniline und phenole, tribunil, toxaphenkomponenten u. a.) auf enzymaktivitaeten des auges, untersuchung der membran-permeabilitaet der linsenkapsel. fortsetzung von versuchen mit p-cl-anilin und 3, 4-dichloranilin und bodenmikroorganismen. umwandlung von tribunil durch bodenmikroorganismen. vergleichende untersuchung der umwandlung von aldrin, endo- und exo-dieldrin durch bodenmikroorganismen zur aufstellung von struktur-abbaubarkeitsbeziehungen
S.WORT umweltchemikalien + organismen + metabolismus + schadstoffbilanz
PROLEI PROF. DR. F. KORTE
STAND 30.8.1976
QUELLE fragebogenerhebung sommer 1976
BEGINN 1.1.1975
G.KOST 2.227.000 DM
LITAN - BEGUM, S.;LAY, J. P.;KLEIN, W.;KORTE, F.: AUSSCHEIDUNG, SPEICHERUNG UND VERTEILUNG VON CHLORALKYLEN-9-C-14 NACH FUETTERUNG AN RATTEN; BEITRAEGE ZUR OEKOLOGISCHEN CHEMIE CIII. IN: CHEMOSPHERE 4 S. 241-246(1975)
- LAY, J. P.;WEISGERBER, I.;KLEIN, W.: CONVERSION OF THE ALDRINE/DIELDRIN METABOLITE DIHYDROCHLORDENE DICARBOXYLIC ACID-C-14 IN RATS; BEITRAEGE ZUR OEKOLOGISCHEN CHEMIE LXXXVII. IN: PEST. BIOCHEM. PHYSIOL. 5 S. 22 6-232(1975)
- ENDBERICHT

PC -029

INST INSTITUT FUER PFLANZENPATHOLOGIE UND PFLANZENSCHUTZ DER UNI GOETTINGEN
GOETTINGEN, GRIESBACHSTR. 6
VORHAB **der nahrungseinfluss der wirtspflanze von schadinsekten auf deren natuerliche feinde**
S.WORT schaedlingsbekaempfung + insekten + pflanzenernaehrung
PROLEI PROF. DR. HUBERT WILBERT
STAND 7.9.1976
QUELLE datenuebernahme von der deutschen forschungsgemeinschaft
FINGEB DEUTSCHE FORSCHUNGSGEMEINSCHAFT

PC -030

INST INSTITUT FUER PHARMAKOLOGIE, TOXIKOLOGIE UND PHARMAZIE DER TIERAERZTLICHEN HOCHSCHULE HANNOVER
HANNOVER, BISCHOFSHOLER DAMM 15
VORHAB **kombinationswirkungen von umweltchemikalien**
eventuelle moeglichkeiten gegenseitiger beeinflussungen
S.WORT synergismus + umweltchemikalien
PROLEI PROF. DR. HANS-JUERGEN HAPKE
STAND 1.1.1974
BEGINN 1.3.1974

PC -031

INST INSTITUT FUER PHARMAKOLOGIE, TOXIKOLOGIE UND PHARMAZIE IM FB TIERMEDIZIN DER UNI MUENCHEN
MUENCHEN 22, VETERINAERSTR. 13
VORHAB **untersuchungen zum mechanismus der cholin- und acetylcholinesterasehemmung durch kupfer, zink, blei, cadmium und arsen**
klaerung des mechanismus der frueher beschriebenen enzymhemmungen
S.WORT physiologie + enzyme + schwermetalle

PROLEI PROF. DR. ALBRECHT SCHMID
STAND 27.7.1976
QUELLE fragebogenerhebung sommer 1976
BEGINN 1.1.1975 ENDE 31.12.1976
LITAN - SCHMID, A.;MAYER, D.;RAAKE, W.: INHIBITION OF ACETYLCHOLINE DEACTIVATING ENZYMES OF THE HORSE PLASMA BY HEAVY METALS AND ARSENIC. IN: ARCH. PHARMACOL. 282(S); R 84(1974)
- ENDBERICHT

PC -032

INST INSTITUT FUER PHYTOPATHOLOGIE / FB 16 DER UNI GIESSEN
GIESSEN, LUDWIGSTR. 23
VORHAB **die wirkung niedrig dosierter, mit synergisten kombinierter systemischer insektizide auf blattlaeuse und blattlausfeinde (72/73-16-146)**
die wirkung von kombinationen verschiedener systemischer insektizide mit den wichtigsten pyrethrum-synergisten, wurde auf aphis fabae untersucht. bei allen diesen kombinationen konnte kein eindeutiger synergismus festgestellt werden. in feldversuchen wurde weiterhin untersucht, inwieweit die dosierung systemischer insektizide herabgesetzt werden kann, ohne staerkeren schaden durch a. fabae zu riskieren. eine bekaempfung von a. fabae ist auf grund der erzielten ergebnisse auch mit niedrig dosierten systemischen insektiziden moeglich
S.WORT insektizide + biologische wirkungen + synergismus + schaedlingsbekaempfung + (blattlaus)
PROLEI PROF. DR. SCHMUTTERER
STAND 1.1.1974
QUELLE erhebung 1975
BEGINN 1.1.1971 ENDE 31.12.1975

PC -033

INST INSTITUT FUER PHYTOPATHOLOGIE / FB 16 DER UNI GIESSEN
GIESSEN, LUDWIGSTR. 23
VORHAB **morphoregulatorische wirkungen verschiedener pflanzenextrakte auf insekten verschiedener ordnungen**
untersuchungen der wirkung von pflanzenrohextrakten auf die metamorphose verschiedener insekten
S.WORT pflanzen + insekten + (biologische wirkungen)
PROLEI PROF. DR. SCHMUTTERER
STAND 1.1.1974
BEGINN 1.1.1972

PC -034

INST INSTITUT FUER RECHTSMEDIZIN DER UNI MUENCHEN
MUENCHEN, FRAUENLOBSTR. 7
VORHAB **nachweisbare umweltschaeden im sektionsgut**
S.WORT umweltbelastung + nachweisverfahren + (sektionsgut)
PROLEI PROF. HAUCK
STAND 1.1.1974
BEGINN 1.1.1972 ENDE 31.12.1978
G.KOST 20.000 DM

PC -035

INST INSTITUT FUER SEENFORSCHUNG UND FISCHEREIWESEN DER LANDESANSTALT FUER UMWELTSCHUTZ BADEN-WUERTTEMBERG
LANGENARGEN, UNTERE SEESTR. 81
VORHAB **erarbeitung von testverfahren zum nachweis der schaedigung durch pharmaka und gifte bei fischen**
S.WORT schadstoffwirkung + wassertiere + pharmaka + gifte + testverfahren + (fische)
PROLEI DR. J. DEUFEL
STAND 26.7.1976
QUELLE fragebogenerhebung sommer 1976

PC -036

INST INSTITUT FUER STRAHLENBIOLOGIE DER UNI MUENSTER
MUENSTER, HITTORFSTR. 17
VORHAB **synergismus von strahlung und chemischen schadstoffen an biologischen makromolekuelen**
es soll untersucht werden, ob bleomycin und ionisierende strahlung wie auch nicht ionisierende strahlung (uv) in kombination einen groesseren schaedigenden effekt auf biologische makromolekuele bewirkt als eine einfache addition der wirkung von strahlung und bleomycin alleine. strahlung wie auch bleomycin erzeugen strangbrueche in der dna. als untersuchungsobjekt wurde zunaechst die dna von bakteriophagen gewaehlt. die untersuchungen werden jetzt auch auf bakterien und saeugerzellen (tumorzellen) ausgedehnt. dabei werden sowohl die syntheseleistungen wie auch die vitalitaet der zellen nach einwirkung von strahlung und/oder bleomycin getestet
S.WORT strahlenbelastung + organische schadstoffe + synergismus + zytotoxizitaet
PROLEI PROF. DR. WOLFGANG KOEHNLEIN
STAND 9.8.1976
QUELLE fragebogenerhebung sommer 1976
LITAN DIERS, J.;KOEHNLEIN, W.;SEIDLER, R.;TOBUEREN-BOTS, I.;WUEBKER, W.: INTERACTION OF BLEOMYCIN WITH UNIRRADIATED AND IRRADIATED DNA. IN: BRITISH JOURNAL OF CANCER. 32 S. 756-757(1975)

PC -037

INST INSTITUT FUER STRAHLENBIOLOGIE DER UNI MUENSTER
MUENSTER, HITTORFSTR. 17
VORHAB **induktion von erbschaeden (aneuploidie-chromosomenverlust und chromosomengewinn) durch ionisierende strahlen und chemische substanzen**
induktion von aneuploidie (chromosomenverlust und chromosomengewinn) durch ionisierende strahlen und medikamente. beim menschen fuehren aneuploide keimzellen zu schweren schaedigungen der nachkommen (z. b. turner und klinefelter syndrom), waehrend dem sich in koerperzellen ereignenden verlust oder gewinn bestimmter chromosomen eine kausale rolle bei der entstehung maligner erkrankungen, insbesondere von leukaemien, zugeschrieben wird. untersuchungsobjekt: taufliege drosophila
S.WORT ionisierende strahlung + pharmaka + mutagene wirkung
PROLEI PROF. DR. HORST TRAUT
STAND 9.8.1976
QUELLE fragebogenerhebung sommer 1976
FINGEB UNIVERSITAET MUENSTER
LITAN TRAUT, H.;SOMMER, U.: DIE INDUKTION VON CHROMOSOMENVERLUST UND CHROMOSOMENGEWINN DURCH COLCHICINHALTIGE MEDIKAMENTE. IN: MUENCH. MED. WOCHENSCHRIFT (IM DRUCK)

PC -038

INST INSTITUT FUER TIERZUCHT UND HAUSTIERGENETIK DER UNI GOETTINGEN
GOETTINGEN, ALBRECHT-THAER-WEG 1
VORHAB **einfluesse von deodoranten auf gesundheit und leistungsfaehigkeit von schweinen**
zur unterdrueckung bzw. ueberdeckung tierhaltungsbedingter gerueche in der stalluft werden z. t. deodoranten eingesetzt. es ist bisher wenig darueber bekannt, wie weit derartige substanzen die gesundheit und die leistungsfaehigkeit der tiere beeintraechtigen koennen. wachsende schweine wurden in geschlossenen behaeltnissen verschiedenen deodoranten in unterschiedlichen konzentrationen ausgesetzt. waehrend dieser periode wurden die tiere hinsichtlich ihres verhaltens und ihres gesundheitszustandes ueberwacht. danach wurden die tiere geschlachtet und nach folgenden kriterien untersucht: allgemeiner gesundheitszustand, adspektion der inneren organe, histologische untersuchung innerer organe, sensorische ueberpruefung der geschmacks- und geruchseigenschaften des fleisches

S.WORT umweltchemikalien + geruchsminderung
+ nutztierstall + fleischprodukte + (schwein)
PROLEI PROF. DR. DR. DIETRICH SMIDT
STAND 12.8.1976
QUELLE fragebogenerhebung sommer 1976
FINGEB BUNDESMINISTER FUER ERNAEHRUNG, LANDWIRTSCHAFT UND FORSTEN
ZUSAM - INST. F. TIERZUCHT UND TIERVERHALTEN MARIENSEE DER FAL, 3057 NEUSTADT 1
- MEDIZINISCHE KLINIK DER UNI GOETTINGEN, 3400 GOETTINGEN
BEGINN 1.6.1974 ENDE 31.1.1976
LITAN ZWISCHENBERICHT

PC -039

INST INSTITUT FUER TOXIKOLOGIE DER UNI TUEBINGEN
TUEBINGEN, WILHELMSTR. 56
VORHAB beeinflussung von experimentellen leberschaeden durch verbreitet angewandte fremdstoffe und arzneimittel
S.WORT organismus + pharmaka + chemikalien
+ fremdstoffwirkung + (leberschaden)
PROLEI PROF. KUNZ
STAND 1.1.1974
BEGINN 1.1.1966

PC -040

INST INSTITUT FUER TOXIKOLOGIE UND CHEMOTHERAPIE DES DEUTSCHEN KREBSFORSCHUNGSZENTRUMS
HEIDELBERG, IM NEUENHEIMER FELD 280
VORHAB kombinationswirkungen von polycyclischen aromatischen kohlenwasserstoffen und anderen umweltchemikalien an nagern
die stark erhoehte carcinogene wirkung polycyclischer kohlenwasserstoffe, die zusammen mit verschiedenen staubmaterialien oder als aerosol mit gasen, die als luftverunreinigungen ubiquitaer vorkommen, tieren verabreicht werden, zwingt zu der vermutung eines noch weitgehend unbekannten kombinationsmechanismus der carcinogenese, dessen dosis-wirkungsbeziehung untersucht werden soll
S.WORT polyzyklische kohlenwasserstoffe
+ luftverunreinigende stoffe + synergismus
+ carcinogene wirkung + tierexperiment
PROLEI PROF. DR. RUDOLF PREUSSMANN
STAND 1.1.1974
FINGEB BUNDESMINISTER FUER FORSCHUNG UND TECHNOLOGIE
BEGINN 1.1.1975 ENDE 31.12.1978
G.KOST 550.000 DM

PC -041

INST INSTITUT FUER TOXIKOLOGIE UND PHARMAKOLOGIE DER UNI MARBURG
MARBURG, PILGRIMSTEIG 2
VORHAB biochemische untersuchung zum wirkungsmechanismus induzierender fremdstoffe
S.WORT fremdstoffwirkung + biochemie
PROLEI PROF. DR. WOLFGANG KORANSKY
STAND 1.1.1974
FINGEB DEUTSCHE FORSCHUNGSGEMEINSCHAFT

PC -042

INST INSTITUT FUER VOGELFORSCHUNG - "VOGELWARTE HELGOLAND"
WILHELMSHAVEN, AN DER VOGELWARTE 21
VORHAB belastung von seevoegeln, seesaeugern und landsaeugern mit umweltgiften
die belastung verschiedener arten von seevoegeln und seesaeugern mit umweltgiften zu ermitteln. dabei wird wert gelegt auf reihenuntersuchungen, die einen artenvergleich und eine festlegung der individuellen variationsbreite moeglich machen. den indikatorwert einiger arten festzulegen. die zusammenhaenge zwischen der biologie (z. b. nahrungsoekologie) und der belastung verschiedener arten zu klaeren
S.WORT schadstoffbelastung + pestizide + schwermetalle
+ tierorganismus
HELGOLAND + DEUTSCHE BUCHT
PROLEI DR. GOTTFRIED VAUK
STAND 30.8.1976
QUELLE fragebogenerhebung sommer 1976
FINGEB SENATOR FUER GESUNDHEIT UND UMWELTSCHUTZ, BREMEN
ZUSAM STAATLICHES CHEMISCHES UNTERSUCHUNGSAMT, POSTFACH, 2800 BREMEN
BEGINN 1.5.1975
G.KOST 120.000 DM

PC -043

INST INSTITUT FUER WASSER-, BODEN- UND LUFTHYGIENE DES BUNDESGESUNDHEITSAMTES
BERLIN 33, CORRENSPLATZ 1
VORHAB funktionelle und strukturelle veraenderungen im warmblueterorganismus bei kurz- und langzeitexposition mit kfz-abgas
ueberpruefung von toxikologischen wirkungsmodellen und grenzwert-festsetzungen fuer kfz-abgase bzw. deren einzelkomponenten bei tierexperimentellen krankheitsmodellen
S.WORT kfz-abgase + physiologische wirkungen + grenzwerte
+ toxikologie + (warmblueter)

PC -044

INST INSTITUT FUER WASSER-, BODEN- UND LUFTHYGIENE DES BUNDESGESUNDHEITSAMTES
DUESSELDORF, AUF'M HENNEKAMP 70
VORHAB bestimmung des wasserstoffions in luft; bedeutung des wasserstoffions in luft (schadwirkung)
wirkung des wasserstoffions auf biologisches material (vegetation, tier und mensch); bestimmung des wasserstoffions
S.WORT luftverunreinigung + wasserstoffion + biologische wirkungen
PROLEI PROF. DR. KETTNER
STAND 1.1.1974
G.KOST 50.000 DM

PC -045

INST INSTITUT FUER ZELLFORSCHUNG DES DEUTSCHEN KREBSFORSCHUNGSZENTRUMS
HEIDELBERG, IM NEUENHEIMER FELD 280
VORHAB einfluss chemischer und physikalischer faktoren auf das verhalten von normalen und malignen zellen in vitro: wirkungskontrolle und dokumentation
screening und testprogramm fuer cytostatika: substanzen, darunter auch umweltrelevante, werden an zellkulturen von normalen und malignen menschlichen zellstaemmen getestet. eingangs wird eine konzentrationsreihe ueber eine zeitdauer von 24 und 48 stunden getestet. es wird die mitoserate und die relative verteilung der mitosestadien bestimmt, ferner werden morphologische veraenderungen an den zellen beachtet. bei substanzen, die die mitose hemmen oder sonst auffallende veraenderungen an zellorganellen hervorrufen, werden weitere studien wie zeitrafferfilmung, sowie untersuchungen der feinstruktur und biochemie der geschaedigten zellen angeschlossen
S.WORT zytostatika + zellstruktur + wirkmechanismus
+ dokumentation
PROLEI DR. ANNELIES SCHLEICH
STAND 30.8.1976
QUELLE fragebogenerhebung sommer 1976

PC -046

INST INSTITUT FUER ZOOLOGIE DER UNI MAINZ
MAINZ, SAARSTR. 21
VORHAB schicksal und wirkung umweltrelevanter fremdstoffe bei ratten, amphibien und fischen
untersuchte fremdstoffe: z. zt. chlorkohlenwasserstoffe (ddt, lindan, hch, isomeren), kohlenwasserstoffe. versuchstiere: ratte, xenopus u. a. amphibien, carassius u. a. fische. vorgehen: a) pharmakokinetik u. stoffwechsel der radioaktiv-markierten fremdstoffe im tier; b) wirkung der fremdstoffe auf elementare stoffwechselprozesse; wirkung auf stationaere metabolitkonzentrationen; einfluss auf schicksal radioaktiv markierter naehrstoffe im tier

S.WORT biooekologie + chlorkohlenwasserstoffe + versuchstiere + metabolismus
PROLEI PROF. DR. KLAUS URICH
STAND 21.7.1976
QUELLE fragebogenerhebung sommer 1976
ZUSAM - ARBEITSGEMEINSCHAFT OEKOLOGIE (PROF. KINZELBACH), INST. F. ZOOLOGIE DER UNI MAINZ
- LANDESAMT FUER UMWELTSCHUTZ RHEINLAND-PFALZ
BEGINN 1.1.1975

PC -047

INST LANDESANSTALT FUER LEBENSMITTEL-, ARZNEIMITTEL- UND GERICHTLICHE CHEMIE
BERLIN 12, KANTSTR. 79
VORHAB **ueberwachung von kunststoffen als bedarfsgegenstaende**
S.WORT kunststoffe + gebrauchsgueter
PROLEI DR. KASTNER
STAND 1.1.1974
FINGEB SENATOR FUER GESUNDHEIT UND UMWELTSCHUTZ, BERLIN
BEGINN 1.1.1970

PC -048

INST LANDESANSTALT FUER WASSER UND ABFALL
DUESSELDORF, BOERNESTR. 10
VORHAB **untersuchungen ueber den einfluss wassergefaehrdender stoffe auf die photosynthese von algen**
die beeintraechtigung der photosynthese der gruenalge chlorella fusca durch wassergefaehrdende stoffe wird durch manometrische bestimmung der sauerstoffbruttoproduktion getestet
S.WORT wasserverunreinigende stoffe + biochemie + photosynthese + algen
PROLEI DR. W. SCHILLER
STAND 2.8.1976
QUELLE fragebogenerhebung sommer 1976

PC -049

INST LANDESANSTALT FUER WASSER UND ABFALL
DUESSELDORF, BOERNESTR. 10
VORHAB **vergleichende wirkungsbezogene untersuchungen zur toxizitaet von einzelsubstanzen und substanzkombinationen an wirbeltieren**
umweltrelevante chemikalien werden zunaechst in statischen und dynamischen fischtests in verschiedenen konzentrationsabstufungen untersucht. es werden so die letal- und schwellenkonzentrationen der einzelnen substanzen und substanzkombinationen ermittelt. eine ausweitung des testspektrums ist geplant
S.WORT umweltchemikalien + toxizitaet + fische
PROLEI DIPL. -BIOL. JUHNKE
STAND 2.8.1976
QUELLE fragebogenerhebung sommer 1976

PC -050

INST LANDWIRTSCHAFTLICHE UNTERSUCHUNGS- UND FORSCHUNGSANSTALT DER LANDWIRTSCHAFTSKAMMER WESTFALEN-LIPPE, -JOSEF-KOENIG-INSTITUT -
MUENSTER, V.ESMARCHSTRASSE 2
VORHAB **untersuchung und begutachtung von stoffen und materialien im hinblick auf ihre umweltgefaehrdung fuer menschen, tiere und pflanzen**
S.WORT umweltchemikalien + gutachten
PROLEI DR. EGELS
STAND 1.1.1974
BEGINN 1.1.1968

PC -051

INST LEHRSTUHL FUER OEKOLOGISCHE CHEMIE DER TU MUENCHEN
FREISING -WEIHENSTEPHAN
VORHAB **oekologisch-toxikologische effekte von fremdstoffen in nichtmenschlichen primaten und anderen labortieren**
wirkung von quecksilberorganischen verbindungen auf den foetus nichtmenschlicher primaten; metabolismus ploichlorierter verbindungen in nichtmenschlichen primaten; bewertung der effekte von pcb und hexachlorbenzol (hcb) auf die reproduktion nichtmenschlicher primaten; untersuchung der struktur-aktivitaetsbeziehungen von cannabinoiden; reaktion der zelle auf umweltchemikalien
S.WORT umweltchemikalien + oekotoxizitaet + schadstoffwirkung + tierexperiment
PROLEI PROF. DR. FRIEDHELM KORTE
STAND 21.7.1976
QUELLE fragebogenerhebung sommer 1976
FINGEB BUNDESMINISTER FUER FORSCHUNG UND TECHNOLOGIE
ZUSAM GESELLSCHAFT FUER STRAHLEN- UND UMWELTFORSCHUNG MBH. , 8042 NEUHERBERG
BEGINN 1.1.1974 ENDE 31.12.1976
LITAN - MUELLER, W.;NOHYNEK, G.;WOODS, G. ET AL.: COMPARATIVE METABOLISM OF DIELDRIN-C-14 IN MOUSE, RAT, RABBIT, RHESUS MONKEY AND CHIMPANZEE. IN: CHEMOSPHERE 4 S. 89-92(1975)
- ROZMANN, K.;MUELLER, W.;IATROPOLUS, M. ET AL.: AUSSCHEIDUNG, KOERPERVERTEILUNG UND METABOLISIERUNG VON HEXACHLORBENZOL NACH ORALER EINZELDOSIS IN RATTEN UND RHESUS-AFFEN. IN: CHEMOSPHERE 4 S. 289-298(1975)

PC -052

INST LEHRSTUHL FUER OEKOLOGISCHE CHEMIE DER TU MUENCHEN
FREISING -WEIHENSTEPHAN
VORHAB **bilanz der verteilung und umwandlung von umweltchemikalien in labortieren und mikroorganismen**
messung von umwandlungsgeschwindigkeit, verteilung in organen und geweben von ausgewaehlten umweltchemikalien in labortieren sowie insekten und mikroorganismen; strukturausklaerung der umwandlungsprodukte; gesamtbilanzmessung bis zu den endprodukten des abbaus, um die abbaukapazitaet dieser organismen bzw. die belastung der umwelt durch umwandlungsprodukte zu erkennen
S.WORT umweltchemikalien + versuchstiere + metabolismus
PROLEI PROF. DR. FRIEDHELM KORTE
STAND 21.7.1976
QUELLE fragebogenerhebung sommer 1976
FINGEB BUNDESMINISTER FUER FORSCHUNG UND TECHNOLOGIE
ZUSAM GESELLSCHAFT FUER STRAHLEN- UND UMWELTFORSCHUNG MBH. , 8042 NEUHERBERG
BEGINN 1.1.1968

PC -053

INST LEHRSTUHL FUER TIERZUCHT DER TU MUENCHEN
FREISING -WEIHENSTEPHAN
VORHAB **die chromosomenanalyse bei embryonen in den ersten zellteilungen als testmodell fuer die umweltforschung**
das ziel des forschungsvorhabens ist, auf moeglichst einfache und schnelle weise mit hilfe eines biologischen tests (chromosomenpraeparation in den ersten zellteilungsstadien von kaninchenembryonen aus in vivo und in vitro proben herzzustellen) genotyp umweltinteraktionen festzustellen. da die undifferenzierten ersten zellteilungsstadien von embryonen bereits ganze organismen darstellen, sollte auch eine optimale extrapolation auf andere projekte moeglich sein
S.WORT umwelteinfluesse + biologische wirkungen + (embryonen)
PROLEI DR. DIPL. -ING. GERALD STRANZINGER
STAND 21.7.1976
QUELLE fragebogenerhebung sommer 1976
FINGEB EUROPAEISCHE GEMEINSCHAFTEN
ZUSAM INST. F. OEKOLOGISCHE CHEMIE DER TGD GRUB, FREISING
BEGINN 1.7.1974 ENDE 31.12.1975
G.KOST 197.000 DM
LITAN ENDBERICHT

PC -054

INST MAX-VON-PETTENKOFER-INSTITUT DES BUNDESGESUNDHEITSAMTES
BERLIN 45, UNTER DEN EICHEN 82-84

VORHAB **automatisierung der erfassung und auswertung von physiologisch-funktionellen messwerten fuer die toxikologische bewertung**
physiologisch-funktionelle messwerterfassung zur beurteilung von bioziden; erfassung gesamtphysiologischer parameter (z. b. aktivitaetsmessung bei versuchstieren) und auswertung mit hilfe weitgehend automatisierter versuchsanlagen

S.WORT toxizitaet + biozide + messmethode + bewertungskriterien
PROLEI DR. HANSEN
STAND 1.1.1974
FINGEB BUNDESMINISTER FUER FORSCHUNG UND TECHNOLOGIE
BEGINN 1.6.1973 ENDE 31.12.1977
G.KOST 1.251.000 DM
LITAN - GEMEINSCHAFTSPROGRAMM DES BUNDES "AUTOMATISIERUNG VON UNTERSUCHUNGSVERFAHREN. . . "
- ZWISCHENBERICHT 1973
- ZWISCHENBERICHT 1974. 12

PC -055

INST MEDIZINISCHE KLINIK UND POLIKLINIK IM KLINIKUM WESTEND DER FU BERLIN
BERLIN 19, SPANDAUER DAMM 130

VORHAB **statistische vergleichsuntersuchungen ueber das vorkommen verschiedener bakterienarten und der aenderung ihrer antibiotika-empfindlichkeit**
statistische vergleichsuntersuchungen ueber das vorkommen verschiedener bakterienarten und der aenderung ihrer antibiotika-empfindlichkeit zwischen den jahren 1958/1959 einerseits und 1968/1969 andererseits. 1. statistische vergleichsuntersuchungen bei patienten der urologie. 2. statistische vergleichsuntersuchungen bei patienten des reanimationszentrums und 3. statistische vergleichsuntersuchungen bei patienten der infektionsabteilung. 4. statistische vergleichsuntersuchungen bei patienten der neurochirurgie. 5. statistische vergleichsuntersuchungen bei patienten in der herzchirurgie. 6. statistische vergleichsuntersuchungen bei patienten in der abdominalchrurgie. 7. erregernachweis bei einpflanzung von kuenstlichen herzen in tierversuch

S.WORT bakterien + antibiotika + wirkmechanismus + statistik
PROLEI PROF. DR. META ALEXANDER
STAND 9.8.1976
QUELLE fragebogenerhebung sommer 1976
ZUSAM MEDIZINALUNTERSUCHUNGSAMT II, FUERSTENBRUNNERWEG 30, 1000 BERLIN 19
BEGINN 1.1.1967 ENDE 31.12.1978
LITAN - ALEXANDER, M.: AENDERUNGEN IM SPEKTRUM VON HARNWEGSINFEKTEN IM ZEITRAUM VON 1957-1967, DARGESTELLT AM MATERIAL EINER ABTEILUNG FUER NEPHROLOGIE UND DIALYSE. IN: VERH. DER DEUTSCHEN GESELLSCHAFT FUER INNERE MEDIZIN. 75(1969)
- ALEXANDER, M.;MOGALLE, R.;SCHWARTZ, J.;SCHULZE, F.: ERREGERWANDEL DER INFEKTIONEN SEIT 1958 IM ALLGEMEINEN, SOWIE AUF INTENSIV- UND DIALYSESTATIONEN. SYMPOSIUM A. D. REISENSBURG 4(1975), DEUTSCHE GES. F. INFEKTIOLOGIE. IN: MUENCH. MED. WOCHENSCHR. S. 118-252(1976)
- ALEXANDER, M.;ALDAG, U.;HENZE, B.: VERAENDERUNGEN DES BAKTERIELLEN SPEKTRUMS IM KLINISCHEN MATERIAL. INT. KONGRESS FUER CHEMOTHERAPIE, TOKIO(1969)

PC -056

INST MEDIZINISCHES INSTITUT FUER LUFTHYGIENE UND SILIKOSEFORSCHUNG AN DER UNI DUESSELDORF
DUESSELDORF, GURLITTSTR. 53

VORHAB **ueber die reaktion in vitro gezuechteter zellen auf partikelfoermige luftverunreinigungen**

S.WORT luftverunreinigung + staub + zellkultur + wirkmechanismus
PROLEI DR. SEEMAYER
STAND 1.1.1974

PC -057

INST MEDIZINISCHES INSTITUT FUER LUFTHYGIENE UND SILIKOSEFORSCHUNG AN DER UNI DUESSELDORF
DUESSELDORF, GURLITTSTR. 53

VORHAB **experiment: untersuchung zur wirkung einzelner und kombinierter reiz- und stickgase auf die atemfunktion und den kreislauf von versuchstieren**
langdauernde einwirkung niedriger konzentrationen von so2 und no2 bzw. deren kombination und auswirkung auf ausgewaehlte atemparameter bei nicht narkotisierten labortieren

S.WORT luftverunreinigung + schwefeldioxid + stickoxide + atemtrakt + tierexperiment
PROLEI DR. ANTWEILER
STAND 1.1.1974
BEGINN 1.1.1971 ENDE 31.12.1974

PC -058

INST MEDIZINISCHES INSTITUT FUER LUFTHYGIENE UND SILIKOSEFORSCHUNG AN DER UNI DUESSELDORF
DUESSELDORF, GURLITTSTR. 53

VORHAB **die wirkung atmosphaerischer feinstaeube und ihrer extrakte auf isoliertorganpraeparate und in vitro gezuechtete zellen**

S.WORT luftverunreinigung + feinstaeube + biologische wirkungen + zellkultur
PROLEI DR. SEEMAYER
STAND 1.1.1974
BEGINN 1.1.1971

PC -059

INST MEDIZINISCHES INSTITUT FUER LUFTHYGIENE UND SILIKOSEFORSCHUNG AN DER UNI DUESSELDORF
DUESSELDORF, GURLITTSTR. 53

VORHAB **die rolle von umweltchemikalien und viren und deren wechselwirkung bei der onkogenen zelltransformation**
pruefung von umweltchemikalien und viren auf ihre krebserzeugende wirkung in zell- und gewebekulturen

S.WORT umweltchemikalien + viren + zelle
PROLEI DR. SEEMAYER
STAND 1.1.1974
BEGINN 1.1.1974 ENDE 31.12.1977

PC -060

INST PATHOLOGISCHES INSTITUT DER MEDIZINISCHEN HOCHSCHULE HANNOVER
HANNOVER 61, KARL-WIECHERT-ALLEE 9

VORHAB **untersuchungen von mikroverunreinigungen an embryonalen systemen und in der gewebekultur**
untersuchungen ueber art und ausmass der belastung des menschen und seiner umwelt durch immissionen von schadstoffen. feststellung der wirkung luftverunreinigender stoffe auf mensch, tier und pflanze unter spezieller beruecksichtigung der wirkung auf gewebekulturen, stoffwechselvorgaenge, atmungsorgane und kreislaufsystem. objektivierung der wirkung geruchsintensiiver stoffe. entwicklung biologischer messverfahren. in-vitro-versuche an seeigelembryonen mit insektiziden (chlorierte kohlenwasserstoffe) und cadmium zur feststellung der entwicklungsschaedigenden wirkung der genannten substanzen

S.WORT schadstoffimmission + gewebekultur + embryopathie
PROLEI PROF. DR. ULRICH MOHR
STAND 1.1.1975
QUELLE umweltforschungsplan 1975 des bmi
FINGEB - BUNDESMINISTER DES INNERN
- EUROPAEISCHE GEMEINSCHAFTEN
BEGINN 1.1.1974 ENDE 31.12.1975
G.KOST 110.000 DM

PC -061
INST PATHOLOGISCHES INSTITUT DES RUDOLF VIRCHOW-KRANKENHAUSES
BERLIN 65, AUGUSTENBURGER PLATZ 1
VORHAB **begasung von gewebekulturen mit kraftfahrzeug-abgas-komponenten**
S.WORT kfz-abgase + gewebekultur
STAND 1.1.1974
BEGINN 1.1.1969

PC -062
INST PHARMAKOLOGISCHES INSTITUT DER UNI HAMBURG
HAMBURG 20, MARTINISTR. 52
VORHAB **toxische wirkungen von arzneimitteln und antidotwirkungen; vergleich mit kohlenwasserstoffen**
zusammenstellungen ueber giftwirkungen von arzneimitteln und chemikalien und untersuchungen ueber antidote bei vergiftungen mit organischen loesungsmitteln zur information und zur verbesserung der therapie bei vergiftungen
S.WORT pharmaka + toxizitaet + kohlenwasserstoffe + loesungsmittel
PROLEI PROF. DR. WALTER BRAUN
STAND 30.8.1976
QUELLE fragebogenerhebung sommer 1976
BEGINN 1.1.1970
LITAN BRAUN, W.;DOENHARDT, A.: UNTERSUCHUNGEN ZUR ANTIDOTWIRKUNG VON PARAFFINOEL BEI VERGIFTUNGEN MIT KOHLENWASSERSTOFFEN. IN: ARCH. TOXIKOL. 30 S. 243(1973)

PC -063
INST PHARMAKOLOGISCHES INSTITUT DER UNI TUEBINGEN
TUEBINGEN, WILHELMSTR. 56
VORHAB **stoffwechsel von fremdstoffen in den lungen und nieren**
S.WORT schadstoffe + metabolismus + innere organe
PROLEI PROF. DR. UEHLEKE
STAND 1.1.1974
BEGINN 1.1.1966 ENDE 31.12.1974

PC -064
INST ZENTRALE ERFASSUNGS- UND BEWERTUNGSSTELLE FUER UMWELTCHEMIKALIEN DES BUNDESGESUNDHEITSAMTES
BERLIN 33, THIELALLEE 88-92
VORHAB **zentrale datenerfassung und bewertung von bioziden und umweltchemikalien;belastung des menschen durch schwermetalle in lebensmitteln**
im rahmen des umweltprogramms der bundesregierung wird am bundesgesundheitsamt in berlin eine fuer das gesamte bundesgebiet zustaendige datenerfassungs- und bewertungsstelle fuer biozide und umweltchemikalien aufgebaut; in bundesdeutschen instituten erarbeitete daten werden im hinblick auf die gesundheitliche belastung von mensch und tier ausgewertet
S.WORT umweltchemikalien + biozide + nahrungsmittel + datenerfassung
PROLEI PROF. DR. RUTH MUSCHE
STAND 1.1.1974
FINGEB BUNDESMINISTER FUER JUGEND, FAMILIE UND GESUNDHEIT
ZUSAM - BUNDESFORSCHUNGSANSTALTEN; UNIVERSITAETSINSTITUTE
- OBERSTE LANDESGESUNDHEITSBEHOERDEN(CHEMISCHE- UND VETERINAERUNTERSUCHUNGSANSTALTEN)
BEGINN 1.10.1973
LITAN - BERICHT DES BGA AN DEN BUNDESMINISTER FUER JUGEND, FAMILIE UND GESUNDHEIT, AZ: 7-1083-08/12/74; CHI-2802-122/74 V. 25. 1. 74
- ZWISCHENBERICHT 1974. 12

PC -065
INST ZOOLOGISCHES INSTITUT DER UNI KARLSRUHE
KARLSRUHE, KAISERSTR. 12
VORHAB **die rolle des endokrinen systems bei der anpassung von amphibien und fischen an veraenderte umweltbedingungen**
bestimmung der aktivitaet endokriner druesen mit histologischen, histochemischen, biochemischen methoden; einfluss von hormonen auf kohlenhydratfett - und stickstoffwechsel sowie wasser - und salzhaushalt; einfluss von wassermangel sowie hyper- und hypotonischen salzloesungen auf dieselben bereiche
S.WORT umweltbedingungen + hormone + fische + amphibien
PROLEI PROF. DR. WILFRIED HANKE
STAND 1.1.1974
FINGEB DEUTSCHE FORSCHUNGSGEMEINSCHAFT
BEGINN 1.1.1964
G.KOST 1.000.000 DM
LITAN SONDERDRUCKE AUF ANFRAGE MOEGLICH

PC -066
INST ZOOLOGISCHES INSTITUT DER UNI KARLSRUHE
KARLSRUHE, KAISERSTR. 12
VORHAB **hormonale regulation des wasserhaushalts und der stickstoffexkretion bei amphibien, adaptation an unterschiedliche umweltbedingungen**
bestimmung der hautpermeabilitaet fuer wasser; temperaturabhaengigkeit dieser groesse; hormonale regulation (hypophysektomie/replacement-therapie); harnstoff-produktion, -exkretion und -retention
S.WORT umweltbedingungen + amphibien + wasserhaushalt + hormone
PROLEI DR. SCHULTHEISS
STAND 1.1.1974
BEGINN 1.2.1971
LITAN - SCHULTHEISS; HANKE; MAETZ. IN: GEN. COMP. ENDOCRIN 18(2)(1972)
- SCHULTHEISS. IN: ZOOL. JB. PHYSIOL. 77 S. 199-227 (1973)
- ZWISCHENBERICHT 1975. 01

PC -067
INST ZOOLOGISCHES INSTITUT UND ZOOLOGISCHES MUSEUM DER UNI HAMBURG
HAMBURG 13, MARTIN-LUTHER-KING-PLATZ 3
VORHAB **umweltbeeinflusste hartkoerpermerkmale - schalenmorphologie von ostracoden, polychaeten, copepoden, isopoden und cladoceren**
S.WORT umwelteinfluesse + mollusken
PROLEI PROF. DR. GERD HARTMANN
STAND 1.1.1974
FINGEB DEUTSCHE FORSCHUNGSGEMEINSCHAFT

Weitere Vorhaben siehe auch:

GB -025 TEMPERATUR-PRAEFERENZ UND TEMPERATUR-TOLERANZ VON INVERTEBRATEN DES RHEINS BEI GLEICHZEITIGER BELASTUNG DURCH WEITERE SCHAEDIGENDE FAKTOREN
IC -088 AUSWIRKUNG SUBLETHALER UND SYNERGISTISCHER BELASTUNG AUF MAKRO-INVERTEBRATA DES RHEINS
IC -089 DIE INVERTEBRATEN-FAUNA DES RHEINS UND SEINER NEBENGEWAESSER
IE -032 FILTRIERRATE UND NAHRUNGSAUSNUTZUNG VON MUSCHELN UND DER EINFLUSS VON TRUEBUNGSSUBSTANZEN AUF DEREN LEBENSFAEHIGKEIT
TA -017 ERFORSCHUNG VON WIRKUNGEN KOMBINIERTER PHYSIKALISCHER UND CHEMISCHER ARBEITSPLATZBELASTUNGEN IM LABORVERSUCH

PD -001
INST ASTA-WERKE AG
BIELEFELD 14, BIELEFELDER STRASSE 79-91
VORHAB **versuchsprogramm zur pruefung der kanzerogenese von zytostatika**
S.WORT carcinogenese + zytostatika
STAND 1.10.1974
FINGEB BUNDESMINISTER FUER FORSCHUNG UND TECHNOLOGIE
BEGINN 1.1.1973 ENDE 31.12.1977
G.KOST 742.000 DM

PD -002
INST BIOCHEMISCHES INSTITUT FUER UMWELTCARCINOGENE
AHRENSBURG, SIEKER LANDSTRASSE 19
VORHAB **bilanz und wirkung polycyclischer carcinogene in der umwelt**
ziel des vorhabens ist die identfizierung carcinogener schadstoffe in materialien und produkten der umwelt am beispiel von abwasser/klaerschlamm, zigarettenrauchkondensat u. a. mit geeigntetn tirtests und gewebekulturen, die ine carcinogene wirkung anzeigen. hierzu werden die komplizierten gemische wie klaerschlamm oder zigarettenrauchkondensat durch geeignete trennmethoden in aromatenfreie und aromatenhaltige fraktionen zerlegt udn die in mehreren dosierungen an mehreren tiermodellen gestestet. (wirkungsbilanzanalyse). die carcinogenen fraktionen werden gaschromatographisch an hochleistungssaeulen aufgetrennt (profilanalyse)
S.WORT polyzyklische aromaten + carcinogene + schadstoffnachweis + biologische wirkungen
PROLEI PROF. DR. GERNOT GRIMMER
STAND 23.7.1976
QUELLE fragebogenerhebung sommer 1976
ZUSAM - BIOLOGISCHES LABOR VASELINWERK, WORTHDAMM 13, 2000 HAMBURG 11
- INST. F. EXP. PATHOLOGIE DER MEDIZINISCHEN HOCHSCHULE HANNOVER
- INST. F. HUMANGENETIK DER UNI HAMBURG, 2001 HAMBURG 54
BEGINN 1.5.1975 ENDE 31.12.1977
G.KOST 2.000.000 DM

PD -003
INST E. MERCK
DARMSTADT, FRANKFURTER STR. 250
VORHAB **methodik der mutagenitaetspruefung chemischer stoffe**
S.WORT chemikalien + mutagene wirkung
STAND 1.10.1974
FINGEB BUNDESMINISTER FUER FORSCHUNG UND TECHNOLOGIE
BEGINN 1.1.1973 ENDE 31.12.1975
G.KOST 236.000 DM

PD -004
INST FORSTBOTANISCHES INSTITUT DER UNI FREIBURG
FREIBURG, BERTOLDSTR. 17
VORHAB **mutagenitaets-untersuchungen mit autoabgas-kondensaten (insbesondere carcinogene substanzen) an somatischen zellen**
1. entwicklung des "prescreening test" "urinary assay" mit cyclophosphamid glucuronidase. mit gleicher substanz weiterentwicklung der leber-mikrosomen-in vitro-methoden. 2. pruefung eines carcinogenen und eines nicht-carcinogenen furadantins in prescreening tests. 3. 7-12-dimethylbenzanthracen, benzo(a)pyren als carcinogene sowie phenanthren als nicht-carcinogene substanzen sollen geprueft werden
S.WORT mutagenitaetspruefung + kfz-abgase + carcinogene
PROLEI PROF. DR. DR. HANS MARQUARDT
STAND 21.7.1976
QUELLE fragebogenerhebung sommer 1976
FINGEB - BUNDESMINISTER FUER FORSCHUNG UND TECHNOLOGIE
- EUROPAEISCHE GEMEINSCHAFTEN, KOMMISSION
ZUSAM - DEUTSCHES KREBSFORSCHUNGSZENTRUM, HEIDELBERG
- INST. F. HUMANGENETIK DER UNI FREIBURG
BEGINN 1.8.1974 ENDE 30.6.1976
G.KOST 200.000 DM
LITAN SIEBERT, D.: HOST-MEDIATED ASSAY WITH YEAST AND RATS USING PROBENECID (BENEMID R) TO BLOCK THE RENAL TUBULAR EXCRETION OF CYCLOPHOSPHAMIDE METABOLITES. IN: MUTUATION RESEARCH (28) S. 57-61(1975)

PD -005
INST GENETISCHES INSTITUT / FB 15 DER UNI GIESSEN
GIESSEN, LEIHGESTERNER WEG 112-114
VORHAB **genetik und krebsbildung, a) krebsgenetik**
forschungsgegenstand ist die krebsbildung bei den lebendgebaerenden zahnkarpfen. es ist beabsichtigt, ein allgemeingueltiges konzept der cancerogenese zu erarbeiten. einzelheiten ergeben sich aus den titel der publikationen
S.WORT carcinogenese + fische
PROLEI PROF. DR. FRITZ ANDERS
STAND 6.8.1976
QUELLE fragebogenerhebung sommer 1976
FINGEB DEUTSCHE FORSCHUNGSGEMEINSCHAFT
ZUSAM - SONDERFORSCHUNGSBEREICH 103 DER UNI MARBURG
- DKFZ, HEIDELBERG
- ZOOLOGISCHES INSTITUT, BERN
BEGINN 1.1.1958
LITAN VIELKIND, U.;VIELKIND, J.;ANDERS, F.: GENETIC CONTROL OF MELANOMA CELL DIFFERENTIATION. IN: ABSTR. OF THE XITH INT. CANCER CONGR. , FLORENCE (1974)

PD -006
INST HYGIENE INSTITUT DER UNI TUEBINGEN
TUEBINGEN, SILCHERSTR. 7
VORHAB **analytik und bildung von metaboliten von n-nitroseverbindungen**
die n-nitrosoverbindungen spielen als exogene carcinogene noxen in der umwelt des menschen eine wichtige rolle. die aufklaerung des metabolismus dieser carcinogene ist fuer die frage der krebsentstehung von grossem nutzen. die untersuchungen umfassen die bildung von metaboliten aus n-nitrosoverbindungen in vivo mit isolierten organenzymen von versuchstieren und anschliessender isolierung und identifizierung. in vivo: die isolierung und identifizierung von metaboliten in den exkrementen von ratten nach oraler gabe
S.WORT nitrosoverbindungen + metabolismus + carcinogene wirkung + (tierversuch)
PROLEI DR. FRITZ SCHWEINSBERG
STAND 1.1.1974
FINGEB DEUTSCHE FORSCHUNGSGEMEINSCHAFT
ZUSAM - CHEMISCHES INSTITUT DER UNI HEIDELBERG, IM NEUENHEIMER FELD, 6900 HEIDELBERG
- INSTITUT FUER TOXIKOLOGIE DER UNI TUEBINGEN, 7400 TUEBINGEN
G.KOST 200.000 DM
LITAN - SCHWEINSBERG, F.;SCHOTT-KOLLAT, P.: EFFECT OF VITAMIN A ON THE FORMATION, TOXICITY AND CARCINOGENICITY OF N-NITROSOMETHYLBENZYLAMINE. IN: IARC: SCIENTIFIC PUBL. (IM DRUCK)
- SCHWEINSBERG, F.;SCHOTT-KOLLAT, P.;BUERKLE, G.: VERAENDERUNG DER TOXIZITAET UND CARCINOGENITAET VON N-METHYL-N-NITROSOBENZYLAMIN DURCH METHYLSUBSTITUTION AM PHENYLREST BEI RATTEN. IN: ZEITSCHRIFT FUER KREBSFORSCHUNG (IM DRUCK)

PD -007
INST HYGIENE INSTITUT DER UNI TUEBINGEN
TUEBINGEN, SILCHERSTR. 7
VORHAB **die praktische bedeutung cancerogener nitrosamine im menschlichen magen**

S.WORT nitrosamine + carcinogene wirkung + innere organe + (magen)
STAND 1.1.1974
FINGEB DEUTSCHE FORSCHUNGSGEMEINSCHAFT

PD -008

INST HYGIENE INSTITUT DER UNI TUEBINGEN
TUEBINGEN, SILCHERSTR. 7
VORHAB **spezielle aspekte der nitrosaminbildung unter physiologischen bedingungen**
synthese unter verschiedenen bedingungen und pruefung auf carcinogene wirksamkeit im tierversuch
S.WORT nitrosamine + carcinogene wirkung + tierexperiment
PROLEI DR. JOHANNES SANDER
STAND 1.1.1974
FINGEB DEUTSCHE FORSCHUNGSGEMEINSCHAFT

PD -009

INST HYGIENEINSTITUT DER UNI MAINZ
MAINZ, HOCHHAUS AM AUGUSTUSPLATZ
VORHAB **wirkung verschiedener metalle auf die 3,4 benzpyren-kanzerogenese**
ziel: feststellung des einflusses verschiedener metalle (spurenelemente) auf die entstehung durch kanzerogene induzierter tumoren
S.WORT carcinogenese + benzpyren + spurenelemente + synergismus
PROLEI DR. PFEIFFER
STAND 1.1.1974
FINGEB LANDESVERSICHERUNGSANSTALT
BEGINN 1.1.1973 ENDE 31.12.1975
G.KOST 10.000 DM

PD -010

INST INSTITUT FUER AEROBIOLOGIE DER FRAUNHOFER-GESELLSCHAFT E.V.
SCHMALLENBERG GRAFSCHAFT, UEBER SCHMALLENBERG
VORHAB **bilanz und wirkung polycyclischer kohlenwasserstoffe in der umwelt**
erfassung und untersuchung, wie hoch die belastung der bevoelkerung mit krebsfoerdernden luftverunreinigungen ist. aufstellung chemischer und biologischer bilanzierungen, die sichere aussagen ueber die carcinogenitaet polycyclischer sowie n-haltiger aromaten liefern sollen
S.WORT organismus + carcinogene belastung + polyzyklische aromaten
PROLEI PROF. DR. GERNOT GRIMMER
STAND 5.12.1975
FINGEB BUNDESMINISTER DES INNERN
BEGINN 1.5.1975 ENDE 30.4.1977
G.KOST 2.359.000 DM

PD -011

INST INSTITUT FUER ANGEWANDTE BOTANIK DER UNI HAMBURG
HAMBURG, MARSEILLER STRASSE 7
VORHAB **vorkommen kanzerogener substanzen in pflanzen. vorkommen, wirkung und beeinflussung des genetischen materials**
natuerliches vorkommen kanzerogener polyzyklischer kohlenwasserstoffe in vier untersuchten naturpflanzen nicht nachweisbar; daher suche nach quellen (verursacher)/ eindringmoeglichkeiten/verteilung/verbleib in pflanzen/ anlagerungs- oder reaktionsmoeglichkeiten in der zelle; methoden: chemisch/gaschromatisch/fluoreszenzoptisch/ verwendung von markierten substanzen
S.WORT carcinogene + pflanzen + genetik
PROLEI PROF. DR. DIETRICH DUEVEL
STAND 1.1.1974
FINGEB DEUTSCHE FORSCHUNGSGEMEINSCHAFT
ZUSAM INST. F. UMWELTCARCINOGENE, 207 AHRENSBURG, SIEKER LANDSTR. 19
BEGINN 1.1.1966
G.KOST 30.000 DM
LITAN GRIMMER, G.;DUEVEL, D.: UNTERSUCHUNGEN ZUR ENDOGENEN BILDUNG VON POLYCYCLISCHEN KOHLENWASSERSTOFFEN IN HOEHEREN PFLANZEN. Z. NATURFORSCH. 25B, 1171-1175, VERLAG Z. N. -F. , (1970)

PD -012

INST INSTITUT FUER ANGEWANDTE BOTANIK DER UNI HAMBURG
HAMBURG, MARSEILLER STRASSE 7
VORHAB **polycyclische cancerogene kohlenwasserstoffe in vom menschen genutzten pflanzen**
arbeiten ueber die ursachen des vorhandenseins von krebserregenden verbindungen in nutzpflanzen, d. h. klaerung, ob diese substanzen von der pflanze selbst produziert werden oder aus der umgebung (luft, boden, wasser) in die pflanze eindringen. forschungsarbeiten ueber den transport dieser substanzen in der pflanze sowie etwaige einbeziehung in den stoffwechsel. es kommen sowohl chemisch-analytische verfahren wie auch verfahren unter verwendung markierter substanzen in frage
S.WORT nutzpflanzen + carcinogene + pflanzenphysiologie
PROLEI PROF. DR. DIETRICH DUEVEL
STAND 30.8.1976
QUELLE fragebogenerhebung sommer 1976
FINGEB DEUTSCHE FORSCHUNGSGEMEINSCHAFT
ZUSAM BIOCHEMISCHES INSTITUT FUER UMWELTCARCINOGENE, SIEKER LANDSTR. 19, 2070 AHRENSBURG/HOLST.
BEGINN 1.10.1966
LITAN GRIMMER, G.;DUEVEL, D.: UNTERSUCHUNGEN ZUR ENDOGENEN BILDUNG VON POLYCYCLISCHEN KOHLENWASSERSTOFFEN IN HOEHEREN PFLANZEN. 8. MITT.: CANCEROGENE KOHLENWASSERSTOFFE IN DER UMGEBUNG DES MENSCHEN. IN: Z. NATURFORSCH. 25B S. 1171-1175(1970)

PD -013

INST INSTITUT FUER ANTHROPOLOGIE UND HUMANGENETIK DER UNI HEIDELBERG
HEIDELBERG, MOENCHHOFSTR. 15A
VORHAB **humangenetische und mutagenitaetsforschung**
S.WORT humangenetik + mutagene
PROLEI PROF. DR. MED. VOGEL
STAND 1.1.1974
BEGINN 1.1.1963

PD -014

INST INSTITUT FUER ANTHROPOLOGIE UND HUMANGENETIK DER UNI HEIDELBERG
HEIDELBERG, MOENCHHOFSTR. 15A
VORHAB **methodik der mutagenitaetspruefung chemischer stoffe**
S.WORT umweltchemikalien + mutagenitaetspruefung
STAND 1.1.1974
FINGEB BUNDESMINISTER FUER FORSCHUNG UND TECHNOLOGIE
BEGINN 1.1.1973 ENDE 31.12.1976
G.KOST 652.000 DM

PD -015

INST INSTITUT FUER BIOCHEMIE DES DEUTSCHEN KREBSFORSCHUNGSZENTRUMS
HEIDELBERG, IM NEUENHEIMER FELD 280
VORHAB **cocarcinogene**
vorkommen von cocarcinogenen in pflanzen, speziell in pflanzlichen roh- bzw. vorprodukten der lebensmittel- und arzneitechnologie; chemische und biologische charakterisierung von cocarcinogenen aus pflanzen; abhaengigkeit des gehalts an cocarcinogenen in pflanzen von standort, jahreszeit u. a. oekologischen faktoren; biogenese von cocarcinogenen in pflanzen
S.WORT co-carcinogene + pflanzen + lebensmittel + pharmaka + analytik
PROLEI PROF. DR. ERICH HECKER

STAND 1.1.1974
FINGEB BUNDESMINISTER FUER FORSCHUNG UND TECHNOLOGIE
ZUSAM - WEIZMANN INSTITUTE OF SCIENE, REHOVOTH, ISRAEL; SUBPROJEKT PROF. LAVIE IM BMFT-PROJE. COCARCIONOGENE
- PROF. DR. MARQUARDT, FORSTBOTANISCHES INSTITUT DER UNI FREIBURG
- PROF. DR. VOLK, INSTITUT FUER PHARAMAKOGNOSIE DER UNI WUERZBURG
BEGINN 1.1.1973 ENDE 30.6.1976
G.KOST 665.000 DM
LITAN - ANTRAG VOM 4. 7. 72 MIT ERGAENZUNG VOM 24. 8. 72
- ZWISCHENBERICHT 1975. 01

PD -016
INST. INSTITUT FUER BIOCHEMIE DES DEUTSCHEN KREBSFORSCHUNGSZENTRUMS
HEIDELBERG, IM NEUENHEIMER FELD 280
VORHAB struktur und wirkung von cocarcinogenen diterpenestern
dosis und entzuendliche, cocarcinogene und carcinogene wirkung; chemische struktur und entzuendliche, cocarcinogene und carcinogene wirkung; abgrenzung carcinogener gegen cocarcinogene bzw. entzuendliche wirkung
S.WORT co-carcinogene + diterpenester + analytik
PROLEI PROF. DR. ERICH HECKER
STAND 1.1.1974
FINGEB BUNDESMINISTER FUER FORSCHUNG UND TECHNOLOGIE
ZUSAM - WEIZMANN INSTITUTE OF SCIENCE, REHOVOTH, ISRAEL; SUBPROJEKT PROF. BERENBLUM IM BMGT-PROJEKT COCARCIO
- INST. F. KLIN. U. BIOCHEMIE, UNI MUENCHEN; SUBPROJEKT PROF. WERLE IM BMFT-PROJEKT COCARCINOGENE
BEGINN 1.1.1973 ENDE 31.3.1975
G.KOST 107.000 DM
LITAN - ANTRAG VOM 4. 7. 72 MIT ERGAENZUNG VOM 24. 8. 72
- ZWISCHENBERICHT 1975. 01

PD -017
INST INSTITUT FUER BIOCHEMIE DES DEUTSCHEN KREBSFORSCHUNGSZENTRUMS
HEIDELBERG, IM NEUENHEIMER FELD 280
VORHAB cocarcinogene als aetiologische faktoren der chemischen carcinogenese
identifizierung und reindarstellung sowie chemische und biologische charakterisierung von cocarcinogenen aus euphorbiaceen und thymelaeaceen mit untersuchung ihrer bedeutung fuer die aetiologie chemisch induzierter tumoren. aufdecken des vorkommens und identifizierung von kryptischen cocarcinogenen aus euphorbiaceen und thymelaeaceen. anteile der cocarcinogene pflanzlicher herkunft an der gesamtbelastung der umwelt des menschen mit carcinogenen faktoren
S.WORT co-carcinogene + pflanzen + carcinogenese + (tumor)
PROLEI PROF. DR. ERICH HECKER
STAND 30.8.1976
QUELLE fragebogenerhebung sommer 1976
ZUSAM - CHEMISCHES INSTITUT DER UNI HEIDELBERG
- INST. F. SYSTEMATISCHE BOTANIK DER UNI HEIDELBERG
- MAX-PLANCK-INSTITUT FUER BIOCHEMIE, ABT. ROENTGENSTRUKTUR FORSCHUNG, MUENCHEN
BEGINN 1.1.1976 ENDE 31.12.1980
G.KOST 2.500.000 DM
LITAN - ADOLF, W.;HECKER, E.: ON THE IRRITANT AND COCARCINOGENIC PRINCIPLES OF HIPPOMANE MANCINELLA. IN: TETRAHEDRON LETTER 19 S. 1587-1590(1975)
- HERGENHAHN, M.;ADOLF, W.;HECKER, E.: RESINIFERATOXIN AND OTHER ESTERS OF NOVEL POLYFUNCTIONAL DITTERPENES FROM EUPHORRIA RESINIFERA AND UNISPINA. IN: TETRAHEDRON LETTERS S. 1595-1598(1975)
- SCHMIDT, R.;HECKER, E.: AUTOXIDATION OF PHORBOL ESTERS UNDER NORMAL STORAGE CONDITIONS. IN: CANCER RES. 35 S. 1375-1377(1975)

PD -018
INST INSTITUT FUER BIOLOGIE DER GESELLSCHAFT FUER STRAHLEN- UND UMWELTFORSCHUNG MBH
NEUHERBERG, INGOLSTAEDTER LANDSTR. 1
VORHAB prae- und postnatale entwicklungsschaeden, teratologie
1. entwicklungsschaeden bei gleichzeitiger applikation von ionisierenden strahlen (roentgenstrahlen, radionuklide) und chemischen agenzien (z. b. acetylsalicylsaeure, polychlorierte biphenyle) waehrend der traechtigkeitsperiode. 2. untersuchungen ueber die radiotoxizitaet von radionukliden bei foeten bzw. in der postnatalen lebensphase nach inkorporation waehrend der traechtigkeitsperiode. 3. untersuchungen ueber die kombinationswirkung von ionisierenden strahlen und diaplazentar wirkenden cancerogenen und teratogenen substanzen (z. b. nitrosoharnstoffe). 4. biochemische probleme in der teratologie sowie der foetalen wachstumsvorgaenge
S.WORT teratogene wirkung + roentgenstrahlung + chemikalien + synergismus
PROLEI PROF. DR. H. KRIEGEL
STAND 30.8.1976
QUELLE fragebogenerhebung sommer 1976
BEGINN 1.1.1975 ENDE 31.12.1979
G.KOST 4.309.000 DM
LITAN - TOEROEK,P.: EFFECT OF 2,2'-DICHLOROBIPHENYL (PCB) ON THE EMBRYONIC DEVELOPMENT OF THE NMRI-MOUSE. IN:ENVIRONMENTAL QUALITY AND SAFETY, SUPPL. B, PESTICIDES. KORTE,F.;COULSTON,F.(EDS.) STUTTGART:THIEME S.788-792(1975)
- TOEROEK,P.: DELAYED PREGNANCY IN NMRI-MICE TREATED WITH PCB: 2,2'-DICHLOROBIPHENYL. IN:BULL. ENVIRON. CONTAM. TOXICOL. (IM DRUCK)
- TOEROEK,P.;KRIEGEL,H.: DISTRIBUTION OF C-14-PCB DURING FETAL PERIOD; WHOLE BODY AUTORADIOGRAPHY OF PREGNANT MICE. IN:ARCH. TOXICOL. S.199-207(1975)

PD -019
INST INSTITUT FUER BIOLOGIE DER GESELLSCHAFT FUER STRAHLEN- UND UMWELTFORSCHUNG MBH
NEUHERBERG, INGOLSTAEDTER LANDSTR. 1
VORHAB mutagenese
die untersuchung der seren und gewebehomogenate von maeusen mit verschiedenen elektrophoresemethoden, wie gradienten- und sds (sodium dodecylsulfate)-gelelektrophorese und elektrofokussierung von schadstoffen wird durch ein gel-analyse-system automatisiert. mit der identifizierung der molekularkrankheiten (inborn errors of metabolism) der maus, analog den menschlichen erblichen stoffwechselkrankheiten, wird begonnen
S.WORT mutagene wirkung + tierexperiment
PROLEI DR. UDO EHLING
STAND 30.8.1976
QUELLE fragebogenerhebung sommer 1976
BEGINN 1.1.1969 ENDE 31.12.1980
G.KOST 2.932.000 DM

PD -020
INST INSTITUT FUER BIOLOGIE DER GESELLSCHAFT FUER STRAHLEN- UND UMWELTFORSCHUNG MBH
NEUHERBERG, INGOLSTAEDTER LANDSTR. 1
VORHAB chromosomenmutationen
1. die induktion von dominanten letalmutationen bei maennlichen (101x c3h)f1-maeusen nach applikation von karzinogenen wird geprueft. es soll die korrelation zwischen mutagenitaet und karzinogenitaet untersucht werden, um die frage zu klaeren, ob die induktion von chromosommutationen bei saeugetieren als "prescreen" fuer die karzinogenitaetspruefung geeignet ist. 2. die empfindlichkeit des standortprotokolls fuer die mutagenitaetspruefung von schadstoffen wird in strahlengenetischen experimenten durch die untersuchung der dosis-effekt-beziehung bestimmt. 3. die germinale selektion mitomycin c-induzierter chromosomenveraenderungen soll durch einen vergleich von zytogenetischen befunden in der p-generation und den ergebnissen des translokationstests mit fertillitaetspruefung der f1-nachkommen abgeschaetzt werden

S.WORT mutagene wirkung + carcinogene wirkung + schadstoffwirkung + (chromosomenmutationen)
PROLEI DR. UDO EHLING
STAND 30.8.1976
QUELLE fragebogenerhebung sommer 1976
BEGINN 1.1.1969
G.KOST 5.358.000 DM
LITAN - ADLER,I.-D.: PRIMORDIAL GERM CELL SENSITIVITY TO MUTAGENIC EFFECTS OF TEM. IN:MUTATION RES. 29 S.204(1975)
- EHLING,U.: DER SPONTANE POSTIMPLANTATIVE VERLUST BEI MAEUSEN. IN:GSF-BERICHT B 565 S.2-4(1975)
- KRATOCHVIL,J.: PRAEIMPLANTATIVER VERLUST DOMINANTER LETALMUTATIONEN NACH BEHANDLUNG DER MAENNLICHEN MAUS MIT METHYLMETHANSULFONIAT. IN:GSF-BERICHT B 565 S.5-17(1975)

PD -021

INST INSTITUT FUER BIOLOGIE DER GESELLSCHAFT FUER STRAHLEN- UND UMWELTFORSCHUNG MBH NEUHERBERG, INGOLSTAEDTER LANDSTR. 1
VORHAB **spezifische lokusmutationen**
1. die moegliche synergistische wirkung von bestrahlung und applikation von dns-inhibitoren wird im spezifischen likusexperiment geprueft. 2. es wird weiter untersucht, ob eine korrelation zwischen der stadienspezifischen induktion von dominanten letalmutationen (fe 70510) und von spezifischen lokusmutationen besteht. die klaerung dieser frage ist fuer die beurteilung von mutagenitaetstesten wichtig. 3. kreuzungsanalysen von strahlen- und chemoinduzierten mutanten werden zur charakterisierung der mutationen durchgefuehrt. die untersuchung der altersabhaengigkeit spontaner spezifischer lokusmutationen wird fortgefuehrt
S.WORT mutation + strahlung + chemikalien + synergismus
PROLEI DR. UDO EHLING
STAND 30.8.1976
QUELLE fragebogenerhebung sommer 1976
BEGINN 1.1.1970
G.KOST 6.501.000 DM
LITAN - EHLING, U.: GENETISCHE RISIKEN DURCH RADIOLOGISCHE UND CHEMISCHE UMWELTEINFLUESSE - GRENZWERTE. JAHRESTAG. D. FACHVERBANDES F. STRAHLENSCHUTZ E. V. IN: STRAHLENSCHUTZ UND UMWELTSCHUTZ 1 S. 60-74(1975)
- EHLING, U.: DIE GEFAEHRDUNG DER MENSCHLICHEN ERBANLAGEN IM TECHNISCHEN ZEITALTER. IN: FORTSCHR. ROENTGENSTR. (IM DRUCK)
- ENDBERICHT

PD -022

INST INSTITUT FUER BIOLOGIE DER GESELLSCHAFT FUER STRAHLEN- UND UMWELTFORSCHUNG MBH NEUHERBERG, INGOLSTAEDTER LANDSTR. 1
VORHAB **methodik der mutagenitaetspruefung chemischer stoffe**
aufgrund der untersuchungen in den jahren 1974 und 1975 wird fuer dominante letalmutationen ein standortprotokoll entwickelt, das die stammspezifischen unterschiede und die verschiedenen haltungsbedingungen der maeuse beruecksichtigt. in einem ringversuch wird mit einem schadstoff, fuer dessen untersuchung oeffentliches interesse besteht, das standortprotokoll ueberprueft. es wird die spontane aberrationsrate in verschiedenen uytogenetischen testsystemen unter beruecksichtigung statistischer methoden untersucht. ziel der arbeit ist die entwicklung von standortprotokollen fuer die zytogenetische testung von schadstoffen bei saeugetieren
S.WORT mutagenitaetspruefung + chemikalien + methodenentwicklung
PROLEI PROF. DR. OTTO HUG
STAND 30.8.1976
QUELLE fragebogenerhebung sommer 1976
FINGEB BUNDESMINISTER FUER FORSCHUNG UND TECHNOLOGIE
BEGINN 1.1.1973 ENDE 31.12.1976
G.KOST 209.000 DM
LITAN - EHLING,U.: METHODIK DER MUTAGENITAETSPRUEFUNG CHEMISCHER STOFFE. IN: GSF-BERICHT B 564 S.3-4(1975)
- EHLING,U.: INDUKTION DOMINANTER LETALMUTATIONEN BEI MAENNLICHEN MAEUSEN DURCH METHYLMETHANSULFONAT (MMS). IN:GSF-BERICHT B 564 S.29-31(1975)
- EHLING,U.: DIE ENTWICKLUNG EINES STANDARDPROTOKOLLS FUER DIE INDUKTION DOMINANTER LETALMUTATIONEN BEI MAEUSEN. IN:GSF-BERICHT B 565 S.2-4(1975)

PD -023

INST INSTITUT FUER BIOLOGIE DER GESELLSCHAFT FUER STRAHLEN- UND UMWELTFORSCHUNG MBH NEUHERBERG, INGOLSTAEDTER LANDSTR. 1
VORHAB **kinetik der stofflichen beeinflussung vegetativer rezeptoren**
1. der antagonismus zwischen noradrenalin und propranolol an den beta-adrenoceptoren des herzens soll quantitativ naeher analysiert werden, um auskunft darueber zu erlangen, inwieweit er durch unspezifische hemmwirkungen auf die herzfunktion durch propranolol beeinflusst wird. 2. die begonnenen versuche ueber die intrazellulaere bildung von cyclischem 3'-5'-amp unter dem einfluss verschiedener phenylalkylamine werden weitergefuehrt und ergaenzt durch einbeziehung von hemmstoffen der phosphodiesterase. insbesondere soll untersucht werden, inwieweit die bildung von 3'-5'-amp durch variation der aeusseren ionenkonzentrationen beeinflusst wird. 3. begonnene versuche ueber die beeinflussung der erschlaffungsvorgaenge des herzens durch phenylalkylamine werden forttgesetzt
S.WORT chemikalien + physiologische wirkungen + organismus
PROLEI PROF. DR. M. REITER
STAND 30.8.1976
QUELLE fragebogenerhebung sommer 1976
BEGINN 1.1.1975 ENDE 31.12.1978
G.KOST 1.605.000 DM
LITAN - QUADBECK,J.;REITER,M.: CARDIAC ACTION POTENTIAL AND INOTROPIC EFFECT OF NORADRENALIN AND CALCIUM. IN:NAUNYN-SCHMIEDEBERG'S ARCH. PHARMACOL. 288 S.403-414(1975)
- QUADBECK,J.;REITER,M.: A DRENOCEPTORS IN CARDIAC VENTRICULAR MUSCLE AND CHANGES IN DURATION OF ACTION POTENTIAL CAUSED BY NORADRENALINE AND ISOPRENALINE. IN:NAUNYN-SCHMIEDEBERG'S ARCH. PHARMACOL. 288 S.403-414(1975)
- KORTH,M.: INFLUENCE OF GLYCERYL TRINITRATE ON FORCE OF CONTRACTION AND ACTION POTENTIAL OF GUINEA-PIG MYOCARDIUM. IN:NAUNYN-SCHMIEDEBERG'S ARCH. PHARMACOL. 287 S.329-347(1975)

PD -024

INST INSTITUT FUER HAEMATOLOGIE DER GESELLSCHAFT FUER STRAHLEN- UND UMWELTFORSCHUNG MBH MUENCHEN 2, LANDWEHRSTR. 61
VORHAB **wirkung von zytostatika auf blut- und tumorzellen**
1. fortsetzung der untersuchungen ueber die zyklusphasenspezifische therapie mit vincristin und hydroxyharnstoff in kombination mit alkylantien und bleomycin; erarbeitung neuer dem wachstumsverhalten der tumorzellen angepasster kombinationstherapeutischer modelle. 2. ausbreitung von methodenzur erfassung der sensibilitaet von tumorzellen gegenueber zytostatika (onkobiogramm) vom typ der alkylantien, antimetabolite und onkolytischen antibiotika. pruefung der korrelation des onkobiogramms mit klinisch-therapeutischen ergebnissen der programmierten studien "ovarial-ca", "hypernephrom" und "mamma-carcinom"
S.WORT zytostatika + carcinogenese
PROLEI PROF. DR. THIERFELDER
STAND 30.8.1976

QUELLE fragebogenerhebung sommer 1976
BEGINN 1.1.1976 ENDE 31.12.1979
G.KOST 1.447.000 DM
LITAN - EHRHART,H.: KREBSTHERAPIE MIT MISTELPRAEPARATEN. IN:AERZTL. PRAXIS XXVII (27) S.1245(1975)
- EHRHART,H.;POSSINGER,K.: KREBSTHERAPIE ERFORDERT INTERDISZIPLINAERE KOOPERATION. ERFAHRUNGEN MIT STANDARDISIERTEN THERAPIEPLAENEN. IN:AERZTL. PRAXIS XXVII (5) S.186(1975)
- HARTENSTEIN,R.;POSSINGER,K.;EHRHART,H.: TIEREXPERIMENTELLE UNTERSUCHUNGEN UEBER DIE KONSEKUTIVE KOMBINATIONSBEHANDLUNG MIT BLEOMYCIN. IN:BLEOMYCIN, EXPERIMENTELLE GRUNDLAGEN UND ERSTE KLINISCHE ERGEBNISSE (ED.:WILLMANNS,W.), LAUPHEIM:VERLAG AHNEN KG S.95-97

PD -025
INST INSTITUT FUER HUMANGENETIK DER UNI BONN BONN, WILHELMSSTR. 7
VORHAB **teratogene wirkung der n-phtholyl-dl-glutaminsaeure nach intrap. applikation bei der maus**
verursacht wie thalidomid teratogene effekte waehrend der schwangerschaft n-phtholyl-dl-glutaminsaeure
S.WORT teratogene wirkung + phthalsaeurederivate + tierexperiment
PROLEI DR. KOEHLER
STAND 1.10.1974
ZUSAM ABT. F. BIOCHEMIE DER UNI ULM, 79 ULM, OBERER ESELSBERG
G.KOST 15.000 DM

PD -026
INST INSTITUT FUER HUMANGENETIK DER UNI BONN BONN, WILHELMSSTR. 7
VORHAB **das l-isomere als teratogenes prinzip der n-phtholyl-dl-glutaminsaeure**
l-isomere verursachten anomale skelett-entwicklungen
S.WORT teratogenitaet + phthalsaeurederivate + (molekuelstruktur + sturktur-wirkung)
PROLEI DR. KOEHLER
STAND 1.10.1974
ZUSAM - ABT. F. BIOCHEMIE DER UNI ULM, 79 ULM, OBERER ESELSBERG
- PHARMAZEUTISCHES INST. D. UNI BONN, 53 BONN
G.KOST 10.000 DM

PD -027
INST INSTITUT FUER HUMANGENETIK DER UNI BONN BONN, WILHELMSSTR. 7
VORHAB **kompensation der teratogenen wirkung eines thalidomid metaboliten durch l-glutaminsaeure p**
l-glutaminsaeure in ueberdosis kann die teratogene wirkung von thalidomidmetaboliten hemmen
S.WORT teratogene wirkung + thalidomid + (kompensation)
PROLEI DR. KOEHLER
STAND 1.10.1974
G.KOST 6.000 DM

PD -028
INST INSTITUT FUER HUMANGENETIK DER UNI BONN BONN, WILHELMSSTR. 7
VORHAB **teratologische pruefung einiger thalidomid-metaboliten**
nur die metaboliten mit geschlossenem 5er ring des thalidomides sind teratogen
S.WORT teratogene wirkung + thalidomid + (struktur-wirkung)
PROLEI DR. KOEHLER
STAND 1.10.1974
ZUSAM - ABT. F. BIOCHEMIE DER UNI ULM, 79 ULM, OBERER ESELSBERG
- PHARMAZEUTISCHES INST. D. UNI BONN, 53 BONN
G.KOST 8.000 DM

PD -029
INST INSTITUT FUER HUMANGENETIK DER UNI BONN BONN, WILHELMSSTR. 7
VORHAB **embryotoxische aktivitaet von n-phtholyl-dl-isoglutamin**
das anhaengende isoglutamin hat keinen einfluss auf die teratogene wirkung des phtholyls
S.WORT teratogene wirkung + testverfahren + phthalsaeurederivate + (struktur-wirkung)
PROLEI DR. KOEHLER
STAND 1.10.1974
ZUSAM ABT. F. BIOCHEMIE DER UNI ULM, 79 ULM, OBERER ESELSBERG
G.KOST 5.000 DM

PD -030
INST INSTITUT FUER HUMANGENETIK DER UNI BONN BONN, WILHELMSSTR. 7
VORHAB **teratologische pruefung der hydrolysenprodukte der thalidomide**
die hydrolytische einwirkung verstaerkt die teratogene aktivitaet
S.WORT teratogene wirkung + thalidomid + synergismus
PROLEI DR. KOEHLER
STAND 1.10.1974
ZUSAM - ABT. F. BIOCHEMIE DER UNI ULM, 79 ULM, OBERER ESELSBERG
- PHARMAZEUTISCHES INST. D. UNI BONN, 53 BONN
G.KOST 6.000 DM

PD -031
INST INSTITUT FUER HUMANGENETIK DER UNI BONN BONN, WILHELMSSTR. 7
VORHAB **untersuchungen zur teratogenitaet und der sedativen wirkung von thalidomid-analogen**
nicht planare phtalimidringe haben keine nebenwirkung
S.WORT pharmaka + nebenwirkungen + testverfahren + (struktur-wirkung)
PROLEI DR. KOEHLER
STAND 1.10.1974
ZUSAM PHARMAZEUTISCHES INST. D. UNI WIEN
G.KOST 12.000 DM

PD -032
INST INSTITUT FUER HUMANGENETIK DER UNI BONN BONN, WILHELMSSTR. 7
VORHAB **wirkungsketten von bauelementen des thalidomids**
umweltversuche, die teratogene wirkung oder einzelne bausteine des thalidomids einzugrenzen
S.WORT teratogene wirkung + thalidomid + testverfahren + (struktur-wirkung)
PROLEI DR. KOEHLER
STAND 1.10.1974
BEGINN 1.8.1973 ENDE 31.12.1975
G.KOST 20.000 DM

PD -033
INST INSTITUT FUER HUMANGENETIK DER UNI FRANKFURT FRANKFURT, PAUL-EHRLICH-STR. 41-43
VORHAB **teratogene und/oder mutagene wirkung von schadstoffen**
S.WORT schadstoffe + benzpyren + teratogene wirkung + mutagene wirkung
QUELLE datenuebernahme aus der datenbank zur koordinierung der ressortforschung (dakor)
FINGEB BUNDESMINISTER FUER FORSCHUNG UND TECHNOLOGIE
BEGINN 1.1.1974 ENDE 31.12.1975
G.KOST 288.000 DM

PD -034
INST INSTITUT FUER HUMANGENETIK DER UNI HAMBURG HAMBURG 20, MARTINISTR. 52

VORHAB **biochemie und genetik der induktion von aryl-kohlenwasserstoff-monoxygenasen in menschlichen kultivierten fibroblasten und leukozyten**
die untersuchungen sollen zeigen, a) welchen anteil genetische faktoren an der entstehung eines durch chemische carcinogene mitverursachten tumors (z. b. bronchial-ca) haben, und b) inwieweit moeglicherweise bestimmte personen aufgrund ihrer genetischen disposition in einigen arbeitsbereichen ein erhoehtes risiko zur krebsentwicklung haben
S.WORT carcinogenese + arbeitsplatz + kohlenwasserstoffe + enzyme
PROLEI DR. RALF W. HOFFBAUER
STAND 30.8.1976
QUELLE fragebogenerhebung sommer 1976
FINGEB DEUTSCHE FORSCHUNGSGEMEINSCHAFT
LITAN HOFFBAUER, R.;WEILE, H.;GOEDDE, H.: EINBAU VON 3H- UND 14C-L-LEUCIN IN IMMUNOGLOBULINE UNTERSCHIEDLICHER H- UND L-KETTEN-SPEZIFITAET (RADIALE IMMUN-DIFFUSION). IN: Z. KLIN. CHEMIE KLIN. BIOCHEMIE 12 S. 245(1974)

PD -035
INST INSTITUT FUER HUMANGENETIK UND ANTHROPOLOGIE DER UNI DUESSELDORF
DUESSELDORF, ULENBERGSTR. 127-129
VORHAB **polycyklische kohlenwasserstoffe (pck)**
untersucht wird das vorkommen und die wirkung von chemikalien in der umwelt. im teilprojekt pck wird dabei die mutagene wirkung der in der umwelt vorkommenden polycyclischen kohlenwasserstoffe untersucht
S.WORT polyzyklische kohlenwasserstoffe + mutagene wirkung
PROLEI PROF. DR. GUNTER ROEHRBORN
STAND 21.7.1976
QUELLE fragebogenerhebung sommer 1976
FINGEB BUNDESMINISTER FUER FORSCHUNG UND TECHNOLOGIE
ZUSAM BUNDESGESUNDHEITSAMT, BERLIN
BEGINN 1.7.1975 ENDE 31.12.1978
G.KOST 1.220.000 DM
LITAN ZWISCHENBERICHT

PD -036
INST INSTITUT FUER HUMANGENETIK UND ANTHROPOLOGIE DER UNI ERLANGEN - NUERNBERG
ERLANGEN, BISMARCKSTR. 10
VORHAB **zytogenetische wirkung von umweltchemikalien (blei, benzol)**
chromosomenuntersuchungen bei beruflich belasteten probanden
S.WORT umweltchemikalien + zytotoxizitaet + genetische wirkung + mensch + arbeitsmedizin
PROLEI DR. SCHWANITZ
STAND 1.10.1974
ZUSAM INST. F. ARBEITS-U. SOZIALMEDIZIN UND POLIKLINIK F. BERUFSKRANKHEITEN DER UNI, 852 ERLANGEN

PD -037
INST INSTITUT FUER HUMANGENETIK UND ANTHROPOLOGIE DER UNI ERLANGEN - NUERNBERG
ERLANGEN, BISMARCKSTR. 10
VORHAB **methodik der mutagenitaetspruefung chemischer stoffe**
in stufe i des projektes: chromosomenuntersuchungen an prophylaktisch mit isoniazid (inh) behandelten patienten
S.WORT chemikalien + mutagene wirkung + mensch + pruefverfahren
PROLEI DR. GEBHART
STAND 1.1.1974
FINGEB BUNDESMINISTER FUER FORSCHUNG UND TECHNOLOGIE
ZUSAM - INST. F. HUMANGENETIK DER UNI DUESSELDORF
- INST. F. HUMANGENETIK DER UNI MUENSTER
- INST. F. GENETIK D. MED. HOCHSCH. HANNOVER
BEGINN 1.12.1973 ENDE 31.3.1976
G.KOST 115.000 DM

PD -038
INST INSTITUT FUER HUMANGENETIK UND ANTHROPOLOGIE DER UNI ERLANGEN - NUERNBERG
ERLANGEN, BISMARCKSTR. 10
VORHAB **zytogenetische wirkung von medikamenten beim menschen in vivo**
chromosomenuntersuchungen an antibiotika - behandelten patienten, befunde darueber fehlen bisher; ziel: vergleich verschiedener antibiotika, feststellung eventueller chromosomenschaedigender nebenwirkungen mit hilfe von zellkulturen (lymphocyten) in vivo behandelter patienten
S.WORT antibiotika + mensch + genetische wirkung
PROLEI DR. GEBHART
STAND 1.10.1974
FINGEB DEUTSCHE FORSCHUNGSGEMEINSCHAFT
BEGINN 1.8.1971 ENDE 31.7.1974
G.KOST 141.000 DM
LITAN - GEBHART, E.:CHROMOSOMEN-UNTERSUCHUNGEN BEI BACTRIM-IN: THERAPIE. IN: MED. KLIN. 68 S. 878(1973)
- GEBHART; SCHWANITZ; HARTWICH: CHROMOSOMENABERRATIONEN BEI BUSULFAN-BEHANDLUNG. IN: DTSCH. MED. WSCHR. 115 S. 52 (1974)
- ZWISCHENBERICHT 1974. 12

PD -039
INST INSTITUT FUER HUMANGENETIK UND ANTHROPOLOGIE DER UNI ERLANGEN - NUERNBERG
ERLANGEN, BISMARCKSTR. 10
VORHAB **schutzwirkung gegen die chromosomenschaedigende aktivitaet chemischer mutagene**
feststellung der wirkungsmechanismen der schutzwirkung gegen die ausloesung von chromosomenschaeden durch umwelt- chemikalien mit hilfe menschlicher lymphozyten-kulturen; ziel: entwicklung praktisch einsetzbarer schuetzstoffe
S.WORT umweltchemikalien + mensch + mutagene wirkung + schutzmassnahmen
PROLEI DR. GEBHART
STAND 1.1.1974
BEGINN 1.6.1972 ENDE 31.12.1975
G.KOST 3.000 DM

PD -040
INST INSTITUT FUER HUMANGENETIK UND ANTHROPOLOGIE DER UNI ERLANGEN - NUERNBERG
ERLANGEN, BISMARCKSTR. 10
VORHAB **schutzwirkung von protektorgemischen gegen die chromosomenschaedigende aktivitaet chemischer mutagene**
untersuchung der veraenderung der schutzwirkung bei verabreichung von protektorgemischen, testobjekt: menschliche lymphozyten in kultur
S.WORT chemikalien + mutagene wirkung + schutzmassnahmen + wirkmechanismus
PROLEI DR. GEBHART
STAND 1.1.1974
FINGEB DEUTSCHE FORSCHUNGSGEMEINSCHAFT
BEGINN 1.8.1974
G.KOST 50.000 DM

PD -041
INST INSTITUT FUER HYDROBIOLOGIE UND FISCHEREIWISSENSCHAFT DER UNI HAMBURG
HAMBURG 50, OLBERSWEG 24
VORHAB **tumorgenese und abwasserbelastung natuerlicher gewaesser**
S.WORT abwasserbelastung + carcinogene
PROLEI PROF. DR. PETERS
STAND 1.1.1974

PD -042
INST INSTITUT FUER HYGIENE UND MIKROBIOLOGIE DER UNI WUERZBURG
WUERZBURG, JOSEF-SCHNEIDER-STR. 2

VORHAB **beziehungen zwischen stoffwechselleistungen der anaeroben darmflora, der ernaehrung und eventuell der aetiologie des dickdarmkarzinoms**
S.WORT metabolismus + ernaehrung + darmflora
PROLEI PROF. DR. HEINZ SEELIGER
STAND 1.1.1974
FINGEB DEUTSCHE FORSCHUNGSGEMEINSCHAFT
ZUSAM DOELL W, PROF. DR.

PD -043
INST INSTITUT FUER MEDIZINISCHE STATISTIK UND DOKUMENTATION DER FU BERLIN
BERLIN 45, HINDENBURGDAMM 30
VORHAB **mathematische modelle zum problem der extrachromosomaten vererbung**
erstellung und auswertung mathematischer modelle zur untersuchung der vererbung sog. "pathologischer" mitochondrien innerhalb der weiblichen keimbahn. dabei werden die entwicklungsstadien der zygoten betrachtet, die im sog. "turn-over" von umwelteinfluessen nicht freigehalten werden koennen. mithilfe mathematischer wahrscheinlichkeitsansansaetze soll versucht werden, diese umwelteinfluesse naeher zu beschreiben, um deren auswirkungen besser uebersehen zu koennen
S.WORT genetik + mutagene wirkung + umwelteinfluesse + (mathematische modelle)
PROLEI DIPL. -MATH. WERNER HOPFENMUELLER
STAND 19.7.1976
QUELLE fragebogenerhebung sommer 1976
BEGINN 1.7.1974
LITAN HOPFENMUELLER, W.: OCCURRENCE AND POSSIBLE FUNKTIONS OF UNITOCHONDRIAL DNA IN ANIMAL DEVELOPMENT. IN: BIOCHEMISTRY OF ANIMAL DEVELOPMENT, BD. III, KAPITAL 10(1975)

PD -044
INST INSTITUT FUER MIKROBIOLOGIE DER TH DARMSTADT
DARMSTADT, SCHNITTSPAHNSTR. 10
VORHAB **entwicklung von mikrobiellen indikatorsystemen zur verwendung in der umweltmutagenese-pruefung und deren erprobung**
die hefe saccharamyces cerevisiae ist ein einzelliger eukaryont, an welchem sich saemtliche fuer die menschlichen zellen bekannten genetischen aenderungen in modellhafter weise untersuchen lassen. hierzu wurden teststaemme entwickelt, welche die ausloesung verschiedener arten von erbaenderungen durch umweltchemikalien erfassen: punktmutationen, chromosomale deletionen, fehler in der verteilung von chromosomen in der mitotischen und meiotischen kernteilung ebenso wie mitotische rekombinationsvorgaenge. mit diesen testsystemen wurde die genetische gefaehrlichkeit von im handel befindlichen pharmaka, welche dem hersteller nicht bekannt war, nachgewiesen. dasselbe trifft auch auf eine reihe von pesticiden zu
S.WORT pharmaka + pestizide + mutagene wirkung + bioindikator + hefen
PROLEI PROF. DR. FRIEDRICH KARL ZIMMERMANN
STAND 30.8.1976
QUELLE fragebogenerhebung sommer 1976
ZUSAM DEPARTMENT OF GENETICS, UNIVERSITY COLLEGE OF SWANSEA, WALES
BEGINN 1.1.1966
LITAN - ZIMMERMANN,F.: IN:MUTATION RES. 21 S.263(1973)
- ZIMMERMANN,F.: IN:MUTATION RES. 31 S.71(1975)
- ZIMMERMANN,F.;KERN,R.;RASENBERGER,H.: IN:MUTATION RES. 28 S.381(1975)

PD -045
INST INSTITUT FUER PHARMAKOLOGIE UND TOXIKOLOGIE DER UNI WUERZBURG
WUERZBURG, VERSBACHER LANDSTRASSE 9
VORHAB **zur bedeutung chemisch-biologischer wechselwirkungen fuer die toxische und krebserzeugende wirkung aromatischer amine**
S.WORT aromatische amine + physiologische wirkungen + carcinogenese + toxizitaet
PROLEI DR. NEUMANN
STAND 1.1.1974
FINGEB DEUTSCHE FORSCHUNGSGEMEINSCHAFT
BEGINN 1.1.1970 ENDE 31.12.1975
G.KOST 145.000 DM

PD -046
INST INSTITUT FUER PHARMAKOLOGIE UND TOXIKOLOGIE DER UNI WUERZBURG
WUERZBURG, VERSBACHER LANDSTRASSE 9
VORHAB **stoffwechsel und carcinogene wirkung von vinylchlorid**
aktivierung von vinylchlorid zu reaktiven metaboliten. pharmakokinetik von vinylchlorid und seinen metaboliten als grundlage zum verstaendnis der carcinogenen und mutagenen wirkung von vinylchlorid bei inhalatorischer aufnahme
S.WORT chlorkohlenwasserstoffe + metabolismus + carcinogene wirkung + (vinylchlorid)
PROLEI PROF. DR. MED. DIETRICH HENSCHLER
STAND 23.7.1976
QUELLE fragebogenerhebung sommer 1976
FINGEB BERUFSGENOSSENSCHAFT DER CHEMISCHEN INDUSTRIE, HEIDELBERG
ZUSAM GESELLSCHAFT FUER STRAHLEN- UND UMWELTFORSCHUNG MBH. , 8042 NEUHERBERG
BEGINN 1.1.1974 ENDE 31.12.1978
G.KOST 350.000 DM
LITAN GREIM, H.;BONSE, G.;RADWAN, Z.;REICHERT, D.;HENSCHLER, D.: MUTAGENICITY IN VITRO AND POTENTIAL CARCINOGENICITY OF CHLORINATED ETHYLENES AS A FUNCTION OF METABOLIC OXIRANE FORMATION. IN: BIOCHEM. -PHARMACOL. 24 S. 2013(1975)

PD -047
INST INSTITUT FUER PHYSIKALISCHE BIOCHEMIE UND KOLLOIDCHEMIE DER UNI FRANKFURT
FRANKFURT -NIEDERRAD, SANDHOFSTR. 2-4
VORHAB **einwirkung von krebserregenden kohlenwasserstoffen in angeregtem zustand auf proteine und andere biologische substanzen**
aufklaerung ueber erhoehte aktivitaet krebserregender kohlenwasserstoffe im elektronisch angeregten zustand; lichtreaktionen von 3, 4 benzpyren mit proteinen, aminosaeuren und nucleinsaeuren; photochemie der oxidation von kohlenwasserstoffen
S.WORT kohlenwasserstoffe + carcinogene
PROLEI PROF. DR. RESKE
STAND 1.1.1974
FINGEB DEUTSCHE FORSCHUNGSGEMEINSCHAFT
BEGINN 1.1.1963
G.KOST 200.000 DM

PD -048
INST INSTITUT FUER TOXIKOLOGIE DER UNI TUEBINGEN
TUEBINGEN, WILHELMSTR. 56
VORHAB **mutagenwirksame umwandlungsprodukte, die aus fremdstoffen unter der wirkung hydroxilierender leberenzyme gebildet werden**
untersuchungen ueber die mutagenitaet karzinogener umweltchemikalien zur entwicklung einfacher testsysteme zu ihrer erkennung
S.WORT umweltchemikalien + carcinogene + mutagenitaetspruefung
PROLEI DR. GREIM
STAND 1.1.1974
FINGEB DEUTSCHE FORSCHUNGSGEMEINSCHAFT
ZUSAM FORSTBOTANISCHES INST. DER UNI FREIBURG, 78 FREIBURG, HEINRICH-VON-STEPHAN-STR. 25
BEGINN 1.7.1973
G.KOST 200.000 DM
LITAN - POPPER; CZYGAN; GREIM ET AL.: MUTAGENICITY OF PRIMARY AND SECONDARY CARCINOGENS, PROC SOC EXP BIOL MED 142: 727-729(1973)
- CZYGAN; GREIM; HUTTERER ET AL.: MICROSOMAL METABOLISM OF DIMETYLNITROSAMINE, CANCER RES 33: 2983-2986(1973)

PD -049
INST INSTITUT FUER TOXIKOLOGIE DER UNI TUEBINGEN TUEBINGEN, WILHELMSTR. 56
VORHAB **wirkungsmechanismus von enzym-induzierenden stoffen der umwelt**
analyse der molekularen wirkungsmechanismen der fremdstoffinduzierten lebervergroesserung; untersuchung der toxikologischen bedeutung, insbesondere der moeglichen carcinogenen und cocarcinogenen wirkungen; nachweis enzymatischer und morphologischer veraenderungen am reproduktionssystem der zelle
S.WORT fremdstoffwirkung + carcinogene + enzyminduktion
PROLEI PROF. DR. KUNZ
STAND 1.10.1974
FINGEB DEUTSCHE FORSCHUNGSGEMEINSCHAFT
ZUSAM PHYSIOLOGISCH-CHEMISCHES INST. DER UNI HEIDELBERG, 69 HEIDELBERG, AKADEMIESTR. 5
BEGINN 1.1.1962
G.KOST 100.000 DM

PD -050
INST INSTITUT FUER TOXIKOLOGIE DER UNI TUEBINGEN TUEBINGEN, WILHELMSTR. 56
VORHAB **ddt und cancerogene, einfluss von ddt auf die wirksamkeit krebserzeugender chemikalien**
ziel: beantwortung der frage, ob ddt die wirksamkeit von cancerogenen substanzen erhoeht oder vermindert
S.WORT carcinogene + ddt + wirkmechanismus
PROLEI DR. BUEHLER
STAND 1.1.1974
BEGINN 1.1.1973
G.KOST 6.000 DM

PD -051
INST INSTITUT FUER TOXIKOLOGIE DER UNI TUEBINGEN TUEBINGEN, WILHELMSTR. 56
VORHAB **molekulare wirkungsmechanismen cancerogener stoffe und deren beeinflussung durch fremdstoffe**
ziel: erfassung biochemischer und morphologischer fruehwirkungen carcinogener stoffe und deren beeinflussung durch pharmaka und umweltchemikalien
S.WORT carcinogene + umweltchemikalien + pharmaka
PROLEI PROF. DR. KUNZ
STAND 1.1.1974
FINGEB DEUTSCHE FORSCHUNGSGEMEINSCHAFT
ZUSAM - INST. F. BIOCHEMIE AM DEUTSCHEN KREBSFORSCHUNGSZENTRUM, 69 HEIDELBERG, KIRSCHNERSTR. 6
- CHESTER BEATY RES. INST. LONDON
BEGINN 1.1.1970
G.KOST 50.000 DM
LITAN - KUNZ ET AL. IN: ZTSCHR. FUER KREBSFORSCHUNG 72 S. 291(1969)
- 76 S. 69(1971)
- 76 S. 167(1971)

PD -052
INST INSTITUT FUER TOXIKOLOGIE DER UNI TUEBINGEN TUEBINGEN, WILHELMSTR. 56
VORHAB **beeinflussung der wirkung chemischer carcinogene durch arzneimittel und fremdstoffe**
S.WORT carcinogene + pharmaka + fremdstoffwirkung
PROLEI PROF. KUNZ
STAND 1.1.1974
BEGINN 1.1.1958

PD -053
INST INSTITUT FUER TOXIKOLOGIE UND CHEMOTHERAPIE DES DEUTSCHEN KREBSFORSCHUNGSZENTRUMS HEIDELBERG, IM NEUENHEIMER FELD 280
VORHAB **untersuchungen ueber die carcinogene belastung des menschen durch luftverunreinigungen**
untersuchungen, wie hoch die belastung der bevoelkerung mit krebsfoerdernden luftverunreinigungen ist. feststellung von art und menge krebsfoerdernder substanzen in der luft, die isoliert oder kombiniert durch erhoehung des krebsrisikos zu einer besonders schwerwiegenden gesundheitsgefaehrdung der bevoelkerung fuehren
S.WORT gesundheitsschutz + luftverunreinigung + carcinogene belastung + toleranzwerte
PROLEI PROF. DR. SCHMAEHL
STAND 15.11.1975
BEGINN 1.1.1969 ENDE 31.12.1978
G.KOST 8.249.000 DM

PD -054
INST INSTITUT FUER TOXIKOLOGIE UND CHEMOTHERAPIE DES DEUTSCHEN KREBSFORSCHUNGSZENTRUMS HEIDELBERG, IM NEUENHEIMER FELD 280
VORHAB **cancerogenitaetsuntersuchungen an umweltchemikalien**
a) pruefung der herbizide triallat und dichlorbenil auf carcinogene wirkung bei oraler applikation an ratten. b) n-nitroso-herbizide: moeglichkeit ihrer bildung, reaktivitaet und potentielle carcinogene wirkung, mit besonderer beruecksichtigung der phenylharnstoffe
S.WORT umweltchemikalien + herbizide + nitrosoverbindungen + carcinogene wirkung
PROLEI PROF. DR. RUDOLF PREUSSMANN
STAND 1.1.1974
FINGEB BUNDESMINISTER FUER FORSCHUNG UND TECHNOLOGIE
BEGINN 1.1.1975 ENDE 31.12.1977
G.KOST 475.000 DM

PD -055
INST INSTITUT FUER TOXIKOLOGIE UND CHEMOTHERAPIE DES DEUTSCHEN KREBSFORSCHUNGSZENTRUMS HEIDELBERG, IM NEUENHEIMER FELD 280
VORHAB **pruefung einiger zytostatica (arzneimittel) auf ihre teratogene bzw. perinatal carcinogene wirkung**
die medikamente werden in den verschiedenen entwicklungsphasen an schwangere tiere gegeben. bei den nachkommen werden teratogene wirkungen (missbildungen) sowie krebserzeugende eigenschaften dieser arzneimittel untersucht
S.WORT pharmaka + genetik + teratogene wirkung + carcinogene wirkung
PROLEI PROF. DR. STAN IVANKOVIC
STAND 30.8.1976
QUELLE fragebogenerhebung sommer 1976
BEGINN 1.5.1971
LITAN ERZEUGUNG VON MALIGNOMEN BEI RATTEN NACH TRANSPLAZENTARER EINWIRKUNG VON N-ISOPROPYL-2(METHYLHYDRAZINO)-P-TOLUAMID. HCL(NATULAN). IN: ARZNEIMITTELFORSCH. 22 S. 905-907(1972)

PD -056
INST INSTITUT FUER TOXIKOLOGIE UND CHEMOTHERAPIE DES DEUTSCHEN KREBSFORSCHUNGSZENTRUMS HEIDELBERG, IM NEUENHEIMER FELD 280
VORHAB **cancerogene wirkung minimaler dosen von cancerogenen und nicht cancerogenen kohlenwasserstoffen auf der haut von versuchstieren**
S.WORT kohlenwasserstoffe + carcinogene wirkung + tierexperiment
PROLEI PROF. DR. SCHMAEHL
STAND 1.1.1974
FINGEB DEUTSCHE FORSCHUNGSGEMEINSCHAFT
BEGINN 1.1.1972 ENDE 31.12.1975
G.KOST 75.000 DM
LITAN JAHRESBERICHT AN DFG (1972)

PD -057
INST INSTITUT FUER ZOOLOGIE DER TH DARMSTADT DARMSTADT, SCHNITTSPAHNSTR. 3

VORHAB **methodik der mutagenitaetspruefung chemischer stoffe**
untersuchung des zytogenetischen effektes von neoteben und endoxan, auf knochenmarkzellen und spermatogonien des chinesischen hamsters konzentriert. ausarbeiten standardisierter testmethoden und bestimmung der variationsbreite der spontanaberrationsraten in stichproben bis zu 20. 000 knochenmarkszellen oder/und spermatogonien
S.WORT umweltchemikalien + zytotoxizitaet + mutagenitaetspruefung + (meoteben + endoxan)
PROLEI PROF. DR. HERBERT MILTENBURGER
STAND 30.8.1976
QUELLE fragebogenerhebung sommer 1976
FINGEB BUNDESMINISTER FUER FORSCHUNG UND TECHNOLOGIE
BEGINN 1.1.1974 ENDE 31.12.1976
G.KOST 383.000 DM
LITAN - MILTENBURGER, H.;ET AL.: CHROMOSOME ANALYSIS IN SPERMATOGONIA OF MAMMALS. IN: MUT. RES. 29 S. 255(1975)
- MUELLER; ET AL.: CHROMOSOME ANALYSIS OF BONE MARROW AND NUCLEUS ANOMALY TEST IN MAMMALS AFTER TREATMENT WITH INH. IN: MUT. RES. 29 S. 257(1975)
- MILTENBURGER, H.;ET AL.: THE EFFECT OF ISONIACID (INH) ON CHINESE HAMSTER AND MOUSE SPERMATOGONIA. IN: MUT. RES. (IM DRUCK)

PD -058
INST INSTITUT UND POLIKLINIK FUER ARBEITS- UND SOZIALMEDIZIN DER UNI KOELN
KOELN 41, JOSEPH-STELZMANN-STR. 9
VORHAB **untersuchungen zum stoffwechsel von vinylchlorid unter dem blickpunkt der chemischen kanzerogenese**
untersuchungen in vivo und in vitro. untersuchung der aufnahmekinetik von vinylchlorid. untersuchung der gewebsverteilung von vinylchlorid. untersuchung der kovalenten bindung von metaboliten des vinylchlorid an makromolekuele und nucleinsaeuren. beitrag zur frage der chemischen kanzerogenese von vinylchlorid. diese untersuchungen erfolgten mit radioaktiv markiertem vinylchlorid und sind z. t. schon abgeschlossen. es wurde eine untersuchungsanordnung fuer diese und analoge fragestellungen neu konzipiert
S.WORT vinylchlorid + metabolismus + carcinogenese
PROLEI DR. DR. HERMANN BOLT
STAND 9.8.1976
QUELLE fragebogenerhebung sommer 1976
FINGEB - DEUTSCHE FORSCHUNGSGEMEINSCHAFT
- DYNAMIT NOBEL AG, TROISDORF
- VEREIN DER FREUNDE UND FOERDERER DER UNI KOELN
ZUSAM INST. F. TOXIKOLOGIE DER UNI TUEBINGEN
LITAN - BOLT, H. M.;ET AL.: ARCH. TOXICOL. (1976)(IM DRUCK)
- BOLT, H. M.;ET AL.: VERH. DTSCH. GES. ARBEITSMED. , KOELN(1976)(IM DRUCK)
- KAPPUS, H.;ET AL.: IN: NATURE. 257 S. 134(1975)

PD -059
INST LEHRSTUHL FUER ALLGEMEINE PATHOLOGIE UND NEUROPATHOLOGIE IM FB TIERMEDIZIN DER UNI MUENCHEN
MUENCHEN 22, VETERINAERSTR. 13
VORHAB **nitrosamine als umweltcancerogene**
die zielsetzung unseres forschungsvorhabens, hinsichtlich der bedeutung der nitrosamine als umweltcancerogene, koennen wie folgt umrissen werden: a) untersuchung der onkogenen wirkung von aethylnitrosoharnstoff beim kaninchen nach diaplacentarer exposition. b) ermitttlung der minimalen transplacentaren neuroonkogenen dosis von aethylnitrosoharnstoff bei der ratte. zu diesem zweck soll die substanz in verschiedenen konzentrationen und in bestimmten graviditaetsphasen intravenoes appliziert werden. die nachkommen sollen aufgezogen und spaeter auf das vorkommen von tumoren oder sonstigen organveraenderungen untersucht werden
S.WORT carcinogene + nitrosamine + tierexperiment
PROLEI DR. DIMITRIOS STAVROU
STAND 21.7.1976
QUELLE fragebogenerhebung sommer 1976
G.KOST 60.000 DM
LITAN - STAVROU, D.: BEDEUTUNG UND PROBLEMATIK DER NITROSAMINE ALS UMWELTKANZEROGENE. IN: FORTSCHRITTE DER MEDIZIN (7) S. 249-252(MAR 1972)
- STAVROU, D.;HAGLID, K. G.: THE PRESENCE OF THE S-100 PROTEIN IN METHYLNITROSOUREA INDUCED TUMORS OF THE NERVOUS SYSTEM IN DOGS. IN: RES. EXP. MED. (164) S. 59-61(1974)
- STAVROU, D.;HAENICHEN, T.: ONCOGENE WIRKUNG VON AETHYLNITROSOHARNSTOFF BEIM KANINCHEN WAEHREND DER PRAENATALEN PERIODE. IN: Z. KREBSFORSCH. (84) S. 207-215(1975)

PD -060
INST MAX-VON-PETTENKOFER-INSTITUT DES BUNDESGESUNDHEITSAMTES
BERLIN 45, UNTER DEN EICHEN 82-84
VORHAB **untersuchungen ueber teratogene und mutagene wirkung von phenylharnstoffherbiziden**
S.WORT herbizide + teratogene wirkung + mutagene wirkung
PROLEI DR. ROLL
STAND 1.1.1974
FINGEB BUNDESMINISTER FUER FORSCHUNG UND TECHNOLOGIE
BEGINN 1.1.1972 ENDE 31.12.1975
G.KOST 329.000 DM
LITAN ZWISCHENBERICHT 1973

PD -061
INST MEDIZINISCHE KLINIK UND POLIKLINIK IM KLINIKUM WESTEND DER FU BERLIN
BERLIN 19, SPANDAUER DAMM 130
VORHAB **carcinogenese**
erfassung der krankheitsverlaeufe, der vorgeschichte und der behandlungsformen eines grossen krankengutes mit leukaenisen, malignen lymphomen und carcinomen. erfassung von zweitneoplasien nach chemotherapie und strahlenbehandlung. chromosomenanalysen zur erfassung erworbener genetischer schaeden
S.WORT carcinogenese
PROLEI PROF. DR. HEINRICH GERHARTZ
STAND 9.8.1976
QUELLE fragebogenerhebung sommer 1976
FINGEB DEUTSCHE FORSCHUNGSGEMEINSCHAFT
BEGINN 1.1.1955
LITAN ZWISCHENBERICHT

PD -062
INST MEDIZINISCHES INSTITUT FUER LUFTHYGIENE UND SILIKOSEFORSCHUNG AN DER UNI DUESSELDORF
DUESSELDORF, GURLITTSTR. 53
VORHAB **untersuchungen von substanzen der grosstadtluft auf ihre cancerogene wirkung im tierversuch**
untersuchungen, wie hoch die belastung der bevoelkerung mit krebsfoerdernden luftverunreinigungen ist. feststellung von art und menge krebsfoerdernder substanzen in der luft, die isoliert oder kombiniert durch erhoehung des krebsrisikos zu einer besonders schwerwiegenden gesundheitsgefaehrdung der bevoelkerung fuehren. untersuchung der tumorerzeugenden wirkung bei unterschiedlicher staubzusammensetzung; verweildauer von polyaromaten in der tierlunge; erforschung der kanzerogenitaet eingeatmeter faserpartikel in abhaengigkeit von laenge und durchmesser
S.WORT luftverunreinigung + stadt + carcinogene wirkung + tiere
PROLEI DR. POTT
STAND 1.9.1976
QUELLE umweltforschungsplan 1975 des bmi
FINGEB BUNDESMINISTER DES INNERN
ZUSAM PATHOLOGISCHES INSITUT DER UNI DUESSELDORF, MOORENSTR. 5, 4 DUESSELDORF
BEGINN 16.9.1971 ENDE 31.12.1976
G.KOST 2.868.000 DM

PD -063
INST PHARMAKOLOGISCHES INSTITUT DER UNI MAINZ
MAINZ, OBERE ZAHLBACHER STRASSE 67
VORHAB **relative rolle von multiplen epoxidhydratasen in der bioinaktivierung mutagener und cancerogener metabolite**
S.WORT metabolismus + carcinogenese + mutagene wirkung
PROLEI PROF. DR. FRANZ OESCH
QUELLE datenuebernahme von der deutschen forschungsgemeinschaft
FINGEB DEUTSCHE FORSCHUNGSGEMEINSCHAFT

PD -064
INST PHARMAKOLOGISCHES INSTITUT DER UNI MUENCHEN
MUENCHEN, NUSSBAUMSTR. 26
VORHAB **speziesabhaengigkeit des stoffwechsels von carcinogenen und nicht-carcinogenen aromatischen aminen und ihren acylderivaten**
S.WORT pharmaka + metabolismus + carcinogene + aromatische amine
PROLEI DR. WERNER LENK
STAND 7.9.1976
QUELLE datenuebernahme von der deutschen forschungsgemeinschaft
FINGEB DEUTSCHE FORSCHUNGSGEMEINSCHAFT

PD -065
INST PHARMAKOLOGISCHES INSTITUT DER UNI TUEBINGEN
TUEBINGEN, WILHELMSTR. 56
VORHAB **aktivierung von pharmaka im metabolismus (krebserregerzellen, allergie etc.), metabolite von arzneien- und fremdstoffen**
S.WORT metabolismus + pharmaka + carcinogene
PROLEI PROF. DR. UEHLEKE
STAND 1.1.1974
BEGINN 1.1.1972 ENDE 31.12.1974

PD -066
INST VASELINWERK SCHUEMANN
HAMBURG 11, WORTHDAMM 13-27
VORHAB **untersuchung zur karzinogenen wirkungen von benzo(a)pyren**
untersuchung zur karzinogenen wirkung von benzo(a)pyren in waessriger koffeinloesung und synkarzinogenese versuche von benzo(a)pyren und methyl-nitrose-urethan
S.WORT benzpyren + carcinogene wirkung
PROLEI DR. BRUNE
STAND 1.1.1974
ZUSAM DEUTSCHES KREBSFORSCHUNGSZENTRUM, 69 HEIDELBERG
BEGINN 1.6.1974 ENDE 30.9.1977
G.KOST 465.000 DM

PD -067
INST ZENTRALLABORATORIUM FUER MUTAGENITAETSPRUEFUNG DER DEUTSCHEN FORSCHUNGSGEMEINSCHAFT
FREIBURG, BREISACHER STRASSE 33
VORHAB **pruefung von chemikalien auf mutagene wirkung**
ziel: routinemaessige pruefung ausgewaehlter umweltchemikalien auf genetische wirkungen hin und entwicklung verfeinerter methoden dafuer
S.WORT umweltchemikalien + mutagene wirkung + genetik
PROLEI PROF. DR. CARSTEN BRESCH
STAND 1.1.1974
FINGEB DEUTSCHE FORSCHUNGSGEMEINSCHAFT
BEGINN 1.1.1969
G.KOST 1.500.000 DM
LITAN ZWISCHENBERICHT 1974. 05

PD -068
INST ZENTRALLABORATORIUM FUER MUTAGENITAETSPRUEFUNG DER DEUTSCHEN FORSCHUNGSGEMEINSCHAFT
FREIBURG, BREISACHER STRASSE 33
VORHAB **mutagenitaetspruefung ausgewaehlter umweltsubstanzen in der pruefabteilung des zentrallabors fuer mutagenitaetspruefung**
reihenuntersuchungen von umweltsubstanzen auf mutagene (erbschaedigende) wirkung an versuchsorganismen mit dem ziel, substanzen mit eventueller mutagener wirkung beim menschen zu identifizieren. untersuchungsmethoden und organismen: 1) bakteriengenetische tests mit escherichia coli (host-mediated assay), 2) test auf rezessive letalmutationen bei drosophila melanogaster, 3) cytogenetischer test ("mikrokerntest") am knochenmark der maus
S.WORT umweltchemikalien + mutagene wirkung + genetik
PROLEI DR. DIETER WILD
STAND 22.7.1976
QUELLE fragebogenerhebung sommer 1976
FINGEB DEUTSCHE FORSCHUNGSGEMEINSCHAFT
LITAN - WILD, D.: MUTAGENICITY OF THE FOOD ADDITIVE AF-2, A NITROFURAN, IN ESCHERICHIA COLI AND CHINESE HAMSTER CELLS IN CULTURE. IN: MUTATION RES. 31 S. 197-199
- WILD, D.: MUTAGENICITY STUDIES ON ORGANOPHOSPHORUS INSECTICIDES. IN: MUTATION RES. 32 S. 133-150

PD -069
INST ZENTRALLABORATORIUM FUER MUTAGENITAETSPRUEFUNG DER DEUTSCHEN FORSCHUNGSGEMEINSCHAFT
FREIBURG, BREISACHER STRASSE 33
VORHAB **verbesserung und entwicklung der methodik zur erfassung von chemisch induzierten mutationen in routinepruefverfahren**
1) entwicklung einer methode zur erfassung von mutationen in somazellen von maeusen: die z. zt. einzige bewaehrte methode zur erfassung von genmutationen im saeuger ist der 'specific-locus-test' mit der maus. diese methode erfordert jedoch den einsatz ausserordentlich hoher tierzahlen und ist deshalb als routinetestsystem fuer umweltchemikalien nicht geeignet. im kuerzlich entwickelten fellfleckentest werden nicht die mutationen in nur einer (keim-)zelle, sondern in einer vielzahl von (pigment-)zellen erfasst. hierdurch laesst sich die anzahl der benoetigten versuchstiere drastisch reduzieren. 2) entwicklung des host-mediated-assay
S.WORT mutagene wirkung + umweltchemikalien + (methodenentwicklung)
PROLEI DR. RUDOLF FAHRIG
STAND 22.7.1976
QUELLE fragebogenerhebung sommer 1976
FINGEB DEUTSCHE FORSCHUNGSGEMEINSCHAFT
LITAN FAHRIG, R.: SCHNELLTEST FUER KREBSVERDAECHTIGE STOFFE. IN: UMSCHAU (7) S. 224-225(1976)

PD -070
INST ZENTRALLABORATORIUM FUER MUTAGENITAETSPRUEFUNG DER DEUTSCHEN FORSCHUNGSGEMEINSCHAFT
FREIBURG, BREISACHER STRASSE 33
VORHAB **beeinflussung der mutationsrate bei inzuchtmaeusen durch applikation zuchtvertraeglicher dosen von chemischen mutagenen**
untersuchung der grundsaetzlichen frage, in welchem masse chemisch-induzierte mutagenitaet eine bedrohung des genoms von saeugetieren darstellt
S.WORT genetik + mutagenitaetspruefung + umweltchemikalien
PROLEI PROF. DR. CARSTEN BRESCH
STAND 22.7.1976
QUELLE fragebogenerhebung sommer 1976

PD -071
INST ZOOLOGISCHES INSTITUT DER UNI WUERZBURG
WUERZBURG, ROENTGENRING 10
VORHAB **genetische und teratologische untersuchungen bei der genetischen und umweltbedingten missbildungsentstehung**
S.WORT genetik + teratogenitaet

STAND 1.10.1974
FINGEB BUNDESMINISTER FUER FORSCHUNG UND TECHNOLOGIE
BEGINN 1.1.1973 ENDE 31.12.1974
G.KOST 301.000 DM

Weitere Vorhaben siehe auch:

BA -015 KANZEROGENE IN AUTOABGASEN

BA -049 ERFASSUNG UND BEURTEILUNG VON AROMATEN UND POLYCYCLISCHEN AROMATEN IM AUTOABGAS UND DEREN WIRKUNG IM TIER-LANGZEITEXPERIMENT

OC -034 SYSTEMATISCHE UNTERSUCHUNGEN VON UMWELTMEDIEN DES MENSCHEN AUF AMINE ALS VORSTUFEN FUER DIE ENTSTEHUNG CANCEROGENER N-NITROSO-VERBINDUNGEN

OD -074 VERHALTEN POLYCYCLISCHER KOHLENWASSERSTOFFE IN FLUSSWASSER, ABWASSER, REGEN- UND TRINKWASSER

QA -002 DIE CARCINOGENE BELASTUNG DES MENSCHEN DURCH ORAL AUFGENOMMENE POLYCYCLISCHE CARCINOGENE KOHLENWASSERSTOFFE

QA -040 VORKOMMEN UND ENTSTEHUNG CANCEROGENER NITROSAMINE IN DER UMWELT UND IM MENSCHLICHEN ORGANISMUS

QA -050 ANALYSE VON NAHRUNGSMITTELN AUS KREBSSCHWERPUNKTSGEBIETEN DES IRAN

QB -018 UNTERSUCHUNGEN UEBER DIE BILDUNG KREBSERREGENDER SUBSTANZEN (3,4-BENZPYREN ALS KRITERIUM) BEIM RAEUCHERN VON FISCHEN

QB -044 UNTERSUCHUNG VON CAMEMBERT-SCHIMMEL AUF MOEGLICHE CARCINOGENE WIRKUNG

QC -036 PRUEFUNG EINIGER PFLANZEN AUS DER FAMILIE SENECIO SOWIE PTERIDIUM AQILINUM UND NICOTIANA TABACUM AUF IHRE CARCINOGENE WIRKUNG

TA -040 GESUNDHEITSGEFAEHRDUNG DURCH ARBEITSSTOFFE

TA -064 SILIKOSE-FORSCHUNG

PE -001
INST ABTEILUNG HYGIENE UND ARBEITSMEDIZIN DER TH AACHEN
AACHEN, LOCHNERSTR. 4-20
VORHAB **staubbelastung des menschen und ihre auswirkung**
S.WORT staubbelastung + physiologische wirkungen
PROLEI PROF. DR. HANS JOACHIM EINBRODT
STAND 1.1.1974
FINGEB BERGBAU-BERUFSGENOSSENSCHAFT, BOCHUM
BEGINN 1.1.1966 ENDE 31.12.1976

PE -002
INST ABTEILUNG HYGIENE UND ARBEITSMEDIZIN DER TH AACHEN
AACHEN, LOCHNERSTR. 4-20
VORHAB **epidemiologische schwermetalle:zink, blei, cadmium**
S.WORT epidemiologie + schwermetalle + blei + cadmium + zink
PROLEI PROF. DR. HANS JOACHIM EINBRODT
STAND 1.1.1974
QUELLE erhebung 1975
FINGEB - MINISTER FUER ARBEIT, GESUNDHEIT UND SOZIALES, DUESSELDORF
- LANDESAMT FUER FORSCHUNG, DUESSELDORF
BEGINN 1.1.1972 ENDE 31.12.1975

PE -003
INST ABTEILUNG HYGIENE UND ARBEITSMEDIZIN DER TH AACHEN
AACHEN, LOCHNERSTR. 4-20
VORHAB **umweltbelastung des menschen im raum oberhausen-muelheim**
bei ca. 2000 personen (repraesentativ ausgewaehlt) der jahrgaenge 1910 - 1914 und 1965 - 1969 soll festgestellt werden, ob die luftverschmutzung einen allgemeinen einfluss auf die gesundheit hat und ob sich spezifische belastungen feststellen lassen
S.WORT luftverunreinigung + gesundheitsschutz
OBERHAUSEN + MUELHEIM + RHEIN-RUHR-RAUM
PROLEI PROF. DR. HANS JOACHIM EINBRODT
STAND 2.8.1976
QUELLE fragebogenerhebung sommer 1976
FINGEB MINISTER FUER ARBEIT, GESUNDHEIT UND SOZIALES, DUESSELDORF
ZUSAM LANDESANSTALT FUER IMMISSIONS- UND BODENNUTZUNGSSCHUTZ NRW, WALLNEYER STR. 6, 4300 ESSEN-BREDENEY
BEGINN 1.5.1976 ENDE 31.3.1977
G.KOST 250.000 DM

PE -004
INST BATTELLE-INSTITUT E.V.
FRANKFURT 90, AM ROEMERHOF 35
VORHAB **systemanalytische studie ueber technische moeglichkeiten zur reduzierung der umweltbelastung durch gesundheitsgefaehrdende staeube**
erarbeitung eines katalogs der nach menge und toxizitaet gewichteten emittenten von gesundheitsgefaehrdeten staeuben als basis zur festsetzung fuer f. u. e. arbeiten zur verringerung der gefaehrdung
S.WORT staubemission + emissionsminderung + gesundheitsschutz
PROLEI DR. BONIFAZ OBERBACHER
STAND 4.8.1976
QUELLE fragebogenerhebung sommer 1976
FINGEB DEUTSCHE FORSCHUNGS- UND VERSUCHSANSTALT FUER LUFT- UND RAUMFAHRT
BEGINN 1.9.1975 ENDE 30.6.1976
G.KOST 297.000 DM

PE -005
INST FACHBEREICH BIOLOGIE UND CHEMIE DER UNI BREMEN
BREMEN 33, ACHTERSTR.
VORHAB **biologische adaptationsmechanismen an faktoren der natuerlichen umwelt (klima, hoehe, belastung mit infektionskrankheiten etc.)**
im ablauf ihrer evolution hat sich die spezies homo sapiens an zahlreiche verschiedene umweltsituationen anpassen muessen, wobei sowohl selektiv-genetische als auch modifikatorische adaptationen erfolgten. in diesem zusammenhang sind bereits zahlreiche hypothesen aufgestellt worden, die jedoch der ueberpruefung beduerfen; auch experimenteller art an vergleichbaren saeugern (maeuse, ratten, etc.). eigene untersuchungen hierzu liegen vor und sind z. t. bereits publiziert. forschungen auf diesem gebiet bieten die moeglichkeit, vertieften einblick in evolutionsvorgaenge und die sie steuerenden mechanismen zu gewinnen
S.WORT humanoekologie + organismus + umwelteinfluesse + genetische wirkung + (adaptation)
PROLEI PROF. DR. HUBERT WALTER
STAND 12.8.1976
QUELLE fragebogenerhebung sommer 1976
BEGINN 1.1.1970
LITAN BERNHARD, W.;KANDLER, A. (EDS.): UMWELTADAPTION BEIM MENSCHEN. IN: BEVOELKERUNGSBIOLOGIE. STUTTGART, S. 60-94(1974)

PE -006
INST FACHGEBIET WERKSTOFFKUNDE DER TH DARMSTADT
DARMSTADT, GRAFENSTR. 2
VORHAB **untersuchung von atemluft in wohn- und arbeitsraeumen und im freien auf gase und daempfe**
untersuchung technischer werkstoffe fuer wohnungsbau hinsichtlich ihrer moeglichen beeinflussung der luft durch abgabe schaedlicher fluechtiger substanzen
S.WORT luftverunreinigung + wohnraum + werkstoffe + schadstoffemission
PROLEI DR. JAEHN
STAND 1.1.1974
FINGEB - BUNDESMINISTER FUER WIRTSCHAFT
- BUNDESMINISTER DER VERTEIDIGUNG
ZUSAM - DECHEMA, 6 FRANKFURT, THEODOR-HEUSS-ALLEE 25
- GEWERBEAUFSICHTSAEMTER
BEGINN 1.1.1970

PE -007
INST FORSCHUNGSINISTITUT BORSTEL - INSTITUT FUER EXPERIMENTELLE BIOLOGIE UND MEDIZIN
BORSTEL, PARKALLEE 1
VORHAB **umweltfaktoren in der geriatrie**
erfassung und bewertung von umweltschadstoffen; nahrungsinhaltsstoffe; strahlungen; sonstige nutz- und schadstoffe; rauchen/tabak; granulome/granulombildung; leberstoffwechsel; atherosklerose; diaet; kollagenosen; steinbildung; organische staeube
S.WORT geriatrie + umweltfaktoren
PROLEI PROF. DR. DR. FREERKSEN
STAND 1.1.1974
LITAN - SONDERDRUCKANFORDERUNGEN UND ANFRAGEN AN DAS FORSCHUNGSINSTITUT BORSTEL, ABTEILUNG FUER DOKUMENTATION UND BIBLIOTHEK
- ZWISCHENBERICHT 1975. 12

PE -008
INST FORSCHUNGSVEREINIGUNG AUTOMOBILTECHNIK E.V. (FAT)
FRANKFURT, WESTENDSTR. 61
VORHAB **wirkung von automobilabgasen auf die umwelt**
S.WORT kfz-abgase + umweltbelastung
PROLEI PROF. DR. -ING. FOERSTER
STAND 1.1.1974
ZUSAM - VEREIN F. WASSER-, BODEN-, LUFTHYGIENE E. V. , 1 BERLIN 33, CORRENSPLATZ 1
- VERBAND DER AUTOMOBILINDUSTRIE E. V. , 6 FRANKFURT 17, WESENDSTR. 61

PE -009

INST INSTITUT FUER ARBEITS- UND SOZIALMEDIZIN UND POLIKLINIK FUER BERUFSKRANKHEITEN DER UNI ERLANGEN-NUERNBERG
ERLANGEN, SCHILLERSTR. 25-29

VORHAB **untersuchungen an ausgewaehlten bevoelkerungskollektiven zur abschaetzung der belastung der umwelt durch vanadium und seine verbindungen**
erarbeitung von analysenmethoden zur quantitativen bestimmung von vanadium in blut, urin und gewebe. untersuchung von normalkollektiven (maenner und frauen). untersuchung von beruflich belasteten personengruppen

S.WORT schwermetallkontamination + bevoelkerung + (vanadium)
PROLEI PROF. DR. MED. HELMUT VALENTIN
STAND 29.7.1976
QUELLE fragebogenerhebung sommer 1976
FINGEB BUNDESMINISTER FUER JUGEND, FAMILIE UND GESUNDHEIT
BEGINN 1.12.1975 ENDE 31.3.1978
G.KOST 36.000 DM
LITAN - SCHALLER, K. -H.;KUECHLE, W.;HOLZHAUSER, K. P.;VALENTIN, H. , VORTRAG: UNTERSUCHUNGEN UEBER DIE OEKOLOGISCHE UND BERUFLICHE EXPOSITION DURCH VANADIUMVERBINDUNGEN. JAHRESTAGUNG DER DEUTSCHEN GESELLSCHAFT FUER ARBEITSMEDIZIN (APR 1975)
- VALENTIN, H.;SCHALLER, K. H. , VORTRAG: UNTERSUCHUNGEN ZUR VANADIUMEXPOSITION VON SCHORNSTEINFEGERN. JAHRESTAGUNG DER DEUTSCHEN GESELLSCHAFT FUER ARBEITSMEDIZIN (MAI 1976)

PE -010

INST INSTITUT FUER BIOLOGIE DER GESELLSCHAFT FUER STRAHLEN- UND UMWELTFORSCHUNG MBH
FRANKFURT, PAUL-EHRLICH-STR. 15-20

VORHAB **aerosolbiophysik der menschlichen lunge**
zur simulation der deposition von kugelfoermigen aerosolteilchen im menschlichen atemtrakt bei mundatmung soll ein mechanisches lungenmodell entwickelt werden, mit dem die bisherigen ergebnisse am menschen reproduziert werden koennen. die experimente an modell-lungen werden fortgesetzt und zur bestimmung der stroemungsverhaeltnisse in atemwegen das doppler-verfahren weiter ausgebaut

S.WORT biomedizin + aerosolmesstechnik + atemtrakt
PROLEI PROF. DR. W. POHLIT
STAND 30.8.1976
QUELLE fragebogenerhebung sommer 1976
BEGINN 1.1.1970
LITAN - HEYDER, J.: GRAVITATIONAL DEPOSITION OF AEROSOL PARTICLES WITHIN A SYSTEM OF RANDOMILY ORIENTED TUBES. IN: AEROSOL SCIENCE 6 S. 133-137(1975)
- HEYDER, J.;ARMBRUSTER, L.;GEBHART, J.;ET AL.: TOTAL DEPOSITION OF AEROSOL PARTICLES IN THE HUMAN RESPIRATION TRACT FOR NOSE AND MOUTH BREATHING. IN: AEROSOL SCIENCE 6 S. 311-328(1975)
- ENDBERICHT

PE -011

INST INSTITUT FUER BIOLOGIE DER GESELLSCHAFT FUER STRAHLEN- UND UMWELTFORSCHUNG MBH
FRANKFURT, PAUL-EHRLICH-STR. 15-20

VORHAB **erzeugung und messung von aerosolen fuer inhalationsstudien am menschen**
zur bestimmung der regionalen deposition von teilchen im tracheobronchial- und alveolarbereich der menschlichen lunge werden aerosole benoetigt, die nichttoxisch, im koerper unloeslich und radioaktiv markierbar sind. zur erzeugung derartiger aerosole werden bekannte verfahren (kondensationsprinzip) weiter ausgebaut und neue methoden erprobt. in diesem zusammenhang wird die aerosolproduktion eines aufgebauten "spinning-disc"-generators eingehend untersucht und auch studien zur radioaktiven markierung von teilchen durchgefuehrt

S.WORT biomedizin + aerosolmesstechnik + atemtrakt
PROLEI PROF. DR. W. POHLIT
STAND 30.8.1976
QUELLE fragebogenerhebung sommer 1976
BEGINN 1.1.1969 ENDE 31.12.1979
LITAN - GEBHART, J.;HEYDER, J.;ROTH, C.;STAHLHOFEN, W.: OPTICAL AEROSOL SIZE SPECTOMETRY BELOW AND ABOVE THE WAVELENGTH OF LIGHT. - A COMPARISON. IN: PROC. OF "FINE PARTICLE SYMP. " UNI MINNEAPOLIS, MINNESOTA, USA S. 86-109(1975)
- STAHLHOFEN, W.;ARMBRUSTER, L.;GEBHART, J.;GREIN, E.: PARTICLE SIZING OF AEROSOL BY SINGLE PARTICLE OBSERVATION IN A SEDIMENT CELL. IN: ATMOSPHERIC ENVIRONMENT 9 S. 851-857(1975)
- STAHLHOFEN, W.;GEBHART, J.;HEYDER, J.;ROTH, C.: GENERATION AND PROPERTIES OF A CONDENSATION AEROSOL OF DI-2-ETHYLHEXYL SEBACATE (DES) - 1. DESCRIPTION OF THE GENERATOR. IN: J. AEROSOL SCIENCE 6 S. 161-167(1975)

PE -012

INST INSTITUT FUER BIOPHYSIK DER UNI FRANKFURT
FRANKFURT, PAUL-EHRLICH-STR. 20

VORHAB **regionale deposition von aerosolen in der menschlichen lunge**
ermittlung quantitativer daten zur regionalen ablagerung von aerosolen in der menschlichen lunge. herstellung einheitlicher aerosole, spektrometrie von aerosolen, messung der ablagerung in verschiedenen bereichen der lunge mit einem ganzkoerperzaehler. aufstellung von rechenmodellen fuer die ablagerung von aerosolen zur bestimmung von mak-werten fuer die schadstoffbelastung

S.WORT schadstoffbelastung + aerosole + atemtrakt + mak-werte
PROLEI DR. WILLI STAHLHOFEN
STAND 30.8.1976
QUELLE fragebogenerhebung sommer 1976
FINGEB DEUTSCHE FORSCHUNGSGEMEINSCHAFT
ZUSAM GESELLSCHAFT FUER STRAHLEN- UND UMWELTFORSCHUNG, PAUL-EHRLICH-STR. 20, 6000 FRANKFURT
G.KOST 500.000 DM

PE -013

INST INSTITUT FUER DOKUMENTATION, INFORMATION UND STATISTIK DES DEUTSCHEN KREBSFORSCHUNGSZENTRUMS
HEIDELBERG, IM NEUENHEIMER FELD 280

VORHAB **besteht eine korrelation zwischen dem nitratgehalt des trinkwassers und krebsmortalitaet**
untersuchung der grade einer moeglichen korrelation zwischen dem nitratgehalt des frischwassers (und von grundnahrungsmitteln) und der haeufigkeit bestimmter krebsformen in der bevoelkerung mit hilfe epidemiologischer methoden; es ist bekannt, dass mit aus der umgebung aufgenommenen nitrit- und/oder nitratgruppen n-nitroso-verbindungen gebildet werden, die sich als starke carcinogene erwiesen haben

S.WORT krebs + mortalitaet + nitrate + trinkwasser
PROLEI DR. MED. RAINER FRENTZEL-BEYME
STAND 1.1.1974
ZUSAM - INST. F. EXPERIMENTELLE TOXIKOLOGIE UND CHEMOTHERAPIE, DEUTSCHES KREBSFORSCHUNGSZENTRUM, 69 HEIDELB.
- KREBSREGISTER IM SAARLAND
BEGINN 1.1.1974

PE -014

INST INSTITUT FUER DOKUMENTATION, INFORMATION UND STATISTIK DES DEUTSCHEN KREBSFORSCHUNGSZENTRUMS
HEIDELBERG, IM NEUENHEIMER FELD 280

VORHAB **umweltfaktoren und mortalitaet im rhein-neckar-gebiet - oekologisch-epidemiologische analyse der mortalitaet in grossstaedten**
mit hilfe einer epidemiologischen analyse der todesursachen-verteilung sollen im sinne einer 'community diagnosis' objektive hinweise auf industrie- und umweltbedingte risiken gewonnen werden (u. a. historische risiken, die in der zwischenzeit ausgeschaltet werden konnten)
S.WORT umweltbelastung + industrie + ballungsgebiet + mortalitaet
RHEIN-NECKAR-RAUM + MANNHEIM + LUDWIGSHAFEN
PROLEI DR. MED. RAINER FRENTZEL-BEYME
STAND 30.8.1976
QUELLE fragebogenerhebung sommer 1976
ZUSAM - GESUNDHEITSAMT DER STADT MANNHEIM, LUDWIGSHAFEN
- AMT FUER ENTWICKLUNGSPLANUNG, MANNHEIM
- AMT FUER ENTWICKLUNGSPLANUNG, LUDWIGSHAFEN
BEGINN 1.9.1976 ENDE 31.7.1977
G.KOST 12.000 DM
LITAN KEIL, U.: SOZIALE FAKTOREN UND MORTALITAET IN EINER GROSSTADT DER BRD. IN: ASP 1 S. 4-9(1975)

PE -015
INST INSTITUT FUER EPIDEMIOLOGIE UND SOZIALMEDIZIN DER MEDIZINISCHEN HOCHSCHULE HANNOVER
HANNOVER 61, KARL-WIECHERT-ALLEE 9
VORHAB **mortalitaet in beziehung zur luftverschmutzung in hannover**
luftverschmutzung und mortalitaet; gesamtmortalitaet und ausgewaehlte todesursachen
S.WORT luftverunreinigung + mortalitaet
HANNOVER
PROLEI DR. HARTMUT HECKER
STAND 1.1.1974
FINGEB WORLD HEALTH ORGANISATION (WHO), GENF
BEGINN 1.1.1971 ENDE 31.12.1974
G.KOST 5.000 DM
LITAN - HECKER, H.;BASLER, H. -D.;WOLF, E.: SCHWANKUNGEN DER MORTALITAET IN BEZIEHUNG ZUR LUFTVERSCHMUTZUNG. IN: METHODS OF INFORMATION IN MEDICINE 14(4) S. 218-223(1975)
- PUBLIZIERT IN: METHODS OF INFORMATION IN MEDICINE
- ENDBERICHT

PE -016
INST INSTITUT FUER EPIDEMIOLOGIE UND SOZIALMEDIZIN DER MEDIZINISCHEN HOCHSCHULE HANNOVER
HANNOVER 61, KARL-WIECHERT-ALLEE 9
VORHAB **hartes und weiches wasser und seine beziehungen zur mortalitaet besonders an kardiovaskulaeren krankheiten in hannover 1968 und 1969**
hypothese: mortalitaetsraten an kardiovaskulaeren krankheiten sind in gebieten mit weichem trinkwasser hoeher als in gebieten mit hartem trinkwasser; korrelation von kardiovaskulaeren krankheiten mit positiven kalziumionen, magnesiumionen und spurenelementen im trinkwasser; mitberuecksichtigung der sozialstatur
S.WORT trinkwasserguete + krankheiten + mortalitaet
HANNOVER
PROLEI DR. ULRICH KEIL
STAND 1.1.1974
FINGEB WORLD HEALTH ORGANISATION (WHO), GENF
BEGINN 1.4.1972 ENDE 31.3.1974
G.KOST 20.000 DM
LITAN - KEIL,U.;PLANZ,M.;WOLF,E.: HARTES UND WEICHES TRINKWASSER UND SEINE BEZIEHUNG ZUR MORTALITAET, BESONDERS AN KARDIOVASKULAEREN KRANKHEITEN IN DER STADT HANNOVER IN DEN JAHREN 1968 UND 1969. IN:UMWELTHYGIENE 4-5 S.110-117(1975)
- OEFF.GESUNDH.-WESEN 35 S.253-263(1973)
- ZWISCHENBERICHT 1974.05

PE -017
INST INSTITUT FUER EPIDEMIOLOGIE UND SOZIALMEDIZIN DER MEDIZINISCHEN HOCHSCHULE HANNOVER
HANNOVER 61, KARL-WIECHERT-ALLEE 9
VORHAB **trinkwasserhaerte und mortalitaet in niedersachsen**
siehe projekt 0085003, projekt auf ganz niedersachsen bezogen
S.WORT trinkwasserguete + mortalitaet
NIEDERSACHSEN
PROLEI PROF. DR. MED. MANFRED PFLANZ
STAND 1.1.1974
BEGINN 1.3.1974
LITAN PLANZ, M.;WOLF, E.: HAERTE DES TRINKWASSERS UND KARDIOVASKULAERE STERBLICHKEIT IN DEN NIEDERSAECHSISCHEN KREISFREIEN STAEDTEN. IN: UMWELTHYGIENE

PE -018
INST INSTITUT FUER HYGIENE UND MEDIZINISCHE MIKROBIOLOGIE DER FAKULTAET FUER KLINISCHE MEDIZIN MANNHEIM DER UNI HEIDELBERG
MANNHEIM, THEODOR-KUTZER-UFER
VORHAB **auswirkungen der luftverunreinigung auf morbiditaet und mortalitaet**
sterbeziffern und erkrankungszahlen im 2. halbjahr 1970 und in mannheim werden in bezug gesetzt zu parametern der luftverunreinigung
S.WORT luftverunreinigung + morbiditaet + mortalitaet + statistik
PROLEI DR. GREHN
STAND 1.1.1974
ZUSAM - INST. F. ARBEITSMEDIZIN KARLSRUHE, 75 KARLSRUHE, KAISERSTR. 12
- MESSTELLE DER DFG-KOMMISSION LUFTVERUNREINIGENDER STOFFE, 68 MANNHEIM
- ALLGEMEINE ORTSKRANKENKASSE MANNHEIM
BEGINN 1.1.1970 ENDE 31.12.1974

PE -019
INST INSTITUT FUER HYGIENE UND MIKROBIOLOGIE DER UNI WUERZBURG
WUERZBURG, JOSEF-SCHNEIDER-STR. 2
VORHAB **lungenerkrankungen durch inhalation organischer staeube**
vorsorgemedizinische untersuchungen und diagnostische moeglichkeit zur erkennung von erkrankungen allergischer natur bei personen, die organische staeube einatmen (z. b. bei siloarbeiten/bauern/vogelzuechtern); zusammenarbeit mit lungenfachaerzten und fachkliniken
S.WORT staub + atemtrakt + allergie
PROLEI DR. KELLER
STAND 1.1.1974
FINGEB STAATSMINISTERIUM FUER ARBEIT UND SOZIALORDNUNG, MUENCHEN
BEGINN 1.1.1972
G.KOST 20.000 DM

PE -020
INST INSTITUT FUER IMMISSIONS-, ARBEITS- UND STRAHLENSCHUTZ DER LANDESANSTALT FUER UMWELTSCHUTZ BADEN-WUERTTEMBERG
KARLSRUHE, GRIESBACHSTR. 3
VORHAB **abhaengigkeit der lungenfunktion von schulkindern von den schadstoffkonzentrationen in der umgebung**
durch messung am vitalographen wird die lungenfunktion von schulkindern ermittelt. zur untersuchung stehen ca. 2000 schulkinder im belastungsgebiet mannheim und ca. 2000 schulkinder im hochschwarzwald (reinluftgebiet) zur verfuegung. von jedem kind wird eine anamnese erhoben. die anfallenden daten werden mit gemessenen schadstoffkonzentrationen verglichen
S.WORT immissionsbelastung + schadstoffwirkung + atemtrakt + (schulkinder)
MANNHEIM + RHEIN-NECKAR-RAUM + SCHWARZWALD
PROLEI DR. SCHELLHAS
STAND 4.8.1976

QUELLE fragebogenerhebung sommer 1976
FINGEB EUROPAEISCHE GEMEINSCHAFTEN
ZUSAM - GESUNDHEITSAMT, MANNHEIM
- GESUNDHEITSAMT, FREIBURG
BEGINN 1.1.1976 ENDE 31.12.1977
G.KOST 91.000 DM

PE -021
INST INSTITUT FUER MEDIZINISCHE BALNEOLOGIE UND KLIMATOLOGIE DER UNI MUENCHEN
MUENCHEN 70, MARCHIONINISTR. 17
VORHAB **ozonwirkung auf den menschen**
experimentelle ermittlung physiologischer und psychischer wirkungen von ozonkonzentrationen in der groessenordnung des derzeitigen mak-werts; ergebnisse von bedeutung fuer gewerbehygiene, sowie luftfahrtmedizin
S.WORT luftverunreinigung + ozon + mensch
+ physiologische wirkungen
PROLEI DIPL. -PHYS. KARL DIRNAGL
STAND 1.1.1974
FINGEB DEUTSCHE FORSCHUNGSGEMEINSCHAFT
BEGINN 1.1.1971 ENDE 31.12.1974
G.KOST 40.000 DM
LITAN ZWISCHENBERICHT AN VDI UND DFG, 1972

PE -022
INST INSTITUT FUER MEDIZINISCHE PARASITOLOGIE DER UNI BONN
BONN, VENUSBERG
VORHAB **toxoplasmose-forschungen zur epidemiologie des erregers (uebertragungswege)**
drei infektionswege bisher bekannt: durch katzenkopf, rohes fleisch und intrauterin; weitere uebertragungsmoeglichkeiten werden ueberprueft
S.WORT epidemiologie + toxoplasmose
PROLEI PROF. DR. PIEKARSKI
STAND 1.1.1974

PE -023
INST INSTITUT FUER PHARMAKOLOGIE, TOXIKOLOGIE UND PHARMAZIE DER TIERAERZTLICHEN HOCHSCHULE HANNOVER
HANNOVER, BISCHOFSHOLER DAMM 15
VORHAB **versuche zur feststellung der wirkungen individuell bedingter emissionen im raume wesermuendung**
um den anteil der inhalativen und oralen belastung durch industrie-staeube voneinander zu unterscheiden, werden in verschiedenen abstaenden und himmelsrichtungen von einer emissionsquelle kaninchen und schafe gehalten. bei diesen tieren werden laufend diagnostische verfahren zur bleiwirkung durchgefuehrt. effekte werden mit meteorologischen daten, luft-bleigehalt etc. verglichen
S.WORT industrieabgase + staub + immissionsbelastung
+ tierorganismus
NORDENHAM + WESER-AESTUAR
PROLEI DR. JOSEF ABEL
STAND 2.8.1976
QUELLE fragebogenerhebung sommer 1976
FINGEB LANDWIRTSCHAFTLICHE UNTERSUCHUNGS- UND FORSCHUNGSANSTALT, OLDENBURG
ZUSAM - LANDWIRTSCHAFTLICHE UNTERSUCHUNGS- UND FORSCHUNGSANSTALT, OLDENBURG
- BUNDESGESUNDHEITSAMT, BERLIN
BEGINN 1.1.1974 ENDE 31.12.1976

PE -024
INST INSTITUT FUER RECHTSMEDIZIN DER UNI GOETTINGEN
GOETTINGEN, WINDAUSWEG 2
VORHAB **korrelation zwischen blut-blei/cadmium-werten und umweltbelastung im niedersaechsischen raum**
etwa 3000 blutproben aus dem niedersaechsischen raum sollen auf ihren blei- und cd-gehalt untersucht werden. es soll geprueft werden, ob unterschiede hinsichtlich dieser elemente bei personen aus ballungs- oder laendlichen gebieten nachzuweisen sind
S.WORT schwermetallkontamination + blei + cadmium
+ mensch
NIEDERSACHSEN
PROLEI DR. HARALD KIJEWSKI
STAND 21.7.1976
QUELLE fragebogenerhebung sommer 1976
BEGINN 1.9.1976 ENDE 1.9.1977
G.KOST 5.000 DM

PE -025
INST INSTITUT FUER SOZIALMEDIZIN UND EPIDEMIOLOGIE DES BUNDESGESUNDHEITSAMTES
BERLIN 33, THIELALLEE 88-92
VORHAB **modifizierte hessenstudie**
erhebung ueber gesundheitszustand und krankheitshaeufigkeit; sozialmedizinische und epidemiologische untersuchungen zur entstehung chronischer krankheiten; modellentwicklung von vorsorgemassnahmen
S.WORT gesundheitsschutz + epidemiologie + fruehdiagnose
HESSEN
PROLEI PROF. DR. HOFFMEISTER
STAND 1.1.1974
BEGINN 1.1.1973
LITAN - JAHN, E. (INST. F. SOZIALMEDIZIN U. EPIDEMIOLOGIE): BERICHT UEBER 4 JAHRE AUFBAUARBEIT. (JAN 1972)
- HOFFMEISTER U. A.: BERICHT ZU VORSORGEUNTERSUCHUNGEN IN HESSEN. ANALYSE UND VORSCHLAEGE. (JUL 1973)
- ZWISCHENBERICHT 1974. 12

PE -026
INST INSTITUT FUER SOZIALMEDIZIN UND EPIDEMIOLOGIE DES BUNDESGESUNDHEITSAMTES
BERLIN 33, THIELALLEE 88-92
VORHAB **gibt es unterschiedliche (krankheits) symptomenmuster in schadstoffbelasteter und schadstoffunbelasteter wohngegend**
filteruntersuchung an einer stichprobe einer bevoelkerung in der naehe eines bleiwerkes und an einer stichprobe einer bevoelkerung, die in 30 km entfernung von diesem bleiwerk lebt. es sollen unterschiedliche krankheitssymptomenmuster festgestellt werden. es werden blutparameter und physikalische parameter erhoben (ekg, spirometrie). sozialdaten werden mittels eines fragebogens erhoben
S.WORT bleikontamination + mensch + wohngebiet
+ (krankheitssymptome)
PROLEI PROF. DR. KONRAD TIETZE
STAND 4.8.1976
QUELLE fragebogenerhebung sommer 1976
ZUSAM INST. F. WASSER-, BODEN- UND LUFTHYGIENE DES BUNDESGESUNDHEITSAMTES, CORRENSPLATZ 1, 1000 BERLIN 33
BEGINN 1.8.1975
LITAN BUSSE, H.;EICHBERG, J.;PAWEL, H. -J.;TIETZE, K. W.: EINE EPIDEMIOLOGISCHE FELDSTUDIE UEBER NICHT-INFEKTIOESE KRANKHEITEN; PLANUNG UND KORREKTUR DER STICHPROBE. IN: BUNDESGESUNDHEITSBLATT 19(13)(1976)

PE -027
INST INSTITUT FUER UMWELTHYGIENE UND KRANKENHAUSHYGIENE DER UNI MARBURG
MARBURG, BAHNHOFSTR. 13A
VORHAB **wasserinhaltsstoffe und zivilisationskrankheiten**
erfassung und kartierung der trinkwasserversorgungsanlagen und wassergewinnungen im nordhessischen raum, insbesondere durch chemisch-physikalische untersuchung auf spurenstoffe, metalle, haerte usw. , die in einer relation zu morbiditaet- und letalitaet-haeufungen in bestimmten bevoelkerungsgruppen stehen. epidemiologische erfassung von kardiovaskulaeren erkrankungen, sowie anderen zivilisationskrankheiten, die ernaehrungs- und umweltbedingt sein koennen und diffenerntialdiagnostische erhebungen zu der wasserversorgung mit wasser besonderer zusammensetzung bzw. mit besonderen inhaltsstoffen

S.WORT trinkwasser + spurenstoffe + zivilisationskrankheiten + epidemiologie
HESSEN (NORD)
PROLEI PROF. DR. KARL-HEINZ KNOLL
STAND 30.8.1976
QUELLE fragebogenerhebung sommer 1976

PE -028
INST INSTITUT FUER WASSER-, BODEN- UND LUFTHYGIENE DES BUNDESGESUNDHEITSAMTES
BERLIN 33, CORRENSPLATZ 1
VORHAB **wirkungen von automobilabgasen auf mensch, pflanze, tier**
systematische kurz- und langzeitexposition von mensch und tieren in spezieller gasbelastungsanlage; wirkungsermittlung anhand biochemischer und physiologischer daten
S.WORT kfz-abgase + schadstoffbelastung + organismus
PROLEI PROF. DR. SINN
STAND 1.10.1974
FINGEB BUNDESGESUNDHEITSAMT, BERLIN
BEGINN 1.1.1973
G.KOST 870.000 DM

PE -029
INST INSTITUT FUER WASSER-, BODEN- UND LUFTHYGIENE DES BUNDESGESUNDHEITSAMTES
BERLIN 33, CORRENSPLATZ 1
VORHAB **experimentelle ermittlung der wirkungen von autoabgasen auf den saeugerorganismus (abhaengig von art und intensitaet der luftfremdstoffe)**
untersuchung funktioneller veraenderungen und anpassungsreaktionen sowie chronischer organstoerungen bei versuchstieren waehrend und nach langzeitexposition in kfz-abgasatmosphaere
S.WORT kfz-abgase + physiologische wirkungen + (versuchstiere)
PROLEI PROF. DR. THRON
STAND 1.1.1974
FINGEB BUNDESGESUNDHEITSAMT, BERLIN
ZUSAM - INSTITUT FUER NEUROPATHOLOGIE DER FU BERLIN
- INSTITUT FUER KLINISCHE PHYSIOLOGIE DER FU BERLIN
BEGINN 1.1.1973 ENDE 31.12.1976
G.KOST 350.000 DM

PE -030
INST INSTITUT FUER WASSER-, BODEN- UND LUFTHYGIENE DES BUNDESGESUNDHEITSAMTES
BERLIN 33, CORRENSPLATZ 1
VORHAB **untersuchung ueber die auswirkung von schwermetallen auf mensch und umwelt einschliesslich epidemiologischer erhebungen**
untersuchungen ueber art und ausmass der belastung des menschen und seiner umwelt durch immissionen von schadstoffen. feststellung der wirkung luftverunreinigender stoffe auf mensch, tier und pflanze unter spezieller beruecksichtigung der wirkung auf gewebekulturen, stoffwechselvorgaenge, atmungsorgane und kreislaufsystem. objektivierung der wirkung geruchsintensiver stoffe. entwicklung biologischer messverfahren. bestimmung von bleibelastungskriterien und ueberpruefung des gesundheitszustandes von kindern und erwachsenen aus bleibelasteten gebieten; korrelierung der ergebnisse mit der hoehe der bleibelastung zur ableitung von dosis-wirkungsbeziehungen
S.WORT schadstoffbelastung + schwermetalle + epidemiologie + (industrieemissionen)
PROLEI PROF. DR. KARL AURAND
STAND 1.1.1975
QUELLE umweltforschungsplan 1975 des bmi
FINGEB - BUNDESMINISTER DES INNERN
- EUROPAEISCHE GEMEINSCHAFTEN
BEGINN 1.1.1975 ENDE 31.12.1975
G.KOST 179.000 DM

PE -031
INST INSTITUT FUER WASSER-, BODEN- UND LUFTHYGIENE DES BUNDESGESUNDHEITSAMTES
BERLIN 33, CORRENSPLATZ 1
VORHAB **das verhalten neurophysiologischer funktionsparameter in der bevoelkerung unter dem einfluss erhoehter belastungen durch blei und andere luftschadstoffe**
erarbeitung und anwendung empfindlicher neurophysiologischer testmethoden fuer felduntersuchungen, besonders bei kindern, aus regionen mit erhoehter belastung durch luftschadstoffe, sowie zur durchfuehrung von kurzzeitexpositionen im labor mit schadstoffgemischen und einzelkomponenten
S.WORT luftverunreinigende stoffe + blei + bevoelkerung + physiologische wirkungen
PROLEI DR. ENGLERT
STAND 30.8.1976
QUELLE fragebogenerhebung sommer 1976
FINGEB - BUNDESGESUNDHEITSAMT, BERLIN
- BUNDESMINISTER FUER JUGEND, FAMILIE UND GESUNDHEIT
ZUSAM - BIOLOGISCHE ANSTALT HELGOLAND
- ABT. HYGIENE UND ARBEITSMEDIZIN, TH AACHEN
- KLINIKUM STEGLITZ, BERLIN
BEGINN 1.3.1975
G.KOST 120.000 DM

PE -032
INST INSTITUT FUER WASSER-, BODEN- UND LUFTHYGIENE DES BUNDESGESUNDHEITSAMTES
BERLIN 33, CORRENSPLATZ 1
VORHAB **untersuchungen zur beeinflussung spezifischer und unspezifischer immunreaktionen durch schwermetallbelastung**
durchseuchungsgrad sowie verteilungsmuster der antikoerpertiter von weit verbreiteten infektionskrankheiten bei der bevoelkerung industriell schwermetallbelasteter regionen im vergleich zu unbelasteten kontrollregionen
S.WORT infektionskrankheiten + epidemiologie + schwermetallbelastung
PROLEI PROF. DR. THRON
STAND 30.8.1976
QUELLE fragebogenerhebung sommer 1976
FINGEB EUROPAEISCHE GEMEINSCHAFTEN
ZUSAM - IMMUNOLOGISCHES LABOR DER HNO-KLINIK, FU BERLIN
- ROBERT-KOCH-INSTITUT DES BUNDESGESUNDHEITSAMTES BERLIN
- FIRMA BEHRINGWERKE, MARBURG
BEGINN 1.3.1975

PE -033
INST INSTITUT FUER WASSER-, BODEN- UND LUFTHYGIENE DES BUNDESGESUNDHEITSAMTES
BERLIN 33, CORRENSPLATZ 1
VORHAB **automatisch-kontinuierliche untersuchungen ueber die belastung atmosphaerischer luft mit hygienisch bedenklichen schadstoffen**
korrelation von schwefeldioxid in luft mit anzahl von sterbefaellen - aufgeschluesselt nach todesursachen
S.WORT luftverunreinigende stoffe + schwefeldioxid + physiologische wirkungen + mensch + epidemiologie
PROLEI DR. -ING. KARL-ERNST DRESCHER
STAND 30.8.1976
QUELLE fragebogenerhebung sommer 1976

PE -034
INST KRANKENHAUS BETHANIEN FUER DIE GRAFSCHAFT MOERS
MOERS, BETHANIENSTR. 1
VORHAB **untersuchungen ueber die kombinationswirkung von no2, so2 und o3 auf die lungenfunktion des gesunden menschen**
untersuchungen ueber art und ausmass der belastung des menschen und seiner umwelt durch immissionen von schadstoffen. feststellung der wirkung luftverunreinigender stoffe auf mensch, tier und pflanze unter spezieller beruecksichtigung der wirkung auf

gewebekulturen, stoffwechselvorgaenge, atmungsorgane und kreislaufsystem. objektivierung der wirkung geruchtsintensiver stoffe. entwicklung biologischer messverfahren
S.WORT immissionsbelastung + luftverunreinigende stoffe + synergismus + atemtrakt
RHEIN-MAIN-GEBIET + RHEIN-RUHR-RAUM
PROLEI DR. GISELHER VON NIEDING
STAND 1.1.1975
QUELLE umweltforschungsplan 1975 des bmi
FINGEB - BUNDESMINISTER DES INNERN
- EUROPAEISCHE GEMEINSCHAFTEN
ZUSAM BUNDESGESUNDHEITSAMT BERLIN, CORRENSPLATZ 1, 1000 BERLIN 33
BEGINN 1.1.1974 ENDE 31.12.1975
G.KOST 127.000 DM

PE -035
INST LANDWIRTSCHAFTLICHE UNTERSUCHUNGS- UND FORSCHUNGSANSTALT DER LANDWIRTSCHAFTSKAMMER WESER-EMS
OLDENBURG, MARS-LA-TOUR-STR. 4
VORHAB **gas- und staubimmission und dadurch verursachte schaeden an pflanzen und tieren im raume nordenham**
in der nachbarschaft einer blei- und zinkhuette soll in einem dreijaehrigen tierversuch mit schafen und kaninchen die schadwirkung der pulmonalen belastung mit schadstoffen (so2, nox, hf, nh3, pb, cd, zn) im vergleich zur belastung durch orale aufnahme untersucht werden. eine solche information hat grundsaetzliche bedeutung, um sinnvolle vorbeugungsmassnahmen einleiten zu koennen
S.WORT schadstoffimmission + blei + zinkhuette
NORDENHAM + WESER-AESTUAR
PROLEI PROF. DR. HEINZ VETTER
STAND 22.7.1976
QUELLE fragebogenerhebung sommer 1976
ZUSAM ABTEILUNG TOXIKOLOGIE DER TIERAEZTLICHEN HOCHSCHULE HANNOVER
BEGINN 1.12.1973 ENDE 31.12.1976
G.KOST 956.000 DM

PE -036
INST MEDIZINISCHES INSTITUT FUER LUFTHYGIENE UND SILIKOSEFORSCHUNG AN DER UNI DUESSELDORF
DUESSELDORF, GURLITTSTR. 53
VORHAB **epidemiologische studie zum zusammenhang von luftverunreinigung und atemwegserkrankungen des kindes**
untersuchungen ueber art und ausmass der belastung des menschen und seiner umwelt durch immissionen von schadstoffen. feststellung der wirkung luftverunreinigender stoffe auf mensch, tier und pflanze unter spezieller beruecksichtigung der wirkung auf gewebekulturen, stoffwechselvorgaenge, atmungsorgane und kreislaufsystem. objektivierung der wirkung geruchsintensiver stoffe. entwicklung biologischer messverfahren. lungenfunktionsprobe und erhebung ueber das vorkommen von atemwegserkrankungen bei schulkindern aus gebieten mit unterschiedlich starker luftverunreinigung
S.WORT luftverunreinigung + atemtrakt + epidemiologie + kind
PROLEI DR. DOLGNER
STAND 1.1.1975
QUELLE umweltforschungsplan 1975 des bmi
FINGEB - BUNDESMINISTER DES INNERN
- EUROPAEISCHE GEMEINSCHAFTEN
ZUSAM HYGIENE-INSTITUT, UNIVERSITAET PRAG (CSR)
BEGINN 2.1.1974 ENDE 31.12.1975
G.KOST 180.000 DM

PE -037
INST MEDIZINISCHES INSTITUT FUER LUFTHYGIENE UND SILIKOSEFORSCHUNG AN DER UNI DUESSELDORF
DUESSELDORF, GURLITTSTR. 53
VORHAB **tierexperimente zur wirkung inhalierter bleiverbindungen auf die lunge**
untersuchungen ueber art und ausmass der belastung des menschen und seiner umwelt durch immissionen von schadstoffen. feststellung der wirkung luftverunreinigender stoffe auf mensch, tier und pflanze unter spezieller beruecksichtigung der wirkung auf gewebekulturen, stoffwechselvorgaenge, atmungsorgane und kreislaufsystem. objektivierung der wirkung geruchsintensiver stoffe. entwicklung biologischer messverfahren. begasung von versuchstieren mit bleiaerosolen verschiedener konzentrationen und anschliessende ueberpruefung der lungenfunktion. kriterien sind der zellumsatz der pneumozyten, die abbaugeschwindigkeit von benzpyren durch alveolarmakrophagen und die elimination von inertstaub
S.WORT luftverunreinigung + bleiverbindungen + atemtrakt
PROLEI DR. BROCKHAUS
STAND 1.1.1975
QUELLE umweltforschungsplan 1975 des bmi
FINGEB - BUNDESMINISTER DES INNERN
- EUROPAEISCHE GEMEINSCHAFTEN
BEGINN 1.1.1974 ENDE 31.12.1975
G.KOST 293.000 DM

PE -038
INST MEDIZINISCHES INSTITUT FUER LUFTHYGIENE UND SILIKOSEFORSCHUNG AN DER UNI DUESSELDORF
DUESSELDORF, GURLITTSTR. 53
VORHAB **der abbau von benzo (a) pyren in der lunge von versuchstieren unter dem einfluss von schadstoffen in der luft**
untersuchungen ueber art und ausmass der belastung des menschen und seiner umwelt durch immissionen von schadstoffen. feststellung der wirkung luftverunreinigender stoffe auf mensch, tier und pflanze unter spezieller beruecksichtigung der wirkung auf gewebekulturen, stoffwechselvorgaenge, atmungsorgane und kreislaufsystem. objektivierung der wirkung geruchsintensiver stoffe. entwicklung biologischer messverfahren. untersuchung der metaboliten, die aus kanzerogenen kohlenwasserstoffen unter dem einfluss verschiedener schadstoffe der luft in der lunge gebildet werden. erstellung einer analysenmethode fuer die metaboliten
S.WORT luftverunreinigung + atemtrakt + carcinogene + benzpyren
PROLEI DR. DEHNEN
STAND 1.1.1975
QUELLE umweltforschungsplan 1975 des bmi
FINGEB - BUNDESMINISTER DES INNERN
- EUROPAEISCHE GEMEINSCHAFTEN
BEGINN 1.1.1974 ENDE 31.12.1975
G.KOST 138.000 DM

PE -039
INST MEDIZINISCHES INSTITUT FUER LUFTHYGIENE UND SILIKOSEFORSCHUNG AN DER UNI DUESSELDORF
DUESSELDORF, GURLITTSTR. 53
VORHAB **epidemiologische untersuchungen ueber die wirksamkeit von luftverunreinigungen auf die gesundheit des menschen, insbesondere von kindern**
untersuchungen ueber art und ausmass der belastung des menschen und seiner umwelt durch immissionen von schadstoffen. feststellung der wirkung luftverunreinigender stoffe auf mensch, tier und pflanze unter spezieller beruecksichtigung der wirkung auf gewebekulturen, stoffwechselvorgaenge, atmungsorgane und kreislaufsystem. objektivierung der wirkung geruchsintensiver stoffe. entwicklung biologischer messverfahren. ermittlung von korrelationen zwischen dem grad der luftverunreinigung, gemessen als staub und so2, und dem biologischen status von schulkindern
S.WORT luftverunreinigung + atemtrakt + epidemiologie + kind
STAND 1.9.1976
QUELLE umweltforschungsplan 1975 des bmi
FINGEB BUNDESMINISTER DES INNERN
BEGINN 1.9.1971 ENDE 31.12.1976
G.KOST 2.251.000 DM

PE -040

INST MEDIZINISCHES INSTITUT FUER LUFTHYGIENE UND SILIKOSEFORSCHUNG AN DER UNI DUESSELDORF
DUESSELDORF, GURLITTSTR. 53
VORHAB **metabolismus von 3,4-benzpyren in der saeugerlunge und dessen beeinflussung durch andere luftverunreinigende schadstoffe**
beeinflussung der abbauwege von kanzerogenen durch andere schadstoffe der aussenluft
S.WORT luftverunreinigung + benzpyren + mensch + metabolismus
PROLEI DR. DEHNEN
STAND 1.1.1974
BEGINN 1.1.1972

PE -041

INST MEDIZINISCHES INSTITUT FUER LUFTHYGIENE UND SILIKOSEFORSCHUNG AN DER UNI DUESSELDORF
DUESSELDORF, GURLITTSTR. 53
VORHAB **untersuchungen zur beeinflussung von abwehrfunktionen des organismus durch luftverunreinigende stoffe**
beeinflussung der infektionsabwehr durch einzeln oder kombiniert einwirkende schadstoffe
S.WORT luftverunreinigung + infektion + mensch
PROLEI PROF. DR. MED HANS-WERNER SCHLIPKOETER
STAND 1.1.1974
BEGINN 1.1.1971

PE -042

INST MEDIZINISCHES INSTITUT FUER LUFTHYGIENE UND SILIKOSEFORSCHUNG AN DER UNI DUESSELDORF
DUESSELDORF, GURLITTSTR. 53
VORHAB **toxische wirkung von immissionen auf zentralregulatorische funktionen**
untersuchungen ueber art und ausmass der belastung des menschen und seiner umwelt durch immissionen von schadstoffen. feststellung der wirkung luftverunreinigender stoffe auf mensch, tier und pflanze unter spezieller beruecksichtigung der wirkung auf gewebekulturen, stoffwechselvorgaenge, atmungsorgane und kreislaufsystem. objektivierung der wirkung geruchsintensiver stoffe. entwicklung biologischer messverfahren
S.WORT luftverunreinigung + immissionsbelastung + toxizitaet + mensch
STAND 1.1.1975
QUELLE umweltforschungsplan 1975 des bmi
FINGEB BUNDESMINISTER DES INNERN
BEGINN 1.1.1971 ENDE 31.12.1975
G.KOST 2.456.000 DM

PE -043

INST MEDIZINISCHES INSTITUT FUER LUFTHYGIENE UND SILIKOSEFORSCHUNG AN DER UNI DUESSELDORF
DUESSELDORF, GURLITTSTR. 53
VORHAB **zellkultur als testsystem zur pruefung der biologischen wirkung, speziell der onkogenen potenz, von umweltnoxen der aussenluft**
untersuchungen ueber art und ausmass der belastung des menschen und seiner umwelt durch immissionen von schadstoffen. feststellung der wirkung luftverunreinigender stoffe auf mensch, tier und pflanze unter spezieller beruecksichtigung der wirkung auf gewebekulturen, stoffwechselvorgaenge, atmungsorgane und kreislaufsystem. objektivierung der wirkung geruchsintensiver stoffe. entwicklung biologischer messverfahren. untersuchung der wirkung verschiedener komponenten des atmosphaerischen staubs, speziell blei-chlorid und benzo(a)pyren, auf in vitro gezuechtete saeugetierzellen durch testung der zellpermeabilitaet
S.WORT luftverunreinigung + schadstoffbelastung + zellkultur + biologische wirkungen
STAND 1.1.1975
QUELLE umweltforschungsplan 1975 des bmi
FINGEB - BUNDESMINISTER DES INNERN
- EUROPAEISCHE GEMEINSCHAFTEN
BEGINN 1.1.1974 ENDE 31.12.1975
G.KOST 512.000 DM

PE -044

INST MEDIZINISCHES INSTITUT FUER LUFTHYGIENE UND SILIKOSEFORSCHUNG AN DER UNI DUESSELDORF
DUESSELDORF, GURLITTSTR. 53
VORHAB **untersuchung der wirkung von immissionen auf die funktionen von atmung und kreislauf**
untersuchungen ueber art und ausmass der belastung des menschen und seiner umwelt durch immissionen von schadstoffen. feststellung der wirkung luftverunreinigender stoffe auf mensch, tier und pflanze unter spezieller beruecksichtigung der wirkung auf gewebekulturen, stoffwechselvorgaenge, atmungsorgane und kreislaufsystem. objektivierung der wirkung geruchsintensiver stoffe. entwicklung biologischer messverfahren
S.WORT luftverunreinigung + mensch + gesundheit + (atemtrakt + kreislauf)
STAND 1.1.1974
QUELLE umweltforschungsplan 1974 des bmi
FINGEB BUNDESMINISTER DES INNERN
BEGINN 1.1.1971 ENDE 31.12.1974
G.KOST 933.000 DM

PE -045

INST METEOROLOGISCHES INSTITUT DER UNI KARLSRUHE
KARLSRUHE, KAISERSTR. 12
VORHAB **einfluss thermischer umgebungsbedingungen auf den menschen**
simulation des menschlichen waermehaushalts mit einem elektrischen analogmodell
S.WORT mensch + waermehaushalt + simulationsmodell
PROLEI PROF. DR. KARL HOESCHELE
STAND 1.1.1974
BEGINN 1.1.1969
LITAN - HOESCHELE, K.:EIN MODELL ZUR BESTIMMUNG DES EINFLUSSES DER KLIMATISCHEN BEDINGUNGEN AUF DEN WAERMEHAUSHALT UND DAS THERMISCHE BEFINDEN DES MENSCHEN. IN: ARCH. MET. GEOPH. BIOKL. B(18)S. 83-99 (1970)
- HOESCHELE, K.:DIE ERMITTLUNG OPTIMALER THERMISCHER BEDINGUNGEN IN GEBAEUDEN AUS EINEM MODELL DES MENSCHLICHEN WAERMEHAUSHALTS. TEACHING THE TEACHERS IN BUILDING CLIMATOLOGY. IN: PREPRINTS VO12, STOCKHOLM(1972)

PE -046

INST METEOROLOGISCHES INSTITUT DER UNI KARLSRUHE
KARLSRUHE, KAISERSTR. 12
VORHAB **messung der schwefeldioxidbelastung in der umgebung der raffinerien karlsruhe/woerth**
S.WORT immissionsmessung + schwefeldioxid + raffinerie KARLSRUHE + WOERTH + OBERRHEIN
PROLEI PROF. DR. KARL HOESCHELE
STAND 1.1.1974
BEGINN 1.1.1972
LITAN - HOESCHELE, K.:ZEITLICHE UND RAEUMLICHE KORRELATIONEN BEI IMMISSIONSMESSUNGEN. IN: ANNALEN DER METEOROLOGIE N. F(4)S. 140-142 (1969)
- HOESCHELE, K.:REINHALTUNG DER LUFT IM RAUM KARLSRUHE. IN: KARLSRUHER WIRTSCHAFTSSPIEGEL 15, S. 15-17 (1972/73)
- HOESCHELE, K.:DIE REPRAESENTANZ ZEITLICHER STICHPROBEN EINIGER FUER IMMISSIONSBETRACHTUNGEN WESENTLICHER METEOROLOGISCHER GROESSEN. IN: METEOR. RDSCH. 27, S. 5-10 (1974)

PE -047

INST PFLANZENSCHUTZAMT DER LANDWIRTSCHAFTSKAMMER WESER-EMS
OLDENBURG, MARS-LA-TOUR-STR. 9-11

VORHAB **gas- und staubimmissionen und dadurch verursachte schaeden an pflanzen und tieren im raum nordenham**
untersuchungen ueber art und ausmass der belastung des menschen und seiner umwelt durch immissionen von schadstoffen. feststellung der wirkung luftverunreinigender stoffe auf mensch, tier und pflanze unter spezieller beruecksichtigung der wirkung auf gewebekulturen, stoffwechselvorgaenge, atmungsorgane und kreislaufsystem, objektivierung der wirkung geruchsintensiver stoffe. entwicklung biologischer messverfahren. feststellung, in welchem ausmass luftverunreinigungen und schadstoffe im futter auf tiere schaedigend einwirken. hierfuer sind untersuchungen zur feststellung der entwicklung und des gesundheitszustandes der tiere notwendig. ausserdem sollen die verlagerung und der verbleib von schadstoffen im tierischen organismus festgestellt werden
S.WORT schadstoffimmission + lebewesen
NORDENHAM + WESER-AESTUAR
STAND 15.11.1975
FINGEB BUNDESMINISTER DES INNERN
BEGINN 5.12.1973 ENDE 31.12.1976
G.KOST 956.000 DM

PE -048
INST SILICOSE-FORSCHUNGSINSTITUT DER BERGBAUBERUFSGENOSSENSCHAFT
BOCHUM, HUNSCHEIDTSTR. 12
VORHAB **einwirkungen von no2, bzw. nox auf die atemwege**
gesunde versuchspersonen bzw. patienten mit atemwegserkrankungen werden in entsprechenden expositionskammern no 2 - haltigen gasen ausgesetzt. hierbei wird die reaktion der lungenfunktion gemessen
S.WORT luftverunreinigung + schadstoffbelastung + stickoxide + atemtrakt
PROLEI DR. MARTIN BEIL
STAND 9.8.1976
QUELLE fragebogenerhebung sommer 1976
G.KOST 300.000 DM
LITAN BEIL, M.;ULMER, W.: WIRKUNG VON NO2 IM MAK-BEREICH AUF ATEMMECHANIK UND BRONCHIALE ACETYLCHOLINEMPFINDLICHKEIT BEI NORMALPERSONEN. IN: INT. ARCH. ARBEITSMED. (1976)

PE -049
INST SILICOSE-FORSCHUNGSINSTITUT DER BERGBAUBERUFSGENOSSENSCHAFT
BOCHUM, HUNSCHEIDTSTR. 12
VORHAB **einwirkungen von langzeitinhalation von hoher so2-konzentration auf bronchien und lunge**
es soll versucht werden, durch langzeit-inhalation hoher so 2 -konzentrationen (zwischen 400 und 500 ppm) bei hunden das krankheitsbild einer chronischen atemwegserkrankung zu erzeugen
S.WORT luftverunreinigung + schadstoffbelastung + schwefeldioxid + atemtrakt
PROLEI DR. MOHAMED ISLAM
STAND 9.8.1976
QUELLE fragebogenerhebung sommer 1976
G.KOST 150.000 DM
LITAN - BERGES, G.;LANSER, K.;ULMER, W.: EINFLUSS DER LUFTFEUCHTIGKEIT AUF DIE LUNGENFUNKTION BEI SCHWEFELDIOXYDEXPOSITION. IN: ARBEITSMED., SOZIALMED., PRAEVENTIVMED. 10 S. 17(1975)
- ULMER, W.: INHALATIVE NOXEN: SCHWEFELDIOXYD. IN: PNEUMONOLOGIE 150 83(1974)

PE -050
INST SILICOSE-FORSCHUNGSINSTITUT DER BERGBAUBERUFSGENOSSENSCHAFT
BOCHUM, HUNSCHEIDTSTR. 12
VORHAB **einwirkungen der luftverschmutzung auf die haeufigkeit von bronchialkarzinomen**
durch vergleich der an bronchialkarzinom verstorbenen in sehr stark luftverschmutzten gebieten des ruhrgebietes mit der gleichen gruppe, die in der umgebung des ruhrgebietes in wenig luftverschmutzten gegenden verstirbt, soll festgestellt werden, ob unterschiede bestehen
S.WORT luftverunreinigung + schadstoffbelastung + carcinogene + atemtrakt
RHEIN-RUHR-RAUM
PROLEI DR. ERNST KAMMLER
STAND 9.8.1976
QUELLE fragebogenerhebung sommer 1976
FINGEB MINISTER FUER WISSENSCHAFT UND FORSCHUNG, DUESSELDORF
G.KOST 500.000 DM
LITAN ZWISCHENBERICHT

PE -051
INST SILICOSE-FORSCHUNGSINSTITUT DER BERGBAUBERUFSGENOSSENSCHAFT
BOCHUM, HUNSCHEIDTSTR. 12
VORHAB **untersuchungen ueber den einfluss von quarz-asbest-mischungen auf die reaktionsbereitschaft des organismus**
bei dem vorkommen von staubgemischen aus asbest und quarz ist die frage wesentlich, wie sich die einzelkomponenten und wie sich die gemische in ihrer rekationsweise im organismus verhalten. mit quarz-asbest und entsprechenden mischungen wurden tierversuche im intraperitonealtest angesetzt, bei denen der staub wiedergewonnen werden soll, die verteilung der entsprechenden reaktionen im intraperitonealtest ueberprueft werden soll sowie die reaktionsstaerke gemessen wird
S.WORT luftverunreinigung + staub + asbest + quarz + atemtrakt
PROLEI DR. WILLI WELLER
STAND 9.8.1976
QUELLE fragebogenerhebung sommer 1976
FINGEB BUNDESMINISTER FUER ARBEIT UND SOZIALORDNUNG
G.KOST 200.000 DM

PE -052
INST UMWELTBUNDESAMT
BERLIN 33, BISMARCKPLATZ 1
VORHAB **pollen und sporen in der bundesrepublik deutschland, verbreitung, zusammensetzung und lebensfaehigkeit**
daten fuer medizin und pflanzenschutz; konzentrationsangaben ueber allergisch und phytopathologisch wirksame komponenten der luft an messplaetzen in der bundesrepublik deutschland
S.WORT luftverunreinigung + pollen + sporen + allergie
PROLEI DR. STIX
STAND 1.10.1974
FINGEB DEUTSCHE FORSCHUNGSGEMEINSCHAFT
ZUSAM - INST. F. BOTANIK DER TU, 8 MUENCHEN 2, ARCISSTR. 21
- DERMATOLOGISCHE POLIKLINIK DER TU, 8 MUENCHEN 23, BRIEDERSTEINER STR. 21-29
BEGINN 1.6.1964
LITAN 1974. 06

PE -053
INST ZENTRALINSTITUT FUER ARBEITSMEDIZIN DER UNI HAMBURG
HAMBURG 76, ADOLPH-SCHOENFELDER-STR. 5
VORHAB **ein gaschromatographisches verfahren fuer epidemiologische untersuchungen auf kohlenmonoxid in luft und blut**
zur abgrenzung des noch umstrittenen krankheitsbildes chronische kohlenmonoxidintoxikation sind epidemiologische untersuchungen erforderlich. aufgrund ihrer hohen empfindlichkeit und genauigkeit sind hierfuer gaschromatographische bestimmungsverfahren fuer kohlenmonoxid geeignet. das kohlenmonoxid wurde gaschromatographisch auf einem molekularsieb von anderen probenbestandteilen getrennt, ueber einem nickelkatalysator mit wasserstoff

zu methan reduziert und in einem flammenionisationsdetektor nachgewiesen. bei einem kollektiv beruflich nicht belasteter, nicht rauchender probanden konnte ein mittlerer co-gehalt im blut von 0, 67% cohb objektiviert werden
S.WORT luftverunreinigende stoffe + kohlenmonoxid + organismus + nachweisverfahren + (gaschromatographie)
STAND 30.8.1976
QUELLE fragebogenerhebung sommer 1976
BEGINN 1.3.1971 ENDE 31.3.1974
LITAN INNERE MEDIZIN 3 S. 145-151(1974)

PE -054
INST ZENTRUM DER PHYSIOLOGIE DER UNI FRANKFURT FRANKFURT, THEODOR-STERN-KAI 7
VORHAB **untersuchungen zur wirkungsermittlung der inhalatorischen belastung durch luftfremdstoffe bei mensch und tier**
erweiterung laufender versuche zur bestimmung kinetischer koeffizienten bei veratmung von blei in definierten konzentrationen und menge am ganztier. akute und chronische tierexperimente. ermittlung von aufnahme und wirkung kombinierter (andropogen-z-vilisatorisch kontaminierte aerosphaere) und einzelner (co, nox) luftfremdstoffe auf respirations- und zirkulationssystem des menschen bei sportlicher betaetigung
S.WORT luftverunreinigende stoffe + toxizitaet + epidemiologie
PROLEI PROF. DR. WERNER SINN
STAND 30.8.1976
QUELLE fragebogenerhebung sommer 1976
ZUSAM INST. F. SPORTWISSENSCHAFTEN DER UNI FRANKFURT
BEGINN 1.1.1976 ENDE 31.12.1979
G.KOST 200.000 DM

PE -055
INST ZENTRUM DER PHYSIOLOGIE DER UNI FRANKFURT FRANKFURT, THEODOR-STERN-KAI 7
VORHAB **epidemiologische studie an besonders immissionsbelasteten bevoelkerungsgruppen einer grossstadt**
im letzten quartal 1975 wurden 300 ausgewaehlten angehoerigen besonders luftbleibelasteter bevoelkerungsgruppen (anwohner einer strasse besonders hoher verkehrsfrequenz, polizisten u. a.) blutproben entnommen und auf bleikonzentration analysiert. unter dem aspekt, dass mit einfuehrung der neuen bleikonzentration im kraftstoff zum 1. 1. 1976 an den arbeits- und wohnregionen der untersuchten auch der luftbleigehalt reduziert wird, soll in zwei weiteren untersuchungsphasen (ende 1976 und etwa mitte 1977) die wirkung der belastungsabnahme an den gleichen personen geprueft werden
S.WORT immissionsbelastung + blei + bevoelkerung + grosstadt
FRANKFURT + RHEIN-MAIN-GEBIET
PROLEI PROF. DR. WERNER SINN
STAND 30.8.1976
QUELLE fragebogenerhebung sommer 1976
FINGEB EUROPAEISCHE GEMEINSCHAFTEN
ZUSAM - INST. F. ARBEITS- UND SOZIALMEDIZIN DER UNI ERLANGEN
- INST. F. METEOROLOGIE UND GEOPHYSIK DER UNI FRANKFURT
BEGINN 1.10.1975 ENDE 31.12.1977
G.KOST 90.000 DM
LITAN ZWISCHENBERICHT

PE -056
INST ZENTRUM DER PHYSIOLOGIE DER UNI FRANKFURT FRANKFURT, THEODOR-STERN-KAI 7
VORHAB **abhaengigkeit der blutbleikonzentration vom haematokritwert und von physiologischen groessen des stoffwechsels und sauerstoffverbrauches**
der sauerstoffverbrauch aller saeuger ist abhaengig von der koerperoberflaeche, diese wiederum nichtlinear gewichtsabhaengig. bezogen auf das koerpergewicht haben kleine saeuger (und menschen) einen hoeheren o2-verbrauch und damit groessere zu veratmende luftvolumina als groessere exemplare. erarbeitung von formeln zur erfassung solcher zwangslaeufig unterschiedlichen belastung bei gleichen immissionskonzentrationen macht erst unterschiedliche blutbleikonzentrationen vergleichbar
S.WORT immissionsbelastung + blei + organismus + berechnungsmodell
PROLEI PROF. DR. WERNER SINN
STAND 30.8.1976
QUELLE fragebogenerhebung sommer 1976
FINGEB EUROPAEISCHE GEMEINSCHAFTEN
ZUSAM INST. F. WASSER-BODEN- UND LUFTHYGIENE, BUNDESGESUNDHEITSAMT, CORRENSPLATZ 1, 1000 BERLIN 33
LITAN ZWISCHENBERICHT

Weitere Vorhaben siehe auch:

HD -006 SPURENSTOFFE IM TRINKWASSER AUS SANDSTEINGEBIRGEN IM VERGLEICH ZU SOLCHEN AUS DER RHEINEBENE
OC -030 ENTWICKLUNG UND ERPROBUNG VON ANALYSENMETHODEN ZUR BEURTEILUNG VON GESUNDHEITSGEFAHREN DURCH LUFTGAENGIGE ALKYLIERENDE VERBINDUNGEN
TA -008 EPIDEMIOLOGISCHE UNTERSUCHUNG AN IM BERGBAU UNTER RADIOAKTIVER STRAHLENBELASTUNG ARBEITENDEN PERSONEN UNTER BERUECKSICHTIGUNG CARCINOMBILDENDER EINFLUESSE
TA -021 LAENGSSCHNITTUNTERSUCHUNGEN ZU DEN AUSWIRKUNGEN INHALATIVER NOXEN AM ARBEITSPLATZ
TA -022 LAENGSSCHNITTUNTERSUCHUNGEN ZU DEN AUSWIRKUNGEN INHALATIVER NOXEN AM ARBEITSPLATZ
TA -039 DATENERFASSUNG UND DATENVERARBEITUNG IM RAHMEN DES SCHWERPUNKTPROGRAMMS LAENGSSCHNITTUNTERSUCHUNGEN ZU DEN AUSWIRKUNGEN INHALATIVER NOXEN AM ARBEITSPLATZ
TA -041 DIE BEDEUTUNG CHRONISCH-INHALATIVER NOXEN AM ARBEITSPLATZ ALS URSACHE VON CHRONISCHER BRONCHITIS UND EMPHYSEM
TA -057 LAENGSSCHNITTUNTERSUCHUNGEN ZU DEN AUSWIRKUNGEN INHALATIVER NOXEN AM ARBEITSPLATZ
TA -058 LAENGSSCHNITTUNTERSUCHUNGEN ZU DEN AUSWIRKUNGEN INHALATIVER NOXEN AM ARBEITSPLATZ
TA -059 LAENGSSCHNITTUNTERSUCHUNGEN ZU DEN AUSWIRKUNGEN INHALATIVER NOXEN AM ARBEITSPLATZ
TA -061 VERGLEICHENDE UNTERSUCHUNGEN ZUR FRAGE URSAECHLICHER ZUSAMMENHAENGE ZWISCHEN TUBERKULOSESENSITIVITAET UND STAUBBELASTENDER TAETIGKEIT
TA -062 LAENGSSCHNITTUNTERSUCHUNGEN ZU DEN AUSWIRKUNGEN INHALATIVER NOXEN AM ARBEITSPLATZ
TA -068 LAENGSSCHNITTUNTERSUCHUNGEN ZU DEN AUSWIRKUNGEN INHALATIVER NOXEN AM ARBEITSPLATZ
TA -078 FELDSTUDIE ZUR FRAGE DES PASSIVRAUCHENS IN BUERORAEUMEN

PF -001

INST AGRIKULTURCHEMISCHES INSTITUT DER UNI BONN BONN, MECKENHEIMER ALLEE 176
VORHAB einfluss von quecksilber und cadmium in klaerschlaemmen, ertragsbeeinflussung und aufnahme
loeslichkeit des im boden befindlichen quecksilbers. aufnahme durch pflanzenwurzel, wirkung auf pflanzenwachstum
S.WORT boden + schwermetalle + pflanzen
PROLEI PROF. DR. HERMANN KICK
STAND 1.10.1974
FINGEB BUNDESMINISTER FUER JUGEND, FAMILIE UND GESUNDHEIT
ZUSAM BUNDESGESUNDHEITSAMT, 1 BERLIN 33, THIELALLEE 88
BEGINN 1.1.1972
G.KOST 163.000 DM
LITAN ZWISCHENBERICHT 1975. 12

PF -002

INST AGRIKULTURCHEMISCHES INSTITUT DER UNI BONN BONN, MECKENHEIMER ALLEE 176
VORHAB uebersicht ueber die schwermetallgehalte in den landwirtschaftlich und gaertnerisch genutzten boeden in nordrhein-westfalen
es soll ueber die benutzung der emissionsspektrographie eine uebersicht ueber die schwermetallgehalte der landwirtschaftlich genutzten boeden des landes nordrhein-westfalen aufgestellt werden. daraus werden hinweise und leitwerte fuer die schwermetallbelastung der boeden gefunden werden. bei bestimmten faellen soll auch die abhaengigkeit der schwermetallgehalte des pflanzenaufwuches vom schwermetallgehalt des bodens untersucht werden
S.WORT bodenkontamination + schwermetalle NORDRHEIN-WESTFALEN
PROLEI PROF. DR. HERMANN KICK
STAND 11.8.1976
QUELLE fragebogenerhebung sommer 1976
FINGEB MINISTER FUER WISSENSCHAFT UND FORSCHUNG, DUESSELDORF
BEGINN 1.2.1975
G.KOST 110.000 DM
LITAN ZWISCHENBERICHT

PF -003

INST ARBEITSKREIS FUER DIE NUTZBARMACHUNG VON SIEDLUNGSABFAELLEN (ANS) E.V. MUENCHEN 60, PLAENTSCHWEG 72
VORHAB schwermetalle in lebewesen und boeden, eine literaturstudie zur beurteilung der schwermetallanreicherung in boeden nach zufuhr von klaerschlaemmen und stadtkomposten
gefaehrdung der boeden durch muell- und muellklaerschlammkomposte wegen deren gehalt an schwermetallen
S.WORT bodenkontamination + schwermetalle + klaerschlamm + muellkompost
PROLEI DR. GUSTAV ROHDE
STAND 2.8.1976
QUELLE fragebogenerhebung sommer 1976
FINGEB KURATORIUM FUER WASSER- UND KULTURBAUWESEN (KWK), BONN
BEGINN 1.6.1975 ENDE 31.12.1975
G.KOST 11.000 DM
LITAN - SCHWERMETALLE IN LEBEWESEN UND BOEDEN. EINE LITERATURSTUDIE ZUR BEURTEILUNG DER SCHWERMETALLANREICHERUNG IN BOEDEN NACH ZUFUHR VON KLAERSCHLAMM UND STADTKOMPOSTEN. IN: ANS-MITTEILUNGEN, SONDERHEFT (2)(1975)
- ENDBERICHT

PF -004

INST BAYERISCHE LANDESANSTALT FUER BODENKULTUR UND PFLANZENBAU MUENCHEN 19, MENZINGER STRASSE 54
VORHAB bleiniederschlag auf boden und pflanze durch kfz-abgase
entwicklung von massnahmen zur verbesserung von umweltbelastungen
S.WORT kfz-abgase + bleikontamination
PROLEI DR. ROSOPULO
STAND 1.1.1974
BEGINN 1.1.1965

PF -005

INST BOTANISCHES INSTITUT DER TH DARMSTADT DARMSTADT, SCHNITTSPAHNSTR. 3-5
VORHAB die zellphysiologische wirkung von schwefeldioxid und kohlenmonoxid bei pflanzen
experimentelle untersuchung der wirkung von schwefeldioxid und kohlenmonoxid auf photosynthese, transpiration und atmung mit hilfe einer klimatisierten begasungsanlage. pruefung von wirkungen auf enzyme der photosynthese, auf proteine, vitamine und den energiestoffwechsel. untersuchung des blattgewebes auf veraenderungen im submikroskopischen bereich mit hilfe der elektronenmikroskopie. ermittlung der aufnahmekapazitaet der pflanzen fuer schadgase bzgl. reinigung der luft
S.WORT schwefeldioxid + kohlenmonoxid + pflanzenkontamination
PROLEI DR. KARL FISCHER
STAND 1.1.1974
FINGEB DEUTSCHE FORSCHUNGSGEMEINSCHAFT
ZUSAM MAX-PLANCK-INST. FUER CHEMIE, 65 MAINZ, SAARSTR. 23
BEGINN 1.1.1969 ENDE 31.12.1980
G.KOST 300.000 DM
LITAN FISCHER, K.;KRAMER, D.;ZIEGLER, H.: ELEKTRONENMIKROSKOPISCHE UNTERSUCHUNGEN SCHWEFELDIOXID-BEGASTER BLAETTER VON VICIA FABA. IN: PROTOPLASMA 76 S. 83-96(1973)

PF -006

INST FACHGEBIET ANALYTISCHE CHEMIE DER UNI MARBURG MARBURG, GUTENBERGSTR. 18
VORHAB bestimmung von essentiellen und toxischen spurenelementen in bodenproben und landwirtschaftlichen produkten
atom-absorptions-spektral-analyse
S.WORT boden + landwirtschaftliche produkte + spurenanalytik
PROLEI PROF. DR. GOTTFRIED STORK
STAND 1.10.1974
FINGEB DEUTSCHE FORSCHUNGSGEMEINSCHAFT

PF -007

INST FACHRICHTUNG PHYSIOLOGISCHE CHEMIE DER UNI DES SAARLANDES HOMBURG/SAAR, LANDESKRANKENHAUS BAU 44
VORHAB einfluss von blei(II)-ionen auf den stoffwechsel von halogenen
untersuchungen ueber art und ausmass der belastung des menschen und seiner umwelt durch immissionen von schadstoffen. feststellung der wirkung luftverunreinigender stoffe auf mensch, tier und pflanze unter spezieller beruecksichtigung der wirkung auf gewebekulturen, stoffwechselvorgaenge, atmungsorgane und kreislaufsystem. objektivierung der wirkung geruchsintensiver stoffe. entwicklung biologicher messverfahren. ziel des vorhabens ist die feststellung der mutagenen wirkung von blei in gegenwart von brom. in in-vitro-versuchen soll die umsetzung von uracil und bleibromid zum mutagenen bromuracil quantitativ bestimmt werden
S.WORT schadstoffimmission + bleiverbindungen + metabolismus + halogene + pflanzen
PROLEI PROF. DR. HERMANN JOSEF HAAS
STAND 1.1.1975

QUELLE umweltforschungsplan 1975 des bmi
FINGEB - BUNDESMINISTER DES INNERN
- EUROPAEISCHE GEMEINSCHAFTEN
ZUSAM - FACHRICHTUNG BIOCHEMIE DER UNI DES SAARLANDES, 6600 SAARBRUECKEN
- FACHRICHTUNG MIKROBIOLOGIE DER UNI DES SAARLANDES, 6600 SAARBRUECKEN
BEGINN 1.1.1974 ENDE 31.12.1975
G.KOST 219.000 DM
LITAN ZWISCHENBERICHT

PF -008
INST GEOLOGISCHES INSTITUT DER UNI WUERZBURG
WUERZBURG, PLEICHERWALL 1
VORHAB schwermetallgehalte in gesteinen des fichtelgebirges
im beabsichtigten arbeitsgebiet (bl. berneck, fichtelberg) stehen eine reihe von unterschiedlichen gesteinen mit zum teil groesseren vererzungen an; ihre zum teil sehr unterschiedlichen gehalte an schwermetallen sollen in wechselwirkung mit den boeden und gewaessern studiert werden; das gebiet wurde u. a. deshalb gewaehlt, weil man sich hier weitgehend noch im vorfeld anthropogener verschmutzung befindet
S.WORT mineralogie + schwermetalle
FICHTELGEBIRGE
PROLEI PROF. DR. WALTER ALEXANDER SCHNITZER
STAND 1.10.1974
FINGEB DEUTSCHE FORSCHUNGSGEMEINSCHAFT
ZUSAM - MINERALOGISCHES INST. DER UNI WUERZBURG, 87 WUERZBURG, PLEICHERWALL 1
- MINERALOGISCHES INST. DER UNI ERLANGEN-NUERNBERG, 852 ERLANGEN, SCHLOSSGARTEN 5
BEGINN 1.1.1974 ENDE 31.12.1978
G.KOST 25.000 DM
LITAN ZWISCHENBERICHT

PF -009
INST GEOLOGISCHES LANDESAMT NORDRHEIN-WESTFALEN
KREFELD, DE-GREIFF-STR. 195
VORHAB untersuchung von boeden auf ihren gehalt von schwermetallen (blei, zink, cadmium)
S.WORT schwermetalle + boden
STAND 1.1.1974

PF -010
INST HAMBURGISCHE GARTENBAU-VERSUCHSANSTALT FUENFHAUSEN
HAMBURG 80, OCHSENVERDER LANDSCHEIDEWEG 277
VORHAB pruefung der verwendbarkeit von fluorhaltigem trinkwasser als giesswasser
geprueft werden soll, ob eine evtl. fluoridierung des trinkwassers bei der verwendung als giesswasser negative einfluesse auf das pflanzenwachstum haben kann
S.WORT trinkwasser + fluor + pflanzen + biologische wirkungen
PROLEI ULRIKE SCHROEDER
STAND 21.7.1976
QUELLE fragebogenerhebung sommer 1976
ZUSAM HAMBURGER WASSERWERKE
BEGINN 1.7.1976 ENDE 31.10.1976
G.KOST 3.000 DM

PF -011
INST HAMBURGISCHE GARTENBAU-VERSUCHSANSTALT FUENFHAUSEN
HAMBURG 80, OCHSENVERDER LANDSCHEIDEWEG 277
VORHAB einsatz von muellkompost im freilandgemuesebau
ziel ist es, durch den einsatz von muellkompost langfristig den humusgehalt der boeden zu sichern. neben den hauptnaehrstoffen und dem humusgehalt selbst finden die schwermetalle, die im muellkompost reichlich vorhanden sind, besondere beachtung. der gehalt von schwermetallen wird durch boden- und blattanalysen kontrolliert
S.WORT gemuesebau + schwermetallkontamination + muellkompost + bodenverbesserung
PROLEI DIPL. -ING. UWE SCHMOLDT
STAND 21.7.1976
QUELLE fragebogenerhebung sommer 1976
BEGINN 1.4.1975 ENDE 31.12.1980
G.KOST 25.000 DM

PF -012
INST HYGIENE INSTITUT DER UNI MUENSTER
MUENSTER, WESTRING 10
VORHAB belebte und unbelebte schadfaktoren in wasser, abwasser und boden
stoerungen des oekologischen gleichgewichtes durch anreicherungen von schwermetallen in wasser und boden. es sollen auswirkungen auf verteilungsmuster in unserer umwelt studiert und schadwirkungen analysiert werden
S.WORT wasserverunreinigung + bodenkontamination + schwermetalle + schadstoffwirkung
PROLEI DR. WERNER MATHYS
STAND 12.8.1976
QUELLE fragebogenerhebung sommer 1976
LITAN ZWISCHENBERICHT

PF -013
INST INSTITUT FUER AEROBIOLOGIE DER FRAUNHOFER-GESELLSCHAFT E.V.
SCHMALLENBERG GRAFSCHAFT, UEBER SCHMALLENBERG
VORHAB untersuchungen zur schadwirkung von schwermetallverbindungen an mikroorganismen mit hilfe von impulscytophotometrie
untersuchungen ueber art und ausmass der belastung des menschen und seiner umwelt durch immissionen von schadstoffen. feststellung der wirkung luftverunreinigender stoffe auf mensch, tier und pflanze unter spezieller beruecksichtigung der wirkung auf gewebekulturen, stoffwechselvorgaenge, atmungsorgane und kreislaufsystem. objektivierung der wirkung geruchsintensiver stoffe. entwicklung biologischer messverfahren. untersuchung der verminderten syntheseleistung von mikroorganismen (dns, rns, protein) unter einwirkung unterschiedlicher schwermetallkonzentrationen; entwicklung eines screeningverfahrens zum nachweis von veraenderungen der proliferation an mikroorganismen durch schwermetalle
S.WORT schadstoffbelastung + schwermetalle + mikroorganismen + (biologische wirkungen)
STAND 1.1.1975
QUELLE umweltforschungsplan 1975 des bmi
FINGEB - BUNDESMINISTER DES INNERN
- EUROPAEISCHE GEMEINSCHAFTEN
BEGINN 1.1.1974 ENDE 31.12.1975
G.KOST 206.000 DM

PF -014
INST INSTITUT FUER AEROBIOLOGIE DER FRAUNHOFER-GESELLSCHAFT E.V.
SCHMALLENBERG GRAFSCHAFT, UEBER SCHMALLENBERG
VORHAB untersuchungen zur schadwirkung von schwermetallverbindungen auf das wachstum von planktischen algen sowie bakterien und hefen
ermittlung von dosis-wirkungsrelationen und toxizitaetsgrenzwerten
S.WORT schwermetallkontamination + algen + biologische wirkungen
PROLEI DR. -ING. KARL-JOSEF HUTTER
STAND 29.7.1976
QUELLE fragebogenerhebung sommer 1976
FINGEB EUROPAEISCHE GEMEINSCHAFTEN
BEGINN 1.1.1976 ENDE 31.12.1978
G.KOST 455.000 DM
LITAN HUTTER, K.;OLDIGES, H.: UEBER DIE WIRKUNG VON SCHWERMETALLEN AUF MIKROORGANISMEN. UNTERSUCHUNGEN ZUR PROTEINSYNTHESE VON HEFEZELLEN MIT HILFE DER IMPULSCYTOPHOTOMETRIE. IN: CHEMOSPHERE 2 S. 85-90(1976)

PF -015

INST INSTITUT FUER ALLGEMEINE BOTANIK DER UNI HAMBURG
HAMBURG 36, JUNGIUSSTR. 6

VORHAB **die wirkung toxischer schwermetalle auf die suesswassergruenalge microthamnion kuetzingianum naeg**
im zusammenhang mit problemen der materialanreicherung in nahrungsketten wurden an dieser alge aufnahmeraten fuer blei und mangan bestimmt. es wurden untersuchungen ueber den aufnahmemechanismus durchgefuehrt, sowie der einfluss von umweltfaktoren auf die metallanreicherung untersucht

S.WORT nahrungskette + algen + schwermetallbelastung + schadstoffwirkung
PROLEI DR. DIETRICH LORCH
STAND 30.8.1976
QUELLE fragebogenerhebung sommer 1976
BEGINN 1.1.1971 ENDE 31.12.1974

PF -016

INST INSTITUT FUER ALLGEMEINE BOTANIK DER UNI HAMBURG
HAMBURG 36, JUNGIUSSTR. 6

VORHAB **die bildung extrazellulaerer produkte bei fritschiella tuberosa in abhaengigkeit vom entwicklungszustand der alge**
qualitative und quantitave untersuchung der extrazellulaeren produkte bei fritschiella; erfassung von veraenderungen in quantitaet bei verschiedenen entwicklungsstadien der alge; anwendung a) toxische wirkung extrazellulaerer produkte; b) komplexierung von schwermetallen durch extrazellulaere produkte; c) produktion wirtschaftlich wichtiger extrazellulaerer produkte

S.WORT algen + schadstoffwirkung + schwermetalle
PROLEI MICHAEL MELKONIAN
STAND 30.8.1976
QUELLE fragebogenerhebung sommer 1976
BEGINN 1.1.1974 ENDE 31.12.1976

PF -017

INST INSTITUT FUER ANGEWANDTE BOTANIK DER UNI HAMBURG
HAMBURG, MARSEILLER STRASSE 7

VORHAB **vegetationsschaeden durch auftausalze**
1. durch aufklaerung der oeffentlichkeit und staatlicher stellen: verminderte menge an auftausalzen. 2. aufklaerung des wirkungsmechanismus von nacl. 3. physiologische massnahmen zur verringerung der schadsymptome

S.WORT kochsalz + schadstoffwirkung + vegetation + (streusalz)
PROLEI PROF. DR. RUGE
STAND 1.1.1974
BEGINN 1.9.1967 ENDE 31.12.1977
LITAN - RUGE, U. IN: GARTENAMT 24 S. 93-96(1975)
- RUGE, U. IN: UMWELTHYGIENE 27 S. 199-201(1976)
- ENDBERICHT

PF -018

INST INSTITUT FUER ANGEWANDTE BOTANIK DER UNI HAMBURG
HAMBURG, MARSEILLER STRASSE 7

VORHAB **vegetationsschaeden durch erdgas**
aufklaerung der physiologischen und oekologischen verhaeltnisse im boden, die bei vorhandensein von erdgas zum absterben der baeume fuehren. erarbeitung von massnahmen um einen durch erdgas verseuchten boden moeglichst bald wieder zu entseuchen

S.WORT erdgas + physiologische wirkungen + vegetation
PROLEI PROF. DR. RUGE
STAND 1.1.1974
BEGINN 1.9.1970 ENDE 31.12.1974
LITAN - KROEGER, K. -H. IN: ZENTRALBL. F. BAKTERIOL. ABT. II 130 S. 251-284(1975)
- ENDBERICHT

PF -019

INST INSTITUT FUER ANGEWANDTE BOTANIK DER UNI HAMBURG
HAMBURG, MARSEILLER STRASSE 7

VORHAB **untersuchungen zur wirkung von luftverunreinigungen gewerblicher und industrieller emittenten auf pflanzen und boeden**
ermittlung der wirkung von gas- und staubfoermigen luftverunreinigungen, insbesondere von schwermetallen und ammoniak auf pflanzen und boeden; nachweis/beweissicherung/messverfahren; ermittlung von wirkungskriterien

S.WORT luftverunreinigende stoffe + industrieabgase + flugstaub + vegetation + schwermetallkontamination
PROLEI DR. BERND SCHUERMANN
STAND 1.1.1974
BEGINN 1.1.1969

PF -020

INST INSTITUT FUER ANGEWANDTE BOTANIK DER UNI HAMBURG
HAMBURG, MARSEILLER STRASSE 7

VORHAB **blei in den autoabgasen und bleiaufnahme durch die wurzeln hoeherer pflanzen**
1. untersuchungen zur frage, ob bleihaltige oder bleifreie autoabgase fuer unsere nutzpflanzen schaedlicher sind. 2. aufnahme und transport von bleiverbindungen durch die wurzel

S.WORT kfz-abgase + nutzpflanzen + bleikontamination
PROLEI PROF. DR. RUGE
STAND 1.1.1974
BEGINN 1.1.1968 ENDE 31.12.1974
LITAN - STEENKEN, F. IN: ZEITSCHR. F. PFLANZENKRANKHEITEN U. PFLANZENSCHUTZ 80 S. 346-358 U. 513-527(1973)
- PHYTOPATHOL. ZEITSCHRIFT
- ENDBERICHT

PF -021

INST INSTITUT FUER BIOCHEMIE DER GESELLSCHAFT FUER STRAHLEN- UND UMWELTFORSCHUNG MBH
FREIBURG, HERMANN-HERDER-STR. 7

VORHAB **wirkung von so2 auf den stoffwechsel in pflanzen und mikroorganismen**
durch einwirkung von so2-35 auf pflanzen (z. b. spinatchloroplasten) wird der einbau von s-35 in zellorganellen sowie transport und verteilung in der pflanze studiert. der einfluss von so2 auf den stoffwechsel von mitochondrien und peroxysomen aus pflanzen (zunaechst tabak, sonnenblumen) wird untersucht. wirkung von so2 auf mikroorganismen (beginn 1976): so2 dient in grossem masstab zur abtoetung von mikroorganismen ("schwefelung"). der mechanismus dieser so2-wirkung soll untersucht werden

S.WORT biochemie + schwefeldioxid + pflanzen + mikroorganismen + metabolismus
PROLEI DR. J. BERNDT
STAND 30.8.1976
QUELLE fragebogenerhebung sommer 1976
BEGINN 1.1.1975 ENDE 31.12.1979
G.KOST 2.236.000 DM
LITAN - LIBERA,W.;ZIEGLER,I.;ZIEGLER,H.: THE ACTION OF SULFITE ON THE HCOS-FIXATION AND THE FIXATION PATTERN OF ISOLATED CHLOROPLASTS AND LEAF TISSUE SLICES. IN:ZEITSCHR. F. PFLANZENPHYSIOL. 74 S.420-433(1975)
- ZIEGLER,I.: THE EFFECT OF SO2 POLLUTION ON PLANT METABOLISM. IN:RESIDUE REVIEW 56 S.79-105(1975)
- ZIEGLER,I.;LIBERA,W.: THE ENHANCEMENT OF CO2-FIXATION IN ISOLATED CHLOROPLASTE BY LOW SULFITE CONCENTRATION AND BY ASCORBATE. IN:ZEITSCHR. F. NATURFORSCH. 30C S.634-637(1975)

PF -022

INST INSTITUT FUER BIOCHEMIE DER GESELLSCHAFT FUER STRAHLEN- UND UMWELTFORSCHUNG MBH
MUENCHEN 2, LANDWEHRSTR. 61

VORHAB **einfluss von so2 und von schwermetallen auf die photosynthese; stoffwechselweg von schwefel bei nicht-schaedlicher und schaedlicher immissions-konzentration**
die wirkung von so2 auf dei lichtreaktionen und dunkelreaktionen (enzyme) der photosynthetischen co2-fixierung wird mit allen einschlaegigen methoden (enzymbestimmungen, fixierung von 14co2 im blatt nur in isolierten chlorplasten) untersucht. einbau von 35s aus 35sulfat, 35sulfit und 25so2 in zellorganelle, die mittels dichtegradienten-zentrifugation getrennt werden. identifizierung der entstandenen verbindungenen in den einzelnen organellen
S.WORT pflanzenphysiologie + schwefeldioxid + schwermetalle + photosynthese
PROLEI PROF. DR. HELMUT HOLZER
STAND 30.8.1976
QUELLE fragebogenerhebung sommer 1976
FINGEB GESELLSCHAFT FUER STRAHLEN- UND UMWELTFORSCHUNG MBH (GSF), MUENCHEN
BEGINN 1.3.1970
LITAN - ZIEGLER, I.: THE EFFECT OF SO2 POLLUTION ON PLANT METABOLISM. IN: RESIDUE REVIEW 56 S. 79(1975)
- ZIEGLER, I.;LIBERA, W.: THE ENHANCEMENT OF CO2 FIXATION IN ISOLATED CHLOROPLASTS BY LOW SULFITE CONCENTRATION AND BY ASCORBATE. IN: Z. F. NATURFORSCHUNG 30C S. 634(1975)

PF -023
INST INSTITUT FUER BODENBIOLOGIE DER FORSCHUNGSANSTALT FUER LANDWIRTSCHAFT BRAUNSCHWEIG, BUNDESALLEE 50
VORHAB **freisetzung von schwermetallionen aus schwerloeslichen verbindungen**
S.WORT schadstoffbelastung + schwermetalle
PROLEI PROF. DR. KLAUS H. DOMSCH
STAND 1.1.1976
QUELLE mitteilung des bundesministers fuer ernaehrung,landwirtschaft und forsten
FINGEB FORSCHUNGSANSTALT FUER LANDWIRTSCHAFT, BRAUNSCHWEIG-VOELKENRODE
BEGINN ENDE 31.12.1977

PF -024
INST INSTITUT FUER BODENKUNDE DER LANDES LEHR- UND VERSUCHSANSTALT FUER WEINBAU, GARTENBAU UND LANDWIRTSCHAFT TRIER, EGBERTSTR. 18/19
VORHAB **der einfluss von schwermetallen auf das wachstum der rebe**
einfluss von schwermetallen aus siedlungsabfaellen auf das wachstum der reben, gefaessversuche mit reben auf muellkompost zur feststellung der schwermetallaufnahme durch die pflanze
S.WORT weinbau + pflanzen + schwermetallkontamination + (weinreben)
PROLEI DR. WALTER
STAND 1.1.1974
FINGEB FORSCHUNGSRING DES DEUTSCHEN WEINBAUS, FRANKFURT
ZUSAM INST. F. REBENKRANKHEITEN DER BIOLOGISCHEN BUNDESANSTALT F. LAND- UND FORSTWIRTSCHAFT
BEGINN 1.1.1974

PF -025
INST INSTITUT FUER BODENKUNDE DER UNI BONN BONN, NUSSALLEE 13
VORHAB **schwermetalle in terrestrischen, hydromorphen und subhydrischen industrienahen und industriefernen boeden**
atomabsorptionsspektrometrische untersuchungen ueber spurengehalte von schwermetallen in selektierten bodenprofilen und -proben (terrestrische boeden/hydromorphe boeden/subhydrische sedimente (gyttjen) industrienaher und -ferner standorte
S.WORT bodenkontamination + schwermetalle
PROLEI PROF. DR. SCHARPENSEEL
STAND 1.1.1974
BEGINN 1.1.1973 ENDE 31.12.1975
G.KOST 60.000 DM
LITAN ZWISCHENBERICHT 1974. 10

PF -026
INST INSTITUT FUER BODENKUNDE DER UNI BONN BONN, NUSSALLEE 13
VORHAB **adsorption von schwermetallen an unterschiedlichen tonmineralien**
tonminerale in boeden, sedimenten und aufgeschwemmt in gewaessern spielen eine grosse rolle bei der sorption von schwermetallen. dabei verhalten sich die unterschiedlichen tonminerale nicht gleich. die unterschiedliche sorption an definierten, moeglichst reinen proben der verschiedenen tonminerale wird mit dem atomabsorptionsspekrometer (aas) untersucht. die besondere schwierigkeit besteht in der beschaffung reiner tonminerale
S.WORT schwermetalle + adsorption + bodenbeschaffenheit + (tonminerale)
PROLEI DR. HEINZ BECKMANN
STAND 4.8.1976
QUELLE fragebogenerhebung sommer 1976
BEGINN 1.1.1975 ENDE 31.12.1977
G.KOST 4.000 DM
LITAN SCHARPENSEEL; BECKMANN: SCHWERMETALLUNTERSUCHUNGEN AN TERRESTISCHEN, HYDROMORPHEN UND SUBHYDRISCHEN BOEDEN AUS LAENDLICHEN SOWIE STADT- UND INDUSTRIENAHEN BEREICHEN. IN: LANDWIRTSCH. FORSCHUNG 28 S. 128-134(1975)

PF -027
INST INSTITUT FUER BODENKUNDE UND BODENERHALTUNG / FB 16/21 DER UNI GIESSEN GIESSEN, LUDWIGSTR. 23
VORHAB **einfluss von auftausalzen auf boden, wasser und vegetation**
bei verwendung von auftausalzen auf verkehrswegen gelangen salzhaltige schmelzwaesser ueber die kanalisation unmittelbar in vorfluter bzw. als spritzwasser auf die boeden entlang der verkehrswege, mit dem sickerwasser in die boeden und das grundwasser. erhoehte salz- (insbesondere na-) konzentration verschlechtern die bodenstruktur, vermindern den gehalt an pflanzenaufnehmbarem wasser und aeussern sich somit in trockenschaeden der vegetation und foerdern die natuerliche selektion trocken- und salzresistenter arten und sorten
S.WORT streusalz + bodenkontamination + wasserverunreinigung + pflanzenkontamination
PROLEI PROF. DR. PREUSSE
STAND 6.8.1976
QUELLE fragebogenerhebung sommer 1976
BEGINN 1.1.1974 ENDE 31.12.1978
LITAN BROD, H.;PREUSSE, H. -U.: EINFLUSS VON AUFTAUSALZEN AUF BODEN, WASSER U. VEGET. . I. ALLG. GRUNDL. UND BEEINFLUSSUNGEN DES BODENS. II. BEEINFL. VON WASSER. III. EINFL. AUF DIE VEGET. . IN: RASEN TURF GAZON 1 S. 21-27, 2 S. 46-54(1975)

PF -028
INST INSTITUT FUER BODENKUNDE UND WALDERNAEHRUNG DER UNI GOETTINGEN GOETTINGEN, BUESGENWEG 2
VORHAB **bodenbelastung durch umweltmetalle**
erfassung schwermetalle (kadmium/blei/chrom/nickel/kupfer/kobalt) in niederschlaegen, wasserproben, im wald und im boden; aufstellung von bilanzen
S.WORT bodenbelastung + schwermetalle + wasser SOLLING
PROLEI PROF. DR. HANS-WERNER FASSBENDER
STAND 1.1.1974
QUELLE erhebung 1975
FINGEB DEUTSCHE FORSCHUNGSGEMEINSCHAFT
BEGINN 1.8.1972 ENDE 30.4.1975
G.KOST 100.000 DM
LITAN ZWISCHENBERICHT 1975. 04

PF -029
INST INSTITUT FUER BODENKUNDE UND WALDERNAEHRUNG DER UNI GOETTINGEN GOETTINGEN, BUESGENWEG 2

VORHAB **umweltrelevante spurenstoffe in der bodendecke. q/i-beziehungen und bindungsformen von spurenstoffen in boeden**
beziehung zwischen der quantitaet von spurenstoffen (besonders pb und cd), die an die festsubstanz des bodens gebunden sind, und deren konzentration (intensitaet) in der bodenloesung soll aufgesucht werden. damit wird der mechanismus aufgeklaert, der die filterfunktion des bodens gegenueber spurenstoffen im sickerwasser - moeglicherweise aus umweltverunreinigungen stammend - bestimmt. methodik: adsorptionsversuche mit variantion von humusgehalt, ph-wert und ausgangsgestein
S.WORT bodenkontamination + sickerwasser + spurenstoffe + geochemie + (adsorptionsversuche)
PROLEI DR. ROBERT MAYER
STAND 29.7.1976
QUELLE fragebogenerhebung sommer 1976
FINGEB DEUTSCHE FORSCHUNGSGEMEINSCHAFT
ZUSAM INST. F. GEOCHEMIE DER UNI GOETTINGEN, GOLDSCHMIDTSTRASSE, 3400 GOETTINGEN
BEGINN 1.9.1974 ENDE 31.8.1979
G.KOST 155.000 DM
LITAN ZWISCHENBERICHT

PF -030
INST INSTITUT FUER BODENKUNDE UND WALDERNAEHRUNGSLEHRE DER UNI FREIBURG
FREIBURG, BERTOLDSTR. 17
VORHAB **untersuchungen zur anthropogenen bodenversalzung im noerdlichen irak**
S.WORT anthropogener einfluss + bodenbelastung + salze IRAK
PROLEI R. GANSEN
STAND 1.1.1976
QUELLE mitteilung des bundesministers fuer ernaehrung,landwirtschaft und forsten
ZUSAM INST. F. FORSTEINRICHTUNGEN U. FORSTL. BETRIEBSWIRTSCHAFT D. UNI FREIBURG; ABT. F. LUFTBILDMESSUNG
BEGINN 1.1.1970

PF -031
INST INSTITUT FUER CHEMISCHE TECHNOLOGIE DER TU BRAUNSCHWEIG
BRAUNSCHWEIG, HANS-SOMMER-STR. 10
VORHAB **grossraeumige immissionsmessung im raum goslar-bad harzburg**
ergebnis: umweltrelevante beurteilung von thermischen verfahrenstechniken der zink-, cadmium- und bleigewinnung
S.WORT immissionsmessung + schwermetallkontamination + huettenindustrie + boden + pflanzenkontamination
GOSLAR-BAD HARZBURG (RAUM) + HARZ (NORD)
PROLEI DIPL. -CHEM. GESSNER
STAND 1.1.1974
ZUSAM NIEDERSAECHSISCHES LANDESAMT FUER BODENFORSCHUNG, 3 HANNOVER, ALFRED-BENTZ-HAUS; GEWERBEAUFSICHTSAMT,
BEGINN 1.1.1975 ENDE 31.12.1976
G.KOST 150.000 DM
LITAN GESSNER, W. -D.: DIE IMMISSIONSBELASTUNG DES RAUMES GOSLAR-OKER-HARLINGERODE DURCH SCHWERMETALL, 1969-1972. UNTERSUCHUNGSERGEBNISSE D. INST. CHEM. TECHN. (1974)

PF -032
INST INSTITUT FUER ERNAEHRUNGSWISSENSCHAFTEN II / FB 19 DER UNI GIESSEN
GIESSEN, WIESENSTR. 3-5
VORHAB **schwermetallvorkommen in bodenproben, futterproben und rinderlebern (nordenham)**
S.WORT schwermetalle + futtermittel + boden + organismus
PROLEI PROF. DR. MED. HABIL. WAGNER
STAND 1.1.1974
BEGINN 1.1.1972

PF -033
INST INSTITUT FUER KERNCHEMIE DER UNI KOELN
KOELN 1, ZUELPICHER STRASSE 47
VORHAB **geochemie umweltrelevanter spurenstoffe**
untersuchung der grossraeumigen verbreitung des berylliums in den hohen tauern (oesterreich), seiner mobilisierung und wechselwirkung mit der umwelt
S.WORT geochemie + spurenstoffe + (beryllium)
ALPENRAUM
PROLEI PROF. DR. WILFRID HERR
STAND 21.7.1976
QUELLE fragebogenerhebung sommer 1976
FINGEB DEUTSCHE FORSCHUNGSGEMEINSCHAFT
ZUSAM MINERALOGISCH-PETROGRAPHISCHES INSTITUT DER UNI KOELN, ZUELPICHER STR. 49, 5000 KOELN 1
BEGINN 1.5.1974 ENDE 1.5.1977
G.KOST 203.000 DM
LITAN ZWISCHENBERICHT

PF -034
INST INSTITUT FUER LANDMASCHINENFORSCHUNG DER FORSCHUNGSANSTALT FUER LANDWIRTSCHAFT
BRAUNSCHWEIG, BUNDESALLEE 50
VORHAB **ermittlung von gesetzmaessigkeiten von werkzeugwirkungen beim einbringen und mischen von stoffen mit boden**
betriebsmitte, reststoffe aus der pflanzlichen produktion sowie abfallstoffe aus der tierischen produktion und aus dem kommunalen bereich werden in den boden eingebracht. haeufig ist die ablage im hinblick auf gleichmaessige verteilung, speicherung und freigabe von naehrstoffen unbefriedigend. es werden in labor-bodenrinnen- und feldversuchen die fuer den einbring- und mischvorgang entscheidenden physikalisch-mechanischen eigenschaften der zu mischenden komponenten, die technischen systemparameter und die wechselseitigen abhaengigkeiten zur beurteilung und entwicklung geeigneter geraete und verfahren bestimmt
S.WORT abfallstoffe + bodenbelastung + schadstoffabbau
PROLEI DR. -ING. RUEDIGER KRAUSE
STAND 13.8.1976
QUELLE fragebogenerhebung sommer 1976
ZUSAM INST. F. PFLANZENBAU UND SAATGUTFORSCHUNG DER FORSCHUNGSANSTALT FUER LANDWIRTSCHAFT, BRAUNSCHWEIG
BEGINN 1.7.1976 ENDE 31.12.1978

PF -035
INST INSTITUT FUER LANDWIRTSCHAFTLICHE MIKROBIOLOGIE / FB 16/21 DER UNI GIESSEN
GIESSEN, SENCKENBERGSTR. 3
VORHAB **bleiimmissionen und deren wirkung auf mikrobiologische aktivitaeten im boden**
wirkung von bleisalzen unterschiedlicher art und konzentration auf zahl und funktionsfaehigkeit verschiedener bodenmikroorganismen. inaktivierung und reaktivierung von blei-immissionen durch bodenfaktoren
S.WORT bodenkontamination + blei + mikroorganismen + oekotoxizitaet
PROLEI PROF. DR. EBERHARD KUESTER
STAND 6.8.1976
QUELLE fragebogenerhebung sommer 1976
FINGEB EUROPAEISCHE GEMEINSCHAFTEN
BEGINN 1.1.1973 ENDE 31.12.1976

PF -036
INST INSTITUT FUER MINERALOGIE UND PETROGRAPHIE DER UNI KOELN
KOELN, ZUELPICHER STR 49
VORHAB **sedimentfallen und magmatogene waesser als geochemische referenzen fuer die gegenwaertige oberflaechensedimente der vulkanischen eifel**
die natuerliche belastung der gesteine, waesser und boeden an umweltrelevanten spurenstoffen im vorfeld der anthropogenen verschmutzung, soll fuer ein regionales modell anhand von jungtaertiaeren sedimentfallen und quellwaessern aufgeklaert werden. rezente boeden, sedimente und waesser sollen zu den regionalen geochemischen standard in beziehung gesetzt werden
S.WORT bodenbelastung + spurenanalytik
EIFEL + LAACHER SEE

PROLEI DR. BERND LINDNER
STAND 21.7.1976
QUELLE fragebogenerhebung sommer 1976
FINGEB DEUTSCHE FORSCHUNGSGEMEINSCHAFT
BEGINN 1.5.1974
LITAN ZWISCHENBERICHT

PF -037

INST INSTITUT FUER MINERALOGIE UND PETROGRAPHIE DER UNI KOELN
KOELN, ZUELPICHER STR 49
VORHAB **das geochemische verhalten der elemente chrom, kobalt, kupfer, zink, kadmium, mangan und antimon, arsen, selen, tellur, fluor am beispiel eines magmatogenen und sedimentaeren bildungsraumes**
S.WORT geochemie + metalle + arsen + fluor
PROLEI DR. BERND LINDNER
STAND 7.9.1976
QUELLE datenuebernahme von der deutschen forschungsgemeinschaft
FINGEB DEUTSCHE FORSCHUNGSGEMEINSCHAFT

PF -038

INST INSTITUT FUER NICHTPARASITAERE PFLANZENKRANKHEITEN DER BIOLOGISCHEN BUNDESANSTALT FUER LAND- UND FORSTWIRTSCHAFT
BERLIN 33, KOENIGIN-LUISE-STR. 19
VORHAB **belastbarkeit von boden und pflanze mit den elementen mangan, nickel, chrom, kobalt und vanadin**
untersuchungen ueber art und ausmass der belastung des menschen und seiner umwelt durch immissionen von schadstoffen. das vorhaben ist teil des gesamtforschungsprojektes "belastungen und wirkungen auf pflanzen und boden durch metallische staeube" und soll zum einen aussagen ueber die aufnahme und verteilung der oben angegebenen elemente in pflanzen bringen und zum anderen hinweise ueber die toleranzgrenzen in nutz- und zierpflanzen liefern
S.WORT schwermetallkontamination + bodenbelastung + pflanzenkontamination
PROLEI PROF. DR. ADOLF KLOKE
STAND 20.11.1975
FINGEB BUNDESMINISTER DES INNERN
BEGINN 1.10.1975 ENDE 31.12.1978
G.KOST 196.000 DM

PF -039

INST INSTITUT FUER NICHTPARASITAERE PFLANZENKRANKHEITEN DER BIOLOGISCHEN BUNDESANSTALT FUER LAND- UND FORSTWIRTSCHAFT
BERLIN 33, KOENIGIN-LUISE-STR. 19
VORHAB **untersuchungen ueber den quecksilber-, blei- und cadmiumgehalt von boeden und pflanzen beiderseits der verkehrswege**
ermittlung der gehalte von pflanzen an blei, cadmium und quecksilber im interesse der gesundheit von pflanze, tier und mensch, soweit sie dem strassenverkehr entstammen. die erhaltenen werte sind mit den geplanten hoechstmengen fuer die gehalte in lebensmitteln zu vergleichen. b) untersuchung von nahrungs- und futterpflanzenproben aus der bundesrepublik. gefaessversuche ueber deren aufnahme aus dem boden
S.WORT kfz-abgase + pflanzenkontamination + schwermetalle + lebensmittelhygiene
PROLEI PROF. DR. ADOLF KLOKE
STAND 30.8.1976
QUELLE fragebogenerhebung sommer 1976
FINGEB BUNDESMINISTER FUER ERNAEHRUNG, LANDWIRTSCHAFT UND FORSTEN
BEGINN 1.11.1972 ENDE 31.12.1976
G.KOST 331.000 DM

PF -040

INST INSTITUT FUER NICHTPARASITAERE PFLANZENKRANKHEITEN DER BIOLOGISCHEN BUNDESANSTALT FUER LAND- UND FORSTWIRTSCHAFT
BERLIN 33, KOENIGIN-LUISE-STR. 19
VORHAB **vergleich der wirkung von kalk und lewatit bei der bindung von schwermetallen im boden**
schwermetalle wurden aus diversen quellen im boden angereichert. es ist bekannt, dass kalkung die aufnahme durch pflanzen aus dem boden mindert. lewatit, ein spezieller ionenaustauscher, soll die gleiche wirkung haben. es soll festgestellt werden, ob die wirkung von lewatit besser geeignet ist, um die aufnahme von schwermetallen aus dem boden zu mindern. b) gefaess- und freilandversuche mit kalk und lewatit. analyse des erntegutes auf schwermetalle
S.WORT bodenkontamination + schwermetalle + schadstoffminderung + kalk
PROLEI DR. G. SCHOENHARD
STAND 30.8.1976
QUELLE fragebogenerhebung sommer 1976
FINGEB BUNDESMINISTER FUER ERNAEHRUNG, LANDWIRTSCHAFT UND FORSTEN
BEGINN 1.5.1976 ENDE 31.12.1978
G.KOST 100.000 DM

PF -041

INST INSTITUT FUER OBSTBAU UND GEMUESEBAU DER UNI BONN
BONN, AUF DEM HUEGEL 6
VORHAB **erkennung von fluorschaeden an obstgehoelzen und -fruechten**
pflanzen werden am standort mit fluor begast. dabei werden die verhaeltnisse emittierender aluminiumwerke nachvollzogen. die pflanzen werden auf ihre vegetative und generative leistung bonitiert. fruechte werden auf symptome und stoffwechselbeeintraechtigung sowie lagerfaehigkeit geprueft
S.WORT nutzpflanzen + schadstoffbelastung + (fluor)
PROLEI PROF. DR. JOACHIM HENZE
STAND 21.7.1976
QUELLE fragebogenerhebung sommer 1976
FINGEB ALUMINIUMWERKE, BONN
ZUSAM ALUMINIUMWERKE, 5300 BONN
BEGINN 1.1.1976 ENDE 31.12.1978
G.KOST 100.000 DM

PF -042

INST INSTITUT FUER OEKOLOGIE DER TU BERLIN
BERLIN 33, ENGLERALLEE 19-21
VORHAB **cadmium- und bleibelastung und belastbarkeit berliner boeden**
cd- und pb-gehalte, - bindugsformen und -sorptionsvermoegen berliner boeden aus geschiebemergel, -sand, talsand, truemmerschutt und torf mit unterschiedlichem abstand befahrener strassen; aufklaerung anthropogener belastung und belastbarkeit
S.WORT bodenkontamination + cadmium + blei + anthropogener einfluss
BERLIN
PROLEI PROF. DR. HANS-PETER BLUME
STAND 30.8.1976
QUELLE fragebogenerhebung sommer 1976
FINGEB DEUTSCHE FORSCHUNGSGEMEINSCHAFT
ZUSAM - INST. F. BODENKUNDE, SCHLOSS, 7000 STUTTGART-HOHENHEIM
- INST. F. BODENKUNDE DER TU MUENCHEN, 8050 FREISING-WEIHENSTEPHAN
BEGINN 1.10.1974
G.KOST 60.000 DM
LITAN ZWISCHENBERICHT

PF -043

INST INSTITUT FUER OEKOLOGIE DER TU BERLIN
BERLIN 33, ENGLERALLEE 19-21
VORHAB **cadmium- und bleibelastung und belastbarkeit b erliner boeden und gesteine**

S.WORT bodenbelastung + schwermetallkontamination + blei + cadmium
PROLEI PROF. DR. HANS-PETER BLUME
STAND 7.9.1976
QUELLE datenuebernahme von der deutschen forschungsgemeinschaft
FINGEB DEUTSCHE FORSCHUNGSGEMEINSCHAFT

PF -044
INST INSTITUT FUER PFLANZENBAU UND SAATGUTFORSCHUNG DER FORSCHUNGSANSTALT FUER LANDWIRTSCHAFT
BRAUNSCHWEIG, BUNDESALLEE 50
VORHAB **untersuchung von radioaktiven substanzen ueber die kontamination von boeden und grundwasser durch schwermetalle aus industrie und siedlungsabfaellen**
durch markierung mit radioaktiven substanzen soll die wirkungsweise von schwermetallen in kompostgeduengten boeden verfolgt werden. der einfluss von schwermetallen soll in boeden, die ueber einen laengeren zeitraum mit abwaessern und komposten geduengt worden sind, untersucht werden. ueber eine kuenstliche beregnung werden den zu untersuchenden bodenproben geloeste, radioaktive schwermetallverbindungen zugefuehrt, deren weg sich aufgrund der radioaktiven markierung exakt verfolgen laesst
S.WORT duengung + muellkompost + schwermetalle + bodenbelastung + tracer
PROLEI DR. N. EL-BASSAM
STAND 20.11.1975
FINGEB BUNDESMINISTER DES INNERN
BEGINN 1.1.1973 ENDE 31.12.1976
G.KOST 169.000 DM

PF -045
INST INSTITUT FUER PFLANZENERNAEHRUNG DER UNI HOHENHEIM
STUTTGART 70, FRUWIRTHSTR. 20
VORHAB **einschraenkung der pb-aufnahme landwirtschaftlicher nutzpflanzen aus bleihaltigen kfz- und industrieabgasen**
entwicklung und einfuehrung eines verfahrens zur behandlung von pflanzen mit wasserloeslichen komplexverbindungen (chelaten) zur einschraenkung ihres gehaltes an schaedlichen schwermetallen, insbesondere an blei; zum patent bereits angemeldet; konkrete anwendung: landwirtschaft
S.WORT abgas + bleikontamination + nutzpflanzen
PROLEI DR. K. ISERMANN
STAND 1.1.1974
QUELLE erhebung 1975
ZUSAM KOMMISSION DER EG. GENERALDIREKTION FORSCHUNG, WISSENSCHAFT, BILDUNG; FORSCHUNGSPROGRAMM UMWELTSCHUTZ
BEGINN 1.1.1972
G.KOST 250.000 DM
LITAN PATENTSCHRIFT

PF -046
INST INSTITUT FUER PFLANZENERNAEHRUNG UND BODENKUNDE DER UNI KIEL
KIEL, OLSHAUSENSTR. 40-60
VORHAB **untersuchungen zur schwermetalloeslichkeit in abhaengigkeit vom redoxpotential, ph-wert und stoffbestand von boeden und sedimenten**
erfassung der schwermetallmobilitaet und der mobilisierungsbedingungen in modellversuchen mit boden-, sediment- und klaerschlammproben unterschiedlichen stoffbestandes bei variierenden redoxpotentialen und ph-werten
S.WORT boden + klaerschlamm + schwermetalle + (mobilisierungsbedingungen)
PROLEI DIPL. -ING. ULRICH HERMS
STAND 22.7.1976
QUELLE fragebogenerhebung sommer 1976
FINGEB - DEUTSCHE FORSCHUNGSGEMEINSCHAFT
- LAND SCHLESWIG-HOLSTEIN
BEGINN 1.6.1975
G.KOST 40.000 DM

PF -047
INST INSTITUT FUER PFLANZENERNAEHRUNG UND BODENKUNDE DER UNI KIEL
KIEL, OLSHAUSENSTR. 40-60
VORHAB **untersuchungen zur schwermetalloeslichkeit in abhaengigkeit vom redoxpotential, ph-wert und stoffbestand von boeden und sedimenten**
S.WORT boden + sediment + schwermetallkontamination
PROLEI PROF. DR. GERHARD BRUEMMER
STAND 7.9.1976
QUELLE datenuebernahme von der deutschen forschungsgemeinschaft
FINGEB DEUTSCHE FORSCHUNGSGEMEINSCHAFT

PF -048
INST INSTITUT FUER PFLANZENOEKOLOGIE / FB 15 DER UNI GIESSEN
GIESSEN, SENCKENBERGSTR. 17-21
VORHAB **die bedeutung von schwefeldioxidimmissionen auf den aminosaeure- und proteinstoffwechsel**
untersuchungen ueber art und ausmass der belastung des menschen und seiner umwelt durch immissionen von schadstoffen. feststellung der wirkung luftverunreinigender stoffe auf mensch, tier und pflanze unter spezieller beruecksichtigung der wirkung auf gewebekulturen, stoffwechselvorgaenge, atmungsorgane und kreislaufsystem. objektivierung der wirkung geruchsintensiver stoffe. entwicklung biologischer messverfahren. wirkungen von so2 auf stoffwechsel und physiologie von nutzpflanzen; entwicklung eines biologisch-chemischen indikators. entwicklung von passivmassnahmen (duengung) zur verhinderung der qualitaetsminderung von nahrungspflanzen durch so2
S.WORT nutzpflanzen + metabolismus + schadstoffimmission + schwefeldioxid
PROLEI PROF. DR. STEUBING
STAND 1.1.1975
QUELLE umweltforschungsplan 1975 des bmi
FINGEB BUNDESMINISTER DES INNERN
ZUSAM BOTANISCHES INSTITUT DER UNI GRAZ
BEGINN 1.1.1970 ENDE 31.12.1975
G.KOST 203.000 DM
LITAN JAEGER; PAHLICH; STEUBING: DIE WIRKUNG VON SCHWEFELDIOXID AUF DEN AMINOSAEURE-UND PROTEINGEHALT VON ERBSENKEIMLINGEN. IN: ANGEW. BOTANIK 46(1972)

PF -049
INST INSTITUT FUER PFLANZENOEKOLOGIE / FB 15 DER UNI GIESSEN
GIESSEN, SENCKENBERGSTR. 17-21
VORHAB **physiologisch-biochemische wirkung von schwefeldioxid und schwefelwasserstoff auf pflanzen**
schwefel als schadstoff bzw. pflanzennaehrstoff; unter welchen bedingungen trifft das eine oder das andere zu? beeinflussung der stoffwechselregulation durch schwefeldioxid; es soll ein wirkmechanismus aufgestellt werden
S.WORT schadstoffe + schwefelverbindungen + pflanzen + metabolismus
PROLEI PROF. DR. STEUBING
STAND 1.1.1974
FINGEB DEUTSCHE FORSCHUNGSGEMEINSCHAFT
BEGINN 1.1.1970 ENDE 31.12.1975
G.KOST 340.000 DM
LITAN - PAHLICH: UEBER DEN HEMMECHANISMUS MITOCHONDRIALER GLUTAMATOXALACETAT-TRANSAMTUASE IN SCHWEFELDIOXID-BEGASTEN ERBSEN. IN: PLANTA 110(1973)
- PAHLICH: EFFECT OF SCHWEFELDIOXID-POLLUTION ON CELLULARREGULATION A GENERAL CONCEPT OF THE MODE OF ACTION OF GASEOUS AIR CONTAMINATION

PF -050
INST INSTITUT FUER PFLANZENOEKOLOGIE / FB 15 DER UNI GIESSEN
GIESSEN, SENCKENBERGSTR. 17-21

VORHAB **biochemisch-oekophysiologische untersuchungen zur wirkung von s02- und schwermetall-immissionen auf unterschiedlich resistente pflanzen**
untersuchungen ueber art und ausmass der belastung des menschen und seiner umwelt durch immissionen von schadstoffen. es handelt sich um eine folgerichtige und vertiefte weiterfuehrung des auslaufenden forschungsvorhabens "die bedeutung von so2-immissionen auf den aminosaeure- und proteinstoffwechsel". es sollen die biologischen-chemischen-physiologischen grundlagen fuer die resistenz sowie die wirkungen auf stoffwechsel und qualitaet bei nutzpflanzen untersucht werden. die suche nach biologischen und biochemischen indikatoren und die untersuchung von kombinationswirkungen von so2 und schwermetallen sollen mit besonderem nachdruck verfolgt werden, da sie fuer den praktischen immissionsschutz von grosser bedeutung sind
S.WORT biooekologie + pflanzen + schwermetallkontamination
STAND 20.11.1975
FINGEB BUNDESMINISTER DES INNERN
BEGINN 1.7.1975 ENDE 31.12.1978
G.KOST 624.000 DM

PF -051
INST INSTITUT FUER PFLANZENOEKOLOGIE / FB 15 DER UNI GIESSEN
GIESSEN, SENCKENBERGSTR. 17-21
VORHAB **wirkung von so2- und schwermetall-immissionen auf unterschiedlich resistente pflanzen**
fragestellung: sichtbare schaeden (nekrosen etc.) durch so2- und sm-immissionen an pflanzen setzen tiefgriefende, schon fruehzeitig stattfindende veraenderungen im stoffwechsel voraus. ziel: aufklaerung der wirkmechanismen von so2 und schwermetallen (einzelwirkung sowie synergismus); grundlagen der unterschiedlichen pflanzenresistenz; wirkung auf qualitaetsgebende pflanzliche inhaltsstoffe. anwendungsmoeglichkeiten: selektion von immissionsresistenten pflanzen; biochemisch-physiologische fruehindikation von immissionen; festlegung von immissionsgrenzwerten; oekologische massnahmen zur minderung von immissionsschaeden
S.WORT schadstoffimmission + biologische wirkungen + resistenzzuechtung
PROLEI JAEGER
STAND 6.8.1976
QUELLE fragebogenerhebung sommer 1976
ZUSAM - HESS. LANDESANSTALT F. UMWELT, WIESBADEN
- INST. F. ANATOMIE UND PHYSIOLOGIE DER PFLANZEN DER UNI GRAZ
BEGINN 1.7.1975

PF -052
INST INSTITUT FUER PHARMAZEUTISCHE BIOLOGIE DER UNI BONN
BONN, NUSSALLEE 6
VORHAB **bleigehalte in pflanzen verkehrsnaher standorte**
es ist daran gedacht, den weg des bleis und seine rolle im oekosystem autobahnrandstreifen aufzuhellen
S.WORT pflanzen + bleigehalt + autobahn
BONN (RAUM) + RHEIN-RUHR
PROLEI DR. SIEGMAR BRECKLE
STAND 19.7.1976
QUELLE fragebogenerhebung sommer 1976
ZUSAM INST. F. BODENKUNDE, NUSSALLEE, 5300 BONN
G.KOST 2.000 DM
LITAN - LERCHE, H.;BRECKLE, S.: BLEI IM OEKOSYSTEM AUTOBAHNRAND. IN: DIE NATURWISSENSCHAFTEN 61 S. 218(1974)
- LERCHE, H.;BRECKLE, S.: UNTERSUCHUNGEN ZUM BLEIGEHALT VON BAUMBLAETTERN IM BONNER RAUM. IN: ANGEWANDTE BOTANIK 48 309-330(1974)
- ENDBERICHT

PF -053
INST LABORATORIUM FUER CHEMISCHE MITTELPRUEFUNG DER BIOLOGISCHEN BUNDESANSTALT FUER LAND- UND FORSTWIRTSCHAFT
BRAUNSCHWEIG, MESSEWEG 11/12
VORHAB **untersuchung ueber die kontamination der umwelt mit quecksilber durch die anwendung quecksilberhaltiger getreidebeizmittel**
zielsetzung: bestimmung der umweltbelastung durch quecksilberhaltige pflanzenschutzmittel; methode: bestimmung des quecksilbergehaltes des bodens vor der behandlung, nach der behandlung, sowie generell nicht behandelt; bestimmung des quecksilbergehaltes im erntegut der in einer fruchtfolge stehenden kulturen
S.WORT pflanzenschutzmittel + quecksilber + kontamination + getreide
PROLEI DR. WOLFRAM WEINMANN
STAND 1.1.1974
FINGEB BUNDESMINISTER FUER ERNAEHRUNG, LANDWIRTSCHAFT UND FORSTEN
BEGINN 1.5.1973 ENDE 31.12.1974
G.KOST 25.000 DM
LITAN ANTRAG VOM 27. 3. 1975-HV F1-0300 A

PF -054
INST LANDESANSTALT FUER IMMISSIONS- UND BODENNUTZUNGSSCHUTZ DES LANDES NORDRHEIN-WESTFALEN
ESSEN, WALLNEYERSTR. 6
VORHAB **im niederschlag mitgefuehrte luftverunreinigungen und ihre wirkung auf die bodenaziditaet**
S.WORT luftverunreinigende stoffe + niederschlag + bodenbeeinflussung
PROLEI K. H. GUENTHER
STAND 1.1.1974
FINGEB LAND NORDRHEIN-WESTFALEN
BEGINN 1.1.1972 ENDE 31.12.1975

PF -055
INST LANDWIRTSCHAFTLICHE UNTERSUCHUNGS- UND FORSCHUNGSANSTALT DER LANDWIRTSCHAFTSKAMMER HANNOVER
HAMELN, FINKENBORNER WEG 1A
VORHAB **schwermetallgehalte von boeden und pflanzen in der umgebung der zinkhuette 3388 bad harzburg - harlingrode**
feststellung der zn-, pb-, cu-, cd-, mn- und mg-gehalte von boeden, junger pflanzen und ernteprodukten in abhaengigkeit von der entfernung zur huette. bestimmung von bodenfaktoren wie ph-wert und gehalte an pflanzennaehrstoffen. untersuchung der pflanzenverfuegbarkeit der betreffenden schwermetalle. dazu wurde beim zink eine bodenextraktion mit 0, 43 n hno3 und 0, 025 n cacl2 durchgefuehrt und der relative anteil des zn-cacl2 am zn-hno3 errechnet. mit steigendem ph-wert der pflanzenverfuegbarkeit; meliorationskalkung der boeden zu empfehlen
S.WORT bodenkontamination + schwermetalle + zinkhuette
BAD HARZBURG-HARLINGERODE + HARZ
PROLEI DR. DETLEF MERKEL
STAND 22.7.1976
QUELLE fragebogenerhebung sommer 1976
FINGEB MINISTERIUM FUER ERNAEHRUNG, LANDWIRTSCHAFT UND FORSTEN, HANNOVER
ZUSAM - INST. F. CHEM. TECHNOLOGIE DER TU, 3300 BRAUNSCHWEIG
- NIEDERSAECHSISCHES LANDESAMT FUER BODENFORSCHUNG, ALFRED-BENTZ-HAUS, 3000 HANNOVER 51
BEGINN 1.5.1974 ENDE 30.6.1976
G.KOST 50.000 DM
LITAN - MERKEL, D.;KOESTER, W.: DER NACHWEIS EINER ZINK-TOXIZITAET BEI KULTURPFLANZEN MIT HILFE DER BODENUNTERSUCHUNG. IN: LANDWIRTSCHAFTLICHE FORSCHUNG S. H. 33(1977)
- ENDBERICHT

PF -056

INST LANDWIRTSCHAFTLICHE UNTERSUCHUNGS- UND FORSCHUNGSANSTALT DER LANDWIRTSCHAFTSKAMMER HANNOVER
HAMELN, FINKENBORNER WEG 1A
VORHAB schwermetallgehalte von boeden und pflanzen in den taelern von oker und innerste
feststellung der zn-, pb-, cu-, cd-, mn- und mg-gehalte von boeden, jungen pflanzen und ernteprodukten. bestimmung von bodenfaktoren wie ph-wert und gehalte an pflanzennaehrstoffen. untersuchung der pflanzenverfuegbarkeit der betreffenden schwermetalle. dazu wurde beim zink eine bodenextraktion mit o, 43 n hno3 und 0, 025 n cacl2 durchgefuehrt und der relative anteil des zn-cacl2 am zn-hno3 errechnet. mit steigendem ph-wert abnahme der pflanzenverfuegbarkeit; meliorationskalkung der boeden zu empfehlen
S.WORT bodenkontamination + schwermetalle
HARZ + OKER + INNERSTE
PROLEI DR. DETLEF MERKEL
STAND 26.7.1976
QUELLE fragebogenerhebung sommer 1976
FINGEB SOZIALMINISTERIUM, HANNOVER
BEGINN 1.5.1974 ENDE 30.6.1976
G.KOST 50.000 DM

PF -057

INST LANDWIRTSCHAFTLICHE UNTERSUCHUNGS- UND FORSCHUNGSANSTALT DER LANDWIRTSCHAFTSKAMMER WESER-EMS
OLDENBURG, MARS-LA-TOUR-STR. 4
VORHAB der einfluss von fluorwasserstoff im vergleich zu dem von calciumfluoridstaub auf omorika-fichten
zielsetzung des vorhabens ist die klaerung der frage, ob calciumfluorid allein oder in kombination mit fluorwasserstoff pflanzen schaedigen kann. daraus ergibt sich die aufgabe, fuer fluoreinwirkungen empfindliche pflanzenarten mit caf2 und hf unter kontrollierten bedingungen zu behandeln
S.WORT schadstoffbelastung + fluorverbindungen + pflanzen
PROLEI PROF. DR. HEINZ VETTER
STAND 26.7.1976
QUELLE fragebogenerhebung sommer 1976
FINGEB ZIEGELFACHVERBAND
BEGINN 1.9.1974
G.KOST 46.000 DM
LITAN - VETTER, H.;REEPMEYER, H.: DER EINFLUSS VON FLUORWASSERSTOFF IM VERGLEICH ZU DEM VON CALCIUMFLUORIDSTAUB AUF OMORIKA-FICHTEN. IN: DIE ZIEGELINDUSTRIE
- ENDBERICHT

PF -058

INST LANDWIRTSCHAFTLICHE UNTERSUCHUNGS- UND FORSCHUNGSANSTALT DER LANDWIRTSCHAFTSKAMMER WESTFALEN-LIPPE, - JOSEF-KOENIG-INSTITUT -
MUENSTER, V.ESMARCHSTRASSE 2
VORHAB grundbelastungen von boden und pflanzen in einem ballungsgebiet durch mangan, nickel, chrom, kobalt und vanadin
1. ermittlung von grundbelastungen als basis fuer schwermetallhoechstgehalte in boeden und pflanzen unter dem aspekt der hoechstmengen fuer pflanzliche lebensmittel; 2. einrichtung eines messstellennetzes in einem mischgebiet von dortmund (industrie, gewerbe, wohnhaeuser); 3. 34 messtellen werden mit bergerhoff-gefaessen (zur staubniederschlagsmessung) und stand. graskulturen (lib) besetzt. aus gleichem bereich entnahme von bodenproben und proben pflanzlicher lebensmittel aus kleingaerten
S.WORT bodenbelastung + pflanzenkontamination + schwermetalle + ballungsgebiet
DORTMUND + RHEIN-RUHR-RAUM
PROLEI DR. GERD CROESSMANN
STAND 2.8.1976
QUELLE fragebogenerhebung sommer 1976
ZUSAM - INSTITUT FUER NICHTPARASITAERE PFLANZENKRANKHEITEN DER BIOLOGISCHEN BUNDESANSTALT BERLIN
- INST. F. ANGEWANDTE BOTANIK DER UNI MUENSTER
BEGINN 1.11.1975 ENDE 31.12.1977
G.KOST 200.000 DM

PF -059

INST LANDWIRTSCHAFTLICHE UNTERSUCHUNGS- UND FORSCHUNGSANSTALT DER LANDWIRTSCHAFTSKAMMER WESTFALEN-LIPPE, - JOSEF-KOENIG-INSTITUT -
MUENSTER, V.ESMARCHSTRASSE 2
VORHAB belastung von boden und pflanzen in einem ballungsgebiet durch mangan, nickel, chrom, kobalt und vanadin
untersuchungen ueber art und ausmass der belastung des menschen und seiner umwelt durch immissionen von schadstoffen. das forschungsvorhaben ist bestandteil des projektes "belastungen und wirkungen auf pflanzen und boden durch metallische staeube". es sollen fuer die oben angegebenen elemente analysenverfahren entwickelt und verglichen sowie mit den dabei erarbeiteten methoden die gehalte von pflanzen und boeden verschiedener standorte bestimmt werden. es ist beabsichtigt, die analysenverfahren als standardmethoden fuer den praktischen immissionsschutz nutzbar zu machen
S.WORT staubniederschlag + schwermetalle + bodenbelastung + pflanzen + ballungsgebiet
STAND 12.2.1976
FINGEB BUNDESMINISTER DES INNERN
BEGINN 1.11.1975 ENDE 31.12.1977
G.KOST 147.000 DM

PF -060

INST LEHRSTUHL FUER BODENKUNDE DER TU MUENCHEN
FREISING -WEIHENSTEPHAN
VORHAB phosphate und borate in unterwasserboeden eines weichwassersystems
kennzeichnung von unterwasserboeden, vergleich mit terrestrischen boeden durch schwermetallanalysen. verhalten von unterwasserboeden bei belastung mit phosphaten und boraten; sorption dieser ionen
S.WORT fliessgewaesser + untergrund + phosphate + bodenbelastung
SCHWARZACH (OBERPFALZ)
PROLEI DR. WALTER FISCHER
STAND 21.7.1976
QUELLE fragebogenerhebung sommer 1976
FINGEB BUNDESMINISTER FUER FORSCHUNG UND TECHNOLOGIE
ZUSAM UNI HOHENHEIM
BEGINN 1.9.1974 ENDE 30.9.1977
G.KOST 350.000 DM
LITAN ZWISCHENBERICHT

PF -061

INST LEHRSTUHL FUER BOTANIK DER TU MUENCHEN
MUENCHEN 2, ARCISSTR. 21
VORHAB zellphysiologische untersuchungen von sulfitionen
schicksal von sulfit in pflanzenzellen; wirkungen auf photosyntheseapparat; wirkungen auf einzelne enzyme; beeinflussungen der feinstruktur
S.WORT pflanzenphysiologie + photosynthese + sulfite
PROLEI PROF. DR. HUBERT ZIEGLER
STAND 1.1.1974
QUELLE erhebung 1975
FINGEB - DEUTSCHE FORSCHUNGSGEMEINSCHAFT
- FREISTAAT BAYERN
ZUSAM - LEHRSTUHL F. BIOCHEMIE DER UNI BOCHUM, 463 BOCHUM, BUSCHEYSTR.
- BOTANISCHES INST. DER UNI WUERZBURG, 87 WUERZBURG, MITTLERER DALLENBERGWEG 64
- INSTITUT FUER BIOCHEMIE DER GSF MUENCHEN
BEGINN 1.1.1973
G.KOST 75.000 DM
LITAN - ZWISCHENBERICHT
- LIBERA, W.;ZIEGLER, I.;ZIEGLER, H.:THE ACTION OF

SULFITE ON THE HCO3-FIXATION AND THE FIXATION PATTERN OF ISOLATED CHLOROPLASTS AND LEAF TISSUE SLILCES. IN: Z. PFLANZENPHYSIOL. 74, S. 420-433(1974)

PF -062

INST LEHRSTUHL FUER BOTANIK DER TU MUENCHEN MUENCHEN 2, ARCISSTR. 21
VORHAB **zellphysiologische wirkungen von bleisalzen**
intracellulaere lokalisierung und quantitative bestimmung von blei; wirkungen von bleiionen auf photosyntheseapparat unter besonderer beruecksichtigung spezifischer enzyme
S.WORT blei + pflanzen + physiologie + enzyme
PROLEI PROF. DR. HUBERT ZIEGLER
STAND 1.1.1974
QUELLE erhebung 1975
FINGEB - DEUTSCHE FORSCHUNGSGEMEINSCHAFT
- FREISTAAT BAYERN
BEGINN 1.2.1972
LITAN - BERICHT BEI DFG
- HAMPP,R.;ZIEGLER,H.;ZIEGLER,I.:DIE WIRKUNG VON BLEIIONEN AUF DIE 14CO2-FIXIERUNG UND DIE ATP-BILDUNG VON SPINATCHLOROPLASTEN.IN:BIOCHEMIE U.PHYSIOL.D.PFL. 164 S.126-134 (1973)
- HAMPP,R.;ZIEGLER,H.;ZIEGLE,I.:DER EINFLUSS VON BLEIIONEN AUF ENZYME DES REDUKTIVEN PENTOSEPHOSPHATCYCLUS.IN:BIOCHEMIE U.PHYSIOL.D.PFL. 164 S.588-595 (1973)

PF -063

INST LEHRSTUHL FUER BOTANIK DER TU MUENCHEN MUENCHEN 2, ARCISSTR. 21
VORHAB **zellphysiologische wirkungen von metallsalzen**
intracellulaere lokalisierung von metallionen; wirkungen auf den zellstoffwechsel, vor allem den photosyntheseapparat unter bes. beruecksichtigung spezifischer enzyme; bisher gepruefte elemente: blei, zink, cadmium, aluminium
S.WORT pflanzenphysiologie + photosynthese + aluminium + schwermetalle
PROLEI PROF. DR. HUBERT ZIEGLER
STAND 28.7.1976
QUELLE fragebogenerhebung sommer 1976
FINGEB DEUTSCHE FORSCHUNGSGEMEINSCHAFT
ZUSAM - UNI DUISBURG
- GSF, MUENCHEN
BEGINN 1.1.1973
LITAN - SCHNABL,H.;ZIEGLER,H.: DER EINFLUSS DES ALUMINIUMS AUF DEN GASAUSTAUSCH UND DAS WELKEN VON SCHNITTPFLANZEN. IN:BER. DT. BOT. GES. 87 S.13-20(1974)
- SCHNABL,H.;ZIEGLER,H.: UEBER DIE WIRKUNG VON ALUMINIUMIONEN AUF DIE STROMATABEWEGUNG VON VICIA FABA-EPIDERMEN. IN:Z. PFLANZENPHYSIOL. 74 S.394-403(1974)
- HAMPP,R.;KRIEBITZSCH,C.;ZIEGLER,,H.: EFFECT OF LEAD ON ENZYMES OF PORPHYRINE BIOSYNTHESIS IN CHLOROPLASTS AND ERYTHROCYTES. IN:NATURWISSENSCHAFTEN 61 S.504(1974)

PF -064

INST LEHRSTUHL FUER FORSTGENETIK UND FORSTPFLANZENZUECHTUNG DER UNI GOETTINGEN GOETTINGEN, BUESGENWEG 2
VORHAB **anpassung von pflanzen an mit schwermetallionen kontaminierten boeden**
S.WORT pflanzen + schwermetalle + boden
PROLEI PROF. DR. STERN
STAND 1.1.1974
BEGINN 1.1.1971 ENDE 31.12.1974

PF -065

INST LEHRSTUHL FUER GEMUESEBAU DER TU MUENCHEN FREISING -WEIHENSTEPHAN
VORHAB **ermittlung von schadsymptomen an gemuesepflanzen durch schwermetalle in naehrloesungskultur**
gemuesepflanzen werden in naehrloesung herangezogen, die mit gestaffelten mengen einzelner schwermetalle versehen werden. toxizitaetssymptome werden ermittelt und der schwermetall-gehalt in den verschiedenen pflanzenorganen analysiert
S.WORT gemuese + schwermetallbelastung + toxizitaet
PROLEI DR. FRITZ VENTER
STAND 21.7.1976
QUELLE fragebogenerhebung sommer 1976
FINGEB STAATSMINISTERIUM FUER LANDESENTWICKLUNG UND UMWELTFRAGEN, MUENCHEN
ZUSAM BAYERISCHE HAUPTVERSUCHSANSTALT FUER LANDWIRTSCHAFT, 8050 FREISING-WEIHENSTEPHAN
G.KOST 80.000 DM
LITAN - FOROUGHI, M.;HOFFMANN, G.;TEICHER, K.;VENTER, F.: DIE WIRKUNG STEIGENDER GABEN VON BLEI, CADMIUM, CHROM, NICKEL ODER ZINK AUF KOPFSALAT NACH KULTUR IN NAEHRLOESUNG. IN: LANDWIRTSCHAFTLICHE FORSCHUNG, SH 31/22 S. 206-215(1975)
- FOROUGHI, M.;HOFFMANN, G.;TEICHER, K.;VENTER, F.: DER EINFLUSS UNTERSCHIEDLICH HOHER GABEN VON CADMIUM, CHROM ODER NICKEL AUF TOMATEN IN NAEHRLOESUNG. IN: LANDWIRTSCHAFTLICHE FORSCHUNG SH 32(1976)

PF -066

INST LEHRSTUHL FUER LAGERSTAETTENFORSCHUNG UND ROHSTOFFKUNDE DER TU CLAUSTHAL CLAUSTHAL-ZELLERFELD, ADOLF-ROEMER-STR. 2A
VORHAB **biochemische untersuchungen im harz und harzvorland**
biogeochemische multielementuntersuchungen zur verteilung von elementen insbesondere der schwermetalle im kreislauf gesteinsunterlage - boden - vegetation (und) - luft - wasser. das besondere dieser arbeitsweise liegt darin, 1. dass nicht einzelne elemente betrachtet werden, sondern jeweils eine kombination aus etwa 25 elementen, und 2. dass nicht an seltenen, auf bestimmte elemente spezialisierte pflanzen, sondern mit allgemein verbreiteten arten standortspezifische elementassoziationen festgestellt werden. damit kann jederzeit an einem gewuenschten probenpunkt eine beurteilung der boden- und umweltverhaeltnisse erfolgen
S.WORT schwermetalle + biochemie + nachweisverfahren HARZVORLAND + HARZ
PROLEI DR. HANSGEORG PAPE
STAND 21.7.1976
QUELLE fragebogenerhebung sommer 1976
FINGEB STIFTUNG VOLKSWAGENWERK, HANNOVER
ZUSAM - FORSTAEMTER IM HARZ UND HARZVORLAND
- INST. F. BIOLOGIE DER UNI CLAUSTHAL-ZELLERFELD, PROF. DR. K. MOHR
- INSTITUT FUER VEGETATIONSKUNDE, PROF. DR. H. ZEIDLER, HANNOVER
BEGINN 1.6.1975 ENDE 31.12.1976
G.KOST 10.000 DM
LITAN ZWISCHENBERICHT

PF -067

INST LEHRSTUHL FUER ZELLENLEHRE DER UNI HEIDELBERG
HEIDELBERG, IM NEUENHEIMER FELD 230
VORHAB **wirkung von blei, insbesondere organoblei, auf die entwicklung einzelliger algen**
es soll am modellfall einzelliger algen untersucht werden, welche cytologischen effekte blei, insbesondere organisch gebundenes blei (tetraaethyl- und triaethylblei) hat. die untersuchungen werden vor allem mit dem licht- und elektronenmikroskop durchgefuehrt
S.WORT pflanzenphysiologie + blei + oekotoxizitaet + algen
PROLEI PROF. DR. EBERHARD SCHNEPF
STAND 21.7.1976

QUELLE fragebogenerhebung sommer 1976
FINGEB EUROPAEISCHE GEMEINSCHAFTEN, KOMMISSION
ZUSAM INST. F. MEERESFORSCHUNG, AM HANDELSHAFEN 12, BREMERHAVEN
BEGINN 1.1.1975 ENDE 31.12.1977
G.KOST 120.000 DM
LITAN ROEDERER, G.: THE INDUCTION OF MULTINUCLEASE CELLS IN POTRIOCHROMONAS STIPITATA BY TETRAETHYLCEAD. IN: NATURWISSENSCH. (1976)

PF -068
INST MAX-PLANCK-INSTITUT FUER ZUECHTUNGSFORSCHUNG (ERWIN-BAUR-INSTITUT) KREFELD, AM WALDWINKEL 70
VORHAB veraenderung hoeherer wasserpflanzen durch umpflanzen in suess-, brack- und abwaesser
anpassungsfaehigkeit bestimmter pflanzenarten durch morphologische und physiologische veraenderungen; gibt es dabei genetische veraenderungen?
S.WORT wasser + salzgehalt + abwasser + pflanzenphysiologie + genetik
PROLEI DR. SEIDEL
STAND 1.1.1974
BEGINN 1.1.1961
LITAN VORHANDEN

PF -069
INST MINERALOGISCHES INSTITUT DER UNI FREIBURG FREIBURG, HEBELSTR. 40
VORHAB umweltrelevante spurenelemente in gesteinen, sedimenten und boeden
erfassung der haeufigkeit umweltrelevanter spurenelemente (pb, zn, cu, cd) in einem anthropogen kaum beeinflussten gebiergsbereich. verbleib der elemente im bereich der wiederablagerung des gleichen flusses unterhalb von freiburg; modifikation der gehalte durch anthropogene beeinflussung (industrie- und andere abwaesser). geochemische anomalien durch pb, zn, cu, erzlagerstaetten im einzugsbereich; von dort ausgehende geochemische dispersionen (besonders in ablagerungen der gewaesser)
S.WORT geochemie + schwermetalle + spurenanalytik
PROLEI PROF. DR. WOLFHARD WIMMENAUER
STAND 30.8.1976
QUELLE fragebogenerhebung sommer 1976
FINGEB DEUTSCHE FORSCHUNGSGEMEINSCHAFT
ZUSAM INST. F. BODENKUNDE DER UNI FREIBURG
BEGINN 1.9.1975 ENDE 30.9.1977
G.KOST 80.000 DM

PF -070
INST NIEDERSAECHSISCHES LANDESAMT FUER BODENFORSCHUNG HANNOVER -BUCHHOLZ, STILLEWEG 2
VORHAB einfluss von blei- und zinkgehalt auf die landwirtschaftlichen nutzungsmoeglichkeiten von talboeden des harzvorlandes
die auenboeden des harzvorlandes weisen betraechtliche gehalte an blei und zink auf; es handelt sich um auswertung von ergebnissen laufender kartierarbeiten; es sollen informationen gesammelt werden ueber ursachen und oertlichkeit von schwermetallanreicherungen sowie ueber die moeglichkeit der beseitigung eventueller schaedlicher folgen auf pflanzen und tiere
S.WORT bodenkontamination + blei + zink + agrarproduktion NIEDERSACHSEN + HARZVORLAND
PROLEI DR. KARL-HEINZ OELKERS
STAND 1.1.1974
FINGEB MINISTERIUM FUER WIRTSCHAFT UND VERKEHR, HANNOVER
ZUSAM - LANDWIRTSCHAFTLICHE UNTERSUCHUNGS-UND FORSCHUNGSANSTALT, 325 HAMELN, FINKENBORNERWEG 1A
- INST. F. CHEMISCHE TECHNOLOGIE DER TU BRAUNSCHWEIG, 33 BRAUEMISSIONSMESSUNGEN
BEGINN 1.1.1973
LITAN - BODENKARTE VON NIEDERSACHSEN 1: 25000, BLATT VIENENBURG (NR. 4029), BLATT GOSLAR (NR. 4028) (IM DRUCK)
- BODENKARTE AUF DER GRUNDLAGE DER BODENSCHAETZUNG IN DEN TALGEBIETEN VON SOESE, SIEBER, ODER UND INNERSTE (NOERDLICHES HARZVORLAND)

PF -071
INST NIEDERSAECHSISCHES LANDESAMT FUER BODENFORSCHUNG HANNOVER -BUCHHOLZ, STILLEWEG 2
VORHAB untersuchungen der filtereigenschaften natuerlich gelagerter boeden gegenueber emittierten schwermetall- und arsenverbindungen
aufnahme, umwandlung, speicherung und verlagerung emittierter metall- und arsenverbindungen im boden
S.WORT filtration + bodenbeschaffenheit + schwermetalle + arsen
PROLEI DR. HANS FASTABEND
STAND 1.10.1974
FINGEB NIEDERSAECHSISCHES ZAHLENLOTTO, HANNOVER
ZUSAM - INST. F. CHEMISCHE TECHNOLOGIE DER TU BRAUNSCHWEIG, 33 BRAUNSCHWEIG, HANS-SOMMER-STR. 10
- LANDWIRTSCHAFTLICHE UNTERSUCHUNGS-UND FORSCHUNGSANSTALT, 325 HAMELN, FINKENBORNERWEG 1A
BEGINN 1.2.1974 ENDE 28.2.1977
G.KOST 128.000 DM
LITAN ZWISCHENBERICHT 1975. 02

PF -072
INST ORDINARIAT FUER BODENKUNDE DER UNI HAMBURG REINBEK, SCHLOSS
VORHAB uran- und schwermetalluntersuchung an bodencatenen, insbesondere den auenboeden der sued-eifel, des hunsrueck und der nahesenke
untersuchung von bodentoposequenzen, die am hangfuss in hydromorphen akkumulationszonen enden. es wird untersucht, inwieweit in den hydromorphen boeden am hangfuss, sowie den aluvialen ablagerungen des vorflutbereiches eine anreicherung der untersuchten schwermetalle und des urans festzustellen ist. die untersuchung erstreckt sich auf verschiedene schwermetalle und uran, sie wird durchgefuehrt auf der basis der atomadsorptionsspektrometrie, der fluorometrie und der roentgenfluoreszenzspektrometrie
S.WORT bodenbeschaffenheit + schwermetallbelastung NAHESENKE + HUNSRUECK + EIFEL (SUED)
PROLEI PROF. DR. HANS-WILHELM SCHARPENSEEL
STAND 21.7.1976
QUELLE fragebogenerhebung sommer 1976
FINGEB DEUTSCHE FORSCHUNGSGEMEINSCHAFT
BEGINN 1.10.1975 ENDE 30.9.1976
G.KOST 50.000 DM

PF -073
INST ORDINARIAT FUER BODENKUNDE DER UNI HAMBURG REINBEK, SCHLOSS
VORHAB schwermetalluntersuchungen an terrestrischen, hydromorphen und subhydrischen boeden aus laendlichen sowie stadt- und industrienahen bereichen
die schwermetalle fe, pb, cd, co, cu, zn und mn wurden in mehrere hundert bodenproben terrestrischer hydromorpher und subhydrischer typhusentwicklung analysiert. die ergebnisse werden ausgewertet unter beruecksichtigung der probestandorte (laendlich, stadt- und industrienah oder fern). die ergebnisse geben quantitative hinweise auf die auswirkung der stadt- oder industrienahen lage in bezug auf die schwermetallakkumulation in den verschiedenen boeden
S.WORT bodenstruktur + schwermetallbelastung + standortfaktoren
PROLEI PROF. DR. HANS-WILHELM SCHARPENSEEL
STAND 30.8.1976

QUELLE fragebogenerhebung sommer 1976
FINGEB BUNDESMINISTER FUER FORSCHUNG UND TECHNOLOGIE
BEGINN 1.1.1973 ENDE 31.12.1977

PF -074

INST SEDIMENT-PETROGRAPHISCHES INSTITUT DER UNI GOETTINGEN
GOETTINGEN -WEENDE, V. M. GOLDSCHMIDT-STR. 1
VORHAB **unterschiedliche prozesse (anorganische) zur erklaerung der verteilung von spurenstoffen (zunaechst zn, cu, dann ni, co, bi) zwischen loesung und fester phase**
verteilung der spurenelemente zwischen loesung und festen phasen kann fuer den anorganischen sektor prinzipiell durch drei unterschiedliche prozesse erklaert werden: a) adsorption, b) einbau in detritisches material, c) isomorpher einbau bei mineralneubildungen. hier wird untersucht: zu a) und b) inwieweit zunaechst an tonminerale adsorbierte kationen auf austauschplaetzen bleiben oder im verlauf der zeit auf gitterplaetze migrieren koennen. adsorptionsverhalten in suess- und salzwasser. zu c) unter welchen bedingungen kommt es bei tonmineralneubildungen zu einem gewissen anteil an isomorph eingebautem cu und zn? kationen wie cu und zn werden ja von hydroxiden des al oder fe adsorbiert. bei gleichzeitiger adsorption von kieselsaeure sollten cu- oder zn-haltiige hydroxid-kieselsaeure-niederschlaege entstehen, die sich durch alterung in cu- bzw. zn-haltige tonminerale umwandeln
S.WORT spurenelemente + nachweisverfahren
PROLEI PROF. DR. HERMANN HARDER
STAND 21.7.1976
QUELLE fragebogenerhebung sommer 1976
FINGEB DEUTSCHE FORSCHUNGSGEMEINSCHAFT
BEGINN 1.4.1974 ENDE 31.12.1979
LITAN HARDER, H.: SYNTHESE VON ZINK-MONTMORIN (SMEKTIT) UNTER OBERFLAECHENBEDINGUNGEN. IN: DIE NATURWISSENSCHAFTEN 75) S. 235(1975)

Weitere Vorhaben siehe auch:

HA -039 WASHOUT UND RAINOUT VON SPURENSTOFFEN

KB -082 WASSERHAUSHALT UND ABWASSERPROBLEME UNTER BERUECKSICHTIGUNG DER VERHAELTNISSE IN NIEDERSACHSEN

ME -015 DIE ANWENDUNG VON ABFALLQUALITAETEN AUF HALDENBOEDEN UNTER BESONDERER BERUECKSICHTIGUNG DER SCHWERMETALLGEHALTE

NB -029 DURCHLAESSIGKEIT VON BOEDEN FUER TRANSURANE UND SCHWERMETALLE

UM -005 MASSNAHMEN ZUM SCHUTZ DER STRASSEN- UND AUTOBAHNBEPFLANZUNG VOR AUFTAUSALZEN UND ANLEGUNG SALZRESISTENTER PFLANZUNGEN

UM -032 SALZSCHAEDEN AN STRASSENBAEUMEN IN GROSSTAEDTEN AM BEISPIEL DER ROSSKASTANIE UND PLATANE IN DER STADT FREIBURG IM BREISGAU

UM -037 KLAERUNG UND ABHILFE BEI STREUSALZSCHAEDEN AN STRASSENBAEUMEN

PG -001

INST ABTEILUNG FUER PFLANZENBAU UND PFLANZENZUECHTUNG IN DEN TROPEN UND SUBTROPEN / FB 16 DER UNI GIESSEN
GIESSEN, SCHOTTSTR. 2
VORHAB **untersuchungen ueber die herbizid-wirkung**
die wirkung von verschiedenen triazinformen auf kulturpflanzen wird in kleingefaessen bei unterschiedlicher duengung, temperatur und wasserversorgung untersucht. ebenfalls wird die horizontale wanderung der triazine beobachtet
S.WORT herbizide + biologische wirkungen + kulturpflanzen
PROLEI PROF. DR. ALKAEMPER
STAND 6.8.1976
QUELLE fragebogenerhebung sommer 1976
BEGINN 1.1.1970 ENDE 31.12.1976

PG -002

INST AGRIKULTURCHEMISCHES INSTITUT DER UNI BONN
BONN, MECKENHEIMER ALLEE 176
VORHAB **nebenwirkungen von pflanzenschutzmitteln auf stickstoffumsetzungen im boden und die stickstoffversorgung von pflanzen**
S.WORT pflanzenschutzmittel + stickstoff + boden + pflanzen
PROLEI DR. KARL SOMMER
STAND 1.1.1974
FINGEB DEUTSCHE FORSCHUNGSGEMEINSCHAFT

PG -003

INST AGRIKULTURCHEMISCHES INSTITUT DER UNI BONN
BONN, MECKENHEIMER ALLEE 176
VORHAB **untersuchungen ueber vorkommen, aufnahme und wirkung von cancerogenen stoffen (insbesondere polycyclische aromate, polychlorierte biphenyle) auf pflanzen**
das vorkommen von cancerogenen stoffen verschiedener art in siedlungsabfaellen ruft bei der landwirtschaftlichen verwertung der klaerschlaemme verschiedentlich bedenken hervor, so dass geklaert werden muss, ob diese stoffe sich im boden unbeschraenkt akkumulieren und welches die bedingungen fuer ihre aufnahme durch die pflanzenwurzeln sind und in welchen mengen sie gegebenenfalls in die pflanzen aufgenommen werden. es werden sowohl physiologische versuche durchgefuehrt (gefaessversuche) wie auch analytische verfahren (chromatographie) zum nachweiss der fraglichen stoffe in der pflanze untersucht. auch soll geprueft werden, welche physiologische effekte zu erwarten sind
S.WORT pflanzenphysiologie + siedlungsabfaelle + klaerschlamm + carcinogene
PROLEI PROF. DR. HERMANN KICK
STAND 11.8.1976
QUELLE fragebogenerhebung sommer 1976
FINGEB NIERSVERBAND VIERSEN
BEGINN 1.4.1975
G.KOST 30.000 DM

PG -004

INST AKTIONSGEMEINSCHAFT NATUR- UND UMWELTSCHUTZ BADEN-WUERTTEMBERG E.V.
STUTTGART, STAFFLENBERGSTR. 26
VORHAB **schutz des bodens - chemische bekaempfungsmittel**
S.WORT bodenschutz + umweltchemikalien
PROLEI DR. FAHRBACH
STAND 1.1.1974
FINGEB MINISTERIUM FUER ERNAEHRUNG, LANDWIRTSCHAFT UND UMWELT, STUTTGART
BEGINN 1.1.1971 ENDE 31.12.1975
G.KOST 25.000 DM

PG -005

INST ARBEITSGEMEINSCHAFT UMWELTSCHUTZ AN DER UNI HEIDELBERG
HEIDELBERG, IM NEUENHEIMER FELD 360
VORHAB **einfluss von biozidbelastungen und ueberduengung des bodens auf den stoffwechsel hoeherer pflanzen**
S.WORT biozide + duengung + pflanzen + metabolismus
PROLEI PROF. DR. KURT EGGER
STAND 1.10.1974
BEGINN 1.6.1972 ENDE 30.6.1974
G.KOST 20.000 DM

PG -006

INST BOTANISCHES INSTITUT II DER UNI KARLSRUHE
KARLSRUHE, KAISERSTR. 12
VORHAB **wirkung von herbiziden auf stoffwechsel und entwicklung von pflanzen**
an zwei typischen vertretern der hoeheren pflanzen (gerste, radieschen) sowie an gruenalgen (chlorella, scenedesmus) wird der einfluss von herbiciden auf den photosyntheseablauf sowie auf die bildung des photosyntheseapparates unter besonderer beruecksichtigung der funktion der pigmente und prenylchinone (elektronentransport, stoffwechsel, herbicidakkumulation und entgiftung) untersucht
S.WORT pflanzenphysiologie + herbizide + nutzpflanzen + photosynthese
PROLEI PROF. DR. HARTMUT LICHTENTHALER
STAND 21.7.1976
QUELLE fragebogenerhebung sommer 1976
FINGEB DEUTSCHE FORSCHUNGSGEMEINSCHAFT
LITAN PFISTER, K.;BUSCHMANN, C.;LICHTENTHALER, H.: 3RD INTERNATIONAL CONGRESS ON PHOTOSYNTHESIS, REHOVOT: INHIBITION OF THE PHOTOSYNTHETIC ELECTRON TRANSPORT BY BENTAZON. IN: PROCEEDINGS OF THE 3RD INTERNATIONAL CONGRESS ON PHOTOSYNTHESIS. 1 S. 675-681(1975)

PG -007

INST BOTANISCHES INSTITUT MIT BOTANISCHEM GARTEN DER UNI WUERZBURG
WUERZBURG, MITTLERER DAHLENBERGWEG 64
VORHAB **wirkung von pestiziden auf den stoffwechsel, insbesondere auf den photosyntheseapparat von hoeheren pflanzen und algen des phytoplanktons**
S.WORT pestizide + metabolismus + photosynthese
STAND 1.1.1974
FINGEB BUNDESMINISTER FUER FORSCHUNG UND TECHNOLOGIE
BEGINN 1.1.1972 ENDE 31.12.1976
G.KOST 607.000 DM
LITAN - 1. ZWISCHENBERICHT (INTERN), SIMONIS, MAERZ 1974
- ZWISCHENBERICHT 1974. 05

PG -008

INST BOTANISCHES INSTITUT MIT BOTANISCHEM GARTEN DER UNI WUERZBURG
WUERZBURG, MITTLERER DALLENBERGWEG 64
VORHAB **verminderung des einsatzes von pestiziden. wirkung von pestiziden auf den stoffwechsel, insbesondere auf den photosyntheseapparat von hoeheren pflanzen und algen des phytoplanktons**
in zusammenarbeit mit den uebrigen an diesem forschungsvorhaben beteiligten arbeitsgruppen soll erreicht werden, dass herbizide einerseits hinsichtlich ihrer primaeren wirkung im zellfreien system charakterisiert, gleichzeitig aber auf ihre effekte an intakten zellen untersucht werden. durch diese verschiedenen fakten kann ein klares bild ueber die auswirkung von schadstoffen z. b. auf die mikroalgen des phytoplanktons und auf das gesamte aquatische oekosystem gewonnen werden
S.WORT pflanzenphysiologie + photosynthese + pestizide
PROLEI PROF. DR. WOLFGANG URBACH
STAND 21.7.1976
QUELLE fragebogenerhebung sommer 1976
FINGEB BUNDESMINISTER FUER FORSCHUNG UND TECHNOLOGIE
ZUSAM - LEHRSTUHL FUER BIOCHEMIE DER PFLANZEN DER RUHR-UNI, PROF. DR. TREBST, BOCHUM
- FACHBEREICH BIOLOGIE DER UNI KONSTANZ, PROF. DR. BOEGER, SONNENBUEHL, 7750 KONSTANZ
BEGINN 1.10.1972 ENDE 1.9.1976
G.KOST 328.000 DM
LITAN URBACH, D.;SUCHANKA, M.;URBACH, W.: EFFECT OF

SUBSTITUTED PYRIDAZINONE HERBIZIDES AND OF DIFUNONE (EMD-IT-5914) ON CAROTENOID BIOSYNTHESIS IN GREEN ALGAE. IN: ZEITSCHRIFT NATURFORSCHUNG. (IM DRUCK)

PG -009

INST BOTANISCHES INSTITUT MIT BOTANISCHEM GARTEN DER UNI WUERZBURG
WUERZBURG, MITTLERER DALLENBERGWEG 64

VORHAB **verminderung des einsatzes von pestiziden (herbiziden und insektiziden); schadwirkungen von pestiziden auf das phytoplankton; aufnahme, akkumulation und wirkungsweise auf mikroalgen**
untersuchung der wirkungsweise von pestiziden (herbizide sowie insektizide) auf den photosyntheseapparat und auf stoffwechselreaktionen von pflanzen, insbesondere von algen. die kenntnis der wirkungsweise dieser pestizide am primaeren angriffsort und ihre weiteren reaktionen in den chloroplasten und auf den stoffwechsel einfach organisierter pflanzen (einzellige algen) ermoeglicht es, gezielt wirkende herbizide zu entwickeln und unerwuenschte nebenwirkungen von anderen pestiziden auszuschalten. es werden gemessen: die akkumulation der pestizide in verschiedenen algen, aufnahmeprozesse der algenzelle, die wirkung von pestiziden auf spezifische stoffwechselreaktionen insbesondere der photosynthese

S.WORT pflanzenphysiologie + photosynthese + pestizide + algen

PROLEI PROF. DR. WILHELM SIMONIS

STAND 21.7.1976

QUELLE fragebogenerhebung sommer 1976

FINGEB BUNDESMINISTER FUER FORSCHUNG UND TECHNOLOGIE

ZUSAM - LEHRSTUHL FUER BIOCHEMIE DER PFLANZEN DER RUHR-UNI, PROF. DR. TREBST, BOCHUM
- FACHBEREICH BIOLOGIE DER UNI KONSTANZ, PROF. DR. BOEGER, SONNENBUEHL, 7750 KONSTANZ

BEGINN 1.10.1972 ENDE 1.9.1976

G.KOST 332.000 DM

LITAN KOPECEK, K.;FULLER, F.;RATZMANN, W.;SIMONIS, W.: LICHTABHAENGIGE INSEKTIZIDWIRKUNGEN AUF EINZELLIGE ALGEN. IN: BERICHTE DEUTSCHE BOTANISCHE GESELLSCHAFT. 88 S. 269-281(1975)

PG -010

INST GEOLOGISCHES LANDESAMT NORDRHEIN-WESTFALEN
KREFELD, DE-GREIFF-STR. 195

VORHAB **mitwirkung bei oelunfaellen, auswirkungen von oelunfaellen auf boden und wasser**

S.WORT oelunfall + boden + wasser

STAND 1.1.1974

PG -011

INST INSTITUT FUER ALLGEMEINE BOTANIK DER UNI MAINZ
MAINZ, SAARSTR. 21

VORHAB **die wirkung von pestiziden auf photosynthetische reaktionen**
die weltwirtschaftliche bedeutung chemischer pflanzenschutzmittel hat in den vergangenen jahren ausserordentlich zugenommen. die wirkungen dieser stoffe auf den organismus koennen sehr vielseitig sein und sind zum teil noch unbekannt. wir untersuchen vor allem den einfluss im handel befindlicher praeparate auf die primaeren, energieliefernden reaktionen der photosynthese

S.WORT pflanzenschutzmittel + pestizide + photosynthese

PROLEI PROF. DR. ALOYSIUS WILD

STAND 21.7.1976

QUELLE fragebogenerhebung sommer 1976

LITAN WILD, A.;OBERWEIS, A.: UNTERSUCHUNG DER WIRKUNG ZWEIER INSEKTIZIDE AUF DEN PHOTOSYNTHETISCHEN ELEKTRONENTRANSPORT. (IN VORBEREITUNG)

PG -012

INST INSTITUT FUER BIOCHEMIE DES BODENS DER FORSCHUNGSANSTALT FUER LANDWIRTSCHAFT
BRAUNSCHWEIG, BUNDESALLEE 50

VORHAB **analytik von cancerogenen polycyclischen aromatischen kohlenwasserstoffen in boeden und torfproben und in den darauf gezogenen nutzpflanzen**
boeden, besonders aber muellklaerschlammkomposte, aber auch torfproben enthalten polycyclische aromatische kohlenwasserstoffe, von denen ein teil cancerogene wirkung besitzt. es wird die art und konzentration dieser verbindungen aus diesen verschiedenen medien untersucht und mittels kombinierter gaschromatographie-massenspektrometrie die chemische konstitution dieser zum teil noch unbekannten verbindungen festgestellt. weiterhin wird untersucht, inwieweit sie durch pflanzen aufgenommen werden und in den pflanzen nachgewiesen werden koennen. die versuche dienen fuer die entscheidung, in welchem aussmass eine verarbeitung von klaerschlamm-, stadt-oder industriemuell zu landwirtschaftlich nutzbaren komposten vertreten werden kann.

S.WORT schadstoffnachweis + polyzyklische kohlenwasserstoffe + muellkompost + pflanzenkontamination + bodenbelastung

PROLEI DIPL. -CHEM. PETER-CHRISTIAN ELLWARDT

STAND 21.7.1976

QUELLE fragebogenerhebung sommer 1976

BEGINN 1.1.1975 ENDE 12.31.1978

LITAN ELLWARDT, P.: ZUM NACHWEIS VON POLYCYCLISCHEN, AROMATISCHEN KOHLENWASSERSTOFFEN MIT UND OHNE CANCEROGENER WIRKUNG IN TORFEN IM VERGLEICH ZUM VORKOMMEN IN BOEDEN UND KOMPOSTEN. IN: TELMA(1976)

PG -013

INST INSTITUT FUER BIOCHEMIE DES BODENS DER FORSCHUNGSANSTALT FUER LANDWIRTSCHAFT
BRAUNSCHWEIG, BUNDESALLEE 50

VORHAB **metabolisierung polycyclischer kohlenwasserstoffe in pflanzlichen zellsuspensionskulturen und in insteril kultivierten kulturpflanzen**
ueber die aufnehmbarkeit von polycyclischen kohlenwasserstoffen durch pflanzen liegen bisher nur wenige und widersprechende ergebnisse vor. weiterhin ist ueber ihre metabolisierung innerhalb der pflanzen und den dabei ablaufenden reaktionen nur wenig bekannt. bei insteril und steril kultivierten unterschiedlichen pflanzenarten und sterilen zellkulturen dieser pflanzen wird die aufnehmbarkeit und metabolisierung von 14-c-markiertem benzo(a)pyren und anderen polycyclen untersucht

S.WORT polyzyklische kohlenwasserstoffe + pflanzen + metabolismus

PROLEI DR. HANS HARMS

STAND 21.7.1976

QUELLE fragebogenerhebung sommer 1976

BEGINN 1.1.1975 ENDE 12.31.1978

LITAN HARMS, H.: METABOLISIERUNG VON BENZO(A)PYREN IN PFLANZLICHEN ZELLSUSPENSIONSKULTUREN UND WEIZENKEIMPFLANZEN. IN: LANDBAUFORSCHUNG VOELKENRODE 25 S. 83-90(1975)

PG -014

INST INSTITUT FUER BIOCHEMIE DES BODENS DER FORSCHUNGSANSTALT FUER LANDWIRTSCHAFT
BRAUNSCHWEIG, BUNDESALLEE 50

VORHAB **metabolisierung von 3,4-benzpyren in pflanzlichen zellsuspensionskulturen und weizenkeimpflanzen**

S.WORT benzpyren + pflanzen + metabolismus

PROLEI H. HARMS

STAND 1.1.1976

FINGEB BUNDESMINISTER FUER ERNAEHRUNG, LANDWIRTSCHAFT UND FORSTEN

BEGINN ENDE 31.12.1975

PG -015

INST INSTITUT FUER BIOCHEMIE DES BODENS DER FORSCHUNGSANSTALT FUER LANDWIRTSCHAFT BRAUNSCHWEIG, BUNDESALLEE 50
VORHAB **analytik von cancerogenen polycyclischen aromatischen kohlenwasserstoffen in boeden und pflanzen, die mit muell-klaerschlamm-komposten behandelt wurden**
S.WORT carcinogene + polyzyklische kohlenwasserstoffe + muellkompost + klaerschlamm + pflanzenkontamination
PROLEI P. CH. ELLWARDT
STAND 1.1.1976
QUELLE mitteilung des bundesministers fuer ernaehrung,landwirtschaft und forsten
FINGEB FORSCHUNGSANSTALT FUER LANDWIRTSCHAFT, BRAUNSCHWEIG-VOELKENRODE
BEGINN ENDE 31.2.1977

PG -016

INST INSTITUT FUER BIOLOGIE DER BUNDESFORSCHUNGSANSTALT FUER ERNAEHRUNG GEISENHEIM, RUEDESHEIMER STRASSE 12-14
VORHAB **untersuchung ueber die phosphorwasserstoff-sorption von weizenkeimlingen**
S.WORT pflanzenkontamination + phosphor + (weizenkeimlinge)
PROLEI DR. BREYER
STAND 1.1.1976
QUELLE mitteilung des bundesministers fuer ernaehrung,landwirtschaft und forsten
BEGINN ENDE 31.12.1974
LITAN BREYER, D.: UNTERSUCHUNGEN DER PHOSPHORWASSERSTOFFRUECKSTAENDE IN GETREIDE NACH DER BEHANDLUNG MIT PULVERFOERMIGEN BEGASUNGSPRAEPARATEN. IN: MUEHLE 110(43) S. 699-700(1973)

PG -017

INST INSTITUT FUER BIOLOGISCHE SCHAEDLINGSBEKAEMPFUNG DER BIOLOGISCHEN BUNDESANSTALT FUER LAND- UND FORSTWIRTSCHAFT DARMSTADT, HEINRICHSTR. 243
VORHAB **die wirkung von bodenherbiziden und ihren metaboliten auf nutzarthropoden (ueber die kulturpflanze)**
S.WORT herbizide + nutzarthropoden + kulturpflanzen
PROLEI PROF. DR. FRANZ JOST
STAND 1.1.1974
FINGEB DEUTSCHE FORSCHUNGSGEMEINSCHAFT

PG -018

INST INSTITUT FUER BODENBIOLOGIE DER FORSCHUNGSANSTALT FUER LANDWIRTSCHAFT BRAUNSCHWEIG, BUNDESALLEE 50
VORHAB **verwendung von indikatororganismen fuer die kontrolle von bodenbelastungen bei guelleanwendung**
S.WORT bodenbelastung + guelle + bioindikator
PROLEI PROF. DR. KLAUS H. DOMSCH
STAND 1.1.1976
QUELLE mitteilung des bundesministers fuer ernaehrung,landwirtschaft und forsten
FINGEB FORSCHUNGSANSTALT FUER LANDWIRTSCHAFT, BRAUNSCHWEIG-VOELKENRODE
BEGINN ENDE 31.12.1976

PG -019

INST INSTITUT FUER BODENBIOLOGIE DER FORSCHUNGSANSTALT FUER LANDWIRTSCHAFT BRAUNSCHWEIG, BUNDESALLEE 50
VORHAB **simulation und experimentelle analyse von herbizidwirkungen auf den nitrifikationsprozess**
computersimulation und mathematische modellierung, testen von toxizitaetsmechanismen, beruecksichtigung biologischer und boden-eigener parameter
S.WORT pflanzenschutzmittel + herbizide + toxizitaet + (nitrifikation)
PROLEI PROF. DR. KLAUS H. DOMSCH
STAND 1.1.1976
QUELLE mitteilung des bundesministers fuer ernaehrung,landwirtschaft und forsten
LITAN ARCH. MICROBIOLOGIE 87 S. 77-92(1972) (2. BEITRAG); 97 S. 283-301(1974)

PG -020

INST INSTITUT FUER BODENKUNDE DER UNI BONN BONN, NUSSALLEE 13
VORHAB **polychlorierte biphenyle in boden und pflanze**
gaschromatische und markierungsversuche (radiometrische) mit niedrig und hoch chlorierten pcb's in bezug auf einbau und verweilzeit in boden und pflanze
S.WORT bodenkontamination + pflanzenschutz + pcb
PROLEI PROF. DR. SCHARPENSEEL
STAND 1.1.1974
FINGEB BUNDESMINISTER FUER FORSCHUNG UND TECHNOLOGIE
ZUSAM BUNDESMINISTERIUM FUER FORSCHUNG UND TECHNOLOGIE, 53 BONN-BAD GODESBERG, STRESEMANNSTR. 2
BEGINN 1.1.1974 ENDE 31.12.1975
G.KOST 105.000 DM

PG -021

INST INSTITUT FUER BODENKUNDE DER UNI GOETTINGEN GOETTINGEN, VON-SIEBOLD-STR. 4
VORHAB **wirkung von herbiziden in abhaengigkeit von den sorptionseigenschaften verschiedener boeden**
S.WORT bodenbelastung + herbizide
PROLEI PROF. DR. MEYER
STAND 1.1.1974
FINGEB DEUTSCHE FORSCHUNGSGEMEINSCHAFT

PG -022

INST INSTITUT FUER ENTWICKLUNGSPHYSIOLOGIE DER UNI KOELN KOELN 41, GYRHOFSTR. 17
VORHAB **einfluss von detergentien auf entwicklungsvorgaenge von mikroorganismen**
wirkung von detergentien auf entwicklungs- und stoffwechselvorgaenge verschiedener pilzarten: a) aktivierung von phycomyces sporangiosporen durch detergentien und waschmittel b) wirkung von natriumdodecylsulfate (sds) auf hefezellen; isolierung von sds-resistenten und -sensitiven mutanten
S.WORT detergentien + pilze + metabolismus
PROLEI DR. ILSE MUELLER
STAND 21.7.1976
QUELLE fragebogenerhebung sommer 1976
LITAN ZWISCHENBERICHT

PG -023

INST INSTITUT FUER ERDOELFORSCHUNG HANNOVER, AM KLEINEN FELDE 30
VORHAB **untersuchungen ueber organische stoffe in rezenten sedimenten**
S.WORT organische stoffe + sediment
PROLEI DR. NEUMANN
STAND 1.1.1974
BEGINN 1.1.1970

PG -024

INST INSTITUT FUER ERNAEHRUNGSWISSENSCHAFTEN II / FB 19 DER UNI GIESSEN GIESSEN, WIESENSTR. 3-5
VORHAB **aufnahme polycyclischer aromaten durch die pflanze aus der luft und dem boden**
S.WORT polyzyklische aromaten + pflanzen
PROLEI DR. BUCHHAUPT
STAND 1.1.1974
BEGINN 1.1.1973 ENDE 31.12.1974

PG -025

INST INSTITUT FUER HACKFRUCHTKRANKHEITEN UND NEMATODENFORSCHUNG DER BIOLOGISCHEN BUNDESANSTALT FUER LAND- UND FORSTWIRTSCHAFT
MUENSTER, TOPPHEIDEWEG 88

VORHAB **einfluss einer jaehrlich wiederholten anwendung des systemischen nematizids temik 10 g (wirkstoff aldicarb) auf das oekosystem einer hafermonokultur**
in einer vieljaehrigen hafermonokultur auf dem institutsversuchsfeld, in welcher in jedem jahr auf einer teilflaeche das systematische nematizid 10 g zur abwehr von ertragsverlusten durch das getreidezystenaelchen heterodera avenae eingesetzt wird, werden in regelmaessigen abstaenden die auswirkungen dieser behandlung auf bestimmte gruppen der bodenfauna untersucht. gleichsinnige untersuchungen sollen auch in einer zuckerruebenmonokultur durchgefuehrt werden

S.WORT bodenkontamination + fauna + nematizide + (hafermonokultur)
MUENSTERLAND + KOELNER BUCHT + RHEIN-RUHR-RAUM

PROLEI PROF. DR. WERNER STEUDEL
STAND 30.8.1976
QUELLE fragebogenerhebung sommer 1976
ZUSAM - INST. F. UNKRAUTFORSCHUNG, BIOLOGISCHE BUNDESANSTALT BRAUNSCHWEIG, MESSEWEG 11/12
- FORSCHUNGSANSTALT FUER LANDWIRTSCHAFT, INST. F. BODENBIOLOGIE, BRAUNSCHWEIG-VOELKENRODE

PG -026

INST INSTITUT FUER HOLZBIOLOGIE UND HOLZSCHUTZ DER BUNDESFORSCHUNGSANSTALT FUER FORST- UND HOLZWIRTSCHAFT
HAMBURG 80, LEUSCHNERSTR. 91 C

VORHAB **verfahrenstechnische moeglichkeiten zur verminderung der umweltbelastung bei der kesseldrucktraenkung von holzmasten**
verminderung einer umweltbelastung bei der kesseldrucktraenkung von holz. erfassung des ausmasses der auswaschung von wasserloeslichen holzschutzmitteln bei frisch impraegnierten leistungsmasten. verminderung von tropfverlusten und der auswaschung durch regen mit hilfe eines geaenderten traenkverfahrens

S.WORT holzschutzmittel + auswaschung + bodenbelastung
PROLEI DR. HUBERT WILLEITNER
STAND 13.8.1976
QUELLE fragebogenerhebung sommer 1976
BEGINN 1.2.1972 ENDE 31.12.1976
G.KOST 100.000 DM
LITAN (UNI HAMBURG), DISSERTATION: BEITRAG ZUR VERMINDERUNG EINER MOEGLICHEN UMWELTBELASTUNG BEI DER SALZIMPRAEGNIERUNG VON KIEFERMASTEN. (1976)

PG -027

INST INSTITUT FUER LANDWIRTSCHAFTLICHE MIKROBIOLOGIE / FB 16/21 DER UNI GIESSEN
GIESSEN, SENCKENBERGSTR. 3

VORHAB **einfluss der anwendung von siedlungsabfaellen auf den schadstoffgehalt im boden und in der pflanze**
untersuchungen ueber den gehalt der siedlungsabfaelle an organischen schadstoffen, besonders polyzyklische, aromatische kohlenwasserstoffe und deren wirkung auf mikro- und matroflora im boden. mikrobieller um- und abbau von polyzyklischen aromaten

S.WORT bodenkontamination + siedlungsabfaelle + organische schadstoffe + mikrobieller abbau
PROLEI PROF. DR. EBERHARD KUESTER
STAND 6.8.1976
QUELLE fragebogenerhebung sommer 1976
BEGINN 1.1.1974 ENDE 31.12.1977

PG -028

INST INSTITUT FUER NUTZPFLANZENFORSCHUNG DER TU BERLIN
BERLIN 33, ALBRECHT-THAER-WEG 3

VORHAB **einfluss der duengung und der herbizide auf das pflanzenwachstum und den boden**
ausbringung von stickstoff- und kaliumduenger zu verschiedenen jahreszeiten in einer oder in mehreren teilgaben. daneben werden unterschiedliche bodenpflegemassnahmen (mechanische oder chemische bodenbearbeitung) regelmaessig durchgefuehrt. in bestimmten zeitabstaenden werden bodenproben aus verschiedenen bodentiefen entnommen und chemisch analysiert, um aussagen ueber die naehrstoffverlagerung machen zu koennen

S.WORT duengemittel + herbizide + bodenbelastung + pflanzenernaehrung
PROLEI PROF. DR. PETER LUEDDERS
STAND 21.7.1976
QUELLE fragebogenerhebung sommer 1976
BEGINN 1.1.1969 ENDE 31.12.1985
G.KOST 150.000 DM
LITAN ZWISCHENBERICHT

PG -029

INST INSTITUT FUER OEKOLOGISCHE CHEMIE DER GESELLSCHAFT FUER STRAHLEN- UND UMWELTFORSCHUNG MBH
NEUHERBERG, SCHLOSS BIRLINGHOVEN

VORHAB **herbizide unter umweltgesichtspunkten**
analyse von produktionsabfaellen, analyse gealterter herbizidproben. nach abschluss der untersuchungen ueber photochemische reaktionen von phenylharnstoffherbiziden in verschiedenen loesungsmitteln werden versuche zur umwandlung in der gasphase fortgesetzt. die freilandversuche zur aufklaerung des metabolismus in pflanzen wurden 1973 begonnen, sie werden unter fruchtwechsel fortgefuehrt und zur identifizierung ausreichende mengen der umwandlungsprodukte isoliert. fuer 1975 sind sencor geplant: isolierung von metaboliten aus pflanzen und boden und ihre strukturaufklaerung aus versuchen unter simulierten praktischen bedingungen. unter simulierten atmosphaerischen bedingungen werden 1975 besonders die versuche in der gasphase und sorbiert an feststoffe durchgeffuehrt

S.WORT pflanzenkontamination + herbizide + metabolismus
PROLEI PROF. DR. F. KORTE
STAND 30.8.1976
QUELLE fragebogenerhebung sommer 1976
BEGINN 1.1.1972 ENDE 31.12.1975
LITAN -
HAQUE,A.;WEISGERBER,I.;KOTZIAS,D.;KLEIN,W.;KORTE,F.: BALANCE OF CONVERSION OF BUTORON-C-14 IN WHEAT UNDER OUTDOOR CONDITIONS; BEITRAEGE ZUR OEKOLOGISCHEN CHEMIE CXII. IN:JOURNAL OF ENVIRONMENTAL SCIENCE AND HEALTH. PART B (IM DRUCK)
- BARTL,P.;KORTE,F.: PHOTOCHEMISCHES VERHALTEN DES HERBIZIDS SENCOR (4-AMINO-6-TERT.-BUTYL-3-(METHYLTHIO)-1,2,4-TRIAZIN-5-(4H)-ON) IN LOESUNG; BEITRAEGE ZUR OEKOLOGISCHEN CHEMIE XCVIII. IN:CHEMOSPHERE 4 S.169-172(1975)
- PHOTOCHEMISCHES UND THERMISCHES VERHALTEN DES HERBIZIDS SENCOR (4-AMINO-6-TERT.-BUTYL-3-(METHYLTHIO)-1,2,4-TRIAZIN-5-(4H)-ON) ALS FESTKOERPER UND AUF OBERFLAECHEN; BEITRAGE ZUR OEKOLOGISCHEN CHEMIE IC. IN:CHEMOSPHERE 4 S.173-176(1975)

PG -030

INST INSTITUT FUER PFLANZENBAU UND SAATGUTFORSCHUNG DER FORSCHUNGSANSTALT FUER LANDWIRTSCHAFT
BRAUNSCHWEIG, BUNDESALLEE 50

VORHAB **untersuchung zur verminderung der belastung des bodens mit organischen stoffen bei uebermaessiger anwendung von natuerlichen duengern**
untersuchung der verlagerung organischer stoffe an boden- und bodenwasserproben, die bis zu 10 m tiefe aus verschiedenen schichten mit abfallstoffen behandelter landwirtschaftlicher flaechen entnommen

wurden. ermittlung des einflusses von bodenbearbeitungsgeraeten, bearbeitungsverfahren und pflanzenbestand auf die stoffverlagerung. jahreszeitlicher verlauf der stoffverlagerung unter berucksichtigung der niederschlaege und zusaetzlicher wasserzufuhr
S.WORT bodenbelastung + organische stoffe + duengemittel
PROLEI DR. N. EL-BASSAM
STAND 20.11.1975
FINGEB BUNDESMINISTER DES INNERN
BEGINN 1.1.1975 ENDE 31.12.1977
G.KOST 255.000 DM

PG -031
INST INSTITUT FUER PFLANZENERNAEHRUNG / FB 19 DER UNI GIESSEN
GIESSEN, BRAUGASSE 7
VORHAB **nitrosamine in pflanzen in abhaengigkeit von der stickstoffernaehrung**
entstehung von nitrosaminen in boeden und pflanzen
S.WORT nitrosamine + pflanzenernaehrung + stickstoff
PROLEI PROF. DR. LINSER
STAND 1.1.1974
FINGEB DEUTSCHE FORSCHUNGSGEMEINSCHAFT
BEGINN 1.1.1972 ENDE 31.12.1975
LITAN ZWISCHENBERICHT AN DFG 1973

PG -032
INST INSTITUT FUER PFLANZENKRANKHEITEN DER UNI BONN
BONN, NUSSALLEE 9
VORHAB **beziehungen zwischen herbizidanwendung und dem auftreten von pflanzenkrankheiten**
S.WORT herbizide + phytopathologie
PROLEI PROF. DR. FRITZ SCHOENBECK
STAND 1.1.1974
FINGEB DEUTSCHE FORSCHUNGSGEMEINSCHAFT
BEGINN 1.1.1972

PG -033
INST INSTITUT FUER PFLANZENKRANKHEITEN DER UNI BONN
BONN, NUSSALLEE 9
VORHAB **verminderung des pflanzenschutzmittel-einsatzes bei der bekaempfung von pilzkrankheiten**
bestimmung der mikroklimatischen voraussetzungen fuer die infektion a) beim falschen mehltau der weinrebe b) bei getreiderosten. serienmessung der blattnaessedauer und temperatur in gefaehrdeten pflanzenbestaenden. bestimmung der dauer naessender nebel, auch abhaengigkeit von industrie- und kraftwerkanlagen. herstellung einer beziehung zwischen den ermittelten daten und der tatsaechlichen infektionsgefaehrdung der kulturen. erarbeitung praxisgerechter empfehlungen fuer die anwendungstermine von fungiziden
S.WORT pflanzenschutzmittel + phytopathologie + pilze + getreide + wein
PROLEI PROF. DR. HEINRICH CARL WELTZIEN
STAND 9.8.1976
QUELLE fragebogenerhebung sommer 1976
FINGEB STIFTUNG VOLKSWAGENWERK, HANNOVER
BEGINN 1.10.1974 ENDE 31.10.1977
LITAN - STUDT; WELTZIEN: DER EINFLUSS DER UMWELTFAKTOREN TEMPERATUR, RELATIVE LUFTFEUCHTIGKEIT UND LICHT AUF DIE KONIDIENBILDUNG BEIM APFELSCHORF, VENTURIA INAEQUALIS (COOKE) WINTER. IN: PHYTOPATH. Z. 84 S. 115-130(1975)
- WELTZIEN, H.;STUDT, H.;SOENMEZ, M.: UNTERSUCHUNGEN ZUR APFELSCHORFBEKAEMPFUNG (VENTURIA INAEQUALIS) MIT REDUZIERTER SPRITZFOLGE. IN: MED. FAC. LANDBOUW. RIJKSUNIV. GENT. 40 S. 605-610(1975)

PG -034
INST INSTITUT FUER PFLANZENPATHOLOGIE UND PFLANZENSCHUTZ DER UNI GOETTINGEN
GOETTINGEN, GRIESBACHSTR. 6
VORHAB **wirkung von herbiziden in abhaengigkeit von den sorptionseigenschaften verschiedener boeden**
S.WORT bodenbeschaffenheit + herbizide
PROLEI PROF. DR. RUDOLF HEITEFUSS
STAND 1.1.1974
FINGEB DEUTSCHE FORSCHUNGSGEMEINSCHAFT

PG -035
INST INSTITUT FUER PFLANZENPATHOLOGIE UND PFLANZENSCHUTZ DER UNI GOETTINGEN
GOETTINGEN, GRIESBACHSTR. 6
VORHAB **nebenwirkungen von herbiziden gegenueber pflanzenkrankheiten von getreide**
S.WORT herbizide + nebenwirkungen + pflanzenkrankheiten + getreide
PROLEI PROF. DR. RUDOLF HEITEFUSS
STAND 7.9.1976
QUELLE datenuebernahme von der deutschen forschungsgemeinschaft
FINGEB DEUTSCHE FORSCHUNGSGEMEINSCHAFT

PG -036
INST INSTITUT FUER PFLANZENPATHOLOGIE UND PFLANZENSCHUTZ DER UNI GOETTINGEN
GOETTINGEN, GRIESBACHSTR. 6
VORHAB **nebenwirkungen von herbiziden gegenueber pflanzenkrankheiten**
S.WORT herbizide + nebenwirkungen + pflanzenkrankheiten
PROLEI PROF. DR. RUDOLF HEITEFUSS
STAND 7.9.1976
QUELLE datenuebernahme von der deutschen forschungsgemeinschaft
FINGEB DEUTSCHE FORSCHUNGSGEMEINSCHAFT

PG -037
INST INSTITUT FUER PHARMAZEUTISCHE BIOLOGIE DER UNI HEIDELBERG
HEIDELBERG, IM NEUENHEIMER FELD 364
VORHAB **einfluss verschiedener herbizide auf den aetherischen oelgehalt der echten kamille (matricaria mamomilla)**
mit bekannten methoden wird die "echte kamille" angebaut, gespritzt, geerntet und mit hilfe moderner analytischer methoden untersucht (z. b. gaschromatographisch)
S.WORT herbizide + rueckstandsanalytik + (kamille)
PROLEI DR. JUERGEN REICHLING
STAND 19.7.1976
QUELLE fragebogenerhebung sommer 1976
ZUSAM LABOR DER NEUFORM, OBERSTEDTEN/BAD HOMBURG
BEGINN 1.7.1976 ENDE 31.9.1977
G.KOST 5.000 DM

PG -038
INST INSTITUT FUER PHARMAZEUTISCHE BIOLOGIE DER UNI HEIDELBERG
HEIDELBERG, IM NEUENHEIMER FELD 364
VORHAB **studium der wechselwirkungsbeziehungen von pflanzenschutzmittel und stoffwechsel bei pflanzen unter besonderer beruecksichtigung des sekundaerstoffwechsels bei arzneipflanzen**
am reduzierten system der gewebekultur soll das verhalten von herbiziden in der pflanze (besonders arzneipflanze) naeher untersucht werden
S.WORT pflanzenschutzmittel + metabolismus + (arzneipflanzen)
PROLEI DR. JUERGEN REICHLING
STAND 21.7.1976
QUELLE fragebogenerhebung sommer 1976
BEGINN 1.7.1976 ENDE 31.12.1978

PG -039
INST INSTITUT FUER PHYSIK DER UNI HOHENHEIM
STUTTGART 70, GARBENSTR. 30

VORHAB **abscheidung und haften von aerosolen auf blaettern (insbesondere auch von pflanzenschutzmitteln und schadstoffen)**
einfluss der ultrastruktur von blaettern (wachsschicht) auf die abscheidung und das haften von festen und fluessigen aerosolen (insbesondere schadstoffen) und auf die aufnahme gasfoermiger schadstoffe durch die pflanzen; bedeutung der artspezifischen und wachstumsbedingten ausbildung der wachsschicht fuer die brauchbarkeit von pflanzen als indikatoren fuer schadstoffe
S.WORT aerosole + pflanzenschutzmittel + pflanzen
PROLEI PROF. DR. WALTER RENTSCHLER
STAND 1.1.1974
QUELLE erhebung 1975
FINGEB - DEUTSCHE FORSCHUNGSGEMEINSCHAFT
- KULTUSMINISTERIUM, STUTTGART
BEGINN 1.1.1966
LITAN - GUENTHER,I.;WORTMANN,G.B.: DUST ON THE SURFACE OF LEAVES.IN:ULTRASTRUCTURE RESEARCH 15 S.522-527 (1966)
- RENTSCHLER,I.: DIE WASSERBENETZBARKEIT VON BLATTOBERFLAECHEN UND IHRE SUBMIKROSKOPISCHE WACHSSTRUKTUR. IN:PLANTA 96 S.119-135 (1971)
- RENTSCHLER,I.: DIE BEDEUTUNG DER WACHSSTRUKTUR AUF BLAETTERN FUER DIE AUFNAHME GASFOERMIGER UND DIE ABSCHEIDUNG FESTER UND FLUESSIGER STOFFE. IN:DATEN UND DOKUMENTE ZUM UMWELTSCHUTZ 10 S.27-31 (1973)

PG -040
INST INSTITUT FUER PHYTOMEDIZIN DER UNI HOHENHEIM
STUTTGART 70, OTTO-SANDER-STR.5
VORHAB **verhalten und nebenwirkungen von systemischen fungiziden in pflanzen**
verhalten der fungizide in pflanzen (transport/transformation/abbau/nukleinsaeure-wuchsstoff-stoffwechsel)
S.WORT fungizide + metabolismus + pflanzen
PROLEI PROF. DR. FRIEDRICH GROSSMANN
STAND 1.1.1974
BEGINN 1.1.1971

PG -041
INST INSTITUT FUER PHYTOMEDIZIN DER UNI HOHENHEIM
STUTTGART 70, OTTO-SANDER-STR.5
VORHAB **verfuegbarkeit von herbiziden fuer die pflanze**
adsorption an bodenbestandteilen; aufnahmemechanismen; selektivitaet
S.WORT herbizide + boden + pflanzen
PROLEI PROF. DR. WERNER KOCH
STAND 1.1.1974
FINGEB DEUTSCHE FORSCHUNGSGEMEINSCHAFT
BEGINN 1.1.1973 ENDE 12.12.1976
LITAN ZWISCHENBERICHT 1974. 05

PG -042
INST INSTITUT FUER PHYTOPATHOLOGIE DER UNI KIEL
KIEL, OLSHAUSENSTR. 40-60
VORHAB **nebenwirkungen von herbiziden auf raps**
S.WORT herbizide + pflanzen + nebenwirkungen
PROLEI PROF. DR. HORST BOERNER
STAND 1.1.1974
FINGEB DEUTSCHE FORSCHUNGSGEMEINSCHAFT
BEGINN 1.1.1972

PG -043
INST INSTITUT FUER UNKRAUTFORSCHUNG DER BIOLOGISCHEN BUNDESANSTALT FUER LAND- UND FORSTWIRTSCHAFT
BRAUNSCHWEIG -GLIESMARODE, MESSEWEG 11/12
VORHAB **verhalten und wirkung von herbiziden in boeden und pflanzen**
eine hochwertige nahrungsmittelversorgung und gesunderhaltung der kulturboeden ist allgemein von interesse und bedeutung. arbeits- und betriebswirtschaftliche gruende zwingen zum einsatz toxischer herbizide, so dass es notwendig ist, das verhalten und die wirkung von herbiziden im boden und in pflanzen zu kennen, um evtl. schaedigungen der umwelt und der gesundheit vorzubeugen
S.WORT bodenkontamination + herbizide
+ rueckstandsanalytik
PROLEI DR. WILFRIED PESTEMER
STAND 1.1.1974
FINGEB DEUTSCHE FORSCHUNGSGEMEINSCHAFT
ZUSAM INST. F. ZUCKERRUEBENFORSCHUNG, GOETTINGEN
BEGINN 1.1.1968
G.KOST 1.000.000 DM

PG -044
INST INSTITUT FUER UNKRAUTFORSCHUNG DER BIOLOGISCHEN BUNDESANSTALT FUER LAND- UND FORSTWIRTSCHAFT
BRAUNSCHWEIG -GLIESMARODE, MESSEWEG 11/12
VORHAB **nebenwirkungen von herbiziden auf mikroorganismen des bodens**
bei der hohen biologischen aktivitaet von unkrautbekaempfungsmitteln und angesichts des nicht unerheblichen anwendungsumfanges in intensiven ackerbau- und gemuesebaubetrieben taucht die frage nach den nebenwirkungen von herbiziden gegen mikroorganismen des bodens auf. falls solche wirkungen im laufe der untersuchungen festgestellt werden sollten, wird angestrebt, diese erkenntnisse in den rahmen der amtlichen pflanzenschutzmittelpruefung zur vermeidung von schaedlichen auswirkungen auf die umwelt einzubauen. vorrangige untersuchungsziele sind derzeit der einfluss von herbiziden auf die bodenfruchtbarkeit (co2-produktion) und die abbauleistung der mikroorganismen (strohmineralisierung)
S.WORT bodenkontamination + herbizide + nebenwirkungen
+ mikroorganismen
BRAUNSCHWEIG (REGION) + HARZVORLAND
PROLEI DR. HANS-PETER MALKOMES
STAND 30.8.1976
QUELLE fragebogenerhebung sommer 1976
ZUSAM INST. F. BODENBIOLOGIE DER FORSCHUNGSANSTALT FUER LANDWIRTSCHAFT, BUNDESALLEE 50, 3300 BRAUNSCHWEIG
BEGINN 1.1.1973
G.KOST 500.000 DM

PG -045
INST INSTITUT FUER WASSERCHEMIE UND CHEMISCHE BALNEOLOGIE DER TU MUENCHEN
MUENCHEN, MARCHIONINISTR. 17
VORHAB **verteilung von spurenelementen im vorfeld anthropogener belastung: ihr verhalten bei der verwitterung und abtragung, dargestellt an einzelbeispielen im einzugsgebiet der tiroler achen**
S.WORT schadstoffausbreitung + spurenelemente
+ bodenkontamination + anthropogener einfluss
TIROLER ACHEN
PROLEI PROF. DR. KARL-ERNST QUENTIN
STAND 7.9.1976
QUELLE datenuebernahme von der deutschen forschungsgemeinschaft
FINGEB DEUTSCHE FORSCHUNGSGEMEINSCHAFT

PG -046
INST INSTITUT FUER ZUCKERRUEBENFORSCHUNG
GOETTINGEN, HOLTENSER LANDSTRASSE 77
VORHAB **wirkung der im ruebenbau gebraeuchlichen herbizide auf phytopathogene bodenpilze, insbesondere der erreger von keimlingskrankheiten**
S.WORT herbizide + phytopathologie + boden
PROLEI PROF. DR. CHRISTIAN WINNER
STAND 1.1.1974
FINGEB DEUTSCHE FORSCHUNGSGEMEINSCHAFT
BEGINN 1.1.1972
LITAN MERKES, R. (UNI GOETTINGEN), DISSERTATION: NEBENWIRKUNGEN DER IM ZUCKERRUEBENBAU GEBRAEUCHLICHEN HERBIZIDE AUF RUEBENPATHOGENE BODENPILZE. (1975)

PG -047

INST LANDESANSTALT FUER IMMISSIONS- UND BODENNUTZUNGSSCHUTZ DES LANDES NORDRHEIN-WESTFALEN
ESSEN, WALLNEYERSTR. 6
VORHAB **ermittlung der relativen toxizitaet von organischen gasen und daempfen auf pflanzen**
S.WORT abgas + toxizitaet + pflanzen
PROLEI DR. PRINZ
STAND 1.1.1974
FINGEB LAND NORDRHEIN-WESTFALEN
BEGINN 1.1.1972

PG -048

INST LANDESANSTALT FUER PFLANZENSCHUTZ
STUTTGART 1, REINSBURGSTR. 107
VORHAB **untersuchungen ueber rueckstaende bei gemuesekulturen nach applikation von quintozenhaltigen pflanzenschutzmitteln bis 1972**
das forschungsvorhaben hat zum ziel, die hoehe der rueckstaende von gemuesekulturen, die sich heute noch aufgrund der jahrzehntelangen anwendung von quintozenhaltigen pflanzenschutzmitteln ergeben, festzustellen. gaertnerische erden - gewaechshauserden und freilandboeden - werden auf eine kontamination durch quintozen, dessen abbauprodukte und herstellungsbedingte verunreinigungen, so hexachlorbenzol, untersucht. anschliessend soll auch die art der aufnahme dieser aus dem boden stammenden rueckstaende bei gemuesepflanzen abgeklaert werden
S.WORT pflanzenschutzmittel + bodenkontamination + gemuesebau + rueckstandsanalytik + (quintozen)
PROLEI DR. MANFRED HAEFNER
STAND 23.7.1976
QUELLE fragebogenerhebung sommer 1976
FINGEB MINISTERIUM FUER ERNAEHRUNG, LANDWIRTSCHAFT UND UMWELT, STUTTGART
ZUSAM BIOLOGISCHE BUNDESANSTALT FUER LAND- UND FORSTWIRTSCHAFT, MESSEWEG 11-12, 3300 BRAUNSCHWEIG
BEGINN 1.6.1974
G.KOST 60.000 DM
LITAN HAEFNER, M.: HEXACHLORBENZOLRUECKSTAENDE IM GEMUESE - BEDINGT DURCH AUFNAHME DES HEXACHLORBENZOLS AUS DEM BODEN. IN: GESUNDE PFLANZEN 3 (1975)

PG -049

INST LEHRSTUHL FUER BIOCHEMIE DER PFLANZEN DER UNI GOETTINGEN
GOETTINGEN, UNTERE KASPUELE 2
VORHAB **untersuchung des photosynthetischen elektronentransportes**
unter verwendung von bestimmten hemmstoffen der photosynthethese werden teilreaktionen des photosynthetischen elektronentransportes untersucht. in diesem zusammenhang wird auch ueber den wirkungsmechanismus der hemmstoffe, von denen einige herbizidwirkung besitzen, gearbeitet
S.WORT pflanzenphysiologie + photosynthese + herbizide
PROLEI DR. HANS-J. RURAINSKI
STAND 21.7.1976
QUELLE fragebogenerhebung sommer 1976
FINGEB DEUTSCHE FORSCHUNGSGEMEINSCHAFT
G.KOST 220.000 DM
LITAN - RURAINSKI, H.: IN: Z. NATURFORSCH. 30C S. 761-770(1975)
- RURAINSKI, H.: IN: BIOCHIM. ACTA 430 S. 105-112(1976)

PG -050

INST LEHRSTUHL FUER BOTANIK DER TU MUENCHEN
MUENCHEN 2, ARCISSTR. 21
VORHAB **pestizidgehalt von kulturpflanzen in industriellen ballungsgebieten und seine beeinflussung durch aeussere faktoren**
S.WORT kulturpflanzen + pestizide + ballungsgebiet
STAND 1.1.1974

PG -051

INST LEHRSTUHL FUER PFLANZENERNAEHRUNG DER TU MUENCHEN
FREISING -WEIHENSTEPHAN
VORHAB **methode zur benzpyrenbestimmung; ermittlung von aufnahme und verteilung in der pflanze**
entwicklung einer analysenmethode zur bestimmung von 3. 4 benzpyren; nachweis der aufnahme und der verteilung in pflanzen
S.WORT pflanzenkontamination + benzpyren + analyseverfahren
PROLEI PROF. DR. ANTON AMBERGER
STAND 29.7.1976
QUELLE fragebogenerhebung sommer 1976
BEGINN 1.1.1973
LITAN ZWISCHENBERICHT

PG -052

INST LEHRSTUHL FUER PFLANZENOEKOLOGIE DER UNI BAYREUTH
BAYREUTH, AM BIRKENGUT
VORHAB **der einfluss von herbiziden auf die aktivitaet biologischer membranen**
im rahmen der untersuchungen soll der einfluss von herbiziden und deren abbauprodukte auf die aktivitaet von biologischen membranen anhand von algen untersucht werden. erste untersuchungen wurden mit blaualgen durchgefuehrt
S.WORT herbizide + biologische membranen + algen
PROLEI DR. ENNO BRINCKMANN
STAND 30.8.1976
QUELLE fragebogenerhebung sommer 1976
ZUSAM BOTANISCHES INSTITUT I DER UNI WUERZBURG, MITTLERER DALLENBERGWEG 64, 8700 WUERZBURG
BEGINN 1.1.1974
LITAN ZWISCHENBERICHT

PG -053

INST LEHRSTUHL FUER PFLANZENPHYSIOLOGIE DER UNI BOCHUM
BOCHUM, UNIVERSITAETSSTR. 150
VORHAB **untersuchungen zum metabolismus eines insektiziden wirkstoffs (lindan) in nutzpflanzen und pflanzlichen gewebekulturen**
es wird der metabolismus von lindan in hoeheren nutzpflanzen und pflanzlichen gewebekulturen untersucht. hierdurch soll geklaert werden, in welchem masse dieser wirkstoff durch pflanzliches gewebe metabolisiert wird. auftretende metaboliten werden strukturell aufgeklaert, wobei neben der erfassung lipophiler umwandlungsprodukte der schwerpunkt auf der identifizierung hydrophiler metaboliten liegt
S.WORT insektizide + nutzpflanzen + metabolismus
PROLEI DR. JOACHIM STOECKIGT
STAND 21.7.1976
QUELLE fragebogenerhebung sommer 1976
FINGEB STIFTERVERBAND FUER DIE DEUTSCHE WISSENSCHAFT E. V. , ESSEN
ZUSAM INST. F. BIOCHEMIE DES BODENS DER FORSCHUNGSANSTALT FUER LANDWIRTSCHAFT, 3300 BRAUNSCHWEIG
BEGINN 1.1.1974 ENDE 31.12.1976
G.KOST 90.000 DM
LITAN ZWISCHENBERICHT

PG -054

INST LEHRSTUHL UND INSTITUT FUER PFLANZENKRANKHEITEN UND PFLANZENSCHUTZ DER TU HANNOVER
HANNOVER, HERRENHAEUSERSTR. 2
VORHAB **verhalten und nebenwirkungen von herbiziden im boden und in kulturpflanzen**
die anwendung von herbiziden im pflanzenbau ist in der regel mit nebenwirkungen verbunden, die fuer die kulturpflanze harmlos, guenstig oder schaedlich sein koennen. auch ihre anfaelligkeit gegenueber schaderregern kann auf diese weise veraendert werden. ziel der untersuchungen ist es, zu untersuchen, ob die anwendung des herbizides diallat die wirtseignung und reaktion gegenueber pathogenen von getreidepflanzen beeinflusst

S.WORT bodenkontamination + herbizide + kulturpflanzen + phytopathologie
PROLEI PROF. DR. FRITZ SCHOENBECK
STAND 21.7.1976
QUELLE fragebogenerhebung sommer 1976
FINGEB DEUTSCHE FORSCHUNGSGEMEINSCHAFT
ZUSAM DEUTSCHE FORSCHUNGSGEMEINSCHAFT
BEGINN 1.1.1975 ENDE 31.12.1977
G.KOST 120.000 DM
LITAN PAUL, V.;SCHOENBECK, F.: UNTERSUCHUNGEN UEBER DEN EINFLUSS VON DIALLAT AUF DEN WURZELBEFALL ZEA MAYS DURCH FUSARIUM MONILIFORME. IN: PHYTOPATHOLOGISCHE ZEITSCHRIFT (1976)

PG -055

INST LEHRSTUHL UND INSTITUT FUER PFLANZENKRANKHEITEN UND PFLANZENSCHUTZ DER TU HANNOVER
HANNOVER, HERRENHAEUSERSTR. 2
VORHAB **identifizierung von pestizidrueckstaenden im erdboden und in gewaessern mit hilfe von geophilen insekten**
gewisse geophile heuschrecken legen ihre eier in 4-5-8 cm tiefe in den erdboden ab. dies geschieht jedoch nur bei bestimmter bodenfeuchte und korngroesse sowie bei einem gewissen reinheitsgrad des bodens, jede beimengung von insektizidspuren wird mit dem hinterleibsende der tiere registriert und verhindert die eiablage. in dieser hinsicht sind diese insekten hervorragende indikatoren fuer bodenverschmutzungen
S.WORT pestizide + bodenbelastung + bioindikator
PROLEI PROF. DR. GERHARD SCHMIDT
STAND 21.7.1976
QUELLE fragebogenerhebung sommer 1976
FINGEB DEUTSCHE FORSCHUNGSGEMEINSCHAFT
BEGINN 1.4.1972
G.KOST 180.000 DM
LITAN ZWISCHENBERICHT

PG -056

INST NIEDERSAECHSISCHE FORSTLICHE VERSUCHSANSTALT
GOETTINGEN, GRAETZELSTR. 2
VORHAB **nebenwirkungen von forstschutzmitteln auf nutzarthropoden**
entwicklung von richtlinien zur mittelpruefung an bestimmten nutzarthropoden. hier: waldameisen (formica polyctena) und tachinen (pales pavida). spezielle beruecksichtigung der beeintraechtigung der nutzfunktion der versuchstiere (z. b. der parasitierungsleistung u. a.). durchfuehrung von tests unter praxisueblichen bedingungen, wobei nicht so sehr insektizide, sondern herbizide und fungizide im vordergrund stehen
S.WORT forstwirtschaft + pestizide + nutzarthropoden + nebenwirkungen
PROLEI DR. WOLFGANG ALTENKIRCH
STAND 11.8.1976
QUELLE fragebogenerhebung sommer 1976
FINGEB BUNDESMINISTER FUER ERNAEHRUNG, LANDWIRTSCHAFT UND FORSTEN
ZUSAM ARBEITSGRUPPE DER BIOLOGISCHEN BUNDESANSTALT (DARMSTADT)
BEGINN 1.1.1972
LITAN ZWISCHENBERICHT

PG -057

INST ORDINARIAT FUER BODENKUNDE DER UNI HAMBURG
REINBEK, SCHLOSS
VORHAB **polychlorierte biphenyle im boden**
1. sorption pcb an boden und bodenkomponenten, adsorptionsisothermen; 2. perfusionsversuche mit markiertem pcb an bodensaeulen in natuerlicher lagerung; 3. autoradiographie zur erkennung der konzentrationsbereiche des pcb in den saeulen, anfertigung von duennschliffen, anlagerung an bodenbestandteile durch stripping-emulsions-duennschliff-autoradiographie; 4. verteilung der pcb im boden, verabreichung und messung markierter pcb an verschiedenen boden- und pflanzenfraktionen in kleinbiotopen; 5. biotischer und abiotischer abbau der pcb im boden; auch abbau durch fotochemische einfluesse; 6. gaschromatographische messung des pcb-gehalts terrestrischer und hydromorpher boeden
S.WORT pcb + bodenbelastung
PROLEI PROF. DR. HANS-WILHELM SCHARPENSEEL
STAND 21.7.1976
QUELLE fragebogenerhebung sommer 1976
FINGEB - BUNDESMINISTER FUER FORSCHUNG UND TECHNOLOGIE
- BAYERWERKE AG, LEVERKUSEN
BEGINN 1.4.1974 ENDE 30.4.1976
G.KOST 100.000 DM
LITAN ENDBERICHT

PG -058

INST PFLANZENSCHUTZAMT DES LANDES SCHLESWIG-HOLSTEIN
KIEL, WESTRING 383
VORHAB **rueckstandsuntersuchungen - hexachlorbenzol im boden**
hexachlorbenzol-rueckstaende treten teilweise im gemuese auf; diese sind durch fungizidbehandlung nicht zu erklaeren; der hexachlorbenzolgehalt von gemueseanbauflaechen soll untersucht werden
S.WORT pflanzenschutzmittel + rueckstaende + boden + gemuese
PROLEI DR. FRUCKE
STAND 1.1.1974
QUELLE erhebung 1975
ZUSAM BIOLOGISCHE BUNDESANSTALT FUER LAND- U. FORSTWIRTSCHAFT, 33 BRAUNSCHWEIG, MESSEWEG 11/12
BEGINN 1.1.1974
G.KOST 10.000 DM

PG -059

INST STAATLICHES WEINBAUINSTITUT, VERSUCHS- UND FORSCHUNGSANSTALT FUER WEINBAU UND WEINBEHANDLUNG
FREIBURG, MERZHAUSER STRASSE 119
VORHAB **untersuchungen ueber den einfluss von pflanzenschutzmitteln auf den gehalt einzelner zucker in rebblaettern**
S.WORT pflanzenschutzmittel + weinbau
PROLEI DR. GUENTER SCHRUFT
STAND 1.1.1974
FINGEB DEUTSCHE FORSCHUNGSGEMEINSCHAFT
BEGINN 1.1.1972

Weitere Vorhaben siehe auch:

KD -003 UNTERSUCHUNG DES ROTTEVERLAUFS VON GUELLE BEI VERSCHIEDENER BEHANDLUNG UND DEREN WIRKUNG AUF BODEN, PFLANZENERTRAG UND PFLANZENQUALITAET

KD -004 UNTERSUCHUNG DES ROTTEVERLAUFS VON GUELLE (HARN-KOTMISCHUNG) BEI VERSCHIEDENER BEHANDLUNG UND DEREN WIRKUNG AUF BODEN, PFLANZENERTRAG UND PFLANZENQUALITAET

QD -006 SCHWERMETALLKONTAMINATION VERSCHIEDENER MEDIEN

RD -005 VERFUEGBARKEIT DER HERBIZIDE FUER DIE KULTURPFLANZE

RG -007 DIE WIRKUNG VON HERBIZIDEN AUF DIE NAEHRSTOFFAUFNAHME UND DIE KRANKHEITSDISPOSITION VON FORSTPFLANZEN

PH -001
INST ABTEILUNG SYSTEMATIK UND GEOBOTANIK DER TH AACHEN
AACHEN, ALTE MAASTRICHTER STRASSE 30
VORHAB **wirkung von chemischen abfaellen auf marine phytoplanktonkulturen unter weitgehend naturgemaessen bedingungen**
S.WORT umweltchemikalien + plankton
PROLEI PROF. DR. LUDWIG ALETSEE
STAND 1.1.1974
BEGINN 1.1.1969

PH -002
INST AGRIKULTURCHEMISCHES INSTITUT DER UNI BONN
BONN, MECKENHEIMER ALLEE 176
VORHAB **aufnahme von tensiden durch pflanzen, ihre schleppwirkung auf schwermetalle unter besonderer beruecksichtigung von weichmachern in textilhilfsmitteln**
da in abwaessern tenside, weichmacher, oberflaechenaktive stoffe der verschiedensten art vorkommen, soll untersucht werden, welchen einfluss diese stoffe auf das pflanzenwachstum haben, ob sie z. b. fuer schwermetalle eine schleppfunktion haben und ob sie in groesserem umfange von den pflanzen aufgenommen werden
S.WORT pflanzenphysiologie + klaerschlamm + tenside + schwermetalle
PROLEI PROF. DR. HERMANN KICK
STAND 11.8.1976
QUELLE fragebogenerhebung sommer 1976
FINGEB BUNDESMINISTER FUER FORSCHUNG UND TECHNOLOGIE
ZUSAM GESELLSCHAFT FUER STRAHLEN- UND UMWELTFORSCH MBH. , 8042 NEUHERBERG
BEGINN 1.10.1975
G.KOST 238.000 DM
LITAN ZWISCHENBERICHT

PH -003
INST BAYERISCHE LANDESANSTALT FUER BODENKULTUR UND PFLANZENBAU
MUENCHEN 19, MENZINGER STRASSE 54
VORHAB **wirkung von bestrahltem klaerschlamm auf boden und pflanze**
S.WORT klaerschlamm + entkeimung + boden + pflanzen
STAND 1.1.1974
FINGEB BUNDESMINISTER FUER FORSCHUNG UND TECHNOLOGIE
BEGINN 1.1.1973 ENDE 31.12.1975
G.KOST 426.000 DM

PH -004
INST BAYERISCHE LANDESANSTALT FUER BODENKULTUR UND PFLANZENBAU
MUENCHEN 19, MENZINGER STRASSE 54
VORHAB **wirkung von bestrahltem klaerschlamm auf boden und pflanzen**
S.WORT klaerschlamm + bestrahlung + boden + pflanzen
STAND 6.1.1975
FINGEB BUNDESMINISTER FUER FORSCHUNG UND TECHNOLOGIE
ZUSAM - ABWASSERVERBAND AMPERGRUPPE, 8031 EICHENAU, HAUPTSTR. 27
- INST. F. ANGEWANDTE HYGIENE, 8 MUENCHEN 80, BAD BRUNNTHAL 3
BEGINN 1.7.1974 ENDE 31.12.1975
G.KOST 108.000 DM

PH -005
INST FACHBEREICH BIOLOGIE UND CHEMIE DER UNI BREMEN
BREMEN 33, ACHTERSTR.
VORHAB **entwicklung von testverfahren zur erfassung der schadwirkung von umweltgiften auf mikroorganismen**
die schadwirkung von abwaessern und abwassergiftstoffen auf bakterien (in biologischen klaeranlagen und gewaessern) sowie auf algen (in gewaessern) lassen sich mit hilfe von parametern des sauerstoffhaushaltes erfassen
S.WORT toxine + biologische wirkungen + bakterien
PROLEI PROF. DR. ALEXANDER NEHRKORN
STAND 12.8.1976
QUELLE fragebogenerhebung sommer 1976
FINGEB DEUTSCHE FORSCHUNGSGEMEINSCHAFT
BEGINN 1.1.1972 ENDE 31.12.1977

PH -006
INST FACHGEBIET VORRATSSCHUTZ / FB 16/21 DER UNI GIESSEN
GIESSEN, ALTER STEINBACHER WEG 44
VORHAB **die hygienische bedeutung der insekten von rasenflaechen bei bodenveraenderung mit klaerschlamm**
untersuchung der wichtigsten teile der insektenfauna auf neu angelegten rasenflaechen. - untersuchungen ueber die kontamination von sterilen fliegen auf den rasenflaechen mit bakterien
S.WORT klaerschlamm + bodenkontamination + insekten + rasen
PROLEI PROF. DR. W. STEIN
STAND 6.8.1976
QUELLE fragebogenerhebung sommer 1976
BEGINN 1.1.1974 ENDE 31.12.1975

PH -007
INST GEOLOGISCH-PALAEONTOLOGISCHES INSTITUT DER UNI HAMBURG
HAMBURG 13, BUNDESSTR. 55
VORHAB **geochemie umweltrelevanter spurenstoffe**
geochemie umweltrelevanter spurenstoffe in terrestrischen und marinen boeden in verschiedener fazies: fluesse/seen/flachsee/tiefsee; ihre fruehdiagenetischen umsaetze und die dabei auftretende wechselwirkung zwischen organischen und anorganischen komponenten und schwermetallionen; vergleichende untersuchungen
S.WORT spurenstoffe + gewaesser + geochemie
PROLEI PROF. DR. EGON DEGENS
STAND 1.1.1974
FINGEB - DEUTSCHE FORSCHUNGSGEMEINSCHAFT
- BUNDESMINISTER FUER FORSCHUNG UND TECHNOLOGIE
ZUSAM - GEOLOGISCHES LANDESAMT HAMBURG, 2 HAMBURG 13, OBERSTR. 88
- DEUTSCHES HYDROGRAPHISCHES INSTITUT, 2 HAMBURG 4, BERNHARD-NOCHT-STR. 78
BEGINN 1.1.1974 ENDE 31.12.1976

PH -008
INST GESELLSCHAFT DEUTSCHER CHEMIKER
FRANKFURT 90, VARRENTRAPPSTR. 40-42
VORHAB **probenahme von boeden**
erarbeitung von vorschlaegen fuer die einheitliche probenahme von boeden fuer die untersuchung auf umweltrelevante chemikalien
S.WORT bodenkontamination + probenahme + richtlinien
PROLEI DR. WINFRIED EBING
STAND 30.8.1976
QUELLE fragebogenerhebung sommer 1976
ZUSAM - GESELLSCHAFT DEUTSCHER CHEMIKER, VARRENTRAPPSTR. 40-42, 6000 FRANKFURT
- DFG, KENNEDYALLEE, 5300 BONN-BAD GODESBERG
BEGINN 1.3.1972 ENDE 31.1.1975
LITAN - EBING, W.;HOFFMANN, G.: RICHTLINIE ZUR PROBENAHME VON BOEDEN, DIE AUF SPUREN ORGANISCHER ODER ANORGANISCHER FREMDSTOFFE VON UMWELTINTERESSE UNTERSUCHT WERDEN SOLLEN. IN: Z. ANAL. CHEMIE 275 11-13(1975)
- ENDBERICHT

PH -009
INST HYGIENE INSTITUT DER UNI BONN
BONN, KLINIKGELAENDE 35
VORHAB **untersuchungen ueber die wirkung der beim photochemischen smog auftretenden schadstoffen insbesondere von oxidantien auf biologische systeme am beispiel von mikroorganismen**
bau einer smog-simulationskammer, stoffwechsel- und abtoetungsuntersuchungen mit ausgewaehlten testkeimen; ermittlung der biotoxischen aktivitaeten und schwellenwerte fuer die einzelnen smogkomponenten. langfristige ermittlung der qualitativen und quantitativen verteilung von mikroorganismen in abhaengigkeit von klimafaktoren und schadstoffkonzentrationen an zwei repraesentativen orten des bonner ballungsgebietes. expositionsexperimente: ausgewaehlte mikroorganismen werden realen smogsituationen ausgesetzt und ihre verwendbarkeit als indikatoren fuer homotoxische schadstoffkonzentrationen untersucht
S.WORT schadstoffemission + smog + biologische wirkungen + mikroorganismen + bioindikator
PROLEI PROF. DR. EDGAR THOFERN
STAND 13.8.1976
QUELLE fragebogenerhebung sommer 1976
FINGEB UMWELTBUNDESAMT
ZUSAM INST. F. PHYSIKALISCHE CHEMIE DER UNI BONN, WEGELERSTR. 12, 5300 BONN 1
BEGINN 1.1.1976 ENDE 31.12.1978
G.KOST 370.000 DM

PH -010
INST INSTITUT FUER AEROBIOLOGIE DER FRAUNHOFER-GESELLSCHAFT E.V.
SCHMALLENBERG GRAFSCHAFT, UEBER SCHMALLENBERG
VORHAB **kombinierte einwirkung von detergentien und schwermetallen in mikrokonzentrationen auf einfache biologische systeme**
untersuchungen ueber art und ausmass der belastung des menschen und seiner umwelt durch immissionen von schadstoffen. feststellung der wirkung luftverunreinigender stoffe auf mensch, tier und pflanze unter spezieller beruecksichtigung der wirkung auf gewebekulturen, stoffwechselvorgaenge, atmungsorgane und kreislaufsystem. objektivierung der wirkung geruchsintensiver stoffe. entwicklung biologischer messverfahren. isolierte und kombinierte wirkung von bleinitrat und kationogenen detergentien auf den isolierten laengsmuskelstreifen in abhaengigkeit von der einwirkungszeit
S.WORT schwermetalle + detergentien + synergismus
STAND 1.1.1975
QUELLE umweltforschungsplan 1975 des bmi
FINGEB - BUNDESMINISTER DES INNERN
- EUROPAEISCHE GEMEINSCHAFTEN
BEGINN 1.1.1974 ENDE 31.12.1975
G.KOST 183.000 DM

PH -011
INST INSTITUT FUER AEROBIOLOGIE DER FRAUNHOFER-GESELLSCHAFT E.V.
SCHMALLENBERG GRAFSCHAFT, UEBER SCHMALLENBERG
VORHAB **kombinierte einwirkung von tensiden und schwermetallsalzen auf biologische systeme**
untersuchungen zur einwirkung von tensiden und schwermetallsalzen auf biologische systeme (isolierte muskelstreifen, erythrozyten). aus den ergebnissen werden hinweise fuer belastbarkeitsgrenzen freier gewaesser bei gleichzeitiger anwesenheit mehrerer schadstoffe erwartet
S.WORT gewaesserbelastung + tenside + schwermetalle + synergismus + biologische wirkungen
PROLEI DR. DIDA KUHNEN-CLAUSEN
STAND 29.7.1976
QUELLE fragebogenerhebung sommer 1976
FINGEB BUNDESMINISTER FUER FORSCHUNG UND TECHNOLOGIE
BEGINN 1.10.1975 ENDE 30.9.1978
G.KOST 397.000 DM
LITAN ZWISCHENBERICHT

PH -012
INST INSTITUT FUER ALLGEMEINE BOTANIK DER UNI MAINZ
MAINZ, SAARSTR. 21
VORHAB **biochemische anpassungen der pflanzen, insbesondere des photosyntheseapparates, an besondere umweltbedingungen**
im vordergrund unserer arbeiten auf diesem gebiet stehen untersuchungen ueber die anpassung des photosyntheseapparates bei licht- und schattenpflanzen sowie bei c4-pflanzen. folgende methoden werden hierbei angewandt: gaswechselmessungen, bestimmung von enzymen der co2-fixierung und redoxkomponenten des photosynthetischen elektronentransports, fluoreszenzmessungen, leistungen des elektronentransports und der photophosphorylierung
S.WORT pflanzenphysiologie + photosynthese + umwelteinfluesse
PROLEI PROF. DR. ALOYSIUS WILD
STAND 21.7.1976
QUELLE fragebogenerhebung sommer 1976
FINGEB DEUTSCHE FORSCHUNGSGEMEINSCHAFT
G.KOST 150.000 DM
LITAN - GRAHL,H.;WILD,A.: IN:BERICHT DER DEUTSCHEN BOTANISCHEN GESELLSCHAFT 86 S.341-349(1973)
- WILD,A.;KE,B.;SHAW,E.-R.: IN:Z. PFLANZENPHYSIOLOGIE 69 S.344-350(1973)
- WILD,A.;MUELLENBECK,E.: IN:Z. PFLANZENPHYSIOLOGIE 70 S.235-244(1973)

PH -013
INST INSTITUT FUER ALLGEMEINE MIKROBIOLOGIE DER UNI KIEL
KIEL, OLSHAUSENSTR. 40-60
VORHAB **untersuchung morphologisch markanter bakterien auf ihre tauglichkeit als bioindikator**
a) morphologisch interessante bakterien werden aus unterschiedlichen biotopen isoliert, in reinkultur genommen und charakterisiert; b) in laborversuchen wird die bandbreite der physiologischen aktivitaet festgestellt sowie die auswirkung einzelner umweltfaktoren auf die morphologie dieser organismen; c) untersuchungen am standort sollen zeigen, inwieweit beobachtungen dieser organismen mit aeusseren faktoren korreliert werden koennen
S.WORT bioindikator + bakterien
PROLEI PROF. DR. PETER HIRSCH
STAND 21.7.1976
QUELLE fragebogenerhebung sommer 1976
ZUSAM INST. F. MEERESKUNDE, ABT. MARINE MIKROBIOLOGIE, DUESTERNBROOKERWEG, 2300 KIEL

PH -014
INST INSTITUT FUER ANGEWANDTE BOTANIK DER UNI HAMBURG
HAMBURG, MARSEILLER STRASSE 7
VORHAB **einwirkungen von industrie-emissionen auf gruenlandgesellschaften**
ziel: feststellung von aenderungen in der artenzusammensetzung von pflanzengesellschaften als folge von industrie-immissionen und in abhaengigkeit von der entfernung vom emissionszentrum
S.WORT industrie + emission + pflanzensoziologie
PROLEI PROF. DR. KONRAD VON WEIHE
STAND 1.1.1974
BEGINN 1.8.1973 ENDE 31.8.1975
LITAN ZWISCHENBERICHT 1975. 08

PH -015
INST INSTITUT FUER BIOCHEMIE DER BIOLOGISCHEN BUNDESANSTALT FUER LAND- UND FORSTWIRTSCHAFT
BRAUNSCHWEIG -GLIESMARODE, MESSEWEG 11
VORHAB **automatisierung spezifischer enzymanalysen zur fruehdiagnose negativer umwelteinfluesse auf pflanzen**
entwicklung eines messgeraetes zur massenanalyse von enzymproben nach trennung in einem polyacrylamodband durch elektrophorese

S.WORT pflanzenkontamination + frueherkennung + enzyme + verfahrensentwicklung
PROLEI DR. LUDWIG ROEB
STAND 30.8.1976
QUELLE fragebogenerhebung sommer 1976
FINGEB BUNDESMINISTER FUER FORSCHUNG UND TECHNOLOGIE
BEGINN 1.1.1975 ENDE 31.12.1978
G.KOST 233.000 DM
LITAN ZWISCHENBERICHT

PH -016

INST INSTITUT FUER BIOLOGIE DER UNI TUEBINGEN
TUEBINGEN 1, AUF DER MORGENSTELLE 1
VORHAB **kennzeichnung von gasschaeden an marchantia polymorpha mit hilfe von leitfaehigkeits- und gasstoffwechselmessungen**
untersucht wurden hauptsaechlich die einwirkungen von schwefel- und stickstoffdioxid auf marchantiapolymorpha; untersucht wurden der einfluss verschiedener schadgaskonzentrationen und begasungszeiten auf art und zeitlichen ablauf der schaedigung; besondere beachtung fanden die membranen plasmalemma und tonoplats; das erholungsverhalten nach schaedigung wurde untersucht
S.WORT schadstoffwirkung + flora + schwefeloxide + stickoxide + nachweisverfahren
PROLEI DR. GROEZINGER
STAND 1.1.1974
BEGINN 1.2.1972 ENDE 28.2.1974
G.KOST 20.000 DM
LITAN - ABSCHLUSSBERICHT: S. PROJEKTTITEL, DISSERTATION 1974 UNI TUEBINGEN, FACHBEREICH BIOLOGIE, ZU BEZIEHEN VOM VERFASSER (DR. GROEZINGER)
- ZWISCHENBERICHT: IN BIOGEOGRAPHICA NACH VORTRAG GEHALTEN BEI DER OEKOLOGENTAGUNG OKTOBER 1973 IN SAARBRUECKEN

PH -017

INST INSTITUT FUER BODENBIOLOGIE DER FORSCHUNGSANSTALT FUER LANDWIRTSCHAFT
BRAUNSCHWEIG, BUNDESALLEE 50
VORHAB **einfluss systemischer fungizide auf assoziationen zwischen pflanzenwurzeln und pilzen**
quantifizierung und produktionsbiologische bedeutung der beeinflussung (eliminierung von mykorrhiza-symbiosen an kulturpflanzen)
S.WORT pflanzenphysiologie + fungizide + pilze
PROLEI PROF. DR. KLAUS H. DOMSCH
STAND 1.1.1976
QUELLE mitteilung des bundesministers fuer ernaehrung,landwirtschaft und forsten
BEGINN ENDE 31.12.1974

PH -018

INST INSTITUT FUER BODENKUNDE DER UNI GOETTINGEN
GOETTINGEN, VON-SIEBOLD-STR. 4
VORHAB **stickstoffhaushalt der bodendecke und belastung durch landwirtschaftliche und industrielle massnahmen**
S.WORT bodenbelastung + stickstoff
PROLEI PROF. DR. MEYER
STAND 1.10.1974
FINGEB DEUTSCHE FORSCHUNGSGEMEINSCHAFT
BEGINN 1.1.1969 ENDE 31.12.1974
G.KOST 60.000 DM

PH -019

INST INSTITUT FUER BODENKUNDE DER UNI GOETTINGEN
GOETTINGEN, VON-SIEBOLD-STR. 4
VORHAB **mobilisierung und festlegung von schwermetallen durch natuerliche phenolische chelatoren und huminstoffe**
S.WORT boden + stoffhaushalt + schwermetalle
PROLEI PROF. DR. REINHOLD KICKUTH
STAND 7.9.1976
QUELLE datenuebernahme von der deutschen forschungsgemeinschaft
FINGEB DEUTSCHE FORSCHUNGSGEMEINSCHAFT

PH -020

INST INSTITUT FUER BODENKUNDE UND STANDORTSLEHRE DER FORSTLICHEN FORSCHUNGSANSTALT
MUENCHEN 40, AMALIENSTR. 52
VORHAB **die wirkung von ausgefaultem klaerschlamm auf zweijaehrige fichten und kiefern**
S.WORT wald + baum + klaerschlamm
PROLEI DR. RUDOLF HUESER
STAND 1.1.1974
FINGEB DEUTSCHE FORSCHUNGSGEMEINSCHAFT

PH -021

INST INSTITUT FUER BODENKUNDE UND WALDERNAEHRUNG DER UNI GOETTINGEN
GOETTINGEN, BUESGENWEG 2
VORHAB **wirkung der abwasserverrieselung auf waldbestaende und bodeneigenschaften**
verrieselung von waldparzellen; auswertung der wirkung nach zunehmender belastung; bilanzen von naehr- und schadstoffen
S.WORT abwasserverrieselung + waldoekosystem + bodenbelastung
GIFHORN + HAMBURG
PROLEI PROF. DR. HANS-WERNER FASSBENDER
STAND 1.10.1974
FINGEB LAND NIEDERSACHSEN
BEGINN 1.1.1972 ENDE 31.12.1976
G.KOST 11.000 DM
LITAN ZWISCHENBERICHT 1975. 06

PH -022

INST INSTITUT FUER BODENKUNDE UND WALDERNAEHRUNG DER UNI GOETTINGEN
GOETTINGEN, BUESGENWEG 2
VORHAB **filtermechanismus und belastbarkeit von boeden fuer umweltschaedliche stoffe**
S.WORT boden + filtration + schadstoffe
PROLEI PROF. DR. HANS-WERNER FASSBENDER
STAND 1.1.1974
QUELLE erhebung 1975
FINGEB DEUTSCHE FORSCHUNGSGEMEINSCHAFT

PH -023

INST INSTITUT FUER BODENKUNDE UND WALDERNAEHRUNG DER UNI GOETTINGEN
GOETTINGEN, BUESGENWEG 2
VORHAB **umweltrelevante spurenstoffe in der bodendecke. q/i-beziehungen und bindungsformen von spurenstoffen in den boeden**
S.WORT geochemie + spurenstoffe + bodenkunde
PROLEI DR. ROBERT MAYER
STAND 7.9.1976
QUELLE datenuebernahme von der deutschen forschungsgemeinschaft
FINGEB DEUTSCHE FORSCHUNGSGEMEINSCHAFT

PH -024

INST INSTITUT FUER BODENKUNDE UND WALDERNAEHRUNG DER UNI GOETTINGEN
GOETTINGEN, BUESGENWEG 2
VORHAB **stickstoffumwandlung bei stationaerem und nichtstationaerem transport durch den boden**
S.WORT bodenbelastung + stickstoffverbindungen + abbau
PROLEI DR. FRIEDRICH BEESE
STAND 7.9.1976
QUELLE datenuebernahme von der deutschen forschungsgemeinschaft
FINGEB DEUTSCHE FORSCHUNGSGEMEINSCHAFT

PH -025

INST INSTITUT FUER BODENKUNDE UND WALDERNAEHRUNGSLEHRE DER UNI FREIBURG
FREIBURG, BERTOLDSTR. 17

VORHAB **naehr- und schadelemente im kronentraufwasser von strassenbaeumen waehrend der vegetationsperiode in der stadt freiburg im breisgau**
ziel: ermittlung von schadelementkreislauf bei strassenbaeumen durch kontinuierliche messung der schadelementgehalte ueber und unter den baumkronen; naehr- und schadelementauswaschung aus dem kronenraum, speicherung der schadelemente im gesamten baum; blatt- und wasseranalysen
S.WORT luftverunreinigung + grosstadt + schadstoffwirkung + strassenbaum
PROLEI DR. BLUM
STAND 1.1.1974
BEGINN 1.4.1973 ENDE 30.6.1974
G.KOST 8.000 DM
LITAN ZWISCHENBERICHT 1974. 06

PH -026

INST INSTITUT FUER BODENKUNDE UND WALDERNAEHRUNGSLEHRE DER UNI FREIBURG
FREIBURG, BERTOLDSTR. 17
VORHAB **naehr- und schadelemente im kronentrauf- und im bodenwasser von strassenbaeumen waehrend der vegetationsruhe (freiburg im breisgau)**
ziel: ermittlung des schadelementkreislaufs der strassenbaeume durch kontinuierliche messung der schadelementgehalte ueber und unter den baumkronen sowie im boden; naehr- und schadelementauswaschung aus dem kronenraum; speicherung der schadelemente im gesamten baum; wasser- und bodenanalysen
S.WORT schadstoffwirkung + grosstadt + strassenbaum
PROLEI DR. BLUM
STAND 1.1.1974
BEGINN 1.10.1973 ENDE 31.8.1974
G.KOST 6.000 DM
LITAN ZWISCHENBERICHT 1974. 10

PH -027

INST INSTITUT FUER ENTWICKLUNGSPHYSIOLOGIE DER UNI KOELN
KOELN 41, GYRHOFSTR. 17
VORHAB **einfluss von genotyp und umwelt auf die formbildung untersucht am beispiel der blattentwicklung**
beschreibung von wachstum und formbildung durch entsprechende funktionen, (wachstumsfunktion, allometrische funktion) messung der blaetter zu verschiedenen stadien ihrer entwicklung. feststellung des vorkommens von mitosen. untersuchungsobjekte: antirrhinum majus (loewenmaeulchen) und arten der gattung oenothera. durch anschliessende biochemische untersuchungen ueber wuchsstoffe und enzyme in verschiedenen entwicklungsstadien soll versucht werden, die biochemisch fassbaren veraenderungen mit dem wachstumsverhalten zu korrellieren. elektronenoptische untersuchung der wachsenden gewebe soll unterschiede in den entscheidenden entwicklungsstadien aufzeigen
S.WORT biochemie + enzyme + pflanzen + (wachstumsverhalten)
PROLEI DR. CORNELIA HARTE
STAND 21.7.1976
QUELLE fragebogenerhebung sommer 1976
FINGEB - DEUTSCHE FORSCHUNGSGEMEINSCHAFT
- MINISTER FUER WISSENSCHAFT UND FORSCHUNG, DUESSELDORF
LITAN ZWISCHENBERICHT

PH -028

INST INSTITUT FUER FORSTPFLANZENZUECHTUNG, SAMENKUNDE UND IMMISSIONSFORSCHUNG DER FORSTLICHEN FORSCHUNGSANSTALT
MUENCHEN 40, AMALIENSTR. 52
VORHAB **feststellung physiologischer schaedigung bei waldbestaenden durch infrarot-luftbilder**
feststellung von waldschaeden, insbesondere im physiologischen vorstadium durch auswertung von infrarot-luftbildern
S.WORT wald + phytopathologie + luftbild + infrarottechnik
PROLEI PROF. DR. VON SCHOENBORN
STAND 1.1.1974
FINGEB BAYERISCHE STAATSFORSTVERWALTUNG, MUENCHEN

PH -029

INST INSTITUT FUER FORSTPFLANZENZUECHTUNG, SAMENKUNDE UND IMMISSIONSFORSCHUNG DER FORSTLICHEN FORSCHUNGSANSTALT
MUENCHEN 40, AMALIENSTR. 52
VORHAB **gaswechselphysiologischer pflanzentest, insbesondere zur frueherkennung von immissionsschaedigungen**
messung des gaswechsels von waldbaeumen zur feststellung der wuchsleistung unter einfluss verschiedener schadfaktoren
S.WORT wald + immissionsschaeden
PROLEI PROF. DR. VON SCHOENBORN
STAND 1.1.1974
FINGEB STAATSMINISTERIUM FUER LANDESENTWICKLUNG UND UMWELTFRAGEN, MUENCHEN
ZUSAM BAYR. LANDESAMT FUER UMWELTSCHUTZ, 8 MUENCHEN 81, ROSENKAVALIERPLATZ 3

PH -030

INST INSTITUT FUER LANDESKULTUR UND PFLANZENOEKOLOGIE DER UNI HOHENHEIM
STUTTGART 70, SCHLOSS 1
VORHAB **der einfluss des bakterienaufwuchses auf submerse makrophyten, insbesondere auf potamogeton lucens u. p. crispus bei unterschiedlicher nh4- und po4-belastung**
in laborversuchen soll herausgefunden werden, wie sich der bakterielle aufwuchs auf submersen makrophyten am beispiel von pot. lucens u. p. crispus bei zugabe verschiedener konzentrationen von nh4- und po4-salzen zusammensetzt und verhaelt und in wieweit dieser direkt oder indirekt an den erwiesenen blattschaedigungen beteiligt ist
S.WORT gewaesserbelastung + wasserpflanzen + bakterien + (submerse makrophyten)
PROLEI PROF. DR. ALEXANDER KOHLER
STAND 23.7.1976
QUELLE fragebogenerhebung sommer 1976
ZUSAM INST. F. BODENKUNDE DER UNI HOHENHEIM, POSTFACH 106, 7000 STUTTGART 70
BEGINN 1.1.1975

PH -031

INST INSTITUT FUER LANDESKULTUR UND PFLANZENOEKOLOGIE DER UNI HOHENHEIM
STUTTGART 70, SCHLOSS 1
VORHAB **der einfluss phosphat-, borat- und streusalz-belasteter weichwaesser auf submerse makrophyten**
unter simulation von fliessgewaesserbedingungen im aquarium (kontrollierbare faktoren: licht, wassertemperatur, schad- und naehrstoffkonzentration, belueftung und fliesseffekt) werden terminalsprosse von submersen weichwasserpflanzen nacheinander mit phosphat, borat und streusalzen in verschiedenen konzentrationen belastet
S.WORT wasserpflanzen + schadstoffbelastung + phosphate + streusalz + (submerse makrophyten)
PROLEI DR. W. R. FISCHER
STAND 23.7.1976
QUELLE fragebogenerhebung sommer 1976
FINGEB GESELLSCHAFT FUER STRAHLEN- UND UMWELTFORSCHUNG MBH (GSF), MUENCHEN
ZUSAM LEHRSTUHL FUER BODENKUNDE DER TU MUENCHEN, 8050 FREISING-WEIHENSTEPHAN
BEGINN 1.7.1974 ENDE 30.6.1977
LITAN ZWISCHENBERICHT

PH -032

INST INSTITUT FUER LANDWIRTSCHAFTLICHE MIKROBIOLOGIE / FB 16/21 DER UNI GIESSEN
GIESSEN, SENCKENBERGSTR. 3

VORHAB **luftmycel- und konidienbildung bei streptomyceten in abhaengigkeit von biotischen faktoren und ernaehrungsbedingungen**
beitrag zur kenntnis des stoffwechsels bei der bildung von luftmycel. untersuchung der faktoren, die eine luftmycelbildung induzieren. einfluss von begleitorganismen auf die bildung von fertilen lufthyphen bei streptomyceten
S.WORT mikroorganismen + metabolismus
PROLEI PROF. DR. EBERHARD KUESTER
STAND 6.8.1976
QUELLE fragebogenerhebung sommer 1976
BEGINN 1.1.1975

PH -033
INST INSTITUT FUER LANDWIRTSCHAFTLICHE MIKROBIOLOGIE / FB 16/21 DER UNI GIESSEN
GIESSEN, SENCKENBERGSTR. 3
VORHAB **oekologie der mikroorganismen in boeden verschiedener herkunft und behandlung unter besonderer beruecksichtigung des vorkommens und der bedeutung von azotobacter**
taetigkeit und vorkommen der mikroorganismen werden nach zwei gesichtspunkten untersucht: a) nach ihrer indikatorfunktion (als indikator z. b. fuer oekologische faktoren) b) nach ihrer verursachungsfunktion (indem sie bestimmte umsetzungen verursachen). beide gesichtspunkte werden in diesem langfristigen vorhaben parallel beruecksichtigt mit dem ziel der erweiterung der kenntnisse auf diesem felde und insbesondere im hinblick auf bodenpflegemassnahmen, bodenbelastungen und umweltfaktoren. dabei spielen auch methodische fragen eine rolle
S.WORT mikroorganismen + bioindikator + biologische wirkungen
PROLEI AHRENS
STAND 6.8.1976
QUELLE fragebogenerhebung sommer 1976
ZUSAM - INST. F. PFLANZENBAU UND -ZUECHTUNG DER UNI GIESSEN
- FORSCHUNGSANSTALT FUER LANDWIRTSCHAFT, VOELKENRODE
- INST. F. MILCHWIRTSCHAFT
BEGINN 1.1.1962
LITAN AHRENS, E.: ZUR FRAGE DER VERGLEICHBARKEIT DER ERGEBNISSE DER DEHYDROGENASEAKTIVITAET BEI LUFTTROCKENEN UND FEUCHTEN BODENPROBEN. IN: LANDWIRTSCH. FORSCHUNG 28(4) S. 310-316(1975)

PH -034
INST INSTITUT FUER MEERESFORSCHUNG
BREMERHAVEN, AM HANDELSHAFEN 12
VORHAB **veraenderungen der marinen bakterienflora unter dem einfluss von schadstoffen**
untersuchung der toxizitaet und der akkumulation von bleisalzen auf bakteriengruppen im marinen sediment in langzeit- fliesskulturen
S.WORT bleikontamination + bakterienflora + meeressediment
PROLEI DR. HORST WEYLAND
STAND 1.1.1974
FINGEB DEUTSCHE FORSCHUNGSGEMEINSCHAFT
ZUSAM - PROJEKTGRUPPE "TOXIZITAET" IM DFG-SCHWERPUNKT LITORALFORSCHUNG
- PROJEKTGRUPPE "AKKUMULATION" IM DFG-SCHWERPUNKT LITORALFORSCHUNG
BEGINN 1.1.1971
G.KOST 80.000 DM

PH -035
INST INSTITUT FUER MEERESKUNDE AN DER UNI KIEL
KIEL, NIEMANNSWEG 11
VORHAB **wirkung von schwermetallionen, bioziden und eutrophierungsfaktoren auf marine benthosalgen**
S.WORT abwasser + schwermetallkontamination + biozide + algen
PROLEI PROF. DR. HEINZ SCHWENKE
STAND 7.9.1976
QUELLE datenuebernahme von der deutschen forschungsgemeinschaft
FINGEB DEUTSCHE FORSCHUNGSGEMEINSCHAFT

PH -036
INST INSTITUT FUER NICHTPARASITAERE PFLANZENKRANKHEITEN DER BIOLOGISCHEN BUNDESANSTALT FUER LAND- UND FORSTWIRTSCHAFT
BERLIN 33, KOENIGIN-LUISE-STR. 19
VORHAB **untersuchung ueber die belastbarkeit des bodens mit pflanzennaehrstoffen**
ermittlung der im interesse der gesundheit von pflanze, tier und mensch im boden tolerierbaren gehalte an bor, kobalt, kupfer, eisen, magnesium, mangan, molybdaen und zink. b) durchfuehrung von gefaess- und freilandversuchen mit steigenden bzw. ueberhoehten gaben der genannten elemente. ermittlung der ertraege, analyse des erntegutes und des bodens auf die gehalte der elemente. ermittlung der schadsymptome an pflanzen
S.WORT bodenbelastung + pflanzen + naehrstoffe
PROLEI PROF. DR. ADOLF KLOKE
STAND 30.8.1976
QUELLE fragebogenerhebung sommer 1976
FINGEB BUNDESMINISTER FUER ERNAEHRUNG, LANDWIRTSCHAFT UND FORSTEN
BEGINN 1.1.1976 ENDE 31.12.1978

PH -037
INST INSTITUT FUER NICHTPARASITAERE PFLANZENKRANKHEITEN DER BIOLOGISCHEN BUNDESANSTALT FUER LAND- UND FORSTWIRTSCHAFT
BERLIN 33, KOENIGIN-LUISE-STR. 19
VORHAB **untersuchungen ueber den einfluss von schadelementen im boden auf den ertrag und deren gehalt in pflanzen**
ermittlung der im interesse der gesundheit von pflanze, tier und mensch im boden tolerierbaren mengen von beryllium, cadmium, quecksilber, arsen, selen, brom, vanadin, chrom, nickel, zinn, blei und fluor. b) gefaess- und freilandversuche mit hohen gaben der genannten elemente, analyse der pflanzen und boeden auf die gehalte der elemente
S.WORT bodenbelastung + schadstoffwirkung + pflanzenertrag
PROLEI PROF. DR. ADOLF KLOKE
STAND 30.8.1976
QUELLE fragebogenerhebung sommer 1976
FINGEB BUNDESMINISTER FUER ERNAEHRUNG, LANDWIRTSCHAFT UND FORSTEN
BEGINN 1.10.1975 ENDE 31.12.1978
G.KOST 196.000 DM

PH -038
INST INSTITUT FUER PFLANZENBAU UND SAATGUTFORSCHUNG DER FORSCHUNGSANSTALT FUER LANDWIRTSCHAFT
BRAUNSCHWEIG, BUNDESALLEE 50
VORHAB **einfluss von futteradditiven auf die wirkung von tierischen exkrementen bei der duengung von nutzpflanzen**
S.WORT futtermittelzusaetze + tierische faekalien + duengung + pflanzenkontamination
PROLEI DR. CORD TIETJEN
STAND 1.1.1974
BEGINN 1.1.1968

PH -039
INST INSTITUT FUER PFLANZENERNAEHRUNG / FB 19 DER UNI GIESSEN
GIESSEN, BRAUGASSE 7
VORHAB **rueckstandsprobleme im zusammenhang mit der anwendung von wachstumsregulatoren**
bestimmung von chlorcholinchlorid (ccc) in getreidepflanzen
S.WORT schadstoffe + wachstumsregulator
PROLEI DR. BOHRING

STAND 1.1.1974
BEGINN 1.1.1969 ENDE 31.12.1975
LITAN - BOHRING, J. DISS.;GIESSEN(1968)
- BOHRING, J.: ERGEBNISSE LANDW. FORSCHUNG, XI S. 95-107, GIESSEN(1970)

PH -040
INST INSTITUT FUER PFLANZENERNAEHRUNG / FB 19 DER UNI GIESSEN
GIESSEN, BRAUGASSE 7
VORHAB **aufnahme von makro- und mikronaehrstoffen sowie spurenelementen, wirkung von duengemitteln**
ausarbeitung und rationalisierung agrikulturchemischer analysenverfahren; spektrochemische analyse; pruefung von duengemitteln (kriterium umweltfreundlichkeit); schwefel als naehrstoff und schadstoff; ermittlung von normalgehalten durch mehrelementanalyse zur feststellung von immissionen; stickstoff-, kalium-, phosphat- und spurenelementversorgung; mineralstoffversorgung und fellqualitaet bei schafen
S.WORT duengemittel + spurenstoffe + biologische wirkungen
PROLEI HOEFNER
STAND 6.8.1976
QUELLE fragebogenerhebung sommer 1976
FINGEB DEUTSCHE FORSCHUNGSGEMEINSCHAFT
ZUSAM STRAHLENZENTRUM DER UNI GIESSEN

PH -041
INST INSTITUT FUER PFLANZENERNAEHRUNG / FB 19 DER UNI GIESSEN
GIESSEN, BRAUGASSE 7
VORHAB **mit der neuschaffung von duengemitteln und der ausbringung von agrochemikalien zusammenhaengende fragen**
erprobung neuer duengemittel; muellschlacke und muellkomposte als ausgangsmaterial fuer duengemittel; feinspruehverfahren mit synergid
S.WORT duengemittel + muellschlacken + kompost
PROLEI PROF. KUEHN
STAND 6.8.1976
QUELLE fragebogenerhebung sommer 1976
LITAN JUDEL, G. -K.;KUEHN, H.: UEBER DIE WIRKUNG EINER NATRIUMDUENGUNG ZU ZUCKERRUEBEN BEI GUTER VERSORGUNG MIT KALIUM IN GEFAESSVERSUCHEN. IN: ZUCKER 28(2) S. 68-71(1975)

PH -042
INST INSTITUT FUER PFLANZENERNAEHRUNG UND BODENKUNDE DER UNI KIEL
KIEL, OLSHAUSENSTR. 40-60
VORHAB **toxizitaets-grenzwerte von kulturpflanzen**
toxizitaet von schwermetallen bei pflanzen; grenzwerte von schwermetallen bei pflanzen
S.WORT kulturpflanzen + duengung + schwermetalle + toxizitaet + grenzwerte
PROLEI PROF. DR. A. FINCK
STAND 1.1.1974
FINGEB DEUTSCHE FORSCHUNGSGEMEINSCHAFT
BEGINN 1.1.1971 ENDE 31.12.1975
G.KOST 50.000 DM

PH -043
INST INSTITUT FUER PHYSIK DER UNI HOHENHEIM
STUTTGART 70, GARBENSTR. 30
VORHAB **aufnahme von schadstoffen durch blaetter**
mit hilfe der roentgenfluoreszenzanalyse wird der schadstoffgehalt (insbesonders pb und br) von aus pflanzenblaettern bzw. -nadeln gewonnenen proben bestimmt. vergleichende untersuchungen zwischen verkehrsnahen und verkehrsfernen standorten an laerchennadeln
S.WORT pflanzen + schadstoffgehalt + (nachweisverfahren)
PROLEI DR. INGEBORG RENTSCHLER
STAND 29.7.1976
QUELLE fragebogenerhebung sommer 1976
FINGEB KULTUSMINISTERIUM, STUTTGART
BEGINN 1.1.1975

PH -044
INST INSTITUT FUER STRAHLENSCHUTZ DER GESELLSCHAFT FUER STRAHLEN- UND UMWELTFORSCHUNG MBH
NEUHERBERG, INGOLSTAEDTER LANDSTR. 1
VORHAB **physikalisch-chemisches verhalten von radionukliden und toxischen elementen im boden**
die theorie der ausbreitung radioaktiver ionen im boden im hinblick auf zu erstellende ausbreitungsmodelle fuer radioaktive abfaelle und unfallsituationen in der kerntechnik; die kinetik und festigkeit der bindung toxischer ionen, wie pb++, cd++, zn++, cu++ an huminsaeure und die organische bodensubstanz als funktion des bereits adsorbierten schwermetallanteiles (differentieller ionenaustausch); ein vergleich verschiedenartiger ionenaustauschkapazitaeten der organischen bodensubstanz fuer toxische metallionen
S.WORT bodenkontamination + radionuklide + spurenelemente + schadstoffausbreitung
PROLEI PROF. DR. WOLFGANG JACOBI
STAND 30.8.1976
QUELLE fragebogenerhebung sommer 1976
ZUSAM TU MUENCHEN
BEGINN 1.1.1975 ENDE 31.12.1979
G.KOST 1.318.000 DM
LITAN - BUNZL,K.: KINETICS OF ION EXCHANGE IN SOIL ORGANIC MATTER. III. DIFFERENTIAL ION EXCHANGE REACTIONS OF PB2+-IONS IN HUMID ACID AND PEAT. IN:J. SOIL. SCI. 25 S.517-523(1974)
- BUNZL,K.;SANSONI,B.: CHARACTERIZATION OF ION AND REDOX EXCHANGE MATERIALS. I. ION EXCHANGE CAPACITY. IN:CHEMIE-ING.-TECHN. 47 S.925-934(1975)
- BUNZL,K.;MOHAN,R.;HAIMERL,M.: CONTACT ISOTOPIC AND CONTACT ION EXCHANGE BETWEEN TWO ADSORBENTS. IN:Z. PHYS. CHEM. N. F. 97 S.253-268(1975)

PH -045
INST INSTITUT FUER TIERERNAEHRUNG DER UNI HOHENHEIM
STUTTGART 70, EMIL-WOLFF-STR. 10
VORHAB **bacitracin-stoffwechsel**
S.WORT antibiotika + metabolismus
PROLEI PROF. DR. KARL-HEINZ MENKE
STAND 1.10.1974
G.KOST 12.000 DM

PH -046
INST INSTITUT FUER WASSER-, BODEN- UND LUFTHYGIENE DES BUNDESGESUNDHEITSAMTES
BERLIN 33, CORRENSPLATZ 1
VORHAB **erforschung der fuer bestimmte pflanzenarten noch tragbaren grenzkonzentrationen der wichtigsten schadstoffe in der luft**
es wird die wirkung von luftfremdstoffen insbesondere auf gaertnerische kulturpflanzen (vegetabilien und zierpflanzen) in einer speziellen gasbelastungsanlage untersucht
S.WORT luftverunreinigende stoffe + grenzwerte + pflanzen
PROLEI DR. HUELSENBERG
STAND 1.10.1974
FINGEB BUNDESGESUNDHEITSAMT, BERLIN
BEGINN 1.1.1970 ENDE 31.12.1975
G.KOST 975.000 DM

PH -047
INST INSTITUT FUER WELTFORSTWIRTSCHAFT DER BUNDESFORSCHUNGSANSTALT FUER FORST- UND HOLZWIRTSCHAFT
REINBEK, SCHLOSS
VORHAB **veraenderung von boeden in nordwestdeutschland durch anthropogene umweltbelastung**
S.WORT bodenbeeinflussung + anthropogener einfluss NORDWESTDEUTSCHLAND
PROLEI DR. MAX-W. VON BUCH
STAND 1.1.1976

QUELLE mitteilung des bundesministers fuer ernaehrung,landwirtschaft und forsten
FINGEB BUNDESFORSCHUNGSANSTALT FUER FORST- UND HOLZWIRTSCHAFT, REINBEK

PH -048
INST INTERFAKULTATIVES LEHRGEBIET CHEMIE DER UNI GOETTINGEN
GOETTINGEN, VON-SIEBOLD-STR. 2
VORHAB **ueber die praeparation der komplexe von tonmineralien mit organischen verbindungen und die aufklaerung der zwischen ihnen bestehenden bindungskraefte**
organomineralische komplexe stellen eine wichtige stoffliche phase in boeden dar, die eine vermittelnde zwischenposition zwischen organischen und anorganischen komponenten einnimmt. offensichtlich ist fuer ihre bildung die reaktionsfaehigkeit mindestens einer der komponenten erforderlich: postmortale niedermolekulare stoffe im boden sind besonders geeignet fuer diese stoffneubildung, wenn sie als huminstoffe in statu nascendi vorliegen. insofern gewinnen diese untersuchungen als modellreaktionen einen allgemeinen charakter, um wechselwirkung zwischen organischen schadstoffen und der anorganischen matrix der tonminerale in boeden studieren zu koennen
S.WORT bodenbeschaffenheit + mineralstoffe + organische stoffe + (huminstoffe)
PROLEI PROF. DR. WOLFGANG ZIECHMANN
STAND 13.8.1976
QUELLE fragebogenerhebung sommer 1976
FINGEB DEUTSCHE FORSCHUNGSGEMEINSCHAFT
ZUSAM INST. F. STEINE UND ERDEN DER TU CLAUSTHAL
G.KOST 86.000 DM
LITAN ZWISCHENBERICHT

PH -049
INST KOENIG, DIETRICH, DR.
KIEL -KRONSHAGEN, SANDKOPPEL 39
VORHAB **untersuchungen an diatomeen im marinen, im limnischen und abwasserbereich**
S.WORT algen + gewaesser + abwasser
PROLEI DR. DIETRICH KOENIG
STAND 1.1.1974
FINGEB DEUTSCHE FORSCHUNGSGEMEINSCHAFT
BEGINN 1.1.1973

PH -050
INST LABORATORIUM FUER CHEMISCHE MITTELPRUEFUNG DER BIOLOGISCHEN BUNDESANSTALT FUER LAND- UND FORSTWIRTSCHAFT
BRAUNSCHWEIG, MESSEWEG 11/12
VORHAB **entwicklung von methoden zur beurteilung des verhaltens von pflanzenschutzmitteln im boden**
ziel: abbau, abdunstung- und versickerungsverhalten der wichtigsten wirkstoffe soll untersucht werden; jene verbindungen, die hinsichtlich umweltbelastung dominieren, sollen in niedersachsen auf verteilung und hoehe ihres vorkommens geprueft werden; auswirkung auf zulassung bestimmter wirkstoffe
S.WORT pflanzenschutzmittel + bodenkontamination + messmethode
PROLEI DR. WOLFRAM WEINMANN
STAND 1.1.1974
FINGEB BUNDESMINISTER FUER ERNAEHRUNG, LANDWIRTSCHAFT UND FORSTEN
BEGINN 1.5.1973 ENDE 31.5.1976
G.KOST 119.000 DM
LITAN ANTRAG DER BBA VOM 27. 3. 1973-HV F1-0300 A

PH -051
INST LANDESANSTALT FUER IMMISSIONS- UND BODENNUTZUNGSSCHUTZ DES LANDES NORDRHEIN-WESTFALEN
ESSEN, WALLNEYERSTR. 6
VORHAB **ermittlung von immissionsresistenten forstgehoelzen**
S.WORT forstwirtschaft + baumbestand + immissionsschaeden + resistenzzuechtung
PROLEI DR. PRINZ
STAND 1.1.1974
FINGEB LAND NORDRHEIN-WESTFALEN
BEGINN 1.1.1967

PH -052
INST LANDESANSTALT FUER IMMISSIONS- UND BODENNUTZUNGSSCHUTZ DES LANDES NORDRHEIN-WESTFALEN
ESSEN, WALLNEYERSTR. 6
VORHAB **erhebung ueber die aufnahme und wirkung gas- und partikelfoermiger immissionen im rahmen eines wirkungskatasters**
S.WORT immissionsmessung + pflanzen + kartierung
PROLEI DR. PRINZ
STAND 1.1.1974
FINGEB LAND NORDRHEIN-WESTFALEN
BEGINN 1.1.1972

PH -053
INST LEHRSTUHL FUER BOTANIK DER TU MUENCHEN
MUENCHEN 2, ARCISSTR. 21
VORHAB **biochemische grundlagen oekologischer anpassungen bei pflanzen**
verschiedene mechanismen der photosynthetischen kohlendioxid-fixierung als anpassung an spezifische standortbedingungen; stoffwechsel alpiner sukkulenten im freiland
S.WORT biochemie + pflanzenoekologie + photosynthese
PROLEI PROF. DR. HUBERT ZIEGLER
STAND 1.1.1974
QUELLE erhebung 1975
FINGEB - DEUTSCHE FORSCHUNGSGEMEINSCHAFT
- FREISTAAT BAYERN
ZUSAM - INST. F. BOTANIK DER TH DARMSTADT, 61 DARMSTADT, SCHNITTSPAHNSTR. 3-5
- BOTANISCHES INST. DER UNI WUERZBURG, 87 WUERZBURG, MITTLERER DALLENBERGWEG 64
- GSF MUENCHEN-NEUHERBERG
BEGINN 1.1.1974
G.KOST 156.000 DM
LITAN - ZWISCHENBERICHT
- OSMOND,C.B.;ZIEGLER,H.:SCHWERE PFLANZEN UND LEICHTE PFLANZEN:STABILE ISOTOPE IM PHOTOSYNTHESESTOFFWECHSEL UND IN DER BIOCHEMISCHEN OEKOLOGIE.IN:NATURWISS.RDSCH.
- SANKHALA,N.;ZIEGLER,H.;VYAS,O.P.;STICHLER,W.;T-RIMBORN,P.:ECO-PHYSIOLOGICAL STUDIES ON INDIAN ARID ZONE PLANTS.V.A SCREENING OF SOME SPECIES FOR THE C4-PATHWAY OF PHOTOSYNTHETIC CO2-FIXATION.OECOLOGIA(IM DRUCK)

PH -054
INST LEHRSTUHL FUER PFLANZENERNAEHRUNG DER TU MUENCHEN
FREISING -WEIHENSTEPHAN
VORHAB **einfluss von polyzyklischen kohlenwasserstoffen auf wachstum und stoffwechsel von pflanzen (flughaefen)**
untersuchungen ueber art und ausmass der belastung des menschen und seiner umwelt durch immissionen von schadstoffen. feststellung der wirkung luftverunreinigender stoffe auf mensch, tier und pflanze unter spezieller beruecksichtigung der wirkung auf gewebekulturen, stoffwechselvorgaenge, atmungsorgane und kreislaufsystem. objektivierung der wirkung geruchsintensiver stoffe. entwicklung biologischer messverfahren
S.WORT abgas + pflanzen + polyzyklische kohlenwasserstoffe
PROLEI PROF. DR. ANTON AMBERGER
STAND 1.1.1974

QUELLE umweltforschungsplan 1974 des bmi
FINGEB BUNDESMINISTER DES INNERN
BEGINN 1.1.1971 ENDE 31.12.1974
G.KOST 106.000 DM
LITAN - ZWISCHENBERICHT AN BUNDESMINISTER DES INNERN
- ZWISCHENBERICHT 1974. 12

PH -055
INST LIMNOLOGISCHES INSTITUT DER UNI FREIBURG
KONSTANZ -EGG, MAINAUSTR. 212
VORHAB einfluss von umweltfaktoren auf die bildung algenbuertiger schadstoffe sowie ihre wirkung auf andere organismen
S.WORT wasser + algen + schadstoffbildung + schadstoffwirkung
PROLEI DR. HELMUT MUELLER
STAND 1.1.1974
FINGEB DEUTSCHE FORSCHUNGSGEMEINSCHAFT
BEGINN 1.1.1971

PH -056
INST NIEDERSAECHSISCHES LANDESAMT FUER BODENFORSCHUNG
BREMEN, FRIEDRICH-MISSLER-STR. 46-48
VORHAB belastbarkeit von niederungsboeden mit abfallstoffen (siedlungsabfall, kompost, abwasserschlamm)
siedlungsabfaelle koennen umweltentlastend ueber die landbauliche verwertung beseitigt werden. es soll geprueft werden, wie niederungsboeden auf zufuhr von siedlungsabfaellen reagieren und wo die belastungsgrenzen fuer verschiedene boeden liegen. schwerpunktmaessig sollen die anreicherung von spurenelementen (naehr- und schadelemente) und deren oekologisch-physiologische auswirkung in abhaengigkeit von humus-, ton- und kalkgehalt untersucht werden. neben sorptions- und desorptionsversuchen im labor sind fuer dieses vorhaben gefaessversuche durchzufuehren
S.WORT siedlungsabfaelle + klaerschlamm + bodenbelastung + biologische wirkungen + (niederungsboeden)
PROLEI DR. WOLFGANG FEIGE
STAND 21.7.1976
QUELLE fragebogenerhebung sommer 1976
ZUSAM - NIEDERSAECHSISCHES LANDESAMT FUER BODENFORSCHUNG, ALFRED-BENTZ-HAUS, 3000 HANNOVER 51, TORFINSTITUT
- NIEDERSAECHSISCHES LANDESAMT FUER BODENFORSCHUNG, ABT. III, ALFRED-BENTZ-HAUS, 3000 HANNOVER 51
BEGINN 1.1.1977 ENDE 31.12.1980
G.KOST 290.000 DM

PH -057
INST ORDINARIAT FUER HOLZBIOLOGIE DER UNI HAMBURG
HAMBURG 80, LEUSCHNERSTR. 91 D
VORHAB umweltbeeinflussung bei lagerung frisch impraegnierter kiefernmasten
bei der kesseldrucktraenkung mit wasserloeslichen holzschutzmitteln koennen durch beregnung der frisch impraegnierten staemme holzschutzmittelbestandteile ausgewaschen werden. es gilt festzustellen, inwieweit hierdurch eine umweltbelastung eintritt und durch welche verfahrenstechnische massnahmen eine verminderung der schutzmittelauswaschung erzielt werden kann. die ergebnisse der arbeit koennen unmittelbar in traenkwerken in die praxis umgesetzt werden
S.WORT holzschutzmittel + auswaschung + umweltbelastung
PROLEI BERND WISCHER
STAND 30.8.1976
QUELLE fragebogenerhebung sommer 1976
FINGEB BUNDESFORSCHUNGSANSTALT FUER FORST- UND HOLZWIRTSCHAFT, REINBEK
BEGINN 1.1.1973 ENDE 31.12.1975

PH -058
INST ORDINARIAT FUER HOLZBIOLOGIE DER UNI HAMBURG
HAMBURG 80, LEUSCHNERSTR. 91 D
VORHAB holzanatomische analyse zum nachweis anthropogener umwelteinfluesse
in industriellen ballungsgebieten und grossstaedten sowie entlang von hauptverkehrsstrassen leben die baeume unter extremen umweltbedingungen, deren beginn und anfaengliche entwicklung oft unbekannt ist. durch die anatomische analyse des in der fraglichen zeit gebildeten xylems wurden derartige anthropogene eingriffe in ihrem zeitlichen ablauf verfolgt und in ihrer wirkung abgeschaetzt. dabei konnten charakteristische veraenderungen der holzstruktur festgestellt werden, die sich als zunahme des wasserleitenden gewebes interpretieren lassen. diese reaktionen treten oft lange vor den aeusserlich sichtbaren symptomen ein und ermoeglichen somit eine rekonstruktion der primaeren schadensursache
S.WORT baum + immissionsbelastung + schadstoffwirkung + bioindikator + anthropogener einfluss
PROLEI DR. DIETER ECKSTEIN
STAND 30.8.1976
QUELLE fragebogenerhebung sommer 1976
BEGINN 1.10.1972
G.KOST 150.000 DM
LITAN ECKSTEIN, D.;FRISSE, E.;LIESE, W.: HOLZANATOMISCHE UNTERSUCHUNGEN AN UMWELTGESCHAEDIGTEN STRASSENBAEUMEN DER HAMBURGER INNENSTADT. IN: EUROPEAN J. OF FOR. PATH. 4(4) S. 232-244(1974)

PH -059
INST PHYSIOLOGISCH-CHEMISCHES INSTITUT DER UNI MAINZ
MAINZ, SAARSTR. 21
VORHAB impakt von pollutantien auf die p.s. (programmierte synthese: dna-, rna- und proteinsynthese)
veraenderungen im physiologisch-chemischen bereich, die durch anwesenheit von pollutantien, insbesondere chemischen, verursacht werden, soweit sie dna-, rna und/oder proteinsynthese betreffen. in der gruppe stehen alle enzyme und viele hoehere komplexe zur verfuegung. bisher wird an wenigen biologischen modellen gearbeitet, wie klaerschlamm, spongien, echinodermata, moos. ziel ist es, induktionsvorgaenge und die daraus fo lgenden regulationsfolgen, wie sie unter umwelt-relevanten bedingungen hervorgerufen werden, zu verstehen
S.WORT umweltchemikalien + enzyminduktion + mikroorganismen + belebtschlamm
RHEIN + ADRIA (NORD)
PROLEI PROF. DR. RUDOLF K. ZAHN
STAND 9.8.1976
QUELLE fragebogenerhebung sommer 1976
FINGEB - AKADEMIE DER WISSENSCHAFTEN UND DER LITERATUR IN MAINZ
- BUNDESMINISTER FUER FORSCHUNG UND TECHNOLOGIE
ZUSAM - LMMB, JUGOSLAVIEN, UNEP
- LAB. P. L. STUDIO D. CONTAMIN. RADIOABT. , FIASCHERINO, ITALIEN
BEGINN 1.1.1974
LITAN - SEIBERT, G.;ZAHN, R.: DIE BESTIMMUNG DES NUCLEINSAEUREGEHALTES IM BELEBTSCHLAMM. IN: DAS GAS- U. WASSERFACH. 117 S. 184-187(1976)
- ZAHN-DAIMLER, G.;MUELLER, W.;KURELEC, B.;ET AL.: REGENERATING SPONGE CUBES AS A MODEL IN THE IMPACT EVALUATION OF INTERMITTANT CITY AND FACTORY WASTE POLLUTION. IN: THE SCIENCE OF THE TOTAL ENVIRONMENT. 4 S. 299-309(1975)

PH -060
INST PROJEKTGRUPPE LEBENSRAUM HAARENNIEDERUNG DER UNI OLDENBURG
OLDENBURG, AMMERLAENDER HEERSTR. 67-99
VORHAB auswirkungen von immissionen auf die mikroflora von boeden, wasser und baudenkmaelern
immissionen von co2, so2, no, mit metallen wirken sich auf die mikroflora von wasser, boden und gestein aus

S.WORT immissionsbelastung + biologische wirkungen + mikroflora
PROLEI PROF. DR. DIETER SCHULLER
STAND 12.8.1976
QUELLE fragebogenerhebung sommer 1976
FINGEB DEUTSCHE FORSCHUNGSGEMEINSCHAFT
ZUSAM - BUNDESANSTALT FUER GEOWISSENSCHAFTEN UND ROHSTOFFE, STILLEWEG 2, 3000 HANNOVER 51
- VDI, POSTFACH, 4000 DUESSELDORF
BEGINN 1.3.1976 ENDE 31.12.1979
G.KOST 400.000 DM
LITAN KRUMBEIN, W.: UEBER DEN EINFLUSS VON MIKROORGANISMEN AUF DIE BAUSTEINVERWITTERUNG - EINE OEKOLOGISCHE STUDIE. IN: DEUTSCHE KUNST- UND DENKMALPFLEGE. S. 54-71(1972)

PH -061

INST SIEMENS AG
MUENCHEN 2, WITTELSBACHERPL. 2
VORHAB **pflanzen-stoffwechsel-messkammer**
untersuchung und steuerung der pflanzlichen stoffproduktion zur erschliessung ungenutzter naturquellen, zur kontrolle und regulierung des natuerlichen lebensraumes; erfordert exakte kenntnisse ueber die stoffumsaetze in der pflanze und deren abhaengigkeit von umweltfaktoren (photosynthese, atmung; entsprechende stoffwechselreaktion)
S.WORT pflanzen + metabolismus + klimakammer
PROLEI DR. HEINZ MUELLER
STAND 1.1.1974
FINGEB BUNDESMINISTER FUER BILDUNG UND WISSENSCHAFT
ZUSAM - BOTANISCHES INST. 1 DER UNI WUERZBURG, 87 WUERZBURG, MITTLERER DALLENBERGWEG 64
- BOTANISCHES INST. DER UNI MUENCHEN, 8 MUENCHEN 19, MENZINGER STR. 67
BEGINN 1.12.1971 ENDE 31.3.1974
G.KOST 998.000 DM
LITAN - 1. ZWISCHENBERICHT KENNZ. IA 70-7291 NT 336 VOM 13. 12. 72
- 2. ZWISCHENBERICHT KENNZ. IA 70-7291 NT 336 VOM 7. 5. 73
- ZWISCHENBERICHT 1974. 04

PH -062

INST STAATLICHE LANDWIRTSCHAFTLICHE UNTERSUCHUNGS- UND FORSCHUNGSANSTALT AUGUSTENBERG
KARLSRUHE 41, NESSLERSTR. 23
VORHAB **einfluss der aciditaet des bodens auf die aufnahme von aus kompostierten siedlungsabfaellen stammenden schwermetallen (kombinierter gefaess- und freilandversuch)**
in ganzjaehrigen gefaess- und feldversuchen wird die aufnahme von verschiedenen umweltrelevanten schwermetallen (pb, cd, hg, u. a.) durch verschiedene gemuesearten in abhaengikeit vom ph-wert des bodens geprueft. die untersuchungen sollen unterlagen fuer die verfuegbarkeit dieser schwermetalle fuer die pflanzen und damit ihre akkumulation in den einzelnen pflanzenorganen geben. es wird versucht, durch verschiedene bodenextraktionsverfahren den pflanzenaufnehmbaren anteil zu charakterisieren und hinweise auf die testbarkeit der boeden mit siedlungsabfaellen daraus abzuleiten
S.WORT nutzpflanzen + schwermetallkontamination + bodenbelastung + siedlungsabfaelle
PROLEI DR. KARL PFULB
STAND 21.7.1976
QUELLE fragebogenerhebung sommer 1976
BEGINN 1.1.1975 ENDE 31.12.1978

Weitere Vorhaben siehe auch:

BA -040 DIE REAKTIONEN DER PFLANZEN AUF KRAFTFAHRZEUGABGASE

BC -028 UNTERSUCHUNGEN VON IMMISSIONSSCHAEDEN DURCH ABGASE VON ERDOELRAFFINERIEN IM RHEIN-MAIN-GEBIET AN PFLANZEN

CB -079 DER EINFLUSS OXIDIERENDER SUBSTANZEN DER ATMOSPHAERE AUF DIE ULTRASTRUKTUR DER ZELLE

EA -010 GRENZWERTERMITTLUNG SCHAEDIGENDER LUFTVERUNREINIGUNGEN BEI GRUENRAEUMEN IN BALLUNGSGEBIETEN

HG -019 GEOCHEMISCHE UNTERSUCHUNGEN AN GESTEINEN, BOEDEN, BACHSEDIMENTEN UND WAESSERN IM BEREICH DES HARZVORLANDES

IC -001 EIGENSCHAFTEN UND WIRKUNGSWEISE VON OELAUFSAUGMITTELN FUER DEN BODEN- UND WASSERSCHUTZ

IC -098 FELDVERSUCHE ZUR BEKAEMPFUNG UND SANIERUNG VON GEWAESSER- UND UNTERGRUNDSCHAEDIGUNGEN DURCH MINERALOELE UND WASSERGEFAEHRDENDE STOFFE

ID -059 AUSWIRKUNGEN DER ABWASSER- UND KLAERSCHLAMMVERREGNUNG AUF DIE CHEMISCHEN UND PHYSIKALISCHEN EIGENSCHAFTEN WICHTIGER BOEDEN UND AUF DAS GRUNDWASSER

KD -012 BEEINFLUSSUNG VON PFLANZE, BODEN UND WASSER DURCH GUELLE

MD -030 SCHADLOSE BESEITIGUNG VON SIEDLUNGSABFAELLEN DURCH LANDBEHANDLUNG

MD -031 VERWENDUNG VON MUELLKOMPOST IM GARTENBAU

PI -001

INST ABTEILUNG OEKOLOGIE UND MORPHOLOGIE DER TIERE DER UNI ULM
ULM, OBERER ESELSBERG

VORHAB **oekosystemforschung und funktion von tierpopulationen in waldoekosystemen**
oekosystemanalysen sollen eine antwort auf die frage nach dem funktionieren von oekosystemen, der steuerung von aussen, ihrer inneren regelung und ihrer leistung geben. abiotische und biotische faktoren muessen dabei in ihren wirkungen erfasst werden. am beginn muss die analyse der struktur aller komponenten des oekosystems stehen, der unbelebten bestandteile, der pflanzen- und tiergesellschaften. bei den tieren geht es zunaechst einmal um das arteninventar der verschiedenen systematischen und tropischen gruppen, ferner um dominanzgefuege, phaenologie und abundanz. mit den hierfuer erforderlichen populationsoekologischen untersuchungen werden die grundlagen geschaffen fuer weiterfuehrende arbeiten

S.WORT waldoekosystem + tiere + populationsdynamik
SOLLING + WUERTTEMBERG

PROLEI PROF. DR. WERNER FUNKE

STAND 30.8.1976

QUELLE fragebogenerhebung sommer 1976

FINGEB DEUTSCHE FORSCHUNGSGEMEINSCHAFT

ZUSAM SYSTEMATISCHES GEOBOTANISCHES INSTITUT DER UNI GOETTINGEN, UNTERE KARSPUELE 2, 3400 GOETTINGEN

BEGINN 1.1.1968

G.KOST 100.000 DM

LITAN FUNKE, W.: ROLLE DER TIERE IN WALD-OEKOSYSTEMEN DES SOLLING. IN: ELLENBERG (ED): OEKOSYSTEMFORSCHUNG (SPRINGER, BERLIN) S. 143-174(1973)

PI -002

INST ARBEITSGEMEINSCHAFT UMWELTSCHUTZ AN DER UNI HEIDELBERG
HEIDELBERG, IM NEUENHEIMER FELD 360

VORHAB **anthropogene stoerungen im geosystem und deren oekologische auswirkungen**

S.WORT oekosystem + anthropogener einfluss + (geosystem)

PROLEI DR. METZGER

STAND 1.10.1974

FINGEB DEUTSCHE FORSCHUNGSGEMEINSCHAFT

BEGINN 1.1.1970 ENDE 31.12.1975

PI -003

INST BUNDESANSTALT FUER STRASSENWESEN
KOELN, BRUEHLER STRASSE 1

VORHAB **zusammenhaenge zwischen absterbeerscheinungen in waldbestaenden und der zufuhr salzhaltigen schmelzwassers von der strasse**
klaerung der zusammenhaenge zwischen absterbeerscheinungen in waldbestaenden neben strassen und der art der fahrbahnentwaesserung; ueberwachung des tausalzgehaltes des bodens im bereich der schadstellen; gegebenenfalls vorschlaege zur aenderung der wasserableitung oder des bestandsaufbaues

S.WORT pflanzenschutz + streusalz + gehoelzschaeden + autobahn
HESSEN + BAYERN

PROLEI DIPL. -ING. SAUER

STAND 1.1.1974

FINGEB BUNDESMINISTER FUER VERKEHR

BEGINN 1.6.1967 ENDE 31.12.1974

G.KOST 20.000 DM

PI -004

INST BUNDESFORSCHUNGSANSTALT FUER LANDESKUNDE UND RAUMORDNUNG
BONN -BAD GODESBERG, MICHAELSHOF

VORHAB **ermittlung der oekologischen belastung im modellraum rhein-neckar**

S.WORT umweltbelastung + oekologische faktoren
RHEIN-NECKAR-RAUM

STAND 1.1.1976

QUELLE mitteilung des bundesministers fuer raumordnung,bauwesen und staedtebau

FINGEB BUNDESMINISTER FUER RAUMORDNUNG, BAUWESEN UND STAEDTEBAU

BEGINN 1.1.1974 ENDE 31.12.1976

PI -005

INST FACHBEREICH BIOLOGIE UND CHEMIE DER UNI BREMEN
BREMEN 33, ACHTERSTR.

VORHAB **nahrungs- und energieumsatz raeuberischer arthropoden der bodenoberflaeche**
im rahmen des dfg-schwerpunktprogramms "experimentelle oekologie-solling-projekt im ibp" wurde als bestandteil einer integrierten oekosystemanalyse die rolle von raeuberischen arthropoden (chilopoden, spinnen, weberknechte, carabiden, staphyliniden) im buchenwald-oekosystem untersucht: artenspektren, populationsdynamik, produktivitaet

S.WORT arthropoden + populationsdynamik + waldoekosystem

PROLEI PROF. DR. GERHARD WEIDEMANN

STAND 12.8.1976

QUELLE fragebogenerhebung sommer 1976

BEGINN 1.1.1967 ENDE 31.12.1977

LITAN WEIDEMANN, G.: DIE STELLUNG EPIGAEISCHER RAUBARTHROPODEN IM OEKOSYSTEM BUCHENWALD. IN: VERHANDLUNGEN DER DEUTSCHEN ZOOLOGISCHEN GESELLSCHAFT. S. 106-116(1971)

PI -006

INST FORSCHUNGSINISTITUT BORSTEL - INSTITUT FUER EXPERIMENTELLE BIOLOGIE UND MEDIZIN
BORSTEL, PARKALLEE 1

VORHAB **oekologie von mikroorganismen**
mikrobielle besiedlung von abwasser/muell/fluessen/meer; erfassung der gegenseitigen beeinflussung von mikroorganismen in ihren umwelten; steuerung der gegenseitigen beeinflussung

S.WORT oekologie + mikroorganismen

PROLEI PROF. DR. DR. FREERKSEN

STAND 1.1.1974

LITAN - SONDERDRUCKANFORDERUNGEN UND ANFRAGEN AN DAS FORSCHUNGSINSTITUT BORSTEL, ABTEILUNG FUER DOKUMENTATION UND BIBLIOTHEK
- ZWISCHENBERICHT 1975. 06

PI -007

INST GEOGRAPHISCHES INSTITUT DER UNI DES SAARLANDES
SAARBRUECKEN, UNIVERSITAET

VORHAB **industriestadt als oekosystem**
ausarbeitung und verbesserung oekologischer kriterien fuer die definition und reduktion der belastung urbaner oekosysteme

S.WORT stadtgebiet + oekosystem + bewertungskriterien

PROLEI PROF. DR. PAUL MUELLER

STAND 1.1.1974

BEGINN 1.1.1973 ENDE 31.12.1975

PI -008

INST HYGIENE INSTITUT DER UNI TUEBINGEN
TUEBINGEN, SILCHERSTR. 7

VORHAB **oekologisches forschungsprojekt naturpark schoenbuch (teilgebiet: mikrobielle und schwermetallbelastung der wasservorkommen im naturpark schoenbuch)**
oekologisch-hydrologische kreislaeufe. pruefung der belastung der quellen und oberflaechengewaesser durch mikroben, schwermetalle und andere indikatorstoffe. jahresdurchschnitt. untersuchungsmethoden: mikrobiologie (qualitative und quantitative bestimmung von mikroorganismen durch zuechtung, chemismus, atomabsorption u. a.)

S.WORT gewaesserbelastung + oekosystem + naturpark
SCHOENBUCH (REGION)

PROLEI DR. FRITZ SCHWEINSBERG

STAND 4.8.1976
QUELLE fragebogenerhebung sommer 1976
FINGEB UNIVERSITAET TUEBINGEN

PI -009

INST II. ZOOLOGISCHES INSTITUT UND MUSEUM DER UNI GOETTINGEN
GOETTINGEN, BERLINER STR. 28
VORHAB oekosystemanalyse naturnaher waelder und ihrer ersatzgesellschaften
"solling-projekt" der dfg. oekosystemanalyse naturnaher waelder und ihrer ersatzgesellschaften. stoff- und energieumsatz von bodentieren (insbes. curculioniden, acari, collembola, enchytraeidae). arbeiten an dominanten arthropoden (ermittlung populationsdynamischer parameter wie fluktuationen, biomassen, abundanzen, phaenologien)
S.WORT waldoekosystem + systemanalyse
SOLLING
PROLEI DR. JUERGEN SCHAUERMANN
STAND 9.8.1976
QUELLE fragebogenerhebung sommer 1976
FINGEB DEUTSCHE FORSCHUNGSGEMEINSCHAFT
ZUSAM ABTEILUNG BIOLOGIE DER UNI ULM, OBERER ESELSBERG, 7900 ULM
LITAN - STEUBING, L.;KUNCE, C.;JAEGER, J. (EDS.): ZUM ENERGIEUMSATZ PHYTHOPAGER INSEKTENPOPULATIONEN. IN: BELASTUNG UND BELASTBARKEIT VON OEKOSYSTEMEN. TAGUNGSBERICHT DER GESELLSCHAFT FUER OEKOLOGIE. TAGUNG, GIESSEN 1972(1973)
- ZUM ENERGIEUMSATZ PHYTOPHORER INSEKTEN IM BUCHENWALD. II. DIE PRODUKTIONSBIOLOGISCHE STELLUNG DER RUESSELKAEFER (CURCULIONIDAE) MIT RHIZOPHAGEN LARVENSTADIEN. IN: OECOLOGIA. 13 S. 313-350(1973)
- MUELLER, P. (ED.): MINIMALPROGRAMM ZUR OEKOSYSTEMANALYSE: UNTERSUCHUNGEN AN TIERPOPULATIONEN IN WALDOEKOSYSTEMEN. IN: VERH. GES. OEKOLOGIE; ERLANGEN. S. 77-78(1975)

PI -010

INST II. ZOOLOGISCHES INSTITUT UND MUSEUM DER UNI GOETTINGEN
GOETTINGEN, BERLINER STR. 28
VORHAB arbeiten ueber tierische sukzessionen im verbrannten kiefernforst-oekosystem der lueneburger heide
vergleichende sukzessionsuntersuchungen werden an tierpopulationen in einem 1975 verbrannten und einem unverbrannten kiefernforst durchgefuehrt. dabei werden die methoden eingesetzt, die im pilot-projekt der dfg "dem solling-projket" entwickelt und verbessert wurden
S.WORT waldoekosystem + tiere + populationsdynamik + (kiefernforst)
LUENEBURGER HEIDE
PROLEI DR. JUERGEN SCHAUERMANN
STAND 9.8.1976
QUELLE fragebogenerhebung sommer 1976
FINGEB DEUTSCHE FORSCHUNGSGEMEINSCHAFT
ZUSAM NIEDERSAECHSISCHE FORSTLICHE VERSUCHSANSTALT GOETTINGEN, GRAETZELSTR. 2, 3400 GOETTINGEN

PI -011

INST II. ZOOLOGISCHES INSTITUT UND MUSEUM DER UNI GOETTINGEN
GOETTINGEN, BERLINER STR. 28
VORHAB oekosystem gezeitensandstrand (struktur, dynamik, siedlungsgrenzen und experimentelle aenderungen der siedlungsbedingungen). interstitielle mikrofauna und makrofauna
S.WORT oekosystem + fauna + kuestengebiet
PROLEI PROF. DR. PETER AX
STAND 7.9.1976
QUELLE datenuebernahme von der deutschen forschungsgemeinschaft
FINGEB DEUTSCHE FORSCHUNGSGEMEINSCHAFT

PI -012

INST INSTITUT FUER BIOCHEMIE DES BODENS DER FORSCHUNGSANSTALT FUER LANDWIRTSCHAFT BRAUNSCHWEIG, BUNDESALLEE 50
VORHAB nitrogen in the ecosystem
S.WORT oekosystem + stickstoff
PROLEI H. SOECHTIG
STAND 1.1.1976
BEGINN ENDE 31.12.1980

PI -013

INST INSTITUT FUER BODENBIOLOGIE DER FORSCHUNGSANSTALT FUER LANDWIRTSCHAFT BRAUNSCHWEIG, BUNDESALLEE 50
VORHAB erarbeitung von beurteilungskriterien fuer pestizid-nebenwirkungen auf terrestrische oekosysteme
unter verwendung des umfangreichen datenmaterials ueber die oekologischen lebensbedingungen von mikroorganismen und ueber die nebenwirkungen von pestiziden sollen kriterien erarbeitet werden, die es ermoeglichen, das ausmass negativer effekte verlaesslich zu beurteilen
S.WORT oekosystem + mikroorganismen + pestizide + nebenwirkungen
PROLEI PROF. DR. KLAUS H. DOMSCH
STAND 1.1.1976
QUELLE mitteilung des bundesministers fuer ernaehrung,landwirtschaft und forsten
FINGEB FORSCHUNGSANSTALT FUER LANDWIRTSCHAFT, BRAUNSCHWEIG-VOELKENRODE
BEGINN 1.1.1976 ENDE 31.12.1976
G.KOST 10.000 DM

PI -014

INST INSTITUT FUER BODENKUNDE DER UNI GOETTINGEN. GOETTINGEN, VON-SIEBOLD-STR. 4
VORHAB untersuchungen ueber den stoffkreislauf in wald- und oekosystemen des solling-projektes
S.WORT wald + oekosystem + stoffhaushalt
SOLLING
PROLEI PROF. DR. REINHOLD KICKUTH
STAND 1.1.1974
FINGEB DEUTSCHE FORSCHUNGSGEMEINSCHAFT
ZUSAM ALDAG, RUDOLF, DR.

PI -015

INST INSTITUT FUER BODENKUNDE UND STANDORTSLEHRE DER FORSTLICHEN FORSCHUNGSANSTALT
MUENCHEN 40, AMALIENSTR. 52
VORHAB wirkungen des winterlichen salzens der strassen auf waldoekosysteme
S.WORT waldoekosystem + streusalz
PROLEI DR. KREUTZER
STAND 1.1.1974
BEGINN 1.1.1972

PI -016

INST INSTITUT FUER BODENKUNDE UND WALDERNAEHRUNG DER UNI GOETTINGEN
GOETTINGEN, BUESGENWEG 2
VORHAB beeintraechtigung von waldoekosystemen durch luftverunreinigungen
untersuchung von luftverunreinigungen in niederschlaegen; ausarbeitung von modellen
S.WORT luftverunreinigung + waldoekosystem + niederschlag
SOLLING
PROLEI PROF. DR. BERNHARD ULRICH
STAND 1.1.1974
FINGEB DEUTSCHE FORSCHUNGSGEMEINSCHAFT
BEGINN 1.1.1968 ENDE 31.12.1974
G.KOST 400.000 DM

PI -017

INST INSTITUT FUER BODENKUNDE UND WALDERNAEHRUNG DER UNI GOETTINGEN
GOETTINGEN, BUESGENWEG 2

VORHAB **filterfunktion des waldes auf schwefeldioxid-immission**
messung der so2-depositionen in waldoekosystemen; auswertung der s-filterung durch waldbestand (fichte, buche); bilanzen von so2
S.WORT immissionsmessung + schwefeldioxid + luftverunreinigung + wald
PROLEI PROF. DR. BERNHARD ULRICH
STAND 1.1.1974
FINGEB DEUTSCHE FORSCHUNGSGEMEINSCHAFT
BEGINN 1.1.1969 ENDE 31.12.1974
G.KOST 60.000 DM

PI -018

INST INSTITUT FUER BODENKUNDE UND WALDERNAEHRUNG DER UNI GOETTINGEN
GOETTINGEN, BUESGENWEG 2
VORHAB **erstellung von modellen zur wirkung von umweltstoffen auf wald-oekosysteme**
aufstellung von modellen fuer wirkung von umweltstoffen
S.WORT schadstoffe + waldoekosystem + modell
PROLEI PROF. DR. BERNHARD ULRICH
STAND 1.1.1974
FINGEB DEUTSCHE FORSCHUNGSGEMEINSCHAFT
BEGINN 1.1.1972 ENDE 31.12.1975
G.KOST 150.000 DM
LITAN ULRICH, B. ET. AL.: GOETTINGER BODENKUNDLICHE BERICHTE 29 (1973)

PI -019

INST INSTITUT FUER BODENKUNDE UND WALDERNAEHRUNGSLEHRE DER UNI FREIBURG
FREIBURG, BERTOLDSTR. 17
VORHAB **bioelementdynamik von fichtenoekosystemen im kristallin (schwarzwald)**
die untersuchungsstandorte sollen durch erhebung der gelaendefaktoren und analysen von bioelementkonzentrationen und -menge im ausgangsgestein, im durchwurzelten boden und in den humuslagen sowie durch nadelanalysen charakterisiert werden. die wuchsleistung der bestaende wird ebenfalls erfasst. das verhalten der noch wenig bekannten spurenelemente im bioelementkreislauf der oekosysteme soll modellhaft dargestellt werden. neben den mikroelementen fe, mn, zn und cu sollen be, cd, pb und v erfasst werden
S.WORT biooekologie + waldoekosystem + (bioelementkreislauf)
SCHWARZWALD
PROLEI PROF. DR. HEINZ W. ZOETTL
STAND 29.7.1976
QUELLE fragebogenerhebung sommer 1976
FINGEB DEUTSCHE FORSCHUNGSGEMEINSCHAFT
ZUSAM - LANDESFORSTVERWALTUNG BADEN-WUERTTEMBERG, POSTFACH 491, 7000 STUTTGART 1
- FORSTLICHE VERSUCHSANSTALT, STERNWALDSTRASSE 16, 7800 FREIBURG I. BR.
BEGINN 1.6.1976 ENDE 30.6.1979
G.KOST 100.000 DM

PI -020

INST INSTITUT FUER HAUSTIERKUNDE - VOGELSCHUTZWARTE SCHLESWIG-HOLSTEIN DER UNI KIEL
KIEL, OLSHAUSENSTR. 40-60
VORHAB **studien ueber wildbiologische zusammenhaenge und oekologische stoerungen**
S.WORT wild + oekologische faktoren
PROLEI DR. HEIDEMANN
STAND 1.1.1974

PI -021

INST INSTITUT FUER HAUSTIERKUNDE - VOGELSCHUTZWARTE SCHLESWIG-HOLSTEIN DER UNI KIEL
KIEL, OLSHAUSENSTR. 40-60
VORHAB **untersuchungen von haustieren, um veraenderungen aufgrund gewandelter oekologischer bedingungen zu erfassen**
S.WORT haustiere + oekologische faktoren
PROLEI PROF. DR. DR. H. C. HERRE
STAND 1.1.1974

PI -022

INST INSTITUT FUER HYDROBIOLOGIE UND FISCHEREIWISSENSCHAFT DER UNI HAMBURG
HAMBURG 50, OLBERSWEG 24
VORHAB **produktivitaet und stofftransport in oekosystemen ausgewaehlter regionen der hochsee**
ausgangslage: bestandsaufnahme und beschreibung der biologie von hochproduktiven meeresgebieten; zielsetzung: erforschung von wechselbeziehungen innerhalb von lebensgemeinschaften sowie zwischen lebensgemeinschaften und ihrer umwelt; gewinnen von ausgangsdaten fuer die optimale fischereiliche nutzung der meeresgebiete
S.WORT meeresbiologie + stofftransport
NORDSEE
PROLEI DR. HJALMAR THIEL
STAND 1.1.1974
FINGEB DEUTSCHE FORSCHUNGSGEMEINSCHAFT
ZUSAM - DEUTSCHES HYDROGRAPHISCHES INSTITUT, 2 HAMBURG 4, BERNHARD-NOCHT-STR. 78
- INST. F. MEERESKUNDE DER UNI KIEL, 23 KIEL, NIEMANNSWEG 11
BEGINN 1.1.1968
G.KOST 400.000 DM
LITAN DOKUMENTATION DES SFB 94 (1973)

PI -023

INST INSTITUT FUER INGENIEURBIOLOGIE UND BIOTECHNOLOGIE DES ABWASSERS DER UNI KARLSRUHE
KARLSRUHE, AM FASANENGARTEN
VORHAB **reaktionskinetik biologischer systeme**
reaktionskinetik beim abbau geloester organischer substanzen durch bakterienrein- und mischkulturen, anwendung der gesetzmaesigkeiten aus der biochemie auf lebende systeme
S.WORT biochemie + reaktionskinetik + mikrobieller abbau
PROLEI DR. -ING. WILDERER
STAND 1.1.1974
BEGINN 1.1.1965
LITAN KARLSRUHER BERICHTE ZUR INGENIEURBIOLOGIE, HEFT 2, 4

PI -024

INST INSTITUT FUER LANDWIRTSCHAFTLICHE MIKROBIOLOGIE / FB 16/21 DER UNI GIESSEN
GIESSEN, SENCKENBERGSTR. 3
VORHAB **untersuchungen zur oekologie von bodenpilzen**
qualitativer und quantitativer nachweis von pilzarten in verschiedenen substraten: torf, muellkompost und dgl. taxonomie von pilzen, besonders von thermophilen, aus extremen standorten
S.WORT pilze + taxonomie + bodenbeschaffenheit + (nachweisverfahren)
PROLEI V. KLOPOTEK
STAND 6.8.1976
QUELLE fragebogenerhebung sommer 1976
ZUSAM CENTRAALBUREAU VOOR SCHIMMELCULTURES, BAARN/NIEDERLANDE
BEGINN 1.1.1972
LITAN - KLOPOTEK, A. V.: LANGZEITANALYSE DER PILZPOPULATION EINES GARTENBODENS. IN: MITTEIL. D. DT. BODENKUNDL. GES. 18 S. 258-261(1974)
- KLOPOTEK, A. V.: UNTERSUCHUNGEN UEBER DAS AUFTRETEN UND VERHALTEN VON SCHIMMELPILZEN BEI DER KOMPOSTIERUNG STAEDTISCHER ABFALLSTOFFE. IN: BIOLOGIE IN DER UMWELTSICHERUNG 2 S. 19(1974)

PI -025

INST INSTITUT FUER METEOROLOGIE UND KLIMATOLOGIE DER TU HANNOVER
HANNOVER 21, HERRENHAEUSERSTR. 2

VORHAB **synoekologische erfassung der energiehaushalte einer wiese, eines buchenhochwaldes und eines fichtenbestandes**
S.WORT biooekologie + wald + gruenland
PROLEI DR. FRITZ WILMERS
STAND 1.1.1974
QUELLE erhebung 1975
FINGEB DEUTSCHE FORSCHUNGSGEMEINSCHAFT
BEGINN 1.1.1971 ENDE 31.12.1974
G.KOST 300.000 DM

PI -026
INST INSTITUT FUER MIKROBIOLOGIE DER UNI BONN
BONN, MECKENHEIMER ALLEE 168
VORHAB **oekologie und physiologie von bakterien an extrem salzhaltigen standorten**
standorte von extremer salinitaet werden auf ihre oekologischen parameter und die damit selektionierte bakterienflora untersucht. ziel: loesung der frage, wodurch mikroorganismen befaehigt sind, in gesaettigten salzloesungen (evtl. von hoher alkalinitaet) zu ueberleben und sich diesen standorten anzupassen. das projekt befindet sich gegenwaertig im stadium einer bestandsaufnahme. bisheriges oekologisches objekt: alkaliseen in aegypten
S.WORT mikrobiologie + bakterienflora + standortfaktoren + salzgehalt + (alkaliseen)
AEGYPTEN
PROLEI PROF. DR. HANS G. TRUEPER
STAND 11.8.1976
QUELLE fragebogenerhebung sommer 1976
FINGEB DEUTSCHE FORSCHUNGSGEMEINSCHAFT
BEGINN 1.4.1975
G.KOST 50.000 DM

PI -027
INST INSTITUT FUER NICHTPARASITAERE PFLANZENKRANKHEITEN DER BIOLOGISCHEN BUNDESANSTALT FUER LAND- UND FORSTWIRTSCHAFT
BERLIN 33, KOENIGIN-LUISE-STR. 19
VORHAB **erarbeitung von verfahren zur verhinderung phytotoxischer einfluesse der auftausalze auf das strassenbegleitgruen**
erarbeitung von gezielten rationellen verfahren zur verhinderung von schaeden an baeumen beiderseits der strassen, die durch das streuen von auftausalzen im winter verursacht werden. ermittlung streusalzresistenter baumarten. b) oekologische freilanduntersuchungen. gefaess- und freilandversuche. chemische analyse von blatt- und holzproben auf natrium und chlorid
S.WORT strassenbaum + salze + schadstoffwirkung + resistenzzuechtung
PROLEI DR. H. -O. LEH
STAND 30.8.1976
QUELLE fragebogenerhebung sommer 1976
FINGEB BUNDESMINISTER FUER ERNAEHRUNG, LANDWIRTSCHAFT UND FORSTEN
BEGINN 1.10.1974 ENDE 31.12.1978
G.KOST 259.000 DM

PI -028
INST INSTITUT FUER OEKOLOGIE DER TU BERLIN
BERLIN 33, ENGLERALLEE 19-21
VORHAB **veraenderung von oekosystemen an strassenraendern**
bodenveraenderungen an strassenraendern berliner forsten durch streusalz, bauschutt, carbonathaltige immissionen und tritt; salzbewegung im boden im vergleich zu tho-markiertem wasser; salzaufnahme durch kraut- und baumvegetation
S.WORT waldoekosystem + bodenbelastung + streusalz + strassenrand
BERLIN
PROLEI PROF. DR. HANS-PETER BLUME
STAND 30.8.1976
QUELLE fragebogenerhebung sommer 1976
BEGINN 1.1.1973
G.KOST 25.000 DM
LITAN - SUKOPP, H.;BLUME, H.;CHINNOW: OEKOLOGISCHE CHARAKTERISTIK VON GROSSTAEDTEN ANTHR. VERAENDERUNGEN VON KLIMA, BODEN UND VEGETATION. IN: TUB 6 S. 469(1974)
- CHINNOW, D.: BODENVERAENDERUNGEN DURCH CARBONATE UND STREUSALZE IM WEST-BERLINER STADTGEBIET. IN: MITT. DEUTSCH. BODENK. GES. 22 S. 355(1975)

PI -029
INST INSTITUT FUER OEKOLOGISCHE CHEMIE DER GESELLSCHAFT FUER STRAHLEN- UND UMWELTFORSCHUNG MBH
NEUHERBERG, SCHLOSS BIRLINGHOVEN
VORHAB **bilanz der verteilung und umwandlung von umweltchemikalien in modell-oekosystemen boden-pflanzen und algen**
fortsetzung der freilandversuche mit pentachlornitrobenzol-c-14 und pentachlorphenol-c-14 (erneute behandlung). untersuchung der aufnahme, der verteilung und des metabolismus von hexachlorbenzol-c-14 nach saatgutbehandlung an weizen unter freilandbedingungen. untersuchung des schicksals von buturon-c-14 (seitenketten-markiert) in weizen und boden unter freilandbedingungen. untersuchung von chloralkylen-9-c-14 in karotten und boden unter freilandbedingungen
S.WORT umweltchemikalien + boden + pflanzen + schadstoffbilanz
PROLEI PROF. DR. F. KORTE
STAND 30.8.1976
QUELLE fragebogenerhebung sommer 1976
BEGINN 1.1.1975
G.KOST 3.992.000 DM
LITAN - KLEIN,W.: VERHALTEN VON BIOZIDEN IM SYSTEM PFLANZE-BODEN. IN:BAYERISCHES LANDWIRTSCHAFTLICHES JAHRBUCH 52 SH1/75 S.31-42(1975)
- SORTIRIOU,N.;WEISGERBER,I.;KLEIN,W.;KORTE,F.: VERTEILUNG UND UMWANDLUNG VON IMUGAN-C-14 IN BODEN UND HOEHEREN PFLANZEN UNTER FREILANDBEDINGUNGEN; BEITRAEGE ZUR OEKOLOGISCHEN CHEMIE CXVI. IN:CHEMOSPHERE (IM DRUCK)
- WEISGERBER,I.;TOMBERG,W.;KLEIN,W.;KORTE,F.: ISOLIERUNG UND STRUKTURAUFKLAERUNG EINIGER HYDROPHILER ISODRIN-C-14-METABOLITEN AUS WEISSKOHL; BEITRAEGE ZUR OEKOLOGISCHEN CHEMIE XCV. IN:CHEMOSPHERE 4 S.99-104(1975)

PI -030
INST INSTITUT FUER PFLANZENBAU UND PFLANZENZUECHTUNG / FB 16 DER UNI GIESSEN
GIESSEN, LUDWIGSTR. 23
VORHAB **standortforschung, vergleiche oekologisch differenzierter standorte**
die standortforschung auf standorten des vogelsberges und in nordhessen hat die fortsetzung und vertiefung des von der dfg durchgefuehrten "schwerpunktes" zum inhalt. die arbeit hat sowohl fuer die durchfuehrung von feldversuchen als auch von agrarmeteorologischen messungen und auswertungen methodischen charakter
S.WORT standortforschung + oekologische faktoren
HESSEN (NORD)
PROLEI PROF. DR. EDUARD VON BOGUSLAWSKI
STAND 6.8.1976
QUELLE fragebogenerhebung sommer 1976
FINGEB DEUTSCHE FORSCHUNGSGEMEINSCHAFT
ZUSAM - LANDESAMT FUER UMWELTSCHUTZ, AUSSENSTELLE KASSEL
- INST. F. AGRARSOZIOLOGIE DER UNI GIESSEN
BEGINN 1.1.1968 ENDE 31.12.1979

PI -031
INST INSTITUT FUER REINE UND ANGEWANDTE KERNPHYSIK DER UNI KIEL
KIEL, OLSHAUSENSTR. 40-60

VORHAB **biostack-wirkung einzelner teilchen der kosmischen strahlung auf biologische systeme**
im biostack (principle investigator: h. bueckler) wird die wirkung einzelner schwerer ionen auf biologische systeme mit plastik-detektoren (in kiel) und emulsionen (in strassburg) untersucht; die technologie der plastikdetektoren eignet sich zur dosimetrie fuer schwere ionen
S.WORT biologie + strahlenbelastung + dosimetrie
PROLEI DR. ENGE
STAND 1.1.1974
FINGEB - DEUTSCHE FORSCHUNGSGEMEINSCHAFT
- BUNDESMINISTER FUER BILDUNG UND WISSENSCHAFT
- BUNDESMINISTER FUER FORSCHUNG UND TECHNOLOGIE
ZUSAM - DOZ. DR. H. BUECKER, ARBEITSGRUPPE BIOPHYSIK, RAUMFORSCHUNG, 6 FRANKFURT, KENNEDY-ALLEE
- WEITERE INSTITUTE IN FRANKFURT, MARBURG, STRASSBURG, HANNOVER, PARIS, TOULOUSE, SAN FRANCISCO
BEGINN 1.1.1970
LITAN APOLLO 16, PRELIMINARY SCIENCE REPORT, NASA SP-315 (1972) (ZUSAMMENFASS. BERICHT)

PI -032
INST INSTITUT FUER WALDBAU DER UNI GOETTINGEN GOETTINGEN, BUESGENWEG 1
VORHAB **bruch von oelleitungen in wirkung auf waldbestaende und wiederaufforstung**
am 3. 10. 1966 bruch der pipeline wilhelmshaven-koeln in abteilung 303b des staatlichen forstamtes wesel (daemmerwald). ca. 1, 3 mio. liter rohoel flossen in ca. 65 j. kiefernbestand. folge: kiefern im schadensbereich starben ab. nach faellung der kiefern, auf ca. 1, 3 ha, wurde die flaeche in versuchsparzellen unterteilt: 1. oelbeeinflusst mit humusauflage geduengt und ungeduengt, aufforstung mit jungen kiefern und beobachtung 2. oelunbeeinflusst ohne humusauflage, beobachtung
S.WORT pipeline + oelunfall + waldoekosystem
NIEDERRHEIN
STAND 1.1.1974
FINGEB NORD-WEST OELLEITUNG GMBH, WILHELMSHAVEN
ZUSAM INST. F. WALDBAU U. INST. F. BODENKUNDE U. WALDERNAEHRUNG, 34 GOETTINGEN, BUESGENWEG 1

PI -033
INST INSTITUT FUER WASSER-, BODEN- UND LUFTHYGIENE DES BUNDESGESUNDHEITSAMTES BERLIN 33, CORRENSPLATZ 1
VORHAB **ermittlung der umweltbelastung durch produktion, verkehr und anwendung von herbiziden phenylharnstoffderivaten**
es soll erforscht werden, welchen anteil an der gesamtumweltbelastung die produktion von umweltchemikalien, hier von herbiziden, beispielsweise monolinuron, hat unter einschluss der abwaesser- und damit der gewaesserbelastung durch rohstoffe und neben- bzw. zwischenprodukte einschliesslich der belastung durch feste produktionsabfaelle
S.WORT umweltbelastung + herbizide
PROLEI PROF. DR. WALTER NIEMITZ
STAND 1.1.1974
FINGEB BUNDESMINISTER FUER FORSCHUNG UND TECHNOLOGIE
ZUSAM GESELLSCHAFT FUER STRAHLEN- UND UMWELTFORSCHUNG, 8042 NEUHERBERG, INGOLSTAEDTER LANDSTR. 1
BEGINN 1.1.1973
G.KOST 80.000 DM
LITAN 1. ZWISCHENBERICHT 1973

PI -034
INST INSTITUT FUER ZOOLOGIE DER TH AACHEN AACHEN, KOPERNIKUSSTR. 16
VORHAB **oekosysteme als regelnetze. energiefluss, genfluss und populationsdynamik bei im fliessgleichgewicht befindlichen laborkulturen von kleintieren**
zentrale frage, auf welchem zivilisationsniveau das system erde-mensch dauerhaft ein gleichgewicht erreichen kann. dazu u. a. grundlagenforschung in der verbindung populationsdynamik-populationsgenetik-energiefluss in fliessgleichgewichten. betrachtung des gesamtsystems als regelnetzwerk notwendig. entwicklung von modellen in gestalt einfacher, in fliessgleichgewicht befindlichen tierischen laborpopulationen
S.WORT oekosystem + populationsdynamik + tierexperiment
PROLEI PROF. FRIEDRICH-WILHELM SCHLOTE
STAND 21.7.1976
QUELLE fragebogenerhebung sommer 1976
BEGINN 1.1.1975

PI -035
INST INSTITUT FUER ZOOLOGIE DER UNI HOHENHEIM STUTTGART 70, EMIL-WOLFF-STR. 27
VORHAB **abwehrsubstanzen bei wasserkaefern aus verschiedenen gewaessertypen**
aufbauend auf oekolog. befunden an wasserkaefern aus hochmooren des nordschwarzwaldes wird eine untersuchung der inhalts- bzw. abwehrstoffe dieser kaeferfamilie vorgenommen. unter beruecksichtigung der ergebnisse von schildknecht (heidelberg) wird eine quantitative analyse der in den kaeferdruesen (zur mikrobenabwehr) gespeicherten substanzen bei einer spezies sowie nach verwandten arten aus versch. lebensraeumen durchgefuehrt. vorergebnisse deuten an, dass die menge gespeicherter abwehrsubstanzen je nach gewaessertyp variiert (gewaesserguetezustand)
S.WORT oekologie + gewaesserguete
SCHWARZWALD (NORD)
PROLEI PROF. DR. HINRICH RAHMANN
STAND 21.7.1976
QUELLE fragebogenerhebung sommer 1976
ZUSAM STAATLICHES MUSEUM FUER NATURKUNDE, ARSENALPLATZ, LUDWIGSBURG
BEGINN 1.2.1976 ENDE 31.12.1978
LITAN DETTNER, K.: POPULATIONSDYNAMISCHE UNTERSUCHUNG AN WASSERKAEFERN ZWEIER HOCHMOORE DES NORDSCHWARZWALDES. IN: ARCH. HYDROBIOL. 3(1976)

PI -036
INST INSTITUT FUER ZOOLOGIE DER UNI MAINZ MAINZ, SAARSTR. 21
VORHAB **differenzierte toxizitaetstests mittels suesswasser-oekosystemen im labor**
entwicklung einfacher und einfachster suesswasser-oekosysteme, die im labor zu betreiben sind. mit ihrer hilfe koennen belastende faktoren bereits in sublethalen, jedoch systemrelevanten auswirkungen erkannt werden. es wird angestrebt, eine normierung dieser verfahren zu erreichen
S.WORT toxizitaet + suesswasser + oekosystem + untersuchungsmethoden
PROLEI PROF. DR. RAGNAR KINZELBACH
STAND 21.7.1976
QUELLE fragebogenerhebung sommer 1976
BEGINN 1.5.1976
G.KOST 2.000 DM

PI -037
INST LEHRSTUHL FUER BOTANIK DER TU MUENCHEN MUENCHEN 2, ARCISSTR. 21
VORHAB **naehrstoffhaushalt alpiner oekosysteme**
wiederholte bestimmung von stickstoffmineralisation; phosphor- und kalium-gehalt in boeden; ermittlung der biomasse-aenderungen incl. deren gehalt an stickstoff/phosphor/kalium; probeflaechen im naturschutzgebiet schachen (wettersteingebirge), am patscherkofel bei innsbruck, am timmelsjoch, in den tegernseer alpen; pflanzengesellschaften
S.WORT naehrstoffhaushalt + oekosystem
ALPEN
PROLEI DR. REHDER
STAND 1.1.1974

QUELLE erhebung 1975
FINGEB DEUTSCHE FORSCHUNGSGEMEINSCHAFT
ZUSAM BOTANISCHES INST. DER UNI INNSBRUCK; INTERNATIONALES BIOLOGISCHES PROGRAMM
BEGINN 1.9.1971 ENDE 30.6.1974
G.KOST 160.000 DM
LITAN - REHDER, H.:ZUR OEKOLOGIE, INSBESONDERE STICKSTOFFVERSORGUNG SUBALPINER UND ALPINER PFLANZENGESELLSCHAFTEN IM NATURSCHUTZGEBIET SCHACHEN (WETTERSTEIN-GEBIRGE). DISSERTATIONES BOTANICAE, 6 (1970)
- REHDER, H.:ZUM STICKSTOFFHAUSHALT ALPINER RASENGESELLSCHAFTEN. IN: BER. DT. BOT. GES. 84 S. 739-767 (1971)
- ZWISCHENBERICHT 1974. 09

PI -038
INST LEHRSTUHL FUER GEOBOTANIK DER UNI GOETTINGEN
GOETTINGEN, UNTERE KARSPUELE 2
VORHAB **mathematische modelle der im solling-projekt untersuchten oekosysteme**
S.WORT oekosystem + modell
SOLLING
PROLEI PROF. DR. DR. H. C. HEINZ ELLENBERG
STAND 1.1.1974
FINGEB DEUTSCHE FORSCHUNGSGEMEINSCHAFT
BEGINN 1.1.1973

PI -039
INST LEHRSTUHL FUER LANDSCHAFTSOEKOLOGIE DER TU MUENCHEN
FREISING -WEIHENSTEPHAN, WEIHENSTEPHAN
VORHAB **die oekologie der aeroben bakterien im baggersee**
S.WORT bakterienflora + baggersee + oekosystem
PROLEI DIPL. -ING. THURNER
STAND 1.10.1974
BEGINN 1.6.1971 ENDE 30.6.1974
G.KOST 87.000 DM

PI -040
INST LEHRSTUHL FUER OEKOLOGISCHE CHEMIE DER TU MUENCHEN
FREISING -WEIHENSTEPHAN
VORHAB **bilanz der verteilung und umwandlung von umweltchemikalien in modell-oekosystemen boden-pflanzen und algen**
das schicksal von umweltchemikalien in hoeheren pflanz en wird bei verschiedenen applikationsraten in gewaechshaus- und freilandversuchen untersucht. die mtaboliten werden identifiziert und erneut appliziert bis zur identfizierung der endprodukte des abbaus. diese versuche sollen einen hinweis auf moegliche rueckstaende von umwandlungsprodukten in nahrungsmitteln geben
S.WORT umweltchemikalien + pflanzen + metabolismus
PROLEI PROF. DR. FRIEDHELM KORTE
STAND 21.7.1976
QUELLE fragebogenerhebung sommer 1976
FINGEB BUNDESMINISTER FUER FORSCHUNG UND TECHNOLOGIE
ZUSAM GESELLSCHAFT FUER STRAHLEN- UND UMWELTFORSCHUNG MBH. , 8042 NEUHERBERG
BEGINN 1.1.1968
LITAN - SOTIRIOU, N.;WEISGERBER, I.;KLEIN, W.;KORTE, F.: VERTEILUNG UND UMWANDLUNG VON IMUGAN-C-14 IN BODEN UND HOEHEREN PFLANZEN UNTER FREILANDBEDINGUNGEN. IN: BEITRAEGE ZUR OEKOLOGISCHEN CHEMIE CXVI. CHEMOSPHERE (GSF)
- TSORBATZOUDI, E.;VOCKEL, D.;KORTE, F.: METABOLISMUS VON BUTURON-C-14 IN ALGEN. IN: BEITRAEGE ZUR OEKOLOGISCHEN CHEMIE CXI. CHEMOSPHERE (GSF)

PI -041
INST MAX-PLANCK-INSTITUT FUER ZUECHTUNGSFORSCHUNG (ERWIN-BAUR-INSTITUT)
KREFELD, AM WALDWINKEL 70
VORHAB **zur biologie und oekologie von salzpflanzen in brack-, suess- und zivilisationsgewaessern**
salzpflanzen koennen auch in industriewaessern wachsen; koennen sie auch eliminieren ? gezeiten sind ganz wesentlich; verfahren in hochbelasteten binnengewaessern angewendet
S.WORT wasser + salzgehalt + abwasser + wasserpflanzen + pflanzenphysiologie
PROLEI DR. SEIDEL
STAND 1.1.1974
FINGEB DEUTSCHE FORSCHUNGSGEMEINSCHAFT
BEGINN 1.1.1954

PI -042
INST SEIDL, WALTER
DUESSELDORF
VORHAB **umweltbelastung aus natuerlichen quellen**
die untersuchung soll einen plausiblen einblick in den natuerlichen, oekologischen kreislauf von elementen geben, die auch als anthropogene umweltbelastungen wirken. der hauptaspekt liegt darauf, die rueckwirkungen der anthropogenen umweltbelastungen moeglichst in regionaler betrachtung auf die oekologischen kreislaeufe und auf den menschen aufzuweisen.
S.WORT umweltbelastung + anthropogener einfluss
QUELLE datenuebernahme aus der datenbank zur koordinierung der ressortforschung (dakor)
FINGEB BUNDESMINISTER FUER ARBEIT UND SOZIALORDNUNG
BEGINN 1.5.1974 ENDE 31.12.1974
G.KOST 24.000 DM

PI -043
INST TIERHYGIENISCHES INSTITUT FREIBURG
FREIBURG, ELSAESSER STRASSE 116
VORHAB **belastung freilebender voegel mit bioziden; indikatorfunktion fuer oekosysteme**
rueckstaende chlorierter kohlenwasserstoffe werden fuer rueckgangserscheinungen bei voegeln (u. a. greifvoegel) verantwortlich gemacht. die voegel dienen dabei auch als indikatoren fuer oekosysteme und fuer die menschliche umwelt
S.WORT biozide + voegel + bioindikator
PROLEI DR. FRANK BANN
STAND 21.7.1976
QUELLE fragebogenerhebung sommer 1976
FINGEB DEUTSCHE FORSCHUNGSGEMEINSCHAFT
ZUSAM - VOGELSCHUTZWARTE RADOLFZELL
- VOGELSCHUTZWARTE HELGOLAND
BEGINN 1.1.1974 ENDE 31.12.1977
G.KOST 100.000 DM
LITAN ZWISCHENBERICHT

PI -044
INST WISSENSCHAFTLICHE BETRIEBSEINHEIT BOTANIK DER UNI FRANKFURT
FRANKFURT, SIESMAYERSTR. 70
VORHAB **oekologie von plankton- und benthos-algen im unteren main unter besonderer beruecksichtigung der abwasserfaktoren**
einfluss verschiedener abwasserfaktoren auf die biozoenose (pflanzen-tiere) in fliessgewaessern
S.WORT fliessgewaesser + abwasser + biozoenose
MAIN + RHEIN-MAIN-GEBIET
PROLEI PROF. DR. LANGE
STAND 1.1.1974
ZUSAM FORSCHUNGSINSTITUT SENCKENBERG, 6 FRANKFURT/M. , SENCKENBERG-ANLAGE 25
BEGINN 1.9.1971
LITAN ZWISCHENBERICHT 1974. 04

PI -045
INST ZOOLOGISCHES INSTITUT DER UNI KARLSRUHE
KARLSRUHE, KAISERSTR. 12
VORHAB **mechanismen oekologischer anpassung**
untersuchungen von stoffwechsel, elektrolythaushalt, reaktion endokriner druesen u. a. organe bei der anpassung von fischen und amphibien. tiere werden an verschiedene salzloesungen angepasst und dann veraenderungen untersucht (siehe bericht)

S.WORT oekologie + fische + amphibien + umwelteinfluesse
PROLEI PROF. DR. WILFRIED HANKE
STAND 23.7.1976
QUELLE fragebogenerhebung sommer 1976
FINGEB DEUTSCHE FORSCHUNGSGEMEINSCHAFT
G.KOST 100.000 DM
LITAN HANKE, W. (UNI KARLSRUHE): SELECTED TOPICS OF THE ENDOCRINOLLOGY OF POIKILOTHERMIC VERTEBRATES. IN: SCIENTIFIC REPORT ON THE RESEARCH WORK DONE AT THE DEPARTMENT OF ZOOLOGY II(1976)

PI -046

INST ZOOLOGISCHES INSTITUT DER UNI WUERZBURG
WUERZBURG, ROENTGENRING 10
VORHAB **synoekologie der wald-biozoenose, speziell einfluss von waldameisen (gattung formica) und raubparasiten auf eichenschadinsekten**
in den eichenwaeldern unterfrankens kommt es in regelmaessigen abstaenden zu massenvermehrungen des gruenen eichenwicklers. der einfluss von waldameisen und raubparasiten auf den massenwechsel dieser und verwandter arten wird im freiland analysiert (abundanzanalysen, kontrollen des nahrungseintrags der waldameisen, aufzuchten der wirte und parasiten, etc.). der nahrungserwerb der waldameisen und seine regulation werden auch in laborexperimenten analysiert. es ist unter anderem auch ein ziel der untersuchungen, grundsaetzliche vorstellungen ueber den einfluss einerseits der waldameisen, andererseits der raubparasiten, auf den massenwechsel eines gradierenden insekts zu gewinnen
S.WORT schaedlingsbekaempfung + waldoekosystem + biozoenose
FRANKEN (UNTERFRANKEN)
PROLEI DR. KLAUS HORSTMANN
STAND 21.7.1976
QUELLE fragebogenerhebung sommer 1976
FINGEB DEUTSCHE FORSCHUNGSGEMEINSCHAFT
BEGINN 1.4.1966
G.KOST 30.000 DM
LITAN ZWISCHENBERICHT

Weitere Vorhaben siehe auch:

HA -020 DIE ENTWICKLUNG EINES LIMNISCHEN OEKOSYSTEMS

HA -028 OEKOLOGISCHE UNTERSUCHUNGEN AN ZOOZOENOSEN SUEDNIEDERSAECHSISCHER KLEINGEWAESSER

HC -010 ANALYSE DER REAKTIONEN MARINER ORGANISMEN AUF VERAENDERUNGEN NATUERLICHER UMWELTFAKTOREN

IC -111 DER ALTRHEIN "SCHUSTERWOERTH" ALS MODELL ZUR ERFASSUNG DER LANGFRISTIGEN, ANTHROPOGEN BEDINGTEN AENDERUNGEN IM AQUATISCHEN OEKOSYSTEM

IC -113 UNTERSUCHUNGEN UEBER DEN EINFLUSS VON SCHADSTOFFEN AUF DIE BIOLOGIE VON FLIESSGEWAESSERN

ID -023 BELASTBARKEIT UND VERAENDERUNG VON BESTAND, BODEN UND GRUNDWASSER BEI ABWASSERVERRIESELUNG AUF BEWALDETEN STANDORTEN

PH -021 WIRKUNG DER ABWASSERVERRIESELUNG AUF WALDBESTAENDE UND BODENEIGENSCHAFTEN

RG -031 DIE ROLLE DER BODENTIERE BEIM STREUABBAU IN EINEM MITTELEUROPAEISCHEN LAUBWALD

UN -009 AUFTRAG ZUR ERFORSCHUNG DES OEKOSYSTEMS DER STAUSEEN AM UNTEREN INN

UN -049 TIEROEKOLOGISCHE MODELLUNTERSUCHUNG FUER DAS GEBIET HEXBACHTAL

PK -001

INST ABTEILUNG BAUWESEN DER BUNDESANSTALT FUER MATERIALPRUEFUNG
BERLIN 45, UNTER DEN EICHEN 87

VORHAB **untersuchungen zur einwirkung von rausalzen auf brueckenbauwerke aus stahlbeton**
zur beurteilung des zustandes tausalzgeschaedigter brueckenbauwerke sowie von sanierungsmassnahmen ist es zunaechst erforderlich, die frage nach den wirkungsmechanismen des eindringens und des angriffs von tausalzen auf beton zu klaeren. systematische beziehungen zwischen z. b. dem chloridgehalt, den betoneigenschaften und dem korrosionsgrad der bewehrung sind bisher allenfalls in form von ansaetzen bekannt. es sollen an betonen, die unter definierten bedingungen tausalzloeslungen ausgesetzt werden, art und geschwindigkeit des eindringens von salzen in beton und moegliche strukturveraenderungen des betons unter wechselnden klimabeanspruchungen verfolgt sowie einflussgroessen fuer die korrosion der bewehrung ermittelt werden

S.WORT strassenbau + beton + streusalz + materialtest
PROLEI DR. -ING. MATTHIAS MAULTZSCH
STAND 10.9.1976
QUELLE fragebogenerhebung sommer 1976
FINGEB BUNDESMINISTER FUER VERKEHR
BEGINN 1.9.1976 ENDE 31.12.1978
G.KOST 300.000 DM

PK -002

INST ABTEILUNG BAUWESEN DER BUNDESANSTALT FUER MATERIALPRUEFUNG
BERLIN 45, UNTER DEN EICHEN 87

VORHAB **untersuchungen zur verwitterung von natursteinen an baudenkmaelern unter dem einfluss schwefeloxidhaltiger atmosphaere**
in der schwefeloxidhaltigen atmosphaere von siedlungs- und industriegebieten sind oberflaechliche zerstoerungen von natursteinen an erhaltenswerten baudenkmaelern zu beobachten; untersuchung von veraenderungen der gefuegemerkmale und der phasenzusammensetzung kalkhaltiger bausteinproben sowie kuenstlich bewitterter aequivalente; hierfuer entwicklung bzw. modifizierung entsprechender verfahren; ziel: schaffung von beurteilungsmasstaeben fuer das verwitterungsverhalten von gesteinen fuer die restaurative auswechslung von bausteinen sowie von grundlagen fuer die entwicklung von konservierungsverfahren

S.WORT baudenkmal + naturstein + schwefeloxide + verwitterung + konservierung
PROLEI DR. -ING. KONRAD NIESEL
STAND 10.9.1976
QUELLE fragebogenerhebung sommer 1976
FINGEB STIFTUNG VOLKSWAGENWERK, HANNOVER
ZUSAM BUNDESANSTALT F. MATERIALPRUEFUNG, 1 BERLIN 45, UNTER DEN EICHEN 87, LABORATORIUM 2. 11, VERWITTERUNG
BEGINN 1.10.1971 ENDE 31.12.1976
G.KOST 417.000 DM
LITAN - NIESEL, K.;SCHIMMELWITZ, P.:ZUR KENNTNIS DER VORGAENGE BEI DER ERHAERTUNG UND VERWITTERUNG VON DOLOMITKALKMOERTELN. IN: TONIND. -ZTG. 95 (6) S. 153-161 (1971)
- FORSCHUNGSPROGRAMM ZUR KLAERUNG DES STEINZERFALLS. IN: BILD D. WISSENSCHAFT 9 (11) S. 1146 (1972)
- ZWISCHENBERICHT 1974. 02

PK -003

INST ABTEILUNG BAUWESEN DER BUNDESANSTALT FUER MATERIALPRUEFUNG
BERLIN 45, UNTER DEN EICHEN 87

VORHAB **verhalten von beton-bordsteinen bei einwirkung von frost und tausalzen mit dem ziel der schaffung von beurteilungskriterien**
durch simulation der bei der freihaltung der strassenoberflaechen von eis mit tausalzen stattfindenden beanspruchungen von bordsteinen aus beton mit gewaschener oberflaeche soll ihre bestaendigkeit beurteilt werden

S.WORT strassenbau + streusalz + materialschaeden + bewertungskriterien
PROLEI DIPL. -ING. KLAMROWSKI
STAND 1.1.1974
FINGEB GUETESCHUTZGEMEINSCHAFT BERLIN E. V.
BEGINN 1.4.1973 ENDE 31.12.1976
G.KOST 19.000 DM
LITAN ZWISCHENBEREICHT 1974. 08

PK -004

INST ABTEILUNG BAUWESEN DER BUNDESANSTALT FUER MATERIALPRUEFUNG
BERLIN 45, UNTER DEN EICHEN 87

VORHAB **untersuchungen zur erhaertung und verwitterung von luftkalkmoerteln unter dem einfluss schwefeloxidhaltiger atmosphaere**
an aussenputzmoerteln aus dolomitkalkhydrat sind zahlreiche schadensfaelle in form von absandungserscheinungen beobachtet worden; ein ursaechlicher zusammenhang mit der einwirkung von luftverunreinigungen (z. b. schwefeldioxid) wird vermutet; vorgaenge, die bei der erhaertung (hydratation/carbonatisierung) und der verwitterung (sulfatisierung) sowie aufloesung und wiederausscheidung von verschiedenen calcium- und magnesiumverbindungen auftreten, sollen geklaert werden; kennzeichnung der mineralphasen und gefuege durch: roentgenbeugungsanalyse/differentialthermoanalyse/thermogravimetrie/infrarot-spektrographie/rasterelektronenmikroskopie mit edax/quecksilber-porosimetrie/bet; ziel: verhinderung von schadensfaellen

S.WORT kalkmoertel + verwitterung + schwefeloxide + bauten
PROLEI DIPL. -CHEM. ROOSS
STAND 1.1.1974
FINGEB SENATOR FUER WIRTSCHAFT, ERP-FOND, BERLIN
ZUSAM BUNDESANSTALT F. MATERIALPRUEFUNG, 1 BERLIN 45, UNTER DEN EICHEN 87, LABORATORIUM 2. 14
BEGINN 1.10.1971 ENDE 31.12.1975
G.KOST 342.000 DM
LITAN - SCHIMMELWITZ, P.:(FEB 1971)
- SCHIMMELWITZ, P.: LETZTER ZWISCHENBERICHT (FEB 1973)
- ZWISCHENBERICHT 1974. 06

PK -005

INST ABTEILUNG METALLE UND METALLKONSTRUKTION DER BUNDESANSTALT FUER MATERIALPRUEFUNG
BERLIN 45, UNTER DEN EICHEN 87

VORHAB **untersuchung zur korrosionsschutzwirkung verschiedenartig galvanisch hergestellter glanzzinkschichten**
vorwiegend aus gruenden des umweltschutzes erfolgt die galvanische abscheidung glaenzender zinkschichten statt aus cyanidhaltigen elektrolyten aus sauren und damit cyanidfreien badtypen. da hiermit auch die verwendung neuartiger inhibitoren verbunden ist, stellt sich die frage, ob die nach den verschiedenen verfahren hergestellten glanzzinkueberzuege ein unterschiedliches korrosionsverhalten aufweisen. die untersuchung erfolgt mit hilfe elektrochemischer methoden und praktischer korrosionsversuche

S.WORT korrosionsschutz + verfahrenstechnik + schadstoffminderung + cyanide + (galvanisierung)
PROLEI DR. -ING. WOLFGANG PAATSCH
STAND 10.9.1976
QUELLE fragebogenerhebung sommer 1976
BEGINN 1.7.1975 ENDE 31.12.1977
G.KOST 147.000 DM
LITAN ZWISCHENBERICHT

PK -006

INST ABTEILUNG ORGANISCHE STOFFE DER BUNDESANSTALT FUER MATERIALPRUEFUNG
BERLIN 45, UNTER DEN EICHEN 87

VORHAB **auswirkung von chemischen und physikalisch-technologischen einflussfaktoren auf das bestaendigkeitsverhalten von oberflaechenbeschichtungen auf der basis von reaktionsharzbeschichtungsstoffen**
an einer anzahl typischer reaktionsbeschichtungesstoffe bekannter zusammensetzung, die auf dem gebiet der lagerung wassergefaehrdender fluessigkeiten zur sicherung der lagerbehaelter vor dem undichtwerden durch lochfrasskorrosion eingesetzt werden, wird durch umfangreiche variation von faktoren, die die vernetzung und struktur der beschichtung beeinflussen, die auswirkung dieser faktoren auf die wechselwirkung zwischen den polymeren und fluessigen organischen lagermedien untersucht. aussderm wird der einfluss einer defektporositaet auf die korrosionsschutzwirkung der beschichtung untersucht
S.WORT wassergefaehrdende stoffe + kunststoffbehaelter + materialtest + korrosionsschutz
PROLEI DR. JUERGEN SICKFELD
STAND 10.9.1976
QUELLE fragebogenerhebung sommer 1976
FINGEB DEUTSCHE FORSCHUNGSGEMEINSCHAFT
BEGINN 3.4.1973 ENDE 31.12.1976
G.KOST 290.000 DM
LITAN - SICKFELD, J.: HEIZOELBESTAENDIGKEIT VON BESCHICHTUNGSSTOFFEN, PRUEFPROBLEME. IN: FARBE UND LACK 12 S. 1141-1152(1973)
- SICKFELD, J.: QUELLUNGSUNTERSUCHUNGEN AN TECHNISCHEN REAKTIONSHARZEN. IN: FARBE UND LACK 12 S. 1113-1125(1975)
- SICKFELD, J.: ANOMALE DIFFUSION IN REAKTIONSHARZEN. IN: KOLLOID-Z. UND Z. F. POLYMERE (IM DRUCK)

PK -007
INST ABTEILUNG SONDERGEBIETE DER MATERIALPRUEFUNG DER BUNDESANSTALT FUER MATERIALPRUEFUNG
BERLIN 45, UNTER DEN EICHEN 87
VORHAB **beeinflussung und abbau von kunststoffen durch mikroorganismen**
im rahmen der "biologischen materialpruefung" wird im laboratoriumsverfahren untersucht, inwieweit kunststoffe gegenueber mikroorganismen bestaendig sind oder ob sie angegriffen oder abgebaut werden koennen. verwendet werden reinkulturen niederer pilze oder bakterien, definierte mischkulturen oder - z. b. beim erd-eingrabe-verfahren- die natuerlichen mikroorganismenfloren des bodens. es handelt sich nicht um ein streng abgegrenztes thema, sondern um eine reihe von einzelthemen, deren abgrenzungen - je nach fragestellung - entweder durch die chemische zusammensetzung der kunststoffe oder aber durch deren verwendungszweck (z. b. dichtungsmaterialien, folien) gegeben sind
S.WORT kunststoffe + mikrobieller abbau + materialtest
PROLEI DR. HELMUT KUEHNE
STAND 10.9.1976
QUELLE fragebogenerhebung sommer 1976
ZUSAM - FACHGR. KAUTSCHUK-, KUNST- UND ANSTRICHSTOFFE DER ABTEILUNG ORGANISCHE STOFFE DER BAM, BERLIN
- FACHGR. OBERFLAECHENPHAENOMENE DER ABTEILUNG SONDERGEBIETE DER MATERIALPRUEFUNG DER BAM, BERLIN
G.KOST 35.000 DM
LITAN - PANTKE, M.: GRAVIMETRISCH, ELEKTRONENOPTISCH UND CHEMISCH ERFASSBARE VERAENDERUNGEN AN PVC-FOLIEN NACH ERD-EINGRABE-VERSUCHEN. IN: MATERIAL U. ORGANISMEN 5 S. 197-215(1970)
- KERNER-GANG, W.;KUEHNE, H.: BESTAENDIGKEIT VON KUNSTSTOFFEN GEGEN ORGANISMEN. IN: SCHREYER, G.: KONSTRUIEREN MIT KUNSTSTOFFEN. MUENCHEN: CARL HANSER VERL. S. 732-746(1972)
- KERNER-GANG, W.: BESTAENDIGKEIT VON ABDICHTUNGSMATERIALIEN AUF ELASTOMERER GRUNDLAGE GEGENUEBER MIKROORGANISMEN. IN: MATERIAL U. ORGANISMEN 8 S. 17-37(1973)

PK -008
INST BAUHOF FUER DEN WINTERDIENST INZELL
INZELL
VORHAB **untersuchung der wirkung eines auftausalzes mit korrosionsinhibitor auf die fahrbahngriffigkeit und des einflusses der konzentration der salzoele und des inhibitoranteils auf die korrosionsminderung**
in praxisnahen grossversuchen ist zu klaeren, ob durch beimischungen von inhibitoren zu nacl-auftausalzen die an stahlteilen (z. b. karosserien) feststellbare korrosionsbeschleunigung wirkungsvoll verringert werden kann. die zumischung von 1, 5 % banox (polyphosphat) bewirkte trotz gleichmaessiger durchmischung eine verhaertung der gelagerten nacl-streusalze innerhalb kurzer zeit und ein verkleben am und im streugeraet, so dass eine ordnungsgemaesse verarbeitung unmoeglich war. diese erscheinungen zeigten sich beim inhibitor "hoechst 422" (1 % beimischung) nicht. in einem grossversuch wurden lackierte, geritzte und blanke pruefbleche auf einem teilabschnitt der autobahn muenchen-salzburg (500 km) 2 monate lang auf nur mit inhibiertem salz bestreuter fahrbahn, sowie ein gleichwertiges pruefblechsortiment unter gleichen bedingungen auf nur mit normalem nacl bestreuter fahrbahn gefahren. nach abloesen des rostes zeigte sich, dass die "inhibitor-bleche" eta 14 % weniger material verloren hatten als die "normalsalzbleche". die auf der strecke angetroffene mittlere laugenkonzentration lag bei 2 % nacl-gehalt. die salzkosten erhoehen sich durch "422" um 40-50 %. die fahrbahngriffigkeit wurde durch die inhibitoren nicht wesentlich beeintraechtigt.
S.WORT streusalz + korrosionsschutz
QUELLE datenuebernahme aus der datenbank zur koordinierung der ressortforschung (dakor)
FINGEB BUNDESMINISTER FUER VERKEHR
BEGINN 25.7.1967 ENDE 25.7.1977

PK -009
INST BUNDESANSTALT FUER GEOWISSENSCHAFTEN UND ROHSTOFFE
HANNOVER 51, STILLEWEG 2
VORHAB **verbesserung des baudenkmalschutzes, untersuchung von impraegnierungsmitteln fuer naturstein**
zur verbesserung des baudenkmalschutzes ist es notwendig, art und tiefe der durchdringung von natursteinen bei der konservierung mit impraegnierungsmitteln zu erkennen; dies ist nach lage der dinge nur mit elektronenmikroskopie und rasterelektronenmikroskopie moeglich; hierzu wurden zunaechst vorarbeiten methodischer art geleistet: praeparation, einsatz von maskierungsstoffen und kathodenlumineszenz
S.WORT denkmalschutz + konservierung + naturstein
PROLEI DR. ECKHARDT
STAND 1.1.1974
FINGEB STIFTUNG VOLKSWAGENWERK, HANNOVER
ZUSAM ARBEITSKREIS DER VOLKSWAGENWERK-STIFTUNG, 3 HANNOVER, KASTANIENALLEE 35
BEGINN 1.10.1973

PK -010
INST BUNDESANSTALT FUER GEWAESSERKUNDE
KOBLENZ, KAISERIN-AUGUSTA-ANLAGEN 15
VORHAB **stahlkorrosion in abhaengigkeit von der temperatur in natuerlichen waessern**
in zusammenarbeit mit der bundesanstalt fuer wasserbau, karlsruhe, wird die korrosionsgeschwindigkeit an stahlwasserbauwerken und stahlprobekoerpern in abhaengigkeit von der temperatur untersucht. gleichzeitig wird das wasser chemisch analysiert
S.WORT stahl + korrosion + wasserbau + (temperaturabhaengigkeit)
PROLEI DR. STURZ
STAND 10.10.1976
FINGEB BUNDESMINISTER FUER VERKEHR
ZUSAM BUNDESANSTALT FUER WASSERBAU, HERTZSTR. 16, 7500 KARLSRUHE

PK -011
INST DEGUSSA AG
HANAU, STADTTEIL WOLFGANG
VORHAB entwicklung neuer und umweltfreundlicher nitrierverfahren zur oberflaechenverguetung von staehlen
S.WORT stahlindustrie + (nitrierverfahren)
STAND 1.10.1974
FINGEB BUNDESMINISTER FUER FORSCHUNG UND TECHNOLOGIE
BEGINN 1.1.1973 ENDE 31.12.1974
G.KOST 306.000 DM

PK -012
INST DOERNER - INSTITUT
MUENCHEN 2, MEISERSTR. 10
VORHAB entwicklung von verfahren zur reinigung und zum korrosionsschutz von bronzen, die im freien aufgestellt sind
verfahren zur reinigung und zum korrosionsschutz von bronzeskulpturen wurden an testkoerpern im freien und durch schnelltestverfahren geprueft; geeignete verfahren und produkte wurden an objekten angewandt
S.WORT denkmal + korrosion + schutzmassnahmen + (bronzeskulpturen)
PROLEI DR. RIEDERER
STAND 1.1.1974
FINGEB DEUTSCHE FORSCHUNGSGEMEINSCHAFT
BEGINN 1.5.1971 ENDE 31.5.1974
G.KOST 160.000 DM
LITAN - DIE KONSERVIERUNG VON BRONZESKULPTUREN. MALTECHNIK-RESTAURO 1 S. 40-41 (1972)
- ZWISCHENBERICHT 1974. 05

PK -013
INST FACHGEBIET WERKSTOFFKUNDE DER TH DARMSTADT
DARMSTADT, GRAFENSTR. 2
VORHAB bestaendigkeit von chemisch-thermisch oder galvanisch erzeugten oberflaechenschichten gegen den korrosionsangriff der atmosphaere
untersuchung geeigneter ueberzuege fuer technisch relevante konstruktionen
S.WORT korrosionsschutz + atmosphaerische einfluesse
PROLEI PROF. DR. H. SPECKHARDT
STAND 1.1.1974
FINGEB KULTUSMINISTER, WIESBADEN
BEGINN 1.1.1970 ENDE 31.12.1980

PK -014
INST FACHGEBIET WERKSTOFFKUNDE DER TH DARMSTADT
DARMSTADT, GRAFENSTR. 2
VORHAB untersuchung der mechanischen bestaendigkeit von hochtemperaturwerkstoffen
verhalten und entwicklung von metallischen legierungen hoher zeitstand- und zunderfestigkeit
S.WORT werkstoffe + (bestaendigkeit)
PROLEI DR. -ING. GRANACHER
STAND 1.10.1974
FINGEB BUNDESMINISTER FUER WIRTSCHAFT
ZUSAM ARBEITSGEMEINSCHAFT VERBRENNUNGSKRAFTMASCHINEN, 6 FRANKFURT, LYONER STR. 18
BEGINN 1.1.1973 ENDE 31.12.1980

PK -015
INST FACHGEBIET WERKSTOFFKUNDE DER TH DARMSTADT
DARMSTADT, GRAFENSTR. 2
VORHAB korrosionsschutz von behaeltern und rohrleitungen
untersuchung des verhaltens von beschichtungen bei behaeltern und rohrleitungen
S.WORT korrosionsschutz + werkstoffe
PROLEI DIPL. -CHEM. SEYFARTH
STAND 1.1.1974
FINGEB BUNDESMINISTER FUER WIRTSCHAFT
ZUSAM DECHEMA, 6 FRANKFURT, THEODOR-HEUSS-ALLEE 25
BEGINN 1.1.1970 ENDE 31.12.1980

PK -016
INST FACHGEBIET WERKSTOFFKUNDE DER TH DARMSTADT
DARMSTADT, GRAFENSTR. 2
VORHAB mechanische, thermische und chemische bestaendigkeit metallischer und organischer werkstoffe
untersuchung des werkstoffverhaltens bei aggressiven einfluessen; ermittlung der werkstoffeigenschaften und ihrer veraenderung unter typischen umweltbelastungen
S.WORT werkstoffe + (bestaendigkeit)
PROLEI DR. JAEHN
STAND 1.1.1974
FINGEB BUNDESMINISTER FUER WIRTSCHAFT
ZUSAM DECHEMA, 6 FRANKFURT, THEODOR-HEUSS-ALLEE 25
BEGINN 1.1.1970 ENDE 31.12.1980

PK -017
INST FACHGEBIET WERKSTOFFKUNDE DER TH DARMSTADT
DARMSTADT, GRAFENSTR. 2
VORHAB schaeden, die durch aggressive umgebung entstehen
untersuchung von wechselwirkungen zwischen umwelteinfluessen und technischen werkstoffen; korrosion; normung
S.WORT werkstoffe + umwelteinfluesse
PROLEI DIPL. -CHEM. SEYFARTH
STAND 1.1.1974
FINGEB - BUNDESMINISTER FUER WIRTSCHAFT
- BUNDESMINISTER DER VERTEIDIGUNG
- KULTUSMINISTER, WIESBADEN
ZUSAM - DECHEMA, 6 FRANKFURT, THEODOR-HEUSS-ALLEE 25
- FACHNORMENAUSSCHUSS MATERIALPRUEFUNG; BUNDESANSTALT FUER MATERIALPRUEFUNG, 1 BERLIN 45
BEGINN 1.7.1974 ENDE 31.12.1980

PK -018
INST FACHGEBIET WERKSTOFFKUNDE DER TH DARMSTADT
DARMSTADT, GRAFENSTR. 2
VORHAB bestaendigkeit von oberflaechenschichten
schichteigenschaften; wechselwirkungen mit der umgebung; entwicklung umweltfreundlicher technologien
S.WORT korrosion + werkstoffe
PROLEI PROF. DR. H. SPECKHARDT
STAND 1.1.1974
FINGEB - DEUTSCHE FORSCHUNGSGEMEINSCHAFT
- BUNDESMINISTER FUER BILDUNG UND WISSENSCHAFT
- BUNDESMINISTER FUER WIRTSCHAFT
ZUSAM DECHEMA, 6 FRANKFURT, THEODOR-HEUSS-ALLEE 25
BEGINN 1.1.1960 ENDE 31.12.1980

PK -019
INST GEOLOGISCHES INSTITUT DER TH AACHEN
AACHEN, WUELLNERSTR. 2
VORHAB untersuchungen zur verwitterung von naturbausteinen
es soll qualitativ und quantitativ der einfluss der gesteinseigenschaften und der exogenen faktoren auf den verwitterungsvorgang untersucht werden. es wird angestrebt, methoden zu entwickeln, die es erlauben, sichere, fuer den praktiker verwendbare, voraussagen ueber das verwitterungsverhalten von gesteinen bei definierten umweltsverhaeltnissen zu erhalten
S.WORT naturstein + verwitterung
PROLEI DR. -ING. BERND FITZNER
STAND 21.7.1976

QUELLE fragebogenerhebung sommer 1976
LITAN FITZNER, B. (TH AACHEN, INST. F. ANGEW. U. HYDROGEOLOGIE): DIE PRUEFUNG DER FROSTBESTAENDIGKEIT VON NATURBAUSTEINEN. IN: GEOLOGISCHE MITTEILUNGEN. 10(3) S. 205-296(NOV 1970)

PK -020

INST GEOLOGISCHES INSTITUT DER UNI HEIDELBERG
HEIDELBERG, IM NEUENHEIMER FELD 234
VORHAB **bausteinverwitterung in staedten, besonders von kalkstein**
es werden die bausteine auf herkunft, art, form und verwitterungsgrad hin untersucht; es werden sonderformen der bausteinverwitterung in abhaengigkeit vom material erkannt
S.WORT baustein + verwitterung
PROLEI PROF. DR. SIMON
STAND 1.1.1974

PK -021

INST INGENIEURBUERO G. DRECHSLER
REUTLINGEN, POSTFACH 953
VORHAB **fertigentwicklung eines magnetischen pruefverfahrens zur erfassung von korrosionsschaeden in leitungsrohren der petro-chemie und des pipeline-betriebes. ueberwachung der rohre von der aussenseite her**
S.WORT energietechnik + pipeline + korrosion + pruefverfahren
QUELLE datenuebernahme aus der datenbank zur koordinierung der ressortforschung (dakor)
FINGEB BUNDESMINISTER FUER FORSCHUNG UND TECHNOLOGIE
BEGINN 1.2.1975 ENDE 1.10.1975

PK -022

INST INSTITUT FUER ALLGEMEINE MIKROBIOLOGIE DER UNI KIEL
KIEL, OLSHAUSENSTR. 40-60
VORHAB **mikrobiologie eines sandstein-denkmals - untersuchungen zur oekologie und verwitterung**
zielsetzung: erfassung und bewertung der mikroorganismusgesellschaft (oekologie) eines gesteins fuer die verwitterung dieses standortes. durchfuehrung: a) mikrobiologische bestandsaufnahme, b) bestimmung der mineralogischen zusammensetzung des gesteins, c) charakterisierung der staemme, d) verwitterungsversuche mit standortmaterial bzw. am standort zum abschaetzen der verwitterungsrelevanten potenz
S.WORT denkmal + verwitterung + mikrobiologie + (sandstein)
PROLEI DR. FRIEDRICH ECKHARDT
STAND 21.7.1976
QUELLE fragebogenerhebung sommer 1976
ZUSAM - MINERALOGISCHES INSTITUT DER UNI KIEL
- GEOLOGISCHES INSTITUT DER UNIVERSITAET KIEL, 2300 KIEL

PK -023

INST INSTITUT FUER BAUSTOFFKUNDE UND STAHLBETONBAU DER TU BRAUNSCHWEIG
BRAUNSCHWEIG, BEETHOVENSTR. 52
VORHAB **vorkommen, anreicherungen und wirkung korrosionsaktiver bestandteile von atmosphaere und baugrund**
S.WORT korrosion + atmosphaere + boden
PROLEI PROF. DR. -ING. WAUBKE
STAND 1.1.1974

PK -024

INST INSTITUT FUER GESTEINSHUETTENKUNDE DER TH AACHEN
AACHEN, MAUERSTR 5
VORHAB **synthese und struktur von leukophosphatit, seine technische bedeutung als bildner einer korrosionsschuetzenden schicht**
ziel: erklaerung der wirkung des leukophosphatierens als rostschutz ohne unterrosten-synthese des leukophosphatits-pruefung des physikalisch-chemisch verhaltens und der resistenz des kristallgitters, nebenergebnis: entdeckung einer neuen verbindung, fachspezifische methode: mineralogisch
S.WORT korrosionsschutz + eisen + stahl
PROLEI PROF. DR. RADCZEWSKI
STAND 1.1.1974
FINGEB DEUTSCHE FORSCHUNGSGEMEINSCHAFT
BEGINN 1.7.1966 ENDE 31.12.1977
LITAN -
RADCZEWSKI,O.E.;SCHICHT,R.F.;NIEMEYER,G.:HOHE HAERTE VON NEUARTIGEN KORROSIONSVERHINDERNDEN AUF WACHSSCHICHTEN AUF UNLEGIERTEN STAEHLEN.IN: FARBE UND LACK 76 S.447-452 (1970)
- RADCEWSKI,O.E.;:DIE MINERALISCHEN GRUNDLAGEN DER WIRKSAMKEIT EINES NEUEN ROSTSCHUTZMITTELS.IN: HAUS DER TECHNIK-VORTRAGSVEROEFFENTLICHUNGEN 247 S.5-11 (1970)
- SCHICHT,R.F.:DISSERTATION, TH AACHEN: "SYNTHESE UND STRUKTUR VON LEUKOPHOSPHATIT.SEINE TECHNISCHE BEDEUTUNG ALS BILDNER EINER KORROSIONSSCHUETZENDEN SCHICHT. (1970)

PK -025

INST LEHRSTUHL FUER WERKSTOFFWISSENSCHAFTEN III (GLAS UND KERAMIK) DER UNI ERLANGEN-NUERNBERG
ERLANGEN, MARTENSSTR. 5
VORHAB **durchfuehrung von physikalisch-chemischen untersuchungen zur konservierung von bauplastik und freistehenden skulpturen**
aufklaerung von korrosionsmechanismen in bausteinen und deren zusammenhang mit schadstoffeinwirkungen aus der atmosphaere und bodenwaessern; ausarbeiten von korrosionsschutzmethoden an bausteinen; erstellen von korrosionspruefverfahren fuer impraegnierte bausteine.
S.WORT denkmalschutz + bauplastik + immissionsschaeden + korrosionsschutz
PROLEI PROF. DR. H. J. OEL
STAND 1.1.1974
FINGEB STIFTUNG VOLKSWAGENWERK, HANNOVER
ZUSAM - BUNDESANSTALT FUER MATERIALPRUEFUNG-BAM-, 1 BERLIN 45, UNTER DEN EICHEN 87
- LANDESANSTALT FUER IMMISSIONS-U. BODENNUTZUNGSSCHUTZ, 43 ESSEN-BREDENEY, WALLNEYER-STR. 6
BEGINN 1.2.1970 ENDE 30.9.1974
G.KOST 380.000 DM
LITAN - MARSCHNER: LABORATORIUMSUNTERSUCHUNGEN ZUM VERWITTERUNGSSCHUTZ VON GESTEINEN, DKD(1973) DIVERSE TAGUNGSREFERATE, INTERNE SITZUNGSBERICHTE, PRESSEBERICHTE
- ZWISCHENBERICHT 1974. 04

PK -026

INST LEHRSTUHL FUER WERKSTOFFWISSENSCHAFTEN III (GLAS UND KERAMIK) DER UNI ERLANGEN-NUERNBERG
ERLANGEN, MARTENSSTR. 5
VORHAB **reaktionen beim chemischen angriff von dekorfarben und glasoberflaechen im sauren und alkalischen bereich (schnellpruefverfahren)**
dekors von porzellan etc. werden durch saeure oder basische reagenzien (wie z. b. speisen und getraenke) angegriffen; das mass dieses angriffs soll untersucht werden sowohl im hinblick auf art und menge der auslaugung als auch bezueglich der moeglichkeit, ein fuer die praxis geeignetes schnellverfahren zu erarbeiten
S.WORT werkstoffe + schadstoffwirkung + (glasoberflaeche + dekorfarben)
PROLEI PROF. DR. H. J. OEL

STAND 1.10.1974
FINGEB BUNDESMINISTER FUER WIRTSCHAFT
BEGINN 1.1.1972 ENDE 31.12.1974
G.KOST 185.000 DM
LITAN - OEL, H. J.;SCHAEFFER, B.:ANGRIFF V. SAEUREN, LAUGEN UND MODELLSPUELMITTEL AUF GLASUREN, I: VERSUCHSMETHODE UND ANALYTISCHE BESTIMMUNG DER GELOESTEN BESTANDTEILE IN: HEFT 6/74 DER BERICHTE DEN DKG
- ZWISCHENBERICHT 1974. 12

PK -027

INST LEHRSTUHL FUER WERKSTOFFWISSENSCHAFTEN III (GLAS UND KERAMIK) DER UNI ERLANGEN-NUERNBERG
ERLANGEN, MARTENSSTR. 5
VORHAB **untersuchung zum mechanischen und chemischen verwitterungsverhalten von steinergaenzungsmaterial an baudenkmaelern**
zielsetzung: 1) mechanisches und chemisches verwitterungsverhalten von steinergaenzungsmitteln. 2) verwitterungsverhalten der kontaktzone. 3) einfluss verschiedener auftragstechniken auf die haftfaehigkeit. methoden: zeitraffende verwitterungspruefung; baustofftechnische untersuchung; chemische und mineralphasenanalyse; gefuegestrukturelle untersuchung
S.WORT verwitterung + baudenkmal + baustoffe + (steinergaenzungsmaterial)
PROLEI PROF. DR. H. J. OEL
STAND 23.7.1976
QUELLE fragebogenerhebung sommer 1976
FINGEB STIFTUNG VOLKSWAGENWERK, HANNOVER
ZUSAM - BUNDESAMT FUER MATERIALPRUEFUNG, UNTER DEN EICHEN, 1000 BERLIN 45
- LANDESANSTALT FUER IMMISSIONS- U. BODENNUTZUNGSSCHUTZ, WALLNEYERSTR. 6, 4300 ESSEN-BREDENEY
BEGINN 1.7.1975 ENDE 31.7.1978
G.KOST 386.000 DM

PK -028

INST MINERALOGISCHES INSTITUT DER UNI ERLANGEN-NUERNBERG
ERLANGEN, SCHLOSSGARTEN 5
VORHAB **untersuchung von bauwerksschaeden (durch atmosphaerilien)**
S.WORT bauschaeden + atmosphaerische einfluesse
PROLEI PROF. DR. KUZEL
STAND 1.1.1974

PK -029

INST STAATLICHE MUSEEN PREUSSISCHER KULTURBESITZ
BERLIN, POTSDAMER STRASSE 58/VI
VORHAB **die verwitterung von naturstein**
an bauwerken und skulpturen werden die ursachen der verwitterung von naturstein untersucht. der frage der mitwirkung luftverunreinigende stoffe, vor allem des schwefeldioxids, wird dabei kritisch nachgegangen, da sich herausgestellt hat, dass die sulfate, die an bauwerken vorkommen in der regel nicht auf die einwirkung von schwefeldioxid zurueckzufuehren sind, sondern aus anderen quellen, z. b. sulfathaltigen moerteln stammen
S.WORT verwitterung + naturstein + denkmalschutz
PROLEI DR. JOSEF RIEDERER
STAND 21.7.1976
QUELLE fragebogenerhebung sommer 1976
BEGINN 1.1.1967
G.KOST 200.000 DM
LITAN - RIEDERER, J.: KORROSIONSSCHAEDEN AN KUNSTWERKEN. IN: BAUMEISTER 68 S. 1202-1206(1971)
- RIEDERER, J.: DIE WIRKUNGSLOSIGKEIT VON LUFTVERUNREINIGUNGEN BEIM STEINZERFALL. IN: STAUB-REINHALTUNG DER LUFT 33(1) S. 15-19(1973)
- RIEDERER, J.: STEINSCHAEDEN AUCH OHNE RAUCHGAS. IN: UMWELT 1 S. 42-43(1974)

PK -030

INST STAATLICHE MUSEEN PREUSSISCHER KULTURBESITZ
BERLIN, POTSDAMER STRASSE 58/VI
VORHAB **der schutz von metallskulpturen vor der einwirkung korrodierender luftverunreinigungen**
es werden skulpturen aus bronze, messing, kupfer, blei, zink, aluminium, eisen, stahl untersucht, um festzustellen, ob daran schaeden durch luftverunreinigende stoffe entstanden sind. parallel dazu laufen bewitterungsversuche im freien und in schnellbewitterungsanlagen an schutzueberzuegen fuer metalle, um geeignete konservierungsverfahren zum schutz der metallskulpturen vorschlagen zu koennen
S.WORT luftverunreinigung + denkmal + korrosionsschutz
PROLEI DR. JOSEF RIEDERER
STAND 21.7.1976
QUELLE fragebogenerhebung sommer 1976
BEGINN 1.6.1975 ENDE 30.6.1978
G.KOST 150.000 DM
LITAN - RIEDERER, J.: SCHAEDEN DURCH LUFTVERUNREINIGENDE STOFFE AN MUENCHNER KUNSTDENKMAELERN. IN: TECHNIK UND MUENCHEN S. 228-231(1971)
- RIEDERER, J.: POLLUTION DAMAGE TO WORKS OF ART. BASEL: BIRKHAEUSER; S. 74-87

PK -031

INST STAATLICHE MUSEEN PREUSSISCHER KULTURBESITZ
BERLIN, POTSDAMER STRASSE 58/VI
VORHAB **die schaedigung von musuemsobjekten durch umwelteinfluesse**
in den vergangenen jahren sind in grosser zahl beispiele von schaeden an musuemsobjekten bekannt geworden, die auf die einwirkung gasfoermiger luftverunreinigungen stammen, die von materialien abgeschieden werden, die im museum z. b. zur herstellung von vitrinen (presspanplatten, klebstoffe, dichtungsmittel, textilimpraegnierungen) verwendet werden. weiter sind an kunstguetern schaeden durch moderne reinigungs- und konservierungsmittel entstanden. die schadensphaenomene und der reaktionsablauf der schaedigenden umsetzungen wird untersucht um geeignete gegenmassnahmen einzuleiten oder andere materialien zu verwenden
S.WORT denkmal + umwelteinfluesse + nachweisverfahren
PROLEI DR. KLAUS SLUSALLEK
STAND 21.7.1976
QUELLE fragebogenerhebung sommer 1976
BEGINN 1.1.1976 ENDE 31.12.1978
G.KOST 95.000 DM

PK -032

INST STAATLICHE MUSEEN PREUSSISCHER KULTURBESITZ
BERLIN, POTSDAMER STRASSE 58/VI
VORHAB **die ausbreitung luftverunreinigender stoffe in museen**
in der neuen nationalgalerie der staatlichen museen preussischer kulturbestiz, die vollklimatisiert ist, wird die ausbreitung der luftverunreinigende gase und des staubes von der ansaugekammer der klimaanlage durch die verschiedenen filter- und waschsysteme bis in die einzelnen museums- undd depotraeume verfolgt
S.WORT denkmalschutz + luftverunreinigende stoffe + ausbreitung + (museum)
PROLEI DR. -ING. CHRISTIAN GOEDICKE
STAND 21.7.1976
QUELLE fragebogenerhebung sommer 1976
BEGINN 1.7.1976 ENDE 31.7.1980
G.KOST 160.000 DM

PK -033

INST VEREIN DEUTSCHER INGENIEURE (VDI)
DUESSELDORF, GRAF-RECKE-STR. 84

VORHAB **die einwirkung korrodierender luftverunreinigungen auf kunstwerke der glasmalerei. entwicklung prophylaktischer und konservatorischer gegenmassnahmen**
die erarbeitung von genauen kenntnissen ueber die ursachen der sogenannten glaspest und den verlauf der korrosion waehrend des zerstoerungsprozesses der glasgemaelde durch eingehende physikalisch-chemische und rein chemische untersuchungen. hierbei stehen reaktionsprozesse, die meistens durch das zusammenwirken von luftverunreinigenden stoffen und feuchtigkeit bedingt sind, im vordergrund des interesses. die erarbeitung prophylaktischer und konservatorischer schutzmassnahmen unter simulierung der klimatischen, physikalischen und chemischen umweltbedingungen in einer klimakammer und modellsituationen in kirchen und museen
S.WORT luftverunreinigung + korrosion + glasoberflaeche + denkmalschutz
PROLEI DR. GOTTFRIED FRENZEL
STAND 2.8.1976
QUELLE fragebogenerhebung sommer 1976
FINGEB STIFTUNG VOLKSWAGENWERK, HANNOVER
ZUSAM KRISTALLOGRAPHISCHES INSTITUT DER ETH ZUERICH, DR. FERRAZZINI, SONNEGSTR. 5, ZUERICH
BEGINN 1.1.1974 ENDE 31.12.1977
G.KOST 634.000 DM

PK -034
INST VGB-FORSCHUNGSSTIFTUNG DER TECHNISCHEN VEREINIGUNG DER GROSSKRAFTWERKSBETREIBER E. V.
ESSEN 1, KLINKESTR. 27-31
VORHAB **kristallchemische grundlagen der einbindung von so2, so3 und cl durch metallkarbonate**
S.WORT schadstoffemission + materialschaeden + schwefeldioxid + schwefeltrioxid + chlor
PROLEI PROF. DR. HELMUT KIRSCH
STAND 1.1.1974

PK -035
INST VGB-FORSCHUNGSSTIFTUNG DER TECHNISCHEN VEREINIGUNG DER GROSSKRAFTWERKSBETREIBER E. V.
ESSEN 1, KLINKESTR. 27-31
VORHAB **ursachen der korrosionen in muellverbrennungsanlagen**
S.WORT muellverbrennungsanlage + korrosion
STAND 1.1.1974

PK -036
INST VGB-FORSCHUNGSSTIFTUNG DER TECHNISCHEN VEREINIGUNG DER GROSSKRAFTWERKSBETREIBER E. V.
ESSEN 1, KLINKESTR. 27-31
VORHAB **kristallchemische untersuchungen ueber die eindringung von spurenelementen, insbesondere fluor durch aschen-staub von muellverbrennungsanlagen**
S.WORT luftverunreinigung + muellverbrennungsanlage + spurenelemente + fluor
PROLEI PROF. DR. HELMUT KIRSCH
STAND 1.1.1974
FINGEB DEUTSCHE FORSCHUNGSGEMEINSCHAFT

PK -037
INST WIRTSCHAFT UND INFRASTRUKTUR GMBH & CO PLANUNGS-KG
MUENCHEN 70, SYLVENSTEINSTR. 2
VORHAB **strahlenchemische verguetung von steinmetzarbeiten auf sandsteinbasis fuer zwecke des denkmalschutzes**
S.WORT baudenkmal + denkmalschutz + kunststoffe + polymere + (sandstein + strahlenchemie)
QUELLE datenuebernahme aus der datenbank zur koordinierung der ressortforschung (dakor)
FINGEB BUNDESMINISTER FUER FORSCHUNG UND TECHNOLOGIE
ZUSAM IMHAUSEN CHEMIE GMBH
BEGINN 1.9.1974 ENDE 31.8.1977
G.KOST 201.000 DM

Weitere Vorhaben siehe auch:

HE -022 AUSBILDUNG UND STABILITAET VON SCHUTZSCHICHTEN AUF METALLISCHEN ROHWERKSTOFFEN

HE -025 HEMMUNG DER KORROSION VON ROHREN IN VERSORGUNGSNETZEN MIT ZEITLICH SCHWANKENDEN WASSERZUSAMMENSETZUNGEN DURCH TRINKWASSERNACHAUFBEREITUNG

NC -021 THEORETISCHE UND EXPERIMENTELLE UNTERSUCHUNGEN VON STRAHLENSCHAEDEN IN REAKTORSTRUKTURMATERIALIEN MIT HILFE SCHWERER ZONEN

PH -060 AUSWIRKUNGEN VON IMMISSIONEN AUF DIE MIKROFLORA VON BOEDEN, WASSER UND BAUDENKMAELERN

QA -001
INST ABTEILUNG CHEMISCHE SICHERHEITSTECHNIK DER BUNDESANSTALT FUER MATERIALPRUEFUNG
BERLIN 45, UNTER DEN EICHEN 87
VORHAB **untersuchungen von kunststoffen im lebensmittelverkehr und im trinkwasserbereich gemaess den empfehlungen der kunststoff-kommission des bundesgesundheitsamtes**
erarbeitung von pruefverfahren zur kennzeichnung von kunststoff-hilfsstoffen nach art und menge; bestimmung von uebergangswerten auf lebensmittelsimulantien trinkwasser; pruefung von handelsueblichen kunststofferzeugnissen vor dem einsatz
S.WORT kunststoffbehaelter + materialtest + nahrungsmittel
PROLEI DR. GROSS
STAND 1.1.1974
ZUSAM BUNDESGESUNDHEITSAMT BERLIN - KUNSTSTOFF-KOMMISSION -, 1 BERLIN 33, THIELALLEE 38
BEGINN 1.1.1970
LITAN PRUEFUNGSZEUGNISSE

QA -002
INST BIOCHEMISCHES INSTITUT FUER UMWELTCARCINOGENE
AHRENSBURG, SIEKER LANDSTRASSE 19
VORHAB **die carcinogene belastung des menschen durch oral aufgenommene polycyclische carcinogene kohlenwasserstoffe**
zur beurteilung der oral mit nahrungsmitteln aufgenommenen menge an carcinogenen polycyclischen aromatischen kohlenwasserstoffen und n-haltigen polycyclischen aromatischen carcinogenen wurde ein chemisch-analytisches bestimmungsverfahren ausgearbeitet, das nicht nur einzelne verbindungen wie z. b. benzo (a) pyren erfasst, sondern die gaschromatographische bestimmung aller polycyclischen aromatischen kohlenwasserstoffe und n-haltigen carcinogene (pah-profilanalyse) erlaubt, als ein profil der im nahrungsmittel vorhandenen carcinogenen verunreinigungen liefert
S.WORT lebensmittel + polyzyklische kohlenwasserstoffe + carcinogene + gaschromatographie
PROLEI PROF. DR. GERNOT GRIMMER
STAND 1.1.1974
FINGEB BUNDESMINISTER FUER FORSCHUNG UND TECHNOLOGIE
BEGINN 1.1.1975 ENDE 31.12.1978
G.KOST 516.000 DM
LITAN GRIMMER; ET AL.: PROFILANALYSE DER POLYCYCLISCHEN AROMATISCHEN KOHLENWASSERSTOFFE IN PROTEINREICHEN NAHRUNGSMITTELN, OELEN UND FETTEN (GASCHROMATOGRAPHISCHE BESTIMMUNG). IN: DEUTSCHE LEBENSMITTEL-RUNDSCHAU 71 S. 93-100(1975)

QA -003
INST BUNDESANSTALT FUER FETTFORSCHUNG
MUENSTER, PIUSALLEE 76
VORHAB **bestimmung cancerogener kohlenwasserstoffe in extraktionsbenzinen, speiseoelen und futterschroten**
S.WORT carcinogene + kohlenwasserstoffe + lebensmittel + futtermittel
PROLEI PROF. DR. ARTUR SEHER
STAND 1.1.1976
QUELLE mitteilung des bundesministers fuer ernaehrung,landwirtschaft und forsten
FINGEB DEUTSCHE GESELLSCHAFT FUER MINERALOELWISSENSCHAFT UND KOHLECHEMIE E. V. , HAMBURG

QA -004
INST BUNDESANSTALT FUER FLEISCHFORSCHUNG
KULMBACH, BLAICH 4
VORHAB **mykotoxine in futtermitteln im hinblick auf entwicklungsstoerungen bei nutztieren**
verifikation von mykotoxintoleranzen in futtermitteln
S.WORT futtermittel + nutztiere + mykotoxine
PROLEI PROF. DR. LOTHAR LEISTNER
STAND 1.1.1974
BEGINN 1.1.1973 ENDE 31.12.1976

QA -005
INST CHEMISCHE LANDESUNTERSUCHUNGSANSTALT STUTTGART
STUTTGART 1, BREITSCHEIDSTR. 4
VORHAB **untersuchungen zum uebergang von kunststoffbestandteilen auf waessrige und fetthaltige lebensmittel**
untersuchungen zur verunreinigung von lebensmitteln beim kontakt mit kunststoffverpackungen
S.WORT lebensmittel + kontamination + kunststoffe + verpackung
PROLEI DR. RUEDT
STAND 1.1.1974
FINGEB BUNDESMINISTER FUER JUGEND, FAMILIE UND GESUNDHEIT
BEGINN 1.11.1973 ENDE 31.12.1975
G.KOST 203.000 DM

QA -006
INST CHEMISCHE LANDESUNTERSUCHUNGSANSTALT STUTTGART
STUTTGART 1, BREITSCHEIDSTR. 4
VORHAB **schnellbestimmung von biozid-rueckstaenden in lebensmitteln**
beschleunigung der untersuchungen auf biocidrueckstaende im rahmen der lebensmittelueberwachung
S.WORT lebensmittel + biozide + nachweisverfahren
PROLEI MIETHKE
STAND 1.1.1974
QUELLE erhebung 1975
FINGEB BUNDESMINISTER FUER JUGEND, FAMILIE UND GESUNDHEIT
BEGINN 1.1.1971 ENDE 31.12.1974
G.KOST 250.000 DM

QA -007
INST DEUTSCHE FORSCHUNGSANSTALT FUER LEBENSMITTELCHEMIE MUENCHEN
MUENCHEN 40, LEOPOLDSTR. 175
VORHAB **wirkung von bioziden auf in lebensmitteln vorkommende mikroorganismen**
einfluss von pestiziden und herbiziden auf die mikroorganismenarten, die auf lebensmitteln vorkommen; einfluss auf phytopathogene mikroorganismen und lebensmittelverderber
S.WORT lebensmittel + pestizide + herbizide + mikroorganismen
PROLEI DR. SENSER
STAND 1.1.1974
BEGINN 1.1.1973
G.KOST 160.000 DM
LITAN - JAHRESBERICHT 1973
- ZWISCHENBERICHT 1975. 04

QA -008
INST DOKUMENTATIONSSTELLE DER UNI HOHENHEIM
STUTTGART 70, PARACELSUSSTR. 2
VORHAB **erarbeitung eines informationssystems ueber umweltrelevante daten aus dem gebiet der futtermittelkunde**
entwicklung von methoden zur erfassung/auswertung/verarbeitung/speicherung und jederzeitigen verfuegbarmachung von informationen auf dem gebiet der futtermittelkunde
S.WORT informationssystem + datensammlung + futtermittel
PROLEI DR. HAENDLER
STAND 1.1.1974
QUELLE erhebung 1975
FINGEB BUNDESMINISTER FUER ERNAEHRUNG, LANDWIRTSCHAFT UND FORSTEN
ZUSAM INTERNATIONAL NETWORK OF FEED INFORMATION CENTRES(KOORDINIERUNGSSTELLE BEI FAO ROM)
BEGINN 1.8.1973 ENDE 30.6.1975
G.KOST 215.000 DM

QA -009
INST FACHBEREICH LANDWIRTSCHAFT UND GARTENBAU DER TU MUENCHEN
FREISING -VOETTING, KIRCHENWEG 5
VORHAB **analytik und entstehung von nitrosaminen in lebensmitteln**
moeglichkeiten der bildung und des abbaus von cancerogenen nitrosaminen in lebensmitteln; einfluss der technologie; zubereitung im haushalt; carry-over effekt futter-tier-lebensmittel-mensch
S.WORT lebensmittelkontamination + nitrosamine
PROLEI PROF. DR. KLEMENT MOEHLER
STAND 1.1.1974
FINGEB DEUTSCHE FORSCHUNGSGEMEINSCHAFT
ZUSAM ARBEITSGRUPPE NITRAT, NITRIT, NITROSAMINE DER DFG, Z. ZT. ETWA 10 INSTITUTE
BEGINN 1.1.1969
LITAN MOEHLER, K.;MAYRHOFER, O. L.;HALLERMAYER, E.: DAS NITROSAMINPROBLEM AUS DER SICHT DES LEBENSMITTELCHEMIKERS. IN: ZEITSCHR. LEBENSM. -UNTERS. U. FORSCH. 150(1)(1972)

QA -010
INST FACHGEBIET FRUCHT- UND GEMUESETECHNOLOGIE DER TU BERLIN
BERLIN 33, KOENIGIN-LUISE-STR. 22
VORHAB **untersuchungen zur bleiaufnahme verschiedener fuellgueter in dosen**
a) blei gehackt in lebensmitteln, die in lackierten und unlackierten dosen abgefuellt und gelagert wurden. b) einfluss von ph-wert, nitratgehalt des fuellgutes sowie temperatur und lagerdauer auf die bleiaufnahme. c) vergleich unserer ergebnisse mit bleiwerten von handelsanalysen und mit bleiwerten aus der literatur. die bleibestimmung erfolgt mit der flammenlosen atomabsorptionsspektrophotometrie (aas)
S.WORT bleikontamination + lebensmitteltechnik + (dosen)
PROLEI DR. AHMED ASKAR
STAND 29.7.1976
QUELLE fragebogenerhebung sommer 1976
FINGEB BUNDESMINISTER FUER JUGEND, FAMILIE UND GESUNDHEIT
BEGINN 1.4.1976 ENDE 31.3.1978
G.KOST 150.000 DM

QA -011
INST FACHRICHTUNG LEBENSMITTELHYGIENE DER FU BERLIN
BERLIN 33, KOSERSTR. 20
VORHAB **untersuchuchungen ueber vorkommen und vermehrung sowie enterotoxinbildung von staphylokokken in teigwaren und cremefuellungen**
S.WORT lebensmittelanalytik + bakterien + toxine
PROLEI PROF. DR. FRIEDRICH UNTERMANN
STAND 1.1.1974
FINGEB DEUTSCHE FORSCHUNGSGEMEINSCHAFT
BEGINN 1.1.1973

QA -012
INST FACHRICHTUNG LEBENSMITTELHYGIENE DER FU BERLIN
BERLIN 33, KOSERSTR. 20
VORHAB **pestizide in langlagerungskonserven**
analytische bestimmung von pestiziden in langlagerkonserven
S.WORT lebensmittelkonservierung + pestizide + nachweisverfahren
PROLEI PROF. DR. -ING. HEINZ LANGNER
STAND 9.8.1976
QUELLE fragebogenerhebung sommer 1976
FINGEB DEUTSCHE FORSCHUNGSGEMEINSCHAFT
ZUSAM BUNDESGESUNDHEITSAMT, BERLIN
BEGINN 1.5.1976 ENDE 31.12.1979
G.KOST 150.000 DM

QA -013
INST FACHRICHTUNG LEBENSMITTELHYGIENE DER FU BERLIN
BERLIN 33, KOSERSTR. 20
VORHAB **rueckstaende von chlorierten kohlenwasserstoffen in langlager-konserven**
S.WORT lebensmittel + lagerung + rueckstandsanalytik + chlorkohlenwasserstoffe
PROLEI PROF. DR. HANS-JUERGEN SINELL
STAND 7.9.1976
QUELLE datenuebernahme von der deutschen forschungsgemeinschaft
FINGEB DEUTSCHE FORSCHUNGSGEMEINSCHAFT

QA -014
INST FORSCHUNGSINSTITUT FUTTERMITTELTECHNIK DER INTERNATIONALEN FORSCHUNGSGEMEINSCHAFT FUTTERMITTELTECHNIK
BRAUNSCHWEIG, FRICKEN-MUEHLE
VORHAB **temperatur-resistenz von antibiotika**
waermeprozesse wie z. b. pelletieren setzen fuer wirkstoffe, insbesondere antibiotika, eine temperaturresistenz voraus; aufgabe dieses forschungsvorhabens ist es, bei gezielter pelletierung die verfahrenstechnischen einfluesse zu ermitteln, die unter umstaenden zum wirkstoffabbau fuehren; es bestehen vorschriften fuer obere und untere gehaltsgrenzen, weshalb ein unkontrollierbarer abbau durch waermeprozesse nicht auftreten darf
S.WORT antibiotika + waerme + resistenz
PROLEI DIPL. -ING. HANS-DETLEF JANSEN
STAND 1.1.1974
FINGEB ARBEITSGEMEINSCHAFT INDUSTRIELLER FORSCHUNGSVEREINIGUNGEN E. V. (AIF)
BEGINN 1.1.1975 ENDE 31.12.1976
LITAN ERMITTLUNG DER TEMPERATUR-STABILITAET VON ZUSATZSTOFFEN IM MISCHFUTTER UNTER PRAXISNAHEN BEDINGUNGEN. IN: KRAFTFUTTER. HANNOVER: VERLAG A. STROTHE 59. JAHRGANG(2) UND (6)

QA -015
INST FORSCHUNGSINSTITUT FUTTERMITTELTECHNIK DER INTERNATIONALEN FORSCHUNGSGEMEINSCHAFT FUTTERMITTELTECHNIK
BRAUNSCHWEIG, FRICKEN-MUEHLE
VORHAB **verteilungs- und probenahmeprobleme bei geringen mengen unerwuenschter stoffe in futtermittelkomponenten und mischungen**
die untersuchung von partien auf schadstoffe, die ungleichmaessig verteilt sind, setzt probenahmerichtlinien voraus, um die gesamtpartie beurteilen zu koennen; ziel ist es, diese richtlinien fuer manuelle und automatische probenahme zu erarbeiten, um gesicherte aussagen treffen zu koennen. damit wird die gefahr reduziert, dass futtermittel mit toxischer wirkung zum einsatz kommen; der wert der untersuchungen wird dadurch erhoeht, dass zunehmend rohstoffpartien fuer mischfutter mit aflatoxinbefall auf den markt kommen
S.WORT futtermittelkontamination + probenahmemethode + schadstoffnachweis + aflatoxine
PROLEI DIPL. -ING. HANS-DETLEF JANSEN
STAND 1.1.1974
FINGEB ARBEITSGEMEINSCHAFT INDUSTRIELLER FORSCHUNGSVEREINIGUNGEN E. V. (AIF)
BEGINN 1.1.1975 ENDE 31.12.1976
LITAN ZWISCHENBERICHT 1975. 06

QA -016
INST HESSISCHE LANDWIRTSCHAFTLICHE VERSUCHSANSTALT
DARMSTADT, RHEINSTR. 91
VORHAB **auffindung von kontaminationsquellen von pestiziden fuer landwirtschaftliche produkte**
in landw. produkten kommen bisweilen erhoehte gehalte an chlorkohlenwasserstoff-pestiziden (z. b. hcb) vor. die dafuer infrage kommenden kontaminationsquellen sind nicht genuegend bekannt. zielsetzung ist die auffindung der kontaminationsquellen, um die ursache fuer erhoehte pestizidgehalte durch beseitigung der quellen vermeiden zu koennen. als untersuchungsmethoden dienen die gaschromatographie und die gc-ms-kopplung

S.WORT pestizide + landwirtschaftliche produkte + schadstoffnachweis
PROLEI DR. HARALD STEINWANDTER
STAND 2.8.1976
QUELLE fragebogenerhebung sommer 1976
LITAN - STEINWANDTER,H.;BUSS,H.: EINE EINFACHE MULTIMATRIXMETHODE ZUR BESTIMMUNG VON CHLORKOHLENWASSERSTOFF-PESTIZIDEN. IN:CHEMOSPHERE 4 S.27(1975)
- STEINWANDTER,H.;BUSS,H.: EINE EINFACHE METHODE ZUR SELEKTIVEN BESTIMMUNG VON HEXACHLORBENZOL. IN:CHEMOSPHERE 4 S.105(1975)
- STEINWANDTER,H.: EINE NEUE STATIONAERE PHASE FUER DIE PESTIZIDANALYTIK. IN:CHEMOSPHERE 4 S.371(1975)

QA -017

INST HESSISCHE LEHR- UND FORSCHUNGSANSTALT FUER GRUENLANDWIRTSCHAFT UND FUTTERBAU BAD HERSFELD, EICHHOF
VORHAB **pruefung der einsatzmoeglichkeiten von herbiziden und fungiziden im futterpflanzensamenbau als vorselektion fuer amtliche mittelpruefung**
S.WORT herbizide + futtermittel
PROLEI PROF. DR. ZIEGENBEIN
STAND 1.1.1974
QUELLE erhebung 1975
ZUSAM BIOLOGISCHE BUNDESANSTALT LAND-U. FORSTWIRTSCHAFT BRAUNSCHWEIG, 33 BRAUNSCHWEIG, MESSEWEG 11/12

QA -018

INST INSTITUT FUER ANGEWANDTE BOTANIK DER UNI HAMBURG HAMBURG, MARSEILLER STRASSE 7
VORHAB **erstellung einer uebersicht ueber das vorkommen von fremd- und schadstoffen in futtermittel-importen, insbesondere in einzelrohstoffen verschiedener provenienzen nach art und menge**
es wird eine uebersicht ueber den gehalt an chlorierten kohlenwasserstoffen und an aflatoxin b1 in futtermitteln insbesondere tropischer und subtropischer herkunft erstellt. bei maniokprodukten wurde speziell das vorkommen glykosidisch gebundener blausaeure untersucht
S.WORT futtermittelkontamination + aflatoxine + chlorkohlenwasserstoffe
PROLEI DR. ROLF BASSLER
STAND 30.8.1976
QUELLE fragebogenerhebung sommer 1976
BEGINN 1.1.1973
LITAN BASSLER, R.;PUTZKA, H. -A.: DER BLAUSAEUREGLYKOSIDGEHALT VON MANIOKPRODUKTEN, SEINE LOKALISATION UND VERAENDERUNG BEIM TROCKNEN. IN: LANDW. FORSCH. 27 S. 211-221(1974)

QA -019

INST INSTITUT FUER BIOLOGIE DER BUNDESFORSCHUNGSANSTALT FUER ERNAEHRUNG KARLSRUHE, ENGESSERSTR. 20
VORHAB **vorkommen und bildungsbedingungen sowie bestimmung karzinogener mykotoxine in lebensmitteln**
mykotoxine koenen bei pilzwachstum in rohprodukten oder waehrend der be- und verarbeitung von lebensmitteln entstehen. wenn die bildungsbedingungen bekannt sind, kann man durch entsprechende technologie oder den einsatz von fungiziden ihre entstehung verhindern
S.WORT lebensmittelanalytik + carcinogene + mykotoxine
PROLEI PROF. DR. HANS K. FRANK
STAND 1.1.1974
QUELLE erhebung 1975
FINGEB - BUNDESMINISTER FUER JUGEND, FAMILIE UND GESUNDHEIT
ZUSAM - BUNDESANSTALT FUER FLEISCHFORSCHUNG, KULMBACH
- BIOLOGISCHE BUNDESANSTALT FUER LAND- U. FORSTWIRTSCHAFT, BRAUNSCHWEIG
- BUNDESFORSCHUNGSANSTALT FUER GETREIDE- U. KARTOFFELVERARBEITUNG, DETMOLD
BEGINN 1.1.1970
G.KOST 254.000 DM
LITAN - FRANK, H. K.: AFLATOXINE-BILDUNGSBEDINGUNGEN, EIGENSCHAFTEN UND BEDEUTUNG FUER DIE LEBENSMITTELWIRTSCHAFT. IN: SCHRIFTENR. D. BUNDES F. LEBENSMITTELRECHT U. LEBENSMITTELKUNDE (76)(1974)
- FRANK, H. K. (HRSG.), SYMPOSIUM: MYKOTOXINE. IN: BERICHTE DER BUNDESFORSCHUNGSANSTALT FUER LEBENSMITTELFRISCHHALTUNG, KARLSRUHE JAN 1973
- FRANK, H. K.: DAS MYKOTOXINPROBLEM BEI LEBENSMITTELN UND GETRAENKEN. IN: ZBL. BAKTERIOL. , PARASITENKUNDE, INFEKTIONSKRANKH. , HYG. I. ABT. ORIG. B 159 S. 424-434 (1974)

QA -020

INST INSTITUT FUER BODENBIOLOGIE DER FORSCHUNGSANSTALT FUER LANDWIRTSCHAFT BRAUNSCHWEIG, BUNDESALLEE 50
VORHAB **auswertung von informationen aus der mykologischen datenbank**
S.WORT lebensmittelhygiene + pilze + datenbank
PROLEI PROF. DR. KLAUS H. DOMSCH
STAND 1.1.1976
QUELLE mitteilung des bundesministers fuer ernaehrung,landwirtschaft und forsten
FINGEB FORSCHUNGSANSTALT FUER LANDWIRTSCHAFT, BRAUNSCHWEIG-VOELKENRODE

QA -021

INST INSTITUT FUER CHEMIE DER BUNDESANSTALT FUER MILCHFORSCHUNG KIEL, HERMANN-WEIGMANN-STR. 3/11
VORHAB **entwicklung von analysenmethoden fuer spurenelemente in milcherzeugnissen**
zielsetzung: entwicklung und standardisierung von analysenmethoden, auf deren basis eg-einheitliche hoechstmengenverordnungen fuer spurenelemente in einzelnen milcherzeugnissen erlassen werden sollen; methoden: polarographie/ atomabsorption/ photometrie
S.WORT milchverarbeitung + spurenanalytik
PROLEI PROF. DR. KLOSTERMEYER
STAND 1.1.1974
ZUSAM EG-KOMISSION, BRUESSEL
BEGINN 1.1.1973

QA -022

INST INSTITUT FUER ERNAEHRUNGSLEHRE DER UNI HOHENHEIM STUTTGART 70, FRUHWIRTHSTR.
VORHAB **zink- und cadmiumgehalt tierischer und pflanzlicher nahrungsmittel sowie von getraenken und moegliche zusammenhaenge mit dem auftreten von hypertonie**
der zink- und cadmiumgehalt tierischer und pflanzlicher lebensmittel sowie von getraenken wird mittels aas (atom-absorptions-spektrometer) bestimmt. durch vergleichende studien soll untersucht werden, ob die alimentaere cd-aufnahme moeglicherweise als mitausloesender faktor fuer das auftreten von hypertonie angesehen werden kann
S.WORT lebensmittelanalytik + cadmium + zink
PROLEI DIPL. -CHEM. MARIA KUHN
STAND 21.7.1976
QUELLE fragebogenerhebung sommer 1976
FINGEB PERSISCHES KONSULAT, BONN
BEGINN 1.7.1975

QA -023

INST INSTITUT FUER ERNAEHRUNGSWISSENSCHAFTEN I / FB 19 DER UNI GIESSEN
GIESSEN, WILHELMSTR. 20

VORHAB **untersuchungen ueber die kontamination von nahrungsmitteln mit spurenelementen**
untersuchungen, die die erforschung der beeinflussung des spurenelementgehaltes, der nahrungsmittel - insbesondere bei toxischen spurenelementen - in abhaengigkeit von der immisionsbelastung am anbau - bzw. erzeugungsort zum ziele haben

S.WORT lebensmittel + spurenelemente + kontamination + luftverunreinigung
PROLEI DIPL. -CHEM. STELTE
STAND 1.1.1974
FINGEB BUNDESMINISTER FUER JUGEND, FAMILIE UND GESUNDHEIT
BEGINN 1.11.1967
LITAN - WEIGAND-ESCHRAG,B.;STELTE,W.;FELDHEIM,W.: TOXISCHE SPURENELEMENTE, QUECKSILBER. IN:SCHRIFTENREIHE "SPURENELEMENTE U.ERNAEHRUNG"(INST.F.EWJ,GIESSEN), (1)(1971)
- BARTH,D.;STELTE,W.;FELDHEIM,W.:TOXISCHE SPURENELEMENTE:CADMIUM. IN:SCHRIFTENREIHE "SPURENELEMENTE U.ERNAEHRUNG"(INST.F.EWJ,GIESSEN), (2)(1971)
- STELTE,W.: DIE CONTAMINATION VON LEBENSMITTELN MIT UNERWUENSCHTEN SPURENELEMENTEN. IN:LANDW.FORSCHUNG. 9 S.284-289 (1970)

QA -024

INST INSTITUT FUER ERNAEHRUNGSWISSENSCHAFTEN I / FB 19 DER UNI GIESSEN
GIESSEN, WILHELMSTR. 20

VORHAB **untersuchungen ueber die kontamination von nahrungsmitteln mit vornehmlich toxisch wirkenden spurenelementen**
untersuchungen ueber die auswirkungen der erhoehten immisionen im bereich einer norddeutschen bleihuette im winter 1971/72 auf den schwermetallgehalt (blei, zink, kadmium) von gemuese und obst, sowie ueber die beeinflussung der schwermetallgehalte bei verbesserung der filteranlagen und herabsetzung der industriellen emissionen

S.WORT huettenindustrie + schadstoffemission + lebensmittelhygiene + schwermetalle
PROLEI DIPL. -CHEM. STELTE
STAND 1.1.1974
FINGEB DEUTSCHE FORSCHUNGSGEMEINSCHAFT
BEGINN 1.6.1972 ENDE 31.12.1975

QA -025

INST INSTITUT FUER ERNAEHRUNGSWISSENSCHAFTEN I / FB 19 DER UNI GIESSEN
GIESSEN, WILHELMSTR. 20

VORHAB **untersuchungen ueber die bleibelastung in der taeglichen nahrung in der umgebung einer norddeutschen bleihuette**
bei einem filterschaden kam es bei einer norddeutschen bleihuette 1971/72 zu starken schwermetallemissionen ueber einen laengeren zeitraum und in ihrer folge zu erhoehten schwermetallgehalten im gruenlandaufwuchs, sowie zu erheblichen verlusten im viehbestand in der umgebung deses huettenwerkes. im immissionsbereich der huette befinden sich 5 kleingartenanlagen und zwei siedlungen mit groesseren gartengrundstuecken, aus denen ein relativ grosser bevoelkerungsanteil seinen obst- und gemuesebedarf ganz oder teilweise deckt. im anschluss an die untersuchung von 400 gemueseproben des anbaujahres 1972 aus diesem bereich wurde eine ernaehrungserhebung mit 18 versuchspersonen durchgefuehrt, um die bleibelastung in der taeglichen nahrung zu ermitteln

S.WORT lebensmittel + bleikontamination
NORDENHAM + WESER-AESTUAR
PROLEI DIPL. -CHEM. STELTE
STAND 1.1.1974
FINGEB DEUTSCHE FORSCHUNGSGEMEINSCHAFT
BEGINN 1.8.1972 ENDE 31.12.1974
LITAN RATHJEN, B.;STELTE, W.: DIE BLEIBELASTUNG DER TAEGLICHEN NAHRUNG IM BEREICH EINER NORDDEUTSCHEN BLEIHUETTE. IN: Z. ERNAEHRUNGSUMSCHAU

QA -026

INST INSTITUT FUER ERNAEHRUNGSWISSENSCHAFTEN I / FB 19 DER UNI GIESSEN
GIESSEN, WILHELMSTR. 20

VORHAB **einfluss der nahrungszusammensetzung auf den trinkwasserbedarf - physiologische und biochemische wirkungen limitierter trinkwasserzufuhr**
fragestellung: ziel der untersuchungen ist, die zusammenhaenge zwischen der naehrstoffrelation in der kost und dem trinkwasserbedarf zu klaeren. hauptinteresse gilt der frage, welche metabolischen konsequenzen eine unzureichende deckung des trinkwasserbedarfes bei unterschiedlicher naehrstoffzufuhr hat. besondere beruecksichtigung fand in den bisherigen untersuchungen die zufuhr von na, k, protein und fett. methoden: stoffwechselversuche mit wachsenden wistar-ratten. registrierung und bestimmung zahlreicher physiologischer und biochemischer parameter. ergebnisse: s. u. g. publikationen. bedeutung: anwendung der erarbeiteten grundlagen bei empfehlungen fuer die kostzusammensetzung in situationen, die eine limitierung der fluessigkeitszufuhr erfordern

S.WORT ernaehrung + physiologie + trinkwasser
PROLEI REHNER
STAND 6.8.1976
QUELLE fragebogenerhebung sommer 1976
BEGINN 1.1.1970 ENDE 31.12.1976

QA -027

INST INSTITUT FUER ERNAEHRUNGSWISSENSCHAFTEN I / FB 19 DER UNI GIESSEN
GIESSEN, WILHELMSTR. 20

VORHAB **untersuchungen ueber die kontamination von nahrungsmitteln mit schwermetallen und toxischen spurenelementen (72/73-19-27, 28)**
untersuchungen ueber den schwertmetallgehalt (speziell pb und cd) von obst und gemuese von der immissionsbelastung im einwirkungsbereich einer blei- und zinkhuette. untersuchungsziel: abschaetzung auftretender gefaehrdung aufgrund von immissionsmessdaten. ermittlung solcher produkte, die auch bei einer gegebenen immissionsbelastung noch angebaut und ohne gesundheitliche gefaehrdung verzehrt werden koennen

S.WORT lebensmittelkontamination + schwermetalle + spurenstoffe
PROLEI DIPL. -CHEM. STELTE
STAND 6.8.1976
QUELLE fragebogenerhebung sommer 1976
BEGINN 1.1.1972

QA -028

INST INSTITUT FUER ERNAEHRUNGSWISSENSCHAFTEN II / FB 19 DER UNI GIESSEN
GIESSEN, WIESENSTR. 3-5

VORHAB **pflanzenschutzmittel in der nahrung**
rueckstandsbestimmungen in vegetabilien, boden und abfallprodukten, wobei die als schaedlingsbekaempfungsmittel verwendeten verbindungen einer differenzierung zugefuehrt werden sollen. weitere aufgabe ist die forschung nach metaboliten und deren einfluss auf zellreaktionen. ziel: beitrag zur festlegung von grenzdosen

S.WORT schaedlingsbekaempfungsmittel + rueckstandsanalytik
PROLEI PROF. DR. MED. HABIL. WAGNER
STAND 6.8.1976
QUELLE fragebogenerhebung sommer 1976
BEGINN 1.1.1970

QA -029

INST INSTITUT FUER ERNAEHRUNGSWISSENSCHAFTEN II / FB 19 DER UNI GIESSEN
GIESSEN, WIESENSTR. 3-5

VORHAB **faerbemittel, konservierungsmittel**
durchfuehrung von tierversuchen mit bestimmten stoffgruppen zur erfassung von substanzbezogenen stoffwechselstoerungen

S.WORT konservierungsmittel + metabolismus
PROLEI PROF. DR. MED. HABIL. WAGNER
STAND 6.8.1976
QUELLE fragebogenerhebung sommer 1976
BEGINN 1.1.1950

QA -030

INST INSTITUT FUER KERNCHEMIE DER UNI MAINZ
MAINZ, FRIEDRICH-VON-PFEIFFER-WEG 14

VORHAB **entwicklung einer methode zur bestimmung von blei, cadium, quecksilber, arsen und tellur in lebensmitteln**
das organische material wird aufgeschlossen, die elemente zum zweck der anreicherung abgetrennt unter gleichzeitiger auftrennung in zwei gruppen. -die bestimmung erfolgt anschliessend mit hilfe der energie dispersiven roentgenfluoreszenzanalyse. das verfahren wird zunaechst mit hilfe von radionukliden geprueft

S.WORT nachweisverfahren + schwermetalle + lebensmittelanalytik
PROLEI DR. HELMUT MENKE
STAND 19.7.1976
QUELLE fragebogenerhebung sommer 1976
BEGINN 1.6.1974 ENDE 31.6.1976
G.KOST 60.000 DM
LITAN ZWISCHENBERICHT

QA -031

INST INSTITUT FUER LANDWIRTSCHAFTLICHE MIKROBIOLOGIE / FB 16/21 DER UNI GIESSEN
GIESSEN, SENCKENBERGSTR. 3

VORHAB **physiologie und oekologie von halophilen organismen**
vorkommen und bedeutung von halophilen bakterien und aktinomyceten in meerwasser und gesalzten lebensmitteln. einfluss von steigenden salzkonzentrationen auf stoffwechsel und enzymaktivitaet von halophilen und nichthalophilen organismen. bildung von neuen, physiologisch aktiven stoffwechselprodukten bei wachstum in hochkonzentrierten salzloesungen. beitrag zur frage der lebensmittelkonservierung durch einsalzen

S.WORT lebensmittelkonservierung + bakterien
PROLEI PROF. DR. EBERHARD KUESTER
STAND 6.8.1976
QUELLE fragebogenerhebung sommer 1976
BEGINN 1.1.1975

QA -032

INST INSTITUT FUER LEBENSMITTELCHEMIE DER BUNDESFORSCHUNGSANSTALT FUER ERNAEHRUNG
KARLSRUHE, ENGESSERSTR. 20

VORHAB **veraenderungen von konservierungsstoffen in lebensmitteln**
die bei der chemischen konservierung angewendeten zugelassenen stoffe sind in einzelfaellen waehrend der lagerung von lebensmitteln veraenderungen unterworfen; die abbauprodukte koennen eventuell fuer die qualitaet wichtig sein, daher versuche zu umfang und art des abbaus (oxidationsreaktionen etc.); methoden zur bestimmung

S.WORT konservierungsmittel + oxidation + nachweisverfahren + lebensmittelhygiene
PROLEI DR. KURT HEINTZE
STAND 1.1.1974
FINGEB BUNDESMINISTER FUER ERNAEHRUNG, LANDWIRTSCHAFT UND FORSTEN
BEGINN 1.8.1973

QA -033

INST INSTITUT FUER LEBENSMITTELCHEMIE DER UNI MUENSTER
MUENSTER, PIUSALLEE 76

VORHAB **vorkommen von chlorierten kohlenwasserstoffen im fettgewebe des menschen und in lebensmitteln**
analytik der polychlorierten biphenyle mit hilfe der gaschromatographie mit glaskapillaren und vorkommen und herkunft von chlorkohlenwasserstoffen im menschen und in tierischen lebensmitteln

S.WORT lebensmittel + mensch + chlorkohlenwasserstoffe + rueckstandsanalytik
PROLEI PROF. DR. LUDWIG ACKER
STAND 1.1.1974
FINGEB DEUTSCHE FORSCHUNGSGEMEINSCHAFT
ZUSAM BUNDESFORSCHUNGSANSTALT FUER KLEINTIERZUCHT, 31 CELLE, DOERNBERGSTR. 25-27
BEGINN 1.1.1972 ENDE 31.12.1974
G.KOST 500.000 DM

QA -034

INST INSTITUT FUER LEBENSMITTELTECHNOLOGIE UND VERPACKUNG DER FRAUNHOFER-GESELLSCHAFT AN DER TU MUENCHEN
MUENCHEN, SCHRAGENHOFSTR. 35

VORHAB **beherrschung der migration von packstoffbestandteilen in lebensmitteln**
grundlagen der lebensmittelrechtlichen und hygienischen beurteilung von verpackungen; verbraucherschutz/ueberwachung/ reinhaltung der lebensmittel/harmonisierung einschlaegiger bestimmungen ueber die lebensmittelverpackung im raum der europaeischen gemeinschaften

S.WORT lebensmittelhygiene + verpackung
PROLEI DR. ROBINSON
STAND 1.1.1974
FINGEB BUNDESMINISTER FUER ERNAEHRUNG, LANDWIRTSCHAFT UND FORSTEN
ZUSAM BUNDESGESUNDHEITSAMT BERLIN, 1 BERLIN 33, THIELALLEE 88-92

QA -035

INST INSTITUT FUER LEBENSMITTELTECHNOLOGIE UND VERPACKUNG DER FRAUNHOFER-GESELLSCHAFT AN DER TU MUENCHEN
MUENCHEN, SCHRAGENHOFSTR. 35

VORHAB **verlauf der maillard-reaktion in wasserarmen lebensmitteln in abhaengigkeit vom wassergehalt und den erhitzungsbedingungen**

S.WORT lebensmittelchemie + (maillard-reaktion)
PROLEI DR. KARL EICHNER
STAND 1.1.1974
FINGEB DEUTSCHE FORSCHUNGSGEMEINSCHAFT

QA -036

INST INSTITUT FUER MIKROBIOLOGIE DER BUNDESANSTALT FUER MILCHFORSCHUNG
KIEL, HERMANN-WEIGMANN-STR. 1-27

VORHAB **toxikologische chargenkontrolle mikrobieller fermente: methodische untersuchungen und erarbeitung von standards**
aus dem rohstoff mikroben werden derzeit in grossem umfange fermentanreicherungen zum zwecke der technologischen bearbeitung von lebensmitteln hergestellt. wegen des chemisch wenig definierten charakters dieser praeparationen sind toxikologische pruefungen der einzelnen chargen zu fordern. die durchfuehrbarkeit dieser forderungen ist abhaengig von der entwicklung wirtschaftlich vertretbarer, aber ausreichend sicherer methoden

S.WORT mikroorganismen + schadstoffbelastung + lebensmittelhygiene
PROLEI DR. KARL-ERNST VON MILCZEWSKI
STAND 6.8.1976
QUELLE fragebogenerhebung sommer 1976
BEGINN 1.1.1975

QA -037

INST INSTITUT FUER MIKROBIOLOGIE DER BUNDESANSTALT FUER MILCHFORSCHUNG
KIEL, HERMANN-WEIGMANN-STR. 1-27

VORHAB **gehalt und entstehung von mykotoxinen und nitrosaminen in nahrungsmitteln**
wegen ihrer carcinogenitaet und chronisch/toxischer wirkungen sind mykotoxine und nitrosamine bedrohliche inhaltsstoffe von nahrungsmitteln. zur minderung des risikos tragen kenntnisse ueber die bildungsbedingungen entscheidend bei. experimentelle untersuchungen ueber nachweismethoden, nachweisgrenzen und vorkommen der genannten schadstoffe sowie kontaminationswege werden in modelluntersuchungen mit biologischen und physikalisch-chemischen verfahren durchgefuehrt
S.WORT nahrungsmittelhygiene + mykotoxine + nitrosamine + nachweisverfahren
PROLEI DR. KARL-ERNST VON MILCZEWSKI
STAND 6.8.1976
QUELLE fragebogenerhebung sommer 1976
BEGINN 1.1.1975

QA -038
INST INSTITUT FUER ORGANISCHE CHEMIE UND BIOCHEMIE DER UNI HAMBURG
HAMBURG 13, MARTIN-LUTHER-KING-PLATZ 6
VORHAB **mechanismus von braeunungsreaktionen zwischen aminosaeure und kohlenhydraten in modellreaktionen und im naturstoffbereich**
modell-braeunungsreaktion zwischen aminosaeuren und kohlenhydraten; charakterisierung der entstandenen produkte; mechanismus; pruefung auf toxizitaet und kanzerogenitaet; nahrungsmittelerhitzung; nahrungsmittelroestung
S.WORT lebensmittel + schadstoffbildung + carcinogene
PROLEI PROF. DR. KURT HEYNS
STAND 1.1.1974
FINGEB - BUNDESMINISTER FUER WIRTSCHAFT
- FORSCHUNGSKREIS DER ERNAEHRUNGSINDUSTRIE E. V. , HANNOVER
BEGINN 1.1.1967 ENDE 31.12.1977
G.KOST 750.000 DM
LITAN - HEUKESHOVEN: DISSERTATION, HAMBURG 1973
- KOCH: DISSERTATION, HAMBURG 1973

QA -039
INST INSTITUT FUER ORGANISCHE CHEMIE UND BIOCHEMIE DER UNI HAMBURG
HAMBURG 13, MARTIN-LUTHER-KING-PLATZ 6
VORHAB **n-nitroso-verbindungen (nitrosamine, nitrosamide); entstehung in naturstoffen, nahrungsmitteln und aus arzneimitteln**
nitrosamine im getreide nach duengung mit hohen stickstoffduengergaben; bildung von nitrosaminen bei der umsetzung aminosaeure-kohlenhydrat (braeunung) ohne und in gegenwart von nitrit; in vitro nitrosierungsmetaboliten von arzneimitteln und pestiziden
S.WORT lebensmittel + getreide + schadstoffbildung + pestizide + pharmaka
PROLEI PROF. DR. KURT HEYNS
STAND 17.11.1975
QUELLE vorfragebogen vom 29.10.75
FINGEB DEUTSCHE FORSCHUNGSGEMEINSCHAFT
ZUSAM - DEUTSCHES KREBSFORSCHUNGSZENTRUM, 69 HEIDELBERG, KIRSCHNERSTR. 6
- INTERNATIONAL AGENCY FOR RESEARCH ON CANCER, LYON, FRANCE
- INST. F. TOXIKOLOGIE UND CHEMOTHERAPIE
BEGINN 1.1.1972 ENDE 31.12.1977
G.KOST 400.000 DM
LITAN - HEYNS,K.;ROEPER,H.:GAS CHROMATOGRAPHIC TRACE ANALYSIS OF VOLATILE NITROSAMINES IN VARIOUS TYPES OF WHEAT FLOUR AFTER APPLICATION OF DIFFERENT NITROGEN FERTILISERS TO THE WHEAT.IN:N-NITROSO-COMPOUNDS IN THE ENV
- HEYNS,K.;KOCH,H.:ZUR FRAGE DER ENTSTEHUNG VON NITROSAMINEN BEI DER REAKTION VON MONOSACCHARIDEN MIT AMINOSAEUREN (MAILLARD REAKTION).IN:Z.LEBENSM.UNTERS.-FORSCH.145 S.76-84 (1971)
- HEYNS,K.;KOCH,H.;ROEPER,H.:COMBINED GAS CHROMATOGRAPHY-MASS SPECTROMETRY IN NITROSAMINE ANALYSIS AND ITS APPLICATION TO THE PRODUCTS OF THE MAILLARD-REACTION,IN:N-NITROSO COMPOUNDS ANALYSIS AND FORMATION(1972)

QA -040
INST INSTITUT FUER ORGANISCHE CHEMIE UND BIOCHEMIE DER UNI HAMBURG
HAMBURG 13, MARTIN-LUTHER-KING-PLATZ 6
VORHAB **vorkommen und entstehung cancerogener nitrosamine in der umwelt und im menschlichen organismus**
nitrosamine und -amide, die aus aminen und nitrit in naturstoffen und bei der aufbereitung von lebensmitteln entstehen koennen, gehoeren zu den potentesten krebserregenden stoffen. chemie, entstehungsbedingungen, ultramikro-analytik, aktivatoren und inhibitoren, bedeutung als umweltfaktoren werden bearbeitet
S.WORT carcinogene + nitrosamine + lebensmittelkontamination + analytik
PROLEI PROF. DR. KURT HEYNS
STAND 30.8.1976
QUELLE fragebogenerhebung sommer 1976
FINGEB DEUTSCHE FORSCHUNGSGEMEINSCHAFT
BEGINN 1.1.1971 ENDE 31.12.1978
LITAN - HEYNS, K.: UEBER NITROSAMINE IN DER NAHRUNG. IN: GETREIDE, BROT UND MEHL 27 S. 249(1973)
- HEYNS, K.;ROEPER, H.: GAS CHROMATOGRAPHIC TRACE ANALYSIS OF VOLATILE NITROSAMINES IN VARIOUS TYPES OF WHEAT FLOUR AFTER APPLICATION OF DIFFERENT NITROGEN FERTILISENS TO THE WHEAT. IN: INTERN. AGENCY FOR RESEARCH ON CANCER (IARC) S. 166(1974)

QA -041
INST INSTITUT FUER PFLANZENSCHUTZMITTELFORSCHUNG DER BIOLOGISCHEN BUNDESANSTALT FUER LAND- UND FORSTWIRTSCHAFT
BERLIN 33, KOENIGIN-LUISE-STR. 19
VORHAB **entwicklung kontinuierlicher und weitgehend automatisierter reinigungsverfahren fuer biozide enthaltende extrakte**
rueckstandsanalytische reinigungsverfahren, sogenannte clean up-verfahren, fuer spuren von triazin-, phenylharnstoff-, carbamat-herbiziden und von phosphorsaeureester-, chlorkohlenwasserstoff-, carbamat-insektiziden werden entwickelt, die in einem selbstkonstruierten, automatischen gelchromatographen durchgefuehrt werden koennen
S.WORT lebensmittelhygiene + rueckstandsanalytik + biozide + (reinigungsverfahren)
PROLEI DR. -ING. WINFRIED EBING
STAND 30.8.1976
QUELLE fragebogenerhebung sommer 1976
FINGEB BUNDESMINISTER FUER FORSCHUNG UND TECHNOLOGIE
BEGINN 1.1.1974 ENDE 31.10.1976
G.KOST 431.000 DM
LITAN PLUGMACHER, J.;EBING, W.: REINIGUNG VON PHOSPHORSAEUREINSEKTIZIDRUECKSTAENDEN DURCH GELCHROMATOGRAPHIE AN SEPHADEX CH-20

QA -042
INST INSTITUT FUER PHARMAKOLOGIE UND TOXIKOLOGIE DER UNI WUERZBURG
WUERZBURG, VERSBACHER LANDSTRASSE 9
VORHAB **analyse und stoffwechsel von aflatoxinen**
S.WORT lebensmittelueberwachung + aflatoxine + metabolismus
PROLEI DR. NEUMANN
STAND 1.1.1974
FINGEB DEUTSCHE FORSCHUNGSGEMEINSCHAFT
ZUSAM ERNAEHRUNGSFORSCHUNG; DFG
BEGINN 1.1.1970 ENDE 31.12.1975
G.KOST 175.000 DM

QA -043
INST INSTITUT FUER PHYSIK DER BUNDESANSTALT FUER MILCHFORSCHUNG
KIEL, HERMANN-WEIGMANN-STR. 1-27

VORHAB **automatisierung der neutronenaktivierungsanalyse zur erfassung umweltbedingter spurenelementverschiebungen in nahrungsmitteln**
wegen der moeglichkeit der neutronenaktivierungsanalyse, multielementbestimmungen durchfuehren zu koennen, ist diese methode fuer die umweltanalytik von interesse; um einen hohen probendurchsatz zu erreichen, soll das verfahren rationalisiert und weitgehend automatisiert werden
S.WORT lebensmittel + spurenelemente + nachweisverfahren
PROLEI DR. ARNOLD WIECHEN
STAND 1.1.1974
QUELLE erhebung 1975
FINGEB BUNDESMINISTER FUER FORSCHUNG UND TECHNOLOGIE
ZUSAM - GESELLSCHAFT F. KERNENERGIEVERWERTUNG IN SCHIFFBAU U. SCHIFFAHRT MBH, 2057 GEESTHACHT, REAKTORSTR.
- KERNFORSCHUNGSANLAGE GMBH, 5170 JUELICH, POSTF. 365
- HAHN-MEITNER-INST. , 1 BERLIN 39, GLIENICKER STR. 100
BEGINN 1.8.1974 ENDE 31.7.1977
G.KOST 108.000 DM
LITAN - HEINE, K.;WIECHEN, A.: EIN COMPUTERPROGRAMM ZUR AUSWERTUNG VON GAMMA-SPEKTREN FUER DIE NEUTRONENAKTIVIERUNGSANALYSE VON SPURENELEMENTEN. IN: KIELER MILCHW. FORSCHUNGSBERICHTE 24 S. 357-369(1972)
- HEINE, K.;WIECHEN, A.: EIN WEITGEHEND RATIONALISIERTES VERFAHREN DER NEUTRONENAKTIVIERUNGSANALYSE FUER DIE ROUTINEMAESSIGE ANWENDUNG IN DER MILCHFORSCHUNG. IN: MILCHWISSENSCHAFT 31(2) S. 65-69(1976)

QA -044

INST INSTITUT FUER SILICATFORSCHUNG DER FRAUNHOFER-GESELLSCHAFT E.V. WUERZBURG, NEUNERPLATZ 2
VORHAB **schwermetallionenabgabe von glaesern**
bleiabgabe von glas mit unterschiedlichem bleigehalt in verschiedenen saeuren; variation: temperatur/zeit/ph-wert/ vorbehandlung der glaeser; ziel: ursachen der bleiabgabe/ pruefverfahren
S.WORT glas + blei + saeuren
PROLEI PROF. DR. HORST SCHOLZE
STAND 1.1.1974
QUELLE erhebung 1975
FINGEB VEREIN DER GLASINDUSTRIE E. V. , MUENCHEN
BEGINN 1.8.1973 ENDE 31.12.1974
G.KOST 64.000 DM
LITAN ZWISCHENBERICHT 1974. 12

QA -045

INST INSTITUT FUER TIERERNAEHRUNG DER TIERAERTZLICHEN HOCHSCHULE HANNOVER HANNOVER, BISCHOFSHOLER DAMM 15
VORHAB **kalium-magnesium-untersuchungen in der tierernaehrung**
S.WORT tierernaehrung + salzgehalt + kalium + (magnesium)
PROLEI PROF. DR. MEYER
STAND 1.1.1974
FINGEB - BUNDESMINISTER FUER ERNAEHRUNG, LANDWIRTSCHAFT UND FORSTEN
- NIEDERSAECHSISCHES ZAHLENLOTTO, HANNOVER
BEGINN 1.1.1959

QA -046

INST INSTITUT FUER TIERERNAEHRUNG DER TIERAERTZLICHEN HOCHSCHULE HANNOVER HANNOVER, BISCHOFSHOLER DAMM 15
VORHAB **oestrogenwirksame fremdstoffe, analytik und bedeutung**
S.WORT lebensmittel + oestrogene + analytik
PROLEI PROF. DR. SCHULTZ
STAND 1.1.1974
QUELLE erhebung 1975
BEGINN 1.1.1971
LITAN UEBERSICHTEN TIERERNAEHRUNG 1974, 2, 111, 1974

QA -047

INST INSTITUT FUER TIERERNAEHRUNG DER TIERAERTZLICHEN HOCHSCHULE HANNOVER HANNOVER, BISCHOFSHOLER DAMM 15
VORHAB **futtermitteluntersuchungen auf schadstoffe, giftstoffe**
ueberwachung
S.WORT futtermittel + schadstoffnachweis
PROLEI PROF. DR. MEYER
STAND 1.1.1974

QA -048

INST INSTITUT FUER TIERERNAEHRUNG DER UNI HOHENHEIM STUTTGART 70, EMIL-WOLFF-STR. 10
VORHAB **bestimmung von mo, se, as, hg, cr (vi) mit hilfe der aas im extremen spurenbereich**
erarbeitung und verbesserung von methoden zur bestimmung der einzelelementen mit hilfe der aas unter besonderer beruecksichtigung saemtlicher im extremen spurenbereich auftretenden stoerfaktoren, sowie erforschung und beseitigung der letzteren. vergleichende untersuchung mit hilfe der roentgenfluoreszenz (mo, se, as, hg, cr, pb, cd, fe, mn, cu, zn, ni) sowie ermittlung der gehalte von mo, se, as, hg, cr (vi) in mineralfuttermitteln
S.WORT schwermetalle + nachweisverfahren + futtermittel + (atomabsorptions-spektrometrie)
PROLEI DR. WALTER OELSCHLAEGER
STAND 26.7.1976
QUELLE fragebogenerhebung sommer 1976
FINGEB DEUTSCHE FORSCHUNGSGEMEINSCHAFT
ZUSAM INST. F. PHYSIK UND METEOROLOGIE DER UNI HOHENHEIM, 7000 STUTTGART-HOHENHEIM
BEGINN 1.1.1975 ENDE 31.12.1977
LITAN LAUTENSCHLAEGER, W.;MAASSEN, J.;OELSCHLAEGER, W.: BESTIMMUNG VON QUECKSILBER, ARSEN UND SELEN IM EXTREMEN SPURENBEREICH MIT HILFE DER ATOMABSORPTIONSSPEKTRALPHOTOMETRIE. IN: Z. LANDW. FORSCH. 29(1)(1976)

QA -049

INST INSTITUT FUER TOXIKOLOGIE UND CHEMOTHERAPIE DES DEUTSCHEN KREBSFORSCHUNGSZENTRUMS HEIDELBERG, IM NEUENHEIMER FELD 280
VORHAB **cancerogene n-nitrosoverbindungen in nahrungsmitteln**
quantitative analyse handelsueblicher, gepoekelter nahrungsmittel auf das vorkommen nitrosamine
S.WORT carcinogene + nitrosamine + lebensmittel + analytik
PROLEI PROF. DR. RUDOLF PREUSSMANN
STAND 1.1.1974
FINGEB BUNDESMINISTER FUER JUGEND, FAMILIE UND GESUNDHEIT
ZUSAM INTERNATIONALE AGENTUR FUER KREBSFORSCHUNG (IARC), F-69007 LYON
BEGINN 1.1.1974 ENDE 31.12.1976
G.KOST 60.000 DM

QA -050

INST INSTITUT FUER TOXIKOLOGIE UND CHEMOTHERAPIE DES DEUTSCHEN KREBSFORSCHUNGSZENTRUMS HEIDELBERG, IM NEUENHEIMER FELD 280
VORHAB **analyse von nahrungsmitteln aus krebsschwerpunktsgebieten des iran**
verbundforschungsprojekt zur aufklaerung der zusammenh aenge zwischen carcinogenen faktoren in der nahrung und der bekannten hohen speiseroehrenkrebsrate im schwerpunktgebiet
S.WORT nahrungsmittel + analyse + krebs IRAN
PROLEI PROF. DR. RUDOLF PREUSSMANN

STAND 1.1.1974
FINGEB BUNDESMINISTER FUER JUGEND, FAMILIE UND GESUNDHEIT
ZUSAM INTERNATIONAL AGENCY FOR RESARCH ON CANCER, LYON
BEGINN 1.1.1972
G.KOST 100.000 DM

QA -051

INST INSTITUT FUER VETERINAERMEDIZIN DES BUNDESGESUNDHEITSAMTES BERLIN, THIELALLEE 88-92
VORHAB **entwicklung eines qualitativen und quantitativen nachweissystems zur analytik von antibiotikarueckstaenden**
analytik von antibiotikarueckstaenden und anderer mikrobiologisch aktiver stoffe fuer die zwecke der routineanalytik in fleisch, organen und eiern
S.WORT lebensmittel + antibiotika + rueckstandsanalytik
PROLEI DR. MED. SIEWERT
STAND 1.1.1974
FINGEB BUNDESMINISTER FUER FORSCHUNG UND TECHNOLOGIE
BEGINN 1.11.1973 ENDE 31.10.1976
G.KOST 307.000 DM
LITAN ZWISCHENBERICHT 1974. 12

QA -052

INST INSTITUT FUER WASSER-, BODEN- UND LUFTHYGIENE DES BUNDESGESUNDHEITSAMTES BERLIN 33, CORRENSPLATZ 1
VORHAB **bakteriologische untersuchung von mineralwaessern**
nachweis von bakterien in kohlendioxidhaltigen und stillen mineralwaessern(inlaendische und auslaendische produkte)
S.WORT lebensmittelhygiene + bakterien + mineralwasser
PROLEI PROF. DR. GERTRUD MUELLER
STAND 1.1.1974
FINGEB BUNDESMINISTER FUER JUGEND, FAMILIE UND GESUNDHEIT
BEGINN 1.1.1972

QA -053

INST LANDESANSTALT FUER LANDWIRTSCHAFTLICHE CHEMIE STUTTGART -HOHENHEIM, EMIL-WOLFF-STR. 14
VORHAB **vorkommen von schadstoffen (schwermetalle, pilztoxine, insektizidrueckstaende etc.) in futtermitteln**
die untersuchungen sollen dazu dienen, sichere angaben ueber die in verschiedenen futtermitteln vorkommenden gehalte an schadstoffen (insektizidrueckstaende, blei, cadmium, selen, arsen, fluor, pilztoxine etc.) zu erhalten mit dem ziel, gefahrenquellen fuer die tierische gesundheit und die nahrungsmittelproduktion zu erkennen. zu diesem zweck wird eine grosse anzahl der bei uns durchlaufenden futtermittelproben gezielt auf die oben genannten stoffe untersucht. die untersuchungen erstrecken sich dabei sowohl auf handelsfuttermittel als auch auf wirtschaftseigene futtermittel
S.WORT futtermittel + schadstoffnachweis
PROLEI DR. RUEDIGER SEIBOLD
STAND 21.7.1976
QUELLE fragebogenerhebung sommer 1976
ZUSAM MINISTERIUM FUER ERNAEHRUNG, LANDWIRTSCHAFT UND UMWELT, STUTTGART
LITAN RUCH, W.;SEIBOLD, R.: ZUM AFLATOXINGEHALT VON FUT TERMITTELN. IN: KRAFTFUTTER 57 S. 532-534(1974)

QA -054

INST LANDESANSTALT FUER LEBENSMITTEL-, ARZNEIMITTEL- UND GERICHTLICHE CHEMIE BERLIN 12, KANTSTR. 79
VORHAB **nachweis von pflanzenschutz-, schaedlingsbekaempfungs- und vorratsschutzmitteln bei lebensmitteln pflanzlicher oder tierischer herkunft**
S.WORT lebensmittel + schadstoffnachweis
PROLEI DR. WOLLENBERG
STAND 1.1.1974
FINGEB SENATOR FUER GESUNDHEIT UND UMWELTSCHUTZ, BERLIN
BEGINN 1.1.1970

QA -055

INST LANDESANSTALT FUER LEBENSMITTEL-, ARZNEIMITTEL- UND GERICHTLICHE CHEMIE BERLIN 12, KANTSTR. 79
VORHAB **nachweis von schwermetallen und anderen bioziden in lebensmittel- und wasserproben**
S.WORT lebensmittel + wasser + schwermetalle + biozide
PROLEI DR. WOLLENBERG
STAND 1.1.1974
FINGEB SENATOR FUER GESUNDHEIT UND UMWELTSCHUTZ, BERLIN
BEGINN 1.1.1970

QA -056

INST LANDESUNTERSUCHUNGSAMT FUER GESUNDHEITSWESEN NORDBAYERN NUERNBERG, FLURSTR. 20
VORHAB **lebensmitteluntersuchung auf genusstauglichkeit und qualitaet**
S.WORT lebensmittelueberwachung + (genusstauglichkeit + qualitaet)
STAND 1.1.1974

QA -057

INST LANDWIRTSCHAFTLICHE UNTERSUCHUNGS- UND FORSCHUNGSANSTALT DER LANDWIRTSCHAFTSKAMMER SCHLESWIG-HOLSTEIN KIEL, GUTENBERGSTR. 75-77
VORHAB **untersuchung auf blei in gesamtnahrungsproben**
ermittlung der bleiaufnahme in der nahrung waehrend des jahresablaufes und ueber mehrere jahre
S.WORT blei + lebensmittelueberwachung
PROLEI DR. -ING. HANS-SIEGFRIED GRUNWALDT
STAND 1.10.1974
FINGEB LANDWIRTSCHAFTLICHE UNTERSUCHUNGS- UND FORSCHUNGSANSTALT, KIEL
BEGINN 1.1.1969
G.KOST 12.000 DM
LITAN LANDWIRTSCHAFTLICHE FORSCHUNGS- UND VERSUCHSANSTALT KIEL: JAHRESBERICHT 1972/73

QA -058

INST LANDWIRTSCHAFTLICHE UNTERSUCHUNGS- UND FORSCHUNGSANSTALT DER LANDWIRTSCHAFTSKAMMER SCHLESWIG-HOLSTEIN KIEL, GUTENBERGSTR. 75-77
VORHAB **rueckstandsuntersuchungen auf organochlorpestizide in einzelfuttermitteln**
ermittlung des ist-zustandes der kontamination in einzelfuttermitteln mit organochlorpestiziden
S.WORT futtermittelkontamination + pestizide
PROLEI DIPL. -CHEM. HERBERT KNAPSTEIN
STAND 1.1.1974
FINGEB BUNDESMINISTER FUER ERNAEHRUNG, LANDWIRTSCHAFT UND FORSTEN
BEGINN 1.11.1973 ENDE 31.12.1975
G.KOST 138.000 DM
LITAN - SACHLICHER BERICHT ZUM VERWENDUNGSNACHWEIS DES O. A. FORSCHUNGSPROJEKTES (1974)
- ENDBERICHT

QA -059

INST LANDWIRTSCHAFTLICHE UNTERSUCHUNGS- UND FORSCHUNGSANSTALT DER LANDWIRTSCHAFTSKAMMER SCHLESWIG-HOLSTEIN KIEL, GUTENBERGSTR. 75-77

VORHAB **untersuchung auf blei und cadmium in gesamtnahrungsproben**
an woechentlichen gesamtnahrungsproben aus einem lehrlingsheim werden die gehalte an blei und cadmium ermittelt. es erfolgt eine auswertung der blei- und cadmiumaufnahme im jahresverlauf und ueber mehrere jahre
S.WORT lebensmittelanalytik + blei + cadmium
PROLEI DR. -ING. HANS-SIEGFRIED GRUNWALDT
STAND 22.7.1976
QUELLE fragebogenerhebung sommer 1976
BEGINN 1.1.1969
G.KOST 25.000 DM
LITAN ZWISCHENBERICHT

QA -060
INST LANDWIRTSCHAFTLICHE UNTERSUCHUNGS- UND FORSCHUNGSANSTALT DER LANDWIRTSCHAFTSKAMMER WESTFALEN-LIPPE, - JOSEF-KOENIG-INSTITUT -
MUENSTER, V.ESMARCHSTRASSE 2
VORHAB **rueckstandsuntersuchungen in nahrungs- und futtermitteln**
routinemaessige untersuchung von nahrungs- und futtermitteln auf pestizid- und schwermetallrueckstaende
S.WORT lebensmittel + futtermittel + pestizide + schwermetalle + rueckstandsanalytik
PROLEI DR. GERD CROESSMANN
STAND 1.1.1974
FINGEB BUNDESMINISTER FUER ERNAEHRUNG, LANDWIRTSCHAFT UND FORSTEN
BEGINN 1.1.1968

QA -061
INST LANDWIRTSCHAFTLICHE UNTERSUCHUNGS- UND FORSCHUNGSANSTALT DER LANDWIRTSCHAFTSKAMMER WESTFALEN-LIPPE, - JOSEF-KOENIG-INSTITUT -
MUENSTER, V.ESMARCHSTRASSE 2
VORHAB **blei-, cadmium-, quecksilber-, zink-, kupfer- und arsengehalt in wirtschaftseigenen futtermitteln**
1. ermittlung durchschnittlicher und unvermeidbarer schwermetallgehalte in wirtschaftseigenen futtermitteln als basis fuer hoechstmengenbegrenzung im rahmen des futtemittelgesetzes. 2. ca. 1500 proben aus westfalen-lippe unter beruecksichtigung von standort, pflanzenart, konservierungszustand. anlage eines schwermetallkatasters fuer wirtschaftseigene futtermittel in westfalen-lippe
S.WORT futtermittel + pflanzenkontamination + arsen + schwermetalle + (schwermetallkataster) WESTFALEN-LIPPE
PROLEI DR. GERD CROESSMANN
STAND 2.8.1976
QUELLE fragebogenerhebung sommer 1976
FINGEB WIRTSCHAFTSVEREINIGUNG METALLE E. V. , DUESSELDORF
BEGINN 1.8.1975 ENDE 31.8.1977
G.KOST 150.000 DM

QA -062
INST LEHRSTUHL FUER LEBENSMITTELCHEMIE DER TU HANNOVER
HANNOVER, WUNSTORFER STRASSE 14
VORHAB **schwermetallbestimmung in lebensmitteln mit der roentgenfluoreszenzanalyse**
einfuehrung der roentgenfluoreszenzanalyse zur schwermetallbestimmung in lebensmitteln; erarbeitung von probenvorbereitungsverfahren; verkuerzung und automatisierung der schwermetallbestimmung in lebensmitteln; immissionsmetalle auf pflanzen und in tierischen produkten
S.WORT lebensmittel + schwermetalle + nachweisverfahren + (roentgenfluoreszenzanalyse)
PROLEI DR. WILDANGER
STAND 1.1.1974
FINGEB SIEMENS AG, MUENCHEN
ZUSAM SIEMENS AG, 75 KARLSRUHE 21, RHEINBRUECKENSTR. 50, MESS-U. PROZESSTECHNIK
BEGINN 1.11.1973
G.KOST 250.000 DM
LITAN - FORSCHNER; WILDANGER; ET. AL: SCHADMETALLBESTIMMUNG IN FLEISCH MIT HILFE DER RFA.
- ZWISCHENBERICHT 1974. 06

QA -063
INST LEHRSTUHL FUER LEBENSMITTELWISSENSCHAFT DER UNI BONN
BONN, ENDENICHER ALLEE 11-13
VORHAB **metabolisierung und restmengen von aethylenoxid in lebensmitteln nach der begasung**
es werden einerseits restmengen, andererseits metaboliten dieses stoffes in den verschiedenen lebensmitteln analytisch erfasst und die chemische struktur bestimmt. die begasung wird mit radioaktiv markiertem wirkstoff durchgefuehrt und die verteilung der radioaktivitaet auf die verschiedenen stoffgruppen (inhaltsstoffe) ermittelt. auftrennung bis zu moeglichst reinen fraktionen
S.WORT lebensmittelkontamination + rueckstandsanalytik + tracer
PROLEI PROF. DR. KONRAD PFEILSTRICKER
STAND 12.8.1976
QUELLE fragebogenerhebung sommer 1976
FINGEB - DEUTSCHE GESELLSCHAFT FUER SCHAEDLINGSBEKAEMPFUNG MBH, FRANKFURT
- DEUTSCHE FORSCHUNGSGEMEINSCHAFT
BEGINN 1.1.1968
LITAN - FABRICIUS, G.;SCHULTE, G.: IN: Z. LEBENSMITTEL UNTERSUCH. U. FORSCHUNG. 158 S. 21(1975)
- SIDDIQUI, I.: IN: Z. LEBENSMITTEL UNTERS. U. FORSCH. 158 S. 157(1975)
- SIDDIQUI, I.: Z. LEBENSMITTEL UNTERS. U. FORSCH. 160 S. 19(1976)

QA -064
INST LEHRSTUHL FUER LEBENSMITTELWISSENSCHAFT DER UNI BONN
BONN, ENDENICHER ALLEE 11-13
VORHAB **kontamination von lebensmitteln durch cadmium, blei und zinn**
S.WORT lebensmittelkontamination + cadmium + blei + zinn
STAND 1.1.1976
QUELLE mitteilung des bundesministers fuer ernaehrung,landwirtschaft und forsten
FINGEB DEUTSCHE FORSCHUNGSGEMEINSCHAFT
BEGINN 1.1.1972 ENDE 31.12.1974

QA -065
INST MAX-VON-PETTENKOFER-INSTITUT DES BUNDESGESUNDHEITSAMTES
BERLIN 45, UNTER DEN EICHEN 82-84
VORHAB **verschiedene untersuchungen ueber rueckstaende von bioziden und umweltchemikalien in und auf lebensmitteln und deren rohstoffen**
ausarbeitung von analysenmethoden zur bestimmung von kontaminationsstoffen in lebensmitteln und ermittlung des istzustandes der grundlage fuer rechtsvorschriften und fuer die durchfuehrung der ueberwachung durch die bundeslaender; internationale standardmethoden
S.WORT lebensmittel + umweltchemikalien + biozide + rueckstandsanalytik
PROLEI PROF. DR. KROENERT
STAND 1.1.1974
FINGEB BUNDESGESUNDHEITSAMT, BERLIN
BEGINN 1.1.1972 ENDE 31.12.1974

QA -066
INST MAX-VON-PETTENKOFER-INSTITUT DES BUNDESGESUNDHEITSAMTES
BERLIN 45, UNTER DEN EICHEN 82-84

VORHAB **untersuchungen auf rueckstaende von harnstoffherbiziden einschliesslich ihrer abbau- und reaktionsprodukte in lebensmitteln**
entwicklung von spezifischen und empfindlichen analysemethoden zur bestimmung von rueckstaenden der phenylharnstoff-herbizide und ihrer abbau- und reaktionsprodukte in lebensmitteln; verhalten der rueckstaende beim verarbeiten von lebensmitteln
S.WORT lebensmittel + herbizide + rueckstandsanalytik
PROLEI DR. BECK
STAND 1.1.1974
FINGEB BUNDESMINISTER FUER FORSCHUNG UND TECHNOLOGIE
ZUSAM - BIOLOGISCHE BUNDESANSTALT F. LAND-U. FORSTWIRTSCHAFT (BBA), 1 BERLIN 33, KOENIGIN-LUISE-STR. 19
- GESELLSCHAFT F. STRAHLEN-U. UMWELTFORSCHUNG, 8 MUENCHEN 2, LUISENSTR. 37
BEGINN 1.7.1972 ENDE 31.12.1975
G.KOST 501.000 DM
LITAN INTERNE BERICHTE

QA -067
INST MAX-VON-PETTENKOFER-INSTITUT DES BUNDESGESUNDHEITSAMTES
BERLIN 45, UNTER DEN EICHEN 82-84
VORHAB **entwicklung einer automatisierten methode zur simultanbestimmung der chlorhaltigen rueckstaende von umweltchemikalien und bioziden**
entwicklung einer methode zur untersuchung von umweltproben (insbes. lebensmittel) auf chlorhaltige rueckstaende durch automatisierung der qualitativen und quantitativen bestimmung von chlorkohlenwasserstoffverbindungen (pestizide und umweltchemikalien) mittels gaschromatographie und computersteuerung und auswertung
S.WORT umweltchemikalien + biozide + chlor + simultananalyse
PROLEI DR. BECK
STAND 1.1.1974
FINGEB BUNDESMINISTER FUER FORSCHUNG UND TECHNOLOGIE
ZUSAM BIOLOGISCHE BUNDESANSTALT, F. LAND-U. FORSTWIRTSCHAFT (BBA), 1 BERLIN 33, KOENIGIN-LUISE-STR. 19
BEGINN 1.10.1974 ENDE 31.3.1977
G.KOST 591.000 DM

QA -068
INST MESSERSCHMITT-BOELKOW-BLOHM GMBH
MUENCHEN 80, POSTFACH 80 11 69
VORHAB **automatische probenaufbereitungsgeraete**
geraete zur automatischen aufbereitung (zerkleinern, mischen, extraktieren, trocknen usw.) von lebensmittel- und anderen proben fuer die gaschromatographischen analysen
S.WORT lebensmittelanalytik + probenaufbereitung + geraeteentwicklung
PROLEI DIPL. -CHEM. VITZTHUM
STAND 1.1.1974
FINGEB BUNDESMINISTER FUER FORSCHUNG UND TECHNOLOGIE
BEGINN 1.10.1974 ENDE 31.12.1974
G.KOST 400.000 DM
LITAN ZWISCHENBERICHT 1974. 12

QA -069
INST STAATLICHES CHEMISCHES UNTERSUCHUNGSAMT GIESSEN
GIESSEN, MARBURGER STRASSE 54
VORHAB **ermittlung von toxischen spurenelementen in lebensmitteln**
1) ermittlung der in lebensmittel (einschl. trinkwasser) vohandenen mengen von toxischen spurenelementen ("marktkorbanalyse") 2) veraenderung der menge dieser spurenelemente bei verarbeitung und lagerung von lebensmitteln 3) ueberpruefung und verbesserung der analyseverfahren
S.WORT lebensmittel + spurenelemente + toxizitaet + nachweisverfahren
PROLEI DR. ERICH MUSKAT
STAND 21.7.1976
QUELLE fragebogenerhebung sommer 1976
ZUSAM BUNDESGESUNDHEITSAMT, BERLIN
LITAN MUSKAT, E.;STELTE, W.: DER QUECKSILBERGEHALT VON THUNFISCHEN UND SUESSWASSERFISCHEN. IN: ERNAEHRUNGS-UMSCHAU 21(8) S. 236-238(1974)

QA -070
INST STAATLICHES CHEMISCHES UNTERSUCHUNGSAMT GIESSEN
GIESSEN, MARBURGER STRASSE 54
VORHAB **ermittlung von bioziden in lebensmitteln**
ermittlung der in lebensmitteln vorhandenen mengen von biociden 2) veraenderung der biocide und der biocid-menge waehrend des wachstums (pflanzen) und der zubereitung von lebensmitteln 3) modifikation von analyseverfahren
S.WORT lebensmittel + biozide + nachweisverfahren
PROLEI DR. ERICH MUSKAT
STAND 21.7.1976
QUELLE fragebogenerhebung sommer 1976
ZUSAM BUNDESGESUNDHEITSAMT, BERLIN
LITAN MUSKAT, E.;SCHLEMMER, U.: DAS ABBAUVERHALTEN VON FUNGICIDEN UNTER NATUERLICHEN UND STANDARDISIERTEN BEDINGUNGEN AUS ERNAEHRUNGSPHYSIOLOGISCHER SICHT. IN: MITTEILUNGSBLATT DER GDCH-FACHGRUPPE LEBENSMITTELCHEMIE UND GERICHTLICHE CHEMIE 29(11)(NOV 1975)

QA -071
INST STAATLICHES VETERINAERUNTERSUCHUNGSAMT SAARBRUECKEN
SAARBRUECKEN, HELLWIGSTR. 8-10
VORHAB **vorkommen und antibiotikaresistenz von salmonellen bei tieren und futtermitteln im einzugsgebiet des staatlichen veterinaeruntersuchungsamtes saarbruecken**
1. statistische zusammenstellung der salmonellenfunde in den letzten 10 jahren (unter beruecksichtigung von haeufigkeit, vorkommen, typenverteilung etc.). 2. eigene isolierung und typisierung von salmonellen im untersuchungsmaterial ab 1. 12. 74 (mit beschreibung von material und methodik, haeufigkeitsverteilung und herkunft etc.). 3. untersuchungen ueber die antibiotikaresistenz isolierter salmonellenstaemme (resistenzverteilung nach herkunft, eventuell vergleich verschiedener testmethoden). besondere diskussionspunkte fuer die besprechung der ergebnisse sind: a) verbreitung und bedeutung der salmonellose bei haustieren im saarland b) vorkommen und bedeutung der in futtermitteln gefundenen salmonellen c) antibiotikaresistenz
S.WORT salmonellen + futtermittel + haustiere
PROLEI FRANZ-RUDOLF GERBER
STAND 21.7.1976
QUELLE fragebogenerhebung sommer 1976
BEGINN 1.6.1976 ENDE 30.6.1977
G.KOST 3.000 DM

QA -072
INST ZENTRALE ERFASSUNGS- UND BEWERTUNGSSTELLE FUER UMWELTCHEMIKALIEN DES BUNDESGESUNDHEITSAMTES
BERLIN 33, THIELALLEE 88-92
VORHAB **einfluss von verarbeitungs- und zubereitungsverfahren auf den schadstoffgehalt in lebensmitteln**
anhand einer literatur- sowie daten- und informationssammlung soll in zusammenarbeit mit forschungseinrichtungen des bundes und der laender sowie in hochschulen und industrie die kontaminierende bzw. dekontaminierende wirkung einzelner verfahrens- bzw. zubereitungsschritte aufgezeigt werden. aufgrund der ergebnisse sollen alternativvorschlaege abgeleitet werden
S.WORT lebensmittel + schadstoffbelastung + lebensmitteltechnik

PROLEI PROF. DR. RUTH MUSCHE
STAND 13.8.1976
QUELLE fragebogenerhebung sommer 1976
FINGEB BUNDESMINISTER FUER JUGEND, FAMILIE UND GESUNDHEIT
BEGINN 1.7.1976 ENDE 31.7.1978
G.KOST 150.000 DM

QA -073

INST ZENTRALLABOR FUER ISOTOPENTECHNIK DER BUNDESFORSCHUNGSANSTALT FUER ERNAEHRUNG KARLSRUHE, ENGESSERSTR. 20
VORHAB **bestimmung von schwermetallen (z.b.quecksilber) in lebensmitteln**
entwicklung besonders empfindlicher methoden zur bestimmung von schwermetallspuren in biologischem material, insbesondere neutronenaktivierungsanalyse; erfassung des istzustandes; ermittlung der spurenelementbelastung des menschen durch die nahrungsaufnahme
S.WORT lebensmittelueberwachung + schwermetalle + spurenanalytik
PROLEI DR. ERICH FISCHER
STAND 1.1.1974
FINGEB BUNDESMINISTER FUER FORSCHUNG UND TECHNOLOGIE
ZUSAM PROJEKTAUSSCHUSS " AKTIVIERUNGSANALYSE" BEIM BMFT
BEGINN 1.1.1970
LITAN - BOPPEL,B.: BLEIGEHALTE VON LEBENSMITTELN 1. ZUR ANALYTIK DER BLEIBESTIMMUNG IN LEBENSMITTELN. IN:Z.ANAL.CHEM. 268 S.114-119 (1974)
- SCHELENZ,R.;DIEHL,J.F.: QUECKSILBERGEHALTE VON LEBENSMITTELN DES DEUTSCHEN MARKTES. IN:Z.LEBENSM.-UNTERS.FORSCH. 151 S.369-375 (1973)
- TOEROEK,G.;SCHELENZ,R.;FISCHER,E.: NEUTRONENAKTIVIERUNGSANALYSE VON SPURENELEMENTEN IN LEBENSMITTELN. IN:BERICHTE DER BUNDESFORSCHUNGSANSTALT FUER LEBENSMITTELFRISCHHALTUNG, KARLSRUHE FEB 1973

QA -074

INST ZENTRALLABOR FUER ISOTOPENTECHNIK DER BUNDESFORSCHUNGSANSTALT FUER ERNAEHRUNG KARLSRUHE, ENGESSERSTR. 20
VORHAB **ueberwachung der umweltradioaktivitaet in lebensmitteln**
messung der durch kernwaffenversuche und durch friedliche nutzung der kernenergie in lebensmittel gelangenden radioaktivitaet; verbesserung der messmethoden (empfindlichkeit/genauigkeit/schnelligkeit). sammlung und auswertung der von allen messtellen des bundesgebietes gelieferten messdaten ueber radioaktivitaet in lebensmitteln fuer jahresbericht "umweltradioaktivitaet" des bmft
S.WORT lebensmittelueberwachung + umgebungsradioaktivitaet + messtechnik
PROLEI DR. ERICH FISCHER
STAND 1.1.1974
QUELLE erhebung 1975
ZUSAM SONSTIGE LEIT- U. MESSTELLEN DES UEBERWACHUNGSNETZES FUER UMWELTRADIOAKTIVITAET
BEGINN 1.1.1958
LITAN - MLINKO,S.;FISCHER,E.;DIEHL,J.F.: TRITIUM IN LEBENSMITTELN II. SZINTILLATIONSSYSTEME FUER DIE MESSUNG VON TRITIUM IN WASSERPROBEN AUS LEBENSMITTELN. IN:Z.ANAL.CHEM. 268 S.109-113 (1974)
- FRINDIK,O.: DIE GESAMT-ALPHA-AKTIVITAETSBESTIMMUNG IN LEBENSMITTELN. IN:DEUTSCHE LEBENSMITTEL-RUNDSCHAU (10) S.364-368 (1973)
- BOPPEL,B.: SCHNELLE TROCKENVERASCHUNG VON LEBENSMITTELN. IN:Z.ANAL.CHEM. 266 S.257-263 (1973)

QA -075

INST ZENTRALLABOR FUER ISOTOPENTECHNIK DER BUNDESFORSCHUNGSANSTALT FUER ERNAEHRUNG KARLSRUHE, ENGESSERSTR. 20
VORHAB **aktivierungsanalyse; teilprojekt: methode zur anwendung der neutronenaktivierungsanalyse fuer bestimmung von spurenelementen in lebensmitteln**
S.WORT spurenelemente + nachweisverfahren + lebensmittel
STAND 1.1.1974
QUELLE erhebung 1975
FINGEB BUNDESMINISTER FUER FORSCHUNG UND TECHNOLOGIE
BEGINN 1.1.1972 ENDE 31.12.1974
G.KOST 87.000 DM

Weitere Vorhaben siehe auch:

PC -064 ZENTRALE DATENERFASSUNG UND BEWERTUNG VON BIOZIDEN UND UMWELTCHEMIKALIEN;BELASTUNG DES MENSCHEN DURCH SCHWERMETALLE IN LEBENSMITTELN

PF -006 BESTIMMUNG VON ESSENTIELLEN UND TOXISCHEN SPURENELEMENTEN IN BODENPROBEN UND LANDWIRTSCHAFTLICHEN PRODUKTEN

QB -001

INST BAKTERIOLOGISCHES INSTITUT DER SUEDDEUTSCHEN VERSUCHS- UND FORSCHUNGSANSTALT FUER MILCHWIRTSCHAFT DER TU MUENCHEN
FREISING -WEIHENSTEPHAN, WEIHENSTEPHAN
VORHAB **umweltgefaehrdung durch stoffe mit pharmakologischer wirkung aus der tierischen produktion**
S.WORT lebensmittelueberwachung + fleischproduktion + pharmaka
STAND 1.1.1974
FINGEB BUNDESMINISTER FUER FORSCHUNG UND TECHNOLOGIE
BEGINN 1.1.1973 ENDE 31.12.1975

QB -002

INST BAKTERIOLOGISCHES INSTITUT DER SUEDDEUTSCHEN VERSUCHS- UND FORSCHUNGSANSTALT FUER MILCHWIRTSCHAFT DER TU MUENCHEN
FREISING -WEIHENSTEPHAN, WEIHENSTEPHAN
VORHAB **denaturierung von milchproteinen in abhaengigkeit von verschiedenen trocknungs- und erhitzungsverfahren**
S.WORT lebensmittel + milchverarbeitung
PROLEI DR. OTTO KIRCHMEYER
STAND 1.1.1974
FINGEB DEUTSCHE FORSCHUNGSGEMEINSCHAFT
BEGINN 1.1.1973

QB -003

INST BATTELLE-INSTITUT E.V.
FRANKFURT 90, AM ROEMERHOF 35
VORHAB **umweltgefaehrdung durch stoffe mit pharmakologischer wirkung aus der tierischen produktion**
S.WORT lebensmittelhygiene + fleischprodukte + pharmaka
STAND 1.1.1974
QUELLE erhebung 1975
FINGEB BUNDESMINISTER FUER FORSCHUNG UND TECHNOLOGIE
BEGINN 1.1.1973 ENDE 31.12.1974
G.KOST 93.000 DM

QB -004

INST BUNDESANSTALT FUER FLEISCHFORSCHUNG
KULMBACH, BLAICH 4
VORHAB **vorkommen von antibiotika in kalbfleisch**
information ueber einfluss der applikationsart und -zeit auf antibiotikarueckstaende; vorschlag von praxisgerechten absetzfristen fuer schlachttiere
S.WORT fleisch + antibiotika + rueckstaende
PROLEI DR. SCHMIDT
STAND 1.1.1974
QUELLE erhebung 1975
BEGINN 1.1.1972 ENDE 31.12.1974
LITAN SCHMIDT, U. U. MITARBEITER: NACHWEIS VON RUECKSTAENDEN IN SCHLACHTTIERKOERPERN VON KAELBERN NACH NUTRITIVER VERABREICHUNG VON CHLORTETRACYCLIN, OXYTETRACYCLIN UND ZINKBACITRACIN IN: FLEISCHWIRTSCHAFT

QB -005

INST BUNDESANSTALT FUER FLEISCHFORSCHUNG
KULMBACH, BLAICH 4
VORHAB **verringerung des gehaltes an polycyclischen kohlenwasserstoffen in geraeucherten fleischwaren**
ziel: pruefung verschiedener raeuchertechnologien auf die kontamination von fleischerzeugnissen mit polycyclischen kohlenwasserstoffen; vergleich zur direkten rauchwuerzung; verwendung von rauchkondensaten und raeuchermittel
S.WORT fleischprodukte + kohlenwasserstoffe
PROLEI PROF. DR. REINER HAMM
STAND 1.1.1974
FINGEB DEUTSCHE FORSCHUNGSGEMEINSCHAFT
BEGINN 1.1.1968 ENDE 31.12.1975
LITAN ABSCHLUSSBERICHT (TEIL I UND II) AN DIE DFG, 1973, HA517/2 UND KA517/4

QB -006

INST BUNDESANSTALT FUER FLEISCHFORSCHUNG
KULMBACH, BLAICH 4
VORHAB **veraenderungen von antibiotika-rueckstaenden in fleisch waehrend der verarbeitung**
vorschlag von technologien zur reduzierung von antibiotikarueckstaenden im fleisch, zuarbeit fuer rechtsvorschriften
S.WORT fleischprodukte + antibiotika + rueckstandsanalytik
PROLEI WOLTERSDORF
STAND 1.1.1974
QUELLE erhebung 1975
BEGINN 1.1.1973 ENDE 31.12.1975
LITAN - WOLTERSDORF, U. W.;SCHMIDT: ANTIBIOTIKA IN FRISCHFLEISCH UND FLEISCHERZEUGNISSEN. IN: MITTEILUNGSBLATT FOERDERERGES. BUNDESANSTALT IN: FLEISCHFORSCHUNG S. 1713-1714(1972)
- ZWISCHENBERICHT 1975. 12

QB -007

INST BUNDESANSTALT FUER FLEISCHFORSCHUNG
KULMBACH, BLAICH 4
VORHAB **rueckstaende aus abgasen und pestiziden in fleisch und ihre beeinflussung durch zubereitung und verarbeitung**
ziel: erarbeitung eines ueberblicks ueber die kontaminationssituation von fleisch an toxischen elementen in effekt: futtermittel - tier, zuarbeit zu rechtsvorschriften
S.WORT fleisch + abgas + pestizide + rueckstaende
PROLEI DR. HECHT
STAND 1.1.1974
QUELLE erhebung 1975
FINGEB DEUTSCHE FORSCHUNGSGEMEINSCHAFT
ZUSAM GESELLSCHAFT FUER STRAHLEN- UND UMWELTFORSCHUNG GMBH, 8042 NEUHERBERG, INGOLSTAEDTER LANDSTR. 1
BEGINN 1.1.1971 ENDE 31.12.1976
LITAN HECHT, H.: 1. ZWISCHENBERICHT AN DFG, 1972, HA 517/5 ; UNTERSUCHUNGEN UEBER SPURENELEMENTE IM FLEISCH; ARCHIV FUER LEBENSM. HYG. 24, 255 (1973)

QB -008

INST BUNDESANSTALT FUER FLEISCHFORSCHUNG
KULMBACH, BLAICH 4
VORHAB **einfluss der lagerung, be- und verarbeitung von fleisch auf den gehalt an pestizidrueckstaenden**
ziel: beeinflussung des gehaltes an pestiziden in fleischerzeugnissen durch be- und verarbeitung; untersuchungen ueber den abbau persistenter pestizide durch fermentation, poekeln und kochen zu verbindungen, die im menschlichen organismus nur noch wenig gespeichert werden
S.WORT fleisch + pestizide + schadstoffminderung
PROLEI DR. MIRNA
STAND 1.1.1974
FINGEB DEUTSCHE FORSCHUNGSGEMEINSCHAFT
ZUSAM INTERNATIONAL ATOMIC ENERGY AGENCY, WIEN; ISOTOPIC TRACER AIDED STUDIES OF FOREIGN CHEM. RESIDUES
BEGINN 1.1.1973 ENDE 31.12.1976
LITAN - 1. ZWISCHENBERICHT AN DFG, 1974. HA 517/7
- MIRNA, A.;CORETTEI, K.: KANN DER GEHALT AN PESTIZIDRUECKSTAENDEN IN FLEISCHWAREN DURCH DIE VERARBEITUNG BEEINFLUSST WERDEN? FLEISCHWIRTSCHAFT(IM DRUCK)

QB -009

INST BUNDESANSTALT FUER FLEISCHFORSCHUNG
KULMBACH, BLAICH 4

VORHAB **untersuchungen ueber die bildung von nitrosaminen in fleischwaren, abbau von nitrit und nitrat**
ziel: untersuchungen ueber den gehalt in verschiedenen typischen fleischerzeugnissen; studium der moeglichkeiten der blockierung von nitrosierungsreaktionen; pruefung, inwieweit die belastung des konsumenten durch nitrit, nitrat und nitrosamine verringert werden kann
S.WORT fleischprodukte + nitrosamine
PROLEI DR. MIRNA
STAND 1.1.1974
FINGEB BUNDESMINISTER FUER ERNAEHRUNG, LANDWIRTSCHAFT UND FORSTEN
ZUSAM INST. F. BAKTERIOLOGIE UND HISTOLOGIE U. INST. F. TECHNOLOGIE DER BUNDESANSTALT FUER FLEISCHFORSCHUNG
BEGINN 1.1.1973 ENDE 31.12.1975

QB -010
INST BUNDESANSTALT FUER FLEISCHFORSCHUNG KULMBACH, BLAICH 4
VORHAB **reaktionsprodukte von nitrit in fleischerzeugnissen**
ziel: isolierung biologisch aktiver reaktionsprodukte des nitrits aus fleischerzeugnissen; entwicklung von technologien, bei denen in vermehrtem umfang derartige verbindungen entstehen
S.WORT fleischprodukte + nitrite
PROLEI DR. MIRNA
STAND 1.1.1974
FINGEB DEUTSCHE FORSCHUNGSGEMEINSCHAFT
BEGINN 1.1.1974 ENDE 31.12.1976

QB -011
INST BUNDESANSTALT FUER FLEISCHFORSCHUNG KULMBACH, BLAICH 4
VORHAB **untersuchungen ueber n-nitrosamine und ueber die bildung biologischer aktiver reaktionsprodukte aus nitrit und nitrat in fleischerzeugnissen**
S.WORT lebensmittelkontamination + fleisch + nitrate + nitrite + nitrosamine
PROLEI PROF. DR. REINER HAMM
STAND 7.9.1976
QUELLE datenuebernahme von der deutschen forschungsgemeinschaft
FINGEB DEUTSCHE FORSCHUNGSGEMEINSCHAFT

QB -012
INST BUNDESANSTALT FUER FLEISCHFORSCHUNG KULMBACH, BLAICH 4
VORHAB **rueckstaende von desinfektionsmitteln im fleisch**
die einsatzmoeglichkeiten von desinfektionsmitteln sollen im hinblick auf eventuelle rueckstaende in den organen sowie im fleisch und fett von nutztieren nach ihrer anwendung untersucht werden.
S.WORT lebensmittelkontamination + fleisch + desinfektionsmittel + rueckstandsanalytik
QUELLE datenuebernahme aus der datenbank zur koordinierung der ressortforschung (dakor)
FINGEB BUNDESMINISTER FUER ERNAEHRUNG, LANDWIRTSCHAFT UND FORSTEN
BEGINN 1.7.1975 ENDE 30.6.1977
G.KOST 98.000 DM

QB -013
INST BUNDESANSTALT FUER FLEISCHFORSCHUNG KULMBACH, BLAICH 4
VORHAB **entwicklung neuer methoden zur analyse von fleisch und fleischerzeugnissen**
ausgangssituation: konventionelle analysenverfahren sind zu zeitraubend. keine moeglichkeit zur direkten bestimmung von muskeleiweiss in fleischwaren. forschungsziel: verminderung der dauer der analyse von fleisch und fleischwaren. quantitative bestimmung von muskeleiweiss in fleischwaren. anwendung der ergebnisse: rationellere und bessere analysenmethoden in betrieblaboratorien und lebensmittelueberwachung zur kontrolle von rohstoffen, zwischen- und endprodukten. bedeutung der ergebnisse: angleichung der betriebs- und fertigungskontrolle an die zunehmende verkuerzung der dauer der herstellung von fleischerzeugnissen. vermeidung von wettbewerbsverzerrungen durch genaue erfassung des wertbestimmenden anteils von fleischerzeugnissen (muskeleiweiss). mittel undd wege, verfahren: automatisierung von analysenmethoden. muskeleiweissbestimmung durch sds-elektrophorese. einschraenkende faktoren: entfaellt. umgebungs- und randbedingungen: entfaellt. beeinflussnde groessen: entfaellt. beeinflusste groessen: zeitdauer der analyse von fleisch und fleischwaren. weitere notwendige groessen: entfaellt.
S.WORT lebensmittelanalytik + fleisch + analyseverfahren
QUELLE datenuebernahme aus der datenbank zur koordinierung der ressortforschung (dakor)
FINGEB BUNDESMINISTER FUER WIRTSCHAFT
BEGINN 1.1.1975 ENDE 31.12.1976
G.KOST 89.000 DM

QB -014
INST BUNDESANSTALT FUER FLEISCHFORSCHUNG KULMBACH, BLAICH 4
VORHAB **untersuchungen zur feststellung der kontaminationsursachen von blei bei schlachttieren aus dem verhaeltnis inaktives blei zu blei - 210**
ermittlung von gehalten in futtermitteln, verhalten im tier und ihre anreicherung, rueckstaende dieser stoffe in lebensmitteln tierischen ursprungs, moeglichkeiten von sekundaerkontaminationen dieser lebensmittel, auswirkungen dieser stoffe auf gesundheit und leistung der tiere.
S.WORT lebensmittelkontamination + fleisch + schlachttiere + blei
QUELLE datenuebernahme aus der datenbank zur koordinierung der ressortforschung (dakor)
FINGEB BUNDESMINISTER FUER ERNAEHRUNG, LANDWIRTSCHAFT UND FORSTEN
BEGINN 1.4.1975 ENDE 31.3.1977
G.KOST 78.000 DM

QB -015
INST FACHBEREICH LANDWIRTSCHAFT UND GARTENBAU DER TU MUENCHEN FREISING -VOETTING, KIRCHENWEG 5
VORHAB **untersuchungen ueber die nebenprodukte des nitrits beim poekeln von fleisch**
S.WORT lebensmittelkonservierung + fleisch + nitrite + schadstoffbildung
PROLEI PROF. DR. KLEMENT MOEHLER
STAND 7.9.1976
QUELLE datenuebernahme von der deutschen forschungsgemeinschaft
FINGEB DEUTSCHE FORSCHUNGSGEMEINSCHAFT

QB -016
INST FACHRICHTUNG LEBENSMITTELHYGIENE DER FU BERLIN BERLIN 33, KOSERSTR. 20
VORHAB **schicksal der staphylokokken des tierkoerpers im laufe der verarbeitung unter besonderer beruecksichtigung antibiotikaresistenter varianten**
S.WORT bakterien + tierkoerper + fleischprodukte
PROLEI PROF. DR. HANS-JUERGEN SINELL
STAND 1.1.1974
FINGEB DEUTSCHE FORSCHUNGSGEMEINSCHAFT
BEGINN 1.1.1972

QB -017
INST FOERDERKREIS LEBENSMITTELBESTRAHLUNG E.V. BREMERHAVEN, LENGSTR.
VORHAB **studie zur technologischen realisierung der bestrahlung von frischfisch (projekt strahlentechnik)**
S.WORT lebensmittel + fische + bestrahlung

STAND 6.1.1975
FINGEB BUNDESMINISTER FUER FORSCHUNG UND TECHNOLOGIE
BEGINN 1.8.1974 ENDE 30.6.1975

QB -018

INST INSTITUT FUER BIOCHEMIE UND TECHNOLOGIE DER BUNDESFORSCHUNGSANSTALT FUER FISCHEREI HAMBURG 50, PALMAILLE 9
VORHAB **untersuchungen ueber die bildung krebserregender substanzen (3,4-benzpyren als kriterium) beim raeuchern von fischen**
S.WORT carcinogene + benzpyren + lebensmittelkontamination + (raeuchern von fischen)
PROLEI DR. WOLFGANG SCHREIBER
STAND 1.1.1974
QUELLE datenuebernahme von der deutschen forschungsgemeinschaft
FINGEB DEUTSCHE FORSCHUNGSGEMEINSCHAFT
BEGINN 1.1.1973

QB -019

INST INSTITUT FUER BIOCHEMIE UND TECHNOLOGIE DER BUNDESFORSCHUNGSANSTALT FUER FISCHEREI HAMBURG 50, PALMAILLE 9
VORHAB **bestandsaufnahme sowie aufklaerung von ursachen und wegen zur metallkontamination von fischen**
bestandsaufnahme der schwermetallkontamination (insbesondere hg) von fischen aus fanggebieten der deutschen fischerei unter beruecksichtigung der fischart. alter, laenge, gewicht udn ernaehrungszustand der fische. einfluss der verarbeitung auf den hg-gehalt von fischen. methodische vorarbeiten und untersuchungen ueber den anteil an organisch-gebundenem hg in fisch.
S.WORT fische + schwermetallkontamination + quecksilber ATLANTIK (NORD) + NORDSEE + OSTSEE
PROLEI DIPL. -CHEM. GISELA JACOBS
STAND 13.8.1976
QUELLE fragebogenerhebung sommer 1976
FINGEB BUNDESMINISTER FUER ERNAEHRUNG, LANDWIRTSCHAFT UND FORSTEN
ZUSAM INST. F. HYDROBIOLOGIE DER UNI HAMBURG, PALMAILLE 55, 2000 HAMBURG 50
BEGINN 1.8.1973 ENDE 31.12.1975
G.KOST 501.000 DM
LITAN - ANTONACOPOULOS, N.: BEST. VON HG IN FISCHERZEUGNISSEN. IN: CHEM. MIKROBIOL. TECHN. D. LEBENSMITTEL 3 S. 8-16(1974)
- JACOBS, G.: BESTIMMUNG DES ORGANISCH GEBUNDENEN HG IN FISCH. IN: INF. F. D. FISCHW. 1 S. 26-28(1976)
- ENDBERICHT

QB -020

INST INSTITUT FUER BIOCHEMIE UND TECHNOLOGIE DER BUNDESFORSCHUNGSANSTALT FUER FISCHEREI HAMBURG 50, PALMAILLE 9
VORHAB **moeglichkeiten zur verminderung des 3,4-benzpyren-gehaltes in fischereierzeugnissen**
entwicklung von massnahmen zur reduzierung des 3, 4-benzpyrengehaltes bei der ofenraeucherung (altoner ofen) um den zu erwartenden grenzwert von 1 ppb nicht zu ueberschreiten. rauchreinigung mit hilfe von prallblechen, adsorptionsschichten und gitterfiltern. bestimmung von 3, 4-benzpyren in den hergestellten fischen durch fluoreszenzmessung nach extraktion, saeulen- und duennschichtchromatographischer trennung
S.WORT lebensmittelkonservierung + fische + carcinogene + benzpyren
PROLEI DIPL. -CHEM. JUTTA STEINIG
STAND 13.8.1976
QUELLE fragebogenerhebung sommer 1976
FINGEB DEUTSCHE FORSCHUNGSGEMEINSCHAFT
BEGINN 1.4.1976 ENDE 31.12.1976
G.KOST 66.000 DM

QB -021

INST INSTITUT FUER ERNAEHRUNGSWISSENSCHAFT DER UNI BONN BONN, ENDENICHER ALLEE 11-13
VORHAB **analytik von oestrogenrueckstaenden in lebensmitteln tierischer herkunft**
die amtliche lebensmittelueberwachung wird durch die zu entwickelnde methode zur untersuchung tierischer lebensmittel in die lage versetzt, routinemaessig auf die verbotenen oestrogenrueckstaende zu pruefen
S.WORT lebensmittelueberwachung + rueckstandsanalytik + oestrogene
PROLEI DR. KLAUS PIETRZIK
STAND 21.7.1976
QUELLE fragebogenerhebung sommer 1976
FINGEB BUNDESMINISTER FUER JUGEND, FAMILIE UND GESUNDHEIT
BEGINN 1.7.1974 ENDE 31.12.1976
G.KOST 90.000 DM
LITAN - HESSE, C.;PIETRZIK, K.;HOETZEL, D.: SPEZIFISCHE BESTIMMUNG VON CORTICOSTERON IM PLASMA. IN: ZEITSCHRIFT FUER TIERPHYSIOLOGIE, TIERERNAEHRUNG UND FUTTERMITTELKUNDE. 32(8)(1973)
- HESSE, C.;PIETRZIK, K.;HOETZEL, D.: SPEZIFISCHE BESTIMMUNG VON CORTICOSTERON UND CORTISOL IM NANOGRAMMBEREICH. IN: ZEITSCHRIFT KLINISCHE CHEMIE UND KLINISCHE BIOCHEMIE. 12(12)(1974)
- PIETRZIK, K.;HESSE, C.;HOETZEL, D.: RUECKSTANDSANALYTIK VON STOFFEN MIT OESTROGENER WIRKUNG. IN: DEUTSCHE TIERAERZTLICHE WOCHENSCHRIFT. 5(1976)

QB -022

INST INSTITUT FUER GEFLUEGELKRANKHEITEN DER TIERAERZTLICHEN HOCHSCHULE HANNOVER HANNOVER, BISCHOFSHOLER DAMM 15
VORHAB **massentherapie beim gefluegel einschliesslich rueckstandsfragen der therapheutika in gefluegelprodukten wie fleisch und eier**
S.WORT nutztierhaltung + veterinaermedizin + antibiotika + lebensmittelhygiene
PROLEI DR. LUEDERS
STAND 1.1.1974
BEGINN 1.1.1968 ENDE 31.12.1978
G.KOST 25.000 DM
LITAN - HINZ, K. -H.;LAI, K. W.;LUEDERS, H.:LICHTTAGLAENGE UND OXYTETRACYCLIN-BLUTSPIEGEL. . . IN: ZBL. VET. MED. B19, S. 98-110 (1972)
- LAI, K. W.;LUEDERS, H.;HINZ, K. -H.:VERGLEICHENDE UNTERSUCHUNGEN. IN: DTSCH. TIERAERZTL. WSCHR. 79, S. 433-435, S. 452-455

QB -023

INST INSTITUT FUER GEFLUEGELKRANKHEITEN DER TIERAERZTLICHEN HOCHSCHULE HANNOVER HANNOVER, BISCHOFSHOLER DAMM 15
VORHAB **virusnachweis in wild- und wirtschaftsgefluegel mit immunofluoreszenz und zellkultur**
bestandsaufnahme; aufklaerung von todesfaellen bei wildlebenden voegeln
S.WORT gefluegel + krankheitserreger + viren + nachweisverfahren
PROLEI DR. KALETA
STAND 1.1.1974
FINGEB - DEUTSCHE FORSCHUNGSGEMEINSCHAFT
- LAND NIEDERSACHSEN
BEGINN 1.1.1972 ENDE 31.12.1974
G.KOST 40.000 DM

QB -024

INST INSTITUT FUER HYGIENE DER BUNDESANSTALT FUER MILCHFORSCHUNG KIEL, HERMANN-WEIGMANN-STR. 1-27

VORHAB **nachweis, vorkommen und lebensmittelhygienische bedeutung toxischer spurenstoffe in milch und milchprodukten**
es ist das ziel dieses forschungsvorhabens, die rueckstandssituation in milch und milchprodukten zu erfassen und darueber hinaus tierexperimentelle untersuchungen zur aufnahme und zum verbleib toxischer spurenstoffe, polychlorierter biphenyle und hexachlorbenzol durchzufuehren; anhand der gefundenen messwerte und der tierexperimentellen untersuchungen wird die lebensmittelhygienische bedeutung eingeschaetzt
S.WORT milchverarbeitung + lebensmittelhygiene + toxine + spurenanalytik
PROLEI PROF. DR. ADOLF TOLLE
STAND 1.1.1974
FINGEB - BUNDESMINISTER FUER BILDUNG UND WISSENSCHAFT
- BUNDESMINISTER FUER ERNAEHRUNG, LANDWIRTSCHAFT UND FORSTEN
- BUNDESMINISTER FUER JUGEND, FAMILIE UND GESUNDHEIT
ZUSAM BUNDESGESUNDHEITSAMT BERLIN, 1 BERLIN 33, THIELALLEE 88-92
BEGINN 1.1.1969
LITAN TOLLE; HEESCHEN; BLUETHGEN; RECHMUTH; HAMANN: BIOZIDE UND UMWELTCHEMIKALIEN IN DER MILCH. IN: KIELER MILCHW. FORSCHBER. (1975)

QB -025
INST INSTITUT FUER HYGIENE DER BUNDESANSTALT FUER MILCHFORSCHUNG
KIEL, HERMANN-WEIGMANN-STR. 1-27
VORHAB **nachweis, vorkommen und lebensmittelhygienische bedeutung von antibiotikarueckstaenden in milch und milchprodukten**
die untersuchungen dienen dem ziel, die situation von antibiotikarueckstaenden in milch und milchprodukten zu erfassen; in tierexperimentellen untersuchungen wird das ausscheidungsverhalten bearbeitet; ausserdem werden methoden zum nachweis verschiedenster antibiotika (penicillin, streptomycin, lecomycin, tetracycline u. a.)erarbeitet. hierzu dienen gaschromatographische und massenspektrometrische verfahren
S.WORT milchverarbeitung + lebensmittelhygiene + antibiotika + spurenanalytik
PROLEI PROF. DR. ADOLF TOLLE
STAND 1.1.1974
FINGEB - BUNDESMINISTER FUER BILDUNG UND WISSENSCHAFT
- BUNDESMINISTER FUER JUGEND, FAMILIE UND GESUNDHEIT
BEGINN 1.1.1969
LITAN TOLLE; HEESCHEN; BLUETHGEN; RECHMUTH; HAMANN: BIOZIDE UND UMWELTCHEMIKALIEN IN DER MILCH. IN: KIELER MILCHW. FORSCHBER. (1975)

QB -026
INST INSTITUT FUER HYGIENE DER BUNDESANSTALT FUER MILCHFORSCHUNG
KIEL, HERMANN-WEIGMANN-STR. 1-27
VORHAB **nachweis, vorkommen und lebensmittelhygienische bedeutung chlorierter insektizide in milch und milchprodukten**
es ist das ziel dieses forschungsvorhabens, die rueckstandssituation in milch und milchprodukten zu erfassen und darueber hinaus tierexperimentelle untersuchungen zur aufnahme und zum verbleib chlorierter insektizide durchzufuehren; anhand der gefundenen messwerte und der tierexperimentellen untersuchungen wird die lebensmittelhygienische bedeutung eingeschaetzt
S.WORT milch + insektizide + nachweisverfahren
PROLEI PROF. DR. ADOLF TOLLE
STAND 1.1.1974
FINGEB - BUNDESMINISTER FUER BILDUNG UND WISSENSCHAFT
- BUNDESMINISTER FUER ERNAEHRUNG, LANDWIRTSCHAFT UND FORSTEN
- BUNDESMINISTER FUER JUGEND, FAMILIE UND GESUNDHEIT
BEGINN 1.1.1969
LITAN TOLLE, A.;HEESCHEN, W.;BLUETHGEN, A. ET AL.: RUECKSTAENDE VON BIOZIDEN UND UMWELTCHEMIKALIEN IN DER MILCH. - EINE UNTERSUCHUNG UEBER NACHWEIS, VORKOMMEN UND LEBENSMITTELHYGIENISCHE BEDEUTUNG. IN: KIELER MILCHW. FORSCH. BER. 25(4) S. 379-546(1973)

QB -027
INST INSTITUT FUER HYGIENE DER BUNDESANSTALT FUER MILCHFORSCHUNG
KIEL, HERMANN-WEIGMANN-STR. 1-27
VORHAB **fasciolizide in der milch**
es ist das ziel dieser forschungsarbeiten, das rueckstandsverhalten von fasciolizidenzu erfassen und die durch sie bedingte biochemische veraenderung der milch mit ihren technologischen konsequenzen zu erfassen; die arbeiten bedienen sich gaschromatographischer untersuchungen, ausserdem werden tierexperimentelle arbeiten durchgefuehrt
S.WORT milch + pestizide + nachweisverfahren
PROLEI PROF. DR. ADOLF TOLLE
STAND 1.1.1974
FINGEB BUNDESMINISTER FUER BILDUNG UND WISSENSCHAFT
BEGINN 1.1.1969
LITAN TOLLE; HEESCHEN; BLUETHGEN; RECHMUTH; HAMANN: BIOZIDE UND UMWELTCHEMIKALIEN IN DER MILCH. IN: KIELER MILCHW. FORSCHBER. (1975)

QB -028
INST INSTITUT FUER HYGIENE DER BUNDESANSTALT FUER MILCHFORSCHUNG
KIEL, HERMANN-WEIGMANN-STR. 1-27
VORHAB **umweltgefaehrdung durch stoffe mit pharmakologischer wirkung aus der tierischen produktion**
S.WORT nahrungskette + schadstoffe + biologische wirkungen
STAND 6.1.1975
FINGEB BUNDESMINISTER FUER FORSCHUNG UND TECHNOLOGIE
ZUSAM BUNDESGESUNDHEITSAMT BERLIN, 1 BERLIN 33, THIELALLEE 88-92
BEGINN 1.5.1974 ENDE 31.12.1977
G.KOST 985.000 DM

QB -029
INST INSTITUT FUER HYGIENE DER BUNDESANSTALT FUER MILCHFORSCHUNG
KIEL, HERMANN-WEIGMANN-STR. 1-27
VORHAB **biozide und umweltchemikalien in saeuglingsnahrungsmitteln (insbesondere humanmilch) und in gewebeproben von saeuglingen und kleinkindern**
die analyse von saeuglingsnahrungsmitteln soll eine bestandsaufnahme der gegenwaertigen situation und etwaige trendverfolgungen ermoeglichen. ein weiteres ziel ist es, toxikologischen forschungsarbeiten zur anpassung herkoemmlicher verbraucherschutzparameter an die groessere empfindlichkeit des saeuglings eine sichere datengrundlage zu geben
S.WORT biozide + lebensmittelkontamination + milch
STAND 1.1.1976
QUELLE mitteilung des bundesministers fuer ernaehrung,landwirtschaft und forsten
FINGEB BUNDESMINISTER FUER FORSCHUNG UND TECHNOLOGIE
BEGINN 1.1.1973
LITAN TOLLE, A.;HEESCHEN, W.;BLUETHGEN, A.;HAMANN, J.;REICHMANN, J.: RUECKSTAENDE VON BIOZIDEN UND UMWELTCHEMIKALIEN IN DER BEDEUTUNG. IN: KIELER MILCHW. -FORSCH. BER. 25(4) S. 379-546(1973)

QB -030

INST INSTITUT FUER HYGIENE DER BUNDESANSTALT FUER MILCHFORSCHUNG
KIEL, HERMANN-WEIGMANN-STR. 1-27
VORHAB **erarbeitung eines systems zur isolierung und identifizierung von antibiotika aus milch**
das forschungsvorhaben hat das ziel, ein system zur isolierung und identifizierung von antibiotika aus der milch zu entwickeln, das auf den verschiedenen ebenen eingesetzt werden kann: schnelltest bei der anlieferung der milch, identifizierung von antibiotika in laboratorien. es werden chemische, biochemische und mikrobiologische methoden eingesetzt
S.WORT antibiotika + nachweisverfahren + milch
PROLEI PROF. DR. WALTHER HEESCHEN
STAND 6.8.1976
QUELLE fragebogenerhebung sommer 1976
FINGEB BUNDESMINISTER FUER FORSCHUNG UND TECHNOLOGIE
ZUSAM - BUNDESGESUNDHEITSAMT, BERLIN
- DFG, KENNEDYALLEE, 5300 BONN-BAD GODESBERG
- INTERNATIONALER MILCHWIRTSCHAFTSVERBAND, SQUARE VERGOTE, BRUESSEL
BEGINN 1.1.1966
LITAN TOLLE, A.;HEESCHEN, W.;BLUETHGEN, A.;HAMANN, J.;REICHMUTH, J.: RUECKSTAENDE VON BIOZIDEN UND UMWELTCHEMIKALIEN IN DER MILCH - EINE UNTERSUCHUNG UEBER NACHWEIS, VORKOMMEN UND LEBENSMITTELHYGIENISCHE BEDEUTUNG. IN: KIELER MILCHW. -FORSCH. BER. 25(4) S. 379-546(1973)

QB -031

INST INSTITUT FUER HYGIENE UND MIKROBIOLOGIE DER UNI DES SAARLANDES
HOMBURG/SAAR
VORHAB **umweltgefaehrdung durch stoffe mit pharmakologischer wirkung aus der tierischen produktion**
S.WORT lebensmittelueberwachung + fleischprodukte + pharmaka
STAND 1.1.1974
FINGEB BUNDESMINISTER FUER FORSCHUNG UND TECHNOLOGIE
BEGINN 1.1.1973 ENDE 31.12.1977
G.KOST 777.000 DM

QB -032

INST INSTITUT FUER MIKROBIOLOGIE DER BUNDESANSTALT FUER MILCHFORSCHUNG
KIEL, HERMANN-WEIGMANN-STR. 1-27
VORHAB **mykotoxine in kaese und milch: herkunft und nachweis**
ziel: pruefung von fuer die nahrungsmittelaufbereitung bedeutsamen schimmelpilzen auf mycotoxinbildung; erarbeitung von nachweismethoden
S.WORT mykotoxine + lebensmittel + schimmelpilze
PROLEI PROF. DR. DR. LEMBKE
STAND 1.1.1974
FINGEB BUNDESMINISTER FUER ERNAEHRUNG, LANDWIRTSCHAFT UND FORSTEN
BEGINN 1.1.1970
G.KOST 186.000 DM
LITAN - UNTERSUCHUNGEN ZUR FRAGE EINER CANCEROGENEN WIRKUNG VON PENICILLIUM CAMAMBERTI
- ZWISCHENBERICHT 1975. 02

QB -033

INST INSTITUT FUER MIKROBIOLOGIE DER BUNDESANSTALT FUER MILCHFORSCHUNG
KIEL, HERMANN-WEIGMANN-STR. 1-27
VORHAB **entstehung von nitrosaminen in lebensmitteln, speziell in kaesen**
ziel: pruefung von kaesen auf das vorkommen von nitrosaminen bis herab zu konzentrationen von mikrogramm je kilogramm, identifizierung der nitrosamine und aufklarung ihres entstehungsmechanismus
S.WORT nitrosamine + lebensmittel + spurenanalytik
PROLEI PROF. DR. DR. LEMBKE
STAND 1.1.1974
FINGEB DEUTSCHE FORSCHUNGSGEMEINSCHAFT
BEGINN 1.1.1972
G.KOST 63.000 DM
LITAN - LEMBKE, A.;MOEBUS, O.: BESTEHT EIN ZUSAMMENHANG ZWISCHEN DEM VORKOMMEN VON NITRITBILDENDEN MIKROORGANISMEN IM KAESE UND DER ENTSTEHUNG VON NITROSAMIN? 189 INT. MILCHW. KONGR. 1D 139(1970)
- LEMBKE, A.;FRAHM, H.;MOEBUS, O.;WASSERFALL, F.: UEBER DEN BILDUNGSMECHANISMUS DER NITROSAMINE IM KAESE. IN: DT. MOLK. ZTG. 92 S. 629(1971)
- ZWISCHENBERICHT 1972. 12: NACHWEIS UND ENTSTEHUNG VON NITROSAMINEN IM KAESE

QB -034

INST INSTITUT FUER ORGANISCHE CHEMIE UND BIOCHEMIE DER UNI HAMBURG
HAMBURG 13, MARTIN-LUTHER-KING-PLATZ 6
VORHAB **raeucherung; rauchkondensate der rauchentwicklung waehrend der raeucherung von lebensmitteln; analyse-kontaminationsprobleme**
analytik von rauchkondensaten und raucharomen mit physikalisch-chemischen messmethoden (gaschromatographie/ massenspektrometrie/hochdruckfluessigkeitschromatog-raphie); polycyclische aromaten; phenolfraktionen
S.WORT nahrungsmittelproduktion + analytik + polyzyklische aromaten + phenole
PROLEI PROF. DR. KURT HEYNS
STAND 1.1.1974
FINGEB BUNDESMINISTER FUER JUGEND, FAMILIE UND GESUNDHEIT
ZUSAM - BUNDESFORSCHUNGSANSTALT FUER FLEISCHFORSCHUNG, 865 KULMBACH, BLAICH 4
- ARBEITSGRUPPE RAEUCHERUNG DER KOMMISSION ZUR PRUEFUNG FREMDER STOFFE DER DFG
BEGINN 1.1.1970 ENDE 31.12.1978
G.KOST 240.000 DM
LITAN BERICHT IM SENATSAUSSCHUSS FUER UMWELTFRAGEN DER DFG

QB -035

INST INSTITUT FUER ORGANISCHE CHEMIE UND BIOCHEMIE DER UNI HAMBURG
HAMBURG 13, MARTIN-LUTHER-KING-PLATZ 6
VORHAB **untersuchungen zum vorkommen synthetischer oestrogenwirksamer stoffe und antibiotika in schlachttieren und nahrungsmitteln tierischen ursprungs**
es werden radioimmunoarrays entwickelt, die spezifische nachweise im pikogramm-bereich erlauben und die unspezifischen biologischen methoden ersetzen sollen
S.WORT fleischprodukte + lebensmittelkontamination + antibiotika + oestrogene + nachweisverfahren
PROLEI PROF. DR. FERDINAND JOHANN LIEMANN
STAND 30.8.1976
QUELLE fragebogenerhebung sommer 1976

QB -036

INST INSTITUT FUER PHYSIK DER BUNDESANSTALT FUER MILCHFORSCHUNG
KIEL, HERMANN-WEIGMANN-STR. 1-27
VORHAB **untersuchungen ueber die j 131-belastung der milch in der umgebung groesserer kernkraftwerke im norddeutschen raum**
entwicklung und erprobung sehr empfindlicher methoden fuer die routinemaessige ueberwachung der milch aus der umgebung von kernkraftwerken. ueberwachung des j 131-gehaltes der milch aus der umgebung einiger kernkraftwerke. bestimmung von transferwerten des j 131 zwischen abluft und milch
S.WORT lebensmittelkontamination + milch + radioaktive spaltprodukte + kernkraftwerk + (jod 131)
PROLEI DR. ARNOLD WIECHEN
STAND 6.8.1976

QUELLE fragebogenerhebung sommer 1976
ZUSAM INST. F. STRAHLENHYGIENE DES BUNDESGESUNDHEITSAMTES, INGOLSTAEDTER LANDSTR. 1, 8042 NEUHERBERG
BEGINN 1.6.1975
LITAN - WIECHEN, A.: DIE BESTIMMUNG GERINGER J 131-AKTIVITAETEN IN MILCH AUS DER UMGEBUNG VON KERNKRAFTWERKEN. IN: MILCHWISSENSCHAFT 30(5) S. 279-282
- TEILBERICHTE "MILCH UND MILCHPRODUKTE". IN: JAHRESBERICHTE "UMWELTRADIOAKTIVITAET UND STRAHLENBELASTUNG" DES BMI

QB -037

INST INSTITUT FUER TIERAERZTLICHE NAHRUNGSMITTELKUNDE / FB 18 DER UNI GIESSEN GIESSEN, FRANKFURTER STR. 92
VORHAB vorkommen, herkunft und bedeutung von schimmelpilzen bei fleischprodukten
statuserhebung ueber schimmelpilzbefall bei fleischprodukten, erforschung unbekannter zusammenhaenge(kontaminationsquelle), ermittlung der mykotoxingefahr fuer verbraucher; ausschluss von pilzwachstum durch neue technologie; studium von wachstumsverhalten und biochemischen leistungsvermoegen; vermeidung von pilzbefall, dadurch verringerung des lebensmittelverderbs und gesundheitlichen verbraucherrisikos
S.WORT lebensmittelhygiene + fleischprodukte + fungistatika + kontaminationsquelle + schimmelpilze
PROLEI PROF. DR. HADLOK
STAND 1.1.1974
QUELLE erhebung 1975
ZUSAM CENTRALBUREAU VOOR SCHIMMELCULTURES, BAARN (NIEDERLANDE) SCHIMMELPILZE, DIFFERENZIERUNG
BEGINN 1.1.1965

QB -038

INST INSTITUT FUER TIERAERZTLICHE NAHRUNGSMITTELKUNDE / FB 18 DER UNI GIESSEN GIESSEN, FRANKFURTER STR. 92
VORHAB rechtsvorschriften ueber rueckstaende im fleisch
sammlung bestehender rechtsvorschriften in neun eg-laendern; analyse und auswertung dieser rechtsvorschriften; entwurf einer rechtlichen gemeinschaftsregelung fuer die reglementierung von rueckstaenden im fleisch von schlachttieren einschliesslich gefluegel sowie in milch, milch-erzeugnissen und futtermittel fuer milchtiere in den usa und den eg-laendern
S.WORT lebensmittel + rueckstaende + rechtsvorschriften EG-LAENDER
PROLEI PROF. DR. BARTELS
STAND 1.10.1974
QUELLE erhebung 1975
FINGEB EUROPAEISCHE GEMEINSCHAFTEN, KOMMISSION
ZUSAM INST. F. HYGIENE DER BUNDESANSTALT FUER MILCHFORSCHUNG, 23 KIEL, HERMANN-WEIGMANNSTR. 1-27
BEGINN 1.10.1972 ENDE 31.12.1974
G.KOST 20.000 DM

QB -039

INST INSTITUT FUER TIERAERZTLICHE NAHRUNGSMITTELKUNDE / FB 18 DER UNI GIESSEN GIESSEN, FRANKFURTER STR. 92
VORHAB mikrobiologische standards von fleischerzeugnissen
haltbarkeit und gesundheitliche unbedenklichkeit vom tier stammender nahrungsmittel haengen u. a. von deren mikrobiellem status als ausdruck der angewandten hygiene in der gewinnung des rohmaterials und bei der herstellung und handhabung der erzeugnisse ab. in fortsetzung frueher durchgefuehrter untersuchungen wurde der keimgehalt von kochwuersten bestimmt, um in quantitativer und qualitativer hinsicht einen ueberblick ueber die keimflora organoleptisch einwandfreier kochwuerste (leberwuerste) des handels zu bekommen. mikrobiologische normen auch fuer dieses produkt wurden vorgeschlagen
S.WORT lebensmittelhygiene + mikroflora + fleischprodukte
PROLEI PROF. DR. HADLOK
STAND 6.8.1976
QUELLE fragebogenerhebung sommer 1976
BEGINN 1.1.1968 ENDE 31.12.1975

QB -040

INST INSTITUT FUER TIERAERZTLICHE NAHRUNGSMITTELKUNDE / FB 18 DER UNI GIESSEN GIESSEN, FRANKFURTER STR. 92
VORHAB rueckstaende im fleisch
die studie "rueckstaende im fleisch" befasst sich zunaechst mit einer statuserhebung ueber den sachstand auf den verschiedenen rueckstandsgebieten und soll dann den status der in den neun laendern der eg vorhandenen rechtsvorschriften auf rueckstandsgebiet ermitteln und festzustellen versuchen, welche neuen rechtsvorschriften in absehbarer zeit in diesen laendern auf diesem gebiet zu erwarten sind. diese rechtsvorschriften sind danach zu analysieren, um gegebenenfalls aufgrund des ergebnisses der analyse empfehlungen fuer rechtliche und sonstige regelungen auf dem rueckstandsgebiet ausarbeiten zu koennen
S.WORT fleisch + rueckstandsanalytik
PROLEI PROF. DR. BARTELS
STAND 6.8.1976
QUELLE fragebogenerhebung sommer 1976
FINGEB EUROPAEISCHE GEMEINSCHAFTEN
BEGINN 1.1.1972

QB -041

INST INSTITUT FUER TIERAERZTLICHE NAHRUNGSMITTELKUNDE / FB 18 DER UNI GIESSEN GIESSEN, FRANKFURTER STR. 92
VORHAB fleischhygienerecht und schlachthofwesen
analyse des fleischhygienerechts und des schlachthofswesens sowie erarbeitung von grundlagen fuer ihre fortentwicklung
S.WORT fleisch + lebensmittelhygiene + schlachthof
PROLEI PROF. DR. BARTELS
STAND 6.8.1976
QUELLE fragebogenerhebung sommer 1976
BEGINN 1.1.1968
LITAN HADLOK, R.: DIE FUER DIE AMTLICHE FLEISCHUNTERSUCHUNG IM NATIONALEN UND INTERNATIONALEN FLEISCHHYGIENERECHT VORGESEHENEN LYMPHKNOTEN. IN: FLEISCHWIRTSCH. 54(10) S. 1621-1622(1974)

QB -042

INST INSTITUT FUER TIERAERZTLICHE NAHRUNGSMITTELKUNDE / FB 18 DER UNI GIESSEN GIESSEN, FRANKFURTER STR. 92
VORHAB schimmelpilze und fleischerzeugnisse
die anwendung wirksamer hygienemassnahmen und technologischer verfahren zum weitgehenden ausschluss von unerwuenschtem schimmelpilzwachstum ist von der kenntnis wesentlicher kontaminationsquellen sowie dem wissen ueber das vorkommen, das wachstumsverhalten, die resistenz und das biochemische leistungsvermoegen der haeufig vorkommenden gattung und arten abhaengig. die bisher durchgefuehrten untersuchungen haben keine genaue kenntnis ueber die zusammensetzung der pilzflora im lebensmittel fleisch gebracht. potentielle mykotoxinbildner wurden auf aflatoxinbildung untersucht. als technologische verfahren zum ausschluss von schimmelpilzwachstum bei fleischerzeugnissen wurden bestimmte schutzfilme und unter bestimmten bedingungen erzeugter raeucherrauch naeher unttersucht. systematischtaxonomische untersuchungen sollen einer vereinfachung und damit verbreitung anwendungsmykologischer untersuchungen dienen
S.WORT fleischprodukte + mykotoxine
PROLEI PROF. DR. HADLOK
STAND 6.8.1976

QUELLE fragebogenerhebung sommer 1976
FINGEB DEUTSCHE FORSCHUNGSGEMEINSCHAFT
ZUSAM - CENTRALBUREAU VOOR SCHIMMELCULTURES, BAARN/NIEDERLANDE
- RECHTSINSTITUT FUER VOLKSGESUNDHEIT, BILHOVEN/NIEDERLANDE
BEGINN 1.1.1965

QB -043
INST INSTITUT FUER TIERAERZTLICHE NAHRUNGSMITTELKUNDE / FB 18 DER UNI GIESSEN
GIESSEN, FRANKFURTER STR. 92
VORHAB **rueckstaende bei schlachttieren**
b die bestimmung von hemmstoffen, substanzen mit oestrogener wirkung und thyreostatika gefuehrt
S.WORT fleisch + rueckstandsanalytik + lebensmittelhygiene
PROLEI PROF. DR. BARTELS
STAND 6.8.1976
QUELLE fragebogenerhebung sommer 1976
BEGINN 1.1.1972
LITAN KLARE, H.-J.: GIFT IM FLEISCH? IN: FLEISCHWIRTSCH. 54 S. 339-342(1974)

QB -044
INST INSTITUT FUER TOXIKOLOGIE UND CHEMOTHERAPIE DES DEUTSCHEN KREBSFORSCHUNGSZENTRUMS
HEIDELBERG, IM NEUENHEIMER FELD 280
VORHAB **untersuchung von camembert-schimmel auf moegliche carcinogene wirkung**
S.WORT schimmelpilze + carcinogene wirkung + (kaese)
PROLEI PROF. DR. SCHMAEHL
STAND 1.1.1974
FINGEB BUNDESMINISTER FUER JUGEND, FAMILIE UND GESUNDHEIT
BEGINN 1.11.1972 ENDE 31.12.1979
G.KOST 443.000 DM

QB -045
INST LANDESUNTERSUCHUNGSAMT FUER GESUNDHEITSWESEN NORDBAYERN
NUERNBERG, FLURSTR. 20
VORHAB **untersuchung vom tier stammender lebensmittel (und futtermittel) auf genusstauglichkeit und qualitaet**
S.WORT lebensmittelhygiene + fleisch
STAND 1.1.1974
FINGEB STAATSMINISTERIUM DES INNERN, MUENCHEN

QB -046
INST LANDWIRTSCHAFTLICHE UNTERSUCHUNGS- UND FORSCHUNGSANSTALT DER LANDWIRTSCHAFTSKAMMER SCHLESWIG-HOLSTEIN
KIEL, GUTENBERGSTR. 75-77
VORHAB **untersuchung von fleisch (schwein, rind, kalb, gefluegel) und mischproben auf ddt und andere organochlorinsektizid-rueckstaende**
S.WORT lebensmittelanalytik + fleisch + ddt + insektizide
PROLEI DIPL. -CHEM. HERBERT KNAPSTEIN
STAND 1.10.1974
FINGEB BUNDESMINISTER FUER JUGEND, FAMILIE UND GESUNDHEIT
BEGINN 1.1.1972 ENDE 31.12.1974
G.KOST 20.000 DM

QB -047
INST LEHRSTUHL FUER HYGIENE UND TECHNOLOGIE DER LEBENSMITTEL TIERISCHEN URSPRUNGS DER UNI MUENCHEN
MUENCHEN 22, VETERINAERSTR. 13
VORHAB **untersuchungen auf rueckstaende an toxischen metallen und organischen umweltchemikalien von lebensmitteln tierischer herkunft**
die untersuchungen dienten der ermittlung des status quo, insbesondere bei fleisch von schlachttieren, gefluegel, wild und fleischprodukten sowie milch, einern und fischen. nach vorwiegend oekologischen und lebensmittelhygienischen gesichtspunkten wurden probenkollektive bestimmter lebensmittel tierischen ursprungs auf verschiedene umweltrelevante schadstoffe untersucht. pb, cd und hg wurden nach nasser mineralisation der proben flammenlos atomabsorptionsspektrometrisch bestimmt, as photometrisch und flammenlos atomabsorptionsspektrometrisch, persistente chlorkohlenwasserstoffpestizide und pcb's gaschromatographisch
S.WORT fleischprodukte + schwermetallkontamination + umweltchemikalien + rueckstandsanalytik
PROLEI PROF. DR. WILHELM KREUZER
STAND 1.1.1974
FINGEB BUNDESMINISTER FUER JUGEND, FAMILIE UND GESUNDHEIT
BEGINN 1.1.1971 ENDE 31.12.1975
G.KOST 400.000 DM
LITAN - ZWISCHENBERICHT 1976.02
- KREUZER,W.;HOLLWICH,W.: ZUM HG-GEHALT IN SUESSWASSERFISCHEN AUS SUEDDEUTSCHEN GEWAESSERN UND SEINE LEBENSMITTELHYGIENISCHE BEWERTUNG. IN:FISCH UND UMWELT 2, STUTTGART:VERLAG FISCHER(1976)
- KREUZER,W.;WISSMATH,P.: GEHALTE AN SCHWERMETALLEN (CD, PB, HG) IN EINIGEN WILDLEBENDEN WASSERVOGELARTEN. IN:PROCEEDINGS 305 INTERNATIONAL WILDLIFE DISEASE CONFERENCE, MUENCHEN, 2.-29.AUG 1975

QB -048
INST LEHRSTUHL FUER HYGIENE UND TECHNOLOGIE DER LEBENSMITTEL TIERISCHEN URSPRUNGS DER UNI MUENCHEN
MUENCHEN 22, VETERINAERSTR. 13
VORHAB **untersuchungen ueber die ursachen der schwermetallkontamination von nutz- und schlachttieren und daraus gewonnenen lebensmitteln**
z. t. nicht unbeachtliche rueckstaende an pb und cd in verschiedenen lebensmitteln tierischer herkunft waren veranlassung, fleisch und organe von schlachttieren auf moegliche kontaminationsursachen zu untersuchen. exogene ursachen (exposition, haltung, fuetterung, jahreszeit, jahr) wurden an sehr unterschiedlichen gehaltenen und umweltbelasteten rindern, schweinen und gefluegel studiert, ednogene faktoren (alter, geschlecht, rasse u. a.) an entsprechenden tieren. die pb- und cd-bestimmungen erfolgten nach nasser mineralisation flammenlos atomabsorptionsspektrometrisch
S.WORT lebensmittel + fleischprodukte + schwermetallkontamination + umweltbelastung
PROLEI PROF. DR. WILHELM KREUZER
STAND 1.1.1974
FINGEB BUNDESMINISTER FUER JUGEND, FAMILIE UND GESUNDHEIT
ZUSAM GESELLSCHAFT FUER STRAHLENFORSCHUNG UND UMWELTFORSCHUNG MBH, 8 MUENCHEN 2, LANDWEHRSTR. 61
BEGINN 1.11.1972 ENDE 31.12.1975
G.KOST 205.000 DM
LITAN - ZWISCHENBERICHT 1975.02
- KREUZER,W.;SANSONI,B.;KRACKE,W.;WISSMATH,P.: CADMIUM IN FLEISCH UND ORGANEN VON SCHLACHTTIEREN. IN:FLEISCHWIRTSCHAFT 55 S.287(1976)
- KREUZER,W.;WISSMATH,P.;HOLLWICH,W.: CD IN SCHLACHTSCHWEINEN (IM DRUCK)

QB -049
INST LEHRSTUHL FUER HYGIENE UND TECHNOLOGIE DER LEBENSMITTEL TIERISCHEN URSPRUNGS DER UNI MUENCHEN
MUENCHEN 22, VETERINAERSTR. 13
VORHAB **feststellung von bleigehalten in wurst- und poekelwaren**
erfassung von bleirueckstaenden in wurst- und poekelwaren im hinblick auf die erstellung einer "vo ueber hoechstmengen an as, pb, cd und hg in oder auf lebensmitteln". dabei soll vor allem die moeglichkeit der einschleppung von blei mit zusatzstoffen oder durch kontakt mit behaeltnissen und maschinen bei der fleischwarenherstellung untersucht werden. die pb-bestimmung erfolgt flammenlos atomabsorptionsspektrometrisch

S.WORT fleischprodukte + blei + rueckstandsanalytik + hoechstmengenverordnung
PROLEI PROF. DR. WILHELM KREUZER
STAND 30.8.1976
QUELLE fragebogenerhebung sommer 1976
FINGEB BUNDESMINISTER FUER JUGEND, FAMILIE UND GESUNDHEIT
BEGINN 1.7.1976 ENDE 31.7.1978
G.KOST 143.000 DM

QB -050

INST LEHRSTUHL FUER HYGIENE UND TECHNOLOGIE DER MILCH DER UNI MUENCHEN
MUENCHEN 22, VETERINAERSTR. 13
VORHAB **untersuchungen ueber nachweis und bildung von nitrosaminen in futtermitteln, milch und milcherzeugnissen**
ueberpruefung der fuer die analytik von nitrosaminen publizierten methoden auf ihre anwendbarkeit in bezug auf futtermittel, milch und milcherzeugnisse (extrations-, reinigungs-, trenn- und nachweisverfahren). nachweisverfahren: gaschromatographie mit n-sensitivem detektor. bestaetigung der ergebnisse durch massenspektrometrie. erhebungen ueber einen moeglichen nitrosamingehalt in futtermitteln, milch und milcherzeugnissen. ausscheidung der durch futtermittel von der kuh aufgenommenen nitrosamine ueber die milch
S.WORT lebensmittelkontamination + futtermittel + milch + nitrosamine + nachweisverfahren
PROLEI DR. ELMAR HALLERMAYER
STAND 10.9.1976
QUELLE fragebogenerhebung sommer 1976
FINGEB BUNDESMINISTER FUER JUGEND, FAMILIE UND GESUNDHEIT
ZUSAM - DEUTSCHES KREBSFORSCHUNGSZENTRUM, 6900 HEIDELBERG
- LANDESAMT FUER UMWELTSCHUTZ, 8000 MUENCHEN
- EIDGENOESSISCHES VETERINAERAMT, BERN/SCHWEIZ
BEGINN 1.9.1974 ENDE 31.8.1976
G.KOST 111.000 DM
LITAN ZWISCHENBERICHT

QB -051

INST LEHRSTUHL FUER HYGIENE UND TECHNOLOGIE DER MILCH DER UNI MUENCHEN
MUENCHEN 22, VETERINAERSTR. 13
VORHAB **untersuchungen ueber nachweis und bildung von nitrosaminen in futtermitteln, milch und milcherzeugnissen**
ueberpruefung der fuer die analytik von nitrosaminen publizierten methoden auf ihre anwendbarkeit in bezug auf futtermittel, milch und milcherzeugnisse (extrations-, reinigungs-, trenn- und nachweisverfahren). nachweisverfahren: gaschromatographie mit n-sensitivem detektor. bestaetigung der ergebnisse durch massenspektrometrie. erhebungen ueber einen moeglichen nitrosamingehalt in futtermitteln, milch und milcherzeugnissen. ausscheidung der durch futtermittel von der kuh aufgenommenen nitrosamine ueber die milch
S.WORT lebensmittelkontamination + futtermittel + milch + nitrosamine + nachweisverfahren
PROLEI DR. ELMAR HALLERMAYER
STAND 10.9.1976
QUELLE fragebogenerhebung sommer 1976
FINGEB BUNDESMINISTER FUER JUGEND, FAMILIE UND GESUNDHEIT
ZUSAM - DEUTSCHES KREBSFORSCHUNGSZENTRUM, 6900 HEIDELBERG
- LANDESAMT FUER UMWELTSCHUTZ, 8000 MUENCHEN
- EIDGENOESSISCHES VETERINAERAMT, BERN/SCHWEIZ
BEGINN 1.9.1974 ENDE 31.8.1976
G.KOST 111.000 DM
LITAN ZWISCHENBERICHT

QB -052

INST STAATLICHES VETERINAERUNTERSUCHUNGSAMT BRAUNSCHWEIG
BRAUNSCHWEIG, HOHETORWALL 14
VORHAB **blei- und cadmiumbelastung bei schlachtbaren haustieren und wild**
feststellung der blei- und cadmiumbelastung von a) schlachtbaren haustieren und b) wild; blei- und cadmiumfuetterungsversuche bei schweinen in zusammenarbeit mit der fal. daten sollen zahlenmaterial fuer die in aussicht genommene hoechstmengenverordnung liefern. es werden muskeln, lebern und nieren untersucht. nach nassaufschluss mit hno3/hc104 wird der gehalt mittels atomabsorptionsspektrometrie ermittelt
S.WORT lebensmittelkontamination + schlachttiere + wild + blei + cadmium
PROLEI DR. MED. JASPER HOLM
STAND 10.10.1976
QUELLE fragebogenerhebung sommer 1976
FINGEB LAND NIEDERSACHSEN
ZUSAM FORSCHUNGSANSTALT FUER LANDWIRTSCHAFT, 3300 BRAUNSCHWEIG
BEGINN 1.1.1974
LITAN HOLM, JASPER: UNTERSUCHUNGEN AUF DEN GEHALT AN BLEI UND CADMIUM IN FLEISCH- UND ORGANPROBEN BEI SCHLACHTTIEREN. IN: DIE FLEISCHWIRTSCHAFT 56 (3) S. 413-416

QB -053

INST STAATLICHES VETERINAERUNTERSUCHUNGSAMT BRAUNSCHWEIG
BRAUNSCHWEIG, HOHETORWALL 14
VORHAB **belastung mit pestiziden im bereich des niedersaechsischen verwaltungsbezirks braunschweig bei lebensmitteln tierischen ursprungs, haustieren und wildlebenden tieren**
festellen der belsatung von lebensmitteln tierischen ursprungs im rahmen der bakteriologischen fleischbeschau und an tieren, speziell wildlebenden tieren mit pestiziden (insektizide, fungizide, herbizide etc.). aufgabe: pruefen des akkumulierens, des recycling; ausarbeiten von speziellen untersuchungsmethoden, erstellen von untersuchungsplaenen, untersuchung der herkunft von pestiziden, deren uebergehen auf lebensmittel und tiere und deren metabolisierung
S.WORT lebensmittelkontamination + fleisch + pestizide + haustiere + wild
PROLEI DR. MED. CHRISTIAN BOGEN
STAND 10.10.1976
QUELLE fragebogenerhebung sommer 1976
FINGEB LAND NIEDERSACHSEN
ZUSAM BIOLOGISCHE BUNDESANSTALT, 3300 BRAUNSCHWEIG
LITAN BOGEN; HOLM: SCHADMETEALL- UND PESTIZID-RUECKSTAENDE IN HASEN. IN: NIEDERSAECHSISCHER JAEGER 21 (4) S. 134(1976)

QB -054

INST STAATLICHES VETERINAERUNTERSUCHUNGSAMT FUER FISCHE UND FISCHWAREN
CUXHAVEN, SCHLEUSENSTR.
VORHAB **bestimmung des quecksilber-gehaltes der seefische und anderer meerestiere in abhaengigkeit von physiologischen determinanten zu einer lebensmittelrechtlichen beurteilung der seefische**
der forschungsauftrag soll einen lueckenlosen ueberblick ueber die kontamination der seefische auf allen fangplaetzen der deutschen kuesten- und hochseefischerei geben - es wurden bislang 6500 einzelproben untersucht, die ueber die edv-anlage der tieraeztlichen hochschule hannover ausgewertet werden. - die zielsetzung ist die erarbeitung einer praktikablen quecksilber-verordnung zur sicheren ueberwachung der kontamination der seefische
S.WORT lebensmittelueberwachung + fische + schwermetallkontamination
NORDSEE + OSTSEE + ATLANTIK (NORD)
PROLEI DR. KARL-ERNST KRUEGER

STAND 21.7.1976
QUELLE fragebogenerhebung sommer 1976
FINGEB BUNDESMINISTER FUER JUGEND, FAMILIE UND GESUNDHEIT
BEGINN 1.11.1973 ENDE 31.10.1976
G.KOST 480.000 DM
LITAN - KRUEGER, K.;NIEPER, L.;AUSLITZ, H. -J.: BESTIMMUNGEN DES QUECKSILBER-GEHALTES DER SEEFISCHE AUF DEN FANGPLAETZEN DER DEUTSCHEN HOCHSEE- UND KUESTENFISCHEREI. IN: ARCHIV FUER LEBENSMITTELHYGIENE 26(6) S. 201-207(1975)
- AUSLITZ, H. -J.: ZUR EIGNUNG EINES PTFE-AUTOKLAVEN FUER DEN AUFSCHLUSS VON ORGANISCHEM MATERIAL ZUR QUECKSILBERANALYSE. IN: ARCHIV FUER LEBENSMITTELHYGIENE 27(2) S. 41-80(1976)

QB -055

INST STAATLICHES VETERINAERUNTERSUCHUNGSAMT FUER FISCHE UND FISCHWAREN
CUXHAVEN, SCHLEUSENSTR.
VORHAB **bestimmung des quecksilber-gehaltes der seefische und anderer meerestiere in abhaengigkeit von physiologischen determinanten zur analyse der fangplaetze und zur durchfuehrung einer beurteilung der seefische**
der forschungsauftrag soll einen lueckenlosen ueberblick ueber die kontamination der seefische auf allen fangplaetzen der deutschen kuesten- und hochseefischerei geben. es wurden bislang 6500 einzelproben untersucht, die ueber eine edv-anlage der tieraerztlichen hochschule hannover ausgewertet werden. die zielsetzung ist die erarbeitung einer praktikablen quecksilber-verordnung zur sicheren ueberwachung der kontamination der seefische
S.WORT lebensmittelkontamination + fische + meerestiere + quecksilber
NORDSEE + OSTSEE + NORDATLANTIK + BARENTSEE + NORDAMERIKA (KUESTENGEBIET)
PROLEI DR. MED. KARL-ERNST KRUEGER
STAND 10.10.1976
QUELLE fragebogenerhebung sommer 1976
FINGEB BUNDESMINISTER FUER JUGEND, FAMILIE UND GESUNDHEIT
BEGINN 1.11.1973 ENDE 31.10.1976
G.KOST 480.000 DM
LITAN - KRUEGER, K. -E.;NIEPER, L.;AUSLITZ, H. -J.: BESTIMMUNG DES QUECKSILBERGEHALTES DER SEEFISCHE AUF DEN FANGPLAETZEN DER DEUTSCHEN HOCHSEE- UND KUESTENFISCHEREI. IN: ARCHIV FUER LEBENSMITTELHYGIENE 26. JHRG. (6) S. 201-207(1975)
- AUSLITZ, H. -J.: ZUR EIGNUNG EINDES PTFE-AUTOKLAVEN FUER DEN AUFSCHLUSS VON ORGANISCHEM MATERILA ZUR QUECKSILBERANALYSE. IN: ARCHIV FUER LEBENSMITTELHYGIENE 27. JHRG. (2) S. 41-80(1976)

QB -056

INST STAATLICHES VETERINAERUNTERSUCHUNGSAMT HANNOVER
HANNOVER, RICHARD-WAGNER-STR. 22
VORHAB **feststellung der gehalte von arsen, blei, cadmium und quecksilber in lebensmitteln tierischer herkunft, insbesondere innereien**
im rahmen einer verordnung beabsichtigt das bmjfg hoechstmengen an arsen, blei, cadmium und quecksilber fuer lebensmittel tierischer herkunft festzulegen. um die belastungsgrenzen den derzeitigen realitaeten anzupassen, ist eine statuserhebung bei einer groesseren anzahl von schlachttieren erforderlich. die untersuchung erfolgt nach nassveraschung homogenierten organmaterials mittels atomabsorptionssprktrographie. pb und cd in der massmanntechnik as und hg in einer flammenlosen methode
S.WORT lebensmittelkontamination + fleisch + arsen + schwermetalle + hoechstmengenverordnung + (carry-over-modell)
NIEDERSACHSEN
PROLEI DR. ERNST FORSCHNER
STAND 10.10.1976
QUELLE fragebogenerhebung sommer 1976
FINGEB BUNDESMINISTER FUER JUGEND, FAMILIE UND GESUNDHEIT
ZUSAM - BUNDESGESUNDHEITSAMT, UNTER DEN EICHEN, 1000 BERLIN
- BFA, BLAICH 4, 8650 LULMBACH
- UNIVERSITAET MUENCHEN, VETERNIAERSTR. 13, 8000 MUENCHEN; PROF. DR. KREUZER
BEGINN 1.9.1976 ENDE 31.12.1977
G.KOST 154.000 DM

QB -057

INST STAATLICHES VETERINAERUNTERSUCHUNGSAMT OLDENBURG
OLDENBURG, PHILOSOPHENWEG 38
VORHAB **unerwuenschte rueckstaende im fleisch schlachtbarer haustiere**
zielsetzung: verbraucherschutz. die proben werden von fleischbeschautieraerzten eingesandt. die ergebnisse werden bei der fleischbeschaurechtlichen beurteilung beruecksichtigt. folgende organe werden untersucht (in klammern untersuchungsmethode): 1) muskulatur, leber, niere und gelegentlich andere organe auf schwermetalle (atomabsorptionsspektrophotometrie), 2) fettgewebe auf pestizide (gaschromatographie)
S.WORT lebensmittelkontamination + fleisch + schlachttiere + schwermetalle + pestizide
WESER-EMS-GEBIET
PROLEI HERBERT DICKEL
STAND 10.10.1976
BEGINN 1.1.1974

QB -058

INST STAATLICHES VETERINAERUNTERSUCHUNGSAMT STADE
STADE, HECKENWEG 6
VORHAB **belastung von haus- und wildtieren durch pestizide und schwermetalle sowie der aus diesen tieren hergestellten lebensmittel**
1) ziel: schutz des verbrauchers vor gesundheitlichen und materiellen schaeden. 2) aufgabenstellungen: ausarbeitung von untersuchungsmethoden, sammlung statistischer werte, erarbeitung von recycling-plaenen, ursachenforschung, metabolisierungsfragen und fragen der akkumulation. 3) methodik: entnahme von proben bei der fleischbeschau und lebensmittelueberwachung. die untersuchungsergebnisse werden bei der beurteilung verwertet. 4) untersuchungen: a) schwermetalle mittels atomabsorptionsspektrometrie, material: (vorzugsweise) leber, niere, muskulatur; b) pestizide mittels gaschromatographie, material: (vorzugsweise) fettgewebe
S.WORT lebensmittelkontamination + schlachttiere + wild + schwermetalle + pestizide
NORDHEIDE
PROLEI DR. MED. GERD RODENHOFF
STAND 10.10.1976
QUELLE fragebogenerhebung sommer 1976
ZUSAM STAATLICHE VETERINAERUNTERSUCHUNGSAEMTER IN BRAUNSCHWEIG, CUXHAVEN, HANNOVER, OLDENBURG
BEGINN 1.8.1976

QB -059

INST TIERAERZTLICHES INSTITUT DER UNI GOETTINGEN
GOETTINGEN, GRONER LANDSTRASSE 2
VORHAB **antibiotikanachweis in gefluegelprodukten**
S.WORT antibiotika + nachweisverfahren + gefluegel
PROLEI J. SPECK
STAND 1.1.1976
QUELLE mitteilung des bundesministers fuer ernaehrung,landwirtschaft und forsten
BEGINN 1.1.1972 ENDE 31.12.1974

QB -060

INST WISSENSCHAFTLICHE BETRIEBSEINHEIT ZOOLOGIE DER UNI FRANKFURT
FRANKFURT, SIESMAYERSTR. 70

VORHAB **quantitative untersuchungen zur parasitierung bei suesswasserfischen**
waehrend die lebenszyklen der parasiten recht gut untersucht sind, liegen ueber die quantitaet der parasitierung wenig daten vor. die gesamtheit aller ekto- und endoparasiten wird fuer einige fischarten in baggerteichen verschiedenen alters untersucht. die statistische analyse zeigt eine ueberraschende individuelle analyse im parasitenbefall. eine reihe von korrelationen deuten jedoch auf regelmaessigkeiten und kausale zusammenhaenge

S.WORT binnengewaesser + fische + parasiten
PROLEI PROF. DR. UDO HALBACH
STAND 30.8.1976
QUELLE fragebogenerhebung sommer 1976
BEGINN 1.8.1972
G.KOST 10.000 DM

Weitere Vorhaben siehe auch:

PC -025 UNTERSUCHUNGEN ZUR TOXIZITAET UND SPEICHERUNG VON PESTIZIDEN UND SCHWERMETALLSALZEN BEI NUTZTIEREN DES MEERES

QC -001
INST AGRIKULTURCHEMISCHES INSTITUT DER UNI BONN BONN, MECKENHEIMER ALLEE 176
VORHAB **untersuchung ueber die chromaufnahme durch kulturpflanzen bei verwendung chromhaltiger duengemittel**
chrom in duengemitteln
S.WORT duengemittel + chrom + nutzpflanzen
PROLEI PROF. DR. HERMANN KICK
STAND 1.10.1974
FINGEB BUNDESMINISTER FUER ERNAEHRUNG, LANDWIRTSCHAFT UND FORSTEN
BEGINN 1.1.1971 ENDE 31.12.1974
G.KOST 32.000 DM

QC -002
INST BAYERISCHE LANDESANSTALT FUER BODENKULTUR UND PFLANZENBAU
MUENCHEN 19, MENZINGER STRASSE 54
VORHAB **rueckstaende an chlorierten kohlenwasserstoffen nach der anwendung von siedlungsabfaellen im gemuesebau**
rueckstandsanalytische untersuchungen auf chlorkohlenwasserstoffe in erweiterung des forschungsvorhabens beim lehrstuhl fuer gemuesebau der technischen universitaet muenchen ueber den einfluss der verwendung von siedlungsabfaellen im gemuesebau
S.WORT gemuesebau + siedlungsabfaelle + rueckstandsanalytik + chlorkohlenwasserstoffe
PROLEI PROF. DR. PETER WALLNOEFER
STAND 30.8.1976
QUELLE fragebogenerhebung sommer 1976
BEGINN 1.11.1975 ENDE 30.6.1977

QC -003
INST BUNDESFORSCHUNGSANSTALT FUER GETREIDE UND KARTOFFELVERARBEITUNG
DETMOLD 1, SCHUETZENBERG 12
VORHAB **kontamination von getreide und getreideprodukten durch radionuklide und massnahmen zur dekontamination**
an proben der besonderen ernteermittlung (weizen und roggen) der jeweiligen ernte wird der gehalt an radionukliden (strontium, caesium) festgestellt; mit hilfe muellerei-technologischer verfahren wird eine dekontamination dieser radionuklide versucht
S.WORT getreide + radionuklide + dekontaminierung
PROLEI DR. OCKER
STAND 1.1.1974
QUELLE erhebung 1975

QC -004
INST BUNDESFORSCHUNGSANSTALT FUER GETREIDE UND KARTOFFELVERARBEITUNG
DETMOLD 1, SCHUETZENBERG 12
VORHAB **schwermetalle in getreide und getreideprodukten**
ziel: feststellung des gehalts an schwermetallen (quecksilber/kadmium/arsen) im getreide und getreideprodukten; einfluss von muellereitechnischen massnahmen (waschen/schaelen/vermahlen) auf den schwermetallgehalt von verarbeitungsprodukten
S.WORT getreide + schwermetallkontamination
PROLEI DR. OCKER
STAND 1.1.1974
FINGEB BUNDESMINISTER FUER ERNAEHRUNG, LANDWIRTSCHAFT UND FORSTEN
BEGINN 1.1.1972
G.KOST 104.000 DM
LITAN ZWISCHENBERICHT 1974. 08

QC -005
INST BUNDESFORSCHUNGSANSTALT FUER GETREIDE UND KARTOFFELVERARBEITUNG
DETMOLD 1, SCHUETZENBERG 12
VORHAB **bestimmung des gehaltes und der aufnahme von insektiziden bei getreide und muellereitechnologische massnahmen zur reduktion**
ziel: feststellung des gehaltes an insektiziden (proben der besonderen ernteermittlung) und einfluss von muellerei- technologischen massnahmen (insbesondere schaelen) auf den insektizidgehalt der verarbeitungsprodukte
S.WORT getreide + insektizide + dekontaminierung
PROLEI DR. HERMEL
STAND 1.1.1974
BEGINN 1.1.1972

QC -006
INST BUNDESFORSCHUNGSANSTALT FUER GETREIDE UND KARTOFFELVERARBEITUNG
DETMOLD 1, SCHUETZENBERG 12
VORHAB **bestimmung des gehaltes an aflatoxinen an getreide und getreideprodukten, studium der wachstumsbedingungen und technologische massnahmen zur reduktion**
ziel: feststellung des gehaltes an aflatoxinen auf getreide und getreideprodukten; einfluss von baeckereitechnologischen massnahmen zur vermeidung von aflatoxinbildung bei brot und backwaren
S.WORT getreide + aflatoxine + dekontaminierung
PROLEI DR. SPICHER
STAND 1.1.1974
BEGINN 1.1.1973

QC -007
INST BUNDESFORSCHUNGSANSTALT FUER GETREIDE UND KARTOFFELVERARBEITUNG
DETMOLD 1, SCHUETZENBERG 12
VORHAB **rueckstaende von wachstumsregulatoren bei getreide (chlorcholinchlorid)**
in feldversuchen wird die aufnahme von chlorcholinchlorid und seine spaetere verteilung im weizenkorn untersucht
S.WORT getreide + wachstumsregulator + kontamination
PROLEI DR. NIERLE
STAND 1.1.1974
QUELLE erhebung 1975
BEGINN 1.1.1971

QC -008
INST BUNDESFORSCHUNGSANSTALT FUER REBENZUECHTUNG
SIEBELDINGEN
VORHAB **rueckstandsuntersuchungen (fungizide) an weinbeeren**
S.WORT weinbau + rueckstandsanalytik + fungizide
PROLEI DR. RAPP
STAND 1.1.1976
QUELLE mitteilung des bundesministers fuer ernaehrung,landwirtschaft und forsten
FINGEB BUNDESMINISTER FUER ERNAEHRUNG, LANDWIRTSCHAFT UND FORSTEN
BEGINN ENDE 31.12.1974

QC -009
INST CHEMISCHES UNTERSUCHUNGSAMT TRIER
TRIER, MAXIMINERACHT 11 A
VORHAB **untersuchungen ueber das vorkommen von bor-, brom- und fluorverbindungen im wein in hinblick auf ihre hygienische und weinrechtliche bedeutung**
zielsetzung: beantwortung der frage, ob der rebstock bei verschieden starkem angebot an boraten, bromiden unf fluoriden die elemente bor, brom und fluor in unterschiedlich starkem masse aufnimmt. diese frage hat bedeutung, weil die drei elemente u. a. bestandteile nicht zugelassener konservierungsstoffe sind. vorgehensweise: a) untersuchung von authentischen erzeugnissen, erzeugnissen des handels und von solchen erzeugnissen, die nach gezielter duengung geerntet wurden. untersuchungsmethoden: z. t. erarbeitung neuer methoden
S.WORT weinbau + duengemittel + spurenanalytik

PROLEI DR. RICHARD WOLLER
STAND 21.7.1976
QUELLE fragebogenerhebung sommer 1976
FINGEB - MINISTERIUM FUER LANDWIRTSCHAFT, WEINBAU UND UMWELTSCHUTZ, MAINZ
- DEUTSCHE LANDWIRTSCHAFTS-GESELLSCHAFT, FRANKFURT
ZUSAM STAATLICHE WEINBAUDOMAENE TRIER, STAATL. WEINBAUDOMAENEN-VERWALTUNG, DEVORASTR. 1, 5500 TRIER
BEGINN 1.7.1974 ENDE 31.12.1976
G.KOST 50.000 DM
LITAN - WOLLER, R.;HOLBACH, B.: BROMVERBINDUNGEN IN LEBENSMITTELN MIT BESONDERER BERUECKSICHTIGUNG DEUTSCHER WEINE. IN: DEUTSCHE LEBENSMITTELRUNDSCHAU 68(1)(1972)
- WOLLER, R.;HOLBACH, B.: UEBER DEN BORGEHALT VON TRAUBEN, TRAUBENSAFT UND WEIN. IN: MITTEILUNGSBLATT LEBENSMITTELCHEMIE (1976)

QC -010

INST FACHBEREICH ANORGANISCHE CHEMIE UND KERNCHEMIE DER TH DARMSTADT
DARMSTADT, HOCHSCHULSTR. 4
VORHAB **spurenelemente in weinen**
in einer grossen zahl von weinen werden die spurenelemente in abhaengigkeit von der lage, der rebsorte und dem jahrgang bestimmt. es sollen korrelationen zwischen den konzentrationen an spurenelementen und den oben genannten parametern gefunden werden
S.WORT lebensmittelkontamination + wein + spurenanalytik
PROLEI PROF. DR. KNUT BAECHMANN
STAND 30.8.1976
QUELLE fragebogenerhebung sommer 1976
FINGEB DEUTSCHE FORSCHUNGSGEMEINSCHAFT
ZUSAM BUNDESANSTALT FUER REBFORSCHUNG, SIEBELDINGEN
BEGINN 1.1.1974 ENDE 31.12.1978
G.KOST 175.000 DM
LITAN SIEGMUND, H.;BAECHMANN, K.;BICHL, H.: IN: Z. ANALYT. CHEMIE 279 S. 138(1976)

QC -011

INST FACHBEREICH LANDWIRTSCHAFT UND GARTENBAU DER TU MUENCHEN
FREISING -VOETTING, KIRCHENWEG 5
VORHAB **moeglichkeiten der verminderung des nitratgehaltes von spinat fuer saeuglingsernaehrung**
verminderung des nitratgehaltes in spinat und gemuese fuer die menschliche ernaehrung speziell von saeuglingen und kleinkindern; unterlagen fuer gesetzliche regelungen
S.WORT lebensmittelkontamination + nitrate + (saeuglingsernaehrung)
PROLEI PROF. DR. KLEMENT MOEHLER
STAND 1.1.1974
FINGEB BUNDESMINISTER FUER JUGEND, FAMILIE UND GESUNDHEIT
ZUSAM ARBEITSGRUPPE NITRAT, NITRIT, NITROSAMINE DER DFG, Z. ZT. ETWA 10 INSTITUTE
BEGINN 1.1.1972

QC -012

INST FACHGEBIET FRUCHT- UND GEMUESETECHNOLOGIE DER TU BERLIN
BERLIN 33, KOENIGIN-LUISE-STR. 22
VORHAB **bleikontamination in kernobst**
bleigehalt von aepfeln, verteilung des bleis innerhalb der frucht, verbleib des bleis waehrend der herstellung von apfelsaft. dithizon-methode
S.WORT bleikontamination + lebensmittel + (obst)
STAND 1.10.1974
G.KOST 5.000 DM

QC -013

INST FACHGEBIET FRUCHT- UND GEMUESETECHNOLOGIE DER TU BERLIN
BERLIN 33, KOENIGIN-LUISE-STR. 22
VORHAB **die bestimmung des bleigehaltes in fruchtsaeften mittels der inversen polarographie**
ermittlung des bleigehaltes von apfel- und orangesaeften des handels mittels der inversen polarographie zur erarbeitung internationaler standards
S.WORT bleikontamination + getraenke + (fruchtsaefte)
STAND 1.10.1974
G.KOST 5.000 DM

QC -014

INST FACHGEBIET FRUCHT- UND GEMUESETECHNOLOGIE DER TU BERLIN
BERLIN 33, KOENIGIN-LUISE-STR. 22
VORHAB **verringerung des schwermetallgehaltes bei der verarbeitung pflanzlicher lebensmittel**
schwermetallgehalte in frucht- und gemueseprodukten, verringerung der schwermetallgehalte waehrend der verarbeitung pflanzlicher rohware, ermittlung verschiedener technologischer einfluesse
S.WORT schwermetallkontamination + lebensmittel
PROLEI PROF. DR. -ING. BIELIG
STAND 1.10.1974
QUELLE erhebung 1975
FINGEB DEUTSCHE FORSCHUNGSGEMEINSCHAFT
ZUSAM INST. F. LEBENSMITTELCHEMIE, TU BERLIN, 1 BERLIN 12, MUELLER-BRESLAU-STR. 10
BEGINN 1.9.1973 ENDE 31.8.1975
G.KOST 190.000 DM
LITAN ZWISCHENBERICHT 1974. 05

QC -015

INST FACHGEBIET FRUCHT- UND GEMUESETECHNOLOGIE DER TU BERLIN
BERLIN 33, KOENIGIN-LUISE-STR. 22
VORHAB **repraesentative erfassung des schwermetallgehaltes in fruchtsaeften des vdf**
erfassung des schwermetallgehaltes in fruchtsaeften (blei, cadmium, quecksilber, arsen) des vdf, statistische auswertung
S.WORT schwermetallkontamination + getraenke + (fruchtsaefte)
PROLEI PROF. DR. -ING. BIELIG
STAND 1.10.1974
QUELLE erhebung 1975
FINGEB EUROPAEISCHE GEMEINSCHAFTEN
BEGINN 1.9.1973 ENDE 30.9.1974
LITAN ZWISCHENBERICHT 1974. 09

QC -016

INST FORSCHUNGSANSTALT FUER WEINBAU, GARTENBAU, GETRAENKETECHNOLOGIE UND LANDESPFLEGE
GEISENHEIM, VON-LADE-STR. 1
VORHAB **erniedrigung des schwefeldioxidgehaltes durch elektrodialyse bei weinen**
bei dem forschungsvorhaben sollen verschieden stark geschwefelte weine in technischem masstab der elektrodialyse unterworfen werden; durch analytische und organoleptische kontrolle des endproduktes soll ihre qualitaet beurteilt werden; genaue arbeitsbedingungen sind fuer die erzielung eines optimalen effektes zu erarbeiten; weiterhin ist vorgesehen, das verhalten derartig behandelter weine im vergleich zu den unbehandelten bei den ueblichen kellertechnischen verfahrensschritten zu studieren
S.WORT getraenke + wein + schwefeldioxid + schadstoffminderung
PROLEI PROF. DR. DAEUMEL
STAND 1.1.1974
QUELLE erhebung 1975
FINGEB BUNDESMINISTER FUER JUGEND, FAMILIE UND GESUNDHEIT
BEGINN 1.11.1974 ENDE 31.12.1976
G.KOST 95.000 DM
LITAN - DIE VERHINDERUNG DER WEINSTEINAUSSCHEIDUNG BEIM KONZENTRIEREN VON TRAUBENSAFT MIT HILFE DER ELEKTRODIALYSE.
- DIE VERHINDERUNG DER WEINSTEINAUSSCHEIDUNG MIT HILFE DER ELEKTRODIALYSE.

- ZWISCHENBERICHT 1974. 08

QC -017

INST FORSCHUNGSANSTALT FUER WEINBAU, GARTENBAU, GETRAENKETECHNOLOGIE UND LANDESPFLEGE
GEISENHEIM, VON-LADE-STR. 1
VORHAB **erniedrigung des schwefeldioxidgehaltes durch ionenaustauscherbehandlung bei weinen**
bei dem forschungsvorhaben sollen weine mit anionenaustauchern behandelt werden, die mit verschiedenen organischen saeuren beladen sind; wie vorversuche erkennen liessen, erfolgt dann ein austausch der am ionenaustauscher gebundenen saeuren gegen im wein befindliche schwefelige saeure bzw. aethanolsulfonsaeure; der austausch wird im wesentlichen durch den vernetzungsgrad des austauschers bestimmt; genaue arbeitsbedingungen sind fuer die erzielung eines optimalen effektes zu erarbeiten
S.WORT getraenke + wein + schwefeldioxid + schadstoffminderung
PROLEI PROF. DR. DAEUMEL
STAND 1.1.1974
QUELLE erhebung 1975
FINGEB MINISTER DES INNERN, WIESBADEN
BEGINN 1.11.1973 ENDE 31.12.1975
G.KOST 100.000 DM

QC -018

INST FORSCHUNGSANSTALT FUER WEINBAU, GARTENBAU, GETRAENKETECHNOLOGIE UND LANDESPFLEGE
GEISENHEIM, VON-LADE-STR. 1
VORHAB **erniedrigung des so2-gehaltes von weinen und mosten durch ionenaustauscher, elektrodialyse und desorptionskolonnen**
zur bereitung von wein ist die zugabe von schwefliger saeure unerlaesslich. durch diesen zusatz steht der wein somit als so2-lieferant in der nahrung an erster stelle. deshalb wird versucht, die schweflige saeure zusammen mit den an sie gebundenen substanzen aus dem wein zu entfernen. hierzu eigenen sich in erster linie ionenaustauscher, mit denen die meist an aldehyd gebundene schweflige saeure gegen von natur aus im wein vorhandene saeureionen ausgetauscht werden kann. aber auch ein austausch mit der elektrodialyse scheint nach den bisherigen untersuchungen moeglich zu sein. schliesslich kommt auch ein abdampfen der schwefligen saeure zusammen mit den substanzen, die sie binden, in betracht
S.WORT lebensmittelchemie + wein + schwefeldioxid + schadstoffminderung
PROLEI PROF. DR. KARL WUCHERPFENNIG
STAND 6.8.1976
QUELLE fragebogenerhebung sommer 1976
FINGEB BUNDESMINISTER FUER JUGEND, FAMILIE UND GESUNDHEIT
BEGINN 1.1.1974 ENDE 31.12.1977
G.KOST 200.000 DM

QC -019

INST HAMBURGISCHE GARTENBAU-VERSUCHSANSTALT FUENFHAUSEN
HAMBURG 80, OCHSENVERDER LANDSCHEIDEWEG 277
VORHAB **rueckstandsuntersuchungen nach spritzungen mit orthocid 83 und dithane ultra bei radies und salat**
ziel ist es, die wiederzulassung von orthocid 83 und dithane ultra im gemuesebau zu erreichen. der einsatz dieser beiden spritzmittel im gemuesebau erscheint dringend erforderlich fuer eine marktgerechte produktion
S.WORT gemuesebau + pflanzenschutzmittel + rueckstandsanalytik
PROLEI ARTHUR HOENICK
STAND 21.7.1976
QUELLE fragebogenerhebung sommer 1976
ZUSAM PFLANZENSCHUTZAMT HAMBURG
BEGINN 1.7.1975 ENDE 30.4.1976
G.KOST 2.000 DM

QC -020

INST INSTITUT FUER ALLGEMEINE BOTANIK DER UNI HAMBURG
HAMBURG 36, JUNGIUSSTR. 6
VORHAB **metallresistenz und bindungskapazitaet der zellwand einiger desmidiaceen**
es wird untersucht, inwieweit die struktur und zusammensetzung der zellwand fuer die metallresistenz einiger algen verantwortlich ist. es koennen so rueckschluesse ueber die aufnahmemechanismen gewonnen werden, die im zusammenhang mit der frage der verwendbarkeit von algen als nahrungsmittel stehen
S.WORT algen + resistenz + schwermetallkontamination + lebensmittel
PROLEI DR. DIETRICH LORCH
STAND 30.8.1976
QUELLE fragebogenerhebung sommer 1976
FINGEB DEUTSCHE FORSCHUNGSGEMEINSCHAFT
BEGINN 1.1.1973 ENDE 31.12.1975

QC -021

INST INSTITUT FUER BIOLOGIE DER BUNDESFORSCHUNGSANSTALT FUER ERNAEHRUNG
GEISENHEIM, RUEDESHEIMER STRASSE 12-14
VORHAB **sortenabhaengige vorkommen von nitrat in verschiedenen gemuesearten und solanin in kartoffeln**
nitrat ist wegen seiner umsetzung durch mikroorganismen zu nitrit in lebensmitteln unerwuenscht. in spinat, roten rueben und anderen wurzelgemuesen wird abhaengig von der sorte und den anbaubedingungen gelegentlich viel nitrat angereichert. es ist ziel der untersuchung, "nitratarme" sorten aus dem vorhandenen sortiment auszusuchen. bei solanin- und chaconin-alkaloiden in kartoffeln liegen die verhaeltnisse vergleichbar
S.WORT nitrate + gemuese + analytik
PROLEI DR. ANNEMARIE WEDLER
STAND 30.8.1976
QUELLE fragebogenerhebung sommer 1976
ZUSAM BUNDESSORTENAMT, 3000 HANNOVER
BEGINN 1.1.1974

QC -022

INST INSTITUT FUER BIOLOGIE DER BUNDESFORSCHUNGSANSTALT FUER ERNAEHRUNG
GEISENHEIM, RUEDESHEIMER STRASSE 12-14
VORHAB **uebergang von pflanzenbehandlungsmitteln bei sogenannter strohballenkultur in nutzpflanzen**
die unter glas oder folien durchgefuehrte kultur von tomaten, paprika, auberginen oder gurken auf strohballen mit anorganischer naehrloesung humifiziert einerseits das stroh, zum anderen erzeugt sie messbare waerme (energieeinsparung) und co2 (blattduengung) und bringt gute ertraege. es ist zur zeit jedoch nicht klar, ob die dem stroh vom feld her anhaftenden pflanzenbehandlungsmittel nicht in messbaren mengen in die ernteprodukte uebergehen
S.WORT gemuesebau + strohverwertung + pflanzenschutzmittel + lebensmittelkontamination
PROLEI DR. HERBERT HENTSCHEL
STAND 30.8.1976
QUELLE fragebogenerhebung sommer 1976
ZUSAM BIOLOGISCHE BUNDESANSTALT, 3300 BRAUNSCHWEIG
BEGINN 1.5.1975

QC -023

INST INSTITUT FUER BIOLOGIE DER BUNDESFORSCHUNGSANSTALT FUER ERNAEHRUNG
GEISENHEIM, RUEDESHEIMER STRASSE 12-14
VORHAB **wirkung von pah-haltigem pflanzenmaterial bei verfuetterung an wistarratten**
S.WORT futtermittelkontamination

STAND 1.1.1976
QUELLE mitteilung des bundesministers fuer ernaehrung,landwirtschaft und forsten
FINGEB BUNDESMINISTER FUER ERNAEHRUNG, LANDWIRTSCHAFT UND FORSTEN

QC -024
INST INSTITUT FUER BIOLOGIE DER BUNDESFORSCHUNGSANSTALT FUER ERNAEHRUNG GEISENHEIM, RUEDESHEIMER STRASSE 12-14
VORHAB **verteilung von piperonylbutoxyd in getreide und mahlprodukten**
S.WORT lebensmittelkontamination + umweltchemikalien + (piperonylbutoxid)
PROLEI DR. HERTEL
STAND 1.1.1976
QUELLE mitteilung des bundesministers fuer ernaehrung,landwirtschaft und forsten
FINGEB BUNDESMINISTER FUER ERNAEHRUNG, LANDWIRTSCHAFT UND FORSTEN
BEGINN ENDE 31.12.1976

QC -025
INST INSTITUT FUER BIOLOGIE DER BUNDESFORSCHUNGSANSTALT FUER ERNAEHRUNG GEISENHEIM, RUEDESHEIMER STRASSE 12-14
VORHAB **einfluss muellereitechnologischer massnahmen auf den gehalt an schwermetallen (quecksilber, blei, cadmium) auf getreide**
S.WORT lebensmittelkontamination + getreide + schwermetalle + verfahrenstechnik + (muellereitechnologische massnahmen)
PROLEI DR. OCKER
STAND 1.1.1976
QUELLE mitteilung des bundesministers fuer ernaehrung,landwirtschaft und forsten
FINGEB BUNDESMINISTER FUER ERNAEHRUNG, LANDWIRTSCHAFT UND FORSTEN
LITAN - SEIBEL, W.;OCKER, H. D.;NIERLE, W.: SCHWERMETALLE IN GETREIDE UND GETREIDEPRODUKTEN. IN: DEUT. LEBENSM. RUNDSCH. 70(9) S. 315-318(1974)
- OCKER, H. D.: SCHWERMETALLE IN DURUMWEIZEN UND -ERZEUGNISSEN. IN: GETREIDE MEHL BROT 28(8) S. 204-208(1974)
- OCKER, H. D.;NIERLE, W.: SCHWERMETALLE IN GETREIDE UND GETREIDE UND GETREIDEERZEUGNISSEN. IN: GETREIDE MEHL BROT 28(11) S. 285-288(1974)

QC -026
INST INSTITUT FUER BIOLOGIE DER BUNDESFORSCHUNGSANSTALT FUER ERNAEHRUNG GEISENHEIM, RUEDESHEIMER STRASSE 12-14
VORHAB **antiwuchsrueckstaende in getreide**
S.WORT lebensmittelkontamination + getreide + rueckstandsanalytik + (antiwuchsrueckstaende)
PROLEI DR. W. NIERLE
STAND 1.1.1976
QUELLE mitteilung des bundesministers fuer ernaehrung,landwirtschaft und forsten
FINGEB BUNDESMINISTER FUER ERNAEHRUNG, LANDWIRTSCHAFT UND FORSTEN
BEGINN ENDE 31.12.1975
LITAN - SEIBEL, W.;NIERLE, W.;EL BAYA, A. W.: STUDIEN UEBER DIE WIRKUNG VON 2-CHLORTRIMETHYLAMMONIUMCHLORID(CCC)IN DER WEIZENPFLANZE. IN: FETTE, SEIFEN, ANSTRICHM. 77(1) S. 20-23(1975)
- SEIBEL, W.;NIERLE, W.;EL BAYA, A. W.: CCC IN DER WEIZENPFLANZE. IN: GETREIDE MEHL BROT

QC -027
INST INSTITUT FUER BODENBIOLOGIE DER FORSCHUNGSANSTALT FUER LANDWIRTSCHAFT BRAUNSCHWEIG, BUNDESALLEE 50
VORHAB **aufnahme und freisetzung von schwermetallionen durch hoehere pilze aus schwerloeslichen verbindungen**
fuer den kulturchampignon und andere speisepilze soll im hinblick auf den einsatz von muellkomposten ein einblick in die aufnahmedynamik fuer die schwermetalle hg, cd, pb, cu und zu gewonnen werden. ausser dem transport dieser ionen in die fruchtkoerper interessiert auch ihre freisetzung aus schwerloeslichen verbindungen sowie ihre verfuegbarkeit fuer die pilze
S.WORT pflanzenkontamination + schwermetalle + muellkompost + pilze + (champignon)
PROLEI PROF. DR. KLAUS H. DAUSCH
STAND 9.8.1976
QUELLE fragebogenerhebung sommer 1976
BEGINN 1.1.1976 ENDE 31.12.1978
G.KOST 160.000 DM
LITAN DOMSCH, K.;GRABBE, K.;FLECKENSTERN, J.: IN: ZEITSCHR. F. PFLANZENERN. U. BODENKUNDE. (1976)

QC -028
INST INSTITUT FUER ERNAEHRUNGS- UND HAUSHALTSWISSENSCHAFTEN DER UNI DES SAARLANDES SAARBRUECKEN, IM STADTWALD
VORHAB **isolierung, charakterisierung und quantitative bestimmung von fungiziden, die im bereich des beerenobstes eingesetzt werden**
S.WORT fungizide + beerenobst + rueckstandsanalytik
STAND 19.7.1976
QUELLE fragebogenerhebung sommer 1976
FINGEB - DEUTSCHE FORSCHUNGSGEMEINSCHAFT
- FONDS DER CHEMISCHEN INDUSTRIE
- GESELLSCHAFT DEUTSCHER CHEMIKER, FRANKFURT
- CARL ZEISS, OBERKOCHEN
BEGINN 1.1.1975 ENDE 31.12.1978
G.KOST 60.000 DM

QC -029
INST INSTITUT FUER LANDWIRTSCHAFTLICHE MIKROBIOLOGIE / FB 16/21 DER UNI GIESSEN GIESSEN, SENCKENBERGSTR. 3
VORHAB **vorkommen und nachweis von antibakteriellen stoffen in gemuese und obst**
untersuchungen zum einfluss von wachstumsfaktoren auf die bildung und aktivitaet von antibakteriellen stoffen in gemuese und obst. bedeutung dieser pflanzeninhaltsstoffe fuer die lagerungsfaehigkeit
S.WORT nutzpflanzen + bakterien + lagerung
PROLEI AHRENS
STAND 6.8.1976
QUELLE fragebogenerhebung sommer 1976
BEGINN 1.1.1971 ENDE 31.12.1975
LITAN - OEZCELIK, S.: BILDUNG UND WIRKUNG VON PHYTONZIDEN BEI GEMUESE IN ABHAENGIGKEIT VON SORTENWAHL UND STANDORTBEDINGUNGEN. IN: BIOLOGIE IN DER UMWELTSICHERUNG 2 S. 12(1974)
- OEZCELIK, S.: BILDUNG VON PHYTONCIDEN UND DEREN BEDEUTUNG FUER DIE LAGERUNGSFAEHIGKEIT VON GEMUESE. IN: LANDWIRTSCH. FORSCHUNG. SONDERHEFT 31/II S. 261-267(1974)

QC -030
INST INSTITUT FUER LANDWIRTSCHAFTLICHE MIKROBIOLOGIE / FB 16/21 DER UNI GIESSEN GIESSEN, SENCKENBERGSTR. 3
VORHAB **untersuchungen zur mikrobiellen schadwirkung in obstkonserven**
nachweis der voraussetzungen der verderberscheinungen von erdbeerkonserven durch hitzeresistene pilze (byssochlamys)
S.WORT obst + konservierung + schadstoffe
PROLEI AHRENS
STAND 6.8.1976
QUELLE fragebogenerhebung sommer 1976
BEGINN 1.1.1972 ENDE 31.12.1976

QC -031
INST INSTITUT FUER LEBENSMITTELCHEMIE DER UNI MUENSTER
MUENSTER, PIUSALLEE 76
VORHAB **vorkommen von hcb und pcb in getreide und getreideerzeugnissen**
rueckstandssituation von getreide an hexachlorbenzol und polychlorierten biphenylen in abhaengigkeit von der provenienz
S.WORT getreide + pcb + chlorkohlenwasserstoffe + rueckstandsanalytik
BUNDESREPUBLIK DEUTSCHLAND
PROLEI PROF. DR. LUDWIG ACKER
STAND 1.1.1974
FINGEB VEREINIGUNG GETREIDEWIRTSCHAFTLICHE MARKTFORSCHUNG, BONN
ZUSAM BUNDESFORSCHUNGSANSTALT FUER GETREIDEVERARBEITUNG, 493 DETMOLD 1, SCHUETZENBERG 12
BEGINN 1.10.1972 ENDE 31.12.1974
G.KOST 60.000 DM

QC -032
INST INSTITUT FUER MIKROBIOLOGIE DER UNI MUENSTER
MUENSTER, TIBUSSTR. 7-15
VORHAB **bildung von mykotoxinen und abbau von mykotoxinen durch pilze**
S.WORT lebensmittel + mykotoxine + vorratsschutz
PROLEI PROF. DR. REHM
STAND 1.1.1974
FINGEB DEUTSCHE FORSCHUNGSGEMEINSCHAFT
BEGINN 1.1.1970

QC -033
INST INSTITUT FUER PFLANZENSCHUTZMITTELFORSCHUNG DER BIOLOGISCHEN BUNDESANSTALT FUER LAND- UND FORSTWIRTSCHAFT
BERLIN 33, KOENIGIN-LUISE-STR. 19
VORHAB **vergleichende ermittlung des rueckstands- und abbauverhaltens haeufig in der landwirtschaft verwendeter perhalogenalkylmercaptan-fungizide**
die wirkstoffe captan, captafol, folpet, dichlofluanid werden in die untersuchungen einbezogen. die rueckstandskinetik auf gemuese und obst wird untersucht. ein bilanzversuch ueber den verbleib eines dieser stoffe - radioaktiv markiert - waehrend einer kulturperiode wird durchgefuehrt. umwandlungsprodukte sollen soweit als moeglich identifiziert werden. daraus werden schluesse ueber die umweltfreundlichkeit dieser pflanzenschutzmittel gezogen
S.WORT rueckstandsanalytik + fungizide + gemuese + obst
PROLEI DR. INGOLF SCHUPHAN
STAND 30.8.1976
QUELLE fragebogenerhebung sommer 1976
FINGEB BUNDESMINISTER FUER FORSCHUNG UND TECHNOLOGIE
BEGINN 1.12.1975 ENDE 30.9.1978
G.KOST 593.000 DM
LITAN ZWISCHENBERICHT

QC -034
INST INSTITUT FUER TIERPHYSIOLOGIE UND TIERERNAEHRUNG DER UNI GOETTINGEN
GOETTINGEN, KELLNERWEG 6
VORHAB **akzidentelle elemente in der tierernaehrung (fluor, blei, arsen, chrom)**
erforschung der hemmung der tierischen leistung durch die angegebenen stoffe
S.WORT futtermittel + umweltchemikalien
PROLEI PROF. DR. GUENTHER
STAND 1.1.1974

QC -035
INST INSTITUT FUER TIERPHYSIOLOGIE UND TIERERNAEHRUNG DER UNI GOETTINGEN
GOETTINGEN, KELLNERWEG 6
VORHAB **wirkstoffe in der tierernaehrung**
wachstumswirkung, futterverwertung, rueckstandsbildung
S.WORT futtermittel + nutztiere + verwertung
PROLEI PROF. DR. GUENTHER
STAND 1.1.1974

QC -036
INST INSTITUT FUER TOXIKOLOGIE UND CHEMOTHERAPIE DES DEUTSCHEN KREBSFORSCHUNGSZENTRUMS
HEIDELBERG, IM NEUENHEIMER FELD 280
VORHAB **pruefung einiger pflanzen aus der familie senecio sowie pteridium aqilinum und nicotiana tabacum auf ihre carcinogene wirkung**
frisch gewonnener und bakterienfreier saft der verdaechtigen pflanzen wird an ratten gegeben. die tiere werden in drei versuchsgruppen aufgeteilt. 1. gruppe: pruefung der carcinogenen wirkung nach chronischer gabe von pflanzenextrakten. 2. gruppe: praenatale bzw. neonatale carcinogene wirkung von pflanzenextrakten. 3. gruppe: carcinogene wirkung der schaedlichen bestandteile der geprueften pflanzen, die in der milch ausgeschieden werden koennen. (sog. laktationsversuch)
S.WORT pflanzen + carcinogene wirkung + tierexperiment
PROLEI PROF. DR. STAN IVANKOVIC
STAND 30.8.1976
QUELLE fragebogenerhebung sommer 1976
BEGINN 1.5.1975 ENDE 1.6.1977
LITAN ZWISCHENBERICHT

QC -037
INST INSTITUT FUER TOXIKOLOGIE UND PHARMAKOLOGIE DER UNI MARBURG
MARBURG, PILGRIMSTEIG 2
VORHAB **pruefung von zusatzstoffen in tierernaehrung und tiererhaltung**
S.WORT viehzucht + futtermittel
PROLEI PROF. DR. WOLFGANG KORANSKY
STAND 1.1.1974
FINGEB DEUTSCHE FORSCHUNGSGEMEINSCHAFT

QC -038
INST LABORATORIUM FUER CHEMISCHE MITTELPRUEFUNG DER BIOLOGISCHEN BUNDESANSTALT FUER LAND- UND FORSTWIRTSCHAFT
BRAUNSCHWEIG, MESSEWEG 11/12
VORHAB **nachweis hg-freier fungizide in getreidesaatgut, deren einfluss auf pektorale und zellulolytische enzyme pilzlicher krankheitserreger**
ziel: entwicklung einer biologischen testmethode zum nachweis quecksilberfreier fungizide auf getreidekoernern
S.WORT fungizide + nachweisverfahren + getreide + bioindikator
PROLEI DR. MARTIN
STAND 1.1.1974
FINGEB BUNDESMINISTER FUER ERNAEHRUNG, LANDWIRTSCHAFT UND FORSTEN
BEGINN 1.5.1973 ENDE 31.12.1974
G.KOST 13.000 DM
LITAN ANTRAG DER BBA VOM 27. 3. 1973-HV F1-0300 A

QC -039
INST LABORATORIUM FUER CHEMISCHE MITTELPRUEFUNG DER BIOLOGISCHEN BUNDESANSTALT FUER LAND- UND FORSTWIRTSCHAFT
BRAUNSCHWEIG, MESSEWEG 11/12
VORHAB **ausarbeitung und erprobung von methoden zur bestimmung der rueckstaende von pflanzenschutzmitteln in lebensmitteln, insbesondere pflanzlicher herkunft**
S.WORT lebensmittel + rueckstandsanalytik + pflanzenschutzmittel
PROLEI DR. WOLFRAM WEINMANN
STAND 7.9.1976

QUELLE datenuebernahme von der deutschen forschungsgemeinschaft
FINGEB DEUTSCHE FORSCHUNGSGEMEINSCHAFT

QC -040

INST LEHR- UND VERSUCHSANSTALT FUER GRUENLANDWIRTSCHAFT, FUTTERBAU UND LANDESKULTUR DER LANDWIRTSCHAFTSKAMMER SCHLESWIG-HOLSTEIN
BREDSTEDT, THEODOR-STORM-STR. 2
VORHAB **pruefung von unterschiedlich geduengten gruenlandfutterpflanzen auf schaedliche pflanzeninhaltsstoffe im kaninchenversuch**
optimierung der futterproduktion bei mineralischer und organischer duengung ohne belastung der tierischen physiologie im hinblick auf die fruchtbarkeit. - futterproduktion aus unterschiedlich geduengten parzellen (bis zu 600 kg/ha stickstoff; bis zu 60 m3/ha guelle) sowohl aus alten narben als auch von einzelgraesern (knaulgras, deutsches weidelgras), bergung, konservierung, verfuetterung an kaninchen-gruppen, wartung
S.WORT gruenland + duengung + futtermittel + schadstoffbelastung + physiologische wirkungen SCHLESWIG-HOLSTEIN
PROLEI PROF. DR. JOACHIM HAHN
STAND 11.8.1976
QUELLE fragebogenerhebung sommer 1976
FINGEB DEUTSCHE FORSCHUNGSGEMEINSCHAFT
ZUSAM KLINIK FUER GEBURTSHILFE UND GYNAEKOLOGIE DES RINDES, BISCHOFSHOLER DAMM 15, 3000 HANNOVER
BEGINN 1.5.1974 ENDE 30.6.1977
G.KOST 298.000 DM

QC -041

INST LEHRSTUHL FUER GEMUESEBAU DER TU MUENCHEN
FREISING -WEIHENSTEPHAN
VORHAB **einfluss von siedlungsabfaellen auf die nahrungsqualitaet von gemuese**
in einem freiland-dauerversuch sind siedlungsabfaelle (mk, mkk bzw. kk) in steigenden mengen ausgebracht. auf den flaechen werden nacheinander verschiedene gemuesearten angebaut und das erntegut auf veraenderungen im gehalt an vitamin c, carotin, schwermetallen und den wichtigsten hauptnaehrstoffen (n, p, k, ca, mg, b) untersucht
S.WORT gemuese + siedlungsabfaelle + schadstoffnachweis + (nahrungsqualitaet)
PROLEI DR. FRITZ VENTER
STAND 19.7.1976
QUELLE fragebogenerhebung sommer 1976
FINGEB STAATSMINISTERIUM FUER LANDESENTWICKLUNG UND UMWELTFRAGEN, MUENCHEN
ZUSAM - LEHRSTUHL FUER BODENKUNDE DER TU MUENCHEN, 8050 FREISING-WEIHENSTEPHAN
- BAYER. LANDESANSTALT FUER BODENKULTUR UND PFLANZENBAU, 8050 FREISING-WEIHENSTEPHAN
- BAYERISCHE HAUPTVERSUCHSANSTALT FUER LANDWIRTSCHAFT, 8050 FREISING-WEIHENSTEPHAN
G.KOST 110.000 DM

QC -042

INST LEHRSTUHL FUER GEMUESEBAU DER TU MUENCHEN
FREISING -WEIHENSTEPHAN
VORHAB **einfluss der verwendung von siedlungsabfaellen zur duengung im gemuesebau auf den gehalt an schwermetallen und wertgebenden inhaltsstoffen in gemuese**
gehalt an schwermetallen und wertgebenden inhaltsstoffen in gaengigen gemuesearten nach der anwendung von klaerschlamm, muellklaerschlammkompost und klaerschlammkompost
S.WORT siedlungsabfaelle + duengung + gemuesebau + schwermetallkontamination
PROLEI PROF. DR. DIETRICH FRITZ
STAND 10.9.1976
QUELLE fragebogenerhebung sommer 1976
BEGINN 1.7.1975 ENDE 30.6.1977

QC -043

INST LEHRSTUHL FUER LEBENSMITTELCHEMIE DER TU HANNOVER
HANNOVER, WUNSTORFER STRASSE 14
VORHAB **untersuchung deutscher obstarten und gemuesearten auf phenolische inhaltsstoffe**
nachweis von phenolcarbonsaeuren, besonders hydroxybenzoesaeuren in obst und gemuese sowie deren quantitative bestimmung; damit feststellung von stoffen mit ggf. konservierender wirkung in pflanzlichen lebensmitteln, was bei ueberwachungsaufgaben (lebensmittelkontrolle) zu beruecksichtigen ist
S.WORT lebensmittelueberwachung + obst + gemuese + phenole
PROLEI PROF. DR. HERRMANN
STAND 1.1.1974
FINGEB DEUTSCHE FORSCHUNGSGEMEINSCHAFT
ZUSAM INST. F. OBSTBAU U. INST. F. GEMUESEBAU DER TU HANNOVER
BEGINN 1.4.1972 ENDE 31.7.1977
G.KOST 100.000 DM
LITAN - ZWISCHENBERICHT 1974. 04
- MOSEL; STOEHR; HERRMANN: DIE PHENOLISCHEN INHALTSSTOFFE DES OBSTES/THE PHENOLICS OF FRUITS III-VII. IN: Z. LEBENSMITTEL-UNTERSUCHUNG U. -FORSCHUNG 154 S. 6-11, 324-327(1974); 158 S. 341-348 159 S. 31-37, 85-91(1975)
- SCHMIDTLEIN; STOEHR; HERRMANN: UEBER DIE PHENOLSAEUREN DES GEMUESES I-IV. IN: Z. LEBENSMITTEL-UNTERSUCHUNG U. -FORSCHUNG 159 S. 139-148, 213-218, 219-224, 255-263 MUENCHEN: VERL. J. F. BERGMANN(1975)

QC -044

INST LEHRSTUHL FUER LEBENSMITTELWISSENSCHAFT DER UNI BONN
BONN, ENDENICHER ALLEE 11-13
VORHAB **organohalogenverbindungen: chlorcholinchlorid**
chlorcholinchlorid wird beim anbau von getreide und gemuese zur halmverkuerzung und verbesserung der standfestigkeit eingesetzt. in diesem vorhaben soll zunaechst eine hinreichend empfindliche analysenmethode erarbeitet werden zur bestimmung der restmengen in mahlprodukten und daraus hergestellten diaetischen lebensmitteln. danach soll fuer die brd eine bestandsaufnahme der restmengen in lebensmitteln erhoben werden
S.WORT getreide + wachstumsregulator + rueckstandsanalytik + lebensmittelhygiene
PROLEI PROF. DR. KONRAD PFEILSTRICKER
STAND 12.8.1976
QUELLE fragebogenerhebung sommer 1976
FINGEB BUNDESMINISTER FUER FORSCHUNG UND TECHNOLOGIE
BEGINN 1.7.1975 ENDE 30.6.1979
G.KOST 136.000 DM
LITAN ZWISCHENBERICHT

QC -045

INST PFLANZENSCHUTZAMT DES LANDES SCHLESWIG-HOLSTEIN
KIEL, WESTRING 383
VORHAB **rueckstandsuntersuchungen nach fungizidbehandlung im getreidebau**
untersuchung der pflanzenschutzmittel-rueckstaende nach praxisueblicher anwendung
S.WORT fungizide + getreide + rueckstaende
PROLEI DR. FRICKE
STAND 1.1.1974
QUELLE erhebung 1975
ZUSAM BIOLOGISCHE BUNDESANSTALT FUER LAND- U. FORSTWIRTSCHAFT, 33 BRAUNSCHWEIG, MESSEWEG 11/12
BEGINN 1.1.1974
G.KOST 40.000 DM

QC -046

INST PFLANZENSCHUTZAMT DES LANDES SCHLESWIG-HOLSTEIN
KIEL, WESTRING 383

VORHAB **rueckstanduntersuchungen nach fungizidbehandlung in gelagertem kohl**
untersuchung der pflanzenschutzmittel-rueckstaende nach praxisueblicher anwendung
S.WORT fungizide + rueckstaende + gemuese + (kohl)
PROLEI DR. FRICKE
STAND 1.1.1974
QUELLE erhebung 1975
ZUSAM BIOLOGISCHE BUNDESANSTALT FUER LAND- U. FORSTWIRTSCHAFT, 33 BRAUNSCHWEIG, MESSEWEG 11/12
BEGINN 1.1.1974
G.KOST 30.000 DM

Weitere Vorhaben siehe auch:

PD -012 POLYCYCLISCHE CANCEROGENE KOHLENWASSERSTOFFE IN VOM MENSCHEN GENUTZTEN PFLANZEN

PF -053 UNTERSUCHUNG UEBER DIE KONTAMINATION DER UMWELT MIT QUECKSILBER DURCH DIE ANWENDUNG QUECKSILBERHALTIGER GETREIDEBEIZMITTEL

PG -048 UNTERSUCHUNGEN UEBER RUECKSTAENDE BEI GEMUESEKULTUREN NACH APPLIKATION VON QUINTOZENHALTIGEN PFLANZENSCHUTZMITTELN BIS 1972

PG -058 RUECKSTANDSUNTERSUCHUNGEN - HEXACHLORBENZOL IM BODEN

QD -001

INST BUNDESANSTALT FUER FLEISCHFORSCHUNG KULMBACH, BLAICH 4
VORHAB **untersuchungen zur erfassung des carry over-effektes fuer arsen, quecksilber, selen, brom, zinn, antimon, kupfer, zink und weiterer toxischer elemente bei schlachtrindern**
ermittlung von gehalten in futtermitteln, verhalten im tier und ihre anreicherung, rueckstaende dieser stoffe in lebensmitteln tierischen ursprungs, moeglichkeiten von sekundaerkontaminationen dieser lebensmittel, auswirkungen dieser stoffe auf gesundheit und leistung der tiere.
S.WORT lebensmittelkontamination + fleisch + schwermetalle + (carry-over-effekt)
QUELLE datenuebernahme aus der datenbank zur koordinierung der ressortforschung (dakor)
FINGEB BUNDESMINISTER FUER ERNAEHRUNG, LANDWIRTSCHAFT UND FORSTEN
BEGINN 1.4.1975 ENDE 31.3.1977
G.KOST 89.000 DM

QD -002

INST FACHBEREICH BIOLOGIE DER UNI KONSTANZ KONSTANZ, GIESSBERG
VORHAB **wirkung, aufnahme und anreicherung subletaler dosen von atrazin auf bzw. in paramaecium caudatum als glied einer nahrungskette**
S.WORT umweltchemikalien + schadstoffwirkung + nahrungskette
PROLEI DR. RAINER BRETTHAUER
STAND 7.9.1976
QUELLE datenuebernahme von der deutschen forschungsgemeinschaft
FINGEB DEUTSCHE FORSCHUNGSGEMEINSCHAFT

QD -003

INST INSTITUT FUER BIOCHEMIE UND TECHNOLOGIE DER BUNDESFORSCHUNGSANSTALT FUER FISCHEREI HAMBURG 50, PALMAILLE 9
VORHAB **vorkommen von toxischen schwermetallen bzw. verbindungen in futtermitteln und ihre anreicherung in suesswasserfischen**
bestandsaufnahme ueber den gehalt an toxischen elementen und verbindungen (hg anorg. /org. , cd) in futtermitteln und untersuchung von teichfischen (karpfen, forellen, schleien, aal) hinsichtlich ihres kontaminationsgrades. fuetterungsversuche an forellen mit praepariertem futter; auswirkungen auf den gesundheitszustand (wachstum) und anreicherung in geweben und organen. verfolgung von sekundaerkontaminationen durch verarbeitung und lagerung
S.WORT fische + futtermittel + schwermetallkontamination
PROLEI DIPL. -CHEM. GISELA JACOBS
STAND 13.8.1976
QUELLE fragebogenerhebung sommer 1976
FINGEB BUNDESMINISTER FUER ERNAEHRUNG, LANDWIRTSCHAFT UND FORSTEN
ZUSAM INST. F. KUESTEN- UND BINNENFISCHEREI/BFA F. FISCHEREI, PALMAILLE 9, 2000 HAMBURG 50
BEGINN 1.1.1976 ENDE 31.12.1977
G.KOST 168.000 DM

QD -004

INST INSTITUT FUER BODENKUNDE UND BODENERHALTUNG / FB 16/21 DER UNI GIESSEN GIESSEN, LUDWIGSTR. 23
VORHAB **einfluss der anwendung von siedlungsabfaellen auf den schadstoffgehalt (schwermetalle und kanzerogene stoffe) im boden und in der pflanze**
untersuchung der zusammenhaenge zwischen den im boden und den im klaerschlamm bzw. muellkompost enthaltenen schwermetallen und kanzerogenen stoffen. durch versuche sollen folgende fragen geklaert werden: 1) schadstoffgehalt der angewandten abfallstoffe, 2) schadstoffgehalt des bodens vor und nach dem einbringen der siedlungsabfaelle, 3) veraenderungen des schadstoffgehaltes im boden waehrend der vegetationsperiode, 4) schadstoffaufnahme bestimmter pflanzen in verschiedenen stadien, 5) wirkung der pflanzen nach verfuetterung auf tiere, 6) abbau polycyclischer aromate im boden
S.WORT siedlungsabfaelle + klaerschlamm + bodenkontamination + nahrungskette
STAND 20.11.1975
FINGEB BUNDESMINISTER DES INNERN
BEGINN 1.1.1975 ENDE 31.12.1977
G.KOST 309.000 DM
LITAN HARRACH, T.: KRITISCHE BEMERKUNGEN ZUR GENESE UND SYSTEMATIK DER "VERWITTERUNGSBOEDEN". IN: MITTEIL. D. DT. BODENKUNDL. GES. 18 S. 320-226(1974)

QD -005

INST INSTITUT FUER ERNAEHRUNGSLEHRE DER UNI HOHENHEIM STUTTGART 70, FRUHWIRTHSTR.
VORHAB **quecksilberbelastung durch die nahrungskette**
die wichtigsten nahrungsmittel tierischer herkunft werden auf ihren gehalt an hg untersucht und daraus die belastung fuer den endverbraucher errechnet. moegliche gefaehrdungen werden aufgezeigt, sowie vorschlaege zur vermeidung der risiken unterbreitet
S.WORT lebensmittelanalytik + quecksilber
PROLEI DIPL. -CHEM. MARIA KUHN
STAND 21.7.1976
QUELLE fragebogenerhebung sommer 1976
BEGINN 1.6.1975 ENDE 1.10.1976

QD -006

INST INSTITUT FUER ERNAEHRUNGSWISSENSCHAFTEN II / FB 19 DER UNI GIESSEN GIESSEN, WIESENSTR. 3-5
VORHAB **schwermetallkontamination verschiedener medien**
fragestellung: untersuchung ueber die verteilung von schwermetallen in verschiedenen medien und ihre anreicherung in vegetabilischen und animalischen nahrungsmitteln. ziel: ermittlung von grenzwerten. anwendungsmoeglichkeiten der erhofften ergebnisse: festlegung von toleranzgrenzen
S.WORT schwermetallkontamination + nahrungskette + (toleranzgrenzen)
PROLEI DR. SIDDIGI
STAND 6.8.1976
QUELLE fragebogenerhebung sommer 1976
ZUSAM KREISKRANKENHAUS, DETMOLD
BEGINN 1.1.1968
LITAN - WAGNER, K. -H.: IMMISSION UND ABSORPTION VON SCHADSTOFFEN. IN: BIOLOGIE IN DER UMWELTSICHERUNG (2) S. 9(1974)
- WAGNER, K. -H.;SIDDIQI, I.;UMRAN, M.: STOFFWECHSELGIFT BLEI. IN: AERZTLICHE PRAXIS 26(30) S. 1453-1456(1974)

QD -007

INST INSTITUT FUER ERNAEHRUNGSWISSENSCHAFTEN II / FB 19 DER UNI GIESSEN GIESSEN, WIESENSTR. 3-5
VORHAB **schwermetalle und andere anorganische substanzen in der nahrung. analytik der schadstoffe**
hauptaufgabe ist die bestimmung der resorptionsgroesse fuer die schwermetalle durch die pflanze aus dem boden und die verteilung im pflanzlichen, tierischen und menschlichen gewebe. auswertung von nahrungsmitteln aus immissionsgebieten
S.WORT nahrungskette + schwermetallkontamination + rueckstandsanalytik
PROLEI DR. SIDDIGI
STAND 6.8.1976
QUELLE fragebogenerhebung sommer 1976
ZUSAM KREISKRANKENHAUS, ABT. GYNAEKOLOGIE, DETMOLD
BEGINN 1.1.1968
LITAN - WAGNER, K. -H.: UMWELTEINFLUESSE AUF DIE ERNAEHRUNG. IN: KOCHPRAXIS UND GEMEINSCHAFTSVERPFLEGUNG 1 S. 3(1974)
- WAGNER, K. -H.: BEDENKEN GEGEN DIE

TRINKWASSERFLUORIDIERUNG. IN: DAS OEFFENTLICHE GESUNDHEITSWESEN 37(12) S. 799-805(1975)
- WAGNER, K. -H.: KEIN FLUOR INS TRINKWASSER. DIE SCHADWIRKUNG DER FLUORIDE AUF DEN STOFFWECHSEL. IN: DER NATURARZT 97(11) S. 358-361, (12) S. 398-401(1975)

QD -008

INST INSTITUT FUER HYDROBIOLOGIE UND FISCHEREIWISSENSCHAFT DER UNI HAMBURG
HAMBURG 50, OLBERSWEG 24
VORHAB **untersuchungen ueber die anreicherung von pestiziden in den gliedern einer kuenstlichen marinen nahrungskette**
entwicklung eines standardverfahrens zur bestimmung der akkumulation von pestiziden in einer marinen nahrungstestkette; entwicklung einer nahrungskette dunaliella spec. - artemia salina - tilapia zillii; entwicklung von geeigneten kultur- und analysenverfahren
S.WORT pestizide + marine nahrungskette
PROLEI PROF. DR. KURT LILLELUND
STAND 1.1.1974
FINGEB DEUTSCHE FORSCHUNGSGEMEINSCHAFT
ZUSAM - INST. F. MEERESFORSCHUNG, 285 BREMERHAVEN, AM HANDELSHAFEN 1212
- INST. F. MEERESKUNDE DER UNI KIEL, 23 KIEL, NIEMANNSWEG 11
BEGINN 1.1.1969
G.KOST 130.000 DM
LITAN - LILLELUND, K.: CONSIDERATIONS ON TESTING THE ACCUMULATION OF PESTICIDES BY MEANS OF ARTIFICIAL FOOD CHAINS. IN: BER. DT. WISS. KOMM. MEERESFORSCH. (1974)
- LILLELUND, K.;WEHRMANN, L.: AKKUMULATIONSVERSUCHE VON LINDAN IN EINER KULTUR VON DUNALIELLA SPC. ZUR STANDARDISIERUNG EINES ALGENTESTES. IN: BER. DT. WISS. KOMM. MEERESFORSCH. (1974)
- DIERCKING, R.;HANSEN, P. D.: AUFARBEITUNG VON ALGENMATERIAL ZUR GASCHROMATISCHEN BESTIMMUNG DES LINDANS. IN: BER. DT. WISS. KOMM. MEERESFORSCH. (1974)

QD -009

INST INSTITUT FUER HYDROBIOLOGIE UND FISCHEREIWISSENSCHAFT DER UNI HAMBURG
HAMBURG 50, OLBERSWEG 24
VORHAB **untersuchungen ueber die akkumulation eines insektizids (lindan) in einer kuenstlichen nahrungskette aus dem suesswasser**
die untersuchungen sollen dazu dienen, die sehr komplexen vorgaenge bei der schadstoffaufnahme und beim transfer in organismen zu verstehen. dazu wurde eine kuenstliche nahrungskette aus suesswasserorganismen experimentell aufgebaut. fuer jedes kettenglied wurde die direkte aufnahme des pestizids aus dem wasser und beim primaer- und sekundaerkonsumenten zusaetzlich die schadstoffaufnahme aus der nahrung gemessen. waehrend es sich bei der direkten aufnahme des schadstoffes aus dem wasser im wesentlichen um adsorbtionsvorgaenge handelt, wird bei der schadstoffaufnahme mit der nahrung der schadstoff vornehmlich im fettgewebe gespeichert
S.WORT nahrungskette + wasserverunreinigende stoffe + insektizide + schadstoffabsorption + (lindan)
PROLEI PETER DIEDRICH HANSEN
STAND 30.8.1976
QUELLE fragebogenerhebung sommer 1976
FINGEB DEUTSCHE FORSCHUNGSGEMEINSCHAFT
BEGINN 1.1.1972 ENDE 31.12.1976

QD -010

INST INSTITUT FUER HYGIENE DER BUNDESANSTALT FUER MILCHFORSCHUNG
KIEL, HERMANN-WEIGMANN-STR. 1-27
VORHAB **tierexperimentelle untersuchungen zum verhalten von pcb, hcb und hch-isomeren in der nahrungskette pflanze - milchtier - milch - mensch**
im rahmen des forschungsvorhabens werden untersuchungen zum vorkommen der genannten verbindungen und ihr verhalten in der nahrungskette (carry over von futtermitteln fuer milchtiere in die milch u. ae.) durchgefuehrt
S.WORT nahrungskette + milch + insektizide + hexachlorbenzol + pcb
PROLEI PROF. DR. WALTHER HEESCHEN
STAND 1.1.1976
QUELLE mitteilung des bundesministers fuer ernaehrung,landwirtschaft und forsten
FINGEB BUNDESMINISTER FUER FORSCHUNG UND TECHNOLOGIE
BEGINN 1.1.1973
LITAN TOLLE, A.;HEESCHEN, W.;BLUETHGEN, A. ET AL.: RUECKSTAENDE VON BIOZIDEN UND UMWELTCHEMIKALIEN IN DER MILCH - EINE UNTERSUCHUNG UEBER NACHWEIS, VORKOMMEN UND LEBENSMITTELHYGIENISCHE BEDEUTUNG. IN: KIELER MILCHW. -FORSCH. BER. 25(4) S. 379-546(1973)

QD -011

INST INSTITUT FUER HYGIENE DER BUNDESANSTALT FUER MILCHFORSCHUNG
KIEL, HERMANN-WEIGMANN-STR. 1-27
VORHAB **verfolgung hoher konzentrationen von hch und hcb innerhalb der kontaminationskette**
S.WORT nahrungskette + biozide
STAND 1.1.1976
QUELLE mitteilung des bundesministers fuer ernaehrung,landwirtschaft und forsten
FINGEB BUNDESMINISTER FUER ERNAEHRUNG, LANDWIRTSCHAFT UND FORSTEN
BEGINN 1.1.1974

QD -012

INST INSTITUT FUER HYGIENE DER BUNDESANSTALT FUER MILCHFORSCHUNG
KIEL, HERMANN-WEIGMANN-STR. 1-27
VORHAB **situation und carry-over toxischer spurenstoffe (futtermittel, miclhtier, milch)**
S.WORT nahrungskette + toxine
STAND 1.1.1976
QUELLE mitteilung des bundesministers fuer ernaehrung,landwirtschaft und forsten
FINGEB BUNDESMINISTER FUER ERNAEHRUNG, LANDWIRTSCHAFT UND FORSTEN
BEGINN 1.1.1975

QD -013

INST INSTITUT FUER KLEINTIERZUCHT DER FORSCHUNGSANSTALT FUER LANDWIRTSCHAFT
CELLE, DOERNBERGSTR. 25-27
VORHAB **der einfluss von mit quecksilber kontaminiertem futter auf die leistung der tiere und auf rueckstandsgehalte in den eiern und im gefluegelfleisch**
in legehennen- und broilerversuchen werden mit quecksilber kontaminierte futter eingesetzt und deren einfluss auf leistung und gesundheit der tiere beobachtet. bei versuchsende werden die tiere auf anatomisch-pathologische veraenderungen und gewebeproben auf rueckstandsgehalte untersucht. ziel der untersuchung ist die festlegung von grenzwerten fuer umweltchemikalien in futtermitteln im bereich der gefluegelhaltung
S.WORT futtermittel + gefluegel + lebensmittelkontamination + quecksilber + (ermittlung von grenzwerten)
PROLEI DR. KARL NEZEL
STAND 22.7.1976
QUELLE fragebogenerhebung sommer 1976
ZUSAM - BUNDESFORSCHUNGSANSTALT FUER FLEISCHFORSCHUNG, BLAICH 4, 8650 KULMBACH
- FAL-INSTITUT FUER TIERERNAEHRUNG
- INST. HYG. TECHN. D. V. TIER STAMMENDEN LEBENSMITTEL DER UNI MUENCHEN
BEGINN 1.1.1976

QD -014

INST INSTITUT FUER KLEINTIERZUCHT DER FORSCHUNGSANSTALT FUER LANDWIRTSCHAFT CELLE, DOERNBERGSTR. 25-27

VORHAB **der einfluss von mit blei und cadmium kontaminiertem futter auf die leistung der tiere und auf rueckstandsgehalte in den eiern und im gefluegelfleisch**
in legehennen- und broilerversuchen werden mit blei und cadmium kontaminierte futter eingesetzt und deren einfluss auf leistung und gesundheit der tiere beobachtet. bei versuchsende werden die tiere auf anatomisch-pathologische veraenderungen und gewebeproben auf rueckstandsgehalte untersucht. in weiteren b roilerversuchen wird versucht den toxischen effekt des cadmiums durch vitamin- und spurenelementzusaetze zum futter zu mindern. ziel der untersuchung ist die festlegung von grenzwerten fuer umweltchemikalien in futtermitteln im bereich der gefluegelhaltung

S.WORT futtermittel + gefluegel + lebensmittelkontamination + blei + cadmium + (ermittlung von grenzwerten)
PROLEI DR. KARL NEZEL
STAND 22.7.1976
QUELLE fragebogenerhebung sommer 1976
FINGEB BUNDESMINISTER FUER ERNAEHRUNG, LANDWIRTSCHAFT UND FORSTEN
ZUSAM - BUNDESFORSCHUNGSANSTALT FUER FLEISCHFORSCHUNG, BLAICH 4, 8650KULMBACH
- FAL-INSTITUT FUER TIERERNAEHRUNG
- INST. HYG. TECHN. D. V. TIER STAMMENDEN LEBENSMITTEL DER UNI MUENCHEN
BEGINN 1.8.1974
LITAN ZWISCHENBERICHT

QD -015

INST INSTITUT FUER KLEINTIERZUCHT DER FORSCHUNGSANSTALT FUER LANDWIRTSCHAFT CELLE, DOERNBERGSTR. 25-27

VORHAB **carry over bei gefluegel, futter-huhn-eier, futter-gefluegelfleisch**
ermittlung von gehalten in futtermitteln, verhalten im tier und ihre anreicherung, rueckstaende dieser stoffe in lebensmitteln tierischen ursprungs, moeglichkeiten von sekundaerkontaminationen dieser lebensmittel, auswirkungen dieser stoffe auf gesundheit und leistung der tiere.

S.WORT lebensmittelkontamination + gefluegel + fleischprodukte
QUELLE datenuebernahme aus der datenbank zur koordinierung der ressortforschung (dakor)
FINGEB BUNDESMINISTER FUER ERNAEHRUNG, LANDWIRTSCHAFT UND FORSTEN
BEGINN 1.4.1975 ENDE 31.3.1977
G.KOST 86.000 DM

QD -016

INST INSTITUT FUER KUESTEN- UND BINNENFISCHEREI DER BUNDESFORSCHUNGSANSTALT FUER FISCHEREI HAMBURG, PALMAILLE 9

VORHAB **untersuchung der toxizitaet und speicherung von pestiziden und schwermetallsalzen bei nutztieren des meeres**
erarbeitung von methoden zur erbruetung mariner organismen zum zweck der toxikologischen untersuchung

S.WORT pestizide + schwermetallsalze + meeresorganismen + kontamination
PROLEI DR. DIPL. -BIOL. VOLKERT DETHLEFSEN
STAND 1.1.1974
FINGEB BUNDESMINISTER FUER FORSCHUNG UND TECHNOLOGIE
ZUSAM BIOLOGISCHE ANSTALT, HELGOLAND
BEGINN 1.11.1970 ENDE 31.12.1975
G.KOST 783.000 DM
LITAN - ZWISCHEN BERICHT MF67 1973
- ZWISCHENBERICHT 1975. 01

QD -017

INST INSTITUT FUER MEERESKUNDE AN DER UNI KIEL KIEL, NIEMANNSWEG 11

VORHAB **kohlenwasserstoffe und organochlorpestizide in einer kurzen, natuerlichen nahrungskette**
es soll festgestellt werden: die konzentrationen von kohlenwasserstoffen (als stoffgruppen wie aliphaten/aromaten etc.) und von einzelnen organochlorpestiziden wie ddt im wasser, im phytoplankton, im seston, in sessilen organismen (muscheln), im sediment; geraeteneuentwicklung: extraktionsboje (patente angemeldet); messverfahren: gaschromatographie/massenspektrometrie

S.WORT kohlenwasserstoffe + pestizide + benthos + marine nahrungskette
KIELER BUCHT + OSTSEE
PROLEI DR. MANFRED EHRHARDT
STAND 1.10.1974
FINGEB DEUTSCHE FORSCHUNGSGEMEINSCHAFT
ZUSAM - DFG ARBEITSGRUPPEN: 'ANALYTIK (II)' UND 'SCHICKSALE VON SCHADST OFFEN (V)'
- IFM KIEL: ABT. PLANKTOLOGIE
- WOODS HOLE OCEANOGRAPHIC INSTITUTION, CHEMISTRY DEPT.
BEGINN 1.1.1972 ENDE 31.12.1980
G.KOST 600.000 DM
LITAN - VEROEFFENTLICHUNGEN, DFG-BERICHTE
- ZWISCHENBERICHT 1974. 05

QD -018

INST INSTITUT FUER PHARMAKOLOGIE, TOXIKOLOGIE UND PHARMAZIE IM FB TIERMEDIZIN DER UNI MUENCHEN
MUENCHEN 22, VETERINAERSTR. 13

VORHAB **untersuchungen zum uebergang polychlorierter biphenyle am huehnerei**
belastung von legehennen mit verschiedenen pcb-konzentrationen mit dem futter; unterbrechung der pcb-zufuhr; gaschromatographische untersuchung der ein- und ausbaukinetik in weissei und dotter

S.WORT umweltchemikalien + pcb + futtermittel + (huehnerei)
PROLEI PROF. DR. SCHMIED
STAND 1.1.1974
QUELLE erhebung 1975
ZUSAM E. RICHTER, TIERARZT; 8011 BALDHAM, ALPENROSENSTR. 13
BEGINN 1.2.1972 ENDE 31.7.1974
LITAN PUBLIKATION: ARCH. PHARMACOL. (S)285, R68, 1974

QD -019

INST INSTITUT FUER PHARMAKOLOGIE, TOXIKOLOGIE UND PHARMAZIE IM FB TIERMEDIZIN DER UNI MUENCHEN
MUENCHEN 22, VETERINAERSTR. 13

VORHAB **ausscheidungskinetik von hcb in das huehnerei nach subchronischer oraler hcb-belastung von legehennen**
untersuchung der hcb-verteilung zwischen weissei und dotter sowie des verteilungsmusters in geweben, blut und exkrementen des huhns. 10woechige orale belastung der versuchstiere mit 0, 1 bis 100 ppm im futter; 12 woechige belastungsfreie ausbauperiode. hcb-bestimmung gaschromatographisch

S.WORT umweltchemikalien + pcb + huhn + lebensmittel
PROLEI PROF. DR. ALBRECHT SCHMID
STAND 27.7.1976
QUELLE fragebogenerhebung sommer 1976
FINGEB BUNDESMINISTER FUER FORSCHUNG UND TECHNOLOGIE
ZUSAM INST. F. TOXIKOLOGIE DER UNI MARBURG, PILGRIMSTEIN 2, 3550 MARBURG
BEGINN 1.7.1975 ENDE 31.7.1977
G.KOST 165.000 DM
LITAN RICHTER, E.;SCHMID, A.: HEXACHLORBENZOLGEHALT IM VOLLBLUT VON RINDERN. IN: ARCH. TOXICOL. 35 S. 141-147(1976)

QD -020

INST INSTITUT FUER PHYSIK DER BUNDESANSTALT FUER MILCHFORSCHUNG
KIEL, HERMANN-WEIGMANN-STR. 1-27

VORHAB **erforschung und ueberwachung des langzeitverhaltens von radioaktiven stoffen in der nahrungskette boden - bewuchs - milch - milchprodukte**
schutz der bevoelkerung vor inkorporation von radioaktiven stoffen mit der nahrung; feststellung der kontamination der verschiedenen glieder der nahrungskette boden-bewuchs-milch mit radioisotopen, die durch kernwaffen oder aus nuklearen anlagen in die umwelt gelangen
S.WORT nahrungskette + milchverarbeitung + radioaktive spurenstoffe + lebensmittelkontamination
PROLEI DR. ARNOLD WIECHEN
STAND 6.8.1976
QUELLE fragebogenerhebung sommer 1976
ZUSAM BUNDESGESUNDHEITSAMT, BERLIN
BEGINN 1.1.1955
LITAN TEILBEITRAEGE "BODEN UND BEWUCHS" UND "MILCH UND MILCHPRODUKTE". IN: JAHRESBERICHTE "UMWELTRADIOAKTIVITAET UND STRAHLENBELASTUNG" DES BMI

QD -021

INST INSTITUT FUER PHYSIOLOGIE, PHYSIOLOGISCHE CHEMIE UND ERNAEHRUNGSPHYSIOLOGIE IM FB TIERMEDIZIN DER UNI MUENCHEN
MUENCHEN 22, VETERINAERSTR. 13
VORHAB **quantitative studien zum uebergang chlorierter kohlenwasserstoffe aus dem futter in vom tier stammende lebensmittel**
S.WORT lebensmittelkontamination + chlorkohlenwasserstoffe + nahrungskette
PROLEI PROF. DR. H. ZUCKER
STAND 12.8.1976
QUELLE fragebogenerhebung sommer 1976

QD -022

INST INSTITUT FUER TIERERNAEHRUNG DER FORSCHUNGSANSTALT FUER LANDWIRTSCHAFT
BRAUNSCHWEIG, BUNDESALLEE 50
VORHAB **der einfluss von bleizulagen auf mastleistung und bleirueckstaende in geweben bei wachsenden schweinen**
in der brd sollen fuer lebensmittel tierischer herkunft hoechstgehalte fuer blei festgelegt werden. da zur zeit nicht bekannt ist, wie hoch der uebergang von blei aus futtermitteln in tierische gewebe ist, wird folgendes experiment durchgefuehrt: in einem schweinemastversuch erhalten 100 tiere zu einer gersten-sojaration unterschiedliche zulagen von bleiacetat. in diesem versuch soll nach dem modell einer dosiswirkungskurve der zusammenhang zwischen futterrationen mit unterschiedlichen bleikonzentrationen und den bleigehalten in den wichtigsten geweben des mastschweines geprueft werden. die versuchsergebnisse sollen hinweise dafuer geben, welche bleikonzentration in futtermitteln fuer schweine geduldet werden koennen
S.WORT tierhaltung + bleigehalt + lebensmittel + normen
PROLEI DR. HERWARD VEMMER
STAND 21.7.1976
QUELLE fragebogenerhebung sommer 1976
FINGEB BUNDESMINISTER FUER ERNAEHRUNG, LANDWIRTSCHAFT UND FORSTEN
ZUSAM BUNDESANSTALT FUER FLEISCHFORSCHUNG, BLAICH 4, 8650 KULMBACH
BEGINN 1.1.1975
G.KOST 115.000 DM
LITAN VEMMER, H.;OSLAGE, H. , LITERATURSTUDIE: DER UEBERGANG VON BLEI UND CADMIUM AUS FUTTERMITTELN IN TIERISCHE PRODUKTE. ERSTE MITTEILUNG "BLEI". IN: LANDBAUFORSCHUNG VOELKENRODE 26(1) S. 17-22(1976)

QD -023

INST INSTITUT FUER TIERERNAEHRUNG DER FORSCHUNGSANSTALT FUER LANDWIRTSCHAFT
BRAUNSCHWEIG, BUNDESALLEE 50
VORHAB **der einfluss von cadmiumzulagen auf mastleistung und cadmiumrueckstaende in geweben bei wachsenden schweinen**
in der brd sollen fuer lebensmittel tierischer herkunft hoechstgehalte fuer cadmium festgelegt werden. da z. zt. nicht bekannt ist, wie hoch der uebergang von cadmium aus futtermitteln in tierische gewebe ist, wird folgendes experiment durchgefuehrt: in einem schweinemastversuch erhalten 100 tiere zu einer gersten-sojaration unterschiedliche zulagen von cadmiumchlorid. in diesem versuch soll nach dem modell einer dosiswirkungskurve der zusammenhang zwischen futterrationen mit unterschiedlichen cadmiumkonzentrationen und den cadmiumgehalten in den wichtigsten geweben des mastschweines geprueft werden. die versuchsergebnisse sollen hinweise dafuer geben, welche cadmiumkonzentrationen in futtermitteln fuer schweine geduldet werden koennen
S.WORT tierernaehrung + cadmium + lebensmittel + normen
PROLEI DR. HERWARD VEMMER
STAND 21.7.1976
QUELLE fragebogenerhebung sommer 1976
FINGEB BUNDESMINISTER FUER ERNAEHRUNG, LANDWIRTSCHAFT UND FORSTEN
ZUSAM BUNDESANSTALT FUER FLEISCHFORSCHUNG, BLAICH 4, 8650 KULMBACH
BEGINN 1.1.1975
G.KOST 120.000 DM
LITAN VEMMER, H.;OSLAGE, H. , LITERATURSTUDIE: DER UEBERGANG VON BLEI UND CADMIUM AUS FUTTERMITTELN IN TIERISCHE PRODUKTE. ZWEITE MITTEILUNG: CADMIUM. IN: LANDBAUFORSCHUNG VOELKENRODE 26(2)(1976)

QD -024

INST INSTITUT FUER TIERERNAEHRUNG DER FORSCHUNGSANSTALT FUER LANDWIRTSCHAFT
BRAUNSCHWEIG, BUNDESALLEE 50
VORHAB **untersuchungen zum uebergang von hexachlorbenzol - hcb - in milch und schlachtkoerper von rindern**
studium der "entry-rate" bzw. des "carry-over" von hcb in kuhmilch und schlachtkoerpern von rindern. gezielte fuetterungsversuche mit abgestufter hcb-zufuhr. ermittlung des hcb-gehaltes in der milch ueber laengere zeitraeume bzw. bestimmung der hcb-konzentration in verschiedenen geweben bzw. organen von kaelbern und mastbullen. gaschromatographische bestimmung des hcb nach abtrennung auf einer aluminiumoxidsaeule
S.WORT tierernaehrung + hexachlorbenzol + lebensmittel + nachweisverfahren
PROLEI PROF. DR. KLAUS ROHR
STAND 21.7.1976
QUELLE fragebogenerhebung sommer 1976
ZUSAM STAATLICHES CHEMISCHES UNTERSUCHUNGSAMT, HALLESTR. 1, 3300 BRAUNSCHWEIG
BEGINN 1.7.1973
G.KOST 40.000 DM
LITAN ROHLEDER, K.;ROHR, K.;DAENICKE, R.: UNTERSUCHUNGEN ZUM UEBERGANG VON HEXACHLORBENZOL IN KUHMILCH. IN: MILCHWISSENSCHAFT

QD -025

INST ISOTOPENLABORATORIUM DER BUNDESFORSCHUNGSANSTALT FUER FISCHEREI
HAMBURG 55, WUESTLAND 2
VORHAB **erforschung der aufnahme von schwermetallen durch fische ueber die nahrungskette und ueberwachung der schwermetallspeicherung in verschiedenen meerestieren**
durch erhebungsmessungen werden zunaechst wichtige basisinformationen ueber die gegenwaertige situation der schadstoffspeicherung geschaffen. durch anschliessende ueberwachungsprogramme soll versucht werden, negative entwicklungen in der marinen umwelt rechtzeitig aufzuzeigen. bei den untersuchungen werden spurenchemische arbeitstechniken herangezogen. als messmethode dient vorrangig die atomabsorptionsspektrometrie

S.WORT marine nahrungskette + schwermetallkontamination + fische
DEUTSCHE BUCHT
PROLEI DR. UWE HARMS
STAND 21.7.1976
QUELLE fragebogenerhebung sommer 1976
LITAN - ICES COOPERATIVE RESEARCH REPORT NR. 39: REPORT OF WORKING GROPU FOR THE INTERNATIONAL STUDY OF THE POLLUTION OF THE NORTH SEA AND ITS EFFECTS ON LIVING RESOURCES AND THEIR EXPLOITATION (, AI 1974)
- THE LEVELS OF HEAVY METALS (MN, FE, CO, NI, CU, ZN, CD, PB, HG) IN FISH FROM ONSHORE AND OFFSCHORE WATERS OF THE GERMAN BIGHT. IN: Z. LEBENSM. UNTERS. -FORSCH. 157 S. 125-132(1975)

QD -026

INST LANDESGEWERBEANSTALT BAYERN
NUERNBERG, GEWERBEMUSEUMSPLATZ 2
VORHAB **gefahren beim uebergang von quecksilber und ihren verbindungen in die nahrungskette des menschen (bilanz bundesrepublik deutschkand 1972/73)**
verbrauch und verbleib von quecksilber und seinen verbindungen; information ueber die umweltbelastung durch schwermetalle, besonders im hinblick auf die entwicklung der emissionsmengen von quecksilber
S.WORT nahrungskette + quecksilber + kontamination
BUNDESREPUBLIK DEUTSCHLAND
PROLEI DIPL. -KFM. WILD
STAND 1.1.1974
FINGEB BUNDESMINISTER FUER JUGEND, FAMILIE UND GESUNDHEIT
ZUSAM BUNDESGESUNDHEITSAMT, 1 BERLIN 33, POSTFACH
BEGINN 1.1.1974 ENDE 31.12.1975
G.KOST 55.000 DM

QD -027

INST LEHRSTUHL FUER HYGIENE UND TECHNOLOGIE DER LEBENSMITTEL TIERISCHEN URSPRUNGS DER UNI MUENCHEN
MUENCHEN 22, VETERINAERSTR. 13
VORHAB **untersuchungen zur eisen-55-kontamination der umwelt**
untersuchungen der auswirkungen der eisen 55-kontamination auf schlachttiere und lebensmittel tierischer herkunft; oekologische studien zur erfassung und abschaetzung des einflusses der pflanzenkontamination auf hoehere glieder der nahrungskette: umwelt - tier - lebensmittel - mensch
S.WORT radioaktive substanzen + eisen + kontamination + nahrungskette
PROLEI PROF. DR. WILHELM KREUZER
STAND 1.1.1974
FINGEB DEUTSCHE FORSCHUNGSGEMEINSCHAFT
BEGINN 1.1.1971 ENDE 31.8.1974
G.KOST 24.000 DM
LITAN ZWISCHENBERICHT 1974. 06

QD -028

INST LEHRSTUHL FUER HYGIENE UND TECHNOLOGIE DER LEBENSMITTEL TIERISCHEN URSPRUNGS DER UNI MUENCHEN
MUENCHEN 22, VETERINAERSTR. 13
VORHAB **resorption, verteilung, ausscheidung und intrazellulaere lokalisation von zink 65 bzw. zink im koerper von huehnern**
untersuchung des zink-verteilungsmusters im organismus von huehnern im hinblick auf eine kontamination mit zink 65 und deren konsequenzen fuer die physiologie des zinks im gefluegelkoerper, fuer die fleischtechnologie und die lebensmittelrechtliche beurteilung
S.WORT radioaktive substanzen + zink + kontamination + huhn
PROLEI PROF. DR. WILHELM KREUZER
STAND 1.1.1974
FINGEB DEUTSCHE FORSCHUNGSGEMEINSCHAFT
BEGINN 1.11.1970 ENDE 28.2.1975
G.KOST 47.000 DM
LITAN - KAUFMANN; DISS. MED. VET. MUENCHEN(1972): UNTERSUCHUNGEN UEBER AUFNAHME, VERTEILUNG, VERWEILDAUER UND AUSSCHEIDUNG VON ZN-65 IN HENNEN UND HAEHNEN.
- ZWISCHENBERICHT 1974. 10

QD -029

INST LEHRSTUHL FUER HYGIENE UND TECHNOLOGIE DER LEBENSMITTEL TIERISCHEN URSPRUNGS DER UNI MUENCHEN
MUENCHEN 22, VETERINAERSTR. 13
VORHAB **untersuchungen zur erfassung des cd-carry-over-effekts bei schlachtschweinen**
das vorhaben dient der feststellung des cd-carry-over von futter auf fleisch, lebern und nieren von schlachtschweinen. die cd-bestimmungen erfolgen nach nasser mineralisation des untersuchungsmaterials (futter, fleisch, leber, nieren) flammenlos atomabsorptionsspektrometrisch
S.WORT schlachttiere + cadmium + (carry-over-effekt)
PROLEI PROF. DR. WILHELM KREUZER
STAND 30.8.1976
QUELLE fragebogenerhebung sommer 1976
FINGEB DEUTSCHE FORSCHUNGSGEMEINSCHAFT
ZUSAM - BAYWA, MUENCHEN, VERSUCHSGUT HOHENKAMMER
- BAYERISCHE LANDESANSTALT FUER TIERZUCHT GRUB
BEGINN 1.4.1976 ENDE 30.4.1979
G.KOST 78.000 DM

QD -030

INST LIMNOLOGISCHES INSTITUT DER UNI FREIBURG
KONSTANZ -EGG, MAINAUSTR. 212
VORHAB **weitergabe, anreicherung und wirkung von schadstoffen in den nahrungskettengliedern primaerkonsument - sekundaerkonsument**
gegenstand der untersuchung ist die klaerung der quantitativen bedeutung der weitergabe von herbiziden (atrazin) von filtrierendem zooplankton (daphnia pulex) an fische (karpfen und coregonen) gegenueber der direkten aufnahme aus dem wasser, die anreicherung dieser herbizide in den fischen und die wirkung einer derartigen anreicherung oder kontamination im letalen und subletalen dosisbereich auf die oekologische wichtigen stoffwechselphysiologischen basisgroessen sauerstoffverbrauch, wachstum und koerperzusammensetzung, einschliesslich der erstellung einer schadstoffbilanz und der klaerung der hauptsaechlichen akkumulationsorte im fisch
S.WORT marine nahrungskette + herbizide + schadstoffbilanz + fische
PROLEI DR. HARTMUT KAUSCH
STAND 1.1.1974
FINGEB DEUTSCHE FORSCHUNGSGEMEINSCHAFT
ZUSAM INSTITUT FUER HYDROBIOLOGIE UND FISCHEREIWISSENSCHAFT DER UNI HAMBURG, 2000 HAMBURG 50
BEGINN 1.8.1974 ENDE 31.12.1979
LITAN ZWISCHENBERICHT

QD -031

INST LIMNOLOGISCHES INSTITUT DER UNI FREIBURG
KONSTANZ -EGG, MAINAUSTR. 212
VORHAB **stoffumsatz der schnecke ancylus fluviatilis als glied einer nahrungskette in fliessgewaessern**
S.WORT fliessgewaesser + nahrungskette + (schnecke)
STAND 1.1.1974
FINGEB DEUTSCHE FORSCHUNGSGEMEINSCHAFT
BEGINN 1.1.1973

QD -032

INST STAATLICHE MILCHWIRTSCHAFTLICHE LEHR- UND FORSCHUNGSANSTALT WANGEN
WANGEN, AM MAIERHOF 7

VORHAB **untersuchungen ueber den verlauf der ausscheidung von hexachlorbenzol aus dem organismus kontaminierter kuehe mit der milch**
im juli 1975 wurden in einigen erzeugerbetrieben im raum sigmaringen massive hch-kontaminationen der milch festgestellt. die kontamination der tiere war offensichtlich ueber das futter erfolgt. erkenntnisse ueber das ausscheidungsverhalten von hcb ueber die milch an einer vielzahl von tieren sollten gewonnen werden. die moeglichkeit einer medikamentoesen beeinflussung der ausscheidung sollte geprueft werden
S.WORT lebensmittelkontamination + milch + chlorkohlenwasserstoffe + schadstoffentfernung
PROLEI DR. HERBERT TAUSEND
STAND 13.8.1976
QUELLE fragebogenerhebung sommer 1976
FINGEB BUNDESMINISTER FUER ERNAEHRUNG, LANDWIRTSCHAFT UND FORSTEN
ZUSAM - STAATLICHES TIERAERZTLICHES UNTERSUCHUNGSAMT, 7960 AULENDORF
BEGINN 1.9.1975 ENDE 30.4.1976
G.KOST 5.000 DM

Weitere Vorhaben siehe auch:

HC -008 PRODUKTIONSBIOLOGIE MARINER PLANKTISCHER NAHRUNGSKETTEN UNTER KONTROLLIERTEN BEDINGUNGEN

HC -028 NAHRUNGSKETTEN, BIOMASSE UND PRODUKTION DES BENTHOS IN DER TIEFSEE

HC -029 NAHRUNGSKETTEN, BIOMASSE UND PRODUKTION DES BENTHOS IN NORD- UND OSTSEE

IC -006 TRANSPORT UND SPEICHERUNG VON KATIONEN (HG UND CU) IN EINER BENTHISCHEN NAHRUNGSKETTE

IE -052 GEWAESSERBAKTERIEN ALS "MOBILE" GLIEDER EINER PELAGISCHEN NAHRUNGSKETTE

IE -053 EXPERIMENTELLE UNTERSUCHUNGEN ZUR P-REMOBILISIERUNG DURCH JUNGE KARPFEN (CYPRINUS CARPIO L.)

OD -087 AUFNAHME, ANREICHERUNG UND WEITERGABE VON HERBIZIDEN DURCH ANCYLUS FLUVIATILIS, PRODIAMESA OLIVACEA UND GLOSSIPHONIA COMPLANATA

PA -022 AUFNAHME UND ANREICHERUNG VON BLEI IN DER MARINEN NAHRUNGSKETTE UND UNTERSUCHUNG UEBER DIE TOXIZITAET VON BLEI

PA -024 AUFNAHME UND ANREICHERUNG VON ANTIMON IN DER MARINEN NAHRUNGSKETTE

PB -021 UNTERSUCHUNG DER SPEICHERUNG VON PESTIZIDEN UND PCB BEI NUTZTIEREN DES MEERES

PB -022 ANALYSE VON PESTIZIDEN IN MARINEN ORGANISMEN

PF -015 DIE WIRKUNG TOXISCHER SCHWERMETALLE AUF DIE SUESSWASSERGRUENALGE MICROTHAMNION KUETZINGIANUM NAEG

RA -001

INST AGRARSOZIALE GESELLSCHAFT E.V. (ASG)
GOETTINGEN, KURZE GEISMARSTR. 23-25
VORHAB umfrage und regionale verteilung der kuenftig zu erwartenden sozialbrache - ein beitrag zur funktionalen raumabgrenzung (vorranggebiete)
erarbeitung von entscheidungsgrundlagen fuer die landschafts- und freiraumplanung. versuch, kriterien zu finden, mit deren hilfe das kuenftige auftreten von sozialbrache abgeschwaecht werden kann
S.WORT landschaftsplanung + laendlicher raum + wirtschaftsstruktur + (sozialbrache)
PROLEI DR. HANS-JOACHIM ROOS
STAND 4.8.1976
QUELLE fragebogenerhebung sommer 1976
FINGEB BUNDESMINISTER FUER RAUMORDNUNG, BAUWESEN UND STAEDTEBAU
ZUSAM INST. F. AGRAROEKONOMIE DER UNI GOETTINGEN, NIKOLAUSBERGER WEG 11, 3400 GOETTINGEN
BEGINN 1.5.1974 ENDE 30.6.1976
G.KOST 100.000 DM

RA -002

INST ARBEITSGEMEINSCHAFT UMWELTSCHUTZ AN DER UNI HEIDELBERG
HEIDELBERG, IM NEUENHEIMER FELD 360
VORHAB oekologische probleme ausgewaehlter entwicklungslaender ostafrikas und agraroekologische entwicklungsplanung in tansania, ruanda und anderen laendern
praktische agraroekologische entwicklungsberatung in ostafrikanischen laendern, theoretische erforschung der agraroekologischen und -oekonomischen grundprobleme in entwicklungslaendern
S.WORT agraroekonomie + oekologie + entwicklungslaender
TANZANIA + RUANDA + AFRIKA (OST)
PROLEI PROF. DR. KURT EGGER
STAND 10.9.1976
QUELLE fragebogenerhebung sommer 1976
FINGEB KUEBEL-STIFTUNG, BENSHEIM
BEGINN 1.1.1974
LITAN - TRADITIONELLER LANDBAU IN TANZANIA - MODELL OEKOLOGISCHER ORDNUNG. IN:SCHEIDEWEGE 5(2) STUTTGART S.269-295(1975)
- AGRARTECHNIK IN TANZANIA ZWISCHEN TRADITION UND MODERNE - ALTERNATIVEN ZUR GRUENEN REVOLUTION. IN:Z. F. KULTURAUSTAUSCH 25 S.47-55(1975)
- WEGE DER OEKOLOGISCHEN ORDNUNG UND LANDWIRTSCHAFT. IN:LEBEN U. UMWELT 12(4)(1975)

RA -003

INST DORNIER SYSTEM GMBH
FRIEDRICHSHAFEN, POSTFACH 1360
VORHAB zielsystem der umweltpolitik des bml und richtlinien fuer die erfassung umweltrelevanter daten (im bereich der agrarwirtschaft)
beitrag zur weiterentwicklung des zielsystems der umweltpolitik des bml sowie ausarbeitung eines verfahrens zur prioritaetensetzung innerhalb dieses zielsystems. erarbeitung von richtlinien fuer die erfassung und auswertung der fuer die quantifizierung und bewertung der einwirkungen der agrarwirtschaft auf die umwelt erforderlichen daten und informationen
S.WORT agraroekonomie + landwirtschaft + umweltschutz + richtlinien
PROLEI DR. -ING. HERBERT HANKE
STAND 10.9.1976
QUELLE fragebogenerhebung sommer 1976
FINGEB BUNDESMINISTER FUER ERNAEHRUNG, LANDWIRTSCHAFT UND FORSTEN
BEGINN 1.1.1973 ENDE 31.12.1974
G.KOST 45.000 DM
LITAN ENDBERICHT

RA -004

INST FORSCHUNGSGESELLSCHAFT FUER AGRARPOLITIK UND -SOZIOLOGIE E.V.
BONN
VORHAB einstellungen und motivationen der in der landwirtschaft taetigen frauen zu aus- und weiterbildung
mit der untersuchung sollen exakte analysen ueber einstellungen und motivationen der in der landwirtschaft taetigen frauen zur aus- und weiterbildung erstellt werden, um konkrete hinweise fuer die zukuenftigen inhalte, organisationsformen und didaktik der erwachsenenbildung im laendliche raum zu erhalten. die einstellung zur ausbildung dieser volkswirtschaftlich bedeutungsvollen gruppe von landfrauen - rd. die haelfte der landw. arbeitskraefte sind frauen - sowie deren motivation zur weiterbildung sind fuer die kuenftige entwicklung der landwirtschaft, die in einem staendigen anpassungsprozess steht, wichtig.
S.WORT landwirtschaft + bevoelkerung + ausbildung + (landfrauen)
QUELLE datenuebernahme aus der datenbank zur koordinierung der ressortforschung (dakor)
FINGEB BUNDESMINISTER FUER ERNAEHRUNG, LANDWIRTSCHAFT UND FORSTEN
BEGINN 1.12.1974 ENDE 31.12.1975
G.KOST 59.000 DM

RA -005

INST GEOGRAPHISCHES INSTITUT / FB 22 DER UNI GIESSEN
GIESSEN, SENCKENBERGSTR. 1
VORHAB landwirtschaftliche bodenbewirtschaftung und landwirtschaftliche bevoelkerung unter dem einfluss gesamtwirtschaftlicher und gesellschaftlicher gegebenheiten und in unterschiedlichen naturraeumen
rahmenthema fuer thematisch eng benachbarte untersuchungen, die in einzelarbeiten veroeffentlicht werden sollen
S.WORT agraroekonomie + bodennutzung + bevoelkerungsentwicklung
HESSEN
PROLEI MEYER
STAND 6.8.1976
QUELLE fragebogenerhebung sommer 1976
FINGEB DEUTSCHE FORSCHUNGSGEMEINSCHAFT
BEGINN 1.1.1971

RA -006

INST GEOGRAPHISCHES INSTITUT/KULTURGEOGRAPHIE DER UNI FRANKFURT
FRANKFURT, SENCKENBERGANLAGE 36
VORHAB die entwicklung agrarischer bodennutzung im rhein-main-gebiet
oekonomische und soziale faktoren fuer die standortbildung agrarischer produktionszweige
S.WORT landwirtschaft + standortwahl + sozio-oekonomische faktoren
RHEIN-MAIN-GEBIET
PROLEI DR. FREUND
STAND 1.10.1974
FINGEB DEUTSCHE FORSCHUNGSGEMEINSCHAFT
BEGINN 1.1.1974 ENDE 31.12.1975
G.KOST 13.000 DM

RA -007

INST INSTITUT FUER AGRAROEKONOMIE DER UNI GOETTINGEN
GOETTINGEN, NIKOLAUSBERGER WEG 9 C
VORHAB oekonomsiche beurteilung von massnahmen zur begrenzung der umweltbelastung durch landwirtschaftliche produktion
S.WORT umweltbelastung + landwirtschaftliche produkte + oekonomische aspekte
PROLEI PROF. DR. MANFRED KOEHNE
STAND 1.1.1974
FINGEB DEUTSCHE FORSCHUNGSGEMEINSCHAFT
BEGINN 1.1.1973

RA -008

INST INSTITUT FUER AGRARPOLITIK UND LANDWIRTSCHAFTLICHE MARKTLEHRE DER UNI HOHENHEIM
STUTTGART 70, SCHLOSS

VORHAB **rolle der genossenschaften in strukturschwachen laendlichen gebieten**
abwanderung aus laendlichen gebieten; arbeitskraefte und die drei sektoren; funktionen der genossenschaften in laendlichen gebieten; oekonomische entwicklung; wirkungszusammenhaenge abwanderung-nachfrage-angebot an waren und dienstleistungen

S.WORT laendlicher raum + genossenschaften + bevoelkerungsentwicklung + sozio-oekonomische faktoren

PROLEI DR. HARTMUT GAESE

STAND 1.1.1974

ZUSAM WUERTTEMBERGISCHER GENOSSENSCHAFTSVERBAND, 7 STUTTGART 1, HEILBRONNER STR. 41

BEGINN 1.5.1974 ENDE 31.12.1976

LITAN ZWISCHENBERICHT 1976

RA -009

INST INSTITUT FUER AGRARPOLITIK UND LANDWIRTSCHAFTLICHE MARKTLEHRE DER UNI HOHENHEIM
STUTTGART 70, SCHLOSS

VORHAB **die langfristige entwicklung des produktionsmitteleinsatzes und der agrarerzeugung in der bundesrepublik deutschland - oekologische begrenzungen und agrarpolitische probleme**
die arbeit versucht folgende fragen zu beantworten: kann die landwirtschaft im jetzigen zustand der grundfunktion naturerhaltung bzw. -verbesserung ueberhaupt gerecht werden? wird die weitere entwicklung der landwirtschaft diese probleme loesen helfen oder sie verschaerfen? sind bereits oekologische/biologische grenzen der agrarproduktion erkennbar? entstehen neue agrarpolitische probleme? welche moeglichkeiten gibt es zur loesung der vorhandenen konflikte? die antworten sollen durch analysen der literatur und statistiken, interdisziplinaere gruppen- und einzelgespraeche, trendanalyse und eine errechnung des biologischen und oekologischen potentials gesucht werden

S.WORT agraroekonomie + produktivitaet + oekologische faktoren + naturschutz + interessenkonflikt

PROLEI DIPL. -AGR. -BIOL. HELMUT ARNOLD

STAND 10.9.1976

QUELLE fragebogenerhebung sommer 1976

BEGINN 1.1.1976 ENDE 31.12.1977

RA -010

INST INSTITUT FUER BETRIEBSWIRTSCHAFT DER FORSCHUNGSANSTALT FUER LANDWIRTSCHAFT
BRAUNSCHWEIG, BUNDESALLEE 50

VORHAB **probleme der erfassung und oekonomischen relevanz positiv zu bewertender umweltwirkungen der agrarwirtschaft**
ziel der studie ist die ermittlung von kriterien zur bewertung positiver umweltwirkungen der agrarwirtschaft

S.WORT agraroekonomie + umweltfaktoren

PROLEI PROF. DR. KURT MEINHOLD

STAND 21.7.1976

QUELLE fragebogenerhebung sommer 1976

RA -011

INST INSTITUT FUER BODENKUNDE DER UNI GOETTINGEN
GOETTINGEN, VON-SIEBOLD-STR. 4

VORHAB **gestaltungsmoeglichkeiten fuer sozialbrachflaechen**

S.WORT landschaftsgestaltung + brachflaechen

PROLEI PROF. DR. MEYER

STAND 1.1.1974

BEGINN 1.1.1972 ENDE 31.12.1976

RA -012

INST INSTITUT FUER FORSTEINRICHTUNGEN UND FORSTLICHE BETRIEBSWIRTSCHAFT DER UNI FREIBURG
FREIBURG, BERTOLDSTR. 17

VORHAB **forstliche planung und raumordnung**
integration der mittel- und langfristigen forstlichen planung in die raumordnung und landesplanung. analyse der verschiedenen forstlichen planung (betriebsplanung, sonderplanungen; forstliche rahmenplanung auf ihre umweltrelevanten aussagen. entwicklung eines informationssystems, das erlaubt, raumbedeutsame forstliche aussagen direkt fuer andere raumbeanspruchende planungen zugaenglich zu machen erstellung von leistungs- und anforderungsprofilen an die forstliche planung

S.WORT raumordnung + landesplanung + forstwirtschaft + informationssystem

PROLEI DR. VOLKER KOHLER

STAND 9.8.1976

QUELLE fragebogenerhebung sommer 1976

ZUSAM FORSTLICHE VERSUCHS- UND FORSCHUNGSANSTALT BADEN-WUERTTEMBERG, STERNWALDSTR. 14, 7800 FREIBURG

BEGINN 1.1.1976 ENDE 31.12.1978

G.KOST 20.000 DM

LITAN SLOBODA, S.;SCHOEPFER, W.;KOHLER, V.: NEUERE ENTWICKLUNGEN ZUR STRUKTURIERUNG VON WALDLANDSCHAFTEN. IN: ALLGEM. FORSTZEITSCHRIFT. (16/17) S. 322-324(1976)

RA -013

INST INSTITUT FUER FORSTEINRICHTUNGEN UND FORSTLICHE BETRIEBSWIRTSCHAFT DER UNI FREIBURG
FREIBURG, BERTOLDSTR. 17

VORHAB **methoden zur untersuchung der volkswirtschaftlich tragbaren wilddichte**
bestimmung einer landes- und volkskulturell tragbaren wilddichte bei abwaegung aller interessen der gesellschaft als kriterium fuer die hege- und wildbestandsregulierung. wilddichte, der die summe aus wildschaden und erforderlichen schutzkosten einen bestimmten bruchteil des bruttowertes der forstwirtschaftlichen produktion oder derjenigen kosten nicht uebersteigt, die ohne wildbestand entstehen wurden

S.WORT forstwirtschaft + wildschaden + kosten-nutzen-analyse

PROLEI PROF. DR. GEORG SPEIDEL

STAND 9.8.1976

QUELLE fragebogenerhebung sommer 1976

ZUSAM - UNI FREIBURG
- UNI MUENCHEN
- BADEN-WUERTTEMBERGISCHE VERSUCHS- UND FORSCHUNGSANSTALT

BEGINN 1.1.1975 ENDE 31.12.1978

G.KOST 500.000 DM

LITAN SPEIDEL, G.: GRUNDLAGEN UND METHODEN ZUR BESTIMMUNG DER WIRTSCHAFTLICH TRAGBAREN WILDDICHTE BEIM SCHALENWILD. IN: FORSTARCHIV. 46(11) S. 221-228

RA -014

INST INSTITUT FUER LAENDLICHE STRUKTURFORSCHUNG AN DER UNI FRANKFURT
FRANKFURT, ZEPPELINALLEE 31

VORHAB **modellvorhaben zur erprobung extensiver betriebsformen fuer die nebenberufliche landwirtschaft in standortunguenstigen gruenlandgebieten**
bei diesem projekt geht es darum, organisationsformen der nebenberuflichen landwirtschaft zu finden und zu erproben, die zugleich dem betriebswirtschaftlichen rentabilitaetsziel als auch den agrarpolitischen teilzielen der landschaftspflege und der marktentlastung rechnung tragen. entsprechend wird die erprobung dieser modellvorhaben vornehmlich in standortungunstigen mittelgebirgslagen vorgenommen

S.WORT landwirtschaft + landschaftspflege + gruenland + (nebenberuf)
ODENWALD + EIFEL + BAYERISCHER WALD

PROLEI PROF. DR. HERMANN PRIEBE

STAND 30.8.1976
QUELLE fragebogenerhebung sommer 1976
FINGEB BUNDESMINISTER FUER ERNAEHRUNG, LANDWIRTSCHAFT UND FORSTEN
BEGINN 1.1.1973
LITAN ZWISCHENBERICHT

RA -015

INST INSTITUT FUER LANDSCHAFTS- UND FREIRAUMPLANUNG DER TU BERLIN
BERLIN 10, FRANKLINSTR. 29
VORHAB **planerische konkretisierung der durch die landwirtschaft ausgeloesten oder sie beeintraechtigenden nutzungskonflikte**
auswertung naturwissenschaftlicher grundlagenuntersuchungen fuer oekologische wirkungsanalysen von planungsalternativen und massnahmen der landwirtschaft bzw. die landwirtschaft betreffend
S.WORT landwirtschaft + nutzungsplanung + planungsmodell
PROLEI PROF. DR. HANS KIEMSTEDT
STAND 1.1.1974
FINGEB AKADEMIE FUER RAUMFORSCHUNG UND LANDESPLANUNG, HANNOVER
ZUSAM - INST. F. LANDSCHAFTSPFLEGE UND NATURSCHUTZ DER TU, 3 HANNOVER, HERRENHAEUSERSTR. 2
- ARBEITSGRUPPE TRENT, UNI DORTMUND
BEGINN 1.6.1972 ENDE 31.12.1974
G.KOST 20.000 DM

RA -016

INST INSTITUT FUER LANDWIRTSCHAFTLICHE BETRIEBS- UND ARBEITSLEHRE DER UNI KIEL
KIEL, HOLZKOPPELWEG 14
VORHAB **neue produktionssysteme im marktfruchtbau flaechenreicher betriebe norddeutschlands - ein beitrag zur frage des interregionalen wettbewerbs landwirtschaftlicher produktionsstandorte**
S.WORT landwirtschaft + standort + (konkurrenzvergleich)
PROLEI PROF. DR. CAY LANGBEHN
STAND 7.9.1976
QUELLE datenuebernahme von der deutschen forschungsgemeinschaft
FINGEB DEUTSCHE FORSCHUNGSGEMEINSCHAFT

RA -017

INST INSTITUT FUER LANDWIRTSCHAFTLICHE BETRIEBSLEHRE / FB 20 DER UNI GIESSEN
GIESSEN, SENCKENBERGSTR. 3
VORHAB **die mehrfachnutzung des landes**
analyse von art und umfang der nutzungsarten und flaechenfunktionen; - einteilung der nutzungsarten (systematik); - nutzungsintensitaet und messbarkeit; systeme und typen der landnutzung
S.WORT flaechennutzung + landbau + (mehrfachnutzung)
PROLEI PROF. DR. H. SPITZER
STAND 6.8.1976
QUELLE fragebogenerhebung sommer 1976
BEGINN 1.1.1972 ENDE 31.12.1974

RA -018

INST INSTITUT FUER LANDWIRTSCHAFTLICHE BETRIEBSLEHRE / FB 20 DER UNI GIESSEN
GIESSEN, SENCKENBERGSTR. 3
VORHAB **regionale spezialisierung und regionale konzentration der agrarproduktion in der bundesrepublik deutschland**
untersuchung der entwicklung der regionalen spezialisierung und regionalen konzentration in den wirtschaftsgebieten der bundesrepublik deutschland in dem zeitraum von 1960 bis 1971; analyse der faktoren, welche obige entwicklung verursacht haben; theoretische ausfuehrungen ueber die verschiedenen phaenomene und messmethoden regionaler spezialisierung und konzentration
S.WORT agrarproduktion + (regionale spezialisierung + regionale konzentration)
PROLEI PROF. DR. H. SPITZER
STAND 6.8.1976
QUELLE fragebogenerhebung sommer 1976
ZUSAM BUNDESMINISTER FUER ERNAEHRUNG, LANDWIRTSCHAFT UND FORSTEN
BEGINN 1.1.1975 ENDE 31.12.1976

RA -019

INST INSTITUT FUER LANDWIRTSCHAFTLICHE BETRIEBSLEHRE DER UNI BONN
BONN, MECKENHEIMER ALLEE 174
VORHAB **der einfluss von umweltschutzauflagen in der veredelungswirtschaft auf die produktionsstruktur landwirtschaftlicher unternehmen**
ziel der arbeit ist es, die auswirkungen von umweltschutzmassnahmen in der tierischen veredelungswirtschaft zu analysieren. die aufgabe besteht zunaechst darin, gebiete abzugrenzen, die in hohem masse konflikte mit der umwelt erwarten lassen. die dabei gewonnenen informationen bilden die grundlage zur auswahl der betriebe, deren entwicklungsmoeglichkeiten anschliessend untersucht werden. mit hilfe statischer und dynamischer lp-modelle werden die auswirkungen unterschiedlicher umweltbedingungen und -anlagen analysiert und solche umweltkonstellationen herausgestellt, die einfluss auf das regionale angebot nehmen
S.WORT agrarproduktion + umweltschutzauflagen + betriebsoptimierung + (regionalmodell)
NORDRHEIN-WESTFALEN
PROLEI PROF. DR. GUENTHER STEFFEN
STAND 26.7.1976
QUELLE fragebogenerhebung sommer 1976
FINGEB DEUTSCHE FORSCHUNGSGEMEINSCHAFT
BEGINN 1.1.1975 ENDE 31.7.1977
G.KOST 59.000 DM

RA -020

INST INSTITUT FUER PFLANZENBAU UND PFLANZENZUECHTUNG DER UNI KIEL
KIEL, OLSHAUSENSTR. 40/60
VORHAB **umweltoekologische wirkungen produktionstechnischer massnahmen**
beeinflussung der anbautechnik landwirtschaftlicher kulturpflanzen
S.WORT landwirtschaft + oekologie + auswirkungen
PROLEI PROF. DR. GEISLER
STAND 1.1.1974
BEGINN 1.1.1950
G.KOST 100.000 DM

RA -021

INST INSTITUT FUER WELTFORSTWIRTSCHAFT DER BUNDESFORSCHUNGSANSTALT FUER FORST- UND HOLZWIRTSCHAFT
REINBEK, SCHLOSS
VORHAB **vegetationsformen fuer die umweltgerechte bewirtschaftung von grenzertragsboeden, insbesondere von niedermooren, im nordwestdeutschen kuestengebiet**
S.WORT landwirtschaft + vegetation + moor
NORDWESTDEUTSCHES KUESTENGEBIET
PROLEI DR. J. HEUVELDOP
STAND 1.1.1976
FINGEB - BUNDESFORSCHUNGSANSTALT FUER FORST- UND HOLZWIRTSCHAFT, REINBEK
- AMT FUER LANDESFORSTEN SCHLESWIG-HOLSTEIN

RA -022

INST INSTITUT FUER WELTFORSTWIRTSCHAFT DER BUNDESFORSCHUNGSANSTALT FUER FORST- UND HOLZWIRTSCHAFT
REINBEK, SCHLOSS
VORHAB **leistungsmoeglichkeiten der forst- und holzwirtschaft im rahmen der wirtschaftlichen entwicklung einzelner laender und regionen**
S.WORT forstwirtschaft + oekonomische aspekte + entwicklungsmassnahmen
PROLEI DR. H. -J. VON MAYDELL

STAND 1.1.1976
QUELLE mitteilung des bundesministers fuer ernaehrung,landwirtschaft und forsten
FINGEB BUNDESFORSCHUNGSANSTALT FUER FORST- UND HOLZWIRTSCHAFT, REINBEK
BEGINN 1.1.1975 ENDE 31.12.1978

RA -023
INST LANDESKULTURAMT HESSEN
WIESBADEN, PARKSTR. 44
VORHAB **erfassung von grunddaten zur land- und forstwirtschaftlichen nutzung**
ermittlung von nutzungswandel, klimaeinfluessen, siedlungseinfluss und vegetationsschaeden mit mitteln der fernerkundung im testgebiet ii, frankfurt.
S.WORT bodennutzung + landwirtschaft + forstwirtschaft + vegetationskunde + fernerkundung
FRANKFURT
QUELLE datenuebernahme aus der datenbank zur koordinierung der ressortforschung (dakor)
FINGEB GESELLSCHAFT FUER WELTRAUMFORSCHUNG MBH (GFW) IN DER DFVLR, KOELN
BEGINN 1.10.1974 ENDE 31.12.1975

RA -024
INST LEHRSTUHL FUER GRUENLANDLEHRE DER TU MUENCHEN
FREISING -WEIHENSTEPHAN, SONNENFELDWEG 4
VORHAB **untersuchung zur nutzungsintensitaet von almflaechen - almoekosystem**
ziel: erarbeiten eines beweidungsmodells fuer den bereich der almwirtschaftlichen nutzung; simultation der wechselbeziehungen zwischen beweidung, pflanzenbestand, boden und der wirtschaftlichkeit
S.WORT agrarplanung + bodennutzung + gruenlandwirtschaft + alm + (nutzungsmodell)
ALPEN + KARWENDEL-GEBIRGE
PROLEI DR. GUENTER SPATZ
STAND 1.10.1974
FINGEB STAATSMINISTERIUM FUER ERNAEHRUNG, LANDWIRTSCHAFT UND FORSTEN, MUENCHEN
ZUSAM - AGRARMETEOROLOGISCHE FORSCHUNGSSTELLE, 8050 FREISING-WEIHENSTEPHAN
- LEHRSTUHL F. TIERZUCHT DER TU MUENCHEN, 8050 FREISING-WEIHENSTEPHAN
BEGINN 1.5.1974 ENDE 31.12.1978
G.KOST 356.000 DM
LITAN ZWISCHENBERICHT

Weitere Vorhaben siehe auch:

HC -026 UNTERSUCHUNGEN ZUR FESTIGKEIT HAMBURGER ELBDEICHE IN ABHAENGIGKEIT VON DER VEGETATION UND DER BEWIRTSCHAFTUNGSFORM

UK -029 ERMITTLUNG POTENTIELLER ERHOLUNGSGEBIETE IN DER BUNDESREPUBLIK DEUTSCHLAND UNTER BESONDERER BERUECKSICHTIGUNG AGRARISCHER PROBLEMGEBIETE

UK -032 ERARBEITUNG VON EMPFEHLUNGEN FUER DIE AUFSTELLUNG VON LANDSCHAFTSPLAENEN IM RAHMEN DER ALLGEMEINEN LANDESKULTUR UND AGRARPLANUNG

UL -045 LANDSCHAFTSERHALTUNG DURCH LANDWIRTSCHAFTLICHE NUTZUNG

UL -056 BEWIRTSCHAFTUNGSMODELLE FUER LANDWIRTSCHAFTLICHE PROBLEMGEBIETE ZUR ERHALTUNG DER KULTURLANDSCHAFT

UM -027 STANDORTKUNDLICHE GRUNDLAGEN DER LANDSCHAFTSENTWICKLUNG

UM -079 DER EINFLUSS AGRARSTRUKTURELLER UND WASSERWIRTSCHAFTLICHER MASSNAHMEN AUF DEN BESTAND AN PFLANZENARTEN UND PFLANZENGESELLSCHAFTEN IN NIEDERSACHSEN

RB -001
INST ARBEITSGEMEINSCHAFT UMWELTSCHUTZ AN DER UNI HEIDELBERG
HEIDELBERG, IM NEUENHEIMER FELD 360
VORHAB **teilprojekt - oekologie - im rahmen des aufbaus eines hierarchischen, regionalen weltmodells**
oekologische problematik ausreichender nahrungsmittelproduktion fuer die wachsende weltbevoelkerung; alternative landwirtschaftliche anbaumethoden
S.WORT oekologie + nahrungsmittelproduktion + weltbevoelkerung
PROLEI PROF. DR. KURT EGGER
STAND 1.10.1974
QUELLE erhebung 1975
FINGEB STIFTUNG VOLKSWAGENWERK, HANNOVER
ZUSAM - INST. F. MECHANIK DER TU HANNOVER, 3 HANNOVER, APPELSTR. 24; PROF. DR. EDUARD PESTEL
- UNI CLEVELAND, USA, PROF. M. MESAROVIC
BEGINN 1.1.1972 ENDE 31.12.1975

RB -002
INST BATTELLE-INSTITUT E.V.
FRANKFURT 90, AM ROEMERHOF 35
VORHAB **derzeitiger und zukuenftiger bedarf an lebensmittelzusatzstoffen; bestimmung von 3,4 benzpyren in brotgetreide**
S.WORT vorratsschutz + getreide + benzpyren
STAND 1.1.1974

RB -003
INST BOTANISCHES INSTITUT UND BOTANISCHER GARTEN DER UNI KIEL
KIEL, DUESTERNBROOKER WEG 17-19
VORHAB **naturstoffe aus algen**
S.WORT algen + grundstoffe + lebensmittelrohstoff
QUELLE datenuebernahme aus der datenbank zur koordinierung der ressortforschung (dakor)
FINGEB BUNDESMINISTER FUER FORSCHUNG UND TECHNOLOGIE
BEGINN 1.10.1972 ENDE 31.12.1975

RB -004
INST INSTITUT FUER BIOLOGIE DER BUNDESFORSCHUNGSANSTALT FUER ERNAEHRUNG
KARLSRUHE, ENGESSERSTR. 20
VORHAB **lagerung von obst und gemuese in kontrollierter atmosphaere**
durch erhoehten kohlendioxid- und verminderten sauerstoffgehalt der atmosphaere wird die stoffwechselaktivitaet lebender pflanzenteile reduziert: die zellsubstanz und damit auch die natuerliche widerstandsfaehigkeit des pflanzenmaterials gegen faeulniserreger werden dadurch besser erhalten; der prophylaktische einsatz von fungiziden chemikalien kann dadurch eingeschraenkt werden
S.WORT lebensmittelfrischhaltung + obst + gemuese + lagerung
PROLEI HANSEN
STAND 15.8.1975
QUELLE erhebung 1975
ZUSAM - BIOLOGISCHE BUNDESANSTALT, BRAUNSCHWEIG
- REGIERUNGSPRAESIDIEN SUEDDEUTSCHLAND
BEGINN 1.1.1970
G.KOST 331.000 DM
LITAN BOHLING-HANSEN: DER TECHNOLOGISCHE STAND DER FRISCHLAGERUNG PFLANZL. LEBENSMITTEL. IN: BER. IDW 50 S. 284-289 (1972)

RB -005
INST INSTITUT FUER BIOLOGIE DER BUNDESFORSCHUNGSANSTALT FUER ERNAEHRUNG
GEISENHEIM, RUEDESHEIMER STRASSE 12-14
VORHAB **dekontamination von vorratsschutzmitteln durch muellereitechnologische massnahmen**
S.WORT schadstoffminderung + verfahrenstechnik + getreide + dekontaminierung + (vorratsschutzmittel)
PROLEI DR. OCKER
STAND 1.1.1976
QUELLE mitteilung des bundesministers fuer ernaehrung,landwirtschaft und forsten
FINGEB BUNDESMINISTER FUER ERNAEHRUNG, LANDWIRTSCHAFT UND FORSTEN

RB -006
INST INSTITUT FUER BIOLOGISCHE CHEMIE DER UNI HOHENHEIM
STUTTGART 70, GARBENSTR. 30
VORHAB **aufwertung von (abfall-) protein durch kovalente einfuegung von essentiellen aminosaeuren fuer die ernaehrung von tier und / oder mensch**
am beispiel molkenprotein wird durch umsetzung der n-carboxyanhydride limitierender aminosaeuren gezeigt, dass sich aus dem ausgangsmaterial ein protein signifikant hoeherer biologischer wertigkeit gewinnen laesst, wie sich aus dem tierversuch durch pruefung der biologischen wertigkeit ergibt. das verfahren ist auf jedes protein, auch abfallprotein, anwendbar, und ein prinzipiell neuer weg, bisher schlecht oder gar nicht genutzte proteinquellen fuer ernaehrungszwecke aufzuwerten
S.WORT ernaehrung + proteine
PROLEI PROF. PFAENDER
STAND 21.7.1976
QUELLE fragebogenerhebung sommer 1976
FINGEB UNIVERSITAETSBUND HOHENHEIM, FONDS DER CHEMIE
G.KOST 10.000 DM
LITAN BAUMANN, B. (UNI HOHENHEIM), DIPLOMARBEIT. (1976)

RB -007
INST INSTITUT FUER ERNAEHRUNGSWISSENSCHAFT DER UNI BONN
BONN, ENDENICHER ALLEE 11-13
VORHAB **ermittlung des versorgungszustandes ausgewaehlter bevoelkerungsgruppen mit thiamin, riboflavin, pyridoxin und pantothensaeure**
bekannte biochemische verfahren wurden fuer unsere belange modifiziert und grundlegend neue entwickelt. mit diesen methoden wird die versorgungslage bestimmter bevoelkerungsgruppen (z. b. studenten) an den vitaminen thiamin, riboflavin, pyridoxin, folsaeure und pantothensaeure ermittelt
S.WORT ernaehrung + vitamine
PROLEI DR. ROLAND BITSCH
STAND 21.7.1976
QUELLE fragebogenerhebung sommer 1976
FINGEB BUNDESMINISTER FUER JUGEND, FAMILIE UND GESUNDHEIT
BEGINN 1.5.1975 ENDE 31.12.1976
G.KOST 240.000 DM
LITAN - PIETRZIK,K.;HESSE,C.;SCHULZE ZUR WIESCH,E.;HOETZEL,D.: UNTERSUCHUNGEN ZUR ERMITTLUNG DES VERSORGUNGSZUSTANDES AN PANTOTHENSAEURE. IN:ZEITSCHRIFT FUER TIERPHYSIOLOGIE, TIERERNAEHRUNG UND FUTTERMITTELKUNDE. 32(17)(1973)
- PIETRZIK,K.;HESSE,C.;SCHULZE ZUR WIESCH,E.;HOETZEL,D.: DIE PANTOTHENSAEUREAUSSCHEIDUNG IM URIN ALS BEZUGSGROESSE FUER DEN VERSORGUNGSZUSTAND. IN:INTERNATIONALE ZEITSCHRIFT VIT. FORSCHUNG. 45(153)(1975)
- HOETZEL,D.;BITSCH,R., "NUTRITIONAL AND CLINICAL PROBLEMS OF THIAMINE",KYOTO,2.AUG 1976: THIAMINE STATUS AND REQUIREMENT OF HUMAN SUBJECTS:ESTIMATED BY BIOCHEMICAL METHODS

RB -008
INST INSTITUT FUER ERNAEHRUNGSWISSENSCHAFTEN I / FB 19 DER UNI GIESSEN
GIESSEN, WILHELMSTR. 20

VORHAB **untersuchungen ueber einzellerproteine mit schwerpunkt mikroalgen in der menschlichen ernaehrung**
fragestellung: nach entwicklung von verfahren zur massenproduktion von mikroalgen in dortmund wurden in thailand, peru und indien projekte des bmz eingerichtet, um das verfahren unter tropischen und subtropischen bedingungen zu erproben. gleichzeitig laufen untersuchungen zur testung und verwendung der produkte als bestandteile von nahrungsmitteln fuer den menschen
S.WORT ernaehrung + algen + entwicklungslaender
PROLEI FELDHEIM
STAND 6.8.1976
QUELLE fragebogenerhebung sommer 1976
LITAN FELDHEIM, W.: STUDIES IN THE USE OF MICROALGAE IN HUMAN FOOD. IN: PLANT. RESEARCH DEVELOPMENT 1 S. 98-103(1975)

RB -009
INST INSTITUT FUER ERNAEHRUNGSWISSENSCHAFTEN I / FB 19 DER UNI GIESSEN
GIESSEN, WILHELMSTR. 20
VORHAB **literaturdokumentation nahrung und ernaehrung**
durchfuehrung von retrospektiven, literaturrecherchen und sdi-diensten fuer jedermann. derzeitiger literaturspeicher ca. 300. 000 veroeffentlichungen
S.WORT ernaehrung + lebensmittel + dokumentation
PROLEI DR. EICHNER
STAND 6.8.1976
QUELLE fragebogenerhebung sommer 1976
FINGEB MINISTER FUER LANDWIRTSCHAFT UND UMWELT, WIESBADEN
ZUSAM MAX-PLANCK-INSTITUT FUER ERNAEHRUNGSPHYSIOLOGIE, RHEINLANDDAMM 201, 4600 DORTMUND

RB -010
INST INSTITUT FUER LANDWIRTSCHAFTLICHE MIKROBIOLOGIE / FB 16/21 DER UNI GIESSEN
GIESSEN, SENCKENBERGSTR. 3
VORHAB **einfluss der lagerungsbedingungen von gefrierspinat auf mikroflora und nitritbildung**
untersuchung der veraenderung der mikroflora und einer mikrobiellen nitritbildung bei verschiedenen aufbewahrungstemperaturen und -zeiten von tiefgefrorenem spinat, unter besonderer beruecksichtigung des einsatzes einer ladentiefkuehltruhe
S.WORT gemuese + lagerung + mikroflora
PROLEI AHRENS
STAND 6.8.1976
QUELLE fragebogenerhebung sommer 1976
BEGINN 1.1.1972 ENDE 31.12.1975

RB -011
INST INSTITUT FUER LANDWIRTSCHAFTLICHE MIKROBIOLOGIE / FB 16/21 DER UNI GIESSEN
GIESSEN, SENCKENBERGSTR. 3
VORHAB **mikrobiologische aspekte bei der kuehllagerung von tomaten**
untersuchungen ueber veraenderungen der gewebestruktur von tomaten bei einer kuehllagerung. einfluss von temperatur, atmosphaere und relativer luftfeuchtigkeit waehrend der lagerung auf nachreife und haltbarkeit der fruechte. erarbeitung der guenstigsten bedingungen fuer eine optimale lagerungsdauer, d. h. fuer einen geringen und spaet einsetzenden pilzbefall
S.WORT gemuese + lagerung + mikrobiologie
PROLEI AHRENS
STAND 6.8.1976
QUELLE fragebogenerhebung sommer 1976
BEGINN 1.1.1972 ENDE 31.12.1975

RB -012
INST INSTITUT FUER LANDWIRTSCHAFTLICHE MIKROBIOLOGIE / FB 16/21 DER UNI GIESSEN
GIESSEN, SENCKENBERGSTR. 3
VORHAB **die lagerungsfaehigkeit von frischgemuese in abhaengigkeit von oekologischen faktoren und unter besonderer beruecksichtigung physiologischer und mikrobieller aspekte**
es wird die lagerungsfaehigkeit in abhaengigkeit von oekologischen faktoren (insbesondere duengung, boden, klima) in parallele mit physiologischen und mikrobiologischen parametern untersucht. im einzelnen stehen in der pruefung - atmungsumsatz - enzymaktivitaet - dichte der epiphyten-mikroflora verschiedener physiologischer gruppen - verpilzungstest. ziel der arbeit ist das auffinden von faktoren, die die lagerungsfaehigkeit beeinflussen und die ausarbeitung von schnelltestverfahren zur vorherbestimmung der lagerungsfaehigkeit
S.WORT gemuese + lagerung + mikrobiologie
PROLEI AHRENS
STAND 6.8.1976
QUELLE fragebogenerhebung sommer 1976
BEGINN 1.1.1975

RB -013
INST INSTITUT FUER LEBENSMITTELCHEMIE DER TU BERLIN
BERLIN 12, MUELLER-BRESLAU-STR. 10
VORHAB **versuche zur charakterisierung mechanisch modifizierter staerke im hinblick auf anwendungsmoeglichkeiten in der lebensmittelchemie**
ausgangssituation: begrenzte lebensmitteltechnologische einsatzmoeglichkeiten fuer native staerken. notwendigkeit zur verbesserung der produktqualitaet staerkehaltiger lebensmittel. anwendungsmoeglichkeit neuer analysenverfahren zur charakterisierung modifizierter staerken. forschungsziel: chemische- u. physikalische charakterisierung des modifikationsgrades in hinsicht auf eigenschaften und anwendung der staerken in form von dispersionen und kleistern als inhaltsstoff in lebensmitteln. anwendung des ergebnisses: technischer einsatz der modifizierten staerken in der lebensmittelindustrie (backwaren, teigwaren, sossen, puddings, staerkegedickte gefrierprodukte), prozesssteuerung bei backwarenherstellung. bedeutung des ergebnisses: entwicklung neuartiger zwiscchenprodukte, verbesserung der qualitaet einiger staerkehaltiger lebensmittel, vereinfachung von prozesstechniken. mittel und wege, verfahren: chrakterisierung der kohlenhydratpolymeren durch hochducksaeulen-chromatographie, enzymatische analyse der struktur, viskosimetrie, anteigversuche, backversuche, kochversuche, messen der gefrier-tau-stabilitaet. einschraenkende faktoren: charakterisierung des modifikationsgrades, nicht zu vereinheitlichende produkteigenschaften. umgebungs- und randbedingungen: preis der produkte, konkurrierende produkte. beeinflussende groessen: wasseraufnahmefaehigkeit, temperatur, scherbeanspruchung. beeinflusste groessen: modifikationsgrad, verkleisterungsgrad, stabilitaet der dispersionen und kleister. weiter notwendige groessen: chemische derivatisierungsmoeglichkeiten, variable technologie der lebensmittelproduktion.
S.WORT getreideverarbeitung + lebensmittelchemie + (staerke)
QUELLE datenuebernahme aus der datenbank zur koordinierung der ressortforschung (dakor)
FINGEB BUNDESMINISTER FUER WIRTSCHAFT
BEGINN 1.1.1975 ENDE 31.12.1976
G.KOST 196.000 DM

RB -014
INST INSTITUT FUER LEBENSMITTELCHEMIE DER TU BERLIN
BERLIN 12, MUELLER-BRESLAU-STR. 10
VORHAB **hydroperoxid-abbaufaktor in leguminosen**
ausgangssituation: lupoxygenase bildet in pflanzlichen lebensmitteln hydroperoxide, die off-flavor komponenten bilden. forschungsziel: chemische struktur der zwischen- und endprodukte, beteiligte enzyme am hydroperoxidabbau. anwendung des ergebnisses: erhaltung des aromas bei tiefgekuehlten lebensmitteln. mittel und wege, verfahren: einsatz

radioaktiver substanzen, gas-, duennschicht-, fluessigchromatographie, nmr, ir, uv, massenspektrometrie. einschraenkende faktoren: entfaellt. umgebungs- und randbedingungen: vorbehandlung, lagertemperatur, lagerzeit. beeinflussende groessen: enzymaktivitaet, fettsaeure- und sauerstoffkonzentration. beeinflusste groessen: spektrum der reaktionsprodukte. weiter notwendige groessen: entfaellt.

S.WORT lebensmittelkonservierung + obst + gemuese + (hydroperoxidabbau)
QUELLE datenuebernahme aus der datenbank zur koordinierung der ressortforschung (dakor)
FINGEB BUNDESMINISTER FUER WIRTSCHAFT
BEGINN 1.1.1972 ENDE 1.1.1975
G.KOST 210.000 DM

RB -015

INST INSTITUT FUER LEBENSMITTELCHEMIE DER UNI KARLSRUHE
KARLSRUHE, KAISERSTR. 12
VORHAB **untersuchungen ueber das verhalten des lipoxigenase-lipoperoxidase-systems in cerealien im hinblick auf die entstehung (neubildung) von aromastoffen**
ausgangssituation: auftreten von "bitterwerden" und "ranzigwerden" bei verarbeiteten cerealien. rein chemische veraenderungen = autoxydation der fette und enzymatische fettdegradation durch lipoxygenasen. begrenzte lagerfaehigkeit von zerkleinertem getreide. forschungsziel: klaerung der auf enzymatisch-oxydativer grundlage entstandenen fetthydroperoxyde (lipoperoxide). isolierung wichtiger folgeprodukte: fettabbauprodukte, aromastoffe und off-flavor-stoffe. forschungsergebnis: aufklaerung des bildungsganges von hydroxydienfettsaeuren aus den entsprechenden hydroperoxysaeuren. spezifische, durch lipoperoxydase katalysierte reaktion. linolsaeurehydroperoxyd, lipoperoxydase, hydroxy-cis-transdien-fettsaeuren. enzymcharakterisierung von haferlipoxidase. aufklaerrung eines isomeretischen abbauweges von fettsaeurehydroperoxiden.
S.WORT lebensmittelchemie + getreideverarbeitung + (aromastoffe)
QUELLE datenuebernahme aus der datenbank zur koordinierung der ressortforschung (dakor)
FINGEB BUNDESMINISTER FUER WIRTSCHAFT
BEGINN 1.1.1971 ENDE 1.1.1974
G.KOST 131.000 DM

RB -016

INST INSTITUT FUER LEBENSMITTELCHEMIE DER UNI KARLSRUHE
KARLSRUHE, KAISERSTR. 12
VORHAB **untersuchungen ueber eine beeinflussung der aromadurchlaessigkeit von verpackungsfolien durch chemische modifizierung**
ausgangssituation: fehlen einer genauen und objektiven messmethode fuer die aromadurchlaessigkeit. forschungsziel: entwicklung einer messapparatur und ausarbeitung von messmethoden. forschungsergebnis: durchfuehrung von messungen anhand von modellaromen fuer die handelsueblichen kunststoff-folien und fuer chemisch modisch modifizierte folien. anwendung des ergebnisses: fuer die wahl der geeigneten folien fuer die einzelnen lebensmittel. herstellung von aromadichten folien durch vernetzung. mittel und wege, verfahren: einsatz einer mechanischen werkstatt zur fertigung der einzelnen teile, gaschromatographie, anreicherungsverfahren, spurenanalyse. einschraenkende faktoren: einspritzmenge fuer die quantitative gaschromatographische analyse. anwendung von ganzmeetalligen apparaturen-teilen.
S.WORT lebensmittelfrischhaltung + verpackungstechnik + (aromadurchlaessigkeit)
QUELLE datenuebernahme aus der datenbank zur koordinierung der ressortforschung (dakor)
FINGEB BUNDESMINISTER FUER WIRTSCHAFT
BEGINN 1.1.1972 ENDE 1.1.1975
G.KOST 219.000 DM

RB -017

INST INSTITUT FUER LEBENSMITTELTECHNOLOGIE UND VERPACKUNG DER FRAUNHOFER-GESELLSCHAFT AN DER TU MUENCHEN
MUENCHEN, SCHRAGENHOFSTR. 35
VORHAB **verringerung der umweltbeeinflussung durch verpackung von lebensmittel**
mindestanforderungen an verpackungen; wie lassen sich verpackungen minimieren; austauschmoeglichkeit von packstoffen bei frischhaltepackungen
S.WORT lebensmittel + verpackung + umweltbelastung
PROLEI PROF. DR. HEISS
STAND 1.1.1974
FINGEB BUNDESMINISTER FUER ERNAEHRUNG, LANDWIRTSCHAFT UND FORSTEN
ZUSAM EINSCHLAEGIGE BUNDESANSTALTEN
LITAN ERSTE ERGEBNISSE IN FORM EINER BROSCHUERE PUBLIZIERT

RB -018

INST INSTITUT FUER LEBENSMITTELTECHNOLOGIE UND VERPACKUNG DER FRAUNHOFER-GESELLSCHAFT AN DER TU MUENCHEN
MUENCHEN, SCHRAGENHOFSTR. 35
VORHAB **erarbeitung von mindestanforderungen an die verpackung von lebensmitteln**
feststellung des zur qualitaetserhaltung notwendigen verpackungsaufwandes von lebensmitteln in abhaengigkeit von umschlagszeit und ausseneinfluessen; minimierung des verpackungsmaterials, vermeidung von ueber- und mogelverpackung und damit verringerung des verpackungsmuells. austauschmoeglichkeiten von packstoffen
S.WORT lebensmittel + verpackung + abfallmenge
PROLEI DR. ROSEMARIE RADTKE
STAND 29.7.1976
QUELLE fragebogenerhebung sommer 1976
FINGEB BUNDESMINISTER FUER ERNAEHRUNG, LANDWIRTSCHAFT UND FORSTEN
LITAN HEISS, R.;RADTKE, R.: EMPFEHLUNGEN FUER DIE MINDESTANFORDERUNGEN AN DIE BESCHAFFENHEIT VON LEBENSMITTELVERPACKUNGEN. HEUSENSTAMM: P. KEPPLER VER. (1972); 61 S.

RB -019

INST INSTITUT FUER LEBENSMITTELVERFAHRENSTECHNIK DER UNI KARLSRUHE
KARLSRUHE, KAISERSTR. 12
VORHAB **reinigung und desinfektion in der lebensmittelindustrie**
ziel: verbesserung des mechanischen wirkungsgrades der reinigung; dadurch einsparung von reinigungsmitteln und spuelwasser. parallel dazu: entwicklung neuer reinigungsmittel mit geringem schaumvermoegen bei guter bakterizider wirkung; kombination beider ergibt einsparung von energiekosten und geringere umweltbelastung
S.WORT lebensmitteltechnik + desinfektion + reinigung + umweltfreundliche technik
PROLEI PROF. DR. DR. -ING. MARCEL LONCIN
STAND 1.1.1974
QUELLE erhebung 1975
FINGEB KULTUSMINISTERIUM, STUTTGART
BEGINN 1.8.1973
G.KOST 100.000 DM
LITAN ZWISCHENBERICHT 1974. 07

RB -020

INST INSTITUT FUER MASCHINENKONSTRUKTION DER TU BERLIN
BERLIN 33, ZOPPOTER STRASSE 35
VORHAB **entwicklung von verpackungsmethoden**
beruecksichtigung der physikalischen eigenschaften der zu verpackenden produkte (fruechte etc.) und der umweltschonenden weiterverwendbarkeit der verpackungsmaterialen im anschluss an den gebrauch
S.WORT verpackungstechnik + lebensmittel
PROLEI DR. -ING. JUERGEN ZASKE

STAND 1.1.1974
FINGEB DEUTSCHE FORSCHUNGSGEMEINSCHAFT
BEGINN 1.1.1973

RB -021
INST INSTITUT FUER PFLANZENBAU UND PFLANZENZUECHTUNG / FB 16 DER UNI GIESSEN
GIESSEN, LUDWIGSTR. 23
VORHAB **ernaehrungsphysiologische und technologische qualitaet des getreidekornes**
fuer die verwertung des getreidekornes sind seine ernaehrungsphysiologisch wichtigen inhaltsstoffe und seine technologischen verarbeitungseigenschaften ausschlaggebend. untersuchung ueber naehrstoffgehalt, vermahlungseigenschaften, baeckereitechnologische eigenschaften bei weizen und roggen. futterwert bei gerste, hafer, weizen, roggen in abhaengigkeit von sorte, standort, duengung und sonstigen anbaumassnahmen
S.WORT getreide + naehrstoffgehalt
PROLEI JAHN-DEESBACH
STAND 6.8.1976
QUELLE fragebogenerhebung sommer 1976
FINGEB DEUTSCHE FORSCHUNGSGEMEINSCHAFT
ZUSAM BUNDESFORSCHUNGSANSTALT FUER GETREIDEVERARBEITUNG, DETMOLD

RB -022
INST INSTITUT FUER PFLANZENBAU UND PFLANZENZUECHTUNG / FB 16 DER UNI GIESSEN
GIESSEN, LUDWIGSTR. 23
VORHAB **die qualitaet der sameneiweisse und ihre zuechterische verbesserung**
die versorgung mit hochwertigem eiweiss fuer die menschliche und tierische ernaehrung ist ein wichtiges problem in der welt und auch fuer europa geworden. hierzu kann in erster linie die zuechtung auf hoehere eiweissgehalte und auf verbesserung der eiweissqualitaet durch selektion von formen mit hoeheren anteilen an essentiellen aminosaeuren einen wesentlichen beitrag liefern. so wurde begonnen mit der selektion von sonnenblumensorten mit hoeheren proteinanteilen, kreuzungen mit nacktgersten mit hohem proteingehalt und hohen lysinanteilen und ebenfalls bei mais sind angelaufen. auch bei raps wird in kuerze ein arbeitsprogramm mit dem ziel erhoehung des futterwertes der rueckstaende anlaufen
S.WORT pflanzenzucht + eiweissgewinnung
PROLEI SCHUSTER
STAND 6.8.1976
QUELLE fragebogenerhebung sommer 1976
FINGEB EUROPAEISCHE GEMEINSCHAFTEN
ZUSAM INST. F. PFLANZENZUECHTUNG, ZAGREB/JUGOSLAWIEN
BEGINN 1.1.1972

RB -023
INST INSTITUT FUER PHARMAZEUTISCHE BIOLOGIE DER UNI WUERZBURG
WUERZBURG, MITTLERER DALLENBERGWEG 64
VORHAB **naturstoffe aus zellkulturen**
S.WORT lebensmittel + zellkultur + (naturstoffsynthese)
QUELLE datenuebernahme aus der datenbank zur koordinierung der ressortforschung (dakor)
FINGEB BUNDESMINISTER FUER FORSCHUNG UND TECHNOLOGIE
BEGINN 1.5.1972 ENDE 31.12.1975

RB -024
INST INSTITUT FUER SEEFISCHEREI DER BUNDESFORSCHUNGSANSTALT FUER FISCHEREI
HAMBURG 50, PALMAILLE 9
VORHAB **fischereiwissenschaftliche untersuchungen im atlantik: a) sued-patagonien - suedwestatlantik; b) neue nutzfische**
S.WORT meeresbiologie + fischerei + lebensmittel + (produktionsbiologische untersuchung)
ATLANTIK
QUELLE datenuebernahme aus der datenbank zur koordinierung der ressortforschung (dakor)
FINGEB BUNDESMINISTER FUER FORSCHUNG UND TECHNOLOGIE
BEGINN 1.6.1971 ENDE 31.12.1975
G.KOST 218.000 DM

RB -025
INST INSTITUT FUER SEEFISCHEREI DER BUNDESFORSCHUNGSANSTALT FUER FISCHEREI
HAMBURG 50, PALMAILLE 9
VORHAB **produktionsbiologische untersuchungen zur abschaetzung der produktionskraft des oestlichen tropischen und subtropischen pazifik (mexikanische gewaesser)**
S.WORT meeresbiologie + fischerei + (produktionsbiologische untersuchung)
PAZIFIK + MEXIKO
QUELLE datenuebernahme aus der datenbank zur koordinierung der ressortforschung (dakor)
FINGEB BUNDESMINISTER FUER FORSCHUNG UND TECHNOLOGIE
BEGINN 1.10.1974 ENDE 30.9.1976

RB -026
INST INSTITUT FUER SOZIALOEKONOMIE DER LANDSCHAFTSENTWICKLUNG DER TU BERLIN
BERLIN 33, ALBRECHT-THEAR-WEG 2
VORHAB **neuorientierung der nahrungshilfe zur deckung mittelfristig zu erwartender grosser nahrungsdefizite in entwicklungslaendern**
S.WORT entwicklungslaender + ernaehrung + planungsmodell
PROLEI PROF. DR. VON BLANKENBURG
STAND 7.9.1976
QUELLE datenuebernahme von der deutschen forschungsgemeinschaft
FINGEB DEUTSCHE FORSCHUNGSGEMEINSCHAFT

RB -027
INST INSTITUT FUER SYSTEMATISCHE BOTANIK DER UNI MUENCHEN
MUENCHEN 19, MENZINGER STRASSE 67
VORHAB **naturstoffe aus zellkulturen**
S.WORT zellkultur + lebensmittelrohstoff
QUELLE datenuebernahme aus der datenbank zur koordinierung der ressortforschung (dakor)
FINGEB BUNDESMINISTER FUER FORSCHUNG UND TECHNOLOGIE
BEGINN 1.5.1972 ENDE 31.12.1975

RB -028
INST INSTITUT FUER TIERERNAEHRUNG / FB 19 DER UNI GIESSEN
GIESSEN, SENCKENBERGSTR. 5
VORHAB **nahrungsqualitaet von suesswasseralgen**
pruefung der moeglichkeiten zur nutzung von suesswasser-einzelleralgen zum zwecke der human- und tierernaehrung. hier scenedesmus acutus insbesondere auf vertraeglichkeit, wachstumsfaktoren, biologische wertigkeit, aminosaeurenergaenzung, farbeffekt und produkt. versuchstiere: schweine, gefluegel
S.WORT nahrungsmittelproduktion + algen
PROLEI BRUNE
STAND 6.8.1976
QUELLE fragebogenerhebung sommer 1976
ZUSAM GESELLSCHAFT FUER STRAHLEN- UND UMWELTFORSCHUNG MBH. , 8042 NEUHERBERG
BEGINN 1.1.1970
LITAN WALZ, O. PH.;KOCH, F.;BRUNNE, H.: UNTERSUCHUNGEN ZU EINIGEN QUALITAETSMERKMALEN DER GRUENALGE SCENEDESMUS ACUTUS AN SCHWEINEN UND KUEHEN. IN: Z. TIERPHYSIOL. , TIERERNAEHR. U. FUTTERMITTELK. 35(2/3) S. 55-75(1975)

RB -029

INST INSTITUT FUER VORRATSSCHUTZ DER BIOLOGISCHEN BUNDESANSTALT FUER LAND- UND FORSTWIRTSCHAFT
BERLIN 33, KOENIGIN-LUISE-STR. 19

VORHAB **entwicklung neuer verfahren zur bekaempfung von quarantaeneschaedlingen in vorraeten mit minimaldosen hochgiftiger gase**
im vorratsschutz werden wegen der forderung die rueckstaende in nahrungs- und futtermitteln moeglichst gering zu halten zunehmend hochgiftige gase verwendet; die untersuchungen dienen dazu, die dosen zu senken; in laborversuchen sollen zunaechst die erforderlichen mindestdosen von methylbyomid und phosphorwasserstoff gegen khaprakaefer festgestellt werden

S.WORT vorratsschutz + schaedlingsbekaempfung + methodenentwicklung
PROLEI DR. RICHARD WOHLGEMUTH
STAND 1.1.1974
FINGEB BUNDESMINISTER FUER BILDUNG UND WISSENSCHAFT
BEGINN 1.5.1974 ENDE 31.5.1977
G.KOST 331.000 DM
LITAN AUSZUG AUS DEM PROGRAMM DER AD-HOC-FORSCHUNGSPLANUNGSGRUPPE "MASSNAHMEN ZUR VERMINDERUNG DES EINSATZES VON PESTIZIDEN"

RB -030

INST INSTITUT FUER VORRATSSCHUTZ DER BIOLOGISCHEN BUNDESANSTALT FUER LAND- UND FORSTWIRTSCHAFT
BERLIN 33, KOENIGIN-LUISE-STR. 19

VORHAB **verminderung des insektizideinsatzes bei der quarantaenebegasung von expellern gegen khaprakaefer-befall**
der weltweit als gefaehrlicher quarantaeneschaedling im internationalen verkehr mit vorratsguetern angesehene khaprakaefer (trogoderma granarium) wird vorwiegend mit expellern importiert. diese waren muessen unter technisch aeusserst unguenstigen bedingungen entseucht werden. hierfuer wurden begasungsverfahren entwickelt, die jedoch hohe rueckstaende in den behandelten produkten hinterlassen. alle untersuchungen haben den zweck, den geforderten bekaempfungserfolg mit der fuer den jeweiligen fall geringsten aufwandmenge an bekaempfungsmitteln zu erreichen und damit die rueckstandsbelastung in der behandelten ware so gering wie moeglich zu halten

S.WORT vorratsschutz + entseuchung + schaedlingsbekaempfung + (begasung)
PROLEI DR. FARIS EL-LAKWAH
STAND 30.8.1976
QUELLE fragebogenerhebung sommer 1976
FINGEB BUNDESMINISTER FUER FORSCHUNG UND TECHNOLOGIE
BEGINN 1.1.1975 ENDE 31.12.1978
G.KOST 330.000 DM
LITAN ZWISCHENBERICHT

RB -031

INST MAX-PLANCK-INSTITUT FUER LIMNOLOGIE
PLOEN, AUGUST-THIENEMANN-STR. 2

VORHAB **chemisch-oekologische untersuchungen zur struktur und funktion extrazellulaerer algenprodukte**

S.WORT algen + stoffwechsel
PROLEI PROF. DR. JUERGEN OVERBECK
STAND 7.9.1976
QUELLE datenuebernahme von der deutschen forschungsgemeinschaft
FINGEB DEUTSCHE FORSCHUNGSGEMEINSCHAFT

RB -032

INST PROFESSUR FUER VOLKSWIRTSCHAFTSLEHRE (INSBESONDERE ENTWICKLUNGSLAENDERFORSCHUNG) / FB 02 DER UNI GIESSEN
GIESSEN, LICHER STRASSE 66

VORHAB **ernaehrungsprobleme im zuge der wirtschaftlichen entwicklung**

S.WORT ernaehrung + oekonomische aspekte
PROLEI LEIMNITZER
STAND 6.8.1976
QUELLE fragebogenerhebung sommer 1976

RB -033

INST VETERINAERUNTERSUCHUNGSANSTALT DER FREIEN UND HANSESTADT HAMBURG
HAMBURG 6, LAGERSTR. 36

VORHAB **untersuchung ueber die pasteurisierung von fischmehl durch bestrahlung**
durch eine bestrahlung von importiertem fischmehl mit elektronenstrahlen werden die in dem fischmehl vorhandenen salmonellen abgetoetet. die staendige verseuchung der nutzviehbestaende kann auf diese weise unterbrochen werden. teil 1: feststellung der rationellsten strahlendosis. teil 2: fuetterungsversuche von bestrahltem fischmehl an schweinen zur feststellung der gesundheitlichen unbedenklichkeit

S.WORT futtermittel + salmonellen + pasteurisierung
PROLEI DR. ULRICH REUSSE
STAND 21.7.1976
QUELLE fragebogenerhebung sommer 1976
FINGEB BUNDESMINISTER FUER ERNAEHRUNG, LANDWIRTSCHAFT UND FORSTEN
ZUSAM - BUNDESFORSCHUNGSANSTALT FUER ERNAEHRUNG, ENGESSERSTRASSE 20, 7500 KARLSRUHE-LINKENHEIM
- PHYSIOLOGISCHES INSTITUT, BISCHOFSHOLER DAMM 15, 3000 HANNVER
- INST. F. PATHOLOGIE DER TIERAERZTLICHEN HOCHSCHULE HANNOVER
G.KOST 80.000 DM
LITAN - REUSSE, U.;BISCHOFF, J.;FLEISCHHAUER, G.;ET AL.: PASTEURISIERUNG VON FISCHMEHL. IN: ZBL. VETERINAERMEDIZIN B 23 BERLIN UND HAMBURG: PAUL PAREY S. 158-170(1976)
- ENDBERICHT

Weitere Vorhaben siehe auch:

ME -042 VERWERTUNG VON ABFAELLEN DER ERNAEHRUNGSINDUSTRIE DURCH UMWANDLUNG IN BIOSYNTHETISCHES EIWEISS

MF -037 EIWEISSGEWINNUNG DURCH VERHEFUNG VON MOLKE

MF -046 UNTERSUCHUNGEN UEBER DIE AUS HYGIENISCHEN GRUENDEN ERFORDERLICHE HITZEANWENDUNG BEI DER HERSTELLUNG VON TIERMEHLEN, UNTER BESONDERER BERUECKSICHTIGUNG NEUER TECHNISCHER VERFAHREN

QB -013 ENTWICKLUNG NEUER METHODEN ZUR ANALYSE VON FLEISCH UND FLEISCHERZEUGNISSEN

RE -022 ENTWICKLUNG VON ZUCHTMATERIAL MIT AUSWUCHSRESISTENZ BEIM ROGGEN

RH -054 BEKAEMPFUNG VON VORRATSSCHAEDLICHEN MOTTEN MIT HILFE VON SYNTHETISCHEN LOCKSTOFFEN

RH -055 EINSATZMOEGLICHKEIT VON DDVP ZUR BEKAEMPFUNG VON MOTTEN IN GETREIDELAEGERN

RC -001
INST ABTEILUNG FUER BODENKUNDE UND BODENERHALTUNG IN DEN TROPEN UND SUBTROPEN / FB 16 DER UNI GIESSEN
GIESSEN, SCHOTTSTR. 2
VORHAB **erodierbarkeit und kornverteilung auf erosionsgefaehrdeten boeden und haengen verschiedener geologischer herkunft**
veraenderungen hessischer ackerboeden durch bodenerosion und bestimmung der erodierbarkeit
S.WORT bodenerosion + ackerboden
HESSEN
PROLEI JUNG
STAND 6.8.1976
QUELLE fragebogenerhebung sommer 1976
BEGINN 1.1.1971 ENDE 31.12.1974

RC -002
INST ABTEILUNG FUER BODENKUNDE UND BODENERHALTUNG IN DEN TROPEN UND SUBTROPEN / FB 16 DER UNI GIESSEN
GIESSEN, SCHOTTSTR. 2
VORHAB **messung von oberflaechlichem abfluss und bodenabtrag auf verschiedenen boeden der bundesrepublik deutschland**
auf haengigen lagen wird oberflaechenabfluss und bodenabtrag bei auftretendem starkregen gemessen. ziel und zweck: kenntnis der wirkung von starkregen auf verschiedenartigen boeden zum zwecke der erarbeitung geeigneter schutzmassnahmen
S.WORT bodenerosion + niederschlagsabfluss + (schutzmassnahmen)
PROLEI JUNG
STAND 6.8.1976
QUELLE fragebogenerhebung sommer 1976
BEGINN 1.1.1972 ENDE 31.12.1977

RC -003
INST ABTEILUNG FUER BODENKUNDE UND BODENERHALTUNG IN DEN TROPEN UND SUBTROPEN / FB 16 DER UNI GIESSEN
GIESSEN, SCHOTTSTR. 2
VORHAB **wasserhaushalt und ernteertrag auf erodierten boeden**
starke ernteeinbussen auf erosionsbeeinflussten haengen sind haeufig auf veraenderungen der physikalischen bodenkomponenten zurueckzufuehren. die veraenderungen durch bodenerosion und ihre wirkung auf den ernteertrag werden festgestellt
S.WORT bodenerosion + wasserhaushalt + bodenertrag
PROLEI JUNG
STAND 6.8.1976
QUELLE fragebogenerhebung sommer 1976
BEGINN 1.1.1974 ENDE 31.12.1977

RC -004
INST BAYERISCHES GEOLOGISCHES LANDESAMT
MUENCHEN 22, PRINZREGENTENSTR. 28
VORHAB **geologische und hydrogeologische landesaufnahme sowie spezialkartierungen**
aufnahmemethode: geologisch/hydrogeologisch; erstellung einer karte 1: 25000
S.WORT hydrogeologie + geologie + kartierung
BAYERN
PROLEI DR. GANSS
STAND 1.1.1974
FINGEB BAYERISCHES GEOLOGISCHES LANDESAMT, MUENCHEN
BEGINN 1.1.1950
LITAN KARTEN UND VEROEFFENTLICHUNGEN DES BAYERISCHEN GEOLOGISCHEN LANDESAMTES.

RC -005
INST BAYERISCHES LANDESAMT FUER WASSERWIRTSCHAFT
MUENCHEN 19, LAZARETTSTR. 61
VORHAB **einfluss der menschen auf die erosion im bergland**
S.WORT erosion + anthropogener einfluss
STAND 1.1.1974
QUELLE erhebung 1975

RC -006
INST BAYERISCHES LANDESAMT FUER WASSERWIRTSCHAFT
MUENCHEN 19, LAZARETTSTR. 61
VORHAB **fluviatiler abtrag und rutschungserscheinungen in den ostalpen**
S.WORT erosion
ALPEN (OSTALPEN)
PROLEI DR. J. KARL
STAND 1.1.1974
QUELLE erhebung 1975
FINGEB DEUTSCHE FORSCHUNGSGEMEINSCHAFT
ZUSAM INTERNATIONALE HYDROLOGISCHE DEKADE
BEGINN 1.1.1970 ENDE 31.12.1974
G.KOST 360.000 DM
LITAN ARBEITSBERICHT 1973 AN DFG

RC -007
INST FACHBEREICH BAUINGENIEURWESEN DER FH NORDOSTNIEDERSACHSEN
SUDERBURG, HERBERT-MEYER-STR. 7
VORHAB **windschutz auf leichten boeden**
fuer die durch windschutzanlagen vor erosion zu schuetzenden ackerflaechen auf leichten boeden soll eine moeglichst genaue abgrenzung der gefaehrdung erfolgen. hierzu ist eine methode zu entwickeln, durch die stufen der gefaehrdung festgelegt und messtechnisch erfasst werden koennen, dass die in suderburg gewonnenen ergebnisse auf andere standorte uebertragbar sind
S.WORT ackerboden + erosion + schutzmassnahmen
NORDDEUTSCHE TIEFEBENE
PROLEI PROF. DR. GEORG SCHWERDTFEGER
STAND 10.9.1976
QUELLE fragebogenerhebung sommer 1976
FINGEB DEUTSCHE FORSCHUNGSGEMEINSCHAFT
ZUSAM - AGRARMETEOROLOGISCHE FORSCHUNGSSTELLE DES DEUTSCHEN WETTERDIENSTES, BUNDESALLEE 50, 3300 BRAUNSCHWEIG
- INST. F. BODENKUNDE DER FAL, 3300 BRAUNSCHWEIG-VOELKENRODE
BEGINN 1.7.1975 ENDE 31.10.1978
G.KOST 10.000 DM
LITAN 1. BERICHT: WINDSCHUTZ AUF LEICHTEN BOEDEN. IN: ZEITSCHRIFT FUER KULTURTECHNIK UND FLURBEREINIGUNG. HAMBURG: VERL. PAUL PAREY

RC -008
INST FACHGRUPPE GEOGRAPHIE DER UNI TRIER-KAISERSLAUTERN
TRIER, SCHNEIDERHOF
VORHAB **bodenerosionsuntersuchungen in weinbergslagen**
erforschung von bodenerosionsprozessen in weinbergslagen der mosel und in mitteleuropa. landschaftsoekologische kartierungen und untersuchungen als grundlage laendlicher neuordnung
S.WORT landschaftsoekologie + weinberg + bodenerosion
MOSEL (RAUM)
PROLEI PROF. DR. GEROLD RICHTER
STAND 30.8.1976
QUELLE fragebogenerhebung sommer 1976
FINGEB DEUTSCHE FORSCHUNGSGEMEINSCHAFT
ZUSAM UNIVERSITE DE LIEGE, GEMBLOUX, LUETTICH, BELGIEN
BEGINN 1.1.1973 ENDE 31.12.1980
G.KOST 350.000 DM
LITAN RICHTER, G.;NEGENDANK, J.: SOIL EROSION PROCESSES AND THEIR MEASUREMENTS IN THE MOSELLE AREA. EARTH SURFACE PROCESSES (IM DRUCK)

RC -009
INST GEOGRAPHISCHES INSTITUT DER UNI BASEL
BASEL/SCHWEIZ, KLINGELBERGSTR. 16
VORHAB **quantifizierte aufnahme und darstellung von schaeden des bodenabtrags und kleinreliefs in der landschaft (rhein bei basel)**
bestandsaufnahmen bodenabtrag und kleinrelief durch physikalische messungen; entwickeln von standards der darstellung in grossmasstaebigen karten; diese werden auf generalisierungsfaehigkeit hin angelegt, so

dass mittels der daraus entwickelten mittelmasstaebigen karten planungsrelevante raumeinheiten ausgewiesen werden koennen
S.WORT bodenerosion + kartierung
RHEIN-HOCHRHEIN
PROLEI PROF. DR. HARTMUT LESER
STAND 1.10.1974
BEGINN 1.4.1974 ENDE 31.3.1976

RC -010
INST GEOGRAPHISCHES INSTITUT DER UNI BOCHUM
BOCHUM -QUERENBURG, UNIVERSITAETSSTR. 150
VORHAB **probleme der bodenerhaltung in der subalpinen und alpinen stufe der alpen**
S.WORT bodenerhaltung + erosionsschutz
ALPEN
PROLEI PROF. DR. GRACANIN
STAND 1.1.1974

RC -011
INST GEOGRAPHISCHES INSTITUT DER UNI BOCHUM
BOCHUM -QUERENBURG, UNIVERSITAETSSTR. 150
VORHAB **bodenerosion und bodenschutzmassnahmen am kaiserstuhl**
methoden: studium der veraenderungen der gelaendeformen und des aufbaus der bodenprofile
S.WORT bodenerhaltung + erosionsschutz
KAISERSTUHL + OBERRHEIN
PROLEI PROF. DR. GRACANIN
STAND 1.10.1974
G.KOST 2.000 DM

RC -012
INST GEOGRAPHISCHES INSTITUT DER UNI STUTTGART
STUTTGART 1, SILCHERSTR. 9
VORHAB **desertification in and around arid lands**
untersuchung, kontrolle und abwehrmassnahmen betreffend raeumliche ausbreitung bzw. intensivierung wuestenhafter verhaeltnisse in und an den randgebieten der trockenraeume der erde. diese werden sowohl hinsichtlich natuerlicher ursachen (klimaaenderungen usw.) als auch durch den eingriff des menschen bedingten gruende untersucht (wirtschaft, siedlung, bevoelkerung)
S.WORT wueste + ausbreitung + klimaaenderung + anthropogener einfluss
PROLEI PROF. DR. WOLFGANG MECKELEIN
STAND 9.8.1976
QUELLE fragebogenerhebung sommer 1976
FINGEB - UNESCO
- INTERNATIONALE GEOGRAPHISCHE UNION
- DEUTSCHE FORSCHUNGSGEMEINSCHAFT
BEGINN 1.1.1972 ENDE 31.12.1980
LITAN DESERTIFICATION: A WORLD BIBLIOGRAPHY. TUCSON, ARIZONA(1976); 644 S.

RC -013
INST GEOLOGISCH-PALAEONTOLOGISCHES INSTITUT DER UNI HAMBURG
HAMBURG 13, BUNDESSTR. 55
VORHAB **aufgaben der geologen im rahmen der zu loesenden umweltprobleme sowie zukuenftiger aufgaben**
problemkreis komplexbildung tonminerale - organische substanz einerseits und tonminerale - schwermetalle blei, zink, cadmium etc. andererseits. verschiedene bindungsformen des schwefels in anorganischen und organischen substanzen; kreislauf lebender organischer substanz/abbau toter organischer substanz/qualitative und quantitative umsatzraten
S.WORT geologie + umweltprobleme
PROLEI PROF. DR. IDA VALETON
STAND 1.10.1974
ZUSAM GEOLOGISCHES LANDESAMT HAMBURG, 2
HAMBURG 13, OBERSTR. 88
BEGINN 1.1.1975 ENDE 31.12.1978

RC -014
INST GEOLOGISCHES LANDESAMT RHEINLAND-PFALZ
MAINZ, FLACHSMARKTSTR. 9
VORHAB **spurenstoffverteilung in sandboeden in abhaengigkeit vom ausgangsgestein und von der bodenbildung**
S.WORT bodenkunde + spurenstoffe + geochemie
PROLEI DR. -ING. KARL-HEINZ EMMERMANN
STAND 7.9.1976
QUELLE datenuebernahme von der deutschen forschungsgemeinschaft
FINGEB DEUTSCHE FORSCHUNGSGEMEINSCHAFT

RC -015
INST GEOPHYSIKALISCHES INSTITUT DER UNI KARLSRUHE
KARLSRUHE, HERTZSTR. 16
VORHAB **seismizitaet des oberrheingrabens agnitudenbestimmung, erdbebengefaehrdung und tektonischer bau**
seismizitaet des oberrheingrabens; lokalisierung von erdbeben; energiebestimmung; erdbebengefaehrdung und klaerung seismotektonischer zusammenhaenge; automatische seismische ueberwachung
S.WORT bodenmechanik + erschuetterungen + ueberwachungssystem
OBERRHEINEBENE
PROLEI PROF. DR. K. FUCHS
STAND 1.1.1974
FINGEB DEUTSCHE FORSCHUNGSGEMEINSCHAFT
BEGINN 1.1.1966 ENDE 31.1.1981
G.KOST 390.000 DM
LITAN BONJER; FUCHS: MICROEARTHQUAKE ACTIVITY OBSERVED BY A SEISMIC NETWORK IN THE RHEINGRABEN REGION. IN: TAPHRO SCHNITZERBART'SCHE VERLAGSBUCHHANDLUNG STUTTGART(1974)

RC -016
INST GEOPHYSIKALISCHES INSTITUT DER UNI KARLSRUHE
KARLSRUHE, HERTZSTR. 16
VORHAB **untersuchungen kuenstlich induzierter seismischer aktivitaet**
verschiedentlich feststellung von erdbeben im zusammenhang mit kuenstlichen stauseen; klaerung durch beobachtungen an grossstauseen in den alpen
S.WORT bodenmechanik + erschuetterungen + talsperre
ALPENRAUM
PROLEI PROF. DR. K. FUCHS
STAND 1.1.1974
FINGEB DEUTSCHE FORSCHUNGSGEMEINSCHAFT
ZUSAM SONDERFORSCHUNGSBEREICH FELSMECHANIK, UNI KARLSRUHE
BEGINN 1.1.1969
G.KOST 750.000 DM
LITAN - MUELLER, ST.:MAN-MADE EARHQUAKES, EIN WEG ZUM VERSTAENDNIS NATUERLICHER, SEISMISCHER AKTIVITAET. IN: GEOLOGISCHE RUNDSCHAU 59, 1970
- BLUM, RI.:SEISMISCHE BEOBACHTUNGEN AN 2 STAUSEEN. JAHRESBERICHT 1972 D. SONDERFORSCHUNGSBEREICHS 77 KARLSRUHE(1973)
- ZWISCHENBERICHT 1974. 05

RC -017
INST GESELLSCHAFT FUER ANGEWANDTE GEOPHYSIK MBH
MUENCHEN 90, EDUARD-SCHMID-STR. 3
VORHAB **geoelektrische messungen zur beschaffenheit und maechtigkeit des quartaers sowie der tiefenlage des tertiaers**
im rahmenplan isar bestimmung von art und maechtigkeit der quartaeren sedimente mit geoelektrischen messungen, zur unterstuetzung dazu durchfuehrung von refraktionsseismischen messungen. messungen entlang von profilen, die langgestreckte morphologische elemente im quartaer und tertiaer moeglichst quer schneiden sollten. vorinterpretation im gelaende (2-schichtkurven korrekturkurven), endauswertung mit 3-schichtkurven, endauswertung mit schwerpunkt auf grundwasserfuehrung, grundwassermaechtigkeit, vergleich mit vorliegenden bohrergebnissen
S.WORT grundwasserbewegung + bodenstruktur + geophysik

ISAR
PROLEI DIPL. -GEOL. LUDWIG RENATUS
STAND 2.8.1976
QUELLE fragebogenerhebung sommer 1976
FINGEB BAYERISCHES GEOLOGISCHES LANDESAMT, MUENCHEN
BEGINN 1.7.1975 ENDE 30.11.1975
G.KOST 40.000 DM
LITAN ENDBERICHT

RC -018

INST INSTITUT FUER ANGEWANDTE GEODAESIE FRANKFURT, RICHARD-STRAUSS-ALLEE 11
VORHAB **untersuchungen zur herstellung, verarbeitung und auswertung von bildaufzeichnungen der erde aus luft- und raumfahrzeugen**
entwicklung und verbesserung von verfahren der fernerkundung (photogrammetrie, photointerpretation) fuer die herstellung von topographischen und thematischen karten sowie fuer die anwendung in anderen geowissenschaftlichen bereichen (geographie, geologie usw.), in der land- und forstwirtschaft, in der landesplanung und raumordnung, im umweltschutz (gewaesserueberwachung, vegetationsschaeden usw.) und in aehnlichen bereichen. durchfuehrung grundlegender und experimenteller untersuchungen zur verfahrenstechnik, einschl. genauigkeit und wirtschaftlichkeit
S.WORT luftbild + kartographie + verfahrenstechnik
PROLEI DIPL. -ING. HANS BELZNER
STAND 13.8.1976
QUELLE fragebogenerhebung sommer 1976
ZUSAM - NASA
- DFVLR
- OEEPE
BEGINN 1.1.1972
LITAN - HOTHMER; MARGENFELDT: DIE NEUE GENERATION DER VERMESSUNGSFLUGZEUGE. IN: NACHR. KT. - U. VERMESS. WES. 63(1973)
- SCHMIDT-FALKENBERG: TOPOGRAPHISCHE KARTE 1: 25 000 (LUFTBILDKARTE). IN: BILDM. U. LUFTBILDWESEN. 42(3) S. 74-80(1974)
- ENDBERICHT

RC -019

INST INSTITUT FUER BODENKUNDE DER UNI BONN BONN, NUSSALLEE 13
VORHAB **die quantitative erfassung anthropogener einfluesse auf die bodenbildung**
S.WORT boden + anthropogener einfluss
PROLEI PROF. DR. DR. EDUARD MUECKENHAUSEN
STAND 1.1.1974
FINGEB DEUTSCHE FORSCHUNGSGEMEINSCHAFT

RC -020

INST INSTITUT FUER BODENKUNDE UND BODENERHALTUNG / FB 16/21 DER UNI GIESSEN GIESSEN, LUDWIGSTR. 23
VORHAB **faktoren, erscheinungsformen und auswirkungen der bodenerosion und entwicklung von massnahmen zur bodenerhaltung**
das institut ist seit vielen jahren eines der bedeutendsten zentren fuer erosionsforschung in deutschland; grosse zahl von veroeffentlichungen
S.WORT bodenerosion + bodenerhaltung + erosionsschutz
PROLEI PROF. DR. JUNG
STAND 1.1.1974
BEGINN 1.1.1951
LITAN - JUNG, J.: DIE BODENEROSION IN DEN MITTELHESSISCHEN LANDSCHAFTEN MITTEILGS. DTSCH. BODENKUNDL. GESELLSCH. 17, 63-72(1973)
- JUNG, J.: BODENEROSION DURCH WASSER UND IHRE BEKAEMPFUNG HANDBUCH FUER LANDSCHAFTSPFLEGE U. NATURSCHUTZ, (2)288-303
- BAYER. LWV MUENCHEN, BERLIN, WIEN, 1971

RC -021

INST INSTITUT FUER BODENKUNDE UND BODENERHALTUNG / FB 16/21 DER UNI GIESSEN GIESSEN, LUDWIGSTR. 23
VORHAB **standortforschung**
untersuchung und quantitative erfassung der fuer die landwirtschaftliche nutzung relevanten bodeneigenschaften, ermittlung des ertragspotentials von boeden aufgrund ihrer physikalischen eigenschaften und damit schaffung von neuen grundlagen fuer die bewertung von boeden; standortkundliche auswertungskarten zu bodenkarten; meliorationsbeduerftigkeit von boeden, naehrstoffdynamik und ertragsfaehigkeit erodierter loessboeden
S.WORT bodennutzung + bodenbeschaffenheit + kartierung + (erodierte loessboeden)
PROLEI PROF. DR. ERNST SCHOENHALS
STAND 6.8.1976
QUELLE fragebogenerhebung sommer 1976
FINGEB DEUTSCHE FORSCHUNGSGEMEINSCHAFT
ZUSAM INST. F. PFLANZENBAU UND -ZUECHTUNG DER UNI GIESSEN
BEGINN 1.1.1968 ENDE 31.12.1976
LITAN - NEMETH, K.: INTERPRETATION DER CHEMISCHEN BODENUNTERSUCHUNG BEI LOESSBOEDEN VERSCHIEDENEN EROSIONSGRADES. IN: STAND UND LEISTUNG AGRIKULTURCHEMISCHER UND AGRARBIOLOGISCHER FORSCHUNG. XXVI. LANDW. FORSCHUNG 30, I. SONDERHEFT(1974)
- HARRACH, T.: DIE ERTRAGSFAEHIGKEIT VON LOESSBOEDEN UNTERSCHIEDLICHEN EROSIONSGRADES. IN: LANDWIRTSCH. FORSCHUNG 28(3) S. 190-199(1975)

RC -022

INST INSTITUT FUER BODENKUNDE UND BODENERHALTUNG / FB 16/21 DER UNI GIESSEN GIESSEN, LUDWIGSTR. 23
VORHAB **verwitterung - bodenbildung - bodenerosion**
gelaendebeobachtungen und mikroskopische untersuchungen fuehrten zu dem ergebnis, dass die rezente verwitterung von festen gesteinen ausserordentlich langsam verlaeuft. daraus leiten sich folgerungen fuer die deutung der entstehung der sog. verwitterungsboeden und fuer die einschaetzung der bodenerosion ab. die erosionsschaeden sind daher auf solchen boeden irreparabel. entsprechende schutzmassnahmen haben besondere dringlichkeit
S.WORT bodenerosion + verwitterung
PROLEI TAMAS HARRACH
STAND 6.8.1976
QUELLE fragebogenerhebung sommer 1976
BEGINN 1.1.1966 ENDE 31.12.1974

RC -023

INST INSTITUT FUER BODENKUNDE UND WALDERNAEHRUNGSLEHRE DER UNI FREIBURG FREIBURG, BERTOLDSTR. 17
VORHAB **probleme des bodenschutzes im gebiet der mediterranen macchie**
S.WORT bodenschutz
MITTELMEERRAUM
PROLEI PROF. DR. GRACANIN
STAND 1.1.1974
LITAN GRACANIN: BODENERHALTUNG ALS TEIL DES UMWELTSCHUTZES IM BEREICH DER MEDITERRANEN MACCHIE -IN: ALLGEMEINE FORST- UND JAGDZEITUNG 144, A: S. 197-2O3 (1973)

RC -024

INST INSTITUT FUER GEOGRAPHIE UND WIRTSCHAFTSGEOGRAPHIE DER UNI HAMBURG HAMBURG 13, BUNDESSTR. 55
VORHAB **desertification in der sahelzone afrikas. untersuchungen im bereich des oestlichen vorlandes des jebel marra (dafur, republik sudan)**
S.WORT bodenbeeinflussung + erosion + wueste
SAHELZONE (AFRIKA)
PROLEI PROF. DR. HORST MENSCHING
STAND 7.9.1976
QUELLE datenuebernahme von der deutschen forschungsgemeinschaft
FINGEB DEUTSCHE FORSCHUNGSGEMEINSCHAFT

RC -025

INST INSTITUT FUER GEOPHYSIK, SCHWINGUNGS- UND SCHALLTECHNIK DER WESTFAELISCHEN BERGGEWERKSCHAFTSKASSE
BOCHUM, HERNER STRASSE 45
VORHAB **rahmenprogramm "energieforschung", ergonomische voraussetzungen, gebirgsschlagbekaempfung; seismische ueberwachung mit mobilstationen**
wirkung bergbaubedingter entspannungsschlaege auf menschen und gebaeude
S.WORT bergbau + bodenmechanik + (folgeschaeden)
RHEIN-RUHR-RAUM
PROLEI PROF. DR. HEINRICH BAULE
STAND 1.10.1974
FINGEB - BUNDESMINISTER FUER FORSCHUNG UND TECHNOLOGIE
- RUHRKOHLE AG, ESSEN
BEGINN 1.1.1974 ENDE 31.12.1977
G.KOST 808.000 DM

RC -026

INST INSTITUT FUER OEKOLOGIE DER TU BERLIN
BERLIN 33, ALBRECHT-THAER-WEG 4
VORHAB **erosionsschutz im grunewald (berlin)**
vegetationskundliche, bodenkundliche und geomorphologische erhebungen zur erosionsgefaehrdung im grunewald im rahmen oekologischer grundlagenuntersuchungen in berliner natur- und landschaftsschutzgebieten
S.WORT naturschutz + vegetationskunde + bodenkunde + erosion
BERLIN-GRUNEWALD
PROLEI PROF. DR. HERBERT SUKOPP
STAND 30.8.1976
QUELLE fragebogenerhebung sommer 1976
FINGEB SENATOR FUER BAU- UND WOHNUNGSWESEN, BERLIN
ZUSAM - FACHGEBIET BODENKUNDE DES INSTITUTS FUER OEKOLOGIE, ENGLERALLEE 19/21, 1000 BERLIN 33
- INST. F. PHYSISCHE GEOGRAPHIE DER FU BERLIN, ALTENSTEINSTR. 19, 1000 BERLIN 33
BEGINN 1.3.1975 ENDE 31.3.1976
G.KOST 28.000 DM
LITAN - SUKOPP, H.;KOESTER, H. -G.: UEBER DEN STAND DER FORSCHUNG IN DEN BERLINER NATURSCHUTZGEBIETEN. IN: BERLINER NATURSCHUTZBLAETTER 17 S. 623-637
- SUKOPP, H.;BOECKER, R.;KOESTER, H. -G.: NUTZUNG VON SCHUTZGEBIETEN DURCH FORSCHUNG UND LEHRE. IN: NATUR UND LANDSCHAFT 49 S. 123-129
- ENDBERICHT

RC -027

INST INSTITUT FUER PFLANZENBAU UND PFLANZENZUECHTUNG DER UNI GOETTINGEN
GOETTINGEN, VON SIEBOLDTSTR. 8
VORHAB **wasserleitfaehigkeit in unbearbeiteten boeden**
ackerbau ohne bodenbearbeitung fuehrt zu einer stabilen tragfaehigen bodenstruktur; die wasserinfiltration wird erhoeht, der oberflaechenabfluss und die bodenerosion vermindert
S.WORT ackerbau + bodenstruktur + sickerwasser
PROLEI DR. EHLERS
STAND 1.1.1974
FINGEB - DEUTSCHE FORSCHUNGSGEMEINSCHAFT
- LAND NIEDERSACHSEN
BEGINN 1.10.1973 ENDE 31.3.1976
G.KOST 150.000 DM
LITAN - EHERS, W.:STRUKTURZUSTAND UND ZEITLICHE AENDERUNGEN DER WASSER-U. LUFTGEHALTE. . . . Z. ACKER-UND PFLANZENBAU(137)S. 213-232 (1973)
- OBSERVATIONS ON EARTHWORMCHANNELS AND INFILTRATION ON TILLED AND UNTILLED LOESS SOIL, SOIL SCIENCE, IN PRESS
- ZWISCHENBERICHT 1974. 10

RC -028

INST INSTITUT FUER PFLANZENBAU UND SAATGUTFORSCHUNG DER FORSCHUNGSANSTALT FUER LANDWIRTSCHAFT
BRAUNSCHWEIG, BUNDESALLEE 50
VORHAB **untersuchungen an ungestoerten bodensaeulen ueber die filterwirkung des bodens unter dem einfluss zugefuehrter abfallstoffe**
S.WORT abfallstoffe + boden + filtration
STAND 1.1.1976
QUELLE mitteilung des bundesministers fuer ernaehrung,landwirtschaft und forsten
FINGEB BUNDESMINISTER DES INNERN

RC -029

INST INSTITUT FUER WASSERBAU UND WASSERWIRTSCHAFT DER TU BERLIN
BERLIN 10, STRASSE DES 17. JUNI 140-144
VORHAB **theoretische und experimentelle untersuchungen an sohlabstuerzen**
im bereich der gemeinde niedersfeld muss in einem etwa 400 m langen abschnitt des hillebaches das zu grosse gefaelle aufgeloest werden. zu diesem zweck sind vier sohlabstuerze vorgesehen, um die entstehende energiezunahme auf ein vertretbares mass zu reduzieren. in verbindung mit theoretischen betrachtungen und unter zuhilfenahme von modellversuchen wird angestrebt, die sohlabstuerze als kaskadenfoermige bauwerke zu entwerfen, die den hydraulischen und landschaftspflegerischen belangen gerecht werden
S.WORT landschaftspflege + wasserbau + flussbettaenderung + (sohlabstuerze)
NIEDERSFELD
PROLEI PROF. DR. -ING. HANS BRETSCHNEIDER
STAND 2.8.1976
QUELLE fragebogenerhebung sommer 1976
FINGEB STADT WINTERBERG
BEGINN 1.1.1976 ENDE 31.10.1976
G.KOST 30.000 DM

RC -030

INST INSTITUT FUER WELTFORSTWIRTSCHAFT DER BUNDESFORSCHUNGSANSTALT FUER FORST- UND HOLZWIRTSCHAFT
REINBEK, SCHLOSS
VORHAB **abhaengigkeit der bodenbildung auf vulkanischen muttergestein von hoehenlage, waldtyp und anthropogener einwirkung im gebiet puebla-tlaxcala-mexiko**
S.WORT bodenbeeinflussung + wald + anthropogener einfluss
MEXICO (PUEBLA-TLAXCALA)
PROLEI H. W. ZOETTL
STAND 1.1.1976
QUELLE mitteilung des bundesministers fuer ernaehrung,landwirtschaft und forsten
FINGEB DEUTSCHE FORSCHUNGSGEMEINSCHAFT
BEGINN 1.1.1972

RC -031

INST LANDESANSTALT FUER IMMISSIONS- UND BODENNUTZUNGSSCHUTZ DES LANDES NORDRHEIN-WESTFALEN
ESSEN, WALLNEYERSTR. 6
VORHAB **ermittlung von kennwerten zur beurteilung der physikalischen und chemischen eigenschaften rekultivierter loessboeden**
methode: bodenkundlich
S.WORT bodenbeschaffenheit + rekultivierung + bewertungskriterien
PROLEI DR. LANGNER
STAND 1.1.1974
FINGEB LAND NORDRHEIN-WESTFALEN
BEGINN 1.1.1968

RC -032

INST LEHRSTUHL FUER BODENKUNDE DER TU MUENCHEN
FREISING -WEIHENSTEPHAN

VORHAB **untersuchungen zur erfassung von bodenerosion und erosionsgefaehrdung in der hallertau**
erstellung eines schnellverfahrens zur erfassung der erosionsgefaehrdung von boeden; moegliche uebertragbarkeit auf andere landschaften und nutzungsformen. feldmessung von infiltration und bodenabtrag bei unterschiedlicher bodenfeuchte und -bearbeitung, labormessung von koernung, aggregatstabilitaet und gehalten an aggregierenden substanzen, nomographische auswertung in anlehnung an wischmeier, w. h.
S.WORT bodenbeschaffenheit + erosion
HALLERTAU + BAYERN
PROLEI DR. HANS HEINRICH BECHER
STAND 21.7.1976
QUELLE fragebogenerhebung sommer 1976
FINGEB BAYERISCHES GEOLOGISCHES LANDESAMT, MUENCHEN
ZUSAM BAYERISCHES LANDESAMT FUER WASSERWIRTSCHAFT, PRINZREGENTENSTRASSE, 8000 MUENCHEN
BEGINN 1.10.1975
G.KOST 50.000 DM

RC -033
INST LEHRSTUHL FUER GEOGRAPHIE UND HYDROLOGIE DER UNI FREIBURG
FREIBURG, WERDERRING 4
VORHAB **dynamisch-integrierende bodenfeuchtemessungen. entwicklung eines neuen hydrologischen messverfahrens und absteckung des einsatzbereiches**
das ziel ist die bilanzierung von infiltration und evapotranspiration verschiedener parzellen aus den kurzfristigen bodenwassergehaltsaenderungen. der speziellen anforderung der schnellen erfassung des wassergehaltes groesserer horizonte soll ein dynamisch-integrierendes messverfahren mit einer neutronensonde dienen. die geringere schichtaufloesung dieses sondentyps muss mit hilfe messtechnischer modelle kompensiert werden. konstruktive varianten einer messanlage fuer mehrere messrohre und einer mobilen anlage sollen den einsatzbereich des messverfahrens vergroessern
S.WORT bodenwasser + messgeraet
KAISERSTUHL + OBERRHEIN
PROLEI PROF. DR. REINER KELLER
STAND 13.8.1976
QUELLE fragebogenerhebung sommer 1976
FINGEB DEUTSCHE FORSCHUNGSGEMEINSCHAFT
BEGINN 1.5.1976 ENDE 31.12.1980
G.KOST 200.000 DM

RC -034
INST LEHRSTUHL FUER GEOGRAPHIE UND HYDROLOGIE DER UNI FREIBURG
FREIBURG, WERDERRING 4
VORHAB **auswirkungen von grossterrassierungen auf hydrologische prozesse**
quantifizierung der auswirkungen von grossterrassierungen bei rebumlegungen im loess des kaiserstuhls auf abflussverhalten und wasserhaushalt. vergleichsstudie verschiedener einzugsgebiete
S.WORT bodenbearbeitung + weinberg + niederschlagsabfluss + wasserhaushalt
KAISERSTUHL + OBERRHEIN
PROLEI PROF. DR. REINER KELLER
STAND 13.8.1976
QUELLE fragebogenerhebung sommer 1976
FINGEB INTERNATIONALES HYDROLOGISCHES PROGRAMM (IHP) DER UN
ZUSAM - LANDESAMT FUER UMWELTSCHUTZ, INST. F. WASSERWIRTSCHAFT, BANNWALDALLEE, 7500 KARLSRUHE
- GEOLOGISCHES LANDESAMT DES LANDES BAW, ALBERTSTRASSE, 7800 FREIBURG
BEGINN 1.1.1976 ENDE 31.12.1978
G.KOST 100.000 DM

RC -035
INST NIEDERSAECHSISCHES LANDESAMT FUER BODENFORSCHUNG
HANNOVER -BUCHHOLZ, STILLEWEG 2
VORHAB **komponenten des wasserhaushaltes in der ungesaettigten bodenzone durch messungen in situ mit hoher raumzeitlicher aufloesung**
S.WORT hydrologie + wasserhaushalt + boden
PROLEI PROF. DR. ALBRECHT HAHN
STAND 1.1.1974
FINGEB DEUTSCHE FORSCHUNGSGEMEINSCHAFT
ZUSAM GIESEL W. , DR. LORCH S. , DR. RENGER M. , DR. STREBEL O. , DR.

RC -036
INST NIEDERSAECHSISCHES LANDESAMT FUER BODENFORSCHUNG
HANNOVER -BUCHHOLZ, STILLEWEG 2
VORHAB **filtereigenschaften der boeden und deren kartiertechnische erfassbarkeit**
erfassung von bodenkennwerten fuer mechanische, physikochemische, chemische filtereigenschaften (z. b. schwermetalle), umsetzungsvermoegen fuer organische abfallstoffe, verlagerung der dabei entstandenen nitrate, entwicklung eines beurteilungssystems mit kartiertechnisch erfassbaren bodenkriterien
S.WORT bodenbeschaffenheit + abfallstoffe + filtration + kartierung
NIEDERSACHSEN
PROLEI DR. WERNER MUELLER
STAND 6.8.1976
QUELLE fragebogenerhebung sommer 1976
ZUSAM - FORSCHUNGSANSTALT FUER LANDWIRTSCHAFT, BUNDESALLEE 50, 3301 BRAUNSCHWEIG-VOELKENRODE
- LANDWIRTSCHAFTSKAMMER HANNOVER, JOHANNSSENSTR. 10, 3000 HANNOVER
- LANDWIRTSCHAFTSKAMMER WESER-EMS, MARS-LA-TOUR-STR. 2-4, 2900 OLDENBURG
BEGINN 1.1.1974
LITAN MUELLER, W.: FILTEREIGENSCHAFTEN VON BOEDEN UND DEREN KARTIERTECHNISCHE ERFASSBARKEIT. IN: MITT. DEUTSCHE BODENKUNDLICHE GESELLSCHAFT 22 S. 323-330(1975)

RC -037
INST NIEDERSAECHSISCHES LANDESAMT FUER BODENFORSCHUNG
HANNOVER -BUCHHOLZ, STILLEWEG 2
VORHAB **aufnahme und herstellung der bodenkarte von niedersachsen (1:25000, 1:5000)**
bodenkundliche landesaufnahme von niedersachsen in verschiedenen massstaeben im gelaende unter auswertung von archivunterlagen zur schaffung von bodenkundlichen entscheidungshilfen f uer vielfaeltige planungsfragen, fuer die flaechennutzung und den umweltschutz. die grundlage der arbeiten bildet die regionale erfassung der boeden niedersachsens mit schwergewicht in der erforschung und darstellung von oekologisch wirksamen bodeneigenschaften (bes. wasser- und lufthaushalt). auswertungskarten und beihefte sollen die praktische auswertung und anwendung der karten erleichtern. die unterschiedlichen kartenmassstaebe schaffen sowohl fuer grossraeumige planungen als auch fuer einzelprojekte verwendbare unterlagen
S.WORT bodenkarte + oekologische faktoren + nutzungsplanung
NIEDERSACHSEN + BREMEN
PROLEI DR. RUDOLF LUEDERS
STAND 6.8.1976
QUELLE fragebogenerhebung sommer 1976
ZUSAM - LANDWIRTSCHAFTSKAMMER HANNOVER, JOHANNSSENSTR. 10, 3000 HANNOVER
- LANDWIRTSCHAFTSKAMMER WESER-EMS, MARS-LA-TOUR-STR. 2-4, 2900 OLDENBURG

RC -038
INST NIEDERSAECHSISCHES LANDESAMT FUER BODENFORSCHUNG
HANNOVER -BUCHHOLZ, STILLEWEG 2

VORHAB **bodenkartierung zur beurteilung von grundwasserentzugsschaeden in der land- und forstwirtschaft**
untersuchungsziele: 1. erfassung des wasserhaushalts der boeden (flaechenhaft) vor einer grundwasserabsenkung; 2. vorhersage der beeintraechtigung der nutzung durch grundwasserabsenkungen; 3. sachgerechte auswahl von beweisflaechen und ansatzpunkten fuer grundwassermessungen zur weiteren landwirtschaftlichen beweissicherung. - hierzu wird der boden kartiert und der wasserhaushalt (nutzbare feldkapazitaet, kap. aufstiegsrate, grundwasser) festgestellt. durch ermittlung des grenzflurabstandes wird beantwortet, ob und wo fuer die vegetation grundwasseranschluss besteht. - der vergleich zwischen bodenwasserhaushalt vor und nach einer absenkung mit dem klimatisch gegebenen wasserdefizit ergibt die bedeutung des kap. aufstiegs fuer die pflanze und hinweis auf moegliche schaeden
S.WORT bodenkarte + grundwasserabsenkung + landwirtschaft
NIEDERSACHSEN
PROLEI PROF. DR. HEINZ VOIGT
STAND 6.8.1976
QUELLE fragebogenerhebung sommer 1976
ZUSAM - NIEDERSAECHSISCHES LANDESAMT FUER BODENFORSCHUNG HANNOVER, ABT. VI, POSTFACH 510153, 3000 HANNOVER 51
- LANDWIRTSCHAFTSKAMMER HANNOVER, JOHANNSSENSTR. 10, 3000 HANNOVER
- LANDWIRTSCHAFSKAMMER OLDENBURG, MARS-LA-TOUR-STR. 2-4, 2900 OLDENBURG

RC -039

INST NIEDERSAECHSISCHES LANDESVERWALTUNGSAMT HANNOVER, RICHARD-WAGNER-STR. 22
VORHAB **untersuchungen an niedersaechsischen torflagerstaetten zur beurteilung der abbauwuerdigen torfvorraete und der schutzwuerdigkeit im hinblick auf deren optimale nutzung**
die wichtigen moore niedersachsens sollen in gruendlicher untersuchung ihres aufbaues, inhaltes und ihrer funktion unter auswertung vorhandener daten und weiterer gelaendeuntersuchungen eingehend erforscht und anschliessend vom standpunkt der lagerstaettenkunde und des naturschutzes bewertet werden. das ergebnis soll eine wichtige grundlage fuer entscheidungen ueber die optimale nutzung und erhaltung der moore des landes sein
S.WORT moor + bodennutzung + torf + naturschutz
NIEDERSACHSEN
PROLEI PROF. DR. SCHNEEKLOTH
STAND 13.8.1976
QUELLE fragebogenerhebung sommer 1976
BEGINN 1.1.1976 ENDE 31.12.1977

RC -040

INST ZENTRALSTELLE FUER GEOPHOTOGRAMMETRIE UND FERNERKUNDUNG DER DEUTSCHEN FORSCHUNGSGEMEINSCHAFT
MUENCHEN, LUISENSTR. 37
VORHAB **flugzeug-messprogramm (fmp)**
ziel: oekologie eines hochgebirgs-randgebietes. mehrmalige befliegung eines testgebietes (moor bei kochel/obb) zu verschiedenen jahreszeiten. hierbei werden vom flugzeug aus multispektrale aufnahmeserien gemacht. gleichzeitig werden im testgebiet genaue bodenkontrollen durchgefuehrt. (radiometermessungen, temperatur, wind, luftfeuchtigkeit, entnahme und auswertung von bodenproben)
S.WORT bodenkarte + oekologie + fliegende messtation + luftbild
STARNBERGER SEE + KOCHELMOOS + ALPENVORLAND
PROLEI PROF. DR. JOHANN BODECHTEL
STAND 12.8.1976
QUELLE fragebogenerhebung sommer 1976
FINGEB BUNDESMINISTER FUER FORSCHUNG UND TECHNOLOGIE
ZUSAM - DFVLR, OBERPFAFFENHOFEN
- GEOGRAPHISCHES INSTITUT DER UNI MUENCHEN
- BOTANISCHES INSTITUT DER UNI MUENCHEN
BEGINN 1.1.1974 ENDE 31.12.1977
G.KOST 364.000 DM

RC -041

INST ZENTRALSTELLE FUER GEOPHOTOGRAMMETRIE UND FERNERKUNDUNG DER DEUTSCHEN FORSCHUNGSGEMEINSCHAFT
MUENCHEN, LUISENSTR. 37
VORHAB **vermessung des bodenzustandes mit indirekten verfahren**
ziel: feststellen des bodenzustandes (bodenfeuchte) mittels fernerkundungsverfahren (multispektrale flugzeugaufnahmen, thermale ir mikrowellen aufnahmen). vorgehensweise: bodenmessungen in testgebieten (radiometer, meteorologische daten, bodentemperaturen, bodenart): ergebnisse - flugaufnahmen in den testgebieten: korrelation mit bodendaten und auswerteverfahren fuer testgebiete - anwendung auf unbekannte gebiete. untersuchungsmethoden: statistische auswertung der bodenmessdaten, digitale und analoge verarbeitung der flugaufnahmen
S.WORT bodenstruktur + hydrometeorologie + luftbild
ALPENVORLAND + SCHLESWIG-HOLSTEIN
PROLEI PROF. DR. JOHANN BODECHTEL
STAND 12.8.1976
QUELLE fragebogenerhebung sommer 1976
FINGEB BUNDESMINISTER DER VERTEIDIGUNG
ZUSAM DFVLR, OBERPFAFFENHOFEN
BEGINN 1.2.1974 ENDE 31.12.1976
G.KOST 262.000 DM
LITAN ZWISCHENBERICHT

Weitere Vorhaben siehe auch:

PG -045 VERTEILUNG VON SPURENELEMENTEN IM VORFELD ANTHROPOGENER BELASTUNG: IHR VERHALTEN BEI DER VERWITTERUNG UND ABTRAGUNG, DARGESTELLT AN EINZELBEISPIELEN IM EINZUGSGEBIET DER TIROLER ACHEN

RD -001

INST AGRIKULTURCHEMISCHES INSTITUT DER UNI BONN
BONN, MECKENHEIMER ALLEE 176
VORHAB **bewaesserungsprobleme in trockengebieten**
lysimeter-versuche ueber naehrstoffhaushalt, insbesondere stickstoffhaushalt in versalzten boeden
S.WORT naehrstoffhaushalt + boden + salzgehalt + bewaesserung
PROLEI PROF. DR. HERMANN KICK
STAND 1.10.1974
FINGEB DEUTSCHE FORSCHUNGSGEMEINSCHAFT
ZUSAM SCHWERPUNKTPROGRAMM DER DFG: BEWAESSERUNG IN ARIDEN GEBIETEN
BEGINN 1.1.1967 ENDE 31.12.1974
G.KOST 150.000 DM

RD -002

INST ARBEITSGEMEINSCHAFT UMWELTSCHUTZ AN DER UNI HEIDELBERG
HEIDELBERG, IM NEUENHEIMER FELD 360
VORHAB **biokybernetiktheoretisch de- und induktive erforschung von methoden und moeglichkeiten von ueberwiegend oekologischer landbewirtschaftung**
praktische oekosystem-kompatible landbewirtschaftungsmethoden inner- und ausserhalb europas sollen einer bio- und oekokybernetiktheoretischen erklaerung zugefuehrt werden
S.WORT landwirtschaft + oekologie + agrarproduktion + methodenentwicklung
PROLEI PROF. DR. KURT EGGER
STAND 10.9.1976
QUELLE fragebogenerhebung sommer 1976
BEGINN 1.9.1976
LITAN ZWISCHENBERICHT

RD -003

INST ARBEITSGRUPPE BEWAESSERUNG
PREETZ, SCHWENTINESTR. 9
VORHAB **querschnittsanalyse von bewaesserungsmassnahmen**
erarbeitung von geeigneten technischen, finanziellen, volkswirtschaftlichen und organisatorischen kriterien fuer die planung und evaluierung von bewaesserungsprojekten.
S.WORT bewaesserung + oekonomische aspekte
QUERSCHNITTSANALYSE
QUELLE datenuebernahme aus der datenbank zur koordinierung der ressortforschung (dakor)
FINGEB BUNDESMINISTER FUER WIRTSCHAFTLICHE ZUSAMMENARBEIT
BEGINN 1.12.1975 ENDE 30.9.1976
G.KOST 105.000 DM

RD -004

INST BAUSTOFF-FORSCHUNG BUCHENHOF
RATINGEN 6, PREUSSENSTR. 31
VORHAB **begruenung von oedflaechen durch vegetationsplatten und bewaesserungsanlagen**
durch offenporige kapillaraktive, samenenthaltende schaumstoffplatten, welche auf oedlandflaechen ausgelegt werden koennen, ist bei kurzfristiger naechtlicher berieselung klimaveraenderung moeglich
S.WORT klimaaenderung + oedflaechen + begruenung + (vegetationsplatten)
PROLEI DR. WOLFGANG GRUEN
STAND 22.7.1976
QUELLE fragebogenerhebung sommer 1976
BEGINN 1.1.1970
G.KOST 300.000 DM

RD -005

INST BAYERISCHE LANDESANSTALT FUER BODENKULTUR UND PFLANZENBAU
MUENCHEN 19, MENZINGER STRASSE 54
VORHAB **verfuegbarkeit der herbizide fuer die kulturpflanze**
S.WORT herbizide + pflanzen
PROLEI DR. ADALBERT SUESS
STAND 1.1.1974
FINGEB DEUTSCHE FORSCHUNGSGEMEINSCHAFT

RD -006

INST BUNDESANSTALT FUER GEOWISSENSCHAFTEN UND ROHSTOFFE
HANNOVER 51, STILLEWEG 2
VORHAB **bewaesserungseignung von boeden unter besonderer beruecksichtigung der bodenversalzung in trockengebieten**
versalzungsdynamik, entsalzungsmethoden, salzwirkung auf die pflanze
S.WORT bodenbeschaffenheit + bewaesserung + (entsalzung)
PROLEI DR. LUEKEN
STAND 1.1.1976
QUELLE mitteilung des bundesministers fuer wirtschaft
FINGEB BUNDESMINISTER FUER WIRTSCHAFT
BEGINN ENDE 31.12.1975
LITAN LUEKEN, H.: ZUR FRAGE DER BEWAESSERUNGSEIGNUNG DER BOEDEN UNTER BESONDERER BERUECKSICHTIGUNG DER BODENVERSALZUNG. IN: ZEITSCHRIFT FUER BEWAESSERUNGSWIRTSCHAFT 4 S. 117-122

RD -007

INST FACHGEBIET RASENFORSCHUNG / FB 16/21 DER UNI GIESSEN
GIESSEN, SCHLOSSGASSE 7
VORHAB **untersuchungen ueber naehrstoffauswaschungen bei gruenflaechenduengung**
der bau belastbarer freizeit-, sport- und erholungsflaechen setzt eine genuegende wasserdurchlaessigkeit voraus, die die frage nach auftreten und ausmass von naehrstoffauswaschungen aufwirft
S.WORT gruenflaechen + duengung + auswaschung
PROLEI DR. WERNER SKIRDE
STAND 1.10.1974
FINGEB DEUTSCHE FORSCHUNGSGEMEINSCHAFT

RD -008

INST FORSCHUNGSANSTALT FUER WEINBAU, GARTENBAU, GETRAENKETECHNOLOGIE UND LANDESPFLEGE
GEISENHEIM, VON-LADE-STR. 1
VORHAB **massnahmen zur foerderung der bodenfruchtbarke it im weinbau und untersuchungen ueber den wasserhaushalt der rebe**
bodenfruchtbarkeit; verminderung der erosion; eignung von rheinwasser zur beregnung; duengung mit muellklaerschlamm- kompost
S.WORT weinbau + boden + wasserhaushalt + duengung
PROLEI PROF. DR. DAEUMEL
STAND 1.10.1974
QUELLE erhebung 1975
FINGEB FORSCHUNGSRING DES DEUTSCHEN WEINBAUS, FRANKFURT
BEGINN 1.1.1969 ENDE 31.12.1977
G.KOST 150.000 DM
LITAN - STEINBERG: "DAUERBEGRUENUNG NACH ZWEI TROCKENJAHREN". IN: DER DEUTSCHE WEINBAU 28 (7)S. 218-223(1973)
- KIEFERT; STEINBERG: "EINFLUSS DER BODENFEUCHTE AUF MENGE UND GUETE DES ERTRAGES BEI DER REBE". IN: DER DEUTSCHE WEINBAU 29 (11)S. 352-356(1974)

RD -009

INST GEOGRAPHISCHES INSTITUT DER UNI ERLANGEN-NUERNBERG
ERLANGEN, KOCHSTR. 4
VORHAB **agrargeographische uebersichtskartierung von bewaesserungsgebieten des orients nach satellitenaufnahmen**
S.WORT bewaesserung + kartierung + agrargeographie + (satellitenaufnahmen)
ORIENT
PROLEI PROF. DR. WOLF-DIETER HUETTEROTH
STAND 7.9.1976

QUELLE datenuebernahme von der deutschen forschungsgemeinschaft
FINGEB DEUTSCHE FORSCHUNGSGEMEINSCHAFT

RD -010
INST HESSISCHE LANDWIRTSCHAFTLICHE VERSUCHSANSTALT
DARMSTADT, RHEINSTR. 91
VORHAB **untersuchung des wasserhaushaltes von pflanzendecke und boden mit hilfe der neutronensonde**
untersuchung unter kontrollierten hydrologischen und klimatischen bedingungen auf versuchsparzellen der forschungsstation alsbach
S.WORT pflanzendecke + wasserhaushalt
PROLEI DR. OTTO KLAUSING
STAND 1.10.1974
QUELLE erhebung 1975
FINGEB DEUTSCHE FORSCHUNGSGEMEINSCHAFT
ZUSAM INTERNATIONALE HYDROLOGISCHE DEKADE

RD -011
INST INSTITUT FUER AGRIKULTURCHEMIE DER UNI GOETTINGEN
GOETTINGEN, VON-SIEBOLD-STR. 6
VORHAB **veraenderungen des nitratgehaltes im profil eines loesslehm-standortes waehrend des winterhalbjahres 1974/75 nach unterschiedlicher mineralischer und organischer duengung**
zu untersuchen war die veraenderung des nitratgehaltes im profil eines repraesentativen standortes waehrend eines winterhalbjahres, da ueber diese jahreszeit bislang keine untersuchungsdaten vorlagen. bei woechentlicher probennahme wurde in den profiltiefen 0 - 15 cm, 15 - 30 cm, 30 - 60 cm und 60 - 80 cm der nitratgehalt direkt nach ausschuettelung der bodenproben mit hilfe der 3, 4 xylenol-methode bestimmt. die bodenproben entstammten mit steigenden n-gaben und mit unterschiedlicher organischer duengung im davorliegenden fruehjahr geduengten parzellen
S.WORT bodenbeschaffenheit + duengemittel + nitrate
NIEDERSACHSEN (SUED)
PROLEI PROF. DR. EBERHARD PRZEMECK
STAND 10.9.1976
QUELLE fragebogenerhebung sommer 1976
BEGINN 1.10.1974 ENDE 30.4.1975
LITAN - PRZEMECK, E.;WINKELMANN, K.;TIMMERMANN, F.: VERAENDERUNGEN DES NITRATGEHALTES IM PROFIL EINES LOESS-LEHM-STANDORTES WAEHREND DES WINTERHALBJAHRES 1974/75 NACH UNTERSCHIEDL. MINERAL. U. ORGAN. DUENGUNG. IN: MITT. DT. BODENKUNDL. GES. 22 S. 301-310(1975)
- ENDBERICHT

RD -012
INST INSTITUT FUER ANGEWANDTE BOTANIK DER UNI HAMBURG
HAMBURG, MARSEILLER STRASSE 7
VORHAB **untersuchungen zur frage der bodenverbesserung und der humusduengung**
die durchfuehrung von feldversuchen erfolgt nach biologisch-statistischen gesichtspunkten. dazu gehoert u. a. die bereitstellung einheitlicher versuchsflaechen. zur erhaltung von bodenstruktur und fruchtbarkeit ist die zufuhr organischer substanz (stalldung o. ae.) unerlaesslich, die wiederum durch ihre heterogene zusammensetzung versuchsfehler bedingen kann. ziel der untersuchung ist es, durch geeignete homogene ersatzstoffe diese fehler zu reduzieren bei gleichzeitiger pruefung ihrer wirkung auf die physikalischen, chemischen und biologischen eigenschaften des bodens
S.WORT bodenverbesserung + duengung + bodenstruktur
PROLEI DR. BERND SCHUERMANN
STAND 30.8.1976
QUELLE fragebogenerhebung sommer 1976
BEGINN 1.1.1971 ENDE 31.12.1981

RD -013
INST INSTITUT FUER BODENKUNDE DER LANDES LEHR- UND VERSUCHSANSTALT FUER WEINBAU, GARTENBAU UND LANDWIRTSCHAFT
TRIER, EGBERTSTR. 18/19
VORHAB **untersuchungen ueber die porengroessenverteilung von weinbergsboeden als mass des wasserhaushaltes**
wasserhaushalt von weinbergsboeden durch die porengroessenverteilung und wirkung von siedlungsabfaellen und organischen duengemitteln
S.WORT wasserhaushalt + weinberg + siedlungsabfaelle + duengemittel
PROLEI DR. WALTER
STAND 1.10.1974
FINGEB FORSCHUNGSRING DES DEUTSCHEN WEINBAUS, FRANKFURT
BEGINN 1.1.1970 ENDE 31.12.1974
G.KOST 69.000 DM
LITAN ZWISCHENBERICHT 1974. 06

RD -014
INST INSTITUT FUER BODENKUNDE DER UNI GOETTINGEN
GOETTINGEN, VON-SIEBOLD-STR. 4
VORHAB **stickstoffbilanz: umsetzungen, auswaschungen und gasfoermige verluste**
ziele des vorhabens sind, die umsetzungsbedingungen fuer stickstoff, die auswaschungsverluste und die raten der gasfoermigen n-freisetzung zu ermitteln. dies soll in abhaengigkeit von der nutzungsart und dem bodentyp (loessparabraunerden, sandboeden) geschehen
S.WORT bodenbeschaffenheit + stickstoff
PROLEI ALDAG
STAND 29.7.1976
QUELLE fragebogenerhebung sommer 1976
FINGEB DEUTSCHE FORSCHUNGSGEMEINSCHAFT
G.KOST 500.000 DM
LITAN MEYER, B.: STICKSTOFFBILANZ. IN: GOETTINGER BODENKUNDLICHE BERICHTE 34(1975)

RD -015
INST INSTITUT FUER BODENKUNDE DER UNI GOETTINGEN
GOETTINGEN, VON-SIEBOLD-STR. 4
VORHAB **stickstoffumsatz und stickstoffbilanz im wurzelraum land- und forstwirtschaftlich genutzter sandboeden**
S.WORT landwirtschaft + boden + stickstoff + stoffhaushalt
PROLEI PROF. DR. BRUNK MEYER
STAND 7.9.1976
QUELLE datenuebernahme von der deutschen forschungsgemeinschaft
FINGEB DEUTSCHE FORSCHUNGSGEMEINSCHAFT

RD -016
INST INSTITUT FUER BODENKUNDE UND BODENERHALTUNG / FB 16/21 DER UNI GIESSEN
GIESSEN, LUDWIGSTR. 23
VORHAB **vergleichende untersuchungen ueber den lufthaushalt von boeden und dessen wurzeloekologische bedeutung**
vergleichende untersuchungen ueber den lufthaushalt von boeden. untersuchung der wurzelverteilung in bodenhorizonten u. a. durch autoradiographien. analyse der ursachen unterschiedlicher wurzelverteilung in verschiedenen bodenhorizonten (lufthaushalt, mechanischer bodenwiderstand, ph, naehrstoffversorgung usw.)
S.WORT bodenstruktur + lufthaushalt
PROLEI PROF. DR. ERNST SCHOENHALS
STAND 6.8.1976
QUELLE fragebogenerhebung sommer 1976
FINGEB DEUTSCHE FORSCHUNGSGEMEINSCHAFT
ZUSAM - STRAHLENZENTRUM DER UNI GIESSEN
- INST. F. BOTANIK II DER UNI GIESSEN
BEGINN 1.1.1970 ENDE 31.12.1976

RD -017
INST INSTITUT FUER BODENKUNDE UND STANDORTLEHRE DER UNI HOHENHEIM
STUTTGART 70, EMIL-WOLFF-STR. 27

VORHAB **wasser-, mineral- und humushaushalt (stoffhaushalt) verschiedener bodenlandschaften**
S.WORT boden + wasser + mineralstoffe
PROLEI PROF. DR. SCHLICHTING
STAND 1.1.1974

RD -018

INST INSTITUT FUER BODENKUNDE UND WALDERNAEHRUNGSLEHRE DER UNI FREIBURG
FREIBURG, BERTOLDSTR. 17
VORHAB **technische hilfe der bundesrepublik deutschland (bfe), grundsatzplanung fuer die entwaesserung der stadt pusan/korea**
ziel: verhinderung der bodenerosion; bodenkartierung, erosionskartierung; physik, chemie und mineralogie, bodenuntersuchungen, erosionsschutztechniken
S.WORT entwicklungslaender + entwaesserung
+ bodenerosion
PUSAN (KOREA)
PROLEI DR. BLUM
STAND 1.1.1974
FINGEB BUNDESMINISTER FUER WIRTSCHAFTLICHE ZUSAMMENARBEIT
ZUSAM PLANUNGSGRUPPE ENTWAESSERUNG PUSAU (PEP)

RD -019

INST INSTITUT FUER BODENKUNDE UND WALDERNAEHRUNGSLEHRE DER UNI FREIBURG
FREIBURG, BERTOLDSTR. 17
VORHAB **untersuchung der auswirkungen von muellkompostgaben zu sorptionsschwachen sandboeden im forstamt schwetzingen**
zielsetzung: a) untersuchungen, in welchem masse muellkompostgaben (als auflage oder eingearbeitet) die physikalischen bodeneigenschaften - speziell die wasserhaltefaehigkeit - beeinflussen. b) untersuchungen ueber die belastbarkeit der boeden mit schwermetallen und die tatsaechliche belastung durch muellkompostgaben unterschiedlicher menge. c) untersuchung der auswirkungen von muellkompost auf das wachstum von kiefern, speziell auf die aufnahme von schwermetallen
S.WORT bodenverbesserung + wald + duengung
+ muellkompost
OBERRHEINEBENE
PROLEI DR. WOLFGANG MOLL
STAND 29.7.1976
QUELLE fragebogenerhebung sommer 1976
FINGEB GESELLSCHAFT ZUR FOERDERUNG DER FORST- UND HOLZWIRTSCHAFTLICHEN FORSCHUNG, FREIBURG
ZUSAM STAATLICHES FORSTAMT, SCHWETZINGEN
BEGINN 1.10.1975 ENDE 30.10.1976
G.KOST 4.000 DM

RD -020

INST INSTITUT FUER BODENMECHANIK UND FELSMECHANIK DER UNI KARLSRUHE
KARLSRUHE, RICHARD-WILLSTAETTER-ALLEE
VORHAB **grundlagen der kuenstlichen bodenverbesserung**
untersuchung und beschreibung der ausbreitungsprozesse bei injektionen und der physikalischen (mechanischen) eigenschaften (zeitabhaengig) injizierter korngerueste als grundlage zur klaerung der zahlreichen mit der injektionstechnik zusammenhaengenden fragen, die ueberwiegend mit umweltproblemen zusammenhaengen
S.WORT bodenverbesserung
PROLEI DR. -ING. JUERGEN-PETER KOENZEN
STAND 21.7.1976
QUELLE fragebogenerhebung sommer 1976
ZUSAM - INST. F. GRUNDBAU UND BODENMECHANIK, STRASSE DES 17. JUNI 135, 1000 BERLIN 12
- TU BERLIN, STRASSE DES 17. JUNI 135, 1000 BERLIN 12
BEGINN 1.1.1976 ENDE 31.12.1979

RD -021

INST INSTITUT FUER LANDESKULTUR / FB 16/21 DER UNI GIESSEN
GIESSEN, SENCKENBERGSTR. 3
VORHAB **die wirkung verschiedener draenmaschinentypen auf boden und wasserhaushalt**
es wurde die wirtschaftlichkeit einer fraeskettendraenmaschine und zweier grabenlos arbeitenden draenmaschinen und deren wirkung auf den boden untersucht. es wurde eine groessere wirtschaftlichkeit der grabenlos arbeitenden maschine festgestellt. bezueglich ihrer wirkungen auf den boden ergaben sich keine wesentlichen unterschiede; jedoch waren auf tonarmen instabilen boeden die grabenlos arbeitenden draenmschinen den fraeskettenmaschinen leicht ueberlegen, auf den tonreichn boeden zeigte dagegen die fraeskettenmaschine eine etwas bessere wirkung
S.WORT bodenbeschaffenheit + wasserhaushalt
+ entwaesserung
PROLEI PROF. DR. KOWALD
STAND 6.8.1976
QUELLE fragebogenerhebung sommer 1976
FINGEB DEUTSCHE FORSCHUNGSGEMEINSCHAFT
BEGINN 1.1.1970 ENDE 31.12.1975

RD -022

INST INSTITUT FUER LANDESKULTUR / FB 16/21 DER UNI GIESSEN
GIESSEN, SENCKENBERGSTR. 3
VORHAB **der salzhaushalt des bodens bei verschiedenen bewaesserungsverfahren**
in ariden und semiariden gebieten steigt mit zunehmender bewaesserung die gefahr einer bodenversalzung. in einem feldversuch wird der salzhaushalt des bodens bei unterschiedlichen bewaesserungsverfahren und unterschiedlichen wassergaben untersucht
S.WORT boden + bewaesserung + salzgehalt
PROLEI PROF. DR. KOWALD
STAND 6.8.1976
QUELLE fragebogenerhebung sommer 1976
FINGEB DEUTSCHE FORSCHUNGSGEMEINSCHAFT
BEGINN 1.1.1973 ENDE 31.12.1975

RD -023

INST INSTITUT FUER LANDSCHAFTSPFLEGE UND LANDSCHAFTSOEKOLOGIE DER BUNDESFORSCHUNGSANSTALT FUER NATURSCHUTZ UND LANDSCHAFTSOEKOLOGIE
BONN -BAD GODESBERG, HEERSTR. 110
VORHAB **auswirkung von bewirtschaftungsmassnahmen (duengung, herbizide) auf die zusammensetzung der ackerunkrautbestaende**
S.WORT ackerland + duengung + herbizide + unkrautflora
PROLEI DR. K. MEISEL
STAND 1.1.1976
FINGEB BUNDESMINISTER FUER ERNAEHRUNG, LANDWIRTSCHAFT UND FORSTEN
LITAN MEISEL, K.:PROBLEME DES RUECKGANGS VON ACKERUNKRAEUTERN, SCHRIFTENREIHE FUER LANDSCHAFTSPFLEGE UND NATURSCHUTZ H. 7 (1972)S. 103-110

RD -024

INST INSTITUT FUER METEOROLOGIE UND KLIMATOLOGIE DER TU HANNOVER
HANNOVER 21, HERRENHAEUSERSTR. 2
VORHAB **verdunstung und energiebedarf kuenstlich beheizter und beregneter freilandboeden**
S.WORT freiflaechen + wasserverdunstung + waermehaushalt
PROLEI KESCHAWARZI
STAND 1.1.1974
FINGEB DEUTSCHE FORSCHUNGSGEMEINSCHAFT
BEGINN 1.1.1969 ENDE 31.12.1974
G.KOST 110.000 DM
LITAN KESCHAWARZT, S.: VERDUNSTUNG UND ENERGIEBEDARF KUENSTLICH BEHEIZTER UND BEREGNETER FREILANDBOEDEN IN: BER. INST. F. MET. U. KLIMAT. TU HANNOVER (12)(1974)

RD -025

INST INSTITUT FUER PFLANZENBAU UND PFLANZENZUECHTUNG / FB 16 DER UNI GIESSEN GIESSEN, LUDWIGSTR. 23
VORHAB **methoden des "organischen landbaues"**
in fortsetzung bisheriger experimente soll insbesondere die veraenderung der parameter der bodenfruchtbarkeit im boden erfasst werden. hierzu sind spezielle untersuchungen ueber biologische prozesse und ihre auswirkungen auf die physikalischen und chemischen eigenschaften des bodens notwendig. die versuche werden auf den standorten rauisch-holzhausen und gross-gerau durchgefuehrt
S.WORT bodenbeschaffenheit + standortfaktoren
PROLEI PROF. DR. EDUARD VON BOGUSLAWSKI
STAND 6.8.1976
QUELLE fragebogenerhebung sommer 1976
ZUSAM FORSCHUNGSRING FUER BIOLOGISCH-DYNAMISCHE WIRTSCHAFTSWEISE, DARMSTADT
BEGINN 1.1.1970

RD -026

INST INSTITUT FUER PFLANZENBAU UND PFLANZENZUECHTUNG / FB 16 DER UNI GIESSEN GIESSEN, LUDWIGSTR. 23
VORHAB **bodenfruchtbarkeit, naehrstoffverhaeltnis, ertragsgesetz, feldversuche**
die unter oekologischen gesichtspunkten laufenden feldversuche auf den 3 versuchsbetrieben rauisch-holzhausen, gross-gerau und giessen werden z. z. einer zwischenauswertung unterzogen. mit bodenproben aus den versuchen werden pflanzenphysiologische untersuchungen in gefaessversuchen und chemische bodenuntersuchungen zur erarbeitung einer grundlage fuer die bewertung der chemischen bodenunterschiede und des landwirtschaftlichen beratungsdienstes zu erarbeiten
S.WORT bodenbeschaffenheit + pflanzenphysiologie + oekologische faktoren
STAND 6.8.1976
QUELLE fragebogenerhebung sommer 1976
FINGEB DEUTSCHE FORSCHUNGSGEMEINSCHAFT
ZUSAM - LANDWIRTSCHAFTLICHE FORSCHUNG, BUENTHOF
- LANDWIRTSCHAFTSAMT, KASSEL
BEGINN 1.1.1955
LITAN BOGUSLAWSKI, E. VON: CHEMISCHE BODENUNTERSUCHUNG-ZEITGEMAESS. IN: MITTEIL. D. DLG 89(43) S. 1285-1286(1974)

RD -027

INST INSTITUT FUER PFLANZENBAU UND PFLANZENZUECHTUNG DER UNI GOETTINGEN GOETTINGEN, VON SIEBOLDTSTR. 8
VORHAB **ackerbau ohne bodenbearbeitung, wasserhaushalt der bodenstruktur, naehrstoffhaushalt mit duengung**
entwicklung eines naturnahen, energiesparenden und benachbarte oekosysteme nicht belastendes produktionsverfahrens im landwirtschaftlichen pflanzenbau, das die produktion nicht beeintraechtigt, sondern eher noch steigert; wasser/naehrstoffhaushalt/bodenstruktur/ertragsbildung/bodenerosion/pestizideffekte
S.WORT agrarplanung + ackerbau + wasserhaushalt + naehrstoffhaushalt + bodenstruktur
PROLEI PROF. DR. BAEUMER
STAND 1.1.1974
ZUSAM - WAGENINGEN, NIEDERLANDE, I. B. S.; AKKERBOUW ZONDER GRONDBEWERKING
- WANTAGE, BERKS, V. K.; ZERO-TILLAGE
BEGINN 1.11.1965 ENDE 31.12.1990
G.KOST 955.000 DM
LITAN BAEUMER, K.;BAKERMANS, W. A. P. IN: ZEROTILLAGE ADV. AGRONOMY(25) (1973)

RD -028

INST INSTITUT FUER PFLANZENBAU UND PFLANZENZUECHTUNG DER UNI KIEL KIEL, OLSHAUSENSTR. 40/60
VORHAB **duengung und vegetation**
verschiedene naehrstoffe; unterschiedliche duengermenge; verbleib des duengers im boden unter unterschiedlichen vegetationsdecken
S.WORT vegetation + duengung
PROLEI PROF. DR. GEISLER
STAND 1.1.1974
BEGINN 1.1.1970
G.KOST 50.000 DM

RD -029

INST INSTITUT FUER PFLANZENBAU UND SAATGUTFORSCHUNG DER FORSCHUNGSANSTALT FUER LANDWIRTSCHAFT BRAUNSCHWEIG, BUNDESALLEE 50
VORHAB **entwicklung neuer formen der anwendung mineralischer duenger**
S.WORT duengemittel + mineralduenger
PROLEI DR. DAMBROTH
STAND 1.1.1974
BEGINN 1.1.1971 ENDE 31.12.1975

RD -030

INST INSTITUT FUER PFLANZENBAU UND SAATGUTFORSCHUNG DER FORSCHUNGSANSTALT FUER LANDWIRTSCHAFT BRAUNSCHWEIG, BUNDESALLEE 50
VORHAB **stickstoffduengung und nitratperkolation**
S.WORT duengemittel + nitrate + auswaschung
PROLEI DR. W. CZERATZKI
STAND 1.1.1974
BEGINN 1.1.1970

RD -031

INST INSTITUT FUER PFLANZENBAU UND SAATGUTFORSCHUNG DER FORSCHUNGSANSTALT FUER LANDWIRTSCHAFT BRAUNSCHWEIG, BUNDESALLEE 50
VORHAB **einfluss der beregnung auf die nitratperkolation**
S.WORT duengemittel + bewaesserung + nitrate + auswaschung
PROLEI DR. W. CZERATZKI
STAND 1.1.1974
BEGINN 1.1.1970 ENDE 31.12.1975

RD -032

INST INSTITUT FUER PFLANZENBAU UND SAATGUTFORSCHUNG DER FORSCHUNGSANSTALT FUER LANDWIRTSCHAFT BRAUNSCHWEIG, BUNDESALLEE 50
VORHAB **ermittlung meteorologischer und bodenphysikalischer kennwerte fuer die steuerung der wasserversorgung von kulturpflanzen**
S.WORT kulturpflanzen + wasserversorgung
STAND 1.1.1976
QUELLE mitteilung des bundesministers fuer ernaehrung,landwirtschaft und forsten
FINGEB DEUTSCHE FORSCHUNGSGEMEINSCHAFT
BEGINN ENDE 31.12.1978

RD -033

INST INSTITUT FUER PFLANZENBAU UND SAATGUTFORSCHUNG DER FORSCHUNGSANSTALT FUER LANDWIRTSCHAFT BRAUNSCHWEIG, BUNDESALLEE 50
VORHAB **naehrstoffwanderung in abhaengigkeit von duengungsniveau und beregnung unter dem einfluss von pflanzenbestand und bodenbearbeitung**
S.WORT agrarbiologie + naehrstoffhaushalt + duengung
STAND 1.1.1976
QUELLE mitteilung des bundesministers fuer ernaehrung,landwirtschaft und forsten
FINGEB BUNDESMINISTER FUER ERNAEHRUNG, LANDWIRTSCHAFT UND FORSTEN

RD -034
INST INSTITUT FUER PFLANZENBAU UND SAATGUTFORSCHUNG DER FORSCHUNGSANSTALT FUER LANDWIRTSCHAFT BRAUNSCHWEIG, BUNDESALLEE 50
VORHAB **neue technologien zur verminderung der nitratauswaschung bei der pflanzlichen produktion**
S.WORT pflanzenernaehrung + nutzpflanzen + nitrate + auswaschung
PROLEI DR. W. CZERATZKI
STAND 1.1.1976
QUELLE mitteilung des bundesministers fuer ernaehrung,landwirtschaft und forsten
FINGEB BUNDESMINISTER FUER FORSCHUNG UND TECHNOLOGIE
BEGINN ENDE 31.12.1977
LITAN CZERATZKI, W.:DIE STICKSTOFFAUSWASCHUNG IN DER LANDWIRTSCHAFTLICHEN PFLANZENPRODUKTION. LANDBAUFORSCHUNG VOELKENRODE 1/1973

RD -035
INST INSTITUT FUER PFLANZENBAU UND SAATGUTFORSCHUNG DER FORSCHUNGSANSTALT FUER LANDWIRTSCHAFT BRAUNSCHWEIG, BUNDESALLEE 50
VORHAB **wechselbeziehungen von stickstoffduengung und organischer duengung auf den humusgehalt des bodens bei 90% getreidebau**
S.WORT duengung + bodenverbesserung + ackerbau + getreide
PROLEI A. BAMM
STAND 1.1.1976
QUELLE mitteilung des bundesministers fuer ernaehrung,landwirtschaft und forsten
FINGEB FORSCHUNGSANSTALT FUER LANDWIRTSCHAFT, BRAUNSCHWEIG-VOELKENRODE
BEGINN ENDE 31.12.1976

RD -036
INST INSTITUT FUER PFLANZENBAU UND SAATGUTFORSCHUNG DER FORSCHUNGSANSTALT FUER LANDWIRTSCHAFT BRAUNSCHWEIG, BUNDESALLEE 50
VORHAB **einfluss von muellkompost und stallduenger bei hoher phosphatduengung auf den humusabbau ehemaliger waldboeden bei ackerbaulicher nutzung**
S.WORT bodenbearbeitung + duengung + muellkompost + ackerbau
PROLEI DR. CORD TIETJEN
STAND 1.1.1976
QUELLE mitteilung des bundesministers fuer ernaehrung,landwirtschaft und forsten
FINGEB FORSCHUNGSANSTALT FUER LANDWIRTSCHAFT, BRAUNSCHWEIG-VOELKENRODE
BEGINN ENDE 31.12.1976

RD -037
INST INSTITUT FUER PFLANZENBAU UND SAATGUTFORSCHUNG DER FORSCHUNGSANSTALT FUER LANDWIRTSCHAFT BRAUNSCHWEIG, BUNDESALLEE 50
VORHAB **vergleich von frischem und gerottetem muellkompost gleicher herkunft bei gestaffelter stickstoff- und phosphatduengung auf boeden mit niedrigem ph-wert**
S.WORT bodenbeschaffenheit + duengung + muellkompost
PROLEI DR. CORD TIETJEN
STAND 1.1.1976
QUELLE mitteilung des bundesministers fuer ernaehrung,landwirtschaft und forsten
FINGEB FORSCHUNGSANSTALT FUER LANDWIRTSCHAFT, BRAUNSCHWEIG-VOELKENRODE
BEGINN ENDE 31.12.1976

RD -038
INST INSTITUT FUER STAEDTEBAU, WOHNUNGSWESEN UND LANDESPLANUNG DER TU BRAUNSCHWEIG BRAUNSCHWEIG, POCKELSSTR. 4
VORHAB **zusammenhang zwischen bodenkennwerten, nutzungsart, duengestoffen und chemische zusammensetzung des abflusses aus landwirtschaftlich genutzten gebieten**
bei landwirtschaftlich genutzten gebieten: anhand dreier repraesentativgebiete suchen eines zusammenhanges zwischen wasserabflussmenge, -beschaffenheit und bodenkennwerten; nutzung; duengung
S.WORT agraroekonomie + landnutzung + wasserhaushalt + duengung
NIEDERSACHSEN (SUEDOST)
PROLEI PROF. DR. -ING. ROLF KAYSER
STAND 1.1.1974
FINGEB DEUTSCHE FORSCHUNGSGEMEINSCHAFT
ZUSAM - LEICHTWEISS-INST. F. WASSERBAU DER TU, 33 BRAUNSCHWEIG, POCKELSTR. 4
- INST. F. WASSERCHEMIE UND CHEMISCHE BALNEOLOGIE DER TU, 8 MUENCHEN 55, MARCHIONINISTR. 17
BEGINN 1.3.1973 ENDE 31.12.1978
G.KOST 700.000 DM
LITAN ZWISCHENBERICHT 1974. 05

RD -039
INST INSTITUT FUER STATISTIK UND BIOMETRIE DER TIERAERZTLICHEN HOCHSCHULE HANNOVER HANNOVER, BISCHOFSHOLER DAMM 15
VORHAB **biometrische auswertung mehrjaehriger feldversuche mit verschiedenen fruchtarten zur pruefung des wertes von muellkompost**
S.WORT landwirtschaft + bodenverbesserung + muellkompost
PROLEI DR. KRUSE
STAND 30.8.1976
QUELLE fragebogenerhebung sommer 1976
ZUSAM LANDWIRTSCHAFTSKAMMER HANNOVER, JOHANNSSENSTR. 10, 3000 HANNOVER 1
BEGINN 1.1.1971
LITAN ZWISCHENBERICHT

RD -040
INST LANDESAMT FUER GEWAESSERKUNDE RHEINLAND-PFALZ MAINZ, AM ZOLLHAFEN 9
VORHAB **auswirkung von muellkompost auf weinbau**
auswirkung von muellkompostgaben auf qualitaet und menge der weinerzeugung
S.WORT weinbau + muellkompost
PROLEI DR. HANTGE
STAND 1.1.1974
BEGINN 1.2.1974 ENDE 31.10.1974
G.KOST 5.000 DM

RD -041
INST LANDESANSTALT FUER IMMISSIONS- UND BODENNUTZUNGSSCHUTZ DES LANDES NORDRHEIN-WESTFALEN ESSEN, WALLNEYERSTR. 6
VORHAB **die bewirtschaftung von loessrohboeden im hinblick auf die entwicklung nachhaltiger bodenfruchtbarkeit und bodenerhaltung**
S.WORT bodenbearbeitung + pflanzenertrag + bodenerhaltung
PROLEI DR. LANGNER
STAND 1.1.1974
FINGEB LAND NORDRHEIN-WESTFALEN
BEGINN 1.1.1968

RD -042
INST LANDESANSTALT FUER IMMISSIONS- UND BODENNUTZUNGSSCHUTZ DES LANDES NORDRHEIN-WESTFALEN ESSEN, WALLNEYERSTR. 6
VORHAB **bodenentwicklung, humusanreicherung und bearbeitbarkeit von loessrohboeden bei zufuhr organischer stoffe und abfallstoffe**
S.WORT abfallstoffe + bodenstruktur + datensammlung

PROLEI DR. LANGNER
STAND 1.1.1974
FINGEB LAND NORDRHEIN-WESTFALEN
BEGINN 1.1.1969

RD -043

INST LANDESANSTALT FUER IMMISSIONS- UND BODENNUTZUNGSSCHUTZ DES LANDES NORDRHEIN-WESTFALEN
ESSEN, WALLNEYERSTR. 6
VORHAB **schuetthoehe und tiefenlockerung als standortfaktoren auf loessrohboden und ihr einfluss auf das pflanzenwachstum**
methode: agrarwissenschaftlich
S.WORT landwirtschaft + bodenstruktur + pflanzen
PROLEI DR. LANGNER
STAND 1.1.1974
FINGEB LAND NORDRHEIN-WESTFALEN
BEGINN 1.1.1957

RD -044

INST LANDESANSTALT FUER IMMISSIONS- UND BODENNUTZUNGSSCHUTZ DES LANDES NORDRHEIN-WESTFALEN
ESSEN, WALLNEYERSTR. 6
VORHAB **untersuchungen ueber den wasserhaushalt rekultivierter loessboeden**
S.WORT landwirtschaft + rekultivierung + wasserhaushalt
PROLEI DR. LANGNER
STAND 1.1.1974
FINGEB LAND NORDRHEIN-WESTFALEN
BEGINN 1.1.1969

RD -045

INST LEHRSTUHL FUER GEOGRAPHIE UND HYDROLOGIE DER UNI FREIBURG
FREIBURG, WERDERRING 4
VORHAB **entwicklung einer kontinuierlichen bodenfeuchte-messeinrichtung nach der nuklearen methode mit hilfe einer automatischen ablaufsonde**
S.WORT bodenwasser + messgeraet + geraeteentwicklung
PROLEI PROF. DR. REINER KELLER
STAND 1.1.1974
FINGEB DEUTSCHE FORSCHUNGSGEMEINSCHAFT
ZUSAM INTERNATIONALE HYDROLOGISCHE DEKADE
BEGINN 1.1.1973

RD -046

INST LEHRSTUHL FUER PFLANZENERNAEHRUNG DER TU MUENCHEN
FREISING -WEIHENSTEPHAN
VORHAB **fragen landwirtschaftlicher duengung und umweltschutz**
entwicklung von massnahmen zur verbesserung von umweltbelastungen; erfassung der auswirkungen auf die natuerliche und technische umwelt in der landwirtschaft
S.WORT landwirtschaft + duengung + umweltschutz
PROLEI PROF. DR. ANTON AMBERGER
STAND 1.1.1974
FINGEB STAATSMINISTERIUM FUER UNTERRICHT UND KULTUS, MUENCHEN
BEGINN 1.1.1944
LITAN LAUFENDE VEROEFFENTLICHUNGEN DES INSTITUTS

RD -047

INST LEHRSTUHL FUER PFLANZENERNAEHRUNG DER TU MUENCHEN
FREISING -WEIHENSTEPHAN
VORHAB **wirkung verschiedener n-duenger auf boden und pflanze in einem 50-jaehrigen feldversuch auf ackerbraunerde**
S.WORT ackerbau + pflanzen + duengemittel + stickstoff + langzeitwirkung
PROLEI PROF. DR. ANTON AMBERGER
STAND 7.9.1976
QUELLE datenuebernahme von der deutschen forschungsgemeinschaft
FINGEB DEUTSCHE FORSCHUNGSGEMEINSCHAFT

RD -048

INST LEICHTWEISS-INSTITUT FUER WASSERBAU DER TU BRAUNSCHWEIG
BRAUNSCHWEIG, BEETHOVENSTR. 51A
VORHAB **entwicklung und erprobung vom mess- und dosierungsbauwerken (-verfahren) im bewaesserungslandbau**
S.WORT wasserbau + landwirtschaft + bewaesserung
PROLEI PROF. DR. -ING. GUENTHER GARBRECHT
STAND 7.9.1976
QUELLE datenuebernahme von der deutschen forschungsgemeinschaft
FINGEB DEUTSCHE FORSCHUNGSGEMEINSCHAFT

RD -049

INST NIEDERSAECHSISCHE FORSTLICHE VERSUCHSANSTALT
GOETTINGEN, GRAETZELSTR. 2
VORHAB **untersuchung des naehrstoffaustrags unter bestaenden von eiche, kiefer und fichte im nordwestdeutschen flachland**
ermittlung des naehrstoffeintrags durch niederschlagsmessung und analyse. ermittlung der klimatischen wasserbilanz. qualitative erfassung des sickerwassers mittels ceratzki-kerzen und analyse
S.WORT wald + bodenbeschaffenheit + niederschlag + naehrstoffhaushalt + wasserbilanz
DEUTSCHLAND (NORD-WEST)
PROLEI DR. JAN BEREND REEMTSMA
STAND 12.8.1976
QUELLE fragebogenerhebung sommer 1976
FINGEB NIEDERSAECHSISCHES ZAHLENLOTTO, HANNOVER
ZUSAM INST. F. BODENKUNDE UND WALDERNAEHRUNG DER UNI GOETTINGEN, BUESENWEG, 3400 GOETTINGEN-WEENDE
BEGINN 1.6.1976 ENDE 31.12.1981
G.KOST 120.000 DM

RD -050

INST NIEDERSAECHSISCHE FORSTLICHE VERSUCHSANSTALT
GOETTINGEN, GRAETZELSTR. 2
VORHAB **auswirkungen von muellkompost gestaffelter dosierung auf kulturen von japanischer laerche und roterle**
teststudie zur erbringung von muellkompost in forstkulturen auf naehrstoffarmem standort. streifenweise ausbringung von mk in 1 cm, 3 cm und 5 cm schichtdicke ohne einarbeitung. ermittlung von anwuchs, schaeden und hoehenentwicklung der baumarten. ergaenzende bodenkundliche und pflanzenphysiologische untersuchungen
S.WORT muellkompost + duengung + bodenbeschaffenheit + naehrstoffgehalt + pflanzenphysiologie
PROLEI DR. JAN BEREND REEMTSMA
STAND 12.8.1976
QUELLE fragebogenerhebung sommer 1976
FINGEB THYSSEN-ENERGIE
ZUSAM - INST. F. BODENKUNDE UND WALDERNAEHRUNG DER UNI GOETTINGEN, BUESENWEG, 3400 GOETTINGEN-WEENDE
- THYSSEN-ENERGIE, SIEKINGMUEHLER STRASSE, 4370 MARL
BEGINN 1.1.1975 ENDE 31.12.1978
G.KOST 25.000 DM

RD -051

INST NIEDERSAECHSISCHES LANDESAMT FUER BODENFORSCHUNG
BREMEN, FRIEDRICH-MISSLER-STR. 46-48

VORHAB **grundwasser- und bodenfeuchtemessung in einem aufforstungsversuch auf hochmoor mit verschiedenen maulwurfdraenungen**
hochmoore in nordwestdeutschland wurden bislang nicht aufgeforstet. der 1967 angelegte 4 ha grosse aufforstungsversuch mit japanlaerche, amorica, sita und fichte im latein. quadrat waere eine moegliche alternative fuer kuenftig nicht mehr landw. genutzte hochmoorkulturen. es werden bei verschiedenen draenabstaenden grundwasser und bodenfeuchte gemessen, ferner niederschlag, verdunstung und abfluss
S.WORT moor + rekultivierung + (aufforstung)
DEUTSCHLAND (NORD-WEST)
PROLEI RUDOLF EGGELSMANN
STAND 21.7.1976
QUELLE fragebogenerhebung sommer 1976
FINGEB - DEUTSCHE FORSCHUNGSGEMEINSCHAFT
- NIEDERSAECHSISCHES LANDESAMT FUER BODENFORSCHUNG, HANNOVER
- STADT PAPENBURG
ZUSAM - LANDWIRTSCHAFTSKAMMER WESER-EMS, OLDENBURG
- STADTVERWALTUNG, PAPENBURG
- INST. F. WALDBAU DER UNI GOETTINGEN
BEGINN 1.1.1969 ENDE 31.12.1978
G.KOST 200.000 DM
LITAN - EGGELSMANN,R.: MOORAUFFORSTUNG AUS WASSERWIRTSCHAFTLICHER SICHT. IN:WASSER UND BODEN 26(1) S.10-14(1974)
- EGGELSMANN,R.: MOORBOEDEN AUFFORSTEN? IN:LAND- UND FORSTWIRTSCHAFTLICHE ZEITUNG 12(1972)
- BURGHARDT,W.: ENTWICKLUNG VON GRUNDWASSERSTAND UND BODENFEUCHTE EINES LEEGMOORES NACH ENTWAESSERUNG UND AUFFORSTUNG. IN:ZEITSCHRIFT FUER KULTURTECHNIK UND FLURBEREINIGUNG 17 S.85-94(1976)

RD -052
INST NIEDERSAECHSISCHES LANDESAMT FUER BODENFORSCHUNG
BREMEN, FRIEDRICH-MISSLER-STR. 46-48
VORHAB **vegetationsabfolgen und bodenentwicklung aufgelassener moor- und marschkulturen**
in agrarproblemgebieten werden zukuenftig dauergruenlandflaechen zunehmend brachfallen. es sollen klare vorstellungen ueber die vegetationsabfolgen und bodenentwicklung dieser feuchtstandorte nach aufgabe der landwirtschaftlichen nutzung gewonnen werden. dazu werden auf verschiedenen feuchtstandorten niedersachsens (deutsche hochmoorkultur, ueberschlicktes niedermoor, knickmarsch, leegmoor) durch jaehrliche kontrolle vegetationsaenderungen festgehalten. jaehrliche bodenprobenentnahmen bringen einblicke in die dabei erfolgenden bodenchemischen aenderungen. um der praxis entscheidungshilfen fuer eine "brachlandverwertung" zu geben, wurden 4 varianten (freie vegetationsentwicklung, einmaliges mulchen, chemische wuchshemmung, aufforstung) angelegt
S.WORT moor + vegetationskunde + bodenverbesserung
DEUTSCHLAND (NORD-WEST) + NIEDERSACHSEN (NORD)
PROLEI DR. JUERGEN SCHWAAR
STAND 21.7.1976
QUELLE fragebogenerhebung sommer 1976
FINGEB INTERMINISTERIELLER AUSSCHUSS, BONN
ZUSAM KURATORIUM FUER WASSER UND KULTURBAUWESEN, ARBEITSGRUPPE 5, NUSSALLEE, 5300 BONN
BEGINN 1.3.1973 ENDE 31.12.1976
G.KOST 120.000 DM
LITAN SCHWAAR, J.: NATUERLICHE VEGETATIONSABFOLGEN UND BODENENTWICKLUNG AUFGELASSENER MOOR- UND MARSCHKULTUREN. IN: BER. D. INTERN. SYMPOSIEN D. INTERN. VEREINIGUNG D. VEGETATIONSKUNDE. BD. SUKZESSIONSFORSCHUNG S. 559-565(1975)

RD -053
INST NIEDERSAECHSISCHES LANDESAMT FUER BODENFORSCHUNG
BREMEN, FRIEDRICH-MISSLER-STR. 46-48
VORHAB **naehrstoffaustrag und mobilitaet in niederungsboeden**
niederungsboeden unterscheiden sich in ihrer n- u. p-dynamik sehr von anderen mineralboeden, so durch die bedeutenden n-mineralisationsraten in niedermoorboeden, die hohe mobilitaet des phosphors in sauren hochmoorboeden und die grosse beweglichkeit des nitrats in grundwassernahen sandboeden. die wanderung und der austrag von n u. p und die damit verbundene gewaesserbelastung werden ermittelt. ziel des vorhabens ist es, geeignete massnahmen zu entwickeln, um trotz intensiver landwirtschaftlicher nutzung dieser niederungsstandorte die gewaesserbelastung so gering wie moeglich zu halten und gleichzeitig die ausnutzung des bodenstickstoffs und phosphors durch die pflanze zu verbessern
S.WORT bodenbeschaffenheit + moor + gewaesserbelastung + (landwirtschaftliche nutzung)
DEUTSCHLAND (NORD-WEST)
PROLEI DR. BERNHARD SCHEFFER
STAND 21.7.1976
QUELLE fragebogenerhebung sommer 1976
FINGEB KURATORIUM FUER WASSER- UND KULTURBAUWESEN (KWK), BONN
ZUSAM KURATORIUM FUER KULTURBAUWESEN, 5300 BONN
BEGINN 1.1.1974 ENDE 31.12.1984
G.KOST 300.000 DM
LITAN - SCHEFFER, B.;BARTELS, R.: DIE N-DYNAMIK EINES NIEDERMOORBODENS UND SEINE BEEINFLUSSUNG. IN: MITT. DT. BODENKDL. GES. 20 S. 425-434(1974)
- KUNTZE, H.: MELIORATIONS-GEWAESSER ENT- ODER BELASTEND? IN: Z. F. KULTURTECHNIK UND FLURBEREINIGUNG 16 S. 212-220(1975)

RD -054
INST NIEDERSAECHSISCHES LANDESAMT FUER BODENFORSCHUNG
BREMEN, FRIEDRICH-MISSLER-STR. 46-48
VORHAB **boden- und gebietswasserhaushalt bei brache von nassstandorten**
in agrarproblemgebieten werden zukuenftig landwirtschaftliche nutzflaechen in zunehmendem masse brachfallen. es sollen klare vorstellungen ueber die erwartenden hydrologischen aenderungen und ihre evtl. auswirkungen auf das verbleibende kulturland gewonnen werden. dazu werden auf verschiedenen feuchtstandorten niedersachsens (deutsche hochmoorkultur, ueberschlicktes niedermoor, knickmarsch, leegmoor) hydrologische messungen (grundwasser, abfluss, verdunstung) durchgefuehrt. um der praxis entscheidungshilfen fuer eine "brachlandverwertung" zu geben, wurden 4 varianten (freie vegetationsentwicklung, einmaliges mulchen, chemische wuchshemmung, aufforstung) angelegt
S.WORT moor + bodennutzung + brachflaechen + wasserhaushalt
NIEDERSACHSEN (NORD)
PROLEI EITEL KLOSE
STAND 26.7.1976
QUELLE fragebogenerhebung sommer 1976
FINGEB DEUTSCHE FORSCHUNGSGEMEINSCHAFT
ZUSAM - AGRARMETEOROLOGISCHE FORSCHUNGSSTELLE, 2000 HAMBURG-AHRENSBURG
- KWK, ARB. GR. 5, NUSSALLEE, 5300 BONN
BEGINN 1.1.1977 ENDE 31.3.1978
G.KOST 260.000 DM
LITAN KUNTZE, H.;SCHWAAR, J.: LANDESKULTURELLE ASPEKTE ZUR BODEN- UND VEGETATIONSENTWICKLUNG AUFGELASSENEN KULTURLANDES. IN: Z. F. KULTURTECHNIK UND FLURBEREINIGUNG 13 S. 131-136(1972)

RD -055
INST POLYTECHNISCHES INSTITUT
KARLSRUHE 1, POSTFACH 6168

VORHAB **entwicklung eines unterirdischen bewaesserungsverfahrens zur sparsamen verwendung von wasser aus entsalzungsanlagen**
S.WORT landwirtschaft + entwicklungslaender + bewaesserung + (wassereinsparende bewaesserung)
QUELLE datenuebernahme aus der datenbank zur koordinierung der ressortforschung (dakor)
FINGEB BUNDESMINISTER FUER FORSCHUNG UND TECHNOLOGIE
BEGINN 1.6.1974 ENDE 31.12.1975
G.KOST 682.000 DM

RD -056
INST STAATLICHES NATURHISTORISCHES MUSEUM BRAUNSCHWEIG, POCKELSSTR. 10 A
VORHAB **die kleintierzusammensetzung anthropogen beeinflusster wirtschaftsboeden**
unter den "agrobiozoenosen" sind die felder und aecker jene kulturflaechen bei denen der anthropogene einfluss ausserordentlich nachhaltig ist. im zuge der bearbeitungsmassnahmen erfolgt mehrmals im jahr ein wiederholter eingriff seitens des menschen in den strukturaufbau des bodens. es ist zu untersuchen, wie die bodenfauna auf alle massnahmen reagiert
S.WORT ackerboden + bodentiere + biozoenose
BRAUNSCHWEIG (RAUM) + HARZVORLAND
PROLEI PROF. DR. ADOLF BRAUNS
STAND 11.8.1976
QUELLE fragebogenerhebung sommer 1976
FINGEB LAND NIEDERSACHSEN
BEGINN 1.3.1971
G.KOST 21.000 DM

RD -057
INST VERBAND DEUTSCHER LANDWIRTSCHAFTLICHER UNTERSUCHUNGS- UND FORSCHUNGSANSTALTEN E.V.
DARMSTADT, BISMARCKSTR. 41A
VORHAB **untersuchungen ueber naehrstoffbelastung von grundwasser und oberflaechengewaessern auf boden und duengung**
S.WORT naehrstoffgehalt + grundwasser + oberflaechenwasser + boden + duengung
STAND 1.10.1974
FINGEB BUNDESMINISTER FUER FORSCHUNG UND TECHNOLOGIE
BEGINN 1.1.1972 ENDE 31.12.1975
G.KOST 519.000 DM

Weitere Vorhaben siehe auch:

MD -008 BODENVERBESSERUNG VON PFLANZFLAECHEN IM LANDSCHAFTSBAU

MD -022 UNTERSUCHUNGEN ZUR FLAECHENKOMPOSTIERUNG KOMMUNALER ABWASSERSCHLAEMME IN DER LANDWIRTSCHAFT UNTER BERUECKSICHTIGUNG MAXIMALER BODENBELASTUNG

MD -023 RECYCLING LANDWIRTSCHAFTLICHER UND KOMMUNALER ABFALLSTOFFE IM RAHMEN ORGANISCHER DUENGUNGSMASSNAHMEN IN DER PFLANZLICHEN PRODUKTION

MD -032 ENTWICKLUNG EINES TROCKENGRANULATES AUS SCHWARZTORF, MUELLKOMPOST UND KLAERSCHLAMM ALS HANDELSFAEHIGES BODENVERBESSERUNGSMITTEL

MD -035 MIKROBIOLOGISCHE WIRKSAMKEITSPRUEFUNG VON KLAERSCHLAMMPASTEURISIERUNGSANLAGEN

RE -001

INST ABTEILUNG FUER PFLANZENBAU UND PFLANZENZUECHTUNG IN DEN TROPEN UND SUBTROPEN / FB 16 DER UNI GIESSEN
GIESSEN, SCHOTTSTR. 2

VORHAB **untersuchungen ueber die physiologie des wachstums, der entwicklung, ertragsbildung und naehrstoffaufnahme bei verschiedenen kulturpflanzen auf tropischen boeden und standorten (72/73-16-46)**
bei verschiedenen kulturpflanzen (reis, bohnen, weizen, teff, mais, futterpflanzen) werden naehrstoffaufnahme und ertragsbildung in abhaengigkeit von der duengung und des bodens auf tropischen standorten (kolumbien, aethiopien, iran, nigeria) untersucht

S.WORT kulturpflanzen + duengung + pflanzenertrag + standortfaktoren + tropen
PROLEI PROF. DR. ANASTASIU
STAND 6.8.1976
QUELLE fragebogenerhebung sommer 1976
ZUSAM - INST. OF AGRICULTURAL RESEARCH (IAR) ADDIS ABEBA/AETHIOPIEN
- CENTRO INTERNACIONAL DE AGRICULTURA TROPICAL (CIAT), CALI/KOLUMBIEN
BEGINN 1.1.1967

RE -002

INST AGRIKULTURCHEMISCHES INSTITUT DER UNI BONN
BONN, MECKENHEIMER ALLEE 176

VORHAB **einfluss einer quecksilber- und selenduengung auf das wachstum verschiedener nutzpflanzen**
aufnahme von quecksilber und selen aus verschiedenen verbindungen dieser elemente durch kulturpflanzen aus dem boden. gefaessversuche mit verschiedenen boeden mit quecksilber und selenmengen bis zur schaedigungsgrenze der pflanzen

S.WORT duengung + nutzpflanzen + schwermetalle
PROLEI PROF. DR. HERMANN KICK
STAND 1.10.1974
FINGEB BUNDESMINISTER FUER JUGEND, FAMILIE UND GESUNDHEIT
BEGINN 1.1.1971 ENDE 30.4.1975
LITAN ZWISCHENBERICHT 1975. 03

RE -003

INST ARBEITSGEMEINSCHAFT UMWELTSCHUTZ AN DER UNI HEIDELBERG
HEIDELBERG, IM NEUENHEIMER FELD 360

VORHAB **dokumentation oekologischer landbau**
durch das projekt soll koordination und kooperation der verschiedenen richtungen des oekologischen landbaus gefoerdert werden. neben einer adressenkartei von betrieben und auskunftstellen, einem verzeichnis der fachreferenten und dozenten des oekologischen landbaus, einer liste der betriebsmittel und lieferanten soll ferner eine internationale bibliographie des oekologischen landbaus angefertigt und entsprechend ausgewertet werden, um spaeter in einer noch zu erarbeitenden gesamtdarstellung eingang zu finden

S.WORT oekologie + landbau
PROLEI DR. ERICH SIEFERT
STAND 10.9.1976
QUELLE fragebogenerhebung sommer 1976
FINGEB GEORG MICHAEL PFAFF-GEDAECHTNISSTIFTUNG, KAISERSLAUTERN
BEGINN 1.9.1976 ENDE 31.12.1978

RE -004

INST BOTANISCHES INSTITUT DER TU BRAUNSCHWEIG
BRAUNSCHWEIG, HUMBOLDTSTR. 1

VORHAB **physiologische wirkungsweise von kuenstlichen wachstumsregulatoren bei pflanzen**
untersuchung der wirkung von chlorcholinchlorid und der wirkstoffkombination von "cycocel" auf stabilitaet, nucleinsaeurestoffwechsel und enzyme von getreidepflanzen

S.WORT getreide + enzyme + (wachstumsregulatoren)
PROLEI PROF. DR. GUENTER FELLENBERG
STAND 21.7.1976
QUELLE fragebogenerhebung sommer 1976
FINGEB - NIEDERSAECHSISCHES ZAHLENLOTTO, HANNOVER
- TECHNISCHE UNIVERSITAET BRAUNSCHWEIG
LITAN - STRUBBE, U.;FELLENBERG, G.: MORPHOGENESE UND STOFFWECHSEL HOEHERER PFLANZEN UNTER DEM EINFLUSS EINIGER HERBIZIDE UND GROWTH RETARDANTS. IN: PLANTA. 108 S. 59-66(1972)
- WASSER, A.;FELLENBERG, G.: UEBER DIE UNTERSCHIEDLICHE WIRKUNG VON CHLOCHOLINCHLORID (CCC) AUF DIE STANDFESTIGKEIT VON WEIZEN UND ROGGEN. IN: NACHRICHTENBLATT DES DEUTSCHEN PFLANZENSCHUTZDIENSTES. (11) S. 170-173(1975)

RE -005

INST BOTANISCHES INSTITUT MIT BOTANISCHEM GARTEN DER UNI WUERZBURG
WUERZBURG, MITTLERER DAHLENBERGWEG 64

VORHAB **wasserhaushalt einheimischer pflanzengesellschaften im zusammenhang mit ihrer stoffproduktion**
stoffproduktion und wasserverbrauch von pflanzen. einfluss der klimafaktoren auf stoff und wasserhaushalt wirkungsmechanismen der wasseranspannung auf stoffproduktion

S.WORT pflanzen + wasserhaushalt
SOLLING
PROLEI PROF. DR. SCHULZE
STAND 1.10.1974
BEGINN 1.1.1969 ENDE 31.12.1976

RE -006

INST BOTANISCHES INSTITUT MIT BOTANISCHEM GARTEN DER UNI WUERZBURG
WUERZBURG, MITTLERER DAHLENBERGWEG 64

VORHAB **untersuchungen des wasserhaushalts und stoffproduktion von wuestenpflanzen**
wasserverbrauch von landwirtschaftlich genutzten pflanzen und natuerlichen pflanzen in der wueste; zusammenhang von stoffproduktion und wasserhaushalt bei wuestenpflanzen

S.WORT pflanzen + wasserhaushalt
NEGEV WUESTE
PROLEI PROF. DR. LANGE
STAND 1.10.1974
ZUSAM EVENARI, PROF. , HEBREW UNIVERSITY, ISRAEL

RE -007

INST BOTANISCHES INSTITUT MIT BOTANISCHEM GARTEN DER UNI WUERZBURG
WUERZBURG, MITTLERER DAHLENBERGWEG 64

VORHAB **quantitative erfassung des wasserhaushaltes und untersuchungen ueber die regulation an einheimischen pflanzengesellschaften**
einfluss des wasserhaushaltes auf regulation des wasserverlustes; stomataeren, regulationsmechanismen, wasserverbrauch; pflanzenverbreitung und wasserhaushalt

S.WORT pflanzen + wasserhaushalt
WUERZBURG
PROLEI PROF. DR. LANGE
STAND 1.1.1974
QUELLE erhebung 1975

RE -008

INST BOTANISCHES INSTITUT MIT BOTANISCHEM GARTEN DER UNI WUERZBURG
WUERZBURG, MITTLERER DAHLENBERGWEG 64

VORHAB **die regulation des wasserhaushaltes von wuestenpflanzen**
regulation der spaltoeffnungen von wuestenpflanzen; einfluss des klimas und des wasserzustandes auf die regulation

S.WORT wasserhaushalt + pflanzen
NEGEV WUESTE
PROLEI PROF. DR. LANGE
STAND 1.1.1974

RE -009

INST BUNDESFORSCHUNGSANSTALT FUER GARTENBAULICHE PFLANZENZUECHTUNG
AHRENSBURG, BORNKAMPSWEG

VORHAB **zuechtung auf virusresistenz gegen gurkenmosaikvirus bei gewaechshaus- und freilandgurken sowie spinat und zuechtung auf resistenz gegen salatmosaikvirus**
bei den drei genannten kulturpflanzen, treibgurken, freilandgurken, spinat und salat, geht es darum, aus virusresistenten bzw. - toleranten wildformen oder auch bereits bestehenden, resistenten sorten die resistenzgene auf diejenigen sorten bzw. -toleranten wildformen zu uebertragen, die heute aus gruenden der ertragssicherheit, der anbautechnik, der vermarktung u. a. m. , allein von bedeutung sind. die beziehungen zwischen diesem forschungsprogramm und dem forschungsschwerpunkt "umweltschutz" ergeben sich daraus, dass gerade bei den genannten arten eine anwendung von chemischen pflanzenschutzmitteln, insbesondere zur bekaempfung von blattlaeusen als uebertraeger von viren ausserordentlich gefaehrlich, teilweise ueberhaupt nicht moeglich ist

S.WORT gemuesebau + resistenzzuechtung + viren
PROLEI DIPL. -ING. FRIEDEGUNDE PERSIEL
STAND 21.7.1976
QUELLE fragebogenerhebung sommer 1976
FINGEB BUNDESMINISTER FUER ERNAEHRUNG, LANDWIRTSCHAFT UND FORSTEN
ZUSAM INST. F. GEMUESEKRANKHEITEN DER BIOLOG. BUNDESANSTALT F. LAND- U. FORSTWIRTSCHAFT, BEZ. KOELN
BEGINN 1.3.1973 ENDE 31.12.1975
G.KOST 100.000 DM
LITAN - JAHRESBERICHT "FORSCHUNG IM GESCHAEFTSBEREICH DES BML" TEIL L 1975
- ENDBERICHT

RE -010

INST BUNDESFORSCHUNGSANSTALT FUER GARTENBAULICHE PFLANZENZUECHTUNG
AHRENSBURG, BORNKAMPSWEG

VORHAB **erprobung von methoden der meristemkultur**
erprobung von methoden der meristemkultur fuer die speziellen belange der gartenbaulichen pflanzenzuechtung an verschiedenen, wirtschaftlich wichtigen gaertnerischen kulturpflanzen, insbesondere zur gesundung oder gesunderhaltung wertvoller genotypen mit vermindertem einsatz von umweltschaedigenden pflanzenschutzmitteln

S.WORT gartenbau + pflanzenschutz
PROLEI WALTER HUHNKE
STAND 26.7.1976
QUELLE fragebogenerhebung sommer 1976
FINGEB BUNDESMINISTER FUER ERNAEHRUNG, LANDWIRTSCHAFT UND FORSTEN
BEGINN 1.1.1973 ENDE 31.12.1975
G.KOST 210.000 DM
LITAN - JAHRESBERICHT "FORSCHUNG IM GESCHAEFTSBEREICH DES BML", BONN, 1975
- ENDBERICHT

RE -011

INST BUNDESFORSCHUNGSANSTALT FUER REBENZUECHTUNG
SIEBELDINGEN

VORHAB **entwicklung einer fruehdiagnose fuer die resistenzzuechtung gegen botrytis**
das projekt hat die aufgabe, die grundlagen fuer eine rationelle zuechtung botrytisresistenter reben zu schaffen. die resistenzzuechtung ist von bedeutung fuer den umweltschutz, da bei resistenten reben die frage der fungizidrueckstaende im erntegut entfaellt. ausserdem wuerde bei solchen sorten auch das noch nicht geklaerte problem der von botrytis gebildeten mycotoxine bedeutungslos. darueber hinaus entfiele das risiko fuer ernteausfaelle, das auch bei ordnungsgemaess durchgefuehrte bekaempfungsmassnahmen bei anfaelligen sorten immer bleibt. die wichtigste voraussetzung fuer die resistenzzuechtung ist die entwicklung einer reproduzierbaren infektionsmethode fuer saemlinge und stecklinge

S.WORT rebenforschung + resistenzzuechtung + pflanzenschutz + (botrytis)
PROLEI DR. HANS HAHN
STAND 22.7.1976
QUELLE fragebogenerhebung sommer 1976
FINGEB BUNDESMINISTER FUER ERNAEHRUNG, LANDWIRTSCHAFT UND FORSTEN
BEGINN 1.7.1973 ENDE 31.8.1976
G.KOST 83.000 DM
LITAN ZWISCHENBERICHT

RE -012

INST BUNDESFORSCHUNGSANSTALT FUER REBENZUECHTUNG
SIEBELDINGEN

VORHAB **genbank fuer reben**

S.WORT weinbau + rebenforschung + genetik
STAND 1.1.1976
QUELLE mitteilung des bundesministers fuer ernaehrung,landwirtschaft und forsten vom juli 1975
FINGEB BUNDESMINISTER FUER ERNAEHRUNG, LANDWIRTSCHAFT UND FORSTEN
BEGINN ENDE 31.12.1976

RE -013

INST DIENSTSTELLE FUER WIRTSCHAFTLICHE FRAGEN UND RECHTSANGELEGENHEITEN IM PFLANZENSCHUTZ DER BIOLOGISCHEN BUNDESANSTALT FUER LAND- UND FORSTWIRTSCHAFT
BERLIN 33, KOENIGIN-LUISE-STR. 19

VORHAB **erhebungen dieser art und menge der in den verschiedenen kulturen ausgebrachten pflanzenschutzmittel**
erfassung des tatsaechlichen einsatzes von pestiziden; umfragen bei landwirten, haendlern und zustaendigen dienststellen

S.WORT pflanzenschutz + pestizide + datensammlung
PROLEI DR. QUANTZ
STAND 1.1.1974
FINGEB BUNDESMINISTER FUER BILDUNG UND WISSENSCHAFT
BEGINN 1.5.1974 ENDE 31.5.1977
G.KOST 283.000 DM
LITAN ANTRAG VOM 12. 10. 1973: AUSZUG AUS DEM PROGRAMM DER AD HOC-FORSCHUNGSPLANUNGSGRUPPE "MASSNAHMEN ZUR VERMINDERUNG DES EINSATZES VON PESTIZIDEN"

RE -014

INST FORSCHUNGSSTELLE VON SENGBUSCH GMBH
HAMBURG 67, WALDREDDER 4

VORHAB **zuechtung eines perennierenden roggens**
schutz vor erosion von landwirtschaftlich nicht mehr voll genutzten laendereien durch den anbau eines perennierenden roggens. kreuzung zwischen secale montanum und secale cereale und beseitigung der chromosomalen und genomalen sterilitaet

S.WORT bodennutzungsschutz + erosion + pflanzenzucht + (perennierender roggen)
PROLEI PROF. DR. REINHOLD VON SENGBUSCH
STAND 9.8.1976
QUELLE fragebogenerhebung sommer 1976
LITAN - DIERKS; REIMANN-PHILIPP: DIE ZUECHTUNG EINES PERENNIERENDEN ROGGENS ALS MOEGLICHKEIT ZUR VERBESSERUNG DER ROGGENZUCHTMETHODIK UND ZUR SCHAFFUNG EINES MEHRFACH NUTZBAREN GRUENFUTTER- UND KOERNERROGGENS. IN: ZEITSCHR. FUER PFLANZENZUECHTUNG. 56(1966)
- HONDELMANN; SNEJD: PERENNIERENDER KULTURROGGEN. IN: ZEITSCHR. FUER PFLANZENZUECHTUNG. 69(1973)

RE -015

INST INSTITUT FUER ANWENDUNGSTECHNIK DER BIOLOGISCHEN BUNDESANSTALT FUER LAND- UND FORSTWIRTSCHAFT
BRAUNSCHWEIG, MESSEWEG 11/12

VORHAB **untersuchungen zur herabsetzung der wasser- und pflanzenschutzmittelmengen bei der anwendung von herbiziden im feldbau**
senkung der pflanzenschutzmittelmengen; suche nach methoden zur bestimmung der tropfengroessen und belagsverteilung
S.WORT ackerbau + pflanzenschutzmittel + herbizide + (substitution)
PROLEI DR. -ING. HEINRICH KOHSIEK
STAND 1.10.1974
FINGEB DEUTSCHE FORSCHUNGSGEMEINSCHAFT
BEGINN 1.8.1972 ENDE 31.8.1974
G.KOST 128.000 DM

RE -016

INST INSTITUT FUER ANWENDUNGSTECHNIK DER BIOLOGISCHEN BUNDESANSTALT FUER LAND- UND FORSTWIRTSCHAFT
BRAUNSCHWEIG, MESSEWEG 11/12
VORHAB **untersuchungen zur verminderung der aufwandsmengen von pflanzenschutzmitteln**
ziel: senkung des pflanzenschutzmittelaufwandes zur verminderung der rueckstaende
S.WORT pflanzenschutzmittel + substitution
PROLEI DR. -ING. HEINRICH KOHSIEK
STAND 1.1.1974
FINGEB BUNDESMINISTER FUER ERNAEHRUNG, LANDWIRTSCHAFT UND FORSTEN
ZUSAM - LANDESANSTALT FUER PFLANZENSCHUTZ, STUTTGART
- INST. F. PFLANZENSCHUTZ U. BIENENKUNDE DER LANDWIRTSCHAFTSKAMMER, 44 MUENSTER, VON-ESMARCH-STR. 12
BEGINN 1.5.1973 ENDE 31.12.1974
G.KOST 14.000 DM
LITAN ANTRAG DER BBA VOM 27. 3. 1973-0300 A

RE -017

INST INSTITUT FUER BIOCHEMIE DES BODENS DER FORSCHUNGSANSTALT FUER LANDWIRTSCHAFT
BRAUNSCHWEIG, BUNDESALLEE 50
VORHAB **verwertung des in organischen duengern in unterschiedlicher form gebundenen stickstoffs durch pflanzen bei einsatz von n15-ligninen**
S.WORT stickstoff + duengemittel + pflanzenkontamination + (lignin)
PROLEI H. SOECHTIG
STAND 1.1.1976
QUELLE mitteilung des bundesministers fuer ernaehrung,landwirtschaft und forsten
FINGEB FORSCHUNGSANSTALT FUER LANDWIRTSCHAFT, BRAUNSCHWEIG-VOELKENRODE
BEGINN ENDE 31.12.1977

RE -018

INST INSTITUT FUER BIOLOGIE DER BUNDESFORSCHUNGSANSTALT FUER ERNAEHRUNG
GEISENHEIM, RUEDESHEIMER STRASSE 12-14
VORHAB **nitratakkumulation durch gemuesepflanzen**
S.WORT pflanzenkontamination + nitrate + (gemuesepflanzen)
STAND 1.1.1976
QUELLE mitteilung des bundesministers fuer ernaehrung,landwirtschaft und forsten

RE -019

INST INSTITUT FUER BIOLOGIE DER BUNDESFORSCHUNGSANSTALT FUER ERNAEHRUNG
GEISENHEIM, RUEDESHEIMER STRASSE 12-14
VORHAB **untersuchungen der wirkung von wachstumsregulatoren im gemuesebau**
S.WORT gemuesebau + wachstumsregulator
STAND 1.1.1976
QUELLE mitteilung des bundesministers fuer ernaehrung,landwirtschaft und forsten

RE -020

INST INSTITUT FUER BOTANIK DER BIOLOGISCHEN BUNDESANSTALT FUER LAND- UND FORSTWIRTSCHAFT
BRAUNSCHWEIG -GLIESMARODE, MESSEWEG 11/12
VORHAB **verfahren zur selektion und zuechtung von getreidesorten mit einer von erregerrassen unabhaengigen relativen krankheitsresistenz**
die gegen bestimmte krankheitserreger absolut resistenten kulturpflanzensorten sind im allgemeinen nur gegen bestimmte rassen der erreger widerstandsfaehig; bei neuen rassen des erregers bricht die resistenz zusammen; es sollen deshalb verfahren zur zuechtung von getreidesorten mit einer relativen (nicht vollstaendigen), aber von rassen des erregers unabhaengigen resistenz entwickelt werden
S.WORT phytopathologie + resistenzzuechtung + getreide
PROLEI DR. GERHARD BARTELS
STAND 1.1.1974
FINGEB BUNDESMINISTER FUER FORSCHUNG UND TECHNOLOGIE
ZUSAM INST. F. PFLANZENPATHOLOGIE U. PFLANZENSCHUTZ DER UNI, 34 GOETTINGEN, WILHELMSPLATZ 1
BEGINN 1.9.1974 ENDE 31.12.1978
G.KOST 719.000 DM
LITAN AUSZUG AUS DEM PROGRAMM DER AD-HOC-FORSCHUNGSPLANUNGSGRUPPE: MASSNAHMEN ZUR VERMINDERUNG DES EINSATZES VON PESTIZIDEN

RE -021

INST INSTITUT FUER GEMUESEKRANKHEITEN DER BIOLOGISCHEN BUNDESANSTALT FUER LAND- UND FORSTWIRTSCHAFT
HUERTH -FISCHENICH, MARKTWEG 60
VORHAB **untersuchungen ueber die resistenz von gemueseleguminosen gegenueber verschiedenen bodenbuertigen krankheitserregern**
auslese von zuchtmaterial mit erhoehter resistenz gegen bodenpilze, wodurch der einsatz chemischer beizmittel eruebrigt werden soll
S.WORT resistenzzuechtung + gemuese + bodenpilze
PROLEI DR. PETER MATTUSCH
STAND 30.8.1976
QUELLE fragebogenerhebung sommer 1976
FINGEB BUNDESMINISTER FUER ERNAEHRUNG, LANDWIRTSCHAFT UND FORSTEN
BEGINN 1.10.1973 ENDE 30.9.1976
G.KOST 211.000 DM
LITAN ZWISCHENBERICHT

RE -022

INST INSTITUT FUER GENETIK DER FU BERLIN
BERLIN 33, ARNIMALLEE 5-7
VORHAB **entwicklung von zuchtmaterial mit auswuchsresistenz beim roggen**
es soll mit geeigneten zuchtverfahren unter einbeziehung von wildformen zuchtmaterial gewonnen werden. eine genetisch verankerte laengere keimruhe und dadurch bessere auswuchsresistenz wird angestrebt. hierbei sind die sich aus der stellung des roggens als fremdbefruchter ergebenden probleme zu beachten und zu ueberwinden. eine biochemische testmethode zur erfassung der analyseaktivitaet, als kriterium der auswuchsneignung bei einzelpflanzen, wurde entwickelt.
S.WORT getreide + resistenzzuechtung + (roggen)
QUELLE datenuebernahme aus der datenbank zur koordinierung der ressortforschung (dakor)
FINGEB BUNDESMINISTER FUER ERNAEHRUNG, LANDWIRTSCHAFT UND FORSTEN
BEGINN 1.5.1973 ENDE 1.5.1976
G.KOST 100.000 DM

RE -023

INST INSTITUT FUER GRUENLANDWIRTSCHAFT UND FUTTERBAU / FB 16 DER UNI GIESSEN
GIESSEN, LUDWIGSTR. 23

VORHAB **oekophysiologie der gruenlandpflanzen, a) physiologie der gruenlandpflanzen**
apparente photosynthese und dunkelatmung des graeserprosses. atmungsintensitaet der graeserwurzel. co 2-gaswechsel von ganzen und intakten graspflanzen. wirkung der immissionsbelastung auf die vegetation an verkehrswegen
S.WORT pflanzenphysiologie + gruenland
PROLEI SCHAEFER
STAND 6.8.1976
QUELLE fragebogenerhebung sommer 1976
FINGEB DEUTSCHE FORSCHUNGSGEMEINSCHAFT
BEGINN 1.1.1969

RE -024
INST INSTITUT FUER GRUENLANDWIRTSCHAFT UND FUTTERBAU / FB 16 DER UNI GIESSEN
GIESSEN, LUDWIGSTR. 23
VORHAB **oekophysiologie der gruenlandpflanzen, b) oekologie der gruenlandpflanzen**
pflanzenbestandsentwicklung auf aufgelassenem kulturland. floristische kartierung brachgefallener taeler. sukzessionsentwicklungen auf wuestungen. massnahmen zur landschaftspflege (giessener modell). die rueckentwicklung bisher intensiv genutzter terrestrischer oekosysteme zu nicht oder extensiv genutzten oekosystemen in ihrer wirkung auf pflanzengemeinschaften und boden. landschaftspflege im naherholgunsbereich schiffenberg. der einfluss der brachedauer auf pflanzenbestand und boden, untersucht auf dauerflaechen. die bedeutung des gruendlandes bei der beseitigung von klaerschlamm, guelle, abwaessern und umweltbelastung durch futterkonservierung
S.WORT pflanzenoekologie + gruenland
PROLEI SIMON
STAND 6.8.1976
QUELLE fragebogenerhebung sommer 1976
FINGEB - DEUTSCHE FORSCHUNGSGEMEINSCHAFT
- LAND HESSEN
ZUSAM - HESSISCHES AMT FUER LANDESKULTUR, WIESBADEN
- INST. F. TIERZUCHT DER UNI GIESSEN
- INST. F. BODENKUNDE DER UNI GIESSEN
BEGINN 1.1.1964
LITAN STAEHLIN, A.;SCHAEFER, K.: ENTWICKLUNG DER PFLANZENBESTAENDE AUF SOZIALBRACHFLAECHEN. IN: BIOLOGIE IN DER UMWELTSICHERUNG 2 S. 26(1974)

RE -025
INST INSTITUT FUER PARASITOLOGIE DER TIERAERZTLICHEN HOCHSCHULE HANNOVER
HANNOVER, BUENTEWEG 17
VORHAB **standardisierung von pruefmethoden zur testung von desinfektionsmitteln**
vernichtung parasitaerer dauerfoauerformen begrenzter zeit bei temperaturen von 30-45 grad celsius
S.WORT desinfektionsmittel + parasiten + pruefverfahren
PROLEI PROF. DR. ENIGK
STAND 1.10.1974
FINGEB KULTUSMINISTERIUM, HANNOVER
ZUSAM INST. F. LANDMASCHINENFORSCHUNG DER FORSCHUNGSANSTALT F. LANDWIRTSCHAFT, 33 BRAUNSCHWEIG-VOELKENRODE
BEGINN 1.2.1972 ENDE 30.4.1976
G.KOST 8.000 DM
LITAN WILLIG, B.:AUSARBEITUNG EINER STANDARDISIERTEN METHODE DER STALLDESINFEKTION FUER PARASITISCHE DESINFEKTIONSMITTEL. IN: VET. MED. DISS. HANNOVER (1973)

RE -026
INST INSTITUT FUER PFLANZENBAU UND PFLANZENZUECHTUNG / FB 16 DER UNI GIESSEN
GIESSEN, LUDWIGSTR. 23
VORHAB **versuche zur indirekten stickstoffduengung im ackerbau**
die intensitaet der stickstoffduengung hat in den letzten jahren enorm zugenommen. bei den getreidearten, insbes. weizen und wintergerste wird schon laengst mehr n zugefuehrt als die pflanze entzieht. trotz der verbesserten duengungstechnik und aufteilung der n-gaben wird es immer schwieriger, diese mengen pflanzen- bzw. entzugsgerecht zu duengen
S.WORT duengung + stickstoff + ackerbau
PROLEI DEBRUCK
STAND 6.8.1976
QUELLE fragebogenerhebung sommer 1976
BEGINN 1.1.1972 ENDE 31.12.1978

RE -027
INST INSTITUT FUER PFLANZENBAU UND PFLANZENZUECHTUNG / FB 16 DER UNI GIESSEN
GIESSEN, LUDWIGSTR. 23
VORHAB **methodik und technik kontrollierter und reproduzierbarer umweltsysteme**
erprobung neuer technischer fortschritte, insbes. auf lichttechnischem gebiet, in den klimakammern des phytotrons zur optimalen programmgestaltung kuenstlicher klimatischer umweltbedingungen fuer die pflanzenkultur. anwendung der ergebnisse in versuchen zur erforschung des produktivitaetstyps von sorten und arten landwirtschaftlicher kulturpflanzen sowie zur anzucht von pflanzen in vegetationslosen jahreszeiten und produktion von zwischengenerationen im winter zur beschleunigung und rationalisierung in der pflanzenzuechtung, insbes. der zuechtung auf bestimmte qualitaetsmerkmale in abhaengigkeit von bestimmten umweltbedingungen
S.WORT kulturpflanzen + produktivitaet + oekologische faktoren
PROLEI HERRMANN BRETSCHNEIDER
STAND 6.8.1976
QUELLE fragebogenerhebung sommer 1976
BEGINN 1.1.1960

RE -028
INST INSTITUT FUER PFLANZENBAU UND PFLANZENZUECHTUNG / FB 16 DER UNI GIESSEN
GIESSEN, LUDWIGSTR. 23
VORHAB **resistenzzuechtung bei feldfruechten**
der resistenzzuechtung kommt im rahmen des umweltschutzes eine steigende bedeutung zu. deshalb wird seit langen jahren bei den arbeiten mit futtergersten auch die mehltau- und rostresistenz beachtet. wertvolle resistente formen konnten selektiert werden. der maisanbau kann sich unter mitteleuropaeischen klimabedingungen nur halten und evtl. ausdehnen, wenn es gelingt gegen stengel- und wurzelfaeule resistente linien und hybriden zu zuechten
S.WORT resistenzzuechtung + kulturpflanzen
PROLEI SCHUSTER
STAND 6.8.1976
QUELLE fragebogenerhebung sommer 1976
FINGEB DEUTSCHE FORSCHUNGSGEMEINSCHAFT
ZUSAM INST. F. PFLANZENZUECHTUNG, NOVI SAD, JUGOSLAWIEN
BEGINN 1.1.1958

RE -029
INST INSTITUT FUER PFLANZENBAU UND PFLANZENZUECHTUNG DER UNI GOETTINGEN
GOETTINGEN, VON SIEBOLDTSTR. 8
VORHAB **verbleib von radioaktiv markiertem duengerstickstoff in bearbeitetem und unbearbeitetem ackerboden**
studium der umsetzung des duengerstickstoffs im boden und des bodenbuertigen stickstoffs: mineralisierung/fixierung/inkorporierung in die organische substanz des bodens/aufnahme durch kulturpflanzen; markierung mit stickstoff 15
S.WORT duengemittel + stickstoffverbindungen + ausbreitung + tracer
PROLEI CAPELLE

STAND 1.1.1974
FINGEB DEUTSCHE FORSCHUNGSGEMEINSCHAFT
BEGINN 1.2.1971 ENDE 31.12.1975
G.KOST 260.000 DM
LITAN - ALLISON, F. E.:THE FATE OF NITROGEN APPLIED TO SOILS. IN: ADV. AGRONOMY(18)S. 219-258 (1966)
- KUNDLER, P.:AUSNUTZUNG, FESTLEGUNG UND VERLUSTE VON DUENGEMITTELSTICKSTOFF. IN: A. -THAER-ARCHIV(14)S. 190-210 (1970)

RE -030

INST INSTITUT FUER PFLANZENBAU UND PFLANZENZUECHTUNG DER UNI KIEL
KIEL, OLSHAUSENSTR. 40/60
VORHAB ertragsbildung verschiedener pflanzen
bildung von biomasse verschiedener pflanzen
S.WORT pflanzen + futtermittel
PROLEI PROF. DR. KNAUER
STAND 1.1.1974
FINGEB DEUTSCHE FORSCHUNGSGEMEINSCHAFT
BEGINN 1.4.1971
G.KOST 100.000 DM
LITAN ZWISCHENBERICHT 1974. 12

RE -031

INST INSTITUT FUER PFLANZENBAU UND SAATGUTFORSCHUNG DER FORSCHUNGSANSTALT FUER LANDWIRTSCHAFT
BRAUNSCHWEIG, BUNDESALLEE 50
VORHAB belastbarkeit landwirtschaftlich genutzter flaechen durch siedlungsabfaelle
S.WORT siedlungsabfaelle + landwirtschaft
PROLEI DR. CORD TIETJEN
STAND 1.1.1974
FINGEB - DEUTSCHE FORSCHUNGSGEMEINSCHAFT
- BUNDESMINISTER FUER ERNAEHRUNG, LANDWIRTSCHAFT UND FORSTEN
BEGINN 1.1.1968

RE -032

INST INSTITUT FUER PFLANZENBAU UND SAATGUTFORSCHUNG DER FORSCHUNGSANSTALT FUER LANDWIRTSCHAFT
BRAUNSCHWEIG, BUNDESALLEE 50
VORHAB einfluss der stickstoffduengung auf ertrag und qualitaet von brotroggen
S.WORT nahrungsmittelproduktion + duengung + stickstoff + getreide
STAND 1.1.1976
QUELLE mitteilung des bundesministers fuer ernaehrung,landwirtschaft und forsten
FINGEB FORSCHUNGSANSTALT FUER LANDWIRTSCHAFT, BRAUNSCHWEIG-VOELKENRODE
BEGINN ENDE 31.12.1975

RE -033

INST INSTITUT FUER PFLANZENBAU UND SAATGUTFORSCHUNG DER FORSCHUNGSANSTALT FUER LANDWIRTSCHAFT
BRAUNSCHWEIG, BUNDESALLEE 50
VORHAB einfluss der beregnung auf die ertragsbildung landwirtschaftlich genutzter kulturpflanzen (in verbindung mit gewaesserbelastung)
S.WORT bewaesserung + kulturpflanzen + gewaesserbelastung
PROLEI DR. W. CZERATZKI
STAND 1.1.1976
QUELLE mitteilung des bundesministers fuer ernaehrung,landwirtschaft und forsten
FINGEB FORSCHUNGSANSTALT FUER LANDWIRTSCHAFT, BRAUNSCHWEIG-VOELKENRODE
BEGINN ENDE 31.12.1978
LITAN - CZERATZKI, W.:UNTERSUCHUNGEN UEBER DEN EINFLUSS DER BEREGNUNG AUF DIE NAEHRSTOFFWANDERUNG. IN: DEUTSCHE BODENKUNDLICHE GESELLSCHAFT 18 S. 18-29 (1974)
- CZERATZKI, W.:TRANSPORT VON NAEHRSTOFFEN AUS DER MINERALISCHEN DUENGUNG DURCH BODENPERKOLATION UNTER DEM WURZELHORIZONT. IN: BERICHT UEBER DIE LANDWIRTSCHAFT 50(1972)

RE -034

INST INSTITUT FUER PFLANZENERNAEHRUNG / FB 19 DER UNI GIESSEN
GIESSEN, BRAUGASSE 7
VORHAB wirkung von agrochemikalien auf speicherungsprozesse und die qualitaet des pflanzlichen ertragsgutes
wachstumsregulatoren und pflanzenqualitaet, qualitaetswirkung von duengemitteln
S.WORT duengemittel + pflanzenertrag
PROLEI HOEFNER
STAND 6.8.1976
QUELLE fragebogenerhebung sommer 1976
LITAN RAAFAT, A.;HERWIG, K.: ACCUMULATION OF METABOLITES AND RETARDATION OF LEAF SENESCENCE BY 6-BENZYLAMINOPURINE OR DISBUDDING TREATMENT IN INTACT BEAN PLANTS. IN: BODENKULTUR 26(4) S. 355-368(1975)

RE -035

INST INSTITUT FUER PHYTOMEDIZIN DER UNI HOHENHEIM
STUTTGART 70, OTTO-SANDER-STR.5
VORHAB verfuegbarkeit von bodenherbiziden fuer die pflanzen
S.WORT herbizide + boden + pflanzen
PROLEI PROF. DR. WERNER KOCH
STAND 1.1.1974
FINGEB DEUTSCHE FORSCHUNGSGEMEINSCHAFT
BEGINN 1.1.1972

RE -036

INST INSTITUT FUER UNKRAUTFORSCHUNG DER BIOLOGISCHEN BUNDESANSTALT FUER LAND- UND FORSTWIRTSCHAFT
BRAUNSCHWEIG -GLIESMARODE, MESSEWEG 11/12
VORHAB nebenwirkungen von herbiziden auf die standfestigkeit von getreide
untersuchung ueber den einfluss von herbiziden auf die fuer die standfestigkeit von getreide bedeutenden parameter, denn die geringe neigung zum lagern, wie sieviele getreidesorten zeigen, sollte nicht durch pflanzenschutzmassnahmen vergroessert werden. zur bearbeitung dieser frage werden polyfaktorielle freiland-, gefaess- und wasserkulturversuche durchgefuehrt. es werden morphologisch/anatomische und physiologische aspekte bei den untersuchungen beruecksichtigt
S.WORT herbizide + getreide + wirkmechanismus + (standfestigkeit)
PROLEI DIPL. -AGR. -ING. JUERGEN ZANDER
STAND 1.1.1974
FINGEB DEUTSCHE FORSCHUNGSGEMEINSCHAFT
BEGINN 1.1.1973 ENDE 31.12.1977
G.KOST 300.000 DM

RE -037

INST INSTITUT FUER UNKRAUTFORSCHUNG DER BIOLOGISCHEN BUNDESANSTALT FUER LAND- UND FORSTWIRTSCHAFT
BRAUNSCHWEIG -GLIESMARODE, MESSEWEG 11/12
VORHAB einfluss von herbiziden auf wertgebende inhaltsstoffe einiger gemuesearten
es wird untersucht, inwieweit die fuer einzelne gemuesekulturen zugelassenen herbizide einen einfluss auf die bildung ausgewaehlter inhaltsstoffe (carotin bei moehren, vitamin c bei salat) ausueben. die ermittlung der kritischen wirkstoffmengen im laufe der einzelnen entwicklungsstadien steht mit im vordergrund der untersuchungen. die optimale dosis (bezogen auf die unkrautwirkung) wird mit darueber und darunter liegenden aufwandmengen verglichen
S.WORT herbizide + gemuese + wirkmechanismus + (inhaltsstoffe)
PROLEI DR. WILFRIED PESTEMER
STAND 30.8.1976

QUELLE fragebogenerhebung sommer 1976
FINGEB DEUTSCHE FORSCHUNGSGEMEINSCHAFT
ZUSAM - BUNDESANSTALT FUER ERNAEHRUNG, RUEDESHEIMER STR. 12, 6222 GEISENHEIM
- INST. F. QUALITAETSFORSCHUNG
BEGINN 1.3.1970
G.KOST 30.000 DM
LITAN LELLEY, J.: UEBER DIE BEDEUTUNG DER CHEMISCHEN UNKRAUTBEKAEMPFUNG BEI KOHLDIREKTSAAT. IN: NACHRICHTENBL. DEUT. PFL. SCHD. 23 S. 104-106(1972)

RE -038

INST KERNFORSCHUNGSANLAGE JUELICH GMBH
JUELICH, POSTFACH 365
VORHAB **naehrstofftransport und regulationsmechanismen (30 %)**
die untersuchungen zur erarbeitung regulationsbestimmender mechanismen bei transport und akkumulation von ca und mg in zusammenhang mit nicht parasitaeren naehrstoffimbalancen in fruechten, z. b. weinreben, werden gezielt fortgesetzt. dabei sollen auch praxisnahe ueberlegungen wie sortenspezifische unterschiede, einfluss durch schnitt und wasserversorgung der pflanze, wirkung extern applizierter naehrstoffloesungen beruecksichtigt werden
S.WORT pflanzenphysiologie + naehrstoffhaushalt + (regulationsmechanismen)
PROLEI DR. D. WIENEKE
STAND 30.8.1976
QUELLE fragebogenerhebung sommer 1976
ZUSAM - TH DARMSTADT
- EURATOM/ITAL, WAGENINGEN/NIEDERLANDE
- DSIR, AUCKLAND/NEUSEELAND
BEGINN 1.1.1969
LITAN - WIENEKE,J.;STEFFENS,W.: DEGRADATION OF 14C-AZINPHOS SPRAYED ON GLASS PLATES AS COMPARED TO THE METABOLISM ON PLANT LEAVES. IN:ENVIRONMENT. QUALITY AND SAFETY: PESTICIDES. KORTE,F.;COULSTON,F.(EDS.) S.543-548(1975)
- FUEHR,F.;MITTELSTAEDT,W.: DAS VERHALTEN VON METABENZTHIAZURON IN BODEN UND PFLANZE NACH APPLIKATION VON METHABENZTHIAZURON-BENZOLKERN-U14C AN SOMMERWEIZEN UNTER FREILANDBEDINGUNGEN IM ANWENDUNGSJAHR UND NACHBAU. IN:LANDW.FORSCH. (IM DRUCK)
- WIENEKE,J.;STEFFENS,W.: UNTERSUCHUNGEN ZU AUFNAHME UND STOFFWECHSEL VON 14C-MARKIERTEM GUSATHION IN BUSCHBOHNEN. II. AUFTRENNUNG DER METABOLITEN UND SCHRITTE ZUR IDENTIFIZIERUNG. IN:PFLANZENSCHUTZ-NACHRICHTEN BAYER (1976) (IM DRUCK)

RE -039

INST LANDESANSTALT FUER IMMISSIONS- UND BODENNUTZUNGSSCHUTZ DES LANDES NORDRHEIN-WESTFALEN
ESSEN, WALLNEYERSTR. 6
VORHAB **bodennaehrstoffgehalt, -verfuegbarkeit und wirkung auf entwicklung und ertrag landwirtschaftlicher kulturpflanzen**
S.WORT boden + naehrstoffgehalt + landwirtschaft + pflanzenertrag
PROLEI DR. LANGNER
STAND 1.1.1974
FINGEB LAND NORDRHEIN-WESTFALEN
BEGINN 1.1.1958

RE -040

INST LANDESANSTALT FUER IMMISSIONS- UND BODENNUTZUNGSSCHUTZ DES LANDES NORDRHEIN-WESTFALEN
ESSEN, WALLNEYERSTR. 6
VORHAB **bodennutzung und pflanzenertrag unter grundwassernahen und -fernen verhaeltnissen**
methode: bodenkundlich
S.WORT ackerbau + pflanzenertrag + grundwasserspiegel
PROLEI DR. LANGNER
STAND 1.1.1974
FINGEB LAND NORDRHEIN-WESTFALEN
BEGINN 1.1.1969

RE -041

INST LANDESANSTALT FUER IMMISSIONS- UND BODENNUTZUNGSSCHUTZ DES LANDES NORDRHEIN-WESTFALEN
ESSEN, WALLNEYERSTR. 6
VORHAB **auswirkungen verschiedener grundwasserverhaeltnisse auf bodenwasserhaushalt, pflanzenentwicklung, pflanzenertrag**
S.WORT grundwasser + bodenbeschaffenheit + pflanzen
PROLEI DR. LANGNER
STAND 1.1.1974
FINGEB LAND NORDRHEIN-WESTFALEN
BEGINN 1.1.1968

RE -042

INST LEHRSTUHL FUER PFLANZENBAU UND PFLANZENZUECHTUNG DER TU MUENCHEN
FREISING -WEIHENSTEPHAN
VORHAB **mehltauresistenz von gerste**
differenzierung und evaluierung von resistenzquellen, analyse der resistenzphaenomene in ungestoerten populationen von hordeum spontaneum, entwicklung von modellen zur stabilisierung des virulenzspektrums des krankheitserregers
S.WORT getreide + krankheitserreger + resistenz + (mehltau)
PROLEI PROF. DR. GERHARD FISCHBECK
STAND 12.8.1976
QUELLE fragebogenerhebung sommer 1976
FINGEB DEUTSCHE FORSCHUNGSGEMEINSCHAFT
ZUSAM TEL-AVIV UNIVERSITY, DEPARTMENT OF BOTANY, DIVISION OF MYCOLOGY AND PLANT PATHOLOGY, RAMAT-AVIV/ISR.
BEGINN 1.1.1972 ENDE 31.12.1977
G.KOST 660.000 DM
LITAN ZWISCHENBERICHT

RE -043

INST LEHRSTUHL FUER PFLANZENOEKOLOGIE DER UNI BAYREUTH
BAYREUTH, AM BIRKENGUT
VORHAB **physiologische grundlagen von salzstress und salztoleranz in pflanzen**
im vordergund des vorhabens steht die frage der anpassung von pflanzen an standorte mit einer dauernden oder zeitlich begrenzten salzbelastung. das problem der adaptation vikariierender arten an die im ueberschuss angebotenen ionen laesst sich im bayreuther raum, wo kalk-, silikat- und serpentinboeden vorkommen, besonders gut bearbeiten. hierbei soll nach den mechanismen gesucht werden, die es den pflanzen ermoeglichen, die oft in toxischen konzentrationen vorliegenden ionen zu ertragen
S.WORT pflanzenphysiologie + adaptation + bodenbeschaffenheit + salzgehalt
FRANKEN (OBERFRANKEN)
PROLEI PROF. DR. DIETER VON WILLERT
STAND 30.8.1976
QUELLE fragebogenerhebung sommer 1976

RE -044

INST LEHRSTUHL UND INSTITUT FUER OBSTBAU UND BAUMSCHULE DER TU HANNOVER
SARSTEDT, HAUS STEINBERG
VORHAB **nebenwirkungen von fungiziden auf die obstbauliche leistung und auf physiologische fruchterkrankungen bei aepfeln**
S.WORT fungizide + nebenwirkungen + obst
PROLEI PROF. DR. GERHARD BUENEMANN
STAND 7.9.1976
QUELLE datenuebernahme von der deutschen forschungsgemeinschaft
FINGEB DEUTSCHE FORSCHUNGSGEMEINSCHAFT

RE -045
INST MAX-PLANCK-INSTITUT FUER ZUECHTUNGSFORSCHUNG (ERWIN-BAUR-INSTITUT) KOELN 30, EGELSPFAD
VORHAB **resistenzzuechtung gegen pilzkrankheiten bei weizen und gerste**
einkreuzung unterschiedlicher resistenzgene aus sorten und varietaeten des weltsortimentes gegen die verschiedenen biotypen der einzelnen krankheitserreger. selektion nach natuerlicher und kuenstlicher infektion. einschraenkung der anwendung von fungiziden
S.WORT getreide + phytopathologie + resistenzzuechtung + krankheitserreger + (fungizid-einschraenkung)
PROLEI DR. FRITZ WIENHUES
STAND 11.8.1976
QUELLE fragebogenerhebung sommer 1976
LITAN - WIENHUES, F.: GENE AUS PRIMITIV- UND WILDFORMEN IN KULTURSORTEN DES GETREIDES. IN: VORTRAEGE FUER PFLANZENZUECHTER 12, FRANKFURT/MAIN S. 24-34(1969)
- WIENHUES, A.: TRANSLOCATIONS BETWEEN WHEAT CHROMOSOMES AND AN AGROPYRON CHROMOSOME CONDITIONING RUST RESISTANCE. IN: PROCEEDINGS 4TH INTERNATIONAL WHEAT GENET. SYMP. , MISSOURI AGR. EXP. STA. COLUMBIA(1973)

RE -046
INST MAX-PLANCK-INSTITUT FUER ZUECHTUNGSFORSCHUNG (ERWIN-BAUR-INSTITUT) KOELN 30, EGELSPFAD
VORHAB **resistenzzuechtung bei gerste gegen braunrost (puccinia hordei)**
a. untersuchungen an der wirtspflanze: 1. selektion von gersten mit resistenzeigenschaften aus mutagen behandelten samen und pflanzen. 2. genetische analyse der resistenzmutanten und kombination von unterschiedlichen resistenzloci in einer pflanze. 3. herstellung von braunrostresistenten züchtstaemmen. b. untersuchungen an dem parasiten: 1. auftrennung von rostrassengemischen. 2. selektion und induktion hoch agressiver rassen des erregers zur testung der unter a. 1. erzeugten mutanten auf resistenzqualitaet
S.WORT getreide + krankheitserreger + resistenzzuechtung
PROLEI DR. JUERGEN GRUNEWALDT
STAND 11.8.1976
QUELLE fragebogenerhebung sommer 1976
ZUSAM - BIOLOGISCHE BUNDESANSTALT, MESSEWEG 11, 3300 BRAUNSCHWEIG
- BAYERISCHE LANDESANSTALT FUER BODENKULTUR UND PFLANZENBAU, VOETTINGERSTRASSE 38, 8050 FREISING
BEGINN 1.1.1975 ENDE 31.1.1980
LITAN ZWISCHENBERICHT

RE -047
INST MAX-PLANCK-INSTITUT FUER ZUECHTUNGSFORSCHUNG (ERWIN-BAUR-INSTITUT) KOELN 30, EGELSPFAD
VORHAB **selektion von phytophthoraresistenten kartoffelklonen**
toxin von phytophthora infestans. durch anbau resistenter pflanzen kann die umweltbelastung durch fungizide vermindert werden
S.WORT nutzpflanzen + kartoffeln + resistenzzuechtung + fungizide + substitution
PROLEI DR. MONIKA BEHNKE
STAND 11.8.1976
QUELLE fragebogenerhebung sommer 1976
BEGINN 1.1.1975 ENDE 31.12.1980
LITAN - BEHNKE, M.: REGENERATION IN GEWEBEKULTUREN EINIGER DIHAPLOIDER SOLANUM TUBEROSUM KLONE. IN: Z. PFLANZENZUECHTG. 75 S. 262-265(1965)
- BEHNKE, M.: KULTUREN ISOLIERTER ZELLEN VON EINIGEN DIHAPLOIDEN SOLANUM TUBEROSUM-KLONEN UND IHRE REGENERATION. IN: Z. PFLANZENPHYSIOL. 78 S. 177-181(1976)

RE -048
INST NIEDERSAECHSISCHES LANDESAMT FUER BODENFORSCHUNG HANNOVER -BUCHHOLZ, STILLEWEG 2
VORHAB **auswirkung von absenkungen des grundwassers auf wasserhaushaltskomponenten und pflanzenertrag bei ackernutzung**
zur ermittlung der moeglichen auswirkungen von grundwasserabsenkungen sollen an untereinander vergleichbaren sandboeden unter ackernutzung mit unterschiedlichem grundwasserstand die wasserhaushaltskomponenten (evapotranspiration, versickerung, kapillarer aufstieg) im gelaende bestimmt werden. ausserdem wird bei jeweils gleicher duengung, bearbeitung und frucht der pflanzenertrag gemessen. die vorgesehenen untersuchungen sollen die beurteilungsgrundlagen fuer die laut gesetz erforderlichen beweissicherungen bei grundwasserentnahme verbessern und die fuer modellrechnungen notwendigen parameter und randbedingungen liefern
S.WORT grundwasserabsenkung + ackerbau + pflanzenertrag HANNOVER-FUHRENBERG
PROLEI DR. MANFRED RENGER
STAND 6.8.1976
QUELLE fragebogenerhebung sommer 1976
FINGEB DEUTSCHE FORSCHUNGSGEMEINSCHAFT
ZUSAM - INST. F. BODENKUNDE DER UNI GOETTINGEN, BURGENWEG 2, 3400 GOETTINGEN
- AGRARMETEOROLOGISCHE FORSCHUNGSSTELLE, BUNDESALLEE 50, 3300 BRAUNSCHWEIG
- BUNDESANSTALT FUER GEOWISSENSCHAFTEN UND ROHSTOFFE, STILLEWEG 2, 3000 HANNOVER 51
BEGINN 1.1.1977 ENDE 31.12.1980

Weitere Vorhaben siehe auch:

HE -009 PRUEFUNG DER VERWENDBARKEIT VON CACO3 IM GARTENBAU, DAS BEI DER PHYSIKALISCHEN AUFBEREITUNG DES TRINKWASSERS ANFAELLT

MD -003 MUELLKOMPOSTANWENDUNG AUF ACKERLAND

MD -029 VERWENDBARKEIT VON ABFALLSTOFFEN (KLAERSCHLAMM, MUELL-, MUELL-KLAERSCHLAMMKOMPOST) BZW. BAGGERGUT IM LANDBAU

OD -006 ANREICHERUNG VON SCHWERMETALLEN IN BOEDEN UND PFLANZEN DURCH MUELLKOMPOSTE UND ABWASSERKLAERSCHLAEMME IM LANDBAU

PF -002 UEBERSICHT UEBER DIE SCHWERMETALLGEHALTE IN DEN LANDWIRTSCHAFTLICH UND GAERTNERISCH GENUTZTEN BOEDEN IN NORDRHEIN-WESTFALEN

PF -070 EINFLUSS VON BLEI- UND ZINKGEHALT AUF DIE LANDWIRTSCHAFTLICHEN NUTZUNGSMOEGLICHKEITEN VON TALBOEDEN DES HARZVORLANDES

PH -037 UNTERSUCHUNGEN UEBER DEN EINFLUSS VON SCHADELEMENTEN IM BODEN AUF DEN ERTRAG UND DEREN GEHALT IN PFLANZEN

RH -010 RESISTENZZUECHTUNG BEI FUTTERPFLANZEN ALS BEITRAG ZUR BIOLOGISCHEN SCHAEDLINGSBEKAEMPFUNG

RH -028 UNTERSUCHUNGEN ZUR POPULATIONSDYNAMIK DES GETREIDEZYSTENAELCHENS HETERODERA AVENAE

RH -035 UNTERSUCHUNGEN UEBER URSACHEN UND FORMEN DER RESISTENZ VON APFELSORTEN UND -UNTERLAGEN GEGEN PHYTOPHTHORA CACTORUM UND P. SYRINGAE (KRAGENFAEULE)

RH -045 RESISTENZZUECHTUNG GEGEN INSEKTEN, PILZLICHE KRANKHEITSERREGER UND SCHADINSEKTEN

RF -001
INST FORSCHUNGSINSTITUT FUTTERMITTELTECHNIK DER INTERNATIONALEN FORSCHUNGSGEMEINSCHAFT FUTTERMITTELTECHNIK
BRAUNSCHWEIG, FRICKEN-MUEHLE
VORHAB **futterverwertung durch staerkeaufschluss mit waerme**
tierversuche
S.WORT futtermittel
PROLEI DR. -ING. FRIEDRICH
STAND 1.1.1974
FINGEB ARBEITSGEMEINSCHAFT INDUSTRIELLER FORSCHUNGSVEREINIGUNGEN E. V. (AIF)
BEGINN 1.1.1970 ENDE 31.12.1974

RF -002
INST INSTITUT FUER BODENBIOLOGIE DER FORSCHUNGSANSTALT FUER LANDWIRTSCHAFT
BRAUNSCHWEIG, BUNDESALLEE 50
VORHAB **abbau von antibiotika in abgaengen aus der gefluegelhaltung**
unter verwendung von empfindlichen bakterienstaemmen soll in biotests die stabilitaetsdauer von antibiotischen wirkstoffen untersucht werden, die in der tierfuetterung eingesetzt werden
S.WORT gefluegel + tierhaltung + tierische faekalien + antibiotika + mikrobieller abbau
PROLEI PROF. DR. GERHARD JAGNOW
STAND 1.1.1976
QUELLE mitteilung des bundesministers fuer ernaehrung,landwirtschaft und forsten
FINGEB FORSCHUNGSANSTALT FUER LANDWIRTSCHAFT, BRAUNSCHWEIG-VOELKENRODE
BEGINN 1.1.1976 ENDE 31.12.1976
G.KOST 25.000 DM

RF -003
INST INSTITUT FUER GEFLUEGELKRANKHEITEN / FB 18 DER UNI GIESSEN
GIESSEN, FRANKFURTER STR. 85
VORHAB **luftkeimgehalt in gefluegelstaellen, bakterien belastung des gefluegels, des personals**
S.WORT nutztierstall + bakteriologie
PROLEI DR. KOESTERS
STAND 1.1.1974
BEGINN 1.1.1968

RF -004
INST INSTITUT FUER GEFLUEGELKRANKHEITEN / FB 18 DER UNI GIESSEN
GIESSEN, FRANKFURTER STR. 85
VORHAB **maximal zulaessige c02-konzentration in der luft von gefluegelintensivhaltungen: 1) in legehennenhaltung mit geregelter c02- und 02-zugabe; 2) im feldversuch unter natuerlichen bedingungen**
S.WORT massentierhaltung + gefluegel + sauerstoffbedarf + grenzwerte + kohlendioxid
PROLEI PROF. DR. HEINRICH GIESSLER
STAND 7.9.1976
QUELLE datenuebernahme von der deutschen forschungsgemeinschaft
FINGEB DEUTSCHE FORSCHUNGSGEMEINSCHAFT

RF -005
INST INSTITUT FUER GEFLUEGELKRANKHEITEN DER TIERAERZTLICHEN HOCHSCHULE HANNOVER
HANNOVER, BISCHOFSHOLER DAMM 15
VORHAB **bekaempfung der ektoparasiten bei huehnern im tier**
ektoparasiten beunruhigen die huehner und fuehren zu leistungseinbussen; leistungserhaltung der tiere
S.WORT nutztierhaltung + parasiten + huhn
PROLEI DR. KNAPP
STAND 1.1.1974
BEGINN 1.1.1969 ENDE 31.12.1974
LITAN - LUEDERS, H.;JANSSEN, W; WRIEDT, J: BAYER 9010 ZUR BEKAEMPFUNG VON DERMANYSSUS AVIUM. IN: ARCH. GEFLUEGELK. D 3592-94 (1971)
- WETZEL, H.;LUEDERS, H.:MODELLVERSUCH. . . , TIERAERZTL. UMSCHAU S. 331 FF (1971)

RF -006
INST INSTITUT FUER GEFLUEGELKRANKHEITEN DER TIERAERZTLICHEN HOCHSCHULE HANNOVER
HANNOVER, BISCHOFSHOLER DAMM 15
VORHAB **nachweis der uebertragung von herpesviren in der zellkultur und im tier**
aufspueren des weges der virusweitergabe von infizierten zu nicht infizierten zellen; moeglichkeiten zur beeinflussung dieses vorgangs; zeitraffer-filmaufnahmen
S.WORT krankheitserreger + viren + tiere
PROLEI DR. KALETA
STAND 1.1.1974
FINGEB DEUTSCHE FORSCHUNGSGEMEINSCHAFT
BEGINN 1.1.1972 ENDE 31.12.1974
G.KOST 23.000 DM
LITAN KALETA, E. F.:PUTENHERPESVIRUS (GRUPPE B) CYTOPATHISCHE VERAENDERUNGEN IN DER ZELLKULTUR E-2016/ECYCLOPAEDIA CINEMATOGRAPHICA

RF -007
INST INSTITUT FUER GEFLUEGELKRANKHEITEN DER TIERAERZTLICHEN HOCHSCHULE HANNOVER
HANNOVER, BISCHOFSHOLER DAMM 15
VORHAB **differenzierung von haemophilus-keimen von huehnern**
erreger des ansteckenden huehnerschnupfens; methoden: kulturelle, biochemische und serologische untersuchungen sowie tierversuche; ziel: identifizierung, differenzierung
S.WORT nutztierhaltung + krankheitserreger + huhn
PROLEI DR. HINZ
STAND 1.1.1974
FINGEB DEUTSCHE FORSCHUNGSGEMEINSCHAFT
BEGINN 1.8.1972 ENDE 31.8.1974
G.KOST 60.000 DM
LITAN HINZ, K. -H. , BEITRAG ZUR DIFFERENZIERUNG VON HAEMOPHILUS-STAEMMEN, 1. MITT. , AVIANPATHOLOGY: VOL. II 211-229 (1973)

RF -008
INST INSTITUT FUER GEFLUEGELKRANKHEITEN DER TIERAERZTLICHEN HOCHSCHULE HANNOVER
HANNOVER, BISCHOFSHOLER DAMM 15
VORHAB **serologische kontrolle des impferfolges nach schutzimpfungen des gefluegels gegen die newcastle disease (nd)**
trotz schutzimpfungen traten krankheiten auf; nachweis der immunitaetslage nach impfung; antikoerpernachweis mit haemagglutinationshemmungstest; festsetzung der richtigen impftermine
S.WORT nutztierhaltung + gefluegel + infektion + impfung
PROLEI PROF. DR. SIEGMANN
STAND 1.1.1974
FINGEB LAND NIEDERSACHSEN
BEGINN 1.1.1968 ENDE 31.12.1976
G.KOST 60.000 DM
LITAN - KALETA E. F; SIEGMANN, O.:. . . NACHWEIS. . . HAH-ANTIKOERPER ARCH. GEFLUEGEL KD 35, 79-83 (1971)
- KALETA; ET. AL.:KINETIK NDV-SPEZIFISCHER ANTIKOERPER AVIAN PATHOL I, 35-45 (1972) DTW 79, 184-189 (1972)

RF -009
INST INSTITUT FUER GRUENLANDWIRTSCHAFT, FUTTERBAU UND FUTTERKONSERVIERUNG DER FORSCHUNGSANSTALT FUER LANDWIRTSCHAFT
BRAUNSCHWEIG, BUNDESALLEE 50
VORHAB **einfluss oekologischer faktoren auf hoehe und stetigkeit von ertrag, pflanzenbestand und futterwert von dauerweiden**
S.WORT oekologische faktoren + futtermittel + weideland
PROLEI DR. W. BLATTMANN
STAND 1.1.1976

QUELLE mitteilung des bundesministers fuer ernaehrung,landwirtschaft und forsten
FINGEB FORSCHUNGSANSTALT FUER LANDWIRTSCHAFT, BRAUNSCHWEIG-VOELKENRODE
LITAN BLATTMANN, W. , PROCEEDINGS OF THE X. INTERNATIONAL GRASSLAND CONGRESS, 1966: THE EFFECT OF THE FIRST GRAZING DATE IN SPRING ON THE BOTANICAL COMPOSITION OF PERNAMENT PASTURE SWARDS.

RF -010
INST INSTITUT FUER LANDWIRTSCHAFTLICHE BAUFORSCHUNG DER FORSCHUNGSANSTALT FUER LANDWIRTSCHAFT
BRAUNSCHWEIG, BUNDESALLEE 50
VORHAB **kriterien zur standortbeurteilung fuer groessere tierbestaende**
rationelle und kostenguenstige landwirtschaftliche produktion erfordert funktionsgerechte gebaeudestandorte, vor allem in der nutzviehhaltung. die viehbestaende werden groesser und machen es erforderlich, auch im hinblick auf den immissionsschutz die stadortfrage besser mit der kommunalentwicklung und der raumordnung abzustimmen. erfordernisse und moeglichkeiten der standoertlichen funktionsverbesserung und -absicherung sollen als landwirtschaftlicher, kommunaler und regionalplanerischer sicht untersucht werden
S.WORT massentierhaltung + standortfaktoren
PROLEI DR. ARNO HERMS
STAND 21.7.1976
QUELLE fragebogenerhebung sommer 1976
ZUSAM INST. F. STRUKTURFORSCHUNG, 3301 BRAUNSCHWEIG-VOELCKENRODE
BEGINN 1.1.1974 ENDE 31.12.1978
LITAN - HERMS, A.: PROBLEME DER KONZENTRIERTEN NUTZTIERHALTUNG AUS RAUMSTRUKTURELLER SICHT. HAMBURG UND BERLIN: PAUL PAREY 16 S. 172-176(1975)
- HERMS, A.: FUNKTIONSSICHERUNG LANDWIRTSCHAFTLICHER GEBAEUDE UND BAULICHER ANLAGEN IM RAHMEN DER KOMMUNALENTWICKLUNG. IN: LANDBAUFORSCHUNG VOELKENRODE 25(2) S. 91-95(1975)
- HAGEMANN, D.;HERMS, A.: KONSEQUENZEN DES BUNDESIMMISSIONSSCHUTZGESETZES FUER LANDWIRTSCHAFTLICHE BAUINVESTITIONEN. IN: LANDBAUFORSCHUNG VOELKENRODE 25(2) S. 55-62(1975)

RF -011
INST INSTITUT FUER PFLANZENBAU DER UNI BONN
BONN, KATZENBURGWEG 5
VORHAB **veraenderung der weidevegetation bei verschieden intensiver nutzung**
es soll geprueft werden, wie sich die vegetation in einer ehemals intensiv genutzten wiese entwickelt, wenn sie gar nicht oder mit schafen, bzw. rindern in unterschiedlicher frequenz beweidet wird
S.WORT vegetation + weideland + nutztierhaltung
PROLEI PROF. DR. PETER BOEKER
STAND 26.7.1976
QUELLE fragebogenerhebung sommer 1976
BEGINN 1.1.1976 ENDE 31.12.1986
G.KOST 10.000 DM

RF -012
INST INSTITUT FUER STRUKTURFORSCHUNG DER FORSCHUNGSANSTALT FUER LANDWIRTSCHAFT
BRAUNSCHWEIG, BUNDESALLEE 50
VORHAB **charakterisierung der regionen der gemeinschaft, in denen die intensive tierhaltung besonders entwickelt ist**
die studie ist teil einer umfassenderen studie unter dem titel "umweltfolgen der anwendung moderner erzeugungsverfahren in der landwirtschaft-bestimmung von hoechstschwellen fuer die ausbringung tierischer exkremente auf landwirtschaftlich genutzten flaechen-". sie zielt darauf ab, diejenigen teilregionen in den mitgliedslaendern der eg zu ermitteln, in denen aufgrund der hoehe bzw. der entwicklung des besatzes mit nutztieren die moegliche belastung der landw. genutzten flaechen mit tierischen exkrementen eine bestimmte schwelle ueberschreitet. diese teilregionen werden hinsichtlich ihrer natuerlichen standortbedingungen (klima, boden), ihrer landwirtschaftlichen produktionsstruktur und ihrer vorherrschenden raumnutzungen charakterisiert und nach massgabe deer konfliktwahrscheinlichkeit klassifiziert
S.WORT massentierhaltung + tierische faekalien + bodenbelastung + (bestimmung von hoechstschwellen)
EG-LAENDER
PROLEI DIPL. -ING. GERD-HEINRICH BENEKER
STAND 21.7.1976
QUELLE fragebogenerhebung sommer 1976
FINGEB EUROPAEISCHE GEMEINSCHAFTEN, KOMMISSION
ZUSAM INSTITUT VOOR BODEMVRUCHTBAARHEID, HAREN/GRONINGEN (NL)
BEGINN 1.6.1975 ENDE 31.8.1976
G.KOST 50.000 DM
LITAN - ZWISCHENBERICHT
- ENDBERICHT

RF -013
INST INSTITUT FUER TIERMEDIZIN UND TIERHYGIENE DER UNI HOHENHEIM
STUTTGART 70, GARBENSTR. 30
VORHAB **keimgehalt der luft und der wasserversorgungsanlagen in nutztierstallungen**
S.WORT nutztierstall + keime + luft + wasserversorgung
PROLEI PROF. DR. DIETER STRAUCH
STAND 1.1.1974
FINGEB DEUTSCHE FORSCHUNGSGEMEINSCHAFT
BEGINN 1.8.1971 ENDE 31.7.1974
G.KOST 130.000 DM
LITAN - ZWISCHENBERICHT 1972/73 DFG
- ZWISCHENBERICHT 1974. 09

RF -014
INST INSTITUT FUER TIERMEDIZIN UND TIERHYGIENE DER UNI HOHENHEIM
STUTTGART 70, GARBENSTR. 30
VORHAB **lebensfaehigkeit von keimen in der stalluft**
1) physikalische und chemische eigenschaften einzelner keimarten im luftgetragenen zustand in abhaengigkeit vom gesamten aerosolhaushalt der stalluft; 2) abhaengigkeit dieser kenngroessen von aeusseren kenngroessen wie luftfeuchte, lufttemperatur, stallbelueftung und art der tierhaltung; 3) produktions- und ausscheidemechanismen der keime und 4) mittlere verweildauer und mittlere biologische halbwertzeit der keime im luftgetragenen zustand wiederum in abhaengigkeit von den unter 1-3 genannten einflussgroessen
S.WORT luft + keime + nutztierstall + veterinaerhygiene
PROLEI PROF. DR. WOLFGANG MUELLER
STAND 27.7.1976
QUELLE fragebogenerhebung sommer 1976
FINGEB DEUTSCHE FORSCHUNGSGEMEINSCHAFT
ZUSAM INST. F. PHYSIK UND METEOROLOGIE DER UNI HOHENHEIM, GRABENSTR. 30, 7000 STUTTGART 70
BEGINN 1.1.1975 ENDE 31.5.1977
G.KOST 146.000 DM
LITAN MUELLER, W.;WIESER, P.;WOIWODE, J.: ZUR GROESSE KOLONIEBILDENDER EINHEITEN IN DER STALLUFT

RF -015
INST INSTITUT FUER TIERMEDIZIN UND TIERHYGIENE DER UNI HOHENHEIM
STUTTGART 70, GARBENSTR. 30
VORHAB **untersuchungen zur reduktion des keimgehaltes der luft in belegten tierstaellen**
es wird die moeglichkeit zur luftkeimreduktion in belegten staellen untersucht. erste ergebnisse zeigen, dass weder durch die anwendung von uv-strahlung noch mit hilfe feindisperser desinfektionsmittelaerosole eine entscheidende keimreduktion zu erreichen ist. erfolgsversprechender erscheint die anwendung relativ grosser desinfektionsmitteltroepfchen zur erzeugung eines diskontinuierlichen "wash-out" - effektes, um

damit zu einer zumindest befristeten keimreduktion zu gelangen und somit eine epidemiologisch guenstige situation zu erreichen
S.WORT nutztierstall + veterinaerhygiene + keime
PROLEI PROF. DR. WOLFGANG MUELLER
STAND 27.7.1976
QUELLE fragebogenerhebung sommer 1976
FINGEB DEUTSCHE FORSCHUNGSGEMEINSCHAFT
BEGINN 1.1.1975 ENDE 31.12.1976
G.KOST 130.000 DM
LITAN - GAERTTNER, E.;MUELLER, W.;FARMANARA, F.: DIE ZAEHLUNG VON LUFTKEIMKOLONIEN MIT EINEM ELEKTRONISCHEN ZAEHLGERAET (COLONY COUNTER). IN: ZBL. VET. MED. B 22 S. 326-334(1975)
- GAERTTNER, E.;MUELLER, W.: DIE ANTIBIOTIKARESISTENZ VON MICROCOCCACAE AUS DER STALLUFT VON SCHWEINE- UND GEFLUEGELSTAELLEN. IN: BERL. MUENCH. TIERAERZTL. WSCHR. 89 S. 112-116(1976)

RF -016

INST INSTITUT FUER TIERPHYSIOLOGIE UND TIERERNAEHRUNG DER UNI GOETTINGEN
GOETTINGEN, KELLNERWEG 6
VORHAB verminderung des anteils von umweltgefaehrdenden stoffen (amine, harnstoff) in den tierischen exkrementen
S.WORT umwelthygiene + tierische faekalien
PROLEI PROF. DR. PFEFFER
STAND 1.1.1974

RF -017

INST INSTITUT FUER TIERZUCHT UND HAUSTIERGENETIK DER UNI GOETTINGEN
GOETTINGEN, ALBRECHT-THAER-WEG 1
VORHAB erstellung eines gesamtkonzeptes fuer die kuenftige entwicklung der schafzucht und schafhaltung in der bundesrepublik deutschland
im rahmen des vorhabens sollen in form einer studie die moeglichkeiten zur verbesserung der wirtschaftlichkeit der schafhaltung dargelegt und die wettbewerbskraft des schafes in der landschaftspflege im vergleich zu konkurrierenden verfahren untersucht werden; zur datengewinnung wurde eine erhebung von schafhaltungsbetrieben verschiedener organisationsformen durchgefuehrt
S.WORT nutztierhaltung + wirtschaftlichkeit + landschaftspflege + (schaf)
PROLEI PROF. DR. DR. DIETRICH SMIDT
STAND 1.1.1974
FINGEB BUNDESMINISTER FUER ERNAEHRUNG, LANDWIRTSCHAFT UND FORSTEN
ZUSAM INST. F. MARKTLEHRE DER UNI GIESSEN, 63 GIESSEN, LUDWIGSTR. 23
BEGINN 1.10.1972 ENDE 30.9.1974
G.KOST 90.000 DM
LITAN - ZWISCHENBERICHT VOM 1. 3. 73
- ZWISCHENBERICHT 1974. 03

RF -018

INST INSTITUT FUER TIERZUCHT UND HAUSTIERGENETIK DER UNI GOETTINGEN
GOETTINGEN, ALBRECHT-THAER-WEG 1
VORHAB pruefung der eignung von einfachkreuzungen von fleischrindern mit milchrindern zur nutzung marginaler flaechen
klaerung der frage, ob die im rahmen der einfachkreuzung milchbetonter zweinutzungsrinder mit bullen fleischwuechsiger rassen zur erhoehung der rindfleicherzeugung anfallenden weiblichen tiere als mutterkuehe zur landschaftspflege erfolgreich eingesetzt werden koennen; kreuzungsmutterkuehe in der standortpflege
S.WORT nutztierhaltung + standortwahl + rind
PROLEI PROF. DR. LANGHOLZ
STAND 1.1.1974
FINGEB NIEDERSAECHSISCHES ZAHLENLOTTO, HANNOVER
ZUSAM KRAEUSSLICH, PROF. DR. , INST. F. TIERZUCHT, VERERBUNGS- U. KONSTITUTIONSFORSCHUNG, 8 MUENCHEN 22
BEGINN 1.1.1973 ENDE 31.12.1980
G.KOST 43.000 DM
LITAN - LAUFENDE BERICHTE AN NIEDERS. ZAHLENLOTTO
- LANGHOLZ, H. J.: ZIELE U. METHODEN D. ZUECHTUNG VON FLEISCHRINDERN/24. JAHRESTAGUNG WIEN 1973 DER EVT

RF -019

INST INSTITUT FUER TIERZUCHT UND HAUSTIERGENETIK DER UNI GOETTINGEN
GOETTINGEN, ALBRECHT-THAER-WEG 1
VORHAB koppelschafhaltung im rahmen der nutzung marginaler gruenflaeche mit zuechterischer entwicklung einer leitungsfaehigen muttergrundlage
zuechtung einer schafrasse fuer extensive standorte (mittelgebirge)
S.WORT nutztierhaltung + gruenflaechen + (schaf)
PROLEI PROF. DR. LANGHOLZ
STAND 1.1.1974
QUELLE erhebung 1975
FINGEB - DEUTSCHE FORSCHUNGSGEMEINSCHAFT
- KULTUSMINISTERIUM, HANNOVER
BEGINN 1.1.1967
G.KOST 170.000 DM
LITAN ZWISCHENBERICHT 1975. 05

RF -020

INST INSTITUT FUER WASSERWIRTSCHAFT UND MELIORATIONSWESEN DER UNI KIEL
KIEL, OLSHAUSENSTR. 40-60
VORHAB wasserbilanz viehstarker landwirtschaftlicher betriebe hinsichtlich qualitaet und quantitaet
ziel der untersuchungen ist es, die gefaehrdung der wasserlaeufe durch landwirtschaftliche abwaesser zu erfassen. in einzelgehoeften werden alle wasserverbraucher und abwasserfrachten festgestellt
S.WORT gewaesserbelastung + nutztierhaltung + landwirtschaftliche abwaesser
SCHLESWIG-HOLSTEIN
PROLEI PROF. DR. -ING. HANS BAUMANN
STAND 4.8.1976
QUELLE fragebogenerhebung sommer 1976
ZUSAM BUNDESANSTALT FUER MILCHFORSCHUNG, KIEL
BEGINN 1.1.1973 ENDE 31.12.1976

RF -021

INST LEHRSTUHL FUER ALLGEMEINE ZOOLOGIE DER UNI BOCHUM
BOCHUM, BUSCHEYSTR. 132
VORHAB oekosystem wald, streuabbau, bodentiere
neben produzenten spielen im oekosystem konsumenten und reduzenten eine wesentliche rolle; der boden ist die nahtstelle des stoffkreislaufs, an der die glieder ueber den stofffluss verknuepft sind; untersuchung des ablaufs der zersetzung pflanzlichen bestandesabfalls und besonders des anteils der tiere im vergleich tropischer regenwald- mitteleuropaeischer laubwald
S.WORT oekosystem + wald + bodentiere
PROLEI DR. BECK
STAND 1.1.1974
FINGEB - DEUTSCHE FORSCHUNGSGEMEINSCHAFT
- KULTUSMINISTER, DUESSELDORF
ZUSAM - MAX-PLANCK-INSTITUT F. LIMNOLOGIE, 232 PLOEN/HOLSTEIN, AUGUST-THIENEMANN-STR. 2
- INSTITUTO NACIONAL DE PESQUISAS DA AMAZONIA, MANAUS/BRASILIEN
BEGINN 1.1.1970

RF -022

INST STAATLICHE LEHR- UND VERSUCHSANSTALT FUER VIEHHALTUNG
AULENDORF, EBISWEILER STR. 5

VORHAB **wie kann mit hilfe der kuhhaltung in form der mutterkuhhaltung neben der erzeugung von fleisch extensives dauergruenland genutzt und gepflegt werden**
eine herde von z. z. 16 fleckviehkuehen wird im winterhalbjahr in einem einfachen laufstall gehalten, im sommerhalbjahr auf einer dauerweide (tag und nacht). die kuehe kalben auf der weide und werden nicht gemolken. die gesamte milchleistung dient der ernaehrung der kaelber, die darueber hinaus fruehzeitig gruenfutter von der weide aufnehmen. die leistungen der rinderherde bei dieser sehr arbeitsextensiven haltungsmethode bestehen messbar in der fleischleistung der jungtiere. interessant sind nur gruenlandflaechen, die zu keiner intensiven nutzung geeignet sind
S.WORT gruenlandwirtschaft + tierhaltung + rind + fleisch
PROLEI DR. MATTHIAS MACK
STAND 13.8.1976
QUELLE fragebogenerhebung sommer 1976

Weitere Vorhaben siehe auch:

BD -010 UNTERSUCHUNG DES GAS- UND STAUBGEHALTS IN DER ABLUFT VON MASTSCHWEINESTAELLEN IN ABHAENGIGKEIT VON DER ART UND HOEHE DER ABLUFTENTNAHME IM STALL

PC -038 EINFLUESSE VON DEODORANTEN AUF GESUNDHEIT UND LEISTUNGSFAEHIGKEIT VON SCHWEINEN

QC -037 PRUEFUNG VON ZUSATZSTOFFEN IN TIERERNAEHRUNG UND TIERERHALTUNG

QC -040 PRUEFUNG VON UNTERSCHIEDLICH GEDUENGTEN GRUENLANDFUTTERPFLANZEN AUF SCHAEDLICHE PFLANZENINHALTSSTOFFE IM KANINCHENVERSUCH

TF -041 VETERINAERHYGIENISCHE ASPEKTE DER MASSENTIERHALTUNG

UL -048 UNTERSUCHUNGEN ZUR LANDSCHAFTSPFLEGE DURCH TIERE

UL -049 ERMITTLUNG VON KALKULATIONSDATEN FUER AUSGEWAEHLTE VERFAHREN DER SCHAFHALTUNG UND UNTERSUCHUNGEN ZUR WIRTSCHAFTLICHKEIT DER LANDSCHAFTSPFLEGE MIT SCHAFEN

UL -059 ERHALTUNG DER KULTURLANDSCHAFT MIT SCHAFEN IM VORALPENGEBIET

RG -001
INST BOTANISCHES INSTITUT DER UNI MUENCHEN
MUENCHEN 19, MENZINGER STRASSE 67
VORHAB **kaelteresistenz der fichte**
es wird die steuerung der kaelteresistenz, des ruhezustandes und der veraenderung des kohlenhydratstoffwechsels und des proteinstoffwechsels (raffinosebildung) der fichte in abhaengigkeit von temperaturverhaeltnissen sowie von lang-und kurztag untersucht, um aussagen ueber den mechanismus der induktion und realisierung der kaelteresistenz zu erhalten; auch einbeziehung von wuchsstoffen (herbicide) und verschiedener noxen geplant; grundlageninformation fuer waldbau und landschaftspflege
S.WORT naturschutz + wald + (fichte)
PROLEI PROF. KANDLER
STAND 1.1.1974
QUELLE erhebung 1975
FINGEB DEUTSCHE FORSCHUNGSGEMEINSCHAFT
ZUSAM SCHWERPUNKTPROGRAMM "BIOCHEMISCHE GRUNDLAGEN OEKOLOGISCHER ANPASSUNG BEI PFLANZEN" DER DFG
BEGINN 1.9.1973 ENDE 30.9.1976
G.KOST 500.000 DM
LITAN ZWISCHENBERICHT 1974. 04

RG -002
INST BUNDESANSTALT FUER GEWAESSERKUNDE
KOBLENZ, KAISERI N-AUGUSTA-ANLAGEN 15
VORHAB **untersuchungen ueber die veraenderungen des abflussregimes durch anthropogene eingriffe in kleinen bewaldeten gebieten**
erfassung der auswirkungen waldbaulicher massnahmen auf den wasserhaushalt
S.WORT wasserhaushalt + wald
HARZ
PROLEI DR. HANS-J. LIEBSCHER
STAND 1.10.1974
FINGEB DEUTSCHE FORSCHUNGSGEMEINSCHAFT
ZUSAM INST. F. WALDBAU DER UNI GOETTINGEN, 34 GOETTINGEN, BUESGENWEG 1
BEGINN 1.1.1972 ENDE 31.12.1975
G.KOST 22.000 DM
LITAN - LIEBSCHER: UNTERSUCHUNG UEBER DIE VERAENDERUNGEN DES ABFLUSSREGIMES DURCH ANTHROP. MASSNAHMEN IN KLEINEN BEWALDETEN GEBIETEN
- ZWISCHENBERICHT 1973. 05

RG -003
INST BUNDESANSTALT FUER GEWAESSERKUNDE
KOBLENZ, KAISERIN-AUGUSTA-ANLAGEN 15
VORHAB **untersuchungen ueber die begruenungsmoeglichkeiten extremer standorte durch gehoelzansaaten**
ziel: ausarbeitung von vorschlaegen fuer eine wirtschaftliche begruenung von extremen standorten; erarbeitung von geeigneten saatgutmischungen
S.WORT rekultivierung + wald + standortfaktoren
PROLEI DIPL. -ING. KOLB
STAND 1.1.1974
BEGINN 1.1.1973

RG -004
INST FORSCHUNGSSTELLE FUER EXPERIMENTELLE LANDSCHAFTSOEKOLOGIE DER UNI FREIBURG
FREIBURG, BELFORTSTR. 18-20
VORHAB **waldbauplanung in abhaengigkeit von raumordnerischen forderungen**
S.WORT wald + nutzungsplanung + raumordnung
PROLEI DR. ULRICH AMMER
STAND 1.1.1974
FINGEB DEUTSCHE FORSCHUNGSGEMEINSCHAFT
ZUSAM FORSCHUNGSPROGRAMM: SOZIALFUNKTION DES WALDES
BEGINN 1.1.1973

RG -005
INST FORSCHUNGSSTELLE FUER EXPERIMENTELLE LANDSCHAFTSOEKOLOGIE DER UNI FREIBURG
FREIBURG, BELFORTSTR. 18-20
VORHAB **hydrologische untersuchungen ueber die entstehung des stammabflusses an baeumen**
S.WORT hydrologie + wald + abflussmodell
PROLEI PROF. DR. JOERG BARNER
STAND 7.9.1976
QUELLE datenuebernahme von der deutschen forschungsgemeinschaft
FINGEB DEUTSCHE FORSCHUNGSGEMEINSCHAFT

RG -006
INST FORSTBOTANISCHES INSTITUT DER FORSTLICHEN FORSCHUNGSANSTALT
MUENCHEN 40, AMALIENSTR. 52
VORHAB **oekologie der forstlichen produktion, auswertung vorliegender messdaten und ergaenzende morphometrische untersuchungen**
S.WORT forstwirtschaft + oekologie
PROLEI PROF. DR. WERNER KOCH
STAND 1.1.1974
FINGEB DEUTSCHE FORSCHUNGSGEMEINSCHAFT
BEGINN 1.1.1973

RG -007
INST FORSTBOTANISCHES INSTITUT DER FORSTLICHEN FORSCHUNGSANSTALT
MUENCHEN 40, AMALIENSTR. 52
VORHAB **die wirkung von herbiziden auf die naehrstoffaufnahme und die krankheitsdisposition von forstpflanzen**
vergleichende gefaess- und baumschulversuche zum ernaehrungsphysiologischen einfluss von unkraeutern und herbiziden auf forstpflanzen. laborverscuhe zur allelopathie und toxizitaet von herbiziden. untersuchungen zur veraenderung der krankheitsdisposition von forstpflanzen durch herbizide
S.WORT forstwirtschaft + herbizide + pflanzenernaehrung
PROLEI PROF. DR. PETER SCHUETT
STAND 9.8.1976
QUELLE fragebogenerhebung sommer 1976
FINGEB GESELLSCHAFT FUER STRAHLEN- UND UMWELTFORSCHUNG MBH (GSF), MUENCHEN
ZUSAM INST. F. BODENKUNDE DER FORSTLICHEN FORSCHUNGSANSTALT, AMALIENSTR. 52, 8000 MUENCHEN
BEGINN 1.1.1973 ENDE 31.12.1977
G.KOST 102.000 DM
LITAN SCHUETT, P.;SCHUCK, H.;SYDOW, A. V.;HATZELMANN, H.: ZUR ALLELOPATHISCHEN WIRKUNG VON FORSTUNKRAEUTERN. I. EINFLUSS VON UNKRAUTEXTRAKTEN AUF DIE WURZELHAARBILDUNG VON FICHTENKEIMLICHEN. IN: FORSTW. CBL. 94 S. 43-53(1975)

RG -008
INST GEOGRAPHISCHES INSTITUT DER UNI HEIDELBERG
HEIDELBERG, UNIVERSITAETSPLATZ
VORHAB **bewertung von erstaufforstungen**
zur zeit genuegt die angabe "grenzertragsboden", damit ein aufforstungsantrag genehmigt wird; es soll herausgestellt werden, wo ueberall eine aufforstung sinn hat, erwuenscht oder unerwuenscht ist
S.WORT forstwirtschaft + bewertungskriterien
PROLEI WEIDNER
STAND 1.1.1974
BEGINN 1.1.1972

RG -009
INST HESSISCHE FORSTLICHE VERSUCHSANSTALT
HANN MUENDEN, PROF.-OELKERS-STR. 6
VORHAB **wasserhaushalt von waldbestaenden verschiedener baumarten- und altersklassenzusammensetzung**
S.WORT wald + wasserhaushalt + baumbestand
PROLEI DR. HORST M. BRECHTEL
STAND 1.1.1976

QUELLE erhebung 1975
FINGEB LAND HESSEN
ZUSAM INTERNATIONALE HYDROLOGISCHE DEKADE
BEGINN 1.1.1970 ENDE 31.12.1980
LITAN EIN METHODISCHER BEITRAG ZUR QUANTIFIZIERUNG DES EINFLUSSES VON WALDBESTAENDEN VERSCHIEDENER BAUMARTEN UND ALTERSKLASSEN AUF DIE GRUNDWASSERAUSBILDUNG IN DER RHEIN-MAIN-EBENE. IN: Z. D. DT. GEOLOGISCHEN GESELLSCHAFT. 124(3)(DEZ 1973)

RG -010

INST HESSISCHE FORSTLICHE VERSUCHSANSTALT HANN MUENDEN, PROF.-OELKERS-STR. 6
VORHAB **auswirkungen des waldes auf die schneeansammlung und schneeschmelze in den verschiedenen hoehenzonen der hessischen mittelgebirge**
S.WORT wald + niederschlag + hochwasser HESSEN (MITTELGEBIRGE)
PROLEI DR. HORST M. BRECHTEL
STAND 1.1.1976
QUELLE erhebung 1975
FINGEB - DEUTSCHE FORSCHUNGSGEMEINSCHAFT
- LAND HESSEN
ZUSAM - FORSCHUNGSPROGRAMM: SOZIALFUNKTION DES WALDES
- MESSDIENST DER HESSISCHEN LANDESFORSTVERWALTUNG
BEGINN 1.1.1970 ENDE 31.12.1981
LITAN ZIELE UND ORGANISATION EINES FORSTLICHEN SCHNEEMESSDIENSTES. IN: DT. GEWAESSERKUNDL. MITT. 18(6)(DEZ 1974)

RG -011

INST INSTITUT FUER BODENKUNDE UND STANDORTSLEHRE DER FORSTLICHEN FORSCHUNGSANSTALT MUENCHEN 40, AMALIENSTR. 52
VORHAB **die entwicklung von kiefernwaldoekosystemen unter dem einfluss von bodenbearbeitungs- und duengungsmassnahmen in der oberpfalz**
S.WORT wald + oekosystem + duengung OBERPFALZ
PROLEI PROF. DR. KARL-EUGEN REHFUESS
STAND 1.1.1974
FINGEB DEUTSCHE FORSCHUNGSGEMEINSCHAFT

RG -012

INST INSTITUT FUER BODENKUNDE UND WALDERNAEHRUNGSLEHRE DER UNI FREIBURG FREIBURG, BERTOLDSTR. 17
VORHAB **bodenverdunstung in einem laerchen-buchenbestand im forstbezirk ettenheim mit hilfe von unterdruck-kleinlysimetern**
ziel: ermittlung der bodenverdunstung unter gegebenen bestandsverhaeltnissen mit hilfe von unterdrucklysimeter aus lysimeter-niederschlag minus lysimetersickerung; die uebertragbarkeit auf die natuerlichen bestandsverhaeltnisse wird fuer moeglich gehalten; entsprechende zusatzuntersuchungen gaben hinweise; beitrag zur erfassung des landschaftswasserhaushaltes; parallel dazu erhebung anderer oberirdischer parameter
S.WORT wald + wasserhaushalt
PROLEI DR. HAEDRICH
STAND 1.1.1974
FINGEB DEUTSCHE FORSCHUNGSGEMEINSCHAFT
BEGINN 1.6.1971 ENDE 30.11.1974
G.KOST 30.000 DM
LITAN ZWISCHENBERICHT 1975. 04

RG -013

INST INSTITUT FUER BOTANIK DER UNI HOHENHEIM STUTTGART, KIRCHNERSTR. 5
VORHAB **zuwachs der baeume in abhaengigkeit von den umweltfaktoren**
erforschung der abhaengigkeit des baumwachstums von menschlich beeinflussten faktoren
S.WORT waldoekosystem + umweltfaktoren SCHWARZWALD
PROLEI DR. BECKER
STAND 1.1.1974
BEGINN 1.1.1972

RG -014

INST INSTITUT FUER BOTANIK DER UNI HOHENHEIM STUTTGART, KIRCHNERSTR. 5
VORHAB **untersuchung zur entwicklungsgeschichte und zu den entwicklungstendenzen im oekosystem, bergwald des nordschwarzwaldes**
ermittlung der natuerlichen entwicklungstendenzen und der anthropogenen reversiblen oder irreversiblen stoerungen; untersuchung der klimaabhaengigkeit des baumwuchses und des naehrstoffhaushaltes
S.WORT waldoekosystem + klimaaenderung + naehrstoffhaushalt SCHWARZWALD (NORD)
PROLEI PROF. DR. FRENZEL
STAND 1.10.1974
ZUSAM STAATSFORSTVERWALTUNG VON BADEN-WUERTTEMBERG
BEGINN 1.1.1967 ENDE 31.12.1977
G.KOST 125.000 DM

RG -015

INST INSTITUT FUER FORSTEINRICHTUNGEN UND FORSTLICHE BETRIEBSWIRTSCHAFT DER UNI FREIBURG FREIBURG, BERTOLDSTR. 17
VORHAB **untersuchuchungen zur erkennung, klassifizierung und abgrenzung von waldkrankheiten in kiefernbestaenden**
farb- und infrarotfarbluftbildaufnahmen
S.WORT forstwirtschaft + wald + phytopathologie
PROLEI PROF. DR. GERD HILDEBRANDT
STAND 1.1.1974
FINGEB DEUTSCHE FORSCHUNGSGEMEINSCHAFT
BEGINN 1.1.1972

RG -016

INST INSTITUT FUER FORSTLICHE BETRIEBSWIRTSCHAFTSLEHRE DER UNI GOETTINGEN GOETTINGEN, BUESGENWEG 5
VORHAB **risiken des fichtenanbaues**
ziel: ermittlung finanzieller verluste bei der holzart fichte in abhaengigkeit vom natuerlichen standort, windwurfkalamitaeten
S.WORT forstwirtschaft + wirtschaftlichkeit + (fichte)
PROLEI GERMANN
STAND 1.1.1974
FINGEB MINISTER FUER LANDWIRTSCHAFT UND UMWELT, WIESBADEN
ZUSAM GESELLSCHAFT FUER WISSENSCHAFTLICHE DATENVERARBEITUNG MBH, GOETTINGEN
BEGINN 1.1.1970 ENDE 31.12.1974

RG -017

INST INSTITUT FUER FORSTLICHE BETRIEBSWIRTSCHAFTSLEHRE DER UNI GOETTINGEN GOETTINGEN, BUESGENWEG 5
VORHAB **moeglichkeiten der ertragssteigerung durch eine qualitaetsbestimmte durchforstung der buche**
ziel: hebung der bestandsqualitaet und der wirtschaftlichkeit durch verbesserung bestehender methoden
S.WORT forstwirtschaft + wirtschaftlichkeit + (buche)
PROLEI DR. KATO
STAND 1.10.1974
FINGEB - DEUTSCHE FORSCHUNGSGEMEINSCHAFT
- LAND RHEINLAND-PFALZ
BEGINN 1.1.1967 ENDE 31.12.1974
LITAN - KATO: BEGRUENDUNG DER QUALITATIVEN GRUPPENDURCHFORSTUNG. FRANKFURT A. M. (1973) SAUERLAENDER VERLAG
- ZWISCHENBERICHT 1974. 11

RG -018

INST INSTITUT FUER FORSTLICHE ERTRAGSKUNDE DER UNI FREIBURG
FREIBURG, BERTOLDSTR. 17

VORHAB **wasserhaushalt verschiedener waldbestaende**
messungen von interzeption / kronendurchlass / stammablauf in abhaengigkeit von niederschlagshoehe, -intensitaet / windgeschwindigkeit / waldaufbau / holzarten / durchforstungsgrad

S.WORT wald + wasserhaushalt
PROLEI PROF. DR. GERHARD MITSCHERLICH
STAND 1.1.1974
FINGEB - DEUTSCHE FORSCHUNGSGEMEINSCHAFT
- MINISTERIUM FUER ERNAEHRUNG, LANDWIRTSCHAFT UND UMWELT, STUTTGART
BEGINN 1.5.1963 ENDE 31.10.1976
G.KOST 60.000 DM
LITAN - MITSCHERLICH; MOLL; KUENSTLE; MAURER: ERTRAGSKUNDL. -OEKOLOGISCHE UNTERSUCHUNGEN IM REIN-U. MISCHBESTAND. IN: ALLGEMEINE FORST- UND JAGDZEITUNG (1964/65)
- HEUVELDOP; MITSCHERLICH; KUENSTLE: UEBER KRONENDURCHLASS, STAMMABLAUF U. INTERZEPTIVASVERLUST VON DOUGLASIENBESTAENDEN AM SUED-U. NORDHANG. IN: ALLGEMEINE FORST- UND JAGDZEITUNG (1972)

RG -019

INST INSTITUT FUER FORSTLICHE ERTRAGSKUNDE DER UNI FREIBURG
FREIBURG, BERTOLDSTR. 17

VORHAB **assimilation, transpiration und respiration von douglasie, kiefer, buche und birke im bestand**
1970 gaswechselmessungen (kohlendioxid/wasser) an verschieden alten douglasie-trieben; 1971 gaswechselmessungen an einjaehrigen trieben von douglasie/kiefer/buche/birke; 1972 gaswechselmessungen an licht- und schattenkrone der 4 baumarten; 1973 gaswechselmessungen an verschieden alten kieferntrieben und ast- und stammatmungsmessungen bei douglasie/kiefer/buche/birke; die untersuchungen stehen im zusammenhang mit den fragen des wasserhaushalts, der kohlendioxid-assimilation und sauerstoffreproduktion des waldes

S.WORT wald + wasserhaushalt + lufthaushalt
SCHWARZWALD
PROLEI PROF. DR. GERHARD MITSCHERLICH
STAND 1.1.1974
FINGEB - DEUTSCHE FORSCHUNGSGEMEINSCHAFT
- WISSENSCHAFTLICHE GESELLSCHAFT DER UNI FREIBURG
BEGINN 1.8.1969 ENDE 31.12.1978
G.KOST 200.000 DM
LITAN - MITSCHERLICH; KUENSTLE: ASSIMILATION U. TRANSPIRATION IN EINEM STANGENHOLZ. IN: ALLGEMEINE FORST- UND JAGDZEITUNG (1970)
- KUENSTLE: DER JAHRESGANG D. KOHLENDIOXID-GASWECHSELS VON 1 JAEHR. DOUGLASIENTRIEBEN IN EINEM 20 JAEHR. BESTAND. IN: ALLGEMEINE FORST-UND JAGDZEITUNG (1971)
- KUENSTLE: KOHLENDIOXID-GASWECHSEL U. TRANSPIRATION VON VERSCHIEDEN ALTEN DOUGLASIENTRIEBEN. IN: ANGEWANDTE BOTANIK 46 (1972)

RG -020

INST INSTITUT FUER FORSTPFLANZENZUECHTUNG, SAMENKUNDE UND IMMISSIONSFORSCHUNG DER FORSTLICHEN FORSCHUNGSANSTALT
MUENCHEN 40, AMALIENSTR. 52

VORHAB **wirkung industrieller immissionen (abgase, staeube) auf gesundheit und wachstum von waldbestaenden**
feststellung der schadensursache und -hoehe (immissions- und wachstumsbeeintraechtigung) durch chemische blattanalysen und zuwachsuntersuchungen

S.WORT wald + schadstoffimmission + industrie + phytopathologie
PROLEI PROF. DR. VON SCHOENBORN
STAND 1.1.1974
FINGEB BAYERISCHE STAATSFORSTVERWALTUNG, MUENCHEN

RG -021

INST INSTITUT FUER FORSTPFLANZENZUECHTUNG, SAMENKUNDE UND IMMISSIONSFORSCHUNG DER FORSTLICHEN FORSCHUNGSANSTALT
MUENCHEN 40, AMALIENSTR. 52

VORHAB **auslesezuechtung relativ rauchharter fichten**
selektion und pruefung relativ rauchharter fichten

S.WORT pflanzenzucht + baum + resistenzzuechtung + (fichte)
PROLEI PROF. DR. VON SCHOENBORN
STAND 1.1.1974
FINGEB BAYERISCHE STAATSFORSTVERWALTUNG, MUENCHEN

RG -022

INST INSTITUT FUER FORSTPFLANZENZUECHTUNG, SAMENKUNDE UND IMMISSIONSFORSCHUNG DER FORSTLICHEN FORSCHUNGSANSTALT
MUENCHEN 40, AMALIENSTR. 52

VORHAB **klaerung der endogenen (individuellen) resistenzunterschiede**
anatomische und physiologische untersuchungen zur feststellung der resistenzursachen bei waldbaeumen

S.WORT wald + phytopathologie
PROLEI PROF. DR. VON SCHOENBORN
STAND 1.1.1974
FINGEB BAYERISCHE STAATSFORSTVERWALTUNG, MUENCHEN

RG -023

INST INSTITUT FUER OEKOLOGIE DER TU BERLIN
BERLIN 41, ROTHENBURGSTR. 12

VORHAB **substanzproduktion von waldpflanzen**
die substanzproduktion der buche und ihrer unterwuchspflanzen im solling wird auf den anteil chemischer stoffklassen untersucht

S.WORT forstwirtschaft + wald + pflanzen + biomasse
SOLLING
PROLEI PROF. DR. REINHARD BORNKAMM
STAND 1.1.1974
FINGEB DEUTSCHE FORSCHUNGSGEMEINSCHAFT
ZUSAM - BOTAN. ANSTALTEN DER UNI GOETTINGEN, 34 GOETTINGEN-WEENDE, BUESGENWEG 2
- INST. F. BODENKUNDE U. WALDERNAEHRUNG DER UNI GOETTINGEN, 34 GOETTINGEN-WEENDE, BUESGENWEG 2
- INTERNATIONALES BIOLOGISCHES PROGRAMM
BEGINN 1.1.1967 ENDE 31.12.1974
G.KOST 60.000 DM
LITAN - BORNKAMM, R.;BENNERT, W.: CHEMICAL COMPOSITION OF PLANTS OF THE FIELD LAYER. IN: ECOL. STUDIES 2 S. 57-60(1971)
- BENNERT, W. (UNI BERLIN), DISSERTATION: CHEMISCH-OEKOLOGISCHE UNTERSUCHUNGEN AN ARTEN DER KRAUTSCHICHT EINES MONTANEN HAINSIMSEN-BUCHENWALDES (LUZULO-FAGETUM). (1973)

RG -024

INST INSTITUT FUER PFLANZENBAU UND PFLANZENZUECHTUNG / FB 16 DER UNI GIESSEN
GIESSEN, LUDWIGSTR. 23

VORHAB **wildloesung - verhuetung von wildschaeden**
fuer einige freilebende wildarten (insbes. rotwild, rehwild) ist die ernaehrungsgrundlage in vielen biotopen oft nicht ausreichend gegeben, so dass dadurch teilweise empfindliche schaeden an land- und forstwirtschaftlichen kulturen entstehen. zur vermeidung bzw. verringerung oekologischer und oekonomisch nicht tragbarer wildschaeden ist es notwendig, entsprechend grundlagen ueber die schaffung einer ausreichenden nahrungsgrundlage fuer das wild zu erarbeiten. zahlreiche ergebnisse ueber den zweckmaessigen einsatz verschiedener pflanzenarten (ackerkulturen, dauergruenland, verbissgehoelze) liegen vor

S.WORT wildschaden + futtermittel
PROLEI JAHN-DEESBACH
STAND 6.8.1976
QUELLE fragebogenerhebung sommer 1976
ZUSAM ARBEITSKREIS FUER JAGDWISSENSCHAFTEN UND WILDBIOLOGIE DER UNI GIESSEN
BEGINN 1.1.1964

RG -025

INST INSTITUT FUER WALDBAU DER FORSTLICHEN FORSCHUNGSANSTALT
MUENCHEN 40, AMALIENSTR. 52

VORHAB **die entwicklung von kiefernwald-oekosystemen unter dem einfluss von bodenbearbeitungs- und duengungsmassnahmen in der oberpfalz**
derzeit uebliche bodenbearbeitungsverfahren zur begruendung von kiefernwaeldern unbefriedigend; ziel: auswirkung dieser verfahren auf gesamte biomasse und auf boden einschliesslich verteilung der wichtigsten naehrelemente im boden und in den pflanzen; anwendung biologisch-statistischer methoden sowie ueblicher chemischer analysen fuer naehrelementuntersuchung

S.WORT wald + oekosystem + bodenbearbeitung
OBERPFALZ
PROLEI PROF. DR. BURSCHEL
STAND 1.1.1974
FINGEB - DEUTSCHE FORSCHUNGSGEMEINSCHAFT
- OBERFORSTDIREKTION REGENSBURG
ZUSAM INST. F. BODENKUNDE UND STANDORTLEHRE DER UNI MUENCHEN, AMALIENSTR. 52, 8 MUENCHEN 40
BEGINN 1.1.1973 ENDE 31.5.1975
G.KOST 70.000 DM
LITAN - ANTRAG AN DIE DEUTSCHE FORSCHUNGSGEMEINSCHAFT UND ENTSPRECHENDE GENEHMIGUNG VON DORT
- ZWISCHENBERICHT 1974. 05

RG -026

INST INSTITUT FUER WALDBAU DER UNI GOETTINGEN
GOETTINGEN, BUESGENWEG 1

VORHAB **niederschlag, abfluss und verdunstung in bewaldeten einzugsgebieten (in fichtenbestaenden verschiedener altersklassen) im mittelgebirge**

S.WORT wasserhaushalt + wald
PROLEI PROF. DR. ALFRED BONNEMANN
STAND 1.1.1974
FINGEB DEUTSCHE FORSCHUNGSGEMEINSCHAFT

RG -027

INST INSTITUT FUER WELTFORSTWIRTSCHAFT DER BUNDESFORSCHUNGSANSTALT FUER FORST- UND HOLZWIRTSCHAFT
REINBEK, SCHLOSS

VORHAB **umweltgerechter wiederaufbau des privaten wirtschaftswaldes in nordwestdeutschland, betriebszieltypen fuer den kleinprivatwald**
analyse und aufstellung von ertragskundlich-waldbaulichen produktionsprogrammen zur optimierung der waldfunktionen im hinblick auf rohstoffproduktion, wertleistung und landeskulturelle und soziale leistungen des waldes

S.WORT wald + forstwirtschaft + produktivitaet
DEUTSCHLAND (NORD-WEST)
PROLEI PROF. DR. EBERHARD F. BRUENIG
STAND 21.7.1976
QUELLE fragebogenerhebung sommer 1976
FINGEB ARBEITSGEMEINSCHAFT DEUTSCHER WALDBESITZERVERBAENDE E. V. , BONN
BEGINN 1.6.1973 ENDE 30.6.1977
G.KOST 100.000 DM
LITAN BRUENIG, E.: GRUNDSAETZE ZUM UMWELTGERECHTEN WIEDERAUFBAU DES PRIVATEN WIRTSCHAFTSWALDES IM STURMSCHADENSGEBIET VON NORDWESTDEUTSCHLAND. IN: LANDWIRTSCHAFT - ANGEWANDTE WISSENSCHAFT (179) LANDWIRTSCHAFTVERLAG HILTRUP BEI MUENSTER

RG -028

INST INSTITUT FUER WELTFORSTWIRTSCHAFT DER BUNDESFORSCHUNGSANSTALT FUER FORST- UND HOLZWIRTSCHAFT
REINBEK, SCHLOSS

VORHAB **funktion, stabilitaet, produktivitaet und umweltwirkungen von verschiedenen bestandestypen und waldbauverfahren in waeldern**
auswirkung der umwandlung von natuerlichen waeldern und von degradationstypen in der gemaessigten zone der humiden und semi-ariden tropen

S.WORT waldoekosystem + tropen + umwelteinfluesse
PROLEI PROF. DR. E. F. BRUENIG
FINGEB - BUNDESFORSCHUNGSANSTALT FUER FORST- UND HOLZWIRTSCHAFT, REINBEK
- FREIE UND HANSESTADT HAMBURG
- ARBEITSGEMEINSCHAFT DEUTSCHER WALDBESITZERVERBAENDE E. V. , BONN
LITAN - GRUNDSAETZE ZUM UMWELTGERECHTEN WIEDERAUFBAU DES PRIVATEN WIRTSCHAFTSWALDES IM STURMSCHADENGEBIET IN NORDWESTDEUTSCHLAND.
- REINBEKER HOLZTAGE 1973. IN: MITT. BUNDESFORSCHUNGSANSTALT FORST-HOLZWIRTSCHAFT, REINBEK (93)(1973)

RG -029

INST INSTITUT FUER WILDFORSCHUNG UND JAGDKUNDE DER UNI GOETTINGEN
GOETTINGEN, BUESGENWEG 3

VORHAB **gruen- und trockeneinband der fichte als mittel zur wildschadensverhuetung im harz**
studie ueber verfahren und kosten

S.WORT wildschaden + wald + schutzmassnahmen
PROLEI DR. REINECKE
STAND 1.1.1974

RG -030

INST LANDESANSTALT FUER IMMISSIONS- UND BODENNUTZUNGSSCHUTZ DES LANDES NORDRHEIN-WESTFALEN
ESSEN, WALLNEYERSTR. 6

VORHAB **auswirkungen von grundwasserabsenkungen auf den wald**
methode: agrarwissenschaftlich

S.WORT wald + grundwasserabsenkung
PROLEI DR. LANGNER
STAND 1.1.1974
FINGEB LAND NORDRHEIN-WESTFALEN
BEGINN 1.1.1965

RG -031

INST LANDESSAMMLUNG FUER NATURKUNDE
KARLSRUHE, ERBPRINZENSTR. 13

VORHAB **die rolle der bodentiere beim streuabbau in einem mitteleuropaeischen laubwald**
neben produzenten spielen im oekosystem konsumenten und reduzenten eine wesentliche rolle; der boden ist die nahtstelle des stoffkreislaufs, an der die einzelnen glieder verknuepft sind. untersucht werden soll die rolle der bodentiere beim abbau der jaehrlich anfallenden laubstreu und des uebrigen bestandesabfalls. die wirkung der tiere geht teilweise der reduktion durch bakterien voraus, teilweise parallel zu dieser. geklaert werden sollen der spezifische anteil, das quantitative ausmass und die interaktionen der einzelnen organismen im boden

S.WORT waldoekosystem + bodentiere + mikroorganismen + (laubwald)
SCHWARZWALD + RUHRTAL + AMAZONAS
PROLEI DR. LUDWIG BECK
STAND 21.7.1976
QUELLE fragebogenerhebung sommer 1976
FINGEB NATURWISSENSCHAFTLICHER VEREIN, KARLSRUHE
ZUSAM - MAX PLANCK-INSTITUT FUER LIMNOLOGIE, POSTFACH 165, 2320 PLOEN/HOLSTEIN
- INSTITUTO NACIONAL DE PESQUISAS DA AMAZONIA, CAIXA POSTAL 478, MANAUS 69000 AM/BRASILIEN
BEGINN 1.6.1976

RG -032

INST LEHRSTUHL FUER FORSTGENETIK UND FORSTPFLANZENZUECHTUNG DER UNI GOETTINGEN
GOETTINGEN, BUESGENWEG 2

VORHAB **anpassung der fichte an haeufige belastung durch eisanhang**
S.WORT forstwirtschaft + fichte
PROLEI PROF. DR. STERN
STAND 1.1.1974

RG -033
INST LEHRSTUHL FUER FORSTGENETIK UND FORSTPFLANZENZUECHTUNG DER UNI GOETTINGEN
GOETTINGEN, BUESGENWEG 2
VORHAB **oekologisch-genetische gesetzmaessigkeiten bei waldbaumarten**
erhaltung und verbesserung der angepasstheit von waldbaumarten. dieses ziel wird auf folgende wegen verfolgt: 1) bestimmung von parametern des paarungssystems und untersuchung ihrer auswirkung auf die anpassung von populationen 2) beschreibung des genetischen variationsmusters natuerlicher populationen. 3) erarbeitung von theoretischen grundlagen von anpassungsmechanismen im rahmen der obigen zielsetzung
S.WORT forstwirtschaft + pflanzenoekologie + genetik + (waldbaumarten)
PROLEI DR. BERGMANN
STAND 1.1.1974
FINGEB - DEUTSCHE FORSCHUNGSGEMEINSCHAFT
- NIEDERSAECHSISCHES ZAHLENLOTTO, HANNOVER
BEGINN 1.1.1966
G.KOST 500.000 DM
LITAN - STERN, K.;ROCHE, L.: GENETICS OF FOREST ECOSYSTEMS. BERLIN(1974)
- STERN, K.;TIGERSTEDT, P. M. A.: OEKOLOGISCHE GENETIK. STUTTGART(1974)
- STERN, K.: NEUERE ERGEBNISSE UND ENTWICKLUNGEN IN FORSTGENETIK UND PFLANZENZUECHTUNG. IN: ALLG. FORSTZEITSCHRIFT 26 S. 47-48(1971)

RG -034
INST LEHRSTUHL FUER FORSTGENETIK UND FORSTPFLANZENZUECHTUNG DER UNI GOETTINGEN
GOETTINGEN, BUESGENWEG 2
VORHAB **populationsgenetische untersuchungen am rotwild**
durch zivilisationslandschaft veraenderte populationsstruktur bei rotwildbestaenden; analyse der genetischen variabilitaet innerhalb von populationen und der differenzierung zwischen verschiedenen populationen; feststellung der populationsgroesse zum ueberleben; nachweis von anpassung an spezifische umwelten (durch mensch veraenderte landschaften)
S.WORT wald + tiere
PROLEI DR. BERGMANN
STAND 1.1.1974
FINGEB KULTUSMINISTERIUM, HANNOVER
ZUSAM INST. F. JAGDKUNDE UND WILDFORSCHUNG, 34 GOETTINGEN-WEENDE, BUESGENWEG 3
BEGINN 1.1.1971
G.KOST 80.000 DM
LITAN - STERN, K.: EINE POPULATIONS-GENETISCHE UNTERSUCHUNG AM ROTWILD IN: WILD UND HUND 75 S. 96(1972)
- STERN, K.: DARWINS FITNESS UND DIE HEGE DES ROTWILDES WILD UND HUND 76(1973)

RG -035
INST LEHRSTUHL FUER PFLANZENOEKOLOGIE DER UNI BAYREUTH
BAYREUTH, AM BIRKENGUT
VORHAB **stoffproduktion von waldbaeumen**
im rahmen des vorhabens soll die stoffproduktion und der wasserverlust von waldbaeumen untersucht werden. es geht dabei vor allem um die frage inwieweit sonnenkrone und schattenkrone zur gesamtstoffproduktion und dem gesamtwasserumsatz von waldbaeumen beitragen. die untersuchungen sind grundlage zur entwicklung von produktionsmodellen, die bei der entwicklung von waldoekosystemmodellen genutzt werden sollen
S.WORT pflanzenoekologie + wald + stoffhaushalt + wasserverbrauch
PROLEI MANFRED FUCHS
STAND 30.8.1976
QUELLE fragebogenerhebung sommer 1976
FINGEB DEUTSCHE FORSCHUNGSGEMEINSCHAFT
ZUSAM BOTANISCHES INSTITUT II DER UNI WUERZBURG, MITTLER DALLENBERGWEG 64, 8700 WUERZBURG
BEGINN 1.1.1967
LITAN ZWISCHENBERICHT

RG -036
INST METEOROLOGISCHES INSTITUT DER UNI KARLSRUHE
KARLSRUHE, KAISERSTR. 12
VORHAB **aenderung des kleinklimas durch die aufforstung eines nordwesthangs in tauberbischofsheim**
ein zum teil brachliegendes, parzelliertes gelaende wurde unter der regie des forstamtes tbb aufgeforstet. die mit dem heranwachsen des bestandes verbundenen aenderungen des kleinklimas im aufforstungsgebiet selbst und in der umgebung sollen untersucht werden. dazu werden an insgesamt vier messtellen innerhalb und ausserhalb des jungen kiefernbestandes lufttemperatur und -feuchte mit thermohygrographen registriert. die analogdaten werden halbautomatisch digitalisiert und mit edv besonders im hinblick auf aenderungen der tagesamplituden ausgewertet
S.WORT mikroklimatologie + brachflaechen + rekultivierung + koniferen
TAUBERTAL
PROLEI PROF. DR. KARL HOESCHELE
STAND 23.7.1976
QUELLE fragebogenerhebung sommer 1976
BEGINN 1.1.1970

RG -037
INST ORGANISATIONSEINHEIT NATURWISSENSCHAFTEN UND MATHEMATIK DER GESAMTHOCHSCHULE KASSEL
KASSEL, HEINRICH-PLETT-STR. 40
VORHAB **vergleichende untersuchung ueber die stickstoffnachlieferung in boeden von kahlschlagflaechen und waldbestaenden nordhessens**
kenntnis der stickstoffversorgung von hoeheren pflanzen an kahlschlagstandorten im vergleich mit waldbestaenden nach deren abhieb sie entstanden sind. feststellung der auswirkung einer schlagartigen unterbrechung von biogeochemischen kreislaeufen im oekosystem wald und mikroklimaveraenderung auf den jahresgang der stickstoff-nettomineralisation im oberboden. eine untersuchung von theoretischer (oekosystemforschung) und praktischer bedeutung (wahl des guenstigen zeitpunktes fuer die walderneuerung)
S.WORT waldoekosystem + bodenbeschaffenheit + pflanzenernaehrung + (stickstoffversorgung)
HESSEN (NORD)
PROLEI PROF. DR. VJEKOSLAV GLAVAC
STAND 10.9.1976
QUELLE fragebogenerhebung sommer 1976
BEGINN 1.3.1977 ENDE 31.12.1978
G.KOST 23.000 DM

RG -038
INST PLOEG VAN DER, RIENK
GOETTINGEN, KANTSTR. 30
VORHAB **entwicklung zweidimensionaler modelle fuer den wasserumsatz im boden haengiger fichtenstandorte des harzes (wasserumsatz-modelle)**
S.WORT bodenwasser + wald + wasserhaushalt + (modellentwicklung)
HARZ
PROLEI DR. RIENK VAN DER PLOEG
STAND 7.9.1976
QUELLE datenuebernahme von der deutschen forschungsgemeinschaft
FINGEB DEUTSCHE FORSCHUNGSGEMEINSCHAFT

Weitere Vorhaben siehe auch:

AA -065 MORPHOLOGISCHE, PHYSIOLOGISCHE UND BIOCHEMISCHE GRUNDLAGEN VON IMMISSIONSSCHAEDEN BEI KONIFEREN

HB -040 WIRKUNGEN FORSTLICHER EINGRIFFE (U.A. DUENGUNG) AUF WASSERQUALITAET

HG -011 DER EINFLUSS VON BESTOCKUNGSUNTERSCHIEDEN AUF DEN WASSERHAUSHALT DES WALDES UND SEINE WASSERSPENDE AN DIE LANDSCHAFT

HG -051 AUSWERTUNG VON MESSERGEBNISSEN FORSTLICH-HYDROLOGISCHER UNTERSUCHUNGEN IM OBERHARZ

PI -010 ARBEITEN UEBER TIERISCHE SUKZESSIONEN IM VERBRANNTEN KIEFERNFORST-OEKOSYSTEM DER LUENEBURGER HEIDE

UM -010 UNTERSUCHUNGEN UEBER DIE NATUERLICHE PFLANZENSUKZESSION UND DIE ENTWICKLUNG VON FORSTPFLANZEN AUF UNTERSCHIEDLICH BEHANDELTEN HALDENBOEDEN

UM -035 WELCHE ENTWICKLUNG WUERDEN DIE DEUTSCHEN WAELDER OHNE FORSTLICHE BEWIRTSCHAFTUNG NEHMEN?

UM -038 WASSERHAUSHALT DER BUCHEN UND DIE VERDUNSTUNG DES WALDBODENS

UM -061 UNTERSUCHUNGEN DES ZUSTANDES VON HOCHLAGENWAELDERN IM ALPENRAUM

UN -026 AUSWIRKUNG DER STURMKATASTROPHE VOM NOVEMBER 1972 AUF DIE WILDBESTAENDE

UN -056 ORALE IMMUNISIERUNG VON FUECHSEN IM RAHMEN DES VON DER WHO KOORDINIERTEN WILDTIERTOLLWUT-FORSCHUNGSPROGRAMMS

RH -001
INST ARBEITSGEMEINSCHAFT UMWELTSCHUTZ AN DER UNI HEIDELBERG
HEIDELBERG, IM NEUENHEIMER FELD 360
VORHAB **studie ueber das problem der rheinschnaken und ihrer bekaempfung**
S.WORT schaedlingsbekaempfung + fluss + insekten + (stechmuecke)
OBERRHEINEBENE
PROLEI PROF. DR. HERBERT WOLFGANG LUDWIG
STAND 10.9.1976
QUELLE fragebogenerhebung sommer 1976
BEGINN 1.1.1975
LITAN STUDIE UEBER DAS PROBLEM DER RHEINSCHNAKEN UND IHRER BEKAEMPFUNG. FOTOKOPIERTES MANUSKRIPT, HEIDELBERG (1976)

RH -002
INST BASF AKTIENGESELLSCHAFT
LUDWIGSHAFEN, CARL-BOSCH-STR. 38
VORHAB **biotechnologische forschung zur produktion insektenpathogener viren**
pruefung ueber die moeglichkeiten, viren in der insektenbekaempfung einzusetzen
S.WORT biotechnologie + schaedlingsbekaempfung + viren
PROLEI DR. KOEHLER
STAND 1.10.1974
FINGEB BUNDESMINISTER FUER FORSCHUNG UND TECHNOLOGIE
ZUSAM - BIOLOG. BUNDESANSTALT FUER LAND- UND FORSTWIRTSCHAFT, 33 BRAUNSCHWEIG, MESSEWEG 11
- INST. F. BIOLOG. SCHAEDLINGSBEKAEMPFUNG, 61 DARMSTADT, HEINRICHSTR. 243
- INST. F. ZOOLOGIE DER TH DARMSTADT, 61 DARMSTADT, SCHNITTSPAHNSTR. 3
BEGINN 1.9.1973 ENDE 31.12.1975
G.KOST 199.000 DM

RH -003
INST BAYER AG
LEVERKUSEN, BAYERWERK
VORHAB **neue fplanzenschutz-wirkstoffe aus mikroorganismen**
S.WORT mikroorganismen + pflanzenschutzmittel
STAND 1.1.1974
FINGEB BUNDESMINISTER FUER FORSCHUNG UND TECHNOLOGIE
BEGINN 1.1.1973 ENDE 31.12.1976

RH -004
INST FACHGEBIET VORRATSSCHUTZ / FB 16/21 DER UNI GIESSEN
GIESSEN, ALTER STEINBACHER WEG 44
VORHAB **der einsatz von entomopathogenen pilzen zur bekaempfung von bodentieren**
der einfluss verschiedener entomopathogener pilze auf den ruesselkaefer sitona lineatus wurde in gewaechshausversuchen ermittelt. entomologische und mikrobiologische arbeiten wurden dabei kombiniert
S.WORT schaedlingsbekaempfung + pilze + bodentiere
PROLEI PROF. DR. W. STEIN
STAND 6.8.1976
QUELLE fragebogenerhebung sommer 1976
ZUSAM INST. F. BIOLOGISCHE SCHAEDLINGSBEKAEMPFUNG DER BIOLOGISCHEN BUNDESANSTALT, DARMSTADT
BEGINN 1.1.1965 ENDE 31.12.1975

RH -005
INST FACHGEBIET VORRATSSCHUTZ / FB 16/21 DER UNI GIESSEN
GIESSEN, ALTER STEINBACHER WEG 44
VORHAB **untersuchungen ueber den einfluss verschiedener anwendungsverfahren fuer pflanzenschutzmittel im ruebenbau auf die nuetzlingsfauna**
S.WORT pflanzenschutzmittel + ackerbau + fauna
PROLEI PROF. DR. W. STEIN
STAND 6.8.1976
QUELLE fragebogenerhebung sommer 1976
BEGINN 1.1.1972 ENDE 31.12.1974

RH -006
INST FACHGEBIET VORRATSSCHUTZ / FB 16/21 DER UNI GIESSEN
GIESSEN, ALTER STEINBACHER WEG 44
VORHAB **biologische und integrierte schaedlingsbekaempfung an obstkulturen**
S.WORT obst + biologische schaedlingsbekaempfung
PROLEI DR. ANDREAS GAL
STAND 7.9.1976
QUELLE datenuebernahme von der deutschen forschungsgemeinschaft
FINGEB DEUTSCHE FORSCHUNGSGEMEINSCHAFT

RH -007
INST FORSTZOOLOGISCHES INSTITUT DER UNI FREIBURG
FREIBURG, BERTOLDSTR. 17
VORHAB **untersuchung ueber die verwendung von sexualduftstoffen zur regulierung schaedlicher lepidopteren populationen in land- und forstwirtschaft**
S.WORT schaedlingsbekaempfung + forstwirtschaft
PROLEI PROF. DR. LANGE
STAND 1.1.1974
FINGEB DEUTSCHE FORSCHUNGSGEMEINSCHAFT
BEGINN 1.1.1968

RH -008
INST FORSTZOOLOGISCHES INSTITUT DER UNI FREIBURG
FREIBURG, BERTOLDSTR. 17
VORHAB **untersuchungen zur schaedlingsbekaempfung mit insektenpathogenen viren**
bekaempfung forstschaedlicher raupen mit umweltschonenden mitteln
S.WORT schaedlingsbekaempfung + viren + forstwirtschaft
PROLEI DR. RUDOLF LUEHL
STAND 1.1.1974
FINGEB STIFTUNG VOLKSWAGENWERK, HANNOVER
ZUSAM - INST. F. BIOLOGISCHE SCHAEDLINGSBEKAEMPFUNG, 61 DARMSTADT, HEINRICHSTR. 243
- FORSTLICHE VERSUCHSANSTALT, WIEN
BEGINN 1.2.1970
G.KOST 103.000 DM
LITAN LUEHL, R. , (DISSERTATION; FREIBURG 1973): BEKAEMPFUNG SCHAEDLICHER RAUPEN MIT INSEKTENPATHOGENEN POLYEDERVIREN UND CHEMISCHEN STRESSOREN. IN: -NATURWISSENSCHAFTEN 59 S. 517(1972)

RH -009
INST FORSTZOOLOGISCHES INSTITUT DER UNI FREIBURG
FREIBURG, BERTOLDSTR. 17
VORHAB **borkenkaefer-pheromone trypodendron lineatum/dendroctonus sp.**
isolierung und identifizierung von lock- und ablenkstoffen forstschaedlicher insekten durch differentialdiagnose (gas-chromatographie freiland-bioassay); zweck: biotechnische regulierung von schadpopulationen. us-patente 3, 755, 365 und 3, 755, 563 (28. aug. 1973)
S.WORT forstwirtschaft + schaedlingsbekaempfung + biotechnologie
PROLEI PROF. DR. VITE
STAND 1.1.1974
FINGEB - DEUTSCHE FORSCHUNGSGEMEINSCHAFT
- BOYCE THOMPSON INSTITUTE, USA
ZUSAM BOYCE THOMPSON INSTITUTE, YONKERS, NEW YORK, 10701
BEGINN 1.2.1957
G.KOST 50.000 DM
LITAN SYMPOSIUM ON POPULATION ATTRACTANTS, FREIBURG 1970 CONTRIB. BOYCE THOMPSON INST. 24(13) S. 249-350(1970)

RH -010
INST HESSISCHE LEHR- UND FORSCHUNGSANSTALT FUER GRUENLANDWIRTSCHAFT UND FUTTERBAU
BAD HERSFELD, EICHHOF
VORHAB **resistenzzuechtung bei futterpflanzen als beitrag zur biologischen schaedlingsbekaempfung**

S.WORT futtermittel + schaedlingsbekaempfung + resistenz
PROLEI PROF. DR. ZIEGENBEIN
STAND 1.1.1974
BEGINN 1.1.1967

RH -011

INST HOECHST AKTIENGESELLSCHAFT
FRANKFURT 80, POSTFACH 800320
VORHAB **biotechnologie zur massenproduktion insektenpathogener viren fuer die biologische bekaempfung von land- und forstlichen grossschaedlingen**
S.WORT schaedlingsbekaempfung + biotechnologie + viren
STAND 1.10.1974
FINGEB BUNDESMINISTER FUER FORSCHUNG UND TECHNOLOGIE
BEGINN 1.1.1973 ENDE 31.12.1976

RH -012

INST INSTITUT FUER ANGEWANDTE BOTANIK DER UNI HAMBURG
HAMBURG, MARSEILLER STRASSE 7
VORHAB **biologische pruefung von pflanzenschutzmitteln**
pflanzenschutzmittel (insbes. herbizide, fungizide, insektizide, akarizide, rodentizide u. a. m.) sind im rahmen der amtlichen zulassungspruefung auf ihre biologische wirkung einschliesslich pflanzenvertraeglichkeit zu untersuchen. entwicklung entsprechender pruefmethoden
S.WORT pflanzenschutzmittel + biologische wirkungen
PROLEI DR. JOHANN LICHTE
STAND 30.8.1976
QUELLE fragebogenerhebung sommer 1976

RH -013

INST INSTITUT FUER ANGEWANDTE ZOOLOGIE DER UNI BONN
BONN -ENDENICH, AN DER IMMENBURG 1
VORHAB **the improvement of tsetse fly control/eradication by nuclear techniques**
verbesserung der massenzucht von tsetsefliegen auf kuenstlichen membranen als voraussetzung eines sterile-insect-technique-programmes. das institut bearbeitet hierbei die frage der bedeutung der endosymbiose von tsetsefliegen mit mikroorganismen, von deren loesung eine verbesserung der kuenstlichen zucht zu erwarten ist. vorgehen: 1) sprengung der symbiose. 2) kompensation des symbiontenverlustes durch entsprechende diaeten. 3) erstellung eines in-vitro-systems durch gewebekultur. 4) nachweise von syntheseleistungen der symbionten in vivo und in vitro
S.WORT schaedlingsbekaempfung + insekten + (tsetse-fliege) AFRIKA
PROLEI DR. GUNTHER NOGGE
STAND 30.8.1976
QUELLE fragebogenerhebung sommer 1976
FINGEB GESELLSCHAFT FUER STRAHLEN- UND UMWELTFORSCHUNG MBH (GSF), MUENCHEN
ZUSAM - INST. F. STRAHLENBOTANIK DER GSF, HERRENHAEUSER ALLEE 2, 3000 HANNOVER
- INST. F. PARASITOLOGIE DER TIERAERZTLICHEN HOCHSCHULE, BUENTEWEG 17, 3000 HANNOVER
- IAEA, KAERNTNER RING 11, WIEN
BEGINN 1.9.1974 ENDE 31.12.1978
G.KOST 60.000 DM
LITAN - NOGGE, G. , VORTRAG INT. CONG. PARASITOLOGY, MUENCHEN (1974)
- NOGGE, G. , VORTRAG VERH. DTSCH. ZOOL. GES. 159(1975)
- NOGGE, G.: IN: EXPERIENTIA (IM DRUCK)

RH -014

INST INSTITUT FUER BIOLOGISCHE SCHAEDLINGSBEKAEMPFUNG DER BIOLOGISCHEN BUNDESANSTALT FUER LAND- UND FORSTWIRTSCHAFT
DARMSTADT, HEINRICHSTR. 243
VORHAB **untersuchung ueber die wirkung von benomyl und anderen systematischen fungiziden auf entomopathogene pilze von schadinsekten im getreide**
S.WORT schaedlingsbekaempfung + fungizide + getreide
PROLEI PROF. DR. FRANZ JOST
STAND 1.1.1974
FINGEB DEUTSCHE FORSCHUNGSGEMEINSCHAFT

RH -015

INST INSTITUT FUER CHEMISCHE RAKETENANTRIEBE DER DFVLR
FASSBERG
VORHAB **automatisierung der tropfengroessen- und belagsanalysen im chemischen pflanzenschutz**
umweltbelastung durch abdrift oder abtropfen infolge ueberdosierung von pflanzenschutzmitteln; ziel: reduzierung der pflanzenschutzmittel-mengen bei optimaler bedeckung; voraussetzung: untersuchung der tropfengroessen- verteilungsfunktionen der verschiedenen zerstaeuberarten
S.WORT pflanzenschutzmittel + umweltbelastung + (zerstaeuberarten + dosierung)
PROLEI DR. SELZER
STAND 1.1.1974
FINGEB BUNDESMINISTER FUER FORSCHUNG UND TECHNOLOGIE
ZUSAM INST. F. LANDTECHNIK DER TU BERLIN, ZOPPOTERSTR. 35, 1 BERLIN 33
BEGINN 1.9.1973 ENDE 31.12.1976
G.KOST 245.000 DM

RH -016

INST INSTITUT FUER FORSTZOOLOGIE DER UNI GOETTINGEN
GOETTINGEN, BUESGENWEG 3
VORHAB **entwicklung von alternativen zum chemischen pflanzenschutz**
S.WORT schaedlingsbekaempfung + pflanzenschutz
PROLEI SCHNEIDER
STAND 1.1.1974
BEGINN 1.1.1967

RH -017

INST INSTITUT FUER FORSTZOOLOGIE DER UNI GOETTINGEN
GOETTINGEN, BUESGENWEG 3
VORHAB **verstaerkung der effektivitaet natuerlicher feinde**
S.WORT schaedlingsbekaempfung + biologischer pflanzenschutz
PROLEI SANDERS
STAND 1.1.1974
BEGINN 1.1.1968

RH -018

INST INSTITUT FUER FORSTZOOLOGIE DER UNI GOETTINGEN
GOETTINGEN, BUESGENWEG 3
VORHAB **untersuchungen ueber die kriterien, die die qualitaet der insektennahrung bestimmen**
S.WORT schaedlingsbekaempfung + insekten
PROLEI LUNDERSTAEDT
STAND 1.1.1974
BEGINN 1.1.1968

RH -019

INST INSTITUT FUER FORSTZOOLOGIE DER UNI GOETTINGEN
GOETTINGEN, BUESGENWEG 3
VORHAB **suche nach spezifischen stoffen, die die insektenentwicklung beeinflussen**
S.WORT schaedlingsbekaempfung + pflanzenschutz + insekten
PROLEI FUEHRER
STAND 1.1.1974

RH -020
INST INSTITUT FUER GEMUESEKRANKHEITEN DER BIOLOGISCHEN BUNDESANSTALT FUER LAND- UND FORSTWIRTSCHAFT
HUERTH -FISCHENICH, MARKTWEG 60
VORHAB **entwicklung von verfahren des integrierten pflanzenschutzes zur bekaempfung von gemuesefliegen (moehrenfliegen)**
ein grosser teil der in der bundesrepublik angebauten moehren wird als rohkost verzehrt oder zu diaetetischen nahrungsmitteln verarbeitet; um die moehren moeglichst rueckstandsfrei erzeugen zu koennen, sollen integrierte verfahren zur bekaempfung der moehrenfliege entwickelt werden
S.WORT gemuese + schaedlingsbekaempfung + insekten
PROLEI DIPL. -ING. HANS OVERBECK
STAND 1.1.1974
FINGEB BUNDESMINISTER FUER FORSCHUNG UND TECHNOLOGIE
BEGINN 1.11.1974 ENDE 30.6.1978
G.KOST 398.000 DM

RH -021
INST INSTITUT FUER GEMUESEKRANKHEITEN DER BIOLOGISCHEN BUNDESANSTALT FUER LAND- UND FORSTWIRTSCHAFT
HUERTH -FISCHENICH, MARKTWEG 60
VORHAB **verminderung des pestizideneinsatzes bei kohlfliegenbekaempfung**
in freiland- und gewaechshausversuchen wird der tatsaechlich notwendige insektizidaufwand bei der kohlfliegenbekaempfung ermittelt
S.WORT gemuese + schaedlingsbekaempfung + insekten + pestizide
PROLEI DIPL. -ING. GERHARD MAACK
STAND 30.8.1976
QUELLE fragebogenerhebung sommer 1976
FINGEB BUNDESMINISTER FUER ERNAEHRUNG, LANDWIRTSCHAFT UND FORSTEN
BEGINN 1.10.1973 ENDE 30.9.1976
G.KOST 198.000 DM
LITAN ZWISCHENBERICHT

RH -022
INST INSTITUT FUER GENETIK DER UNI MAINZ
MAINZ, SAARSTR. 21
VORHAB **entwicklung genetischer methoden zur bekaempfung der stechmuecke**
entwicklung genetischer systeme zur minderung der nachkommenschaft von freilandpopulationen; in bearbeitung die folgenden arten: culex pipiens/cules trithaeniorhynchus/anopheles stephens/aedes albopictus
S.WORT insektenbekaempfung + genetik + (stechmuecke)
PROLEI PROF. DR. LAVEN
STAND 1.1.1974
FINGEB EURATOM, BRUESSEL
BEGINN 1.1.1972 ENDE 31.12.1975
G.KOST 210.000 DM
LITAN - EURAFOM JAHRESBERICHT 1972, PROGRAMM BIOLOGIE-GESUNDHEITSSCHUTZ. LUXEMBOURG, MARCH 1973, P. 657-664
- ZWISCHENBERICHT 1974. 03

RH -023
INST INSTITUT FUER GENETIK DER UNI MAINZ
MAINZ, SAARSTR. 21
VORHAB **entwicklung genetischer methoden zur bekaempfung der mittelmeerfruchtfliege**
S.WORT schaedlingsbekaempfung + genetik + methodenentwicklung
MITTELMEERRAUM
PROLEI PROF. DR. LAVEN
STAND 1.1.1974
FINGEB BUNDESMINISTER FUER WIRTSCHAFTLICHE ZUSAMMENARBEIT
BEGINN 1.1.1974
G.KOST 75.000 DM

RH -024
INST INSTITUT FUER GENETIK DER UNI MAINZ
MAINZ, SAARSTR. 21
VORHAB **entwicklung genetischer methoden zur bekaempfung von vorratsschaedlingen**
S.WORT schaedlingsbekaempfung + vorratsschutz + genetik + pestizidsubstitut + methodenentwicklung
PROLEI PROF. DR. LAVEN
STAND 1.1.1974
BEGINN 1.1.1974

RH -025
INST INSTITUT FUER GETREIDE-, OELFRUCHT- UND FUTTERPFLANZENKRANKHEITEN DER BIOLOGISCHEN BUNDESANSTALT FUER LAND- UND FORSTWIRTSCHAFT
HEIKENDORF -KITZEBERG, SCHLOSSKOPPELWEG 8
VORHAB **entwicklung einer integrierten bekaempfung der wichtigsten rapsschaedlinge**
es war das ziel der untersuchungen, durch einjaehrige unterbrechung des winterrapsanbaues in einem groesseren geschlossenen und moeglichst isoliert liegenden anbaugebiet durch eine zeitliche inkoinzidenz zwischen den schaedlingen und den gefaehrdeten entwicklungsstadien der rapspflanze eine bekaempfung der kohlschottenmuecke und eine vermeidung der schaeden zu erreichen. vor und nach der unterbrechung werden die populationsdichten der schaedlinge und der ernteertraege der einzelnen felder bestimmt
S.WORT biologischer pflanzenschutz + schaedlingsbekaempfung + insekten + methodenentwicklung + (raps)
PROLEI DR. DIRK STECHMANN
STAND 30.8.1976
QUELLE fragebogenerhebung sommer 1976
FINGEB BUNDESMINISTER FUER ERNAEHRUNG, LANDWIRTSCHAFT UND FORSTEN
ZUSAM PFLANZENSCHUTZAMT DER LANDWIRTSCHAFTSKAMMER WESER-EMS, 2900 OLDENBURG
BEGINN 1.10.1973 ENDE 30.9.1976
G.KOST 187.000 DM
LITAN ZWISCHENBERICHT

RH -026
INST INSTITUT FUER GETREIDE-, OELFRUCHT- UND FUTTERPFLANZENKRANKHEITEN DER BIOLOGISCHEN BUNDESANSTALT FUER LAND- UND FORSTWIRTSCHAFT
HEIKENDORF -KITZEBERG, SCHLOSSKOPPELWEG 8
VORHAB **phoma-befall und integrierte bekaempfung**
in den beiden letzten jahren trat der pilz phoma lingam (tode ex fr.) verstaerkt auf. der pilz ueberdauert auf alten stengelrueckstaenden und kann seine fruchtkoerper im folgenden jahr oder spaeter entwickeln und die sporen daraus entlassen. der pilz ist danach als urheber einer echten "fruchtfolgekrankheit" anzusehen. letztlich wird angestrebt, durch das vorhaben bekaempfungs- und regulationsmassnahmen abzuleiten, die sich in den rahmen der in der entwicklung befindlichen "integrierten bekaempfung der wichtigsten rapsschaedlinge" einbauen lassen
S.WORT ackerbau + pflanzenschutz + pilze + (raps)
SCHLESWIG-HOLSTEIN
PROLEI DR. WILHELM KRUEGER
STAND 30.8.1976
QUELLE fragebogenerhebung sommer 1976
FINGEB BUNDESMINISTER FUER ERNAEHRUNG, LANDWIRTSCHAFT UND FORSTEN
ZUSAM - PFLANZENSCHUTZAMT SCHLESWIG-HOLSTEIN, WESTRING 383, 2300 KIEL
- 2300 KIEL
- NORDDEUTSCHE PFLANZENZUCHT, ZUCHTBETRIEB HOHENLIETH, 2331 POST HOLTSEE/ECKERNFOERDE
BEGINN 1.10.1976 ENDE 31.12.1979
G.KOST 404.000 DM

RH -027
INST INSTITUT FUER GETREIDE-, OELFRUCHT- UND FUTTERPFLANZENKRANKHEITEN DER BIOLOGISCHEN BUNDESANSTALT FUER LAND- UND FORSTWIRTSCHAFT
HEIKENDORF -KITZEBERG, SCHLOSSKOPPELWEG 8

VORHAB **bodenentseuchung durch hygienische fruchtfolgemassnahmen, insbesondere von getreidefusskrankheiten, im vergleich zur anwendung von neuzeitlichen fungiziden**
S.WORT phytopathologie + fungizide + substitution
PROLEI DR. HORST MIELKE
STAND 7.9.1976
QUELLE datenuebernahme von der deutschen forschungsgemeinschaft
FINGEB DEUTSCHE FORSCHUNGSGEMEINSCHAFT

RH -028

INST INSTITUT FUER HACKFRUCHTKRANKHEITEN UND NEMATODENFORSCHUNG DER BIOLOGISCHEN BUNDESANSTALT FUER LAND- UND FORSTWIRTSCHAFT
MUENSTER, TOPPHEIDEWEG 88
VORHAB **untersuchungen zur populationsdynamik des getreidezystenaelchens heterodera avenae**
das getreidezystenaelchen heterodera avenae hat nur eine generation im jahr und kann in seiner vermehrung durch den einsatz des systemischen nematizids temik 10 g zur saat beachtlich gebremst werden. in vieljaehrigen versuchen wird untersucht, ob durch den einsatz einer ertragreichen, aber gegen den nematoden teilresistenten hafersorte in kombination mit umweltschonenden geringen mengen des nematizids eine praktisch genuegende entseuchung des bodens bei gleichbleibender ertragsleistung erreicht werden kann
S.WORT resistenzzuechtung + getreide + nematoden MUENSTERLAND
PROLEI PROF. DR. WERNER STEUDEL
STAND 30.8.1976
QUELLE fragebogenerhebung sommer 1976

RH -029

INST INSTITUT FUER HOLZBIOLOGIE UND HOLZSCHUTZ DER BUNDESFORSCHUNGSANSTALT FUER FORST- UND HOLZWIRTSCHAFT
HAMBURG 80, LEUSCHNERSTR. 91 C
VORHAB **fungizide wirksamkeit von steinkohlenteeroelen verschiedener beschaffenheit im hinblick auf eine verminderte umweltbelastung**
S.WORT fungizide + umweltbelastung + schadstoffminderung + (steinkohlenteeroel)
PROLEI DR. HUBERT WILLEITNER
STAND 1.1.1976
QUELLE mitteilung des bundesministers fuer ernaehrung,landwirtschaft und forsten
FINGEB BUNDESFORSCHUNGSANSTALT FUER FORST- UND HOLZWIRTSCHAFT, REINBEK

RH -030

INST INSTITUT FUER OBSTKRANKHEITEN DER BIOLOGISCHEN BUNDESANSTALT FUER LAND- UND FORSTWIRTSCHAFT
DOSSENHEIM, SCHWABENHEIMERSTR. 20
VORHAB **untersuchungen zur oekologie, populationsdynamik und bekaempfung des apfelbaumglasflueglers, synanthedon myopaeformis**
die massenvermehrung, die sich auf moderne dichtpflanzungen beschraenkte, wurde durch eine aenderung der anbautechnik, das hochziehen der veredelungsstelle auf m 9-unterlage ausgeloest. dieses hochveredeln fuehrt an der unterlage zur bildung von adventivwurzelansaetzen, deren nichtlignifiertes gewebe den larven ausgezeichnete entwicklungsbedingungen bietet. nach ersten vorliegenden ergebnissen ist die bekaempfung der larven sehr schwierig und erfordert mehrere insektizidapplikationen. bei den untersuchungen sollen die oekologie und populationsdynamik des schaedlings erforscht und umweltschonende bekaempfungsverfahren entwickelt werden. hierbei werden erstmals pheromone eingesetzt, die 1975 in den usa (karandinos) isoliert wurden
S.WORT obst + biologischer pflanzenschutz + schaedlingsbekaempfung + insekten + (pheromone)
PROLEI DR. ERICH DICKLER
STAND 30.8.1976
QUELLE fragebogenerhebung sommer 1976
ZUSAM DEPARTMENT OF ENTOMOLOGY, PROF. DR. M. KARANDINOS, UNIVERSITY OF WISCONSIN/MADISON, USA
BEGINN 1.1.1973
G.KOST 40.000 DM
LITAN - DICKLER, E.;HOFMANN, K.: ZUM MASSENAUFTRETEN DES APFELBAUMGLASFLUEGLERS SYNANTHEDON MYOPAEFORMIS BRKH. , LEPID. AEGERIID. , IN APFELDICHTPFLANZUNGEN: NEGATIVE AUSWIRKUNG VON KULTURMASSNAHMEN
- DICKLER, E.: ZUR BIOLOGIE UND SCHADWIRKUNG VON SYNANTHEDON MYOPAEFORMIS BRKH. , LEPID. , AEGERIID. , EINEM NEUEN SCHAEDLING IN APFELDICHTPFLANZUNGEN. IN: Z. F. ANGEW. ENTOMOLOGIE (IM DRUCK)

RH -031

INST INSTITUT FUER OBSTKRANKHEITEN DER BIOLOGISCHEN BUNDESANSTALT FUER LAND- UND FORSTWIRTSCHAFT
DOSSENHEIM, SCHWABENHEIMERSTR. 20
VORHAB **freilandversuche zur bekaempfung des apfelwicklers laspeyresia pomonella mit granuloseviren**
der apfelwickler, laspeyresia pomonella, ein hauptschaedling des apfels wurde im nordbadischen raum zum begrenzenden faktor fuer integrierte pflanzenschutzprogramme, da jede der beiden generationen gezielt bekaempft werden muss. die zahl der erforderlichen spritzungen mit chemischen insektiziden liegt im heidelberger raum bei 3 - 4. als ersatz fuer chemische insektizide bietet sich ein sehr spezifisch wirkendes granulosevirus an. in umfangreichen freilandversuchen soll die wirksamkeit des granulosevirus unter praxisueblichen, kontrollierbaren bedingungen geprueft werden. darueber hinaus ist zu untersuchen, wie sich diese umweltschonende biologische bekaempfungsmethode auf die gesamtfauna des apfels auswirkt
S.WORT obst + biologische schaedlingsbekaempfung + (granulosevirus)
PROLEI DR. ERICH DICKLER
STAND 30.8.1976
QUELLE fragebogenerhebung sommer 1976
ZUSAM INST. F. BIOLOGISCHE SCHAEDLINGSBEKAEMPFUNG, BIOLOGISCHE BUNDESANSTALT, 6100 DARMSTADT
BEGINN 1.5.1974
G.KOST 40.000 DM
LITAN HUBER, J.;DICKLER, E.: FREILANDVERSUCHE ZUR BEKAEMPFUNG DES APFELWICKLERS, LASPEREYSIA POMONELLA (L.), MIT GRANULOSEVIREN. IN: Z. PFL. KRANK. 82 S. 540-546(1975)

RH -032

INST INSTITUT FUER OBSTKRANKHEITEN DER BIOLOGISCHEN BUNDESANSTALT FUER LAND- UND FORSTWIRTSCHAFT
DOSSENHEIM, SCHWABENHEIMERSTR. 20
VORHAB **bekaempfung von erdbeerblattaelchen und erdbeerviren mittels warmwasserbehandlung**
blattaelchen (aphelenchoides fragariae, a. ritzemabosi) und viren koennen in befallenen erdbeerbestaenden erhebliche ernteverluste verursachen. mit hilfe der waermetherapie ist unter bestimmten voraussetzungen moeglich, von virusverseuchten erdbeersorten wieder gesunde fuer die vermehrung geeignete pflanzen zu gewinnen. bisher wurden hierfuer eine warmluftbehandlung durchgefuehrt. es soll nun geklaert werden, ob fuer diesen zweck auch eine warmwasserbehandlung geeignet ist. dieses verfahren kann ebenfalls zur bekaempfung der blattaelchen angewandt werden. bei einer wirksamkeit der warmwasserbehandlung gegen beide schadenursachen koennte ausser einer einsparung von pflanzenschutzmitteln auch ein erheblicher wirtschaftlicher vorteil erzielt werden
S.WORT obst + schaedlingsbekaempfung + viren + (waermetherapie)
PROLEI DR. HERBERT KRCZAL
STAND 30.8.1976

QUELLE fragebogenerhebung sommer 1976
BEGINN 1.1.1974
G.KOST 40.000 DM
LITAN ZWISCHENBERICHT

RH -033

INST INSTITUT FUER OBSTKRANKHEITEN DER BIOLOGISCHEN BUNDESANSTALT FUER LAND- UND FORSTWIRTSCHAFT
DOSSENHEIM, SCHWABENHEIMERSTR. 20

VORHAB **einfluss von duengung und bodenpflegemassnahmen auf den krankheits- und schaedlingsbefall in einer apfelanlage**
durch geeignete duengungs- und bodenpflegemassnahmen soll der krankheits- und schaedlingsbefall reduziert werden, um pflanzenschutzmittel einzusparen. geprueft werden organische und mineralische duengung in je 2 verschieden hohen gaben sowie ganzjaehrige bodenoffenhaltung und gruenduengungseinsaat. fuer den mehltau und die mehrzahl der untersuchten schaedlinge wurde ein staerkerer befall auf den offengehaltenen parzellen gegenueber der gruensaat festgestellt. hochsignifikante unterschiede ergaben sich fuer den mehltau (podosphaera leucotricha), die apfelblattgallmilbe (eriophyes malinus), die mehlige (rosige), apfelblattlaus (dysaphis plantaginea), den apfelwickler (laspeyresia pomonella) und fuer die zahl der abgelegten wintereier verschiedener aphiden und des kleinen frostspanners (operophthera brumata)

S.WORT obst + schaedlingsbekaempfung + bodenverbesserung + duengemittel
PROLEI PROF. DR. ALFRED SCHMIDLE
STAND 30.8.1976
QUELLE fragebogenerhebung sommer 1976
BEGINN 1.1.1969
G.KOST 200.000 DM
LITAN SCHMIDLE, A.;CICKLER, E.;SEEMUELLER, E.;ET AL.: EINFLUSS VON DUENGUNG UND BODENPFLEGEMASSNAHMEN AUF DEN KRANKHEITS- UND SCHAEDLINGSBEFALL IN EINER APFELANLAGE. I. AUSWIRKUNG VON GRUENEINSAAT UND OFFENHALTUNG DES BODENS. IN: Z. PFL. KRANK. 82 S. 522-530(1975)

RH -034

INST INSTITUT FUER OBSTKRANKHEITEN DER BIOLOGISCHEN BUNDESANSTALT FUER LAND- UND FORSTWIRTSCHAFT
DOSSENHEIM, SCHWABENHEIMERSTR. 20

VORHAB **einfluss von fruchtfolgemassnahmen auf das auftreten der schwarzen wurzelfaeule der erdbeere**
die schwarze wurzelfaeule tritt in erdbeerbestaenden in meist mehrjaehrigem abstand auf und kann sehr grosse schaeden verursachen (oft totalausfall). als ursache werden stoerungen des mikrobiellen gleichgewichts im boden, eine starke vermehrung phytopathgener nematoden sowie witterungsfaktoren (vor allem frost) angesehen. das ziel der untersuchungen ist, zu klaeren, ob durch entsprechende fruchtfolgen diese schaeden vermieden werden koennen. es ist bekannt, dass das auftreten der krankheit vorfruchtabhaengig ist. auf dem institutsgelaende ist ein grosser erdbeerbestand vorhanden, in dem die krankheit 1976 erstmals aufgetreten ist. es wird jetzt damit begonnen, auf den parzellen verschiedene gruenduengungspflanzen anzubauen

S.WORT obst + schaedlingsbekaempfung + viren + (fruchtfolgemassnahmen)
PROLEI DR. ERICH SEEMUELLER
STAND 30.8.1976
QUELLE fragebogenerhebung sommer 1976
ZUSAM INST. F. HACKFRUCHTKRANKHEITEN UND NEMATODENFORSCHUNG DER BIOLOGISCHEN BUNDESANSTALT MUENSTER
G.KOST 100.000 DM

RH -035

INST INSTITUT FUER OBSTKRANKHEITEN DER BIOLOGISCHEN BUNDESANSTALT FUER LAND- UND FORSTWIRTSCHAFT
DOSSENHEIM, SCHWABENHEIMERSTR. 20

VORHAB **untersuchungen ueber ursachen und formen der resistenz von apfelsorten und -unterlagen gegen phytophthora cactorum und p. syringae (kragenfaeule)**
anfaellige apfelunterlagen sind nur zu schuetzen, wenn die pilze bis in die tieferen bodenschichten abgetoetet werden koennen. hierzu muessten die praeparate mit einem injektor eingebracht werden. beide verfahren stellen eine erhebliche belastung der umwelt dar. biologische bekaempfungsmethoden haben sich bisher in der praxis nicht bewaehrt. es werden daher planmaessig das apfelsortiment und die unterlagen auf resistenz gegen p. cactorum und p. syringae und deren ursachen untersucht. damit sollen grundlagen fuer eine resistenzzuechtung und fuer eine bekaempfung durch kulturmassnahmen, wie z. b. einschaltung einer zwischenveredelung mit einer resistenten sorte erarbeitet werden. in die untersuchungen sind auch entwicklungen von methoden zur pruefung auf resistennz einbezogen

S.WORT obst + schaedlingsbekaempfung + resistenzzuechtung + bodenpilze
PROLEI DIETER ALT
STAND 30.8.1976
QUELLE fragebogenerhebung sommer 1976
FINGEB DEUTSCHE FORSCHUNGSGEMEINSCHAFT
BEGINN 1.1.1973
G.KOST 110.000 DM
LITAN ZWISCHENBERICHT

RH -036

INST INSTITUT FUER ORGANISCHE CHEMIE DER UNI STUTTGART
STUTTGART, AZENBERGSTR. 14/18

VORHAB **tierversuche zur auffindung repraesentativer untersuchungsmethoden fuer die schaedlingsbeurteilung**

S.WORT schaedlingsbekaempfung + untersuchungsmethoden + tierexperiment
PROLEI DR. MED. HANS ZORN
STAND 1.1.1974
FINGEB DEUTSCHE FORSCHUNGSGEMEINSCHAFT
BEGINN 1.1.1973

RH -037

INST INSTITUT FUER ORGANISCHE CHEMIE UND BIOCHEMIE DER UNI HAMBURG
HAMBURG 13, MARTIN-LUTHER-KING-PLATZ 6

VORHAB **identifizierung von lockstoffen bei borkenkaefern, fluechtige inhaltsstoffe von holzzerstoerenden pilzen, koniferen, laubbaeumen, ameisen**
die kenntnis artspezifischer lockstoffe oder abwehrstoffe ermoeglicht die manipulation von insektenpopulationen unter weitgehender vermeidung der anwendung von bioziden; solche substanzen koennen sowohl in den insekten selbst als auch in ihren wirtspflanzen vorkommen und koennen zur chemotaxonomie dienen

S.WORT schaedlingsbekaempfung + insekten + population
PROLEI DR. WITTKER FRANCKE
STAND 1.1.1974
BEGINN 1.1.1967 ENDE 31.12.1977
G.KOST 500.000 DM
LITAN FRANCKE, W.;HEEMANN, V.;HEYNS, K.

RH -038

INST INSTITUT FUER ORGANISCHE CHEMIE UND BIOCHEMIE DER UNI HAMBURG
HAMBURG 13, MARTIN-LUTHER-KING-PLATZ 6

VORHAB **chemische kommunikation bei insekten**
das forschungsprogramm befasst sich mit der identifizierung fluechtiger substanzen aus insekten und ihren wirtspflanzen. olfaktorische stimuli spielen im leben der insekten eine grosse rolle. die einzelnen arten nutzen haeufig koerpereigene duftstoffe als sexuallockstoffe und aggregations- bzw. alarmsignale aus und werden auf der suche nach nahrung und brutplaetzen von fluechtigen inhaltsstoffen der wirtspflanzen gelenkt. bei kenntnis dieser verbindungen wird ein tieferer einblick in die zusammenhaenge bei oekosystemen erhalten, der eine artspezifische schaedlingsbekaempfung unter weitgehender vermeidung von insektiziden ermoeglicht
S.WORT insektizide + substitution + biotechnologie
PROLEI DR. WITTKER FRANCKE
STAND 30.8.1976
QUELLE fragebogenerhebung sommer 1976
LITAN - FRANCKE, W.;HEEMANN, V.;HEYNS, K.: FLUECHTIGE INHALTSSTOFFE VON AMBROSIAKAEFERN. I. IN: Z. NATURFORSCH. 29C S. 243(1974)
- FRANCKE, W.;HEYNS, K.: FLUECHTIGE INHALTSSTOFFE VON AMBROSIAKAEFERN II. IN: Z. NATURFORSCH. 29C S. 246(1974)

RH -039
INST INSTITUT FUER PARASITOLOGIE DER TIERAERZTLICHEN HOCHSCHULE HANNOVER
HANNOVER, BUENTEWEG 17
VORHAB **feststellung parasitizid wirkender substanzen auf parasitaere dauerformen**
nach standardisierung der methoden zur pruefung von desinfektionsmitteln im laborversuch und pruefung der brauchbarkeit bei der praktischen anwendung bei der stall- und auslaufdesinfektion, ausarbeitung neuer praeparate
S.WORT landwirtschaft + desinfektionsmittel + parasitizide + wirkungen
PROLEI PROF. DR. ENIGK
STAND 1.1.1974
BEGINN 1.2.1972 ENDE 30.4.1976
G.KOST 8.000 DM

RH -040
INST INSTITUT FUER PFLANZENBAU UND PFLANZENZUECHTUNG / FB 16 DER UNI GIESSEN
GIESSEN, LUDWIGSTR. 23
VORHAB **chemischer mitteleinsatz im pflanzenbau**
die modernen fruchtfolgeforschung am institut hat sowohl die schwaechen hackfruchtintensiver als auch getreidereicher anbausysteme deutlich werden lassen. bei intensiver mineralischer und organischer duengung sowie entsprechender bodenbearbeitung ist es in beiden systemen moeglich, den fruchtbarkeitszustand des bodens auf ein hohes niveau anzuheben. die entsprechende transformation in leistung bzw. ertrag bleibt vielfach aus, da sie durch tierische und pilzliche schaderreger unterbrochen bzw. verhindert wird. diesen engpass zu vermeiden, werden in den faellen, in denen eine sanierung mit acker- und pflanzenbaulichen massnahmen nicht moeglich ist, in den hackfruchtbetonten fruchtfolgen nematizide, in den getreidefolgen systemische fungizide in verschiedenen kkonzentrationen eingesetzt. der artspezifischen verunkrautung wird durch herbizide auf neuer wirkstoffbasis begegnet
S.WORT nutzpflanzen + bodenbearbeitung + duengung + biozide
PROLEI DEBRUCK
STAND 6.8.1976
QUELLE fragebogenerhebung sommer 1976
BEGINN 1.1.1971

RH -041
INST INSTITUT FUER PFLANZENBAU UND PFLANZENZUECHTUNG / FB 16 DER UNI GIESSEN
GIESSEN, LUDWIGSTR. 23
VORHAB **die trichloracetat- und dichlorpropionat-vertraeglichkeit verschiedener pflanzenarten**
inwieweit ist ein anbau von zwischenfrucht bzw. futterpflanzen nach anwendung von tca bzw. dcp moeglich? inwieweit lassen sich die aufwandmengen an tca und dcp bei der graeserbekaempfung herabsetzen, wenn stark beschattete tca-dcp-vertraegliche pflanzen nachgebaut werden? anwendung im ackerbau, bei der rekultivierung von sozialbrachflaechen, bei der verbesserung schlechter dauergruenlandflaechen, bei der anlage von futterflaechen fuer landschaftspflege-herden (schafe) und fuer wild. es erwiesen sich einige pflanzenarten (z. b. cruziferen, vicia villosa u. a.) als sehr vertraeglich gegenueber tca und dcp
S.WORT nutzpflanzen + unkrautflora + biozide
PROLEI JAHN-DEESBACH
STAND 6.8.1976
QUELLE fragebogenerhebung sommer 1976
BEGINN 1.1.1967 ENDE 31.12.1977

RH -042
INST INSTITUT FUER PFLANZENBAU UND PFLANZENZUECHTUNG / FB 16 DER UNI GIESSEN
GIESSEN, LUDWIGSTR. 23
VORHAB **fruchtfolge und integrierter pflanzenschutz**
die langjaehrigen fruchtfolgeversuche werden fortgesetzt. der schwerpunkt liegt in dem einfluss eines hohen anteils von getreide und insbesondere von weizen und gerste in der fruchtfolge unter beruecksichtigung der auftretenden fusskrankheiten. eine zwischenauswertung des "monokulturversuches" in giessen steht vor dem abschluss
S.WORT pflanzenschutz + getreide + (fruchtfolge)
PROLEI PROF. DR. EDUARD VON BOGUSLAWSKI
STAND 6.8.1976
QUELLE fragebogenerhebung sommer 1976
BEGINN 1.1.1955
LITAN DEBRUCK, Z.: INTENSIVER WEIZENBAU - ZU FRAGEN DER FRUCHTFOLGE UND PFLANZENGESUNDHEIT. IN: KALI-BRIEFE 3(6)(1974)

RH -043
INST INSTITUT FUER PFLANZENSCHUTZ, SAATGUTUNTERSUCHUNG UND BIENENKUNDE DER LANDWIRTSCHAFTSKAMMER WESTFALEN-LIPPE
MUENSTER, VON-ESMARCHSTR. 12
VORHAB **untersuchungen zur ermittlung selektiver nuetzlingsschonender pflanzenschutzmittel fuer die integrierte schaedlingsbekaempfung**
ziel: erarbeitung von methoden zur pruefung von bioziden auf ihre nebenwirkung gegen nutzinsekten; im labor erstellung von pruef-richtlinien
S.WORT pflanzenschutzmittel + nuetzlinge
PROLEI DR. PINSDORF
STAND 1.1.1974
FINGEB BUNDESMINISTER FUER ERNAEHRUNG, LANDWIRTSCHAFT UND FORSTEN
ZUSAM - BIOLOGISCHE BUNDESANSTALT, MESSEWEG 11/12, 33 BRAUNSCHWEIG
- PFLANZENSCHUTZAEMTER
BEGINN 1.10.1970 ENDE 31.12.1975
LITAN - ZWISCHENBERICHT
- ZWISCHENBERICHT 1974. 11

RH -044
INST INSTITUT FUER PFLANZENSCHUTZMITTELFORSCHUNG DER BIOLOGISCHEN BUNDESANSTALT FUER LAND- UND FORSTWIRTSCHAFT
BERLIN 33, KOENIGIN-LUISE-STR. 19
VORHAB **massnahmen zur verminderung des einsatzes von pestiziden**
S.WORT pflanzenschutz + pestizide + (substitution)
STAND 6.1.1975
FINGEB BUNDESMINISTER FUER FORSCHUNG UND TECHNOLOGIE
ZUSAM - TU BERLIN, 1 BERLIN 12, STRASSE DES 17. JUNI 135
- UNI GOETTINGEN, 34 GOETTINGEN, WILHELMSPLATZ 1
BEGINN 1.2.1974 ENDE 31.12.1978
G.KOST 2.385.000 DM

RH -045

INST INSTITUT FUER PFLANZENZUECHTUNG UND POPULATIONSGENETIK DER UNI HOHENHEIM
STUTTGART 70, GARBENSTR. 9
VORHAB **resistenzzuechtung gegen insekten, pilzliche krankheitserreger und schadinsekten**
S.WORT pflanzenzucht + immunologie + insekten
PROLEI PROF. DR. POLLMER
STAND 1.1.1974
BEGINN 1.1.1965

RH -046

INST INSTITUT FUER PHYTOPATHOLOGIE / FB 16 DER UNI GIESSEN
GIESSEN, LUDWIGSTR. 23
VORHAB **neue biotechnische verfahren zur bekaempfung der ruebenblattwanze (piesma quadrata)**
suche nach neuen moeglichkeiten der bekaempfung der ruebenblattwanze; untersuchung neuer biotechnischer verfahren; einsatz der sterilpartnermethode und pruefung anderer genetischer methoden; einsatzmoeglichkeiten von juvenilhormonen
S.WORT schaedlingsbekaempfung + genetik + biotechnologie
PROLEI PROF. DR. SCHMUTTERER
STAND 1.1.1974
FINGEB DEUTSCHE FORSCHUNGSGEMEINSCHAFT
BEGINN 1.1.1973

RH -047

INST INSTITUT FUER PHYTOPATHOLOGIE / FB 16 DER UNI GIESSEN
GIESSEN, LUDWIGSTR. 23
VORHAB **wirkung mikrobieller metabolite auf kaefer, spinnmilben, nematoden und blattlaeuse**
suche nach neuen wegen in der schaedlingsbekaempfung; einsatzverminderung giftiger pestizide; einsatzmoeglichkeiten mikrobieller metabolite; wirkung und wirkungsweise auf verschiedene schadorganismen (kaefer/ spinnmilben/ nematoden/ blattlaeuse)
S.WORT schaedlingsbekaempfung + mikrobiologie + pestizide
PROLEI PROF. DR. SCHMUTTERER
STAND 1.1.1974
FINGEB BUNDESMINISTER FUER FORSCHUNG UND TECHNOLOGIE
ZUSAM FACHGEBIET BOTANIK-MIKROBIOLOGIE DER UNI TUEBINGEN, AUF DER MORGENSTELLE 1
BEGINN 1.1.1973
G.KOST 452.000 DM

RH -048

INST INSTITUT FUER PHYTOPATHOLOGIE / FB 16 DER UNI GIESSEN
GIESSEN, LUDWIGSTR. 23
VORHAB **wirkung von juvenilhormonen auf blattlaeuse und wanzen**
erforschung unbekannter zusammenhaenge; moeglichkeiten fuer neue wege in der schaedlingsbekaempfung
S.WORT schaedlingsbekaempfung + insekten + hormone + biologische wirkungen
PROLEI PROF. DR. SCHMUTTERER
STAND 1.1.1974
BEGINN 1.1.1972

RH -049

INST INSTITUT FUER PHYTOPATHOLOGIE / FB 16 DER UNI GIESSEN
GIESSEN, LUDWIGSTR. 23
VORHAB **wirkung von juvenilhormon-analogen und phytoekdysonen auf die ostafrikanische kaffeewanze antestiopis orbitalis (heteroptera)**
suche nach neuen verfahren zur schaedlingsbekaempfung; hier hormone und aehnliche substanzen; untersuchungen ueber die wirkung und wirkungsweise von juvenilhormonen-analogen und phytoecdysomen auf entwicklungsvorgaenge bei ostafrikanischen kaffewanzen
S.WORT schaedlingsbekaempfung + hormone
PROLEI PROF. DR. SCHMUTTERER
STAND 1.1.1974
FINGEB DEUTSCHER AKADEMISCHER AUSTAUSCHDIENST, BONN-BAD GODESBERG
BEGINN 1.1.1970 ENDE 31.12.1974
LITAN ZWISCHENBERICHT 1974. 04

RH -050

INST INSTITUT FUER PHYTOPATHOLOGIE / FB 16 DER UNI GIESSEN
GIESSEN, LUDWIGSTR. 23
VORHAB **umweltschonende verfahren zur verhuetung von nematodenschaeden**
es soll versucht werden, moeglichst umweltschonende alternativen zu den bisher ueblichen arten der nematodenbekaempfung zu finden. schwerpunkte: 1) beeinflussung der attraktivitaet von wirtspflanzen durch applikation moeglichst unbedenklicher substanzen zur verhuetung von nematodenschaeden. 2) anwendung von nematiziden in niedrigen konzentrationen
S.WORT schaedlingsbekaempfung + nematizide + schadstoffminderung
PROLEI DR. JUERGEN ROESSNER
STAND 1.1.1974
FINGEB DEUTSCHE FORSCHUNGSGEMEINSCHAFT

RH -051

INST INSTITUT FUER PHYTOPATHOLOGIE / FB 16 DER UNI GIESSEN
GIESSEN, LUDWIGSTR. 23
VORHAB **untersuchungen ueber eine moegliche resistenzbildung phytopathogener nematoden gegenueber nematiziden**
erweiterter einsatz systematischer nematizide in der landwirtschaft durch applikationsverfahren fuer niedrige dosierungen fuehrt zum auftreten subletaler konzentrationen und moeglicher resistenzbildung, die im genannten forschungsvorhaben untersucht wird
S.WORT nematizide + resistenz
PROLEI DR. JUERGEN ROESSNER
STAND 6.8.1976
QUELLE fragebogenerhebung sommer 1976
FINGEB DEUTSCHE FORSCHUNGSGEMEINSCHAFT
BEGINN 1.1.1975

RH -052

INST INSTITUT FUER PHYTOPATHOLOGIE / FB 16 DER UNI GIESSEN
GIESSEN, LUDWIGSTR. 23
VORHAB **mikrobielle metabolite mit insektizider wirkung**
bisher wurden 20 metabolite gegenueber tetranychus urticae, epilachna varivestis, leptinotarsa decemlineata und aphis fabae getestet. 5 praeparate zeigten wirkungen, die zu einer reduktion der populationen fuehrten. als testkriterien werden neben der mortalitaet auch einfluesse auf die ferilitaet, entwicklungsdauer, das fressverhalten beruecksichtigt. mit einigen praeparaten sollen erste untersuchungen im freiland durchgefuehrt werden
S.WORT mikroorganismen + biologische wirkungen + insektizide
PROLEI PROF. DR. SCHMUTTERER
STAND 6.8.1976
QUELLE fragebogenerhebung sommer 1976
ZUSAM INST. F. BIOLOGIE DER UNI TUEBINGEN, LEHRBEREICH MIKROBIOLOGIE
BEGINN 1.1.1972

RH -053

INST INSTITUT FUER PHYTOPATHOLOGIE / FB 16 DER UNI GIESSEN
GIESSEN, LUDWIGSTR. 23
VORHAB **untersuchungen zur oekologie und biologie wandernder wurzelnematoden**
ueber biologie und oekologie vieler arten aus der gruppe der wandernden wurzelnematoden gibt es immer noch keine oder nur unzureichende kenntnisse, die eigentlich voraussetzung fuer sinnvolle bekaempfungsmassnahmen gegen diese pflanzenschaedlinge sein sollten. in dem

forschungsvorhaben wurden (und werden noch) besonders intensiv fragen im zusammenhang mit der austrocknung der nematoden bearbeitet
S.WORT schaedlingsbekaempfung + nematoden
PROLEI DR. JUERGEN ROESSNER
STAND 6.8.1976
QUELLE fragebogenerhebung sommer 1976
BEGINN 1.1.1968

RH -054
INST INSTITUT FUER VORRATSSCHUTZ DER BIOLOGISCHEN BUNDESANSTALT FUER LAND- UND FORSTWIRTSCHAFT BERLIN 33, KOENIGIN-LUISE-STR. 19
VORHAB **bekaempfung von vorratsschaedlichen motten mit hilfe von synthetischen lockstoffen**
es soll geprueft werden, inwieweit die bereits nachgewiesene frueherkennungsmoeglichkeit von mottenbefall mit pheromon-systemen bishin zur bekaempfung optimiert werden kann. dazu sind fragen der wechselwirkung der lockstoffkomponenten sowie deren dosierung, des flugverhaltens sowie der orientierung in duftgefaellen zu bearbeiten. verschiedene bekaempfungsstrategien sollen unter verwendung von pheromonen in vorratslaegern und im laboratorium erforscht werden. mottenbefall wird zum teil mit ausgesetzten mottenmaennchen simuliert. unterschiedliche insektenfallen kommen zum einsatz. zielsetzung: minimierung von insektizidbelastung fuer mensch und umwelt
S.WORT vorratsschutz + getreide + schaedlingsbekaempfung + insekten + (pheromone)
PROLEI DR. CHRISTOPH REICHMUTH
STAND 30.8.1976
QUELLE fragebogenerhebung sommer 1976
ZUSAM MAX-PLANCK-INSTITUT FUER VERHALTENSPHYSIOLOGIE, 8131 SEEWIESEN UEBER STARNBERG
BEGINN 1.1.1974 ENDE 31.12.1980
LITAN REICHMUTH; WOHLGEMUTH; LEVINSON; LEVINSON: UNTERSUCHUNGEN UEBER DEN EINSATZ VON PHEROMONBEKOEDERTEN INSEKTENFALLEN ZUR BEKAEMPFUNG VON MOTTEN IM VORRATSSCHUTZ. IN: Z. ANGEW. ENTOMOLOGIE 78 (IM DRUCK)

RH -055
INST INSTITUT FUER VORRATSSCHUTZ DER BIOLOGISCHEN BUNDESANSTALT FUER LAND- UND FORSTWIRTSCHAFT BERLIN 33, KOENIGIN-LUISE-STR. 19
VORHAB **einsatzmoeglichkeit von ddvp zur bekaempfung von motten in getreidelaegern**
durch die ueber 3 bis 4 monate verteilte wirkstoffabgabe der ddvp-strips wird ein entsprechend laengerer dauerschutz des lagergutes erreicht. da das insektizid nur wenige cm in die oberflaeche der getreidescheibe eindringt, ist die rueckstandsbildung auf die gesamtmenge des lagergutes bezogen sehr gering. bisher durchgefuehrte untersuchungen haben gezeigt, dass voll befriedigender schutz gegen befall durch die speichermotte (ephestia elutella) erreicht werden kann. in z. z. laufenden untersuchungen sollen die beziehungen zwischen ausbringungsart, aufwandmenge und physikalisch/klimatischen bedingungen verschiedener lagertypen untersucht werden, um die fuer den jeweiligen fall niedrigste aufwandmenge des insektizids und damit geringste rueckstandsbelastung der zu schuetzenden ware festlegen zu koennen
S.WORT vorratsschutz + getreide + schaedlingsbekaempfung + insektizide
PROLEI DR. RICHARD WOHLGEMUTH
STAND 30.8.1976
QUELLE fragebogenerhebung sommer 1976
ZUSAM EINFUHR- UND VORRATSSTELLE FUER GETREIDE UND FUTTERMITTEL, 6000 FRANKFURT
BEGINN 1.1.1973 ENDE 31.12.1979
LITAN ZWISCHENBERICHT

RH -056
INST INSTITUT FUER VORRATSSCHUTZ DER BIOLOGISCHEN BUNDESANSTALT FUER LAND- UND FORSTWIRTSCHAFT BERLIN 33, KOENIGIN-LUISE-STR. 19
VORHAB **untersuchungen zum diapauseverhalten der speichermotte (ephestia elutella) - moeglichkeiten zur bio-physikalischen bekaempfung**
es soll geprueft werden, ob die diapausedauer und der verpuppungszeitpunkt der speichermotte so veraendert werden kann, dass der schlupf der falter zu einer fuer die entwicklung der nachzucht unguenstigen jahreszeit erfolgt und damit eine insektizidfreie bekaempfung dieses wichtigen lagerschaedlings moeglich ist. die abiotischen faktoren, die die diapause beeinflussen koennen, insbesondere tageslichtlaenge, der rhythmus ihrer aenderung, die lichtintensitaet und die temperaturen werden hierfuer untersucht
S.WORT vorratsschutz + getreide + biologische schaedlingsbekaempfung + insekten + (diapauseverhalten)
PROLEI DIPL. -BIOL. WERNER RASSMANN
STAND 30.8.1976
QUELLE fragebogenerhebung sommer 1976
BEGINN 1.1.1974
LITAN ZWISCHENBERICHT

RH -057
INST INSTITUT FUER VORRATSSCHUTZ DER BIOLOGISCHEN BUNDESANSTALT FUER LAND- UND FORSTWIRTSCHAFT BERLIN 33, KOENIGIN-LUISE-STR. 19
VORHAB **einsatz von mikroorganismen (z.b. bacillus thuringiensis) gegen mottenbefall von getreidelaegern**
es wird die wirkung und dauerwirkung einer oberflaechenbehandlung von getreide in schuettbodenlagerung auf den befall durch speichermotten (ephestia elutella) untersucht. ziel der versuche ist es, eine alternative zur chemischen bekaempfung mit insektiziden einstaeubemitteln und begasungen zu bieten
S.WORT vorratsschutz + getreide + biologische schaedlingsbekaempfung + insekten + (mikroorganismen)
PROLEI DR. RICHARD WOHLGEMUTH
STAND 30.8.1976
QUELLE fragebogenerhebung sommer 1976
ZUSAM BIOLOGISCHE BUNDESANSTALT, INST. F. BIOLOGISCHE SCHAEDLINGSBEKAEMPFUNG, 6100 DARMSTADT
BEGINN 1.1.1976 ENDE 31.12.1980

RH -058
INST INSTITUT FUER VORRATSSCHUTZ DER BIOLOGISCHEN BUNDESANSTALT FUER LAND- UND FORSTWIRTSCHAFT BERLIN 33, KOENIGIN-LUISE-STR. 19
VORHAB **einsatz von co2 gegen vorratsschaedlinge in silozellen**
in israel wurden vielversprechende untersuchungen ueber die bekaempfung von vorratsschaedlingen in vorratsguetern, die in silozellen lagern, gemacht. durch festlegung des sauerstoffes in kohlendioxid (co2-konverter) wird der stoffwechsel der schaedlinge blockiert. es soll geprueft werden, ob dieses voellig insektizidfrei arbeitende verfahren auch unter den wesentlich unguenstigeren bedingungen mitteleuropas anwendbar ist
S.WORT vorratsschutz + biologische schaedlingsbekaempfung + (co2-konverter) ISRAEL
PROLEI DR. RICHARD WOHLGEMUTH
STAND 30.8.1976
QUELLE fragebogenerhebung sommer 1976
ZUSAM MINISTRY OF AGRICULTURE, AGRICULTURAL RESEARCH ORGANIZATION STORED PRODUCTS DIVISION, TEL-AVIV
BEGINN 1.1.1976 ENDE 31.12.1979

RH -059

INST INSTITUT FUER ZOOLOGIE DER BIOLOGISCHEN BUNDESANSTALT FUER LAND- UND FORSTWIRTSCHAFT
BERLIN 33, KOENIGIN-LUISE-STR. 19
VORHAB **entwicklung eines geraetes zur anlockung, sterilisierung und wiederfreilassung oder abtoetung von gefluegelten-generationen schaedlicher blattlaus-arten**
anlock-fallen koennten es ermoeglichen, schaedlinge gezielt zu bekaempfen, ohne auf grossen flaechen insektizide zu verwenden; die untersuchungen sollen sich mit der entwicklung von geraeten befassen, mit deren hilfe schadinsekten angelockt werden; in den geraeten sollen die insekten sterilisiert oder vernichtet werden
S.WORT schaedlingsbekaempfung + geraeteentwicklung + insekten
PROLEI PROF. DR. AUGUST WILHELM STEFFAN
STAND 1.1.1974
FINGEB BUNDESMINISTER DER FINANZEN
BEGINN 1.1.1973 ENDE 31.12.1979
G.KOST 411.000 DM
LITAN AUSZUG AUS DEM PROGRAMM DER AD HOC-FORSCHUNGSPLANUNGSGRUPPE "MASSNAHMEN ZUR VERMINDERUNG DES EINSATZES VON PESTIZIDEN"

RH -060

INST INSTITUT FUER ZOOLOGIE DER BIOLOGISCHEN BUNDESANSTALT FUER LAND- UND FORSTWIRTSCHAFT
BERLIN 33, KOENIGIN-LUISE-STR. 19
VORHAB **ermittlung der grundlagen der insektizid-resistenz bei blattlaeusen und der moeglichkeit zu deren brechung**
S.WORT schaedlingsbekaempfung + insektizide + resistenz + (blattlaus)
PROLEI PROF. DR. AUGUST WILHELM STEFFAN
STAND 1.1.1974
FINGEB DEUTSCHE FORSCHUNGSGEMEINSCHAFT

RH -061

INST INSTITUT FUER ZOOLOGIE DER BIOLOGISCHEN BUNDESANSTALT FUER LAND- UND FORSTWIRTSCHAFT
BERLIN 33, KOENIGIN-LUISE-STR. 19
VORHAB **zur unterbindung der fortpflanzungstaetigkeit der schwarzen bohnenlaus durch anwendung von juvenilhormon-analoga**
in laborversuchen wurden angehoerige der ungefluegelten sommergenerationen der schwarzen bohnenlaus, aphis fabae, in den altersstadien li - liv der einwirkung eines juvenilhormon-analogons ausgesetzt. bei den behandelten larven, vor allem der stadien lii und liii traten nach einer kontaktzeit von wenigstens zwei tagen riesenlarven auf. diese zeichneten sich vor allem durch die geringe groesse (juvenilzustand!) der geburtsoeffnung aus, wodurch das absetzen von junglarven unterbunden wurde
S.WORT biologischer pflanzenschutz + schaedlingsbekaempfung + insekten + hormone
PROLEI PROF. DR. AUGUST WILHELM STEFFAN
STAND 30.8.1976
QUELLE fragebogenerhebung sommer 1976
ZUSAM CHEMISCHE WERKE SCHERING AG, POSTFACH 650311, 1000 BERLIN 65
BEGINN 1.1.1974 ENDE 31.12.1979
LITAN ZWISCHENBERICHT

RH -062

INST INSTITUT FUER ZOOLOGIE DER BIOLOGISCHEN BUNDESANSTALT FUER LAND- UND FORSTWIRTSCHAFT
BERLIN 33, KOENIGIN-LUISE-STR. 19
VORHAB **histologische untersuchungen zur ermittlung des wirkungsortes und der wirkungsweise von chemosterilantien und von juvenilhormon-analoga im insektenkoerper**
in zuchtversuchen wurde ermittelt, dass bei blattlaeusen das 2. larvenstadium am besten auf die beabsichtigte einwirkung sowohl von chemosterilantien als auch von juvenilhormon-analoga anspricht. in histologischen paraffinschnittpraeparaten wurde nun ermittelt, dass diese reaktionsbereitschaft einerseits mit der aktivitaet endokriner druesen in zusammenhang steht. es wurde ferner ermittelt, dass bei anwendung auf das adultstadium (p) die im mutterleib heranwachsenden embryonen der nachfolgegeneration (f1) derart beeinflusst werden koennen, dass ihre produktivitaet herabgesetzt wird oder ihre zahlenmaessig geringen nachkommen (f2) entwicklungsstoerungen zeigen oder selbst steril sind
S.WORT biologischer pflanzenschutz + schaedlingsbekaempfung + insekten + hormone + (chemosterilantien)
PROLEI PROF. DR. AUGUST WILHELM STEFFAN
STAND 30.8.1976
QUELLE fragebogenerhebung sommer 1976
FINGEB BUNDESMINISTER FUER FORSCHUNG UND TECHNOLOGIE
ZUSAM CHEMISCHE WERKE SCHERING AG, POSTFACH 650311, 1000 BERLIN 65
BEGINN 1.1.1975 ENDE 31.12.1980
LITAN ZWISCHENBERICHT

RH -063

INST INSTITUT FUER ZOOLOGIE DER BIOLOGISCHEN BUNDESANSTALT FUER LAND- UND FORSTWIRTSCHAFT
BERLIN 33, KOENIGIN-LUISE-STR. 19
VORHAB **freilandversuche zur minderung der populationsstaerke schaedlicher blattlaus-arten mittels anwendung von juvenilhormon-analoga**
in mistbeetkaesten wurden saubohnen angepflanzt und mit der schwarzen bohnenlaus, aphis fabae, infiziert. nach genuegend grosser entwicklung der blattlauskolonien, wurden voneinander isolierte etwa gleich grosse parzellen in zweiwoechigen abstaenden a) mit 0, 1%iger loesung einer 50% emulsionsaufbereitung eines juvenilhormon-analogons behandelt, b) mit wasser und c) mit einer 0, 01%ige loesung. nach etwa vier wochen zeigte sich eindeutig, dass in der 0, 01 %-parzelle die blattlauspopulation gegenueber der h2o-behandelten zurueckgegangen ist, und dass mehr pflanzen gesund geblieben sind. noch groesser erweist sich der anwendungserfolg in der mit 0, 1 %iger loesung behandelten parzelle
S.WORT biologischer pflanzenschutz + schaedlingsbekaempfung + insekten + hormone
PROLEI PROF. DR. AUGUST WILHELM STEFFAN
STAND 30.8.1976
QUELLE fragebogenerhebung sommer 1976
BEGINN 1.1.1974 ENDE 31.12.1979
LITAN ZWISCHENBERICHT

RH -064

INST INSTITUT FUER ZOOLOGIE DER BIOLOGISCHEN BUNDESANSTALT FUER LAND- UND FORSTWIRTSCHAFT
BERLIN 33, KOENIGIN-LUISE-STR. 19
VORHAB **zur oekologie und diapause-beeinflussung von an weidegraesern und zuckerrohr in mexiko schaedlichen grasschaumzikaden**
die verschiedenen entwicklungsstadien von grasschaumzikaden der genera prosapia und aeneolamia rufen durch ihre saugtaetigkeit an futtergraesern und an zuckerrohr in mexiko erhebliche schaeden hervor. es wurden untersuchungen begonnen, um die lebensweise und den entwicklungszyklus der einzelnen schadarten genau zu erfassen. darueberhinaus werden versuche angestellt, die diapause dieser tiere durch temperatur- und lichteinwirkung zu brechen und damit die empfindlichen entwicklungsstadien unguenstigen umweltbedingungen auszusetzen

S.WORT biologischer pflanzenschutz
+ schaedlingsbekaempfung + insekten
+ (grasschaumzikaden)
PROLEI PROF. DR. AUGUST WILHELM STEFFAN
STAND 30.8.1976
QUELLE fragebogenerhebung sommer 1976
FINGEB DEUTSCHER AKADEMISCHER AUSTAUSCHDIENST, BONN-BAD GODESBERG
ZUSAM INSTITUTO TECNOLOGICO Y DE ESTUDIOS SUPERIORES, MONTERREY, MEXIKO
BEGINN 1.1.1975 ENDE 31.12.1977
LITAN ZWISCHENBERICHT

RH -065

INST INSTITUT FUER ZOOLOGIE DER BIOLOGISCHEN BUNDESANSTALT FUER LAND- UND FORSTWIRTSCHAFT
BERLIN 33, KOENIGIN-LUISE-STR. 19
VORHAB zur reduktion der fortpflanzungskapazitaet der schwarzen bohnenlaus bei systematischer verabreichung von chemosterilatien
angehoerige ungefluegelter sommergenerationen der schwarzen bohnenlaus, aphis fabae, wurden in laborversuchen der systematischen einwirkung des chemosterilans metepa ausgesetzt. bei verabreichung von 0. 005% metepa-loesung betrug die lebensdauer 14 tage gegenueber 21 tage bei den kontrollen; die produktivitaet wurde um etwa 1/3 herabgesetzt. die praktische anwendung von chemosterilantien auf systematischem wege erscheint aufgrund dieser befunde unter einhaltung strenger vorsichtsmassnahmen zur bekaempfung von schaedlingen an nicht dem menschlichen oder tierischem verzehr dienenden nutzpflanzen moeglich
S.WORT biologischer pflanzenschutz
+ schaedlingsbekaempfung + insekten
+ (chemosterilantien)
PROLEI PROF. DR. AUGUST WILHELM STEFFAN
STAND 30.8.1976
QUELLE fragebogenerhebung sommer 1976
ZUSAM US DEPARTMENT OF AGRICULTURE, BELTSVILLE/MARYLAND USA
BEGINN 1.1.1974 ENDE 31.12.1979
LITAN HUSSEIN, E.;STEFFAN, A.: REPRODUCTIVE CAPACITY OF THE BEAN APHID, APHIS FABAE SCOP. (HOMOPTERA: APHIDDIDAE) AS AFFECTED BY METEPA. IN: Z. ANG. ENT. 80 S. 69-72, HAMBURG U. BERLIN (1976)

RH -066

INST INSTITUT FUER ZOOLOGIE DER BIOLOGISCHEN BUNDESANSTALT FUER LAND- UND FORSTWIRTSCHAFT
BERLIN 33, KOENIGIN-LUISE-STR. 19
VORHAB zur ausschaltung des fortpflanzungsvermoegens parthenogenetischer weibchen der schwarzen bohnenlaus durch kontaktbehandlung mit chemosterilantien
angehoerige der ungefluegelten sommergeneration der schwarzen bohnenlaus, aphis fabae, wurden im 2. oder 3. /4. larvenstadium durch tauchbehandlung der kontakteinwirkung waessriger loesungen der chemosterilanten hempa (14, 2 %), tepa (0. 01 % - 0. 04 %), metepa (0. 1 % - 0. 4 %) und thiotepa (0. 1 % - 0. 3 %) ausgesetzt: hempa und metepa verursachten sterberaten, die bis zu 20 % ueber denen der kontrolltiere lagen. tepa und thiotepa brachten keinen anstieg der mortalitaet, tepa nur eine schwache minderung der fertilitaet. thiotepa dagegen bewirkte bei 60 min anwendung einer 0. 3 % loesung auf das 2. larvenstadium eine mehr als 90 %ige senkung der fertilitaet. vorarbeiten zur einbeziehung der gefluegelten wandergenerationen in diese versuche sind im gange
S.WORT biologischer pflanzenschutz
+ schaedlingsbekaempfung + insekten
+ (chemosterilantien)
PROLEI PROF. DR. AUGUST WILHELM STEFFAN
STAND 30.8.1976
QUELLE fragebogenerhebung sommer 1976
ZUSAM US DEPARTMENT OF AGRICULTURE, BELTSVILLE/MARYLAND USA
BEGINN 1.1.1974 ENDE 31.12.1979
LITAN STEFFAN, A.: ZUR AUSSCHALTUNG DES FORTPFLANZUNGSVERMOEGENS PARTHENOGENET. WEIBCHEN VON APHIS FABAE SCOP. (HOMOPTERA: APHIDIDAE) DURCH KONTAKTBEHANDLUNG MIT CHEMOSTERILANTIEN. IN: Z. ANG. ENT. 80 S. 56-69, HAMBURG U. BERLIN (1976)

RH -067

INST INSTITUT FUER ZOOLOGIE DER TH DARMSTADT
DARMSTADT, SCHNITTSPAHNSTR. 3
VORHAB biotechnische forschung zur produktion insektenpathogener viren
erarbeiten neuer methoden in der biologischen schaedlingsbekaempfung: einsatz von artspezifischen, insektenpathogenen viren gegen forstliche und landwirtschaftliche gross-schaedlinge anstelle chemischer pestizide
S.WORT biologischer pflanzenschutz
+ schaedlingsbekaempfung + insekten + pathogene keime
PROLEI PROF. DR. HERBERT MILTENBURGER
STAND 30.8.1976
QUELLE fragebogenerhebung sommer 1976
FINGEB BUNDESMINISTER FUER FORSCHUNG UND TECHNOLOGIE
ZUSAM - INST. F. BIOLOGISCHE SCHAEDLINGSBEKAEMPFUNG DER BIOLOGISCHEN BUNDESANSTALT, DARMSTADT
- FIRMA HOECHST AG, ABTEILUNG PFLANZENSCHUTZ, 6000 FRANKFURT
BEGINN 1.1.1976 ENDE 31.12.1978
G.KOST 380.000 DM
LITAN MILTENBURGER, H.;DAVID, P.: NUCLEAR POLYHEDROSIS VIRUS REPLICATION IN PERMANENT CELLINES OF THE CABBAGE MOTH. IN: NATURWISS. 63(4) S. 197(1976)

RH -068

INST LANDES-LEHR- UND VERSUCHSANSTALT FUER WEINBAU, GARTENBAU UND LANDWIRTSCHAFT AHRWEILER
BAD NEUENAHR-AHRWEILER, WALPORZHEIMER STRASSE 48
VORHAB wirkung der massnahmen des integrierten pflanzenschutzes auf den schaedlingsbefall in einer obstanlage
in einer obstanlage werden verschiedene verfahren des pflanzenschutzes im obstbau verglichen. der "integrierte pflanzenschutz" wird auf seine wirksamkeit untersucht
S.WORT pflanzenschutz + obst
PROLEI HANS-JOSEF WEBER
STAND 21.7.1976
QUELLE fragebogenerhebung sommer 1976
ZUSAM LANDESPFLANZENSCHUTZAMT RHEINLAND-PFALZ, ESSENHEIMERSTR. 144, 6500 MAINZ-BRETZENHEIM
BEGINN 1.4.1976 ENDE 30.9.1976

RH -069

INST LANDESANSTALT FUER PFLANZENSCHUTZ
STUTTGART 1, REINSBURGSTR. 107
VORHAB biologische bekaempfung der san-jose-schildlaus mit dem endoparasiten prospaltella perniciosi tow
umweltfreundliche schaedlingsbekaempfung
S.WORT pflanzenschutz + schaedlingsbekaempfung
+ biotechnologie
PROLEI DR. NEUFFER
STAND 1.1.1974
FINGEB - BUNDESMINISTER FUER ERNAEHRUNG, LANDWIRTSCHAFT UND FORSTEN
- MINISTERIUM FUER ERNAEHRUNG, LANDWIRTSCHAFT UND UMWELT, STUTTGART
BEGINN 1.1.1950
G.KOST 500.000 DM
LITAN - BENASSY, C.;MATHYS, G.;NEUFFER, G.;MILAIRE, H; IANCHI, H. B.;GWIGNARD, U. E.:L. UTILISATION, PRATIQUE DE PROSPALTELLA PERNICIOSI TOW;

PARASITE DU POU SAN JOSE QUADRASPIDIOTUS PERNICIOSUS COMST. ENTOMOPHAGA, MEM HORS SERIE
- ZWISCHENBERICHT 1974. 09

RH -070

INST LANDESANSTALT FUER PFLANZENSCHUTZ STUTTGART 1, REINSBURGSTR. 107
VORHAB selbstvernichtungsverfahren beim apfelwickler
umweltfreundliche schaedlingsbekaempfung (sterile male technique)
S.WORT pflanzenschutz + schaedlingsbekaempfung + biotechnologie + (apfelwickler)
PROLEI DR. NEUFFER
STAND 1.1.1974
FINGEB - BUNDESMINISTER FUER ERNAEHRUNG, LANDWIRTSCHAFT UND FORSTEN
- MINISTERIUM FUER ERNAEHRUNG, LANDWIRTSCHAFT UND UMWELT, STUTTGART
BEGINN 1.1.1968
G.KOST 300.000 DM
LITAN - PROTOKOLL 4. TREFFEN DER ARBEITSGRUPPE CARPOCAPSA UND ADOXOPHYES DER IOBC/WPRS, WAEDENSWIL/SCHWEIZ (26. -29. 11. 73)
- ZWISCHENBERICHT 1974. 09

RH -071

INST LANDESANSTALT FUER PFLANZENSCHUTZ STUTTGART 1, REINSBURGSTR. 107
VORHAB integrierter pflanzenschutz im apfelanbau
ermittlung und ausnuetzung natuerlicher begrenzungsfaktoren (nuetzlinge/kulturmassnahmen) der schaedlinge und krankheiten im apfelanbau und damit verminderung der pestizidanwendung
S.WORT pflanzenschutz + schaedlingsbekaempfung + biotechnologie + (im apfelanbau)
PROLEI DR. STEINER
STAND 1.1.1974
FINGEB - DEUTSCHE FORSCHUNGSGEMEINSCHAFT
- BUNDESMINISTER FUER ERNAEHRUNG, LANDWIRTSCHAFT UND FORSTEN
- MINISTERIUM FUER ERNAEHRUNG, LANDWIRTSCHAFT UND UMWELT, STUTTGART
BEGINN 1.1.1953
G.KOST 1.200.000 DM
LITAN - STEINER,H.:COST-BENEFIT ANALYSIS IN ORCHARDS WHERE INTEGRATED CONTROL IS PRACTISED.IN:EPPO-BULL. 3,S.27-36 (1973)
- JAHRESBERICHTE DER LANDESANSTALT FUER PFLANZENSCHUTZ
- JAHRESBERICHTE AN DAS BUNDESERNAEHRUNGSMINISTERIUM

RH -072

INST LANDESANSTALT FUER PFLANZENSCHUTZ STUTTGART 1, REINSBURGSTR. 107
VORHAB integrierter pflanzenschutz im feldgemueseanbau
ersatz der im feldgemueseanbau ueblichen chemischen bekaempfung durch integrierte und spaeter biologische und biotechnische bekaempfungsverfahren; das ziel ist die grossflaechige produktion von kohl, erbsen, bohnen, moehren und spinat mit moeglichst geringen pestizidrueckstaenden
S.WORT pflanzenschutz + schaedlingsbekaempfung + biotechnologie + (im feldgemueseanbau)
PROLEI DR. STEINER
STAND 1.1.1974
FINGEB - DEUTSCHE FORSCHUNGSGEMEINSCHAFT
- BUNDESMINISTER FUER ERNAEHRUNG, LANDWIRTSCHAFT UND FORSTEN
- MINISTERIUM FUER ERNAEHRUNG, LANDWIRTSCHAFT UND UMWELT, STUTTGART
BEGINN 1.1.1969
G.KOST 400.000 DM
LITAN - HASSAN,S.A.: THE EFFECT OF INSECTICIDES ON TRYBLIOGRAPHA RAPAE WEST. (HYMENOPTERA: CYNIPIDAE), A PARASITE OF THE CABBAGE ROOT FLY HYLEMYA BRASSICAE (BOUCHE)IN:Z.ANG.ENT.73,S.93-102 (1973)
- EL TITI,A.:UEBERWANDERUNG APHIDOPHAEGER INSEKTEN VON ERBSENFELDERN ZU BENACHBARTEN KULTUREN UND IHRE BEDEUTUNG FUER DEN INTEGRIERTEN PFLANZENSCHUTZ.IN:Z.PFLKRH.U.PFLSCH.
- JAHRESBERICHT DER LANDESANSTALT FUER PFLANZENSCHUTZ,

RH -073

INST LANDESANSTALT FUER PFLANZENSCHUTZ STUTTGART 1, REINSBURGSTR. 107
VORHAB entwicklung neuer geraete fuer den warndienst im pflanzenschutz in innenstadtnahen sanierungsgebieten
mangels ausreichender kenntnisse ueber die epidemiologie der schaderreger werden im pflanzenschutz vorwiegend prophylaktisch pestizide angewendet; biologische untersuchungen sollen als grundlage fuer elektronische warngeraete dienen, die eine verringerung des pestizidaufwandes ermoeglichen
S.WORT pflanzenschutz + schaedlingsbekaempfung + warndienst + geraeteentwicklung
PROLEI DR. STEINER
STAND 1.1.1974
FINGEB - DEUTSCHE FORSCHUNGSGEMEINSCHAFT
- BUNDESMINISTER FUER ERNAEHRUNG, LANDWIRTSCHAFT UND FORSTEN
- ROBERT BOSCH GMBH, STUTTGART
BEGINN 1.1.1971
G.KOST 400.000 DM
LITAN - JAHRESBERICHTE DER LANDESANSTALT FUER PFLANZENSCHUTZ ZWISCHENBERICHTE AN DIE DFG
- REFERAT UEBER EIN ELEKTRONISCHES SCHORFWARNGERAET AUF DER DEUTSCHEN PFLANZENSCHUTZTAGUNG 1973 IN STUTTGART
- ZWISCHENBERICHT 1975. 01

RH -074

INST LANDESANSTALT FUER PFLANZENSCHUTZ STUTTGART 1, REINSBURGSTR. 107
VORHAB integrierter pflanzenschutz im beerenobstanbau
die gefahr von hoechstmengenueberschreitungen an pestiziden und misserfolge bei chemischer bekaempfung fuehrten zur erforschung der natuerlichen feinde der beerenobstschaedlinge zwecks spaeterer ausnuetzung
S.WORT pflanzenschutz + schaedlingsbekaempfung + biotechnologie + (im beerenobstanbau)
PROLEI DR. BOSCH
STAND 1.1.1974
FINGEB - DEUTSCHE FORSCHUNGSGEMEINSCHAFT
- BUNDESMINISTER FUER ERNAEHRUNG, LANDWIRTSCHAFT UND FORSTEN
- MINISTERIUM FUER ERNAEHRUNG, LANDWIRTSCHAFT UND UMWELT, STUTTGART
BEGINN 1.1.1973
G.KOST 400.000 DM
LITAN - JAHRESBERICHTE DER LANDESANSTALT FUER PFLANZENSCHUTZ ZWISCHENBERICHTE AN DIE DFG
- ZWISCHENBERICHT 1975. 01

RH -075

INST LEHRSTUHL FUER BIOLOGIE DER UNI AUGSBURG AUGSBURG, EICHLEITNERSTR. 30
VORHAB beitraege zum biologischen pflanzenschutz
im rahmen biologischer massnahmen wird versucht, die einseitige chemische arbeit im pflanzenschutz ueber integrierte pflanzenschutzmassnahmen zu biologischen zu fuehren
S.WORT biologischer pflanzenschutz
PROLEI PROF. DR. JOSEF JUNG
STAND 19.7.1976
QUELLE fragebogenerhebung sommer 1976
BEGINN 1.1.1975 ENDE 31.12.1980
G.KOST 100.000 DM
LITAN - JUNG, J. IN: PYTHOPATHISCHE ZEITUNG 77 S. 274(1973)
- JUNG, J. IN: NATURWISSENSCHAFTEN 48 S. 134(1961)
- JUNG, J. IN: FORSTW. CBL. 84 S. 148(1965)

RH -076

INST LEHRSTUHL FUER GENETIK DER UNI TUEBINGEN TUEBINGEN 1, AUF DER MORGENSTELLE 28
VORHAB oekologisch-genetische untersuchungen ueber das wachstum von populationen von schadinsekten
S.WORT insekten + wachstum + population + genetik
PROLEI PROF. DR. KLAUS WOEHRMANN
STAND 7.9.1976
QUELLE datenuebernahme von der deutschen forschungsgemeinschaft
FINGEB DEUTSCHE FORSCHUNGSGEMEINSCHAFT

RH -077

INST NIEDERSAECHSISCHE FORSTLICHE VERSUCHSANSTALT GOETTINGEN, GRAETZELSTR. 2
VORHAB umweltschonende bekaempfung von forstschaedlingen. hier: laerchenminiermotte, coleophora laricella
abloesung chemischer (routine-) massnahmen bei der niederhaltung eines laerchenschaedlings. - langjaehrige massenwechselanalyse, schluesselfaktoren - zusammenhang zwischen disposition der einzelpflanze/des bestandes und dem schaedlingsauftreten - beeinflussung der standoertlichen disposition, z. b. durch duengung - schadensschwellen: bekaempfungsnotwendigkeit, frassfolgen, kritische zahlen - moeglichkeiten biologischer bekaempfung intensiver vogelschutz seit 1972)
S.WORT forstwirtschaft + schaedlingsbekaempfung + biologischer pflanzenschutz
LINGEN + EMS
PROLEI DR. WOLFGANG ALTENKIRCH
STAND 11.8.1976
QUELLE fragebogenerhebung sommer 1976
FINGEB NIEDERSAECHSISCHES ZAHLENLOTTO, HANNOVER
ZUSAM - ABT. ERTRAGSKUNDE, NFV GOETTINGEN, GRAEZELSTR. 2, 3400 GOETTINGEN
- VOGELWARTE HELGOLAND, 2940 WILHELMSHAVEN
BEGINN 1.1.1972
LITAN - SCHINDLER, U.: EINFLUSS DER MEISEN (PARIDAE) AUF DIE POPULATIONSDICHTE DER LAERCHENMINIERMOTTE (COLEOPHORA LARICELLA HBN) IM KALAMINTAETSGEBIET DES EMSLANDES. IN: ALLG. FORST- U. JAGDZEITUNG. 143 S. 17-20(1972)
- WINKEL, W.: VERGLEICHEND-BRUTBIOLOGISCHE UNTERSUCHUNGEN AN FUENF MEISEN-ARTEN (PARUS SPP.) IN EINEM NIEDERSAECHSISCHEN AUFFORSTUNGSGEBIET MIT JAPANISCHER LAERCHE (LARIX LEPTO-LEPIS). IN: VOGELWELT. 96 S. 41-63, 104-114(1975)

RH -078

INST PFLANZENSCHUTZAMT DER LANDWIRTSCHAFTSKAMMER WESER-EMS OLDENBURG, MARS-LA-TOUR-STR. 9-11
VORHAB untersuchungen zur integrierten bekaempfung der feldmaus und pflanzenschaedlicher tipuliden auf gruenland
ziel: integrierte feldmaus- und tipulabekaempfung. entwicklung und erprobung neuer biozoenoseschonender bekaempfungsmethoden; erarbeitung gesicherter unterlagen ueber wirtschaftliche schadensschwellen; vergleichende dichtebestimmungen; veraenderung dichtebestimmender faktoren (duengung, pflege und nutzung)
S.WORT schaedlingsbekaempfung + gruenland + biozoenose
PROLEI DR. WOLFGANG SCHUETZ
STAND 1.1.1974
FINGEB - BUNDESMINISTER FUER ERNAEHRUNG, LANDWIRTSCHAFT UND FORSTEN
- MINISTERIUM FUER ERNAEHRUNG, LANDWIRTSCHAFT UND FORSTEN, HANNOVER
ZUSAM - BIOLOGISCHE BUNDESANSTALT FUER LAND-U. FORSTWIRTSCHAFT, 33 BRAUNSCHWEIG, MESSEWEG 11/12
- NIEDERS. FORSTL. VERSUCHSANSTALT, 34 GOETTINGEN, GRAETZELSTR. 2, ABT. B
- PFLANZENSCHUTZAMT DER LANDWIRTSCHAFTSKAMMER
BEGINN 1.11.1973 ENDE 31.12.1978
G.KOST 95.000 DM
LITAN ZWISCHENBERICHT 1974

RH -079

INST PFLANZENSCHUTZAMT DER LANDWIRTSCHAFTSKAMMER WESER-EMS OLDENBURG, MARS-LA-TOUR-STR. 9-11
VORHAB erhebung ueber den einsatz von pflanzenschutzmitteln im jahre 1975 im bereich der landwirtschaftskammer weser-ems
erhebung ueber den einsatz von pflanzenschutzmitteln im bereich der landwirtschaftskammer weser-ems 1975. befragungen in einer repraesentativen anzahl von landwirtschaftlichen betrieben, wasser- und bodenverbaenden sowie in saemtlichen forstaemtern
S.WORT pflanzenschutzmittel + datenerfassung
WESER + EMS + OLDENBURG
PROLEI DR. PAUL BLASZYK
STAND 4.8.1976
QUELLE fragebogenerhebung sommer 1976
FINGEB MINISTERIUM FUER ERNAEHRUNG, LANDWIRTSCHAFT UND FORSTEN, HANNOVER
ZUSAM PFLANZENSCHUTZAMT DER LANDWIRTSCHAFTSKAMMER HANNOVER, WUNSTTORFER STR. 9, 3000 HANNOVER 97
BEGINN 1.9.1975 ENDE 30.6.1976
G.KOST 6.000 DM

RH -080

INST STAATLICHES MUSEUM FUER NATURKUNDE STUTTGART STUTTGART, SCHLOSS ROSENSTEIN
VORHAB biologie und oekologie der raupenfliegen (tachinidae)
untersuchung der lebensweise, verbreitung und haeufigkeit, sowie der biotopbindung von raupenfliegen, d. h. von parasiten schaedlicher insekten
S.WORT biologie + biotop + (raupenfliegen)
EUROPA (MITTELEUROPA)
PROLEI DR. BENNO HERTING
STAND 21.7.1976
QUELLE fragebogenerhebung sommer 1976
ZUSAM - ORGANISATION INTERNATIONALE POUR LA LUTTE BIOLOGIQUE, PARIS/ZUERICH/WAGENINGEN
- COMMONWEALTH INSTITUE OF BIOLOGICAL CONTROL, DELEMONT (SCHWEIZ)
BEGINN 1.1.1954

Weitere Vorhaben siehe auch:

PB -015 DER EINFLUSS VON UMWELTCHEMIKALIEN (ORGANOCHLORVERBINDUNGEN) AUF DIE PROTEINVERTEILUNG DER AUGENLINSE
PC -029 DER NAHRUNGSEINFLUSS DER WIRTSPFLANZE VON SCHADINSEKTEN AUF DEREN NATUERLICHE FEINDE
PG -025 EINFLUSS EINER JAEHRLICH WIEDERHOLTEN ANWENDUNG DES SYSTEMISCHEN NEMATIZIDS TEMIK 10 G (WIRKSTOFF ALDICARB) AUF DAS OEKOSYSTEM EINER HAFERMONOKULTUR
PH -050 ENTWICKLUNG VON METHODEN ZUR BEURTEILUNG DES VERHALTENS VON PFLANZENSCHUTZMITTELN IM BODEN
RB -029 ENTWICKLUNG NEUER VERFAHREN ZUR BEKAEMPFUNG VON QUARANTAENESCHAEDLINGEN IN VORRAETEN MIT MINIMALDOSEN HOCHGIFTIGER GASE
RB -030 VERMINDERUNG DES INSEKTIZIDEINSATZES BEI DER QUARANTAENEBEGASUNG VON EXPELLERN GEGEN KHAPRAKAEFER-BEFALL
RE -020 VERFAHREN ZUR SELEKTION UND ZUECHTUNG VON GETREIDESORTEN MIT EINER VON ERREGERRASSEN UNABHAENGIGEN RELATIVEN KRANKHEITSRESISTENZ

SA -001
INST ABTEILUNG BEHANDLUNG RADIOAKTIVER ABFAELLE DER GESELLSCHAFT FUER KERNFORSCHUNG MBH KARLSRUHE, POSTFACH 3640
VORHAB errichtung der kompakten natriumgekuehlten kernreaktoranlage
S.WORT kernreaktor + kuehlsystem
STAND 16.12.1975
QUELLE mitteilung der abwaermekommission vom 16.12.75
FINGEB BUNDESMINISTER FUER FORSCHUNG UND TECHNOLOGIE
BEGINN 1.1.1966 ENDE 31.12.1975
G.KOST 113.491.000 DM

SA -002
INST ABTEILUNG BEHANDLUNG RADIOAKTIVER ABFAELLE DER GESELLSCHAFT FUER KERNFORSCHUNG MBH KARLSRUHE, POSTFACH 3640
VORHAB schnelles core (knk ii) als zweites core fuer die kompakte natriumgekuehlte kernreaktoranlage; projektierung, herstellung und zugehoeriger umbau der anlage
S.WORT kernreaktor + kuehlsystem
STAND 16.12.1975
QUELLE mitteilung der abwaermekommission vom 16.12.75
FINGEB BUNDESMINISTER FUER FORSCHUNG UND TECHNOLOGIE
BEGINN 1.1.1968 ENDE 31.12.1976
G.KOST 88.100.000 DM

SA -003
INST ABTEILUNG BEHANDLUNG RADIOAKTIVER ABFAELLE DER GESELLSCHAFT FUER KERNFORSCHUNG MBH KARLSRUHE, POSTFACH 3640
VORHAB versuchsprogramm fuer die kompakte natriumgekuehlte kernreaktoranlage (knk)
S.WORT kernreaktor + kuehlsystem
STAND 16.12.1975
QUELLE mitteilung der abwaermekommission vom 16.12.75
FINGEB BUNDESMINISTER FUER FORSCHUNG UND TECHNOLOGIE
BEGINN 1.1.1972 ENDE 31.12.1975
G.KOST 7.600.000 DM

SA -004
INST ALKEM GMBH HANAU 11, POSTFACH 110069
VORHAB bauzugehoeriges f+e-programm fuer das 280 mwe-prototypkernkraftwerk mit schnellem natriumgekuehltem reaktor (snr-300)
S.WORT kernreaktor + brennelement + plutonium + schneller brueter
QUELLE datenuebernahme aus der datenbank zur koordinierung der ressortforschung (dakor)
FINGEB BUNDESMINISTER FUER FORSCHUNG UND TECHNOLOGIE
ZUSAM - INTERATOM
- GFK, KARLSRUHE
- CEN, MOL; RCN, PETTEN; TNO APELDOORN
BEGINN 1.4.1972 ENDE 31.7.1975
G.KOST 1.980.000 DM

SA -005
INST ALLGEMEINE ELEKTRIZITAETS-GESELLSCHAFT AEG-TELEFUNKEN, FRANKFURT FRANKFURT, THEODOR-STERN-KAI 1
VORHAB entwicklung einer rohgas/luft-brennstoffzelle mit nichtedelmetallelektroden und sauren elektrolyten
leistungs- brennstoffzelle im kilowattbereich zum betrieb mit ungereinigtem wasserstoff und auch fluessigem brennstoff (methanol). methanolspalter; optimierung der zellenabmessungen; erhoehung der spezifischen leistung; erstellung von batteriebloecken; lebensdaueruntersuchungen von batterien mit grossflaechigen elektroden
S.WORT brennstoffzelle + geraeteentwicklung
PROLEI PROF. DR. POHL
STAND 1.1.1974
FINGEB BUNDESMINISTER FUER BILDUNG UND WISSENSCHAFT
BEGINN 1.1.1969
G.KOST 5.400.000 DM
LITAN - POHL, F. A.: BRENNSTOFFZELLEN FUER UNGEREINIGTE SPALTGASE IN: ELEKTRIZITAETSVERWERTUNG 48 (5) S. 145-147 (1973) ZUERICH
- BOEHM, H: 2. FORSCHUNGSBERICHT NT 20 1971. 02
- CARL, H.;BOEHM, F.;POHL, F.: ZUR WIRTSCHAFTLICHEN ANWENDBARKEIT DER WOLFRAMCARBID/KOHLE-BRENNSTOFFZELLE IN: WISS. VER. AEG-TELEFUNKEN 46 3/4, S. 49-56 (1973)

SA -006
INST ALLGEMEINE ELEKTRIZITAETS-GESELLSCHAFT AEG-TELEFUNKEN, FRANKFURT FRANKFURT, THEODOR-STERN-KAI 1
VORHAB experimentalstudie zur entwicklungsdefinition von terrestrischen solarzellen-generatoren
ausgehend vom heutigen stand der raumfahrt-solarzellengeneratoren sollen verfahren zur kostenreduzierung untersucht werden. kostenanalysen sollen schwerpunktmaessig experimentell gestuetzt werden. nach diesen erkenntnissen soll ein anschliessendes entwicklungsprogramm formuliert werden
S.WORT energieumwandlung + solarzelle + geraeteentwicklung + wirtschaftlichkeit
PROLEI DIPL. -PHYS. R. BUHS
STAND 29.7.1976
QUELLE fragebogenerhebung sommer 1976
FINGEB BUNDESMINISTER FUER FORSCHUNG UND TECHNOLOGIE
ZUSAM INSTITUTSGEMEINSCHAFT FUER DIE TECHNISCHE NUTZUNG SOLARER ENERGIE DER TU STUTTGART
BEGINN 1.1.1975 ENDE 31.12.1977
G.KOST 2.339.000 DM
LITAN ZWISCHENBERICHT

SA -007
INST ARBEITSGEMEINSCHAFT FERNWAERME E.V. FRANKFURT 70, STRESEMANNALLEE 41
VORHAB gesamtstudie ueber die moeglichkeiten der fernwaerme-versorgung aus heizkraftwerken in der bundesrepublik deutschland
S.WORT energieversorgung + fernwaerme + wirtschaftlichkeit + oekologische faktoren
QUELLE datenuebernahme aus der datenbank zur koordinierung der ressortforschung (dakor)
FINGEB BUNDESMINISTER FUER FORSCHUNG UND TECHNOLOGIE
ZUSAM - WIBERA, DUESSELDORF
- KA-PLAM, HEIDELBERG
BEGINN 1.9.1974 ENDE 31.8.1976

SA -008
INST BONNENBERG UND DRESCHER, INGENIEURGESELLSCHAFT MBG & CO KG JUELICH, LANDSTR. 20
VORHAB studie: zukuenftige transportkapazitaet von radioaktivem material und moegliche konsequenzen
S.WORT kernenergie + radioaktive substanzen + brennstoffe + transport + abfallbeseitigung
QUELLE datenuebernahme aus der datenbank zur koordinierung der ressortforschung (dakor)
FINGEB BUNDESMINISTER FUER FORSCHUNG UND TECHNOLOGIE
BEGINN 1.4.1974 ENDE 30.9.1974

SA -009
INST BROWN, BOVERIE UND CIE AG HEIDELBERG, EPPELHEIMER STRASSE 82
VORHAB warmwasserbereitung mit sonnenenergie
S.WORT energietechnik + sonnenstrahlung
PROLEI DIPL. -PHYS. HERMANN BIRNBREIER
STAND 16.12.1975

QUELLE mitteilung der abwaermekommission vom 16.12.75
FINGEB BUNDESMINISTER FUER FORSCHUNG UND TECHNOLOGIE
ZUSAM - OKAL, LAUENSTEIN
- IIB, HANNOVER
BEGINN 1.1.1974 ENDE 31.12.1975
G.KOST 590.000 DM
LITAN ENDBERICHT

SA -010
INST BUNDESANSTALT FUER GEOWISSENSCHAFTEN UND ROHSTOFFE
HANNOVER 51, STILLEWEG 2
VORHAB **studie ueber die nutzung geothermischer energie fuer heizzwecke in der bundesrepublik deutschland**
S.WORT energietechnik + waermeversorgung
STAND 16.12.1975
QUELLE mitteilung der abwaermekommission vom 16.12.75
FINGEB BUNDESMINISTER FUER FORSCHUNG UND TECHNOLOGIE
BEGINN 1.1.1974
G.KOST 184.000 DM

SA -011
INST DEUTSCHE TEXACO AG
HAMBURG 13, MITTELWEG 180
VORHAB **laborversuche bezueglich langzeiteinlagerung von fertigprodukten in salzkavernen**
einsatz von mineraloelprodukten in autoklaven zur simulation von kavernenlagerung
S.WORT lagerung + mineraloelprodukte + simulation
PROLEI DR. HANSER
STAND 1.1.1974
FINGEB BUNDESMINISTER DER VERTEIDIGUNG
BEGINN 1.11.1972 ENDE 30.11.1974
G.KOST 135.000 DM
LITAN - ZWISCHENBERICHTE, KNUEPFER, BMDV
- ZWISCHENBERICHT 1974. 03

SA -012
INST DEUTSCHER WETTERDIENST
OFFENBACH, FRANKFURTER STR. 135
VORHAB **ermittlung der heizgrenzen fuer heiztechnische wirtschaftlichkeitsberechnungen, richtlinie vdi 2067 blatt 1**
schaffung der mathematisch-physikalischen sowie meteorologischen grundlagen zur bestimmung der heizgradtage fuer alle groesseren staedte der bundesrepublik deutschland unter beruecksichtigung von heizgrenzen, die an die heutigen wohnphysiologischen beduerfnisse angepasst sind. diese grundlagen sind fuer die beurteilung technischer massnahmen notwendig, die zur erlangung optimaler umweltbedingungen in aufenthaltsraeumen dienen. es muessen vorliegende meteorologische beobachtungen ueber einen zeitraum von etwa 30 jahren ausgewertet werden, und zwar mittels edv-anlage. eine dazu notwendige codierung bzw. programmierung ist erstmalig und bedarf daher besonderer vorarbeiten durch spezialisten
S.WORT waermeversorgung + meteorologie + oekonomische aspekte
STAND 16.12.1975
QUELLE mitteilung der abwaermekommission vom 16.12.75
FINGEB BUNDESMINISTER FUER RAUMORDNUNG, BAUWESEN UND STAEDTEBAU
BEGINN 1.8.1973 ENDE 31.8.1975

SA -013
INST DORNIER SYSTEM GMBH
FRIEDRICHSHAFEN, POSTFACH 1360
VORHAB **entwicklung von hochtemperaturbestaendigen solarabsorberflaechen**
S.WORT energietechnik + sonnenstrahlung
STAND 16.12.1975
QUELLE mitteilung der abwaermekommission vom 16.12.75
FINGEB BUNDESMINISTER FUER FORSCHUNG UND TECHNOLOGIE
BEGINN 1.1.1974 ENDE 31.12.1977
G.KOST 1.177.000 DM

SA -014
INST ELEKTROWAERME-INSTITUT ESSEN E.V.
ESSEN, NUENNINGSTR. 9
VORHAB **untersuchungen zu den moeglichkeiten der energierueckgewinnung und der integrierten energieversorgung von giessereibetrieben**
ziel: die moeglichkeiten der rueckgewinnung und nutzung von verlustenergie in giessereibetrieben
S.WORT energieversorgung + giessereiindustrie
PROLEI DIPL. -ING. ENDRESS
STAND 1.1.1974
FINGEB BUNDESMINISTER FUER WIRTSCHAFT
BEGINN 1.1.1974 ENDE 31.12.1975
G.KOST 105.000 DM

SA -015
INST ELEKTROWAERME-INSTITUT ESSEN E.V.
ESSEN, NUENNINGSTR. 9
VORHAB **untersuchungen zur anwendung elektrischer direktheizsysteme mit flaechenheizelementen**
ziel: moeglichkeiten der anwendung von flaechenheizelementen fuer die beheizung von raeumen und geraeten; verringerung des energiebedarfs
S.WORT heizungsanlage + elektrotechnik + waermeversorgung
PROLEI DIPL. -ING. ENDRESS
STAND 1.1.1974
FINGEB BUNDESMINISTER FUER WIRTSCHAFT
BEGINN 1.1.1974 ENDE 31.12.1976
G.KOST 177.000 DM

SA -016
INST ENERGIEVERSORGUNG OBERHAUSEN AG
OBERHAUSEN, POSTFACH 100420
VORHAB **planungsstudie zur fernwaermeversorgung aus heizkraftwerken im raum oberhausen/westliches ruhrgebiet**
S.WORT fernwaerme + waermeversorgung + kernkraftwerk + (heizkraftwerkverbund)
OBERHAUSEN + RUHRGEBIET
QUELLE datenuebernahme aus der datenbank zur koordinierung der ressortforschung (dakor)
FINGEB BUNDESMINISTER FUER FORSCHUNG UND TECHNOLOGIE
ZUSAM - ARBEITSGEMEINSCHAFT FERNWAERME
- KA-PLAN
- GESELLSCHAFT FUER HOCHTEMPERATURREAKTORTECHNIK
BEGINN 1.9.1974 ENDE 28.2.1976

SA -017
INST ENERGIEWIRTSCHAFTLICHES INSTITUT DER UNI KOELN
KOELN 41, ALBERTUS-MAGNUS-PLATZ
VORHAB **instrumente umweltorientierter energiepolitik**
pruefung der instrumente im hinblick auf die erreichung von umweltnormen in der energiewirtschaft; insbesondere gebuehreninstrument
S.WORT energiepolitik + oekonomische aspekte
PROLEI PROF. DR. SCHNEIDER
STAND 1.1.1974
FINGEB DEUTSCHE FORSCHUNGSGEMEINSCHAFT
BEGINN 1.1.1974 ENDE 31.12.1976
LITAN ZWISCHENBERICHT 1974. 12

SA -018
INST FACHBEREICH PHYSIK DER UNI KONSTANZ
KONSTANZ, JACOB-BURCKHARDT-STR.

VORHAB **neue solarzellen (nicht siliziumbasis); wasserstoffspeicher**
a) neue p-n uebergaenge werden in bezug auf photovoltaeffektuntersucht. das programm wird ausgeweitet, indem auch elektronische eigenschaften neuer billiger halbleiter untersucht werden in bezug auf anwendungsfaehigkeit? dotierungsmoeglichkeiten etc. ziel: moeglichst billige effiziente solarzelle z. zt. untersuchung von mg und be verbindungen. b) neue billige, leichte wasserstoffspeicher, z. zt. untersuchung von mg und be verbindungen
S.WORT energietechnik + solarzelle + wasserstoffspeicher
PROLEI PROF. ERNST BUCHER
STAND 21.7.1976
QUELLE fragebogenerhebung sommer 1976
FINGEB - BUNDESMINISTER FUER FORSCHUNG UND TECHNOLOGIE
- DEUTSCHE FORSCHUNGSGEMEINSCHAFT
ZUSAM - TH ZUERICH (SCHWEIZ)
- MAX-PLANCK-INSTITUT, STUTTGART
BEGINN 1.1.1976 ENDE 31.5.1978
G.KOST 2.000.000 DM

SA -019
INST FACHGEBIET TECHNISCHE THERMODYNAMIK DER TH DARMSTADT
DARMSTADT, PETERSENSTR. 18
VORHAB **energiespeicherung durch latentwaermespeicher - waermeuebertragung an schmelzende und erstarrende substanzen**
da bisher keine methode existiert, elektrische energie in groesseren mengen wirtschaftlich zu speichern, gewinnt die speicherung von waermeenergie zunehmend an bedeutung. es ist bekannt, dass eutektische mischungen aus fluoriden der alkali- und erdalkalimetalle (lif, nac18 naf, mgcl2), aber z. b. auch reines lithiumflorid extrem hohe schmelzwaermen besitzen. fluoridmischungen koennen 2- bis 3-mal soviel waerme speichern wie bisher benutzte waermespeichermaterialien. im vergleich zum bleiakkumulator weisen sie eine etwa dreissigmal hoehere energiespeicherkapazitaet auf. es besteht das problem der erreichung hoher waermestromdichten zum zweck einer moeglichst intensiven waermezufuhr bzw. waermeabgabe an der oberflaeche. die waermeuebertragung zur oder von der sspeichermasse kann dadurch verbessert werden, dass man an der aussenwand des speicherbehaelters kondensations- bzw. verdampfungsvorgaenge stattfinden laesst
S.WORT energieversorgung + waermespeicher
+ waermetransport + (latentwaermespeicher)
PROLEI PROF. DR. -ING. HANS BEER
STAND 30.8.1976
QUELLE fragebogenerhebung sommer 1976
FINGEB DEUTSCHE FORSCHUNGSGEMEINSCHAFT
ZUSAM INST. F. KERNENERGETIK DER UNI STUTTGART, PFAFFENWALDRING 31, 7000 STUTTGART 80
BEGINN 1.10.1975 ENDE 31.12.1980
G.KOST 250.000 DM

SA -020
INST FELTEN UND GUILLEAUME, KABELWERKE AG
KOELN 80, SCHANZENSTRASSE 30
VORHAB **hochleistungskabel mit innerer wasserkuehlung**
S.WORT elektrotechnik + energieversorgung
+ (hochleistungskabel)
STAND 16.12.1975
QUELLE mitteilung der abwaermekommission vom 16.12.75
FINGEB BUNDESMINISTER FUER FORSCHUNG UND TECHNOLOGIE
BEGINN 1.1.1974 ENDE 31.12.1976
G.KOST 450.000 DM

SA -021
INST FORSCHUNGSBEREICH UMWELT UND GESELLSCHAFT DER GESAMTHOCHSCHULE ESSEN
ESSEN, UNIVERSITAETSSTR.

VORHAB **technologiefolgeabschaetzung der anreicherung von co2 in der atmosphaere durch die verbrennung fossiler energietraeger**
abschaetzung der energiebedarfsentwicklung global) und der entwicklung des durch kernenergie zu deckenden anteils. einfluss landwirtschaftlicher massnahmen auf die entwicklung des co2 gehaltes der atmosphaere. verteilungsmodelle und meteorologische modelle. wirtschaftspolitische konsequenzen absehbarer restriktionen der energieumsaetze
S.WORT energiebedarf + prognose + kernenergie
+ technology assessment + (co2-anreicherung)
PROLEI PROF. DR. KLAUS M. MEYER-ABICH
STAND 12.8.1976
QUELLE fragebogenerhebung sommer 1976
ZUSAM SCIENTIFIC COMMITTEE ON PROBLEMS OF THE ENVIRONMET (SCOPE)
BEGINN 1.10.1976 ENDE 31.10.1978
G.KOST 500.000 DM

SA -022
INST FORSCHUNGSGEMEINSCHAFT BAUEN UND WOHNEN STUTTGART
STUTTGART 1, HOHENZOLLERNSTR. 25
VORHAB **messung der leistungsfaehigkeit von sonnenkollektoren in neckartenzlingen**
bestimmung des wirkungsgrades der verwendeten sonnenkollektoren durch messung der: - zugefuehrten sonnen- und diffusen strahlung umgewaelzten wassermenge einschl. vor- und ruecklauftemperatur; - aussentemperatur der luft; - temperatur des brauchwassers
S.WORT sonnenstrahlung + energietechnik + (sonnenkollektor)
NECKAR (MITTLERER NECKAR-RAUM) + STUTTGART
PROLEI PROF. DR. WALTER SCHUELE
STAND 11.8.1976
QUELLE fragebogenerhebung sommer 1976
FINGEB FORSCHUNGSGEMEINSCHAFT BAUEN UND WOHNEN, STUTTGART
BEGINN 1.7.1976 ENDE 31.12.1977
G.KOST 31.000 DM

SA -023
INST FORSCHUNGSSTELLE FUER ENERGIEWIRTSCHAFT DER GESELLSCHAFT FUER PRAKTISCHE ENERGIEKUNDE E.V.
MUENCHEN 50, AM BLUETENANGER 71
VORHAB **analyse der stofflichen und thermischen umweltbelastung durch den industriellen energieverbrauch**
augangssituation: z. zt. gibt es praktisch keine branchen- oder prozessbezogenen angaben ueber die aus dem industriellen energieverbrauch resultierende umweltbelastung. forschungsziel: erarbeitung von zahlenmaterial; darstellung von einflussfaktoren, zusammenhaengen und entwicklungstendenzen. anwendung und bedeutung des ergebnisses: grundlage fuer die beurteilung von prioritaet und erfolg von massnahmen zur einschraenkung der umweltbelastung. wege zum forschungsziel: auswertung von industriestatistiken sowie der einschlaegigen literatur; erhebungen in branchentypischen industriebetrieben; erarbeitung von nutzenergiebilanzen fuer branchen bzw. prozesse sowie von bilanzen der stofflichen und thermischen belastung. einschraenkende faktoren: vor allem mangel an ddaten zur erstellung einer verwendungs- und nutzenergiebilanz.
S.WORT energieverbrauch + industrie + umweltbelastung
QUELLE datenuebernahme aus der datenbank zur koordinierung der ressortforschung (dakor)
FINGEB BUNDESMINISTER FUER WIRTSCHAFT
BEGINN 1.1.1974 ENDE 30.6.1975
G.KOST 146.000 DM

SA -024
INST GESELLSCHAFT FUER KERNENERGIEVERWERTUNG IN SCHIFFBAU UND SCHIFFAHRT
GEESTHACHT, REAKTORSTR. 1

VORHAB **kernenergie-schiffsantrieb, entwicklung von wirtschaftlich einsetzbaren kernenergieantriebsanlagen**
ziel: wirtschaftliche handelsschiffe zu entwickeln, die, da keine emissionen, umweltfreundlicher als konventionelle schiffe sind
S.WORT schiffsantrieb + kernenergie
PROLEI HEDEMANN
STAND 1.1.1974
BEGINN 1.1.1972 ENDE 31.12.1976
G.KOST 300.000 DM

SA -025
INST GUTEHOFFNUNGSHUETTE STERKRADE AG OBERHAUSEN 11, BAHNHOFSTR. 66
VORHAB **untersuchungen der dynamik der nebensysteme an der heliumturbine in oberhausen**
durch die waerme-kraft-kopplung der heliumturbine oberhausen wird nur wenig an die umgebung abgefuehrt. bei der direkten kopplung von heliumturbinen mit hochtemperaturreaktoren darf kein kreislaufhelium nach aussen gelangen. um die heliumturbine fuer den reaktorbetrieb einsatzfaehig zu machen, werden an der heliumturbine oberhausen das betriebsverhalten der sperrgas-, kuehlgas- und oel-helium-trennungssysteme bei regelungsvorgaengen im hauptkreislauf, bei stoerfaellen sowie beim an- und abfahren der anlage untersucht
S.WORT energietechnik + gasturbine + abwaerme + verfahrenstechnik
PROLEI DR. DIETER WEBER
STAND 12.8.1976
QUELLE fragebogenerhebung sommer 1976
FINGEB KERNFORSCHUNGSANLAGE JUELICH GMBH (KFA), JUELICH
ZUSAM - ENERGIEVERSORGUNG OBERHAUSEN AG, DANZIGER STRASSE 31 4200 OBERHAUSEN 1
- GESELLSCHAFT FUER HOCHTEMPERATURREAKTOR-TECHNIK, FRIEDRICH-EBERT-STRASSE, 5060 BENSBERG
BEGINN 1.1.1974 ENDE 31.12.1977
G.KOST 686.000 DM
LITAN - GRIEPENTROG, H.: HELIUM-GASTURBINEN-ANLAGE IN OBERHAUSEN. IN: M. A. N. -ZEITSCHRIFT "FORSCHEN - PLANEN - BAUEN" (6)(SONDERDRUCK)
- BAMMERT, K.;DEUSTER, G.: DAS HELIUMTURBINEN-KRAFTWERK OBERHAUSEN. IN: ENERGIE UND TECHNIK. 1(SONDERDRUCK)(1974)
- BAMMERT, K.;KREY, G.;KRAPP, R.: DIE 50-MW-HELIUMTURBINE OBERHAUSEN, AUFBAU UND REGELUNG. IN: SCHWEIZERISCHE BAUZEITUNG. (11) S. 235-240(1974)

SA -026
INST HOCHTEMPERATUR-KERNKRAFTWERK GMBH, GEMEINSAMES EUROPAEISCHES UNTERNEHMEN HAMM -UENTROP, INDUSTRIESTR. 10
VORHAB **errichtung des 300-mwe-thtr-prototyp-kernkraftwerks (thtr 300)**
S.WORT kernkraftwerk
STAND 16.12.1975
QUELLE mitteilung der abwaermekommission vom 16.12.75
FINGEB BUNDESMINISTER FUER FORSCHUNG UND TECHNOLOGIE
BEGINN 1.1.1970 ENDE 31.12.1977
G.KOST 458.000.000 DM

SA -027
INST INDUSTRIEANLAGEN-BETRIEBSGESELLSCHAFT MBH (IABG)
OTTOBRUNN, EINSTEINSTR.
VORHAB **informationssystem zur unterstuetzung energiewirtschaftlicher aufgaben und der industrieberatung**
S.WORT energiewirtschaft + informationssystem
PROLEI DR. WEILNBOECK
STAND 16.12.1975
QUELLE mitteilung der abwaermekommission vom 16.12.75
FINGEB STAATSMINISTERIUM FUER WIRTSCHAFT UND VERKEHR, MUENCHEN
BEGINN 1.1.1972
G.KOST 208.000 DM

SA -028
INST INSTITUT FUER ANGEWANDTE SYSTEMANALYSE DER GESELLSCHAFT FUER KERNFORSCHUNG MBH KARLSRUHE, WEBERSTR 5
VORHAB **untersuchungen ueber die auswirkung von energieerzeugung und -verbrauch auf die umwelt**
zusammenstellung von regierungsprogrammen und von z. zt. in kraft befindlichen sowie bis 1985 geplanten legislativen massnahmen. uebersicht ueber die im zeitraum bis 1985 verfuegbaren technologien zur verminderung der umweltbelastung
S.WORT umweltbelastung + energieversorgung
STAND 1.1.1974
QUELLE umweltforschungsplan 1974 des bmi
FINGEB BUNDESMINISTER DES INNERN
BEGINN 1.11.1973 ENDE 31.5.1974
G.KOST 95.000 DM

SA -029
INST INSTITUT FUER ANGEWANDTE SYSTEMANALYSE DER GESELLSCHAFT FUER KERNFORSCHUNG MBH KARLSRUHE, WEBERSTR 5
VORHAB **optimierungsmodell fuer das energiesystem baden-wuerttembergs**
zielsetzung: optimierung des energiesystems fuer baden-wuerttemberg unter besonderer beruecksichtigung der umweltbelastungen. die zielfunktion ist eine mehrdimensionale nutzenfunktion, in der die umweltbelastungen neben den kosten als unabhaengige variable erscheinen. substitutionen beim endenergiegebrauch sind ebenfalls gegenstand der optimierung. der optimierungszeitraum ist 50 jahre. das optimierungsverfahren ist lineare programmierung
S.WORT energieversorgung + umweltbelastung + kosten + optimierungsmodell
BADEN-WUERTTEMBERG
PROLEI DR. HARALD STEHFEST
STAND 30.8.1976
QUELLE fragebogenerhebung sommer 1976
ZUSAM INTERNATIONAL INSTITUTE OF APPLIED SYSTEMS ANALYSIS (IIASA), A 2361 LAXENBURG/AUSTRIA
BEGINN 1.1.1976
G.KOST 1.000.000 DM
LITAN STEHFEST, H.: A METHODOLOGY FOR REGIONAL ENERGY SUPPLY OPTIMIZATION. IN: REPORT IIASA (IM DRUCK)

SA -030
INST INSTITUT FUER ANGEWANDTE SYSTEMANALYSE DER GESELLSCHAFT FUER KERNFORSCHUNG MBH KARLSRUHE, WEBERSTR 5
VORHAB **energie und umwelt: analysen zur standortwahl von grosstechnischen anlagen**
es wird ein umweltplanungsmodell erstellt, mit dem eine standortbeurteilung fuer grosstechnische anlagen moeglich ist. kennzeichen des modells ist die koppelung der methode der ausbreitungsrechnung mit der methodik der optimierungsrechnung. es sollen sowohl standorte als auch betriebsweisen (z. b. mit oder ohne abwaermenutzung) insbesondere von fossilen und nuklearen kraftwerken errechnet werden, die sowohl umweltschutzkriterien als auch oekonomische kriterien erfuellen
S.WORT energiewirtschaft + kraftwerk + standortwahl + optimierungsmodell
OBERRHEINEBENE
PROLEI DIPL. -PHYS. GUENTER HALBRITTER
STAND 30.8.1976

QUELLE fragebogenerhebung sommer 1976
BEGINN 1.1.1976
G.KOST 450.000 DM
LITAN HALBRITTER, G.: A MODEL CRITERION FOR SITE SELECTION OF LARGER SCALE TECHNICAL FACILITIES IN THE UPPER RHINE REGION. IN: C. A. BREBBNA, MATHEMATICAL MODELS FOR ENVIRONMENTAL PROBLEMS. PRENTECH PRESS, LONDON (1976)

SA -031
INST INSTITUT FUER CHEMISCHE TECHNOLOGIE DER TH DARMSTADT
DARMSTADT, PETERSENSTR. 15
VORHAB **wasserelektrolyse unter hochtemperatur- und mitteldruck-bedingungen**
im interesse einer sicherung der energieversorgung durch nuklear- oder sonnenenergie muss auf wasserstoff als energietraeger zurueckgegriffen werden. die technologie der wasserelektrolyse als schluesselprozess der wasserstoff-oekonomie muss wesentlich verbessert werden. die untersuchung der technischen voraussetzung der hochtemperatur-mitteldruck- (200-400 grad c; 30 bar) -elektrolyse soll klaeren, ob eine oekonomische wasserstoffproduktion unter diesen bedingungen moeglich ist
S.WORT energietechnik + wasserstoff + (elektrolyse)
PROLEI PROF. DR. HARTMUT WENDT
STAND 30.8.1976
QUELLE fragebogenerhebung sommer 1976
FINGEB EUROPAEISCHE GEMEINSCHAFTEN
BEGINN 1.8.1976 ENDE 31.8.1977
G.KOST 130.000 DM

SA -032
INST INSTITUT FUER CHEMISCHE TECHNOLOGIE UND BRENNSTOFFTECHNIK DER TU CLAUSTHAL
CLAUSTHAL-ZELLERFELD, ERZSTR. 18
VORHAB **entwicklung eines kontinuierlichen verfahrens zur koksherstellung**
erarbeitung von moeglichkeiten zur kontinuierlichen kokserzeugung unter beruecksichtigung anwendungsspezifischer parameter
S.WORT luftreinhaltung + kokerei + verfahrenstechnik
PROLEI PROF. DR. -ING. ABEL
STAND 1.1.1974
ZUSAM BERGBAUFORSCHUNG ESSEN GMBH, 43 ESSEN-KRAY, FRILLENDORFER STR. 351

SA -033
INST INSTITUT FUER ELEKTRISCHE ANLAGEN UND ENERGIEWIRTSCHAFT DER TH AACHEN
AACHEN, SCHINKELSTR. 6
VORHAB **kuenftiger bedarf an elektrischer energie und dessen deckung, insbesondere mit hilfe der kernenergie**
fuer die brd wird fuer den zeitraum 1975-2000 ein optimaler kraftwerkeinsatz und -zubau errechnet. der einsatz und der zubau der kraftwerke erfolgt nach dem kriterium minimaler gesamtkosten unter beachtung der tages- und jahresganglinien des verbrauchs elektrischer energie. aus den primaeren modellergebnissen (energieerzeugung und kraftwerksleistung) werden weitere u. a. umweltbezogene ergebnisse abgeleitet: emissionen von co2, so2, nox, f, co, kuehlwasserbedarf, radioaktive abfaelle (3 kategorien), abwaerme
S.WORT energieverbrauch + bedarfsanalyse + kernenergie + oekonomische aspekte
PROLEI DIPL. -ING. PAUL WINSKE
STAND 12.8.1976
QUELLE fragebogenerhebung sommer 1976
FINGEB BUNDESMINISTER FUER FORSCHUNG UND TECHNOLOGIE
ZUSAM - PROGNOS AG, VIADUKTSTR. 65, CH-4011 BASEL
- WIRTSCHAFTS- UND SOZIALWISSENSCHAFTLICHES INSTITUT DES DGB, HANS-BOECKLER-STR. 39, 4000 DUESSELDORF
- ENERGIEWIRTSCHAFTLICHES INSTITUT AN DER UNI KOELN
BEGINN 1.4.1973 ENDE 28.2.1976
G.KOST 165.000 DM
LITAN - GEISSLER, E.;MODEMANN, G.;WINSKE, P., ARBEITSSEMINAR ENERGIE WIRTSCHAFTS- UND GESELLSCHAFTSPOLITISCHEN ENTWICKLUNGEN. MODELLE FUER DIE BRD, JUEL-CONF-15, APR 1975: KUENFTIGER BEDARF AN ELEKTRISCHER ENERGIE - ENDBERICHT

SA -034
INST INSTITUT FUER ENERGIEWANDLUNG UND ELEKTRISCHE ANTRIEBE DER DFVLR
STUTTGART 80, PFAFFENWALDRING 38
VORHAB **thermionische energiewandlung aus waermeenergie in elektrische energie**
energiewandlungssystem, das ohne rotierende oder bewegliche teile waermeenergie in elektrische energie umwandelt; temperaturbereich: 1000 bis 1300 grad celsius (eingangstemperatur)
S.WORT energieumwandlung + waerme + elektrizitaet
PROLEI DIPL. -PHYS. HENNE
STAND 1.1.1974
FINGEB - DEUTSCHE FORSCHUNGSGEMEINSCHAFT
- BUNDESMINISTER FUER FORSCHUNG UND TECHNOLOGIE
BEGINN 1.1.1966 ENDE 31.12.1980
LITAN - VEROEFFENTLICHUNG IN DVFLR-JAHRESBERICHTEN 1967 BIS HEUTE
- ZWISCHENBERICHT 1974. 05

SA -035
INST INSTITUT FUER ENERGIEWANDLUNG UND ELEKTRISCHE ANTRIEBE DER DFVLR
STUTTGART 80, PFAFFENWALDRING 38
VORHAB **wasserstoff-technologie**
ersatz der fossilen brennstoffe durch wasserstoff; einfluss auf motorverhalten, einfluss auf flugzeugkonstruktion/kryogene speicherung (tank fuer autos); logistik der wasserstoff-technologie
S.WORT triebwerk + brennstoffe
PROLEI PROF. DR. -ING. PESCHKA
STAND 1.1.1974
FINGEB BUNDESMINISTER FUER FORSCHUNG UND TECHNOLOGIE
ZUSAM INST. F. KRAFTFAHRWESEN DER UNI STUTTGART, KEPLERSTR. 17
BEGINN 1.3.1973 ENDE 31.12.1976
G.KOST 300.000 DM

SA -036
INST INSTITUT FUER GEOGRAPHIE DER UNI MUENSTER
MUENSTER, ROBERT-KOCH-STR. 26
VORHAB **untersuchungen zum waermehaushalt von standorten bei waermeentnahme zu heizzwecken**
im rahmen dieser untersuchungen soll geklaert werden, inwieweit die waermeentnahme aus dem erdreich den jahresgang der temperatur und die energiebilanz von boeden veraendert und ob hierdurch der bodenwasserhaushalt, die vegetationsentwicklung sowie das mikroklima beeinflusst werden
S.WORT boden + waermehaushalt + wasserhaushalt + mikroklimatologie
PROLEI DIPL. -AGR. -BIOL. RICHARD GENKINGER
STAND 12.8.1976
QUELLE fragebogenerhebung sommer 1976
FINGEB VEW DORTMUND
BEGINN 1.1.1976 ENDE 31.10.1977
G.KOST 100.000 DM

SA -037
INST INSTITUT FUER HOCHSPANNUNGSTECHNIK UND STARKSTROMANLAGEN DER TU BERLIN
BERLIN 10, EINSTEINUFER 11
VORHAB **untersuchungen ueber den aufbau zukuenftiger systeme fuer die erzeugung und verteilung von elektrischer energie**
S.WORT energiewirtschaft + elektrizitaet
PROLEI PROF. DR. -ING. RUDOLF GAERTNER
STAND 1.1.1974
FINGEB DEUTSCHE FORSCHUNGSGEMEINSCHAFT
BEGINN 1.1.1973

SA -038

INST INSTITUT FUER HYDROBIOLOGIE UND FISCHEREIWISSENSCHAFT DER UNI HAMBURG
HAMBURG 50, OLBERSWEG 24
VORHAB **analysenarbeiten in zusammenarbeit mit der reaktorstation geesthacht der gesellschaft fuer kernenergieverwertung in schiffbau und schiffahrt (gkss)**
S.WORT energietechnik + kernreaktor + schiffahrt
PROLEI PROF. DR. HUBERT CASPERS
STAND 7.9.1976
QUELLE datenuebernahme von der deutschen forschungsgemeinschaft
FINGEB DEUTSCHE FORSCHUNGSGEMEINSCHAFT

SA -039

INST INSTITUT FUER INFRASTRUKTUR DER UNI MUENCHEN
MUENCHEN, BAUERSTR. 20
VORHAB **analyse und prognose der verbrauchsstruktur der muenchner haushalte**
zielsetzung des vorhabens ist die prognose des kuentfigen energieverbrauchs der muenchner haushalte (etwa fuer 1985) die verwendeten daten sowie die angewandte vorgehensweise duerften jedoch darueber hinaus von allgemeinem interesse sein. fuer den endverbrauch an elektrizitaet, gas, heizoel, kohle und fernwaerme werden kausale beziehungen entwickelt. dabei wird eine klasseneinteilung der haushalte zugrundegelegt, um eine pauschale behandlung zu vermeiden. die nach klassen differenzierten eingabewerte sind wohnungsgroesse, personenzahl im haushalt sowie die ausstattung mit geraeten
S.WORT haushalt + energiebedarf + (prognose)
MUENCHEN
PROLEI DR. STEFAN RAMER
STAND 21.7.1976
QUELLE fragebogenerhebung sommer 1976
ZUSAM INST. F. ENERGIEWIRTSCHAFT UND KRAFTWERKTECHNIK DER TU MUENCHEN, ARCISSTR. 21, 8000 MUENCHEN
BEGINN 31.7.1974 ENDE 31.5.1976
G.KOST 60.000 DM

SA -040

INST INSTITUT FUER INFRASTRUKTUR DER UNI MUENCHEN
MUENCHEN, BAUERSTR. 20
VORHAB **regionales energiemodell muenchen**
entwicklung alternativer strategien im energieverbrauchssektor durch alternative technologische ausstattungen der abnehmergruppen (z. b. haushalte, verkehr) entwicklung alternativer strategien im energieerzeugungssektor durch alternative technologische ausstattungen der erzeuger (z. b. ausstattung des kraftwerkparks zur elektrizitaets- und fernwaermeerzeugung). auswertung jeder alternativstrategie durch modellmaessige ermittlung der folgenden konsequenzen: a) gesamte verbrauchskosten der deckung des energiebedarfs b) gesamte emissionsbelastung der stadtregion muenchen durch energieerzeugung und -verbrauch, getrennt nach schadstoffe, abwaerme u. a.
S.WORT energieversorgung + (entwicklung alternativer strategien)
MUENCHEN (STADTREGION)
PROLEI PROF. DR. FRIEDRICH HANSSMANN
STAND 21.7.1976
QUELLE fragebogenerhebung sommer 1976
ZUSAM INST. F. ENERGIEWIRTSCHAFT UND KRAFTWERKTECHNIK DER TU MUENCHEN, ARCISSTR. 21, 8000 MUENCHEN
BEGINN 1.1.1974
G.KOST 200.000 DM
LITAN - HANSSMANN, F.: ENERGIEMODELLE KRITISCH GESEHEN. IN: ENERGIEWIRTSCHAFTLICHE TAGESFRAGEN (JUL 1976)
- HANSSMANN, F.: EIN REGIONALES ENERGIEMODELL FUER DEN RAUM MUENCHEN. IN: ANALYSEN UND PROGNOSEN UEBER DIE WELT VON MORGEN (SEP 1976)
- HANSSMANN, F.: SYSTEMFORSCHUNG IM UMWELTSCHUTZ. E. SCHMIDT VERLAG (1976)

SA -041

INST INSTITUT FUER LANDSCHAFTSPLANUNG DER UNI STUTTGART
STUTTGART, KIENESTR. 41
VORHAB **simulation des systems energie-umwelt fuer begrenzte wirtschaftsraeume**
das modell gliedert sich in einen technisch-wirtschaftlichen teil, einen umweltbelastungsteil und einen oekologisch-ortsabhaengigen teil. der letztere basiert im wesentlichen auf geographisch-oekologischen gegebenheiten mit dem ziel, optimale standortzonen fuer enrgiewandlungsanlagen (alle technologien) auszuweisen, ohne die natuerlichen ressourcen zu schaedigen und ohne die lebensqualitaet zu beeintraechtigen
S.WORT energieumwandlung + standortwahl + oekologische faktoren + simulationsmodell
BADEN-WUERTTEMBERG
PROLEI PROF. DR. KARL-HEINZ HOECKER
STAND 4.8.1976
QUELLE fragebogenerhebung sommer 1976
FINGEB STIFTUNG VOLKSWAGENWERK, HANNOVER
ZUSAM - INST. F. KERNENERGETIK DER UNI STUTTGART
- INST. F. BETRIEBSWIRTSCHAFT DER UNI STUTTGART
- INST. F. SIEDLUNGSWASSERBAU DER UNI STUTTGART
BEGINN 1.1.1975 ENDE 30.6.1977
G.KOST 550.000 DM

SA -042

INST INSTITUT FUER THERMODYNAMIK UND WAERMETECHNIK DER UNI STUTTGART
STUTTGART -VAIHINGEN, PFAFFENWALDRING 6
VORHAB **energiespeicher in systemen mit waerme-kraft-kopplung (grosswaermespeicher)**
ein fuer die wirtschaftlichkeit kapitalintensiver energiewandlungsanlagen mit entscheidendem faktor ist der ausnutzungsgrad. bei der gegenwaertigen vorgegebenen verbraucherstruktur kann ein hoher ausnutzungsgrad durch die errichtung von speicheranlagen erreicht werden. unter der vielzahl der moeglichen speicherformen werden fuer die deckung des waermebedarfs grosswaermespeicherseen untersucht. insbesondere werden zur berechnung des thermischen verhaltens der langzeitwaermespeicher vereinfachte rechenmodelle erstellt (s. b 07)
S.WORT waermespeicher + (wirtschaftlichkeit)
PROLEI PROF. DR. -ING. HEINZ BACH
STAND 19.7.1976
QUELLE fragebogenerhebung sommer 1976
FINGEB BUNDESMINISTER FUER FORSCHUNG UND TECHNOLOGIE
ZUSAM - MESSERSCHMITT-BOELKOW-BLOHM, MUENCHEN
- KRAFTANLAGEN HEIDELBERG
- BBC, MANNHEIM
BEGINN 1.4.1975 ENDE 30.9.1976
G.KOST 185.000 DM
LITAN ERSING, M.: GEDANKEN ZUR WAERMESPEICHERUNG. IN: KAELTE UND KLIMAINGENIEUR (2) S. 59-62(1976)

SA -043

INST INSTITUT FUER THERMODYNAMIK UND WAERMETECHNIK DER UNI STUTTGART
STUTTGART -VAIHINGEN, PFAFFENWALDRING 6
VORHAB **ermittlung des nutzungsgrades von heizanlagen**
es ist das ziel, einen masstab fuer die energetische beurteilung von heizungsanlagen festzulegen und die methoden hierfuer zu entwickeln, nachzuweisen und zu erproben. - aufbau eines kesselpruefstandes (fahrbare messeinrichtung) zur messung des kesselnutzungsgrades - aufbau eines pruefstandes zur untersuchung des dynamischen verhaltens von heizungsanlagen - einfluss der regelung - einfluss der speicherfaktoren des gebaeudes - untersuchung der waermeverluste in der anlage - waermebedarfsmessung - erstellung eines konzepts zur energetischen beurteilung der anlagen durch messungen - zusammenfassung aller parameter zur beurteilung geplanter anlagen
S.WORT heizungsanlage + waermehaushalt + (nutzungsgrad)
PROLEI PROF. DR. -ING. HEINZ BACH

STAND 21.7.1976
QUELLE fragebogenerhebung sommer 1976
FINGEB BUNDESMINISTER FUER FORSCHUNG UND TECHNOLOGIE
BEGINN 1.9.1975 ENDE 30.8.1978
G.KOST 523.000 DM
LITAN ZWISCHENBERICHT

SA -044
INST INSTITUT FUER TIEFBOHRKUNDE UND ERDOELGEWINNUNG DER TU CLAUSTHAL
CLAUSTHAL-ZELLERFELD, AGRICOLASTR. 10
VORHAB **entwicklung neuer und verbesserung bestehender verfahren zur tertiaeren erdoelgewinnung, vornehmlich durch anwendung von tensiden, teilprojekt clausthal tiefbohrkunde**
ausgewaehlte tenside, plymere und eine kombination von tensiden und polymeren sollen in lagerstaettenmodellen und in mathematischen modellen im labor untersucht werden.
S.WORT erdoel + herstellungsverfahren + tenside
QUELLE datenuebernahme aus der datenbank zur koordinierung der ressortforschung (dakor)
FINGEB KERNFORSCHUNGSANLAGE JUELICH GMBH (KFA), JUELICH
ZUSAM - DEUTSCHE GESELLSCH. F. MINERALOELWISSENSCH. , HAMB.
- LEHRSTUHL FUER ERDOELGEOLOGIE, CLAUSTHAL
- INST. F. ERDOELFORSCHUNG, HANNOVER
BEGINN 15.11.1974 ENDE 31.12.1977
G.KOST 1.402.000 DM

SA -045
INST INSTITUT FUER TURBULENZFORSCHUNG DER DFVLR
BERLIN 12, MUELLER-BRESLAU-STR. 8
VORHAB **probleme der turbulenz in fluessigmetall- und -kreislaeufen**
zweck: energiewandlung mittels magnetohydrodynamischen kreislaufes
S.WORT energieumwandlung + stroemungstechnik
PROLEI PROF. DR. BERGER
STAND 1.10.1974
QUELLE erhebung 1975
ZUSAM SONDERFORSCHUNGSBEREICH 84 - MAGNETOHYDRODYNAMIK DER TU BERLIN, 1 BERLIN 10, MARCHSTR. 18
BEGINN 1.1.1968 ENDE 31.12.1975

SA -046
INST INTERATOM GMBH
BENSBERG, POSTFACH .
VORHAB **bauzugehoeriges f+e-programm fuer das 280 mwe-prototypkernkraftwerk mit schnellem natriumgekuehlten reaktor**
S.WORT kernreaktor + energietechnik
STAND 16.12.1975
QUELLE mitteilung der abwaermekommission vom 16.12.75
FINGEB BUNDESMINISTER FUER FORSCHUNG UND TECHNOLOGIE
BEGINN 1.1.1971 ENDE 31.12.1975
G.KOST 119.520.000 DM

SA -047
INST INTERATOM GMBH
BENSBERG, POSTFACH .
VORHAB **vorbereitende arbeiten zur projektierung eines demonstrationskraftwerkes mit einem natriumgekuehlten schnellbrutreaktor grosser leistung**
S.WORT schneller brueter + kuehlsystem
STAND 16.12.1975
QUELLE mitteilung der abwaermekommission vom 16.12.75
FINGEB BUNDESMINISTER FUER FORSCHUNG UND TECHNOLOGIE
BEGINN 1.1.1972 ENDE 31.12.1975
G.KOST 9.341.000 DM

SA -048
INST INTERNATIONAL RESEARCH AND TECHNOLOGY CORPORATION (IR&T)
ARLINGTON/VIRGINIA USA
VORHAB **oekonomische und oekologische konsequenzen einer energiepolitischen konzeption (weltweit)**
systematische umweltrelevante darstellung aller vorhandenen daten ueber energieangebot und versorgung (nachfrage und angebot) einschliesslich der vorhandenen vorschaetzungen und regierungsmassnahmen mit schwerpunkt eg-situation und situation in den usa. definition von forschungsnotwendigkeiten, die zu den umweltkonsequenzen der energiepolitik in beziehung stehen einschliesslich der voraussichtlichen kosten und vorschlaege fuer die prioritaeten politischer aktionen
S.WORT energiepolitik + oekologie + oekonomische aspekte
EG-LAENDER + USA
STAND 1.1.1974
QUELLE umweltforschungsplan 1974 des bmi
FINGEB BUNDESMINISTER DES INNERN
BEGINN 1.10.1973 ENDE 31.5.1974
G.KOST 46.000 DM

SA -049
INST KERNFORSCHUNGSANLAGE JUELICH GMBH
JUELICH, POSTFACH 365
VORHAB **begleitende studien zum rahmenprogramm energieforschung**
S.WORT energiepolitik + forschungsplanung
STAND 16.12.1975
QUELLE mitteilung der abwaermekommission vom 16.12.75
FINGEB BUNDESMINISTER FUER FORSCHUNG UND TECHNOLOGIE
BEGINN 1.1.1974 ENDE 31.12.1976
G.KOST 1.472.000 DM

SA -050
INST KERNFORSCHUNGSANLAGE JUELICH GMBH
JUELICH, POSTFACH 365
VORHAB **energie und umwelt, rohstoffe und umwelt**
auf dem gebiet energie und umwelt sollen alternative entwicklungsmoeglichkeiten fuer das energiesystem der bundesrepublik deutschland, ausgehend von der primaer- und sekundaerenergie bis hin zum endenergieverbrauch aufgezeigt werden. insbesondere sollen dabei auch die zusammenhaenge zwischen der energieversorgung und der allgemeinen wirtschaftssituation aufgezeigt werden. der rohstoffversorgung der bundesrepublik deutschland kommt neben einer funktionierenden energieversorgung eine ebenso wichtige rolle fuer die zukuenftige wirtschaftliche entwicklung zu. hier werden die probleme der sicherung der rohstoffversorgung und die problematik der rohstoffrezyklierung behandelt
S.WORT energiewirtschaft + rohstoffsicherung + oekonomische aspekte
PROLEI PROF. TH. BOHN
STAND 30.8.1976
QUELLE fragebogenerhebung sommer 1976
FINGEB BUNDESMINISTER FUER FORSCHUNG UND TECHNOLOGIE
ZUSAM - DORNIER GMBH
- KRAUSS MAFFEI
- TU BERLIN
BEGINN 1.1.1974
LITAN - RATH-NAGEL,S.;VOSS,A.: ENERGIEMODELLE - ENSCHEIDUNGSHILFE FUER DIE ENERGIEPLANUNG. IN:ELEKTROTECHNISCHE ZEITSCHRIFT A96 7(JUL 1975)
- BOHN,T.;VOSS,A.: ENERGIEMODELLE FUER DIE BUNDESREPUBLIK DEUTSCHLAND. IN:ELEKTROTECHNISCHE ZEITSCHRIFT A96 4 S.K.37(1975)
- RATH-NAGEL,S.(RWTH AACHEN), DISS.: MOEGLICHKEITEN DER ENERGIEWIRTSCHAFT IN DER BDR. UNTERSUCHUNG MIT HILFE EINES SIMULATIONSMODELLS. IN:KFA-BERICHT JUEL-1203 (JUN 1975)

SA -051

INST LABORATORIUM FUER AEROSOLPHYSIK UND FILTERTECHNIK DER GESELLSCHAFT FUER KERNFORSCHUNG MBH
KARLSRUHE 1, WEBERSTR. 5
VORHAB **untersuchungen ueber die auswirkung von energieerzeugung und -verbrauch auf die umwelt**
zusammenstellung von regierungsprogrammen und von z. zt. in kraft befindlichen sowie bis 1985 geplanten legislativen massnahmen. uebersicht ueber die im zeitraum bis 1985 verfuegbaren technologien zur verminderung der umweltbelastung
S.WORT umweltbelastung + energieversorgung
STAND 1.1.1974
QUELLE umweltforschungsplan 1974 des bmi
BEGINN 1.11.1973 ENDE 31.5.1974
G.KOST 95.000 DM

SA -052

INST LEHRSTUHL FUER ERDOELGEOLOGIE DER TU CLAUSTHAL
CLAUSTHAL-ZELLERFELD, POSTFACH .
VORHAB **entwicklung neuer und verbesserung bestehender verfahren zur tertiaeren erdoelgewinnung, vornehmlich durch anwendung von tensiden, teilprojekt clausthal erdoelgeologie**
sedimentpetrographische und petrophysikalische untersuchungen am gesteinsgeruest von erdoeltraegern und am nebengestein.
S.WORT erdoel + petrographie + energietraeger
QUELLE datenuebernahme aus der datenbank zur koordinierung der ressortforschung (dakor)
FINGEB KERNFORSCHUNGSANLAGE JUELICH GMBH (KFA), JUELICH
ZUSAM - DEUTSCHE GESELLSCH. F. MINERALOELWISSENSCH. , HAMB.
- INST. F. TIEFBOHRKUNDE, CLAUSTHAL
- INST. F. ERDOELFORSCHUNG, HANNOVER
BEGINN 15.11.1974 ENDE 31.12.1977
G.KOST 885.000 DM

SA -053

INST LURGI GMBH
FRANKFURT 2, GERVINUSSTR. 17-19
VORHAB **entwicklung eines technischen verfahrens fuer die hydrierung von teeren und teerdestillaten aus der kohleumwandlung**
zur vorbereitung technischer versuche zur hydrierung von teer- und aehnlichen reuckstaenden bei braun- und steinkohlenvergasung sollen eine literaturstudie und eine experimentelle studie angefertigt werden. inhalt: bisheriger kenntnisstand, marktbeduerfnis nach moeglichen produkten, zusammensetzung der bei heutigen kohleumwandlungsverfahren anfallenden rueckstaende. endprodukte: verbrauchsfaehige oele mit niedrigem schwefelgehalt.
S.WORT kohle + energieumwandlung + gase + entschwefelung
QUELLE datenuebernahme aus der datenbank zur koordinierung der ressortforschung (dakor)
FINGEB KERNFORSCHUNGSANLAGE JUELICH GMBH (KFA), JUELICH
BEGINN 1.7.1974 ENDE 30.9.1975
G.KOST 1.200.000 DM

SA -054

INST LURGI GMBH
FRANKFURT 2, GERVINUSSTR. 17-19
VORHAB **durchfuehrung von pilot-plant-versuchen zur gewinnung von brennstoff durch destillation von deutschem oelschiefer**
S.WORT brennstoffe + destillation + verfahrensentwicklung + (oelschiefer)
QUELLE datenuebernahme aus der datenbank zur koordinierung der ressortforschung (dakor)
FINGEB BUNDESMINISTER FUER FORSCHUNG UND TECHNOLOGIE
ZUSAM BERGBAUFORSCHUNG, ESSEN-KRAY
BEGINN 1.7.1974 ENDE 31.12.1975
G.KOST 135.000 DM

SA -055

INST MESSERSCHMITT-BOELKOW-BLOHM GMBH
MUENCHEN 80, POSTFACH 80 11 69
VORHAB **untersuchungsprogramm zu einem gutachten als grundlage eines bayerischen energieprogramms - die umweltbeeinflussung durch den energieverbrauch**
aufgabe war die bestimmung der umweltbeeinflussung durch erzeugung, umwandlung, transport, speicherung und verbrauch von energie im freistaat bayern, bis zum planungshorizont 1990. folgende belastungsarten wurden untersucht: luftverunreinigung durch gase und staeube, abwaerme, abwasser, abfaelle und flaechenbedarf von energietechnischen anlagen. es wurde regionalisiert nach planungsregionen und ausgewaehlten verdichtungsraeumen
S.WORT umweltbelastung + energieumwandlung + planungshilfen
BAYERN
PROLEI DIPL. -PHYS. OSKAR ULLMANN
STAND 22.7.1976
QUELLE fragebogenerhebung sommer 1976
FINGEB - STAATSMINISTERIUM FUER LANDESENTWICKLUNG UND UMWELTFRAGEN, MUENCHEN
- STAATSMINISTERIUM FUER WIRTSCHAFT UND VERKEHR, MUENCHEN
ZUSAM - DEUTSCHES INSTITUT FUER WIRTSCHAFTSFOERDERUNG, 1000 BERLIN
- FORSCHUNGSSTELLE FUER ENERGIEWIRTSCHAFT, 8000 MUENCHEN
BEGINN 1.7.1973 ENDE 31.12.1974
G.KOST 120.000 DM
LITAN - DOLINSKI; ET AL.: MASSZAHLEN FUER DIE UMWELTBELASTUNG. IN: VDI-UMWELT 3 (1976)
- ENDBERICHT

SA -056

INST NATURAL GAS SERVICE DEUTSCHLAND GMBH
REMAGEN -ROLANDSECK, POSTFACH 603
VORHAB **konzeptentwicklung einer mobilen offshore-erdgas-verfluessigungsanlage und deren hilfseinrichtungen**
aufgabe dieser untersuchung ist es, die anforderungen an einen mobilen erdgasverfluessiger, die sich aus umweltparametern, betriebsfragen und marktsituation ergeben, zu spezifizieren und technische loesungen fuer das gesamtystem und einzele baugruppen des systems aufzuzeigen.
S.WORT energietechnik + erdgas + (verfluessigungsanlage)
QUELLE datenuebernahme aus der datenbank zur koordinierung der ressortforschung (dakor)
FINGEB GESELLSCHAFT FUER KERNENERGIEVERWERTUNG IN SCHIFFBAU UND SCHIFFAHRT MBH (GKSS), HAMBURG
BEGINN 1.6.1974 ENDE 31.3.1975

SA -057

INST NIEDERSAECHSISCHES LANDESAMT FUER BODENFORSCHUNG
BREMEN, WERDERSTR. 101
VORHAB **geothermische energie im buntsandstein bei landau (pfalz)**
studie ueber den aufbau und die hydrologischen verhaeltnisse des buntsandsteins im hinblick auf geothermisches energieprojekt "landau/pfalz"
S.WORT hydrogeologie + geothermische energie
LANDAU (PFALZ)
PROLEI DR. OSKAR KAPPELMEYER
STAND 21.7.1976

QUELLE fragebogenerhebung sommer 1976
FINGEB BUNDESMINISTER FUER FORSCHUNG UND TECHNOLOGIE
ZUSAM BUNDESANSTALT FUER GEOWISSENSCHAFTEN UND ROHSTOFFE, STILLEWEG 2, 3000 HANNOVER 51

SA -058
INST PRAKLA-SEISMOS GMBH
HANNOVER 1, POSTFACH 4767
VORHAB **vermessung von unterirdischen oelspeichern**
zur vermessung von wandveraenderungen in oelgefuellten kavernen soll ein messverfahren entwickelt werden.
S.WORT energietechnik + erdoel + lagerung + messverfahren + (unterirdische kavernen)
QUELLE datenuebernahme aus der datenbank zur koordinierung der ressortforschung (dakor)
FINGEB KERNFORSCHUNGSANLAGE JUELICH GMBH (KFA), JUELICH
ZUSAM - OBERBERGAMT, CLAUSTHAL
- INST. FUER ERDOELGEOLOGIE, CLAUSTHAL-ZELLERFELD
- KBB, HANNOVER
BEGINN 1.8.1975 ENDE 30.6.1977
G.KOST 400.000 DM

SA -059
INST RHEINISCH-WESTFAELISCHES ELEKTRIZITAETSWERK AG (RWE)
ESSEN, POSTFACH 27
VORHAB **untersuchungen zur optimierung der energiebedarfsdeckung in molkereien**
im rahmen des arbeitsprogramms wird zunaechst eine quantitative und strukturelle analyse des energiebedarfs einer molkerei erstellt, der zeitliche gang von energiebedarf und abwaermeanfall ermittelt, temperaturniveau von waermebedarf und anfallender abwaerme sowie diejenigen bereiche bestimmt, deren energiebedarf aus abwaerme gedeckt werden kann. weitere untersuchungen haben zum inhalt: verwendung von waermepumpen mit dem ziel der verbesserung der betrieblichen energiewirtschaft, kostenabschaetzung-, vergleich, statistische erhebungen ueber die energieversorgungs-und verbraucherstruktur sowie apparative ausstattung, diskussion der gewonnenen daten im rahmen eines quervergleichs
S.WORT energiebedarf + molkerei + abwaerme
STAND 16.12.1975
QUELLE mitteilung der abwaermekommission vom 16.12.75
FINGEB BUNDESMINISTER FUER FORSCHUNG UND TECHNOLOGIE
BEGINN 1.8.1974 ENDE 31.5.1975
G.KOST 28.000 DM

SA -060
INST RUHRGAS AG
DORSTEN, HALTENER STRASSE 125
VORHAB **herstellung von synthesegas, stadtgas und erdgas-austauschgas durch druckvergasung von stueckigen steinkohlen mit sauerstoff (lurgi-druckvergasung)**
S.WORT kohle + gasfoermige brennstoffe + verfahrensentwicklung + (lurgi-druckvergasung)
QUELLE datenuebernahme aus der datenbank zur koordinierung der ressortforschung (dakor)
FINGEB BUNDESMINISTER FUER FORSCHUNG UND TECHNOLOGIE
ZUSAM - RUHRKOHLE AG
- STEAG AG
BEGINN 1.3.1975 ENDE 31.12.1978
G.KOST 178.000.000 DM

SA -061
INST SALZGITTER AG
SALZGITTER, POSTFACH 411129
VORHAB **vergleichende untersuchung der wirtschaftlichen erzeugung und des einsatzes der energietraeger methan und methanol**
S.WORT energieversorgung + erdgas + oekonomische aspekte
QUELLE datenuebernahme aus der datenbank zur koordinierung der ressortforschung (dakor)
FINGEB BUNDESMINISTER FUER FORSCHUNG UND TECHNOLOGIE
BEGINN 1.9.1974 ENDE 31.8.1975

SA -062
INST SCHNELL-BRUETER-KERNKRAFTWERKSGESELLSCHAFT MBH
ESSEN, KRUPPSTRASSE 5
VORHAB **errichtung des 280 mw-snr-prototyp-kernkraftwerks (snr-300)**
S.WORT kernkraftwerk
STAND 16.12.1975
QUELLE mitteilung der abwaermekommission vom 16.12.75
FINGEB BUNDESMINISTER FUER FORSCHUNG UND TECHNOLOGIE
BEGINN 1.1.1970 ENDE 31.12.1979
G.KOST 870.500.000 DM

SA -063
INST SCHOPPE,F.,DR.-ING.
EBENHAUSEN/ISARTAL, MAX-RUETTGERS-STR. 24
VORHAB **ersetzung des leichten heizoels im zentralheizungsbereich durch heimischen kohlestaub**
technischer und praktischer nachweis, dass heizoel el in zentralheizungen durch heimischen kohlenstaub ersetzt werden kann. bau und erprobung von kohlenstaubgefeuerten heizungsanlagen. 2. untersuchung der wirtschaftlichkeit dieser anlagen, verglichen mit oel- und gasfeuerungen. 3. untersuchung der verfuegbarkeit geeigneten kohlenstaubs. 4. liefer- und verteilungsmoeglichkeiten von geeignetem kohlenstaub. 5. beurteilung durch tuv und behoerden.
S.WORT heizoel + substitution + verfahrensentwicklung
QUELLE datenuebernahme aus der datenbank zur koordinierung der ressortforschung (dakor)
FINGEB KERNFORSCHUNGSANLAGE JUELICH GMBH (KFA), JUELICH
BEGINN 1.6.1975 ENDE 30.4.1976
G.KOST 970.000 DM

SA -064
INST SIEMENS AG
MUENCHEN 2, WITTELSBACHERPL. 2
VORHAB **metall-luft-batterie**
entwicklung von elektroden fuer metall-luft-batterien als elektrochemische energiespeicher; erstellen von labormustern und musterbatterien mit wesentlich hoeherem energiespeichervermoegen gegenueber konventionellen batterien, sowie pruefung ihrer leistungsfaehigkeit durch umfangreiche versuche
S.WORT energiespeicher + batterie
PROLEI DR. VON STURM
STAND 1.1.1974
FINGEB BUNDESMINISTER FUER FORSCHUNG UND TECHNOLOGIE
BEGINN 1.4.1971 ENDE 31.12.1975
G.KOST 4.260.000 DM
LITAN - STURM, V. UND MITARBEITER: METALL-LUFT-BATTERIE, HALBJAEHRLICHE ZWISCHENBERICHTE "NT 177" FUER BMFT
- ZWISCHENBERICHT 1975. 12

SA -065
INST SIEMENS AG
MUENCHEN 2, WITTELSBACHERPL. 2
VORHAB **supraleiterkabel zur energieuebertragung**
S.WORT energie + transport + elektrotechnik
STAND 16.12.1975
QUELLE mitteilung der abwaermekommission vom 16.12.75
FINGEB BUNDESMINISTER FUER FORSCHUNG UND TECHNOLOGIE
BEGINN 1.1.1971 ENDE 31.12.1974

SA -066
INST SIEMENS AG
MUENCHEN 2, WITTELSBACHERPL. 2

VORHAB **einfluss der umwelt auf die sicherheit und die bemessung von elektrischen anlagen zur energieuebertragung**
S.WORT energie + transport + sicherheitstechnik + elektrotechnik
STAND 16.12.1975
QUELLE mitteilung der abwaermekommission vom 16.12.75
FINGEB BUNDESMINISTER FUER FORSCHUNG UND TECHNOLOGIE
BEGINN 1.1.1971 ENDE 31.12.1974
G.KOST 556.000 DM

SA -067
INST SIEMENS AG
MUENCHEN 2, WITTELSBACHERPL. 2
VORHAB **grundlagenuntersuchungen zur entwicklung von elektrischen geraeten fuer energieuebertragungsanlagen mit hoechsten spannungen**
S.WORT elektrizitaet + energie + transport
STAND 16.12.1975
QUELLE mitteilung der abwaermekommission vom 16.12.75
FINGEB BUNDESMINISTER FUER FORSCHUNG UND TECHNOLOGIE
BEGINN 1.1.1971 ENDE 31.12.1974

SA -068
INST SIEMENS AG
MUENCHEN 2, WITTELSBACHERPL. 2
VORHAB **grundsatzuntersuchungen ueber die isolierung gasgefuellter, vornehmlich sf6-gefuellter rohrleiter fuer die hochspannungsenergieuebertragung**
S.WORT elektrotechnik + energie + transport
STAND 16.12.1975
QUELLE mitteilung der abwaermekommission vom 16.12.75
FINGEB BUNDESMINISTER FUER FORSCHUNG UND TECHNOLOGIE
BEGINN 1.1.1973 ENDE 31.12.1977

SA -069
INST SIEMENS AG
MUENCHEN 2, WITTELSBACHERPL. 2
VORHAB **20 kw-brennstoffzellenanlage in kompaktbauweise**
entwicklung des prototyps einer brennstoffzellenanlage bestehend aus 7 kw-kompakt-aggregaten und einem wechselrichter. die 7 kw-aggregate bestehen aus zwei batterie-moduln zu je 35 zellen, einem elektrolyt-regenerator und einer steuerungs- und regeleinheit
S.WORT energietechnik + brennstoffzelle + (versuchsanlage)
PROLEI DR. HEINRICH GUTBIER
STAND 29.7.1976
QUELLE fragebogenerhebung sommer 1976
FINGEB BUNDESMINISTER FUER FORSCHUNG UND TECHNOLOGIE
ZUSAM REX KG. , ASBESTWERKE, 7170 SCHWAEBISCH HALL
BEGINN 1.1.1974 ENDE 30.6.1977
G.KOST 13.050.000 DM
LITAN GUTBIER, H.: BRENNSTOFFZELLEN. IN: BILD DER WISSENSCHAFT JG. 11(11) S. 44-52

SA -070
INST STAATSWISSENSCHAFTLICHES SEMINAR DER UNI KOELN
KOELN 41, ALBERTUS-MAGNUS-PLATZ
VORHAB **regionalwirtschaftliche aspekte der energiewirtschaftlichen entwicklung - energiewirtschaft und umweltschutz**
S.WORT energiewirtschaft + umweltschutz
PROLEI PROF. DR. HANS K. SCHNEIDER
STAND 1.1.1974
FINGEB DEUTSCHE FORSCHUNGSGEMEINSCHAFT
BEGINN 1.1.1973

SA -071
INST SUHR, H., PROF.DR.
TUEBINGEN 1, AUF DER MORGENSTELLE
VORHAB **gewinnung von kohlenwasserstoffen aus kohle mit hilfe von atomarem wasserstoff (literaturstudie)**
S.WORT energietechnik + kohleverfluessigung + (literaturstudie)
QUELLE datenuebernahme aus der datenbank zur koordinierung der ressortforschung (dakor)
FINGEB BUNDESMINISTER FUER FORSCHUNG UND TECHNOLOGIE
BEGINN 1.6.1974 ENDE 28.2.1975

SA -072
INST TECHNISCHER UEBERWACHUNGSVEREIN BAYERN E.V.
MUENCHEN, KAISERSTR. 14-16
VORHAB **untersuchung der einsatzmoeglichkeiten von gfk-rohren fuer die oertliche verteilung und die unterverteilung von fernwaerme**
1) ermittlung des werkstoff- und bauteilverhaltens von kunststoffrohren im hinblick auf ihre verwendung fuer fernwaermeleitungen. 2) ermittlung der randbedingungen (verlegemethode, isolierung, axialdehungsausgleich) fuer die erforderliche betriebssicherheit und eine moeglichst grosse wirtschaftlichkeit. 3) festlegung des pruefumfangs zur uebertragung der ergebnisse auf andere als im programm erfasste produkte
S.WORT waermeversorgung + energietechnik + (gfk-rohre fuer fernwaermeverteilung)
PROLEI DIPL. -ING. OTTMAR SCHADEL
STAND 29.7.1976
QUELLE fragebogenerhebung sommer 1976
FINGEB KERNFORSCHUNGSANLAGE JUELICH GMBH (KFA), JUELICH
G.KOST 300.000 DM

SA -073
INST TECHNOLOGIEFORSCHUNGS GMBH
STUTTGART, SCHULZE-DELITZSCH-STR. 22
VORHAB **hochdruck-kohlestaubvergasung: 1. gasstrahlpumpe zur kontinuierlichen kohlestaub-druckfoerderung. 2. kohlestaub-druckvergasung im revertierenden wirbel**
S.WORT energietechnik + kohle + vergasung + verfahrensentwicklung
QUELLE datenuebernahme aus der datenbank zur koordinierung der ressortforschung (dakor)
FINGEB BUNDESMINISTER FUER FORSCHUNG UND TECHNOLOGIE
ZUSAM - BERGBAUFORSCHUNG GMBH
- INST. FUER CHEMISCHE RAKETENANTRIEBE DER DFVLR
BEGINN 1.7.1974 ENDE 28.2.1975
G.KOST 1.048.000 DM

SA -074
INST UNION RHEINISCHE BRAUNKOHLEN-KRAFTSTOFF-AG
WESSELING, POSTFACH 8
VORHAB **erzeugung von petrochemischen rohstoffen aus synthesegasen, die durch vergasung von braunkohle gewonnen werden**
S.WORT energietechnik + braunkohle + kohleverfluessigung + rohstoffe
QUELLE datenuebernahme aus der datenbank zur koordinierung der ressortforschung (dakor)
FINGEB BUNDESMINISTER FUER FORSCHUNG UND TECHNOLOGIE
BEGINN 1.6.1974 ENDE 31.3.1975
G.KOST 648.000 DM

SA -075
INST UNION RHEINISCHE BRAUNKOHLEN-KRAFTSTOFF-AG
WESSELING, POSTFACH 8
VORHAB **alternative kraftstoffe fuer kraftfahrzeuge. teilstudie methanol**
S.WORT energietechnik + kfz-technik + treibstoffe + (methanol)

QUELLE datenuebernahme aus der datenbank zur koordinierung der ressortforschung (dakor)
FINGEB BUNDESMINISTER FUER FORSCHUNG UND TECHNOLOGIE
ZUSAM - VOLKSWAGENWERK AG
- KERNFORSCHUNGSANLAGE JUELICH
- BADISCHE ANILIN UND SODAFABRIK
BEGINN 1.4.1974 ENDE 30.9.1974

SA -076
INST URANERZBERGBAU GMBH & CO KG
BONN-BAD GODESBERG, KOELNERSTR. 367
VORHAB uranprospektion im schwarzwald
S.WORT energietechnik + uran + rohstoffsicherung + (uranprospektion)
SCHWARZWALD
QUELLE datenuebernahme aus der datenbank zur koordinierung der ressortforschung (dakor)
FINGEB BUNDESMINISTER FUER FORSCHUNG UND TECHNOLOGIE
ZUSAM - GEWERKSCHAFT BRUNHILDE
- SAARBERGWERKE AG
BEGINN 1.1.1970 ENDE 31.12.1974
G.KOST 578.000 DM

SA -077
INST URANERZBERGBAU GMBH & CO KG
BONN-BAD GODESBERG, KOELNERSTR. 367
VORHAB untersuchung zur grosstechnischen anwendung von bakteriellen laugeprozessen an uranerzvorkommen
aufgabe ist die erarbeitung von grundlegenden erkenntnissen zur bakteriellen laugung in deutschland sowie die entwicklung eines biochemischen verfahren zur laugung von ranerzen. die verfahren koennen zu erheblichen einsparungen fuer reagenzien fuehren und erlauben dadurch auch die nutzung aermerer uranlagerstaetten.
S.WORT energietechnik + uran + bergbau + (bakterielle laugeprozesse)
QUELLE datenuebernahme aus der datenbank zur koordinierung der ressortforschung (dakor)
FINGEB GESELLSCHAFT FUER WELTRAUMFORSCHUNG MBH (GFW) IN DER DFVLR, KOELN
BEGINN 1.5.1975 ENDE 31.12.1977
G.KOST 757.000 DM

SA -078
INST URANERZBERGBAU GMBH & CO KG
BONN-BAD GODESBERG, KOELNERSTR. 367
VORHAB uranexplorationsprojekt keuper, bundesrepublik deutschland
S.WORT energietechnik + uran + (uranexploration)
BUNDESREPUBLIK DEUTSCHLAND
QUELLE datenuebernahme aus der datenbank zur koordinierung der ressortforschung (dakor)
FINGEB BUNDESMINISTER FUER FORSCHUNG UND TECHNOLOGIE
BEGINN 1.3.1975 ENDE 31.12.1975
G.KOST 870.000 DM

SA -079
INST VEREINIGTE ELEKTRIZITAETSWERKE WESTFALEN AG (VEW)
DORTMUND, OSTWALL 51
VORHAB bau und betrieb einer versuchsanlage (mx 1 t/h-durchsatz) zum vew-kohleumwandlungsverfahren
S.WORT energietechnik + kohlevergasung + verfahrensentwicklung
QUELLE datenuebernahme aus der datenbank zur koordinierung der ressortforschung (dakor)
FINGEB BUNDESMINISTER FUER FORSCHUNG UND TECHNOLOGIE
ZUSAM - STEINMUELLER, L. &C.
- UNI DORTMUND
- VGB
BEGINN 1.8.1974 ENDE 31.3.1976
G.KOST 5.584.000 DM

SA -080
INST VERKEHRSWISSENSCHAFTLICHES INSTITUT DER TH AACHEN
AACHEN, MIES-VAN-DER-ROHE-STR.
VORHAB spezifischer energieeinsatz im verkehr; ermittlung und vergleich des spezifischen energieverbrauchs
es wird versucht, die technisch-energetischen grundlagen zur entwicklung eines entscheidungsmodells "energieverbrauch im verkehr" fuer verkehrspolitische massnahmenkomplexe unter energiewirtschaftlichen aspekten zu erarbeiten. zu diesem zweck werden fuer die einzelnen verkehrssektoren separat detaillierte analysen der relevanten einflussfaktoren durchgefuehrt mit dem ziel, verkehrsmittelgruppenspezifische verbrauchsfunktionen in abhaengigkeit signifikanter einflussgroessen zu erstellen
S.WORT verkehr + energiebedarf + (entscheidungsmodell)
PROLEI PROF. DR. -ING. HERMANN NEBELUNG
STAND 19.7.1976
QUELLE fragebogenerhebung sommer 1976
FINGEB BUNDESMINISTER FUER VERKEHR
BEGINN 30.11.1974 ENDE 31.3.1976
G.KOST 110.000 DM
LITAN ENDBERICHT

SA -081
INST WIBERA WIRTSCHAFTSBERATUNG
DUESSELDORF, ACHENBACHSTR. 43
VORHAB entscheidungsmodell fuer den optimalen output eines lokalen energieversorgungsnetzsystems an umweltfreundlichen energietraegern
aussage ueber optimales wachstum im raumwaermemarkt mit umweltfreundlichen leitungsgebundenen energietraegern unter unternehmerischem und oekologischem aspekt
S.WORT waermeversorgung + energietraeger
RHEINLAND-PFALZ
PROLEI DIPL. -ING. STUMPF
STAND 1.1.1974
FINGEB WIBERA-WIRTSCHAFTSBERATUNG, DUESSELDORF
ZUSAM LEHRSTUHL F. UNTERNEHMENSFORSCHUNG DER RWTH AACHEN, 51 AACHEN, TEMPLERGRABEN 55
BEGINN 1.1.1974 ENDE 31.12.1975
LITAN - BRAUN, W.;JOBSKY, D.: WIRTSCHAFTL. UMWELTSCHUTZ DURCH QUERVERBUND. IN: Z. ENERGIE U. TECHNIK S. 229 FF U. S. 296 FF (1971)
- BRAUN, W.;JOBSKY, D.;STUMPF, H.:OPTIMALE ABSATZGEFUEHRTE NUTZUNG DER STROM-, GAS- U. FERNWAERME IM QUERVERBUND. IN: DOKUMENTATION ENERGIE, HRSG. OETV-GEWERKSCHAFT STUTTGART 1972, S. 307 FF

SA -082
INST WIBERA WIRTSCHAFTSBERATUNG
DUESSELDORF, ACHENBACHSTR. 43
VORHAB entscheidungsmodell fuer den optimalen output eines lokalen energieversorgungsnetzsystems an umweltfreundlichen energietraegern
aussage ueber optimales wachstum im raumwaermemarkt mit umweltfreundlichen leitungsgebundenen energietraegern unter unternehmerischem und oekologischem aspekt
S.WORT waermeversorgung + energietraeger
NORDRHEIN-WESTFALEN
PROLEI DIPL. -ING. STUMPF
STAND 1.1.1974
FINGEB WIBERA-WIRTSCHAFTSBERATUNG, DUESSELDORF
ZUSAM LEHRSTUHL F. UNTERNEHMENSFORSCHUNG DER RWTH AACHEN, 51 AACHEN, TEMPLERGRABEN 55
BEGINN 1.1.1973 ENDE 31.12.1974
LITAN - BRAUN, W.;JOBSKY, D.:WIRTSCHAFTL. UMWELTSCHUTZ DURCH QUERVERBUND. IN: Z. ENERGIE U. TECHNIK S. 229FF. U. S. 296FF (1971)
- BRAUN, W.;JOBSKY, D, ; STUMPF, H.: OPTIMALE ABSATZGEFUEHRTE NUTZUNG DER STROM-, GAS- U. FERNWAERME IM QUERVERBUND. IN: DOKUMENTATION ENERGIE, HRSG. OETV-GEWERKSCHAFT STUTTGART S. 307FF (1972)

Weitere Vorhaben siehe auch:

AA -123 SEKTORALE ANALYSE DES ENERGIEUMSATZES UND SEINER ENTWICKLUNG IN VERDICHTUNGSRAEUMEN, AUSWIRKUNGEN AUF DAS STADTKLIMA IN MUENCHEN

BB -012 ENERGIE UND UMWELT: ZUSTANDS- UND AUSWIRKUNGSANALYSE FUER DAS MEDIUM LUFT

DC -064 ENTWICKLUNG EINES VERFAHRENS ZUR ENTSCHWEFELUNG VON KOHLEDRUCKVERGASUNGS-GAS FUER KOMBINIERTE KRAFTWERKSPROZESSE

GC -001 PLANSTUDIE FUER DAS BALLUNGSGEBIET BERLIN ZUR ERMITTLUNG DER MOEGLICHKEITEN DER EINSPARUNG VON ENERGIE UND DER SUBSTITUTION FOSSILER BRENNSTOFFE DURCH KERNENERGIE

GC -008 PLANUNGSSTUDIE ZUR FERNWAERMEVERSORGUNG AUS HEIZKRAFTWERKEN IM RAUM MANNHEIM-LUDWIGSHAFEN-HEIDELBERG

NC -005 F+E-ARBEITEN AUF DEM GEBIET DER PLUTONIUM-TECHNOLOGIE

UB -029 ANALYSE DER WIRKUNGSWEISE DER INSTRUMENTE ZUR DURCHSETZUNG DES VERURSACHERPRINZIPS IN DER BRANCHE DER ELEKTRIZITAETSVERSORGUNG

UC -005 WIRTSCHAFTLICHE KONZEPTION EINER UMWELTORIENTIERTEN ENERGIEPOLITIK

VA -015 ENERGIESEKTORALES INFORMATIONSSYSTEM

SB -001
INST ARBEITSGEMEINSCHAFT FUER ZEITGEMAESSES BAUEN E.V.
KIEL, DAMMSTR. 34
VORHAB **beratungen, beobachtungen und auswertung bei der realisierung der therma-bauten**
die arbeiten haben zum ziel, erfahrungen bei der durchfuehrung und den erfolg, der mit dem therma-wettbewerb vorgeschlagenen massnahmen zur nachtraeglichen verbesserung des waermeschutzes bei bestehenden bauten festzustellen und vorschlaege fuer die anwendung der ergebnisse zu entwickeln. arbeitsplan: - pruefung der einhaltung der wettbewerbsbedingungen; - feststellung der baulichen massnahmen, des arbeitsablaufes, der arbeitsaufwendungen und der kosten; - feststellungen ueber beeintraechtigungen der bewohner durch die bauarbeiten; - ermittlung und vergleich des rechnerischen waermebedarfs vor und nach durchfuehrung der massnahmen; - feststellung von massnahmen zur betriebstechnischen anpassung der heizanlage; - vergleich von herstellungskosten und heizkosteen; - abschlussbericht mit vorschlaegen fuer die anwendung der ergebnisse.
S.WORT bautechnik + wohnungsbau + waermeversorgung + oekonomische aspekte
QUELLE datenuebernahme aus der datenbank zur koordinierung der ressortforschung (dakor)
FINGEB BUNDESMINISTER FUER RAUMORDNUNG, BAUWESEN UND STAEDTEBAU
BEGINN 1.6.1975 ENDE 31.3.1976
G.KOST 11.000 DM

SB -002
INST ARBEITSGEMEINSCHAFT KREV
KOELN 1, HOHENZOLLERNRING 51
VORHAB **konzept zur rationellen energieverwendung und -versorgung am beispiel der neubauten bundestag und bundesrat**
S.WORT bautechnik + energieversorgung + oekonomische aspekte
QUELLE datenuebernahme aus der datenbank zur koordinierung der ressortforschung (dakor)
FINGEB BUNDESMINISTER FUER FORSCHUNG UND TECHNOLOGIE
BEGINN 1.4.1975 ENDE 30.6.1976

SB -003
INST BATTELLE-INSTITUT E.V.
FRANKFURT 90, AM ROEMERHOF 35
VORHAB **vergleich technischer alternativen von antriebsaggregaten von fahrzeugen**
S.WORT fahrzeugantrieb
STAND 1.1.1974

SB -004
INST DEUTSCHER NORMENAUSSCHUSS
BERLIN 30, REICHPIETSCHUFER 72-76
VORHAB **auswertung von forschungsergebnissen fuer din 4108 und din 4109**
durch das bundesministerium fuer raumordnung, bauwesen und staedtebau sind in den vergangenen 15 jahren mit erheblichem aufwand forschungen auf dem gebiet des waerme- und schallschutzes veranlasst worden. die berichte ueber die ergebnisse liegen vor. es ist jetzt unabdingbar notwendig, die anerkannten regeln der baukunst fuer schall- und waermeschutz (din 4108 und din 4109) diesen erkenntnissen anzupassen. 1. auswertung der vorliegenden forschungsberichte und auswahl der themen, die bei deraufstellung von normblaettern des waerme- und schallschutzes beruecksichtigt werden sollen. 2. vorschlaege entsprechender formulierungen und begruendung vor den beteiligten gremien. 3. einarbeitung der erkenntnisse unter beruecksichtigung der praktischen notwendigkeiten. 44. beruecksichtigung von forschungsergebnissen des auslandes, soweit moeglich und erforderlich. 5. zusammenfassender bericht ueber die erkenntnisse, die aus der bauforschung in die normungsarbeit eingeflossen sind.
S.WORT bauwesen + waermeschutz + schallschutz + normen
QUELLE datenuebernahme aus der datenbank zur koordinierung der ressortforschung (dakor)
FINGEB BUNDESMINISTER FUER RAUMORDNUNG, BAUWESEN UND STAEDTEBAU
BEGINN 1.6.1975 ENDE 31.5.1976
G.KOST 25.000 DM

SB -005
INST DORNIER SYSTEM GMBH
FRIEDRICHSHAFEN, POSTFACH 1360
VORHAB **voruntersuchungen "rationelle energieverwendung im hochbau"**
die voruntersuchung soll den weg aufzeigen, der zu konkreten unterlagen fuer baufachleute fuehrt, anhand derer die technik der waermerueckgewinnung in verbindung mit einer darauf abgestimmten bautechnik in der praxis eingang finden kann. arbeitsplan: erfassen der vorhandenen grundlagen, auswertung und systematisches ordnen, abfassen des detaillierten arbeitsprogramms fuer die untersuchung
S.WORT bautechnik + energieversorgung
STAND 16.12.1975
QUELLE mitteilung der abwaermekommission vom 16.12.75
FINGEB BUNDESMINISTER FUER RAUMORDNUNG, BAUWESEN UND STAEDTEBAU
BEGINN 1.3.1974 ENDE 31.7.1975
G.KOST 40.000 DM

SB -006
INST DORNIER SYSTEM GMBH
FRIEDRICHSHAFEN, POSTFACH 1360
VORHAB **voruntersuchung ueber die technik der waermegewinnung und darauf abgestimmte bautechnik**
S.WORT bautechnik + waermeversorgung + energiehaushalt
STAND 1.1.1976
QUELLE mitteilung des bundesministers fuer raumordnung,bauwesen und staedtebau
FINGEB BUNDESMINISTER FUER RAUMORDNUNG, BAUWESEN UND STAEDTEBAU
BEGINN 1.1.1974 ENDE 31.7.1975

SB -007
INST ELEKTROWAERME-INSTITUT ESSEN E.V.
ESSEN, NUENNINGSTR. 9
VORHAB **untersuchungen zu einer technisch optimalen auslegung der leistungssteuerung von elektrowaermegeraeten durch thyristoren**
bewertung der netzrueckwirkungen mehrerer verbraucher mit leistungselektronik in einem stromkreis durch simulation im 1: 1-modell mit hilfe der monte carlo-methode, der automatischen messwerterfassung durch edv
S.WORT energieversorgung + elektrowaermegeraet + verfahrensoptimierung + (regeltechnik)
PROLEI DIPL. -ING. GLATZEL
STAND 1.10.1974
FINGEB BUNDESMINISTER FUER WIRTSCHAFT
BEGINN 1.5.1971 ENDE 31.10.1974
G.KOST 378.000 DM
LITAN - GLATZEL. ZWISCHENBERICHT: TECHN. -OPTIMALE AUSLEGUNG DER LEISTUNGSSTEUERUNG UNTER BERUECKSICHTIGUNG DER NETZRUECKWIRKUNGEN - ZWISCHENBERICHT 1974. 03

SB -008
INST ELEKTROWAERME-INSTITUT ESSEN E.V.
ESSEN, NUENNINGSTR. 9
VORHAB **die wirtschaftlichen moeglichkeiten einer verringerung der energieintensitaet bei elektrischen haushaltsgeraeten**
verringerung der energieintensitaet von elektrischen hausgeraeten
S.WORT energieversorgung + haushaltsgeraet
PROLEI DIPL. -ING. ENDRESS
STAND 1.1.1974
FINGEB BUNDESMINISTER FUER FORSCHUNG UND TECHNOLOGIE
BEGINN 1.1.1974 ENDE 31.12.1976
G.KOST 227.000 DM

SB -009

INST ENERGIEANLAGEN BERLIN GMBH
BERLIN 30, LUETZOWPLATZ 11-13

VORHAB **planstudie berlin zur ermittlung der moeglichkeiten der einsparung von energie und substitution fossiler brennstoffe durch kernenergie**
oekologische auswirkungen der fernwaermeversorgung (basis waermeverbrauchsbilanzen). ausbau der fernwaermeversorgung aus konventionellen und nuklearen heizkraftwerken und heizwerken im vergleich zu bisherigen heizungs- und waermeversorgungsarten; technisch, wirtschaftlich, emissions-/immissions-bilanzen - staub, so2, co, nox, strahlung

S.WORT energieversorgung + waermeversorgung + kernenergie
BERLIN (WEST)
PROLEI DIPL. -ING. DIETRICH STEIN-KAEMPFE
STAND 22.7.1976
QUELLE fragebogenerhebung sommer 1976
FINGEB BUNDESMINISTER FUER FORSCHUNG UND TECHNOLOGIE
ZUSAM - SENATOR FUER WIRTSCHAFT, BERLIN
- DIW, BERLIN
- ARBEITSGEMIENSCHAFT FUER FERNWAERME, FRANKFURT
BEGINN 1.10.1974 ENDE 31.5.1976
LITAN ENDBERICHT

SB -010

INST FACHBEREICH ARCHITEKTUR DER TH DARMSTADT
DARMSTADT, PETERSENSTR. 14

VORHAB **plenar (planung, energie, architektur)**
bauphysik als planungsfaktor unter dem gesichtspunkt energiebewussten planens und bauens. theoretische grundlagen verschiedener planungselemente. richtlinien fuer planungsfaktoren. erstellung eines testgebaeudes in darmstadt. messung der resultate. auswertung und vergleiche. empfehlungen

S.WORT bautechnik + waermedaemmung + energieverbrauch + planungshilfen
PROLEI DIPL. -ING. HEINZ SIEBER
STAND 10.9.1976
QUELLE fragebogenerhebung sommer 1976
FINGEB BUNDESMINISTER FUER FORSCHUNG UND TECHNOLOGIE
ZUSAM EIDGENOESSISCHE TH ZUERICH
BEGINN 1.9.1976 ENDE 31.12.1979
G.KOST 300.000 DM
LITAN - STEIGER, P.: PLANUNG - ENERGIE - ARCHITEKTUR. IN: JAHRBUCH DER TH DARMSTADT (1974)
- STEIGER, P.;BRUNNER, C.;REMUND, H.: PLENAR, PLANUNG - ENERGIE - ARCHITEKTUR. IN: NIGGLI, TEUFEN UND HATJE, STUTTGART (1975)
- STEIGER, P.: PLANUNGS- UND AUSFUEHRUNGSPROBLEME, PLENAR = PLANUNG - ENERGIE - ARCHITEKTUR. IN: DER ARCHITEKT, STUTTGART (1975)

SB -011

INST FACHBEREICH ENERGIE- UND WAERMETECHNIK DER FH GIESSEN
GIESSEN, WIESENSTR. 14

VORHAB **umweltfreundliche heiz-waermepumpe ohne fremdwaermequelle in verbindung mit einem neuartigen niedertemperatur-heizsystem**
die heiz-waermepumpe mit elektromagnetischem antrieb des verdichters ist aus enrgiewirtschaftlicher sicht dann besonders interessant, wenn sie bei einer aussentemperatur von 0 c etwa das dreifache der verdichter-antriebsleistung als waermepumpen-heizleistung freisetzt und bei hoeheren aussentemperaturen entsprechend guenstiger arbeitet. bei entsprechender konstruktion bzw. gestaltung der aussenwaende kann die transmissionswaerme mit hilfe der waermepumpe ohne schwierigkeiten zurueckgewonnen und damit die waermepumpe frei von einer fremdwaermequelle betrieben werden. dies ist fuer einfamilienhaeuser, wohnblocks und hochhaeuser in ballungsgebieten, gewerbliche und industrielle gebaeude gleichermassen geeignet. unabhaengig von dem waermepumpenbetrieb kann das nniedertemperatur-heizsystem in der uebergangszeit von sonnenkollektoren einfachster bauart (flachkollektor mit einfachverglasung) versorgt werden

S.WORT energietechnik + heizungsanlage + waermerueckgewinnung
PROLEI DIPL. -ING. JUERGEN LETTNER
STAND 11.8.1976
QUELLE fragebogenerhebung sommer 1976
BEGINN 1.1.1975
G.KOST 700.000 DM
LITAN ZWISCHENBERICHT

SB -012

INST FICHTNER, BERATENDE INGENIEURE GMBH & CO KG
STUTTGART 30, GRAZER STRASSE 22

VORHAB **studie ueber technologien zur einsparung von energie**
ausgehend von der gegenwaertigen situation im energiebereich (gewinnung, umwandlung, transport, anwendung)sollen alle bekannten und neuen technologien, deren jetziger oder kuenftiger beitrag von bedeutung ist, dahingehend untersucht werden, ob durch ihren einsatz bzw. durch ihre entwicklung oder verbesserung ein beitrag zum rationellen, sparsamen einsatz der energie erzielt werden kann. die bewertung soll unter den gesichtspunkten umweltschutz, wirtschaftlichkeit und energetischer wirkungs-bzw. nutzungsgrad erfolgen. andere nichttechnische massnahmen werden in die betrachtung mit einbezogen. die auswirkungen sowohl technischer als auch nichttechnischer (z. b. administrativer, steuerrelevanter)massnahmen auf die energiesituation ist abzuschaetzen. unter dem uebergeordneten geesichtspunkt der rationellen energieverwendung soll die studie alle wichtigen informationen konzentriert darbieten und als planungsgrundlage fuer kuenftige foerderungsmassnahmen dienen

S.WORT energietechnik + wirtschaftlichkeit
BUNDESREPUBLIK DEUTSCHLAND
PROLEI DIPL. -ING. BRUEGEL
STAND 1.1.1974
FINGEB BUNDESMINISTER FUER FORSCHUNG UND TECHNOLOGIE
BEGINN 1.11.1973 ENDE 30.11.1975
G.KOST 1.400.000 DM
LITAN ZWISCHENBERICHT 1975. 11

SB -013

INST FORSCHUNGSBEREICH UMWELT UND GESELLSCHAFT DER GESAMTHOCHSCHULE ESSEN
ESSEN, UNIVERSITAETSSTR.

VORHAB **steuerungsmoeglichkeiten fuer die energiebereitstellung und energieanwendung unter dem ziel der energieeinsparung durch alternative technologien**
begruendung des wirtschaftspolitischen ziels "energieeinsparung". abschaetzung von energieeinsparungsmoeglichkeiten in der brd. wirtschaftspolitisches instrumentarium zur implementierung einer energieeinsparungspolitik. lineares programmierungsmodell, das die input-output-analyse mit der energiebilanz und einer schadstoffbilanz verknuepft. dynamisches modell der einfuehrung alternativer technologien in ausgewaehlten wirtschaftsbereichen

S.WORT energiepolitik + energietechnik + (energieeinsparung)
PROLEI PROF. DR. KLAUS M. MEYER-ABICH
STAND 12.8.1976
QUELLE fragebogenerhebung sommer 1976
FINGEB BUNDESMINISTER FUER FORSCHUNG UND TECHNOLOGIE
BEGINN 1.1.1974 ENDE 31.12.1976
G.KOST 350.000 DM

SB -014

INST GESELLSCHAFT FUER WIRTSCHAFTLICHE BAUTECHNIK MBH
MUENCHEN 81, GNESENER STRASSE 4-6

VORHAB **richtwerte fuer wirtschaftlichen waermeenergieverbrauch bei verwaltungsbauten**
erarbeitung von richtwerten und empfehlungen fuer verwaltungsgebaeude zur anwendung von materialien und konstruktionen, die als ergaenzung bestehender din-normen eine minimierung des waermeenergieverlustes und somit einen wirtschaftlichen waermeenergieaufwand ermoeglichen. anhand aktueller einschlaegiger bauvorhaben des bundes soll aufgezeigt werden, welche moeglichkeiten bei der planung und ausfuehrung von verwaltungsgebaeuden bestehen, den waermehaushalt durch entwurfsanordnung und entsprechende auswahl von material und konstruktionen wirtschaftlich zu gestalten bzw. bestehende verhaeltnisse gegebenenfalls zu verbessern
S.WORT bautechnik + waermedaemmung + richtlinien
PROLEI DIPL. -ING. HANNES KRACK
STAND 13.8.1976
QUELLE fragebogenerhebung sommer 1976
FINGEB BUNDESMINISTER FUER FORSCHUNG UND TECHNOLOGIE
ZUSAM LEHRSTUHL FUER THERMODYNAMIK DER TU MUENCHEN
BEGINN 1.7.1975 ENDE 30.9.1976
G.KOST 425.000 DM

SB -015
INST GUTEHOFFNUNGSHUETTE STERKRADE AG OBERHAUSEN 11, BAHNHOFSTR. 66
VORHAB **lng-verdampfung mit gasturbinenanlagen im geschlossenen prozess**
die verbidnung von lng-verdampfung und stromerzeugung mit der gasturbine im geschlossenen prozess bei einem stromerzeugungswirkungsgrad von 60% und der ausnutzung der verlustwaerme zur lng-verdampfung. bei der herstellung von fluessigem erdgas lng (liquid natural gas) wird 20% der energie des lng zur verfluessigung auf -160 c verbraucht. diese energie laesst sich mit dem vorgeschlagenen fe-forhaben ausnutzen. vorteile sind: -wirtschaftliche deckung des erdgas- und strombedarfs durch waerme-kraft-kopplung, -keine umweltbeeinflussung durch abwaerme. das vorhaben umfasst parameterstudien, komponentenentwicklung und den entwurf einer pilotanlage
S.WORT energie + gasturbine + abwaerme + waerme + (pilotanlage)
PROLEI DR. DIETER WEBER
STAND 12.8.1976
QUELLE fragebogenerhebung sommer 1976
FINGEB KERNFORSCHUNGSANLAGE JUELICH GMBH (KFA), JUELICH
ZUSAM - DEUTSCHE FLUESSIGERDGAS TERMINAL GMBH, POSTFACH, 4300 ESSEN
- VEBA KRAFTWERKE RUHR AG, POSTFACH, 4650 GELSENKIRCHEN
BEGINN 1.1.1976 ENDE 31.12.1978
LITAN GRIEPENTROG, H.;SACKARENDT, P.: VAPORIZATION OF LNG WITH CLOSED-CYCLE GAS TURBINES. ASME-PAPER 76-GT-38. THE AMERICAN SOCIETY OF MECHANICAL ENGINEERS, UNITED ENGINEERING CENTER, NEW YORK(1976)

SB -016
INST INSTITUT FUER BAUFORSCHUNG E.V. HANNOVER, WILHELMSTR. 8
VORHAB **kosten und energieeinsparung durch baulichen waermeschutz (ermittlung und graphische darstellung)**
fuer bekannte und bewaehrte ausfuehrungsarten der raumfassenden bauteile werden die bauphysikalischen eigenschaften vergleichend zusammengestellt. fuer diese bauarten wird dargelegt, welche theoretischen moeglichkeiten und grenzen es gibt, um den waermeschutz dieser bauteile in abhaengigkeit von der jeweiligen bauart zu verbessern. die auswirkungen der moeglichkeiten der verbesserung auf den rechnerischen waermebedarf werden herausgestellt. anschliessend ist es moeglich, den einfluss der verbesserung des waermeschutzes auf die herstellungs- und bewirtschaftungskosten der wohngebaeude im einzelnen und generell aufzuzeigen. aus diesen ergebnissen werden allgemeingueltige folgerungen fuer die optimierung des waermeschutzes gezogen. bauphysikalisch richtige und technisch einwandfrei ausgebildete konstruktionen fuer die verschiedenen bauteile werden erarbeitet und zusammengestellt
S.WORT bautechnik + waermeschutz
STAND 16.12.1975
QUELLE mitteilung der abwaermekommission vom 16.12.75
FINGEB BUNDESMINISTER FUER RAUMORDNUNG, BAUWESEN UND STAEDTEBAU
BEGINN 1.1.1974 ENDE 31.5.1975
G.KOST 54.000 DM

SB -017
INST INSTITUT FUER BAUFORSCHUNG E.V. HANNOVER, WILHELMSTR. 8
VORHAB **untersuchungen ueber den waermebedarf an bestehenden wohnungen**
der aufwand fuer das heizen kann bei gleicher und ausreichender wirkung vermindert werden, wenn man die bauten mit erhoehtem waermeschutz ausstattet. anhand einiger typischer ausgewerteter bauvorhaben ist zu ueberpruefen, welche massnahmen architekten und wohnungsunternehmen fuer den waermeschutz angewendet haben, ob diese ausreichen und welche moeglichkeiten zur verbesserung des waermeschutzes und zur verringerung des waermebedarfs und der heizungskosten bestehen. dazu sollen aus allen teilen des bundesgebietes bestimmte bauvorhaben ausgewaehlt werden. sie sollen sich nach hausform, bauart, klimazone moeglichst unterscheiden. es sind empfehlungen auszuarbeiten, um wieviel der waermebedarf bei bestimmten noch vorzuschlagenden massnahmen gesenkt werden koennte
S.WORT wohnungsbau + waermeschutz
STAND 16.12.1975
QUELLE mitteilung der abwaermekommission vom 16.12.75
FINGEB BUNDESMINISTER FUER RAUMORDNUNG, BAUWESEN UND STAEDTEBAU
BEGINN 1.5.1974 ENDE 31.8.1975
G.KOST 113.000 DM

SB -018
INST INSTITUT FUER BAUPHYSIK DER FRAUNHOFER-GESELLSCHAFT E.V. STUTTGART, KOENIGSSTRAESSLE 74
VORHAB **verringerung der thermischen umweltbelastung durch geeignete gestaltung von bauten**
im zuge der immer dichteren bebauung unserer staedtischen regionen muessen auch in der umgebung von bauwerken zutraegliche umweltbedingungen herrschen; deshalb soll der einfluss der bauwerksausfuehrung auf den regionalen waerme- und wasserhaushalt untersucht werden (thermisches mikroklima)
S.WORT mikroklimatologie + waermebelastung + bauwesen + stadtgebiet
PROLEI DR. -ING. KARL GERTIS
STAND 1.1.1974
FINGEB FORSCHUNGSGEMEINSCHAFT BAUEN UND WOHNEN, STUTTGART
BEGINN 1.1.1974 ENDE 31.12.1974
G.KOST 34.000 DM

SB -019
INST INSTITUT FUER BAUPHYSIK DER FRAUNHOFER-GESELLSCHAFT E.V. STUTTGART, KOENIGSSTRAESSLE 74
VORHAB **instationaerer waermeschutz (literaturauswertung, berechnungsmethode, gegenueberstellung)**
die neuzeitliche, architektonische entwicklung in richtung auf groessere glasflaechen und leichtere bauweisen hin hat die probleme der sommerlichen sonneneinstrahlung und der damit meist verbundenen, unbehaglich starken raumerwaermung-gegenueber dem winterlichen waermeschutz-in den vordergrund gerueckt. bei der derzeit im gang befindlichen neubearbeitung der einschlaegigen norm din 4108-

waermeschutz im hochbau-muessen deshalb verfahren eingang finden, welche es gestatten, die instationaere waermeeinwirkung auf wand, dach und fenster nach moeglichkeit schon im stadium der bauplanung zu beurteilen. wissenschaftliche arbeiten zum instationaeren temperaturverhalten von einzelnen bauteilen bzw. ganzen raeumen ist in den vergangenen jahren eine vielzahl von wissenschaftliichen arbeiten erschienen. diese arbeiten, die z. t. mathematisch ziemlich komplizierte zusammenhaenge enthalten, sollen systematisch analysiert werden, um zu einem fuer din 4108 berechnungsverf. gelangen

S.WORT bautechnik + waermeschutz
STAND 16.12.1975
QUELLE mitteilung der abwaermekommission vom 16.12.75
FINGEB BUNDESMINISTER FUER RAUMORDNUNG, BAUWESEN UND STAEDTEBAU
BEGINN 1.3.1972 ENDE 31.12.1974
G.KOST 45.000 DM

SB -020

INST INSTITUT FUER BAUPHYSIK DER FRAUNHOFER-GESELLSCHAFT E.V.
STUTTGART, KOENIGSSTRAESSLE 74
VORHAB **energiesparende bauweisen im wohnungs- und staedtebau**
die groesse des energiebedarfs im hochbau und die mit der bedarfsdeckung verbundenen schwierigkeiten erfordern eine kritische ueberpruefung. seitens der bauphysik ist hierbei zu klaeren, ob und in welchem masse die waermetechnische konzeption der aussenbauteile energieoekonomisch verbessert werden kann(vorwiegend: winterproblem), durch klimatechnisch guenstigere bauweisen die sonnenenergie genutzt werden kann. durch theoretische untersuchungen sollen folgende punkte auf ihre energieoekonomischen auswirkungen ueberprueft werden: 1. optimale waermedaemmung der aussenbauteile unter beruecksichtigung der bautechnischen, bauklimatologischen, energie- und finanzwirtschaftlichen einflussgroessen, 2. einfluss der waermeverluste und -gewinnung durch fensterflaechen auf die raummenergiebilanz, 3. zusammenhang von fenstergroessen, sonneneinstrahlung und beleuchtungsenergie, 4. verhalten von bauteilen mit strahlungsselektiven oberflaechen und latenten speichern
S.WORT bautechnik + waermedaemmung
STAND 16.12.1975
QUELLE mitteilung der abwaermekommission vom 16.12.75
FINGEB BUNDESMINISTER FUER RAUMORDNUNG, BAUWESEN UND STAEDTEBAU
BEGINN 1.12.1973 ENDE 31.5.1976
G.KOST 172.000 DM

SB -021

INST INSTITUT FUER BAUPHYSIK DER FRAUNHOFER-GESELLSCHAFT E.V.
STUTTGART, KOENIGSSTRAESSLE 74
VORHAB **nutzung der sonneneinstrahlung und waermespeicherung zur reduzierung des energieverbrauches von hochbauten**
S.WORT energieversorgung + sonnenstrahlung + waermespeicher + bautechnik
PROLEI DR. -ING. KARL GERTIS
STAND 7.9.1976
QUELLE datenuebernahme von der deutschen forschungsgemeinschaft
FINGEB DEUTSCHE FORSCHUNGSGEMEINSCHAFT

SB -022

INST INSTITUT FUER ELEKTROWAERME DER TU HANNOVER
HANNOVER, WILHELM-BUSCH-STR. 4
VORHAB **untersuchungen zur wohnraumbeheizung mittels waermepumpe**
an einem modellraum soll der einsatz einer waermepumpen-anlage zu heizzwecken untersucht werden; besondere anordnung und ausbildung der waermetauscher lassen hohe leistungsziffern erwarten; ziel: erhebliche energieeinsparung bei der wohnraumbeheizung
S.WORT wohnraum + waermeversorgung
PROLEI PROF. DR. -ING. DR. -ING. HABIL. RUMMEL
STAND 1.10.1974
FINGEB BUNDESMINISTER FUER RAUMORDNUNG, BAUWESEN UND STAEDTEBAU
BEGINN 1.10.1973 ENDE 31.10.1975
G.KOST 60.000 DM
LITAN ZWISCHENBERICHT 1974. 04

SB -023

INST INSTITUT FUER PRUEFUNG UND FORSCHUNG IM BAUWESEN E. V. AN DER FH HILDESHEIM-HOLZMINDEN
HILDESHEIM, HOHNSEN 2
VORHAB **waermeflussmessungen an bauwerken in hildesheim, hannover, schleswig-holstein**
S.WORT bautechnik + waermefluss + messung
STAND 1.1.1974

SB -024

INST INSTITUT FUER PRUEFUNG UND FORSCHUNG IM BAUWESEN E. V. AN DER FH HILDESHEIM-HOLZMINDEN
HILDESHEIM, HOHNSEN 2
VORHAB **waermeflussmessungen und feststellung der dampfdiffusion an fertigteilen**
S.WORT bautechnik + waermefluss + daempfe + messung
STAND 1.1.1974

SB -025

INST INSTITUT FUER THERMODYNAMIK UND WAERMETECHNIK DER UNI STUTTGART
STUTTGART -VAIHINGEN, PFAFFENWALDRING 6
VORHAB **berechnung von waermespeicherungsvorgaengen in raeumen**
das thermische verhalten eines raumes auf sonneneinfall laesst sich durch einen sogenannten speicherfaktor charakterisieren. ziel des forschungsvorhabens ist es, die speicherfaktoren fuer saemtliche monate des jahres ausser den bereits in der vdi-richtlinie 2078 angegebenen monaten juli undseptember zu berechnen. hierzu sind fuer die monate november, dezember und januar die tagesgaenge der direkt- und diffusstrahlung zu berechnen, fuer die uebrigen monate liegen die werte bereits vor. die speicherfaktoren wurden in einem numerischen rechenprogramm am grossrechner cdc 6600 6600 der universitaet stuttgart berechnet. das hierzu verwendete programm war von masuch entwickelt worden und musste noch in einigen punkten modifiziert werden
S.WORT waermespeicher + sonnenstrahlung
PROLEI PROF. DR. -ING. HEINZ BACH
STAND 19.7.1976
QUELLE fragebogenerhebung sommer 1976
FINGEB BUNDESMINISTER FUER FORSCHUNG UND TECHNOLOGIE
BEGINN 1.7.1975 ENDE 30.4.1976
G.KOST 36.000 DM
LITAN ZWISCHENBERICHT

SB -026

INST LEHR- UND VERSUCHSANSTALT FUER ZIERPFLANZENBAU, BAUMSCHULEN UND FLORISTIK DER LANDWIRTSCHAFTSKAMMER RHEINLAND
BONN -BAD GODESBERG, LANGER GRABENWEG 68
VORHAB **einsparung von heizenergie im gewaechshaus**
1) energieeinsparung durch temperaturabsenkung bei nacht 2) energieeinsparung durch lichtabhaengige temperatursteuerung am tag. entwicklung spezifischer steuer- und messgeraete, exakte messungen durch waermemengenzaehler. 3) energieeinsparung durch friesdorfer kombiheizung in der nacht = folie und vegetationsheizung.
S.WORT gewaechshaus + heizungsanlage + energiebedarf
PROLEI DR. -ING. AXEL PAPENHAGEN
STAND 21.7.1976

QUELLE fragebogenerhebung sommer 1976
FINGEB - MINISTER FUER ERNAEHRUNG, LANDWIRTSCHAFT UND FORSTEN, DUESSELDORF
- KURATORIUM FUER TECHNIK UND BAUWESEN IN DER LANDWIRTSCHAFT E. V. (KTBL), DARMSTADT
BEGINN 1.1.1973
LITAN - KTBL-ARBEITSBLAETTER. LANDWIRTSCHAFTSVERLAG, MUENSTER-HILTRUP
- ENDBERICHT

SB -027

INST LEHRSTUHL FUER ANGEWANDTE THERMODYNAMIK UND KLIMATECHNIK DER GESAMTHOCHSCHULE ESSEN
ESSEN 1, UNIONSTR. 2
VORHAB **grundsatzuntersuchungen an waermepumpen**
untersuchungen im hinblick auf die waermepumpe: 1) kaeltemittel, 2) schmiermittel, 3) kompressoren, 4) vergleich absorptions- und kompressionswaermepumpe, 5) teillastverhalten und regelung, 6) zusatzheizung, 7) untersuchung verschiedener anlagensysteme, 8) abtauprobleme an luftbeaufschlagten waermeuebertragern
S.WORT waermepumpe + (grundsatzuntersuchungen)
PROLEI PROF. DR. -ING. F. STEIMLE
STAND 10.10.1976
FINGEB BUNDESMINISTER FUER FORSCHUNG UND TECHNOLOGIE
LITAN - STEIMLE,F.: DER EINSATZ VON WAERMEPUMPEN ZUR ABWAERMEVERWERTUNG UND ENERGIEEINSPARUNG. IN:VDI-BERICHTE 236 S.201-206(1975)
- REICHELT,J.: SYNTHETISCHE FLUESSIGKEITSSCHMIERMITTEL FUER TIEFTEMPERATUR-KAELTEANLAGEN. IN:DIE KAELTE 28 (5)S.208(1975)
- STEIMLE,F.: INTEGRIERTE ENERGIEVERSORGUNG VON KLIMAANLAGEN MIT WAERME UND KAELTE DURCH WAERMEPUMPEN. IN:VDI-BERICHTE 222(1974)

SB -028

INST MASCHINENFABRIK AUGSBURG-NUERNBERG AG (MAN)
AUGSBURG, STADTBACHSTR. 1
VORHAB **systemanalyse: schadstoffarme hausheizungen mit hoher energieausnutzung**
die aufgabe der systemanalyse besteht darin, vorschlaege fuer verbesserte (umweltfreundlichere) und hinsichtlich kostenbelastung tragbare hausheizsysteme zu erarbeiten. das wesentliche ziel ist die erstellung eines kataloges von entwicklungsaufgaben, die von einschlaegigen fachkreisen als foerderungswuerdig beurteilt wurden
S.WORT heizungsanlage + private haushalte + schadstoffminderung + oekonomische aspekte
PROLEI DIPL. -ING. ALFRED TITL
STAND 2.8.1976
QUELLE fragebogenerhebung sommer 1976
FINGEB BUNDESMINISTER FUER FORSCHUNG UND TECHNOLOGIE
ZUSAM - INST. F. LUFTSTRAHLANTRIEBE DER DFVLR, LINDOR HOEHE, 5050 PORZ-WAHN
- INST. F. HEIZUNG-LUEFTUNG-KLIMATECHNIK DER UNI STUTTGART
- ENGLER-BUNTE-INSTITUT DER UNI KARLSRUHE
BEGINN 1.1.1975 ENDE 30.4.1976
G.KOST 700.000 DM
LITAN ENDBERICHT

SB -029

INST MEISSNER & EBERT
NUERNBERG, KINKELSTR. 10
VORHAB **studie ueber rationelle energieverwendungsmoeglichkeiten im schul- und sportzentrum altenkunstadt**
anfertigen einer studie ueber rationelle energieverwendungsmoeglichkeiten im schul- und sportzentrum altenkunstadt.
S.WORT oeffentliche einrichtungen + energieversorgung + wirtschaftlichkeit
QUELLE datenuebernahme aus der datenbank zur koordinierung der ressortforschung (dakor)
FINGEB KERNFORSCHUNGSANLAGE JUELICH GMBH (KFA), JUELICH
BEGINN 1.3.1975 ENDE 30.6.1975

SB -030

INST PRUEFSTELLE FUER SCHALL UND WAERMETECHNIK
MORSBACH, ZUM GOLDENEN ACKER 34
VORHAB **energieeinsparung bei schwimmhallen**
energieminderung; wirtschaftlichkeitsvergleich; grenzwerterfassung; geraeuschemmissionen
S.WORT energieversorgung + badeanstalt + wirtschaftlichkeit
PROLEI ING. GRAD. BLUME
STAND 1.1.1974
FINGEB BUNDESMINISTER FUER FORSCHUNG UND TECHNOLOGIE
ZUSAM RWE-HAUPTVERWALTUNG, 43 ESSEN, KRUPPSTR. 5
BEGINN 1.3.1974 ENDE 31.5.1975
G.KOST 190.000 DM

SB -031

INST RUHRCHEMIE AG
OBERHAUSEN 13, POSTFACH 35
VORHAB **katalysatoren. situation und voraussichtliche entwicklung in der bundesrepublik**
S.WORT verfahrenstechnik + katalysator + umweltfreundliche technik
QUELLE datenuebernahme aus der datenbank zur koordinierung der ressortforschung (dakor)
FINGEB BUNDESMINISTER FUER FORSCHUNG UND TECHNOLOGIE
BEGINN 1.9.1974 ENDE 31.5.1975

SB -032

INST STRASSBERGER, A., DR.-ING.
BONN -BEUEL, BEETHOVENSTR. 33
VORHAB **mustersiedlung mit neuartigen energie- und heizungssystemen**
S.WORT wohnungsbau + energieversorgung + heizungsanlage + wirtschaftlichkeit
QUELLE datenuebernahme aus der datenbank zur koordinierung der ressortforschung (dakor)
FINGEB BUNDESMINISTER FUER FORSCHUNG UND TECHNOLOGIE
BEGINN 2.12.1974 ENDE 6.1.1975

SB -033

INST VEREINIGTE ESSLINGER WOHNUNGSUNTERNEHMEN GMBH
ESSLINGEN, POSTFACH 822
VORHAB **einbau einer waermepumpenanlage zur erzeugung von heizwaerme und aufbereitung von warmwasser in wohngebaeuden**
S.WORT waermeversorgung + wohngebiet + heizungsanlage + (waermepumpe)
QUELLE datenuebernahme aus der datenbank zur koordinierung der ressortforschung (dakor)
FINGEB BUNDESMINISTER FUER FORSCHUNG UND TECHNOLOGIE
BEGINN 1.2.1975 ENDE 31.12.1975

SB -034

INST VEREINIGTE ESSLINGER WOHNUNGSUNTERNEHMEN GMBH
ESSLINGEN, POSTFACH 822
VORHAB **waermeanlagen in grossgebaeudekomplexen**
einbau einer waermepumpenanlage zur erzeugung von heizwaerme und aufbereitung von warmwasser zur versorgung des sanierungsprojektes schelztorstrasse in esslingen. fuer die realisierung bieten sich guenstige voraussetzungen durch die unmittelbare lage am ross-neckar-kanal und die vielfaeltigen nutzungsarbeiten im bauvorhaben bei verschiedenen heizungssystemen (radiatoren-, fussboden- und konvektorenheizung, klimaanlage). die anlage ist fuer die gewinnung neuer erkenntnisse im grossbetrieb von wohnungskomplexen besonders wichtig. durch den einbau verschiedenartiger heizungssysteme kann unter gleichen baulichen und klimatischen bedingungen deren unterschiedliche wirtschaftlichkeit untersucht

werden
S.WORT wohnungsbau + heizungsanlage + energietechnik
STAND 16.12.1975
QUELLE mitteilung der abwaermekommission vom 16.12.75
FINGEB BUNDESMINISTER FUER FORSCHUNG UND TECHNOLOGIE
G.KOST 2.000.000 DM

Weitere Vorhaben siehe auch:

DA -065 NUTZUNG DER BREMSENERGIE IN INDIVIDUALFAHRZEUGEN ZUR VERBRAUCHS- UND EMISSIONSVERMINDERUNG

FA -023 LUFTSCHALL-, TRITTSCHALL-ERSCHUETTERUNGS- UND WAERMEFLUSSMESSUNGEN MIT LABORWAGEN FUER DIE BAUINDUSTRIE

FA -024 SCHALLSCHUTZGUTACHTEN UND WAERMESCHUTZGUTACHTEN FUER VERSCHIEDENE BEDARFSTRAEGER

GB -026 VERRINGERUNG DER ABWAERME VON ZUCKERFABRIKEN

MB -051 ENERGIE AUS ABFALLBESEITIGUNG

TA -001
INST ABTEILUNG CHEMISCHE SICHERHEITSTECHNIK DER BUNDESANSTALT FUER MATERIALPRUEFUNG
BERLIN 45, UNTER DEN EICHEN 87
VORHAB **loesemitteldampfkonzentration beim farbauftrag in engen raeumen**
feststellung des raeumlich-zeitlichen konzentrationsverlaufes der lackloesemitteldaempfe in engen raeumen bei anstrichsarbeiten. es sollen die optimalen bedingungen fuer eine kuenstliche belueftung von engen, zerklueftteten raeumen ermittelt werden, wenn in diesen raeumen anstrichsarbeiten an den waenden ausgefuehrt werden. die lueftung soll so wirksam sein, dass am arbeitsplatz die mak-werte unterschritten bleiben und die beschaeftigten somit keine besondere schutzausruestung benoetigen
S.WORT arbeitsplatz + luftverunreinigende stoffe + loesungsmittel + daempfe + mak-werte
PROLEI DR. -ING. WOLFGANG SCHROEDTER
STAND 10.9.1976
QUELLE fragebogenerhebung sommer 1976
FINGEB BUNDESMINISTER FUER ARBEIT UND SOZIALORDNUNG
BEGINN 1.6.1975 ENDE 31.1.1978
G.KOST 150.000 DM

TA -002
INST ABTEILUNG CHEMISCHE SICHERHEITSTECHNIK DER BUNDESANSTALT FUER MATERIALPRUEFUNG
BERLIN 45, UNTER DEN EICHEN 87
VORHAB **gaswarnanlagen, primaerer explosionsschutz, gesundheitsschutz**
mit hilfe von gaswarnanlagen - geraete zur erfassung brennbarer oder giftiger gase in der atmosphaere - soll der primaere explosionsschutz, d. h. die vermeidung der entstehung und ausbreitung explosibler gasgemische und auch der gesundheitsschutz gefoerdert werden. die geraete muessen fuer ihren jeweiligen anwendungszweck eingehend auf eignung untersucht werden. pruefmethoden sind zu diesem zweck zu entwickeln und anzuwenden. in gewissem umfang ist auch eine weiterentwicklung der gaswarngeraete zu betreiben
S.WORT luftueberwachung + schadstoffemission + sicherheitstechnik + geraeteentwicklung
PROLEI DR. -ING. GUENTER HEINSOHN
STAND 10.9.1976
QUELLE fragebogenerhebung sommer 1976
ZUSAM - PRUEFSTELLE FUER GRUBENBEWETTERUNG, RATHAUSPLATZ, 4630 BOCHUM
- PHYSIKALISCH-TECHNISCHE BUNDESANSTALT, BUNDESALLEE 100, 3300 BRAUNSCHWEIG
BEGINN 1.1.1971
G.KOST 700.000 DM

TA -003
INST ADLER, PROF.DR.-ING.
BERLIN, STRASSE DES 17. JUNI 135
VORHAB **projektbegleitung im bereich ergonomische voraussetzungen im steinkohlenbergbau**
S.WORT bergbau + ergonomie + datensammlung
QUELLE datenuebernahme aus der datenbank zur koordinierung der ressortforschung (dakor)
FINGEB BUNDESMINISTER FUER FORSCHUNG UND TECHNOLOGIE
BEGINN 1.1.1975 ENDE 31.12.1976

TA -004
INST ARBEITSGRUPPE NASCHOLD DER UNI KONSTANZ
KONSTANZ, POSTFACH 7733
VORHAB **auswirkungen bestimmter arbeitssituationen auf die anfaelligkeit fuer herz/kreislauferkrankungen**
S.WORT arbeitsmedizin + forschungsplanung + berufsschaeden + (herz-kreislauf-erkrankungen)
QUELLE datenuebernahme aus der datenbank zur koordinierung der ressortforschung (dakor)
FINGEB BUNDESMINISTER FUER FORSCHUNG UND TECHNOLOGIE
ZUSAM STOCKSMEIER, U. , DR. , TUTZING
BEGINN 15.9.1975 ENDE 15.12.1975

TA -005
INST ARBEITSSTELLE ARBEITERKAMMER DER UNI BREMEN
BREMEN 33, ACHTERSTR.
VORHAB **belastungen am arbeitsplatz und praxis der betrieblichen arbeitssicherheit**
im rahmen des aktionsprogramms "forschung zur humanisierung des arbeitslebens" werden empirische untersuchungen mit schwerpunkt: klima im grossraumbuero, schichtarbeit, praxis der arbeitssicherheit u. a. durchgefuehrt
S.WORT arbeitsplatz + grossraumbuero + arbeitsschutz
PROLEI PROF. DR. VOLKER VOLKHOLZ
STAND 12.8.1976
QUELLE fragebogenerhebung sommer 1976
FINGEB BUNDESMINISTER FUER ARBEIT UND SOZIALORDNUNG
BEGINN 1.12.1973 ENDE 31.12.1975
G.KOST 600.000 DM
LITAN ENDBERICHT

TA -006
INST BATTELLE-INSTITUT E.V.
FRANKFURT 90, AM ROEMERHOF 35
VORHAB **trocknungsabgase, inhalation von herbiziden, loesungsmitteln und gasen in arbeitsraeumen**
S.WORT arbeitsschutz + luftverunreinigung
STAND 1.1.1974
G.KOST 286.000 DM

TA -007
INST BAYERISCHES LANDESINSTITUT FUER ARBEITSMEDIZIN
MUENCHEN 22, PFARRSTR. 3
VORHAB **ueberwachung und untersuchung von strahlengefaehrdeten personen**
ziel: ausarbeitung strahlengenetischer untersuchungen zur weiterentwicklung der strahlenschutzmedizinischen ueberwachung/frueherkennung von strahlenschaeden bei besonders exponiertem personal; chromosomendiagnostik; erarbeitung von grundlagen fuer gesetzliche richtlinien
S.WORT strahlenbelastung + genetische wirkung + mensch + richtlinien
PROLEI DR. MED. ZIMMER
STAND 30.1.1975
FINGEB BUNDESMINISTER FUER BILDUNG UND WISSENSCHAFT
ZUSAM ABT. F. STRAHLENHYGIENE DES BUNDESGESUNDHEITSAMTES BERLIN/NEUHERBERG; PROF. DR. STIEVE, 1 BERLIN 33
BEGINN 1.1.1971 ENDE 31.12.1976
G.KOST 836.000 DM
LITAN ZWISCHENBERICHT 1974. 12

TA -008
INST BAYERISCHES LANDESINSTITUT FUER ARBEITSMEDIZIN
MUENCHEN 22, PFARRSTR. 3
VORHAB **epidemiologische untersuchung an im bergbau unter radioaktiver strahlenbelastung arbeitenden personen unter beruecksichtigung carcinombildender einfluesse**
S.WORT bergbau + radioaktivitaet + strahlenbelastung + carcinogene wirkung
PROLEI DR. MED. ZIMMER
STAND 1.1.1974
FINGEB BUNDESMINISTER FUER FORSCHUNG UND TECHNOLOGIE
BEGINN 1.1.1970 ENDE 31.12.1974

TA -009
INST BERGBAU AG NIEDERRHEIN
HOMBERG, POSTFACH 260

VORHAB **massnahmen zur verhinderung und beseitigung hoeherer ch4-konzentrationen unter dem strebfoerderer**
versuchseinsatz mit einem strebfoerderer der gewerkschaft eisenhuette westfalia vom typ pf ii/500. messen des feinkornanteils. fortfuehrung der versuche mit einem breiteren foerderer (typ pf ii/600) und einer groesseren foerdermenge. fremdbelueftung des foerderers im untertrum.
S.WORT huettenindustrie + belueftung + luftreinhaltung + (methan)
QUELLE datenuebernahme aus der datenbank zur koordinierung der ressortforschung (dakor)
FINGEB GESELLSCHAFT FUER WELTRAUMFORSCHUNG MBH (GFW) IN DER DFVLR, KOELN
ZUSAM STEINKOHLENBERGBAUVEREIN
BEGINN 1.7.1974 ENDE 31.12.1975
G.KOST 432.000 DM

TA -010
INST BERGBAU AG NIEDERRHEIN
HOMBERG, POSTFACH 260
VORHAB **bewetterung und entstaubung von streckenvortrieben mit teilschnittmaschinen**
im jahre 1975 sollen modelluntersuchungen im stroemungslabor aufgenommen und abgeschlossen werden. die weiterentwicklung des luttenspeichers und die erprobung der entwickelten anlagen u. t. sollen im jahre 1976 aufgenommen und zum abschluss gebracht werden.
S.WORT bergbau + belueftung + entstaubung
QUELLE datenuebernahme aus der datenbank zur koordinierung der ressortforschung (dakor)
FINGEB GESELLSCHAFT FUER WELTRAUMFORSCHUNG MBH (GFW) IN DER DFVLR, KOELN
BEGINN 1.1.1975 ENDE 31.12.1976
G.KOST 506.000 DM

TA -011
INST BERGBAU-FORSCHUNG GMBH - FORSCHUNGSINSTITUT DES STEINKOHLENBERGBAUVEREINS
ESSEN 13, FRILLENDORFER STRASSE 351
VORHAB **messungen an koksofenbatterien und modelluntersuchungen fuer den bau einer halle zur erfassung aller emissionen beim betrieb von koksoefen**
das vorhaben ist grundlage fuer den bau einer batteriehalle, durch die erstmals alle beim betrieb von koksoefen (fuellen, verkokungsvorgang, druecken) auftretenden emissionen zentral erfasst, die arbeitsplatzverhaeltnisse verbessert und immissionen vermieden werden koennen. anhand eines modells (masstab 1: 10) soll die guenstigste form einer batteriehalle ermittelt werden, wobei auf gute arbeitsplatzverhaeltnisse und optimale beseitigung aller auftretenden emissionen geachtet wird. aus den modelluntersuchungen sollen auch die anordnung und leistung der absaugeeinrichtungen, der erforderliche luftwechsel in der batteriehalle, die groesse und die art der entstaubungseinrichtung und erforderliche massnahmen zur vermeidung von korrosionen ermittelt werden
S.WORT kokerei + emissionsmessung + arbeitsschutz
PROLEI DR. ERNST LANGER
STAND 6.8.1976
QUELLE fragebogenerhebung sommer 1976
FINGEB EUROPAEISCHE GEMEINSCHAFTEN, KOMMISSION
BEGINN 1.10.1975 ENDE 31.3.1977
G.KOST 931.000 DM

TA -012
INST BUNDESBAHN-ZENTRALAMT MUENCHEN
MUENCHEN 2, ARNULFSTR. 19
VORHAB **psychophysische untersuchungen der belastung und beanspruchung von personen innerhalb und ausserhalb spurgefuehrter hochgeschwindigkeitsfahrzeuge**
beim vorstoss des r/s-systems in hoehre geschwindigkeiten muessen bei der entwicklung und planung verstaerkt aus physiologischer sicht die kinematischen, akustischen, visuellen, aerodynamischen, usw. d. h. psychophysische beanspruchung auf menschen innerhalb und ausserhalb von fahrzeugen beruecksichtigt werden. mit den vorgesehenen untersuchungen sollen empfehlungswerte fuer die schwellen verschiedener umwelteinfluesse erarbeitet werden. belastungs-, beanspruchungs- und ermuedungsanalysen sollen die belastbarkeit des menschen im mensch-maschine-system aufzeigen
S.WORT schienenverkehr + mensch + belastbarkeit + ergonomie
PROLEI DIPL. -ING. RAINER KIEFMANN
STAND 9.8.1976
QUELLE fragebogenerhebung sommer 1976
FINGEB BUNDESMINISTER FUER FORSCHUNG UND TECHNOLOGIE
ZUSAM INST. F. ARBEITSPHYSIOLOGIE TU MUENCHEN, BARBARASTRASSE 16/I, 8000 MUENCHEN 40
G.KOST 2.200.000 DM

TA -013
INST CHEMISCHE WERKE HUELS AG
MARL, POSTFACH 1180
VORHAB **entwicklung loesungsmittelfreier bzw. loesungsmittelarmer lacke**
erarbeiten wissenschaftlich-technischer grundlagen fuer die beurteilung des standes der technik und der technischen entwicklung als voraussetzung fuer die begrenzung der emissionen aus loesemittelverarbeitenden betrieben
S.WORT loesungsmittel + emissionsminderung
STAND 5.2.1976
FINGEB BUNDESMINISTER DES INNERN
BEGINN 1.8.1974 ENDE 30.4.1976
G.KOST 800.000 DM

TA -014
INST DERMATOLOGISCHE KLINIK UND POLIKLINIK DER UNI MUENCHEN
MUENCHEN, FRAUENLOBSTR. 9
VORHAB **arbeits- und berufsschaedigungsmoeglichkeiten an der haut und den schleimhaeuten (dermatologisch-allergologischer noxen-katalog)**
S.WORT berufsschaeden + allergie + arbeitsschutz
PROLEI PROF. DR. SIEGFRIED BORELLI
STAND 1.1.1974
FINGEB DEUTSCHE FORSCHUNGSGEMEINSCHAFT
BEGINN 1.1.1972

TA -015
INST DEUTSCHER VERBAND FUER SCHWEISSTECHNIK E.V.
DUESSELDORF, AACHENER STRASSE 172
VORHAB **untersuchungen der schadstoffkonzentrationen sowie der geraeuschpegel beim plasmaschmelzschneiden verschiedener werkstoffe**
messung von schadstoffkonzentrationen und geraeuschpegel bei definierter raumbelueftung; einhaltung der mak-werte am arbeitsplatz
S.WORT arbeitsschutz + mak-werte + schadstoffe + laerm + plasmaschmelzschneiden
PROLEI DR. -ING. PRESS
STAND 1.1.1974
FINGEB BUNDESANSTALT FUER MATERIALPRUEFUNG, BERLIN
BEGINN 1.1.1974 ENDE 31.12.1974
G.KOST 145.000 DM
LITAN ZWISCHENBERICHT 1974. 03

TA -016

INST DEUTSCHER VERBAND FUER SCHWEISSTECHNIK E.V.
DUESSELDORF, AACHENER STRASSE 172
VORHAB messmethoden zur vorbeugenden arbeitssicherheit beim schweissen
arbeitsschutz beim schweissen; unfallverhuetung und gesundheitsschutz
S.WORT arbeitsschutz + schweisstechnik
PROLEI DR. -ING. KLOSSE
STAND 1.1.1974
BEGINN 1.1.1975

TA -017

INST FACHBEREICH PHYSIK UND ELEKTROTECHNIK DER UNI BREMEN
BREMEN 33, ACHTERSTR.
VORHAB erforschung von wirkungen kombinierter physikalischer und chemischer arbeitsplatzbelastungen im laborversuch
es geht darum, im laborversuch an geeigneten versuchstieren (meerschweinchen) ergebnisse zu finden, die bezueglich des menschen hypothetischen charakter haben. als belastungskomponente steht der faktor laerm im vordergrund. als weitere belastungsfaktoren sind vorgesehen: gase (insbesondere kohlenmonoxid), daempfe organischer loesungsmittel, toxische staeube, vibrationen. als indikatoren fuer den nachweis synergistischer wirkungen werden biochemische parameter des leber- und blutstoffwechsels herangezogen
S.WORT arbeitsplatz + laermbelastung + schadstoffimmission + synergismus
PROLEI PROF. DR. HORST DIEHL
STAND 12.8.1976
QUELLE fragebogenerhebung sommer 1976
BEGINN 1.1.1976 ENDE 31.12.1981
G.KOST 1.500.000 DM

TA -018

INST FORSCHUNGSINSTITUT FUER PIGMENTE UND LACKE E.V.
STUTTGART, WIEDERHOLDSTR. 10/1
VORHAB untersuchungen ueber den einfluss des wassergehaltes der einbrennluft auf lackierungen bei trockenprozessen mit hoher emissionsreduzierung
aus gruenden des umweltschutzes wird angestrebt, die beim einbrennen von lacken entstehende abluft durch verbrennung darin befindlicher loesungsmittelreste zu reinigen. zur energieersparnis soll diese heisse abluft zum vorwaermen des einbrenngutes benutzt werden. im vorliegenden forschungsthema soll untersucht werden, ob der in der heissen abluft stark angereicherte wasserdampfgehalt zu filmstoerungen beim ablueft- und einbrennvorgang fuehren kann
S.WORT farbauftrag + nachbehandlung + abluft + emissionsminderung + arbeitsplatz
PROLEI DR. ULRICH ZORLL
STAND 10.9.1976
QUELLE fragebogenerhebung sommer 1976
FINGEB MINISTERIUM FUER WIRTSCHAFT, MITTELSTAND UND VERKEHR, STUTTGART
BEGINN 1.4.1976 ENDE 31.3.1978
G.KOST 149.000 DM

TA -019

INST FORSCHUNGSINSTITUT FUER PIGMENTE UND LACKE E.V.
STUTTGART, WIEDERHOLDSTR. 10/1
VORHAB untersuchungen ueber die qualitative und quantitative zusammensetzung der emissionsprodukte beim einbrennen von lackfilmen
erlangung von kenntnissen ueber die chemische natur und die mengenmaessige verteilung von einbrennemissionen bei der industriellen verarbeitung von lacken im hinblick auf eine differenzierung der stoffe nach gefahrenklassen. die ergebnisse sollten dazu fuehren, dass die benutzer von einbrennlackieranlagen gezielte massnahmen zur spezifischen beseitigung von emissionen ergreifen koennen. die beruekcsichtigung der emissionsprodukte nach unterschiedlichen gefahrenklassen koennte die steigerung der kosten fuer lackierverfahren durch zusaetzliche massnahmen fuer die emissionsbeseitigung in wirtschaftlich vertretbaren grenzen halten
S.WORT farbenindustrie + arbeitsplatz + schadstoffemission + emissionsminderung + (lackierverfahren)
PROLEI DR. KARL-HEINZ REICHERT
STAND 10.9.1976
QUELLE fragebogenerhebung sommer 1976
FINGEB ARBEITSGEMEINSCHAFT INDUSTRIELLER FORSCHUNGSVEREINIGUNGEN E. V. (AIF)
BEGINN 1.1.1976 ENDE 31.12.1977
G.KOST 143.000 DM

TA -020

INST GESELLSCHAFT FUER WELTRAUMFORSCHUNG MBH BEI DER DFVLR
KOELN 90, POSTFACH 906027
VORHAB ergonomische voraussetzungen im steinkohlenbergbau
S.WORT bergbau + arbeitsschutz + ergonomie
QUELLE datenuebernahme aus der datenbank zur koordinierung der ressortforschung (dakor)
FINGEB BUNDESMINISTER FUER FORSCHUNG UND TECHNOLOGIE
BEGINN 1.7.1974 ENDE 15.3.1979

TA -021

INST INSTITUT FUER ARBEITS- UND SOZIALMEDIZIN UND POLIKLINIK FUER BERUFSKRANKHEITEN DER UNI ERLANGEN-NUERNBERG
ERLANGEN, SCHILLERSTR. 25-29
VORHAB laengsschnittuntersuchungen zu den auswirkungen inhalativer noxen am arbeitsplatz
S.WORT arbeitsplatz + noxe + atemtrakt
PROLEI PROF. DR. MED. HELMUT VALENTIN
STAND 1.1.1974
FINGEB DEUTSCHE FORSCHUNGSGEMEINSCHAFT

TA -022

INST INSTITUT FUER ARBEITSMEDIZIN DER UNI DES SAARLANDES
SAARBRUECKEN 1, MALSTATTER STRASSE 17
VORHAB laengsschnittuntersuchungen zu den auswirkungen inhalativer noxen am arbeitsplatz
S.WORT arbeitsplatz + schadstoffbelastung + atemtrakt
PROLEI PROF. DR. HEINZ DRASCHE
STAND 1.1.1974
FINGEB DEUTSCHE FORSCHUNGSGEMEINSCHAFT
BEGINN 1.1.1972

TA -023

INST INSTITUT FUER ARBEITSMEDIZIN DER UNI TUEBINGEN
TUEBINGEN, FRONDSBERGSTR. 31
VORHAB umweltschutz am arbeitsplatz; gesundheitsgefaehrdung durch arbeitsstoffe
ueberpruefung und festlegung der mak-werte und mik-werte durch chemische untersuchungen am arbeitsplatz und durch medizinische untersuchungen am exponierten menschen; messmethoden
S.WORT arbeitsplatz + gesundheitsschutz + messverfahren
PROLEI PROF. DR. HEINZ WEICHARDT
STAND 1.1.1974
FINGEB DEUTSCHE FORSCHUNGSGEMEINSCHAFT
BEGINN 1.1.1969
LITAN - LINDNER,J.: FELDUNTERSUCHUNGEN IN LOESUNGSMITTELBETRIEBEN.3.MITTEILUNG,KORRELATION ZWISCHEN LOESUNGSMITTELKONZENTRATIONEN(TRICHLORAETHYLEN)DER ARBEITSPLATZLUFT UND BIOLOGISCHEM MATERIAL ALS MITTEL ZUR ARBEIT.
- WEICHARDT,H.;LINDNER,J.: MESSPROBLEME AM ARBEITSPLATZ. SONDERDRUCK AUS:BERICHT UEBER DIE 12.JAHRESTAGUNG DER DEUTSCHEN GESELLSCHAFT FUER ARBEITSMEDIZIN E.V.,DORTMUND,25.- 28.OKT 1972
- LINDNER,J;WEICHARDT,H.: GAS-

CHROMATOGRAPHISCHER NACHWEIS VON LOESUNGSMITTELSPUREN UND METABOLITEN IM BLUT. IN:ZEITSCHRIFT FUER ANALYTISCHE CHEMIE 267 S.347-350(1973)

TA -024

INST INSTITUT FUER ARBEITSPHYSIOLOGIE DER TU MUENCHEN
MUENCHEN, BARBARASTR. 16

VORHAB **moeglichkeiten einer arbeitsplatzbewertung bei vornehmlich psycho-mentaler belastung**
erstellung von beanspruchungsprofilen mechanisierter und automatisierter arbeitsplaetze mittels physiologischer messparameter (herzfrequenz, sinusarhythmie), methoden der arbeitsstrukturierung sowie psychologischer verfahren zur frage der arbeitszufriedenheit. ermittlung der projektion der belastungen am modernen arbeitsplatz auf den menschen; entscheidungshilfen zur humansierung der arbeitswelt

S.WORT arbeitsplatzbewertung + arbeitsmedizin
PROLEI PROF. DR. MED. W. MUELLER-LIMMROTH
STAND 1.1.1974
FINGEB BUNDESMINISTER FUER ARBEIT UND SOZIALORDNUNG
BEGINN 1.1.1974 ENDE 31.12.1976
G.KOST 270.000 DM

TA -025

INST INSTITUT FUER ARBEITSPHYSIOLOGIE DER UNI DORTMUND
DORTMUND, ARDEYSTR.67

VORHAB **physiologisch aequivalente kombinationen von erhoehter umgebungstemperatur und erhoehter luftfeuchtigkeit bei verschiedener koerperarbeit**
mehrmonatige, taeglich mehrstuendige klimakammerversuche an probanden, bei verschiedenen kombinationen von umgebungstemperatur, luftfeuchtigkeit, koerperarbeit und bekleidung. parallelversuche an akklimatisierten und nicht-akklimatisierten probanden, parallelversuche bei mentalen belastungen. messung verschiedener physiologischer parameter. ziel: ueberpruefung vorhandener hitzebelastungsindices, schaffung von unterlagen fuer klimagrenzen, speziell fuer hitzearbeit in bergbaubetrieben

S.WORT bergbau + arbeitsphysiologie + klimatologie + (hitzebelastung)
PROLEI PROF. DR. HANS GERD WENZEL
STAND 9.8.1976
QUELLE fragebogenerhebung sommer 1976
BEGINN 1.1.1971
LITAN WENZEL, H. G.: PHYSIOLOGICALLY EQUIVALENT COMBINATIONS OF ELEVATED ENVIRONMENTAL TEMPERATURE AND AIR HUMIDITY. IN: PROCEEDINGS OF THE INTERNATIONAL MINE VENTILATION CONGRESS; JOHANNESBURG, SUEDAFRIKA (SEP 1975) (IM DRUCK)

TA -026

INST INSTITUT FUER ARBEITSPHYSIOLOGIE DER UNI DORTMUND
DORTMUND, ARDEYSTR.67

VORHAB **untersuchungen zur klimatischen belastung von arbeitern in tiefkuehlhaeusern**
untersuchungen physiologischer groessen an arbeitern in tiefkuehlhaeusern, waehrend der schicht und bei modellarbeitsversuchen (ergometer) in kuehlhaeusern. ziel: ermittlung der anteile der koerperlichen belastung und der kaeltebelastung von kuehlhausarbeitern an der gesamtbelastung

S.WORT arbeitsplatz + klimatologie + physiologische wirkungen + (kaeltebelastung)
PROLEI DIPL. -ING. ALFONS FORSTHOFF
STAND 9.8.1976
QUELLE fragebogenerhebung sommer 1976
BEGINN 1.1.1974

TA -027

INST INSTITUT FUER ARBEITSWISSENSCHAFT DER TH DARMSTADT
DARMSTADT, PETERSENSTR. 18

VORHAB **untersuchungen zu den superpositionsprinzipien schwerer dynamischer muskelarbeit und klimatischer belastungsgroessen in bezug auf notwendige erholungszeiten**
ziel: erholzeiten fuer superponierte belastungen. methodik: modell am analogrechner, fast-time-simulationslaeufe; experimentelle ueberpruefung mit fahrradergometerarbeit und klimabelastung (hitzearbeit)

S.WORT ergonomie + arbeitsschutz + erholung + klima + arbeitsplatz
PROLEI DR. HOLGER LUCZAK
STAND 12.8.1976
QUELLE fragebogenerhebung sommer 1976
BEGINN 1.1.1974

TA -028

INST INSTITUT FUER ARBEITSWISSENSCHAFTEN DER TU BERLIN
BERLIN, ERNST-REUTER-PLATZ 7

VORHAB **untersuchung zur anpassung von bildschirmarbeitsplaetzen an die physische und psychische funktionweise des menschen**
durch dieses forschungsprojekt sollen richtlinien fuer bilschrimarbeitsplaetze entwickelt werden, in denen anforderungen festgeleft werden ueber a) gestaltung der information auf dem bildschrim; b) gestaltung des bilschirmes; c) gestaltung des bedienungsfeldes; d) beleuchtung des arbeitsplatzes; gestaltung des arbeitsraumes; f) gestaltung der umweltbedingungen (laerm, klima usw.) g) anforderungen an die arbeitsperson. hierzu werden vorliegende untersuchungen, veroeffentlichungen und daten gesammelt, systematisiert und ausgewertet. soweit erforderlich werden versuche durchgefuehrt werden, um die bestehenden wissensluecken zu fuellen.

S.WORT ergonomie + arbeitsplatz + umwelteinfluesse + arbeitsphysiologie
QUELLE datenuebernahme aus der datenbank zur koordinierung der ressortforschung (dakor)
FINGEB BUNDESMINISTER FUER ARBEIT UND SOZIALORDNUNG
BEGINN 10.1.1975 ENDE 30.9.1977
G.KOST 301.000 DM

TA -029

INST INSTITUT FUER BETRIEBSTECHNIK DER FORSCHUNGSANSTALT FUER LANDWIRTSCHAFT
BRAUNSCHWEIG, BUNDESALLEE 50

VORHAB **die belastung des schlepperfahrers durch die abgase der ackerschlepper-dieselmotoren**
die belastung des schlepperfahrers durch schadstoffe aus den abgasen des schlepper-dieselmotors kann unter bestimmten voraussetzungen die zulaessigen maximalwerte (mak-werte) ueberschreiten. es soll in diesem rahmen der einfluss von schlepperkabinen mit und ohne klimaanlage auf die schadstoffkonzentration am fahrerplatz festgestellt werden. bei verschiedenen klimazustaenden und luftgeschwindigkeiten sowie anstroemrichtungen sollen mit einem infrarot-gasanalysator die unterschiedlichen konzentrationen in der kabine abhaengig von der schadstoffkonzentration in der aussenluft und deren entstehungsort sowie der frischluftentnahme fuer die klimaanlage ermittelt werden

S.WORT schadstoffbelastung + dieselmotor + landmaschinen + (schlepperfahrer)
PROLEI DIPL. -ING. RAINER H. BILLER
STAND 21.7.1976
QUELLE fragebogenerhebung sommer 1976
BEGINN 1.4.1972
LITAN - BILLER, R.: DIE PHYSIOLOGISCHE WIRKUNG DER ABGASE VON ACKERSCHLEPPER-DIESELMOTOREN AUF DEN SCHLEPPERFAHRER. IN: INTERNER BERICHT DES INST. F. BETRIEBSTECHNIK 4171972)
- BILLER, R.: DIE PHYSIOLOGISCHE WIRKUNG DER ABGASE VON SCHLEPPER-DIESELMOTOREN AUF DEN FAHRER. IN: LANDTECHNIK 28(17) S. 451-461(1973)

TA -030

INST INSTITUT FUER BETRIEBSTECHNIK DER FORSCHUNGSANSTALT FUER LANDWIRTSCHAFT BRAUNSCHWEIG, BUNDESALLEE 50

VORHAB **beanspruchung des arbeitenden menschen durch extreme auspraegungen von klimafaktoren**
waehrend des hochsommers treten in kabinen von landwirtschaftlichen schleppern und arbeitsmaschinen unertraeglich hohe temperaturen auf, die zur klimatisierung dieser kabinen zwingen. varianten und dimensionierung dieser klimatisierung sind in ihrer auswirkung auf den arbeitenden menschen zu untersuchen. (das vorhaben befindet sich im ersten planungsstadium)

S.WORT arbeitsplatz + landmaschinen + klimaanlage
PROLEI DIPL. -PSYCH. FRANZ-JOSEF THOME
STAND 21.7.1976
QUELLE fragebogenerhebung sommer 1976
ZUSAM INST. F. LANDTECHNISCHE GRUNDLAGENFORSCHUNG DER FAL, BUNDESALLEE 50, 3300 BRAUNSCHWEIG
BEGINN 1.1.1978

TA -031

INST INSTITUT FUER FLUGMEDIZIN DER DFVLR BONN -BAD GODESBERG, KOELNERSTR. 70

VORHAB **spaetschaeden nach druckfall im ueber- und unterdruckbereich**
roentgenologische skelettuntersuchungen bei druckluftarbeitern mit der fragestellung, ob veraenderungen als spaetfolge nach arbeiten im ueberdurck (caissonarbeiter) festzustellen sind; feststellung von skelettveraenderungen nach druckfall im ueber- und unterdruckbereich im tierversuch

S.WORT arbeitsmedizin + druckbelastung
PROLEI DR. WUENSCHE
STAND 1.1.1974
FINGEB LANDESAMT FUER FORSCHUNG, DUESSELDORF
ZUSAM - BUNDESANSTALT FUER ARBEITSSCHUTZ UND UNFALLFORSCHUNG, 46 DORTMUND-MARTEN, MARTENER STR. 435
- LANDESAMT FUER FORSCHUNG, NRW, 4 DUESSELDORF 1, PRINZ-GEORG-STR. 126
BEGINN 1.1.1970 ENDE 31.12.1974
LITAN - WUENSCHE,O.: AKTUELLE UEBERDRUCKFORSCHUNG.KNOCHEN- UND GELENKVERAENDERUNGEN NACH DEKOMPRESSION. IN:DFVLR-NACHRICHTEN 11 S.476-478(1973);3 BILD.
- WUENSCHE,O.;SCHEELE,G.: SKELETTVERAENDERUNGEN NACH KRITISCHE DEKOMPRESSION AUS UEBERDRUCK BEI ZWERGSCHWEINEN. (NRW-A/2-4118) FORSCHUNGSBERICHT DES LANDES NORDRHEIN-WESTFALEN NR.2383,WESTDEUTSCHER VERL.OPLADEN
- WUENSCHE,O.;SCHEELE,G.: REIHENUNTERSUCHUNGEN AN DRUCKLUFTARBEITERN ZUR FESTSTELLUNG VON SKELETTVERAENDERUNGEN ALS SPAETFOLGE DER UEBERDRUCKEXPOSITION. BAU F 90 ERSCHEINT ALS FORSCHUNGSBERICHT DER BUNDESANSTALT

TA -032

INST INSTITUT FUER GRENZFLAECHEN- UND BIOVERFAHRENSTECHNIK DER FRAUNHOFER-GESELLSCHAFT E. V. STUTTGART, EIERSTR. 46

VORHAB **optimierung der loesemittelkomposition bei konventionellen lacken**
es sollen anhand der loeslichkeitsparameter der bindemittel und loesungsmittel solche loesungsmittelrezepturen mit einem computer ausgerechnet werden, die neben optimalen physikalischen eigenschaften der lacke auch umwelt- und arbeitsschutzbestimmungen mit beruecksichtigt

S.WORT farbenindustrie + arbeitsschutz + loesungsmittel
PROLEI DR. ENGIN BAGDA
STAND 4.8.1976
QUELLE fragebogenerhebung sommer 1976
FINGEB BUNDESMINISTER FUER FORSCHUNG UND TECHNOLOGIE
ZUSAM CHEMISCHE WERKE HUELS
BEGINN 1.1.1977 ENDE 30.6.1978
G.KOST 150.000 DM
LITAN BAGDA, E.: DIE BESTIMMUNG DER LOESUNGSGESCHWINDIGKEIT UND LOESLICHKEITSPARAMETER VON POLYMEREN. IN: KOLLOID ZEITSCHRIFT UND ZEITSCHRIFT FUER POLYMERE (AUG 1976)

TA -033

INST INSTITUT FUER HYGIENE UND ARBEITSMEDIZIN DER GESAMTHOCHSCHULE ESSEN ESSEN, HUFELANDSTR. 55

VORHAB **arbeitsmedizinische beurteilung von stickstoffoxid-konzentrationen in der raumluft von haushaltskuechen mit gasherden**
als grundlage wurden langzeituntersuchungen an gasherden in einer kueche und zahlreiche kurzzeit-untersuchungen in weiteren 12 kuechen jeweils ueber eine kochperiode durchgefuehrt und dabei jeweils definiert die raumluft-konzentrationen an no und no2 gemessen. die messergebnisse werden derzeit arbeitsmedizinisch beurteilt im hinblick auf die frage, ob unter den gegebenen umstaenden ueberhaupt medizinisch bedenkliche konzentrationen vorliegen

S.WORT luftverunreinigung + stickoxide + arbeitsplatz + private haushalte + (gasherd)
PROLEI PROF. DR. MED. WERNER KLOSTERKOETTER
STAND 30.8.1976
QUELLE fragebogenerhebung sommer 1976
BEGINN 1.11.1974 ENDE 31.7.1976
G.KOST 50.000 DM

TA -034

INST INSTITUT FUER HYGIENE UND MEDIZINISCHE MIKROBIOLOGIE DER UNI MUENCHEN MUENCHEN, PETTENKOFERSTR. 9A

VORHAB **untersuchung bei bleiexponierten mit primaer niedriger bleikonzentration am arbeitsplatz**
langzeituntersuchung von schriftsetzern

S.WORT arbeitsschutz + blei + grenzwerte
PROLEI DR. BECKERT
STAND 1.1.1974
BEGINN 1.1.1968 ENDE 31.12.1974
G.KOST 20.000 DM
LITAN BECKERT, I.:U. A. -: UNTERSUCHUNG BEI BLEIEPONIERTEN MIT PRIMAER NIEDRIGER BLEIKONZENTRATION AM ARBEITSPLATZ. IN: ZBL. ARBEITSMED. 7 S. 207-213 (1971)

TA -035

INST INSTITUT FUER IMMISSIONS-, ARBEITS- UND STRAHLENSCHUTZ DER LANDESANSTALT FUER UMWELTSCHUTZ BADEN-WUERTTEMBERG KARLSRUHE, GRIESBACHSTR. 3

VORHAB **bestimmung von schadstoffkonzentrationen (mak-werte) in arbeitsraeumen**

S.WORT schadstoffbelastung + mak-werte + arbeitsplatz
PROLEI DIPL. -CHEM. LEONHARD GRUPINSKI
STAND 1.1.1974
FINGEB DEUTSCHE FORSCHUNGSGEMEINSCHAFT

TA -036

INST INSTITUT FUER IMMISSIONS-, ARBEITS- UND STRAHLENSCHUTZ DER LANDESANSTALT FUER UMWELTSCHUTZ BADEN-WUERTTEMBERG KARLSRUHE, GRIESBACHSTR. 3

VORHAB **vc-messungen am arbeitsplatz und in der emission**
ermittlung der vc-konzentration in pvc erzeugenden und verarbeitenden betrieben am arbeitsplatz, in absaugesystemen und in der abluft

S.WORT schadstoffbelastung + arbeitsplatz + kunststoffherstellung + pvc
PROLEI DIPL. -CHEM. LEONHARD GRUPINSKI
STAND 4.8.1976
QUELLE fragebogenerhebung sommer 1976
BEGINN 1.1.1975 ENDE 31.12.1976

TA -037
INST INSTITUT FUER KUNSTSTOFFVERARBEITUNG DER TH AACHEN
AACHEN, PONTSTR. 49
VORHAB **reduzierung der umweltprobleme in der kunststoffindustrie**
inhalt des forschungsvorhabens ist die untersuchung von umweltproblemen, die bei der herstellung, bei der verarbeitung und beim gebrauch von hochpolymeren auftreten. 1. beschreibung des ist-zustandes, d. h. welche toxischen stoffe koennen bei der herstellung, verarbeitung und benutzung entstehen; 2. ursache und entstehung von schadstoffen; 3. untersuchung der methoden zur bestimmung von schadstoffen; 4. nachweis von schaedigungsgrenzen
S.WORT kunststoffindustrie + hochpolymere + toxizitaet + schadstoffminderung
PROLEI PROF. DR. -ING. GEORG MENGES
STAND 2.8.1976
QUELLE fragebogenerhebung sommer 1976
FINGEB BUNDESMINISTER FUER FORSCHUNG UND TECHNOLOGIE
BEGINN 1.7.1976 ENDE 31.12.1977
G.KOST 227.000 DM

TA -038
INST INSTITUT FUER LICHTTECHNIK DER TU BERLIN
BERLIN 10, EINSTEINUFER 19
VORHAB **optimale lichtfarbe von leuchtstofflampen in arbeitsraeumen**
fuer einen modellraum und mehrere arbeitsraeume natuerlicher groesse soll die optimale lichtfarbe von leuchtstofflampen mittels psychologischer und mathematischer verfahren herausgearbeitet werden
S.WORT arbeitsplatz + arbeitsphysiologie + beleuchtung
PROLEI DIPL. -ING. RIECHERT
STAND 1.1.1974
BEGINN 1.4.1971 ENDE 31.12.1975
G.KOST 68.000 DM

TA -039
INST INSTITUT FUER MEDIZINISCHE DATENVERARBEITUNG DER GESELLSCHAFT FUER STRAHLEN- UND UMWELTFORSCHUNG MBH
MUENCHEN 81, ARABELLASTR. 4
VORHAB **datenerfassung und datenverarbeitung im rahmen des schwerpunktprogramms laengsschnittuntersuchungen zu den auswirkungen inhalativer noxen am arbeitsplatz**
S.WORT luftverunreinigende stoffe + schadstoffwirkung + arbeitsplatz + (inhalative noxen)
PROLEI PROF. DR. HEINZ-JOACHIM LANGE
STAND 7.9.1976
QUELLE datenuebernahme von der deutschen forschungsgemeinschaft
FINGEB DEUTSCHE FORSCHUNGSGEMEINSCHAFT

TA -040
INST INSTITUT FUER MEDIZINISCHE STATISTIK UND DOKUMENTATION DER UNI ERLANGEN-NUERNBERG
ERLANGEN, WALDSTR. 6
VORHAB **gesundheitsgefaehrdung durch arbeitsstoffe**
retrospektive studie zur pruefung aetiologischer zusammenhaenge zwischen vorwiegend chemischer exposition im berufsleben und dem auftreten bestimmter krebslokalisationen. umfangreiche datensammlung durch werkaerzte von 10 unternehmen. pruefung statistischer assoziationen zwischen dem vorausgegangenen umgang mit in der produktion vorkommenden stoffen und bestimmten krebslokalisationen bzw. anderen todesursachen
S.WORT chemische industrie + carcinogene + arbeitsplatz + gesundheitsschutz
PROLEI DR. HANS LOSKANT
STAND 9.8.1976
QUELLE fragebogenerhebung sommer 1976
FINGEB DEUTSCHE FORSCHUNGSGEMEINSCHAFT
ZUSAM - KOMMISSION ZUR PRUEFUNG GESUNDHEITSSCHAEDLICHER ARBEITSSTOFFE, DFG
- INST. F. TOXIKOLOGIE UND PHARMAKOLOGIE, VERSBACHER LANDSTR. 9, 8700 WUERZBURG
BEGINN 1.1.1973
G.KOST 450.000 DM
LITAN HORBACH, L.;KOLLER, S.;LOSKANT, H.: ANALYSE DER KREBSTODESFAELLE 1950-1968 IN GROSSBETRIEBEN MIT VORWIEGEND CHEMISCHER PRODUKTION IM ZUSAMMENHANG MIT DER BETRIEBLICHEN EXPOSITION. IN: ZENTRALBLATT FUER ARBEITSMEDIZIN UND ARBEITSSCHUTZ. 25 S. 225-240(1975)

TA -041
INST INSTITUT FUER MEDIZINISCHE STATISTIK, DOKUMENTATION UND DATENVERARBEITUNG DER TU MUENCHEN
MUENCHEN 80, STERNWARTSTR. 2
VORHAB **die bedeutung chronisch-inhalativer noxen am arbeitsplatz als ursache von chronischer bronchitis und emphysem**
von 13000 untersuchungspersonen verschiedener industriezweige werden nach einheitlichen gesichtspunkten ca. 300 qualitative und quantitative merkmale pro fall erfasst: ausfuehrliche anamese, klinisch-physikalischer befund, objektivierende und quantifizierende lungenfunktionsanalyse. zur schaetzung der staubexposition frueherer jahre (pruefmerkmale), zur reduktion der zahl der "zielmerkmale" und zur ausschaltung von "einflussgroessen" wurden modelle entwickelt. fuer die auswertung der expositionsmerkmale wird in analogie zum staubsummenwert des steinkohlenbergbaues eine zusammenfassende masszahl errechnet. mit hilfe von "entscheidungsbaeumen" wird die grosse zahl qualitativer und quantitativer zielmerkmale reduziert. einflussgroessen werden durch elimination von faellen, untergruppenbildung und bezugnahme auf sollwerte beruecksichtigt
S.WORT arbeitsmedizin + gesundheitsschutz + bronchitis
PROLEI PROF. DR. H. VALENTIN
STAND 26.7.1976
QUELLE fragebogenerhebung sommer 1976
FINGEB DEUTSCHE FORSCHUNGSGEMEINSCHAFT
ZUSAM INST. F. MEDIZINISCHE DATENVERARBEITUNG DER GESELLSCHAFT FUER STRAHLEN- UND UMWELTFORSCHUNG MBH
BEGINN 1.1.1965 ENDE 31.12.1977
G.KOST 3.150.000 DM
LITAN - DEUTSCHE FORSCHUNGSGESELLSCHAFT: STUDIE: CHRONISCHE BRONCHITIS UND EMPHYSEM
- LANGE, H. -J.;REITER, R.: DATENVERDICHTUNG BEI DER AUSWERTUNG MULTIVARIATER EPIDEMIOLOGISCHER STUDIEN. IN: METH. INFORM. MED 11 S. 253-257(1972)

TA -042
INST INSTITUT FUER PHARMAKOLOGIE UND TOXIKOLOGIE DER UNI WUERZBURG
WUERZBURG, VERSBACHER LANDSTRASSE 9
VORHAB **gesundheitsschaedliche arbeitsstoffe, wirkungen und grenzwerte**
auswirkungen auf menschen; festlegung von grenzwerten
S.WORT arbeitsplatz + schadstoffe + mak-werte
PROLEI PROF. DR. MED. DIETRICH HENSCHLER
STAND 1.1.1974
FINGEB DEUTSCHE FORSCHUNGSGEMEINSCHAFT
BEGINN 1.1.1970 ENDE 31.12.1974
G.KOST 35.000 DM

TA -043
INST INSTITUT FUER PHARMAKOLOGIE UND TOXIKOLOGIE DER UNI WUERZBURG
WUERZBURG, VERSBACHER LANDSTRASSE 9

VORHAB **pharmakokinetik von halothan und seinen metaboliten im menschen bei langfristiger einwirkung geringer konzentrationen am arbeitsplatz**
S.WORT arbeitsplatz + schadstoffwirkung + mensch + metabolismus + (halothan)
PROLEI PROF. DR. MED. DIETRICH HENSCHLER
STAND 7.9.1976
QUELLE datenuebernahme von der deutschen forschungsgemeinschaft
FINGEB DEUTSCHE FORSCHUNGSGEMEINSCHAFT

TA -044
INST INSTITUT FUER PRAEVENTION UND REHABILITATION E.V.
TUTZING, HOHENBERGSTR. 2
VORHAB **auswirkungen bestimmter arbeitssituationen auf die anfaelligkeit fuer herz-/kreislauferkrankungen**
S.WORT arbeitsmedizin + berufsschaeden + (herz-kreislauferkrankungen)
QUELLE datenuebernahme aus der datenbank zur koordinierung der ressortforschung (dakor)
FINGEB BUNDESMINISTER FUER FORSCHUNG UND TECHNOLOGIE
ZUSAM UNI KONSTANZ (ARBEITSGRUPPE NASCHOLD)
BEGINN 15.9.1975 ENDE 15.12.1975

TA -045
INST INSTITUT FUER PRODUKTIONSTECHNIK UND AUTOMATISIERUNG DER FRAUNHOFER-GESELLSCHAFT AN DER UNI STUTTGART
STUTTGART, HOLZGARTENSTR. 17
VORHAB **einsatz von technischen arbeitshilfen (industrieroboter) in der fertigungstechnik an umweltbeeintraechtigten arbeitsplaetzen**
S.WORT arbeitsplatz + umweltbelastung + automatisierung
PROLEI DIPL. -ING. SCHRAFT
STAND 1.1.1974
BEGINN 1.1.1971 ENDE 31.12.1974

TA -046
INST INSTITUT FUER PRODUKTIONSTECHNIK UND AUTOMATISIERUNG DER FRAUNHOFER-GESELLSCHAFT AN DER UNI STUTTGART
STUTTGART, HOLZGARTENSTR. 17
VORHAB **oelnebelschmierung - optimierung technologischer verfahren im hinblick auf die umweltverschmutzung in fabrikationsraeumen**
oelnebelschmierung in der fertigungstechnik: lager-/getriebe-/kuehlschmierung/pneumatik; technik: einfluss der partikelgroesse auch schmiereigenschaften; umwelt: teilchengroessenverteilung austretender oelnebel
S.WORT schmierstoffe + oel + arbeitsplatz + mak-werte
PROLEI KOEHNLECHNER
STAND 1.1.1974
FINGEB DEUTSCHE FORSCHUNGSGEMEINSCHAFT
BEGINN 1.1.1973 ENDE 31.12.1975
G.KOST 100.000 DM
LITAN - SITTEL, P.: METHODEN DER OELNEBELERZEUGUNG UND-VERMESSUNG IN: OELHYDRAULIK UND PNEUMATIK 11 (1970)
- MUNO, H: TRANSPORTVERHALTEN VON OELNEBEL IN PNEUMATISCHEN VERTEILERSYSTEMEN IN: OELHYDRAULIK UND PNEUMATIK 20 (1973)

TA -047
INST INSTITUT FUER PRODUKTIONSTECHNIK UND AUTOMATISIERUNG DER FRAUNHOFER-GESELLSCHAFT AN DER UNI STUTTGART
STUTTGART, HOLZGARTENSTR. 17
VORHAB **oelnebelkonzentration in fabrikationsraeumen - messeinrichtung; mak-wert und basismaterial fuer die festlegung von mak-werten**
umweltverschmutzung in fabrikationsraeumen durch oelnebel (lager-/getriebe-/kuehlschmierung/pneumatik); oelnebel kann inhaliert werden (lungengaengige partikel); messtechnik: erfassung des ist-zustandes; entwicklung eines messgeraetes (mak-wert); medizin: ermittlung von unbedenklichkeitsgrenzen menschlicher belastung (partikelgroesse und konzentration)
S.WORT oel + aerosole + mak-werte + messtechnik
PROLEI DIPL. -ING. KIESSLING
STAND 1.1.1974
FINGEB MINISTERIUM FUER WIRTSCHAFT, MITTELSTAND UND VERKEHR, STUTTGART
BEGINN 1.1.1973 ENDE 31.12.1975
G.KOST 250.000 DM

TA -048
INST INSTITUT FUER PRODUKTIONSTECHNIK UND AUTOMATISIERUNG DER FRAUNHOFER-GESELLSCHAFT AN DER UNI STUTTGART
STUTTGART, HOLZGARTENSTR. 17
VORHAB **neue handhabungssysteme als technische hilfen fuer den arbeitsprozess**
entwicklung flexibler handhabungseinrichtungen auch zum einsatz in menschenfeindlicher umgebung; forschungsprogramm: humanisierung der arbeitswelt
S.WORT arbeitsschutz + automatisierung
PROLEI DIPL. -ING. SCHRAFT
STAND 1.10.1974
FINGEB BUNDESMINISTER FUER FORSCHUNG UND TECHNOLOGIE
ZUSAM - BOSCH, STUTTGART
- PFAFF AG, 675 KAISERSLAUTERN, KOENIGSTR. 154
- KUKA, KELLER U. KNAPPICH AUGSBURG, 89 AUGSBURG 31, POSTFACH 160
BEGINN 1.1.1974 ENDE 31.12.1978
G.KOST 30.000.000 DM

TA -049
INST INSTITUT FUER PRODUKTIONSTECHNIK UND AUTOMATISIERUNG DER FRAUNHOFER-GESELLSCHAFT AN DER UNI STUTTGART
STUTTGART, HOLZGARTENSTR. 17
VORHAB **teilchengroessenbestimmung von lacknebeln bei ausgewaehlten lackiersystemen unter besonderer beruecksichtigung umwelttechnischer gesichtspunkte**
die verteilung der partikelgroessen im spritzstrahl einer lackieranlage ist fuer die optimierung des lackierverfahrens im hinblick auf eine technisch einwandfreie beschichtung und fuer die minimierung des rohstoffverbrauches und der umweltbelastung von entscheidendem einfluss. insbesondere sind die lackverluste, d. h. lackanteile, die nicht auf der zu beschichtenden oberflaeche abgeschieden, und damit an die umwelt abgegeben werden, eine funktion der partikelgroesse. massnahmen zur beseitigung dieser umweltbelastung muessen um so aufwendiger sein, je groesser diese verlustmenge ist. um eindeutige zusammenhaenge zwischen den umweltbelastenden faktoren von lackiersystemen und der partikelgroesse von lacknebeln zu erhalten, ist die bestimmung von partikelgroesssenverteilungen bei unterschiedlichen lackierverfahren, lackarten, betriebsbedingungen in lokaler und zeitlicher abhaengigkeit erforderlich
S.WORT arbeitsschutz + schadstoffbelastung + farbenindustrie + aerosolmesstechnik + (lacknebel)
PROLEI DR. -ING. GERD G. WEILER
STAND 2.8.1976
QUELLE fragebogenerhebung sommer 1976
FINGEB - BUNDESMINISTER FUER FORSCHUNG UND TECHNOLOGIE
- DEUTSCHE FORSCHUNGSGESELLSCHAFT FUER BLECHVERARBEITUNG UND OBERFLAECHENBEHANDLUNG E. V. , DUESSELDORF
BEGINN 1.1.1976 ENDE 31.12.1979
G.KOST 600.000 DM

TA -050

INST INSTITUT FUER PRODUKTIONSTECHNIK UND AUTOMATISIERUNG DER FRAUNHOFER-GESELLSCHAFT AN DER UNI STUTTGART
STUTTGART, HOLZGARTENSTR. 17

VORHAB **vermindern der umweltbelastung durch optimieren der verfahrenstechnischen einflussgroessen auf die filmbildung von lacken**
die emissionen beim beschichten koennen durch den einsatz neuer, umweltfreundlicher lacksysteme, sowie durch das aufbringen duennerer lackschichten herabgesetzt werden (auftragswirkungsgrad beim spritzlackieren ca. 50 %). um dieses ziel zu erreichen, ist die genaue kenntnis der vorgaenge bei der filmbildung notwendig. durch beeinflussen der filmbildung sollen qualitativ gleichwertige lackfilme wie bei dickeren schichten erreicht werden. als ergebnis werden verfahrenstechnische massnahmen abgeleitet, mit denen duennere, stoerungsfreie lackschichten bei verminderten emissionen erreicht werden

S.WORT arbeitsschutz + emissionsminderung + farbenindustrie + (lackiertechnik)

PROLEI DIPL. -ING. KLAUS WERNER THOMER

STAND 2.8.1976

QUELLE fragebogenerhebung sommer 1976

FINGEB - BUNDESMINISTER FUER FORSCHUNG UND TECHNOLOGIE
- DEUTSCHE FORSCHUNGSGESELLSCHAFT FUER BLECHVERARBEITUNG UND OBERFLAECHENBEHANDLUNG E. V. , DUESSELDORF

BEGINN 1.1.1976 ENDE 31.12.1979

G.KOST 580.000 DM

TA -051

INST INSTITUT FUER PRODUKTIONSTECHNIK UND AUTOMATISIERUNG DER FRAUNHOFER-GESELLSCHAFT AN DER UNI STUTTGART
STUTTGART, HOLZGARTENSTR. 17

VORHAB **schadstoffarme und rohstoffsparende lackiertechnik**
erfassen der probleme und einzelfaktoren in der industriellen lackiertechnik; aufnahme des ist-zustandes. darstellung von loesungsansaetzen und -moeglichkeiten fuer eine umweltfreundlichere lackiertechnik. aufzaehlung notwendiger forschungs- und entwicklungsvorhaben mit kurzer beschreibung und kostenuebersicht

S.WORT arbeitsschutz + schadstoffminderung + farbenindustrie + (lackiertechnik)

PROLEI DIPL. -ING. KLAUS WERNER THOMER

STAND 2.8.1976

QUELLE fragebogenerhebung sommer 1976

FINGEB - BUNDESMINISTER FUER FORSCHUNG UND TECHNOLOGIE
- DEUTSCHE FORSCHUNGSGESELLSCHAFT FUER BLECHVERARBEITUNG UND OBERFLAECHENBEHANDLUNG E. V. , DUESSELDORF

ZUSAM FORSCHUNGSINSTITUT FUER PIGMENTE UND LACKE (FPL), WIEDERHOLDSTR. 10/1, 7000 STUTTGART 1

BEGINN 1.1.1975 ENDE 31.10.1975

G.KOST 90.000 DM

LITAN ENDBERICHT

TA -052

INST INSTITUT FUER PRODUKTIONSTECHNIK UND AUTOMATISIERUNG DER FRAUNHOFER-GESELLSCHAFT AN DER UNI STUTTGART
STUTTGART, HOLZGARTENSTR. 17

VORHAB **einsatz von programmgesteuerten handhabungsgeraeten zum zwecke der arbeitserleichterung und des arbeitsschutzes an arbeitsplaetzen mit hoher belastung und unfallgefaehrdung**
es soll das unfallgeschehen der letzten jahre dargestellt werden und unter beruecksichtigung der unfallzahlen, der schwere der unfaelle, der groesse der arbeitsbelastung, der einflussfaktoren auf die unfallgefaehrdung und dem umfang der z. zt. anzutreffenden manuellen arbeiten, bereiche ausgewaehlt werden, fuer die jeweils mehrere loesungsvorschlaege dargestellt werden. es sollen bereits in der praxis aufgefuehrte beispiele beruecksichtigt und mit hilfe von bildern bzw. skizzen veranschaulicht werden. loesungen, die unter dem gesichtspunkt des arbeitsschutzes und der arbeitserleichterung wirtschaftlich nicht vertretbar sind und daher keine aussicht auf verwirklichung im betrieb haben, sollen nicht betrachtet werden

S.WORT arbeitsschutz + unfallverhuetung + automatisierung

PROLEI DIPL. -ING. PETER NICOLAISEN

STAND 2.8.1976

QUELLE fragebogenerhebung sommer 1976

FINGEB BUNDESANSTALT FUER ARBEITSSCHUTZ UND UNFALLFORSCHUNG, DORTMUND

BEGINN 1.12.1975 ENDE 31.8.1976

G.KOST 60.000 DM

TA -053

INST INSTITUT FUER SOZIALWISSENSCHAFTLICHE FORSCHUNG E.V.
MUENCHEN 13, JAKOB-KLAR-STR. 9

VORHAB **analyse von betrieblichen bedingungen und interessen bei technisch-organisatorischen umstellung zur humanisierung von arbeitsbedingungen im zusammenhang mit problemen der vertretung von arbeitnehmerinteressen**

S.WORT arbeitssoziologie + humanisierung

QUELLE datenuebernahme aus der datenbank zur koordinierung der ressortforschung (dakor)

FINGEB BUNDESMINISTER FUER FORSCHUNG UND TECHNOLOGIE

ZUSAM SOZIOLOGISCHE FORSCHUNGSINST. , GOETTINGEN

BEGINN 1.5.1975 ENDE 31.12.1978

TA -054

INST INSTITUT FUER TOXIKOLOGIE DER UNI TUEBINGEN
TUEBINGEN, WILHELMSTR. 56

VORHAB **gesundheitsgefaehrdung durch arbeitsstoffe: metabolismus und metabolische aktivierung von vinylchlorid**
tierversuche zum metabolismus von vinylchlorid. verstoffwechslung von vinylchlorid durch subzellulaere praeparationen aus leber. kovalente bindung von vinylchlorid-metaboliten in vivo und in vitro, an proteinen, dns, rns

S.WORT arbeitsschutz + gesundheitsschutz + vinylchlorid + metabolismus

PROLEI DR. HERMANN M. BOLT

STAND 10.9.1976

QUELLE fragebogenerhebung sommer 1976

FINGEB DEUTSCHE FORSCHUNGSGEMEINSCHAFT

ZUSAM INST. F. ARBEITS- UND SOZIALMEDIZIN DER UNI KOELN, JOSEF-STELZMANN-STR. 9, 5000 KOELN 41

BEGINN 1.1.1976 ENDE 31.12.1977

G.KOST 100.000 DM

LITAN BOLT, H.;KAPPUS, H.;BUCHTER, A.;BOLT, W.: DISPOSI TION OF 1, 2-14C-VINYL CHLORIDE IN THE RAT. IN: ARCH. TOXILOG. 35 S. 153-162(1976)

TA -055

INST INSTITUT FUER WASSERFORSCHUNG GMBH DORTMUND
DORTMUND, DEGGINGSTR. 40

VORHAB **untersuchungen ueber das verhalten von spurenelementen bei filtrationsprozessen - ueberpruefung des verhaltens von spurenmetallen bei der langsamsandfiltration und bei der bodenpassage**
daten ueber das verhalten der elemente as, cd, cu, cr, hg, pb und zn in der versuchsfilteranlage werden ausgewertet und abgesichert. die dabei zu beruecksichtigenden bzw. erst festzustellenden biologischen, physikalischen und chemischen wirkungsfaktoren und wechselbeziehungen sollen soweit wie moeglich in abstrahierbare modellvorstellungen eingebaut werden, die evtl. durch weitere gezielte praktische versuche zu bestaetigen sind. die so entwickelten wirkungsmechanismen sollen teilweise im normalen wasserwerksbetrieb ueberprueft werden

S.WORT schwermetalle + schadstoffbeseitigung + filtration

PROLEI DR. UWE SCHOETTLER

STAND 2.8.1976
QUELLE fragebogenerhebung sommer 1976
FINGEB KURATORIUM FUER WASSER- UND KULTURBAUWESEN (KWK), BONN
BEGINN 1.1.1974 ENDE 31.12.1976
G.KOST 235.000 DM
LITAN - SCHOETTLER, U.: DAS VERHALTEN VON SCHWERMETALLEN BEI DER LANGSAMSANDFILTRATION. IN: ZEITSCHRIFT DER DEUTSCHEN GEOLOGISCHEN GESELLSCHAFT 126 S. 373-384(1975)
- SCHOETTLER, U. , VORTRAG: SCHWERMETALLE UND REINIGUNGSLEISTUNG VON LANGSAMSANDFILTERN. FACHTAGUNG DER DEUTSCHEN SEKTION FUER LIMNOLOGIE IN DER INTERNATIONALEN VEREINIGUNG FUER LIMNOLOGIE, SIEGBURG(OKT 1975)
- SCHOETTLER, U.: ELIMINIERUNG VON SPURENMETALLEN DURCH LANGSAMSANDFILTRATION. IN: ZTSCHR. FUER WASSER- UND ABWASSERFORSCHUNG 9 S. 88-93(1976)

TA -056
INST INSTITUT UND POLIKLINIK FUER ARBEITS- UND SOZIALMEDIZIN DER UNI KOELN
KOELN 41, JOSEPH-STELZMANN-STR. 9
VORHAB **erarbeitung einer speziellen arbeitsmedizinischen ueberwachungsuntersuchung in korrelation zur individuellen vinylchlorid-exposition**
messung der individuellen vinylchlorid-exposition (zwei unterschiedliche methoden stehen zur auswahl). vergleich der individuellen vinychlorid-exposition mit den messwerten der werkseitig installierten ueberwachungsgeraete. messung der metaboliten des vinylchlorid bei verschiedenen chemiearbeitern. beurteilung der metabolitenausscheidung entsprechend dem arbeitszyklus. korrelation der individuellen vinylchlorid-exposition mit der ausscheidung der metabolite. vergleich mit der bereits erarbeiteten aufnahmekinetik von vinylchlorid beim tier (in zusammenarbeit mit dem toxikologischen institut der uni tuebingen, s. anderen fragebogen). evtl. stellungnahme zur technischen richtkonzentration fuer vinylchlorid
S.WORT arbeitsmedizin + gesundheitsschutz + kunststoffindustrie + vinylchlorid
PROLEI DR. AXEL BUCHTER
STAND 9.8.1976
QUELLE fragebogenerhebung sommer 1976
BEGINN 1.1.1976

TA -057
INST INSTITUT UND POLIKLINIK FUER ARBEITSMEDIZIN DER UNI MUENCHEN
MUENCHEN 1, ZIEMSSENSTR. 1
VORHAB **laengsschnittuntersuchungen zu den auswirkungen inhalativer noxen am arbeitsplatz**
S.WORT schadstoffwirkung + atemtrakt + arbeitsmedizin
PROLEI PROF. DR. GUENTER FRUHMANN
STAND 7.9.1976
QUELLE datenuebernahme von der deutschen forschungsgemeinschaft
FINGEB DEUTSCHE FORSCHUNGSGEMEINSCHAFT

TA -058
INST KNAPPSCHAFTS-KRANKENHAUS DER BUNDESKNAPPSCHAFT
RECKLINGHAUSEN, WESTERHOLTER WEG 82
VORHAB **laengsschnittuntersuchungen zu den auswirkungen inhalativer noxen am arbeitsplatz**
S.WORT arbeitsplatz + schadstoffbelastung + atemtrakt
PROLEI DR. MED. OTTO BRINKMANN
STAND 1.1.1974
FINGEB DEUTSCHE FORSCHUNGSGEMEINSCHAFT
BEGINN 1.1.1972

TA -059
INST KRANKENHAUS BETHANIEN FUER DIE GRAFSCHAFT MOERS
MOERS, BETHANIENSTR. 1
VORHAB **laengsschnittuntersuchungen zu den auswirkungen inhalativer noxen am arbeitsplatz**
S.WORT arbeitsplatz + schadstoffbelastung + noxe + atemtrakt
PROLEI PROF. DR. MED. GUENTER WORTH
STAND 1.10.1974
FINGEB DEUTSCHE FORSCHUNGSGEMEINSCHAFT
BEGINN 1.1.1972

TA -060
INST LEHRSTUHL FUER PHYSIKALISCHE FERTIGUNGSVERFAHREN DER UNI DORTMUND
DORTMUND 50, AUGUST-SCHMIDT-STR.
VORHAB **untersuchungen ueber die verminderung der gefaehrdung des bedienungspersonals bei thermischen spritzen durch schadstoffe**
1) erarbeitung von messmethoden, die vergleich- und reproduzierbare werte fuer die schadstoffemission der o. a. verfahren liefern. 2) welcher anteil an schadstoffen auf den spritzer und seine umgebung sowie auf die umwelt einwirkt. 3) bestimmung der bestaendigkeit der entstehenden schaeden des schadstoffes. 4) massnahmen zur beseitigung der umweltbelastung infolge des spritzprozesses
S.WORT arbeitsschutz + schadstoffmessung + spritzmittel
PROLEI PROF. DR. -ING. HANS-DIETER STEFFENS
STAND 28.7.1976
QUELLE fragebogenerhebung sommer 1976
FINGEB BUNDESMINISTER FUER FORSCHUNG UND TECHNOLOGIE
ZUSAM DEUTSCHER VERBAND FUER SCHWEISSTECHNIK
G.KOST 150.000 DM

TA -061
INST MEDIZINISCHE KLINIK UND POLIKLINIK DER BERGBAUBERUFSGENOSSENSCHAFT
BOCHUM, KRANKENANSTALTEN "BERGMANNSHEIL"
VORHAB **vergleichende untersuchungen zur frage ursaechlicher zusammenhaenge zwischen tuberkulosesensitivitaet und staubbelastender taetigkeit**
vergleichsuntersuchung der tuberkulinsensitivitaet von 1000 bergleuten mit der von 1000 bueroangestellten gleichen alters. haeufigkeit bis dahin unbekannter tuberkelbazillennachweise bei diesen gruppen. haeufigkeit des rheumafaktors innerhalb beider gruppen. kurzfristige wiederholung des tuberkulintestes bei bisher tuberkulinnegativen bergleuten zum nachweis des konversionszeitspunkts. vergleich der tuberkulinsensitivitaet der familienangehoerigen beider untersuchungsgruppen.
S.WORT bergwerk + berufsschaeden + staubkonzentration + krankheitserreger + arbeitsmedizin + (tuberkulose)
QUELLE datenuebernahme aus der datenbank zur koordinierung der ressortforschung (dakor)
FINGEB BUNDESMINISTER FUER ARBEIT UND SOZIALORDNUNG
BEGINN 1.1.1971 ENDE 1.1.1975
G.KOST 144.000 DM

TA -062
INST MEDIZINISCHE UNIVERSITAETSKLINIK HEIDELBERG
HEIDELBERG, BERGHEIMERSTR. 58
VORHAB **laengsschnittuntersuchungen zu den auswirkungen inhalativer noxen am arbeitsplatz**
S.WORT arbeitsplatz + schadstoffbelastung + atemtrakt
PROLEI DR. MED. GERHARD UTZ
STAND 1.1.1974
FINGEB DEUTSCHE FORSCHUNGSGEMEINSCHAFT
BEGINN 1.1.1973

TA -063

INST MEDIZINISCHES INSTITUT FUER LUFTHYGIENE UND SILIKOSEFORSCHUNG AN DER UNI DUESSELDORF DUESSELDORF, GURLITTSTR. 53
VORHAB frueherkennung gewerblicher intoxikationen durch organische loesemitteldaempfe
S.WORT gesundheitsschutz + gewerbebetrieb + loesungsmittel
PROLEI DR. MED. GEZA FODOR
STAND 1.1.1974
FINGEB DEUTSCHE FORSCHUNGSGEMEINSCHAFT

TA -064

INST PHYSIKALISCHES INSTITUT I / FB 13 DER UNI GIESSEN GIESSEN, HEINRICH-BUFF-RING 14-20
VORHAB silikose-forschung
die fibrogene wirkung von sio2-haltigen staeuben kann in analogie zu elektronentransfer-modellen der katalyse oberflaecheneigenschaften der staubteilchen zugeschrieben werden. prinzipiell ist daher zu erwarten, dass sich deren spezifische zytotoxizitaet mit physikalischen methoden erfassen laesst
S.WORT staub + silikose + zytotoxizitaet
PROLEI PROF. DR. A. SCHARMANN
STAND 6.8.1976
QUELLE fragebogenerhebung sommer 1976
FINGEB EUROPAEISCHE GEMEINSCHAFTEN
ZUSAM - HYGIENE-INSTITUT DER UNI GIESSEN
- BERGBAU-FORSCHUNG GMBH, ESSEN
BEGINN 1.1.1974

TA -065

INST SAARBERGWERKE AG SAARBRUECKEN, TRIERER STRASSE 1
VORHAB weiterentwicklung und erprobung der w-bewetterung
es wird erprobt, ob mit hilfe der w-bewetterung die bergmaennische arbeit auch bei hohen klimawerten ertraeglich gestaltet und der zulaessige methangehalt dèr wetter auch bei hohem grubengaszustrom eingehalten werden kann. allgemein programmorientierte taetigkeiten (berechnungen ueber die hoehe und verteilung der wetterstroeme sowie ueber die hoehe der ausgasungen und des grubenklimas mit hilfe der edv), einrichten des untersuchungsbetriebes, projektdurchfuehrung (ueberwachung und instandhaltung der techn. einrichtungen, erfassung und auswertung der messdaten), produktauswertung (analyse und auswertung der messergebnisse, empfehlungen fuer zukuenftige bewetterungssysteme)
S.WORT bergwerk + belueftungsverfahren + arbeitsschutz + emissionsueberwachung
PROLEI DIPL. -ING. GUENTER DUEPRE
STAND 9.8.1976
QUELLE fragebogenerhebung sommer 1976
FINGEB BUNDESMINISTER FUER FORSCHUNG UND TECHNOLOGIE
ZUSAM BERGBAU-FORSCHUNG GMBH, FRILLENDORFERSTR. 351, 4300 ESSEN 13
BEGINN 1.10.1974 ENDE 30.6.1977
G.KOST 1.252.000 DM

TA -066

INST SAARBERGWERKE AG SAARBRUECKEN, TRIERER STRASSE 1
VORHAB grubenklima
ziel des vorhabens ist es, ein neues verfahren zur berechnung des grubenklimas in sonderbewetterten strecken zu entwickeln. erarbeitung eines berechnungsverfahrens, erstellung eines edv-programmes, gegenueberstellung der theoretisch ermittelten werte mit untertaegigen messergebnissen
S.WORT bergwerk + belueftungsverfahren + klima
PROLEI DIPL. -ING. HEINZ QUACK
STAND 9.8.1976
QUELLE fragebogenerhebung sommer 1976
FINGEB BUNDESMINISTER FUER FORSCHUNG UND TECHNOLOGIE
BEGINN 1.8.1975 ENDE 31.4.1978
G.KOST 225.000 DM

TA -067

INST SAARBERGWERKE AG SAARBRUECKEN, TRIERER STRASSE 1
VORHAB beduesung an bandanlagen
ziel ist die entwicklung automatisch gesteuerter beduesungseinrichtungen, welche die wassermenge an den belastungszustand des bandes anpassen. die verringerung der staubbildung an baendern hat nicht nur eine besserung der staubverhaeltnisse fuer die unmittelbar an derartigen foerdermitteln beschaeftigten be rgleute zur folge, es wird auch eine senkung der staubbelastung wettertechnisch nachgeschalteter gewinnungsbetriebe erreicht
S.WORT bergwerk + arbeitsplatz + staubbelastung + staubminderung
PROLEI DR. -ING. HANS-GUIDO KLINKNER
STAND 9.8.1976
QUELLE fragebogenerhebung sommer 1976
FINGEB BUNDESMINISTER FUER FORSCHUNG UND TECHNOLOGIE
BEGINN 1.1.1976 ENDE 31.12.1977
G.KOST 100.000 DM

TA -068

INST SILICOSE-FORSCHUNGSINSTITUT DER BERGBAUBERUFSGENOSSENSCHAFT BOCHUM, HUNSCHEIDTSTR. 12
VORHAB laengsschnittuntersuchungen zu den auswirkungen inhalativer noxen am arbeitsplatz
S.WORT arbeitsplatz + schadstoffbelastung + atemtrakt
PROLEI PROF. DR. MED. WOLFGANG ULMER
STAND 1.1.1974
FINGEB DEUTSCHE FORSCHUNGSGEMEINSCHAFT
BEGINN 1.1.1972

TA -069

INST STAHLWERKE SUEDWESTFALEN AG HUETTENTAL -WEIDENAU, POSTFACH 6
VORHAB untersuchung der schwingungsbelastung des menschen an arbeitsplaetzen der eisen- und stahlindustrie und technische moeglichkeiten zur belastungsverminderung
ziel des vorhabens ist es, die auftretenden schwingungen an den sitzaufnahmeflaechen bzw. einleitstellen zu ermitteln, die bewertung vorzunehmen und konstruktive massnahmen an schwingungsbelasteten arbeitsplaetzen durchzufuehren. durch nochmalige messung der schwingungsbelastung soll die verbesserung nachgewiesen werden.
S.WORT arbeitsplatz + schwingungsschutz + eisen- und stahlindustrie
QUELLE datenuebernahme aus der datenbank zur koordinierung der ressortforschung (dakor)
FINGEB GESELLSCHAFT FUER WELTRAUMFORSCHUNG MBH (GFW) IN DER DFVLR, KOELN
ZUSAM - MPI FUER LANDARB. U. LANDTECHN. , BAD KREUZNACH
- BUNDESANSTALT FUER ARBEITSSCHUTZ U. UNFALLFOR.
- BFI IM VDEH, DUESSELDORF
BEGINN 1.11.1974 ENDE 31.12.1976
G.KOST 597.000 DM

TA -070

INST UMWELTAMT DER STADT KOELN KOELN, EIFELWALL 7
VORHAB bestimmung des blut-bleigehalts und der deltaaminolaevulinsaeure-ausscheidung im harn von beruflich belasteten personengruppen
bestimmung der blut-blei-konzentrationen und deltaaminolaevulinsaeure-ausscheidung von muelladern, strassenreinigern, kfz-mechanikern in koeln; vergleich mit unbelasteten kontrollgruppen und arbeitern eines bleibetriebes
S.WORT bleikontamination + mensch + messung + arbeitsschutz
PROLEI DR. MARIA DEIMEL

STAND 1.1.1974
FINGEB DEUTSCHE FORSCHUNGSGEMEINSCHAFT
BEGINN 1.1.1970 ENDE 31.12.1974
G.KOST 40.000 DM
LITAN HAEBEL, H. P. (UNI KOELN, MED. FAKULTAET). DISSERTATION: WIRKUNG DER KFZ-ABGASE AUF DEN BLUT-BLEISPIEGEL EXPONIERTER BEVOELKERUNGSGRUPPEN. (1972)

TA -071
INST VERSUCHSSTRECKE IN DORTMUND-DERNE BOCHUM -DERNE
VORHAB **explosionsversuche in einer muellaufbereitungsanlage**
es soll festgestellt werden, durch welche sicherheitsmassnahmen an muellaufbereitungsanlagen exlposionen unterdrueckt oder verhindert werden koennen.
S.WORT abfallaufbereitungsanlage + betriebssicherheit + explosionsschutz
QUELLE datenuebernahme aus der datenbank zur koordinierung der ressortforschung (dakor)
FINGEB BUNDESMINISTER FUER ARBEIT UND SOZIALORDNUNG
BEGINN 1.9.1973 ENDE 1.2.1974
G.KOST 45.000 DM

TA -072
INST ZENTRALINSTITUT FUER ARBEITSMEDIZIN DER UNI HAMBURG
HAMBURG 76, ADOLPH-SCHOENFELDER-STR. 5
VORHAB **chronische loesungsmittelbelastung am arbeitsplatz; schadstoffspiegel im blut und metabolitenelimination im harn bei toluolexponierten triefdruckern**
an einem beruflich toluolexponierten kollektiv einer druckerei (n=94) wurde geprueft, welche beziehungen zwischen der toluolkonzentration in der raumluft, dem toluolspiegel im blut und der hippursaeureausscheidung im harn bestehen. die toluolanalysen in der luft und im blut erfolgten gaschromatographisch, die hippursaeurebestimmungen spektraphotometrisch
S.WORT arbeitsplatz + schadstoffbelastung + loesungsmittel + druckereiindustrie + (toluol)
PROLEI PROF. DR. D. SZADKOWSKI
STAND 30.8.1976
QUELLE fragebogenerhebung sommer 1976
BEGINN 1.1.1972 ENDE 31.12.1975
LITAN INT. ARCH. ARBEITSMED. 31 S. 265-276(1973)

TA -073
INST ZENTRALINSTITUT FUER ARBEITSMEDIZIN DER UNI HAMBURG
HAMBURG 76, ADOLPH-SCHOENFELDER-STR. 5
VORHAB **1. chronische loesungsmittelbelastung am arbeitsplatz. 2. eine gaschromatographische methode zur bestimmung von hippursaeure im serum**
es wird eine gaschromatographische methode zur bestimmung der hippursaeurekonzentration in menschlichem serum beschrieben. die analytische zuverlaessigkeit dieser methode erfuellt die anforderungen der statistischen qualitaetskontrolle. die wiederauffindungsraten lagen zwischen 97, 5 und 104, die variabilitaetskoeffizienten zwischen 3, 3 und 3, 8. die nachweisgrenze von rund 0, 6 mg hippursaeure/ l serum ermoeglicht es, nicht nur bei toluol belasteten arbeitern, sondern auch bei normalpersonen, den hippursaeuregehalt im serum zu bestimmen. die praktische anwendbarkeit dieser methode wird an einer kleinen gruppe von unbelasteten personen (n=8) sowie an einem kollektiv von toluolexponierten arbeitnehmern (n=98) demonstriert
S.WORT arbeitsplatz + schadstoffbelastung + loesungsmittel + nachweisverfahren + (gaschromatographie)
PROLEI DR. J. ANGERER
STAND 30.8.1976
QUELLE fragebogenerhebung sommer 1976
BEGINN 1.1.1973 ENDE 31.12.1975
LITAN INT. ARCH. ARBEITSMED. 34 S. 199-207(1975)

TA -074
INST ZENTRALINSTITUT FUER ARBEITSMEDIZIN DER UNI HAMBURG
HAMBURG 76, ADOLPH-SCHOENFELDER-STR. 5
VORHAB **langzeitbeobachtungen ueber die auswirkung einer chronischen benzolbelastung auf die elemente des roten und weissen blutbildes**
in einer retrospektivstudie wird auf der basis der ergebnisse von ueberwachungsuntersuchungen ueberprueft, inwieweit eine chronische beruflich bedingte benzoleinwirkung statistisch zu sichernde trends auf die elemente des weissen und roten blutbildes hat. zum vergleich mit den ueberwachungsergebnissen bei benzolexponierten werden ca. 1. 500 beruflich nicht benzolbelastete personen der schleswig-holsteinischen west- und ostkueste herangezogen werden, bei denen aus nicht beruflicher indikation bei einem zeitraum von 15 jahren regelmaessig blutbildkontrollen durchgefuehrt wurden
S.WORT arbeitsplatz + schadstoffbelastung + benzol + physiologische wirkungen
PROLEI PROF. DR. G. LEHNERT
STAND 30.8.1976
QUELLE fragebogenerhebung sommer 1976
BEGINN 1.1.1975 ENDE 30.6.1976

TA -075
INST ZENTRALINSTITUT FUER ARBEITSMEDIZIN DER UNI HAMBURG
HAMBURG 76, ADOLPH-SCHOENFELDER-STR. 5
VORHAB **literaturstudie zur sogenannten vinylchloridkrankheit**
die inzwischen auch in der brd bei arbeitern der pvc-herstellenden industrie als berufskrankheit anerkannte sogenannte vinylchloridkrankheit hat weltweit eine intensive forschungstaetigkeit ausgeloest. die einschlaegige wissenschaftliche literatur ist gegenwaertig nur noch unter einsatz der edv erfass-, interpretier- und auswert bar. durch kritische wuerdigung des schrifttums, das in einer monographie zusammenfassend dargestellt werden soll, sollen entscheidungshilfen fuer den gesetzgeber und ansatzpunkte fuer weitere arbeitsmedizinische toxikologische forschungen im bundesgebiet geschaffen werden
S.WORT kunststoffherstellung + arbeitsplatz + schadstoffbelastung + pvc + (literaturstudie)
PROLEI PROF. DR. G. LEHNERT
STAND 30.8.1976
QUELLE fragebogenerhebung sommer 1976
BEGINN 1.6.1974 ENDE 31.12.1975

TA -076
INST ZENTRALINSTITUT FUER ARBEITSMEDIZIN DER UNI HAMBURG
HAMBURG 76, ADOLPH-SCHOENFELDER-STR. 5
VORHAB **zur tagesperiodik der hippursaeure im harn**
fuer die ueberwachung beruflich toluolexponierter personengruppen wird heute als suchtest ueblicherweise die hippursaeureausscheidung im harn eingesetzt. da eine bestimmung im 24-stunden-sammelharn inpraktikabel ist, muessen entsprechende analysen in repraesentativen harnproben gewonnen werden. da unterstellt werden muss, dass exogene und endogene einfluesse die hippursaeureausscheidung im harn in abhaengigkeit von der tageszeit modifizieren, soll durch entsprechende untersuchungen an einem beruflich nicht toluolbelasteten kollektiv abgeklaert werden, inwieweit derartige einfluesse relevant sind und bei der interpretation der ergebnisse von arbeitsmedizinischen ueberwachungsuntersuchungen zu beruecksichtigen sind
S.WORT arbeitsplatz + schadstoffbelastung + loesungsmittel + arbeitsmedizin
PROLEI PROF. DR. G. LEHNERT
STAND 30.8.1976
QUELLE fragebogenerhebung sommer 1976
BEGINN 1.2.1975 ENDE 30.6.1976

TA -077

INST ZENTRALINSTITUT FUER ARBEITSMEDIZIN DER UNI HAMBURG
HAMBURG 76, ADOLPH-SCHOENFELDER-STR. 5

VORHAB influence of dichloromethane on the dissappearance rate of ethanol in the blood of rats
wechselseitige beeinflussungen von arbeitsstoffen, medikamenten und alkohol im stoffwechsel koennen zu additiven oder potenzierenden effekten im hinbilick auf eine gesundheitsschaedigung fuehren. in tierversuchen sollte ueberprueft werden, inwieweit sich das industriell haeufig verwendete dichlormethan auf den abbau von aethylalkohol auswirkt. eine potenzierung der alkoholeffekte durch dichlormethan kann fuer die sicherheit am arbeitsplatz ebenso bedeutungsvoll sein wie fuer das verhalten im strassenverkehr auf dem wege zur und von der arbeitsstaette. die untersuchungen zeigen, dass dichlormethan die abbaugeschwindigkeit des alkohols nicht beeintraechtigt, wohl aber die absolute hoehe des blutalkoholspiegels. eine erklaerung fuer letzteres phaenomen steht nooch aus

S.WORT arbeitsplatz + schadstoffbelastung + loesungsmittel + physiologische wirkungen + (tierversuch)
PROLEI DR. V. KASSEBART
STAND 30.8.1976
QUELLE fragebogenerhebung sommer 1976
BEGINN 1.1.1973 ENDE 31.12.1974
LITAN INT. ARCH. ARBEITSMED. 33 S. 231-236(1974)

TA -078

INST ZENTRALINSTITUT FUER ARBEITSMEDIZIN DER UNI HAMBURG
HAMBURG 76, ADOLPH-SCHOENFELDER-STR. 5

VORHAB feldstudie zur frage des passivrauchens in bueroraeumen
in einem grossen hamburger verwaltungsbetrieb werden bei den dort beschaeftigten an ihrem arbeitsplatz - klassifiziert in die gruppen "raucher", "nichtraucher" und "passivraucher" - neben einer eingehenden befragung klinische untersuchungen und bestimmungen der kohlenmonoxid-haemoglobinkonzentration im blut am beginn und am ende des arbeitstages durchgefuehrt. das programm wird ergaenzt durch kohlenmonoxidbestimmungen in der aussen- und innenluft. hiermit soll die frage beantwortet werden, ob das problem des passivrauchens am arbeitsplatz gesetzlich geregelt werden muss

S.WORT arbeitsplatz + tabakrauch + gesundheitsschutz + (passivrauchen)
PROLEI PROF. DR. G. LEHNERT
STAND 30.8.1976
QUELLE fragebogenerhebung sommer 1976

Weitere Vorhaben siehe auch:

AA -017 ENTWICKLUNG EINER CH4-MESSANLAGE FUER MEHRERE MESSTELLEN
BC -002 STICKOXIDBILDUNG BEI AUTOGENVERFAHREN
BC -004 SCHADGASENTSTEHUNG BEI SCHUTZGASSCHWEISSVERFAHREN UND ERMITTLUNG DER ERFORDERLICHEN ABSAUGLEISTUNG ZUM VERMEIDEN VON GESUNDHEITSSCHAEDEN
BC -011 UNTERSUCHUNG DER ABLUFT- ZUSAMMENSETZUNG BEI ROLLENOFFSET-DRUCKMASCHINEN
BD -005 STAUBQUELLEN, STAUBAUSBREITUNG UND STAUBBELASTUNG IN DER LANDWIRTSCHAFTLICHEN PRODUKTION
DC -012 VERMINDERUNG DES ANTEILS FLUECHTIGER BESTANDTEILE IN POLYSTYROL
DC -027 VERBESSERUNG DER ARBEITSUMWELT DURCH BESEITIGUNG ORGANISCHER SCHADSTOFFE AUS INDUSTRIELLER ABLUFT
DC -034 BEGRENZUNG DER SO2-EMISSION BEI ANLAGEN ZUR FLASCHEN-STERILISATION
DC -035 VERMINDERUNG DER AMINKONZENTRATION AM ARBEITSPLATZ UND IN DER EMISSION BEI DER KERNHERSTELLUNG NACH DEM COLD-BOX-VERFAHREN
DC -045 UNTERSUCHUNGEN UEBER DIE MOEGLICHKEITEN ZUR ERFASSUNG UND VERMINDERUNG DER SAEUREDAEMPFE VON BEIZBAEDERN
DC -056 STAUBABSAUGUNG BEI VORTRIEBSMASCHINEN MIT ABLEITUNG DER STAUBHALTIGEN WETTER ZU STATIONAEREN ENTSTAUBERN
DC -057 ANWENDUNG VON SCHAUM UND EINSATZ NETZMITTELHALTIGER SALZLOESUNGEN ZUR STAUBBEKAEMPFUNG
DC -058 VERKLEIDUNG UND ENTSTAUBUNG VON KOHLEBRECHERN (DURCHLAUF- UND SCHLAGWALZENBRECHERN) MITTELS EINES KLEINSTBAUENDEN DRUCKLUFTROTOVENTS
DC -061 UNTERSUCHUNG UEBER DIE WIRKSAMKEIT VERSCHIEDENER ZUSATZMITTEL IM HINBLICK AUF EINE VERBESSERUNG DER EFFEKTIVITAET DER NASSEN STAUBBEKAEMPFUNG
DC -062 UNTERSUCHUNG ZUR STAUBBEKAEMPFUNG IN HOCHMECHANISIERTEN GEWINNUNGSBETRIEBEN
DD -002 THERMISCHE REINIGUNG ZEITWEISE EXPLOSIBLER ABLUFT ZUR BESEITIGUNG VON GESUNDHEITSSCHAEDLICHEN, GIFTIGEN SCHADSTOFFEN AM ARBEITSPLATZ
FC -012 ENTWICKLUNGSARBEITEN ZUR VERBESSERUNG DER ARBEITSVERHAELTNISSE IN PUTZEREIEN
FC -031 MESSUNG DER MECHANISCHEN SCHWINGUNGEN AN FORSTMASCHINEN UND AN ARBEITSPLAETZEN IN DER HOLZINDUSTRIE
FC -034 SUPERPOSITIONSWIRKUNGEN VON LAERM UND EINSEITIG DYNAMISCHER ARBEIT IN BEZUG AUF ERMUEDUNG / ERHOLUNG
FC -041 VORAUSBERECHNUNG DER LAERMDOSISVERTEILUNG IN FABRIKHALLEN
NC -114 ERMITTLUNG UND ANALYSE MENSCHLICHER FUNKTIONEN BEIM BETRIEB VON KERNKRAFTWERKEN
OC -024 AUFFINDUNG EMPFINDLICHER BIOCHEMISCHER KRITERIEN ZUR WIRKUNG GERINGER KONZENTRATIONEN GESUNDHEITSSCHAEDLICHER ARBEITSSTOFFE
PC -017 REGIONALE DEPOSITION VON STAUBTEILCHEN IM MENSCHLICHEN ATEMTRAKT ALS FUNKTION IHRER GROESSE IM HINBLICK AUF DIE FESTLEGUNG VON MAK-WERTEN FUER GESUNDHEITSSCHAEDLICHE ARBEITSSTOFFE
PE -012 REGIONALE DEPOSITION VON AEROSOLEN IN DER MENSCHLICHEN LUNGE

TB -001
INST FACHBEREICH GEOGRAPHIE DER UNI MARBURG
MARBURG, RENTHOF 6
VORHAB **bevoelkerungsgeographische untersuchungen der integrations- und differenzierungsprozesse in einer jungen industriesiedlung im laendlichen raum**
S.WORT bevoelkerungsgeographie + industrie + laendlicher raum
PROLEI DR. PETER WEBER
STAND 1.1.1974
FINGEB DEUTSCHE FORSCHUNGSGEMEINSCHAFT
ZUSAM FORSCHUNGSPROGRAMM: BEVOELKERUNGSGEOGRAPHIE
BEGINN 1.1.1973

TB -002
INST FACHBEREICH JURISTENAUSBILDUNG, WIRTSCHAFTSWISSENSCHAFTEN UND SOZIALWISSENSCHAFTEN DER UNI BREMEN
BREMEN 33, ACHTERSTR.
VORHAB **sozialwissenschaftliche untersuchung bremer wohnverhaeltnisse**
ueberpruefung der bremischen wohnungsbaupolitik nach dem kriege anhand einiger siedlungen des oeffentlich gefoerderten wohnungsbaus, denen unterschiedliche staedtebauliche konzepte zugrunde liegen. einfluss bebauter umwelt auf wohnzufriedenheit; soziale kontakte und kommunikation in geplanten wohnensembeln; aenderungsmoeglichkeiten der gesetzgebung zum sozialen wohnungsbau. erarbeitung eines fragebogens; einflussnahme auf bauart der zweiten baustufe in osterholz-tenever; wie kann wohnungsversorgung den veraenderten beduerfnissen angepasst werden
S.WORT staedtebau + wohnungsbau + wohnwert BREMEN
PROLEI M. A. WENDELIN STRUBELT
STAND 21.7.1976
QUELLE fragebogenerhebung sommer 1976

TB -003
INST FACHBEREICH PSYCHOLOGIE DER UNI MARBURG
MARBURG, GUTENBERGSTR. 18
VORHAB **die situation der berufstaetigen frau in ihrer staedtischen umwelt (frau mit kindern)**
S.WORT hausfrau + beruf + wohngebiet
PROLEI PROF. DR. STAPF
STAND 1.10.1974
BEGINN 1.1.1973 ENDE 31.12.1974
G.KOST 200.000 DM

TB -004
INST FACHGEBIET INDUSTRIELLES BAUEN DER TU BERLIN
BERLIN 31, EISENZAHNSTR. 15
VORHAB **formulierung der zukuenftigen, umweltbezogenen anforderungen an industriell herstellbare wohnbauten und erarbeitung von loesungsansaetzen**
S.WORT wohnwert + bautechnik + oekonomische aspekte
PROLEI PROF. DR. -ING. KONRAD WELLER
STAND 7.9.1976
QUELLE datenuebernahme von der deutschen forschungsgemeinschaft
FINGEB DEUTSCHE FORSCHUNGSGEMEINSCHAFT

TB -005
INST GEHRMANN, FRIEDHELM, DR.
GENF ONEX/SCHWEIZ, 4, ROUTE DE LOEX
VORHAB **quantifizierungsversuche der lebensqualitaet auf der grundlage normativer sozialindikatoren (hab.)**
S.WORT lebensqualitaet + sozialindikatoren + modell
PROLEI DR. FRIEDHELM GEHRMANN
STAND 7.9.1976
QUELLE datenuebernahme von der deutschen forschungsgemeinschaft
FINGEB DEUTSCHE FORSCHUNGSGEMEINSCHAFT

TB -006
INST GEOGRAPHISCHES INSTITUT DER UNI BOCHUM
BOCHUM -QUERENBURG, UNIVERSITAETSSTR. 150
VORHAB **bevoelkerungsentwicklung seit 1950 im ruhrgebiet und im maerkischen industriegebiet**
S.WORT bevoelkerungsentwicklung + ballungsgebiet MAERKISCHES INDUSTRIEGEBIET + RHEIN-RUHR-RAUM
PROLEI PROF. DR. DR. KARLHEINZ HOTTES
STAND 1.1.1974
QUELLE erhebung 1975
FINGEB DEUTSCHE FORSCHUNGSGEMEINSCHAFT

TB -007
INST GEOGRAPHISCHES INSTITUT II DER UNI FREIBURG
FREIBURG, WERDERRING 4
VORHAB **modelle zur innenstadtentleerung**
beispiel der tertiaerwirtschaftlichen berufsgruppen, insbesondere der freiberuflichen, auf der grundlage von 25 deutschen staedten
S.WORT bevoelkerungsgeographie + stadtgebiet
PROLEI DR. JUERGEN C. TESDORPF
STAND 1.1.1974
FINGEB DEUTSCHE FORSCHUNGSGEMEINSCHAFT
BEGINN 1.1.1973

TB -008
INST GEOGRAPHISCHES INSTITUT/KULTURGEOGRAPHIE DER UNI FRANKFURT
FRANKFURT, SENCKENBERGANLAGE 36
VORHAB **heutiger wohnwert einer zukunftsweisenden wohnsiedlung frankfurt-roemerstadt**
die von may gebaute "roemerstadt" wird daraufhin analysiert, welche gruppen wie lange dort gewohnt haben oder wohnen und wie nach ueber 40 jahren bestehen heute eine wohnsiedlung von der bevoelkerung angenommen wird
S.WORT wohnwert + wohnungsbau + wohnbeduerfnisse FRANKFURT-ROEMERSTADT + RHEIN-MAIN-GEBIET
PROLEI PROF. DR. KLAUS WOLF
STAND 1.10.1974
FINGEB DEUTSCHE FORSCHUNGSGEMEINSCHAFT
BEGINN 1.1.1970 ENDE 31.12.1975
G.KOST 25.000 DM

TB -009
INST GESELLSCHAFT FUER LAERMBEKAEMPFUNG UND UMWELTSCHUTZ E.V.
BERLIN, THEODOR-HEUSS-PLATZ 7
VORHAB **wohnwertklassifizierung**
S.WORT wohnwert + bewertungskriterien
STAND 1.1.1974

TB -010
INST INSTITUT FUER AGRARSOZIOLOGIE / FB 20 DER UNI GIESSEN
GIESSEN, EICHGAERTENALLEE 3
VORHAB **der einfluss der farbwerke hoechst auf den wandel der berufs- und siedlungsstruktur, der siedlungsformen und des wohnverhaltens in der noerdlichen untermain-region**
einfluss eines grossbetriebes auf - berufsstruktur; - siedlungsstruktur; - siedlungsform; - wohnverhalten in einer abgegrenzten region
S.WORT industrie + sozio-oekonomische faktoren + siedlungsentwicklung + (farbwerke hoechst) RHEIN-MAIN-GEBIET
PROLEI HARSCHE
STAND 6.8.1976
QUELLE fragebogenerhebung sommer 1976
ZUSAM - FARBWERKE HOECHST, 6000 FRANKFURT/MAIN
- STATISTISCHE AEMTER DER MAIN-REGION
BEGINN 1.1.1974 ENDE 31.12.1977

TB -011
INST INSTITUT FUER DEMOSKOPIE GMBH
ALLENSBACH, RADOLFZELLER STRASSE 8

VORHAB **auswertungsprogramm "soziale indikatoren (phase ii)"**
in der phase 2 des o. g. programmes sollen ausgewaehlte themen nach 6 verschiedenen ebenen (aeussere lebensbedingungen, verhaltensweisen, werte/ziele/einstellungen, wahrnehmung und bewertung gesellschaftlicher bedingungen, persoenliche zufriedenheit /unzufriedenheit/glueck/entfremdung, zukunftspositionen) gegliedert und die aus verschiedenen umfragen gewonnen ergebnisse kombiniert werden.
S.WORT sozialindikatoren + lebensqualitaet + sozio-oekonomische faktoren + (auswertungsprogramm)
QUELLE datenuebernahme aus der datenbank zur koordinierung der ressortforschung (dakor)
FINGEB BUNDESMINISTER FUER ARBEIT UND SOZIALORDNUNG
BEGINN 1.10.1974 ENDE 31.3.1975
G.KOST 69.000 DM

TB -012
INST INSTITUT FUER EPIDEMIOLOGIE UND SOZIALMEDIZIN DER MEDIZINISCHEN HOCHSCHULE HANNOVER
HANNOVER 61, KARL-WIECHERT-ALLEE 9
VORHAB **oekologiestudie in hannover**
oekologie - studie hannover; es geht um die abhaengigkeit der mortalitaet in hannover von soziooekonomischen faktoren, bevoelkerungsdichte und anderen oekologischen variablen; soziooekonomischer status der bevoelkerung in einzelnen statistischen bezirken von hannover und beziehungen zur mortalitaet an allen krankheiten und besonders ausgewaehlten krankheiten; bevoelkerungsdichte u. mortalitaet; saeuglingssterblichkeit in den einzelnen stadtteilen
S.WORT oekologie + bevoelkerung + sozio-oekonomische faktoren + mortalitaet
HANNOVER
PROLEI DR. ULRICH KEIL
STAND 1.1.1974
FINGEB WORLD HEALTH ORGANISATION (WHO), GENF
BEGINN 1.1.1970
G.KOST 300.000 DM
LITAN KEIL, U.;BACKSMANN, E.: SOZIALE FAKTOREN UND MORTALITAET IN EINER GROSSTADT DER BRD. IN: ARBEITSMEDIZIN, SOZIALMEDIZIN, PRAEVENTIVMEDIZIN 10(1) S. 4-9(1975)

TB -013
INST INSTITUT FUER GRUENPLANUNG UND GARTENARCHITEKTUR DER TU HANNOVER
HANNOVER, HERRENHAEUSERSTR. 2
VORHAB **nutzung, ausbildung und bemessung von freiraeumen im geschosswohnungsbau**
untersuchung des nutzungsverhaltens und der nutzungsintensitaet in vorwiegend gruenbestimmten freiraeumen im mehrgeschossigen wohnungsbau, mit methoden der empirischen sozialforschung; ermittlung der determinanten einer aktiven nutzung dieser freiraeume fuer freizeit und erholung; ziel: daten und hinweise fuer eine beduerfnisgerechte planung und organisation der unmittelbaren wohnumgebung
S.WORT wohnungsbau + freiraumplanung
PROLEI DIPL. -ING. SEYFANG
STAND 1.1.1974
FINGEB DEUTSCHE FORSCHUNGSGEMEINSCHAFT
ZUSAM INST. F. STAEDTEBAU, WOHNUNGSWESEN UND LANDESPLANUNG DER TU HANNOVER, 3 HANNOVER, SCHLOSSWENDER
BEGINN 1.6.1974 ENDE 30.6.1977
G.KOST 150.000 DM
LITAN ZWISCHENBERICHT 1975. 05

TB -014
INST INSTITUT FUER LICHTTECHNIK DER TU BERLIN
BERLIN 10, EINSTEINUFER 19
VORHAB **forderungen an abstandsflaechen und fenster im hinblick auf kommunikation und privatheit**
die auf dem gebiet der kommunikation und privatheit im wohnungsbau vorhandenen erkenntnisse sollen erweitert werden, speziell in hinblick auf forderungen an abstandsflaechen und fenster; hierzu felduntersuchung in berlin; nutzung der untersuchungsergebnisse in bauordnungen
S.WORT wohnungsbau + wohnwert + normen
PROLEI PROF. DR. -ING. JUERGEN KROCHMANN
STAND 1.1.1974
QUELLE erhebung 1975
FINGEB BUNDESMINISTER FUER RAUMORDNUNG, BAUWESEN UND STAEDTEBAU
ZUSAM INST. F. PSYCHOLOGIE D. TU BERLIN, 1 BERLIN 33, LASSENSTR. 11-15
BEGINN 1.8.1974 ENDE 30.9.1977
G.KOST 350.000 DM
LITAN - KROCHMANN, H.: BEGRUENDUNG VON FORDERUNGEN FUER ABSTANDSFLAECHEN VOR NOTWENDIGEN FENSTERN IN AUFENTHALTSRAEUMEN. IN: TAB S. 285-286(1974)
- KROCHMANN, J.: UEBER DIE BEDEUTUNG VON FENSTERN. TAGUNGSBERICHT SYMPOSIUM "FENSTER UND IHRE FUNKTION IN DER BAUPLANUNG", CIE TC (FEB 1973). IN: PUBLICATION COMITE NATIONAL BELGE DE L'ECLAIRAGE. GALERIE RAVENSTEIN, BRUXELLES

TB -015
INST INSTITUT FUER PSYCHOLOGIE DER TU BRAUNSCHWEIG
BRAUNSCHWEIG, POCKELSSTR. 14
VORHAB **entwicklung eines zielgruppenorientierten wohnmodells fuer das integrierte wohnen alleinstehender juengerer menschen im innerstaedtischen bereich**
bei der konzeption von wohnplaetzen fuer alleinstehende personen ist es notwendig, neben den sachlichen bedingungen die beduerfnisse der betroffenen und die sozial- bzw. entwicklungspsychologischen bedingungen bei der planung zu beruecksichtigen. die planungsgrundlagen und -methoden sowie allgemeine wohnkonzepte sollen hier interdisziplinaer diskutiert und empirisch erarbeitet werden. zu diesem zweck sind folgende arbeitsschritte geplant: 1. zusammenstellung und diskussion von psychologischen befunden und ueberlegungen zum verhalten und zu den beduerfnissen der zielgruppe 2. konzeption eines integrierten wohnmodells und des zugehoerigen planungsprozesses 3. formulierung von richtlinien fuer bauvorhaben zugunsten der zielgruppe.
S.WORT wohnungsbau + stadtkern + wohnbeduerfnisse + psychologische faktoren
QUELLE datenuebernahme aus der datenbank zur koordinierung der ressortforschung (dakor)
FINGEB BUNDESMINISTER FUER RAUMORDNUNG, BAUWESEN UND STAEDTEBAU
BEGINN 1.6.1974 ENDE 1.9.1975
G.KOST 83.000 DM

TB -016
INST INSTITUT FUER REGIONALWISSENSCHAFT DER UNI KARLSRUHE
KARLSRUHE, KAISERSTR. 12
VORHAB **wohnverhalten und wohnbeduerfnisbefriedigung als abhaengige der wohnumwelt**
im rahmen der bearbeitung von wohnungsgrundrissen und wohnungsanordnungen (horizontal und vertikal) ist dem antragsteller die einseitig disziplinaere behandlung der probleme des wohnverhaltens und der wohnbeduerfnisse aufgefallen. es wird oft uebersehen, dass wohnumwelt durch die polaritaet von baukoerper und freiraum gebildet wird. wohnungsgrundriss und haustuer-freiraum beeinflussen als sich gegenseitig bedingende raumdeterminanten das komplexe wohnverhalten der einzelnen familienverbandsmitglieder (kinder, jugendliche, erwerbs-erwachsene, rentner etc.)
S.WORT milieu + wohnwert + wohnbeduerfnisse + (wohnverhalten)
PROLEI DIPL. -ING. JANOS ZIMMERMANN

STAND 19.7.1976
QUELLE fragebogenerhebung sommer 1976
FINGEB BUNDESMINISTER FUER RAUMORDNUNG, BAUWESEN UND STAEDTEBAU
BEGINN 31.12.1974 ENDE 30.9.1976
LITAN ZWISCHENBERICHTE (3)

TB -017

INST INSTITUT FUER REGIONALWISSENSCHAFT DER UNI KARLSRUHE
KARLSRUHE, KAISERSTR. 12
VORHAB **veraenderung der familiensituation und die auswirkung auf das umzugsverhalten der bevoelkerung**
fragestellungen: 1) wie wirken sich veraenderungen der familiensituation auf das umzugsverhalten aus? 2) lassen sich regelmaessigkeiten fuer den zeitversatz zwischen veraenderungen der familiensituation und umzugszeitpunkt feststellen? 3) welche auswirkung hat die stadtgroesse auf das umzugsverhalten? 4) lassen sich in abhaengigkeit von der familiensituation typische wanderungsrichtungen innerhalb von staedten feststellen?
S.WORT stadt + mobilitaet + (familiensituation)
PROLEI PROF. DR. -ING. CLAUS HEIDEMANN
STAND 19.7.1976
QUELLE fragebogenerhebung sommer 1976
FINGEB FORSCHUNGSGEMEINSCHAFT BAUEN UND WOHNEN, STUTTGART
BEGINN 31.4.1975

TB -018

INST INSTITUT FUER REGIONALWISSENSCHAFT DER UNI KARLSRUHE
KARLSRUHE, KAISERSTR. 12
VORHAB **die situation der verheirateten erwerbstaetigen frau mit kindern in ihrer staedtischen umwelt**
die dem projekt vorangegangene studie "die hausfrau in der staedtischen umwelt" war auf die wechselbeziehungen zwischen privatem bereich und staedtebaulichem umfeld bei nicht berufstaetigen hausfrauen mit kindern gerichtet. in weiterfuehrung der dort benutzten methodischen ansaetze soll jetzt auf repraesentativer basis die situation berufstaetiger verheirateter frauen mit kindern untersucht werden im hinblick auf die wechselbeziehungen zwischen beruflicher und haeuslicher taetigkeit vor dem hintergrund der jeweiligen staedtischen umwelt
S.WORT hausfrau + beruf + wohngebiet
PROLEI PROF. DR. -ING. CLAUS HEIDEMANN
STAND 21.7.1976
QUELLE fragebogenerhebung sommer 1976
FINGEB BUNDESMINISTER FUER RAUMORDNUNG, BAUWESEN UND STAEDTEBAU
BEGINN 31.3.1973
LITAN HEIDEMANN, C.;STAPF, K. -H.: DIE HAUSFRAU IN IHRER STAEDTISCHEN UMWELT. VORSTUDIE UEBER WOHNGEBIETE IN BRAUNSCHWEIG. IN: VEROEFFENTLICHUNGEN DES INSTITUTS FUER STADTBAUWESEN DER TU BRAUNSCHWEIG (4)

TB -019

INST INSTITUT FUER WIRTSCHAFTSLEHRE DES HAUSHALTS UND VERBRAUCHSFORSCHUNG / FB 20 DER UNI GIESSEN
GIESSEN, DIEZSTR. 15
VORHAB **untersuchungen zu den wohnbeduerfnissen und wohnbedingungen von familien mit kindern**
darstellung der wohnversorgung der familien mit kindern in der brd, der bildung von wohngruppen, der wohnbedingungen und wohnbeduerfnisse von kindern und jugendlichen in landwirtschaftlichen haushalten, wohnwertanalysen
S.WORT wohnungsbau + wohnwert + wohnbeduerfnisse + (familiensituation)
PROLEI V. SCHWEITZER
STAND 6.8.1976
QUELLE fragebogenerhebung sommer 1976
BEGINN 1.1.1970

TB -020

INST INSTITUT FUER WOHNUNGSBAU UND STADTTEILPLANUNG DER TU BERLIN
BERLIN 12, STRASSE DES 17. JUNI 135
VORHAB **siedlungswesen und angepasste technologie - technologische aspekte der bauplanung und bauproduktion in der vr china**
in vielen laendern der dritten welt stellt der mangel an wohnungen und versorgungseinrichtungen ein soziales problem groessten ausmasses dar. auch die vr china ist ein entwicklungsland, das mit diesem problem konfrontiert wird; sie hat aber offenbar in den vergangenen 25 jahren auf dem gebiet der bauproduktion und des siedlungswesens eine ergolgreichere entwicklung durchgemacht als viele andere entwicklungslaender. das forschungsprojekt hat das ziel, die gruende fuer diesen erfolg und zwar in ihrer technologischen dimension zu analysieren.
S.WORT siedlungsplanung + bauwesen + wohnungsbau + entwicklungslaender
CHINA (VOLKSREPUBLIK)
QUELLE datenuebernahme aus der datenbank zur koordinierung der ressortforschung (dakor)
FINGEB BUNDESMINISTER FUER WIRTSCHAFTLICHE ZUSAMMENARBEIT
BEGINN 15.6.1975 ENDE 15.11.1975
G.KOST 57.000 DM

TB -021

INST INSTITUT WOHNEN UND UMWELT GMBH
DARMSTADT, ANNASTR. 15
VORHAB **anwaltsplanung**
ueberpruefung, inwieweit das partizipationsinstrument advokatenplanung bei einem planungs- und realisierungsprozess eines stadterweiterungsgebietes anwendbar ist; inwieweit dadurch die lebenssituation der bevoelkerung verbessert wird
S.WORT stadtplanung + lebensqualitaet + (anwaltsplanung)
DARMSTADT-KRANICHSTEIN + RHEIN-MAIN-GEBIET
PROLEI DIPL. -ING. BRECH
STAND 1.1.1974
QUELLE erhebung 1975
FINGEB BUNDESMINISTER FUER RAUMORDNUNG, BAUWESEN UND STAEDTEBAU
ZUSAM - STADTPLANUNGSAMT DARMSTADT, DEZ. VI, 61 DARMSTADT, GRAFENSTR. 30
- STUDIENGRUPPE WOHNUNGSBAU U. STADTPLANUNG, 6 FRANKFURT, BETHMANNSTR. 3
BEGINN 1.1.1974 ENDE 31.7.1976
G.KOST 500.000 DM
LITAN - ZWISCHENBERICHT DES INSTITUT WOHNEN UND UMWELT ZUM PLANUNGS-UND REALISIERUNGSPROZESS DARMSTADT-KRANICHSTEIN. DARMSTADT (SEP 1973)
- ZWISCHENBERICHT ZUM PROJEKT ANWALTSPLANUNG. (APR 1975)
- ARBEITSBERICHTE (APR 1975),(AUG 1975)

TB -022

INST INSTITUT WOHNEN UND UMWELT GMBH
DARMSTADT, ANNASTR. 15
VORHAB **oekonomische und politische determinanten der wohnungsversorgung**
fuer einen erheblichen teil der bevoelkerung ist die wohnungsversorgung unzureichend; vor allem die hoehe des mietpreises in verbindung mit der zahlungsfaehigkeit der mieter ist ausdruck der wohnungsnot fuer einen erheblichen teil der bevoelkerung; analyse der faktoren, die auf den mietpreis einwirken; und zwar baukosten, zins und grundrente; pruefung der frage, welche modifikationen durch staatlichen eingriff moeglich sind
S.WORT wohnraum + sozio-oekonomische faktoren + bevoelkerung
PROLEI DR. BREDE
STAND 1.1.1974
QUELLE erhebung 1975
BEGINN 1.5.1972 ENDE 31.12.1974
LITAN - PROJEKTVORSCHLAG ALS ZWISCHENBERICHT(MAR 1973)
- ZWISCHENBERICHT 1974. 12

TB -023
INST INSTITUT WOHNEN UND UMWELT GMBH
DARMSTADT, ANNASTR. 15
VORHAB **maengel der hessischen foerderungsrichtlinien 72 fuer den sozialen wohnungsbau**
expertenbefragung (architekten/ bautraeger/ politiker); auswertung der ergebnisse und darstellung der kritik (erarbeitung von stellungnahme und empfehlungen zur reform der hessischen foerderungsrichtlinien im sozialen wohnungsbau)
S.WORT wohnungsbau + richtlinien
HESSEN
PROLEI DIPL. -ING. BRACKROCK
STAND 1.1.1974
QUELLE erhebung 1975
FINGEB LAND HESSEN
ZUSAM ARCHITEKTENKAMMER HESSEN, 6 FRANKFURT, WILHELM-LEUSCHNER-STR. 69, ARBEITSKREIS REFORM DER FOERDERUNGS
BEGINN 1.11.1973 ENDE 30.4.1974

TB -024
INST INSTITUT WOHNEN UND UMWELT GMBH
DARMSTADT, ANNASTR. 15
VORHAB **erfolgskontrolle der staatlichen wohnungsfoerderung**
analyse der rahmenbedingungen der staatlichen modernisierungsfoerderung, typologisierung modernisierungsbeduerftiger wohngebiete. bestandsaufnahme der baulichen und sozialen gegebenheiten in den modernisierungsschwerpunkten, untersuchung der modernisierungsfaelle in und ausserhalb von schwerpunkten. formulierung von bewertungskriterien zur modernisierungsfoerderung und von selektionskriterien zur foerderungsrangfolge, entwicklung von empfehlungen fuer eine veraenderte konzeption der modernisierungsfoerderung, vorschlaege zu alternativen verfahrensmodellen
S.WORT wohngebiet + sanierungsplanung
+ bewertungskriterien
PROLEI DIPL. -ING. WOLFGANG KROENING
STAND 13.8.1976
QUELLE fragebogenerhebung sommer 1976
ZUSAM - GEWOS E. V. , BRANDSENDE 4, 2000 HAMBURG 1
- INFAS, 5300 BONN-BAD GODESBERG
BEGINN 1.10.1976 ENDE 31.3.1978
G.KOST 317.000 DM
LITAN BRACKROCK, B.;KROENING, W.;MUEHLICH-KLINGER, I.: DIE FOERDERUNG DER MODERNISIERUNG NACH DEM GEMEINSAMEN MODERNISIERUNGSPROGRAMM DES BUNDES UND DER LAENDER. IN: DER GEMEINDETAG NR. 6(JUN 1975)

TB -025
INST LEHRGEBIET LANDSCHAFTS- UND GARTENPLANUNG DER TU BERLIN
BERLIN 10, STRASSE DES 17. JUNI 135
VORHAB **platzanlagen - platzgestaltung**
funktion und nutzung von staedtischen plaetzen und die gestaltung
S.WORT staedtebau + freiflaechen
BERLIN
PROLEI DIPL. -ING. JACOBSHAGEN
STAND 1.1.1974
BEGINN 1.1.1973 ENDE 31.12.1974

TB -026
INST LEHRSTUHL FUER PSYCHOLOGIE (INSBESONDERE WIRTSCHAFTS- UND SOZIALPSYCHOLOGIE) DER UNI ERLANGEN-NUERNBERG
NUERNBERG, UNSCHLITTPLATZ 1
VORHAB **untersuchung der beziehungen zwischen der gestaltung von siedlungsgebieten und dem durch sie determinierten erleben und bewerten der region**
ziel: ueberpruefung des zusammenhangs zwischen baulicher gestaltung von wohngebieten und dem erleben und bewerten der wohnumgebung
S.WORT siedlungsplanung + wohngebiet + wohnwert
PROLEI PROF. DR. JOACHIM FRANKE
STAND 1.10.1974
QUELLE erhebung 1975
FINGEB DEUTSCHE FORSCHUNGSGEMEINSCHAFT
BEGINN 1.9.1972 ENDE 30.9.1974
G.KOST 180.000 DM
LITAN - ZWISCHENBERICHT
- FRANKE, J.;HOFFMANN, K.: ALLGEMEINE STRUKTURKOMPONENTEN DES IMAGE VON SIEDLUNGSGEBIETEN

TB -027
INST LEHRSTUHL FUER PSYCHOLOGIE (INSBESONDERE WIRTSCHAFTS- UND SOZIALPSYCHOLOGIE) DER UNI ERLANGEN-NUERNBERG
NUERNBERG, UNSCHLITTPLATZ 1
VORHAB **empirische untersuchung der moeglichkeit, die lebensqualitaet geplanter siedlungen zu prognostizieren**
befragung der bewohner zweier siedlungen bezueglich der lebensqualitaet; erstellung unterschiedlich informationsreicher planungsunterlagen; befragung ortsfremder personen (siedlungsbewohner/baubeamte/kommunalpolitiker/architekten); statistischer vergleich zur pruefung der unterschiede; hypothesen; prognoseguenstige planungsunterlagen; prognostische faehigkeiten der einzelnen gruppen
S.WORT siedlungsplanung + lebensqualitaet + prognose
PROLEI PROF. DR. JOACHIM FRANKE
STAND 1.1.1974
QUELLE erhebung 1975
FINGEB FRITZ THYSSEN STIFTUNG, KOELN
ZUSAM STADTFORSCHUNGSPROGRAMM DER FRIEDRICH-THYSSEN-STIFTUNG, AM ROEMERTURM 3, 5 KOELN 1
BEGINN 1.2.1974 ENDE 30.11.1974
G.KOST 30.000 DM
LITAN STAEBER. DISSERTATION: EMPIRISCHE UNTERSUCHUNG DER MOEGLICHKEIT, DIE LEBENSQUALITAET GEPLANTER SIEDLUNGEN ZU PROGNOSTIZIEREN.

TB -028
INST LEHRSTUHL FUER PSYCHOLOGIE (INSBESONDERE WIRTSCHAFTS- UND SOZIALPSYCHOLOGIE) DER UNI ERLANGEN-NUERNBERG
NUERNBERG, UNSCHLITTPLATZ 1
VORHAB **der einfluss der persoenlichkeit auf das image von wohnarealen**
ziel der arbeit war es zu untersuchen, ob und in welcher weise das image von wohnarealen durch personen- und interaktionsmerkmale des befragten beeinflusst wird. grundhypothese der arbeit: es besteht ein quantitativ messbarer zusammenhang zwischen persoenlichkeitsmerkmalen und dem image von siedlungsgebieten, der sich bei verschiedenen bezugsgruppen unterschiedlich auswirkt. als untersuchungsmethoden wurde fuer die imageerfassung ein bereits erprobtes semantisches differential verwendet, fuer die persoenlichkeitsmerkmale wurden einige frageboegen adaptiert (z. b. von cattell, child). dieses verfahren wurde bei ca. 180 bewohnern dreier wohnareale und 74 passanten dieser areale erhoben und statistisch ausgewertet
S.WORT wohngebiet + bewertungskriterien + psychologische faktoren
PROLEI DR. KRISTINE HOFFMANN
STAND 4.8.1976
QUELLE fragebogenerhebung sommer 1976
BEGINN 1.6.1972 ENDE 30.11.1975
G.KOST 56.000 DM
LITAN - FRANKE, J.;HOFFMANN, K.: BEITRAEGE ZUR ANWENDUNG DER PSYCHOLOGIE AUF DEN STAEDTEBAU, III. ALLGEMEINE STRUKTURKOMPONENTEN DES IMAGE VON SIEDLUNGSGEBIETEN. IN: ZEITSCHRIFT FUER EXPERIMENTELLE UND ANGEWANDTE PSYCHOLOGIE XXI S. 181-225(1974)
- ENDBERICHT

TB -029

INST LEHRSTUHL FUER PSYCHOLOGIE (INSBESONDERE WIRTSCHAFTS- UND SOZIALPSYCHOLOGIE) DER UNI ERLANGEN-NUERNBERG
NUERNBERG, UNSCHLITTPLATZ 1

VORHAB **entwicklung und erprobung eines instrumentariums zur erfassung erlebnisrelevanter gestaltungsmerkmale von wohnarealen**
die bauliche umwelt war anhand quantitativer merkmale zu beschreiben, so dass empirisch ueberprueft werden konnte, welche zusammenhaenge zwischen merkmalen der baulichen gestaltung und dem erleben der wohnumgebung bestehen. durch die auswertung von katasterplaenen, bauplaenen und baubeschreibungen von fotographien, die nach systematischen verfahren innerhalb der 30 untersuchten wohngebiete aufgenommen wurden, wurden daten erhoben zur bebauungsdichte, der groesse, variabilitaet und anordnung der gebaeude und begruenung der areale

S.WORT staedtebau + wohnwert + psychologische faktoren
NUERNBERG + FUERTH + ERLANGEN

PROLEI DIPL. -PSYCH. GEORG-WILHELM ROTHGANG

STAND 4.8.1976

QUELLE fragebogenerhebung sommer 1976

BEGINN 1.9.1972 ENDE 28.2.1976

LITAN - FRANKE, J.;ROTHGANG, G. W.: BEITRAEGE ZUR ANWENDUNG DER PSYCHOLOGIE AUF DEN STAEDTEBAU, IV. ZUSAMMENHAENGE ZWISCHEN BAULICHEN MERKMALEN UND DEM IMAGE VON SIEDLUNGSGEBIETEN. IN: ZEITSCHRIFT FUER EXPERIMENTELLE UND ANGEWANDTE PSYCHOLOGIE XXII S. 471-498(1975)
- ENDBERICHT

TB -030

INST LEHRSTUHL FUER THEORIE DER ARCHITEKTURPLANUNG DER TU HANNOVER
HANNOVER, SCHLOSSWENDER STRASSE 1

VORHAB **verbesserung des wohnwertes von bestehenden und neu zu planenden wohnquartieren durch massnahmen im wohnungsumfeld**
erhoehung des wohnwertes in verdichteten wohnquartieren durch massnahmen im wohnungsumfeld: 1. analyse von soz. untersuchungen in verdichteten wohngebieten - auswertung von aussagen zum wohnungsumfeld. 2. definition von anspruechen an das wohnungsumfeld. 3. zusammenstellung von moeglichen verbesserungsmassnahmen im wohnungsumfeld. 4. aussagen zu organisation und planung. 5. aussagen zu kosten und finanzierung. 6. ausarbeitung exemplarischer beispiele

S.WORT wohngebiet + wohnwert + planungshilfen + (wohnungsumfeld)

PROLEI DIPL. -ING. HOLM OPFERMANN

STAND 30.8.1976

QUELLE fragebogenerhebung sommer 1976

BEGINN 1.5.1975 ENDE 31.10.1976

G.KOST 60.000 DM

TB -031

INST LEHRSTUHL UND INSTITUT FUER STAEDTEBAU UND LANDESPLANUNG DER TH AACHEN
AACHEN, SCHINKELSTR. 1

VORHAB **ein beitrag zur bewertung der vom kraftwagenverkehr beeinflussten umweltqualitaet von stadtstrassen**

S.WORT kfz + strassenverkehr + stadt + bewertungskriterien

STAND 1.1.1974

TB -032

INST LEHRSTUHL UND INSTITUT FUER STAEDTEBAU UND LANDESPLANUNG DER TH AACHEN
AACHEN, SCHINKELSTR. 1

VORHAB **erarbeitung von kriterien und leitlinien fuer die qualitaet von wohnquartieren und des wohnumfeldes fuer kinder, jugendliche, familien und alte menschen**
auf der ebene des wohnumfeldes und des wohnquartiers wird die ungleichheit der lebensbedingungen unmittelbar und konkret erfahrbar. hier setzt das forschungsvorhaben an mit dem versuch, kriterien, indikatoren und leitlinien fuer die vergleichbarkeit der qualitaet dieses lebensbereichs und fuer die verbesserung dieser qualitaet durch planung. zentraler arbeitsbegriff ist "gebrauchsfaehigkeit". mit bezug zu merkmalen fuer gebrauchsfaehigkeit sowohl in der sozialraeumlichen realitaet als auch im potential des planungsinputs werden relevante literatur, forschungsergebnisse, richtlinien und gesetze analysiert, ein siedlungskundlicher querschnitt an ausgesuchten beispielen durchgefuehrt und an einem fall die entwickelten merkmale selbst ueberprueft

S.WORT wohnwert + lebensqualitaet + siedlungsplanung + sozialindikatoren

PROLEI DIPL. -ING. ULRICH WEGENER

STAND 12.8.1976

QUELLE fragebogenerhebung sommer 1976

FINGEB MINISTER FUER ARBEIT, GESUNDHEIT UND SOZIALES, DUESSELDORF

BEGINN 1.1.1976 ENDE 30.6.1977

G.KOST 220.000 DM

LITAN ZWISCHENBERICHT

TB -033

INST PSYCHOLOGISCHES INSTITUT DER FU BERLIN
BERLIN, GRUNEWALDSTR. 35

VORHAB **probleme des wohnungs- und staedtebaus**
verhaltensforschung

S.WORT wohnungsbau + staedtebau + psychologische faktoren

PROLEI BROCKMANN

STAND 1.1.1974

BEGINN 1.1.1971 ENDE 31.12.1974

TB -034

INST PSYCHOLOGISCHES INSTITUT DER UNI FREIBURG
FREIBURG, PETERSTR. 1, PETERHOF

VORHAB **umweltpsychologische fragestellung im bereich von grossstaedten**
ziel ist die sichtung und aufarbeitung von neuerer literatur zu umweltpsychologischen fragestellungen im bereich von grosstaedten. schwerpunkte sind dabei die verwendeten methoden und wesentlichen fragestellungen

S.WORT umweltqualitaet + psychologische faktoren + grosstadt

PROLEI DR. GUENTHER PRYSTAV

STAND 21.7.1976

QUELLE fragebogenerhebung sommer 1976

TB -035

INST PSYCHOLOGISCHES INSTITUT DER UNI FREIBURG
FREIBURG, PETERSTR. 1, PETERHOF

VORHAB **umweltpsychologische fragestellungen und probleme in entwicklungslaendern**
ziel ist die sichtung und aufarbeitung von neuerer literatur zu umweltpsychologischen problemen in entwicklungslaendern. schwerpunkte sind dabei die verwendeten methoden und wesentlichen fragestellungen

S.WORT umweltqualitaet + psychologische faktoren + entwicklungslaender

PROLEI DR. GUENTHER PRYSTAV

STAND 21.7.1976

QUELLE fragebogenerhebung sommer 1976

TB -036

INST PSYCHOLOGISCHES INSTITUT DER UNI HEIDELBERG
HEIDELBERG, HAUPTSTR. 47-51

VORHAB **raeumliche umwelt - die phaenomenologie des raeumlichen verhaltens als beitrag zu einer psychologischen umwelttheorie**
theoretische, phaenomenologisch orientierte psychologische analysen des raeumlichen verhaltens des menschen; strukturanalyse der subjektiven raeumlichen umwelt
S.WORT umwelt + mensch + psychologische faktoren
PROLEI DR. LENELIS KRUSE
STAND 1.1.1974
BEGINN 1.1.1968
LITAN KRUSE. DISSERTATION: RAEUMLICHE UMWELT. DIE PHAENOMENOLOGIE DES RAEUMLICHEN VERHALTENS ALS BEITRAG ZU EINER PSYCHOLOGISCHEN UMWELTTHEORIE

TB -037
INST SONDERFORSCHUNGSBEREICH 116 "PSYCHIATRISCHE EPIDEMIOLOGIE" DER UNI HEIDELBERG
MANNHEIM, J 5
VORHAB **psychische erkrankungen und soziale isolation bei aelteren menschen in mannheim: eine sozialpsychiatrische felduntersuchung**
das ziel des teilprojektes ist es, die beziehung zwischen psychiatrischen stoerungen und sozialer isolation in der aelteren bevoelkerung mannheims mit hilfe einer felduntersuchung in ausgewaehlten bezirken der stadt zu untersuchen. die untersuchung wurde geplant, um information ueber diese beziehung sowohl auf dem aggregatniveau (oekologisch) als auch auf der individualebene zu gewinnen
S.WORT wohngebiet + randgruppen + soziale integration + psychiatrie
MANNHEIM + RHEIN-NECKAR-RAUM
PROLEI PROF. DR. BRIAN COOPER
STAND 30.8.1976
QUELLE fragebogenerhebung sommer 1976
FINGEB DEUTSCHE FORSCHUNGSGEMEINSCHAFT
BEGINN 1.1.1976 ENDE 31.12.1978
G.KOST 552.000 DM

Weitere Vorhaben siehe auch:

AA -041 ABSTANDSREGELUNGEN IN DER BAULEITPLANUNG
UC -029 TRENNUNG ALS SOZIALER FAKT IM BEREICH DER "STADT-LAND-BEZIEHUNG". PROBLEME DER BEGRIFFLICHEN UND REALEN DICHOTOMISIERUNG, ABGELEITET AUS "ALLTAG" UND ARBEIT
UE -035 WECHSELBEZIEHUNGEN ZWISCHEN SIEDLUNG UND UMWELT AM BEISPIEL NEAPEL
UG -012 KONSUMTIVE INFRASTRUKTURLEISTUNGEN

TC -001
INST DEUTSCHE GESELLSCHAFT FUER HOLZFORSCHUNG E.V. (DGFH)
MUENCHEN, PRANNERSTR. 9
VORHAB **wochenend- und ferienhaus**
S.WORT freizeitanlagen + erholung + landschaftspflege
PROLEI I. TEBBE
STAND 1.10.1974
BEGINN 1.1.1972 ENDE 31.12.1974
G.KOST 100.000 DM

TC -002
INST FACHGEBIET SOZIOLOGIE DER UNI MARBURG
MARBURG, KRUMMBOGEN 28, BLOCK B
VORHAB **empirische untersuchung ueber funktion und bedarf fuer ausgebildete freizeitberater und -paedagogen**
S.WORT freizeitgestaltung + information + (freizeitpaedagogen)
PROLEI PROF. DR. HEINZ MAUS
STAND 7.9.1976
QUELLE datenuebernahme von der deutschen forschungsgemeinschaft
FINGEB DEUTSCHE FORSCHUNGSGEMEINSCHAFT

TC -003
INST FORSTLICHE VERSUCHS- UND FORSCHUNGSANSTALT VON BADEN-WUERTTEMBERG
FREIBURG, STERNWALDSTR. 16
VORHAB **verhalten und wuensche von erholungssuchenden in waldreichen feriengebieten**
beispiel der baden-wuerttembergischen gemarkung baiersbronn
S.WORT erholungsgebiet + wald
PROLEI DR. ROLF ZUNDEL
STAND 1.1.1974
FINGEB DEUTSCHE FORSCHUNGSGEMEINSCHAFT
ZUSAM FORSCHUNGSPROGRAMM: SOZIALFUNKTION DES WALDES
BEGINN 1.1.1972

TC -004
INST GEOGRAPHISCHES INSTITUT/KULTURGEOGRAPHIE DER UNI FRANKFURT
FRANKFURT, SENCKENBERGANLAGE 36
VORHAB **ausgewaehlte freizeiteinrichtungen des rhein-main gebietes nach benutzerstrukturen**
ausgewaehlte freizeiteinrichtungen des rhein-main-gebiets werden nach ihren benutzergruppen analysiert, neu festzustellen, wie und ob sie von der bevoelkerung angenommen werden
S.WORT freizeitanlagen
RHEIN-MAIN-GEBIET
PROLEI PROF. DR. KLAUS WOLF
STAND 1.10.1974
BEGINN ENDE 31.12.1976
G.KOST 5.000 DM

TC -005
INST GESELLSCHAFT FUER LANDESKULTUR GMBH
MUENCHEN 71, SCHIEGGSTR. 21
VORHAB **ermittlung von ueberlasteten oder stark ueberlasteten regionen durch intensive freizeitnutzung**
S.WORT landschaftsoekologie + erholungsgebiet + freizeitanlagen + (ueberbelastete regionen)
STAND 1.1.1976
QUELLE mitteilung des bundesministers fuer raumordnung,bauwesen und staedtebau
FINGEB BUNDESMINISTER FUER RAUMORDNUNG, BAUWESEN UND STAEDTEBAU
BEGINN 1.1.1974 ENDE 31.12.1976

TC -006
INST INSTITUT FUER FORSTPOLITIK UND RAUMORDNUNG DER UNI FREIBURG
FREIBURG, BERTOLDSTR. 17
VORHAB **soziologische untersuchungen ueber die bedarfsansprueche der erholungssuchenden im wald, dargestellt am beispiel des ferien- und wochenend-erholungsgebietes suedschwarzwald**
S.WORT erholungsgebiet + wald + bedarfsanalyse
SCHWARZWALD (SUED)
PROLEI PROF. DR. KURT MANTEL
STAND 7.9.1976
QUELLE datenuebernahme von der deutschen forschungsgemeinschaft
FINGEB DEUTSCHE FORSCHUNGSGEMEINSCHAFT

TC -007
INST INSTITUT FUER FREMDENVERKEHR DER FH HEILBRONN
HEILBRONN, MAX-PLANCK-STR. 15
VORHAB **fremdenverkehrsentwicklungsplan fuer den raum schwaebisch-hall**
fuer den raum schwaebisch hall soll eine fremdenverkehrs-ist-analyse erstellt werden als grundlage fuer ein langfristiges fremdenverkehrsinvestitionsprogramm. im rahmen einer umfassenden primaererhebung sollen sowohl gaeste als auch betriebe des fremdenverkehrs befragt werden
S.WORT erholungsplanung + fremdenverkehr + oekonomische aspekte
SCHWAEBISCH-HALL
PROLEI PROF. DR. HELMUT KLOPP
STAND 21.7.1976
QUELLE fragebogenerhebung sommer 1976
ZUSAM REGIONALVERBAND FRANKEN, 7100 HEILBRONN
BEGINN 1.4.1975 ENDE 28.2.1977
G.KOST 30.000 DM
LITAN ZWISCHENBERICHT

TC -008
INST INSTITUT FUER GRUENPLANUNG UND GARTENARCHITEKTUR DER TU HANNOVER
HANNOVER, HERRENHAEUSERSTR. 2
VORHAB **untersuchungen ueber das wirkungsgefuege zwischen freiraumstimulation und dem beduerfnis des benutzers nach abwechslung**
darstellung des abwechslungserlebnisses in freiraeumen als funktion informationsliefernder reizeigenschaften (komplexitaet/disparitaet) und gruppenspezifischer variablen (alter/schulbildung/abwechslungspraeferenz/ wahrnehmungsflexibilitaet); differenzierung des abwechslungsverhaltens nach praeferenz- und erkundungsverhalten
S.WORT freizeitgestaltung + erholungseinrichtung + freiraum
PROLEI DIPL. -GAERTN. NOHL
STAND 1.1.1974
QUELLE erhebung 1975
FINGEB DEUTSCHE FORSCHUNGSGEMEINSCHAFT
ZUSAM INST. F. PSYCHOLOGIE DER TH HANNOVER, 3 HANNOVER, WUNSTORFER STR. 14
BEGINN 1.11.1970 ENDE 30.9.1974
G.KOST 150.000 DM
LITAN NOHL, W. PILOT STUDY: ANSAETZE ZU EINER UMWELTPSYCHOLOGISCHEN FREIRAUMFORSCHUNG, VERLAG ULMER(APR 1974)

TC -009
INST INSTITUT FUER GRUENPLANUNG UND GARTENARCHITEKTUR DER TU HANNOVER
HANNOVER, HERRENHAEUSERSTR. 2
VORHAB **frequentierung und nutzungsbezogene effizienz von sportflaechen**
untersuchung ueber die frequentierung und nutzungsbezogene effizienz von sportflaechen unter besonderer beruecksichtigung der physischen struktur und der nutzungsorganisation der sportflaechen, der organisationsbedingten erscheinungsformen der sportaktivitaet und der sozialen struktur der benutzer
S.WORT erholungseinrichtung + sozio-oekonomische faktoren
PROLEI DIPL. -ING. BLECKEN

STAND 1.1.1974
FINGEB DEUTSCHE FORSCHUNGSGEMEINSCHAFT
BEGINN 1.4.1973 ENDE 31.3.1976
G.KOST 150.000 DM
LITAN ZWISCHENBERICHT 1975. 01

TC -010
INST INSTITUT FUER GRUENPLANUNG UND GARTENARCHITEKTUR DER TU HANNOVER
HANNOVER, HERRENHAEUSERSTR. 2
VORHAB **physische struktur und kapazitaet von sportflaechen**
untersuchung der physischen struktur von sportflaechen, differenziert nach nutzbaren spielflaechen, erschliessungsflaechen, flaechen fuer zuschauer und nebenflaechen, und ermittlung der sportfunktionalen kapazitaet dieser flaechen
S.WORT erholungseinrichtung
PROLEI DIPL. -ING. BLECKEN
STAND 1.1.1974
FINGEB KULTUSMINISTERIUM, HANNOVER
BEGINN 1.4.1970 ENDE 30.6.1975
G.KOST 84.000 DM
LITAN ZWISCHENBERICHT 1975. 03

TC -011
INST INSTITUT FUER GRUENPLANUNG UND GARTENARCHITEKTUR DER TU HANNOVER
HANNOVER, HERRENHAEUSERSTR. 2
VORHAB **ausstattung und raumstruktur staedtischer freiflaechen als faktoren ihrer benutzbarkeit durch die bevoelkerung**
darstellung der freiflaechenausstattung mit der zielsetzung: empirische erkenntnisse ueber die einflussfaktoren auf die benutzung sammeln/entwickeln eines methodisch-technischen instrumentariums zur datenspeicherung und - aufbereitung/ansaetze fuer ein modell einer differenzierten freiflaechenbedarfsermittlung
S.WORT staedtebau + freiflaechen
HANNOVER
PROLEI DIPL. -ING. GEWECKE
STAND 1.1.1974
QUELLE erhebung 1975
FINGEB DEUTSCHE FORSCHUNGSGEMEINSCHAFT
ZUSAM INST. F. REGIONALE BILDUNGSPLANUNG, ARBEITSGRUPPE STANDORTFORSCHUNG D. TU HANNOVER, 3 HANNOVER
BEGINN 1.1.1969 ENDE 30.6.1974
G.KOST 120.000 DM
LITAN GEWECKE, CH. INST. GRUENPLANUNG TU HANNOVER(1973): AUSSTATTUNG UND RAUMSTRUKTUR STAEDTISCHER FREIFLAECHEN ALS FAKTOREN IHRER BENUTZBARKEIT DURCH DIE BEVOELKERUNG

TC -012
INST INSTITUT FUER LANDSCHAFTS- UND FREIRAUMPLANUNG DER TU BERLIN
BERLIN 10, FRANKLINSTR. 29
VORHAB **planungsmodell freizeit und tourismus**
erarbeitung eines komplexen standortbewertungsverfahrens fuer die freizeit- und tourismusplanung. schwerpunkt: auswirkungen auf teile der erholung und andere raumnutzer, beeinflussungen der erholung durch andere raumnutzer. (oekologische tragfaehigkeit und maximale ausnutzung eines raumes, speziell fuer erholung). modell einer planung fuer landschaftsbezogene freizeitaktivitaeten einschliesslich ihrer wirtschaftlichen aspekte
S.WORT erholungsplan + fremdenverkehr + freizeitanlagen + standortfaktoren
PFAELZER WALD + GENEZARETH
PROLEI PROF. DR. HANS KIEMSTEDT
STAND 4.8.1976
QUELLE fragebogenerhebung sommer 1976
FINGEB DEUTSCHE FORSCHUNGSGEMEINSCHAFT
ZUSAM TECHNION - ISRAEL INSTITUTE OF TECHNOLOGY- FACULTY OF ARCHITECTURE AND TOWN PLANNING
BEGINN 1.4.1975 ENDE 30.4.1977
G.KOST 216.000 DM

TC -013
INST INSTITUT FUER SOZIALWISSENSCHAFTEN DER UNI HOHENHEIM
STUTTGART 70, GERAETEFLUEGEL - SCHLOSS
VORHAB **die nutzung der freizeitangebote in verdichtungsraeumen**
einer grundsaetzlichen betrachtung ueber die rolle der soziologie in der regional- und stadtplanung folgt die ermittlung der wichtigsten freizeitaktivitaeten der bewohner von verdichtungsraeumen nach ihrer sozialen chrakteristik. der schwerpunkt der untersuchungen liegt auf der nutzung der gross-staedtischen freizeitinfrastruktur. inwieweit ist freizeitnachfrage regenerationsnachfrage -welches sind die sie bedingenden faktoren (gross-stadtumwelt, arbeit)- oder bildungsnachfrage oder ausdruck von kommunikationsbeduerfnissen?
S.WORT verdichtungsraum + freizeitgestaltung + bedarfsanalyse
PROLEI PROF. DR. ERNST-WOLFGANG BUCHHOLZ
STAND 12.8.1976
QUELLE fragebogenerhebung sommer 1976
BEGINN 1.3.1976 ENDE 31.12.1977

TC -014
INST INSTITUT FUER STAEDTEBAU, BODENORDNUNG UND KULTURTECHNIK DER UNI BONN
BONN 1, NUSSALLEE 1
VORHAB **vorbildliche campingplaetze - wettbewerb**
S.WORT freizeitanlagen + planung
PROLEI PROF. DR. -ING. STRACK
STAND 1.10.1974
FINGEB BUNDESMINISTER FUER ERNAEHRUNG, LANDWIRTSCHAFT UND FORSTEN
BEGINN 1.1.1973 ENDE 31.12.1974
G.KOST 130.000 DM

TC -015
INST INSTITUT FUER STRUKTURFORSCHUNG DER UNI STUTTGART
STUTTGART 1, VERDISTR. 15
VORHAB **entwicklung einer methodik der bestandskritik fuer sportstaetten als grundlage eines umweltorientierten sportstaettenplanprogrammes fuer gemeinden**
empirische datenerhebung und auswertung. terminologie, systematisierung der sportoekologie. darstellung der umweltansprueche der sportarten. pruefung der anwendbarkeit fuer empirische umweltforschung auf das untersuchungsthema. entwicklung eines sportoekologischen gemeindespiegels und seine erprobung. vorschlaege zu richtlinien fuer umweltorientierte sport- und freizeitplanung
S.WORT freizeitanlagen + oekologische faktoren + infrastrukturplanung + (sportstaetten)
PROLEI DIPL. -ING. EUGEN RABOLD
STAND 2.8.1976
QUELLE fragebogenerhebung sommer 1976
FINGEB BUNDESINSTITUT FUER SPORTWISSENSCHAFT, KOELN
ZUSAM - DEUTSCHER SPORTBUND, OTTO FLECK SCHNEISE 12, 6000 FRANKFURT
- SPORTAMT STADT STUTTGART, RATHAUS, 7000 STUTTGART 1
BEGINN 1.6.1976 ENDE 31.7.1977
G.KOST 50.000 DM

TC -016
INST LEHRSTUHL FUER THEORIE DER ARCHITEKTURPLANUNG DER TU HANNOVER
HANNOVER, SCHLOSSWENDER STRASSE 1
VORHAB **instrumentarien fuer die integration von naherholungsfunktionen in die siedlungsentwicklung der niedersaechsischen ballungsrandgebiete**
erarbeitung von empfehlungen, die den kommunen in verdichtungsrandgebieten sowohl auf der planungs- wie hanlungsbezogenen ebene die durchfuehrung der aufgabe naherholung erleichtert und hilft, auftretende konflikte zu loesen bzw. zu vermeiden. anhand der

anspruche der erholungssuchenden werden die voraussetzungen fuer naherholungsgebiete am verdichtungsrand formuliert. vertraeglichkeit bzw. unvertraeglichkeit mit anspruechen und interessen aus anderen nutzungen werden ueberprueft und typische konflikte herausgebildet. ueberprueft an verschiedenen fallstudien werden loesungsmoeglichkeiten und instrumentarien zur vermeidung der genannten konflikte vorgestellt

S.WORT naherholung + siedlungsentwicklung + ballungsgebiet + flaechennutzung + interessenkonflikt
NIEDERSACHSEN

PROLEI DIPL. -ING. LUTZ SIEBERTZ

STAND 30.8.1976

QUELLE fragebogenerhebung sommer 1976

FINGEB NIEDERSAECHSISCHES VORAB DER STIFTUNG VOLKSWAGENWERK

BEGINN 1.2.1976 ENDE 31.12.1976

G.KOST 75.000 DM

Weitere Vorhaben siehe auch:

DB -026 UNTERSUCHUNGEN DES EINFLUSSES VERSCHIEDENER TECHNISCHER METHODEN DER KUENSTLICHEN GRUNDWASSERANREICHERUNG AUF MENGE UND GUETE DES RUECKGEWINNBAREN GRUNDWASSERS

HA -088 OEKOLOGIE UND VEGETATIONSDYNAMIK DER OBERHARZER STAUTEICHE, IHRE EIGNUNG FUER DIE ERHOLUNG

HA -107 ERARBEITUNG VON RICHTLINIEN FUER DIE BENUTZUNG VON OBERFLAECHENGEWAESSERN ALS BADEGEWAESSER

HA -115 OEKOSYSTEMANALYSE VON BAGGER-(BADE-)SEEN

KA -001 EIGNUNG VON BAGGERSEEN ALS ERHOLUNGSGEWAESSER UNTER GLEICHZEITIGER EINBEZIEHUNG ALS RUECKHALTESPEICHER IM VORFLUTSYSTEM

UB -017 RECHTLICHE ZUORDNUNG UND VERFUEGBARKEIT VON WALD

UH -006 FREIZEITVERKEHR (FREMDENVERKEHR UND NAHERHOLUNG), UNTERSUCHT AM RHEIN-NECKAR-GEBIET

UK -006 ANALYSE DER NATUERLICHEN UND INFRASTRUKTURELLEN AUSSTATTUNG VON FREIZEITRAEUMEN

UK -021 UNTERSUCHUNG UEBER FREQUENTIERUNG STAEDTISCHER FREIRAEUME UNTER BESONDERER BERUECKSICHTIGUNG DER AUSSTATTUNG UND SOZIALSTRUKTUR

UK -022 BEITRAG ZUR ENTWICKLUNG EINER EMANZIPATORISCH ORIENTIERTEN FREIRAUMPLANUNG

UK -025 AUSWIRKUNGEN VON FERIENZENTREN AUF LANDSCHAFTSHAUSHALT UND -BILD

UK -031 CAMPING IM LAENDLICHEN RAUM

UK -047 DIE SOZIALFUNKTION LANDSCHAFTLICHER FREIRAEUME FUER DIE WOHNBEVOELKERUNG IM GROSSSTAEDTISCHEN BALLUNGSGEBIET

UK -048 DIE WOHLFAHRTSWIRKUNGEN DES WALDES IN BEZIEHUNG ZU SOZIOLOGISCHEN UND DEMOGRAPHISCHEN VERAENDERUNGEN

UK -059 RAEUMLICHE UND SOZIALE ENTWICKLUNGSTENDENZEN IM DAUERCAMPINGWESEN

UK -066 DIE WIRKUNGEN AGRARSTRUKTURELLER MASSNAHMEN IN NAHERHOLUNGSGEBIETEN AUF DAS ERLEBEN ERHOLUNGSSUCHENDER PERSONEN

UK -067 ANALYSE DER WECHSELBEZIEHUNGEN ZWISCHEN VERDICHTUNGSRAEUMEN UND NAHERHOLUNGSGEBIETEN

TD -001

INST AUSSCHUSS FUER LIEFERBEDINGUNGEN UND GUETESICHERUNG E.V. (RAL)
FRANKFURT, GUTLEUTSTRASSE 163

VORHAB **entwicklung einer ral-kennzeichnung fuer umweltfreundliche produkte, leistungen und produktionsverfahren**
entwicklung einer ral-kennzeichnung fuer umweltfreundliche produkte, leistungen und produktionsverfahren. ziel ist die auf freiwilliger gemeinschaftsarbeit beruhende kennzeichnung solcher produkte, leistungen und produktionsverfahren, um es der oeffentlichkeit zu ermoeglichen besser als bisher auch bei den kaufentscheidungen umweltschutz-aspekte zur beruecksichtigen. gleichzeitig soll auch der wirtschaft mehr anreiz gegeben werden, allen aspekten des umweltschutzes mit der aussicht auf honorierung der bemuehungen durch die verbraucher ausdruck zu verleihen

S.WORT umweltschutz + verbrauchsgueter + konsumentenverhalten
PROLEI DR. SCHIRMER
STAND 20.11.1975
FINGEB BUNDESMINISTER DES INNERN
BEGINN 1.6.1975 ENDE 31.12.1976
G.KOST 106.000 DM

TD -002

INST DEUTSCHE UMWELT-AKTION E.V.
KREFELD, KEMPENER ALLEE 9

VORHAB **stand, tendenzen und modelle fuer die einfuehrung von umweltthemen in aus- und fortbildung**
gutachten ueber vorhandene und geplante massnahmen zur schulischen, beruflichen und wissenschaftlichen ausbildung im umweltbereich als grundlagen fuer die fortschreibung des umweltprogramms

S.WORT umweltprogramm + umweltprobleme + ausbildung
PROLEI APPEL
STAND 1.1.1975
QUELLE umweltforschungsplan 1975 des bmi
FINGEB BUNDESMINISTER DES INNERN
BEGINN 1.1.1973 ENDE 31.8.1975
G.KOST 93.000 DM

TD -003

INST DEUTSCHE UMWELT-AKTION E.V.
KREFELD, KEMPENER ALLEE 9

VORHAB **erstellung einer umwelt-filmdokumentationen**
erfassung aller deutschen sowie bemerkenswerter auslaendischer umweltfilme einschliesslich industrie- und fernsehfilme mit den fuer den benutzer wesentlichen angaben zu inhalt, technik, verleih usw. grundlage fuer eine umweltfilm-konzeption des hauses

S.WORT umweltinformation + (filmdokumentation)
STAND 1.1.1975
QUELLE umweltforschungsplan 1975 des bmi
FINGEB BUNDESMINISTER DES INNERN
BEGINN 1.1.1975 ENDE 31.3.1975
G.KOST 6.000 DM

TD -004

INST DEUTSCHER VEREIN VON GAS- UND WASSERFACHMAENNERN E.V.
ESCHBORN 1, FRANKFURTER ALLEE 27

VORHAB **untersuchungen ueber die moeglichkeiten der einrichtung eines zentralen pruef- und forschungsinstitutes fuer das wasserversorgungsfach**
ein zentrales pruefinstitut ist insbesondere notwendig, um vor allem im ausland hergestellte geraete und einrichtungen nach harmonisierten richtlinien zu pruefen. in den nachbarlaendern gibt es bereits solche institute; deren erfahrungen sollen miterfasst und ausgewertet werden

S.WORT wasserversorgung + forschungsinstitut
PROLEI PROF. NAUMANN
STAND 1.1.1974
QUELLE umweltforschungsplan 1974 des bmi
FINGEB BUNDESMINISTER DES INNERN
ZUSAM BERLINER WASSERWERKE, HOHENZOLLERNDAMM 45, 1 BERLIN 31
BEGINN 1.1.1974 ENDE 31.12.1974
G.KOST 52.000 DM

TD -005

INST FACHBEREICH ERZIEHUNGS- UND KULTURWISSENSCHAFTEN DER UNI ERLANGEN-NUERNBERG
NUERNBERG, REGENSBURGERSTR. 160

VORHAB **arbeiten zur entwicklung eines curriculums "modelle der umwelterziehung"**
ziel der arbeiten ist es, fuer allgemeinbildende schulen der jahrgangsklassen 5-10 (sekundarstufe i) ein curriculum der umwelterziehung aufzustellen, und eine reihe von unterrichtssequenzen zu entwicklen, zu testen und zu ueberarbeiten. als grundlage dient die aufarbeitung konkreter faelle aus der praxis wie z. b. bau einer autobahn, einrichtung eines naherholungszentrums, planung eines rangierbahnhofs

S.WORT umweltbewusstsein + ausbildung + schulen + (unterrichtsmodell)
PROLEI DR. RER. POL. HARTMUT BECK
STAND 26.7.1976
QUELLE fragebogenerhebung sommer 1976
BEGINN 1.5.1976

TD -006

INST FACHBEREICH LANDWIRTSCHAFT DER GESAMTHOCHSCHULE KASSEL
WITZENHAUSEN, NORDBAHNHOFSTR. 1A

VORHAB **ergaenzungsstudium umweltsicherung in verbindung mit kontaktstudiengaengen: modellversuch**
ingenieurstudiengaenge werden ergaenzt durch ein 1-jaehriges studium der oekologischen umweltsicherung; besonders fuer ingenieure, die im bereich von landschaftsnutzung und -planung taetig sind; methode: systematisch-theoretisch und projektstudium

S.WORT landschaftsplanung + oekologie + ausbildung
PROLEI PROF. NIEBNER
STAND 1.10.1974
FINGEB BUNDESMINISTER FUER BILDUNG UND WISSENSCHAFT
BEGINN 1.10.1972
G.KOST 660.000 DM
LITAN - ZWISCHENBERICHT (I); 1973. 03
- ZWISCHENBERICHT (II); 1973. 12
- ZWISCHENBERICHT 1974. 05

TD -007

INST FACHBEREICH PHYSIKALISCHE TECHNIK UND SEEFAHRT DER FH LUEBECK
LUEBECK, STEPHENSONSTR. 3

VORHAB **6-semestriges grundstudium gesundheitsingenieur**
ausbilder (praxisbezogen) von gesundheitsingenieuren fuer den einsatz im oeffentlichen gesundheitsdienst, in behoerden und industrie zur loesung technischer umweltprobleme; zugehoerige forschung

S.WORT gesundheitsfuersorge + ausbildung + (gesundheitsingenieur)
PROLEI DIPL. -ING. RUDOLF TAURIT
STAND 1.1.1974
FINGEB KULTUSMINISTER, KIEL
ZUSAM - FACHHOCHSCHULE GIESSEN, 63 GIESSEN, WIESENSTR. 12
- FACHHOCHSCHULE MUENCHEN, 8 MUENCHEN 2, FERDINAND-MILLER-PLATZ
BEGINN 1.9.1974
LITAN STUDIENPLAN (FHL, 24. 10. 73)

TD -008

INST FACHBEREICH PHYSIKALISCHE TECHNIK UND SEEFAHRT DER FH LUEBECK
LUEBECK, STEPHENSONSTR. 3

VORHAB **im rahmen von ingenieurarbeiten angewandte entwicklungen auf gebieten wie strahlenschutz, immissionsschutz, ver- und entsorgung, technische akustik etc.**
S.WORT umwelthygiene + umwelttechnik + ausbildung
PROLEI DIPL. -ING. RUDOLF TAURIT
STAND 2.8.1976
QUELLE fragebogenerhebung sommer 1976
FINGEB LAND SCHLESWIG-HOLSTEIN
ZUSAM MEDIZINISCHE HOCHSCHULE LUEBECK, RATZEBURGER ALLEE, 2400 LUEBECK

TD -009

INST FACHRICHTUNG PSYCHOLOGIE DER UNI DES SAARLANDES
SAARBRUECKEN, STADTWALD
VORHAB **rundgespraech zum thema "oeko-systeme in interdisziplinaerer sicht"**
S.WORT oekosystem + umweltinformation
PROLEI PROF. DR. LUTZ H. ECKENSBERGER
STAND 7.9.1976
QUELLE datenuebernahme von der deutschen forschungsgemeinschaft
FINGEB DEUTSCHE FORSCHUNGSGEMEINSCHAFT

TD -010

INST FORSCHUNGSSTAETTE DER EVANGELISCHEN STUDIENGEMEINSCHAFT
HEIDELBERG, SCHMEILWEG 5
VORHAB **konsultation humanoekologie und umweltschutz**
theologische evaluierung der umweltproblematik; vermittlung in verkuendigung und erwachsenenbildung der evangelischen kirche
S.WORT umweltbewusstsein + humanoekologie + (theologische aspekte)
PROLEI DR. ALTNER
STAND 1.1.1974
ZUSAM BEAUFTRAGTER DER EKD FUER UMWELTFRAGEN, C/O SOZIALWISSENSCHAFTLICHES INST. DER EKD, 463 BOCHUM
BEGINN 1.1.1972
LITAN WEIZSAECKER, H.: HUMANOEKOLOGIE UND UMWELTSCHUTZ. STUDIEN ZUR FRIEDENSFORSCHUNG 8

TD -011

INST GEOGRAPHISCHES INSTITUT DER UNI STUTTGART
STUTTGART 1, SILCHERSTR. 9
VORHAB **unterrichtsmodell luftverschmutzung und stadtklima**
entwicklung und unterrichtliche erprobung eines faecheruebergreifenden unterrichtsmodells fuer die sekundarstufe II
S.WORT luftverunreinigung + stadtklima + ausbildung + schulen + (unterrichtsmodell)
PROLEI DR. JUERGEN HAGEL
STAND 9.8.1976
QUELLE fragebogenerhebung sommer 1976
ZUSAM RAUMWISSENSCHAFTLICHES CURRICULUM-FORSCHUNGS-PROJEKT, GABELSBERGERSTRASSE, 8000 MUENCHEN
BEGINN 1.5.1974 ENDE 30.6.1976
G.KOST 1.000 DM
LITAN ENDBERICHT

TD -012

INST GOERKE, D.
VECHTA, LUESCHERSTR. 19
VORHAB **dokumentation kernbrennstofftransport und oeffentlichkeitsarbeit**
S.WORT kernreaktor + brennstoffe + transport + dokumentation + oeffentlichkeitsarbeit
QUELLE datenuebernahme aus der datenbank zur koordinierung der ressortforschung (dakor)
FINGEB BUNDESMINISTER FUER FORSCHUNG UND TECHNOLOGIE
BEGINN 1.3.1975 ENDE 30.6.1975

TD -013

INST INSTITUT DER DEUTSCHEN WIRTSCHAFT
KOELN, OBERLAENDER UFER 84-88
VORHAB **aus- und fortbildung im umweltschutz, modell fuer eine integration der umweltthematik in lehrplaenen**
das projektziel besteht darin, vorzuschlagen, wie und in welcher form die umweltthematik in die lehrplaene integriert werden kann. in der verlaufsphase sind die lehrplaene im berufsbildenden schulwesen untersuchungsgegenstand. dabei geht es im wesentlichen um drei dinge: - feststellung der sachlichen richtigkeit von fakten und zusammenhaengen bei der umweltthematik. - ausarbeitung von umweltthemen fuer lehrplaene. - didaktische aufbereitung des stoffes
S.WORT umweltbewusstsein + ausbildung + schulen + (lehrplaene)
PROLEI DR. WINFRIED SCHLAFFKE
STAND 12.8.1976
QUELLE fragebogenerhebung sommer 1976
FINGEB UMWELTBUNDESAMT
ZUSAM - KMK
- INST. F. BILDUNGSPLANUNG UND STUDIENFORMATION, STUTTGART
G.KOST 15.000 DM

TD -014

INST INSTITUT FUER AGRARSOZIOLOGIE, LANDWIRTSCHAFTLICHE BERATUNG UND ANGEWANDTE PSYCHOLOGIE DER UNI HOHENHEIM
STUTTGART -HOHENHEIM, SCHLOSS-MITTELHOF-NORD
VORHAB **die behandlung der umweltschutzproblematik im schulbuch der sekundarstufe 1**
inhaltsanalytische untersuchung von schulbuechern der sekundarstufe 1 in den faechern biologie, geographie und gesellschaftslehre daraufhin, ob und wie sie die umweltschutzproblematik abhandeln. die hauptfrage hierbei ist, ob die schulbuecher zum erreichen des in den meisten lehrplaenen gesetzten ziels, "zum umweltbewussten handeln zu erziehen", beitragen koennen
S.WORT umweltbewusstsein + ausbildung + schulen + (schulbuecher + sekundarstufe)
PROLEI DIPL. -HHW. UTA HILDT
STAND 21.7.1976
QUELLE fragebogenerhebung sommer 1976

TD -015

INST INSTITUT FUER PAEDAGOGIK DER NATURWISSENSCHAFTEN AN DER UNI KIEL
KIEL, OLSHAUSENSTR. 40-60
VORHAB **oekologie und umwelterziehung**
umwelterziehung wird als eine interdisziplinaere aufgabe aufgefasst, zu deren loesung es nicht genuegt, in verschiedenen faechern fachbezogene informationen aus dem bereich oekologie/umweltschutz anzubieten. die interdisziplinaer zusammengesetzte projektgruppe ist bestrebt, ein didaktisches konzept zu entwickeln, das verschiedene zielgruppen im bereich umwelterziehung (lehrer, lehreraus- und -fortbilder curriculumtheoretiker) anspricht, um die diskussion von inhalt und methode auf systemzusammenhaenge und probleme hin zu orientieren und die entwicklung faecheruebergreifender curricula anzuregen
S.WORT umweltschutz + oekologie + ausbildung + (umwelterziehung)
PROLEI GUENTER EULEFELD
STAND 12.8.1976
QUELLE fragebogenerhebung sommer 1976
BEGINN 1.2.1974 ENDE 31.12.1976
LITAN - MAASSEN, B.: UNTERRICHTSMATERIALIEN ZUM BEREICH OEKOLOGIE - UMWELTSCHUTZ; EINE ANNOTIERTE BIBLIOGRAPHIE. IN: IPN ARBEITSBEREICHT 12, KIEL(1975)
- EULEFELD, G.;FRAY, K.: INNOVATIONSSTRATEG. KONZIPIERUNG VON CURRICULUM-PROJEKTEN MIT BEZUG AUF VERSCHIED. CURRICULARE INSTANZEN UND INFORMATIONSSTRUKTUREN. IN: BEDING. U. MODELLE DER CURRICULMINNOVATION, BELTZ, WEIHN.). 267-279(1976)

TD -016

INST INSTITUT FUER PAEDAGOGIK DER NATURWISSENSCHAFTEN AN DER UNI KIEL KIEL, OLSHAUSENSTR. 40-60

VORHAB **unterrichtseinheit "probleme der wasserverschmutzung"**
es wird ein modell entwickelt, das von der kooperation der faecher biologie und sozialkunde (geographie, politik, weltkunde) ausgeht, ein problem aufgreift (wasserverschmutzung in der eigenen gemeinde) und eine mitwirkung der schueler gewaehrleistet (sachbezogene wahl unter vier verschiedenen zusammengehoerigen themen; eigenstaendige bearbeitung von gruppenleitprogrammen; selbststaendige durchfuehrung ausserschulischer erkundungen)

S.WORT umweltschutz + wasserverunreinigung + ausbildung + schulen + (curriculum)
PROLEI GUENTER EULEFELD
STAND 12.8.1976
QUELLE fragebogenerhebung sommer 1976
BEGINN 1.10.1973 ENDE 31.10.1976
LITAN - BUERGER, W.: SACHMOTIVIERTES LERNEN IM GRUPPENUNTERRICHT. IN: BILDUNG UND ERZIEHUNG. 29 S. 140-151(1976)
- EULEFELD, G.: SCHUELEREXPERIMENTE ZUM SAUERSTOFFHAUSHALT DER GEWAESSER IM RAHMEN EINES PROZESSORIENTIERTEN CURRICULUMS. IN: MUELLER, P. (ED.): VERHANDLUNGEN DER GESELLSCHAFT FUER OEKOLOGIE SAARBRUECKEN 1973; JUNK, DEN HAAG, S. 307-314(1974)

TD -017

INST INSTITUT FUER PAEDAGOGIK DER NATURWISSENSCHAFTEN AN DER UNI KIEL KIEL, OLSHAUSENSTR. 40-60

VORHAB **die wirkung einstellungsveraendernder massnahmen im naturwissenschaftlichen unterricht auf das verhalten von schuelern gegenueber problemen der technik, energieversorgung und umwelt**
ziele und moeglichkeiten einer umsetzung des themas "energieversorgung und umweltprobleme" im naturwissenschaftlichen unterricht werden unter dem aspekt der bei jugendlichen gegebenen einstellungen und der erforderlichen einstellungsaenderungen analysiert. es wird geprueft, wie einstellungen und durch sie mitbestimmtes verhalten durch unterricht zu veraendern sind, damit der heranwachsende gegenueber fragen aus diesem bereich problembewusstsein und ein kritisch-reflektiertes und engagiertes verhalten gewinnt. auch wird untersucht, unter welchen bedingungen dieses verhalten resistent gegenueber meinungsmanipulation wird

S.WORT umweltprobleme + energieversorgung + ausbildung + schulen + (naturwissenschaftlicher unterricht)
PROLEI DR. LORE HOFFMANN
STAND 12.8.1976
QUELLE fragebogenerhebung sommer 1976
FINGEB LAND SCHLESWIG-HOLSTEIN
BEGINN 1.1.1972 ENDE 31.12.1977
LITAN - HOFFMANN, L.;KATTMANN, U.;LUCHT, H.;ET AL.: DIE WIRKUNG EINSTELLUNGSVERAENDERNDER MASSNAHMEN IM NATURWISSENSCHAFTLICHEN UNTERRICHT AUF DAS VERHALTEN VON SCHUELERN IM PROBLEMFELD TECHNIK, ENERGIE UND UMWELTSCHUTZ. IN: IPN ARBEITSBER. I, KIEL: IPN(1973)
- HOFFMANN, L.;KATTMANN, U.;LUCHT, H.;SPADA, H.: MATERIALIEN ZUM UNTERRICHTSVERSUCH: KERNKRAFTWERKE IN DER EINSTELLUNG VON JUGENDLICHEN. IN: IPN-ARBEITSBEREICHT 15. IPN: KIEL IPN(1975)

TD -018

INST INSTITUT FUER SIEDLUNGSWASSERWIRTSCHAFT DER TH AACHEN AACHEN, MIES-VAN-DER-ROHE-STR. 1

VORHAB **untersuchung ueber den erforderlichen umfang der lehre im fach siedlungswasserwirtschaft**
untersuchung ueber den erforderlichen umfang der lehre im fach siedlungswasserwirtschaft unter besonderer beruecksichtigung der kuenftigen erfordernisse (umweltschutzmassnahmen/nachholbedarf und kuenftiger investitionsbedarf/personalbedarf/ausbildungsinhalt)

S.WORT siedlungswasserwirtschaft + ausbildung
PROLEI DIPL. -ING. VOSSBECK
STAND 1.1.1974
FINGEB ABWASSERTECHNISCHE VEREINIGUNG E. V. , BONN
BEGINN 1.8.1973 ENDE 31.12.1976
G.KOST 122.000 DM

TD -019

INST INSTITUT FUER STADT- UND REGIONALPLANUNG DER TU BERLIN BERLIN, JEBENSTR. 1/503

VORHAB **erste ergebnisse einer befragung zum umweltbewusstsein**

S.WORT umweltbewusstsein + (umfrage)
STAND 1.1.1974
ZUSAM BERLINER AUSSTELLUNGEN EIGENBETRIEB V. , 1 BERLIN 19, MESSEDAMM 22

TD -020

INST IRLENBORN UND PARTNER; PUBLIC RELATIONS GMBH & CO KG BONN -BAD GODESBERG, TEUTONENSTR. 55

VORHAB **studie zu stand und tendenzen des umweltbewusstseins der bevoelkerung und zur entwicklung von modellen zu dessen aktivierung**
umfassende situationsanalyse mit hilfe der motivationsforschung zu stand und tendenzen des umweltbewusstseins in der bevoelkerung unter beschraenkung zunaechst auf die zielgruppen: a) schueler; b) multiplikatoren, buergerinitiativen, umweltschutzverbaende, sonstige organisationen; c) hausfrauen. ergebnisse der erhebung bilden die basis fuer die entwicklung eines methodischen und fachlichen konzepts zur aktivierung des umweltbewusstseins

S.WORT umweltbewusstsein + bevoelkerung
QUELLE umweltforschungsplan 1975 des bmi
FINGEB BUNDESMINISTER DES INNERN
BEGINN 1.1.1974 ENDE 28.2.1975
G.KOST 56.000 DM

TD -021

INST KRAFTWERK UNION AG FRANKFURT, POSTFACH 700649

VORHAB **entwicklung und aufbau eines ausbildungssystems im medienverbund zur intensivierung der schulung und ertuechtigung von betriebspersonal von kernkraftwerken**

S.WORT kernkraftwerk + betriebssicherheit + ausbildung + (personalschulung)
QUELLE datenuebernahme aus der datenbank zur koordinierung der ressortforschung (dakor)
FINGEB BUNDESMINISTER FUER FORSCHUNG UND TECHNOLOGIE
BEGINN 15.11.1974 ENDE 30.11.1976
G.KOST 705.000 DM

TD -022

INST LUDGER REIBERG KOELN 41, WITTEKINDSTRASSE 6

VORHAB **bundesweites modellseminar zum thema "umwelt"**
inhaltliche gestaltung und entwicklung eines bundesweiten modellseminars zum thema "umwelt" als grundlage fuer sog. kommunale umweltseminare. in drei testseminaren sind verschiedene zielgruppen anzusprechen: zielgruppe 1 sind die in das forschungsprojekt des ingesta einbezogenen

gemeindeverwaltungen und politischen verbaende, zielgruppe 2 verwaltungsangestellte und parlamentarier aus dem kommunalen bereich, zielgruppe 3 dozenten aus dem bereich der politischen erwachsenenbildung
S.WORT umweltinformation + (bundesweites modellseminar)
STAND 20.11.1975
FINGEB BUNDESMINISTER DES INNERN
BEGINN 1.11.1975 ENDE 31.1.1977
G.KOST 39.000 DM

TD -023
INST PSYCHOLOGISCHES INSTITUT DER UNI TUEBINGEN
TUEBINGEN, FRIEDRICHSTR. 21
VORHAB verkehrswelt von kindern
psychologische ursachen fuer kinderverkehrsunfaelle; anwendung auf verkehrsplanung und -didaktik
S.WORT strassenverkehr + kind + unfallverhuetung
PROLEI DR. GUENTHER
STAND 1.1.1974
FINGEB BUNDESANSTALT FUER STRASSENWESEN, KOELN
BEGINN 1.11.1973 ENDE 30.9.1974
G.KOST 58.000 DM

TD -024
INST STUDIENGRUPPE FUER SYSTEMFORSCHUNG E.V.
HEIDELBERG, WERDERSTR. 35
VORHAB erarbeitung des schlagwortverzeichnisses zum umweltforschungskatalog 1975 (ufokat '75)
schlagwortzuteilung fuer 3660 projekte des ufokat '75
S.WORT umweltforschung + datenverarbeitung + forschungsplanung + (umplis)
PROLEI DIPL. -PHYS. FRIEDRICH MIE
STAND 30.8.1976
QUELLE fragebogenerhebung sommer 1976
FINGEB UMWELTBUNDESAMT
BEGINN 1.11.1974 ENDE 28.2.1975
G.KOST 30.000 DM
LITAN - UFOKAT '75, SCHLAGWORTREGISTER
- BEYER, W.;CARLS, H.;JOERISSEN, J.;LENTZ, P.;LOSER, R.;MIE, F.;ROTH, G.: ALPHABETISCHE UND SYSTEMATISCHE SCHLAGWORTLISTE - THESAURUSARBEITEN FUER UMPLIS-DATEIEN. UMPLIS-PAPIER NR. 16 (OKT 1975)

Weitere Vorhaben siehe auch:

ND -040 DOKUMENTATION OEFFENTLICHKEITSARBEIT FUER DIE GROSSE WIEDERAUFBEREITUNGSANLAGE

UA -005 PLANUNGSFAKTOR UMWELTSCHUTZ-FERNSEHREIHE, LEHRBUCH UND PRUEFUNG IM MEDIENVERBUND (WDR/NDR)

UA -050 KOMMUNALER UMWELT-ATLAS STUTTGART

UC -018 INFORMATIONSSYSTEM UND BEWERTUNGSMODELL ZUR ERMITTLUNG OPTIMALER REGIONALER STANDORTSYSTEME FUER UEBERBETRIEBLICHE AUSBILDUNGSSTAETTEN

TE -001

INST ABTEILUNG ALLGEMEINE PAEDIATRIE DER UNI KIEL KIEL, FROEBELSTR. 15/17

VORHAB **vergleichende kinetische untersuchungen bei menschen und schweinen ueber resorption und umsatz von thiamin, retinol und beta-carotin**

S.WORT metabolismus + vitamine + mensch + nutztiere + (hausschwein)

PROLEI PROF. DR. WERNER KUEBLER

STAND 1.1.1974

FINGEB DEUTSCHE FORSCHUNGSGEMEINSCHAFT

BEGINN 1.1.1973

TE -002

INST ANTHROPOLOGISCHES INSTITUT DER UNI HAMBURG HAMBURG 13, VON-MELLE-PARK 10

VORHAB **varianzanalyse anthropometrischer merkmale jugendlicher unter besonderer beruecksichtigung sozialanthropologischer faktoren**

zerlegung der varianz anthropometrischer merkmale hamburger jugendlicher in verschieden verursachte komponenten, wobei vor allen dingen sozialanthropologische faktoren wie wohnverhaeltnisse im vordergrund stehen. die frage besteht darin, welche sozialanthropologischen umweltfaktoren in welcher weise das koerperliche wachstum beeinflussen

S.WORT milieu + mensch

PROLEI PROF. DR. RAINER KNUSSMANN

STAND 21.7.1976

QUELLE fragebogenerhebung sommer 1976

BEGINN 1.1.1975

TE -003

INST ASTRONOMISCHES INSTITUT DER UNI TUEBINGEN RAVENSBURG, RASTHALDE

VORHAB **biotrope luftelektrische und meteorologische faktoren bei verschiedenen wetterlagen im bodenseeraum mit besonderer beruecksichtigung des suedfoehns**

mit den geplanten untersuchungen soll ein beitrag zu der fragestellung geleistet werden, welche luftelektrischen und meteorologischen faktoren ursache fuer den meteorotropismus sind, welche parameter als wikrungslos ausgeschieden werden koennen. dazu sollen zunaechst zahlreiche parameter mit moeglichem biotropen einfluss am boden und in der freien atmosphaere registriert werden. parallell dazu sollen medizinische einzeluntersuchungen und statistische erhebungen ueber funktionelle und organische erkrankungen und ueber das befinden von testpersonen vorgenommen werden. danach soll das gewonne meteorologische datenmaterial mit den medizinischen befunden korreliert werden, um zu klaeren, wie weit einzelne faktoren oder aber kombinationen von faktoren nachweisbaree auswirkungen auf zustand und befinden des untersuchten personenkreises zeigen

S.WORT meteorologie + wetterfuehligkeit + (foehn) BODENSEE (RAUM) + VORALPENGEBIET

PROLEI PROF. DR. -ING. RICHARD MUEHLEISEN

STAND 9.8.1976

QUELLE fragebogenerhebung sommer 1976

ZUSAM - KREISKRANKENHAUS LINDAU
- DEUTSCHER WETTERDIENST

G.KOST 150.000 DM

TE -004

INST DEPARTMENT INNERE MEDIZIN AN DER MEDIZINISCHEN HOCHSCHULE HANNOVER HANNOVER 61, KARL-WIECHERT-ALLEE 9

VORHAB **die eignung von plasmaaminosaeuremustern (aminogrammen) zur beurteilung der proteinbedarfsdeckung beim menschen**

S.WORT naehrstoffhaushalt + proteine + testverfahren

PROLEI PROF. DR. HELMUT CANZLER

STAND 7.9.1976

QUELLE datenuebernahme von der deutschen forschungsgemeinschaft

FINGEB DEUTSCHE FORSCHUNGSGEMEINSCHAFT

TE -005

INST INSTITUT FUER BIOLOGIE DER GESELLSCHAFT FUER STRAHLEN- UND UMWELTFORSCHUNG MBH NEUHERBERG, INGOLSTAEDTER LANDSTR. 1

VORHAB **mineralstoffwechsel und spurenelementstoffwechsel**

1. traceruntersuchungen zum mineral- und elektrolytstoffwechsel bei ratten, kaninchen und hunden mit hilfe des ganzkoerperzaehlers und der szintillationskamera: a) erprobung verschiedener kompartimentmodelle zur diagnostik von knochenerkrankungen, b) entwicklung einer methode zur fruehzeitigen beurteilung der heilung von knochentransplantaten. 2. einfluss von ernaehrungsfaktoren und stoffwechselanomalien auf die konzentration von spurenelementen im blut von saeuglingen. 3. mobilisierung und transfer von as, br, ce, cd, co, cr, cu, fe, hg, la, mo, rb, sb, se, sn bei saeugenden muttertieren und jungtieren der ratte; altersspezifische aenderungen der konzentration dieser elemente in verschiedenen organen von versuchstieren (ratte). 4. veraenderungen der verteillung von spurenelementen unter dem einfluss von hormonen

S.WORT spurenelemente + mineralstoffe + metabolismus

PROLEI PROF. DR. H. KRIEGEL

STAND 30.8.1976

QUELLE fragebogenerhebung sommer 1976

ZUSAM - KINDERKLINIK DER UNI MUENCHEN
- HAHN-MEITNER-INSTITUT, BERLIN

BEGINN 1.1.1975 ENDE 31.12.1979

G.KOST 4.990.000 DM

LITAN - IYENGAR,G.;SAMSAHL,K.: RECOVERY OF ION-EXCHANGE RESINS AND PARTITION CHROMATOGRAPHIC SUPPORTS FROM LARGE SCALE RADIOCHEMICAL SEPARATION. IN:J. RADIOANALYT. CHEM. 25 S.47-57(1975)
- KOLLMER,W.: AUSWIRKUNGEN VON SCHWANGERSCHAFT UND LAKTATION AUF DEN STOFFWECHSEL ESSENTIELLER ELEMENTE BEIM SAEUGETIER. IN:SPURENELEMENTE IN DER ENTWICKLUNG VON MENSCH UND TIER. BETKE,K.;BIDLINGMAYER,F.(EDS), MUENCHEN:URBAN & SCHWARZENBERG S.69-75(1975)
- SCHRAMEL,P.: DIE METHODE DER NEUTRONENAKTIVIERUNGSANALYSE UND DER FLAMMENLOSEN ATOMABSORPTIONSSPEKTROSKOPIE UND IHRE ANWENDUNG ZUR SPURENELEMENTBEST. IN BIOLOG. MATERIAL. MUENCHEN:URBAN & SCHWARZENBERG S.31-38

TE -006

INST INSTITUT FUER FLUGMEDIZIN DER DFVLR BONN -BAD GODESBERG, KOELNERSTR. 70

VORHAB **leistungsfaehigkeit des menschen unter unguenstigen umweltbedingungen**

auswirkungen kombinierter belastungen: druck/temperatur/vibration/laerm/schlafentzug/toxische substanzen (alkohol und medikamente)

S.WORT mensch + umweltbedingungen

PROLEI DR. WEGMANN

STAND 1.1.1974

FINGEB US AIR FORCE

BEGINN 1.1.1970 ENDE 31.12.1980

LITAN KLEIN, K. E.: PREDICTION OF FLIGHT SAFETY HAZARDS FROM DRUG INDUCED PERFORMANCE DECREMENTS WITH ALCOHOL AS REFERENCE SUBSTANCE. IN: AEROSPACE MEDICINE 43(11) S. 1207-1214(1972); 7 BILD. , 1 TAB. , 31 LIT.

TE -007

INST INSTITUT FUER FLUGMEDIZIN DER DFVLR BONN -BAD GODESBERG, KOELNERSTR. 70

VORHAB **beeinflussung von gehirnfunktionen durch langzeitbelastung**

die limitierung der physio-psychologischen belastbarkeit des menschen erfolgt weitgehend durch prozesse im zentralen nervensystem; tierexperimentelle untersuchungen an gehirnpraeparationen sollen die neurologische wirkungsweise einzelner oder kombinierter belastung (laerm/hoher sauerstoffdruck/verschiedene atemgemische/partieller schlafverlust) zeigen

S.WORT gesundheit + belastbarkeit + (neurologische wirkungsweise)
PROLEI DR. SCHAEFER
STAND 1.1.1974
BEGINN 1.1.1968 ENDE 31.12.1976
LITAN SCHAEFER, G. , XXI. INTERNATIONALER KONGRESS F. LUFT- UND RAUMFAHRTMEDIZIN, MUENCHEN, 17. -21. SEP 1973: DER EINFLUSS HYPERBARER OXYGENIERUNG AUF DEN GLUTAMINSTOFFWECHSEL DES GEHIRNS. (355124)(VORDRUCKE S. 92-93)

TE -008
INST INSTITUT FUER FLUGMEDIZIN DER DFVLR
BONN -BAD GODESBERG, KOELNERSTR. 70
VORHAB **genetische entwicklung und bedeutung der endogenen tagesrhythmik**
untersuchungen ueber den grad der genetischen verankerung der biologischen tagesrhythmik, um hinweise auf steuermechanismen der endogenen rhythmik zu finden
S.WORT organismus + medizin + genetische wirkung + (endogene tagesrhythmik)
PROLEI DR. BRIEGLEB
STAND 1.1.1974
ZUSAM ZOOLOGISCHES INST. DER UNI BOCHUM, BUSCHEYSTR. 132, 436 BOCHUM
BEGINN 1.3.1972 ENDE 31.12.1976
LITAN - BRIEGLEB, W.;SCHATZ, A. , 6. SPELEOLOGOV-KONGRESS, LIPICA-SEZANA(JUGOSL.): DER EXTREMBIOTOP HOEHLE ALS INFORMATIONSLIEFERANT FUER DIE ALLGEMEINE PHYSIOLOGIE AM BEISPIEL DES GROTTENOLMS(PROTENS ANGUINUS LAUF). (O132)
- SINAPIUS, F.: EXPERIMENTELLE BESTIMMUNG DER GEOMAGNETISCHEN REZEPTION BEI ANGUILLA ANGUILLA. (355138). IN: NATURWIS. RUNDSCHAU 26 S. 441-442(1973)

TE -009
INST INSTITUT FUER MEDIZINISCHE BALNEOLOGIE UND KLIMATOLOGIE DER UNI MUENCHEN
MUENCHEN 70, MARCHIONINISTR. 17
VORHAB **wetterwirkung auf gesunde und kranke menschen**
S.WORT wetterfuehligkeit + mensch + (foehn)
ALPENVORLAND + NORDSEEKUESTE
PROLEI DIPL. -PHYS. KARL DIRNAGL
STAND 1.1.1974
FINGEB - BUNDESMINISTER FUER WIRTSCHAFT
- BILDZEITUNG, REDAKTION MUENCHEN
ZUSAM DEUTSCHER WETTERDIENST; MEDIZIN-METEOROLOGISCHE BERATUNGSSTELLE BAD TOELZ
BEGINN 1.1.1970
LITAN MEHRERE DISSERTATIONEN, MED. FAKULTAET DER UNIV. MUENCHEN UNIVERSITAETSBIBLIOTHEKEN ODER INSTITUT

TE -010
INST KLINIK UND INSTITUT FUER PHYSIKALISCHE MEDIZIN UND BALNEOLOGIE / FB 23 DER UNI GIESSEN
BAD NAUHEIM, LUDWIGSTR. 37-39
VORHAB **auswirkungen des klimas auf das zentrale und vegetative nervensystem**
zur zeit wird der einfluss von singulaeren ereignissen im lokalen und grossraeumigen wettergeschehen anhand verschiedener statistisch erfassbarer aenderungen im verhalten von genuegend grossen populationen studiert. erste ergebnisse deuten sich aus der auswertung der unfallstatistik (haeufigkeit von erste-hilfe-leistungen, bereinigt) eines groesseren werkaerztlichen dienstes und der korrelation dieser zahlen mit bestimmten wetterlagen an
S.WORT klima + biologische wirkungen + unfallverhuetung
PROLEI RUSCH
STAND 6.8.1976
QUELLE fragebogenerhebung sommer 1976
ZUSAM MEDIZIN-METEOROLOGISCHE FORSCHUNGSSTELLE DES DEUTSCHEN WETTERDIENSTES BAD-NAUHEIM
BEGINN 1.1.1970

TE -011
INST ORGANISCH-CHEMISCHES INSTITUT DER UNI MAINZ
MAINZ, JOH.JOACHIM-BECHER-WEG 18-22
VORHAB **synthese und untersuchung makromolekularer zytostatica zur krebsbekaempfung**
S.WORT gesundheitsfuersorge + krebstherapie + zytostatika
QUELLE datenuebernahme aus der datenbank zur koordinierung der ressortforschung (dakor)
FINGEB BUNDESMINISTER FUER FORSCHUNG UND TECHNOLOGIE
ZUSAM - ASTA-WERKE AG, BRACKWEDE
- 9 HOCHSCHULINSTITUTE U. AE.
BEGINN 1.1.1975 ENDE 31.12.1977
G.KOST 170.000 DM

TE -012
INST PHYSIOLOGISCHES INSTITUT DER MEDIZINISCHEN HOCHSCHULE HANNOVER
HANNOVER 61, KARL-WIECHERT-ALLEE 9
VORHAB **geburtenzahl, missbildungen, blutgasdaten bei bewohnern der alpenlaender ueber 1500 m**
es sollen in einer vorstudie in einigen alpenlaendern bei dauerbewohnern ueber 1500 m blutgasdaten bestimmt werden (haemoglobingehalt, sauerstoffkapazitaet, sauerstoffhalbsaettigungsdruck, 2, 3-diphosphoglyzeratgehalt der erythrozyten, bohr-effekt). ausserdem sollen erhebungen ueber schwangerschaftsdauer, geburtsgewicht, reifegrad, fehlgeburten, geburtsanomalien in diesen gegenden angestellt werden
S.WORT physiologie + gesundheitszustand + (hoehenanpassung)
ALPENLAENDER
PROLEI PROF. DR. HEINZ BARTELS
STAND 19.7.1976
QUELLE fragebogenerhebung sommer 1976
ZUSAM - STATISTISCHES LANDESAMT WIEN
- PHYSIOLOGISCHES INSTITUT INNSBRUCK
- PHYSIOLOGISCHES INSTITUT BERN
BEGINN 1.1.1977 ENDE 31.12.1980
G.KOST 30.000 DM

TE -013
INST SONDERFORSCHUNGSBEREICH 116 "PSYCHIATRISCHE EPIDEMIOLOGIE" DER UNI HEIDELBERG
MANNHEIM, J 5
VORHAB **kumulatives psychiatrisches fallregister**
psychiatrische fallregister sind datenverbundsysteme, in welchen die gesammelten informationen solcher einrichtungen gespeichert werden, die fuer die psychiatrische beratung und behandlung von patienten aus einer bestimmten geographischen region zustaendig sind
S.WORT psychiatrie + epidemiologie + informationssystem
MANNHEIM + RHEIN-NECKAR-RAUM
PROLEI DR. JUERGEN JAKUBASCHK
STAND 30.8.1976
QUELLE fragebogenerhebung sommer 1976
FINGEB DEUTSCHE FORSCHUNGSGEMEINSCHAFT
BEGINN 1.6.1972
LITAN - HAEFNER, H.;KLUG, J.: DER SFB 116. IN: HEIDELBERGER JAHRBUECHER 19 S. 138-144(1975)
- WELZ, R.;KLUG, J.;HAEFNER, H.: REZIDIVWAHRSCHEINLICHKEIT BEI SUICIDVERSUCHEN. IN: 7. DONAUSYMPOSIUM (1976)
- KLUG, J.: STABILITAETEN UND UEBERGANGSWAHRSCHEINLICHKEITEN . . . IN: 30. KONGRESS DER DGFP (1976)

TE -014
INST SONDERFORSCHUNGSBEREICH 116 "PSYCHIATRISCHE EPIDEMIOLOGIE" DER UNI HEIDELBERG
MANNHEIM, J 5

VORHAB **geistig behinderte kinder in mannheim, eine epidemiologische, klinische und sozial-psychologische studie**
ziel der untersuchung ist die ermittlung der praevalenz und verteilung geistig behinderter (g. b.) kinder, sowie art und ausmass ihrer behinderung, um auf der basis empirischer daten einen beitrag zur schaetzung des tatsaechlichen bedarfs an speziellen versorgungseinrichtungen leisten zu koennen, zumal fuer die brd bislang kein umfassendes datenmaterial bei dieser besonders schwer behinderten patientengruppe vorliegt. praevalenz, das bedeutet: identifikation aller faelle, die waehrend eines bestimmten zeitraumes existieren. hier bezieht sich praevanlenz auf: a) die gesamtzahl aller mannheimer kinder zw. dem 6. und 16. lebensjahr, die keine grund- oder lernbehinderten-schule besuchen koennen, im regelfall einen iq(60 haben, die also als "geistig behindert" reegistriert sind, b) auf alle mannheimer kinder der genannten altersgruppe, die aufgrund testpsychologische einzeluntersuchungen ein festgelegtes mindesverhalten nicht erbringen
S.WORT infrastruktur + bedarfsanalyse + psychiatrie + sozialmedizin + epidemiologie + (geistig behinderte kinder)
MANNHEIM + RHEIN-NECKAR-RAUM
PROLEI DIPL. -PSYCH. MIRJAM LIEPMANN
STAND 30.8.1976
QUELLE fragebogenerhebung sommer 1976
FINGEB DEUTSCHE FORSCHUNGSGEMEINSCHAFT
BEGINN 1.1.1974

TE -015
INST SONDERFORSCHUNGSBEREICH 116 "PSYCHIATRISCHE EPIDEMIOLOGIE" DER UNI HEIDELBERG
MANNHEIM, J 5
VORHAB **eine bedarfsanalyse fuer nachsorgeeinrichtungen entlassener schizophrener in mannheim**
ziel ist die erfassung des bedarfs an therapeutischen und rehabilitativen nachsorgeeinrichtungen fuer schizophrene patienten aus mannheim. es ist zu untersuchen, inwieweit beeintraechtigungen durch die krankheit sowie faktoren aus krankheits- und sozialanamnese die inanspruchnahme der behandlungs- und rehabilitationsdienste beeinflussen
S.WORT psychiatrie + rehabilitation + infrastruktur + bedarfsanalyse
MANNHEIM + RHEIN-NECKAR-RAUM
PROLEI DR. JUERGEN JAKUBASCHK
STAND 30.8.1976
QUELLE fragebogenerhebung sommer 1976
FINGEB DEUTSCHE FORSCHUNGSGEMEINSCHAFT
BEGINN 1.1.1977 ENDE 31.12.1979
G.KOST 350.000 DM

TE -016
INST SONDERFORSCHUNGSBEREICH 116 "PSYCHIATRISCHE EPIDEMIOLOGIE" DER UNI HEIDELBERG
MANNHEIM, J 5
VORHAB **behandelte und nicht behandelte psychiatrische morbiditaet in der bevoelkerung**
es handelt sich um eine untersuchung zur inanspruchnahme aerztlicher institutionen durch personen mit psychischen erkrankungen in mehreren gemeinden oberbayerns. in dieser feldstudie soll zwischen behandelter und unbehandelter psychiatrischer morbiditaet unterschieden werden
S.WORT gesundheitsfuersorge + psychiatrie
TRAUNSTEIN + BAYERN (OBERBAYERN)
PROLEI DR. HORST DILLING
STAND 30.8.1976
QUELLE fragebogenerhebung sommer 1976
FINGEB DEUTSCHE FORSCHUNGSGEMEINSCHAFT
ZUSAM PSYCHIATRISCHE KLINIK DER UNI MUENCHEN, NUSSBAUMSTR. 7, 8000 MUENCHEN
BEGINN 1.1.1975 ENDE 31.12.1978
G.KOST 700.000 DM

TE -017
INST SONDERFORSCHUNGSBEREICH 116 "PSYCHIATRISCHE EPIDEMIOLOGIE" DER UNI HEIDELBERG
MANNHEIM, J 5
VORHAB **soziale belastungen bei angehoerigen von schizophrenen patienten**
erfassung der belastung, die bei angehoerigen ersterkrankter schizophrener patienten entstehen (ca. 80 - 100 patienten). einfluss der therapeutischen intervention auf die belastung im ersten jahr nach der entlassung aus der klinik. ausfuehrliche standardisierte interviews mit angehoerigen zur sozialen integration, problemverhalten des patienten aus der sicht der angehoerigen, erfassung der allgemeinen gesundheit, einstellung zur krankheit
S.WORT psychiatrie + rehabilitation + soziale integration
MUENCHEN (REGION)
PROLEI DR. MICHAEL VON CRANACH
STAND 30.8.1976
QUELLE fragebogenerhebung sommer 1976
FINGEB DEUTSCHE FORSCHUNGSGEMEINSCHAFT
ZUSAM MAX-PLANCK-INSTITUT FUER PSYCHIATRIE, KRAEPELINSTR. 10, 8000 MUENCHEN
BEGINN 1.1.1975 ENDE 31.12.1978
G.KOST 480.000 DM

TE -018
INST STRAHLENKLINIK UND KLINIK FUER NUKLEARMEDIZIN IM RADIOLOGIE-ZENTRUM DER UNI MARBURG
MARBURG, LAHNSTR. 4A
VORHAB **entwicklung und anwendung isotopentechnischer methoden im zusammenhang mit der krebsbekaempfung durch zytostatica**
S.WORT gesundheitsfuersorge + krebstherapie + zytostatika
QUELLE datenuebernahme aus der datenbank zur koordinierung der ressortforschung (dakor)
FINGEB BUNDESMINISTER FUER FORSCHUNG UND TECHNOLOGIE
ZUSAM - ASTA-WERKE, BRACKWEDE
- 9 HOCHSCHULINSTITUTE O. AE.
BEGINN 1.1.1975 ENDE 31.12.1977
G.KOST 475.000 DM

TF -001
INST ABTEILUNG HYGIENE UND MIKROBIOLOGIE DER UNI KIEL
KIEL, BRUNSWIKERSTR. 2-6
VORHAB **krankenhaushygienische untersuchungen**
keimverschmutzung in krankenhaeusern
S.WORT krankenhaushygiene
PROLEI PROF. DR. GAERTNER
STAND 1.1.1974

TF -002
INST ABTEILUNG HYGIENE UND MIKROBIOLOGIE DER UNI KIEL
KIEL, BRUNSWIKERSTR. 2-6
VORHAB **veraenderungen der koerperflora im krankenhaus - bedeutung fuer hospitalinfektionen**
untersuchung der koerperfloraveraenderungen unter den speziellen bedingungen des krankenhauses; bedeutung fuer krankenhausinfektionen; erkennung besonders gefaehrdeter patienten; suche nach wegen zur verhuetung
S.WORT krankenhaushygiene + infektionskrankheiten
PROLEI DR. GUNDERMANN
STAND 1.1.1974
BEGINN 1.1.1973 ENDE 31.12.1975
G.KOST 5.000 DM

TF -003
INST ABTEILUNG HYGIENE UND MIKROBIOLOGIE DER UNI KIEL
KIEL, BRUNSWIKERSTR. 2-6
VORHAB **untersuchung der bedingungen fuer das zustandekommen von hospitalinfektionen nach operationen**
untersuchung der voraussetzungen, unter denen eine keimaufnahme waehrend einer operation zu einer infektionskrankheit fuehrt; suche nach wegen zur verhuetung des angehens einer infektion
S.WORT krankenhaushygiene + infektion
PROLEI DR. GUNDERMANN
STAND 1.1.1974
BEGINN 1.1.1974
G.KOST 5.000 DM

TF -004
INST ABTEILUNG HYGIENE UND MIKROBIOLOGIE DER UNI KIEL
KIEL, BRUNSWIKERSTR. 2-6
VORHAB **untersuchung der infektionsbedingungen am auge**
feststellung der minimalen keimzahl fuer eine infektion mit tierversuchen
S.WORT infektion + organismus + (auge)
PROLEI DR. GUNDERMANN
STAND 1.1.1974
BEGINN 1.1.1973 ENDE 31.12.1975
G.KOST 5.000 DM

TF -005
INST ABTEILUNG HYGIENE UND MIKROBIOLOGIE DER UNI KIEL
KIEL, BRUNSWIKERSTR. 2-6
VORHAB **keimuebertragung und keimbesiedlung von beatmungs- und anaesthesiegeraeten**
feststellung, welche rolle die keimbesiedlung bzw. -verschmutzung von beatmungs- und anaesthesiegeraeten fuer die krankenhausinfektionen spielt
S.WORT krankenhaushygiene + krankheitserreger
PROLEI DR. GUNDERMANN
STAND 1.1.1974
BEGINN 1.6.1973 ENDE 30.6.1974
G.KOST 3.000 DM
LITAN ZWISCHENBERICHT 1974. 12

TF -006
INST AKTIONSGEMEINSCHAFT NATUR- UND UMWELTSCHUTZ BADEN-WUERTTEMBERG E.V.
STUTTGART, STAFFLENBERGSTR. 26
VORHAB **schutz der luft - entwicklung umweltfreundlicher technologien**
S.WORT lufthygiene + (umweltfreundliche technologien)
PROLEI DR. FAHRBACH
STAND 1.1.1974
FINGEB MINISTERIUM FUER ERNAEHRUNG, LANDWIRTSCHAFT UND UMWELT, STUTTGART
BEGINN 1.1.1971 ENDE 31.12.1975
G.KOST 100.000 DM

TF -007
INST BATTELLE-INSTITUT E.V.
FRANKFURT 90, AM ROEMERHOF 35
VORHAB **systematik des gesamtproblems der umwelthygiene, planungsmethodik**
S.WORT umwelthygiene + planungsmodell
STAND 1.1.1974

TF -008
INST FACHGEBIET VORRATSSCHUTZ / FB 16/21 DER UNI GIESSEN
GIESSEN, ALTER STEINBACHER WEG 44
VORHAB **versuche zur uebertragung von mikroorganismen durch synanthrope fliegen**
in laboratoriumsversuchen wurde die dauer und der umfang einer kontamination von fliegen mit bakterien und pilzen nach kuenstlicher infektion untersucht. in einzeluntersuchungen wurde ermittelt, welche teile des fliegenkoerpers in erster linie fuer die uebertragung in frage kommen
S.WORT insekten + mikroorganismen + hygiene
PROLEI PROF. DR. W. STEIN
STAND 1.1.1974
BEGINN 1.1.1973 ENDE 31.12.1975
G.KOST 3.000 DM

TF -009
INST FACHGEBIET VORRATSSCHUTZ / FB 16/21 DER UNI GIESSEN
GIESSEN, ALTER STEINBACHER WEG 44
VORHAB **die fliegenfauna und ihre hygienische bedeutung in erholungs- und freizeitgebieten**
ermittlung der fliegenarten in verschiedenen strukturteilen der untersuchten raeume. untersuchungen ueber die kontamination der fliegen mit bakterein in den verschiedenen strukturteilen. ausarbeitung von gegenmassnahmen bei massenvorkommen von fliegen
S.WORT freiflaechen + insekten + hygiene
PROLEI PROF. DR. W. STEIN
STAND 6.8.1976
QUELLE fragebogenerhebung sommer 1976
FINGEB DEUTSCHE FORSCHUNGSGEMEINSCHAFT
ZUSAM ZENTRUM FUER OEKOLOGIE-HYGIENE DER UNI GIESSEN
BEGINN 1.1.1975

TF -010
INST FORSCHUNGSINISTITUT BORSTEL - INSTITUT FUER EXPERIMENTELLE BIOLOGIE UND MEDIZIN
BORSTEL, PARKALLEE 1
VORHAB **einfluss von nahrungs- und genussmittel auf den verlauf von infektionen**
nahrung; krankheitsverlauf; nahrungsinhaltsstoffe; einfluss auf medikamente; ergaenzung medikamentoeser massnahmen: vermeidung unerwuenschter und herbeifuehrung erwuenschter interferenzen zu medikamenten
S.WORT lebensmittel + genussmittel + infektionskrankheiten
PROLEI PROF. DR. DR. FREERKSEN
STAND 1.1.1974
LITAN – SONDERDRUCKANFORDERUNGEN UND ANFRAGEN AN DAS FORSCHUNGSINSTITUT BORSTEL, ABTEILUNG FUER DOKUMENTATION UND BIBLIOTHEK
– ZWISCHENBERICHT 1976. 02

TF -011
INST FORSCHUNGSINISTITUT BORSTEL - INSTITUT FUER EXPERIMENTELLE BIOLOGIE UND MEDIZIN
BORSTEL, PARKALLEE 1
VORHAB **infektionsdichte, infektionsprophylaxe, umwelthygiene**
angebot von mikroben aus wasser/luft/nahrung; vermeidung schaedlicher mikrobieller angebote aus der umwelt, deren erkennung/bewertung ihrer bedeutung; vakzination; dauerausscheider(typhus/paratyphus); sanierungsmassnahmen; lunge; chemotherapie; epidemiologie; differenzierung von bakterien; eradikation; infektionsketten; potentiell pathogene bakterien
S.WORT infektion + umwelthygiene + mikroorganismen
PROLEI PROF. DR. DR. FREERKSEN
STAND 1.1.1974
LITAN - SONDERDRUCKANFORDERUNGEN UND ANFRAGEN AN DAS FORSCHUNGSINSTITUT BORSTEL, ABTEILUNG FUER DOKUMENTATION UND BIBLIOTHEK
- ZWISCHENBERICHT 1975. 07

TF -012
INST HYGIENE INSTITUT DER UNI MUENSTER
MUENSTER, WESTRING 10
VORHAB **belebte und unbelebte schadfaktoren in der umwelt des krankenhauses**
durch fortschreitende technisierung und dimensionierung klinischer versorgungssysteme entstandene gesundheitsgefahren sollen analysiert werden
S.WORT krankenhaushygiene + gesundheitsschutz
PROLEI PROF. DR. HEIKE BOESENBERG
STAND 12.8.1976
QUELLE fragebogenerhebung sommer 1976
G.KOST 50.000 DM
LITAN BOESENBERG, H.;NORPOTH, K.: LUFTHYGIENISCHE UEBERWACHUNG IM KRANKENHAUS. IN: ZBL. BAKT. HYGIENEINST. ABT. ORIG. A 227 S. 548(1974)

TF -013
INST HYGIENEINSTITUT DER UNI HEIDELBERG
HEIDELBERG, THIBAUTSTR. 2
VORHAB **verhalten und verbleib von salmonellen**
S.WORT bakterien + salmonellen
PROLEI PROF. DR. BRAUSS
STAND 1.1.1974
BEGINN 1.1.1970

TF -014
INST HYGIENEINSTITUT DER UNI MAINZ
MAINZ, HOCHHAUS AM AUGUSTUSPLATZ
VORHAB **krankenhaushygiene in rheinland-pfalz**
S.WORT krankenhaushygiene
RHEINLAND-PFALZ
PROLEI DR. WERNER
STAND 1.1.1974
FINGEB ARBEITSKREIS FUER HYGIENE UND SAUBERKEIT
BEGINN 1.10.1973
G.KOST 75.000 DM

TF -015
INST INSTITUT FUER HYGIENE UND INFEKTIONSKRANKHEITEN DER TIERE / FB 18 DER UNI GIESSEN
GIESSEN, FRANKFURTER STR. 89
VORHAB **bedeutung, vorkommen und bekaempfung inner- und aussereuropaeischer zoonosen**
zoonosen sind infektionskrankheiten, die von tieren auf den menschen uebertragen werden. derartige infektionen erfordern eine enge zusammenarbeit von veterinaer- und humanmedizin. das laufende forschungsprogramm befasst sich mit der epidemiologie und diagnostik verschiedener solcher krankheiten sowie problemen der prophylaxe dieser infektionen
S.WORT zoonosen + epidemiologie + infektionskrankheiten
PROLEI KRAUSS
STAND 6.8.1976
QUELLE fragebogenerhebung sommer 1976
ZUSAM - DEPARTMENT OF MEDICINE AND INFECTIOUS DISEASES, UNIVERSITY ZAGAZIG/AEGYPTEN
- BEHRINGWERKE HAMBURG
- DEPT. OF MEDICINE AND INFECTIOUS DISEASES, UNIVERSITY ZAGAZIG/AEGYPTEN

TF -016
INST INSTITUT FUER HYGIENE UND MEDIZINISCHE MIKROBIOLOGIE DER UNI MUENCHEN
MUENCHEN, PETTENKOFERSTR. 9A
VORHAB **hygienische probleme bei klimaanlagen, insbesondere von krankenhaeusern**
keimverhalten auf luftfiltern; filtration von luftkeimen
S.WORT lufthygiene + klimaanlage + krankenhaushygiene
PROLEI DR. BECKERT
STAND 1.1.1974
BEGINN 1.1.1972 ENDE 31.12.1974
G.KOST 20.000 DM
LITAN ZWISCHENBERICHT 1974. 12

TF -017
INST INSTITUT FUER HYGIENE UND MEDIZINISCHE MIKROBIOLOGIE DER UNI MUENCHEN
MUENCHEN, PETTENKOFERSTR. 9A
VORHAB **hygienische untersuchungen an regenerativen waermeaustauschern**
untersuchung der keimuebertragung von der fortluft in die zugefuehrte aussenluft im waermeaustauscher. keimverhalten auf der speichermasse
S.WORT lufthygiene + klimaanlage
PROLEI DR. BECKERT
STAND 1.1.1974
FINGEB KRAFTANLAGEN AG, HEIDELBERG
BEGINN 1.1.1973 ENDE 31.12.1974
G.KOST 50.000 DM

TF -018
INST INSTITUT FUER HYGIENISCH-BAKTERIOLOGISCHE ARBEITSVERFAHREN DER FRAUNHOFER-GESELLSCHAFT E.V.
MUENCHEN 80, BAD BRUNNTHAL 3
VORHAB **untersuchungen ueber die hygienischen auswirkungen von lueftungsanlagen in krankenhaus und industrie**
S.WORT betriebshygiene + krankenhaushygiene + klimaanlage
PROLEI PROF. DR. KANZ
STAND 1.1.1974
BEGINN 1.1.1971

TF -019
INST INSTITUT FUER HYGIENISCH-BAKTERIOLOGISCHE ARBEITSVERFAHREN DER FRAUNHOFER-GESELLSCHAFT E.V.
MUENCHEN 80, BAD BRUNNTHAL 3
VORHAB **untersuchungen ueber die keimverbreitung in krankenhaeusern**
keimverbreitung im operationsbereich
S.WORT krankenhaus + keime
PROLEI PROF. DR. KANZ
STAND 1.1.1974

TF -020
INST INSTITUT FUER HYGIENISCH-BAKTERIOLOGISCHE ARBEITSVERFAHREN DER FRAUNHOFER-GESELLSCHAFT E.V.
MUENCHEN 80, BAD BRUNNTHAL 3
VORHAB **mikrobielle verunreinigung in sozialen raeumen**
ziel: die mikrobielle hautnahe umwelt des menschen qualitativ und quantitativ zu erforschen und moeglichkeiten fuer eine verbesserung zu erarbeiten; die untersuchung soll in sozialen raeumen des oeffentlichen bereichs durchgefeuhrt werden (z. b. wohnheime/schwimmbaeder/sportanlagen/umkleideraeume/waschraeume/toiletten)
S.WORT oeffentliche einrichtungen + hygiene
PROLEI PROF. DR. KANZ

STAND 1.1.1974
FINGEB EUROPAEISCHE GEMEINSCHAFTEN
BEGINN 1.7.1974 ENDE 31.7.1977
G.KOST 200.000 DM

TF -021

INST INSTITUT FUER HYGIENISCH-BAKTERIOLOGISCHE ARBEITSVERFAHREN DER FRAUNHOFER-GESELLSCHAFT E.V.
MUENCHEN 80, BAD BRUNNTHAL 3
VORHAB **mikrobielle verunreinigung in massenverkehrsmitteln**
ziel: wechselbeziehungen der konzentration von mikroorganismen und der menschenansammlungen bei massenverkehrsmitteln; der grad der wahrscheinlichkeit einer infektion; die moeglichkeit zur infektion
S.WORT oeffentliche verkehrsmittel + hygiene
PROLEI PROF. DR. KANZ
STAND 1.1.1974
FINGEB EUROPAEISCHE GEMEINSCHAFTEN
BEGINN 1.7.1974 ENDE 31.7.1977
G.KOST 200.000 DM

TF -022

INST INSTITUT FUER KLEINTIERZUCHT DER FORSCHUNGSANSTALT FUER LANDWIRTSCHAFT
CELLE, DOERNBERGSTR. 25-27
VORHAB **verhinderung hygienischer gefaehrdung bei der beseitigung und verarbeitung tierischer abfaelle**
verhinderung einer umweltbelastung durch im gefluegelhof vorkommende bakterielle und parasitaere krankheitserreger. anwendung mikrobieller selbstentwicklungsvorgaenge zur hygienisierung des huehnerkotes. die zu pruefenden krankheitserreger wurden sowohl direkt mit dem kot vermischt, und so dem komplexen rottegeschehen unterworfen, als auch in ampullen eingeschmolzen, dem ausschliesslichen einfluss der bei der kompostierung entstehenden temperaturen ausgesetzt. durch probenentnahmen aus den unterschiedlichen rottestadien und nach ablauf der rotte wurde arbeitsdynamik der mikroorganismen sowie hygienischer status des kompostes untersucht. im tierversuch wurde durch verfuetterung verschiedener %-anteile des hygienisierten huehnerkotes an kaninchen, die mikrobiologische unbedenklichkeit des rotteproduktes geprueft
S.WORT veterinaerhygiene + tierische faekalien + rotte
PROLEI PROF. DR. HANS-CHRISTOPH LOELIGER
STAND 22.7.1976
QUELLE fragebogenerhebung sommer 1976
FINGEB BUNDESMINISTER FUER ERNAEHRUNG, LANDWIRTSCHAFT UND FORSTEN
ZUSAM INST. F. LANDMASCHINENFORSCHUNG, 3301 OELKENRODE
BEGINN 1.7.1974 ENDE 31.12.1976
G.KOST 101.000 DM
LITAN - PLATZ, S.: HYGIENISIERUNG UND VERWERTUNGSMOEGLICHKEIT VON GEFLUEGELKOT UND -EINSTREU - EINE LITERATURUEBERSICHT. IN: ARCHIV FUER GEFLUEGELKUNDE 39(5) S. 158-166
- PLATZ, S.: UNTERSUCHUNGEN UEBER DAS VERHALTEN PATHOGENER MIKROORGANISMEN BEI DER HEISSVERROTTUNG VON HUEHNERKOT. IN: ZBL. VET. MED. REIHE B

TF -023

INST INSTITUT FUER MEDIZINISCHE PARASITOLOGIE DER UNI BONN
BONN, VENUSBERG
VORHAB **stoffwechseluntersuchungen an krankheitsuebertragenden insekten, probleme der malariauebertragung**
ziel: erforschung der entwicklungsbedingungen der malaria-erreger in stechmuecken; ursachen der resistenz bzw. der empfaenglichkeit; mechanismen der anpassung der malaria-parasiten an neue wirte, d. h. koennen veraenderte umwelt-bedingungen neuerliche verbreitung der malaria ermoeglichen?
S.WORT epidemiologie + malaria + umweltbedingungen + infektionskrankheiten
PROLEI DR. WALTER MAIER
STAND 1.1.1974
ZUSAM LANDESAMT F. FORSCHUNG, 4 DUESSELDORF 1, PRINZ-GEORG-STR. 126
BEGINN 1.1.1970
LITAN - MAIER: ZUR MORTALITAET VON CULEX NACH INFEKTION MIT PLASMODIUM CATHEMAERIUM. IN: Z. PARASITENKUNDE 41 S11-28(1973)
- MAIER; OMER: DER EINFLUSS VON P. CATHEMERIUM AUF DEN AMINOSAEUREGEHALT UND DIE EIZAHL VON CULEX. IN: Z. PARASITENKUNDE BD. 42 S. 265-278(1973)

TF -024

INST INSTITUT FUER MEDIZINISCHE PARASITOLOGIE DER UNI BONN
BONN, VENUSBERG
VORHAB **uebertragbarkeit von trichomonaden durch schwimmbaeder, insbesondere thermalbaeder**
untersuchung der lebensfaehigkeit von trichomonaden in thermalbaedern; beurteilung der infektionsfaehigkeit
S.WORT badeanstalt + infektionskrankheiten + (trichomonaden)
PROLEI PROF. DR. PIEKARSKI
STAND 1.1.1974
ZUSAM HYGIENE-INSTITUT DER UNI BONN, 53 BONN-VENUSBERG
BEGINN 1.1.1973
LITAN PIEKARSKI; SAATHOFF: TRICHOMONAS-VAGINALIS-INFEKTIONEN DURCH BENUTZUNG OEFFENTLICHER BADEANSTALTEN UND SCHWIMMBAEDER? IN: Z. F. INFEKTIONSKRANKHEITEN UND KLINISCHE IMMUNOLOGIE BD. 1 S. 22-25(1973)

TF -025

INST INSTITUT FUER MEDIZINISCHE PARASITOLOGIE DER UNI BONN
BONN, VENUSBERG
VORHAB **infektionswege der duenndarmcoccidien des menschen**
die beziehungen zwischen sarcocystis und isospora sollen untersucht werden; besonders die parallelen zur epidemiologie und biologie von toxoplasma werden beruecksichtigt
S.WORT infektion + organismus + mensch
PROLEI PROF. DR. PIEKARSKI
STAND 1.1.1974
BEGINN 1.1.1973

TF -026

INST INSTITUT FUER TIERMEDIZIN UND TIERHYGIENE DER UNI HOHENHEIM
STUTTGART 70, GARBENSTR. 30
VORHAB **die hygienische bedeutung des hundekotes im lebensraum einer grossstadt**
um festzustellen, inwieweit durch hundekot eine hygienische gefaehrdung der bevoelkerung, insbesondere der kleinkinder, innerhalb einer grosstadt auftritt, wird auf der basis eines statistischen auswahlverfahrens untersucht, welche der wichtigsten krankheitserreger, die auch auf den menschen uebertragbar sind, im hundekot in einer grosstadt gefunden werden
S.WORT stadthygiene + tierische faekalien + krankheitserreger + grosstadt + (hundekot)
PROLEI PROF. DR. DIETER STRAUCH
STAND 27.7.1976
QUELLE fragebogenerhebung sommer 1976
FINGEB GRIMMINGER-STIFTUNG FUER ZOONOSENFORSCHUNG, STUTTGART
BEGINN 1.1.1975 ENDE 31.12.1976
G.KOST 7.000 DM
LITAN ZWISCHENBERICHT

TF -027

INST INSTITUT FUER TIERMEDIZIN UND TIERHYGIENE DER UNI HOHENHEIM
STUTTGART 70, GARBENSTR. 30

VORHAB **aerosol-dekontamination von bakteriellen krankheitserregern**
die untersuchungen sollen aufschluss darueber geben, inwieweit und unter welchen bedingungen desinfektionsmittel in aerosolform wirksam sind: a) gegenueber keimen im luftgetragenen zustand; b) gegenueber keimen, die sich auf oberflaechen abgeschieden haben. (holz, metall, textilien, leder). dabei soll u. a. zwischen der wirkung der desinfektinsmittel in der gasphase und der wirkung aufgrund des direkten kontaktes eines keimes mit einem desinfektionsmitteltropfen unterschieden werden
S.WORT krankheitserreger + bakterien + desinfektionsmittel + aerosole
PROLEI PROF. DR. WOLFGANG MUELLER
STAND 27.7.1976
QUELLE fragebogenerhebung sommer 1976
FINGEB FRAUNHOFER-GESELLSCHAFT ZUR FOERDERUNG DER ANGEWANDTEN FORSCHUNG E. V. , MUENCHEN
ZUSAM PHYSIKALISCHES INSTITUT DER UNIVERSITAET HOHENHEIM, GARBENSTRASSE 30, 7000 STUTTGART 70
BEGINN 1.12.1974 ENDE 31.12.1977
G.KOST 273.000 DM
LITAN ZWISCHENBERICHT

TF -028
INST INSTITUT FUER UMWELTHYGIENE UND KRANKENHAUSHYGIENE DER UNI MARBURG
MARBURG, BAHNHOFSTR. 13A
VORHAB **fliegen als vektoren von schad-mikroorganismen insbesondere von pathogenen keimen; klaerschlammanwendung im rasen- und sportplatzbau**
1. bakteriologisch-hygienische untersuchung der fliegen-population in erholungs- und feriengebieten unter besonderer beruecksichtigung von versorgungs- und entsorgungseinrichtungen. isolierung der schadkeime und pathogenen keime durch anreicherungs- und differenzierungsverfahren. 2. anwendung von verschiedenen arten von klaerschlaemmen bei der anlage von sport- und rasenflaechen unter besonderer beruecksichtigung der hygiene-probleme, wie emission von biogenen und abiogenen schadstoffen in die umwelt, vor allem im hinblick auf grundwasser-kontamination
S.WORT umwelthygiene + insekten + pathogene keime + klaerschlamm + rasen
PROLEI PROF. DR. STEIN
STAND 30.8.1976
QUELLE fragebogenerhebung sommer 1976
ZUSAM - ABTEILUNG VORRATSSCHUTZ DER UNI GIESSEN (PROF. DR. STEIN)
- ABTEILUNG RASENFORSCHUNG DER UNI GIESSEN (DR. SKIRDE)
BEGINN 1.6.1975 ENDE 31.12.1977
G.KOST 120.000 DM

TF -029
INST INSTITUT FUER VIROLOGIE DER TIERAERZTLICHEN HOCHSCHULE HANNOVER
HANNOVER -KIRCHRODE, BUENTEWEG (WESTFALENHOF) 17
VORHAB **struktur und reinigung des vhs-virus der forellen**
unbekannte struktur des vhs-viruspartikels; keine reinigungsmethoden bekannt elektronenmikrospische strukturanalyse und vergleich mit aehnlichen virusarten (z. b. tollwut); massenkultur; konzentration und reinigungsversuche mit verschiedenen physikalisch-chemischen methoden
S.WORT viren + fische
PROLEI DR. FROST
STAND 1.1.1974
FINGEB KULTUSMINISTERIUM, HANNOVER
BEGINN 1.5.1972 ENDE 31.12.1974
G.KOST 15.000 DM
LITAN ZWISCHENBERICHT 1974. 10

TF -030
INST INSTITUT FUER VIROLOGIE DER TIERAERZTLICHEN HOCHSCHULE HANNOVER
HANNOVER -KIRCHRODE, BUENTEWEG (WESTFALENHOF) 17
VORHAB **gewinnung potenter hyperimmunseren gegen vhs-virus zur anwendung in der diagnostik (immunfloreszenz)**
bislang schwierig, hyperimmunseren gegen vhs-virus zu gewinnen; methode gefunden, solche seren zu gewinnen und fuer diagnostik zu verwenden; titration der antiseren im neutralisationstest unter verwendung der mikrotitertechnik
S.WORT immunologie + viren
PROLEI PROF. DR. LIESS
STAND 1.1.1974
FINGEB KULTUSMINISTERIUM, HANNOVER
BEGINN 1.4.1971 ENDE 31.12.1974
G.KOST 8.000 DM
LITAN ZWISCHENBERICHT 1975. 06

TF -031
INST INSTITUT FUER WASSER-, BODEN- UND LUFTHYGIENE DES BUNDESGESUNDHEITSAMTES
BERLIN 33, CORRENSPLATZ 1
VORHAB **verbreitung von krankheitserregern durch kuehl- und abwasseraerosole**
bei den belueftungsverfahren zur biologischen klaerung von abwasser nach dem belebungsverfahren besteht die gefahr, dass krankheitskeime durch windbewegungen auf die umgebung verbracht werden. man rechnet auch mit einer keimverschleppung im dunst von industriellen kuehltuermen. um die damit evtl. verbundenen gefahren ueberwachen zu koennen, bedarf es einer unverzueglichen wissenschaftlichen klaerung
S.WORT krankheitserreger + kuehlturm + abwasser + aerosole
PROLEI PROF. DR. GERTRUD MUELLER
STAND 15.11.1975
FINGEB BUNDESMINISTER DES INNERN
BEGINN 1.5.1971 ENDE 31.12.1976
G.KOST 441.000 DM

TF -032
INST INSTITUT FUER WASSER-, BODEN- UND LUFTHYGIENE DES BUNDESGESUNDHEITSAMTES
BERLIN 33, CORRENSPLATZ 1
VORHAB **untersuchungen ueber die entstehung von mueckenplagen innerhalb einer grossstadt und ueber die moeglichkeiten ihrer bekaempfung**
nicht vorhandene kenntnis ueber stechmueckenbrutgebiete in der bundesrepublik deutschland und berlin-west; unnoetige ausbringung von insektiziden; entwicklung naturgemaesser verfahren zur bekaempfung von stechmuecken bei der neugestaltung und schaffung von erholungsgebieten; landschaftsgestaltung unter beruecksichtigung der lebensbedingungen der stechmuecken
S.WORT umweltbelastung + insekten + stadtgebiet + erholungsgebiet
PROLEI DR. IGLISCH
STAND 1.1.1974
FINGEB BUNDESGESUNDHEITSAMT, BERLIN
BEGINN 1.1.1969
G.KOST 360.000 DM
LITAN - ZENTRALABTEILUNG DES BUNDESGESUNDHEITSAMTES(BERLIN): 6 ZWISCHENBERICHTE
- IGLISCH,I.: STECHMUECKENPLAGEN IN GROSSSTAEDTEN TEIL I.ZUR LEBENSWEISE DER STECHMUECKEN UND ZUR PROGNOSE EINES MASSENAUFTRETENS. IN:BUNDESGESUNDHEITSBLATT 14(6) S.53-60(1971)
- IGLISCH,I.: STECHMUECKENPLAGEN IN GROSSSTAEDTEN TEIL II.BEKAEMPFUNGSMASSNAHMEN UNTER BERUCKSICHTIGUNG DES UMWELTSCHUTZES. IN:BUNDESGESUNDHEITSBLATT 14(23) S.337-342(1971)

TF -033
INST INSTITUT FUER WASSER-, BODEN- UND LUFTHYGIENE DES BUNDESGESUNDHEITSAMTES BERLIN 33, CORRENSPLATZ 1
VORHAB **ad hoc-studien zur vorbereitung des wasserhygienegesetzes**
im verlauf der vorbereitungen fuer das wasserhygienegesetz wird eine unmittelbare klaerung von detailfragen notwendig werden. die genauen themen ergeben sich erst bei der bearbeitung des gesetzentwurfes
S.WORT wasserhygiene + gesetzesvorbereitung
STAND 15.11.1975
FINGEB BUNDESMINISTER DES INNERN
BEGINN 1.1.1974 ENDE 31.12.1976
G.KOST 190.000 DM

TF -034
INST INSTITUT FUER WILDFORSCHUNG UND JAGDKUNDE DER UNI GOETTINGEN GOETTINGEN, BUESGENWEG 3
VORHAB **krankheiten der wildtiere und ihre bedeutung fuer mensch und haustier**
S.WORT tierschutz + wild + krankheiten
PROLEI VON BRAUNSCHWEIG
STAND 1.1.1974
BEGINN 1.1.1970

TF -035
INST LANDESUNTERSUCHUNGSAMT FUER GESUNDHEITSWESEN NORDBAYERN NUERNBERG, FLURSTR. 20
VORHAB **tierseuchenhygiene und zoonosen**
S.WORT tiere + seuchenhygiene + zoonosen
STAND 1.1.1974
FINGEB STAATSMINISTERIUM DES INNERN, MUENCHEN

TF -036
INST LANDESUNTERSUCHUNGSAMT FUER GESUNDHEITSWESEN NORDBAYERN NUERNBERG, FLURSTR. 20
VORHAB **antigenstruktur von escherichia coli**
die antigenstruktur ist die grundlage der pathogenitaet sowie auch der immunogenitaet eines bakteriums durch herstellung von 140
S.WORT colibakterien
PROLEI DR. MANZ
STAND 1.1.1974
BEGINN 1.1.1971
G.KOST 20.000 DM
LITAN - MANZ, J.: DISS. MUENCHEN: COLI V. KALB (1971)
- WEBER, A.;MANZ, J.: COLI V. KANINCHEN BMTW 84, 441FF (1971)
- MANZ, J.: 1973 COLI V. KALB U. SCHWEIN BMTW 86, 366 FF

TF -037
INST LANDESUNTERSUCHUNGSAMT FUER GESUNDHEITSWESEN NORDBAYERN NUERNBERG, FLURSTR. 20
VORHAB **brucella canis als zoonoseursache**
brucella canis wurde erstmalig fuer europa festgestellt; die konsequenz als zoonose ist zu klaeren
S.WORT zoonosen + krankheitserreger + (brucella canis)
PROLEI DR. VON KRUEDENER
STAND 1.1.1974
BEGINN 1.1.1973
G.KOST 15.000 DM
LITAN - KRUEDENER, R.: BRUCELLA CANIS-ISOLIERUNG IN: ZBLF. VET. MED. IM BUSCH (1974)
- KRUEDENER, R.: BR. ANIS IN BEAGLE-BESTAND (VORTRAG)
- ERSCHEINT IN PHYS. U. PATH. D. FORTPFL. 74

TF -038
INST LEHRSTUHL UND INSTITUT FUER TECHNISCHE THERMODYNAMIK IN DER FAKULTAET FUER MASCHINENBAU DER UNI KARLSRUHE KARLSRUHE, KAISERSTR. 12
VORHAB **bakterienauswurf aus kuehltuermen**
es wurde eine stroemungsapparatur errichtet, mit der die schwadenstroemung durch einen kuehlturm physikalisch simuliert wird. darin wurden die ueberlebensraten von bakterien unter schwadenbedingungen gemessen
S.WORT kuehlturm + bakterien
PROLEI DR. H. P. WERNER
STAND 19.7.1976
QUELLE fragebogenerhebung sommer 1976
ZUSAM - HYGIENE-INSTITUT DER UNI MAINZ
- DEUTSCHER WETTERDIENST
- INSTITUT FUER DAMPF- UND GASTURBINEN DER RWTH AACHEN
BEGINN 1.4.1975
G.KOST 1.000.000 DM

TF -039
INST MEDIZINALUNTERSUCHUNGSAMT TRIER TRIER, MAXIMINERACHT 11 B
VORHAB **aufgaben des oeffentlichen gesundheitsdienstes im bereich der umwelthygiene**
definition und beschreibung der taetigkeiten der organe des oeffentlichen gesundheitsdienstes, bes. der medizinaluntersuchungsaemter, auf den gebieten der umwelthygiene. erarbeitung der grundlagen fuer diese taetigkeit (gesetzliche u. a. bestimmungen, sinngemaesse anwendung der aufgaben des oegesd) sowie von normen, kriterien und richtlinien fuer die erforderlichen strukturen und fuer die funktionen ("wer was machen soll")
S.WORT gesundheitsvorsorge + umwelthygiene
PROLEI DR. JOACHIM ALBRECHT
STAND 21.7.1976
QUELLE fragebogenerhebung sommer 1976
ZUSAM VEREINIGUNG DER ZERZTE DER MEDIZINALUNTERSUCHUNGSAEMTER, AZENBERGSTR. 16, 7000 STUTTGART 1
BEGINN 1.1.1970
LITAN - ALBRECHT, J.: UMWELTSCHUTZ, GESUNDHEIT UND OEFFENTLICHER GESUNDHEITSDIENST. IN: GESUNDHEITSWESEN UND DESINFEKTION 64 S. 81-86(1972)
- ALBRECHT, J.: FUNKTION UND STRUKTUR DER MEDIZINALUNTERSUCHUNGSAEMTER IN DER BUNDESREPUBLIK DEUTSCHLAND. IN: OEFFENTLICHES GESUNDHEITSWESEN 37 S. 602-611(1975)

TF -040
INST ZENTRUM FUER HYGIENE IM KLINIKUM DER UNI FREIBURG FREIBURG, HERMANN-HERDER-STR. 11
VORHAB **mathematische modelle in der seroepidemiologie verschiedener viruskrankheiten**
mathematische modelle (exponentialfunktionen) zur analyse der epidemiologie von verschiedenen virusinfektionen: aufstellung von antikoerperkatastern i. d. bevoelkerung. durchsuchungskurve als exponentialfunktion. inzidenzberechnung. hochrechnung auf "wahre" durchseuchung unabhaengig von testsensibilitaet. immunitaetsdauer
S.WORT infektionskrankheiten + viren + epidemiologie + modell + (antikoerperkataster) BADEN (SUED) + OBERRHEIN
PROLEI DR. HANS W. DOERR
STAND 12.8.1976
QUELLE fragebogenerhebung sommer 1976
BEGINN 1.4.1974 ENDE 30.4.1976
LITAN ZWISCHENBERICHT

TF -041
INST ZENTRUM FUER KONTINENTALE AGRAR- UND WIRTSCHAFTSFORSCHUNG / FB 20 DER UNI GIESSEN PLOCHINGEN, FABRIKSTR. 23-29

VORHAB **veterinaerhygienische aspekte der massentierhaltung**
1. massentierhaltung - industriemaessige tierproduktion a) hygienische aspekte - v. a. bioklimatologie, stallhygiene (allg.) fuetterungshygiene, abfallbeseitigung, desinfektion b) tierarten - schweine, rinder, kaninchen (gefluegel, schafe) c) laender - alle rgw-laender und jugoslawien im vergleich zu einigen laendern westeuropas u. nordamerikas. 2. die industriemaessige tierproduktion hat sich in den rgw-laendern rasch entwickelt. grossbetriebliche tierproduktionsanlagen wurden insbesondere in der letzten zeit in hoher zahl und in groessenordnungen gebaut, die unter westeuropaeischen verhaeltnissen bisher unbekannt sind. diese entwicklung hatte zur folge, dass neue probleme auf dem gebiet der tiergesundheit aufgetreten sind. die gefundenen loesungen, die meisst im hygienischen bereich liegen, sind zum groessten teil auch unter deutschen verhaeltnissen anwendbar
S.WORT massentierhaltung + veterinaerhygiene
PROLEI THIEL
STAND 6.8.1976
QUELLE fragebogenerhebung sommer 1976
BEGINN 1.1.1973

TF -042
INST ZOOLOGISCHES INSTITUT UND ZOOLOGISCHES MUSEUM DER UNI HAMBURG
HAMBURG 13, MARTIN-LUTHER-KING-PLATZ 3
VORHAB **einschleppung und einbuergerungsmoeglichkeiten von insekten in vom menschen besonders in der grossstadt geschaffene lebensraeume**
es werden die durch den handel eingeschleppten insekten auf ihre einbuergerungsmoeglichkeit und wirtschaftliche bedeutung ueberprueft. ausserdem werden faelle gesammelt, in denen bei uns im freiland lebende insekten in haeuser eindringen und dort als laestlinge auftreten. es sollen die biologischen grundlagen fuer die verhuetung solcher schadauftreten erarbeitet werden
S.WORT insekten + schaedlingsbekaempfung + wohnungshygiene
PROLEI PROF. DR. HERBERT WEIDNER
STAND 30.8.1976
QUELLE fragebogenerhebung sommer 1976
LITAN
- VAIVANIJKUL,P.(UNI HAMBURG), DISSERTATION: DIE MIT TAPIOKA NACH DEUTSCHLAND EINGESCHLEPPTEN VORRATSSCHAEDLINGE UND IHRE BEDEUTUNG FUER DIE LAGERHALTUNG. IN:ENT. MITT. MUS. HAMBURG BD. 4 S.351-394(1973)
- WEIDNER,H.: HAUSPLAGEN DURCH FREILANDINSEKTEN. IN:DER PRAKT. SCHAEDLINGSBEK. 25 S.101-104(1973)
- WEIDNER,H.: VERWENDUNG INSEKTENEIGENER WIRKSTOFFE ZUR SCHAEDLINGSBEKAEMPFUNG. IN:DER PRAKT. SCHAEDLINGSBEK. 26 S.149-154(1974)

Weitere Vorhaben siehe auch:

HA -080 WASSERBESCHAFFENHEIT VON BADESEEN

HC -001 UNTERSUCHUNGEN UEBER DIE HYGIENISCHE UND BIOLOGISCHE BESCHAFFENHEIT DES BADEWASSERS VOR DER OSTSEEKUESTE - SUEDLICHER KUESTENBEREICH

KB -064 VERHALTEN VON CHOLERAVIBRIONEN IN VERSCHIEDENEN WASSERARTEN, WAEHREND DER ABWASSERREINIGUNG - STANDARDUNTERSUCHUNGSMETHODE

RF -003 LUFTKEIMGEHALT IN GEFLUEGELSTAELLEN BAKTERIEN, BELASTUNG DES GEFLUEGELS, DES PERSONALS

RH -013 THE IMPROVEMENT OF TSETSE FLY CONTROL/ERADICATION BY NUCLEAR TECHNIQUES

UA -001
INST BATTELLE-INSTITUT E.V.
FRANKFURT 90, AM ROEMERHOF 35
VORHAB **schaetzung der monetaeren aufwendungen fuer umweltschutzmassnahmen bis zum jahre 1980**
feststellung von auswirkungen des umweltprogramms auf die volkswirtschaftliche bilanz. ueberarbeitung und fortschreibung des gutachtens vom 31. maerz 1971; aufgaben der umweltplanung, funktion des marktmechanismus, wirtschaftspolitische loesungswege, massnahmen und aufwendungen zum umweltschutz (volkswirtschaftlich), ausblick
S.WORT umweltpolitik + umweltschutzmassnahmen + volkswirtschaft + kosten
STAND 1.1.1975
QUELLE umweltforschungsplan 1975 des bmi
FINGEB BUNDESMINISTER DES INNERN
BEGINN 1.1.1973 ENDE 30.9.1975
G.KOST 295.000 DM

UA -002
INST BATTELLE-INSTITUT E.V.
FRANKFURT 90, AM ROEMERHOF 35
VORHAB **bewertung von umweltbelangen unter heranziehung von sozialindikatoren**
auf der grundlage des bisherigen standes der sozialindikatorenforschung sollen entscheidungshilfen fuer die bewertung von umweltauswirkungen erarbeitet werden, bzw. wege zur anwendung von sozialindikatoren fuer die bewertung von umweltauswirkungen aufgezeigt werden. dazu soll eine strukturierte checkliste sozialwissenschaftlicher bewertungsaspekte erstellt werden
S.WORT umweltprobleme + bewertungsmethode + sozialindikatoren
STAND 15.12.1975
FINGEB BUNDESMINISTER DES INNERN
BEGINN 1.8.1974 ENDE 15.2.1975
G.KOST 48.000 DM

UA -003
INST DECHEMA - DEUTSCHE GESELLSCHAFT FUER CHEMISCHES APPARATEWESEN E.V.
FRANKFURT, THEODOR-HEUSS-ALLEE 25
VORHAB **fortsetzungsstudie umweltfreundliche technik; verfeinerung und konkretisierung der schon erarbeiteten kriterien zur beurteilung von entwicklungsvorschlaegen**
ausgehend von der umwelt-gesamtsituation werden entversorgungsziele und f+e-projekte formuliert und hinsichtlich ihrer prioritaet eingestuft; verfahren: 1. modell zur gewichtung von umweltbelastungen, 2. aufstellung der mengenbilanzen wesentliche schad- und abfallstoffe-dringlichkeit der entsorgungsziele, 3. formulierung und einstufung von f+e-projekten im bereich umweltfreundliche technik
S.WORT umweltbelastung + entsorgung + forschungsplanung
PROLEI PROF. DR. BEHRENS
STAND 1.1.1974
FINGEB BUNDESMINISTER FUER FORSCHUNG UND TECHNOLOGIE
ZUSAM INST. F. SYSTEMTECHNIK U. INNOVATIONSFORSCHUNG (ISI) DER FRAUNHOFER-GESELLSCHAFT E. V. , 75 KARLSRUHE
BEGINN 1.1.1973 ENDE 31.12.1976
G.KOST 383.000 DM
LITAN - BEURTEILUNG VON FE-PROJEKTEN IM BEREICH UMWELTFREUNDLICHER TECHNIK. EINE STUDIE ZUR METHODIK UND EXEMPLARISCHEN ANWENDUNG FUER DIE ZELLSTOFF- UND PAPIERINDUSTRIE, DECHEMA, FFM 97, POSTF. /JANUAR
- ZWISCHENBERICHT 1974. 10

UA -004
INST DEUTSCHE GESELLSCHAFT FUER AUSWAERTIGE POLITIK E.V.
BONN 1, ADENAUERALLEE 133
VORHAB **internationale dimensionen der umweltproblematik in europa**
untersuchung umweltpolitischer verflechtungen in europa unter beruecksichtigung wirtschaftspolitischer aspekte. erfassung und bewertung nationaler umweltprogramme und umweltmassnahmen in europaeischen staaten, insbesondere in den mitgliedstaaten der europaeischen gemeinschaften. erfassung von umweltplanungen und umweltmassnahmen internationaler organisationen in bezug auf europa. umweltzusammenarbeit im rahmen des rates fuer gegenseitige wirtschaftshilfe -rgw-. ost-west-zusammenarbeit auf dem umweltgebiet in europa. schlussfolgerungen aus diesen untersuchungen fuer die umweltpolitik der bundesregierung
S.WORT umweltpolitik + internationaler vergleich
PROLEI PROF. DR. KARL KAISER
STAND 15.11.1975
FINGEB BUNDESMINISTER DES INNERN
BEGINN 1.1.1974 ENDE 31.12.1976
G.KOST 229.000 DM

UA -005
INST DORNIER SYSTEM GMBH
FRIEDRICHSHAFEN, POSTFACH 1360
VORHAB **planungsfaktor umweltschutz-fernsehreihe, lehrbuch und pruefung im medienverbund (wdr/ndr)**
es ist das ziel der sendereihe und des buches, buergern und behoerden einen ueberblick ueber den gesamten themenbereich zu geben, sowiet er fuer die taeglichen massnahmen und planungen relevant ist. an ausgewaehlten modellfaellen - staedten aus der bundesrepublik deutschland, schweden und der schweiz - werden die umweltbelastungen dargestellt, die durch neu- und ausbaumassnahmen bei wohnsiedlungen, bei gewerbe und industrie und beim strassenbau entstehen. ausserdem werden modell-loessungen gezeigt, die mit einem minimum an kosten und aufwand ein maxium an umweltschutz erzielen
S.WORT raumplanung + umweltschutz + information
PROLEI ROLAND GUTSCH
STAND 10.9.1976
QUELLE fragebogenerhebung sommer 1976
ZUSAM - WESTDEUTSCHER RUNDFUNK, KOELN
- LEXIKA VERLAG, DOEFFINGEN
BEGINN 1.7.1975 ENDE 31.1.1976
LITAN PLANUNGSFAKTOR UMWELTSCHUTZ. LEXIKA VERLAG, DOEFFINGEN, 380 S. (1976)

UA -006
INST DORNIER SYSTEM GMBH
FRIEDRICHSHAFEN, POSTFACH 1360
VORHAB **studie zur fortschreibung des umweltprogramms**
erarbeitung: a) einer bestandsaufnahme ueber - die durchfuehrung des programms von 1971 - die sich aus umweltprogrammen und -berichten der laender ergebenden anregungen fuer ein neues aktionsprogramm; b) eines in einem zielsystem geordneten rahmenentwurfs fuer ein neues umweltaktionsprogramm, basierend auf den erhebungen zu a)
S.WORT umweltprogramm + (fortschreibung) BUNDESREPUBLIK DEUTSCHLAND
PROLEI DR. -ING. HERBERT HANKE
STAND 1.1.1975
QUELLE umweltforschungsplan 1975 des bmi
FINGEB BUNDESMINISTER DES INNERN
BEGINN 1.12.1973 ENDE 30.6.1975
G.KOST 368.000 DM

UA -007
INST DORNIER SYSTEM GMBH
FRIEDRICHSHAFEN, POSTFACH 1360
VORHAB **mitarbeit bei der bestandsaufnahme und fortschreibung des umweltprogramms der bundesregierung**
unterstuetzung des bundesministerium des innern bei den vorarbeiten zur bestandsaufnahme und fortschreibung des umweltprogramms der bundesregierung

S.WORT umweltpolitik + umweltprogramm
PROLEI DR. -ING. HERBERT HANKE
STAND 10.9.1976
QUELLE fragebogenerhebung sommer 1976
BEGINN 1.12.1973 ENDE 31.8.1975
G.KOST 368.000 DM
LITAN ENDBERICHT

UA -008
INST DORNIER SYSTEM GMBH
FRIEDRICHSHAFEN, POSTFACH 1360
VORHAB **finanzierungsmodelle fuer umweltschutzmassnahmen im kommunalen bereich**
anschlussvorhaben zu i a 10/72 - 73, projekt-nr. 0739039
S.WORT umweltschutz + kommunale planung + oekonomische aspekte + (finanzierungsmodelle)
STAND 1.1.1975
QUELLE umweltforschungsplan 1975 des bmi
FINGEB BUNDESMINISTER DES INNERN
BEGINN 1.11.1973 ENDE 15.2.1975
G.KOST 105.000 DM

UA -009
INST EMNID INSTITUT GMBH
BIELEFELD
VORHAB **auswertungsprogramm "soziale indikatoren (phase II)"**
in der phase 2 des o. g. programmes sollen ausgewaehlte themen nach 6 verschiedenen ebenen (aeussere lebensbedingungen, verhaltenweisen, werte/ziele/einstellungen, wahrnehmung und bewertung gesellschaftlicher bedingungen, persoenliche zufriedenheit/unzufriedenheit/glueck/entfremdung, zukunftpositionen) gegliedert und die aus verschiedenen umfragen gewonnene ergebnisse kombiniert werden.
S.WORT sozialindikatoren + statistische auswertung
QUELLE datenuebernahme aus der datenbank zur koordinierung der ressortforschung (dakor)
FINGEB BUNDESMINISTER FUER ARBEIT UND SOZIALORDNUNG
BEGINN 1.7.1974 ENDE 31.12.1974
G.KOST 110.000 DM

UA -010
INST FACHBEREICH POLITISCHE WISSENSCHAFT DER FU BERLIN
BERLIN 33, IHNESTR. 21
VORHAB **politik und oekologie der entwickelten industriegesellschaft**
international vergleichende untersuchung der umweltpolitik entwickelter industriestaaten und deren effekte (erfolge/defizite). behandlung des umweltschutzes als "test auf die wohlfahrtsstaatlichkeit" der untersuchten - kapitalistischen wie kommunistischen - systeme. herausarbeitung empirischer modelle objektiver moeglichkeiten und deren beziehungen auf umweltpolitische reformstrategien. vorgehensweise: rueckschluss von wirkungen (umweltqualitaet und ihre entwicklung) auf die ursachen (umweltpolitische stategien, vollzugsdefizite, restriktionen, interessenlagen, oekonomische ressourcen etc.)
S.WORT industrienationen + umweltpolitik + internationaler vergleich
PROLEI PROF. DR. MARTIN JAENICKE
STAND 21.7.1976
QUELLE fragebogenerhebung sommer 1976
FINGEB STIFTUNG VOLKSWAGENWERK, HANNOVER
ZUSAM - WZB (UMWELTINSTITUT), STEINPLATZ 2, 1000 BERLIN 12
- UBA, BISMARCKPLATZ 1, 1000 BERLIN 33
BEGINN 1.1.1976 ENDE 31.12.1977
G.KOST 213.000 DM
LITAN - JAENICKE, M.: UMWELTPOLITIK IM INTERNATIONALEN VERGLEICH. VERSUCH EINER KRITISCHEN LEISTUNGSBILANZ. IN: UMWELT 4(1976)
- WEIDNER, H.: DIE GESETZLICHE REGELUNG VON UMWELTFRAGEN IN HOCHENTWICKELTEN KAPITALISTISCHEN INDUSTRIESTAATEN. BERLIN(1975)

UA -011
INST FACHBEREICH WIRTSCHAFTSWISSENSCHAFTEN UND STATISTIK DER UNI KONSTANZ
KONSTANZ, JACOB-BURCKHARDT-STR. 35
VORHAB **empirisch anwendbare modelle zur umweltplanung**
S.WORT umweltplanung + modell
PROLEI DR. WULF
STAND 16.12.1975
QUELLE mitteilung der abwaermekommission vom 16.12.75
BEGINN 1.1.1970

UA -012
INST FACHGEBIET WIRTSCHAFTSPOLITIK DER UNI OLDENBURG
OLDENBURG, AMMERLAENDER HEERSTR. 67
VORHAB **umweltschutzpolitik**
analyse der aufgaben und probleme einer effektiven umweltschutzpolitik im rahmen verschiedener wirtschaftssysteme und erarbeitung von problemloesungsansaetzen
S.WORT umweltpolitik + wirtschaftssystem + internationaler vergleich
BUNDESREPUBLIK DEUTSCHLAND + EG-LAENDER + EUROPA (OSTEUROPA)
PROLEI PROF. DR. HANS-RUDOLF PETERS
STAND 21.7.1976
QUELLE fragebogenerhebung sommer 1976
BEGINN 1.6.1974
LITAN PETERS, H.: UMWELTSCHUTZPOLITIK - EINE ORDNUNGS- UND STRUKTURPOLITISCHE AUFGABE. IN: KLATT, S.;WILLMS, M. (EDS): STRUKTURWANDEL UND MAKROOEKONOMISCHE STEUERUNG. FESTSCHRIFT FUER FRITZ VOGT. BERLIN: DUNCKER & HUMBOLT(1975); S. 199 FF

UA -013
INST FAKULTAET FUER SOZIOLOGIE DER UNI BIELEFELD
BIELEFELD, UNIVERSITAETSSTR.
VORHAB **umweltschutz als staatsfunktion**
empirischer beitrag zur bestimmung staatlicher funktionen in kapitalistischen gesellschaftssystemen am beispiel der umweltpolitik der brd bzw. des deutschen reiches. nachgegangen wird dabei dem spezifischen zusammenhang zwischen produktionsweise, umweltschaeden und staatlicher taetigkeit
S.WORT umweltschutz + umweltpolitik
PROLEI DR. MANFRED GLAGOW
STAND 19.7.1976
QUELLE fragebogenerhebung sommer 1976
BEGINN 1.1.1975 ENDE 31.12.1977
G.KOST 4.000 DM

UA -014
INST FAKULTAET FUER SOZIOLOGIE DER UNI BIELEFELD
BIELEFELD, UNIVERSITAETSSTR.
VORHAB **kommunale umweltschutzpolitik eine fallstudie**
in diesem projekt geht es: 1. um die exemplarische verdeutlichung der strategischen aspekte empirischer sozialforschung 2. um die politikwissenschaftliche analyse einer kommunalen umweltschutzpolitik 3. um die politischen einstellungen und die primaere und politische sozialisation der tragerer politischer entscheidungen
S.WORT umweltschutz + umweltpolitik
MELLE
PROLEI DR. NORBERT MUELLER
STAND 19.7.1976
QUELLE fragebogenerhebung sommer 1976
FINGEB FORSCHUNGSHAUSHALT DER UNI BIELEFELD
BEGINN 1.1.1966 ENDE 31.12.1977
G.KOST 3.000 DM

UA -015
INST FIEDLER, JOBST
HAMBURG

VORHAB **ausgewaehlte verfahren der ziel- und programmkoordinierung innerhalb und zwischen ressorts sowie zwischen gebietskoerperschaften**
das thema gehoert zum problembereich "politische planung und modernisierung der oeffentlichen verwaltung". das projekt soll aufzeigen, wie die an den erzielten wirkungen bei den buergern gemessene leistung der oeffentlichen verwaltung verbessert werden kann.
S.WORT planung + verwaltung + optimierungsmodell
QUELLE datenuebernahme aus der datenbank zur koordinierung der ressortforschung (dakor)
FINGEB BUNDESMINISTER FUER ARBEIT UND SOZIALORDNUNG
BEGINN 1.6.1974 ENDE 15.12.1974
G.KOST 22.000 DM

UA -016
INST FINANZWISSENSCHAFTLICHES FORSCHUNGSINSTITUT AN DER UNI KOELN
KOELN 41, ALBERTUS-MAGNUS-PLATZ
VORHAB **indikatoren zur beurteilung der umweltqualitaet**
feststellung von aenderungen in der umweltqualitaet. erstellen oekologischer bilanzen und von belastbarkeitsstudien umweltbelasteter regionen
S.WORT umweltqualitaet + indikatoren
STAND 1.1.1975
QUELLE umweltforschungsplan 1975 des bmi
FINGEB BUNDESMINISTER DES INNERN
BEGINN 1.11.1973 ENDE 30.6.1975
G.KOST 55.000 DM

UA -017
INST FLEISCHMANN, G., PROF.DR.; KUESTER, GEORG H., DR.; SCHOEPPE, GUENTER
FRANKFURT
VORHAB **ansaetze fuer eine staatliche beeinflussung der richtung und des umfangs der innovationen auf unternehmensebene**
die untersuchung gehoert innerhalb der kommissionsaufgaben zum komplex der innovationspolitik und soll ansaetze aufzeigen, mittels denen die privaten unternehmen veranlasst werden koennen, art und umfang der unternehmensinnovationen nach den zielvorstellungen des staates auszurichten. dies koennte durch positive foerderung, sanktionen u. ae. geschehen. diese frage ist wichtig im hinblick auf das ziel, innovationen in richtung auf umweltfreundliche produktionstechniken und produkte, arbeitsplatzfreundliche verfahren etc. verstaerkt zu entwickeln. das herkoemmliche staatliche instrumentarium kann nicht als ausreichend bezeichent werden.
S.WORT technische infrastruktur + planungshilfen + gesetzesvorbereitung + umweltfreundliche technik + umweltvertraeglichkeitspruefung
QUELLE datenuebernahme aus der datenbank zur koordinierung der ressortforschung (dakor)
FINGEB BUNDESMINISTER FUER ARBEIT UND SOZIALORDNUNG
BEGINN 1.10.1973 ENDE 30.9.1974
G.KOST 37.000 DM

UA -018
INST FORSCHUNGSGRUPPE FUEHRUNGSWISSEN UND FUEHRUNGSINFORMATION DER UNI KONSTANZ
KONSTANZ, ROSGARTENSTR. 13
VORHAB **analyse der beziehung von planender oertlicher verwaltung zur wissenschaftlichen beratung auf der lokalen ebene**
S.WORT kommunale planung + wissenschaft + planungshilfen
QUELLE datenuebernahme aus der datenbank zur koordinierung der ressortforschung (dakor)
FINGEB BUNDESMINISTER FUER FORSCHUNG UND TECHNOLOGIE
BEGINN 1.8.1974 ENDE 15.12.1974

UA -019
INST FORSCHUNGSINSTITUT DER FRIEDRICH-EBERT-STIFTUNG E.V.
BONN -BAD GODESBERG, KOELNERSTR. 149
VORHAB **sozio-oekonomische rahmenbedingungen der forschungs- und technologiepolitik**
S.WORT soziale infrastruktur + forschungsplanung + wachstum
QUELLE datenuebernahme aus der datenbank zur koordinierung der ressortforschung (dakor)
FINGEB BUNDESMINISTER FUER FORSCHUNG UND TECHNOLOGIE
BEGINN 10.3.1975 ENDE 10.11.1975

UA -020
INST IFO - INSTITUT FUER WIRTSCHAFTSFORSCHUNG E.V.
MUENCHEN, POSCHINGER STRASSE 5
VORHAB **umweltpolitik und entwicklungslaender**
identifizierung des umweltproblems in entwicklungslaendern; umweltstrategie der entwicklungslaender; auswirkung der umweltpolitik der industrienationen auf: verlagerung von industrien, den aussenhandel der entwicklungslaender, die entwicklungshilfe der industrienationen
S.WORT umweltpolitik + entwicklungslaender + oekonomische aspekte
PROLEI DR. OCHEL
STAND 1.1.1974
BEGINN 1.3.1974 ENDE 31.5.1974
LITAN OCHEL, W.: UMWELTPOLITIK UND ENTWICKLUNGSLAENDER. IN: IFO-SCHNELLDIENST 15 (1974)

UA -021
INST INDUSTRIEANLAGEN-BETRIEBSGESELLSCHAFT MBH (IABG)
OTTOBRUNN, EINSTEINSTR.
VORHAB **simulation (fallstudie) zur erprobung der methodischen und organisatorischen konzeption unseres hauses fuer die pruefung der umweltvertraeglichkeit**
die im bmi entwickelte konzeption zur pruefung der umweltvertraeglichkeit umfasst einen methodischen pruefungsablauf, fuer den ein ablaufschema erstellt ist, und ein zweistufiges beteiligungsverfahren, das eine vorpruefung unter beteiligung einer sachverstaendigen stelle des umweltschutzes und eine anschliessende beteiligung aller nach dem ergebnis der vorpruefung als beruehrt angesehenen behoerden bei der detaillierten pruefung der umweltvertraeglichkeit vorsieht. dieser vorschlag ist durch eine simulation aufgrund einer empirischen fallstudie zu erproben. dabei sollen evtl. alternativen aufgezeigt werden
S.WORT umweltvertraeglichkeitspruefung + simulationsmodell
PROLEI DR. FRITZ HEINRICHSDORF
STAND 1.1.1974
QUELLE umweltforschungsplan 1974 des bmi
FINGEB BUNDESMINISTER DES INNERN
BEGINN 1.1.1973 ENDE 31.12.1974
G.KOST 69.000 DM
LITAN LIEBERMEISTER: DIE ROLLE DES AUTOS IN EINEM VERKEHRSPROGRAMM UNTER BERUECKSICHTIGUNG DER UMWELTERFORDERNISSE. TEILSTUDIE 1. (SEP 1973)

UA -022
INST INDUSTRIEANLAGEN-BETRIEBSGESELLSCHAFT MBH (IABG)
OTTOBRUNN, EINSTEINSTR.
VORHAB **projektdefinitionsstudie: gesamtprogramm fuer den umweltschutz in schleswig-holstein**
versuch einer kurzbeschreibung der besonderen umweltthematik in schleswig-holstein
S.WORT umweltschutz + landesplanung + (gesamtprogramm) SCHLESWIG-HOLSTEIN
PROLEI DR. BURKHARDT
STAND 1.1.1974
FINGEB SOZIALMINISTER, KIEL
BEGINN 1.4.1974 ENDE 31.5.1974

UA -023
INST INDUSTRIEANLAGEN-BETRIEBSGESELLSCHAFT MBH (IABG)
OTTOBRUNN, EINSTEINSTR.
VORHAB **rechnergestuetztes entscheidungs-modell zur umwelt-simulation (remus)**
die vielfaeltigen wechselwirkungen zwischen natuerlicher umwelt, wirtschaft, staat und gesellschaft werden in einem rechnergestuetzten simulationsmodell abgebildet. es soll politischen und wirtschaftlichen entscheidungstraegern, planungsexperten sowie betroffenen bevoelkerungsgruppen die moeglichkeit geben, die verschiedenen auswirkungen von massnahmen und ereignissen zu erkennen und damit als zusaetzliche hilfe bei der gestaltung und bewertung von massnahmen dienen
S.WORT umweltplanung + simulationsmodell
PROLEI NORBERT HOCKE
STAND 2.8.1976
QUELLE fragebogenerhebung sommer 1976
FINGEB INTERPARLAMENTARISCHE ARBEITSGEMEINSCHAFT - FONDS FUER UMWELTSTUDIEN, BONN
ZUSAM - ZENTRUM BERLIN F. ZUKUNFTSFORSCHUNG E. V., GIESEBRECHTSTR. 15, 1000 BERLIN
- INST. F. UMWELTSCHUTZ UND UMWELTGUETE DER UNI DORTMUND, ROSEMEYERSTR. 6, 4600 DORTMUND
BEGINN 1.10.1974 ENDE 30.11.1976
G.KOST 650.000 DM

UA -024
INST INDUSTRIESEMINAR DER UNI MANNHEIM
MANNHEIM, SCHLOSS
VORHAB **systemanalytische ansaetze im dienste der umweltschutzforschung**
S.WORT umweltschutz + systemanalyse
PROLEI PROF. DR. GERT VON KORTZFLEISCH
STAND 1.1.1974
FINGEB DEUTSCHE FORSCHUNGSGEMEINSCHAFT
BEGINN 1.1.1973

UA -025
INST INSTITUT DER DEUTSCHEN WIRTSCHAFT
KOELN, OBERLAENDER UFER 84-88
VORHAB **aktuelle gutachten zum umweltschutz**
S.WORT umweltschutz + gutachten
PROLEI DR. KOEHLER
STAND 1.1.1974
BEGINN 1.1.1966

UA -026
INST INSTITUT DER DEUTSCHEN WIRTSCHAFT
KOELN, OBERLAENDER UFER 84-88
VORHAB **umweltschutz und dritte welt**
S.WORT umweltschutz + entwicklungslaender
PROLEI DR. KOEHLER
STAND 1.1.1974
BEGINN 1.1.1966

UA -027
INST INSTITUT DER DEUTSCHEN WIRTSCHAFT
KOELN, OBERLAENDER UFER 84-88
VORHAB **lebensstandard - lebensqualitaet**
S.WORT lebensqualitaet + lebensstandard
PROLEI DR. KOEHLER
STAND 1.1.1974
BEGINN 1.1.1966

UA -028
INST INSTITUT FUER EMPIRISCHE WIRTSCHAFTSFORSCHUNG DER UNI DES SAARLANDES
SAARBRUECKEN, IM STADTWALD
VORHAB **umweltschutzpolitik: eine vergleichende studie des vollzugs in den regionen saarland und west midlands**
die zielsetzung ist, in einem interdisziplinaeren ansatz die beziehungen zwischen politischem interesse und oekonomischen wirkungen am beispiel des umweltschutzes zu untersuchen. geplant ist eine bestandsaufnahme der umweltpolitischen entscheidungsprozesse in zwei regionen, die in ihrer oekonomischen struktur vergleichbar sind, aber verschiedenen politischen systemen angehoeren. erwartet werden genauere aufschluesse ueber die einflussgroessen des verhaltens politischer systeme sowie hinweise auf die effizienz verschiedener systeme im bereich der umweltpolitik. untersuchungsmethoden sind teilstrukturierte interviews, fragebogenaktionen, panel-analyse
S.WORT umweltschutz + internationaler vergleich + (politische entscheidungsprozesse)
SAARLAND + WEST MIDLANDS (ENGLAND)
PROLEI DR. MARTIN GEILING
STAND 21.7.1976
QUELLE fragebogenerhebung sommer 1976
FINGEB ANGLO GERMAN FOUNDATION FOR THE STUDY OF INDUSTRIAL SOCIETY
ZUSAM CENTRE FOR URBAN AND REGIONAL STUDIES, UNIVERSITY OF BIRMINGHAM, GREAT BRITAIN
BEGINN 1.1.1977 ENDE 31.12.1978
G.KOST 260.000 DM

UA -029
INST INSTITUT FUER ENTWICKLUNGSFORSCHUNG UND ENTWICKLUNGSPOLITIK DER UNI BOCHUM
BOCHUM -QUERENBURG, UNIVERSITAETSSTR.
VORHAB **umweltpolitik der entwicklungslaender; position in verbindung mit der un-umweltkonferenz**
auswertung der dokumente der vorbereitungsphase der unche stockholm 1972, sachbereich v, sowie der dokumente der konferenz, im umfeld der unche angesiedelten konferenzen bis 1976; umweltbelastung, resultierend aus armut; konflikt entwicklungspolitischer forderungen (z. b. dekadenstrategie/oekologie) - umweltbelastung; souveraenistaetsanspruch, rohstoffe, kompensation
S.WORT entwicklungslaender + umweltpolitik
PROLEI PROF. DR. KRUSE
STAND 1.1.1974
QUELLE erhebung 1975
FINGEB INTERPARLAMENTARISCHE ARBEITSGEMEINSCHAFT (IPA), BONN
BEGINN 1.11.1972 ENDE 31.1.1976
G.KOST 20.000 DM
LITAN - UN-DOKUMENTE ZU UNCHE 1972 NATIONAL REPORTS /ECONOMIC COMMISSIONS USW.
- ZWISCHENBERICHT 1974. 02

UA -030
INST INSTITUT FUER EUROPAEISCHE UMWELTPOLITIK
BONN 1, ADENAUERALLEE 214
VORHAB **how are parliaments in europe presently being advised on environmental policy**
to develop comprehensive information on the sources of advice for selected parliaments in europe on matters of environmental policy. to analyse possible avenues of coordinate transnational advisement. to develop contacts with parliamentarians and relevant institutions for the institute for european environmental policy
S.WORT umweltpolitik + parlamentswesen + information
EUROPA
PROLEI DR. KONRAD VON MOLTKE
STAND 22.7.1976
QUELLE fragebogenerhebung sommer 1976
BEGINN 1.1.1976
G.KOST 10.000 DM

UA -031
INST INSTITUT FUER EUROPAEISCHE UMWELTPOLITIK
BONN 1, ADENAUERALLEE 214

VORHAB **kooperation mit dem fonds fuer umweltstudien**
der fust hat in den vergangenen jahren eine reihe von arbeiten fuer deutsche parlamente durchgefuehrt, die auch fuer parlamente in anderen europaeischen laendern interessant sind, bzw. aus der sicht anderer europaeischen laender ergaenzt werden koennen. diese arbeit wird das institut leisten
S.WORT umweltpolitik + (fonds fuer umweltstudien)
EUROPA
PROLEI DR. KONRAD VON MOLTKE
STAND 22.7.1976
QUELLE fragebogenerhebung sommer 1976
ZUSAM FUST, (FONDS FUER UMWELTSTUDIEN), ADENAUERALLEE 214, 5300 BONN
BEGINN 1.1.1976

UA -032
INST INSTITUT FUER EUROPAEISCHE UMWELTPOLITIK
BONN 1, ADENAUERALLEE 214
VORHAB **regionalisation of environmental protection**
to identify and promote measures designed to foster environmental decision-making at levels appropriate to the problems. to define decisionregions (e. g. upper rheine valley; rheine/rhone axis; ruhr/lower rhine basin; northern adriatic) and to consider present instruments in dealing with problems which arise and measures for their improvement
S.WORT umweltschutz + planungshilfen
EUROPA
PROLEI DR. KONRAD VON MOLTKE
STAND 22.7.1976
QUELLE fragebogenerhebung sommer 1976
BEGINN 1.1.1976

UA -033
INST INSTITUT FUER EUROPAEISCHE WIRTSCHAFTSPOLITIK DER UNI HAMBURG
HAMBURG 13, VON-MELLE-PARK 5
VORHAB **analyse des umweltpolitischen instrumentariums**
systematisierung umweltpolitischer strategien und instrumente; internationaler vergleich praktizierter massnahmen
S.WORT umweltplanung + umweltrecht + (internationaler vergleich)
PROLEI PROF. DR. HARALD JUERGENSEN
STAND 1.1.1974
FINGEB KOMMISSION FUER WIRTSCHAFTLICHEN UND SOZIALEN WANDEL, BONN-BAD GODESBERG
ZUSAM INST. F. VOLKSWIRTSCHAFT DER UNI MANNHEIM; PROF. DR. HORST SIEBERT, 68 MANNHEIM, SCHLOSS
BEGINN 1.1.1974 ENDE 31.1.1975
LITAN ZWISCHENBERICHT 1975. 03

UA -034
INST INSTITUT FUER FORSTPOLITIK, HOLZMARKTLEHRE, FORSTGESCHICHTE UND NATURSCHUTZ DER UNI GOETTINGEN
GOETTINGEN, BUESGENWEG 5
VORHAB **analyse der aufgabenstellung des arbeitsvolumens und der kapazitaet nationaler und internationaler organisationen im umweltschutz**
ziel: herausarbeitung der von einer vielzahl sehr unterschiedlicher nationaler wie internationaler staatlicher und privater organisationen betriebener schwerpunktaufgaben im umweltschutz; untersuchung ihrer kapazitaeten und kompetenzen; herausarbeitung von verbesserungsvorschlaegen
S.WORT umweltbehoerden + internationaler vergleich
PROLEI PROF. DR. K. HASEL
STAND 1.1.1974
ZUSAM - INTERNATIONALE NATURSCHUTZUNION(INTERNATIONAL UNION FOR CONSERVATION OF NATURE AND NATURAL RELAW
- COLUMBIA UNIVERSITY, NEW YORK, USA
BEGINN 1.12.1970 ENDE 31.12.1974
LITAN KOEPP, H.:STAND UND ENTWICKLUNG INTERNATIONALER NATUR- UND UMWELTSCHUTZ-ARBEIT. FORSTARCHIV 41 (11) (1971)

UA -035
INST INSTITUT FUER GEBIETSPLANUNG UND STADTENTWICKLUNG (INGESTA)
KOELN, HOHENSTAUFENRING 30
VORHAB **umweltschutz in der kommunalen entwicklungsplanung**
als grundlage zur fortschreibung des umweltprogramms sind auf der basis einer gruendlichen bestandsaufnahme der umweltbelastungen und ihrer auswirkungen auf kommunaler ebene, der zur verfuegung stehenden instrumente des umweltschutzes, der bisherigen organisationsformen auf gemeindeebene sowie der ansprueche der gesellschaft an umweltfreundliche kommunale planung, modelle fuer eine wirkungsvollere integration des umweltschutzes in die gemeindeplanung und dessen realisierung zu entwickeln
S.WORT umweltplanung + gemeinde
PROLEI DR. KUEPPER
STAND 20.11.1975
FINGEB BUNDESMINISTER DES INNERN
BEGINN 1.1.1974 ENDE 15.9.1976
G.KOST 91.000 DM

UA -036
INST INSTITUT FUER POLITIKWISSENSCHAFT DER UNI DES SAARLANDES
SAARBRUECKEN, IM STADTWALD
VORHAB **umweltschutzpolitik: eine vergleichende studie des vollzuges in den regionen saarland und west midlands**
die zielsetzung ist, in einem interdisziplinaeren ansatz die beziehungen zwischen politischem interesse und oekonomischen wirkungen am beispiel des umweltschutzes zu untersuchen. geplant ist eine bestandsaufnahme der umweltpolitischen entscheidungsprozesse in zwei regionen, die in ihrer oekonomischen struktur vergleichbar sind, aber verschiedenen politischen systemen angehoeren. erwartet werden genauere aufschluesse ueber die einflussgroessen des verhaltens politischer systeme sowie hinweise auf die effizienz verschiedener systeme im bereich der umweltpolitik. untersuchungsmethoden sind teilstrukturierte interviews, fragebogenaktionen, panel-analyse
S.WORT umweltschutz + internationaler vergleich + (politische entscheidungsprozesse)
SAARLAND + WEST MIDLANDS (ENGLAND)
PROLEI DR. MARTIN GEILING
STAND 26.7.1976
QUELLE fragebogenerhebung sommer 1976
FINGEB ANGLO GERMAN FOUNDATION FOR THE STUDY OF INDUSTRIAL SOCIETY
ZUSAM CENTRE FOR URBAN AND REGIONAL STUDIES, UNIVERSITY OF BIRMINGHAM, GREST BRITIAN
BEGINN 1.1.1977 ENDE 31.12.1978
G.KOST 260.000 DM

UA -037
INST INSTITUT FUER RAUMORDNUNG UND UMWELTGESTALTUNG
LINZ/OESTEREICH, KAERTNERSTR. 16
VORHAB **kooperationsmoeglichkeiten bei umweltrelevanten planungen und massnahmen im oberoesterreichisch - bayrischen grenzraum**
es sollen die auswirkungen grenzueberschreitender umweltbelastungen als folge umweltrelevanter planungen und massnahmen ermittelt sowie vorschlaege fuer eine weiterentwicklung bestehender abstimmungsverfahren entwickelt werden
S.WORT umweltplanung + internationale zusammenarbeit
BAYERN + OESTERREICH
PROLEI PROF. DR. FROEHLER
STAND 10.9.1976
QUELLE fragebogenerhebung sommer 1976
BEGINN 1.12.1975 ENDE 31.12.1976

UA -038

INST INSTITUT FUER STAEDTEBAU, WOHNUNGSWESEN UND LANDESPLANUNG DER TU HANNOVER
HANNOVER, SCHLOSSWENDER STRASSE 1
VORHAB **rang der umweltpolitik (insbesondere in ihren ausformungen umweltschutz und umweltvorsorgeplanung) in den zielsetzungen der gemeinden**
das ergebnis der studie ist fuer die ausfuehrung und fortschreibung des umweltprogramms der bundesregierung von besonderer bedeutung, weil sie helfen soll, die distanz zwischen dem bund als "programmierer" bzw. gesetzgeber und den haeufig letztlich betroffenen, d. h. den gemeinden, zu verkuerzen
S.WORT umweltpolitik + gemeinde
PROLEI PROF. SPENGLIN
STAND 1.1.1974
QUELLE umweltforschungsplan 1974 des bmi
FINGEB BUNDESMINISTER DES INNERN
BEGINN 1.1.1973 ENDE 31.12.1974
G.KOST 5.000 DM

UA -039

INST INSTITUT FUER STRUKTURFORSCHUNG DER UNI STUTTGART
STUTTGART 1, VERDISTR. 15
VORHAB **systematik zur umweltterminologie und einen systematisierten katalog von grundbegriffen fuer die umweltplanung und den umweltschutz (umweltpolitik)**
erarbeiten einer systematik umweltwissenschaftlicher begriffsbildung. studie ueber systematik umweltwissenschaftlicher begriffsbildung als grundlagenmaterial fuer die erarbeitung von umweltbegriffen (national und international)
S.WORT umweltplanung + umweltterminologie
PROLEI PROF. DR. FELIX BOESLER
STAND 1.1.1975
QUELLE umweltforschungsplan 1975 des bmi
FINGEB BUNDESMINISTER DES INNERN
BEGINN 1.11.1973 ENDE 30.4.1975
G.KOST 75.000 DM

UA -040

INST INSTITUT FUER STRUKTURFORSCHUNG DER UNI STUTTGART
STUTTGART 1, VERDISTR. 15
VORHAB **globaloekologie als denksystem fuer weltweit koordinierte umweltpolitik und umweltforschung**
die studie ist ein versuch, zusammenhaenge der weltraum-, meeres- und umweltforschung als arbeitsunterlage fuer international kooperierende institutionen und institute wissenschaftlich zu analysieren und fuer arbeiten ueber umweltpolitik, umweltforschung und umweltschutz als denkschrift vorzubereiten
S.WORT umweltpolitik + umweltforschung + umweltschutz + oekologie
PROLEI PROF. DR. FELIX BOESLER
STAND 2.8.1976
QUELLE fragebogenerhebung sommer 1976
ZUSAM - INST. F. RAUMFAHRTTECHNIK DER TU MUENCHEN, PROF. DR. HARRY RUPPE, AUGUSTENSTRASSE, 8000 MUENCHEN
- INST. F. FLUGMEDIZIN UND WELTRAUMBIOLOGIE, LEYSTRASSE 129, A 1200 WIEN
- FONDATION POUR L'ETUDE DE LA PROTECTION DE LA MER ET DES LACS, CH LAUSANNE/SCHWEIZ
G.KOST 122.000 DM

UA -041

INST INSTITUT FUER STRUKTURFORSCHUNG DER UNI STUTTGART
STUTTGART 1, VERDISTR. 15
VORHAB **methodik eines kommunalen umweltatlas**
der kommunale bzw. regionale umweltatlas soll planungsgrundlagen fuer alle in diesen raeumlichen bereichen vorzunehmenden planungen schaffen, die eine volle einbeziehung der umweltsituation und ihrer probleme gewaehrleisten. zu diesem zweck muss auf materialien zurueckgegriffen werden, die bisher noch nicht genuegend beachtung gefunden haben, und die einer kritischen pruefung unter aspekten ihrer umweltbedeutung beduerfen. entsprechende analysen sind erforderlich. auf ihrer grundlage ist eine methodik fuer das atlaswerk zu entwickeln und auf ihre anwendbarkeit fuer verschiedene alternativen zu pruefen
S.WORT umweltplanung + planungshilfen + datensammlung + (umweltatlas)
PROLEI PROF. DR. KLAUS-ACHIM BOESLER
STAND 2.8.1976
QUELLE fragebogenerhebung sommer 1976
ZUSAM - INST. F. WIRTSCHAFTSGEOGRAPHIE DER UNI BONN, PROF. DR. K. A. BOESLER
- INST. F. GEOGRAPHIE DER UNI AACHEN, PROF. DR. J. KLINK

UA -042

INST INSTITUT FUER SYSTEMTECHNIK UND INNOVATIONSFORSCHUNG (ISI) DER FRAUNHOFER-GESELLSCHAFT E.V.
KARLSRUHE, BRESLAUER STRASSE 48
VORHAB **methodik zur beurteilung von forschungs- und entwicklungsprojekten im bereich umweltfreundliche technik**
vergleichende beurteilung von schadstoffbelastungen in der atmosphaere und gewaessern, vergleichende beurteilung von abfallstoffen; die beurteilung eines f+e-projektes im bereich umweltfreundliche technik wird durchgefuehrt anhand einer reihe von kriterien: u. a. erwartete emissionsverminderung; emissionsverlagerung; energie- und wasserverbrauch; technische und strukturelle anpassungsprobleme; entwicklungsstand in in- und ausland; entwicklungskosten und entwicklungsdauer
S.WORT umweltfreundliche technik + bewertungskriterien + forschungsplanung
PROLEI DR. -ING. EBERHARD JOCHEM
STAND 1.1.1974
FINGEB DEUTSCHE GESELLSCHAFT FUER CHEMISCHES APPARATEWESEN E. V. (DECHEMA), FRANKFURT
ZUSAM DECHEMA, FRANKFURT
BEGINN 1.8.1973 ENDE 31.10.1976
G.KOST 150.000 DM
LITAN - JOCHEM, E.;WIESNER, J.: BEURTEILUNG VON F + E-PROJEKTEN IM BEREICH UMWELTFREUNDLICHE TECHNIK. IN: PROCEEDINGS DER TAGUNG "UMWELTINDIKATOREN ALS PLANUNGSINSTRUMENTE", DORTMUND(1976)
- ZWISCHENBERICHT 1974. 10
- ENDBERICHT

UA -043

INST INSTITUT FUER SYSTEMTECHNIK UND INNOVATIONSFORSCHUNG (ISI) DER FRAUNHOFER-GESELLSCHAFT E.V.
KARLSRUHE, BRESLAUER STRASSE 48
VORHAB **entwicklung von kriterien zur pruefung der umweltschutzmassnahmen bei industriellen anlagen in entwicklungslaendern**
entwicklung eines auch fuer nichtfachleute handhabbaren verfahrens zur bestimmung der umweltbelastung durch industrielle grossanlagen in entwicklungslaendern unter beruecksichtigung der bereits vorhandenen hintergrundemissionen (vorstudie fuer den bereich luft). umweltpolitische ziele der entwicklungslaender; gebraeuchliche immissionsgrenzwerte (mik); wirkung von immissionen; emissionsfaktoren; umrechnung von emissionen in immissionen; nomogramme zur bestimmung des emissionsspielraumes bzw. der zulaessigen zubaukapazitaet
S.WORT immissionsschutz + emission + industrieanlage + entwicklungslaender
PROLEI DR. MANFRED FISCHER
STAND 2.8.1976

QUELLE fragebogenerhebung sommer 1976
FINGEB BUNDESMINISTER FUER WIRTSCHAFTLICHE ZUSAMMENARBEIT
ZUSAM GESELLSCHAFT FUER UNTERNEHMENSBERATUNG, 6242 KRONBERG
BEGINN 1.6.1975 ENDE 31.10.1975
G.KOST 58.000 DM
LITAN ENDBERICHT

UA -044

INST INSTITUT FUER SYSTEMTECHNIK UND INNOVATIONSFORSCHUNG (ISI) DER FRAUNHOFER-GESELLSCHAFT E.V.
KARLSRUHE, BRESLAUER STRASSE 48
VORHAB **aufbereitung der ergebnisse aus forschungsvorhaben der interministeriellen projektgruppe "umweltchemikalien"**
ergebnisse der erwaehnten forschungsvorhaben sollen gesammelt, aufbereitet und so aggregiert werden, dass sie als entscheidungshilfen fuer massnahmen der oeffentlichen verwaltung mit dem ziel, die belastung des menschen durch umweltchemikalien zu vermeiden, verwendet werden koennen
S.WORT schadstoffbelastung + bevoelkerung + umweltschutz + (entscheidungshilfen)
PROLEI LUCIE KNOEFLER
STAND 2.8.1976
QUELLE fragebogenerhebung sommer 1976
FINGEB BUNDESMINISTER FUER JUGEND, FAMILIE UND GESUNDHEIT
BEGINN 1.9.1975 ENDE 31.12.1977
G.KOST 235.000 DM

UA -045

INST INSTITUT FUER UMWELTSCHUTZ UND UMWELTGUETEPLANUNG DER UNI DORTMUND
DORTMUND, ROSEMEYERSTR. 6
VORHAB **belastungsmodell dortmund**
das belastungsmodell dortmund ist im jetzigen arbeitszustand konzipiert als ein automatisiertes system zur darstellung der umweltbelastung in kartenform; benutzt werden allgemein zugaengliche messwerte (z. b. schwefeldioxid/staub/laerm etc.) und einzelne sobale komponenten (z. b. gruenflaechen)
S.WORT umweltbelastung + lebensqualitaet + ballungsgebiet + grosstadt + modell
DORTMUND + RHEIN-RUHR-RAUM
PROLEI DIPL. -METEOR. WERNER
STAND 1.1.1974
ZUSAM STADT DORTMUND
BEGINN 1.2.1972 ENDE 31.3.1975
G.KOST 300.000 DM
LITAN - WERNER, G.: BELASTUNGSLINIEN FUER EINE GROSSTADT. IN: UMWELT 5 (1975)
- WERNER, G.;ET AL.: UMWELTBELASTUNGSMODELL EINER GROSSTADT-REGION - DARGESTELLT AM BEIPIEL DER STADT DORTMUND (BELADO); E. -SCHMIDT VERLAG, BUZ B 10, BERLIN(1975)

UA -046

INST INSTITUT FUER VOELKERRECHT DER UNI BONN
BONN 1, ADENAUERALLEE 24-42
VORHAB **kompetenz der eg auf dem gebiet des umweltschutzes und beteiligung der bundeslaender bei der vorbereitung von ratsentscheidungen und umweltschutzmassnahmen**
gegenstand des gutachtens sind folgende fragen: "welche kompetenzen der europaeischen gemeinschaften auf dem gebiet des umweltschutzes koennen aus dem ewg-vertrag hergeleitet werden?" "inwieweit koennen umweltschutzentscheidungen des rates auf die art. 100 und 235 des ewg-vertrages gestuetzt werden?" "inwieweit und in welcher form sind die bundeslaender bei der vorbereitung von ratsentscheidungen im bereich des umweltschutzes zu beteiligen?"
S.WORT umweltschutz + internationale zusammenarbeit
EG-LAENDER
PROLEI PROF. DR. CHRISTIAN TOMUSCHAT
STAND 1.1.1975
QUELLE umweltforschungsplan 1975 des bmi
FINGEB BUNDESMINISTER DES INNERN
BEGINN 31.3.1975 ENDE 15.7.1975
G.KOST 7.000 DM

UA -047

INST INSTITUT FUER VOELKERRECHT DER UNI BONN
BONN 1, ADENAUERALLEE 24-42
VORHAB **umweltschutzkompetenzen der eg**
S.WORT umweltschutz + europaeische gemeinschaft
PROLEI PROF. DR. CHRISTIAN TOMUSCHAT
STAND 13.8.1976
QUELLE fragebogenerhebung sommer 1976
LITAN - DER STAAT. 12 S. 433-466(1973)
- ENDBERICHT

UA -048

INST INSTITUT FUER WASSERFORSCHUNG GMBH DORTMUND
DORTMUND, DEGGINGSTR. 40
VORHAB **bildung und isolierung von organischen substanzen aus algen, die die trinkwasserqualitaet beeintraechtigen koennen**
S.WORT trinkwasserguete + algen + schadstoffbildung
PROLEI DR. SCHMIDT
STAND 1.10.1974
FINGEB DEUTSCHE FORSCHUNGSGEMEINSCHAFT
BEGINN 1.1.1970 ENDE 31.12.1974
G.KOST 226.000 DM
LITAN KLEIN, G.: DIE BILDUNG VON TRYPTOPHANMETABOLITEN BEIM ANAEROBEN ABBAU VON ALGEN UND DEREN BEDEUTUNG FUER GEWAESSER UND WASSERWIRTSCHAFT. IN: VEROEFFENTL. IN ABGEKUERZTER FORM IN: ZEITSCHRIFT FUER WASSER UND ABFALLFORSCHUNG 9 S. 55-59(1976)

UA -049

INST INSTITUT FUER WASSERFORSCHUNG GMBH DORTMUND
DORTMUND, DEGGINGSTR. 40
VORHAB **untersuchungen zur entwicklung einer datenbank fuer wassergefaehrdende stoffe**
computergerechte aufarbeitung von stoffkennwerten in verbindung mit edv-literaturspeicher. neben der aufnahme von physikalischen und toxikologischen daten sollen gegebenenfalls bestehende grenzwerte des in- und auslandes, angaben ueber das verhalten der stoffe im gewaesser, bei verschiedenen verfahren der trinkwasseraufbereitung und bei der abwasserreinigung abrufbereit (vor allem bei unfaellen und katastrophen) zusammengestellt werden
S.WORT wasserverunreinigende stoffe + datenbank
PROLEI DR. SCHMIDT
STAND 15.11.1975
FINGEB BUNDESMINISTER DES INNERN
BEGINN 1.12.1973 ENDE 31.12.1977
G.KOST 1.148.000 DM

UA -050

INST INSTITUT FUER WIRTSCHAFTSGEOGRAPHIE DER UNI BONN
BONN, FRANZISKANERSTR. 2
VORHAB **kommunaler umwelt-atlas stuttgart**
analyse der kommunalen entwicklungsplanung, der umweltgegebenheiten und der verknuepfung zwischen beiden bereichen
S.WORT kommunale planung + umweltplanung + (umweltatlas)
NECKAR (RAUM) + STUTTGART
PROLEI PROF. DR. KLAUS-ACHIM BOESLER
STAND 9.8.1976

QUELLE fragebogenerhebung sommer 1976
FINGEB STADT STUTTGART
ZUSAM - INST. F. STRUKTURFORSCHUNG, VERDISTR. 15, 7000 STUTTGART 1
- GEOGRAPHISCHES INSTITUT DER TH AACHEN, 5100 AACHEN
BEGINN 1.1.1975
G.KOST 90.000 DM
LITAN ZWISCHENBERICHT

UA -051
INST INSTITUT FUER ZUKUNFTSFORSCHUNG DES ZENTRUM BERLIN FUER ZUKUNFTFORSCHUNG E. V.
BERLIN 12, GIESEBRECHTSTR. 15
VORHAB **studie ueber ein verfahren zur erfolgskontrolle des umweltprogramms und von durchfuehrungsinstrumenten zum umweltschutz**
es soll ein praktikables verfahren entwickelt werden, mit dessen hilfe die erreichung der umweltpolitischen ziele und der durchfuehrungsinstrumente zum umweltschutz festgestellt werden kann. dieses verfahren soll in die jeweiligen entscheidungs- und durchfuehrungsprozesse integriert werden
S.WORT umweltpolitik + umweltschutzmassnahmen + erfolgskontrolle
BUNDESREPUBLIK DEUTSCHLAND
STAND 1.1.1975
QUELLE umweltforschungsplan 1975 des bmi
FINGEB BUNDESMINISTER DES INNERN
BEGINN 1.9.1975 ENDE 31.12.1975
G.KOST 90.000 DM
LITAN - BORMANN, W.;SCHROETTER, R.;BUCHHOLZ, H.: VERFAHREN ZUR ERFOLGSKONTROLLE VON MASSNAHMEN DES UMWELTSCHUTZES. IN: IFZ-FORSCHUNGSBERICHTE 44 (1976)
- ENDBERICHT

UA -052
INST KAPP, K.-W., PROF.DR.
BASEL/SCHWEIZ
VORHAB **moeglichkeiten und probleme der staatlichen foerderung umweltfreundlicher technologien**
anhand der umweltproblematik soll untersucht werden, mit welchen instrumenten eine erhoehte steuerbarkeit der wirtschafltichen entwicklung erreicht werden kann. dabei steht hier die alternative gezielter technologiefoerderung mit ihren problemen im vordergrund, wohingegen im projekt 140 das instrumentarium finanzpolitischer anreize, direkter eingriffe ueber genehmigungsbehoerden und der raumplanung behandelt wird. insbesondere werden von dem projekt anregungen fuer neue formen der zusammenarbeit zwischen staat und wirtschaft erwartet.
S.WORT umweltpolitik + wirtschaftssystem + umweltfreundliche technik
QUELLE datenuebernahme aus der datenbank zur koordinierung der ressortforschung (dakor)
FINGEB BUNDESMINISTER FUER ARBEIT UND SOZIALORDNUNG
BEGINN 15.3.1974 ENDE 15.12.1974
G.KOST 48.000 DM

UA -053
INST LANDESAMT FUER DATENVERARBEITUNG UND STATISTIK NORDRHEIN-WESTFALEN
DUESSELDORF, MAUERSTR. 51
VORHAB **umweltstatistiken**
die nach dem gesetz ueber umweltstatistiken vom 15. 8. 1974 angeordneten umweltstatistiken werden im lande nordrhein-westfalen durchgefuehrt, aufbereitet, ausgewertet und veroeffentlicht
S.WORT umweltstatistik
NORDRHEIN-WESTFALEN
PROLEI JOACHIM NIEDER-VAHRENHOLZ
STAND 21.7.1976
QUELLE fragebogenerhebung sommer 1976
ZUSAM STATISTISCHES BUNDESAMT, POSTFACH 5528, 6200 WIESBADEN
LITAN - STATISTISCHES BUNDESAMT(ED): UMWELTSTATISTIK - EIN INSTRUMENT DER UMWELTPLANUNG. IN: WIRTSCHAFT UND STATISTIK (4) S. 237FF(1974)
- ENDBERICHT

UA -054
INST LEHRSTUHL FUER UNTERNEHMENSRECHNUNG DER UNI DORTMUND
DORTMUND, VOGELPOTHSWEG
VORHAB **analyse betrieblicher umweltschutzmassnahmen aufgrund von anpassungsprozessen an staatliche umweltpolitische instrumente**
1. modellhafte beschreibung und systematisierung moeglicher betrieblicher umweltschutz-strategien. 2. bewertung der alternativen strategien im entscheidungskalkuel des unternehmens. 3. rechenverfahren zur auswahl der optimalen anpassungsstrategie
S.WORT umweltschutzmassnahmen + oekonomische aspekte + (betriebliche anpssungsstrategie)
PROLEI DIPL. -KFM. CHRISTOPH LANGE
STAND 19.7.1976
QUELLE fragebogenerhebung sommer 1976
BEGINN 1.1.1974 ENDE 31.12.1976
LITAN - EGGELING, C.: WIE HOCH IST DER SUBVENTIONSWERT AUS STEUERLICHEN SONDERABSCHREIBUNGEN AUF KLAERANLAGEN ALS WEITERER ANREIZ ZUR REDUZIERUNG DER GEWAESSERBELASTUNG. DORTMUND(1974)
- LANGE, C.: DIE RENTABILITAETSWIRKUNG STEUERLICHER SONDERABSCHREIBUNGEN AUF WIRTSCHAFTSGUETER, DIE DEM UMWELTSCHUTZ DIENEN. IN: DIE WIRTSCHAFTSPRUEFUNG (21) S. 573-580(1974)
- LANGE, C.: DER SUBVENTIONSWERT STEUERLICHER SONDERABSCHREIBUNGEN FUER UMWELTSCHUTZ-INVESTITIONEN. IN: DIE WIRTSCHAFTSPRUEFUNG (13) S. 348-350(1975)

UA -055
INST LEHRSTUHL FUER VOLKSWIRTSCHAFTSLEHRE UND AUSSENWIRTSCHAFT DER UNI MANNHEIM
MANNHEIM 1, SCHLOSS
VORHAB **analyse der instrumente der umweltpolitik (problemstudie und internationaler vergleich)**
anhand der umweltproblematik soll untersucht werden, mit welchen instrumenten eine erhoehte steuerbarkeit der wirtschaftlichen entwicklung erreicht werden kann. dabei stehen hier die alternativen indirekter steuerung ueber finanzpolitische anreize, direkter eingriffe ueber aufsichtsbehoerden und direkter lenkung ueber die raumplanung zur diskussion
S.WORT umweltpolitik + wirtschaftswachstum + steuerbarkeit + internationaler vergleich
PROLEI PROF. DR. HORST SIEBERT
STAND 10.9.1976
QUELLE fragebogenerhebung sommer 1976
BEGINN 1.1.1974 ENDE 31.12.1974
G.KOST 45.000 DM

UA -056
INST LEHRSTUHL FUER VOLKSWIRTSCHAFTSLEHRE UND AUSSENWIRTSCHAFT DER UNI MANNHEIM
MANNHEIM 1, SCHLOSS
VORHAB **umwelt und aussenhandel. eine theoretische analyse**
S.WORT umweltpolitik + wirtschaftssystem + (aussenhandel)
PROLEI PROF. DR. HORST SIEBERT
STAND 10.9.1976
QUELLE fragebogenerhebung sommer 1976

UA -057
INST LUDGER REIBERG
KOELN 41, WITTEKINDSTRASSE 6

VORHAB **umweltschutz in der kommunalen entwicklungsplanung**
als grundlage zur fortschreibung des umweltprogramms sind auf der basis einer gruendlichen bestandsaufnahme der umweltbelastungen und ihrer auswirkungen auf kommunaler ebene, der zur verfuegung stehenden instrumente des umweltschutzes, der bisherigen organisationsformen auf gemeindeebene sowie die ansprueche der gesellschaft an umweltfreundliche kommunale planung, modelle fuer eine wirkungsvollere integration des umweltschutzes in die gemeindeplanung und dessen realisierung zu entwickeln
S.WORT umweltschutz + kommunale planung + (modellentwicklung zur integration)
FINGEB BUNDESMINISTER DES INNERN
BEGINN 15.9.1976 ENDE 31.12.1976
G.KOST 25.000 DM

UA -058
INST MESSERSCHMITT-BOELKOW-BLOHM GMBH
MUENCHEN 80, POSTFACH 80 11 69
VORHAB **studie zur erarbeitung eines konzepts fuer eine zentrale umweltdokumentation**
bestandsaufnahme und analyse des zu erwartenden dokumentationsbedarfs potentieller benutzer einschliesslich des dokumentationseigenbedarfs des umweltbundesamtes. ermittlung der in der bundesrepublik bestehenden umweltdokumentationsluecken. arbeits- und funktionsablaufplanung in verzahnung mit umplis und bibliothek des umweltbundesamtes
S.WORT dokumentation + umwelt + konzeptentwurf
STAND 1.1.1975
QUELLE umweltforschungsplan 1975 des bmi
FINGEB BUNDESMINISTER DES INNERN
BEGINN 1.12.1973 ENDE 1.1.1975
G.KOST 128.000 DM

UA -059
INST RAT VON SACHVERSTAENDIGEN FUER UMWELTFRAGEN
WIESBADEN, GUSTAV-STRESEMANN-RING 11
VORHAB **umweltgutachten 1974**
erstmalige zusammenfassende darstellung und bewertung des gesamtzustandes der umwelt in der bundesrepublik deutschland einschliesslich der wesentlichen entwicklungstendenzen, fehlentwicklungen und moeglichkeiten zu deren vermeidung oder beseitigung
S.WORT umweltplanung + (umweltgutachten 1974)
BUNDESREPUBLIK DEUTSCHLAND
PROLEI PROF. DR. KARL-HEINRICH HANSMEYER
STAND 22.7.1976
QUELLE fragebogenerhebung sommer 1976
LITAN ENDBERICHT

UA -060
INST RAT VON SACHVERSTAENDIGEN FUER UMWELTFRAGEN
WIESBADEN, GUSTAV-STRESEMANN-RING 11
VORHAB **umweltgutachten 1977**
zusammenfassende darstellung und bewertung des gesamtzustandes der umwelt in der bundesrepublik deutschland einschliesslich der wesentlichen entwicklungstendenzen, fehlentwicklungen und moeglichkeiten zu deren vermeidung ode beseitigung
S.WORT umweltplanung + (umweltgutachten 1977)
BUNDESREPUBLIK DEUTSCHLAND
PROLEI PROF. DR. KARL-HEINRICH HANSMEYER
STAND 22.7.1976
QUELLE fragebogenerhebung sommer 1976

UA -061
INST REGIONALE PLANUNGSGEMEINSCHAFT UNTERMAIN
FRANKFURT, ZEIL 127
VORHAB **vereinfachung und beschleunigung des planungsprozesses durch verbesserung der datenerfassung mit hilfe von fernerkundung und edv**
S.WORT fernerkundung + datenerfassung + planungshilfen
STAND 1.1.1976
QUELLE mitteilung des bundesministers fuer raumordnung,bauwesen und staedtebau
FINGEB BUNDESMINISTER FUER RAUMORDNUNG, BAUWESEN UND STAEDTEBAU
BEGINN ENDE 31.12.1975

UA -062
INST STAATLICHES MUSEUM FUER NATURKUNDE STUTTGART
STUTTGART, SCHLOSS ROSENSTEIN
VORHAB **interdisziplinaere arbeiten ueber geschichtliche und ideologische zusammenhaenge von umweltproblemen**
schwerpunkt: publizistische behandlung von umwelt und entwicklung, vor allem in bereich meeresbiologie
S.WORT umweltprobleme + meeresbiologie
PROLEI DR. GERD VON WAHLERT
STAND 21.7.1976
QUELLE fragebogenerhebung sommer 1976
LITAN WAHLERT, G. VON: ZIELE FUER MENSCH UND UMWELT. STUTTGART: RADIUS-VERL. (1974); 116 S.

UA -063
INST STAATSKANZLEI DES LANDES NORDRHEIN-WESTFALEN
DUESSELDORF, MANNESMANNUFER 1 A
VORHAB **zuordnung von kosten und effizienzkriterien und zu alternativen massnahmen des staates im umweltbereich (und anderen bereichen)**
zielsetzung ist, entscheidungshilfen fuer die landesregierung des landes nordrhein-westfalen zu erarbeiten, um entscheidungen im umweltsektor rationeller und unter besserer beruecksichtigung der ressourcen treffen zu koennen. untersuchungsmethode ist im wesentlichen die kosten-wirksamkeits-analyse
S.WORT umweltschutzmassnahmen + oekonomische aspekte
NORDRHEIN-WESTFALEN
PROLEI PROF. DR. HANS WALTER SCHEERBARTH
STAND 21.7.1976
QUELLE fragebogenerhebung sommer 1976
LITAN - UNI MUENSTER, ARBEITSGRUPPE KOSTEN-NUTZEN-ANALYSE, GUTACHTEN: KOSTEN-WIRKSAMKEITS-ANALYSE. MUSTERFALL AUS DEN SEKTOREN UMWELTSCHUTZ/STADTPLANUNG (1974)
- ENDBERICHT

UA -064
INST STADT WUPPERTAL
WUPPERTAL 1, WEGNERSTR. 13-15
VORHAB **sauberes wuppertal - i. stufe**
lokale realisierung des umweltprogramms der bundesregierung: a) bestandsaufnahme-lage der in natur und landschaft, die verteilung der emittenten sowie das ausmass der gegenwaertig gemessenen und zu erwartenden umweltbelastungen durch luft, wasser und abfall b) aufstellung von belastungsbilanzen in tabellen und grafiken c) organisations-, raumordnungs- und planungsfragen d) finanzstruktur und finanzbedarf der stadt e) aufstellung von schwerpunkten fuer die notwendigen massnahmen anhand der zu a) bis d) gewonnenen erkenntnisse und unterlagen erfolgt im massnahmenkomplex als stufe ii die - formulierung der strategischen und operationalen planungsansaetze und -ziele als integrierte fachplanung zur loesung der probleme im planungszeitraum von 10-15 jahren - erarbeiitung eines planungsinstrumentariums -vorlage von einfuehrungsreifen loesungen fuer die aufbau- und ablauforganisation
S.WORT umweltprogramm + stadtgebiet
WUPPERTAL + RHEIN-RUHR-RAUM
STAND 15.11.1975
FINGEB BUNDESMINISTER DES INNERN
BEGINN 1.1.1974 ENDE 31.12.1975
G.KOST 450.000 DM

UA -065
INST SYSTEMPLAN E.V.
HEIDELBERG, TIERGARTENSTR. 15

VORHAB **zusammenarbeit von industrie und forschungsinstitutionen zur verwendung von vorhandenen know how am beispiel einzelner transferprozesse**
S.WORT umweltforschung + kooperation
STAND 1.10.1974
FINGEB BUNDESMINISTER FUER FORSCHUNG UND TECHNOLOGIE
BEGINN 1.1.1973 ENDE 31.12.1975

UA -066
INST WIBERA WIRTSCHAFTSBERATUNG
DUESSELDORF, ACHENBACHSTR. 43
VORHAB **mikrooekologische strategie zur lokalen realisierung des umweltschutzprogramms der bundesregierung**
entwicklung neuer methoden und verfahren zur verbesserung eines ungenuegenden zustandes
S.WORT umweltprogramm + operationalisierung
NORDRHEIN-WESTFALEN
PROLEI DIPL. -ING. STUMPF
STAND 1.1.1974
BEGINN 1.1.1972

UA -067
INST ZENTRUM FUER KONTINENTALE AGRAR- UND WIRTSCHAFTSFORSCHUNG / FB 20 DER UNI GIESSEN
PLOCHINGEN, FABRIKSTR. 23-29
VORHAB **probleme der umweltsicherung in der sowjetunion**
das ausmass der umweltverschmutzung, wasserverschmutzung, luftverschmutzung, landschaftsschaeden, erosionsschaeden, ursachen des umweltschutzproblems, umweltschutzmassnahmen und deren auswirkungen
S.WORT umweltschutz + umweltpolitik
SOWJETUNION
PROLEI PROF. DR. BREBURDA
STAND 6.8.1976
QUELLE fragebogenerhebung sommer 1976
BEGINN 1.1.1973

Weitere Vorhaben siehe auch:

SA -048 OEKONOMISCHE UND OEKOLOGISCHE KONSEQUENZEN EINER ENERGIEPOLITISCHEN KONZEPTION (WELTWEIT)

SA -049 BEGLEITENDE STUDIEN ZUM RAHMENPROGRAMM ENERGIEFORSCHUNG

UE -036 ZUSAMMENFASSUNG DER KRITISCHEN ANALYSEN DER GEGENWAERTIGEN RAUMORDNUNGSPOLITIK UNTER BESONDERER BERUECKSICHTIGUNG DER ZIELKONFLIKTE IN DER RAUMORDNUNGSPOLITIK SOWIE ZWISCHEN DER RAUMORDNUNGSPOLITIK UND ANDEREN

VA -001 INTEGRIERTE ANALYSE BIOLOGISCHER UND SOZIALKULTURELLER SYSTEME UND IHRE ANWENDUNG ZUR ERFORSCHUNG KUENFTIGER LEBENSBEDINGUNGEN

VA -021 INFORMATIONS- UND DOKUMENTATIONSSYSTEM ZUR UMWELTPLANUNG (UMPLIS)

VA -029 ENTWICKLUNG VON ANALOGEN UND DIGITALEN AUSWERTEVERFAHREN MULTISPEKTRALER AUFNAHMEN FUER UMWELTPROBLEME

UB -001

INST ARBEITSGEMEINSCHAFT DER VERBRAUCHER BONN, PROVINZIALSTR. 88-93
VORHAB bundesimmissionsschutzgesetz und dazugehoerige verordnungen
stellungnahmen der agv zum bimschg und den bisher dazu vorhandenen verordnungen (entwuerfe)
S.WORT bundesimmissionsschutzgesetz
PROLEI DR. HOEHFELD
STAND 1.1.1974
LITAN VEROEFFENTLICHUNGEN IN DER VPK (PRESSEDIENST DER AGV)

UB -002

INST FACHBEREICH JURISTENAUSBILDUNG, WIRTSCHAFTSWISSENSCHAFTEN UND SOZIALWISSENSCHAFTEN DER UNI BREMEN
BREMEN 33, ACHTERSTR.
VORHAB vollzugsdefizit im umweltrecht
schilderung des konflikts zwischen verwaltungsbehoerden verschiedener ebenen, betrieben und betroffenen um die einleitung ungereinigter abwaesser in den bodensee. auf einer ersten erklaerungsebene werden systematische restriktionen der problemloesung aufgrund bestimmter beziehungen zwischen rechtlichen und politischen strukturen dargelegt, auf einer zweiten erklaerungsebene werden diese auf beziehungen zwischen rechtlichen oekonomischen strukturen zurrueckgefuehrt
S.WORT umweltrecht + vollzugsdefizit + abwasserableitung + oberflaechengewaesser
BODENSEE
PROLEI PROF. DR. GERD WINTER
STAND 21.7.1976
QUELLE fragebogenerhebung sommer 1976
BEGINN 1.1.1970 ENDE 31.12.1975
LITAN WINTER, G.: DAS VOLLZUGSDEFIZIT IM WASSERRECHT, BEITRAEGE ZUR UMWELTGESTALTUNG, HEFT A42. BERLIN: ERICH SCHMIDT VERL. (1975); 74 S

UB -003

INST FACHBEREICH RECHTSWISSENSCHAFT DER UNI FRANKFURT
FRANKFURT, SENCKENBERGANLAGE 31
VORHAB schadensersatz bei umweltbelastungen im ewg-bereich
rechtsvergleichende untersuchung als grundlage fuer eventuelle massnahmen der rechtsangleichung
S.WORT umweltbelastung + schadensersatz + europaeische gemeinschaft
PROLEI PROF. DR. ECKARD REHBINDER
STAND 1.1.1974
QUELLE erhebung 1975
FINGEB EUROPAEISCHE GEMEINSCHAFTEN
ZUSAM EWG-KOMMISSION, GENERALDIREKTION BINNENMARKT
BEGINN 1.2.1974 ENDE 31.12.1974

UB -004

INST FACHBEREICH RECHTSWISSENSCHAFT DER UNI FRANKFURT
FRANKFURT, SENCKENBERGANLAGE 31
VORHAB der schutz des schwaecheren im recht: umweltrecht
rechtsvergleichende untersuchung ueber entwicklungstendenzen des umweltrechts (zielsetzungen, instrumente, implementierung und vollzug)
S.WORT umweltrecht + rechtsprechung + internationaler vergleich
PROLEI PROF. DR. ECKARD REHBINDER
STAND 30.8.1976
QUELLE fragebogenerhebung sommer 1976
BEGINN 1.1.1976 ENDE 31.7.1976
LITAN ENDBERICHT

UB -005

INST FACHBEREICH RECHTSWISSENSCHAFT DER UNI KONSTANZ
KONSTANZ, UNIVERSITAETSSTR. 10
VORHAB verfassungsrechtliche probleme des umweltschutzes
normierung eines grundrechtes auf menschenwuerdige umwelt ist sinnvoll, wenn einklagbare ansprueche gewaehrt werden (wird in meinem gutachten konkretisiert)
S.WORT umweltrecht + normen
PROLEI PROF. DR. STEIN
STAND 1.1.1974
BEGINN 1.1.1974 ENDE 31.3.1974
LITAN ALS DRUCKSACHE DES BAD. -WUERTT. LANDTAGS VEROEFFENTLICHT: VERFASSUNGSRECHTLICHE PROBLEME DES UMWELTSCHUTZES

UB -006

INST FACHBEREICH RECHTSWISSENSCHAFT DER UNI KONSTANZ
KONSTANZ, UNIVERSITAETSSTR. 10
VORHAB umweltoekonomie und privatrechtlicher immissionsschutz
die frage, ob umweltoekonomische untersuchungen ueber die beziehung von marktmechanismus und umweltverschmutzung fuer die dogmatik des privatrechtlichen immissionsschutzes fruchtbar gemacht werden koennen, wird verneint
S.WORT umweltrecht + oekonomische aspekte + immissionsschutz
PROLEI DR. WALZ
STAND 1.1.1974
BEGINN 1.3.1973 ENDE 28.2.1974

UB -007

INST FACHGEBIET FINANZ- UND STEUERRECHT DER TH DARMSTADT
DARMSTADT, HOCHSCHULSTR. 1
VORHAB das finanzrecht des umweltschutzes
die umweltschutzpolitik bedient sich weitgehend finanz- und steuerrechtlicher instrumente (finanzhilfen; sonderabschreibungen; sonderabgaben). bislang gibt es hierueber keine umgreifende arbeit ueber die finanz- und steuerrechtliche instrumentierung des umweltschutzes. es handelt sich um eine rechtswissenschaftliche monographie
S.WORT umweltschutz + finanzrecht
PROLEI PROF. DR. CHRISTIAN FLAEMIG
STAND 30.8.1976
QUELLE fragebogenerhebung sommer 1976
FINGEB GESELLSCHAFT DER FREUNDE DER TH DARMSTADT

UB -008

INST FACHRICHTUNG RAUM- UND UMWELTPLANUNG DER UNI TRIER-KAISERSLAUTERN
KAISERSLAUTERN, PFAFFENBERGSTR. 95
VORHAB vollzugshemmnisse im geltenden umweltschutzrecht
im bereich des umweltschutzes herrscht ein betraechtlicher vollzugsdefizit. die frage ist, ob dieser in den gesetzen selbst und in den zu ihrer ausfuehrung erlassenen rechts- und verwaltungsvorschriften des bundes und der laender begruendet ist. auf folgenden gebieten werden diese vorschriften einer querschnitthaften untersuchung zugefuehrt: - raumplanung (bundes-, landes-, regional- und ortsplanung) und raumbedeutsame fachplanungen, - landschafts- und gruenordnung in siedlungs- und aussenbereichen, - immissionsschutz (insbes. luftreinhaltung und laermeindaemmung), - gewaesserschutz (wasserreinhaltung und abwasserbeseitigung), - abfallbeseitigung und reststoffeverwertung. das ziel sind vorschlaege fuer eine aenderung und ergaenzung bestehender rechtsvorschriiften zum zwecke einer besseren umsetzung der umweltschutzvorschriften in die lebenswirklichkeit
S.WORT umweltrecht + gesetzgebung + vollzugsdefizit
PROLEI PROF. DR. RUDOLF STICH
STAND 9.8.1976

QUELLE fragebogenerhebung sommer 1976
FINGEB SACHVERSTAENDIGENRAT FUER UMWELTFRAGEN
ZUSAM ARBEITSKREIS FUER UMWELTRECHT, ADENAUERALLEE 214, 5300 BONN
BEGINN 1.11.1974 ENDE 31.7.1976
G.KOST 15.000 DM
LITAN - ZWISCHENBERICHT ZUM GESAMTVORHABEN
- ENDBERICHT ZU DEN ZUSTAENDIGKEITEN

UB -009

INST FACHRICHTUNG RAUM- UND UMWELTPLANUNG DER UNI TRIER-KAISERSLAUTERN
KAISERSLAUTERN, PFAFFENBERGSTR. 95
VORHAB der vollzug des raumbezogenen umweltrechts
rechts- und verwaltungswissenschaftliche untersuchung der umweltschutzbedeutsamen sach-, verfahrens- und zustaendigkeitsregelungen auf den gebieten der raumordnung, der landschaftsordnung, der staedtebaulichen entwicklung sowie der stadtbild- und denkmalpflege / im hinblick auf bestehende vollzugsmaengel und moeglichkeiten der verbesserung des vollzugs / mit anregungen zur aenderung und ergaenzung von sach-, verfahrens- und zustae ndigkeitsregelungen des raumbezogenen umweltschutzrechts. vorgehensweise: durchleuchten der rechts- und verwaltungsvorschriften - herausarbeiten der tragenden sachgebote und wertungsgrundsaetze - praktikervortraege - feldstudien - zusammenfassende dikussionen - schlussbericht
S.WORT umweltrecht + rechtsvorschriften + raumplanung
RHEINLAND-PFALZ
PROLEI PROF. DR. RUDOLF STICH
STAND 9.8.1976
QUELLE fragebogenerhebung sommer 1976
FINGEB FONDS FUER UMWELTSTUDIEN
BEGINN 1.7.1975 ENDE 30.9.1976
G.KOST 35.000 DM
LITAN - STICH, R.: PERSONALE PROBLEME DES VOLLZUGSDEFIZITS IN DER UMWELTSCHUTZVERWALTUNG. IN: FESTSCHRIFT FUER C. H. ULE ZUM 70. GEBURTSTAG (IM DRUCK)
- STICH, R.: DIE VERPFLICHTUNG DER GEMEINDEN ZUR LANDSCHAFTS- UND GRUENORDNUNGSPLANUNG NACH DEM NEUEN LANDESPFLEGERECHT. IN: GEMEINDE- UND STAEDTEBUND RHEINLAND-PFALZ. S. 61(1975)

UB -010

INST FACHRICHTUNG RAUM- UND UMWELTPLANUNG DER UNI TRIER-KAISERSLAUTERN
KAISERSLAUTERN, PFAFFENBERGSTR. 95
VORHAB die franzoesische umweltplanung in recht, organisation und praxis
es handelt sich um eine rechtsvergleichende untersuchung mit empfehlungen fuer den gesetzgeber. umweltschutz und -gestaltung erfordern sowohl eine lueckenlose gesetzgebung, eine vorausschauende planung, eine leistungsfaehige organisation als auch einen konsequenten vollzug der rechtsvorschriften. um diese und andere faktoren optimal zu begreifen und zu regeln, ist es notwendig zu untersuchen, welche wege zur loesung dieser probleme in anderen staaten gegangen werden. es werden die genannten faktoren fuer frankreich und die bundesrepublik deutschland rechtsvergleichend untersucht, aber auch die praktischen ergebnisse der in rechtsnormen zum ausdruck gebrachten umweltschutzpolitik ermittelt und die gewonnenen ergebnisse mit dem ziel ausgewertet, zusaetzliche aanregungen fuer eine loesung der umweltproblematik auf den verschiedenen ebenen zu geben
S.WORT umweltrecht + umweltschutz + internationaler vergleich
FRANKREICH + BUNDESREPUBLIK DEUTSCHLAND
PROLEI PROF. DR. RUDOLF STICH
STAND 9.8.1976
QUELLE fragebogenerhebung sommer 1976
FINGEB FONDS FUER UMWELTSTUDIEN
BEGINN 1.7.1974 ENDE 31.8.1976
G.KOST 20.000 DM
LITAN ENDBERICHT

UB -011

INST FACHRICHTUNG RAUM- UND UMWELTPLANUNG DER UNI TRIER-KAISERSLAUTERN
KAISERSLAUTERN, PFAFFENBERGSTR. 95
VORHAB mit dem vollzug des umweltschutzrechts befasste organe
systematische darstellung der in rechts- und verwaltungsvorschriften von mitgliedstaaten der europaeischen gemeinschaften (insbes. bundesrepublik deutschland, frankreich und grossbritanien) enthalten regelungen, welche die mit dem vollzug des umweltschutzrechts befassten organe betreffen. wuerdigung der erforderlichkeit und moeglichkeit, im rahmen des umweltschutsprogramms der eg sowie auf der grundlage der vertraege (insbes. art. 100 und 235) gemeinschaftliche loesungsmodelle zu entwickeln und zu verwirklichen, welche den bestmoeglichen vollzug des umweltschutzrechts gewaehrleisten und gleichzeitig den freien verkehr von waren und dienstleistungen unter unverfaelschten wettbewerbsbedingungen zu foerdern
S.WORT umweltrecht + rechtsvorschriften + europaeische gemeinschaft + internationaler vergleich
PROLEI PROF. DR. RUDOLF STICH
STAND 9.8.1976
QUELLE fragebogenerhebung sommer 1976
FINGEB EUROPAEISCHE GEMEINSCHAFTEN, KOMMISSION
BEGINN 1.7.1975 ENDE 31.8.1976
G.KOST 10.000 DM
LITAN ZWISCHENBERICHT

UB -012

INST GESELLSCHAFT FUER WOHNUNGS- UND SIEDLUNGSWESEN E.V. (GEWOS)
HAMBURG 13, HALLERSTR. 70
VORHAB planspiel zur novelle bundesbaugesetz
die forschungsarbeit stellt auf die praktische erprobung des inhalts des entwurfs eines gesetzes zur aenderung des bundesbaugesetzes ab. hierbei geht es darum, an moeglichst konkreten sachverhalten den gesetzentwurf im rahmen eines planspiels praktisch zu erproben, um aufgrund der dabei erzielten ergebnisse zusaetzliche anregungen bei der novellierung des bbaug zu erhalten
S.WORT stadtentwicklung + raumordnung + planungsmodell + gesetz + (bundesbaugesetz)
QUELLE datenuebernahme aus der datenbank zur koordinierung der ressortforschung (dakor)
FINGEB BUNDESMINISTER FUER RAUMORDNUNG, BAUWESEN UND STAEDTEBAU
BEGINN 1.1.1973 ENDE 31.12.1974
G.KOST 58.000 DM

UB -013

INST INDUSTRIEANLAGEN-BETRIEBSGESELLSCHAFT MBH (IABG)
OTTOBRUNN, EINSTEINSTR.
VORHAB studie ueber konkrete verfahrensmuster zur pruefung der umweltvertraeglichkeit oeffentlicher massnahmen in verbindung mit checklisten fuer direkte umweltbeeinflussung
systematische grundlagen fuer checklisten/rahmen-checklisten als hilfsmittel fuer die pruefung der umweltvertraeglichkeit sollen ressort- bzw. falltypische checklisten erarbeitet werden. hierfuer muessen grundlagen fuer ein systematisches und zweckmaessiges vorgehen bei der erfassung und auswertung fachtypischer umweltkonflikte erarbeitet werden. als ausgangsbasis ist eine allgemein gehaltene rahmencheckliste zu erstellen, die ressortbezogen spezifiziert und konkretisiert werden kann
S.WORT umweltvertraeglichkeitspruefung + oeffentliche massnahmen
PROLEI DR. ULRICH LIEBERMEISTER
STAND 1.1.1975
QUELLE umweltforschungsplan 1975 des bmi
FINGEB BUNDESMINISTER DES INNERN
BEGINN 1.1.1974 ENDE 31.3.1975
G.KOST 52.000 DM

UB -014
INST INSTITUT FUER ANGEWANDTE SOZIALFORSCHUNG DER UNI KOELN
KOELN 41, GREINSTR. 2
VORHAB **vollzugsprobleme der umweltschutzgesetzgebung**
ueberprueft werden soll die feststellung des sachverstaendigenrats im umweltgutachten 1974, es gaebe ein "vollzugsdefizit". diese these soll im bereich der luft- und gewaesserreinhaltung empirisch ueberprueft werden. methoden: - intensivinterviews in vollzugsbehoerden aller ebenen - aktenauswertung - auswertung amtlicher und anderer statistiken
S.WORT umweltschutz + rechtsvorschriften + luftreinhaltung + gewaesserschutz + (vollzugsprobleme)
PROLEI DR. HANS-ULRICH DERLIEN
STAND 26.7.1976
QUELLE fragebogenerhebung sommer 1976
FINGEB SACHVERSTAENDIGENRAT FUER UMWELTFRAGEN
BEGINN 1.12.1975 ENDE 29.2.1976
G.KOST 130.000 DM

UB -015
INST INSTITUT FUER BERG- UND ENERGIERECHT DER TU CLAUSTHAL
CLAUSTHAL-ZELLERFELD, BERLINER STR. 2
VORHAB **die grenzen des umweltrechts**
kritische analyse der determinanten von rechtsetzung und rechtsprechung unter dem gesichtspunkt effektiven umweltschutzes
S.WORT umweltrecht + umweltschutz + rechtsprechung + (determinanten)
PROLEI NICOLAUS BREHMER
STAND 21.7.1976
QUELLE fragebogenerhebung sommer 1976
LITAN BREHMER, N. (FRANKFURT), DISSERTATION: DIE GRENZEN DES UMWELTSCHUTZES-DARGESTELLT AN DEN DEN INDUSTRIEBEREICH BERGBAU BETREFFENDEN VORSCHRIFTEN. (1976)

UB -016
INST INSTITUT FUER BERG- UND ENERGIERECHT DER TU CLAUSTHAL
CLAUSTHAL-ZELLERFELD, BERLINER STR. 2
VORHAB **bergbau und umweltrecht**
kritische darstellung der fuer den bergbau relevanten rechtlichen vorschriften
S.WORT umweltrecht + bergbau + rechtsvorschriften
PROLEI PROF. DR. RAIMUND WILLECKE
STAND 19.7.1976
QUELLE fragebogenerhebung sommer 1976
LITAN WILLECKE, R.;BREHMER, N.: BERGBAU UND UMWELTRECHT. IN: BEITRAEGE ZUR UMWELTGESTALTUNG A19(1973)

UB -017
INST INSTITUT FUER FORSTPOLITIK UND RAUMORDNUNG DER UNI FREIBURG
FREIBURG, BERTOLDSTR. 17
VORHAB **rechtliche zuordnung und verfuegbarkeit von wald**
abgrenzung der sozialpflichtigkeit des waldeigentums
S.WORT wald + erholgungsgebiet + rechtliche aspekte
PROLEI PROF. DR. -ING. ERWIN NIESSLEIN
STAND 21.7.1976
QUELLE fragebogenerhebung sommer 1976
FINGEB DEUTSCHE FORSCHUNGSGEMEINSCHAFT
BEGINN 1.2.1975 ENDE 1.6.1977
G.KOST 80.000 DM

UB -018
INST INSTITUT FUER LANDWIRTSCHAFTSRECHT DER UNI GOETTINGEN
GOETTINGEN
VORHAB **rechtssystematische untersuchung der umweltrelevanten bundesgesetzlichen und eg-bestimmungen des bereichs "agrar- und ernaehrungswirtschaft" in bezug auf das zielsystem des bml**
die bestehenden gezetlichen bestimmungen sollen hinsichtlich ihrer umweltrelevanz in bezug auf die agrar- und ernaehrungswirtschaft untersucht, ueberprueft und systematisch in uebereinstimmung mit der zielstruktur des bml geordnet werden.
S.WORT landwirtschaft + lebensmittelrecht + internationaler vergleich
EG-LAENDER
QUELLE datenuebernahme aus der datenbank zur koordinierung der ressortforschung (dakor)
FINGEB BUNDESMINISTER FUER ERNAEHRUNG, LANDWIRTSCHAFT UND FORSTEN
BEGINN 1.6.1974 ENDE 30.11.1975
G.KOST 57.000 DM

UB -019
INST INSTITUT FUER POLITIK UND OEFFENTLICHES RECHT DER UNI MUENCHEN
MUENCHEN, VETERINAERSTR. 5
VORHAB **deutsches umweltschutzrecht, sammlung des umweltschutzrechts der bundesrepublik deutschland**
sammlung des umweltrechts mit systematik des umweltschutzrechts
S.WORT umweltrecht + datensammlung
BUNDESREPUBLIK DEUTSCHLAND
PROLEI DR. JUR. KLOEPFER
STAND 1.1.1974
FINGEB VERLAG SCHULZ, PERCHA
BEGINN 1.3.1972 ENDE 31.3.1974
G.KOST 50.000 DM
LITAN 1972 ERSCHIENEN; VIELE BUCHBESPRECHUNGEN (ALS DAUERND ERGAENZTE LOSEBLATTSAMMLUNG)

UB -020
INST INSTITUT FUER WASSERFORSCHUNG GMBH DORTMUND
DORTMUND, DEGGINGSTR. 40
VORHAB **verhalten von pcb in oberflaechengewaessern und bei verschiedenen verfahren der trinkwasseraufbereitung**
da bisher unklarheit ueber verhalten und verbleib der niedrig chlorierten biphenyle im wasser sowie bei der trinkwasseraufbereitung bestand, wurde ein bereits im rahmen eines dfg-projektes begonnener versuch ueber die adsorption und anschliessende desorption des entsprechenden handelsproduktes clophen a 30 fortgesetzt. um aufklaerung ueber die vorgaenge im filterkoerper zu erhalten, folgten untersuchungen mit definierten chlorbiphenylen an laborfiltersaeulen. weitere informationen ueber die bedeutung der partikulaeren organischen substanz bei der pcb-eliminierung aus dem wasser konnten durch das aufstellen von adsorptions-isothermen fuer entsprechende filterbestandteile (algen, huminsaeure, sand und ton) gewonnen werden
S.WORT trinkwasseraufbereitung + oberflaechengewaesser + pcb + filtration
RHEIN-RUHR-RAUM
PROLEI NINETTE ZULLEI
STAND 2.8.1976
QUELLE fragebogenerhebung sommer 1976
FINGEB BAYERWERKE AG, LEVERKUSEN
ZUSAM - BAYER AG
- UNI ULM
BEGINN 1.4.1974 ENDE 31.3.1976
G.KOST 96.000 DM
LITAN - ZULLER, N. , VORTRAG: VERHALTEN VON PCB BEI DER GRUNDWASSERANREICHERUNG. 50. JAHRESTAGUNG FACHGRUPPE WASSERCHEMIE, GDCH (WIRD VEROEFFENTLICHT)
- BAUER; PFLEGER: ELIMINIERUNG VON EINIGEN PESTIZIDEN UND CLOPHEN A 30 BEI DER WASSERAUFBEREITUNG DURCH CHLORUNG, FLOCKUNG UND AKTIVKOHLEFILTRATION. IN: GWF 116 S. 555-559(1975)
- ENDBERICHT

UB -021
INST INTERNATIONALES INSTITUT FUER EMPIRISCHE SOZIALOEKONOMIE
LEITERSHOFEN, HALDENWEG 23
VORHAB **auswirkungen des verursachersprinzips auf die interpersonelle und interregionale einkommensverteilung**
unter zugrundelegung eines weitgefassten einkommensbegriffes, der die nutzen- und kostenstroeme aus umweltguetern bzw. umweltschaeden involviert, ist mit jeder veraenderung der umweltsituation eine auswirkung auf die einkommensverteilung bzw. die reale "lebenlage" verbunden, sofern keine identitaet zwischen beguenstigten und kostentraegern besteht. zielsetzung des vorhabens war es, dem verursacherprinzip entsprechende umweltschutzmassnahmen hinsichtlich ihrer regionalen als auch sozialen (einkommens- und berufsgruppen) auswirkungen zu untersuchen
S.WORT verursacherprinzip + einkommensverteilung + umweltschutzmassnahmen + (regionale ungleichgewichte)
PROLEI PROF. DR. MARTIN PFAFF
STAND 22.7.1976
QUELLE fragebogenerhebung sommer 1976
FINGEB OECD, PARIS
BEGINN 1.1.1974 ENDE 31.12.1975

UB -022
INST INTERPARLAMENTARISCHE ARBEITSGEMEINSCHAFT
BONN 1, ADENAUERALLEE 214
VORHAB **umweltgesetze in den landtagen**
anfertigung von monatlich zu liefernden berichten ueber die umweltpolitischen aktivitaeten in den landtagen. die uebersicht wird als staendige arbeitsunterlage im haus benoetigt
S.WORT umweltpolitik + umweltrecht + landtag
STAND 15.11.1975
FINGEB BUNDESMINISTER DES INNERN
BEGINN 1.9.1973 ENDE 31.12.1978
G.KOST 69.000 DM

UB -023
INST MAX-PLANCK-INSTITUT FUER AUSLAENDISCHES OEFFENTLICHES RECHT UND VOELKERRECHT
HEIDELBERG, BERLINER STR. 48
VORHAB **aufsatzbibliographie umweltschutzrecht**
aufsatzbibliographie mit schlagwort umweltschutz im in- und auslaendischen oeffentlichen recht und voelkerrecht im rahmen einer aufsatz-bibliographie
S.WORT umweltrecht + dokumentation + internationaler vergleich
PROLEI DR. VON HIPPEL
STAND 1.1.1974
FINGEB MAX-PLANCK-GESELLSCHAFT ZUR FOERDERUNG DER WISSENSCHAFTEN E. V. , MUENCHEN
BEGINN 1.1.1955
LITAN KARTEI, AUSKUENFTE AUF ANFRAGE

UB -024
INST MAX-PLANCK-INSTITUT FUER AUSLAENDISCHES OEFFENTLICHES RECHT UND VOELKERRECHT
HEIDELBERG, BERLINER STR. 48
VORHAB **auslaendisches umweltrecht**
veroeffentlichung auslaendischer umweltschutzgesetzgebung in deutscher uebersetzung
S.WORT umweltrecht + dokumentation + (auslaendisches umweltrecht)
PROLEI DR. BOTHE
STAND 1.1.1974
QUELLE erhebung 1975
FINGEB FONDS FUER UMWELTSTUDIEN
LITAN - AUSLAENDISCHES UMWELTRECHT I,BEITRAEGE ZUR UMWELTGESTALTUNG A 3,BERLIN 1971
- AUSLAENDISCHES UMWELTRECHT II, BEITRAEGE ZUR UMWELTGESTALTUNG A 12, BERLIN 1973
- AUSLAENDISCHES UMWELTRECHT III,BEITRAEGE ZUR UMWELTGESTALTUNG A 26,BERLIN 1974

UB -025
INST MAX-PLANCK-INSTITUT FUER AUSLAENDISCHES OEFFENTLICHES RECHT UND VOELKERRECHT
HEIDELBERG, BERLINER STR. 48
VORHAB **die rolle der verwaltung im umweltschutz**
rechtsprobleme der verwaltungsmaessigen durchsetzung des umweltschutzes; uebersicht
S.WORT umweltrecht + rechtsvorschriften + (gesetzdurchfuehrung)
PROLEI DR. BOTHE
STAND 1.1.1974
FINGEB MAX-PLANCK-GESELLSCHAFT ZUR FOERDERUNG DER WISSENSCHAFTEN E. V. , MUENCHEN
LITAN - BERICHT ALS KONGRESSDOKUMENT FUER DEN 9. INTERNATIONALEN KONGRESS FUER RECHTSVERGLEICHUNG
- ZWISCHENBERICHT 1974. 10

UB -026
INST MAX-PLANCK-INSTITUT FUER AUSLAENDISCHES OEFFENTLICHES RECHT UND VOELKERRECHT
HEIDELBERG, BERLINER STR. 48
VORHAB **probleme des rechts auf eine gesunde umwelt**
es werden rechtsvergleichend gestaltungsmoeglichkeiten der verfassungsmaessigen sicherung eines rechts auf eine gesunde umwelt untersucht
S.WORT umweltrecht + internationaler vergleich SCHWEIZ + USA + SCHWEDEN
PROLEI DR. KLEIN
STAND 1.1.1974
FINGEB MAX-PLANCK-GESELLSCHAFT ZUR FOERDERUNG DER WISSENSCHAFTEN E. V. , MUENCHEN
BEGINN 1.5.1973 ENDE 31.1.1974
LITAN ZWISCHENBERICHT 1974. 04

UB -027
INST MAX-PLANCK-INSTITUT FUER AUSLAENDISCHES UND INTERNATIONALES PRIVATRECHT
HAMBURG 18, MITTELWEG 187
VORHAB **schadenersatz im umweltschutzrecht - eine rechtsvergleichende und rechtstatsaechliche untersuchung**
S.WORT schadensersatz + umweltrecht
PROLEI PROF. DR. KONRAD ZWEIGERT
STAND 7.9.1976
QUELLE datenuebernahme von der deutschen forschungsgemeinschaft
FINGEB DEUTSCHE FORSCHUNGSGEMEINSCHAFT

UB -028
INST MAX-PLANCK-INSTITUT FUER INTERNATIONALES PATENT-, URHEBER- UND WETTBEWERBSRECHT
MUENCHEN 80, SIEBERTSTRASSE 3
VORHAB **bedeutung des patentrechts fuer den umweltschutz**
ziel: moeglicher beitrag des patentrechts zur loesung der umweltprobleme; bestandaufnahme; mittel: verbot der patentierung umweltfeindlicher technologien, foerderung der entwicklung und verbreitung umweltfreundlicher technologien
S.WORT umweltschutz + patentrecht
PROLEI PROF. DR. BEIER
STAND 1.1.1974
FINGEB WORLD INTELLECTUAL PROPERTY ORGANISATION
BEGINN 1.4.1973 ENDE 31.12.1974
G.KOST 25.000 DM

UB -029
INST MESSERSCHMITT-BOELKOW-BLOHM GMBH
MUENCHEN 80, POSTFACH 80 11 69
VORHAB **analyse der wirkungsweise der instrumente zur durchsetzung des verursacherprinzips in der branche der elektrizitaetsversorgung**
1) erstellung eines katalogs von moeglichen beispielen fuer die wirkungsweise der instrumente des verursacherprinzips und ausarbeitung ausgewaehlter beispiele 2) ausarbeitung der vergleiche zwischen den beispielen und einer entsprechenden zusammenfassenden darstellung 3) erstellung eines

katalogs von moeglichkeiten zur bestimmung der externen kosten einschliesslich der moeglichkeiten zur isolierung der verschiedenen umwelteinfluesse
S.WORT umweltrecht + verursacherprinzip + energieversorgung
STAND 1.1.1974
QUELLE umweltforschungsplan 1974 des bmi
FINGEB BUNDESMINISTER DES INNERN
BEGINN 1.10.1973 ENDE 31.3.1974
G.KOST 82.000 DM

UB -030

INST MESSERSCHMITT-BOELKOW-BLOHM GMBH
MUENCHEN 80, POSTFACH 80 11 69
VORHAB **vertiefte analyse des informationsbedarfs anhand von rechtsvorschriften auf dem umweltgebiet**
ziel der studie ist die analyse des informationsbedarfs bei der anwendung von umweltrechtsnormen und die erprobung der moeglichkeiten zur befriedigung dieses informationsbedarfs mit hilfe eines edv-gestuetzten dokumentationssystems anhand zweier beispielhafter teilbereiche des umweltrechts. die ermittlung des informationsbedarfs geschieht sowohl durch eine auswertung von dokumenten als auch durch eine direkte befragung von betroffenen stellen
S.WORT umweltrecht + informationssystem
PROLEI DR. HEINZ GOEHRE
STAND 22.7.1976
QUELLE fragebogenerhebung sommer 1976
FINGEB UMWELTBUNDESAMT
ZUSAM DR. LICHTENBERG, UNI MUENCHEN
BEGINN 1.10.1975
G.KOST 119.000 DM
LITAN ZWISCHENBERICHT

UB -031

INST PROFESSUR FUER OEFFENTLICHES RECHT IV / FB 01 DER UNI GIESSEN
GIESSEN, LICHER STRASSE 72, HAUS 10
VORHAB **untersuchungen ueber die frage der einfuehrung eines grundrechtes auf menschenwuerdige umwelt**
begruendung, warum ein grundrecht auf angemessene, menschenwuerdige umwelt noetig ist, wie es in das bestehende system eingefuegt werden kann, welche funktionen es hat, wie es zu formulieren ist
S.WORT umweltgrundrecht
PROLEI PROF. DR. H. STEIGER
STAND 6.8.1976
QUELLE fragebogenerhebung sommer 1976
BEGINN 1.1.1974 ENDE 31.12.1975
LITAN STEIGER, H.: MENSCH UND UMWELT. ZUR FRAGE DER EINFUEHRUNG EINES UMWELTGRUNDRECHTS. BERLIN: E. SCHMIDT-VERL. (1975); 93 S.

UB -032

INST PROFESSUR FUER OEFFENTLICHES RECHT IV / FB 01 DER UNI GIESSEN
GIESSEN, LICHER STRASSE 72, HAUS 10
VORHAB **problem des vollzugdefizits im umweltrecht**
speziell fuer das immissionsschutzrecht sollen im raum rhein-main untersuchungen daruber angestellt werden, ob die gesetzlichen vorgesehenen standards etc. eingehalten sind und, soweit das nicht der fall ist, worin die gruende fuer einen mangel im vollzug bzw. in der implementation liegen. dabei sollen sowohl maengel in der verwaltung, in den verfahren, in den zur verfuegung stehenden rechtsnormen als auch schwierigkeiten bzw. probleme der entscheidung der interessenkonflikte beruecksichtigt werden
S.WORT umweltrecht + vollzugsdefizit + immissionsschutz RHEIN-MAIN-GEBIET
PROLEI PROF. DR. H. STEIGER
STAND 6.8.1976
QUELLE fragebogenerhebung sommer 1976
BEGINN 1.1.1975 ENDE 31.12.1976

UB -033

INST PROFESSUR FUER STRAFRECHT, STRAFPROZESSRECHT UND INTERNATIONALES STRAFRECHT / FB 01 DER UNI GIESSEN
GIESSEN, LICHER STRASSE 76
VORHAB **umweltschutzstrafrecht**
das arbeitsvorhaben befasst sich mit der frage, welche moeglichkeiten das strafrecht fuer die erhaltung einer menschenwuerdigen umwelt bieten kann. anlass dafuer ist die staendig wachsende zahl von umweltverstoessen, die der erhaltung bzw. wiederherstellung einer menschenfreundlichen umwelt zunehmende bedeutung geben
S.WORT umweltschutz + strafrecht
PROLEI PROF. DR. O. TRIFFTERER
STAND 6.8.1976
QUELLE fragebogenerhebung sommer 1976
FINGEB STIFTUNG VOLKSWAGENWERK, HANNOVER
BEGINN 1.1.1974

UB -034

INST WISSENSCHAFTSZENTRUM BERLIN GMBH (WZB)
BERLIN 12, STEINPLATZ 2
VORHAB **die verteilungspolitischen auswirkungen des verursacher- und gemeinlastprinzips im umweltschutz: moeglichkeiten und grenzen ihrer durchsetzbarkeit unter sozialen, politischen und oekonomischen gesichtspunkten**
S.WORT oekonomische aspekte
QUELLE datenuebernahme aus der datenbank zur koordinierung der ressortforschung (dakor)
FINGEB BUNDESMINISTER FUER FORSCHUNG UND TECHNOLOGIE
BEGINN 1.1.1975 ENDE 31.12.1975

Weitere Vorhaben siehe auch:

UA -033 ANALYSE DES UMWELTPOLITISCHEN INSTRUMENTARIUMS
UC -049 NOTWENDIGKEIT UND MOEGLICHKEITEN DER INTERNALISIERUNG NEGATIVER EXTERNER EFFEKTE
UE -045 UMWELTSCHUTZ IM RECHT DER LANDES- UND REGIONALPLANUNG

UC -001
INST ARBEITSGEMEINSCHAFT UMWELTSCHUTZ AN DER UNI HEIDELBERG
HEIDELBERG, IM NEUENHEIMER FELD 360
VORHAB **dfg-forschungsprojekt - schwerpunktprogramm bevoelkerungsgeographie**
S.WORT bevoelkerungsgeographie + raumordnung
PROLEI PROF. DR. FRICKE
STAND 1.10.1974
FINGEB DEUTSCHE FORSCHUNGSGEMEINSCHAFT
BEGINN 1.1.1970 ENDE 31.12.1975

UC -002
INST DORNIER SYSTEM GMBH
FRIEDRICHSHAFEN, POSTFACH 1360
VORHAB **untersuchung zur struktur und entwicklung der kommunalen ausgaben fuer umweltschutzmassnahmen**
systematische erfassung aller ausgaben, die die gemeinden fuer den umweltschutz taetigen (gemeinden mit mehr als 50. 000 einwohner). darstellung der entwicklung bis zum jahr 1977. analyse der gebraeuchlichen verfahren der weiterwaelzung dieser ausgaben auf die "verursacher"
S.WORT gemeinde + umweltschutz + kosten + verursacherprinzip
PROLEI DIPL. -VOLKSW. GUENTHER SCHWIEREN
STAND 10.9.1976
QUELLE fragebogenerhebung sommer 1976
BEGINN 1.1.1974 ENDE 31.12.1975
G.KOST 105.000 DM
LITAN ENDBERICHT

UC -003
INST DORNIER SYSTEM GMBH
FRIEDRICHSHAFEN, POSTFACH 1360
VORHAB **entwicklung eines praxisorientierten instrumentariums zur einbeziehung der umweltziele in die standortrahmenplanung umweltbelastender aktivitaeten**
entwicklung eines unmittelbar fuer konkrete planungsfaelle anwendbaren instrumentariums zur umweltgerechten standortrahmenplanung, bestehend aus - einem handbuch zur auswahl und festlegung von standorten fuer grossemittenden, schwerpunkten der wirtschafts- und siedlungsentwicklung, verkehrswegen und anderen raumintensiven vorhaben unter beachtung oekologischer erfordernisse; - einem den moeglichkeiten potentieller anwender angepassten edv-programmpaket mit zugehoeriger dokumentation zur instrumentellen unterstuetzung von datenintensiven arbeitsschriften in der standortrahmenplanung
S.WORT umweltplanung + standortwahl + oekologische faktoren
STAND 13.11.1975
FINGEB BUNDESMINISTER DES INNERN
BEGINN 1.11.1975 ENDE 31.5.1977
G.KOST 937.000 DM

UC -004
INST DORSCH CONSULT INGENIEURGESELLSCHAFT MBH
MUENCHEN 21, ELSENHEIMERSTR. 68
VORHAB **umweltrelevante grundlagen fuer planungsentscheidungen in der standortvorsorgepolitik der deutschen industrie**
im umweltprogramm der bundesregierung wird gefordert, bei standortplanungen die (auch wirtschaftlichen)folgen moeglicher umweltbeeintraechtigungen staerker als bisher zu beruecksichtigen. nur bei beachtung auch der oekologischen grundsaetze im gesamtrahmen aller entscheidungskriterien koennen schwerwiegende planungsfehler vermieden werden. die oeffentliche hand (gesetzgebung, regierung, verwaltung)soll mit dieser untersuchung eine entscheidungs- und orientierungshilfe erhalten, die es ihr ermoeglicht, die grenzen beabsichtigter industrieansiedlungen aus der sicht des umweltschutzes zu erkennen und einzuschalten. der untersuchung kommt umso hoehere bedeutung zu, als infolge des knapp gewordenen lebensraumes unserer industriegesellschaft, die wahl von standortplaetzen eeinzelwirtschaftlicher unternehmen heute weniger durch diese selbst, als durch einflussgroessen oeffentlicher vorentscheidung bestimmt wird. ausgangspunkt der untersuchung sind gesetzliche grundlagen
S.WORT industrie + standortwahl + (planungshilfen)
PROLEI DIPL. -KFM. ALBERT MAIR
FINGEB BUNDESMINISTER DES INNERN
BEGINN 1.12.1975 ENDE 31.12.1976
G.KOST 151.000 DM
LITAN ZWISCHENBERICHT

UC -005
INST ENERGIEWIRTSCHAFTLICHES INSTITUT DER UNI KOELN
KOELN 41, ALBERTUS-MAGNUS-PLATZ
VORHAB **wirtschaftliche konzeption einer umweltorientierten energiepolitik**
erarbeitung einer wirtschaftspolitischen konzeption fuer die steuerung einer umweltorientierten energieversorgung in der bundesrepublik deutschland; zunaechst qualitative problemanalyse der wirkungsfaktoren, dann behandlung quantitativer problemschwerpunkte
S.WORT energiewirtschaft + umwelthygiene + planung BUNDESREPUBLIK DEUTSCHLAND
PROLEI PROF. DR. SCHNEIDER
STAND 1.1.1974
QUELLE erhebung 1975
FINGEB DEUTSCHE FORSCHUNGSGEMEINSCHAFT
ZUSAM SONDERFORSCHUNGSBEREICH 26 "RAUMORDNUNG UND RAUMWIRTSCHAFT" AN DER UNI MUENSTER, 44 MUENSTER
BEGINN 1.1.1970 ENDE 31.12.1974
LITAN - SCHUERMANN, J. , DISSERTATION: OEKONOMISCHE ANSAETZE ZU EINER RATIONALEN UMWELTPOLITIK U. WIRTSCHAFTSPOLITISCHE KONSEQUENZEN MIT BESONDERER BERUECKSICHTIGUNG DER ENERGIEWIRTSCHAFT. KOELN (1973)
- SCHUERMANN, J.: VORAUSSETZUNGEN, STRATEGIEN U. MASSNAHMEN EINER UMWELTOPTINALEN ENERGIEVERSORGUNGSPOLITIK IN EINER MARKTWIRTSCHAFTLICH GEORDNETEN VOLKSWIRTSCHAFT. KOELN (DEZ 1973)

UC -006
INST FACHBEREICH III (TECHNOLOGIE) DER UNI TRIER-KAISERSLAUTERN
KAISERSLAUTERN, PFAFFENBERGSTR. 95
VORHAB **empirische analyse ueber die pruefung der umweltvertraeglichkeit bei der ansiedlung von industrie- und gewerbebetrieben im rahmen der regionalen wirtschaftsfoederung**
die empirische analyse soll entscheidungshilfen zu der frage geben, wie dieses methodenkonzept praxisnah gemacht werden kann. insbesondere soll der frage nachgegangen werden, ob ein leitfaden, der das notwendige methodische vorgehen an beispielen erlaeutert, sinnvoll ist
S.WORT industrie + standortwahl + umweltvertraeglichkeitspruefung
PROLEI PROF. DR. RUDOLF STICH
STAND 1.1.1974
QUELLE umweltforschungsplan 1974 des bmi
FINGEB BUNDESMINISTER DES INNERN
BEGINN 1.11.1973 ENDE 31.12.1974
G.KOST 15.000 DM

UC -007
INST FACHBEREICH POLITISCHE WISSENSCHAFT DER FU BERLIN
BERLIN 33, IHNESTR. 21
VORHAB **kritische analyse des f+e-standes von systemen gesellschaftlicher daten**
S.WORT empirische sozialforschung + datenverarbeitung + forschungsplanung

QUELLE datenuebernahme aus der datenbank zur koordinierung der ressortforschung (dakor)
FINGEB BUNDESMINISTER FUER FORSCHUNG UND TECHNOLOGIE
BEGINN 3.5.1974 ENDE 30.9.1974

UC -008
INST FACHBEREICH RECHTS- UND WIRTSCHAFTSWISSENSCHAFTEN DER UNI MAINZ
MAINZ, SAARSTR. 21
VORHAB makrooekonomische theorie des umweltschutzes
wirkungen einer erhaltung und verbesserung der natuerlichen umwelt auf preisniveau, aussenhandel und wirtschaftswachstum
S.WORT umweltschutz + wirtschaftswachstum
PROLEI DR. DIETER BENDER
STAND 1.1.1974
FINGEB DEUTSCHE FORSCHUNGSGEMEINSCHAFT
BEGINN 1.1.1972

UC -009
INST FACHBEREICH WIRTSCHAFTSWISSENSCHAFTEN UND STATISTIK DER UNI KONSTANZ
KONSTANZ, JACOB-BURCKHARDT-STR. 35
VORHAB umweltoekonomik
bearbeitung des stichwortes "umweltoekonomik" fuer das handwoerterbuch der wirtschaftswissenschften
S.WORT umwelt + makrooekonomie
PROLEI PROF. DR. BRUNO S. FREY
STAND 26.7.1976
QUELLE fragebogenerhebung sommer 1976
BEGINN 1.6.1976 ENDE 31.5.1977

UC -010
INST FINANZWISSENSCHAFTLICHES FORSCHUNGSINSTITUT AN DER UNI KOELN
KOELN 41, ALBERTUS-MAGNUS-PLATZ
VORHAB erfassung und projektion der umweltschutzausgaben von bund, laendern und gemeinden
erfassung und projektion von umweltschutzausgaben im zusammenhang mit langfristplanung. erfassung und projektion von umweltschutzausgaben fuer bund, laender und gemeinden (ergaenzungsstudie zum papier der sachverstaendigengruppe vii "ressourcen" des arbeitskreises der staats- und senatskanzleien und des bundeskanzleramtes zur zusammenarbeit des bundes und der laender bei der erstellung einer gesamtanalyse der laengerfristigen aufgaben fuer die jahre 1976-1985)
S.WORT umweltschutz + kosten
STAND 1.1.1975
QUELLE umweltforschungsplan 1975 des bmi
FINGEB BUNDESMINISTER DES INNERN
BEGINN 1.12.1973 ENDE 30.6.1975
G.KOST 71.000 DM

UC -011
INST FINANZWISSENSCHAFTLICHES FORSCHUNGSINSTITUT AN DER UNI KOELN
KOELN 41, ALBERTUS-MAGNUS-PLATZ
VORHAB steuerliche anreizmoeglichkeiten fuer umweltschutzinvestitionen
1) bestandsaufnahme der vorhandenen steuerlichen anreizmoeglichkeiten im geltenden recht; 2) aufnahme der nach dem gegenwaertigen stand der entwuerfe zur steuerreform zu erwartenden veraenderungen; 3) aufstellen eines katalogs der im geltenden steuerrecht noch nicht vorhandenen und von der steuerreform nicht initiierten steuerlichen umweltschutz-incentives
S.WORT umweltschutz + investitionen + steuerrecht
STAND 1.1.1974
QUELLE umweltforschungsplan 1974 des bmi
FINGEB BUNDESMINISTER DES INNERN
BEGINN 1.1.1973 ENDE 31.12.1974
G.KOST 4.000 DM

UC -012
INST FORSCHUNGSBEREICH UMWELT UND GESELLSCHAFT DER GESAMTHOCHSCHULE ESSEN
ESSEN, UNIVERSITAETSSTR.
VORHAB bedingungen der umweltpolitischen neuorientierung des herkoemmlichen wirtschaftswachstums im marktwirtschaftlichen industriesystem
analyse der triebkraefte des wachstums im marktwirtschaftlichen industriesystem. 1) strukturelle triebkraefte durch die verfuegbarkeit technischen fortschritts und durch den zwang zur kapitalverwertung unter konkurrenzbedingungen. 2) die dynamik der konsumbeduerfnisse in der industriegesellschaft. 3) die funktion des staates im wirtschaftlichen wachstumsprozess, insbesondere in der energiepolitik. 4) moeglichkeiten und grenzen einer entkopplung von sozialproduktwachstum und wachstum der energieumsaetze
S.WORT industrienationen + marktwirtschaft + wirtschaftswachstum + umweltpolitik
PROLEI PROF. DR. KLAUS M. MEYER-ABICH
STAND 12.8.1976
QUELLE fragebogenerhebung sommer 1976
BEGINN 1.1.1976 ENDE 31.1.1979
LITAN - MEYER-ABICH, K.: WERTSETZUNG BEI BESCHRAENKTEN RESSOURCEN. IN: WIRTSCHAFTSPOLITIK IN DER UMWELTKRISE, J. WOLFF(ED.), DVA, STUTTGART. S. 126-159(1974)
- HAMPICKE, U.: KAPITALISTISCHE EXPANSION UND UMWELTZERSTOERUNG. IN: DAS ARGUMENT. 93(17) S. 794-821(1975), H. 9/10

UC -013
INST GEOGRAPHISCHES INSTITUT / FB 22 DER UNI GIESSEN
GIESSEN, SENCKENBERGSTR. 1
VORHAB die attraktivitaet unterschiedlich strukturierter regionen (in der brd) und unterschiedlich ausgestatteter gemeinden (in hessen) fuer die standortwahl neuer industriebetriebe im zeitraum 1955 bis 1971
das forschungsvorhaben gliedert sich in zwei aspekte: 1) betrachtung der grossraeumigen entwicklung neuer industriestandorte 1955 bis 1971 in der brd nach regionalen und sektoralen gesichtspunkten, sowie nach art der ansiedlung (neugruendung, verlagerung, zweigbetrieb) und der betriebsgroesse. 2) entwicklung eines regressionsmodells unter beruecksichtigung von infrastrukturvariable, sowie merkmale des tertaeren sektors und distanzmasse, mit deren hilfe die raeumlichen verteilung von neuen industriestandorten in hessen erklaert werden soll
S.WORT wirtschaftsstruktur + industrie + standortwahl + (betriebsgroesse)
HESSEN
PROLEI MERTINS
STAND 6.8.1976
QUELLE fragebogenerhebung sommer 1976
BEGINN 1.1.1973 ENDE 31.12.1977

UC -014
INST GEOGRAPHISCHES INSTITUT / FB 22 DER UNI GIESSEN
GIESSEN, SENCKENBERGSTR. 1
VORHAB industriestandortanalyse und raumwirtschaftsmodelle im gebiet von unterelbe und unterweser
wirtschaftsraumentwicklung und -planung im unterelbe- bzw. unterwesergebiet; probleme der arbeitsplatzstrukturen und bevoelkerungsmobilitaeten, rueckwirkungen der gewerblichen wirtschaftsentwicklung auf die agrarstruktur; entwicklung der produktionswerte im vergleich zu anderen laendlichen raeumen der brd; umweltschutzprobleme
S.WORT raumwirtschaftspolitik + wirtschaftsstruktur + analyse
ELBE-AESTUAR + WESER-AESTUAR
PROLEI WENZEL
STAND 6.8.1976
QUELLE fragebogenerhebung sommer 1976
BEGINN 1.1.1972

UC -015
INST GEOGRAPHISCHES INSTITUT DER UNI BOCHUM
BOCHUM -QUERENBURG, UNIVERSITAETSSTR. 150
VORHAB **flughaefen und flughafenumgebung als standorte**
funktionale verflechtungen zwischen flughaefen, industrie/ gewerbe in flughafen-nahen raeumen (flughafenumland)
S.WORT flughafen + standortwahl
PROLEI HILSINGER
STAND 1.10.1974
BEGINN 1.1.1972 ENDE 31.12.1974
G.KOST 16.000 DM

UC -016
INST GEOGRAPHISCHES INSTITUT DER UNI DES SAARLANDES
SAARBRUECKEN, UNIVERSITAET
VORHAB **biogeographisches gutachten, industrieneuansiedlung saarbruecken 1972**
erarbeitung eines quantifizierbaren equilibrums zwischen oekonomie/oekologie
S.WORT raumplanung + industrieanlage + gutachten
PROLEI PROF. DR. PAUL MUELLER
STAND 1.1.1974
FINGEB STADT SAARBRUECKEN

UC -017
INST GESELLSCHAFT FUER SYSTEMTECHNIK MBH
ESSEN 1, AM WESTBAHNHOF 2
VORHAB **massnahmen und kosten des umweltschutzes im industriezweig stahl**
untersuchung von produktbezogenen kostensteigerungen aufgrund von umweltschutzmassnahmen - erfassen der kosten aufgrund von umweltschutzmassnahmen - aufgliedern dieser kosten nach der art der kostendeckung - aufzeigen der auswirkungen von umweltschutzmassnahmen auf die leistungsfaehigkeit der produktion, die wettbewerbsfaehigkeit und die preise
S.WORT stahlindustrie + umweltschutzmassnahmen + kosten
STAND 1.1.1975
QUELLE umweltforschungsplan 1975 des bmi
FINGEB BUNDESMINISTER DES INNERN
BEGINN 1.10.1973 ENDE 30.4.1975
G.KOST 106.000 DM

UC -018
INST GESELLSCHAFT FUER WOHNUNGS- UND SIEDLUNGSWESEN E.V. (GEWOS)
HAMBURG 13, HALLERSTR. 70
VORHAB **informationssystem und bewertungsmodell zur ermittlung optimaler regionaler standortsysteme fuer ueberbetriebliche ausbildungsstaetten**
ermittlung des fehlbedarfs an ueberbetrieblichen ausbildungsstaetten in berufsfachlicher gliederung nach kreisen unter annahme von vier verweildauern. entwicklung eines operationalen standortbewertungsmodells zur ermittlung optimaler regionaler standortsysteme ueberbetrieblicher ausbildungsstaetten. unterstuetzung durch ein spezifisches informationssystem. regionalisierung des bildungsgesamtplans.
S.WORT ausbildung + beruf + standortwahl + informationssystem + planungsmodell
QUELLE datenuebernahme aus der datenbank zur koordinierung der ressortforschung (dakor)
FINGEB BUNDESMINISTER FUER BILDUNG UND WISSENSCHAFT
BEGINN 15.1.1975 ENDE 31.12.1975

UC -019
INST HUEBL, L., PROF.DR.
HANNOVER, WUNSDORFERSTR. 14
VORHAB **alternativen fuer eine staatliche technologiepolitik, modernisierung der volkswirtschaft, analyse und prognose des forschungsbedarfs der bundesrepublik**
S.WORT volkswirtschaft + wirtschaftsstruktur + technologie + forschungsplanung
QUELLE datenuebernahme aus der datenbank zur koordinierung der ressortforschung (dakor)
FINGEB BUNDESMINISTER FUER FORSCHUNG UND TECHNOLOGIE
BEGINN 1.2.1975 ENDE 28.2.1975

UC -020
INST IFO - INSTITUT FUER WIRTSCHAFTSFORSCHUNG E.V.
MUENCHEN, POSCHINGER STRASSE 5
VORHAB **ausgaben fuer umweltschutz in der druckindustrie**
erfassung und analyse betrieblicher ausgaben fuer umweltschutz
S.WORT umweltschutz + druckereiindustrie + kosten
PROLEI DR. PUHANI
STAND 1.1.1974
FINGEB - BUNDESMINISTER FUER WIRTSCHAFT
- BUNDESVERBAND DRUCK E. V. , WIESBADEN
BEGINN 1.3.1974 ENDE 31.8.1974
G.KOST 4.000 DM
LITAN ZWISCHENBERICHT 1974. 09

UC -021
INST IFO - INSTITUT FUER WIRTSCHAFTSFORSCHUNG E.V.
MUENCHEN, POSCHINGER STRASSE 5
VORHAB **struktur und entwicklung der umweltschutzausgaben der bayerischen industrie**
erfassung und analyse betrieblicher ausgaben fuer umweltschutz
S.WORT umweltschutz + industrie + kosten
BAYERN
PROLEI DIPL. -KFM. ROLF-ULRICH SPRENGER
STAND 1.1.1974
FINGEB STAATSMINISTERIUM FUER LANDESENTWICKLUNG UND UMWELTFRAGEN, MUENCHEN
BEGINN 1.4.1974 ENDE 30.11.1974
G.KOST 80.000 DM

UC -022
INST IFO - INSTITUT FUER WIRTSCHAFTSFORSCHUNG E.V.
MUENCHEN, POSCHINGER STRASSE 5
VORHAB **umweltschutzinvestitionen der deutschen industrie von 1971 - 1975**
ermittlung und hochrechnung der umweltschutzinvestitionen nach industriegruppen aufgrund unternehmensbefragungen.
erhebungsmethode: bewusste auswahl, geschichtete hochrechnung
S.WORT umweltschutz + industrie + investitionen
BUNDESREPUBLIK DEUTSCHLAND
PROLEI DIPL. -KFM. ROLF-ULRICH SPRENGER
STAND 11.8.1976
QUELLE fragebogenerhebung sommer 1976
BEGINN 1.7.1976 ENDE 30.9.1976

UC -023
INST IFO - INSTITUT FUER WIRTSCHAFTSFORSCHUNG E.V.
MUENCHEN, POSCHINGER STRASSE 5
VORHAB **effizienz der indirekten forschungs- und innovationsfoerderung**
analyse der effizienz der indirekten steuerlichen forschungs- und innovationsfoerderung in der brd u. a. am beispiel der foederung umweltfreundlicher technologien. methode: statistische analysen. schriftliche und muendliche unternehmensbefragungen, fallstudien
S.WORT forschungsplanung + umweltfreundliche technik + investitionen
PROLEI DIPL. -KFM. ROLF-ULRICH SPRENGER
STAND 11.8.1976

QUELLE fragebogenerhebung sommer 1976
FINGEB BUNDESMINISTER FUER FORSCHUNG UND TECHNOLOGIE
BEGINN 1.11.1975 ENDE 30.6.1976
LITAN - SPRENGER, R.;ROETHLINGSHOEFER, K.;SCHOLZ, L., GUTACHTEN: EFFIZIENZ DER INDIREKTEN STEUERLICHEN FORSCHUNGSFOERDERUNG. MUENCHEN: IFO-EIGENDRUCK(JUN 1976)
- ENDBERICHT

UC -024

INST IFO - INSTITUT FUER WIRTSCHAFTSFORSCHUNG E.V.
MUENCHEN, POSCHINGER STRASSE 5
VORHAB **struktur und entwicklung der umweltschutzaufwendungen der industrie**
im betrieblichen rechnungswesen erfolgt bislang noch keine einheitliche und verbindliche abgrenzung und erfassung von leistungen und aufwendungen, die dem aufgabenbereich "umweltschutz" zugeordnet werden koennen. da aussagekraeftige und vergleichbare betriebliche daten gewonnen werden sollen, sind in einem ersten untersuchungsschritt nur solche betrieblichen umweltschutzleistungen zu erfragen, fuer die bereits vor anpassung des industriellen kontenrahmens eindeutige abgrenzungskriterien vorliegen
S.WORT industrie + umweltschutz + oekonomische aspekte
PROLEI DR. KARL-HEINRICH OPPENLAENDER
STAND 10.9.1976
QUELLE fragebogenerhebung sommer 1976
BEGINN 1.1.1974 ENDE 30.11.1974

UC -025

INST INDUSTRIESEMINAR DER UNI MANNHEIM
MANNHEIM, SCHLOSS
VORHAB **systemanalyse des rhein-neckar-raumes**
es wird ein simulationsmodell erstellt, um die gesellschaftlichen und natuerlichen grenzen der industrialisierung darzustellen. es wurde sowohl die raeumliche als auch die zeitliche funktion in die untersuchung mit aufgenommen
S.WORT raumwirtschaftspolitik + industrialisierung + simulationsmodell
RHEIN-NECKAR-RAUM
PROLEI DIPL. -KFM. KARL-GERHARD KERN
STAND 9.8.1976
QUELLE fragebogenerhebung sommer 1976
FINGEB INNENMINISTERIUM, STUTTGART
BEGINN 1.11.1973 ENDE 31.12.1976
LITAN ZWISCHENBERICHT

UC -026

INST INFRATEST-INDUSTRIA GMBH & CO, INSTITUT FUER UNTERNEHMENSBERATUNG UND PRODUKTIONSGUETER-MARKTFORSCHUNG
MUENCHEN 19, SUEDLICHE AUFFAHRTSALLEE 75
VORHAB **die maerkte fuer umwelttechnik in der bundesrepublik bis 1980/85**
untersuchung quantifizierung der bedarfs-/nachfrage- und angebotssituation fuer umwelttechnik in der brd; gegenwaertig und prognose bis 1980/85. erfasst werden investitionsgueter (anlagen, apparate, ausruestung, ausstattung, transport, aufbereitung und messtechnik), betriebsmittel und dienstleistungen fuer die bereiche abwasser, abfall und abgas. gesamt uber 700 verschiedene produkte und leistungenuntersuchung und quantifizierung der bedarfs-/nachfrage- und angebotssituation fuer umwelttechnik in der brd; gegenwaertig und prognose bis 1980/85. erfasst werden investitionsgueter (anlagen, apparate, ausruestung, ausstattung, transport, aufbereitung und messtechnik), betriebsmittel und dienstleistungen fuer die bereiche abwasser, abfall und abgas. gesamt uber 7000 verschiedene produkte und leistungen
S.WORT umwelttechnik + marktforschung
PROLEI DR. -ING. RAINER F. NOLTE
STAND 9.8.1976
QUELLE fragebogenerhebung sommer 1976
ZUSAM UBA
BEGINN 1.5.1976 ENDE 30.9.1977
G.KOST 600.000 DM

UC -027

INST INSTITUT DER DEUTSCHEN WIRTSCHAFT
KOELN, OBERLAENDER UFER 84-88
VORHAB **probleme des wettbewerbs**
S.WORT umweltprobleme + oekonomische aspekte + (wettbewerb)
PROLEI DR. KOEHLER
STAND 1.1.1974
BEGINN 1.1.1966

UC -028

INST INSTITUT DER DEUTSCHEN WIRTSCHAFT
KOELN, OBERLAENDER UFER 84-88
VORHAB **grenzen des wachstums**
eine kritische analyse der "oekologischen" und "systemdynamischen" wachstumstheorien und -modelle (insbesondere des club of rome) mit hilfe von literaturrecherchen und vergleichen der tatsaechlichen entwicklung der parameter rohstoffe und energie, bevoelkerung und ernaehrung sowie der umweltverschmutzung. die wirtschafts- und gesellschaftspolitischen konsequenzen des nullwachstums bzw. des gebremsten wachstums sollen abgehandelt werden
S.WORT wirtschaftswachstum + modell + wachstumsgrenzen + sozio-oekonomische faktoren + (club of rome)
PROLEI DR. KOEHLER
STAND 1.1.1974
BEGINN 1.1.1966
LITAN ZWISCHENBERICHT

UC -029

INST INSTITUT FUER AGRARSOZIOLOGIE / FB 20 DER UNI GIESSEN
GIESSEN, EICHGAERTENALLEE 3
VORHAB **trennung als sozialer fakt im bereich der "stadt-land-beziehung". probleme der begrifflichen und realen dichotomisierung, abgeleitet aus "alltag" und arbeit**
verstaedterung: hierarchisierte beziehungen; metropole - peripherie; urbanisierung; herrschaft agrarisch-industriell; kapital; demokratie; soziale realitaet; bewusstsein; probleme der begrifflichen und realen dichotomisierung
S.WORT urbanisierung + sozio-oekonomische faktoren + (stadt-land-beziehungen)
PROLEI PROF. DR. A. BODENSTEDT
STAND 6.8.1976
QUELLE fragebogenerhebung sommer 1976
BEGINN 1.1.1972 ENDE 31.12.1976

UC -030

INST INSTITUT FUER EUROPAEISCHE WIRTSCHAFTSPOLITIK DER UNI HAMBURG
HAMBURG 13, VON-MELLE-PARK 5
VORHAB **die volkswirtschaftlichen umweltschaeden und ihre verteilung auf soziale schichten**
ziel: einbeziehung der bisher vernachlaessigten aspekte der verteilung von umweltschaeden in umweltpolitische ueberlegungen; theoretischer teil: probleme und methoden der bewertung von umweltschaeden/entwicklung von umweltindikatoren; empirischer teil: fallstudie fuer das ruhrgebiet/schichtenspezifische belastungen im wohn-, freizeit- und arbeitsbereich
S.WORT umweltbelastung + sozio-oekonomische faktoren + indikatoren
RHEIN-RUHR-RAUM
PROLEI PROF. DR. HARALD JUERGENSEN
STAND 1.1.1974
FINGEB KOMMISSION FUER WIRTSCHAFTLICHEN UND SOZIALEN WANDEL, BONN-BAD GODESBERG
BEGINN 1.1.1974 ENDE 30.6.1974
LITAN ENDBERICHT: JUERGENSEN, H.;JAESCHKE, K. -P.;JARRE, J.:DIE VOLKSWIRTSCHAFTLICHEN UMWELTSCHAEDEN UND IHRE VERTEILUNG AUF SOZIALE SCHICHTEN. HAMBURG(JUN 1974)

UC -031

INST INSTITUT FUER EUROPAEISCHE WIRTSCHAFTSPOLITIK DER UNI HAMBURG
HAMBURG 13, VON-MELLE-PARK 5

VORHAB **die wettbewerbspolitische relevanz einer internationalen koordinierung von umweltschutzmassnahmen**
es sollen moegliche veraenderungen der internationalen wettbewerbsstruktur im gefolge der einfuehrung von umweltschutzmassnahmen untersucht werden

S.WORT umweltschutzmassnahmen + internationale zusammenarbeit + (wettbewerbsstruktur)

PROLEI RAINER BUHNE

STAND 30.8.1976

QUELLE fragebogenerhebung sommer 1976

BEGINN 1.1.1974 ENDE 31.12.1976

UC -032

INST INSTITUT FUER EUROPAEISCHE WIRTSCHAFTSPOLITIK DER UNI HAMBURG
HAMBURG 13, VON-MELLE-PARK 5

VORHAB **zur verteilungspolitischen relevanz von umweltschaedigungen**

S.WORT umweltpolitik + umweltbelastung + soziale kosten
RHEIN-RUHR-RAUM

PROLEI JAN JARRE

STAND 30.8.1976

QUELLE fragebogenerhebung sommer 1976

UC -033

INST INSTITUT FUER GEOGRAPHIE UND WIRTSCHAFTSGEOGRAPHIE DER UNI HAMBURG
HAMBURG 13, BUNDESSTR. 55

VORHAB **modell einer oekologisch orientierten wirtschaft**
aus den natuerlichen kreislaeufen des geosystems wird ein einfaches modell abgeleitet, das dazu dienen soll, die wirtschaftliche aktivitaet des menschen so zu lenken, dass die fortschreitende labilisierung der oekosysteme aufgehalten wird

S.WORT wirtschaft + oekologie + umweltschutz

PROLEI DR. ECKEHARD GRIMME

STAND 30.8.1976

QUELLE fragebogenerhebung sommer 1976

BEGINN 1.1.1973 ENDE 31.12.1974

LITAN GRIMMEL, E.: MODELL EINER OEKOLOGISCH ORIENTIERTEN WIRTSCHAFT. IN: GEOGRAPHISCHE RUNDSCHAU 26 S. 150-152(1974)

UC -034

INST INSTITUT FUER HOLZPHYSIK UND MECHANISCHE TECHNOLOGIE DES HOLZES DER BUNDESFORSCHUNGSANSTALT FUER FORST- UND HOLZWIRTSCHAFT
HAMBURG 80, LEUSCHNERSTR. 91C

VORHAB **kosten der technischen moeglichkeiten fuer die beseitigung der umweltbeeintraechtigenden emission in der holzindustrie**
kosten der verschiedenen technischen moeglichkeiten fuer die beseitigung der umweltbeeintraechtigenden emission in der holzindustrie und auswirkungen auf die struktur der einzelnen industriezweige

S.WORT holzindustrie + umweltbelastung + oekonomische aspekte

STAND 1.1.1976

FINGEB BUNDESFORSCHUNGSANSTALT FUER FORST- UND HOLZWIRTSCHAFT, REINBEK

UC -035

INST INSTITUT FUER INDUSTRIE- UND VERKEHRSPOLITIK DER UNI WUERZBURG
WUERZBURG, SANDERRING 2

VORHAB **entwicklung eines sektoral disaggregierten simulationsmodells fuer die bundesrepublik deutschland auf der grundlage wirtschaftskybernetischer methoden**
aufgabe: erstellen eines simulierbaren makromodells, das folgende fuenf subsysteme enthaelt: oekonomisches system, politisch/soziales system, bevoelkerungssystem, technisches system, oekologisches system. vorgehen: systemtheoretischer ansatz, regelunsg- und kontrolltheorie (u. a. system dynamics). untersuchung: zahlreiche statistische verfahren zur validierung und beim modelldesign

S.WORT makrooekonomie + simulationsmodell
BUNDESREPUBLIK DEUTSCHLAND

PROLEI PROF. DR. SIGURD KLATT

STAND 19.7.1976

QUELLE fragebogenerhebung sommer 1976

FINGEB STIFTUNG VOLKSWAGENWERK, HANNOVER

ZUSAM BUNDESMINISTER FUER WIRTSCHAFT

BEGINN 1.1.1975 ENDE 31.12.1976

G.KOST 165.000 DM

LITAN ZWISCHENBERICHT

UC -036

INST INSTITUT FUER INDUSTRIEFORSCHUNG UND BETRIEBLICHES RECHNUNGSWESEN DER UNI MUENCHEN
MUENCHEN, LUDWIGSTR. 28

VORHAB **betriebswirtschaftliche berechnung sozialer kosten**
entsprechend der aufgabenstellung der entscheidungsorientierten betriebswirtschaftslehre, die die unternehmung als offenes soziales system begreift, soll untersucht werden, inwieweit im betriebswirtschaftlichen informationssystem die durch die unternehmung verursachten veraenderungen in der umwelt erfasst werden. da im traditionellen betrieblichen rechnungswesen weder soziale kosten noch soziale nutzen beruecksichtigt werden, soll im rahmen einer analyse festgestellt werden, ob eine internalisierung sozialer kosten moeglich ist und welche konsequenzen sich hieraus fuer die gestaltung des rechnungswesens ergeben

S.WORT umweltbelastung + soziale kosten + (betriebswirtschaftliche aspekte)

PROLEI PROF. DR. DR. H. C. EDMUND HEINEN

STAND 21.7.1976

QUELLE fragebogenerhebung sommer 1976

BEGINN 1.12.1973

LITAN - HEINEN, E.;PICOT, A.: KOENNEN IN BETRIEBSWIRTSCHAFTLICHEN KOSTENAUFFASSUNGEN SOZIALE KOSTEN BERUECKSICHTIGT WERDEN? IN: BETRIEBSWIRTSCHAFTLICHE FORSCHUNG PRAXIS S. 345-376(1974)
- PICOT, A. (UNI MUENCHEN), HABILITATIONSSCHRIFT: BETRIEBSWIRTSCHAFTLICHE UMWELTBEZIEHUNGEN UND UMWELTINFORMATIONEN - GRUNDLAGEN EINER ERWEITERTEN ERFOLGSBEURTEILUNG VON UNTERNEHMUNGEN. (1975)
- STINNER, R. (UNI MUENCHEN), DISSERTATION: KONSUMENTEN ALS ORGANISATIONSTEILNEHMER - EIN BEITRAG ZUR ORGANISATIONSTHEORETISCHEN INTERPRETATION DER BEZIEHUNGEN ZWISCHEN DER UNTERNEHMUNG UND DEN KONSUMENTEN. (1975)

UC -037

INST INSTITUT FUER INFRASTRUKTUR DER UNI MUENCHEN
MUENCHEN, BAUERSTR. 20

VORHAB **sektorale schadstoffkoeffizienten**
zielsetzung war die erarbeitung sektoraler schadstoffkoeffizienten fuer die 60 sektoren der ifo-einteilung. fuehrt man input-output-rechnungen durch, so ist es mit hilfe dieser auf den produktionswert bezogenen spezifischen groessen moeglich, die oekologischen auswirkungen struktureller eingriffe in die volkswirtschaft abzuschaetzen. auch die (direkten und indirekten) emissionen, die mit der herstellung eines produktes verbunden sind, lassen sich prinzipiell auf diese weise bestimmen. ein nebenziel war die untersuchung der uebertragbarkeit auslaendischer

verschmutzungsdaten (insbesondere us-daten) auf die verhaeltnisse in der brd
S.WORT raumwirtschaftspolitik + industrie + schadstoffemission + (sektorale schadstoffkoeffizienten)
PROLEI DR. STEFAN RAMER
STAND 21.7.1976
QUELLE fragebogenerhebung sommer 1976
BEGINN 31.7.1973 ENDE 31.3.1975
G.KOST 60.000 DM
LITAN - RAMER, S.: INTERNER BERICHT DES INSTITUTS FUER UNTERNEHMENS- UND VERFAHRENSFORSCHUNG, UNIVERSITAET MUENCHEN: DIE BESTIMMUNG SEKTORALER SCHADSTOFFKOEFFIZIENTEN FUER DIE BDR UND DAS JAHR 1964 (UNTER BERUECKSICHTIGUNG DES PRIVATEN AUTOVERKEHRS). (APR 1974)
- HANSSMANN, F.: SYSTEMFORSCHUNG IM UMWELTSCHUTZ. E. SCHMIDT VERLAG INSBES. KAP. 9 UND KAP. 15 (1976)

UC -038
INST INSTITUT FUER SIEDLUNGS- UND WOHNUNGSWESEN DER UNI MUENSTER
MUENSTER, AM STADTGRABEN 9
VORHAB **oekonomische aspekte des umweltschutzes**
gesamtmodell der umweltplanung
S.WORT oekonomische aspekte + umweltschutz
PROLEI PROF. DR. R. THOSS
STAND 1.1.1974
QUELLE erhebung 1975
FINGEB DEUTSCHE FORSCHUNGSGEMEINSCHAFT
BEGINN 1.1.1969 ENDE 31.12.1976

UC -039
INST INSTITUT FUER SIEDLUNGSWASSERWIRTSCHAFT DER UNI KARLSRUHE
KARLSRUHE, AM FASANENGARTEN
VORHAB **anwendung von methoden des operations research auf die standortplanung von regionalen abfallbehandlungsanlagen**
bereitstellung von entscheidungshilfen fuer standort- und kapazitaetsplanung; austesten der programme am konkreten fall "bodenseegebiet"; ausdehnung auf groessere regionen und gewisse abfallstoffe (z. b. altautos)
S.WORT abfallbeseitigungsanlage + standortwahl + planungshilfen
BODENSEEGEBIET
PROLEI PROF. HAHN
STAND 1.1.1974
FINGEB LANDESSTELLE FUER GEWAESSERKUNDE, KARLSRUHE
ZUSAM LANDESSTELLE FUER GEWAESSERKUNDE, 75 KARLSRUHE, HEBELSTR. 2
BEGINN 1.1.1973
G.KOST 100.000 DM
LITAN - DEHNERT, G.:INSTITUT FUER SIEDLUNGSWASSERWIRTSCHAFT UNIVERSITAET KARLSRUHE(JUN 1973): TECHNISCHER BERICHT NR. 10
- DEHNERT, C.:INST. F. SIEDLUNGSWASSERWIRTSCHAFT UNI KARLSRUHE. (NOV 1973): EINE ENTSCHEIDUNGSHILFE FUER DIE STANDORT- UND KAPAZITAETSPLANUNG VON MUELLBEHANDLUNGSANLAGEN
- ZWISCHENBERICHT 1974. 06

UC -040
INST INSTITUT FUER SOZIOLOGIE DER UNI WUERZBURG
WUERZBURG, SANDERRING 2
VORHAB **das problem der umwertung sozialkultureller werte in einer zeit der wachstums- und umweltkrise**
literaturstudie-zentrale thesen: die wachstums-und umweltkrise kann nicht allein auf technisch-oekonomischem weg bewaeltigt werden. eine entscheidende voraussetzung bildet die veraenderung des weitgehend soziokulturell determinierten verhaltens des menschen. da werte als basale elemete der soziokulturellen verhaltensdeterminanten fungieren, haengt die bewaeltigung der wachstuns- und umweltkrise von der umwertung spezifischer soziokultureller werte ab
S.WORT umweltprobleme + wirtschaftswachstum + industriegesellschaft + (verhaltensaenderung)
PROLEI DR. KARL-HEINZ HILLMANN
STAND 21.7.1976
QUELLE fragebogenerhebung sommer 1976
BEGINN 1.3.1975
LITAN - HILLMANN, K.: DIE WACHSTUMSKRISE ALS WERTPROBLEM. IN: GEGENWARTSKUNDE (1) S. 19-31(1975)
- HILLMANN, K.: DAS OBSOLESZENZPROBLEM IN EINER ZEIT DER WACHSTUMS- UND UMWELTKRISE. IN: JAHRBUCH DER ABSATZ- UND VERBRAUCHSFORSCHUNG (1) S. 21-45(1975)
- HILLMANN, K.: DER "KRITISCHE" WIRTSCHAFTSMENSCH IN DER LEISTUNGS- UND KONSUMGESELLSCHAFT. IN: HARTFIEL, G.: EMANZIPATION. KRITIK 6 S. 243-278(1975)

UC -041
INST INSTITUT FUER SOZIOOEKONOMIE DER UNI AUGSBURG
AUGSBURG, MEMMINGERSTR. 14
VORHAB **social accountability und struktur des entscheidungsprozesses (einbeziehung gesellschaftlicher umweltfaktoren)**
auswertung der vorliegenden untersuchungen (z. b. corporate report) durchfuehrung einer befragung im europaeischen raum hinsichtlich der aufgeschlossenheit gegenueber neuen tendenzen im rechnungswesen (corporate social accounting, social audit, human resource accounting etc.), die vor allem physische und soziale umweltfaktoren im rahmen eines informations- und kontrollsystems beruecksichtigen. die befragung stuetzt sich auf die ergebnisse des sandilands-reports und corporate reports (gb) sowie des trueblood-reports (usa). auf dieser basis sollen neue aufgaben des rechnungswesens ermittelt und auf ihre realisierungsmoeglichkeiten geprueft werden, die sich aus geaenderten gesellschaftlichen bedingungen ergeben
S.WORT unternehmensrechnung + umweltfaktoren + soziale kosten
PROLEI PROF. DR. LOUIS PERRIODON
STAND 11.8.1976
QUELLE fragebogenerhebung sommer 1976
ZUSAM INST. F. SOZIOOEKONOMIE DER UNI AUGSBURG
BEGINN 1.1.1975

UC -042
INST INSTITUT FUER STATISTIK UND MATHEMATISCHE WIRTSCHAFTSTHEORIE DER UNI KARLSRUHE
KARLSRUHE, KAISERSTR. 12
VORHAB **kostenoptimale strategien zur erreichung vorgegebener standards der reinhaltung der umwelt**
zielsetzung und aufgabenstellung: 1) massnahmen zur reduktion von schadstoffemissionen. 2) kostenberuecksichtigung. 3) einbeziehung von restiktionen fuer die emission von schadstoffen. 4) einbeziehung von restriktionen fuer die produktion und nachfrage von guetern. 5) aufstellung eines intensitaetensystems. vorgehensweise und untersuchungsmethoden: 1) erstellung eines linearen planungsmodells. 2) loesungsansatz mittels linearer programmierung. 3) loesungsansatz mittels zweistufiger stochastischer programmierung
S.WORT produktivitaet + schadstoffemission + oekonomische aspekte
PROLEI PROF. DR. BERND GOLDSTEIN
STAND 21.7.1976
QUELLE fragebogenerhebung sommer 1976
LITAN ENDBERICHT

UC -043
INST INSTITUT FUER STATISTIK UND MATHEMATISCHE WIRTSCHAFTSTHEORIE DER UNI KARLSRUHE
KARLSRUHE, KAISERSTR. 12

VORHAB **optimierung unter oekologischen restriktionen**
kapazitaetsmaximierung unter beachtung vorgegebener oekologischer schranken. bestimmung optimaler kontrollstandspunkte. es werden methoden der semiinfiniten optimierung angewandt
S.WORT produktivitaet + oekologische faktoren + optimierungsmodell
PROLEI PROF. DR. RUDOLF HENN
STAND 21.7.1976
QUELLE fragebogenerhebung sommer 1976
LITAN - HENN, R.;KISCHKA, P.: UEBER EINIGE ANWENDUNGEN DER SEMIINFINITEN OPTIMIERUNG. IN: ZEITSCHRIFT FUER OR. XX, SERIE A(1976)
- KISCHKA, P.: ANWENDUNG VERALLGEMEINERTER SCHEBYCHEFF-SYSTEME BEI OEKOLOGISCHEN PROBLEMEN. MATHEMATICAL SYSTEMS IN ECONOMICS

UC -044
INST INSTITUT FUER SYSTEMTECHNIK UND INNOVATIONSFORSCHUNG (ISI) DER FRAUNHOFER-GESELLSCHAFT E.V.
KARLSRUHE, BRESLAUER STRASSE 48
VORHAB **technologie-folgenabschaetzung mittels dynamischer simulation, partizipation der interessengruppen - raffinerieerweiterung**
S.WORT technology assessment + raffinerie
PROLEI DR. -ING. EBERHARD JOCHEM
STAND 1.1.1974
FINGEB BUNDESMINISTER FUER FORSCHUNG UND TECHNOLOGIE
BEGINN 1.1.1973 ENDE 31.12.1975
G.KOST 160.000 DM
LITAN ENDBERICHT

UC -045
INST INSTITUT FUER TECHNISCHE CHEMIE DER TU BERLIN
BERLIN 12, STRASSE DES 17. JUNI 128
VORHAB **einfluss der umweltschutzanforderungen auf die auslegung und wirtschaftlichkeit chemischer prozesse, dargestellt an beispielen der petrochemie und schwerchemie**
systematische und allgemeine charakterisierung der umweltschutzanforderungen hinsichtlich der projektierung von chemieanlagen und erfassung der kostenmaessigen auswirkungen, wobei empirische daten aus der chemischen industrie bzw. erdoelverarbeitenden industrie auszuwerten sind
S.WORT umweltschutzauflagen + chemische industrie + kosten + wirtschaftlichkeit
PROLEI PROF. DR. JOACHIM SCHULZE
STAND 11.8.1976
QUELLE fragebogenerhebung sommer 1976
BEGINN 1.1.1971

UC -046
INST INSTITUT FUER WELTWIRTSCHAFT AN DER UNI KIEL
KIEL, DUESTERNBROOKER WEG 120-122
VORHAB **das entwicklungspotential der regionen in der bundesrepublik deutschland auf der basis ihrer ausstattung mit potentialfaktoren**
auf der grundlage sogenannter potentialfaktoren werden kennziffern fuer die entwicklungsfaehigkeit von regionen bestimmt. als einer der potentialfaktoren wurde dabei auch der umweltfaktor wasser als "wasser-entsorgungspotential" erfasst
S.WORT regionalplanung + wirtschaftsstruktur + wasserentsorgung
PROLEI DR. DIETER BIEHL
STAND 9.8.1976
QUELLE fragebogenerhebung sommer 1976
BEGINN 1.6.1975 ENDE 30.9.1976
LITAN GOETZINGER, H.: DAS REGIONALE WASSER-ENTSORGUNGSPOTENTIAL IN DER BUNDESREPUBLIK ALS BEISPIEL FUER DEN POTENTIALFAKTOR UMWELT. IN: DIE WELTWIRTSCHAFT, TUEBINGEN (1) S. 99-115(1976)

UC -047
INST INSTITUT FUER WIRTSCHAFTSLEHRE DES HAUSHALTS UND VERBRAUCHSFORSCHUNG / FB 20 DER UNI GIESSEN
GIESSEN, DIEZSTR. 15
VORHAB **untersuchungen zum marktverhalten der haushalte, zur verbraucherbildung und verbraucherinformation**
probleme des einkaufsverhaltens, der marktverflechtung der haushalte und der informationslage, des selbstverstaendnisse der verbraucher, der verbraucherbildung und der informationskompetenz der verbraucherberatung. probleme der zielorientierten verbraucherbildung und verbraucherinformation
S.WORT konsumentenverhalten + (verbraucherinformation)
PROLEI V. SCHWEITZER
STAND 6.8.1976
QUELLE fragebogenerhebung sommer 1976
FINGEB LAND HESSEN
BEGINN 1.1.1970

UC -048
INST INSTITUT FUER WIRTSCHAFTSPOLITIK UND WETTBEWERB DER UNI KIEL
KIEL, OLSHAUSENSTR. 40-60
VORHAB **die strategie der struktur- und umweltorientierten entwicklung**
ergebnisse, grenzen und alternativen der wachstumspolitik, dargestellt am beispiel japans
S.WORT umweltforschung + wachstumsgrenzen JAPAN
PROLEI DR. UDO ERNST SIMONIS
STAND 1.1.1974
FINGEB DEUTSCHE FORSCHUNGSGEMEINSCHAFT
BEGINN 1.1.1973

UC -049
INST INSTITUT FUER WIRTSCHAFTSPOLITIK UND WETTBEWERB DER UNI KIEL
KIEL, OLSHAUSENSTR. 40-60
VORHAB **notwendigkeit und moeglichkeiten der internalisierung negativer externer effekte**
diskussion politischer steuerungssysteme zum umweltschutz. vergleich von verursacherprinzip und gemeinlastprinzip
S.WORT umweltrecht + oekonomische aspekte + soziale kosten + verursacherprinzip + gemeinlastprinzip
PROLEI DR. ULRICH BRANDT
STAND 9.8.1976
QUELLE fragebogenerhebung sommer 1976

UC -050
INST MAX-PLANCK-INSTITUT ZUR ERFORSCHUNG DER LEBENSBEDINGUNGEN DER WISSENSCHAFTLICH-TECHNISCHEN WELT
STARNBERG, RIEMERSCHMIDSTR.7
VORHAB **wirtschaftswachstum, oeffentlicher bedarf, umwelt**
oekonomische und politische alternativen
S.WORT wirtschaftswachstum + wachstumsgrenzen + umweltprobleme
STAND 1.1.1974
FINGEB MAX-PLANCK-GESELLSCHAFT ZUR FOERDERUNG DER WISSENSCHAFTEN E. V. , MUENCHEN
BEGINN 1.1.1970

UC -051
INST PROFESSUR FUER VOLKSWIRTSCHAFTSLEHRE (INSBESONDERE ENTWICKLUNGSLAENDERFORSCHUNG) / FB 02 DER UNI GIESSEN
GIESSEN, LICHER STRASSE 66
VORHAB **die grenzen der marktwirtschaft als ordnungspolitische konzeption in entwicklungslaendern**
S.WORT entwicklungslaender + marktwirtschaft
PROLEI HANS-LIMBERT HEMMER
STAND 6.8.1976

QUELLE fragebogenerhebung sommer 1976
LITAN HARBUSCH, P. V.;WIEK, D. (EDS); HEMMER, H. -R.: DIE GRENZEN DER MARKTWIRTSCHAFT ALS ORDNUNGSPOLITISCHER KONZEPTION IN ENTWICKLUNGSLAENDERN. IN: MARKTWIRTSCHAFT S. 59-75 STUTTGART: G. FISCHER(1975)

UC -052

INST SEMINAR FUER VOLKSWIRTSCHAFTSLEHRE DER UNI FRANKFURT
FRANKFURT, SCHUMANNSTR. 34A
VORHAB **oekonomische aspekte des umweltproblems**
konstruktion eines soziooekonomisch-oekologischen regionalmodells; simulation der theoretisch und empirisch erfassten rueckkopplungsbeziehungen zwischen soziooekonomischen und oekologischen prozessen in der region hessen
S.WORT umweltprobleme + oekonomische aspekte
HESSEN
PROLEI PROF. DR. MEISSNER
STAND 1.1.1974
FINGEB DEUTSCHE FORSCHUNGSGEMEINSCHAFT
BEGINN 1.1.1973 ENDE 30.9.1976
G.KOST 340.000 DM
LITAN - FORSCHUNGSGRUPPE:ZWISCHENBERICHT UEBER DAS PROJEKT "OEKONOMISCHE ASPEKTE DES UMWELTPROBLEMS",SEM.F.VOLKSWIRTSCHAFTSLEHRE UNI FFM,1973
- ZWISCHENBERICHT 1974.10
- MEISSNER,W.;APEL,H.: DIE ZUKUNFT AUS DEM COMPUTER: ORAKEL ODER STRATEGIE? IN:WIRTSCHAFTSDIENST XII S.660-664(1974)

UC -053

INST SEMINAR FUER VOLKSWIRTSCHAFTSLEHRE DER UNI FRANKFURT
FRANKFURT, SCHUMANNSTR. 34A
VORHAB **positive oekonomische aspekte des umweltschutzes**
die umweltpolitischen massnahmen der bundesregierung sollen langfristig daraufhin untersucht werden, - ob und inwieweit dadurch gesamtwirtschaftliche positive impulse ausgeloest werden - ob und inwieweit diese positiven impulse eventuell kurzfristige negative auswirkungen auf das wirtschaftswachstum, die preisstabilitaet und die sicherheit der arbeitsplaetze ueberwiegen; pruefung und untersuchung der volkswirtschaftlichen auswirkungen auf folgende teilaspekte: - moegliche negative auswirkungen auf die brutto-anlagen-investitionen gegenueber neuen investitionschancen - beschaffung und sicherung neuer arbeitsplaetze (branchen- und regionalprobleme) - sicherung der preisstabilitaet - bereinigung und sicherung des wirtschaftswachstums - foerderung neuer technologieen, die neben der beruecksichtigung des umweltschutzes auch sonstige rationelle betriebliche auswirkungen aufweisen - beschraenkung des gebrauchs der natuerlichen ressourcen auf das notwendige mass
S.WORT umweltschutz + oekonomische aspekte
PROLEI PROF. DR. MEISSNER
STAND 20.11.1975
FINGEB BUNDESMINISTER DES INNERN
BEGINN 23.12.1975 ENDE 30.6.1976
G.KOST 48.000 DM

UC -054

INST ZENTRALSTELLE FUER GEOPHOTOGRAMMETRIE UND FERNERKUNDUNG DER DEUTSCHEN FORSCHUNGSGEMEINSCHAFT
MUENCHEN, LUISENSTR. 37
VORHAB **erfassung von braunkohlevorkommen mit hilfe der fernerkundung**
es ist angestrebt, mittels multispektraler scanneraufnahmen vom flugzeug aus neue braunkohlevorkommen zu erfassen. die scanneraufnahmen werden dabei mit digital-analogen bildverarbeitungsverfahren aufbereitet, um eine optimale grundlage fuer die dateninterpretation zu schaffen. zur absicherung der dateninterpretation werden vergleichende bodenuntersuchungen, insbesondere eine pflanzengeographische aufnahme durchgefuehrt
S.WORT bodenkarte + braunkohle + luftbild
+ (fernerkundung)
PROLEI DR. RUPPERT HAYDN
STAND 12.8.1976
QUELLE fragebogenerhebung sommer 1976
FINGEB BUNDESMINISTER FUER FORSCHUNG UND TECHNOLOGIE
ZUSAM BAYERISCHE LANDESANSTALT FUER BODENKULTUR UND PFLANZENBAU, MENZINGENRSTR. 54, 8000 MUENCHEN 19
BEGINN 1.6.1976 ENDE 30.11.1976
G.KOST 90.000 DM

Weitere Vorhaben siehe auch:

NC -010 ENTWICKLUNG EINES EDV-UNTERSTUETZTEN ENTSCHEIDUNGSINSTRUMENTS ZUR STANDORTVORAUSWAHL VON KERNENERGIEANLAGEN
NC -034 STANDORTSUCHE FUER EINE GROSSE WIEDERAUFBEREITUNGSANLAGE
NC -097 EINE ANALYSE DER STANDORTBEDINGUNGEN FUER REAKTOREN
SA -030 ENERGIE UND UMWELT: ANALYSEN ZUR STANDORTWAHL VON GROSSTECHNISCHEN ANLAGEN
SA -050 ENERGIE UND UMWELT, ROHSTOFFE UND UMWELT
UA -001 SCHAETZUNG DER MONETAEREN AUFWENDUNGEN FUER UMWELTSCHUTZMASSNAHMEN BIS ZUM JAHRE 1980
UA -010 POLITIK UND OEKOLOGIE DER ENTWICKELTEN INDUSTRIEGESELLSCHAFT
UA -012 UMWELTSCHUTZPOLITIK
UA -029 UMWELTPOLITIK DER ENTWICKLUNGSLAENDER; POSITION IN VERBINDUNG MIT DER UN-UMWELTKONFERENZ
UA -048 BILDUNG UND ISOLIERUNG VON ORGANISCHEN SUBSTANZEN AUS ALGEN, DIE DIE TRINKWASSERQUALITAET BEEINTRAECHTIGEN KOENNEN
UA -055 ANALYSE DER INSTRUMENTE DER UMWELTPOLITIK (PROBLEMSTUDIE UND INTERNATIONALER VERGLEICH)
UB -021 AUSWIRKUNGEN DES VERURSACHERSPRINZIPS AUF DIE INTERPERSONELLE UND INTERREGIONALE EINKOMMENSVERTEILUNG
UH -022 OEKONOMISCHE UND OEKOLOGISCHE KONSEQUENZEN EINER EINSCHRAENKUNG DES AUTOVERKEHRS IN BALLUNGSGEBIETEN

UD -001

INST DEUTSCHES INSTITUT FUER WIRTSCHAFTSFORSCHUNG
BERLIN 33, KOENIGIN-LUISE-STR. 5

VORHAB **der rohstofffluss in der industrie der bundesrepublik deutschland unter beruecksichtigung umweltrelevanter aspekte einer ressourcenplanung im rohstoffbereich**
untersuchung der ressourcenplanung im rohstoffbereich unter beruecksichtigung von recyclingmassnahmen als teilstrategie zur bewaeltigung der umweltprobleme und der ressourcenknappheit. untersuchung ueber die herkunft und den mengen- und wertmaessigen anteil einzelner rohstoffe an den einzelnen industrieprodukten im zusammenhang mit fragen ueber anteilige mengen von rohstoffabfaellen, umfang ihrer wiedergewinnung oder art ihrer beseitigung und ueber den umfang des bezugs von abfallprodukten zur wiedergewinnung von rohstoffen und die bereits praktizierte oder geplante benutzung von substitutionsstoffen

S.WORT industrie + rohstoffsicherung + ressourcen
STAND 20.11.1975
FINGEB - BUNDESMINISTER FUER WIRTSCHAFT
- BUNDESMINISTER DES INNERN
ZUSAM INFRATEST-INDUSTRIA, MUENCHEN
BEGINN 15.7.1975 ENDE 31.5.1976
G.KOST 570.000 DM

UD -002

INST DUISBURGER KUPFERHUETTE
DUISBURG 1, WERTHAUSERSTR. 220

VORHAB **entwicklung eines verfahrens zur gewinnung reiner ne-metalle aus komplex zusammengesetzten erzen und konzentraten**
das vorhaben befasst sich generell mit der verarbeitung cu- und zn-haltiger rohstoffe zur gewinnung der darin enthaltenen metalle bzw. marktgaengiger verbindungen derselben. hauptrohstoff war in der vergangenheit der sog. schwefelkieselabbrand, ein abfallprodukt der schwefelsaeureerzeugung. wegen zunehmender umstellung der schwefelsaeureerzeugung auf elementarschwefel ist der abbrandentfall ruecklaeufig. als ersatz sollen cu-/zn-haltige komplexerzkonzentrate eingesetzt werden, fuer die ein moeglichst umweltfreundliches verarbeitungsverfahren zu entwickeln ist

S.WORT ne-metallindustrie + verfahrenstechnik
PROLEI DR. -ING. RUDOLF HOERBE
STAND 2.8.1976
QUELLE fragebogenerhebung sommer 1976
FINGEB BUNDESMINISTER FUER FORSCHUNG UND TECHNOLOGIE
BEGINN 1.3.1975 ENDE 31.10.1977
G.KOST 4.000.000 DM

UD -003

INST GEOCHEMISCHES INSTITUT DER UNI GOETTINGEN
GOETTINGEN, GOLDSCHMIDTSTR. 1

VORHAB **chemische untersuchung von manganknollen und unterlagerndem sediment (porenwasser) in regionaler verbreitung unter besonderer beruecksichtigung seltener spurenelemente**

S.WORT meereskunde + metalle + spurenelemente + sediment + analytik + (manganknollen)
PROLEI PROF. DR. KARL-HEINZ WEDEPOHL
STAND 7.9.1976
QUELLE datenuebernahme von der deutschen forschungsgemeinschaft
FINGEB DEUTSCHE FORSCHUNGSGEMEINSCHAFT

UD -004

INST GEOCHEMISCHES INSTITUT DER UNI GOETTINGEN
GOETTINGEN, GOLDSCHMIDTSTR. 1

VORHAB **''background''-konzentrationen von kadmium, quecksilber, thallium, antimon, wismut, blei, kupfer und zink in haeufigen gesteinen, natuerlichen rohstoffen und wichtigen bereichen des exogenen kreislaufs**

S.WORT gestein + rohstoffe + metalle + spurenelemente + nachweisverfahren
PROLEI PROF. DR. KARL-HEINZ WEDEPOHL
STAND 7.9.1976
QUELLE datenuebernahme von der deutschen forschungsgemeinschaft
FINGEB DEUTSCHE FORSCHUNGSGEMEINSCHAFT

UD -005

INST GESELLSCHAFT DEUTSCHER METALLHUETTEN- UND BERGLEUTE
CLAUSTHAL-ZELLERFELD, POSTFACH 210

VORHAB **studie forschung und entwicklung zur rohstoffsicherung**

S.WORT rohstoffsicherung + geologie + bergbau + datensicherung
QUELLE datenuebernahme aus der datenbank zur koordinierung der ressortforschung (dakor)
FINGEB BUNDESMINISTER FUER FORSCHUNG UND TECHNOLOGIE
BEGINN 1.7.1975 ENDE 31.12.1975

UD -006

INST INSTITUT FUER ANGEWANDTE WIRTSCHAFTSFORSCHUNG DER UNI TUEBINGEN
TUEBINGEN, BIESINGERSTR. 25

VORHAB **vorstudie zu einem simulationsmodell fuer das forschungs- und entwicklungsprogramm, chemische technik im rahmen des rohstoffsicherungsprogramms des bmft**

S.WORT rohstoffsicherung + forschungsplanung + chemische technik
QUELLE datenuebernahme aus der datenbank zur koordinierung der ressortforschung (dakor)
FINGEB BUNDESMINISTER FUER FORSCHUNG UND TECHNOLOGIE
ZUSAM INDUSTRIESEMINAR, MANNHEIM
BEGINN 1.6.1975 ENDE 29.2.1976

UD -007

INST INSTITUT FUER BERGBAUKUNDE UND BERGWIRTSCHAFTSLEHRE DER TU CLAUSTHAL
CLAUSTHAL-ZELLERFELD, ERZSTR. 20

VORHAB **nickelversorgung der bundesrepublik deutschland**

S.WORT nickel + versorgung
PROLEI PROF. DR. -ING. SIEGFRIED VON WAHL
STAND 1.1.1974
FINGEB DEUTSCHE FORSCHUNGSGEMEINSCHAFT
BEGINN 1.1.1973

UD -008

INST KAVERNEN BAU- UND BETRIEBS-GMBH
HANNOVER, POSTFACH 3260

VORHAB **speicherung von lng in salzkavernen; in-situ-versuch im kali-werk hansa**
erprobung der geomechanischen standfestigkeit einer salzkaverne fuer lng in einem in situ-versuch in einer kleinen modellkaverne im kali-salzbergwerk hansa.

S.WORT tieflagerung + erdgasspeicher + salzkaverne
QUELLE datenuebernahme aus der datenbank zur koordinierung der ressortforschung (dakor)
FINGEB KERNFORSCHUNGSANLAGE JUELICH GMBH (KFA), JUELICH
ZUSAM RUHRGAS AG
BEGINN 1.10.1974 ENDE 31.3.1975
G.KOST 162.000 DM

UD -009

INST KROEPELIN, H., PROF.DR.
BRAUNSCHWEIG, HANS-SOMMER-STR. 10

VORHAB **literaturstudie: oelschiefer**

S.WORT ressourcenplanung + energietechnik + rohstoffe + abbau + (oelschiefer)
QUELLE datenuebernahme aus der datenbank zur koordinierung der ressortforschung (dakor)
FINGEB BUNDESMINISTER FUER FORSCHUNG UND TECHNOLOGIE
BEGINN 1.4.1974 ENDE 30.9.1974
G.KOST 33.000 DM

UD -010
INST MINERALOGISCH-PETROGRAPHISCHES INSTITUT DER TU CLAUSTHAL CLAUSTHAL-ZELLERFELD, ADOLF-ROEMER-STR. 2A
VORHAB vergleichende untersuchungen an manganknollen und bodenschlaemmen
S.WORT rohstoffsicherung + metalle + meeresboden + (manganknollen)
PROLEI PROF. DR. -ING. PETER HALBACH
STAND 7.9.1976
QUELLE datenuebernahme von der deutschen forschungsgemeinschaft
FINGEB DEUTSCHE FORSCHUNGSGEMEINSCHAFT

UD -011
INST MINERALOGISCH-PETROGRAPHISCHES INSTITUT DER UNI HEIDELBERG HEIDELBERG, IM NEUENHEIMER FELD 236
VORHAB geochemischer, mineralogischer und fazieller vergleich devonischer bis triassischer schichtgebundener lagerstaetten in der bundesrepublik und in oberschlesien
S.WORT lagerstaettenkunde + geochemie + mineralogie SCHLESIEN + BUNDESREPUBLIK DEUTSCHLAND
PROLEI PROF. DR. G. CHRISTIAN AMSTUTZ
STAND 7.9.1976
QUELLE datenuebernahme von der deutschen forschungsgemeinschaft
FINGEB DEUTSCHE FORSCHUNGSGEMEINSCHAFT

UD -012
INST NIEDERSAECHSISCHES LANDESAMT FUER BODENFORSCHUNG HANNOVER -BUCHHOLZ, STILLEWEG 2
VORHAB umweltrelevante untersuchungen im zusammenhang mit der nutzung von lagerstaetten
beratungen bei bodenabbau-planung und rekultivierung; hinwirken auf erschoepfenden abbau einer lagerstaette; hinweise auf aus geowissenschaftlicher sicht sinnvolle folgenutzung u. a. m.; schaffung und vervollstaendigung eines rohstoffkatasters als grundlage fuer beratungen und untersuchungen zu raumbedeutsamen planungen (z. b. erholungsplanung, naturschutzplanung etc.)
S.WORT rohstoffe + abbau + rekultivierung
PROLEI DR. VOLKER STEIN
STAND 6.8.1976
QUELLE fragebogenerhebung sommer 1976
LITAN ENDBERICHT

UD -013
INST RHEINISCHE BRAUNKOHLENWERKE AG KOELN 1, POSTFACH 101666
VORHAB expedition manganknollen III
S.WORT ressourcenplanung + metalle + meereskunde + (manganknollen)
QUELLE datenuebernahme aus der datenbank zur koordinierung der ressortforschung (dakor)
FINGEB BUNDESMINISTER FUER FORSCHUNG UND TECHNOLOGIE
ZUSAM - METALLGESELLSCHAFT AG, FRANKFURT
- PREUSSAG AG, HANNOVER
- SALZGITTER AG, SALZGITTER
BEGINN 1.2.1974 ENDE 31.12.1974
G.KOST 232.000 DM

UD -014
INST RHEINISCHE BRAUNKOHLENWERKE AG KOELN 1, POSTFACH 101666
VORHAB 1. exploration: aufsuchen und erkunden von mangan-knollenvorkommen
S.WORT meereskunde + ressourcenplanung + metalle + geraeteentwicklung + (manganknollen)
QUELLE datenuebernahme aus der datenbank zur koordinierung der ressortforschung (dakor)
FINGEB BUNDESMINISTER FUER FORSCHUNG UND TECHNOLOGIE
BEGINN 1.4.1975 ENDE 31.12.1975

UD -015
INST RUHRCHEMIE AG OBERHAUSEN 13, POSTFACH 35
VORHAB entwicklung von katalysatoren fuer das fischer-tropsch-verfahren
S.WORT kohlenwasserstoffe + verfahrenstechnik + katalysator + (kohleverfluessigung)
QUELLE datenuebernahme aus der datenbank zur koordinierung der ressortforschung (dakor)
FINGEB BUNDESMINISTER FUER FORSCHUNG UND TECHNOLOGIE
BEGINN 15.5.1974 ENDE 30.6.1976
G.KOST 4.160.000 DM

UD -016
INST SAARBERG-INTERPLAN SAARBRUECKEN, POSTFACH 73
VORHAB uranprospektion im hessischen teil des odenwaldes
S.WORT rohstoffe + geologie + uran ODENWALD
QUELLE datenuebernahme aus der datenbank zur koordinierung der ressortforschung (dakor)
FINGEB BUNDESMINISTER FUER FORSCHUNG UND TECHNOLOGIE
ZUSAM HESSISCHES LANDESAMT FUER BODENFORSCHUNG
BEGINN 1.10.1974 ENDE 31.12.1977
G.KOST 7.691.000 DM

UD -017
INST SAARBERG-INTERPLAN SAARBRUECKEN, POSTFACH 73
VORHAB uranprospektion/ -exploration im schwarzwald und angrenzenden gebieten
S.WORT rohstoffe + geologie + uran SCHWARZWALD
QUELLE datenuebernahme aus der datenbank zur koordinierung der ressortforschung (dakor)
FINGEB BUNDESMINISTER FUER FORSCHUNG UND TECHNOLOGIE
BEGINN 1.1.1975 ENDE 31.12.1977
G.KOST 8.851.000 DM

UD -018
INST SAARBERG-INTERPLAN SAARBRUECKEN, POSTFACH 73
VORHAB uranprospektion in marokko (vorerkundung)
S.WORT rohstoffe + uran + geologie MAROKKO
QUELLE datenuebernahme aus der datenbank zur koordinierung der ressortforschung (dakor)
FINGEB BUNDESMINISTER FUER FORSCHUNG UND TECHNOLOGIE
ZUSAM BUNDESANST. F. GEOWISSENSCH. U. ROHSTOFFE, HANNOVER
BEGINN 1.10.1975 ENDE 31.12.1975

UD -019
INST SALZGITTER AG SALZGITTER, POSTFACH 411129
VORHAB expedition ''manganknollen III''
S.WORT rohstoffe + metalle + meereskunde + (rohstoffe)
QUELLE datenuebernahme aus der datenbank zur koordinierung der ressortforschung (dakor)
FINGEB BUNDESMINISTER FUER FORSCHUNG UND TECHNOLOGIE
ZUSAM - METALLGESELLSCHAFT AG, FRANKFURT
- PREUSSAG AG, HANNOVER
- RHEINISCHE BRAUNKOHLEN AG, KOELN
BEGINN 1.1.1974 ENDE 31.3.1975
G.KOST 390.000 DM

UD -020
INST SALZGITTER AG SALZGITTER, POSTFACH 411129
VORHAB 1. exploration: aufsuchen und erkunden von mangan-knollenvorkommen
S.WORT rohstoffe + metalle + meereskunde + (manganknollen)

QUELLE datenuebernahme aus der datenbank zur koordinierung der ressortforschung (dakor)
FINGEB BUNDESMINISTER FUER FORSCHUNG UND TECHNOLOGIE
BEGINN 1.4.1975 ENDE 31.12.1975

UD -021

INST SCHERING AG
BERGKAMEN, WALDSTR. 14
VORHAB **synthese von rohstoffen fuer die chemische industrie mit hilfe des weiterzuentwickelnden fischer-tropsch-verfahrens**
mit hilfe eines simulationsmodells sollen die substitutionsmoeglichkeiten von petrochemischen produkten durch produkte aus verschieden gesteuerten fischer-tropsch-synthesen untersucht werden. eine laboranlage und eine halbtechnische versuchsanlage werden projektiert, letzteres auf grund der mit der laboranlage gewonnenen erkenntnisse. eine teilanlage der laboranlage soll mit einem fuer besonders aussichtreich gehaltenen fluessigphase-reaktor nach koelbel ausgeruestet werden.
S.WORT rohstoffe + chemische industrie + kohlenwasserstoffe + technologie + verfahrensentwicklung + (kohleverfluessigung)
QUELLE datenuebernahme aus der datenbank zur koordinierung der ressortforschung (dakor)
FINGEB KERNFORSCHUNGSANLAGE JUELICH GMBH (KFA), JUELICH
ZUSAM - SASOL, SASOLBURG, SAU
- LURGI
BEGINN 5.9.1974 ENDE 30.6.1976
G.KOST 2.788.000 DM

UD -022

INST SCHERING AG
BERGKAMEN, WALDSTR. 14
VORHAB **bau und betrieb einer fischer-tropsch laboranlage mit fluessigphase-reaktor nach koelbel**
bau und betrieb der ersten ausbaustufe einer fischer-tropsch laboranlage mit fluessigphasereaktor nach koelbel. mit der anlage sollen fragen der prozessfuehrung untersucht werden, um aussagen ueber die verwendbarkeit der fischer-tropsch-synthese zur erzeugung von grundstoffen fuer die chemische industrie zu gewinnen. die aussagen werden fuer eine umfassende studie ueber die fischer-tropsch-synthese gebraucht. ziel der synthese: fluessigprodukte mit hohem olefingehalt.
S.WORT rohstoffe + kohlenwasserstoffe + verfahrensentwicklung + (kohleverfluessigung)
QUELLE datenuebernahme aus der datenbank zur koordinierung der ressortforschung (dakor)
FINGEB KERNFORSCHUNGSANLAGE JUELICH GMBH (KFA), JUELICH
BEGINN 5.9.1974 ENDE 31.12.1975
G.KOST 1.082.000 DM

UD -023

INST URANERZBERGBAU GMBH & CO KG
BONN-BAD GODESBERG, KOELNERSTR. 367
VORHAB **studie ueber moeglichkeiten der urangewinnung aus phosphaten in der bundesrepublik deutschland**
S.WORT energietechnik + uran + rohstoffe + phosphate
QUELLE datenuebernahme aus der datenbank zur koordinierung der ressortforschung (dakor)
FINGEB BUNDESMINISTER FUER FORSCHUNG UND TECHNOLOGIE
BEGINN 1.6.1975 ENDE 30.11.1975

Weitere Vorhaben siehe auch:

ME -013 ENTWICKLUNG EINES VERFAHRENS ZUR GEWINNUNG REINER NE-METALLE AUS RUECKLAUFMATERIALIEN

UE -001
INST AGRARSOZIALE GESELLSCHAFT E.V. (ASG)
GOETTINGEN, KURZE GEISMARSTR. 23-25
VORHAB **raumordnungspolitische probleme beim infra- und wirtschaftsstrukturellen ausbau von entwicklungsschwerpunkten**
raumwirksamkeit von landes- und bundesmitteln; defizite im infra- und wirtschaftsstrukturbereich; kosten der infrastruktur bei alternativen konzeptionen raeumlicher entwicklung; raeumliche verflechtungsanalyse; wirksamkeitsanalyse; simulation
S.WORT raumordnung + infrastruktur + wirtschaftsstruktur + (entwicklungsschwerpunkte)
PROLEI DIPL. -SOZ. WILLY HEIDTMANN
STAND 1.1.1974
QUELLE erhebung 1975
FINGEB BUNDESMINISTER FUER RAUMORDNUNG, BAUWESEN UND STAEDTEBAU
ZUSAM RAUMORDNUNGSPOLITISCHE PROBLEME BEI DER FOERDERUNG VON ENTWICKLUNGSSCHWERPUNKTEN
BEGINN 1.6.1973 ENDE 31.5.1974
G.KOST 93.000 DM
LITAN HEIDTMANN. ZWISCHENBERICHT 1974. 01: RAUMORDNUNGSPOLITISCHE PROBLEME BEIM INFRA- UND WIRTSCHAFTSSTRUCKTURELLEN AUSBAU VON ENTWICKLUNGSSCHWERPUNKTEN

UE -002
INST AGRARSOZIALE GESELLSCHAFT E.V. (ASG)
GOETTINGEN, KURZE GEISMARSTR. 23-25
VORHAB **probleme einer regional differenzierten entwicklung laendlicher raeume**
das forschungsprojekt knuepft an eine voruntersuchung an, in deren rahmen indikatoren und schwellenwerte zur abgrenzung laendlicher raumtypen und zur bestimmung von entwicklungspotentialen erarbeitet wurden. im rahmen des vorliegenden projektes werden die indikatoren in ausgewaehlten beispielsgebieten getestet
S.WORT regionalplanung + laendlicher raum
EIFEL-HUNSRUECK (REGION) + RHEIN-NAHE (REGION) + HAMBURG (UMLAND)
PROLEI DIPL. -SOZ. WILLY HEIDTMANN
STAND 4.8.1976
QUELLE fragebogenerhebung sommer 1976
FINGEB BUNDESMINISTER FUER ERNAEHRUNG, LANDWIRTSCHAFT UND FORSTEN
ZUSAM - FORSCHUNGSANSTALT FUER LANDWIRTSCHAFT, BUNDESALLEE 50, 3301 BRAUNSCHWEIG-VOELKENRODE
- INST. F. LANDES- UND STADTENTWICKLUNGSFORSCHUNG DES LANDES NRW, DORTMUND
BEGINN 1.10.1975 ENDE 30.6.1976
G.KOST 85.000 DM
LITAN HEIDTMANN, W.;KRETSCHMANN, R.: RAUMFUNKTIONEN UND SIEDLUNGSSTRUKTUREN IM LAENDLICHEN RAUM. IN: MATERIALSAMMLUNG DER ASG 124, GOETTINGEN(1975)

UE -003
INST AKADEMIE FUER RAUMFORSCHUNG UND LANDESPLANUNG HANNOVER
HANNOVER, HOHENZOLLERNSTR. 11
VORHAB **entwicklungskonzepte fuer die landschaft**
es soll festgestellt werden, welche wirkungen von verschiedenen nutzungsarten auf die umwelt ausgehen, fuer welche nutzungen bestimmte landschaftsteile am besten geeignet sind und welches instrumentarium der beeinflussung geschaffen werden muss
S.WORT landschaftsgestaltung + nutzungsplanung
PROLEI PROF. DR. SCHAEFER
STAND 1.1.1974
BEGINN 1.6.1973 ENDE 30.6.1975
G.KOST 300.000 DM
LITAN NUR INTERNE PAPIERE

UE -004
INST AKTIONSGEMEINSCHAFT NATUR- UND UMWELTSCHUTZ BADEN-WUERTTEMBERG E.V.
STUTTGART, STAFFLENBERGSTR. 26
VORHAB **massnahmen der raumplanung**
dokumentation
S.WORT regionalplanung + landschaft + erholung
PROLEI DR. FAHRBACH
STAND 1.1.1974
FINGEB MINISTERIUM FUER ERNAEHRUNG, LANDWIRTSCHAFT UND UMWELT, STUTTGART
BEGINN 1.1.1971 ENDE 31.12.1978
G.KOST 40.000 DM

UE -005
INST ARBEITSGEMEINSCHAFT UMWELTSCHUTZ AN DER UNI HEIDELBERG
HEIDELBERG, IM NEUENHEIMER FELD 360
VORHAB **raumplanungskonzept und landschaftsbeanspruchung**
S.WORT raumplanung + landschaft
PROLEI PROF. DR. FRICKE
STAND 1.1.1974
BEGINN 1.1.1970 ENDE 31.12.1975

UE -006
INST BUNDESFORSCHUNGSANSTALT FUER LANDESKUNDE UND RAUMORDNUNG
BONN -BAD GODESBERG, MICHAELSHOF
VORHAB **neuabgrenzung der verdichtungsraeume**
erarbeitung eines systems vorwiegend funktionaler kriterien aus den bereichen bevoelkerung, wirtschaft, arbeitsmarkt, verkehr, bildungs- und sozialeinrichtungen (inclusive freizeit und erholung) und oekologie fuer eine integrierte raumfunktionale abgrenzung
S.WORT verdichtungsraum + strukturanalyse + (neuabgrenzung)
STAND 1.1.1976
QUELLE mitteilung des bundesministers fuer raumordnung,bauwesen und staedtebau
FINGEB BUNDESMINISTER FUER RAUMORDNUNG, BAUWESEN UND STAEDTEBAU
BEGINN 1.1.1973 ENDE 31.12.1976

UE -007
INST BUNDESFORSCHUNGSANSTALT FUER LANDESKUNDE UND RAUMORDNUNG
BONN -BAD GODESBERG, MICHAELSHOF
VORHAB **entwicklung eines systems von indikatoren zur zielorientierten raumbeobachtung und zur erfolgskontrolle raumwirksamer massnahmen**
S.WORT raumplanung + indikatoren
STAND 1.1.1976
QUELLE mitteilung des bundesministers fuer raumordnung,bauwesen und staedtebau
FINGEB BUNDESMINISTER FUER RAUMORDNUNG, BAUWESEN UND STAEDTEBAU
BEGINN 1.1.1973 ENDE 31.12.1976

UE -008
INST BUNDESFORSCHUNGSANSTALT FUER LANDESKUNDE UND RAUMORDNUNG
BONN -BAD GODESBERG, MICHAELSHOF
VORHAB **entwicklung eines kriteriensystems zur bewertung von flaechen und zur entscheidung ueber nutzungskonflikte**
S.WORT flaechennutzung + interessenkonflikt + bewertungskriterien
STAND 1.1.1976
QUELLE mitteilung des bundesministers fuer raumordnung,bauwesen und staedtebau
FINGEB BUNDESMINISTER FUER RAUMORDNUNG, BAUWESEN UND STAEDTEBAU
BEGINN 1.1.1973 ENDE 31.12.1976

UE -009
INST BUNDESFORSCHUNGSANSTALT FUER LANDESKUNDE UND RAUMORDNUNG
BONN -BAD GODESBERG, MICHAELSHOF
VORHAB **abbildung der grossraeumigen erreichbarkeitsverhaeltnisse in einem dialogfaehigen modell**

S.WORT verdichtungsraum + oekologische faktoren + (abbildung in einem modell)
RHEIN-NECKAR-RAUM
STAND 1.1.1976
QUELLE mitteilung des bundesministers fuer raumordnung,bauwesen und staedtebau
FINGEB BUNDESMINISTER FUER RAUMORDNUNG, BAUWESEN UND STAEDTEBAU
BEGINN 1.1.1973 ENDE 31.12.1976

UE -010

INST BUNDESFORSCHUNGSANSTALT FUER LANDESKUNDE UND RAUMORDNUNG
BONN -BAD GODESBERG, MICHAELSHOF
VORHAB **bestandsaufnahme der umweltbelastung in der bundesrepublik deutschland**
in der bundesraumordnung ist die erhaltung und verbesserung der umweltqualitaet ein vorrangiges ziel. die durchsetzung dieses ziels scheitert jedoch u. a. bereits daran, dass gegenwaertig kein ueberblick ueber die umweltbelastung in den einzelnen teilraeumen des bundesgebiets moeglich ist. wegen fehlens vergleichbarer, aktueller und fuer die zwecke der raumordnung regionalisierter daten soll daher versucht werden, eine datenbasis fuer die erstmalige feststellung und die laufende beobachtung der grossraeumigen umweltbelastung zu schaffen. ausgangspunkt ist ein deskriptives indikatorenmodell, mit dessen hilfe die raumordnungsrelevanten teilbereiche der umweltqualitaet - wasser, luft, laerm und vegetation - in regionaler differenzierung beschrieben werden. es wwird die erarbeitung einer massnahmenorientierten typologie von umweltbelastungsarten und -gebieten angestrebt
S.WORT umweltbelastung + indikatoren + raumordnung
PROLEI DR. VOLKMAR KROESCH
STAND 29.7.1976
QUELLE fragebogenerhebung sommer 1976
BEGINN 1.1.1975 ENDE 31.12.1978
LITAN ZWISCHENBERICHT

UE -011

INST BURCHHARDT PLANCONSULT
BASEL/SCHWEIZ
VORHAB **bewertung von siedlungsstrukturen unter vorrangiger beachtung einer ausgeglichenen nachfrage und einer sozial gerechten verteilung von flaechen**
a) problem, erkenntnisziel: fundierung von zusammenhaengen zwischen flaechennutzung und siedlungsstruktur als grundlage von massnahmen zur kuenftigen steuerung von flaechennutzungsanspruechen wie zur vermeidung von nutzungskonflikten. b) erwarteter nutzen, verwendungszweck, praxisbezug: erarbeitung von erkenntnissen fuer den vollzug der novelle bbaug sowie vermittlung von anregungen fuer eine evtl. fortentwicklung der baunutzungsverordnung. c) teilaufgaben: - erarbeitung eines bewertungsrahmens fuer siedlungsstrukturen unter dem aspekt einer zweckmaessigen flaechenverteilung; - analyse der versorgung mit flaechen in abhaengigkeit von der siedlungsstruktur; - darlegung der bestimmungsfaktoren fuer die zuteilung von flaechen an bestimmten standorten innerhalb einer siedlungsstruktur; - bewertung alternativer siedlungsstrukturen unter dem vorangigen gesichtspunkt einer ausgeglichenen flaechenversorgung; - offenlegung der konflikte zu anderen zielsetzungn. d) daten- und informationsgewinnung: erhebungen, befragungen. e) theoretischer ansatz, methoden: ziel- und nutzwertanalyse. f) geographischer raum: voraussichtlich rhein-neckar-raum und norddeutschland.
S.WORT flaechennutzung + siedlungsstruktur + bewertungskriterien + interessenkonflikt
QUELLE datenuebernahme aus der datenbank zur koordinierung der ressortforschung (dakor)
FINGEB BUNDESMINISTER FUER RAUMORDNUNG, BAUWESEN UND STAEDTEBAU
BEGINN 1.1.1974 ENDE 28.2.1976
G.KOST 307.000 DM

UE -012

INST DEUTSCHE STADTENTWICKLUNGS- UND KREDITGESELLSCHAFT MBH
FRANKFURT
VORHAB **querschnittsanalyse von regionalplaenen**
querschnittsanalyse der in der br deutschland vorhandenen und verbindlich festgelegten regionalplaene; untersuchung ausgewaehlter probleme der regionalplanung und darstellung diesbezueglicher unterschiede zwischen den plaenen. insbesondere ist zu untersuchen: - regionalabgrenzung (kriterien, groesse, funktion der regionen); - mindesinhalte der plaene; - dichte der aussagen (bedingt durch unterschiedliche organisation der regionalplanung); - (vertiefung der aussagen durch anschlussuntersuchung ist vorgesehen).
S.WORT regionalplanung + planungshilfen
QUELLE datenuebernahme aus der datenbank zur koordinierung der ressortforschung (dakor)
FINGEB BUNDESMINISTER FUER RAUMORDNUNG, BAUWESEN UND STAEDTEBAU
BEGINN 30.5.1974 ENDE 15.7.1974
G.KOST 27.000 DM

UE -013

INST DEUTSCHES INSTITUT FUER WIRTSCHAFTSFORSCHUNG
BERLIN 33, KOENIGIN-LUISE-STR. 5
VORHAB **zukuenftige einfluesse der europaeischen gemeinschaft und der eg-mitgliedstaaten auf die nationale raumordnungs- und regionalpolitik**
ziel der arbeit ist es aufzuzeigen, welche wirkungen eine einheitliche eg-regionalpolitik auf die bundesdeutsche raumordnungs- und regionalpolitik haben koennte. darzustellen sind die hauptsaechlichen denkbaren alternativen
S.WORT raumordnung + regionalplanung + europaeische gemeinschaft
QUELLE datenuebernahme aus der datenbank zur koordinierung der ressortforschung (dakor)
FINGEB BUNDESMINISTER FUER ARBEIT UND SOZIALORDNUNG
BEGINN 1.11.1973 ENDE 1.10.1974
G.KOST 67.000 DM

UE -014

INST DORNIER SYSTEM GMBH
FRIEDRICHSHAFEN, POSTFACH 1360
VORHAB **systemanalytische untersuchung ueber ausgewogenheit, belastbarkeit und entwicklungspotential des landes baden-wuerttemberg und seiner regionen unter besonderer beruecksichtigung der region mittlerer neckar**
analyse und prognose der sozioekonomischen, infrastrukturellen und oekologischen situation des landes und seiner regionen zur ermittlung des entwicklungspotentials und der entwicklungsengpaesse sowie der moeglichkeiten und konsequenzen steuernder eingriffe, unter besonderer beruecksichtigung der belastung und belastbarkeit des naturhaushaltes und der wasserversorgung des verdichtungsraumes mittlerer neckar
S.WORT regionalplanung + ballungsgebiet + wirtschaftsstruktur + oekologie + entwicklungsmassnahmen
BADEN-WUERTTEMBERG + NECKAR (MITTLERER NECKARRAUM) + STUTTGART
PROLEI DR. -ING. PETER BOESE
STAND 10.9.1976
QUELLE fragebogenerhebung sommer 1976
FINGEB INNENMINISTERIUM, STUTTGART
ZUSAM - PROGNOS AG, CH-4011 BASEL/SCHWEIZ
- ARBEITSGRUPPE LANDESPFLEGE DER UNI FREIBURG, HEINRICH-VON-STEPHAN-STR. 25, 7600 FREIBURG
BEGINN 1.1.1974 ENDE 31.12.1975
G.KOST 800.000 DM
LITAN - HANKE, H.: ENERGIEWIRTSCHAFTSASPEKTE DER SYSTEMANALYSE BADEN-WUERTT. IN: KFK-BERICHT (IN VORBEREITUNG)
- ENDBERICHT

UE -015
INST DORNIER SYSTEM GMBH
FRIEDRICHSHAFEN, POSTFACH 1360
VORHAB entwicklung einer allgemeingueltigen methodik zur untersuchung des entwicklungspotentials und der belastbarkeit von verdichtungsraeumen
verallgemeinerung des im rahmen der "systemanalyse baden-wuerttemberg" zur betrachtung der verdichteten region mittlerer neckar entwickelten und angewandten methodik
S.WORT verdichtungsraum + entwicklungsmassnahmen + belastbarkeit
BADEN-WUERTTEMBERG
PROLEI DR. -ING. PETER BOESE
STAND 10.9.1976
QUELLE fragebogenerhebung sommer 1976
FINGEB EUROPAEISCHE GEMEINSCHAFTEN, KOMMISSION
ZUSAM PROGNOS AG, CH-4011 BASEL/SCHWEIZ
BEGINN 1.1.1976
G.KOST 55.000 DM

UE -016
INST ENGELEN-KEFER, URSULA, DR.
DUESSELDORF
VORHAB probleme einer arbeitskraefterelevanten typisierung von regionen
die forderung der raumordnungspolitik nach "schaffung gleichwertiger lebensbedingungen" in der brd hat vor allem auch einen beschaeftigungspolitischen aspekt. dabei kann die schaffung gleichwertiger lebensbedingungen in allen regionen nicht eine schematisch gleichmaessige foerderung bedeuten. es muessen regionen sinnvoll abgegrenzt und fuer einzelne typen von regionen spezifische strategien entwickelt werden. das projekt soll versuchen, die probleme aufzuzeigen, die sich bei einer arbeitskraefterelevanten typisierung von regionen ergeben. das schwergewicht liegt auf dem arbeitsmarktpolitischen aspekten des themas.
S.WORT regionalplanung + lebensstandard + arbeitsplatzbewertung
QUELLE datenuebernahme aus der datenbank zur koordinierung der ressortforschung (dakor)
FINGEB BUNDESMINISTER FUER ARBEIT UND SOZIALORDNUNG
BEGINN 1.2.1974 ENDE 30.9.1974
G.KOST 11.000 DM

UE -017
INST FACHBEREICH ARCHITEKTUR DER TH DARMSTADT
DARMSTADT, PETERSENSTR. 14
VORHAB methoden und modelle in der stadt- und regionalplanung
S.WORT stadtplanung + regionalplanung + modell
PROLEI DR. THOMAS SIEVERTS
STAND 1.1.1974
FINGEB DEUTSCHE FORSCHUNGSGEMEINSCHAFT
BEGINN 1.1.1973

UE -018
INST FORSCHUNGSSTELLE FUER EXPERIMENTELLE LANDSCHAFTSOEKOLOGIE DER UNI FREIBURG
FREIBURG, BELFORTSTR. 18-20
VORHAB quantifizierung der bedeutung des waldes fuer die stadt- und regionalplanung; hier: untersuchungen zur erholungseignung waldnaher vegetationsflaechen - beobachtung der angelegten versuchsflaechen -
S.WORT regionalplanung + wald + erholungsgebiet
PROLEI DR. ULRICH AMMER
STAND 7.9.1976
QUELLE datenuebernahme von der deutschen forschungsgemeinschaft
FINGEB DEUTSCHE FORSCHUNGSGEMEINSCHAFT

UE -019
INST GEOGRAPHISCHES INSTITUT / FB 22 DER UNI GIESSEN
GIESSEN, SENCKENBERGSTR. 1
VORHAB leitbilder zukuenftiger siedlungsstrukturen
erarbeitung fachspezifischer leitbildervorstellungen 1) fuer eine zukuenftige siedlungsstruktur; 2) integration in einer interdisziplinaeren modellvorstellung; 3) generelle aspekte zukuenftiger siedlungsstrukturen
S.WORT siedlungsstruktur + (modellvorstellung)
PROLEI MOEWES
STAND 6.8.1976
QUELLE fragebogenerhebung sommer 1976
ZUSAM ZENTRUM FUER REGIONALE ENTWICKLUNGSFORSCHUNG, GIESSEN
BEGINN 1.1.1975 ENDE 31.12.1978

UE -020
INST GEOGRAPHISCHES INSTITUT DER UNI BOCHUM
BOCHUM -QUERENBURG, UNIVERSITAETSSTR. 150
VORHAB flurbereinigung als instrument der siedlungsneuordnung
ziel: darstellung und analyse der flurbereinigung in der bundesrepublik deutschland, soweit die eingesetzten massnahmen sich auf laendliche siedlungen bezogen
S.WORT flurbereinigung + siedlungsplanung
PROLEI PROF. DR. DR. KARLHEINZ HOTTES
STAND 1.10.1974
FINGEB BUNDESMINISTER FUER ERNAEHRUNG, LANDWIRTSCHAFT UND FORSTEN
BEGINN 1.1.1972 ENDE 31.3.1974
G.KOST 89.000 DM

UE -021
INST GEOGRAPHISCHES INSTITUT DER UNI BOCHUM
BOCHUM -QUERENBURG, UNIVERSITAETSSTR. 150
VORHAB staedtische flaechennutzungsplanung und flaechennutzungsaenderung in ihrer bedeutung fuer die regionalentwicklung in entwicklungslaendern
am beispiel von stadtentwicklungsplaenen und der daraufhin faktisch eingetretenen flaechennutzungsaenderungen, bezogen auf aufnahmesiedlungen am stadtrand und funktionsflaechen im stadtrandbereich, werden die faktischen und potentiellen ziele der stadtentwicklungsplanung in der tuerkei aufgezeigt. ueber diese, die staedte betreffenden und beeinflussenden zielsetzungen hinaus soll geprueft werden, inwieweit solche punktuellen entwicklungsansaetze im sinne einer raeumlich zu verstehenden unbalanced economy auswirkungen auf die umgebenden regionen haben, die sich nun evtl. innovativ wirkendes regionalzentrum einzustellen haben
S.WORT entwicklungslaender + stadtentwicklung + flaechennutzung + wirtschaftsstruktur + infrastruktur
TUERKEI (SCHWARZMEERKUESTE) + ANATOLIEN
PROLEI PROF. DR. DR. KARLHEINZ HOTTES
STAND 12.8.1976
QUELLE fragebogenerhebung sommer 1976
FINGEB DEUTSCHE FORSCHUNGSGEMEINSCHAFT
BEGINN 1.10.1974 ENDE 31.8.1975
G.KOST 62.000 DM
LITAN ZWISCHENBERICHT

UE -022
INST GEOGRAPHISCHES INSTITUT DER UNI HEIDELBERG
HEIDELBERG, UNIVERSITAETSPLATZ
VORHAB rhein-neckar-agglomeration
S.WORT ballungsgebiet
RHEIN-NECKAR-RAUM
PROLEI PROF. DR. WERNER FRICKE
STAND 1.1.1974
FINGEB DEUTSCHE FORSCHUNGSGEMEINSCHAFT

UE -023
INST GEOGRAPHISCHES INSTITUT DER UNI STUTTGART
STUTTGART 1, SILCHERSTR. 9
VORHAB beitraege zur typenbildung im prozessfeld des verdichtungsraumes

S.WORT verdichtungsraum + strukturanalyse + (typenbildung)
PROLEI PROF. DR. CHRISTOPH BORCHERDT
STAND 1.1.1974
QUELLE erhebung 1975
BEGINN 1.1.1969

UE -024

INST INSTITUT FUER DOKUMENTATIONSWESEN (IDW) FRANKFURT 71, POSTFACH 710350
VORHAB foerderung des aufbaus von fachinformationssystemen, hier: ausbau des dokumentationsverbundes zur orts-, regional- und landesplanung
S.WORT informationssystem + dokumentation + regionalplanung + landesplanung + (dokumentationsverbund)
QUELLE datenuebernahme aus der datenbank zur koordinierung der ressortforschung (dakor)
FINGEB BUNDESMINISTER FUER FORSCHUNG UND TECHNOLOGIE
BEGINN 1.7.1974 ENDE 31.12.1977
G.KOST 1.195.000 DM

UE -025

INST INSTITUT FUER INDUSTRIE- UND VERKEHRSPOLITIK DER UNI WUERZBURG WUERZBURG, SANDERRING 2
VORHAB simulationsmodell fuer die landesentwicklung bayerns
auf der grundlage des von forrester entwickelten systems dynamics approach wird ein landesentwicklungsmodell als komplexes, dynamisches informations-rueckkopplungs-system konzipiert. es enthaelt die sechs miteinander verknuepften sektoren "boden", "bevoelkerung", "betriebe", "wohnung", "infrastruktur" und "staat". charakteristische zustaende werden in ihrer zeitlichen entwicklung verfolgt, wobei verschiedene experimentierlaeufe alternative verlaeufe erkennen lassen. neben der verbalen beschreibung wird das computerprogramm erlaeutert. ein datenband kann auf anfrage bezogen werden
S.WORT landesentwicklungsplanung + simulationsmodell BAYERN
PROLEI PROF. DR. SIGURD KLATT
STAND 21.7.1976
QUELLE fragebogenerhebung sommer 1976
FINGEB AKADEMIE FUER RAUMFORSCHUNG UND LANDESPLANUNG, HANNOVER
BEGINN 1.2.1971 ENDE 28.2.1974
G.KOST 20.000 DM
LITAN - KLATT, S.;KOPF, J.;KULLA, B. SYSTEMSIMULATION IN DER RAUMPLANUNG. HANNOVER: GEBRUEDER JAENECKE VERL. (1974) IN: VEROEFFENTLICHUNGEN DER AKADEMIE FUER RAUMFORSCHUNG UND LANDESPLANUNG 71
- KLATT, S.;KOPF, J.;KULLA, B. EIN SYSTEMSIMULATIONSMODELL FUER BAYERN. IN: JAHRBUCH FUER SOZIALWISSENSCHAFT 25 S. 115-137(1974)
- ENDBERICHT

UE -026

INST INSTITUT FUER LANDSCHAFTSPLANUNG DER UNI STUTTGART STUTTGART, KIENESTR. 41
VORHAB flaechennutzungsplanung kempten, landschaftsuntersuchung
flaechennutzungsplanung auf der grundlage der natuerlichen faktoren boden/wasser/vegetation/klima; hierzu landschaftsanalyse; ausweisung von ueberbaubaren gebieten; landschaftssicherung zur erhaltung des natuerlichen landschaftspotentials
S.WORT raumordnung + flaechennutzungsplan KEMPTEN
PROLEI DIPL. -ING. ANDRESEN
STAND 1.10.1974
QUELLE erhebung 1975
FINGEB STADT KEMPTEN
ZUSAM - PLANERGRUPPE SPENGELIN, GERLACH; GLAUNER UND PARTNER, 53 BONN
- INST. F. STAEDTEBAU, 8 MUENCHEN, LUISENSTR. , PROF. ANGERER
- PROGNOS AG, BASEL; VERKEHRSPLANER PROF. SCHAECHTERLEUND HOLDSCHUHER, NEU-ULM
BEGINN 1.11.1972 ENDE 30.6.1974
LITAN - 1974. 06
- 1975 INSTITUT FUER LANDSCHAFTSPLANUNG

UE -027

INST INSTITUT FUER LANDWIRTSCHAFTLICHE BETRIEBSLEHRE / FB 20 DER UNI GIESSEN GIESSEN, SENCKENBERGSTR. 3
VORHAB landgemeinden im wirkungsbereich der regionalentwicklung und raumordnung
analyse von art und umfang des einflusses der regionalentwicklung und raumordnung auf die entwicklung von zehn ausgewaehlten untersuchungsdoerfern im zeitraum 1972/1972
S.WORT raumordnung + regionalplanung + laendlicher raum + gemeinde
PROLEI PROF. DR. H. SPITZER
STAND 6.8.1976
QUELLE fragebogenerhebung sommer 1976
ZUSAM - FORSCHUNGSSTELLE D. FORSCHUNGSGESELLSCHAFT F. AGRARPOLITIK U. -SOZIOLOGIE, BONN
- LANDWIRTSCHAFTLICHE FAKULTAETEN BONN, HOHENHEIM, GOETTINGEN, WEIHENSTEPHAN

UE -028

INST INSTITUT FUER POLITIK UND OEFFENTLICHES RECHT DER UNI MUENCHEN MUENCHEN, VETERINAERSTR. 5
VORHAB verhinderung bzw. reduzierung von umweltbelastungen durch siedlungsplanung
moeglichkeiten der forschung im bereich von umweltschutz und siedlungsplanung
S.WORT siedlungsplanung + umweltbelastung
PROLEI DR. JUR. KLOEPFER
STAND 1.1.1974
FINGEB DEUTSCHES INSTITUT FUER URBANISTIK, BERLIN
ZUSAM DTSCH. INST. F. URBANISTIK, 1 BERLIN 12, STRASSE DES 17. JUNI 112
BEGINN 1.2.1974 ENDE 31.3.1974
G.KOST 5.000 DM
LITAN ZWISCHENBERICHT 1970. 12

UE -029

INST INSTITUT FUER RAUMORDNUNG UND ENTWICKLUNGSPLANUNG DER UNI STUTTGART STUTTGART, KEPLERSTR. 11
VORHAB datenbasis fuer eine europaeische raumordnungskonzeption
eine europaeische raumordnungskonzeption fehlt. als erster schritt zur erarbeitung einer solchen konzeption ist nach auswahl und festlegung grundsaetzlicher ziele fuer eine europaeische raumordnungspolitik eine hiervon abgeleitete datenbasis zu formulieren (auswahl und kritische wuerdigung von "aussagekraeftigen" daten, definition eines mindestkatalogs).
S.WORT raumordnung + internationale zusammenarbeit + datensammlung EUROPA
QUELLE datenuebernahme aus der datenbank zur koordinierung der ressortforschung (dakor)
FINGEB BUNDESMINISTER FUER RAUMORDNUNG, BAUWESEN UND STAEDTEBAU
BEGINN 28.5.1974 ENDE 31.8.1974
G.KOST 29.000 DM

UE -030

INST INSTITUT FUER SIEDLUNGS- UND WOHNUNGSWESEN DER UNI MUENSTER MUENSTER, AM STADTGRABEN 9

VORHAB **flaechennutzung und umweltschutz**
konstruktion eines flaechennutzungsmodell; simultane ermittlung von nutzungsarten unter umweltschutzgesichtspunkten; teil von 0192 005
S.WORT flaechennutzung + umweltschutz
PROLEI PROF. DR. R. THOSS
STAND 1.1.1974
QUELLE erhebung 1975
FINGEB DEUTSCHE FORSCHUNGSGEMEINSCHAFT
BEGINN 1.1.1973 ENDE 31.12.1976

UE -031
INST INSTITUT FUER STAEDTEBAU, BODENORDNUNG UND KULTURTECHNIK DER UNI BONN
BONN, NUSSALLEE 1
VORHAB **regionalplanung in westsumatra**
S.WORT regionalplanung
SUMATRA
PROLEI FRITZ
STAND 1.1.1974
FINGEB BUNDESMINISTER FUER WIRTSCHAFTLICHE ZUSAMMENARBEIT
BEGINN 1.1.1971 ENDE 31.12.1975

UE -032
INST INSTITUT FUER UMWELTFORSCHUNG E.V.
VILLINGEN-SCHWENNINGEN, GERBERSTR. 27
VORHAB **strukturuntersuchung schwaebisch-gmuend**
ziel: kuenftige staedtebauliche entwicklung; nebenergebnisse: mathematisches modell zur standortbewertung fuer landwirtschaft, wohnbebauung, industriebebauung, erholung
S.WORT stadtplanung + raumplanung + infrastruktur + strukturanalyse
SCHWAEBISCH-GMUEND
PROLEI FRANKE
STAND 1.1.1974
FINGEB STADT SCHWAEBISCH-GMUEND

UE -033
INST INSTITUT FUER WOHNUNGS- UND PLANUNGSWESEN
KOELN 80, WRANGELSTR. 12
VORHAB **ausbau des dokumentationsverbundes zur orts-, regional- und landesplanung**
im zusammenwirken mit einschlaegigen fachinstitutionen hat das deutsche institut fuer urbanistik ein einheitliches, benutzerfreundliches literaturdokumentationssystem zur orts-, regional- und landesplanung konzipiert. als fachuebergreifendes klassifikationssystem wird von den die auswertung gemeinsam betreibenden drei institutionen der thesaurus stadtplanung/raumordnung verwendet. mit der vereinheitlichung der formalen literaturerfassung und zentralen datenspeicherung sollen die bisher in den instituten des orl-verbundes verwendeten verfahren rationalisiert und im hinblick auf das fisbauwesen, raumordnung und staedtbau koordiniert werden.
S.WORT regionalplanung + landesplanung + dokumentation + information + (dokumentationsverbund)
QUELLE datenuebernahme aus der datenbank zur koordinierung der ressortforschung (dakor)
FINGEB INSTITUT FUER DOKUMENTATIONSWESEN, FRANKFURT
BEGINN 1.7.1974 ENDE 31.12.1977

UE -034
INST INSTITUT FUER ZUKUNFTSFORSCHUNG DES ZENTRUM BERLIN FUER ZUKUNFTFORSCHUNG E. V.
BERLIN 12, GIESEBRECHTSTR. 15
VORHAB **der attraktivitaetsfaktor eines siedlungsgebiets als instrument zur steuerung der bevoelkerungswanderung im umweltplanspiel**
mit hilfe des attraktivitaetsfaktors sollen im umweltplanspiel zu- und abwanderungen der bevoelkerung als reaktion auf umweltveraenderungen simulierbar gemacht werden. der attraktivitaetsfaktor ist hierbei als gesamtindex fuer umweltqualitaeten zu verstehen. hauptkomponenten sind: erwerbssituation, umwelt, infrastruktur, freizeitsituation, wohnsituation
S.WORT siedlungsraum + umweltqualitaet + bevoelkerung + mobilitaet + simulationsmodell
PROLEI DIPL. -ING. WINFRIED BORMANN
STAND 23.7.1976
QUELLE fragebogenerhebung sommer 1976
FINGEB INDUSTRIEANLAGEN BERATUNGSGESELLSCHAFT (IABG), OTTOBRUNN
BEGINN 1.6.1975 ENDE 31.10.1975
G.KOST 25.000 DM
LITAN - BORMANN, W.: ATTRAKTIVITAETSFAKTOR. IN: FORSCHUNGSBERICHT DES INST. F. ZUKUNFTSFORSCHUNG 38 BERLIN(OKT 1975)
- ENDBERICHT

UE -035
INST KLEINERT, CHRISTIAN, DIPL.-ING.
HAGEN, ZUR HOEHE 35
VORHAB **wechselbeziehungen zwischen siedlung und umwelt am beispiel neapel**
S.WORT umwelt + siedlung + (wechselbeziehungen)
NEAPEL
PROLEI DIPL. -ING. -ARCH. CHRISTIAN KLEINERT
STAND 1.1.1974
FINGEB DEUTSCHE FORSCHUNGSGEMEINSCHAFT
BEGINN 1.1.1972

UE -036
INST LEHRGEBIET WIRTSCHAFTSKUNDE UND REGIONALPOLITIK DER TH AACHEN
AACHEN, TEMPLERGRABEN 55
VORHAB **zusammenfassung der kritischen analysen der gegenwaertigen raumordnungspolitik unter besonderer beruecksichtigung der zielkonflikte in der raumordnungspolitik sowie zwischen der raumordnungspolitik und anderen**
ziel des projektes ist es, basierend auf einem aufriss der aktuellen problembereiche der praktischen und theoretischen raumordnungspolitik, eine kritische stellungnahme zu den bestehenden theoretischen ansaetzen und zur praktischen raumordnungspolitik in der brd zu geben. dies soll in der form geschehen, dass die ziele und instrumente der raumordnungspolitik analysiert werden, ihre beziehungen untereinander (konflikte oder harmoniebeziehungen) und zu anderen politikbereichen aufgedeckt und vorschlaege fuer eine verbesserte raumordnungspolitik in der brd gemacht werden.
S.WORT raumordnung + umweltpolitik + interessenkonflikt
QUELLE datenuebernahme aus der datenbank zur koordinierung der ressortforschung (dakor)
FINGEB BUNDESMINISTER FUER ARBEIT UND SOZIALORDNUNG
BEGINN 1.8.1973 ENDE 30.9.1974
G.KOST 46.000 DM

UE -037
INST LEHRSTUHL FUER LANDSCHAFTSOEKOLOGIE UND LANDSCHAFTSGESTALTUNG DER TH AACHEN
AACHEN, SCHINKELSTR. 1
VORHAB **beziehungen zwischen baugebieten und einbezogenen bzw. angrenzenden waldbestaenden - untersucht an beispielen auf unterschiedlichen standorten**
erstellung von planungsgrundlagen fuer die erhaltung von waldbestaenden in wohngebieten. verschaffen eines ueberblicks ueber wohngebiete, die auf waldflaechen errichtet worden sind. auswaehlen geeigneter untersuchungsgebiete fuer fallstudien (u. a. dokumentation des planungsziels, des planungsprozesses, der bauausfuehrung, des heutigen zustandes, hierzu u. a. erfassung der bebauungsweise, der bauformen, der erschliessung, der standorte, der waldbestaende). auswerten der ergebnisse fuer die stadt-, forst- und gruenplanung
S.WORT landschaftsgestaltung + stadtplanung + wohngebiet + wald + (fallstudien)
PROLEI PROF. WOLFRAM PFLUG
STAND 26.7.1976

QUELLE fragebogenerhebung sommer 1976
FINGEB DEUTSCHE FORSCHUNGSGEMEINSCHAFT
BEGINN 1.4.1974 ENDE 31.12.1977
G.KOST 318.000 DM
LITAN ZWISCHENBERICHT

UE -038

INST LEHRSTUHL UND INSTITUT FUER LANDESPLANUNG UND RAUMFORSCHUNG DER TU HANNOVER
HANNOVER, HERRENHAEUSERSTR. 2
VORHAB **vergleichende analyse und bewertung kleinraeumiger axialer siedlungskonzeptionen in unterschiedlich strukturierten verdichtungsraeumen**
dreiphasiges arbeitsprogramm: a) vergleichende analyse ausgewaehlter regionaler siedlungsachsen nach den kriterien: zuordnung von flaechennutzungen, verkehrssystem, bauliche verdichtung, funktion der achsenzwischenraeume, loesung von nutzungskonflikten b) analyse der theoretischen absicherung der einzelnen planungskonzeptionen und der ihnen zugrunde liegenden wirkungsmechanismen c) versuch einer darstellung der bedingungen, unter denen siedlungsachsen als raumstrukturelle konzeptionen geeigenet sind
S.WORT ballungsgebiet + flaechennutzung + (regionale siedlungsachsen)
PROLEI DR. DIETER EBERLE
STAND 19.7.1976
QUELLE fragebogenerhebung sommer 1976
FINGEB AKADEMIE FUER RAUMFORSCHUNG UND LANDESPLANUNG, HANNOVER
BEGINN 1.6.1976 ENDE 28.2.1977
G.KOST 3.000 DM

UE -039

INST LEHRSTUHL UND INSTITUT FUER LANDESPLANUNG UND RAUMFORSCHUNG DER TU HANNOVER
HANNOVER, HERRENHAEUSERSTR. 2
VORHAB **entwicklung von indikatoren fuer die landesentwicklungsplanung am beispiel des verkehrsbereiches**
beispielhafte entwicklung von grundsaetzen, methoden und vorgehensweisen zur ermittlung von zielindikatoren des bereiches "verkehr" fuer das landesentwicklungsprogramm niedersachsen
S.WORT landesentwicklungsprogramm + verkehr + (zielindikatoren)
NIEDERSACHSEN
PROLEI DR. DIETER EBERLE
STAND 21.7.1976
QUELLE fragebogenerhebung sommer 1976
BEGINN 1.8.1975 ENDE 31.7.1976
LITAN ZWISCHENBERICHT

UE -040

INST MUELLER, PROF.DR.
SAARBRUECKEN
VORHAB **erfassung und bewertung der oekologischen gegebenheiten, deren belastung, leistungsfaehigkeit und belastbarkeit in den raeumen der bundesrepublik deutschland fuer die raumordnung**
grundlagenbeschaffung/situationsanalyse als voraussetzung fuer die erarbeitung grossraeumiger oekologischer beurteilungskriterien fuer die belastbarkeit des naturhaushaltes. einzelaufgaben, die in form von problemstudien abgehandelt werden, sind: - grossraeumige erfassung und bewertung der oekologischen gegebenheiten - erfassung und bewertung der belastungen einzelner oekologischer faktoren durch verschiedene nutzungen - schaffung formalisierter modelle fuer darstellung und beurteilung von kombinationswirkungen - bestimmung raumordnungsrelevanter mindeststandards fuer die belastbarkeit der oekolog. faktoren
S.WORT raumordnung + oekologische faktoren + naturraum + bewertungskriterien

QUELLE datenuebernahme aus der datenbank zur koordinierung der ressortforschung (dakor)
FINGEB BUNDESMINISTER FUER RAUMORDNUNG, BAUWESEN UND STAEDTEBAU
BEGINN 1.10.1973 ENDE 1.4.1974
G.KOST 61.000 DM

UE -041

INST PROFESSUR FUER OEFFENTLICHES RECHT IV / FB 01 DER UNI GIESSEN
GIESSEN, LICHER STRASSE 72, HAUS 10
VORHAB **probleme der raumplanung in bezug auf die umweltgestaltung**
das projekt ist eine ergaenzung zu einem parallelen wirtschaftswissenschaftlichen projekt der sfb
S.WORT raumplanung + umweltqualitaet
PROLEI PROF. DR. H. STEIGER
STAND 6.8.1976
QUELLE fragebogenerhebung sommer 1976
FINGEB DEUTSCHE FORSCHUNGSGEMEINSCHAFT
ZUSAM SONDERFORSCHUNGSBEREICH 26 "RAUMORDNUNG UND RAUMWIRTSCHAFT" DER UNI MUENSTER
BEGINN 1.1.1974

UE -042

INST PROGNOS AG, EUROPAEISCHES ZENTRUM FUER ANGEWANDTE WIRTSCHAFTSFORSCHUNG
BASEL/SCHWEIZ, VIADUKTSTR. 65
VORHAB **systemanalyse zur landesentwicklung baden-wuerttemberg**
systemanalytische untersuchung ueber ausgewogenheit, belastbarkeit, entwicklungspotential des landes baden-wuerttemberg und seiner regionen unter besonderer beruecksichtigung der region mittlerer neckar; untersuchungsbereiche: soziooekonomie, umwelttechnologie, oekologie
S.WORT landesentwicklung + systemanalyse + sozio-oekonomische faktoren
BADEN-WUERTTEMBERG + NECKAR(MITTLERER NECKAR-RAUM) + STUTTGART
PROLEI H. BROWA
STAND 9.8.1976
QUELLE fragebogenerhebung sommer 1976
FINGEB INNENMINISTERIUM, STUTTGART
ZUSAM - DORNIER SYSTEM GMBH, POSTFACH 1360, 7790 FRIEDRICHSHAFEN
- FORSTWIRTSCHAFTLICHE FAKULTAET DER UNI FREIBURG, ARBEITSGRUPPE LANDESPFLEGE
BEGINN 1.10.1974 ENDE 31.9.1975
G.KOST 800.000 DM
LITAN ENDBERICHT

UE -043

INST REGIONALE PLANUNGSGEMEINSCHAFT UNTERMAIN
FRANKFURT, ZEIL 127
VORHAB **programmierung von regional- und stadtentwicklungsplaenen**
S.WORT regionalplanung + stadtentwicklungsplanung + datenverarbeitung
STAND 1.1.1976
QUELLE mitteilung der regionalen planungsgemeinschaft untermain
FINGEB BUNDESMINISTER FUER RAUMORDNUNG, BAUWESEN UND STAEDTEBAU
BEGINN ENDE 31.12.1975

UE -044

INST WEYL, HEINZ, PROF.
HANNOVER, SCHLOSSWENDER STRASSE 1
VORHAB **kritische analyse des vierstufigen konzepts der zentralen orte in raeumlicher, sachlicher und finanzieller hinsicht.**
ziel der arbeit ist die kritische auseinandersetzung mit dem vierstufigen konzept der zentralen orte sowie den z. z. diskutierten gegenmodellen der achsialen bzw. punkt-achsialen entwicklung. am ende des forschungsvorhabens soll die skizzierung einer zukunftsweisenden realistischen gesamtkonzeption fuer die siedlungsstrukturelle entwicklung in der brd (im sinne der ziele der raumordnung) stehen.

S.WORT raumordnung + siedlungsentwicklung + (zentrale-orte-konzept)
QUELLE datenuebernahme aus der datenbank zur koordinierung der ressortforschung (dakor)
FINGEB BUNDESMINISTER FUER ARBEIT UND SOZIALORDNUNG
BEGINN 15.9.1973 ENDE 14.8.1974
G.KOST 50.000 DM

UE -045

INST ZENTRALINSTITUT FUER RAUMPLANUNG AN DER UNI MUENSTER
MUENSTER, WILMERGASSE 12/13
VORHAB **umweltschutz im recht der landes- und regionalplanung**
eine voraussetzung fuer eine effektive kooperation von raumordnung und umweltschutz ist ein auf diese aufgabe entsprechend vorbereitetes raumordnungsrecht. in dieser untersuchung sollen die materiellen umweltschuetzenden vorschriften des bundesraumordnungsgesetzes und der landesplanungsgesetze sowie die ziele in den landesentwicklungsprogrammen und -plaenen und in den regionalplaenen auf ihre eignung analysiert werden mit dem ziel, dem umweltschutz eine seiner bedeutung angemessene stellung im rahmen der landes- und regionalplanung einzuraeumen. insbesondere fuer die ebene der regionalplanung werden vorschlaege fuer eine staerkere konkretisierung des materiellen rechts (bis hin zu festen umweltstandards) erarbeitet. ausserdem wird die frage der rechtlichen zzulaessigkeit eines absoluten gesetzlichen vorranges der belange des umweltschutzes bei den planerischen entscheidungen fuer den fall konkreter gesundheitsgefahren diskutiert
S.WORT umweltschutz + planungsrecht + regionalplanung
PROLEI PROF. DR. HEINHARD STEIGER
STAND 19.7.1976
QUELLE fragebogenerhebung sommer 1976
FINGEB DEUTSCHE FORSCHUNGSGEMEINSCHAFT
ZUSAM INST. F. SIEDLUNGS- UND WOHNUNGSWESEN DER UNI MUENSTER, AM STADTGRABEN 9, 4400 MUENSTER
BEGINN 1.1.1974 ENDE 1.6.1976
G.KOST 85.000 DM
LITAN - ERNST, W.;THOSS, R. (EDS); ERNST, W.;STEIGER, H.: UMWELTSCHUTZ IM RECHT DER LANDES- U. REGIONALPLANUNG. IN: BEITRAEGE ZUM SIEDLUNGS- U. WOHNUNGSWESEN UND ZUR RAUMPLANUNG
- ENDBERICHT

UE -046

INST ZENTRALINSTITUT FUER RAUMPLANUNG AN DER UNI MUENSTER
MUENSTER, WILMERGASSE 12/13
VORHAB **die verfahren der raumplanung im hinblick auf ihre umweltrelevanz**
analyse der verfahrensregeln der bauleitplanung der regional- und landesplanung im hinblick auf die moeglichkeit, belange des umweltschutzes zu beruecksichtigen. erarbeitung von vorschlaegen zur neugestaltung und abaenderung der bestehenden verfahrensvorschriften unter besonderer beruecksichtigung der umweltvertraeglichkeitspruefung und der beteiligungsmechnaismen (zusammenwirken der planungstraeger mit anderen traegern oeffentlicher belange, buergerschaftliche beteiligung, beteiligung von umweltschutzverbaenden im verwaltungs- und klageverfahren)
S.WORT raumplanung + rechtsvorschriften + umweltschutz
PROLEI PROF. DR. HEINHARD STEIGER
STAND 19.7.1976
QUELLE fragebogenerhebung sommer 1976
FINGEB DEUTSCHE FORSCHUNGSGEMEINSCHAFT
ZUSAM INST. F. SIEDLUNGS- UND WOHNUNGSWESEN DER UNI MUENSTER, AM STADTGRABEN 9, 4400 MUENSTER
BEGINN 1.4.1975 ENDE 31.12.1976
G.KOST 60.000 DM
LITAN ZWISCHENBERICHT

Weitere Vorhaben siehe auch:

AA -051 KLIMA DES RHEIN-NECKAR-RAUMS
AA -097 ENTWICKLUNG VON METHODEN FUER DIE AUFSTELLUNG VON UMWELTBELASTUNGS- UND IMMISSIONSSCHUTZPLAENEN
AA -114 UNTERSUCHUNGEN UEBER MASSNAHMEN DES PROPHYLAKTISCHEN IMMISSIONSSCHUTZES IN DER RAUMPLANUNG
EA -015 LUFTREINHALTUNG ALS FAKTOR DER STADT- UND REGIONALPLANUNG
HE -014 STAATSGRENZEN UEBERSCHREITENDE RAUMPLANUNG - WASSERVERSORGUNG UND WASSERREINHALTUNG IN VERDICHTUNGSRAEUMEN
PI -007 INDUSTRIESTADT ALS OEKOSYSTEM
RA -012 FORSTLICHE PLANUNG UND RAUMORDNUNG
RG -004 WALDBAUPLANUNG IN ABHAENGIGKEIT VON RAUMORDNERISCHEN FORDERUNGEN
SA -041 SIMULATION DES SYSTEMS ENERGIE-UMWELT FUER BEGRENZTE WIRTSCHAFTSRAEUME
TC -016 INSTRUMENTARIEN FUER DIE INTEGRATION VON NAHERHOLUNGSFUNKTIONEN IN DIE SIEDLUNGSENTWICKLUNG DER NIEDERSAECHSISCHEN BALLUNGSRANDGEBIETE
UA -064 SAUBERES WUPPERTAL - I. STUFE
UB -009 DER VOLLZUG DES RAUMBEZOGENEN UMWELTRECHTS
UH -036 AUSARBEITUNG EINES VERFAHRENS ZUR BESTIMMUNG DER PRIORITAETEN BEI DEN INVESTITIONEN IM FERNSTRASSENBAU UNTER BESONDERER BERUECKSICHTIGUNG DER ZIELE DER RAUMORDNUNG
UH -041 FAKTOREN- UND VERFLECHTUNGSANALYSEN DER RAEUMLICHEN BEVOELKERUNGSPROZESSE IN DER BUNDESREPUBLIK DEUTSCHLAND
UK -010 BESTIMMUNG DER WIRKSAMKEIT GROSSRAEUMIGER OEKOLOGISCHER AUSGLEICHSRAEUME UND ENTWICKLUNG VON KRITERIEN ZUR ABGRENZUNG
UK -024 INHALT UND AUFGABE OEKOLOGISCHER LANDSCHAFTSPLANUNG ALS BEITRAG ZUR RAUMPLANUNG
UL -036 PROBLEMSTUDIE: ERFASSUNG UND BEWERTUNG DER OEKOLOGISCHEN GEGEBENHEITEN UND DEREN BEDEUTUNG FUER DIE RAUMORDNUNG IN DEN RAEUMEN DER BUNDESREPUBLIK DEUTSCHLAND
VA -004 INFORMATIONSSYSTEM FUER RAUMORDNUNG UND LANDESPLANUNG (ROLAND)
VA -005 COMPUTER-ORIENTIERTES RAEUMLICHES BEZUGS-, ANALYSE- UND PLANUNGSSYSTEM (GEOCODE)

UF -001
INST AACHEN-CONSULTING GMBH (ACG)
AACHEN, MONHEIMSALLEE 53
VORHAB **neues verkehrskonzept fuer eine alte kleinstadt: luftkurort wassenberg im kreis heinsberg**
fuer den zentralort wassenberg wurde ein innerstaedtisches verkehrskonzept entwickelt. der altstadtgrundriss wird verkehrsfrei und auf eine stadttangente mit zob vollkommen neu orientiert. die auswirkungen dieser neuplanung auf altstadt, burgberg und umgebung wurden untersucht und die verbesserung der altstadt-"umwelt" fuer die oeffentlichkeit herausgestellt. fuer den neuen verkehrsgerechten kernbereich an der nahtstelle zwischen altstadt und neuer stadttangente werden die verkehrslaermprobleme aufgezeigt und loesungsvorschlaege gemacht
S.WORT verkehrsplanung + stadtsanierung
WASSENBERG (NORDRHEIN-WESTFALEN)
PROLEI ING. GRAD. HEINZ HOFMANN
STAND 2.8.1976
QUELLE fragebogenerhebung sommer 1976
FINGEB STADT WASSENBERG, KREIS HEINSBERG
ZUSAM - KREIS HEINSBERG, GEILENKIRCHEN
- LANDESSTRASSENBAUAMT, KREFELD
BEGINN 1.1.1976 ENDE 30.6.1977
G.KOST 45.000 DM
LITAN HOFMANN, H.: IN: PROJEKTVEROEFFENTLICHUNGEN IM ACG-SELBSTVERLAG, AACHEN

UF -002
INST AGRARSOZIALE GESELLSCHAFT E.V. (ASG)
GOETTINGEN, KURZE GEISMARSTR. 23-25
VORHAB **inhalte von sozialplaenen im rahmen der staedtebaulichen sanierung und methoden ihrer erstellung in laendlichen gemeinden**
konzeption der sozialplanung entwickeln, ueberpruefen und daraus einen leitfaden fuer sanierungstraeger erarbeiten
S.WORT sanierungsplanung + laendlicher raum + (sozialplanung)
PROLEI DR. F. -K. RIEMANN
STAND 1.1.1974
QUELLE erhebung 1975
FINGEB BUNDESMINISTER FUER RAUMORDNUNG, BAUWESEN UND STAEDTEBAU
ZUSAM - SOZIOLOG. SEMINAR DER UNI GOETTINGEN, 34 GOETTINGEN, NIKOLAUSBERGER WEG 5C
- BUNDESVEREINIGUNG DEUTSCHER HEIMSTAETTEN E. V. , 53 BONN 1, POPPELSDORFER ALLEE 24
BEGINN 1.3.1974 ENDE 31.3.1975
G.KOST 103.000 DM
LITAN ZWISCHENBERICHT 1974. 06

UF -003
INST BATTELLE-INSTITUT E.V.
FRANKFURT 90, AM ROEMERHOF 35
VORHAB **stadt- und kreisentwicklung; vergleich von planungsvarianten mittels simulationsmodell**
S.WORT stadtentwicklungsplanung + simulationsmodell
STAND 1.1.1974

UF -004
INST BLUM, HELMUT, DIPL.-ING.
MUENCHEN
VORHAB **funktionale aufgaben und verwaltungsorganisatorische probleme der grosstaedte im hinblick auf eine integrierte stadtplanung**
das projekt gehoert zu einem bereich innerhalb der themen der kommission, der von ihr nicht vertieft behandelt werden soll. die kommission erhofft sich von dem auftrag eine knappe und fundierte zusammenfassung der grosstaedtischen sach- und verwaltungsprobleme sowie eine analyse von theoretischen und praktischen planungsansaetzen in der bundesrepublik. hier stehen vor allem ansaetze der integrierten stadtentwicklungsplanung (incl. einsatz von edv) im vordergrund des interesses. der auftragnehmer wird mit einer grossen zahl von praktikern expertengespraeche durchfuehren, die vorgefundenen verfahren analysieren und eigene verfahrensvorschlaege entwicklen. da es eine zusammenschau der heutigen stadtplanungsansaetze derzeit nicht gibt, wird die studie auch von ggrossem interesse fuer die oeffentlichkeit sein.
S.WORT stadtentwicklungsplanung + verwaltung + verfahrensentwicklung
QUELLE datenuebernahme aus der datenbank zur koordinierung der ressortforschung (dakor)
FINGEB BUNDESMINISTER FUER ARBEIT UND SOZIALORDNUNG
BEGINN 1.5.1974 ENDE 8.12.1974
G.KOST 43.000 DM

UF -005
INST DEUTSCHER WETTERDIENST
OFFENBACH, FRANKFURTER STR. 135
VORHAB **stadtklimagutachten frankfurt/main**
stadtplanung und stadtsanierung unter klimatologischen aspekten
S.WORT stadtkern + stadtrandzone + stadt + klima
FRANKFURT + RHEIN-MAIN-GEBIET
PROLEI DIPL. -PHYS. JURYSCH
STAND 1.1.1974
FINGEB STADT FRANKFURT
ZUSAM - GEOGRAPHISCHES INSTITUT DER UNI FREIBURG, 78 FREIBURG, HERMANN-HERDER-STR. 11
- LANDESGEWERBEANSTALT BAYERN, HESSTRASSE 130 A, 8000 MUENCHEN
- PILOTSTATION SCHAUINSLAND DES MESSTELLENNETZES DES UMWELTBUNDESAMTES, 7801 SCHALLSTADT
BEGINN 1.6.1974 ENDE 31.12.1977
G.KOST 160.000 DM
LITAN ZWISCHENBERICHT 1977. 12

UF -006
INST EHLERS, H., DIPL.-ING. UND BITSCH, H.-U.
DUESSELDORF 30, LUDWIG-BECK-STRASSE 12
VORHAB **integra - stadtentwicklungsforschung differenzierung staedtischer bauformen beim bauen mit systemen ein aspekt der stadtentwicklung**
aufstellung von kriterien fuer die technische entwicklung von bausystemen die von physischen wie milieubildenden aspekten der bauaufgabe ausgeht. rueckkopplung auf integra. verbesserung zukuenftiger stadtgestalt.
S.WORT stadtentwicklungsplanung + staedtebau + (bausysteme)
QUELLE datenuebernahme aus der datenbank zur koordinierung der ressortforschung (dakor)
FINGEB BUNDESMINISTER FUER RAUMORDNUNG, BAUWESEN UND STAEDTEBAU
BEGINN 1.1.1973 ENDE 31.12.1974
G.KOST 50.000 DM

UF -007
INST FORSCHUNGSINSTITUT DER FRIEDRICH-EBERT-STIFTUNG E.V.
BONN -BAD GODESBERG, KOELNERSTR. 149
VORHAB **ziele fuer den staedtebau in ballungsgebieten**
S.WORT staedtebau + ballungsgebiet + (ziele)
STAND 1.1.1976
QUELLE mitteilung des bundesministers fuer raumordnung,bauwesen und staedtebau
FINGEB BUNDESMINISTER FUER RAUMORDNUNG, BAUWESEN UND STAEDTEBAU
BEGINN ENDE 31.12.1974
LITAN STAEDTEBAULICHE FORSCHUNG 03. 032 (1974)

UF -008
INST GESELLSCHAFT FUER WOHNUNGS- UND SIEDLUNGSWESEN E.V. (GEWOS)
HAMBURG 13, HALLERSTR. 70

VORHAB **erarbeitung von kriterien und methoden zur feststellung und bewertung sozialer benachteiligungen im stadtentwicklungsprozess**
a) problem, erkenntnisziel: es werden aussagen darueber erwartet, ob und wie soziale benachteiligungen auch durch vorgaenge der stadtentwicklung aufrecht erhalten, verstaerkt oder sogar ursaechlich hervorgerufen werden. b) erwarteter nutzen, verwendungszweck, praxisbezug: die erkenntnisse sollen dazu dienen, das instrumentarium der stadtentwicklung mehr als bisher auf bestimmte soziale gruppen gezielt auszurichten. die ergebnisse dienen als grundlagenmaterial fuer die gesetzgebung und als allgemeine entscheidungshilfen. c) teilaufgaben: - soziale benachteiligung: praezisierung des begriffs, operationalisierung, begruendung des rahmens fuer stadtentwicklung; - entwicklung eines analysemodells auf der grundlage der vorangegangenen begriffslogischen analysen, ddas soziale benachteiligung im stadtentwicklungsprozess festzustellen erlaubt. d) daten- und informationsgewinnung: dokumentanalysen; e) theoretischer ansatz, methoden: deduktive komponentenanalyse fuer "soziale benachteiligung" im stadtentwicklungsprozess (indikatoren fuer soziale benachteiligung). f) geographischer raum: keine raeumliche festlegung
S.WORT soziale infrastruktur + stadtentwicklung + planungsmodell
QUELLE datenuebernahme aus der datenbank zur koordinierung der ressortforschung (dakor)
FINGEB BUNDESMINISTER FUER RAUMORDNUNG, BAUWESEN UND STAEDTEBAU
BEGINN 1.1.1974 ENDE 31.8.1975
G.KOST 46.000 DM

UF -009
INST GESELLSCHAFT FUER WOHNUNGS- UND SIEDLUNGSWESEN E.V. (GEWOS)
HAMBURG 13, HALLERSTR. 70
VORHAB **entwicklung von organisations- und handlungsmodellen der gemeinwesenarbeit zur integration der bevoelkerung in neuen wohngebieten empfehlungen fuer die kommunale praxis**
ziel des forschungsvorhabens ist eine kritische darstellung der einzelnen arbeitsmethoden der gemeinwesenarbeit und bisheriger projekte sowie die entwicklung eines eindeutigen zielsystems der gemeinwesenarbeit in neuen wohngebieten und alternativer organisations- und handlungsmodelle und der wissenschaftlichen begleitung von zwei projekten der gemeinwesenarbeit und erfolgskontrolle.
S.WORT stadtentwicklung + wohngebiet + soziale infrastruktur
QUELLE datenuebernahme aus der datenbank zur koordinierung der ressortforschung (dakor)
FINGEB BUNDESMINISTER FUER RAUMORDNUNG, BAUWESEN UND STAEDTEBAU
BEGINN 1.1.1973 ENDE 1.1.1974
G.KOST 159.000 DM

UF -010
INST INSTITUT FUER GRUNDLAGEN DER PLANUNG DER UNI STUTTGART
STUTTGART, KEPLERSTR. 11
VORHAB **bautis: bau-technologie-informationssystem**
entwicklung und prototypische implementierung eines edv-verwalteten "offline-stand-alone" bauprojekt-baunormen und bautechnologie-informationssystems unter verwendung ultrareduzierender filmspeicher. das projekt ist so angelegt, dass leicht andere bereiche integriert werden koennen
S.WORT bautechnik + informationssystem
PROLEI DIPL. -ING. HANS DEHLINGER
STAND 21.7.1976
QUELLE fragebogenerhebung sommer 1976
FINGEB BUNDESMINISTER FUER RAUMORDNUNG, BAUWESEN UND STAEDTEBAU
ZUSAM UNIVERSITY OF CALIFORNIA, BERKELEY, COLLEGE OF ENVIRONMENTAL DESIGN
BEGINN 1.6.1974 ENDE 1.9.1976
G.KOST 203.000 DM
LITAN PROJEKTGRUPPE BAUTIS(INST. F. GRUNDLAGEN DER PLANUNG, UNI STUTTGART): MITTEILUNGEN DER PROJEKTGRUPPE BAUTIS

UF -011
INST INSTITUT FUER LANDSCHAFTSPLANUNG DER UNI STUTTGART
STUTTGART, KIENESTR. 41
VORHAB **rahmenplan stadtbild kempten**
freiflaechenuntersuchung fuer das kemptener stadtgebiet und seine unmittelbare umgebung; klassifizierung der verschiedenen freiflaechenarten; richtlinien fuer freiflaechen in der stadtplanung; "ortsbildsatzung" fuer bestimmte stadtbereiche
S.WORT stadtplanung + freiflaechen + rahmenplan KEMPTEN
PROLEI DIPL. -ING. ANDRESEN
STAND 1.1.1974
QUELLE erhebung 1975
FINGEB STADT KEMPTEN
ZUSAM - PLANERGRUPPE SPENGELIN, GERLACH; GLAUNER UND PARTNER, 53 BONN
- BAYERISCHES LANDESAMT F. DENKMALPFLEGE, 8 MUENCHEN 22, PRINZREGENTENSTR. 3
BEGINN 1.3.1974 ENDE 30.11.1974
LITAN 1975 INSTITUT FUER LANDSCHAFTSPLANUNG

UF -012
INST INSTITUT FUER RAUMPLANUNG DER UNI DORTMUND
DORTMUND -EICHLINGHOFEN, AUGUST-SCHMIDT-STRASSE 10
VORHAB **zuordnung und mischung von bebauten und begruenten flaechen**
S.WORT wohnungsbau + freiraumplanung + bebauungsart + gruenflaechen
PROLEI PROF. L. FINKE
STAND 1.1.1976
QUELLE mitteilung des bundesministers fuer raumordnung,bauwesen und staedtebau
FINGEB BUNDESMINISTER FUER RAUMORDNUNG, BAUWESEN UND STAEDTEBAU
BEGINN ENDE 31.12.1976

UF -013
INST INSTITUT FUER SCHALL- UND SCHWINGUNGSTECHNIK
HAMBURG 70, FEHMARNSTR. 12
VORHAB **stadtsanierung osnabrueck: beurteilung, berechnung der schallemissionen und -immissionen**
S.WORT stadtsanierung + schallimmission + laermschutzplanung OSNABRUECK
PROLEI ING. GRAD. GUENTHER WILMSEN
STAND 1.1.1974
FINGEB NEUE HEIMAT NORD, BREMEN
ZUSAM - STADT OSNABRUECK, RATHAUS
- NEUE HEIMAT BREMEN, 28 BREMEN 1, REMBERTIRING 27
BEGINN 1.1.1972 ENDE 31.12.1974
G.KOST 26.000 DM
LITAN GUTACHTEN

UF -014
INST INSTITUT FUER STAEDTEBAU UND LANDESPLANUNG DER UNI KARLSRUHE
KARLSRUHE, KAISERSTR. 12
VORHAB **strategische stadtentwicklungsplanung**
simulation der stadtentwicklung unter beruecksichtigung unterschiedlicher bewertung von entwicklungsvarianten
S.WORT stadtentwicklungsplanung + simulation
PROLEI DIPL. -ING. HARTUNG

STAND 1.10.1974
QUELLE erhebung 1975
FINGEB DEUTSCHE FORSCHUNGSGEMEINSCHAFT
BEGINN 1.1.1974
G.KOST 25.000 DM

UF -015

INST INSTITUT FUER STAEDTEBAU UND LANDESPLANUNG DER UNI KARLSRUHE KARLSRUHE, KAISERSTR. 12
VORHAB interdependenzen des erschliessungsprozesses
die den erschliessungsprozess fuer ein staedtebaulich definiertes projektgebiet ausmachenden produktionsaktivitaeten werden in abhaengigkeit von der baulandnachfrage als zeitlicher prozess von investitionseinsaetzen simuliert; die den baulandpreis bestimmenden faktoren koennen damit abgegrenzt werden; der baulandpreis wird in abhaengigkeit von art und mass der baulichen oder sonstigen nutzung gewichtet
S.WORT stadtentwicklung + staedtebau + baulanderschliessung
PROLEI DIPL. -ING. HUDELMAIER
STAND 1.1.1974
FINGEB DEUTSCHE FORSCHUNGSGEMEINSCHAFT
BEGINN 1.7.1973 ENDE 31.7.1975
G.KOST 24.000 DM
LITAN ZWISCHENBERICHT 1974. 08

UF -016

INST INSTITUT FUER STAEDTEBAU UND LANDESPLANUNG DER UNI KARLSRUHE KARLSRUHE, KAISERSTR. 12
VORHAB sanierung und bodenpolitik - ihre wechselwirkungen bezueglich durchfuehrbarkeit, finanzierung und planverwirklichung
strategie zur optimalen realisierung einer sanierung in bezug auf zeit- und kostenaufwand; richtwerte fuer kommunalen bodenbesitz im sanierungsgebiet in abhaengigkeit von verhaltenswahrscheinlichkeiten der betroffenen
S.WORT sanierungsplanung + bodenpolitik
PROLEI DIPL. -ING. MEYER
STAND 1.1.1974
QUELLE erhebung 1975
BEGINN 1.1.1970 ENDE 31.12.1978

UF -017

INST INSTITUT FUER STAEDTEBAU, BODENORDNUNG UND KULTURTECHNIK DER UNI BONN BONN, NUSSALLEE 1
VORHAB sanierung koblenz - luetzel
S.WORT stadtsanierung KOBLENZ-LUETZEL
PROLEI MENNE
STAND 1.10.1974
FINGEB STADT KOBLENZ
BEGINN 1.1.1972 ENDE 31.12.1974
G.KOST 80.000 DM

UF -018

INST INSTITUT FUER STAEDTEBAU, BODENORDNUNG UND KULTURTECHNIK DER UNI BONN BONN, NUSSALLEE 1
VORHAB staedtebauliche modellrechnungen
S.WORT staedtebau + berechnungsmodell
PROLEI BOHR
STAND 1.10.1974
FINGEB DEUTSCHE FORSCHUNGSGEMEINSCHAFT
BEGINN 1.1.1971 ENDE 31.12.1974
G.KOST 45.000 DM

UF -019

INST INSTITUT WOHNEN UND UMWELT GMBH DARMSTADT, ANNASTR. 15
VORHAB stadtsanierung unter besonderer beruecksichtigung des staedtebaufoerderungsgesetzes (stbaufg)
untersuchung der praxis der anwendung des staedtebaufoerderungsgesetzes in hessen: typisierung von sanierungsgemeinden; darstellung des foerderungsverfahrens; zusammenhang von landesentwicklungsplanung und sanierungsplanung; anwendung des sozialplans nach stbaufg; partizipationsverfahren; betroffenheit sozial schwacher gruppen von sanierungsmassnahmen. einheit sozial schwacher gruppen von sanierungsmassnahmen
S.WORT staedtebaufoerderungsgesetz + landesentwicklungsplanung + sanierungsplanung HESSEN
PROLEI DIPL. -ING. WOLFGANG KROENING
STAND 1.1.1974
QUELLE erhebung 1975
FINGEB LAND HESSEN
ZUSAM - SOZIOLOGISCHES SEMINAR DER UNI, SOZIALPLANUNG I UND II, 34 GOETTINGEN, NIKOLAUSBERGER WEG 5C
- ZENTRUM F. INTERDISZIPLINAERE FORSCHUNG AN DER UNI BIELEFELD, STUDIENGRUPPE SOZIALPLANUNG, 48
BEGINN 1.1.1972 ENDE 31.12.1974
LITAN - ZWISCHENBERICHT 1973. 10
- ZWISCHENBERICHT 1974. 10

UF -020

INST INSTITUT WOHNEN UND UMWELT GMBH DARMSTADT, ANNASTR. 15
VORHAB realisierungsbedingungen fuer freiflaechen in stadterweiterungsgebieten (planungs- und realisierungsprozess)
in der teilnahme am planungsprozess des neubaugebietes kranichstein konnte beobachtet werden, dass die verwirklichung sozialpolitischer planungsziele - hier sozialer infrastruktureinrichtungen - an martwirtschaftlichen und rechtlichen hindernissen teilweise scheitert bzw. erheblich beeinflusst wird; prognosen und planungsziele der kommune sowie partizipationschancen der betroffenen koennen realistischer eingeschaetzt werden und auf moegliche verbesserung von planungs- und rechtsinstrumenten kann erfolgreicher eingewirkt werden, wenn die realisierungsbedingungen bekannt sind, diese werden untersucht am beispiel landschaft, private und oeffentliche freiflaechen
S.WORT stadtplanung + wohnungsbau + freiflaechen DARMSTADT-KRANICHSTEIN + RHEIN-MAIN-GEBIET
PROLEI DIPL. -ING. GEWECKE
STAND 1.1.1974
QUELLE erhebung 1975
BEGINN 1.4.1972 ENDE 31.12.1974
LITAN - STELLUNGNAHMEN UND BERICHTE ZUR PLANUNG KRANICHSTEIN. DARMDATADT: INST. WOHNEN UND UMWELT
- IN: DAS GARTENAMT, PATZERVERLAG (3/4)(1974)

UF -021

INST INSTITUT WOHNEN UND UMWELT GMBH DARMSTADT, ANNASTR. 15
VORHAB oekonomische aspekte der sanierungfallstudie berlin-wedding
die ursachen fuer den verfall der bausubstanz des gebiets durch mangelnde instandhaltung und unterlassung von neuinvestitionen vor der sanierung; kosten der sanierung; methode der sanierung; folgen der sanierung fuer den mietpreis
S.WORT stadtsanierung + oekonomische aspekte BERLIN-WEDDING
PROLEI DIPL. -ING. SCHLANDT
STAND 1.1.1974
QUELLE erhebung 1975
ZUSAM HOCHSCHULE FUER BILDENDE KUENSTE, 1 BERLIN 12, BISMARCKSTR. 67, PROF. ARCH. HARDT-WALTHERR HAEMER
BEGINN 1.4.1972 ENDE 31.8.1974

UF -022
INST INSTITUT WOHNEN UND UMWELT GMBH
DARMSTADT, ANNASTR. 15
VORHAB **laufende beobachtung der anwendung des staedtebaugesetz bei der sanierung in ausgewaehlten gemeinden hessens**
ueberpruefung folgender prognosen: a) das stbaufg wird vorrangig zur realisierung landesplanerischer ziele, d. h. primaer zur "anpassung" alter ortskerne an zentraloertliche funktionserfordernisse eingesetzt, b) diese sanierung bringt unter falschen praemissen z. b. falsche einschaetzung der steuerbarkeit wirtschaftlicher entwicklung der betroffenen bevoelkerung nachteile, die durch sozialplanerische massnahmen nur unzureichend kompensiert werden koennen, c) die bodenrechtlichen vorschriften erfuellen nicht die erwartungen der kommunen auf erleichterten zugriff auf private grundstuecke
S.WORT sanierungsplanung + bewertungskriterien + staedtebaufoerderungsgesetz
PROLEI DIPL. -ING. RAINER FRITZ-VIETTA
STAND 13.8.1976
QUELLE fragebogenerhebung sommer 1976
BEGINN 1.10.1976 ENDE 31.12.1978
LITAN KROENING, W.;MUEHLICH-KLINGER, I.: ZUR PROBLEMATIK DES ZUSAMMENHANGS VON RAUMORDNUNG UND SANIERUNG. EINIGE ERGEBNISSE AUS DER UNTERSUCHUNG DER SANIERUNGSPRAXIS IN HESSEN. IN: STADTBAUWELT 45(MAR 1975)

UF -023
INST LEHRSTUHL FUER ENTWERFEN UND LAENDLICHES BAUWESEN DER TU MUENCHEN
MUENCHEN, ISABELLASTR. 13
VORHAB **siedlungsleitbilder im laendlichen raum**
die landesplanung wird bei der verbindlichen festlegung ihrer ziele auseinandersetzungen entgegen gehen und nachweise fuer ihre durchfuehrbarkeit erbringen muessen. ihr instrumentarium benoetigt entsprechend seiner raeumlichen und zeitlichen reichweiten vorueberlegungen und planungsmodelle ueber wirkungen und nebenwirkungen landesplanerischer zielsetzungen. dazu leistet die vorliegende arbeit einen interdisziplinaeren beitrag mit den schwerpunkten des laendlichen raumes und des siedlungswesens. bei der frage nach den leitbildern fuer langfristige planungsansaetze sind die heute auftretenden siedlungsstrukturen in ihren wechselbeziehungen zwischen bevoelkerungsentwicklung und sozialstruktur auf der einen seite und ihre auswirkungen auf landschaft und siedlungg auf der anderen seite untersucht
S.WORT laendlicher raum + siedlungsplanung + bevoelkerungsentwicklung
BAD TOELZ + WOLFRATSHAUSEN + NEU-ULM + REGENSBURG
PROLEI PROF. DR. HELMUT GEBHARD
STAND 22.7.1976
QUELLE fragebogenerhebung sommer 1976
FINGEB STAATSMINISTERIUM FUER LANDESENTWICKLUNG UND UMWELTFRAGEN, MUENCHEN
BEGINN 1.11.1973 ENDE 30.11.1975
G.KOST 70.000 DM
LITAN ENDBERICHT

UF -024
INST LEHRSTUHL FUER VERKEHRS- UND STADTPLANUNG DER TU MUENCHEN
MUENCHEN 2, ARCISSTR. 21
VORHAB **auswirkungen des neuen entwurfs din 18005 blatt 1 auf die bauleitplanung**
ableitung planerischer, baulicher, finanzieller folgen auf bestehende stadtstrukturen durch modelluntersuchungen und planliche darstellungen
S.WORT bauleitplanung + stadtentwicklung
PROLEI DR. -ING. KARL GLUECK
STAND 22.7.1976
QUELLE fragebogenerhebung sommer 1976
FINGEB BUNDESMINISTER FUER RAUMORDNUNG, BAUWESEN UND STAEDTEBAU
BEGINN 1.3.1976 ENDE 31.8.1976
G.KOST 78.000 DM
LITAN ZWISCHENBERICHT

UF -025
INST LEHRSTUHL FUER WERKSTOFFWISSENSCHAFTEN III (GLAS UND KERAMIK) DER UNI ERLANGEN-NUERNBERG
ERLANGEN, MARTENSSTR. 5
VORHAB **einfluss von grundwasserveraenderungen auf bauwerke**
die durch grundwasserveraenderungen (absenkung und veraenderungen des chemismus durch menschliche eingriffe) verursachten feuchteschaeden werden insbesondere an alten bauwerken systematisch erfasst und entsprechende gegenmassnahmen erkundet. dabei werden auch kommerziell angebotene feuchtigkeitsbekaempfungsmethoden auf ihre wikrung ueberprueft, und neue methoden entwickelt
S.WORT denkmalschutz + grundwasserabsenkung + gebaeudeschaeden
PROLEI PROF. DR. WERNER ERNST
STAND 26.7.1976
QUELLE fragebogenerhebung sommer 1976
FINGEB STIFTUNG VOLKSWAGENWERK, HANNOVER
ZUSAM ARBEITSKREIS "NATURWISSENSCHAFTLICHE FORSCHUNG AN KUNSTGUETERN"
BEGINN 1.1.1970
G.KOST 20.000 DM

UF -026
INST NIEDERSAECHSISCHES LANDESAMT FUER BODENFORSCHUNG
BREMEN, WERDERSTR. 101
VORHAB **bodenkarte bremen 1:25000**
bodenkundliche uebersichtskartierung im massstab 1: 25 000 unter beruecksichtigung verschiedener umweltfaktoren (u. a. grundwasser, schwermetallimmissionen)
S.WORT bodenkarte + umweltfaktoren
BREMEN (STADT)
PROLEI PROF. DR. WERNER MUELLER
STAND 21.7.1976
QUELLE fragebogenerhebung sommer 1976
FINGEB SENATOR FUER GESUNDHEIT UND UMWELTSCHUTZ, BREMEN
ZUSAM ABT. III BODENKUNDE DES NIEDERSAECHSISCHEN LANDESAMTES FUER BODENFORSCHUNG, HANNOVER
BEGINN 1.7.1974 ENDE 31.12.1977
G.KOST 450.000 DM
LITAN BENZLER, J. -H.;SPONAGEL, H.: BODENKARTE VON NIEDERSACHSEN 1: 25000, 2818 LESUM MIT 4 AUSWERTUNGSKARTEN, HANNOVER (1975)

UF -027
INST OST-EUROPA-INSTITUT DER FU BERLIN
BERLIN 37, GARYSTR. 55
VORHAB **sozialgeographische problematik der beschaeftigung auslaendischer arbeitnehmer**
mobilitaet, verdichtung und viertelbildung in ihrer konsequenz fuer die stadtplanung- dargestellt am beispiel von berlin (west)
S.WORT sozialgeographie + gastarbeiter
BERLIN
PROLEI PROF. DR. WILHELM WOEHLKE
STAND 1.1.1974
FINGEB DEUTSCHE FORSCHUNGSGEMEINSCHAFT
BEGINN 1.1.1972

UF -028
INST PLANUNGSGRUPPE KARLSRUHE, BAU- U. STADTPLANUNG
KARLSRUHE, MAXIMILIANSTR. 1
VORHAB **minimalprogramme der materiellen infrastrukturausstattung im stadtentwicklungsprozess der dritten welt**
der auftrag soll zu einer konkretisierung einer sektor-konzeption "minimale materielle infrastruktur" beitragen. hierbei soll untersucht werden: - voraussetzungen fuer die durchfuehrung von minimale infrastrukturprogrammen, ihre zusammenhaenge und auswirkungen auf die stadtentwicklung; - bedeutung dieser programme innerhalb moeglicher ansaetze des gesamthandlungsrahmens; - vorlaeufige beurteilung zur eignung und durchfuehrung von massnahmen der minimalen infrastruktur.

S.WORT stadtentwicklung + infrastrukturplanung + entwicklungslaender
QUELLE datenuebernahme aus der datenbank zur koordinierung der ressortforschung (dakor)
FINGEB BUNDESMINISTER FUER WIRTSCHAFTLICHE ZUSAMMENARBEIT
BEGINN 1.12.1973 ENDE 31.7.1974
G.KOST 191.000 DM

UF -029
INST PLANUNGSGRUPPE PROFESSOR LAAGE HAMBURG 13, JUNGFRAUENTHAL 18
VORHAB **stadtgestaltung osnabrueck**
erarbeitung eines operationalen rahmens fuer ein gesamtkonzept der stadtgestaltung in grosstaedten als integrations- und zielkonzept ressortuebergreifender art fuer grossstaedte. auf dieser rahmengebundenen konzeption koennen fuer stadtteile einzelkonzepte entwickelt werden, wie dies auch im zweiten schritt der arbeit fuer innenstadt und aussenstadtteile geschieht, die wiederum dem lokalen differenzierungsbeduerfnis rechnung tragen, aber in allen aspekten mit dem gesamtkonzept sinnvoll verknuepft sind
S.WORT stadtentwicklung + rahmenplan + grosstadt OSNABRUECK
PROLEI DIPL. -ING. GUENTER BURCKHARDT
STAND 13.8.1976
QUELLE fragebogenerhebung sommer 1976
FINGEB STADT OSNABRUECK
BEGINN 1.1.1975 ENDE 31.12.1976
G.KOST 100.000 DM
LITAN ENDBERICHT

UF -030
INST PROJEKTGRUPPE LEBENSRAUM HAARENNIEDERUNG DER UNI OLDENBURG OLDENBURG, AMMERLAENDER HEERSTR. 67-99
VORHAB **sozial- und umweltplan in oldenburg - west**
ziel ist, die notwendige datengrundlage zu schaffen, die voraussetzung fuer eine stadt- und umweltplanung ist. es hat sich herausgestellt, dass es keine detaillierten auskuenfte ueber die qualitaet der vorhandenen arbeitsplaetze, ueber die fluktuation der arbeitenden und ueber die veraenderungstendenzen bei arbeitsplaetzen gibt. ebenso fehlen daten ueber die binnenwanderung in der stadt, gegliedert nach der sozialen lage. noch sind sinnvoll gegliederte angaben ueber zu- und abgang bei der stadtbevoelkerung vorhanden. mit hilfe der jetzt noch fehlenden daten und oekologischen untersuchungen soll zusammen mit den von der stadt bereits erhobenen daten ein integrierter sozial- und umweltplan fuer den stadtteil erarbeitet werden
S.WORT stadtentwicklung + planungsdaten + bevoelkerungsentwicklung + sozio-oekonomische faktoren OLDENBURG (STADT)
PROLEI PROF. DR. DIETER SCHULLER
STAND 12.8.1976
QUELLE fragebogenerhebung sommer 1976
BEGINN 1.10.1976

UF -031
INST RATZKA, ADOLF-DIETER STOCKHOLM/SCHWEDEN, PROFESSORSLINGAN 39/002
VORHAB **die bodenvorratspolitik der stadt stockholm: eine kosten- nutzen- analyse**
das auf dem gebiet der bodenvorratspolitik vorliegende material der stadt stockholm soll fuer eine kosten-nutzen- analyse gesichtet, untersucht, ausgewertet und aufbereitet werden. die darzustellenden erkenntnisse und erfahrungen sollen als material zur reform des bodenrechts dienen.
S.WORT stadtplanung + grosstadt + bodenvorratspolitik + kosten-nutzen-analyse STOCKHOLM
QUELLE datenuebernahme aus der datenbank zur koordinierung der ressortforschung (dakor)
FINGEB BUNDESMINISTER FUER RAUMORDNUNG, BAUWESEN UND STAEDTEBAU
BEGINN 1.1.1973 ENDE 31.12.1974
G.KOST 50.000 DM

UF -032
INST SCHIRMACHER, ERNST, DR.-ING. BAD SODEN, PARKSTR. 52/54
VORHAB **definition und abgrenzung von erhaltungsbereichen und deren weiterentwicklung im rahmen unterschiedlicher gemeindetypen (einschl.der problematik einer gebietsfestlegung nach paragraph 39 novelle bbaug**
a) problem, erkenntnisziel: bestimmung und abgrenzung von erhaltungsbereichen, unter beruecksichtigung der im titel angegebenen gesetzentwuerfe. erarbeiten von zielvorstellungen fuer deren weiterentwicklung. erarbeitung von planungs- und festlegungsvoraussetzungen und strategien zur bewahrung und angemessenen entwicklung dieser erhaltungsbereiche. b) erwarteter nutzen, verwendungszweck, praxisbezug: grundlagenmaterial fuer gesetzgebung und sonstige verwaltungsaufgaben. c) daten- und informationsgewinnung: material von gemeinden, die unterlagen nach stbaufg erarbeitet haben. theoretischer ansatz, methoden: kombination von gemeinde- und erhaltungsbereichstypen unter beruecksichtigung ihrer wirkungsgefuege. e) geographischer raum: bisher nicht festgelegt
S.WORT stadtentwicklungsplanung + rechtsvorschriften + (bundesbaugesetz)
QUELLE datenuebernahme aus der datenbank zur koordinierung der ressortforschung (dakor)
FINGEB BUNDESMINISTER FUER RAUMORDNUNG, BAUWESEN UND STAEDTEBAU
BEGINN 1.1.1974 ENDE 28.2.1976
G.KOST 138.000 DM

UF -033
INST STAEDTEBAULICHES INSTITUT DER UNI STUTTGART STUTTGART, KEPLERSTR. 11
VORHAB **fallstudien zur kommunalen entwicklungsplanung in unterschiedlichen siedlungsraeumen**
das projekt soll die nachuntersuchung von kommunalen entwicklungsplanungen leisten und empirisch belegte einblicke vermitteln, in welcher form speziell allgemeine stadtentwicklungsplanung und bauleitplanung miteinander in verbindung gebracht sind. konflikte die in den rahmenbedingungen von allgemeiner stadtentwicklungsplanung, in den rechtlichen vorschriften der bauleitplanung und den organisationsstrukturen zu sehen sind, sollen aufgezeigt werden. als ergebnis des projektes werden anregungen und vorschlage fuer die bessere integration von stadtentwicklungsplanung und bauleitplanung erwartet. dabei werden vor allen dingen aussagen zur plankategorie "staedtebauliche entwicklungsplanung" erwartet
S.WORT kommunale planung + stadtentwicklungsplanung + bauleitplanung CASTROP-RAUXEL + ESSLINGEN + HERZOGENRATH + ELMSHORN
PROLEI PROF. DR. EGBERT KOSSAK
STAND 10.9.1976
QUELLE fragebogenerhebung sommer 1976
FINGEB BUNDESMINISTER FUER RAUMORDNUNG, BAUWESEN UND STAEDTEBAU
BEGINN 1.10.1975 ENDE 31.8.1976
G.KOST 90.000 DM
LITAN ZWISCHENBERICHT

UF -034
INST STAEDTEBAULICHES INSTITUT DER UNI STUTTGART STUTTGART, KEPLERSTR. 11
VORHAB **fallstudien zur kommunalen entwicklungsplanung in unterschiedlichen siedlungsraeumen**
das projekt soll die nachuntersuchung von kommunalen entwicklungsplanungen leisten und empirisch belegte einblicke vermitteln, in welcher form speziell allgemeine stadtentwicklungsplanung und bauleitplanung miteinander in verbindung gebracht sind. konflikte die in den rahmenbedingungen von allgemeiner stadtentwicklungsplanung, in den rechtlichen vorschriften der bauleitplanung und den organisationsstrukturen zu sehen sind, sollen

aufgezeigt werden. als ergebnis des projektes werden anregungen und vorschlage fuer die bessere integration von stadtentwicklungsplanung und bauleitplanung erwartet. dabei werden vor allen dingen aussagen zur plankategorie "staedtebauliche entwicklungsplanung" erwartet

S.WORT kommunale planung + stadtentwicklungsplanung + bauleitplanung
CASTROP-RAUXEL + RHEIN-RUHR-RAUM + ESSLINGEN + HERZOGENRATH + ELMSHORN
PROLEI PROF. DR. EGBERT KOSSAK
STAND 10.9.1976
QUELLE fragebogenerhebung sommer 1976
FINGEB BUNDESMINISTER FUER RAUMORDNUNG, BAUWESEN UND STAEDTEBAU
BEGINN 1.10.1975 ENDE 31.8.1976
G.KOST 90.000 DM
LITAN ZWISCHENBERICHT

UF -035

INST STUDIENGRUPPE WOHNUNGS- U. STADTPLANUNG FRANKFURT

VORHAB **siedlungsstrukturelle folgen der einrichtung verkehrsberuhigter zonen (in kernbereichen)**

a) problem, erkenntnisziel: auswirkungen der einrichtung verkehrsberuhigter zonen auf den bereich dieser zonen, ihre randgebiete, auf konkurrierende standorte. abhaengigkeit vom standort der zone und vom stadtentwicklungspolitischen rahmenkonzept (polyzentrisch-monozentrisch, flaechenhafte oder punktuelle verkehrsberuhigung, kommerzielle oder freizeit- und wohnungsorientierte fussgaengerzonen). entwicklung eines verkehrsberuhigungskonzepts mit hoher zielkonformitaet zu den konzepten revitalisierter, menschlicher, wohnlicher stadtentwicklung. b) erwarteter nutzen, verwendungszweck, praxisbezug: - erfolgskontrolle kontroverser verkehrsberuhigungsmassnahmen; - analyse von zielkonformen bzw. nicht konformen nebenwirkungen; - entwurf von zielgerechten erschliessuungs- und standortkonzepten fuer verkehrsberuhigte zonen; c) teilaufgaben: analyse der auswirkungen in den bereichen aktionsmuster, betriebs- und branchenstruktur, bevoelkerungsstruktur, grundstuecs- und immobilienmarkt, verkehr, umwelt, soziales leben und integration. d) daten- und informationsgewinnung: empirische analysen durch befragungen, sekundaerstatistiken in ausgewaehlten staedten und hier in ausgewaehlten stadtvierteln. e) theoretischer ansatz, methoden: - zielanalyse durch inhaltsanalyse kommunalpolitischer dokumente; - wirkungsanalyse durch retrospektive befragungen, datenzeitvergleiche, regionalvergleich. f) geographischer raum: ausgewaehlte staedte im grossraum frankfurt und in einer kleineren grossstadt ausserhalb dieses raumes.

S.WORT stadtentwicklung + verkehrsplanung + wohnen
QUELLE datenuebernahme aus der datenbank zur koordinierung der ressortforschung (dakor)
FINGEB BUNDESMINISTER FUER RAUMORDNUNG, BAUWESEN UND STAEDTEBAU
BEGINN 1.1.1974 ENDE 28.2.1976
G.KOST 86.000 DM

UF -036

INST WIRTSCHAFTSGEOGRAPHISCHES INSTITUT DER UNI MUENCHEN
MUENCHEN 22, LUDWIGSTR. 28

VORHAB **urbanisierung als sozialgeographischer prozess**

es wurde der urbanisierungsprozess in den regionen muenchen, ingolstadt, augsburg und suedwest-oberbayern (ca. 1400 gemeinden) im zeitraum 1939 - 1972 untersucht. zunaechst wurden indikatoren des urbanisierungsprozesses auf ihre aussagekraft im rahmen von untersuchungen im regionsmassstab getestet und kartographisch auf gemeindebasis dargestellt. sodann konnte die urbanisierung durch acht prozesskomponenten erklaert werden. aus der differenzierten entwicklung und kombination dieser komponenten wurde eine gemeindetypisierung nach dem grad der urbanisierung und dem prozesstyp erstellt und fuer alle untersuchungsgemeinden ausgefuehrt

S.WORT urbanisierung + sozialgeographie
BAYERN (SUED)
PROLEI DR. REINHARD PAESLER
STAND 28.7.1976
QUELLE fragebogenerhebung sommer 1976
FINGEB DEUTSCHE FORSCHUNGSGEMEINSCHAFT
BEGINN 1.1.1970 ENDE 31.12.1975
LITAN PAESLER, R.: URBANISIERUNG ALS SOZIALGEOGRAPHISCHER PROZESS - DARGESTELLT AM BEISPIEL SUEDBAYERISCHER REGIONEN. IN: MUENCHNER STUDIEN ZUR SOZIAL- UND WIRTSCHAFTSGEOGRAPHIE 12 (1976)

Weitere Vorhaben siehe auch:

AA -007 IMMISSIONSSCHUTZ BEI VORBEREITENDER UND VERBINDLICHER BAULEITPLANUNG
AA -043 BODENNAHE LUFTBEWEGUNGEN - DARSTELLUNG DER LOKALEN STROEMUNGSVERHAELTNISSE UEBER BEBAUTEN UND UNBEBAUTEN FLAECHEN
AA -090 BIOLOGISCHE UNTERSUCHUNGEN ZUR STADTPLANUNG IN RAUNHEIM
AA -122 ABSTANDSREGELUNGEN IN DER BAULEITPLANUNG
FD -026 STADTENTWICKLUNG BRUNSBUETTEL, VORHANDENE UND KUENFTIGE LAERMBELASTUNG
FD -034 SCHALLSCHUTZ BEI SANIERUNGSPLANUNGEN
TB -024 ERFOLGSKONTROLLE DER STAATLICHEN WOHNUNGSFOERDERUNG
UB -012 PLANSPIEL ZUR NOVELLE BUNDESBAUGESETZ
UH -035 VERKEHRSBEDINGUNGEN VON BENACHTEILIGTEN BEVOELKERUNGSGRUPPEN ALS LEITGROESSE EINER ZIELORIENTIERTEN STADT- UND VERKEHRSPLANUNG
UK -060 UNTERSUCHUNG UEBER FREQUENTIERUNG STAEDTISCHER FREIRAEUME UNTER BESONDERER BERUECKSICHTIGUNG DER DINGLICHEN AUSSTATTUNG DES RAUMES UND DER SOZIALEN STRUKTUR IHRER BENUTZER
UK -063 DIE STADT UND IHR NATUERLICHER AUSGLEICHS- UND ERGAENZUNGSRAUM, DARGESTELLT AM BEISPIEL AACHEN
UL -018 VEGETATIONSANALYSEN ZUR FESTSTELLUNG DES ISTZUSTANDES IM HINBLICK AUF PROJEKTIERTE BAUMASSNAHMEN

UG -001

INST ARBEITSGRUPPE SOZIALE INFRASTRUKTUR AN DER UNI FRANKFURT
FRANKFURT, VARRENTRAPPSTR. 47

VORHAB **beschreibung und erklaerung der von den buergern verschiedener sozialer gruppen an die kommunen gerichteten erwartungen und der zugrunde liegenden beduerfnisse**

S.WORT soziale infrastruktur + kommunale planung + buergerbeteiligung

QUELLE datenuebernahme aus der datenbank zur koordinierung der ressortforschung (dakor)

FINGEB BUNDESMINISTER FUER FORSCHUNG UND TECHNOLOGIE

ZUSAM - LEITINST. DES SCHWERPUNKTVORHABENS
- UNI BIELEFELD
- UNI GIESSEN

BEGINN 1.7.1975 ENDE 31.12.1976

UG -002

INST ARBEITSGRUPPE SOZIALE INFRASTRUKTUR AN DER UNI FRANKFURT
FRANKFURT, VARRENTRAPPSTR. 47

VORHAB **voruntersuchung zum problem, individuelle beduerfnisse im prozess der kommunalen planung zu beruecksichtigen**

S.WORT soziale infrastruktur + kommunale planung + buergerbeteiligung + (literaturstudie)

QUELLE datenuebernahme aus der datenbank zur koordinierung der ressortforschung (dakor)

FINGEB BUNDESMINISTER FUER FORSCHUNG UND TECHNOLOGIE

ZUSAM - PROF. DR. H. ZIMMERMANN
- PROF. DR. H. P. BAHRDT

BEGINN 1.8.1974 ENDE 15.12.1974

UG -003

INST BERNDT, JUERGEN-D., DR. UND RIEKE, OLAF, DIPLOMVOLKSWIRT
KIEL, STIFTSTR. 13

VORHAB **verlagerung von dienstleistungsbetrieben in staedtische randzonen zur entlastung der kernstadt**
durch fallstudien soll ein beitrag zu fragen der verlagerung des tertiaerbereichs an den stadtrand geliefert werden; entscheidungsgrundlagen der praxis werden dadurch verbessert, der wissenschaftliche erkenntnisstand ueber die relevanten zusammenhaenge gehoben.

S.WORT standtentwicklungsplanung + infrastruktur + stadtkern + (dienstleistungsbetriebe)

QUELLE datenuebernahme aus der datenbank zur koordinierung der ressortforschung (dakor)

FINGEB BUNDESMINISTER FUER RAUMORDNUNG, BAUWESEN UND STAEDTEBAU

BEGINN 1.1.1973 ENDE 31.12.1974

G.KOST 127.000 DM

UG -004

INST DEUTSCHES INSTITUT FUER WIRTSCHAFTSFORSCHUNG
BERLIN 33, KOENIGIN-LUISE-STR. 5

VORHAB **moeglichkeiten und voraussetzungen einer funktional ausgewogenen infrastrukturellen versorgung von grossen siedlungseinheiten, dargestellt an ausgewaehlten beispielen**
ziel der arbeit ist, die fuer die raumordnungspolitik immer wichtiger werdenden groessen "wohnwert" und "freizeitwert" mit hilfe eines indikatorensystems zu erfassen und damit einen beitrag zur zieloperationalisierung in der raumordnungspolitik zu leisten. ferner sollen aspekte haushaltsorientierter infrastrukturversorung zusammengetragen und moeglichkeiten und voraussetzungen fuer ein mindestversorgungsniveau in allen teilraeumen der brd diskutiert und dargestellt werden. aufbauend auf dem mindestversorgungsniveau sollen am schluss der arbeit, anhand ausgewaehlter beispiele, kriterien und standards fuer ein system funktional ausgewogener versorgungsniveaus abgeleitet werden.

S.WORT infrastrukturplanung + raumordnung + wohnwert + freizeit + versorgung

QUELLE datenuebernahme aus der datenbank zur koordinierung der ressortforschung (dakor)

FINGEB BUNDESMINISTER FUER ARBEIT UND SOZIALORDNUNG

BEGINN 1.8.1973 ENDE 31.7.1974

G.KOST 120.000 DM

UG -005

INST GESELLSCHAFT FUER WOHNUNGS- UND SIEDLUNGSWESEN E.V. (GEWOS)
HAMBURG 13, HALLERSTR. 70

VORHAB **entwicklung des laendlichen raumes durch entlastung der verdichtungsraeume - konzepte und instrumente -**
analyse der unterschiedlichen zielsysteme und koenzepte der verdichtungsraumentlastung unter dem gesichtspunkt, das instrumentarium fuer die lenkbarkeit von wanderungs- und verlagerungsprozessen im sinne der schaffung gleichwertiger lebensbedingungen auch ausserhalb der verdichtungsraeume zu vervollstaendigen. analyse der wirksamkeit vorhandener und denkbarer instrumente der entlastungsprozessteuerung. ausarbeitung eines generellen entlastungskonzeptes zur foerderung laendlicher raeume auf kosten der verdichtungsraeume.

S.WORT infrastrukturplanung + laendlicher raum + verdichtungsraum

QUELLE datenuebernahme aus der datenbank zur koordinierung der ressortforschung (dakor)

FINGEB BUNDESMINISTER FUER RAUMORDNUNG, BAUWESEN UND STAEDTEBAU

BEGINN 30.15.1974

G.KOST 153.000 DM

UG -006

INST INSTITUT FUER SIEDLUNGSWASSERWIRTSCHAFT DER UNI KARLSRUHE
KARLSRUHE, AM FASANENGARTEN

VORHAB **technische und wirtschaftliche optimierung bei der bildung von zweckverbaenden zur wasserversorgung und abwasserbeseitigung**
wirtschaftliche optimierung regionaler abwasserversorgungssysteme mit verfahren des operation research; hilfsmittel zur planung; liefert optimum unter vorgabe verschiedener wasserwirtschaftlicher ausgangssituationen; verfahren: binaere optimierung/explizite enumeration/dynamische optimierung/gemischt ganzzahlige optimierung

S.WORT wasserwirtschaft + oekonomische aspekte

PROLEI PROF. HAHN

STAND 1.9.1975

QUELLE erhebung 1975

BEGINN 1.7.1974 ENDE 30.9.1977

G.KOST 120.000 DM

LITAN - ORTH; HAHN: DIE MATHEMATISCHE OPTIMIERUNG ALS HILFSMITTEL BEI DER PLANUNG REGIONALER ABWASSERBESEITIGUNGSSYSTEME. IN: WF-WASSER/ABWASSER 115 (1)(1974)
- ZWISCHENBERICHT 1974-06

UG -007

INST INSTITUT FUER SOZIALFORSCHUNG BROEG MUENCHEN

VORHAB **fallstudie zur erfassung der aktivitaetsmuster in beziehung zur oeffentlichen und regionalen infrastruktur**

S.WORT soziale infrastruktur + laendlicher raum + statistik + (aktivitaetsmuster)

QUELLE datenuebernahme aus der datenbank zur koordinierung der ressortforschung (dakor)

FINGEB BUNDESMINISTER FUER FORSCHUNG UND TECHNOLOGIE

ZUSAM - EWB, MUENCHEN
- HAMBURG CONSULT
- DORNIER SYSTEM

BEGINN 1.3.1975 ENDE 31.8.1975

UG -008

INST INSTITUT FUER SOZIALOEKONOMISCHE STRUKTURFORSCHUNG GMBH
KOELN 41, SUELZGUERTEL 38
VORHAB **auslaender und infrastruktur**
S.WORT infrastruktur + gastarbeiter + sozialindikatoren + (auslaender)
QUELLE datenuebernahme aus der datenbank zur koordinierung der ressortforschung (dakor)
FINGEB BUNDESMINISTER FUER FORSCHUNG UND TECHNOLOGIE
ZUSAM - INFAS, BONN BAD GODESBERG
- DEUTSCHES INSTITUT FUER URBANISTIK, BERLIN
- SOZIALFORSCHUNG, BROEG MUENCHEN
BEGINN 1.8.1974 ENDE 15.12.1974

UG -009

INST INSTITUT FUER STAEDTEBAU UND LANDESPLANUNG DER UNI KARLSRUHE
KARLSRUHE, KAISERSTR. 12
VORHAB **flaechenbedarf und standortgefuege oeffentlicher wohnfolgeeinrichtungen**
erarbeitung von zusammenhaengen zwischen der raeumlichen entwicklung einer stadtregion und den erforderlichen verwaltungsmaessig kontrollierten wohnfolgeeinrichtungen; kennzeichnung innerregionaler versorgungsunterschiede aufgrund von praeferenzen und bevoelkerungsdichteveraenderungen; standortverteilung- und dimensionierungsverfahren; praktischer bezug zur qualifikationsmessung von stadtentwicklungsplaenen
S.WORT stadtentwicklungsplanung + wohnfolgeeinrichtungen + standortfaktoren
PROLEI DIPL. -ING. DIETZ
STAND 1.1.1974
QUELLE erhebung 1975
FINGEB DEUTSCHE FORSCHUNGSGEMEINSCHAFT
BEGINN 1.1.1972 ENDE 31.12.1974
LITAN - ZWISCHENBERICHTE 1972. 07 U. 1973. 07 AN DIE DFG
- ZWISCHENBERICHT 1974. 07

UG -010

INST INSTITUT FUER STAEDTEBAU UND LANDESPLANUNG DER UNI KARLSRUHE
KARLSRUHE, KAISERSTR. 12
VORHAB **der einfluss von zeit-budget-allokationen auf den auslastungsgrad technischer infrastruktursysteme**
es soll untersucht werden, in welchem masse periodische aktivitaeten belastungsschwankungen technischer infrastruktursysteme, insbesondere des verkehrssystems, verursachen, um hieraus empfehlungen fuer eine eventuelle beeinflussung ihrer zeitlichen verteilung in richtung auf eine bessere auslastung der systeme abzuleiten. taetigkeiten wie arbeit, bildung, einkauf, freizeit ausser haus sind auf ihre periodizitaet hin zu analysieren
S.WORT technische infrastruktur + verkehrssystem + (auslastungsgrad)
PROLEI DR. -ING. RAIMUND HERZ
STAND 28.7.1976
QUELLE fragebogenerhebung sommer 1976
FINGEB DEUTSCHE FORSCHUNGSGEMEINSCHAFT
BEGINN 1.1.1976 ENDE 31.12.1977
G.KOST 120.000 DM

UG -011

INST INSTITUT FUER STAEDTEBAU UND LANDESPLANUNG DER UNI KARLSRUHE
KARLSRUHE, KAISERSTR. 12
VORHAB **messmethoden zur bewertung regionaler infrastrukturausstattung**
die bewertung regionaler infrastrukturausstattung basiert auf daten, die das ergebnis einer messung der regionalen infrastrukturausstattung sind. zur durchfuehrung des messgangs ist es erforderlich, zunaechst eine messvorschrift zu konstruieren, die einerseits den mathematischen anforderungen, andererseits den anforderungen an die aussagekraft des messergebnisses und an die verwendung eines bestimmten datenmaterials genuegt
S.WORT regionalplanung + soziale infrastruktur + bewertungsmethode
KARLSRUHE (REGION) + OBERRHEIN
PROLEI DIPL. -ING. GEROLF HEBERLING
STAND 28.7.1976
QUELLE fragebogenerhebung sommer 1976
FINGEB DEUTSCHE FORSCHUNGSGEMEINSCHAFT
BEGINN 1.1.1976 ENDE 31.12.1977
G.KOST 20.000 DM

UG -012

INST INSTITUT FUER STAEDTEBAU UND LANDESPLANUNG DER UNI KARLSRUHE
KARLSRUHE, KAISERSTR. 12
VORHAB **konsumtive infrastrukturleistungen**
ziel ist es die ueberpruefung der kongruenz zwischen der auf die physische flaechenausweisung gerichteten dimensionierungstaetigkeit und der auf kuenftiges politisches handeln ausgerichteten ausstattungsmessung mittels sogenannter indikatoren. da sich die auf die haushalte gerichteten konsumtiven infrastrukturleistungen hinsichtlich speicherfaehigkeit der leistungen, des anschluss- und abnahmezwangs, der nachfrageschwankungen, der substitutionsmoeglichkeiten und der zwaenge hinsichtlich komplementaerer gueter u. a. m. von produktiven infrastrukturleistungen grundlegend unterscheiden, ist nicht in ausreichendem masse sichergestellt, dass planerische massnahmen aufgrund rechnerischer ausstattungssalden zu den beabsichtigten wirkungen fuehren
S.WORT infrastrukturplanung + konsumtiver bereich + private haushalte
PROLEI DR. -ING. WERNER KOEHL
STAND 28.7.1976
QUELLE fragebogenerhebung sommer 1976
BEGINN 1.1.1975 ENDE 31.12.1977
LITAN KOEHL, W.: INFRASTRUKTURAUSSTATTUNG UND LEBENSQUALITAET. PLANERISCHE ASPEKTE EINES POLITISCHEN BEGRIFFS. IN: ALLGEMEINE VERMESSUNGS-NACHRICHTEN 83(1976)

UG -013

INST INSTITUT FUER STATISTIK UND OEKONOMETRIE DER UNI HAMBURG
HAMBURG, RENTZELSTR. 7
VORHAB **sozio-oekonomische konsequenzen der entsorgungsprobleme einer wirtschaftsregion am beispiel des wirtschaftsraumes hamburg**
S.WORT entsorgung + sozio-oekonomische faktoren
HAMBURG (RAUM)
STAND 1.10.1974
FINGEB BUNDESMINISTER FUER FORSCHUNG UND TECHNOLOGIE
BEGINN 1.1.1973 ENDE 31.12.1975
G.KOST 275.000 DM

UG -014

INST INSTITUT FUER WASSERVERSORGUNG, ABWASSERBESEITIGUNG UND STADTBAUWESEN DER TH DARMSTADT
DARMSTADT, PETERSENSTR. 13
VORHAB **korrelation raumbedeutsamer faktoren mit bestimmungsgroessen technischer versorgungssysteme**
mit dem geplanten forschungsvorhaben soll versucht werden, raumbedeutsame faktoren zu definieren und in ihren auswirkungen auf die technischen versorgungssysteme zu beschreiben. dabei besteht die absicht sowohl empirische daten, wie besiedlungsdichte, wirtschaftsstruktur usw. als auch normative daten, wie immissionsstandards, versorgungsniveau usw. zu untersuchen. die abhaengigkeit der systeme untereinander soll unter beruecksichtigung regionaler besonderheiten, wie sie z. b. in verdichtungsraeumen und laendlichen raeumen gegeben sind, dargestellt werden. die ergebnisse dieser systemanalyse sollen in einem integrierten bewertungssystem mit sozialen und raumordnungspolitischen leitvorstellungen zusammengefasst und zu einem raumplanerischen instrument entwickeelt werden, das als hilfe bei der beurteilung von infrastrukturinvestitionen dienen kann

S.WORT infrastrukturplanung + flaechennutzungsplan + wasserversorgung + energieversorgung
PROLEI PROF. DR. KARL-HEINZ JACOBITZ
STAND 30.8.1976
QUELLE fragebogenerhebung sommer 1976
FINGEB DEUTSCHE FORSCHUNGSGEMEINSCHAFT
ZUSAM INST. F. STAEDTEBAU, TH DARMSTADT
BEGINN 1.2.1976 ENDE 31.1.1978
G.KOST 150.000 DM

UG -015

INST INSTITUT FUER WASSERVERSORGUNG, ABWASSERBESEITIGUNG UND STADTBAUWESEN DER TH DARMSTADT
DARMSTADT, PETERSENSTR. 13
VORHAB **forschungsauftrag ueber planungsgrundlagen fuer die sekundaernutzung von baggerseen und -teichen unter beruecksichtigung der belange der wasserwirtschaft**
die vor allem in suedhessen vorhandene grosse anzahl von erdaufschluessen laesst der spaeteren nutzung der baggerseen und -teichen sowohl fuer die wasserwirtschaft als auch fuer die raumplanung im zusammenhang mit der siedlungsstruktur erhebliche bedeutung zukommen. fragen, nach der belastbarkeit sowie den kuenftigen nutzungen und den daraus resultierenden belastungen sind zu klaeren. im einzelnen sind analysen und prognosen der angebots- und bedarfsfaktoren fuer alternative sekundaernutzung aufzustellen (unter einschluss empirischer untersuchungen), ist der zusammenhang von belastbarkeit von baggerseen und ihre funktionszuweisungen zu entwickeln und ist ein entscheidungsmodell fuer die auswahl von sekundaernutzungen der baggerseen zu erarbeiten
S.WORT wasserwirtschaft + baggersee + raumplanung + nutzungsplanung
MAIN (STARKENBURG)
PROLEI PROF. DR. KARL-HEINZ JACOBITZ
STAND 30.8.1976
QUELLE fragebogenerhebung sommer 1976
FINGEB MINISTER FUER LANDWIRTSCHAFT UND UMWELT, WIESBADEN
BEGINN 1.4.1975 ENDE 31.3.1977
G.KOST 140.000 DM
LITAN ZWISCHENBERICHT

UG -016

INST SCHWALM-EDER-KREIS
SCHWALMSTADT 2, LANDHAUS SCHWALM
VORHAB **entwicklung, aufbau und erprobung eines neuartigen verkehrs- und transportsystems im krankenhausbereich zur personal- und patientenbefoerderung sowie zur ver- und entsorgung**
S.WORT krankenhaus + entsorgung + transport + verkehrssystem
QUELLE datenuebernahme aus der datenbank zur koordinierung der ressortforschung (dakor)
FINGEB BUNDESMINISTER FUER FORSCHUNG UND TECHNOLOGIE
BEGINN 1.1.1975 ENDE 31.12.1975

UG -017

INST SOZIOLOGISCHES SEMINAR DER UNI GOETTINGEN
GOETTINGEN, NIKOLAUSBERGER WEG 50
VORHAB **ausmass, entstehung, auswirkung und abbau lokaler disparitaeten einschliesslich des infrastrukturellen versorgungsniveaus und der bevoelkerungszusammensetzung**
S.WORT soziale infrastruktur + interessenkonflikt + planung + buergerbeteiligung
QUELLE datenuebernahme aus der datenbank zur koordinierung der ressortforschung (dakor)
FINGEB BUNDESMINISTER FUER FORSCHUNG UND TECHNOLOGIE
ZUSAM HONDRICH, K. O. , PROF. DR. , FRANKFURT/M.
BEGINN 1.8.1974 ENDE 15.12.1974

UG -018

INST SOZIOLOGISCHES SEMINAR DER UNI GOETTINGEN
GOETTINGEN, NIKOLAUSBERGER WEG 50
VORHAB **untersuchung des ausmasses, der auswirkungen und des abbaus ungleichgewichtiger, lokaler, infrastruktureller versorgungsniveaus und unterschiedlicher vevoelkerungszusammensetzung**
S.WORT soziale infrastruktur + kommunale planung + interessenkonflikt
QUELLE datenuebernahme aus der datenbank zur koordinierung der ressortforschung (dakor)
FINGEB BUNDESMINISTER FUER FORSCHUNG UND TECHNOLOGIE
ZUSAM
- LEITINST. DES SCHWERPUNKTSVORHABEN
- UNI BIELEFELD
- UNI FRANKFURT

BEGINN 1.7.1975 ENDE 31.12.1976

Weitere Vorhaben siehe auch:

IB -002 ENTWICKLUNG MATHEMATISCHER MODELLE FUER DIE BEURTEILUNG UND BEMESSUNG VON KANALISATIONSANLAGEN IN QUANTITATIVER UND QUALITATIVER HINSICHT

ND -039 UNTERSUCHUNG EINES STANDORTS ZUR ERRICHTUNG EINER ANLAGE FUER DIE ENTSORGUNG VON KERNKRAFTWERKEN; TEILUNTERSUCHUNGEN ZU ZWEI ALTERNATIV-STANDORTEN

ND -041 STANDORTERKUNDUNG INFRASTRUKTUR FUER DIE GROSSE WIEDERAUFARBEITUNGSANLAGE

TB -030 VERBESSERUNG DES WOHNWERTES VON BESTEHENDEN UND NEU ZU PLANENDEN WOHNQUARTIEREN DURCH MASSNAHMEN IM WOHNUNGSUMFELD

TE -014 GEISTIG BEHINDERTE KINDER IN MANNHEIM, EINE EPIDEMIOLOGISCHE, KLINISCHE UND SOZIAL-PSYCHOLOGISCHE STUDIE

TE -015 EINE BEDARFSANALYSE FUER NACHSORGEEINRICHTUNGEN ENTLASSENER SCHIZOPHRENER IN MANNHEIM

UE -001 RAUMORDNUNGSPOLITISCHE PROBLEME BEIM INFRA- UND WIRTSCHAFTSSTRUKTURELLEN AUSBAU VON ENTWICKLUNGSSCHWERPUNKTEN

UE -016 PROBLEME EINER ARBEITSKRAEFTERELEVANTEN TYPISIERUNG VON REGIONEN

UF -008 ERARBEITUNG VON KRITERIEN UND METHODEN ZUR FESTSTELLUNG UND BEWERTUNG SOZIALER BENACHTEILIGUNGEN IM STADTENTWICKLUNGSPROZESS

UF -028 MINIMALPROGRAMME DER MATERIELLEN INFRASTRUKTURAUSSTATTUNG IM STADTENTWICKLUNGSPROZESS DER DRITTEN WELT

UH -001
INST ABTEILUNG METALLE UND METALLKONSTRUKTION DER BUNDESANSTALT FUER MATERIALPRUEFUNG
BERLIN 45, UNTER DEN EICHEN 87
VORHAB **pruefung und zulassung von gfk-tanks zur befoerderung gefaehrlicher gueter auf der strasse**
bauartzulassung fuer den nationalen und internationalen verkehr; pruefung auf verhalten bei brandeinwirkung
S.WORT transportbehaelter + sicherheitstechnik + strassenverkehr
PROLEI DIPL. -ING. K. WIESER
STAND 24.9.1975
ZUSAM TECHNISCHER UEBERWACHUNSVEREIN BAYERN E. V. , KAISERSTR. 14-16, 8 MUENCHEN

UH -002
INST ABTEILUNG METALLE UND METALLKONSTRUKTION DER BUNDESANSTALT FUER MATERIALPRUEFUNG
BERLIN 45, UNTER DEN EICHEN 87
VORHAB **zulassung von tankcontainern zur befoerderung gefaehrlicher gueter auf strasse, schiene und see**
bauartzulassung von tankcontainern fuer den nationalen und internationalen verkehr
S.WORT transportbehaelter + sicherheitstechnik
PROLEI DIPL. -ING. BERND SCHULZ-FORBERG
STAND 23.9.1975

UH -003
INST ARBEITSGEMEINSCHAFT ELEKTROMAGNETISCHES SCHWEBESYSTEM
MUENCHEN 22, STEINSDORFSTR. 13
VORHAB **dynamisches simulationsmodell fuer spurgebundenen schnellverkehr (asimo, arbeitsgruppe simulationsmodell)**
S.WORT verkehrssystem + schienenfahrzeug + oekonomische aspekte + (simulationsmodell magnetschwebebahn)
QUELLE datenuebernahme aus der datenbank zur koordinierung der ressortforschung (dakor)
FINGEB BUNDESMINISTER FUER FORSCHUNG UND TECHNOLOGIE
ZUSAM - DFVLR
- ARBEITSGRUPPE FAHRBAHNEN (STRABAG, DY&WID, P&Z)
- MAN GUSTAVSBURG
BEGINN 1.8.1974 ENDE 31.3.1976
G.KOST 232.000 DM

UH -004
INST ARBEITSGEMEINSCHAFT ENTWICKLUNGS- UND VERKEHRSPLANUNG
AACHEN, HEINRICHSALLEE 36
VORHAB **pruefung der anwendbarkeit der opportunity-modelle als verkehrsverteilungsmodelle des individuellen verkehrs**
im forschungsauftrag 3. 108 (stichwort: verteilungsmodelle) wurden die gravitationsmodelle fuer den innerstaedtischen individualverkehr untersucht, da ihre anwendung in deutschland allgemein ueblich ist. in analogie hierzu sollen die in den usa ebenfalls gebraeuchlichen opportunity-modelle untersucht werden, da amerikanische literaturquellen behaupten, dass eine verteilung mit hilfe eben dieser modelle bessere ergebnisse als die mit gravitationsmodellen ergeben. es soll deshalb geprueft werden, ob die opportunity-modelle fuer deutsche verhaeltnisse besser, gleich gut oder schlechtere ergebnisse als die gravitationsmodelle erbringen. bei der vielzahl der kommunalen und regionalen verkehrsplanungen ist es unerlaesslich, dass nur solche verteilungsmodelle angeweendet werden, deren brauchbarkeit, zuverlaessigkeit und anwendungsbereiche eindeutig nachgewiesen sind.
S.WORT verkehrsplanung + personenverkehr + (opportunity-modell)
QUELLE datenuebernahme aus der datenbank zur koordinierung der ressortforschung (dakor)
FINGEB BUNDESMINISTER FUER VERKEHR
BEGINN 7.6.1974 ENDE 6.6.1976

UH -005
INST ARBEITSGEMEINSCHAFT FORSCHUNG FAHRBAHNEN FUER NEUE TECHNOLOGIEN
KOELN 21, POSTFACH 211120
VORHAB **dynamisches simulationsmodell fuer spurgebundenen schnellverkehr (asimo, arbeitsgruppe simulationsmodell)**
S.WORT verkehrssystem + schienenfahrzeug + oekonomische aspekte + (simulationsmodell magnetschwebebahn)
QUELLE datenuebernahme aus der datenbank zur koordinierung der ressortforschung (dakor)
FINGEB BUNDESMINISTER FUER FORSCHUNG UND TECHNOLOGIE
ZUSAM - DFVLR
- ARBEITSGEMEINSCHAFT EMS
- MAN GUSTAVSBURG
BEGINN 1.8.1974 ENDE 31.3.1976
G.KOST 294.000 DM

UH -006
INST ARBEITSGEMEINSCHAFT UMWELTSCHUTZ AN DER UNI HEIDELBERG
HEIDELBERG, IM NEUENHEIMER FELD 360
VORHAB **freizeitverkehr (fremdenverkehr und naherholung), untersucht am rhein-neckar-gebiet**
S.WORT freizeitverhalten + verkehr
RHEIN-NECKAR-RAUM
PROLEI PROF. DR. FRICKE
STAND 1.10.1974
BEGINN 1.1.1970 ENDE 31.12.1975

UH -007
INST BEHOERDE FUER WIRTSCHAFT, VERKEHR UND LANDWIRTSCHAFT DER FREIEN UND HANSESTADT HAMBURG
CUXHAVEN, LENTZKAI
VORHAB **untersuchung ueber raeumliche und wirtschaftliche auswirkungen des projektes scharhoern auf den raum cuxhaven**
S.WORT kuestengebiet + schiffahrt + wasserbau + oekonomische aspekte + regionalentwicklung + (hafenplanung)
ELBE-AESTUAR + SCHARHOERN + CUXHAVEN (RAUM)
PROLEI PROF. WORTHMANN
STAND 13.8.1976
QUELLE fragebogenerhebung sommer 1976
ZUSAM AMT FUER STROM- UND HAFENBAU, SCHARHOERN
BEGINN 13.2.1975 ENDE 31.12.1976
LITAN ZWISCHENBERICHT

UH -008
INST BROWN, BOVERI & CIE AG
MANNHEIM 1, POSTFACH 351
VORHAB **simulation komplexer verkehrssysteme, einzelner komponenten und der umwelt (fahrerschulung)**
S.WORT verkehrssystem + simulationsmodell + (fahrerschulung)
QUELLE datenuebernahme aus der datenbank zur koordinierung der ressortforschung (dakor)
FINGEB BUNDESMINISTER FUER FORSCHUNG UND TECHNOLOGIE
BEGINN 1.7.1971 ENDE 31.12.1975

UH -009
INST BUNDESVEREINIGUNG GEGEN FLUGLAERM E.V.
MOERFELDEN, BRUECKENSTR. 9
VORHAB **flughafen-planung**
S.WORT flughafen + planung
PROLEI LAIBLE
STAND 1.1.1974
BEGINN 1.1.1971

UH -010
INST DEUTSCHE EISENBAHN CONSULTING GMBH
FRANKFURT 70, POSTFACH 700467

VORHAB **erforschung der grenzen des rad/schiene-systems (projektbegleitung)**
S.WORT verkehrssystem + schienenverkehr + forschungsplanung
QUELLE datenuebernahme aus der datenbank zur koordinierung der ressortforschung (dakor)
FINGEB BUNDESMINISTER FUER FORSCHUNG UND TECHNOLOGIE
BEGINN 1.12.1972 ENDE 28.2.1976

UH -011

INST DEUTSCHE EISENBAHN CONSULTING GMBH
FRANKFURT 70, POSTFACH 700467
VORHAB **analyse des standes der technik auf dem gebiet des spurgebundenen schnellverkehrs**
S.WORT verkehrssystem + schienenverkehr + (literaturstudie)
QUELLE datenuebernahme aus der datenbank zur koordinierung der ressortforschung (dakor)
FINGEB BUNDESMINISTER FUER FORSCHUNG UND TECHNOLOGIE
ZUSAM DORNIER SYSTEM GMBH
BEGINN 1.1.1974 ENDE 31.12.1976

UH -012

INST GEOGRAPHISCHES INSTITUT / FB 22 DER UNI GIESSEN
GIESSEN, SENCKENBERGSTR. 1
VORHAB **untersuchung der mobilitaet der bevoelkerung in innerstaedtischen und stadtnahen bereichen der bundesrepublik deutschland**
es wird von der anahme ausgegangen, dass die komplexen faktoren "information" und "place utility" das raeumliche suchverhalten beeinflussen bzw. bestimmen und damit die wanderung (richtung, reichweite, wohnungsfeld) festlegt. zunaechst werden die komplexen begriffe "information" und "place utility" inhaltlich analysiert. es wird dann versucht, diese faktoren quantitativ zu bestimmen. aufgrund dieser definierten variablen sollen dann die annahmen getestet werden
S.WORT bevoelkerung + mobilitaet + verdichtungsraum
PROLEI NIPPER
STAND 6.8.1976
QUELLE fragebogenerhebung sommer 1976
BEGINN 1.1.1973

UH -013

INST GEOGRAPHISCHES INSTITUT/KULTURGEOGRAPHIE DER UNI FRANKFURT
FRANKFURT, SENCKENBERGANLAGE 36
VORHAB **raeumliche mobilitaet im kernstadtnahen verdichtungsraum; beispiel rhein-maingebiet**
kurzdistanzielles wanderungsverhalten wird alters- und gruppenspezifisch auf die zugrunde liegenden motive und motivationen untersucht
S.WORT bevoelkerung + mobilitaet
RHEIN-MAIN-GEBIET
PROLEI PROF. DR. KLAUS WOLF
STAND 1.10.1974
FINGEB DEUTSCHE FORSCHUNGSGEMEINSCHAFT
G.KOST 350.000 DM

UH -014

INST GEOGRAPHISCHES INSTITUT/KULTURGEOGRAPHIE DER UNI FRANKFURT
FRANKFURT, SENCKENBERGANLAGE 36
VORHAB **bevoelkerungsgeographische prozesse in ausgewaehlten gemeinden rheinhessens**
das forschungsvorhaben stellt den versuch dar, in rheinhessen als einem von den ballungsgebieten "rhein-main" und "rhein-neckar" stark ueberhaegten agrargebiet, bevoelkerungs- und sozialgeographische prozesse vor dem hintergrund der erwerbs- und sozialstruktur, die in vielen faellen vom weinbau entscheidend mitbestimmt wird, zu erforschen
S.WORT sozialgeographie + gemeinde
RHEINHESSEN + OBERRHEIN
PROLEI PROF. DR. KLAUS WOLF
STAND 1.10.1974
FINGEB DEUTSCHE FORSCHUNGSGEMEINSCHAFT
ZUSAM ZENTRALES RECHENINSTITUT DER UNI FRANKFURT, 6 FRANKFURT, GRAEFSTR. 38
BEGINN 1.1.1973 ENDE 31.12.1975

UH -015

INST GESELLSCHAFT FUER WIRTSCHAFTS- UND VERKEHRSWISSENSCHAFTLICHE FORSCHUNG E.V.
KOENIGSWINTER 41, ZUM KLEINEN OELBERG 44
VORHAB **theoretische konzepte zur loesung des umweltproblems unter beruecksichtigung der moeglichkeiten und grenzen ihrer anwendbarkeit auf den kraftfahrzeugverkehr**
die studie befasst sich mit den theoretischen konzepten zur loesung des umweltproblems, die den traegern der wirtschaftspolitik informationen ueber anzuwendende instrumente und massnahmen vermittelt, weiterhin der wirtschaftstheoretischen fundierung dieser konzepte sowie ihrer oekonomischen wirkungsweise. wesentliche kriterien fuer die beurteilung der einzelnen strategien sind dabei die oekologische wirksamkeit, die oekonomische effizienz, die praktikabilitaet, die reversibilitaet und flexibilitaet sowie die systemkonformitaet. die dabei gewonnenen erkenntnisse werden dabei am beispiel des kraftfahrzeugverkehrs auf die moeglichkeiten und grenzen ihrer praktischen anwendbarkeit hin ueberprueft
S.WORT umweltprobleme + oekonomische aspekte + umweltinformation + (kraftfahrzeugverkehr)
PROLEI CHRISTOPH SCHUG
STAND 2.8.1976
QUELLE fragebogenerhebung sommer 1976
ZUSAM INST. F. INDUSTRIE- UND VERKEHRSPOLITIK DER UNI BONN, ADENAUERALLEE 24-26, 5300 BONN
BEGINN 1.10.1975 ENDE 30.4.1976
LITAN ENDBERICHT

UH -016

INST GESELLSCHAFT FUER WOHNUNGS- UND SIEDLUNGSWESEN E.V. (GEWOS)
HAMBURG 13, HALLERSTR. 70
VORHAB **binnenwirtschaftliche mobilitaet und wanderungsbewegungen auslaendischer arbeitnehmer**
S.WORT gastarbeiter + mobilitaet + oekonomische aspekte
QUELLE datenuebernahme aus der datenbank zur koordinierung der ressortforschung (dakor)
FINGEB BUNDESMINISTER FUER FORSCHUNG UND TECHNOLOGIE
ZUSAM - SOZIALFORSCHUNG, BROEG MUENCHEN
- SAB, KOELN
- INFAS, BONN BAD GODESBERG
BEGINN 1.8.1974 ENDE 15.12.1974

UH -017

INST GRESHAKE KG
WERMELSKIRCHEN, POSTFACH 1265
VORHAB **ferntransportsysteme der zukunft fuer europa**
S.WORT verkehrssystem + transport + zukunftsforschung
EUROPA
QUELLE datenuebernahme aus der datenbank zur koordinierung der ressortforschung (dakor)
FINGEB BUNDESMINISTER FUER FORSCHUNG UND TECHNOLOGIE
BEGINN 16.10.1975 ENDE 30.11.1975

UH -018

INST INDUSTRIEANLAGEN-BETRIEBSGESELLSCHAFT MBH (IABG)
OTTOBRUNN, EINSTEINSTR.
VORHAB **erarbeitung von verfahrensanleitungen fuer nutzen-kosten-untersuchungen im verkehrsbereich mit besonderer beruecksichtigung des stadtverkehrs**
ausgehend von der idee eines verkehrsplanungshandbuchs sollen fuer die durchfuehrung von nutzen-kosten-untersuchungen an vorkonzipierten massnahmen im stadtverkehr verfahrensanleitungen erarbeitet werden. diese richten

sich an die mit der bewertung beauftragten stellen der oeffentlichen hand. unter anderem werden dabei probleme des laerms, der abgase, des stadtbildes, der sozialbeziehungen und der sicherheit mit ihren ein- und auswirkungen erfasst und quantifiziert

S.WORT verkehrsplanung + stadtverkehr + kosten-nutzen-analyse
PROLEI DIPL. -SOZ. DIETER KREUZ
STAND 2.8.1976
QUELLE fragebogenerhebung sommer 1976
FINGEB BUNDESMINISTER FUER VERKEHR
ZUSAM F. H. KOCKS KG, AUGUSTASTR. 30, 4000 DUESSELDORF 30
BEGINN 1.8.1975 ENDE 31.3.1977
G.KOST 705.000 DM

UH -019

INST INDUSTRIEANLAGEN-BETRIEBSGESELLSCHAFT MBH (IABG)
OTTOBRUNN, EINSTEINSTR.
VORHAB **wirtschaftlichkeitsuntersuchung - alleetunnel im zuge der bundesautobahn wiesbaden-frankfurt - a 66**
im rahmen des ausbaus des alleenrings in frankfurt am main ist die untertunnelung der miguel-adichesallee geplant. da die finanzielle mehrbelastung gegenueber einer hochstrassenfuehrung oder gar gegen den ausbau der gegenwaertigen trasse von erheblicher groesse ist, soll das planungsvorhaben mit einer kosten-nutzen-untersuchung bewertet werden. unter anderem soll die be- und entlastung der umwelt in der betriebsphase ermittelt und verglichen werden. die entwickelten modelle werden anhand von laerm- und abgasmessungen auf der basis des bestehenden verkehrsmengenflusses ueberprueft
S.WORT verkehrsplanung + emissionsminderung + kosten-nutzen-analyse
FRANKFURT + RHEIN-MAIN-GEBIET
PROLEI DR. MICHAEL SCHORLING
STAND 2.8.1976
QUELLE fragebogenerhebung sommer 1976
FINGEB BUNDESMINISTER FUER VERKEHR
ZUSAM PILOTSTATION FRANKFURT DES UBA
BEGINN 1.10.1975 ENDE 31.7.1976
G.KOST 230.000 DM

UH -020

INST INGENIEUR-GESELLSCHAFT DORSCH WIESBADEN
VORHAB **wechselbeziehungen zwischen individualverkehr, oeffentlichem verkehr und parkproblemen in grossstaedten unterschiedlicher wirtschafts- und sozialstruktur**
text fehlt.
S.WORT verkehrsplanung + individualverkehr + oeffentlicher nahverkehr + grosstadt
QUELLE datenuebernahme aus der datenbank zur koordinierung der ressortforschung (dakor)
FINGEB BUNDESMINISTER FUER VERKEHR
BEGINN 7.4.1970 ENDE 7.4.1974

UH -021

INST INGENIEURBUERO CBP CORNAUER-BURKEI-PUCHER MUENCHEN
VORHAB **auswirkungen der streuung von tausalzen auf die verkehrssicherheit von landstrassen**
S.WORT verkehrswesen + strassenverkehr + streusalz + (landstrasse + verkehrssicherheit)
QUELLE datenuebernahme aus der datenbank zur koordinierung der ressortforschung (dakor)
FINGEB BUNDESMINISTER FUER VERKEHR
BEGINN 3.10.1975 ENDE 2.4.1976

UH -022

INST INSTITUT FUER INFRASTRUKTUR DER UNI MUENCHEN
MUENCHEN, BAUERSTR. 20
VORHAB **oekonomische und oekologische konsequenzen einer einschraenkung des autoverkehrs in ballungsgebieten**
ermittlung der volkswirtschaftlichen, oekonomischen und oekologischen konsequenzen einer einschraenkung des privaten pkw- und kombiverkehrs in ballungsgebieten bei gleichzeitiger substitution elektrisch betriebenen oeffentlichen verkehrs. regionalisierung der konsequenzen nach ballungsgebieten und nichtballungsgebieten veraenderung der volkswirtschaftlichen emissionsbelastungen, getrennt nach verursachenden produktions- und konsumtionssektoren. veraenderung des wertmaessigen verbrauchs an verkehrsleistungen. veraenderung der beschaeftigungsanlage
S.WORT ballungsgebiet + strassenverkehr + oekologische faktoren + oekonomische aspekte
PROLEI DR. WALTER FISCHER
STAND 21.7.1976
QUELLE fragebogenerhebung sommer 1976
ZUSAM IFO-INSTITUT, MUENCHEN
BEGINN 1.1.1974 ENDE 31.12.1974
G.KOST 40.000 DM
LITAN HANSSMANN, F.: SYSTEMFORSCHUNG IM UMWELTSCHUTZ. E. SCHMIDT VERLAG (1976)

UH -023

INST INSTITUT FUER LANDWIRTSCHAFTLICHE BETRIEBSLEHRE / FB 20 DER UNI GIESSEN
GIESSEN, SENCKENBERGSTR. 3
VORHAB **verkehrsplanung in gemeindegruppen des laendlichen raumes**
verkehrsplanung fuer kombinierte landwirtschafts- und erholungsnutzung in neuen grossgemeinden am beispielsgebiet kirchhain-niederaula
S.WORT verkehrsplanung + laendlicher raum + landwirtschaft + erholungsgebiet
KIRCHHAIN-NIEDERAULA
PROLEI PROF. DR. H. SPITZER
STAND 6.8.1976
QUELLE fragebogenerhebung sommer 1976
FINGEB LAND HESSEN
ZUSAM LANDESKULTURVERWALTUNG HESSEN

UH -024

INST INSTITUT FUER SOZIOOEKONOMIE DER UNI AUGSBURG
AUGSBURG, MEMMINGERSTR. 14
VORHAB **subjektive belastungen durch den bau von stadtschnellstrassen**
es sollen fuer die faktoren laerm, schmutz, abrisse, trennwirkung, flaechenbedarf, aesthetik, gewichte in abhaengigkeit von lage der strasse zu wohnung und arbeitsplatz ermittelt werden in abhaengigkeit von der soziooekonomischen variablen. entwicklung eines befragungsinstruments, eichung des instruments durch durchfuehrung von befragungen
S.WORT strassenbau + stadtgebiet + umweltbelastung + sozio-oekonomische faktoren
PROLEI DR. WALTER MOLT
STAND 11.8.1976
QUELLE fragebogenerhebung sommer 1976
FINGEB INSTITUT FUER STRASSENBAU UND VERKEHRSPLANUNG DER UNI INNSBRUCK
ZUSAM INST. F. STRASSENBAU UND VERKEHRSPLANUNG DER TU INNSBRUCK
BEGINN 1.7.1975 ENDE 31.12.1976
G.KOST 10.000 DM
LITAN ZWISCHENBERICHT

UH -025

INST INSTITUT FUER SOZIOOEKONOMIE DER UNI AUGSBURG
AUGSBURG, MEMMINGERSTR. 14
VORHAB **entwicklung einer anwendungsbezogenen theorie der beduerfnissteuerung - am beispiel des verkehrs**
das entstehen von oekonomischen, umweltrelevanten bedarfen soll auf der grundlage der individuellen beduerfnisse geklaert werden um moeglichkeiten der beduerfnissteuerung aus mittel einer bedarfsreduzierung zu entwickeln

S.WORT individualverkehr + bedarfsanalyse + (beduerfnissteuerung)
PROLEI DR. WALTER MOLT
STAND 11.8.1976
QUELLE fragebogenerhebung sommer 1976
FINGEB FRITZ THYSSEN STIFTUNG, KOELN
BEGINN 1.3.1976 ENDE 31.3.1978
G.KOST 120.000 DM

UH -026

INST INSTITUT FUER STADT- UND REGIONALPLANUNG DER TU BERLIN
BERLIN 12, JEBENSTR. 1
VORHAB **analyse von wanderungsstroemen in der bundesrepublik deutschland**
vorarbeiten zur verbesserung der wanderungsprognose; erhebung individueller wanderungsmotive; analyse der wanderungsmatrix w 13 aus der amtlichen statistik; bevoelkerungsprognose; wanderungsprognose; regionale mobilitaet; regionale regressionsanalyse; individuelles entscheidungsverhalten
S.WORT bevoelkerungsentwicklung + mobilitaet
BUNDESREPUBLIK DEUTSCHLAND
PROLEI PROF. DR. MACKENSEN
STAND 1.1.1974
FINGEB - DEUTSCHE FORSCHUNGSGEMEINSCHAFT
- BUNDESMINISTER FUER RAUMORDNUNG, BAUWESEN UND STAEDTEBAU
BEGINN 1.1.1971
LITAN - SOZIOLOGISCHE ARBEITSHEFTE
- TEILERGEBNISSE AUS DER UNTERSUCHUNG

UH -027

INST INSTITUT FUER STADTBAUWESEN DER TH AACHEN
AACHEN, MIES-VAN-DER-ROHE-STR.
VORHAB **minimierung des verkehrsaufkommens durch geeignete nutzungsordnungen nach massgabe des verkehrsaufwandes**
die stadtinhalte (anlagen fuer die aktivitaeten der stadtbenutzer) werden unter anderem nach dem kriterium der organisierbarkeit von transportnachfrage mit transportplaenen geordnet; benutzung eines linearen programms, insbesondere abbildung des verkehrsbildes
S.WORT verkehr + stadtregion + nutzungsplanung + (verkehrsaufkommen + minimierung)
PROLEI DIPL. -ING. HARLOFF
STAND 1.1.1974
BEGINN 1.1.1972 ENDE 31.12.1974
LITAN ZWISCHENBERICHT 1974. 12

UH -028

INST INSTITUT FUER STADTBAUWESEN DER TH AACHEN
AACHEN, MIES-VAN-DER-ROHE-STR.
VORHAB **einfluss der zentralitaet eines ortes auf verkehrserzeugung und verkehrsverteilung**
regionale differenzierung der verkehrsverhaltensmuster in abhaengigkeit von der verkehrsangebotsseite und der verkehrsnachfrageseite; modifizierung von verkehrserzeugungs- und verteilungsmodellen zur beruecksichtigung unterschiedlicher stadtgroessen und deren konkurrierenden einflussbereiche auf die region
S.WORT regionalplanung + verkehr + (verkehrsaufkommen + verkehrsverteilung)
PROLEI DIPL. -ING. POLUMSKY
STAND 1.9.1970
QUELLE erhebung 1975
FINGEB BUNDESMINISTER FUER VERKEHR
BEGINN 1.10.1972 ENDE 31.12.1975
G.KOST 115.000 DM
LITAN - ZWISCHENBERICHT 1974. 04
- ZWISCHENBERICHT 1975. 06

UH -029

INST INSTITUT FUER STADTBAUWESEN DER TH AACHEN
AACHEN, MIES-VAN-DER-ROHE-STR.
VORHAB **beurteilung alternativer strassentrassen nach umweltmaessigen und verkehrlichen gesichtspunkten**
beurteilung alternativer autobahn-planungen im stadtgebiet; entscheidungshilfe fuer gemeinde; erarbeitung quantifizierbarer vergleichskriterien; (immissionen/landschaftliche einbindung/kosten etc.); verwendung vorhandener messergebnisse
S.WORT verkehrsplanung + strassenbau + stadtgebiet + planungshilfen
HATTINGEN + RHEIN-RUHR-RAUM
PROLEI DR. -ING. WILFRIED RUSKE
STAND 1.1.1974
QUELLE erhebung 1975
FINGEB STADT HATTINGEN
ZUSAM STADT BOCHUM; UNTERSUCHUNG UEBER DIE LINIENFUEHRUNG AUTOBAHN DUE-BO-DO IM SUEDWESTL. STADTGEBIET
BEGINN 1.3.1974 ENDE 31.7.1974
G.KOST 40.000 DM
LITAN ZWISCHENBERICHT 1974. 07

UH -030

INST INSTITUT FUER STADTBAUWESEN DER TH AACHEN
AACHEN, MIES-VAN-DER-ROHE-STR.
VORHAB **verkehrswirtschaftliche untersuchungen ueber die auswirkung des wochenendverkehrs im bundesfernstrassennetz**
beschreibung des verkehrsverhaltens der bevoelkerung am wochenende mit hilfe mathematischer modelle, prognose des verhaltens und ermittlung der auswirkungen im zukuenftigen fernstrassennetz. insbesondere werden aussagen erwartet ueber prognosefaehige verkehrserzeugungsmodelle, ueber erfassung und prognose der aufteilung des wochenendverkehrs auf verschiedene aktivitaeten und ueber die verteilung des wochenendverkehrs auf relevante ziele
S.WORT verkehrswirtschaft + personenverkehr + erholung + (wochenendverkehr)
PROLEI DR. -ING. WILFRIED RUSKE
STAND 29.7.1976
QUELLE fragebogenerhebung sommer 1976
FINGEB BUNDESMINISTER FUER VERKEHR
BEGINN 1.1.1970 ENDE 31.12.1976
G.KOST 625.000 DM
LITAN - RUSKE; STEIN: ANGEBOT UND NACHFRAGE IM WOCHENENDVERKEHR. IN: RAUMFORSCHUNG UND RAUMORDNUNG 4(1973)
- BAIER; STEIN: MODELLMAESSIGE ERFASSUNG DES WOCHENENDVERKEHRS. IN: SCHRIFTENREIHE SRL DES INSTITUTS FUER STADTBAUWESEN. (32)(1974)

UH -031

INST INSTITUT FUER STAEDTEBAU, BODENORDNUNG UND KULTURTECHNIK DER UNI BONN
BONN 1, NUSSALLEE 1
VORHAB **richtlinien fuer die anlage von stadtstrassen, teilerschliessung (rast-e)**
S.WORT strassenbau + stadt + richtlinien
PROLEI PROF. DR. -ING. GASSNER
STAND 1.1.1974

UH -032

INST INSTITUT FUER VERKEHR, EISENBAHNWESEN UND VERKEHRSSICHERUNG DER TU BRAUNSCHWEIG
BRAUNSCHWEIG, POCKELSSTR. 4
VORHAB **mathematische modelle fuer die strukturierung und dimensionierung von schienennetzen**
optimierung des bestehenden netzes. erarbeitung von mathematischen algorithmen zur dimensionierung
S.WORT verkehrssystem + schienenverkehr + berechnungsmodell
PROLEI PROF. DR. -ING. KLAUS PIERICK
STAND 9.8.1976

QUELLE fragebogenerhebung sommer 1976
FINGEB DEUTSCHE BUNDESBAHN, BEZIRKSDIREKTION MUENCHEN
BEGINN 1.1.1974 ENDE 31.12.1976
LITAN PIERICK, K.;WIEGAND, K.: METHODISCHE ANSAETZE FUER EINE OPTIMIERUNG DES SCHIENENGEBUNDENEN PERSONENFERNVERKEHRS. IN: SCHIENEN DER WELT. 4 S. 197-203(APR 1976)

UH -033

INST INSTITUT FUER VERKEHRSWISSENSCHAFTEN DER UNI MUENSTER
MUENSTER, AM STADTGRABEN 9
VORHAB **verkehr und umweltschutz**
zielsetzung: ermittlung oekologischer und oekonomischer konsequenzen alternativer strategien zur verminderung der luftverunreinigung und laermbelaestigung durch verkehrsaktivitaeten im verdichtungsraum frankfurt. methode: konstruktion und auffuellung eines optimierungsmodells
S.WORT verkehr + luftverunreinigung + laermbelaestigung + (mathematisches modell)
FRANKFURT + RHEIN-MAIN-GEBIET
PROLEI PROF. DR. RAINER THOSS
STAND 19.7.1976
QUELLE fragebogenerhebung sommer 1976
FINGEB DEUTSCHE FORSCHUNGSGEMEINSCHAFT
ZUSAM INST. F. SIEDLUNGS- UND WOHNUNGSWESEN DER UNI MUENSTER, AM STADTGRABEN 9, 4400 MUENSTER
BEGINN ENDE 31.12.1978
LITAN WIPPO, N. BEITRAEGE AUS DEM INST. F. VERKEHRSWISSENSCHAFT AN DER UNI MUENSTER: VERKEHRSTEILUNG UND UMWELTSCHUTZ. 1976

UH -034

INST INSTITUT FUER ZUKUNFTSFORSCHUNG DES ZENTRUM BERLIN FUER ZUKUNFTFORSCHUNG E. V.
BERLIN 12, GIESEBRECHTSTR. 15
VORHAB **entwurf alternativer zielsysteme fuer den verkehrsbereich als anwendungsbeispiel experimenteller edv-gestuetzter planungshilfen**
entwurf und demonstration der anwendbarkeit rechnerges tuetzer planungsmethoden fuer die definition, ableitung, zuordnung und bewertung von zielen im verkehrsbereich, sowie der bewertung von massnahmen auf der grundlage der nutzwertanalyse
S.WORT verkehrsplanung + datenverarbeitung + planungshilfen
PROLEI PROF. DR. -ING. KOELLE
STAND 1.9.1975
FINGEB BUNDESMINISTER FUER FORSCHUNG UND TECHNOLOGIE
ZUSAM BUNDESMINISTERIUM FUER VERKEHR REF. A15; KORRIDORUNTERSUCHUNG (BMV-INTERN)
BEGINN 1.4.1971 ENDE 31.3.1975
G.KOST 950.000 DM
LITAN - ZENTRUM BERLIN FUER ZUKUNFTSFORSCHUNG E. V.:4 ZWISCHENBERICHTE ZIEBUV(JAN 72, JAN 73, NOV 73, MAI 74)
- ENDBERICHT MAERZ 75-ZENTRUM BERLIN FUER ZUKUNFTSFORSCHUNG E. V.

UH -035

INST INSTITUT FUER ZUKUNFTSFORSCHUNG DES ZENTRUM BERLIN FUER ZUKUNFTFORSCHUNG E. V.
BERLIN 12, GIESEBRECHTSTR. 15
VORHAB **verkehrsbedingungen von benachteiligten bevoelkerungsgruppen als leitgroesse einer zielorientierten stadt- und verkehrsplanung**
das vorhaben soll der erforschung bestimmter besonders benachteiligter bevoelkerungsgruppen dienen, die in der verkehrsplanung bisher weitgehend vernachlaessigt wurden. benachteiligung soll auch belastungen durch emission (laerm, abgase, staub) beruecksichtigen
S.WORT stadtplanung + verkehrsplanung + mobilitaet + (benachteiligte bevoelkerungsgruppen)
PROLEI DIPL. -ING. WINFRIED BORMANN
STAND 23.7.1976
QUELLE fragebogenerhebung sommer 1976
FINGEB BUNDESMINISTER FUER VERKEHR
ZUSAM ARBEITSGRUPPE FUER REGIONALPLANUNG, KURFUERSTENDAMM 214, 1000 BERLIN 15
BEGINN 1.5.1976 ENDE 28.2.1977
G.KOST 170.000 DM

UH -036

INST INSTITUT FUER ZUKUNFTSFORSCHUNG DES ZENTRUM BERLIN FUER ZUKUNFTFORSCHUNG E. V.
BERLIN 12, GIESEBRECHTSTR. 15
VORHAB **ausarbeitung eines verfahrens zur bestimmung der prioritaeten bei den investitionen im fernstrassenbau unter besonderer beruecksichtigung der ziele der raumordnung**
definition eines raeumlich operationalen zielsystems, das (ueber indikatoren) die messung und bewertung von wirkungen geplanter massnahmen ermoeglicht. methodisches vorgehen ist die nutzwertanalyse; schwerpunkt ist die entwicklung und formal-inhaltliche ueberpruefung des bewertungsverfahrens
S.WORT raumordnung + verkehrsplanung + bewertungsmethode + (bundesfernstrassenbau)
PROLEI DIPL. -VOLKSW. HELGOMAR PICHLMAYER
STAND 23.7.1976
QUELLE fragebogenerhebung sommer 1976
FINGEB BUNDESMINISTER FUER RAUMORDNUNG, BAUWESEN UND STAEDTEBAU
ZUSAM DORSCH INGENIEURGESELLSCHAFT MBH, ELSENHEIMER STR. 63, 8000 MUENCHEN 21
BEGINN 1.8.1975 ENDE 30.9.1976
G.KOST 300.000 DM
LITAN ZWISCHENBERICHT

UH -037

INST INSTITUT ZUR ERFORSCHUNG TECHNOLOGISCHER ENTWICKLUNGSLINIEN E.V.(ITE)
HAMBURG 36, NEUER JUNGFERNSTIEG 21
VORHAB **ferntransportsysteme der zukunft in der bundesrepublik deutschland und europa**
S.WORT verkehrssystem + zukunftsforschung + (ferntransportsysteme)
STAND 1.10.1974
QUELLE erhebung 1975
FINGEB BUNDESMINISTER FUER FORSCHUNG UND TECHNOLOGIE
BEGINN 1.1.1973 ENDE 31.12.1974

UH -038

INST KOMMUNALER ARBEITSKREIS FLUGHAFEN STUTTGART
OSTFILDERN 2, KLOSTERHOF
VORHAB **standortuntersuchung flughafen baden-wuerttemberg**
S.WORT flughafen + standortwahl
BADEN-WUERTTEMBERG
STAND 1.1.1974

UH -039

INST TECHNISCHER UEBERWACHUNGSVEREIN RHEINLAND E.V.
KOELN, KONSTANTIN-WILLE-STR. 1
VORHAB **projektbegleitung des gebietes "kraftfahrzeug- und strassenverkehrstechnik"**
unterstuetzung des bmft bei der ausarbeitung und fortschreibung von programmen. fachliche stellungnahme und beratung zu forschungs- und entwicklungsvorhaben. fachliche, terminliche und kostenmaessige projektverfolgung einschliesslich erfolgskontrolle und bewertung der ergebnisse, sowie mitarbeit in den zugehoerigen sachverstaendigengremien. verfolgung der nationalen und internationalen entwicklungen auf dem gebiet kraftfahrzeug- und strassenverkehrs-technik
S.WORT verkehrstechnik + kfz-technik + (projektbegleitung)
PROLEI DR. -ING. EBERHARD PLASSMANN
STAND 2.8.1976

QUELLE fragebogenerhebung sommer 1976
FINGEB BUNDESMINISTER FUER FORSCHUNG UND TECHNOLOGIE
ZUSAM - DEUTSCHE EISENBAHN CONSULTING
- INDUSTRIEANLAGEN BETRIEBSGESELLSCHAFT, OTTOBRUNN
- DORNIER SYSTEM, FRIEDRICHSHAFEN
BEGINN 1.5.1973 ENDE 31.12.1977
G.KOST 4.503.000 DM
LITAN - BMFT: AUF DEM WEG ZUM AUTO VON MORGEN, VERLAG TUEV RHEINLAND/BONN 12(1973)
- BMFT: NEUEN KRAFTSTOFFEN AUF DER SPUR, GERSBACH + SOHN VERLAG, BONN(1973)

UH -040
INST UMWELT-SYSTEME GMBH
MUENCHEN 81, GNESENER STRASSE 4-6
VORHAB grundlagenuntersuchung zum informationsdienst der deutschen bundesbahn bei der planung von neubaustrecken
die planung der neubaustrecken der db stoesst in zunehmendem masse auf widerstaende einer breiten oeffentlickeit. diese widerstaende ruehren zu einem wesentlichen teil aus unvollstaendigen informationen und falschen vorstellungen der betroffenen sowie aus unzureichenden informationen der db ueber form und umfang des notwendigen zusammenwirkens mit planungstraegern und auch privaten betroffenen (z. b. buergerinitiativen). ziel dieser grundlagenuntersuchung ist, die voraussetzung und den anstoss zu liefern fuer eine versachlichung der gegenseitigen information und diskussion. im hintergrund dieser arbeit steht die hoffnunf, dass durch rechtzeitige, umfassende und sachliche information die basis fuer konstruktive zusammenarbeit aller partner im planungsprozess ggeschaffen wird. die untersuchung erstreckt sich im wesentlichen auf die umweltbelastung durch neubaustrecken und auf planungsrechtliche einwirkungsmoeglichkeiten von betroffenen
S.WORT schienenverkehr + verkehrsplanung + umweltbelastung + (informationsvermittlung)
PROLEI DR. -ING. KARL-HEINZ JENDGES
STAND 30.8.1976
QUELLE fragebogenerhebung sommer 1976
FINGEB DEUTSCHE BUNDESBAHN, ZENTRALE TRANSPORTLEITUNG, MAINZ
ZUSAM - PROF. DR. KLOSTERKOETTER, UNI ESSEN
- PROF. DR. FABER, UNI FRANKFURT
BEGINN 1.1.1975 ENDE 1.7.1975
G.KOST 215.000 DM
LITAN - JENDGES, K. H.: GRUNDLAGENUNTERSUCHUNG ZUM INFORMATIONSDIENST DER DB BEI DER PLANUNG VON NEUBAUSTRECKEN. (NICHT VEROEFFENTLICHT)
- ENDBERICHT

UH -041
INST WIRTSCHAFTSGEOGRAPHISCHES INSTITUT DER UNI MUENCHEN
MUENCHEN 22, LUDWIGSTR. 28
VORHAB faktoren- und verflechtungsanalysen der raeumlichen bevoelkerungsprozesse in der bundesrepublik deutschland
S.WORT bevoelkerung + mobilitaet + strukturanalyse
PROLEI PROF. DR. HANS SCHAFFER
STAND 1.1.1974
FINGEB DEUTSCHE FORSCHUNGSGEMEINSCHAFT

UH -042
INST WURCHE, PAUL, DIPL.-ING.
AXAMS
VORHAB dokumentation und auswertung der forschungsarbeiten auf dem gebiet des strassenwesens
text fehlt
S.WORT verkehrswesen + strassenverkehr + dokumentation
QUELLE datenuebernahme aus der datenbank zur koordinierung der ressortforschung (dakor)
FINGEB BUNDESMINISTER FUER VERKEHR
BEGINN 28.4.1972 ENDE 28.4.1974

Weitere Vorhaben siehe auch:

FB -014 EINFLUSS VON LAERMSCHUTZMASSNAHMEN AUF DIE LEICHTIGKEIT, FLUESSIGKEIT UND SICHERHEIT DES VERKEHRSABLAUFES
FB -047 SCHALLSCHUTZMASSNAHMEN FUER DIE VERKEHRSPLANUNGEN DER STADT HILDESHEIM
FB -058 DIE BEWERTUNG VON UMWELTBELASTENDEN VERKEHRSEFFEKTEN IN DEN RICHTLINIEN FUER WIRTSCHAFTLICHE VERGLEICHSRECHNUNGEN IM STRASSENWESEN (RWS)
UC -015 FLUGHAEFEN UND FLUGHAFENUMGEBUNG ALS STANDORTE
UE -039 ENTWICKLUNG VON INDIKATOREN FUER DIE LANDESENTWICKLUNGSPLANUNG AM BEISPIEL DES VERKEHRSBEREICHES
UF -001 NEUES VERKEHRSKONZEPT FUER EINE ALTE KLEINSTADT: LUFTKURORT WASSENBERG IM KREIS HEINSBERG
UK -005 STRASSENBAU U. SEINE WIRKUNG BEI DURCHSCHNEIDUNG VON LANDSCHAFTLICHEN ERHOLUNGSGEBIETEN, INSBESONDERE WALDANLAGEN AM BEISPIEL BUERGERBUSCH LEVERKUSEN
UK -034 ERARBEITUNG VON EMPFEHLUNGEN FUER DIE VERKNUEPFUNG VON LANDSCHAFTSPLANUNG UND STRASSENPLANUNG
VA -009 TECHNISCHER AUSBAU DES INFORMATIONS- UND DOKUMENTATIONSSYSTEMS FUER STRASSENBAU- UND STRASSENVERKEHRSFORSCHUNG

UI -001
INST ALLGEMEINE ELEKTRIZITAETS-GESELLSCHAFT AEG-TELEFUNKEN, FRANKFURT
FRANKFURT, THEODOR-STERN-KAI 1
VORHAB systemstudie ueber die weiterentwicklung bestehender stadtschnellbahnsysteme zu einem hochwertigen automatischen verkehrssystem
S.WORT verkehrsplanung + oeffentlicher nahverkehr
STAND 6.1.1975
FINGEB BUNDESMINISTER FUER FORSCHUNG UND TECHNOLOGIE
BEGINN 1.5.1974 ENDE 31.3.1975

UI -002
INST BOSCH GMBH
STUTTGART 1, POSTFACH 50
VORHAB entwicklung von bussen mit alternierender elektrischer energiequelle als vorstufe zur entwicklung von dual-mode-bussen
fuer dual-mode-nahverkehrssysteme, die zyklisch sowohl auf eigenen trassen als auch autark auf oeffentlichen strassen verkehren koennen, soll ein schadstoffreier geraeuscharmer antrieb entwickelt werden
S.WORT oeffentlicher nahverkehr + elektrofahrzeug
STAND 6.1.1975
ZUSAM - DORNIER SYSTEM GMBH, 799 FRIEDRICHSHAFEN, POSTFACH 648
- STAEDTISCHER VERKEHRSBETRIEB ESSLINGEN, 73 ESSLINGEN, PLOCHINGERSTR. 26
BEGINN 1.1.1974 ENDE 31.7.1975

UI -003
INST DAIMLER-BENZ AG
STUTTGART 60, MERCEDESSTR. 136
VORHAB entwicklung von omnibussen mit alternierender elektrischer energiequelle
untersuchung von stadtnahen omnibussen mit energieversorgung aus mitgefuehrten speichern und aus einem externen oberleitungsnetz. entwicklungsbeitrag zur darstellung von omnibus-systemen. prototypentwicklung
S.WORT oeffentlicher nahverkehr + elektrofahrzeug + fahrzeugantrieb + (omnibus-system)
PROLEI FRANZ WERNER
STAND 30.8.1976
QUELLE fragebogenerhebung sommer 1976
FINGEB BUNDESMINISTER FUER FORSCHUNG UND TECHNOLOGIE
ZUSAM - DORNIER SYSTEM GMBH
- ROBERT BOSCH GMBH
BEGINN 1.1.1976 ENDE 31.7.1977
G.KOST 500.000 DM
LITAN "NAHVERKEHRSFORSCHUNG 1975" - INFORMATIONSSCHRIFT DES BMFT "VERKEHR UND TECHNIK". IN: SH ZUR 46. IAA S. 20-24, 26(SEP 1975)

UI -004
INST DORNIER SYSTEM GMBH
FRIEDRICHSHAFEN, POSTFACH 1360
VORHAB entwicklung von bussen mit alternierender elektrischer energiequelle als vorstufe zur entwicklung von dual-mode-bussen
S.WORT oeffentlicher nahverkehr + elektrofahrzeug
STAND 6.1.1975
FINGEB BUNDESMINISTER FUER FORSCHUNG UND TECHNOLOGIE
BEGINN 1.1.1974 ENDE 31.7.1975

UI -005
INST DYCKERHOFF & WIDMANN AG
MUENCHEN 40, POSTFACH 400426
VORHAB technische beitraege zur beurteilung der anwendbarkeit neuartiger hochleistungsschnellbahnsysteme
S.WORT verkehrsplanung + schienenverkehr + (hochleistungsschnellbahn)
QUELLE datenuebernahme aus der datenbank zur koordinierung der ressortforschung (dakor)
FINGEB BUNDESMINISTER FUER FORSCHUNG UND TECHNOLOGIE
ZUSAM - KRAUSS-MAFFEI AG
- MAN AUGSBURG AG
- MESSERSCHMITT-BOELKOW-BLOHM GMBH
BEGINN 1.8.1974 ENDE 31.12.1975
G.KOST 100.000 DM

UI -006
INST FACHBEREICH PHYSIK UND ELEKTROTECHNIK DER UNI BREMEN
BREMEN 33, ACHTERSTR.
VORHAB verkehrssysteme
es wird untersucht, ob man im stadgebeit den individualverkehr so dosieren kann, dass in strassen mit oeffentlichem verkehr keine verstopfungen auftreten und die wartezeit pro person kleiner wird. die dosierung hat gegenueber getrennten trassen fuer den oeffentlichen verkehr den vorteil, dass die verkehrsflaeche besser ausgenutzt wird und deshalb kleiner sein kann. man kann kosten sparen und die zerstoerung der stadt verringern
S.WORT verkehrsplanung + individualverkehr + oeffentlicher nahverkehr
PROLEI PROF. DR. HEINRICH HOEHNERLOH
STAND 12.8.1976
QUELLE fragebogenerhebung sommer 1976
BEGINN 1.1.1974 ENDE 31.12.1982

UI -007
INST FORSCHUNGSVEREINIGUNG AUTOMOBILTECHNIK E.V. (FAT)
FRANKFURT, WESTENDSTR. 61
VORHAB verbesserung des verkehrsflusses durch systematische untersuchungen zur optimierung
optimierung des gesamtverkehrs, vornehmlich gueterfernverkehrs durch simulation insbesondere bezueglich verkehrsfluss unter beruecksichtigung der vorschriften spezieller leistung und anderen parametern und durch volkswirtschaftliche nutzen/kosten-untersuchungen
S.WORT verkehrssystem + verkehrsplanung + simulation + optimierungsmodell
PROLEI DIPL. -ING. STRIFLER
STAND 1.1.1974

UI -008
INST FRIED. KRUPP GMBH
ESSEN 1, AM WESTBAHNHOF 2
VORHAB entwicklung und erprobung einer bahn kleiner abmessungen fuer den staedtischen nahverkehr
ziel der arbeiten ist die entwicklung eines automatisch auf eigener trasse verkehrenden oeffentlichen nahverkehrssystems
S.WORT oeffentlicher nahverkehr + elektrofahrzeug + bedarfsanalyse
STAND 6.1.1975
FINGEB BUNDESMINISTER FUER FORSCHUNG UND TECHNOLOGIE
ZUSAM - AUWAERTER, STUTTGART
- ROBERT BOSCH GMBH, POSTFACH 50, 7 STUTTGART 1
BEGINN 1.7.1974 ENDE 30.6.1975

UI -009
INST GESELLSCHAFT FUER ELEKTRISCHEN STRASSENVERKEHR MBH
DUESSELDORF, TERSTEEGENSTR. 77
VORHAB einfuehrung von elektrofahrzeugen
erprobung von elektrofahrzeugen; antriebsoptimierung/speichersystementwicklung/infraistruktur/anpassung an die energieversorgung
S.WORT verkehrsmittel + elektrofahrzeug + (erprobung)
PROLEI DR. EGBERTS
STAND 10.9.1976

QUELLE fragebogenerhebung sommer 1976
FINGEB MINISTER FUER ARBEIT, GESUNDHEIT UND SOZIALES, DUESSELDORF
BEGINN 1.1.1971

UI -010
INST GESELLSCHAFT FUER ELEKTRISCHEN STRASSENVERKEHR MBH
DUESSELDORF, TERSTEEGENSTR. 77
VORHAB **einfuehrung des systems elektrischer strassenverkehr in nahverkehrsbereichen**
vorbereitung ueber theoretische studien, pilotprojekte zu modellversuchen
S.WORT strassenverkehr + elektrofahrzeug + nahverkehr
PROLEI DR. -ING. HANS-GEORG MUELLER
STAND 6.8.1976
QUELLE fragebogenerhebung sommer 1976
FINGEB - BUNDESMINISTER FUER FORSCHUNG UND TECHNOLOGIE
- BUNDESMINISTER FUER VERKEHR
- MINISTER FUER ARBEIT, GESUNDHEIT UND SOZIALES, DUESSELDORF
BEGINN 1.1.1970
LITAN MUELLER, H. -G.;BUSCH, H.;EGBERTS, R. ET AL.: ELEKTRISCH ANGETRIEBENE KRAFTFAHRZEUGE. STUDIE DER GES GESELLSCHAFT FUER ELEKTRISCHEN STRASSENVERKEHR MBH(AUG 1973)

UI -011
INST GESELLSCHAFT FUER WIRTSCHAFTLICHE BAUTECHNIK MBH
MUENCHEN 81, GNESENER STRASSE 4-6
VORHAB **technischer anwendungskatalog fuer den einbau neuer nahverkehrssysteme in bestehende stadtkerne**
im rahmen staedtebaulicher strukturverbesserung in stadtkernen werden kuenftig zur loesung der hier auftretenden verkehrs- und umweltbelastungen unkonventionelle verkehrstechnologien zur anwendung kommen. um bereits heute den einbau solcher systeme planerisch beruecksichtigen zu koennen, wird ein technischer anwendungskatalog fuer stadtplaner und architekten geschaffen. er bezieht sich auf mehrere, nach heutigem erkenntnisstand auszuwaehlende verkehrssysteme. am konkreten beispiel der stadt mainz werden die moeglichkeiten und konsequenzen ihrer anwendung untersucht. funktionelle, geometrische, architektonische und strukturelle zusammenhaenge sowie flaechenbedarfswerte und kostenfaktoren werden erfasst. der hieraus entwickelte anwendungskatalog bekommt allgemmeingueltigen charakter und erlaubt den planern, die spaetere wahl von verkehrssystemen zwar offenzuhalten, ihren einbau in heute zu planende baustrukturen jedoch weitgehend vorzubereiten
S.WORT oeffentlicher nahverkehr + verkehrssystem + stadtplanung
MAINZ + RHEIN-MAIN-GEBIET
PROLEI DR. -ING. KARL-HEINZ JENDGES
STAND 6.1.1975
QUELLE erhebung 1975
FINGEB BUNDESMINISTER FUER FORSCHUNG UND TECHNOLOGIE
BEGINN 30.6.1974 ENDE 31.8.1975
G.KOST 300.000 DM
LITAN ENDBERICHT

UI -012
INST GESELLSCHAFT FUER WIRTSCHAFTLICHE BAUTECHNIK MBH
MUENCHEN 81, GNESENER STRASSE 4-6
VORHAB **sozialwissenschaftliche untersuchung beim projekt "anrufbus"**
in ergaenzung zu den technologischen durchfuehrbarkeitsstudien zum projekt "anrufbus" (bedarfsgesteuerter bus) ist eine sozialwissenschaftliche begleituntersuchung durchzufuehren. ziel der untersuchung ist es, gesellschaftliche dimensionen in die beurteilungs- und entscheidungsprozesse bei der einfuehrung neuer verkehrssysteme am beispiel des anrufbus-systems einzubringen. der innovationscharakter und die komplexitaet der aufgabe erfordert dabei den einsatz problemadaequater methoden, wobei in teilen neue wege beschritten werden muessen
S.WORT verkehrssystem + oeffentlicher nahverkehr + sozio-oekonomische faktoren + (anrufbus)
BODENSEE (RAUM)
PROLEI DIPL. -ING. KARL ASSMANN
STAND 13.8.1976
QUELLE fragebogenerhebung sommer 1976
FINGEB BUNDESMINISTER FUER FORSCHUNG UND TECHNOLOGIE
BEGINN 1.8.1974 ENDE 31.7.1976
G.KOST 515.000 DM

UI -013
INST INDUSTRIEANLAGEN-BETRIEBSGESELLSCHAFT MBH (IABG)
OTTOBRUNN, EINSTEINSTR.
VORHAB **kosten-wirksamkeitsanalyse im rahmen der "durchfuehrbarkeitsstudie c-bahn, hamburg"**
die kosten-wirksamkeitsanalyse soll die kosten und nutzen des neu-konzipierten nahtransportsystems c-bahn zu vorgegebenen bedingungen ermitteln und mit den kosten bzw. nutzen des dort bestehenden bus-systems vergleichen
S.WORT verkehrsplanung + oeffentlicher nahverkehr + kosten-nutzen-analyse + (c-bahn)
HAMBURG
PROLEI DR. -ING. WERNER LITTGER
STAND 2.8.1976
QUELLE fragebogenerhebung sommer 1976
FINGEB HAMBURGER HOCHBAHN AG
BEGINN 1.4.1975 ENDE 31.1.1976
G.KOST 90.000 DM

UI -014
INST INDUSTRIEANLAGEN-BETRIEBSGESELLSCHAFT MBH (IABG)
OTTOBRUNN, EINSTEINSTR.
VORHAB **standardisierte bewertungskriterien fuer verkehrsinvestitionen des oepnv und des kommunalen strassenbaus**
ein beurteilungssystem fuer die foerderung von investitionsprojekten nach dem gemeindeverkehrsfinanzierungsgesetz wird entwickelt. als entscheidungsrelevante groessen werden u. a. auch wohnwert, laerm- und abgasbelaestigung sowie die zahl der unfaelle herangezogen. die erfahrungen aus mehreren testprojekten wurden ausgewertet
S.WORT verkehrsplanung + gemeinde + bewertungskriterien + (gemeindeverkehrsfinanzierungsgesetz)
PROLEI DR. FRITZ HEINRICHSDORF
STAND 2.8.1976
QUELLE fragebogenerhebung sommer 1976
FINGEB BUNDESMINISTER FUER VERKEHR
BEGINN 1.11.1974 ENDE 28.2.1976
G.KOST 110.000 DM
LITAN ENDBERICHT

UI -015
INST INSTITUT FUER EUROPAEISCHE WIRTSCHAFTSPOLITIK DER UNI DES SAARLANDES
SAARBRUECKEN, UNIVERSITAET, BAU 16
VORHAB **der einfluss von grenzkostenpreisen im nahverkehr auf die raeumliche struktur von stadtregionen**
S.WORT nahverkehr + stadtgebiet + oekonomische aspekte
PROLEI DR. HORST-MANFRED SCHELLHAASS
STAND 1.1.1974
FINGEB DEUTSCHE FORSCHUNGSGEMEINSCHAFT
BEGINN 1.1.1972

UI -016
INST INSTITUT FUER INDUSTRIE- UND VERKEHRSPOLITIK DER UNI BONN
BONN 1, ADENAUERALLEE 24-26

VORHAB **die oekonomische bedeutung der versorgungs- und erschliessungsfunktion bestehender und geplanter nahverkehrssysteme**
im mittelpunkt des projekts steht mit der frage nach den versorgungs- und erschliessungsfunktionen ein qualitaetsaspekt, der als sehr wesentlich eingeschaetzt werden muss. dabei beschraenkt sich die analyse unter einbeziehung der umweltfreundlichkeit bestehender und geplanter nahverkehrssysteme nicht nur auf den personenverkehr, sondern beschaeftigt sich auch intensiv mit dem bisher nur unzulaenglich behandelten servisverkehr sowie mit dem guetertransport im nahbereich
S.WORT nahverkehr + personenverkehr + guetertransport
PROLEI PROF. DR. DR. H. C. FRITZ VOIGT
STAND 21.7.1976
QUELLE fragebogenerhebung sommer 1976
FINGEB DEUTSCHE FORSCHUNGSGEMEINSCHAFT
ZUSAM GESELLSCHAFT F. WIRTSCHAFTS- U. VERKEHRSWISSENSCHAFTLICHE FORSCHUNG E. V., 5330 KOENIGSWINTER
BEGINN 1.5.1976 ENDE 30.4.1977
G.KOST 63.000 DM

UI -017

INST INSTITUT FUER KRAFTFAHRWESEN DER TH AACHEN AACHEN, TEMPLERGRABEN 86-90
VORHAB **entwicklung eines demand-bus-systems in ballungsgebieten (definitions- und simulationsmodell)**
herabsetzung der spezifischen umweltbelastung (schadstoff- und geraeuschemissionen bezogen auf den befoerderungsfall) im personennahverkehr durch einsatz bedarfsgesteuerter bussysteme bei gleichzeitiger verbesserung der verkehrsbedienung im oepnv
S.WORT verkehrssystem + oeffentlicher nahverkehr + ballungsgebiet + (demand-bus-system)
PROLEI DIPL. -ING. KURT SCHEDRAT
STAND 1.1.1974
FINGEB - LANDESAMT FUER FORSCHUNG, DUESSELDORF
- DEUTSCHE FORSCHUNGSGEMEINSCHAFT
- MINISTER FUER WISSENSCHAFT UND FORSCHUNG, DUESSELDORF
ZUSAM - INST. F. KRAFTFAHRWESEN, RWTH AACHEN; HYBRIDANTRIEB
- INST. F. KRAFTFAHRWESEN, RWTH AACHEN; MOTOR MIT KONTINUIERLICHER VERBRENNUNG
- DORNIER-SYSTEM, POSTFACH 317, 7990 FRIEDRICHSHAFEN
BEGINN 1.1.1974
G.KOST 1.700.000 DM
LITAN - ALMA MATER AQUENSIS RWTH AACHEN S. 58(1972)
- SCHEDRAT, K. U. A.: COBSY - EIN COMPUTER-BUS-SYSTEM FUER DEN BEDARFSGESTEUERTEN PERSONENNAHVERKEHR. IN: VERKEHR UND TECHNIK. SONDERHEFT ZUR 46. IAA S. 10(1975)

UI -018

INST INSTITUT FUER KRAFTFAHRWESEN DER TH AACHEN AACHEN, TEMPLERGRABEN 86-90
VORHAB **erstellung eines verkehrsnachfragemodells und fahrzeugkonzeptes fuer bedarfsgesteuerte bussysteme**
entwicklung von verkehrsnachfragemodellen und fahrzeugkonzepten fuer unterschiedliche betriebsformen bedarfsgesteuerter bussysteme in verschiedenen anwendungsgebieten
S.WORT verkehrsplanung + verkehrsmittel + nahverkehr + modell
PROLEI DIPL. -ING. KURT SCHEDRAT
STAND 6.1.1975
FINGEB BUNDESMINISTER FUER FORSCHUNG UND TECHNOLOGIE
ZUSAM - HAMBURG CONSULT
- DORNIER SYSTEM GMBH, 799 FRIEDRICHSHAFEN, POSTFACH 317
- MESSERSCHMITT-BOELKOW-BLOHM GMBH (MBB), 8 MUENCHEN, POSTFACH 801169
BEGINN 1.6.1974 ENDE 30.6.1976
G.KOST 210.000 DM
LITAN - SCHEDRAT, K.: ANFORDERUNGEN AN DIE FAHRZEUGE. IN: NAHVERKEHRSFORSCHUNG '75 S. 347(1975)
- ENDBERICHT

UI -019

INST INSTITUT FUER STADTBAUWESEN DER TH AACHEN AACHEN, MIES-VAN-DER-ROHE-STR.
VORHAB **verkehrserzeugungsmodell zur quantifizierung des fussgaengerverkehrsaufkommens**
bestimmung des fussgaengerverkehrsaufkommens mit hilfe der siedlungs- und wirtschaftsstrukturverteilung in stark verdichteten staedtischen zonen
S.WORT verkehr + fussgaenger + stadtgebiet + (verkehrserzeugungsmodell)
PROLEI DIPL. -ING. DIETER OTTO
STAND 1.1.1970
QUELLE erhebung 1975
FINGEB BUNDESMINISTER FUER VERKEHR
BEGINN 1.9.1972 ENDE 31.12.1975
G.KOST 90.000 DM
LITAN ZWISCHENBERICHT 1974. 12

UI -020

INST INSTITUT FUER VERKEHR, EISENBAHNWESEN UND VERKEHRSSICHERUNG DER TU BRAUNSCHWEIG BRAUNSCHWEIG, POCKELSSTR. 4
VORHAB **erarbeitung von methoden zur beurteilung der sicherheit und zuverlaessigkeit von verkehrssystemen**
erarbeitung von methoden zur ermittlung der solljahrzeitabweichungen und kollisionen in einem modellsystem auf grund von ausfaellen signal- und sicherheitstechnischer einrichtungen
S.WORT verkehrssystem + sicherheitstechnik + bewertungskriterien
PROLEI PROF. DR. -ING. KLAUS PIERICK
STAND 1.1.1974
FINGEB DEUTSCHE FORSCHUNGSGEMEINSCHAFT
BEGINN 1.1.1975 ENDE 31.12.1977
LITAN ZWISCHENBERICHT

UI -021

INST INSTITUT FUER VERKEHRSWISSENSCHAFT DER UNI KOELN KOELN 41, UNIVERSITAETSSTR. 22
VORHAB **die beruecksichtigung von umweltbelastungen bei der planung staedtischer verkehrsinvestitionen**
integration der umweltbelastungen in kosten-nutzen-analysen und kosten-wirksamkeitsanalysen und nutzwertanalysen
S.WORT verkehrsplanung + umweltbelastung + nutzwertanalyse
PROLEI PROF. DR. WILLEKE
STAND 1.1.1974
FINGEB BUNDESMINISTER FUER VERKEHR
BEGINN 1.8.1973 ENDE 31.10.1974

UI -022

INST KLOECKNER-HUMBOLDT-DEUTZ AG KOELN 90, OTTOSTR. 1
VORHAB **systemanalyse antriebsaggregate - anwendungsstudie -**
die systemsanalyse dient als entscheidungshilfe bei der auswahl von antriebsaggregaten fuer den jeweiligen anwendungsbereich im rahmen zukuenftiger verkehrssysteme. durch expertenbefragung werden fuer die in einem zielsystem zusammengestellten zielkriterien die anforderungen des anwendungsbereiches fuer einen vorgegebenen zeitraum quantifiziert und gewichtet. durch bezug der daten der verschiedenen antriebsaggregate auf die anforderungen wird eine "entscheidungsbasis" gebildet, die angibt, welcher produktwert von der jeweiligen alternative erreicht wird, wie hoch der nutzen und die kosten sind, welcher forschungs- und entwicklungsaufwand erforderlich ist und wie hoch das entwicklungsrisiko ist
S.WORT kfz-technik + emissionsminderung + verkehrssystem + fahrzeugantrieb + systemanalyse

PROLEI ING. GRAD. WILHELM FAUSTEN
STAND 1.10.1975
QUELLE erhebung 1975
FINGEB - BUNDESMINISTER FUER FORSCHUNG UND TECHNOLOGIE
- VOLKSWAGENWERK AG, WOLFSBURG
ZUSAM VOLKSWAGENWERK AG
BEGINN 1.7.1973 ENDE 31.3.1976
G.KOST 750.000 DM
LITAN - STATUSSEMINAR NEUARTIGE ANTRIEBE,14.NOV.1973 IN KOELN(ZWISCHENBERICHT)
- SYSTEMANALYSE ANTRIEBSAGGREGATE METHODIK(MAI 1974)
- STATUSBERICHT IN CCMS 2ND SYMPOSIUM ON LOW POLLUTION POWER SYSTEMS,4.-8.NOV 1974 IN DUESSELDORF

UI -023

INST MASCHINENFABRIK AUGSBURG-NUERNBERG AG (MAN)
AUGSBURG, STADTBACHSTR. 1
VORHAB **batterieelektrischer omnibus**
es sollte in einer gemeinschaftsentwicklung ein fahrzeug fuer den personennahverkehr im innerstaedtischen bereich geschaffen werden, das neben einem umweltfreundlichen betriebsverhalten vom erdoel und dessen versorgung weitgehend unabhaengig ist. nach dem bau von 2 prototyp-fahrzeugen (beginn bereits 1968) wurden 22 weitere busse gebaut, von denen 20 seit okt. 74 bzw. mai 75 in einem grossversuch in moenchengladbach bzw. duesseldorf laufen
S.WORT fahrzeugantrieb + elektrofahrzeug + personenverkehr + stadtverkehr + emissionsminderung
PROLEI DR. H. HAGEN
STAND 2.8.1976
QUELLE fragebogenerhebung sommer 1976
FINGEB - MINISTER FUER ARBEIT, GESUNDHEIT UND SOZIALES, DUESSELDORF
- BUNDESMINISTER FUER FORSCHUNG UND TECHNOLOGIE
ZUSAM - ROBERT BOSCH
- SIEMENS AG
- VARTA AG
BEGINN 1.1.1968 ENDE 31.12.1980
LITAN HAGEN, H.: DER MAN-ELEKTROBUS, KONZEPT UND ERSTE ERFAHRUNGEN. IN: ETZ-A 94(11) S. 671-676(1973)

UI -024

INST MESSERSCHMITT-BOELKOW-BLOHM GMBH
MUENCHEN 80, POSTFACH 80 11 69
VORHAB **bedarfsgesteuerte strassennahverkehrssysteme**
S.WORT oeffentlicher nahverkehr + bedarfsanalyse + oekonomische aspekte
STAND 6.1.1975
FINGEB BUNDESMINISTER FUER FORSCHUNG UND TECHNOLOGIE
ZUSAM HAMBURG CONSULT, 2 HAMBURG
BEGINN 1.4.1974 ENDE 31.8.1975

UI -025

INST STUDIENGESELLSCHAFT FUER ELEKTRISCHEN STRASSENVERKEHR IN BADEN-WUERTTEMBERG MBH
STUTTGART 1, GOETHESTR. 12
VORHAB **durchfuehrung von versuchsprogrammen zur entwicklung des strassenverkehrs mit elektrisch angetriebenen kraftfahrzeugen**
durchfuehrung eines fuenfjaehrigen versuchsprogrammes mit 20 elektrobussen mit wahlweise aus einer batterie oder diesel-elektrisch gespeistem fahrmotor. es ist beabsichtigt, mehrere bestehende omnibuslinien mit den genannten fahrzeugen auszustatten und im praktischen linienbetrieb zu testen
S.WORT strassenverkehr + elektrofahrzeug + oeffentlicher nahverkehr
PROLEI DIPL. -ING. JOHANNES GOTTWALD
STAND 22.7.1976
QUELLE fragebogenerhebung sommer 1976
FINGEB - BUNDESMINISTER FUER VERKEHR
- MINISTERIUM FUER WIRTSCHAFT, MITTELSTAND UND VERKEHR, STUTTGART
ZUSAM MAX-PLANCK-INSTITUT FUER LIMNOLOGIE, POSTFACH 165, 2320, PLOEN, HOLSTEIN
BEGINN 1.1.1976 ENDE 31.12.1981
G.KOST 20.000.000 DM

UI -026

INST VOLKSWAGENWERK AG
WOLFSBURG
VORHAB **systemanalyse antriebsaggregate - anwendungstest -**
systemanalyse dient als entscheidungshilfe bei der auswahl von antriebsaggregaten fuer den jeweiligen anwendungsbereich im rahmen zukuenftiger verkehrssysteme; nachfolgeprojekt vorgesehen. fuer den anwendungsbereich "kompakt-pkw" und "eg-fernlastzug" wurde ein anwendungstest fuer die systemanalyse antriebsaggregate durchgefuehrt
S.WORT verkehrssystem + fahrzeugantrieb + systemanalyse
PROLEI DIPL. -ING. PETER HOFBAUER
STAND 1.1.1974
QUELLE erhebung 1975
FINGEB - BUNDESMINISTER FUER FORSCHUNG UND TECHNOLOGIE
- KLOECKNER-HUMBOLDT-DEUTZ AG, KOELN
- VOLKSWAGENWERK AG, WOLFSBURG
ZUSAM KLOECKNER-HUMBOLDT-DEUTZ AG
BEGINN 1.7.1973 ENDE 31.3.1975
G.KOST 208.000 DM
LITAN - WIEDEMANN, B.: SYSTEMANALYSE ANTRIEBSAGGREGATE - METHODIK, MANUAL, ANWENDUNGSTEST. (JUL 1976)
- ZWISCHENBERICHT 1974. 03
- ENDBERICHT

Weitere Vorhaben siehe auch:

UG -010 DER EINFLUSS VON ZEIT-BUDGET-ALLOKATIONEN AUF DEN AUSLASTUNGSGRAD TECHNISCHER INFRASTRUKTURSYSTEME
UL -075 ZUR OEKOLOGISCHEN OPTIMALEN NUTZUNG STAEDTISCHER STRASSEN(-VERKEHRS-)FLAECHEN
VA -007 ERRICHTUNG EINES INFORMATIONSSYSTEMS FAHRZEUGWESEN

BERICHTIGUNG:

Folgende Vorhaben, die ebenfalls zu UI (VERKEHRSSYSTEME, OEFFENTLICHER NAHVERKEHR) gehören, wurden versehentlich unter UN (TIERSCHUTZ) eingeordnet. Beachten sie dort bitte die entsprechenden Hinweise neben den Vorhabennummern auf den Seiten 785-793:

UN-001 UN-011
UN-002 UN-013
UN-004 UN-014
UN-005 UN-015
UN-006 UN-016
UN-007 UN-027
UN-008 UN-036
UN-010 UN-057

UK -001
INST AACHEN-CONSULTING GMBH (ACG)
AACHEN, MONHEIMSALLEE 53
VORHAB **aufbereitung der natuerlichen gegebenheiten in der myhler schweiz zur beurteilung der erholungseignung**
methodischer weg zur beurteilung der erholungseignung auf der grundlage landschaftlicher vielfalt; belastbarkeit der standorte und ausgewaehlter erholungseinrichtungen; anthropogene veraenderungen sollen fuer die standorte festgestellt und gekennzeichnet werden
S.WORT erholungsgebiet + bewertungskriterien + umweltbelastung + (anthropogener einfluss)
PROLEI BUNGENSTAB
STAND 1.1.1974
FINGEB STADT WASSENBURG, KREIS HEINSBERG
ZUSAM NATURPARK SCHWALM-NETTE; LANDSCHAFTS- UND EINRICHTUNGSPLAN
BEGINN 1.3.1973 ENDE 28.2.1974
G.KOST 6.000 DM
LITAN AUFBEREITUNG DER NATUERLICHEN GEGEBENHEITEN IN DER MYHLER SCHWEIZ ZUR BEURTEILUNG DER ERHOLUNGSEIGNUNG, IM ACG-SELBSTVERLAG

UK -002
INST AACHEN-CONSULTING GMBH (ACG)
AACHEN, MONHEIMSALLEE 53
VORHAB **grundlagenuntersuchung zur landschaftsgestaltung und zur schaffung eines naturnahen erholungsgebietes im marienbruch**
grundlagenuntersuchung, die auf das ziel der wiederherstellung bzw. erhaltung der urspruenglichen bruchlandschaft im marienbruch/wassenberg zur schaffung eines naturnahen erholungsgebietes gerichtet ist; analyse; diagnose
S.WORT landschaftsgestaltung + erholungsgebiet
SCHWALM-NETTE
PROLEI ING. GRAD. HEINZ HOFMANN
STAND 1.1.1974
FINGEB ZWECKVERBAND NATURPARK SCHWALM-NETTE, KEMPEN
ZUSAM NATURPARK SCHWALM-NETTE, KEMPEN; LANDSCHAFTS- UND EINRICHTUNGSPLAN
BEGINN 1.11.1973 ENDE 31.5.1974
G.KOST 12.000 DM

UK -003
INST AGRARSOZIALE GESELLSCHAFT E.V. (ASG)
GOETTINGEN, KURZE GEISMARSTR. 23-25
VORHAB **entwicklungskonzepte fuer die landschaft unter beruecksichtigung der anforderungen der freizeit an die landschaft**
entwicklung eines schwerpunktprogramms zur erarbeitung einer entwicklungskonzeption fuer die landschaft; anforderungen der freizeit an die landschaft werden besonders beruecksichtigt; hauptziel ist die ableitung von forschungsthemen
S.WORT freizeit + landschaftsplanung
PROLEI DIPL. -SOZ. WILLY HEIDTMANN
STAND 1.1.1974
QUELLE erhebung 1975
FINGEB AKADEMIE FUER RAUMFORSCHUNG UND LANDESPLANUNG, HANNOVER
ZUSAM AKADEMIE F. RAUMFORSCHUNG U. LANDESPLANUNG, 3 HANNOVER, HOHENZOLLERNSTR. 11
BEGINN 1.12.1972 ENDE 31.3.1974
G.KOST 32.000 DM
LITAN ZWISCHENBERICHT 1974. 03

UK -004
INST AGRARSOZIALE GESELLSCHAFT E.V. (ASG)
GOETTINGEN, KURZE GEISMARSTR. 23-25
VORHAB **landschaftsrahmenplan landkreis goettingen - landwirtschaftlicher beitrag -**
untersuchung der veraenderungen der landschaft des landkreises goettingen durch anderungen in der bisherigen landbewirtschaftung (aufgabe von grenzertragsstandorten, brachebildung, aufgabe von landwirtschaftlichen betrieben)
S.WORT nutzungsplanung + laendlicher raum + landschaftsrahmenplan
GOETTINGEN (LANDKREIS)
PROLEI DR. HANS-JOACHIM ROOS
STAND 4.8.1976
QUELLE fragebogenerhebung sommer 1976
FINGEB LANDKREIS GOETTINGEN
ZUSAM LANDSCHAFTSPLANUNGSBUERO GREBE-SOLLMANN, KORBACHER STR. 93, 3501 SCHAUBENBURG
BEGINN 1.7.1975 ENDE 31.8.1976
G.KOST 5.000 DM

UK -005
INST BAUSTOFF-FORSCHUNG BUCHENHOF
RATINGEN 6, PREUSSENSTR. 31
VORHAB **strassenbau u. seine wirkung bei durchschneidung von landschaftlichen erholungsgebieten, insbesondere waldanlagen am beispiel buergerbusch leverkusen**
in leverkusen-schlebusch ist uebermaessiger kraftfahrzeugverkehr vorhanden, welcher aufgrund von messungen sowohl bezogen auf schall als auch bezogen auf immissionen notwendig macht, dass der bereich fuer wohnbauten gesperrt wird. um dies zu verhindern, muss ein bisher zu erholungszwecken dienender wald mit einer strasser durchquert werden. untersucht sind die tatsaechlichen vorhandenen immissionen im bewohnten gebiet ueber 2 jahre, die tatsaechlciche nutzung des erholungswaldes sowie der luftreinigungseffekt dieses waldgebietes. ausserdem wurde die wirkung auf hydrologische veraenderungen im wald infolge des geplanten teilweise tiefliegenden strassenbaues untersucht
S.WORT strassenbau + erholungsgebiet + waldoekosystem
LEVERKUSEN-BUERGERBUSCH + RHEIN-RUHR-RAUM
PROLEI DR. WOLFGANG GRUEN
STAND 22.7.1976
QUELLE fragebogenerhebung sommer 1976
FINGEB LANDSCHAFTSVERBAND RHEINLAND, FERNSTRASSEN-NEUBAUAMT
BEGINN 1.1.1974 ENDE 1.1.1976
G.KOST 100.000 DM
LITAN ENDBERICHT

UK -006
INST BUNDESFORSCHUNGSANSTALT FUER LANDESKUNDE UND RAUMORDNUNG
BONN -BAD GODESBERG, MICHAELSHOF
VORHAB **analyse der natuerlichen und infrastrukturellen ausstattung von freizeitraeumen**
S.WORT erholungsgebiet + freizeitanlagen + infrastrukturplanung
STAND 1.1.1976
QUELLE mitteilung des bundesministers fuer raumordnung,bauwesen und staedtebau
FINGEB BUNDESMINISTER FUER RAUMORDNUNG, BAUWESEN UND STAEDTEBAU
BEGINN 1.1.1973 ENDE 31.12.1975

UK -007
INST DORNIER SYSTEM GMBH
FRIEDRICHSHAFEN, POSTFACH 1360
VORHAB **handbuch zur oekologischen planung (instrumentarium zur umweltgerechten standortrahmenplanung)**
entwicklung eines praxisorientierten instrumentarium zur einbeziehung der umweltziele in die standortrahmenplanung umweltbelastender aktivitaeten
S.WORT raumplanung + oekologie + umweltbelastung + standortfaktoren
PROLEI DR. -ING. HERBERT HANKE

STAND 10.9.1976
QUELLE fragebogenerhebung sommer 1976
BEGINN 1.1.1976 ENDE 31.5.1977
G.KOST 936.000 DM
LITAN ZWISCHENBERICHT

UK -008

INST DORNIER SYSTEM GMBH
FRIEDRICHSHAFEN, POSTFACH 1360
VORHAB **untersuchung zur umweltvertraeglichkeitspruefung im bereich der flurbereinigung**
ueberpruefung und weiterentwicklung des konzepts des bundesministers des innern zur umweltvertraeglichkeitspruefung, sowie bereitstellung des fuer die praktische durchfuehrung der pruefung eines flurbereinigungsverfahrens notwendigen instrumentariums (zu betrachtende parameter, messgroessen etc.)
S.WORT umweltvertraeglichkeitspruefung + flurbereinigung
PROLEI DR. -ING. HERBERT HANKE
STAND 10.9.1976
QUELLE fragebogenerhebung sommer 1976
FINGEB BUNDESMINISTER FUER ERNAEHRUNG, LANDWIRTSCHAFT UND FORSTEN
BEGINN 1.1.1973
G.KOST 40.000 DM
LITAN - HANKE, H.: UNTERSUCHUNG ZUR UMWELTVERTRAEGLICHKEITSPRUEFUNG IM BEREICH DER FLURBEREINIGUNG. IN: ZS BERICHTE UEBER LANDWIRTSCHAFT BD. 52 NF (2) S. 280 FF. (1974)
- ENDBERICHT

UK -009

INST FORSCHUNGSANSTALT FUER WEINBAU, GARTENBAU, GETRAENKETECHNOLOGIE UND LANDESPFLEGE
GEISENHEIM, VON-LADE-STR. 1
VORHAB **umweltsicherung durch landespflege, aufgaben auf dem gebiet der landschaftsentwicklung und des naturschutzes**
zweck: erarbeitung einer planungsmethodik in der landespflege
S.WORT naturschutz + landespflege + planungshilfen
RHEIN-MAIN-GEBIET
PROLEI PROF. DR. DAEUMEL
STAND 1.10.1974
QUELLE erhebung 1975
BEGINN 1.1.1970
G.KOST 120.000 DM

UK -010

INST GEOGRAPHISCHES INSTITUT DER UNI BASEL
BASEL/SCHWEIZ, KLINGELBERGSTR. 16
VORHAB **bestimmung der wirksamkeit grossraeumiger oekologischer ausgleichsraeume und entwicklung von kriterien zur abgrenzung**
S.WORT freiraumplanung + oekologische faktoren + bewertungsmethode
PROLEI PROF. DR. HARTMUT LESER
STAND 1.1.1976
QUELLE mitteilung des bundesministers fuer raumordnung,bauwesen und staedtebau
FINGEB BUNDESMINISTER FUER RAUMORDNUNG, BAUWESEN UND STAEDTEBAU
BEGINN 1.1.1974 ENDE 31.12.1975

UK -011

INST GESELLSCHAFT FUER LANDESKULTUR GMBH
MUENCHEN 71, SCHIEGGSTR. 21
VORHAB **landschaftsoekologisches gutachten zur landschaftsrahmenplanung fuer den bereich des forggen- und bannwaldsees sowie des naturschutzgebietes "ammergauer berge"**
es sollen auf der grundlage einer landschaftsanalyse und -bewertung zielvorstellungen zur weiteren landschaftsentwicklung des untersuchungsraumes erarbeitet werden
S.WORT binnengewaesser + naturschutzgebiet + landschaftsoekologie + landschaftsrahmenplan
AMMERGAUER BERGE + FORGGEN-UND BANNWALDSEE + ALPENRAUM
PROLEI DR. W. DAUZ
STAND 10.9.1976
QUELLE fragebogenerhebung sommer 1976
BEGINN 1.8.1975 ENDE 30.9.1976

UK -012

INST HESSISCHES OBERBERGAMT
WIESBADEN, PAULINENSTR. 5
VORHAB **nutzung der abfallbeseitigung fuer die wiederverfuellung und rekultivierung bergbaulicher hohlraeume**
a) fortentwicklung der sonderabfallbeseitigung in untertaegigen abbauhohlraeumen des salzbergbaus; verbesserung der einlagerungs- und ablagerungsverfahren und aller damit zusammenhaengenden vorgaenge b) verwendung von abfaellen bei der wiederverfuellung von tagebauen insbesondere bei vorhandensein wassersperrenden tones mit anschliessender bepflanzung und vollstaendiger wiedereingliederung des gelaendes in die umgebende landschaft; erprobung der eignung von abfallarten und der guenstigen rekultivierungsmethoden nach verfuellung
S.WORT tagebau + rekultivierung + abfallbeseitigung + (wiederverfuellung)
HESSEN
STAND 21.7.1976
QUELLE fragebogenerhebung sommer 1976
FINGEB MINISTER FUER LANDWIRTSCHAFT UND UMWELT, WIESBADEN
ZUSAM - HESSISCHE LANDESANSTALT FUER UMWELT, AARSTRASSE 1, 6200 WIESBADEN
- VERSCHIEDENE BERGWERKSGESELLSCHAFTEN

UK -013

INST INSTITUT FUER AGRARPOLITIK UND LANDWIRTSCHAFTLICHE MARKTLEHRE DER UNI HOHENHEIM
STUTTGART 70, SCHLOSS
VORHAB **vorplanung zur landentwicklung im raum calw**
zusammenhaenge zwischen allgemeiner bevoelkerungswirtschafts- und sozialentwicklung und der landwirtschaft; erarbeitung von zielen und voraussetzungen fuer die agrarproduktion bei der entwicklung von erholungslandschaften
S.WORT landesplanung + erholungsgebiet + sozio-oekonomische faktoren
CALW (RAUM)
PROLEI DIPL. -AGR. -ING. VON HARSDORF
STAND 1.10.1974
FINGEB MINISTERIUM FUER ERNAEHRUNG, LANDWIRTSCHAFT UND UMWELT, STUTTGART
ZUSAM MINISTERIUM F. ERNAEHRUNG, LANDWIRTSCHAFT UND FORSTEN BADEN-WUERTTEMBERG
BEGINN 1.5.1972 ENDE 31.5.1974
G.KOST 20.000 DM

UK -014

INST INSTITUT FUER AGRARPOLITIK UND LANDWIRTSCHAFTLICHE MARKTLEHRE DER UNI HOHENHEIM
STUTTGART 70, SCHLOSS
VORHAB **entwicklungsprobleme von freiflaechen in verdichtungsraeumen**
erfassung des bisherigen und kuenftigen bedarfs an freiflaechen; funktionsanalyse der flaechen; richtlinien fuer die bauleitplanung; erfassung der agrarstruktur und veraenderungen
S.WORT ballungsgebiet + freiraumplanung
STUTTGART (RAUM)
PROLEI DIPL. -AGR. -ING. RIEHLE
STAND 1.1.1974
ZUSAM UNI HOHENHEIM, INTERDISZIPLINAERES PROJEKT: FREIRAEUME IN VERDICHTUNGSGEBIETEN
BEGINN 1.6.1973 ENDE 31.7.1975
LITAN ZWISCHENBERICHT 1975. 12

UK -015

INST INSTITUT FUER BODENKUNDE UND BODENERHALTUNG / FB 16/21 DER UNI GIESSEN GIESSEN, LUDWIGSTR. 23
VORHAB **landschaftspflege im aussenbereich der stadt giessen**
voruntersuchungen zur realisierung des landschaftsplanes giessen im hinblick auf die landschaftspflege; methoden zur einschraenkung unerwuenschter entwicklungen der landschaft; biologische, chemische und mechanische massnahmen; erarbeitung von vorschlaegen zur entscheidungshilfe im hinblick auf die pflege und erhaltung von freiflaechen im nahbereich der stadt
S.WORT landschaftsplanung + landschaftspflege GIESSEN
PROLEI DR. HOMRIGHAUSEN
STAND 1.1.1974
FINGEB STADT GIESSEN
BEGINN 1.5.1973 ENDE 31.12.1977
LITAN ZWISCHENBERICHT 1974. 12

UK -016

INST INSTITUT FUER BODENKUNDE UND BODENERHALTUNG / FB 16/21 DER UNI GIESSEN GIESSEN, LUDWIGSTR. 23
VORHAB **standortkundliche grundlagen der landschaftsentwicklung**
die bedeutung bodenkundlicher, topographischer und klimatologischer unterlagen fuer die regionalplanung, agrarstrukturelle vorplanung und flurbereinigung; standortbewertung und nutzungseignungsbewertung der ergebnisse der reichsbodenschaetzung; entwicklung von verfahren fuer die landwirtschaftliche bodenbewertung; erarbeitung von grundlagen fuer die forstliche standorterkundung
S.WORT landschaftsplanung + bodenkunde + bodennutzung + standortfaktoren
PROLEI TAMAS HARRACH
STAND 6.8.1976
QUELLE fragebogenerhebung sommer 1976
FINGEB LAND HESSEN
ZUSAM - LANDESKULTURAMT HESSEN, WIESBADEN
- HESSISCHE FORSTEINRICHTUNGSANSTALT, GIESSEN
BEGINN 1.1.1965
LITAN HARRACH, T.: BODENSCHAETZUNG IN DER FLURBEREINIGUNG - EINE HERAUSFORDERUNG AN DIE BODENKUNDE. IN: MITTEIL. D. DT. BODENKUNDL. GES. 22 S. 565-574(1975)

UK -017

INST INSTITUT FUER BODENKUNDE UND BODENERHALTUNG / FB 16/21 DER UNI GIESSEN GIESSEN, LUDWIGSTR. 23
VORHAB **landschaftspflege im aussenbereich der stadt giessen**
fragestellung: wie koennen ehemals landwirtschaftlich genutzte flaechen und der freiraum mit geringstem aufwand so bewirtschaftet werden, dass unerwuenschte entwicklungen der pflanzendecke und des naturhaushaltes vermieden werden? untersucht werden: erarbeitung von bodenphysikalisch-chemischen kennwerten auf unterschiedlich behandelten flaechen, insbesondere wasserhaushalt und veraenderungen der organischen substanz auf frisch eingesaeten teilstuecken. fragen der landwirtschaftlichen produktion und betriebswirtschaft der landwirtschaftlichen nutzung eines naherholungsgebietes im rahmen der landschaftspflege
S.WORT bodennutzung + rekultivierung + naherholung GIESSEN
PROLEI DR. HOMRIGHAUSEN
STAND 6.8.1976
QUELLE fragebogenerhebung sommer 1976
FINGEB LAND HESSEN
ZUSAM - INST. F. LANDTECHNIK, GIESSEN
- STADT GIESSEN
- LANDESKULTURAMT, WIESBADEN
BEGINN 1.1.1973

UK -018

INST INSTITUT FUER BODENKUNDE UND STANDORTSLEHRE DER FORSTLICHEN FORSCHUNGSANSTALT MUENCHEN 40, SCHELLINGSTR. 14
VORHAB **landschaftsoekologische untersuchungen an den oberbayerischen osterseen als grundlage einer erholungsplanung**
grundlagenuntersuchung: vegetation/tierwelt/geologie/hydrologie/erholungsverkehr/belastungen/schaeden/analyse/diagnose/vorschlaege zur flaechennutzung/forstwirtschaft/landwirtschaft/siedlung/erholung/verhinderung von schaeden und belastungen/standortgerechte, nachhaltige nutzung
S.WORT landschaftsplanung + flaechennutzung + erholungsplanung
OSTERSEEN (OBERBAYERN)
PROLEI DR. ZIELONKOWSKI
STAND 1.1.1974
FINGEB LANDKREIS WEILHEIM
ZUSAM BAYERISCHES LANDESAMT FUER UMWELTSCHUTZ, 8 MUENCHEN 81, ROSENKAVALIERPLATZ 3
BEGINN 1.7.1970 ENDE 28.2.1974
G.KOST 10.000 DM
LITAN ZWISCHENBERICHT 1974. 06

UK -019

INST INSTITUT FUER BODENKUNDE UND STANDORTSLEHRE DER FORSTLICHEN FORSCHUNGSANSTALT MUENCHEN 40, SCHELLINGSTR. 14
VORHAB **ausscheidung von naturwaldreservaten**
erfassung naturnaher waldbestaende/ausscheiden aus der bewirtschaftung/schutzobjekte/forschungsobjekte
S.WORT landschaftspflege + wald
BAYERN
PROLEI DIPL. -FORSTW. HAGEN
STAND 1.1.1974
FINGEB STAATSMINISTERIUM FUER LANDESENTWICKLUNG UND UMWELTFRAGEN, MUENCHEN
BEGINN 1.1.1971 ENDE 31.12.1974
G.KOST 100.000 DM

UK -020

INST INSTITUT FUER FORSTPOLITIK, HOLZMARKTLEHRE, FORSTGESCHICHTE UND NATURSCHUTZ DER UNI GOETTINGEN GOETTINGEN, BUESGENWEG 5
VORHAB **aufbau, organisation und zielsetzung von grossraeumigen schutzgebieten in grossbritannien und anderen laendern**
landespflege und umweltschutz fordern die ausscheidung von freizeit- und erholungslandschaften, dabei kommt es oft zu zielkonflikten mit dem naturschutz; durch verschiedene grossraeumige schutzgebiete sollen konflikte vermieden bzw. gemildert werden. auslaendische beispiele werden untersucht, fuer deutschland vorschlaege entwickelt
S.WORT landschaftsschutz + freizeitanlagen + naturpark
PROLEI DR. KOEPP
STAND 1.1.1974
FINGEB - DEUTSCHE FORSCHUNGSGEMEINSCHAFT
- MINISTERIUM FUER ERNAEHRUNG, LANDWIRTSCHAFT UND FORSTEN, HANNOVER
ZUSAM - HANSTEIN, DR.:NATURPARKPROGRAMM DER BRD EIN BEITRAG ZUR RAUMORDNUNGSPOLITIK
- COUNTRYSIDE COMMISSION, LONDON
BEGINN 1.10.1967 ENDE 31.12.1975
G.KOST 15.000 DM
LITAN - ZWISCHENBERICHT: DEUTSCHE FORSCHUNGSGEMEINSCHAFT, BONN-BAD GODESBERG: DIE VERWALTUNG DER BRITISCHEN NATIONALPARKS UND DER FORSTPARKS. (1969) 200 PP. UNVEROEFFENTLICHT
- PROBLEMS AND POLICIES IN THE CREATION OF NATIONAL PARKS IN GREAT BRITAIN A COMPARISON WITH WEST GERMAN EXPERIENCES. UNIVERSITAET OXFORD (1968) 59 PP. UNVEROEFFENTLICHT

UK -021

INST INSTITUT FUER GRUENPLANUNG UND GARTENARCHITEKTUR DER TU HANNOVER
HANNOVER, HERRENHAEUSERSTR. 2

VORHAB **untersuchung ueber frequentierung staedtischer freiraeume unter besonderer beruecksichtigung der ausstattung und sozialstruktur**
darstellung der freiraumfrequentierung als eine funktion unterschiedlichen nutzerverhaltens in abhaengigkeit zu verschiedenen sozialen und sozialphychologischen daten (schulbildung/alter/arbeitssituation/gruppenverhalten) und unterschiedlichen nutzerverhaltens in abhaengigkeit zu unterschiedlich ausgestatteten gruenangeboten (ausstattungsvielfalt; haeufigkeit, sozial-physische ausstattung)

S.WORT freiraum + stadtgebiet + sozio-oekonomische faktoren
PROLEI DIPL. -GAERTN. RAUTMANN
STAND 1.1.1974
FINGEB DEUTSCHE FORSCHUNGSGEMEINSCHAFT
ZUSAM SOZIALPSYCHOL. BERATUNG; DIPL. PSYCH. SABINE SCHNITZER
BEGINN 1.1.1973 ENDE 31.12.1975
G.KOST 160.000 DM
LITAN - RAUTMANN, K. (TU HANNOVER INST. GRUENPLANUNG(1973) UNTERSUCHUNG UEBER GRUENPLANUNG
- ZWISCHENBERICHT 1974. 11

UK -022

INST INSTITUT FUER GRUENPLANUNG UND GARTENARCHITEKTUR DER TU HANNOVER
HANNOVER, HERRENHAEUSERSTR. 2

VORHAB **beitrag zur entwicklung einer emanzipatorisch orientierten freiraumplanung**
die beduerfnisstruktur der freiraumbenutzer in abhaengigkeit von der valenz des freiraumsubstrats und des motivationalen systems der benutzer; aufdeckung von herrschaftsmechanismen in freiraeumen; erarbeitung emanzipatorischer tendenzen beim gebrauch oeffentlicher freiraeume

S.WORT freiraum + freizeitverhalten
PROLEI DIPL. -GAERTN. NOHL
STAND 1.1.1974
ZUSAM PSYCHOLOGISCHES INST. DER UNI MUENSTER, 44 MUENSTER, SCHLAUNSTR. 2
BEGINN 1.10.1972 ENDE 31.12.1974
G.KOST 15.000 DM

UK -023

INST INSTITUT FUER LANDESKULTUR / FB 16/21 DER UNI GIESSEN
GIESSEN, SENCKENBERGSTR. 3

VORHAB **rekultivierung der abgrabungen von steinen und erden im sinne einer optimalen umweltgestaltung**
durch untersuchungen einer groesseren anzahl von abgrabungen verschiedener steine und erden im raum minden und beckum wurden aufgrund bestimmter kriterien ihre nutzungseignungen bestimmt und aufgrund einer bewertung die optimale nutzung herausgearbeitet. alle ausgewaehlten kriterien, in ihren jeweiligen abstufungen und wertstellen besitzen fuer die moeglichen nutzungsarten "begrenzenden" oder mehr oder weniger "beschraenkenden" charakter. bei entsprechender beruecksichtigung der mindestvoraussetzung fuer eine oder mehrere moegliche folgenutzungen lassen sich bei der planung von zukuenftigen abgrabungen verhaeltnisse entwickeln, welche einer planungsperspektive ueber groessere zeitabschnitte raum lassen

S.WORT tagebau + rekultivierung
MINDEN (RAUM)
PROLEI PROF. DR. WOHLRAB
STAND 6.8.1976
QUELLE fragebogenerhebung sommer 1976
FINGEB LAND HESSEN
ZUSAM ABTEILUNG GEOWISSENSCHAFTEN DER UNI BOCHUM
BEGINN 1.1.1972 ENDE 31.12.1975
LITAN - WOHLRAB, B.;SOEHNGEN, H. -H.: UEBER DEN FLAECHENBEDARF VON FOLGENUTZUNGEN AUF REKULTIVIERTEM ABGRABUNGSGELAENDE. IN: GRUNDSAETZE UND BERICHTE ZUR LANDNUTZUNG S. 115-125(1975)
- WOHLRAB, B.: REKULTIVIERUNG VON ABGRABUNGSGELAENDE. IN: BIOLOGIE I. D. UMWELTSICHERUNG 2 S. 27(1974)

UK -024

INST INSTITUT FUER LANDSCHAFTS- UND FREIRAUMPLANUNG DER TU BERLIN
BERLIN 10, FRANKLINSTR. 29

VORHAB **inhalt und aufgabe oekologischer landschaftsplanung als beitrag zur raumplanung**
oekologische wirkungsanalysen als beitrag der landschaftsplanung zur integrierenden gesamtplanung; klaerung des planungsinstrumentariums der landschaftsplanung; konkretisierung der umweltvertraeglichkeitspruefungen im raeumlich-oekologischen bereich

S.WORT landschaftsplanung + oekologie + raumplanung
PROLEI PROF. DR. HANS KIEMSTEDT
STAND 1.1.1974
FINGEB AKADEMIE FUER RAUMFORSCHUNG UND LANDESPLANUNG, HANNOVER
ZUSAM ARBEITSGRUPPE TRENT, UNI DORTMUND
BEGINN 1.6.1970 ENDE 31.12.1975
LITAN - BIERHALS, E.;KIEMSTEDT, H.;SCHARPF, H.: INHALT UND AUFGABEN OEKOLOG. LANDSCHAFTSPLANUNG. RAUMFORSCHUNG U. RAUMORDNUNG(IM DRUCK)
- KIEMSTEDT, H.: BEEINTRAECHTIGUNGEN DES NATURHAUSHALTES ALS ENTSCHEIDUNGSFAKTOREN FUER DIE RAUMPLANUNG. LANDSCHAFT+STADT, H(2)(1971)
- ZWISCHENBERICHT 1975. 04

UK -025

INST INSTITUT FUER LANDSCHAFTS- UND FREIRAUMPLANUNG DER TU BERLIN
BERLIN 10, FRANKLINSTR. 29

VORHAB **auswirkungen von ferienzentren auf landschaftshaushalt und -bild**
auswertung von vorhandenen arbeiten und literatur, sammlung und analyse von erfahrungen der genehmigungsbehoerden per fragebogen, anwendung des mathematischen ansatzes der oekologischen risikoanalyse

S.WORT landschaftsschaeden + fremdenverkehr + (ferienzentren)
PROLEI DR. HANS KLEINSTEDT
STAND 4.8.1976
QUELLE fragebogenerhebung sommer 1976
FINGEB AKADEMIE FUER RAUMFORSCHUNG UND LANDESPLANUNG, HANNOVER
ZUSAM AKADEMIE FUER RAUMFORSCHUNG UND LANDESPLANUNG
BEGINN 1.1.1975 ENDE 30.4.1976
G.KOST 6.000 DM

UK -026

INST INSTITUT FUER LANDSCHAFTS- UND FREIRAUMPLANUNG DER TU BERLIN
BERLIN 10, FRANKLINSTR. 29

VORHAB **bewertungsrahmen fuer naturschutzplanung**
aufarbeitung bisheriger bewertungsansaetze, erarbeitung eines konsistenten zielsystems fuer eine raumbezogene "fachplanung naturschutz", anwendung im gebiet des landkreises burgsteinfurt

S.WORT landschaftsplanung + naturschutz + bewertungskriterien + (zielsystem)
BURGSTEINFURT
PROLEI PROF. DR. HERBERT KOPP
STAND 4.8.1976

QUELLE fragebogenerhebung sommer 1976
FINGEB LANDKREIS BURGSTEINFURT
ZUSAM - UNI MUENSTER
- UNI SAARBRUECKEN
BEGINN 1.8.1975 ENDE 31.12.1976
G.KOST 40.000 DM

UK -027

INST INSTITUT FUER LANDSCHAFTS- UND FREIRAUMPLANUNG DER TU BERLIN
BERLIN 10, FRANKLINSTR. 29
VORHAB **zur bestimmung regionaler naherholungsraeume im rahmen einer langfristigen flaechensicherungspolitik**
vergleich und bewertung bisheriger modellansaetze der bedarfsermittlung nach bedarfsbestimmenden faktoren, art und aussagefaehigkeit. entwicklung eines modellansatzes fuer langfristige sicherung von erholungsraeumen gegenueber den vorwiegend angebotsorientierten qualifizierungsverfahren
S.WORT freiraumplanung + erholungsgebiet + naherholung + bedarfsanalyse + planungsmodell
MUENCHEN (REGION)
PROLEI DIPL. -ING. WOLF HEINRICH
STAND 4.8.1976
QUELLE fragebogenerhebung sommer 1976
FINGEB AKADEMIE FUER RAUMFORSCHUNG UND LANDESPLANUNG, HANNOVER
ZUSAM AKADEMIE FUER RAUMFORSCHUNG UND LANDESPLANUNG, HANNOVER
BEGINN 1.5.1973 ENDE 28.2.1976
G.KOST 52.000 DM
LITAN ENDBERICHT

UK -028

INST INSTITUT FUER LANDSCHAFTSPFLEGE UND LANDSCHAFTSOEKOLOGIE DER BUNDESFORSCHUNGSANSTALT FUER NATURSCHUTZ UND LANDSCHAFTSOEKOLOGIE
BONN -BAD GODESBERG, HEERSTR. 110
VORHAB **landschaftsrahmenplanung des naturparks teutoburger wald - wiehengebirge**
beispielhafte planung fuer einen naturpark; ueberpruefung der moeglichkeit der auswertung der karte der potentiellen natuerlichen vegetation fuer die landschaftsplanung; umsetzung ornithologischer untersuchungen in die naturparkplanung
S.WORT landschaftsrahmenplan + naturpark + erholungsplanung
TEUTOBURGER WALD + WIEHENGEBIERGE
PROLEI DR. -ING. WALTER MRASS
STAND 1.1.1974
FINGEB BUNDESANSTALT FUER VEGETATIONSKUNDE, NATURSCHUTZ UND LANDESPFLEGE, BONN-BAD GODESBERG

UK -029

INST INSTITUT FUER LANDSCHAFTSPFLEGE UND LANDSCHAFTSOEKOLOGIE DER BUNDESFORSCHUNGSANSTALT FUER NATURSCHUTZ UND LANDSCHAFTSOEKOLOGIE
BONN -BAD GODESBERG, HEERSTR. 110
VORHAB **ermittlung potentieller erholungsgebiete in der bundesrepublik deutschland unter besonderer beruecksichtigung agrarischer problemgebiete**
erfassung bestehender erholungsgebiete fuer wochenende und urlaub; ermittlung der natuerlichen vielfalt und ihrer beurteilung fuer freizeit und erholung; bewertung agrarischer problemgebiete fuer die freizeitnutzung
S.WORT landschaftsplanung + laendlicher raum + erholungsgebiet
PROLEI DR. -ING. WALTER MRASS
STAND 1.10.1974
FINGEB BUNDESMINISTER FUER ERNAEHRUNG, LANDWIRTSCHAFT UND FORSTEN
BEGINN 1.11.1970 ENDE 31.3.1974
G.KOST 254.000 DM
LITAN - ZWISCHENBERICHT 1974. 04
- SCHRIFTENREIHE FUER LANDSCHAFTSPFLEGE UND NATURSCHUTZ (9)(1975)

UK -030

INST INSTITUT FUER LANDSCHAFTSPFLEGE UND LANDSCHAFTSOEKOLOGIE DER BUNDESFORSCHUNGSANSTALT FUER NATURSCHUTZ UND LANDSCHAFTSOEKOLOGIE
BONN -BAD GODESBERG, HEERSTR. 110
VORHAB **ermittlung und aufbau eines landschaftsinformationssystems auf der grundlage einer rasterbezogenen flaechendatenbank**
schaffung eines landschafts-informationssystems, das der landespflege und dem agrar- und forstbereich aktuelle daten ueber die landschaftsfaktoren mit entsprechenden auswertungen zur verfuegung stellt
S.WORT landespflege + landwirtschaft + forstwirtschaft + informationssystem
PROLEI DR. -ING. WALTER MRASS
STAND 1.10.1974
QUELLE erhebung 1975
FINGEB BUNDESMINISTER FUER ERNAEHRUNG, LANDWIRTSCHAFT UND FORSTEN
BEGINN 1.1.1974 ENDE 31.12.1976
G.KOST 411.000 DM
LITAN ZWISCHENBERICHT 1974. 12

UK -031

INST INSTITUT FUER LANDSCHAFTSPFLEGE UND LANDSCHAFTSOEKOLOGIE DER BUNDESFORSCHUNGSANSTALT FUER NATURSCHUTZ UND LANDSCHAFTSOEKOLOGIE
BONN -BAD GODESBERG, HEERSTR. 110
VORHAB **camping im laendlichen raum**
darstellung der durch das campingwesen ausgeloesten konflikte; aufzeigen von konfliktloesungen; erfassen von art und umfang bestimmter entwicklungstendenzen; ausarbeitung von empfehlungen fuer eine zukuenftige entwicklung
S.WORT landschaftspflege + freizeitverhalten + camping + laendlicher raum
PROLEI DR. -ING. WALTER MRASS
STAND 1.1.1974
FINGEB BUNDESMINISTER FUER ERNAEHRUNG, LANDWIRTSCHAFT UND FORSTEN
ZUSAM INST. F. STAEDTEBAU, SIEDLUNGSWESEN UND KULTURTECHNIK DER UNI BONN, 53 BONN, NUSSALLEE 1
BEGINN 1.6.1974 ENDE 31.12.1975
G.KOST 219.000 DM
LITAN ZWISCHENBERICHT 1974. 12

UK -032

INST INSTITUT FUER LANDSCHAFTSPFLEGE UND LANDSCHAFTSOEKOLOGIE DER BUNDESFORSCHUNGSANSTALT FUER NATURSCHUTZ UND LANDSCHAFTSOEKOLOGIE
BONN -BAD GODESBERG, HEERSTR. 110
VORHAB **erarbeitung von empfehlungen fuer die aufstellung von landschaftsplaenen im rahmen der allgemeinen landeskultur und agrarplanung**
erarbeitung von vergleichbaren gliederungsmustern fuer landschaftsrahmen- und landschaftsplaene; standardisierung von landschaftsplaenen mit dem ziel vergleichender auswertemoeglichkeiten; anpassung der landschaftsplanung an die agrarplanung
S.WORT landschaftsrahmenplan + agrarplanung + standardisierung
PROLEI DR. -ING. WALTER MRASS
STAND 1.10.1974
QUELLE erhebung 1975
FINGEB BUNDESMINISTER FUER ERNAEHRUNG, LANDWIRTSCHAFT UND FORSTEN
BEGINN 1.4.1974 ENDE 31.3.1977
G.KOST 266.000 DM
LITAN ZWISCHENBERICHT 1974. 12

UK -033

INST INSTITUT FUER LANDSCHAFTSPFLEGE UND LANDSCHAFTSOEKOLOGIE DER BUNDESFORSCHUNGSANSTALT FUER NATURSCHUTZ UND LANDSCHAFTSOEKOLOGIE
BONN -BAD GODESBERG, HEERSTR. 110

VORHAB **methoden zur erstellung einer planungsorientierten oekologischen raumgliederung**
aufzeigen von methodischen wegen, wie mit bereits vorhandenen unterlagen ueber einzelne oekofaktoren allgemeine, planerisch relevante oekologische raumeinheiten gewonnen werden koennen bzw. welche daten fuer diesen zweck zusaetzlich erhoben werden muessen
S.WORT raumplanung + oekologische faktoren + methodenentwicklung
PROLEI PROF. DR. GERHARD OLSCHOWY
STAND 1.10.1974
FINGEB BUNDESMINISTER FUER ERNAEHRUNG, LANDWIRTSCHAFT UND FORSTEN
ZUSAM UNI DORTMUND
BEGINN 1.4.1974 ENDE 31.3.1976
G.KOST 141.000 DM
LITAN ZWISCHENBERICHT 1974. 12

UK -034
INST INSTITUT FUER LANDSCHAFTSPFLEGE UND LANDSCHAFTSOEKOLOGIE DER BUNDESFORSCHUNGSANSTALT FUER NATURSCHUTZ UND LANDSCHAFTSOEKOLOGIE
BONN -BAD GODESBERG, HEERSTR. 110
VORHAB **erarbeitung von empfehlungen fuer die verknuepfung von landschaftsplanung und strassenplanung**
erarbeitung von empfehlungen fuer eine inhaltlich und methodisch der heutigen rechtlichen und fachinhaltlichen gegebenheiten angepasste zusammenarbeit zwischen der naturschutz- und landschaftspflegebehoerde mit der strassenbauverwaltung. dazu werden folgende untersuchungen durchgefuehrt: untersuchung der planungsrelevanten rechts- und verwaltungsnormen des strassenbaues, des naturschutzes und der landschaftspflege; untersuchung von landschaftsplaenen - landschaftspflegerischen begleitplaenen; aufarbeitung der diskussion ueber ziele, inhalte und planungsmethoden in der landschaftsplanung; untersuchung der oekologischen und aesthetischen auswirkungen von strassenbau und verkehr
S.WORT landschaftsplanung + naturschutz + strassenbau + verkehrsplanung
PROLEI DR. -ING. WALTER MRASS
STAND 13.8.1976
QUELLE fragebogenerhebung sommer 1976
FINGEB BUNDESMINISTER FUER VERKEHR
BEGINN 1.8.1975 ENDE 31.7.1977
G.KOST 163.000 DM

UK -035
INST INSTITUT FUER LANDSCHAFTSPLANUNG DER UNI STUTTGART
STUTTGART, KIENESTR. 41
VORHAB **landschaftsuntersuchung memmingen**
stadtentwicklung auf der basis landschaft: wo liegen entwicklungsgebiete so, dass die funktion der landschaftselemente boden/wasser/vegetation/klima fuer den memminger raum nicht zerstoert wird
S.WORT landschaftsplanung + stadtentwicklung
MEMMINGEN
PROLEI DIPL. -ING. ANDRESEN
STAND 1.1.1974
QUELLE erhebung 1975
FINGEB STADT MEMMINGEN
ZUSAM - INST. F. STAEDTEBAU, 8 MUENCHEN, LUISENSTR. , PROF. ANGERER
- VERKEHRSPLANER PROF. SCHAECHTERLE UND HOLDSCHUHER, NEU-ULM
BEGINN 1.4.1974 ENDE 31.8.1975
LITAN 1974. 12

UK -036
INST INSTITUT FUER LANDSCHAFTSPLANUNG DER UNI STUTTGART
STUTTGART, KIENESTR. 41
VORHAB **landschaftsuntersuchung ravensburg-flappach**
gebiet ohne erweiterung baulicher art. laut flaechennutzungsplan erholung und landwirtschaftlicher nutzung vorbehalten; probleme durch kiesabbau und -bearbeitung. stoerzonen fuer erholung und landschaftspflege; vorschlag zur ordnung langfristiger nutzungen auf der grundlage natuerlicher faktoren der landschaft
S.WORT landschaftsplanung + flaechennutzungsplan
RAVENSBURG
PROLEI DALDROP-WEIDMANN
STAND 1.1.1974
QUELLE erhebung 1975
FINGEB STADT RAVENSBURG
BEGINN 1.1.1974 ENDE 30.6.1975

UK -037
INST INSTITUT FUER LANDSCHAFTSPLANUNG DER UNI STUTTGART
STUTTGART, KIENESTR. 41
VORHAB **landschaftsplanung stadt und verwaltungsraum tuttlingen**
darstellung des oekologischen standpunktes zur planung; bestimmung der oekologischen leitbilder und planungsgrundsaetze; generelle ziele und leitsaetze der landschaftsplanung zur oekologisch integrierten flaechennutzung; oekologische beurteilung vorhandener und geplanter raumwirksamer nutzungen (oekologische wirkungsanalysen); planungsvorschlaege zue oekologisch integrierten flaechennutzung
S.WORT landschaftsplanung + flaechennutzung + oekologische faktoren
SCHWARZWALD-BAAR-HEUBERG (REGION) + TUTTLINGEN
PROLEI DIPL. -ING. RAINER HEITZMANN
STAND 4.8.1976
QUELLE fragebogenerhebung sommer 1976
FINGEB STADT- UND VERWALTUNGSGEMEINSCHAFT TUTTLINGEN
BEGINN 1.4.1974 ENDE 30.4.1976
G.KOST 100.000 DM

UK -038
INST INSTITUT FUER METEOROLOGIE UND KLIMATOLOGIE DER TU HANNOVER
HANNOVER 21, HERRENHAEUSERSTR. 2
VORHAB **kleinklimatische untersuchungen in umschlossenen freiraeumen und gelaendevertiefungen**
klima fuer bauplanung
terrassenhaeuser/architekturhoefe/ unbebaute plaetze
S.WORT bebauungsart + freiflaechen + mikroklimatologie
PROLEI DR. FRITZ WILMERS
STAND 1.1.1974
BEGINN 1.1.1970 ENDE 31.12.1974
LITAN - WILMERS, F.: TEMPERATURSTUDIEN IN GARTENHOEFEN. IN: DAS GARTENAMT 21. 677-681(1972)
- WILMERS, F.: KLEINKLIMATISCHE STANDARTUNTERSUCHUNGEN ZUR BEBAUUNG EINER TONGRUBE. IN: DAS GARTENAMT 23, S. 83-94(1974)

UK -039
INST INSTITUT FUER NATURSCHUTZ UND TIEROEKOLOGIE DER BUNDESFORSCHUNGSANSTALT FUER NATURSCHUTZ UND LANDSCHAFTSOEKOLOGIE
BONN -BAD GODESBERG, HEERSTR. 110
VORHAB **untersuchung potentieller eignungsgebiete fuer nationalparke in der bundesrepublik deutschland**
entscheidungshilfen fuer die ausarbeitung eines nationalparkkonzepts in der bundesrepublik deutschland; erarbeitung von auswahlkriterien und von kriterien fuer die schutzgebietsplanung; konkrete vorschlaege fuer nationalparke in der bundesrepublik deutschland, die innerhalb der raumordnung und landesplanung zu verwirklichen sind
S.WORT landschaftsplanung + nationalpark + planungshilfen
BUNDESREPUBLIK DEUTSCHLAND
PROLEI DR. WOLFGANG ERZ
STAND 1.1.1974

QUELLE erhebung 1975
FINGEB BUNDESMINISTER FUER ERNAEHRUNG, LANDWIRTSCHAFT UND FORSTEN
BEGINN 1.9.1972 ENDE 31.12.1975
G.KOST 180.000 DM
LITAN - PROJEKTVORSCHLAG DER BAVNL VOM 9. 2. 1972 AN DEN BUNDESMINISTER FUER ERNNAEHRUNG, LANDWIRTSCHAFT UND FORSTEN
- ZWISCHENBERICHT DER BAVNL VOM 6. 7. 1973 AN DEN BUNDESMINISTER FUER ERNAEHRUNG, LANDWIRTSCHAFT UND FORSTEN
- JAHRESBERICHT BAVNL 1972, S. F15

UK -040

INST INSTITUT FUER NATURSCHUTZ UND TIEROEKOLOGIE DER BUNDESFORSCHUNGSANSTALT FUER NATURSCHUTZ UND LANDSCHAFTSOEKOLOGIE BONN -BAD GODESBERG, HEERSTR. 110
VORHAB **gutachten zum nationalpark nordfriesisches wattenmeer**
ziel des gutachtens sind entscheidungshilfen fuer die schleswig-holsteinische landesregierung zur errichtung, entwicklung und organisation eines nationalparks im nordfriesischen wattenmeer
S.WORT landschaftsplanung + nationalpark + wattenmeer + (gutachten)
NORDFRIESLAND + DEUTSCHE BUCHT
PROLEI DR. WOLFGANG ERZ
STAND 1.10.1974
FINGEB - BUNDESANSTALT FUER VEGETATIONSKUNDE, NATURSCHUTZ UND LANDESPFLEGE, BONN-BAD GODESBERG
- MINISTER FUER ERNAEHRUNG, LANDWIRTSCHAFT UND FORSTEN, KIEL
BEGINN 1.3.1973 ENDE 28.2.1974
G.KOST 10.000 DM
LITAN BUCH; ERZ, W.: NATIONALPARK WATTENMEER. HAMBURG: PAUL PAREY (1972)

UK -041

INST INSTITUT FUER ORTS-, REGIONAL- UND LANDESPLANUNG DER UNI KARLSRUHE KARLSRUHE, AM SCHLOSS, BAU 1
VORHAB **landschaft und architektur**
ausgangslage: zerstoerung des landschaftsbildes durch unbefriedigend gestaltete gebaeude im freien landschaftsbereich (aussenbereich); zielsetzung: regeln/masstaebe/richtlinien fuer das bauen in der landschaft
S.WORT landschaftsgestaltung + architektur
PROLEI DIPL. -ING. GAUL
STAND 1.1.1974
BEGINN 1.9.1972 ENDE 28.2.1975
G.KOST 5.000 DM
LITAN SEMINAR BERICHT WS 73/74 LANDSCHAFT + ARCHITEKTUR AM LEHRSTUHL F. WOHNUNGSBAU UNI KARLSRUHE

UK -042

INST INSTITUT FUER ORTS-, REGIONAL- UND LANDESPLANUNG DER UNI KARLSRUHE KARLSRUHE, AM SCHLOSS, BAU 1
VORHAB **geo-urbanik, studie zur gestaltung von lebensraeumen, bezogen auf kontinentale zusammenhaenge**
ausgangslage: ungeordnete raum- und landesentwicklung; optische und flaechenmaessige zerstoerung der umwelt (weltweit); zielsetzung: entwicklung eines uebergeordneten planungmodells mit direkter auswirkung auf das planungsgeschehen auch im lokalen detail
S.WORT raumplanung + landschaftsgestaltung + planungsmodell
PROLEI PROF. DR. -ING. SELG
STAND 1.1.1974
BEGINN 1.1.1968 ENDE 31.12.1975
G.KOST 20.000 DM
LITAN AUSSTELLUNG IM BUNDESMINISTERIUM FUER RAUMORDN. (BAUWESEN/STAEDTEBAU)

UK -043

INST INSTITUT FUER PFLANZENBAU DER UNI BONN BONN, KATZENBURGWEG 5
VORHAB **landschaftsgestaltung durch produktionslosen pflanzenbau**
ansaat bestimmter pflanzenarten auf brachfallende flaechen (sozialbrache) bei mehrjaehriger bestandesbildung mit folgender zielsetzung: offenhaltung der landschaft (verhinderung einer verbuschung). gestaltung des landschaftsbildes (farbgestalt). herausnahme dieser flaechen aus der landwirtschaftlichen produktion. erhaltung dieser flaechen fuer eine eventuelle spaetere wiederbewirtschaftung. pflegefreie und damit umweltfreundliche und kostenguenstige landschaftsgestaltung
S.WORT vegetation + brachflaechen + landschaftsgestaltung
PROLEI DR. HEINZ-JOSEF KOCHS
STAND 21.7.1976
QUELLE fragebogenerhebung sommer 1976
FINGEB MINISTER FUER ERNAEHRUNG, LANDWIRTSCHAFT UND FORSTEN, DUESSELDORF
BEGINN 1.1.1971 ENDE 31.12.1977
G.KOST 22.000 DM
LITAN - HEYLAND, K. -U. , VORTRAG, DLG, GOETTINGEN(1974)
- HEYLAND, K. -U. , VORTRAG, GRUENE WOCHE, BERLIN(1975)

UK -044

INST INSTITUT FUER PFLANZENBAU DER UNI BONN BONN, KATZENBURGWEG 5
VORHAB **rasen im oeffentlichen gruen**
analyse der rasenvegetation in den oeffentlichen gruenanlagen verschiedener groesserer staedte und auf den bundesgartenschauen
S.WORT gruenflaechen + rasen
PROLEI PROF. DR. PETER BOEKER
STAND 21.7.1976
QUELLE fragebogenerhebung sommer 1976
BEGINN 1.1.1971
G.KOST 10.000 DM
LITAN - OPITZ VON BOBERFELD,W.: DIE BOTANISCHE ZUSAMMENSETZUNG DER RASENFLAECHEN IM GELAENDE DER BUNDESGARTENSCHAU MANNHEIM 1975. IN:RASEN-TURF-GAZON (4) S.126-129(1975)
- OPITZ VON BOBERFELD,W.: PFLANZENSOZIOLOGISCHE UND OEKOLOGISCHE UNTERSUCHUNGEN DER RASENFLAECHEN DES KOELNER GRUENGUERTELS. IN:RASEN-TURF-GAZON (1) S.21-27(1972)
- BOEKER,P.: TURF FOR ROADSIDES AND SLOPES IN GERMANY. IN:JOURNAL OF THE SPORTS TURF RESEARCH INSTITUTE (46) S.58(1970)

UK -045

INST INSTITUT FUER PFLANZENBAU UND PFLANZENZUECHTUNG DER UNI KIEL KIEL, OLSHAUSENSTR. 40/60
VORHAB **entwicklung einer landschaft durch landwirtschaft und fremdenverkehr**
pflanzensoziologische untersuchung einer insel; aenderung der vegetation durch landbewirtschaftung und durch fremdenverkehr; angewandte methode: pflanzensoziologische analyse
S.WORT landschaftsgestaltung + pflanzensoziologie + landwirtschaft + fremdenverkehr
FOEHR + NORDFRIESISCHES WATTENMEER
PROLEI PROF. DR. KNAUER
STAND 1.1.1974
FINGEB MINISTER FUER ERNAEHRUNG, LANDWIRTSCHAFT UND FORSTEN, KIEL
BEGINN 1.1.1952 ENDE 31.12.1975
G.KOST 5.000 DM

UK -046

INST INSTITUT FUER SOZIALWISSENSCHAFTEN DER UNI HOHENHEIM
STUTTGART 70, GERAETEFLUEGEL - SCHLOSS

VORHAB **die untersuchung der freiraumnachfrage in verdichtungsraeumen**
zielsetzung und aufgabenstellung: erarbeitung von entscheidungshilfen fuer die freiraumplanung in verdichtungsraeumen methode: auswertung der empirisch-soziologischen untersuchungen der freizeitforschung, planungsbezogenen untersuchungen und der theoretischen freizeitliteratur (sekundaeranalyse)
S.WORT verdichtungsraum + freiraumplanung + freizeitverhalten + planungshilfen
STUTTGART
PROLEI PROF. DR. ERNST-WOLFGANG BUCHHOLZ
STAND 12.8.1976
QUELLE fragebogenerhebung sommer 1976
FINGEB MINISTERIUM FUER LANDWIRTSCHAFT, WEINBAU UND UMWELTSCHUTZ, MAINZ
BEGINN 1.3.1974 ENDE 31.3.1976
LITAN ENDBERICHT

UK -047

INST INSTITUT FUER SOZIOLOGIE DER UNI KARLSRUHE
KARLSRUHE, KOLLEGIUM AM SCHLOSS, BAU 2
VORHAB **die sozialfunktion landschaftlicher freiraeume fuer die wohnbevoelkerung im grossstaedtischen ballungsgebiet**
S.WORT landschaftsgestaltung + freiraum + ballungsgebiet
PROLEI PROF. DR. HANS LINDE
STAND 1.1.1974
FINGEB DEUTSCHE FORSCHUNGSGEMEINSCHAFT
ZUSAM FORSCHUNGSPROGRAMM: SOZIALFUNKTION DES WALDES
BEGINN 1.1.1972

UK -048

INST INSTITUT FUER WELTFORSTWIRTSCHAFT DER BUNDESFORSCHUNGSANSTALT FUER FORST- UND HOLZWIRTSCHAFT
REINBEK, SCHLOSS
VORHAB **die wohlfahrtswirkungen des waldes in beziehung zu soziologischen und demographischen veraenderungen**
bewertung und volkswirtschaftliche bedeutung der verschiedenen funktionen des waldes (multiple use)
S.WORT wald + erholungsgebiet + nutzwertanalyse
PROLEI PROF. DR. C. WIEBECKE
STAND 1.1.1976
QUELLE mitteilung des bundesministers fuer ernaehrung,landwirtschaft und forsten
FINGEB BUNDESFORSCHUNGSANSTALT FUER FORST- UND HOLZWIRTSCHAFT, REINBEK

UK -049

INST LANDESANSTALT FUER OEKOLOGIE, LANDSCHAFTSENTWICKLUNG UND FORSTPLANUNG NORDRHEIN-WESTFALEN
DUESSELDORF 30, PRINZ-GEORG-STR. 126
VORHAB **aufbau eines landschaftsinformationssystems nordrhein-westfalen**
entwicklung und aufbau eines computerunterstuetzten landschaftsinformationssystems auf der grundlage einer rasterbezogenen flaechendatenbank
S.WORT landschaftsplanung + informationssystem + (oekologisch-oekonomisches nutzungsmodell)
NORDRHEIN-WESTFALEN
PROLEI DR. HERMANN-JOSEF BAUER
STAND 11.8.1976
QUELLE fragebogenerhebung sommer 1976
FINGEB LAND NORDRHEIN-WESTFALEN
ZUSAM BUNDESFORSCHUNGSANSTALT FUER NATURSCHUTZ UND LANDSCHAFTSOEKOLOGIE, HEERSTR. 110, BONN-BAD GODESBERG
BEGINN 1.10.1975

UK -050

INST LANDSCHAFTSVERBAND RHEINLAND
KOELN 21, KENNEDY-UFER 2
VORHAB **landschaftsoekologische grundlagen fuer den erholungspark ville**
ausgangslage: nutzungsbeanspruchung des raumes; ziel: erarbeitung landschaftsoekologischer grundlagen fuer die landschafts-und erholungsplanung; methode: landschaftsoekologisch
S.WORT landschaftsoekologie + landschaftsrahmenplan + erholungsgebiet + naturpark
KOTTENFORST-VILLE + BONN + RHEIN-RUHR-RAUM
PROLEI ING. GRAD. URSULA KISKER
STAND 1.1.1974
QUELLE erhebung 1975
BEGINN 1.1.1969 ENDE 31.12.1975
LITAN - BAUER; GERTA: LANDSCHAFTSOEKOLOGISCHE GRUNDLAGEN FUER DEN ERHOLUNGSPARK VILLE. LANDSCHAFTSVERBAND RHEINLAND, KOELN(1970)
- ZWISCHENBERICHT 1974. 12

UK -051

INST LANDSCHAFTSVERBAND RHEINLAND
KOELN 21, KENNEDY-UFER 2
VORHAB **landschaftsoekologische grundlagen fuer das erholungsgebiet muenstereifeler wald**
ausgangslage: nutzungsbeanspruchung des raumes; ziel: erarbeitung landschaftsoekologischer grundlagen fuer die landschafts- und erholungsplanung; methode: landschaftsoekologisch (eigene methode)
S.WORT landschaftsoekologie + erholungsgebiet
MUENSTEREIFLER-WALD + EIFEL
PROLEI DR. WOLFF-STRAUB
STAND 1.1.1974
ZUSAM - BUNDESANSTALT FUER VEGETATIONSKUNDE, 53 BONN-BAD GODESBERG, HEERSTR. 110
- GEOLOGISCHES LANDESAMT, 415 KREFELD, DE-GREIFF-STR. 195
BEGINN 1.1.1973 ENDE 31.12.1975

UK -052

INST LANDSCHAFTSVERBAND RHEINLAND
KOELN 21, KENNEDY-UFER 2
VORHAB **landschaftsoekologische grundlagen naturpark bergisches land**
ausgangslage: nutzungsbeanspruchung des raumes; ziel: erarbeitung landschaftsoekologischer grundlagen fuer die naturparkplanung; methode: oekologisch-physich-geographisch (eigene methode)
S.WORT landschaftsoekologie + erholungsgebiet + naturpark
BERGISCHES LAND
PROLEI DR. GOETZ-JOERG KIERCHNER
STAND 1.1.1974
ZUSAM - BUNDESANSTALT FUER VEGETATIONSKUNDE, 53 BONN-BAD GODESBERG, HEERSTR. 110
- GEOLOGISCHES LANDESAMT, 415 KREFELD, DE-GREIFF-STR. 195
BEGINN 1.10.1973 ENDE 31.12.1974
LITAN - BEUTER; HUELBUSCH; REUSS: MODELL ZUR NATURPARKPLANUNG. LANDSCHAFTSVERB. RHEINL. KOELN(1972)
- ZWISCHENBERICHT 1974. 12

UK -053

INST LANDSCHAFTSVERBAND RHEINLAND
KOELN 21, KENNEDY-UFER 2
VORHAB **landschaftsrahmenplan erholungspark ville**
nutzungsbeanspruchung des raumes, insbesondere erholung; vorgaben und vorhaben von der landesplanung bis zur bauleitplanung; landschaftsoekologische grundlagen. ziel: landschaftsrahmenplan fuer den erholungspark ville zur erhaltung, schutz, pflege und entwicklung von natur und landschaft sowie erschliessung fuer die erholung; einrichtungsprogramm
S.WORT erholungsplanung + landschaftsrahmenplan + naturpark + naherholung
KOTTENFORST-VILLE + BONN + RHEIN-RUHR-RAUM
PROLEI ING. GRAD. URSULA KISKER
STAND 28.7.1976

QUELLE fragebogenerhebung sommer 1976
BEGINN 1.10.1973 ENDE 30.6.1976
LITAN - BAUER, G.;GERRESHEIM, K.;KISKER, U.: LANDSCHAFTSRAHMENPLAN ERHOLUNGSPARK VILLE. IN: BEITRAEGE ZUR LANDESENTWICKLUNG 35, RHEINLAND-VERLAG GMBH, KOELN
- ENDBERICHT

UK -054
INST LANDSCHAFTSVERBAND RHEINLAND
KOELN 21, KENNEDY-UFER 2
VORHAB **landschaftsrahmenplan naturpark bergisches land**
vorgaben und vorhaben von der landesplanung bis zur bauleitplanung; erholungseignungsuntersuchung und biooekologische zustandserfassung. ziel: landschaftsrahmenplan fuer den naturpark bergisches land zur erhaltung, schutz und entwicklung von natur und landschaft sowie der landschaftsbezogenen erholung. modellverfahren fuer landschaftsrahmenplanungen in naturparken und anderen grossraeumigen erholungsgebieten
S.WORT landschaftsschutz + erholungsplanung + landschaftsrahmenplan + naturpark
BERGISCHES LAND
PROLEI DR. GOETZ-JOERG KIERCHNER
STAND 28.7.1976
QUELLE fragebogenerhebung sommer 1976
BEGINN 1.5.1976 ENDE 31.12.1977
G.KOST 350.000 DM

UK -055
INST LANDSCHAFTSVERBAND RHEINLAND
KOELN 21, KENNEDY-UFER 2
VORHAB **landschaftsplan kreis dueren raum vettweiss**
nutzungsbeanspruchung des raumes; natuerliche grundlagen; vorgaben und vorhaben der landes-, bauleit- und fachplanung. ziel: landschaftsplan zum schutz, zur pflege und entwicklung von natur und landschaft sowie der landschaftsbezogenen erholung. modellverfahren fuer die landschaftsplanung in nordrhein-westfalen
S.WORT landschaftsplanung + erholungsplanung + naturschutz
DUEREN (KREIS)
PROLEI ING. GRAD. URSULA KISKER
STAND 28.7.1976
QUELLE fragebogenerhebung sommer 1976
ZUSAM LANDESANSTALT FUER OEKOLOGIE, FORSTPLANUNG UND LANDSCHAFTSENTWICKLUNG NORDRHEIN-WESTFALEN
BEGINN 1.5.1975 ENDE 31.12.1976

UK -056
INST LANDSCHAFTSVERBAND RHEINLAND
KOELN 21, KENNEDY-UFER 2
VORHAB **landschaftsplan mittleres schwalmtal**
nutzungsbeanspruchung des raumes; natuerliche grundlagen; vorgaben und vorhaben der landes-, bauleit- und fachplanung. ziel: landschaftsplan zum schutz, zur pflege und entwicklung von natur und landschaft sowie der landschaftsbezogenen erholung. modellverfahren fuer die landschaftsplanung in nordrhein-westfalen
S.WORT landschaftsplanung + erholungsplanung + naturpark
SCHWALMTAL (KREIS VIERSEN)
PROLEI DIPL. -ING. HEINRICH RUETER
STAND 28.7.1976
QUELLE fragebogenerhebung sommer 1976
ZUSAM LANDESANSTALT FUER OEKOLOGIE, FORSTPLANUNG UND LANDSCHAFTSENTWICKLUNG NORDRHEIN-WESTFALEN
BEGINN 1.6.1975 ENDE 31.12.1976

UK -057
INST LEHR- UND VERSUCHSANSTALT FUER GRUENLANDWIRTSCHAFT, FUTTERBAU UND LANDESKULTUR DER LANDWIRTSCHAFTSKAMMER SCHLESWIG-HOLSTEIN
BREDSTEDT, THEODOR-STORM-STR. 2
VORHAB **landschaftsplanerisches und oekologisches gutachten wedeler/haseldorfer marsch**
darstellung aller wesentlichen oekologischen belange fuer tier und pflanze vor beendigung der vordeichung fuer bisher regelmaessig ueberflutete laendereien. begruendung der planerischen ziele unter beruecksichtigung der zu erwartenden veraenderungen. grundlage fuer entscheidungen im bereich: landwirtschaft, erholung, landschaftspflege, naturschutz
S.WORT landschaftsplanung + oekologische faktoren + (gutachten)
ELBE-AESTUAR
PROLEI DIPL. -HORT. RAIMUND HERMS
STAND 11.8.1976
QUELLE fragebogenerhebung sommer 1976
FINGEB KREIS PINNEBERG
ZUSAM - UNI KIEL - BOTANIK
- UNI HAMBURG - ZOOLOGIE
- TU BRAUNSCHWEIG - WASSERBAU
BEGINN 1.5.1975 ENDE 30.6.1976
G.KOST 60.000 DM
LITAN - GUTACHTERTEAM HERMS: KONSEQUENZEN AUS DEM GUTACHTEN HASELDORFER MARSCH. IN: THEMENHEFT "UNTERELBE" DES DEUTSCHEN RATES FUER LANDESPFLEGE. BAD GODESBERG-BUNDESANSTALT FUER VEGETATIONSKUNDE, NATURSCHUTZ UND LANDSCHAFTSPFLEGE(1976)
- ENDBERICHT

UK -058
INST LEHRSTUHL FUER GRUENPLANUNG, LANDSCHAFTSPLANUNG DER BALLUNGSRAEUME DER TU HANNOVER
HANNOVER, APPELSTR. 20
VORHAB **nutzung, ausbildung und bemessung von freiraeumen im geschosswohnungsbau**
ziel der untersuchung ist es, aufschluss darueber zu gewinnen inwieweit die nutzung der freiraeume im mehrgeschossigem wohnungsbau durch die bewohner oder gruppen der bewohner einerseits von raeumlich-physischen konstellationen abhaengig ist und andererseits durch sozial vermittelte nutzungsbarrieren beeinflusst wird. die untersuchung soll empirisch abgesicherte daten und erkenntnisse zum problem der freiraumnutzung erbringen, auf deren basis planerische konzepte und veraenderungsvorschlaege sowohl fuer bestehende situationen als auch fuer neuplanungen entwickelt werden koennen, die sich in erster linie an den beduerfnissen der potentiellen benutzer orientieren
S.WORT freiraumplanung + wohnungsbau + verdichtungsraum
HANNOVER + HAMBURG
PROLEI DIPL. -ING. VOLKMAR SEYFANG
STAND 9.8.1976
QUELLE fragebogenerhebung sommer 1976
FINGEB DEUTSCHE FORSCHUNGSGEMEINSCHAFT
ZUSAM INST. F. STAEDTEBAU, WOHNUNGSWESEN UND LANDESPLANUNG, SCHLOSSWENDER STR. 1, 3000 HANNOVER
BEGINN 1.1.1975 ENDE 31.12.1977
G.KOST 260.000 DM
LITAN ZWISCHENBERICHT

UK -059
INST LEHRSTUHL FUER GRUENPLANUNG, LANDSCHAFTSPLANUNG DER BALLUNGSRAEUME DER TU HANNOVER
HANNOVER, APPELSTR. 20
VORHAB **raeumliche und soziale entwicklungstendenzen im dauercampingwesen**
ziel der arbeit ist es u. a. ueberpruefbare daten ueber die soziale struktur von dauercampern, ueber die raeumliche verteilung von dauercampingplaetzen als grundlage fuer planerische massnahmen zu erhalten. besondere aufmerksamkeit soll der wohnsituation der dauercamper geschenkt werden. literaturstudium, feldarbeit, interpretation. als erhebungstechniken werden beobachtung, fragebogen und interview verwendet
S.WORT landschaftspflege + erholungsplanung + camping + sozio-oekonomische faktoren
PROLEI DR. GERT GROENING
STAND 9.8.1976

QUELLE fragebogenerhebung sommer 1976
FINGEB LAND NIEDERSACHSEN
BEGINN 1.8.1974 ENDE 31.8.1977
G.KOST 70.000 DM
LITAN GROENING, G.: UEBER DAS INTERESSE AN KLEINGAERTEN, DAUERCAMPINGPARZELLEN UND WOCHENDHAUS-GRUNDSTUECKEN. IN: LANDSCHAFT UND STADT. 7(1) S. 7-14, (2) S. 77-89, (3) S. 113-122(1975)

UK -060

INST LEHRSTUHL FUER GRUENPLANUNG, LANDSCHAFTSPLANUNG DER BALLUNGSRAEUME DER TU HANNOVER
HANNOVER, APPELSTR. 20
VORHAB **untersuchung ueber frequentierung staedtischer freiraeume unter besonderer beruecksichtigung der dinglichen ausstattung des raumes und der sozialen struktur ihrer benutzer**
das erlebnis staedtischer freiraeume soll nicht als isolierte groesse vorausgesetzt werden, sondern im rahmen aufeinander bezogener lebensbereiche. dies soll an einer reihe sozialstatistischer grunddaten untersucht werden sowie im bereich der arbeitsbedingungen vertieft werden. die untersuchungsraeume und versuchspersonen entstammen dem standort hannover. aufbauend auf theoretischen ueberlegungen und empirischen befunden werden planungsbezogene konsequenzen konkretisiert
S.WORT freiraumplanung + grosstadt + sozio-oekonomische faktoren
HANNOVER
PROLEI PROF. WERNER LENDHOLT
STAND 9.8.1976
QUELLE fragebogenerhebung sommer 1976
FINGEB DEUTSCHE FORSCHUNGSGEMEINSCHAFT
BEGINN 1.1.1973 ENDE 31.12.1976
G.KOST 171.000 DM
LITAN ZWISCHENBERICHT

UK -061

INST LEHRSTUHL FUER LANDSCHAFTSOEKOLOGIE DER TU MUENCHEN
FREISING -WEIHENSTEPHAN, WEIHENSTEPHAN
VORHAB **entwicklung und einrichtung des naturparkes frankenwald**
S.WORT landschaftserhaltung + naturpark
FRANKENWALD + BAYERN
PROLEI PROF. DR. WOLFGANG HABER
STAND 1.1.1974
FINGEB VEREIN NATURPARK FRANKENWALD
ZUSAM - STAATL. PLANUNGSBEHOERDEN IN BAYERN, IM REG. -BEZ. OBERFRANKEN U. LANDKREISE KRONACH U. HOF
- VEREIN NATURSCHUTZPARK E. V. , 7 STUTTGART, PFIZERSTR. 5-7; VERBAND DEUTSCHER NATURPARKE E. V.
BEGINN 1.9.1973 ENDE 31.7.1975
G.KOST 80.000 DM
LITAN ZWISCHENBERICHT 1975. 10

UK -062

INST LEHRSTUHL FUER LANDSCHAFTSOEKOLOGIE DER TU MUENCHEN
FREISING -WEIHENSTEPHAN, WEIHENSTEPHAN
VORHAB **erarbeitung einer kriteriendatei fuer die landschaftspflege und untersuchung der verwendbarkeit der linearen planungsrechnung fuer landschaftspflegerische problemstellungen**
S.WORT landschaftspflege + planungsmodell
+ bewertungskriterien
PROLEI PROF. DR. WOLFGANG HABER
STAND 10.9.1976
QUELLE fragebogenerhebung sommer 1976
BEGINN 1.6.1976 ENDE 31.8.1977

UK -063

INST LEHRSTUHL FUER LANDSCHAFTSOEKOLOGIE UND LANDSCHAFTSGESTALTUNG DER TH AACHEN
AACHEN, SCHINKELSTR. 1
VORHAB **die stadt und ihr natuerlicher ausgleichs- und ergaenzungsraum, dargestellt am beispiel aachen**
S.WORT stadt + erholungsgebiet + oekologische faktoren
AACHEN
PROLEI PROF. WOLFRAM PFLUG
STAND 1.10.1974
FINGEB DEUTSCHE FORSCHUNGSGEMEINSCHAFT
BEGINN 1.1.1971 ENDE 31.12.1974
G.KOST 115.000 DM

UK -064

INST LEHRSTUHL FUER LANDSCHAFTSOEKOLOGIE UND LANDSCHAFTSGESTALTUNG DER TH AACHEN
AACHEN, SCHINKELSTR. 1
VORHAB **landschaftsplanerische gutachten aachen**
den untersuchungen und verfahren lag die absicht zugrunde, die stadt aachen in die lage zu versetzen, sowohl die heutigen nutzungen las auch die zukuenftigen nutzungausprueche an der leistungsfaehigkeit und belastbarkeit des naturhaushalts sowie an den aus landschaftsoekologischer sicht gemachten vorschlaegen zur stadtentwicklung ueberpruefen und beurteilen zu koennen
S.WORT landschaftsoekologie + stadtentwicklung
+ nutzungsplanung + (gutachten)
AACHEN
PROLEI PROF. WOLFRAM PFLUG
STAND 26.7.1976
QUELLE fragebogenerhebung sommer 1976
FINGEB STADT AACHEN
BEGINN 1.11.1972 ENDE 31.7.1976
G.KOST 360.000 DM
LITAN ENDBERICHT

UK -065

INST LEHRSTUHL FUER LANDSCHAFTSOEKOLOGIE UND LANDSCHAFTSGESTALTUNG DER TH AACHEN
AACHEN, SCHINKELSTR. 1
VORHAB **beziehungen zwischen naturhaushalt, strassenplanung, strassenbau und strassenverkehr**
herstellung von karten mit erlaeuterungen in form von richtlinien, mit deren hilfe die strassenplaner die auswirkungen verschieden dimensionierter strassen auf den naturhaushalt der angrenzenden standorte im voraus feststellen und abwaegen koennen, ob auf den betreffenden standorten ein strassenbau verantwortet werden kann und welche massnahmen gegebenfalls zu treffen sind, um nachteilige auswirkungen auf die natir, den strassenkoerper und den strassenverkehr zu mindern oder zu verhindern
S.WORT strassenbau + naturschutz + landschaftspflege
+ standortwahl + (richtlinien + nutzungsmodelle)
PROLEI PROF. WOLFRAM PFLUG
STAND 26.7.1976
QUELLE fragebogenerhebung sommer 1976
FINGEB BUNDESMINISTER FUER VERKEHR
ZUSAM - LANDSCHAFTSVERBAND RHEINLAND, KENNEDYUFER 2, 5000 KOELN
- LANDSCHAFTSVERBAND WESTFALEN-LIPPE, FREIHERR-VON-STEIN-PLATZ 1, 4400 MUENSTER
- FORSCHUNGSGEMEINSCHAFT FUER DAS STRASSENWESEN E. V. , MAASTRICHTER STR. 46, 5000 KOELN
BEGINN 1.1.1976 ENDE 31.1.1978
G.KOST 200.000 DM

UK -066

INST LEHRSTUHL FUER PSYCHOLOGIE (INSBESONDERE WIRTSCHAFTS- UND SOZIALPSYCHOLOGIE) DER UNI ERLANGEN-NUERNBERG
NUERNBERG, UNSCHLITTPLATZ 1

VORHAB **die wirkungen agrarstruktureller massnahmen in naherholungsgebieten auf das erleben erholungssuchender personen**
wie beeinflussen massnahmen der flurbereinigung die erlebmiswirkung einer bestimmten landschaft? gibt es unterschiede der erlebniswirkung auf ansiedler und erholungssuchende? erhebung erfolgt durch befragung (semantisches differential, zuordnungsverfahren, erlebniskartierung)
S.WORT landschaftsgestaltung + flurbereinigung + naherholung + erholungswert
FRANKEN
PROLEI PROF. DR. JOACHIM FRANKE
STAND 4.8.1976
QUELLE fragebogenerhebung sommer 1976
FINGEB BUNDESMINISTER FUER ERNAEHRUNG, LANDWIRTSCHAFT UND FORSTEN
BEGINN 1.7.1976 ENDE 30.6.1978
G.KOST 150.000 DM

UK -067
INST LEHRSTUHL UND INSTITUT FUER LANDESPLANUNG UND RAUMFORSCHUNG DER TU HANNOVER
HANNOVER, HERRENHAEUSERSTR. 2
VORHAB **analyse der wechselbeziehungen zwischen verdichtungsraeumen und naherholungsgebieten**
entwicklung von verflechtungsmodellen fuer die wechselbeziehungen zwischen verdichtungsraeumen und naherholungsgebieten. fuer die verschiedenen freizeitfunktionen (wie wandern, schwimmen etc.) und fuer verschiedene entfernungszonen werden unterschiedliche modelle aufgestellt. als planungspraktischer output des forschungsvorhabens werden erreichbarkeitswerte fuer naherholungsgebiete sowie der regionale flaechenbedarf fuer die naherholung berechnet
S.WORT ballungsgebiet + naherholung + erholungsgebiet + (wechselbeziehung + verflechtungsmodell)
HANNOVER (REGION)
PROLEI DR. DIETER EBERLE
STAND 19.7.1976
QUELLE fragebogenerhebung sommer 1976
FINGEB KULTUSMINISTERIUM, HANNOVER
BEGINN 1.9.1970 ENDE 31.5.1976
G.KOST 60.000 DM
LITAN - EBERLE,D.(TU HANNOVER, INSTITUT FUER LANDESPLANUNG), DISSERTATION: VERFLECHTUNGSMODELLE ZWISCHEN WOHN- UND WOCHENENDNAHERHOLUNGSGEBIETEN. (1975)
- EBERLE,D.: VERTEILUNGSMODELLE FUER DEN NAHERHOLUNGSVERKEHR IM RAUM HANNOVER - MOEGLICHKEITEN UND GRENZEN UNTERSCHIEDLICHER ANSAETZE AUF DER BASIS VON SEKUNDAERAUSWERTUNGEN EINER VERKEHRSZAEHLUNG. IN:LANDSCHAFT UND STADT (3)(1976)
- EBERLE,D.: PLANUNGSRELEVANZ UND BERECHNUNGSMOEGLICHKEITEN DER LAGEGUNST VON WOCHENENDNAHERHOLUNGSGEBIETEN - DARGESTELLT AM BEISPIEL DES RAUMES HANNOVER. IN:NEUES ARCHIV FUER NIEDERSACHSEN (4)(1976)

UK -068
INST LEHRSTUHL UND INSTITUT FUER LANDSCHAFTSPFLEGE UND NATURSCHUTZ DER TU HANNOVER
HANNOVER, HERRENHAEUSERSTR. 2
VORHAB **landschaftsrahmenplan, nahbereich lindau / bayern**
S.WORT landschaftsrahmenplan
LINDAU + BODENSEE
PROLEI PROF. DR. KONRAD BUCHWALD
STAND 1.1.1976
QUELLE mitteilung des bundesministers fuer ernaehrung,landwirtschaft und forsten
FINGEB STAATSMINISTERIUM FUER LANDESENTWICKLUNG UND UMWELTFRAGEN, MUENCHEN
BEGINN 1.1.1972

UK -069
INST LIEHR, WALTRAUD
BONN, WILHELMSTR. 54
VORHAB **vorbereitung raumordnungspolitischer konzeptionen fuer die bereiche "fremdenverkehr" und "landwirtschaft"**
zur erarbeitung raumordnungspolitischer konzeptionen und loesungsvorschlaege sind u. a. folgende problemstellungen zu untersuchen: a) im bereich des fremdenverkehrs (unter bes. beruecksichtigung der fremdenverkehrsspezifischen infrastruktureinrichtungen): - welche infrastruktureinrichtungen sind sektoral und regional erforderlich? (mindeststandards) - analyse des vorhandenen infrastrukturangebots einschl. auslastungsgrad - qualitaet des angebotes - abgrenzung von vorranggebieten b) im bereich der landwirtschaft - dienstleistungsfunktion der landwirtschaft (umwelt/freizeit) - einzelbetriebliche und flaechenbezogene foerderung - entwicklung des laendlichen raumes (freisetzung von ak, industrieansiedlung, infrastruktureinrichtungen) - abgrenzung von vorranggebieeten (raeumliche funktionsbestimmung)
S.WORT fremdenverkehr + infrastrukturplanung + landwirtschaft + laendlicher raum + freizeitgestaltung
QUELLE datenuebernahme aus der datenbank zur koordinierung der ressortforschung (dakor)
FINGEB BUNDESMINISTER FUER RAUMORDNUNG, BAUWESEN UND STAEDTEBAU
BEGINN 9.4.1974 ENDE 31.5.1975
G.KOST 13.000 DM

UK -070
INST NIEDERSAECHSISCHES LANDESAMT FUER BODENFORSCHUNG
HANNOVER -BUCHHOLZ, STILLEWEG 2
VORHAB **karten des naturraumpotentials von niedersachsen und bremen**
fuer planerische vorhaben jeglicher art ist die bestmoegliche nutzung der natuerlichen ressourcen gefordert. diese sollte in einklang stehen mit den erfordernissen der rohstoffversorgung, der erholung, der wasserversorgung, des naturschutzes, des umweltschutzes etc. die hierfuer notwendigen geowissenschaftlichen karten aber muessen erst erarbeitet werden. geplant sind zunaechst folgende karten: bodenkundliche standortkarten, baugrundplanungskarten, lagerstaettenkarten (tiefe lagerstaetten, oberflaechennahe lagerstaetten, rohstoffsicherungskarten), grundwasserhoeffigkeitskarten, karten mit nutzungsvorschlaegen aus geowissenschaftlicher sicht etc. zunaechst ein bergland- und ein flachlandblatt, 1: 200 000. spaeter groessere masstaebe
S.WORT naturraum + bodenkunde + kartierung + ressourcenplanung
NIEDERSACHSEN + BREMEN
PROLEI DR. JENS DIETER BECKER-PLATEN
STAND 6.8.1976
QUELLE fragebogenerhebung sommer 1976
FINGEB NIEDERSAECHSISCHES ZAHLENLOTTO, HANNOVER
G.KOST 200.000 DM
LITAN - LUETTIG, G.: NATURRAEUMLICHES POTENTIAL I, II, III. - NIEDERSACHSEN INDUSTRIELAND MIT ZUKUNFT, 3 KARTEN (NDS. MIN. F. WIRT. U. OEFFENTLICHE ARBEITEN) (HANNOVER, 1972)
- PFEIFFER, D.: DIE KARTE DES NATURRAUMPOTENTIALS. EIN NEUES AUSDRUCKSMITTEL GEOWISSENSCHAFTLICHER FORSCHUNG FUER LANDESPLANUNG UND RAUMORDNUNG. IN: N. ARCH. FUER NDS. 23(1) S. 3-13, 5 ABB. , GOETTINGEN(1974)
- LUETTIG, G.: GEOSCIENCE AND THE POTENTIAL OF THE NATURAL ENVIRONMENT. IN: GEOSCIENTIFIC STUDIES AND THE POTENTIAL OF THE NATURAL ENVIRONMENT, 2 ANLAGEN, KOELN, DEUTSCHE UNESCO-KOMM. S. 28-40(1975)

UK -071
INST NIEDERSAECHSISCHES LANDESVERWALTUNGSAMT
HANNOVER, RICHARD-WAGNER-STR. 22

VORHAB **planung von natur- und landschaftsschutzgebieten in niedersachsen**
nach einem festen kriterienkatalog werden schutzwuerdige landschaften kartiert; die unterlagen sollen den zustaendigen behoerden bei der unterschutzstellung nach geltendem naturschutzrecht wissenschaftlich fundierte aussagen liefern; sie sollen gleichzeitig landschaftspflegerische zielsetzungen, die im zuge von landschaftsveraendernden planungen zu beruecksichtigen sind, vorformulieren
S.WORT naturschutzgebiet + landschaftsschutz
NIEDERSACHSEN
PROLEI PROF. DR. ERNST PREISING
STAND 1.1.1974
QUELLE erhebung 1975
FINGEB MINISTERIUM FUER ERNAEHRUNG, LANDWIRTSCHAFT UND FORSTEN, HANNOVER
BEGINN 1.1.1970 ENDE 31.12.1978
G.KOST 300.000 DM

Weitere Vorhaben siehe auch:

AA -046 WITTERUNG IN NAHERHOLUNGSGEBIETEN DES RHEINISCHEN SCHIEFERGEBIRGES WAEHREND GESUNDHEITSGEFAEHRDENDER WETTERLAGEN IM RUHRGEBIET

FD -029 AKUSTISCHE MODELLTECHNIK FUER SCHALLSCHUTZMASSNAHMEN IN LAERMBELASTETEN LANDSCHAFTSGEBIETEN

HA -063 FOLGEN DES RHEINAUSBAUS UNTERHALB IFFEZHEIM

RA -001 UMFRAGE UND REGIONALE VERTEILUNG DER KUENFTIG ZU ERWARTENDEN SOZIALBRACHE - EIN BEITRAG ZUR FUNKTIONALEN RAUMABGRENZUNG (VORRANGGEBIETE)

RA -011 GESTALTUNGSMOEGLICHKEITEN FUER SOZIALBRACHFLAECHEN

RG -003 UNTERSUCHUNGEN UEBER DIE BEGRUENUNGSMOEGLICHKEITEN EXTREMER STANDORTE DURCH GEHOELZANSAATEN

TB -013 NUTZUNG, AUSBILDUNG UND BEMESSUNG VON FREIRAEUMEN IM GESCHOSSWOHNUNGSBAU

TC -003 VERHALTEN UND WUENSCHE VON ERHOLUNGSSUCHENDEN IN WALDREICHEN FERIENGEBIETEN

TC -006 SOZIOLOGISCHE UNTERSUCHUNGEN UEBER DIE BEDARFSANSPRUECHE DER ERHOLUNGSSUCHENDEN IM WALD, DARGESTELLT AM BEISPIEL DES FERIEN- UND WOCHENEND-ERHOLUNGSGEBIETES SUEDSCHWARZWALD

TC -007 FREMDENVERKEHRSENTWICKLUNGSPLAN FUER DEN RAUM SCHWAEBISCH-HALL

TC -011 AUSSTATTUNG UND RAUMSTRUKTUR STAEDTISCHER FREIFLAECHEN ALS FAKTOREN IHRER BENUTZBARKEIT DURCH DIE BEVOELKERUNG

TC -015 ENTWICKLUNG EINER METHODIK DER BESTANDSKRITIK FUER SPORTSTAETTEN ALS GRUNDLAGE EINES UMWELTORIENTIERTEN SPORTSTAETTENPLANPROGRAMMES FUER GEMEINDEN

UE -005 RAUMPLANUNGSKONZEPT UND LANDSCHAFTSBEANSPRUCHUNG

UE -018 QUANTIFIZIERUNG DER BEDEUTUNG DES WALDES FUER DIE STADT- UND REGIONALPLANUNG; HIER: UNTERSUCHUNGEN ZUR ERHOLUNGSEIGNUNG WALDNAHER VEGETATIONSFLAECHEN - BEOBACHTUNG DER ANGELEGTEN VERSUCHSFLAECHEN -

UE -037 BEZIEHUNGEN ZWISCHEN BAUGEBIETEN UND EINBEZOGENEN BZW. ANGRENZENDEN WALDBESTAENDEN - UNTERSUCHT AN BEISPIELEN AUF UNTERSCHIEDLICHEN STANDORTEN

UF -020 REALISIERUNGSBEDINGUNGEN FUER FREIFLAECHEN IN STADTERWEITERUNGSGEBIETEN (PLANUNGS- UND REALISIERUNGSPROZESS)

UL -001
INST AKTIONSGEMEINSCHAFT NATUR- UND UMWELTSCHUTZ BADEN-WUERTTEMBERG E.V. STUTTGART, STAFFLENBERGSTR. 26
VORHAB natur- und landschaftsschutz
dokumentation
S.WORT naturschutz + landschaftsschutz
PROLEI DR. FAHRBACH
STAND 1.1.1974
BEGINN 1.1.1971 ENDE 31.12.1976
G.KOST 10.000 DM

UL -002
INST FACHBEREICH BIOLOGIE UND CHEMIE DER UNI BREMEN
BREMEN 33, ACHTERSTR.
VORHAB bestandsaufnahme und oekologische untersuchungen in naturschutzgebieten in und um bremen
geplante und bestehende naturschutzgebiete sollen oekologisch untersucht werden. hieraus ergeben sich gutachten bzw. vorschlaege fuer erhaltungsmassnahmen
S.WORT naturschutzgebiet + oekologische faktoren
BREMEN (RAUM)
PROLEI PROF. DR. HERMANN CORDES
STAND 12.8.1976
QUELLE fragebogenerhebung sommer 1976
FINGEB SENATOR FUER GESUNDHEIT UND UMWELTSCHUTZ, BREMEN
BEGINN 1.1.1976 ENDE 31.12.1982
G.KOST 5.000 DM

UL -003
INST FACHBEREICH LANDESPFLEGE DER FH OSNABRUECK
OSNABRUECK, AM KRUEMPEL 33
VORHAB erfassung der naturnahen und schutzwuerdigen landschaftsbereiche im landkreis osnabrueck
erfassung der naturnaher landschaftsteile, insbesondere der landschaftsteile, die eine oekologische ausgleichsfunktion haben oder entwickeln koennen. ziel: erhaltung dieser flaechen, evtl. entwicklung ihrer wirksamkeit durch pflegeaufwendungen
S.WORT landschaftserhaltung + oekologische faktoren + verdichtungsraum
OSNABRUECK (LANDKREIS)
PROLEI DR. DIPL. -ING. WOLFGANG HARTMANN
STAND 21.7.1976
QUELLE fragebogenerhebung sommer 1976
FINGEB LANDKREIS OSNABRUECK
BEGINN 1.7.1974
G.KOST 25.000 DM

UL -004
INST FACHBEREICH LANDWIRTSCHAFT DER GESAMTHOCHSCHULE KASSEL
WITZENHAUSEN, NORDBAHNHOFSTR. 1A
VORHAB reintegration industriegeschaedigter landschaftsteile
1. nutzen-kosten-analyse alternativer rekultivierungsvorhaben am beispiel eines aufgelassenen braunkohletagebaues. 2. die pflanzenbaulichen standorteigenschaften kohlefuerender sedimentgemische des tertiaers auf tagebauhalden und ihre veraenderungen unter dem einfluss von bodenverbesserungsmitteln. 3. untersuchungen ueber die natuerliche pflanzensukzession und die entwicklung von forstpflanzen auf unterschiedlich behandelten haldenboeden. 4. probleme der lebenverbaumethoden auf stark erosionsgefaehrdeten halden und tagebauen. 5. die anwendung von abfallqualitaeten auf haldenboeden unter besonderer beruecksichtigung der schwermetallgehalte - speziell des antimons. 6. die entwicklung eines kuenstlichen limnischen oekosystems
S.WORT landschaftspflege + bodenverbesserung + rekultivierung + (industriegeschaedigte landschaftsteile)
PROLEI DR. HELGE SCHMEISKY
STAND 4.8.1976
QUELLE fragebogenerhebung sommer 1976
FINGEB LAND HESSEN
ZUSAM - HESSISCHE LANDESANSTALT FUER UMWELT, KRANZPLATZ 5-6, 6200 WIESBADEN
- STADT HESS. LICHTENAU
BEGINN 1.1.1976 ENDE 31.12.1980
G.KOST 250.000 DM

UL -005
INST FACHBEREICH LANDWIRTSCHAFT DER GESAMTHOCHSCHULE KASSEL
WITZENHAUSEN, NORDBAHNHOFSTR. 1A
VORHAB nutzen-kosten-analyse alternativer rekultivierungsmassnahmen unter verwendung von organischen abfallstoffen
die studie soll pruefen, welche nutzen-kosten relationen bei anwendung unterschiedlicher organischer abfallqualitaeten in einem rekultivierungsvorhaben entstehen. diese frage ergibt sich am konkreten rekultivierungsvorhaben der aufgelassenen braunkohletagebau-zeche glimmerode/hessisch-lichtenau im werra-meissner-kreis - hessen. die studie soll generelle auf andere industriegeschaedigte landschaftsteile uebertragbare ergebnisse erbringen
S.WORT abfallbehandlung + recycling + duengung + rekultivierung + kosten-nutzen-analyse
PROLEI PROF. DIPL. -LANDW. WILHELM NIEBUER
STAND 4.8.1976
QUELLE fragebogenerhebung sommer 1976
FINGEB BUNDESMINISTER FUER BILDUNG UND WISSENSCHAFT
ZUSAM LANDESANSTALT FUER UMWELTSCHUTZ, WIESBADEN
BEGINN 1.1.1975 ENDE 31.12.1980
G.KOST 20.000 DM

UL -006
INST GEOGRAPHISCHES INSTITUT DER UNI BASEL
BASEL/SCHWEIZ, KLINGELBERGSTR. 16
VORHAB mittel- und kleinmassstaebige karten des gelaendeklimas und ihre verwendung in der praxis
literaturauswertung und eigene messungen, die in karten dargestellt werden; dabei methodik der darstellung weiter entwickeln, um zu planungsrelevanten karten zu gelangen
S.WORT landschaftsoekologie + mikroklimatologie + kartierung
BASEL (STADTRAND)
PROLEI PROF. DR. HARTMUT LESER
STAND 1.10.1974
BEGINN 1.12.1973 ENDE 31.12.1974

UL -007
INST GEOGRAPHISCHES INSTITUT DER UNI BASEL
BASEL/SCHWEIZ, KLINGELBERGSTR. 16
VORHAB untersuchungen zum problem der empirischen kennzeichnung von oekologischen raumeinheiten
ziel ist die entwicklung eines rationellen verfahrens zur ansprache von oekologischen rauminhalten groesserer gebietseinheiten unter besonderer beruecksichtigung ihres gegenwaertigen zustandes (d. h. in anthropogener veraenderung) unter verwendung von herkoemmlichen "makrodaten". felduntersuchungen dazu werden wegen der dimension der gegenstaende nicht angestellt. andere kleinraeumigere oekologische untersuchungen, die quantitative werte erbringen, dienen jedoch als bezugsbasis
S.WORT landschaftsoekologie + anthropogener einfluss + mikroklimatologie
BASEL (RAUM)
PROLEI PROF. DR. HARTMUT LESER
STAND 6.8.1976

QUELLE fragebogenerhebung sommer 1976
BEGINN 1.10.1975 ENDE 31.12.1978
G.KOST 10.000 DM
LITAN LESER, H.: MANUSKRIPT: GROSSRAEUMIGER OEKOLOGISCHER AUSGLEICHSRAEUME UND ENTWICKLUNG VON KRITERIEN ZUR ABGRENZUNG. BASEL(1975); 107 S.

UL -008

INST GEOGRAPHISCHES INSTITUT DER UNI BASEL
BASEL/SCHWEIZ, KLINGELBERGSTR. 16
VORHAB **klima, wasser und boden in den landschaftlichen oekosystemen des bruderholzgebietes (raum basel)**
der mangel an daten fuer oekologische raumeinheiten der topologischen dimension erfordert landschaftsoekologische grundlagenforschung an den standorten. ziel ist eine grossmassstaebliche landschaftsoekologische gebietsgliederung, deren raumeinheiten quantitativ beschrieben sind. die untersuchungen werden im felde mit hydrologischen, gelaende- und mikroklimatischen sowie pedologischen methoden durchgefuehrt. es erfolgen reihenmessungen
S.WORT landschaftsoekologie + mikroklimatologie + hydrologie
BASEL (RAUM)
PROLEI PROF. DR. HARTMUT LESER
STAND 6.8.1976
QUELLE fragebogenerhebung sommer 1976
BEGINN 1.11.1975 ENDE 31.12.1978
G.KOST 30.000 DM

UL -009

INST GEOGRAPHISCHES INSTITUT DER UNI BOCHUM
BOCHUM -QUERENBURG, UNIVERSITAETSSTR. 150
VORHAB **bergbaubedingte veraenderungen des physischen landschaftspotentials und ihre auswirkungen auf die landnutzung im linksrheinischen braunkohlengebiet**
ziel ist eine erfassung und bewertung des landschaftspotentials und seiner nutzungseignung fuer bestimmte funktionen (landwirtschaft, freizeit/erholung, siedlung etc.) sowohl vor dem abbau der braunkohle als auch im geplanten oder schon rekultivierten zustand. im direkten vergleich der leistungspotentiale lassen sich - unter einbeziehung raumordnerischer und landesplanerischer vorstellungen - etwaige wertsteigerungen oder -minderungen erkennen. als raeumliche bezugseinheiten dienen landschaftsoekologische raumeinheiten (physiotope) deren nutzungsptential mittels einer modifizierten nutzwertanalyse fuer die verschiedenen funktionen bewertet werden soll
S.WORT braunkohle + bergbau + rekultivierung + nutzungsplanung + landschaftsoekologie
PROLEI DR. HABIL. HORST FOERSTER
STAND 12.8.1976
QUELLE fragebogenerhebung sommer 1976
ZUSAM RHEINISCHE BRAUNKOHLENWERKE AG, 5000 KOELN
BEGINN 1.1.1976 ENDE 31.12.1977
G.KOST 6.000 DM

UL -010

INST GEOGRAPHISCHES INSTITUT DER UNI HEIDELBERG
HEIDELBERG, UNIVERSITAETSPLATZ
VORHAB **erhaltungswuerdigkeit von landschaftseinheiten**
mit welchem gewicht soll in bestimmten raumeinheiten die gegenwaertige nutzung stabilisiert werden? gewichtung der einzelnen faktoren
S.WORT landschaftsschutz + nutzungsplanung + datensammlung
EUROPA (MITTELEUROPA)
PROLEI PROF. DR. FRITZ FEZER
STAND 1.1.1974
ZUSAM STADTBAUPLAN DARMSTADT
BEGINN 1.1.1973 ENDE 31.12.1978

UL -011

INST GEOGRAPHISCHES INSTITUT DER UNI TUEBINGEN
TUEBINGEN, SCHLOSS
VORHAB **umweltbelastungen im bodenseeraum**
landeskundliche spezialanalyse unter beruecksichtigung zivilisationsoekologischer probleme
S.WORT umweltbelastung + landschaftsoekologie
BODENSEE (RAUM)
PROLEI CHRISTIAN HANSS
STAND 1.1.1974
ZUSAM WASSERWIRTSCHAFTSAEMTER, REGIERUNGSPRAESIDIEN
BEGINN 1.6.1973 ENDE 30.4.1974
G.KOST 5.000 DM

UL -012

INST GEOLOGISCH-PALAEONTOLOGISCHES INSTITUT DER UNI HAMBURG
HAMBURG 13, BUNDESSTR. 55
VORHAB **unterschutzstellung und erforschung der neuen winterberghoehle am winterberg/harz**
quartaere und tertiaere entwicklung des west-harzes; hebungen, klimaablauf, verkarstungsvorgaenge und -formen
S.WORT naturschutz + geologie + (winterberghoehle)
WINTERBERG + HARZ
STAND 1.1.1974
ZUSAM - ARBEITSGEMEINSCHAFT FUER NIEDERSAECHSISCHE HOEHLEN
- VERBAND DER DEUTSCHEN HOEHLEN- UND KARSTFORSCHER E. V.
- LANDKREIS OSTERODE AM HARZ

UL -013

INST GEOLOGISCH-PALAEONTOLOGISCHES INSTITUT DER UNI HAMBURG
HAMBURG 13, BUNDESSTR. 55
VORHAB **naturschutzgebiet hainholz und beierstein**
quartaergeologische untersuchungen an rezenten und fossilen karstreliefen, chemische grundlagen der verkarstung und formungsprozesse im gips, regionale hydrogeologie
S.WORT naturschutz + geologie + karstgebiet
HAINHOLZ + BEIERSTEIN + HARZ
STAND 1.1.1974
FINGEB KULTUSMINISTERIUM, HANNOVER
ZUSAM ARBEITSGEMEINSCHAFT FUER NIEDERSAECHSISCHE HOEHLEN
BEGINN 1.1.1974 ENDE 31.12.1976
G.KOST 20.000 DM

UL -014

INST GEOLOGISCHES LANDESAMT BADEN-WUERTTEMBERG
STUTTGART 1, URBANSTR. 53
VORHAB **vergleichende karsthydrologische untersuchungen in gebieten mit unterschiedlichen geologischem aufbau und unterschiedlicher entwicklung der landschaft. nahziel: vergleich des muschelkalk-karstes**
S.WORT hydrogeologie + karstgebiet
SCHWAEBISCHE ALB + SUEDWESTDEUTSCHLAND
PROLEI DR. WINFRIED REIFF
STAND 7.9.1976
QUELLE datenuebernahme von der deutschen forschungsgemeinschaft
FINGEB DEUTSCHE FORSCHUNGSGEMEINSCHAFT

UL -015

INST GEOLOGISCHES LANDESAMT DES SAARLANDES
SAARBRUECKEN, AM TUMMELPLATZ 7
VORHAB **gutachten in fragen der wasserversorgung, grundwasserschutz, bodenschutz, abfallbeseitigung und bodenschutz**
geologische und hydrogeologische untersuchungen
S.WORT wasserueberwachung + bodenschutz + abfallbeseitigung
SAARLAND
PROLEI DR. DIPL. -GEOL. E. MUELLER

STAND 1.1.1974
ZUSAM - WASSERWIRTSCHAFTSAMT, 66 SAARBRUECKEN, HELLWIGSTR. 14
- MIN. F. WIRTSCHAFT, VERKEHR UND LANDWIRTSCHAFT, 66 SAARBRUECKEN 1, HARDENBERGSTR. 8

UL -016
INST GEOLOGISCHES LANDESAMT NORDRHEIN-WESTFALEN
KREFELD, DE-GREIFF-STR. 195
VORHAB **mitwirkung bei der rekultivierung im rheinischen braunkohlenrevier**
S.WORT rekultivierung
RHEINISCHES BRAUNKOHLENGEBIET
STAND 1.1.1974

UL -017
INST HESSISCHE LEHR- UND FORSCHUNGSANSTALT FUER GRUENLANDWIRTSCHAFT UND FUTTERBAU
BAD HERSFELD, EICHHOF
VORHAB **landschaftspflegeversuche zur lenkung der vegetationsentwicklung auf brachflaechen**
ziel: einfluss verschiedener schnittverfahren und -zeitpunkte auf verschiedene pflanzenbestaende
S.WORT brachflaechen + landschaftspflege + vegetation
PROLEI PROF. DR. ARENS
STAND 1.1.1974
FINGEB MINISTER FUER LANDWIRTSCHAFT UND UMWELT, WIESBADEN
BEGINN 1.7.1972
G.KOST 50.000 DM

UL -018
INST INSTITUT FUER BIOLOGIE DER UNI TUEBINGEN
TUEBINGEN 1, AUF DER MORGENSTELLE 1
VORHAB **vegetationsanalysen zur feststellung des istzustandes im hinblick auf projektierte baumassnahmen**
S.WORT raumordnung + landschaftsoekologie
PROLEI DR. RER. NAT. HURKA
STAND 1.1.1974
BEGINN 1.4.1971

UL -019
INST INSTITUT FUER BOTANIK DER BIOLOGISCHEN BUNDESANSTALT FUER LAND- UND FORSTWIRTSCHAFT
BRAUNSCHWEIG -GLIESMARODE, MESSEWEG 11/12
VORHAB **versuche zur erhaltung der heidelandschaft**
S.WORT landschaftserhaltung + naturschutz
PROLEI W. RICHTER
STAND 1.1.1976
QUELLE mitteilung des bundesministers fuer ernaehrung,landwirtschaft und forsten
BEGINN 1.1.1971 ENDE 31.12.1974

UL -020
INST INSTITUT FUER GEOGRAPHIE DER UNI MUENSTER
MUENSTER, ROBERT-KOCH-STR. 26
VORHAB **versuche zur erhaltung der kulturlandschaft in baden-wuerttemberg**
schnitt/extensive weide/flaemmen/herbizide und natuerliche sukzession (vegetationsentwicklung) als massnahmen fuer erhaltung oder entwicklung und gestaltung von brachflaechen; einfluss dieser massnahmen auf boden/stoffhaushalt/ wasserqualitaet und wassermenge
S.WORT landschaftsplanung
BADEN-WUERTTEMBERG
PROLEI PROF. DR. SCHREIBER
STAND 1.10.1974
FINGEB MINISTERIUM FUER ERNAEHRUNG, LANDWIRTSCHAFT UND UMWELT, STUTTGART
ZUSAM LEHRST. LANDESKULTUR, UNI HOHENHEIM; FORSCHUNGSSTELLE F. STANDORTSKUNDE IM FACHBEREICH AGRARBIOLOGIE
BEGINN 1.1.1973
G.KOST 150.000 DM

UL -021
INST INSTITUT FUER GEOGRAPHIE DER UNI MUENSTER
MUENSTER, ROBERT-KOCH-STR. 26
VORHAB **landschaftsoekologische untersuchungen zur kuenftigen nutzung landwirtschaftlicher problemgebiete**
quantitative und qualitative grundwasserneuerung unter verschiedenen nutzungsformen unter besonderer beruecksichtigung aufgelassener landwirtschaftlicher kulturflaechen und deren kuenftiger nutzung
S.WORT landschaftsoekologie + grundwasser
PROLEI PROF. DR. SCHREIBER
STAND 1.1.1974
BEGINN 1.1.1974

UL -022
INST INSTITUT FUER GRUENPLANUNG UND GARTENARCHITEKTUR DER TU HANNOVER
HANNOVER, HERRENHAEUSERSTR. 2
VORHAB **untersuchung der auswirkungen landbaulicher nutzungsformen auf den landschaftshaushalt und die benutzbarkeit der landschaft insbesondere der brachflaechen**
S.WORT brachflaechen + landnutzung + landschaftsordnung
PROLEI PROF. DR. KONRAD BUCHWALD
STAND 1.1.1976
QUELLE mitteilung des bundesministers fuer ernaehrung,landwirtschaft und forsten
FINGEB BUNDESMINISTER FUER ERNAEHRUNG, LANDWIRTSCHAFT UND FORSTEN

UL -023
INST INSTITUT FUER LANDES- UND STADTENTWICKLUNGSFORSCHUNG DES LANDES NORDRHEIN-WESTFALEN
DORTMUND, KOENIGSWALL 38-40
VORHAB **anforderungen der verschiedenen planungsebenen an eine oekologische bestandsaufnahme des landes nordrhein-westfalen**
die bestandsaufnahme ist als grundlage fuer die bewaeltigung aller oekologischen probleme, u. a. des oekologischen ausgleichs zwischen funktionsraeumen, anzusehen. dass projekt soll wie folgt bearbeitet werden: zusammenstellung der fuer die landes-, regional- und bauleitplanung bedeutsamen oekologischen sachverhalte und rechtssaetze; entwicklung eines planungsebenenspezifischen katalogs von anforderungen; zuordnung der anforderungen zu den moeglichen elementen einer oekologischen bestandsaufnahme; entwicklung eines konzeptes fuer die handhabbare darstellung auf informationstraegern
S.WORT raumplanung + oekologische faktoren
NORDRHEIN-WESTFALEN
PROLEI DIPL. -ING. CLEMENS SCHNIEDERS
STAND 21.7.1976
QUELLE fragebogenerhebung sommer 1976
BEGINN ENDE 31.12.1976

UL -024
INST INSTITUT FUER LANDESKULTUR / FB 16/21 DER UNI GIESSEN
GIESSEN, SENCKENBERGSTR. 3
VORHAB **rekultivierung der abgrabungen von steinen und erden im sinne einer optimalen umweltgestaltung**
bewertung der rekultivierbarkeit und folgenutzungsmoeglichkeit von abgrabungen; rekultivierungsloesungen, die sowohl den oekologischen erfordernissen entsprechen als auch raumspezifischen folgenutzungsanspruechen rechnung tragen; ableitung dementsprechender allgemeiner beurteilungskriterien und rekultivierungsgrundsaetzen
S.WORT landespflege + rekultivierung + bewertungskriterien
PROLEI PROF. DR. WOHLRAB

STAND 1.1.1974
FINGEB MINISTER FUER WISSENSCHAFT UND FORSCHUNG, DUESSELDORF
ZUSAM GEOGRAPHISCHES INST. D. UNI BOCHUM, 463 BOCHUM, BUSCHEYSTR. 132
BEGINN 1.4.1972 ENDE 31.5.1974
G.KOST 87.000 DM
LITAN - WOHLRAB, B.:REKULTIVIERUNG VON TAGEBAUEN ALS LANDESKULTURELLE AUFGABE DER UMWELTSICHERUNG UND -GESTALTUNG. IN: ZEITSCHRIFT FUER KULTURTECHNIK UND FLURBEREINIGUNG 13 (3)S. 145-146(1972)
- ZWISCHENBERICHT 1974. 10

UL -025
INST INSTITUT FUER LANDESKULTUR / FB 16/21 DER UNI GIESSEN
GIESSEN, SENCKENBERGSTR. 3
VORHAB **kriterien und masstaebe fuer die belastbarkeit der landschaft durch die bodennutzung**
flussdiagramme wichtiger natuerlicher stoffkreislaeufe und -verlagerungen; katalog von eingriffen in dieses system durch stoffentnahme und -zufuhr; beurteilung der reaktionen; ableitung von grenzwerten
S.WORT landschaftsbelastung + bodennutzung + stoffhaushalt + grenzwerte
PROLEI PROF. DR. WOHLRAB
STAND 1.10.1974
FINGEB MINISTER FUER WISSENSCHAFT UND FORSCHUNG, DUESSELDORF
ZUSAM MIN. F. ERNAEHRUNG, LANDWIRTSCHAFT UND FORSTEN, 4 DUESSELDORF 30
BEGINN 1.1.1974 ENDE 31.12.1976
G.KOST 99.000 DM

UL -026
INST INSTITUT FUER LANDESKULTUR / FB 16/21 DER UNI GIESSEN
GIESSEN, SENCKENBERGSTR. 3
VORHAB **geeignete folgenutzung von abgrabungen und anschuettungen mit planungsbeispielen aus dem raum giessen**
im raume suedlich giessen und wetzlar wurden standorte mit abgrabungen und anschuettungen (muell) ausgewaehlt, die als landschaftsschaeden zu betrachten sind und daher rekultivierungsmassnahmen zugefuehrt werden muessen. die einzelnen objekte wurden zunaechst einer bestandsaufnahme des derzeitigen zustandes unterzogen, anschliessend wurden moeglichkeiten einer folgenutzung geprueft und massnahmen erarbeitet, mit deren hilfe der das landschaftsbild erheblich stoerende flaechenzustand der einzelnen objekte beseitigt werden kann. ein besonderes gewicht der arbeit lag auf vier muelldeponien im gebiet der stadt pohlheim. die erarbeiteten planungsbeispiele sollen auch anderen, vergleichbaren faellen als modelle fuer moegliche rekultivierungsmassnahmen dienen
S.WORT deponie + landschaftsschaeden + rekultivierung
GIESSEN (RAUM)
PROLEI PROF. DR. WOHLRAB
STAND 6.8.1976
QUELLE fragebogenerhebung sommer 1976
FINGEB LAND HESSEN
ZUSAM - ZENTRUM FUER OEKOLOGIE-HYGIENE DER UNI GIESSEN
- AMT FUER LANDESKULTUR, GIESSEN
- INST. F. GARTENARCHITEKTUR UND LANDSCHAFTSPFLEGE, GEISENHEIM
BEGINN 1.1.1974
LITAN WOHLRAB, B.: ABFALLVERWERTUNG IM RAHMEN DER REKULTIVIERUNG VON ABGRABUNGEN. IN: GIESSENER BERICHTE ZUM UMWELTSCHUTZ (5) S. 15-30(1975)

UL -027
INST INSTITUT FUER LANDESKULTUR UND PFLANZENOEKOLOGIE DER UNI HOHENHEIM
STUTTGART 70, SCHLOSS 1
VORHAB **vegetation, funktion und erhaltungswuerdigkeit von aufgelassenen weinbergen**
zielsetzung ist, die bewirtschafteten, noch bewirtschafteten und die nicht mehr bewirtschafteten weinberge flaechenmaessig und vegetationskundlich zu erfassen. es sollen aber auch die gruende der aufgabe der weinberge beschrieben (geologische, oekonomische, soziale) werden. schliesslich soll dargestellt werden, welche funktionen weinberge, insbesondere aufgelassene weinberge, haben im hinblick auf biotopschutz (erhalt von seltenen arten z. b.), landschaftsgestaltung und natuerlich erholung in einem verdichtungsgebiet
S.WORT vegetation + weinberg + landschaftspflege + erholungsplanung
STUTTGART (RAUM)
PROLEI PROF. DR. ALEXANDER KOHLER
STAND 23.7.1976
QUELLE fragebogenerhebung sommer 1976
FINGEB MINISTERIUM FUER ERNAEHRUNG, LANDWIRTSCHAFT UND UMWELT, STUTTGART
BEGINN 1.1.1976

UL -028
INST INSTITUT FUER LANDSCHAFTS- UND FREIRAUMPLANUNG DER TU BERLIN
BERLIN 10, FRANKLINSTR. 29
VORHAB **beeintraechtigende wirkungen des naturhaushalts als entscheidungsfaktor fuer die raumplanung**
S.WORT raumplanung + naturschutz + oekologische faktoren
PROLEI PROF. DR. HANS KIEMSTEDT
STAND 1.1.1974
FINGEB AKADEMIE FUER RAUMFORSCHUNG UND LANDESPLANUNG, HANNOVER
BEGINN 1.1.1969

UL -029
INST INSTITUT FUER LANDSCHAFTSPFLEGE UND LANDSCHAFTSOEKOLOGIE DER BUNDESFORSCHUNGSANSTALT FUER NATURSCHUTZ UND LANDSCHAFTSOEKOLOGIE
BONN -BAD GODESBERG, HEERSTR. 110
VORHAB **ermittlung und untersuchung schutzwuerdiger gebiete entlang des rheins**
erfassung der naturnahen und schutzwuerdigen gebiete entlang des rheins vom bodensee bis emmerich; bestandsaufnahme und bewertung von naturnahen freiflaechen (altwaesser/inseln/auenwaldbereiche/kiesgruben/oberv-egetation)
S.WORT landschaftsplanung + gewaesserschutz + uferschutz + datensammlung
RHEIN
PROLEI DR. -ING. WALTER MRASS
STAND 1.10.1974
QUELLE erhebung 1975
FINGEB BUNDESMINISTER FUER ERNAEHRUNG, LANDWIRTSCHAFT UND FORSTEN
BEGINN 1.12.1970 ENDE 31.10.1974
G.KOST 305.000 DM
LITAN - SCHRIFTENREIHE FUER LANDSCHAFTSPFLEGE UND NATURSCHUTZ (11)(1975)
- TEILVEROEFFENTLICHUNG JAHRESBERICHT BAVNL (1972) S. F15
- ZWISCHENBERICHT 1974. 11

UL -030
INST INSTITUT FUER LANDSCHAFTSPFLEGE UND LANDSCHAFTSOEKOLOGIE DER BUNDESFORSCHUNGSANSTALT FUER NATURSCHUTZ UND LANDSCHAFTSOEKOLOGIE
BONN -BAD GODESBERG, HEERSTR. 110
VORHAB **ermittlung botanisch wertvoller flaechen in der bundesrepublik deutschland**
fuer die einrichtung eines repraesentativen systems von naturschutzgebieten in der bundesrepublik deutschland ist die kenntnis der vorhandenen botanisch wertvollen flaechen erforderlich, aus denen die botanischen schutzgebiete auszuwaehlen sind; die botanisch wertvollen flaechen werden waehrend der gelaendearbeiten zur vegetationskarte der

bundesrepublik deutschland ermittelt
S.WORT naturschutz + vegetation + landschaftsplanung
BUNDESREPUBLIK DEUTSCHLAND
PROLEI PROF. DR. W. TRAUTMANN
STAND 1.10.1974
FINGEB BUNDESMINISTER FUER ERNAEHRUNG, LANDWIRTSCHAFT UND FORSTEN
BEGINN 1.1.1972
G.KOST 400.000 DM
LITAN JAHRESBERICHT 1973 DER BAVNL (ZWISCHENBERICHT)

UL -031

INST INSTITUT FUER LANDSCHAFTSPFLEGE UND LANDSCHAFTSOEKOLOGIE DER BUNDESFORSCHUNGSANSTALT FUER NATURSCHUTZ UND LANDSCHAFTSOEKOLOGIE
BONN -BAD GODESBERG, HEERSTR. 110
VORHAB **botanische bewertung vorhandener naturschutzgebiete**
nach stichprobenuntersuchungen von 95 naturschutzgebieten in vier bundeslaendern sind 10% der gebiete wegen starker schaeden nicht mehr schutzwuerdig, weitere 40% erheblich beeintraechtigt. ziel ist die einrichtung eines repraesentativen systems von naturschutzgebieten der bundesrepublik deutschland nach einheitlichen kriterien
S.WORT naturschutzgebiet + vegetation + (bewertungskriterien)
BUNDESREPUBLIK DEUTSCHLAND
PROLEI PROF. DR. W. TRAUTMANN
STAND 1.10.1974
FINGEB - BUNDESMINISTER FUER ERNAEHRUNG, LANDWIRTSCHAFT UND FORSTEN
- BUNDESANSTALT FUER VEGETATIONSKUNDE, NATURSCHUTZ UND LANDESPFLEGE, BONN-BAD GODESBERG
BEGINN 1.1.1973 ENDE 31.12.1976
G.KOST 100.000 DM
LITAN JAHRESBERICHT 1973 DER BAVNL (ZWISCHENBERICHT)

UL -032

INST INSTITUT FUER LANDSCHAFTSPFLEGE UND LANDSCHAFTSOEKOLOGIE DER BUNDESFORSCHUNGSANSTALT FUER NATURSCHUTZ UND LANDSCHAFTSOEKOLOGIE
BONN -BAD GODESBERG, HEERSTR. 110
VORHAB **auswertung von untersuchungen und forschungsergebnissen zur belastung der landschaft und ihres naturhaushaltes**
art, menge, herkunft und auswirkungen von belastungen auf die natuerliche umwelt - abfall/abgase/abwasser/flaechennutzung/laerm/pestizide/boden/wasser/luft/tierwelt/pflanzenwelt/erholung/in auswertung forschungsergebnisse dritter
S.WORT landschaftsbelastung + naturraum + umweltbelastung
PROLEI PROF. DR. GERHARD OLSCHOWY
STAND 1.10.1974
FINGEB BUNDESMINISTER FUER ERNAEHRUNG, LANDWIRTSCHAFT UND FORSTEN
BEGINN 1.12.1970 ENDE 31.3.1974
G.KOST 228.000 DM
LITAN - ZWISCHENBERICHT 1974. 04
- SCHRIFTENREIHE LANDSCHAFTSPFLEGE UND NATURSCHUTZ (10)(1975)
- JAHRESBERICHT BAVNL 1972, S. F23

UL -033

INST INSTITUT FUER LANDSCHAFTSPFLEGE UND LANDSCHAFTSOEKOLOGIE DER BUNDESFORSCHUNGSANSTALT FUER NATURSCHUTZ UND LANDSCHAFTSOEKOLOGIE
BONN -BAD GODESBERG, HEERSTR. 110
VORHAB **untersuchung zur belastung der landschaft durch freizeit und erholung in ausgewaehlten raeumen**
bestimmung von landschaftsfaktoren, die fuer die attraktivitaet der ausgewaehlten erholungsgebiete von besonderer bedeutung sind; versuch, die maximale aufnahmekapazitaet einiger landschaftsteile in den untersuchungsraeumen abzugrenzen
S.WORT landschaftsbelastung + freizeit + erholung
PROLEI DR. -ING. WALTER MRASS
STAND 1.10.1974
QUELLE erhebung 1975
FINGEB BUNDESMINISTER FUER ERNAEHRUNG, LANDWIRTSCHAFT UND FORSTEN
BEGINN 1.5.1974 ENDE 31.12.1976
G.KOST 69.000 DM

UL -034

INST INSTITUT FUER LANDSCHAFTSPFLEGE UND LANDSCHAFTSOEKOLOGIE DER BUNDESFORSCHUNGSANSTALT FUER NATURSCHUTZ UND LANDSCHAFTSOEKOLOGIE
BONN -BAD GODESBERG, HEERSTR. 110
VORHAB **bewertung von landschaftsschaeden mit hilfe der nutzwertanalyse**
erarbeitung einer methode zur bewertung von landschaftsschaeden fuer die landschaftsplanung und damit bereitstellung von entscheidungshilfen fuer raumwirksame planungsmassnahmen
S.WORT landschaftsschaeden + bewertungskriterien + planungshilfen
PROLEI PROF. DR. GERHARD OLSCHOWY
STAND 1.10.1974
FINGEB BUNDESMINISTER FUER ERNAEHRUNG, LANDWIRTSCHAFT UND FORSTEN
BEGINN 1.4.1974 ENDE 31.3.1976
G.KOST 178.000 DM
LITAN ZWISCHENBERICHT 1974. 12

UL -035

INST INSTITUT FUER LANDSCHAFTSPFLEGE UND LANDSCHAFTSOEKOLOGIE DER BUNDESFORSCHUNGSANSTALT FUER NATURSCHUTZ UND LANDSCHAFTSOEKOLOGIE
BONN -BAD GODESBERG, HEERSTR. 110
VORHAB **beispiel einer oekologischen raumgliederung auf der grundlage der karte der potentiellen natuerlichen vegetation im ballungsgebiet westlich von frankfurt**
S.WORT raumplanung + vegetation + landschaftsoekologie + ballungsgebiet
FRANKFURT (WEST) + RHEIN-MAIN-GEBIET
PROLEI DR. K. MEISEL
STAND 1.1.1976
FINGEB BUNDESANSTALT FUER VEGETATIONSKUNDE, NATURSCHUTZ UND LANDESPFLEGE, BONN-BAD GODESBERG
BEGINN ENDE 31.12.1975
LITAN JAHRESBERICHT 1974

UL -036

INST INSTITUT FUER LANDSCHAFTSPLANUNG DER UNI STUTTGART
STUTTGART, KIENESTR. 41
VORHAB **problemstudie: erfassung und bewertung der oekologischen gegebenheiten und deren bedeutung fuer die raumordnung in den raeumen der bundesrepublik deutschland**
oekologische gegebenheiten, deren belastung, leistungsfaehigkeit und belastbarkeit
S.WORT raumordnung + oekologische faktoren
PROLEI DIPL. -ING. WERTZ-HEEDE
STAND 1.1.1974
FINGEB BUNDESMINISTER FUER RAUMORDNUNG, BAUWESEN UND STAEDTEBAU
BEGINN 1.9.1973 ENDE 31.1.1974
G.KOST 5.000 DM

UL -037

INST INSTITUT FUER METEOROLOGIE UND KLIMATOLOGIE DER TU HANNOVER
HANNOVER 21, HERRENHAEUSERSTR. 2
VORHAB **klimaoekologische modelle fuer die landschaftsoekologie**
planungsrelevanz oekologischer parameter und moeglichkeit ihrer erfassung und gewichtung
S.WORT landschaftsoekologie + klimatologie + planungsmodell
PROLEI DR. FRITZ WILMERS

STAND 2.8.1976
QUELLE fragebogenerhebung sommer 1976
FINGEB AKADEMIE FUER RAUMFORSCHUNG UND LANDESPLANUNG, HANNOVER
BEGINN 1.4.1975 ENDE 31.12.1976
LITAN - WILMERS, F.: ZUR PROBLEMATIK DER KORRELATION KLIMATOLOGISCHER DATEN MIT VEGETATIONSANALYSEN. IN: NATUR UND LANDSCHAFT 50 S. 183-196(1975)
- WILMERS, F.: KLIMA UND VEGETATION IM GELAENDE. IN: NATURWISSENSCH. RUNDSCHAU 29 S. 118-123(1976)

UL -038

INST INSTITUT FUER OEKOLOGIE DER TU BERLIN
BERLIN 33, ENGLERALLEE 19-21
VORHAB **untersuchung der dynamik zweier bodencatenen des norddeutschen tieflandes**
periodische untersuchung der wasser-, luft- und waermedynamik sowie humusmethabolik zweier duene-moor-bodencatenen des spandauer und des dueppeler forstes zwecks deutung der pedogenese und der vegetationszonierung; charakterisierung berliner naturschutzgebiete
S.WORT naturschutzgebiet + bodenstruktur + moor + oekologie + (duene-moor-biotop)
BERLIN + NORDDEUTSCHE TIEFEBENE
PROLEI PROF. DR. HANS-PETER BLUME
STAND 30.8.1976
QUELLE fragebogenerhebung sommer 1976
FINGEB DEUTSCHE FORSCHUNGSGEMEINSCHAFT
BEGINN 1.10.1972 ENDE 31.3.1975
G.KOST 180.000 DM
LITAN - BLUME, H. -P.;FRIEDRICH, F.;NEUMANN, F.;SCHWIEBERT, H.: DYNAMIK EINES DUENE-MOOR-BIOTOPS IN IHRER BEDEUTUNG FUER DIE BIOZOENOSE. IN: VERH. GES. OEK. S. 89, ERLANGEN (1974)
- FRIEDRICH, F.: HUMUSMETABOLIK UND WAERMEDYNAMIK ZWEIER CATENEN DER BERLINER FORSTEN. IN: MITT. DEUTSCH. BODENK. GES. 22 S. 499(1975)

UL -039

INST INSTITUT FUER OEKOLOGIE DER TU BERLIN
BERLIN 33, ENGLERALLEE 19-21
VORHAB **oekologische untersuchungen an ruderalstandorten einer grosstadt**
periodische messung der wasser-, luft- und naehrstoffverhaeltnisse innerstaedtischer freiflaechen auf truemmerschutt west-berlin
S.WORT oekologie + freiflaechen + grosstadt + (ruderalstandorte)
BERLIN
PROLEI PROF. DR. HANS-PETER BLUME
STAND 30.8.1976
QUELLE fragebogenerhebung sommer 1976
FINGEB DEUTSCHE FORSCHUNGSGEMEINSCHAFT
BEGINN 1.5.1973 ENDE 30.11.1975
G.KOST 85.000 DM
LITAN RUNGE, M. (TU BERLIN), DISSERTATION: WEST-BERLINER BOEDEN ANTHROPOGENER LITHO- ODER PEDOGENESE. (1975)

UL -040

INST INSTITUT FUER OEKOLOGIE DER TU BERLIN
BERLIN 33, ALBRECHT-THAER-WEG 4
VORHAB **oekologisches gutachten zur neuordnung eines teilabschnittes des havelufers in berlin - kladow**
kartierung des derzeitigen zustandes des havelufers und vorschlaege fuer eine oekologisch vertretbare kuenftige nutzung hinsichtlich ufersicherung und landschaftsschutz
S.WORT landschaftsschutz + fliessgewaesser + oekologische faktoren + kartierung
BERLIN-KLADOW (HAVEL)
PROLEI PROF. DR. HERBERT SUKOPP
STAND 30.8.1976
QUELLE fragebogenerhebung sommer 1976
FINGEB SENATOR FUER BAU- UND WOHNUNGSWESEN, BERLIN
ZUSAM SENATOR FUER BAU- UND WOHNUNGSWESEN, WUERTTEMBERGISCHE STR. 6/10, 1000 BERLIN 31
BEGINN 1.12.1975 ENDE 30.4.1976
G.KOST 14.000 DM

UL -041

INST INSTITUT FUER OEKOLOGIE DER TU BERLIN
BERLIN 33, ALBRECHT-THAER-WEG 4
VORHAB **oekologisches gutachten ueber die auswirkungen des erweiterungsbaues des kraftwerkes oberhavel**
beschreibung und beurteilung der auswirkungen der geplanten kraftwerkserweiterung besonders auf das naturschutzgebiet teufelsbruch hinsichtlich wasserstand, wasserqualitaet und mikroklima
S.WORT naturschutzgebiet + mikroklima + gewaesserbelastung + kraftwerk
BERLIN (OBERHAVEL)
PROLEI PROF. DR. HERBERT SUKOPP
STAND 30.8.1976
QUELLE fragebogenerhebung sommer 1976
FINGEB SENATOR FUER BAU- UND WOHNUNGSWESEN, BERLIN
ZUSAM - FACHGEBIET BODENKUNDE DES INSTITUTS FUER OEKOLOGIE, ENGLERALLEE 19-21, 1000 BERLIN 33
- INST. F. TIERPHYSIOLOGIE UND ANGEW. ZOOLOGIE DER FU BERLIN, KOENIGIN-LUISE-STR. 1-3, 1000 BERLIN 33
BEGINN 1.5.1975 ENDE 31.10.1975
G.KOST 80.000 DM
LITAN ENDBERICHT

UL -042

INST INSTITUT FUER OEKOLOGIE DER TU BERLIN
BERLIN 33, ALBRECHT-THAER-WEG 4
VORHAB **geobotanische grundlagenuntersuchungen in berliner naturschutzgebieten**
S.WORT naturschutzgebiet
BERLIN
PROLEI PROF. DR. HERBERT SUKOPP
STAND 1.1.1974
BEGINN 1.1.1970
G.KOST 100.000 DM

UL -043

INST INSTITUT FUER OEKOLOGIE DER TU BERLIN
BERLIN 33, ALBRECHT-THAER-WEG 4
VORHAB **schutz von oekosystemen und artenschutz**
S.WORT oekosystem + umweltschutz
PROLEI PROF. DR. HERBERT SUKOPP
STAND 1.1.1974
QUELLE erhebung 1975
BEGINN 1.1.1970

UL -044

INST INSTITUT FUER PFLANZENBAU DER UNI BONN
BONN, KATZENBURGWEG 5
VORHAB **erhaltung der wacholderheiden im naturschutzgebiet des versuchsgutes rengen / eifel**
in nicht mehr oder wenig genutzten wacholder-heiden (allunetum) nimmt im laufe der jahre der bewuchs mit gehoelzen so stark, dass ihr urspruenglicher zustand verloren geht. es soll geprueft werden, wie dieser am einfachsten zu erhalten ist
S.WORT landschaftsschutz + naturschutzgebiet + heide + (wacholderheide)
RENGEN + EIFEL
PROLEI PROF. DR. PETER BOEKER
STAND 21.7.1976
QUELLE fragebogenerhebung sommer 1976
BEGINN 1.1.1975 ENDE 31.12.1980
G.KOST 5.000 DM

UL -045
INST INSTITUT FUER PFLANZENBAU UND PFLANZENZUECHTUNG DER UNI KIEL
KIEL, OLSHAUSENSTR. 40/60
VORHAB **landschaftserhaltung durch landwirtschaftliche nutzung**
S.WORT landschaftserhaltung + landwirtschaft
PROLEI PROF. DR. KNAUER
STAND 1.1.1974
BEGINN 1.1.1950

UL -046
INST INSTITUT FUER SATELLITENELEKTRONIK DER DFVLR
OBERPFAFFENHOFEN
VORHAB **nationales flugzeugmessprogramm**
messbetrieb: reflektierte und emittierte strahlung der erdoberflaeche im spektralbereich zwischen 0, 4 und 14 mikron werden durch messflugzeug mittels photographischer und elektro-optischer sensoren gemessen
S.WORT luftbild + erdoberflaeche + infrarottechnik
PROLEI SCHREIBER
STAND 1.1.1974
FINGEB BUNDESMINISTER FUER FORSCHUNG UND TECHNOLOGIE
ZUSAM MEHRERE INSTITUTE DES FZ OBERPFAFFENHOFEN
BEGINN 1.6.1973 ENDE 31.12.1976
G.KOST 3.000.000 DM
LITAN - STUDIE DR. ROSSBACH
- ZWISCHENBERICHT 1974. 05

UL -047
INST INSTITUT FUER STAEDTEBAU, BODENORDNUNG UND KULTURTECHNIK DER UNI BONN
BONN 1, NUSSALLEE 1
VORHAB **kulturlandschaft und wasserhaushalt**
dokumentation; beziehung zwischen wasserhaushalt und zustandsformen der kulturlandschaft; speziell: zusammenhang zwischen sozialbrache, vegetationsaenderung, erosion und wasserhaushalt; datensammlung; statistische auswertung; schaffung von voraussetzungen fuer rechtsgrundlagen
S.WORT wasserhaushalt + landschaft + dokumentation + datensammlung
PROLEI DIPL. -ING. HANS-J. VOGEL
STAND 1.10.1974
FINGEB BUNDESMINISTER FUER ERNAEHRUNG, LANDWIRTSCHAFT UND FORSTEN
BEGINN 1.11.1973 ENDE 30.9.1976
G.KOST 212.000 DM
LITAN 1974. 10

UL -048
INST INSTITUT FUER TIERZUCHT UND HAUSTIERGENETIK / FB 17 DER UNI GIESSEN
GIESSEN, BISMARCKSTR. 16
VORHAB **untersuchungen zur landschaftspflege durch tiere**
die ueberwinterung zur landschaftspflege eingesetzter rinder bereitet wegen der kosten fuer stallbauten oft schwierigkeiten. deshalb wurden in einem versuch rinder im wald ueberwintert, was hinsichtlich der entwicklung der tiere positiv verlief. die zur landschaftspflege eingesetzten schafe werden in ihrer wirkung mit gemulchten, gemaehten u. a. parzellen verglichen, die das institut fuer gruenlandwirtschaft betreut
S.WORT landschaftspflege + nutztiere
PROLEI WASSMUTH
STAND 6.8.1976
QUELLE fragebogenerhebung sommer 1976
ZUSAM INST. F. GRUENLANDWIRTSCHAFT DER UNI GIESSEN
BEGINN 1.1.1972 ENDE 31.12.1978
LITAN WASSMUTH, R.;REUTER, H.;TRIPP, H.;SCHERTLER, H.: RINDER ALS LANDSCHAFTSPFLEGER - EINIGE HINWEISE. IN: MITTEIL. DER DLG 89(44) S. 1344-1345(1974)

UL -049
INST INSTITUT FUER WIRTSCHAFTSLEHRE DES LANDBAUS DER TU MUENCHEN
FREISING -WEIHENSTEPHAN
VORHAB **ermittlung von kalkulationsdaten fuer ausgewaehlte verfahren der schafhaltung und untersuchungen zur wirtschaftlichkeit der landschaftspflege mit schafen**
a) ermittlung von kalkulationsdaten fuer ausgewaehlte verfahren der schafhaltung. b) ermittlung der wettbewerbskraft der schafhaltung in der landschaftspflege im vergleich zur rinderhaltung und mechanischen massnahmen - unter verschiedenen natuerlichen standortvoraussetzungen und unter verschiedenen betrieblichen und strukturellen bedingungen
S.WORT massentierhaltung + landschaftspflege + (schaf)
PROLEI DIPL. -ING. JOSEF ECKL
STAND 19.7.1976
QUELLE fragebogenerhebung sommer 1976
FINGEB DEUTSCHE FORSCHUNGSGEMEINSCHAFT
BEGINN 31.5.1972 ENDE 31.12.1976
LITAN - STEINHAUSER, H.;ECKL, J.: MOEGLICHKEITEN UND GRENZEN DER SCHAFHALTUNG IN DER LANDSCHAFTSPFLEGE. IN: DER TIERZUECHTER 25 S. 290-293(1973)
- STEINHAUSER, H.: LANDSCHAFTSPFLEGE DURCH EXTENSIVE FORMEN DER LANDWIRTSCHAFT. IN: ARBEITEN DER DLG 141 FRANKFURT/MAIN S. 48-52(1974)

UL -050
INST LANDESANSTALT FUER OEKOLOGIE, LANDSCHAFTSENTWICKLUNG UND FORSTPLANUNG NORDRHEIN-WESTFALEN
DUESSELDORF 30, PRINZ-GEORG-STR. 126
VORHAB **auswahl und einrichtung von naturwaldzellen in nordrhein-westfalen**
auf ausgewaehlten flaechen naturnaher waldtypen, die kuenftig nicht mehr bewirtschaftet werden, soll die ungestoerte endwicklung des bodens, der vegetation und der tierwelt sowie die natuerliche regeneration des waldes gegenstand forstwissenschaftlicher untersuchungen sein. das vorhaben beabsichtigt, ein system von naturwaldzellen zu schaffen, das die wichtigsten waldgesellschaften dokumentiert
S.WORT forstwirtschaft + waldoekosystem + naturraum + (naturwaldzellen)
NORDRHEIN-WESTFALEN
PROLEI DR. HUBERTUS WACHTER
STAND 11.8.1976
QUELLE fragebogenerhebung sommer 1976
FINGEB BUNDESFORSCHUNGSANSTALT FUER FORST- UND HOLZWIRTSCHAFT, REINBEK
BEGINN 1.1.1970
LITAN LANDESANSTALT FUER OEKOLOGIE: NATURWALDZELLEN I. IN: SCHRIFTENREIHE DER LANDESANSTALT FUER OEKOLOGIE, LANDSCHAFTSENTWICKLUNG UND FORSTPLANUNG NORDRHEIN-WESTFALEN, BD. I(1975)

UL -051
INST LANDESANSTALT FUER OEKOLOGIE, LANDSCHAFTSENTWICKLUNG UND FORSTPLANUNG NORDRHEIN-WESTFALEN
DUESSELDORF 30, PRINZ-GEORG-STR. 126
VORHAB **waldfunktionskartierung nordrhein-westfalen**
die waldfunktionenkartierung dient der erfassung und darstellung der schutz- und erholungsfunktionen des waldes, einschliesslich aller waldflaechen und deren randzonen, die als naturschutz-, landschaftsschutz- oder wassergewinnungsgebiete unter schutz gestellt sind. das ziel der zustandserfassung ist neben der volkswirtschaftlichen notwendigen rohstoffversorgung auch die sozialen und landeskulturellen funktionen des waldes zu steigern und nachhaltig zu sichern
S.WORT wald + naturschutz + erholung + kartierung
NORDRHEIN-WESTFALEN
PROLEI HERBERT BETTIN
STAND 11.8.1976

QUELLE fragebogenerhebung sommer 1976
FINGEB LAND NORDRHEIN-WESTFALEN
BEGINN 1.3.1974
G.KOST 3.000.000 DM
LITAN - GENSSLER, H.: FUNKTIONSGERECHTE WALDBAUPLANUNG AUF OEKOLOGISCHER GRUNDLAGE. IN: DER FORST- UND HOLZWIRT. 24(1974)
- MINISTERIUM FUER ERNAEHRUNG, LANDWIRTSCHAFT UND FORSTEN NW: ERLAEUTERUNGEN ZUR WALDFUNKTIONSKARTE NORDRHEIN-WESTFALEN

UL -052

INST LANDESANSTALT FUER OEKOLOGIE, LANDSCHAFTSENTWICKLUNG UND FORSTPLANUNG NORDRHEIN-WESTFALEN
DUESSELDORF 30, PRINZ-GEORG-STR. 126
VORHAB **biotopkataster nordrhein-westfalen: kartierung oekologisch wertvoller gebiete**
inventarisierung zur ausweisung eines repraesentativen netzes oekologisch wertvoller gebietstypen (biotope) als naturschutzgebiete. die festsetzung als nsg erfolgt im rahmen des landschaftsplanes gemaess landschaftsgesetz nrw. inventarisierung erfolgt aufgrund einer biotop-klassifikation durch gelaendeuntersuchungen und luftbildauswertungen
S.WORT landschaftsplanung + naturschutzgebiet + biotop + kataster
NORDRHEIN-WESTFALEN
PROLEI DR. HERMANN-JOSEF BAUER
STAND 11.8.1976
QUELLE fragebogenerhebung sommer 1976
BEGINN 1.1.1975 ENDE 31.12.1977
LITAN BAUER, H.: KARTIERUNG OEKOLOGISCH WERTVOLLER GEBIETE IM BIOTOPSICHERUNGSPROGRAMM NW. IN: MITTEILUNG DER LANDESSTELLE NORDRHEIN WESTFALEN (ED.). 13 3(3)(1975)

UL -053

INST LANDESANSTALT FUER OEKOLOGIE, LANDSCHAFTSENTWICKLUNG UND FORSTPLANUNG NORDRHEIN-WESTFALEN
DUESSELDORF 30, PRINZ-GEORG-STR. 126
VORHAB **oekologische wertanalysen von biotopen (oekosystemen)**
nach einer entwicklung einer methodik der oekologischen wertanalyse werden fortlaufend verschiedene biotypen bewertet. ziel der oekologischen bewertung ist die quantifizierung oekologischer qualitaet als entscheidungshilfe fuer schutzausweisungen und ankauf von flaechen. verfahren siehe literaturangabe
S.WORT landschaftsplanung + biotop + schutzgebiet + oekologische faktoren
NORDRHEIN-WESTFALEN
PROLEI DR. HERMANN-JOSEF BAUER
STAND 11.8.1976
QUELLE fragebogenerhebung sommer 1976
BEGINN 1.1.1973
LITAN - BAUER, H.: DIE OEKOLOGISCHE WERTANALYSE, METHODISCH DARGESTELLT AM BEISPIEL DES WIEHENGEBIRGES. IN: SONDERDRUCK AUS NATUR UND LANDSCHAFT. 48(11)(1973)
- BAUER, H.: NATURHAUSHALT UND GEWAESSERAUSBAU - OEKOLOGISCHE WERTANALYSE EINER FLUSSAUE, SEMINARE 1974 DER LANDESSTELLE FUER NATURSCHUTZ UND LANDSCHAFTSPFLEGE IN NORDRHEIN-WESTFALEN
- BAUER, H.: ZUR METHODE DER OEKOLOGISCHEN WERTANALYSE. IN: LANDSCHAFT UND STADT. 3(1976)

UL -054

INST LANDESANSTALT FUER OEKOLOGIE, LANDSCHAFTSENTWICKLUNG UND FORSTPLANUNG NORDRHEIN-WESTFALEN
DUESSELDORF 30, PRINZ-GEORG-STR. 126
VORHAB **rote listen gefaehrdeter pflanzen und tiere nordrhein-westfalens**
bestandsaufnahme der gefaehrdeten arten und deren biotope mit dem ziel der schutzausweisung von biotopen und erstellung eines artenschutzprogrammes
S.WORT naturschutz + biotop + schutzgebiet + (rote liste)
NORDRHEIN-WESTFALEN
PROLEI DR. HERMANN-JOSEF BAUER
STAND 11.8.1976
QUELLE fragebogenerhebung sommer 1976
ZUSAM BUNDESFORSCHUNGSANSTALT FUER NATURSCHUTZ UND LANDSCHAFTSOEKOLOGIE, BAD GODESBERG
BEGINN 1.1.1974 ENDE 31.12.1976
LITAN ZWISCHENBERICHT

UL -055

INST LANDSCHAFTSVERBAND RHEINLAND
KOELN 21, KENNEDY-UFER 2
VORHAB **biooekologie**
ziel: erarbeitung einer methode zur biooekologischen zustandserfassung fuer die landschaftsplanung
S.WORT landschaftsplanung + biooekologie + methodenentwicklung
PROLEI DR. GOETZ-JOERG KIERCHNER
STAND 1.1.1974
QUELLE erhebung 1975
ZUSAM BUNDESANSTALT FUER VEGETATIONSKUNDE, 53 BONN-BAD GODESBERG, HEERSTR. 110
BEGINN 1.11.1972 ENDE 31.12.1974

UL -056

INST LEHRSTUHL FUER ANGEWANDTE LANDWIRTSCHAFTLICHE BETRIEBSLEHRE DER TU MUENCHEN
FREISING -WEIHENSTEPHAN, WEIHENSTEPHAN
VORHAB **bewirtschaftungsmodelle fuer landwirtschaftliche problemgebiete zur erhaltung der kulturlandschaft**
bewirtschaftungsmodelle zur erhaltung bzw. offenhaltung der landschaft unter besonderer beruecksichtigung von bewirtschaftungszuschuessen; neben einzelbetrieblichen optimierungen berechnung flaechendeckender modelle in kombination mit einem flaechenschichtungsprogramm, das aufgrund planimetrierter werte exakte flaechenansprache und nutzungszuweisung ermoeglicht
S.WORT landwirtschaft + landschaftspflege + flaechennutzungsplan + oekonomische aspkete
PROLEI PROF. DR. ZAPF
STAND 1.10.1974
FINGEB STAATSMINISTERIUM FUER ERNAEHRUNG, LANDWIRTSCHAFT UND FORSTEN, MUENCHEN
ZUSAM - INST. F. LANDSCHAFTSOEKOLOGIE DER TU MUENCHEN, 805 FREISING-WEIHENSTEPHAN
- INST. F. WIRTSCHAFTSGEOGRAPHIE DER UNI MUENCHEN, 8 MUENCHEN 22, LUDWIGSTR. 28
- INST. F. LANDSCHAFTSARCHITEKTUR DER TU MUENCHEN, 805 FREISING-WEIHENSTEPHAN
BEGINN 1.1.1972 ENDE 31.3.1974
G.KOST 250.000 DM
LITAN ZWISCHENBERICHT 1974. 03

UL -057

INST LEHRSTUHL FUER GEOBOTANIK DER UNI GOETTINGEN
GOETTINGEN, UNTERE KARSPUELE 2
VORHAB **oekologische und mikrobiologische untersuchungen in subatlantischen heidegesellschaften**
S.WORT oekologie + mikrobiologie + heide
PROLEI PROF. DR. DR. H. C. HEINZ ELLENBERG
STAND 1.1.1976
QUELLE mitteilung des bundesministers fuer ernaehrung,landwirtschaft und forsten
BEGINN 1.1.1970 ENDE 31.12.1974

UL -058

INST LEHRSTUHL FUER GRUENLANDLEHRE DER TU MUENCHEN
FREISING -WEIHENSTEPHAN, SONNENFELDWEG 4

VORHAB **biologie der unkrautarten als grundlage fuer landschaftsoekologische untersuchungen in der schwarzachaue**
boden, talmorphologie, grundwasser, oberflaechenwasser, gelaendeklima, gruenland, aue vegetation + biotop
S.WORT SCHWARZACHAUE (OBERPFAELZER WALD)
PROLEI PROF. DR. GERHARD VOIGTLAENDER
STAND 1.1.1974
FINGEB DEUTSCHE FORSCHUNGSGEMEINSCHAFT
ZUSAM - INST. F. LANDSCHAFTSPFLEGE DER TU MUENCHEN, 805 FREISING-WEIHENSTEPHAN
- INST. F. BODENKUNDE DER TU MUENCHEN, 805 FREISING-WEIHENSTEPHAN
BEGINN 1.1.1971
G.KOST 100.000 DM
LITAN ZWISCHENBERICHT 1973. 07

UL -059

INST LEHRSTUHL FUER GRUENLANDLEHRE DER TU MUENCHEN
FREISING -WEIHENSTEPHAN, SONNENFELDWEG 4
VORHAB **erhaltung der kulturlandschaft mit schafen im voralpengebiet**
es soll insbesondere geprueft werden, ob im engeren voralpengebiet die freihaltung von hangflaechen, die sonst brachfallen oder aufgeforstet wuerden, durch schafe moeglich und wirtschaftlich sinnvoll ist. dabei waere eine moeglichst extensive aber doch geregelte gruenlandbewirtschaftung ueber das schaf zu finden, die sich auf weitere aehnlich gelagerte problemgebiete uebertragen liesse
S.WORT kulturlandschaft + gruenlandwirtschaft + nutztiere + (schaf)
ALPENVORLAND
PROLEI DR. GUENTER SPATZ
STAND 23.7.1976
QUELLE fragebogenerhebung sommer 1976
FINGEB STAATSMINISTERIUM FUER ERNAEHRUNG, LANDWIRTSCHAFT UND FORSTEN, MUENCHEN
ZUSAM - TIERZUCHTAMT WERTINGEN, 8857 WERTINGEN
- BAYERISCHE LANDESANSTALT FUER BODENKULTUR UND PFLANZENBAU, MENZINGERSTR. 54, 8000 MUENCHEN
BEGINN 1.6.1975 ENDE 31.12.1977
G.KOST 200.000 DM
LITAN ZWISCHENBERICHT

UL -060

INST LEHRSTUHL FUER LANDSCHAFTSOEKOLOGIE DER TU MUENCHEN
FREISING -WEIHENSTEPHAN, WEIHENSTEPHAN
VORHAB **landschaftsoekologische untersuchungen in der schwarzachaue**
S.WORT landschaftsoekologie
SCHWARZACHAUE (OBERPFAELZER WALD)
PROLEI PROF. DR. WOLFGANG HABER
STAND 1.1.1974
FINGEB DEUTSCHE FORSCHUNGSGEMEINSCHAFT
BEGINN 1.1.1970

UL -061

INST LEHRSTUHL FUER LANDSCHAFTSOEKOLOGIE DER TU MUENCHEN
FREISING -WEIHENSTEPHAN, WEIHENSTEPHAN
VORHAB **durchfuehrung oekologischer grundlagenforschungen in stammham**
es werden die fuer die arbeit des naturschutzes und der landschaftspflege wichtigen umweltbeziehungen zum lebensraum der reh-individuen und der reh-population sowie deren einwirkungen auf die vegetation untersucht
S.WORT naturschutz + wild + populationsdynamik + vegetation
STAMMHAM
PROLEI PROF. DR. WOLFGANG HABER
STAND 10.9.1976
QUELLE fragebogenerhebung sommer 1976
BEGINN 1.1.1975 ENDE 30.6.1976

UL -062

INST LEHRSTUHL FUER LANDSCHAFTSOEKOLOGIE UND LANDSCHAFTSGESTALTUNG DER TH AACHEN
AACHEN, SCHINKELSTR. 1
VORHAB **zur bedeutung der schutzhecken an wohngebaeuden im monschauer land unter besonderer beruecksichtigung ihrer klimatischen auswirkungen**
die haushohen windschutzhecken an wohngebaeuden im monschauer land stellen in der bundesrepublik deutschland eine besondere standort- und funktionsgerechte historische massnahme der umweltplanung fuer wohnungen und ihre naehere umgebung dar. die hecken schuetzen wohngebaeude auf der "monschauer heckenhochflaeche" mit einer grossen haeufigkeit von starkwind und niederschlaegen (schlagregen). zur erlangung von hinweisen zur bau- und gruenplanung werden u. a. die wichtigsten meteorologischen parameter im hinblick auf etwaige veraenderungen im von schutzhecken beeinflussten wohnungsumfeld untersucht. von diesem teil der untersuchung werden aussagen ueber die auswirkungen der schutzhecken auf die gebaeude (waermehaushalt, klima des wohnungsumfeldes, wind- und schnneeschutz, schutz gegen schlagregen) und auf die wohnguete (schutz fuer hausgaerten und sonstige, in das wohnen einbezogene freiflaechen, rauminnenklima) erwartet
S.WORT gebaeude + schutzmassnahmen + gruenplanung + klimaaenderung
MONSCHAU + EIFEL (NORD) + NIEDERRHEIN
PROLEI PROF. WOLFRAM PFLUG
STAND 26.7.1976
QUELLE fragebogenerhebung sommer 1976
FINGEB DEUTSCHE FORSCHUNGSGEMEINSCHAFT
BEGINN 1.4.1975 ENDE 31.7.1977
G.KOST 69.000 DM
LITAN ZWISCHENBERICHT

UL -063

INST LEHRSTUHL FUER RAUMFORSCHUNG, RAUMORDNUNG UND LANDESPLANUNG DER TU MUENCHEN
MUENCHEN 2, GABELSBERGERSTR. 30/II
VORHAB **wissenschaftliche gutachten zu oekologischen planungsgrundlagen fuer den verdichtungsraum nuernberg - fuerth - erlangen - schwabach**
die "oekologische situation" im verdichtungsraum nuernberg-fuerth-erlangen-schwabach wird daraufhin untersucht, wieweit durch vorhandene oder geplante nutzungen wirkungen auf das naturpotential gegeben oder moeglich sind, die zu beeintraechtigungen anderer raumansprueche fuehren. die oekologische risikoanalyse wurde in diesem wissenschaftlichen gutachten zum ersten mal systemaitsch fuer einen groesseren raum angewendet und als entscheidungsinstrument auf der ebene der rahmenplanung weiterentwickelt. indem die oekologische risikoanalyse die planerische fragestellung auf die verursacher-wirkung-betroffener-beziehungen konzentriert, versucht sie vor allem dem gegenwaertigen oekologischen erkenntnisstand und den in der praxis verfuegbaren informationen rechnung zu tragen. diese betrachtungsweise fuehrte im untersuchungsraum zu einer abgrenzung von vier verschiedenen "konfliktbereichen": klima-luft, boden-wasser, biotopschutz
S.WORT verdichtungsraum + oekologische faktoren + interessenkonflikt + (oekologische risikoanalyse)
FRANKEN (MITTELFRANKEN)
PROLEI DR. JUERGEN DAVID
STAND 12.8.1976
QUELLE fragebogenerhebung sommer 1976
FINGEB STAEDTEACHSE NUERNBERG-FUERTH-ERLANGEN-SCHWABACH
ZUSAM - CHEMISCHE UNTERSUCHUNGSANSTALT, STADT NUERNBERG, POSTFACH, 8500 NUERNBERG 1
- BAYERISCHES LANDESAMT FUER UMWELTSCHUTZ, ROSENKAVALIERPLATZ 3, 8000 MUENCHEN 81
- ZOOLOGISCHES INSTITUT DER UNI ERLANGEN-NUERNBERG, UNIVERSITAETSSTRASSE 19, 8520 ERLANGEN
BEGINN 1.11.1974 ENDE 31.3.1976
LITAN ENDBERICHT

UL -064

INST MAX-PLANCK-INSTITUT FUER LANDARBEIT UND LANDTECHNIK
BAD KREUZNACH, AM KAUZENBERG

VORHAB **oekologische eingliederung von landwirtschaftsformen**
auswahl der oekologisch sinnvollen und oekologisch widersinnigen technologien der landwirtschaft. zusammenstellung guenstiger verfahrenskonfigurationen

S.WORT landwirtschaft + oekologische faktoren + technologie + verfahrensoptimierung
PROLEI PROF. DR. GERHARDT PREUSCHEN
STAND 22.7.1976
QUELLE fragebogenerhebung sommer 1976
FINGEB STIFTUNG OEKOLOGISCHER LANDBAU, KAISERSLAUTERN
BEGINN 1.2.1976 ENDE 31.12.1977
G.KOST 30.000 DM

UL -065

INST MAX-PLANCK-INSTITUT FUER VERHALTENSPHYSIOLOGIE
RADOLFZELL -MOEGGINGEN, AM SCHLOSSBERG

VORHAB **auswirkungen von management in naturschutzgebieten**
naturnahe kulturlandschaften in feuchtgebieten haben sich seit aufgabe der bewirtschaftung fuer den fortbestand von pflanzen- und tierarten negativ entwickelt. ziel der arbeit ist es, die fuer den naturschutz guenstigste bewirtschaftungsform herauszubekommen. im einzelnen werden untersucht: auswirkungen extensiver schafbeweidung, einmaliges maehen im winter mit und ohne abraeumen des maehguts auf pflanzen, insekten, voegel. methoden: pflanzenkartierung auf probeflaechen, probefaenge von insekten, erfassung des brutvogelbestands auf verschiedenen flaechen

S.WORT naturschutzgebiet + bodennutzung + tierschutz + pflanzenschutz
PROLEI DR. GERHARD THIELCKE
STAND 29.7.1976
QUELLE fragebogenerhebung sommer 1976
ZUSAM - BEZIRKSSTELLE FUER NATURSCHUTZ, KARTOFFELMARKT 2, 7800 FREIBURG
- FORSTAMT KONSTANZ, TORGASSE 6, 7750 KONSTANZ
BEGINN 1.3.1976 ENDE 31.7.1978
G.KOST 30.000 DM

UL -066

INST MAX-PLANCK-INSTITUT FUER ZUECHTUNGSFORSCHUNG (ERWIN-BAUR-INSTITUT)
KREFELD, AM WALDWINKEL 70

VORHAB **wiederbegruenen der havelufer durch schilf und binsen**
seit jahren geht der schilfbestand an der havel merkwuerdig zurueck; es bleiben "pulte" (restbueschel), die bisher weder erklaert noch revitalisiert werden konnten; die vielheit der faktoren wurde analysiert und im zusammenwirken mit der biologie der pflanzen in beziehung gebracht; erste erfolge zeichnen sich ab; diese ergebnisse sind von grundsaetzlicher bedeutung, da dieses charakteristische schilfsterben aus vielen landschaften gemeldet wird

S.WORT uferschutz + begruenung + (schilfsterben)
BERLIN (HAVEL)
PROLEI DR. SEIDEL
STAND 1.1.1974
FINGEB SENATOR FUER BAU- UND WOHNUNGSWESEN, BERLIN
ZUSAM BERLIN, OBERSTE NATURSCHUTZBEHOERDE
BEGINN 1.7.1972
LITAN ZWISCHENBERICHT 1974. 08

UL -067

INST NIEDERSAECHSISCHES LANDESAMT FUER BODENFORSCHUNG
HANNOVER -BUCHHOLZ, STILLEWEG 2

VORHAB **untersuchungen ueber moegliche massnahmen zum schutz des bederkesaer sees gegen verlandung**
es sollen vorschlaege zu umweltunschaedlichen massnahmen gegeben werden, mit denen die weitere verlandung und verflachung des sees verhindert und ein moeglichst naturnaher zustand erhalten werden kann. die sedimente werden bis zum mineralischen untergrund in einem 200 m-raster abgebohrt und dadurch die zeitliche und raeumliche entwicklung des sees geklaert. insbesondere werden die chemischen und spurenchemischen verhaeltnisse der juengsten sedimente festgestellt und mit denen der aelteren ablagerungen verglichen

S.WORT naturschutz + binnengewaesser + sedimentation
BEDERKESAER SEE + WESERMUENDE (LANDKREIS)
PROLEI DR. MERKT
STAND 1.1.1974
FINGEB - DEUTSCHE FORSCHUNGSGEMEINSCHAFT
- MINISTERIUM FUER WIRTSCHAFT UND VERKEHR, HANNOVER
ZUSAM - BUNDESANSTALT F. GEOWISSENSCHAFTEN U. ROHSTOFFE, 3 HANNOVER 23, STILLEWEG 2
- INST. DER UNI FREIBURG, NATURHIST. , 78 FREIBURG I. BR. , HEINRICH-VON-STEPHAN-STR. 25
BEGINN 1.1.1963
LITAN - GEOL. UNTERSUCHUNGEN AN NDS. BINNENGEWAESSERN 1-25
- GEYH; MERKT; MUELLER: SEDIMENT, -POLLEN- UND ISOTOPENANALYSEN AN JAHRESZEITLICH GESCHICHTETEN ABLAGERUNGEN IM ZENTRALEN TEIL DES SCHLEINSEES. IN: AREH. HYDROBIOL. 69(3)STUTTGART(1971)
- ZWISCHENBERICHT 1974. 12

UL -068

INST NIEDERSAECHSISCHES LANDESAMT FUER BODENFORSCHUNG
BREMEN, FRIEDRICH-MISSLER-STR. 46-48

VORHAB **regeneration von teilabgetorftem hochmoor**
industrielle abtorfungen von fast 100 torfwerken werden auch kuenftig die landschaft im mooreichen niedersachsen mehr oder weniger veraendern. es ist nach dem bodenabbaugesetz niedersachsens von 1972 unbedingt notwendig, die leegmoore in das oekologische wirkungsgefuege der landschaft wieder einzufuegen. ueber die moorregeneration bzw. renaturalisierung bestehen unklare vorstellungen. dieses forschungsvorhaben soll zeigen, ob auf teil- oder vollstaendig abgetorften flaechen eine hochmoorregeneration moeglich ist

S.WORT moor + rekultivierung
NIEDERSACHSEN (NORD)
PROLEI DR. JUERGEN SCHWAAR
STAND 21.7.1976
QUELLE fragebogenerhebung sommer 1976
FINGEB INTERMINISTERIELLER AUSSCHUSS, BONN
ZUSAM REGIERUNGSPRAESIDIUM, STADE
BEGINN 1.12.1976 ENDE 31.12.1979
G.KOST 150.000 DM
LITAN KUNTZE, H.: EINIGE KRITISCHE BEMERKUNGEN ZUR MOORREGENERATION. MOOR UND TORF IN WISSENSCHAFT UND WIRTSCHAFT. IN: TORFFORSCHUNG BAD ZWISCHENAHN S. 91-97(1975)

UL -069

INST NIEDERSAECHSISCHES LANDESVERWALTUNGSAMT
HANNOVER, RICHARD-WAGNER-STR. 22

VORHAB **die natuerlichen und naturnahen landschaften und landschaftsbestandteile in niedersachsen**
die bearbeitung erfolgt durch kritische sichtung und auswertung vorhandener und zugaenglicher veroeffentlichungen ueber die landesnatur des gebietes; auswertung unveroeffentlichter, bei fachinstituten, fachwissenschaftlern, dienststellen oder wissenschaftlichen vereinigungen vorhandener forschungsergebnisse; ergaenzende kritische ueberpruefung und eingehende untersuchungen und bestandsaufnahmen im gelaende; darstellung der ergebnisse in karten 1: 25 000

S.WORT landschaft + kartierung + biotop + naturschutz
NIEDERSACHSEN
PROLEI DIPL. -ING. A. MONTAG
STAND 13.8.1976

QUELLE fragebogenerhebung sommer 1976
BEGINN 1.1.1970 ENDE 31.12.1980

UL -070
INST PLANUNGSGRUPPE OEKOLOGIE UND UMWELT
HANNOVER, IM WINKEL 1A
VORHAB **landschaftsoekologische untersuchung des oberen isartales**
fuer das untersuchungsgebiet sollen eine landschaftsoekologische bewertung durchgefuehrt, grenzwerte der belastbarkeit der landschaft aufgezeigt und vorschlaege fuer eine unter oekologischen gesichtspunkten sinnvolle landschaftsentwicklung gemacht werden
S.WORT landschaftsoekologie + landschaftsbelastung + grenzwerte + landschaftsplanung
ISAR (OBERES ISARTAL)
PROLEI PROF. DR. LANGER
STAND 10.9.1976
QUELLE fragebogenerhebung sommer 1976
BEGINN 1.1.1976 ENDE 31.1.1977

UL -071
INST RIEGER, HANS-CHRISTOPH, DR.
NECKARGEMUEND, SCHLIERBACHER LANDSTRASSE 217
VORHAB **literatur-analyse ueber die frage der auswirkungen von entwaldung, erosion und sonstiger oekologischer stoerungen im einzugsgebiet des ganges und des brahmaputra**
es sollen folgende fragestellungen untersucht werden: - verifizierung der problemidentifikation; - bestandsaufnahme bereits bestehender untersuchungen, planungen und projekte; - auswahl eines geeigneten projektgebietes.
S.WORT erosion + oekologie + stoerfall + datenverarbeitung
GANGES + BRAHMAPUTRA
QUELLE datenuebernahme aus der datenbank zur koordinierung der ressortforschung (dakor)
FINGEB BUNDESMINISTER FUER WIRTSCHAFTLICHE ZUSAMMENARBEIT
BEGINN 1.8.1975 ENDE 30.11.1975
G.KOST 46.000 DM

UL -072
INST SENCKENBERGISCHE NATURFORSCHENDE GESELLSCHAFT
FRANKFURT, SENCKENBERGANLAGE 25
VORHAB **landschaftsoekologie des spessarts**
ausgehend von taxonomisch definierten organismen und organismengruppen wird die landschaft auf die lebensraeume hin gesichtet, welche durch die lebewesen gekennzeichnet sind. hier arbeitet ein stab von amateurwissenschaftlern mit (kartierungen, datensammlung). parallel mit diesen erhebungen wird gleichzeitig die gesamtheit der physiographischen daten zusammengestellt, wobei auch ihr historisches werden (siedlung, land- und wasserwirtschaft, gewerbe, industrie und ihre auswirkungen) erfasst ist. die synopse zielt dann auf eine darstellung der menschenbewohnten gesamtlandschaft spessart in ihrer verschraenkung im oekonomisch-oekologischen mit den nachbarraeumen (grundlage: naturraeumliche gliederung)
S.WORT landschaftsoekologie + siedlungsentwicklung + sozio-oekonomische faktoren
SPESSART
PROLEI DR. DIETER MOLLENHAUER
STAND 12.8.1976
QUELLE fragebogenerhebung sommer 1976
ZUSAM FACHBEREICH BIOLOGIE DER UNI FRANKFURT, SIESMAYERSTR. 70, 6000 FRANKFURT 1
BEGINN 1.1.1968
LITAN MOLLENHAUER, D.: DEUTSCHES MITTELGEBIRGE - WENIG ERFORSCHTE UND UNZULAENGLICH GEPFLEGTE LANDSCHAFT I-III. IN: NATUR UND MUSEUM 105(1, 3, 4) S. 1-10, 85-95, 101-118, FRANKFURT AM MAIN (1975)

UL -073
INST STAATLICHES NATURHISTORISCHES MUSEUM
BRAUNSCHWEIG, POCKELSSTR. 10 A
VORHAB **oekologische untersuchungen in aufforstungen einer schutthalde eines stahlwerkes**
vorarbeiten zu umfangreichen untersuchungen in der aufgezeigten richtung
S.WORT rekultivierung + oekologische faktoren + (schutthalde)
SAARLAND
PROLEI PROF. DR. ADOLF BRAUNS
STAND 11.8.1976
QUELLE fragebogenerhebung sommer 1976
BEGINN 1.6.1974 ENDE 31.3.1975
LITAN - GUTTMANN, R. (TU BRAUNSCHWEIG), DIPLOMARBEIT: OEKOLOGISCHE UNTERSUCHUNGEN IN AUFFORSTUNGEN EINER SCHUTTHALDE EINES STAHLWERKES. (1975)
- ENDBERICHT

UL -074
INST STAATLICHES NATURHISTORISCHES MUSEUM
BRAUNSCHWEIG, POCKELSSTR. 10 A
VORHAB **saumbereiche im gebiet landwirtschaftlicher nutzungsflaechen und ihre oekologische bedeutung**
die struktur der oekosysteme laesst sich einerseits nach den energetischen aspekten beschreiben, andererseits kann man die strukturierung aber auch in der raeumlichen anordnung und verteilung ihrer aufbauenden elemente erfassen. die grenzen zwischen den oekosystemen sind gelegentlich so breit, dass regelrechte uebergangsstreifen entstehen, deren oekologische bedeutung untersucht werden sollte
S.WORT oekosystem + landwirtschaft
PROLEI PROF. DR. ADOLF BRAUNS
STAND 11.8.1976
QUELLE fragebogenerhebung sommer 1976
BEGINN 1.1.1975 ENDE 31.8.1975
LITAN - FRICKE, M. (TU BRAUNSCHWEIG), STAATSEXAMENSARBEIT: SAUMBEREICHE IM GEBIET LANDWIRTSCHAFTLICHER NUTZUNGSFLAECHEN UND IHRE OEKOLOGISCHE BEDEUTUNG. (1975)
- ENDBERICHT

UL -075
INST VEREIN FUER KOMMUNALWISSENSCHAFTEN E. V.
BERLIN 12, STRASSE DES 17. JUNI 112
VORHAB **zur oekologischen optimalen nutzung staedtischer strassen(-verkehrs-)flaechen**
neben dem langfristig geplanten ausbau des oeffentlichen nahverkehrs (u-bahn, s-bahn) muessen verkehrskonzepte entwickelt werden, mit deren hilfe kurzfristig und mit relativ geringem aufwand die oekologische situation verbesseret und die benachteiligung einzelner bevoelkerungsgruppen verringert werden kann am beispiel der staedte hildesheim und hannover sollen verkehrsregelnde und umweltverbessernde massnahmen analysiert und die potentiellen siedlungsstrukturellen, oekologischen und oekonomischen auswirkungen solcher massnahmen aufgezeigt werden
S.WORT verkehrsplanung + stadtverkehr + oekologische faktoren + (wirkungsanalyse)
HILDESHEIM + HANNOVER
PROLEI DR. -ING. DIETER APEL
STAND 21.7.1976
QUELLE fragebogenerhebung sommer 1976
BEGINN 1.1.1977 ENDE 1.1.1978
G.KOST 196.000 DM

UL -076
INST WIRTSCHAFTSGEOGRAPHISCHES INSTITUT DER UNI MUENCHEN
MUENCHEN 22, LUDWIGSTR. 28
VORHAB **alternative moeglichkeiten einer erhaltung der kulturlandschaft in den bayerischen problemgebieten**
S.WORT landschaftsschutz + kulturlandschaft
BAYERN
PROLEI DR. MOSER

STAND 1.1.1974
BEGINN 1.1.1970

UL -077

INST ZENTRUM FUER KONTINENTALE AGRAR- UND WIRTSCHAFTSFORSCHUNG / FB 20 DER UNI GIESSEN
PLOCHINGEN, FABRIKSTR. 23-29
VORHAB **boden- und landschaftsschutz in osteuropa**
S.WORT landschaftsschutz + bodenschutz
EUROPA (OSTEUROPA)
PROLEI PROF. DR. BREBURDA
STAND 1.1.1974
BEGINN 1.1.1972 ENDE 31.12.1974

UL -078

INST ZOOLOGISCHES INSTITUT UND ZOOLOGISCHES MUSEUM DER UNI HAMBURG
HAMBURG 13, MARTIN-LUTHER-KING-PLATZ 3
VORHAB **untersuchungen zur oekologie der niederelbregion**
ziel: erarbeitung wissenschaftlicher grundlagen fuer ein ueberregionales konzept einer integrierten landschaftsplanung; verhinderung unkoordinierter und oekologisch nicht vertretbarer landschaftsveraenderung vor allem durch industrieansiedlung. erhaltung der elbe als lebensraum; verhinderung ihrer umwandlung in einen abwasserkanal
S.WORT landschaftsschutz + industrialisierung
ELBE-AESTUAR
PROLEI DR. GRIMM
STAND 1.1.1974
FINGEB FREIE UND HANSESTADT HAMBURG
ZUSAM ARBEITSGEMEINSCHAFT UMWELTPLANUNG NIEDERELBE (AUN) HAMBURG
BEGINN 1.5.1972 ENDE 31.12.1976
LITAN ZWISCHENBERICHT 1975

Weitere Vorhaben siehe auch:

HG -015 HYDROGEOLOGISCHE UNTERSUCHUNG IM NACHBARSCHAFTSGEBIET REUTLINGEN - TUEBINGEN

IC -108 UMWELTPROBLEME DES RHEINS

NC -116 ERFASSUNG DER FAUNA IM BEREICH EINES KERNKRAFTWERKS

RF -022 WIE KANN MIT HILFE DER KUHHALTUNG IN FORM DER MUTTERKUHHALTUNG NEBEN DER ERZEUGUNG VON FLEISCH EXTENSIVES DAUERGRUENLAND GENUTZT UND GEPFLEGT WERDEN

TC -005 ERMITTLUNG VON UEBERLASTETEN ODER STARK UEBERLASTETEN REGIONEN DURCH INTENSIVE FREIZEITNUTZUNG

UH -040 GRUNDLAGENUNTERSUCHUNG ZUM INFORMATIONSDIENST DER DEUTSCHEN BUNDESBAHN BEI DER PLANUNG VON NEUBAUSTRECKEN

VA -010 GUELTIGKEITSPRUEFUNG MATHEMATISCHER MODELLE DES BIOELEMENT-KREISLAUFS DER FLAECHEN B1 UND F1 DES SOLLING-PROJEKTS

VA -014 OEKOLOGISCHE GEGEBENHEITEN, DEREN BELASTUNG, BELASTBARKEIT UND LEISTUNGSFAEHIGKEIT IN DEN RAUEMEN DER BUNDESREPUBLIK DEUTSCHLAND

UM -001

INST ABTEILUNG FUER PFLANZENBAU UND PFLANZENZUECHTUNG IN DEN TROPEN UND SUBTROPEN / FB 16 DER UNI GIESSEN GIESSEN, SCHOTTSTR. 2

VORHAB **die salztoleranz einiger kulturpflanzen, baumwolle, reis, futterpflanzen**
in gefaessversuchen werden baumwoll- und reispflanzen unter verschiedenen versalzungsgraden angezogen. es stellen sich bei bestimmten konzentrationen schaeden an den kulturpflanzen ein.

S.WORT kulturpflanzen + wasser + salzgehalt
PROLEI DR. WESTPHAL
STAND 1.1.1974
FINGEB FRIEDRICH-EBERT-STIFTUNG, BONN-BAD GODESBERG
BEGINN 1.1.1970

UM -002

INST ABTEILUNG FUER PHYTOPATHOLOGIE UND ANGEWANDTE ENTOMOLOGIE IN DEN TROPEN UND SUBTROPEN / FB 16 DER UNI GIESSEN GIESSEN, SCHOTTSTR. 2-4

VORHAB **systemanalyse von pflanzenkrankheiten**
mit hilfe von systemanalytisch aufgebauten programmen versuchen wir den befallsverlauf von pflanzenkrankheiten zu simulieren und die darauf einwirkenden faktoren zu analysieren. weitgehend abgeschlossen ist der simulator epidem fuer apfelschorf. in bearbeitung befindet sich ein simulator fuer gerstenmehltau. mit einer arbeitsgruppe von der agric. research organ. (volcani center) israel wird an einem von der dfg gefoerderten vorhaben ueber kompensationsphaenomen in angriff genommen

S.WORT phytopathologie + systemanalyse
PROLEI PROF. DR. J. KRANZ
STAND 6.8.1976
QUELLE fragebogenerhebung sommer 1976
FINGEB - VOLKSWAGENWERK AG, WOLFSBURG
- DEUTSCHE FORSCHUNGSGEMEINSCHAFT
ZUSAM VOLCANI CENTER, BET DAGAN, ISRAEL
BEGINN 1.1.1970

UM -003

INST BOTANISCHES INSTITUT MIT BOTANISCHEM GARTEN DER UNI WUERZBURG WUERZBURG, MITTLERER DAHLENBERGWEG 64

VORHAB **dokumentation der vegetation einheimischer landschaften und ihre oekolgischen beziehungen / naturschutzgebiete**
vegetationskundliche kartierung schuetzenswerter lebensgemeinschaften. floristische kartierung; feststellung von gefaehrdeten pflanzengesellschaften

S.WORT naturschutzgebiet + vegetation + kartierung FRANKEN (UNTERFRANKEN)
PROLEI PROF. DR. LANGE
STAND 1.10.1974
ZUSAM FLURBEREINIGUNGSBEHOERDEN

UM -004

INST BOTANISCHES INSTITUT MIT BOTANISCHEM GARTEN DER UNI WUERZBURG WUERZBURG, MITTLERER DAHLENBERGWEG 64

VORHAB **rekonstruktion einheimischer naturnaher pflanzengesellschaften als forschungsobjekte / botanischer garten**
schutz einheimischer pflanzen; rekonstruktion der naturnahen pflanzengesellschaften; anbau typischer arten

S.WORT pflanzenschutz
PROLEI DR. BUSCHBOM
STAND 1.1.1974

UM -005

INST BUNDESANSTALT FUER STRASSENWESEN KOELN, BRUEHLER STRASSE 1

VORHAB **massnahmen zum schutz der strassen- und autobahnbepflanzung vor auftausalzen und anlegung salzresistenter pflanzungen**
schaeden an der strassenbepflanzung durch bespruehen der oberirdischen sprossteile mit tausalzhaltigem schmelzwasser; schadensausmass abhaengig von witterung/ intensitaet des winterdienstes/ gehoelzart/ bodenverhaeltnissen u. a.; suche nach besonders widerstandsfaehigen gehoelzarten und nach moeglichkeiten zur erhoehung der widerstandskraft durch bodenverbesserung und sonderbehandlung der pflanzen

S.WORT pflanzenschutz + streusalz + gehoelzschaeden
PROLEI DIPL. -ING. SAUER
STAND 1.1.1974
FINGEB BUNDESMINISTER FUER VERKEHR
ZUSAM - FORSTBOTANISCHES INST. DER UNI GOETTINGEN, 34 GOETTINGEN-WEENDE, BUESENWEG 2
- FORSCHUNGSINST. F. PAPPELWIRTSCHAFT, 351 HAN. -MUENDEN, PROF. -OELKERS-STR. 6
BEGINN 1.7.1964 ENDE 31.12.1976
G.KOST 40.000 DM
LITAN - SAUER: WINTERSCHAEDEN AN DEN PFLANZUNGEN DER BUNDESAUTOBAHNEN. IN:STRASSE UND AUTOBAHN, 15 (2)(1964) NACHGEDRUCKT IN:DIE NEUE LANDSCHAFT, 9 (3)(1964). NATUR UND LANDSCHAFT, 39 (1964)
- SAUER: ZUM PROBLEM DER TAUSALZSCHAEDEN AN DER BEPFLANZUNG DER BUNDESFERNSTRASSEN IN: NATUR UND LANDSCHAFT, 42 (4)(1967)
- SAUER: UEBER SCHAEDEN AN DER BEPFLANZUNG DER BUNDESFERNSTRASSEN DURCH AUFTAUSALZE IN: NACHRICHTENBLATT DES DEUTSCHEN PFLANZENSCHUTZDIENSTES, 19 (6)(1967)

UM -006

INST DEUTSCHE GESELLSCHAFT FUER HOPFENFORSCHUNG WOLZNACH

VORHAB **untersuchungen zur anfaelligkeit verschiedener kultur- und zuchtsorten gegenueber verticillium alboatrum und verticillium dahliae als erreger der welkekrankheit beim hopfen**
die verticillium-welke ist fuer den hopfenanbau von weitreichender bedeutung. die erforschung nachhaltiger bekaempfungsmoeglichkeiten sowie die zuechtung von resistenten sorten sind erforderlich, um die rentabilitaet der vorwiegend auf den hopfenanbau angewiesenen betriebe zu sichern und die wettbewerbsfaehigkeit des deutschen hopfens in der ewg und auf dem weltmarkt zu erhalten.

S.WORT pflanzenschutz + kulturpflanzen + phytopathologie + (hopfen)
QUELLE datenuebernahme aus der datenbank zur koordinierung der ressortforschung (dakor)
FINGEB BUNDESMINISTER FUER ERNAEHRUNG, LANDWIRTSCHAFT UND FORSTEN
BEGINN 1.1.1974 ENDE 1.1.1977
G.KOST 174.000 DM

UM -007

INST FACHBEREICH BIOLOGIE UND CHEMIE DER UNI BREMEN BREMEN 33, ACHTERSTR.

VORHAB **besiedlungsprozesse von muelldeponien**
im rahmen von untersuchungen des projektes landschaftsoekologie wird die fragestellung bearbeitet, welche tiergruppen und -arten sich auf dem neuen areal ansiedeln. insbesondere soll die oekologische und tiergeographische herkunft dieser form geklaert werden

S.WORT landschaftsoekologie + deponie + rekultivierung + fauna
PROLEI PROF. DR. DIETRICH MOSSAKOWSKI
STAND 12.8.1976
QUELLE fragebogenerhebung sommer 1976
BEGINN 1.1.1976 ENDE 31.12.1980

UM -008

INST FACHBEREICH BIOLOGIE UND CHEMIE DER UNI BREMEN
BREMEN 33, ACHTERSTR.

VORHAB **sukzession der flora auf anthropogen stark beeinflussten standorten, insbesondere auf muelldeponien**
es soll die besiedlung von muelldeponien beobachtet und untersuchungen zur beeinflussung durch schadstoffe angestellt werden

S.WORT deponie + rekultivierung + flora
PROLEI PROF. DR. HERMANN CORDES
STAND 12.8.1976
QUELLE fragebogenerhebung sommer 1976
BEGINN 1.1.1976 ENDE 31.12.1981

UM -009

INST FACHBEREICH LANDWIRTSCHAFT DER GESAMTHOCHSCHULE KASSEL
WITZENHAUSEN, NORDBAHNHOFSTR. 1A

VORHAB **die pflanzenbaulichen standorteigenschaften kohlefuehrender sedimentgemische des tertiaer auf tagebauhalden**
die rekultivierung des haldenkomplexes war fehlgeschlagen. es soll festgestellt werden, welche der eigenschaften des sedimentgemisches zu diesen schwierigkeiten gefuehrt hat. dazu muessen sowohl seine physikalischen wie seine chemischen eigenschaften festgestellt werden. insbesondere soll dem gehalt an kohle und sulfid im hinblick auf ihren einfluss auf die standorteigenschaften besondere aufmerksamkeit gewidmet werden. daneben soll geprueft werden, auf welche weise sich die aufgebrachten meliorationsmittel auf die standorteigenschaften der halde auswirken

S.WORT bodenbeschaffenheit + rekultivierung + kohle + (halden)
HESSEN (NORD)
PROLEI DIPL. -LANDW. VOLKMAR SEIFERT
STAND 4.8.1976
QUELLE fragebogenerhebung sommer 1976
ZUSAM LANDESAMT FUER UMWELTSCHUTZ, WIESBADEN
BEGINN 1.1.1975
G.KOST 50.000 DM

UM -010

INST FACHBEREICH LANDWIRTSCHAFT DER GESAMTHOCHSCHULE KASSEL
WITZENHAUSEN, NORDBAHNHOFSTR. 1A

VORHAB **untersuchungen ueber die natuerliche pflanzensukzession und die entwicklung von forstpflanzen auf unterschiedlich behandelten haldenboeden**
in der arbeit soll untersucht werden, ob mit hilfe von bodenverbesserungsmitteln (z. b. klaerschlamm, org. abfall aus der cellulose-herst. u. a.) eine schnelle begruenung schwieriger, erosionsgefaehrdeter standorte erreicht werden kann. es wird die natuerliche begruenung und die entwicklung von forstpflanzen untersucht. fuer diese untersuchungen werden pflanzensoz. methoden angewendet. flankierende untersuchungen werden ueber das klima, bodentemp. , lufttemp. , windgeschw. , evapor. , luftfeuchtigkeit etc. durchgefuerht. in starken gefaellelagen werden verschiedene methoden der lebendverbauung angewendet

S.WORT landschaftspflege + begruenung + pflanzensoziologie + duengung
HESSEN (NORD)
PROLEI DR. RALF BOKERMANN
STAND 4.8.1976
QUELLE fragebogenerhebung sommer 1976
FINGEB LAND HESSEN
ZUSAM - HESSISCHE FORSTLICHE VERSUCHSANSTALT, 3510 HANN-MUENDEN
- STADT HESS. LICHTENAU
BEGINN 1.1.1976 ENDE 31.12.1980
G.KOST 48.000 DM

UM -011

INST FACHGEBIET RASENFORSCHUNG / FB 16/21 DER UNI GIESSEN
GIESSEN, SCHLOSSGASSE 7

VORHAB **pflegearme eingruenung brachfallender flaechen**
das hessische landschaftspflegegesetz verpflichtet den bodeneigentuemer zur pflege landwirtschaftlich nicht genutzter flaechen. um das unkrautstadium bei der selbstbegruenung von brachfallendem ackerland auszuschliessen und den spaeteren pflegeaufwand von brachflaechen zu verringern, werden oekologisch abgestimmte ansaattypen erarbeitet, die einen pflegeaufwand nur in groesseren zeitlichen abstaenden erfordern sollen

S.WORT brachflaechen + begruenung
PROLEI DR. WERNER SKIRDE
STAND 6.8.1976
QUELLE fragebogenerhebung sommer 1976
ZUSAM VERSUCHSANSTALT FUER GARTENBAU, HEIDELBERG
BEGINN 1.1.1973

UM -012

INST FACHGEBIET RASENFORSCHUNG / FB 16/21 DER UNI GIESSEN
GIESSEN, SCHLOSSGASSE 7

VORHAB **einschraenkung der vegetationsgefaehrdung durch pflegearme rasenansaaten im strassenbegleitgruen**
maeharbeiten an strassen und autobahnen sowie abtransport des schnittgutes stoeren un gefaehrden den verkehr. nach sortenanalytischen vorversuchen werden in zusammenarbeit mit der bundesanstalt fuer strassenwesen im rahmen einer oekologischen versuchsreihe an 11 standorten mit je 2 expositionen quantitative und qualitative bestandsuntersuchungen durchgefuehrt, um die eignung von begruenungsansaaten verschiedener massewuechsigkeit zu pruefen

S.WORT begruenung + strassenrand + (pflegearme rasenansaaten)
PROLEI DR. WERNER SKIRDE
STAND 6.8.1976
QUELLE fragebogenerhebung sommer 1976
ZUSAM BUNDESANSTALT FUER STRASSENWESEN, KOELN
BEGINN 1.1.1970

UM -013

INST FORSCHUNGSSTELLE FUER EXPERIMENTELLE LANDSCHAFTSOEKOLOGIE DER UNI FREIBURG
FREIBURG, BELFORTSTR. 18-20

VORHAB **terrestrische messungen und luftbildmessungen der phaenologie bei ausgesuchten kulturpflanzen im suedbadischen raum**
es wird die phaenologie (d. h. der vegetationsperiodische ablauf des aeusseren erscheinungsbildes) der wichtigsten kulturpflanzen der suedlichen oberrheinebene und des suedschwarzwaldes mit hilfe terrestrischer untersuchungen und luftbilduntersuchungen festgestellt, um an hand der ergebnisse rueckschluesse auf die landschaftsoekologische situation des untersuchungsgebietes zu erhalten

S.WORT landschaftsoekologie + vegetation + kulturpflanzen
OBERRHEINEBENE + BADEN (SUED)
PROLEI DIPL. -BIOL. HANS-JOACHIM DOERFEL
STAND 9.8.1976
QUELLE fragebogenerhebung sommer 1976
FINGEB DEUTSCHE FORSCHUNGS- UND VERSUCHSANSTALT FUER LUFT- UND RAUMFAHRT
ZUSAM ABT. F. LUFTBILDMESSUNG UND LUFTBILDINTERPRETATION UNI FREIBURG, ERBRINZENSTR. 17, 7800 FREIBURG
BEGINN 1.5.1973
G.KOST 40.000 DM
LITAN ZWISCHENBERICHT

UM -014

INST FORSTZOOLOGISCHES INSTITUT DER UNI FREIBURG
FREIBURG, BERTOLDSTR. 17

VORHAB **ulmensterben: aggregationsverhalten der ulmenborkenkaefer**
S.WORT insekten + population + auswirkungen + baumbestand + (ulmensterben)
PROLEI DR. RUDOLF LUEHL
STAND 7.9.1976
QUELLE datenuebernahme von der deutschen forschungsgemeinschaft
FINGEB DEUTSCHE FORSCHUNGSGEMEINSCHAFT

UM -015
INST GESELLSCHAFT FUER FLURHOLZANBAU UND PAPPELWIRTSCHAFT E.V.
HANN MUENDEN, PROF.-OELKERS-STR. 6
VORHAB **untersuchungen ueber die salzwiderstandsfaehigkeit verschiedener weidenarten sowie -klone**
mit dem ausgewaehlten pflanzenmaterial sind sowohl freilandversuche als auch laborversuche (klimakammer) vorgesehen. die einzelnen weidenarten koennen unter gleichen und reproduzierbaren bedingungen in mehrfacher wiederholung miteinander verglichen werden. ein schwerpunkt innerhalb der vorhabenarbeit liegt in zuechterischen massnahmen mit dem ziel, salzresistente weidenarten zu gewinnen.
S.WORT schadstoffwirkung + salze + baum + resistenzzuechtung
QUELLE datenuebernahme aus der datenbank zur koordinierung der ressortforschung (dakor)
FINGEB GESELLSCHAFT FUER STRAHLEN- UND UMWELTFORSCHUNG MBH (GSF), MUENCHEN
BEGINN 1.7.1974 ENDE 30.6.1977

UM -016
INST HESSISCHE LEHR- UND FORSCHUNGSANSTALT FUER GRUENLANDWIRTSCHAFT UND FUTTERBAU
BAD HERSFELD, EICHHOF
VORHAB **untersuchungen ueber die vegetationsentwicklung auf nicht mehr bewirtschafteten landwirtschaftlichen nutzflaechen**
ziel: verlauf der vegetationsentwicklung auf brachflaechen bei verschiedenen oekologischen voraussetzungen
S.WORT brachflaechen + vegetation + oekologie
PROLEI PROF. DR. SPEIDEL
STAND 1.1.1974
QUELLE erhebung 1975
FINGEB DEUTSCHE FORSCHUNGSGEMEINSCHAFT
BEGINN 1.1.1971 ENDE 31.12.1974
G.KOST 69.000 DM

UM -017
INST HESSISCHE LEHR- UND FORSCHUNGSANSTALT FUER GRUENLANDWIRTSCHAFT UND FUTTERBAU
BAD HERSFELD, EICHHOF
VORHAB **gruenlandgesellschaften auf dem westerwald**
ziel: systematik, oekologie und wirtschaftlicher wert des gruenlandes
S.WORT gruenland + vegetation + pflanzensoziologie
WESTERWALD
PROLEI PROF. DR. SPEIDEL
STAND 1.1.1974
QUELLE erhebung 1975
FINGEB MINISTER FUER LANDWIRTSCHAFT UND UMWELT, WIESBADEN
BEGINN 1.1.1972 ENDE 31.12.1974
G.KOST 10.000 DM

UM -018
INST HESSISCHE LEHR- UND FORSCHUNGSANSTALT FUER GRUENLANDWIRTSCHAFT UND FUTTERBAU
BAD HERSFELD, EICHHOF
VORHAB **gruenlandgesellschaften im knuellgebiet**
soziologie und wirtschaftlicher wert des gruenlandes
S.WORT gruenland + vegetation + pflanzensoziologie
KNUELLGEBIET
PROLEI PROF. DR. SPEIDEL
STAND 1.1.1974
QUELLE erhebung 1975
FINGEB MINISTER FUER LANDWIRTSCHAFT UND UMWELT, WIESBADEN
BEGINN 1.1.1970 ENDE 31.12.1975
G.KOST 30.000 DM

UM -019
INST HESSISCHE LEHR- UND FORSCHUNGSANSTALT FUER GRUENLANDWIRTSCHAFT UND FUTTERBAU
BAD HERSFELD, EICHHOF
VORHAB **pflanzensoziologische untersuchung und kartierung fuer landeskulturelle und wasserwirtschafliche massnahmen**
pflanzensoziologische kartierung zur beweissicherung
S.WORT pflanzensoziologie + kartierung
PROLEI PROF. DR. SPEIDEL
STAND 1.1.1974

UM -020
INST HESSISCHE LEHR- UND FORSCHUNGSANSTALT FUER GRUENLANDWIRTSCHAFT UND FUTTERBAU
BAD HERSFELD, EICHHOF
VORHAB **untersuchungen zur wuchshemmung von pflanzenbestaenden**
S.WORT pflanzen + landschaftspflege
PROLEI PROF. DR. ZIEGENBEIN
STAND 1.1.1974
BEGINN 1.1.1968

UM -021
INST HESSISCHE LEHR- UND FORSCHUNGSANSTALT FUER GRUENLANDWIRTSCHAFT UND FUTTERBAU
BAD HERSFELD, EICHHOF
VORHAB **suche nach und pruefung von neuen formen schon kultivierter pflanzenarten bzw. von neuen arten mit eignung zur wildaesung und boeschungsansaaten**
S.WORT pflanzen + landschaftspflege
PROLEI PROF. DR. ZIEGENBEIN
STAND 1.1.1974
BEGINN 1.1.1969

UM -022
INST HESSISCHE LEHR- UND FORSCHUNGSANSTALT FUER GRUENLANDWIRTSCHAFT UND FUTTERBAU
BAD HERSFELD, EICHHOF
VORHAB **gruenlandgesellschaften auf dem meissner**
ziel: systematik, oekologie und wirtschaftlicher wert des gruenlandes
S.WORT gruenland + vegetation + pflanzensoziologie
MEISSNERGEBIRGE + HESSEN
PROLEI PROF. DR. SPEIDEL
STAND 1.1.1974
QUELLE erhebung 1975
FINGEB MINISTER FUER LANDWIRTSCHAFT UND UMWELT, WIESBADEN
BEGINN 1.1.1973 ENDE 31.12.1974
G.KOST 12.000 DM

UM -023
INST INSTITUT FUER ALLGEMEINE BOTANIK DER UNI HAMBURG
HAMBURG 36, JUNGIUSSTR. 6
VORHAB **floristische beobachtungen in schleswig-holstein und nord-niedersachsen**
ermittlung von wuchssorten insbesondere weniger haeufiger gefaesspflanzen-sippen (arten oder unterarten), um ueber deren verbreitung und vorkommen im genannten raum ein aktu elles bild zu gewinnen. die ergebnisse dienen zugleich der "floristischen kartierung mitteleuropas", durch die fuer jede gefaesspflanzen-sippe des gebietes eine verbreitungskarte erarbeitet werden soll
S.WORT pflanzensoziologie + kartierung
SCHLESWIG-HOLSTEIN + NIEDERSACHSEN (NORD)
PROLEI DR. HEINRICH NOTHDURFT
STAND 30.8.1976

QUELLE fragebogenerhebung sommer 1976
BEGINN 1.1.1954 ENDE 31.12.1978
LITAN NOTHDURFT, H.: FLORISTISCHES AUS SCHLESWIG-HOLSTEIN, HAMBURG UND DEM NOERDL. NIEDERSACHSEN (3). IN: MITT. STAATSINST. ALLG. BOT. HAMBURG 15(I. E.)

UM -024
INST INSTITUT FUER ANGEWANDTE BOTANIK DER UNI HAMBURG
HAMBURG, MARSEILLER STRASSE 7
VORHAB **erhaltung der strassenbaeume trotz umweltbelastung**
S.WORT baum + schadstoffbelastung
PROLEI PROF. DR. RUGE
STAND 1.1.1974
BEGINN 1.1.1966 ENDE 31.12.1977

UM -025
INST INSTITUT FUER ANGEWANDTE BOTANIK DER UNI HAMBURG
HAMBURG, MARSEILLER STRASSE 7
VORHAB **untersuchungen zur oekologie und verbreitung von puccinellia capillaris jansen auf helgoland**
a) ermittlung der oekologischen amplituden und kennzahlen der art; b) untersuchung des pflanzensoziologischen verhaltens und kartenmaessige erfassung der verbreitung; c) ueberpruefung des verbauungswertes der art fuer massnahmen im rahmen des kuestenschutzes
S.WORT pflanzensoziologie + kartierung + vegetation + kuestenschutz
HELGOLAND + DEUTSCHE BUCHT
PROLEI PROF. DR. KONRAD VON WEIHE
STAND 30.8.1976
QUELLE fragebogenerhebung sommer 1976
BEGINN 1.1.1968 ENDE 31.12.1975

UM -026
INST INSTITUT FUER ANGEWANDTE BOTANIK DER UNI HAMBURG
HAMBURG, MARSEILLER STRASSE 7
VORHAB **pflanzensoziologische kartierung des hamburger flughafengelaendes**
es soll ein vom gesetzgeber vorgeschriebenes biotopgutachten vom hamburger flughafengelaende erstellt werden, um die zusammenstoesse zwischen voegeln und verkehrsflugzeugen - sog. vogelschlaege - moeglichst zu verhindern, zumindest aber einzuschraenken. da die vogelschlaege im luftverkehr eine erhebliche gefaehrdung der passagiere mitsichbringen, soll der zusammenhang zwischen dem vermehrten auftreten einiger groesserer voegel und dem standort geklaert werden
S.WORT flughafen + biotop + voegel + sicherheitsmassnahmen + pflanzensoziologie
HAMBURG
PROLEI DR. LARS NEUGEBOHRN
STAND 30.8.1976
QUELLE fragebogenerhebung sommer 1976
BEGINN 1.1.1975 ENDE 31.12.1976

UM -027
INST INSTITUT FUER BODENKUNDE UND BODENERHALTUNG / FB 16/21 DER UNI GIESSEN
GIESSEN, LUDWIGSTR. 23
VORHAB **standortkundliche grundlagen der landschaftsentwicklung**
bedeutung der standoertlichen gegebenheiten (boden/relief/hydrologische verhaeltnisse usw.) fuer die funktionsrechte landschaftsentwicklung; anwendung vor allem in der landschaftsplanung, flurbereinigung und raumordnung
S.WORT landschaftsplanung + raumordnung + vegetationskunde
PROLEI PROF. DR. ERNST SCHOENHALS
STAND 1.1.1974
FINGEB AKADEMIE FUER RAUMFORSCHUNG UND LANDESPLANUNG, HANNOVER
ZUSAM - LANDESKULTURAMT, 62 WIESBADEN 1, RATHAUS, DEZERNAT VII
- MINISTER F. LANDWIRTSCHAFT U. UMWELT, 62 WIESBADEN, SCHLOSSPLATZ 2
BEGINN 1.1.1963
LITAN - SCHAENHALS, E.:ZUR LANDESNATUR MITTELHESSENS. MITTEILGN. DTSCH. BODENKUNDL. GESELLSCH. 17 S. 11-62, (1973)
- HARRACH, T.:DER BEITRAG DER BODENKUNDE ZUR LANDSCHAFTSPLANUNG. MITTEILGN. DTSCH. BODEN-KUNDL. GES. 17 S. 184-181(1973)

UM -028
INST INSTITUT FUER BODENKUNDE UND STANDORTSLEHRE DER FORSTLICHEN FORSCHUNGSANSTALT
MUENCHEN 40, SCHELLINGSTR. 14
VORHAB **zusammenhang zwischen vegetation und standortfaktoren am teisenberg**
erfassung der vegetation und standortfaktoren: geologie/boeden/niederschlag/temperatur/exposition/hoehenstufen/wuchsleistungen/naehrstoffe
S.WORT landschaftsoekologie + vegetation + standortfaktoren
INZELL + TEISENBERG + BAYERN
PROLEI DR. PFADENHAUER
STAND 1.1.1974
FINGEB DEUTSCHE FORSCHUNGSGEMEINSCHAFT
BEGINN 1.1.1971 ENDE 31.12.1975
G.KOST 150.000 DM

UM -029
INST INSTITUT FUER BODENKUNDE UND STANDORTSLEHRE DER FORSTLICHEN FORSCHUNGSANSTALT
MUENCHEN 40, SCHELLINGSTR. 14
VORHAB **die vegetation des nationalparkes bayerischer wald; vegetationskundliche untersuchungen und kartierung**
erfassung der vegetationseinheiten/vegetationskartierung/ analyse
S.WORT vegetation + nationalpark + kartierung
BAYRISCHER WALD/SPIEGELAU-GRAFENAU
PROLEI DR. PETERMANN
STAND 1.1.1974
FINGEB STAATSMINISTERIUM FUER LANDESENTWICKLUNG UND UMWELTFRAGEN, MUENCHEN
ZUSAM NATIONALPARKAMT SPIEGELAU, MINISTERIALFORSTABTEILUNG
BEGINN 1.1.1970 ENDE 31.12.1974
G.KOST 100.000 DM

UM -030
INST INSTITUT FUER BODENKUNDE UND STANDORTSLEHRE DER FORSTLICHEN FORSCHUNGSANSTALT
MUENCHEN 40, SCHELLINGSTR. 14
VORHAB **zusammenhang zwischen vegetation und standortfaktoren am kehrenberg**
erfassung von vegetaionseinheiten/standortfaktoren/analyse/uebertragung auf forstwirtschaft/wachsleistungen/artenwahl/landschaftspflege
S.WORT vegetation + forstwirtschaft + standortfaktoren
BAD WINDSHEIM/KEHRENBERG
PROLEI FIEBIGER
STAND 1.1.1974
FINGEB STAATSMINISTERIUM FUER LANDESENTWICKLUNG UND UMWELTFRAGEN, MUENCHEN
BEGINN 1.1.1972 ENDE 31.12.1974
G.KOST 20.000 DM

UM -031
INST INSTITUT FUER BODENKUNDE UND STANDORTSLEHRE DER FORSTLICHEN FORSCHUNGSANSTALT
MUENCHEN 40, SCHELLINGSTR. 14

VORHAB **vegetationskundliche untersuchungen zum problemkreis: erhaltung der almen**
erfassung der vegetationseinheiten und standorte/ bewirtschaftungsintensitaet/und -art/erosionsschaeden/folgen einer almauflassung oder intensivierung/auswirkungen auf vegetation und standort/landschaft/vorschlaege zur nutzung
S.WORT landschaftserhaltung + vegetation + alm
ROTWANDGEBIET + MIESBACH (LANDKREIS)
PROLEI DR. ZIELONKOWSKI
STAND 1.1.1974
FINGEB STAATSMINISTERIUM FUER LANDESENTWICKLUNG UND UMWELTFRAGEN, MUENCHEN
ZUSAM INST. F. BODENKUNDE, UNI MUENCHEN, PROF. DR. LAATSCH, EROSIONSFORSCHUNG
BEGINN 1.7.1973 ENDE 31.1.1974
G.KOST 10.000 DM
LITAN ZIELONKOWSKI: VEGETATIONSKUNDLICHE UNTERSUCHUNGEN IM ROTWANDGEBIET ZUM PROBLEMKREIS ERHALTUNG DER ALMEN. BAYER. MINIST. LANDESENTW. U. UMWELTFRAGEN (1974)

UM -032

INST INSTITUT FUER BODENKUNDE UND WALDERNAEHRUNGSLEHRE DER UNI FREIBURG
FREIBURG, BERTOLDSTR. 17
VORHAB **salzschaeden an strassenbaeumen in grosstaedten am beispiel der rosskastanie und platane in der stadt freiburg im breisgau**
ziel: ermittlung naehr- und schadelementgehalte in blaettern und im boden von strassen- und parkbaeumen 1971-1973 im wachstumsablauf; 1972 monatliche stichproben in abhaengigkeit vom schadbild; boden- und blattanalyse; kontinuierliche bodenfeuchtemessung; aufnahme der schadsymptome; ergebnisse: enge beziehungen zwischen schadbild und natriumchloridgehalt in blaettern in abhaengigkeit von der streusalzanwendung
S.WORT pflanzenkontamination + grosstadt + strassenbaum + streusalz
PROLEI DR. HAEDRICH
STAND 1.1.1974
FINGEB STADT FREIBURG
BEGINN 1.9.1971 ENDE 31.5.1974
G.KOST 19.000 DM
LITAN - BLUM,W.E.;HAEDRICH,FR.: 39 GUTACHTEN FUER DIE STADT FREIBURG I.BR. ZUR FRAGE DER SALZSCHAEDIGUNG AN ALLEEBAEUMEN INSBESONDERE DER ROSSKASTANIE (AESCULUS HIPPOCASTANUM).(1973)
- BAUMSTERBEN IN DEN GROSSTAEDTEN.IN: AID-INFORMATIONEN 20(7)(1973)
- DAS BAUMSTERBEN IN DER STADT FREIBURG.IN: AID-INFORMATIONEN 20(11)(1973)

UM -033

INST INSTITUT FUER BOTANIK DER UNI REGENSBURG
REGENSBURG, UNIVERSITAETSSTR. 31
VORHAB **kartierung der flora bayerns**
die kartierung der flora bayerns wird kartographisch die verbreitung aller arten von gefaesspflanzen bayern erfassen, als grundlage fuer wissenschaftliche und angewandte auswertungen, u. a. auch als indikator der umweltverhaeltnisse und ihrer veraenderungen
S.WORT flora + kartierung + bioindikator
BAYERN
PROLEI PROF. DR. ANDREAS BRESINSKY
STAND 12.8.1976
QUELLE fragebogenerhebung sommer 1976
ZUSAM - ZENTRALSTELLE F. D. FLORISTISCHE KARTIERUNG WESTDEUTSCHLANDS, LEHRSTUHL BOTANIK DER UNI REGENSBURG
- LEHRSTUHL FUER GEOBOTANIK DER UNI GOETTINGEN
BEGINN 1.1.1971 ENDE 31.12.1979
LITAN - BAYER. BOT. GES. MUENCHEN (ED.): MITTEILUNGEN DER ARBEITSGEMEINSCHAFT ZUR FLOR. KARTIERUNG BAYERNS. (6)(1976)
- HAEUPLER; ET AL.: GRUNDLAGEN UND ARBEITSMETHODEN FUER DIE KARTIERUNG MITTELEUROPAS, ANLEITUNG. . . ZENTRALSTELLE FUER DIE FLORISTISCHE KARTIERUNG WESTDEUTSCHLANDS(1976)

UM -034

INST INSTITUT FUER BOTANIK DER UNI REGENSBURG
REGENSBURG, UNIVERSITAETSSTR. 31
VORHAB **floristische kartierung der bundesrepublik deutschland im rahmen mitteleuropas**
die kartierung der flora der brd bzw. mitteleuropas will kartographisch die verbreitung aller arten von gefaesspflanzen erfassen, als grundlage fuer wissenschaftliche und angewandte auswertungen, u. a. auch als indikator der umweltverhaeltnisse und ihrer veraenderungen. geographische bezugsbasis ist dabei das messtischblatt (topogr. karte 1 : 25000 = 10' x 6'), fuer das jeweils die gesamte flora und ihre veraenderungen erfasst wird. hilfsmittel sind vor allem "gelaendelisten" = listenvordrucke ueber die gesamte flora und verschiedene formblaetter
S.WORT flora + kartierung + bioindikator
EUROPA (MITTELEUROPA)
PROLEI PROF. DR. HEINZ ELLENBERG
STAND 12.8.1976
QUELLE fragebogenerhebung sommer 1976
FINGEB DEUTSCHE FORSCHUNGSGEMEINSCHAFT
ZUSAM ZENTRALSTELLE F. D. FLORISTISCHE KARTIERUNG, LEHRSTUHL GEOBOTANIK DER UNI GOETTINGEN
BEGINN 1.1.1971 ENDE 31.12.1979
G.KOST 900.000 DM
LITAN - HAEUPLER, H.;ET AL.: GRUNDLAGEN UND ARBEITSMETHODEN FUER DIE KARTIERUNG MITTELEUROPAS. (1976)
- HAEUPLER, H.;SCHOENFELDER, P.: BER. DEUTSCH. BOT. GES. 88 S. 451-468(1976)

UM -035

INST INSTITUT FUER FORSTLICHE BETRIEBSWIRTSCHAFTSLEHRE DER UNI GOETTINGEN
GOETTINGEN, BUESGENWEG 5
VORHAB **welche entwicklung wuerden die deutschen waelder ohne forstliche bewirtschaftung nehmen?**
ausgangslage: extensivierungsbestrebungen in der forstwirtschaft; ziel: hypothetische entwicklung der waelder ohne forstliche bewirtschaftung ableiten; beitrag zur quantifizierung der sozialfunktionen des waldes
S.WORT forstwirtschaft + wald + prognose
PROLEI PROF. DR. MUELDER
STAND 1.1.1974
FINGEB DEUTSCHE FORSCHUNGSGEMEINSCHAFT
ZUSAM KLOSTERFORSTAMT GOETTINGEN
BEGINN 1.1.1970 ENDE 31.12.1974
LITAN MUELDER: ZWISCHENBERICHTE AN DIE DEUTSCHE FORSCHUNGSGEMEINSCHAFT

UM -036

INST INSTITUT FUER FORSTPFLANZENZUECHTUNG, SAMENKUNDE UND IMMISSIONSFORSCHUNG DER FORSTLICHEN FORSCHUNGSANSTALT
MUENCHEN 40, AMALIENSTR. 52
VORHAB **zuechtung einer gegen stammverletzungen (wundpilzbefall) widerstandsfaehigen fichtensorte**
selektion und pruefung von fichten mit dicker borke
S.WORT baum + pflanzenschutz + fichte + phytopathologie
PROLEI PROF. DR. VON SCHOENBORN
STAND 1.1.1974
FINGEB BAYERISCHE STAATSFORSTVERWALTUNG, MUENCHEN

UM -037

INST INSTITUT FUER FORSTPFLANZENZUECHTUNG, SAMENKUNDE UND IMMISSIONSFORSCHUNG DER FORSTLICHEN FORSCHUNGSANSTALT
MUENCHEN 40, AMALIENSTR. 52
VORHAB **klaerung und abhilfe bei streusalzschaeden an strassenbaeumen**
untersuchung der schadenswirkung und feststellung von abhilfemassnahmen
S.WORT strassenbaum + streusalz + phytopathologie
PROLEI PROF. DR. VON SCHOENBORN
STAND 1.1.1974
FINGEB STADT MUENCHEN

UM -038
INST INSTITUT FUER GEOGRAPHIE DER UNI MUENSTER MUENSTER, ROBERT-KOCH-STR. 26
VORHAB **wasserhaushalt der buchen und die verdunstung des waldbodens**
weitere auswertung der meteorologischen messdaten von 1969/70
S.WORT wald + wasserhaushalt + (buche)
PROLEI DR. OLAF KIESE
STAND 1.1.1974
FINGEB DEUTSCHE FORSCHUNGSGEMEINSCHAFT
BEGINN 1.1.1973

UM -039
INST INSTITUT FUER GRUENLANDWIRTSCHAFT, FUTTERBAU UND FUTTERKONSERVIERUNG DER FORSCHUNGSANSTALT FUER LANDWIRTSCHAFT BRAUNSCHWEIG, BUNDESALLEE 50
VORHAB **oekophysiologie von kulturpflanzen**
die kenntnis der oekolgischen streubreite, des ertrages und der werteigenschaften von futterpflanzen unter einschluss extremer standorte sowie der tropen und subtropen bietet die moeglichkeit, das arten- und sortenspektrum der bundesrepublik wie von in der technischen hilfe betreuten laendern gezielt zu erweitern. hauptziele sind die erhaltung oder moeglichst verbesserung der bodenfruchtbarkeit und der gruenlandnarbe, die erhaltung der leistungsfaehigkeit des naturhaushaltes und der nutzungsfaehigkeit der naturgueter
S.WORT pflanzenoekologie + kulturpflanzen + bodenverbesserung
EUROPA (MITTELEUROPA)
PROLEI PROF. DR. ERNST ZIMMER
STAND 26.7.1976
QUELLE fragebogenerhebung sommer 1976
FINGEB BUNDESMINISTER FUER ERNAEHRUNG, LANDWIRTSCHAFT UND FORSTEN
ZUSAM - INSTITUT DER FAL, LK HANNOVER
- BUNDESSORTENAMT
- INSTITUT FUER GRUENLANDLEHRE, FREISING
LITAN ZWISCHENBERICHT

UM -040
INST INSTITUT FUER LANDSCHAFTSPFLEGE UND LANDSCHAFTSOEKOLOGIE DER BUNDESFORSCHUNGSANSTALT FUER NATURSCHUTZ UND LANDSCHAFTSOEKOLOGIE BONN -BAD GODESBERG, HEERSTR. 110
VORHAB **vegetationskarte der bundesrepublik deutschland 1:200000**
bisher fehlt eine vegetationskarte der bundesrepublik deutschland; es wird die potentielle natuerliche vegetation im gelaende aufgenommen; die karte dient u. a. zur kennzeichnung und abgrenzung von naturraeumen ("oekologische raumgliederung der bundesrepublik deutschland"); sie bildet eine grundlage fuer die optimale nutzung der landschaft
S.WORT landespflege + vegetation + kartierung
BUNDESREPUBLIK DEUTSCHLAND
PROLEI PROF. DR. W. TRAUTMANN
STAND 1.1.1974
FINGEB BUNDESMINISTER FUER ERNAEHRUNG, LANDWIRTSCHAFT UND FORSTEN
BEGINN 1.1.1964 ENDE 31.12.1980
G.KOST 6.000.000 DM
LITAN TRAUTMANN, W.;MITARBEITER: VEGETATIONSKARTE DER BRD-POTENTIELLE NATUERLICHE VEGETATION - BLATT CC 5502 KOELN. IN: SCHRIFTENR. F. VEGETATIONSKDE 6 (LANDWIRTSCHAFTSVERLAG HILTRUP)(1973)

UM -041
INST INSTITUT FUER LANDSCHAFTSPFLEGE UND LANDSCHAFTSOEKOLOGIE DER BUNDESFORSCHUNGSANSTALT FUER NATURSCHUTZ UND LANDSCHAFTSOEKOLOGIE BONN -BAD GODESBERG, HEERSTR. 110
VORHAB **ermittlung der in der bundesrepublik deutschland gefaehrdeten farn- und bluetenpflanzen und vorschlaege fuer schutzmassnahmen**
ziel der untersuchung ist eine artenkarte; die - nach bundeslaendern getrennt - angaben ueber haeufigkeit, grad der gefaehrdung und ausmass des rueckgangs (seit 1930) fuer alle hoeheren pflanzen enthaelt; von bisher erfassten 1750 arten sind 453 in mindestens einem bundesland ausgestorben oder verschollen, 193 weitere arten gelten in mindestens drei bundeslaendern als stark gefaehrdet
S.WORT pflanzenschutz + vegetation + kartierung + (farne + bluetenpflanzen)
PROLEI PROF. DR. TRAUTMANN W.
STAND 1.1.1974
QUELLE erhebung 1975
FINGEB BUNDESMINISTER FUER ERNAEHRUNG, LANDWIRTSCHAFT UND FORSTEN
ZUSAM - INST. F. ANGEWANDTE BOTANIK DER TU BERLIN, 1 BERLIN 41, ROTHENBURGSTR. 12
- INST. F. OEKOLOGIE DER TU BERLIN, ALBRECHT-THAER-WEG 4, 1000 BERLIN 33; PROF. DR. SUKOPP
BEGINN 1.1.1972 ENDE 31.12.1975
G.KOST 170.000 DM
LITAN - JAHRESBERICHT 1973 DER BAVNL
- NATUR UND LANDSCHAFT 49 S. 315-322 (1974)

UM -042
INST INSTITUT FUER LANDSCHAFTSPFLEGE UND LANDSCHAFTSOEKOLOGIE DER BUNDESFORSCHUNGSANSTALT FUER NATURSCHUTZ UND LANDSCHAFTSOEKOLOGIE BONN -BAD GODESBERG, HEERSTR. 110
VORHAB **vegetationsuntersuchungen auf brachflaechen**
ermittlung der vegetationsentwicklung auf brachflaechen; ermittlung der zeitdauer der einzelnen vegetationsstadien; anlage von dauerbeobachtungsflaechen
S.WORT brachflaechen + vegetation
PROLEI DR. K. MEISEL
STAND 1.1.1974
FINGEB BUNDESMINISTER FUER ERNAEHRUNG, LANDWIRTSCHAFT UND FORSTEN
BEGINN 1.6.1972
G.KOST 21.000 DM
LITAN - MEISEL, K.;HUEBSCHMANN, A. V.: GRUNDZUEGE DER VEGETATIONSENTWICKLUNG AUF BRACHFLAECHEN. IN: NATUR U. LANDSCHAFT 48 S. 70-74 (1973)
- JAHRESBERICHT 1971 BAVNL

UM -043
INST INSTITUT FUER LANDSCHAFTSPFLEGE UND LANDSCHAFTSOEKOLOGIE DER BUNDESFORSCHUNGSANSTALT FUER NATURSCHUTZ UND LANDSCHAFTSOEKOLOGIE BONN -BAD GODESBERG, HEERSTR. 110
VORHAB **floristische kartierung mitteleuropas regionalstelle koeln-aachen**
erstmals wird die verbreitung saemtlicher farn- und bluetenpflanzen genau ermittelt unter mithilfe zahlreicher ehrenamtlicher mitarbeiter; die ergebnisse dienen fuer umweltschutz und andere anwendungsbereiche
S.WORT naturschutz + flora + kartierung
KOELN + AACHEN + RHEIN-RUHR-RAUM
PROLEI DR. HARMS
STAND 1.1.1974
ZUSAM SYSTEMATISCHES GEOBOTANISCHES INST. DER UNI GOETTINGEN, 34 GOETTINGEN, AN DER LUTTER 55
BEGINN 1.11.1971 ENDE 31.12.1978
G.KOST 150.000 DM
LITAN - JAHRESBERICHT 1973 BAVNL
- HAEUPLER; SCHOENFELDER: BERICHT UEBER DIE ARBEITEN ZUR FLORISTISCHEN KURTIERUNG MITTELEUROPAS IN DER BRD. IN: MITT. FLOR. -SOZ. ARBEITSGEM. NF 15/16 (1973)

UM -044

INST INSTITUT FUER LANDSCHAFTSPFLEGE UND LANDSCHAFTSOEKOLOGIE DER BUNDESFORSCHUNGSANSTALT FUER NATURSCHUTZ UND LANDSCHAFTSOEKOLOGIE
BONN -BAD GODESBERG, HEERSTR. 110
VORHAB solitaerbaeume im bereich des extensiv genutzten gruenlandes der hohen rhoen
S.WORT gruenland + baumbestand + (solitaerbaeume)
RHOEN (HOHE RHOEN)
PROLEI DR. W. LOHMEYER
STAND 1.1.1976
FINGEB BUNDESMINISTER FUER ERNAEHRUNG, LANDWIRTSCHAFT UND FORSTEN
BEGINN 1.1.1974 ENDE 31.12.1974
LITAN NATUR UND LANDSCHAFT 49 (9) S. 248-253 (1974)

UM -045

INST INSTITUT FUER LANDSCHAFTSPFLEGE UND LANDSCHAFTSOEKOLOGIE DER BUNDESFORSCHUNGSANSTALT FUER NATURSCHUTZ UND LANDSCHAFTSOEKOLOGIE
BONN -BAD GODESBERG, HEERSTR. 110
VORHAB vegetationskundliche untersuchungen in der hohen rhoen
veraenderung der menschlich bedingten vegetation durch rueckgang des menschlichen einflusses. polykormone-pflegemassnahmen zur erhaltung der anthropogenen vegetation - herkunft von pflanzenarten menschlich bedingter gruenlandgesellschaften
S.WORT vegetationskunde + pflanzenoekologie
RHOEN (HOHE RHOEN)
PROLEI DR. W. LOHMEYER
STAND 1.1.1976
FINGEB BUNDESMINISTER FUER ERNAEHRUNG, LANDWIRTSCHAFT UND FORSTEN
BEGINN ENDE 31.12.1975
LITAN - JAHRESBERICHT 1970 BAVNL
- LOHMEYER, W; BOHN, U.: WILDSTRAEUCHER-SPROSSKOLONIEN (POLYCORMONE)UND IHRE BEDEUTUNG FUER DIE VEGETATIONSENTWICKLUNG AUF BRACHGEFALLENEM GRUENLAND. IN: NATUR UND LANDSCHAFT 48 (3) S. 75-58 (1973)

UM -046

INST INSTITUT FUER LANDSCHAFTSPFLEGE UND LANDSCHAFTSOEKOLOGIE DER BUNDESFORSCHUNGSANSTALT FUER NATURSCHUTZ UND LANDSCHAFTSOEKOLOGIE
BONN -BAD GODESBERG, HEERSTR. 110
VORHAB xerothermvegetation in rheinland-pfalz und nachbargebieten
S.WORT vegetationskunde
RHEINLAND-PFALZ
PROLEI KORNECK
STAND 1.1.1976
QUELLE mitteilung des bundesministers fuer ernaehrung,landwirtschaft und forste
FINGEB LAND RHEINLAND-PFALZ
BEGINN ENDE 31.12.1974

UM -047

INST INSTITUT FUER NICHTPARASITAERE PFLANZENKRANKHEITEN DER BIOLOGISCHEN BUNDESANSTALT FUER LAND- UND FORSTWIRTSCHAFT
BERLIN 33, KOENIGIN-LUISE-STR. 19
VORHAB untersuchungen ueber die standortbedingungen der strassenbaeume in berlin und die moeglichkeiten ihrer erhaltung
an strassenbaeumen treten schaeden durch streusalzanreicherung im boden auf. ziel ist, vorschlaege fuer erhaltung und anpflanzung von strassenbaeumen zu erarbeiten
S.WORT strassenbaum + standortfaktoren
BERLIN
PROLEI DR. H. -O. LEH
STAND 1.1.1974
FINGEB SENATOR FUER WIRTSCHAFT, BERLIN
ZUSAM PFLANZENSCHUTZAMT, 1 BERLIN 33, ALTKIRCHER STR. 1-3
BEGINN 1.3.1971 ENDE 31.12.1974

UM -048

INST INSTITUT FUER OEKOLOGIE DER TU BERLIN
BERLIN 41, ROTHENBURGSTR. 12
VORHAB entwicklung ruderaler oekosysteme
entwicklung, stoffproduktion und chemische zusammensetzung von ruderalen pflanzengesellschaften auf verschiedenen boeden in berlin, in koeln und in der braunkohlengrube fortuna-niederaussem
S.WORT pflanzenoekologie + deponie + tagebau + rekultivierung
PROLEI PROF. DR. REINHARD BORNKAMM
STAND 30.8.1976
QUELLE fragebogenerhebung sommer 1976
ZUSAM BUNDESANSTALT FUER VEGETATIONSKUNDE, HEERSTR. 110, 5300 BONN-BAD GODESBERG
BEGINN 1.1.1967 ENDE 31.12.1985
G.KOST 50.000 DM

UM -049

INST INSTITUT FUER OEKOLOGIE DER TU BERLIN
BERLIN 41, ROTHENBURGSTR. 12
VORHAB wasserhaushalt von strassenbaeumen
waehrend die belastung von strassenbaeumen durch streusalz bekannt ist, bestehen unklarheiten, ob auch trockenschaeden zum verfruehten abwurf der blaetter beitragen. daher werden verschiedene groessen des wasserhaushaltes an belasteten und unbelasteten baeumen untersucht. nach chemischen kriterien wird geprueft, ob der vorzeitige absterbevorgang den im herbst ablaufenden prozessen gleicht oder pathologischer natur ist
S.WORT strassenbaum + wasserhaushalt + phytopathologie
BERLIN
PROLEI PROF. DR. REINHARD BORNKAMM
STAND 30.8.1976
QUELLE fragebogenerhebung sommer 1976
FINGEB BUNDESMINISTER FUER FORSCHUNG UND TECHNOLOGIE
ZUSAM INST. F. NICHTPARASITAERE PFLANZENKRANKHEITEN DER BBA, KOENIGIN-LUISE-STR. 19, 1000 BERLIN 33
BEGINN 1.9.1974 ENDE 30.6.1977
G.KOST 217.000 DM
LITAN ZOLG, M. (UNI BERLIN), DIPLOMARBEIT: ANALYTISCHE UNTERSUCHUNG AN BLAETTERN WAEHREND DES ALTERUNGSPROZESSES VOR DEM LAUBFALL. (1976)

UM -050

INST INSTITUT FUER OEKOLOGIE DER TU BERLIN
BERLIN 33, ALBRECHT-THAER-WEG 4
VORHAB vegetations- und florengeschichtliche untersuchungen in den forsten grunewald und tegel (berlin)
pollen- und makroanalytische untersuchungen an sedimenten des pechsees und tegeler sees. entwicklungsgang terrestrischer aquatischer oekosysteme (teilsysteme vegetation) vom spaetglazial bis zur gegenwart. rekonstruktion des urspruenglichen zustandes, des acker- und waldwirtschaftlich veraenderten zustandes und der beziehungen zum realen und potentiellen zustand von heute
S.WORT vegetationskunde + waldoekosystem
BERLIN-GRUNEWALD/TEGEL
PROLEI DR. ARTHUR BRANDE
STAND 30.8.1976
QUELLE fragebogenerhebung sommer 1976
ZUSAM - FACHGEBIET BODENKUNDE DES INSTITUTS FUER OEKOLOGIE, ENGLERALLEE, 1000 BERLIN 33
- INST. F. PHYSISCHE GEOGRAPHIE DER FU BERLIN, ALTENSTEINSTR. 19, 1000 BERLIN 33
BEGINN 1.9.1974 ENDE 30.4.1977
LITAN BRANDE, A.: POLLENANALYTISCHE UNTERSUCHUNGEN. IN: PACHUR, H. J.;HABERLAND, W.: UNTERSUCHUNGEN ZUR MORPHOLOGISCHEN ENTWICKLUNG DES TEGELER SEES (BERLIN). (IM DRUCK)

UM -051

INST INSTITUT FUER OEKOLOGIE DER TU BERLIN
BERLIN 33, ALBRECHT-THAER-WEG 4

VORHAB **oekologie von ruderalpflanzen in berlin**
oekosysteme der grosstadt und ihre lebensbedingung; nutzungsmoeglichkeiten; stoffkreislaeufe; sukzession
S.WORT pflanzenoekologie + stadtgebiet + deponie
BERLIN
PROLEI PROF. DR. HERBERT SUKOPP
STAND 1.1.1974
QUELLE erhebung 1975
BEGINN 1.1.1966
G.KOST 5.000 DM

UM -052
INST INSTITUT FUER OEKOLOGIE UND NATURSCHUTZ DER LANDESANSTALT FUER UMWELTSCHUTZ BADEN-WUERTTEMBERG
KARLSRUHE 1, BANNWALDALLEE 32
VORHAB **kartierung von halophyten als streusalzindikatoren an strassen**
S.WORT bioindikator + streusalz + kartierung
BADEN-WUERTTEMBERG
PROLEI DIPL. -BIOL. WOLFGANG EHMKE
STAND 21.7.1976
QUELLE fragebogenerhebung sommer 1976

UM -053
INST INSTITUT FUER OEKOLOGIE UND NATURSCHUTZ DER LANDESANSTALT FUER UMWELTSCHUTZ BADEN-WUERTTEMBERG
KARLSRUHE 1, BANNWALDALLEE 32
VORHAB **kartierung der potentiellen natuerlichen vegetation zur standortecharakterisierung**
S.WORT vegetation + kartierung
BADEN-WUERTTEMBERG
PROLEI DR. KARL HARMS
STAND 21.7.1976
QUELLE fragebogenerhebung sommer 1976
ZUSAM - LANDESSAMMLUNG FUER NATURKUNDE, 7500 KARLSRUHE
- STAATL. MUSEUM, 7000 STUTTGART
LITAN MUELLER, T. (LANDESANSTALT FUER UMWELTSCHUTZ, INST. F. OEKOLOGIE UND NATURSCHUTZ): DIE POTENTIELLE NATUERLICHE VEGETATION VON BADEN-WUERTTEMBERG. IN: BEIHEFTE ZU DEN VEROEFFENTLICHUNGEN FUER NATURSCHUTZ UND LANDSCHAFTSPFLEGE IN B. -W. (6)

UM -054
INST INSTITUT FUER OEKOLOGIE UND NATURSCHUTZ DER LANDESANSTALT FUER UMWELTSCHUTZ BADEN-WUERTTEMBERG
KARLSRUHE 1, BANNWALDALLEE 32
VORHAB **floristische und vegetationskundliche untersuchungen zur biotopcharakterisierung und zur erhaltung von arten und biozoenosen**
S.WORT biozoenose + vegetationskunde + biotop
PROLEI GOERS
STAND 21.7.1976
QUELLE fragebogenerhebung sommer 1976

UM -055
INST INSTITUT FUER PFLANZENBAU DER UNI BONN
BONN, KATZENBURGWEG 5
VORHAB **auswirkung der anwendung von wachstumsregulatoren auf die rasenvegetation**
zur ersparnis an pflegemassnahmen kommen zunehmend mehr wachstumsregulatoren an strassen und boeschungen, aber auch auf anderen rasenflaechen zum einsatz. ihre auswirkung auf die vegetation, ihre zusammensetzung und die wurzelbildung sollen beobachtet werden
S.WORT vegetation + rasen + wachstumsregulator
PROLEI PROF. DR. PETER BOEKER
STAND 21.7.1976
QUELLE fragebogenerhebung sommer 1976
ZUSAM DEUTSCHE RASENGESELLSCHAFT, KATZENBURGWEG 5, 5300 BONN
BEGINN 1.1.1965
G.KOST 20.000 DM
LITAN ZWISCHENBERICHT

UM -056
INST INSTITUT FUER PFLANZENBAU DER UNI BONN
BONN, KATZENBURGWEG 5
VORHAB **veraenderung der vegetation und abbau der organischen substanz in aufgegebenen wiesen des westerwaldes**
ueber mehrere jahre wird die entwicklung nicht mehr genutzter wiesen beobachtet, die menge der im laufe der jahre anfallenden organischen substanz festgestellt, ihre chemische zusammensetzung analysiert und abbauraten errechnet
S.WORT vegetation + weideland + brachflaechen
WESTERWALD
PROLEI PROF. DR. PETER BOEKER
STAND 21.7.1976
QUELLE fragebogenerhebung sommer 1976
ZUSAM BUNDESANSTALT FUER NATURSCHUTZ UND LANDSCHAFTSOEKOLOGIE, HEERSTRASSE 110, 5300 BONN-BAD GODESBERG 1
BEGINN 1.1.1973 ENDE 31.12.1976
G.KOST 10.000 DM

UM -057
INST INSTITUT FUER PFLANZENBAU UND PFLANZENZUECHTUNG DER UNI KIEL
KIEL, OLSHAUSENSTR. 40/60
VORHAB **vegetationsentwicklung nach beendigung der landwirtschaftlichen nutzung**
steuerungsmoeglichkeit der vegetationsentwicklung nach beendigung der landwirtschaftlichen nutzung
S.WORT brachflaechen + vegetation
PROLEI PROF. DR. KNAUER
STAND 1.1.1974
FINGEB MINISTER FUER ERNAEHRUNG, LANDWIRTSCHAFT UND FORSTEN, KIEL
BEGINN 1.3.1974
G.KOST 5.000 DM

UM -058
INST INSTITUT FUER PFLANZENBAU UND SAATGUTFORSCHUNG DER FORSCHUNGSANSTALT FUER LANDWIRTSCHAFT
BRAUNSCHWEIG, BUNDESALLEE 50
VORHAB **erhaltung und konservierung von genmaterial von kulturpflanzen und wildformen**
S.WORT pflanzenzucht + genetik
PROLEI PROF. DR. BOMMER
STAND 1.1.1974
FINGEB - BUNDESMINISTER FUER ERNAEHRUNG, LANDWIRTSCHAFT UND FORSTEN
- GEMEINSCHAFT ZUR FOERDERUNG DER PRIVATEN DEUTSCHEN LANDWIRTSCHAFTLICHEN PFLANZENZUECHTUNG E. V.

UM -059
INST INSTITUT FUER PFLANZENPATHOLOGIE UND PFLANZENSCHUTZ DER UNI GOETTINGEN
GOETTINGEN, GRIESBACHSTR. 6
VORHAB **nebenwirkungen von herbiziden auf blattlaeuse, insbesondere auf myzus persicae und aphis fabae an rueben**
S.WORT herbizide + nebenwirkungen + (blattlaus)
PROLEI PROF. DR. HUBERT WILBERT
STAND 1.1.1974
FINGEB DEUTSCHE FORSCHUNGSGEMEINSCHAFT

UM -060
INST INSTITUT FUER PFLANZENSCHUTZ, SAATGUTUNTERSUCHUNG UND BIENENKUNDE DER LANDWIRTSCHAFTSKAMMER WESTFALEN-LIPPE
MUENSTER, VON-ESMARCHSTR. 12
VORHAB **die unterschiedliche vertraeglichkeit einzelner kulturpflanzensorten gegenueber dem einsatz von herbiziden und deren einfluesse auf folgekulturen**
S.WORT herbizide + kulturpflanzen
PROLEI DR. HELMUT THIEDE
STAND 1.1.1974
FINGEB DEUTSCHE FORSCHUNGSGEMEINSCHAFT

UM -061

INST INSTITUT FUER WALDBAU DER FORSTLICHEN FORSCHUNGSANSTALT
MUENCHEN 40, AMALIENSTR. 52
VORHAB untersuchungen des zustandes von hochlagenwaeldern im alpenraum
untersuchung zur erfassung des zustandes, der entwicklungs- und verjuengungsdynamik und der altersstruktur der im raum garmisch-partenkirchen und mittenwald befindlichen hochlagen-waelder mit hilfe mathematisch-statistischer methoden
S.WORT forstwirtschaft
ALPENRAUM
STAND 1.1.1974
FINGEB UNIVERSITAET MUENCHEN
BEGINN 1.1.1973 ENDE 31.12.1974
G.KOST 100.000 DM
LITAN - BURSCHEL, P.: PROGRAMM EINER UNTERSUCHUNG UEBER DEN ZUSTAND DER HOCHLAGENWAELDER IM OBERBAYER. GEBIRGSRAUM (PROJEKTVORSCHLAG), 1972. 12
- ZWISCHENBERICHT 1974. 07

UM -062

INST INSTITUT FUER WALDBAU DER FORSTLICHEN FORSCHUNGSANSTALT
MUENCHEN 40, AMALIENSTR. 52
VORHAB zusammenhang zwischen vegetation und standortsfaktoren am teisenberg
S.WORT vegetation + standortfaktoren
TEISENBERG
PROLEI PROF. DR. PAUL SEIBERT
STAND 1.1.1974
FINGEB DEUTSCHE FORSCHUNGSGEMEINSCHAFT

UM -063

INST LANDESANSTALT FUER OEKOLOGIE, LANDSCHAFTSENTWICKLUNG UND FORSTPLANUNG NORDRHEIN-WESTFALEN
KLEVE -KELLEN, DAMMSTR. 19
VORHAB pflanzensoziologische gruenlandkartierung in nordrhein-westfalen
kartierung der pflanzengesellschaften des gruenlandes, in der regel im massstab 1: 5000. herausgabe der karten ueberwiegend als feuchtestufenkarte. ueberwiegend in flurbereinigungsgebieten, auch zur beweissicherung im zusammenhang mit wasserrechtlichen bewilligungsverfahren
S.WORT pflanzensoziologie + kartierung
NORDRHEIN-WESTFALEN
PROLEI DR. EKKEHARD FOERSTER
STAND 21.7.1976
QUELLE fragebogenerhebung sommer 1976
LITAN COLIN, H.;FOERSTER, E.: DIE GEGENSEITIGE ERGAENZUNG VON BODEN- UND VEGETATIONSKARTEN BEI DER STANDORTERKUNDUNG. IN: BAYERISCHES LANDWIRTSCHAFTLICHES JAHRBUCH. SONDERHEFT 3 S. 84-88(1967)

UM -064

INST LANDESSAMMLUNG FUER NATURKUNDE
KARLSRUHE, ERBPRINZENSTR. 13
VORHAB vegetationskundliche kartierung taubergebiet
darstellung der heutigen (realen) vegetation sowie der potentiellen natuerlichen vegetation
S.WORT vegetationskunde + kartierung
TAUBER (GEBIET) + MAIN (GEBIET)
PROLEI DR. GEORG PHILIPPI
STAND 21.7.1976
QUELLE fragebogenerhebung sommer 1976
BEGINN 1.5.1969 ENDE 31.8.1976
G.KOST 30.000 DM

UM -065

INST LANDESSTELLE FUER VEGETATIONSKUNDE AM BOTANISCHEN INSTITUT DER UNI KIEL
KIEL, HOSPITALSTR. 20
VORHAB vegetationskundliche kartierung des dummersdorfer trave-ufers als dokumentation seiner schutzwuerdigkeit
S.WORT vegetation + kartierung + uferschutz + fluss
DUMMERSDORF + TRAVE + OSTSEE
PROLEI PROF. DR. RAABE
STAND 1.1.1974
BEGINN 1.1.1957

UM -066

INST LEHRSTUHL FUER GEOBOTANIK DER UNI FREIBURG
FREIBURG, SCHAENZLESTR. 9-11
VORHAB pflanzensoziologische aufnahme und kartierung von bannwaeldern
dokumentation von waldgesellschaften; studium ihrer oekologie und sukzession im dorfmoor
S.WORT waldoekosystem + pflanzensoziologie + kartierung
BADEN-WUERTTEMBERG
PROLEI DR. SCHLENKER
STAND 1.1.1974
FINGEB MINISTERIUM FUER ERNAEHRUNG, LANDWIRTSCHAFT UND UMWELT, STUTTGART
ZUSAM BADEN-WUERTTEMBERGISCHE FORSTLICHE VERSUCHS- UND FORSCHUNGSANSTALT, 7000 STUTTGART
BEGINN 1.1.1970
LITAN 2 STAATSEXAMENSARBEITEN, BIOL. INSTITUT II FREIBURG

UM -067

INST LEHRSTUHL FUER GEOBOTANIK DER UNI FREIBURG
FREIBURG, SCHAENZLESTR. 9-11
VORHAB pflanzengesellschaften des kaiserstuhls
gegenwaertiger zustand; entwicklung in vergangenheit und zukunft; wirkung bestimmter bewirtschaftungsweisen; untersucht mit methoden der systematischen, oekologischen und dynamischen pflanzensoziologie
S.WORT landschaftsgestaltung + pflanzensoziologie
KAISERSTUHL + OBERRHEIN
PROLEI PROF. DR. O. WILMANNS
STAND 1.10.1974
ZUSAM BEZIRKSSTELLE FUER NATURSCHUTZ UND LANDSCHAFTPFLEGE, 78 FREIBURG, FRIEDRICHSTR. 41
BEGINN 1.1.1968
LITAN - WILMANNS; RASBACH: KARTE SCHUTZBEDUERFTIGER GEBIETE IM KAISERSTUHL. -BEIH. 2 VEROEFF. LANDESST. NAT. SCHUTZ B. -WUERTT. LUDWIGSBURG(1973)
- RASBACH; WILMANNS; WIMMENAUER; FUCHS: DER KAISERSTUHL. LUDWIGSBURG(1974)

UM -068

INST LEHRSTUHL FUER GEOBOTANIK DER UNI GOETTINGEN
GOETTINGEN, UNTERE KARSPUELE 2
VORHAB vegetationskundliche und oekologische untersuchungen in salzwiesen des graswarders in heiligenhafen / ostsee
S.WORT gruenland + oekologie + vegetationskunde
HEILIGENHAFEN + OSTSEE
PROLEI PROF. DR. DR. H. C. HEINZ ELLENBERG
STAND 1.1.1976
QUELLE mitteilung des bundesministers fuer ernaehrung,landwirtschaft und forsten
BEGINN ENDE 31.12.1974

UM -069

INST LEHRSTUHL FUER GEOBOTANIK DER UNI GOETTINGEN
GOETTINGEN, UNTERE KARSPUELE 2
VORHAB die mineralstickstoff-versorgung einiger salzrasengesellschaften bei heiligenhafen / ostsee
S.WORT gruenland + mineralstoffe + stickstoff + pflanzenernaehrung
HEILIGENHAFEN + OSTSEE
PROLEI PROF. DR. DR. H. C. HEINZ ELLENBERG
STAND 1.1.1976
QUELLE mitteilung des bundesministers fuer ernaehrung,landwirtschaft und forsten
BEGINN ENDE 31.12.1975

UM -070

INST LEHRSTUHL FUER LANDSCHAFTSCHARAKTER DER TU MUENCHEN
FREISING -WEIHENSTEPHAN

VORHAB **lebensbedingungen von pflanzen auf schwierigen standorten der stadt, insbesondere auf tunneln, leitungskanaelen und tiefgaragen**

S.WORT pflanzenoekologie + standortfaktoren + strassenbau

QUELLE datenuebernahme aus der datenbank zur koordinierung der ressortforschung (dakor)

FINGEB BUNDESMINISTER FUER VERKEHR

BEGINN 3.6.1970 ENDE 3.6.1974

UM -071

INST LEHRSTUHL FUER LANDSCHAFTSOEKOLOGIE UND LANDSCHAFTSGESTALTUNG DER TH AACHEN
AACHEN, SCHINKELSTR. 1

VORHAB **untersuchungen zur entwicklung von rasenaussaaten und ihrer eignung fuer die boeschungssicherung**

S.WORT landschaftspflege + strassenbau + (boeschungssicherung)

PROLEI PROF. WOLFRAM PFLUG

STAND 1.10.1974

QUELLE erhebung 1975

FINGEB DEUTSCHE FORSCHUNGSGEMEINSCHAFT

BEGINN 1.1.1972

G.KOST 12.000 DM

UM -072

INST LEHRSTUHL FUER LANDSCHAFTSOEKOLOGIE UND LANDSCHAFTSGESTALTUNG DER TH AACHEN
AACHEN, SCHINKELSTR. 1

VORHAB **beitrag zur sicherung von strassenboeschungen durch bewuchs und lebendverbau**

S.WORT strassenbau + begruenung + vegetation + (boeschungssicherung)

STAND 1.1.1976

QUELLE mitteilung des bundesministers fuer ernaehrung,landwirtschaft und forsten

UM -073

INST LEHRSTUHL FUER PFLANZENOEKOLOGIE DER UNI BAYREUTH
BAYREUTH, AM BIRKENGUT

VORHAB **stoffproduktion und wasserhaushalt von pflanzen bei wasseranspannung**
stoffproduktion und wasserhaushalt von pflanzen sind funktionell miteinander gekoppelt, wobei landwirtschaftlich der produktionsaspekt, wasserwirtschaftlich der wasserverlustaspekt im vordergrund steht. es ist bisher nicht geklaert, in welcher weise die pflanzen den gasaustausch in bezug auf meteorologische groessen (temperatur, luftfeuchte) und auf bodenfaktoren (wasserzustand) regulieren. anhand von messungen der nettophotosynthese und transpiration sowie der wasserzustandsgroessen in der pflanze sollen aussagen ueber den transport von wasser in den blattorganen der pflanzen gemacht werden und moeglichkeiten der optimierung dieser vorgaenge diskutiert werden

S.WORT pflanzenoekologie + wasserhaushalt + stoffhaushalt + photosynthese

PROLEI PROF. DR. ERNST-DETLEF SCHULZE

STAND 30.8.1976

QUELLE fragebogenerhebung sommer 1976

FINGEB DEUTSCHE FORSCHUNGSGEMEINSCHAFT

ZUSAM BOTANISCHES INSTITUT II DER UNI WUERZBURG, MITTLER DALLENBERGWEG 64, 8700 WUERZBURG

BEGINN 1.1.1975

LITAN ZWISCHENBERICHT

UM -074

INST LEHRSTUHL FUER PFLANZENOEKOLOGIE DER UNI BAYREUTH
BAYREUTH, AM BIRKENGUT

VORHAB **vegetationskundliche untersuchungen in oberfranken**
im rahmen der landesplanung und flurbereinigung sind vegetationskundliche untersuchungen im raum oberfranken erforderlich

S.WORT vegetationskunde + kartierung + landesplanung + flurbereinigung
FRANKEN (OBERFRANKEN)

PROLEI PROF. DR. ERNST-DETLEF SCHULZE

STAND 30.8.1976

QUELLE fragebogenerhebung sommer 1976

BEGINN 1.1.1975

LITAN ZWISCHENBERICHT

UM -075

INST LEHRSTUHL FUER TIEROEKOLOGIE DER UNI BAYREUTH
BAYREUTH, POSTFACH 3008

VORHAB **oekologische regelung (biologische bekaempfung) eingeschleppter unkrautarten der gattung solidago**
ziel des vorhabens ist eine stabilisierung eingeschleppter goldrutenarten (solidago canadensis, solidago serotina) auf einem oekologisch annehmbaren populationsniveau mit hilfe spezifischer phytophager insekten nordamerikanischen ursprungs. seit 1966 wurden im oberrheintal und seit 1973 auch im mittleren neckargebiet bestandsaufnahmen der betreffenden solidago-arten durchgefuehrt. im sommer 1975 konnten wir entsprechende untersuchungen auch in kanada einleiten

S.WORT pflanzenschutz + unkrautflora + biologischer pflanzenschutz + (solidago)
OBERRHEINEBENE + NECKARTAL + SCHWEIZ + UNGARN + OESTERREICH

PROLEI PROF. DR. HELMUT ZWOELFER

STAND 30.8.1976

QUELLE fragebogenerhebung sommer 1976

ZUSAM - INST. F. BIOLOGISCHE SCHAEDLINGSBEKAEMPFUNG DER BIOLOGISCHEN BUNDESANSTALT, DARMSTADT
- GRILLONS, 2800 DELEMONT, SCHWEIZ
- AGRICULTURE CANADA, RESEARCH STATION REGINA

BEGINN 1.1.1966

LITAN - ZWOELFER,H.;HARRIS,P.: HOST SPECIFICITY DETERMINATION OF INSECTS FOR BIOLOGICAL CONTROL OF WEEDS. IN:ANN. REV. ENTOMOL. 16 S.159-178(1971)
- ZWOELFER,H.;HARRIS,P., MEMORANDUM: DAS GOLDRUTENPROBLEM: MOEGLICHKEITEN FUER EIN BIOLOGISCHES UNKRAUTBEKAEMPFUNGSPROJEKT IN EUROPA. (1974)
- ZWOELFER,H.: POSSIBILITIES AND LIMITATIONS IN BIOLOGICAL CONTROL OF WEEDS. IN:OEPP/EPPO BULLETIN 3(3) S.19-30(1973)

UM -076

INST LEHRSTUHL UND INSTITUT FUER LANDSCHAFTSPFLEGE UND NATURSCHUTZ DER TU HANNOVER
HANNOVER, HERRENHAEUSERSTR. 2

VORHAB **versuche mit niedrigwuechsigen straeucherarten zur erprobung ihrer eignung als rasenersatz an strassen**
die rasenanlagen entlang der bundesfernstrassen benoetigen eine arbeits- und kostenaufwendige pflege. bedingt durch die zunahme des verkehrs ergeben sich weitere kosten fuer notwendige sicherheitsmassnahmen bei den pflegearbeiten. in vielen faellen ist die durchfuehrung der maeharbeiten aus gruenden der verkehrsgefaehrdung bereits in frage gestellt. im vorliegenden forschungsvorhaben soll untersucht werden, ob die rasen durch niedrigwachsende straeucher ersetzt werden koennen. die straucharten sollen folgende merkmale aufweisen und folgende aufgaben erfuellen: 1. bodenschutz, insbesondere gegenueber erosion. 2. eingruenung der bundesfernstrassen in die landschaft unter dem aspekt der landschaftspflege. 3. endhoehe unter 1 m, damit die sicht nicht behindert wird. 4. moeglichst rasche deckung des bodens und unterdrueckung von unkraut. 5. pflege nur waehrend der zwei anwachsjahre, dann soll die pflanzung fuer mindestens 10 jahre ohne pflege

auskommen.
S.WORT landschaftspflege + strassenrand + begruenung
QUELLE datenuebernahme aus der datenbank zur koordinierung der ressortforschung (dakor)
FINGEB BUNDESMINISTER FUER VERKEHR
BEGINN 3.4.1973 ENDE 3.4.1976

UM -077
INST MAX-PLANCK-INSTITUT FUER VERHALTENSPHYSIOLOGIE ERLING-ANDECHS
VORHAB wettereinfluss auf jahresperiodische prozesse
S.WORT wetterwirkung + pflanzen
PROLEI DR. HELMUT KLEIN
STAND 7.9.1976
QUELLE datenuebernahme von der deutschen forschungsgemeinschaft
FINGEB DEUTSCHE FORSCHUNGSGEMEINSCHAFT

UM -078
INST NIEDERSAECHSISCHES LANDESVERWALTUNGSAMT HANNOVER, RICHARD-WAGNER-STR. 22
VORHAB untersuchung der pflanzengesellschaften niedersachsens nach dem grade ihrer gefaehrdung und erarbeitung von vorschlaegen fuer spezielle schutzmassnahmen
die pflanzengesellschaften nordwestdeutschlands sollen nach bestimmten gesichtspunkten, vor allem der wissenschaft und des naturschutzes bewertet und bezueglich ihres gefaehrdungsgrades untersucht werden. daraus sollen ein schutzprogramm und spezielle schutzmassnahmen entwickelt werden
S.WORT pflanzenschutz + naturschutz + schutzmassnahmen NIEDERSACHSEN
PROLEI PROF. DR. ERNST PREISING
STAND 13.8.1976
QUELLE fragebogenerhebung sommer 1976
BEGINN 1.1.1975 ENDE 31.12.1976

UM -079
INST NIEDERSAECHSISCHES LANDESVERWALTUNGSAMT HANNOVER, RICHARD-WAGNER-STR. 22
VORHAB der einfluss agrarstruktureller und wasserwirtschaftlicher massnahmen auf den bestand an pflanzenarten und pflanzengesellschaften in niedersachsen
niedersachsen ist dasjenige bundesland, in dem am fruehesten mit einer systematischen kartierung der realen pflanzengesellschaften und damit auch im gewissen umfange des inventars an pflanzenarten und deren bindung an bestimmte biotope und biozoenosen begonnen worden ist. auf diese weise liegen fuer zahlreiche gebiete des landes, in denen inzwischen einschneidende agrarstrukturelle und wasserwirtschaftliche massnahmen durchgefuehrt worden sind, genaue daten ueber das inventar an pflanzenarten und pflanzengesellschaften seit den 30iger jahren und vor durchfuehrung der landschaftveraendernden eingriffe vor
S.WORT wasserwirtschaft + agraroekonomie + kartierung + naturschutz NIEDERSACHSEN
PROLEI DIPL. -ING. A. MONTAG
STAND 13.8.1976
QUELLE fragebogenerhebung sommer 1976
BEGINN 1.1.1976 ENDE 31.12.1977

UM -080
INST STAATLICHES MUSEUM FUER NATURKUNDE STUTTGART STUTTGART, SCHLOSS ROSENSTEIN
VORHAB floristische kartierung
kartenmaessige darstellung der verbreitung hoeherer pflanzenarten. angabe des vorkommens pro messtischblatt. vergleich der heutigen verbreitung mit frueheren vorkommen an hand von literaturangaben und herbarbelegen
S.WORT pflanzen + kartierung BADEN-WUERTTEMBERG (OST)
PROLEI DR. SIEGMUND SEYBOLD
STAND 21.7.1976
QUELLE fragebogenerhebung sommer 1976
ZUSAM INST. F. OEKOLOGIE UND NATURSCHUTZ DER LANDESANSTALT FUER UMWELTSCHUTZ BW, KARLSRUHE
BEGINN 1.1.1968

UM -081
INST STAATLICHES MUSEUM FUER NATURKUNDE STUTTGART STUTTGART, SCHLOSS ROSENSTEIN
VORHAB vegetationskundliche kartierung
kartenmaessige darstellung der vegetationstypen auf pflanzensoziologischer basis. massstab i. d. r. 1 : 25000
S.WORT vegetationskunde + kartierung BADEN-WUERTTEMBERG (OST)
PROLEI DR. OSKAR SEBALD
STAND 21.7.1976
QUELLE fragebogenerhebung sommer 1976
ZUSAM FORSTLICHE VERSUCHS- U. FORSCHUNGSANSTALT, ABT. BOTANIK U. STANDORTSKUNDE, STUTTGART
BEGINN 1.1.1935

UM -082
INST WILHELM-KLAUDITZ-INSTITUT FUER HOLZFORSCHUNG DER FRAUNHOFER-GESELLSCHAFT E.V. BRAUNSCHWEIG, BIENRODERWEG 54E
VORHAB untersuchungen ueber baumverletzungen, ihre auswirkung und behandlung (abhaengigkeit von der mechanisierung)
S.WORT baum + phytopathologie
PROLEI PROF. DR. SCHULZ
STAND 1.10.1974
FINGEB - DEUTSCHE FORSCHUNGSGEMEINSCHAFT - ARBEITSGEMEINSCHAFT DEUTSCHER WALDBESITZERVERBAENDE E. V. , BONN
BEGINN 1.4.1972 ENDE 31.12.1974
G.KOST 161.000 DM

Weitere Vorhaben siehe auch:

HA -036 UNTERSUCHUNGEN ZUR VERBREITUNG UND OEKOLOGIE SUBMERSER MAKROPHYTEN AUF DER SCHWAEBISCHEN ALB ZWISCHEN BAEREN UND GROSSER LAUTER UND ZWISCHEN ILLER- UND LECH-PLATTEN

IA -022 TAXONOMIE AUSGEWAEHLTER ALGENGRUPPEN SOWIE ALGENFLORA UND -VEGETATION UNTERSCHIEDLICHER LEBENSRAEUME IN ABHAENGIGKEIT VON UMWELTFAKTOREN

PH -025 NAEHR- UND SCHADELEMENTE IM KRONENTRAUFWASSER VON STRASSENBAEUMEN WAEHREND DER VEGETATIONSPERIODE IN DER STADT FREIBURG IM BREISGAU

RA -021 VEGETATIONSFORMEN FUER DIE UMWELTGERECHTE BEWIRTSCHAFTUNG VON GRENZERTRAGSBOEDEN, INSBESONDERE VON NIEDERMOOREN, IM NORDWESTDEUTSCHEN KUESTENGEBIET

RE -010 ERPROBUNG VON METHODEN DER MERISTEMKULTUR

RG -012 BODENVERDUNSTUNG IN EINEM LAERCHEN-BUCHENBESTAND IM FORSTBEZIRK ETTENHEIM MIT HILFE VON UNTERDRUCK-KLEINLYSIMETERN

HINWEIS:

unter UN (TIERSCHUTZ) wurden versehentlich einige Vorhaben aus der Gruppe UI (VERKEHRSSYSTEME, OEFFENTLICHER NAHVERKEHR) eingeordnet. Beachten Sie bitte die entsprechenden Korrekturen auf den folgenden Seiten 785-793.

UN -001

INST ARBEITSGEMEINSCHAFT STADTVERKEHRSFORSCHUNG MUENCHEN MUENCHEN
VORHAB gestaltung und bewertung von netzen im oeffentlichen personennahverkehr (siedlungsstrukturelle folgen der netzgestaltung von schnellbahnsystemen)
a) problem, erkenntnisziel: verkehrsinfrastruktur, siedlungsstruktur, verkehrsverhalten und standortverhalten von bevoelkerung und betrieben stehen in engen wechselbeziehungen zueinander. veraenderungen der verkehrsinfrastruktur fuehren daher sowohl kurzfristig zu reaktionen im verkehrsverhalten als auch laengerfristig zu veraenderungen des standortwahlverhaltens und somit zu veraenderungen der siedlungsstruktur. speziell diese siedlungsstrukturellen folgewirkungen konnten bisher nicht ausreichend genau abgeschaetzt werden. b) erwarteter nutzen, verwendungszweck, praxisbezug: deshalb soll im rahmen dieses projekts auf der grundlage einer umfassenden analyse, hier besonders der siedlungsstrukturellen folgewirkungen von schnellbahnsystemen, ein bewertungsverfaahren entwickelt werden, das der stadt- und regionalplanung als konkrete entscheidungshilfe bei der projektierung von schnellbahnsystemen dienen kann. c) teilaufgaben: - entwicklung eines kriterienystems relevanter wirkungsbezuege zwischen der netzgestaltung von schnellbahnsystemen und entwicklung der siedlungsstruktur; - empirische ausfuellung des kriteriensystems anhand vorhandener statistischer daten und primaererhebungen; - analyse der wirkungszusammenhaenge und umsetzung in ein planungstaugliches bewertungsverfahren; d) daten- und informationsgewinnung: aufbereitung vorhandener statistischer daten sowie ergaenzung und vertiefung der datenbasis durch primaererhebungen; e) theoretischer ansatz, methoden: - laengsschnittanalyse der grossen entwicklungszusammenhaenge; - querschnittanalyse anhand differenzierter strukturdaten; - netzanalysen zur ermittlung der erreichbarbeitsverhaeltnisse;
S.WORT oeffentlicher nahverkehr + siedlungsstruktur + verkehrsplanung + (schnellbahnsystem)
QUELLE datenuebernahme aus der datenbank zur koordinierung der ressortforschung (dakor)
FINGEB BUNDESMINISTER FUER RAUMORDNUNG, BAUWESEN UND STAEDTEBAU
BEGINN 1.1.1974 ENDE 31.3.1976
G.KOST 401.000 DM

UN -003

INST BEHOERDE FUER WIRTSCHAFT, VERKEHR UND LANDWIRTSCHAFT DER FREIEN UND HANSESTADT HAMBURG
CUXHAVEN, LENTZKAI
VORHAB ornitho-oekolgisches gutachten fuer das gebiet neuwerk-scharhoern im rahmen der planungen fuer einen tiefwasserhafen
bestandsaufnahme ornithologie im raum scharhoern
S.WORT kuestengewaesser + wattenmeer + oekologie + naturschutz + voegel + (hafenplanung)
ELBE-AESTUAR + SCHARHOERN + NEUWERK
PROLEI DR. GOETHE
STAND 13.8.1976
QUELLE fragebogenerhebung sommer 1976
BEGINN 11.7.1973 ENDE 31.12.1976
G.KOST 20.000 DM

UN -004 (Fehlzuordnung: richtige Zuordnung **UI**)

INST BROWN, BOVERI & CIE AG
MANNHEIM 1, POSTFACH 351
VORHAB theoretische verfahren als grundlage der entwicklung neuer regelungs- und steuermessysteme fuer zukuenftige verkehrstechnologien
S.WORT verkehrstechnik + verkehrssystem + (regelungs-system)
QUELLE datenuebernahme aus der datenbank zur koordinierung der ressortforschung (dakor)
FINGEB BUNDESMINISTER FUER FORSCHUNG UND TECHNOLOGIE
BEGINN 1.10.1972 ENDE 31.12.1975

UN -005 (Fehlzuordnung: richtige Zuordnung **UI**)

INST BROWN, BOVERI & CIE AG
MANNHEIM 1, POSTFACH 351
VORHAB kombinierte komponentenerprobung und anwendungsuntersuchungen zu einem elektrodynamischen schwebesystem mit linearmotorantrieb und elektrischer energiezufuehrung
S.WORT verkehrsplanung + elektrofahrzeug + (magnetschwebebahn)
QUELLE datenuebernahme aus der datenbank zur koordinierung der ressortforschung (dakor)
FINGEB BUNDESMINISTER FUER FORSCHUNG UND TECHNOLOGIE
ZUSAM - AEG-TELEFUNKEN AG
- SIEMENS AG
BEGINN 1.7.1972 ENDE 30.6.1975
G.KOST 1.338.000 DM

UN -006 (Fehlzuordnung: richtige Zuordnung **UI**)

INST BROWN, BOVERI & CIE AG
MANNHEIM 1, POSTFACH 351
VORHAB entwicklung und erprobung einer umrichtersteuerung fuer einen einseitigen linearmotor im bereich niedriger geschwindigkeiten
S.WORT verkehrssystem + elektrofahrzeug + nahverkehr
QUELLE datenuebernahme aus der datenbank zur koordinierung der ressortforschung (dakor)
FINGEB BUNDESMINISTER FUER FORSCHUNG UND TECHNOLOGIE
ZUSAM KRAUSS MAFFEI AG
BEGINN 1.10.1973 ENDE 31.3.1975
G.KOST 338.000 DM

UN -007 (Fehlzuordnung: richtige Zuordnung **UI**)
INST BROWN, BOVERI & CIE AG
MANNHEIM 1, POSTFACH 351
VORHAB experimentalstudie zur entwicklung eines langstatormotors mit steuerbaren kraftkomponenten
S.WORT verkehrssystem + elektrofahrzeug + (magnetschwebebahn)
QUELLE datenuebernahme aus der datenbank zur koordinierung der ressortforschung (dakor)
FINGEB BUNDESMINISTER FUER FORSCHUNG UND TECHNOLOGIE
ZUSAM - MESSERSCHMITT-BOELKOW-BLOHM GMBH
- TU BRAUNSCHWEIG
- KRAUSS-MAFFEI AG
BEGINN 1.1.1974 ENDE 31.12.1975
G.KOST 189.000 DM

UN -008 (Fehlzuordnung: richtige Zuordnung **UI**)
INST BROWN, BOVERI & CIE AG
MANNHEIM 1, POSTFACH 351
VORHAB weiterfuehrende untersuchungen zur spezifikation der anlagen und geraete fuer die zentrale versuchsanlage fuer verkehrstechniken in donauried
S.WORT verkehrssystem + verkehrstechnik + elektrofahrzeug
QUELLE datenuebernahme aus der datenbank zur koordinierung der ressortforschung (dakor)
FINGEB BUNDESMINISTER FUER FORSCHUNG UND TECHNOLOGIE
ZUSAM - AEG-TELEFUNKEN AG, BERLIN
- ARGE EMS (KRAUSS-MAFFEI + MBB), MUENCHEN
- DYCKERHOFF & WIDMANN AG, MUENCHEN
BEGINN 1.1.1974 ENDE 30.4.1975
G.KOST 215.000 DM

UN -009
INST BUND NATURSCHUTZ IN BAYERN E.V.
MUENCHEN 22, SCHOENFELDSTR. 8
VORHAB auftrag zur erforschung des oekosystems der stauseen am unteren inn
es soll die entwicklung des oekosystems der seit 1972 vorwiegend aus ornithologischen gruenden unter naturschutz gestellten stauseen am unteren inn, insbesondere die auswirkung des erholungsbetriebes und der seit 1972 bestehenden beschraenkungen des bootsverkehrs und der fischerei auf die populationsstaerken bedrohter vogelarten untersucht werden
S.WORT voegel + populationsdynamik + oekosystem + naturschutz + (stausee)
INN
PROLEI DR. REICHHOLF
STAND 10.9.1976
QUELLE fragebogenerhebung sommer 1976
BEGINN 1.4.1974 ENDE 31.3.1978

UN -010 (Fehlzuordnung: richtige Zuordnung **UI**)
INST CITYBAHN GMBH
MUENCHEN 5, ERHARDSTR. 12
VORHAB komponentenentwicklung fahrwegwanderfeldtechnik fuer nahverkehrsmittel (langstator nahverkehr)
S.WORT oeffentlicher nahverkehr + verkehrsmittel + verfahrensentwicklung
QUELLE datenuebernahme aus der datenbank zur koordinierung der ressortforschung (dakor)
FINGEB BUNDESMINISTER FUER FORSCHUNG UND TECHNOLOGIE
ZUSAM HOESCH AG, DORTMUND
BEGINN 15.5.1975 ENDE 30.4.1976
G.KOST 1.937.000 DM

UN -011 (Fehlzuordnung: richtige Zuordnung **UI**)
INST DEMAG FOERDERTECHNIK GMBH
WETTER 1, POSTFACH 67/87
VORHAB cabinentaxi (cat)
S.WORT nahverkehr + oeffentliche verkehrsmittel + personenverkehr + (cabinentaxi)
QUELLE datenuebernahme aus der datenbank zur koordinierung der ressortforschung (dakor)
FINGEB BUNDESMINISTER FUER FORSCHUNG UND TECHNOLOGIE
ZUSAM - MESSERSCHMITT-BOELKOW-BLOHM GMBH
- WIBERA, DUESSELDORF
BEGINN 1.1.1972 ENDE 31.12.1975
G.KOST 482.000 DM

UN -012
INST FACHBEREICH BIOLOGIE UND CHEMIE DER UNI BREMEN
BREMEN 33, ACHTERSTR.
VORHAB sukzession der fauna auf natuerlich und kuenstlich begruenten flaechen von muelldeponien
welchen einfluss haben kuenstliche und natuerliche begruenung auf die sukzession der fauna. a) in der vegetationsschicht, b) auf der bodenoberflaeche, c) im boden im zusammenhang mit der floristischen sukzession und der bodengenese und in abhaengigkeit von den jeweils unterschiedlichen standortfaktoren exposition und mikroklima? ziel: empfehlungen zur rekultivierung von muelldeponien; erkenntnisse ueber die entwicklung sekundaerer oekosysteme
S.WORT deponie + rekultivierung + begruenung + bodenbeeinflussung
PROLEI PROF. DR. GERHARD WEIDEMANN
STAND 12.8.1976
QUELLE fragebogenerhebung sommer 1976
BEGINN 1.1.1976 ENDE 31.12.1976

UN -013 (Fehlzuordnung: richtige Zuordnung **UI**)
INST HAMBURG - CONSULT, GESELLSCHAFT FUER VERKEHRSBERATUNG UND VERFAHRENSTECHNIKEN MBH
HAMBURG 1, STEINSTR. 20
VORHAB betrieblich-verkehrliche randbedingungen des personalfreien betriebs von spurgebundenen transportsystemen im oepnv aus der sicht des betreibers, parameteruntersuchungen und modellstudien
S.WORT oeffentlicher nahverkehr + schienenverkehr + wirtschaftlichkeit
QUELLE datenuebernahme aus der datenbank zur koordinierung der ressortforschung (dakor)
FINGEB BUNDESMINISTER FUER FORSCHUNG UND TECHNOLOGIE
ZUSAM - KRUPP GMBH, FRIED.
- STANDARD ELEKTRIK LORENZ
- KRAUSS-MAFFEI
BEGINN 1.9.1975 ENDE 31.10.1976

UN -014 (Fehlzuordnung: richtige Zuordnung **UI**)
INST HAMBURGER HOCHBAHN AG
HAMBURG, POSTFACH 6146
VORHAB auswahl eines einsatzgebietes fuer die c-bahn in hamburg, entwurf der verkehrsbedienung durch c-bahn und bahn-/bus-betrieb, pruefung der durchfuehrbarkeit des einsatzes der c-bahn
S.WORT oeffentlicher nahverkehr + verkehrsmittel + wirtschaftlichkeit + (s-bahn)
HAMBURG
QUELLE datenuebernahme aus der datenbank zur koordinierung der ressortforschung (dakor)
FINGEB BUNDESMINISTER FUER FORSCHUNG UND TECHNOLOGIE
BEGINN 15.4.1975 ENDE 30.4.1977

UN -015 (Fehlzuordnung: richtige Zuordnung **UI**)
INST HANNOVERSCHE VERKEHRSBETRIEBE (UESTRA) AG
HANNOVER 1, POSTFACH 2540

VORHAB **rechnergesteuertes betriebsleitsystem fuer u-strassenbahnen und strassenbahnen**
S.WORT oeffentlicher nahverkehr + untergrundbahn + automatisierung + (betriebsleitsystem)
QUELLE datenuebernahme aus der datenbank zur koordinierung der ressortforschung (dakor)
FINGEB BUNDESMINISTER FUER FORSCHUNG UND TECHNOLOGIE
BEGINN 1.8.1974 ENDE 31.12.1976
G.KOST 2.200.000 DM

UN -016 (Fehlzuordnung: richtige Zuordnung **UI**)
INST IKO SOFTWARE SERVICE GMBH (IKOSS)
STUTTGART 80, VAIHINGERSTR. 49
VORHAB **loesungsmethoden und systemkonzepte eines programmsystems zur komplexen dynamischen simulation des systems fahrzeug - fahrbahn einer magnetschwebebahn**
S.WORT oeffentlicher nahverkehr + verkehrssystem + systemanalyse + simulation + (magnetschwebebahn)
QUELLE datenuebernahme aus der datenbank zur koordinierung der ressortforschung (dakor)
FINGEB BUNDESMINISTER FUER FORSCHUNG UND TECHNOLOGIE
BEGINN 1.1.1974 ENDE 15.5.1974
G.KOST 26.000 DM

UN -017
INST INSTITUT FUER BIOLOGIE DER UNI FREIBURG
FREIBURG, KATHARINENSTR. 20
VORHAB **faunistische erfassung von tierarten als grundlage zur ausweisung von schutzgebieten und zur ermittlung der abundanzschwankungen schuetzenswerter arten**
das vorkommen von tierarten, insbesondere der gruppen arachnida, insecta, vertebrata wird von einer anzahl spezialisten im untersuchungsraum moeglichst flaechendeckend ermittelt. dabei sollen ueber einen zeitraum hin abundanzschwankungen sichtbar gemacht und erkenntnisse ueber formen gewonnen werden, die aus zoogeographischen oder oekologischen gruenden als schuetzenswert zu bezeichnen sind. mit diesen unterlagen sollen entsprechende biotope als schuetzenswerte landschaftsteile (nsg, lsg) herausgearbeitet werden
S.WORT naturschutzgebiet + tierschutz
OBERRHEINEBENE (SUED)
PROLEI DIPL. -BIOL. ODWIN HOFFRICHTER
STAND 21.7.1976
QUELLE fragebogenerhebung sommer 1976
ZUSAM - LEHRSTUHL FUER GEOBOTANIK DER UNI FREIBURG, INST. F. BIOLOGIE II
- GEOGRAPHISCHES INSTITUT DER 1NI DES SAARLANDES, ABT. BIOGEOGRAPHIE, SAARBRUECKEN

UN -018
INST INSTITUT FUER BIOLOGIE DER UNI FREIBURG
FREIBURG, KATHARINENSTR. 20
VORHAB **vergleichend-oekologische untersuchungen zur fauna der loesswaende im kaiserstuhl**
es ist bewusst der extreme lebensraum der loesswand gewaehlt worden, um die dort vorkommende lebensgemeinschaft noch weitgehendst ueberblicken zu koennen. bei den untersuchungen wird das hauptaugenmerk auf die ermittlung biologischer daten (artenspektrum, biologie der arten, lebensformen, beziehungsgefuege der arten, wirkung einzelner umweltfaktoren auf die artenverteilung usw.) gelegt und weniger auf die erstellung eines mathematischen modells
S.WORT biologie + oekologie + fauna
KAISERSTUHL + BADEN (SUED) + OBERRHEIN
PROLEI DIPL. -BIOL. PETER MIOTK
STAND 21.7.1976
QUELLE fragebogenerhebung sommer 1976
BEGINN 1.10.1973 ENDE 31.12.1977
G.KOST 30.000 DM

UN -019
INST INSTITUT FUER HAUSTIERKUNDE - VOGELSCHUTZWARTE SCHLESWIG-HOLSTEIN DER UNI KIEL
KIEL, OLSHAUSENSTR. 40-60
VORHAB **erhaltung von tierarten in schleswig-holstein**
S.WORT tierschutz
SCHLESWIG-HOLSTEIN
PROLEI DR. HEIDEMANN
STAND 1.1.1974
BEGINN 1.1.1972

UN -020
INST INSTITUT FUER HAUSTIERKUNDE - VOGELSCHUTZWARTE SCHLESWIG-HOLSTEIN DER UNI KIEL
KIEL, OLSHAUSENSTR. 40-60
VORHAB **untersuchungen zur oekologie und massnahmen zum schutz des kranichs als indikator fuer anthropogene einfluesse**
S.WORT tierschutz + bioindikator
NORDDEUTSCHLAND
PROLEI PROF. DR. DR. H. C. HERRE
STAND 1.1.1974

UN -021
INST INSTITUT FUER NATURSCHUTZ UND TIEROEKOLOGIE DER BUNDESFORSCHUNGSANSTALT FUER NATURSCHUTZ UND LANDSCHAFTSOEKOLOGIE
BONN -BAD GODESBERG, HEERSTR. 110
VORHAB **ermittlung der gefaehrdeten tierarten ("rote liste") in der bundesrepublik deutschland und grundlagen fuer ein hilfsprogramm**
eine liste aller gefaehrdeten tierarten der bundesrepublik deutschland soll zusammengestellt werden. fuer die wirbeltiere wurde dies bereits gemacht, die bearbeitung der wirbellosen tiere dauert an. es wurden einheitlichen kriterien ausgearbeit, die bei der ermittlung der gefaehrdung zur hilfe herangezogen werden. ueber alle gefaehrdeten arten werden folgende angaben gesammelt: beleg der gefaehrdung (information zur verbreitung und populationsgroesse sowie deren entwicklung), angaben ueber die ursachen der gefaehrdung sowie ueber moegliche schutz- und hilfsmassnahmen. die letzteren daten sollen ausgangspunkt zur schaffung eines hilfsprogramms fuer die gefaehrdeten arten bilden. die arbeit stuetzt sich auf auswertung des schrifttums sowie auf zusammenarbeit mmit fach-zoologen
S.WORT tierschutz + (hilfsprogramm)
PROLEI DR. WOLFGANG ERZ
STAND 13.8.1976
QUELLE fragebogenerhebung sommer 1976
FINGEB BUNDESMINISTER FUER ERNAEHRUNG, LANDWIRTSCHAFT UND FORSTEN
BEGINN 1.8.1975 ENDE 31.5.1977
G.KOST 189.000 DM
LITAN BLAB, J.;NOVAK, E.: ROTE LISTE DER IN DER BUNDESREPUBLIK DEUTSCHLAND GEFAEHRDETEN TIERARTEN, TEIL I - WIRBELTIERE AUSGENOMMEN VOEGEL (1. FASSUNG). IN: NATUR UND LANDSCHAFT 51, KOHLHAMMER, STUTTGART (2) S. 34-38(1976)

UN -022
INST INSTITUT FUER OEKOLOGIE UND NATURSCHUTZ DER LANDESANSTALT FUER UMWELTSCHUTZ BADEN-WUERTTEMBERG
KARLSRUHE 1, BANNWALDALLEE 32
VORHAB **faunistische untersuchungen zur biotopcharakterisierung und zur erhaltung von arten und biozoenosen**
S.WORT biozoenose + fauna + biotop
PROLEI HAVELKA
STAND 21.7.1976

QUELLE fragebogenerhebung sommer 1976
ZUSAM - LANDESSAMMLUNG FUER NATURKUNDE, 7500 KARLSRUHE
- STAATL. MUSEUM, 7000 STUTTGART
LITAN HAVELKA; RUGE; SCHMID; (LANDESANSTALT FUER UMWELTSCHUTZ BADEN-WUERTTEMBERG, INST. F. OEKOLOGIE UND NATURSCHUTZ): DIE GEFAEHRDETEN VOGELARTEN BADEN-WUERTTEMBERGS. IN: BEIHEFTE ZU DEN VEROEFFENTLICHUNGEN FUER NATURSCHUTZ UND LANDSCHAFTSPFLEGE IN B.-W. 7 (1975)

UN -023

INST INSTITUT FUER VOGELFORSCHUNG - "VOGELWARTE HELGOLAND"
WILHELMSHAVEN, AN DER VOGELWARTE 21
VORHAB **ornitho-oekologische grundlagen zum schutze des wattenmeeres im gebiet der jade-bucht**
ornitho-oekologische grundlagen zur gesunderhaltung des wattenmeeres im gebiet der jade-bucht durch qualitative und quantitative untersuchungen, beweissicherung und -fuehrung in bezug auf rueckstaende von schwermetallen, pcb, ckw in kuestenvoegeln und deren eier insbesondere wegen der gefaehrdung durch immission der regionalen industrie und der besonderen belastung global bedeutsamer vogelreservate
S.WORT wattenmeer + schadstoffbelastung + schwermetalle + voegel
JADEBUSEN
PROLEI DR. FRIEDRICH GOETHE
STAND 30.8.1976
QUELLE fragebogenerhebung sommer 1976
FINGEB BUNDESAMT FUER ZIVILSCHUTZ, BONN-BAD GODESBERG
ZUSAM - FORSCHUNGSINST. SENCKENBERG F. MEERESGEOLOGIE UND -BIOLOGIE, SCHLEUSENSTR. 39, 2940 WILHELMSHAVEN
- FORSCHUNGSSTELLE NORDERNEY FUER INSEL- UND KUESTENSCHUTZ, AN DER MUEHLE 4, 2982 NORDERNEY
- NIEDERSAECHSISCHES WASSERUNTERSUCHUNGSAMT, 3200 HILDESHEIM
BEGINN 1.1.1970

UN -024

INST INSTITUT FUER VOGELFORSCHUNG - "VOGELWARTE HELGOLAND"
WILHELMSHAVEN, AN DER VOGELWARTE 21
VORHAB **ornitho-oekologische untersuchungen ueber das naturschutzgebiet scharhoern und das scharhoern-neuwerk-watt**
durch das vorhaben soll fuer den fall der realisierung des tiefhafenprojektes die einmaligkeit und empfindlichkeit des scharhoern-neuwerk-watts und seine rolle fuer die brut- und gastvogelarten der deutschen bucht - auch in zusammenhang mit grossreservat knechtsand-eversand- herausgestellt und eine liste von forderungen und auflagen zum schutze dieses lebensraumes erstellt werden
S.WORT naturschutz + wattenmeer + voegel + oekologie + wasserbau + (hafenplanung)
SCHARHOERN + NEUWERK + ELBE-AESTUAR
PROLEI DR. FRIEDRICH GOETHE
STAND 30.8.1976
QUELLE fragebogenerhebung sommer 1976
FINGEB FREIE UND HANSESTADT HAMBURG, BEHOERDE FUER WIRTSCHAFT UND VERKEHR, STROM- UND HAFENBAU
ZUSAM FORSCHUNGSINST. SENCKENBERG F. MEERESGEOLOGIE UND -BIOLOGIE, SCHLEUSENSTR. 39, 2940 WILHELMSHAVEN
BEGINN 1.1.1971 ENDE 31.12.1976
G.KOST 10.000 DM
LITAN ENDBERICHT

UN -025

INST INSTITUT FUER WILDFORSCHUNG UND JAGDKUNDE DER FORSTLICHEN FORSCHUNGSANSTALT
OBERAMMERGAU, FORSTHAUS DICKELSCHWAIG
VORHAB **erforschung der verbreitung, bestandszahlen und biotope des auer- und birkhuhnes in bayern**
ziel des forschungsvorhabens ist die bestandsaufnahme der gegenwaertigen verbreitung und der situation des auer- und birkhuhns in bayern; die unersuchung des biotops und der dynamik des auer- und birkhuhnareals und der einzelnen populationen insbesondere in abhaengigkeit von der landnutzung und anderen biotischen und abiotischen faktoren zur abschaetzung der zukuenftigen entwicklung; die angabe von vorschlaegen zur behandlung des auer- und birkhuhns und seiner biotope, die als grundlage fuer gemeinsame massnahmen der naturschutz- und jagdbehoerden dienen sollen
S.WORT voegel + populationsdynamik + biotop + naturschutz
BAYERN
PROLEI PROF. DR. WOLFGANG SCHROEDER
STAND 30.8.1976
QUELLE fragebogenerhebung sommer 1976
BEGINN 1.11.1975 ENDE 30.11.1977

UN -026

INST INSTITUT FUER WILDFORSCHUNG UND JAGDKUNDE DER UNI GOETTINGEN
GOETTINGEN, BUESGENWEG 3
VORHAB **auswirkung der sturmkatastrophe vom november 1972 auf die wildbestaende**
S.WORT wild + sturmschaeden + population
PROLEI STAHL
STAND 1.1.1974
FINGEB MINISTERIUM FUER ERNAEHRUNG, LANDWIRTSCHAFT UND FORSTEN, HANNOVER
BEGINN 1.1.1974 ENDE 31.12.1975

UN -027 (Fehlzuordnung: richtige Zuordnung **UI**)

INST KOMMUNALENTWICKLUNG BADEN-WUERTTEMBERG
STUTTGART
VORHAB **moeglichkeiten zur sanierung des oeffentlichen personennahverkehrs in verkehrsschwachen, laendlichen raeumen**
ziel der im rahmen des forschungsprogramms "stadtverkehr" vergebenen untersuchung sind - verbesserung des verkehrsangebots bei gleichbleibenden kosten oder - aufrechterhaltung eines ausreichenden angebots bei geringeren kosten - ausgeglichenes wirtschaftsergebnis fuer alle in einem raum taetigen unternehmen.
S.WORT oeffentlicher nahverkehr + personenverkehr + laendlicher raum + kosten-nutzen-analyse
QUELLE datenuebernahme aus der datenbank zur koordinierung der ressortforschung (dakor)
FINGEB BUNDESMINISTER FUER VERKEHR
BEGINN 1.8.1975 ENDE 31.7.1976

UN -028

INST LANDESANSTALT FUER OEKOLOGIE, LANDSCHAFTSENTWICKLUNG UND FORSTPLANUNG NORDRHEIN-WESTFALEN
DUESSELDORF 30, PRINZ-GEORG-STR. 126
VORHAB **bestandsaufnahme von greifvoegeln und eulen**
die regelmaessige bestandsaufnahme erfolgt durch gelaendeaufnahmen, um den jaehrlichen bestand und fluktuationen zu erfassen. hierdurch sollen ausmass und ursache der bestandsabnahme dieser gefaehrdeten arten ermittelt werden
S.WORT tierschutz + voegel + populationsdynamik + (greifvoegel + eulen)
NORDRHEIN-WESTFALEN
PROLEI DR. W. PRZYGODDA
STAND 11.8.1976
QUELLE fragebogenerhebung sommer 1976
BEGINN 1.1.1974
LITAN ZWISCHENBERICHT

UN -029

INST LANDESANSTALT FUER OEKOLOGIE, LANDSCHAFTSENTWICKLUNG UND FORSTPLANUNG NORDRHEIN-WESTFALEN
DUESSELDORF 30, PRINZ-GEORG-STR. 126
VORHAB **erfassung von feuchtgebieten als vogelbiotope**
da die gefaehrdeten arten vor allem in feuchtbiotopen vorkommen, werden diese biotope erfasst, um sie als naturschutzgebiete ausweisen zu koennen
S.WORT tierschutz + naturschutzgebiet + biotop + (feuchtgebiet)
NORDRHEIN-WESTFALEN
PROLEI DR. W. PRZYGODDA
STAND 11.8.1976
QUELLE fragebogenerhebung sommer 1976
BEGINN 1.1.1975 ENDE 31.12.1977
LITAN ZWISCHENBERICHT

UN -030

INST LANDESUNTERSUCHUNGSAMT FUER GESUNDHEITSWESEN NORDBAYERN
NUERNBERG, FLURSTR. 20
VORHAB **erhaltung und rettung gefaehrdeter haustierrassen**
industrialisierung und hochleistung der tierzucht; verdraengen urspruenglicher rassen und schlaege unserer haustierspecies; kulturhistorische und genetische aspekte draengen zur erhaltung; phase i: erfassung; phase ii: schutz in ihrem oekosystem/bildung von gen-pools; phase iii: exponateschau als bildungsstaette
S.WORT tierschutz + (haustiere)
PROLEI DR. STEGER
STAND 1.1.1974
FINGEB BUNDESMINISTER FUER ERNAEHRUNG, LANDWIRTSCHAFT UND FORSTEN
ZUSAM - WORLD WILDLIFE FOUND, 53 BONN 12, POSTFACH 363
- INTERNATIONAL UNION FOR CONSERVATION OF NATURAL RESOURCES, MORGES/SCHWEIZ
BEGINN 1.6.1973
LITAN - PROJEKTANALYSE, STEGER (ANLAGE)
- ZWISCHENBERICHT 1974. 12

UN -031

INST LEHRSTUHL FUER GEOBOTANIK DER UNI FREIBURG
FREIBURG, SCHAENZLESTR. 9-11
VORHAB **biotop-kartierung baden-wuerttemberg, pilotstudie**
zunaechst pilotstudie fuer ausgewaehlte gebiete, spaeter sehr wahrscheinlich uebertragung der methode auf ganz baden-wuerttemberg; ziel: auffindung, floristische, faunistische und qualitativ - oekologische charakterisierung, anschliessend bewertung schutzwuerdiger biotope und biozoenosen; schaffung von kartenunterlagen fuer die landesplanung; erarbeitung eines landesweiten erhebungsschemas mit moeglichkeit zur edv
S.WORT landesplanung + biotop + kartierung
BADEN-WUERTTEMBERG
PROLEI PROF. DR. O. WILMANNS
STAND 26.7.1976
QUELLE fragebogenerhebung sommer 1976
FINGEB MINISTERIUM FUER ERNAEHRUNG, LANDWIRTSCHAFT UND UMWELT, STUTTGART
ZUSAM - FORSTLICHE VERSUCHS- UND FORSCHUNGSANSTALT BADEN WUERTTEMBERG, 7000 STUTTGART-WEILIMDORF
- REGIERUNGSPRAESIDIUM SUEDBADEN, BEZIRKSSTELLE FUER NATURSCHUTZ, KARTOFFELMARKT 2, 7800 FREIBURG
BEGINN 1.4.1976 ENDE 30.11.1976
G.KOST 25.000 DM

UN -032

INST LEHRSTUHL FUER LANDSCHAFTSOEKOLOGIE DER TU MUENCHEN
FREISING -WEIHENSTEPHAN, WEIHENSTEPHAN
VORHAB **kartierung schutzwuerdiger biotope in den bayerischen alpen**
bewertung, kartierung und beschreibung des bayerischen alpenraums nach landschaftsoekologischen gesichtspunkten. dabei wird in den waldfreien bereichen der hochmontanen bis alpinen stufe untergliedert in schutzwuerdige biotope, schonflaechen und flaechen mit oekologisch tragbarer nutzung; in den noch nicht kartierten alpentaelern werden die schutzwuerdigen biotope erfasst
S.WORT biotop + kartierung + landschaftsoekologie + naturschutz
ALPEN
PROLEI PROF. DR. KAULE
STAND 10.9.1976
QUELLE fragebogenerhebung sommer 1976
BEGINN 1.6.1976 ENDE 31.5.1978

UN -033

INST LEHRSTUHL FUER LANDSCHAFTSOEKOLOGIE DER TU MUENCHEN
FREISING -WEIHENSTEPHAN, WEIHENSTEPHAN
VORHAB **auswertung der kartierung von schutzwuerdigen biotopen fuer das ausseralpine bayern**
die bei der biotopkartierung erhobenen daten werden ueber edv gespeichert und nach naturraeumen ausgewertet. die ergebnisse sollen der landschaftsplanung und fuer die arbeit des naturschutzes und der landschaftspflege aufgeschlossen werden
S.WORT biotop + kartierung + datensammlung + landschaftspflege + planungshilfen
BAYERN
PROLEI PROF. DR. KAULE
STAND 10.9.1976
QUELLE fragebogenerhebung sommer 1976
BEGINN 1.5.1976 ENDE 31.8.1977

UN -034

INST LEHRSTUHL FUER LANDSCHAFTSOEKOLOGIE DER TU MUENCHEN
FREISING -WEIHENSTEPHAN, WEIHENSTEPHAN
VORHAB **faunistische ergaenzung der kartierung schutzwuerdiger biotope fuer das ausseralpine bayern**
die biotopkartierung in bayern soll durch die erfassung solcher flaechen, die vorwiegend unter zoologisch-faunistischen gesichtspunkten schutzwuerdig sind, fortgeschrieben und ergaenzt werden
S.WORT biotop + kartierung + naturschutz
BAYERN
PROLEI PROF. DR. KAULE
STAND 10.9.1976
QUELLE fragebogenerhebung sommer 1976
BEGINN 1.6.1976 ENDE 30.6.1977

UN -035

INST LEHRSTUHL FUER LANDSCHAFTSOEKOLOGIE DER TU MUENCHEN
FREISING -WEIHENSTEPHAN, WEIHENSTEPHAN
VORHAB **fortfuehrung der kartierung schutzwuerdiger biotope in bayern (ausseralpin)**
mit diesem vorhaben wird die im jahr 1974 begonnene kartierung schutzwuerdiger biotope im ausseralpinen bayern fortgefuehrt und abgeschlossen
S.WORT biotop + kartierung + naturschutz
BAYERN
PROLEI PROF. DR. KAULE
STAND 10.9.1976
QUELLE fragebogenerhebung sommer 1976
BEGINN 1.5.1975 ENDE 31.5.1976

UN -036 (Fehlzuordnung: richtige Zuordnung UI)

INST LEOPOLD, HANS, DIPL.-ING.
HAMBURG

VORHAB **abhaengigkeit zwischen siedlungsdichte und dem leistungsangebot oeffentlicher verkehrsmittel**
die beziehung zwischen dem leistungsangebot des oepnv und der siedlungsdichte unter beruecksichtigung quantitativer und wirtschaftlicher zusammenhaenge wird untersucht. weiterhin wird das verkehrsaufkommen in siedlungsgebieten und dessen strukturierung aufgezeigt. die einsatzgrenzen der oeffentlichen nahverkehrsmittel werden anhand des zahlenmaterials ermittel. allgemeine beziehungen werden hergestellt.
S.WORT oeffentliche verkehrsmittel + siedlungsstruktur + (leistungsangebot)
QUELLE datenuebernahme aus der datenbank zur koordinierung der ressortforschung (dakor)
FINGEB BUNDESMINISTER FUER VERKEHR
BEGINN 24.9.1974 ENDE 15.12.1975

UN -037
INST MAX-PLANCK-INSTITUT FUER VERHALTENSPHYSIOLOGIE
RADOLFZELL -MOEGGINGEN, AM SCHLOSSBERG
VORHAB **bestand der greifvogelarten und die ursachen ihres rueckgangs**
auswertung der literatur ueber langfristige populationsuntersuchungen
S.WORT voegel + populationsdynamik + (greifvoegel)
PROLEI DR. GERHARD THIELCKE
STAND 1.1.1974
FINGEB MAX-PLANCK-GESELLSCHAFT ZUR FOERDERUNG DER WISSENSCHAFTEN E. V. , MUENCHEN
ZUSAM DEUTSCHE SEKTION DES INTERNATIONALEN RATS FUER VOGELSCHUTZ
BEGINN 1.1.1973 ENDE 31.3.1974

UN -038
INST MAX-PLANCK-INSTITUT FUER VERHALTENSPHYSIOLOGIE
RADOLFZELL -MOEGGINGEN, AM SCHLOSSBERG
VORHAB **bestandsaufnahme des weissen storchs in suedwest-deutschland**
erfassen von brutbestand/nachwuchszahlen/sterblichkeit
S.WORT voegel + populationsdynamik + (storch)
BADEN-WUERTTEMBERG
PROLEI DR. ZINK
STAND 1.1.1974
FINGEB MAX-PLANCK-GESELLSCHAFT ZUR FOERDERUNG DER WISSENSCHAFTEN E. V. , MUENCHEN
ZUSAM BESTANDSAUFNAHMEN IN VIELEN ANDEREN TEILEN EUROPAS
BEGINN 1.1.1948
LITAN - ZINK, G.: POPULATIONSDYNAMIK DES WEISSEN STORCHS IN MITTELEUROPA. PROC. 14. INTERNAT. ORN. CONGR. OXFORD: S. 191-215 (1967)
- MUELLER, G.: WEISSSTORCHBESTAND IN BADEN-WUERTTEMBERG 1963-1965. IN: BEITR. NATURKD. FORSCH. SW-DEUTSCHL. 26 S. 141-148 (1967)

UN -039
INST MAX-PLANCK-INSTITUT FUER VERHALTENSPHYSIOLOGIE
RADOLFZELL -MOEGGINGEN, AM SCHLOSSBERG
VORHAB **bestandsueberwachung an europaeischen singvoegeln**
durch zaehlungen und probefaenge in brut- und durchzugsgebieten wird in verschiedenen gebieten europas laufend die bestandshoehe von ueber 30 vogelarten ermittelt
S.WORT voegel + populationsdynamik + singvoegel
EUROPA
PROLEI DR. PETER BERTHOLD
STAND 1.1.1974
FINGEB MAX-PLANCK-GESELLSCHAFT ZUR FOERDERUNG DER WISSENSCHAFTEN E. V. , MUENCHEN
ZUSAM BIOL. STATION ILLMITZ, OESTERREICH
BEGINN 1.1.1968 ENDE 31.12.1981
G.KOST 150.000 DM

UN -040
INST MAX-PLANCK-INSTITUT FUER VERHALTENSPHYSIOLOGIE
RADOLFZELL -MOEGGINGEN, AM SCHLOSSBERG
VORHAB **bestandsentwicklung von 40 singvogel-arten**
auf drei fangstationen - in suedwest-deutschland, in nord-deutschland und in oesterreich - werden in einem 10-jahre-programm von 1974 bis 1983 etwa 40 zugvogelarten auf dem zug erfasst. dabei wird untersucht, wie gross populationsfluktuationen sind und ob langfristige populationstrends (ab-, zunahme) auftreten. methoden: fang, zaehlung, beringung
S.WORT voegel + populationsdynamik + (singvoegel)
EUROPA
PROLEI DR. PETER BERTHOLD
STAND 29.7.1976
QUELLE fragebogenerhebung sommer 1976
FINGEB DEUTSCHE FORSCHUNGSGEMEINSCHAFT
ZUSAM - INST. F. VOGELFORSCHUNG, 2940 WILHELMSHAVEN-RUESTERSIEL
- BIOLOGISCHE STATION DES BURGENLANDES, A-7142 ILLMITZ, OESTERREICH
BEGINN 1.7.1974 ENDE 1.11.1983
G.KOST 500.000 DM
LITAN BERTHOLD; SCHLENKER: DAS "METTNAU-REIT-ILLMITZ-PROGRAMM" - EIN LANGFRISTIGES VOGELFANGPROGRAMM DER VOGELWARTE RADOLFZELL MIT VIELFAELTIGER FRAGESTELLUNG. IN: VOGELWARTE 28 S. 97-123(1975)

UN -041
INST MAX-PLANCK-INSTITUT FUER VERHALTENSPHYSIOLOGIE
RADOLFZELL -MOEGGINGEN, AM SCHLOSSBERG
VORHAB **anforderungen durchziehender singvoegel an rastgebiete**
auf drei fangstationen - in suedwestdeutschland, in norddeutschland und in oesterreich - werden in einem 10-jahre-programm von 1974 bis 1983 etwa 40 zugvogelarten auf dem zuge in rastgebieten erfasst. dabei wird untersucht, welche ansprueche die einzelnen arten an das rastgebiet stellen durch feststellung des genauen aufenthaltsortes und der nahrungsansprueche. methoden: fang, magenspuelungen, untersuchung des kots
S.WORT voegel + tierschutz + (zugvoegel)
PROLEI DR. PETER BERTHOLD
STAND 29.7.1976
QUELLE fragebogenerhebung sommer 1976
FINGEB DEUTSCHE FORSCHUNGSGEMEINSCHAFT
ZUSAM - INST. F. VOGELFORSCHUNG, 2940 WILHELMSHAVEN-RUESTERSIEL
- BIOLOGISCHE STATION DES BURGENLANDES, A-7142 ILLMITZ, OESTERREICH
BEGINN 1.7.1974 ENDE 1.11.1983
G.KOST 500.000 DM
LITAN BERTHOLD; SCHLENKER: DAS "METTNAU-REIT-ILLMITZ-PROGRAMM" - EIN LANGFRISTIGES VOGELFANGPROGRAMM DER VOGELWARTE RADOLFZELL MIT VIELFAELTIGER FRAGESTELLUNG. IN: VOGELWARTE 28 S. 97-123(1975)

UN -042
INST MAX-PLANCK-INSTITUT FUER VERHALTENSPHYSIOLOGIE
WUPPERTAL 1, BOETTINGERWEG 37
VORHAB **iriomote cat project**
iriomote island (ryukyu-insel) bis ende 2. weltkrieg voellig unbewohnt, us-besetzung; ddt; jetzt besiedelt (2000): nur 300 qkm; letzte noch voellig unberuehrte mangroveguertel suedostasiens; einmalige endemische fauna und flora; groesste kostbarkeit; 1965 entdeckte, bis dahin voellig unbekannte katzenart von 'missing link'-charakter (pop. max. ca. 150 erw. tiere). forschungsziel: bestandsaufnahme der gesamten biocoenose, erarbeitung von schutzvorschlaegen fuer japanische regierung; schutzziele: verhinderung weiterer besiedlung, weiterer urwaldrodung, des ausbaus zum vergnuegungs- und erholungszentrums
S.WORT naturschutz + biotop + (wildkatze)
JAPAN/IRIOMOTE (INSEL)
PROLEI PROF. DR. LEYHAUSEN

STAND 1.1.1974
FINGEB THE NATIONAL GEOGRAPHIC SOCIETY, WASHINGTON
ZUSAM - WWF JAPAN, TOKIO; WWF MORGE/SCHWEIZ; IUCN MORGES/SCHWEIZ;
- NATIONAL SCIENCE MUSEUM, TOKIO; UNIVERSITY OF THE RYUKYUS, NAHA, OKINAWA;
- NATIONAL GEOGRAPHIC SOCIETY, WASHINGTON
BEGINN 1.10.1973 ENDE 31.12.1976
LITAN ZWISCHENBERICHT 1975. 05

UN -043
INST NIEDERSAECHSISCHE FORSTLICHE VERSUCHSANSTALT
GOETTINGEN, GRAETZELSTR. 2
VORHAB **vergleichende tieroekologische untersuchungen bei der begruendung eines mehrstufigen waldrandes in einem kiefernbestand am naturschutzpark luenberger heide**
einige unmittelbar an freie heideflaechen angrenzende kiefernbestaende sollen durch anpflanzung geeigneter straeucher dem landschaftsbild angepasst werden. dadurch sollen mehrstufige, oekologisch und aesthetisch wertvolle waldraender geschaffen werden. die damit verbundene allmaehliche veraenderung der tier-lebensgemeinschaften im sinne zunehmender arten- und individuenzahlen sollen in zwei eingezaeunten versuchsflaechen ueber mehrere jahre untersucht werden. arthropoden, insbesondere insekten, werden durch geeignete fallen, wie berber-fallen, boden- und baumelektoren, kleinsaeuger, insbesondere maeuse, durch lebendfallen und voegel durch kartierung singender maennchen erfasst und nach faunistischen und populationsdynamischen fragestellungen untersucht
S.WORT wald + heide + landschaftsgestaltung + tierschutz
LUENEBURGER HEIDE
PROLEI DR. KLAUS WINTER
STAND 11.8.1976
QUELLE fragebogenerhebung sommer 1976
BEGINN 1.5.1976 ENDE 30.9.1982
G.KOST 5.000 DM

UN -044
INST NIEDERSAECHSISCHES LANDESVERWALTUNGSAMT
HANNOVER, RICHARD-WAGNER-STR. 22
VORHAB **erfassung und laufende kontrolle des faunenbestandes in niedersachsen einschliesslich repraesentativer biotope**
unter kritischer auswertung aller zugaenglichen arbeiten und sonstigen erkenntnissen auf dem gebiet der faunen-bestandsaufnahme nach arten, populationsdichte, verbreitung und biotopgebundenheit soll eine methode entwickelt werden, die eine schnelle und moeglichst umfassende bestandsaufnahme der wirbeltiere und wirbellosen - mit ausnahme einiger jagdbarer tierarten und schaedlinge, von denen diese daten annaehrend bekannt sind und der voegel, die mit der z. z. in arbeit befindlichen avifauna niedersachsens erfasst werden - und spaeter auch eine laufende kontrolle gestattet
S.WORT fauna + population + (bestandsaufnahme)
NIEDERSACHSEN
PROLEI PROF. DR. ERNST PREISING
STAND 13.8.1976
QUELLE fragebogenerhebung sommer 1976
BEGINN 1.1.1975 ENDE 31.12.1976

UN -045
INST NIEDERSAECHSISCHES LANDESVERWALTUNGSAMT
HANNOVER, RICHARD-WAGNER-STR. 22
VORHAB **modell-studie zur erfassung von tierarten in suedniedersachsen**
in einem raeumlich und zeitlich begrenzten modell soll ein faunistisches erfassungsprogramm erprobt werden, dessen grundplan soeben in einer studie ueber methoden zur erfassung und laufenden kontrolle der fauna niedersachsens erarbeitet worden ist. das modell soll entsprechend dieser studie entwickelt und durchgefuehrt werden, in der die bedeutung und notwendigkeit einer faunistischen erfassung dargelegt, der wissensstand auf dem gebiet der faunistik, der tierartenverarbeitung und -kartierung beschrieben, aufgaben, aufbau und moeglichkeiten eines zukuenftigen erfassungs- und kontrollprogramms aufgezeigt werden
S.WORT fauna + population + ueberwachung + (bestandsaufnahme)
NIEDERSACHSEN
PROLEI PROF. DR. ERNST PREISING
STAND 13.8.1976
QUELLE fragebogenerhebung sommer 1976
BEGINN 1.6.1976 ENDE 31.12.1977

UN -046
INST NIEDERSAECHSISCHES LANDESVERWALTUNGSAMT
HANNOVER, RICHARD-WAGNER-STR. 22
VORHAB **bestandsfeststellung, entwicklung und gefaehrdung bedrohter vogelarten in niedersachsen sowie erarbeitung spezieller schutzmassnahmen einschliesslich des biotopschutzes**
fuer eine anzahl bedrohter vogelarten werden der bestand nach menge, vorkommen, biotopverbindung und entwicklung durch intensive beobachtungen und literaturstudien laufend festgestellt und ueberprueft, sowie gezielte massnahmen des artenschutzes, der biotoperhaltung und pflege sowie der neuschaffung, ggf. mit planmaessiger wiedereinbuergerung, zur bestandsanhebung durchgefuehrt
S.WORT tierschutz + voegel + biotop + schutzmassnahmen
NIEDERSACHSEN
PROLEI H. HECKENROTH
STAND 13.8.1976
QUELLE fragebogenerhebung sommer 1976
BEGINN 1.1.1975

UN -047
INST NIEDERSAECHSISCHES LANDESVERWALTUNGSAMT
HANNOVER, RICHARD-WAGNER-STR. 22
VORHAB **untersuchung des amphibien- und reptilienbestandes und seiner entwicklung in niedersachsen, sowie aufstellung eines arten- und biotop-schutzprogramms**
anhand einiger beobachtungen und unter auswertung aller zugaenglichen und auffindbaren bisher veroeffentlichten und unveroeffentlichten angaben sollen die fundorte, biotope und die bestandsentwicklung der in niedersachsen lebenden amphibien und reptilien erfasst werden. danach soll ein programm fuer den arten- und biotopschutz sowie fuer die neuschaffung von biotopen erarbeitet werden
S.WORT fauna + biotop + schutzmassnahmen + (amphibien + reptilien)
NIEDERSACHSEN
PROLEI H. HECKENROTH
STAND 13.8.1976
QUELLE fragebogenerhebung sommer 1976
BEGINN 1.1.1975 ENDE 31.12.1976

UN -048
INST NIEDERSAECHSISCHES LANDESVERWALTUNGSAMT
HANNOVER, RICHARD-WAGNER-STR. 22
VORHAB **untersuchung zur verbreitung und bestandsentwicklung der kleinsaeugetiere in niedersachsen sowie ihre kartographische erfassung**
anhand einiger beobachtungen und unter auswertung aller zugaenglichen und affindbaren bisher veroeffentlichten und unveroeffentlichten angaben sollen die fundorte, biotope und die bestandesentwicklung der in niedersachsen vorkommenden kleinsaeugetiere erfasst werden. danach soll ein programm fuer den arten- und biotopschutz erarbeitet werden
S.WORT saeugetiere + biotop + schutzmassnahmen
NIEDERSACHSEN
PROLEI H. HECKENROTH
STAND 13.8.1976
QUELLE fragebogenerhebung sommer 1976
BEGINN 1.1.1976 ENDE 31.12.1977

UN 049
INST SIEDLUNGSVERBAND RUHRKOHLENBEZIRK
ESSEN 1, KRONPRINZENSTR. 35
VORHAB **tieroekologische modelluntersuchung fuer das gebiet hexbachtal**
aufnahme von terrestrischen aufsammlungen von ausgewaehlten tierarten an verschiedenen stellen des untersuchungsgebietes und deren oekologische und zahlenmaessige auswertung. es soll durch vergleich festgestellt werden, ob belastungen vorliegen, wie diese an der veraenderung der tierwelt erkannt werden koennen, ob sich bestimmte tierarten als zeigerorganismen eignen und welche aussagen fuer die landespflege daraus abgeleitet werden koennen
S.WORT tiere + bioindikator + landespflege + oekologische faktoren + (modelluntersuchung)
HEXBACHTAL
PROLEI PROF. DR. HERBERT ANT
ZUSAM LEHRSTUHL FUER LANDSCHAFTSOEKOLOGIE UND LANDSCHAFTSGESTALTUNG DER TH AACHEN, 5100 AACHEN
BEGINN 1.10.1973 ENDE 31.1.1975
G.KOST 17.000 DM
LITAN ENDBERICHT

UN -050
INST STAATLICHE VOGELSCHUTZWARTE GARMISCH-PARTENKIRCHEN
GARMISCH-PARTENKIRCHEN, GSTEIGSTR. 43
VORHAB **wasservogelzaehlung**
S.WORT voegel + binnengewaesser
BAYERN
PROLEI DR. BEZZEL
STAND 1.10.1974
FINGEB STAATSMINISTERIUM FUER ERNAEHRUNG, LANDWIRTSCHAFT UND FORSTEN, MUENCHEN
BEGINN 1.1.1966
LITAN MEHRERE PUBLIKATIONEN IN FACHZEITSCHRIFTEN

UN -051
INST STAATLICHE VOGELSCHUTZWARTE GARMISCH-PARTENKIRCHEN
GARMISCH-PARTENKIRCHEN, GSTEIGSTR. 43
VORHAB **voegel der kulturlandschaft**
ermittlung von bestandstrends und deren ursachen
S.WORT voegel + kulturlandschaft + biozoenose
BAYERN
PROLEI DR. BEZZEL
STAND 1.1.1974
FINGEB STAATSMINISTERIUM FUER ERNAEHRUNG, LANDWIRTSCHAFT UND FORSTEN, MUENCHEN
BEGINN 1.1.1973 ENDE 31.12.1978

UN -052
INST STAATLICHE VOGELSCHUTZWARTE GARMISCH-PARTENKIRCHEN
GARMISCH-PARTENKIRCHEN, GSTEIGSTR. 43
VORHAB **vogelwelt und landschaftsplanung am beispiel des werdenfelser landes und des alpenvorlandes**
erstellung einer oekologischen guetekarte als grundlage fuer landesplanung und bewertung von biotopen; vorhersage der belastbarkeit von oekosystemen
S.WORT voegel + oekosystem + landschaftsplanung
ALPENVORLAND + WERDENFELSER LAND
PROLEI DR. BEZZEL
STAND 1.1.1974
FINGEB STAATSMINISTERIUM FUER ERNAEHRUNG, LANDWIRTSCHAFT UND FORSTEN, MUENCHEN
BEGINN 1.1.1967 ENDE 31.12.1974
LITAN - VOGELWELT UND LANDSCHAFTSPLANUNG-EINE STUDIE AUS DEM WERDENFELSER LAND. TIER UND UMWELT-VERLAG D. KURTA, DARMSTADT
- ZWISCHENBERICHT 1974. 08

UN -053
INST STAATLICHES MUSEUM FUER NATURKUNDE STUTTGART
STUTTGART, SCHLOSS ROSENSTEIN
VORHAB **biologie von insekten**
verbreitung und lebensweise von insekten, speziell dipteren, und abhaengigkeit von umweltfaktoren
S.WORT biologie + insekten + (dipteren)
DEUTSCHLAND (SUED-WEST)
PROLEI PROF. DR. EDWIN MOEHN
STAND 26.7.1976
QUELLE fragebogenerhebung sommer 1976
ZUSAM BIOLOGISCHE BUNDESANSTALT, DARMSTADT
BEGINN 1.1.1957

UN -054
INST STAATLICHES MUSEUM FUER NATURKUNDE STUTTGART
STUTTGART, SCHLOSS ROSENSTEIN
VORHAB **biologie von insekten**
verbreitung und lebensweise von insekten, speziell koleopteren, und abhaengigkeit von umweltfaktoren
S.WORT biologie + insekten + (koleopteren)
DEUTSCHLAND (SUED-WEST) + SPANIEN
PROLEI DR. KARL WILHELM HARDE
STAND 21.7.1976
QUELLE fragebogenerhebung sommer 1976
ZUSAM ENTOMOLOGISCHER VEREIN STUTTGART, ARBEITSGEMEINSCHAFT SUEDWESTDEUTSCHER KOLEOPTEROLOGEN
BEGINN 1.1.1958

UN -055
INST STAATLICHES NATURHISTORISCHES MUSEUM BRAUNSCHWEIG, POCKELSSTR. 10 A
VORHAB **beitraege zur entwicklung der bodenfauna auf rekultivierungsflaechen von schutthalden**
im bereich industrieller ballungszentren - etwa in der naehe von stahlwerken - treten kulturwidrige substrate in den halden auf, die fuer pflanzenwachstum als substratbedingte standorte mit oekologischen sperren bezeichnet werden. auf diesen standorten zeigen sich haeufig exogen kulturfeindliche konstellationen, die aber durch ausgleichende rekultivierungsmassnahmen den biologen in hoechstem masse interessieren
S.WORT bodentiere + pflanzenoekologie + rekultivierung + (schutthalde)
SAARLAND
PROLEI PROF. DR. ADOLF BRAUNS
STAND 11.8.1976
QUELLE fragebogenerhebung sommer 1976
BEGINN 1.4.1975

UN -056
INST STAATLICHES VETERINAERUNTERSUCHUNGSAMT FRANKFURT
FRANKFURT -NIEDERRAD, DEUTSCHORDENSTR. 48
VORHAB **orale immunisierung von fuechsen im rahmen des von der who koordinierten wildtiertollwut-forschungsprogramms**
ziel: orale immunisierung von fuechsen gegen tollwut im rahmen der wildtiertollwutbekaempfung zur herabminderung des infektionsrisikos bei haustier und mensch. hierzu sind unschaedlichkeitspruefungen von tollwut-lebendimpfstoffen an verschiedenen wildlebenden spezies notwendig. sie werden im labor durchgefuehrt. ausserdem wird die frage geprueft, in welchem rahmen fuechse ueber koeder erreicht werden koennen. dazu werden versuche mit markierten koedern in freier wildbahn durchgefuehrt
S.WORT tiere + krankheitserreger + infektionskrankheiten + (tollwutbekaempfung)
PROLEI PROF. DR. GUENTER WACHENDOERFER
STAND 12.8.1976
QUELLE fragebogenerhebung sommer 1976
FINGEB - BUNDESMINISTER FUER ERNAEHRUNG, LANDWIRTSCHAFT UND FORSTEN
- MINISTER FUER LANDWIRTSCHAFT UND UMWELT, WIESBADEN
- DEUTSCHER JAGDSCHUTZVERBAND E. V. , BONN
ZUSAM HESSISCHE FORSTAEMTER ALTENGRONAU UND GROSS-GERAU
BEGINN 1.1.1974 ENDE 31.12.1978
G.KOST 400.000 DM
LITAN - FOERSTER, U.;WACHENDOERFER, G.;SCHNETTLER, R.;WEBER, J.: UNSCHAEDLICHKEITSPRUEFUNGEN VON TOLLWUT-LEBENDVAKZINEN AN

WILDLEBENDEN SAEUGERN. IN: FORTSCHR. VET. MED. , II. KONGRESSBERICHT, 25 S. 257-262(1976) - MANZ, D.: MARKIERUNGSVERSUCHE AN FUECHSEN IM REVIER ALS VORBEREITUNG FUER EINE SPAETERE PERORALE VAKZINATION GEGEN TOLLWUT. IN: FORTSCHR. VET. MED. , II. KONGRESSBERICHT 25 S. 263-269(1976)

UN -057 (Fehlzuordnung: richtige Zuordnung **UI**)

INST STADT MARL
MARL, POSTFACH 1526
VORHAB durchfuehrbarkeitsstudie fuer ein cabinentaxi-system im raum marl
S.WORT verkehrssystem + oeffentliche verkehrsmittel + (cabinentaxi)
MARL
QUELLE datenuebernahme aus der datenbank zur koordinierung der ressortforschung (dakor)
FINGEB BUNDESMINISTER FUER FORSCHUNG UND TECHNOLOGIE
ZUSAM - STUDIENGESELLSCHAFT NAHVERKEHR
- INGENIEURGRUPPE FUER VERKEHRSPLANUNG
- DIEDERICHS, ING. BUERO
BEGINN 1.2.1975 ENDE 30.6.1976
G.KOST 778.000 DM

UN -058

INST ZOOLOGISCHES INSTITUT / FB 15 DER UNI GIESSEN
GIESSEN, STEPHANSTR. 24
VORHAB biologie, faunistik und oekologie der tierwelt des naturparks hoher vogelsberg
die zoologische erforschung der oekosysteme unserer mittelgebirge erweist sich als hoechst unzulaenglich. im rahmen eines langfristig angelegten arbeitsprogrammes ist daher vorgesehen, unter nutzung der inmitten des naturparks hoher vogelsberg gelegenen aussenstelle "kuenanz-haus", die fauna dieses gebirges in verschiedenen aspekten eingehend zu untersuchen. faunistische, eidonomische, oekologische und zoogeographische probleme finden gleichermassen beruecksichtigung
S.WORT naturpark + fauna + oekologische faktoren
VOGELSBERG (NATURPARK)
PROLEI SCHERF
STAND 6.8.1976
QUELLE fragebogenerhebung sommer 1976
BEGINN 1.1.1964
LITAN SCHELLBERGER, S.: UEBER MICROLEPIDOPTEREN DES NATURPARKES HOHER VOGELSBERG UND IHRE FLUGZEITEN. IN: OBERHESS. NATURWISS. ZTSCHR. 39/40 S. 113-136(1973)

UN -059

INST ZOOLOGISCHES INSTITUT DER TU BRAUNSCHWEIG
BRAUNSCHWEIG, POCKELSTR. 10A
VORHAB oekologie von insekten
erforschung der wechselwirkungen: a)arthropoden - umwelt; b) arthropoden - mensch. methode: analyse von verbreitung und massenwechsel wichtiger arthropodenarten, untersuchung der bevorzugten nahrung und daraus abzuleitender schadwirkung
S.WORT oekologie + insekten + arthropoden
HARZVORLAND + BRAUNSCHWEIG (RAUM)
PROLEI DR. DIETRICH TESCHNER
STAND 21.7.1976
QUELLE fragebogenerhebung sommer 1976
FINGEB NIEDERSAECHSISCHES ZAHLENLOTTO, HANNOVER
ZUSAM GESUNDHEITSAMT DER STADT BRAUNSCHWEIG, STADTVERWALTUNG, 3300 BRAUNSCHWEIG
BEGINN 1.5.1960
LITAN TESCHNER, D.: DIPTEREN IM WOHNBEREICH DES MENSCHEN. IN: ACTA ZOOTECHNICA. NITRA. 24 S. 191-203(1972)

UN -060

INST ZOOLOGISCHES INSTITUT DER UNI KARLSRUHE
KARLSRUHE, KAISERSTR. 12
VORHAB wirkung von umwelteinfluessen auf die fauna der karlsruher umgebung
bestandaufnahme der fauna im raum karlsruhe; untersuchung der veraenderung durch umwelteinfluesse aller art; besonders arthrophoden und protozoen werden untersucht
S.WORT umwelteinfluesse + fauna
KARLSRUHE (RAUM) + OBERRHEIN
STAND 1.1.1974
BEGINN 1.1.1962
LITAN SONDERDRUCKE AUF ANFRAGE; SONST: VEROEFFENTLICHUNGSVERZEICHNISSE DER UNIV. KARLSRUHE

Weitere Vorhaben siehe auch:

PI -043 BELASTUNG FREILEBENDER VOEGEL MIT BIOZIDEN; INDIKATORFUNKTION FUER OEKOSYSTEME

VA -001
INST BOTANISCHES INSTITUT DER UNI ERLANGEN-NUERNBERG
ERLANGEN, SCHLOSSGARTEN 4
VORHAB **integrierte analyse biologischer und sozialkultureller systeme und ihre anwendung zur erforschung kuenftiger lebensbedingungen**
S.WORT umweltfaktoren + lebensqualitaet + prognose
PROLEI DR. HELMUT ETZOLD
STAND 1.1.1974
FINGEB DEUTSCHE FORSCHUNGSGEMEINSCHAFT
BEGINN 1.1.1972

VA -002
INST BUERO FUER ANGEWANDTE MATHEMATIK
STUTTGART 1, MARIENSTR. 39/II
VORHAB **entwicklung einer simulationssprache dynamo-s und der zugehoerigen compiler zur simulation sozialer systeme**
S.WORT umweltsimulation + verkehrssystem + regionalplanung
QUELLE datenuebernahme aus der datenbank zur koordinierung der ressortforschung (dakor)
FINGEB BUNDESMINISTER FUER FORSCHUNG UND TECHNOLOGIE
BEGINN 1.12.1973 ENDE 30.11.1976
G.KOST 1.039.000 DM

VA -003
INST BUNDESANSTALT FUER GEWAESSERKUNDE
KOBLENZ, KAISERIN-AUGUSTA-ANLAGEN 15
VORHAB **bearbeitung und herausgabe des deutschen hydrologischen dekade-jahrbuches**
S.WORT hydrologie + dokumentation
PROLEI DR. -ING. M. ECKOLDT
STAND 1.1.1974
FINGEB DEUTSCHE FORSCHUNGSGEMEINSCHAFT

VA -004
INST DATUM E.V.
BONN -BAD GODESBERG, ANNABERGERSTR. 159
VORHAB **informationssystem fuer raumordnung und landesplanung (roland)**
das informationssystem soll instrumente, insbesondere computerprogramme zur aufbereitung und auswertung von regionalisierten datenbestaenden fuer die zwecke von raumordnung und landesplanung liefern. wichtig sind dabei erreichbarkeitsmodelle im individual- und oeffentlichen verkehr, verfahren zur berechnung von infrastruktur-versorgungsgraden und mehrregionale bevoelkerungsprognosemodelle
S.WORT informationssystem + raumordnung + landesplanung
PROLEI DIPL. -ING. ULRICH SCHAAF
STAND 22.7.1976
QUELLE fragebogenerhebung sommer 1976
FINGEB BUNDESMINISTER FUER FORSCHUNG UND TECHNOLOGIE
ZUSAM - BAYERISCHES STAATSMINISTERIUM FUER LANDESENTWICKLUNG U. UMWELTFRAGEN, MUENCHEN
- BUNDESFORSCHUNGSANSTALT FUER LANDESKUNDE UND RAUMORDNUNG, MICHAELSTR. 8, 5300 BONN-BAD GODESBERG
BEGINN 1.10.1974 ENDE 31.12.1977
G.KOST 4.000.000 DM
LITAN - SCHAAF, U.: INFORMATIONSSYSTEM FUER RAUMORDNUNG UND LANDESPLANUNG. IN: INFORMATIONEN ZUR RAUMENTWICKLUNG, HRSG. BUNDESFORSCHUNGSANSTALT FUER LANDESKUNDE UND RAUMORDNUNG (6)(1974)
- DATUM E. V. , ROLAND-REPORT I: ZWISCHENBERICHT UEBER DIE PROJEKTDEFINITIONSPHASE (JUN 1974)

VA -005
INST DATUM E.V.
BONN -BAD GODESBERG, ANNABERGERSTR. 159
VORHAB **computer-orientiertes raeumliches bezugs-, analyse- und planungssystem (geocode)**
- entwicklung von verfahren und programmen zum aufbau computer-orientierter raeumlicher bezugssysteme fuer planungszwecke zur anwendung in gebietskoerperschaften. - verfahren und programme zur fortschreibung dieser systeme. - entwicklung einiger computer-gestuetzter analyseverfahren auf der grundlage gespeicherter raumbezugssysteme
S.WORT kommunale planung + planungshilfen
PROLEI DIPL. -MATH. FRIEDRICH VON KLITZING
STAND 22.7.1976
QUELLE fragebogenerhebung sommer 1976
FINGEB - BUNDESMINISTER FUER FORSCHUNG UND TECHNOLOGIE
- LANDESHAUPTSTADT WIESBADEN
ZUSAM STADT DORTMUND
BEGINN 1.7.1974 ENDE 1.6.1977
G.KOST 2.500.000 DM
LITAN KLITZING, F.: GRUNDLAGEN DES RAUMBEZUGS FUER COMPUTER-UNTERSTUETZTE PLANUNG. IN: OEVD 12(1974)

VA -006
INST DEUTSCHE UMWELT-AKTION E.V.
KREFELD, KEMPENER ALLEE 9
VORHAB **fortschreibung des umwelt-literaturverzeichnisses**
das vorliegende literaturverzeichnis (umweltbrief nr. 8) soll auf den neuesten stand gebracht werden. der bisherige text ist zu ueberarbeiten. alle relevanten neuerscheinungen sind aufzunehmen
S.WORT umweltinformation + dokumentation
STAND 1.1.1975
QUELLE umweltforschungsplan 1975 des bmi
FINGEB BUNDESMINISTER DES INNERN
BEGINN 1.1.1975 ENDE 15.2.1975
G.KOST 3.000 DM

VA -007
INST DOKUMENTATION KRAFTFAHRWESEN E.V.
STUTTGART 60, MERCEDESSTR.
VORHAB **errichtung eines informationssystems fahrzeugwesen**
erfassung, erschliessung und speicherung der literatur auf dem gebiete des kraftfahrwesens, im besonderen fuer entwicklung, konstruktion, fertigung, abnahme, erprobung und gebrauch von kraftfahrzeugen und ihrer einzelteile sowie ueber das verhalten von fahrzeugen im verkehr und auf strassen sowie die auswirkungen von fahrzeugen auf den menschen.
S.WORT informationssystem + kfz + verkehrssystem + (literaturstudie)
QUELLE datenuebernahme aus der datenbank zur koordinierung der ressortforschung (dakor)
FINGEB INSTITUT FUER DOKUMENTATIONSWESEN, FRANKFURT
BEGINN 1.10.1974 ENDE 31.12.1975

VA -008
INST DORNIER SYSTEM GMBH
FRIEDRICHSHAFEN, POSTFACH 1360
VORHAB **umweltueberwachung in hessen**
umweltueberwachung in hessen; erstellung eines integrierten umweltmessnetzes fuer luftguete/wasserguete/wasserstand/niederschlag/abwassereinleitungen/grundwasserstand/laerm; datenuebertragung zur zentrale; datenverarbeitung in der zentrale
S.WORT umweltinformation + ueberwachungssystem HESSEN
PROLEI DIPL-ING. BRANKE
STAND 10.9.1976
QUELLE fragebogenerhebung sommer 1976
FINGEB - HESSISCHE LANDESANSTALT FUER UMWELT, WIESBADEN
- HESSISCHE ZENTRALE FUER DATENVERARBEITUNG (HZD), WIESBADEN
- ALLGEMEINE ELELKTRICITAETS-GESELLSCHAFT (AEG), FRANKFURT
BEGINN 1.1.1973

VA -009

INST FORSCHUNGSGESELLSCHAFT FUER DAS STRASSENWESEN E.V.
KOELN, MAASTRICHTER STRASSE 45

VORHAB **technischer ausbau des informations- und dokumentationssystems fuer strassenbau- und strassenverkehrsforschung**

S.WORT strassenbau + strassenverkehr + informationssystem + dokumentation

QUELLE datenuebernahme aus der datenbank zur koordinierung der ressortforschung (dakor)

FINGEB BUNDESMINISTER FUER FORSCHUNG UND TECHNOLOGIE

BEGINN 1.6.1974 ENDE 31.12.1976

G.KOST 182.000 DM

VA -010

INST INSTITUT FUER BODENKUNDE UND WALDERNAEHRUNG DER UNI GOETTINGEN
GOETTINGEN, BUESGENWEG 2

VORHAB **gueltigkeitspruefung mathematischer modelle des bioelement-kreislaufs der flaechen b1 und f1 des solling-projekts**

S.WORT biooekologie + mathematische modelle SOLLING

PROLEI PROF. DR. BERNHARD ULRICH

STAND 1.1.1974

FINGEB DEUTSCHE FORSCHUNGSGEMEINSCHAFT

VA -011

INST INSTITUT FUER PUBLIZISTIK UND DOKUMENTATIONSWISSENSCHAFTEN DER FU BERLIN
BERLIN 33, HAGENSTR. 56

VORHAB **thesaurussystem umwelt**
fuer umplis soll ein thesaurussystem "umwelt" entwickelt werden. nach einer vergleichenden bewertung der vorliegenden ordnungssysteme soll ein system entwickelt werden, das folgende eigenschaften aufweist: a)ermoeglichung des zugriffs und der informationswiedergewinnung bei wichtigen informations- und dokumentationseinrichtungen; b)eignung zur ableitung weiterer ordnungssysteme fuer spezielle informations- und dokumentationszwecke im bereich umwelt; c)eignung zur indexierung von literatur zu umweltfragen

S.WORT umweltplanung + informationssystem + (umweltthesaurus + umplis)

PROLEI PROF. DR. GERNOT WERSIG

STAND 21.10.1975

FINGEB UMWELTBUNDESAMT

BEGINN ENDE 31.5.1976

G.KOST 189.000 DM

LITAN ZWISCHENBERICHT

VA -012

INST INSTITUT FUER SATELLITENELEKTRONIK DER DFVLR OBERPFAFFENHOFEN

VORHAB **automatisierung der bildverarbeitung bei problemen des umweltschutzes**
digitale verarbeitung von bildern und multispektralen aufnahmen; entwicklung von methoden der darstellung und halbautomatischen interpretation von bilddaten, die umweltprobleme betreffen

S.WORT luftbild + auswertung

PROLEI DR. TRIENDL

STAND 1.1.1974

FINGEB BUNDESMINISTER FUER FORSCHUNG UND TECHNOLOGIE

BEGINN 1.8.1973 ENDE 31.12.1976

G.KOST 900.000 DM

LITAN ZWISCHENBERICHT 1974. 12

VA -013

INST INSTITUT FUER STRUKTURFORSCHUNG DER UNI STUTTGART
STUTTGART 1, VERDISTR. 15

VORHAB **internationales glossar "humanoekologie"**
das begrifflich-terminologische problem der humanoekologie, die wesentliche aspekte fuer die umweltforschung gibt, wird im rahmen einer gesamtoekologischen systemanalyse behandelt und in das system der umweltforschung integriert

S.WORT humanoekologie + umweltterminologie + umweltforschung

PROLEI PROF. DR. FELIX BOESLER

STAND 2.8.1976

QUELLE fragebogenerhebung sommer 1976

FINGEB - INTERNATIONALE GESELLSCHAFT FUER HUMANOEKOLOGIE, WIEN
- DEUTSCHE GESELLSCHAFT FUER HUMANOEKOLOGIE, STUTTGART

ZUSAM - INTERNATIONALE GESELLSCHAFT FUER HUMANOEKOLOGIE, KARLSPLATZ 13, WIEN
- DEUTSCHE GESELLSCHAFT FUER HUMANOEKOLOGIE, STUTTGART

VA -014

INST INSTITUT FUER UMWELTFORSCHUNG E.V.
VILLINGEN-SCHWENNINGEN, GERBERSTR. 27

VORHAB **oekologische gegebenheiten, deren belastung, belastbarkeit und leistungsfaehigkeit in den rauemen der bundesrepublik deutschland**
ziel: modellkonzept zur bestimmung eines oekologisch orientierten entwicklungspotentials fuer alle teilraeume der bundesrepublik deutschland

S.WORT raumordnung + oekologische faktoren + modell

PROLEI DR. -ING. ROSENKRANZ

STAND 1.1.1974

FINGEB BUNDESMINISTER FUER RAUMORDNUNG, BAUWESEN UND STAEDTEBAU

BEGINN 1.1.1973 ENDE 31.3.1974

LITAN - AMMER, U. , ET. AL. VORSTUDIE: S. PROJEKTTITEL (DEZ 1973)
- AMMER, U. , ET. AL, PROBLEMSTUDIE: S. PROJEKTTITEL (MAR 1974)

VA -015

INST INSTITUT FUER ZUKUNFTSFORSCHUNG DES ZENTRUM BERLIN FUER ZUKUNFTFORSCHUNG E. V.
BERLIN 12, GIESEBRECHTSTR. 15

VORHAB **energiesektorales informationssystem**
drei ebenen simulationsmodell (1. produktionsebene-erzeugung/veredlung/verbrauch von energietraegern- 2. umweltebene-ermittlung der aus 1. folgenden schadstoffemissionen - 3. kostenebene-ermittlung der kosten bei einfuehrung umweltfreundlicher technologien bezogen auf energieerzeugungskosten); modellansatz zeitlich unbegrenzt gueltig; prognosen mit dem vorhandenen datenmaterial bis zum jahre 2000

S.WORT energiewirtschaft + umweltbelastung + informationssystem + modell

PROLEI PROF. DR. -ING. DREGER

STAND 1.9.1975

FINGEB BUNDESMINISTER FUER FORSCHUNG UND TECHNOLOGIE

ZUSAM BUNDESMINISTERIUM FUER WIRTSCHAFT, 5300 BONN, REFERAT III D4 (ALS BETREUER)

BEGINN 1.4.1971 ENDE 31.8.1975

G.KOST 950.000 DM

LITAN - ZENTRUM BERLIN FUER ZUKUNFTSFORSCHUNG E. V.:4 ZWISCHENBERICHTE ENIS (JAN 72, JAN 73, NOV 73, MAI74)
- ENDBERICHT AUG. 75-ZENTRUM BERLIN FUER ZUKUNFTSFORSCHUNG E. V.

VA -016

INST MOELLER, JOERG
MUENCHEN 40, GEORGENSTR. 120

VORHAB **kritische auswertung wissenschaftlicher zukunftsliteratur unter raumordnerischen gesichtspunkten.**
das projekt soll die langfristigen nationalen und internationalen trends und entwicklungen in sozialer, wirtschaftlicher und technologischer hinsicht analysieren und darstellen, welche moeglichen konsequenzen sich daraus fuer die bundesdeutsche raumordnungspolitik ergeben koennten. durch eine

gegenueberstellung zukuenftiger raumansprueche mit den heutigen anspruechen sollen richtung und tempo der anspruchsveraenderungen und eventuell sogar grundsaetzliche trandumbrueche aufgezeigt werden, sodass aus dieser untersuchung eine uebersicht ueber notwendige arbeitsschritte abgeleitet werdne kann, die heute bereits eingeleitet werden meussen, um die zur bewaeltigung der zukuenftigen raumordnungsprobleme notwendigen erkenntnisse zu erlangen.
S.WORT raumordnung + prognose + planungshilfen + zukunftsforschung + (literaturauswertung)
QUELLE datenuebernahme aus der datenbank zur koordinierung der ressortforschung (dakor)
FINGEB BUNDESMINISTER FUER ARBEIT UND SOZIALORDNUNG
BEGINN 1.8.1973 ENDE 1.8.1974
G.KOST 36.000 DM

VA -017
INST NIEDERSAECHSISCHES LANDESAMT FUER BODENFORSCHUNG
HANNOVER -BUCHHOLZ, STILLEWEG 2
VORHAB nachweisdokumentation geowissenschaftlicher umweltarbeiten
es boete sich an, dem umweltbundesamt eine nachweisdokumentation der geowissenschaftlichen umweltarbeiten aufzubauen. diese sollte gestaffelt sein in: 1. nachweis saemtlicher unpublizierter geowissenschaftlicher vorgaenge, die mit umweltfragen zu tun haben, bzw. 2. laufende ergaenzung dieser dokumentation durch die umweltrelevanten neueingaenge in bgr/nlfb. die nachweiszitate koennten sortiert nach: autoren, vielfaeltigen regionalen bzw. kommunalen bis lokalen und nach fachlichen schlagworten geliefert werden
S.WORT dokumentation + umweltforschung + (geowissenschaften)
PROLEI DR. ERNST-RUEDIGER LOOK
STAND 6.8.1976
QUELLE fragebogenerhebung sommer 1976
ZUSAM BUNDESANSTALT FUER GEOWISSENSCHAFTEN UND ROHSTOFFE, STILLEWEG 2, 3000 HANNOVER 51
G.KOST 35.000 DM

VA -018
INST PREUSSAG AG ERDOEL UND ERDGAS
HANNOVER 1, ARNDTSTR. 1
VORHAB umweltschutz-simulations-modell-luft/wasser, usim-l, usim-w
die programme usim-l und usim-w werden fuer die simulation der ausbreitung von emissionen in luft oder wasser eingesetzt. insbesondere werden instationaere verhaeltnisse unter beruecksichtigung der topographie in die berechnung einbezogen. als ergebnis erhaelt man eine zeitabhaengige und ortsabhaengige entwicklung der emission bzw. immission
S.WORT umweltschutz + simulationsmodell + schadstoffausbreitung + luftverunreinigung + gewaesserbelastung + (topographie)
PROLEI DIPL. -MATH. GEORG V. HANTELMANN
STAND 11.8.1976
QUELLE fragebogenerhebung sommer 1976
LITAN ZWISCHENBERICHT

VA -019
INST PSY-DATA, INSTITUT FUER MARKTANALYSEN UND MARKTFORSCHUNG GMBH & CO KG
FRANKFURT 60, ARENSBURGER STRASSE 70
VORHAB literaturaufbereitung zum thema zukunft und technik als voraussetzung fuer eine sozialpsychologische einstellungsuntersuchung zu diesem thema
S.WORT technik + zukunftsforschung + (literaturstudie)
QUELLE datenuebernahme aus der datenbank zur koordinierung der ressortforschung (dakor)
FINGEB BUNDESMINISTER FUER FORSCHUNG UND TECHNOLOGIE
BEGINN 1.11.1974 ENDE 31.12.1974

VA -020
INST RECHENZENTRUM DER DFVLR
OBERPFAFFENHOFEN
VORHAB literatur-dokumentation "umwelt"
dokumentationssystem ueber veroeffentlichungen aus dem gesamten gebiet umwelt und umweltschutz
S.WORT dokumentation + umwelt
PROLEI DIERSTEIN
STAND 1.1.1974
ZUSAM - FA. JOHNSON INC. , ENVIRONMENT CITATION INDEX, NEW YORK
- TELEFUNKEN COMPUTER GMBH, 775 KONSTANZ, MAX-STROMEYER-STR. 116
BEGINN 1.6.1973 ENDE 30.6.1974
G.KOST 60.000 DM

VA -021
INST STUDIENGRUPPE FUER SYSTEMFORSCHUNG E.V.
HEIDELBERG, WERDERSTR. 35
VORHAB informations- und dokumentationssystem zur umweltplanung (umplis)
umplis ist ein informationssystem zur unterstuetzung der umweltplanung von bundes- und laenderverwaltungen sowie von wissenschaft, wirtschaft und oeffentlichkeit. umplis ist ein informationssystem zweiter ordnung, d. h. es vermittelt vorhandene informationen; es beruecksichtigt, dass umweltprobleme "quer" zu klassischen ordnungsschemata liegen, deshalb benutzt umplis ein system von verweisen und ein problemorientiertes informationssystem
S.WORT informationssystem + umweltplanung + (umplis)
PROLEI DIPL. -ING. FRIEDHELM KUCHENBAECKER
STAND 30.8.1976
QUELLE fragebogenerhebung sommer 1976
FINGEB UMWELTBUNDESAMT
ZUSAM - ADV/ORGA, KURT SCHUMACHER-STR. 241, 2940 WILHELMSHAFEN
- ZENTRUM BERLIN FUER ZUKUNFTSFORSCHUNG (ZBZ), BERLIN
BEGINN 1.10.1972
G.KOST 2.547.000 DM
LITAN - BUNDESMINISTERIUM DES INNERN, BONN (ED): DAS INFORMATIONSSYSTEM ZUR UMWELTPLANUNG (UMWELTPLANUNGSINFORMATIONSSYSTEM UMPLIS). IN: UMWELTBRIEF NR. 298 (NOV 1973)
- KUNZ, W.;RITTEL, H.: PROJEKT UMPLIS, UMWELTPLANUNGSINFORMATIONSSYSTEM. AUFGABEN UND AUFBAU. IN: ZEITSCHRIFT UMWELT (ED: VDI) 3(1973)
- JADWISZCZOK, H.;WEISS, W.: SAMMLUNG, ANALYSE UND FORMALISIERUNG UMWELTPOLITISCHER ZIELE UND PROBLEME. UMPLIS-PAPIER NR. 18 (DEZ 1975)

VA -022
INST STUDIENGRUPPE FUER SYSTEMFORSCHUNG E.V.
HEIDELBERG, WERDERSTR. 35
VORHAB verbesserung und fortschreibung des verzeichnisses der umwelt-informations- und dokumentationsstellen
das von der sfs erstellte und im juni 1975 vom umweltbundesamt veroeffentlichte verzeichnis enthaelt eine beschreibung von 155 stellen, die in der bundesrepublik deutschland auf dem umweltgebiet literatur sammeln, auswerten und bereitstellen. das verzeichnis ist 1976 fortzuschreiben, zu verbessern und zu ergaenzen
S.WORT umweltinformation + datensammlung + (umplis)
PROLEI DIPL. -ING. HARALD WERNER
STAND 30.8.1976
QUELLE fragebogenerhebung sommer 1976
FINGEB UMWELTBUNDESAMT
ZUSAM KERNPLANUNGSGRUPPE (KPG), HERRIOTSTR. 5, 6000 FRANKFURT
BEGINN ENDE 31.12.1976
G.KOST 34.000 DM
LITAN UMWELTBUNDESAMT, BERLIN (ED), STUDIENGRUPPE FUER SYSTEMFORSCHUNG E. V. , HEIDELBERG: UMPIS - VERZEICHNIS DER INFORMATIONS- UND DOKUMENTATIONSSTELLEN FUER UMWELTLITERATUR. SELBSTVERLAG (1975)

VA -023
INST STUDIENGRUPPE FUER SYSTEMFORSCHUNG E.V. HEIDELBERG, WERDERSTR. 35
VORHAB aufbau einer institutionen-datei
eine der zentralen aufgaben von umplis besteht darin, informationen ueber diejenigen institutionen, einrichtungen und organisationen in der bundesrepublik deutschland und berlin (west) bereitzustellen, die sich mit umweltfragen befassen und umweltbezogene taetigkeiten ausueben. daher soll eine datenbank aufgebaut werden, die den mit planungsaufgaben befassten stellen insbesondere in regierung und verwaltung gestattet, aktuelle und umfassende daten und uebersichten ueber die mit umweltfragen befassten einrichtungen und ihre aktivitaeten zu gewinnen; gezielte informationswege einzurichten und mit hilfe von personenregistern direkte kontakte mit entsprechenden fachleuten aufzunehmen
S.WORT umweltinformation + forschungsinstitut + datenbank + (umplis)
PROLEI DR. WOLFGANG BEYER
STAND 30.8.1976
QUELLE fragebogenerhebung sommer 1976
FINGEB UMWELTBUNDESAMT
BEGINN 1.1.1976 ENDE 31.12.1976
G.KOST 252.000 DM
LITAN MIE, F.;BEYER, W.: ENTWURF FUER EIN KONZEPT "UMWELT-WHO-IS-WHO" (UWIW). UMPLIS-PAPIER NR. 15 (MAI 1975)

VA -024
INST STUDIENGRUPPE FUER SYSTEMFORSCHUNG E.V. HEIDELBERG, WERDERSTR. 35
VORHAB entwicklung und implementierung einer messgeraetedatei im umweltschutz
konzeption und entwicklung einer messgeraete-datei bis zur implementierungsreife; entwicklung eines erhebungsbogens auf der grundlage einer maximalliste von beschreibungsmerkmalen, mit deren hilfe ein messgeraet mit seinen kleinsten informativen grundelementen beschreibbar ist. aus diesen grundelementen kann entsprechend der anfrage die gewuenschte information problemgerecht mit dem dazugehoerigen quellennachweis zusammengestellt werden. die kategorien des erhebungsbogens sind in einer erlaeuterungsliste erklaert, wobei weitgehend auf die definitionen von din, vdi und vde zurueckgegriffen wurde. - vorschlaege zur praktischen vorgehensweise bei der systemimplementierung; aufbau einer edv-unterstuetzten pilot-datei
S.WORT umweltforschung + messgeraet + datenbank + (umplis)
PROLEI DIPL. -ING. HANS-JOACHIM MATNER
STAND 30.8.1976
QUELLE fragebogenerhebung sommer 1976
FINGEB UMWELTBUNDESAMT
BEGINN 1.1.1975 ENDE 31.12.1975
LITAN - MATNER, H. J.: ENTWICKLUNG UND IMPLEMENTIERUNG EINER MESSGERAETE-DATEI IM UMWELTSCHUTZ. UMPLIS-PAPIER NR. 17 (DEZ 1975)
- MATNER, H. J.: BEIHEFT ZUM UMPLIS-PAPIER NR. 17 (PILOTDATEI). (DEZ 1975)
- ENDBERICHT

VA -025
INST STUDIENGRUPPE FUER SYSTEMFORSCHUNG E.V. HEIDELBERG, WERDERSTR. 35
VORHAB aufbau einer datei der umwelt-modelle
ziel dieser aktivitaet ist die unterstuetzung umweltpolitischer entscheidungen durch den einsatz geeigneter modelle. hierzu sollen die vorhandenen umweltrelevanten modelle in einer datei bereitgestellt und diese im hinblick auf ihre brauchbarkeit fuer umweltpolitische entscheidungen und praktische planungsaufgaben beschrieben werden. 1976 soll die pilotdatei erweitert und fortgeschrieben sowie weitere umwelt- und planungsrelevante modelle anderer umweltbereiche erhoben und erfasst werden, wobei nur wesentliche ausgewaehlte beschreibungsmerkmale verwendet werden. waehrend das zentrum berlin fuer zukunftsforschung (zbz) erhebung und erfassung vornimmt, wird die konzeptionelle planung und koordinierung durch die studiengruppe (sfs) durchgefuehrt
S.WORT umweltpolitik + planung + prognose + modell + datenbank + (umplis)
PROLEI DR. WOLFGANG SCHULER
STAND 30.8.1976
QUELLE fragebogenerhebung sommer 1976
FINGEB UMWELTBUNDESAMT
ZUSAM ZENTRUM BERLIN FUER ZUKUNFTSFORSCHUNG (ZBZ), BERLIN
BEGINN ENDE 31.12.1976
LITAN SCHULER, W.;BUERSTENBINDER, J.;ILLING, H.: AUFBAU EINER DATEI FUER MODELLE - ANALYSE UMWELTRELEVANTER MODELLE. GEMEINSAMER BERICHT SFS-ZBZ NR. 41 (DEZ 1975)

VA -026
INST STUDIENGRUPPE FUER SYSTEMFORSCHUNG E.V. HEIDELBERG, WERDERSTR. 35
VORHAB thesaurus fuer umplis-dateien
im rahmen der arbeiten zu umplis, insbesondere zum umweltforschungskatalog ufokat '76 fallen aufwendige indexierungsarbeiten an, die eine fortlaufende erweiterung und ueberarbeitung des wortgutes notwendig machen. auf der basis der normierten und strukturierten schlagwortliste (umplis-papier nr. 16) soll in anlehnung an die regeln din 1463 ein "thesaurus fuer umplis-dateien" entwickelt werden. die aufgaben bezueglich der facettierung des wortgutes bestehen in der verbesserung der umweltsystematik und dem vergleich mit dem ordnungssystem der vom umweltbundesamt bereitgestellten facettierten schlagwortliste; ziel ist die kompatibilitaet der ordnungssysteme
S.WORT umweltforschung + datenverarbeitung + (umplis)
PROLEI DIPL. -UEBERS. GISELA ROTH
STAND 30.8.1976
QUELLE fragebogenerhebung sommer 1976
FINGEB UMWELTBUNDESAMT
BEGINN ENDE 31.12.1976
G.KOST 25.000 DM
LITAN ZWISCHENBERICHT

VA -027
INST STUDIENGRUPPE FUER SYSTEMFORSCHUNG E.V. HEIDELBERG, WERDERSTR. 35
VORHAB fortschreibung und verbesserung der datei fuer umweltforschungsvorhaben (ufordat) und erstellung des umweltforschungskataloges (ufokat '76)
mit der herausgabe des umweltforschungskataloges 1975 (ufokat '75) wurde der auf der konferenz fuer umweltfragen von den zustaendigen ministern und senatoren des bundes und der laender gefassten entschliessung gefolgt, innerhalb von umplis (umwelt-planungsinformationssystem) ein verzeichnis der mit oeffentlichen mitteln gefoerderten forschungsvorhaben im umweltbereich zu erstellen und fortzuschreiben. mit dem aufbau der datenbank fuer umweltforschung wird ein wichtiger beitrag zur koordinierung der forschungs- und entwicklungsarbeiten im umweltbereich geleistet. der vorliegende katalog 75 wird fortgeschrieben und durch fehlende forschungseinrichtungen ergaenzt
S.WORT umweltforschung + datenbank + forschungsplanung + (umplis)
PROLEI DIPL. -PHYS. FRIEDRICH MIE
STAND 30.8.1976
QUELLE fragebogenerhebung sommer 1976
FINGEB UMWELTBUNDESAMT
ZUSAM ADV/ORGA, 8000 MUENCHEN
BEGINN 1.1.1976 ENDE 31.12.1976
G.KOST 247.000 DM
LITAN BEYER, W.;CARLS, H.;JOERISSEN, J.;LENTZ, P.;LOSER, R.;MIE, F.;ROTH, G.: ALPHABETISCHE UND SYSTEMATISCHE SCHLAGWORTLISTE - THESAURUSARBEITEN FUER UMPLIS-DATEIEN. UMPLIS-PAPIER NR. 16 (OKT 1975)

VA -028
INST ZENTRALABTEILUNG RAUMFLUGBETRIEB DER DFVLR OBERPFAFFENHOFEN

VORHAB **erdwissenschaftliches flugzeugmessprogramm: datenverarbeitung**
aufbereitung und digitale vorverarbeitung von multispektralen bilddaten; digitale korrekturverfahren und bildverbesserungen; bilddarstellungsverfahren
S.WORT luftbild + messverfahren + datenverarbeitung
PROLEI DIPL. -PHYS. SAX
STAND 1.9.1975
FINGEB BUNDESMINISTER FUER FORSCHUNG UND TECHNOLOGIE
ZUSAM - DFVLR, VERSCHIEDENE INSTITUTE IN OBERPFAFFENHOFEN; ERDWISSENSCH. FLUGZEUGMESSPROGRAMM
- GEOWISSENSCHAFTLER AUS HOCHSCHULEN, BUNDESANSTALTEN, REGIONALEN PLANUNGSGEMEINSCHAFTEN
BEGINN 1.6.1973 ENDE 30.6.1977
G.KOST 2.955.000 DM
LITAN - PROJEKTPLAN FUER EIN ERDWISSENSCHAFTLICHES FLUGZEUGMESSPROGRAMM. IN:GFW/DFVLR (JAN 1974)
- ROSSBACH;SCHROEDER: STUDIE FUER EIN ERDWISSENSCHAFTLICHES FLUGZEUGMESSPROGRAMM. IN:DFVLR (FEB 1973)
- MISSIONSDEFINITION FUER EIN ERDWISS.FLUGZEUGMESSPROGRAMM. IN:DFVLR (APR 1974)

VA -029

INST ZENTRALSTELLE FUER GEOPHOTOGRAMMETRIE UND FERNERKUNDUNG DER DEUTSCHEN FORSCHUNGSGEMEINSCHAFT
MUENCHEN, LUISENSTR. 37
VORHAB **entwicklung von analogen und digitalen auswerteverfahren multispektraler aufnahmen fuer umweltprobleme**
ziel: auswertemodelle fuer multispektrale aufnahmen zur erkennung von umwelteinfluessen. vorgehensweise: multispektrale und thermale aufnahmen von verschiedenen testgebieten durch flugzeug und satellit. anwendung verschiedener statistischer verfahren zur charakterisierung verschiedener phaenomene. darstellung in diagramm und bild (karte). beobachtung von phaenomenen durch langzeitaufnahmen
S.WORT umweltprobleme + fliegende messtation + luftbild + statistische auswertung
PROLEI DR. RUPPERT HAYDN
STAND 12.8.1976
QUELLE fragebogenerhebung sommer 1976
ZUSAM - BAYERISCHES STAATSMINISTERIUM FUER LANDESENTWICKLUNG UND UMWELTFRAGEN, MUENCHEN
- BOTANISCHES INSTITUT DER TU MUENCHEN
- DFVLR, OBERPFAFFENHOFEN
BEGINN 1.1.1975
LITAN - DITTEL, R.;BODECHTEL, J.;HAYDN, R.: "SYMPOSIUM ERDERKUNDUNG", KOELN-PORZ, 7. -11. APR 1975: KLASSIFIZIERUNG MULTISPEKTRALER DATEN MIT HILFE DIGITALER VERFAHREN
- HAYDN, R.;BODECHTEL, J.;DITTEL, R.: "SYMPOSIUM ERDERKUNDUNG", KOELN-PORZ, 7. -11. APR 1975: ANALOG/DIGITALE VERARBEITUNG MULTISPEKTRALER DATEN
- BODECHTEL, J.;DITTEL, D.;HAYDN, R.: SOME POSSIBILITIES OF DIGITAL AND ANALOGUE EVALUATION OF SATELLITE DATA. IN: GEOFORUM. 20 (1974)

Weitere Vorhaben siehe auch:

AA -167 WIENER LUFTBERICHT

CB -034 MODELLE ZUR BERECHNUNG DER SCHADSTOFFAUSBREITUNG

CB -084 STANDARDISIERUNG UND WEITERENTWICKLUNG DER AUSBREITUNGSRECHNUNG

FB -077 BESTANDSAUFNAHME DER AKTIVITAETEN AUF DEM GEBIET DER FLUGLAERMFORSCHUNG

HA -007 AUFBAU EINER INFORMATIONSBANK FUER UMWELTRELEVANTE GEWAESSERKUNDLICHE DATEN ALS GRUNDLAGE FUER FORSCHUNGSARBEITEN

HA -056 SYSTEMANALYTISCHE ARBEITEN AUF DEM GEBIET DER WASSERREINHALTUNG, WASSERREINHALTUNGSMODELL DES WASSERKREISLAUFES IN DER BUNDESREPUBLIK DEUTSCHLAND

HG -033 MATHEMATISCHE MODELLIERUNG UND SIMULATION DES PHOSPHORKREISLAUFS

HG -038 STOCHASTISCHE MODELLE ZUR SIMULATION VON ANTHROPOGENEN EINFLUESSEN AUF HYDROLOGISCHE ZEITREIHEN

HG -063 UNTERSUCHUNG UEBER DIE ANWENDBARKEIT DER MATHEMATISCHEN MODELLTECHNIK IN DER WASSERGUETEWIRTSCHAFT

IA -035 LITERATURZUSAMMENSTELLUNG ZUM THEMA "PHYSIKALISCHE WASSERUNTERSUCHUNGSMETHODEN"

KC -008 BEURTEILUNG VON FE-PROJEKTEN IM BEREICH UMWELTFREUNDLICHE TECHNIK - ERWEITERUNG DER METHODIK UND ANWENDUNG AUF DIE TEXTILVEREDELUNGSINDUSTRIE

KC -039 DOKUMENTATION UEBER UMWELTPROBLEME DER PAPIER-ZELLSTOFFINDUSTRIE

MA -034 MODELL ZUR ERFASSUNG PRODUKTIONSSPEZIFISCHER RUECKSTAENDE IN NORDRHEIN-WESTFALEN UND PROGNOSEVERFAHREN

MG -017 ERSTELLUNG EINER DATENBANK ABFALLWIRTSCHAFT (VERSION O)

MG -023 ANWENDUNG DER DYNAMISCHEN OPTIMIERUNG AUF DIE REGIONALE ABFALLBESEITIGUNG

NC -037 ANALYSE DER EINSTELLUNGSSTRUKTUREN DER BEVOELKERUNG GEGENUEBER KERNENERGIERISIKEN

ND -019 SYSTEMANALYSE RADIOAKTIVE ABFAELLE IN DER BUNDESREPUBLIK DEUTSCHLAND

OC -013 AUSWERTUNG VORHANDENER INFORMATIONEN UEBER PESTIZIDNEBENWIRKUNGEN FUER EINE DATENBANK DER EUROPAEISCHEN GEMEINSCHAFTEN

OD -067 BEFUND-DOKUMENTATION

PI -038 MATHEMATISCHE MODELLE DER IM SOLLING-PROJEKT UNTERSUCHTEN OEKOSYSTEME

QA -008 ERARBEITUNG EINES INFORMATIONSSYSTEMS UEBER UMWELTRELEVANTE DATEN AUS DEM GEBIET DER FUTTERMITTELKUNDE

QA -020 AUSWERTUNG VON INFORMATIONEN AUS DER MYKOLOGISCHEN DATENBANK

RB -001 TEILPROJEKT - OEKOLOGIE - IM RAHMEN DES AUFBAUS EINES HIERARCHISCHEN, REGIONALEN WELTMODELLS

RB -009 LITERATURDOKUMENTATION NAHRUNG UND ERNAEHRUNG

RC -018 UNTERSUCHUNGEN ZUR HERSTELLUNG, VERARBEITUNG UND AUSWERTUNG VON BILDAUFZEICHNUNGEN DER ERDE AUS LUFT- UND RAUMFAHRZEUGEN

SA -027 INFORMATIONSSYSTEM ZUR UNTERSTUETZUNG ENERGIEWIRTSCHAFTLICHER AUFGABEN UND DER INDUSTRIEBERATUNG

SA -055 UNTERSUCHUNGSPROGRAMM ZU EINEM GUTACHTEN ALS GRUNDLAGE EINES BAYERISCHEN ENERGIEPROGRAMMS - DIE UMWELTBEEINFLUSSUNG DURCH DEN ENERGIEVERBRAUCH

SA -081 ENTSCHEIDUNGSMODELL FUER DEN OPTIMALEN OUTPUT EINES LOKALEN ENERGIEVERSORGUNGSNETZSYSTEMS AN UMWELTFREUNDLICHEN ENERGIETRAEGERN

SA -082 ENTSCHEIDUNGSMODELL FUER DEN OPTIMALEN OUTPUT EINES LOKALEN ENERGIEVERSORGUNGSNETZSYSTEMS AN UMWELTFREUNDLICHEN ENERGIETRAEGERN

SB -019	INSTATIONAERER WAERMESCHUTZ (LITERATURAUSWERTUNG, BERECHNUNGSMETHODE, GEGENUEBERSTELLUNG)
TB -007	MODELLE ZUR INNENSTADTENTLEERUNG
UA -011	EMPIRISCH ANWENDBARE MODELLE ZUR UMWELTPLANUNG
UA -023	RECHNERGESTUETZTES ENTSCHEIDUNGS-MODELL ZUR UMWELT-SIMULATION (REMUS)
UA -041	METHODIK EINES KOMMUNALEN UMWELTATLAS
UA -045	BELASTUNGSMODELL DORTMUND
UA -053	UMWELTSTATISTIKEN
UA -058	STUDIE ZUR ERARBEITUNG EINES KONZEPTS FUER EINE ZENTRALE UMWELTDOKUMENTATION
UC -035	ENTWICKLUNG EINES SEKTORAL DISAGGREGIERTEN SIMULATIONSMODELLS FUER DIE BUNDESREPUBLIK DEUTSCHLAND AUF DER GRUNDLAGE WIRTSCHAFTSKYBERNETISCHER METHODEN
UD -006	VORSTUDIE ZU EINEM SIMULATIONSMODELL FUER DAS FORSCHUNGS- UND ENTWICKLUNGSPROGRAMM, CHEMISCHE TECHNIK IM RAHMEN DES ROHSTOFFSICHERUNGSPROGRAMMS DES BMFT
UE -017	METHODEN UND MODELLE IN DER STADT- UND REGIONALPLANUNG
UE -024	FOERDERUNG DES AUFBAUS VON FACHINFORMATIONSSYSTEMEN, HIER: AUSBAU DES DOKUMENTATIONSVERBUNDES ZUR ORTS-, REGIONAL- UND LANDESPLANUNG
UE -025	SIMULATIONSMODELL FUER DIE LANDESENTWICKLUNG BAYERNS
UE -033	AUSBAU DES DOKUMENTATIONSVERBUNDES ZUR ORTS-, REGIONAL- UND LANDESPLANUNG
UE -034	DER ATTRAKTIVITAETSFAKTOR EINES SIEDLUNGSGEBIETS ALS INSTRUMENT ZUR STEUERUNG DER BEVOELKERUNGSWANDERUNG IM UMWELTPLANSPIEL
UF -010	BAUTIS: BAU-TECHNOLOGIE-INFORMATIONSSYSTEM
UH -037	FERNTRANSPORTSYSTEME DER ZUKUNFT IN DER BUNDESREPUBLIK DEUTSCHLAND UND EUROPA
UK -030	ERMITTLUNG UND AUFBAU EINES LANDSCHAFTSINFORMATIONSSYSTEMS AUF DER GRUNDLAGE EINER RASTERBEZOGENEN FLAECHENDATENBANK
UK -049	AUFBAU EINES LANDSCHAFTSINFORMATIONSSYSTEMS NORDRHEIN-WESTFALEN
UL -047	KULTURLANDSCHAFT UND WASSERHAUSHALT

HAUPTTEIL II

(DURCHFÜHRENDE INSTITUTIONEN)

0001
AACHEN-CONSULTING GMBH (ACG)
5100 AACHEN, MONHEIMSALLEE 53
TEL.: (0241) 32823
- LEITER: DR.PHIL. LEO BAUMANNS
- FORSCHUNGSSCHWERPUNKTE:
abfall, laerm, abwasser, boden, landespflege, raumordnung, randgebiete, gesamtumwelt
VORHABEN:
WASSERREINHALTUNG UND WASSERVERUNREINIGUNG
IB -001 automatisches telefonnetz zur fernkontrolle von abwasserpumpwerken
KA -001 eignung von baggerseen als erholungsgewaesser unter gleichzeitiger einbeziehung als rueckhaltespeicher im vorflutsystem
KE -001 konditionierung und entwaesserung von faekalschlaemmen aus kleinklaeranlagen - entwicklung und erprobung einer versuchsanlage - know how
UMWELTPLANUNG, UMWELTGESTALTUNG
UF -001 neues verkehrskonzept fuer eine alte kleinstadt: luftkurort wassenberg im kreis heinsberg
UK -001 aufbereitung der natuerlichen gegebenheiten in der myhler schweiz zur beurteilung der erholungseignung
UK -002 grundlagenuntersuchung zur landschaftsgestaltung und zur schaffung eines naturnahen erholungsgebietes im marienbruch

0002
ABTEILUNG ALLGEMEINE PAEDIATRIE DER UNI KIEL
2300 KIEL, FROEBELSTR. 15/17
TEL.: (0431) 681504-20
VORHABEN:
HUMANSPHAERE
TE -001 vergleichende kinetische untersuchungen bei menschen und schweinen ueber resorption und umsatz von thiamin, retinol und beta-carotin

0003
ABTEILUNG ANALYTISCHE CHEMIE DER UNI ULM
7900 ULM, OBERER ESELSBERG
TEL.: (0731) 176-2181 TX.: 0712567
- LEITER: PROF.DR. KARLHEINZ BALLSCHMITER
- FORSCHUNGSSCHWERPUNKTE:
neue analytische methoden fuer anorganische und organische umwelt-chemikalien; vorkommen und verbleib von organischen umwelt-chemikalien, insbesondere cyclodien-biozide und halogenierte aromaten; metabolismus durch mikroorganismen
VORHABEN:
UMWELTCHEMIKALIEN
OC -001 pcb-analytik und vorkommen: analytik der isomeren und gesamt-isomeren bei pcb und pct
OD -001 vorkommen und verbleib von umweltchemikalien, insbesondere cyclodien-biozide und halogenierte aromaten
OD -002 metabolismus der polychlorierten biphenyle durch mikroorganismen

0004
ABTEILUNG BAUWESEN DER BUNDESANSTALT FUER MATERIALPRUEFUNG
1000 BERLIN 45, UNTER DEN EICHEN 87
TEL.: (030) 81042000 TX.: 01-83261
- LEITER: DIPL.-ING. W. CAEMMERER
- FORSCHUNGSSCHWERPUNKTE:
verhalten von baustoffen gegen umwelteinfluesse (immission, tausalze); erschuetterungsschutz (u-bahn/strassenverkehr); schallschutz im hochbau, baulaerm
VORHABEN:
LAERM UND ERSCHUETTERUNGEN
FB -001 koerperschallisolierung von gleistroegen im u-bahnbau
FD -001 umweltschutz - materialspezifische geraeuschbekaempfungsmassnahmen und bauakustik
FD -002 ausbreitung von u-bahn-erschuetterungen in den boden und massnahmen zu ihrer abschirmung
FD -003 ueberpruefung des stoerverhaltens von armaturen und geraeten der wasserinstallation in fertiggestellten bauten (din 4109, pruefzeichenpflicht)
WIRKUNGEN UND BELASTUNGEN DURCH SCHADSTOFFE
PK -001 untersuchungen zur einwirkung von rausalzen auf bruekkenbauwerke aus stahlbeton
PK -002 untersuchungen zur verwitterung von natursteinen an baudenkmaelern unter dem einfluss schwefeloxidhaltiger atmosphaere
PK -003 verhalten von beton-bordsteinen bei einwirkung von frost und tausalzen mit dem ziel der schaffung von beurteilungskriterien
PK -004 untersuchungen zur erhaertung und verwitterung von luftkalkmoerteln unter dem einfluss schwefeloxidhaltiger atmosphaere

0005
ABTEILUNG BEHANDLUNG RADIOAKTIVER ABFAELLE DER GESELLSCHAFT FUER KERNFORSCHUNG MBH
7500 KARLSRUHE, POSTFACH 3640
TEL.: (07247) 821 TX.: 7826755
- LEITER: DR. H. KRAUSE
- FORSCHUNGSSCHWERPUNKTE:
wanderung langlebiger transuranisotope (z. b. pu-239, am-241) im boden und im geologischen untergrund
VORHABEN:
STRAHLUNG, RADIOAKTIVITAET
ND -001 wanderung langlebiger transuranisotope (z.b. pu-239, am-241) im boden und geologischen formationen
ND -002 errichtung einer versuchsanlage fuer verfestigung hochaktiver waste (vera) und lagerung und verdampfung hochaktiver waste (lava)
ENERGIE
SA -001 errichtung der kompakten natriumgekuehlten kernreaktoranlage
SA -002 schnelles core (knk ii) als zweites core fuer die kompakte natriumgekuehlte kernreaktoranlage; projektierung, herstellung und zugehoeriger umbau der anlage
SA -003 versuchsprogramm fuer die kompakte natriumgekuehlte kernreaktoranlage (knk)

0006
ABTEILUNG BURGSTEINFURT DER FH MUENSTER
4430 BURGSTEINFURT, LINDENSTR. 59-60
TEL.: (02551) 1261
VORHABEN:
LAERM UND ERSCHUETTERUNGEN
FA -001 laermminderung von grosstransformatoren durch akustische kompensation

0007
ABTEILUNG CHEMISCHE SICHERHEITSTECHNIK DER BUNDESANSTALT FUER MATERIALPRUEFUNG
1000 BERLIN 45, UNTER DEN EICHEN 87
TEL.: (030) 81044000 TX.: 01-83261
- LEITER: DR.-ING. J. ZEHR
- FORSCHUNGSSCHWERPUNKTE:
emissionsbegrenzung an industrieanlagen und kraftfahrzeugmotoren; primaer explosionsschutz (vermeidung der bildung gefaehrlicher, explosiver atmosphaere); pruefgase fuer analysengeraete zur reinhaltung der luft
VORHABEN:
LUFTREINHALTUNG UND LUFTVERUNREINIGUNG
BA -001 abgasuntersuchungen an kraftfahrzeugen
BA -002 untersuchungen ueber die auswirkung von aenderungen in der bewertung der kaltphase des europaeischen fahrzyklus
BC -001 leckagen aus stopfbuchsabdichtungen an spindeln von armaturen
CA -001 pruefgase zur kontrolle von luftreinhaltungsmessungen
LEBENSMITTEL-, FUTTERMITTELKONTAMINATION
QA -001 untersuchungen von kunststoffen im lebensmittelverkehr und im trinkwasserbereich gemaess den empfehlungen der kunststoff-kommission des bundesgesundheitsamtes
HUMANSPHAERE
TA -001 loesemitteldampfkonzentration beim farbauftrag in engen raeumen
TA -002 gaswarnanlagen, primaerer explosionsschutz, gesundheitsschutz

0008
ABTEILUNG FUER ALGENFORSCHUNG UND ALGENTECHNOLOGIE DER GESELLSCHAFT FUER STRAHLEN- UND UMWELTFORSCHUNG MBH
4600 DORTMUND, BUNSEN-KIRCHHOFF-STR. 13
TEL.: (0231) 124378
- LEITER: PROF.DR. C.J. SOEDER
VORHABEN:
WASSERREINHALTUNG UND WASSERVERUNREINIGUNG
KB -001 einsatz von abwasser-algen-systemen zur kombinierten wasserrueckgewinnung und proteinerzeugung
KB -002 selektion und ernaehrungsphysiologie filtrierbarer mikroalgen
ABFALL
MF -001 entwicklung von techniken zur massenkultur filtrier barer mikroalgen

0009
ABTEILUNG FUER ANGEWANDTE LAGERSTAETTENLEHRE DER TH AACHEN
5100 AACHEN, SUESTERFELDSTR. 22
TEL.: (0241) 425774 TX.: 08-32704
- LEITER: PROF.DR. GUENTHER FRIEDRICH
- FORSCHUNGSSCHWERPUNKTE:
spurenelementdispersionen in gesteinen, boeden, gewaessern, pflanzen und luft
VORHABEN:
LUFTREINHALTUNG UND LUFTVERUNREINIGUNG
BB -001 phasenzusammensetzung des feinstaubes aus muellverbrennungsanlagen, der bor, quecksilber, cadmium, chrom und barium enthaelt
UMWELTCHEMIKALIEN
OB -001 geochemie umweltrelevanter spurenstoffe
OD -003 spurenelementdispersionen in gesteinen, boeden, gewaessern, pflanzen und luft im raum aachen-stolberg

0010
ABTEILUNG FUER BODENKUNDE UND BODENERHALTUNG IN DEN TROPEN UND SUBTROPEN / FB 16 DER UNI GIESSEN
6300 GIESSEN, SCHOTTSTR. 2
TEL.: (0641) 7028410
- LEITER: PROF.DR. L. JUNG
- FORSCHUNGSSCHWERPUNKTE:
bodenerosion - bodenerhaltung (bodenzerstoerung durch menschliche einfluesse - kartierung - massnahmen zur bodenerhaltung)
VORHABEN:
LAND- UND FORSTWIRTSCHAFT
RC -001 erodierbarkeit und kornverteilung auf erosionsgefaehrdeten boeden und haengen verschiedener geologischer herkunft
RC -002 messung von oberflaechlichem abfluss und bodenabtrag auf verschiedenen boeden der bundesrepublik deutschland
RC -003 wasserhaushalt und ernteertrag auf erodierten boeden

0011
ABTEILUNG FUER HYGIENE DER MEDIZINISCHEN HOCHSCHULE LUEBECK
2400 LUEBECK, RATZEBURGER ALLEE 160
TEL.: (0451) 5001-2390
- LEITER: PROF.DR. R. PREUNER
VORHABEN:
WASSERREINHALTUNG UND WASSERVERUNREINIGUNG
HC -001 untersuchungen ueber die hygienische und biologische beschaffenheit des badewassers vor der ostseekueste - suedlicher kuestenbereich

0012
ABTEILUNG FUER MEDIZINISCHE PHYSIK / FB 23 DER UNI GIESSEN
6300 GIESSEN, SCHLANGENZAHL 14
TEL.: (0641) 7024520
- LEITER: PROF.DR. R. HERRMANN
- FORSCHUNGSSCHWERPUNKTE:
entwicklung von methoden zum spektroskopischen nachweis von organo-halogen-verbindungen und deren quantitative bestimmung
VORHABEN:
UMWELTCHEMIKALIEN
OB -002 entwicklung von analysenmethoden fuer schwefelkonzentrationen
OB -003 untersuchungen ueber moeglichkeiten fuer einfache spezifische nachweismethoden fuer anorganisch gebundenes fluor
OC -002 organhalogenverbindungen in der umwelt - teilvorhaben 1: spektroskopische analysenmethoden zur messung der konzentration von organhalogenverbindungen
OC -003 entwicklung von einfachen analysenmethoden fuer rueckstaende von p- und s-haltigen insektiziden

0013
ABTEILUNG FUER PFLANZENBAU UND PFLANZENZUECHTUNG IN DEN TROPEN UND SUBTROPEN / FB 16 DER UNI GIESSEN
6300 GIESSEN, SCHOTTSTR. 2
TEL.: (0641) 7028411
- LEITER: PROF.DR. ANASTASIU
- FORSCHUNGSSCHWERPUNKTE:
probleme der nutzung und melioration von versalzungsgebieten; einsatz und abbau von herbiziden; optimaler einsatz der mineralduengung in den tropen und subtropen; probleme der abfallwirtschaft in den tropen und subtropen
VORHABEN:
ABFALL
MD -001 anwendung, verwertung, beseitigung von muell und muellkompost
MG -001 erhebung ueber die abfallwirtschaft in tropischen und subtropischen gebieten
UMWELTCHEMIKALIEN
OD -004 aufnahme und abbau von herbiziden durch kulturpflanzen und unkraeuter
WIRKUNGEN UND BELASTUNGEN DURCH SCHADSTOFFE
PG -001 untersuchungen ueber die herbizid-wirkung
LAND- UND FORSTWIRTSCHAFT
RE -001 untersuchungen ueber die physiologie des wachstums, der entwicklung, ertragsbildung und naehrstoffaufnahme bei verschiedenen kulturpflanzen auf tropischen boeden und standorten (72/73-16-46)
UMWELTPLANUNG, UMWELTGESTALTUNG
UM -001 die salztoleranz einiger kulturpflanzen, baumwolle, reis, futterpflanzen

0014
ABTEILUNG FUER PHYTOPATHOLOGIE UND ANGEWANDTE ENTOMOLOGIE IN DEN TROPEN UND SUBTROPEN / FB 16 DER UNI GIESSEN
6300 GIESSEN, SCHOTTSTR. 2-4
TEL.: (0641) 7028412
- LEITER: PROF.DR. J. KRANZ
- FORSCHUNGSSCHWERPUNKTE:
epidemiologie von pflanzenkrankheiten, systemanalyse (u. a. prognose, wirkungsanalyse von pflanzenschutzmassnahmen)
VORHABEN:
UMWELTPLANUNG, UMWELTGESTALTUNG
UM -002 systemanalyse von pflanzenkrankheiten

0015
ABTEILUNG FUER STRAHLENHYGIENE DES BUNDESGESUNDHEITSAMTES
1000 BERLIN 33, CORRENSPLATZ 1
TEL.: (030) 83081
VORHABEN:
LUFTREINHALTUNG UND LUFTVERUNREINIGUNG
CA -002 pruefung und bewertung von messverfahren zur bestimmung smogbildender substanzen im abgas oelgefeuerter grosskessel

0016
ABTEILUNG FUER TOXIKOLOGIE DER GESELLSCHAFT FUER STRAHLEN- UND UMWELTFORSCHUNG MBH
8042 NEUHERBERG, INGOLSTAEDTER LANDSTR. 1
TEL.: (089) 3874446
- LEITER: PROF.DR. H. GREIM
VORHABEN:
UMWELTCHEMIKALIEN
OD -005 wirkung und verbleib von umweltchemikalien in versuchstieren

WIRKUNGEN UND BELASTUNGEN DURCH SCHADSTOFFE
PB -001 analyse neurotoxischer wirkungen von umweltchemikalien
PB -002 untersuchungen zur beurteilung von herbiziden unter umweltgesichtspunkten
PC -001 wirkungen von umweltchemikalien auf den zellulaeren stoffwechsel

0017
ABTEILUNG FUER TOXIKOLOGIE DER UNI KIEL
2300 KIEL, HOSPITALSTR. 4-6
TEL.: (0431) 597 2931
- LEITER: PROF.DR.MED. OHNESORGE
VORHABEN:
WIRKUNGEN UND BELASTUNGEN DURCH SCHADSTOFFE
PA -001 wirkungen subakuter cadmiumvergiftung in organen, beeinflussung von leberenzymen
PB -003 wirkung von organophosphaten auf fische
PB -004 wirkungen chlorierter kohlenwasserstoffe auf carbonanhydratase

0018
ABTEILUNG HYGIENE UND ARBEITSMEDIZIN DER TH AACHEN
5100 AACHEN, LOCHNERSTR. 4-20
TEL.: (0241) 4289198
- LEITER: PROF.DR. HANS JOACHIM EINBRODT
- FORSCHUNGSSCHWERPUNKTE:
umwelthygiene, allgemein; epidemiologische untersuchungen in risikogebieten fuer luftschadstoffe; interaktionen von schwermetallen am menschen und am tier
VORHABEN:
WIRKUNGEN UND BELASTUNGEN DURCH SCHADSTOFFE
PE -001 staubbelastung des menschen und ihre auswirkung
PE -002 epidemiologische schwermetalle:zink, blei, cadmium
PE -003 umweltbelastung des menschen im raum oberhausen-muelheim

0019
ABTEILUNG HYGIENE UND MIKROBIOLOGIE DER UNI KIEL
2300 KIEL, BRUNSWIKERSTR. 2-6
TEL.: (0431) 5972560
- LEITER: PROF.DR. GAERTNER
VORHABEN:
WASSERREINHALTUNG UND WASSERVERUNREINIGUNG
HC -002 untersuchungen ueber die hygienische und biologische beschaffenheit des badewassers vor der ostseekueste - noerdlicher kuestenbereich
IE -001 virusuntersuchungen im meerwasser unter besonderer bewertung des ostseewassers
STRAHLUNG, RADIOAKTIVITAET
NA -001 untersuchung der wirksamkeit von uv-strahlen in klimakanaelen
HUMANSPHAERE
TF -001 krankenhaushygienische untersuchungen
TF -002 veraenderungen der koerperflora im krankenhaus - bedeutung fuer hospitalinfektionen
TF -003 untersuchung der bedingungen fuer das zustandekommen von hospitalinfektionen nach operationen
TF -004 untersuchung der infektionsbedingungen am auge
TF -005 keimuebertragung und keimbesiedlung von beatmungs- und anaesthesiegeraeten

0020
ABTEILUNG METALLE UND METALLKONSTRUKTION DER BUNDESANSTALT FUER MATERIALPRUEFUNG
1000 BERLIN 45, UNTER DEN EICHEN 87
TEL.: (030) 81049000 TX.: 0183261
- LEITER: DR.-ING. J. ELZE
- FORSCHUNGSSCHWERPUNKTE:
sicherheit und zuverlaessigkeit von transportbehaeltern fuer radioaktive stoffe und von tankcontainern sowie von lagerbehaeltern aus glasfaserverstaerktem kunststoff; entwicklung von cyanidfreien oder cyanidarmen zinkbaedern fuer die galvanik; verbesserung der analysenverfahren zum nachweis von anorganischen schadstoffen in geringen konzentrationen
VORHABEN:
ABWAERME
GB -001 sauerstoffmessungen in vorflutern vor und nach nutzung der kuehlwaesser in kraftwerken
WASSERREINHALTUNG UND WASSERVERUNREINIGUNG
HB -001 ueberpruefung des mechanischen verhaltens faserverstaerkter kunststofflagerbehaelter fuer heizoel und dieselkraftstoff
KC -001 untersuchung von abwaessern von betrieben verschiedenster art zur kontrolle der reinhaltung von oberflaechengewaessern
STRAHLUNG, RADIOAKTIVITAET
ND -003 klassifizierung und sicherheitsreserven von transportbehaeltern fuer radioaktive stoffe
ND -004 forschungs- und entwicklungsarbeiten auf dem gebiet des transports radioaktiver stoffe, teil ii
ND -005 untersuchung, pruefung und zulassung der bauartmuster von transport-behaeltern fuer radioaktive stoffe (typ-b-verpackungen)
ND -006 forschungs- und entwicklungsarbeiten auf dem gebiet des transportes radioaktiver stoffe
UMWELTCHEMIKALIEN
OA -001 identifizierung fester schadstoffe vornehmlich durch elektronenoptische und roentgenbeugungs-verfahren
OB -004 verbesserung der analysenverfahren zum nachweis von anorganischen schadstoffen in geringen konzentrationen
WIRKUNGEN UND BELASTUNGEN DURCH SCHADSTOFFE
PK -005 untersuchung zur korrosionsschutzwirkung verschiedenartig galvanisch hergestellter glanzzinkschichten
UMWELTPLANUNG, UMWELTGESTALTUNG
UH -001 pruefung und zulassung von gfk-tanks zur befoerderung gefaehrlicher gueter auf der strasse
UH -002 zulassung von tankcontainern zur befoerderung gefaehrlicher gueter auf strasse, schiene und see

0021
ABTEILUNG OEKOLOGIE UND MORPHOLOGIE DER TIERE DER UNI ULM
7900 ULM, OBERER ESELSBERG
TEL.: (0731) 1763096 TX.: 712567
- LEITER: PROF.DR. H. BADER
- FORSCHUNGSSCHWERPUNKTE:
struktur und funktion von tierpopulationen in landoekosystemen vor allem in waeldern (buchenwaelder, eichenmischwaelder, fichtenforste - niedersachsen, baden-wuerttemberg; regenwaelder suedamerikas); anteil der tiere am stoff- und energieumsatz; hydrobiologie und limnologie (gewaesser suedwestdeutschlands) in vorbereitung
VORHABEN:
WIRKUNGEN UND BELASTUNGEN DURCH SCHADSTOFFE
PI -001 oekosystemforschung und funktion von tierpopulationen in waldoekosystemen

0022
ABTEILUNG ORGANISCHE STOFFE DER BUNDESANSTALT FUER MATERIALPRUEFUNG
1000 BERLIN 45, UNTER DEN EICHEN 87
TEL.: (030) 81043000 TX.: 01-83261
- LEITER: PROF.DR. G.W. BECKER
- FORSCHUNGSSCHWERPUNKTE:
untersuchung und pruefung von behaeltern und behaelterbeschichtungen fuer die lagerung grundwassergefaehrdender fluessigkeiten; untersuchung von kunststoffrohren fuer den transport umweltgefaehrdender fluessigkeiten; untersuchung und pruefung von behaeltern zum transport gefaehrlicher gueter; untersuchung und pruefung von kunststoffen, die mit lebensmitteln oder trinkwasser in beruehrung kommen; untersuchung von mineraloelprodukten auf umweltgefaehrdende bestandteile
VORHABEN:
WASSERREINHALTUNG UND WASSERVERUNREINIGUNG
IC -001 eigenschaften und wirkungsweise von oelaufsaugmitteln fuer den boden- und wasserschutz
KF -001 untersuchung von waschmitteln mit austauschstoffen fuer phosphate hinsichtlich der waschtechnischen eignung
ABFALL
MC -001 untersuchung und pruefung der eigenschaften von kunststofflagerbehaeltern zur lagerung grundwasserschaedigender fluessigkeiten
WIRKUNGEN UND BELASTUNGEN DURCH SCHADSTOFFE
PK -006 auswirkung von chemischen und physikalisch-technologischen einflussfaktoren auf das bestaendigkeitsverhalten von oberflaechenbeschichtungen auf der basis von reaktionsharzbeschichtungsstoffen

0023
ABTEILUNG PHYSIKALISCHE CHEMIE DER UNI ULM
7900 ULM, OBERER ESELSBERG
TEL.: (0731) 176-2305 TX.: 0712 567
- LEITER: PROF. HEINZ-DIETER RUDOLPH
- FORSCHUNGSSCHWERPUNKTE:
beseitigung von oelschichten auf wasseroberflaechen
VORHABEN:
WASSERREINHALTUNG UND WASSERVERUNREINIGUNG
IE -002 beseitigung von oelschichten auf wasseroberflaechen

0024
ABTEILUNG SONDERGEBIETE DER MATERIAL-PRUEFUNG DER BUNDESANSTALT FUER MATERIALPRUEFUNG
1000 BERLIN 45, UNTER DEN EICHEN 87
TEL.: (030) 81045000 TX.: 01-83261
- LEITER: PROF.DR. G. BECKER
- FORSCHUNGSSCHWERPUNKTE:
abbau von kunststoffen durch mikroorganismen; messung von schadstoffkonzentrationen in luft und wasser
VORHABEN:
LUFTREINHALTUNG UND LUFTVERUNREINIGUNG
BA -003 untersuchung des einflusses unterschiedlicher betriebszustaende von kfz auf die emission carcinogener stoffe; neuentwicklung von analyse-verfahren
CA -003 entwicklung eines elektrochemisch arbeitenden analysators zur kontinuierlichen messung von fluoridionen in der luft
WASSERREINHALTUNG UND WASSERVERUNREINIGUNG
KA -002 messanlage zur kontinuierlichen cyanidspurenkontrolle im wasser von cyanidkonzentrationen
KB -003 der wirkungsgrad und die katalytische beeinflussung des elektro-chemischen abbaus von gift- und schmutzstoffen in wasser
STRAHLUNG, RADIOAKTIVITAET
NB -001 analyse umweltgefaehrdender spurenelemente durch photonenaktivierungsanalyse
WIRKUNGEN UND BELASTUNGEN DURCH SCHADSTOFFE
PK -007 beeinflussung und abbau von kunststoffen durch mikroorganismen

0025
ABTEILUNG STOFFARTUNABHAENGIGE VERFAHREN DER BUNDESANSTALT FUER MATERIALPRUEFUNG
1000 BERLIN 45, UNTER DEN EICHEN 87
TEL.: (030) 81046000 TX.: 01-83261
- LEITER: DR.-ING. CHR. ROHRBACH
- FORSCHUNGSSCHWERPUNKTE:
schadgasentstehung bei schutzgasschweissverfahren (ermittlung der absaugleistung); dichte der umschliessung radioaktiver stoffe; multielementbestimmung von umweltproben; untersuchung von schadstoffkonzentrationen bei plasmaschmelzschneiden
VORHABEN:
LUFTREINHALTUNG UND LUFTVERUNREINIGUNG
BC -002 stickoxidbildung bei autogenverfahren
BC -003 untersuchung der schadstoffkonzentrationen sowie der geraeuschpegel beim plasmaschmelzschneiden
BC -004 schadgasentstehung bei schutzgasschweissverfahren und ermittlung der erforderlichen absaugleistung zum vermeiden von gesundheitsschaeden
STRAHLUNG, RADIOAKTIVITAET
NC -001 pruefung der dichtheit der umschliessung radioaktiver stoffe
NC -002 anwendung der ultraschallimpulsspektrometrie zur verbesserung der aussagesicherheit bei der materialpruefung mit ultraschall
NC -003 zerstoerungsfreie pruefverfahren und dazu erforderliche einrichtungen zur fehlersuche in dickwandigen behaeltern
ND -007 bauartmusterzulassungen von kapseln fuer radioaktive stoffe
ND -008 ultraschallprueftechnik im rahmen des forschungs- und entwicklungsvorhabens: entwicklung fernbedienter ultraschallprueftechnik fuer schnellbrutreaktoren
UMWELTCHEMIKALIEN
OA -002 multielementbestimmungen in umweltproben durch photonenaktivierungsanalyse

0026
ABTEILUNG STRAHLENSCHUTZ UND SICHERHEIT DER GESELLSCHAFT FUER KERNFORSCHUNG MBH
7500 KARLSRUHE, POSTFACH 3640
TEL.: (07247) 822660 TX.: 7826484
- LEITER: PROF.DR. KIEFER
- FORSCHUNGSSCHWERPUNKTE:
strahlenschutz und strahlenschutzmesstechnik; umweltueberwachung auf radioaktivitaet; untersuchungen ueber die ausbreitung von gasen und aerosolen in der atmosphaere; groesse und auswirkung radioaktiver und thermischer emissionen kerntechnischer grossanlagen
VORHABEN:
ABWAERME
GA -001 auswirkungen von kuehltuermen grosser kernkraftwerke auf ihre umgebung
STRAHLUNG, RADIOAKTIVITAET
NB -002 optimierung gammaspektroskopischer messmethoden zur identifizierung einzelner radionuklide bei extrem niedrigen aktivitaeten
NB -003 messung der tritiumkontamination der umwelt
NB -004 theoretische und experimentelle untersuchungen zur ausbreitung radioaktiver gase und aerosole
NB -005 in-vivo-messung radioaktiver stoffe in einem ganzkoerperzaehler
NB -006 messung der jod-129-konzentration der umwelt

0027
ABTEILUNG SYSTEMATIK UND GEOBOTANIK DER TH AACHEN
5100 AACHEN, ALTE MAASTRICHTER STRASSE 30
TEL.: (0241) 4222160
- LEITER: PROF.DR. LUDWIG ALETSEE
VORHABEN:
WASSERREINHALTUNG UND WASSERVERUNREINIGUNG
HA -001 einfluss chemischer belastungen auf das oekologische gleichgewicht von talsperrenwaessern
WIRKUNGEN UND BELASTUNGEN DURCH SCHADSTOFFE
PH -001 wirkung von chemischen abfaellen auf marine phytoplanktonkulturen unter weitgehend naturgemaessen bedingungen

0028
ABWASSER- UND VERFAHRENSTECHNIK GUETLING
7013 OEFFINGEN, HOFENER 47
TEL.: (0711) 514041
- LEITER: ING.GRAD. GUETLING
VORHABEN:
WASSERREINHALTUNG UND WASSERVERUNREINIGUNG
KC -002 entwaessern von oelhaltigem abwasser

0029
ABWASSERTECHNIK GMBH, BERATENDE INGENIEURE
4300 ESSEN, HUYSSENALLEE 74
TEL.: (0201) 20161 TX.: 857557
- LEITER: DIPL.-ING. J.C.J. MOHRMANN
- FORSCHUNGSSCHWERPUNKTE:
anwendung systemtechnischer methoden in der umweltplanung
VORHABEN:
WASSERREINHALTUNG UND WASSERVERUNREINIGUNG
IB -002 entwicklung mathematischer modelle fuer die beurteilung und bemessung von kanalisationsanlagen in quantitativer und qualitativer hinsicht

0030
ABWASSERVERBAND AMPERGRUPPE
8031 EICHENAU, HAUPTSTR. 37
TEL.: (08141) 71067
- LEITER: HERRN RUDOLF BAY
- FORSCHUNGSSCHWERPUNKTE:
gamma-bestrahlung von klaerschlamm; eindickung von biologischem schlamm in nachklaerbecken; untersuchung des einflusses von gamma-bestrahlung auf die entwaesserbarkeit von klaerschlamm
VORHABEN:
WASSERREINHALTUNG UND WASSERVERUNREINIGUNG
KE -002 versuchsanlage zur hygienisierung von klaerschlamm mit radioaktiven strahlen und deren erprobung im praktischen einsatz

KE -003 untersuchung der mechanischen entwaesserbarkeit von bestrahlten klaerschlaemmen

0031
ADLER, PROF.DR.-ING.
1000 BERLIN, STRASSE DES 17. JUNI 135
VORHABEN:
HUMANSPHAERE
TA -003 projektbegleitung im bereich ergonomische voraussetzungen im steinkohlenbergbau

0032
ADV/ORGA F.A.MEYER KG
8000 MUENCHEN 81, ARABELLASTR. 4
TEL.: (089) 911031 TX.: 529577
- LEITER: ING.GRAD. HORST NEUNERT
- FORSCHUNGSSCHWERPUNKTE:
umweltmessnetze, luftmessnetze, umweltmessdatenverarbeitung; immissionsmessung; entwicklung von methoden zur archivierung, komprimierung und auswertung von immissionsdaten; entwicklung eines mobilen umweltmessnetzes mit rechnergesteuerter online-datenuebertragung zur mobilen rechnerzentrale ueber funkverbindungen
VORHABEN:
LUFTREINHALTUNG UND LUFTVERUNREINIGUNG
AA -001 mobiles immissions-messnetz mit online-datenuebertragung zur mobilen zentrale ueber funk
AA -002 stationaeres, anlagenbezogenes immissions-messnetz fuer lufthygiene

0033
AEROBIOLOGISCHE AUSWERTESTELLE DER DEUTSCHEN FORSCHUNGSGEMEINSCHAFT
8000 MUENCHEN 40, TUERKENSTR. 38
TEL.: (089) 2800771
- LEITER: DR. ERIKA STIX
VORHABEN:
LUFTREINHALTUNG UND LUFTVERUNREINIGUNG
AA -003 pollen- und sporengehalt der luft in davos (schweiz) und auf helgoland

0034
AGRAR- UND HYDROTECHNIK GMBH, BERATENDE INGENIEURE
4300 ESSEN, HUYSSENALLEE 66/68
TEL.: (0201) 20161 TX.: 857557
- LEITER: DIPL.-ING. J.C.J. MOHRMANN
- FORSCHUNGSSCHWERPUNKTE:
anwendung systemtechnischer methoden in der umweltplanung
VORHABEN:
WASSERREINHALTUNG UND WASSERVERUNREINIGUNG
HE -001 optimale dimensionierung veraestelter und vermaschter wasserversorgungsrohrnetze

0035
AGRARSOZIALE GESELLSCHAFT E.V. (ASG)
3400 GOETTINGEN, KURZE GEISMARSTR. 23-25
TEL.: (0551) 59797
- LEITER: DR. F.-K. RIEMANN
- FORSCHUNGSSCHWERPUNKTE:
nutzungsaenderungen von flaechen im laendlichen raum, insbesondere entwicklung und verbreitung von sozialbrache; wandel von siedlungsstrukturen und raumfunktionen in unterschiedlichen gebietstypen des laendlichen raumes; probleme der dorferneuerung einschliesslich der sozialplanerischen und staedtebaulichen massnahmen und konsequenzen
VORHABEN:
LAND- UND FORSTWIRTSCHAFT
RA -001 umfrage und regionale verteilung der kuenftig zu erwartenden sozialbrache - ein beitrag zur funktionalen raumabgrenzung (vorranggebiete)
UMWELTPLANUNG, UMWELTGESTALTUNG
UE -001 raumordnungspolitische probleme beim infra- und wirtschaftsstrukturellen ausbau von entwicklungsschwerpunkten
UE -002 probleme einer regional differenzierten entwicklung laendlicher raeume
UF -002 inhalte von sozialplaenen im rahmen der staedtebaulichen sanierung und methoden ihrer erstellung in laendlichen gemeinden
UK -003 entwicklungskonzepte fuer die landschaft unter beruecksichtigung der anforderungen der freizeit an die landschaft
UK -004 landschaftsrahmenplan landkreis goettingen - landwirtschaftlicher beitrag -

0036
AGRIKULTURCHEMISCHES INSTITUT DER UNI BONN
5300 BONN, MECKENHEIMER ALLEE 176
TEL.: (02221) 732851
- LEITER: PROF.DR. HERMANN KICK
- FORSCHUNGSSCHWERPUNKTE:
einfluss von duengungsmassnahmen auf die umwelt; schwermetalle in boeden und pflanzen; aufnahme von schwermetallen und anderer potentiell toxischer stoffe durch pflanzen; anwendung von siedlungsabfaellen (abwasserklaerschlaemme, muellkomposte) im landbau
VORHABEN:
WASSERREINHALTUNG UND WASSERVERUNREINIGUNG
ID -001 naehrstoffverlagerung in grundwasser und oberflaechengewaesser aus boden und duengung
IF -001 stickstoffrueckstaende von handelsduengern
ABFALL
MG -002 untersuchungen zur normung der beschaffenheit von muellkomposten
UMWELTCHEMIKALIEN
OD -006 anreicherung von schwermetallen in boeden und pflanzen durch muellkomposte und abwasserklaerschlaemme im landbau
WIRKUNGEN UND BELASTUNGEN DURCH SCHADSTOFFE
PF -001 einfluss von quecksilber und cadmium in klaerschlaemmen, ertragsbeeinflussung und aufnahme
PF -002 uebersicht ueber die schwermetallgehalte in den landwirtschaftlich und gaertnerisch genutzten boeden in nordrhein-westfalen
PG -002 nebenwirkungen von pflanzenschutzmitteln auf stickstoffumsetzungen im boden und die stickstoffversorgung von pflanzen
PG -003 untersuchungen ueber vorkommen, aufnahme und wirkung von cancerogenen stoffen (insbesondere polycyclische aromate, polychlorierte biphenyle) auf pflanzen
PH -002 aufnahme von tensiden durch pflanzen, ihre schleppwirkung auf schwermetalle unter besonderer beruecksichtigung von weichmachern in textilhilfsmitteln
LEBENSMITTEL-, FUTTERMITTELKONTAMINATION
QC -001 untersuchung ueber die chromaufnahme durch kulturpflanzen bei verwendung chromhaltiger duengemittel
LAND- UND FORSTWIRTSCHAFT
RD -001 bewaesserungsprobleme in trockengebieten
RE -002 einfluss einer quecksilber- und selenduengung auf das wachstum verschiedener nutzpflanzen

0037
AKADEMIE FUER RAUMFORSCHUNG UND LANDESPLANUNG HANNOVER
3000 HANNOVER, HOHENZOLLERNSTR. 11
TEL.: (0511) 321795, -96
- LEITER: DR. KARL HAUBNER
VORHABEN:
UMWELTPLANUNG, UMWELTGESTALTUNG
UE -003 entwicklungskonzepte fuer die landschaft

0038
AKTIONSGEMEINSCHAFT NATUR- UND UMWELTSCHUTZ BADEN-WUERTTEMBERG E.V.
7000 STUTTGART, STAFFLENBERGSTR. 26
TEL.: (0711) 241460
- LEITER: PROF.DR. GUENTHER REICHELT
VORHABEN:
WASSERREINHALTUNG UND WASSERVERUNREINIGUNG
HA -002 reinhalteprogramm bodensee und reinhalteprogramm rhein-neckar-donau
HG -001 schutz des wassers - hydrogeologische kartierung
ABFALL
MB -001 verbesserung der abfallbeseitigung
STRAHLUNG, RADIOAKTIVITAET
NC -004 strahlenschutz
WIRKUNGEN UND BELASTUNGEN DURCH SCHADSTOFFE
PG -004 schutz des bodens - chemische bekaempfungsmittel
HUMANSPHAERE
TF -006 schutz der luft - entwicklung umweltfreundlicher technologien
UMWELTPLANUNG, UMWELTGESTALTUNG
UE -004 massnahmen der raumplanung

UL -001 natur- und landschaftsschutz

0039
ALKEM GMBH
6450 HANAU 11, POSTFACH 110069
VORHABEN:
STRAHLUNG, RADIOAKTIVITAET
NC -005 f+e-arbeiten auf dem gebiet der plutonium-technologie
ND -009 rueckfuehrung von plutonium in thermische reaktoren
ENERGIE
SA -004 bauzugehoeriges f+e-programm fuer das 280 mwe-prototypkernkraftwerk mit schnellem natriumgekuehltem reaktor (snr-300)

0040
ALLGEMEINE ELEKTRIZITAETS-GESELLSCHAFT AEG-TELEFUNKEN, FRANKFURT
6000 FRANKFURT, THEODOR-STERN-KAI 1
TEL.: (0611) 6001 TX.: 411076
- LEITER: DR. HANS GROEBE
- FORSCHUNGSSCHWERPUNKTE:
nachrichtentechnik, messtechnik, prozesstechnik, bauelemente, elektrotechnische und maschinenbautechnische ausruestungen und anlagen
VORHABEN:
LUFTREINHALTUNG UND LUFTVERUNREINIGUNG
AA -004 probemesstation zur immissionserfassung an der universitaet frankfurt
CA -004 laserstrahlungsquellen fuer gasanalysengeraete im spektralbereich 2-20 mikron
CA -005 elektrochemisches messgeraet zum nachweis von kohlenoxid, schwefelwasserstoff, wasserstoff, schwefeldioxid in verschiedenen gasen
CA -006 infrarot-optisches gasanalysensystem mit blei-chalkogenid-laserdioden
STRAHLUNG, RADIOAKTIVITAET
NC -006 verschiedene reaktorsicherheitsaufgaben
NC -007 reaktorsicherheit - abgas, abwasser
ENERGIE
SA -005 entwicklung einer rohgas/luft-brennstoffzelle mit nichtedelmetallelektroden und sauren elektrolyten
SA -006 experimentalstudie zur entwicklungsdefinition von terrestrischen solarzellen-generatoren
UMWELTPLANUNG, UMWELTGESTALTUNG
UI -001 systemstudie ueber die weiterentwicklung bestehender stadtschnellbahnsysteme zu einem hochwertigen automatischen verkehrssystem

0041
ALLGEMEINE ELEKTRIZITAETS-GESELLSCHAFT AEG-TELEFUNKEN, HAMBURG
2000 HAMBURG 11, STEINHOEFT 9
TEL.: (040) 3616-1 TX.: 211868
- LEITER: DR.-ING. TOROLF BLYDT-HANSEN
- FORSCHUNGSSCHWERPUNKTE:
industrielle bestrahlungstechnik (z. b. hygienisierung und sterilisierung von abwaessern und pastoesen massen); messbrennstoffzellen
VORHABEN:
LUFTREINHALTUNG UND LUFTVERUNREINIGUNG
CA -007 empfindlicher nachweis von no mit optischen methode n
WASSERREINHALTUNG UND WASSERVERUNREINIGUNG
KE -004 strahlentechnische moeglichkeiten zur hygienisierung und sterilisierung von abwasser und klaerschlamm mit elektronenstrahlen
UMWELTCHEMIKALIEN
OA -003 empfindlicher nachweis von stickoxiden mit optischen methoden
OA -004 elektrochemisches messgeraet zum nachweis von kohlenmonoxyd, schwefelwasserstoff, wasserstoff und schwefeldioxyd in verschiedenen gasen

0042
ALLIANZ-ZENTRUM FUER TECHNIK GMBH
8045 ISMANING
VORHABEN:
STRAHLUNG, RADIOAKTIVITAET
NC -008 koerperschallmessungen an reaktordruckbehaeltern und primaerkreislauf von kernkraftwerken
NC -009 ermittlung von schweisseigenspannungen mit hilfe der roentgenografie im ambulanten einsatz

0043
AMEG, VERFAHRENS- UND UMWELTSCHUTZ-TECHNIK GMBH & CO KG
2801 STUHR-MOORDEICH, AN DER BAHN 3
TEL.: (0421) 56837 TX.: 245445
- LEITER: MARTIN ZIMMERMANN
- FORSCHUNGSSCHWERPUNKTE:
reinhaltung der luft; rueckgewinnung von loesemitteln aus der luft; entfernung von organischen loesemitteln aus wasser
VORHABEN:
LUFTREINHALTUNG UND LUFTVERUNREINIGUNG
DD -001 luftreinhaltung durch rueckgewinnung von aliphatischen und aromatischen kohlenwasserstoffen aus stationaeren und mobilen tanks
WASSERREINHALTUNG UND WASSERVERUNREINIGUNG
KB -004 entfernung von organischen loesemitteln aus wasser
ABFALL
ME -001 oekonomische rueckgewinnung von adsorbierten loesemitteln

0044
AMTLICHE MATERIALPRUEFANSTALT FUER STEINE UND ERDEN AN DER TU CLAUSTHAL
3392 CLAUSTHAL-ZELLERFELD, ZEHNTNERSTR. 2A
TEL.: (05323) 721716
- LEITER: PROF.DR.-ING. KLAUS-JUERGEN LEERS
VORHABEN:
STRAHLUNG, RADIOAKTIVITAET
ND -010 verfestigung und endlagerung mittel- und schwachradioaktiver abfaelle am standort der wiederaufarbeitungsanlage

0045
AMTLICHE PRUEFSTELLE FUER BAUAKUSTIK DER FH DES LANDES RHEINLAND-PFALZ
5500 TRIER, IRMINENFREIHOF 8
TEL.: (0651) 42573
- LEITER: PROF.DIPL.-PHYS. HERMANN HUEBSCHEN
VORHABEN:
LAERM UND ERSCHUETTERUNGEN
FA -002 schall- und schwingungsmessungen

0046
ANORGANISCH-CHEMISCHES INSTITUT DER UNI GOETTINGEN
3400 GOETTINGEN, TAMMANSTR. 4
TEL.: (0551) 39-3002
- LEITER: PROF.DR. GLEMSER
VORHABEN:
STRAHLUNG, RADIOAKTIVITAET
ND -011 abreicherung von radioaktivem caesium aus fluessigkeiten ueber heterogenen isotopenaustausch
ND -012 dekontamination von strontium-90 und jod-131 enthaltenden loesungen

0047
ANORGANISCH-CHEMISCHES LABORATORIUM DER TU MUENCHEN
8000 MUENCHEN 2, ARCISSTR. 21
TEL.: (089) 2105-2308
- LEITER: PROF.DR. HUBERT SCHMIDBAUR
- FORSCHUNGSSCHWERPUNKTE:
biologischer abbau von silikonen, umweltbelastung durch silikone
VORHABEN:
UMWELTCHEMIKALIEN
OD -007 biologischer abbau von silikonen, umweltbelastung durch silikone

0048
ANSTALT FUER HYGIENE DES HYGIENISCHEN INSTITUTS HAMBURG
2000 HAMBURG 36, GORCH-FOCK-WALL 15
TEL.: (040) 349101
- LEITER: PROF.DR. ERICH SCHNEIDER
- FORSCHUNGSSCHWERPUNKTE:
trink- und brauchwasserhygiene, gewaesserverunreinigung, abwasserfragen, muellprobleme, luftverunreinigung, umweltradioaktivitaet, laermbelaestigung, krankenhaushygiene

VORHABEN:
WASSERREINHALTUNG UND WASSERVERUNREINIGUNG
ID -002 grundwasseruntersuchungen im unterstrom von abfalldeponien

0049
ANSTALT FUER VERBRENNUNGSMOTOREN
A- GRAZ/OESTEREICH, KLEISTSTR. 48A
VORHABEN:
LAERM UND ERSCHUETTERUNGEN
FB -002 triebswerksfestigkeit
FB -003 untersuchungen an neuartigen geraeuscharmen motoren ueber die zusammenhaenge zwischen dem geraeusch und den die verschaltung betreffenden parameter
FB -004 untersuchungen ueber die moeglichkeit zur verschiebung der koerperschalleitungen von der motorstruktur in benachbarte teile

0050
ANTHROPOLOGISCHES INSTITUT DER UNI HAMBURG
2000 HAMBURG 13, VON-MELLE-PARK 10
TEL.: (040) 41 23 2271
- LEITER: PROF.DR. RAINER KNUSSMANN
- FORSCHUNGSSCHWERPUNKTE:
koerperliches wachstum und ausbildung (koerperlicher und seelischer) geschlechtsspezifischer merkmale in ihrer genetischen determinierung und in ihrer umweltabhaengigkeit
VORHABEN:
HUMANSPHAERE
TE -002 varianzanalyse anthropometrischer merkmale jugendlicher unter besonderer beruecksichtigung sozialanthropologischer faktoren

0051
ARBEITSGEMEINSCHAFT DER VERBRAUCHER
5300 BONN, PROVINZIALSTR. 88-93
TEL.: (02221) 273096
- LEITER: DIPL.-KFM. JASCHUK
VORHABEN:
UMWELTPLANUNG, UMWELTGESTALTUNG
UB -001 bundesimmissionsschutzgesetz und dazugehoerige verordnungen

0052
ARBEITSGEMEINSCHAFT ELEKTROMAGNETISCHES SCHWEBESYSTEM
8000 MUENCHEN 22, STEINSDORFSTR. 13
VORHABEN:
UMWELTPLANUNG, UMWELTGESTALTUNG
UH -003 dynamisches simulationsmodell fuer spurgebundenen schnellverkehr (asimo, arbeitsgruppe simulationsmodell)

0053
ARBEITSGEMEINSCHAFT ENTWICKLUNGS- UND VERKEHRSPLANUNG
5100 AACHEN, HEINRICHSALLEE 36
- LEITER: PROF.DR.-ING. KIRSCH
VORHABEN:
UMWELTPLANUNG, UMWELTGESTALTUNG
UH -004 pruefung der anwendbarkeit der opportunity-modelle als verkehrsverteilungsmodelle des individuellen verkehrs

0054
ARBEITSGEMEINSCHAFT FERNWAERME E.V.
6000 FRANKFURT 70, STRESEMANNALLEE 41
VORHABEN:
ENERGIE
SA -007 gesamtstudie ueber die moeglichkeiten der fernwaermeversorgung aus heizkraftwerken in der bundesrepublik deutschland

0055
ARBEITSGEMEINSCHAFT FORSCHUNG FAHRBAHNEN FUER NEUE TECHNOLOGIEN
5000 KOELN 21, POSTFACH 211120
VORHABEN:
UMWELTPLANUNG, UMWELTGESTALTUNG
UH -005 dynamisches simulationsmodell fuer spurgebundenen schnellverkehr (asimo, arbeitsgruppe simulationsmodell)

0056
ARBEITSGEMEINSCHAFT FUER ZEITGEMAESSES BAUEN E.V.
2300 KIEL, DAMMSTR. 34
VORHABEN:
ENERGIE
SB -001 beratungen, beobachtungen und auswertung bei der realisierung der therma-bauten

0057
ARBEITSGEMEINSCHAFT KREV
5000 KOELN 1, HOHENZOLLERNRING 51
VORHABEN:
ENERGIE
SB -002 konzept zur rationellen energieverwendung und -versorgung am beispiel der neubauten bundestag und bundesrat

0058
ARBEITSGEMEINSCHAFT STADTVERKEHRS-FORSCHUNG MUENCHEN
8000 MUENCHEN
VORHABEN:
UMWELTPLANUNG, UMWELTGESTALTUNG
UN -001 gestaltung und bewertung von netzen im oeffentlichen personennahverkehr (siedlungsstrukturelle folgen der netzgestaltung von schnellbahnsystemen)
UN -002 gestaltung und bewertung von netzen im oeffentlichen personennahverkehr (siedlungsstrukturelle folgen der netzgestaltung von schnellbahnsystemen)

0059
ARBEITSGEMEINSCHAFT UMWELTSCHUTZ AN DER UNI HEIDELBERG
6900 HEIDELBERG, IM NEUENHEIMER FELD 360
TEL.: (06221) 562647
- LEITER: PROF.DR. KURT EGGER
VORHABEN:
ABFALL
MD -002 teiluntersuchungen zur kompostierung von siedlungs- und landwirtschaftsabfaellen
WIRKUNGEN UND BELASTUNGEN DURCH SCHADSTOFFE
PG -005 einfluss von biozidbelastungen und ueberduengung des bodens auf den stoffwechsel hoeherer pflanzen
PI -002 anthropogene stoerungen im geosystem und deren oekologische auswirkungen
LAND- UND FORSTWIRTSCHAFT
RA -002 oekologische probleme ausgewaehlter entwicklungslaender ostafrikas und agraroekologische entwicklungsplanung in tansania, ruanda und anderen laendern
RB -001 teilprojekt - oekologie - im rahmen des aufbaus eines hierarchischen, regionalen weltmodells
RD -002 biokybernetiktheoretisch de- und induktive erforschung von methoden und moeglichkeiten von ueberwiegend oekologischer landbewirtschaftung
RE -003 dokumentation oekologischer landbau
RH -001 studie ueber das problem der rheinschnaken und ihrer bekaempfung
UMWELTPLANUNG, UMWELTGESTALTUNG
UC -001 dfg-forschungsprojekt - schwerpunktprogramm bevoelkerungsgeographie
UE -005 raumplanungskonzept und landschaftsbeanspruchung
UH -006 freizeitverkehr (fremdenverkehr und naherholung), untersucht am rhein-neckar-gebiet

0060
ARBEITSGRUPPE BEWAESSERUNG
2300 PREETZ, SCHWENTINESTR. 9
- LEITER: DR. GEORG MANN

VORHABEN:
LAND- UND FORSTWIRTSCHAFT
RD -003 querschnittsanalyse von bewaesserungsmassnahmen

0061
ARBEITSGRUPPE FUER KATALYSEFORSCHUNG DER FRAUNHOFER-GESELLSCHAFT E.V.
8036 HERRSCHING, RIEDERSTR. 25
TEL.: (08142) 267
- LEITER: PROF.DR.DR. SCHWAB
VORHABEN:
LUFTREINHALTUNG UND LUFTVERUNREINIGUNG
DA -001 entwicklung eines nachverbrennungs-katalysators

0062
ARBEITSGRUPPE FUER TECHNISCHEN STRAHLENSCHUTZ DER TU HANNOVER
3000 HANNOVER, CALLINSTR. 15
TEL.: (0511) 7623311 TX.: 09-23868
- LEITER: PROF.DR. HEINRICH SCHULTZ
VORHABEN:
LUFTREINHALTUNG UND LUFTVERUNREINIGUNG
CB -001 untersuchung der einfluesse von wetteraenderungen auf die ausbreitung radioaktiver stoffe in der atmosphaere

0063
ARBEITSGRUPPE NASCHOLD DER UNI KONSTANZ
7750 KONSTANZ, POSTFACH 7733
VORHABEN:
HUMANSPHAERE
TA -004 auswirkungen bestimmter arbeitssituationen auf die anfaelligkeit fuer herz/kreislauferkrankungen

0064
ARBEITSGRUPPE SOZIALE INFRASTRUKTUR AN DER UNI FRANKFURT
6000 FRANKFURT, VARRENTRAPPSTR. 47
VORHABEN:
UMWELTPLANUNG, UMWELTGESTALTUNG
UG -001 beschreibung und erklaerung der von den buergern verschiedener sozialer gruppen an die kommunen gerichteten erwartungen und der zugrunde liegenden beduerfnisse
UG -002 voruntersuchung zum problem, individuelle beduerfnisse im prozess der kommunalen planung zu beruecksichtigen

0065
ARBEITSKREIS FUER DIE NUTZBARMACHUNG VON SIEDLUNGSABFAELLEN (ANS) E.V.
8000 MUENCHEN 60, PLAENTSCHWEG 72
TEL.: (089) 8112525
- LEITER: DIPL.-ING. E. SCHOENLEBEN
- FORSCHUNGSSCHWERPUNKTE:
kompostierungsverfahren, schlammverarbeitung, schadstoffe im kompost, kompostausbringung, recycling
VORHABEN:
UMWELTCHEMIKALIEN
OD -008 polychlorierte biphenyle (pcb), bedeutung, verbreitung und vorkommen in muell- und klaerschlammkomposten, sowie in den damit geduengten boeden
WIRKUNGEN UND BELASTUNGEN DURCH SCHADSTOFFE
PF -003 schwermetalle in lebewesen und boeden, eine literaturstudie zur beurteilung der schwermetallanreicherung in boeden nach zufuhr von klaerschlaemmen und stadtkomposten

0066
ARBEITSSTELLE ARBEITERKAMMER DER UNI BREMEN
2800 BREMEN 33, ACHTERSTR.
TEL.: (0421) 2183291 TX.: 245811
- LEITER: HERRN KARL-HEINZ SCHMURR
- FORSCHUNGSSCHWERPUNKTE:
belastungen am arbeitsplatz; arbeits- und sozialmedizin; empirische sozialforschung; arbeiterbildung; hafenarbeiterstudie
VORHABEN:
LAERM UND ERSCHUETTERUNGEN
FC -001 laermquellen und moeglichkeiten ihrer bekaempfung im urteil von betriebsraeten, sicherheitsbeauftragten und arbeitnehmern
HUMANSPHAERE
TA -005 belastungen am arbeitsplatz und praxis der betrieblichen arbeitssicherheit

0067
ASTA-WERKE AG
4800 BIELEFELD 14, BIELEFELDER STRASSE 79-91
TEL.: (0521) 76621
VORHABEN:
WIRKUNGEN UND BELASTUNGEN DURCH SCHADSTOFFE
PD -001 versuchsprogramm zur pruefung der kanzerogenese von zytostatika

0068
ASTRONOMISCHES INSTITUT DER UNI TUEBINGEN
7980 RAVENSBURG, RASTHALDE
TEL.: (0751) 61321 TX.: 732959
- LEITER: PROF.DR. HORST MAUDER
- FORSCHUNGSSCHWERPUNKTE:
luftelektrizitaet und aerosol
VORHABEN:
LUFTREINHALTUNG UND LUFTVERUNREINIGUNG
AA -005 weiterfuehrende untersuchungen zur meteorologie und hydrologie am bodensee
CA -008 die elektrische luftleitfaehigkeit als indikator der aerosolkonzentration in troposphaere und stratosphaere
STRAHLUNG, RADIOAKTIVITAET
NB -007 anreicherungen der luft mit radioaktiven stoffen in geschlossenen raeumen
HUMANSPHAERE
TE -003 biotrope luftelektrische und meteorologische faktoren bei verschiedenen wetterlagen im bodenseeraum mit besonderer beruecksichtigung des suedfoehns

0069
AUDI NSU AUTO UNION AKTIENGESELLSCHAFT
7107 NECKARSULM, FELIX-WANKEL-STRASSE
TEL.: (07132) 31305
VORHABEN:
LUFTREINHALTUNG UND LUFTVERUNREINIGUNG
DA -002 kreiskolbenmotor-system nsu-wankel mit weiterentwickeltem gemischbildungs- und verbrennungsverfahren

0070
AUGUST-THYSSEN-HUETTE AG
4100 DUISBURG, POSTFACH 67
VORHABEN:
LAERM UND ERSCHUETTERUNGEN
FC -002 geraeuschminderung der arbeitsplaetze an grobblechscherenstrassen

0071
AUSSCHUSS FUER LIEFERBEDINGUNGEN UND GUETESICHERUNG E.V. (RAL)
6000 FRANKFURT, GUTLEUTSTRASSE 163
TEL.: (0611) 235310
VORHABEN:
HUMANSPHAERE
TD -001 entwicklung einer ral-kennzeichnung fuer umweltfreundliche produkte, leistungen und produktionsverfahren

0072
BAKTERIOLOGISCHES INSTITUT DER SUEDDEUTSCHEN VERSUCHS- UND FORSCHUNGSANSTALT FUER MILCHWIRTSCHAFT DER TU MUENCHEN
8050 FREISING -WEIHENSTEPHAN, WEIHENSTEPHAN
TEL.: (08161) 71516
- LEITER: DR. M. BUSSE
VORHABEN:
WASSERREINHALTUNG UND WASSERVERUNREINIGUNG
HA -003 die enterobakterienflora des oberflaechenwassers
IC -002 biozoenotisch-oekologische untersuchungen eines fliesswassersystems der muenchener ebene

IC -003 hydrobakteriologische untersuchungen im fluss-system der isar zwischen muenchen und moosburg
KA -003 taxonomie von achromobakterien und verwandten keimen aus wasser und abwasser
KD -001 zusammensetzung der mikroflora als parameter fuer die beurteilung von guelle
KE -005 mikroflora des belebtschlamms unter besonderer beruecksichtigung der coryformen keime
LEBENSMITTEL-, FUTTERMITTELKONTAMINATION
QB -001 umweltgefaehrdung durch stoffe mit pharmakologischer wirkung aus der tierischen produktion
QB -002 denaturierung von milchproteinen in abhaengigkeit von verschiedenen trocknungs- und erhitzungsverfahren

0073
BASF AKTIENGESELLSCHAFT
6700 LUDWIGSHAFEN, CARL-BOSCH-STR. 38
TEL.: (0621) 601
- LEITER: PROF.DR. SEEFELDER
- FORSCHUNGSSCHWERPUNKTE:
abfallbeseitigung, gewaesserschutz, laermbekaempfung, luftreinhaltung, umweltfreundliche produkte und verfahren
VORHABEN:
LUFTREINHALTUNG UND LUFTVERUNREINIGUNG
DB -001 entwicklung eines verfahrens zur herstellung schwefelarmer schwerer heizoele
DC -001 untersuchungen zur bestimmung und verminderung von leckraten an dichtelementen
LAND- UND FORSTWIRTSCHAFT
RH -002 biotechnologische forschung zur produktion insektenpathogener viren

0074
BATTELLE-INSTITUT E.V.
6000 FRANKFURT 90, AM ROEMERHOF 35
TEL.: (0611) 79081 TX.: 04-11966
- LEITER: DR. HORST HAESKE
- FORSCHUNGSSCHWERPUNKTE:
abfallbeseitigung, gesundheitsschaeden, laermbekaempfung, luftverunreinigungen, standortplanung, wasserverschmutzung
VORHABEN:
LUFTREINHALTUNG UND LUFTVERUNREINIGUNG
AA -006 katastermaessige trendanalyse fuer die schadstoffe s02, nox und cxhx aus industrie, hausbrand und verkehr fuer die bundesrepublik deutschland in den jahren 1960 - 1980
AA -007 immissionsschutz bei vorbereitender und verbindlicher bauleitplanung
AA -008 katasteraehnliche erfassung von schadstoffimmissionen in der bundesrepublik deutschland
AA -009 vergleichende messungen der asbeststaubkonzentration in verschiedenen ballungs- und erholungsgebieten der bundesrepublik deutschland
AA -010 feststellung fluechtiger organischer verbindungen in ballungs- und industriegebieten
AA -011 anforderungen an emissionskataster und meteorologische daten im hinblick auf ihre verwendung als eingabedaten fuer rechenmodelle zur ausbreitungsrechnung
AA -012 untersuchung ueber die raeumliche belastung der luft mit so2 und co in der bundesrepublik deutschland
AA -013 entwicklung, konstruktion, bau, erprobung und lieferung eines monostatischen sodar-systems
AA -014 zusammenstellung von kriterien zur aufstellung eines emissionskatasters im sektor hausbrand
BA -004 abgasentwicklung von verbrennungsmotoren, chemische zusammensetzung, verringerung schaedlicher abgase
BA -005 aufstellung eines emissionskatasters fuer kfz-abgase
BC -005 analyse der astbestindustrie
BE -001 standortberatung fuer chemische werke und muellverbrennungsanlagen hinsichtlich der geruchsbelaestigung
BE -002 entwicklung eines zerstaeuberbrenners auf der basis von ultraschall
CA -009 aerosoluntersuchung und entwicklung von messgeraeten
CA -010 messung von immissionen;bestimmung organischer mikroverbindungen (10-7 bis 10-9 vol%) der luft
CA -011 feststellung fluechtiger organischer halogenverbindungen in der atmosphaere
CA -012 entwicklung eines verfahrens zur direkten messtechnischen erfassung von grenzueberschreitenden luftverunreinigungen
CA -013 entwicklung eines messystems einer messung von luftverunreinigungen und natuerlichen bestandteilen der atmosphaere mittels laser-satelliten-fernanalyse
CA -014 ausruestung eines umweltmessfahrzeugs
CB -002 vergleich von rechenmodellen zur ausbreitungsrechnung
(fortsetzung durch iii a 324)
CB -003 weiterentwicklung eines rechenmodells zur ausbreitungsrechnung
CB -004 studie ueber die auswirkungen von fluorchlorkohlenwasserstoff auf die ozonschicht der stratosphaere und die moeglichen folgen
LAERM UND ERSCHUETTERUNGEN
FA -003 messung der geraeuscherzeugung von maschinen, maschinenteilen oder industrieanlagen; massnahmen zur geraeuschbeseitigung
FA -004 zusammenstellung und auswertung von grundlagen zum entwurf der vdi-richtlinie 2720
FB -005 geraeuscheinwirkung des strassenverkehrs auf kliniken, schulen, wohngebiete; massnahmen zur geraeuschminderung
WASSERREINHALTUNG UND WASSERVERUNREINIGUNG
HE -002 untersuchung der entwicklung des trinkwasserbedarfs in den haushalten in abhaengigkeit von der zahl der versorgten einwohner
HE -003 zeitstandsbericht ueber den wasserbedarf
HF -001 betone fuer meerwasserentsalzungsanlagen nach dem mehrstufenverdampfungsverfahren
IC -004 forschungsarbeiten zur entwicklung von photosensibilisatoren zum beschleunigten abbau von erdoel auf wasseroberflaechen
ID -003 grundwasserverschmutzung durch chemikalien, mineraloelhaltige abfaelle
KA -004 entwicklung eines roentgenfluoreszenzgeraetes zur automatischen multielementanalyse auf der basis kaeuflicher geraetekomponente
KB -005 biologischer abbau in gewaessern und klaeranlagen
ABFALL
MA -001 verwertung von muellkompost; kunststoffmuell, kuenftiger anfall, beseitigung
MB -002 autoverschrottung, stand der technik, marktsituation, standort von verschrottungsanlagen
MG -003 planung regionaler abfallbeseitigung; vergleich von moeglichkeiten und kosten verschiedener transportsysteme
MG -004 einrichtungen zur beseitigung fester abfallstoffe: gebietsaufteilung, aufkommensprognose, optimierungsmodell
MG -005 studie ueber die voraussetzungen und auswirkungen einer ausgleichsabgabe bzw. einer rechtsverordnung zu par. 14 abfg fuer einwegflaschen aus glas
STRAHLUNG, RADIOAKTIVITAET
NB -008 zeitliche aenderung der radioaktivitaet fliessender verstrahlter gewaesser
NC -010 entwicklung eines edv-unterstuetzten entscheidungsinstruments zur standortvorauswahl von kernenergieanlagen
ND -013 studie ueber die auswirkungen der einlagerung fluessiger radioaktiver abfaelle in salzstoecken
WIRKUNGEN UND BELASTUNGEN DURCH SCHADSTOFFE
PC -002 experimentelle untersuchungen ueber den einfluss von bleiverbindungen in der aussenluft auf infektionen der respirationsorgane, dargestellt an der influenzainfektion der maus
PE -004 systemanalytische studie ueber technische moeglichkeiten zur reduzierung der umweltbelastung durch gesundheitsgefaehrdende staeube
LEBENSMITTEL-, FUTTERMITTELKONTAMINATION
QB -003 umweltgefaehrdung durch stoffe mit pharmakologischer wirkung aus der tierischen produktion
LAND- UND FORSTWIRTSCHAFT
RB -002 derzeitiger und zukuenftiger bedarf an lebensmittelzusatzstoffen; bestimmung von 3,4 benzpyren in brotgetreide
ENERGIE
SB -003 vergleich technischer alternativen von antriebsaggregaten von fahrzeugen
HUMANSPHAERE
TA -006 trocknungsabgase, inhalation von herbiziden, loesungsmitteln und gasen in arbeitsraeumen
TF -007 systematik des gesamtproblems der umwelthygiene, planungsmethodik
UMWELTPLANUNG, UMWELTGESTALTUNG
UA -001 schaetzung der monetaeren aufwendungen fuer umweltschutzmassnahmen bis zum jahre 1980
UA -002 bewertung von umweltbelangen unter heranziehung von sozialindikatoren
UF -003 stadt- und kreisentwicklung; vergleich von planungsvarianten mittels simulationsmodell

0075
BAUBEHOERDE DER FREIEN UND HANSESTADT HAMBURG
2000 HAMBURG, STADHAUSBRUECKE 12
TEL.: (040) 349131
- LEITER: DR.-ING. KUNTZE
VORHABEN:
WASSERREINHALTUNG UND WASSERVERUNREINIGUNG
IB -003 sammlerbau
KE -006 bau und erweiterung von klaeranlagen
ABFALL
MA -002 automatisierung der ermittlung von abfuhrplaenen fuer system- und muellfahrzeuge (abfuhr von 35/1101-muellgefaessen)
MB -003 entwicklung der ungelenkten kompostierung (rotte-deponie) zu einem grosstechnischen verfahren

0076
BAUHOF FUER DEN WINTERDIENST INZELL
8221 INZELL
VORHABEN:
WIRKUNGEN UND BELASTUNGEN DURCH SCHADSTOFFE
PK -008 untersuchung der wirkung eines auftausalzes mit korrosionsinhibitor auf die fahrbahngriffigkeit und des einflusses der konzentration der salzoele und des inhibitoranteils auf die korrosionsminderung

0077
BAUSTOFF-FORSCHUNG BUCHENHOF
4030 RATINGEN 6, PREUSSENSTR. 31
TEL.: (02102) 60051
- LEITER: DR. WOLFGANG GRUEN
- FORSCHUNGSSCHWERPUNKTE:
bausynergetik; baubiologie; bauklimatologie; landschaftsgerechter verkehrs- und staedtebau; angewandte hydrologie
VORHABEN:
LUFTREINHALTUNG UND LUFTVERUNREINIGUNG
AA -015 planung von dachbegruenungen
AA -016 fassadenbegruenung
LAND- UND FORSTWIRTSCHAFT
RD -004 begruenung von oedflaechen durch vegetationsplatten und bewaesserungsanlagen
UMWELTPLANUNG, UMWELTGESTALTUNG
UK -005 strassenbau u. seine wirkung bei durchschneidung von landschaftlichen erholungsgebieten, insbesondere waldanlagen am beispiel buergerbusch leverkusen

0078
BAYER AG
5090 LEVERKUSEN, BAYERWERK
TEL.: (02172) 301 TX.: 8510881
- LEITER: PROF.DR. GRUENWALD
VORHABEN:
LUFTREINHALTUNG UND LUFTVERUNREINIGUNG
CA -015 selbstabgleichende betriebsfotometer mit fernmesskopf fuer emissionsmessungen
DC -002 abluft und abwasser in der chemischen industrie; forschungs- und entwicklungsarbeiten fuer spezielle mess- und verfahrenstechniken
DD -002 thermische reinigung zeitweise explosibler abluft zur beseitigung von gesundheitsschaedlichen, giftigen schadstoffen am arbeitsplatz
WASSERREINHALTUNG UND WASSERVERUNREINIGUNG
KB -006 entfernung biologisch schwer abbaubarer sowie den biologischen abbau hemmender substanzen aus abwaessern mittels aktivkohle
KB -007 verbrennung von organisch belasteten salzloesungen und salzschlaemmen
KB -008 nassoxidation von abwaessern
KC -003 bestrahlung und abbau spezieller abwaesser der chemischen industrie
UMWELTCHEMIKALIEN
OC -004 beurteilung von herbiziden unter umweltgesichtspunkten am beispiel des triazinon-herbizids sencor (metribuzin)
OC -005 analytik und vorkommen von polychlorierten biphenylen
LAND- UND FORSTWIRTSCHAFT
RH -003 neue fplanzenschutz-wirkstoffe aus mikroorganismen

0079
BAYERISCHE BIOLOGISCHE VERSUCHSANSTALT
8000 MUENCHEN 22, KAULBACHSTR. 37
TEL.: (089) 2180-2291
- LEITER: PROF.DR. MANFRED RUF
VORHABEN:
WASSERREINHALTUNG UND WASSERVERUNREINIGUNG
HA -004 einfluss von heterogenen anorganischen buildern (hab) auf die gewaesseroekologie
HA -005 untersuchung der abbauleistung des speichersees bei ismaning
IC -005 untersuchungen ueber die belastung bayerischer gewaesser mit quecksilber und kadmium
IC -006 transport und speicherung von kationen (hg und cu) in einer benthischen nahrungskette
IF -002 chemisch-biologisches gutachten ueber den walchensee und kochelsee sowie ueber deren naehrstoffbelastung durch die zufluesse
IF -003 bakteriologische untersuchungen zum stickstoffkreislauf des speichersees bei ismaning und des isarkanals
KB -009 absicherung des umweltverhaltens von heterogenen anorganischen buildern (hab) in klaeranlagen
KD -002 reinigung der abwaesser von fischintensivhaltungen
KE -007 vergleichende kohlenstoffmessung bei der ermittlung der reinigungsleistung von mit luft und technischem sauerstoff begasten belebtschlamm
KE -008 strahlenbehandlung von klaerschlamm und abwaessern (projekt strahlentechnik)
KE -009 strahlenbehandlung von klaerschlamm und abwasser

0080
BAYERISCHE LANDESANSTALT FUER BODENKULTUR UND PFLANZENBAU
8000 MUENCHEN 19, MENZINGER STRASSE 54
TEL.: (0811) 17991
- LEITER: DR. A. KRAUS
VORHABEN:
WASSERREINHALTUNG UND WASSERVERUNREINIGUNG
HD -001 einfluss landwirtschaftlicher duengungs- und bewirtschaftungsmassnahmen auf die gesundheit des trinkwassers
IC -007 einfluss der sozialbrache auf naehrstoff- und schwermetallgehalt von oberflaechenwasser
ID -004 einfluss von massentierhaltungen auf grundwasserverunreinigung
IF -004 grundsatzfragen zur eutrophierung der seen in oberbayern
IF -005 eutrophierung von gewaessern
ABFALL
MD -003 muellkompostanwendung auf ackerland
MD -004 anwendung von zivilisationsabfaellen
UMWELTCHEMIKALIEN
OD -009 mikrobieller abbau von chemischen pflanzenschutzmitteln und bioziden umweltchemikalien
WIRKUNGEN UND BELASTUNGEN DURCH SCHADSTOFFE
PF -004 bleiniederschlag auf boden und pflanze durch kfz-abgase
PH -003 wirkung von bestrahltem klaerschlamm auf boden und pflanze
PH -004 wirkung von bestrahltem klaerschlamm auf boden und pflanzen
LEBENSMITTEL-, FUTTERMITTELKONTAMINATION
QC -002 rueckstaende an chlorierten kohlenwasserstoffen nach der anwendung von siedlungsabfaellen im gemuesebau
LAND- UND FORSTWIRTSCHAFT
RD -005 verfuegbarkeit der herbizide fuer die kulturpflanze

0081
BAYERISCHES GEOLOGISCHES LANDESAMT
8000 MUENCHEN 22, PRINZREGENTENSTR. 28
TEL.: (089) 2162-1-532
- LEITER: DR. VIDAL
VORHABEN:
WASSERREINHALTUNG UND WASSERVERUNREINIGUNG
HB -002 faerbeversuche zur erkundung unterirdischer wasserwege im hinblick auf massnahmen zum schutze des grundwassers
HB -003 untersuchung von kiesvorkommen im hinblick auf nutzbarkeit unter beruecksichtigung ihrer funktion als grundwasserleiter
HB -004 geoelektrische sondierungen zur erstellung des hydrogeologischen fachbeitrages zu wasserwirtschaftlichen rahmenplaenen
ID -005 hausmuell und grundwasserbeschaffenheit

ID -006 beeinflussung des grundwassers durch mit bauschutt verfuellte kiesgruben
ID -007 kontrollen ueber ein messstationensystem im bereich der muelldeponie grosslappen (muenchen)
LAND- UND FORSTWIRTSCHAFT
RC -004 geologische und hydrogeologische landesaufnahme sowie spezialkartierungen

0082
BAYERISCHES LANDESAMT FUER WASSERWIRTSCHAFT
8000 MUENCHEN 19, LAZARETTSTR. 61
TEL.: (089) 1259-1
- LEITER: DIPL.-ING. STROBEL
VORHABEN:
WASSERREINHALTUNG UND WASSERVERUNREINIGUNG
HA -006 bestandsaufnahme suedbayerischer seen
LAND- UND FORSTWIRTSCHAFT
RC -005 einfluss der menschen auf die erosion im bergland
RC -006 fluviatiler abtrag und rutschungserscheinungen in den ostalpen

0083
BAYERISCHES LANDESINSTITUT FUER ARBEITSMEDIZIN
8000 MUENCHEN 22, PFARRSTR. 3
TEL.: (089) 2184298
- LEITER: DR.MED. ZIMMER
VORHABEN:
HUMANSPHAERE
TA -007 ueberwachung und untersuchung von strahlengefaehrdeten personen
TA -008 epidemiologische untersuchung an im bergbau unter radioaktiver strahlenbelastung arbeitenden personen unter beruecksichtigung carcinombildender einfluesse

0084
BAYERISCHES STAATSMINISTERIUM FUER LANDESENTWICKLUNG UND UMWELTFRAGEN
8000 MUENCHEN, ROSENKAVALIERPLATZ 2
TEL.: (089) 9214-1 TX.: 524295
VORHABEN:
LUFTREINHALTUNG UND LUFTVERUNREINIGUNG
CA -016 die verteilung der so2-konzentration und der lufttemperatur am fernsehturm in muenchen und der zusammenhang der immissionsmessungen im uebrigen stadtgebiet

0085
BAYERISCHES STATISTISCHES LANDESAMT
8000 MUENCHEN 2, NEUHAUSERSTR. 51
TEL.: (089) 21191
- LEITER: DR. SCHEINGRABER
VORHABEN:
WASSERREINHALTUNG UND WASSERVERUNREINIGUNG
HE -004 zusatzerhebung zum industriebericht (wasserversorgung und abwasserbeseitigung in der industrie)

0086
BEHOERDE FUER WIRTSCHAFT, VERKEHR UND LANDWIRTSCHAFT DER FREIEN UND HANSESTADT HAMBURG
2190 CUXHAVEN, LENTZKAI
TEL.: (04721) 21061
- LEITER: DR.-ING. WINFRIED SIEFERT
VORHABEN:
WASSERREINHALTUNG UND WASSERVERUNREINIGUNG
HC -003 entwicklung der stroemungsverhaeltnisse an der nordseekueste
HC -004 gutachten ueber die voraussichtlichen sedimentologischen veraenderungen im neuwerker watt infolge der geplanten dammbauten
HC -005 untersuchung einer prielverlegung im neuwerker watt
HC -006 fortsetzung der morphologisch-historischen untersuchungen des elbe-aestuars
HC -007 die biologischen verhaeltnisse in der aussenelbe und im neuwerker watt
UMWELTPLANUNG, UMWELTGESTALTUNG
UH -007 untersuchung ueber raeumliche und wirtschaftliche auswirkungen des projektes scharhoern auf den raum cuxhaven
UN -003 ornitho-oekolgisches gutachten fuer das gebiet neuwerk-scharhoern im rahmen der planungen fuer einen tiefwasserhafen

0087
BEKLEIDUNGSPHYSIOLOGISCHES INSTITUT E.V. HOHENSTEIN
7124 BOENNIGHEIM, SCHLOSS HOHENSTEIN
TEL.: (07143) 5132 TX.: 07-24913
- LEITER: DR. JUERGEN MECHEELS
- FORSCHUNGSSCHWERPUNKTE:
umweltfreundliche verfahrensgestaltung in der textilpflege und textilveredlung; abfallprobleme bei der loesemittelrueckgewinnung (recycling)
VORHABEN:
WASSERREINHALTUNG UND WASSERVERUNREINIGUNG
KC -004 untersuchung der emulgier- bzw. solubilisierbarkeit von perchloraethylen in wasser
ABFALL (RADIOAKTIVE ABFAELLE SIEHE ND)
MB -004 untersuchung der perretention in destillationsrueckstaenden bei der loesemittelrueckgewinnung

0088
BENCKISER GMBH
6700 LUDWIGSHAFEN, BENCKISERPLATZ 1
VORHABEN:
WASSERREINHALTUNG UND WASSERVERUNREINIGUNG
KF -002 produktionsverfahren zur herstellung von citronensaeure aus unkonventionellen rohstoffen

0089
BERGBAU AG NIEDERRHEIN
4102 HOMBERG, POSTFACH 260
VORHABEN:
LUFTREINHALTUNG UND LUFTVERUNREINIGUNG
AA -017 entwicklung einer ch4-messanlage fuer mehrere messstellen
DB -002 herstellung umweltfreundlicher brennstoffe
HUMANSPHAERE
TA -009 massnahmen zur verhinderung und beseitigung hoeherer ch4-konzentrationen unter dem strebfoerderer
TA -010 bewetterung und entstaubung von streckenvortrieben mit teilschnittmaschinen

0090
BERGBAU-FORSCHUNG GMBH - FORSCHUNGSINSTITUT DES STEINKOHLENBERGBAUVEREINS
4300 ESSEN 13, FRILLENDORFER STRASSE 351
TEL.: (0201) 1051 TX.: 08-57830
- LEITER: DIPL.-ING. WILHELM BRAND
- FORSCHUNGSSCHWERPUNKTE:
rauchgasentschwefelung mit aktivkoksen; abwasserreinigung mit aktivkoksen; verminderung der kokereiemissionen; entschwefelung von kraftwerkskohle
VORHABEN:
LUFTREINHALTUNG UND LUFTVERUNREINIGUNG
DB -003 entschwefelung von kraftwerkskohle
DC -003 beseitigung der emissionen beim koksdruecken und kontinuierlichen loeschen von koks
DC -004 entwicklung und erprobung eines verfahrens zum emissionsfreien druecken von koks aus horizontalkammeroefen und zur verminderung der emissionen beim loeschvorgang
DC -005 errichtung und dauererprobung des prototyps einer rauchgasentschwefelungsanlage nach dem bergbau-forschungs-verfahren
WASSERREINHALTUNG UND WASSERVERUNREINIGUNG
KC -005 abwasserreinigung durch abscheidung suspendierter und geloester organischer stoffe an geeigneten regenerierbaren aktivkohlen
ABFALL
ME -002 entwicklung eines verfahrens zur weiterverwertung von altreifen durch verkokung mit kohle
HUMANSPHAERE
TA -011 messungen an koksofenbatterien und modelluntersuchungen fuer den bau einer halle zur erfassung aller emissionen beim betrieb von koksoefen

0091
BERGBAUVERBAND
4300 ESSEN
VORHABEN:
LUFTREINHALTUNG UND LUFTVERUNREINIGUNG
DB -004 verwendung von kunststoffen als bindemittel fuer die herstellung von raucharmen steinkohlenbriketts

0092
BERLINER STADTREINIGUNGSBETRIEBE
1000 BERLIN 42, RINGBAHNSTR. 96
TEL.: (030) 75921
- LEITER: DIPL.-ING. MICHAEL FERBER
- FORSCHUNGSSCHWERPUNKTE:
fahrzeugentwicklung und -erprobung; pyrolyse von abfaellen - abwasserreinigung; umschlag und ferntransport von festen, pastoesen und fluessigen siedlungs- und industrieabfaellen
VORHABEN:
WASSERREINHALTUNG UND WASSERVERUNREINIGUNG
KB -010 abwasserreinigung beim destrugas-pyrolyse-verfahren
ABFALL
MA -003 umschlag von festen, fluessigen und pastoesen siedlungs- und industrieabfaellen
MA -004 ferntransport von festen, pastoesen und fluessigen siedlungs- und industrieabfaellen

0093
BERNDT, JUERGEN-D., DR. UND RIEKE, OLAF, DIPLOMVOLKSWIRT
2300 KIEL, STIFTSTR. 13
VORHABEN:
UMWELTPLANUNG, UMWELTGESTALTUNG
UG -003 verlagerung von dienstleistungsbetrieben in staedtische randzonen zur entlastung der kernstadt

0094
BERNHARD-NOCHT-INSTITUT FUER SCHIFFS- UND TROPENKRANKHEITEN AN DER UNI HAMBURG
2000 HAMBURG 4, BERNHARD-NOCHT-STR. 74
TEL.: (040) 311021
- LEITER: PROF.DR. HANS-HARALD SCHUMACHER
VORHABEN:
LAERM UND ERSCHUETTERUNGEN
FC -003 untersuchung der effektiven laermbelastung der besatzungen auf see- und binnenschiffen

0095
BERZELIUS METALLHUETTEN GMBH
4100 DUISBURG 28, POSTFACH 281180
VORHABEN:
ABFALL
ME -003 untersuchungen zum recycling zinnhaltiger produkte und oxidischer staeube mittels versuchs-elektro-widerstandsofens

0096
BETRIEBSFORSCHUNGSINSTITUT VDEH - INSTITUT FUER ANGEWANDTE FORSCHUNG
4000 DUESSELDORF, SOHNSTR. 65
TEL.: (0211) 67071 TX.: 8582512
- LEITER: DR.-ING. MOMMERTZ
- FORSCHUNGSSCHWERPUNKTE:
luftreinhaltung und laermminderung in der eisen- und stahlindustrie
VORHABEN:
LUFTREINHALTUNG UND LUFTVERUNREINIGUNG
BB -002 untersuchung der gesamtstickoxid-emission technischer gasfeuerungen zur entwicklung von brennern mit stickoxidarmen abgasen
BC -006 ermittlung von art und menge der emission bei intensiviertem betrieb von siemens-martin-oefen, abhaengigkeit vom schmelzverlauf
BC -007 staubemission beim umschlagen und lagern von massenschuettguetern
BC -008 staubentstehung bei der oberflaechenbehandlung von staehlen durch flaemmen und schleifen
BC -009 technische entwicklung zur beseitigung staubhaltiger abgase beim hochofenabstich
CA -017 grundlagen der messplanung fuer die erfassung der schadstoffverteilung in luft
DC -006 abhaengigkeit des staubgehaltes im sinterabgas und der physikalischen eigenschaften des staubes von den einsatz- und betriebsbedingungen
DC -007 entwicklung technisch und wirtschaftlich optimaler verfahren zur lueftung und entstaubung von stahlwerkshallen
LAERM UND ERSCHUETTERUNGEN
FC -004 entwicklung einer einheitlichen gehoerueberwachungskarte zur auswertung auf edv-anlagen
FC -005 gehoerueberwachung von arbeitnehmern der eisen- und stahlindustrie
FC -006 laermverteilung und -ausbreitung in hallen der stahlerzeugenden industrie
FC -007 laermminderung an walzwerksanlagen und adjustageeinrichtungen
FC -008 ursachen der geraeuschentstehung und pulsation an gasbrennern fuer industrieoefen
FC -009 laermemission und laermminderung an elektrolichtbogenoefen - verbesserung des gesundheitsschutzes fuer die belegschaft
FC -010 einflussgroessen auf die schallemission bei warm- und kaltsaegen und massnahmen zur laermminderung

0097
BIOCHEMISCHES INSTITUT FUER UMWELTCARCINOGENE
2070 AHRENSBURG, SIEKER LANDSTRASSE 19
TEL.: (04102) 62155
- LEITER: PROF.DR. GERNOT GRIMMER
- FORSCHUNGSSCHWERPUNKTE:
carcinogene polycyclische kohlenwasserstoffe und n-haltige polycyclische heterocyclen; nachweis und quantitative bestimmung dieser carcinogenen umweltschadstoffe in materialien und produkten wie: nahrungsmitteln, mineraloelprodukten, kraftfahrzeugabgas, luftstaub, heizungsrauchgas aus kohle- und oelheizungen, zigarettenrauchkondensat, russproben u. a.; wasser und bodenproben
VORHABEN:
WASSERREINHALTUNG UND WASSERVERUNREINIGUNG
IC -008 untersuchungen von sedimentschichten des bodensees auf ihren gehalt an polycyclischen carcinogenen kohlenwasserstoffen und schwermetallen
UMWELTCHEMIKALIEN
OD -010 entwicklungsstand der erdoele und ihr gehalt an mehrkernigen aromaten und heterocyclen
WIRKUNGEN UND BELASTUNGEN DURCH SCHADSTOFFE
PD -002 bilanz und wirkung polycyclischer carcinogene in der umwelt
LEBENSMITTEL-, FUTTERMITTELKONTAMINATION
QA -002 die carcinogene belastung des menschen durch oral aufgenommene polycyclische carcinogene kohlenwasserstoffe

0098
BIOLOGISCHE ANSTALT HELGOLAND
2000 HAMBURG 50, PALMAILLE 9
TEL.: (040) 381601 TX.: 02-14911
- LEITER: DR. OTTO KINNE
- FORSCHUNGSSCHWERPUNKTE:
meeresbiologische forschung
VORHABEN:
WASSERREINHALTUNG UND WASSERVERUNREINIGUNG
HC -008 produktionsbiologie mariner planktischer nahrungsketten unter kontrollierten bedingungen
HC -009 studium der struktur, funktion und dynamik lebender systeme im meer
HC -010 analyse der reaktionen mariner organismen auf veraenderungen natuerlicher umweltfaktoren
HC -011 erforschung der methodischen und biologischen grundlagen der kultur mariner organismen
IE -003 untersuchungen ueber die beeinflussung mariner organismen durch kuesten- und meeresverschmutzung
WIRKUNGEN UND BELASTUNGEN DURCH SCHADSTOFFE
PC -003 experimentell-oekologische untersuchungen ueber den einfluss von schwermetall-abwaessern auf litoraltiere (teleosteer)

0099
BLUM, HELMUT, DIPL.-ING.
8000 MUENCHEN

VORHABEN:
UMWELTPLANUNG, UMWELTGESTALTUNG
UF -004 funktionale aufgaben und verwaltungsorganisatorische probleme der grosstaedte im hinblick auf eine integrierte stadtplanung

0100
BODENSEEWERK GERAETETECHNIK GMBH
7770 UEBERLINGEN, ALTE NUSSDORFER STRASSE
TEL.: (07551) 811 TX.: 07-33924
- LEITER: AUGUST HEINZLE
- FORSCHUNGSSCHWERPUNKTE:
umweltmesstechnik mit physikalisch-chemischen verfahren
VORHABEN:
LUFTREINHALTUNG UND LUFTVERUNREINIGUNG
CA -018 entwurf eines geraetes nach dem prinzip der bifrequenztechnik zur kontinuierlichen, automatischen analyse von gasfoermigen emissionen
CA -019 entwicklung einer heizbaren langweg-gaskuevette mit probennahme zur empfindlichen spektroskopischen messung von gasfoermigen schadstoffen

0101
BONNENBERG UND DRESCHER, INGENIEURGESELLSCHAFT MBG & CO KG
5170 JUELICH, LANDSTR. 20
TEL.: (02464) 7878
VORHABEN:
LUFTREINHALTUNG UND LUFTVERUNREINIGUNG
AA -018 entwicklung eines meteorologischen modells und ermittlung der aenderung der klimaparameter infolge anthropogener waermebelastung im oberrheingebiet
STRAHLUNG, RADIOAKTIVITAET
NC -011 vergleichende untersuchung des kuehlmittelverluststoerfalles und der nachwaermeabfuhr fuer leichtwasserreaktoren (lwr) und hochtemperaturreaktoren (htr)
ENERGIE
SA -008 studie: zukuenftige transportkapazitaet von radioaktivem material und moegliche konsequenzen

0102
BOSCH GMBH
7000 STUTTGART 1, POSTFACH 50
TEL.: (0711) 8111
VORHABEN:
LUFTREINHALTUNG UND LUFTVERUNREINIGUNG
DA -003 gemischzusammensetzung, gemischaufbereitung, zuendung, abgasrueckfuehrung und thermisch-katalytische abgasnachbehandlung bei otto-motoren
UMWELTPLANUNG, UMWELTGESTALTUNG
UI -002 entwicklung von bussen mit alternierender elektrischer energiequelle als vorstufe zur entwicklung von dualmode-bussen

0103
BOTANISCHES INSTITUT DER TH DARMSTADT
6100 DARMSTADT, SCHNITTSPAHNSTR. 3-5
TEL.: (06151) 163102
- LEITER: PROF.DR. W. ULLRICH
- FORSCHUNGSSCHWERPUNKTE:
wirkung von schadgasen auf hoehere pflanzen
VORHABEN:
WIRKUNGEN UND BELASTUNGEN DURCH SCHADSTOFFE
PF -005 die zellphysiologische wirkung von schwefeldioxid und kohlenmonoxid bei pflanzen

0104
BOTANISCHES INSTITUT DER TU BRAUNSCHWEIG
3300 BRAUNSCHWEIG, HUMBOLDTSTR. 1
TEL.: (0531) 391-2213, -2285
- LEITER: PROF.DR. HANS JOACHIM BODEN
- FORSCHUNGSSCHWERPUNKTE:
physiologische wirkung kuenstlicher wachstumsregulatoren bei pflanzen
VORHABEN:
LAND- UND FORSTWIRTSCHAFT
RE -004 physiologische wirkungsweise von kuenstlichen wachstumsregulatoren bei pflanzen

0105
BOTANISCHES INSTITUT DER UNI ERLANGEN-NUERNBERG
8520 ERLANGEN, SCHLOSSGARTEN 4
TEL.: (09131) 85-2662
VORHABEN:
INFORMATION, DOKUMENTATION, PROGNOSEN, MODELLE
VA -001 integrierte analyse biologischer und sozialkultureller systeme und ihre anwendung zur erforschung kuenftiger lebensbedingungen

0106
BOTANISCHES INSTITUT DER UNI KOELN
5000 KOELN 41, GYRHOFSTR. 15
TEL.: (0221) 470-2475, -2484
- LEITER: PROF.DR. HANS REZNIK
- FORSCHUNGSSCHWERPUNKTE:
physiologische und biochemische auswirkungen von schwefeldioxid und andere phytotoxische immissionen auf den flechtenstoffwechsel, korrelationen mit klimatischen faktoren; flechtenstoffwechsel
VORHABEN:
LUFTREINHALTUNG UND LUFTVERUNREINIGUNG
AA -019 flechtenverbreitung im siedlungsgebiet koeln und umgebung

0107
BOTANISCHES INSTITUT DER UNI MARBURG
3550 MARBURG, LAHNBERGE
TEL.: (06421) 282066
- LEITER: PROF.DR. DIETRICH WERNER
- FORSCHUNGSSCHWERPUNKTE:
bio-indikatoren im suesswasser und meerwasser; anreicherung und eliminierung von fremdstoffen durch algen und bakterien; stickstofffixierung in wasser und sedimenten
VORHABEN:
WIRKUNGEN UND BELASTUNGEN DURCH SCHADSTOFFE
PB -005 auswirkungen von pflanzenschutzmitteln und insektiziden auf evertebraten

0108
BOTANISCHES INSTITUT DER UNI MUENCHEN
8000 MUENCHEN 19, MENZINGER STRASSE 67
TEL.: (089) 17921
- LEITER: PROF. WERNER RAU
- FORSCHUNGSSCHWERPUNKTE:
einfluss von umweltfaktoren auf physiologie und biochemie von pflanzen
VORHABEN:
LAND- UND FORSTWIRTSCHAFT
RG -001 kaelteresistenz der fichte

0109
BOTANISCHES INSTITUT II DER UNI KARLSRUHE
7500 KARLSRUHE, KAISERSTR. 12
TEL.: (0721) 6083833
- LEITER: PROF.DR. HANS KUHLWEIN
- FORSCHUNGSSCHWERPUNKTE:
photosynthese: u. a. herbicidwirkungen auf funktion des photosyntheseapparates; wirkung von herbiciden auf stoffwechsel und entwicklung von pflanzen
VORHABEN:
WIRKUNGEN UND BELASTUNGEN DURCH SCHADSTOFFE
PG -006 wirkung von herbiziden auf stoffwechsel und entwicklung von pflanzen

0110
BOTANISCHES INSTITUT MIT BOTANISCHEM GARTEN DER UNI WUERZBURG
8700 WUERZBURG, MITTLERER DAHLENBERGWEG 64
TEL.: (0931) 73085
- LEITER: PROF.DR. O.-L. LANGE
- FORSCHUNGSSCHWERPUNKTE:
experimentelle oekologie der pflanzen; standortbedingungen einheimischer pflanzengesellschaften; inventarisierung und gliederung der einheimischen vegetation und flora; schwefeldioxidresistenz der flechten und ihre eignung als bio-indikatoren
VORHABEN:
LUFTREINHALTUNG UND LUFTVERUNREINIGUNG
AA -020 der einfluss von so2-immissionen auf den stoffwechsel von flechten als bioindikatoren fuer luftverunreinigungen

WIRKUNGEN UND BELASTUNGEN DURCH SCHADSTOFFE
PG -007 wirkung von pestiziden auf den stoffwechsel, insbesondere auf den photosyntheseapparat von hoeheren pflanzen und algen des phytoplanktons
PG -008 verminderung des einsatzes von pestiziden. wirkung von pestiziden auf den stoffwechsel, insbesondere auf den photosyntheseapparat von hoeheren pflanzen und algen des phytoplanktons
PG -009 verminderung des einsatzes von pestiziden (herbiziden und insektiziden); schadwirkungen von pestiziden auf das phytoplankton; aufnahme, akkumulation und wirkungsweise auf mikroalgen
LAND- UND FORSTWIRTSCHAFT
RE -005 wasserhaushalt einheimischer pflanzengesellschaften im zusammenhang mit ihrer stoffproduktion
RE -006 untersuchungen des wasserhaushalts und stoffproduktion von wuestenpflanzen
RE -007 quantitative erfassung des wasserhaushaltes und untersuchungen ueber die regulation an einheimischen pflanzengesellschaften
RE -008 die regulation des wasserhaushaltes von wuestenpflanzen
UMWELTPLANUNG, UMWELTGESTALTUNG
UM -003 dokumentation der vegetation einheimischer landschaften und ihre oekolgischen beziehungen / naturschutzgebiete
UM -004 rekonstruktion einheimischer naturnaher pflanzengesellschaften als forschungsobjekte / botanischer garten

0111
BOTANISCHES INSTITUT UND BOTANISCHER GARTEN DER UNI KIEL
2300 KIEL, DUESTERNBROOKER WEG 17-19
TEL.: (0431) 597-2982, -2185
VORHABEN:
LAND- UND FORSTWIRTSCHAFT
RB -003 naturstoffe aus algen

0112
BRAN & LUEBBE
2000 NORDERSTEDT 1, POSTFACH 469
VORHABEN:
WASSERREINHALTUNG UND WASSERVERUNREINIGUNG
IC -009 entwickl. eines automatisch arbeitenden betriebsanalysengeraetes zur bestimmung org. verbind. an oberflaechenwassern und abwassern; probennahme- u.filtrationssystem als vorstufe sowie modifiziertes analyseger.

0113
BROWN, BOVERI & CIE AG
6800 MANNHEIM 1, POSTFACH 351
VORHABEN:
UMWELTPLANUNG, UMWELTGESTALTUNG
UH -008 simulation komplexer verkehrssysteme, einzelner komponenten und der umwelt (fahrerschulung)
UN -004 theoretische verfahren als grundlage der entwicklung neuer regelungs- und steuermessysteme fuer zukuenftige verkehrstechnologien
UN -005 kombinierte komponentenerprobung und anwendungsuntersuchungen zu einem elektrodynamischen schwebesystem mit linearmotorantrieb und elektrischer energiezufuehrung
UN -006 entwicklung und erprobung einer umrichtersteuerung fuer einen einseitigen linearmotor im bereich niedriger geschwindigkeiten
UN -007 experimentalstudie zur entwicklung eines langstatormotors mit steuerbaren kraftkomponenten
UN -008 weiterfuehrende untersuchungen zur spezifikation der anlagen und geraete fuer die zentrale versuchsanlage fuer verkehrstechniken in donauried

0114
BROWN, BOVERIE UND CIE AG
6900 HEIDELBERG, EPPELHEIMER STRASSE 82
TEL.: (06221) 701606 TX.: 04-61827
- FORSCHUNGSSCHWERPUNKTE:
wassermesstechnik: automatische wassermesstationen, messfuehler fuer ph, leitfaehigkeit, truebung, geloesten kohlenstoff; abgasmesstechnik: abgassensoren fuer lambda-regelung von verbrennungsmotoren und feuerungen; hochenergie-batterie: natrium-schwefel-batterie als elektrochemischer speicher mit wesentlich hoeherem energiespeichervermoegen, geeignet fuer fahrzeuge mit elektroantrieb; solare energienutzung
VORHABEN:
LUFTREINHALTUNG UND LUFTVERUNREINIGUNG
DA -004 abgassonde zur kontrolle und regelung von verbrennungsmotoren und heizungsanlagen
DC -008 induktionsoefen fuer die emissionsarme stahlerzeugung
WASSERREINHALTUNG UND WASSERVERUNREINIGUNG
IA -001 messsystem zur ueberwachung der qualitaet von wasser
KA -005 durchflussmessaufnehmer fuer die abwassermesstechnik
ENERGIE
SA -009 warmwasserbereitung mit sonnenenergie

0115
BRUENINGHAUS HYDRAULIK GMBH
7240 HORB 1, POSTFACH 80
VORHABEN:
LAERM UND ERSCHUETTERUNGEN
FC -011 geraeuschminderung von verstellbaren axialkolbenpumpen und -motoren

0116
BUCK, W., DR.-ING.
2844 LEMFOERDE, POSTFACH 74
VORHABEN:
STRAHLUNG, RADIOAKTIVITAET
NC -012 sicherheits- und zuverlaessigkeitsanalysen kerntechnischer anlagen unter besonderer beruecksichtigung von hochtemperatur-reaktorsystemen

0117
BUDERUS'SCHE EISENWERKE
6330 WETZLAR, POSTFACH 1220
VORHABEN:
LAERM UND ERSCHUETTERUNGEN
FC -012 entwicklungsarbeiten zur verbesserung der arbeitsverhaeltnisse in putzereien

0118
BUERO FUER ANGEWANDTE MATHEMATIK
7000 STUTTGART 1, MARIENSTR. 39/II
VORHABEN:
INFORMATION, DOKUMENTATION, PROGNOSEN, MODELLE
VA -002 entwicklung einer simulationssprache dynamo-s und der zugehoerigen compiler zur simulation sozialer systeme

0119
BUND NATURSCHUTZ IN BAYERN E.V.
8000 MUENCHEN 22, SCHOENFELDSTR. 8
- LEITER: DR. REICHHOLF
VORHABEN:
UMWELTPLANUNG, UMWELTGESTALTUNG
UN -009 auftrag zur erforschung des oekosystems der stauseen am unteren inn

0120
BUNDESAMT FUER WEHRTECHNIK UND BESCHAFFUNG
5400 KOBLENZ 1, POSTFACH 7360
VORHABEN:
STRAHLUNG, RADIOAKTIVITAET
NC -013 untersuchungen der widerstandsfaehigkeit von betonstrukturen gegen flugzeugabsturz

0121
BUNDESANSTALT FUER FETTFORSCHUNG
4400 MUENSTER, PIUSALLEE 76
TEL.: (0251) 43510
- LEITER: PROF.DR. ARTUR SEHER
VORHABEN:
LEBENSMITTEL-, FUTTERMITTELKONTAMINATION
QA -003 bestimmung cancerogener kohlenwasserstoffe in extraktionsbenzinen, speiseoelen und futterschroten

0122
BUNDESANSTALT FUER FLEISCHFORSCHUNG
8650 KULMBACH, BLAICH 4
TEL.: (09221) 4027-28
- LEITER: PROF.DR. SCHOEN
VORHABEN:
ABFALL
ME -004 ausmass und minderung von umweltbelastungen durch verarbeitungsrueckstaende der fleischwirtschaft
WIRKUNGEN UND BELASTUNGEN DURCH SCHADSTOFFE
PB -006 wirkung von mykotoxinen nach simultaner verabreichung
LEBENSMITTEL-, FUTTERMITTELKONTAMINATION
QA -004 mykotoxine in futtermitteln im hinblick auf entwicklungsstoerungen bei nutztieren
QB -004 vorkommen von antibiotika in kalbfleisch
QB -005 verringerung des gehaltes an polycyclischen kohlenwasserstoffen in geraeucherten fleischwaren
QB -006 veraenderungen von antibiotika-rueckstaenden in fleisch waehrend der verarbeitung
QB -007 rueckstaende aus abgasen und pestiziden in fleisch und ihre beeinflussung durch zubereitung und verarbeitung
QB -008 einfluss der lagerung, be- und verarbeitung von fleisch auf den gehalt an pestizidrueckstaenden
QB -009 untersuchungen ueber die bildung von nitrosaminen in fleischwaren, abbau von nitrit und nitrat
QB -010 reaktionsprodukte von nitrit in fleischerzeugnissen
QB -011 untersuchungen ueber n-nitrosamine und ueber die bildung biologischer aktiver reaktionsprodukte aus nitrit und nitrat in fleischerzeugnissen
QB -012 rueckstaende von desinfektionsmitteln im fleisch
QB -013 entwicklung neuer methoden zur analyse von fleisch und fleischerzeugnissen
QB -014 untersuchungen zur feststellung der kontaminationsursachen von blei bei schlachttieren aus dem verhaeltnis inaktives blei zu blei - 210
QD -001 untersuchungen zur erfassung des carry over-effektes fuer arsen, quecksilber, selen, brom, zinn, antimon, kupfer, zink und weiterer toxischer elemente bei schlachtrindern

0123
BUNDESANSTALT FUER GEOWISSENSCHAFTEN UND ROHSTOFFE
3000 HANNOVER 51, STILLEWEG 2
TEL.: (0511) 64681 TX.: 923730
- LEITER: PROF.DR. FRIEDRICH BENDER
- FORSCHUNGSSCHWERPUNKTE:
abfall: tieflagerung, tiefversenkung, radioaktivitaet; wasser: grundwasser und -bewegung, messmethoden; boden: bodenverseuchung durch umweltchemikalien; luft: umweltchemikalien; recycling, erschuetterung, umweltfreundliche technik, umweltrecht
VORHABEN:
LUFTREINHALTUNG UND LUFTVERUNREINIGUNG
BC -010 untersuchungen ueber die moeglichkeiten zur anreicherung von titan aus kraftwerkflugaschen
WASSERREINHALTUNG UND WASSERVERUNREINIGUNG
HB -005 quantitative erfassung der komponenten des wasserhaushalts in der ungesaettigten bodenzone / messungen in situ mit hoher raum-zeitlicher ausloesung
HB -006 erfordernis von daten fuer mathematisch-physikalische modelle zur grundwassererschliessung und -bewirtschaftung
ID -008 vertikale verlagerung von nitrat- und ammoniumstickstoff durch sickerwasser aus dem wasser ungesaettigter boeden ins grundwasser bei sandboeden
KC -006 untersuchung von grund- und bachwaessern im hinblick auf verunreinigungen durch abwaesser der buntmetallindustrie
ABFALL
MC -002 dauernde sichere beseitigung hochgradig giftiger abfallstoffe - methoden zum rechnerischen und experimentellen nachweis der langzeitsicherheit unterirdischer speicherraeume
MC -003 kontrolle und beurteilung der standsicherheit unterirdischer hohlraeume im fels fuer depotanlagen
MC -004 versenkung von fluessigen abfallstoffen in poroese oder klueftige gesteine
MC -005 die bebaubarkeit von muelldeponien und die verwendung von hausmuell als erdbaumaterial
MC -006 moeglichkeit der muell- und giftstoffdeponierung in abgeworfenen bergwerken, wirtschaftlich-geotechnische untersuchungen
MC -007 versenkung fluessiger abfallstoffe in poroese oder klueftige gesteine durch bohrsonden
ME -005 mineralogische, chemische und physikalische charakteristika von rotschlamm (moegliche verwendung als rohstofflieferant und zuschlagstoff fuer baumaterial)
ME -006 moeglichkeit der bakteriellen laugung von muell und muellverbrennungsrueckstaenden zur gewinnung von buntmetallen
STRAHLUNG, RADIOAKTIVITAET
NC -014 kernkraftwerk philippsburg, gutachtliche stellungnahme ueber die fuer den lastfall erdbeben repraesentativen bodenkennwerte schubmodul und daempfung
NC -015 kernkraftwerk sued; gutachtliche stellungnahme ueber die fuer den lastfall erdbeben repraesentativen bodenkennwerte schubmodul und daempfung
ND -014 geophysikalische untersuchungen an salzformationen im hinblick auf die endlagerung radioaktiver abfaelle in geologischen koerpern
WIRKUNGEN UND BELASTUNGEN DURCH SCHADSTOFFE
PK -009 verbesserung des baudenkmalschutzes, untersuchung von impraegnierungsmitteln fuer naturstein
LAND- UND FORSTWIRTSCHAFT
RD -006 bewaesserungseignung von boeden unter besonderer beruecksichtigung der bodenversalzung in trockengebieten
ENERGIE
SA -010 studie ueber die nutzung geothermischer energie fuer heizzwecke in der bundesrepublik deutschland

0124
BUNDESANSTALT FUER GEWAESSERKUNDE
5400 KOBLENZ, KAISERIN-AUGUSTA-ANLAGEN 15
TEL.: (0261) 12431 TX.: 862499
- LEITER: DR. HERBERT KNOEPP
- FORSCHUNGSSCHWERPUNKTE:
quantitative und qualitative untersuchungen auf dem gebiet der gewaesserkunde (hydrologie) einschliesslich des unterirdischen wassers als grundlage fuer die beurteilung von umweltfragen auf dem sektor gewaesserverunreinigung und gewaesserschutz
VORHABEN:
ABWAERME
GB -002 untersuchungen ueber den einfluss von warmwassereinleitungen auf die gewaesser
GB -003 moeglischkeiten und auswirkungen ueberregionaler kuehlregie
GB -004 bestimmung der natuerlichen temperatur aufgeheizter fluesse
GB -005 waermehaushalt der kuestengewaesser
GB -006 nebelbildung an mit abwaerme belasteten fluessen
GB -007 der einfluss von waermekraftwerken auf die biologie der gewaesser
WASSERREINHALTUNG UND WASSERVERUNREINIGUNG
HA -007 aufbau einer informationsbank fuer umweltrelevante gewaesserkundliche daten als grundlage fuer forschungsarbeiten
HA -008 anwendung biologischer methoden bei der ermittlung von geschiebetransport und flussbettaenderungen
HA -009 untersuchung und dokumentation des guetezustandes der oberflaechengewaesser in der bundesrepublik deutschland zur erstellung von karten (hydrologischer atlas)
HA -010 untersuchungen ueber die technischen moeglichkeiten der gewaesserbelueftung
HA -011 grossraeumige erforschung der gesetzmaessigkeit des feststofftransportes der deutschen gewaesser
HA -012 verdunstungsmessungen auf freien wasserflaechen (binnenseen, fluessen)
HA -013 entwicklung eines verfahrens fuer die taegliche wasserstands- und abflussvorhersage an ausgebauten grossen gewaessern

HB -007 zusammenhaenge zwischen oberflaechenwasser und ufernahem grundwasser (uferfiltration) anhand repraesentativer fassungsanlagen
HB -008 der gang des grundwassers im gebiet der bundesrepublik deutschland
HE -005 betrieb von einigen landverdunstungskesseln| class a zu vergleichszwecken
HG -002 untersuchung ueber die anwendbarkeit der mathematischen modelltechnik in der wasserguetewirtschaft
HG -003 auswahl und einrichtung einer hinreichenden anzahl von dekademessstellen im rahmen der hydrologischen dekade
HG -004 anwendbarkeit der mehrdimensionalen harmonischen analyse fuer mathemathische flussgebietsmodelle, bearbeitet am beispiel niederschlags-abflussmodell
HG -005 untersuchungen ueber die anwendbarkeit mathematischer modelle in der wasserwirtschaft
HG -006 internationales hydrologisches programm (ihp) - langzeitprogramm der unesco fuer hydrologie
IA -002 entwicklung von verfahren und erweiterung der mess- und auswertestation zur ueberwachung des rheinwassers
IB -004 untersuchung des abflussvorganges in charakteristischen einzugsgebieten
IC -010 untersuchungen ueber die herabsetzung des selbstreinigungsvermoegens der gewaesser durch toxische abwaesser
IC -011 biogene entstehung von geruchs- und geschmacksstoffen in fliessgewaessern und uferfiltratgewinnung von trinkwasser
IC -012 bilanzierung der intoxikation des neckars durch giftige industrieabwaesser im hinblick auf die trinkwasserversorgung
IC -013 ueber das auftreten und verhalten von radionukliden in oberflaechengewaessern - eine radiooekologische studie
IC -014 quantitative erfassung schwer abbaubarer organischer und toxischer stoffe im rhein
IC -015 studie ueber den einfluss von kuehlwasserkonditionierungsmitteln auf die chemie und biologie der gewaesser
IC -016 bilanzierung von toxischen schwermetallen in gewaessern - auswertung und ergaenzung der vorhandenen untersuchungen fuer das rheingebiet
IC -017 einfluss von kuehlwasserzusatzmitteln auf die selbstreinigungsleistung der fliessgewaesser
ID -009 untersuchungen ueber das verhalten von mineraloelen auf das grundwasser in klueftigen gesteinen auf grund von ausgewaehlten mineraloelunfaellen
IE -004 untersuchungen ueber den chemischen und biologischen zustand, ueber das selbstreinigungsvermoegen und ueber die belastbarkeit des ems-aestuariums
IE -005 untersuchung der langfristigen veraenderungen von mineraloelen auf gewaessern
IE -006 tritiumakkumulation im bereich der kuestengewaesser (nordsee)
IF -006 gewaesserkundliche untersuchungen ueber die dynamik des umsatzes von phosphat, nitrat und borat
KA -006 entwicklung eines giftschreibers fuer toxische abwaesser
LA -001 internationales hydrologisches programm (ihp) - langzeitprogramm der unesco fuer hydrologie
WIRKUNGEN UND BELASTUNGEN DURCH SCHADSTOFFE
PK -010 stahlkorrosion in abhaengigkeit von der temperatur in natuerlichen waessern
LAND- UND FORSTWIRTSCHAFT
RG -002 untersuchungen ueber die veraenderungen des abflussregimes durch anthropogene eingriffe in kleinen bewaldeten gebieten
RG -003 untersuchungen ueber die begruenungsmoeglichkeiten extremer standorte durch gehoelzansaaten
INFORMATION, DOKUMENTATION, PROGNOSEN, MODELLE
VA -003 bearbeitung und herausgabe des deutschen hydrologischen dekade-jahrbuches

0125
BUNDESANSTALT FUER STRASSENWESEN
5000 KOELN, BRUEHLER STRASSE 1
TEL.: (02211) 37021 TX.: 08-882189
- LEITER: PROF.DR.-ING. PRAXENTHALER
- FORSCHUNGSSCHWERPUNKTE:
verminderung der durch das strassenwesen hervorgerufenen umweltbelastung
VORHABEN:
LUFTREINHALTUNG UND LUFTVERUNREINIGUNG
BA -006 untersuchungen ueber die abgaskonzentration in abhaengigkeit von den verkehrsdaten
CB -005 untersuchungen ueber die abgaskonzentration in abhaengigkeit von der lage der strasse und vom angrenzenden bewuchs bei lockerer oder abgesetzter randbebauung
CB -006 untersuchung ueber die ausbreitung von abgaskonzentrationen in abhaengigkeit von atmosphaerischen und meteorologischen bedingungen
LAERM UND ERSCHUETTERUNGEN
FB -006 statistische erfassung der laermemission verschiedener fahrzeuge in verschiedenen betriebszustaenden
FB -007 untersuchung ueber die reflexion von verkehrsgeraeuschen an leit- und schutzeinrichtungen, an verkehrszeichen und bruecken usw.
FB -008 abhaengigkeit des strassenverkehrslaerms von den verkehrsdaten und von den betriebsbedingungen der fahrzeuge
FB -009 zusammenwirken von flugverkehrslaerm und strassenverkehrslaerm
FB -010 statistische erfassung der laermemission von strassenfahrzeugen
FB -011 ausbreitung des verkehrslaerms in unbebautem gebiet; abhaengigkeit von der bodenabsorption, hoehe ueber dem erdboden, lage der strasse
FB -012 untersuchung ueber den stoergrad verschiedener verkehrsgeraeusche durch subjektiven vergleich mit normgeraeuschen
FB -013 strassenverkehrslaerm in tunneln und am tunnelmund; wirkung absorbierender verkleidung
FB -014 einfluss von laermschutzmassnahmen auf die leichtigkeit, fluessigkeit und sicherheit des verkehrsablaufes
FB -015 der strassenverkehrslaerm an kreuzungen mit randbebauung
FB -016 freifeld- und modelluntersuchungen zum einfluss der formgebung von trogstrecken, erdwaellen und haeuserzeilen auf die schutzwirkung gegen strassenverkehrslaerm
FD -004 bau- und betriebstechnische erprobung von laermschutzwaenden fuer den einsatz an strassen
WIRKUNGEN UND BELASTUNGEN DURCH SCHADSTOFFE
PI -003 zusammenhaenge zwischen absterbeerscheinungen in waldbestaenden und der zufuhr salzhaltigen schmelzwassers von der strasse
UMWELTPLANUNG, UMWELTGESTALTUNG
UM -005 massnahmen zum schutz der strassen- und autobahnbepflanzung vor auftausalzen und anlegung salzresistenter pflanzungen

0126
BUNDESANSTALT FUER WASSERBAU
7500 KARLSRUHE, HERTZSTR. 16
TEL.: (0721) 74015, 74016, 74017 TX.: 07826991
- LEITER: DR.-ING. HORST STADIE
VORHABEN:
WASSERREINHALTUNG UND WASSERVERUNREINIGUNG
HA -014 untersuchungen von filter-vliesen fuer uferdeckwerke
HC -012 untersuchungen fuer die umleitung der ems durch den dollart und den bau des neuen dollarthafens
HC -013 modellversuche fuer den ausbau der jade und der aussenweser
HC -014 sturmflutuntersuchungen fuer die tideelbe
HC -015 modellversuche fuer den ausbau tideelbe

0127
BUNDESBAHN-ZENTRALAMT MUENCHEN
8000 MUENCHEN 2, ARNULFSTR. 19
TEL.: (089) 17901 TX.: 05-23640
- LEITER: DR.-ING. WILLY MICHELFELDER
- FORSCHUNGSSCHWERPUNKTE:
umweltfragen der rad-schiene-technik
VORHABEN:
LAERM UND ERSCHUETTERUNGEN
FB -017 ermittlung und erprobung von passiven massnahmen zur verminderung von schallemissionen bei hohen geschwindigkeiten
FB -018 passive schallschutzmassnahmen fuer hochgeschwindigkeitssysteme mit rad/schiene-technik
FB -019 aktive laermschutzmassnahmen bei hohen geschwindigkeiten der rad/schiene-technik
FC -013 entwicklung integrierter schallschutzeinrichtungen an baumaschinen fuer den gleisbau
HUMANSPHAERE
TA -012 psychophysische untersuchungen der belastung und beanspruchung von personen innerhalb und ausserhalb spurgefuehrter hochgeschwindigkeitsfahrzeuge

0128
BUNDESFORSCHUNGSANSTALT FUER ERNAEHRUNG
7500 KARLSRUHE, ENGESSERSTR. 20
TEL.: (0721) 60114
- LEITER: PROF.DR. H. FRANK
VORHABEN:
ABFAL
MF -002 umwandlung cellulosehaltiger abfallstoffe der landwirtschaft in single cell protein

0129
BUNDESFORSCHUNGSANSTALT FUER GARTENBAULICHE PFLANZENZUECHTUNG
2070 AHRENSBURG, BORNKAMPSWEG
TEL.: (04102) 51121
- LEITER: PROF.DR. RAINER REIMANN-PHILIPP
- FORSCHUNGSSCHWERPUNKTE:
resistenzzuechtung gegen pilz-, bakterien- und viruskrankheiten sowie meristemkultur in der gartenbaulichen pflanzenzuechtung als alternative zur krankheitsbekaempfung mit chemikalien
VORHABEN:
LAND- UND FORSTWIRTSCHAFT
RE -009 zuechtung auf virusresistenz gegen gurkenmosaikvirus bei gewaechshaus- und freilandgurken sowie spinat und zuechtung auf resistenz gegen salatmosaikvirus
RE -010 erprobung von methoden der meristemkultur

0130
BUNDESFORSCHUNGSANSTALT FUER GETREIDE UND KARTOFFELVERARBEITUNG
4930 DETMOLD 1, SCHUETZENBERG 12
TEL.: (05231) 23451
- LEITER: PROF.DR. W. SEIBEL
- FORSCHUNGSSCHWERPUNKTE:
bestandsaufnahme von pestiziden und schwermetallen bei der deutschen brotgetreideernte (roggen und weizen); bestandsaufnahme von pestiziden und schwermetallen bei kartoffeledelerzeugnissen; dekontaminationsmassnahmen
VORHABEN:
UMWELTCHEMIKALIEN
OA -005 automatisierung von untersuchungsverfahren ueber vorkommen und wirkung von umweltchemikalien und bioziden
LEBENSMITTEL-, FUTTERMITTELKONTAMINATION
QC -003 kontamination von getreide und getreideprodukten durch radionuklide und massnahmen zur dekontamination
QC -004 schwermetalle in getreide und getreideprodukten
QC -005 bestimmung des gehaltes und der aufnahme von insektiziden bei getreide und muellereitechnologische massnahmen zur reduktion
QC -006 bestimmung des gehaltes an aflatoxinen an getreide und getreideprodukten, studium der wachstumsbedingungen und technologische massnahmen zur reduktion
QC -007 rueckstaende von wachstumsregulatoren bei getreide (chlorcholinchlorid)

0131
BUNDESFORSCHUNGSANSTALT FUER LANDESKUNDE UND RAUMORDNUNG
5300 BONN -BAD GODESBERG, MICHAELSHOF
TEL.: (02221) 8261
- LEITER: PROF.DR. KARL GANSER
- FORSCHUNGSSCHWERPUNKTE:
umweltindikatoren; anwendung von fernerkundungsverfahren der umweltforschung
VORHABEN:
WASSERREINHALTUNG UND WASSERVERUNREINIGUNG
HG -007 modellrechnungen wasserbilanz
IA -003 untersuchungen ueber die einsatzmoeglichkeiten von fernerkundungsverfahren aus flugzeugen fuer die ueberwachung der gewaesser
IA -004 ermittlung der gewaesserbelastung durch verfahren der fernerkundung am beispiel unterelbe
WIRKUNGEN UND BELASTUNGEN DURCH SCHADSTOFFE
PI -004 ermittlung der oekologischen belastung im modellraum rhein-neckar
UMWELTPLANUNG, UMWELTGESTALTUNG
UE -006 neuabgrenzung der verdichtungsraeume
UE -007 entwicklung eines systems von indikatoren zur zielorientierten raumbeobachtung und zur erfolgskontrolle raumwirksamer massnahmen
UE -008 entwicklung eines kriteriensystems zur bewertung von flaechen und zur entscheidung ueber nutzungskonflikte
UE -009 abbildung der grossraeumigen erreichbarkeitsverhaeltnisse in einem dialogfaehigen modell
UE -010 bestandsaufnahme der umweltbelastung in der bundesrepublik deutschland
UK -006 analyse der natuerlichen und infrastrukturellen ausstattung von freizeitraeumen

0132
BUNDESFORSCHUNGSANSTALT FUER REBENZUECHTUNG
6741 SIEBELDINGEN
TEL.: (06345) 445, -46
- LEITER: PROF.DR. GERHARDT ALLEWELDT
- FORSCHUNGSSCHWERPUNKTE:
resistenzzuechtung von reben gegen reblaus, plasmopara viticola, oidium, roten brenner, botrytis
VORHABEN:
LEBENSMITTEL-, FUTTERMITTELKONTAMINATION
QC -008 rueckstandsuntersuchungen (fungizide) an weinbeeren
LAND- UND FORSTWIRTSCHAFT
RE -011 entwicklung einer fruehdiagnose fuer die resistenzzuechtung gegen botrytis
RE -012 genbank fuer reben

0133
BUNDESVEREINIGUNG GEGEN FLUGLAERM E.V.
6082 MOERFELDEN, BRUECKENSTR. 9
TEL.: (06105) 22269
- LEITER: PROF. OESER
VORHABEN:
LAERM UND ERSCHUETTERUNGEN
FB -020 listen fuer medizinische fluglaerm-gutachten
UMWELTPLANUNG, UMWELTGESTALTUNG
UH -009 flughafen-planung

0134
BURCHHARDT PLANCONSULT
CH-4 BASEL/SCHWEIZ
VORHABEN:
UMWELTPLANUNG, UMWELTGESTALTUNG
UE -011 bewertung von siedlungsstrukturen unter vorrangiger beachtung einer ausgeglichenen nachfrage und einer sozial gerechten verteilung von flaechen

0135
CALORIC, GESELLSCHAFT FUER APPARATEBAU MBH
8032 GRAEFELFING, AKILINDASTR. 56
TEL.: (089) 855314
- LEITER: DR. VON LINDE
VORHABEN:
WASSERREINHALTUNG UND WASSERVERUNREINIGUNG
HG -008 aufkonzentration von salzloesungen

0136
CARL ZEISS
7082 OBERKOCHEN, CARL-ZEISS-STR. 1
TEL.: (07364) 201 TX.: 07-13213
- LEITER: PROF.DR.-ING. JOBST HERRMANN
- FORSCHUNGSSCHWERPUNKTE:
entwicklung von methoden und geraeten zur messung von umweltschadstoffen
VORHABEN:
LUFTREINHALTUNG UND LUFTVERUNREINIGUNG
CA -020 forschung und entwicklung auf dem gebiet der laserspektroskopie fuer den umweltschutz
CA -021 infrarot-gasanalysator fuer abgase
UMWELTCHEMIKALIEN
OB -005 atomabsorptionsautomat fmd 5

0137
CENTRALSUG GMBH
2000 HAMBURG 76, WANDSBEKER STIEG 37
TEL.: (040) 259056 TX.: 02-14061
- LEITER: KOERDEL
VORHABEN:
ABFALL
MA -005 pneumatische muellsauganlagen (verschiedene projekte)

0138
CHEMISCHE LANDESUNTERSUCHUNGSANSTALT STUTTGART
7000 STUTTGART 1, BREITSCHEIDSTR. 4
TEL.: (0711) 2050-4711
- LEITER: DR. H. SPERLICH
VORHABEN:
LEBENSMITTEL-, FUTTERMITTELKONTAMINATION
QA -005 untersuchungen zum uebergang von kunststoffbestandteilen auf waessrige und fetthaltige lebensmittel
QA -006 schnellbestimmung von biozid-rueckstaenden in lebensmitteln

0139
CHEMISCHE UNTERSUCHUNGSANSTALT DER STADT NUERNBERG
8500 NUERNBERG, HAUPTMARKT 1
TEL.: (0911) 162418
- LEITER: DR. TRINCZEK
VORHABEN:
LUFTREINHALTUNG UND LUFTVERUNREINIGUNG
AA -021 messung der luftverschmutzung im stadtgebiet von nuernberg

0140
CHEMISCHE WERKE HUELS AG
4370 MARL, POSTFACH 1180
TEL.: (02365) 491 TX.: 08-2910
- LEITER: PROF.DR. KARL MOENKEMEYER
- FORSCHUNGSSCHWERPUNKTE:
verwertung bzw. beseitigung von kunststoffabfaellen; analytische methoden auf dem gebiet des umweltschutzes; tensidabbau in klaeranlagen; verfahrenstechnische entwicklung auf dem gebiet des umweltschutzes
VORHABEN:
WASSERREINHALTUNG UND WASSERVERUNREINIGUNG
KE -010 tensidabbau in klaeranlagen
ABFALL
MC -008 analytische methoden auf dem gebiet des umweltschutzes
ME -007 verfahrenstechnische entwicklung auf dem gebiet des umweltschutzes
ME -008 verwertung bzw. beseitigung von kunststoffabfaellen
HUMANSPHAERE
TA -013 entwicklung loesungsmittelfreier bzw. loesungsmittelarmer lacke

0141
CHEMISCHES INSTITUT DER TIERAERZTLICHEN HOCHSCHULE HANNOVER
3000 HANNOVER, BISCHOFSHOLER DAMM 15
TEL.: (0511) 8113227
- LEITER: PROF.DR. GUNTHER SEITZ
- FORSCHUNGSSCHWERPUNKTE:
arbeiten ueber die analytik von umweltgefaehrdenden chemikalien, vorzugsweise in tierischen proben
VORHABEN:
UMWELTCHEMIKALIEN
OB -006 einsatz der gaschromatographie bei der analytik anorganischer stoffe
WIRKUNGEN UND BELASTUNGEN DURCH SCHADSTOFFE
PB -007 rueckstandsuntersuchungen von pestiziden und anderen giften in freilebenden wirbeltieren niedersachsens

0142
CHEMISCHES UNTERSUCHUNGSAMT TRIER
5500 TRIER, MAXIMINERACHT 11 A
TEL.: (0651) 48175, 42475
- LEITER: DR. RICHARD WOLLER
- FORSCHUNGSSCHWERPUNKTE:
aufnahme von schwermetallen durch den rebstock bei verschiedenen duengungsformen; mykotoxine in lebensmitteln
VORHABEN:
LEBENSMITTEL-, FUTTERMITTELKONTAMINATION
QC -009 untersuchungen ueber das vorkommen von bor-, brom- und fluorverbindungen im wein in hinblick auf ihre hygienische und weinrechtliche bedeutung

0143
CITYBAHN GMBH
8000 MUENCHEN 5, ERHARDSTR. 12
VORHABEN:
UMWELTPLANUNG, UMWELTGESTALTUNG
UN -010 komponentenentwicklung fahrwegwanderfeldtechnik fuer nahverkehrsmittel (langstator nahverkehr)

0144
COLLO GMBH
5303 BORNHEIM -HERSEL, SIMON-ARZT-STR. 2
TEL.: (02222) 8071
- LEITER: MORONI
VORHABEN:
LUFTREINHALTUNG UND LUFTVERUNREINIGUNG
DD -003 sanilan filtermaterial zur entfernung von schadstoffen wie schwefeldioxid, stickoxid, kohlenmonoxid aus der luft

0145
DAIMLER-BENZ AG
7000 STUTTGART 60, MERCEDESSTR. 136
TEL.: (0711) 3021 TX.: 723901
- LEITER: PROF.DR. JOACHIM ZAHN
- FORSCHUNGSSCHWERPUNKTE:
entwicklung umweltfreundlicher kraftfahrzeuge
VORHABEN:
LUFTREINHALTUNG UND LUFTVERUNREINIGUNG
BE -003 verminderung der geruchsbelaestigung durch absorptionsverfahren mit biologischer regeneration
DA -005 geruchs- und russbeseitigung an dieselmotoren mittels katalytischer nachverbrennung der abgase
DA -006 optimierung motorischer parameter beim einsatz von methanol fuer verbrennungskraftmaschinen mit kraftstoffeinspritzung
DA -007 komponentenentwicklung eines wasserstoffmotors
DC -009 abluftaufbereitung fuer eine leichtmetallgiesserei
UMWELTPLANUNG, UMWELTGESTALTUNG
UI -003 entwicklung von omnibussen mit alternierender elektrischer energiequelle

0146
DATUM E.V.
5300 BONN -BAD GODESBERG, ANNABERGERSTR. 159
TEL.: (02221) 374085
- LEITER: DR. WOLFGANG HARTENSTEIN
- FORSCHUNGSSCHWERPUNKTE:
erarbeitung von numerischen informationssystemen fuer die raeumliche planung; raeumliche lokalisierungssysteme; raumbezogene auswertungsverfahren wie erreichbarkeits-, zugaenglichkeitsmodelle; infrastrukturkataster; bevoelkerungsprognosemodelle; kartierverfahren
VORHABEN:
INFORMATION, DOKUMENTATION, PROGNOSEN, MODELLE
VA -004 informationssystem fuer raumordnung und landesplanung (roland)
VA -005 computer-orientiertes raeumliches bezugs-, analyse- und planungssystem (geocode)

0147
DECHEMA - DEUTSCHE GESELLSCHAFT FUER CHEMISCHES APPARATEWESEN E.V.
6000 FRANKFURT, THEODOR-HEUSS-ALLEE 25
TEL.: (0611) 7564-1 TX.: 04-12490
- LEITER: DR. HEINZ-GERHARD FRANCK
- FORSCHUNGSSCHWERPUNKTE:
umweltfreundliche technik; rohstoffsicherung (chemische technik); zuverlaessigkeit gaschromatographischer analysen im spurenbereich bei der messung von emissionen; gasreaktionen bei niedrigen konzentrationen (geruchsbeseitigung); abwasser-elektrolyse in fest- und wirbelbetten
VORHABEN:
LUFTREINHALTUNG UND LUFTVERUNREINIGUNG
BE -004 kinetik der reaktionen von ozon mit aminen und ungesaettigten aliphatischen verbindungen im ppm-bereich
BE -005 grundlagen (moeglichkeiten) der photometrischen desodorierung von aethylmerkaptanhaltigem abgas
BE -006 geruchsaktive schadstoffe aus abgasen: absorption und oxidation von h2s und mercaptan in wasser und waessrigen loesungen
CA -022 datensammlung fuer die kontinuierliche automatische emissionsanalyse von gasfoermigen, vorzugsweise organischen komponenten und komponentengruppen
CA -023 untersuchung ueber die zuverlaessigkeit gaschromatographischer analysen im spurenbereich bei der messung von emissionen
CB -007 oxidation von halogen- und schwefelhaltigen kohlenwasserstoffen mit sauerstoff (3p)
DD -004 zur absorption von schwefeldioxid mittels kalziumkarbonat- und kalziumhydroxid-suspensionen im freistrahl
WASSERREINHALTUNG UND WASSERVERUNREINIGUNG
KB -011 elektrochemische vorgaenge in wirbelschichtzellen
KC -007 reaktionstechnische untersuchungen zur elektrolytischen metallabscheidung in festbett- und wirbelbettzellen
KC -008 beurteilung von fe-projekten im bereich umweltfreundliche technik - erweiterung der methodik und anwendung auf die textilveredelungsindustrie
UMWELTPLANUNG, UMWELTGESTALTUNG
UA -003 fortsetzungsstudie umweltfreundliche technik; verfeinerung und konkretisierung der schon erarbeiteten kriterien zur beurteilung von entwicklungsvorschlaegen

0148
DEGUSSA AG
6450 HANAU, STADTTEIL WOLFGANG
TEL.: (06181) 591
- FORSCHUNGSSCHWERPUNKTE:
nichtedelmetallkatalysator zur reinigung von autoabgas; verwendung eines kraftstoffes mit 0,15 gramm blei/liter; uebertragung von laborergebnissen und ergebnissen von motorpruefstandsmessungen; pruefung im strassentest
VORHABEN:
LUFTREINHALTUNG UND LUFTVERUNREINIGUNG
BA -007 entwicklung von katalysatoren fuer den einsatz in europa und verwendung von bleihaltigem kraftstoff und testung eines einsatzbereiten gesamtsystems
DA -008 katalytische reinigung von autoabgasen
WASSERREINHALTUNG UND WASSERVERUNREINIGUNG
KC -009 entwicklung von verfahren zur entgiftung cyanid / cyanathaltiger und nitrit / nitrathaltiger haertesalze, die zusaetzlich giftige bariumverbindungen enthalten
WIRKUNGEN UND BELASTUNGEN DURCH SCHADSTOFFE
PK -011 entwicklung neuer und umweltfreundlicher nitrierverfahren zur oberflaechenverguetung von staehlen

0149
DEMAG FOERDERTECHNIK GMBH
5802 WETTER 1, POSTFACH 67/87
VORHABEN:
UMWELTPLANUNG, UMWELTGESTALTUNG
UN -011 cabinentaxi (cat)

0150
DEPARTMENT INNERE MEDIZIN AN DER MEDIZINISCHEN HOCHSCHULE HANNOVER
3000 HANNOVER 61, KARL-WIECHERT-ALLEE 9
TEL.: (0511) 532-3161
- LEITER: PROF.DR. HELMUT CANZLER
VORHABEN:
HUMANSPHAERE
TE -004 die eignung von plasmaaminosaeuremustern (aminogrammen) zur beurteilung der proteinbedarfsdeckung beim menschen

0151
DERMATOLOGISCHE KLINIK UND POLIKLINIK DER UNI MUENCHEN
8000 MUENCHEN, FRAUENLOBSTR. 9
TEL.: (089) 2333834
- LEITER: PROF. OTTO BRAUN-FALCO
- FORSCHUNGSSCHWERPUNKTE:
hautkrebs; lichtbehandlung von psoriasis; dermatopathologie, allergische hautkrankheiten
VORHABEN:
HUMANSPHAERE
TA -014 arbeits- und berufsschaedigungsmoeglichkeiten an der haut und den schleimhaeuten (dermatologisch-allergologischer noxen-katalog)

0152
DEUTSCH-FRANZOESISCHES FORSCHUNGSINSTITUT ST.LOUIS (ISL)
7858 WEIL AM RHEIN, RUE DE L'INDUSTRIE 12
TEL.: (003389) 670003 TX.: 881386
- LEITER: DR. RUDI SCHALL
- FORSCHUNGSSCHWERPUNKTE:
untersuchungen zur wirkung des flugzeugknalls; arbeiten zur verminderung des duesenlaerms; wirkung von impulsartigem laerm auf lebewesen
VORHABEN:
LAERM UND ERSCHUETTERUNGEN
FA -005 wirkung von impulsartigem laerm auf lebewesen
FB -021 untersuchungen ueber entstehung und ausbreitung von ueberschallknallen und flugzeuglaerm
FB -022 flugzeugknall; wirkung auf strukturen und lebewesen
FB -023 untersuchungen zur verminderung des laerms eines duesenfreistrahls
FD -005 untersuchungen im flugzeugknallgenerator ueber wirkungen von knallen verschiedener intensitaet

0153
DEUTSCHE EDELSTAHLWERKE AG
4150 KREFELD
VORHABEN:
WASSERREINHALTUNG UND WASSERVERUNREINIGUNG
HB -009 meerwasserentsalzung. teilprojekt: untersuchung von superferriten als werkstoff fuer meerwasserentsalzungsanlagen

0154
DEUTSCHE EISENBAHN CONSULTING GMBH
6000 FRANKFURT 70, POSTFACH 700467
VORHABEN:
UMWELTPLANUNG, UMWELTGESTALTUNG
UH -010 erforschung der grenzen des rad/schiene-systems (projektbegleitung)
UH -011 analyse des standes der technik auf dem gebiet des spurgebundenen schnellverkehrs

0155
DEUTSCHE FORSCHUNGSANSTALT FUER LEBENSMITTELCHEMIE MUENCHEN
8000 MUENCHEN 40, LEOPOLDSTR. 175
TEL.: (089) 367930
- LEITER: PROF.DR. BELITZ
VORHABEN:
LEBENSMITTEL-, FUTTERMITTELKONTAMINATION
QA -007 wirkung von bioziden auf in lebensmitteln vorkommende mikroorganismen

0156
DEUTSCHE FORSCHUNGSGESELLSCHAFT FUER BLECHVERARBEITUNG UND OBERFLAECHENBEHANDLUNG E.V.
4000 DUESSELDORF, PRINZ-GEORG-STR. 42
TEL.: (0211) 448614
- LEITER: DIPL.-ING. WUPPERMANN
VORHABEN:
LAERM UND ERSCHUETTERUNGEN
FC -014 laermminderung beim schleifen von blech und konstruktionselementen aus blech

0157
DEUTSCHE FORSCHUNGSGESELLSCHAFT FUER DRUCK- UND REPRODUKTIONSTECHNIK E.V.
8000 MUENCHEN 40, BRUNNERSTRASSE 2
VORHABEN:
LUFTREINHALTUNG UND LUFTVERUNREINIGUNG
BC -011 untersuchung der abluft- zusammensetzung bei rollenoffset-druckmaschinen
WASSERREINHALTUNG UND WASSERVERUNREINIGUNG
KB -012 untersuchung zur vorbeugenden reinhaltung des abwassers von druckereien und reproanstalten

0158
DEUTSCHE GESELLSCHAFT FUER AUSWAERTIGE POLITIK E.V.
5300 BONN 1, ADENAUERALLEE 133
TEL.: (02221) 220091
- LEITER: PROF.DR. KARL KAISER
- FORSCHUNGSSCHWERPUNKTE:
vergleich nationaler politiken; internationale politik
VORHABEN:
UMWELTPLANUNG, UMWELTGESTALTUNG
UA -004 internationale dimensionen der umweltproblematik in europa

0159
DEUTSCHE GESELLSCHAFT FUER HOLZFORSCHUNG E.V. (DGFH)
8000 MUENCHEN, PRANNERSTR. 9
TEL.: (089) 299465
- LEITER: DR. BECKER
- FORSCHUNGSSCHWERPUNKTE:
forschung und entwicklung auf dem bausektor, insbesondere schallschutz, waermeschutz, brandschutz, umweltfreundliche holzschutzverfahren; forschung auf dem holzbearbeitungsmaschinensektor mit laermschutz und staubschutz; forschung auf dem holzchemischen sektor - abwasserfragen; forschung und entwicklung auf dem gebiet der abfallverwertung (rinde)
VORHABEN:
LUFTREINHALTUNG UND LUFTVERUNREINIGUNG
BC -012 rauchdichteverhalten brennbarer baustoffe
LAERM UND ERSCHUETTERUNGEN
FD -006 untersuchungen ueber schallschutz von holzbalkendekken, fenstern und tueren
WASSERREINHALTUNG UND WASSERVERUNREINIGUNG
KC -010 herstellung von zellstoff nach dem sulfitverfahren mit hohen ausbeuten und optimalen technologischen eigenschaften
ABFALL
MB -005 untersuchungen zum mikrobiellen abbau von ligninsulfosaeuren durch spezifische ligninverwertende pilze und durch mischkulturen
ME -009 untersuchungen ueber die verwendbarkeit von sulfitablauge als bindemittel fuer holzwerkstoffe
MF -003 untersuchungen zur verwertung der rinde von kiefer, fichte und buche in zusammenarbeit mit eignung von rinde als bodenverbesserung
MF -004 leichte zuschlagstoffe zur betonherstellung unter verwendung von abfallstoffen in der forst- und holzwirtschaft
WIRKUNGEN UND BELASTUNGEN DURCH SCHADSTOFFE
PC -004 holzschutz-hygiene untersuchungen ueber die schaedliche einwirkung auf mensch und tier, die laetale dosis usw.
HUMANSPHAERE
TC -001 wochenend- und ferienhaus

0160
DEUTSCHE GESELLSCHAFT FUER HOPFENFORSCHUNG
8069 WOLZNACH
VORHABEN:
UMWELTPLANUNG, UMWELTGESTALTUNG
UM -006 untersuchungen zur anfaelligkeit verschiedener kultur- und zuchtsorten gegenueber verticillium alboatrum und verticillium dahliae als erreger der welkekrankheit beim hopfen

0161
DEUTSCHE GESELLSCHAFT FUER MINERALOELWISSENSCHAFT UND KOHLECHEMIE E.V.
2000 HAMBURG, STEINDAMM 71
TEL.: (040) 2802277
VORHABEN:
LUFTREINHALTUNG UND LUFTVERUNREINIGUNG
BA -008 messung und ermittlung von kohlenwasserstoff-emissionen bei lagerung, umschlag und transport von ottokraftstoffen
BC -013 durchfluss- und masseermittlung der den fackeln zugefuehrten gase

0162
DEUTSCHE NOVOPAN GESELLSCHAFT MBH
3400 GOETTINGEN, INDUSTRIESTR.
TEL.: (0551) 6011 TX.: 96836
- LEITER: DIPL.-KFM. ROBERT UDO DREHER
- FORSCHUNGSSCHWERPUNKTE:
verfahren zur entfernung von phenol und formaldehyd aus den abgasen der trockner von anlagen zur herstellung von spanplatten
VORHABEN:
LUFTREINHALTUNG UND LUFTVERUNREINIGUNG
DC -010 verfahren zur entfernung von phenol und formaldehyd aus den abgasen der trockner von anlagen zur herstellung von spanplatten

0163
DEUTSCHE STADTENTWICKLUNGS- UND KREDITGESELLSCHAFT MBH
6000 FRANKFURT
VORHABEN:
UMWELTPLANUNG, UMWELTGESTALTUNG
UE -012 querschnittsanalyse von regionalplaenen

0164
DEUTSCHE TEXACO AG
2000 HAMBURG 13, MITTELWEG 180
TEL.: (040) 441921 TX.: 02-12491
VORHABEN:
ENERGIE
SA -011 laborversuche bezueglich langzeiteinlagerung von fertigprodukten in salzkavernen

0165
DEUTSCHE UMWELT-AKTION E.V.
4150 KREFELD, KEMPENER ALLEE 9
TEL.: (02151) 750446
- LEITER: VON EGGERLING
VORHABEN:
HUMANSPHAERE
TD -002 stand, tendenzen und modelle fuer die einfuehrung von umweltthemen in aus- und fortbildung
TD -003 erstellung einer umwelt-filmdokumentationen
INFORMATION, DOKUMENTATION, PROGNOSEN, MODELLE
VA -006 fortschreibung des umwelt-literaturverzeichnisses

0166
DEUTSCHE VEREINIGUNG FUER VERBRENNUNGSFORSCHUNG E.V.
4300 ESSEN 1, KLINKESTR. 29-31
TEL.: (0201) 1981 TX.: 08-57507
- LEITER: DR.-ING. OTTMAR SCHWARZ
- FORSCHUNGSSCHWERPUNKTE:
emissionen und geraeuschentwicklung bei verbrennungsvorgaengen

VORHABEN:
LUFTREINHALTUNG UND LUFTVERUNREINIGUNG
CB -008 physikalisch-chemische reaktionen bei der verbrennung von kohlenwasserstoffen in diffusionsflammen
LAERM UND ERSCHUETTERUNGEN
FA -006 vermeidung von brennkammer-schwingungen
FC -015 geraeuschentwicklung industrieller gasbrenner

0167
DEUTSCHE VERGASER GMBH & CO KG
4040 NEUSS, LEUSCHSTR.1
TEL.: (02101) 5201 TX.: 08-517802
VORHABEN:
LUFTREINHALTUNG UND LUFTVERUNREINIGUNG
DA -009 zusammenhaenge zwischen erreichbarer gemischaufbereitung, abgasrueckfuehrung, abgasemission und kraftstoffverbrauch am ottomotor

0168
DEUTSCHER NORMENAUSSCHUSS
1000 BERLIN 30, REICHPIETSCHUFER 72-76
TEL.: (030) 2622031
VORHABEN:
ENERGIE
SB -004 auswertung von forschungsergebnissen fuer din 4108 und din 4109

0169
DEUTSCHER VERBAND FUER SCHWEISSTECHNIK E.V.
4000 DUESSELDORF, AACHENER STRASSE 172
TEL.: (0211) 347042, 347043, 347044
- LEITER: DR.-ING. SOSSENHEIMER
- FORSCHUNGSSCHWERPUNKTE:
humanisierung des arbeitslebens des schweissers
VORHABEN:
LAERM UND ERSCHUETTERUNGEN
FC -016 humanisierung des arbeitslebens des schweissers
HUMANSPHAERE
TA -015 untersuchungen der schadstoffkonzentrationen sowie der geraeuschpegel beim plasmaschmelzschneiden verschiedener werkstoffe
TA -016 messmethoden zur vorbeugenden arbeitssicherheit beim schweissen

0170
DEUTSCHER VEREIN VON GAS- UND WASSERFACHMAENNERN E.V.
6236 ESCHBORN 1, FRANKFURTER ALLEE 27
TEL.: (06196) 44059 TX.: 417420
- LEITER: DIPL.-ING. PETER LUDWIKOWSKI
- FORSCHUNGSSCHWERPUNKTE:
emissionen und immissionen aus gasgeraeten und gasfeuerstaetten; technologische fragen bei wassergewinnung, wasseraufbereitung, wasserverteilung; untersuchungen auf schadstoffe im wasser; verfahren zur wasseranalyse
VORHABEN:
LUFTREINHALTUNG UND LUFTVERUNREINIGUNG
CB -009 ausbreitung der abgase von aussenwandfeuerstaetten unter verschiedenen atmosphaerischen einfluessen
DB -005 entwicklung von gas-infrarot-kochstellenbrennern
WASSERREINHALTUNG UND WASSERVERUNREINIGUNG
HE -006 modellvorhaben fuer die einrichtung von schwerpunktwasserwerken mit analysen- und messgeraeten zur sicherung der oeffentlichen wasserversorgung
HE -007 ermittlung des wasserbedarfs als planungsgrundlage zur bemessung von wasserversorgungsanlagen
HE -008 moeglichkeiten der zentralen enthaertung von trinkwasser; die wirtschaftlichkeit der bisher untersuchten verfahren sowie darstellung noch notwendiger forschung
IC -018 untersuchungen ueber organische schadstoffe in fliessgewaessern
HUMANSPHAERE
TD -004 untersuchungen ueber die moeglichkeiten der einrichtung eines zentralen pruef- und forschungsinstitutes fuer das wasserversorgungsfach

0171
DEUTSCHER WETTERDIENST
6050 OFFENBACH, FRANKFURTER STR. 135
TEL.: (0611) 80621 TX.: 04-152871
- LEITER: DR. SUESSENBERGER
- FORSCHUNGSSCHWERPUNKTE:
luftreinhaltung, ausbreitungsbedingungen, meteorologische mitarbeit bei fragen der raumordnung und landesplanung, klimatische auswirkungen durch kuehltuerme, belastung der gewaesser
VORHABEN:
LUFTREINHALTUNG UND LUFTVERUNREINIGUNG
AA -022 lufthygienisch-meteorologische modelluntersuchung in der region untermain
AA -023 bearbeitung meteorologischer unterlagen und beitraege fuer richtlinien und normen des umweltproblems
AA -024 auswertung von niederschlagsregistrierungen fuer spezielle zwecke
AA -025 bioklimatische modelluntersuchungen in den unterschiedlichen klimabereichen der bundesrepublik deutschland
AA -026 meteorologische daten (modelluntersuchung, waermelastplan der atmosphaere im oberrheingebiet)
AA -027 anwendung und weiterentwicklung von simulationsmodellen (tracer-programm)
AA -028 sammlung von maritim-meteorologischen und ozeanographischen umweltdaten
CB -010 arbeiten ueber die atmosphaerischen bedingungen fuer fragen der ausbreitung von luftbeimengungen (fest, gasfoermig, radioaktiv)
CB -011 interregionaler transport von luftverunreinigungen; wind- und temperaturmessungen
CB -012 untersuchung der schadstoffausbreitung bei windschwachen wetterlagen als grundlage fuer ausbreitungsberechnungen
CB -013 verhalten des spurengases ozon in der freien atmosphaere
EA -001 meteorologische steuerung der smogwarndienste der laender, einschliesslich der vorhersage austauscharmen wetters
ABWAERME
GA -002 untersuchungen ueber den einfluss von kuehltuermen auf das klima
GA -003 untersuchung der durch ein grosskraftwerk verursachten agrarklimatologischen beeinflussung der umgebung
GB -008 flossmessungen auf dem rhein am standort des kernkraftwerkes biblis
WASSERREINHALTUNG UND WASSERVERUNREINIGUNG
IB -005 flaechenniederschlagsmessung mittels radar
IB -006 abfluss-vorhersage durch quantitative flaechenniederschlagsmessung mit einem speziellen 3.2 cm-wetterradargeraet
STRAHLUNG, RADIOAKTIVITAET
NB -009 ueberwachung der atmosphaere auf radioaktive beimengungen und deren verfrachtung
UMWELTCHEMIKALIEN
OB -007 untersuchung des bodennahen ozons
ENERGIE
SA -012 ermittlung der heizgrenzen fuer heiztechnische wirtschaftlichkeitsberechnungen, richtlinie vdi 2067 blatt 1
UMWELTPLANUNG, UMWELTGESTALTUNG
UF -005 stadtklimagutachten frankfurt/main

0172
DEUTSCHES HYDROGRAPHISCHES INSTITUT
2000 HAMBURG, BERNHARD-NOCHT-STR. 78
TEL.: (040) 311121 TX.: 02-11138
- LEITER: PROF.DR. GERHARD ZICKWOLFF
- FORSCHUNGSSCHWERPUNKTE:
bestimmung der konzentration, der verteilung und des verhaltens von schadstoffen (einschliesslich radioaktiver spalt- und aktivierungsprodukte) sowie von naehrstoffen und sauerstoff im meer; untersuchungen ueber: verlagerung von stoffen durch stroemungen, vermischungsvorgaenge im meer durch diffusion und seegang, wechselwirkung meerwasser/meeresboden
VORHABEN:
WASSERREINHALTUNG UND WASSERVERUNREINIGUNG
HC -016 wassertransportmessung mit driftkoerpern
HC -017 vorkommen und ausbreitung der transurane im meer
HC -018 numerische simulierung der stroemung und des wasserstandes in der deutschen bucht
IE -007 entwicklung neuer analyseverfahren; verbleib partikulaerer schmutzstoffe; absorptionsfaehigkeit von meeresboeden
IE -008 erfassung partikulaerer schadstoffe in nord- und ostsee. (verklappung von abwaessern; verklappung von ausgefaulten klaerschlaemmen)

IE -009 hydrographischer aufbau der deutschen bucht in kleinerskaliger aufloesung
IE -010 ausbreitung von stoffen im meer durch vermischungsvorgaenge
IE -011 entwicklung von vorhersagemethoden ueber ausbreitung und verlagerung von schadstoffen in der deutschen bucht
IE -012 entwicklung von analysenverfahren zur schnelleren und besseren bestimmung von radioisotopen im meerwasser und -sediment
IE -013 kreislauf der schwermetalle und ihr verbleib im meer
IE -014 untersuchungen ueber die auswirkungen von naehrstoffzufuhren in die see und ueber die entstehung von akutem sauerstoffmangel in der ostsee
IE -015 untersuchungen ueber die veraenderungen des meerwassers durch salzsaeure, die bei der verbrennung von chlorierten kohlenwasserstoffen in der nordsee entsteht
IE -016 erdwissenschaftliches flugzeugmessprogramm. erfassung chemischer und patikulaerer verschmutzung durch remote-sensing-verfahren

STRAHLUNG, RADIOAKTIVITAET
ND -015 forschungsarbeiten in zusammenhang mit der lagerung von radioaktiven abfaellen im meer

UMWELTCHEMIKALIEN
OA -006 entwicklung neuer probenahme- und analysenmethoden zur ueberwachung der chemischen beschaffenheit des meerwassers
OA -007 entwicklung von analysenverfahren und ueberwachungsmethoden fuer kohlenwasserstoffe im meerwasser
OA -008 entwicklung von analysenverfahren und ueberwachungsmethoden mit der neutronenaktivierungsanalyse auf schaedliche spurenelemente im meerwasser

0173
DEUTSCHES INSTITUT FUER WIRTSCHAFTSFORSCHUNG
1000 BERLIN 33, KOENIGIN-LUISE-STR. 5
TEL.: (030) 761033
- LEITER: DR. KLAUS-DIETER ARNDT

VORHABEN:
UMWELTPLANUNG, UMWELTGESTALTUNG
UD -001 der rohstoffluss in der industrie der bundesrepublik deutschland unter beruecksichtigung umweltrelevanter aspekte einer ressourcenplanung im rohstoffbereich
UE -013 zukuenftige einfluesse der europaeischen gemeinschaft und der eg-mitgliedstaaten auf die nationale raumordnungs- und regionalpolitik
UG -004 moelgichkeiten und voraussetzungen einer funktional ausgewogenen infrastrukturellen versorgung von grossen siedlungseinheiten, dargestellt an ausgewaehlten beispielen

0174
DIENSTSTELLE FUER WIRTSCHAFTLICHE FRAGEN UND RECHTSANGELEGENHEITEN IM PFLANZENSCHUTZ DER BIOLOGISCHEN BUNDESANSTALT FUER LAND- UND FORSTWIRTSCHAFT
1000 BERLIN 33, KOENIGIN-LUISE-STR. 19
TEL.: (030) 8324011
- LEITER: DR. LUDWIG QUANTT

VORHABEN:
LAND- UND FORSTWIRTSCHAFT
RE -013 erhebungen dieser art und menge der in den verschiedenen kulturen ausgebrachten pflanzenschutzmittel

0175
DIVO INMAR GMBH
6000 FRANKFURT, HAHNSTR. 40
TEL.: (0611) 66041-204
- LEITER: DIPL.-VOLKSW. KARL-JOSEPH THEOBALD

VORHABEN:
ABFALL
MB -006 behandlung und beseitigung kommunaler klaerschlaemme
MG -006 analyse der voraussetzungen und der moeglichen auswirkungen einer ausgleichsabgabe bzw. einer rechtsverordnung zu par. 14 abfg fuer kunststoffverpackungen

0176
DOERNER - INSTITUT
8000 MUENCHEN 2, MEISERSTR. 10
TEL.: (089) 55911
- LEITER: DR. WOLTERS

VORHABEN:
WIRKUNGEN UND BELASTUNGEN DURCH SCHADSTOFFE
PK -012 entwicklung von verfahren zur reinigung und zum korrosionsschutz von bronzen, die im freien aufgestellt sind

0177
DOKUMENTATION KRAFTFAHRWESEN E.V.
7000 STUTTGART 60, MERCEDESSTR.
VORHABEN:
INFORMATION, DOKUMENTATION, PROGNOSEN, MODELLE
VA -007 errichtung eines informationssystems fahrzeugwesen

0178
DOKUMENTATIONSSTELLE DER UNI HOHENHEIM
7000 STUTTGART 70, PARACELSUSSTR. 2
TEL.: (0711) 4701-2110
- LEITER: DR. HAENDLER

VORHABEN:
LEBENSMITTEL-, FUTTERMITTELKONTAMINATION
QA -008 erarbeitung eines informationssystems ueber umweltrelevante daten aus dem gebiet der futtermittelkunde

0179
DOLMAR MASCHINEN-FABRIK GMBH & CO
2000 HAMBURG 70, JENFELDERSTR. 38
VORHABEN:
LAERM UND ERSCHUETTERUNGEN
FC -017 reduzierung des gesamt-schallpegels an motorkettensaegen mit dem ziel der erstellung einer motorsaege, deren schallpegel geringer ist als 90 dezibel (a)

0180
DORNIER GMBH
7990 FRIEDRICHSHAFEN, POSTFACH 317
TEL.: (07545) 81 TX.: 0734372
- LEITER: DR. BERNHARD SCHMIDT
- FORSCHUNGSSCHWERPUNKTE:

laermbekaempfung
VORHABEN:
LAERM UND ERSCHUETTERUNGEN
FB -024 laermreduzierung von propellerflugzeug-antrieben
FC -018 untersuchungen ueber laermquellen im industrie- und gewerbebereich

0181
DORNIER SYSTEM GMBH
7990 FRIEDRICHSHAFEN, POSTFACH 1360
TEL.: (07545) 81 TX.: 07-34359
- LEITER: DR. HELMUT ULKE
- FORSCHUNGSSCHWERPUNKTE:

umweltplanung: programmplanung und prioritaetensetzung, umweltvertraeglichkeitspruefung, wirtschaftliche aspekte, belastung und belastbarkeit der umwelt, standortplanung und -bewertung; umwelttechnik luft: systemstudien, luftgueteueberwachung; wasser: abwassertechnik, gewaesserguetekontrolle; abfall: recycling von sonderabfaellen und hausmuell
VORHABEN:
LUFTREINHALTUNG UND LUFTVERUNREINIGUNG
AA -029 planung der ueberwachung und kontrolle der luftreinhaltung (puekl i und ii)
AA -030 erstellung von technischen grundlagen fuer anlagenbezogene immissionsmessungen
AA -031 immissionsbeurteilung unter beruecksichtigung raeumlicher und zeitlicher korrelationen
AA -032 lufthygienisches landesueberwachungssystem bayern
AA -033 immissionsmessnetz niedersachsen
AA -034 planung und aufbau des kommunalen messnetzes wilhelmshaven
AA -035 beurteilung des immissionszustandes durch auswertung von stichprobenmessungen
DA -010 programmbegleitung fuer das programm emissionsverminderung im verkehr
DA -011 fluessiggas und druckgas als kraftstoff fuer kfz-antriebe

LAERM UND ERSCHUETTERUNGEN
FD -007 laermkarte konstanz

WASSERREINHALTUNG UND WASSERVERUNREINIGUNG
HA -015 vorentwicklung messnetz nord-, ostsee
HA -016 prognostisches modell der wasserguetebewirtschaftung am beispiel des neckars

KE -011 klaeranlagenautomatisierung - experimentaluntersuchung zur optimierung des belebungsverfahrens
ABFALL
MA -006 untersuchung ueber glas im hausmuell
MA -007 untersuchung ueber die trennung und verwertung von papier und glas aus hausmuell, dargestellt am beispiel konstanz
ME -010 recycling von sonderabfaellen; dargestellt am wirtschaftsraum nordbaden/nordwuerttemberg
ME -011 recycling von sonderabfaellen; phase iii dargestellt am beispiel des industrialisierten wirtschaftsraumes nordbaden/nordwuerttemberg
ME -012 verwertung und beseitigung loesungsmittelhaltiger rueckstaende in hessen
MG -007 mitarbeit bei der realisierung datenbank abfallwirtschaft (version o)
MG -008 wirtschaftlichkeitsvergleich alternativer betriebssysteme von grossdeponien
LAND- UND FORSTWIRTSCHAFT
RA -003 zielsystem der umweltpolitik des bml und richtlinien fuer die erfassung umweltrelevanter daten (im bereich der agrarwirtschaft)
ENERGIE
SA -013 entwicklung von hochtemperaturbestaendigen solarabsorberflaechen
SB -005 voruntersuchungen rationelle energieverwendung im hochbau
SB -006 voruntersuchung ueber die technik der waermegewinnung und darauf abgestimmte bautechnik
UMWELTPLANUNG, UMWELTGESTALTUNG
UA -005 planungsfaktor umweltschutz-fernsehreihe, lehrbuch und pruefung im medienverbund (wdr/ndr)
UA -006 studie zur fortschreibung des umweltprogramms
UA -007 mitarbeit bei der bestandsaufnahme und fortschreibung des umweltprogramms der bundesregierung
UA -008 finanzierungsmodelle fuer umweltschutzmassnahmen im kommunalen bereich
UC -002 untersuchung zur struktur und entwicklung der kommunalen ausgaben fuer umweltschutzmassnahmen
UC -003 entwicklung eines praxisorientierten instrumentariums zur einbeziehung der umweltziele in die standortrahmenplanung umweltbelastender aktivitaeten
UE -014 systemanalytische untersuchung ueber ausgewogenheit, belastbarkeit und entwicklungspotential des landes baden-wuerttemberg und seiner regionen unter besonderer beruecksichtigung der region mittlerer neckar
UE -015 entwicklung einer allgemeingueltigen methodik zur untersuchung des entwicklungspotentials und der belastbarkeit von verdichtungsraeumen
UI -004 entwicklung von bussen mit alternierender elektrischer energiequelle als vorstufe zur entwicklung von dual-mode-bussen
UK -007 handbuch zur oekologischen planung (instrumentarium zur umweltgerechten standortrahmenplanung)
UK -008 untersuchung zur umweltvertraeglichkeitspruefung im bereich der flurbereinigung
INFORMATION, DOKUMENTATION, PROGNOSEN, MODELLE
VA -008 umweltueberwachung in hessen

0182
DORSCH CONSULT INGENIEURGESELLSCHAFT MBH
8000 MUENCHEN 21, ELSENHEIMERSTR. 68
TEL.: (089) 57971 TX.: 05-212862
- LEITER: XAVER DORSCH
- FORSCHUNGSSCHWERPUNKTE:
laerm, abgase, abwasser
VORHABEN:
LUFTREINHALTUNG UND LUFTVERUNREINIGUNG
BA -009 berechnung von abgasemissionen fuer beliebige verkehrsbelastungen und darstellung von emissionskatastern mit hilfe der edv
LAERM UND ERSCHUETTERUNGEN
FB -025 laermberechnung fuer ein prognostiziertes verkehrsaufkommen
WASSERREINHALTUNG UND WASSERVERUNREINIGUNG
IB -007 vorfluterbelastung infolge von misch- und trennkanalisation
UMWELTPLANUNG, UMWELTGESTALTUNG
UC -004 umweltrelevante grundlagen fuer planungsentscheidungen in der standortvorsorgepolitik der deutschen industrie

0183
DUISBURGER KUPFERHUETTE
4100 DUISBURG 1, WERTHAUSERSTR. 220
TEL.: (0203) 6011 TX.: 08-55863
- LEITER: DR. HUBERTUS MUELLER VON BLUMENCRON
- FORSCHUNGSSCHWERPUNKTE:
entwicklung umweltfreundlicher verfahren zur metallgewinnung aus erzen, zwischenprodukten und rueckstaenden (recycling); ausschleusung von abfaellen in deponiefaehiger form
VORHABEN:
ABFALL
MC -009 deponierung von sondermuell; auslaugeverhalten metallhaltiger faellschlaemme
ME -013 entwicklung eines verfahrens zur gewinnung reiner ne-metalle ausruecklaufmaterialien
UMWELTPLANUNG, UMWELTGESTALTUNG
UD -002 entwicklung eines verfahrens zur gewinnung reiner ne-metalle aus komplex zusammengesetzten erzen und konzentraten

0184
DYCKERHOFF & WIDMANN AG
8000 MUENCHEN 40, POSTFACH 400426
VORHABEN:
STRAHLUNG, RADIOAKTIVITAET
NC -016 untersuchungen zum verhalten des waermedaemmkuehlsystems (wks) einer berstsicherung (bs) fuer reaktordruckbehaelter bei dynamischer belastung
UMWELTPLANUNG, UMWELTGESTALTUNG
UI -005 technische beitraege zur beurteilung der anwendbarkeit neuartiger hochleistungsschnellbahnsysteme

0185
E. MERCK
6100 DARMSTADT, FRANKFURTER STR. 250
TEL.: (06151) 722570 TX.: 04-19325
- LEITER: DR. FRED KOPPERNOCK
- FORSCHUNGSSCHWERPUNKTE:
einzelidentifizierung von organischen substanzen im abwasser; beseitigung persistenter stoffe; reinigung von schadgasen
VORHABEN:
WASSERREINHALTUNG UND WASSERVERUNREINIGUNG
KC -011 untersuchungen zur kombination von adsorptiver und biologischer reinigung bei industrieabwaessern
WIRKUNGEN UND BELASTUNGEN DURCH SCHADSTOFFE
PD -003 methodik der mutagenitaetspruefung chemischer stoffe

0186
ECOSYSTEM - GESELLSCHAFT FUER UMWELTSYSTEME MBH
8000 MUENCHEN 19, VOITSTR. 4
TEL.: (089) 151011 TX.: 05-29372
- LEITER: DR. EGON KELLER
- FORSCHUNGSSCHWERPUNKTE:
abfallwirtschaft (recycling); luftreinhaltung; abwassertechnik; umweltplanung
VORHABEN:
ABFALL
MB -007 pyrolyse-verfahren usa
MG -009 studien und gutachten zur erstellung eines abfallwirtschaftsprogramm der bundesregierung
MG -010 vorstudie zur erstellung eines recyclingprogramms der bundesregierung

0187
EHLERS, H., DIPL.-ING. UND BITSCH, H.-U.
4000 DUESSELDORF 30, LUDWIG-BECK-STRASSE 12
VORHABEN:
UMWELTPLANUNG, UMWELTGESTALTUNG
UF -006 integra - stadtentwicklungsforschung differenzierung staedtischer bauformen beim bauen mit systemen ein aspekt der stadtentwicklung

0188
EISENBERG, DR.-ING.
4600 DORTMUND

VORHABEN:
LAERM UND ERSCHUETTERUNGEN
FD -008 neubearbeitung der din 4109 - schallschutz im hochbau -.

0189
ELEKTRO SPEZIAL GMBH
2000 HAMBURG 1, POSTFACH 992
VORHABEN:
LUFTREINHALTUNG UND LUFTVERUNREINIGUNG
CA -024 entwicklungsarbeiten fuer ein geraet zur kontinuierlichen und automatischen emissionskontrolle
CA -025 experimentalstudie mikrowellenradiometer

0190
ELEKTROWAERME-INSTITUT ESSEN E.V.
4300 ESSEN, NUENNINGSTR. 9
TEL.: (0201) 215071
- LEITER: DR.-ING. PAUTZ
- FORSCHUNGSSCHWERPUNKTE:
rationelle energieanwendung und waermerueckgewinnung
VORHABEN:
ENERGIE
SA -014 untersuchungen zu den moeglichkeiten der energierueckgewinnung und der integrierten energieversorgung von giessereibetrieben
SA -015 untersuchungen zur anwendung elektrischer direktheizsysteme mit flaechenheizelementen
SB -007 untersuchungen zu einer technisch optimalen auslegung der leistungssteuerung von elektrowaermegeraeten durch thyristoren
SB -008 die wirtschaftlichen moeglichkeiten einer verringerung der energieintensitaet bei elektrischen haushaltsgeraeten

0191
ELGIM ECOLOGY LTD.
REHOVOT/ISRAEL
VORHABEN:
WASSERREINHALTUNG UND WASSERVERUNREINIGUNG
KB -013 vergleich von membranprozessen fuer die behandlung von verunreinigten waessern

0192
EMCH UND BERGER INGENIEURBUERO GMBH
7889 GRENZACH-WYHLEN, SOLVAY PLATZ 55
TEL.: (07624) 731
- LEITER: M. RAUER
VORHABEN:
ABFALL
MC -010 standortuntersuchungen von industriemuelldeponien unter besonderer beruecksichtigung des kleinklimas

0193
EMNID INSTITUT GMBH
4800 BIELEFELD
VORHABEN:
UMWELTPLANUNG, UMWELTGESTALTUNG
UA -009 auswertungsprogramm soziale indikatoren (phase II)

0194
EMSCHERGENOSSENSCHAFT UND LIPPEVERBAND
4300 ESSEN 1, KRONPRINZENSTR. 24
TEL.: (0201) 104-1
- LEITER: DR.-ING. ANNEN
- FORSCHUNGSSCHWERPUNKTE:
verfahrenstechnik der abwasserreinigung und schlammbehandlung; abwasseranalytik; hydrologie
VORHABEN:
LUFTREINHALTUNG UND LUFTVERUNREINIGUNG
AA -036 haeufigkeit der zeitlichen und oertlichen verteilung von starken niederschlaegen im nordrhein-westfaelischen industriegebiet
WASSERREINHALTUNG UND WASSERVERUNREINIGUNG
KA -007 gaschromatographische untersuchungen von kokereiabwaessern auf phenole
KA -008 entwicklung von untersuchungstechniken zur bestimmung des sauerstoffbedarfs (biochemisch, chemisch, gesamt)
KA -009 probenstabilisierung bei entnahme und aufbewahrung von wasserproben
KB -014 abbauverhalten organischer substanzen unter besonderer beruecksichtigung der nichtionogenen detergentien
KB -015 chemische faellung zur verminderung der restbelastung biologisch gereinigter abwaesser
KB -016 absicherung des umweltverhaltens von heterogenen anorganischen buildern
KE -012 entwicklung und ueberpruefung von verfahren zur bestimmung des stabilisierungsgrades aerob behandelter schlaemme
KF -003 vor-, simultan- und nachfaellungsanlage zur phosphateliminierung
KF -004 versuche im technischen masstab zur weitergehenden abwasserreinigung
ABFALL
MD -005 versuche zur landwirtschaftlichen nutzung von kommunalen klaerschlaemmen
UMWELTCHEMIKALIEN
OB -008 spektralphotometrische bestimmung von quecksilber im mikrogrammbereich

0195
ENERGIEANLAGEN BERLIN GMBH
1000 BERLIN 30, LUETZOWPLATZ 11-13
TEL.: (030) 2611526 TX.: 01-84691
- LEITER: DIPL.-ING. DIETRICH STEIN-KAEMPFE
- FORSCHUNGSSCHWERPUNKTE:
energieeinsparung bei strom- und waermeerzeugung, waermeversorgung
VORHABEN:
ABWAERME
GC -001 planstudie fuer das ballungsgebiet berlin zur ermittlung der moeglichkeiten der einsparung von energie und der substitution fossiler brennstoffe durch kernenergie
ENERGIE
SB -009 planstudie berlin zur ermittlung der moeglichkeiten der einsparung von energie und substitution fossiler brennstoffe durch kernenergie

0196
ENERGIEVERSORGUNG OBERHAUSEN AG
4200 OBERHAUSEN, POSTFACH 100420
VORHABEN:
ENERGIE
SA -016 planungsstudie zur fernwaermeversorgung aus heizkraftwerken im raum oberhausen/westliches ruhrgebiet

0197
ENERGIEWIRTSCHAFTLICHES INSTITUT DER UNI KOELN
5000 KOELN 41, ALBERTUS-MAGNUS-PLATZ
TEL.: (0221) 470-2258
- LEITER: PROF.DR. SCHNEIDER
VORHABEN:
ENERGIE
SA -017 instrumente umweltorientierter energiepolitik
UMWELTPLANUNG, UMWELTGESTALTUNG
UC -005 wirtschaftliche konzeption einer umweltorientierten energiepolitik

0198
ENGELEN-KEFER, URSULA, DR.
4000 DUESSELDORF
VORHABEN:
UMWELTPLANUNG, UMWELTGESTALTUNG
UE -016 probleme einer arbeitskraefterelevanten typisierung von regionen

0199
ENGLER-BUNTE-INSTITUT DER UNI KARLSRUHE
7500 KARLSRUHE, RICHARD-WILLST. ALLEE 5
TEL.: (0721) 2560 TX.: 07-826521
- LEITER: PROF.DR.-ING. RUDOLF GUENTHER
- FORSCHUNGSSCHWERPUNKTE:

entschwefelung von gasfoermigen, fluessigen und festen brennstoffen; massenspektrometrische untersuchungen ueber den gehalt an polycyclischen aromaten in kraft- und brennstoffen und in abgasen
VORHABEN:
LUFTREINHALTUNG UND LUFTVERUNREINIGUNG
BA -010 polycyclische aromatische kohlenwasserstoffe in dieseloel, benzin sowie im luftstaub von autobahn-, industrie- und wohngebieten
BB -003 emission aus hochfackeln
BB -004 benzol und polycyclische aromaten in den abgasen von haushaltsfeuerungen
DC -011 entwicklung von katalysatoren fuer die nachverbrennung von abgasen, welche halogenhaltige kohlenwasserstoffe enthalten
DD -005 grundlagen fuer die technische berechnung von adsorbern zur gasreinigung
DD -006 katalytische hydrierung organischer schwefelverbindungen
DD -007 reaktionskinetische untersuchungen der schwefelwasserstoffoxidation zu schwefel mit luft an aktivkohle
LAERM UND ERSCHUETTERUNGEN
FA -007 geraeuschentwicklung in flammen
FC -019 geraeuschentwicklung in gasbrennern
WASSERREINHALTUNG UND WASSERVERUNREINIGUNG
HA -017 untersuchung der rheinwasserqualitaet
KB -017 adsorption an aktivkohle
KB -018 untersuchungen zur flockung und filtration
KB -019 teilentsalzung von waessern unter verwendung billiger regenerationsmittel, insbesondere kohlendioxid
KB -020 entfernung von ammoniak und schwer abbaubaren organischen substanzen aus abwaessern durch ozonbehandlung und belueftung
KF -005 entfernung von phosphaten durch filtrationsverfahren

0200
ERNO RAUMFAHRTECHNIK GMBH
2800 BREMEN 1, HUENEFELDSTR. 1-5
TEL.: (0421) 5391
- LEITER: DIPL.-ING. HOFFMANN

VORHABEN:
LUFTREINHALTUNG UND LUFTVERUNREINIGUNG
AA -037 studie ueber die einrichtung von emissionskatastern in den belastungsgebieten niedersachsens
WASSERREINHALTUNG UND WASSERVERUNREINIGUNG
HA -018 entwicklung eines messystems zur fluss- und meeresueberwachung
HA -019 najade - ein mobiles system zur gewaesserueberwachung
HG -009 messsystem argus - automatische registrierung von hydrologischen und meteorologischen messreihen in fluss- und kuestengewaessern
IC -019 abwasserbelastung der unterweser
KB -021 entwicklung eines mit kunstlicht betriebenen bioreaktors zur abwasserreinigung mittels algen
KB -022 prototyp-entwicklung fuer flotation nach dem blaseneintrags-verfahren gemaess erno / volvo-patentanmeldung
KE -013 verfahren zur schlammkonditionierung und kombinierten schlamm- und hausmuellverbrennung

0201
ERNST LEITZ WETZLAR GMBH
6330 WETZLAR, ERNST-LEITZ-STR.
TEL.: (06441) 291 TX.: 483849
- LEITER: DR. GUENTER CARNAP
- FORSCHUNGSSCHWERPUNKTE:

entwicklung von mess- und analysengeraeten fuer umweltverunreinigungen und umweltschaeden
VORHABEN:
UMWELTCHEMIKALIEN
OA -009 optische analysengeraete fuer medizin, umweltschutz und chemie

0202
ERNST-MACH-INSTITUT FUER STOSSWELLENFORSCHUNG DER FRAUNHOFER-GESELLSCHAFT E.V.
7800 FREIBURG, ECKERSTR. 4
- LEITER: DR. H. REICHENBACH

VORHABEN:
STRAHLUNG, RADIOAKTIVITAET
NC -017 untersuchungen ueber das verhalten von materialien und bauteilen des reaktorbaues gegen aufschlagende fragmente und projektile unterschiedlicher masse und auftreffgeschwindigkeit

0203
ESCHWEILER BERGWERKSVEREIN AG
5120 HERZOGENRATH -KOHLSCHEID
VORHABEN:
LUFTREINHALTUNG UND LUFTVERUNREINIGUNG
DB -006 termische vorbehandlung backender steinkohlen
DB -007 herstellung umweltfreundlicher brennstoffe

0204
EUROPA-INSTITUT DER UNI MANNHEIM
6800 MANNHEIM, SCHLOSS WESTFLUEGEL
TEL.: (0621) 2923367
- LEITER: PROF.DR. SCHLENKE
- FORSCHUNGSSCHWERPUNKTE:

bekaempfung der (industriellen) luftverschmutzung in den wichtigsten westlichen industrienationen
VORHABEN:
LUFTREINHALTUNG UND LUFTVERUNREINIGUNG
EA -002 die bekaempfung der industriellen luftverschmutzung in westeuropa und nordamerika
EA -003 geltende rechtsvorschriften und ihre verwaltungsmaessige sowie gerichtliche anwendung zur bekaempfung der luftverschmutzung in den wichtigsten westlichen industrielaendern

0205
FACHBEREICH ANORGANISCHE CHEMIE UND KERNCHEMIE DER TH DARMSTADT
6100 DARMSTADT, HOCHSCHULSTR. 4
TEL.: (06151) 162373
- LEITER: PROF.DR. K. SCHAEFER
- FORSCHUNGSSCHWERPUNKTE:

bestimmung von niedrigen mengen an chlorwasserstoff in luft zur loesung des problems des ozonabbaus; bestimmung von spurenelementen in weinen; bestimmung von spurenelementen durch neutronenaktivierungsanalyse und roentgenfluoreszenzanalyse; abtrennung und bestimmung von radionukliden
VORHABEN:
LUFTREINHALTUNG UND LUFTVERUNREINIGUNG
CB -014 bestimmung von geringen mengen an hcl in verschiedenen luftschichten zur klaerung des problems des abbaus der ozonschicht
LEBENSMITTEL-, FUTTERMITTELKONTAMINATION
QC -010 spurenelemente in weinen

0206
FACHBEREICH ARCHITEKTUR DER TH DARMSTADT
6100 DARMSTADT, PETERSENSTR. 14
TEL.: (06151) 162101
- LEITER: PROF.DIPL.-ING. GUENTER BEHNISCH

VORHABEN:
ENERGIE
SB -010 plenar (planung, energie, architektur)
UMWELTPLANUNG, UMWELTGESTALTUNG
UE -017 methoden und modelle in der stadt- und regionalplanung

0207
FACHBEREICH ARCHITEKTUR UND BAUINGENIEURWESEN DER FH HANNOVER
3070 NIENBURG/WESER, STAHNWALL 9
TEL.: (05021) 3127
- LEITER: PROF.DR. STEINBACH

VORHABEN:
WASSERREINHALTUNG UND WASSERVERUNREINIGUNG
HB -010 untersuchungen ueber die physikalischen, biologischen und chemischen bewertungen eines flusstaues auf die wasserbeschaffenheit von rohwasser fuer die trinkwasserversorgung

0208
FACHBEREICH BAUINGENIEURWESEN DER FH NORDOSTNIEDERSACHSEN
3113 SUDERBURG, HERBERT-MEYER-STR. 7
TEL.: (05826) 316
- LEITER: PROF.DIPL.-ING. HELMUTH LESSMANN

VORHABEN:
LAND- UND FORSTWIRTSCHAFT
RC -007 windschutz auf leichten boeden

0209
FACHBEREICH BIOLOGIE DER UNI KONSTANZ
7750 KONSTANZ, GIESSBERG
TEL.: (07531) 88-1
- LEITER: PROF.DR. GERHARD CZIHAK

VORHABEN:
LEBENSMITTEL-, FUTTERMITTELKONTAMINATION
QD -002 wirkung, aufnahme und anreicherung subletaler dosen von atrazin auf bzw. in paramaecium caudatum als glied einer nahrungskette

0210
FACHBEREICH BIOLOGIE UND CHEMIE DER UNI BREMEN
2800 BREMEN 33, ACHTERSTR.
TEL.: (0421) 2182398
- LEITER: PROF.DR. HERMANN CORDES

VORHABEN:
WASSERREINHALTUNG UND WASSERVERUNREINIGUNG
ID -010 mikrobiologie des rheinwassers (grundwasser und trinkwasser)
WIRKUNGEN UND BELASTUNGEN DURCH SCHADSTOFFE
PA -002 wirkung von metallionen auf biosynthese und funktion biologischer makromolekuele
PE -005 biologische adaptationsmechanismen an faktoren der natuerlichen umwelt (klima, hoehe, belastung mit infektionskrankheiten etc.)
PH -005 entwicklung von testverfahren zur erfassung der schadwirkung von umweltgiften auf mikroorganismen
PI -005 nahrungs- und energieumsatz raeuberischer arthropoden der bodenoberflaeche
UMWELTPLANUNG, UMWELTGESTALTUNG
UL -002 bestandsaufnahme und oekologische untersuchungen in naturschutzgebieten in und um bremen
UM -007 besiedlungsprozesse von muelldeponien
UM -008 sukzession der flora auf anthropogen stark beeinflussten standorten, insbesondere auf muelldeponien
UN -012 sukzession der fauna auf natuerlich und kuenstlich begruenten flaechen von muelldeponien

0211
FACHBEREICH CHEMIE DER FH AACHEN
5100 AACHEN, KURBRUNNENSTR. 14-20
- LEITER: PROF.DR. GERHARD SEIBERT

VORHABEN:
ABFALL
ME -014 aufbereitung von kunststoffabfaellen aus reaktionsprodukten der polyurethanchemie zur wiederverwendung durch umwandlung in kunstharze

0212
FACHBEREICH CHEMIE DER FH NIEDERRHEIN
4150 KREFELD, REINARZSTR. 49
TEL.: (02151) 8221 TX.: 0853638
- LEITER: PROF.DR. KARL-HEINZ BROCKS
- FORSCHUNGSSCHWERPUNKTE:

umweltanalytik; abbaubarkeit und ausfaellung von schwermetallverbindungen im abwasser
VORHABEN:
WASSERREINHALTUNG UND WASSERVERUNREINIGUNG
KB -023 der einfluss von komplexbildnern auf die ausfaellung von schwermetallhydroxiden im abwasser und untersuchungen ueber die abbaubarkeit von schwermetallkomplexen
UMWELTCHEMIKALIEN
OA -010 darstellung und pruefung von stationaeren phasen, traegern und mobilen phasen fuer den einsatz in der duennschicht-, gas- und hochdruck-fluessigkeitschromatographie als speziellen methoden der umweltanalytik

0213
FACHBEREICH CHEMIE DER GESAMTHOCHSCHULE ESSEN
4300 ESSEN, UNIONSTR. 2
TEL.: (0201) 1831 TX.: 8579091
- LEITER: PROF.DR. RALPH SCHINDLER
- FORSCHUNGSSCHWERPUNKTE:

kinetik von prozessen der atmosphaerischen chemie
VORHABEN:
LUFTREINHALTUNG UND LUFTVERUNREINIGUNG
AA -038 kinetik von prozessen der atmosphaerischen chemie

0214
FACHBEREICH CHEMIE, TEXTILCHEMIE, BIOLOGIE DER GESAMTHOCHSCHULE WUPPERTAL
5600 WUPPERTAL, GEWERBESCHULSTR. 34
TEL.: (0202) 552439
- LEITER: PROF.DR. RAINER GRUENTER
- FORSCHUNGSSCHWERPUNKTE:

luft-forschung, luftverschmutzung
VORHABEN:
LUFTREINHALTUNG UND LUFTVERUNREINIGUNG
AA -039 analyse von halogenkohlenstoffverbindungen bodennaher luftproben aus dem ballungsbegiet duesseldorf/ wuppertal und ausgewaehlten randgebieten
CB -015 untersuchungen ueber das verhalten von schwefelwasserstoff an silberoberflaechen unter atmosphaerischen bedingungen

0215
FACHBEREICH ENERGIE- UND WAERMETECHNIK DER FH GIESSEN
6300 GIESSEN, WIESENSTR. 14
TEL.: (0641) 33123
- LEITER: DR.-ING. HELMUT BURGER
- FORSCHUNGSSCHWERPUNKTE:

umweltfreundliche heizsysteme, klimatherapie, emissionsbegrenzung
VORHABEN:
LUFTREINHALTUNG UND LUFTVERUNREINIGUNG
AA -040 kontinuierliche ueberwachung der schadstoffimmission der unteren erdatmosphaere (bis 200 m hoehe) mittels fessel-heissluftballon
BB -005 abgasanalyse insbesondere staub- und so2-messung
ABWAERME
GA -004 rueckkuehlung des kuehlwassers von kraftwerken unter vermeidung grosser kuehltuerme und verringerung der wasserdampfemission
ENERGIE
SB -011 umweltfreundliche heiz-waermepumpe ohne fremdwaermequelle in verbindung mit einem neuartigen niedertemperatur-heizsystem

0216
FACHBEREICH ERZIEHUNGS- UND KULTURWISSENSCHAFTEN DER UNI ERLANGEN-NUERNBERG
8500 NUERNBERG, REGENSBURGERSTR. 160
TEL.: (0911) 406088
- LEITER: DR.RER.POL. HARTMUT BECK
- FORSCHUNGSSCHWERPUNKTE:

umwelterziehung in allgemeinbildenden schulen; raumordnung und landesplanung
VORHABEN:
HUMANSPHAERE
TD -005 arbeiten zur entwicklung eines curriculums| modelle der umwelterziehung

0217
FACHBEREICH GEOGRAPHIE DER UNI MARBURG
3550 MARBURG, RENTHOF 6
TEL.: (06421) 69-4261
VORHABEN:
HUMANSPHAERE
TB -001 bevoelkerungsgeographische untersuchungen der integrations- und differenzierungsprozesse in einer jungen industriesiedlung im laendlichen raum

0218
FACHBEREICH GESUNDHEITSWESEN DER FH GIESSEN
6300 GIESSEN, WIESENSTR. 12
TEL.: (0641) 33123
- LEITER: DR. OTT
- FORSCHUNGSSCHWERPUNKTE:
untersuchung von sondermuell auf deponiefaehigkeit; fischtoxizitaets-untersuchungen
VORHABEN:
WASSERREINHALTUNG UND WASSERVERUNREINIGUNG
IC -020 pestizide und wasser, schwermetalle und wasser
KA -010 erarbeitung neuer methoden fuer den wasserschutz und die abfallbeseitigung

0219
FACHBEREICH HOLZTECHNIK UND INNENARCHITEKTUR DER FH ROSENHEIM
8200 ROSENHEIM, MARIENBERGER STRASSE 26
TEL.: (08031) 88066, 88067, 88068
- LEITER: HANS VOGT
VORHABEN:
ABFALL
MF -005 verwertung von holzabfaellen

0220
FACHBEREICH III (TECHNOLOGIE) DER UNI TRIER-KAISERSLAUTERN
6750 KAISERSLAUTERN, PFAFFENBERGSTR. 95
TEL.: (0631) 854-290
VORHABEN:
UMWELTPLANUNG, UMWELTGESTALTUNG
UC -006 empirische analyse ueber die pruefung der umweltvertraeglichkeit bei der ansiedlung von industrie- und gewerbebetrieben im rahmen der regionalen wirtschaftsfoederung

0221
FACHBEREICH JURISTENAUSBILDUNG, WIRTSCHAFTSWISSENSCHAFTEN UND SOZIALWISSENSCHAFTEN DER UNI BREMEN
2800 BREMEN 33, ACHTERSTR.
TEL.: (0421) 2182167
- LEITER: M.A. WENDELIN STRUBELT
VORHABEN:
HUMANSPHAERE
TB -002 sozialwissenschaftliche untersuchung bremer wohnverhaeltnisse
UMWELTPLANUNG, UMWELTGESTALTUNG
UB -002 vollzugsdefizit im umweltrecht

0222
FACHBEREICH KUNSTSTOFFTECHNIK UND WIRTSCHAFTSINGENIEURWESEN DER FH ROSENHEIM
8200 ROSENHEIM, MARIENBERGER STRASSE 26
TEL.: (08031) 88066
- LEITER: JOSEF MEISTER
- FORSCHUNGSSCHWERPUNKTE:
verminderung von fluechtigen bestandteilen in kunststoffen, lacken, klebstoffen; untersuchung der arbeitsplatzbelastung durch chemische stoffe im zusammenhang mit der verarbeitung und dem einsatz von kunststoffen, lacken und klebstoffen; wiederverwertung von kunststoffabfaellen (recycling)
VORHABEN:
LUFTREINHALTUNG UND LUFTVERUNREINIGUNG
DC -012 verminderung des anteils fluechtiger bestandteile in polystyrol

0223
FACHBEREICH LANDESPFLEGE DER FH OSNABRUECK
4500 OSNABRUECK, AM KRUEMPEL 33
TEL.: (0541) 63153
- LEITER: DIPL.-ING. FRANZ MUELLER
VORHABEN:
UMWELTPLANUNG, UMWELTGESTALTUNG
UL -003 erfassung der naturnahen und schutzwuerdigen landschaftsbereiche im landkreis osnabrueck

0224
FACHBEREICH LANDWIRTSCHAFT DER GESAMTHOCHSCHULE KASSEL
3430 WITZENHAUSEN, NORDBAHNHOFSTR. 1A
TEL.: (05542) 4011, 4012
- LEITER: DR. RALF BOKERMANN
- FORSCHUNGSSCHWERPUNKTE:
oekologische umweltsicherung, insbesondere rekultivierung von haldenboeden in verbindung mit rezyklisierung; reintegration industriegeschaedigter landschaftsteile
VORHABEN:
WASSERREINHALTUNG UND WASSERVERUNREINIGUNG
HA -020 die entwicklung eines limnischen oekosystems
ABFALL
MD -006 entsorgung - recycling , klaerschlamm-duengung, schwermetall in klaerschlamm und proteinqualitaet
ME -015 die anwendung von abfallqualitaeten auf haldenboeden unter besonderer beruecksichtigung der schwermetallgehalte
HUMANSPHAERE
TD -006 ergaenzungsstudium umweltsicherung in verbindung mit kontaktstudiengaengen: modellversuch
UMWELTPLANUNG, UMWELTGESTALTUNG
UL -004 reintegration industriegeschaedigter landschaftsteile
UL -005 nutzen-kosten-analyse alternativer rekultivierungsmassnahmen unter verwendung von organischen abfallstoffen
UM -009 die pflanzenbaulichen standorteigenschaften kohlefuehrender sedimentgemische des tertiaer auf tagebauhalden
UM -010 untersuchungen ueber die natuerliche pflanzensukzession und die entwicklung von forstpflanzen auf unterschiedlich behandelten haldenboeden

0225
FACHBEREICH LANDWIRTSCHAFT UND GARTENBAU DER TU MUENCHEN
8050 FREISING -VOETTING, KIRCHENWEG 5
- LEITER: PROF.DR. MOEHLER
- FORSCHUNGSSCHWERPUNKTE:
moeglichkeiten der verminderung des nitratgehaltes in pflanzlichen lebensmitteln; analytik und entstehung von nitrosaminen in lebensmitteln
VORHABEN:
LEBENSMITTEL-, FUTTERMITTELKONTAMINATION
QA -009 analytik und entstehung von nitrosaminen in lebensmitteln
QB -015 untersuchungen ueber die nebenprodukte des nitrits beim poekeln von fleisch
QC -011 moeglichkeiten der verminderung des nitratgehaltes von spinat fuer saeuglingsernaehrung

0226
FACHBEREICH MASCHINENWESEN/ELEKTROTECHNIK DER UNI TRIER-KAISERSLAUTERN
6750 KAISERSLAUTERN, POSTFACH 3049
VORHABEN:
LUFTREINHALTUNG UND LUFTVERUNREINIGUNG
DB -008 einfl.der konstruktiven anordn.der verbrennungsraeume und waermeaustauschflaechen oel- und gasgefeuerter heizungskessel aus stahl bzw.guss auf die emissionshoehe nitroser gase waehrend d.heizungsprozesses

0227
FACHBEREICH PHYSIK DER UNI KONSTANZ
7750 KONSTANZ, JACOB-BURCKHARDT-STR.
TEL.: (07531) 88-2413
- LEITER: PROF.DR. RUDOLF KLEIN
- FORSCHUNGSSCHWERPUNKTE:
spurenelementanalyse (untersuchung des wassers im bodensee und seinem einzugsbereich); kleine teilchen (massenseparator, schadstoffemissionen in form von kleinen teilchen, staub etc.); energieforschung
VORHABEN:
WASSERREINHALTUNG UND WASSERVERUNREINIGUNG
IA -005 spurenelementanalyse mit protoneninduzierten roentgenstrahlen
ENERGIE
SA -018 neue solarzellen (nicht siliziumbasis); wasserstoffspeicher

0228
FACHBEREICH PHYSIK DER UNI MARBURG
3550 MARBURG, RENTHOF 5
TEL.: (06421) 284235
- LEITER: PROF.DR. HEINZ WERNER WASSMUTH
- FORSCHUNGSSCHWERPUNKTE:
spurenelementanalytik mittels ioneninduzierter roentgenfluoreszenz
VORHABEN:
WASSERREINHALTUNG UND WASSERVERUNREINIGUNG
IA -006 spurenelementanalyse in gewaessern, abwaessern und sedimenten im rahmen des interdisziplinaeren umweltprojektes| obere lahn der universitaet marburg
UMWELTCHEMIKALIEN
OA -011 spurenelementanalytik in biologischen geweben mittels ioneninduzierter roentgenfluoreszenz

0229
FACHBEREICH PHYSIK UND ELEKTROTECHNIK DER UNI BREMEN
2800 BREMEN 33, ACHTERSTR.
TEL.: (0421) 2182398 TX.: 245811
- LEITER: PROF.DR. HORST DIEHL
- FORSCHUNGSSCHWERPUNKTE:
wirkungen kombinierter physikalischer und chemischer arbeitsplatzbelastungen; nachweis von anorganischen ionen im wasser durch raman-spektroskopie; kontrolle der umweltradioaktivitaet; ganzkoerperzaehler; schadstoffnachweis durch roentgenfluoreszenz; aerosol-groessenspektrometrie; oekologie des weserwassers
VORHABEN:
LUFTREINHALTUNG UND LUFTVERUNREINIGUNG
CA -026 aerosol-groessenspektrometrie
WASSERREINHALTUNG UND WASSERVERUNREINIGUNG
IC -021 oekologische folgen anthropogener belastungen der unterweser
STRAHLUNG, RADIOAKTIVITAET
NB -010 kontrolle der umweltradioaktivitaet
NB -011 ermittlung der strahlenbelastung der bevoelkerung im bremer raum durch kuenstlich erzeugte radioaktivitaet mit hilfe eines ganzkoerperzaehlers
NB -012 dosisleistungsabhaengige strahlenschaeden an membranen
NC -018 gefahren fuer die bevoelkerung durch kernenergieanlagen
UMWELTCHEMIKALIEN
OA -012 schadstoffnachweis durch roentgenfluoreszenz
HUMANSPHAERE
TA -017 erforschung von wirkungen kombinierter physikalischer und chemischer arbeitsplatzbelastungen im laborversuch
UMWELTPLANUNG, UMWELTGESTALTUNG
UI -006 verkehrssysteme

0230
FACHBEREICH PHYSIKALISCHE TECHNIK UND SEEFAHRT DER FH LUEBECK
2400 LUEBECK, STEPHENSONSTR. 3
TEL.: (0451) 598871
- FORSCHUNGSSCHWERPUNKTE:
im rahmen von ingenieurarbeiten angewandte entwicklung auf gebieten wie strahlenschutz, immissionsschutz, ver- und entsorgung, technische akustik
VORHABEN:
HUMANSPHAERE
TD -007 6-semestriges grundstudium gesundheitsingenieur
TD -008 im rahmen von ingenieurarbeiten angewandte entwicklungen auf gebieten wie strahlenschutz, immissionsschutz, ver- und entsorgung, technische akustik etc.

0231
FACHBEREICH POLITISCHE WISSENSCHAFT DER FU BERLIN
1000 BERLIN 33, IHNESTR. 21
TEL.: (030) 8382333, 8382361
- LEITER: PROF.DR. GERHARD HUBER
- FORSCHUNGSSCHWERPUNKTE:
politik und oekologie der entwickelten industriegesellschaften
VORHABEN:
UMWELTPLANUNG, UMWELTGESTALTUNG
UA -010 politik und oekologie der entwickelten industriegesellschaft
UC -007 kritische analyse des f+e-standes von systemen gesellschaftlicher daten

0232
FACHBEREICH PSYCHOLOGIE DER UNI MARBURG
3550 MARBURG, GUTENBERGSTR. 18
TEL.: (06421) 693631-69363
- LEITER: PROF.DR. STAPF
VORHABEN:
HUMANSPHAERE
TB -003 die situation der berufstaetigen frau in ihrer staedtischen umwelt (frau mit kindern)

0233
FACHBEREICH PSYCHOLOGIE UND SOZIOLOGIE DER UNI KONSTANZ
7750 KONSTANZ, UNIVERSITAETSSTR. 10
TEL.: (07531) 882388
- LEITER: PROF.DR. HEINZ WALTER
VORHABEN:
ABFALL
MA -008 die bereitschaft zur mitarbeit von bevoelkerungsgruppen bei sammelaktionen von getrenntem hausmuell, motivuntersuchung der universitaet konstanz

0234
FACHBEREICH RECHTS- UND WIRTSCHAFTSWISSENSCHAFTEN DER UNI MAINZ
6500 MAINZ, SAARSTR. 21
TEL.: (06131) 392225
VORHABEN:
UMWELTPLANUNG, UMWELTGESTALTUNG
UC -008 makrooekonomische theorie des umweltschutzes

0235
FACHBEREICH RECHTSWISSENSCHAFT DER UNI FRANKFURT
6000 FRANKFURT, SENCKENBERGANLAGE 31
TEL.: (0611) 7983390-91
- LEITER: PROF.DR. ECKARD REHBINDER
- FORSCHUNGSSCHWERPUNKTE:
umweltrecht - probleme der gesetzgebung, verbindung zum wirtschaftsrecht
VORHABEN:
LUFTREINHALTUNG UND LUFTVERUNREINIGUNG
EA -004 vollzugsdefizit im recht der luftreinhaltung
UMWELTPLANUNG, UMWELTGESTALTUNG
UB -003 schadensersatz bei umweltbelastungen im ewg-bereich
UB -004 der schutz des schwaecheren im recht: umweltrecht

0236
FACHBEREICH RECHTSWISSENSCHAFT DER UNI KONSTANZ
7750 KONSTANZ, UNIVERSITAETSSTR. 10
TEL.: (07531) 88-2173
VORHABEN:
UMWELTPLANUNG, UMWELTGESTALTUNG
UB -005 verfassungsrechtliche probleme des umweltschutzes
UB -006 umweltoekonomie und privatrechtlicher immissionsschutz

0237
FACHBEREICH VERFAHRENSTECHNIK DER FH BERGBAU DER WESTFAELISCHEN BERGGEWERKSCHAFTSKASSE BOCHUM
4630 BOCHUM, HERNER STRASSE 45
TEL.: (0234) 625-1 TX.: 825701
- LEITER: DR. ERNST BEIER
- FORSCHUNGSSCHWERPUNKTE:
entpyritisierung von steinkohlen mit hilfe von bakterien; entfernung von kohlenmonoxid aus der atmosphaere mit hilfe von mikroorganismen
VORHABEN:
LUFTREINHALTUNG UND LUFTVERUNREINIGUNG
DB -009 entfernung von pyrit aus steinkohlen mit hilfe von bakterien
DD -008 entfernung von kohlenmonoxid aus der atmosphaere mit hilfe von mikroorganismen

0238
FACHBEREICH VERFAHRENSTECHNIK DER FH FRANKFURT
6000 FRANKFURT, NIBELUNGENPLATZ 1
TEL.: (0611) 550381
- LEITER: PROF.DIPL.-ING. KURT WEBER
- FORSCHUNGSSCHWERPUNKTE:
abscheidung gasfoermiger emissionen an adsorptionsmitteln
VORHABEN:
LUFTREINHALTUNG UND LUFTVERUNREINIGUNG
DD -009 abscheidung gasfoermiger emissionen an adsorptionsmitteln

0239
FACHBEREICH VERSORGUNGSTECHNIK DER FH MUENCHEN
8000 MUENCHEN 2, LOTHSTR.34
TEL.: (089) 120711
- LEITER: PROF.DIPL.-ING. HERMANN ALBRICH
VORHABEN:
LAERM UND ERSCHUETTERUNGEN
FD -009 stroemungstechnische untersuchungen an versorgungsanlagen von gebaeuden und gebaeudegruppen (geraeuscheinfluesse)
WASSERREINHALTUNG UND WASSERVERUNREINIGUNG
LA -002 untersuchungen ueber das erfordernis einer ergaenzung der sicherheitstechnischen richtlinien zum befoerdern gefaehrdender fluessigkeiten
STRAHLUNG, RADIOAKTIVITAET
NA -002 einfluesse der bautechnik und der versorgungstechnik auf sekundaere umweltfaktoren (feldstaerke, ionenkonzentration u.a.)

0240
FACHBEREICH WERKSTOFFTECHNIK DER FH OSNABRUECK
4500 OSNABRUECK, ALBRECHTSTR. 30
TEL.: (0541) 65001
- LEITER: DIPL.-ING. MAX HELTEN
- FORSCHUNGSSCHWERPUNKTE:
recycling von kunststoffabfaellen; sonderabfaelle (industriemuell); abwasseranalysen
VORHABEN:
WASSERREINHALTUNG UND WASSERVERUNREINIGUNG
IC -022 verschmutzung der ems durch industrieansiedlung
ABFALL
MA -009 sonderabfaelle (industriemuell) im einzugsbereich der stadt und des landkreises osnabrueck: erfassung, beseitigung, verwertung
ME -016 recycling von kunststoffabfaellen

0241
FACHBEREICH WIRTSCHAFTSWISSENSCHAFTEN UND STATISTIK DER UNI KONSTANZ
7750 KONSTANZ, JACOB-BURCKHARDT-STR. 35
TEL.: (07531) 882345
- LEITER: PROF.DR. BRUNO S. FREY
- FORSCHUNGSSCHWERPUNKTE:
umweltoekonomie
VORHABEN:
UMWELTPLANUNG, UMWELTGESTALTUNG
UA -011 empirisch anwendbare modelle zur umweltplanung
UC -009 umweltoekonomik

0242
FACHGEBIET ANALYTISCHE CHEMIE DER UNI MARBURG
3550 MARBURG, GUTENBERGSTR. 18
TEL.: (06421) 69-3614
- LEITER: PROF.DR. DIRK REINEN
VORHABEN:
WIRKUNGEN UND BELASTUNGEN DURCH SCHADSTOFFE
PF -006 bestimmung von essentiellen und toxischen spurenelementen in bodenproben und landwirtschaftlichen produkten

0243
FACHGEBIET BETRIEBSWIRTSCHAFTSLEHRE DER TH DARMSTADT
6100 DARMSTADT, HOCHSCHULSTR. 1
TEL.: (06151) 16-3663
- LEITER: PROF.DR. HEINER MUELLER-MERBACH
VORHABEN:
ABFALL
MG -011 modellunterstuetzte planung der raeumlichen entwicklung und der abfallbeseitigung in einer vorgegebenen region

0244
FACHGEBIET EISENBAHN- UND STRASSENWESEN DER TH DARMSTADT
6100 DARMSTADT, PETERSENSTR. 18
TEL.: (06151) 162146
- LEITER: PROF.DR. RUDOLF KLEIN
VORHABEN:
WASSERREINHALTUNG UND WASSERVERUNREINIGUNG
IB -008 untersuchung des abflussvorganges duenner wasserfilme auf kuenstlich beregneten modelloberflaechen

0245
FACHGEBIET FINANZ- UND STEUERRECHT DER TH DARMSTADT
6100 DARMSTADT, HOCHSCHULSTR. 1
TEL.: (06151) 162918
- LEITER: PROF.DR. C. FLAEMIG
- FORSCHUNGSSCHWERPUNKTE:
finanzrecht des umweltschutzes
VORHABEN:
UMWELTPLANUNG, UMWELTGESTALTUNG
UB -007 das finanzrecht des umweltschutzes

0246
FACHGEBIET FRUCHT- UND GEMUESETECHNOLOGIE DER TU BERLIN
1000 BERLIN 33, KOENIGIN-LUISE-STR. 22
TEL.: (030) 8327046 TX.: 184262
- LEITER: PROF.DR.-ING. BIELIG
- FORSCHUNGSSCHWERPUNKTE:
untersuchung der bleiaufnahme verschiedener fuellgueter, z. b. orangensaft, tomatensaft, mit dem ziel, empfehlungen ueber den hoechstgehalt an blei fuer pflanzliche fuellgueter in weissblechdosen zu geben
VORHABEN:
LEBENSMITTEL-, FUTTERMITTELKONTAMINATION
QA -010 untersuchungen zur bleiaufnahme verschiedener fuellgueter in dosen
QC -012 bleikontamination in kernobst
QC -013 die bestimmung des bleigehaltes in fruchtsaeften mittels der inversen polarographie
QC -014 verringerung des schwermetallgehaltes bei der verarbeitung pflanzlicher lebensmittel
QC -015 repraesentative erfassung des schwermetallgehaltes in fruchtsaeften des vdf

0247
FACHGEBIET GEOLOGIE UND PALAEONTOLOGIE DER TH DARMSTADT
6100 DARMSTADT, SCHNITTSPAHNSTR. 9
TEL.: (06151) 162371
- LEITER: PROF.DR. EGON BACKHAUS
- FORSCHUNGSSCHWERPUNKTE:
zusammenhaenge von tektonik und hydrogeologie; adsorption und absorption von stoffen an erdstoffen; tektonische untersuchungen
VORHABEN:
WASSERREINHALTUNG UND WASSERVERUNREINIGUNG
HG -010 auswirkung und zusammenhaenge zwischen tektonik und hydrogeologie bei den wasserverhaeltnissen im bereich des suedlichen muemling (odenwald)

0248
FACHGEBIET INDUSTRIELLES BAUEN DER TU BERLIN
1000 BERLIN 31, EISENZAHNSTR. 15
TEL.: (030) 880-2246
- LEITER: PROF.DR.-ING. KONRAD WELLER

VORHABEN:
HUMANSPHAERE
TB -004 formulierung der zukuenftigen, umweltbezogenen anforderungen an industriell herstellbare wohnbauten und erarbeitung von loesungsansaetzen

0249
FACHGEBIET KERNCHEMIE DER UNI MARBURG
3550 MARBURG, LAHNBERGE
TEL.: (06421) 285763
- LEITER: DR. KURT STARKE
- FORSCHUNGSSCHWERPUNKTE:
radiochemische grundlagen der isotopentechnik unter beruecksichtigung der umweltanalytik; untersuchung von radiolysegasen in verfestigten radioaktiven abfaellen
VORHABEN:
STRAHLUNG, RADIOAKTIVITAET
ND -016 untersuchungen von radiolysegasen im salzvorkommen und in darin gelagerten verfestigten radioaktiven abfaellen
UMWELTCHEMIKALIEN
OA -013 radiochemische grundlagen der isotopentechnik unter beruecksichtigung der umweltanalytik

0250
FACHGEBIET MASCHINENELEMENTE UND GETRIEBE DER TH DARMSTADT
6100 DARMSTADT, MAGDALENENSTR. 8-10
TEL.: (06151) 162901
- LEITER: PROF.DR. H.W. MUELLER
- FORSCHUNGSSCHWERPUNKTE:
maschinenakustik; anwendung der finiten elemente fuer konstruktive berechnungen; getriebe und mechanismen
VORHABEN:
LAERM UND ERSCHUETTERUNGEN
FA -008 untersuchung der akustischen uebertragsfunktion von maschinen im hinblick auf die geraeuschentstehung
FC -020 untersuchung der anregung und abstrahlung von geraeuschen der bedruckstoffe bei verschiedenen bearbeitungsvorgaengen
FC -021 untersuchung der akustischen uebertragungsfunktion von maschinen im hinblick auf die geraeuschentstehung (fortsetzung)
FC -022 geraeuschminderungsmassnahmen an hydrostatischen komponenten und systemen

0251
FACHGEBIET ORGANISCHE CHEMIE DER GESAMTHOCHSCHULE DUISBURG
4100 DUISBURG, BISMARCKSTR. 81
TEL.: (0203) 392304
- LEITER: PROF.DR. DIETRICH DOEPP
- FORSCHUNGSSCHWERPUNKTE:
photochemie grosstechnisch hergestellter nitroverbindungen (riechstoffe, herbizide)
VORHABEN:
UMWELTCHEMIKALIEN
OC -006 photochemie grosstechnischer nitroverbindungen (riechstoffe, herbizide)

0252
FACHGEBIET PHYSIKALISCHE CHEMIE DER UNI MARBURG
3550 MARBURG, LAHNBERGE 74
TEL.: (06421) 282360
- LEITER: PROF.DR. WERNER-A.P. LUCK
VORHABEN:
WASSERREINHALTUNG UND WASSERVERUNREINIGUNG
HF -002 aufklaerung der wasserstruktur an und in membranen zur wasserentsalzung nach dem prinzip der umgekehrten osmose

0253
FACHGEBIET RASENFORSCHUNG / FB 16/21 DER UNI GIESSEN
6300 GIESSEN, SCHLOSSGASSE 7
TEL.: (0641) 7028400
- LEITER: DR. WERNER SKIRDE
- FORSCHUNGSSCHWERPUNKTE:
begruenung extremer landschaftsgestoerter flaechen; sport- und freizeitflaechenbau; verwertung von siedlungsabfaellen im landschafts- und sportplatzbau
VORHABEN:
ABFALL
MD -007 verwertung von siedlungsabfaellen im gruenflaechen- und sportplatzbau
MD -008 bodenverbesserung von pflanzflaechen im landschaftsbau
MD -009 naehrstoffauswaschung bei anwendung von trockenbeetschlamm im gruenflaechen- und sportplatzbau
ME -017 verwertung fester verbrennungsrueckstaende als draenschicht - baustoffe fuer rasensportplaetze
LAND- UND FORSTWIRTSCHAFT
RD -007 untersuchungen ueber naehrstoffauswaschungen bei gruenflaechenduengung
UMWELTPLANUNG, UMWELTGESTALTUNG
UM -011 pflegearme eingruenung brachfallender flaechen
UM -012 einschraenkung der vegetationsgefaehrdung durch pflegearme rasenansaaten im strassenbegleitgruen

0254
FACHGEBIET REAKTORTECHNIK DER TH DARMSTADT
6100 DARMSTADT, PETERSENSTR.18
TEL.: (06151) 162191
- LEITER: PROF.DR.RER.NAT. HUMBACH
VORHABEN:
STRAHLUNG, RADIOAKTIVITAET
NC -019 theoretische untersuchungen zur verbesserung der brennelementhuellrohre im hinblick auf rueckhaltung von spaltprodukten (bruchmechanik)
NC -020 untersuchungen zur brennstab- und brennelementmechanik
NC -021 theoretische und experimentelle untersuchungen von strahlenschaeden in reaktorstrukturmaterialien mit hilfe schwerer zonen

0255
FACHGEBIET SOZIOLOGIE DER UNI MARBURG
3550 MARBURG, KRUMMBOGEN 28, BLOCK B
TEL.: (06421) 284722
- LEITER: PROF.DR. HEINZ MAUS
VORHABEN:
HUMANSPHAERE
TC -002 empirische untersuchung ueber funktion und bedarf fuer ausgebildete freizeitberater und -paedagogen

0256
FACHGEBIET STADTBAUWESEN UND WASSERWIRTSCHAFT DER UNI DORTMUND
4600 DORTMUND -EICHLINGHOFEN, AUGUST-SCHMIDT-STR. 10
TEL.: (0231) 7551
- LEITER: PROF.DR.-ING. HANS-JUERGEN D'ALLEUX
- FORSCHUNGSSCHWERPUNKTE:
verkehrssysteme und umweltauswirkungen, entwicklung von planerischen alternativen zur belastungsminderung; umweltschutz und bauleitplanung (moeglichkeiten der durchsetzung prophylaktischen umweltschutzes in der bauleitplanung); umweltschutz in der freizeitplanung (ausweisung von erholungsraeumen auf landesebene unter beruecksichtigung der umweltqualitaet); ressourcenplanung
VORHABEN:
LUFTREINHALTUNG UND LUFTVERUNREINIGUNG
AA -041 abstandsregelungen in der bauleitplanung

0257
FACHGEBIET TECHNISCHE STROEMUNGSLEHRE DER TH DARMSTADT
6100 DARMSTADT, PETERSENSTR. 18
TEL.: (06151) 162854
- LEITER: PROF.DR.-ING JOSEPH H. SPURK
- FORSCHUNGSSCHWERPUNKTE:
untersuchung von transportphaenomenen und chemischen reaktionen in der naehe der wand von verbrennungsraeumen, besonders im hinblick auf bildung von schadstoffen
VORHABEN:
LUFTREINHALTUNG UND LUFTVERUNREINIGUNG
BA -011 bildung und abbau von schadstoffen in der naehe einer kalten wand waehrend eines verbrennungsprozesses
BA -012 nichtgleichgewichtsvorgaenge in der naehe einer kalten wand in einem vielkomponentigen, chemisch reagierenden gasgemisch

0258
FACHGEBIET TECHNISCHE THERMODYNAMIK DER TH DARMSTADT
6100 DARMSTADT, PETERSENSTR. 18
TEL.: (06151) 163159
- LEITER: PROF.DR.-ING. HANS BEER
- FORSCHUNGSSCHWERPUNKTE:
energiespeicherung durch latentwaermespeicher; waermeuebertragung an schmelzende und erstarrende substanzen
VORHABEN:
ENERGIE
SA -019 energiespeicherung durch latentwaermespeicher - waermeuebertragung an schmelzende und erstarrende substanzen

0259
FACHGEBIET THERMISCHE VERFAHRENSTECHNIK DER TH DARMSTADT
6100 DARMSTADT, PETERSENSTR. 16
TEL.: (06151) 161-2164
- LEITER: PROF.DR. KAST
VORHABEN:
LUFTREINHALTUNG UND LUFTVERUNREINIGUNG
DC -013 verfahrenstechnische auslegung von adsorptionsanlagen zur beseitigung von unerwuenschten komponenten aus abgasen
DD -010 kinetik der adsorption spezieller komponenten in der luft an festen adsorbentien, adsorption von co, nox, chx, so2
ABWAERME
GB -009 untersuchungen zur rueckkuehlung von wasser

0260
FACHGEBIET VERBRENNUNGSKRAFTMASCHINEN DER TH DARMSTADT
6100 DARMSTADT, PETERSENSTR. 18
TEL.: (06151) 162850
- LEITER: PROF.DR.-ING. MUEHLBERG
- FORSCHUNGSSCHWERPUNKTE:
verminderung der abgasemission von otto- und dieselmotoren; entwicklung und erforschung neuer schadstoffarmer brennverfahren
VORHABEN:
LUFTREINHALTUNG UND LUFTVERUNREINIGUNG
DA -012 untersuchung zur verminderung der emission schaedlicher abgaskomponenten durch abgasrueckfuehrung bei schnellaufenden dieselmotoren unter einschluss der abgasturboaufladung
DA -013 entwicklung eines hybridmotors zwecks verminderter abgasemission
DA -014 untersuchung des diesel-gas-verfahrens hinsichtlich seiner eignung zur verbesserung der abgasqualitaet
DA -015 untersuchung des gas-otto-motors im hinblick auf seine moeglichkeiten zur verbesserung der abgasqualitaet
DA -016 untersuchung der eignung und moeglichkeit der anpassung des wankelmotors fuer bzw. an gasbetrieb
DA -017 verbrennungstechnische untersuchung am pkw-vorkammerdieselmotor
DA -018 verminderung der emission von schadstoffen aus dieselmotoren durch abgasrueckfuehrung und turboaufladung
DA -019 forschungsarbeiten an einem 1-zylinder-4-takt-dieselmotor mit direkteinspritzung zwecks verminderung der abgasschadstoffemissionen bei gleichzeitiger verbesserung der leistung und des kraftstoffverbrauches

0261
FACHGEBIET VORRATSSCHUTZ / FB 16/21 DER UNI GIESSEN
6300 GIESSEN, ALTER STEINBACHER WEG 44
TEL.: (0641) 7025975
- LEITER: PROF.DR. W. STEIN
- FORSCHUNGSSCHWERPUNKTE:
zoologisch-hygienische probleme bei der abfallbeseitigung; die fliegen und ihre bedeutung in den lebensraeumen des menschen
VORHABEN:
ABFALL
MC -011 die entomofauna von muelldeponien und ihre hygienische bedeutung
MD -010 verwertung von siedlungsabfaellen im gruenflaechen- und sportplatzbau
WIRKUNGEN UND BELASTUNGEN DURCH SCHADSTOFFE
PH -006 die hygienische bedeutung der insekten von rasenflaechen bei bodenveraenderung mit klaerschlamm
LAND- UND FORSTWIRTSCHAFT
RH -004 der einsatz von entomopathogenen pilzen zur bekaempfung von bodentieren
RH -005 untersuchungen ueber den einfluss verschiedener anwendungsverfahren fuer pflanzenschutzmittel im ruebenbau auf die nuetzlingsfauna
RH -006 biologische und integrierte schaedlingsbekaempfung an obstkulturen
HUMANSPHAERE
TF -008 versuche zur uebertragung von mikroorganismen durch synanthrope fliegen
TF -009 die fliegenfauna und ihre hygienische bedeutung in erholungs- und freizeitgebieten

0262
FACHGEBIET WERKSTOFFKUNDE DER TH DARMSTADT
6100 DARMSTADT, GRAFENSTR. 2
TEL.: (06151) 162151
- LEITER: PROF.DR.-ING. KLOOS
VORHABEN:
WIRKUNGEN UND BELASTUNGEN DURCH SCHADSTOFFE
PE -006 untersuchung von atemluft in wohn- und arbeitsraeumen und im freien auf gase und daempfe
PK -013 bestaendigkeit von chemisch-thermisch oder galvanisch erzeugten oberflaechenschichten gegen den korrosionsangriff der atmosphaere
PK -014 untersuchung der mechanischen bestaendigkeit von hochtemperaturwerkstoffen
PK -015 korrosionsschutz von behaeltern und rohrleitungen
PK -016 mechanische, thermische und chemische bestaendigkeit metallischer und organischer werkstoffe
PK -017 schaeden, die durch aggressive umgebung entstehen
PK -018 bestaendigkeit von oberflaechenschichten

0263
FACHGEBIET WIRTSCHAFTSPOLITIK DER UNI OLDENBURG
2900 OLDENBURG, AMMERLAENDER HEERSTR. 67
TEL.: (0441) 51061-66
- LEITER: PROF.DR. HANS-RUDOLF PETERS
- FORSCHUNGSSCHWERPUNKTE:
umweltschutzpolitik in verschiedenen wirtschaftssystemen
VORHABEN:
UMWELTPLANUNG, UMWELTGESTALTUNG
UA -012 umweltschutzpolitik

0264
FACHGRUPPE GEOGRAPHIE DER UNI TRIER-KAISERSLAUTERN
5500 TRIER, SCHNEIDERHOF
TEL.: (0651) 716299 TX.: 472680
- LEITER: PROF.DR. C.-D. KERNIG
- FORSCHUNGSSCHWERPUNKTE:
landschaftsoekologie, bodenerosionsforschung
VORHABEN:
LAND- UND FORSTWIRTSCHAFT
RC -008 bodenerosionsuntersuchungen in weinbergslagen

0265
FACHHOCHSCHULE DER NATURWISSENSCHAFTLICH-TECHNISCHEN AKADEMIE ISNY/ALLGAEU
7972 ISNY, SEIDENSTR. 12-35
TEL.: (07562) 2427
- LEITER: PROF.DR. HARALD GRUEBLER
- FORSCHUNGSSCHWERPUNKTE:

praktische ingenieurabschlussarbeiten ueber den nachweis und die nachweisgrenze von herbiciden in drogen; praktische ingenieurabschlussarbeiten in verschiedenen industriefirmen betr.: abwasser, verseuchung von wasser mit giftstoffen, staubbelastung etc.
VORHABEN:
UMWELTCHEMIKALIEN
OC -007 nachweis und nachweisgrenzen von herbiziden in drogen

0266
FACHHOCHSCHULE REUTLINGEN
7410 REUTLINGEN, KAISERSTR. 99
TEL.: (07121) 1272
- LEITER: PROF.DR. PAUL SENNER
- FORSCHUNGSSCHWERPUNKTE:

textilchemie, textilerzeugung
VORHABEN:
WASSERREINHALTUNG UND WASSERVERUNREINIGUNG
KC -012 verfahren zur reinigung von abwaessern aus textilen produktionsstaetten, insbesondere von farbstoffen und oberflaechenaktiven verbindungen

0267
FACHRICHTUNG LEBENSMITTELHYGIENE DER FU BERLIN
1000 BERLIN 33, KOSERSTR. 20
TEL.: (030) 8384945
- LEITER: PROF.DR.-ING. HEINZ LANGNER
- FORSCHUNGSSCHWERPUNKTE:

chlorierte kohlenwasserstoffe - pestizide - in langlagerkonserven
VORHABEN:
LEBENSMITTEL-, FUTTERMITTELKONTAMINATION
QA -011 untersuchuchungen ueber vorkommen und vermehrung sowie enterotoxinbildung von staphylokokken in teigwaren und cremefuellungen
QA -012 pestizide in langlagerungskonserven
QA -013 rueckstaende von chlorierten kohlenwasserstoffen in langlager-konserven
QB -016 schicksal der staphylokokken des tierkoerpers im laufe der verarbeitung unter besonderer beruecksichtigung antibiotikaresistenter varianten

0268
FACHRICHTUNG METEOROLOGIE DER FU BERLIN
1000 BERLIN 33, THIELALLEE 49
TEL.: (030) 8383471
- LEITER: PROF.DR. GUENTHER WARNECKE
- FORSCHUNGSSCHWERPUNKTE:

aero- und hydrodynamische prozesse der dispersion von beimengungen
VORHABEN:
LUFTREINHALTUNG UND LUFTVERUNREINIGUNG
AA -042 luftreinhaltung - rechnerische ermittlung der schadgasgrundbelastung
CB -016 forschung zur ausbreitungsrechnung, insbesondere fuer den fall zeitlich variierender meteorologischer parameter

0269
FACHRICHTUNG MIKROBIOLOGIE DER UNI DES SAARLANDES
6600 SAARBRUECKEN, IM STADTWALD
TEL.: (0681) 302-3426
- LEITER: PROF.DR. HEINRICH KALTWASSER
- FORSCHUNGSSCHWERPUNKTE:

einfluss von schwermetallen auf stoffwechsel und wachstum von mikroorganismen; oekologische wirkung der waermebelastung und der einleitung industrieller und haeuslicher abwaesser in fliessgewaesser am beispiel der mikroorganismen; gesteinszerstoerende wirkung der nitrifikation; charakterisierung von mikroorganismen-populationen in gewaessern mit physiologisch/biochemischen methoden
VORHABEN:
UMWELTCHEMIKALIEN
OD -011 anreicherung und beseitigung anorganischer spurenstoffe durch mikroorganismen

0270
FACHRICHTUNG PHYSIOLOGISCHE CHEMIE DER UNI DES SAARLANDES
6650 HOMBURG/SAAR, LANDESKRANKENHAUS BAU 44
TEL.: (06841) 162319
- LEITER: PROF.DR. ERWIN ZOCH
- FORSCHUNGSSCHWERPUNKTE:

induktion des hydroxylasesystems der lebermikrosomen durch fremdstoffe, vorzugsweise durch fluechtige fremdstoffe, die durch inhalation zugefuehrt werden; einfluss von schwermetallen auf den stoffwechsel
VORHABEN:
WIRKUNGEN UND BELASTUNGEN DURCH SCHADSTOFFE
PC -005 stoffwechsel von fremdstoffen
PF -007 einfluss von blei(ii)-ionen auf den stoffwechsel von halogenen

0271
FACHRICHTUNG PSYCHOLOGIE DER UNI DES SAARLANDES
6600 SAARBRUECKEN, STADTWALD
- LEITER: PROF.DR. LUTZ H. ECKENSBERGER

VORHABEN:
HUMANSPHAERE
TD -009 rundgespraech zum thema! oeko-systeme in interdisziplinaerer sicht

0272
FACHRICHTUNG RAUM- UND UMWELTPLANUNG DER UNI TRIER-KAISERSLAUTERN
6750 KAISERSLAUTERN, PFAFFENBERGSTR. 95
TEL.: (0631) 8542294 TX.: 04-5627
- LEITER: PROF.DR. RUDOLF STICH
- FORSCHUNGSSCHWERPUNKTE:

forschungen auf den gebieten des gesamten umweltschutzrechts (immissionsschutz, gewaesserschutz, abfallbeseitigung, naturschutz und landschaftspflege, regionalplanung und stadtbauwesen einschliesslich denkmalpflege) unter besonderer betonung der verwaltungs- und vollzugsprobleme sowohl im deutschen wie auch im sonstigen westeuropaeischen bereich
VORHABEN:
UMWELTPLANUNG, UMWELTGESTALTUNG
UB -008 vollzugshemmnisse im geltenden umweltschutzrecht
UB -009 der vollzug des raumbezogenen umweltrechts
UB -010 die franzoesische umweltplanung in recht, organisation und praxis
UB -011 mit dem vollzug des umweltschutzrechts befasste organe

0273
FACHRICHTUNG VETERINAER-PHYSIOLOGIE DER FU BERLIN
1000 BERLIN 33, KOSERSTR. 20
TEL.: (030) 838-3513
- LEITER: PROF.DR. GUENTER WITTKE
- FORSCHUNGSSCHWERPUNKTE:

einfluss elektromagnetischer felder auf organismen
VORHABEN:
STRAHLUNG, RADIOAKTIVITAET
NA -003 einfluss elektromagnetischer felder auf organismen

0274
FAKULTAET FUER RECHTSWISSENSCHAFT DER UNI BIELEFELD
4800 BIELEFELD, UNIVERSITAETSSTR.
TEL.: (0521) 4291
- LEITER: PROF.DR. GERHARD OTTE

VORHABEN:
LUFTREINHALTUNG UND LUFTVERUNREINIGUNG
EA -005 zivilrechtliche fragen des immissionsschutzes

0275
FAKULTAET FUER SOZIOLOGIE DER UNI BIELEFELD
4800 BIELEFELD, UNIVERSITAETSSTR.
TEL.: (0521) 106-2207
- LEITER: PROF.DR. THEODOR HORDER
- FORSCHUNGSSCHWERPUNKTE:

umweltpolitik

VORHABEN:
UMWELTPLANUNG, UMWELTGESTALTUNG
UA -013 umweltschutz als staatsfunktion
UA -014 kommunale umweltschutzpolitik eine fallstudie

0276
FELDMUEHLE AG
7310 PLOCHINGEN, FABRIKSTR. 23-29
TEL.: (07153) 61-1 TX.: 07-266825
- LEITER: HAMANN
VORHABEN:
WASSERREINHALTUNG UND WASSERVERUNREINIGUNG
KC -013 entwicklung und erprobung eines verfahrens der reinigung von zellstoffabrikabwaessern unter anwendung der adsorption an aluminiumoxid

0277
FELTEN UND GUILLEAUME, KABELWERKE AG
5000 KOELN 80, SCHANZENSTRASSE 30
TEL.: (0221) 6761
VORHABEN:
ENERGIE
SA -020 hochleistungskabel mit innerer wasserkuehlung

0278
FICHTNER, BERATENDE INGENIEURE GMBH & CO KG
7000 STUTTGART 30, GRAZER STRASSE 22
TEL.: (0711) 8995-1 TX.: 723602
- LEITER: DIPL.-ING. KURT FICHTNER
- FORSCHUNGSSCHWERPUNKTE:
energie- und waermewirtschaft; umweltschutz; nukleartechnologien; energieeinsparung; muell- und abfallbeseitigung
VORHABEN:
LUFTREINHALTUNG UND LUFTVERUNREINIGUNG
DB -010 wirtschaftlichkeitsvergleich der brennstoff- und rauchgasentschwefelung bei einsatz von schwerem heizoel
DC -014 studie emissionen von nitrosen gasen bei der salpetersaeureherstellung
ABFALL
ME -018 33 abgeschlossene projekte zur verwertung und verbrennung von abfallstoffen und minderwertigen brennstoffen
ENERGIE
SB -012 studie ueber technologien zur einsparung von energie

0279
FIEDLER, JOBST
2000 HAMBURG
VORHABEN:
UMWELTPLANUNG, UMWELTGESTALTUNG
UA -015 ausgewaehlte verfahren der ziel- und programmkoordinierung innerhalb und zwischen ressorts sowie zwischen gebietskoerperschaften

0280
FINANZWISSENSCHAFTLICHES FORSCHUNGSINSTITUT AN DER UNI KOELN
5000 KOELN 41, ALBERTUS-MAGNUS-PLATZ
TEL.: (0221) 440-3366
VORHABEN:
UMWELTPLANUNG, UMWELTGESTALTUNG
UA -016 indikatoren zur beurteilung der umweltqualitaet
UC -010 erfassung und projektion der umweltschutzausgaben von bund, laendern und gemeinden
UC -011 steuerliche anreizmoeglichkeiten fuer umweltschutzinvestitionen

0281
FLEISCHMANN, G., PROF.DR.; KUESTER, GEORG H., DR.; SCHOEPPE, GUENTER
6000 FRANKFURT
VORHABEN:
UMWELTPLANUNG, UMWELTGESTALTUNG
UA -017 ansaetze fuer eine staatliche beeinflussung der richtung und des umfangs der innovationen auf unternehmensebene

0282
FLIESENBERATUNGSSTELLE E.V.
3006 GROSSBURGWEDEL, IM LANGEN FELD 4
TEL.: (05139) 3061
- LEITER: DIPL.-ING. HOPP
VORHABEN:
LUFTREINHALTUNG UND LUFTVERUNREINIGUNG
BC -014 erhebungen zu luft- und abwasserproblemen in der feinkeramischen fliesenindustrie

0283
FOERDERKREIS LEBENSMITTELBESTRAHLUNG E.V.
2850 BREMERHAVEN, LENGSTR.
TEL.: (0471) 72022
VORHABEN:
LEBENSMITTEL-, FUTTERMITTELKONTAMINATION
QB -017 studie zur technologischen realisierung der bestrahlung von frischfisch (projekt strahlentechnik)

0284
FORD-WERKE AG
5000 KOELN, OTTOPLATZ 2
TEL.: (0221) 8251 TX.: 888483
VORHABEN:
ABFALL
ME -019 rueckgewinnung der loesemittel bei farbspritzanlagen

0285
FORSCHUNGS- UND VORARBEITENSTELLE NEUWERK
2190 CUXHAVEN, LENTZKAI
VORHABEN:
WASSERREINHALTUNG UND WASSERVERUNREINIGUNG
HA -021 entwicklung der stroemungsverhaeltnisse an der nordseekueste

0286
FORSCHUNGSANSTALT FUER WEINBAU, GARTENBAU, GETRAENKETECHNOLOGIE UND LANDESPFLEGE
6222 GEISENHEIM, VON-LADE-STR. 1
TEL.: (06722) 5021
- LEITER: PROF.DR. CLAUS
- FORSCHUNGSSCHWERPUNKTE:
weinbau, gartenbau, getraenketechnologie, landespflege
VORHABEN:
LEBENSMITTEL-, FUTTERMITTELKONTAMINATION
QC -016 erniedrigung des schwefeldioxidgehaltes durch elektrodialyse bei weinen
QC -017 erniedrigung des schwefeldioxidgehaltes durch ionenaustauscherbehandlung bei weinen
QC -018 erniedrigung des so2-gehaltes von weinen und mosten durch ionenaustauscher, elektrodialyse und desorptionskolonnen
LAND- UND FORSTWIRTSCHAFT
RD -008 massnahmen zur foerderung der bodenfruchtbarkeit im weinbau und untersuchungen ueber den wasserhaushalt der rebe
UMWELTPLANUNG, UMWELTGESTALTUNG
UK -009 umweltsicherung durch landespflege, aufgaben auf dem gebiet der landschaftsentwicklung und des naturschutzes

0287
FORSCHUNGSBEREICH UMWELT UND GESELLSCHAFT DER GESAMTHOCHSCHULE ESSEN
4300 ESSEN, UNIVERSITAETSSTR.
TEL.: (0201) 183567
- LEITER: PROF.DR. KLAUS M. MEYER-ABICH
- FORSCHUNGSSCHWERPUNKTE:
energiepolitik, insbesondere einsparungsmoeglichkeiten; energie und umwelt, insbesondere probleme der direkten und indirekten (kohlendioxid) waermebelastung; bedingungen der umweltpolitischen neuorientierung des herkoemmlichen wirtschaftswachstums im marktwirtschaftlichen industriesystem
VORHABEN:
ENERGIE
SA -021 technologiefolgeabschaetzung der anreicherung von co2 in der atmosphaere durch die verbrennung fossiler energietraeger

SB -013 steuerungsmoeglichkeiten fuer die energiebereitstellung und energieanwendung unter dem ziel der energieeinsparung durch alternative technologien
UMWELTPLANUNG, UMWELTGESTALTUNG
UC -012 bedingungen der umweltpolitischen neuorientierung des herkoemmlichen wirtschaftswachstums im marktwirtschaftlichen industriesystem

0288
FORSCHUNGSGEMEINSCHAFT BAUEN UND WOHNEN STUTTGART
7000 STUTTGART 1, HOHENZOLLERNSTR. 25
TEL.: (0711) 604654
- LEITER: DIPL.-ING. KLAUS BRANDSTETTER
- FORSCHUNGSSCHWERPUNKTE:
stadtklima im rahmen der beruecksichtigung von umweltaspekten in raumplanung und staedtebau; baulicher umweltschutz
VORHABEN:
LUFTREINHALTUNG UND LUFTVERUNREINIGUNG
AA -043 bodennahe luftbewegungen - darstellung der lokalen stroemungsverhaeltnisse ueber bebauten und unbebauten flaechen
ENERGIE
SA -022 messung der leistungsfaehigkeit von sonnenkollektoren in neckartenzlingen

0289
FORSCHUNGSGEMEINSCHAFT EISENHUETTENSCHLACKEN
4140 RHEINHAUSEN, BLIERSHEIMER STR. 62
VORHABEN:
ABFALL
ME -020 untersuchungen ueber den thermischen aufschluss von rohphosphat, insbesondere apatit aus der aufbereitung von schwedenerz

0290
FORSCHUNGSGEMEINSCHAFT FUER TECHNISCHES GLAS E.V.
6980 WERTHEIM, FERDINAND-HOTZ-STR. 6
TEL.: (09342) 1033
- LEITER: DR. HANS-ULRICH SCHWERING
VORHABEN:
LUFTREINHALTUNG UND LUFTVERUNREINIGUNG
BC -015 nitrose gase in glasblaesereien
BC -016 quecksilberdaempfe in glasbearbeitungsbetrieben
DC -015 ersatz von quecksilber in der thermometerindustrie
LAERM UND ERSCHUETTERUNGEN
FC -023 verringerung der laermbelaestigung in glasverarbeitenden betrieben
WASSERREINHALTUNG UND WASSERVERUNREINIGUNG
KC -014 abwasseraufbereitung in glasbearbeitenden betrieben

0291
FORSCHUNGSGESELLSCHAFT FUER AGRARPOLITIK UND -SOZIOLOGIE E.V.
5300 BONN
VORHABEN:
LAND- UND FORSTWIRTSCHAFT
RA -004 einstellungen und motivationen der in der landwirtschaft taetigen frauen zu aus- und weiterbildung

0292
FORSCHUNGSGESELLSCHAFT FUER DAS STRASSENWESEN E.V.
5000 KOELN, MAASTRICHTER STRASSE 45
TEL.: (0221) 514010, 528345
- LEITER: PROF. ALFRED BOEHRINGER
VORHABEN:
INFORMATION, DOKUMENTATION, PROGNOSEN, MODELLE
VA -009 technischer ausbau des informations- und dokumentationssystems fuer strassenbau- und strassenverkehrsforschung

0293
FORSCHUNGSGRUPPE FUEHRUNGSWISSEN UND FUEHRUNGSINFORMATION DER UNI KONSTANZ
7750 KONSTANZ, ROSGARTENSTR. 13
VORHABEN:
UMWELTPLANUNG, UMWELTGESTALTUNG
UA -018 analyse der beziehung von planender oertlicher verwaltung zur wissenschaftlichen beratung auf der lokalen ebene

0294
FORSCHUNGSGRUPPE FUER RADIOMETEOROLOGIE DER FRAUNHOFER-GESELLSCHAFT AN DER UNI HAMBURG
2000 HAMBURG 13, BUNDESSTR. 55
TEL.: (040) 445258
- LEITER: PROF.DR. HANS HINZPETER
VORHABEN:
LUFTREINHALTUNG UND LUFTVERUNREINIGUNG
AA -044 indirekte sondierung der troposphaere mit elektromagnetischen und akustischen wellen

0295
FORSCHUNGSINSTITUT BORSTEL - INSTITUT FUER EXPERIMENTELLE BIOLOGIE UND MEDIZIN
2061 BORSTEL, PARKALLEE 1
TEL.: (04537) 293-295
- LEITER: PROF.DR.DR. FREEKSEN
VORHABEN:
STRAHLUNG, RADIOAKTIVITAET
NC -022 biologischer strahlenschutz
UMWELTCHEMIKALIEN
OC -008 entwicklung neuer toxikologischer methoden und verfahren
WIRKUNGEN UND BELASTUNGEN DURCH SCHADSTOFFE
PC -006 fetale umwelt
PE -007 umweltfaktoren in der geriatrie
PI -006 oekologie von mikroorganismen
HUMANSPHAERE
TF -010 einfluss von nahrungs- und genussmittel auf den verlauf von infektionen
TF -011 infektionsdichte, infektionsprophylaxe, umwelthygiene

0296
FORSCHUNGSINSTITUT BERGHOF GMBH
7400 TUEBINGEN -LUSTNAU, BERGHOF
TEL.: (07071) 5035
- LEITER: DR. HANS METZGER
- FORSCHUNGSSCHWERPUNKTE:
membranfiltertechnik
VORHABEN:
WASSERREINHALTUNG UND WASSERVERUNREINIGUNG
KC -015 untersuchung zur anwendung der elektrodialyse zur aufarbeitung spezieller industrieabwaesser
KC -016 entwicklung von membranfiltrationssystemen zur reinigung von industrieabwaessern

0297
FORSCHUNGSINSTITUT DER FRIEDRICH-EBERT-STIFTUNG E.V.
5300 BONN -BAD GODESBERG, KOELNERSTR. 149
VORHABEN:
UMWELTPLANUNG, UMWELTGESTALTUNG
UA -019 sozio-oekonomische rahmenbedingungen der forschungs- und technologiepolitik
UF -007 ziele fuer den staedtebau in ballungsgebieten

0298
FORSCHUNGSINSTITUT DER ZEMENTINDUSTRIE
4000 DUESSELDORF, TANNENSTR. 2
TEL.: (0211) 4578-1
- LEITER: PROF.DR. GERD WISCHERS
- FORSCHUNGSSCHWERPUNKTE:

betriebliche untersuchungen ueber einsatzmoeglichkeiten und wirksamkeit von einrichtungen und massnahmen zur minderung von emissionen und immissionen durch luftverunreinigungen, laerm und erschuetterungen, speziell in der zementindustrie; entwicklung und erprobung von mess- und analyseverfahren; erforschung von technologischen moeglichkeiten zur minderung produktionsspezifischer emissionen und zur umweltfreundlichen verwertung anderweitig anfallender neben- und abfallprodukte
VORHABEN:
LUFTREINHALTUNG UND LUFTVERUNREINIGUNG
DC -016 bindung des schwefels beim brennen von zementklinker
DC -017 bindung und emission von stickstoffoxiden beim brennen von zementklinker

0299
FORSCHUNGSINSTITUT FUER EDELMETALLE UND METALLCHEMIE
7070 SCHWAEBISCH GMUEND, KATHARINENSTR. 17
TEL.: (07171) 66913
- LEITER: DR. RAUB
- FORSCHUNGSSCHWERPUNKTE:

industrieabfaelle und umweltschutz
VORHABEN:
WASSERREINHALTUNG UND WASSERVERUNREINIGUNG
KC -017 untersuchung der schlaemme von entgiftungsanlagen metallverarbeitender betriebe im hinblick auf ihre deponierung und verwertung

0300
FORSCHUNGSINSTITUT FUER KRAFTFAHRWESEN UND FAHRZEUGMOTOREN AN DER UNI STUTTGART
7000 STUTTGART 1, KEPLERSTR. 17
TEL.: (0711) 2073825 TX.: 07-21703
- LEITER: PROF.DR.-ING. ULF ESSERS

VORHABEN:
LUFTREINHALTUNG UND LUFTVERUNREINIGUNG
DA -020 alternative kraftstoffe fuer kraftfahrzeuge - teilstudie wasserstoff -

0301
FORSCHUNGSINSTITUT FUER PIGMENTE UND LACKE E.V.
7000 STUTTGART, WIEDERHOLDSTR. 10/1
TEL.: (0711) 297549
- LEITER: PROF.DR. HAMANN

VORHABEN:
LUFTREINHALTUNG UND LUFTVERUNREINIGUNG
DC -018 moegliche veraenderungen von organischen beschichtungen durch einbrennen in sauerstoffarmer und mit verbrennungsprodukten angereicherter atmosphaere
DC -019 untersuchung ueber die einflussgroessen bei der herstellung von mehrschicht-pulverlacken
DD -011 untersuchungen ueber festkoerperreiche beschichtungsstoffe (high solids) und charakterisierung ihrer anwendungstechnischen eigenschaften
DD -012 anwendungstechnische eigenschaften von wasserlacken - spritzverhalten, rheologische eigenschaften und koagulationsverhalten
DD -013 charakterisierung der pigmente im hinblick auf optimale benetzung, dispergierung und stabilisierung in modernen lackbindemitteln, insbesondere loesungsmittelarmen systemen und wasserverduennbaren systemen
HUMANSPHAERE
TA -018 untersuchungen ueber den einfluss des wassergehaltes der einbrennluft auf lackierungen bei trockenprozessen mit hoher emissionsreduzierung
TA -019 untersuchungen ueber die qualitative und quantitative zusammensetzung der emissionsprodukte beim einbrennen von lackfilmen

0302
FORSCHUNGSINSTITUT FUTTERMITTELTECHNIK DER INTERNATIONALEN FORSCHUNGSGEMEINSCHAFT FUTTERMITTELTECHNIK
3300 BRAUNSCHWEIG, FRICKEN-MUEHLE
TEL.: (05307) 4682
- LEITER: DR.-ING. FRIEDRICH
- FORSCHUNGSSCHWERPUNKTE:

temperaturresistenz von antibiotika; verteilungs- und probenahmeprobleme bei geringen mengen unerwuenschter stoffe im futter; verdichtungsvorgang beim pelletieren von mischfutter (untersuchung der einflussgroessen); alleinfutter fuer wiederkaeuer, loesung der technischen probleme bei der herstellung von presslingen; aufbereitung von huehnerkot zur gewinnung schadloser futterzusaetze
VORHABEN:
ABFALL
MF -006 aufbereitung von huehnerkot zur gewinnung schadloser futterzusaetze
MF -007 alleinfutter fuer wiederkaeuer, loesung der technischen probleme bei der herstellung von presslingen
LEBENSMITTEL-, FUTTERMITTELKONTAMINATION
QA -014 temperatur-resistenz von antibiotika
QA -015 verteilungs- und probenahmeprobleme bei geringen mengen unerwuenschter stoffe in futtermittelkomponenten und mischungen
LAND- UND FORSTWIRTSCHAFT
RF -001 futterverwertung durch staerkeaufschluss mit waerme

0303
FORSCHUNGSINSTITUT GERAEUSCHE UND ERSCHUETTERUNGEN E.V.
5100 AACHEN, FRANZSTR. 83
VORHABEN:
LAERM UND ERSCHUETTERUNGEN
FB -026 emissionsgrenzwerte fuer kraftfahrzeuge

0304
FORSCHUNGSSTAETTE DER EVANGELISCHEN STUDIENGEMEINSCHAFT
6900 HEIDELBERG, SCHMEILWEG 5
TEL.: (06221) 25317
- LEITER: PROF.DR. PICHT

VORHABEN:
HUMANSPHAERE
TD -010 konsultation humanoekologie und umweltschutz

0305
FORSCHUNGSSTELLE FUER ENERGIEWIRTSCHAFT DER GESELLSCHAFT FUER PRAKTISCHE ENERGIEKUNDE E.V.
8000 MUENCHEN 50, AM BLUETENANGER 71
TEL.: (089) 1411081
- LEITER: PROF.DR. HELMUT SCHAEFER

VORHABEN:
ABWAERME
GC -002 grundsaetzliche untersuchungen ueber die moeglichkeiten der abwaermenutzung im haushalt
ENERGIE
SA -023 analyse der stofflichen und thermischen umweltbelastung durch den industriellen energieverbrauch

0306
FORSCHUNGSSTELLE FUER EXPERIMENTELLE LANDSCHAFTSOEKOLOGIE DER UNI FREIBURG
7800 FREIBURG, BELFORTSTR. 18-20
TEL.: (0761) 203-2324
- LEITER: PROF.DR. JOERG BARNER
- FORSCHUNGSSCHWERPUNKTE:

angewandte hydrologie, vegetationshydrologie; experimentelle oekologie des kulturpflanzenanbaus; immissionsforschung in angehenden verdichtungsraeumen
VORHABEN:
LUFTREINHALTUNG UND LUFTVERUNREINIGUNG
AA -045 untersuchungen ueber imissionen im raum aalen-wasseralfingen
WASSERREINHALTUNG UND WASSERVERUNREINIGUNG
HA -022 vergleichende untersuchungen ueber massnahmen des gewaesserschutzes in frankreich und der bundesrepublik deutschland

LAND- UND FORSTWIRTSCHAFT

RG -004 waldbauplanung in abhaengigkeit von raumordnerischen forderungen

RG -005 hydrologische untersuchungen ueber die entstehung des stammabflusses an baeumen

UMWELTPLANUNG, UMWELTGESTALTUNG

UE -018 quantifizierung der bedeutung des waldes fuer die stadt- und regionalplanung; hier: untersuchungen zur erholungseignung waldnaher vegetationsflaechen - beobachtung der angelegten versuchsflaechen -

UM -013 terrestrische messungen und luftbildmessungen der phaenologie bei ausgesuchten kulturpflanzen im suedbadischen raum

0307
FORSCHUNGSSTELLE FUER GEOCHEMIE DER TU MUENCHEN
8000 MUENCHEN, ARCISSTR. 21

TEL.: (089) 21052362,21052363,21052364 TX.: 52 28 54

- LEITER: PROF.DR. PAULA HAHN-WEINHEIMER
- FORSCHUNGSSCHWERPUNKTE:

spurenelemente in fluss-sedimenten und gewaessern

VORHABEN:

UMWELTCHEMIKALIEN

OA -014 geochemie umweltrelevanter spurenstoffe

0308
FORSCHUNGSSTELLE FUER INSEL- UND KUESTENSCHUTZ DER NIEDERSAECHSISCHEN WASSERWIRTSCHAFTSVERWALTUNG
2982 NORDERNEY, AN DER MUEHLE 5

TEL.: (04932) 517

- LEITER: DR.-ING. GUENTHER LUCK
- FORSCHUNGSSCHWERPUNKTE:

chemische und biologische bestandsaufnahmen in von abwasser gefaehrdeten gebieten der niedersaechsischen kueste; kontrolluntersuchungen ueber den einfluss von abwaessern auf litorale lebensgemeinschaften

VORHABEN:

WASSERREINHALTUNG UND WASSERVERUNREINIGUNG

HC -019 substrate und lebensgemeinschaften der watten des jadebusens

IB -009 ermitteln der abflusspenden im kuestengebiet

0309
FORSCHUNGSSTELLE VON SENGBUSCH GMBH
2000 HAMBURG 67, WALDREDDER 4

TEL.: (040) 6034775

- LEITER: PROF.DR. REINHOLD VON SENGBUSCH
- FORSCHUNGSSCHWERPUNKTE:

biologische wasserklaerung, fischhaltung im warmwasserkreislauf; zuechtung eines perennierenden roggens fuer landwirtschaftliche extensivgebiete

VORHABEN:

WASSERREINHALTUNG UND WASSERVERUNREINIGUNG

HA -023 biologische wasserklaerung

LAND- UND FORSTWIRTSCHAFT

RE -014 zuechtung eines perennierenden roggens

0310
FORSCHUNGSVEREINIGUNG AUTOMOBILTECHNIK E.V. (FAT)
6000 FRANKFURT, WESTENDSTR. 61

TEL.: (0611) 740201 TX.: 04-11293

- LEITER: DR.-ING. GUENTHER BRENKEN
- FORSCHUNGSSCHWERPUNKTE:

wirkung von automobilabgasen auf die umwelt; wiedergewinnung der im automobilbau verwendeten werkstoffe (recycling)

VORHABEN:

LUFTREINHALTUNG UND LUFTVERUNREINIGUNG

BA -013 bestandsaufnahme der immissionssituation durch den kraftverkehr in der bundesrepublik deutschland

ABFALL (RADIOAKTIVE ABFAELLE SIEHE ND)

ME -021 wiedergewinnung der im automobilbau verwendeten werkstoffe (recycling)

WIRKUNGEN UND BELASTUNGEN DURCH SCHADSTOFFE

PE -008 wirkung von automobilabgasen auf die umwelt

UMWELTPLANUNG, UMWELTGESTALTUNG

UI -007 verbesserung des verkehrsflusses durch systematische untersuchungen zur optimierung

0311
FORSCHUNGSVEREINIGUNG VERBRENNUNGSKRAFTMASCHINEN E. V.
6000 FRANKFURT, LYONER STRASSE 18

TEL.: (0611) 6603345 TX.: 411321, 413152

- LEITER: DIPL.-ING. GUENTHER VETTERMANN
- FORSCHUNGSSCHWERPUNKTE:

abgas-emissions-vehalten von verbrennungskraftmaschinen; laerm-emissions-verhalten von verbrennungskraftmaschinen

VORHABEN:

LUFTREINHALTUNG UND LUFTVERUNREINIGUNG

DA -021 untersuchung zur russverminderung bei fahrzeug-dieselmotoren

LAERM UND ERSCHUETTERUNGEN

FB -027 erarbeitung neuer moeglichkeiten zur ausbildung geraeuscharmer kuehler-luefter-systeme fuer verbrennungsmotorbetriebene aggregate, insbesondere kraftfahrzeuge

FB -028 theoretische und experimentelle untersuchung von ein- und mehrkammerfiltern zur abgasschalldaempfung

FB -029 untersuchung an neuartigen geraeuscharmen motoren ueber die zusammenhaenge zwischen dem geraeusch und den die verschalung betreffenden parametern

FC -024 entwicklung laermarmer kompressoren

0312
FORSTBOTANISCHES INSTITUT DER FORSTLICHEN FORSCHUNGSANSTALT
8000 MUENCHEN 40, AMALIENSTR. 52

TEL.: (089) 21803124

- LEITER: PROF.DR. PETER SCHUETT
- FORSCHUNGSSCHWERPUNKTE:

umwelt und herbizide

VORHABEN:

LAND- UND FORSTWIRTSCHAFT

RG -006 oekologie der forstlichen produktion, auswertung vorliegender messdaten und ergaenzende morphometrische untersuchungen

RG -007 die wirkung von herbiziden auf die naehrstoffaufnahme und die krankheitsdisposition von forstpflanzen

0313
FORSTBOTANISCHES INSTITUT DER UNI FREIBURG
7800 FREIBURG, BERTOLDSTR. 17

TEL.: (0761) 2033761

- LEITER: PROF.DR.DR. HANS MARQUARDT
- FORSCHUNGSSCHWERPUNKTE:

pruefung und entwicklung von testsystemen zur pruefung der mutagenen wirkung von umweltchemikalien

VORHABEN:

WIRKUNGEN UND BELASTUNGEN DURCH SCHADSTOFFE

PD -004 mutagenitaets-untersuchungen mit autoabgas-kondensaten (insbesondere carcinogene substanzen) an somatischen zellen

0314
FORSTDIREKTION DER BEZIRKSREGIERUNG KOBLENZ
5400 KOBLENZ, HOHENZOLLERNSTR. 118-120

TEL.: (0261) 12401

- LEITER: DIETRICH HOFFMANN
- FORSCHUNGSSCHWERPUNKTE:

forsthydrologie

VORHABEN:

WASSERREINHALTUNG UND WASSERVERUNREINIGUNG

HG -011 der einfluss von bestockungsunterschieden auf den wasserhaushalt des waldes und seine wasserspende an die landschaft

0315
FORSTLICHE VERSUCHS- UND FORSCHUNGSANSTALT VON BADEN-WUERTTEMBERG
7800 FREIBURG, STERNWALDSTR. 16

TEL.: (0761) 70527

- LEITER: PROF.DR. HANS-ULRICH MOOSMAYER
- FORSCHUNGSSCHWERPUNKTE:

untersuchung der oekologischen beziehungen zwischen wald und umwelt; aufzeigen der rationellen moeglichkeiten zur gleichzeitigen erfuellung der vielfaeltigen funktionen des waldes

VORHABEN:
HUMANSPHAERE
TC -003 verhalten und wuensche von erholungssuchenden in waldreichen feriengebieten

0316
FORSTZOOLOGISCHES INSTITUT DER UNI FREIBURG
7800 FREIBURG, BERTOLDSTR. 17
TEL.: (0761) 2033757
- LEITER: PROF.DR. VITE
VORHABEN:
LAND- UND FORSTWIRTSCHAFT
RH -007 untersuchung ueber die verwendung von sexualduftstoffen zur regulierung schaedlicher lepidopteren populationen in land- und forstwirtschaft
RH -008 untersuchungen zur schaedlingsbekaempfung mit insektenpathogenen viren
RH -009 borkenkaefer-pheromone trypodendron lineatum/dendroctonus sp.
UMWELTPLANUNG, UMWELTGESTALTUNG
UM -014 ulmensterben: aggregationsverhalten der ulmenborkenkaefer

0317
FRANZIUS-INSTITUT FUER WASSERBAU UND KUESTENINGENIEURWESEN DER TU HANNOVER
3000 HANNOVER, NIENBURGER STRASSE 4
TEL.: (0511) 710557, 762-2572
- LEITER: PROF.DR. HANS-WERNER PARTENSCKY
- FORSCHUNGSSCHWERPUNKTE:
ausbreitung und vermischung von aufgewaermtem kuehlwasser in binnen-, tide- und kuestengewaessern
VORHABEN:
ABWAERME
GB -010 untersuchungen ueber die ausbreitung von kuehlwassern im tidegebiet hamburgs
WASSERREINHALTUNG UND WASSERVERUNREINIGUNG
IE -017 horizontale ausbreitungsvorgaenge in tideaestuarien in abhaengigkeit von der herrschenden turbulenzstruktur

0318
FRIED. KRUPP GMBH
4300 ESSEN, MUENCHENER STRASSE 100
TEL.: (0201) 1882717
VORHABEN:
LUFTREINHALTUNG UND LUFTVERUNREINIGUNG
DB -011 entschwefelung fester brennstoffe im kraftwerk mit hilfe von supraleitenden magneten
DC -020 fluorabscheidung bei entstaubungsverfahren von co-haltigen abgasen der stahlerzeugung
DC -021 methoden und einrichtungen zur verminderung der staubbelaestigung an faseroeffnungs- und krempelmaschinen
LAERM UND ERSCHUETTERUNGEN
FC -025 untersuchung und ermittlung von massnahmen zur geraeuschminderung an unseren spinnmaschinen und strecken
WASSERREINHALTUNG UND WASSERVERUNREINIGUNG
HB -011 meerwasserentsalzung. teilprojekt: untersuchung ueber die anforderungen an meerwasserentsalzungsanlagen geringer leistung mit nuklearer energieversorgung
HF -003 beherrschung der krustenbildung bei meerwasserentsalzungsanlagen nach dem verfahren der entspannungsverdampfung
HF -004 untersuchung des verfahrens der umgekehrten osmose zur suesswassergewinnung aus brachwasser
KC -018 entwicklung von membranfiltrationssystemen zur reinigung von industrieabwaessern
ABFALL
ME -022 entwicklung eines verfahrens zur aufkonzentrierung von abschlaemmwaessern
ME -023 entwicklung eines verfahrens zur herstellung von leichtbauzuschlagstoffen aus filterasche
ME -024 verfahrenstechnische weiterentwicklung der solventextraktion zur gewinnung von kupfer und anderen ne-metallen
UMWELTCHEMIKALIEN
OA -015 einsatz der membrantechnik als aufkonzentrierungs- und reinigungsverfahren (nahrungsmittel- und pharmazeutikindustrie, faerberei- und lackierprozesse)
UMWELTPLANUNG, UMWELTGESTALTUNG
UI -008 entwicklung und erprobung einer bahn kleiner abmessungen fuer den staedtischen nahverkehr

0319
GASWAERME-INSTITUT E.V.
4300 ESSEN, HAFENSTR. 101
TEL.: (06196) 44059
- LEITER: PROF.DR.-ING. H. KREMER
VORHABEN:
LUFTREINHALTUNG UND LUFTVERUNREINIGUNG
BB -006 untersuchung der bildung von stickoxiden in haeuslichen und gewerblichen gasfeuerstaetten
BC -017 so2- und fluoremission in ziegeleien nach umstellung von heizoel auf erdgas
BC -018 untersuchungen zur ermittlung des kohlenstoffgehaltes in den verbrennbaren organisch-chemischen stoffen der abluft eines trockenofens
CB -017 untersuchung der ausbreitung von verbrennungsprodukten bei kaminen haeuslicher und gewerblicher gasfeuerungen (luftreinhaltung)
CB -018 entwicklung von beurteilungskriterien fuer die neigung verschiedener brenngase zur bildung von stickstoffoxiden

0320
GEBR. GIULINI GMBH
6700 LUDWIGSHAFEN, GIULINI-STR.
TEL.: (0621) 5001
VORHABEN:
ABFALL
ME -025 untersuchung zur wirtschaftlichen verwertbarkeit von abfallgipsen

0321
GEHRMANN, FRIEDHELM, DR.
CH-1 GENF ONEX/SCHWEIZ, 4, ROUTE DE LOEX
VORHABEN:
HUMANSPHAERE
TB -005 quantifizierungsversuche der lebensqualitaet auf der grundlage normativer sozialindikatoren (hab.)

0322
GELSENBERG GMBH-CO KG
4300 ESSEN 1, RUETTENSCHEIDER STRASSE 20
TEL.: (0201) 774855
- LEITER: HERRN GERHARD VON VELSEN
VORHABEN:
WASSERREINHALTUNG UND WASSERVERUNREINIGUNG
KF -006 cyclopentantetracarbonsaeure als phosphatsubstitut in waschmitteln
STRAHLUNG, RADIOAKTIVITAET
ND -017 aufarbeitung thoriumhaltiger kernbrennstoffe
ND -018 verfestigung von hochradioaktiven wasteloesungen (metalleinbettung hochradioaktiver glasprodukte)

0323
GELSENBERG MANNESMANN UMWELTSCHUTZ GMBH
4300 ESSEN 1, POSTFACH 3
VORHABEN:
ABFALL
ME -026 pyrolytische rohstoffrueckgewinnung

0324
GEMEINSAME FORSCHUNGSSTELLE ISPRA DER EURATOM
I- VARESE/ITALIEN
VORHABEN:
STRAHLUNG, RADIOAKTIVITAET
NC -023 notkuehlprogramm. teilprojekt: untersuchung des thermohydraulischen ungleichgewichtes
NC -024 kernschmelzen. messung von fluessigen reaktorcorematerialien
NC -025 notkuehlung - untersuchung der mischungseffekte in parallelduchstroemten kanaelen im zweiphasengebiet
NC -026 notkuehlprogramm. einfluss der dwr-umwaelzschleifen auf den blowdown

0325
GENETISCHES INSTITUT / FB 15 DER UNI GIESSEN
6300 GIESSEN, LEIHGESTERNER WEG 112-114
TEL.: (0641) 702-2895
- LEITER: PROF.DR. FRITZ ANDERS
VORHABEN:
WIRKUNGEN UND BELASTUNGEN DURCH SCHADSTOFFE
PD -005 genetik und krebsbildung, a) krebsgenetik

0326
GEOCHEMISCHES INSTITUT DER UNI GOETTINGEN
3400 GOETTINGEN, GOLDSCHMIDTSTR. 1
TEL.: (0551) 393971
- LEITER: PROF.DR. KARL HANS WEDEPOHL
- FORSCHUNGSSCHWERPUNKTE:
natuerlicher und anthropogen beeinflusster kreislauf von blei, wismut, cadmium, tellur, arsen, zinn, quecksilber und fluor
VORHABEN:
UMWELTCHEMIKALIEN
OD -012 spurenelemente und umweltforschung
OD -013 natuerlicher und anthropogen beeinflusster kreislauf von pb, bi, cd, tl, as, sb, hg und f
UMWELTPLANUNG, UMWELTGESTALTUNG
UD -003 chemische untersuchung von manganknollen und unterlagerndem sediment (porenwasser) in regionaler verbreitung unter besonderer beruecksichtigung seltener spurenelemente
UD -004 background-konzentrationen von kadmium, quecksilber, thallium, antimon, wismut, blei, kupfer und zink in haeufigen gesteinen, natuerlichen rohstoffen und wichtigen bereichen des exogenen kreislaufs

0327
GEOGRAPHISCHES INSTITUT / FB 22 DER UNI GIESSEN
6300 GIESSEN, SENCKENBERGSTR. 1
TEL.: (0641) 7028210
- LEITER: PROF.DR. WILLIBALD HAFFNER
VORHABEN:
WASSERREINHALTUNG UND WASSERVERUNREINIGUNG
HG -012 einfluss naturraeumlicher und anthropogener faktoren auf den oberflaechenabfluss. eignung der zeitreihenanalyse zur simulation und prognose stochastischer prozesse in hydrologie und klimatologie
LAND- UND FORSTWIRTSCHAFT
RA -005 landwirtschaftliche bodenbewirtschaftung und landwirtschaftliche bevoelkerung unter dem einfluss gesamtwirtschaftlicher und gesellschaftlicher gegebenheiten und in unterschiedlichen naturraeumen
UMWELTPLANUNG, UMWELTGESTALTUNG
UC -013 die attraktivitaet unterschiedlich strukturierter regionen (in der brd) und unterschiedlich ausgestatteter gemeinden (in hessen) fuer die standortwahl neuer industriebetriebe im zeitraum 1955 bis 1971
UC -014 industriestandortanalyse und raumwirtschaftsmodelle im gebiet von unterelbe und unterweser
UE -019 leitbilder zukuenftiger siedlungsstrukturen
UH -012 untersuchung der mobilitaet der bevoelkerung in innerstaedtischen und stadtnahen bereichen der bundesrepublik deutschland

0328
GEOGRAPHISCHES INSTITUT DER UNI BASEL
CH-4 BASEL/SCHWEIZ, KLINGELBERGSTR. 16
TEL.: (004161) 252560
- LEITER: PROF.DR. HARTMUT LESER
- FORSCHUNGSSCHWERPUNKTE:
landschaftsoekologische grundlagenforschung auf dem gebiet der terrestrischen oekosysteme unterschiedlicher dimension; kartographische darstellungen der ergebnisse und versuch der praktischen anwendung
VORHABEN:
LAND- UND FORSTWIRTSCHAFT
RC -009 quantifizierte aufnahme und darstellung von schaeden des bodenabtrags und kleinreliefs in der landschaft (rhein bei basel)
UMWELTPLANUNG, UMWELTGESTALTUNG
UK -010 bestimmung der wirksamkeit grossraeumiger oekologischer ausgleichsraeume und entwicklung von kriterien zur abgrenzung
UL -006 mittel- und kleinmassstaebige karten des gelaendeklimas und ihre verwendung in der praxis
UL -007 untersuchungen zum problem der empirischen kennzeichnung von oekologischen raumeinheiten
UL -008 klima, wasser und boden in den landschaftlichen oekosystemen des bruderholzgebietes (raum basel)

0329
GEOGRAPHISCHES INSTITUT DER UNI BOCHUM
4630 BOCHUM -QUERENBURG, UNIVERSITAETSSTR. 150
TEL.: (02321) 3993433
- LEITER: PROF.DR.DR. KARLHEINZ HOTTES
- FORSCHUNGSSCHWERPUNKTE:
sozial-, wirtschafts-, industriegeographie, raumplanung, entwicklungsforschung
VORHABEN:
LUFTREINHALTUNG UND LUFTVERUNREINIGUNG
AA -046 witterung in naherholungsgebieten des rheinischen schiefergebirges waehrend gesundheitsgefaehrdender wetterlagen im ruhrgebiet
LAND- UND FORSTWIRTSCHAFT
RC -010 probleme der bodenerhaltung in der subalpinen und alpinen stufe der alpen
RC -011 bodenerosion und bodenschutzmassnahmen am kaiserstuhl
HUMANSPHAERE
TB -006 bevoelkerungsentwicklung seit 1950 im ruhrgebiet und im maerkischen industriegebiet
UMWELTPLANUNG, UMWELTGESTALTUNG
UC -015 flughaefen und flughafenumgebung als standorte
UE -020 flurbereinigung als instrument der siedlungsneuordnung
UE -021 staedtische flaechennutzungsplanung und flaechennutzungsaenderung in ihrer bedeutung fuer die regionalentwicklung in entwicklungslaendern
UL -009 bergbaubedingte veraenderungen des physischen landschaftspotentials und ihre auswirkungen auf die landnutzung im linksrheinischen braunkohlengebiet

0330
GEOGRAPHISCHES INSTITUT DER UNI DES SAARLANDES
6600 SAARBRUECKEN, UNIVERSITAET
TEL.: (0681) 302-1
- LEITER: PROF.DR. PAUL MUELLER
VORHABEN:
LUFTREINHALTUNG UND LUFTVERUNREINIGUNG
AA -047 flechtenkartierung
AA -048 bioindikatoren
LAERM UND ERSCHUETTERUNGEN
FA -009 schallpegelgutachten, saarbruecken 1972
WASSERREINHALTUNG UND WASSERVERUNREINIGUNG
IC -023 erfassung der westpalaearktischen invertebraten; belastbarkeit der saar
IC -024 bewertung der saarbelastung durch produktivitaetsuntersuchungen an exponierten organismen
WIRKUNGEN UND BELASTUNGEN DURCH SCHADSTOFFE
PI -007 industriestadt als oekosystem
UMWELTPLANUNG, UMWELTGESTALTUNG
UC -016 biogeographisches gutachten, industrieneuansiedlung saarbruecken 1972

0331
GEOGRAPHISCHES INSTITUT DER UNI ERLANGEN-NUERNBERG
8520 ERLANGEN, KOCHSTR. 4
TEL.: (09131) 85-2633, -2634, -2636
- LEITER: PROF.DR. FRANZ TICHY
VORHABEN:
LAND- UND FORSTWIRTSCHAFT
RD -009 agrargeographische uebersichtskartierung von bewaesserungsgebieten des orients nach satellitenaufnahmen

0332
GEOGRAPHISCHES INSTITUT DER UNI HEIDELBERG
6900 HEIDELBERG, UNIVERSITAETSPLATZ
TEL.: (06221) 542228
- LEITER: PROF.DR. WERNER FRICKE
- FORSCHUNGSSCHWERPUNKTE:
stadtklima und luftverunreinigungen

VORHABEN:
LUFTREINHALTUNG UND LUFTVERUNREINIGUNG
AA -049 satellitenbilder
AA -050 stadtklima mannheim
AA -051 klima des rhein-neckar-raums
CB -019 smogtypen und simulationsmodelle
LAND- UND FORSTWIRTSCHAFT
RG -008 bewertung von erstaufforstungen
UMWELTPLANUNG, UMWELTGESTALTUNG
UE -022 rhein-neckar-agglomeration
UL -010 erhaltungswuerdigkeit von landschaftseinheiten

0333
GEOGRAPHISCHES INSTITUT DER UNI KIEL
2300 KIEL, OLSHAUSENSTR. 40-60
TEL.: (0431) 880-2943
- LEITER: PROF.DR. OTTO FRAENZLE
VORHABEN:
WASSERREINHALTUNG UND WASSERVERUNREINIGUNG
HA -024 stoffhaushalt von seen im schleswig-holsteinischen jungmoraenengebiet

0334
GEOGRAPHISCHES INSTITUT DER UNI MUENCHEN
8000 MUENCHEN 2, LUISENSTR.37
TEL.: (089) 52031
VORHABEN:
WASSERREINHALTUNG UND WASSERVERUNREINIGUNG
HG -013 hydrographische untersuchungen zum wasserhaushalt eines alpinen niederschlagsgebietes

0335
GEOGRAPHISCHES INSTITUT DER UNI STUTTGART
7000 STUTTGART 1, SILCHERSTR. 9
TEL.: (0711) 2073763
- LEITER: PROF.DR. WOLFGANG MECKELEIN
- FORSCHUNGSSCHWERPUNKTE:
geographische aspekte von umweltproblemen, desertification
VORHABEN:
LAERM UND ERSCHUETTERUNGEN
FB -030 laermkarte stuttgart
LAND- UND FORSTWIRTSCHAFT
RC -012 desertification in and around arid lands
HUMANSPHAERE
TD -011 unterrichtsmodell luftverschmutzung und stadtklima
UMWELTPLANUNG, UMWELTGESTALTUNG
UE -023 beitraege zur typenbildung im prozessfeld des verdichtungsraumes

0336
GEOGRAPHISCHES INSTITUT DER UNI TUEBINGEN
7400 TUEBINGEN, SCHLOSS
TEL.: (07071) 37350
- LEITER: PROF. H. BLUME
VORHABEN:
WASSERREINHALTUNG UND WASSERVERUNREINIGUNG
IC -025 gewaesserbelastung durch kommunale und industrielle abwaesser, insbesondere durch schwermetalle
UMWELTPLANUNG, UMWELTGESTALTUNG
UL -011 umweltbelastungen im bodenseeraum

0337
GEOGRAPHISCHES INSTITUT II DER UNI FREIBURG
7800 FREIBURG, WERDERRING 4
TEL.: (0761) 2034419
- LEITER: PROF.DR. WALTHER MANSHARD
- FORSCHUNGSSCHWERPUNKTE:
tropisch-afrika; vergleichende agrar- und siedlungsgeographie der tropen
VORHABEN:
HUMANSPHAERE
TB -007 modelle zur innenstadtentleerung

0338
GEOGRAPHISCHES INSTITUT/KULTURGEOGRAPHIE DER UNI FRANKFURT
6000 FRANKFURT, SENCKENBERGANLAGE 36
TEL.: (0611) 7982403-04
- LEITER: PROF.DR. KLAUS WOLF
VORHABEN:
LAND- UND FORSTWIRTSCHAFT
RA -006 die entwicklung agrarischer bodennutzung im rhein-main-gebiet
HUMANSPHAERE
TB -008 heutiger wohnwert einer zukunftsweisenden wohnsiedlung frankfurt-roemerstadt
TC -004 ausgewaehlte freizeiteinrichtungen des rhein-main gebietes nach benutzerstrukturen
UMWELTPLANUNG, UMWELTGESTALTUNG
UH -013 raeumliche mobilitaet im kernstadtnahen verdichtungsraum; beispiel rhein-maingebiet
UH -014 bevoelkerungsgeographische prozesse in ausgewaehlten gemeinden rheinhessens

0339
GEOLOGISCH-PALAEONTOLOGISCHES INSTITUT / FB 22 DER UNI GIESSEN
6300 GIESSEN, SENCKENBERGSTR. 3
TEL.: (0641) 704-8361
- LEITER: PROF.DR. K. KNOBLICH
VORHABEN:
WASSERREINHALTUNG UND WASSERVERUNREINIGUNG
HB -012 grundwasserverhaeltnisse im bereich des rheins, schiefergebirges und der hessischen senke
HB -013 geochemische und sedimentologische untersuchungen an grundwaessern und bachlaeufen im raum wetzlar - giessen
IC -026 schwermetallanreicherungen in der lahn
IF -007 vergleichsstudie von sedimenten von seen verschiedener trophiegrade

0340
GEOLOGISCH-PALAEONTOLOGISCHES INSTITUT DER UNI FRANKFURT
6000 FRANKFURT, SENCKENBERGANLAGE 32-34
TEL.: (0611) 798-2682
- LEITER: PROF.DR. MURAWSKI
- FORSCHUNGSSCHWERPUNKTE:
tektonischer bau und grundwasserfuehrung; grundwasserchemismus
VORHABEN:
WASSERREINHALTUNG UND WASSERVERUNREINIGUNG
HB -014 beziehungen zwischen grundwasserabfluss und tektonischem bau im buntsandstein des mainvierecks zwischen lohr und aschaffenburg/spessart
HG -014 hydrologisch-geologische untersuchungen am suedhang des vogelsberges unter besonderer beruecksichtigung des fluors

0341
GEOLOGISCH-PALAEONTOLOGISCHES INSTITUT DER UNI HAMBURG
2000 HAMBURG 13, BUNDESSTR. 55
TEL.: (040) 4123-5042
- LEITER: PROF.DR. IDA VALETON
- FORSCHUNGSSCHWERPUNKTE:
umweltrelevante spurenelemente in fluessen und seen, hier alster - elbe
VORHABEN:
WASSERREINHALTUNG UND WASSERVERUNREINIGUNG
HC -020 art und groesse biogeochemischer umsetzungen im flachmeer-bereich
IA -007 umweltrelevante spurenelemente in fluessen und seen (alster und elbe)
IE -018 schwerpunkt: litoralforschung - abwaesser in kuestennaehe; art und groesse biogeochemischer umsetzungen im flachmeerbereich
WIRKUNGEN UND BELASTUNGEN DURCH SCHADSTOFFE
PH -007 geochemie umweltrelevanter spurenstoffe
LAND- UND FORSTWIRTSCHAFT
RC -013 aufgaben der geologen im rahmen der zu loesenden umweltprobleme sowie zukuenftiger aufgaben
UMWELTPLANUNG, UMWELTGESTALTUNG
UL -012 unterschutzstellung und erforschung der neuen winterberghoehle am winterberg/harz
UL -013 naturschutzgebiet hainholz und beierstein

0342
GEOLOGISCH-PALAEONTOLOGISCHES INSTITUT UND MUSEUM DER UNI GOETTINGEN
3400 GOETTINGEN, GOLDSCHMIDTSTR. 3
TEL.: (0551) 397922
- LEITER: DR.DIPL.-GEOL. JUERGEN SCHNEIDER
VORHABEN:
WASSERREINHALTUNG UND WASSERVERUNREINIGUNG
HB -015 zusammenhaenge zwischen abflusslosen senken, gipsvorkommen und chemismus von grund- und quellwasser (westlicher und suedlicher harz)
IE -019 die sedimente des golfes von piran und objektive kriterien fuer ihre anthropogene pollution
IE -020 sedimentbildung an und vor kalkkuesten durch biologische korrosion und biologische erosion; abhaengigkeit der prozesse von der gewaesser-verschmutzung

0343
GEOLOGISCH-PALAEONTOLOGISCHES INSTITUT UND MUSEUM DER UNI KIEL
2300 KIEL, OLSHAUSENSTR. 40/60
TEL.: (0431) 880-2850
- LEITER: PROF.DR. EUGEN SEIBOLD
- FORSCHUNGSSCHWERPUNKTE:
hydrogeologie, meeresgeologie
VORHABEN:
WASSERREINHALTUNG UND WASSERVERUNREINIGUNG
HB -016 die grundwasserbeschaffenheit in sandern (schleswig-holstein)
HB -017 labor- und feldversuche zur bestimmung des sauerstofftransportes in der ungesaettigten zone und im grundwasser
HC -021 sedimentation und erosion kohaesiver sedimente im feld- und laborversuch
HC -022 kartierung des nordseebodens vor den nordfriesischen inseln
HC -023 untersuchungen zur sandvorspuelung westerland/sylt (geologie)
HC -024 auswertung der fahrten mit fs meteor
ID -011 mineralstoffspuren und ursachen der verbreitung in quartaeren grundwasserleitern in ausgewaehlten gebieten schleswig-holsteins
ID -012 quantifizierung der abbauvorgaenge organischer substanzen im grundwasser (sauerstoff- und kohlendioxid-transport)
ID -013 chemisch-biochemische umsetzung im sickerwasser in der ungesaettigten zone
ID -014 untersuchung ueber die auswirkungen verschiedener beim strassenbau einzusetzender berge- und schlackematerialien auf das grundwasser
IE -021 experimente zur benthosproduktion auf schwebesubstraten vor boknis eck, westliche ostsee

0344
GEOLOGISCHES INSTITUT DER TH AACHEN
5100 AACHEN, WUELLNERSTR. 2
TEL.: (0241) 42-5720 TX.: 0832704
- LEITER: PROF.DR. ROLAND WALTER
- FORSCHUNGSSCHWERPUNKTE:
untersuchungen zur verwitterung von naturbausteinen
VORHABEN:
WIRKUNGEN UND BELASTUNGEN DURCH SCHADSTOFFE
PK -019 untersuchungen zur verwitterung von naturbausteinen

0345
GEOLOGISCHES INSTITUT DER UNI HEIDELBERG
6900 HEIDELBERG, IM NEUENHEIMER FELD 234
TEL.: (06221) 562831
- LEITER: PROF.DR. SIMON
VORHABEN:
WASSERREINHALTUNG UND WASSERVERUNREINIGUNG
HB -018 wasser- und umweltschaeden durch wasserwerke
HB -019 grundwasser-kartierung, -chemie und -bilanz in der oberrheinebene und ihrem einzugsgebiet
ABFALL (RADIOAKTIVE ABFAELLE SIEHE ND)
MC -012 schadstoffe und wasser
WIRKUNGEN UND BELASTUNGEN DURCH SCHADSTOFFE
PK -020 bausteinverwitterung in staedten, besonders von kalkstein

0346
GEOLOGISCHES INSTITUT DER UNI KARLSRUHE
7500 KARLSRUHE, KAISERSTR. 12
TEL.: (0721) 6083096
- LEITER: PROF.DR. VIKTOR MAURIN
- FORSCHUNGSSCHWERPUNKTE:
hydrologische und hydrochemische untersuchungen von grundwaessern; ursachen und erscheinungsformen von massenbewegungen; standsicherheit von sand- und kiesgrubenboeschungen
VORHABEN:
WASSERREINHALTUNG UND WASSERVERUNREINIGUNG
HB -020 hydrogeologie klueftiger festgesteine

0347
GEOLOGISCHES INSTITUT DER UNI MAINZ
6500 MAINZ, SAARSTR. 21
TEL.: (06131) 392297
- LEITER: PROF.DR. KLAUS SCHWAB
- FORSCHUNGSSCHWERPUNKTE:
grundwasserbilanz-kalkulation; abhaengigkeit des grundwassers von oekologischen faktoren; grundwasserverunreinigungen
VORHABEN:
WASSERREINHALTUNG UND WASSERVERUNREINIGUNG
HB -021 das grundwasser im luxemburger sandstein - geologie, wasserhaushalt und umweltbelastung am beispiel von drei grosstestflaechen

0348
GEOLOGISCHES INSTITUT DER UNI TUEBINGEN
7400 TUEBINGEN, SIGWARTSTR. 10
TEL.: (07071) 292489
- LEITER: PROF. FRANK WESTPHAL
VORHABEN:
WASSERREINHALTUNG UND WASSERVERUNREINIGUNG
HB -022 grundwasseruntersuchungen in der talaue im rahmen des maintalprojektes der deutschen forschungsgemeinschaft
HB -023 talauen - grundwasser des neckars zwischen tuebingen und rottenburg
HB -024 einzugsgebiet der cannstatter mineralquellen
HB -025 einspeisung von grundwasser aus dem festgesteinsbereich zwischen nordschwarzwald und odenwald in den grundwasserkoerper der oberrheinebene
HB -026 haushalt und loesungsfracht des grundwassers im einzugsgebiet der tauber oberhalb von bad mergentheim
HB -027 austrag umweltrelevanter spurenstoffe aus naturnahen oekochoren des schwaebischen keuperberglandes und albvorlandes
HG -015 hydrogeologische untersuchung im nachbarschaftsgebiet reutlingen - tuebingen
IC -027 schwermetallspuren im bereich oberer neckar
ID -015 grundwasserhaushalt und duengemittelaustrag im buntsandstein - schwarzwald

0349
GEOLOGISCHES INSTITUT DER UNI WUERZBURG
8700 WUERZBURG, PLEICHERWALL 1
TEL.: (0931) 31564
- LEITER: PROF.DR. WALTER ALEXANDER SCHNITZER
- FORSCHUNGSSCHWERPUNKTE:
schwermetalle in waessern und boeden; allgemeine hydrogeologische untersuchungen vor allem in karstgebieten frankens; geologisch-hydrogeologische fragen zur problematik der anlage von muelldeponien
VORHABEN:
WASSERREINHALTUNG UND WASSERVERUNREINIGUNG
HA -025 hydrogeologie - maintalprojekt (dfg)
HA -026 die salzfracht des mains und seiner zufluesse zwischen viereth und schweinfurt in abhaengigkeit zur lithologie des einzugsgebietes
HB -028 grundwasserneubildung
IC -028 detergentien im weissen main und nebenfluessen von der quelle bis unterhalb berneck
ABFALL
MD -011 nutzbringende anwendung von glas-einwegprodukten
WIRKUNGEN UND BELASTUNGEN DURCH SCHADSTOFFE
PF -008 schwermetallgehalte in gesteinen des fichtelgebirges

0350
GEOLOGISCHES LANDESAMT BADEN-WUERTTEMBERG
7000 STUTTGART 1, URBANSTR. 53
TEL.: (0711) 212-4817
- LEITER: DR. WINFRIED REIFF
VORHABEN:
UMWELTPLANUNG, UMWELTGESTALTUNG
UL -014 vergleichende karsthydrologische untersuchungen in gebieten mit unterschiedlichen geologischem aufbau und unterschiedlicher entwicklung der landschaft. nahziel: vergleich des muschelkalk-karstes

0351
GEOLOGISCHES LANDESAMT DES SAARLANDES
6600 SAARBRUECKEN, AM TUMMELPLATZ 7
TEL.: (0681) 53729
- LEITER: DR.DIPL.-GEOL. E. MUELLER
- FORSCHUNGSSCHWERPUNKTE:
grundwasserschutz
VORHABEN:
UMWELTPLANUNG, UMWELTGESTALTUNG
UL -015 gutachten in fragen der wasserversorgung, grundwasserschutz, bodenschutz, abfallbeseitigung und bodenschutz

0352
GEOLOGISCHES LANDESAMT HAMBURG
2000 HAMBURG, OBERSTR. 88
TEL.: (040) 4123-2632
- LEITER: DR. NIEDERMAYER
VORHABEN:
WASSERREINHALTUNG UND WASSERVERUNREINIGUNG
HB -029 basisuntersuchungen ueber die grundwasserbeschaffenheit und moegliche anthropogene veraenderungen in hamburg
HB -030 hydrogeologische und ingenieurgeologische grundlagenforschung fuer die grundwasserschutzgebiete in hamburg
ABFALL (RADIOAKTIVE ABFAELLE SIEHE ND)
MC -013 erprobung von untersuchungsmethoden; ueberwachung; prognosen; kontrolle fuer rottemuelldeponie

0353
GEOLOGISCHES LANDESAMT NORDRHEIN-WESTFALEN
4150 KREFELD, DE-GREIFF-STR. 195
TEL.: (02151) 897374
- LEITER: PROF.DR. HERBERT KARRENBERG
VORHABEN:
WASSERREINHALTUNG UND WASSERVERUNREINIGUNG
HB -031 untersuchung zur auswirkung der grundwasserabsenkungen auf boeden und pflanzen
HB -032 deutscher beitrag zur mineralquellenkarte in mitteleuropa
HG -016 deutscher beitrag zur hydrogeologischen karte von europa 1:15 millionen
ID -016 bearbeitung, bergeverkippung und grundwasserbeeinflussung am niederrhein
LA -003 mitwirkung bei der festsetzung von wasserschutzzonen
WIRKUNGEN UND BELASTUNGEN DURCH SCHADSTOFFE
PF -009 untersuchung von boeden auf ihren gehalt von schwermetallen (blei, zink, cadmium)
PG -010 mitwirkung bei oelunfaellen, auswirkungen von oelunfaellen auf boden und wasser
UMWELTPLANUNG, UMWELTGESTALTUNG
UL -016 mitwirkung bei der rekultivierung im rheinischen braunkohlenrevier

0354
GEOLOGISCHES LANDESAMT RHEINLAND-PFALZ
6500 MAINZ, FLACHSMARKTSTR. 9
TEL.: (06131) 23658, 21570
- LEITER: DR. WALTER SCHOTTLER
VORHABEN:
LAND- UND FORSTWIRTSCHAFT
RC -014 spurenstoffverteilung in sandboeden in abhaengigkeit vom ausgangsgestein und von der bodenbildung

0355
GEOPHYSIKALISCHES INSTITUT DER UNI KARLSRUHE
7500 KARLSRUHE, HERTZSTR. 16
TEL.: (0721) 6084443 TX.: 7825740
- LEITER: PROF.DR. K. FUCHS
- FORSCHUNGSSCHWERPUNKTE:
seismizitaet des oberrheingrabens; kuenstliche seismische aktivitaet; erschuetterungsmessung
VORHABEN:
LAERM UND ERSCHUETTERUNGEN
FA -010 messung von erschuetterungen, die durch industrie, strassenverkehr und explosionen verursacht werden
FA -011 messungen von erschuetterungen, verursacht durch explosionen
LAND- UND FORSTWIRTSCHAFT
RC -015 seismizitaet des oberrheingrabens agnitudenbestimmung, erdbebengefaehrdung und tektonischer bau
RC -016 untersuchungen kuenstlich induzierter seismischer aktivitaet

0356
GESELLSCHAFT DEUTSCHER CHEMIKER
6000 FRANKFURT 90, VARRENTRAPPSTR. 40-42
TEL.: (0611) 79171 TX.: 412526
- LEITER: DR. WOLFGANG FRITSCHE
VORHABEN:
LUFTREINHALTUNG UND LUFTVERUNREINIGUNG
CA -027 probenahme von luft
DD -014 moeglichkeiten zur verminderung von quecksilberemissionen bei alkalichlorid-elektrolysen
WASSERREINHALTUNG UND WASSERVERUNREINIGUNG
HG -017 probenahme von wasser
UMWELTCHEMIKALIEN
OA -016 arbeiten des ausschusses einheitsverfahren
WIRKUNGEN UND BELASTUNGEN DURCH SCHADSTOFFE
PH -008 probenahme von boeden

0357
GESELLSCHAFT DEUTSCHER METALLHUETTEN- UND BERGLEUTE
3392 CLAUSTHAL-ZELLERFELD, POSTFACH 210
VORHABEN:
UMWELTPLANUNG, UMWELTGESTALTUNG
UD -005 studie forschung und entwicklung zur rohstoffsicherung

0358
GESELLSCHAFT FUER ANGEWANDTE GEOPHYSIK MBH
8000 MUENCHEN 90, EDUARD-SCHMID-STR. 3
TEL.: (089) 661904
- LEITER: DR. GERHARD MUELLER
- FORSCHUNGSSCHWERPUNKTE:
grundwassererkundung; mess- und pruefverfahren; untersuchung der kontamination in wasser, luft und boden; ingenieurgeologische und hydrogeologische gutachten
VORHABEN:
LUFTREINHALTUNG UND LUFTVERUNREINIGUNG
BB -007 wissenschaftliches gutachten zur frage der gefaehrdung eines betriebes durch die emissionen einer geplanten muellverbrennungsanlage
ABFALL
MC -014 diagenetische vorgaenge in muelldeponien
LAND- UND FORSTWIRTSCHAFT
RC -017 geoelektrische messungen zur beschaffenheit und maechtigkeit des quartaers sowie der tiefenlage des tertiaers

0359
GESELLSCHAFT FUER ELEKTRISCHEN STRASSENVERKEHR MBH
4000 DUESSELDORF, TERSTEEGENSTR. 77
TEL.: (0211) 450981-88
- LEITER: DR.-ING. HANS-GEORG MUELLER
- FORSCHUNGSSCHWERPUNKTE:
einfuehrung des systems elektrischer strassenverkehr in nahverkehrsbereichen
VORHABEN:
UMWELTPLANUNG, UMWELTGESTALTUNG
UI -009 einfuehrung von elektrofahrzeugen
UI -010 einfuehrung des systems elektrischer strassenverkehr in nahverkehrsbereichen

0360
GESELLSCHAFT FUER FLURHOLZANBAU UND PAPPELWIRTSCHAFT E.V.
3510 HANN MUENDEN, PROF.-OELKERS-STR. 6
VORHABEN:
UMWELTPLANUNG, UMWELTGESTALTUNG
UM -015 untersuchungen ueber die salzwiderstandsfaehigkeit verschiedener weidenarten sowie -klone

0361
GESELLSCHAFT FUER KERNENERGIEVERWERTUNG IN SCHIFFBAU UND SCHIFFAHRT
2057 GEESTHACHT, REAKTORSTR. 1
TEL.: (04152) 121
- LEITER: DR. SCHROEDER
VORHABEN:
WASSERREINHALTUNG UND WASSERVERUNREINIGUNG
HF -005 meerwasserentsalzung, reinhaltung der gewaesser, abwasser-technologie, membranverfahren, ionentauscher
HF -006 errichtung einer versuchsstation fuer die erprobung von meerwasser-entsalzungsanlagen
STRAHLUNG, RADIOAKTIVITAET
NB -013 auslegung und errichtung einer automatischen anlage fuer die neutronenaktivierungsanalyse
NC -027 sicherheitsexperimente fuer druckwasserreaktoren
NC -028 verbesserung von huellrohreigenschaften durch einsatz von zirkonlegierungen
NC -029 untersuchung des bestrahlungsverhaltens von hochtemperaturreaktor-brennelementproben
UMWELTCHEMIKALIEN
OA -017 messung von umweltchemikalien und bioziden mittels neutronenaktivierungsanalyse zur spurenelementbestimmung
OA -018 laser-ramanspektroskopie von umweltschadstoffen
ENERGIE
SA -024 kernenergie-schiffsantrieb, entwicklung von wirtschaftlich einsetzbaren kernenergieantriebsanlagen

0362
GESELLSCHAFT FUER LAERMBEKAEMPFUNG UND UMWELTSCHUTZ E.V.
1000 BERLIN, THEODOR-HEUSS-PLATZ 7
TEL.: (030) 3015644
- LEITER: BRAMIGK
VORHABEN:
LAERM UND ERSCHUETTERUNGEN
FD -010 geraeuschentwicklung bei motorsportveranstaltungen
HUMANSPHAERE
TB -009 wohnwertklassifizierung

0363
GESELLSCHAFT FUER LANDESKULTUR GMBH
8000 MUENCHEN 71, SCHIEGGSTR. 21
VORHABEN:
HUMANSPHAERE
TC -005 ermittlung von ueberlasteten oder stark ueberlasteten regionen durch intensive freizeitnutzung
UMWELTPLANUNG, UMWELTGESTALTUNG
UK -011 landschaftsoekologisches gutachten zur landschaftsrahmenplanung fuer den bereich des forggen- und bannwaldsees sowie des naturschutzgebietes ammergauer berge

0364
GESELLSCHAFT FUER SYSTEMTECHNIK MBH
4300 ESSEN 1, AM WESTBAHNHOF 2
TEL.: (0201) 735055
- LEITER: DIPL.-ING. PEINZE
VORHABEN:
UMWELTPLANUNG, UMWELTGESTALTUNG
UC -017 massnahmen und kosten des umweltschutzes im industriezweig stahl

0365
GESELLSCHAFT FUER WELTRAUMFORSCHUNG MBH BEI DER DFVLR
5000 KOELN 90, POSTFACH 906027
VORHABEN:
LUFTREINHALTUNG UND LUFTVERUNREINIGUNG
EA -006 umweltschutztechnik
LAERM UND ERSCHUETTERUNGEN
FC -026 entwicklung geraeuscharmer technologien im bergbau bzw. baugewerbe; berechnung der laermdosisverteilung in fabrikhallen
HUMANSPHAERE
TA -020 ergonomische voraussetzungen im steinkohlenbergbau

0366
GESELLSCHAFT FUER WIRTSCHAFTLICHE BAUTECHNIK MBH
8000 MUENCHEN 81, GNESENER STRASSE 4-6
TEL.: (089) 935035 TX.: 05-22372
- LEITER: HORST HEEGER
- FORSCHUNGSSCHWERPUNKTE:
anwendung neuer verkehrssysteme im urbanen und soziologischen rahmen; umweltschutz in staedtebau und verkehr; energieanwendung im bauwesen
VORHABEN:
ENERGIE
SB -014 richtwerte fuer wirtschaftlichen waermeenergieverbrauch bei verwaltungsbauten
UMWELTPLANUNG, UMWELTGESTALTUNG
UI -011 technischer anwendungskatalog fuer den einbau neuer nahverkehrssysteme in bestehende stadtkerne
UI -012 sozialwissenschaftliche untersuchung beim projekt anrufbus

0367
GESELLSCHAFT FUER WIRTSCHAFTS- UND VERKEHRSWISSENSCHAFTLICHE FORSCHUNG E.V.
5330 KOENIGSWINTER 41, ZUM KLEINEN OELBERG 44
TEL.: (02244) 2213
- LEITER: PROF.DR.DR.DR.H.C.DR.H.C. FRITZ VOIGT
- FORSCHUNGSSCHWERPUNKTE:
verkehr und umwelt, insbesondere verkehrsprobleme in ballungsgebieten; theoretische konzepte zur loesung des umweltproblems
VORHABEN:
LUFTREINHALTUNG UND LUFTVERUNREINIGUNG
BA -014 quantitative und qualitative beeintraechtigung der umwelt durch den kfz-verkehr unter besonderer beruecksichtigung der moeglichkeiten einer monetaeren erfassung
UMWELTPLANUNG, UMWELTGESTALTUNG
UH -015 theoretische konzepte zur loesung des umweltproblems unter beruecksichtigung der moeglichkeiten und grenzen ihrer anwendbarkeit auf den kraftfahrzeugverkehr

0368
GESELLSCHAFT FUER WOHNUNGS- UND SIEDLUNGSWESEN E.V. (GEWOS)
2000 HAMBURG 13, HALLERSTR. 70
VORHABEN:
UMWELTPLANUNG, UMWELTGESTALTUNG
UB -012 planspiel zur novelle bundesbaugesetz
UC -018 informationssystem und bewertungsmodell zur ermittlung optimaler regionaler standortsysteme fuer ueberbetriebliche ausbildungsstaetten
UF -008 erarbeitung von kriterien und methoden zur feststellung und bewertung sozialer benachteiligungen im stadtentwicklungsprozess
UF -009 entwicklung von organisations- und handlungsmodellen der gemeinwesenarbeit zur integration der bevoelkerung in neuen wohngebieten empfehlungen fuer die kommunale praxis
UG -005 entwicklung des laendlichen raumes durch entlastung der verdichtungsraeume - konzepte und instrumente -
UH -016 binnenwirtschaftliche mobilitaet und wanderungsbewegungen auslaendischer arbeitnehmer

0369
GESELLSCHAFT ZUR WIEDERAUFARBEITUNG VON KERNBRENNSTOFFEN MBH
7514 EGGENSTEIN -LEOPOLDSHAFEN 2, POSTSTELLE LINDENHEIM
TEL.: (07247) 881
- LEITER: DR.-ING. PETER ZUEHLKE
VORHABEN:
STRAHLUNG, RADIOAKTIVITAET
ND -019 systemanalyse radioaktive abfaelle in der bundesrepublik deutschland
ND -020 leistungsverbesserung der wiederaufbereitungsanlage karlsruhe (lewak)
ND -021 erweiterung der lagerkapazitaet mittelaktiver abfalloesungen der wiederaufbereitungsanlage karlsruhe (wak)

0370
GEWERKSCHAFT SOPHIA-JACOBA
5142 HUECKELHOVEN, POSTFACH 100
VORHABEN:
LUFTREINHALTUNG UND LUFTVERUNREINIGUNG
DB -012 herstellung umweltfreundlicher brennstoffe

0371
GILLET KG, FABRIK FUER SCHALLDAEMPFENDE EINRICHTUNGEN
6732 EDENKOBEN, LUITPOLDSTR.
TEL.: (06323) 471
- LEITER: PAUL GILLET
VORHABEN:
LUFTREINHALTUNG UND LUFTVERUNREINIGUNG
DD -015 entwicklung abgasentgiftung
LAERM UND ERSCHUETTERUNGEN
FB -031 untersuchung der umweltbelaestigung und umweltschaeden durch den strassenverkehr in stadtgebieten (laerm und abgase)

0372
GOEPFERT, PETER, DIPL.-ING. UND REIMER, HANS, DR.-ING., VBI-BERATENDE INGENIEURE
2000 HAMBURG 60, BRAMFELDER STR. 70
TEL.: (040) 611266, -67, -68, -69
- LEITER: DIPL.-ING. PETER GOEPFERT
- FORSCHUNGSSCHWERPUNKTE:
untersuchung von verfahren der thermischen abfallbehandlung; untersuchung von rauchgas-waschsystemen; untersuchung von waermetauschern im rauchgassystem von muellverbrennungsanlagen
VORHABEN:
LUFTREINHALTUNG UND LUFTVERUNREINIGUNG
AA -052 systemfuehrung fuer die 1. ausbaustufe des lufthygienischen ueberwachungssystems niedersachsen (luen)
BB -008 schwermetalle in der flugasche einer muellverbrennungsanlage
CA -028 schadgas- und staubmessungen im rahmen von laufenden immissionsmessungen in der luft
DB -013 untersuchungen ueber die entfernung von salzsaeure aus muellrauchgasen
ABWAERME
GB -011 untersuchung von rohgas - reingas - waermetauschern in muellverbrennungsanlagen
ABFALL
MA -010 sammlung von kunststoffabfaellen
MB -008 hochtemperaturbehandlung von schlacken aus muellverbrennungsanlagen
MB -009 untersuchung einer anlage zur hochtemperatur-muellverbrennung der firma wille
MB -010 versuchsanlage zur pyrolyse von festen und pasteusen abfaellen mit fluessigem schlackenabzug
MG -012 kostenstrukturuntersuchungen zu verschiedenen verfahren der abfallbeseitigung
MG -013 gutachten ueber die zukuenftige abfallbeseitigung und wiederverwendung von abfaellen im raum luebeck
MG -014 gutachten ueber die neuordnung der abfallbeseitigung im raum bielefeld

0373
GOERKE, D.
2848 VECHTA, LUESCHERSTR. 19
VORHABEN:
HUMANSPHAERE
TD -012 dokumentation kernbrennstofftransport und oeffentlichkeitsarbeit

0374
GRESHAKE KG
5678 WERMELSKIRCHEN, POSTFACH 1265
VORHABEN:
UMWELTPLANUNG, UMWELTGESTALTUNG
UH -017 ferntransportsysteme der zukunft fuer europa

0375
GRILLO-WERKE AG
4100 DUISBURG, WESELER STRASSE 1
TEL.: (0203) 55571 TX.: 855722
- LEITER: HERBERT GRILLO
VORHABEN:
LUFTREINHALTUNG UND LUFTVERUNREINIGUNG
DD -016 entwicklung und erprobung eines verfahrens zur entschwefelung von abgasen und abluft mit niedrigen gehalten an h2s

0376
GROSSER ERFTVERBAND BERGHEIM
5150 BERGHEIM, PAFFENDORFER WEG 42
TEL.: (02271) 2844
- LEITER: DR.-ING. LINDNER
- FORSCHUNGSSCHWERPUNKTE:
zweckforschung ueber weitergehende reinigung von biologisch gereinigtem abwasser, desgleichen ueber moeglichkeiten und grenzen der grundwassernutzung
VORHABEN:
WASSERREINHALTUNG UND WASSERVERUNREINIGUNG
HB -033 grundwasserbeschaffenheit im oberen stockwerk
ID -017 bestimmung der auf dauer nutzbaren menge an rheinuferfiltrat
KB -024 versuche zur schwebstoffentnahme aus biologischen gereinigten klaeranlagenablaeufen mit hilfe eines mikrosiebes
KB -025 versuche zur reduzierung der restverschmutzung in biologisch gereinigten klaeranlagenablaeufen mit hilfe eines flockungsfilters
KC -019 grundwasserbelastung durch zuckerfabrikabwaesser
KE -014 erforschung der auswirkungen bei oeleinleitungen in belebungsanlagen
LA -004 abwasserlastplan teil ii (1980), fortlaufende untersuchungen des derzeitigen ist-zustandes

0377
GRUENZWEIG & HARTMANN UND GLASFASER AG
6700 LUDWIGSHAFEN, BGM.-GRUENZWEIG-STR. 1-47
TEL.: (0621) 501530 TX.: 04-64851, 04-64689
- LEITER: DIPL.-KFM. FELIX ALTENHOVEN
- FORSCHUNGSSCHWERPUNKTE:
energieeinsparung und umweltschutz; luftreinhaltung in der glasindustrie; abfall-recycling; industrieller laermschutz
VORHABEN:
LUFTREINHALTUNG UND LUFTVERUNREINIGUNG
DD -017 entstaubung einer spezialglas-wanne mittels trockenelektrofilter

0378
GUMMIWERKE KRAIBURG GMBH & CO
8264 WALDKRAIBURG, POSTFACH 46
TEL.: (08638) 611 TX.: 05-6427
- LEITER: HERRN PETER SCHMIDT
- FORSCHUNGSSCHWERPUNKTE:
verarbeitung von altreifen
VORHABEN:
ABFALL
ME -027 verwendung zerkleinerter altreifen zur herstellung von elastikplatten

0379
GUTEHOFFNUNGSHUETTE STERKRADE AG
4200 OBERHAUSEN 11, BAHNHOFSTR. 66
TEL.: (0208) 6921 TX.: 856691 GHH D
- LEITER: DR. WOLFRAM THIELE
- FORSCHUNGSSCHWERPUNKTE:
umweltschutzeinrichtungen fuer die eisen- und stahlerzeugung; lng-verdampfung mit gasturbinenanlagen im geschlossenen prozess; untersuchung der dynamik der nebensysteme an der heliumturbine oberhausen; stroemungsmaschinen fuer staubhaltige gase; schallverminderung an schraubenverdichtern
VORHABEN:
LUFTREINHALTUNG UND LUFTVERUNREINIGUNG
BC -019 umweltschutzeinrichtungen fuer anlagen zur eisen- und stahlerzeugung
DD -018 stroemungsmaschinen fuer staubhaltige gase
LAERM UND ERSCHUETTERUNGEN
FA -012 schallminderung von schraubenverdichtern
ENERGIE
SA -025 untersuchungen der dynamik der nebensysteme an der heliumturbine in oberhausen
SB -015 lng-verdampfung mit gasturbinenanlagen im geschlossenen prozess

0380
HAHN-MEITNER-INSTITUT FUER KERNFORSCHUNG BERLIN GMBH
1000 BERLIN 39, GLIENICKER STRASSE 100
TEL.: (030) 80091 TX.: 01-85763
- LEITER: PROF.DR. HANS-WOLFGANG LEVI
- FORSCHUNGSSCHWERPUNKTE:
behandlung radioaktiver abfaelle, fusionsreaktortechnologie, spurenelementforschung, photochemische nutzung der sonnenenergie, strahlenchemie, messwerterfassung und -verarbeitung mit prozessrechnertechnologie
VORHABEN:
LUFTREINHALTUNG UND LUFTVERUNREINIGUNG
CB -020 reaktionen halogenierter kohlenwasserstoffe in der atmosphaere
ABFALL
MB -011 alterungs- und abbauprozesse von kunststoffen
STRAHLUNG, RADIOAKTIVITAET
NC -030 induzierte radioaktivitaet und tritium als umweltfaktoren des fusionsreaktors
ND -022 verfestigung von spaltprodukten in keramischen massen
ND -023 analyse der moeglichen umweltgefaehrdung durch radioaktive abfaelle in der bundesrepublik deutschland, systemstudie
ND -024 entwicklung lagerfaehiger verfestigungsprodukte fuer hochradioaktive spaltprodukte
WIRKUNGEN UND BELASTUNGEN DURCH SCHADSTOFFE
PC -007 transport und speicherung von spurenelementen im menschlichen organismus

0381
HALS-NASEN-OHRENKLINIK DER UNI BONN
5300 BONN, VENUSBERG
TEL.: (02221) 192562
- LEITER: DR. HERBERHOLD
VORHABEN:
LUFTREINHALTUNG UND LUFTVERUNREINIGUNG
BE -007 untersuchung der einsatzmoeglichkeit der kuenstlichen nase zur bestimmung und messung von emissionen aus tierhaltungen

0382
HAMBURG - CONSULT, GESELLSCHAFT FUER VERKEHRSBERATUNG UND VERFAHRENSTECHNIKEN MBH
2000 HAMBURG 1, STEINSTR. 20
VORHABEN:
UMWELTPLANUNG, UMWELTGESTALTUNG
UN -013 betrieblich-verkehrliche randbedingungen des personalfreien betriebs von spurgebundenen transportsystemen im oepnv aus der sicht des betreibers, parameteruntersuchungen und modellstudien

0383
HAMBURGER HOCHBAHN AG
2000 HAMBURG, POSTFACH 6146
VORHABEN:
UMWELTPLANUNG, UMWELTGESTALTUNG
UN -014 auswahl eines einsatzgebietes fuer die c-bahn in hamburg, entwurf der verkehrsbedienung durch c-bahn und bahn-/bus-betrieb, pruefung der durchfuehrbarkeit des einsatzes der c-bahn

0384
HAMBURGISCHE GARTENBAU-VERSUCHSANSTALT FUENFHAUSEN
2050 HAMBURG 80, OCHSENVERDER LANDSCHEIDEWEG 277
TEL.: (040) 7372310
- LEITER: DIPL.-ING. UWE SCHMOLDT
- FORSCHUNGSSCHWERPUNKTE:
einsatz von muellkompost im freiland-gemuesebau; pruefung der verwendbarkeit von fluorhaltigem giesswasser; pruefung der verwendbarkeit von calciumcarbonat, das bei der physikalischen aufbereitung des trinkwassers anfaellt; rueckstandsuntersuchungen nach spritzungen mit orthocid 83 und dithane ultra
VORHABEN:
WASSERREINHALTUNG UND WASSERVERUNREINIGUNG
HE -009 pruefung der verwendbarkeit von caco3 im gartenbau, das bei der physikalischen aufbereitung des trinkwassers anfaellt
WIRKUNGEN UND BELASTUNGEN DURCH SCHADSTOFFE
PF -010 pruefung der verwendbarkeit von fluorhaltigem trinkwasser als giesswasser
PF -011 einsatz von muellkompost im freilandgemuesebau
LEBENSMITTEL-, FUTTERMITTELKONTAMINATION
QC -019 rueckstandsuntersuchungen nach spritzungen mit orthocid 83 und dithane ultra bei radies und salat

0385
HANNOVERSCHE VERKEHRSBETRIEBE (UESTRA) AG
3000 HANNOVER 1, POSTFACH 2540
VORHABEN:
UMWELTPLANUNG, UMWELTGESTALTUNG
UN -015 rechnergesteuertes betriebsleitsystem fuer u-strassenbahnen und strassenbahnen

0386
HARTKORN-FORSCHUNGSGESELLSCHAFT MBH
6090 RUESSELSHEIM, WALDSTR. 46
TEL.: (06142) 63396
VORHABEN:
WASSERREINHALTUNG UND WASSERVERUNREINIGUNG
KE -015 versuche und untersuchungen, ueberlastete mechanisch-biologische klaeranlagen mit physikalisch-chemischen methoden ihrem wirkungsgrad zuzufuehren
KF -007 versuche und untersuchungen mit dem elektro-m-verfahren, das mit schwer abbaubaren stoffen, po4, nh4 und detergentien belastete wasser zu reinigen

0387
HARTMANN UND BRAUN AG
6000 FRANKFURT, GRAEFSTR. 97
TEL.: (0611) 799-1
- LEITER: BRAUN
VORHABEN:
LUFTREINHALTUNG UND LUFTVERUNREINIGUNG
CA -029 interferometrisches verfahren im infraroten spektralbereich fuer die betriebliche gasanalyse besonders zur messung von luftverunreinigungen
CA -030 entwicklung eines automatischen gasanalysengeraetes zur kontinuierlichen emissionsmessung von nox nach dem verfahren der ultraviolett-resonanzabsorption
WASSERREINHALTUNG UND WASSERVERUNREINIGUNG
IA -008 automatische wasserprobeentnahme- und wasseraufbereitungseinrichtung und toc-messgeraet
UMWELTCHEMIKALIEN
OB -009 kontinuierlich arbeitendes analysengeraet fuer die emissions- und immissionsmessung von fluorwasserstoff

0388
HERBOLD, MASCHINENFABRIK UND MUEHLENBAU
6922 MECKESHEIM, INDUSTRIESTR. 23
TEL.: (06226) 507 TX.: 04-66524
- LEITER: OSKAR HERBOLD
- FORSCHUNGSSCHWERPUNKTE:
verschiedene kompostierungsvorhaben, pyrolyse energiereicher abfaelle
VORHABEN:
ABFALL
MB -012 untersuchung an der pyrolyseanlage der firma herbold ueber eigenschaften und einsatzmoeglichkeiten der folgeprodukte

0389
HERMANN-RIETSCHEL-INSTITUT FUER HEIZUNGS- UND KLIMATECHNIK DER TU BERLIN
1000 BERLIN 10, MARCHSTR. 4
TEL.: (030) 314-2618, -4170 TX.: 1 84 262
- LEITER: PROF.DR. HORST ESDORN
VORHABEN:
LUFTREINHALTUNG UND LUFTVERUNREINIGUNG
BB -009 untersuchung der so2-emission von hausbrandfeuerstaetten in berlin - wilmersdorf

0390
HESSISCHE FORSTLICHE VERSUCHSANSTALT
3510 HANN MUENDEN, PROF.-OELKERS-STR. 6
TEL.: (05541) 4186
- LEITER: PROF.DR.-ING. ERICH PLATE
- FORSCHUNGSSCHWERPUNKTE:
forsthydrologie; forstpflanzenzuechtung; resistenz von forstpflanzen gegen biotische und abiotische schaeden
VORHABEN:
LAND- UND FORSTWIRTSCHAFT
RG -009 wasserhaushalt von waldbestaenden verschiedener baumarten- und altersklassenzusammensetzung
RG -010 auswirkungen des waldes auf die schneeansammlung und schneeschmelze in den verschiedenen hoehenzonen der hessischen mittelgebirge

0391
HESSISCHE LANDESANSTALT FUER UMWELT
6200 WIESBADEN, AARSTR. 1
TEL.: (06121) 4911 TX.: 4186278
- LEITER: PROF.DR. HERBERT BUSS
- FORSCHUNGSSCHWERPUNKTE:
praxisbezogene untersuchungen zur ablagerbarkeit und wiederverwendbarkeit von abfaellen, zur grundwasserneubildung, zur immissionsbelastung
VORHABEN:
LUFTREINHALTUNG UND LUFTVERUNREINIGUNG
AA -053 die erfassung der atmosphaerischen umweltbelastung durch carcinogene, polycyclische kohlenwasserstoffe in den stark belasteten stadtregionen des rhein-main-raumes, kassels und wetzlar - giessens
AA -054 die erfassung der atmosphaerischen umweltbelastung durch carcinogene, polycyclische kohlenwasserstoffe in den stark belasteten stadtregionen des rhein-main-raumes, kassel und wetzlar - giessen
CA -031 emission, probenahme und analyse von tracern in der atmosphaere
CB -021 emission, probenahme und analyse von tracern in der atmosphaere

0392
HESSISCHE LANDWIRTSCHAFTLICHE VERSUCHSANSTALT
6100 DARMSTADT, RHEINSTR. 91
TEL.: (06151) 81091
- LEITER: DR. HEINRICH BRUENE
- FORSCHUNGSSCHWERPUNKTE:
routinemaessige untersuchung von landwirtschaftlichen produkten und produktionsmitteln auf pestizide und schwermetalle
VORHABEN:
UMWELTCHEMIKALIEN
OD -014 automatisierung von untersuchungsverfahren ueber vorkommen und wirkungen von umweltchemikalien und bioziden
LEBENSMITTEL-, FUTTERMITTELKONTAMINATION
QA -016 auffindung von kontaminationsquellen von pestiziden fuer landwirtschaftliche produkte
LAND- UND FORSTWIRTSCHAFT
RD -010 untersuchung des wasserhaushaltes von pflanzendecke und boden mit hilfe der neutronensonde

0393
HESSISCHE LEHR- UND FORSCHUNGSANSTALT FUER GRUENLANDWIRTSCHAFT UND FUTTERBAU
6430 BAD HERSFELD, EICHHOF
TEL.: (06621) 6025
- LEITER: PROF.DR. WELLMANN
VORHABEN:
LEBENSMITTEL-, FUTTERMITTELKONTAMINATION
QA -017 pruefung der einsatzmoeglichkeiten von herbiziden und fungiziden im futterpflanzensamenbau als vorselektion fuer amtliche mittelpruefung
LAND- UND FORSTWIRTSCHAFT
RH -010 resistenzzuechtung bei futterpflanzen als beitrag zur biologischen schaedlingsbekaempfung
UMWELTPLANUNG, UMWELTGESTALTUNG
UL -017 landschaftspflegeversuche zur lenkung der vegetationsentwicklung auf brachflaechen
UM -016 untersuchungen ueber die vegetationsentwicklung auf nicht mehr bewirtschafteten landwirtschaftlichen nutzflaechen
UM -017 gruenlandgesellschaften auf dem westerwald
UM -018 gruenlandgesellschaften im knuellgebiet
UM -019 pflanzensoziologische untersuchung und kartierung fuer landeskulturelle und wasserwirtschafliche massnahmen
UM -020 untersuchungen zur wuchshemmung von pflanzenbestaenden
UM -021 suche nach und pruefung von neuen formen schon kultivierter pflanzenarten bzw. von neuen arten mit eignung zur wildaesung und boeschungsansaaten
UM -022 gruenlandgesellschaften auf dem meissner

0394
HESSISCHES LANDESAMT FUER BODENFORSCHUNG
6200 WIESBADEN, LEBERBERG 9
TEL.: (06121) 1371
- LEITER: PROF.DR. F. NOERING
- FORSCHUNGSSCHWERPUNKTE:
untersuchungen ueber die belastung des unterirdischen wassers durch abfallstoffe, mineraloelprodukte, strassenverkehr
VORHABEN:
WASSERREINHALTUNG UND WASSERVERUNREINIGUNG
ID -018 untersuchungen ueber die belastung des unterirdischen wassers mit anorganischen toxischen spurenstoffen im gebiet von strassen

0395
HESSISCHES OBERBERGAMT
6200 WIESBADEN, PAULINENSTR. 5
TEL.: (06121) 302026, 302027
- LEITER: HERRN ERNST-JOACHIM EINECKE
- FORSCHUNGSSCHWERPUNKTE:
rekultivierung bergbaulicher landschaftseingriffe; laermschutz beim betrieb bergbaulicher anlagen und geraete; luftreinhaltung beim betrieb bergbaulicher gewinnungs- und aufbereitungsanlagen; gewaesserschutz bei abgabe von gruben- und betriebsabwaessern; abfallbeseitigung in bergbaulichen hohlraeumen
VORHABEN:
ABFALL
MC -015 fortentwicklung der bergbaulichen rekultivierung auf schwierigen standorten
UMWELTPLANUNG, UMWELTGESTALTUNG
UK -012 nutzung der abfallbeseitigung fuer die wiederverfuellung und rekultivierung bergbaulicher hohlraeume

0396
HEUSCH, DR.-ING.; BOESEFELDT, DIPL.-ING.; BERATENDE INGENIEURE
5100 AACHEN, PETERSTR. 2-4
VORHABEN:
LAERM UND ERSCHUETTERUNGEN
FB -032 einfluss der verkehrszusammensetzung auf die laermimmission

0397
HOBEG GMBH
6450 HANAU, POSTFACH 869
VORHABEN:
STRAHLUNG, RADIOAKTIVITAET
ND -025 f+e zur refabrikation von brennelementen

0398
HOCHSPANNUNGSINSTITUT DER UNI KARLSRUHE
7500 KARLSRUHE 1, KAISERSTR. 12
TEL.: (0721) 6082520, 6082521 TX.: 7826511
- LEITER: PROF.DR.-ING. LAU
- FORSCHUNGSSCHWERPUNKTE:
physikalische grundlagen des staubabscheidemechanismus und des rueckspruehens in elektrofiltern, die mit gleich- und wechselspannung betrieben werden
VORHABEN:
LUFTREINHALTUNG UND LUFTVERUNREINIGUNG
DD -019 untersuchungen an elektrofiltern, physikalische grundlagen des staubabscheidemechanismus und rueckspruehens

0399
HOCHTEMPERATUR-KERNKRAFTWERK GMBH, GEMEINSAMES EUROPAEISCHES UNTERNEHMEN
4701 HAMM -UENTROP, INDUSTRIESTR. 10
TEL.: (02388) 615 TX.: 08-28884
- LEITER: DR. PETER HARTMANN
- FORSCHUNGSSCHWERPUNKTE:
erprobung der technischen eignung und wirtschaftlichkeit eines hochtemperatur-kernkraftwerks mit einer leistung von 300 mw; trockene rueckkuehlung
VORHABEN:
ENERGIE
SA -026 errichtung des 300-mwe-thtr-prototyp-kernkraftwerks (thtr 300)

0400
HOCHTEMPERATUR-REAKTORBAU GMBH
6800 MANNHEIM, POSTFACH 5360
VORHABEN:
STRAHLUNG, RADIOAKTIVITAET
NC -031 beitrag zur spezifikation eines sicherheitsforschungsprogramms fuer hochtemperatur-reaktoren (htr)

0401
HOCHTIEF AG
6000 FRANKFURT 1, POSTFACH 3189
VORHABEN:
STRAHLUNG, RADIOAKTIVITAET
NC -032 dimensionierung von stahlbetonteilen des aeusseren containments von kernkraftwerken unter der einwirkung von flugkoerpern
NC -033 grenztragfaehigkeit von stahlbetonplatten bei hohen belastungsgeschwindigkeiten (z.b. flugzeugabsturz)

0402
HOECHST AKTIENGESELLSCHAFT
6230 FRANKFURT 80, POSTFACH 800320
TEL.: (0611) 3051 TX.: 41234
- FORSCHUNGSSCHWERPUNKTE:
pharma, pflanzenschutz und schaedlingsbekaempfung; farbstoffe, kunstharze und lacke, kunststoffe, zwischenprodukte; neue, verbesserte und umweltfreundlichere produkte und herstellungsverfahren
VORHABEN:
STRAHLUNG, RADIOAKTIVITAET
NC -034 standortsuche fuer eine grosse wiederaufbereitungsanlage
LAND- UND FORSTWIRTSCHAFT
RH -011 biotechnologie zur massenproduktion insektenpathogener viren fuer die biologische bekaempfung von land- und forstlichen grossschaedlingen

0403
HOELTER & CO
4390 GLADBECK, BEISENSTR. 39-41
TEL.: (02143) 48715 TX.: 08-579232
- LEITER: HEINRICH HOELTER
- FORSCHUNGSSCHWERPUNKTE:
weiterentwicklung geeigneter systeme fuer bergbau-untertage-entstaubung; gasreinigung kohledruckvergasung; gasreinigung hinter kraftwerkskessel; gasreinigung hinter holztrocknern
VORHABEN:
LUFTREINHALTUNG UND LUFTVERUNREINIGUNG
DB -014 entwicklung und bau einer rauchgasreinigungs-anlage fuer das kraftwerk weiher ii der saarbergwerke ag
DC -022 entfernung von anorganischen gasfoermigen schwefelverbindungen, insbesondere schwefelwasserstoff (h2s) aus kokerei-unterfeuerungsgas
DC -023 roto-vent-gasreinigungsversuchsanlage fuer die kdv-anlage, luenen
DD -020 holztrockner-entstauber und gasauswaescher

0404
HOWALDTSWERKE-DEUTSCHE WERFT AG
2000 HAMBURG
VORHABEN:
WASSERREINHALTUNG UND WASSERVERUNREINIGUNG
IE -022 entwicklung eines oelgehaltmessgeraetes zum messen von oel im bilgen- und ballastwasser von schiffen

0405
HUEBL, L., PROF.DR.
3000 HANNOVER, WUNSDORFERSTR. 14
VORHABEN:
UMWELTPLANUNG, UMWELTGESTALTUNG
UC -019 alternativen fuer eine staatliche technologiepolitik, modernisierung der volkswirtschaft, analyse und prognose des forschungsbedarfs der bundesrepublik

0406
HUETTENTECHNISCHE VEREINIGUNG DER DEUTSCHEN GLASINDUSTRIE E.V.
6000 FRANKFURT, BOCKENHEIMER LANDSTR. 126
VORHABEN:
LUFTREINHALTUNG UND LUFTVERUNREINIGUNG
BC -020 staubbildung in abgasen von glasschmelzoefen, entwicklung von messverfahren
DC -024 einfluss der betriebsweise auf die stickoxidemissionen von glasschmelzwannen

0407
HYGIENE INSTITUT DER UNI BONN
5300 BONN, KLINIKGELAENDE 35
TEL.: (02221) 192520-21
- LEITER: PROF.DR. EDGAR THOFERN
- FORSCHUNGSSCHWERPUNKTE:
wasserhygiene, lufthygiene
VORHABEN:
LUFTREINHALTUNG UND LUFTVERUNREINIGUNG
BB -010 hygienische bedeutung der bakterienemission durch kuehlturmschwaden
DD -021 beeinflussung der schadgaskonzentrationen durch lueftungstechnische anlagen
WASSERREINHALTUNG UND WASSERVERUNREINIGUNG
HD -002 untersuchungen zur bakteriellen besiedlung benetzter flaechen unterschiedlicher beschaffenheit in trinkwasserversorgungsanlagen
HE -010 mikrobielle wiederbesiedlung von aufbereitetem trinkwasser in fernleitungen und speicherbehaeltern
IA -009 methodische untersuchungen zur analytik der schadstoffe in rezenten gewaessersedimenten und im wasser
IC -029 abbau faekaler verunreinigungen in oberflaechengewaessern; besonders talsperren-beeinflussung durch algenbuertige wirkstoffe
IC -030 nachweis von schadstoffen im grund- und oberflaechenwasser, das zur trinkwassergewinnung dient
WIRKUNGEN UND BELASTUNGEN DURCH SCHADSTOFFE
PC -008 antimikrobielle aktivitaet des luftaerosols

PH -009 untersuchungen ueber die wirkung der beim photochemischen smog auftretenden schadstoffen insbesondere von oxidantien auf biologische systeme am beispiel von mikroorganismen

0408
HYGIENE INSTITUT DER UNI HEIDELBERG
6900 HEIDELBERG, IM NEUENHEIMER FELD 324
TEL.: (06221) 564194
- LEITER: DR.-ING. ANDRAS VARGE
VORHABEN:
STRAHLUNG, RADIOAKTIVITAET
NA -004 einfluss von elektro-magnetischen umweltfaktoren bei menschen
WIRKUNGEN UND BELASTUNGEN DURCH SCHADSTOFFE
PC -009 physiologische wirkung von luftionen, elektromagnetischer parameter und deren bedeutung als umweltfaktoren

0409
HYGIENE INSTITUT DER UNI MUENSTER
4400 MUENSTER, WESTRING 10
TEL.: (0251) 4905370
- LEITER: PROF.DR. PAUL V.D. ESCHE
- FORSCHUNGSSCHWERPUNKTE:
belebte und unbelebte schadfaktoren in der umwelt des krankenhauses, der nahrung, in wasser, abwasser und boden
VORHABEN:
UMWELTCHEMIKALIEN
OC -009 untersuchungen zum nachweis und zur wirkung von mykotoxinen
WIRKUNGEN UND BELASTUNGEN DURCH SCHADSTOFFE
PB -008 untersuchungen ueber den nachweis und die wirkung von aflatoxinen
PF -012 belebte und unbelebte schadfaktoren in wasser, abwasser und boden
HUMANSPHAERE
TF -012 belebte und unbelebte schadfaktoren in der umwelt des krankenhauses

0410
HYGIENE INSTITUT DER UNI TUEBINGEN
7400 TUEBINGEN, SILCHERSTR. 7
TEL.: (07071) 292347
- LEITER: PROF.DR. R.-E. BADER
- FORSCHUNGSSCHWERPUNKTE:
die rolle von nitrosaminen als cancerogene; mikrobielle und schwermetallbelastung der wasservorkommen im naturpark schoenbuch
VORHABEN:
ABFALL
MC -016 untersuchung von muellhaldenablaeufen auf n-nitrosoverbindungen und ihre praecursoren
WIRKUNGEN UND BELASTUNGEN DURCH SCHADSTOFFE
PD -006 analytik und bildung von metaboliten von n-nitroseverbindungen
PD -007 die praktische bedeutung cancerogener nitrosamine im menschlichen magen
PD -008 spezielle aspekte der nitrosaminbildung unter physiologischen bedingungen
PI -008 oekologisches forschungsprojekt naturpark schoenbuch (teilgebiet: mikrobielle und schwermetallbelastung der wasservorkommen im naturpark schoenbuch)

0411
HYGIENE INSTITUT DES RUHRGEBIETS
4650 GELSENKIRCHEN, ROTTHAUSERSTR. 19
TEL.: (02322) 15251-10
- LEITER: PROF.DR. PRIMAVESI
VORHABEN:
LUFTREINHALTUNG UND LUFTVERUNREINIGUNG
CB -022 interregionaler transport von luftverunreinigungen, bodenmessungen
WASSERREINHALTUNG UND WASSERVERUNREINIGUNG
HD -003 untersuchung der guete und haltbarkeit von im handel befindlichen trinkwasser in tueten und einwegflaschen
HD -004 untersuchung ueber art und hygienische bedeutung von organischen wasserinhaltsstoffen natuerlichen ursprungs
IC -031 untersuchungen ueber den einfluss des planktons auf virusbelastetes oberflaechenwasser unter besonderer beruecksichtigung der adeno-viren

UMWELTCHEMIKALIEN
OC -010 spezifischer gaschromatischer nachweis von pestiziden und deren verhalten in natuerlichen gewaessern, die als rohwasser fuer die trinkwassergewinnung dienen

0412
HYGIENEINSTITUT DER UNI HEIDELBERG
6900 HEIDELBERG, THIBAUTSTR. 2
TEL.: (06221) 532355
- LEITER: PROF.DR. BRAUSS
VORHABEN:
WASSERREINHALTUNG UND WASSERVERUNREINIGUNG
HD -005 kunststoffe im trinkwasser
HD -006 spurenstoffe im trinkwasser aus sandsteingebirgen im vergleich zu solchen aus der rheinebene
STRAHLUNG, RADIOAKTIVITAET
NA -005 wirkung kuenstlicher elektromagnetischer wellen auf biologische objekte und menschen
HUMANSPHAERE
TF -013 verhalten und verbleib von salmonellen

0413
HYGIENEINSTITUT DER UNI MAINZ
6500 MAINZ, HOCHHAUS AM AUGUSTUSPLATZ
TEL.: (0613) 193161
- LEITER: PROF.DR. JOACHIM BORNEFF
VORHABEN:
LUFTREINHALTUNG UND LUFTVERUNREINIGUNG
BA -015 kanzerogene in autoabgasen
WASSERREINHALTUNG UND WASSERVERUNREINIGUNG
HE -011 stoerung der trinkwasseraufbereitung durch algenbuertige substanzen
IC -032 metalle und metalloxide im wasser
IC -033 phenolische substanzen im oberflaechenwasser
IC -034 belastung von oberflaechenwaessern mit chlorbenzolen, spezielle trichlorbenzole hexachlorbenzole unter dem einfluss von industriellen und landwirtschaftlichen abwaessern
UMWELTCHEMIKALIEN
OC -011 analytik und verhalten von nitrosaminen im wasser
OD -015 pestizide in der umwelt
OD -016 untersuchungen ueber das verhalten von polyzyklischen aromaten in boden und kompost unter verschiedenen bedingungen
WIRKUNGEN UND BELASTUNGEN DURCH SCHADSTOFFE
PD -009 wirkung verschiedener metalle auf die 3,4 benzpyrenkanzerogenese
HUMANSPHAERE
TF -014 krankenhaushygiene in rheinland-pfalz

0414
IBAK - H. HUNGER
2300 KIEL 14, WEHDERWEG 122
VORHABEN:
WASSERREINHALTUNG UND WASSERVERUNREINIGUNG
HA -027 entwicklung, lieferung und inbetriebnahme eines schleppsystems zur unterwasser-probennahme

0415
IFO - INSTITUT FUER WIRTSCHAFTSFORSCHUNG E.V.
8000 MUENCHEN, POSCHINGER STRASSE 5
TEL.: (089) 92241 TX.: 05-22269
- LEITER: DR. KARL-HEINRICH OPPENLAENDER
- FORSCHUNGSSCHWERPUNKTE:
beobachtung und analyse von auswirkungen der umweltbelastung und des umweltschutzes in oekonomischer und sozialer hinsicht
VORHABEN:
ABFALL
ME -028 nutzung von abfallstoffen und abwaerme-recycling als beitrag zum umweltschutz und zur rohstoff- und energieeinsparung
UMWELTPLANUNG, UMWELTGESTALTUNG
UA -020 umweltpolitik und entwicklungslaender
UC -020 ausgaben fuer umweltschutz in der druckindustrie
UC -021 struktur und entwicklung der umweltschutzausgaben der bayerischen industrie
UC -022 umweltschutzinvestitionen der deutschen industrie von 1971 - 1975
UC -023 effizienz der indirekten forschungs- und innovationsfoerderung
UC -024 struktur und entwicklung der umweltschutzaufwendungen der industrie

0416
IGI-INGENIEUR-GEOLOGISCHES INSTITUT DIPL.-ING. NIEDERMEYER
8821 WESTHEIM
TEL.: (09082) 2075
- LEITER: DIPL.-ING. NIEDERMEYER
VORHABEN:
LAERM UND ERSCHUETTERUNGEN
FB -033 geraeuschimmissionen im stadtbereich fulda, entlang vorhandener eisenbahnstrecken und der kuenftigen neubaustrecke
WASSERREINHALTUNG UND WASSERVERUNREINIGUNG
HB -034 gewinnung von kriterien zur optimalen abstimmung zwischen bestehenden und geplanten trinkwassererschliessungen und der geplanten neubaustrecke hannover-wuerzburg der deutschen bundesbahn in unterfranken
HB -035 hydrologische und hydrogeologische bestandsaufnahme zwischen gemuenden und wuerzburg entlang der geplanten neubaustrecke hannover-wuerzburg der deutschen bundesbahn
ABFALL
MC -017 gutachten ueber die geordnete abfallbeseitigung in den landkreisen donau-ries und dillingen/donau

0417
II. ZOOLOGISCHES INSTITUT UND MUSEUM DER UNI GOETTINGEN
3400 GOETTINGEN, BERLINER STR. 28
TEL.: (0551) 395442
- LEITER: PROF.DR. WILLIAM IAN AXFORD
- FORSCHUNGSSCHWERPUNKTE:
untersuchungen zur struktur und dynamik der interstitiellen fauna im marinen oekosystem sandstrand und raeuber-beute-beziehungen im wattenmeer; oekologische untersuchungen an zoozoenosen suedniedersaechsischer kleingewaesser; oekosystemanalyse naturnaher waelder und ihrer ersatzgesellschaften; arbeiten ueber tiereische sukzession im verbrannten oekosystem der lueneburger heide
VORHABEN:
WASSERREINHALTUNG UND WASSERVERUNREINIGUNG
HA -028 oekologische untersuchungen an zoozoenosen suedniedersaechsischer kleingewaesser
WIRKUNGEN UND BELASTUNGEN DURCH SCHADSTOFFE
PI -009 oekosystemanalyse naturnaher waelder und ihrer ersatzgesellschaften
PI -010 arbeiten ueber tierische sukzessionen im verbrannten kiefernforst-oekosystem der lueneburger heide
PI -011 oekosystem gezeitensandstrand (struktur, dynamik, siedlungsgrenzen und experimentelle aenderungen der siedlungsbedingungen). interstitielle mikrofauna und makrofauna

0418
IKO SOFTWARE SERVICE GMBH (IKOSS)
7000 STUTTGART 80, VAIHINGERSTR. 49
VORHABEN:
UMWELTPLANUNG, UMWELTGESTALTUNG
UN -016 loesungsmethoden und systemkonzepte eines programmsystems zur komplexen dynamischen simulation des systems fahrzeug - fahrbahn einer magnetschwebebahn

0419
IMPULSPHYSIK GMBH
2000 HAMBURG 56, SUELLDORFER LANDSTRASSE 400
TEL.: (040) 818011 TX.: 02-189514
- LEITER: DR.-ING. FRANK FRUENGEL
- FORSCHUNGSSCHWERPUNKTE:
truebungs- und fluoreszenzmessungen im wasser; sichtweitenmessung, erkennbarkeit von leuchten und messung der schraegsichtweite in luft; detektierbarkeit von wolken und anderen stoffen in der niedrigen und hohen atmosphaere mit hilfe von lidar- und ramanlidar-anlagen
VORHABEN:
LUFTREINHALTUNG UND LUFTVERUNREINIGUNG
CA -032 raman-lidar-spektroskopie mit bildverstaerkerplatte
WASSERREINHALTUNG UND WASSERVERUNREINIGUNG
IA -010 ortung und quantitative vermessung der abwaesser von papierfabriken (sulfid-ablauge) in natuerlichen gewaessern; ortung und quantitative vermessung von oel-derivaten in fluessen und seen

0420
INDUSTRIEANLAGEN-BETRIEBSGESELLSCHAFT MBH (IABG)
8012 OTTOBRUNN, EINSTEINSTR.
TEL.: (089) 6008-2486 TX.: 05-24001
- LEITER: DR.-ING. KOPFERMANN
- FORSCHUNGSSCHWERPUNKTE:
systemanalysen; projektmanagement; aufbau von datenbanken; bewertung und vertraeglichkeitspruefung von projekten und massnahmen; zuverlaessigkeitspruefungen (klimakammern, erdbebenpruefstand, schallabor, vibratoren, sand-, staub-, salznebelkammern); laermmessung
VORHABEN:
ABFALL
MA -011 projektbegleitung der ccms pilotstudie gefaehrliche abfaelle
MB -013 langzeitlagerung in containern
MG -015 abfallwirtschaftsprogramm der bundesregierung - projektbetreuung
MG -016 projektdefinitionsstudie zur errichtung einer abfallwirtschaftsdatenbank
MG -017 erstellung einer datenbank abfallwirtschaft (version o)
STRAHLUNG, RADIOAKTIVITAET
NC -035 edv-programm zur standortueberpruefung aus atomrechtlicher sicht
ENERGIE
SA -027 informationssystem zur unterstuetzung energiewirtschaftlicher aufgaben und der industrieberatung
UMWELTPLANUNG, UMWELTGESTALTUNG
UA -021 simulation (fallstudie) zur erprobung der methodischen und organisatorischen konzeption unseres hauses fuer die pruefung der umweltvertraeglichkeit
UA -022 projektdefinitionsstudie: gesamtprogramm fuer den umweltschutz in schleswig-holstein
UA -023 rechnergestuetztes entscheidungs-modell zur umweltsimulation (remus)
UB -013 studie ueber konkrete verfahrensmuster zur pruefung der umweltvertraeglichkeit oeffentlicher massnahmen in verbindung mit checklisten fuer direkte umweltbeeinflussung
UH -018 erarbeitung von verfahrensanleitungen fuer nutzen-kosten-untersuchungen im verkehrsbereich mit besonderer beruecksichtigung des stadtverkehrs
UH -019 wirtschaftlichkeitsuntersuchung - alleetunnel im zuge der bundesautobahn wiesbaden-frankfurt - a 66
UI -013 kosten-wirksamkeitsanalyse im rahmen der durchfuehrbarkeitsstudie c-bahn, hamburg
UI -014 standardisierte bewertungskriterien fuer verkehrsinvestitionen des oepnv und des kommunalen strassenbaus

0421
INDUSTRIEGESELLSCHAFT FUER NEUE TECHNOLOGIEN (I.N.T.)
8990 LINDAU/BODENSEE, ALWINDSTR. 9
TEL.: (08382) 4281
- LEITER: ING.GRAD. SELLIN
VORHABEN:
LUFTREINHALTUNG UND LUFTVERUNREINIGUNG
DC -025 umweltfreundliche verfahren zur entlackung fehllackierter metallteile
LAERM UND ERSCHUETTERUNGEN
FD -011 mini-kuehltuerme fuer keller-aufstellung
ABWAERME
GA -005 entfeuchtung von kuehlturm-abluft
GC -003 waermerueckgewinnung und verbrennungs-optimierung in brennkraftmaschinen (endotherme spaltvergasung)
GC -004 reaktionsrohr-einsatz zur nutzung der abwaerme aus dem heliumkreislauf eines kernreaktors

0422
INDUSTRIESEMINAR DER UNI MANNHEIM
6800 MANNHEIM, SCHLOSS
TEL.: (0621) 2925527
- LEITER: PROF.DR. GERT VON KORTZFLEISCH
- FORSCHUNGSSCHWERPUNKTE:
computergestuetzte systemanalysen in unterschiedlichen bereichen
VORHABEN:
UMWELTPLANUNG, UMWELTGESTALTUNG
UA -024 systemanalytische ansaetze im dienste der umweltschutzforschung
UC -025 systemanalyse des rhein-neckar-raumes

0423
INDUSTRIEVERBAND GIESSEREI-CHEMIE E.V.
6000 FRANKFURT, KARLSTR. 21
TEL.: (0611) 2556460 TX.: 411372
- LEITER: DIPL.-CHEM. GEZA VON PILINSZKY
- FORSCHUNGSSCHWERPUNKTE:
deponieverhalten und verwertung von giessereisanden; beschaffung von zahlenmaterial
VORHABEN:
WASSERREINHALTUNG UND WASSERVERUNREINIGUNG
ID -019 deponieverhalten von giesserei-altsanden

0424
INFRATEST-INDUSTRIA GMBH & CO, INSTITUT FUER UNTERNEHMENSBERATUNG UND PRODUKTIONSGUETER-MARKTFORSCHUNG
8000 MUENCHEN 19, SUEDLICHE AUFFAHRTSALLEE 75
TEL.: (089) 176056 TX.: 05-28251
- LEITER: DR.-ING. GERWIN FRANZEN
- FORSCHUNGSSCHWERPUNKTE:
primaerstatische marktanalysen fuer produkte zum umweltschutz; arbeiten fuer input-, output-rechnungen zu rohstofffluessen und gesamtwirtschaftlichen auswirkungen von umweltschutzmassnahmen; erfassung von produktionsspezifischen abfaellen; quantitative arbeiten zu recyclingschen abfaellen; quantitative arbeiten zum recycling
VORHABEN:
WASSERREINHALTUNG UND WASSERVERUNREINIGUNG
LA -005 gutachten zum entwurf eines abwasserabgabengesetzes
UMWELTPLANUNG, UMWELTGESTALTUNG
UC -026 die maerkte fuer umwelttechnik in der bundesrepublik bis 1980/85

0425
INGENIEUR-GESELLSCHAFT DORSCH
6200 WIESBADEN
VORHABEN:
UMWELTPLANUNG, UMWELTGESTALTUNG
UH -020 wechselbeziehungen zwischen individualverkehr, oeffentlichem verkehr und parkproblemen in grossstaedten unterschiedlicher wirtschafts- und sozialstruktur

0426
INGENIEURBUERO CBP CORNAUER-BURKEI-PUCHER
8000 MUENCHEN
VORHABEN:
UMWELTPLANUNG, UMWELTGESTALTUNG
UH -021 auswirkungen der streuung von tausalzen auf die verkehrssicherheit von landstrassen

0427
INGENIEURBUERO DR.-ING. WERNER WEBER
7530 PFORZHEIM, BLEICHSTR. 19-21
TEL.: (07231) 36026
- LEITER: DR.-ING. WERNER WEBER
- FORSCHUNGSSCHWERPUNKTE:
einsatz von edv-anlagen zur ueberwachung und steuerung von klaerwerken; neue verfahren der schlammtrennung
VORHABEN:
WASSERREINHALTUNG UND WASSERVERUNREINIGUNG
KC -020 reinigung von abwassergemischen aus faerbereien und siedlungen
KE -016 entwicklung einer kleinklaeranlage in kompaktbauweise und entwicklung eines beluefters fuer biologische klaeranlagen
KE -017 einsatz von edv-anlagen zur ueberwachung und steuerung von klaerwerken

0428
INGENIEURBUERO FUER GESUNDHEITSTECHNIK
6800 MANNHEIM, L8, 11
TEL.: (0621) 27281-27388
- LEITER: DIPL.-ING. B. JAEGER
- FORSCHUNGSSCHWERPUNKTE:
kompostierung von muell und klaerschlamm; geordnete deponie von abfaellen
VORHABEN:
ABFALL
MB -014 muellklaerschlammkompostwerk heidelberg-wieblingen
MB -015 kompostwerk mit resteverbrennung, pinneberg-ahrenlohe
MC -018 ermittlung der lagerungsdichte von kommunalen abfaellen in deponien
MC -019 ermittlung der ablagerungsdichte von kommunalen abfaellen in deponien

0429
INGENIEURBUERO FUER WAERME- UND ENERGIETECHNIK
4010 HILDEN, KIEFERNWEG 22
VORHABEN:
LUFTREINHALTUNG UND LUFTVERUNREINIGUNG
BB -011 ermittlung von optimierungsmoeglichkeiten fuer oel- und gasbefeuerte hausheizungen hinsichtlich schadstoffemissionen und des brennstoff-nutzungsgrades

0430
INGENIEURBUERO G. DRECHSLER
7410 REUTLINGEN, POSTFACH 953
VORHABEN:
WIRKUNGEN UND BELASTUNGEN DURCH SCHADSTOFFE
PK -021 fertigentwicklung eines magnetischen pruefverfahrens zur erfassung von korrosionsschaeden in leitungsrohren der petro-chemie und des pipeline-betriebes. ueberwachung der rohre von der aussenseite her

0431
INGENIEURBUERO K.-P. SCHMIDT VDI
4020 METTMANN
VORHABEN:
LAERM UND ERSCHUETTERUNGEN
FC -027 untersuchungen zur entwicklung laermmindernder massnahmen fuer schmiedepressen am beispiel einer doppelstaender-exzenterschmiedepresse
FC -028 ermittlung der mechanischen eingangsimpedanz an maschinenelementen sowie erarbeitung von massnahmen zur impendanzerhoehung mit beispielen

0432
INGENIEURBUERO KARL J. DOHMEN
4152 KEMPEN, NACHTIGALLENWEG 10
TEL.: (02152) 3580
- LEITER: KARL J. DOHMEN
VORHABEN:
WASSERREINHALTUNG UND WASSERVERUNREINIGUNG
ID -020 einleitung von oberflaechenwasser in stehende gewaesser (grundwasser) unter besonderer beachtung der verunreinigung durch salze und oele

0433
INGENIEURGEMEINSCHAFT MEERESTECHNIK UND SEEBAU GMBH
2000 HAMBURG 50, HOLSTENSTR. 2
VORHABEN:
WASSERREINHALTUNG UND WASSERVERUNREINIGUNG
HA -029 bau, aufstellung und inbetriebnahme der forschungs- und erprobungsplattform nordsee

0434
INSTITUT DER DEUTSCHEN WIRTSCHAFT
5000 KOELN, OBERLAENDER UFER 84-88
TEL.: (0221) 37041 TX.: 08-882768
- LEITER: PROF. FREUDENFELD
- FORSCHUNGSSCHWERPUNKTE:
umweltoekonomie; grenzen des wachstums; aus- und fortbildung im umweltschutz
VORHABEN:
HUMANSPHAERE
TD -013 aus- und fortbildung im umweltschutz, modell fuer eine integration der umweltthematik in lehrplaenen

UMWELTPLANUNG, UMWELTGESTALTUNG
UA -025 aktuelle gutachten zum umweltschutz
UA -026 umweltschutz und dritte welt
UA -027 lebensstandard - lebensqualitaet
UC -027 probleme des wettbewerbs
UC -028 grenzen des wachstums

0435
INSTITUT FRESENIUS, CHEMISCHE UND BIOLOGISCHE LABORATORIEN GMBH
6204 TAUNUSSTEIN -NEUHOF, IM MAISEL
TEL.: (06128) 6001 TX.: 4-182 756
- LEITER: PROF.DR. WILHELM FRESENIUS
- FORSCHUNGSSCHWERPUNKTE:
wasser, abwasser, feste abfallstoffe; beeinflussung von grundwasser; beeinflussung durch strassenverkehr, abluft, abluftreinigungen
VORHABEN:
WASSERREINHALTUNG UND WASSERVERUNREINIGUNG
ID -021 belastung und verunreinigung des grundwassers durch feste abfallstoffe
ABFALL
MC -020 wasser- und stoffhaushalt in abfalldeponien und deren auswirkungen auf gewaesser. unterthema: analysen von muell, klaerschlamm, sickerwasser und gas von abfalldeponien

0436
INSTITUT FUER ABFALLWIRTSCHAFT DER TU BERLIN
1000 BERLIN 12, STRASSE DES 17. JUNI 135
TEL.: (030) 3142619 TX.: 184262 TUBLU-D-
- LEITER: PROF.DR.-ING. FRIEDRICH ADLER
- FORSCHUNGSSCHWERPUNKTE:
alle forschungsprojekte sind dem gesamtthema vergleichende untersuchungen verschiedener abfallbeseitigungsmethoden und -verfahren untergeordnet. die projekte werden teils experimentell, teils theoretisch bearbeitet. kooperationen finden mit den berliner stadtreinigungsbetrieben sowie mit verschiedenen instituten und firmen statt
VORHABEN:
ABFALL
MA -012 trennung von papier aus haushaltsabfaellen
MB -016 aufstellung einer schadstoffbilanz bei der pyrolyse von siedlungs- und sonderabfaellen im schachtreaktor
MB -017 abfallpyrolyse - prozessgestaltung
MB -018 thermodynamische betrachtungen ueber den einfluss der pyrolysetemperatur und des wassergehaltes des abfalls auf die pyrolyse von abfaellen
MB -019 entgasungsverhalten organischer haushaltsabfaelle bei der hochtemperaturpyrolyse
MB -020 einfluss unterschiedlicher betriebsbedingungen auf die pyrolyse von abfaellen in einem horizontalreaktor mit zwangsweisem materialvorschub
MB -021 messtechnische untersuchung des purox-abfallvergasungsverfahrens
MB -022 messtechnische untersuchung des pyrogas-abfallvergasungsverfahrens
MB -023 untersuchung des einflusses unterschiedlicher betriebsbedingungen auf die pyrolyse von abfaellen im schachtreaktor
MD -012 entscheidungskriterien fuer recycling-entscheidungen. beispeil: altreifenbeseitigung
MD -013 herstellung von aktivkohle aus sonder- und haushaltsabfaellen und deren wirtschaftliche bewertung
MD -014 die rueckgewinnung der nichteisenmetalle aus haushaltsabfaellen
MD -015 verwertung von altpapier aus haushaltsabfaellen
ME -029 verwendungsmoeglichkeiten der produkte aus der pyrolyse verschiedener abfaelle unter besonderer beruecksichtigung der schadstoffminderung
MF -008 untersuchung ueber pflanzliche und tierische reststoffe aus landwirtschafts- und forstbetrieben
MG -018 bewertung und entscheidungsvorbereitung bei der planung von sonderabfallbeseitigungssystemen

0437
INSTITUT FUER AEROBIOLOGIE DER FRAUNHOFER-GESELLSCHAFT E.V.
5948 SCHMALLENBERG GRAFSCHAFT, UEBER SCHMALLENBERG
TEL.: (02972) 494
- LEITER: DR. HUBERT OLDIGES
- FORSCHUNGSSCHWERPUNKTE:
biologische bewertung von luftverunreinigungen; toxikologie von bioziden; physikalisch-chemische analytik und biochemie von schadstoffen aus der luft (gase, aerosole); schutzmassnahmen gegen umweltgifte; strahlenbiologie
VORHABEN:
LUFTREINHALTUNG UND LUFTVERUNREINIGUNG
BA -016 dieselrussanalysator
BC -021 messung der elektrischen ladung von grubenaerosolen
CA -033 untersuchungen zur methodik der analyse und kontrolle von luftverunreinigungen
CA -034 aerosol-massenmonitor
CA -035 messung von asbestfasern in der luft
CA -036 monitor fuer aerosol-massenverteilungsspektren
CB -023 photochemischer abbau von polycyclischen aromatischen kohlenwasserstoffen (pah)
DD -022 adsorption von 3,4-benzpyren an russaerosolen aus der gasphase
EA -007 durchfuehrung von einzelvorhaben im rahmen des umweltprogrammes der bundesregierung
WASSERREINHALTUNG UND WASSERVERUNREINIGUNG
IA -011 wirkung von umweltchemikalien auf biologische systeme zur optimierung von nachweisverfahren fuer den gewaesserschutz
STRAHLUNG, RADIOAKTIVITAET
NB -014 sensibilisierung hypoxischer zellen und von experimentaltumoren durch chemische sensibilisatoren, dicht ionisierende strahlen und hyperthermie
WIRKUNGEN UND BELASTUNGEN DURCH SCHADSTOFFE
PA -003 physiologische und verhaltensphysiologische untersuchungen an ratten nach chronischer inhalation von blei- und cadmiumhaltigen aerosolen
PA -004 einfluss chronischer schwermetall-inhalation auf zellzahl und stoffwechsel der alveolaer-makrophagen der saeugetierlunge
PA -005 einfluss chronischer schwermetallinhalation auf zellzahl und stoffwechsel der alveolarmakrophagen der saeugetierlunge
PA -006 toxikologische und verhaltensphysiologische untersuchungen an ratten nach chronischer inhalation von zn- und cd-haltigen aerosolen allein und in kombination
PB -009 untersuchung zentralnervoeser wirkungen von pestiziden auf den saeugetierorganismus
PB -010 untersuchungen zum schutz gegen akute wirkungen von schadstoffen
PC -010 untersuchungen zum chronischen einfluss von umwelttoxika auf die sinnesphysiologie bei tieren
PC -011 untersuchungen zum schutz gegen akute wirkungen von schadstoffen
PD -010 bilanz und wirkung polycyclischer kohlenwasserstoffe in der umwelt
PF -013 untersuchungen zur schadwirkung von schwermetallverbindungen an mikroorganismen mit hilfe von impulscytophotometrie
PF -014 untersuchungen zur schadwirkung von schwermetallverbindungen auf das wachstum von planktischen algen sowie bakterien und hefen
PH -010 kombinierte einwirkung von detergentien und schwermetallen in mikrokonzentrationen auf einfache biologische systeme
PH -011 kombinierte einwirkung von tensiden und schwermetallsalzen auf biologische systeme

0438
INSTITUT FUER AGRAROEKONOMIE DER UNI GOETTINGEN
3400 GOETTINGEN, NIKOLAUSBERGER WEG 9 C
TEL.: (0551) 394803
- LEITER: PROF.DR. WERNER GROSSKOPF
VORHABEN:
LAND- UND FORSTWIRTSCHAFT
RA -007 oekonomsiche beurteilung von massnahmen zur begrenzung der umweltbelastung durch landwirtschaftliche produktion

0439
INSTITUT FUER AGRARPOLITIK UND LANDWIRTSCHAFTLICHE MARKTLEHRE DER UNI HOHENHEIM
7000 STUTTGART 70, SCHLOSS
TEL.: (0711) 4701-2636
- LEITER: PROF.DR. ROEHM
VORHABEN:
LAND- UND FORSTWIRTSCHAFT
RA -008 rolle der genossenschaften in strukturschwachen laendlichen gebieten
RA -009 die langfristige entwicklung des produktionsmitteleinsatzes und der agrarerzeugung in der bundesrepublik deutschland - oekologische begrenzungen und agrarpolitische probleme
UMWELTPLANUNG, UMWELTGESTALTUNG
UK -013 vorplanung zur landentwicklung im raum calw
UK -014 entwicklungsprobleme von freiflaechen in verdichtungsraeumen

0440
INSTITUT FUER AGRARSOZIOLOGIE / FB 20 DER UNI GIESSEN
6300 GIESSEN, EICHGAERTENALLEE 3
TEL.: (0641) 7026120
- LEITER: PROF.DR. A. BODENSTEDT
VORHABEN:
HUMANSPHAERE
TB -010 der einfluss der farbwerke hoechst auf den wandel der berufs- und siedlungsstruktur, der siedlungsformen und des wohnverhaltens in der noerdlichen untermain-region
UMWELTPLANUNG, UMWELTGESTALTUNG
UC -029 trennung als sozialer fakt im bereich der stadt-land-beziehung. probleme der begrifflichen und realen dichotomisierung, abgeleitet aus alltag und arbeit

0441
INSTITUT FUER AGRARSOZIOLOGIE, LANDWIRTSCHAFTLICHE BERATUNG UND ANGEWANDTE PSYCHOLOGIE DER UNI HOHENHEIM
7000 STUTTGART -HOHENHEIM, SCHLOSS-MITTELHOF-NORD
TEL.: (0711) 4701-2646
- LEITER: PROF.DR. HARTMUT ALBRECHT
VORHABEN:
HUMANSPHAERE
TD -014 die behandlung der umweltschutzproblematik im schulbuch der sekundarstufe 1

0442
INSTITUT FUER AGRIKULTURCHEMIE DER UNI GOETTINGEN
3400 GOETTINGEN, VON-SIEBOLD-STR. 6
TEL.: (0551) 395578
- LEITER: PROF.DR. ERWIN WELTE
- FORSCHUNGSSCHWERPUNKTE:
ursachen der gewaessereutrophierung, anteil und auswirkungen landwirtschaftlicher duengungsmassnahmen und bodennutzung auf die gewaesserguete
VORHABEN:
WASSERREINHALTUNG UND WASSERVERUNREINIGUNG
HA -030 naehrstoffbilanzierung fuer ein abgrenzbares landwirtschaftlich genutztes areal (mittelgebirgslandschaft)
IC -035 oekologische probleme der gewaesserbewirtschaftung
IC -036 ueber die beurteilung und bewertung der organischen belastung von gewaessern anhand biochemischer und chemischer analysenmethoden (suedharz)
IC -037 die belastung einiger westharzgewaesser mit siedlungs- und industriebedingten organischen schmutzfrachten und schwermetallen
IC -038 einfluss der haeuslichen und landwirtschaftlichen abwaesser auf die verbreitung der makrophyten in fliessgewaessern suedniedersachsens
IC -039 naehrstofffrachten und organische belastung der leine im zonengrenzgebiet
IC -040 die belastung der leine durch die in den abwaessern der stadt goettingen enthaltenen schwermetalle
IC -041 die belastung der leine durch die in den abwaessern der stadt goettingen enthaltenen radioisotope
IC -042 untersuchungen ueber die belastung der leine durch die in den abwaessern der stadt goettingen enthaltenen radioisotope und schwermetalle
IF -008 anteil der abwaesser landwirtschaftlicher herkunft an der eutrophierung und belastung von fliessgewaessern
IF -009 herkunft und anteil von phosphat, borat und anderen belastungsfaktoren in kleinen flussgewaessern
IF -010 moeglichkeiten zur bestimmung des trophiezustandes eines gewaessers durch algenkulturen
IF -011 die naehrstoffverlagerung in einer suedniedersaechsischen loessparabraunerde in abhaengigkeit von duengerart, duengermenge und pflanzenbewuchs
IF -012 ausmass und ursachen der oberflaechenwasserbelastung durch stickstoff aus land- und forstwirtschaftlich genutzten flaechen
IF -013 untersuchungen ueber die naehrstoffbelastung von grundwasser und oberflaechengewaesser aus boden und duengung
KF -008 phosphateliminierung aus siedlungsabwaessern unter dem gesichtspunkt der gewinnung von p-duengemitteln
UMWELTCHEMIKALIEN
OB -010 die mineralstoffbestimmung in waessern, pflanzlicher substanz und duengemittel
LAND- UND FORSTWIRTSCHAFT
RD -011 veraenderungen des nitratgehaltes im profil eines loesslehm-standortes waehrend des winterhalbjahres 1974/75 nach unterschiedlicher mineralischer und organischer duengung

0443
INSTITUT FUER ALLGEMEINE BAUINGENIEURMETHODEN DER TU BERLIN
1000 BERLIN 12, STRASSE DES 17. JUNI 135
TEL.: (030) 3143193 TX.: 184262
- LEITER: PROF.DR. PETER-JAN PAHL
- FORSCHUNGSSCHWERPUNKTE:
eichung von ebenen instationaeren grundwassermodellen
VORHABEN:
WASSERREINHALTUNG UND WASSERVERUNREINIGUNG
HB -036 eichung von ebenen instationaeren grundwassermodellen

0444
INSTITUT FUER ALLGEMEINE BOTANIK DER UNI HAMBURG
2000 HAMBURG 36, JUNGIUSSTR. 6
TEL.: (040) 4123 3321
- LEITER: PROF. GOTTFRIED GALLING
- FORSCHUNGSSCHWERPUNKTE:
speicherung von toxischen schwermetallen durch algen
VORHABEN:
UMWELTCHEMIKALIEN
OD -017 speicherung von blei, mangan und quecksilber durch algen (gruen- und kieselalgen)
OD -018 mikrobieller abbau polycyclischer aromatischer kohlenwasserstoffe
WIRKUNGEN UND BELASTUNGEN DURCH SCHADSTOFFE
PF -015 die wirkung toxischer schwermetalle auf die suesswassergruenalge microthamnion kuetzingianum naeg
PF -016 die bildung extrazellulaerer produkte bei fritschiella tuberosa in abhaengigkeit vom entwicklungszustand der alge
LEBENSMITTEL-, FUTTERMITTELKONTAMINATION
QC -020 metallresistenz und bindungskapazitaet der zellwand einiger desmidiaceen
UMWELTPLANUNG, UMWELTGESTALTUNG
UM -023 floristische beobachtungen in schleswig-holstein und nord-niedersachsen

0445
INSTITUT FUER ALLGEMEINE BOTANIK DER UNI MAINZ
6500 MAINZ, SAARSTR. 21
TEL.: (06131) 392688
- LEITER: PROF.DR. ALOYSIUS WILD
- FORSCHUNGSSCHWERPUNKTE:
biochemische anpassungen der pflanzen, insbesondere des photosyntheseapparates, an besondere umweltbedingungen; die wirkung von pestiziden auf photosynthetische reaktionen
VORHABEN:
WIRKUNGEN UND BELASTUNGEN DURCH SCHADSTOFFE
PG -011 die wirkung von pestiziden auf photosynthetische reaktionen
PH -012 biochemische anpassungen der pflanzen, insbesondere des photosyntheseapparates, an besondere umweltbedingungen

0446
INSTITUT FUER ALLGEMEINE LEBENSMITTEL-TECHNOLOGIE UND TECHNISCHE BIOCHEMIE DER UNI HOHENHEIM
7000 STUTTGART 70, GARBENSTR. 25
TEL.: (0711) 4701-2311
- LEITER: PROF.DR. BRUCHMANN
- FORSCHUNGSSCHWERPUNKTE:
cellulosehaltige materialien; abfall-nahrung-biotechnologie; umweltfreundliche technologie
VORHABEN:
ABFALL
ME -030 cellulose und cellulosehaltige rohstoffe als unkonventionelle biotechnische substrate

0447
INSTITUT FUER ALLGEMEINE MECHANIK DER TH AACHEN
5100 MUENSTER, TEMPLERGRABEN 64
TEL.: (0241) 424589 TX.: 832704
- LEITER: PROF.DR.-ING. GERHARD ADOMEIT
- FORSCHUNGSSCHWERPUNKTE:
reaktionskinetik; kondensation
VORHABEN:
LUFTREINHALTUNG UND LUFTVERUNREINIGUNG
AA -055 heterogene kondensation in feuchter luft
CB -024 dissoziation von kohlendioxid-kohlenmonoxid-stickstoff-sauerstoff-gemischen bei hohen temperaturen
CB -025 dissoziation und ionisation von co2-o2-n2-gasgemischen
CB -026 schadstoffbildung bei verbrennungsprozessen. bildung hoeherer kohlenwasserstoffe bei verbrennungsprozessen von gasen und fluessigkeiten

0448
INSTITUT FUER ALLGEMEINE MIKROBIOLOGIE DER UNI KIEL
2300 KIEL, OLSHAUSENSTR. 40-60
TEL.: (0431) 880 2016
- LEITER: PROF.DR. PETER HIRSCH
- FORSCHUNGSSCHWERPUNKTE:
pesticid- und penicillinabbau durch mikroorganismen; biologische verwitterung von gesteinen; eisen- und manganablagerungen durch mikroorganismen; bakterien als bioindikatoren; kohlenmonoxidabbauende bakterien
VORHABEN:
LUFTREINHALTUNG UND LUFTVERUNREINIGUNG
DD -023 isolierung und untersuchung von bakterien, die kohlenmonoxid als kohlenstoff- und energiequelle nutzen
WASSERREINHALTUNG UND WASSERVERUNREINIGUNG
KB -026 entwicklung von methoden und apparaten zur anreicherung von antibiotika- und pestizidabbauenden mikroorganismen mit hilfe von in kunststoffen eingebetteten substraten
WIRKUNGEN UND BELASTUNGEN DURCH SCHADSTOFFE
PH -013 untersuchung morphologisch markanter bakterien auf ihre tauglichkeit als bioindikator
PK -022 mikrobiologie eines sandstein-denkmals - untersuchungen zur oekologie und verwitterung

0449
INSTITUT FUER ANALYTISCHE CHEMIE UND RADIOCHEMIE DER UNI DES SAARLANDES
6600 SAARBRUECKEN, IM STADTWALD
TEL.: (0681) 302-2421
- LEITER: PROF.DR. EWALD BLASIUS
- FORSCHUNGSSCHWERPUNKTE:
chemische und mikrobiologische untersuchungen an natuerlichen, verunreinigten und industriellen waessern auf anwesenheit von anionischen schadstoffen, insbesondere von schwefelverbindungen
VORHABEN:
WASSERREINHALTUNG UND WASSERVERUNREINIGUNG
IC -043 chemische und mikrobiologische untersuchungen an natuerlichen, verunreinigten und industriellen waessern auf anwesenheit von anionischen schadstoffen, insbesondere von schwefelverbindungen

0450
INSTITUT FUER ANATOMIE, PHYSIOLOGIE UND HYGIENE DER HAUSTIERE DER UNI BONN
5300 BONN, KATZENBURGWEG 7/9
TEL.: (02221) 73-2810, -2804 TX.: 4405 - 4408
- LEITER: PROF.DR. H. SOMMER
- FORSCHUNGSSCHWERPUNKTE:
wirkungen von polychlorierten kohlenwasserstoffen auf die molekularmechanismen von biologischen kalzifizierungsprozessen; wirkungen von cadmium- und beryllium-verbindungen auf das huhn
VORHABEN:
WIRKUNGEN UND BELASTUNGEN DURCH SCHADSTOFFE
PA -007 wirkungen von cadmium- und berylliumverbindungen auf das huhn
PB -011 wirkungen von polychlorierten kohlenwasserstoffen auf die molekularmechanismen von biologischen kalzifizierungsprozessen

0451
INSTITUT FUER ANGEWANDTE BOTANIK DER UNI HAMBURG
2000 HAMBURG, MARSEILLER STRASSE 7
TEL.: (040) 4123-2331
- LEITER: PROF.DR. KONRAD VON WEIHE
VORHABEN:
LUFTREINHALTUNG UND LUFTVERUNREINIGUNG
AA -056 biologische testverfahren und chemische pflanzenanalyse zur beurteilung der immissionswirkung fluorhaltiger luftverunreinigungen
AA -057 erkennung und beurteilung immissionsbedingter vegetationsschaeden mit hilfe von bioindikatoren und der chemischen pflanzenanalyse
WASSERREINHALTUNG UND WASSERVERUNREINIGUNG
HC -025 morphologie und oekologie von puccinellia maritima parl. und ihr einsatz im kuestenschutz
HC -026 untersuchungen zur festigkeit hamburger elbdeiche in abhaengigkeit von der vegetation und der bewirtschaftungsform
WIRKUNGEN UND BELASTUNGEN DURCH SCHADSTOFFE
PD -011 vorkommen kanzerogener substanzen in pflanzen. vorkommen, wirkung und beeinflussung des genetischen materials
PD -012 polycyclische cancerogene kohlenwasserstoffe in vom menschen genutzten pflanzen
PF -017 vegetationsschaeden durch auftausalze
PF -018 vegetationsschaeden durch erdgas
PF -019 untersuchungen zur wirkung von luftverunreinigungen gewerblicher und industrieller emittenten auf pflanzen und boeden
PF -020 blei in den autoabgasen und bleiaufnahme durch die wurzeln hoeherer pflanzen
PH -014 einwirkungen von industrie-emissionen auf gruenlandgesellschaften
LEBENSMITTEL-, FUTTERMITTELKONTAMINATION
QA -018 erstellung einer uebersicht ueber das vorkommen von fremd- und schadstoffen in futtermittel-importen, insbesondere in einzelrohstoffen verschiedener provenienzen nach art und menge
LAND- UND FORSTWIRTSCHAFT
RD -012 untersuchungen zur frage der bodenverbesserung und der humusduengung
RH -012 biologische pruefung von pflanzenschutzmitteln
UMWELTPLANUNG, UMWELTGESTALTUNG
UM -024 erhaltung der strassenbaeume trotz umweltbelastung
UM -025 untersuchungen zur oekologie und verbreitung von puccinellia capillaris jansen auf helgoland
UM -026 pflanzensoziologische kartierung des hamburger flughafengelaendes

0452
INSTITUT FUER ANGEWANDTE BOTANIK DER UNI MUENSTER
4400 MUENSTER, HINDENBURGPLATZ 55
TEL.: (0251) 4903831
- LEITER: PROF.DR. WALTER BAUMEISTER
- FORSCHUNGSSCHWERPUNKTE:
wirkung der schwermetallbelastung auf die vegetation
VORHABEN:
WIRKUNGEN UND BELASTUNGEN DURCH SCHADSTOFFE
PA -008 untersuchungen ueber die physiologische wirkung von schwermetallen

0453
INSTITUT FUER ANGEWANDTE GASDYNAMIK DER DFVLR
5000 KOELN 90, LINDER HOEHE
TEL.: (02203) 45-2362
- LEITER: PROF.DR.-ING. HEYSER
VORHABEN:
LUFTREINHALTUNG UND LUFTVERUNREINIGUNG
BA -017 messverfahren zur untersuchung von zerstaeubungs-, verdampfungs- und verbrennungsvorgaengen bei der kraftstoffeinspritzung
CA -037 investigation of the technical applicability of laser techniques for pollution measurements
CB -027 grundlegende untersuchungen der verbrennungsvorgaenge an troepfchen unter beruecksichtigung der schadstoffbildung
CB -028 bestimmung der konzentration von gasgemischen als grundlage zur untersuchung von mischungsvorgaengen
DA -022 stroemungsmechanische untersuchungen fuer das projekt arbeitsraumbildender motor mit innerer, kontinuierlicher verbrennung

0454
INSTITUT FUER ANGEWANDTE GEODAESIE
6000 FRANKFURT, RICHARD-STRAUSS-ALLEE 11
TEL.: (0611) 638091 TX.: 04-13592
- LEITER: PROF.DR.-ING. RUDOLF FOERSTNER
VORHABEN:
LAERM UND ERSCHUETTERUNGEN
FB -034 herstellung von laermschutzkarten und laermschutzatlanten
WASSERREINHALTUNG UND WASSERVERUNREINIGUNG
HE -012 erfassung und darstellung des standes der oeffentlichen wasserversorgung in der bundesrepublik deutschland in einem kartenwerk
HE -013 kartenwerk der oeffentlichen wasserversorgung
LAND- UND FORSTWIRTSCHAFT
RC -018 untersuchungen zur herstellung, verarbeitung und auswertung von bildaufzeichnungen der erde aus luft- und raumfahrzeugen

0455
INSTITUT FUER ANGEWANDTE GEOLOGIE DER WESTFAELISCHEN BERGGEWERKSCHAFTSKASSE
4630 BOCHUM, HERNER STRASSE 45
TEL.: (0234) 625281 TX.: 825701
- LEITER: DIPL.-ING. KARL SCHRIEVER
VORHABEN:
ABFALL
MC -021 untersuchungen zur ausweisung von standorten fuer die ablagerung produktionsspezifischer rueckstaende in nordrhein-westfalen (psr)

0456
INSTITUT FUER ANGEWANDTE INFORMATIK DER TU BERLIN
1000 BERLIN 12, STRASSE DES 17. JUNI 135
TEL.: (030) 3142577
- LEITER: PROF. RAINALD K. BAUER
- FORSCHUNGSSCHWERPUNKTE:
stichprobenplanung fuer muelluntersuchungen, prognosemodell
VORHABEN:
ABFALL
MA -013 untersuchung des zusammenhanges zwischen hausmuellzusammensetzung und dem betrieb verschiedener abfallbeseitigungsanlagen

0457
INSTITUT FUER ANGEWANDTE SOZIALFORSCHUNG DER UNI KOELN
5000 KOELN 41, GREINSTR. 2
TEL.: (0221) 4508
- LEITER: PROF.DR. RENATE MAYNTZ
- FORSCHUNGSSCHWERPUNKTE:
implementationsprobleme der umweltschuetzer
VORHABEN:
UMWELTPLANUNG, UMWELTGESTALTUNG
UB -014 vollzugsprobleme der umweltschutzgesetzgebung

0458
INSTITUT FUER ANGEWANDTE SYSTEMANALYSE DER GESELLSCHAFT FUER KERNFORSCHUNG MBH
7500 KARLSRUHE, WEBERSTR 5
TEL.: (07247) 82-2500
- LEITER: PROF.DR. HAEFELE
- FORSCHUNGSSCHWERPUNKTE:
umwelt- und risikoanalysen des nuklearen brennstoffzyklus; standortbeurteilung fuer energieerzeugende anlagen; einstellung der bevoelkerung zu technologischen risiken insbesondere kernenergierisiken
VORHABEN:
LUFTREINHALTUNG UND LUFTVERUNREINIGUNG
BB -012 energie und umwelt: zustands- und auswirkungsanalyse fuer das medium luft
ABWAERME
GA -006 energie und umwelt: auswirkungen nasser rueckkuehlung
GB -012 energie und umwelt: abbau organischer und thermischer verunreinigungen in fluessen
STRAHLUNG, RADIOAKTIVITAET
NB -015 radiologische bevoelkerungsbelastung
NC -036 risiken des nuklearen brennstoffzyklus
NC -037 analyse der einstellungsstrukturen der bevoelkerung gegenueber kernenergierisiken
ENERGIE
SA -028 untersuchungen ueber die auswirkung von energieerzeugung und -verbrauch auf die umwelt
SA -029 optimierungsmodell fuer das energiesystem badenwuerttembergs
SA -030 energie und umwelt: analysen zur standortwahl von grosstechnischen anlagen

0459
INSTITUT FUER ANGEWANDTE WIRTSCHAFTSFORSCHUNG DER UNI TUEBINGEN
7400 TUEBINGEN, BIESINGERSTR. 25
TEL.: (07071) 4631
- LEITER: PROF.DR. ALFRED E. OTT
VORHABEN:
UMWELTPLANUNG, UMWELTGESTALTUNG
UD -006 vorstudie zu einem simulationsmodell fuer das forschungs- und entwicklungsprogramm, chemische technik im rahmen des rohstoffsicherungsprogramms des bmft

0460
INSTITUT FUER ANGEWANDTE ZOOLOGIE DER UNI BONN
5300 BONN -ENDENICH, AN DER IMMENBURG 1
TEL.: (02221) 735122
- LEITER: PROF.DR. WERNER KLOFT
- FORSCHUNGSSCHWERPUNKTE:
aufnahme und ausscheidung radioaktiver isotope durch anthropoden; reaktion aquatischer insekten auf thermische belastungen; ameisen als bioindikatoren: anpassung an umweltfaktoren; tsetsefliegen-bekaempfung durch isotopen-technik
VORHABEN:
STRAHLUNG, RADIOAKTIVITAET
NB -016 aufnahme und ausscheidung radioaktiver isotope durch arthropoden (besonders insekten) als grundlage radiooekologischer untersuchungen. reaktion aquatischer insekten auf thermische belastungen
WIRKUNGEN UND BELASTUNGEN DURCH SCHADSTOFFE
PC -012 ameisen als bioindikatoren: anpassungen an umweltfaktoren
LAND- UND FORSTWIRTSCHAFT
RH -013 the improvement of tsetse fly control/eradication by nuclear techniques

0461
INSTITUT FUER ANORGANISCHE CHEMIE DER TU HANNOVER
3000 HANNOVER, CALLINSTR. 46
TEL.: (0511) 7621
- LEITER: PROF.DR. BODE
VORHABEN:
UMWELTCHEMIKALIEN
OB -011 bestimmung sehr kleiner chlor-konzentrationen in der luft
OB -012 untersuchung von schwermetallspuren in waessrigen loesungen

0462
INSTITUT FUER ANORGANISCHE CHEMIE DER UNI WUERZBURG
8700 WUERZBURG, AM HUBLAND
TEL.: (0931) 88250
- LEITER: PROF.DR. SCHMIDT
VORHABEN:
LUFTREINHALTUNG UND LUFTVERUNREINIGUNG
DC -026 rauchgasentschwefelung
ABFALL
ME -031 aufarbeitung cyanidhaltiger haertesalze

0463
INSTITUT FUER ANORGANISCHE UND ANGEWANDTE CHEMIE DER UNI HAMBURG
2000 HAMBURG 13, MARTIN-LUTHER-KING-PLATZ 6
TEL.: (040) 41233111
- LEITER: PROF.DR. HANSJOERG SINN
- FORSCHUNGSSCHWERPUNKTE:
untersuchung des grosstadtaerosols von hamburg, insbesondere der schwermetallgehalte; optimierung der rauchgasreinigung industrieller feuerungsanlagen
VORHABEN:
LUFTREINHALTUNG UND LUFTVERUNREINIGUNG
BC -022 optimierung der rauchgasreinigung industrieller feuerungsanlagen
CA -038 chemisch-analytische untersuchungen an staeuben und aerosolen der luft
ABFALL
ME -032 recycling von kunststoffen
UMWELTCHEMIKALIEN
OA -019 bestimmung von elementspuren in maritimen, geologischen und biologischen materialien durch neutronenaktivierungsanalyse

0464
INSTITUT FUER ANTHROPOGEOGRAPHIE, ANGEWANDTE GEOGRAPHIE UND KARTOGRAPHIE DER FU BERLIN
1000 BERLIN 41, GRUNEWALDSTR. 35
TEL.: (030) 7913011
- LEITER: PROF.DR. BADER
VORHABEN:
LAERM UND ERSCHUETTERUNGEN
FB -035 flughafenlaerm und umweltschutz am beispiel der flughaefen tempelhof und tegel
WASSERREINHALTUNG UND WASSERVERUNREINIGUNG
HE -014 staatsgrenzen ueberschreitende raumplanung - wasserversorgung und wasserreinhaltung in verdichtungsraeumen -

0465
INSTITUT FUER ANTHROPOLOGIE UND HUMANGENETIK DER UNI HEIDELBERG
6900 HEIDELBERG, MOENCHHOFSTR. 15A
TEL.: (06221) 43750
- LEITER: PROF.DR. VOGEL
VORHABEN:
WIRKUNGEN UND BELASTUNGEN DURCH SCHADSTOFFE
PD -013 humangenetische und mutagenitaetsforschung
PD -014 methodik der mutagenitaetspruefung chemischer stoffe

0466
INSTITUT FUER ANTRIEBSSYSTEME DER DFVLR
3300 BRAUNSCHWEIG, BIENRODERWEG 53
TEL.: (0531) 350021
- LEITER: DR.-ING. ALVERMANN
VORHABEN:
LUFTREINHALTUNG UND LUFTVERUNREINIGUNG
DA -023 hochbelastbare filmverdampfungsbrennkammer: erarbeitung von auslegungskriterien
LAERM UND ERSCHUETTERUNGEN
FB -036 minderung von verdichterlaerm und koaxialstrahlgeraeusch

0467
INSTITUT FUER ANWENDUNGSTECHNIK DER BIOLOGISCHEN BUNDESANSTALT FUER LAND- UND FORSTWIRTSCHAFT
3300 BRAUNSCHWEIG, MESSEWEG 11/12
TEL.: (0531) 3991
- LEITER: DR.-ING. HEINRICH KOHSIEK
- FORSCHUNGSSCHWERPUNKTE:
anwendung von pflanzenschutzmitteln, beeinflussung der partikelbewegung bei der ausbringung von pflanzenschutzmitteln, abdriftfragen
VORHABEN:
LAND- UND FORSTWIRTSCHAFT
RE -015 untersuchungen zur herabsetzung der wasser- und pflanzenschutzmittelmengen bei der anwendung von herbiziden im feldbau
RE -016 untersuchungen zur verminderung der aufwandsmengen von pflanzenschutzmitteln

0468
INSTITUT FUER APPARATEBAU UND ANLAGENTECHNIK DER TU CLAUSTHAL
3392 CLAUSTHAL-ZELLERFELD, LEIBNIZSTR.
VORHABEN:
WASSERREINHALTUNG UND WASSERVERUNREINIGUNG
HB -037 bewertung und entwicklung von plattenwaermeaustauschern aus duennen kunststoff-folien fuer entsalzungsanlangen

0469
INSTITUT FUER ARBEITS- UND SOZIALMEDIZIN UND POLIKLINIK FUER BERUFSKRANKHEITEN DER UNI ERLANGEN-NUERNBERG
8520 ERLANGEN, SCHILLERSTR. 25-29
TEL.: (09131) 852312
- LEITER: PROF.DR.MED. HELMUT VALENTIN
- FORSCHUNGSSCHWERPUNKTE:
schwermetalle in der umwelt; erarbeitung von analysentechniken fuer umweltrelevante probleme
VORHABEN:
WIRKUNGEN UND BELASTUNGEN DURCH SCHADSTOFFE
PA -009 der bleigehalt im gewebe und in den verkalkungen der menschlichen placenta als spiegel der oekologischen bleilast
PA -010 die beeinflussung des bleistoffwechsels unter definierter belastung
PE -009 untersuchungen an ausgewaehlten bevoelkerungskollektiven zur abschaetzung der belastung der umwelt durch vanadium und seine verbindungen
HUMANSPHAERE
TA -021 laengsschnittuntersuchungen zu den auswirkungen inhalativer noxen am arbeitsplatz

0470
INSTITUT FUER ARBEITSMEDIZIN DER UNI DES SAARLANDES
6600 SAARBRUECKEN 1, MALSTATTER STRASSE 17
TEL.: (0681) 5965
- LEITER: PROF.DR. HEINZ DRASCHE
VORHABEN:
HUMANSPHAERE
TA -022 laengsschnittuntersuchungen zu den auswirkungen inhalativer noxen am arbeitsplatz

0471
INSTITUT FUER ARBEITSMEDIZIN DER UNI TUEBINGEN
7400 TUEBINGEN, FRONDSBERGSTR. 31
TEL.: (07071) 292082
- LEITER: PROF.DR. HEINZ WEICHARDT
- FORSCHUNGSSCHWERPUNKTE:
gesundheitsgefahren durch arbeitsstoffe; gesundheitsgefaehrdung durch emissionen und immissionen; ausarbeitung von messverfahren; festlegung von mak- und mik-werten (dfg, vdi); oekologie am arbeitsplatz; umweltschutz
VORHABEN:
LUFTREINHALTUNG UND LUFTVERUNREINIGUNG
DC -027 verbesserung der arbeitsumwelt durch beseitigung organischer schadstoffe aus industrieller abluft

HUMANSPHAERE
TA -023 umweltschutz am arbeitsplatz; gesundheitsgefaehrdung durch arbeitsstoffe

0472
INSTITUT FUER ARBEITSPHYSIOLOGIE DER TU MUENCHEN
8000 MUENCHEN, BARBARASTR. 16
TEL.: (089) 21052587 TX.: 05-22854
- LEITER: PROF.DR.MED. W. MUELLER-LIMMROTH
- FORSCHUNGSSCHWERPUNKTE:
wirkungen von laerm auf den menschen, insbesondere den schlafenden menschen
VORHABEN:
LAERM UND ERSCHUETTERUNGEN
FD -012 physiologische untersuchungen ueber die langzeitwirkungen von laerm auf den schlafenden menschen unter besonderer beruecksichtigung des verkehrslaerms
FD -013 experimentelle untersuchungen ueber die auswirkungen waehrend des schlafs eingespielten verkehrslaerms auf die schlaftiefenkurve alter menschen
HUMANSPHAERE
TA -024 moeglichkeiten einer arbeitsplatzbewertung bei vornehmlich psycho-mentaler belastung

0473
INSTITUT FUER ARBEITSPHYSIOLOGIE DER UNI DORTMUND
4600 DORTMUND, ARDEYSTR.67
TEL.: (0231) 129021
- LEITER: PROF.DR. HANS GERD WENZEL
- FORSCHUNGSSCHWERPUNKTE:
untersuchung ueber einfluesse warmer klimabedingungen auf den arbeitenden menschen
VORHABEN:
HUMANSPHAERE
TA -025 physiologisch aequivalente kombinationen von erhoehter umgebungstemperatur und erhoehter luftfeuchtigkeit bei verschiedener koerperarbeit
TA -026 untersuchungen zur klimatischen belastung von arbeitern in tiefkuehlhaeusern

0474
INSTITUT FUER ARBEITSWISSENSCHAFT DER BUNDESFORSCHUNGSANSTALT FUER FORST- UND HOLZWIRTSCHAFT
2057 REINBEK, VORWERKSBUSCH 1
TEL.: (040) 722 3020
- LEITER: PROF.DR. GEORG EISENHAUER
- FORSCHUNGSSCHWERPUNKTE:
auswirkungen von laermbetrieben: auf die im betrieb beschaeftigten, auf die unmittelbare umgebung von laermbetrieben, wirkung natuerlichen laermschutzes durch anpflanzungen
VORHABEN:
LAERM UND ERSCHUETTERUNGEN
FC -029 die schallausbreitung des laerms von forstgeraeten und betrieben der holzindustrie in bestimmten bestandsformen bzw. landschaftsformen
FC -030 die auswirkungen von arbeitslaerm auf den waldarbeiter und die umgebung
FC -031 messung der mechanischen schwingungen an forstmaschinen und an arbeitsplaetzen in der holzindustrie
FC -032 ermittlung von kennzahlen fuer die laermbelastung in betrieben der forst- und holzwirtschaft unter beruecksichtigung verschiedener verfahrenstechniken
FC -033 die schallausbreitung des laermes von forstmaschinen, insbesondere motorsaegen, und moeglichkeiten seiner verringerung

0475
INSTITUT FUER ARBEITSWISSENSCHAFT DER TH DARMSTADT
6100 DARMSTADT, PETERSENSTR. 18
TEL.: (06151) 162987
- LEITER: PROF.DR.-ING. WALTER ROHMERT
- FORSCHUNGSSCHWERPUNKTE:
arbeitswissenschaft, ergonomie, arbeitsphysiologie
VORHABEN:
LAERM UND ERSCHUETTERUNGEN
FC -034 superpositionswirkungen von laerm und einseitig dynamischer arbeit in bezug auf ermuedung / erholung
FC -035 wirkungen mechanischer schwingungen auf den menschen bei arbeit (steuerungstaetigkeit)
HUMANSPHAERE
TA -027 untersuchungen zu den superpositionsprinzipien schwerer dynamischer muskelarbeit und klimatischer belastungsgroessen in bezug auf notwendige erholungszeiten

0476
INSTITUT FUER ARBEITSWISSENSCHAFTEN DER TU BERLIN
1000 BERLIN, ERNST-REUTER-PLATZ 7
- LEITER: PROF.DR. B. SCHULTE
VORHABEN:
HUMANSPHAERE
TA -028 untersuchung zur anpassung von bildschirmarbeitsplaetzen an die physische und psychische funktionweise des menschen

0477
INSTITUT FUER ATMOSPHAERISCHE UMWELTFORSCHUNG DER FRAUNHOFER-GESELLSCHAFT E.V.
8100 GARMISCH-PARTENKIRCHEN, KREUZECKBAHNSTR.19
TEL.: (08821) 51507
- LEITER: DR. REITER
- FORSCHUNGSSCHWERPUNKTE:
atmosphaerische physik und chemie, insbesondere aerosole und spurengase in stratosphaere und troposphaere, austausch- und transportprozesse zwischen stratosphaere und biosphaere, ozon und uv-strahlung, anwendung von lidarsystemen, klimaforschung, entwicklung von verfahren
VORHABEN:
LUFTREINHALTUNG UND LUFTVERUNREINIGUNG
AA -058 erforschung der troposphaerischen transportvorgaenge und austauschprozesse
AA -059 auswirkungen der luftverunreinigungen auf das klima
AA -060 troposphaerische aerosolforschung mittels lidar
CA -039 entwicklung aerosol-chemischer analysenverfahren

0478
INSTITUT FUER AUFBEREITUNG DER TU CLAUSTHAL
3392 CLAUSTHAL-ZELLERFELD, ERZSTR. 20
TEL.: (05323) 72-242 TX.: 09-53828
- LEITER: PROF.DR.-ING. CLEMENT
- FORSCHUNGSSCHWERPUNKTE:
aufbereitung von kunststoffabfaellen; ermittlung der restkonzentrationen von organischen und anorganischen flotationsreagenzien und kolloidalen und feinstdispersen feststoffen; ermittlung von istzustaenden und verbesserung bestehender und entwicklung umweltfreundlicher technologien; untersuchung von aluminiumsalzschlacken durch flotationsverfahren
VORHABEN:
WASSERREINHALTUNG UND WASSERVERUNREINIGUNG
KB -027 der einfluss der restkonzentration von flotationsreagenzien in den abwaessern auf deren qualitaet bei der wiederverwendung
KC -021 analytische bestimmung zur aminkonzentration in abwaessern von eisenflotationsanlagen
ABFALL
ME -033 aufbereitung von kunststoffabfaellen zum zwecke der wiederverwertung (sortierung)
ME -034 aufbereitung von aluminiumsalzschlacke

0479
INSTITUT FUER AUFBEREITUNG, KOKEREI UND BRIKETTIERUNG DER TH AACHEN
5100 AACHEN, WUELLNERSTR. 2
TEL.: (0241) 42-5700 TX.: 08-32704
- LEITER: PROF.DR.-ING. HOBERG
- FORSCHUNGSSCHWERPUNKTE:
entwicklung und erprobung von verfahren zur aufbereitung von hausmuell
VORHABEN:
ABFALL
MA -014 entwicklung von verfahren zur sortierung von hausmuell
MA -015 entwicklung und erprobung technischer moeglichkeiten zur feinsortierung von erzeugnissen der hausmuellaufbereitung

0480
INSTITUT FUER BAUBIOLOGIE
8201 STEPHANSKIRCHEN -WALDERING, KORNWEG 6
TEL.: (08036) 7587
- LEITER: PROF.DR. ANTON SCHNEIDER
- FORSCHUNGSSCHWERPUNKTE:
umweltschutz im wohn-, schul-, arbeits- und siedlungsbereich; raumklima in abhaengigkeit von baustoffen und bauart; biologische bewertung von bau- und werkstoffen; entwicklung umweltfreundlicher baustoffe, bauten und inneneinrichtungen; entwicklung biolog. unbedenklicher hauspflege- u. holzschutzmittel
VORHABEN:
STRAHLUNG, RADIOAKTIVITAET
NA -006 raumklima in abhaengigkeit von baustoffen und bauart (einschliesslich elektroklima)
UMWELTCHEMIKALIEN
OD -019 entwicklung biologisch unbedenklicher hauspflege- und holzschutzmittel

0481
INSTITUT FUER BAUFORSCHUNG E.V.
3000 HANNOVER, WILHELMSTR. 8
TEL.: (0511) 884443, 884444, 886041
- LEITER: KURT PARTZSCH
VORHABEN:
ENERGIE
SB -016 kosten und energieeinsparung durch baulichen waermeschutz (ermittlung und graphische darstellung)
SB -017 untersuchungen ueber den waermebedarf an bestehenden wohnungen

0482
INSTITUT FUER BAUKONSTRUKTIONEN UND FESTIGKEIT DER TU BERLIN
1000 BERLIN 12, STRASSE DES 17. JUNI 135
TEL.: (030) 314 2980 TX.: 1 84 262
- LEITER: PROF.DR.-ING. FRANZ PILNY
- FORSCHUNGSSCHWERPUNKTE:
verwendung von abfallstoffen bei der baustofferzeugung
VORHABEN:
ABFALL
ME -035 gewinnung und eignung von betonzuschlag aus gesinterter muellschlacke (sinterbims)

0483
INSTITUT FUER BAUMASCHINEN UND BAUBETRIEB DER TH AACHEN
5100 AACHEN, TEMPLERGRABEN 55
TEL.: (0241) 425155 TX.: 832704
- LEITER: PROF. GERHARD POHLE
- FORSCHUNGSSCHWERPUNKTE:
geraeuschmessung und -minderung, allgemeine baumaschinenforschung
VORHABEN:
LAERM UND ERSCHUETTERUNGEN
FA -013 geraeuschuntersuchungen bei gewerblichen anlagen und gewerbebetrieben sowie an einzelnen maschinen und maschinengruppen zur ermittlung kennzeichnender emissionswerte
FA -014 entwicklung einheitlicher mess- und bewertungsverfahren
FC -036 entwicklung integrierter schallschutzeinrichtungen fuer rammen - untersuchung der geraeuschemissionen neuer rammentypen
FC -037 fortentwicklung der emissionswerte von baumaschinen - erarbeitung von wissenschaftlichen-technischen grundlagen fuer vorschriften nach dem bundesimmissionsschutzgesetz
FC -038 geraeuschminderung durch festlegung des standes der technik am arbeitsplatz von maschinen der stein- und betonelementfertigung
FC -039 fortentwicklung der emissionswerte von baumaschinen
FD -014 laermminderung an rasenmaehern und kombi-geraeten; eg-vereinheitlichung
ABFALL
MD -016 entwicklung eines verfahrens zur maschinellen klaerschlammkompostierung zum zwecke der rohstoffrueckfuehrung und -verwertung

0484
INSTITUT FUER BAUPHYSIK
4330 MUELHEIM A.D.RUHR, GROSSENBAUMER STRASSE 240
TEL.: (02133) 480048
- LEITER: DIPL.-ING. GRUEN
VORHABEN:
LAERM UND ERSCHUETTERUNGEN
FD -015 schallschutz an fassaden

0485
INSTITUT FUER BAUPHYSIK DER FRAUNHOFER-GESELLSCHAFT E.V.
7000 STUTTGART, KOENIGSSTRAESSLE 74
TEL.: (0711) 765008-9
- LEITER: PROF.DR.-ING. GOESELE
VORHABEN:
LAERM UND ERSCHUETTERUNGEN
FD -016 schaffung der grundlagen fuer preiswerte, schalldaemmende fenster und lueftungsoeffner
FD -017 bestimmung der schalldaemmung von aussenbauteilen im hinblick auf fluglaerm und strassenverkehrslaerm
ENERGIE
SB -018 verringerung der thermischen umweltbelastung durch geeignete gestaltung von bauten
SB -019 instationaerer waermeschutz (literaturauswertung, berechnungsmethode, gegenueberstellung)
SB -020 energiesparende bauweisen im wohnungs- und staedtebau
SB -021 nutzung der sonneneinstrahlung und waermespeicherung zur reduzierung des energieverbrauches von hochbauten

0486
INSTITUT FUER BAUSTOFFKUNDE UND STAHLBETONBAU DER TU BRAUNSCHWEIG
3300 BRAUNSCHWEIG, BEETHOVENSTR. 52
TEL.: (0531) 3912281-3
- LEITER: PROF.DR.-ING. KORDINA
VORHABEN:
WIRKUNGEN UND BELASTUNGEN DURCH SCHADSTOFFE
PK -023 vorkommen, anreicherungen und wirkung korrosionsaktiver bestandteile von atmosphaere und baugrund

0487
INSTITUT FUER BERG- UND ENERGIERECHT DER TU CLAUSTHAL
3392 CLAUSTHAL-ZELLERFELD, BERLINER STR. 2
TEL.: (05323) 722 283 TX.: 09/53 828
- LEITER: PROF.DR. RAIMUND WILLECKE
- FORSCHUNGSSCHWERPUNKTE:
umweltrecht
VORHABEN:
UMWELTPLANUNG, UMWELTGESTALTUNG
UB -015 die grenzen des umweltrechts
UB -016 bergbau und umweltrecht

0488
INSTITUT FUER BERGBAUKUNDE UND BERGWIRTSCHAFTSLEHRE DER TU CLAUSTHAL
3392 CLAUSTHAL-ZELLERFELD, ERZSTR. 20
TEL.: (05323) 722223
- LEITER: PROF.DR.-ING. W. KNISSEL
VORHABEN:
UMWELTPLANUNG, UMWELTGESTALTUNG
UD -007 nickelversorgung der bundesrepublik deutschland

0489
INSTITUT FUER BERGBAUWISSENSCHAFTEN DER TU BERLIN
1000 BERLIN 12, STRASSE DES 17. JUNI
VORHABEN:
ABFALL
MB -024 prozessgestaltung abfall-pyrolyse/destrugas-verfahren

0490
INSTITUT FUER BETON UND STAHLBETON DER UNI KARLSRUHE
7500 KARLSRUHE 1, POSTFACH 6380
VORHABEN:
STRAHLUNG, RADIOAKTIVITAET
NC -038 f+e fuer spannbeton-reaktordruckbehaelter. teilprojekt: einfluss von temperaturwechseln auf das verhalten von reaktorbeton

0491
INSTITUT FUER BETRIEBSTECHNIK DER FORSCHUNGSANSTALT FUER LANDWIRTSCHAFT
3300 BRAUNSCHWEIG, BUNDESALLEE 50
TEL.: (0531) 5961
- LEITER: PROF.DR. SYLVESTER ROSEGGER
- FORSCHUNGSSCHWERPUNKTE:
belastung und beanspruchung am landwirtschaftlichen arbeitsplatz; ergonomische gestaltung landwirtschaftlicher arbeitsplaetze
VORHABEN:
LAERM UND ERSCHUETTERUNGEN
FC -040 beanspruchung des arbeitenden menschen durch mechanische schwingungen auf landwirtschaftlichen schleppern und arbeitsmaschinen
HUMANSPHAERE
TA -029 die belastung des schlepperfahrers durch die abgase der ackerschlepper-dieselmotoren
TA -030 beanspruchung des arbeitenden menschen durch extreme auspraegungen von klimafaktoren

0492
INSTITUT FUER BETRIEBSWIRTSCHAFT DER FORSCHUNGSANSTALT FUER LANDWIRTSCHAFT
3300 BRAUNSCHWEIG, BUNDESALLEE 50
TEL.: (0531) 596 545
- LEITER: PROF.DR. KURT MEINHOLD
VORHABEN:
LAND- UND FORSTWIRTSCHAFT
RA -010 probleme der erfassung und oekonomischen relevanz positiv zu bewertender umweltwirkungen der agrarwirtschaft

0493
INSTITUT FUER BIOCHEMIE DER BIOLOGISCHEN BUNDESANSTALT FUER LAND- UND FORSTWIRTSCHAFT
3300 BRAUNSCHWEIG -GLIESMARODE, MESSEWEG 11
TEL.: (0531) 399351
- LEITER: PROF.DR. HERMANN STEGEMANN
- FORSCHUNGSSCHWERPUNKTE:
makromolekuele, speziell enzyme und ihre beeinflussung durch umwelt-noxen
VORHABEN:
WIRKUNGEN UND BELASTUNGEN DURCH SCHADSTOFFE
PH -015 automatisierung spezifischer enzymanalysen zur fruehdiagnose negativer umwelteinfluesse auf pflanzen

0494
INSTITUT FUER BIOCHEMIE DER GESELLSCHAFT FUER STRAHLEN- UND UMWELTFORSCHUNG MBH
7800 FREIBURG, HERMANN-HERDER-STR. 7
TEL.: (0761) 34501
- LEITER: DR. J. BERNDT
VORHABEN:
WIRKUNGEN UND BELASTUNGEN DURCH SCHADSTOFFE
PF -021 wirkung von so2 auf den stoffwechsel in pflanzen und mikroorganismen
PF -022 einfluss von so2 und von schwermetallen auf die photosynthese; stoffwechselweg von schwefel bei nicht-schaedlicher und schaedlicher immissions-konzentration

0495
INSTITUT FUER BIOCHEMIE DES BODENS DER FORSCHUNGSANSTALT FUER LANDWIRTSCHAFT
3300 BRAUNSCHWEIG, BUNDESALLEE 50
TEL.: (0531) 596-323
- LEITER: PROF.DR. WOLFGANG FLAIG
- FORSCHUNGSSCHWERPUNKTE:
mikrobieller abbau chlorierter cycloalkane und aromaten unter anaeroben und aeroben bedingungen; bindung und komplexierung chlorierter phenole und anilin-derivate in der organischen bodensubstanz; analytik von cancerogenen polycyclischen aromatischen kohlenwasserstoffen in boeden und torfproben und in den darauf gezogenen nutzpflanzen; metabolisierung polycyclischer kohlenwasserstoffe in pflanzlichen zellsuspensionskulturen und in insteril kultivierten kulturpflanzen; organischer stickstoffduenger (n-lignin) aus den ablaugen der zellstoffindustrie und anderen ligninhaltigen abfallstoffen durch oxidative ammonisierung
VORHABEN:
WASSERREINHALTUNG UND WASSERVERUNREINIGUNG
KC -022 verwertung von sulfitablaugen der zellstoffindustrie als langsam nachliefernder organischer stickstoffduenger (n-lignin)
KC -023 wirtschaftliche beseitigung der ablaugen der zellstoffindustrie unter beruecksichtigung landwirtschaftshygienischer forderungen
ABFALL
ME -036 organischer stickstoffduenger (n-lignin) aus den ablaugen der zellstoffindustrie und anderen ligninhaltigen abfallstoffen durch oxidative ammonisierung
UMWELTCHEMIKALIEN
OC -012 nachweis und bestimmung von 3,4-benzpyren und identifizierung von dessen metaboliten
OD -020 mikrobieller abbau chlorierter cycloalkane und aromaten unter anaeroben und aeroben bedingungen
OD -021 bindung und komplexierung chlorierter phenole und anilin-derivate in der organischen bodensubstanz
OD -022 verlagerung von naehrstoffen, insbesondere nach der duengung mit n-lignin, unter dem einfluss von niederschlaegen
WIRKUNGEN UND BELASTUNGEN DURCH SCHADSTOFFE
PG -012 analytik von cancerogenen polycyclischen aromatischen kohlenwasserstoffen in boeden und torfproben und in den darauf gezogenen nutzpflanzen
PG -013 metabolisierung polycyclischer kohlenwasserstoffe in pflanzlichen zellsuspensionskulturen und in insteril kultivierten kulturpflanzen
PG -014 metabolisierung von 3,4-benzpyren in pflanzlichen zellsuspensionskulturen und weizenkeimpflanzen
PG -015 analytik von cancerogenen polycyclischen aromatischen kohlenwasserstoffen in boeden und pflanzen, die mit muell-klaerschlamm-komposten behandelt wurden
PI -012 nitrogen in the ecosystem
LAND- UND FORSTWIRTSCHAFT
RE -017 verwertung des in organischen duengern in unterschiedlicher form gebundenen stickstoffs durch pflanzen bei einsatz von n15-ligninen

0496
INSTITUT FUER BIOCHEMIE DES DEUTSCHEN KREBSFORSCHUNGSZENTRUMS
6900 HEIDELBERG, IM NEUENHEIMER FELD 280
TEL.: (06221) 484500 TX.: 461562
- LEITER: PROF DR. ERICH HECKER
- FORSCHUNGSSCHWERPUNKTE:
vorkommen, struktur und wirkung von cocarcinogenen
VORHABEN:
WIRKUNGEN UND BELASTUNGEN DURCH SCHADSTOFFE
PD -015 cocarcinogene
PD -016 struktur und wirkung von cocarcinogenen diterpenestern
PD -017 cocarcinogene als aetiologische faktoren der chemischen carcinogenese

0497
INSTITUT FUER BIOCHEMIE UND TECHNOLOGIE DER BUNDESFORSCHUNGSANSTALT FUER FISCHEREI
2000 HAMBURG 50, PALMAILLE 9
TEL.: (040) 381601
- LEITER: PROF.DR. WOLFGANG SCHREIBER
- FORSCHUNGSSCHWERPUNKTE:
schwermetallanalytik (quecksilber, cadmium, blei), bestandsaufnahme der quecksilber-kontamination von fischen; uebergang und anreicherung von toxischen schwermetallen in fischen; bildung von krebserregenden substanzen (3,4-benzpyren) beim raeuchern von fischen

VORHABEN:
WIRKUNGEN UND BELASTUNGEN DURCH SCHADSTOFFE
PA -011 methodik der hg, cd und pb-bestimmung in fischen und fischerzeugnissen
LEBENSMITTEL-, FUTTERMITTELKONTAMINATION
QB -018 untersuchungen ueber die bildung krebserregender substanzen (3,4-benzpyren als kriterium) beim raeuchern von fischen
QB -019 bestandsaufnahme sowie aufklaerung von ursachen und wegen zur metallkontamination von fischen
QB -020 moeglichkeiten zur verminderung des 3,4-benzpyrengehaltes in fischereierzeugnissen
QD -003 vorkommen von toxischen schwermetallen bzw. verbindungen in futtermitteln und ihre anreicherung in suesswasserfischen

0498
INSTITUT FUER BIOLOGIE DER BUNDESFORSCHUNGSANSTALT FUER ERNAEHRUNG
7500 KARLSRUHE, ENGESSERSTR. 20
TEL.: (0721) 60114, 60115
- LEITER: PROF.DR. HANNS K. FRANK

VORHABEN:
ABFALL
MF -009 umwandlung cellulosehaltiger abfallstoffe der landwirtschaft in single cell protein
WIRKUNGEN UND BELASTUNGEN DURCH SCHADSTOFFE
PG -016 untersuchung ueber die phosphorwasserstoff-sorption von weizenkeimlingen
LEBENSMITTEL-, FUTTERMITTELKONTAMINATION
QA -019 vorkommen und bildungsbedingungen sowie bestimmung karzinogener mykotoxine in lebensmitteln
QC -021 sortenabhaengige vorkommen von nitrat in verschiedenen gemuesearten und solanin in kartoffeln
QC -022 uebergang von pflanzenbehandlungsmitteln bei sogenannter strohballenkultur in nutzpflanzen
QC -023 wirkung von pah-haltigem pflanzenmaterial bei verfuetterung an wistarratten
QC -024 verteilung von piperonylbutoxyd in getreide und mahlprodukten
QC -025 einfluss muellereitechnologischer massnahmen auf den gehalt an schwermetallen (quecksilber, blei, cadmium) auf getreide
QC -026 antiwuchsrueckstaende in getreide
LAND- UND FORSTWIRTSCHAFT
RB -004 lagerung von obst und gemuese in kontrollierter atmosphaere
RB -005 dekontamination von vorratsschutzmitteln durch muellereitechnologische massnahmen
RE -018 nitratakkumulation durch gemuesepflanzen
RE -019 untersuchungen der wirkung von wachstumsregulatoren im gemuesebau

0499
INSTITUT FUER BIOLOGIE DER GESELLSCHAFT FUER STRAHLEN- UND UMWELTFORSCHUNG MBH
8042 NEUHERBERG, INGOLSTAEDTER LANDSTR. 1
TEL.: (089) 3874251
- LEITER: PROF.DR. OTTO HUG

VORHABEN:
WIRKUNGEN UND BELASTUNGEN DURCH SCHADSTOFFE
PA -012 wirkung von metallverbindungen auf spezifische zellfunktionen
PC -013 funktionsstoerungen des zentralnervensystems (zns) durch ionisierende strahlen u.a. noxen
PC -014 zytogenetische wirkung von ionisierenden strahlen und chemikalien
PC -015 zellproliferation; stoerungen durch physikalische und chemische agenzien
PC -016 karzinogenese bei kombinierter einwirkung von strahlung und chemischen stoffen
PD -018 prae- und postnatale entwicklungsschaeden, teratologie
PD -019 mutagenese
PD -020 chromosomenmutationen
PD -021 spezifische lokusmutationen
PD -022 methodik der mutagenitaetspruefung chemischer stoffe
PD -023 kinetik der stofflichen beeinflussung vegetativer rezeptoren
PE -010 aerosolbiophysik der menschlichen lunge
PE -011 erzeugung und messung von aerosolen fuer inhalationsstudien am menschen
HUMANSPHAERE
TE -005 mineralstoffwechsel und spurenelementstoffwechsel

0500
INSTITUT FUER BIOLOGIE DER UNI FREIBURG
7800 FREIBURG, KATHARINENSTR. 20
TEL.: (0761) 203-2501
- LEITER: DR. PETER GOETZ
- FORSCHUNGSSCHWERPUNKTE:

oekologie von landinsekten; biologische schaedlingsbekaempfung
VORHABEN:
UMWELTPLANUNG, UMWELTGESTALTUNG
UN -017 faunistische erfassung von tierarten als grundlage zur ausweisung von schutzgebieten und zur ermittlung der abundanzschwankungen schuetzenswerter arten
UN -018 vergleichend-oekologische untersuchungen zur fauna der loesswaende im kaiserstuhl

0501
INSTITUT FUER BIOLOGIE DER UNI TUEBINGEN
7400 TUEBINGEN 1, AUF DER MORGENSTELLE 1
TEL.: (07122) 292610
- LEITER: PROF.DR. OBERWINKLER

VORHABEN:
LUFTREINHALTUNG UND LUFTVERUNREINIGUNG
AA -061 flechten und moose als bioindikatoren bei umweltveraenderungen (primaerproduktionsanalysen)
WASSERREINHALTUNG UND WASSERVERUNREINIGUNG
HA -031 untersuchungen ueber den gewaesserzustand von einigen wuerttembergischen fluessen und seen
WIRKUNGEN UND BELASTUNGEN DURCH SCHADSTOFFE
PH -016 kennzeichnung von gasschaeden an marchantia polymorpha mit hilfe von leitfaehigkeits- und gasstoffwechselmessungen
UMWELTPLANUNG, UMWELTGESTALTUNG
UL -018 vegetationsanalysen zur feststellung des istzustandes im hinblick auf projektierte baumassnahmen

0502
INSTITUT FUER BIOLOGISCH-DYNAMISCHE FORSCHUNG E.V.
6100 DARMSTADT, BRANDSCHNEISE 5
TEL.: (06151) 2672
- LEITER: DR.-ING. HANS HEINZE
- FORSCHUNGSSCHWERPUNKTE:

boden und bodenfruchtbarkeit; gesunder pflanzenbau; nahrungsqualitaet
VORHABEN:
WASSERREINHALTUNG UND WASSERVERUNREINIGUNG
KD -003 untersuchung des rotteverlaufs von guelle bei verschiedener behandlung und deren wirkung auf boden, pflanzenertrag und pflanzenqualitaet
KD -004 untersuchung des rotteverlaufs von guelle (harn-kotmischung) bei verschiedener behandlung und deren wirkung auf boden, pflanzenertrag und pflanzenqualitaet

0503
INSTITUT FUER BIOLOGISCHE CHEMIE DER UNI HOHENHEIM
7000 STUTTGART 70, GARBENSTR. 30
TEL.: (0711) 4701-2290
- LEITER: PROF.DR. GUENTHER SIEBERT
- FORSCHUNGSSCHWERPUNKTE:

ernaehrungswissenschaft, proteinaufwertung; biochemie, drogenstoffwechsel, kochsalz-haushalt
VORHABEN:
WIRKUNGEN UND BELASTUNGEN DURCH SCHADSTOFFE
PA -013 kochsalzbelastung tierischer systeme
PB -012 drogenstoffwechsel am beispiel des alkaloids colchicin
LAND- UND FORSTWIRTSCHAFT
RB -006 aufwertung von (abfall-) protein durch kovalente einfuegung von essentiellen aminosaeuren fuer die ernaehrung von tier und / oder mensch

0504
INSTITUT FUER BIOLOGISCHE SCHAEDLINGSBEKAEMPFUNG DER BIOLOGISCHEN BUNDESANSTALT FUER LAND- UND FORSTWIRTSCHAFT
6100 DARMSTADT, HEINRICHSTR. 243
TEL.: (06151) 44061
- LEITER: PROF.DR. JOST FRANZ

VORHABEN:
WIRKUNGEN UND BELASTUNGEN DURCH SCHADSTOFFE
PG -017 die wirkung von bodenherbiziden und ihren metaboliten auf nutzarthropoden (ueber die kulturpflanze)
LAND- UND FORSTWIRTSCHAFT
RH -014 untersuchung ueber die wirkung von benomyl und anderen systematischen fungiziden auf entomopathogene pilze von schadinsekten im getreide

0505
INSTITUT FUER BIOPHYSIK / FB 13 DER UNI GIESSEN
6300 GIESSEN, LEIHGESTERNER WEG 217
TEL.: (0641) 7022600
VORHABEN:
STRAHLUNG, RADIOAKTIVITAET
NB -017 aufnahme, verteilung und biologische wirkung inhalierter radioaktiver aerosole und erholung von strahlenschaeden
NB -018 verhalten von spalt-jod (j 131) in der atmosphaere

0506
INSTITUT FUER BIOPHYSIK DER UNI FRANKFURT
6000 FRANKFURT, PAUL-EHRLICH-STR. 20
TEL.: (0611) 63031
- LEITER: PROF.DR. WOLFGANG POHLIT
- FORSCHUNGSSCHWERPUNKTE:
aerosolbiophysik, wirkung ionisierender strahlung
VORHABEN:
WIRKUNGEN UND BELASTUNGEN DURCH SCHADSTOFFE
PC -017 regionale deposition von staubteilchen im menschlichen atemtrakt als funktion ihrer groesse im hinblick auf die festlegung von mak-werten fuer gesundheitsschaedliche arbeitsstoffe
PE -012 regionale deposition von aerosolen in der menschlichen lunge

0507
INSTITUT FUER BIOPHYSIK UND PHYSIKALISCHE BIOCHEMIE DER UNI REGENSBURG
8400 REGENSBURG, UNIVERSITAETSSTR. 31
TEL.: (0941) 943-2594
- LEITER: PROF.DR. ADOLF MUELLER-BROICH
- FORSCHUNGSSCHWERPUNKTE:
wirkung ionisierender strahlen auf organische elemente biologischer strukturen
VORHABEN:
STRAHLUNG, RADIOAKTIVITAET
NB -019 wirkung ionisierender strahlen auf organische elemente biologischer strukturen

0508
INSTITUT FUER BODENBIOLOGIE DER FORSCHUNGSANSTALT FUER LANDWIRTSCHAFT
3300 BRAUNSCHWEIG, BUNDESALLEE 50
TEL.: (0531) 596304, 596341
- LEITER: PROF.DR. KLAUS H. DOMSCH
- FORSCHUNGSSCHWERPUNKTE:
wirkung von agrochemikalien auf bodenorganismen; abbau von agrochemikalien durch bodenmikroorganismen; recyklierung von reststoffen der landwirtschaftlichen produktion
VORHABEN:
WASSERREINHALTUNG UND WASSERVERUNREINIGUNG
KD -005 populationssteuerung waehrend der fluessigmistbehandlung durch einsatz von protozoen und durch belueftung
ABFALL
MA -016 bilanzierungsversuch zur pca-anreicherung in muellkomposten
MF -010 erzeugung von tierischer biomasse durch vermehrung auf landwirtschaftlichen reststoffen
MF -011 vorarbeiten zur gewinnung von einzellerprotein aus silagesickersaft
MF -012 stabiliserung fermentativ aufbereiteter fluessigmiste durch protozoen im technischen massstab
MF -013 herstellung, lagerung und anwendung von impfmaterial leistungsfaehiger mikroorganismen fuer die fluessigmistfermentierung
MF -014 bereitung von basissubstraten fuer die kultur von hoeheren pilzen aus reststoffen der landwirtschaftlichen produktion
MF -015 mikrobielle aufbereitung von stroh zu futterzwecken
UMWELTCHEMIKALIEN
OC -013 auswertung vorhandener informationen ueber pestizidnebenwirkungen fuer eine datenbank der europaeischen gemeinschaften
OD -023 der abbau von hexachlorcyclohexan im boden und in kulturen von mikroorganismen
OD -024 mikrobieller abbau der thiocarbamate diallate und triallate in verschiedenen boeden
OD -025 enzymregulierung beim mikrobiellen abbau von natuerlichen aromatischen verbindungen und beim kometabolismus von halogen-substituierten aromaten
OD -026 beeinflussung der mikrobiellen stickstoffbindung durch pestizide unter aeroben und anaeroben bedingungen
OD -027 aufnahme, transport und verbleib von schwermetallionen in mikroorganismen
OD -028 analyse von schwermetallcyklen
OD -029 modelluntersuchungen zum einfluss wichtiger bodenparameter auf den mikrobiellen pestizidabbau
OD -030 untersuchungen ueber die den pestizidabbau beeinflussenden bodenparameter durch vergleichende bodenanalyse
OD -031 mikrobieller abbau von chlorierten cycloalkanen und aromaten unter anaeroben und aeroben bedingungen
OD -032 isolierung und biochemische charakterisierung von mikroorganismen mit der faehigkeit zum aeroben abbau und zum kometabolismus chlorierter benzoesaeuren
OD -033 bilanzierungsversuche zur pca-anreicherung in muellkomposten und beim erntegut
OD -034 entwicklung mikrobieller entgiftungssysteme fuer pestizide
WIRKUNGEN UND BELASTUNGEN DURCH SCHADSTOFFE
PF -023 freisetzung von schwermetallionen aus schwerloeslichen verbindungen
PG -018 verwendung von indikatororganismen fuer die kontrolle von bodenbelastungen bei guelleanwendung
PG -019 simulation und experimentelle analyse von herbizidwirkungen auf den nitrifikationsprozess
PH -017 einfluss systemischer fungizide auf assoziationen zwischen pflanzenwurzeln und pilzen
PI -013 erarbeitung von beurteilungskriterien fuer pestizid-nebenwirkungen auf terrestrische oekosysteme
LEBENSMITTEL-, FUTTERMITTELKONTAMINATION
QA -020 auswertung von informationen aus der mykologischen datenbank
QC -027 aufnahme und freisetzung von schwermetallionen durch hoehere pilze aus schwerloeslichen verbindungen
LAND- UND FORSTWIRTSCHAFT
RF -002 abbau von antibiotika in abgaengen aus der gefluegelhaltung

0509
INSTITUT FUER BODENKUNDE DER LANDES LEHR- UND VERSUCHSANSTALT FUER WEINBAU, GARTENBAU UND LANDWIRTSCHAFT
5500 TRIER, EGBERTSTR. 18/19
TEL.: (0651) 49061
- LEITER: DR. KARLHEINZ FAAS
- FORSCHUNGSSCHWERPUNKTE:
bodenerosion, bodenbiologie, agrikulturchemie, pflanzenernaehrung, duengung, bodenuntersuchung, anwendung von siedlungsabfaellen im landbau; mineraloele - streusalze - boden; erdgasschaeden, naehrstoffauswaschung, giesswasserqualitaet
VORHABEN:
WIRKUNGEN UND BELASTUNGEN DURCH SCHADSTOFFE
PF -024 der einfluss von schwermetallen auf das wachstum der rebe
LAND- UND FORSTWIRTSCHAFT
RD -013 untersuchungen ueber die porengroessenverteilung von weinbergsboeden als mass des wasserhaushaltes

0510
INSTITUT FUER BODENKUNDE DER UNI BONN
5300 BONN, NUSSALLEE 13
TEL.: (02221) 73-2780
- LEITER: PROF.DR. HEINRICH ZAKOSEK
- FORSCHUNGSSCHWERPUNKTE:
verhalten der tonminerale des bodens; verhalten von schwermetallen im boden; abbau von stroh im boden
VORHABEN:
ABFALL
MB -025 untersuchungen zur strohrotte
UMWELTCHEMIKALIEN
OD -035 urangehalte in boeden (terrestrische, hydromorphe, subhydrische)

WIRKUNGEN UND BELASTUNGEN DURCH SCHADSTOFFE
PF -025 schwermetalle in terrestrischen, hydromorphen und subhydrischen industrienahen und industriefernen boeden
PF -026 adsorption von schwermetallen an unterschiedlichen tonmineralien
PG -020 polychlorierte biphenyle in boden und pflanze
LAND- UND FORSTWIRTSCHAFT
RC -019 die quantitative erfassung anthropogener einfluesse auf die bodenbildung

0511
INSTITUT FUER BODENKUNDE DER UNI GOETTINGEN
3400 GOETTINGEN, VON-SIEBOLD-STR. 4
TEL.: (0551) 395502
- LEITER: PROF.DR. MEYER
- FORSCHUNGSSCHWERPUNKTE:
stickstoff-umsatz und -bilanz; rezyclierung von phosphaten; konditionierung von schlaemmen und guellen; abwasserverregnung (zukker-fabriken); rekultivierung von sozialbrachflaechen; guellebehandlung, geruchsumstimmung und geruchsmessung
VORHABEN:
WASSERREINHALTUNG UND WASSERVERUNREINIGUNG
HB -038 wasserhaushalt der bodendecke in hinblick auf die grundwassererneuerung
HB -039 wassergehaltsmessung im boden mit thermosonden
ID -022 stoffbilanz bodenwasser - grundwasser - oberflaechenwasser
KB -028 bindung tropischer fraechte in kommunalen abwaessern durch induzierte flockenbildung, im wurzelraum geeigneter hoeherer pflanzen
KC -024 reinigung von abwaessern mit hoeherer organischer belastung durch bodenfiltration am beispiel von zuckerfabrikabwaessern
KD -006 guellebehandlung: 1. geruchsfreie unterbringung, 2. geruchsunterdrueckung, geruchsumstimmung, 3. geruchsmessung, 4. guellekonditionierung
ABFALL
MD -017 p-rezyclierung aus abwaessern, klaerschlammkonditionierung
WIRKUNGEN UND BELASTUNGEN DURCH SCHADSTOFFE
PG -021 wirkung von herbiziden in abhaengigkeit von den sorptionseigenschaften verschiedener boeden
PH -018 stickstoffhaushalt der bodendecke und belastung durch landwirtschaftliche und industrielle massnahmen
PH -019 mobilisierung und festlegung von schwermetallen durch natuerliche phenolische chelatoren und huminstoffe
PI -014 untersuchungen ueber den stoffkreislauf in wald- und oekosystemen des solling-projektes
LAND- UND FORSTWIRTSCHAFT
RA -011 gestaltungsmoeglichkeiten fuer sozialbrachflaechen
RD -014 stickstoffbilanz: umsetzungen, auswaschungen und gasfoermige verluste
RD -015 stickstoffumsatz und stickstoffbilanz im wurzelraum land- und forstwirtschaftlich genutzter sandboeden

0512
INSTITUT FUER BODENKUNDE UND BODENERHALTUNG / FB 16/21 DER UNI GIESSEN
6300 GIESSEN, LUDWIGSTR. 23
TEL.: (0641) 7026081
- LEITER: PROF.DR. ERNST SCHOENHALS
VORHABEN:
WASSERREINHALTUNG UND WASSERVERUNREINIGUNG
IF -014 eutrophierung von gewaessern und ihre ursachen
IF -015 bodenerosion und gewaessereutrophierung
ABFALL (RADIOAKTIVE ABFAELLE SIEHE ND)
MB -026 gemeinsame aufbereitung fester und fluessiger abfallstoffe, ihre beseitigung und verwertung
WIRKUNGEN UND BELASTUNGEN DURCH SCHADSTOFFE
PF -027 einfluss von auftausalzen auf boden, wasser und vegetation
LEBENSMITTEL-, FUTTERMITTELKONTAMINATION
QD -004 einfluss der anwendung von siedlungsabfaellen auf den schadstoffgehalt (schwermetalle und kanzerogene stoffe) im boden und in der pflanze
LAND- UND FORSTWIRTSCHAFT
RC -020 faktoren, erscheinungsformen und auswirkungen der bodenerosion und entwicklung von massnahmen zur bodenerhaltung
RC -021 standortforschung
RC -022 verwitterung - bodenbildung - bodenerosion
RD -016 vergleichende untersuchungen ueber den lufthaushalt von boeden und dessen wurzeloekologische bedeutung
UMWELTPLANUNG, UMWELTGESTALTUNG
UK -015 landschaftspflege im aussenbereich der stadt giessen
UK -016 standortkundliche grundlagen der landschaftsentwicklung
UK -017 landschaftspflege im aussenbereich der stadt giessen
UM -027 standortkundliche grundlagen der landschaftsentwicklung

0513
INSTITUT FUER BODENKUNDE UND STANDORTLEHRE DER UNI HOHENHEIM
7000 STUTTGART 70, EMIL-WOLFF-STR. 27
TEL.: (0711) 4701 2309
- LEITER: PROF.DR. SCHLICHTING
VORHABEN:
WASSERREINHALTUNG UND WASSERVERUNREINIGUNG
KB -029 abbaubarkeit relativ persistenter organischer restverbindungen aus geklaertem abwasser mit nitrat als h-akzeptor unter anaeroben bedingungen (= denitrifikation)
UMWELTCHEMIKALIEN
OB -013 untersuchung von spurenelementumsetzungen
OD -036 austrag umweltrelevanter haupt- und spurenstoffe aus naturnahen oekochoren des schwaebischen keuperberglandes und albvorlandes
LAND- UND FORSTWIRTSCHAFT
RD -017 wasser-, mineral- und humushaushalt (stoffhaushalt) verschiedener bodenlandschaften

0514
INSTITUT FUER BODENKUNDE UND STANDORTSLEHRE DER FORSTLICHEN FORSCHUNGSANSTALT
8000 MUENCHEN 40, AMALIENSTR. 52
TEL.: (089) 2180-3115
- LEITER: PROF.DR. KARL-EUGEN REHFUESS
VORHABEN:
WASSERREINHALTUNG UND WASSERVERUNREINIGUNG
HB -040 wirkungen forstlicher eingriffe (u.a. duengung) auf wasserqualitaet
WIRKUNGEN UND BELASTUNGEN DURCH SCHADSTOFFE
PH -020 die wirkung von ausgefaultem klaerschlamm auf zweijaehrige fichten und kiefern
PI -015 wirkungen des winterlichen salzens der strassen auf waldoekosysteme
LAND- UND FORSTWIRTSCHAFT
RG -011 die entwicklung von kiefernwaldoekosystemen unter dem einfluss von bodenbearbeitungs- und duengungsmassnahmen in der oberpfalz
UMWELTPLANUNG, UMWELTGESTALTUNG
UK -018 landschaftsoekologische untersuchungen an den oberbayerischen osterseen als grundlage einer erholungsplanung
UK -019 ausscheidung von naturwaldreservaten
UM -028 zusammenhang zwischen vegetation und standortfaktoren am teisenberg
UM -029 die vegetation des nationalparkes bayerischer wald; vegetationskundliche untersuchungen und kartierung
UM -030 zusammenhang zwischen vegetation und standortfaktoren am kehrenberg
UM -031 vegetationskundliche untersuchungen zum problemkreis: erhaltung der almen

0515
INSTITUT FUER BODENKUNDE UND WALDERNAEHRUNG DER UNI GOETTINGEN
3400 GOETTINGEN, BUESGENWEG 2
TEL.: (0551) 393501, -02, -03, -04
- LEITER: PROF.DR. BERNHARD ULRICH
- FORSCHUNGSSCHWERPUNKTE:
filterfunktion des bodens; wirkung von luftverunreinigungen auf wald-oekosysteme; verteilung und chemie von schwermetallen in wald-oekosystemen; wald-hydrologie (gebietsverdunstung, grundwasserspende); auswirkung von streusalz auf den boden
VORHABEN:
WASSERREINHALTUNG UND WASSERVERUNREINIGUNG
HB -041 grundwasserneubildung in verschiedenen oekosystemen
ID -023 belastbarkeit und veraenderung von bestand, boden und grundwasser bei abwasserverrieselung auf bewaldeten standorten
WIRKUNGEN UND BELASTUNGEN DURCH SCHADSTOFFE
PF -028 bodenbelastung durch umweltmetalle
PF -029 umweltrelevante spurenstoffe in der bodendecke. q/i-beziehungen und bindungsformen von spurenstoffen in boeden

PH -021 wirkung der abwasserverrieselung auf waldbestaende und bodeneigenschaften
PH -022 filtermechanismus und belastbarkeit von boeden fuer umweltschaedliche stoffe
PH -023 umweltrelevante spurenstoffe in der bodendecke. q/i-beziehungen und bindungsformen von spurenstoffen in den boeden
PH -024 stickstoffumwandlung bei stationaerem und nichtstationaerem transport durch den boden
PI -016 beeintraechtigung von waldoekosystemen durch luftverunreinigungen
PI -017 filterfunktion des waldes auf schwefeldioxid-immission
PI -018 erstellung von modellen zur wirkung von umweltstoffen auf wald-oekosysteme
INFORMATION, DOKUMENTATION, PROGNOSEN, MODELLE
VA -010 gueltigkeitspruefung mathematischer modelle des bioelement-kreislaufs der flaechen b1 und f1 des solling-projekts

0516
INSTITUT FUER BODENKUNDE UND WALDERNAEHRUNGSLEHRE DER UNI FREIBURG
7800 FREIBURG, BERTOLDSTR. 17

TEL.: (0761) 20 33 735
- LEITER: PROF.DR. HEINZ W. ZOETTL
- FORSCHUNGSSCHWERPUNKTE:

dynamik umweltrelevanter spurenelemente in oekosystemen; bioelementdynamik in waldoekosystemen; anwendung von muellkompost im walde; filterwirkung von waldboeden
VORHABEN:
WASSERREINHALTUNG UND WASSERVERUNREINIGUNG
ID -024 wasserspeicherleistung und filterwirksamkeit gegenueber schadstoffen der boeden im trinkwassereinzugsgebiet der teninger allmend (landkreis emmendingen)
UMWELTCHEMIKALIEN
OD -037 bleibindung in boeden
OD -038 untersuchungen zur spurenelementdynamik (be, co, cu, mn, pb, v, zn, cd, ni) einer kleinlandschaft des suedschwarzwaldes
WIRKUNGEN UND BELASTUNGEN DURCH SCHADSTOFFE
PF -030 untersuchungen zur anthropogenen bodenversalzung im noerdlichen irak
PH -025 naehr- und schadelemente im kronentraufwasser von strassenbaeumen waehrend der vegetationsperiode in der stadt freiburg im breisgau
PH -026 naehr- und schadelemente im kronentrauf- und im bodenwasser von strassenbaeumen waehrend der vegetationsruhe (freiburg im breisgau)
PI -019 bioelementdynamik von fichtenoekosystemen im kristallin (schwarzwald)
LAND- UND FORSTWIRTSCHAFT
RC -023 probleme des bodenschutzes im gebiet der mediterranen macchie
RD -018 technische hilfe der bundesrepublik deutschland (bfe), grundsatzplanung fuer die entwaesserung der stadt pusan/korea
RD -019 untersuchung der auswirkungen von muellkompostgaben zu sorptionsschwachen sandboeden im forstamt schwetzingen
RG -012 bodenverdunstung in einem laerchen-buchenbestand im forstbezirk ettenheim mit hilfe von unterdruck-kleinlysimetern
UMWELTPLANUNG, UMWELTGESTALTUNG
UM -032 salzschaeden an strassenbaeumen in grosstaedten am beispiel der rosskastanie und platane in der stadt freiburg im breisgau

0517
INSTITUT FUER BODENMECHANIK UND FELSMECHANIK DER UNI KARLSRUHE
7500 KARLSRUHE, RICHARD-WILLSTAETTER-ALLEE

TEL.: (0721) 608 2220
- LEITER: PROF.DR.-ING. GERD GUDEHUS
- FORSCHUNGSSCHWERPUNKTE:

baugrunddynamik (erschuetterungsschutz, erschuetterungsmessungen); bodenfrost (gefriertechnik im untergrund); untergrundhydraulik (grundwasserprobleme, erosion/suffosion, injektionstechnik); damm-/deichbau (sicherheitsprobleme, liquefaktion, gruendungen im kuesten- und off-shore-bereich); bodenvernagelung (landschaftsschonende kunstbauweise im erdbau)
VORHABEN:
LAERM UND ERSCHUETTERUNGEN
FD -018 abschirmung von untergrunderschuetterungen an bauwerken
WASSERREINHALTUNG UND WASSERVERUNREINIGUNG
HG -018 wirksamkeit unvollkommener dichtwaende im untergrund
LAND- UND FORSTWIRTSCHAFT
RD -020 grundlagen der kuenstlichen bodenverbesserung

0518
INSTITUT FUER BOTANIK DER BIOLOGISCHEN BUNDESANSTALT FUER LAND- UND FORSTWIRTSCHAFT
3300 BRAUNSCHWEIG -GLIESMARODE, MESSEWEG 11/12

TEL.: (0531) 399-1
- LEITER: PROF.DR. JOHANNES ULLRICH
- FORSCHUNGSSCHWERPUNKTE:

krankheitsresistenz von ackerbaulichen kulturpflanzen (getreide, kartoffel, rueben) sowie epidemiologie und prognose von pflanzenkrankheiten mit dem ziel der reduktion des einsatzes von pflanzenbehandlungsmitteln (chemischer pflanzenschutz)
VORHABEN:
LAND- UND FORSTWIRTSCHAFT
RE -020 verfahren zur selektion und zuechtung von getreidesorten mit einer von erregerrassen unabhaengigen relativen krankheitsresistenz
UMWELTPLANUNG, UMWELTGESTALTUNG
UL -019 versuche zur erhaltung der heidelandschaft

0519
INSTITUT FUER BOTANIK DER UNI HOHENHEIM
7000 STUTTGART, KIRCHNERSTR. 5

TEL.: (0711) 47012194
- LEITER: PROF.DR. FRENZEL

VORHABEN:
WASSERREINHALTUNG UND WASSERVERUNREINIGUNG
HA -032 zur frage der abflussverhaeltnisse sueddeutscher flusssysteme in abhaengigkeit von klimaschwankungen und eingriffen des menschen
HB -042 stoerungen des wasserhaushaltes durch rodungen in der eifel und im hunsrueck
LAND- UND FORSTWIRTSCHAFT
RG -013 zuwachs der baeume in abhaengigkeit von den umweltfaktoren
RG -014 untersuchung zur entwicklungsgeschichte und zu den entwicklungstendenzen im oekosystem, bergwald des nordschwarzwaldes

0520
INSTITUT FUER BOTANIK DER UNI REGENSBURG
8400 REGENSBURG, UNIVERSITAETSSTR. 31

TEL.: (0941) 9433107
- LEITER: PROF.DR. WIDMAR TANNER
- FORSCHUNGSSCHWERPUNKTE:

kartierung der flora mitteleuropas und bayerns
VORHABEN:
LUFTREINHALTUNG UND LUFTVERUNREINIGUNG
AA -062 flechtenkartierung im raum regensburg
UMWELTPLANUNG, UMWELTGESTALTUNG
UM -033 kartierung der flora bayerns
UM -034 floristische kartierung der bundesrepublik deutschland im rahmen mitteleuropas

0521
INSTITUT FUER BRAUEREITECHNOLOGIE UND MIKROBIOLOGIE DER TU MUENCHEN
8050 FREISING -WEIHENSTEPHAN

TEL.: (08161) 71474
- LEITER: PROF.DR. BERNHARD MAENDL
- FORSCHUNGSSCHWERPUNKTE:

abwasseruntersuchungen in brauereien, maelzereien, getraenketechnologischen betrieben, hopfenextraktionsfirmen, hefefabriken etc. - brauereinebenprodukt-verwertungsmoeglichkeiten; frischwasseranalytik in mikrobiologischer und chemisch-technologischer hinsicht; mineralstoffe, spurenelemente, vitamine, enzyme, aminosaeuren, kohlenhydrate, org. saeuren, aromastoffe etc. in malz und bier sowie in den entsprechenden rohstoffen und deren auswirkung auf die menschliche gesundheit
VORHABEN:
WASSERREINHALTUNG UND WASSERVERUNREINIGUNG
LA -006 abwassertechnische gutachten und wasserwirtschaftliche beratung und erforschung von brauereien, maelzereien, getraenketechnologischen betrieben

0522
INSTITUT FUER BRENNSTOFFCHEMIE UND PHYSIKALISCH-CHEMISCHE VERFAHRENSTECHNIK DER TH AACHEN
5100 AACHEN, ALTE MAASTRICHTER STRASSE 2
TEL.: (0241) 424765 TX.: 08-32704
- LEITER: PROF.DR.-ING. HAMMER
- FORSCHUNGSSCHWERPUNKTE:
heterogen-katalytische zersetzung von stickoxiden; chemisorption von stickoxiden an aktivkoksen
VORHABEN:
LUFTREINHALTUNG UND LUFTVERUNREINIGUNG
DD -024 heterogen-katalytische zersetzung von stickoxiden, chemisorption von stickoxiden an aktivkoksen

0523
INSTITUT FUER CHEMIE DER BUNDESANSTALT FUER MILCHFORSCHUNG
2300 KIEL, HERMANN-WEIGMANN-STR. 3/11
TEL.: (0431) 62011
- LEITER: PROF.DR. KLOSTERMEYER
VORHABEN:
LEBENSMITTEL-, FUTTERMITTELKONTAMINATION
QA -021 entwicklung von analysenmethoden fuer spurenelemente in milcherzeugnissen

0524
INSTITUT FUER CHEMIE DER TREIB- UND EXPLOSIVSTOFFE DER FRAUNHOFER-GESELLSCHAFT E.V.
7507 PFINZTAL -BERGHAUSEN, INSTITUTSSTR.
TEL.: (0721) 46 101 TX.: 07 826 909
- LEITER: DR. H. SCHUBERT
- FORSCHUNGSSCHWERPUNKTE:
schadstoffanalyse beim schweissen, schneiden, plasmoschneiden; schadstoffgehalt von sprengstoffschwaden; thermische stabilitaet von bindemitteln fuer radioaktive abfallprodukte; zersetzungsvorgaenge bei der lagerung von sondermuell; analyse der verbrennungsschwaden bei der muellverbrennung
VORHABEN:
LUFTREINHALTUNG UND LUFTVERUNREINIGUNG
CA -040 analysenverfahren fuer stickstoffdioxid

0525
INSTITUT FUER CHEMIE DER UNI HOHENHEIM
7000 STUTTGART 70, EMIL-WOLFF-STR. 14
TEL.: (0711) 4701-2171
- LEITER: PROF.DR. WOLFGANG KRAUS
- FORSCHUNGSSCHWERPUNKTE:
isolierung, strukturaufklaerung und synthese natuerlich vorkommender insektizide
VORHABEN:
UMWELTCHEMIKALIEN
OC -014 isolierung, strukturaufklaerung und synthese natuerlich vorkommender insektizide

0526
INSTITUT FUER CHEMIEINGENIEURTECHNIK DER TU BERLIN
1000 BERLIN 10, ERNST-REUTER-PLATZ 7
TEL.: (030) 3143701 TX.: 184261
- LEITER: PROF.DR.-ING. HEINZ BRAUER
- FORSCHUNGSSCHWERPUNKTE:
abgasreinigung durch physikalische und chemische verfahren; abwasserreinigung durch physikalische und biologische verfahren; entwicklung neuartiger apparate und anlagen zur reinigung von abgas und abwasser; thermische und katalytische nachverbrennung
VORHABEN:
LUFTREINHALTUNG UND LUFTVERUNREINIGUNG
BB -013 untersuchung physikalisch-chemischer reaktionen bei verbrennung von kohlenwasserstoffen in diffusionsflammen und der russ- und pyrolose-kohlenwasserstoffbildung sowie so2, so3 und nox-bildung
DA -024 untersuchungen zur optimalen reaktionsfuehrung in thermischen nachverbrennungskammern
DA -025 katalytische nachverbrennung
DB -015 ausbrandoptimierung in technischen oelflammen
DD -025 verbrennungskinetische untersuchungen zur thermischen nachverbrennung organischer emissionsstoffe
DD -026 entwicklung und erprobung eines schwingsieb-gasreinigers zur kombinierten abscheidung von feinstaeuben und gasfoermigen schadstoffen aus abgasen
WASSERREINHALTUNG UND WASSERVERUNREINIGUNG
KA -011 entwicklung eines kontinuierlichen kurzzeitmessverfahrens fuer die konzentration biochemisch abbaubarer wasserinhaltsstoffe
KB -030 reaktionstechnische untersuchungen an flockungsreaktoren unter besonderer beruecksichtigung der stroemungsfuehrung
KB -031 untersuchungen zur sedimentation von mehrkornsuspensionen im lamellenabscheider
KB -032 entwicklung und erprobung eines bioreaktors fuer die abwasserbehandlung
KE -018 modellierung und optimierung von belebtschlammanlagen
ABFALL
MB -027 pyrolyse von hausmuell

0527
INSTITUT FUER CHEMISCHE PFLANZENPHYSIOLOGIE DER UNI TUEBINGEN
7400 TUEBINGEN, CORRENSSTR. 41
TEL.: (07071) 292956
- LEITER: PROF.DR. METZNER
- FORSCHUNGSSCHWERPUNKTE:
ausscheidung von toxischen, geschmacks- und geruchsbeeintraechtigenden verbindungen aus suesswasseralgen
VORHABEN:
WASSERREINHALTUNG UND WASSERVERUNREINIGUNG
IC -044 untersuchungen ueber die beeinflussung der wasserqualitaet durch algen
UMWELTCHEMIKALIEN
OD -039 charakterisierung algenbuertiger schadstoffe

0528
INSTITUT FUER CHEMISCHE RAKETENANTRIEBE DER DFVLR
3105 FASSBERG
TEL.: (05055) 131
- LEITER: DR. LO
VORHABEN:
LAND- UND FORSTWIRTSCHAFT
RH -015 automatisierung der tropfengroessen- und belagsanalysen im chemischen pflanzenschutz

0529
INSTITUT FUER CHEMISCHE TECHNIK DER UNI KARLSRUHE
7500 KARLSRUHE, KAISERSTR. 12
TEL.: (0721) 6082121
- LEITER: PROF.DR. FITZER
VORHABEN:
LUFTREINHALTUNG UND LUFTVERUNREINIGUNG
DC -028 loesung des emissionsproblems von ferrolegierungsoefen (niederschacht- und raffinationsofen) durch ofenschliessung
DD -027 bestimmung des verhaltens (insbesondere der energiedissipationsdichte) von strahldusenreaktoren anhand von modellreaktionen (absorption von schadgasen aus luft)
DD -028 adsorption von gasen an feststoffen, insbesondere an kohlenstoff
ABFALL
MB -028 pyrolyse von polymeren zu adsorptionskohlenstoffen

0530
INSTITUT FUER CHEMISCHE TECHNOLOGIE DER TH DARMSTADT
6100 DARMSTADT, PETERSENSTR. 15
TEL.: (06151) 162165
- LEITER: PROF.DR. F. FETTING
VORHABEN:
LUFTREINHALTUNG UND LUFTVERUNREINIGUNG
BA -018 abgase bei der motorischen und industriellen verbrennung
DB -016 russunterdrueckung in flammen
ENERGIE
SA -031 wasserelektrolyse unter hochtemperatur- und mitteldruck-bedingungen

0531
INSTITUT FUER CHEMISCHE TECHNOLOGIE DER TU BRAUNSCHWEIG
3300 BRAUNSCHWEIG, HANS-SOMMER-STR. 10
TEL.: (0531) 3912235
- LEITER: PROF.DR. JOACHIM KLEIN
- FORSCHUNGSSCHWERPUNKTE:
feststoffixierung von mikroorganismen fuer mehrphasenreaktoren, abbau von phenol; umweltrelevante beurteilung thermischer verfahrenstechniken der zink-, cadmium- und bleigewinnung; entwicklung von polymeren katalysatoren fuer umweltfreundliche verfahrenstechniken der technischen organischen chemie
VORHABEN:
WASSERREINHALTUNG UND WASSERVERUNREINIGUNG
KB -033 feststoff-fixierung von mikroorganismen
WIRKUNGEN UND BELASTUNGEN DURCH SCHADSTOFFE
PF -031 grossraeumige immissionsmessung im raum goslar-bad harzburg

0532
INSTITUT FUER CHEMISCHE TECHNOLOGIE UND BRENNSTOFFTECHNIK DER TU CLAUSTHAL
3392 CLAUSTHAL-ZELLERFELD, ERZSTR. 18
TEL.: (05323) 722278 TX.: 09-53828
- LEITER: PROF.DR. H.H. OELERT
- FORSCHUNGSSCHWERPUNKTE:
entwicklung von verfahren zur messung und bewertung von schadstoffemissionen; studien zum stande der umweltbelastung durch schadstoffe aus verbrennungsprozessen; entwicklung umweltfreundlicher technologien
VORHABEN:
LUFTREINHALTUNG UND LUFTVERUNREINIGUNG
BA -019 erfassung und minderung von belaestigungen (nase, rachen, augen) durch abgase von verbrennungskraftmaschinen
BA -020 entwicklung und anwendung eines verfahrens zur beurteilung der schadstoffemission von dieselfahrzeugen im fahrbetrieb
BA -021 analyse spezifischer kohlenwasserstoffe in verbrennungsabgasen (vorhaben 3)
BA -022 ueberblicksstudie ueber emission hygienisch relevanter kohlenwasserstoffe aus deutschen personenkraftwagen
BA -023 untersuchungen ueber den zusammenhang zwischen brennstoffkomposition sowie verbrennungsverfahren und den emissionen verschiedener gasfoermiger kohlenwasserstoffe
DA -026 entwicklung eines gemischaufbereitungssystems zur thermisch katalytischen spaltung eines konstanten kraftstoffteilstroms fuer eine schadstoffarme und kraftstoffsparende verbrennung im ottomotor
WASSERREINHALTUNG UND WASSERVERUNREINIGUNG
KB -034 nachweis des gehaltes an rest-xanthaten in flotationsabwaessern
ENERGIE
SA -032 entwicklung eines kontinuierlichen verfahrens zur koksherstellung

0533
INSTITUT FUER CHEMISCHE VERFAHRENSTECHNIK DER UNI KARLSRUHE
7500 KARLSRUHE, KAISERSTR. 12
TEL.: (0721) 6081-3938
- LEITER: PROF.DR. LOTHAR RIEKERT
- FORSCHUNGSSCHWERPUNKTE:
katalytische reduktion des stickoxids bei gegenwart von sauerstoff; herstellung und kennzeichnung poroeser adsorbentien und katalysatoren
VORHABEN:
LUFTREINHALTUNG UND LUFTVERUNREINIGUNG
DD -029 katalytische reduktion des stickoxids bei gegenwart von sauerstoff
DD -030 erstellung und kennzeichnung poroeser adsorbentien und katalysatoren

0534
INSTITUT FUER CHEMISCHE VERFAHRENSTECHNIK DER UNI STUTTGART
7000 STUTTGART, BOEBLINGER STRASSE 72
TEL.: (0711) 665-229
- LEITER: PROF.DR. HEINZ BLENKE
- FORSCHUNGSSCHWERPUNKTE:
chemiereaktortechnik, waerme- und stoffuebergang, biomedizinische technik, datenverarbeitung
VORHABEN:
WASSERREINHALTUNG UND WASSERVERUNREINIGUNG
KB -035 untersuchung der adsorption organischer reststoffe an aktivkohle unter den bedingungen der weitgehenden abwasserreinigung

0535
INSTITUT FUER DAMPF- UND GASTURBINEN DER TH AACHEN
5100 AACHEN, TEMPLERGRABEN 55
TEL.: (0241) 425451 TX.: 08-32704
- LEITER: PROF.DR.-ING. DIBELIUS
- FORSCHUNGSSCHWERPUNKTE:
schallerzeugung und -ausbreitung in axialturbinen und abstrahlung in angeschlossene rohrleitungen; messung der dampf-(luft-)-feuchte und des tropfengroessenspektrums
VORHABEN:
LUFTREINHALTUNG UND LUFTVERUNREINIGUNG
DB -017 messung und beeinflussung der abgas-komponenten von gasturbinen
LAERM UND ERSCHUETTERUNGEN
FA -015 schallerzeugung und -ausbreitung in axialturbinen und abstrahlung in angeschlossene rohrleitungen
ABWAERME
GA -007 messung der dampf- (luft-) feuchte und des tropfengroessenspektrums

0536
INSTITUT FUER DEMOSKOPIE GMBH
7753 ALLENSBACH, RADOLFZELLER STRASSE 8
VORHABEN:
HUMANSPHAERE
TB -011 auswertungsprogramm soziale indikatoren (phase ii)

0537
INSTITUT FUER DOKUMENTATION, INFORMATION UND STATISTIK DES DEUTSCHEN KREBSFORSCHUNGSZENTRUMS
6900 HEIDELBERG, IM NEUENHEIMER FELD 280
TEL.: (06221) 484381 TX.: 461562
- LEITER: PROF.DR. GUSTAV WAGNER
- FORSCHUNGSSCHWERPUNKTE:
erfassung, auswertung und verbreitung wissenschaftlicher publikationen zum thema krebs aus der weltliteratur
VORHABEN:
WIRKUNGEN UND BELASTUNGEN DURCH SCHADSTOFFE
PE -013 besteht eine korrelation zwischen dem nitratgehalt des trinkwassers und krebsmortalitaet
PE -014 umweltfaktoren und mortalitaet im rhein-neckar-gebiet - oekologisch-epidemiologische analyse der mortalitaet in grossstaedten

0538
INSTITUT FUER DOKUMENTATIONSWESEN (IDW)
6000 FRANKFURT 71, POSTFACH 710350
VORHABEN:
UMWELTPLANUNG, UMWELTGESTALTUNG
UE -024 foerderung des aufbaus von fachinformationssystemen, hier: ausbau des dokumentationsverbundes zur orts-, regional- und landesplanung

0539
INSTITUT FUER EISENBAHN- UND VERKEHRSWESEN DER UNI STUTTGART
7000 STUTTGART, KEPLERSTR. 11
TEL.: (0711) 2073-690
- LEITER: PROF.DR.-ING. GERHARD HEIMERL
- FORSCHUNGSSCHWERPUNKTE:
beurteilung der stoerwirkungen des verkehrslaerms von unterschiedlichen verkehrssystemen
VORHABEN:
LAERM UND ERSCHUETTERUNGEN
FB -037 beitrag zur ermittlung der belaestigung durch verkehrslaerm in abhaengigkeit von verkehrssystem und verkehrsdichte in ballungsgebieten

0540
INSTITUT FUER EISENHUETTENKUNDE DER TH AACHEN
5100 AACHEN, INTZESTR. 1-2
TEL.: (0241) 425782 TX.: 08-32704
- LEITER: PROF.DR. W. DAHL
- FORSCHUNGSSCHWERPUNKTE:
entwicklung umweltfreundlicher verfahren im bereich der roheisen- und stahlerzeugung; entwicklung von moeglichkeiten zur schadstoffadsorption aus huettenstaeuben und -abwaessern
VORHABEN:
LUFTREINHALTUNG UND LUFTVERUNREINIGUNG
DC -029 minderung der emission an luftfremden stoffen beim sintern durch uebergang zum druck- oder gegendruckverfahren
DC -030 grundlagenforschung zur entwicklung von umweltfreundlichen schlacken fuer das elektro-schlacke-umschmelzverfahren
DC -031 grundlagenforschung zur verwendung von geschmolzenen salzen in der luftreinhaltungstechnik
WASSERREINHALTUNG UND WASSERVERUNREINIGUNG
KB -036 einsatz von braunkohlen-herdofenkoks als adsorptionskoks zur reinigung biologisch gereinigter abwaesser
KC -025 einsatz von braunkohlenkoksen zur reinigung von abwaessern aus der mittelstaendischen industrie mit dem schwerpunkt auf wirtschaftlichkeitsstudien dieser abwasserreinigungsmoeglichkeiten

0541
INSTITUT FUER ELEKTRISCHE ANLAGEN UND ENERGIEWIRTSCHAFT DER TH AACHEN
5100 AACHEN, SCHINKELSTR. 6
TEL.: (0241) 42-7653
- LEITER: PROF.DR. EDWIN
- FORSCHUNGSSCHWERPUNKTE:
energiemodelle; behandlung und lagerung radioaktiver abfaelle; temperatur- und spannungsberechnungen in salzformationen
VORHABEN:
STRAHLUNG, RADIOAKTIVITAET
NB -020 radioaktive umweltbelastung in der bundesrepublik deutschland im naechsten jahrhundert
ND -026 untersuchung zur lagerung hochradioaktiver abfaelle in steinsalzlagern
ND -027 untersuchung ueber eine wirtschaftlich optimale strategie bei der abfallbeseitigung hochradioaktiver stoffe
ENERGIE
SA -033 kuenftiger bedarf an elektrischer energie und dessen deckung, insbesondere mit hilfe der kernenergie

0542
INSTITUT FUER ELEKTRISCHE NACHRICHTENTECHNIK DER TH AACHEN
5100 AACHEN, ALTE MAASTRICHTER STRASSE 23
TEL.: (0241) 4222430
- LEITER: PROF.DR.-ING. LUEKE
VORHABEN:
LUFTREINHALTUNG UND LUFTVERUNREINIGUNG
CA -041 arbeiten zum problem der rauchalterung

0543
INSTITUT FUER ELEKTROWAERME DER TU HANNOVER
3000 HANNOVER, WILHELM-BUSCH-STR. 4
TEL.: (0511) 7622852
- LEITER: PROF.DR.-ING.DR.-ING.HABIL. RUMMEL
- FORSCHUNGSSCHWERPUNKTE:
elektrowaermepumpenheizung fuer raumheizzwecke; induktionsheizung fuer metallschmelzen; sonnenenergieausnutzung
VORHABEN:
ENERGIE
SB -022 untersuchungen zur wohnraumbeheizung mittels waermepumpe

0544
INSTITUT FUER EMPIRISCHE WIRTSCHAFTSFORSCHUNG DER UNI DES SAARLANDES
6600 SAARBRUECKEN, IM STADTWALD
TEL.: (0681) 302-3126 TX.: 4 428 851
- LEITER: PROF.DR. OLAF SIEVERT
- FORSCHUNGSSCHWERPUNKTE:
wirtschaftliche und soziale wirkungen des umweltschutzes, probleme des vollzugs umweltpolitischer massnahmen; umweltindikatoren als teil eines umfassenden indikatorenkatalogs fuer die stadtentwicklung
VORHABEN:
UMWELTPLANUNG, UMWELTGESTALTUNG
UA -028 umweltschutzpolitik: eine vergleichende studie des vollzugs in den regionen saarland und west midlands

0545
INSTITUT FUER ENERGIEWANDLUNG UND ELEKTRISCHE ANTRIEBE DER DFVLR
7000 STUTTGART 80, PFAFFENWALDRING 38
TEL.: (0711) 7832-302
- LEITER: PROF.DR.-ING. PESCHKA
VORHABEN:
ENERGIE
SA -034 thermionische energiewandlung aus waerme-energie in elektrische energie
SA -035 wasserstoff-technologie

0546
INSTITUT FUER ENTWICKLUNGSFORSCHUNG UND ENTWICKLUNGSPOLITIK DER UNI BOCHUM
4630 BOCHUM -QUERENBURG, UNIVERSITAETSSTR.
TEL.: (0234) 7005148 TX.: 08-25860
- LEITER: DR. RENESSE
VORHABEN:
UMWELTPLANUNG, UMWELTGESTALTUNG
UA -029 umweltpolitik der entwicklungslaender; position in verbindung mit der un-umweltkonferenz

0547
INSTITUT FUER ENTWICKLUNGSPHYSIOLOGIE DER UNI KOELN
5000 KOELN 41, GYRHOFSTR. 17
TEL.: (0221) 470-2486
- LEITER: PROF.DR. CORNELIA HARTE
- FORSCHUNGSSCHWERPUNKTE:
entwicklungsphysiologie; formbildungsprozesse unter dem einfluss von genotyp und umwelt; einfluss von detergentien auf mikroorganismen
VORHABEN:
WIRKUNGEN UND BELASTUNGEN DURCH SCHADSTOFFE
PG -022 einfluss von detergentien auf entwicklungsvorgaenge von mikroorganismen
PH -027 einfluss von genotyp und umwelt auf die formbildung untersucht am beispiel der blattentwicklung

0548
INSTITUT FUER EPIDEMIOLOGIE UND SOZIALMEDIZIN DER MEDIZINISCHEN HOCHSCHULE HANNOVER
3000 HANNOVER 61, KARL-WIECHERT-ALLEE 9
TEL.: (0511) 5323141
- LEITER: PROF.DR. MANFRED PFLANZ
VORHABEN:
WIRKUNGEN UND BELASTUNGEN DURCH SCHADSTOFFE
PE -015 mortalitaet in beziehung zur luftverschmutzung in hannover
PE -016 hartes und weiches wasser und seine beziehungen zur mortalitaet besonders an kardiovaskulaeren krankheiten in hannover 1968 und 1969
PE -017 trinkwasserhaerte und mortalitaet in niedersachsen
HUMANSPHAERE
TB -012 oekologiestudie in hannover

0549
INSTITUT FUER ERDOELFORSCHUNG
3000 HANNOVER, AM KLEINEN FELDE 30
TEL.: (0511) 712347-48
- LEITER: DR. NEUMANN

VORHABEN:
LUFTREINHALTUNG UND LUFTVERUNREINIGUNG
DA -027 untersuchung der zuendwilligkeit von leichten kohlenwasserstoffen und deren gemischen, hier einsatz in dieselmotoren
WASSERREINHALTUNG UND WASSERVERUNREINIGUNG
KB -037 untersuchungen zur emulgierbarkeit von erdoelen
WIRKUNGEN UND BELASTUNGEN DURCH SCHADSTOFFE
PG -023 untersuchungen ueber organische stoffe in rezenten sedimenten

0550
INSTITUT FUER ERNAEHRUNGS- UND HAUSHALTSWISSENSCHAFTEN DER UNI DES SAARLANDES
6600 SAARBRUECKEN, IM STADTWALD
TEL.: (0681) 302-2720
- LEITER: PROF.DR. H. JORK
- FORSCHUNGSSCHWERPUNKTE:
mikroanalytische untersuchungen auf dem gebiet der gas-, saeulen- und duennschicht-chromatographie einschliesslich der high performance-techniken; charakterisierung und quantitative bestimmung von herbiziden und fungiziden im mikro- und nanogramm-bereich
VORHABEN:
UMWELTCHEMIKALIEN
OC -015 vergleichende mikroanalytische bestimmung von triazenen bei arzneipflanzen
LEBENSMITTEL-, FUTTERMITTELKONTAMINATION
QC -028 isolierung, charakterisierung und quantitative bestimmung von fungiziden, die im bereich des beerenobstes eingesetzt werden

0551
INSTITUT FUER ERNAEHRUNGSLEHRE DER UNI HOHENHEIM
7000 STUTTGART 70, FRUHWIRTHSTR.
TEL.: (0711) 47012295
- LEITER: DR. HANS-JUERGEN HOLTMEIER
- FORSCHUNGSSCHWERPUNKTE:
mineralstoffe, spurenelemente - pathophysiologie und umweltbelastung; insektizide, chlorierte kohlenwasserstoffe - pathophysiologie, umweltbelastung, toxicitaet; vergleichende ernaehrungserhebungen - national, international
VORHABEN:
WIRKUNGEN UND BELASTUNGEN DURCH SCHADSTOFFE
PB -013 vorkommen von chlorierten kohlenwasserstoff-insektiziden in menschlichen geweben
LEBENSMITTEL-, FUTTERMITTELKONTAMINATION
QA -022 zink- und cadmiumgehalt tierischer und pflanzlicher nahrungsmittel sowie von getraenken und moegliche zusammenhaenge mit dem auftreten von hypertonie
QD -005 quecksilberbelastung durch die nahrungskette

0552
INSTITUT FUER ERNAEHRUNGSWISSENSCHAFT DER UNI BONN
5300 BONN, ENDENICHER ALLEE 11-13
TEL.: (02221) 73-3680, -3681
- LEITER: PROF.DR. DIETER HOETZEL
- FORSCHUNGSSCHWERPUNKTE:
entwicklung einer gaschromatographischen bestimmungsmethode fuer oestrogenrueckstaende in lebensmitteln tierischer herkunft; ermittlung des versorgungszustandes verschiedener bevoelkerungsgruppen an b-vitaminen
VORHABEN:
LEBENSMITTEL-, FUTTERMITTELKONTAMINATION
QB -021 analytik von oestrogenrueckstaenden in lebensmitteln tierischer herkunft
LAND- UND FORSTWIRTSCHAFT
RB -007 ermittlung des versorgungszustandes ausgewaehlter bevoelkerungsgruppen mit thiamin, riboflavin, pyridoxin und pantothensaeure

0553
INSTITUT FUER ERNAEHRUNGSWISSENSCHAFTEN I / FB 19 DER UNI GIESSEN
6300 GIESSEN, WILHELMSTR. 20
TEL.: (0641) 7026025
- LEITER: PROF.DR. E. MENDEN
- FORSCHUNGSSCHWERPUNKTE:
vorkommen von umweltchemikalien in lebensmitteln in abhaengigkeit von aeusseren einfluessen (immissionen, duengung); toxizitaet von umweltchemikalien mit besonderer beruecksichtigung der toxischen wirkung in abhaengigkeit von der naehrstoffversorgung
VORHABEN:
WIRKUNGEN UND BELASTUNGEN DURCH SCHADSTOFFE
PA -014 einfluss einer chronischen blei-intoxikation auf enzymatische vorgaenge in der niere der ratte
PA -015 einfluss chronischer einwirkungen von pb auf das zentrale nervensystem
LEBENSMITTEL-, FUTTERMITTELKONTAMINATION
QA -023 untersuchungen ueber die kontamination von nahrungsmitteln mit spurenelementen
QA -024 untersuchungen ueber die kontamination von nahrungsmitteln mit vornehmlich toxisch wirkenden spurenelementen
QA -025 untersuchungen ueber die bleibelastung in der taeglichen nahrung in der umgebung einer norddeutschen bleihuette
QA -026 einfluss der nahrungszusammensetzung auf den trinkwasserbedarf - physiologische und biochemische wirkungen limitierter trinkwasserzufuhr
QA -027 untersuchungen ueber die kontamination von nahrungsmitteln mit schwermetallen und toxischen spurenelementen (72/73-19-27, 28)
LAND- UND FORSTWIRTSCHAFT
RB -008 untersuchungen ueber einzellerproteine mit schwerpunkt mikroalgen in der menschlichen ernaehrung
RB -009 literaturdokumentation nahrung und ernaehrung

0554
INSTITUT FUER ERNAEHRUNGSWISSENSCHAFTEN II / FB 19 DER UNI GIESSEN
6300 GIESSEN, WIESENSTR. 3-5
TEL.: (0641) 7026050
- LEITER: PROF.DR.MED.HABIL. WAGNER
- FORSCHUNGSSCHWERPUNKTE:
verteilung von fluor-isotop 18 im organismus, quantitative nitrosaminbestimmungen, migration aus verpackungsmaterial in lebensmitteln
VORHABEN:
WASSERREINHALTUNG UND WASSERVERUNREINIGUNG
IB -010 vorkommen polycyclischer aromate in regen- und sickerwasser
UMWELTCHEMIKALIEN
OD -040 metabolitenbildung polycyclischer aromaten
OD -041 cancerogene substanzen
WIRKUNGEN UND BELASTUNGEN DURCH SCHADSTOFFE
PA -016 einfluss von schwermetallen auf den enzymstoffwechsel
PB -014 resorption polycyclischer aromate aus dem magen-darm-trakt
PF -032 schwermetallvorkommen in bodenproben, futterproben und rinderlebern (nordenham)
PG -024 aufnahme polycyclischer aromaten durch die pflanze aus der luft und dem boden
LEBENSMITTEL-, FUTTERMITTELKONTAMINATION
QA -028 pflanzenschutzmittel in der nahrung
QA -029 faerbemittel, konservierungsmittel
QD -006 schwermetallkontamination verschiedener medien
QD -007 schwermetalle und andere anorganische substanzen in der nahrung. analytik der schadstoffe

0555
INSTITUT FUER EUROPAEISCHE UMWELTPOLITIK
5300 BONN 1, ADENAUERALLEE 214
TEL.: (02221) 226641
- LEITER: DR. KONRAD VON MOLTKE
- FORSCHUNGSSCHWERPUNKTE:
europaeische umweltpolitik
VORHABEN:
UMWELTPLANUNG, UMWELTGESTALTUNG
UA -030 how are parliaments in europe presently being advised on environmental policy
UA -031 kooperation mit dem fonds fuer umweltstudien
UA -032 regionalisation of environmental protection

0556
INSTITUT FUER EUROPAEISCHE WIRTSCHAFTS-POLITIK DER UNI DES SAARLANDES
6600 SAARBRUECKEN, UNIVERSITAET, BAU 16
TEL.: (0681) 302-2132
VORHABEN:
UMWELTPLANUNG, UMWELTGESTALTUNG
UI -015 der einfluss von grenzkostenpreisen im nahverkehr auf die raeumliche struktur von stadtregionen

0557
INSTITUT FUER EUROPAEISCHE WIRTSCHAFTS-POLITIK DER UNI HAMBURG
2000 HAMBURG 13, VON-MELLE-PARK 5
TEL.: (040) 4123-4639
- LEITER: PROF.DR. HARALD JUERGENSEN
- FORSCHUNGSSCHWERPUNKTE:
wirtschaftspolitisch relevante fragen des umweltschutzes (verteilungspolitische, regional- und strukturpolitische aspekte); abfallwirtschaft (muellprognosen)
VORHABEN:
UMWELTPLANUNG, UMWELTGESTALTUNG
UA -033 analyse des umweltpolitischen instrumentariums
UC -030 die volkswirtschaftlichen umweltschaeden und ihre verteilung auf soziale schichten
UC -031 die wettbewerbspolitische relevanz einer internationalen koordinierung von umweltschutzmassnahmen
UC -032 zur verteilungspolitischen relevanz von umweltschaedigungen

0558
INSTITUT FUER EXPERIMENTALPHYSIK DER UNI BOCHUM
4630 BOCHUM, UNIVERSITAETSSTR. 150
TEL.: (0234) 7003602 TX.: 08-25860
- LEITER: PROF.DR. HARO VON BUTTLAR
- FORSCHUNGSSCHWERPUNKTE:
anwendung atom- und kernphysikalischer methoden zur stoffanalyse
VORHABEN:
LUFTREINHALTUNG UND LUFTVERUNREINIGUNG
CA -042 projekt zur entwicklung einer neuen methode der mehrkomponentenbestimmung von umweltchemikalien in luft

0559
INSTITUT FUER EXPERIMENTELLE OPHTHALMOLOGIE DER UNI BONN
5300 BONN, ABBESTR. 2
TEL.: (02221) 192627
- LEITER: PROF.DR. OTTO HOCKWIN
- FORSCHUNGSSCHWERPUNKTE:
einfluss von organochlorverbindungen auf den stoffwechsel verschiedener augengewebe
VORHABEN:
WIRKUNGEN UND BELASTUNGEN DURCH SCHADSTOFFE
PB -015 der einfluss von umweltchemikalien (organochlorverbindungen) auf die proteinverteilung der augenlinse
PB -016 einfluss von organochlorverbindungen auf inkubierte rinderlinsen
PC -018 verteilung von umweltchemikalien (organochlorverbindungen) in verschiedenen augengeweben

0560
INSTITUT FUER EXPERIMENTELLE THERAPIE DER UNI FREIBURG
7800 FREIBURG, HUGSTETTER STRASSE 55
TEL.: (0761) 201-4131
- LEITER: PROF.DR. PETER MARQUARDT
VORHABEN:
UMWELTCHEMIKALIEN
OC -016 analytik und entstehen der n-nitroso-verbindungen

0561
INSTITUT FUER FABRIKANLAGEN DER TU HANNOVER
3000 HANNOVER, WELFENGARTEN 1
VORHABEN:
LAERM UND ERSCHUETTERUNGEN
FC -041 vorausberechnung der laermdosisverteilung in fabrikhallen

0562
INSTITUT FUER FLUGFUNK UND MIKROWELLEN DER DFVLR
8031 OBERPFAFFENHOFEN, FLUGPLATZ
TEL.: (08153) 281-348
- LEITER: DR. FOGY
VORHABEN:
LUFTREINHALTUNG UND LUFTVERUNREINIGUNG
AA -063 mikrowellenradiometrie des erdbodens und der atmosphaere
AA -064 infrarottechnik-radiometrie der erdoberflaeche

0563
INSTITUT FUER FLUGMECHANIK DER DFVLR
3300 BRAUNSCHWEIG, FLUGHAFEN
TEL.: (0531) 3951-395
- LEITER: DR.-ING. HAMEL
VORHABEN:
LAERM UND ERSCHUETTERUNGEN
FB -038 laermoptimale flugbahnprofile von vtol-flugzeugen

0564
INSTITUT FUER FLUGMEDIZIN DER DFVLR
5300 BONN -BAD GODESBERG, KOELNERSTR. 70
TEL.: (02221) 376970
- LEITER: PROF.DR. RUFF
VORHABEN:
HUMANSPHAERE
TA -031 spaetschaeden nach druckfall im ueber- und unterdruckbereich
TE -006 leistungsfaehigkeit des menschen unter unguenstigen umweltbedingungen
TE -007 beeinflussung von gehirnfunktionen durch langzeitbelastung
TE -008 genetische entwicklung und bedeutung der endogenen tagesrhythmik

0565
INSTITUT FUER FLUGTECHNIK DER TH DARMSTADT
6100 DARMSTADT, PETERSENSTR. 18
TEL.: (06151) 162190
- LEITER: PROF.DR.-ING. XAVER HAFER
- FORSCHUNGSSCHWERPUNKTE:
fluglaerm
VORHABEN:
LAERM UND ERSCHUETTERUNGEN
FB -039 verringerung des fluglaerms durch massnahmen der flugmechanik und der flugzeugauslegung
FB -040 flugmechanische untersuchung zum problem steiler laermguenstiger flugbahnen fuer vtol-flugzeuge

0566
INSTITUT FUER FLUGTREIB- UND SCHMIERSTOFFE DER DFVLR
8000 MUENCHEN, HESS-STR. 130 B
TEL.: (089) 181067
- LEITER: DR. GEMPERLEIN
VORHABEN:
LUFTREINHALTUNG UND LUFTVERUNREINIGUNG
BA -024 einfluss des kraftstoffs auf die abgasemission von gasturbinen

0567
INSTITUT FUER FLUGZEUGBAU DER DFVLR
3300 BRAUNSCHWEIG, FLUGHAFEN
TEL.: (0531) 3951
- LEITER: PROF.DR.-ING. THOMAS
VORHABEN:
LUFTREINHALTUNG UND LUFTVERUNREINIGUNG
BC -023 untersuchung des brandverhaltens von werkstoffen hinsichtlich der entwicklung von rauch und toxischen gasen

0568
INSTITUT FUER FORSTBENUTZUNG UND FORSTLICHE ARBEITSWISSENSCHAFT DER UNI FREIBURG
7800 FREIBURG, HOLZMARKTPLATZ 4
TEL.: (0761) 203-643, -644, -646
- LEITER: PROF.DR. ROLF GRAMMEL
- FORSCHUNGSSCHWERPUNKTE:
umweltrelevante aspekte der forstlichen nutzung und forstbetrieblicher arbeitsverfahren; umweltrelevante aspekte der holzbe- und -verarbeitung einschl. abfallprobleme; arbeitsschutz, unfallverhuetung und ergonomie in der forstwirtschaft
VORHABEN:
ABFALL
MF -016 die verwertung der rinde als technisches, oekonomisches und organisatorisches problem
MF -017 verwendungsmoeglichkeiten von biomasse-hackschnitzeln in der spanplattenproduktion

0569
INSTITUT FUER FORSTEINRICHTUNGEN UND FORSTLICHE BETRIEBSWIRTSCHAFT DER UNI FREIBURG
7800 FREIBURG, BERTOLDSTR. 17
TEL.: (0761) 2032289
- LEITER: PROF.DR. GEORG SPEIDEL
- FORSCHUNGSSCHWERPUNKTE:
verhaeltnis forstliche planung - raumordnung und raumplanung (forstwirtschaft als beitrag zur landschafts- und umweltpflege); grossinventur zur erforschung des leistungsgefueges wald - wild (systemanalyse)
VORHABEN:
LAND- UND FORSTWIRTSCHAFT
RA -012 forstliche planung und raumordnung
RA -013 methoden zur untersuchung der volkswirtschaftlich tragbaren wilddichte
RG -015 untersuchungen zur erkennung, klassifizierung und abgrenzung von waldkrankheiten in kiefernbestaenden

0570
INSTITUT FUER FORSTGENETIK UND FORSTPFLANZENZUECHTUNG DER BUNDESFORSCHUNGSANSTALT FUER FORST- UND HOLZWIRTSCHAFT
2070 AHRENSBURG, SIEKER LANDSTRASSE 2
TEL.: (04102) 61070, -71, -72, -73
- LEITER: DR. GEORG-HEINRICH MELCHIOR
VORHABEN:
LUFTREINHALTUNG UND LUFTVERUNREINIGUNG
AA -065 morphologische, physiologische und biochemische grundlagen von immissionsschaeden bei koniferen

0571
INSTITUT FUER FORSTLICHE BETRIEBSWIRTSCHAFTSLEHRE DER UNI GOETTINGEN
3400 GOETTINGEN, BUESGENWEG 5
TEL.: (0551) 393422, 393423, 393424
- LEITER: PROF.DR. H.D. BRABAENDER
VORHABEN:
LAND- UND FORSTWIRTSCHAFT
RG -016 risiken des fichtenanbaues
RG -017 moeglichkeiten der ertragssteigerung durch eine qualitaetsbestimmte durchforstung der buche
UMWELTPLANUNG, UMWELTGESTALTUNG
UM -035 welche entwicklung wuerden die deutschen waelder ohne forstliche bewirtschaftung nehmen?

0572
INSTITUT FUER FORSTLICHE ERTRAGSKUNDE DER UNI FREIBURG
7800 FREIBURG, BERTOLDSTR. 17
TEL.: (0761) 203 3754
- LEITER: PROF.DR. G. MITSCHERLICH
VORHABEN:
LUFTREINHALTUNG UND LUFTVERUNREINIGUNG
AA -066 immissionsschutz durch wald
LAERM UND ERSCHUETTERUNGEN
FD -019 laermdaemmung durch waldbestaende
LAND- UND FORSTWIRTSCHAFT
RG -018 wasserhaushalt verschiedener waldbestaende
RG -019 assimilation, transpiration und respiration von douglasie, kiefer, buche und birke im bestand

0573
INSTITUT FUER FORSTPFLANZENZUECHTUNG, SAMENKUNDE UND IMMISSIONSFORSCHUNG DER FORSTLICHEN FORSCHUNGSANSTALT
8000 MUENCHEN 40, AMALIENSTR. 52
TEL.: (089) 2180-3130
- LEITER: PROF.DR. SCHOENBORN
VORHABEN:
WIRKUNGEN UND BELASTUNGEN DURCH SCHADSTOFFE
PH -028 feststellung physiologischer schaedigung bei waldbestaenden durch infrarot-luftbilder
PH -029 gaswechselphysiologischer pflanzentest, insbesondere zur frueherkennung von immissionsschaedigungen
LAND- UND FORSTWIRTSCHAFT
RG -020 wirkung industrieller immissionen (abgase, staeube) auf gesundheit und wachstum von waldbestaenden
RG -021 auslesezuechtung relativ rauchharter fichten
RG -022 klaerung der endogenen (individuellen) resistenzunterschiede
UMWELTPLANUNG, UMWELTGESTALTUNG
UM -036 zuechtung einer gegen stammverletzungen (wundpilzbefall) widerstandsfaehigen fichtensorte
UM -037 klaerung und abhilfe bei streusalzschaeden an strassenbaeumen

0574
INSTITUT FUER FORSTPOLITIK UND RAUMORDNUNG DER UNI FREIBURG
7800 FREIBURG, BERTOLDSTR. 17
TEL.: (0761) 2033750
- LEITER: PROF.DR.-ING. ERWIN NIESSLEIN
- FORSCHUNGSSCHWERPUNKTE:
schutz- und erholungsfunktion des waldes; landschaftsplanung
VORHABEN:
HUMANSPHAERE
TC -006 soziologische untersuchungen ueber die bedarfsansprueche der erholungssuchenden im wald, dargestellt am beispiel des ferien- und wochenend-erholungsgebietes suedschwarzwald
UMWELTPLANUNG, UMWELTGESTALTUNG
UB -017 rechtliche zuordnung und verfuegbarkeit von wald

0575
INSTITUT FUER FORSTPOLITIK, HOLZMARKTLEHRE, FORSTGESCHICHTE UND NATURSCHUTZ DER UNI GOETTINGEN
3400 GOETTINGEN, BUESGENWEG 5
TEL.: (0551) 31011
- LEITER: PROF.DR. K HASEL
VORHABEN:
UMWELTPLANUNG, UMWELTGESTALTUNG
UA -034 analyse der aufgabenstellung des arbeitsvolumens und der kapazitaet nationaler und internationaler organisationen im umweltschutz
UK -020 aufbau, organisation und zielsetzung von grossraeumigen schutzgebieten in grossbritannien und anderen laendern

0576
INSTITUT FUER FORSTZOOLOGIE DER UNI GOETTINGEN
3400 GOETTINGEN, BUESGENWEG 3
TEL.: (0551) 393602
- LEITER: PROF.DR. BOMBOSCH
VORHABEN:
WASSERREINHALTUNG UND WASSERVERUNREINIGUNG
IC -045 quecksilbervorkommen in den fliessgewaessern der kreise hann. muenden, goettingen, duderstadt und northeim
LAND- UND FORSTWIRTSCHAFT
RH -016 entwicklung von alternativen zum chemischen pflanzenschutz
RH -017 verstaerkung der effektivitaet natuerlicher feinde
RH -018 untersuchungen ueber die kriterien, die die qualitaet der insektennahrung bestimmen
RH -019 suche nach spezifischen stoffen, die die insektenentwicklung beeinflussen

0577
INSTITUT FUER FREMDENVERKEHR DER FH HEILBRONN
7100 HEILBRONN, MAX-PLANCK-STR. 15
TEL.: (07131) 51061
- LEITER: PROF.DR. HELMUT KLOPP
- FORSCHUNGSSCHWERPUNKTE:
fremdenverkehrsentwicklungsplanungen in baden-wuerttemberg
VORHABEN:
HUMANSPHAERE
TC -007 fremdenverkehrsentwicklungsplan fuer den raum schwaebisch-hall

0578
INSTITUT FUER GEBIETSPLANUNG UND STADTENTWICKLUNG (INGESTA)
5000 KOELN, HOHENSTAUFENRING 30
TEL.: (0221) 210036
VORHABEN:
UMWELTPLANUNG, UMWELTGESTALTUNG
UA -035 umweltschutz in der kommunalen entwicklungsplanung

0579
INSTITUT FUER GEFLUEGELKRANKHEITEN / FB 18 DER UNI GIESSEN
6300 GIESSEN, FRANKFURTER STR. 85
TEL.: (0641) 702 4865
- LEITER: PROF.DR. GEISSLER
VORHABEN:
LAND- UND FORSTWIRTSCHAFT
RF -003 luftkeimgehalt in gefluegelstaellen bakterien, belastung des gefluegels, des personals
RF -004 maximal zulaessige c02-konzentration in der luft von gefluegelintensivhaltungen: 1) in legehennenhaltung mit geregelter c02- und 02-zugabe; 2) im feldversuch unter natuerlichen bedingungen

0580
INSTITUT FUER GEFLUEGELKRANKHEITEN DER TIERAERZTLICHEN HOCHSCHULE HANNOVER
3000 HANNOVER, BISCHOFSHOLER DAMM 15
TEL.: (0511) 8113-279
- LEITER: PROF.DR. SIEGMANN
VORHABEN:
LEBENSMITTEL-, FUTTERMITTELKONTAMINATION
QB -022 massentherapie beim gefluegel einschliesslich rueckstandsfragen der therapheutika in gefluegelprodukten wie fleisch und eier
QB -023 virusnachweis in wild- und wirtschaftsgefluegel mit immunofluoreszenz und zellkultur
LAND- UND FORSTWIRTSCHAFT
RF -005 bekaempfung der ektoparasiten bei huehnern im tier
RF -006 nachweis der uebertragung von herpesviren in der zellkultur und im tier
RF -007 differenzierung von haemophilus-keimen von huehnern
RF -008 serologische kontrolle des impferfolges nach schutzimpfungen des gefluegels gegen die newcastle disease (nd)

0581
INSTITUT FUER GEMUESEKRANKHEITEN DER BIOLOGISCHEN BUNDESANSTALT FUER LAND- UND FORSTWIRTSCHAFT
5030 HUERTH -FISCHENICH, MARKTWEG 60
TEL.: (02233) 72856
- LEITER: GERD CRUEGER
- FORSCHUNGSSCHWERPUNKTE:
erforschung der schaedlinge und krankheiten in gemuesekulturen und der zu ihrer bekaempfung und verhuetung geeigneten massnahmen unter besonderer beruecksichtigung der verminderung des einsatzes chemischer pflanzenschutzmittel
VORHABEN:
LAND- UND FORSTWIRTSCHAFT
RE -021 untersuchungen ueber die resistenz von gemueselegumínosen gegenueber verschiedenen bodenbuertigen krankheitserregern
RH -020 entwicklung von verfahren des integrierten pflanzenschutzes zur bekaempfung von gemuesefliegen (moehrenfliegen)
RH -021 verminderung des pestizideneinsatzes bei kohlfliegenbekaempfung

0582
INSTITUT FUER GENETIK DER FU BERLIN
1000 BERLIN 33, ARNIMALLEE 5-7
TEL.: (030) 838-3640
- LEITER: HANS-JOACHIM BELITZ
VORHABEN:
LAND- UND FORSTWIRTSCHAFT
RE -022 entwicklung von zuchtmaterial mit auswuchsresistenz beim roggen

0583
INSTITUT FUER GENETIK DER UNI MAINZ
6500 MAINZ, SAARSTR. 21
TEL.: (06131) 17843
- LEITER: PROF.DR. LAVEN
VORHABEN:
LAND- UND FORSTWIRTSCHAFT
RH -022 entwicklung genetischer methoden zur bekaempfung der stechmuecke
RH -023 entwicklung genetischer methoden zur bekaempfung der mittelmeerfruchtfliege
RH -024 entwicklung genetischer methoden zur bekaempfung von vorratsschaedlingen

0584
INSTITUT FUER GEOGRAPHIE DER UNI MUENSTER
4400 MUENSTER, ROBERT-KOCH-STR. 26
TEL.: (0251) 490 3921 TX.: 89 25 29
- FORSCHUNGSSCHWERPUNKTE:
luftreinhaltung, abwaerme; alternative energieformen; ozonverteilung in troposphaere und stratosphaere; klimaaenderungen
VORHABEN:
ABWAERME
GC -005 abwaerme von kraftwerken und ballungsraeumen
WASSERREINHALTUNG UND WASSERVERUNREINIGUNG
HA -033 verdunstungsmessungen an freien wasserflaechen (binnenseen, fluessen)
WIRKUNGEN UND BELASTUNGEN DURCH SCHADSTOFFE
PB -017 einfluss von insektizidspritzungen auf die population von hoehlenbruetern, insbesondere meisen
ENERGIE
SA -036 untersuchungen zum waermehaushalt von standorten bei waermeentnahme zu heizzwecken
UMWELTPLANUNG, UMWELTGESTALTUNG
UL -020 versuche zur erhaltung der kulturlandschaft in baden-wuerttemberg
UL -021 landschaftsoekologische untersuchungen zur kuenftigen nutzung landwirtschaftlicher problemgebiete
UM -038 wasserhaushalt der buchen und die verdunstung des waldbodens

0585
INSTITUT FUER GEOGRAPHIE UND WIRTSCHAFTSGEOGRAPHIE DER UNI HAMBURG
2000 HAMBURG 13, BUNDESSTR. 55
TEL.: (040) 41234963
- LEITER: PROF.DR. ALBERT KOLB
- FORSCHUNGSSCHWERPUNKTE:
probleme der sahel-forschung zur desertification - menschliche eingriffe im labilen oekosystem der randtropen; analyse und nutzung innerstaedtischer freizeiteinrichtungen und naherholungsflaechen
VORHABEN:
LAND- UND FORSTWIRTSCHAFT
RC -024 desertification in der sahelzone afrikas. untersuchungen im bereich des oestlichen vorlandes des jebel marra (dafur, republik sudan)
UMWELTPLANUNG, UMWELTGESTALTUNG
UC -033 modell einer oekologisch orientierten wirtschaft

0586
INSTITUT FUER GEOLOGIE DER UNI BOCHUM
4630 BOCHUM, UNIVERSITAETSSTR. 150
TEL.: (0234) 7004503 TX.: 08-25860
- LEITER: PROF.DR. HANS FUERCHTBAUER
- FORSCHUNGSSCHWERPUNKTE:
felsmechanik und hydrogeologie; hydrogeologie im bereich von wasserwerken und muelldeponien
VORHABEN:
WASSERREINHALTUNG UND WASSERVERUNREINIGUNG
IC -046 hydrologie des flussgebietes der diemel

ID -025 untersuchungen ueber grundwasserveraenderungen durch landwirtschaftliche nutzung im einzugsbereich von wasserwerken
ID -026 untersuchungen ueber grundwasserveraenderungen durch landwirtschaftliche nutzung

0587
INSTITUT FUER GEOLOGIE UND PALAEONTOLOGIE DER TU BERLIN
1000 BERLIN 12, HARDENBERGSTR. 42
TEL.: (030) 314-2250
VORHABEN:
WASSERREINHALTUNG UND WASSERVERUNREINIGUNG
ID -027 grundwasserzirkulation und grundwasserverschmutzung zwischen westerwald und oberem lahntal

0588
INSTITUT FUER GEOLOGIE UND PALAEONTOLOGIE DER TU BRAUNSCHWEIG
3300 BRAUNSCHWEIG, POCKELSSTR. 4
TEL.: (0531) 391-2212
- LEITER: PROF.DR. WOLFGANG KREBS
- FORSCHUNGSSCHWERPUNKTE:
modelluntersuchungen zur natuerlichen belastung von gewaessern und boeden eines anthropogen kaum beeinflussten gebietes durch schwermetalle; spaeter ausdehnung der untersuchung auf anthropogen belastete gebiete
VORHABEN:
WASSERREINHALTUNG UND WASSERVERUNREINIGUNG
HG -019 geochemische untersuchungen an gesteinen, boeden, bachsedimenten und waessern im bereich des harzvorlandes

0589
INSTITUT FUER GEOPHYSIK UND METEOROLOGIE DER UNI KOELN
5000 KOELN 41, ALBERTUS-MAGNUS-PLATZ
TEL.: (0221) 470-2310
- LEITER: PROF.DR. HANS-KARL PAETZOLD
VORHABEN:
LUFTREINHALTUNG UND LUFTVERUNREINIGUNG
AA -067 messung des betrages und der mittleren temperatur des atmosphaerischen ozons oberhalb 30 km
UMWELTCHEMIKALIEN
OB -014 messung des totalen ozonbetrages mittels eines automatischen filterspektrometers

0590
INSTITUT FUER GEOPHYSIK, SCHWINGUNGS- UND SCHALLTECHNIK DER WESTFAELISCHEN BERGGEWERKSCHAFTSKASSE
4630 BOCHUM, HERNER STRASSE 45
TEL.: (0234) 625277 TX.: 825701
- LEITER: PROF.DR. HEINRICH BAULE
- FORSCHUNGSSCHWERPUNKTE:
ermittlung der laermemission von druckluftwerkzeugen
VORHABEN:
LAERM UND ERSCHUETTERUNGEN
FC -042 emissionsmessungen an druckluftwerkzeugen
WASSERREINHALTUNG UND WASSERVERUNREINIGUNG
HB -043 gewaesserschutz und lagerung von abfallstoffen, kartenwerk 1:50000
LAND- UND FORSTWIRTSCHAFT
RC -025 rahmenprogramm energieforschung, ergonomische voraussetzungen, gebirgsschlagbekaempfung; seismische ueberwachung mit mobilstationen

0591
INSTITUT FUER GERICHTLICHE MEDIZIN DER UNI MUENSTER
4400 MUENSTER, VON-ESMARCHSTR. 86
TEL.: (0251) 4905151
- LEITER: PROF.DR. H.W. SACHS
- FORSCHUNGSSCHWERPUNKTE:
morphologische untersuchungen an koerperorganen nach vergiftungen; analytische toxikologie
VORHABEN:
WIRKUNGEN UND BELASTUNGEN DURCH SCHADSTOFFE
PC -019 morphologische untersuchungen an organen nach intoxikationen

0592
INSTITUT FUER GESTEINSHUETTENKUNDE DER TH AACHEN
5100 AACHEN, MAUERSTR 5
TEL.: (0241) 4222563
- LEITER: PROF.DR. RADCZEWSKI
VORHABEN:
LUFTREINHALTUNG UND LUFTVERUNREINIGUNG
BC -024 bedeutung von oberflaeche und struktur feiner arbeitsgueter der gummiindustrie fuer die technologie und umwelt (abgase, staub)
CA -043 quantitative bestimmung feinster anorganischer verunreinigungen der luft mit elektronenmikroskopie und -beugung
WIRKUNGEN UND BELASTUNGEN DURCH SCHADSTOFFE
PK -024 synthese und struktur von leukophosphatit, seine technische bedeutung als bildner einer korrosionsschuetzenden schicht

0593
INSTITUT FUER GETREIDE-, OELFRUCHT- UND FUTTERPFLANZENKRANKHEITEN DER BIOLOGISCHEN BUNDESANSTALT FUER LAND- UND FORSTWIRTSCHAFT
2305 HEIKENDORF -KITZEBERG, SCHLOSSKOPPELWEG 8
TEL.: (0431) 23495
- LEITER: PROF.DR. KLAUS BUHL
- FORSCHUNGSSCHWERPUNKTE:
reduktion des einsatzes der zur bekaempfung von schadorganismen ausgebrachten agrochemikalien durch entwicklung von prognoseverfahren sowie kulturellen, integrierten und solchen biologischen bekaempfungs-verfahren wie des einsatzes resistenter pflanzen
VORHABEN:
LAND- UND FORSTWIRTSCHAFT
RH -025 entwicklung einer integrierten bekaempfung der wichtigsten rapsschaedlinge
RH -026 phoma-befall und integrierte bekaempfung
RH -027 bodenentseuchung durch hygienische fruchtfolgemassnahmen, insbesondere von getreidefusskrankheiten, im vergleich zur anwendung von neuzeitlichen fungiziden

0594
INSTITUT FUER GEWERBLICHE WASSERWIRTSCHAFT UND LUFTREINHALTUNG E.V.
5000 KOELN 51, OBERLAENDER UFER 84-88
TEL.: (0221) 3708497 TX.: 08-882601
- LEITER: DR. GERMAN BROJA
- FORSCHUNGSSCHWERPUNKTE:
schadstoffe im wasser - metalle und metalloxide; untersuchung des wassers im rhein: schwebstoff- und sedimentationsuntersuchung - ermittlung der korngroessenverteilung und aufteilung in fraktionen - chemische untersuchung der sedimente auf die gehalte an kohlenstoff, stickstoff, schwefel und phosphor
VORHABEN:
WASSERREINHALTUNG UND WASSERVERUNREINIGUNG
IC -047 schadstoffe im wasser / untersuchung des rheinwassers
KC -026 die behandlung von abwaessern der backhefefabriken

0595
INSTITUT FUER GRENZFLAECHEN- UND BIOVERFAHRENSTECHNIK DER FRAUNHOFER-GESELLSCHAFT E. V.
7000 STUTTGART, EIERSTR. 46
TEL.: (0711) 642008
- LEITER: DR.-ING. HORST CHMIEL
- FORSCHUNGSSCHWERPUNKTE:
aspekte des umweltschutzes bei lackbindemitteln
VORHABEN:
WASSERREINHALTUNG UND WASSERVERUNREINIGUNG
KB -038 optimierung der behandlung von abwasser durch untersuchung des zusammenhanges zwischen der flockungsgeschwindigkeit und der elektrischen ladung der schwebestoffe
HUMANSPHAERE
TA -032 optimierung der loesemittelkomposition bei konventionellen lacken

0596
INSTITUT FUER GRUENLANDWIRTSCHAFT UND FUTTERBAU / FB 16 DER UNI GIESSEN
6300 GIESSEN, LUDWIGSTR. 23
TEL.: (0641) 7026000
- LEITER: PROF.DR. UWE SIMON
- FORSCHUNGSSCHWERPUNKTE:
resistenz- und qualitaetszuechtung von futterpflanzen; belastung verschieden stark genutzter oekosysteme; bestandsentwicklungen auf sozialbrache und wuestungen; landschaftspflege; synoekologische untersuchungen an extensiv genutzten flaechen; emissionsmessungen
VORHABEN:
LAND- UND FORSTWIRTSCHAFT
RE -023 oekophysiologie der gruenlandpflanzen, a) physiologie der gruenlandpflanzen
RE -024 oekophysiologie der gruenlandpflanzen, b) oekologie der gruenlandpflanzen

0597
INSTITUT FUER GRUENLANDWIRTSCHAFT, FUTTERBAU UND FUTTERKONSERVIERUNG DER FORSCHUNGSANSTALT FUER LANDWIRTSCHAFT
3300 BRAUNSCHWEIG, BUNDESALLEE 50
TEL.: (0531) 596 306
- LEITER: PROF.DR. ERNST ZIMMER
- FORSCHUNGSSCHWERPUNKTE:
oekophysiologie von kulturpflanzen; behandlung und beseitigung von rest- und abfallstoffen; rezyklierung von rest- und abfallstoffen
VORHABEN:
ABFALL
MF -018 beseitigung von gaerfutter-sickersaft
MF -019 silierfaehigkeit von huehnerkot und seiner verwendung als npn-quelle
MF -020 konservierung von mikrobiell zu futterzwecken aufbereitetem stroh
LAND- UND FORSTWIRTSCHAFT
RF -009 einfluss oekologischer faktoren auf hoehe und stetigkeit von ertrag, pflanzenbestand und futterwert von dauerweiden
UMWELTPLANUNG, UMWELTGESTALTUNG
UM -039 oekophysiologie von kulturpflanzen

0598
INSTITUT FUER GRUENPLANUNG UND GARTENARCHITEKTUR DER TU HANNOVER
3000 HANNOVER, HERRENHAEUSERSTR. 2
TEL.: (0511) 762 2691
- LEITER: PROF.DR. DIETER HENNEBO
- FORSCHUNGSSCHWERPUNKTE:
bedarf an staedtischen gruen- und erholungsanlagen, standort, struktur und ausstattung fuer eine optimale nutzung, entwicklung des stadtgruens und der gartenkunst insbesondere im 19. jahrhundert, vegetationstechnische fragen funktionsgerechter umweltgestaltung
VORHABEN:
HUMANSPHAERE
TB -013 nutzung, ausbildung und bemessung von freiraeumen im geschosswohnungsbau
TC -008 untersuchungen ueber das wirkungsgefuege zwischen freiraumstimulation und dem beduerfnis des benutzers nach abwechslung
TC -009 frequentierung und nutzungsbezogene effizienz von sportflaechen
TC -010 physische struktur und kapazitaet von sportflaechen
TC -011 ausstattung und raumstruktur staedtischer freiflaechen als faktoren ihrer benutzbarkeit durch die bevoelkerung
UMWELTPLANUNG, UMWELTGESTALTUNG
UK -021 untersuchung ueber frequentierung staedtischer freiraeume unter besonderer beruecksichtigung der ausstattung und sozialstruktur
UK -022 beitrag zur entwicklung einer emanzipatorisch orientierten freiraumplanung
UL -022 untersuchung der auswirkungen landbaulicher nutzungsformen auf den landschaftshaushalt und die benutzbarkeit der landschaft insbesondere der brachflaechen

0599
INSTITUT FUER GRUNDBAU UND BODENMECHANIK DER TU MUENCHEN
8000 MUENCHEN 60, PAUL-GERHARDT-ALLEE 2
TEL.: (089) 88951 TX.: 05-22854
- LEITER: PROF.DR. RICHARD JELINEK
- FORSCHUNGSSCHWERPUNKTE:
hydrologische gutachten ueber grundwasserstroemungsverhaeltnisse, grundwasserschwankungen und einfluesse auf bauwerke; wasserrechtsverfahren fuer tiefbauwerke und von bauverfahren, veraenderungen des grundwasserchemismus bei bauwerksunterfangungen durch injektionen; grundwasserveraenderungen durch tanklager; nachpruefungen der dichtigkeit von tanklagern bei raffinerien
VORHABEN:
WASSERREINHALTUNG UND WASSERVERUNREINIGUNG
HB -044 gutachtliche stellungnahme zu grundwasserproblemen fuer die durchfuehrung eines wasserrechtlichen verfahrens zum vollzug der wasserrechte
HB -045 pruefung verschiedener haertungsmittel fuer bodenverfestigungen auf alkalisilikatbasis
HB -046 untersuchung von grundwasserverhaeltnissen in sueddeutschland (besonders muenchner raum)
HB -047 abdichtung des untergrundes zum schutz gegen verunreinigung durch mineraloel
HB -048 veraenderung des grundwassers durch injektionsarbeiten bei der u-bahnlinie u 8/1

0600
INSTITUT FUER GRUNDLAGEN DER PLANUNG DER UNI STUTTGART
7000 STUTTGART, KEPLERSTR. 11
TEL.: (0711) 2073620
- LEITER: PROF. HORST RITTEL
- FORSCHUNGSSCHWERPUNKTE:
bau-technologie-informationssystem (bautis)
VORHABEN:
UMWELTPLANUNG, UMWELTGESTALTUNG
UF -010 bautis: bau-technologie-informationssystem

0601
INSTITUT FUER HACKFRUCHTKRANKHEITEN UND NEMATODENFORSCHUNG DER BIOLOGISCHEN BUNDESANSTALT FUER LAND- UND FORSTWIRTSCHAFT
4400 MUENSTER, TOPPHEIDEWEG 88
TEL.: (0251) 51532
- LEITER: PROF.DR. WERNER STEUDEL
- FORSCHUNGSSCHWERPUNKTE:
einfluss systematischer nematizide auf das oekosystem des bodens; verminderung des einsatzes von nematiziden durch verwendung nematodenresistenter kulturpflanzensorten in kombination mit geringen mengen der nematizide
VORHABEN:
WIRKUNGEN UND BELASTUNGEN DURCH SCHADSTOFFE
PG -025 einfluss einer jaehrlich wiederholten anwendung des systemischen nematizids temik 10 g (wirkstoff aldicarb) auf das oekosystem einer hafermonokultur
LAND- UND FORSTWIRTSCHAFT
RH -028 untersuchungen zur populationsdynamik des getreidezystenaelchens heterodera avenae

0602
INSTITUT FUER HAEMATOLOGIE DER GESELLSCHAFT FUER STRAHLEN- UND UMWELTFORSCHUNG MBH
8000 MUENCHEN 2, LANDWEHRSTR. 61
TEL.: (089) 539461
- LEITER: PROF.DR. THIERFELDER
VORHABEN:
WIRKUNGEN UND BELASTUNGEN DURCH SCHADSTOFFE
PD -024 wirkung von zytostatika auf blut- und tumorzellen

0603
INSTITUT FUER HAUSTIERKUNDE - VOGELSCHUTZWARTE SCHLESWIG-HOLSTEIN DER UNI KIEL
2300 KIEL, OLSHAUSENSTR. 40-60
TEL.: (0431) 5932566
- LEITER: PROF.DR.DR.H.C. HERRE
VORHABEN:
WIRKUNGEN UND BELASTUNGEN DURCH SCHADSTOFFE

PI -020 studien ueber wildbiologische zusammenhaenge und oekologische stoerungen
PI -021 untersuchungen von haustieren, um veraenderungen aufgrund gewandelter oekologischer bedingungen zu erfassen
UMWELTPLANUNG, UMWELTGESTALTUNG
UN -019 erhaltung von tierarten in schleswig-holstein
UN -020 untersuchungen zur oekologie und massnahmen zum schutz des kranichs als indikator fuer anthropogene einfluesse

0604
INSTITUT FUER HEISSE CHEMIE DER GESELLSCHAFT FUER KERNFORSCHUNG MBH
7500 KARLSRUHE, POSTFACH 3640
TEL.: (07247) 822401 TX.: 7826755
- LEITER: PROF.DR. F. BAUMGAERTNER
VORHABEN:
WASSERREINHALTUNG UND WASSERVERUNREINIGUNG
IC -048 identifizierung und quantitative bestimmung von organischen schadstoffen in oberflaechengewaessern (sicherung der trinkwasserversorgung)
LA -007 datenverarbeitung im eurocop-cost projekt 64b: analyse der organischen mikroverunreinigung im wasser

0605
INSTITUT FUER HOCHSPANNUNGSTECHNIK UND STARKSTROMANLAGEN DER TU BERLIN
1000 BERLIN 10, EINSTEINUFER 11
TEL.: (030) 314-3470
VORHABEN:
ENERGIE
SA -037 untersuchungen ueber den aufbau zukuenftiger systeme fuer die erzeugung und verteilung von elektrischer energie

0606
INSTITUT FUER HOLZBIOLOGIE UND HOLZSCHUTZ DER BUNDESFORSCHUNGSANSTALT FUER FORST- UND HOLZWIRTSCHAFT
2050 HAMBURG 80, LEUSCHNERSTR. 91 C
TEL.: (040) 7399257
- LEITER: PROF.DR. WALTER LIESE
VORHABEN:
WASSERREINHALTUNG UND WASSERVERUNREINIGUNG
IC -049 auswaschung von wasserloeslichen holzschutzmitteln aus kuehlturmholz als moegliche umweltbelastung
ID -028 ermittlung einer moeglichen belastung von gewaessern bei der berieselung von holz in grosspoltern
ABFALL (RADIOAKTIVE ABFAELLE SIEHE ND)
MF -021 biologische untersuchungen an werkstoffen aus baumrinde
MF -022 grundlegende untersuchungen zum mikrobiellen abbau von rindenabfaellen
UMWELTCHEMIKALIEN
OD -042 allgemeine erfassung der auswirkungen von holzschutzmassnahmen auf die umwelt
WIRKUNGEN UND BELASTUNGEN DURCH SCHADSTOFFE
PG -026 verfahrenstechnische moeglichkeiten zur verminderung der umweltbelastung bei der kesseldrucktraenkung von holzmasten
LAND- UND FORSTWIRTSCHAFT
RH -029 fungizide wirksamkeit von steinkohlenteeroelen verschiedener beschaffenheit im hinblick auf eine verminderte umweltbelastung

0607
INSTITUT FUER HOLZCHEMIE UND CHEMISCHE TECHNOLOGIE DES HOLZES DER BUNDESFORSCHUNGSANSTALT FUER FORST- UND HOLZWIRTSCHAFT
2050 HAMBURG 80, LEUSCHNERSTR. 91 B
TEL.: (040) 7386055
- LEITER: PROF.DR. HANS-HERMANN DIETRICHS
VORHABEN:
LUFTREINHALTUNG UND LUFTVERUNREINIGUNG
DC -032 entwicklung eines verfahrens zur schwefelfreien zellstofferzeugung
WASSERREINHALTUNG UND WASSERVERUNREINIGUNG
KC -027 isolierung, identifizierung und toxizitaetspruefung chlorhaltiger verbindungen in den abwaessern der zellstoffbleiche
KC -028 untersuchung der moeglichkeiten fuer die verwendung von phenolischen pyrolyse- und hydrogenolyseprodukten aus phenollignin zur gewinnung von zellstoff aus holz
ABFALL
ME -037 herstellung von polymeren aus phenollignin
ME -038 kohlenhydratreserven in abfallholz, rinden und ablaugen der holz- und zellstoffindustrie und moeglichkeiten ihrer nutzung
MF -023 biochemische holzverwertung

0608
INSTITUT FUER HOLZPHYSIK UND MECHANISCHE TECHNOLOGIE DES HOLZES DER BUNDESFORSCHUNGSANSTALT FUER FORST- UND HOLZWIRTSCHAFT
2050 HAMBURG 80, LEUSCHNERSTR. 91C
TEL.: (040) 7383351
- LEITER: PROF.DR. DETLEF NOACK
VORHABEN:
LUFTREINHALTUNG UND LUFTVERUNREINIGUNG
BB -014 emissionsbestandteile bei der verbrennung von holz und holzwerkstoffen unter verschiedenen bedingungen
BC -025 umweltrelevanz der mechanischen holzindustrie
DC -033 moeglichkeiten zur verminderung der staubemission in der holzbe- und verarbeitenden industrie
LAERM UND ERSCHUETTERUNGEN
FC -043 moeglichkeiten zur verminderung der laermemission von holzbearbeitungsmaschinen
ABFALL
MF -024 stand und moeglichkeiten der restholzverwertung in der holzindustrie
MF -025 umweltfreundliche abfallbeseitigung bei der holzbe- und verarbeitung; recycling
MF -026 entwicklung veraenderter oder neuer holzwerkstoffe, die einen wiedereinsatz nach gebrauch ermoeglichen (recycling) oder umweltneutral beseitigt werden
UMWELTPLANUNG, UMWELTGESTALTUNG
UC -034 kosten der technischen moeglichkeiten fuer die beseitigung der umweltbeeintraechtigenden emission in der holzindustrie

0609
INSTITUT FUER HUMANGENETIK DER UNI BONN
5300 BONN, WILHELMSSTR. 7
TEL.: (02221) 652981-346
- LEITER: DR. KOEHLER
VORHABEN:
WIRKUNGEN UND BELASTUNGEN DURCH SCHADSTOFFE
PA -017 untersuchungen zur embryopathologie von aminfluoriden
PB -018 praenatale toxikologien von pharmakas und deren derivate
PD -025 teratogene wirkung der n-phtholyl-dl-glutaminsaeure nach intrap. applikation bei der maus
PD -026 das l-isomere als teratogenes prinzip der n-phtholyl-dl-glutaminsaeure
PD -027 kompensation der teratogenen wirkung eines thalidomid metaboliten durch l-glutaminsaeure p
PD -028 teratologische pruefung einiger thalidomid-metaboliten
PD -029 embryotoxische aktivitaet von n-phtholyl-dl-isoglutamin
PD -030 teratologische pruefung der hydrolysenprodukte der thalidomide
PD -031 untersuchungen zur teratogenitaet und der sedativen wirkung von thalidomid-analogen
PD -032 wirkungsketten von bauelementen des thalidomids

0610
INSTITUT FUER HUMANGENETIK DER UNI FRANKFURT
6000 FRANKFURT, PAUL-EHRLICH-STR. 41-43
TEL.: (0611) 798-6000
- LEITER: PROF.DR. KARL-HEINZ DEGENHARDT
VORHABEN:
WIRKUNGEN UND BELASTUNGEN DURCH SCHADSTOFFE
PD -033 teratogene und/oder mutagene wirkung von schadstoffen

0611
INSTITUT FUER HUMANGENETIK DER UNI GOETTINGEN
3400 GOETTINGEN, NIKOLAUSBERGER WEG 5A
TEL.: (0551) 397595
- LEITER: PROF.DR. G. HARDER
- FORSCHUNGSSCHWERPUNKTE:
umweltmutationsforschung; genetische schaeden induziert durch chemische stoffe und roentgenstrahlen
VORHABEN:
STRAHLUNG, RADIOAKTIVITAET
NB -021 genetische wirkung von roentgenstrahlen

0612
INSTITUT FUER HUMANGENETIK DER UNI HAMBURG
2000 HAMBURG 20, MARTINISTR. 52
TEL.: (040) 4682120
- LEITER: PROF.DR. H. WERNER GOEDDE
VORHABEN:
WIRKUNGEN UND BELASTUNGEN DURCH SCHADSTOFFE
PB -019 untersuchungen zur biochemie und genetik der induktion von kohlenwasserstoff-hydroxylasen
PD -034 biochemie und genetik der induktion von aryl-kohlenwasserstoff-monoxygenasen in menschlichen kultivierten fibroblasten und leukozyten

0613
INSTITUT FUER HUMANGENETIK UND ANTHROPOLOGIE DER UNI DUESSELDORF
4000 DUESSELDORF, ULENBERGSTR. 127-129
TEL.: (0211) 311-2350, 714349
- LEITER: PROF.DR. GUNTER ROEHRBORN
- FORSCHUNGSSCHWERPUNKTE:
mutagene wirkung polycyclischer kohlenwasserstoffe in der umwelt
VORHABEN:
WIRKUNGEN UND BELASTUNGEN DURCH SCHADSTOFFE
PD -035 polycyklische kohlenwasserstoffe (pck)

0614
INSTITUT FUER HUMANGENETIK UND ANTHROPOLOGIE DER UNI ERLANGEN - NUERNBERG
8520 ERLANGEN, BISMARCKSTR. 10
TEL.: (09131) 852318
- LEITER: PROF.DR. KOCH
- FORSCHUNGSSCHWERPUNKTE:
umwelt-mutagenese (z. b. chromosomenschaedigende wirkung von chemikalien beim menschen); antimutagene
VORHABEN:
LAERM UND ERSCHUETTERUNGEN
FA -016 zytogenetische wirkung von ultraschall in vitro
WIRKUNGEN UND BELASTUNGEN DURCH SCHADSTOFFE
PD -036 zytogenetische wirkung von umweltchemikalien (blei, benzol)
PD -037 methodik der mutagenitaetspruefung chemischer stoffe
PD -038 zytogenetische wirkung von medikamenten beim menschen in vivo
PD -039 schutzwirkung gegen die chromosomenschaedigende aktivitaet chemischer mutagene
PD -040 schutzwirkung von protektorgemischen gegen die chromosomenschaedigende aktivitaet chemischer mutagene

0615
INSTITUT FUER HYDRAULIK UND HYDROLOGIE DER TH DARMSTADT
6100 DARMSTADT, PETERSENSTR.
TEL.: (06151) 16-2143
- LEITER: PROF.DR. RALPH C.M. SCHROEDER
- FORSCHUNGSSCHWERPUNKTE:
hydrologie: niedrigwasseranalyse, grundwasserbewirtschaftung; hydraulik: waermebelastung von gewaessern
VORHABEN:
WASSERREINHALTUNG UND WASSERVERUNREINIGUNG
HG -020 die bestimmung von basisabfluss und verlustrate
HG -021 analogmodell fuer schwach instationaere ebene und raeumliche stroemungen mit freier oberflaeche (sickerstollen)
IB -011 die berechnung des ablaufs von hochwasserwellen in natuerlichen gerinnen
IB -012 verfahren der ingenieurhydrologie zur berechnung von abflussereignissen aus regen und schneeschmelze
IB -013 untersuchung ueblicher berechnungsmethoden fuer gerinnestroemungen
KB -039 druckentwaesserung

0616
INSTITUT FUER HYDRAULISCHE UND PNEUMATISCHE ANTRIEBE UND STEUERUNGEN DER TH AACHEN
5100 AACHEN, KOPERNIKUSSTR. 16
TEL.: (0241) 427511 TX.: 832704
- LEITER: PROF.DR.-ING. WOLFGANG BACKE
- FORSCHUNGSSCHWERPUNKTE:
untersuchungen zur minderung von kavitationsgeraeuschen in ventilen der oelhydraulik
VORHABEN:
LAERM UND ERSCHUETTERUNGEN
FC -044 untersuchungen zur minderung von kavitationsgeraeuschen in ventilen der oelhydraulik

0617
INSTITUT FUER HYDROBIOLOGIE UND FISCHEREIWISSENSCHAFT DER UNI HAMBURG
2000 HAMBURG 50, OLBERSWEG 24
TEL.: (040) 391072509
- LEITER: PROF.DR. KURT LILLELUND
VORHABEN:
WASSERREINHALTUNG UND WASSERVERUNREINIGUNG
HA -034 verteilung und artenspektrum der fische in der unterelbe in abhaengigkeit von den umweltbedingungen
HC -027 sekundaerproduzenten und sekundaerproduktion im freien wasser und am meeresboden in abhaengigkeit von abiotischen und biotischen faktoren
HC -028 nahrungsketten, biomasse und produktion des benthos in der tiefsee
HC -029 nahrungsketten, biomasse und produktion des benthos in nord- und ostsee
IC -050 auswirkungen von abwaessern auf hamburger stadtgewaesser
IE -023 effekt der einbringung von klaerschlamm in die deutsche bucht
IE -024 der einfluss faeulnisfaehiger und toxischer substanzen auf die biozoenotische struktur und den stoffwechselprozess im kuestengewaesser
IE -025 synoptische untersuchungen ueber die ausdehnung von truebungszonen und planktonfeldern im bereich der unter- und aussen-elbe
IE -026 der einfluss faeulnisfaehiger und toxischer substanzen auf die biocoenotische struktur und die stoffwechseldynamischen prozesse der kuestengewaesser; insbesondere im bereich der aestuare
IE -027 einfluss von klaerschlamm auf die bodenfauna und saprobiologische typisierung mariner gewaesser
IE -028 oekologie von arten des zooplanktons an der grenzschicht meer-atmosphaere
IE -029 bilanzierung der biologischen umsetzungsprozesse im elbe-aestuar
LA -008 untersuchungen zur grenzwertbestimmung bei abwassereinleitungen
WIRKUNGEN UND BELASTUNGEN DURCH SCHADSTOFFE
PA -018 oekologisch-toxikologische untersuchungen ueber wirkung und anreicherung von schwermetallen in meeresorganismen
PA -019 schadwirkung von schwefelwasserstoff auf wassertiere
PA -020 schadwirkung von schwefelwasserstoff auf wassertiere; auswirkung auf tiere des marinen benthos
PC -020 kombinierte wirkungen zwischen toxischen abfallstoffen, wasseraustausch und exogenem sauerstoffmangel auf die teleostivembryogenese
PC -021 schadstoffwirkung auf fischverhalten
PC -022 kombinierte wirkungen zwischen toxischen abfallstoffen, wasseraustausch und exogenem sauerstoffmangel auf die teleostierembryogenese
PD -041 tumorgenese und abwasserbelastung natuerlicher gewaesser
PI -022 produktivitaet und stofftransport in oekosystemen ausgewaehlter regionen der hochsee
LEBENSMITTEL-, FUTTERMITTELKONTAMINATION
QD -008 untersuchungen ueber die anreicherung von pestiziden in den gliedern einer kuenstlichen marinen nahrungskette
QD -009 untersuchungen ueber die akkumulation eines insektizids (lindan) in einer kuenstlichen nahrungskette aus dem suesswasser
ENERGIE
SA -038 analysenarbeiten in zusammenarbeit mit der reaktorstation geesthacht der gesellschaft fuer kernenergieverwertung in schiffbau und schiffahrt (gkss)

0618
INSTITUT FUER HYDROMECHANIK DER UNI KARLSRUHE
7500 KARLSRUHE 1, KAISERSTR. 12
TEL.: (0721) 2201, 2202
- LEITER: PROF.DR.-ING. NAUDASCHER
- FORSCHUNGSSCHWERPUNKTE:
gewaesser- und lufteinleitung
VORHABEN:
ABWAERME
GB -013 ausbreitungsverhalten von abwaermeeinleitungen in gewaesser
GB -014 gesetzmaessigkeiten der modelldarstellung von anlagen zur sauerstoffanreicherung erwaermter gewaesser durch erzwungenen lufteintrag
WASSERREINHALTUNG UND WASSERVERUNREINIGUNG
HG -022 untersuchung zur stroemungstechnisch guenstigen gestaltung von entnahmebauwerken an fluessen
HG -023 einfluss von hochpolymeren auf stroemungen unter besonderer beruecksichtigung der nutzanwendung in industrie und umwelt

0619
INSTITUT FUER HYGIENE DER BUNDESANSTALT FUER MILCHFORSCHUNG
2300 KIEL, HERMANN-WEIGMANN-STR. 1-27
TEL.: (0431) 62011-62014 TX.: 292966
- LEITER: PROF.DR. ADOLF TOLLE
- FORSCHUNGSSCHWERPUNKTE:
nachweis, vorkommen und lebensmittelhygienische bedeutung chlorierter kohlenwasserstoffe in milch und milchprodukten; zur bedeutung von futtermitteln fuer die ausscheidung von bioziden und umweltchemikalien mit der milch; tierexperimentelle untersuchungen von pcbs und hcb in der nahrungskette; erarbeitung eines systems zur isolierung und identifizierung von antibiotika aus der milch; tierexperimentelle untersuchungen zur biologischen wirkung von arzneimitteln auf die biochemie der laktation
VORHABEN:
UMWELTCHEMIKALIEN
OA -020 identifizierung (gc, ms) von antibiotika in biologischen substraten
OD -043 bakterieller um- und abbau von hch-isomeren und hcb
WIRKUNGEN UND BELASTUNGEN DURCH SCHADSTOFFE
PB -020 tierexperimentelle untersuchung zur biologischen wirkung von fascioliziden auf die physiologie und biochemie der laktation
LEBENSMITTEL-, FUTTERMITTELKONTAMINATION
QB -024 nachweis, vorkommen und lebensmittelhygienische bedeutung toxischer spurenstoffe in milch und milchprodukten
QB -025 nachweis, vorkommen und lebensmittelhygienische bedeutung von antibiotikarueckstaenden in milch und milchprodukten
QB -026 nachweis, vorkommen und lebensmittelhygienische bedeutung chlorierter insektizide in milch und milchprodukten
QB -027 fasciolizide in der milch
QB -028 umweltgefaehrdung durch stoffe mit pharmakologischer wirkung aus der tierischen produktion
QB -029 biozide und umweltchemikalien in saeuglingsnahrungsmitteln (insbesondere humanmilch) und in gewebeproben von saeuglingen und kleinkindern
QB -030 erarbeitung eines systems zur isolierung und identifizierung von antibiotika aus milch
QD -010 tierexperimentelle untersuchungen zum verhalten von pcb, hcb und hch-isomeren in der nahrungskette pflanze - milchtier - milch - mensch
QD -011 verfolgung hoher konzentrationen von hch und hcb innerhalb der kontaminationskette
QD -012 situation und carry-over toxischer spurenstoffe (futtermittel, miclhtier, milch)

0620
INSTITUT FUER HYGIENE DER UNI BOCHUM
4630 BOCHUM, GEBAEUDE MA-O
TEL.: (0234) 71-2365
- LEITER: PROF.DR. F. SELENKA
VORHABEN:
WASSERREINHALTUNG UND WASSERVERUNREINIGUNG
HD -007 analytik,vorkommen und verhalten von halogenierten kohlenwasserstoffen bei der trinkwassergewinnung

0621
INSTITUT FUER HYGIENE DER UNI DUESSELDORF
4000 DUESSELDORF, GURLITTSTR. 53
TEL.: (0211) 345061
- LEITER: PROF.DR. HANS WERNER SCHLIPKOETER
- FORSCHUNGSSCHWERPUNKTE:
laermforschung
VORHABEN:
LAERM UND ERSCHUETTERUNGEN
FA -017 laermkarte von duisburg
FD -020 stoerwirkung von autobahnlaerm auf die anlieger

0622
INSTITUT FUER HYGIENE UND ARBEITSMEDIZIN DER GESAMTHOCHSCHULE ESSEN
4300 ESSEN, HUFELANDSTR. 55
TEL.: (02141) 728 370 1
- LEITER: PROF.DR. WERNER KLOSTERKOETTER
VORHABEN:
LAERM UND ERSCHUETTERUNGEN
FA -018 grundlagen auf dem gebiet des laermschutzes - klaerung der begriffe ueber laermwirkungen
FD -021 wirkung von laerm auf besondere personengruppen vor allem auf kinder und alte menschen
FD -022 wirkung von laerm auf kranke, genesende und erholungsbeduerftige
HUMANSPHAERE
TA -033 arbeitsmedizinische beurteilung von stickstoffoxid-konzentrationen in der raumluft von haushaltskuechen mit gasherden

0623
INSTITUT FUER HYGIENE UND INFEKTIONSKRANKHEITEN DER TIERE / FB 18 DER UNI GIESSEN
6300 GIESSEN, FRANKFURTER STR. 89
TEL.: (0641) 7024870
- LEITER: PROF.DR. THEODOR SCHLIESSER
- FORSCHUNGSSCHWERPUNKTE:
keimgehalt (qualitativer und quantitativer) und antibiotikaempfindlichkeit von mikroorganismen in luft und staub von tierstaellen; bedeutung der desinfektion in der landwirtschaftlichen tierhaltung (einfluss auf entstehung von infektionskrankheiten, abwasser- und abfalldesinfektion, verminderung von geruchsbelaestigung)
VORHABEN:
HUMANSPHAERE
TF -015 bedeutung, vorkommen und bekaempfung inner- und aussereuropaeischer zoonosen

0624
INSTITUT FUER HYGIENE UND MEDIZINISCHE MIKROBIOLOGIE DER FAKULTAET FUER KLINISCHE MEDIZIN MANNHEIM DER UNI HEIDELBERG
6800 MANNHEIM, THEODOR-KUTZER-UFER
TEL.: (0621) 383224
- LEITER: PROF.DR. WUNDT
VORHABEN:
WASSERREINHALTUNG UND WASSERVERUNREINIGUNG
KA -012 hygienische bedeutung des nachweises von salmonellen im kanalnetz
WIRKUNGEN UND BELASTUNGEN DURCH SCHADSTOFFE
PE -018 auswirkungen der luftverunreinigung auf morbiditaet und mortalitaet

0625
INSTITUT FUER HYGIENE UND MEDIZINISCHE MIKROBIOLOGIE DER FU BERLIN
1000 BERLIN 65, FOEHRER STRASSE 14
TEL.: (030) 461051-575
- LEITER: PROF.DR. SCHMIDT
VORHABEN:
WASSERREINHALTUNG UND WASSERVERUNREINIGUNG
HE -015 trinkwasserversorgung in erholungsgebieten in berlin (west)

0626
INSTITUT FUER HYGIENE UND MEDIZINISCHE MIKROBIOLOGIE DER UNI MUENCHEN
8000 MUENCHEN, PETTENKOFERSTR. 9A
TEL.: (089) 539321
- LEITER: PROF.DR.DR. EYER
VORHABEN:
WASSERREINHALTUNG UND WASSERVERUNREINIGUNG
IC -051 untersuchung von enterobakterien im fluss- und abwasser durch serologische typisierung - speziell e.coli
HUMANSPHAERE
TA -034 untersuchung bei bleiexponierten mit primaer niedriger bleikonzentration am arbeitsplatz
TF -016 hygienische probleme bei klimaanlagen, insbesondere von krankenhaeusern
TF -017 hygienische untersuchungen an regenerativen waermeaustauschern

0627
INSTITUT FUER HYGIENE UND MIKROBIOLOGIE DER UNI DES SAARLANDES
6650 HOMBURG/SAAR
TEL.: (06841) 162263-64
- LEITER: PROF.DR. ZIMMERMANN
VORHABEN:
WASSERREINHALTUNG UND WASSERVERUNREINIGUNG
HA -035 vorkommen und effekte anaerober bakterien im sediment des bodensees
HE -016 besiedlung von aktivkohlefiltern mit mikroorganismen - trinkwasseraufbereitung
IA -012 wasserforschung - schadstoffe im wasser
IC -052 auftrennung und identifizierung phenolischer verbindungen
ID -029 oekologische, systematische und biochemische untersuchungen an eisenoxidierenden bakterien
IF -016 verminderung der eutrophierung von oberflaechengewaessern durch die flechtbinse scirpus lagustris
KE -019 mikrobiologie einer klaeranlage fuer phenolhaltige kokereiabwaesser
LEBENSMITTEL-, FUTTERMITTELKONTAMINATION
QB -031 umweltgefaehrdung durch stoffe mit pharmakologischer wirkung aus der tierischen produktion

0628
INSTITUT FUER HYGIENE UND MIKROBIOLOGIE DER UNI WUERZBURG
8700 WUERZBURG, JOSEF-SCHNEIDER-STR. 2
TEL.: (0931) 2013901
- LEITER: PROF.DR. HEINZ SEELIGER
VORHABEN:
WIRKUNGEN UND BELASTUNGEN DURCH SCHADSTOFFE
PD -042 beziehungen zwischen stoffwechselleistungen der anaeroben darmflora, der ernaehrung und eventuell der aetiologie des dickdarmkarzinoms
PE -019 lungenerkrankungen durch inhalation organischer staeube

0629
INSTITUT FUER HYGIENE UND TECHNOLOGIE DES FLEISCHES DER TIERAERZTLICHEN HOCHSCHULE HANNOVER
3000 HANNOVER, BISCHOFSHOLER DAMM 15
TEL.: (0511) 8113-257
- LEITER: DR. WENZEL
VORHABEN:
UMWELTCHEMIKALIEN
OB -015 schwermetalle (quecksilber, blei, cadmium): nachweis in organen und haaren als parameter fuer umweltbelastung

0630
INSTITUT FUER HYGIENISCH-BAKTERIOLOGISCHE ARBEITSVERFAHREN DER FRAUNHOFER-GESELLSCHAFT E.V.
8000 MUENCHEN 80, BAD BRUNNTHAL 3
TEL.: (089) 989409
- LEITER: PROF.DR. KANZ
VORHABEN:
WASSERREINHALTUNG UND WASSERVERUNREINIGUNG
KE -020 hygienisch-bakteriologische untersuchungen an bestrahltem klaerschlamm
HUMANSPHAERE
TF -018 untersuchungen ueber die hygienischen auswirkungen von lueftungsanlagen in krankenhaus und industrie
TF -019 untersuchungen ueber die keimverbreitung in krankenhaeusern
TF -020 mikrobielle verunreinigung in sozialen raeumen
TF -021 mikrobielle verunreinigung in massenverkehrsmitteln

0631
INSTITUT FUER IMMISSIONS-, ARBEITS- UND STRAHLENSCHUTZ DER LANDESANSTALT FUER UMWELTSCHUTZ BADEN-WUERTTEMBERG
7500 KARLSRUHE, GRIESBACHSTR. 3
TEL.: (0721) 594021
- LEITER: DIPL.-PHYS. WOLFRAM MORGENSTERN
- FORSCHUNGSSCHWERPUNKTE:
luftreinhaltung; umweltschutzchemie; gefaehrliche arbeitsstoffe; laerm; erschuetterungen; sicherheitstechnik; strahlenschutz; sicherheit der kerntechnik; arbeitsmedizin; arbeitshygiene
VORHABEN:
LUFTREINHALTUNG UND LUFTVERUNREINIGUNG
AA -068 schwefeldioxid-belastungsmessungen in 11 gebieten
AA -069 vollautomatisches immissionsmessnetz fuer baden-wuerttemberg
BA -025 bleibelastung durch autoabgase
BB -015 schadstoffemission von raffinerie-hochfackeln in abhaengigkeit von deren betriebsbedingungen
BC -026 auswirkung der kohlenwasserstoffemission zweier erdoel-raffinerien auf die immissionsbelastung
BE -008 vermeidung von geruchsemissionen bei tierkoerperbeseitigungsanstalten
DC -034 begrenzung der so2-emission bei anlagen zur flaschensterilisation
DC -035 verminderung der aminkonzentration am arbeitsplatz und in der emission bei der kernherstellung nach dem cold-box-verfahren
DC -036 ermittlung der faktoren, die die fluoremissionen von ziegeleien beeinflussen
LAERM UND ERSCHUETTERUNGEN
FC -045 bestimmung des schallemissionspegels einer raffineriehochfackel in abhaengigkeit von betriebsbedingungen
WASSERREINHALTUNG UND WASSERVERUNREINIGUNG
KC -029 schadlose beseitigung von galvanikschlaemmen durch zusatz zur ziegelherstellung
STRAHLUNG, RADIOAKTIVITAET
NB -022 umgebungsueberwachung an 4 kerntechnischen anlagen
NB -023 bestimmung der ausbreitungsverhaeltnisse fuer ein kernkraftwerk
NB -024 bestimmung der stabilitaetsverhaeltnisse der bodennahen atmosphaerenschicht
WIRKUNGEN UND BELASTUNGEN DURCH SCHADSTOFFE
PE -020 abhaengigkeit der lungenfunktion von schulkindern von den schadstoffkonzentrationen in der umgebung
HUMANSPHAERE
TA -035 bestimmung von schadstoffkonzentrationen (mak-werte) in arbeitsraeumen
TA -036 vc-messungen am arbeitsplatz und in der emission

0632
INSTITUT FUER INDUSTRIE- UND VERKEHRSPOLITIK DER UNI BONN
5300 BONN 1, ADENAUERALLEE 24-26
TEL.: (02221) 73-6232
- LEITER: PROF.DR.H.C. FRITZ VOIGT
- FORSCHUNGSSCHWERPUNKTE:
verkehr und umwelt, insbesondere verkehrsprobleme in ballungsgebieten
VORHABEN:
UMWELTPLANUNG, UMWELTGESTALTUNG
UI -016 die oekonomische bedeutung der versorgungs- und erschliessungsfunktion bestehender und geplanter nahverkehrssysteme

0633
INSTITUT FUER INDUSTRIE- UND VERKEHRSPOLITIK DER UNI WUERZBURG
8700 WUERZBURG, SANDERRING 2
TEL.: (0931) 31-961
- LEITER: PROF.DR. SIGURD KLATT
- FORSCHUNGSSCHWERPUNKTE:
industrie- und verkehrspolitik, raumwirtschaftslehre und -politik, systemsimulation

VORHABEN:
UMWELTPLANUNG, UMWELTGESTALTUNG
UC -035 entwicklung eines sektoral disaggregierten simulationsmodells fuer die bundesrepublik deutschland auf der grundlage wirtschaftskybernetischer methoden
UE -025 simulationsmodell fuer die landesentwicklung bayerns

0634
INSTITUT FUER INDUSTRIEFORSCHUNG UND BETRIEBLICHES RECHNUNGSWESEN DER UNI MUENCHEN
8000 MUENCHEN, LUDWIGSTR. 28
TEL.: (089) 2180 2252
- LEITER: PROF.DR.DR.H.C. EDMUND HEINEN
- FORSCHUNGSSCHWERPUNKTE:
ausgehend vom ansatz der entscheidungsorientierten betriebswirtschaftslehre, die die unternehmung als offenes soziales system versteht: beziehungen zwischen der unternehmung bzw. ihren organisationsmitgliedern und der umwelt; insbesondere externe effekte (soziale kosten und nutzen) und ihre beruecksichtigung im informationssystem der unternehmung
VORHABEN:
UMWELTPLANUNG, UMWELTGESTALTUNG
UC -036 betriebswirtschaftliche berechnung sozialer kosten

0635
INSTITUT FUER INDUSTRIELLE FORMGEBUNG DER TU HANNOVER
3000 HANNOVER, WILHELM-BUSCH-STR. 8
TEL.: (0511) 762-2197
- LEITER: PROF. LINDINGER
VORHABEN:
ABFALL
MG -019 gestaltung von produkten unter beruecksichtigung des abfallproblems

0636
INSTITUT FUER INFRASTRUKTUR DER UNI MUENCHEN
8000 MUENCHEN, BAUERSTR. 20
TEL.: (089) 2180-2239
- LEITER: PROF.DR. FRIEDRICH HANSSMANN
- FORSCHUNGSSCHWERPUNKTE:
systemforschung im umweltschutz mittels quantitativer systemmodelle, energiemodelle, oekonomisch-oekologische modelle, verkehrsmodelle
VORHABEN:
WASSERREINHALTUNG UND WASSERVERUNREINIGUNG
KC -030 umweltbezogene optimierungsmodelle fuer die zellstoff- und papierindustrie unter einbeziehung des altpapierwiedereinsatzes
ENERGIE
SA -039 analyse und prognose der verbrauchsstruktur der muenchner haushalte
SA -040 regionales energiemodell muenchen
UMWELTPLANUNG, UMWELTGESTALTUNG
UC -037 sektorale schadstoffkoeffizienten
UH -022 oekonomische und oekologische konsequenzen einer einschraenkung des autoverkehrs in ballungsgebieten

0637
INSTITUT FUER INGENIEURBIOLOGIE UND BIOTECHNOLOGIE DES ABWASSERS DER UNI KARLSRUHE
7500 KARLSRUHE, AM FASANENGARTEN
TEL.: (0721) 6082297 TX.: 07-826521
- LEITER: PROF.DR. HARTMANN
- FORSCHUNGSSCHWERPUNKTE:
analyse der kinetik mikrobieller stoffwechselreaktionen; grundlagenforschung auf dem gebiet der biologischen verfahrenstechnik; gewaesserguete und deren beeinflussung durch umweltfaktoren; biologische vorgaenge an der sohle fliessender und stehender gewaesser
VORHABEN:
WASSERREINHALTUNG UND WASSERVERUNREINIGUNG
IA -013 die veraenderung der physiologischen leistungsfaehigkeit des faekalindikators e.coli in klaeranlagen und oberflaechengewaessern
IC -053 einfluss von metallgiften auf flussbiocoenosen
IC -054 bestimmung der rueckloesung organischer substanzen aus dem bodenschlamm durch anaerobe prozesse und der damit verbundenen 02-zehrung
KA -013 einfluss der temperatur auf die bsb-kinetik, gezeigt am beispiel escherichia-coli
KB -040 verwertbarkeit biochemischer parameter zur beurteilung kommunaler abwaesser
KB -041 reaktionskinetische analyse der elimination von substanzen in biologischen klaersystemen
KC -031 optimierung und steuerung eines fermentationssystems mit sequentieller prozessfuehrung, dargestellt am system ammonifikation-nitrifikation
KE -021 untersuchung ueber die thermische behandlung von klaerschlaemmen
KE -022 die leistungsfaehigkeit von belebtschlaemmen und tropfkoerperrasen in anlagen mit komplizierter abwasserlast
KE -023 oekologische untersuchungen an modelltropfkoerper und modellbelebtschlammanlagen
WIRKUNGEN UND BELASTUNGEN DURCH SCHADSTOFFE
PI -023 reaktionskinetik biologischer systeme

0638
INSTITUT FUER KERNCHEMIE DER UNI KOELN
5000 KOELN 1, ZUELPICHER STRASSE 47
TEL.: (0221) 470-3208, -3209
- LEITER: PROF.DR. WILFRID HERR
- FORSCHUNGSSCHWERPUNKTE:
radioaktivitaet, geochemie, aktivierungsanalyse, nachweis von spurenelementen, isotopie-effekte, isotopen-haeufigkeitsbestimmungen, gamma-spektrometrie, alpha-spektrometrie, radioisotope
VORHABEN:
WIRKUNGEN UND BELASTUNGEN DURCH SCHADSTOFFE
PF -033 geochemie umweltrelevanter spurenstoffe

0639
INSTITUT FUER KERNCHEMIE DER UNI MAINZ
6500 MAINZ, FRIEDRICH-VON-PFEIFFER-WEG 14
TEL.: (06131) 39879
- LEITER: PROF.DR. G. HERMANN
- FORSCHUNGSSCHWERPUNKTE:
entwicklung einer methode zur bestimmung toxischer elemente in lebensmitteln
VORHABEN:
LEBENSMITTEL-, FUTTERMITTELKONTAMINATION
QA -030 entwicklung einer methode zur bestimmung von blei, cadium, quecksilber, arsen und tellur in lebensmitteln

0640
INSTITUT FUER KERNENERGETIK DER UNI STUTTGART
7000 STUTTGART 80, PFAFFENWALDRING 31
VORHABEN:
STRAHLUNG, RADIOAKTIVITAET
NC -039 kernschmelzen. teilprojekt: experimentelle untersuchung der dampfexplosion

0641
INSTITUT FUER KERNPHYSIK DER UNI FRANKFURT
6000 FRANKFURT, AUGUST-EULER-STRASSE 6
TEL.: (0611) 798-4238
- LEITER: PROF. SCHOPPER
VORHABEN:
LUFTREINHALTUNG UND LUFTVERUNREINIGUNG
CA -044 spurenanalyse von baumringen aus verschiedenen verkehrsreichen stellen des frankfurter stadtgebietes
UMWELTCHEMIKALIEN
OA -021 untersuchung von aerosolen mit der neutronenaktivierungsanalyse

0642
INSTITUT FUER KERNTECHNIK DER TU BERLIN
1000 BERLIN 10, MARCHSTR. 18
TEL.: (030) 314-2850
- LEITER: PROF.DR. GERHARD BARTSCH

VORHABEN:
STRAHLUNG, RADIOAKTIVITAET
NC -040 die berechnung der zuverlaessigkeit grosser komplexer systeme nach der methode der relevanten phade
NC -041 entwicklung von messverfahren zur bestimmung transienter massenstroeme (dampf/wasser) durch signalkorrelation
NC -042 ein beitrag zur uebertragbarkeit der rasmussenstudie (wash 1400) auf kernkraftwerke in der bundesrepublik deutschland

0643
INSTITUT FUER KLEINTIERZUCHT DER FORSCHUNGSANSTALT FUER LANDWIRTSCHAFT
3100 CELLE, DOERNBERGSTR. 25-27
TEL.: (05141) 31031, -32
- LEITER: PROF.DR. HANS-CHRISTOPH LOELIGER
- FORSCHUNGSSCHWERPUNKTE:
carry-over von umweltchemikalien (schwermetalle, biocide u. a.) auf gefluegel und gefluegelprodukte; rezyklierung von abfaellen ueber tierfuetterung; hygienisierung von gefluegelkot; keim- und staubemissionen aus gefluegel-intensivhaltungen
VORHABEN:
LUFTREINHALTUNG UND LUFTVERUNREINIGUNG
BD -001 keim- und staubemissionen aus gefluegel-intensivhaltungen
BD -002 untersuchungen ueber die ausstreuung von keimen und schadgasen aus den abluftschaechten von gefluegelgrosstaellen
ABFALL
MF -027 rezyklierung von abfaellen in der gefluegelfuetterung
MF -028 versuche ueber die beseitigung und verwertung von abfaellen aus der tierproduktion
MF -029 untersuchungen zur verhinderung hygienischer gefaehrdung bei der beseitigung und verwertung von gefluegel- und kaninchenkot
LEBENSMITTEL-, FUTTERMITTELKONTAMINATION
QD -013 der einfluss von mit quecksilber kontaminiertem futter auf die leistung der tiere und auf rueckstandsgehalte in den eiern und im gefluegelfleisch
QD -014 der einfluss von mit blei und cadmium kontaminiertem futter auf die leistung der tiere und auf rueckstandsgehalte in den eiern und im gefluegelfleisch
QD -015 carry over bei gefluegel, futter-huhn-eier, futter-gefluegelfleisch
HUMANSPHAERE
TF -022 verhinderung hygienischer gefaehrdung bei der beseitigung und verarbeitung tierischer abfaelle

0644
INSTITUT FUER KOLBENMASCHINEN DER TU BRAUNSCHWEIG
3300 BRAUNSCHWEIG, LANGER KAMP 6
TEL.: (0531) 391 2929
- LEITER: PROF.DR.-ING. WOSCHNI
VORHABEN:
LUFTREINHALTUNG UND LUFTVERUNREINIGUNG
BA -026 untersuchung der abgaszusammensetzung bei anwendung der ladungsschichtung bei ottomotoren
BA -027 erarbeitung von methoden zur vorausberechnung der schadstoffemission von verbrennungsmotoren
DA -028 die nachverbrennung der abgase von ottomotoren bei stationaerem betrieb
DA -029 fahrzeuge und antriebe; hybridmotoren fuer fahrzeuge im stadtverkehr
DA -030 verbrennungsmotor bei hybridem und direktem antrieb

0645
INSTITUT FUER KOLBENMASCHINEN DER TU HANNOVER
3000 HANNOVER, WELFENGARTEN 1A
TEL.: (0511) 762-2418 TX.: 09-23868
- LEITER: PROF.DR.-ING. KLAUS GROTH
- FORSCHUNGSSCHWERPUNKTE:
abgas- und geraeuschfragen an verbrennungsmotoren
VORHABEN:
LUFTREINHALTUNG UND LUFTVERUNREINIGUNG
BA -028 untersuchung des reaktionsablaufes, insbesondere der stickoxidentwicklung, an einem einhub-dieseltriebwerk
BA -029 einfluss der spaltgeometrie und temperatur auf die ch-emission an einem ottomotor
BA -030 untersuchungen ueber das startverhalten eines direkteinspritzenden dieselmotors
BA -031 start- und warmlaufverhalten von dieselmotoren
BA -032 die abgasentwicklung im dieselmotor: unterthema: untersuchungen des zylinderinhaltes eines einhubtriebwerkes zur ermittlung der bildungsgesetze von abgaskomponenten
LAERM UND ERSCHUETTERUNGEN
FB -041 laestigkeit von dieselmotor-geraeuschen, erstellung eines messverfahrens
FC -046 extrapolation von geraeuschmessungen an hydraulischen kolbenmaschinen
FC -047 reduzierung des gesamtschallpegels an motorkettensaegen

0646
INSTITUT FUER KOLBENMASCHINEN DER UNI KARLSRUHE
7500 KARLSRUHE, KAISERSTR. 12
TEL.: (0721) 608-2430 TX.: 07-826521
- LEITER: PROF. G. JUNGBLUTH
VORHABEN:
LUFTREINHALTUNG UND LUFTVERUNREINIGUNG
BA -033 untersuchungen ueber leistungs- und abgasverhalten von verbrennungsmotoren bei mageren gemischen
BA -034 abgasemission und betriebsverhalten von ottomotoren bei betrieb mit verschiedenen brennstoffen

0647
INSTITUT FUER KONSTRUKTIONSLEHRE UND THERMISCHE MASCHINEN DER TU BERLIN
1000 BERLIN 12, FASANENSTR. 88
TEL.: (030) 3143353
- LEITER: PROF.DR.-ING. KLAUS FEDERN
- FORSCHUNGSSCHWERPUNKTE:
thermodynamik der verbrennungskraftmaschine; schadstoffentstehung in brennkammern von gasturbinen; probleme der dynamik von kolbenmotoren; thermische beanspruchung von motorbauteilen
VORHABEN:
LUFTREINHALTUNG UND LUFTVERUNREINIGUNG
BA -035 entstehung schaedlicher abgasbestandteile in brennkammern von gasturbinen

0648
INSTITUT FUER KONSTRUKTIVEN INGENIEURBAU DER UNI BOCHUM
4630 BOCHUM, POSTFACH 2148
VORHABEN:
STRAHLUNG, RADIOAKTIVITAET
NC -043 f+e fuer spannbeton-reaktordruckbehaelter. teilprojekt: stahlfaserbeton

0649
INSTITUT FUER KRAFTFAHRWESEN DER TH AACHEN
5100 AACHEN, TEMPLERGRABEN 86-90
TEL.: (0241) 425600, 425604 TX.: 08-32704
- LEITER: PROF.DR.-ING. HELLING
- FORSCHUNGSSCHWERPUNKTE:
verminderung von geraeusch- und abgasemissionen, insbesondere von kraftfahrzeugen mit instationaerer betriebsweise in ballungsgebieten; energieeinsparung und verbesserung der wirtschaftlichkeit durch transportsysteme mit rechneroptimierter routenanpassung und kapazitaetsauslastung; minderung von antriebsverlusten; energierueckgewinnung beim bremsvorgang; antriebe mit kontinuierlicher verbrennung; emissionsarme brennkammern
VORHABEN:
LUFTREINHALTUNG UND LUFTVERUNREINIGUNG
DA -031 axialkolbenmotor mit innerer kontinuierlicher verbrennung
DA -032 schwungrad-hybridanbetrieb fuer kraftfahrzeuge mit ausgepraegt instationaerer betriebsweise
UMWELTPLANUNG, UMWELTGESTALTUNG
UI -017 entwicklung eines demand-bus-systems in ballungsgebieten (definitions- und simulationsmodell)
UI -018 erstellung eines verkehrsnachfragemodells und fahrzeugkonzeptes fuer bedarfsgesteuerte bussysteme

0650
INSTITUT FUER KRAFTFAHRWESEN UND FAHRZEUGMOTOREN DER UNI STUTTGART
7000 STUTTGART 1, KEPLERSTR. 17
TEL.: (0711) 2073835 TX.: 07-21703
- LEITER: PROF.DR.-ING. ULF ESSERS
- FORSCHUNGSSCHWERPUNKTE:
entstehung von reifengeraeuschen; einfluss der fahrbahn auf das reifenabrollgeraeusch und den kraftschlussbeiwert; pruefung von fahrzeugheizungen; umweltfreundliche alternativkraftstoffe, kolbengeraeusche
VORHABEN:
LUFTREINHALTUNG UND LUFTVERUNREINIGUNG
BA -036 ein beitrag zur gemischbildung bei ottomotoren unter beruecksichtigung von abgasfragen
LAERM UND ERSCHUETTERUNGEN
FB -042 einfluss der fahrbahn auf das reifenabrollgeraeusch und den kraftschlussbeiwert

0651
INSTITUT FUER KUESTEN- UND BINNENFISCHEREI DER BUNDESFORSCHUNGSANSTALT FUER FISCHEREI
2000 HAMBURG, PALMAILLE 9
TEL.: (040) 381601 TX.: 02-14911
- LEITER: PROF.DR. TIEWS
VORHABEN:
WASSERREINHALTUNG UND WASSERVERUNREINIGUNG
IE -030 schadwirkung und akkumulation von kombinationen von schwermetallen, pestiziden und detergentien an embryonal- und larvenstadien mariner organismen zur festlegung von wasserqualitaetskriterien
WIRKUNGEN UND BELASTUNGEN DURCH SCHADSTOFFE
PA -021 physiologische untersuchungsverfahren zur ermittlung von abwasserschaeden durch untersuchung der wirkung von stressfaktoren
PB -021 untersuchung der speicherung von pestiziden und pcb bei nutztieren des meeres
PC -023 toxizitaet von emulgatoren (tenside) bei verschiedenem salzgehalt
PC -024 anwendung physiologischer untersuchungsverfahren zur ermittlung einzelner toxischer schadstoffe und deren kombination unter beruecksichtigung von stressfaktoren
PC -025 untersuchungen zur toxizitaet und speicherung von pestiziden und schwermetallsalzen bei nutztieren des meeres
LEBENSMITTEL-, FUTTERMITTELKONTAMINATION
QD -016 untersuchung der toxizitaet und speicherung von pestiziden und schwermetallsalzen bei nutztieren des meeres

0652
INSTITUT FUER KUNSTSTOFFVERARBEITUNG DER TH AACHEN
5100 AACHEN, PONTSTR. 49
TEL.: (0241) 3838 TX.: 08-32704
- LEITER: PROF.DR.-ING. GEORG MENGES
- FORSCHUNGSSCHWERPUNKTE:
erfassung von kunststoffabfaellen; wiederverwendung von kunststoffmuell; reduzierung der umweltprobleme in der kunststoffindustrie
VORHABEN:
ABFALL
MA -017 erfassung von kunststoffabfaellen
ME -039 untersuchung der wirtschaftlichen moeglichkeiten zur wiederverwendung von kunststoffmuell
ME -040 wiederverwendung von kunststoffmuell unter wirtschaftlichen gesichtspunkten und einbeziehung spezieller eigenschaften der kunststoffe
HUMANSPHAERE
TA -037 reduzierung der umweltprobleme in der kunststoffindustrie

0653
INSTITUT FUER LACKPRUEFUNG DIPL.-CHEM. WALTER HENNIGE
6300 GIESSEN, GARTFELD 2
TEL.: (0641) 31094 TX.: 4821725
- LEITER: DIPL.-CHEM. HENNIGE
- FORSCHUNGSSCHWERPUNKTE:
forschungsvorhaben wasser
VORHABEN:
ABFALL
MC -022 untersuchung der wirksamkeit von dichtungsmitteln fuer auffangwannen bei lagerung wassergefaehrdender stoffe

0654
INSTITUT FUER LAENDLICHE SIEDLUNGSPLANUNG DER UNI STUTTGART
7000 STUTTGART, KEPLERSTR. 11
TEL.: (0711) 2073-637
- LEITER: PROF. RUDOLF SCHOCH
- FORSCHUNGSSCHWERPUNKTE:
laermschutz im staedtebau
VORHABEN:
LAERM UND ERSCHUETTERUNGEN
FD -023 laermschutz im staedtebau

0655
INSTITUT FUER LAENDLICHE STRUKTURFORSCHUNG AN DER UNI FRANKFURT
6000 FRANKFURT, ZEPPELINALLEE 31
TEL.: (0611) 775001
- LEITER: PROF.DR. PRIEBE
- FORSCHUNGSSCHWERPUNKTE:
agrarstrukturpolitik, nebenberufliche landwirtschaft, landschaftspflege; regionalpolitik, laendlicher raum
VORHABEN:
LAND- UND FORSTWIRTSCHAFT
RA -014 modellvorhaben zur erprobung extensiver betriebsformen fuer die nebenberufliche landwirtschaft in standortunguenstigen gruenlandgebieten

0656
INSTITUT FUER LANDES- UND STADTENTWICKLUNGSFORSCHUNG DES LANDES NORDRHEIN-WESTFALEN
4600 DORTMUND, KOENIGSWALL 38-40
TEL.: (0231) 142351
- LEITER: DR. VICTOR VON MALCHUS
- FORSCHUNGSSCHWERPUNKTE:
grundsatzprobleme der landes-, regional- und stadtentwicklungsplanung; umweltschutz und erholung
VORHABEN:
UMWELTPLANUNG, UMWELTGESTALTUNG
UL -023 anforderungen der verschiedenen planungsebenen an eine oekologische bestandsaufnahme des landes nordrhein-westfalen

0657
INSTITUT FUER LANDESKULTUR / FB 16/21 DER UNI GIESSEN
6300 GIESSEN, SENCKENBERGSTR. 3
TEL.: (0641) 7028321
- LEITER: PROF.DR. WOHLRAB
- FORSCHUNGSSCHWERPUNKTE:
landeskulturelle forschungstaetigkeiten; besonders: bewaesserung, entwaesserung, insbesondere draenung; wasserhaushaltsfragen; wirkung der bodennutzung auf gewaesser; belastung und belastbarkeit der landschaft durch bodennutzung; bodennutzung in wasserschutzgebieten; belastung von oberflaechennahem grundwasser durch deponien; schwermetalle in gewaessern; beseitigung und verwertung von fluessigen und festen siedlungsabfaellen; meliorationen; fragen der rekultivierung von landschaftsschaeden, bewaesserungs- und versalzungsfragen in ariden und semiariden gebieten
VORHABEN:
WASSERREINHALTUNG UND WASSERVERUNREINIGUNG
HG -024 agrarhydrologische und hydropedologische kriterien zur festlegung von empfehlungen und auflagen fuer die bodennutzung in wasserschutzgebieten
IB -014 wirkungen verschiedener flaechennutzung auf das abflussregime und den stoffeintrag in gewaesser
IC -055 verunreinigung der gewaesser durch anwendung von abwasserschlamm
ID -030 verunreinigung von grund- und oberflaechenwasser durch muelldeponien
ABFALL
MC -023 untersuchungen ueber die dauer und das ausmass der umweltbelastung durch geschlossene und zu schliessende muellkippen
MC -024 die filterwirkung verschiedener sande und kiese bei der duengung mit abwasserklaerschlamm und muellkompost

MD -018 die technische weiterentwicklung im klaeranlagenwesen. eine tendenzstudie zur ermittlung der daraus resultierenden veraenderten verwertungsmoeglichkeiten des abwasserklaerschlamms
MD -019 bedarfsermittlung von muellklaerschlammkompost (klaerschlammkompost) und standortermittlung fuer kuenftige kompostwerke in hessen unter beruecksichtigung neuer kompostierungsanlagen (verfahren)
LAND- UND FORSTWIRTSCHAFT
RD -021 die wirkung verschiedener draenmaschinentypen auf boden und wasserhaushalt
RD -022 der salzhaushalt des bodens bei verschiedenen bewaesserungsverfahren
UMWELTPLANUNG, UMWELTGESTALTUNG
UK -023 rekultivierung der abgrabungen von steinen und erden im sinne einer optimalen umweltgestaltung
UL -024 rekultivierung der abgrabungen von steinen und erden im sinne einer optimalen umweltgestaltung
UL -025 kriterien und masstaebe fuer die belastbarkeit der landschaft durch die bodennutzung
UL -026 geeignete folgenutzung von abgrabungen und anschuettungen mit planungsbeispielen aus dem raum giessen

0658
INSTITUT FUER LANDESKULTUR UND PFLANZENOEKOLOGIE DER UNI HOHENHEIM
7000 STUTTGART 70, SCHLOSS 1
TEL.: (0711) 4701-2189
- LEITER: PROF.DR. KARLHEINZ KREEB
- FORSCHUNGSSCHWERPUNKTE:
biologische indikation von luftverunreinigungen, gewaesserverschmutzung
VORHABEN:
LUFTREINHALTUNG UND LUFTVERUNREINIGUNG
AA -070 biologisch-oekologische indikation von umweltschaeden und deren kartographische erfassung
AA -071 messtechnische kontrolle von umweltschadensfaktoren
AA -072 photosyntheseleistung von flechten als mass der immissionsbelastung der luft
AA -073 beeinflussung der photosynthese hoeherer pflanzen durch immissionsbelastung im raum stuttgart
AA -074 immissionsschadensindikation mit hilfe von flechten
AA -075 indikation von immissionswirkungen durch messung von enzymaktivitaeten und chlorophyllgehalt bei flechten und hoeheren pflanzen
AA -076 indikation von immissionsschaeden an flechten durch uv-fluoreszenzmikroskopie
AA -077 natuerliche standortbedingungen des epiphytischen flechtenvorkommens, kausal- und wechselbeziehungen. veraenderung der flechtenvegetation durch immission
AA -078 jahreszeitliche veraenderungen der immissionskonzentration in esslingen
AA -079 untersuchungen zur oekologisch-physiologischen indikation der umweltbelastung
WASSERREINHALTUNG UND WASSERVERUNREINIGUNG
HA -036 untersuchungen zur verbreitung und oekologie submerser makrophyten auf der schwaebischen alb zwischen baeren und grosser lauter und zwischen iller- und lechplatten
IA -014 submerse makrophyten als bioindikatoren fuer gewaesserbelastung mit anionaktiven tensiden und schwermetallen
WIRKUNGEN UND BELASTUNGEN DURCH SCHADSTOFFE
PH -030 der einfluss des bakterienaufwuchses auf submerse makrophyten, insbesondere auf potamogeton lucens u. p. crispus bei unterschiedlicher nh4- und po4-belastung
PH -031 der einfluss phosphat-, borat- und streusalz-belasteter weichwaesser auf submerse makrophyten
UMWELTPLANUNG, UMWELTGESTALTUNG
UL -027 vegetation, funktion und erhaltungswuerdigkeit von aufgelassenen weinbergen

0659
INSTITUT FUER LANDMASCHINENFORSCHUNG DER FORSCHUNGSANSTALT FUER LANDWIRTSCHAFT
3300 BRAUNSCHWEIG, BUNDESALLEE 50
TEL.: (0531) 5961
- LEITER: PROF.DR.-ING. WOLFGANG BAADER
- FORSCHUNGSSCHWERPUNKTE:
behandlung organischer rest- und abfallstoffe aus der landwirtschaftlichen produktion sowie deren einbringung in den boden zwecks beseitigung bzw. verminderung umweltschaedigender oder -belaestigender wirkungen und erhoehung des nutzwertes dieser stoffe; bereitstellung nutzbarer energie aus den rest- und abfallstoffen
VORHABEN:
LUFTREINHALTUNG UND LUFTVERUNREINIGUNG
BD -003 brennverhalten von stroh bei unterschiedlichen technischen betriebsbedingungen
BE -009 einfluss technischer parameter von belueftungssystemen auf den sauerstoffeintrag und auf die dispergierung bei der belueftung von fluessigmist
WASSERREINHALTUNG UND WASSERVERUNREINIGUNG
KD -007 technik der aeroben aufbereitung von fluessigmist
KD -008 einfluss der stofflichen zusammensetzung und physikalischen parameter auf den aeroben abbau in haufwerken aus organischen stoffen
KD -009 einfluss von temperatur und sauerstoffversorgung auf den abbau organischer substanz bei der aeroben behandlung von fluessigmist
ABFALL
MF -030 technische grundlagen zur herstellung unbedenklich lagerfaehiger oder verwertbarer zwischenprodukte aus festen abgaengen landwirtschaftlicher nutztiere
MF -031 technische verfahren der anwendung landwirtschaftlicher und kommunaler abfaelle auf nutzflaechen, brach- und oedland
MF -032 herstellung unbedenklich lagerbarer und landwirtschaftlich verwertbarer feststoffe aus tierischen exkrementen
MF -033 aufbereitung von huehnerkot zur gewinnung schadloser futterzusaetze und umweltfreundlicher duenger
MF -034 technische verfahren der anwendung organischer reststoffe auf landwirtschaftlichen flaechen
MF -035 stoff- und waermefluss bei der verdunstungstrocknung von organischen stoffen bei grossen schichtdicken
MF -036 technische verfahren der stabilisierung fermentativ aufbereiteten fluessigmistes durch protozoen
WIRKUNGEN UND BELASTUNGEN DURCH SCHADSTOFFE
PF -034 ermittlung von gesetzmaessigkeiten von werkzeugwirkungen beim einbringen und mischen von stoffen mit boden

0660
INSTITUT FUER LANDSCHAFTS- UND FREIRAUMPLANUNG DER TU BERLIN
1000 BERLIN 10, FRANKLINSTR. 29
TEL.: (030) 314-2102
- LEITER: PROF.DR. HANS KIEMSTEDT
- FORSCHUNGSSCHWERPUNKTE:
ziele und aufgaben der landschafts- und freiraumplanung; berufsfeldanalyse; planungsorganisation und probleme der durchsetzbarkeit; freiraumbedarfsermittlung fuer die reproduktion der bevoelkerung; planungsablauf und bewertungsverfahren zur beruecksichtigung natuerlicher ressourcen; naherholung und fremdenverkehr im laendlichen raum
VORHABEN:
LAERM UND ERSCHUETTERUNGEN
FD -024 pflanzen als mittel zur laermbekaempfung
ABFALL
MC -025 planung und einrichtung einer versuchsdeponie in berlin-wannsee
LAND- UND FORSTWIRTSCHAFT
RA -015 planerische konkretisierung der durch die landwirtschaft ausgeloesten oder sie beeintraechtigenden nutzungskonflikte
HUMANSPHAERE
TC -012 planungsmodell freizeit und tourismus
UMWELTPLANUNG, UMWELTGESTALTUNG
UK -024 inhalt und aufgabe oekologischer landschaftsplanung als beitrag zur raumplanung
UK -025 auswirkungen von ferienzentren auf landschaftshaushalt und -bild
UK -026 bewertungsrahmen fuer naturschutzplanung
UK -027 zur bestimmung regionaler naherholungsraeume im rahmen einer langfristigen flaechensicherungspolitik
UL -028 beeintraechtigende wirkungen des naturhaushalts als entscheidungsfaktor fuer die raumplanung

0661
INSTITUT FUER LANDSCHAFTSPFLEGE UND LANDSCHAFTSOEKOLOGIE DER BUNDESFORSCHUNGSANSTALT FUER NATURSCHUTZ UND LANDSCHAFTSOEKOLOGIE
5300 BONN -BAD GODESBERG, HEERSTR. 110
TEL.: (02221) 330041, -42, -43, -44
- LEITER: PROF.DR. GERHARD OLSCHOWY

VORHABEN:
WASSERREINHALTUNG UND WASSERVERUNREINIGUNG
HA -037 ueber den einfluss des gehoelzbewuchses auf die wasser- und ufervegetation kleiner fliessgewaesser
HA -038 ueber die auswirkungen des gehoelzbewuchses an kleinen wasserlaeufen des muensterlandes auf die vegetation im wasser und an den boeschungen
IA -015 hoehere wasserpflanzen als bioindikatoren fuer die gewaesserverunreinigung
IC -056 ermittlung des wasserpflanzenbesatzes der fluesse saar, ahr, sieg und fulda und ihrer aussage ueber die gewaesserverschmutzung
IF -017 auswirkungen der gewaesserverschmutzung auf die rasche ausbreitung nitrophiler pflanzen
LAND- UND FORSTWIRTSCHAFT
RD -023 auswirkung von bewirtschaftungsmassnahmen (duengung, herbizide) auf die zusammensetzung der ackerunkrautbestaende
UMWELTPLANUNG, UMWELTGESTALTUNG
UK -028 landschaftsrahmenplanung des naturparks teutoburger wald - wiehengebirge
UK -029 ermittlung potentieller erholungsgebiete in der bundesrepublik deutschland unter besonderer beruecksichtigung agrarischer problemgebiete
UK -030 ermittlung und aufbau eines landschaftsinformationssystems auf der grundlage einer rasterbezogenen flaechendatenbank
UK -031 camping im laendlichen raum
UK -032 erarbeitung von empfehlungen fuer die aufstellung von landschaftsplaenen im rahmen der allgemeinen landeskultur und agrarplanung
UK -033 methoden zur erstellung einer planungsorientierten oekologischen raumgliederung
UK -034 erarbeitung von empfehlungen fuer die verknuepfung von landschaftsplanung und strassenplanung
UL -029 ermittlung und untersuchung schutzwuerdiger gebiete entlang des rheins
UL -030 ermittlung botanisch wertvoller flaechen in der bundesrepublik deutschland
UL -031 botanische bewertung vorhandener naturschutzgebiete
UL -032 auswertung von untersuchungen und forschungsergebnissen zur belastung der landschaft und ihres naturhaushaltes
UL -033 untersuchung zur belastung der landschaft durch freizeit und erholung in ausgewaehlten raeumen
UL -034 bewertung von landschaftsschaeden mit hilfe der nutzwertanalyse
UL -035 beispiel einer oekologischen raumgliederung auf der grundlage der karte der potentiellen natuerlichen vegetation im ballungsgebiet westlich von frankfurt
UM -040 vegetationskarte der bundesrepublik deutschland 1:200000
UM -041 ermittlung der in der bundesrepublik deutschland gefaehrdeten farn- und bluetenpflanzen und vorschlaege fuer schutzmassnahmen
UM -042 vegetationsuntersuchungen auf brachflaechen
UM -043 floristische kartierung mitteleuropas regionalstelle koeln-aachen
UM -044 solitaerbaeume im bereich des extensiv genutzten gruenlandes der hohen rhoen
UM -045 vegetationskundliche untersuchungen in der hohen rhoen
UM -046 xerothermvegetation in rheinland-pfalz und nachbargebieten

0662
INSTITUT FUER LANDSCHAFTSPLANUNG DER UNI STUTTGART
7000 STUTTGART, KIENESTR. 41
TEL.: (0711) 2073-878
- LEITER: PROF.DR. GISELHER KAULE
- FORSCHUNGSSCHWERPUNKTE:
raeumliche planung auf der basis der oekologischen gegebenheiten; freiflaechenplanung; simulationsmodelle zur kenntlichmachung von umweltbelastungen
VORHABEN:
ENERGIE
SA -041 simulation des systems energie-umwelt fuer begrenzte wirtschaftsraeume
UMWELTPLANUNG, UMWELTGESTALTUNG
UE -026 flaechennutzungsplanung kempten, landschaftsuntersuchung
UF -011 rahmenplan stadtbild kempten
UK -035 landschaftsuntersuchung memmingen
UK -036 landschaftsuntersuchung ravensburg-flappach
UK -037 landschaftsplanung stadt und verwaltungsraum tuttlingen
UL -036 problemstudie: erfassung und bewertung der oekologischen gegebenheiten und deren bedeutung fuer die raumordnung in den raeumen der bundesrepublik deutschland

0663
INSTITUT FUER LANDTECHNIK / FB 20 DER UNI GIESSEN
6300 GIESSEN, BRAUGASSE 7
TEL.: (0641) 7028430
- LEITER: PROF.DR. H. EICHHORN
- FORSCHUNGSSCHWERPUNKTE:
mechanisierung der entsorgung in grossen tierbestaenden; untersuchung an folienwaeschern fuer geruchsminderung; geraete- und verfahrenstechnik der landschaftspflege
VORHABEN:
LUFTREINHALTUNG UND LUFTVERUNREINIGUNG
DC -037 weiterentwicklung des biologischen folienwaeschers zur kostensenkung von umweltmassnahmen

0664
INSTITUT FUER LANDTECHNIK UND BAUMASCHINEN DER TU BERLIN
1000 BERLIN 33, ZOPOTTER STRASSE 35
TEL.: (030) 8233050
- LEITER: PROF.DR.-ING. HORST BOEHLICH
VORHABEN:
LUFTREINHALTUNG UND LUFTVERUNREINIGUNG
BD -004 abdrift von pflanzenschutzwirkstoffen bei driftgefuehrten pflanzenschutzmassnahmen
UMWELTCHEMIKALIEN
OD -044 automatisierung von untersuchungsverfahren ueber vorkommen und wirkungen von umweltchemikalien und bioziden

0665
INSTITUT FUER LANDTECHNISCHE GRUNDLAGENFORSCHUNG DER FORSCHUNGSANSTALT FUER LANDWIRTSCHAFT
3300 BRAUNSCHWEIG, BUNDESALLEE 50
TEL.: (0531) 596461
- LEITER: PROF.DR.-ING. WILHELM BATEL
- FORSCHUNGSSCHWERPUNKTE:
erfassen der bei der landwirtschaftlichen produktion auf den menschen wirkenden belastungen; bewerten der belastungen; entwikkeln technischer massnahmen zur verminderung der belastungen
VORHABEN:
LUFTREINHALTUNG UND LUFTVERUNREINIGUNG
BD -005 staubquellen, staubausbreitung und staubbelastung in der landwirtschaftlichen produktion
BE -010 messen und bekaempfen der bei biologischen produktionsprozessen emittierten geruchsintensiven stoffe
LAERM UND ERSCHUETTERUNGEN
FC -048 erfassen der schwingungsbelastung des menschen auf landwirtschaftlichen fahrzeugen
FC -049 erfassen der belastung durch laerm an typischen arbeitsplaetzen in der landwirtschaft

0666
INSTITUT FUER LANDVERKEHRSWEGE DER TU BERLIN
1000 BERLIN 12, STRASSE DES 17. JUNI 135
TEL.: (030) 314-3314
- LEITER: PROF.DR. WERNER HERBST
- FORSCHUNGSSCHWERPUNKTE:
laermminderung im schienenverkehr
VORHABEN:
LAERM UND ERSCHUETTERUNGEN
FB -043 voruntersuchung zu riffelbildung auf schienen
FB -044 untersuchung zur minderung der innen- und aussengeraeusche bei schienengebundenen systemen des stadtverkehrs

0667
INSTITUT FUER LANDWIRTSCHAFTLICHE BAUFORSCHUNG DER FORSCHUNGSANSTALT FUER LANDWIRTSCHAFT
3300 BRAUNSCHWEIG, BUNDESALLEE 50
TEL.: (0531) 5961
- LEITER: PROF.DR. JOACHIM PIOTROWSKI

VORHABEN:
LAND- UND FORSTWIRTSCHAFT
RF -010 kriterien zur standortbeurteilung fuer groessere tierbestaende

0668
INSTITUT FUER LANDWIRTSCHAFTLICHE BETRIEBS- UND ARBEITSLEHRE DER UNI KIEL
2300 KIEL, HOLZKOPPELWEG 14
TEL.: (0431) 8806320, 8806321
- LEITER: PROF.DR. CAY LANGBEHN

VORHABEN:
LAND- UND FORSTWIRTSCHAFT
RA -016 neue produktionssysteme im marktfruchtbau flaechenreicher betriebe norddeutschlands - ein beitrag zur frage des interregionalen wettbewerbs landwirtschaftlicher produktionsstandorte

0669
INSTITUT FUER LANDWIRTSCHAFTLICHE BETRIEBSLEHRE / FB 20 DER UNI GIESSEN
6300 GIESSEN, SENCKENBERGSTR. 3
TEL.: (0641) 7028341
- LEITER: PROF.DR. H. SPITZER

VORHABEN:
LAND- UND FORSTWIRTSCHAFT
RA -017 die mehrfachnutzung des landes
RA -018 regionale spezialisierung und regionale konzentration der agrarproduktion in der bundesrepublik deutschland
UMWELTPLANUNG, UMWELTGESTALTUNG
UE -027 landgemeinden im wirkungsbereich der regionalentwicklung und raumordnung
UH -023 verkehrsplanung in gemeindegruppen des laendlichen raumes

0670
INSTITUT FUER LANDWIRTSCHAFTLICHE BETRIEBSLEHRE DER UNI BONN
5300 BONN, MECKENHEIMER ALLEE 174
TEL.: (02221) 733500,733501,733502
- LEITER: PROF.DR. GUENTHER STEFFEN
- FORSCHUNGSSCHWERPUNKTE:

der einfluss oekologischer restriktionen auf die agrarproduktion; betriebsentwicklung und planung
VORHABEN:
LAND- UND FORSTWIRTSCHAFT
RA -019 der einfluss von umweltschutzauflagen in der veredelungswirtschaft auf die produktionsstruktur landwirtschaftlicher unternehmen

0671
INSTITUT FUER LANDWIRTSCHAFTLICHE MIKROBIOLOGIE / FB 16/21 DER UNI GIESSEN
6300 GIESSEN, SENCKENBERGSTR. 3
TEL.: (0641) 702-8331
- LEITER: PROF.DR. E. KUESTER
- FORSCHUNGSSCHWERPUNKTE:

abfallbiologie; kompostierung von kommunalen und industriellen abfaellen; recycling von abfallstoffen
VORHABEN:
ABFALL
MB -029 untersuchung von anaeroben prozessen und deren wirkung auf die kompostierung von siedlungsabfaellen
MB -030 biologische und hygienische bewertung des blaubeurener beatmungsverfahrens
MB -031 bildung von antibiotisch wirksamen stoffen bei der kompostierung von siedlungsabfaellen
MB -032 biologische und hygienische bewertung des blaubeurener belueftungsverfahrens
MB -033 celluloseabbau bei der kompostierung
MB -034 bildung von antibiotisch wirksamen stoffen bei der kompostierung von siedlungsabfaellen
MB -035 bestimmung der co2-produktion waehrend der heissrotte organischer abfallstoffe
MB -036 beseitigung und verwertung von industriellen fermentationsrueckstaenden
MC -026 wasser- und stoffhaushalt in abfalldeponien und deren auswirkungen auf gewaesser. unterthema: bestimmung der biologischen aktivitaet zur kennzeichnung des stabilisierungsvorganges
UMWELTCHEMIKALIEN
OD -045 abbau von keratin durch bodenmikroorganismen
WIRKUNGEN UND BELASTUNGEN DURCH SCHADSTOFFE
PF -035 bleiimmissionen und deren wirkung auf mikrobiologische aktivitaeten im boden
PG -027 einfluss der anwendung von siedlungsabfaellen auf den schadstoffgehalt im boden und in der pflanze
PH -032 luftmycel- und konidienbildung bei streptomyceten in abhaengigkeit von biotischen faktoren und ernaehrungsbedingungen
PH -033 oekologie der mikroorganismen in boeden verschiedener herkunft und behandlung unter besonderer beruecksichtigung des vorkommens und der bedeutung von azotobacter
PI -024 untersuchungen zur oekologie von bodenpilzen
LEBENSMITTEL-, FUTTERMITTELKONTAMINATION
QA -031 physiologie und oekologie von halophilen organismen
QC -029 vorkommen und nachweis von antibakteriellen stoffen in gemuese und obst
QC -030 untersuchungen zur mikrobiellen schadwirkung in obstkonserven
LAND- UND FORSTWIRTSCHAFT
RB -010 einfluss der lagerungsbedingungen von gefrierspinat auf mikroflora und nitritbildung
RB -011 mikrobiologische aspekte bei der kuehllagerung von tomaten
RB -012 die lagerungsfaehigkeit von frischgemuese in abhaengigkeit von oekologischen faktoren und unter besonderer beruecksichtigung physiologischer und mikrobieller aspekte

0672
INSTITUT FUER LANDWIRTSCHAFTLICHE TECHNOLOGIE UND ZUCKERINDUSTRIE DER TU BRAUNSCHWEIG
3300 BRAUNSCHWEIG, LANGER KAMP 5
TEL.: (0531) 340929 TX.: 952359
- LEITER: PROF.DR. REINEFELD

VORHABEN:
WASSERREINHALTUNG UND WASSERVERUNREINIGUNG
KC -032 untersuchungen ueber den zusammenhang zwischen schlammstruktur und zuckergehalt in zuckerfabrikabwaessern

0673
INSTITUT FUER LANDWIRTSCHAFTLICHE VERFAHRENSTECHNIK DER UNI KIEL
2300 KIEL, OLSHAUSENSTR. 40-60
TEL.: (0431) 880-2355, -2360
- LEITER: PROF.DR. U. RIEMANN
- FORSCHUNGSSCHWERPUNKTE:

biologische behandlung von schweinefluessigdung, fluessigdunglagerung, phasentrennung, geruchsminderung, hygienisierung, naehrstoffnutzung durch sachgerechte ausbringung; ermittlung des zusammenhangs zwischen tierhaltungsverfahren und geruchsemission
VORHABEN:
WASSERREINHALTUNG UND WASSERVERUNREINIGUNG
KD -010 entwicklung von verfahrenselementen zum biologischen abbau von fluessigdung
KD -011 praktischer einsatz von geraeten und verfahren zur biologischen fluessigdungbehandlung

0674
INSTITUT FUER LANDWIRTSCHAFTSRECHT DER UNI GOETTINGEN
3400 GOETTINGEN
VORHABEN:
UMWELTPLANUNG, UMWELTGESTALTUNG
UB -018 rechtssystematische untersuchung der umweltrelevanten bundesgesetzlichen und eg-bestimmungen des bereichs agrar- und ernaehrungswirtschaft in bezug auf das zielsystem des bml

0675
INSTITUT FUER LEBENSMITTELCHEMIE DER BUNDESFORSCHUNGSANSTALT FUER ERNAEHRUNG
7500 KARLSRUHE, ENGESSERSTR. 20
TEL.: (0721) 60114, 60115
- LEITER: PROF.DR. ALFONS FRICKER
- FORSCHUNGSSCHWERPUNKTE:
radioaktivitaet, schwermetallgehalte und mykotoxine in lebensmitteln
VORHABEN:
ABFALL
ME -041 entwicklung von verfahren zur verringerung der abfallmenge bei der verarbeitung von kartoffeln
LEBENSMITTEL-, FUTTERMITTELKONTAMINATION
QA -032 veraenderungen von konservierungsstoffen in lebensmitteln

0676
INSTITUT FUER LEBENSMITTELCHEMIE DER TU BERLIN
1000 BERLIN 12, MUELLER-BRESLAU-STR. 10
TEL.: (030) 314-2226
- LEITER: PROF.DR. JOSEF SCHORMUELLER
VORHABEN:
LAND- UND FORSTWIRTSCHAFT
RB -013 versuche zur charakterisierung mechnaisch modifizierter staerke im hinblick auf anwendungsmoeglichkeiten in der lebensmittelchemie
RB -014 hydroperoxid-abbaufaktor in leguminosen

0677
INSTITUT FUER LEBENSMITTELCHEMIE DER UNI KARLSRUHE
7500 KARLSRUHE, KAISERSTR. 12
TEL.: (0721) 608-2133
- LEITER: PROF.DR. WERNER HEIMANN
VORHABEN:
LAND- UND FORSTWIRTSCHAFT
RB -015 untersuchungen ueber das verhalten des lipoxigenase-lipoperoxidase-systems in cerealien im hinblick auf die entstehung (neubildung) von aromastoffen
RB -016 untersuchungen ueber eine beeinflussung der aroma-durchlaessigkeit von verpackungsfolien durch chemische modifizierung

0678
INSTITUT FUER LEBENSMITTELCHEMIE DER UNI MUENSTER
4400 MUENSTER, PIUSALLEE 76
TEL.: (0251) 490-3391
- LEITER: PROF.DR. LUDWIG ACKER
VORHABEN:
LEBENSMITTEL-, FUTTERMITTELKONTAMINATION
QA -033 vorkommen von chlorierten kohlenwasserstoffen im fettgewebe des menschen und in lebensmitteln
QC -031 vorkommen von hcb und pcb in getreide und getreideerzeugnissen

0679
INSTITUT FUER LEBENSMITTELTECHNOLOGIE UND VERPACKUNG DER FRAUNHOFER-GESELLSCHAFT AN DER TU MUENCHEN
8000 MUENCHEN, SCHRAGENHOFSTR. 35
TEL.: (089) 145454
- LEITER: DR. GERHARD SCHRICKER
- FORSCHUNGSSCHWERPUNKTE:
anwendungsorientierte grundlagenforschung auf den fachgebieten verpackungstechnik (packstoffe, packmittel, packgueter, maschinelles abpacken, transport und lagerung, einschlaegige mess- und pruefverfahren); lebensmittelverpackung (wechselwirkung zwischen verpackung und lebensmittel, migrationsvorgaenge, lagerfaehigkeit und qualitaetserhaltung, bezogen auf physikalische daten); lebensmitteltechnik (mikrobiologie, sensorik, schokoladentechnologie, analysen- und messverfahren)
VORHABEN:
LEBENSMITTEL-, FUTTERMITTELKONTAMINATION
QA -034 beherrschung der migration von packstoffbestandteilen in lebensmitteln
QA -035 verlauf der maillard-reaktion in wasserarmen lebensmitteln in abhaengigkeit vom wassergehalt und den erhitzungsbedingungen
LAND- UND FORSTWIRTSCHAFT
RB -017 verringerung der umweltbeeinflussung durch verpackung von lebensmittel
RB -018 erarbeitung von mindestanforderungen an die verpackung von lebensmitteln

0680
INSTITUT FUER LEBENSMITTELVERFAHRENSTECHNIK DER UNI KARLSRUHE
7500 KARLSRUHE, KAISERSTR. 12
TEL.: (0721) 6082497
- LEITER: PROF.DR.DR.-ING. MARCEL LONCIN
- FORSCHUNGSSCHWERPUNKTE:
synthese nichtschaeumender kationtenside mit keimtoetenden wirkungen; untersuchung von nachspuelvorgaengen an modellstrecken
VORHABEN:
WASSERREINHALTUNG UND WASSERVERUNREINIGUNG
KB -042 untersuchung von nachspuelvorgaengen an modellstrecken
LAND- UND FORSTWIRTSCHAFT
RB -019 reinigung und desinfektion in der lebensmittelindustrie

0681
INSTITUT FUER LEICHTE FLAECHENTRAGWERKE DER UNI STUTTGART
7000 STUTTGART 80, PFAFFENWALDRING 14
TEL.: (0711) 7843599
- LEITER: PROF.DR.-ING. OTTO FREI
- FORSCHUNGSSCHWERPUNKTE:
anwendung und nutzung von weitspannbaren flaechentragwerken in umweltschutz und energietechnik (z. b. kuehltuerme, wasserspeicher, deichschutz)
VORHABEN:
WASSERREINHALTUNG UND WASSERVERUNREINIGUNG
HG -025 konstrukt. membranen im wasserbau, klaertech. u. energietech. (hochwasserschutz, deichsicherung, schwimmende behaelter, regen- u. klaerbecken, barrieren geg. oel u. abwasser, warmwasserspeicher, kuehlturm)

0682
INSTITUT FUER LICHTTECHNIK DER TU BERLIN
1000 BERLIN 10, EINSTEINUFER 19
TEL.: (030) 3142401 TX.: 184 262
- LEITER: PROF.DR. STOLZENBERG
- FORSCHUNGSSCHWERPUNKTE:
tageslichtmessungen; innenraumbeleuchtung mit tageslicht (lichttechnische und psycho-physische bewertung); fragen der beleuchtung bei der humanisierung der arbeit
VORHABEN:
HUMANSPHAERE
TA -038 optimale lichtfarbe von leuchtstofflampen in arbeitsraeumen
TB -014 forderungen an abstandsflaechen und fenster im hinblick auf kommunikation und privatheit

0683
INSTITUT FUER LUFT- UND RAUMFAHRT DER TU BERLIN
1000 BERLIN 10, SALZUFER 17-19, G. 12
TEL.: (030) 3142308
- LEITER: PROF.DR.-ING. UWE GANZER
- FORSCHUNGSSCHWERPUNKTE:
methoden zur ueberwachung im sinne des umweltschutzes mithilfe von flugzeugen und satelliten; bevorzugte zielsetzung: bildverarbeitungsmethoden zur erkennung von verschmutzungen im wasser und zur identifizierung von pflanzenschaedigungen
VORHABEN:
ABFALL
MA -018 optische sofortbestimmung der statistischen stueckgroessenverteilung von schuettgut

0684
INSTITUT FUER LUFTSTRAHLENANTRIEBE DER DFVLR
5000 KOELN 90, LINDER HOEHE
TEL.: (02203) 45-1
- LEITER: DR.-ING. WINTERFELD
VORHABEN:
LUFTREINHALTUNG UND LUFTVERUNREINIGUNG
DB -018 untersuchung ueber die verminderung der schadstoffemission, vorwiegend der stickoxidbildung in primaerverbrennungszonen

0685
INSTITUT FUER MAKROMOLEKULARE CHEMIE DER TH DARMSTADT
6100 DARMSTADT, ALEXANDERSTR. 24
TEL.: (06151) 162377
- LEITER: PROF.DR. JOSEF SCHURZ
VORHABEN:
WASSERREINHALTUNG UND WASSERVERUNREINIGUNG
KC -033 untersuchungen ueber art, menge und wirkung wasserloeslicher organischer substanzen im fabrikationswasser der papierherstellung
KC -034 untersuchungen zur gewinnung von ligninsulfonaten aus ablaugen und entfernung aus restabwaessern der sulfitzellstoffherstellung

0686
INSTITUT FUER MASCHINENELEMENTE DER TU MUENCHEN
8000 MUENCHEN 2, ARCISSTR. 21
TEL.: (089) 2105-511
- LEITER: PROF.DR.-ING. WINTER
VORHABEN:
LAERM UND ERSCHUETTERUNGEN
FC -050 geraeuschmessungen an zahnradgetrieben

0687
INSTITUT FUER MASCHINENKONSTRUKTION DER TU BERLIN
1000 BERLIN 33, ZOPPOTER STRASSE 35
TEL.: (030) 8233050
VORHABEN:
LAND- UND FORSTWIRTSCHAFT
RB -020 entwicklung von verpackungsmethoden

0688
INSTITUT FUER MASCHINENWESEN IM BAUBETRIEB DER UNI KARLSRUHE
7500 KARLSRUHE, AM FASANENGARTEN
TEL.: (0721) 608-2647 TX.: 7826521
- LEITER: PROF.DR.-ING. GUENTER KUEHN
- FORSCHUNGSSCHWERPUNKTE:
massnahmen gegen den laerm gewerblicher und nicht gewerblicher anlagen; minderung des laerms gewerblicher und nicht gewerblicher anlagen durch schaffung sachlich und zeitlich abgestufter emissionsbegrenzungen in rechtsvorschriften
VORHABEN:
LAERM UND ERSCHUETTERUNGEN
FA -019 laermuntersuchungen an grossen baumaschinen
FC -051 verbesserung der umweltfreundlichkeit von maschinen, insbesondere von baumaschinen-antrieben
FC -052 untersuchungen ueber entwicklungstendenzen laermarmer tiefbauverfahren fuer den innerstaedtischen einsatz

0689
INSTITUT FUER MECHANIK DER TH DARMSTADT
6100 DARMSTADT, HOCHSCHULSTR. 1
- LEITER: DR.-ING. G. KEMPER
VORHABEN:
LAERM UND ERSCHUETTERUNGEN
FB -045 entstehung des laufgeraeusches von kraftfahrzeugreifen

0690
INSTITUT FUER MECHANISCHE VERFAHREN DER FH FUER TECHNIK MANNHEIM
6800 MANNHEIM 1, SPEYERER STRASSE 4
TEL.: (0621) 816061
- LEITER: PROF. OSKAR MEIXNER
- FORSCHUNGSSCHWERPUNKTE:
abwasser, luft, muell
VORHABEN:
LUFTREINHALTUNG UND LUFTVERUNREINIGUNG
BB -016 untersuchung der emission von kleinen oelfeuerungen

0691
INSTITUT FUER MECHANISCHE VERFAHRENSTECHNIK DER GESAMTHOCHSCHULE ESSEN
4300 ESSEN, UNIONSTR. 2
TEL.: (0201) 183312, 183313, 183314
- LEITER: PROF.DR.-ING. EKKEHARD WEBER
- FORSCHUNGSSCHWERPUNKTE:
industrielle gasreinigung; staub- und gasabscheidung
VORHABEN:
LUFTREINHALTUNG UND LUFTVERUNREINIGUNG
BB -017 untersuchungen ueber die emissionen von feuerungsanlagen, die mit gemischen aus kohlenstaub und heizoel betrieben werden
BB -018 beispielhafte herleitung von emissionsfaktoren hinsichtlich des staub- und gasauswurfs bei kupoloefen
DB -019 untersuchungen von oelbrennern fuer haushaltsfeuerungen mit dem ziel, deren emissionen zu vermindern
DC -038 abscheidbarkeit von kupolofenstaeben und gasfoermigen, luftfremden bestandteilen des kupolofenabgases unter betriebsbedingungen
DD -031 untersuchungen der absorption von gasen, insbesondere von schwefeloxiden, chlor-, fluorwasserstoff, stickoxiden durch wasser in fluessiger und gemischter phase
DD -032 untersuchung der staubkonzentrationsverteilung im elektrofilter bei verschiedenen geometrischen filterabmessungen und elektrodenformen
DD -033 untersuchungen ueber die abscheidung von staeuben und schadstoffkomponenten aus gasen mit hilfe von metall-, salz- oder oxidschmelzen
DD -034 untersuchung der grundvorgaenge in radialdesintegratoren

0692
INSTITUT FUER MECHANISCHE VERFAHRENSTECHNIK DER UNI ERLANGEN-NUERNBERG
8520 ERLANGEN, MARTENSSTR. 9
TEL.: (09131) 855653
- LEITER: PROF.DR.-ING. MOLERUS
VORHABEN:
LUFTREINHALTUNG UND LUFTVERUNREINIGUNG
BC -027 feingutaustrag aus wirbelschichten (staubemission)
CB -029 betriebsverhalten von wirbelschichten

0693
INSTITUT FUER MECHANISCHE VERFAHRENSTECHNIK DER UNI KARLSRUHE
7500 KARLSRUHE, RICHARD-WILLSTAETTER-ALLEE
TEL.: (0721) 6082401
- LEITER: PROF.DR.-ING. RUMPF
VORHABEN:
LUFTREINHALTUNG UND LUFTVERUNREINIGUNG
CB -030 wechselwirkungen zwischen feststoffteilchen und fluessigkeitstropfen in gasstroemungen
CB -031 verteilungen von konzentration, teilchengroesse und geschwindigkeit in mehrphasigen systemen
DD -035 einfluss elektrostatischer aufladungen des staubes auf seine abscheidung in faserschichtfiltern
DD -036 einfluss elektrostatischer aufladung auf die agglomeration von staeuben in stroemenden gasen
DD -037 dispergierung feinkoerniger feststoffe in gasen

DD -038 stroemungskraefte auf teilchen in grenzschichten mit oder ohne wandberuehrung
DD -039 haftwahrscheinlichkeit von partikeln beim aufprall auf feste oberflaechen
DD -040 erstellung einer studie zur kostenoptimierung bei staubabscheidern
DD -041 einfluss der gutbeladung auf das verhalten von zyklonen
WASSERREINHALTUNG UND WASSERVERUNREINIGUNG
KB -043 elektrophoretische feststoffabscheidung in koernigen filterschichten
KB -044 untersuchungen zur beeinflussung der ablagerung von feststoffteilchen an einer filterflaeche durch stroemungsvorgaenge in der truebe

0694
INSTITUT FUER MECHANISCHE VERFAHRENSTECHNIK DER UNI STUTTGART
7000 STUTTGART, BOEBLINGER STRASSE 72
TEL.: (0711) 665-209
- LEITER: PROF.DR.-ING. CHRISTIAN ALT
- FORSCHUNGSSCHWERPUNKTE:
filtration, sedimentation, zentrifugen
VORHABEN:
LUFTREINHALTUNG UND LUFTVERUNREINIGUNG
DD -042 untersuchung der staub- und filtermaterialseitigen einflussfaktoren bei der staubabscheidung in gewebefiltern
DD -043 untersuchungen ueber den abscheidegrad von feinsten fluessigen teilchen an poroesen filtermedien
WASSERREINHALTUNG UND WASSERVERUNREINIGUNG
KE -024 stroemungen in schnecken-vollmantelzentrifugen und ihr einfluss auf die sedimentation
KE -025 untersuchung der eigenschaften von filtertuechern auf die filtration
KE -026 druckfiltration mit bewegten feststoff-kuchen
KE -027 durchlaessigkeit von filterhilfsmitteln
KE -028 schlammzentrifuge
KE -029 feststoffbewegung in schneckenzentrifugen
KE -030 untersuchung der eigenschaften von filterkuchen auf die filtration

0695
INSTITUT FUER MEDIZINISCHE BALNEOLOGIE UND KLIMATOLOGIE DER UNI MUENCHEN
8000 MUENCHEN 70, MARCHIONINISTR. 17
TEL.: (089) 703824
- LEITER: PROF.DR.-ING. DREXEL
- FORSCHUNGSSCHWERPUNKTE:
wirkungen von wetter- und klimafaktoren (einschl. raumklima) auf den menschen; wirkungen natuerlicher und anthropogener luftbeimengungen auf den menschen; wirkungen schwacher elektrischer felder und elektromagnetischer strahlung auf den menschen
VORHABEN:
LUFTREINHALTUNG UND LUFTVERUNREINIGUNG
CA -045 identifizierung und messung von kohlenwasserstoffen natuerlicher und anthropogener herkunft in luft
CA -046 quantitative erfassung organischer mikroverunreinigungen und deren resorption ueber die atemwege
LAERM UND ERSCHUETTERUNGEN
FA -020 spontanes vorkommen und biotrope wirkungen von infraschall (0,1...20 hz)
STRAHLUNG, RADIOAKTIVITAET
NA -007 biotropie elektrischer und magnetischer felder, sowie elektromagnetischer wellen auf den menschen; wirkung der luftionisation auf mensch und tier
WIRKUNGEN UND BELASTUNGEN DURCH SCHADSTOFFE
PE -021 ozonwirkung auf den menschen
HUMANSPHAERE
TE -009 wetterwirkung auf gesunde und kranke menschen

0696
INSTITUT FUER MEDIZINISCHE DATENVERARBEITUNG DER GESELLSCHAFT FUER STRAHLEN- UND UMWELTFORSCHUNG MBH
8000 MUENCHEN 81, ARABELLASTR. 4
- LEITER: PROF.DR. LANGE
VORHABEN:
HUMANSPHAERE
TA -039 datenerfassung und datenverarbeitung im rahmen des schwerpunktprogramms laengsschnittuntersuchungen zu den auswirkungen inhalativer noxen am arbeitsplatz

0697
INSTITUT FUER MEDIZINISCHE MIKROBIOLOGIE, INFEKTIONS- UND SEUCHENMEDIZIN IM FB TIERMEDIZIN DER UNI MUENCHEN
8000 MUENCHEN, VETERINAERSTR. 13
TEL.: (089) 2180 2528
- LEITER: PROF.DR.DR.H.C. ANTON MAYR
- FORSCHUNGSSCHWERPUNKTE:
strahlenresistenz von mikroorganismen im klaerschlamm; trinkwasserdesinfektion, insbesondere gegen viren; diagnose und bekaempfung, insbesondere immunprophylaxe, von tierischen infektionskrankheiten; pathogenese tierischer virusinfektionen; mykotoxine
VORHABEN:
WASSERREINHALTUNG UND WASSERVERUNREINIGUNG
HE -017 trinkwasserdesinfektion unter besonderer beruecksichtigung der viren
KE -031 strahlenbehandlung von klaerschlamm und abwasser
ABFALL
MD -020 strahlenresistenz von mikroorganismen in klaerschlamm unter besonderer beruecksichtigung der viren
UMWELTCHEMIKALIEN
OB -016 untersuchungen zum vorkommen und der nachweisbarkeit von mykotoxinen, die keine aflatoxine sind

0698
INSTITUT FUER MEDIZINISCHE PARASITOLOGIE DER UNI BONN
5300 BONN, VENUSBERG
TEL.: (02221) 192673, 192674
- LEITER: PROF.DR. PIEKARSKI
- FORSCHUNGSSCHWERPUNKTE:
epidemiologische untersuchungen zur belebten umwelt; vorkommen von parasiten des menschen in badewasser, schwimmbecken, im spielsand der kinder, verunreinigung durch hunde und katzen
VORHABEN:
WIRKUNGEN UND BELASTUNGEN DURCH SCHADSTOFFE
PE -022 toxoplasmose-forschungen zur epidemiologie des erregers (uebertragungswege)
HUMANSPHAERE
TF -023 stoffwechseluntersuchungen an krankheitsuebertragenden insekten, probleme der malariauebertragung
TF -024 uebertragbarkeit von trichomonaden durch schwimmbaeder, insbesondere thermalbaeder
TF -025 infektionswege der duenndarmcoccidien des menschen

0699
INSTITUT FUER MEDIZINISCHE STATISTIK UND DOKUMENTATION DER FU BERLIN
1000 BERLIN 45, HINDENBURGDAMM 30
TEL.: (030) 798-2091, -2092
- LEITER: PROF.DR. GUENTER FUCHS
- FORSCHUNGSSCHWERPUNKTE:
beratung medizinischer institute und kliniken in fragen der versuchsplanung, der statistik und der dokumentation, z. b. mutagene wirkung von umwelteinfluessen
VORHABEN:
WIRKUNGEN UND BELASTUNGEN DURCH SCHADSTOFFE
PD -043 mathematische modelle zum problem der extrachromosomaten vererbung

0700
INSTITUT FUER MEDIZINISCHE STATISTIK UND DOKUMENTATION DER UNI ERLANGEN-NUERNBERG
8520 ERLANGEN, WALDSTR. 6
TEL.: (09131) 852750
- LEITER: PROF.DR. LOTHAR HORBACH
- FORSCHUNGSSCHWERPUNKTE:
berufskrebsstudie
VORHABEN:
HUMANSPHAERE
TA -040 gesundheitsgefaehrdung durch arbeitsstoffe

0701
INSTITUT FUER MEDIZINISCHE STATISTIK, DOKUMENTATION UND DATENVERARBEITUNG DER TU MUENCHEN
8000 MUENCHEN 80, STERNWARTSTR. 2
TEL.: (089) 4140-2070, 4140-2071
- LEITER: PROF.DR. HEINZ-JOACHIM LANGE
- FORSCHUNGSSCHWERPUNKTE:
die bedeutung chronisch-inhalativer noxen am arbeitsplatz als ursache von chronischer bronchitis und emphysem
VORHABEN:
HUMANSPHAERE
TA -041 die bedeutung chronisch-inhalativer noxen am arbeitsplatz als ursache von chronischer bronchitis und emphysem

0702
INSTITUT FUER MEERESFORSCHUNG
2850 BREMERHAVEN, AM HANDELSHAFEN 12
TEL.: (0471) 20641
- LEITER: PROF.DR. GERLACH
- FORSCHUNGSSCHWERPUNKTE:
entwicklung von abwassertests (bakterien, miesmuscheln, wattwuermer, fische); stoffwechsel und akkumulation von pestiziden und schwermetallen (blei, cadmium) in marinen organismen; veraenderung der lebensgemeinschaften am meeresboden durch abwassereinfluesse
VORHABEN:
WASSERREINHALTUNG UND WASSERVERUNREINIGUNG
HC -030 wasserqualitaet im weser-aestuar
HC -031 tiergemeinschaften und ihre verbreitung in der deutschen bucht 1975
HC -032 bakterienpopulationen in ozeanischen bodensedimenten
HC -033 oekologie mariner| niederer saprophytischer pilze (aquatic phycomcetes),wechselwirkungen zwischen der besiedlung des wasserkoerpers und der siedlungsdichte am meeresboden (es folgen verschiedene unterthemen)
IE -031 populationsdynamik und produktivitaet der bodenfauna in der deutschen bucht unter besonderer beruecksichtigung der meeresverschmutzung
IE -032 filtrierrate und nahrungsausnutzung von muscheln und der einfluss von truebungssubstanzen auf deren lebensfaehigkeit
IE -033 einfluss von schwermetallsalzen auf bakterien im wasser des weser-aestuars
IE -034 chlorierte kohlenwasserstoffe in meeressedimenten
IE -035 pilzkeime im weser-aestuar
IE -036 absorption und abbau von organischen schadstoffen bei marinen bakterien
KB -045 absorption und abbau von schadstoffen an sedimentkomponenten
UMWELTCHEMIKALIEN
OD -046 akkumulation und stoffwechsel von pestiziden
OD -047 abbau, weiterleitung und verteilung von organohalogenen in organismen des nordseelitorals
WIRKUNGEN UND BELASTUNGEN DURCH SCHADSTOFFE
PA -022 aufnahme und anreicherung von blei in der marinen nahrungskette und untersuchung ueber die toxizitaet von blei
PA -023 einfluss von asbeststaub auf die lebensfaehigkeit von miesmuscheln
PA -024 aufnahme und anreicherung von antimon in der marinen nahrungskette
PA -025 akkumulation und lokalisation von blei in marinen organismen
PB -022 analyse von pestiziden in marinen organismen
PB -023 einfluss von organischen schadstoffen auf normale physiologische vorgaenge in marinen organismen
PH -034 veraenderungen der marinen bakterienflora unter dem einfluss von schadstoffen

0703
INSTITUT FUER MEERESGEOLOGIE UND MEERESBIOLOGIE SENCKENBERG
2940 WILHELMSHAVEN, SCHLEUSENSTR. 39 A
TEL.: (04421) 41671
- LEITER: PROF.DR. H.E. REINECK
- FORSCHUNGSSCHWERPUNKTE:
anwendbarkeit von fernerkundungsmethoden im umweltschutz; auswirkung von industriellen schadstoffen auf das oekosystem der jade; schwermetalle in sedimenten und benthonten der ostfriesischen watten
VORHABEN:
WASSERREINHALTUNG UND WASSERVERUNREINIGUNG
IC -057 untersuchungen ueber den einfluss von schadstoffen auf die biologie von fliessgewaessern
IE -037 litoralforschung: abwasser in kuestennaehe, makrobenthos, jade und suedliche nordsee
IE -038 bestandsaufnahme jade
IE -039 schwermetall- und biozid-untersuchungen in der kuestenzone der suedlichen nordsee
IE -040 anwendung von fernerkundungsmethoden im marinen umweltschutz
IE -041 schwermetalle im bereich der ostfriesischen watten, der deutschen bucht und des nordseeschelfs

0704
INSTITUT FUER MEERESKUNDE AN DER UNI KIEL
2300 KIEL, NIEMANNSWEG 11
TEL.: (0431) 597-3401
- LEITER: PROF.DR. HEMPEL
VORHABEN:
LUFTREINHALTUNG UND LUFTVERUNREINIGUNG
AA -080 divergenz des atmosphaerischen feuchteflusses ueber der ostsee zur bestimmung der differenz von verdunstung und niederschlag
WASSERREINHALTUNG UND WASSERVERUNREINIGUNG
HC -034 austauschuntersuchungen in der kieler bucht
HC -035 mischungsuntersuchungen in den kuestennahen gewaessern der ostsee
HC -036 verteilung und chemismus von spurenmetallen im meerwasser
IE -042 untersuchungen ueber die mineralisierung organischer schmutzstoffe in der ostsee
IE -043 pestizide und polychlorierte biphenyle im seewasser
IE -044 untersuchungen zur vermischung in oberflaechennaehe und in der sprungschicht der westlichen ostsee (kieler bucht)
IE -045 entwicklung analytischer methoden fuer die untersuchung nichtpolarer organischer substanzen (kohlenwasserstoffe, organopestizide, pcb's) im meerwasser, in suspendierten partikeln und in marinen organismen
IF -018 eutrophierung in der kieler bucht durch staedtische abwaesser
IF -019 automatische analysenverfahren fuer eutrophierende substanzen im meerwasser
WIRKUNGEN UND BELASTUNGEN DURCH SCHADSTOFFE
PH -035 wirkung von schwermetallionen, bioziden und eutrophierungsfaktoren auf marine benthosalgen
LEBENSMITTEL-, FUTTERMITTELKONTAMINATION
QD -017 kohlenwasserstoffe und organochlorpestizide in einer kurzen, natuerlichen nahrungskette

0705
INSTITUT FUER MEERESKUNDE DER UNI HAMBURG
2000 HAMBURG 13, HEIMHUDER STRASSE 71
TEL.: (040) 41232605, 41232606
- LEITER: PROF.DR. WALTER HANSEN
VORHABEN:
WASSERREINHALTUNG UND WASSERVERUNREINIGUNG
HC -037 untersuchungen zu reststroemen in nord- und ostsee
HC -038 ermittlung der vertikalstruktur von bewegungen in geschichteten meeresgebieten, insbesondere seen und aestuarien
HC -039 untersuchung physikalischer prozesse im kuesten-, flachwasser- und aestuarienbereich

0706
INSTITUT FUER MESS- UND REGELUNGSTECHNIK DER TU BERLIN
1000 BERLIN 15, KURFUERSTENDAMM 195
TEL.: (030) 314-4100
- LEITER: PROF.DR.-ING.HABIL. THEODOR GAST
- FORSCHUNGSSCHWERPUNKTE:
messtechnische arbeiten auf dem gebiet reinhaltung der luft
VORHABEN:
LUFTREINHALTUNG UND LUFTVERUNREINIGUNG
DD -044 vorabscheider fuer lungengaengige staeube
WASSERREINHALTUNG UND WASSERVERUNREINIGUNG
IA -016 quasikontinuierliche bestimmung des phosphorgehaltes in waessriger loesung
KA -014 erforschung der moeglichkeiten zur entwicklung einer automatischen gravimetrischen apparatur

UMWELTCHEMIKALIEN
OA -022 automatische messeinrichtung zur korngroessenanalyse mittels druckmessung an einer suspension im schwerefeld

0707
INSTITUT FUER MESS- UND REGELUNGSTECHNIK MIT MASCHINENLABORATORIUM DER UNI KARLSRUHE
7500 KARLSRUHE, RICHARD-WILLSTAETTER-ALLEE
TEL.: (0721) 6081-2325
- LEITER: PROF.DR. F. MESCH
- FORSCHUNGSSCHWERPUNKTE:
entwicklung von messverfahren
VORHABEN:
WASSERREINHALTUNG UND WASSERVERUNREINIGUNG
HG -026 messtechnik fuer zweiphasenstroemungen innerhalb des sfb 62-verfahrenstechnische grundlagen der wasser- und gasreinigung

0708
INSTITUT FUER METEOROLOGIE DER FORSTLICHEN FORSCHUNGSANSTALT
8000 MUENCHEN 40, AMALIENSTR. 52
TEL.: (089) 2180-3153
- LEITER: PROF.DR. BAUMGARTNER
VORHABEN:
LUFTREINHALTUNG UND LUFTVERUNREINIGUNG
AA -081 klimatische funktionen der waelder
CB -032 kohlendioxidstroeme und bilanzen
WASSERREINHALTUNG UND WASSERVERUNREINIGUNG
HG -027 wasserbilanz der erde und europas
HG -028 hydrologische bilanz der alpen

0709
INSTITUT FUER METEOROLOGIE DER TH DARMSTADT
6100 DARMSTADT, HOCHSCHULSTR. 1
TEL.: (06151) 162170 TX.: 419579
- LEITER: PROF.DR. G. MANIER
- FORSCHUNGSSCHWERPUNKTE:
alle aspekte der ausbreitung von luftbeimengungen
VORHABEN:
LUFTREINHALTUNG UND LUFTVERUNREINIGUNG
AA -082 aufstellung eines rechenprogramms zur bestimmung der schornsteinmindesthoehen
CB -033 feststellung und vorhersage der ausbreitungsbedingungen in der bundesrepublik deutschland
CB -034 modelle zur berechnung der schadstoffausbreitung
CB -035 bestimmung der dreidimensionalen haeufigkeitsverteilung der ausbreitungsbedingungen
CB -036 interregionaler transport von luftverunreinigungen, entwicklung und anwendung des ausbreitungsmodells

0710
INSTITUT FUER METEOROLOGIE DER UNI MAINZ
6500 MAINZ, ANSELM-F. V. BENTZEL-WEG 12
TEL.: (06131) 392283
- LEITER: PROF. KURT BULLRICH
- FORSCHUNGSSCHWERPUNKTE:
physikalische und physikalisch-chemische eigenschaften der atmosphaerischen schwebeteilchen; ausbreitung von gasen und schwebeteilchen in der atmosphaere
VORHABEN:
LUFTREINHALTUNG UND LUFTVERUNREINIGUNG
AA -083 bestimmung des polarisationsgrades der himmelsstrahlung waehrend der daemmerung zur untersuchung hochatmosphaerischen dunstes
CA -047 bestimmung des komplexen berechnungsindex von aerosolen im luftgetragenen zustand
CB -037 physikalische chemie atmosphaerischer schwebeteilchen

0711
INSTITUT FUER METEOROLOGIE UND GEOPHYSIK DER UNI FRANKFURT
6000 FRANKFURT, FELDBERGSTR. 47
TEL.: (0611) 7982375
- LEITER: PROF.DR. H.-W. GEORGII
VORHABEN:
LUFTREINHALTUNG UND LUFTVERUNREINIGUNG
AA -084 pilotstation rhein-main/frankfurt
CB -038 grossraeumiger transport von luftverunreinigungen - flugzeugmessungen (oecd-projekt)
CB -039 interregionaler transport von luftverunreinigungen - flugzeugmessungen
CB -040 untersuchung ueber smogbildung, insbesondere ueber die ausbildung von oxidationen als folge der luftverunreinigungen in der bundesrepublik deutschland
WASSERREINHALTUNG UND WASSERVERUNREINIGUNG
HA -039 washout und rainout von spurenstoffen

0712
INSTITUT FUER METEOROLOGIE UND KLIMATOLOGIE DER TU HANNOVER
3000 HANNOVER 21, HERRENHAEUSERSTR. 2
TEL.: (0511) 7622677
- LEITER: PROF.DR. RAINER ROTH
- FORSCHUNGSSCHWERPUNKTE:
energiehaushalt (waerme- und wasserhaushalt) unterschiedlicher pflanzenbestaende; gelaendeklimatologie; stadtklima; experimentelle erfassung der grenzschicht
VORHABEN:
LUFTREINHALTUNG UND LUFTVERUNREINIGUNG
AA -085 meteorologie der atmosphaerischen grenzschicht innerhalb eines geschlossenen waldbestandes
WASSERREINHALTUNG UND WASSERVERUNREINIGUNG
HA -040 wasserforschung, verdunstung freier wasserflaechen
HA -041 meteorologische entwicklung von flusshochwasser in deutschland
HG -029 bestimmung des vertikalen wasserdampftransports im boden und in vegetationsdecken unter verwendung von nuklearverfahren
WIRKUNGEN UND BELASTUNGEN DURCH SCHADSTOFFE
PI -025 synoekologische erfassung der energiehaushalte einer wiese, eines buchenhochwaldes und eines fichtenbestandes
LAND- UND FORSTWIRTSCHAFT
RD -024 verdunstung und energiebedarf kuenstlich beheizter und beregneter freilandboeden
UMWELTPLANUNG, UMWELTGESTALTUNG
UK -038 kleinklimatische untersuchungen in umschlossenen freiraeumen und gelaendevertiefungen
UL -037 klimaoekologische modelle fuer die landschaftsoekologie

0713
INSTITUT FUER MIKROBIOLOGIE DER BUNDESANSTALT FUER MILCHFORSCHUNG
2300 KIEL, HERMANN-WEIGMANN-STR. 1-27
TEL.: (0431) 62011, APP. 41
- LEITER: DR. KARL-ERNST VON MILCZEWSKI
- FORSCHUNGSSCHWERPUNKTE:
erzeugung von einzellerprotein durch verwertung von abfaellen; toxikologische chargenkontrolle mikrobieller fermente; vorkommen und entstehung von mykotoxinen und nitrosaminen in nahrungsmitteln
VORHABEN:
WASSERREINHALTUNG UND WASSERVERUNREINIGUNG
KC -035 verbesserung der technologie der herstellung von einzellerprotein mit dem ziel, eine verminderung der abwasserbelastung zu erreichen
ABFALL
ME -042 verwertung von abfaellen der ernaehrungsindustrie durch umwandlung in biosynthetisches eiweiss
MF -037 eiweissgewinnung durch verhefung von molke
LEBENSMITTEL-, FUTTERMITTELKONTAMINATION
QA -036 toxikologische chargenkontrolle mikrobieller fermente: methodische untersuchungen und erarbeitung von standards
QA -037 gehalt und entstehung von mykotoxinen und nitrosaminen in nahrungsmitteln
QB -032 mykotoxine in kaese und milch: herkunft und nachweis
QB -033 entstehung von nitrosaminen in lebensmitteln, speziell in kaesen

0714
INSTITUT FUER MIKROBIOLOGIE DER GESELLSCHAFT FUER STRAHLEN- UND UMWELTFORSCHUNG MBH
3400 GOETTINGEN -WEENDE, GRIESBACHSTR. 8
TEL.: (0551) 393771
- LEITER: PROF.DR. N. PFENNIG
- FORSCHUNGSSCHWERPUNKTE:
kenntnis kritischer reaktionen beim abbau von xenobiotika; auffinden einer struktur-persistenz-korrelation; zuechtung und isolierung von bakterien mit erhoehter abbauleistung fuer schwer abbaubare umweltchemikalien; optimierung der abbauleistungen unter beruecksichtigung von praxisbedingungen
VORHABEN:
WASSERREINHALTUNG UND WASSERVERUNREINIGUNG
KC -036 biologischer abbau sulfonierter naphthaline in abwaessern
UMWELTCHEMIKALIEN
OD -048 mechanismus der biologischen persistenz von umweltchemikalien: halogenierte und sulfonierte kohlenwasserstoffe
OD -049 totalabbau von halogenierten kohlenwasserstoffen (gsf-programm 77 991)
OD -050 ernaehrungs- und stoffwechselphysiologie sowie anzuchtverfahren phototropher bakterien

0715
INSTITUT FUER MIKROBIOLOGIE DER TH DARMSTADT
6100 DARMSTADT, SCHNITTSPAHNSTR. 10
TEL.: (06151) 162855
- LEITER: PROF.DR. HANS-HERBERT MARTIN
- FORSCHUNGSSCHWERPUNKTE:
erfassung von genetisch wirksamen chemikalien in konservierungsmitteln, medikamenten, pestiziden, luft- und wasserverunreinigungen; entwicklung und verbesserung von testsystemen zu deren bestimmung
VORHABEN:
WIRKUNGEN UND BELASTUNGEN DURCH SCHADSTOFFE
PD -044 entwicklung von mikrobiellen indikatorsystemen zur verwendung in der umweltmutagenese-pruefung und deren erprobung

0716
INSTITUT FUER MIKROBIOLOGIE DER UNI BONN
5300 BONN, MECKENHEIMER ALLEE 168
TEL.: (02221) 734716
- LEITER: PROF. TRUPER
- FORSCHUNGSSCHWERPUNKTE:
mikrobieller schwefelstoffwechsel (bedeutung fuer den schwefelkreislauf in der natur); oekologie und physiologie von bakterien an extrem salzhaltigen standorten; die biochemischen leistungen photosynthetisierender bakterien im abwasser
VORHABEN:
WASSERREINHALTUNG UND WASSERVERUNREINIGUNG
KB -046 die biochemischen leistungen photosynthetisierender bakterien im abwasser
UMWELTCHEMIKALIEN
OD -051 mikrobieller schwefelwechsel
WIRKUNGEN UND BELASTUNGEN DURCH SCHADSTOFFE
PI -026 oekologie und physiologie von bakterien an extrem salzhaltigen standorten

0717
INSTITUT FUER MIKROBIOLOGIE DER UNI HOHENHEIM
7000 STUTTGART -HOHENHEIM, GARBENSTR. 30
TEL.: (0711) 4701 2222
- LEITER: PROF.DR. FRANZ LINGENS
- FORSCHUNGSSCHWERPUNKTE:
mikrobieller abbau von umweltchemikalien
VORHABEN:
UMWELTCHEMIKALIEN
OD -052 mikrobieller abbau von herbiziden und fungiziden

0718
INSTITUT FUER MIKROBIOLOGIE DER UNI MUENSTER
4400 MUENSTER, TIBUSSTR. 7-15
TEL.: (0251) 4903398
- LEITER: PROF.DR. H.-J. REHM
- FORSCHUNGSSCHWERPUNKTE:
mikrobieller abbau unkonventioneller kohlenstoffquellen, besonders der alkanfraktion aus erdoel; abbau von mykotoxinen durch mikroorganismen
VORHABEN:
ABFALL
ME -043 mikrobielle verwertung unkonventioneller kohlenstoffquellen
LEBENSMITTEL-, FUTTERMITTELKONTAMINATION
QC -032 bildung von mykotoxinen und abbau von mykotoxinen durch pilze

0719
INSTITUT FUER MIKROBIOLOGIE DER UNI STUTTGART
7000 STUTTGART 70, GARBENSTR. 30
TEL.: (0704) 2222
- LEITER: PROF.DR. FRANZ LINGENS
VORHABEN:
UMWELTCHEMIKALIEN
OD -053 untersuchung des abbaus des herbizids pyramin durch mikroorganismen des bodens

0720
INSTITUT FUER MIKROBIOLOGIE UND TIERSEUCHEN DER TIERAERZTLICHEN HOCHSCHULE HANNOVER
3000 HANNOVER, BISCHOFSHOLER DAMM 15
TEL.: (0511) 8113-537
- LEITER: PROF.DR. WOLFGANG BISPING
- FORSCHUNGSSCHWERPUNKTE:
hygienische untersuchungen an tierkoerperbeseitigungsanstalten
VORHABEN:
ABFALL
MB -037 pruefung und einsatzmoeglichkeit einer anlage zur unschaedlichen beseitigung von tierkoerpern und konfiskaten nach den vorschriften des tierkoerperbeseitigunggesetzes
MB -038 pruefung von einsatzmoeglichkeiten einer anlage zur unschaedlichen beseitigung von tierkoerpern und konfiskaten nach den vorschriften des tierkoerperbeseitigungsgesetzes

0721
INSTITUT FUER MINERALOGIE UND PETROGRAPHIE DER UNI KOELN
5000 KOELN, ZUELPICHER STR 49
TEL.: (0221) 4703368
- LEITER: PROF.DR. PAUL NEY
VORHABEN:
WASSERREINHALTUNG UND WASSERVERUNREINIGUNG
IA -017 untersuchung von schlammproben
UMWELTCHEMIKALIEN
OD -054 untersuchung der grossraeumigen verbreitung des berylliums in den hohen tauern (oesterreich), seiner mobilisierung und wechselwirkung mit der umwelt
OD -055 verteilungsprozesse der elemente mn, pb, zn, cd, co, ni, ba, mo, und tl bei der verwitterung der metamorphen manganlagerstaette ultevis / schwedisch-lappland
WIRKUNGEN UND BELASTUNGEN DURCH SCHADSTOFFE
PF -036 sedimentfallen und magmatogene waesser als geochemische referenzen fuer die gegenwaertige oberflaechensedimente der vulkanischen eifel
PF -037 das geochemische verhalten der elemente chrom, kobalt, kupfer, zink, kadmium, mangan und antimon, arsen, selen, tellur, fluor am beispiel eines magmatogenen und sedimentaeren bildungsraumes

0722
INSTITUT FUER MINERALOGIE UND PETROGRAPHIE DER UNI MAINZ
6500 MAINZ, SAARSTR. 21
TEL.: (06131) 392844
- LEITER: PROF.DR. H.J. TOBSCHALL
- FORSCHUNGSSCHWERPUNKTE:
bildung und vorkommen metallorganischer komplexe der elemente ni, cu, zn, ag, cd und hg in anthropogen belasteten kontinentalen gewaessern; die gehalte der elemente ni, cu, zn, rb, sr, y, zr, nb, ag, cd, hg und tl in sedimenten der fliessgewaesser des hessischen rieds; die konzentration der schwermetalle ni, cu, zn, ag und hg in subrezenten wattenschlicken des westlichen jadebusens; schwermetalle in klaerschlaemmen der kommunalen klaeranlagen des hessischen rieds
VORHABEN:
WASSERREINHALTUNG UND WASSERVERUNREINIGUNG
IC -058 bildung und vorkommen metallorganischer komplexe der elemente ni, cu, zn, ag, cd und hg in anthropogen belasteten kontinentalen gewaessern
IC -059 die gehalte der elemente ni, cu, zn, rb, sr, y, zr, nb, ag, cd, hg und tl in sedimenten der fliessgewaesser des hessischen rieds

0723
INSTITUT FUER MOTORENBAU PROF. HUBER E. V.
8000 MUENCHEN 81, EGGENFELDENER STRASSE 104
TEL.: (089) 936093
- LEITER: DIPL.-ING. DIETRICH GWINNER
- FORSCHUNGSSCHWERPUNKTE:
gemischbildung und verbrennung in otto- und dieselmotoren; motorinterne und -externe massnahmen zur verringerung des schadstoffgehalts im abgas von verbrennungsmotoren; verwendung von alternativen kraftstoffen
VORHABEN:
LUFTREINHALTUNG UND LUFTVERUNREINIGUNG
BA -037 spektrometrisches messverfahren zur bestimmung der oertlichen flammentemperatur im brennraum eines dieselmotors
BA -038 untersuchung von verschleisserscheinungen an einspritzduesen
BA -039 verbrennungsspektrometrie zur untersuchung des reaktionskinetischen verhaltens von dieselmotoren unter besonderer beruecksichtigung der stickoxidbildung
DA -033 entwicklung motortechnischer konstruktionen zur verminderung des auftretens schaedlicher abgasbestandteile beim hubkolben-ottomotor

0724
INSTITUT FUER NATURSCHUTZ UND TIEROEKOLOGIE DER BUNDESFORSCHUNGSANSTALT FUER NATURSCHUTZ UND LANDSCHAFTSOEKOLOGIE
5300 BONN -BAD GODESBERG, HEERSTR. 110
TEL.: (02221) 330041
- LEITER: DR. WOLFGANG ERZ
VORHABEN:
UMWELTPLANUNG, UMWELTGESTALTUNG
UK -039 untersuchung potentieller eignungsgebiete fuer nationalparke in der bundesrepublik deutschland
UK -040 gutachten zum nationalpark nordfriesisches wattenmeer
UN -021 ermittlung der gefaehrdeten tierarten (rote liste) in der bundesrepublik deutschland und grundlagen fuer ein hilfsprogramm

0725
INSTITUT FUER NEUTRONENPHYSIK UND REAKTORTECHNIK DER GESELLSCHAFT FUER KERNFORSCHUNG MBH
7500 KARLSRUHE, POSTFACH 3640
TEL.: (07247) 821
- LEITER: PROF.DR. K. WIRTZ
VORHABEN:
STRAHLUNG, RADIOAKTIVITAET
NB -025 langfristige radiooekologische umgebungsbelastung durch eine anhaeufung von nuklearen anlagen

0726
INSTITUT FUER NICHTPARASITAERE PFLANZENKRANKHEITEN DER BIOLOGISCHEN BUNDESANSTALT FUER LAND- UND FORSTWIRTSCHAFT
1000 BERLIN 33, KOENIGIN-LUISE-STR. 19
TEL.: (030) 8324011
- LEITER: PROF.DR. ADOLF KLOKE
- FORSCHUNGSSCHWERPUNKTE:
schwermetalle in pflanzen und boeden
VORHABEN:
LUFTREINHALTUNG UND LUFTVERUNREINIGUNG
BA -040 die reaktionen der pflanzen auf kraftfahrzeugabgase
UMWELTCHEMIKALIEN
OD -056 untersuchungen ueber die aufnahme von schadstoffen aus industrie- und siedlungsabwaessern bzw. -schlaemmen durch nutzpflanzen
WIRKUNGEN UND BELASTUNGEN DURCH SCHADSTOFFE
PF -038 belastbarkeit von boden und pflanze mit den elementen mangan, nickel, chrom, kobalt und vanadin
PF -039 untersuchungen ueber den quecksilber-, blei- und cadmiumgehalt von boeden und pflanzen beiderseits der verkehrswege
PF -040 vergleich der wirkung von kalk und lewatit bei der bindung von schwermetallen im boden
PH -036 untersuchung ueber die belastbarkeit des bodens mit pflanzennaehrstoffen
PH -037 untersuchungen ueber den einfluss von schadelementen im boden auf den ertrag und deren gehalt in pflanzen
PI -027 erarbeitung von verfahren zur verhinderung phytotoxischer einfluesse der auftausalze auf das strassenbegleitgruen
UMWELTPLANUNG, UMWELTGESTALTUNG
UM -047 untersuchungen ueber die standortbedingungen der strassenbaeume in berlin und die moeglichkeiten ihrer erhaltung

0727
INSTITUT FUER NUKLEARMEDIZIN DES DEUTSCHEN KREBSFORSCHUNGSZENTRUMS
6900 HEIDELBERG, IM NEUENHEIMER FELD 280
TEL.: (06221) 484550 TX.: 61562
- LEITER: PROF.DR. KURT-ERNST SCHEER
- FORSCHUNGSSCHWERPUNKTE:
diagnostik, insbesondere krebsdiagnostik (nuklearmedizin, computer-tomographie, ultraschall, radioimmunologie, spurenelementanalytik), neutronentherapie, entwicklung neuer methoden zur krebsdiagnostik und krebstherapie
VORHABEN:
STRAHLUNG, RADIOAKTIVITAET
NB -026 untersuchung zur beurteilung der durch kuenstliche bestrahlung bewirkten spaetschaeden bei menschen (thorotrastpatienten), follow-up studie

0728
INSTITUT FUER NUTZPFLANZENFORSCHUNG DER TU BERLIN
1000 BERLIN 33, ALBRECHT-THAER-WEG 3
TEL.: (030) 8231002, 8232004
- LEITER: PROF.DR. HORST MARSCHNER
- FORSCHUNGSSCHWERPUNKTE:
einfluss der duengung und der herbizide auf den boden und die pflanzen
VORHABEN:
WIRKUNGEN UND BELASTUNGEN DURCH SCHADSTOFFE
PG -028 einfluss der duengung und der herbizide auf das pflanzenwachstum und den boden

0729
INSTITUT FUER OBSTBAU UND GEMUESEBAU DER UNI BONN
5300 BONN, AUF DEM HUEGEL 6
TEL.: (02221) 73-5135
- LEITER: PROF.DR. JOACHIM HENZE
- FORSCHUNGSSCHWERPUNKTE:
erkennung von fluorschaeden an obstgehoelzen und -fruechten; verwertung von nebenprodukten aus der obst- und gemueseverarbeitenden industrie
VORHABEN:
ABFALL
ME -044 verwertung (recycling) von nebenprodukten aus der obst- und gemueseverarbeitenden industrie

WIRKUNGEN UND BELASTUNGEN DURCH SCHADSTOFFE
PF -041 erkennung von fluorschaeden an obstgehoelzen und -fruechten

0730
INSTITUT FUER OBSTKRANKHEITEN DER BIOLOGISCHEN BUNDESANSTALT FUER LAND- UND FORSTWIRTSCHAFT
6901 DOSSENHEIM, SCHWABENHEIMERSTR. 20
TEL.: (06221) 85238
- LEITER: PROF.DR. ALFRED SCHMIDLE
- FORSCHUNGSSCHWERPUNKTE:
krankheiten und schaedlinge im obstbau
VORHABEN:
WIRKUNGEN UND BELASTUNGEN DURCH SCHADSTOFFE
PB -024 untersuchungen ueber die wirkung von pflanzenschutzmitteln auf nutzarthropoden im freiland
LAND- UND FORSTWIRTSCHAFT
RH -030 untersuchungen zur oekologie, populationsdynamik und bekaempfung des apfelbaumglasflueglers, synanthedon myopaeformis
RH -031 freilandversuche zur bekaempfung des apfelwicklers laspeyresia pomonella mit granuloseviren
RH -032 bekaempfung von erdbeerblattaelchen und erdbeerviren mittels warmwasserbehandlung
RH -033 einfluss von duengung und bodenpflegemassnahmen auf den krankheits- und schaedlingsbefall in einer apfelanlage
RH -034 einfluss von fruchtfolgemassnahmen auf das auftreten der schwarzen wurzelfaeule der erdbeere
RH -035 untersuchungen ueber ursachen und formen der resistenz von apfelsorten und -unterlagen gegen phytophthora cactorum und p. syringae (kragenfaeule)

0731
INSTITUT FUER OEKOLOGIE DER TU BERLIN
1000 BERLIN 41, ROTHENBURGSTR. 12
TEL.: (030) 7917017
- LEITER: PROF.DR. REINHARD BORNKAMM
- FORSCHUNGSSCHWERPUNKTE:
bodenkunde mit bodenoekologie, pflanzenoekologie, oekosystemforschung und vegetationskunde, limnologie, bioklimatologie
VORHABEN:
LUFTREINHALTUNG UND LUFTVERUNREINIGUNG
AA -086 staedtische bioklimatologie
WASSERREINHALTUNG UND WASSERVERUNREINIGUNG
IC -060 chemische belastung des tegeler sees
IF -020 chemisch-oekologische untersuchungen ueber eutrophierung berliner gewaesser unter besonderer beruecksichtigung von phosphaten, nitraten und boraten
IF -021 chemisch-oekologische untersuchungen ueber eutrophierung berliner gewaesser unter besonderer beruecksichtigung von phosphaten, nitraten und boraten
ABFALL
MC -027 erstellung einer klimatischen wasserbilanz auf einer muell-versuchsdeponie; minimierung der sickerwassermenge durch die auswahl einer entsprechenden vegetationsdecke
MC -028 erstellung einer klimatischen wasserbilanz auf einer muellversuchsdeponie; minimierung der sickerwassermenge durch die auswahl einer entsprechenden vegetationsdecke
UMWELTCHEMIKALIEN
OD -057 abbau und bewegung von pestiziden und stickstoff im boden
WIRKUNGEN UND BELASTUNGEN DURCH SCHADSTOFFE
PF -042 cadmium- und bleibelastung und belastbarkeit berliner boeden
PF -043 cadmium- und bleibelastung und belastbarkeit berliner boeden und gesteine
PI -028 veraenderung von oekosystemen an strassenraendern
LAND- UND FORSTWIRTSCHAFT
RC -026 erosionsschutz im grunewald (berlin)
RG -023 substanzproduktion von waldpflanzen
UMWELTPLANUNG, UMWELTGESTALTUNG
UL -038 untersuchung der dynamik zweier bodencatenen des norddeutschen tieflandes
UL -039 oekologische untersuchungen an ruderalstandorten einer grosstadt
UL -040 oekologisches gutachten zur neuordnung eines teilabschnittes des havelufers in berlin - kladow
UL -041 oekologisches gutachten ueber die auswirkungen des erweiterungsbaues des kraftwerkes oberhavel
UL -042 geobotanische grundlagenuntersuchungen in berliner naturschutzgebieten
UL -043 schutz von oekosystemen und artenschutz
UM -048 entwicklung ruderaler oekosysteme
UM -049 wasserhaushalt von strassenbaeumen
UM -050 vegetations- und florengeschichtliche untersuchungen in den forsten grunewald und tegel (berlin)
UM -051 oekologie von ruderalpflanzen in berlin

0732
INSTITUT FUER OEKOLOGIE UND NATURSCHUTZ DER LANDESANSTALT FUER UMWELTSCHUTZ BADEN-WUERTTEMBERG
7500 KARLSRUHE 1, BANNWALDALLEE 32
TEL.: (0721) 5986-1
- LEITER: PROF.DR. HELMUT SCHOENNAMSGRUBER
- FORSCHUNGSSCHWERPUNKTE:
naturschutz und landschaftspflege: arten- und gebietsschutz, pflegemassnahmen; pflanzen und tiere: biozoenoseforschung, bioindikatoren, kartierungen; oekologie: belastung von oekosystemen
VORHABEN:
LUFTREINHALTUNG UND LUFTVERUNREINIGUNG
AA -087 exponierung von tabakpflanzen als bioindikatoren
AA -088 kartierung epiphytischer flechten als bioindikatoren von luftverunreinigung
UMWELTPLANUNG, UMWELTGESTALTUNG
UM -052 kartierung von halophyten als streusalzindikatoren an strassen
UM -053 kartierung der potentiellen natuerlichen vegetation zur standortecharakterisierung
UM -054 floristische und vegetationskundliche untersuchungen zur biotopcharakterisierung und zur erhaltung von arten und biozoenosen
UN -022 faunistische untersuchungen zur biotopcharakterisierung und zur erhaltung von arten und biozoenosen

0733
INSTITUT FUER OEKOLOGISCHE CHEMIE DER GESELLSCHAFT FUER STRAHLEN- UND UMWELTFORSCHUNG MBH
8042 NEUHERBERG, SCHLOSS BIRLINGHOVEN
TEL.: (089) 3874690
- LEITER: PROF.DR. F. KORTE
VORHABEN:
LUFTREINHALTUNG UND LUFTVERUNREINIGUNG
CB -041 bilanz der umwandlung von umweltchemikalien unter simulierten atmosphaerischen bedingungen
UMWELTCHEMIKALIEN
OC -017 synthetische und naturstoffchemie, struktur-aktivitaetsbeziehungen
OC -018 methoden der analytik fuer synthetische organische umweltchemikalien (xenobiotika)
OD -058 bilanz des schicksals von n-15-harnstoffduenger unter freilandbedingungen
OD -059 polychlorierte biphenyle in der umwelt
OD -060 ausbreitungsverhalten synthetischer organischer umweltchemikalien (xenobiotika)
WIRKUNGEN UND BELASTUNGEN DURCH SCHADSTOFFE
PC -026 bilanz der verteilung und umwandlung von umweltchemikalien in nichtmenschlichen primaten
PC -027 oekologisch-toxikologische effekte von fremdstoffen in nicht-menschlichen primaten und anderen labortieren
PC -028 bilanz der verteilung und umwandlung von umweltchemikalien in labortieren und mikroorganismen
PG -029 herbizide unter umweltgesichtspunkten
PI -029 bilanz der verteilung und umwandlung von umweltchemikalien in modell-oekosystemen boden-pflanzen und algen

0734
INSTITUT FUER ORGANISCHE CHEMIE DER UNI ERLANGEN-NUERNBERG
8520 ERLANGEN, HENKESTR. 42
TEL.: (09131) 85 25 37
- LEITER: PROF.DR. HANS-JUERGEN BESTMANN
- FORSCHUNGSSCHWERPUNKTE:
strukturaufklaerung und synthese von pheromonen und deren einsatz als umweltfreundliche schaedlingsbekaempfungsmittel
VORHABEN:
UMWELTCHEMIKALIEN
OC -019 strukturaufklaerung und synthese von pheromonen

0735
INSTITUT FUER ORGANISCHE CHEMIE DER UNI HEIDELBERG
6900 HEIDELBERG, POSTFACH .
VORHABEN:
ABFALL
MB -039 untersuchung der biozoenose und der niedermolekularen stoffwechselprodukte bei der kompostierung

0736
INSTITUT FUER ORGANISCHE CHEMIE DER UNI KOELN
5000 KOELN 41, GREINSTR. 4
TEL.: (0221) 470-4269
- LEITER: PROF.DR. HERBERT BUDZIKIEWICZ
VORHABEN:
UMWELTCHEMIKALIEN
OC -020 nachweis sowie untersuchungen der metaboliten von herbiziden mit hilfe einer gc/ms-kopplung

0737
INSTITUT FUER ORGANISCHE CHEMIE DER UNI STUTTGART
7000 STUTTGART, AZENBERGSTR. 14/18
TEL.: (0711) 20781
VORHABEN:
LAND- UND FORSTWIRTSCHAFT
RH -036 tierversuche zur auffindung repraesentativer untersuchungsmethoden fuer die schaedlingsbeurteilung

0738
INSTITUT FUER ORGANISCHE CHEMIE DER UNI TUEBINGEN
7400 TUEBINGEN 1, AUF DER MORGENSTELLE
TEL.: (07122) 2437
- LEITER: PROF.DR. BAYER
VORHABEN:
WASSERREINHALTUNG UND WASSERVERUNREINIGUNG
KA -015 analyse und isolierung von organischen substanzen aus abwasser in verschiedenen stadien der abwasserreinigung
KE -032 chemische untersuchungen bei verschiedenen zustaenden der abwaesserreinigung
UMWELTCHEMIKALIEN
OA -023 gaschromatographische analyse von luftverunreinigungen

0739
INSTITUT FUER ORGANISCHE CHEMIE UND BIOCHEMIE DER UNI HAMBURG
2000 HAMBURG 13, MARTIN-LUTHER-KING-PLATZ 6
TEL.: (040) 4123-2823
- LEITER: PROF.DR. KURT HEYNS
- FORSCHUNGSSCHWERPUNKTE:
kohlenhydrate, aminosaeuren (maillard-reaktion); chemie und analytik cancerogener n-nitroso-verbindungen; aufklaerung von pheromomen bei insekten (borkenkaefer, ameisen, wespen); gc/ms analyse organischer substanzen aus nahrungsmitteln und rauchkondensaten (raeucherung)
VORHABEN:
WASSERREINHALTUNG UND WASSERVERUNREINIGUNG
KF -009 arbeiten zum umweltschutz und zur umweltgestaltung
UMWELTCHEMIKALIEN
OC -021 mikro-analytik und chemie von n-nitroso-verbindungen (nitrosamine, nitrosamide, nitrosaminosaeuren) und aminen
OC -022 multikomponentenanalyse von carcinogenen kohlenwasserstoffen
LEBENSMITTEL-, FUTTERMITTELKONTAMINATION
QA -038 mechanismus von braeunungsreaktionen zwischen aminosaeure und kohlenhydraten in modellreaktionen und im naturstoffbereich
QA -039 n-nitroso-verbindungen (nitrosamine, nitrosamide); entstehung in naturstoffen, nahrungsmitteln und aus arzneimitteln
QA -040 vorkommen und entstehung cancerogener nitrosamine in der umwelt und im menschlichen organismus
QB -034 raeucherung; rauchkondensate der rauchentwicklung waehrend der raeucherung von lebensmitteln; analysekontaminationsprobleme
QB -035 untersuchungen zum vorkommen synthetischer oestrogenwirksamer stoffe und antibiotika in schlachttieren und nahrungsmitteln tierischen ursprungs
LAND- UND FORSTWIRTSCHAFT
RH -037 identifizierung von lockstoffen bei borkenkaefern, fluechtige inhaltsstoffe von holzzerstoerenden pilzen, koniferen, laubbaeumen, ameisen
RH -038 chemische kommunikation bei insekten

0740
INSTITUT FUER ORTS-, REGIONAL- UND LANDESPLANUNG DER UNI KARLSRUHE
7500 KARLSRUHE, AM SCHLOSS, BAU 1
TEL.: (0721) 608-2181
- LEITER: PROF.DR.-ING. SELG
VORHABEN:
UMWELTPLANUNG, UMWELTGESTALTUNG
UK -041 landschaft und architektur
UK -042 geo-urbanik, studie zur gestaltung von lebensraeumen, bezogen auf kontinentale zusammenhaenge

0741
INSTITUT FUER PAEDAGOGIK DER NATURWISSENSCHAFTEN AN DER UNI KIEL
2300 KIEL, OLSHAUSENSTR. 40-60
TEL.: (0431) 8803118
- LEITER: PROF.DR. FREY
- FORSCHUNGSSCHWERPUNKTE:
entwicklung eines didaktischen konzepts oekologie/umwelterziehung; entwicklung und evaluation einer faecheruebergreifenden unterrichtseinheit| probleme der wasserverschmutzung im ueberschneidungsbereich biologie/sozialkunde; einstellungsveraendernde massnahmen im naturwissenschaftlichen unterricht ueber technik, energie und umweltschutz
VORHABEN:
HUMANSPHAERE
TD -015 oekologie und umwelterziehung
TD -016 unterrichtseinheit| probleme der wasserverschmutzung
TD -017 die wirkung einstellungsveraendernder massnahmen im naturwissenschaftlichen unterricht auf das verhalten von schuelern gegenueber problemen der technik, energieversorgung und umwelt

0742
INSTITUT FUER PAPIERFABRIKATION DER TH DARMSTADT
6100 DARMSTADT, ALEXANDERSTR. 22
TEL.: (06151) 162154
- LEITER: PROF.DR.-ING. L. GOETTSCHING
VORHABEN:
WASSERREINHALTUNG UND WASSERVERUNREINIGUNG
KB -047 entwicklung der technologie der fabrikationsabwasserlosen papierherstellung (kreislaufschliessung)
KC -037 erkenntnisse zur kreislaufschliessung von produktionswasserkreislaeufen in papierfabriken
KC -038 untersuchungen und beratungen von papierfabriken
KC -039 dokumentation ueber umweltprobleme der papier-zellstoffindustrie
KC -040 die entwicklung der technologie der fabrikationsabwasserlosen papierherstellung (kreislaufschliessung)
KC -041 chemische und biochemische bewertung sowie biologische abbaubarkeit von hilfsstoffen fuer die papierindustrie

ABFALL
ME -045 nachweis der eignung von aschen der schlammverbrennung fuer zwecke der herstellung und veredelung von papieren, kartons usw.
ME -046 ueber die eigenschaften von altpapier-fasersuspensionen in abhaengigkeit von den einfluessen des papierrecycling
ME -047 nachweis der eignung von aschen der schlammverbrennung (papierfabriken) fuer zwecke der herstellung und veredelung von papieren und kartons
UMWELTCHEMIKALIEN
OD -061 chemische und biochemische bewertung sowie biologische abbaubarkeit von hilfsstoffen fuer die papiererzeugung

0743
INSTITUT FUER PARASITOLOGIE DER TIERAERZTLICHEN HOCHSCHULE HANNOVER
3000 HANNOVER, BUENTEWEG 17
TEL.: (0511) 81131
- LEITER: PROF.DR. ENIGK
VORHABEN:
WASSERREINHALTUNG UND WASSERVERUNREINIGUNG
KE -033 bestrahlung von klaerschlamm durch elektronenbeschleuniger
LAND- UND FORSTWIRTSCHAFT
RE -025 standardisierung von pruefmethoden zur testung von desinfektionsmitteln
RH -039 feststellung parasitizid wirkender substanzen auf parasitaere dauerformen

0744
INSTITUT FUER PETROGRAPHIE UND GEOCHEMIE DER UNI KARLSRUHE
7500 KARLSRUHE, KAISERSTR. 12
TEL.: (0721) 6081-3322
- LEITER: PROF.DR. H. PUCHELT
VORHABEN:
UMWELTCHEMIKALIEN
OA -024 verteilungsmuster umweltrelevanter spurenstoffe in gesteinssequenzen, bodenprofilen und in kleinlandschaften suedwestdeutschlands

0745
INSTITUT FUER PETROLOGIE, GEOCHEMIE UND LAGERSTAETTENKUNDE DER UNI FRANKFURT
6600 SAARBRUECKEN, UNIVERSITAET
TEL.: (0611) 7982102
- LEITER: PROF. VON GEHLING
VORHABEN:
UMWELTCHEMIKALIEN
OD -062 in welchen verbindungen liegen die aus den autoabgasen stammenden bleiverunreinigungen auf der erdoberflaeche, boden und wasser

0746
INSTITUT FUER PFLANZENBAU DER UNI BONN
5300 BONN, KATZENBURGWEG 5
TEL.: (02221) 73-2877, -2878, -2870
- LEITER: PROF.DR. KLAUS-ULRICH HEYLAND
- FORSCHUNGSSCHWERPUNKTE:
landschaftsgestaltung durch produktionslosen pflanzenbau; getreidestroh-verwertung; veraenderung der vegetation und abbau der organischen substanz in aufgegebenen wiesen des westerwaldes; erhaltung der wacholderweiden im naturschutzgebiet des versuchsgutes rengen/eifel; auswirkung der anwendung von wachstumsregulatoren auf die rasenvegetation; veraenderung der weidevegetation bei verschieden intensiver nutzung; ansaatmischungen fuer extensivrasen; rasen im oeffentlichen gruen
VORHABEN:
ABFALL
MF -038 getreidestrohverwertung
LAND- UND FORSTWIRTSCHAFT
RF -011 veraenderung der weidevegetation bei verschieden intensiver nutzung
UMWELTPLANUNG, UMWELTGESTALTUNG
UK -043 landschaftsgestaltung durch produktionslosen pflanzenbau
UK -044 rasen im oeffentlichen gruen
UL -044 erhaltung der wacholderheiden im naturschutzgebiet des versuchsgutes rengen / eifel
UM -055 auswirkung der anwendung von wachstumsregulatoren auf die rasenvegetation
UM -056 veraenderung der vegetation und abbau der organischen substanz in aufgegebenen wiesen des westerwaldes

0747
INSTITUT FUER PFLANZENBAU UND PFLANZENZUECHTUNG / FB 16 DER UNI GIESSEN
6300 GIESSEN, LUDWIGSTR. 23
TEL.: (0641) 702-2511
- LEITER: PROF.DR. EDUARD VON BOGUSAWSKI
VORHABEN:
LUFTREINHALTUNG UND LUFTVERUNREINIGUNG
BC -028 untersuchungen von immissionsschaeden durch abgase von erdoelraffinerien im rhein-main-gebiet an pflanzen
WASSERREINHALTUNG UND WASSERVERUNREINIGUNG
ID -031 untersuchungen des wasserhaushaltes und naehrstoffumsatzes und der naehrstoffein- und auswaschung in lysimetern
ABFALL
MD -021 abwasserschlammverwertung in der landwirtschaft
WIRKUNGEN UND BELASTUNGEN DURCH SCHADSTOFFE
PI -030 standortforschung, vergleiche oekologisch diffenrenzierter standorte
LAND- UND FORSTWIRTSCHAFT
RB -021 ernaehrungsphysiologische und technologische qualitaet des getreidekornes
RB -022 die qualitaet der sameneiweisse und ihre zuechterische verbesserung
RD -025 methoden des organischen landbaues
RD -026 bodenfruchtbarkeit, naehrstoffverhaeltnis, ertragsgesetz, feldversuche
RE -026 versuche zur indirekten stickstoffduengung im ackerbau
RE -027 methodik und technik kontrollierter und reproduzierbarer umweltsysteme
RE -028 resistenzzuechtung bei feldfruechten
RG -024 wildloesung - verhuetung von wildschaeden
RH -040 chemischer mitteleinsatz im pflanzenbau
RH -041 die trichloracetat- und dichlorpropionat- vertraeglichkeit verschiedener pflanzenarten
RH -042 fruchtfolge und integrierter pflanzenschutz

0748
INSTITUT FUER PFLANZENBAU UND PFLANZENZUECHTUNG DER UNI GOETTINGEN
3400 GOETTINGEN, VON SIEBOLDTSTR. 8
TEL.: (0551) 39-4351
- LEITER: PROF.DR. BAEUMER
VORHABEN:
LAND- UND FORSTWIRTSCHAFT
RC -027 wasserleitfaehigkeit in unbearbeiteten boeden
RD -027 ackerbau ohne bodenbearbeitung, wasserhaushalt der bodenstruktur, naehrstoffhaushalt mit duengung
RE -029 verbleib von radioaktiv markiertem duenger- stickstoff in bearbeitetem und unbearbeitetem ackerboden

0749
INSTITUT FUER PFLANZENBAU UND PFLANZENZUECHTUNG DER UNI KIEL
2300 KIEL, OLSHAUSENSTR. 40/60
TEL.: (0431) 880-2577
- LEITER: PROF.DR. GERHARD GEISLER
VORHABEN:
WASSERREINHALTUNG UND WASSERVERUNREINIGUNG
KD -012 beeinflussung von pflanze, boden und wasser durch guelle
ABFALL
MF -039 stallmistverwertung auf acker- und gruenland
MF -040 strohverwertung durch strohduenger
LAND- UND FORSTWIRTSCHAFT
RA -020 umweltoekologische wirkungen produktionstechnischer massnahmen
RD -028 duengung und vegetation
RE -030 ertragsbildung verschiedener pflanzen
UMWELTPLANUNG, UMWELTGESTALTUNG
UK -045 entwicklung einer landschaft durch landwirtschaft und fremdenverkehr
UL -045 landschaftserhaltung durch landwirtschaftliche nutzung
UM -057 vegetationsentwicklung nach beendigung der landwirtschaftlichen nutzung

0750
INSTITUT FUER PFLANZENBAU UND SAATGUTFORSCHUNG DER FORSCHUNGSANSTALT FUER LANDWIRTSCHAFT
3300 BRAUNSCHWEIG, BUNDESALLEE 50
TEL.: (0531) 596307, 596407
- FORSCHUNGSSCHWERPUNKTE:
oekophysiologie der kulturpflanzen; wirkung atmosphaerischer, terrestrischer und anthropogen bestimmter umweltfaktoren auf physiologische prozesse und morphologische strukturen von kulturpflanzen; anwendung landwirtschaftlicher und kommunaler abfallstoffe im landbau, bedeutung der abfallstoffe fuer entwicklung, humushaushalt und transformationsvermoegen des bodens, einfluss auf bodenwasser- und naehrstoffhaushalt, ertrag und qualitaet der pflanzen; geraeteeinsatz fuer die bodenbearbeitung; sammlung, erhaltung, dokumentation wertvollen genmaterials der kulturpflanzenarten
VORHABEN:
WASSERREINHALTUNG UND WASSERVERUNREINIGUNG
ID -032 belastbarkeit landwirtschaftlich genutzter flaechen durch staedtische abwaesser und ihr einfluss auf die grundwasserbeschaffenheit
ABFALL
MD -022 untersuchungen zur flaechenkompostierung kommunaler abwasserschlaemme in der landwirtschaft unter beruecksichtigung maximaler bodenbelastung
MD -023 recycling landwirtschaftlicher und kommunaler abfallstoffe im rahmen organischer duengungsmassnahmen in der pflanzlichen produktion
UMWELTCHEMIKALIEN
OD -063 dynamik der schwermetalle (cd, cr, hg, as) im system boden-wasser-pflanze
WIRKUNGEN UND BELASTUNGEN DURCH SCHADSTOFFE
PF -044 untersuchung von radioaktiven substanzen ueber die kontamination von boeden und grundwasser durch schwermetalle aus industrie und siedlungsabfaellen
PG -030 untersuchung zur verminderung der belastung des bodens mit organischen stoffen bei uebermaessiger anwendung von natuerlichen duengern
PH -038 einfluss von futteradditiven auf die wirkung von tierischen exkrementen bei der duengung von nutzpflanzen
LAND- UND FORSTWIRTSCHAFT
RC -028 untersuchungen an ungestoerten bodensaeulen ueber die filterwirkung des bodens unter dem einfluss zugefuehrter abfallstoffe
RD -029 entwicklung neuer formen der anwendung mineralischer duenger
RD -030 stickstoffduengung und nitratperkolation
RD -031 einfluss der beregnung auf die nitratperkolation
RD -032 ermittlung meteorologischer und bodenphysikalischer kennwerte fuer die steuerung der wasserversorgung von kulturpflanzen
RD -033 naehrstoffwanderung in abhaengigkeit von duengungsniveau und beregnung unter dem einfluss von pflanzenbestand und bodenbearbeitung
RD -034 neue technologien zur verminderung der nitratauswaschung bei der pflanzlichen produktion
RD -035 wechselbeziehungen von stickstoffduengung und organischer duengung auf den humusgehalt des bodens bei 90% getreidebau
RD -036 einfluss von muellkompost und stallduenger bei hoher phosphatduengung auf den humusabbau ehemaliger waldboeden bei ackerbaulicher nutzung
RD -037 vergleich von frischem und gerottetem muellkompost gleicher herkunft bei gestaffelter stickstoff- und phosphatduengung auf boeden mit niedrigem ph-wert
RE -031 belastbarkeit landwirtschaftlich genutzter flaechen durch siedlungsabfaelle
RE -032 einfluss der stickstoffduengung auf ertrag und qualitaet von brotroggen
RE -033 einfluss der beregnung auf die ertragsbildung landwirtschaftlich genutzter kulturpflanzen (in verbindung mit gewaesserbelastung)
UMWELTPLANUNG, UMWELTGESTALTUNG
UM -058 erhaltung und konservierung von genmaterial von kulturpflanzen und wildformen

0751
INSTITUT FUER PFLANZENERNAEHRUNG / FB 19 DER UNI GIESSEN
6300 GIESSEN, BRAUGASSE 7
TEL.: (0641) 702 8480
- LEITER: PROF.DR. KONRAD MENGEL
- FORSCHUNGSSCHWERPUNKTE:
mikrountersuchungen ueber gehalte an micronaehrstoffen und spurenelementen in pflanzen und boeden nach zufuhr von siedlungsabfaellen; weiterentwicklung eines verfahrens der spektrochemischen multielementanalyse zur praxisreife; verhalten von wachstumsregulatoren in pflanzen
VORHABEN:
ABFALL
ME -048 verwertung von muellschlacken als duengemittel
UMWELTCHEMIKALIEN
OA -025 spektrochemische vielelementanalyse
WIRKUNGEN UND BELASTUNGEN DURCH SCHADSTOFFE
PG -031 nitrosamine in pflanzen in abhaengigkeit von der stickstoffernaehrung
PH -039 rueckstandsprobleme im zusammenhang mit der anwendung von wachstumsregulatoren
PH -040 aufnahme von makro- und mikronaehrstoffen sowie spurenelementen, wirkung von duengemitteln
PH -041 mit der neuschaffung von duengemitteln und der ausbringung von agrochemikalien zusammenhaengende fragen
LAND- UND FORSTWIRTSCHAFT
RE -034 wirkung von agrochemikalien auf speicherungsprozesse und die qualitaet des pflanzlichen ertragsgutes

0752
INSTITUT FUER PFLANZENERNAEHRUNG DER UNI HOHENHEIM
7000 STUTTGART 70, FRUWIRTHSTR. 20
TEL.: (0711) 4701-2345
- LEITER: PROF.DR. PETER MARTIN
- FORSCHUNGSSCHWERPUNKTE:
klaerschlamm, wirkung auf landwirtschaftlich genutzte flaeche; qualitaetsuntersuchungen an pflanzlichen produkten bei verschiedenen anbauverfahren bzw. -massnahmen
VORHABEN:
ABFALL
MD -024 ausbringung von fluessigem klaerschlamm auf landwirtschaftlich genuetzter flaeche
WIRKUNGEN UND BELASTUNGEN DURCH SCHADSTOFFE
PF -045 einschraenkung der pb-aufnahme landwirtschaftlicher nutzpflanzen aus bleihaltigen kfz- und industrieabgasen

0753
INSTITUT FUER PFLANZENERNAEHRUNG UND BODENKUNDE DER UNI KIEL
2300 KIEL, OLSHAUSENSTR. 40-60
TEL.: (0431) 880-2575
- LEITER: PROF.DR. DIEDRICH SCHROEDER
- FORSCHUNGSSCHWERPUNKTE:
phosphor- und stickstoffzufuhr aus der landwirtschaft in die ostsee; grundwasserbelastung durch duengemittel; gehalte und bindungsformen von phosphor und schwermetallen in fluvialen sedimenten und boeden
VORHABEN:
WASSERREINHALTUNG UND WASSERVERUNREINIGUNG
IC -061 gehalte und bindungsformen toxischer elemente in fluvialen sedimenten
IE -046 phosphor- und stickstoffzufuhr aus der landwirtschaft in die ostsee; insbesondere durch schwebstoffe der gewaesser
IF -022 naehrstoffauswaschung
IF -023 phosphatbilanz unter beruecksichtigung der phosphorquellen
IF -024 naehrstoffbelastung von gewaessern durch duengung
WIRKUNGEN UND BELASTUNGEN DURCH SCHADSTOFFE
PF -046 untersuchungen zur schwermetalloeslichkeit in abhaengigkeit vom redoxpotential, ph-wert und stoffbestand von boeden und sedimenten
PF -047 untersuchungen zur schwermetalloeslichkeit in abhaengigkeit vom redoxpotential, ph-wert und stoffbestand von boeden und sedimenten
PH -042 toxizitaets-grenzwerte von kulturpflanzen

0754
INSTITUT FUER PFLANZENKRANKHEITEN DER UNI BONN
5300 BONN, NUSSALLEE 9
TEL.: (02221) 73-2443
- LEITER: PROF.DR. HEINRICH CARL WELTZIEN
- FORSCHUNGSSCHWERPUNKTE:
phytomedizin; pflanzenkrankheiten; pflanzenschutz
VORHABEN:
WIRKUNGEN UND BELASTUNGEN DURCH SCHADSTOFFE
PG -032 beziehungen zwischen herbizidanwendung und dem auftreten von pflanzenkrankheiten
PG -033 verminderung des pflanzenschutzmittel-einsatzes bei der bekaempfung von pilzkrankheiten

0755
INSTITUT FUER PFLANZENOEKOLOGIE / FB 15 DER UNI GIESSEN
6300 GIESSEN, SENCKENBERGSTR. 17-21
TEL.: (0641) 702-8452-8453
- LEITER: PROF.DR. STEUBING
- FORSCHUNGSSCHWERPUNKTE:
bioindikatoren
VORHABEN:
LUFTREINHALTUNG UND LUFTVERUNREINIGUNG
AA -089 emittentenbezogene flechtenkartierung
AA -090 biologische untersuchungen zur stadtplanung in raunheim
WIRKUNGEN UND BELASTUNGEN DURCH SCHADSTOFFE
PF -048 die bedeutung von schwefeldioxidimmissionen auf den aminosaeure- und proteinstoffwechsel
PF -049 physiologisch-biochemische wirkung von schwefeldioxid und schwefelwasserstoff auf pflanzen
PF -050 biochemisch-oekophysiologische untersuchungen zur wirkung von so2- und schwermetall-immissionen auf unterschiedlich resistente pflanzen
PF -051 wirkung von so2- und schwermetall-immissionen auf unterschiedlich resistente pflanzen

0756
INSTITUT FUER PFLANZENPATHOLOGIE UND PFLANZENSCHUTZ DER UNI GOETTINGEN
3400 GOETTINGEN, GRIESBACHSTR. 6
TEL.: (0551) 34045
- LEITER: PROF.DR. RUDOLF HEITEFUSS
VORHABEN:
WIRKUNGEN UND BELASTUNGEN DURCH SCHADSTOFFE
PC -029 der nahrungseinfluss der wirtspflanze von schadinsekten auf deren natuerliche feinde
PG -034 wirkung von herbiziden in abhaengigkeit von den sorptionseigenschaften verschiedener boeden
PG -035 nebenwirkungen von herbiziden gegenueber pflanzenkrankheiten von getreide
PG -036 nebenwirkungen von herbiziden gegenueber pflanzenkrankheiten
UMWELTPLANUNG, UMWELTGESTALTUNG
UM -059 nebenwirkungen von herbiziden auf blattlaeuse, insbesondere auf myzus persicae und aphis fabae an rueben

0757
INSTITUT FUER PFLANZENSCHUTZ, SAATGUTUNTERSUCHUNG UND BIENENKUNDE DER LANDWIRTSCHAFTSKAMMER WESTFALEN-LIPPE
4400 MUENSTER, VON-ESMARCHSTR. 12
TEL.: (0251) 599461
- LEITER: PROF.DR. HEDDERGOTT
- FORSCHUNGSSCHWERPUNKTE:
vertraeglichkeit einzelner kulturpflanzensorten gegenueber herbiziden; ermittlung selektiver nuetzlingsschonender pflanzenschutzmittel
VORHABEN:
LAND- UND FORSTWIRTSCHAFT
RH -043 untersuchungen zur ermittlung selektiver nuetzlingsschonender pflanzenschutzmittel fuer die integrierte schaedlingsbekaempfung
UMWELTPLANUNG, UMWELTGESTALTUNG
UM -060 die unterschiedliche vertraeglichkeit einzelner kulturpflanzensorten gegenueber dem einsatz von herbiziden und deren einfluesse auf folgekulturen

0758
INSTITUT FUER PFLANZENSCHUTZMITTELFORSCHUNG DER BIOLOGISCHEN BUNDESANSTALT FUER LAND- UND FORSTWIRTSCHAFT
1000 BERLIN 33, KOENIGIN-LUISE-STR. 19
TEL.: (030) 8324011
- LEITER: DR.-ING. WINFRIED EBING
- FORSCHUNGSSCHWERPUNKTE:
forschung ueber rueckstandsanalytische methodik, ueber rueckstaende, verhalten und umwandlung von pflanzenschutzmitteln
VORHABEN:
UMWELTCHEMIKALIEN
OC -023 entwicklung automatisierter multipler methoden zur identifizierung und bestimmung der umweltkontamination durch verschiedenartige biozidrueckstaende
OD -064 untersuchungen zum abbau von diallat bzw. triallat (acadex bzw. avadex bw) in kulturpflanzen
LEBENSMITTEL-, FUTTERMITTELKONTAMINATION
QA -041 entwicklung kontinuierlicher und weitgehend automatisierter reinigungsverfahren fuer biozide enthaltende extrakte
QC -033 vergleichende ermittlung des rueckstands- und abbauverhaltens haeufig in der landwirtschaft verwendeter perhalogenalkylmercaptan-fungizide
LAND- UND FORSTWIRTSCHAFT
RH -044 massnahmen zur verminderung des einsatzes von pestiziden

0759
INSTITUT FUER PFLANZENZUECHTUNG UND POPULATIONSGENETIK DER UNI HOHENHEIM
7000 STUTTGART 70, GARBENSTR. 9
TEL.: (0711) 47012341
- LEITER: PROF.DR. POLLMER
VORHABEN:
LAND- UND FORSTWIRTSCHAFT
RH -045 resistenzzuechtung gegen insekten, pilzliche krankheitserreger und schadinsekten

0760
INSTITUT FUER PHARMAKOLOGIE UND TOXIKOLOGIE DER TU BRAUNSCHWEIG
3300 BRAUNSCHWEIG, BUELTENWEG 17
TEL.: (0531) 391-2400
- LEITER: PROF.DR. FRIEDRICH MEYER
- FORSCHUNGSSCHWERPUNKTE:
wechselwirkungen zwischen herbiziden und insektiziden; rodentizide wirkung des warfarins - schaedlingsbekaempfung
VORHABEN:
WIRKUNGEN UND BELASTUNGEN DURCH SCHADSTOFFE
PB -025 wechselwirkungen zwischen herbiziden und insektiziden

0761
INSTITUT FUER PHARMAKOLOGIE UND TOXIKOLOGIE DER UNI BOCHUM
4630 BOCHUM, IM LOTTENTAL
TEL.: (0234) 7004838 TX.: 825860
- LEITER: PROF.DR. WOLFGANG FORTH
- FORSCHUNGSSCHWERPUNKTE:
intestinale absorption und sekretion von schwermetallen
VORHABEN:
WIRKUNGEN UND BELASTUNGEN DURCH SCHADSTOFFE
PA -026 intestinale resorption und sekretion von schwermetallen

0762
INSTITUT FUER PHARMAKOLOGIE UND TOXIKOLOGIE DER UNI WUERZBURG
8700 WUERZBURG, VERSBACHER LANDSTRASSE 9
TEL.: (0931) 2013980, 2013981
- LEITER: PROF.DR.MED. DIETRICH HENSCHLER
- FORSCHUNGSSCHWERPUNKTE:
grenzwerte von arbeitsstoffen; spaetwirkungen von insektiziden; carcinogene wirkungsmechanismen (aromatische amine, aflatoxine); wirkungen chlorierter kohlenwasserstoffe (trichloraethylen, vinylchlorid)
VORHABEN:
UMWELTCHEMIKALIEN
OC -024 auffindung empfindlicher biochemischer kriterien zur wirkung geringer konzentrationen gesundheitsschaedlicher arbeitsstoffe

WIRKUNGEN UND BELASTUNGEN DURCH SCHADSTOFFE
PB -026 experimentelle untersuchungen zur pharmakokinetik und trichloraethylen und seiner metaboliten
PD -045 zur bedeutung chemisch-biologischer wechselwirkungen fuer die toxische und krebserzeugende wirkung aromatischer amine
PD -046 stoffwechsel und carcinogene wirkung von vinylchlorid
LEBENSMITTEL-, FUTTERMITTELKONTAMINATION
QA -042 analyse und stoffwechsel von aflatoxinen
HUMANSPHAERE
TA -042 gesundheitsschaedliche arbeitsstoffe, wirkungen und grenzwerte
TA -043 pharmakokinetik von halothan und seinen metaboliten im menschen bei langfristiger einwirkung geringer konzentrationen am arbeitsplatz

0763
INSTITUT FUER PHARMAKOLOGIE, TOXIKOLOGIE UND PHARMAZIE DER TIERAERZTLICHEN HOCHSCHULE HANNOVER
3000 HANNOVER, BISCHOFSHOLER DAMM 15
TEL.: (0511) 8113437
- LEITER: PROF.DR. KAEMMERER
- FORSCHUNGSSCHWERPUNKTE:
toxikologie der schwermetalle blei, kadmium, quecksilber, zink einzeln und in kombination, auch mit pestiziden
VORHABEN:
WIRKUNGEN UND BELASTUNGEN DURCH SCHADSTOFFE
PA -027 stoerung des fortpflanzungsverhaltens von voegeln durch quecksilber
PA -028 biochemische untersuchungen ueber kombinationswirkungen von blei und zink
PA -029 untersuchungen zur diagnose subklinischer chronischer kadmiumvergiftungen bei schafen
PC -030 kombinationswirkungen von umweltchemikalien
PE -023 versuche zur feststellung der wirkungen individuell bedingter emissionen im raume wesermuendung

0764
INSTITUT FUER PHARMAKOLOGIE, TOXIKOLOGIE UND PHARMAZIE IM FB TIERMEDIZIN DER UNI MUENCHEN
8000 MUENCHEN 22, VETERINAERSTR. 13
TEL.: (089) 21802666
- LEITER: PROF.DR. HEGNER
- FORSCHUNGSSCHWERPUNKTE:
stoffwechselverhalten und wirkungen von schwermetallen und organochlorverbindungen im tierischen organismus; toxikologische wirkungen von herbiziden fuer tiere
VORHABEN:
WIRKUNGEN UND BELASTUNGEN DURCH SCHADSTOFFE
PA -030 untersuchungen ueber quecksilber- und cadmiumgehalte in gehirn, fett und leber von seehunden
PB -027 gewebe- und organverteilung von pcbs bei legehennen nach subchronischer oraler belastung mit clophen a 60
PC -031 untersuchungen zum mechanismus der cholin- und acetylcholinesterasehemmung durch kupfer, zink, blei, cadmium und arsen
LEBENSMITTEL-, FUTTERMITTELKONTAMINATION
QD -018 untersuchungen zum uebergang polychlorierter biphenyle am huehnerei
QD -019 ausscheidungskinetik von hcb in das huehnerei nach subchronischer oraler hcb-belastung von legehennen

0765
INSTITUT FUER PHARMAZEUTISCHE BIOLOGIE DER UNI BONN
5300 BONN, NUSSALLEE 6
TEL.: (02221) 733747, 733194
- LEITER: PROF. K.W. GLOMBITZ
- FORSCHUNGSSCHWERPUNKTE:
phytochemie von arzneipflanzen; inhaltsstoffe in algen; oekologie der pflanzen extremer standorte (z. b. pflanzen an autobahnraendern)
VORHABEN:
WIRKUNGEN UND BELASTUNGEN DURCH SCHADSTOFFE
PF -052 bleigehalte in pflanzen verkehrsnaher standorte

0766
INSTITUT FUER PHARMAZEUTISCHE BIOLOGIE DER UNI HEIDELBERG
6900 HEIDELBERG, IM NEUENHEIMER FELD 364
TEL.: (06221) 562865
- LEITER: PROF.DR. HANS BECKER
- FORSCHUNGSSCHWERPUNKTE:
physiologische und biochemische untersuchungen von herbiziden bei arzneipflanzen
VORHABEN:
WIRKUNGEN UND BELASTUNGEN DURCH SCHADSTOFFE
PG -037 einfluss verschiedener herbizide auf den aetherischen oelgehalt der echten kamille (matricaria mamomilla)
PG -038 studium der wechselwirkungsbeziehungen von pflanzenschutzmittel und stoffwechsel bei pflanzen unter besonderer beruecksichtigung des sekundaerstoffwechsels bei arzneipflanzen

0767
INSTITUT FUER PHARMAZEUTISCHE BIOLOGIE DER UNI WUERZBURG
8700 WUERZBURG, MITTLERER DALLENBERGWEG 64
VORHABEN:
LAND- UND FORSTWIRTSCHAFT
RB -023 naturstoffe aus zellkulturen

0768
INSTITUT FUER PHYSIK DER ATMOSPHAERE DER DFVLR
8031 OBERPFAFFENHOFEN, MUENCHENER STRASSE
TEL.: (08153) 28-520
- LEITER: PROF.DR. FORTAK
VORHABEN:
LUFTREINHALTUNG UND LUFTVERUNREINIGUNG
AA -091 untersuchungen zur steigerung der messgenauigkeit meteorologischer parameter
AA -092 meteorologische instrumentierung von messflugzeugen, flugerprobung der systeme und flugmeteorologische messungen fuer umweltbezogene aufgaben
AA -093 untersuchung der sichtbaren strahlungsstroeme in der freien atmosphaere
AA -094 erfassung von aerosol- und wolkentroepfchenparametern mittels holografischer methoden
BA -041 untersuchungen der ozonkonzentration der oberen troposphaere und der stratosphaere hinsichtlich des luftverkehrs
CA -048 strahlungsextinktion und normsichtweite in getruebter atmosphaere
CA -049 parameterization of atmospheric aerosol concentration
CB -042 messung horizontaler und vertikaler aerosolvariationen mit flugzeuggetragener rueckstreusonde
CB -043 aerosol lidar system zur messung der ausbreitung von schwebeteilchen in der atmosphaere
CB -044 probleme der luftverschmutzung; turbulenz und austausch in der grenzschicht; ausbreitung von luftverunreinigungen
CB -045 erstellung eines aerosol-lidar-systems zur messung der ausbreitung von schwebeteilchen
ABWAERME
GA -008 einfluss von nass- und trockenkuehltuermen auf das mikroklima der umgebung
WASSERREINHALTUNG UND WASSERVERUNREINIGUNG
IB -015 radarmeteorologische bestimmung von gebietsniederschlaegen

0769
INSTITUT FUER PHYSIK DER BUNDESANSTALT FUER MILCHFORSCHUNG
2300 KIEL, HERMANN-WEIGMANN-STR. 1-27
TEL.: (0431) 62011/67 TX.: 292966
- LEITER: PROF.DR. KNOOP
- FORSCHUNGSSCHWERPUNKTE:
radioaktivitaet in der nahrungskette boden - bewuchs - milch; spurenelemente in der nahrungskette boden - bewuchs - milch
VORHABEN:
LEBENSMITTEL-, FUTTERMITTELKONTAMINATION
QA -043 automatisierung der neutronenaktivierungsanalyse zur erfassung umweltbedingter spurenelementverschiebungen in nahrungsmitteln
QB -036 untersuchungen ueber die j 131-belastung der milch in der umgebung groesserer kernkraftwerke im norddeutschen raum

QD -020 erforschung und ueberwachung des langzeitverhaltens von radioaktiven stoffen in der nahrungskette boden - bewuchs - milch - milchprodukte

0770
INSTITUT FUER PHYSIK DER UNI HOHENHEIM
7000 STUTTGART 70, GARBENSTR. 30
TEL.: (0711) 4701-2150 TX.: 07-22959
- LEITER: PROF.DR. WALTER RENTSCHLER
- FORSCHUNGSSCHWERPUNKTE:
transport, verteilung und abscheidung von aerosolen und schadgasen in der atmosphaere; schadstoffaufnahme durch pflanzen und pflanzenteile; messung von aerosolparametern und der aerosolzusammensetzung mit physikalischen analyseverfahren (elektronenmikroskopie, roentgenfluoreszenzanalyse, neutronenaktivierung, streulichtphotometer); untersuchung von abscheidemethoden fuer aerosole
VORHABEN:
LUFTREINHALTUNG UND LUFTVERUNREINIGUNG
AA -095 der gehalt des bodennahen aerosols an folgeprodukten von radon und thoron
CA -050 stoffliche zusammensetzung von natuerlichen aerosolen
CB -046 groessenverteilung, ladungsverteilung, beweglichkeit und wachstum natuerlicher und kuenstlicher aerosolen
STRAHLUNG, RADIOAKTIVITAET
NB -027 transport, niederfuehrung und speicherung von spaltprodukten aus kernwaffenversuchen in atmosphaere und boden
WIRKUNGEN UND BELASTUNGEN DURCH SCHADSTOFFE
PG -039 abscheidung und haften von aerosolen auf blaettern (insbesondere auch von pflanzenschutzmitteln und schadstoffen)
PH -043 aufnahme von schadstoffen durch blaetter

0771
INSTITUT FUER PHYSIKALISCHE BIOCHEMIE UND KOLLOIDCHEMIE DER UNI FRANKFURT
6000 FRANKFURT -NIEDERRAD, SANDHOFSTR. 2-4
TEL.: (0611) 6301-6071
- LEITER: PROF.DR. STAUFF
- FORSCHUNGSSCHWERPUNKTE:
photoaktivierung carcinogener substanzen in autoabgasen; schwefeldioxid-bestimmung im nanogramm-bereich
VORHABEN:
LUFTREINHALTUNG UND LUFTVERUNREINIGUNG
BA -042 angeregte und energiereiche substanzen in abgasen von verbrennungsprozessen
UMWELTCHEMIKALIEN
OA -026 chemilumineszenz von gasfoermigen schadstoffen
OC -025 reaktionen von 3,4 benzpyren mit proteinen im licht
WIRKUNGEN UND BELASTUNGEN DURCH SCHADSTOFFE
PD -047 einwirkung von krebserregenden kohlenwasserstoffen in angeregtem zustand auf proteine und andere biologische substanzen

0772
INSTITUT FUER PHYSIKALISCHE CHEMIE DER TH DARMSTADT
6100 DARMSTADT, PETERSENSTR. 15
TEL.: (06151) 162172
- LEITER: PROF.DR. KLAUS-HEINRICH HOMANN
- FORSCHUNGSSCHWERPUNKTE:
bildung von hoeheren kohlenwasserstoffen in flammen; bildung von russ bei der verbrennung von kohlenwasserstoffen
VORHABEN:
LUFTREINHALTUNG UND LUFTVERUNREINIGUNG
CB -047 kondensation und polymerisationsreaktionen von kleinen kohlenwasserstoff-radikalen mit ungesaettigten kohlenwasserstoffen
CB -048 bildung von hoeheren kohlenwasserstoffen bei der verbrennung von benzol und toluol in flammen

0773
INSTITUT FUER PHYSIKALISCHE CHEMIE DER UNI BONN
5300 BONN, WEGELERSTR. 12
TEL.: (02221) 73-3295
- LEITER: PROF.DR. BECKER
VORHABEN:
LUFTREINHALTUNG UND LUFTVERUNREINIGUNG
AA -096 messung der von veraenderungen der ozonschicht stark abhaengigen kurzwelligen sonnenstrahlung
CB -049 untersuchungen ueber reaktionen und lebensdauer des so2 in der atmosphaere durch laboratoriumsexperimente
CB -050 atmosphaerische radikalreaktionen und spektroskopie der radikale
CB -051 untersuchungen ueber smogbildung, insbesondere ueber die ausbildung von oxidantien als folge der luftverunreinigung in der bundesrepublik deutschland
CB -052 atmosphaerische oxidationsprozesse
CB -053 untersuchung ueber das verhalten von schwefelwasserstoff an silberoberflaechen unter besonderer beruecksichtigung atmosphaerischer bedingungen

0774
INSTITUT FUER PHYSIKALISCHE CHEMIE DER UNI GOETTINGEN
3400 GOETTINGEN, TAMMANNSTR. 6
TEL.: (0551) 393103
- LEITER: PROF. H. WAGNER
- FORSCHUNGSSCHWERPUNKTE:
kinetik von verbrennungsreaktionen (explosionsschutz, schadstoffe, kennzahlen u. a.); chemische reaktionen in der erdatmosphaere; energiespeicherung in feststoffen; materialverhalten unter extremen bedingungen; katalytische zersetzung von abgasen
VORHABEN:
LUFTREINHALTUNG UND LUFTVERUNREINIGUNG
CB -054 reaktionskinetische untersuchungen zur entstehung und wirkung von luftverunreinigungen

0775
INSTITUT FUER PHYSIKALISCHE CHEMIE DER UNI KIEL
2300 KIEL, OLSHAUSENSTR. 40-60 (S 12 C)
TEL.: (0431) 593-2816, -2750
- LEITER: PROF.DR. HELMUT DREIZLER
- FORSCHUNGSSCHWERPUNKTE:
marine - aerosole
VORHABEN:
WASSERREINHALTUNG UND WASSERVERUNREINIGUNG
IE -047 ionenverhaeltnisse in oberflaechenfilmen von fluss- und meerwasser, schaeumen und marinen aerosolen

0776
INSTITUT FUER PHYSIKALISCHE CHEMIE DER UNI MUENCHEN
8000 MUENCHEN, SOPHIENSTR. 11
TEL.: (089) 5902302
- LEITER: PROF.DR. JUERGEN VOITLAENDER
- FORSCHUNGSSCHWERPUNKTE:
charakterisierung und entwicklung von katalysatoren zur stickoxidreduktion in industrieabgasen
VORHABEN:
LUFTREINHALTUNG UND LUFTVERUNREINIGUNG
DC -039 entwicklung und charakterisierung von oxidischen katalysatoren zur reduktion von stickoxiden in industrieabgasen

0777
INSTITUT FUER PHYSIKALISCHE CHEMIE UND ELEKTROCHEMIE DER UNI KARLSRUHE
7500 KARLSRUHE, KAISERSTR. 12
TEL.: (0721) 608-2106 TX.: 07-826521
- LEITER: PROF.DR. U. SCHINDELWOLF
- FORSCHUNGSSCHWERPUNKTE:
vernichtung von cyanid- und nitritabfaellen; tritiumentzug aus reaktorkuehlkreislaeufen und aus abwaessern der wiederaufbereitungsanlagen
VORHABEN:
ABFALL
MB -040 vernichtung von festen cyanidabfaellen
MB -041 vernichtung von cyanid- und nitritabfaellen
STRAHLUNG, RADIOAKTIVITAET
ND -028 tritiumentzug aus reaktorkuehlkreislaeufen und aus abwaessern der wiederaufbereitungsanlagen

0778
INSTITUT FUER PHYSIKALISCHE ELEKTRONIK DER UNI STUTTGART
7000 STUTTGART 1, BOEBLINGER STRASSE 70
TEL.: (0711) 665-375
- LEITER: PROF.DR. HANS-PETER BLOSS
- FORSCHUNGSSCHWERPUNKTE:
reduktion der schadstoffemission von ottomotoren durch massnahmen an der elektrischen zuendung; empfang und auswertung hochaufloesender satellitenbilder, z. z. wettersatellit typ itos noaa3/4
VORHABEN:
LUFTREINHALTUNG UND LUFTVERUNREINIGUNG
DA -034 experimentelle und theoretische analyse der einleitung und ausbreitung der verbrennung durch den elektrischen funken

0779
INSTITUT FUER PHYSIKALISCHE GRUNDLAGEN DER REAKTORTECHNIK DER UNI KARLSRUHE
7500 KARLSRUHE 1, KAISERSTR. 12
TEL.: (0721) 6082429 TX.: 07-826521
- LEITER: PROF.DR. KARL WIRTZ
VORHABEN:
STRAHLUNG, RADIOAKTIVITAET
NB -028 langfristige radiooekologische umgebungsbelastung durch eine anhaeufung von nuklearen anlagen

0780
INSTITUT FUER PHYSIOLOGIE UND BIOKYBERNETIK DER UNI ERLANGEN-NUERNBERG
8520 ERLANGEN, UNIVERSITAETSSTR. 17
TEL.: (09131) 852400
- LEITER: PROF.DR. WOLF-DIETER KEIDEL
- FORSCHUNGSSCHWERPUNKTE:
objektivierung von belaestigungseinwirkungen auf den menschen durch geruch, laerm, licht
VORHABEN:
LUFTREINHALTUNG UND LUFTVERUNREINIGUNG
BE -011 elektrophysiologische aspekte der belaestigung des menschen durch geruchsintensive umweltstoffe
LAERM UND ERSCHUETTERUNGEN
FA -021 quantitativ bestimmbare korrelationen zwischen (neuro-) physiologischen messwerten und laerm- und erschuetterungsbelaestigung
FA -022 untersuchungen ueber spezielle hoerstoerungen und die anfaelligkeit von leicht hoergestoerten bei laermeinfluss
STRAHLUNG, RADIOAKTIVITAET
NA -008 objektivierung von belaestigungseinwirkungen auf den menschen durch licht (blendung)

0781
INSTITUT FUER PHYSIOLOGIE, PHYSIOLOGISCHE CHEMIE UND ERNAEHRUNGSPHYSIOLOGIE IM FB TIERMEDIZIN DER UNI MUENCHEN
8000 MUENCHEN 22, VETERINAERSTR. 13
TEL.: (089) 21802552
- LEITER: PROF.DR. H. ZUCKER
VORHABEN:
UMWELTCHEMIKALIEN
OC -026 organohalogenverbindungen in der umwelt
LEBENSMITTEL-, FUTTERMITTELKONTAMINATION
QD -021 quantitative studien zum uebergang chlorierter kohlenwasserstoffe aus dem futter in vom tier stammende lebensmittel

0782
INSTITUT FUER PHYTOMEDIZIN DER UNI HOHENHEIM
7000 STUTTGART 70, OTTO-SANDER-STR.5
TEL.: (0711) 4701-2387
- LEITER: PROF.DR. FRIEDRICH GROSSMANN
- FORSCHUNGSSCHWERPUNKTE:
verhalten von pflanzenschutzmitteln in der umwelt
VORHABEN:
WASSERREINHALTUNG UND WASSERVERUNREINIGUNG
ID -033 abbau von herbiziden in tieferen bodenschichten
ABFALL
MB -042 abbau organischer abfallstoffe mittels der mikrobiellen heissrotte
UMWELTCHEMIKALIEN
OC -027 ausarbeitung von nachweisverfahren fuer pflanzenschutzmittelrueckstaende
OD -065 aufnahme, verteilung und translokation von bodenherbiziden in getreide und mais
WIRKUNGEN UND BELASTUNGEN DURCH SCHADSTOFFE
PB -028 ursachen der vergiftung von bienenvoelkern durch im weinbau eingesetzte insektizide
PG -040 verhalten und nebenwirkungen von systemischen fungiziden in pflanzen
PG -041 verfuegbarkeit von herbiziden fuer die pflanze
LAND- UND FORSTWIRTSCHAFT
RE -035 verfuegbarkeit von bodenherbiziden fuer die pflanzen

0783
INSTITUT FUER PHYTOPATHOLOGIE / FB 16 DER UNI GIESSEN
6300 GIESSEN, LUDWIGSTR. 23
TEL.: (0641) 7025965
- LEITER: PROF.DR. SCHMUTTERER
VORHABEN:
WIRKUNGEN UND BELASTUNGEN DURCH SCHADSTOFFE
PB -029 nebenwirkungen verschiedener fungizide auf blattlauspopulationen des getreides
PB -030 nebenwirkungen systemischer fungizide auf phytoparasitaere nematoden
PC -032 die wirkung niedrig dosierter, mit synergisten kombinierter systemischer insektizide auf blattlaeuse und blattlausfeinde
PC -033 morphoregulatorische wirkungen verschiedener pflanzenextrakte auf insekten verschiedener ordnungen
LAND- UND FORSTWIRTSCHAFT
RH -046 neue biotechnische verfahren zur bekaempfung der ruebenblattwanze (piesma quadrata)
RH -047 wirkung mikrobieller metabolite auf kaefer, spinnmilben, nematoden und blattlaeuse
RH -048 wirkung von juvenilhormonen auf blattlaeuse und wanzen
RH -049 wirkung von juvenilhormon-analogen und phytoekdysonen auf die ostafrikanische kaffeewanze antestiopis orbitalis (heteroptera)
RH -050 umweltschonende verfahren zur verhuetung von nematodenschaeden
RH -051 untersuchungen ueber eine moegliche resistenzbildung phytopathogener nematoden gegenueber nematiziden
RH -052 mikrobielle metabolite mit insektizider wirkung
RH -053 untersuchungen zur oekologie und biologie wandernder wurzelnematoden

0784
INSTITUT FUER PHYTOPATHOLOGIE DER UNI KIEL
2300 KIEL, OLSHAUSENSTR. 40-60
TEL.: (0431) 593-2994
- LEITER: PROF.DR. HORST BOERNER
VORHABEN:
WIRKUNGEN UND BELASTUNGEN DURCH SCHADSTOFFE
PG -042 nebenwirkungen von herbiziden auf raps

0785
INSTITUT FUER POLITIK UND OEFFENTLICHES RECHT DER UNI MUENCHEN
8000 MUENCHEN, VETERINAERSTR. 5
TEL.: (089) 2180-3291
- LEITER: DR.JUR. KLOEPFER
VORHABEN:
UMWELTPLANUNG, UMWELTGESTALTUNG
UB -019 deutsches umweltschutzrecht, sammlung des umweltschutzrechts der bundesrepublik deutschland
UE -028 verhinderung bzw. reduzierung von umweltbelastungen durch siedlungsplanung

0786
INSTITUT FUER POLITIKWISSENSCHAFT DER UNI DES SAARLANDES
6600 SAARBRUECKEN, IM STADTWALD
TEL.: (0681) 302 2126
- LEITER: PROF.DR. JUERGEN DOMES
- FORSCHUNGSSCHWERPUNKTE:
analyse des politischen interesseneinflusses am beispiel umweltpolitischer entscheidungsprozesse
VORHABEN:
UMWELTPLANUNG, UMWELTGESTALTUNG
UA -036 umweltschutzpolitik: eine vergleichende studie des vollzuges in den regionen saarland und west midlands

0787
INSTITUT FUER PRAEVENTION UND REHABILITATION E.V.
8132 TUTZING, HOHENBERGSTR. 2
VORHABEN:
HUMANSPHAERE
TA -044 auswirkungen bestimmter arbeitssituationen auf die anfaelligkeit fuer herz-/kreislauferkrankungen

0788
INSTITUT FUER PRODUKTIONSTECHNIK UND AUTOMATISIERUNG DER FRAUNHOFER-GESELLSCHAFT AN DER UNI STUTTGART
7000 STUTTGART, HOLZGARTENSTR. 17
TEL.: (0711) 20731 TX.: 07-21703
- LEITER: PROF.DR.-ING. H.-J. WARNECKE
- FORSCHUNGSSCHWERPUNKTE:
umweltbelastung durch lackiertechnik, galvanotechnik, oelnebelschmierung, arbeitsschutz
VORHABEN:
HUMANSPHAERE
TA -045 einsatz von technischen arbeitshilfen (industrieroboter) in der fertigungstechnik an umweltbeeintraechtigten arbeitsplaetzen
TA -046 oelnebelschmierung - optimierung technologischer verfahren im hinblick auf die umweltverschmutzung in fabrikationsraeumen
TA -047 oelnebelkonzentration in fabrikationsraeumen - messeinrichtung; mak-wert und basismaterial fuer die festlegung von mak-werten
TA -048 neue handhabungssysteme als technische hilfen fuer den arbeitsprozess
TA -049 teilchengroessenbestimmung von lacknebeln bei ausgewaehlten lackiersystemen unter besonderer beruecksichtigung umwelttechnischer gesichtspunkte
TA -050 vermindern der umweltbelastung durch optimieren der verfahrenstechnischen einflussgroessen auf die filmbildung von lacken
TA -051 schadstoffarme und rohstoffsparende lackiertechnik
TA -052 einsatz von programmgesteuerten handhabungsgeraeten zum zwecke der arbeitserleichterung und des arbeitsschutzes an arbeitsplaetzen mit hoher belastung und unfallgefaehrdung

0789
INSTITUT FUER PRUEFUNG UND FORSCHUNG IM BAUWESEN E. V. AN DER FH HILDESHEIM-HOLZMINDEN
3200 HILDESHEIM, HOHNSEN 2
TEL.: (05121) 81012, 81013, 81014
- LEITER: PROF.DR.-ING. TEPPER
- FORSCHUNGSSCHWERPUNKTE:
waerme-, feuchtigkeits- und witterungsschutz von bauwerken, schallschutz, laermimmission, laermemission
VORHABEN:
LAERM UND ERSCHUETTERUNGEN
FA -023 luftschall-, trittschall-erschuetterungs- und waermeflussmessungen mit laborwagen fuer die bauindustrie
FA -024 schallschutzgutachten und waermeschutzgutachten fuer verschiedene bedarfstraeger
FA -025 schallabsorption von leichtbaustoffen (leca und reba leichtbetonzuschlaege)
FB -046 ermittlung des zu erwartenden verkehrslaerms bei einer citybuilding im salzgittergebiet und in hannover
FB -047 schallschutzmassnahmen fuer die verkehrsplanungen der stadt hildesheim
ENERGIE
SB -023 waermeflussmessungen an bauwerken in hildesheim, hannover, schleswig-holstein
SB -024 waermeflussmessungen und feststellung der dampfdiffusion an fertigteilen

0790
INSTITUT FUER PSYCHOLOGIE DER TU BERLIN
1000 BERLIN 41, DIETRICH-SCHAEFER-WEG 6
VORHABEN:
LAERM UND ERSCHUETTERUNGEN
FA -026 adaptions- und sensibilisierungsprozesse (vorhaben nr.5)

0791
INSTITUT FUER PSYCHOLOGIE DER TU BRAUNSCHWEIG
3300 BRAUNSCHWEIG, POCKELSSTR. 14
- LEITER: PROF.DR. ERKE
VORHABEN:
HUMANSPHAERE
TB -015 entwicklung eines zielgruppenorientierten wohnmodells fuer das integrierte wohnen alleinstehender juengerer menschen im innerstaedtischen bereich

0792
INSTITUT FUER PUBLIZISTIK UND DOKUMENTATIONSWISSENSCHAFTEN DER FU BERLIN
1000 BERLIN 33, HAGENSTR. 56
TEL.: (030) 8263006
- LEITER: PROF.DR. GERNOT WERSIG
- FORSCHUNGSSCHWERPUNKTE:
informations- und dokumentationsaktivitaeten, besonders thesaurusforschung
VORHABEN:
INFORMATION, DOKUMENTATION, PROGNOSEN, MODELLE
VA -011 thesaurussystem umwelt

0793
INSTITUT FUER RADIOCHEMIE DER GESELLSCHAFT FUER KERNFORSCHUNG MBH
7500 KARLSRUHE -LEOPOLDSHAFEN, KERNFORSCHUNGSZENTRUM
TEL.: (07247) 82-3200
- LEITER: PROF.DR. SEELMANN-EGGEBERT
VORHABEN:
LUFTREINHALTUNG UND LUFTVERUNREINIGUNG
CB -055 chemische reaktionen atmosphaerischer schadstoffe
WASSERREINHALTUNG UND WASSERVERUNREINIGUNG
HE -018 wasserschadstoffe und trinkwasseraufbereitung
IA -018 wasseranalytik
KA -016 orientierende versuche ueber die bei der haushaltsentsorgung durch muellabschwemmung auftretende zusaetzliche abwasserbelastung
KB -048 technologie der abwasserbehandlung
STRAHLUNG, RADIOAKTIVITAET
NB -029 durchlaessigkeit von boeden fuer transurane und schwermetalle
UMWELTCHEMIKALIEN
OC -028 physikalisch-organische chemie zur identifizierung und laufenden ueberwachung organischer schadstoffe

0794
INSTITUT FUER RADIOCHEMIE DER TU MUENCHEN
8046 GARCHING
TEL.: (089) 32092201, 32092202, TX.: 522 854
- LEITER: PROF.DR. HANS-JOACHIM BORN
- FORSCHUNGSSCHWERPUNKTE:
untersuchung von natuerlichen wassern, abwaessern, klaerschlamm auf den gehalt an toxischen elementen und einigen hauptbestandteilselementen (z. b. n, p)
VORHABEN:
WASSERREINHALTUNG UND WASSERVERUNREINIGUNG
IA -019 untersuchung von natuerlichen waessern und von abwaessern sowie von klaerschlamm auf den gehalt an toxischen elementen und einigen hauptbestandselementen (z.b. n, p)

0795
INSTITUT FUER RADIOCHEMIE DER UNI KARLSRUHE
7500 KARLSRUHE, KERNFORSCHUNGSZENTRUM
TEL.: (07247) 823235 TX.: 7826484
- LEITER: PROF.DR. WALTER SEELMANN-EGGEBERT
- FORSCHUNGSSCHWERPUNKTE:
analytik der wasserverunreinigungen; schadwirkung von wasserverunreinigungen; entwicklung physikalisch-chemischer wasserreinigungsverfahren
VORHABEN:
WASSERREINHALTUNG UND WASSERVERUNREINIGUNG
IA -020 identifizierung und quantitative bestimmung organischer saeuren im wasser
KB -049 wirkung von ozon auf organische wasserschadstoffe
KB -050 untersuchungen zur anwendung von aluminiumoxid als adsorptionsmittel fuer die wasserreinigung

KF -010 adsorption von phosphorsaeuren an aluminiumoxid und ihr einsatz zur phosphatrueckgewinnung aus abwaessern

0796
INSTITUT FUER RADIOHYDROMETRIE DER GESELLSCHAFT FUER STRAHLEN- UND UMWELT-FORSCHUNG MBH
8042 NEUHERBERG, INGOLSTAEDTER LANDSTR. 1
TEL.: (089) 3874561
- LEITER: PROF.DR. HERIBERT MOSER
VORHABEN:
WASSERREINHALTUNG UND WASSERVERUNREINIGUNG
HA -042 bestimmung hydraulischer parameter auf einem versuchsfeld in fluvioglazilen kies-sand-ablagerungen im bayrischen alpenvorland
HA -043 wasserhaushalt in der umwelt: anwendungen auf oberflaechenwasser, schnee und eis
HB -049 wasserhaushalt in der umwelt: anwendungen im grundwasser
HG -030 modellmaessige untersuchung von fliessvorgaengen im oberflaechen- und grundwasser
HG -031 kuenstliche tracer und strahlenquellen in der hydrologie
IA -021 natuerlicher tracer und spurenstoffe in der hydrologie
IB -016 abfluss in und von gletschern

0797
INSTITUT FUER RADIOLOGIE DER UNI ERLANGEN-NUERNBERG
8520 ERLANGEN, KRANKENHAUSSTR. 12
TEL.: (09131) 852310-2309
- LEITER: PROF.DR.DR. HELMUT PAULY
- FORSCHUNGSSCHWERPUNKTE:
radiologische biophysik; strahlenexposition der patienten und des personals in der roentgendiagnostik und in der strahlentherapie; radioaktive stoffe und strahlenbelastung bei gebrauchsguetern; natuerliche und zivilisatorische strahlenexposition
VORHABEN:
STRAHLUNG, RADIOAKTIVITAET
NA -009 einwirkung elektrischer und eletromagnetischer felder auf zellen und organismen
NB -030 dosisbelastung durch diagnostische roentgenuntersuchungen
NB -031 wirkung ionisierender strahlen auf zellen, organe und tiere
NB -032 einwirkung ionisierender strahlen auf enzyme
NB -033 organ- und gewebedosen bei roentgendiagnostischen untersuchungen: ein beitrag zur mittleren somatischen strahlenexposition der bevoelkerung in der bundesrepublik deutschland
NB -034 strahlenbelastung der bevoelkerung durch radioaktive stoffe

0798
INSTITUT FUER RAUMORDNUNG UND ENTWICKLUNGSPLANUNG DER UNI STUTTGART
7000 STUTTGART, KEPLERSTR. 11
VORHABEN:
UMWELTPLANUNG, UMWELTGESTALTUNG
UE -029 datenbasis fuer eine europaeische raumordnungskonzeption

0799
INSTITUT FUER RAUMORDNUNG UND UMWELTGESTALTUNG
A-40 LINZ/OESTEREICH, KAERTNERSTR. 16
- LEITER: PROF.DR. FROEHLER
VORHABEN:
UMWELTPLANUNG, UMWELTGESTALTUNG
UA -037 kooperationsmoeglichkeiten bei umweltrelevanten planungen und massnahmen im oberoesterreichisch - bayrischen grenzraum

0800
INSTITUT FUER RAUMPLANUNG DER UNI DORTMUND
4600 DORTMUND -EICHLINGHOFEN, AUGUST-SCHMIDT-STRASSE 10
TEL.: (0231) 755-1
VORHABEN:
UMWELTPLANUNG, UMWELTGESTALTUNG
UF -012 zuordnung und mischung von bebauten und begruenten flaechen

0801
INSTITUT FUER RAUMSIMULATION DER DFVLR
5000 KOELN 90, LINDER HOEHE
TEL.: (02203) 601-2351
- LEITER: DR. LORENZ
VORHABEN:
LUFTREINHALTUNG UND LUFTVERUNREINIGUNG
CB -056 untersuchung zur ermittlung verschiedener parameter fuer die entstehung von smog unter besonderer beruecksichtigung der solarstrahlung

0802
INSTITUT FUER REAKTIONSKINETIK DER DFVLR
7000 STUTTGART 80, PFAFFENWALDRING 38
TEL.: (0711) 7832-1-308
- LEITER: DR. JUST
VORHABEN:
LUFTREINHALTUNG UND LUFTVERUNREINIGUNG
BA -043 ein neues analysenverfahren zur bestimmung von stickstoffmonoxid in abgasen
BB -019 grundlegende untersuchungen zur stickstoffmonoxidbildung in flammen, besonders im brennstoffreichen gebiet
CB -057 untersuchungen zu spezifischen stickstoffmonoxid-reaktionen in der atmosphaere, kohlenwasserstoff- und aldehydreaktionen
UMWELTCHEMIKALIEN
OC -029 messung von pyrolyse und oxidation einfacher kohlenwasserstoffe

0803
INSTITUT FUER REAKTORBAUELEMENTE DER GESELLSCHAFT FUER KERNFORSCHUNG MBH
7500 KARLSRUHE, POSTFACH 3640
TEL.: (07247) 821
- LEITER: PROF.DR. U. MUELLER
VORHABEN:
STRAHLUNG, RADIOAKTIVITAET
NC -044 gemeinsamer versuchsstand zum testen und kalibrieren verschiedener zweiphasen-massenstrommessverfahren

0804
INSTITUT FUER REAKTORSICHERHEIT DER TECHNISCHEN UEBERWACHUNGSVEREINE E.V.
5000 KOELN, GLOCKENGASSE 2
TEL.: (0221) 210044
- LEITER: DIPL.-ING. KELLERMANN
VORHABEN:
STRAHLUNG, RADIOAKTIVITAET
ND -029 betriebliche ableitung radioaktiver stoffe aus kerntechnischen anlagen

0805
INSTITUT FUER REBENKRANKHEITEN DER BIOLOGISCHEN BUNDESANSTALT FUER LAND- UND FORSTWIRTSCHAFT
5550 BERNKASTEL-KUES, BRUENINGERSTR. 84
TEL.: (06531) 364
- LEITER: PROF.DR. WILHELM GAERTEL
VORHABEN:
WASSERREINHALTUNG UND WASSERVERUNREINIGUNG
ID -034 untersuchung ueber die verfrachtung der mit duengemittel in weinbergboeden eingebrachten anionen (phosphate, nitrate, sulfate, borate) in das grundwasser und die fluesse

0806
INSTITUT FUER RECHTSMEDIZIN DER UNI GOETTINGEN
3400 GOETTINGEN, WINDAUSWEG 2
TEL.: (0551) 394910
- LEITER: PROF.DR. STEFFEN BERG
- FORSCHUNGSSCHWERPUNKTE:
im rahmen der forensischen toxikologie werden schwermetallbestimmungen durchgefuehrt. zur abgrenzung zwischen vergiftungen und normaler umweltbedingter beeinflussung der metallgehalte beim menschen werden untersuchungen durchgefuehrt
VORHABEN:
WIRKUNGEN UND BELASTUNGEN DURCH SCHADSTOFFE
PA -031 die beurteilung des spurenelementgehaltes von haaren in kriminalistik, toxikologie und umweltschutz. untersuchungen zur wanderungskinetik von metallionen in keratin
PE -024 korrelation zwischen blut-blei/cadmium-werten und umweltbelastung im niedersaechsischen raum

0807
INSTITUT FUER RECHTSMEDIZIN DER UNI MUENCHEN
8000 MUENCHEN, FRAUENLOBSTR. 7
TEL.: (089) 267031
- LEITER: PROF.DR. SPANN
VORHABEN:
WIRKUNGEN UND BELASTUNGEN DURCH SCHADSTOFFE
PA -032 schaedigung durch kohlenoxid und blei durch autoabgase
PC -034 nachweisbare umweltschaeden im sektionsgut

0808
INSTITUT FUER REGELUNGSTECHNIK DER TU BERLIN
1000 BERLIN 10, EINSTEINUFER 35-37
VORHABEN:
WASSERREINHALTUNG UND WASSERVERUNREINIGUNG
KA -017 erforschung der moeglichkeiten zur entwicklung einer automatischen gravimetrischen apparatur zur kontunuierlichen erfassung der feststoffkonzentration in gewaessern und im abwasser

0809
INSTITUT FUER REGIONALWISSENSCHAFT DER UNI KARLSRUHE
7500 KARLSRUHE, KAISERSTR. 12
TEL.: (0721) 608-2365
- LEITER: PROF.DR.-ING. CLAUS HEIDEMANN
- FORSCHUNGSSCHWERPUNKTE:
umwelt und verhalten
VORHABEN:
HUMANSPHAERE
TB -016 wohnverhalten und wohnbeduerfnisbefriedigung als abhaengige der wohnumwelt
TB -017 veraenderung der familiensituation und die auswirkung auf das umzugsverhalten der bevoelkerung
TB -018 die situation der verheirateten erwerbstaetigen frau mit kindern in ihrer staedtischen umwelt

0810
INSTITUT FUER REINE UND ANGEWANDTE KERNPHYSIK DER UNI KIEL
2300 KIEL, OLSHAUSENSTR. 40-60
TEL.: (0431) 880-2480
- LEITER: PROF. GERD WIBBERENZ
- FORSCHUNGSSCHWERPUNKTE:
kosmische strahlung, wechselwirkung mit atmosphaere, biologische wirkung, strahlungsschaeden
VORHABEN:
WASSERREINHALTUNG UND WASSERVERUNREINIGUNG
HC -040 bestimmung von flugasche in marinen und limnischen sedimenten mit der c14-methode
WIRKUNGEN UND BELASTUNGEN DURCH SCHADSTOFFE
PI -031 biostack-wirkung einzelner teilchen der kosmischen strahlung auf biologische systeme

0811
INSTITUT FUER SATELLITENELEKTRONIK DER DFVLR
8031 OBERPFAFFENHOFEN
TEL.: (08153) 281-270
- LEITER: DR.-ING. LANDAUER
VORHABEN:
UMWELTPLANUNG, UMWELTGESTALTUNG
UL -046 nationales flugzeugmessprogramm
INFORMATION, DOKUMENTATION, PROGNOSEN, MODELLE
VA -012 automatisierung der bildverarbeitung bei problemen des umweltschutzes

0812
INSTITUT FUER SCHALL- UND SCHWINGUNGSTECHNIK
2000 HAMBURG 70, FEHMARNSTR. 12
TEL.: (040) 660764
- LEITER: DIPL.-ING. KRAEGE
VORHABEN:
LAERM UND ERSCHUETTERUNGEN
FB -048 bundesautobahn hamburg-flensburg; elbtunnel: luefterbauwerke nord-mitte-sued; schallschutz
FB -049 beweissicherung der vorhandenen schallimmission durch bahnlaerm
FB -050 neubau der s-bahn hamburg-harburg, streckenabschnitt hammerbrookstrasse in hamburg
FD -025 grossbauvorhaben columbus-center in bremerhaven
FD -026 stadtentwicklung brunsbuettel, vorhandene und kuenftige laermbelastung
UMWELTPLANUNG, UMWELTGESTALTUNG
UF -013 stadtsanierung osnabrueck: beurteilung, berechnung der schallemissionen und -immissionen

0813
INSTITUT FUER SCHIFFBAU DER UNI HAMBURG
2000 HAMBURG
- LEITER: PROF.DR.-ING. WENDEL
VORHABEN:
WASSERREINHALTUNG UND WASSERVERUNREINIGUNG
IE -048 auswirkungen des imco-uebereinkommens zur verhuetung der meeresverschmutzung auf den entwurf und die konstruktion von mineraloeltankern (imco)

0814
INSTITUT FUER SCHIFFBETRIEBSFORSCHUNG DER FH FLENSBURG
2390 FLENSBURG, MUNKETOFT 7
TEL.: (0461) 25017
- LEITER: PROF.DIPL.-ING. MAU
- FORSCHUNGSSCHWERPUNKTE:
laerm, schallmessungen; erdoelpruefungen fuer binnen- und seeschiffahrt; belastungsfaktoren an bord und ihr einfluss auf die schiffsbesetzung
VORHABEN:
LAERM UND ERSCHUETTERUNGEN
FA -027 schallmessungen auf schiffen
FC -053 schallmessungen in gewerblichen raeumen
WASSERREINHALTUNG UND WASSERVERUNREINIGUNG
KC -042 typ-pruefungen von bilge-wasser-entoelern

0815
INSTITUT FUER SEEFISCHEREI DER BUNDESFORSCHUNGSANSTALT FUER FISCHEREI
2000 HAMBURG 50, PALMAILLE 9
TEL.: (040) 381601 TX.: 214911
- LEITER: DR. ULRICH SCHMIDT
VORHABEN:
LAND- UND FORSTWIRTSCHAFT
RB -024 fischereiwissenschaftliche untersuchungen im atlantik: a) sued-patagonien - suedwestatlantik; b) neue nutzfische
RB -025 produktionsbiologische untersuchungen zur abschaetzung der produktionskraft des oestlichen tropischen und subtropischen pazifik (mexikanische gewaesser)

0816
INSTITUT FUER SEENFORSCHUNG UND FISCHEREIWESEN DER LANDESANSTALT FUER UMWELTSCHUTZ BADEN-WUERTTEMBERG
7994 LANGENARGEN, UNTERE SEESTR. 81
TEL.: (07543) 2013
- LEITER: DR. RUDOLF ZAHNER
- FORSCHUNGSSCHWERPUNKTE:

hydrologie; hydrobiologie; hydrochemie; sedimentologie; toxikologie; strahlungsphysik; oekosystemforschung bodensee; uferzonenschutz; fischereiwesen

VORHABEN:

WASSERREINHALTUNG UND WASSERVERUNREINIGUNG

HA -044 pelagial-ueberwachung des bodensee-obersees
HA -045 uferplan bodensee
HA -046 simulationsmodell phosphorhaushalt bodensee-obersee
HA -047 experimentelle analyse der auswirkungen des sauerstoffschwundes in der wasser-sedimentgrenzschicht
HA -048 schwebstoffe in bodensee-zufluessen
HA -049 belastung des seebodens des bodensees mit mineraloel
HA -050 zoobenthos-untersuchungen im bodensee
HG -032 hydrologischer atlas der bundesrepublik deutschland - hydrologische karten des bodensees
IC -062 beladung der schwebstoffe in bodenseezufluessen mit oel
IF -025 erarbeitung repraesentativer guetekriterien fuer freiwasserraeume von seen
IF -026 bodenbuertiger anteil an der zuflussfracht in den bodensee

STRAHLUNG, RADIOAKTIVITAET

NB -035 ueberwachung der gewaesser-radioaktivitaet

WIRKUNGEN UND BELASTUNGEN DURCH SCHADSTOFFE

PA -033 toxizitaet von synthetischen oelen
PC -035 erarbeitung von testverfahren zum nachweis der schaedigung durch pharmaka und gifte bei fischen

0817
INSTITUT FUER SIEDLUNGS- UND WOHNUNGSWESEN DER UNI MUENSTER
4400 MUENSTER, AM STADTGRABEN 9
TEL.: (0251) 490-2970
- LEITER: PROF.DR. R. THOSS
- FORSCHUNGSSCHWERPUNKTE:

umweltbilanzen und oekologische lastplaene fuer regionen

VORHABEN:

LUFTREINHALTUNG UND LUFTVERUNREINIGUNG

BA -044 abgase und umweltschutz

WASSERREINHALTUNG UND WASSERVERUNREINIGUNG

LA -009 abwasser und umweltschutz

ABFALL

MG -020 ein regionalisiertes optimierungsmodell einer integrierten abfallwirtschaft

UMWELTPLANUNG, UMWELTGESTALTUNG

UC -038 oekonomische aspekte des umweltschutzes
UE -030 flaechennutzung und umweltschutz

0818
INSTITUT FUER SIEDLUNGSWASSERBAU UND WASSERGUETEWIRTSCHAFT DER UNI STUTTGART
7000 STUTTGART 80, BANDTAELE 1
TEL.: (0711) 7843725 TX.: 07-255445
- LEITER: PROF.DR.-ING. KARL-HEINZ HUNKEN
- FORSCHUNGSSCHWERPUNKTE:

verbesserung der biologischen abwasserreinigung; behandlung hochkonzentrierter abwaesser; weitergehende abwasserreinigung durch mikrosiebe, sandfilter, chemische faellung, blaualgen; behandlung von regenwasser; verbesserung der analytik bei der abwasseruntersuchung; beseitigung fester abfaelle durch geordnete deponie, kompostierung, pyrolyse

VORHABEN:

LUFTREINHALTUNG UND LUFTVERUNREINIGUNG

BB -020 untersuchung der destrugas-muell-entgasungs-anlage kalundborg hinsichtlich der auswirkungen des verfahrens auf die umwelt
BE -012 verminderung der geruchsbelaestigung durch absorptionsverfahren mit biologischer regeneration

WASSERREINHALTUNG UND WASSERVERUNREINIGUNG

IB -017 belastung der vorfluter bei hintereinandergeschalteten regenwasserbehandlungsanlagen
KA -018 untersuchung zur erfassung und kennzeichnung der organischen reststoffe in gereinigten abwaessern
KA -019 verbesserung und vereinheitlichung der csb-methodik auf der basis der kaliumdichromatoxidation im hinblick auf das abwasserabgabengesetz
KA -020 untersuchung ueber die toxischen einfluesse von abwasser auf fische mit hilfe der enzymaktivitaet des serums mit dem ziel der modifikation und verbesserung von fischtesten
KB -051 das verhalten von filtern aus kornmaterial bei belastung mit abwaessern, die konzentrierte stoffe und bakterien enthalten
KB -052 einsatz von chemischen oxidationsmitteln in der abwasserreinigung
KB -053 untersuchungen ueber die elimination von resistenten stoffen aus dem ablauf biologischer reinigungsanlagen
KB -054 untersuchungen ueber die intensivierung der stickstoffelimination aus dem abwasser durch mikrobielle nitrifikation - denitrifikation
KB -055 kontrolle der elimination von anionaktiven nichtionischen tensiden aus kommunalabwasser in einer mechanisch-biologischen klaeranlage
KC -043 entwicklung von methoden zur beurteilung der biologischen abbaubarkeit von industrieabwasser unter besonderer beruecksichtigung der anpassungsfaehigkeit von belebtschlamm
KE -034 ursachen der verschlechterung des mikrobiellen flokkungsmechanismus und der absetzeigenschaften von belebtschlaemmen
KE -035 massnahmen zur optimierung des belebungsverfahrens und vergleichmaessigung des klaeranlagenablaufs
KE -036 untersuchungen ueber den einfluss unterschiedlicher gewebe von mikrosieben auf die entnahme suspendierter stoffe aus biologisch-chemisch gereinigten abwaessern
KE -037 untersuchungen ueber den eiweissgehalt und das aminosaeurespektrum der biomasse von belebtschlaemmen als betriebstechnische kenngroesse
KE -038 beschreibung der entartung der belebtschlammflockenstruktur und morphologische klassierung von blaehschlaemmen
KE -039 erhebungen ueber moegliche ursachen der blaehschlammbildung auf klaerwerken
KF -011 nachreinigung von abwaessern mit fadenartigen blaualgen unter besonderer beruecksichtigung der phosphatelimination
KF -012 untersuchung und entwicklung von verfahren und geraeten zur phosphor-elimination durch simultanfaellung in einer betriebsanlage mit gesteuerter faellmitteldosierung
KF -013 absicherung des umweltverhaltens von heterogenen anorganischen buildern (hab)
KF -014 vergleichende untersuchungen der gesteuerten faellmitteldosierung zur phosphor-elimination aus abwasser unter anwendung einer simultanfaellung

ABFALL

MB -043 gelenkte intensivkompostierung von festen abfallstoffen mit geeigneten kohlenstoff- und stickstofftraegern
MB -044 untersuchung an der pyrolyse-pilotanlage der firma herbold ueber wirtschaftlichkeit und umweltbelastung des verfahrens
MB -045 messtechnische untersuchungen an einer pyrolyse pilotanlage (fa. kiener) goldshoefe
MD -025 entwicklung eines sperrmuellanalysenprogrammes

WIRKUNGEN UND BELASTUNGEN DURCH SCHADSTOFFE

PA -034 die physiologie der schwermetallvergiftung von fischen

0819
INSTITUT FUER SIEDLUNGSWASSERBAU UND WASSERWIRTSCHAFT DER FH GIESSEN
6300 GIESSEN, WIESENSTR. 12
TEL.: (0641) 33123
- LEITER: DIPL.-ING. ARMIN GOSCH
- FORSCHUNGSSCHWERPUNKTE:

untersuchung von sondermuell auf deponierfaehigkeit; weitergehende reinigung von kommunalem und industriellem abwasser, versuchsfeld im aufbau, halbtechnische versuche geplant

VORHABEN:

ABFALL

MC -029 untersuchungen ueber das verhalten abgelagerter sondermuellarten in einer deponie

0820
INSTITUT FUER SIEDLUNGSWASSERWIRTSCHAFT DER TH AACHEN
5100 AACHEN, MIES-VAN-DER-ROHE-STR. 1
TEL.: (0241) 425207 TX.: 832704
- LEITER: PROF.DR.-ING. BOEHNKE
- FORSCHUNGSSCHWERPUNKTE:
weitergehende abwasserreinigung; industrieabwasserbehandlung; gewaessergueteprobleme; allgemeine abwasserableitung und -behandlung
VORHABEN:
ABWAERME
GB -015 auswirkungen von kuehlverfahren bei konventionellen thermischen und nukleraren thermischen kraftwerken auf die umwelt
WASSERREINHALTUNG UND WASSERVERUNREINIGUNG
HA -051 untersuchungen der einflussparameter auf die abbaugeschwindigkeit der natuerlichen selbstreinigung von fliessenden gewaessern
HA -052 abkuehlung erwaermten flusswassers in theorie und praxis
HA -053 moeglichkeiten des sauerstoffeintrags durch wasserstrahlen in einen wasserkoerper
HD -008 qualitative und quantitative erfassung ausgewaehlter spurenelemente (metalle - metalloide) in oberflaechen- und trinkwasser
HE -019 untersuchungen zur verbesserung der aufbereitung und gewinnung von trinkwasser
IB -018 ermittlung von abflusspenden je hektar bebauter flaeche bei verschiedener bebauungsdichte
IB -019 untersuchung der verschmutzung des abfliessenden regenwassers
IC -063 entwicklung eines verfahrens zur weiterfuehrenden reinigung verschmutzter waesser
IC -064 belastung der gewaesser des deutschen rheineinzugsgebietes mit organo-phosphorverbindungen (pestizide)
KA -021 entwicklung von einfachen analytischen schnellverfahren zur identifizierung und quantitativen bestimmung von organischen laststoffen bei der biologischen klaerung
KB -056 untersuchungen zur erzielung einer besseren sauerstoffausnutzung bei belueftungsverfahren
KB -057 untersuchungen zur weitergehenden reinigung biologisch gereinigten abwassers
KB -058 entwicklung eines verfahrens zur wirtschaftlichen mitbehandlung von (faulraum) -truebwasser
KB -059 untersuchung ueber die sauerstoffaufnahme bei verschiedenen salzgehalten des wassers und unterschiedlichen abwasserkonzentrationen
KB -060 entwicklung eines verfahrens zur weitergehenden reinigung verschmutzter waesser
KB -061 untersuchungen zum einsatz der flockungsfiltration zur weitergehenden abwasserreinigung
KE -040 untersuchung eines abwasserreinigungsverfahrens nach dem belebtschlammverfahren mit schlammstabilisierung
KE -041 erarbeitung von einheitlichen vorstellungen zur beurteilung von abwasserreinigungsanlagenteilen und abwasserreinigungssystemen
LA -010 internationale vergleichende darstellung der belastung der papierindustrie durch abwasserabgaben
ABFALL
MB -046 untersuchung eines abgewandelten verfahrens zur gemeinsamen biologischen behandlung von muell und frischschlamm
MG -021 optimierungen der klaerschlammbeseitigung - monobehandlung oder behandlung gemeinsam mit muell unter beruecksichtigung der regionalstruktur
HUMANSPHAERE
TD -018 untersuchung ueber den erforderlichen umfang der lehre im fach siedlungswasserwirtschaft

0821
INSTITUT FUER SIEDLUNGSWASSERWIRTSCHAFT DER TU HANNOVER
3000 HANNOVER, WELFENGARTEN 1
TEL.: (0511) 762-2276
- LEITER: PROF.DR.-ING. SEYFRIED
VORHABEN:
WASSERREINHALTUNG UND WASSERVERUNREINIGUNG
HB -050 typisierung von grundwasser im norddeutschen kuestenbereich und aufbereitungsverfahren
HE -020 aufbereitung von stark huminsaeurehaltigem oberflaechenwasser
ID -035 weitergehende abwasserreinigung zum zwecke der grundwasseranreicherung
IE -049 wasserguetemodell eines tidebeeinflussten vorfluters
KC -044 ermittlung der bei der reinigung von molkereiabwaessern entstehenden schlammengen
KC -045 abwasserreinigung einer altoelraffinerie
KC -046 erhebung ueber bestehende reinigungsanlagen fuer hochkonzentriertes abwasser und auswertung des gesammelten materials
KC -047 untersuchungen ueber aufbereitungsmoeglichkeiten bei speziellen hochbelasteten industrieabwaessern nach dem anaeroben belebungsverfahren
KC -048 abwasserreinigung einer wollwaescherei
KE -042 untersuchung ueber die bau- und betriebskosten von biologischen oder entsprechend wirksamen klaeranlagen
ABFALL
MA -019 untersuchung zur optimierung der muellsammlung, des muelltransportes und der muellbehandlung in einem gegebenen planungsgebiet
ME -049 fremdstoffabtrennung und farbsortierung von getrennt gesammeltem altglas
MF -041 behandlung von abfaellen aus der massentierhaltung

0822
INSTITUT FUER SIEDLUNGSWASSERWIRTSCHAFT DER UNI KARLSRUHE
7500 KARLSRUHE, AM FASANENGARTEN
TEL.: (0721) 608-2457
- LEITER: PROF.DR.RER.NAT. HAHN
VORHABEN:
WASSERREINHALTUNG UND WASSERVERUNREINIGUNG
HG -033 mathematische modellierung und simulation des phosphorkreislaufs
HG -034 mathematische modellierung der gewaesserguete mit wirtschaftlichkeitsbetrachtungen
IC -065 stabilitaet von kolloidalen wasserinhaltsstoffen in natuerlichen gewaessern
ID -036 untersuchungen ueber mathematische und analogiemodelle fuer die wasserentnahme in flussnaehe
KB -062 einfluss der stroemungsbedingungen auf die flockung kolloidaler wasserinhaltsstoffe mit polymeren
KF -015 untersuchung zur frage der phosphatrueckloesung bei ausfaulung von eisen-phosphat-schlamm aus der phosphorelimination
ABFALL
MA -020 untersuchungen ueber technische und wirtschaftliche optimierungen von regionalen behandlungsanlagen fuer fluessige und feste siedlungsabfaelle
MG -022 wirtschaftliche aspekte der flockung bei der abwasserreinigung
UMWELTPLANUNG, UMWELTGESTALTUNG
UC -039 anwendung von methoden des operations research auf die standortplanung von regionalen abfallbehandlungsanlagen
UG -006 technische und wirtschaftliche optimierung bei der bildung von zweckverbaenden zur wasserversorgung und abwasserbeseitigung

0823
INSTITUT FUER SILICATFORSCHUNG DER FRAUNHOFER-GESELLSCHAFT E.V.
8700 WUERZBURG, NEUNERPLATZ 2
TEL.: (0931) 42014
- LEITER: PROF.DR. HORST SCHOLZE
- FORSCHUNGSSCHWERPUNKTE:
emissionen bei hochtemperaturprozessen bei der herstellung von glas und keramik; wiederverwendung von glasscherben
VORHABEN:
LUFTREINHALTUNG UND LUFTVERUNREINIGUNG
BC -029 untersuchung der verdampfung aus glasschmelzen in abhaengigkeit von der ofenatmosphaere
BC -030 mechanismus der fluorentbindung in fliesenmassen und -glasuren
ABFALL
ME -050 wiederverwendung von abfallglas
ME -051 der einfluss von scherben auf das einschmelz-, laeuter- und homogenisierungsverhalten von glasschmelzen
LEBENSMITTEL-, FUTTERMITTELKONTAMINATION
QA -044 schwermetallionenabgabe von glaesern

0824
INSTITUT FUER SOZIALFORSCHUNG BROEG
8000 MUENCHEN

VORHABEN:
UMWELTPLANUNG, UMWELTGESTALTUNG
UG -007 fallstudie zur erfassung der aktivitaetsmuster in beziehung zur oeffentlichen und regionalen infrastruktur

0825
INSTITUT FUER SOZIALMEDIZIN UND EPIDEMIOLOGIE DES BUNDESGESUNDHEITSAMTES
1000 BERLIN 33, THIELALLEE 88-92
TEL.: (030) 8308493
- LEITER: PROF.DR. HOFFMEISTER
- FORSCHUNGSSCHWERPUNKTE:
mikro- und makrosoziologische umwelt; schadstoffe und krankheitsentstehung
VORHABEN:
WIRKUNGEN UND BELASTUNGEN DURCH SCHADSTOFFE
PE -025 modifizierte hessenstudie
PE -026 gibt es unterschiedliche (krankheits) symptomenmuster in schadstoffbelasteter und schadstoffunbelasteter wohngegend

0826
INSTITUT FUER SOZIALOEKONOMIE DER LANDSCHAFTSENTWICKLUNG DER TU BERLIN
1000 BERLIN 33, ALBRECHT-THAER-WEG 2
- LEITER: PROF.DR. K.H. HUBLER
VORHABEN:
LAND- UND FORSTWIRTSCHAFT
RB -026 neuorientierung der nahrungshilfe zur deckung mittelfristig zu erwartender grosser nahrungsdefizite in entwicklungslaendern

0827
INSTITUT FUER SOZIALOEKONOMISCHE STRUKTURFORSCHUNG GMBH
5000 KOELN 41, SUELZGUERTEL 38
VORHABEN:
UMWELTPLANUNG, UMWELTGESTALTUNG
UG -008 auslaender und infrastruktur

0828
INSTITUT FUER SOZIALWISSENSCHAFTEN DER UNI HOHENHEIM
7000 STUTTGART 70, GERAETEFLUEGEL - SCHLOSS
TEL.: (4701) 2622
- LEITER: PROF.DR. ERNST-WOLFGANG. BUCHHOLZ
- FORSCHUNGSSCHWERPUNKTE:
die konkurrenz der nutzungsansprueche in innerstaedtischen freiraeumen; freiraeume als teil grosstaedtischer freizeitinfrastruktur; freiraumnachfrage als regenerationsnachfrage, als bildungsnachfrage und als ausdruck von kommunikationsbeduerfnissen
VORHABEN:
HUMANSPHAERE
TC -013 die nutzung der freizeitangebote in verdichtungsraeumen
UMWELTPLANUNG, UMWELTGESTALTUNG
UK -046 die untersuchung der freiraumnachfrage in verdichtungsraeumen

0829
INSTITUT FUER SOZIALWISSENSCHAFTEN DER UNI MANNHEIM
6800 MANNHEIM, SCHLOSS
TEL.: (0621) 292-3340
VORHABEN:
LAERM UND ERSCHUETTERUNGEN
FD -027 belaestigung der bevoelkerung durch sportflugbetrieb

0830
INSTITUT FUER SOZIALWISSENSCHAFTLICHE FORSCHUNG E.V.
8000 MUENCHEN 13, JAKOB-KLAR-STR. 9
TEL.: (089) 374573
- LEITER: DR. BURKART LUTZ
VORHABEN:
HUMANSPHAERE
TA -053 analyse von betrieblichen bedingungen und interessen bei technisch-organisatorischen umstellung zur humanisierung von arbeitsbedingungen im zusammenhang mit problemen der vertretung von arbeitnehmerinteressen

0831
INSTITUT FUER SOZIOLOGIE DER UNI KARLSRUHE
7500 KARLSRUHE, KOLLEGIUM AM SCHLOSS, BAU 2
TEL.: (0721) 608-3384
- LEITER: PROF.DR. HANS LINDE
VORHABEN:
UMWELTPLANUNG, UMWELTGESTALTUNG
UK -047 die sozialfunktion landschaftlicher freiraeume fuer die wohnbevoelkerung im grosstaedtischen ballungsgebiet

0832
INSTITUT FUER SOZIOLOGIE DER UNI WUERZBURG
8700 WUERZBURG, SANDERRING 2
TEL.: (0931) 31 963
- LEITER: PROF.DR. GUENTER WISWEDE
- FORSCHUNGSSCHWERPUNKTE:
soziologische aspekte der wachstums- und umweltkrise
VORHABEN:
UMWELTPLANUNG, UMWELTGESTALTUNG
UC -040 das problem der umwertung sozialkultureller werte in einer zeit der wachstums- und umweltkrise

0833
INSTITUT FUER SOZIOOEKONOMIE DER UNI AUGSBURG
8900 AUGSBURG, MEMMINGERSTR. 14
TEL.: (0821) 599-1
- LEITER: PROF.DR. PETER ATTESLANDER
- FORSCHUNGSSCHWERPUNKTE:
umweltpsychologie, oekonomische psychologie, planungstheorie
VORHABEN:
UMWELTPLANUNG, UMWELTGESTALTUNG
UC -041 social accountability und struktur des entscheidungsprozesses (einbeziehung gesellschaftlicher umweltfaktoren)
UH -024 subjektive belastungen durch den bau von stadtschnellstrassen
UH -025 entwicklung einer anwendungsbezogenen theorie der beduerfnissteuerung - am beispiel des verkehrs

0834
INSTITUT FUER SPEKTROCHEMIE UND ANGEWANDTE SPEKTROSKOPIE
4600 DORTMUND, BUNSEN-KIRCHHOFF-STR. 11
TEL.: (0231) 129002
- LEITER: DR. WOLFGANG RIEPE
- FORSCHUNGSSCHWERPUNKTE:
ausarbeitung von verfahren der chemischen analyse (atome und molekuele) mit physikalischen, insbesondere spektroskopischen methoden; vergleichende untersuchungen zur ueberpruefung der zuverlaessigkeit und des nachweisvermoegens
VORHABEN:
WASSERREINHALTUNG UND WASSERVERUNREINIGUNG
HD -009 algenabbauprodukte im trinkwasser
IE -050 determination of cd, hg, zn, as, pb in sea-water and explanation of graphite furnace reactions

0835
INSTITUT FUER STADT- UND REGIONALPLANUNG DER TU BERLIN
1000 BERLIN, JEBENSTR. 1/503
TEL.: (030) 3143450
- LEITER: PROF.DR. MACKENSEN
VORHABEN:
HUMANSPHAERE
TD -019 erste ergebnisse einer befragung zum umweltbewusstsein
UMWELTPLANUNG, UMWELTGESTALTUNG
UH -026 analyse von wanderungsstroemen in der bundesrepublik deutschland

0836
INSTITUT FUER STADTBAUWESEN DER TH AACHEN
5100 AACHEN, MIES-VAN-DER-ROHE-STR.
TEL.: (0241) 425200 TX.: 08-32704
- LEITER: PROF.DR.-ING. PAUL A. MAECKE
- FORSCHUNGSSCHWERPUNKTE:
verkehrsursachenforschung; verkehrsplanung; stadtplanung; stadtentwicklungsplanung; regionalplanung, raumplanung; raumordnung, freizeitaktivitaeten, freizeitraeume, fussverkehr, fussgaengerzonen, forschung zur verkehrsmittelwahl
VORHABEN:
UMWELTPLANUNG, UMWELTGESTALTUNG
UH -027 minimierung des verkehrsaufkommens durch geeignete nutzungsordnungen nach massgabe des verkehrsaufwandes
UH -028 einfluss der zentralitaet eines ortes auf verkehrserzeugung und verkehrsverteilung
UH -029 beurteilung alternativer strassentrassen nach umweltmaessigen und verkehrlichen gesichtspunkten
UH -030 verkehrswirtschaftliche untersuchungen ueber die auswirkung des wochenendverkehrs im bundesfernstrassennetz
UI -019 verkehrserzeugungsmodell zur quantifizierung des fussgaengerverkehrsaufkommens

0837
INSTITUT FUER STADTBAUWESEN DER TU BRAUNSCHWEIG
3300 BRAUNSCHWEIG, POCKELSSTR. 4
TEL.: (0531) 3912795
- LEITER: PROF.DIPL.-ING. HEINRICH HABEKOST
- FORSCHUNGSSCHWERPUNKTE:
gewaesserguete, muell, abwassertechnik
VORHABEN:
WASSERREINHALTUNG UND WASSERVERUNREINIGUNG
IC -066 aufstellung eines edv-systems zur erfassung und verarbeitung von gewaesserguetemesswerten in niedersachsen
IC -067 untersuchung der dynamik des lang- und kurzfristigen stoffaustrages bei kleinen einzugsgebieten mit ackerbaulicher nutzung
KE -043 untersuchungen zur konditionierung von abwasserschlaemmen durch gefrieren
ABFALL
MC -030 untersuchungen ueber die biologische abbaubarkeit von sickerwasser aus muelldeponien
MC -031 reinigung von muellsickerwasser unter betriebsbedingungen - beruecksichtigung einer bedarfsverregnung
MC -032 ermittlung der konzentration organischer und anorganischer inhaltsstoffe von sickerwasser aus muelldeponien und deren biochemischer abbaubarkeit

0838
INSTITUT FUER STAEDTEBAU UND LANDESPLANUNG DER UNI KARLSRUHE
7500 KARLSRUHE, KAISERSTR. 12
TEL.: (0721) 6082294
- LEITER: PROF.DR.-ING. GADSO LAMMERS
- FORSCHUNGSSCHWERPUNKTE:
bauleitplanung und erschliessungsfragen; standortuntersuchungen, freizeitinfrastruktur; messung und auslastung von infrastruktureinrichtungen; verhaltensuntersuchungen, mensch-umwelt-beziehungen; regional- und landesplanung
VORHABEN:
ABFALL
MC -033 gutachten zur standort- und flaechenbedarfsplanung fuer die mittelfristige muellbeseitigung der stadt karlsruhe
UMWELTPLANUNG, UMWELTGESTALTUNG
UF -014 strategische stadtentwicklungsplanung
UF -015 interdependenzen des erschliessungsprozesses
UF -016 sanierung und bodenpolitik - ihre wechselwirkungen bezueglich durchfuehrbarkeit, finanzierung und planverwirklichung
UG -009 flaechenbedarf und standortgefuege oeffentlicher wohnfolgeeinrichtungen
UG -010 der einfluss von zeit-budget-allokationen auf den auslastungsgrad technischer infrastruktursysteme
UG -011 messmethoden zur bewertung regionaler infrastrukturausstattung
UG -012 konsumtive infrastrukturleistungen

0839
INSTITUT FUER STAEDTEBAU, BODENORDNUNG UND KULTURTECHNIK DER UNI BONN
5300 BONN 1, NUSSALLEE 1
TEL.: (02221) 732610
VORHABEN:
WASSERREINHALTUNG UND WASSERVERUNREINIGUNG
HA -054 einsatz chemischer mittel (herbizide) zur unterhaltung von gewaessern
IC -068 anwendung von herbiziden in der gewaesserunterhaltung
HUMANSPHAERE
TC -014 vorbildliche campingplaetze - wettbewerb
UMWELTPLANUNG, UMWELTGESTALTUNG
UE -031 regionalplanung in westsumatra
UF -017 sanierung koblenz - luetzel
UF -018 staedtebauliche modellrechnungen
UH -031 richtlinien fuer die anlage von stadtstrassen, teilerschliessung (rast-e)
UL -047 kulturlandschaft und wasserhaushalt

0840
INSTITUT FUER STAEDTEBAU, WOHNUNGSWESEN UND LANDESPLANUNG DER TU BRAUNSCHWEIG
3300 BRAUNSCHWEIG, POCKELSSTR. 4
TEL.: (0531) 3912262
- LEITER: PROF. FERDINAND STRACKE
- FORSCHUNGSSCHWERPUNKTE:
auf die raeumliche planung bezogene vorhaben
VORHABEN:
WASSERREINHALTUNG UND WASSERVERUNREINIGUNG
HA -055 auswertung der untersuchungsergebnisse der gewaesserueberwachung im verwaltungsbezirk braunschweig
KE -044 abbauvorgaenge und abbauleitungen in der biologischen abwasserreinigung mit belebtschlamm unter dynamischer belastung
KE -045 die sauerstoffzufuhr von abwasserbelueftungseinrichtungen in bestehenden klaeranlagen
ABFALL
MC -034 wasser- und stoffhaushalt in abfalldeponien und deren auswirkung auf gewaesser. unterthema: untersuchungen ueber die biologische abbaubarkeit von sickerwasser aus modelldeponien
LAND- UND FORSTWIRTSCHAFT
RD -038 zusammenhang zwischen bodenkennwerten, nutzungsart, duengestoffen und chemische zusammensetzung des abflusses aus landwirtschaftlich genutzten gebieten

0841
INSTITUT FUER STAEDTEBAU, WOHNUNGSWESEN UND LANDESPLANUNG DER TU HANNOVER
3000 HANNOVER, SCHLOSSWENDER STRASSE 1
TEL.: (0511) 762-2118
VORHABEN:
UMWELTPLANUNG, UMWELTGESTALTUNG
UA -038 rang der umweltpolitik (insbesondere in ihren ausformungen umweltschutz und umweltvorsorgeplanung) in den zielsetzungen der gemeinden

0842
INSTITUT FUER STATISTIK UND BIOMETRIE DER TIERAERZTLICHEN HOCHSCHULE HANNOVER
3000 HANNOVER, BISCHOFSHOLER DAMM 15
TEL.: (0511) 8113408 TX.: 922034
- LEITER: PROF.DR. HANS RUNDFELDT
- FORSCHUNGSSCHWERPUNKTE:
auswertung von feldversuchen zur pruefung der ertragssteigernden wirkung von muellkompost
VORHABEN:
LAND- UND FORSTWIRTSCHAFT
RD -039 biometrische auswertung mehrjaehriger feldversuche mit verschiedenen fruchtarten zur pruefung des wertes von muellkompost

0843
INSTITUT FUER STATISTIK UND MATHEMATISCHE WIRTSCHAFTSTHEORIE DER UNI KARLSRUHE
7500 KARLSRUHE, KAISERSTR. 12
TEL.: (0721) 608-3380
- LEITER: PROF.DR. RUDOLF HENN
- FORSCHUNGSSCHWERPUNKTE:
formulierung oekologischer optimierungsprobleme; loesung oekologischer probleme mittels moderner or-methoden; entwicklung von loesungsalgorithmen fuer optimierungsprobleme mit oekologischen restriktionen
VORHABEN:
UMWELTPLANUNG, UMWELTGESTALTUNG
UC -042 kostenoptimale strategien zur erreichung vorgegebener standards der reinhaltung der umwelt
UC -043 optimierung unter oekologischen restriktionen

0844
INSTITUT FUER STATISTIK UND OEKONOMETRIE DER UNI HAMBURG
2000 HAMBURG, RENTZELSTR. 7
TEL.: (040) 441971
- LEITER: PROF.DR. HEINZ GOLLNICK
VORHABEN:
UMWELTPLANUNG, UMWELTGESTALTUNG
UG -013 sozio-oekonomische konsequenzen der entsorgungsprobleme einer wirtschaftsregion am beispiel des wirtschaftsraumes hamburg

0845
INSTITUT FUER STAUBLUNGENFORSCHUNG UND ARBEITSMEDIZIN DER UNI MUENSTER
4400 MUENSTER, WESTRING 10
TEL.: (0251) 4905342
- LEITER: PROF.DR. KLAUS NORPOTH
- FORSCHUNGSSCHWERPUNKTE:
beeinflussung der stoffwechselsteuerung in der saeugerleber durch inhalierbare arbeitsstoffe und schwermetalle; entwicklung und erprobung von analysenmethoden zur beurteilung von gesundheitsgefahren durch luftgaengige alkylierende verbindungen; untersuchungen ueber den stoffwechsel indirekter alkylantien
VORHABEN:
UMWELTCHEMIKALIEN
OC -030 entwicklung und erprobung von analysenmethoden zur beurteilung von gesundheitsgefahren durch luftgaengige alkylierende verbindungen

0846
INSTITUT FUER STEINE UND ERDEN DER TU CLAUSTHAL
3392 CLAUSTHAL-ZELLERFELD, ZEHNTNERSTR. 2A
TEL.: (05323) 1716 TX.: 953828
- LEITER: PROF.DR.-ING. LEHMANN
- FORSCHUNGSSCHWERPUNKTE:
herstellung von ziegelprodukten unter verwendung von haushaltsmuell; untersuchungen zur verwendung von abfaellen aus entschwefelungsanlagen von steinkohlekraftwerken auf dem bindemittel- und bausektor; f + e-programm: verfestigung und endlagerung mittel- und schwachaktiver abfaelle am standort der wiederaufarbeitungsanlage
VORHABEN:
ABFALL
MD -026 haushaltsmuell als roh- und brennstoff fuer die ziegelindustrie
ME -052 verwertung von filterschlamm
ME -053 untersuchungen zur verwendung von abfaellen aus entschwefelungsanlagen von steinkohlekraftwerken auf dem bindemittel- und baustoffsektor

0847
INSTITUT FUER STRAHLANTRIEBE UND TURBOARBEITSMASCHINEN DER TH AACHEN
5100 AACHEN, TEMPLERGRABEN 55
TEL.: (0241) 42550 TX.: 08-32704
- LEITER: PROF.DIPL.-ING. OTTO DAVID
- FORSCHUNGSSCHWERPUNKTE:
experimentelle grundlagenuntersuchungen zur laermentstehung und laermminderung an strahltriebwerkskomponenten und luftschrauben
VORHABEN:
LAERM UND ERSCHUETTERUNGEN
FA -028 untersuchungen ueber die laermerzeugung ummantelter luftschrauben in abhaengigkeit ihrer entwurfsparameter
FB -051 laermminderung an schubumkehreinrichtungen von strahltriebwerken
FB -052 laermentstehung und laermminderung an turbinenstufen mit kuehlluftausblasung an den turbinenleitschaufeln

0848
INSTITUT FUER STRAHLENBIOLOGIE DER GESELLSCHAFT FUER KERNFORSCHUNG MBH
7500 KARLSRUHE, POSTFACH 3640
TEL.: (07247) 823209 TX.: 7826484
- LEITER: PROF.DR. K.G. ZIMMER
- FORSCHUNGSSCHWERPUNKTE:
experimentelle grundlagen fuer die festsetzung der grenzwerte fuer die maximal zulaessige belastung des menschen sowie fuer die therapie von inkorporationsfaellen
VORHABEN:
STRAHLUNG, RADIOAKTIVITAET
NB -036 radiobiologie der actinide

0849
INSTITUT FUER STRAHLENBIOLOGIE DER UNI MUENSTER
4400 MUENSTER, HITTORFSTR. 17
TEL.: (0251) 490-5301, -5311
- LEITER: PROF.DR. WOLFGANG DITTRICH
- FORSCHUNGSSCHWERPUNKTE:
induktion von erbschaeden (aneuploidie = chromosomenverlust und chromosomengewinn) durch ionisierende strahlen und chemische substanzen; einfluss von strahlung und chemischen stoffen auf biologische makromolekuele in viren, bakterien und tumorzellen
VORHABEN:
WIRKUNGEN UND BELASTUNGEN DURCH SCHADSTOFFE
PC -036 synergismus von strahlung und chemischen schadstoffen an biologischen makromolekuelen
PC -037 induktion von erbschaeden (aneuploidie-chromosomenverlust und chromosomengewinn) durch ionisierende strahlen und chemische substanzen

0850
INSTITUT FUER STRAHLENBOTANIK DER GESELLSCHAFT FUER STRAHLEN- UND UMWELTFORSCHUNG MBH
3000 HANNOVER -HERRENHAUSEN, HERRENHAEUSERSTR. 2
TEL.: (0511) 7622603
- LEITER: PROF.DR. E.-G. NIEMANN
VORHABEN:
LUFTREINHALTUNG UND LUFTVERUNREINIGUNG
CB -058 untersuchungen von ausbreitungsvorgaengen in der atmosphaere mit hilfe von pyrotechnisch erzeugten, aktivierbaren aerosolen
UMWELTCHEMIKALIEN
OA -027 strahlenanalyse, radiometrische messverfahren

0851
INSTITUT FUER STRAHLENSCHUTZ DER GESELLSCHAFT FUER STRAHLEN- UND UMWELTFORSCHUNG MBH
8042 NEUHERBERG, INGOLSTAEDTER LANDSTR. 1
TEL.: (089) 3874326
- LEITER: PROF.DR. WOLFGANG JACOBI
VORHABEN:
STRAHLUNG, RADIOAKTIVITAET
NB -037 analyse und ueberwachung von radionukliden und toxischen elementspuren in der umwelt
NB -038 entwicklung von verfahren zur spurenanalyse von radionukliden und elementen in der umwelt
UMWELTCHEMIKALIEN
OD -066 aufnahme, verteilung und dosimetrie von spurenstoffen im organismus
WIRKUNGEN UND BELASTUNGEN DURCH SCHADSTOFFE
PH -044 physikalisch-chemisches verhalten von radionukliden und toxischen elementen im boden

0852
INSTITUT FUER STROEMUNGSMASCHINEN DER TU HANNOVER
3000 HANNOVER, APPELSTR. 25
TEL.: (0511) 762 2731
- LEITER: PROF.DR.-ING. MANFRED RAUTENBERG
- FORSCHUNGSSCHWERPUNKTE:
schallentstehung und laermminderung bei radialverdichtern
VORHABEN:
LAERM UND ERSCHUETTERUNGEN
FA -029 schallentstehung und laermminderung bei radialverdichtern

0853
INSTITUT FUER STROEMUNGSMECHANIK DER DFVLR
3400 GOETTINGEN, BUNSENSTR.10
TEL.: (0551) 44051-547
- LEITER: DR. F.W. RIEGELS
VORHABEN:
LUFTREINHALTUNG UND LUFTVERUNREINIGUNG
CB -059 einfluss chemischer bzw. biochemischer reaktionen auf die ausbreitung von schmutzstoffen
LAERM UND ERSCHUETTERUNGEN
FA -030 untersuchung der schallquellenverteilung in turbulenten gasstrahlen
FA -031 einfluss atmosphaerischer schichtung und turbulenz auf die laermausbreitung
FB -053 auftriebsbedingter ueberschallknall von flugzeugen

0854
INSTITUT FUER STROMRICHTERTECHNIK UND ELEKTRISCHE ANTRIEBE DER TH AACHEN
5100 AACHEN, TEMPLERGRABEN 55
TEL.: (0241) 4226300
- LEITER: PROF.DR.-ING. SKUDELNY
VORHABEN:
LUFTREINHALTUNG UND LUFTVERUNREINIGUNG
DA -035 untersuchungen zur optimierung von elektrospeicherfahrzeugen

0855
INSTITUT FUER STRUKTURFORSCHUNG DER FORSCHUNGSANSTALT FUER LANDWIRTSCHAFT
3300 BRAUNSCHWEIG, BUNDESALLEE 50
TEL.: (0531) 596405
- LEITER: PROF.DR. ECKART NEANDER
- FORSCHUNGSSCHWERPUNKTE:
analysen und projektionen der entwicklung der landwirtschaftlichen betriebs- und produktionsstruktur in den regionen der bundesrepublik deutschland und der eg
VORHABEN:
LAND- UND FORSTWIRTSCHAFT
RF -012 charakterisierung der regionen der gemeinschaft, in denen die intensive tierhaltung besonders entwickelt ist

0856
INSTITUT FUER STRUKTURFORSCHUNG DER UNI STUTTGART
7000 STUTTGART 1, VERDISTR. 15
TEL.: (0711) 692955
- LEITER: PROF.DR. FELIX BOESLER
- FORSCHUNGSSCHWERPUNKTE:
systematik der umweltforschung; terminologie und begriffsbildung der umweltforschung; angewandte umweltforschung fuer kommunale und regionale bereiche; oekologische grundfragen der umweltforschung (insbesondere global- und humanoekologie)
VORHABEN:
HUMANSPHAERE
TC -015 entwicklung einer methodik der bestandskritik fuer sportstaetten als grundlage eines umweltorientierten sportstaettenplanprogrammes fuer gemeinden
UMWELTPLANUNG, UMWELTGESTALTUNG
UA -039 systematik zur umweltterminologie und einen systematisierten katalog von grundbegriffen fuer die umweltplanung und den umweltschutz (umweltpolitik)
UA -040 globaloekologie als denksystem fuer weltweit koordinierte umweltpolitik und umweltforschung
UA -041 methodik eines kommunalen umweltatlas
INFORMATION, DOKUMENTATION, PROGNOSEN, MODELLE
VA -013 internationales glossar humanoekologie

0857
INSTITUT FUER SYSTEMATISCHE BOTANIK DER UNI MUENCHEN
8000 MUENCHEN 19, MENZINGER STRASSE 67
VORHABEN:
LAND- UND FORSTWIRTSCHAFT
RB -027 naturstoffe aus zellkulturen

0858
INSTITUT FUER SYSTEMATISCHE BOTANIK UND PFLANZENGEOGRAPHIE DER FU BERLIN
1000 BERLIN 33, ALTENSTEINSTR. 6
TEL.: (030) 838-3149
- LEITER: PROF. STEFAN VOGEL
- FORSCHUNGSSCHWERPUNKTE:
taxonomische bearbeitung ausgewaehlter pflanzengruppen unter besonderer beruecksichtigung bluetenbiologischer, cytotaxonomischer, chemotaxonomischer und feinststruktureller aspekte, sowie: untersuchungen zur flora und vegetation unterschiedlicher lebensraeume und -gebiete in abhaengigkeiten von oekologischen faktoren
VORHABEN:
WASSERREINHALTUNG UND WASSERVERUNREINIGUNG
IA -022 taxonomie ausgewaehlter algengruppen sowie algenflora und -vegetation unterschiedlicher lebensraeume in abhaengigkeit von umweltfaktoren

0859
INSTITUT FUER SYSTEMTECHNIK UND INNOVATIONSFORSCHUNG (ISI) DER FRAUNHOFER-GESELLSCHAFT E.V.
7500 KARLSRUHE, BRESLAUER STRASSE 48
TEL.: (0721) 60911 TX.: 07-825931
- LEITER: PROF.DR. KRUPPE
- FORSCHUNGSSCHWERPUNKTE:
simulation von emissionswirkungen; rohstoff-, energie- und abfallwirtschaft; technikfolgen-abschaetzung
VORHABEN:
WASSERREINHALTUNG UND WASSERVERUNREINIGUNG
HA -056 systemanalytische arbeiten auf dem gebiet der wasserreinhaltung, wasserreinhaltungsmodell des wasserkreislaufes in der bundesrepublik deutschland
UMWELTPLANUNG, UMWELTGESTALTUNG
UA -042 methodik zur beurteilung von forschungs- und entwicklungsprojekten im bereich umweltfreundliche technik
UA -043 entwicklung von kriterien zur pruefung der umweltschutzmassnahmen bei industriellen anlagen in entwicklungslaendern
UA -044 aufbereitung der ergebnisse aus forschungsvorhaben der interministeriellen projektgruppe umweltchemikalien
UC -044 technologie-folgenabschaetzung mittels dynamischer simulation, partizipation der interessengruppen - raffinerieerweiterung

0860
INSTITUT FUER TECHNISCHE AKUSTIK DER TH AACHEN
5100 AACHEN, KLAUSENERSTR. 13-19
TEL.: (0241) 4222446
- LEITER: PROF.DR. KUTTRUFF
VORHABEN:
LAERM UND ERSCHUETTERUNGEN
FA -032 entwicklung von mess- und analysemethoden fuer infraschalluntersuchungen
FB -054 auswertung der bestimmung der mittleren periodizitaet von verkehrsgeraeuschen in abhaengigkeit von ihrer pegelhoehe
FD -028 laermausbreitung in bebauten oder bepflanzten gebieten

0861
INSTITUT FUER TECHNISCHE AKUSTIK DER TU BERLIN
1000 BERLIN 10, EINSTEINUFER 27
TEL.: (030) 3142931,3142932 TX.: 01-84262
- LEITER: PROF.DR. MANFRED HECKL
- FORSCHUNGSSCHWERPUNKTE:
laermminderung (insbesondere schallentstehungsmechanismen); raum- und bauakustik; psychoakustik
VORHABEN:
LAERM UND ERSCHUETTERUNGEN

FA -033 beurteilung der laestigkeit von zeitlich schwankenden schallreizen
FA -034 geraeusche aufprallender wassertropfen
FA -035 schallentstehung und ausbreitung bei durchstroemten rohren mit querschnittsspruengen und kruemmern
FB -055 geraeuschentwicklung beim rollen auf benetzten oberflaechen
FC -054 bestandsaufnahme der zur zeit bekannten massnahmen zur erzielung laermarmer konstruktionen
FC -055 erhoehung der koerperschalldaempfung durch reibung zwischen maschinenteilen
FD -029 akustische modelltechnik fuer schallschutzmassnahmen in laermbelasteten landschaftsgebieten
FD -030 entwicklung einer akustischen messmethode zur ermittlung der luftdurchlaessigkeit von bauelementen in eingebautem zustand
FD -031 kanalelemente
FD -032 koerperschallmessungen an haustechnischen anlagen

0862
INSTITUT FUER TECHNISCHE CHEMIE DER TU BERLIN
1000 BERLIN 12, STRASSE DES 17. JUNI 128
TEL.: (030) 3142261 TX.: 184262
- LEITER: PROF.DR. HERBERT KOELBEL
- FORSCHUNGSSCHWERPUNKTE:
homogen-katalytische schwefeldioxid-oxidation; umweltschutzanforderungen bei der projektierung von chemieanlagen; optimierung von abwasseranlagen; lichtabbau von polymeren
VORHABEN:
LUFTREINHALTUNG UND LUFTVERUNREINIGUNG
DD -045 untersuchungen zur homogen-katalytischen sulfit-oxidation mit luftsauerstoff
WASSERREINHALTUNG UND WASSERVERUNREINIGUNG
KC -049 projektierung, vorkalkulation und optimierung von abwasseranlagen in chemiebetrieben
ABFALL
MB -047 untersuchungen zum einfluss von licht auf die festigkeit von folien aus polyacenaphthylen und copolymeren aus styrol mit acenaphthylen
UMWELTPLANUNG, UMWELTGESTALTUNG
UC -045 einfluss der umweltschutzanforderungen auf die auslegung und wirtschaftlichkeit chemischer prozesse, dargestellt an beispielen der petrochemie und schwerchemie

0863
INSTITUT FUER TECHNISCHE THERMODYNAMIK UND THERMISCHE VERFAHRENSTECHNIK DER UNI STUTTGART
7000 STUTTGART 1, KEPLERSTR. 17
TEL.: (0711) 2073-838
- LEITER: PROF.DR.-ING. GLASER
VORHABEN:
ABWAERME
GB -016 waermeabgabe fliessender oberflaechengewaesser
GC -006 waerme- und stoffuebergangskoeffizienten

0864
INSTITUT FUER TEXTILTECHNIK DER INSTITUTE FUER TEXTIL- UND FASERFORSCHUNG STUTTGART
7410 REUTLINGEN
VORHABEN:
LAERM UND ERSCHUETTERUNGEN
FC -056 hinweise fuer gezielte massnahmen zur laermminderung an textilmaschinen

0865
INSTITUT FUER THERMISCHE KRAFTANLAGEN MIT HEIZKRAFTWERK DER TU MUENCHEN
8000 MUENCHEN 2, ARCISSTR. 21
TEL.: (089) 21052524
- LEITER: PROF.DR.-ING. THOMAS
- FORSCHUNGSSCHWERPUNKTE:
messung von staubemissionen
VORHABEN:
LUFTREINHALTUNG UND LUFTVERUNREINIGUNG
CA -051 registrierende messungen von staubfoermigen emissionen, untersuchung ueber genauigkeit der messungen

0866
INSTITUT FUER THERMISCHE STROEMUNGSMASCHINEN DER UNI KARLSRUHE
7500 KARLSRUHE, KAISERSTR. 12
TEL.: (0721) 6081-3240
- LEITER: PROF.DR. R. FRIEDRICH
VORHABEN:
LAERM UND ERSCHUETTERUNGEN
FA -036 erforschung des zusammenhanges zwischen der veraenderung des geraeuschspektrums und dem betriebszustand thermischer turbomaschinen

0867
INSTITUT FUER THERMO- UND FLUIDDYNAMIK DER UNI BOCHUM
4630 BOCHUM, BUSCHEYSTR. 132
TEL.: (0234) 700 3790
- LEITER: PROF.DR. WOLFGANG MERZKIRCH
- FORSCHUNGSSCHWERPUNKTE:
experimentelle untersuchung von verfahrenstechnischen stroemungsproblemen
VORHABEN:
LUFTREINHALTUNG UND LUFTVERUNREINIGUNG
CB -060 aufwirbelung von staub durch luftdruckwellen

0868
INSTITUT FUER THERMODYNAMIK DER TU HANNOVER
3000 HANNOVER, CALLINSTR. 15F
TEL.: (0511) 7622877
- LEITER: PROF.DR. ROEGENER
- FORSCHUNGSSCHWERPUNKTE:
umweltbelastung durch nasskuehltuerme (leistungsfaehigkeit der tuerme, schwadenentstehung und -zusammensetzung)
VORHABEN:
ABWAERME
GA -009 umweltbelastung durch nasskuehltuerme
GA -010 umweltbelastung durch nasskuehltuerme
GA -011 umweltbelastung durch nasskuehltuerme

0869
INSTITUT FUER THERMODYNAMIK UND WAERMETECHNIK DER UNI STUTTGART
7000 STUTTGART -VAIHINGEN, PFAFFENWALDRING 6
TEL.: (0711) 784-3542 TX.: 07 255 727
- LEITER: PROF.DR.-ING. HEINZ BACH
- FORSCHUNGSSCHWERPUNKTE:
rationelle energieverwendung; nutzungsgrad, speicherfaktoren, waermerueckgewinnung, grosswaermespeicher
VORHABEN:
ABWAERME
GC -007 entwurf einer richtlinie fuer waermerueckgewinnungsanlagen
ENERGIE
SA -042 energiespeicher in systemen mit waerme-kraft-kopplung (grosswaermespeicher)
SA -043 ermittlung des nutzungsgrades von heizanlagen
SB -025 berechnung von waermespeicherungsvorgaengen in raeumen

0870
INSTITUT FUER TIEFBOHRKUNDE UND ERDOELGEWINNUNG DER TU CLAUSTHAL
3392 CLAUSTHAL-ZELLERFELD, AGRICOLASTR. 10
TEL.: (05323) 72-1
- LEITER: PROF.DR.-ING. MARX
VORHABEN:
ENERGIE
SA -044 entwicklung neuer und verbesserung bestehender verfahren zur tertiaeren erdoelgewinnung, vornehmlich durch anwendung von tensiden, teilprojekt clausthal tiefbohrkunde

0871
INSTITUT FUER TIEFLAGERUNG DER GESELLSCHAFT FUER STRAHLEN- UND UMWELTFORSCHUNG MBH
3392 CLAUSTHAL-ZELLERFELD, BORNHARDSTR. 22
TEL.: (05323) 1690
- LEITER: DR. K. KUEHN

VORHABEN:
STRAHLUNG, RADIOAKTIVITAET
ND -030 gebirgsmechanische laboruntersuchungen
ND -031 hydrogeologisches forschungsprogramm asse
ND -032 gebirgsbeobachtung und geologische erkundung in und an der asse-salzstruktur
ND -033 systemstudie radioaktive abfaelle in der bundesrepublik deutschland (bmft)
ND -034 entwicklung der kaverneneinlagerungstechnik fuer radioaktive abfaelle
ND -035 behandlung und beseitigung radioaktiver abfaelle. eignungsanalyse eines eisenerzbergwerkes
ND -036 endlagerung schwachradioaktiver abfaelle
ND -037 versuchsweise einlagerung mittel- und hochradioaktiver abfaelle

0872
INSTITUT FUER TIERAERZTLICHE NAHRUNGSMITTELKUNDE / FB 18 DER UNI GIESSEN
6300 GIESSEN, FRANKFURTER STR. 92
TEL.: (0641) 7024975
VORHABEN:
LEBENSMITTEL-, FUTTERMITTELKONTAMINATION
QB -037 vorkommen, herkunft und bedeutung von schimmelpilzen bei fleischprodukten
QB -038 rechtsvorschriften ueber rueckstaende im fleisch
QB -039 mikrobiologische standards von fleischerzeugnissen
QB -040 rueckstaende im fleisch
QB -041 fleischhygienerecht und schlachthofwesen
QB -042 schimmelpilze und fleischerzeugnisse
QB -043 rueckstaende bei schlachttieren

0873
INSTITUT FUER TIERERNAEHRUNG / FB 19 DER UNI GIESSEN
6300 GIESSEN, SENCKENBERGSTR. 5
TEL.: (0641) 7028220
- LEITER: PROF.DR. H. BRUNE
VORHABEN:
LAND- UND FORSTWIRTSCHAFT
RB -028 nahrungsqualitaet von suesswasseralgen

0874
INSTITUT FUER TIERERNAEHRUNG DER FORSCHUNGSANSTALT FUER LANDWIRTSCHAFT
3300 BRAUNSCHWEIG, BUNDESALLEE 50
TEL.: (0531) 596433
- LEITER: PROF.DR. HANS-JOACHIM OSLAGE
- FORSCHUNGSSCHWERPUNKTE:
blei und cadmium in der schweinefuetterung; hcb in der wiederkaeuerernaehrung
VORHABEN:
LEBENSMITTEL-, FUTTERMITTELKONTAMINATION
QD -022 der einfluss von bleizulagen auf mastleistung und bleirueckstaende in geweben bei wachsenden schweinen
QD -023 der einfluss von cadmiumzulagen auf mastleistung und cadmiumrueckstaende in geweben bei wachsenden schweinen
QD -024 untersuchungen zum uebergang von hexachlorbenzol - hcb - in milch und schlachtkoerper von rindern

0875
INSTITUT FUER TIERERNAEHRUNG DER TIERAERZTLICHEN HOCHSCHULE HANNOVER
3000 HANNOVER, BISCHOFSHOLER DAMM 15
TEL.: (0511) 8113508
- LEITER: PROF.DR. MEYER
- FORSCHUNGSSCHWERPUNKTE:
kalium-, magnesium-untersuchungen in der tierernaehrung; untersuchungen ueber pflanzenoestrogene; oestrogenwirksame fremdstoffe - analytik und bedeutung; futtermitteluntersuchungen auf schadstoffe; futterzusatzstoffe und rueckstaende von kupfer in organen und ausscheidungen bei schweinen
VORHABEN:
LEBENSMITTEL-, FUTTERMITTELKONTAMINATION
QA -045 kalium-magnesium-untersuchungen in der tierernaehrung
QA -046 oestrogenwirksame fremdstoffe, analytik und bedeutung
QA -047 futtermitteluntersuchungen auf schadstoffe, giftstoffe

0876
INSTITUT FUER TIERERNAEHRUNG DER UNI BONN
5300 BONN, ENDENICHER ALLEE 15
TEL.: (02221) 73-2287, -2292
- LEITER: PROF.DR. RICHARD MUELLER
- FORSCHUNGSSCHWERPUNKTE:
verwertung von landwirtschaftlichen und industriellen rueckstaenden durch den wiederkaeuer; strohverwertung; verwertung der nebenprodukte der zuckerindustrie; verwertung von nebenprodukten aus der obst- und gemueseverarbeitenden industrie
VORHABEN:
ABFALL
ME -054 verwertung der nebenprodukte der zuckerindustrie durch den wiederkaeuer
MF -042 strohverwertung durch den wiederkaeuer
MF -043 verwertung (recycling) von nebenprodukten aus der obst- und gemueseverarbeitenden industrie

0877
INSTITUT FUER TIERERNAEHRUNG DER UNI HOHENHEIM
7000 STUTTGART 70, EMIL-WOLFF-STR. 10
TEL.: (0711) 4701 2420
- LEITER: PROF.DR. KARL-HEINZ MENKE
- FORSCHUNGSSCHWERPUNKTE:
spurenelementanalytik (erarbeitung von bestimmungsmethoden im extremen spurenbereich); gehaltsbestimmungen in wirtschafts- und handelsfuttermitteln, mineralstoffmischungen, tierischen organen und produkten
VORHABEN:
LUFTREINHALTUNG UND LUFTVERUNREINIGUNG
BA -045 blei-exhaust-deposit
UMWELTCHEMIKALIEN
OB -017 atomabsorptions-spektrometrie zur bestimmung von blei, cadmium, chrom, eisen, kupfer, mangan, zink in verschiedenen materialien
OD -067 befund-dokumentation
WIRKUNGEN UND BELASTUNGEN DURCH SCHADSTOFFE
PH -045 bacitracin-stoffwechsel
LEBENSMITTEL-, FUTTERMITTELKONTAMINATION
QA -048 bestimmung von mo, se, as, hg, cr (vi) mit hilfe der aas im extremen spurenbereich

0878
INSTITUT FUER TIERERNAEHRUNGSLEHRE DER UNI KIEL
2300 KIEL, OLSHAUSENSTR. 40-60
TEL.: (0431) 880-2011
- LEITER: PROF.DR.DR. KRAFT DREPPER
- FORSCHUNGSSCHWERPUNKTE:
rueckfuetterung von guelle nach aerober behandlung
VORHABEN:
ABFALL
MF -044 rueckfuetterung von guelle nach aerober behandlung

0879
INSTITUT FUER TIERMEDIZIN UND TIERHYGIENE DER UNI HOHENHEIM
7000 STUTTGART 70, GARBENSTR. 30
TEL.: (0711) 47012427 TX.: 722959
- LEITER: PROF.DR. DIETER STRAUCH
- FORSCHUNGSSCHWERPUNKTE:
kompostierung von guelle und klaerschlamm; behandlung von abfaellen aus der massentierhaltung; hygienische bedeutung von keimaerosolen in der stalluft; messung von keimaerosolen; anwendung von desinfektionsmitteln in aerosolform
VORHABEN:
LUFTREINHALTUNG UND LUFTVERUNREINIGUNG
BD -006 wirkung von antibiotika auf die aerobe behandlung von guelle sowie entstehung und wirkung von aerosolen bei der verregnung von guelle
CA -052 untersuchung handelsueblicher luftprobensammelgeraete auf ihre leistungsfaehigkeit und brauchbarkeit
WASSERREINHALTUNG UND WASSERVERUNREINIGUNG
KD -013 weitergehende reinigung tierischer abwaesser
ABFALL
MB -048 veterinaerhygienische untersuchungen zur bewertung des blaubeurener beatmungsverfahrens
MB -049 hygienische untersuchungen an dem amerikanischen muellkompostierungsverfahren varro conversion system und dem deutschen verfahren der firma fahr ag gottmadingen

MD -027 hygienische untersuchungen an einem neuentwickelten verfahren zur behandlung von klaerschlamm
MD -028 hygienische untersuchungen ueber die entseuchung von klaerschlamm vor seiner weiteren verwendung
MF -045 untersuchungen ueber den einsatz des umwaelzbelueftersl system fuchs zur entseuchung von fluessigmist
MF -046 untersuchungen ueber die aus hygienischen gruenden erforderliche hitzeanwendung bei der herstellung von tiermehlen, unter besonderer beruecksichtigung neuer technischer verfahren
LAND- UND FORSTWIRTSCHAFT
RF -013 keimgehalt der luft und der wasserversorgungsanlagen in nutztierstallungen
RF -014 lebensfaehigkeit von keimen in der stalluft
RF -015 untersuchungen zur reduktion des keimgehaltes der luft in belegten tierstaellen
HUMANSPHAERE
TF -026 die hygienische bedeutung des hundekotes im lebensraum einer grosstadt
TF -027 aerosol-dekontamination von bakteriellen krankheitserregern

0880
INSTITUT FUER TIERPHYSIOLOGIE UND TIERERNAEHRUNG DER UNI GOETTINGEN
3400 GOETTINGEN, KELLNERWEG 6
TEL.: (0551) 31091
- LEITER: PROF.DR. GUENTHER
VORHABEN:
LEBENSMITTEL-, FUTTERMITTELKONTAMINATION
QC -034 akzidentelle elemente in der tierernaehrung (fluor, blei, arsen, chrom)
QC -035 wirkstoffe in der tierernaehrung
LAND- UND FORSTWIRTSCHAFT
RF -016 verminderung des anteils von umweltgefaehrdenden stoffen (amine, harnstoff) in den tierischen exkrementen

0881
INSTITUT FUER TIERZUCHT UND HAUSTIERGENETIK / FB 17 DER UNI GIESSEN
6300 GIESSEN, BISMARCKSTR. 16
TEL.: (0641) 702-2531
- LEITER: PROF.DR. RUDOLF WASSMUTH
VORHABEN:
UMWELTPLANUNG, UMWELTGESTALTUNG
UL -048 untersuchungen zur landschaftspflege durch tiere

0882
INSTITUT FUER TIERZUCHT UND HAUSTIERGENETIK DER UNI GOETTINGEN
3400 GOETTINGEN, ALBRECHT-THAER-WEG 1
TEL.: (0551) 395610
- LEITER: PROF.DR. PETER GLODEK
- FORSCHUNGSSCHWERPUNKTE:
landespflege durch fleischrinder- und schafhaltung; geruchsentwicklung und -unterdrueckung bei intensiver stallhaltung von rind und schwein
VORHABEN:
LUFTREINHALTUNG UND LUFTVERUNREINIGUNG
BE -013 anwendungsmoeglichkeiten biochemischer mittel zur geruchsunterdrueckung in der stalluft
WIRKUNGEN UND BELASTUNGEN DURCH SCHADSTOFFE
PC -038 einfluesse von deodoranten auf gesundheit und leistungsfaehigkeit von schweinen
LAND- UND FORSTWIRTSCHAFT
RF -017 erstellung eines gesamtkonzeptes fuer die kuenftige entwicklung der schafzucht und schafhaltung in der bundesrepublik deutschland
RF -018 pruefung der eignung von einfachkreuzungen von fleischrindern mit milchrindern zur nutzung marginaler flaechen
RF -019 koppelschafhaltung im rahmen der nutzung marginaler gruenflaeche mit zuechterischer entwicklung einer leitungsfaehigen muttergrundlage

0883
INSTITUT FUER TOXIKOLOGIE DER UNI TUEBINGEN
7400 TUEBINGEN, WILHELMSTR. 56
TEL.: (07071) 292275
- LEITER: PROF.DR. HERBERT REMMER
- FORSCHUNGSSCHWERPUNKTE:
umwandlung von fremdstoffen im organismus; isolierung und quantitative bestimmung von metaboliten; experimentelle studien ueber art, funktion und eigenschaften der dabei massgeblichen enzyme
VORHABEN:
UMWELTCHEMIKALIEN
OD -068 charakterisierung des fremdstoffe abbauenden enzymsystems in der leber, differenzierung seiner komponenten
OD -069 arzneimittelsicherheit: entgiftung synthetischer oestrogene im organismus
OD -070 organhalogenverbindungen in der umwelt; der metabolismus von organohalogenverbindungen
WIRKUNGEN UND BELASTUNGEN DURCH SCHADSTOFFE
PC -039 beeinflussung von experimentellen leberschaeden durch verbreitet angewandte fremdstoffe und arzneimittel
PD -048 mutagenwirksame umwandlungsprodukte, die aus fremdstoffen unter der wirkung hydroxilierender leberenzyme gebildet werden
PD -049 wirkungsmechanismus von enzym-induzierenden stoffen der umwelt
PD -050 ddt und cancerogene, einfluss von ddt auf die wirksamkeit krebserzeugender chemikalien
PD -051 molekulare wirkungsmechanismen cancerogener stoffe und deren beeinflussung durch fremdstoffe
PD -052 beeinflussung der wirkung chemischer carcinogene durch arzneimittel und fremdstoffe
HUMANSPHAERE
TA -054 gesundheitsgefaehrdung durch arbeitsstoffe: metabolismus und metabolische aktivierung von vinylchlorid

0884
INSTITUT FUER TOXIKOLOGIE UND CHEMOTHERAPIE DES DEUTSCHEN KREBSFORSCHUNGSZENTRUMS
6900 HEIDELBERG, IM NEUENHEIMER FELD 280
TEL.: (06221) 484301 TX.: 461562
- LEITER: PROF.DR. DIETRICH SCHMAEHL
- FORSCHUNGSSCHWERPUNKTE:
transplazentare carcinogenese und teratologie; analytik und metabolismus von carcinogenen (nitrosamine, triazene); pruefung von arzneimitteln und praktisch wichtigen substanzen auf carcinogene wirkung; chemotherapie maligner tumoren an tiermodellen; minderung toxischer nebenwirkungen von chemotherapeutika; arbeiten ueber den zusammenhang zwischen immunstatus des wirtes und krebsentstehung
VORHABEN:
UMWELTCHEMIKALIEN
OD -071 analytik und bildung von n-nitroso-verbindungen
WIRKUNGEN UND BELASTUNGEN DURCH SCHADSTOFFE
PC -040 kombinationswirkungen von polycyclischen aromatischen kohlenwasserstoffen und anderen umweltchemikalien an nagern
PD -053 untersuchungen ueber die carcinogene belastung des menschen durch luftverunreinigungen
PD -054 cancerogenitaetsuntersuchungen an umweltchemikalien
PD -055 pruefung einiger zytostatica (arzneimittel) auf ihre teratogene bzw. perinatal carcinogene wirkung
PD -056 cancerogene wirkung minimaler dosen von cancerogenen und nicht cancerogenen kohlenwasserstoffen auf der haut von versuchstieren
LEBENSMITTEL-, FUTTERMITTELKONTAMINATION
QA -049 cancerogene n-nitrosoverbindungen in nahrungsmitteln
QA -050 analyse von nahrungsmitteln aus krebsschwerpunktsgebieten des iran
QB -044 untersuchung von camembert-schimmel auf moegliche carcinogene wirkung
QC -036 pruefung einiger pflanzen aus der familie senecio sowie pteridium aqilinum und nicotiana tabacum auf ihre carcinogene wirkung

0885
INSTITUT FUER TOXIKOLOGIE UND PHARMAKOLOGIE DER UNI MARBURG
3550 MARBURG, PILGRIMSTEIG 2
TEL.: (06421) 282290
- LEITER: PROF.DR. WOLFGANG KORANSKY

VORHABEN:
WIRKUNGEN UND BELASTUNGEN DURCH SCHADSTOFFE
PB -031 biochemische grundlagen der arzneimittel- und fremdstoffwirkungen
PB -032 verhalten von antioxidantien und insektiziden im tierischen organismus und ihre beeinflussung physiologischer reaktionen
PB -033 biotransformation und cerebrale wirkungen chlorierter kohlenwasserstoffe
PC -041 biochemische untersuchung zum wirkungsmechanismus induzierender fremdstoffe
LEBENSMITTEL-, FUTTERMITTELKONTAMINATION
QC -037 pruefung von zusatzstoffen in tierernaehrung und tierer-haltung

0886
INSTITUT FUER TURBULENZFORSCHUNG DER DFVLR
1000 BERLIN 12, MUELLER-BRESLAU-STR. 8
TEL.: (030) 3137931
- LEITER: DR.-ING. ALBERT TIME
VORHABEN:
LAERM UND ERSCHUETTERUNGEN
FA -037 modellgesetze fuer ventilatorengeraeusche
FB -056 instabilitaet, struktur der turbulenz und schallerzeugung in runden freistrahlen
ENERGIE
SA -045 probleme der turbulenz in fluessigmetall- und -kreislaeufen

0887
INSTITUT FUER UMWELTFORSCHUNG E.V.
7730 VILLINGEN-SCHWENNINGEN, GERBERSTR. 27
TEL.: (07721) 54239
- LEITER: DR.-ING. ZEPF
VORHABEN:
LUFTREINHALTUNG UND LUFTVERUNREINIGUNG
AA -097 entwicklung von methoden fuer die aufstellung von umweltbelastungs- und immissionsschutzplaenen
UMWELTPLANUNG, UMWELTGESTALTUNG
UE -032 strukturuntersuchung schwaebisch-gmuend
INFORMATION, DOKUMENTATION, PROGNOSEN, MODELLE
VA -014 oekologische gegebenheiten, deren belastung, belastbarkeit und leistungsfaehigkeit in den rauemen der bundesrepublik deutschland

0888
INSTITUT FUER UMWELTHYGIENE UND KRANKENHAUSHYGIENE DER UNI MARBURG
3550 MARBURG, BAHNHOFSTR. 13A
TEL.: (06421) 284341
- LEITER: PROF.DR. KARL HEINZ KONOLL
- FORSCHUNGSSCHWERPUNKTE:
allgemeine hygiene und umwelt-hygiene, sowie krankenhaushygiene; wasser, badewasser, abwasser, feste und fluessige abfaelle, versorgungs- und entsorgungs-probleme
VORHABEN:
ABFALL (RADIOAKTIVE ABFAELLE SIEHE ND)
MC -035 wanderungsgeschwindigkeit von mikroorganismen durch lysimeter aus siedlungsabfaellen
WIRKUNGEN UND BELASTUNGEN DURCH SCHADSTOFFE
PE -027 wasserinhaltsstoffe und zivilisationskrankheiten
HUMANSPHAERE
TF -028 fliegen als vektoren von schad-mikroorganismen insbesondere von pathogenen keimen; klaerschlammanwendung im rasen- und sportplatzbau

0889
INSTITUT FUER UMWELTPHYSIK DER UNI HEIDELBERG
6900 HEIDELBERG, IM NEUENHEIMER FELD 366
TEL.: (06221) 563350
- LEITER: PROF.DR. KARL-OTTO MUENNICH
- FORSCHUNGSSCHWERPUNKTE:
physikalisches, chemisches und geophysikalisches verhalten von spurenstoffen in grundwasser, atmosphaere und ozean; beschreibung von transport- und austauschprozessen, untersuchungen mit stabilen und radioaktiven isotopen
VORHABEN:
LUFTREINHALTUNG UND LUFTVERUNREINIGUNG
AA -098 anthropogene einfluesse auf das atmosphaerische co2
AA -099 tritium, kohlenstoff-14 und krypton-85 in verschiedenen atmosphaerischen gasen
AA -100 schwefelverbindungen in der atmosphaere
AA -101 ausscheidungsmechanismen von radioaktiven aerosolen aus der atmosphaere
AA -102 elementverteilung auf aerosolen
AA -103 aerosolmessungen im bereich kleiner 0.1 mikrometer: konzentrationsverteilung und radioaktivitaetsanlagerung
AA -104 gasaustausch atmosphaere / ozean
AA -105 impuls / waerme / stofftransport zwischen wasser und atmosphaere
CB -061 relative verteilung bestimmter substanzen auf das groessenspektrum des atmosphaerischen aerosols
WASSERREINHALTUNG UND WASSERVERUNREINIGUNG
HA -057 geochemische untersuchungen am bodensee
HA -058 stabile isotope im oberflaechenwasser
HB -051 grundwasser in nordafrika
HC -041 thorium- und uran-isotopenuntersuchungen in tiefseesedimenten
HC -042 ozeanische tiefenwassererneuerung
HC -043 ozeanische mischungsmodelle
HC -044 geochemische untersuchungen im mittelmeer
IC -069 tritium in fluessen
ID -037 nitrat und bombentritium im grundwasser
ID -038 wasserbewegung in ungesaettigten boeden
ID -039 uran-isotopen untersuchungen in grund- und mineralwaessern
ID -040 grundwasseruntersuchungen in sandhausen

0890
INSTITUT FUER UMWELTSCHUTZ UND AGRIKULTURCHEMIE DR. HELMUT BERGE
5628 HEILIGENHAUS, AM VOGELSANG 14
TEL.: (02126) 2966 TX.: 8516749
- LEITER: DR.DIPL.-ING. HELMUT BERGE
- FORSCHUNGSSCHWERPUNKTE:
emissions- und immissionskontrollen; einfluss der umwelt auf veraenderung der immissionen bei gleichbleibenden emissionen; auswirkung gleicher immissionen auf verschiedene wachstumsfaktoren der vegetation; synergismus und antagonismus in der lebenden und toten welt
VORHABEN:
LUFTREINHALTUNG UND LUFTVERUNREINIGUNG
DB -020 ueberpruefung angeblicher so2-grenzwertueberschreitungen durch ein steag-steinkohlenkraftwerk
DB -021 gas- und staubfoermige immissionen im rheinischen braunkohlengebiet
EA -008 drittes messprogramm nach paragraph 7 des immissionsschutzgesetzes
EA -009 erstes programm nach paragraph 7 des immissionsschutzgesetzes
ABWAERME
GA -012 wasserdampfimmissionen im bereich eines konventionellen thermischen kraftwerks

0891
INSTITUT FUER UMWELTSCHUTZ UND UMWELTGUETEPLANUNG DER UNI DORTMUND
4600 DORTMUND, ROSEMEYERSTR. 6
TEL.: (0231) 101020 TX.: 822465
- LEITER: DR.-ING. HANS-JUERGEN KARPE
- FORSCHUNGSSCHWERPUNKTE:
umweltschutz in verdichtungsraeumen
VORHABEN:
LUFTREINHALTUNG UND LUFTVERUNREINIGUNG
BA -046 untersuchung der einflussgroessen auf die durch den kfz-verkehr verursachten kohlenmonoxid-immissionen in dortmund
DB -022 abscheidung von fluor-ionen aus rauchgasen, speziell aus den rauchgasen von muellverbrennungsanlagen
DB -023 energieverbrauch der privaten haushalte und luftbelastung in dortmund; massnahmen zu ihrer beeinflussung
ABFALL
MG -023 anwendung der dynamischen optimierung auf die regionale abfallbeseitigung
UMWELTPLANUNG, UMWELTGESTALTUNG
UA -045 belastungsmodell dortmund

0892
INSTITUT FUER UNKRAUTFORSCHUNG DER BIOLOGISCHEN BUNDESANSTALT FUER LAND- UND FORSTWIRTSCHAFT
3300 BRAUNSCHWEIG -GLIESMARODE, MESSEWEG 11/12
TEL.: (0531) 399-1
- LEITER: DR. GEORG MAAS
- FORSCHUNGSSCHWERPUNKTE:
verhalten von herbiziden in boeden und pflanzen; nebenwirkungen von herbiziden auf die standfestigkeit des getreides, auf pflanzeninhaltsstoffe, auf mikroorganismen des bodens
VORHABEN:
WASSERREINHALTUNG UND WASSERVERUNREINIGUNG
HC -045 versuche zur zweckmaessigen berasung von seedeichen
WIRKUNGEN UND BELASTUNGEN DURCH SCHADSTOFFE
PG -043 verhalten und wirkung von herbiziden in boeden und pflanzen
PG -044 nebenwirkungen von herbiziden auf mikroorganismen des bodens
LAND- UND FORSTWIRTSCHAFT
RE -036 nebenwirkungen von herbiziden auf die standfestigkeit von getreide
RE -037 einfluss von herbiziden auf wertgebende inhaltsstoffe einiger gemuesearten

0893
INSTITUT FUER VERBRENNUNGSKRAFTMASCHINEN DER TU BRAUNSCHWEIG
3300 BRAUNSCHWEIG, LANGER KAMP 6
TEL.: (0531) 391-2929
- LEITER: PROF.DR. MANFRED MITSCHKE
VORHABEN:
LUFTREINHALTUNG UND LUFTVERUNREINIGUNG
BA -047 experimentelle bestimmung der fuer reale prozessrechnungen fuer ottomotoren notwendigen randbedingungen

0894
INSTITUT FUER VERFAHRENS- UND KERNTECHNIK DER TU BRAUNSCHWEIG
3300 BRAUNSCHWEIG, LANGER KAMP 7
TEL.: (0531) 391-2781
- LEITER: PROF.DR.-ING. MATTHIAS BOHNET
- FORSCHUNGSSCHWERPUNKTE:
mehrphasenstroemung; abscheiden von feststoffen und fluessigkeiten aus gasen und fluessigkeiten
VORHABEN:
LUFTREINHALTUNG UND LUFTVERUNREINIGUNG
CA -053 staubgehaltsbestimmung in stroemenden gasen

0895
INSTITUT FUER VERFAHRENSTECHNIK DER BUNDESANSTALT FUER MILCHFORSCHUNG
2300 KIEL, HERMANN-WEIGMANN-STR. 1-27
TEL.: (0431) 62011, 62013 TX.: 292966
- LEITER: PROF.DR.-ING. HELMUT REUTER
- FORSCHUNGSSCHWERPUNKTE:
mechanische beeinflussung von milch und milchprodukten; ultrafiltration; scp-erzeugung aus abfallstoffen; ultrahocherhitzung von milch; reinigungsvorgaenge in molkereien
VORHABEN:
WASSERREINHALTUNG UND WASSERVERUNREINIGUNG
KC -050 aufarbeitung von molke durch ultrafiltration und elektrodialyse
KC -051 ermittlung technischer kenndaten der einzellerproteinerzeugung aus abfallstoffen
ABFALL
MF -047 untersuchungen zum trennen der inhaltsstoffe von molke durch ultrafiltration und deren verwendung

0896
INSTITUT FUER VERFAHRENSTECHNIK DER TH AACHEN
5100 AACHEN, TURMSTR. 46
TEL.: (0241) 422-2660
- LEITER: PROF.DR.-ING. RAUTENBACH
VORHABEN:
WASSERREINHALTUNG UND WASSERVERUNREINIGUNG
KB -063 filterhilfsmittel (precoats) bei der umgekehrten osmose und ultrafiltration, insbesondere im hinblick auf die abwasseraufarbeitung
KC -052 membranverfahren zur wirtschaftlichen aufarbeitung von molke
LA -011 wirtschaftliche verfahren zur intensivbehandlung kommunaler abwaesser

0897
INSTITUT FUER VERFAHRENSTECHNIK UND DAMPFKESSELWESEN DER UNI STUTTGART
7000 STUTTGART 80, PFAFFENWALDRING 23
TEL.: (0711) 7843488
- LEITER: PROF.DR.-ING. RUDOLF QUACK
- FORSCHUNGSSCHWERPUNKTE:
reinhaltung der luft: messung und beeinflussung von emissionen; messen von immissionen; elektrische staubabscheidung; trockenkuehlung; muellverbrennung
VORHABEN:
LUFTREINHALTUNG UND LUFTVERUNREINIGUNG
BB -021 systemstudie zur erfassung und verminderung von belaestigenden geruchsemissionen
BB -022 verbleib des brennstoffschwefels
BB -023 moeglichkeiten zur verringerung der schadstoffemission von heizanlagen - kohlenwasserstoffe und geruchsintensive stoffe
CB -062 entstehung und zerfall von stickoxyden in flammen
DD -046 katasteraehnliche erfassung von schadstoffimmissionen in der bundesrepublik deutschland
DD -047 elektrische staubabscheidung
DD -048 elektrische staubabscheidung
LAERM UND ERSCHUETTERUNGEN
FC -057 verringerung der laermemission in kraftwerken
ABWAERME
GA -013 untersuchung eines kaeltemittelkreislaufs fuer indirekte kuehlung mit luft
GA -014 trockenkuehlung mit zeitweise ueberlagerter oberflaechen-verdunstungskuehlung
ABFALL
MB -050 behandlung und verbleib von industrierueckstaenden
MB -051 energie aus abfallbeseitigung

0898
INSTITUT FUER VERKEHR, EISENBAHNWESEN UND VERKEHRSSICHERUNG DER TU BRAUNSCHWEIG
3300 BRAUNSCHWEIG, POCKELSSTR. 4
TEL.: (0531) 391-2260
- LEITER: PROF.DR.-ING. KLAUS PIERICK
- FORSCHUNGSSCHWERPUNKTE:
sicherheit, zuverlaessigkeit, netzoptimierung
VORHABEN:
UMWELTPLANUNG, UMWELTGESTALTUNG
UH -032 mathematische modelle fuer die strukturierung und dimensionierung von schienennetzen
UI -020 erarbeitung von methoden zur beurteilung der sicherheit und zuverlaessigkeit von verkehrssystemen

0899
INSTITUT FUER VERKEHRSWESEN DER UNI KARLSRUHE
7500 KARLSRUHE, KAISERSTR. 12
TEL.: (0721) 608-2252
- LEITER: PROF.DR. WILHELM LEUTZBACH
VORHABEN:
LAERM UND ERSCHUETTERUNGEN
FB -057 laermschutz an strassen

0900
INSTITUT FUER VERKEHRSWISSENSCHAFT DER UNI KOELN
5000 KOELN 41, UNIVERSITAETSSTR. 22
TEL.: (0221) 4702312, 414724
- LEITER: PROF.DR. WILLEKE
- FORSCHUNGSSCHWERPUNKTE:
quantifizierung und bewertung der umwelteffekte des verkehrs (laerm und abgase) in stadtgebieten und im ausserortsbereich
VORHABEN:
LAERM UND ERSCHUETTERUNGEN
FB -058 die bewertung von umweltbelastenden verkehrseffekten in den richtlinien fuer wirtschaftliche vergleichsrechnungen im strassenwesen (rws)
UMWELTPLANUNG, UMWELTGESTALTUNG
UI -021 die beruecksichtigung von umweltbelastungen bei der planung staedtischer verkehrsinvestitionen

0901
INSTITUT FUER VERKEHRSWISSENSCHAFTEN DER UNI MUENSTER
4400 MUENSTER, AM STADTGRABEN 9
TEL.: (0251) 490 2818
- LEITER: PROF.DR. HELLMUTH STEFAN SEIDENFUS
- FORSCHUNGSSCHWERPUNKTE:
verkehr und umweltschutz
VORHABEN:
UMWELTPLANUNG, UMWELTGESTALTUNG
UH -033 verkehr und umweltschutz

0902
INSTITUT FUER VETERINAERHYGIENE DER FU BERLIN
1000 BERLIN 33, KOENIGIN-LUISE-STR. 49
TEL.: (030) 838904
VORHABEN:
LUFTREINHALTUNG UND LUFTVERUNREINIGUNG
BE -014 bekaempfung geruchsbelaestigender stoffe aus massentierhaltungen
BE -015 analyse und bewertung von tierhaltungsgeruch mit hilfe des gaschromatographen unter verwendung des tieftemperatur-gradientenrohres

0903
INSTITUT FUER VETERINAERMEDIZIN DES BUNDESGESUNDHEITSAMTES
1000 BERLIN, THIELALLEE 88-92
TEL.: (030) 83081
- LEITER: PROF.DR. GROSSKLAUS
- FORSCHUNGSSCHWERPUNKTE:
lebensmittelhygiene; zoonosen- und tierseuchenforschung; forschungen auf dem gebiet von tierarzneimitteln und pflanzenschutzmitteln; tierernaehrung und rueckstandsforschung
VORHABEN:
WIRKUNGEN UND BELASTUNGEN DURCH SCHADSTOFFE
PB -034 rueckstands- und stoffwechseluntersuchungen mit harnstoffherbiziden an landwirtschaftlichen nutztieren
PB -035 stoffwechseluntersuchungen von herbiziden und insektiziden an der isoliert perfundierten leber von ratte und huhn
LEBENSMITTEL-, FUTTERMITTELKONTAMINATION
QA -051 entwicklung eines qualitativen und quantitativen nachweissystems zur analytik von antibiotikarueckstaenden

0904
INSTITUT FUER VIROLOGIE DER TIERAERZTLICHEN HOCHSCHULE HANNOVER
3000 HANNOVER -KIRCHRODE, BUENTEWEG (WESTFALENHOF) 17
TEL.: (0511) 8113495-221
- LEITER: PROF.DR. LIESS
VORHABEN:
HUMANSPHAERE
TF -029 struktur und reinigung des vhs-virus der forellen
TF -030 gewinnung potenter hyperimmunseren gegen vhs-virus zur anwendung in der diagnostik (immunfloreszenz)

0905
INSTITUT FUER VOELKERRECHT DER UNI BONN
5300 BONN 1, ADENAUERALLEE 24-42
TEL.: (02221) 736181
- LEITER: PROF.DR. CHRISTIAN TOMUSCHAT
VORHABEN:
WASSERREINHALTUNG UND WASSERVERUNREINIGUNG
LA -012 der umweltschutz auf hoher see
UMWELTPLANUNG, UMWELTGESTALTUNG
UA -046 kompetenz der eg auf dem gebiet des umweltschutzes und beteiligung der bundeslaender bei der vorbereitung von ratsentscheidungen und umweltschutzmassnahmen
UA -047 umweltschutzkompetenzen der eg

0906
INSTITUT FUER VOGELFORSCHUNG - VOGELWARTE HELGOLAND
2940 WILHELMSHAVEN, AN DER VOGELWARTE 21
TEL.: (04421) 61800
- LEITER: DR. FRIEDRICH GOETHE
- FORSCHUNGSSCHWERPUNKTE:
biologie insbesondere oekologie und ethologie der see- und kuestenvoegel als grundlage zum arten- und biotopschutz; populationsoekologie der hoehlenbrueter, zugleich grundlage eines natur- und umweltschutzes
VORHABEN:
WIRKUNGEN UND BELASTUNGEN DURCH SCHADSTOFFE
PC -042 belastung von seevoegeln, seesaeugern und landsaeugern mit umweltgiften
UMWELTPLANUNG, UMWELTGESTALTUNG
UN -023 ornitho-oekologische grundlagen zum schutze des wattenmeeres im gebiet der jade-bucht
UN -024 ornitho-oekologische untersuchungen ueber das naturschutzgebiet scharhoern und das scharhoern-neuwerkwatt

0907
INSTITUT FUER VORRATSSCHUTZ DER BIOLOGISCHEN BUNDESANSTALT FUER LAND- UND FORSTWIRTSCHAFT
1000 BERLIN 33, KOENIGIN-LUISE-STR. 19
TEL.: (030) 8324011
- LEITER: DR. BLASIUS FREYTAG
- FORSCHUNGSSCHWERPUNKTE:
untersuchungen zur biologie von vorratsschaedlingen in lagernden lebens- und futtermitteln pflanzlicher und tierischer herkunft; entwicklung von bekaempfungsmassnahmen, bei denen keine oder eine moeglichst geringe belastung der behandelten produkte mit wirkstoffrueckstaenden erfolgt
VORHABEN:
LAND- UND FORSTWIRTSCHAFT
RB -029 entwicklung neuer verfahren zur bekaempfung von quarantaeneschaedlingen in vorraeten mit minimaldosen hochgiftiger gase
RB -030 verminderung des insektizideinsatzes bei der quarantaenebegasung von expellern gegen khaprakaefer-befall
RH -054 bekaempfung von vorratsschaedlichen motten mit hilfe von synthetischen lockstoffen
RH -055 einsatzmoeglichkeit von ddvp zur bekaempfung von motten in getreidelaegern
RH -056 untersuchungen zum diapauseverhalten der speichermotte (ephestia elutella) - moeglichkeiten zur bio-physikalischen bekaempfung
RH -057 einsatz von mikroorganismen (z.b. bacillus thuringiensis) gegen mottenbefall von getreidelaegern
RH -058 einsatz von co2 gegen vorratsschaedlinge in silozellen

0908
INSTITUT FUER WAERMETECHNIK UND INDUSTRIEOFENBAU DER TU CLAUSTHAL
3392 CLAUSTHAL-ZELLERFELD, AGRICOLASTR. 4
TEL.: (05323) 722293 TX.: 953828
- LEITER: PROF.DR.-ING. RUDOLF JESCHAR
- FORSCHUNGSSCHWERPUNKTE:
thermische nachverbrennung schadstoffbehafteter abgase; untersuchung von stroemungen (rueckstroemungsbereiche mit und ohne drall, mit und ohne schwingungen), die hohe mischungsintensitaeten zur anschliessenden verbrennung von schadstoffen aufweisen
VORHABEN:
LUFTREINHALTUNG UND LUFTVERUNREINIGUNG
DB -024 beeinflussung der rueckstroemung durch impulse der verbrennungsgase; ofenraumgeometrie und brenneranordnung zur vergleichmaessigung der temperatur
DB -025 entwicklung von brennkammern mit hohen energieumsetzungsdichten zur optimalen verbrennung schadstoffbeladener abluft

0909
INSTITUT FUER WALDBAU DER FORSTLICHEN FORSCHUNGSANSTALT
8000 MUENCHEN 40, AMALIENSTR. 52
TEL.: (089) 2180-3159
- LEITER: PROF.DR. BURSCHEL

VORHABEN:
LAND- UND FORSTWIRTSCHAFT
RG -025 die entwicklung von kiefernwald-oekosystemen unter dem einfluss von bodenbearbeitungs- und duengungsmassnahmen in der oberpfalz
UMWELTPLANUNG, UMWELTGESTALTUNG
UM -061 untersuchungen des zustandes von hochlagenwaeldern im alpenraum
UM -062 zusammenhang zwischen vegetation und standortsfaktoren am teisenberg

0910
INSTITUT FUER WALDBAU DER UNI GOETTINGEN
3400 GOETTINGEN, BUESGENWEG 1
TEL.: (0551) 39-3671
- LEITER: PROF.DR. E. ROEHRIGE
VORHABEN:
WIRKUNGEN UND BELASTUNGEN DURCH SCHADSTOFFE
PI -032 bruch von oelleitungen in wirkung auf waldbestaende und wiederaufforstung
LAND- UND FORSTWIRTSCHAFT
RG -026 niederschlag, abfluss und verdunstung in bewaldeten einzugsgebieten (in fichtenbestaenden verschiedener altersklassen) im mittelgebirge

0911
INSTITUT FUER WASSER- UND ABFALLWIRTSCHAFT DER LANDESANSTALT FUER UMWELTSCHUTZ BADEN-WUERTTEMBERG
7500 KARLSRUHE, GRIESBACHSTR. 2
TEL.: (0721) 594021, 59861
- LEITER: DIPL.-ING. THEO LANDES
- FORSCHUNGSSCHWERPUNKTE:
gewaesserkundlicher dienst; beobachtung des guetezustandes der gewaesser; ausarbeitung wasserwirtschaftlicher rahmenplaene; sonstige generelle planung auf dem gebiet der wasserwirtschaft; abfalltechnische rahmenplaene fuer hausmuell und sonderabfaelle
VORHABEN:
ABWAERME
GB -017 hochwasserschutz, untersuchung der hochwasserverhaeltnisse am oberrhein
GB -018 messtellen fuer waermehaushalt
GB -019 rechnerische simulation der waermeaustauschvorgaenge in einem gewaesser
WASSERREINHALTUNG UND WASSERVERUNREINIGUNG
HA -059 hochwasserschutz, untersuchung der hochwasserverhaeltnisse am oberrhein
HA -060 modellstudie zur wasserguetebewirtschaftung am beispiel des neckars
HA -061 prognostisches modell der wasserguetebewirtschaftung am beispiel des neckars
HA -062 hochwasservorhersage am neckar
HA -063 folgen des rheinausbaus unterhalb iffezheim
HA -064 rheinausbau unterhalb neuburgweier
HA -065 wasserwirtschaftliche untersuchungen breisgauer bucht
HA -066 wasserwirtschaftliche untersuchungen an baggerseen
HB -052 auswirkungen der im zuge des kiesabbaus in der oberrheinebene entstehenden kiesgruben auf den wasserhaushalt des grundwassers
HB -053 grundwasserbewirtschaftung im rhein-neckarraum
HB -054 grundwasserbilanz fuer die oberrheinebene
HB -055 grundwassererkundung im illertal
HG -035 grossversuch zur loesung der donauversinkungsfrage immendingen
HG -036 instationaeres abflussmodell rhein - neckar
HG -037 hydrologische testgebiete
IA -023 entwicklung von standard-toxizitaetstests
IC -070 die zur einleitung in den neckar gelangenden schmutzstoffe und die feststellung der noetigen abflussmenge
IC -071 benthische fliesswasserorganismen als schadstoffvektoren zwischen epi- und hypogaeischen, zwischen terrestrischen und aquatischen biotopen unter besonderer beruecksichtigung von baetis (ephemeroptera)
IF -027 untersuchung ueber zustand und eutrophierung des bodensees
ABFALL
ME -055 untersuchungen ueber das recycling von sonderabfaellen, 2.phase
MG -024 sonderabfall-rahmenplan
MG -025 abfalltechnischer rahmenplan

0912
INSTITUT FUER WASSER-, BODEN- UND LUFTHYGIENE DES BUNDESGESUNDHEITSAMTES
1000 BERLIN 33, CORRENSPLATZ 1
TEL.: (030) 83081
- LEITER: PROF.DR. KARL AURAND
- FORSCHUNGSSCHWERPUNKTE:
umwelthygienische forschung; fragen der umwelthygiene, humanoekologie und gesundheitstechnik; trink- und betriebswasserhygiene; hygienische probleme der abwasserbeseitigung und des gewaesserschutzes; lufthygiene; bodenhygiene (wassergewinnung)
VORHABEN:
LUFTREINHALTUNG UND LUFTVERUNREINIGUNG
BA -048 luftverunreinigungen durch luftfahrzeuge
BA -049 erfassung und beurteilung von aromaten und polycyclischen aromaten im autoabgas und deren wirkung im tierlangzeitexperiment
BB -024 pruefung und kalibrierung von kontinuierlich registrierenden staubgeraeten, aufbau eines messtandes in einem steinkohlengefeuerten kraftwerk
BB -025 pruefung und kalibrierung von staub-emissionsgeraeten im abgas oelgefeuerter grosskessel
BB -026 zentrale erfassung der emissionen von kraftwerken in berlin (west) und korrelierung mit den zentralerfassten immissionen
BB -027 pruefung von so2-emissionsmessgeraeten im abgas oelgefeuerter grosskessel
BB -028 erfassung des spektrums von pilzarten im flusswasser
BD -007 bestimmung von herbiziden in luft und niederschlaegen
CA -054 entwicklung und erprobung eines halbautomatischen probenahmegeraetes zur durchfuehrung von kurzzeitmessungen der staubkonzentration in den abgaskanaelen
CA -055 atomabsorptionsspektrophotometrische erfassung von schwermetallspuren in staubniederschlaegen
CA -056 erfassung von schwermetallen in staubniederschlaegen und im schwebstaub
CA -057 untersuchungen ueber die meteorologische normierung von immissionsmesswerten
CA -058 automatische vielkomponentenmessung mit datenfernuebertragung
CA -059 bewertung und entwicklung chromatographischer verfahren zur bestimmung lufthygienisch bedeutsamer organischer schadstoffe
CA -060 untersuchung der konzentration und korngroessenverteilung von luftstaeuben
CA -061 gaschromatographische untersuchung zur bestimmung halogenierter kohlenwasserstoffe in der luft unter besonderer beruecksichtigung moderner probenahmetechniken
CA -062 entwicklung von methoden zur beurteilung des verunreinigungsgrades der luft durch russ, blei, chlor und gerueche
CA -063 entwicklung eines neuen messverfahrens zur bestimmung von fluor unter vorabscheidung von staeuben (immission und emission)
CA -064 getrennte gas- und staubfoermige fluorid-bestimmung in luft
EA -010 grenzwertermittlung schaedigender luftverunreinigungen bei gruenraeumen in ballungsgebieten
ABWAERME
GB -020 einfluss kuenstlich erhoehter gewaessertemperatur auf hygienische eigenschaften von in ufernaehe entnommenem grundwasser
WASSERREINHALTUNG UND WASSERVERUNREINIGUNG
HA -067 identifizierung der cholinesterasehemmer im wasser und ermittlung ihrer herkunft zur hygienischen beurteilung der trinkwassergewinnung aus oberflaechenwaessern
HD -010 geruchs- und geschmacksstoffe im trinkwasser bakterieller genese
HD -011 nachweis, identifizierung und ermittlung des verhaltens von spuren organischer verunreinigungen bei der aufbereitung von trinkwasser aus oberflaechenwasser
HD -012 erfassung von schwermetallspuren im trinkwasser
HD -013 bewertung von wasserinhaltsstoffen
HD -014 auswirkung des oberflaechenwassers stark befahrener strassen auf die wasserbeschaffenheit einer trinkwassertalsperre
HD -015 nachweisverfahren ueber das vorkommen von hefen und schimmelpilzen im trink- und brauchwasser
HD -016 ueber vorkommen und verbreitung von saprophytischen schimmelpilzen im trink- und brauchwasser
HD -017 analytik von organofluorverbindungen in der umwelt, insbesondere im wasser
HD -018 korrelation zwischen bakteriologischen und chemischen faekalindikatoren im wasser
HE -021 trinkwassernachbehandlung
HE -022 ausbildung und stabilitaet von schutzschichten auf metallischen rohwerkstoffen

HE -023 bestimmung des flockungsumsatzes bei anwendung von polyelektrolyten bei der aufbereitung von trinkwasser
HE -024 spezielle untersuchungen ueber flockungsmittel bei ihrer anwendung in der trinkwasseraufbereitung
HE -025 hemmung der korrosion von rohren in versorgungsnetzen mit zeitlich schwankenden wasserzusammensetzungen durch trinkwassernachaufbereitung
HE -026 flora und fauna der aktivkohlefilter-anlagen in wasserwerken und deren bedeutung bei der wasseraufbereitung
HE -027 schutz der gewaesser gegen beeintraechtigung durch zivilisationsprodukte zur sicherung der trinkwasserversorgung
HE -028 entfernung natuerlicher und kuenstlicher inhaltsstoffe bei der aufbereitung von grund- und oberflaechenwasser zu trinkwasser
HE -029 entfernung schwer abbaubarer, organischer stoffe im rheinuferfiltrat mittels bio-katalytisch wirksamen sauerstoffes
IA -024 bestimmung der cholinesterase-hemmung als nachweis fuer phosphor-pestizide im wasser
IA -025 gaschromatographisch-massenspektroskopischer nachweis von phenolen im wasser
IA -026 korrelation zwischen bakteriologischen und chemischen faekalindikatoren im wasser
IA -027 summenbestimmungsmethode fuer organchlorverbindungen im oberflaechenwasser, uferfiltrat und trinkwasser
IA -028 bestimmung der cholinesterase-hemmung als nachweis fuer phosphor-pestizide im wasser
IB -020 beeintraechtigung des vorfluters einer industriestadt durch auskiesungen
IC -072 zusammenhaenge zwischen thermischer vorfluterbelastung, intensiver abwasserbelastung und ggf. kuenstlicher flussbelueftung
IC -073 bestandsaufnahme und abbauverhalten von harnstoffherbiziden, verhalten bei der bodenpassage, bestimmung von rueckstaenden an phenylharn
IC -074 untersuchung ueber chemische und biologische eigenschaften organischer saeuren in waessern, auch hinsichtlich ihrer hygienischen bedeutung fuer die trinkwasserversorgung
IC -075 schadstoffe im wasser: metalle
IC -076 abtoetung von e.coli und inaktivierung von viren durch einwirkung von quartaeren ammoniumbasen und von chlor
IC -077 jahreszeitliche verteilung einiger schadstoffe und spurenelemente in verschiedenen oberflaechenwaessern
IC -078 bewertung von wasserinhaltsstoffen
ID -041 untersuchungen ueber die hydrochemischen zusammenhaenge zwischen flusswasser und uferfiltrat unter besonderer beruecksichtigung der toxischen wasserinhaltsstoffe
ID -042 untersuchungen ueber ionenaustausch und adsorptionsvorgaenge bei der uferfiltration hinsichtlich toxischer spurenelemente
ID -043 verbesserung der rheinuferfiltration durch biologische massnahmen
ID -044 untersuchungen ueber die hydrochemischen zusammenhaenge zwischen flusswasser und uferfiltrat unter besonderer beruecksichtigung der toxischen wasserinhaltsstoffe
ID -045 verhalten von harnstoffherbiziden bei grundwasseranreicherung und uferfiltration
ID -046 verhalten von pestiziden im wasser bei uferfiltration und grundwasseranreicherung
IF -028 phosphatelimination aus dem nordgraben durch 2-stufenfiltration zur sanierung des tegeler sees
KB -064 verhalten von choleravibrionen in verschiedenen wasserarten, waehrend der abwasserreinigung - standarduntersuchungsmethode
KC -053 entwicklung mikrobiologisch-toxikologischer testverfahren zur bestimmung der schadwirkung von wassergefaehrdenden stoffen und industrieabwasser
KC -054 modellversuche zum biologischen abbau organischer nitroverbindungen
KE -046 beziehungen zwischen cancerogenen polycyclischen aromaten in faulschlamm und tensidgebrauch
KF -016 modellversuche zur biologischen phosphateliminierung aus kommunalen abwaessern
KF -017 biologische eliminierung des phosphats aus abwaessern durch inkarnierung in speziellen mikroorganismen und versuchsverfuetterung des trockenschlamms
LA -013 verbesserung der bewertungsgrundlagen fuer die abwasserabgabe
LA -014 entwicklung von bewertungsgrundlagen fuer wassergefaehrdende stoffe im hinblick auf transportvorschriften
LA -015 vergleichende untersuchungen ueber verhalten und wirkung wassergefaehrdender stoffe zur festlegung von toleranzwerten und transport solcher stoffe

ABFALL
MC -036 gas- und wasserhaushalt in abgeschlossenen muelldeponien
MG -026 ausarbeitung der wissenschaftlichen grundlagen und aufstellung eines konzepts fuer den entwurf einer rechtsverordnung zu par. 15 abfg
MG -027 europ-cost-aktion klaerschlammbehandlung

STRAHLUNG, RADIOAKTIVITAET
ND -038 erhebung und untersuchung ueber zweckmaessigkeit und zuverlaessigkeit von anlagen zur behandlung radioaktiver abwaesser

UMWELTCHEMIKALIEN
OA -028 die aktivierungsanalyse in der umweltforschung
OB -018 automatisierung der flammenphotometrischen bestimmung von metallen in umweltproben, insbesondere wasser, unter einbeziehung der edv
OB -019 zuverlaessigkeit der blutbleianalytik verschiedener labors und entwicklung von bleiblutstandards
OD -072 modelluntersuchung ueber schadwirkungen von herbiziden auf mikroorganismen und ueber abbaubarkeit bzw. entgiftung von herbiziden durch mikroorganismen
OD -073 persistenz und verhalten spezieller pflanzenschutz- und schaedlingsbekaempfungsmittel in boden und wasser
OD -074 verhalten polycyclischer kohlenwasserstoffe in flusswasser, abwasser, regen- und trinkwasser

WIRKUNGEN UND BELASTUNGEN DURCH SCHADSTOFFE
PA -035 intrakorporale kinetik und stoffwechsel inhalatorisch und ingestorisch mit automobilabgasen und ingestorisch aufgenommenen bleies
PA -036 untersuchungen zur exogenen und endogenen bleibelastung von schwangeren frauen sowie neugeborenen
PB -036 untersuchungen zur resorption und elimination von dampffoermigen kohlenwasserstoffen bei der respiration des menschen
PC -043 funktionelle und strukturelle veraenderungen im warmblueterorganismus bei kurz- und langzeitexposition mit kfz-abgas
PC -044 bestimmung des wasserstoffions in luft; bedeutung des wasserstoffions in luft (schadwirkung)
PE -028 wirkungen von automobilabgasen auf mensch, pflanze, tier
PE -029 experimentelle ermittlung der wirkungen von autoabgasen auf den saeugerorganismus (abhaengig von art und intensitaet der luftfremdstoffe)
PE -030 untersuchung ueber die auswirkung von schwermetallen auf mensch und umwelt einschliesslich epidemiologischer erhebungen
PE -031 das verhalten neurophysiologischer funktionsparameter in der bevoelkerung unter dem einfluss erhoehter belastungen durch blei und andere luftschadstoffe
PE -032 untersuchungen zur beeinflussung spezifischer und unspezifischer immun-reaktionen durch schwermetallbelastung
PE -033 automatisch-kontinuierliche untersuchungen ueber die belastung atmosphaerischer luft mit hygienisch bedenklichen schadstoffen
PH -046 erforschung der fuer bestimmte pflanzenarten noch tragbaren grenzkonzentrationen der wichtigsten schadstoffe in der luft
PI -033 ermittlung der umweltbelastung durch produktion, verkehr und anwendung von herbiziden phenylharnstoffderivaten

LEBENSMITTEL-, FUTTERMITTELKONTAMINATION
QA -052 bakteriologische untersuchung von mineralwaessern

HUMANSPHAERE
TF -031 verbreitung von krankheitserregern durch kuehl- und abwasseraerosole
TF -032 untersuchungen ueber die entstehung von mueckenplagen innerhalb einer grossstadt und ueber die moeglichkeiten ihrer bekaempfung
TF -033 ad hoc-studien zur vorbereitung des wasserhygienegesetzes

0913
INSTITUT FUER WASSERBAU III DER UNI KARLSRUHE
7500 KARLSRUHE 1, KAISERSTR. 12
TEL.: (0721) 608-3814
- LEITER: PROF.DR.-ING. ERICH PLATE
- FORSCHUNGSSCHWERPUNKTE:

sauerstoffeintrag in fluessen; abkuehlung von fluessen; stroemungsprobleme der wasser- und luftverschmutzung; simulation von abfluss- und gewaessergueteparametern; hochwasserrueckhaltebecken

VORHABEN:
WASSERREINHALTUNG UND WASSERVERUNREINIGUNG
HG -038 stochastische modelle zur simulation von anthropogenen einfluessen auf hydrologische zeitreihen
IB -021 hochwasserberecnnungen auf der basis radargemessener niederschlaege

0914
INSTITUT FUER WASSERBAU UND WASSERWIRTSCHAFT DER TH DARMSTADT
6100 DARMSTADT, RUNDETURMSTR. 1
TEL.: (06151) 162523 TX.: 419579
- LEITER: PROF.DR.-ING. FRIEDRICH BASSLER
- FORSCHUNGSSCHWERPUNKTE:
wasservorraete und wasserbedarf; wasserbilanz von muelldeponien
VORHABEN:
ABWAERME
GB -021 umwelteinfluesse der thermischen energiequellen auf die mengenorientierte wasserwirtschaft
ABFALL
MC -037 wasserbilanz von muelldeponien

0915
INSTITUT FUER WASSERBAU UND WASSERWIRTSCHAFT DER TU BERLIN
1000 BERLIN 10, STRASSE DES 17. JUNI 140-144
TEL.: (030) 3143323 TX.: 01-84262
- LEITER: PROF.DR.-ING. HANS BLIND
- FORSCHUNGSSCHWERPUNKTE:
hochwasserentlastungsanlagen; instationaere rohr- und gerinnestroemungen; wellenauflaufverhalten auf boeschungen; instationaere grundwasserstroemungen; stroemungszustaende in trinkwassertalsperren
VORHABEN:
ABWAERME
GB -022 stadtwerke-duisburg, heizkraftwerk-kuehlwasser-versorgung
WASSERREINHALTUNG UND WASSERVERUNREINIGUNG
HE -030 modellversuche hochwasserentlastungsanlage siebertalsperre
HE -031 stabilitaet des metalimnions gegenueber einem parallel eingefuehrten freistrahl
HG -039 berechnung raeumlicher, instationaerer grundwasserstroemungen mit hilfe eines differenzenverfahrens
HG -040 der einfluss von oberflaechenwellen auf aufgeloeste konstruktionen
LAND- UND FORSTWIRTSCHAFT
RC -029 theoretische und experimentelle untersuchungen an sohlabstuerzen

0916
INSTITUT FUER WASSERBAU UND WASSERWIRTSCHAFT MIT THEODOR-REHBOCK-FLUSSBAULABORATORIUM DER UNI KARLSRUHE
7500 KARLSRUHE, KAISERSTRASSE 12
TEL.: (0721) 60 82 193
- LEITER: PROF.DR.DR.H.C. EMIL MOSONYI
- FORSCHUNGSSCHWERPUNKTE:
hydraulik und konstruktiver wasserbau, hydrologie und wasserwirtschaft; hydraulische modellversuche und untersuchungen; flussbau (flusskruemmungen), binnenschiffahrt (schleusen, schwall und sunk, querkraefte auf schiffe), kuehlwassereinleitungen; hochwasserstatistik, -schutz, -vorhersage, kosten-nutzen-analysen
VORHABEN:
WASSERREINHALTUNG UND WASSERVERUNREINIGUNG
HA -068 methodik der optimierung in der wasserwirtschaftlichen rahmenplanung / hochwasserschutz - kontrolle
HA -069 gesetzmaessigkeiten zum sauerstoffeintrag erwaermter gewaesser durch wechselsprung, wehre und kaskaden

0917
INSTITUT FUER WASSERCHEMIE UND CHEMISCHE BALNEOLOGIE DER TU MUENCHEN
8000 MUENCHEN, MARCHIONINISTR. 17
TEL.: (089) 702041
- LEITER: PROF.DR. KARL-ERNST QUENTIN
- FORSCHUNGSSCHWERPUNKTE:
bestimmung und verhalten organischer belastungsstoffe im grundwasser, oberflaechenwasser und bei der aufbereitung von rohwasser zu trinkwasser; vorkommen, verhalten und bestimmung anorganischer spurenstoffe und komplexbildner in gewaessern; wechselwirkungen zwischen truebstoffen, sediment und gewaessern; re- und imobilisierung von schadstoffen
VORHABEN:
LUFTREINHALTUNG UND LUFTVERUNREINIGUNG
BD -008 vorkommen und bestimmung von pestiziden in luftproben
WASSERREINHALTUNG UND WASSERVERUNREINIGUNG
HA -070 hydrogeologie und hydrochemie des sinn-saalegebietes im rahmen des mainprojektes
HA -071 verteilung von spurenelementen im vorfeld anthropogener belastung. ihr verhalten bei der verwitterung und abtragung, dargestellt an einzelbeispielen im einzugsgebiet der tiroler achen
HB -056 untersuchungen der loeslichkeit von gesteinen des perm und der trias durch co2-reiches wasser
HD -019 verhalten von herbiziden - phenoxy-alkancarbonsaeuren - in gewaessern und waehrend der trinkwasseraufbereitung
HE -032 badewasseraufbereitung - chemische kontaminierung und dekontaminierung von badewaessern
IA -029 nitrosamine
IC -079 untersuchung, vorkommen und verhalten von metallen im oberflaechenwasser
IC -080 pestizide in gewaessern
IC -081 grundlagenforschung ueber schadstoffe in fliessgewaessern
IC -082 untersuchung, vorkommen und verhalten von metallen in oberflaechenwasser
WIRKUNGEN UND BELASTUNGEN DURCH SCHADSTOFFE
PG -045 verteilung von spurenelementen im vorfeld anthropogener belastung: ihr verhalten bei der verwitterung und abtragung, dargestellt an einzelbeispielen im einzugsgebiet der tiroler achen

0918
INSTITUT FUER WASSERFORSCHUNG GMBH DORTMUND
4600 DORTMUND, DEGGINGSTR. 40
TEL.: (0231) 54341
- LEITER: DR. HERMANN FLIEGER
- FORSCHUNGSSCHWERPUNKTE:
wasserguete, trinkwasser, wasseraufbereitung, kuenstliche grundwasseranreicherung, uferfiltration, untergrundpassage, grundwasserneubildung; schwermetalle, pestizide, schadstoffe aus algen
VORHABEN:
LUFTREINHALTUNG UND LUFTVERUNREINIGUNG
DB -026 untersuchungen des einflusses verschiedener technischer methoden der kuenstlichen grundwasseranreicherung auf menge und guete des rueckgewinnbaren grundwassers
DB -027 schadstoffeliminierung bei der wasseraufbereitung
WASSERREINHALTUNG UND WASSERVERUNREINIGUNG
IC -083 untersuchungen des einflusses von zeolithen, insbesondere hab auf die nitrifikation in abwaessern und oberflaechengewaessern
HUMANSPHAERE
TA -055 untersuchungen ueber das verhalten von spurenelementen bei filtrationsprozessen - ueberpruefung des verhaltens von spurenmetallen bei der langsamsandfiltration und bei der bodenpassage
UMWELTPLANUNG, UMWELTGESTALTUNG
UA -048 bildung und isolierung von organischen substanzen aus algen, die die trinkwasserqualitaet beeintraechtigen koennen
UA -049 untersuchungen zur entwicklung einer datenbank fuer wassergefaehrdende stoffe
UB -020 verhalten von pcb in oberflaechengewaessern und bei verschiedenen verfahren der trinkwasseraufbereitung

0919
INSTITUT FUER WASSERVERSORGUNG, ABWASSERBESEITIGUNG UND STADTBAUWESEN DER TH DARMSTADT
6100 DARMSTADT, PETERSENSTR. 13
TEL.: (06151) 162148
- LEITER: PROF.DR.-ING. GUENTHER RINCKE
- FORSCHUNGSSCHWERPUNKTE:

wasserguetewirtschaft und fachuebergreifende umweltfragen, grundwasser, oberflaechenwasser, gewaesserguetewirtschaft, abwasserreinigung, klaerschlammbehandlung, abfallbeseitigung, rekultivierung, technische raumplanung
VORHABEN:
WASSERREINHALTUNG UND WASSERVERUNREINIGUNG
HE -033 untersuchungen zum absetz- und eindickverhalten von filterrueckspuelwasser der trinkwasseraufbereitung
IC -084 vergleich des einflusses von waermebelastungen auf die abbauleistung freischwebender und festsitzender bakterien in einem fliessgewaesser
IC -085 vergleichende untersuchung der reinigungsleistung freischwebender und festsitzender bakterien in einem fliessgewaesser mit besonderer beruecksichtigung der nitrifikation
IC -086 theoretische untersuchungen ueber den sauerstoffeintrag von wasserbelueftungssystemen in abhaengigkeit vom sauerstoffpartialdruck
KB -065 behandlung von konzentrierten kohlehydrathaltigen abwaessern in anaeroben festbettreaktor mit synthetischer fuellung
KB -066 behandlung petrochemischer abwaesser mit hilfe des kombinierten extraktions- und e-flotations-verfahrens
KC -055 behandlung petrochemischer abwasser mit hilfe des kombinierten extraktions- und e-flotationsverfahrens
KE -047 vergleich des abbauvorganges (reaktionskinetik) in tropfkoerpern und belebungsanlagen unter identischen bedingungen
KE -048 untersuchungen ueber das verhalten phosphathaltiger schlaemme unter anaeroben bedingungen
KE -049 entwaesserungsverhalten biologisch stabilisierter abwaesserschlaemme
KE -050 untersuchungen fuer ein neuartiges belueftungssystem fuer belebungsbecken
KF -018 untersuchung ueber die eigenschaften von schlaemmen aus anlagen zur phosphatelimination im hinblick auf eine weiterbehandlung
LA -016 einzel- und volkswirtschaftliche auswirkungen des geplanten abwasserabgabengesetzes auf die papier- und zellstoffindustrie
LA -017 wirtschaftliche auswirkungen der vorgesehenen abwasserabgabe auf abwasserintensive produktionszweige
LA -018 gutachten ueber die notwendigkeit neuer bundeseinheitlicher vorschriften fuer den wasserhaushalt
UMWELTPLANUNG, UMWELTGESTALTUNG
UG -014 korrelation raumbedeutsamer faktoren mit bestimmungsgroessen technischer versorgungssysteme
UG -015 forschungsauftrag ueber planungsgrundlagen fuer die sekundaernutzung von baggerseen und -teichen unter beruecksichtigung der belange der wasserwirtschaft

0920
INSTITUT FUER WASSERWIRTSCHAFT UND MELIORATIONSWESEN DER UNI KIEL
2300 KIEL, OLSHAUSENSTR. 40-60
TEL.: (0431) 8801-2989
- LEITER: PROF.DR. URSUS SCHENDEL
- FORSCHUNGSSCHWERPUNKTE:

wasserhaushalt in schleswig-holsteinischen naturraeumen; beeinflussung der gewaesser durch landwirtschaft und bodennutzung; loesungen fuer laendliche abwasserfragen
VORHABEN:
WASSERREINHALTUNG UND WASSERVERUNREINIGUNG
HA -072 untersuchungen der wasserqualitaet im einzugsgebiet der honigau / ostholstein
HA -073 wasser- und naehrstoffbilanz eines kleinen gewaessers im ostholsteinischen huegelland
HA -074 wasserhaushalt in schleswig-holstein
HG -041 hydrologische untersuchungen in einzugsgebieten in den naturraeumen der norddeutschen tiefebene
IC -087 gewaesserbelastung in laendlichen niederschlagsgebieten
ID -047 die belastbarkeit von landflaechen durch abwaesser und ihr einfluss auf die grundwasserbeschaffenheit
KD -014 abwasserklaerung in teichen
KD -015 filterwirkung des bodens gegen fluessige abgaenge der bauernhoefe
LAND- UND FORSTWIRTSCHAFT
RF -020 wasserbilanz viehstarker landwirtschaftlicher betriebe hinsichtlich qualitaet und quantitaet

0921
INSTITUT FUER WASSERWIRTSCHAFT, HYDROLOGIE UND LANDWIRTSCHAFTLICHER WASSERBAU DER TU HANNOVER
3000 HANNOVER, CALLINSTR. 15
TEL.: (0511) 7622237
- LEITER: PROF.DR. KURT LECHER
- FORSCHUNGSSCHWERPUNKTE:

grundwasserguetemodelle, analyse von grundwassersystemen, grundwassernutzung, untersuchung langfristiger wassergewinnungsmassnahmen, grundwasserhaushaltsmodelle; untersuchungen des oberflaechenwassers, stroemungsmodelle, digitale und hybride simulationsmodelle, abflusssteuerung, hydrometrie, guetemodelle, urbane hydrologie
VORHABEN:
WASSERREINHALTUNG UND WASSERVERUNREINIGUNG
HA -075 hochwasserschutz in flussgebieten
HA -076 oberflaechenwasserhaushalt im kuestengebiet
HA -077 mathematisches modell zur ermittlung von hochwassergrenzen in fluss-vorlandsystemen
HB -057 untersuchung der grundwasser-stroemungsverhaeltnisse (sicherung der wasserversorgung)
HB -058 simulationsmodelle in der grundwasser-hydrologie
HB -059 grundwasserhaushalt im kuestenbereich
HB -060 mathematisches modell zur beschreibung der grundwasseranreicherung
HB -061 untersuchung kurzfristiger ueberbelastung eines grundwasserreservoirs im rahmen langfristiger wassergewinnungsmassnahmen
HB -062 entwicklung von grundwasserguetemodellen
HE -034 wirtschaftlichkeitsuntersuchungen in der wasservorratswirtschaft
HG -042 wasserbewegung im ungesaettigten boden
HG -043 simulation von wasserbewegungen mit einem hybridrechner
HG -044 computergerechte wasserwirtschaftliche rahmenplanung
IB -022 simulation des abflussvorganges in kanalisationsnetzen
IB -023 entwicklung und installation eines elektronischen datenerfassungssystems in kanalisationen
ID -048 grundwasserverschmutzung durch mineraloelprodukte - ausbreitungsvorgaenge
IF -029 analyse und prognose der belastung kleiner vorfluter durch landwirtschaftliche und urbane naehrstoffe

0922
INSTITUT FUER WELTFORSTWIRTSCHAFT DER BUNDESFORSCHUNGSANSTALT FUER FORST- UND HOLZWIRTSCHAFT
2057 REINBEK, SCHLOSS
TEL.: (040) 72522834
- LEITER: PROF.DR. CLAUS WIEBECKE

VORHABEN:
WIRKUNGEN UND BELASTUNGEN DURCH SCHADSTOFFE
PH -047 veraenderung von boeden in nordwestdeutschland durch anthropogene umweltbelastung
LAND- UND FORSTWIRTSCHAFT
RA -021 vegetationsformen fuer die umweltgerechte bewirtschaftung von grenzertragsboeden, insbesondere von niedermooren, im nordwestdeutschen kuestengebiet
RA -022 leistungsmoeglichkeiten der forst- und holzwirtschaft im rahmen der wirtschaftlichen entwicklung einzelner laender und regionen
RC -030 abhaengigkeit der bodenbildung auf vulkanischen muttergestein von hoehenlage, waldtyp und anthropogener einwirkung im gebiet puebla-tlaxcala-mexiko
RG -027 umweltgerechter wiederaufbau des privaten wirtschaftswaldes in nordwestdeutschland, betriebszieltypen fuer den kleinprivatwald
RG -028 funktion, stabilitaet, produktivitaet und umweltwirkungen von verschiedenen bestandestypen und waldbauverfahren in waeldern
UMWELTPLANUNG, UMWELTGESTALTUNG
UK -048 die wohlfahrtswirkungen des waldes in beziehung zu soziologischen und demographischen veraenderungen

0923
INSTITUT FUER WELTWIRTSCHAFT AN DER UNI KIEL
2300 KIEL, DUESTERNBROOKER WEG 120-122
TEL.: (0431) 8841 TX.: 02-92479
- LEITER: PROF.DR. HERBERT GIERSCH
- FORSCHUNGSSCHWERPUNKTE:
regionale verteilung von umweltressourcen
VORHABEN:
UMWELTPLANUNG, UMWELTGESTALTUNG
UC -046 das entwicklungspotential der regionen in der bundesrepublik deutschland auf der basis ihrer ausstattung mit potentialfaktoren

0924
INSTITUT FUER WERKZEUGMASCHINEN DER UNI STUTTGART
7000 STUTTGART 1, HOLZGARTENSTR. 17
TEL.: (0711) 2073-942
- LEITER: PROF.DR.-ING. TUFFENTSAMMER
- FORSCHUNGSSCHWERPUNKTE:
laermmessung und laermminderung an fertigungseinrichtungen
VORHABEN:
LAERM UND ERSCHUETTERUNGEN
FA -038 entwicklung eines aktiven fluessigkeitsschalldaempfers zur minderung der druckpulsation und der geraeuschabstrahlung von hydrosystemen
FA -039 geraeuschuntersuchungen an aussen- und innenverzahnten druckkompensierten hochdruckpumpen mit schraegverzahnten raedern und raedern mit nichtevolventem zahnprofil
FC -058 einfluss der hydraulik auf das geraueschverhalten von werkzeugmaschinen
FC -059 geraeuschemission von holzbearbeitungsmaschinen und massnahmen zur laermminderung

0925
INSTITUT FUER WERKZEUGMASCHINEN UND BETRIEBSWISSENSCHAFTEN DER TU MUENCHEN
8000 MUENCHEN 2, ARCISSTR. 21
TEL.: (089) 2105-541 TX.: 522854
- LEITER: PROF.DR.-ING. MUELLER
- FORSCHUNGSSCHWERPUNKTE:
untersuchung des geraeuschverhaltens von werkzeugmaschinenantrieben; physiologisch-adaequate bewertung von arbeitslaerm
VORHABEN:
LAERM UND ERSCHUETTERUNGEN
FC -060 methoden zur auswertung von industrielaerm hinsichtlich der gehoerschaedigenden wirkung
FC -061 ein beitrag zur dosimetrie von arbeitslaerm unter beruecksichtigung langzeitlicher pegelschwankungen
FC -062 untersuchungen ueber das steifigkeits- und geraeuschverhalten von werkzeugmaschinengetrieben

0926
INSTITUT FUER WERKZEUGMASCHINEN UND FERTIGUNGSTECHNIK DER TU BRAUNSCHWEIG
3300 BRAUNSCHWEIG, LANGER KAMP 19
TEL.: (0531) 3912655
- LEITER: PROF.DR.-ING. ERNST SALJE
- FORSCHUNGSSCHWERPUNKTE:
ermittlung der geraeuschemission und immission an holzbearbeitungsmaschinen; geraeuschuntersuchung und -minderung an maschinen und werkzeugen fuer die holzbearbeitung
VORHABEN:
LAERM UND ERSCHUETTERUNGEN
FA -040 geraeuschuntersuchung und geraeuschminderung an kreissaegen fuer die holzbearbeitung
FC -063 geraeuschuntersuchungen an fraesmaschinen
FC -064 ermittlung der geraeuschemission an fertigungsstrassen der holzbearbeitung

0927
INSTITUT FUER WERKZEUGMASCHINEN UND UMFORMTECHNIK DER TU HANNOVER
3000 HANNOVER
VORHABEN:
LAERM UND ERSCHUETTERUNGEN
FC -065 schaffung eines pruefwerkzeuges zur beurteilung der laermquellen an pressen und vergleichende untersuchungen mit diesem pruefwerkzeug an verschiedenen pressen

0928
INSTITUT FUER WILDFORSCHUNG UND JAGDKUNDE DER FORSTLICHEN FORSCHUNGSANSTALT
8103 OBERAMMERGAU, FORSTHAUS DICKELSCHWAIG
TEL.: (08822) 6363
- LEITER: PROF.DR. WOLFGANG SCHROEDER
VORHABEN:
UMWELTPLANUNG, UMWELTGESTALTUNG
UN -025 erforschung der verbreitung, bestandszahlen und biotope des auer- und birkhuhnes in bayern

0929
INSTITUT FUER WILDFORSCHUNG UND JAGDKUNDE DER UNI GOETTINGEN
3400 GOETTINGEN, BUESGENWEG 3
TEL.: (0551) 393621
- LEITER: PROF.DR. FESTETICS
- FORSCHUNGSSCHWERPUNKTE:
biologie der wildtiere: oekologie, verhalten, populationsdynamik, morphologie, pathologie, jagdliche kontrolle bzw. nutzung und schutz einheimischer und tropischer voegel und saeugetiere
VORHABEN:
LAND- UND FORSTWIRTSCHAFT
RG -029 gruen- und trockeneinband der fichte als mittel zur wildschadensverhuetung im harz
HUMANSPHAERE
TF -034 krankheiten der wildtiere und ihre bedeutung fuer mensch und haustier
UMWELTPLANUNG, UMWELTGESTALTUNG
UN -026 auswirkung der sturmkatastrophe vom november 1972 auf die wildbestaende

0930
INSTITUT FUER WIRTSCHAFTSGEOGRAPHIE DER UNI BONN
5300 BONN, FRANZISKANERSTR. 2
TEL.: (02221) 73-4519
- LEITER: PROF. KLAUS-ACHIM BOESLER
- FORSCHUNGSSCHWERPUNKTE:
umweltpolitik im bereich der kommunalpolitik
VORHABEN:
UMWELTPLANUNG, UMWELTGESTALTUNG
UA -050 kommunaler umwelt-atlas stuttgart

0931
INSTITUT FUER WIRTSCHAFTSLEHRE DES HAUSHALTS UND VERBRAUCHSFORSCHUNG / FB 20 DER UNI GIESSEN
6300 GIESSEN, DIEZSTR. 15
TEL.: (0641) 7026101
- LEITER: PROF.DR. J. BOTTLER
- FORSCHUNGSSCHWERPUNKTE:
der laendliche raum als wohnstandort
VORHABEN:
HUMANSPHAERE
TB -019 untersuchungen zu den wohnbeduerfnissen und wohnbedingungen von familien mit kindern
UMWELTPLANUNG, UMWELTGESTALTUNG
UC -047 untersuchungen zum marktverhalten der haushalte, zur verbraucherbildung und verbraucherinformation

0932
INSTITUT FUER WIRTSCHAFTSLEHRE DES LANDBAUS DER TU MUENCHEN
8050 FREISING -WEIHENSTEPHAN
TEL.: (08161) 410
- LEITER: PROF.DR. HUGO STEINHAUSER
- FORSCHUNGSSCHWERPUNKTE:
landschaftspflege mit rindern, schafen und mechanischen massnahmen
VORHABEN:
UMWELTPLANUNG, UMWELTGESTALTUNG

UL -049 ermittlung von kalkulationsdaten fuer ausgewaehlte verfahren der schafhaltung und untersuchungen zur wirtschaftlichkeit der landschaftspflege mit schafen

0933
INSTITUT FUER WIRTSCHAFTSPOLITIK UND WETTBEWERB DER UNI KIEL
2300 KIEL, OLSHAUSENSTR. 40-60
TEL.: (0431) 8802199
- LEITER: PROF.DR. GERHARD PROSI
- FORSCHUNGSSCHWERPUNKTE:

moeglichkeiten der beruecksichtigung von umweltschaeden bei wirtschaftspolitischen entscheidungen im rahmen der wirtschaftswissenschaftlichen grundlagenforschung
VORHABEN:
UMWELTPLANUNG, UMWELTGESTALTUNG
UC -048 die strategie der struktur- und umweltorientierten entwicklung
UC -049 notwendigkeit und moeglichkeiten der internalisierung negativer externer effekte

0934
INSTITUT FUER WOHNUNGS- UND PLANUNGSWESEN
5000 KOELN 80, WRANGELSTR. 12
VORHABEN:
UMWELTPLANUNG, UMWELTGESTALTUNG
UE -033 ausbau des dokumentationsverbundes zur orts-, regional- und landesplanung

0935
INSTITUT FUER WOHNUNGSBAU UND STADTTEILPLANUNG DER TU BERLIN
1000 BERLIN 12, STRASSE DES 17. JUNI 135
VORHABEN:
HUMANSPHAERE
TB -020 siedlungswesen und angepasste technologie - technologische aspekte der bauplanung und bauproduktion in der vr china

0936
INSTITUT FUER ZELLFORSCHUNG DES DEUTSCHEN KREBSFORSCHUNGSZENTRUMS
6900 HEIDELBERG, IM NEUENHEIMER FELD 280
TEL.: (06221) 484400 TX.: 461562
- LEITER: PROF.DR. DIETER WERNER
- FORSCHUNGSSCHWERPUNKTE:

krebsforschung, charakterisierung und differenzierung von normalen und malignen zellen
VORHABEN:
WIRKUNGEN UND BELASTUNGEN DURCH SCHADSTOFFE
PC -045 einfluss chemischer und physikalischer faktoren auf das verhalten von normalen und malignen zellen in vitro: wirkungskontrolle und dokumentation

0937
INSTITUT FUER ZIEGELFORSCHUNG ESSEN E.V.
4300 ESSEN, AM ZEHNTHOF 197-203
TEL.: (0201) 590017-19
- LEITER: DIPL.-ING. G. SCHELLBACH
- FORSCHUNGSSCHWERPUNKTE:

ermittlung des auswurfes luftverunreinigender stoffe; emissionsmessungen an brenn-, ofen- und aufbereitungsanlagen der grobkeramischen industrie; entwicklung von verfahren und einrichtungen zur verminderung bzw. vermeidung von luftverunreinigungen
VORHABEN:
LUFTREINHALTUNG UND LUFTVERUNREINIGUNG
DB -028 vermeidung von fluoraustreibung durch materialzusaetze und veraenderungen der ofenatmosphaere und der brennstoffart
DC -040 aufbau und erprobung einer anlage zur trockenen absorption von fluorverbindungen aus dem abgas eines ziegelofens mit nachgeschalteter entstaubung

0938
INSTITUT FUER ZOOLOGIE DER BIOLOGISCHEN BUNDESANSTALT FUER LAND- UND FORSTWIRTSCHAFT
1000 BERLIN 33, KOENIGIN-LUISE-STR. 19
TEL.: (030) 8324011
- LEITER: PROF.DR. AUGUST WILHELM STEFFAN
- FORSCHUNGSSCHWERPUNKTE:

erarbeitung umweltschonender verfahren zur bekaempfung von schadinsekten an nutz- und zierpflanzen der land- und forstwirtschaft und des gartenbaues
VORHABEN:
LAND- UND FORSTWIRTSCHAFT
RH -059 entwicklung eines geraetes zur anlockung, sterilisierung und wiederfreilassung oder abtoetung von gefluegeltengenerationen schaedlicher blattlaus-arten
RH -060 ermittlung der grundlagen der insektizid-resistenz bei blattlaeusen und der moeglichkeit zu deren brechung
RH -061 zur unterbindung der fortpflanzungstaetigkeit der schwarzen bohnenlaus durch anwendung von juvenilhormon-analoga
RH -062 histologische untersuchungen zur ermittlung des wirkungsortes und der wirkungsweise von chemosterilantien und von juvenilhormon-analoga im insektenkoerper
RH -063 freilandversuche zur minderung der populationsstaerke schaedlicher blattlaus-arten mittels anwendung von juvenilhormon-analoga
RH -064 zur oekologie und diapause-beeinflussung von an weidegraesern und zuckerrohr in mexiko schaedlichen grasschaumzikaden
RH -065 zur reduktion der fortpflanzungskapazitaet der schwarzen bohnenlaus bei systematischer verabreichung von chemosterilatien
RH -066 zur ausschaltung des fortpflanzungsvermoegens parthenogenetischer weibchen der schwarzen bohnenlaus durch kontaktbehandlung mit chemosterilantien

0939
INSTITUT FUER ZOOLOGIE DER TH AACHEN
5100 AACHEN, KOPERNIKUSSTR. 16
TEL.: (0241) 42 4835
- LEITER: PROF.DR. FRIEDRICH-WILHELM SCHLOTE
- FORSCHUNGSSCHWERPUNKTE:

populationsbiologie; populationsgenetik; ziel: an einfachen, in echtem fliessgleichgewicht befindlichen laborpopulationen von kleininsekten und -saeugern zu untersuchen, durch welche faktoren die abundanz tierischer und menschlicher populationen letztlich gesteuert wird; regeltechnischer ansatz; simulation des geschehens in nahrungsnetzen durch analogrechner
VORHABEN:
WIRKUNGEN UND BELASTUNGEN DURCH SCHADSTOFFE
PI -034 oekosysteme als regelnetze. energiefluss, genfluss und populationsdynamik bei im fliessgleichgewicht befindlichen laborkulturen von kleintieren

0940
INSTITUT FUER ZOOLOGIE DER TH DARMSTADT
6100 DARMSTADT, SCHNITTSPAHNSTR. 3
TEL.: (06151) 163503
- LEITER: PROF.DR. HERBERT MILTENBURGER
- FORSCHUNGSSCHWERPUNKTE:

strahlenzytogenetik; chemogenetik; biologische schaedlingsbekaempfung mit insektenpathogenen viren
VORHABEN:
WIRKUNGEN UND BELASTUNGEN DURCH SCHADSTOFFE
PD -057 methodik der mutagenitaetspruefung chemischer stoffe
LAND- UND FORSTWIRTSCHAFT
RH -067 biotechnische forschung zur produktion insektenpathogener viren

0941
INSTITUT FUER ZOOLOGIE DER UNI HOHENHEIM
7000 STUTTGART 70, EMIL-WOLFF-STR. 27
TEL.: (0711) 4701-2255
- LEITER: PROF.DR. HINRICH RAHMANN
- FORSCHUNGSSCHWERPUNKTE:

biochemische mechanismen der temperaturadaptation bei wirbeltieren; chemische abwehrmechanismen bei wasserkaefern
VORHABEN:
ABWAERME
GB -023 biochemische mechanismen der temperaturadaptation bei wirbeltieren

WIRKUNGEN UND BELASTUNGEN DURCH SCHADSTOFFE
PI -035 abwehrsubstanzen bei wasserkaefern aus verschiedenen gewaessertypen

0942
INSTITUT FUER ZOOLOGIE DER UNI MAINZ
6500 MAINZ, SAARSTR. 21
TEL.: (06131) 393881, 392586
- FORSCHUNGSSCHWERPUNKTE:
wirkung der wassererwaermung auf oekologie und physiologie von wirbellosen; suesswasser-oekosysteme im labor als moeglichkeit differenzierter toxizitaetstests; wirkung subletaler und synergistischer belastung auf wirbellose des suesswassers; fauna des rheins und seiner nebengewaesser, u. a. gutachten zum landschaftsrahmenplan der bezirksregierung pfalz-rheinhessen
VORHABEN:
ABWAERME
GB -024 auswirkung von gewaessererwaermung auf oekologie und physiologie von wirbellosen
GB -025 temperatur-praeferenz und temperatur-toleranz von invertebraten des rheins bei gleichzeitiger belastung durch weitere schaedigende faktoren
WASSERREINHALTUNG UND WASSERVERUNREINIGUNG
IC -088 auswirkung subletaler und synergistischer belastung auf makro-invertebrata des rheins
IC -089 die invertebraten-fauna des rheins und seiner nebengewaesser
UMWELTCHEMIKALIEN
OD -075 schicksal der insecticide abate und fenethcarb in einem suesswasser-oekosystem
WIRKUNGEN UND BELASTUNGEN DURCH SCHADSTOFFE
PC -046 schicksal und wirkung umweltrelevanter fremdstoffe bei ratten, amphibien und fischen
PI -036 differenzierte toxizitaetstests mittels suesswasser-oekosystemen im labor

0943
INSTITUT FUER ZOOPHYSIOLOGIE DER UNI HOHENHEIM
7000 STUTTGART 70, SCHLOSS
TEL.: (0711) 4701-2800
- LEITER: PROF.DR.DR. FABER
- FORSCHUNGSSCHWERPUNKTE:
chlorierte kohlenwasserstoffe und fortpflanzung bei voegeln
VORHABEN:
WIRKUNGEN UND BELASTUNGEN DURCH SCHADSTOFFE
PB -037 einfluss von pestiziden und pcb auf innersekretorische organe

0944
INSTITUT FUER ZUCKERINDUSTRIE BERLIN
1000 BERLIN 65, AMRUMER STRASSE 32
TEL.: (030) 453 70 66 TX.: 18 42 62
- LEITER: PROF.DR. ANTON BALOH
- FORSCHUNGSSCHWERPUNKTE:
abwasser, emission, abwaerme von rohr- und ruebenzuckerfabriken
VORHABEN:
LUFTREINHALTUNG UND LUFTVERUNREINIGUNG
DC -041 verringerung der emission von zuckerfabriken
ABWAERME
GB -026 verringerung der abwaerme von zuckerfabriken
WASSERREINHALTUNG UND WASSERVERUNREINIGUNG
KC -056 abbau von zuckerfabrikabwasser durch mikroorganismen

0945
INSTITUT FUER ZUCKERRUEBENFORSCHUNG
3400 GOETTINGEN, HOLTENSER LANDSTRASSE 77
TEL.: (0551) 63891
- LEITER: PROF.DR. CHRISTIAN WINNER
- FORSCHUNGSSCHWERPUNKTE:
nebenwirkungen von ruebenherbiziden auf bodenpilze; verwendung von abfallproduktion aus der zuckerherstellung zur bodenverbesserung (scheidekalk)
VORHABEN:
ABFALL
ME -056 verwendung von abfallprodukten aus der zuckerherstellung zur bodenverbesserung (scheidekalk)
WIRKUNGEN UND BELASTUNGEN DURCH SCHADSTOFFE
PG -046 wirkung der im ruebenbau gebraeuchlichen herbizide auf phytopathogene bodenpilze, insbesondere der erreger von keimlingskrankheiten

0946
INSTITUT FUER ZUKUNFTSFORSCHUNG DES ZENTRUM BERLIN FUER ZUKUNFTFORSCHUNG E. V.
1000 BERLIN 12, GIESEBRECHTSTR. 15
TEL.: (030) 8838871, 8838874 TX.: 184815
- LEITER: PROF.DR. OSSIP K. FLECHTHEIM
- FORSCHUNGSSCHWERPUNKTE:
energiesektorales informationssystem; umweltrelevante modelle (datei); belastungsmodell berlin
VORHABEN:
UMWELTPLANUNG, UMWELTGESTALTUNG
UA -051 studie ueber ein verfahren zur erfolgskontrolle des umweltprogramms und von durchfuehrungsinstrumenten zum umweltschutz
UE -034 der attraktivitaetsfaktor eines siedlungsgebiets als instrument zur steuerung der bevoelkerungswanderung im umweltplanspiel
UH -034 entwurf alternativer zielsysteme fuer den verkehrsbereich als anwendungsbeispiel experimenteller edv-gestuetzter planungshilfen
UH -035 verkehrsbedingungen von benachteiligten bevoelkerungsgruppen als leitgroesse einer zielorientierten stadt- und verkehrsplanung
UH -036 ausarbeitung eines verfahrens zur bestimmung der prioritaeten bei den investitionen im fernstrassenbau unter besonderer beruecksichtigung der ziele der raumordnung
INFORMATION, DOKUMENTATION, PROGNOSEN, MODELLE
VA -015 energiesektorales informationssystem

0947
INSTITUT UND LEHRSTUHL FUER MESSTECHNIK IM MASCHINENBAU DER TU HANNOVER
3000 HANNOVER, NIENBURGER STRASSE 17
TEL.: (0511) 7623334 TX.: 923868
- LEITER: DR.-ING. FROHMUND HOCK
- FORSCHUNGSSCHWERPUNKTE:
laermminderung beim schleifen von blech, an pressen; vorausbestimmung von laermsituationen; rechnergestuetzte schwingungsanalyse
VORHABEN:
LAERM UND ERSCHUETTERUNGEN
FA -041 untersuchung von verfahren zur messung mechanischer impedanzen
FA -042 realisierungsmoeglichkeit und untersuchung stossfoermiger erreger
FA -043 grundsaetzliche untersuchung ueber die druckluftwellen, die beim schmieden mit haemmern entstehen
FA -044 holographisch-interferometrische geraeuschuntersuchungen an maschinen
FA -045 untersuchungen holographisch-interferometrischer verfahren zur analyse von elast-transversal- und biegewellen bei stossfoermigen anregungen mechanischer systeme
FC -066 grundsaetzliche untersuchungen ueber die schallabstrahlung von schmiedehaemmern
FC -067 auswahl und entwicklung eines vereinfachten messverfahrens zur bestimmung der schallabstrahlung von umformenden werkzeugmaschinen
FC -068 laermminderung beim schleifen von blech und konstruktionselementen aus blech
FC -069 laermquellen von pressen und entwicklung laermmindernder massnahmen sowie deren ueberpruefung
FC -070 bestimmung des vom schmiedehammer unmittelbar abgestrahlten impulsschalles als teil der gesamtschalleistung
FC -071 auffindung von teilschallquellen an fertigungseinrichtungen durch schalleistungsdichtemessung im nahfeld
FC -072 berechnung der laermdosisverteilung in fabrikhallen

0948
INSTITUT UND POLIKLINIK FUER ARBEITS- UND SOZIALMEDIZIN DER UNI KOELN
5000 KOELN 41, JOSEPH-STELZMANN-STR. 9
TEL.: (0221) 478-4450
- LEITER: PROF.DR. WILHELM BOLDT
- FORSCHUNGSSCHWERPUNKTE:
umweltprobleme in der arbeits- und sozialmedizin sowie sozialhygiene
VORHABEN:
UMWELTCHEMIKALIEN
OA -029 kovalente bindung von 14c-vinylchlorid an zellulaere makromolekuele als grundlage der toxizitaet von vinylchlorid

WIRKUNGEN UND BELASTUNGEN DURCH SCHADSTOFFE
PD -058 untersuchungen zum stoffwechsel von vinylchlorid unter dem blickpunkt der chemischen kanzerogenese
HUMANSPHAERE
TA -056 erarbeitung einer speziellen arbeitsmedizinischen ueberwachungsuntersuchung in korrelation zur individuellen vinylchlorid-exposition

0949
INSTITUT UND POLIKLINIK FUER ARBEITSMEDIZIN DER UNI MUENCHEN
8000 MUENCHEN 1, ZIEMSSENSTR. 1
TEL.: (089) 5160-2344
- LEITER: PROF.DR. GUENTER FRUHMANN
VORHABEN:
HUMANSPHAERE
TA -057 laengsschnittuntersuchungen zu den auswirkungen inhalativer noxen am arbeitsplatz

0950
INSTITUT WOHNEN UND UMWELT GMBH
6100 DARMSTADT, ANNASTR. 15
TEL.: (06151) 26911
- LEITER: DR. UWE WULLKOPF
- FORSCHUNGSSCHWERPUNKTE:
entwicklung der siedlungsstruktur; sanierung und modernisierung; wohnung, wohnumgebung und wohnungsversorgung; planungsbeteiligung
VORHABEN:
HUMANSPHAERE
TB -021 anwaltsplanung
TB -022 oekonomische und politische determinanten der wohnungsversorgung
TB -023 maengel der hessischen foerderungsrichtlinien 72 fuer den sozialen wohnungsbau
TB -024 erfolgskontrolle der staatlichen wohnungsfoerderung
UMWELTPLANUNG, UMWELTGESTALTUNG
UF -019 stadtsanierung unter besonderer beruecksichtung des staedtebaufoerderungsgesetzes (stbaufg)
UF -020 realisierungsbedingungen fuer freiflaechen in stadterweiterungsgebieten (planungs- und realisierungsprozess)
UF -021 oekonomische aspekte der sanierungfallstudie berlin-wedding
UF -022 laufende beobachtung der anwendung des staedtebaugesetz bei der sanierung in ausgewaehlten gemeinden hessens

0951
INSTITUT ZUR ERFORSCHUNG TECHNOLOGISCHER ENTWICKLUNGSLINIEN E.V.(ITE)
2000 HAMBURG 36, NEUER JUNGFERNSTIEG 21
TEL.: (040) 35621
- LEITER: PROF.DR. WOLFGANG MICHALSKI
- FORSCHUNGSSCHWERPUNKTE:
konsequenzen von rueckgewinnungs- und substitutionsprozessen im metallbereich, auch unter umweltaspekten
VORHABEN:
ABFALL
ME -057 substitution und rueckgewinnung von ne-metallen in der bundesrepublik deutschland (al, cu, zn, pb, sn)
ME -058 technical and economic analysis of the recovery and recycling of non-ferrous metals (al, cu, zn, pb, sn)
UMWELTPLANUNG, UMWELTGESTALTUNG
UH -037 ferntransportsysteme der zukunft in der bundesrepublik deutschland und europa

0952
INTERATOM GMBH
5060 BENSBERG, POSTFACH .
VORHABEN:
STRAHLUNG, RADIOAKTIVITAET
NC -045 stoerfallanalyse von natrium-wasser-reaktionen im dampferzeuger unter beruecksichtigung der bildung von zwei-phasen-zwei-komponenten-gemischen
NC -046 spezifikation des sicherheitsforschungsprogrammes fuer schnellbrutreaktoren fuer verschiedene einzelvorhaben
NC -047 entwicklung fernbedienter ultraschall-prueftechnik fuer schnellbrutreaktoren (wiederholungspruefung/vorprogramm)
ENERGIE
SA -046 bauzugehoeriges f+e-programm fuer das 280 mwe-prototypkernkraftwerk mit schnellem natriumgekuehlten reaktor
SA -047 vorbereitende arbeiten zur projektierung eines demonstrationskraftwerkes mit einem natriumgekuehlten schnellbrutreaktor grosser leistung

0953
INTERFAKULTATIVES LEHRGEBIET CHEMIE DER UNI GOETTINGEN
3400 GOETTINGEN, VON-SIEBOLD-STR. 2
TEL.: (0551) 395631
- LEITER: PROF.DR. WOLFGANG ZIECHMANN
- FORSCHUNGSSCHWERPUNKTE:
abhaengigkeit der enzymaktivitaeten in boeden durch chemische systeme; festlegung von phenolen in boeden und gewaessern durch huminstoffe; ueber die praeparation der komplexe von tonmineralen mit organischen verbindungen und die aufklaerung der zwischen ihnen bestehenden bindungskraefte
VORHABEN:
UMWELTCHEMIKALIEN
OD -076 die eliminierung von herbiziden der triazin-reihe durch organische stoffe des bodens
OD -077 festlegung von phenolen in boeden und gewaessern durch huminstoffe
OD -078 die veraenderung von enzymaktivitaeten in boeden durch chemische systeme
WIRKUNGEN UND BELASTUNGEN DURCH SCHADSTOFFE
PH -048 ueber die praeparation der komplexe von tonmineralien mit organischen verbindungen und die aufklaerung der zwischen ihnen bestehenden bindungskraefte

0954
INTERNATIONAL RESEARCH AND TECHNOLOGY CORPORATION (IR&T)
ARLINGTON/VIRGINIA USA
VORHABEN:
ENERGIE
SA -048 oekonomische und oekologische konsequenzen einer energiepolitischen konzeption (weltweit)

0955
INTERNATIONALES INSTITUT FUER EMPIRISCHE SOZIALOEKONOMIE
8901 LEITERSHOFEN, HALDENWEG 23
TEL.: (0821) 526656
- LEITER: PROF.DR. MARTIN PFAFF
- FORSCHUNGSSCHWERPUNKTE:
auswirkungen der umweltverschmutzung und von umweltschutzmassnahmen auf die einkommensverteilung; stadtentwicklungsplanung
VORHABEN:
UMWELTPLANUNG, UMWELTGESTALTUNG
UB -021 auswirkungen des verursacherprinzips auf die interpersonelle und interregionale einkommensverteilung

0956
INTERPARLAMENTARISCHE ARBEITSGEMEINSCHAFT
5300 BONN 1, ADENAUERALLEE 214
TEL.: (02221) 226446
- LEITER: HIRSCH
- FORSCHUNGSSCHWERPUNKTE:
erstellung von gutachten, die fuer den parlamentarischen gebrauch von interesse sind
VORHABEN:
UMWELTPLANUNG, UMWELTGESTALTUNG
UB -022 umweltgesetze in den landtagen

0957
IRLENBORN UND PARTNER; PUBLIC RELATIONS GMBH & CO KG
5300 BONN -BAD GODESBERG, TEUTONENSTR. 55
TEL.: (02221) 226666
VORHABEN:
HUMANSPHAERE
TD -020 studie zu stand und tendenzen des umweltbewusstseins der bevoelkerung und zur entwicklung von modellen zu dessen aktivierung

0958
ISOTOPENLABORATORIUM DER BUNDESFORSCHUNGSANSTALT FUER FISCHEREI
2000 HAMBURG 55, WUESTLAND 2
TEL.: (040) 871026 TX.: 214911
- LEITER: PROF.DIPL.-PHYS. WERNER FELDT
VORHABEN:
ABWAERME
GB -027 thermische auswirkungen des kernkraftwerkes unterweser auf die biozoenosen in der unterweser
WASSERREINHALTUNG UND WASSERVERUNREINIGUNG
IC -090 radiooekologische erhebungen im bereich der unterweser
STRAHLUNG, RADIOAKTIVITAET
NB -039 radiooekologische studien in der unterelbe und ihrem anschliessenden aestuar (elbestudie)
LEBENSMITTEL-, FUTTERMITTELKONTAMINATION
QD -025 erforschung der aufnahme von schwermetallen durch fische ueber die nahrungskette und ueberwachung der schwermetallspeicherung in verschiedenen meerestieren

0959
JENAER GLASWERK SCHOTT & GEN
6500 MAINZ 1, POSTFACH 2480
VORHABEN:
WASSERREINHALTUNG UND WASSERVERUNREINIGUNG
HA -078 poroeses glas zur reinhaltung von gewaessern und zum entsalzen von meer- und brackwasser

0960
JURISTISCHES SEMINAR DER UNI GOETTINGEN
3400 GOETTINGEN, NIKOLAUSBERGER WEG 9A
TEL.: (0551) 397365
VORHABEN:
LUFTREINHALTUNG UND LUFTVERUNREINIGUNG
EA -011 fortentwicklung des haftungsrechts auf dem gebiet des immissionsschutzes

0961
KA-PLANUNGS-GMBH
6900 HEIDELBERG, POSTFACH 103420
VORHABEN:
ABWAERME
GC -008 planungsstudie zur fernwaermeversorgung aus heizkraftwerken im raum mannheim-ludwigshafen-heidelberg

0962
KALI CHEMIE AG
3000 HANNOVER, HANS-BOECKLER-ALLEE 20
TEL.: (0511) 81141 TX.: 922731
- LEITER: DR. PHILIPP VON BISMARCK
- FORSCHUNGSSCHWERPUNKTE:
entwicklung von industrie- und abgaskatalysatoren
VORHABEN:
LUFTREINHALTUNG UND LUFTVERUNREINIGUNG
DA -036 entwicklung eines gemischaufbereitungssystems zur thermisch katalytischen spaltung eines konstanten kraftstoffteilstroms fuer eine schadstoffarme, kraftstoffsparende verbrennung im ottomotor

0963
KALI UND SALZ AG
3500 KASSEL, FRIEDRICH-EBERT-STR. 160
TEL.: (0561) 3011 TX.: 992419
- LEITER: DR. OTTO WALTERSPIEL
- FORSCHUNGSSCHWERPUNKTE:
ausarbeitung trockener (elektrostatischer) aufbereitungsverfahren fuer kalirohsalze; verfahren zur produktion nichtstaubender kaliprodukte; gewinnung von magnesiumprodukten aus rueckstaenden und abwaessern der kaliherstellung
VORHABEN:
LUFTREINHALTUNG UND LUFTVERUNREINIGUNG
DC -042 herstellung von staubfreiem kaliumsulfat
WASSERREINHALTUNG UND WASSERVERUNREINIGUNG
KC -057 elektrostatische abtrennung von magnesiumsulfat bei der verarbeitung von kalirohsalz
KC -058 herstellung von magnesiumchlorid-dihydrat
KC -059 herstellung von magnesiumoxid
KC -060 versuche zur elektrostatischen gewinnung von kieserit aus stark verwachsenen rohsalzen und weiterverarbeitung des produktes zu granuliertem einzelduenger

0964
KALLE AG
6202 WIESBADEN -BIEBRICH, POSTFACH 9165
VORHABEN:
WASSERREINHALTUNG UND WASSERVERUNREINIGUNG
HA -079 entwicklung von membransystemen zur entsalzung und reinigung von waessern

0965
KAPP, K.-W., PROF.DR.
CH-4 BASEL/SCHWEIZ
VORHABEN:
UMWELTPLANUNG, UMWELTGESTALTUNG
UA -052 moeglichkeiten und probleme der staatlichen foerderung umweltfreundlicher technologien

0966
KATAFLOX-GMBH
7746 HORNBERG, SCHWARZWALDBAHN
TEL.: (07251) 8271
VORHABEN:
ABFALL
ME -059 herstellung neuer rohstoffe aus abwasserschlaemmen der zellstoff- und papierindustrie sowie anderen industrieabfaellen

0967
KAVAG-GESELLSCHAFT FUER LUFTREINHALTUNG
6467 HASSELROTH 3, R.-RUFF-STR. 2
TEL.: (06055) 2015 TX.: 04-184340
- LEITER: HANS P. DETTMAR
VORHABEN:
LUFTREINHALTUNG UND LUFTVERUNREINIGUNG
DB -029 nasswaesche fuer abgase aus muellverbrennungsanlagen

0968
KAVERNEN BAU- UND BETRIEBS-GMBH
3000 HANNOVER, POSTFACH 3260
VORHABEN:
UMWELTPLANUNG, UMWELTGESTALTUNG
UD -008 speicherung von lng in salzkavernen; in-situ-versuch im kali-werk hansa

0969
KENTNER, WOLFGANG, DR.
5000 KOELN 41, FRANGENHEIMERSTR. 27
TEL.: (0221) 425153
VORHABEN:
LAERM UND ERSCHUETTERUNGEN
FA -046 grundlagen einer laermschutzoekonomie. ein beitrag zur oekonomischen theorie und politik des schallschutzes. abteilung alternativer laermschutzstrategien fuer die bundesrepublik deutschland (hab.)

0970
KERNBRENNSTOFF-WIEDERAUFARBEITUNGS-GESELLSCHAFT MBH
6230 FRANKFURT 80, POSTFACH 800207

VORHABEN:
STRAHLUNG, RADIOAKTIVITAET
ND -039 untersuchung eines standorts zur errichtung einer anlage fuer die entsorgung von kernkraftwerken; teiluntersuchungen zu zwei alternativ-standorten
ND -040 dokumentation oeffentlichkeitsarbeit fuer die grosse wiederaufbereitungsanlage
ND -041 standorterkundung infrastruktur fuer die grosse wiederaufarbeitungsanlage

0971
KERNFORSCHUNGSANLAGE JUELICH GMBH
5170 JUELICH, POSTFACH 365
TEL.: (02461) 611 TX.: 833556
- LEITER: PROF.DR. KARL-HEINZ BECKURTS
- FORSCHUNGSSCHWERPUNKTE:
bio-geochemische stoffzyklen; atmosphaerische chemie; bestimmung und bilanzierung von schadstoffen in der umwelt; transport, umwandlung und metabolisierung von bioziden wirkstoffen; ausbreitung von schadstoffen in der atmosphaere und umweltbelastung; teilaspekte aus den forschungsgebieten: radioaktive abgasund abfallbehandlung, nuklearmedizin, strahlenschutz, naehrstofftransport in pflanzen, systemanalytische untersuchungen
VORHABEN:
LUFTREINHALTUNG UND LUFTVERUNREINIGUNG
CB -063 ausbreitung von schadstoffen in der atmosphaere und umweltbelastung
CB -064 atmosphaerische chemie
CB -065 bio-geochemische stoffzyklen
STRAHLUNG, RADIOAKTIVITAET
NB -040 nuklearmedizinische entwicklung
NB -041 1) pruefung biochemischer vorgaenge am reticulo-endothelial-system mit radioisotopen zur klaerung autoimmunologischer vorgaenge bzw. der metastasierung boesartiger tumorzellen 2) stammzellenentwicklung
NC -048 weiterentwicklung von strahlenschutzmethoden
NC -049 sicherheitsproblem verbrauchernaher hochtemperaturreaktor
NC -050 sicherheitsverhalten des hochtemperaturreaktors unter extremen unfallbedingungen
ND -042 systemanalyse radioaktive abfaelle in der bundesrepublik deutschland
ND -043 verfahrensentwicklung von messung, behandlung und beseitigung radioaktiver abfaelle
ND -044 behandlung von radioaktiven abgasen und spaltproduktloesungen
UMWELTCHEMIKALIEN
OD -079 automatisierung von untersuchungsverfahren ueber vorkommen und wirkungen von umweltchemikalien und bioziden
OD -080 transport, umwandlung und metabolisierung von bioziden wirkstoffen
OD -081 bestimmung und bilanzierung von schadstoffen in der umwelt
LAND- UND FORSTWIRTSCHAFT
RE -038 naehrstofftransport und regulationsmechanismen (30 %)
ENERGIE
SA -049 begleitende studien zum rahmenprogramm energieforschung
SA -050 energie und umwelt, rohstoffe und umwelt

0972
KINDERKLINIK DER UNI FREIBURG
7800 FREIBURG, MATHILDENSTR. 1
TEL.: (0761) 2014301
- LEITER: PROF.DR. WILHELM KUENZER
- FORSCHUNGSSCHWERPUNKTE:
klinische blutgerinnungslehre; klinische onkologie; klinische virologie; klinische muskelerkrankungen im kindesalter; klinische toxikologie; praeventive und soziale paediatrie inclusive paediatrische unfallforschung und umweltschaeden des kindes
VORHABEN:
LAERM UND ERSCHUETTERUNGEN
FA -047 untersuchungen ueber nebennierenreaktionen des saeuglings bei unterschiedlicher, dosierter laermbelastung

0973
KISS CONSULTING ENGINEERS VERFAHRENSTECHNIK GMBH
1000 BERLIN 33, DOUGLASSTR. 9
TEL.: (030) 8257061, 8257062, 8257063 TX.: 01-85456
- LEITER: GUENTER H. KISS
- FORSCHUNGSSCHWERPUNKTE:
entwicklung von produkten aus industriellen und landwirtschaftlichen produktionsabfaellen
VORHABEN:
ABFALL
ME -060 entwicklung von form- und stranggepressten koerpern aus muellaltpapier unter verwendung geeigneter waermehaertender bzw. reaktionshaertender bindemittel

0974
KLEINERT, CHRISTIAN, DIPL.-ING.
5800 HAGEN, ZUR HOEHE 35
TEL.: (02331) 79646
- LEITER: DIPL.-ING.-ARCH. CHRISTIAN KLEINERT
VORHABEN:
UMWELTPLANUNG, UMWELTGESTALTUNG
UE -035 wechselbeziehungen zwischen siedlung und umwelt am beispiel neapel

0975
KLINIK FUER RADIOLOGIE, NUKLEARMEDIZIN UND PHYSIKALISCHE THERAPIE IM KLINIKUM STEGLITZ DER FU BERLIN
1000 BERLIN 45, HINDENBURGDAMM 30
TEL.: (030) 7982843
- LEITER: PROF.DR.-ING. PETER KOEPPE
VORHABEN:
STRAHLUNG, RADIOAKTIVITAET
NB -042 feststellung des verlaufs der allgemeinen 137-cs-inkorporation des menschen sowie kontrolle des auftretens weiterer fallout-produkte
NB -043 biokinetik radioaktiver stoffe

0976
KLINIK UND INSTITUT FUER PHYSIKALISCHE MEDIZIN UND BALNEOLOGIE / FB 23 DER UNI GIESSEN
6350 BAD NAUHEIM, LUDWIGSTR. 37-39
TEL.: (06032) 8981
- LEITER: PROF.DR. R. OTT
- FORSCHUNGSSCHWERPUNKTE:
probleme des chemischen gleichgewichts bei der aufbereitung bestimmter heilwaesser; experimente zur dezimeterwellen-diathermie; auswirkungen des klimas auf das zentrale und vegetative nervensystem
VORHABEN:
HUMANSPHAERE
TE -010 auswirkungen des klimas auf das zentrale und vegetative nervensystem

0977
KLOECKNER-HUMBOLDT-DEUTZ AG
5000 KOELN 90, OTTOSTR. 1
TEL.: (02203) 471 TX.: 08-874461
- FORSCHUNGSSCHWERPUNKTE:
verbessern der abgas- und geraeuschemission von dieselmotoren
VORHABEN:
LUFTREINHALTUNG UND LUFTVERUNREINIGUNG
DA -037 emissionsarmer fahrzeugmotor auf der basis des ad-vielstoffverfahrens
DA -038 arbeitsraumbildender motor mit innerer kontinuierlicher verbrennung
UMWELTPLANUNG, UMWELTGESTALTUNG
UI -022 systemanalyse antriebsaggregate - anwendungsstudie -

0978
KNAPPSCHAFTS-KRANKENHAUS DER BUNDESKNAPPSCHAFT
4350 RECKLINGHAUSEN, WESTERHOLTER WEG 82
TEL.: (02361) 25001
- LEITER: PROF.DR. W. RUEBE
VORHABEN:
HUMANSPHAERE
TA -058 laengsschnittuntersuchungen zu den auswirkungen inhalativer noxen am arbeitsplatz

0979
KNAUER GMBH & CO KG
8192 GERETSRIED 1, ELBESTR. 11
TEL.: (08171) 6811, 6761 TX.: 05-26327
- LEITER: DIPL.-ING. WALTER BERGERHOF
- FORSCHUNGSSCHWERPUNKTE:
laermpegelreduzierung an steinformmaschinen
VORHABEN:
LAERM UND ERSCHUETTERUNGEN
FA -048 laermpegelmessung und laermpegelreduzierungsmassnahmen an steinformmaschinen

0980
KOENIG, DIETRICH, DR.
2300 KIEL -KRONSHAGEN, SANDKOPPEL 39
TEL.: (0431) 587737
VORHABEN:
WASSERREINHALTUNG UND WASSERVERUNREINIGUNG
HC -046 kieselalgen (diatomeen) des schleswig-holsteinischen kuestengebietes
KE -051 diatomeen in klaeranlagen
WIRKUNGEN UND BELASTUNGEN DURCH SCHADSTOFFE
PH -049 untersuchungen an diatomeen im marinen, im limnischen und abwasserbereich

0981
KOMMUNALENTWICKLUNG BADEN-WUERTTEMBERG
7000 STUTTGART
VORHABEN:
UMWELTPLANUNG, UMWELTGESTALTUNG
UN -027 moeglichkeiten zur sanierung des oeffentlichen personennahverkehrs in verkehrsschwachen, laendlichen raeumen

0982
KOMMUNALER ARBEITSKREIS FLUGHAFEN STUTTGART
7302 OSTFILDERN 2, KLOSTERHOF
TEL.: (0711) 341041
- LEITER: GERHARD KOCH
VORHABEN:
UMWELTPLANUNG, UMWELTGESTALTUNG
UH -038 standortuntersuchung flughafen baden-wuerttemberg

0983
KOMMUNALWISSENSCHAFTLICHES INSTITUT DER UNI MUENSTER
4400 MUENSTER, UNIVERSITAETSSTR. 14-16
TEL.: (0251) 490-2741
- LEITER: PROF.DR. C.FRIEDRICH MENGER
- FORSCHUNGSSCHWERPUNKTE:
umweltrecht
VORHABEN:
LUFTREINHALTUNG UND LUFTVERUNREINIGUNG
EA -012 der rechtsschutz der nachbarn gegen immissionen beim einrichten und betreiben einer anlage nach dem bundesimmissionsschutzgesetz

0984
KRAFTFAHRT-BUNDESAMT
2390 FLENSBURG, FOERDESTR. 16
TEL.: (0461) 831 TX.: 02-2872
- LEITER: HEINZ HADELER
VORHABEN:
LAERM UND ERSCHUETTERUNGEN
FB -059 auswertung vorhandenen datenmaterials ueber den stand der abgasentgiftungstechnik und geraeuschentwicklung bei kraftfahrzeugen

0985
KRAFTWERK UNION AG
8520 ERLANGEN, POSTFACH 3220

VORHABEN:
STRAHLUNG, RADIOAKTIVITAET
NC -051 zerstoerungsfreie wiederholungspruefungen an reaktordruckbehaeltern mittels wirbelstromverfahren
NC -052 entwicklung von zerstoerungsfreien pruefverfahren und dazu erforderlichen einrichtungen zur fehlersuche in dickwandigen behaeltern
NC -053 notkuehlprogramm: waermeuebergangskoeffizienten fuer einrohr-, vierstab- und vielstabbuendelversuche fuer swr und dwr-erweiterung der hochdruckversuche, vorgaenge im reaktorkern bei kuehlmittelverlust
NC -054 notkuehlprogramm. teilprojekt: berechnung der waermeuebergangskoeffizienten fuer die einrohr-, vierstab- und vierstabbuendelversuche fuer siedewasser- und druckwasserreaktoren
NC -055 konzeptstudie fuer leichtwasser-plutoniumbrenner nach dem druck- und siedewasserkonzept
NC -056 auslegungsarbeiten plutoniumhaltiger brennelemente fuer das kernkraftwerk gundremmingen
NC -057 notkuehlprogramm - niederdruckversuche zur wiederauffuellung und notkuehlung des reaktorkerns leichtwassergekuehlter leistungsreaktoren nach groesstem anzunehmenden unfall - bruch des primaerkuehlsystems
NC -058 notkuehlprogramm. teilprojekt: durchfuehrung theoretischer arbeiten, auswertung der flutversuche am einrohr und stabbuendel
NC -059 notkuehlprogramm: 1. niederdruckversuche; 2. wiederauffuellversuche mit beruecksichtigung der primaerkreislaeufe
NC -060 notkuehlprogramm-niederdruckversuche swr - 2. doppelbuendel
NC -061 notkuehlprogramm - hochdruckversuche dwr-post dnb hauptversuche mit einem 25-stabbuendel
NC -062 voruntersuchungen zum programm berstsicherheit fuer reaktordruckbehaelter
NC -063 experimentelle untersuchung des sproedbruchverhaltens von dickwandigen zylindrischen bauteilen
NC -064 experimente zur erstellung einer theorie der wiederbenetzung von hochaufgeheizten brennstaeben mittels rohrversuchen
NC -065 kernschmelzen - theoretische aufstellung der energiebilanzen; - auswertung des rasmussen-reports aus deutscher sicht
NC -066 kernschmelzen. untersuchung der metallurgischen wechselwirkung zwischen schmelze und rdb-wand
NC -067 vorgaenge beim einblasen von dampf und dampf-luftgemischen in eine wasservorlage; untersuchungen zur wirkungsweise eines siedewasser-reaktor-druckabbausystems bei einem kuehlmittelverlust
NC -068 bestimmung bruchmechanischer sicherheitskriterien fuer elastisch-plastisches werkstoffverhalten
NC -069 schweissversuche zum plattieren von reaktordruckgefaessen
NC -070 untersuchungen ueber die auswirkungen des ausstroemens von dampf und dampf-wasser-gemischen aus rohrleitungs-lecks
NC -071 untersuchungsprogramm zur erprobung einer berstsicherung fuer reaktorkomponenten
NC -072 verhalten von zircaloy (zry) huellrohren unter den bei kuehlmittelverlust-stoerfaellen auftretenden beanspruchungen
NC -073 berstsicherheit fuer den primaerkreislauf von druckwasserreaktoren
NC -074 untersuchungen ueber die zuverlaessigkeit von druck- und differenzdruckmessumformer unter gau-bedingungen
NC -075 qualitaetssicherungssystem - darstellung des istzustandes -
NC -076 einfluss der neutronenbestrahlung auf die festigkeitseigenschaften und die relaxation von hochfesten austenitischen staehlen und nickellegierungen fuer verbindungselemente von lwr-kernstrukturen
NC -077 untersuchung von betriebstransienten bei versagen des schnellabschaltsystems (atws-studie)
NC -078 untersuchung der wechselwirkung zwischen kernschmelze und reaktorbeton
NC -079 untersuchung des selektiven korrosionsverhaltens von in

leichtwasserreaktoren eingesetzten werkstoffen; literaturstudie und versuchsprogramm
NC -080 versuche zur verringerung der primaerkreiskontamination durch einsatz eines elektromagnetfilters
NC -081 vorlaeufige empirische beschreibung des verhaltens von brennstaeben bei hypothetischen kuehlmitterverluststoerfaellen
NC -082 modifizierung eines 3 d - transientenprogramm fuer den siedewasserreaktor
NC -083 energiebilanzen nach hypothetischem rdb-versagen
NC -084 parameteruntersuchung ueber die beeinflussung des huellrohr-aufblaeh- und berstverhaltens durch nachbarstaebe unter den bei kuehlmittelverluststoerfall auftretenden mechanischen und thermischen belastungen
NC -085 entwicklung von zerstoerungsfreien pruefverfahren und dazu erforderliche einrichtungen zur fehlersuche in dickwandigen behaeltern
NC -086 untersuchungen ueber das verhalten von hauptkuehlmittelpumpen bei kuehlmittelverluststoerfaellen - phase a
ND -045 auslegungsarbeiten im rahmen der rueckfuehrung von plutonium in thermische reaktoren
HUMANSPHAERE
TD -021 entwicklung und aufbau eines ausbildungssystems im medienverbund zur intensivierung der schulung und ertuechtigung von betriebspersonal von kernkraftwerken

0986
KRANKENHAUS BETHANIEN FUER DIE GRAFSCHAFT MOERS
4130 MOERS, BETHANIENSTR. 1
TEL.: (02841) 25274
- LEITER: PROF.DR.MED. GUENTER WORTH
- FORSCHUNGSSCHWERPUNKTE:
untersuchung der einzel- und kombinationswirkung von luftschadstoffen wie stickstoffdioxid, schwefeldioxid und ozon in mak- und mik-wert-konzentration unter kontrollierten laborbedingungen; epidemiologische untersuchungen ueber die zusammenhangsfrage chronische bronchitis und schadstoffbelastung aus der umwelt
VORHABEN:
WIRKUNGEN UND BELASTUNGEN DURCH SCHADSTOFFE
PE -034 untersuchungen ueber die kombinationswirkung von no2, so2 und o3 auf die lungenfunktion des gesunden menschen
HUMANSPHAERE
TA -059 laengsschnittuntersuchungen zu den auswirkungen inhalativer noxen am arbeitsplatz

0987
KRAUSE, G., DIPL.-ING.
4300 ESSEN, STAUSEEBOGEN 107
TEL.: (0201) 463728
VORHABEN:
WASSERREINHALTUNG UND WASSERVERUNREINIGUNG
LA -019 schwierigkeiten und moegliche gefaehrdungen der gewaesser bei der lagerung wassergefaehrdender stoffe durch unterschiedliche laendervorschriften

0988
KROEPELIN, H., PROF.DR.
3300 BRAUNSCHWEIG, HANS-SOMMER-STR. 10
VORHABEN:
UMWELTPLANUNG, UMWELTGESTALTUNG
UD -009 literaturstudie: oelschiefer

0989
KRUPP-KOPPERS GMBH
4300 ESSEN, MOLTKESTR. 29
TEL.: (0201) 2208-1 TX.: 08-57817
- LEITER: DR. KARL SCHMID
VORHABEN:
LUFTREINHALTUNG UND LUFTVERUNREINIGUNG
EA -013 kosten-effektivitaetsvergleich bei anwendung von verfahren zur erhoehung der oktanzahl (roz und moz)

0990
KURATORIUM FUER FORSCHUNG IM KUESTENINGENIEURWESEN
2300 KIEL 1, FELDSTR. 251/253
TEL.: (0431) 362061
- LEITER: DIPL.-ING. HEINRICH ZOELSMANN
- FORSCHUNGSSCHWERPUNKTE:
das kuratorium dient der foerderung der zusammenarbeit auf dem gebiet des kuesteningenieurwesens zwischen dem bund und den kuestenlaendern; das kfki beraet und beschliesst das forschungsprogramm, koordiniert die forschungsvorhaben und organisiert die finanzierung und die sachbeihilfen untereinander
VORHABEN:
WASSERREINHALTUNG UND WASSERVERUNREINIGUNG
HC -047 synoptische vermessung der deutschen kuestengewaesser an der nordsee

0991
LABORATORIUM ALFONS K. HERR
7500 KARLSRUHE 1, ERASMUSSTR. 9
TEL.: (0721) 683786 TX.: 7825401
- LEITER: ALFONS HERR
- FORSCHUNGSSCHWERPUNKTE:
behandlung und umarbeitung von restabwasserklaerschlaemmen der zellstoff-, papier- und kartonindustrie mit dem ziel der wiederverwendung als neue rohstoffe; brandschutz von holzspanwerkstoffen und kunststoffen durch umgearbeitete restabwasserklaerschlaemme; verwertung von in der papier- und kartonindustrie anfallenden (z. teil auch kunststoffbeschichteten) papierabfaellen
VORHABEN:
ABFALL
ME -061 wiederverwendung von fang- und feststoffen aus abwasserschlamm als rohstoff fuer holz- und kunststoffindustrie
ME -062 bau einer anlage zur verwertung von kunststoff-beschichteten papier- und kartonabfaellen

0992
LABORATORIUM FUER ADSORPTIONSTECHNIK GMBH
6000 FRANKFURT, GWINNERSTR. 27-33
TEL.: (0611) 40111
- LEITER: DR. STORP
- FORSCHUNGSSCHWERPUNKTE:
reinigung von luft und abgasen mit aktivkohle; wasserreinigung mit aktivkohle
VORHABEN:
LUFTREINHALTUNG UND LUFTVERUNREINIGUNG
BE -016 verfahren zur geruchsbeseitigung aus abluft mittels aktivkohle
DA -039 reinigung der abgase von kraftfahrzeugen mittels aktivkohle
DC -043 verfahren zur reinigung von claus-ofen-abgasen durch katalytische umsetzung von h2s und so2 an aktivkohle
DC -044 verfahren zur katalytischen und adsorptiven reinigung von abluft aus viskosefabriken mittels aktivkohle
DD -049 verfahren zur abscheidung von loesungsmitteldaempfen aus abluft mittels aktivkohle
WASSERREINHALTUNG UND WASSERVERUNREINIGUNG
HE -035 trinkwassergewinnung, desodorisierung, enteisenung, entmanganung und entchlorung von wasser mittels aktivkohle
KB -067 abwasserreinigung mit aktivkohle und regeneration der aktivkohle durch loesemittelextraktion
KB -068 entfernung biologisch schwer abbaubarer sowie den biologischen abbau hemmender substanzen aus abwaessern mittels aktivkohle

0993
LABORATORIUM FUER AEROSOLPHYSIK UND FILTERTECHNIK DER GESELLSCHAFT FUER KERNFORSCHUNG MBH
7500 KARLSRUHE 1, WEBERSTR. 5
TEL.: (07247) 823107 TX.: 7826484
- LEITER: DIPL.-CHEM. JUERGEN WILHELM
- FORSCHUNGSSCHWERPUNKTE:
abscheidung von schwebstoffen und radiojod aus den abgasen von kernkraftwerken und wiederaufarbeitungsanlagen; aerosolphysikalische probleme der reaktorsicherheit; arbeiten zur waermebelastung von gewaessern

VORHABEN:
LUFTREINHALTUNG UND LUFTVERUNREINIGUNG
CA -065 entwicklung von messverfahren luftgetragener schadstoffe
CA -066 entwicklung von messverfahren luftgetragener schadstoffe
CB -066 experimentelle und modelltheoretische untersuchungen zum atmosphaerischen aerosol- und so2-kreislauf
CB -067 experimentelle und modelltheoretische untersuchungen zum atmosphaerischen aerosol- und schwefeldioxidkreislauf
DD -050 entwicklung von abluftfiltern fuer wiederaufarbeitungsanlagen
ABWAERME
GB -028 untersuchungen zur thermischen belastung von fluessen
GB -029 untersuchungsprogramm oberrheingebiet; teilprojekt 1: abwaermekataster oberrheingebiet
GB -030 untersuchungen zur thermischen belastung von fluessen
STRAHLUNG, RADIOAKTIVITAET
NB -044 identifizierung von reaktorabgasen, abluftfilterung an reaktoren
NB -045 identifizierung von jodverbindungen in der abluft kerntechnischer anlagen
NB -046 untersuchungen zur wechselwirkung von spaltprodukten und aerosolen aus lwr - containments
NC -087 entwicklung von umluftfiltern fuer reaktorstoerfaelle
NC -088 untersuchungen zur wechselwirkung von spaltprodukten und aerosolen in lwr - containments
ENERGIE
SA -051 untersuchungen ueber die auswirkung von energieerzeugung und -verbrauch auf die umwelt

0994
LABORATORIUM FUER BOTANISCHE MITTELPRUEFUNG DER BIOLOGISCHEN BUNDESANSTALT FUER LAND- UND FORSTWIRTSCHAFT
3300 BRAUNSCHWEIG, MESSEWEG 11/12
TEL.: (0531) 399-1
- LEITER: DR. HELMUT LYRE
- FORSCHUNGSSCHWERPUNKTE:
erarbeitung von richtlinien fuer die biologische pruefung von fungiziden, herbiziden und wachstumsreglern im rahmen des zulassungsverfahrens (wirksamkeit und phytotoxizitaet)
VORHABEN:
WASSERREINHALTUNG UND WASSERVERUNREINIGUNG
IC -091 verhalten von herbiziden in gewaessern

0995
LABORATORIUM FUER CHEMISCHE MITTELPRUEFUNG DER BIOLOGISCHEN BUNDESANSTALT FUER LAND- UND FORSTWIRTSCHAFT
3300 BRAUNSCHWEIG, MESSEWEG 11/12
TEL.: (0531) 3991
- LEITER: DR. WOLFRAM WEINMANN
VORHABEN:
WIRKUNGEN UND BELASTUNGEN DURCH SCHADSTOFFE
PF -053 untersuchung ueber die kontamination der umwelt mit quecksilber durch die anwendung quecksilberhaltiger getreidebeizmittel
PH -050 entwicklung von methoden zur beurteilung des verhaltens von pflanzenschutzmitteln im boden
LEBENSMITTEL-, FUTTERMITTELKONTAMINATION
QC -038 nachweis hg-freier fungizide in getreidesaatgut, deren einfluss auf pektorale und zellulolytische enzyme pilzlicher krankheitserreger
QC -039 ausarbeitung und erprobung von methoden zur bestimmung der rueckstaende von pflanzenschutzmitteln in lebensmitteln, insbesondere pflanzlicher herkunft

0996
LABORATORIUM FUER ISOTOPENTECHNIK DER GESELLSCHAFT FUER KERNFORSCHUNG MBH
7500 KARLSRUHE, WEBERSTR. 5
TEL.: (07247) 822656 TX.: 7825651
- LEITER: DR. A. GERVE
- FORSCHUNGSSCHWERPUNKTE:
analytik von luftstaubaerosolen
VORHABEN:
LUFTREINHALTUNG UND LUFTVERUNREINIGUNG
CA -067 anwendung der instrumentellen multielement-neutronenaktivierungsanalyse zur bestimmung von luftstaubaerosolen (monatsmittelwerte)

0997
LABORATORIUM FUER PHARMAKOLOGIE UND TOXIKOLOGIE
2104 HAMBURG 92, BREDENGRUND 31
TEL.: (040) 7017812
VORHABEN:
WIRKUNGEN UND BELASTUNGEN DURCH SCHADSTOFFE
PB -038 toxikologisch-pharmakokinetische untersuchung mit organischen loesungsmitteln und deren gemischen bei kurz- und langdauernder inhalation

0998
LABORATORIUM FUER REAKTORREGELUNG UND ANLAGENSICHERUNG DER UNI MUENCHEN
8046 GARCHING
TEL.: (089) 3209-2260 TX.: 522854
- LEITER: PROF.DR. BIRKHOFER
- FORSCHUNGSSCHWERPUNKTE:
kernreaktorsicherheit: simulation des dynamischen verhaltens charakteristischer systeme bei betriebsstoerungen und stoerfaellen, systemanalyse und zuverlaessigkeitstechnik, kritikalitaetsuntersuchungen fuer den brennstoffkreislauf, einsatz von prozessrechnern zur anlagenueberwachung
VORHABEN:
STRAHLUNG, RADIOAKTIVITAET
NC -089 kernnotkuehlung
NC -090 containmentprobleme
NC -091 systemanalyse und zuverlaessigkeitstechnik
NC -092 analyse dynamischer prozesse
NC -093 reaktorregelung
NC -094 einsatz der datenverarbeitung (prozessdatenverarbeitung)

0999
LABORATORIUM FUER WERKZEUGMASCHINEN UND BETRIEBSLEHRE DER TH AACHEN
5100 AACHEN, WUELLNERSTR. 5
TEL.: (0241) 427400, 427401, 427404 TX.: 08-32704
- LEITER: PROF.DR.-ING. WILFRIED KOENIG
- FORSCHUNGSSCHWERPUNKTE:
geraeuschuntersuchungen an werkzeugmaschinen
VORHABEN:
LAERM UND ERSCHUETTERUNGEN
FC -073 analyse des geraeuschverhaltens spanender werkzeugmaschinen im hinblick auf geraeuschmessung, beurteilung, minderung
FC -074 berechnung des schalluebertragungs- und schallabstrahlverhaltens von maschinenbauteilen
FC -075 technische geraeuschgrenzwerte fuer spanende werkzeugmaschinen unter beruecksichtigung technischer und wirtschaftlicher moeglichkeiten zur geraeuscharmen gestaltung

1000
LACORAY S. A., ENVIRONMENTAL CONTROL DEPT. GENF
CH-1 GENF/SCHWEIZ, 1, PLACE ST.GERVAIS
TEL.: (004122) 318678, 315350 TX.: 22858
- LEITER: DIPL.-ING. EISENBURGER
- FORSCHUNGSSCHWERPUNKTE:
anwendung des flk-patents zur volumenreduktion von abfaellen, hausmuell, sonderabfaellen und schlaemmen durch schmelzung; analyse auf verfahrensspezifische geringere emissionswerte; recycling des schmelzgranulats
VORHABEN:
ABFALL
MB -052 hochtemperatur-muellschmelzung

1001
LAHMEYER INTERNATIONAL GMBH
6000 FRANKFURT 71, POSTFACH 710230
VORHABEN:
WASSERREINHALTUNG UND WASSERVERUNREINIGUNG
HB -063 untersuchungen zu einer mobilen schiffsinstallierten meerwasserentsalzungsanlage fuer die suedkueste pakistans

1002
LANDES-LEHR- UND VERSUCHSANSTALT FUER WEINBAU, GARTENBAU UND LANDWIRTSCHAFT AHRWEILER
5483 BAD NEUENAHR-AHRWEILER, WALPORZHEIMER STRASSE 48
TEL.: (02641) 34590
- LEITER: DR. FRANZ-HEINZ EIS
- FORSCHUNGSSCHWERPUNKTE:
pflanzenschutz im obstbau
VORHABEN:
LAND- UND FORSTWIRTSCHAFT
RH -068 wirkung der massnahmen des integrierten pflanzenschutzes auf den schaedlingsbefall in einer obstanlage

1003
LANDESAMT FUER DATENVERARBEITUNG UND STATISTIK NORDRHEIN-WESTFALEN
4000 DUESSELDORF, MAUERSTR. 51
TEL.: (0211) 44971 TX.: 8586654
- LEITER: ALBERT BENKER
- FORSCHUNGSSCHWERPUNKTE:
durchfuehrung von umweltstatistiken im lande nordrhein-westfalen
VORHABEN:
UMWELTPLANUNG, UMWELTGESTALTUNG
UA -053 umweltstatistiken

1004
LANDESAMT FUER GEWAESSERKUNDE RHEINLAND-PFALZ
6500 MAINZ, AM ZOLLHAFEN 9
TEL.: (06131) 61015
- LEITER: DR.-ING. KALWEIT
VORHABEN:
ABWAERME
GB -031 untersuchung ueber den einfluss von kuehlwassereinleitungen auf den rhein
WASSERREINHALTUNG UND WASSERVERUNREINIGUNG
HA -080 wasserbeschaffenheit von badeseen
IC -092 nichtionische tenside im wasser
ID -049 veraenderungen des grundwassers unterhalb von deponien
KC -061 einbringung sauerstoffzehrender substanzen in vorfluter durch papierabwasser
ABFALL
ME -063 beseitigung und verwertung der hefe aus abwaessern und abfaellen
LAND- UND FORSTWIRTSCHAFT
RD -040 auswirkung von muellkompost auf weinbau

1005
LANDESANSTALT FUER BIENENZUCHT
5440 MAYEN, IM BANNEN 38-55
TEL.: (02651) 2588
- LEITER: DR. HORST REHM
- FORSCHUNGSSCHWERPUNKTE:
bienenzucht, bienengesundheitsdienst sowie die untersuchung der toxikologie von pflanzenschutzmitteln
VORHABEN:
WIRKUNGEN UND BELASTUNGEN DURCH SCHADSTOFFE
PB -039 untersuchungen zur toxitaet von tormona 80 (= unkrautvernichtungsmittel auf hormonbasis)

1006
LANDESANSTALT FUER IMMISSIONS- UND BODENNUTZUNGSSCHUTZ DES LANDES NORDRHEIN-WESTFALEN
4300 ESSEN, WALLNEYERSTR. 6
TEL.: (0201) 79951
- LEITER: PROF.DR. STRATMANN
- FORSCHUNGSSCHWERPUNKTE:
untersuchungen ueber die entstehung, ausbreitung und wirkung von luftverunreinigungen auf pflanzen, materialien und boden; entwicklung von messverfahren (luft, geraeusche, erschuetterungen) fuer emissions-, immissions- und wirkungserhebungen; ermittlungen zum stand der technik von technischen anlagen
VORHABEN:
LUFTREINHALTUNG UND LUFTVERUNREINIGUNG
AA -106 luftqualitaetsueberwachung in nordrhein-westfalen, bestehend aus systematischer ueberwachung der immissionsbelastung durch verschiedene stoffe
AA -107 erarbeitung von methoden zur informationsuebertragung zwischen benachbarten messungen
AA -108 aufstellung eines messplanes fuer ein telemetrisches mehrkomponenten-echtzeit-messsystem
AA -109 smog-warndienst auf der basis eines prozessrechner-gesteuerten telemetrischen echtzeit-messsystems
AA -110 untersuchung zur charakterisierung des immissionstyps grossstadtluft
AA -111 ermittlung der derzeitigen und zukuenftigen schwefeldioxid-emission
AA -112 ermittlung der derzeitigen und zukuenftigen emission von feststoffen, stickoxid und gasfoermigen fluorverbindungen
AA -113 auswertung der daten aus der feuerstaettenueberwachung nach dem immissionsschutzgesetz nordrhein-westfalen
AA -114 untersuchungen ueber massnahmen des prophylaktischen immissionsschutzes in der raumplanung
BA -050 entwicklung eines automatischen verfahrens zur bestimmung von chlorschwefel in abgasen
BA -051 ermittlung und kennzeichnung von periodizitaeten, auto- und kreuzkorrelationen bei zeitlichen und raeumlichen messwertkollektiven
BB -029 ermittlung der emissionsverhaeltnisse bei dampferzeugern mit feuerungen fuer fossile brennstoffe
BC -031 erhebungen ueber den auswurf von blei, zink und cadmium etc. bei anlagen der stahl- und ne-metallindustrie
BC -032 untersuchungen der staubemission von siemens-martinoefen und moeglichkeiten zur staubabscheidung
BC -033 ermittlung der quecksilber-emission von chlor-alkali-elektrolyse-anlagen
BC -034 entwicklung eines tragbaren staubmessgeraetes fuer stichprobenmessungen der emission in industriellen anlagen
BC -035 ermittlung von ausgangsdaten einer emissionsprognose fuer die eisen- und stahlerzeugende industrie
BC -036 untersuchungen ueber die staubkreislaeufe bei sinteranlagen der eisenindustrie
BE -017 bekaempfung von geruchsbelaestigungen bei kleinen und mittleren gewerbebetrieben wie tierintensivhaltungen, raeucherei, braterei
BE -018 entwicklung von messverfahren fuer die identifizierung von geruchsstoffen in abgasen
BE -019 versuche zur verminderung geruchsbelaestigender emission mit hilfe biologisch-aktiver verfahren
BE -020 ermittlung von geruchsschwellenwerten (olfaktometrie) mit hilfe der enzephalographie
CA -068 erstellung manueller und automatischer eichsysteme fuer immissionsmessverfahren
CA -069 entwicklung eines immissions-messverfahrens fuer cadmium-immissionen
CA -070 entwicklung eines verfahrens zur gaschromatographischen messung von benzol und anderen aromaten
CA -071 untersuchung der moeglichkeiten zur emissionsfernueberwachung partikelfoermiger substanzen
CA -072 entwicklung automatischer verfahren zur messung von fluorwasserstoff, salzsaeure und stickoxid-emission
CA -073 entwicklung und erprobung filternder und filterfreier gasentnahme-vorrichtungen fuer gasemissionsmessungen bei staubhaltigen abgasen
CA -074 kristallographische untersuchung von staeuben mit hilfe der roentgen-feinstruktur-analyse
CB -068 ermittlung von zusammenhaengen zwischen kohlenmonoxid-, schwefeldioxid-, stickoxid- und schwebstoff-immissionen
CB -069 ermittlung des zusammenhanges zwischen immissionskalkulationen und messungen zur justierung und optimierung von ausbreitungsmodellen
CB -070 untersuchungen zur ermittlung relevanter meteorologischer input-groessen fuer ausbreitungsmodelle
DB -030 verfahrenstechnische entwicklung von chlorwasserstoffabscheide-verfahren zum einsatz bei muellverbrennungsanlagen
DC -045 untersuchungen ueber die moeglichkeiten zur erfassung und verminderung der saeuredaempfe von beizbaedern
DC -046 versuche zur absorption von phenolen und phosphorsaeure-estern in abgasen von lacktrockenoefen
DD -051 versuche ueber die gleichzeitige abscheidung verschiedener gasfoermiger substanzen in staubhaltigen oder -freien abgasen
DD -052 thermogravimetrische untersuchungen von zerfalls- und umwandlungsprozessen im hinblick auf emissions-minderungsmassnahmen

DD -053 entwicklung eines abgasreinigers zur abscheidung von gefaehrdenden feinst-staeuben
LAERM UND ERSCHUETTERUNGEN
FA -049 schallausbreitung im freien
FB -060 erschuetterungsausbreitung
FB -061 entwicklung von messverfahren zur flugbahnverfolgung waehrend der schallmessung bei start- und landevorgaengen
FB -062 untersuchung der anwendbarkeit der fourier-analyse zur verbesserung der beurteilung von erschuetterungseinwirkungen
FB -063 erhebung ueber verkehrslaerm an strasse und schiene
FD -033 einwirkungen von erschuetterungen auf gebaeude und bauteile
WASSERREINHALTUNG UND WASSERVERUNREINIGUNG
HB -064 hydrologische untersuchung zur ermittlung des grundwasserhaushaltes, grundwasserbildung auf versuchsfeld
ID -050 grundwasserkontamination mit pestiziden auf einem grundwasserstandsversuchsfeld
UMWELTCHEMIKALIEN
OA -030 ermittlung von analysen-verfahren zur bestimmung von immissionsbedingten schadstoffen in der pflanze
WIRKUNGEN UND BELASTUNGEN DURCH SCHADSTOFFE
PF -054 im niederschlag mitgefuehrte luftverunreinigungen und ihre wirkung auf die bodenaziditaet
PG -047 ermittlung der relativen toxizitaet von organischen gasen und daempfen auf pflanzen
PH -051 ermittlung von immissionsresistenten forstgehoelzen
PH -052 erhebung ueber die aufnahme und wirkung gas- und partikelfoermiger immissionen im rahmen eines wirkungskatasters
LAND- UND FORSTWIRTSCHAFT
RC -031 ermittlung von kennwerten zur beurteilung der physikalischen und chemischen eigenschaften rekultivierter loessboeden
RD -041 die bewirtschaftung von loessrohboeden im hinblick auf die entwicklung nachhaltiger bodenfruchtbarkeit und bodenerhaltung
RD -042 bodenentwicklung, humusanreicherung und bearbeitbarkeit von loessrohboeden bei zufuhr organischer stoffe und abfallstoffe
RD -043 schuetthoehe und tiefenlockerung als standortfaktoren auf loessrohboden und ihr einfluss auf das pflanzenwachstum
RD -044 untersuchungen ueber den wasserhaushalt rekultivierter loessboeden
RE -039 bodennaehrstoffgehalt, -verfuegbarkeit und wirkung auf entwicklung und ertrag landwirtschaftlicher kulturpflanzen
RE -040 bodennutzung und pflanzenertrag unter grundwassernahen und -fernen verhaeltnissen
RE -041 auswirkungen verschiedener grundwasserverhaeltnisse auf bodenwasserhaushalt, pflanzenentwicklung, pflanzenertrag
RG -030 auswirkungen von grundwasserabsenkungen auf den wald

1007
LANDESANSTALT FUER LANDWIRTSCHAFTLICHE CHEMIE
7000 STUTTGART -HOHENHEIM, EMIL-WOLFF-STR. 14
TEL.: (0711) 47011/2671
- LEITER: PROF. HARRY HAHN
- FORSCHUNGSSCHWERPUNKTE:

verbesserung der untersuchungsmethodik zur bestimmung von schadstoffen (schwermetalle, pilztoxine, toxische pflanzeninhaltsstoffe, unerlaubte zusatzstoffe) in futtermitteln; untersuchungen ueber vorkommen und haeufigkeit dieser stoffe in futtermitteln; verwendbarkeit von abfallstoffen (klaerschlamm, muell-, klaerschlammkompost) bzw. baggergut im landbau
VORHABEN:
ABFALL
MD -029 verwendbarkeit von abfallstoffen (klaerschlamm, muell-, muell-klaerschlammkompost) bzw. baggergut im landbau
LEBENSMITTEL-, FUTTERMITTELKONTAMINATION
QA -053 vorkommen von schadstoffen (schwermetalle, pilztoxine, insektizidrueckstaende etc.) in futtermitteln

1008
LANDESANSTALT FUER LEBENSMITTEL-, ARZNEIMITTEL- UND GERICHTLICHE CHEMIE
1000 BERLIN 12, KANTSTR. 79
TEL.: (030) 3063024-25
- LEITER: DR. HENNING

VORHABEN:
STRAHLUNG, RADIOAKTIVITAET
NB -047 messung der umweltradioaktivitaet und strahlenbelastung
WIRKUNGEN UND BELASTUNGEN DURCH SCHADSTOFFE
PC -047 ueberwachung von kunststoffen als bedarfsgegenstaende
LEBENSMITTEL-, FUTTERMITTELKONTAMINATION
QA -054 nachweis von pflanzenschutz-, schaedlingsbekaempfungs- und vorratsschutzmitteln bei lebensmitteln pflanzlicher oder tierischer herkunft
QA -055 nachweis von schwermetallen und anderen bioziden in lebensmittel- und wasserproben

1009
LANDESANSTALT FUER OEKOLOGIE, LANDSCHAFTSENTWICKLUNG UND FORSTPLANUNG NORDRHEIN-WESTFALEN
4000 DUESSELDORF 30, PRINZ-GEORG-STR. 126
TEL.: (0211) 353271
- FORSCHUNGSSCHWERPUNKTE:

forstplanung, oekologische planungen, gruenlandforschung
VORHABEN:
UMWELTPLANUNG, UMWELTGESTALTUNG
UK -049 aufbau eines landschaftsinformationssystems nordrhein-westfalen
UL -050 auswahl und einrichtung von naturwaldzellen in nordrhein-westfalen
UL -051 waldfunktionskartierung nordrhein-westfalen
UL -052 biotopkataster nordrhein-westfalen: kartierung oekologisch wertvoller gebiete
UL -053 oekologische wertanalysen von biotopen (oekosystemen)
UL -054 rote listen gefaehrdeter pflanzen und tiere nordrhein-westfalens
UM -063 pflanzensoziologische gruenlandkartierung in nordrhein-westfalen
UN -028 bestandsaufnahme von greifvoegeln und eulen
UN -029 erfassung von feuchtgebieten als vogelbiotope

1010
LANDESANSTALT FUER PFLANZENSCHUTZ
7000 STUTTGART 1, REINSBURGSTR. 107
TEL.: (0711) 66762573
- LEITER: DR. KARL WARMBRUNN
- FORSCHUNGSSCHWERPUNKTE:

integrierter pflanzenschutz; biologische schaedlingsbekaempfung; applikationstechnik; forschung auf dem gebiet der rueckstaende von pflanzenschutzmitteln
VORHABEN:
UMWELTCHEMIKALIEN
OA -031 untersuchungen von fehlermoeglichkeiten bei rueckstandsanalysen, bedingt durch die probenahme
WIRKUNGEN UND BELASTUNGEN DURCH SCHADSTOFFE
PB -040 untersuchung der wirkung von pflanzenschutzmitteln auf die ei-praedatoren der kohlfliege (erioischia brassicae bouche)
PG -048 untersuchungen ueber rueckstaende bei gemuesekulturen nach applikation von quintozenhaltigen pflanzenschutzmitteln bis 1972
LAND- UND FORSTWIRTSCHAFT
RH -069 biologische bekaempfung der san-jose-schildlaus mit dem endoparasiten prospaltella perniciosi tow
RH -070 selbstvernichtungsverfahren beim apfelwickler
RH -071 integrierter pflanzenschutz im apfelanbau
RH -072 integrierter pflanzenschutz im feldgemueseanbau
RH -073 entwicklung neuer geraete fuer den warndienst im pflanzenschutz in innenstadtnahen sanierungsgebieten
RH -074 integrierter pflanzenschutz im beerenobstanbau

1011
LANDESANSTALT FUER WASSER UND ABFALL
4000 DUESSELDORF, BOERNESTR. 10
TEL.: (0211) 360321
- LEITER: DIPL.-ING. ZAYC
- FORSCHUNGSSCHWERPUNKTE:

entwicklung neuer untersuchungsverfahren fuer chemische, radiologische und biologische gewaesser- und abwasseruntersuchungen; versuche und untersuchungen im bereich der abfallwirtschaft und abfalltechnologie; erfassung der ober- und unterirdischen gewaesser nach menge und guete sowie entwicklung neuer auswerteverfahren mit hilfe der edv

VORHABEN:
ABWAERME
GB -032 untersuchung ueber die verteilung der waerme im rhein durch profilmessung und ir-befliegung an grossen kuehlwassereinleitern
WASSERREINHALTUNG UND WASSERVERUNREINIGUNG
HA -081 untersuchungen ueber die saisonalen veraenderungen der gueteverhaeltnisse des niederrheins - ursachen und ausmass
HA -082 untersuchung der wechselbeziehung von rheinhochwasser und grundwasser an einem messprofil bei meerbusch-buederich
HA -083 sedimentuntersuchungen in oberflaechengewaessern
HA -084 beeinflussung des guetezustandes einer talsperre durch abwasserbelastete zufluesse
HA -085 untersuchungen ueber die wirksamkeit des o2-eintrages in oberirdische gewaesser durch zugabe von luft in den abstrom von schiffspropellern
HB -065 tritiumtransport - erprobung von mess- und anreicherungsverfahren
HD -020 entwicklung einer testapparatur zur trinkwasserueberwachung
HD -021 entwicklung von testverfahren zur fruehzeitigen erkennung von veraenderungen in der beschaffenheit des rohwassers fuer wasserwerke
IA -030 entwicklung eines warnungsfischtestes zur gewaesserueberwachung
IA -031 untersuchung ueber die bioindikation von schwermetallen
IA -032 untersuchung neuer sensoren im hinblick auf die anwendungsmoeglichkeiten in automatischen mess-systemen
IA -033 bestimmung des chemischen sauerstoffbedarfs (csb)
IC -093 systematische kontrolle der gewaesser innerhalb nordrhein-westfalens auf metallische spurenstoffe (z.b. quecksilber)
IC -094 untersuchung ueber die frachtverteilung im querschnitt des rheins an verschiedenen profilen
IC -095 untersuchung ueber stoffhaushalt des niederrheins
IC -096 dauermessungen des schmutzzuwachses in der fliessenden welle im rhein; verunreinigung in der bundesrepublik deutschland
IC -097 untersuchungen ueber biogene komponenten des stoffhaushalts des niederrheins
IC -098 feldversuche zur bekaempfung und sanierung von gewaesser- und untergrundschaedigungen durch mineraloele und wassergefaehrdende stoffe
IC -099 untersuchung ueber den einfluss von vorlandauskiesungen am rhein auf den grundwasserabfluss bei strom-km 813,5 (wesel)
ID -051 untersuchung ueber verhalten von mineraloel im untergrund und im grundwasser anhand von oelschadensfaellen
KB -069 untersuchung ueber die wirksamkeit von verfahren zur kuenstlichen belueftung von gewaessern mittels fluessigem sauerstoff
ABFALL
MA -021 emissions-kataster wasser/abfall
MB -053 untersuchungen ueber die moeglichkeiten einer schadlosen beseitigung von saeureharzen aus der altoelraffination
MB -054 untersuchungen ueber die technischen moeglichkeiten der muellvergasung
MC -038 untersuchungen ueber die auswirkungen bei der ablagerung von schlacken aus den umschmelzbetrieben der aluminiumhuetten
MC -039 untersuchungen ueber das langzeitverhalten von industrieabfaellen bei der ablagerung von hausmuell
STRAHLUNG, RADIOAKTIVITAET
NB -048 die isotopenverteilung in schlaemmen eines vorfluters im einzugsgebiet eines reaktors
NB -049 untersuchung der lippe auf einzelnuklid-aktivitaeten im wasser
UMWELTCHEMIKALIEN
OC -031 anreicherung von organischen spurenstoffen durch druckdestillation
WIRKUNGEN UND BELASTUNGEN DURCH SCHADSTOFFE
PC -048 untersuchungen ueber den einfluss wassergefaehrdender stoffe auf die photosynthese von algen
PC -049 vergleichende wirkungsbezogene untersuchungen zur toxizitaet von einzelsubstanzen und substanzkombinationen an wirbeltieren

1012
LANDESGEWERBEANSTALT BAYERN
8000 MUENCHEN 40, HESS-STR. 130B
TEL.: (089) 193022
VORHABEN:
LUFTREINHALTUNG UND LUFTVERUNREINIGUNG
DA -040 untersuchung eines oelfilters fuer verlaengerte oelwechselintervalle
WASSERREINHALTUNG UND WASSERVERUNREINIGUNG
IB -024 verhalten verschiedener filterstoffe fuer entwaesserungaufgaben im strassenbau
ABFALL
MA -022 untersuchung ueber umweltgefaehrdende stoffe in produktionsrueckstaenden von gewerbe- und industriebetrieben
WIRKUNGEN UND BELASTUNGEN DURCH SCHADSTOFFE
PA -037 emission von kadmium bei verarbeitung von kadmiumhaltigen produkten, gefahren des uebergangs von kadmium in den menschlichen organismus
LEBENSMITTEL-, FUTTERMITTELKONTAMINATION
QD -026 gefahren beim uebergang von quecksilber und ihren verbindungen in die nahrungskette des menschen (bilanz bundesrepublik deutschkand 1972/73)

1013
LANDESKULTURAMT HESSEN
6200 WIESBADEN, PARKSTR. 44
VORHABEN:
LAND- UND FORSTWIRTSCHAFT
RA -023 erfassung von grunddaten zur land- und forstwirtschaftlichen nutzung

1014
LANDESSAMMLUNG FUER NATURKUNDE
7500 KARLSRUHE, ERBPRINZENSTR. 13
TEL.: (0721) 21931
- LEITER: DR. ERWIN JOERG
VORHABEN:
LAND- UND FORSTWIRTSCHAFT
RG -031 die rolle der bodentiere beim streuabbau in einem mitteleuropaeischen laubwald
UMWELTPLANUNG, UMWELTGESTALTUNG
UM -064 vegetationskundliche kartierung taubergebiet

1015
LANDESSTELLE FUER VEGETATIONSKUNDE AM BOTANISCHEN INSTITUT DER UNI KIEL
2300 KIEL, HOSPITALSTR. 20
- LEITER: PROF.DR. RAABE
VORHABEN:
UMWELTPLANUNG, UMWELTGESTALTUNG
UM -065 vegetationskundliche kartierung des dummersdorfer trave-ufers als dokumentation seiner schutzwuerdigkeit

1016
LANDESUNTERSUCHUNGSAMT FUER GESUNDHEITSWESEN NORDBAYERN
8500 NUERNBERG, FLURSTR. 20
TEL.: (0911) 330251
- LEITER: DR. STEGER
VORHABEN:
LEBENSMITTEL-, FUTTERMITTELKONTAMINATION
QA -056 lebensmitteluntersuchung auf genusstauglichkeit und qualitaet
QB -045 untersuchung vom tier stammender lebensmittel (und futtermittel) auf genusstauglichkeit und qualitaet
HUMANSPHAERE
TF -035 tierseuchenhygiene und zoonosen
TF -036 antigenstruktur von escherichia coli
TF -037 brucella canis als zoonoseursache
UMWELTPLANUNG, UMWELTGESTALTUNG
UN -030 erhaltung und rettung gefaehrdeter haustierrassen

1017
LANDKREIS LINDAU/BODENSEE
8990 LINDAU/BODENSEE, STIFTSPLATZ 4
TEL.: (08382) 701
- LEITER: KLAUS HENNINGER
- FORSCHUNGSSCHWERPUNKTE:
errichtung und erprobung einer anlage fuer den transport von muell ueber groessere entfernungen auf der schiene

VORHABEN:
ABFALL
MA -023 errichtung und erprobung einer versuchsanlage fuer den transport von abfaellen nach dem system der firma altvater

1018
LANDSCHAFTSVERBAND RHEINLAND
5000 KOELN 21, KENNEDY-UFER 2
TEL.: (0221) 82831 TX.: 8873335
- LEITER: DR. FRIEDRICH WILHELM DAHMEN
- FORSCHUNGSSCHWERPUNKTE:
landschaftsrahmenplanung; landschaftsplanung
VORHABEN:
UMWELTPLANUNG, UMWELTGESTALTUNG
UK -050 landschaftsoekologische grundlagen fuer den erholungspark ville
UK -051 landschaftsoekologische grundlagen fuer das erholungsgebiet muenstereifeler wald
UK -052 landschaftsoekologische grundlagen naturpark bergisches land
UK -053 landschaftsrahmenplan erholungspark ville
UK -054 landschaftsrahmenplan naturpark bergisches land
UK -055 landschaftsplan kreis dueren raum vettweiss
UK -056 landschaftsplan mittleres schwalmtal
UL -055 biooekologie

1019
LANDWIRTSCHAFTLICHE UNTERSUCHUNGS- UND FORSCHUNGSANSTALT DER LANDWIRTSCHAFTSKAMMER HANNOVER
3250 HAMELN, FINKENBORNER WEG 1A
TEL.: (05151) 61020
- LEITER: DR. WERNER KOESTER
- FORSCHUNGSSCHWERPUNKTE:
schwermetall-immissionen im bereich der zinkhuette bad harzburg-harlingerode; schwermetallbelastung von boeden im oker- und innerstetal; fluor-immissionen im bereich der vaw in buetzfleth
VORHABEN:
LUFTREINHALTUNG UND LUFTVERUNREINIGUNG
AA -115 immissionsmessprogramm im raum stade - buetzfleth
WIRKUNGEN UND BELASTUNGEN DURCH SCHADSTOFFE
PF -055 schwermetallgehalte von boeden und pflanzen in der umgebung der zinkhuette 3388 bad harzburg - harlingrode
PF -056 schwermetallgehalte von boeden und pflanzen in den taelern von oker und innerste

1020
LANDWIRTSCHAFTLICHE UNTERSUCHUNGS- UND FORSCHUNGSANSTALT DER LANDWIRTSCHAFTSKAMMER SCHLESWIG-HOLSTEIN
2300 KIEL, GUTENBERGSTR. 75-77
TEL.: (0431) 15087,15088
- LEITER: DIPL.-CHEM. HERBERT KNAPSTEIN
- FORSCHUNGSSCHWERPUNKTE:
radioaktivitaetsbelastung von boeden, wasser, aufwuchs und nahrung; pflanzenschutzmittelrueckstaende; futtermittelzusatzstoffe; toxogene mikroelemente
VORHABEN:
STRAHLUNG, RADIOAKTIVITAET
NB -050 radioaktivitaetsmessungen an boden, wasser, lebensmitteln und fertignahrung
LEBENSMITTEL-, FUTTERMITTELKONTAMINATION
QA -057 untersuchung auf blei in gesamt-nahrungsproben
QA -058 rueckstandsuntersuchungen auf organochlorpestizide in einzelfuttermitteln
QA -059 untersuchung auf blei und cadmium in gesamtnahrungsproben
QB -046 untersuchung von fleisch (schwein, rind, kalb, gefluegel) und mischproben auf ddt und andere organochlorinsektizid-rueckstaende

1021
LANDWIRTSCHAFTLICHE UNTERSUCHUNGS- UND FORSCHUNGSANSTALT DER LANDWIRTSCHAFTSKAMMER WESER-EMS
2900 OLDENBURG, MARS-LA-TOUR-STR. 4
TEL.: (0441) 2251 TX.: 25639
- LEITER: PROF.DR. HEINZ VETTER
- FORSCHUNGSSCHWERPUNKTE:
schwermetalle und andere immissionsstoffe in boden, wasser, pflanzen, tierischen organen und luft; pflanzenschutzmittelrueckstaende in boeden, pflanzen und tierischen organen; umgebungsueberwachung eines kernkraftwerkes; naehrstoffbelastung von boden und wasser durch dungstoffe; ermittlung von eventuell enthaltenen schadstoffen in duengemitteln; ermittlung von zusatzstoffen in futtermitteln; ermittlung von schadensschwellen fuer pflanzen und tiere
VORHABEN:
LUFTREINHALTUNG UND LUFTVERUNREINIGUNG
BE -021 bestimmungsgruende fuer die staerke der von tierhaltungen ausgehenden geruchsimmissionen
WASSERREINHALTUNG UND WASSERVERUNREINIGUNG
KD -016 einfluss hoher fluessigmistgaben auf grund-, oberflaechen- und drainwasserbeschaffenheit sowie auf ertrag und qualitaet des pflanzenwachstums
WIRKUNGEN UND BELASTUNGEN DURCH SCHADSTOFFE
PE -035 gas- und staubimmission und dadurch verursachte schaeden an pflanzen und tieren im raume nordenham
PF -057 der einfluss von fluorwasserstoff im vergleich zu dem von calciumfluoridstaub auf omorika-fichten

1022
LANDWIRTSCHAFTLICHE UNTERSUCHUNGS- UND FORSCHUNGSANSTALT DER LANDWIRTSCHAFTSKAMMER WESTFALEN-LIPPE, - JOSEF-KOENIG-INSTITUT -
4400 MUENSTER, V.ESMARCHSTRASSE 2
TEL.: (0251) 599471
- LEITER: DR. GERD CROESSMANN
- FORSCHUNGSSCHWERPUNKTE:
mechanisierung und automation von untersuchungsverfahren im bereich des landwirtschaftlichen untersuchungswesens; methodenentwicklung und -forschung schwermetalle in biol. matrices; erhebungs- und katasteruntersuchungen schwermetalle in der biosphaere
VORHABEN:
LUFTREINHALTUNG UND LUFTVERUNREINIGUNG
AA -116 immissionsueberwachung schwermetalle
UMWELTCHEMIKALIEN
OA -032 automatisierung von untersuchungsverfahren ueber vorkommen und wirkungen von umweltchemikalien und bioziden
WIRKUNGEN UND BELASTUNGEN DURCH SCHADSTOFFE
PC -050 untersuchung und begutachtung von stoffen und materialien im hinblick auf ihre umweltgefaehrdung fuer menschen, tiere und pflanzen
PF -058 grundbelastungen von boden und pflanzen in einem ballungsgebiet durch mangan, nickel, chrom, kobalt und vanadin
PF -059 belastung von boden und pflanzen in einem ballungsgebiet durch mangan, nickel, chrom, kobalt und vanadin
LEBENSMITTEL-, FUTTERMITTELKONTAMINATION
QA -060 rueckstandsuntersuchungen in nahrungs- und futtermitteln
QA -061 blei-, cadmium-, quecksilber-, zink-, kupfer- und arsengehalt in wirtschaftseigenen futtermitteln

1023
LANDWIRTSCHAFTLICHE UNTERSUCHUNGS- UND FORSCHUNGSANSTALT SPEYER
6720 SPEYER, OBERE LANGGASSE 40
TEL.: (06232) 75 680
- LEITER: DR. WOLFGANG KAMPE
- FORSCHUNGSSCHWERPUNKTE:
nitrat im grund- und oberflaechenwasser; pflanzenschutzmittel in umwelt und nahrung; schwermetalle und polycyclen in siedlungsabfallkomposten und nahrungsmitteln; immissionen verschiedener herkuenfte; mykotoxine (aflatoxin), bakterielle und pilzliche hygieneschadorganismen (z. b. salmonellen); radionuklide in der umgebung von kernkraftwerken; demnaechst bilanzierungsversuche mit c-14 markierten pestizidwirkstoffen

VORHABEN:
UMWELTCHEMIKALIEN
OD -082 eintrag von nitrat, phosphat und anderen pflanzennaehrstoffen sowie von schwermetallen und pestiziden in unterboden und grundwasser

1024
LANDWIRTSCHAFTSKAMMER HANNOVER
3000 HANNOVER 1, JOHANNSSENSTR. 10
TEL.: (0511) 16651 TX.: 922892
- LEITER: GERHARD STUMPENHAUSEN
- FORSCHUNGSSCHWERPUNKTE:
versuchsfrage: schadlose beseitigung von siedlungsabfaellen durch landbehandlung
VORHABEN:
ABFALL
MD -030 schadlose beseitigung von siedlungsabfaellen durch landbehandlung

1025
LANGE GMBH
4000 DUESSELDORF, HEESENSTR. 19
VORHABEN:
WASSERREINHALTUNG UND WASSERVERUNREINIGUNG
KA -022 analysen-automat fuer die kontinuierliche chromat- und phosphatbestimmung im abwasser; truebungs- und farbmessung im abwasser

1026
LAUTRICH UND PECHER VBI, BERATENDE INGENIEURE
4000 DUESSELDORF 12, GLASHUETTENSTR. 57
TEL.: (0211) 278041
- LEITER: ING.GRAD. RUDOLF LAUTRICH
- FORSCHUNGSSCHWERPUNKTE:
regenauswertungen; bemessung von regenrueckhaltebecken; bemessung von regenbeckengruppen
VORHABEN:
WASSERREINHALTUNG UND WASSERVERUNREINIGUNG
IB -025 gewaesserverschmutzung durch regenwasserabfluss
IB -026 berechnung und bauliche ausbildung von regenrueckhaltebecken

1027
LEHR- UND VERSUCHSANSTALT FUER GARTENBAU DER LANDWIRTSCHAFTSKAMMER SCHLESWIG-HOLSTEIN
2300 KIEL -STEENBEK, STEENBEKER WEG 153
TEL.: (0431) 35780
- LEITER: DIPL.-GAERTN. CARL-HEINZ BUENGER
- FORSCHUNGSSCHWERPUNKTE:
verwendung von muellkompost im gartenbau
VORHABEN:
ABFALL
MD -031 verwendung von muellkompost im gartenbau

1028
LEHR- UND VERSUCHSANSTALT FUER GRUENLANDWIRTSCHAFT, FUTTERBAU UND LANDESKULTUR DER LANDWIRTSCHAFTSKAMMER SCHLESWIG-HOLSTEIN
2257 BREDSTEDT, THEODOR-STORM-STR. 2
TEL.: (04671) 3151
- LEITER: DR. HANS HEINRICH BRACKER
- FORSCHUNGSSCHWERPUNKTE:
praxisbezogene versuchstaetigkeit; gruenland-oekologie, wasserhaushalt, naehrstoffhaushalt (einschliesslich organischer duengung), gruenland-vegetation-erfassung, beeinflussung-konservierung-futterwertermittlung
VORHABEN:
LEBENSMITTEL-, FUTTERMITTELKONTAMINATION
QC -040 pruefung von unterschiedlich geduengten gruenlandfutterpflanzen auf schaedliche pflanzeninhaltsstoffe im kaninchenversuch
UMWELTPLANUNG, UMWELTGESTALTUNG
UK -057 landschaftsplanerisches und oekologisches gutachten wedeler/haseldorfer marsch

1029
LEHR- UND VERSUCHSANSTALT FUER ZIERPFLANZENBAU, BAUMSCHULEN UND FLORISTIK DER LANDWIRTSCHAFTSKAMMER RHEINLAND
5300 BONN -BAD GODESBERG, LANGER GRABENWEG 68
TEL.: (02221) 376802, 375459
- LEITER: DIPL.-ING. GISBERT BOUILLON
- FORSCHUNGSSCHWERPUNKTE:
einsparung von heizenergie im gewaechshaus; umstellung auf umweltfreundlichere energieformen (gas, sonnenenergie)
VORHABEN:
ENERGIE
SB -026 einsparung von heizenergie im gewaechshaus

1030
LEHRGEBIET GETREIDEVERARBEITUNG DER TU BERLIN
1000 BERLIN 12, HARDENBERGSTR. 34
VORHABEN:
WASSERREINHALTUNG UND WASSERVERUNREINIGUNG
KB -070 reinigung von weizenstaerkefabrikwasser mit hilfe der ultrafiltration

1031
LEHRGEBIET LANDSCHAFTS- UND GARTENPLANUNG DER TU BERLIN
1000 BERLIN 10, STRASSE DES 17. JUNI 135
TEL.: (030) 3142668
- LEITER: DIPL.-ING. JACOBSHAGEN
VORHABEN:
HUMANSPHAERE
TB -025 platzanlagen - platzgestaltung

1032
LEHRGEBIET WIRTSCHAFTSKUNDE UND REGIONALPOLITIK DER TH AACHEN
5100 AACHEN, TEMPLERGRABEN 55
- LEITER: PROF.DR. BROESSE
VORHABEN:
UMWELTPLANUNG, UMWELTGESTALTUNG
UE -036 zusammenfassung der kritischen analysen der gegenwaertigen raumordnungspolitik unter besonderer beruecksichtigung der zielkonflikte in der raumordnungspolitik sowie zwischen der raumordnungspolitik und anderen

1033
LEHRSTUHL A FUER THERMODYNAMIK DER TU MUENCHEN
8000 MUENCHEN 2, ARCISSTR. 21
TEL.: (089) 2105 2521 TX.: 52 28 54
- LEITER: PROF.DR. ULRICH GRIGULL
- FORSCHUNGSSCHWERPUNKTE:
temperaturverteilung in seen, waermeausbreitung in gewaessern
VORHABEN:
ABWAERME
GB -033 waermeausbreitung in gewaessern mit homogener und geschichteter temperaturverteilung
WASSERREINHALTUNG UND WASSERVERUNREINIGUNG
HA -086 temperaturverteilung in seen
HA -087 waermeausbreitung in gewaessern mit homogener und geschichteter temperaturverteilung

1034
LEHRSTUHL A UND INSTITUT FUER PHYSIKALISCHE CHEMIE DER TU BRAUNSCHWEIG
3300 BRAUNSCHWEIG, HANS-SOMMER-STR. 10
TEL.: (0531) 391 2245 TX.: 95 25 26
- LEITER: PROF.DR. ROLF LACMANN
- FORSCHUNGSSCHWERPUNKTE:
einfluss technischer tenside auf die gasaustauschgeschwindigkeit wasser/atmosphaere; einfluss von detergentien bei der wasseraufbereitung; atmosphaerische verdunstung von pestiziden

VORHABEN:
LUFTREINHALTUNG UND LUFTVERUNREINIGUNG
BD -009 untersuchung der bedingungen bei der atmosphaerischen verdunstung von pestiziden
WASSERREINHALTUNG UND WASSERVERUNREINIGUNG
HE -036 weiterentwicklung von apparaturen zur reindarstellung von wasser fuer oekologische untersuchungen
IC -100 der einfluss technischer tenside auf die gasaustauschgeschwindigkeit wasser / atmosphaere
KC -062 untersuchung des einflusses von detergentien und anderen oberflaechenaktiven verunreinigungen bei der aufbereitung chemisch und technisch belasteter abwaesser

1035
LEHRSTUHL B FUER PHYSIKALISCHE CHEMIE DER TU BRAUNSCHWEIG
3300 BRAUNSCHWEIG, HANS-SOMMER-STR. 10
TEL.: (0531) 391 24 24
- LEITER: PROF.DR. HERBERT DREESKAMP
- FORSCHUNGSSCHWERPUNKTE:
lumineszenz-spektroskopie: untersuchung von luftstaub-proben; bestimmung des gehaltes an karzinogenen aromatischen kohlenwasserstoffen im oberflaechenwasser sowie in lebensmitteln und anderen stoffen; kontamination in pflanzen durch abgase; erfassung von karzinogenen bei der experimentellen krebsforschung
VORHABEN:
UMWELTCHEMIKALIEN
OC -032 die quenchofluorimetrie als neue analytische methode zur bestimmung von polycyclischen aromatischen stoffen in der umwelt

1036
LEHRSTUHL B FUER VERFAHRENSTECHNIK DER TU MUENCHEN
8000 MUENCHEN 2, ARCISSTR. 21
TEL.: (089) 2105255
- LEITER: PROF.DR.-ING. ALFONS MERSMANN
- FORSCHUNGSSCHWERPUNKTE:
adsorption; absorption; kristallisation
VORHABEN:
LUFTREINHALTUNG UND LUFTVERUNREINIGUNG
DD -054 untersuchungen zum stationaeren und dynamischen verhalten einer adiabat betriebenen absorptionskolonne
DD -055 adsorption von kohlendioxid an molekularsieben in festbetten
DD -056 absorptionsbodenkolonnen: eigenschaften der zweiphasenschicht und stoffuebergang
WASSERREINHALTUNG UND WASSERVERUNREINIGUNG
KB -071 stoffaustausch in fuellkoerperkolonnen/untersuchung am modellsystem wasser-sauerstoff

1037
LEHRSTUHL FUER ALLGEMEINE PATHOLOGIE UND NEUROPATHOLOGIE IM FB TIERMEDIZIN DER UNI MUENCHEN
8000 MUENCHEN 22, VETERINAERSTR. 13
TEL.: (089) 2180-2541
- LEITER: PROF.DR. ERWIN DAHME
- FORSCHUNGSSCHWERPUNKTE:
nitrosamide als umweltcancerogene
VORHABEN:
WIRKUNGEN UND BELASTUNGEN DURCH SCHADSTOFFE
PD -059 nitrosamide als umweltcancerogene

1038
LEHRSTUHL FUER ALLGEMEINE ZOOLOGIE DER UNI BOCHUM
4630 BOCHUM, BUSCHEYSTR. 132
TEL.: (02321) 714363
- LEITER: PROF.DR. SCHWARTZKOPFF
VORHABEN:
LAND- UND FORSTWIRTSCHAFT
RF -021 oekosystem wald, streuabbau, bodentiere

1039
LEHRSTUHL FUER ANALYTISCHE CHEMIE DER GESAMTHOCHSCHULE WUPPERTAL
5600 WUPPERTAL 2, GEWERBESCHULSTR. 34
TEL.: (0202) 552439
- LEITER: PROF.DR. HEINRICH HARTKAMP
- FORSCHUNGSSCHWERPUNKTE:
entwicklung von grundlagen und einzelverfahren der analyse von gas- und aerosolfoermigen spurenstoffen in der luft (immissionsmessung) sowie in prozess- und abgasen (emissionsmessung), insbesondere pruef- und eichverfahren, anreicherungsverfahren, selektive detektionsmethoden
VORHABEN:
LUFTREINHALTUNG UND LUFTVERUNREINIGUNG
CA -075 kalibrierung und pruefung von analytischen methoden zur bestimmung gas- und aerosolfoermiger spurenstoffe in der luft, in abgasen und in prozessgasen
CA -076 aufbau, erprobung und betrieb eines massenfilters mit vorgeschaltetem gaschromatographen zur analyse von halogenkohlenstoffverbindungen in der luft
EA -014 erarbeitung eines rahmenplanes zur bewertung von immissionsmessverfahren

1040
LEHRSTUHL FUER ANALYTISCHE CHEMIE DER UNI FREIBURG
7800 FREIBURG, ALBERTSTR. 21
TEL.: (0761) 2032888, 2032889, 2032856
- LEITER: PROF.DR. HERBERT WEISZ
- FORSCHUNGSSCHWERPUNKTE:
entwicklung und erprobung von analysenverfahren zur untersuchung von luftverunreinigungen
VORHABEN:
LUFTREINHALTUNG UND LUFTVERUNREINIGUNG
CA -077 anwendung der substoechiometrischen isotopenverduennungsanalyse auf die bestimmung von spuren an sulfat und chlorid in luft und wasser
CA -078 entwicklung und erprobung einer radiochemischen methode zur bestimmung starker saeuren in luft und niederschlagswasser

1041
LEHRSTUHL FUER ANGEWANDTE LANDWIRTSCHAFTLICHE BETRIEBSLEHRE DER TU MUENCHEN
8050 FREISING -WEIHENSTEPHAN, WEIHENSTEPHAN
TEL.: (08161) 71406
- LEITER: PROF.DR. ZAPF
- FORSCHUNGSSCHWERPUNKTE:
standort- und strukturforschung in benachteiligten agrarischen regionen; der schwerpunkt liegt innerhalb dieses forschungsgebietes bei der modellhaften entwicklung von optimalen bewirtschaftungsformen bei unterschiedlichen standortbedingungen
VORHABEN:
UMWELTPLANUNG, UMWELTGESTALTUNG
UL -056 bewirtschaftungsmodelle fuer landwirtschaftliche problemgebiete zur erhaltung der kulturlandschaft

1042
LEHRSTUHL FUER ANGEWANDTE MECHANIK UND STROEMUNGSPHYSIK DER UNI GOETTINGEN
3400 GOETTINGEN, BOETTINGERSTR. 6-8
TEL.: (0551) 44051-336 TX.: 09-6768
- LEITER: PROF.DR. E.A. MUELLER
- FORSCHUNGSSCHWERPUNKTE:
entstehung und minderung von stroemungs- und verbrennungslaerm, schalldaempfung durch kondensat
VORHABEN:
LAERM UND ERSCHUETTERUNGEN
FA -050 schalldaempfung durch kondensat
FA -051 experimentelle untersuchungen zur wechselwirkung zwischen schall, stroemung, angestroemten koerpern und verbrennung in einer flamme

1043
LEHRSTUHL FUER ANGEWANDTE THERMODYNAMIK DER TH AACHEN
5100 AACHEN, SCHINKELSTR. 8
TEL.: (0241) 6603345
- LEITER: PROF.DR. PISCHINGER

VORHABEN:
LUFTREINHALTUNG UND LUFTVERUNREINIGUNG
BA -052 zuendung und verbrennung im ottomotor bei betrieb mit sehr reichen gemischen im hinblick auf die verwendung beim schichtladungsverfahren
DA -041 die verwendung von synthetischen kohlenwasserstoffen (z.b. methanol) bei ottomotoren im hinblick auf abgasverbesserung
DA -042 das betriebsverhalten von katalytischen abgasreaktoren im mageren bereich bei verwendung maessig verbleiter brennstoffe
DA -043 berechnungsverfahren zur beurteilung von schichtladungsmotoren, insbesondere hinsichtlich schadstoffemissionen. rechenprogramm ii - schichtladung
DA -044 emissionsarmer fahrzeugmotor auf der basis des ad-vielstoffverfahrens
DA -045 untersuchung von gasfoermigen brennstoffen im hinblick auf die schadstoffemission von ottomotoren
DA -046 dieselmotorische verbrennung bei zweistoffbetrieb mit gasfoermigem brennstoff als zusatzkraftstoff
DA -047 entwicklung technischer verfahren und einrichtungen zur verminderung der emission von kohlenwasserstoffgruppen mit krebserregenden eigenschaften der abgasreaktoren
DA -048 untersuchung des arbeitsprozesses von methanol- und wasserstoffbetriebenen ottomotoren im hinblick auf wirkungsgradverhalten und schadstoffemission
LAERM UND ERSCHUETTERUNGEN
FA -052 geraeuschentstehung durch verbrennungsschwankungen in oelheizungen - messverfahren fuer muendungsimpedanz und umsatzschwankung
FB -064 untersuchung der geraeuschemission von intermittierenden verbrennungsvorgaengen
FB -065 geraeuschentstehung in ottomotoren mit ladungsschichtung und unterteiltem brennraum

1044
LEHRSTUHL FUER ANGEWANDTE THERMODYNAMIK UND KLIMATECHNIK DER GESAMTHOCHSCHULE ESSEN
4300 ESSEN 1, UNIONSTR. 2
TEL.: (0201) 183317
VORHABEN:
ENERGIE
SB -027 grundsatzuntersuchungen an waermepumpen

1045
LEHRSTUHL FUER BIOCHEMIE DER PFLANZEN DER UNI BOCHUM
4630 BOCHUM, BUSCHEYSTR. 132
TEL.: (02321) 713634
- LEITER: PROF.DR. TREBST
VORHABEN:
WIRKUNGEN UND BELASTUNGEN DURCH SCHADSTOFFE
PB -041 wirkung von pestiziden

1046
LEHRSTUHL FUER BIOCHEMIE DER PFLANZEN DER UNI GOETTINGEN
3400 GOETTINGEN, UNTERE KASPUELE 2
TEL.: (0551) 39 5741
- LEITER: PROF.DR. GUENTER JACOBI
- FORSCHUNGSSCHWERPUNKTE:
alterung - verdunklung bei hoeheren pflanzen; einfluss langfristiger verdunklung auf photosyntheseleistungen und enzymaktivitaeten; photosynthetischer elektronentransport; untersuchung von teilreaktionen des elektronentransportes unter verwendung von hemmstoffen, von denen einige herbizidwirkung besitzen
VORHABEN:
WIRKUNGEN UND BELASTUNGEN DURCH SCHADSTOFFE
PG -049 untersuchung des photosynthetischen elektronentransportes

1047
LEHRSTUHL FUER BIOCHEMIE UND BIOTECHNOLOGIE DER TU BRAUNSCHWEIG
3301 BRAUNSCHWEIG -STOECKHEIM, MASCHERODER WEG 1
- LEITER: PROF.DR. FRITZ WAGNER
VORHABEN:
WASSERREINHALTUNG UND WASSERVERUNREINIGUNG
KB -072 feststoff-fixierung von mikroorganismen fuer mehrphasen-reaktoren

1048
LEHRSTUHL FUER BIOLOGIE DER UNI AUGSBURG
8900 AUGSBURG, EICHLEITNERSTR. 30
TEL.: (0821) 599-431
- LEITER: PROF.DR. JOSEF JUNG
- FORSCHUNGSSCHWERPUNKTE:
biologischer pflanzenschutz
VORHABEN:
LAND- UND FORSTWIRTSCHAFT
RH -075 beitraege zum biologischen pflanzenschutz

1049
LEHRSTUHL FUER BODENKUNDE DER TU MUENCHEN
8050 FREISING -WEIHENSTEPHAN
TEL.: (08161) 71677
- LEITER: PROF.DR. UDO SCHWERTMANN
- FORSCHUNGSSCHWERPUNKTE:
phosphat und borat in unterwasserboeden; erosion; verhalten von phosphaten im boden; schwermetalle in boeden und unterwasserboeden; duengung mit muell-/klaerschlammkompost
VORHABEN:
WASSERREINHALTUNG UND WASSERVERUNREINIGUNG
IC -101 gehalt und bindungsformen von quecksilber, blei, kadmium und zink in verbreiteten pedosequenzen und suesswassersedimenten
UMWELTCHEMIKALIEN
OD -083 verhalten der spurenelemente zink, cadmium, kupfer, chrom, eisen, mangan und blei in mit siedlungsabfaellen geduengtem boden
WIRKUNGEN UND BELASTUNGEN DURCH SCHADSTOFFE
PF -060 phosphate und borate in unterwasserboeden eines weichwassersystems
LAND- UND FORSTWIRTSCHAFT
RC -032 untersuchungen zur erfassung von bodenerosion und erosionsgefaehrdung in der hallertau

1050
LEHRSTUHL FUER BOTANIK DER TU MUENCHEN
8000 MUENCHEN 2, ARCISSTR. 21
TEL.: (089) 21052631
- LEITER: PROF.DR. ZIEGLER
- FORSCHUNGSSCHWERPUNKTE:
zellphysiologisch-biochemische wirkungen von luftverunreinigungen
VORHABEN:
WIRKUNGEN UND BELASTUNGEN DURCH SCHADSTOFFE
PF -061 zellphysiologische untersuchungen von sulfitionen
PF -062 zellphysiologische wirkungen von bleisalzen
PF -063 zellphysiologische wirkungen von metallsalzen
PG -050 pestizidgehalt von kulturpflanzen in industriellen ballungsgebieten und seine beeinflussung durch aeussere faktoren
PH -053 biochemische grundlagen oekologischer anpassungen bei pflanzen
PI -037 naehrstoffhaushalt alpiner oekosysteme

1051
LEHRSTUHL FUER CHEMISCH-TECHNISCHE ANALYSE DER TU BERLIN
1000 BERLIN 65, SEESTR. 13
TEL.: (030) 453011, APP. 99
- LEITER: PROF.DR. ROLAND TRESSL
VORHABEN:
LUFTREINHALTUNG UND LUFTVERUNREINIGUNG
BE -022 bildung fluechtiger mailard-reaktionsprodukte waehrend des wuerzekochens, ihre geruchsbelaestigende wirkung im pfannendunst und ihr beitrag zu aroma und geschmacksstabilitaet des bieres

1052
LEHRSTUHL FUER CHEMISCH-TECHNISCHE ANALYSE UND CHEMISCHE LEBENSMITTELTECHNOLOGIE DER TU MUENCHEN
8050 FREISING -WEIHENSTEPHAN
TEL.: (08161) 71-283, -284
- LEITER: PROF.DR. FRIEDRICH DRAWERT
- FORSCHUNGSSCHWERPUNKTE:
geruchsbelaestigende stoffe - luft; erfassung, bewertung und verminderung von geruchsbelaestigenden emissionen
VORHABEN:
LUFTREINHALTUNG UND LUFTVERUNREINIGUNG
BE -023 gaschromatographische untersuchung der geruchsbelaestigenden substanzen in der stalluft
ABFALL
ME -064 rueckgewinnung von proteinen und aminosaeure aus abwaessern der kartoffelverarbeitenden insustrie unter besonderer beruecksichtigung der verwendung hochwertiger kartoffelproteine fuer menschliche ernaehrung

1053
LEHRSTUHL FUER DEN BAU VON LANDVERKEHRSWEGEN DER TU MUENCHEN
8000 MUENCHEN 2, ARCISSTR. 21
TEL.: (089) 2105-431
- LEITER: PROF.DR.-ING. EISENMANN
VORHABEN:
LAERM UND ERSCHUETTERUNGEN
FB -066 koerperschallmessungen bei u-bahnen und hochbahnen

1054
LEHRSTUHL FUER ENTWERFEN UND LAENDLICHES BAUWESEN DER TU MUENCHEN
8000 MUENCHEN, ISABELLASTR. 13
TEL.: (089) 375865
- LEITER: PROF.DR. HELMUT GEBHARD
VORHABEN:
UMWELTPLANUNG, UMWELTGESTALTUNG
UF -023 siedlungsleitbilder im laendlichen raum

1055
LEHRSTUHL FUER ERDOELGEOLOGIE DER TU CLAUSTHAL
3392 CLAUSTHAL-ZELLERFELD, POSTFACH .
VORHABEN:
ENERGIE
SA -052 entwicklung neuer und verbesserung bestehender verfahren zur tertiaeren erdoelgewinnung, vornehmlich durch anwendung von tensiden, teilprojekt clausthal erdoelgeologie

1056
LEHRSTUHL FUER FLUGANTRIEBE DER TU MUENCHEN
8000 MUENCHEN 2, ARCISSTR. 21
TEL.: (089) 2105-2539 TX.: 05-22854
- LEITER: PROF.DR.-ING. MUENZBERG
- FORSCHUNGSSCHWERPUNKTE:
berechnung der abgase von erdgasmotoren; laermminderung bei strahltriebwerken, insbesonders im zusammenhang mit stol-flugzeugen
VORHABEN:
LUFTREINHALTUNG UND LUFTVERUNREINIGUNG
BA -053 berechnung und bestimmung der abgaszusammensetzung eines erdgasmotors
LAERM UND ERSCHUETTERUNGEN
FB -067 untersuchung und verminderung der schallentwicklung von triebwerk-komponenten
FB -068 auslegung einer triebwerkanlage fuer ein stol-flugzeug mit elektrostrahlklappen
FB -069 seminar umweltfreundliche verkehrstechnik

1057
LEHRSTUHL FUER FORSTGENETIK UND FORSTPFLANZENZUECHTUNG DER UNI GOETTINGEN
3400 GOETTINGEN, BUESGENWEG 2
TEL.: (0551) 393539
- LEITER: PROF. HANS HATTEMER
- FORSCHUNGSSCHWERPUNKTE:
oekologisch-genetische gesetzmaessigkeiten bei waldbaumarten
VORHABEN:
WIRKUNGEN UND BELASTUNGEN DURCH SCHADSTOFFE
PF -064 anpassung von pflanzen an mit schwermetallionen kontaminierten boeden
LAND- UND FORSTWIRTSCHAFT
RG -032 anpassung der fichte an haeufige belastung durch eisanhang
RG -033 oekologisch-genetische gesetzmaessigkeiten bei waldbaumarten
RG -034 populationsgenetische untersuchungen am rotwild

1058
LEHRSTUHL FUER GEMUESEBAU DER TU MUENCHEN
8050 FREISING -WEIHENSTEPHAN
TEL.: (08161) 71-427
- LEITER: PROF.DR. DIETRICH FRITZ
- FORSCHUNGSSCHWERPUNKTE:
beeinflussung der nahrungsqualitaet von gemuese durch siedlungsabfaelle
VORHABEN:
WASSERREINHALTUNG UND WASSERVERUNREINIGUNG
KB -073 einsatz von ionenaustauschern zur fixierung von schwermetallen aus siedlungsabfaellen
WIRKUNGEN UND BELASTUNGEN DURCH SCHADSTOFFE
PF -065 ermittlung von schadsymptomen an gemuesepflanzen durch schwermetalle in naehrloesungskultur
LEBENSMITTEL-, FUTTERMITTELKONTAMINATION
QC -041 einfluss von siedlungsabfaellen auf die nahrungsqualitaet von gemuese
QC -042 einfluss der verwendung von siedlungsabfaellen zur duengung im gemuesebau auf den gehalt an schwermetallen und wertgebenden inhaltsstoffen in gemuese

1059
LEHRSTUHL FUER GENETIK DER UNI TUEBINGEN
7400 TUEBINGEN 1, AUF DER MORGENSTELLE 28
- LEITER: PROF.DR. WILHELM SEYFFERT
VORHABEN:
LAND- UND FORSTWIRTSCHAFT
RH -076 oekologisch-genetische untersuchungen ueber das wachstum von populationen von schadinsekten

1060
LEHRSTUHL FUER GEOBOTANIK DER UNI FREIBURG
7800 FREIBURG, SCHAENZLESTR. 9-11
TEL.: (0761) 203-2695
- LEITER: PROF.DR. O. WILMANNS
- FORSCHUNGSSCHWERPUNKTE:
erfassung von schutzgebieten: kartierung, oekologische untersuchung, bewertung; ermittlung von flechten als bioindikatoren
VORHABEN:
UMWELTPLANUNG, UMWELTGESTALTUNG
UM -066 pflanzensoziologische aufnahme und kartierung von bannwaeldern
UM -067 pflanzengesellschaften des kaiserstuhls
UN -031 biotop-kartierung baden-wuerttemberg, pilotstudie

1061
LEHRSTUHL FUER GEOBOTANIK DER UNI GOETTINGEN
3400 GOETTINGEN, UNTERE KARSPUELE 2
TEL.: (0551) 39-5722
- LEITER: PROF.DR.DR.H.C. HEINZ ELLENBERG
VORHABEN:
WASSERREINHALTUNG UND WASSERVERUNREINIGUNG
HA -088 oekologie und vegetationsdynamik der oberharzer stauteiche, ihre eignung fuer die erholung
IF -030 makrophytenvegetation der fliessgewaesser in suedniedersachsen und ihre beziehungen zur gewaesserverschmutzung
WIRKUNGEN UND BELASTUNGEN DURCH SCHADSTOFFE
PI -038 mathematische modelle der im solling-projekt untersuchten oekosysteme

UMWELTPLANUNG, UMWELTGESTALTUNG
UL -057 oekologische und mikrobiologische untersuchungen in subatlantischen heidegesellschaften
UM -068 vegetationskundliche und oekologische untersuchungen in salzwiesen des graswarders in heiligenhafen / ostsee
UM -069 die mineralstickstoff-versorgung einiger salzrasengesellschaften bei heiligenhafen / ostsee

1062
LEHRSTUHL FUER GEOGRAPHIE DER UNI FREIBURG
7800 FREIBURG, WERDERRING 4
TEL.: (0761) 203-4427
- LEITER: PROF.DR. WOLFGANG WEISCHET
- FORSCHUNGSSCHWERPUNKTE:
baukoerperstruktur und stadtklima; gelaendeklimatologie der weinbaugebiete am oberrhein; infrarotradiometrische verfahrensforschung; gelaende- und wetterlageabhaengigkeit der schwefeldioxid-immissionen
VORHABEN:
LUFTREINHALTUNG UND LUFTVERUNREINIGUNG
AA -117 gelaendeklimatologie der weinbaugebiete am oberrhein
AA -118 infrarotradiometrische verfahrensforschung
AA -119 baukoerperstruktur und stadtklima
AA -120 gelaende- und stadt(meso)klimatologische untersuchungen im breisgau
DC -047 gelaende- und wetterlagenabhaengigkeit der so2-immissionen

1063
LEHRSTUHL FUER GEOGRAPHIE UND HYDROLOGIE DER UNI FREIBURG
7800 FREIBURG, WERDERRING 4
TEL.: (0761) 2034431
- LEITER: PROF.DR. REINER KELLER
- FORSCHUNGSSCHWERPUNKTE:
einfluss des menschen auf hydrologische prozesse; hydrologischer atlas der bundesrepublik deutschland; bodenwasserbewegung im loess; auswirkung von grossterrassierungen auf hydrologische prozesse
VORHABEN:
WASSERREINHALTUNG UND WASSERVERUNREINIGUNG
HA -089 einfluss des menschen auf hydrologische prozesse im suedbadischen oberrheingebiet
HG -045 erarbeitung eines leitfadens ueber die anwendung von isotopen in der hydrologie
HG -046 regionale und vergleichende hydrologie eines festlandes
HG -047 wasserhaushaltsstudien und untersuchung hydrologischer probleme in naturlaboratorien
HG -048 hydrologischer atlas der bundesrepublik deutschland; bearbeitung von gewaesserguetekarten
LAND- UND FORSTWIRTSCHAFT
RC -033 dynamisch-integrierende bodenfeuchte-messungen. entwicklung eines neuen hydrologischen messverfahrens und absteckung des einsatzbereiches
RC -034 auswirkungen von grossterrassierungen auf hydrologische prozesse
RD -045 entwicklung einer kontinuierlichen bodenfeuchte-messeinrichtung nach der nuklearen methode mit hilfe einer automatischen ablaufsonde

1064
LEHRSTUHL FUER GEOLOGIE DER TU MUENCHEN
8000 MUENCHEN 2, ARCISSTR. 21
TEL.: (089) 21052367, 21052368
- LEITER: PROF.DR. PAUL SCHMIDT-THOME
- FORSCHUNGSSCHWERPUNKTE:
sedimentologische untersuchungen an oberbayerischen seen (chiemsee, ammersee, starnberger see); untersuchung der sedimente und der schwebstoffe oberbayerischer fluesse; methodik der schwebstoffgewinnung fuer mineralogische und geochemische untersuchungen
VORHABEN:
WASSERREINHALTUNG UND WASSERVERUNREINIGUNG
HA -090 sedimentologische untersuchungen an oberbayerischen seen (chiemsee, ammersee, starnberger see)
HA -091 untersuchung der sedimente und der schwebstoffe oberbayerischer fluesse
IA -034 methodik der schwebstoffgewinnung in flusswaessern fuer mineralogische und chemische untersuchungen

1065
LEHRSTUHL FUER GEOLOGIE DER UNI ERLANGEN-NUERNBERG
8520 ERLANGEN, SCHLOSSGARTEN 5
TEL.: (09131) 85-2615
- LEITER: PROF.DR. WERNER SCHWAN
- FORSCHUNGSSCHWERPUNKTE:
grundwasser-bilanz mittelfrankens
VORHABEN:
WASSERREINHALTUNG UND WASSERVERUNREINIGUNG
HB -066 hydrogeologische untersuchungen im quartaer des regnitzgebietes mit besonderer beruecksichtigung des chemismus der oberflaechen- und grundwaesser

1066
LEHRSTUHL FUER GRUENLANDLEHRE DER TU MUENCHEN
8050 FREISING -WEIHENSTEPHAN, SONNENFELDWEG 4
TEL.: (08161) 71242
- LEITER: PROF.DR. GERHARD VOIGTLAENDER
VORHABEN:
WASSERREINHALTUNG UND WASSERVERUNREINIGUNG
HA -092 biozoenotisch-oekologische untersuchungen eines fliesswassersystems der muenchener ebene
LAND- UND FORSTWIRTSCHAFT
RA -024 untersuchung zur nutzungsintensitaet von almflaechen - almoekosystem
UMWELTPLANUNG, UMWELTGESTALTUNG
UL -058 biologie der unkrautarten als grundlage fuer landschaftsoekologische untersuchungen in der schwarzachaue
UL -059 erhaltung der kulturlandschaft mit schafen im voralpengebiet

1067
LEHRSTUHL FUER GRUENPLANUNG, LANDSCHAFTSPLANUNG DER BALLUNGSRAEUME DER TU HANNOVER
3000 HANNOVER, APPELSTR. 20
TEL.: (0511) 7623626
- LEITER: PROF.DR. U. HERLYN
- FORSCHUNGSSCHWERPUNKTE:
freiraumnutzungen
VORHABEN:
UMWELTPLANUNG, UMWELTGESTALTUNG
UK -058 nutzung, ausbildung und bemessung von freiraeumen im geschosswohnungsbau
UK -059 raeumliche und soziale entwicklungstendenzen im dauercampingwesen
UK -060 untersuchung ueber frequentierung staedtischer freiraeume unter besonderer beruecksichtigung der dinglichen ausstattung des raumes und der sozialen struktur ihrer benutzer

1068
LEHRSTUHL FUER HYDROMECHANIK UND KUESTENWASSERBAU DER TU BRAUNSCHWEIG
3300 BRAUNSCHWEIG, BEETHOVENSTR. 51A
TEL.: (0531) 391 39 30 TX.: 95 25 26
- LEITER: PROF.DR.-ING. ALFRED FUEHRBOETER
- FORSCHUNGSSCHWERPUNKTE:
quantitative erfassung der physikalischen vorgaenge in brandungszonen durch naturmessungen (wellen, stroemungen, unterwassermorphologie etc.); ableitung und ausbreitung von abwaessern in tidefluessen und an der kueste
VORHABEN:
WASSERREINHALTUNG UND WASSERVERUNREINIGUNG
HC -048 brandungsstau und brandungsenergie

1069
LEHRSTUHL FUER HYGIENE DER UNI HAMBURG
2000 HAMBURG 36, ALSTERGLACIS 3
TEL.: (040) 41232658
- LEITER: PROF.DR. SIEGFRIED MUENCHOW
VORHABEN:
LAERM UND ERSCHUETTERUNGEN
FC -076 erfassung der auswirkung einzelner und komplexer umweltbedingungen auf besatzungen von schiffen im simulationsversuch

1070
LEHRSTUHL FUER HYGIENE UND TECHNOLOGIE DER LEBENSMITTEL TIERISCHEN URSPRUNGS DER UNI MUENCHEN
8000 MUENCHEN 22, VETERINAERSTR. 13
TEL.: (089) 21802522 TX.: 529860
- LEITER: PROF.DR. KOTTER
- FORSCHUNGSSCHWERPUNKTE:
rueckstaende an arsen, blei, cadmium, quecksilber, pestiziden und pcb in lebensmitteln tierischen ursprungs, ihre lebensmittelhygienische und oekologische bewertung
VORHABEN:
LEBENSMITTEL-, FUTTERMITTELKONTAMINATION
QB -047 untersuchungen auf rueckstaende an toxischen metallen und organischen umweltchemikalien von lebensmitteln tierischer herkunft
QB -048 untersuchungen ueber die ursachen der schwermetallkontamination von nutz- und schlachttieren und daraus gewonnenen lebensmitteln
QB -049 feststellung von bleigehalten in wurst- und poekelwaren
QD -027 untersuchungen zur eisen-55-kontamination der umwelt
QD -028 resorption, verteilung, ausscheidung und intrazellulaere lokalisation von zink 65 bzw. zink im koerper von huehnern
QD -029 untersuchungen zur erfassung des cd-carry-over-effekts bei schlachtschweinen

1071
LEHRSTUHL FUER HYGIENE UND TECHNOLOGIE DER MILCH DER UNI MUENCHEN
8000 MUENCHEN 22, VETERINAERSTR. 13
TEL.: (089) 21803673
- LEITER: PROF.DR. GERHARD TERPLAN
- FORSCHUNGSSCHWERPUNKTE:
nitrosamine (futtermittel, milch, milcherzeugnisse); analytik-vorkommen
VORHABEN:
LEBENSMITTEL-, FUTTERMITTELKONTAMINATION
QB -050 untersuchungen ueber nachweis und bildung von nitrosaminen in futtermitteln, milch und milcherzeugnissen
QB -051 untersuchungen ueber nachweis und bildung von nitrosaminen in futtermitteln, milch und milcherzeugnissen

1072
LEHRSTUHL FUER INDUSTRIEBETRIEBSLEHRE DER UNI ERLANGEN-NUERNBERG
8500 NUERNBERG, FINDELGASSE 7-9
TEL.: (0911) 204314
- LEITER: PROF.DR. WERNER PFEIFFER
- FORSCHUNGSSCHWERPUNKTE:
analyse der materiellen, energetischen und informellen beziehungen des systems unternehmung zur umwelt; bestandsaufnahme von kritischen grenzwerten fuer die belastung der umwelt; analyse des betrieblichen transformationsprozesses zur reduzierung kritischer input- und output-stroeme
VORHABEN:
ABFALL
MG -028 integration des abfallstoff-recycling in die unternehmensplanung

1073
LEHRSTUHL FUER INGENIEUR- UND HYDROGEOLOGIE DER TH AACHEN
5100 AACHEN, KOPERNIKUS-STRASSE 6
TEL.: (0241) 425741 TX.: 08-32704
- LEITER: PROF.DR. HEITFELD
- FORSCHUNGSSCHWERPUNKTE:
hydrogeologisches karten-nw, planungskarte wasserwirtschaft und lagerung von abfallstoffen nw, baugrundkarte des aachener stadtgebietes; grundwasserbeschaffenheit unterhalb von muelldeponien
VORHABEN:
WASSERREINHALTUNG UND WASSERVERUNREINIGUNG
HB -067 hydrogeologische untersuchungen im einzugsgebiet der wahnbachtalsperre
HG -049 hydrogeologie der dollendorfer mulde (eifel)
HG -050 hydrogeologisches kartenwerk der wasserwirtschaftsverwaltung von nordrhein-westfalen
ID -052 differenzenkarten der chemischen beschaffenheit des grundwassers im niederrheingebiet
ABFALL
MC -040 optimale anlage von abfalldeponien auf geologischer grundlage unter beruecksichtigung aller sonstigen einflussfaktoren
MG -029 planungskarte wassergewinnung und lagerung von abfallstoffen (suedliche niederrheinische bucht und eifel)

1074
LEHRSTUHL FUER KRAFT- UND ARBEITSMASCHINEN DER UNI TRIER-KAISERSLAUTERN
6750 KAISERSLAUTERN, PFAFFENBERGSTR. 95
TEL.: (0631) 8541-308 TX.: 04-5627
- LEITER: PROF.DR. HANS MAY
- FORSCHUNGSSCHWERPUNKTE:
motorische verbrennung und ihre beeinflussung; alternative kraftstoffe (wasserstoff); kraftstoffverdampfungsverluste
VORHABEN:
LUFTREINHALTUNG UND LUFTVERUNREINIGUNG
BA -054 kohlenwasserstoffemissionen von kfz unter besonderer berucksichtigung der verdampfungsverluste des vergasers und des kraftstofftanks
DA -049 erstellen eines pflichtenheftes zur beurteilung der emissionen von motoren mit geschichteter ladung
DA -050 erforschung reaktionskinetischer vorgaenge in verbrennungsmotoren mit hilfe spektroskopischer messmethoden
DA -051 beeinflussung der entstehung von schadstoffkomponenten im verbrennungsraum von ottomotoren durch aenderung reaktionskinetischer parameter
DA -052 reduktion der schadstoffemission und verbesserung der wirtschaftlichkeit von ottomotoren bei verwendung von wasserstoff als zusatzkraftstoff

1075
LEHRSTUHL FUER LAGERSTAETTENFORSCHUNG UND ROHSTOFFKUNDE DER TU CLAUSTHAL
3392 CLAUSTHAL-ZELLERFELD, ADOLF-ROEMER-STR. 2A
TEL.: (05323) 722321 TX.: 0953892
- LEITER: PROF.DR.-ING. HANS KRAUSE
- FORSCHUNGSSCHWERPUNKTE:
biogeochemie, oekologie, pflanzenstandort-spezifische elementverteilungen, multielementkarten
VORHABEN:
WIRKUNGEN UND BELASTUNGEN DURCH SCHADSTOFFE
PF -066 biochemische untersuchungen im harz und harzvorland

1076
LEHRSTUHL FUER LANDSCHAFTSCHARAKTER DER TU MUENCHEN
8050 FREISING -WEIHENSTEPHAN
TEL.: (08161) 71248
- LEITER: PROF.DR. GUENTHER GRZIMEK
VORHABEN:
UMWELTPLANUNG, UMWELTGESTALTUNG
UM -070 lebensbedingungen von pflanzen auf schwierigen standorten der stadt, insbesondere auf tunneln, leitungskanaelen und tiefgaragen

1077
LEHRSTUHL FUER LANDSCHAFTSOEKOLOGIE DER TU MUENCHEN
8050 FREISING -WEIHENSTEPHAN, WEIHENSTEPHAN
TEL.: (08161) 71495
- LEITER: PROF.DR. WOLFGANG HABER
VORHABEN:
WIRKUNGEN UND BELASTUNGEN DURCH SCHADSTOFFE
PI -039 die oekologie der aeroben bakterien im baggersee
UMWELTPLANUNG, UMWELTGESTALTUNG
UK -061 entwicklung und einrichtung des naturparkes frankenwald
UK -062 erarbeitung einer kriteriendatei fuer die landschaftspflege und untersuchung der verwendbarkeit der linearen planungsrechnung fuer landschaftspflegerische problemstellungen
UL -060 landschaftsoekologische untersuchungen in der schwarzachaue
UL -061 durchfuehrung oekologischer grundlagenforschungen in stammham
UN -032 kartierung schutzwuerdiger biotope in den bayerischen alpen
UN -033 auswertung der kartierung von schutzwuerdigen biotopen fuer das ausseralpine bayern
UN -034 faunistische ergaenzung der kartierung schutzwuerdiger biotope fuer das ausseralpine bayern

UN -035 fortfuehrung der kartierung schutzwuerdiger biotope in bayern (ausseralpin)

1078
LEHRSTUHL FUER LANDSCHAFTSOEKOLOGIE UND LANDSCHAFTSGESTALTUNG DER TH AACHEN
5100 AACHEN, SCHINKELSTR. 1
TEL.: (0241) 425050 TX.: 832704
- LEITER: PROF. WOLFRAM PFLUG
- FORSCHUNGSSCHWERPUNKTE:
landschaftsoekologie; stadtklima und lufthygiene; naturschutz; landschaftspflege; landschaftsplanung; freiraum- und gruenplanung; ingenieurbiologie
VORHABEN:
UMWELTPLANUNG, UMWELTGESTALTUNG
UE -037 beziehungen zwischen baugebieten und einbezogenen bzw. angrenzenden waldbestaenden - untersucht an beispielen auf unterschiedlichen standorten
UK -063 die stadt und ihr natuerlicher ausgleichs- und ergaenzungsraum, dargestellt am beispiel aachen
UK -064 landschaftsplanerische gutachten aachen
UK -065 beziehungen zwischen naturhaushalt, strassenplanung, strassenbau und strassenverkehr
UL -062 zur bedeutung der schutzhecken an wohngebaeuden im monschauer land unter besonderer beruecksichtigung ihrer klimatischen auswirkungen
UM -071 untersuchungen zur entwicklung von rasenaussaaten und ihrer eignung fuer die boeschungssicherung
UM -072 beitrag zur sicherung von strassenboeschungen durch bewuchs und lebendverbau

1079
LEHRSTUHL FUER LEBENSMITTELCHEMIE DER TU HANNOVER
3000 HANNOVER, WUNSTORFER STRASSE 14
TEL.: (0511) 762-4581
- LEITER: PROF.DR. HERRMANN
- FORSCHUNGSSCHWERPUNKTE:
phenolische inhaltsstoffe von nutzpflanzen
VORHABEN:
LEBENSMITTEL-, FUTTERMITTELKONTAMINATION
QA -062 schwermetallbestimmung in lebensmitteln mit der roentgenfluoreszenzanalyse
QC -043 untersuchung deutscher obstarten und gemuesearten auf phenolische inhaltsstoffe

1080
LEHRSTUHL FUER LEBENSMITTELWISSENSCHAFT DER UNI BONN
5300 BONN, ENDENICHER ALLEE 11-13
TEL.: (02221) 73-3797, -3798
- LEITER: PROF.DR. KONRAD PFEILSTRICKER
- FORSCHUNGSSCHWERPUNKTE:
vorratsschutzmittel aethylenoxid, acrylnitril; wachstumsregulator chlorcholinchlorid (weizen, roggen, hafer, tomaten u. a.); schwermetalle in lebensmitteln (cadmium, blei, zink u. a.)
VORHABEN:
LEBENSMITTEL-, FUTTERMITTELKONTAMINATION
QA -063 metabolisierung und restmengen von aethylenoxid in lebensmitteln nach der begasung
QA -064 kontamination von lebensmitteln durch cadmium, blei und zinn
QC -044 organohalogenverbindungen: chlorcholinchlorid

1081
LEHRSTUHL FUER LUFT- UND RAUMFAHRT DER TH AACHEN
5100 AACHEN, TEMPLERGRABEN 55
TEL.: (0241) 426800 TX.: 832704
- LEITER: PROF.DR.-ING. ROLF STAUFENBIEL
- FORSCHUNGSSCHWERPUNKTE:
stroemungsakustik
VORHABEN:
LAERM UND ERSCHUETTERUNGEN
FA -053 interferenz bei ueberschallstrahlen
FB -070 abhaengigkeit der laermerzeugung durch rotoren von definierten stoerungen in der zustroemung

1082
LEHRSTUHL FUER MAKROMOLEKULARE STOFFE DER TU MUENCHEN
8000 MUENCHEN 2, ARCISSTR. 21
TEL.: (089) 21052345 TX.: 522854
- LEITER: PROF.DR. KURT DIALER
- FORSCHUNGSSCHWERPUNKTE:
adsorption makromolekularer substanzen und die stabilitaet von suspensionen
VORHABEN:
WASSERREINHALTUNG UND WASSERVERUNREINIGUNG
KA -023 die wirkung der makromolekularen adsorption auf die stabilitaet von suspensionen

1083
LEHRSTUHL FUER MECHANISCHE VERFAHRENSTECHNIK DER TU CLAUSTHAL
3392 CLAUSTHAL-ZELLERFELD, ZELLBACH 5
TEL.: (05323) 722309
- LEITER: PROF.DR.-ING. KURT LESCHONSKI
- FORSCHUNGSSCHWERPUNKTE:
sondenmesstechnik fuer gas-feststoff-zweiphasenstroemungen; wiederverwertung von kunststoffabfaellen; theoretische und experimentelle untersuchung eines modellnassentstaubers; staubmesstechniken
VORHABEN:
LUFTREINHALTUNG UND LUFTVERUNREINIGUNG
CA -079 sondenmesstechnik in gas-feststoff-zweiphasenstroemungen
ABFALL
ME -065 aufbereitung von kunststoffabfaellen zum zwecke der verwertung (zerkleinern und klassieren)

1084
LEHRSTUHL FUER MIKROBIOLOGIE DER TU HANNOVER
3000 HANNOVER, SCHNEIDERBERG 50
TEL.: (0511) 762-4359
- LEITER: PROF.DR. H. DIEKMANN
- FORSCHUNGSSCHWERPUNKTE:
abwassermikrobiologie
VORHABEN:
WASSERREINHALTUNG UND WASSERVERUNREINIGUNG
KE -052 isolierung und identifizierung der blaehschlammorganismen aus klaeranlagen als grundlage zur verbesserung der absetzeigenschaften des belebtschlamms

1085
LEHRSTUHL FUER MINERALOELCHEMIE DER TU MUENCHEN
8000 MUENCHEN 2, ARCISSTR. 21
TEL.: (089) 21052372
- LEITER: PROF.DR. W. NITSCH
- FORSCHUNGSSCHWERPUNKTE:
kohlenwasserstoff-emission von ottomotoren (spezielle emission von polyzyklischen, aromatischen kohlenwasserstoffen sowie gasfoermige ch-emissionen; gruppenanalytik von kohlenwasserstoffen); messung der immission der stadtluft (problematik bei der anreicherung und analytischen erfassung nach spezifischen schadstoffgruppen)
VORHABEN:
LUFTREINHALTUNG UND LUFTVERUNREINIGUNG
BA -055 ermittlung der in der zusammensetzung von kraftstoffen liegenden ursachen fuer das auftreten schaedlicher abgasbestandteile bei hubkolben-ottomotoren
BA -056 zur polycyclenbildung in ottomotoren

1086
LEHRSTUHL FUER NUKLEARMEDIZIN UND NUKLEARMEDIZINISCHE KLINIK UND POLIKLINIK DER TU MUENCHEN
8000 MUENCHEN 80, ISMANINGER STRASSE 22
TEL.: (089) 4477-341, -342
- LEITER: PROF.DR. WERNER PABST
VORHABEN:
STRAHLUNG, RADIOAKTIVITAET
NB -051 raster-elektronenmikroskopische untersuchungen ueber gewebeschaeden an oberflaechen verschiedener organe nach einwirkung von roentgenstrahlen, inkorporierten radionukliden und fremdstoffen

1087
LEHRSTUHL FUER OEKOLOGISCHE CHEMIE DER TU MUENCHEN
8050 FREISING -WEIHENSTEPHAN
TEL.: (08161) 71581
- LEITER: PROF.DR. FRIEDHELM KORTE
VORHABEN:
UMWELTCHEMIKALIEN
OC -033 methoden der analytik fuer synthetische organische umweltchemikalien (xenobiotika)
OD -084 ausbreitungsverhalten synthetischer organischer umweltchemikalien (xenobiotika)
OD -085 bilanz der umwandlung von umweltchemikalien unter simulierten atmosphaerischen bedingungen
WIRKUNGEN UND BELASTUNGEN DURCH SCHADSTOFFE
PC -051 oekologisch-toxikologische effekte von fremdstoffen in nichtmenschlichen primaten und anderen labortieren
PC -052 bilanz der verteilung und umwandlung von umweltchemikalien in labortieren und mikroorganismen
PI -040 bilanz der verteilung und umwandlung von umweltchemikalien in modell-oekosystemen boden-pflanzen und algen

1088
LEHRSTUHL FUER PFLANZENBAU UND PFLANZENZUECHTUNG DER TU MUENCHEN
8050 FREISING -WEIHENSTEPHAN
TEL.: (08161) 71-422
- LEITER: PROF.DR. GERHARD FISCHBECK
- FORSCHUNGSSCHWERPUNKTE:
verbesserung der widerstandsfaehigkeit von kulturpflanzen gegen krankheitserreger durch resistenzzuechtung
VORHABEN:
LAND- UND FORSTWIRTSCHAFT
RE -042 mehltauresistenz von gerste

1089
LEHRSTUHL FUER PFLANZENERNAEHRUNG DER TU MUENCHEN
8050 FREISING -WEIHENSTEPHAN
TEL.: (08161) 71 390
- LEITER: PROF.DR. ANTON AMBERGER
- FORSCHUNGSSCHWERPUNKTE:
naehrstoffdynamik verschiedener standorte unter dem einfluss pflanzenbaulicher massnahmen
VORHABEN:
WASSERREINHALTUNG UND WASSERVERUNREINIGUNG
ID -053 ermittlung der mineralstoffauswaschung (incl. schwermetalle) unter dem einfluss der mkk-duengung
IF -031 phosphat-nitratfracht von oberflaechengewaessern
STRAHLUNG, RADIOAKTIVITAET
NB -052 umgebungsueberwachung von kernkraftwerken (versuchsatomkraftwerk kahl, kernkraftwerke gundremmingen und niederaichbach)
UMWELTCHEMIKALIEN
OD -086 mineralstoffbewegung im boden unter dem einfluss der duengung (lysimeter)
WIRKUNGEN UND BELASTUNGEN DURCH SCHADSTOFFE
PG -051 methode zur benzpyrenbestimmung; ermittlung von aufnahme und verteilung in der pflanze
PH -054 einfluss von polyzyklischen kohlenwasserstoffen auf wachstum und stoffwechsel von pflanzen (flughaefen)
LAND- UND FORSTWIRTSCHAFT
RD -046 fragen landwirtschaftlicher duengung und umweltschutz
RD -047 wirkung verschiedener n-duenger auf boden und pflanze in einem 50-jaehrigen feldversuch auf ackerbraunerde

1090
LEHRSTUHL FUER PFLANZENOEKOLOGIE DER UNI BAYREUTH
8580 BAYREUTH, AM BIRKENGUT
TEL.: (0921) 6088350
- LEITER: PROF.DR. ERNST-DETLEF SCHULZE
- FORSCHUNGSSCHWERPUNKTE:
stoffproduktion und wasserhaushalt von pflanzen bei wasseranspannung; stoffproduktion und wasserhaushalt von waldbaeumen; vegetationskundliche untersuchungen in oberfranken; einfluss von herbiziden auf geologische membranen; physiologische grundlagen von salzstress und salztoleranz in pflanzen
VORHABEN:
WIRKUNGEN UND BELASTUNGEN DURCH SCHADSTOFFE
PG -052 der einfluss von herbiziden auf die aktivitaet biologischer membranen
LAND- UND FORSTWIRTSCHAFT
RE -043 physiologische grundlagen von salzstress und salztoleranz in pflanzen
RG -035 stoffproduktion von waldbaeumen
UMWELTPLANUNG, UMWELTGESTALTUNG
UM -073 stoffproduktion und wasserhaushalt von pflanzen bei wasseranspannung
UM -074 vegetationskundliche untersuchungen in oberfranken

1091
LEHRSTUHL FUER PFLANZENPHYSIOLOGIE DER UNI BOCHUM
4630 BOCHUM, UNIVERSITAETSSTR. 150
TEL.: (0234) 71-4291 TX.: 08 25 860
- LEITER: PROF.DR. MEINHART H. ZENK
- FORSCHUNGSSCHWERPUNKTE:
untersuchungen zum metabolismus eines insektiziden wirkstoffes (lindan) in nutzpflanzen und pflanzlichen zellkulturen
VORHABEN:
WIRKUNGEN UND BELASTUNGEN DURCH SCHADSTOFFE
PG -053 untersuchungen zum metabolismus eines insektiziden wirkstoffs (lindan) in nutzpflanzen und pflanzlichen gewebekulturen

1092
LEHRSTUHL FUER PHYSIKALISCHE FERTIGUNGSVERFAHREN DER UNI DORTMUND
4600 DORTMUND 50, AUGUST-SCHMIDT-STR.
TEL.: (0231) 7552583
- LEITER: PROF.DR.-ING. HANS-DIETER STEFFENS
- FORSCHUNGSSCHWERPUNKTE:
schadstoffemission bei thermischen metallspritzverfahren
VORHABEN:
HUMANSPHAERE
TA -060 untersuchungen ueber die verminderung der gefaehrdung des bedienungspersonals bei thermischen spritzen durch schadstoffe

1093
LEHRSTUHL FUER PHYSISCHE GEOGRAPHIE DER UNI AUGSBURG
8900 AUGSBURG, ALTER POSTWEG 101
TEL.: (0821) 5901-1
- LEITER: PROF.DR. KLAUS FISCHER
- FORSCHUNGSSCHWERPUNKTE:
stadtklimaforschung
VORHABEN:
LUFTREINHALTUNG UND LUFTVERUNREINIGUNG
AA -121 klimageographische modelluntersuchung des raumes von augsburg unter besonderer beruecksichtigung der lufthygienischen situation

1094
LEHRSTUHL FUER PSYCHOLOGIE (INSBESONDERE WIRTSCHAFTS- UND SOZIALPSYCHOLOGIE) DER UNI ERLANGEN-NUERNBERG
8500 NUERNBERG, UNSCHLITTPLATZ 1
TEL.: (0911) 204877, APP. 19
- LEITER: PROF.DR. JOACHIM FRANKE
- FORSCHUNGSSCHWERPUNKTE:
psychologie des umwelterlebens; psychologie der stadtgestaltung
VORHABEN:
HUMANSPHAERE
TB -026 untersuchung der beziehungen zwischen der gestaltung von siedlungsgebieten und dem durch sie determinierten erleben und bewerten der region
TB -027 empirische untersuchung der moeglichkeit, die lebensqualitaet geplanter siedlungen zu prognostizieren
TB -028 der einfluss der persoenlichkeit auf das image von wohnarealen
TB -029 entwicklung und erprobung eines instrumentariums zur erfassung erlebnisrelevanter gestaltungsmerkmale von wohnarealen
UMWELTPLANUNG, UMWELTGESTALTUNG
UK -066 die wirkungen agrarstruktureller massnahmen in naherholungsgebieten auf das erleben erholungssuchender personen

1095
LEHRSTUHL FUER RAUMFORSCHUNG, RAUMORDNUNG UND LANDESPLANUNG DER TU MUENCHEN
8000 MUENCHEN 2, GABELSBERGERSTR. 30/II
TEL.: (089) 21052489
- LEITER: PROF.DR. GOTTFRIED MUELLER
- FORSCHUNGSSCHWERPUNKTE:
oekologische planungsgrundlagen, raumordnungsmodelle; interdependenzen zwischen raumnutzung und natuerlichen faktoren
VORHABEN:
UMWELTPLANUNG, UMWELTGESTALTUNG
UL -063 wissenschaftliche gutachten zu oekologischen planungsgrundlagen fuer den verdichtungsraum nuernberg - fuerth - erlangen - schwabach

1096
LEHRSTUHL FUER REAKTORTECHNIK DER TH AACHEN
5100 AACHEN, EILFSCHORNSTEINSTR.
TEL.: (0241) 425440
- LEITER: PROF.DR. SCHULTEN
- FORSCHUNGSSCHWERPUNKTE:
umweltbelastung durch kerntechnik
VORHABEN:
STRAHLUNG, RADIOAKTIVITAET
NB -053 radioaktive umweltbelastung in der bundesrepublik deutschland durch aus kernreaktoren und wiederaufarbeitungsanlagen freigesetzte radionuklide im naechsten jahrhundert

1097
LEHRSTUHL FUER SPEZIELLE ZOOLOGIE DER UNI BOCHUM
4630 BOCHUM, UNIVERSITAETSSTR. 150
TEL.: (0234) 7004563, 7004998
- LEITER: PROF.DR. HANS MERGNER
- FORSCHUNGSSCHWERPUNKTE:
aufheizungseffekte durch das waermekraftwerk elwerlingsen auf die invertebratenfauna der lenne; erfassung oekologischer grundlagen fuer den aufwuchs von riffkorallen in hafenanlagen
VORHABEN:
ABWAERME
GB -034 untersuchungen ueber aufheizungseffekte durch das waermekraftwerk elwerlingsen auf die invertebratenfauna der lenne (nebenfluss der ruhr)

1098
LEHRSTUHL FUER TECHNISCHE CHEMIE B DER UNI DORTMUND
4600 DORTMUND 50, AUGUST-SCHMIDT-STR. 8
TEL.: (0231) 755-2696 TX.: 822465
- LEITER: PROF.DR. ULFERT ONKEN
- FORSCHUNGSSCHWERPUNKTE:
ozonisierung von abwasser, untersuchungen anhand von modellsystemen
VORHABEN:
WASSERREINHALTUNG UND WASSERVERUNREINIGUNG
KB -074 untersuchungen auf dem gebiet der abwasserreinigung mit hilfe von ozon

1099
LEHRSTUHL FUER TECHNISCHE CHEMIE DER UNI BOCHUM
4630 BOCHUM, UNIVERSITAETSSTR. 150
TEL.: (0234) 7006745 TX.: 08-25860
- LEITER: PROF.DR. MANFRED BAERENS
- FORSCHUNGSSCHWERPUNKTE:
aufarbeitung von hochsiedenden destillationsrueckstaenden aus petrochemischen prozessen; abscheidung von geloesten salzen aus loesungen (abwaessern) als granulat in wirbelschichten durch verdampfen des loesungsmittels
VORHABEN:
ABFALL
ME -066 aufarbeitung von hochsiedenden destillationsrueckstaenden aus petrochemischen prozessen

1100
LEHRSTUHL FUER TECHNISCHE CHEMIE II (TRENNTECHNIK) DER UNI ERLANGEN-NUERNBERG
8520 ERLANGEN, EGERLANDSTR. 3
TEL.: (09131) 85-4440 TX.: 629755
- LEITER: PROF.DR. PETER
- FORSCHUNGSSCHWERPUNKTE:
entschwefelung von abgasen; beseitigung von phenol aus abwaessern durch umgekehrte osmose
VORHABEN:
LUFTREINHALTUNG UND LUFTVERUNREINIGUNG
DB -031 ueberfuehrung der in abgasen, speziell rauchgasen enthaltenen schwefeloxide in elementaren schwefel
DC -048 beseitigung des schwefelgehaltes aus abgasen von clausanlagen
WASSERREINHALTUNG UND WASSERVERUNREINIGUNG
KB -075 beseitigung von phenol aus abwaessern durch umgekehrte osmose

1101
LEHRSTUHL FUER THEORIE DER ARCHITEKTURPLANUNG DER TU HANNOVER
3000 HANNOVER, SCHLOSSWENDER STRASSE 1
TEL.: (0511) 762-3270
- LEITER: PROF. GERHART LAAGE
- FORSCHUNGSSCHWERPUNKTE:
architektur- und stadtplanung, planungsprozess, gestaltplanung, stadtgestaltung
VORHABEN:
HUMANSPHAERE
TB -030 verbesserung des wohnwertes von bestehenden und neu zu planenden wohnquartieren durch massnahmen im wohnungsumfeld
TC -016 instrumentarien fuer die integration von naherholungsfunktionen in die siedlungsentwicklung der niedersaechsischen ballungsrandgebiete

1102
LEHRSTUHL FUER TIERERNAEHRUNG DER TU MUENCHEN
8050 FREISING -WEIHENSTEPHAN
TEL.: (08161) 71-400
- LEITER: PROF.DR. KIRCHGESSNER
VORHABEN:
WIRKUNGEN UND BELASTUNGEN DURCH SCHADSTOFFE
PA -038 bestimmung von enzymaktivitaeten im tier

1103
LEHRSTUHL FUER TIERHYGIENE DER UNI MUENCHEN
8000 MUENCHEN 22, VETERINAERSTR. 13
TEL.: (089) 2180-2536
- LEITER: PROF.DR. JOHANN KALICH
- FORSCHUNGSSCHWERPUNKTE:
umweltschutz in der tierhaltung; abfallbeseitigung bei der schweineintensivhaltung, massnahmen gegen immissionen und emissionen in staellen
VORHABEN:
LUFTREINHALTUNG UND LUFTVERUNREINIGUNG
BD -010 untersuchung des gas- und staubgehalts in der abluft von mastschweinestaellen in abhaengigkeit von der art und hoehe der abluftentnahme im stall
ABFALL
MF -048 entwicklung eines oxydationssystems zur fluessigmistbehandlung mit anschliessender mikrobiologischer verwertung

1104
LEHRSTUHL FUER TIEROEKOLOGIE DER UNI BAYREUTH
8580 BAYREUTH, POSTFACH 3008
TEL.: (0921) 43200
- LEITER: PROF.DR. HELMUT ZWOELFER
VORHABEN:
UMWELTPLANUNG, UMWELTGESTALTUNG
UM -075 oekologische regelung (biologische bekaempfung) eingeschleppter unkrautarten der gattung solidago

1105
LEHRSTUHL FUER TIERZUCHT DER TU MUENCHEN
8050 FREISING -WEIHENSTEPHAN
TEL.: (08161) 71-228
- LEITER: PROF.DR. FRANZ PIRCHNER
- FORSCHUNGSSCHWERPUNKTE:
tierzucht und tierhaltung, genetik und zytogenetik
VORHABEN:
WIRKUNGEN UND BELASTUNGEN DURCH SCHADSTOFFE
PC -053 die chromosomenanalyse bei embryonen in den ersten zellteilungen als testmodell fuer die umweltforschung

1106
LEHRSTUHL FUER UNTERNEHMENSRECHNUNG DER UNI DORTMUND
4600 DORTMUND, VOGELPOTHSWEG
TEL.: (0231) 755-3140 TX.: 822 465
- LEITER: PROF.DR. THOMAS REICHMANN
- FORSCHUNGSSCHWERPUNKTE:
analyse unternehmerischer anpassungsmassnahmen an staatliche umweltpolitische instrumente; interne und externe rechnungslegung ueber unternehmerische umweltschutz-aktivitaeten
VORHABEN:
UMWELTPLANUNG, UMWELTGESTALTUNG
UA -054 analyse betrieblicher umweltschutzmassnahmen aufgrund von anpassungsprozessen an staatliche umweltpolitische instrumente

1107
LEHRSTUHL FUER VERBRENNUNGSKRAFTMASCHINEN UND KRAFTFAHRZEUGE DER TU MUENCHEN
8000 MUENCHEN 50, SCHRAGENHOFSTR. 31
TEL.: (089) 21052515, 21058597 TX.: 05-22854
- LEITER: PROF. GERHARD WOSCHNI
- FORSCHUNGSSCHWERPUNKTE:
verbrennung in otto- und dieselmotoren, fragen der gemischbildung
VORHABEN:
LUFTREINHALTUNG UND LUFTVERUNREINIGUNG
BA -057 gemischbildung; zuendung und abgaszusammensetzung bei ottomotoren unter instationaeren bedingungen
BA -058 einfluss der brennraumgeometrie und der temperaturverhaeltnisse auf die abgaszusammensetzung bei vorkammer-dieselmotoren
DA -053 schadstoffverminderung durch adaptive regelung des luftverhaeltnisses von ottomotoren
DA -054 entwicklung eines aufgeladenen ottomotors als wirtschaftliche antriebsquelle mit niedrigem leistungsgewicht, kleinem bauvolumen und geringen emissionswerten

1108
LEHRSTUHL FUER VERFAHRENSTECHNIK IN DER TIERPRODUKTION DER UNI HOHENHEIM
7000 STUTTGART 70, GARBENSTR. 9
TEL.: (0711) 4701-2500
- LEITER: PROF.DR. BISCHOFF
- FORSCHUNGSSCHWERPUNKTE:
emissionen der tierproduktion; dungaufbereitung, geruchsbeseitigung
VORHABEN:
WASSERREINHALTUNG UND WASSERVERUNREINIGUNG
KD -017 untersuchung ueber die weitergehende reinigung biologisch behandelter abwaesser der massentierhaltung bis zum zulaessigen reinheitsgrad
ABFALL
MB -055 untersuchungen zur aufbereitung von tierischen exkrementen durch belueftung mit dem ziel der geruchsminderung, entseuchung und gehaltsverminderung

1109
LEHRSTUHL FUER VERKEHRS- UND STADTPLANUNG DER TU MUENCHEN
8000 MUENCHEN 2, ARCISSTR. 21
TEL.: (089) 2105-2457 TX.: 522854
- LEITER: DR.-ING. KARL GLUECK
- FORSCHUNGSSCHWERPUNKTE:
verkehrslaermfragen; stadterneuerungsplanung; staedtebau; umweltforschung
VORHABEN:
LAERM UND ERSCHUETTERUNGEN
FA -054 schallpegelabnahme bei typischen baukoerperformen und stellungen
FB -071 schallschutz an strassen (beispielsammlung)
FD -034 schallschutz bei sanierungsplanungen
UMWELTPLANUNG, UMWELTGESTALTUNG
UF -024 auswirkungen des neuen entwurfs din 18005 blatt 1 auf die bauleitplanung

1110
LEHRSTUHL FUER VOLKSWIRTSCHAFTSLEHRE UND AUSSENWIRTSCHAFT DER UNI MANNHEIM
6800 MANNHEIM 1, SCHLOSS
TEL.: (0621) 292-2954
- LEITER: PROF.DR. HORST SIEBERT
VORHABEN:
UMWELTPLANUNG, UMWELTGESTALTUNG
UA -055 analyse der instrumente der umweltpolitik (problemstudie und internationaler vergleich)
UA -056 umwelt und aussenhandel. eine theoretische analyse

1111
LEHRSTUHL FUER WASSERBAU UND WASSERWIRTSCHAFT DER TU MUENCHEN
8000 MUENCHEN 2, ARCISSTR. 21
TEL.: (0811) 21051
- LEITER: PROF. HARTUNG
VORHABEN:
WASSERREINHALTUNG UND WASSERVERUNREINIGUNG
HA -093 verhinderung der weiteren eintiefung der isar bei dingolfing
HB -068 aenderung der statistik von niedrigwasserperioden infolge anthropogener einfluesse
ID -054 oelabwehr bei pipelinebruch

1112
LEHRSTUHL FUER WERKSTOFFWISSENSCHAFTEN III (GLAS UND KERAMIK) DER UNI ERLANGEN-NUERNBERG
8520 ERLANGEN, MARTENSSTR. 5
TEL.: (09131) 85-4542
- LEITER: PROF.DR. H.J. OEL
- FORSCHUNGSSCHWERPUNKTE:
konservierung und restaurierung von sandsteinen; abgabe von schwermetallen aus glasuroberflaechen von geschirrporzellan
VORHABEN:
WIRKUNGEN UND BELASTUNGEN DURCH SCHADSTOFFE
PK -025 durchfuehrung von physikalisch-chemischen untersuchungen zur konservierung von bauplastik und freistehenden skulpturen
PK -026 reaktionen beim chemischen angriff von dekorfarben und glasoberflaechen im sauren und alkalischen bereich (schnellpruefverfahren)
PK -027 untersuchung zum mechanischen und chemischen verwitterungsverhalten von steinergaenzungsmaterial an baudenkmaelern
UMWELTPLANUNG, UMWELTGESTALTUNG
UF -025 einfluss von grundwasserveraenderungen auf bauwerke

1113
LEHRSTUHL FUER WIRTSCHAFTS- UND SOZIALGEOGRAPHIE DER UNI ERLANGEN-NUERNBERG
8500 NUERNBERG, FINDELGASSE 7-9
TEL.: (0911) 203191, APP. 34
- LEITER: PROF.DR. WIGAND RITTER
- FORSCHUNGSSCHWERPUNKTE:
wasserwirtschaft
VORHABEN:
WASSERREINHALTUNG UND WASSERVERUNREINIGUNG
HE -037 bestimmungsfaktoren des regionalen wasserverbrauchs in der bundesrepublik deutschland unter besonderer beruecksichtigung der ballungsraeume

1114
LEHRSTUHL FUER ZELLENLEHRE DER UNI HEIDELBERG
6900 HEIDELBERG, IM NEUENHEIMER FELD 230
TEL.: (06221) 56-2660
- LEITER: PROF.DR. EBERHARD SCHNEPF
- FORSCHUNGSSCHWERPUNKTE:
wirkung von blei, insbesondere organoblei, auf die entwicklung einzelliger algen
VORHABEN:
WIRKUNGEN UND BELASTUNGEN DURCH SCHADSTOFFE
PF -067 wirkung von blei, insbesondere organoblei, auf die entwicklung einzelliger algen

1115
LEHRSTUHL UND INSTITUT FUER ALLGEMEINE NACHRICHTENTECHNIK DER TU HANNOVER
3000 HANNOVER, CALLINSTR. 15
TEL.: (0511) 7622810
- LEITER: PROF.DR.-ING. H. KINDLER
VORHABEN:
LAERM UND ERSCHUETTERUNGEN
FA -055 laermmessungen im rahmen gutachtlicher taetigkeit

1116
LEHRSTUHL UND INSTITUT FUER APPARATETECHNIK UND ANLAGENBAU DER UNI ERLANGEN-NUERNBERG
8520 ERLANGEN, ERWIN-ROMMEL-STR. 1
VORHABEN:
WASSERREINHALTUNG UND WASSERVERUNREINIGUNG
HB -069 systemanalyse submariner entsalzungsanlagen nach dem prinzip der umgekehrten osmose

1117
LEHRSTUHL UND INSTITUT FUER BAUSTOFFKUNDE UND MATERIALPRUEFUNG DER TU HANNOVER
3000 HANNOVER, NIENBURGER STRASSE 3
TEL.: (0511) 762-3104 TX.: 923 868
- LEITER: PROF.DR. HANS-JOACHIM WIERIG
- FORSCHUNGSSCHWERPUNKTE:
recycling; mauerwerk, beton, konstr. strassenbau
VORHABEN:
ABFALL
ME -067 zur gewinnung und aufbereitung von hochofenschlackenschmelzen aus modernen verhuettungsverfahren zu strassenbaustoffen

1118
LEHRSTUHL UND INSTITUT FUER FERTIGUNGSTECHNIK UND SPANENDE WERKZEUGMASCHINEN DER TU HANNOVER
3000 HANNOVER, WELFENGARTEN 1A
TEL.: (0511) 762-2533 TX.: 09-23868
- LEITER: PROF.DR.-ING. HANS KURT TOENSCHOFF
- FORSCHUNGSSCHWERPUNKTE:
dynamisches verhalten von werkzeugmaschinen und laermminderung von fertigungsprozessen und maschinen; geraeuschanalyse, erarbeitung von grundlagen fuer normen, verfahrensentwicklung,-entwicklung alternativer verfahren, entwurf laermgerechter maschinen
VORHABEN:
LAERM UND ERSCHUETTERUNGEN
FC -077 geraeuschverhalten von werkzeugmaschinen
FC -078 laermminderung beim schleifen von blech und konstruktionselementen aus blech
FC -079 entwicklung eines geraeuscharmen bearbeitungsverfahrens fuer bleche und blechkonstruktionen als ersatz fuer geraeuschintensive schleifprozesse mit handschleifmaschinen
FC -080 analyse des geraeuschverhaltens und massnahmen zur laermminderung an kreissaegemaschinen fuer die gesteinsbearbeitung
FC -081 untersuchungen von grundlagen und von methoden zur vorherbestimmung des geraeuschverhaltens von fraesmaschinen bei arbeitsbedingungen
FC -082 untersuchung und entwicklung schnellaufender geraeuscharmer werkzeuge

1119
LEHRSTUHL UND INSTITUT FUER KERNTECHNIK DER TU HANNOVER
3000 HANNOVER, ELBESTR. 38A
TEL.: (0511) 762-6321
- LEITER: PROF.DR. DIETER STEGEMANN
VORHABEN:
STRAHLUNG, RADIOAKTIVITAET
NC -095 anwendung statistischer analysenverfahren in leistungsreaktoren mit dem sicherheitstechnischen ziel der frueherkennung von schaeden
NC -096 fortsetzung der untersuchungen zur anwendung statistischer analyseverfahren in leistungsreaktoren mit dem sicherheitstechnischen ziel der frueherkennung von schaeden

1120
LEHRSTUHL UND INSTITUT FUER KRAFTFAHRWESEN DER TU HANNOVER
3000 HANNOVER, NIENBURGER STRASSE 1
TEL.: (0511) 762-3322 TX.: 923 868
- LEITER: PROF.DR. FRITZ GAUSS
- FORSCHUNGSSCHWERPUNKTE:
fahrzeuggeraeusche, fahreigenschaften, fahrzeuglenkung, fahrbahnbeanspruchung
VORHABEN:
LAERM UND ERSCHUETTERUNGEN
FB -072 laermbelaestigung durch nutzfahrzeuge - impulshaltige geraeusche

1121
LEHRSTUHL UND INSTITUT FUER LANDESPLANUNG UND RAUMFORSCHUNG DER TU HANNOVER
3000 HANNOVER, HERRENHAEUSERSTR. 2
TEL.: (0511) 762-2660
- LEITER: PROF.DR. HANS KISTENMACHER
- FORSCHUNGSSCHWERPUNKTE:
raeumliche konzeptionen der regional- und landesplanung; stadtentwicklungsplanung; naherholung
VORHABEN:
UMWELTPLANUNG, UMWELTGESTALTUNG
UE -038 vergleichende analyse und bewertung kleinraeumiger axialer siedlungskonzeptionen in unterschiedlich strukturierten verdichtungsraeumen
UE -039 entwicklung von indikatoren fuer die landesentwicklungsplanung am beispiel des verkehrsbereiches
UK -067 analyse der wechselbeziehungen zwischen verdichtungsraeumen und naherholungsgebieten

1122
LEHRSTUHL UND INSTITUT FUER LANDMASCHINEN DER TU BERLIN
1000 BERLIN, ZOPPOTER STRASSE 35
VORHABEN:
UMWELTCHEMIKALIEN
OA -033 automatisierung von untersuchungsverfahren ueber vorkommen und wirkungen von umweltchemikalien und bioziden

1123
LEHRSTUHL UND INSTITUT FUER LANDSCHAFTSPFLEGE UND NATURSCHUTZ DER TU HANNOVER
3000 HANNOVER, HERRENHAEUSERSTR. 2
TEL.: (0511) 762-3670
- LEITER: PROF.DR. FRANZ H. MEYER
VORHABEN:
UMWELTPLANUNG, UMWELTGESTALTUNG
UK -068 landschaftsrahmenplan, nahbereich lindau / bayern
UM -076 versuche mit niedrigwuechsigen straeucherarten zur erprobung ihrer eignung als rasenersatz an strassen

1124
LEHRSTUHL UND INSTITUT FUER OBSTBAU UND BAUMSCHULE DER TU HANNOVER
3203 SARSTEDT, HAUS STEINBERG
TEL.: (05066) 826122, (0511) 762-3686
- LEITER: PROF.DR. PAUL-GERHARD DE HAAS

VORHABEN:
LAND- UND FORSTWIRTSCHAFT
RE -044 nebenwirkungen von fungiziden auf die obstbauliche leistung und auf physiologische fruchterkrankungen bei aepfeln

1125
LEHRSTUHL UND INSTITUT FUER PFLANZENKRANKHEITEN UND PFLANZENSCHUTZ DER TU HANNOVER
3000 HANNOVER, HERRENHAEUSERSTR. 2
TEL.: (0511) 762 2641
- LEITER: PROF.DR. F. SCHOENBECK
- FORSCHUNGSSCHWERPUNKTE:
wirkung von pflanzenschutzmitteln auf kulturpflanzen und biozoenose; einsatzmoeglichkeiten biologischer verfahren zur bekaempfung von pflanzenkrankheiten
VORHABEN:
WIRKUNGEN UND BELASTUNGEN DURCH SCHADSTOFFE
PG -054 verhalten und nebenwirkungen von herbiziden im boden und in kulturpflanzen
PG -055 identifizierung von pestizidrueckstaenden im erdboden und in gewaessern mit hilfe von geophilen insekten

1126
LEHRSTUHL UND INSTITUT FUER PHOTOGRAMMETRIE UND INGENIEURVERMESSUNGEN DER TU HANNOVER
3000 HANNOVER, NIENBURGER STRASSE 1
VORHABEN:
WASSERREINHALTUNG UND WASSERVERUNREINIGUNG
IE -051 untersuchungen ueber die wechselbeziehungen land/wasser im kuestenbereich

1127
LEHRSTUHL UND INSTITUT FUER STAEDTEBAU UND LANDESPLANUNG DER TH AACHEN
5100 AACHEN, SCHINKELSTR. 1
TEL.: (0241) 425033 TX.: 08-32704
- LEITER: PROF. GURDES
- FORSCHUNGSSCHWERPUNKTE:
landesplanung, entwicklungszentren, verdichtungsraeume; kommunale planung, planungsprozesse, standortprogrammplanung, stadtteil- und wohnquartierqualitaeten, abstandsregelung in der bauleitplanung
VORHABEN:
LUFTREINHALTUNG UND LUFTVERUNREINIGUNG
AA -122 abstandsregelungen in der bauleitplanung
EA -015 luftreinhaltung als faktor der stadt- und regionalplanung
LAERM UND ERSCHUETTERUNGEN
FD -035 einfluss staedtebaulicher einzelelemente auf die laermausbreitung
ABFALL
MG -030 staedtebauliche anforderungen bei der saeuberung, verwertung und beseitigung von festen siedlungsabfaellen
STRAHLUNG, RADIOAKTIVITAET
NC -097 eine analyse der standortbedingungen fuer reaktoren
HUMANSPHAERE
TB -031 ein beitrag zur bewertung der vom kraftwagenverkehr beeinflussten umweltqualitaet von stadtstrassen
TB -032 erarbeitung von kriterien und leitlinien fuer die qualitaet von wohnquartieren und des wohnumfeldes fuer kinder, jugendliche, familien und alte menschen

1128
LEHRSTUHL UND INSTITUT FUER TECHNISCHE CHEMIE DER TU HANNOVER
3000 HANNOVER, CALLINSTR. 46
TEL.: (0511) 762-1
- LEITER: PROF.DR. KARL SCHUEGERL
VORHABEN:
UMWELTCHEMIKALIEN
OA -034 isotopentechnische untersuchungen; entwicklung und anwendung neuer messtechniken fuer chemische industrie

1129
LEHRSTUHL UND INSTITUT FUER TECHNISCHE THERMODYNAMIK IN DER FAKULTAET FUER MASCHINENBAU DER UNI KARLSRUHE
7500 KARLSRUHE, KAISERSTR. 12
TEL.: (0721) 608 3930
- LEITER: PROF.DR. GUENTER ERNST
- FORSCHUNGSSCHWERPUNKTE:
untersuchungen an kuehltuermen
VORHABEN:
ABWAERME
GA -015 untersuchungen an einem naturzugnasskuehlturm
GA -016 entwicklung von hybrid-kuehltuermen (nass-trocken)
GA -017 berechnung der ausbreitung von kuehlturmschwaden mit numerisch-mathematischen modellen
HUMANSPHAERE
TF -038 bakterienauswurf aus kuehltuermen

1130
LEHRSTUHL UND INSTITUT FUER VERFAHRENSTECHNIK DER TU HANNOVER
3000 HANNOVER, LANGE LAUBE 14
TEL.: (0511) 762-3638
- LEITER: PROF.DR. FRANZ MAYINGER
VORHABEN:
WASSERREINHALTUNG UND WASSERVERUNREINIGUNG
HB -070 untersuchungen zum dynamischen verhalten von entspannungsverdampfern fuer meerwasserentsalzungsanlagen
STRAHLUNG, RADIOAKTIVITAET
NC -098 theoretische und experimentelle untersuchungen ueber modellgesetze fuer instationaere waermeuebertragungsbedingungen in wassergekuehlten reaktoren bei notkuehlung
NC -099 untersuchung thermohydraulischer vorgaenge sowie waerme- und stoffaustausch in der coreschmelze
NC -100 untersuchungen zur risserkennung an druckfuehrenden reaktorbauteilen mit hilfe der optischen holografie durch oberflaechenwellen-analyse
NC -101 experimentelle und theoretische untersuchungen zum thermohydraulischen verhalten des cores in der ersten blow-down-phase
NC -102 verhalten der kernschmelze beim hypothetischen reaktorstoerfall unter beachtung der einfluesse des abschmelzvorganges, des erstarrens von schmelze und des siedens der schmelze

1131
LEHRSTUHL UND INSTITUT FUER WASSERBAU UND WASSERWIRTSCHAFT DER TH AACHEN
5100 AACHEN, MIES-VAN-DER-ROHE-STR.
TEL.: (0241) 425263 TX.: 832704
- LEITER: PROF.DR.-ING. GERHARD ROUVE
- FORSCHUNGSSCHWERPUNKTE:
wasserbauliches versuchswesen; grundwasserstroemung, hydrologie
VORHABEN:
ABWAERME
GB -035 ein mathematisches modell zur beschreibung der abkuehlung eines warmwasserstromes im boden
WASSERREINHALTUNG UND WASSERVERUNREINIGUNG
IB -027 stochastische niederschlags-abflussmodelle in abhaengigkeit von der struktur des einzugsgebietes
ID -055 einleitung von kuehlwaessern in raeumlich kontrollierte grundgewaessertraeger

1132
LEHRSTUHL UND INSTITUT FUER WERKZEUGMASCHINEN UND BETRIEBSTECHNIK DER UNI KARLSRUHE
7500 KARLSRUHE, KAISERSTR. 12
TEL.: (0721) 608 2440
- LEITER: PROF.DR.-ING. HANS VICTOR
- FORSCHUNGSSCHWERPUNKTE:
untersuchungen zur geraeuschminderung von hydrostatischen pumpen

VORHABEN:
LAERM UND ERSCHUETTERUNGEN
FC -083 untersuchung des geraeuschverhaltens und der geraeuschursachen an steuer- und regelbaren hydrostatischen pumpen
FC -084 geraeuschminderung an verstellbaren axialkolbenpumpen und -motoren durch beeinflussung der druckaenderungsgeschwindigkeit am umsteuersystem

1133
LEHRSTUHL UND LABORATORIUM FUER ENERGIEWIRTSCHAFT UND KRAFTWERKSTECHNIK DER TU MUENCHEN
8000 MUENCHEN 2, ARCISSTR. 21
TEL.: (089) 2105-8301
- LEITER: PROF.DR. HELMUT SCHAEFER
- FORSCHUNGSSCHWERPUNKTE:
regionaler und urbaner energieumsatz; stadtklimabeeinflussung durch energieumsatz
VORHABEN:
LUFTREINHALTUNG UND LUFTVERUNREINIGUNG
AA -123 sektorale analyse des energieumsatzes und seiner entwicklung in verdichtungsraeumen, auswirkungen auf das stadtklima in muenchen

1134
LEHRSTUHL UND LABORATORIUM FUER STROEMUNGSMECHANIK DER TU MUENCHEN
8000 MUENCHEN 2, ARCISSTR. 21
TEL.: (089) 2105-2506
- LEITER: PROF.DR. ERICH TRUCKENBRODT
- FORSCHUNGSSCHWERPUNKTE:
untersuchungen zur schadstoffausbreitung im windkanalmodell
VORHABEN:
LUFTREINHALTUNG UND LUFTVERUNREINIGUNG
CB -071 leistungsfaehigkeit von gebaeudekaminen und umweltbeeinflussung durch emittierte schadstoffe bei windanfall

1135
LEHRSTUHL UND PRUEFAMT FUER HYDRAULIK UND GEWAESSERKUNDE DER TU MUENCHEN
8000 MUENCHEN 2, ARCISSTR. 21
TEL.: (089) 2105-433
- LEITER: PROF.DR.-ING. FRANKE
- FORSCHUNGSSCHWERPUNKTE:
uebergang zwischen teil- und vollfuellung in kanalstrecken; speicher in fluss-systemen
VORHABEN:
WASSERREINHALTUNG UND WASSERVERUNREINIGUNG
IB -028 stroemungs- und messtechnische probleme bei uebergaengen zwischen teil- und vollfuellung in kanalstrecken

1136
LEHRSTUHL UND PRUEFAMT FUER WASSERGUETEWIRTSCHAFT UND GESUNDHEITSINGENIEURWESEN DER TU MUENCHEN
8000 MUENCHEN 2, ARCISSTR. 21
TEL.: (089) 21052424 TX.: 05-22854
- LEITER: PROF.DR.-ING. WOLFGANG BISCHOFSBERGER
- FORSCHUNGSSCHWERPUNKTE:
kanalisation (quantitativer und qualitativer abfluss, regenwasser); abwasserbehandlung (sedimentationsvorgaenge, sauerstoffbegasung, automatisierung, leistungssteigerung durch faellung); schlammbehandlung (hygienisierung durch gamma-strahlen)
VORHABEN:
WASSERREINHALTUNG UND WASSERVERUNREINIGUNG
IB -029 flutkurve in regenwasserkanalisationen
IB -030 auswirkungen von niederschlagsabfluss und -beschaffenheit in staedtischen gebieten auf klaeranlage und vorfluter
KB -076 einfluss der vorklaerung auf den biologischen wirkungsgrad und auswirkungen auf die gewaesserbelastungen
KB -077 leistung und optimierung chemischer faellung mit eisensalzen
KE -053 untersuchungen ueber die leistung von nachklaerbecken bei belebungsanlagen
KE -054 mathematische verfahren zum einsatz von prozessrechnern auf klaeranlagen
KE -055 anwendung von faellungsmitteln zur verbesserung der leistungsfaehigkeit biologischer klaeranlagen
KE -056 untersuchungen zur sauerstoffbegasung bei der biologischen abwasserreinigung nach dem belebungsverfahren
KE -057 ermittlung von kennwerten zur beschreibung der kapazitaet belebten schlammes und biologisch abbaubarer substrate
KE -058 untersuchungen ueber den einfluss der bestrahlung mit gammastrahlen auf die schlammeigenschaften und das schlammwasser
KE -059 untersuchungen ueber die leistung von nachklaerbecken bei belebungsanlagen (vertikal durchstroemte nachklaerbecken)

1137
LEICHTWEISS-INSTITUT FUER WASSERBAU DER TU BRAUNSCHWEIG
3300 BRAUNSCHWEIG, BEETHOVENSTR. 51A
TEL.: (0531) 391-3960
- LEITER: PROF.DR.-ING. ALFRED FUEHRBOETER
- FORSCHUNGSSCHWERPUNKTE:
be- und entwaesserung, abfalldeponien
VORHABEN:
WASSERREINHALTUNG UND WASSERVERUNREINIGUNG
HE -038 betrieb von verdunstungskesseln der class a zu vergleichszwecken
HG -051 auswertung von messergebnissen forstlich-hydrologischer untersuchungen im oberharz
ABFALL
MB -056 ermittlung von guenstigen betriebsbedingungen bei der mischung von hausmuell mit klaerschlamm in drehtrommeln
MC -041 temperaturverlauf in hochverdichteten hausmuellablagerungen ohne abdeckung
MC -042 abdichtung des untergrundes von muelldeponien mit hilfe von kieselsaeureverbindungen
MC -043 verminderung der sickerwassermengen aus muelldeponien durch betriebliche massnahmen
MC -044 beeinflussung von sickerwassermenge und -belastung durch nutzung von rottevorgaengen in deponien
MC -045 wasser- und stoffhaushalt in abfalldeponien und deren auswirkungen auf gewaesser
MC -046 vergleich der schmutzfracht aus einer hochverdichteten und einer rottedeponie
LAND- UND FORSTWIRTSCHAFT
RD -048 entwicklung und erprobung vom mess- und dosierungsbauwerken (-verfahren) im bewaesserungslandbau

1138
LEOPOLD, HANS, DIPL.-ING.
2000 HAMBURG
VORHABEN:
UMWELTPLANUNG, UMWELTGESTALTUNG
UN -036 abhaengigkeit zwischen siedlungsdichte und dem leistungsangebot oeffentlicher verkehrsmittel

1139
LICHTTECHNISCHES INSTITUT DER UNI KARLSRUHE
7500 KARLSRUHE, KAISERSTR. 12
TEL.: (0721) 608-1
- LEITER: PROF.DR. PAUL SCHULZ
VORHABEN:
LUFTREINHALTUNG UND LUFTVERUNREINIGUNG
CA -080 entwicklung einer speziellen messkammer zur bestimmung extrem kleiner konzentrationen von loesungsmitteln in luft

1140
LIEHR, WALTRAUD
5300 BONN, WILHELMSTR. 54
VORHABEN:
UMWELTPLANUNG, UMWELTGESTALTUNG
UK -069 vorbereitung raumordnungspolitischer konzeptionen fuer die bereiche fremdenverkehr und landwirtschaft

1141
LIMNOLOGISCHES INSTITUT DER UNI FREIBURG
7750 KONSTANZ -EGG, MAINAUSTR. 212
TEL.: (07531) 31018
- LEITER: PROF.DR. HANS-JOCHIM ELSTER
- FORSCHUNGSSCHWERPUNKTE:
nahrungsketten-probleme im suesswasser, schadstoffe im wasser, seeneutrophierung, sediment-wasser-wechselwirkungen

VORHABEN:
ABWAERME
GB -036 einfluss ploetzlicher temperaturerhoehungen auf populationsstruktur, biomasse, energieausnutzung und p-mobilisierung bei zymogenen gewaesserbakterien
WASSERREINHALTUNG UND WASSERVERUNREINIGUNG
HA -094 quantitative untersuchungen zur ingestion verschiedener futterarten durch daphnia
IE -052 gewaesserbakterien als mobile glieder einer pelagischen nahrungskette
IE -053 experimentelle untersuchungen zur p-remobilisierung durch junge karpfen (cyprinus carpio l.)
IF -032 die rolle der sedimente fuer die phosphor-trophierung des bodensees (obersee)
IF -033 untersuchungen ueber den phosphatkreislauf und seine beziehungen zur eutrophierung des bodensees
IF -034 untersuchungen ueber den phosphatkreislauf und seine beziehungen zur eutrophierung des bodensees
KA -024 untersuchungen zur ernaehrung der abwasserchironomiden prodiamesa olivacea und brilla longifurca
UMWELTCHEMIKALIEN
OD -087 aufnahme, anreicherung und weitergabe von herbiziden durch ancylus fluviatilis, prodiamesa olivacea und glossiphonia complanata
WIRKUNGEN UND BELASTUNGEN DURCH SCHADSTOFFE
PH -055 einfluss von umweltfaktoren auf die bildung algenbuertiger schadstoffe sowie ihre wirkung auf andere organismen
LEBENSMITTEL-, FUTTERMITTELKONTAMINATION
QD -030 weitergabe, anreicherung und wirkung von schadstoffen in den nahrungskettengliedern primaerkonsument - sekundaerkonsument
QD -031 stoffumsatz der schnecke ancylus fluviatilis als glied einer nahrungskette in fliessgewaessern

1142
LINDE AG
8023 HOELLRIEGELSKREUTH, POSTFACH .
VORHABEN:
LUFTREINHALTUNG UND LUFTVERUNREINIGUNG
DA -055 alternative kraftstoffe fuer kraftfahrzeuge. teilstudie wasserstoff

1143
LOEBLICH, H.J.
2000 HAMBURG 60, KAPSTADTRING 2 ESSO HAUS
TEL.: (040) 6332150
- LEITER: ING.GRAD. HANS-JOACHIM LOEBLICH
- FORSCHUNGSSCHWERPUNKTE:
schwefeldioxid-immissionsprognosen
VORHABEN:
LUFTREINHALTUNG UND LUFTVERUNREINIGUNG
AA -124 schwefeldioxid immissionskataster 1972 - 1980 - 1985
AA -125 vorausschaetzung der so2-immissionen in den ballungsraeumen
EA -016 einfluss von schwefelminderungsmassnahmen auf die regionale so2-immission 1972 und 1985 / schwefelgehalt von schwerem heizoel
EA -017 rechnungen ueber einfluss von schwefelminderungsmassnahmen auf die regionale so2-immission

1144
LUDGER REIBERG
5000 KOELN 41, WITTEKINDSTRASSE 6
TEL.: (0221) 448907
VORHABEN:
HUMANSPHAERE
TD -022 bundesweites modellseminar zum thema umwelt
UMWELTPLANUNG, UMWELTGESTALTUNG
UA -057 umweltschutz in der kommunalen entwicklungsplanung

1145
LUFTFAHRT-BUNDESAMT
3300 BRAUNSCHWEIG, FLUGHAFEN
TEL.: (0531) 39021 TX.: 952701
- LEITER: DIPL.-ING. KARL KOESSLER
- FORSCHUNGSSCHWERPUNKTE:
veranlassung von forschungsarbeiten ueber fluglaerm, abgasbelastung, transport gefaehrlicher gueter
VORHABEN:
LAERM UND ERSCHUETTERUNGEN
FB -073 untersuchung des einflusses von laermminderungsverfahren auf die kapazitaet des flughafens frankfurt/main
FB -074 untersuchung des einflusses von laermminderungsverfahren auf die kapazitaet des flughafens frankfurt/main

1146
LURGI GMBH
6000 FRANKFURT 2, GERVINUSSTR. 17-19
VORHABEN:
WASSERREINHALTUNG UND WASSERVERUNREINIGUNG
HB -071 meerwasserentsalzung. teilprojekt: entwicklung der mehrfachverdampfung zur meerwasserentsalzung
ENERGIE
SA -053 entwicklung eines technischen verfahrens fuer die hydrierung von teeren und teerdestillaten aus der kohleumwandlung
SA -054 durchfuehrung von pilot-plant-versuchen zur gewinnung von brennstoff durch destillation von deutschem oelschiefer

1147
MASCHINENFABRIK AUGSBURG-NUERNBERG AG (MAN)
8900 AUGSBURG, STADTBACHSTR. 1
TEL.: (0821) 3221 TX.: 05-3751
- LEITER: DR.DR. FRIEDRICH LAUSSERMAIR
- FORSCHUNGSSCHWERPUNKTE:
generelle verbesserung der umweltfreundlichkeit aller m.a.n.-produkte, verminderung der schadstoff- und geraeuschemission von dieselmotoren und nutzfahrzeugen; trockenkuehlung fuer kraftwerke; umweltschutzeinrichtungen fuer eisen- und stahlerzeugung; geraeuschminderung im rad/schiene-verkehr; lng-verdampfung mit gasturbinenanlagen im geschlossenen prozess
VORHABEN:
LUFTREINHALTUNG UND LUFTVERUNREINIGUNG
DA -056 untersuchungen zur abgasverbesserung von pkw-benzinmotoren durch anwendung des man-fm-brennverfahrens
DA -057 verminderung der schad- und feststoffemission von fahrzeugdieselmotoren
DA -058 fluessig-erdgas als kraftstoff fuer nutzfahrzeuge
DA -059 studie ueber den einsatz von fahrzeugen mit erdgasantrieb in ballungszentren
ENERGIE
SB -028 systemanalyse: schadstoffarme hausheizungen mit hoher energieausnutzung
UMWELTPLANUNG, UMWELTGESTALTUNG
UI -023 batterieelektrischer omnibus

1148
MAX-PLANCK-INSTITUT FUER AERONOMIE
3411 KATLENBURG-LINDAU 3, MAX-PLANCK-STR.
TEL.: (05556) 411 TX.: 09-65527
- LEITER: PROF.DR. WILLIAM IAN AXFORD
VORHABEN:
LUFTREINHALTUNG UND LUFTVERUNREINIGUNG
AA -126 aerosole, kondensationskerne an 2 stationen im bundesgebiet
AA -127 aerosole - kondensationskerne am boden (verschiedene messstationen) vertikalprofile der kondensationskerne
AA -128 entwicklung einer ballonsonde zur messung des aitkengehaltes der atmosphaere bis 25 km hoehe
CB -072 projekt troposphaerisches ozon (atmosphaerische transport- und austauschparameter)
CB -073 globale kreislaeufe von atmosphaerischen spurengasen
WASSERREINHALTUNG UND WASSERVERUNREINIGUNG
IA -035 literaturzusammenstellung zum thema physikalische wasseruntersuchungsmethoden

1149
MAX-PLANCK-INSTITUT FUER AUSLAENDISCHES OEFFENTLICHES RECHT UND VOELKERRECHT
6900 HEIDELBERG, BERLINER STR. 48
TEL.: (06221) 42133
- LEITER: PROF.DR. RUDOLF BERNHARDT
- FORSCHUNGSSCHWERPUNKTE:
rechtsvergleichung, voelkerrecht

VORHABEN:
UMWELTPLANUNG, UMWELTGESTALTUNG
UB -023 aufsatzbibliographie umweltschutzrecht
UB -024 auslaendisches umweltrecht
UB -025 die rolle der verwaltung im umweltschutz
UB -026 probleme des rechts auf eine gesunde umwelt

1150
MAX-PLANCK-INSTITUT FUER AUSLAENDISCHES UND INTERNATIONALES PRIVATRECHT
2000 HAMBURG 18, MITTELWEG 187
TEL.: (040) 441306
- LEITER: PROF.DR. KONRAD ZWEIGERT

VORHABEN:
UMWELTPLANUNG, UMWELTGESTALTUNG
UB -027 schadenersatz im umweltschutzrecht - eine rechtsvergleichende und rechtstatsaechliche untersuchung

1151
MAX-PLANCK-INSTITUT FUER BIOPHYSIK
6000 FRANKFURT 70, KENNEDYALLEE 70
TEL.: (0611) 60531
- LEITER: PROF.DR. KARL JULIUS ULLRICH

VORHABEN:
WASSERREINHALTUNG UND WASSERVERUNREINIGUNG
HB -072 meerwasserentsalzung. teilprojekt: untersuchungen zur hyperfiltration
HB -073 untersuchungen zur umgekehrten osmose fuer die wasserentsalzung

1152
MAX-PLANCK-INSTITUT FUER CHEMIE (OTTO-HAHN-INSTITUT)
6500 MAINZ, SAARSTR. 23
TEL.: (06131) 305-217
- LEITER: PROF.DR. JUNGE
- FORSCHUNGSSCHWERPUNKTE:

erforschung der atmosphaerischen aerosole, groessenverteilung, chemische zusammensetzung; verteilung, chemie und kreislauf der atmosphaerischen gase; reaktionskinetik atmosphaerischer spurengase und deren photochemie; frage nach der geo-chemischen entwicklung der erdatmosphaere
VORHABEN:
LUFTREINHALTUNG UND LUFTVERUNREINIGUNG
AA -129 einfluss der pflanzen auf die gase co, h2, ch4, n2o, hg, h2co, cfcl3, cf2cl2, ccl4
AA -130 messung der globalen verteilung verschiedener spurengase in der troposphaere und stratosphaere (co, h2, ch4, h2co, hg, cfcl3, cf2cl2, o3, n2o, ccl4)
AA -131 wirkung mikrobiologischer prozesse am boden und im wasser auf verschiedene atmosphaerische spurengase
CA -081 entwicklung von messverfahren zur bestimmung von co, h2, h2co, hg, n2o in luft und wasser
CB -074 erforschung der atmosphaerischen aerosole; groessenverteilung, chemische zusammensetzung, kreislauf
CB -075 verteilung, chemie und kreislauf der atmosphaerischen spurengase
CB -076 reaktionskinetik wichtiger atmosphaerischer spurengase und deren photochemie
CB -077 bestimmung der anthropogenen produktion von co, h2, hg, h2co, ch4 und n2o

1153
MAX-PLANCK-INSTITUT FUER EISENFORSCHUNG
4000 DUESSELDORF, MAX-PLANCK-STR.
TEL.: (0211) 666131 TX.: 8586762
- LEITER: PROF.DR. ENGELL
- FORSCHUNGSSCHWERPUNKTE:

beeinflussbarkeit der teilchengroesse von oxydischem rauch; transportvorgaenge bei der emission von fluor aus fluorhaltigen schlakkenschmelzen
VORHABEN:
LUFTREINHALTUNG UND LUFTVERUNREINIGUNG
BB -030 beeinflussung der teilchengroesse bei oxydischem rauch
BC -037 transportvorgaenge bei der emission von fluor aus fluorhaltigen schlackenschmelzen

1154
MAX-PLANCK-INSTITUT FUER INTERNATIONALES PATENT-, URHEBER- UND WETTBEWERBSRECHT
8000 MUENCHEN 80, SIEBERTSTRASSE 3
TEL.: (089) 982586
- LEITER: PROF.DR. BEIER
- FORSCHUNGSSCHWERPUNKTE:

bedeutung des patentrechts fuer den umweltschutz
VORHABEN:
UMWELTPLANUNG, UMWELTGESTALTUNG
UB -028 bedeutung des patentrechts fuer den umweltschutz

1155
MAX-PLANCK-INSTITUT FUER KERNPHYSIK
7800 FREIBURG, ROSASTR. 9
TEL.: (0761) 275146 TX.: 461666
- LEITER: DR. ALBERT SITTKUS
- FORSCHUNGSSCHWERPUNKTE:

untersuchung radioaktiver komponenten der atmosphaere, natuerliche und man made, an aerosol gebunden und als edelgas freigesetzt
VORHABEN:
STRAHLUNG, RADIOAKTIVITAET
NC -103 messung des kr-85-gehaltes der atmosphaerischen luft
NC -104 untersuchung des radioaktiven aerosols der luft und der atmosphaerischen niederschlaege

1156
MAX-PLANCK-INSTITUT FUER LANDARBEIT UND LANDTECHNIK
6550 BAD KREUZNACH, AM KAUZENBERG
TEL.: (0671) 2301
VORHABEN:
UMWELTPLANUNG, UMWELTGESTALTUNG
UL -064 oekologische eingliederung von landwirtschaftsformen

1157
MAX-PLANCK-INSTITUT FUER LIMNOLOGIE
6407 SCHLITZ, DAMENWEG 1
TEL.: (06642) 383
- LEITER: PROF.DR. J. ILLIES
- FORSCHUNGSSCHWERPUNKTE:

produktionsbiologie von mittelgebirgsbaechen; physiologische oekologie von suesswassertieren (crustaceen); oekologie des grundwassers; fliessgewaesserchemismus
VORHABEN:
WASSERREINHALTUNG UND WASSERVERUNREINIGUNG
HA -095 chemismus der fliessgewaesser in einer buntsandsteinlandschaft
ID -056 das oekologische gleichgewicht im grundwasser sandigkiesiger ablagerungen und seine stoerung durch infiltrierende verunreinigungen
LAND- UND FORSTWIRTSCHAFT
RB -031 chemisch-oekologische untersuchungen zur struktur und funktion extrazellulaerer algenprodukte

1158
MAX-PLANCK-INSTITUT FUER METALLFORSCHUNG
7000 STUTTGART, SEESTR. 92
TEL.: (0711) 20951 TX.: 723742
- LEITER: PROF.DR.-ING. ERICH GEBHARDT
- FORSCHUNGSSCHWERPUNKTE:

reinststoff-forschung, reinstmetalle; reinststoff-analytik; extreme mikro- und spurenanalyse der elemente; analytik im umweltschutz
VORHABEN:
UMWELTCHEMIKALIEN
OA -035 entwicklung von verfahren zur extremen spurenanalyse umweltrelevanter elemente in waessern, abwasserschlaemmen, biologischen matrices und in luft
OB -020 beryllium: spurenanalyse, bindungsformen und verteilung in biologischen matrices
OB -021 geochemie umweltreleveanter spurenstoffe

1159
MAX-PLANCK-INSTITUT FUER STROEMUNGS-FORSCHUNG
3400 GOETTINGEN, BOETTINGERSTR. 6-8
TEL.: (0551) 44051 TX.: 09-6768
- LEITER: PROF.DR. H. PAULY
- FORSCHUNGSSCHWERPUNKTE:
entstehung und minderung von stroemungs- und verbrennungslaerm; fluglaerm
VORHABEN:
LUFTREINHALTUNG UND LUFTVERUNREINIGUNG
BB -031 bildung von russteilchen bei verbrennungsprozessen und deren gehalt an schaedlichen komponenten
CB -078 untersuchung von reaktionen, die bei verbrennungsvorgaengen zu stickoxid und anderen stickstoff- und kohlenstoff-verbindungen fuehren
LAERM UND ERSCHUETTERUNGEN
FA -056 der ueberschallknall, physikalische beschreibung, auswirkungen auf die soziale und technische umwelt
FA -057 experimentelle untersuchungen zur wechselwirkung zwischen schall, stroemung und verbrennung in einer flamme
FA -058 untersuchung des mechanismus des instationaeren verhaltens schallnaher gasstroemungen in kanaelen und um koerper
FA -059 physikalische prinzipien zur minimierung des instationaeren verhaltens und der geraeuscherzeugung von stroemungen
FB -075 test von fluglaermindizes mit hilfe der ergebnisse der muenchener fluglaermuntersuchung der deutschen forschungsgemeinschaft
FB -076 ermittlung von laermschutzbereichen nach dem gesetz zum schutz gegen fluglaerm vom 30.3.71
FB -077 bestandsaufnahme der aktivitaeten auf dem gebiet der fluglaermforschung
FC -085 geraeuscherzeugung bei schneid- und flaemmbrennern
WASSERREINHALTUNG UND WASSERVERUNREINIGUNG
IA -036 untersuchung und weiterentwicklung der tropfenbildmethode nach schwenk

1160
MAX-PLANCK-INSTITUT FUER VERHALTENSPHYSIOLOGIE
7760 RADOLFZELL-MOEGGINGEN, AM SCHLOSSBERG
TEL.: (07732) 2677
- LEITER: DR. HORST MITTELSTAEDT
- FORSCHUNGSSCHWERPUNKTE:
auswirkungen von management in naturschutzgebieten; anforderungen durchziehender singvoegel an rastgebiete; bestandsentwicklung von 40 singvogel-arten
VORHABEN:
UMWELTPLANUNG, UMWELTGESTALTUNG
UL -065 auswirkungen von management in naturschutzgebieten
UM -077 wettereinfluss auf jahresperiodische prozesse
UN -037 bestand der greifvogelarten und die ursachen ihres rueckgangs
UN -038 bestandsaufnahme des weissen storchs in suedwestdeutschland
UN -039 bestandsueberwachung an europaeischen singvoegeln
UN -040 bestandsentwicklung von 40 singvogel-arten
UN -041 anforderungen durchziehender singvoegel an rastgebiete
UN -042 iriomote cat project

1161
MAX-PLANCK-INSTITUT FUER ZUECHTUNGSFORSCHUNG (ERWIN-BAUR-INSTITUT)
4150 KREFELD, AM WALDWINKEL 70
TEL.: (02151) 730246
VORHABEN:
WASSERREINHALTUNG UND WASSERVERUNREINIGUNG
IB -031 strassen-ablaufwaesser, ihre biologische aufbereitung und ihre anlage im landschaftsgefuege
KA -025 sanieren der abwasserzufluesse in einen badeweiher
KB -078 einwirkung von pflanzen, besonders von deren wurzeln, auf krankheitskeime und wurmeier in gewaessern, abwaessern, schlaemmen
KB -079 leistungen hoeherer pflanzen als zweite oder dritte reinigungsstufe oder als alleiniges klaersystem
KB -080 entfaerben und reinigung zur rueckgewinnung des abwassers mit mikro- und makrophyten und bestimmtem know how
KC -063 abbau hoher organischer belastung mit hilfe bestimmter pflanzen
KC -064 untersuchungen an abwasser von stoffdruckereien
KC -065 elimination von cyaniden und rodaniden aus gischtwaessern der stahlindustrie mit hilfe von pflanzen
KC -066 mineralisation von brauereischlaemmen und deren hygienisierung
KC -067 aufbereitung von abwaessern der papierindustrie mit hilfe von mikroben und makroben
KE -060 mineralisation von organischen und anorganischen schlaemmen aus den klaerwerken mit hilfe hoeherer pflanzen und einer besonderen anlage
UMWELTCHEMIKALIEN
OD -088 die bedeutung hoeherer wasserpflanzen fuer die chemische dynamik besonders verschmutzter gewaesser
WIRKUNGEN UND BELASTUNGEN DURCH SCHADSTOFFE
PF -068 veraenderung hoeherer wasserpflanzen durch umpflanzen in suess-, brack- und abwaesser
PI -041 zur biologie und oekologie von salzpflanzen in brack-, suess- und zivilisationsgewaessern
LAND- UND FORSTWIRTSCHAFT
RE -045 resistenzzuechtung gegen pilzkrankheiten bei weizen und gerste
RE -046 resistenzzuechtung bei gerste gegen braunrost (puccinia hordei)
RE -047 selektion von phytophthoraresistenten kartoffelklonen
UMWELTPLANUNG, UMWELTGESTALTUNG
UL -066 wiederbegruenen der havelufer durch schilf und binsen

1162
MAX-PLANCK-INSTITUT ZUR ERFORSCHUNG DER LEBENSBEDINGUNGEN DER WISSENSCHAFTLICH-TECHNISCHEN WELT
8130 STARNBERG, RIEMERSCHMIDSTR.7
TEL.: (08151) 1491-259 TX.: 526474
- LEITER: PROF.DR. VON WEIZSAECKER
VORHABEN:
UMWELTPLANUNG, UMWELTGESTALTUNG
UC -050 wirtschaftswachstum, oeffentlicher bedarf, umwelt

1163
MAX-VON-PETTENKOFER-INSTITUT DES BUNDESGESUNDHEITSAMTES
1000 BERLIN 45, UNTER DEN EICHEN 82-84
TEL.: (030) 83081
- LEITER: PROF.DR. FRANCK
VORHABEN:
UMWELTCHEMIKALIEN
OD -089 ermittlung der rueckstandssituation bei herbiziden
WIRKUNGEN UND BELASTUNGEN DURCH SCHADSTOFFE
PB -042 untersuchungen zur toxikologie von bioziden
PB -043 speziell neurotoxische und verhaltensphysiologische untersuchungen unter der einwirkung von phenylharnstoffherbiziden
PB -044 dosisabhaengigkeit von umwandlung, speicherung und ausscheidung von phenylharnstoffherbiziden bei laboratoriumstieren
PC -054 automatisierung der erfassung und auswertung von physiologisch-funktionellen messwerten fuer die toxikologische bewertung
PD -060 untersuchungen ueber teratogene und mutagene wirkung von phenylharnstoffherbiziden
LEBENSMITTEL-, FUTTERMITTELKONTAMINATION
QA -065 verschiedene untersuchungen ueber rueckstaende von bioziden und umweltchemikalien in und auf lebensmitteln und deren rohstoffen
QA -066 untersuchungen auf rueckstaende von harnstoffherbiziden einschliesslich ihrer abbau- und reaktionsprodukte in lebensmitteln
QA -067 entwicklung einer automatisierten methode zur simultanbestimmung der chlorhaltigen rueckstaende von umweltchemikalien und bioziden

1164
MEDIZINALUNTERSUCHUNGSAMT TRIER
5500 TRIER, MAXIMINERACHT 11 B
TEL.: (0651) 73841, 74821
- LEITER: DR. JOACHIM ALBRECHT
- FORSCHUNGSSCHWERPUNKTE:
aufgaben des oeffentlichen gesundheitsdienstes im bereich der umwelthygiene; vorkommen menschenpathogener mikroorganismen in oberflaechengewaessern; leistungsfaehigkeit von klaeranlagen in bezug auf die inaktivierung von mikroorganismen

VORHABEN:
WASSERREINHALTUNG UND WASSERVERUNREINIGUNG
IC -102 vorkommen menschenpathogener mikroorganismen in oberflaechengewaessern
KE -061 leistungsfaehigkeit von klaeranlagen in bezug auf die inaktivierung von mikroorganismen
HUMANSPHAERE
TF -039 aufgaben des oeffentlichen gesundheitsdienstes im bereich der umwelthygiene

1165
MEDIZINISCHE KLINIK DER UNI BONN
5300 BONN -VENUSBERG
TEL.: (02221) 19-2259
VORHABEN:
LAERM UND ERSCHUETTERUNGEN
FA -060 einfluss von laerm auf hypertoniepatienten; analyse von adaptionsprozessen bei belaermung

1166
MEDIZINISCHE KLINIK UND POLIKLINIK DER BERGBAUBERUFSGENOSSENSCHAFT
4630 BOCHUM, KRANKENANSTALTEN BERGMANNSHEIL
- LEITER: PROF.DR. FRITZE
VORHABEN:
HUMANSPHAERE
TA -061 vergleichende untersuchungen zur frage ursaechlicher zusammenhaenge zwischen tuberkulosesensitivitaet und staubbelastender taetigkeit

1167
MEDIZINISCHE KLINIK UND POLIKLINIK IM KLINIKUM WESTEND DER FU BERLIN
1000 BERLIN 19, SPANDAUER DAMM 130
TEL.: (030) 3035452
- LEITER: PROF.DR. META ALEXANDER
- FORSCHUNGSSCHWERPUNKTE:
hepatitisforschung auch in bezug auf berufserkrankungen; statistische vergleichsuntersuchungen ueber das vorkommen verschiedener bakterienarten und der aenderung ihrer antibioticaempfindlichkeit; mutagenitaet, carcinogenese, strahlenschaeden
VORHABEN:
WIRKUNGEN UND BELASTUNGEN DURCH SCHADSTOFFE
PC -055 statistische vergleichsuntersuchungen ueber das vorkommen verschiedener bakterienarten und der aenderung ihrer antibiotika-empfindlichkeit
PD -061 carcinogenese

1168
MEDIZINISCHE UNIVERSITAETSKLINIK HEIDELBERG
6900 HEIDELBERG, BERGHEIMERSTR. 58
TEL.: (06221) 532382
- LEITER: PROF.DR. ELLEN WEBER
VORHABEN:
HUMANSPHAERE
TA -062 laengsschnittuntersuchungen zu den auswirkungen inhalativer noxen am arbeitsplatz

1169
MEDIZINISCHES INSTITUT FUER LUFTHYGIENE UND SILIKOSEFORSCHUNG AN DER UNI DUESSELDORF
4000 DUESSELDORF, GURLITTSTR. 53
TEL.: (0211) 345061
- LEITER: PROF.DR. HANS WERNER SCHLIPKOETER
- FORSCHUNGSSCHWERPUNKTE:
wirkung luftverunreinigender stoffe auf den menschlichen organismus: experimentelle untersuchungen an zellen, geweben, organen und ganztieren sowie humanversuche und epidemiologische untersuchungen; untersuchungen zur pathogenese der silikose
VORHABEN:
LUFTREINHALTUNG UND LUFTVERUNREINIGUNG
BE -024 untersuchungen ueber immissionsbedingte geruchsbelaestigungen
BE -025 psychologische aspekte der belaestigung durch geruchsintensive umweltstoffe
CA -082 die messung partikelfoermiger immissionen
CB -079 der einfluss oxidierender substanzen der atmosphaere auf die ultrastruktur der zelle
WIRKUNGEN UND BELASTUNGEN DURCH SCHADSTOFFE
PA -039 untersuchung ueber die pulmonale resorption und elimination sowie die wirkung von chlorderivaten des methans an mensch und tier
PA -040 histologische und autoradiographische untersuchungen ueber die einwirkung von blei, cadmium und quecksilber auf die embryonalen geschlechtszellen
PA -041 verhaltenstoxikologische untersuchungen zur erfassung der bleiwirkungen bei prae- und postnatal belasteten ratten
PC -056 ueber die reaktion in vitro gezuechteter zellen auf partikelfoermige luftverunreinigungen
PC -057 experiment: untersuchung zur wirkung einzelner und kombinierter reiz- und stickgase auf die atemfunktion und den kreislauf von versuchstieren
PC -058 die wirkung atmosphaerischer feinstaeube und ihrer extrakte auf isoliertorganpraeparate und in vitro gezuechtete zellen
PC -059 die rolle von umweltchemikalien und viren und deren wechselwirkung bei der onkogenen zelltransformation
PD -062 untersuchungen von substanzen der grosstadtluft auf ihre cancerogene wirkung im tierversuch
PE -036 epidemiologische studie zum zusammenhang von luftverunreinigung und atemwegserkrankungen des kindes
PE -037 tierexperimente zur wirkung inhalierter bleiverbindungen auf die lunge
PE -038 der abbau von benzo (a) pyren in der lunge von versuchstieren unter dem einfluss von schadstoffen in der luft
PE -039 epidemiologische untersuchungen ueber die wirksamkeit von luftverunreinigungen auf die gesundheit des menschen, insbesondere von kindern
PE -040 metabolismus von 3,4-benzpyren in der saeugerlunge und dessen beeinflussung durch andere luftverunreinigende schadstoffe
PE -041 untersuchungen zur beeinflussung von abwehrfunktionen des organismus durch luftverunreinigende stoffe
PE -042 toxische wirkung von immissionen auf zentralregulatorische funktionen
PE -043 zellkultur als testsystem zur pruefung der biologischen wirkung, speziell der onkogenen potenz, von umweltnoxen der aussenluft
PE -044 untersuchung der wirkung von immissionen auf die funktionen von atmung und kreislauf
HUMANSPHAERE
TA -063 frueherkennung gewerblicher intoxikationen durch organische loesemitteldaempfe

1170
MEISSNER & EBERT
8500 NUERNBERG, KINKELSTR. 10
VORHABEN:
ENERGIE
SB -029 studie ueber rationelle energieverwendungsmoeglichkeiten im schul- und sportzentrum altenkunstadt

1171
MESSERSCHMITT-BOELKOW-BLOHM GMBH
8000 MUENCHEN 80, POSTFACH 80 11 69
TEL.: (089) 6000-3020, -3364 TX.: 05-22279
- LEITER: DR.DIPL.-ING. LUDWIG BORLKOW
- FORSCHUNGSSCHWERPUNKTE:
luft, laerm, abfall, wasser, energie; system-, technologie-, planungsstudien; mobile und stationaere mess-systeme; entsorgungssysteme
VORHABEN:
LUFTREINHALTUNG UND LUFTVERUNREINIGUNG
AA -132 aerologischer messzug
DB -032 studie zur festlegung und optimierung der massnahmen zur reduzierung der so2-emissionen in der bundesrepublik deutschland
DD -057 staubabscheidung mit hilfe einer wirbelkammer
EA -018 erarbeitung der technisch-wissenschaftlichen grundlagen fuer die erstellung eines modellhaften luftreinhalteplans
EA -019 studie zur erarbeitung der technisch-wissenschaftlichen grundlagen fuer die erstellung eines modellhaften luftreinhalteplanes (unter verwendung von luremp)
ABWAERME
GB -037 studie ueber jahreswaermespeicher niedrigen temperaturniveaus
GB -038 studie ueber die speichermoeglichkeiten fuer die abwaerme niedrigen temperaturniveaus von kraftwerken
GC -009 systemanalyse zur nutzung der abwaermen von waermekraftwerken in der landwirtschaft

WASSERREINHALTUNG UND WASSERVERUNREINIGUNG
KB -081 belueftungsgeraet
ABFALL
MA -024 konzeptuntersuchung und durchfuehrbarkeitsstudie fuer ein umweltfreundliches, wirtschaftliches, neues muell-sammel- und transportsystem
MA -025 untersuchung ueber herstellung, transport und ablage-rung von muellballen
MB -057 studie ueber den technologischen stand von pyrolyse- und hochtemperaturverbrennungsverfahren in usa, europa und japan
MB -058 modellstudie abfallbeseitigung bei einsatz von muellbal-lenpressen
MC -047 neuordnung der abfallbeseitigung im wirtschaftsraum muenchen
MC -048 hochtemperaturabbrand von deponien
MG -031 sondermuellbeseitigung in der europaeischen gemein-schaft
MG -032 edv-instrumentarium fuer planspiele; optimale abfallent-sorgungsstrukturen
MG -033 gefaehrliche und toxische abfaelle in den europaeischen gemeinschaften
LEBENSMITTEL-, FUTTERMITTELKONTAMINATION
QA -068 automatische probenaufbereitungsgeraete
ENERGIE
SA -055 untersuchungsprogramm zu einem gutachten als grund-lage eines bayerischen energieprogramms - die umwelt-beeinflussung durch den energieverbrauch
UMWELTPLANUNG, UMWELTGESTALTUNG
UA -058 studie zur erarbeitung eines konzepts fuer eine zentrale umweltdokumentation
UB -029 analyse der wirkungsweise der instrumente zur durchset-zung des verursacherprinzips in der branche der elektrizi-taetsversorgung
UB -030 vertiefte analyse des informationsbedarfs anhand von rechtsvorschriften auf dem umweltgebiet
UI -024 bedarfsgesteuerte strassennahverkehrssysteme

1172
MESSTELLE FUER IMMISSIONS- UND STRAH-LENSCHUTZ BEIM LANDESGEWERBEAUFSICHTSAMT RHEINLAND-PFALZ
6500 MAINZ, RHEINALLEE 97-101
TEL.: (06131) 608336
- LEITER: DR. MANFRED FINGERHUT
- FORSCHUNGSSCHWERPUNKTE:
untersuchungen ueber die grundbelastung durch luftfremde stoffe in regionen von rheinland-pfalz im zusammenhang mit planungsfragen; einrichtung eines zentralen immissionsmessnetzes fuer rheinland-pfalz; umgebungsueberwachung bei kerntechnischen anlagen
VORHABEN:
LUFTREINHALTUNG UND LUFTVERUNREINIGUNG
AA -133 grundpegelerhebungen im oberrheingraben
AA -134 zentrales immissionsmessnetz (zimen) fuer rheinland-pfalz
BA -059 untersuchung der immisionsbelastung durch den kraft-fahrzeugverkehr in grossstaedten
BC -038 ermittlung der bleiimmissionsbelastung in der umgebung von bleiverarbeitenden betrieben
CA -083 ermittlung der fluor-immissionsbelastung in der umge-bung von fluoremittenten
STRAHLUNG, RADIOAKTIVITAET
NB -054 nullpegel- und ueberwachungsmessungen in der umge-bung der kernkraftwerke biblis, ludwigshafen, philipps-burg und muelheim-kaerlich

1173
METALLGESELLSCHAFT AG
6000 FRANKFURT 1, POSTFACH 3724
VORHABEN:
LAERM UND ERSCHUETTERUNGEN
FA -061 entwicklung und prototypanwendung von metallischen bauteilen aus superplastischen werkstoffen fuer die luft-schalldaemmung nach dem prinzip der engen kapsel
FA -062 untersuchungen ueber die schwingungs- und spannungs-risskorrosion von unlegierten und niedriglegierten sta-ehlen fuer apparate der umwelttechnik, insbesondere ent-staubungsanlagen

WASSERREINHALTUNG UND WASSERVERUNREINIGUNG
HA -096 meerwasserentsalzung. teilprojekt: entwicklung und pruefung geeigneter halbzeuge fuer meerwasserentsalzungs-anlagen
HA -097 gemeinsame untersuchungen mit der arya-mehr-universi-taet in teheran/iran zur weiterentwicklung und erprobung von werkstoffen und halbzeugen fuer meerwasserentsal-zungsanlagen im iran

1174
METEOROLOGISCHES INSTITUT DER UNI BONN
5300 BONN, AUF DEM HUEGEL 20
TEL.: (02221) 735190
- LEITER: PROF.DR. HERMANN FLOHN
- FORSCHUNGSSCHWERPUNKTE:
untersuchungen zum globalen wasserhaushalt; ermittlung der ver-dunstung und anderer meteorologischer parameter aus klimatologi-schen daten; anthropogene und natuerliche effekte bei klima-schwankungen; erfassung von niederschlagsparametern mit modernen elektronischen messanlagen
VORHABEN:
LUFTREINHALTUNG UND LUFTVERUNREINIGUNG
AA -135 untersuchungen der beziehungen zwischen radar-echoin-tensitaet und niederschlag in westdeutschland
AA -136 klimaschwankungen (oberrheingebiet)
AA -137 kontinuierliche mehrjaehrige erfassung der wichtigsten niederschlagsparameter zur erforschung ihrer zeitlichen variationen
AA -138 climatological aridity index map
WASSERREINHALTUNG UND WASSERVERUNREINIGUNG
HG -052 untersuchungen zum globalen wasserhaushalt
HG -053 hydrologischer atlas der bundesrepublik deutschland; ermittlung der verdunstung aus klimatologischen daten

1175
METEOROLOGISCHES INSTITUT DER UNI FREIBURG
7800 FREIBURG, WERDERRING 10
TEL.: (0761) 203-4482
- LEITER: PROF.DR. ALBRECHT KESSLER
- FORSCHUNGSSCHWERPUNKTE:
energieumsaetze an der erdoberflaeche (strahlung, fuehlbare und latente waerme)
VORHABEN:
LUFTREINHALTUNG UND LUFTVERUNREINIGUNG
AA -139 energieumsaetze an der erdoberflaeche ueber verschie-denen oberflaechentypen in der suedlichen oberrheine-bene

1176
METEOROLOGISCHES INSTITUT DER UNI HAMBURG
2000 HAMBURG 13, BUNDESSTR. 55
TEL.: (040) 4123-5078
- LEITER: PROF.DR. HANS HINZPETER
- FORSCHUNGSSCHWERPUNKTE:
impuls-, energie- und stofftransport im system ozean-atmosphaere; atmosphaerische grenzschicht; maritime meteorologie
VORHABEN:
LUFTREINHALTUNG UND LUFTVERUNREINIGUNG
AA -140 untersuchungen zum stadtklima (u.a. diffusionsvorga-enge, inversionslagen)
AA -141 experimentelle erfassung der vorgaenge in der atmo-sphaerischen grenzschicht ueber land
CB -080 bedeutung der stabilen bodenluftschichten fuer die aus-breitung gasfoermiger schadstoffe

1177
METEOROLOGISCHES INSTITUT DER UNI KARLSRUHE
7500 KARLSRUHE, KAISERSTR. 12
TEL.: (0721) 6083356 TX.: 07-82521
- LEITER: PROF.DR. DIEM
- FORSCHUNGSSCHWERPUNKTE:
erfassung der struktur der atmosphaerischen grenzschicht; ausbrei-tung von luftverunreinigungen; probleme des stadtklimas; ther-mische umweltbedingungen fuer den menschen
VORHABEN:
LUFTREINHALTUNG UND LUFTVERUNREINIGUNG
AA -142 wind- und temperaturschichtung in der unteren atmo-sphaere
AA -143 immissionen im stadtgebiet karlsruhe

ABWAERME
GA -018 lokalklimatische wirkungen von nasskuehltuermen bei grosskraftwerken
WIRKUNGEN UND BELASTUNGEN DURCH SCHADSTOFFE
PE -045 einfluss thermischer umgebungsbedingungen auf den menschen
PE -046 messung der schwefeldioxidbelastung in der umgebung der raffinerien karlsruhe/woerth
LAND- UND FORSTWIRTSCHAFT
RG -036 aenderung des kleinklimas durch die aufforstung eines nordwesthangs in tauberbischofsheim

1178
METEOROLOGISCHES INSTITUT DER UNI MUENCHEN
8000 MUENCHEN 40, SCHELLINGSTR. 12
TEL.: (089) 2180-3180
- LEITER: PROF.DR. GUSTAV HOFMANN
- FORSCHUNGSSCHWERPUNKTE:
modelluntersuchungen zur allgemeinen atmosphaerischen zirkulation; ermittlung meteorologischer parameter aus satellitenmessungen, messung von spurenstoffkonzentrationen und sonstigen atmosphaerischen beimengungen; bodennaher atmosphaerischer transport, energiehaushalt der erdoberflaeche und der bodennahen luftschicht
VORHABEN:
LUFTREINHALTUNG UND LUFTVERUNREINIGUNG
AA -144 messungen an der meteorologischen station garching
AA -145 optische bestimmung von spurengaskonzentrationen in der atmosphaere (wasserdampf, ch4, oh)
CA -084 bestimmung des streukoeffizienten getruebter luft mit hilfe verschiedener sichtweitemessgeraete
CA -085 bestimmung der kontinuum-absorption atmosphaerischer aerosolpartikel im luftgetragenen zustand

1179
MIKROANALYTISCHES LABOR
2000 HAMBURG 56, HEXENTWIETE 32
TEL.: (040) 816040
- LEITER: DR. GEORG NEURATH
VORHABEN:
UMWELTCHEMIKALIEN
OC -034 systematische untersuchungen von umweltmedien des menschen auf amine als vorstufen fuer die entstehung cancerogener n-nitroso-verbindungen

1180
MINERALOGISCH-PETROGRAPHISCHES INSTITUT DER TU CLAUSTHAL
3392 CLAUSTHAL-ZELLERFELD, ADOLF-ROEMER-STR. 2A
TEL.: (05323) 72-1
- LEITER: PROF.DR. G. MUELLER
VORHABEN:
UMWELTPLANUNG, UMWELTGESTALTUNG
UD -010 vergleichende untersuchungen an manganknollen und bodenschlaemmen

1181
MINERALOGISCH-PETROGRAPHISCHES INSTITUT DER UNI HEIDELBERG
6900 HEIDELBERG, IM NEUENHEIMER FELD 236
TEL.: (06221) 562803
- LEITER: PROF.DR. CHRISTIAN AMSTUTZ
- FORSCHUNGSSCHWERPUNKTE:
gewaesserschutz; anorganische schadstoffe in binnen- und kuestengewaessern; sedimente als verschmutzungsindikatoren; bindung und mobilisierung von schwermetallen an partikulaeren substanzen; beziehungen zwischen erzbergbau und gewaesserverschmutzung; wechselwirkungen wasser/sediment/organismen
VORHABEN:
WASSERREINHALTUNG UND WASSERVERUNREINIGUNG
HE -039 untersuchung ueber sedimentologische einfluesse auf menge und guete des rohwassers fuer die trinkwasserversorgung bei verschiedenen methoden
IC -103 wechselwirkungen zwischen wasser und sediment in stark metallbelasteten gewaessern der bundesrepublik deutschland
IC -104 schwermetalle und andere umweltrelevante elemente im einzugsgebiet der elsenz: eine fallstudie
IC -105 spurenelementgehalte oberflaechennaher sedimente in binnen- und kuestengewaessern: natuerlicher background und umweltbelastung
IE -054 bindungsart und mobilisierbarkeit an schwermetallen und schwebstoffen im uebergangsbereich suesswasser - meerwasser
UMWELTPLANUNG, UMWELTGESTALTUNG
UD -011 geochemischer, mineralogischer und fazieller vergleich devonischer bis triassischer schichtgebundener lagerstaetten in der bundesrepublik und in oberschlesien

1182
MINERALOGISCH-PETROGRAPHISCHES INSTITUT DER UNI MUENCHEN
8000 MUENCHEN, THERESIENSTR. 41
- LEITER: DR. GISELHER PROPACH
VORHABEN:
UMWELTCHEMIKALIEN
OB -022 verbesserung der methodik der quantitativen spurenbestimmung von as, se, hg, cd, tl, bi, pb, cu, s2- und s gesamt

1183
MINERALOGISCHES INSTITUT DER UNI ERLANGEN-NUERNBERG
8520 ERLANGEN, SCHLOSSGARTEN 5
TEL.: (09131) 852606
- LEITER: PROF.DR. KUTZEL
VORHABEN:
WASSERREINHALTUNG UND WASSERVERUNREINIGUNG
HA -098 erstellung einer geochemischen bilanz und einer umweltbilanz des weissen und des roten mains
WIRKUNGEN UND BELASTUNGEN DURCH SCHADSTOFFE
PK -028 untersuchung von bauwerksschaeden (durch atmosphaerilien)

1184
MINERALOGISCHES INSTITUT DER UNI FREIBURG
7800 FREIBURG, HEBELSTR. 40
TEL.: (0761) 203-2416
- LEITER: PROF.DR. WOLFHARD WIMMENAUER
- FORSCHUNGSSCHWERPUNKTE:
umweltrelevante spurenelemente in gesteinen, sedimenten und boeden
VORHABEN:
WIRKUNGEN UND BELASTUNGEN DURCH SCHADSTOFFE
PF -069 umweltrelevante spurenelemente in gesteinen, sedimenten und boeden

1185
MINERALOGISCHES INSTITUT DER UNI KARLSRUHE
7500 KARLSRUHE, KAISERSTR. 12
TEL.: (0721) 608-3315
- LEITER: PROF.DR. ALTHAUS
VORHABEN:
WASSERREINHALTUNG UND WASSERVERUNREINIGUNG
KC -068 untersuchung von industrieemissionen vergleichender geochemie von flusswaessern und -sedimenten

1186
MOELLER, JOERG
8000 MUENCHEN 40, GEORGENSTR. 120
VORHABEN:
INFORMATION, DOKUMENTATION, PROGNOSEN, MODELLE
VA -016 kritische auswertung wissenschaftlicher zukunftsliteratur unter raumordnerischen gesichtspunkten.

1187
MOTOREN- UND TURBINEN UNION MUENCHEN GMBH
8000 MUENCHEN, DACHAUER STRASSE 665
TEL.: (089) 14891
- LEITER: DR.-ING. HANS DINGER
- FORSCHUNGSSCHWERPUNKTE:
erforschung der strahltriebwerkslaermquellen; entwicklung von methoden zur auslegung laermarmer komponenten von strahltriebwerken; erforschung von abgasfreundlichen verbrennungsvorgaengen in strahltriebwerken; erforschung von methoden zur reduzierung der infrarotstrahlung von flugtriebwerksabgasen

VORHABEN:
LUFTREINHALTUNG UND LUFTVERUNREINIGUNG
BA -060 effects of atomisation and mixing of fuel on emissions using a full annular combustor
BA -061 influence of post reaction residence time on emissions using a full annular combustor
DA -060 verbesserung der abgaszusammensetzung von fahrzeuggasturbinen und fluggasturbinen
LAERM UND ERSCHUETTERUNGEN
FA -063 laermemission von triebwerken schalldurchgang durch schaufelgitter
FA -064 moeglichkeiten der laermminderung bei kleingasturbinen
FA -065 geblaeselaerm-parameteruntersuchung
FA -066 schallabsorption in kanaelen
FB -078 schallpegeluebermittlungen zukuenftiger strahlenantriebe und untersuchungen ueber die minderung des abgaslaerms von zweistromtriebwerken

1188
MUELLER-BBM GMBH, SCHALLTECHNISCHES BERATUNGSBUERO
8033 PLANEGG, ROBERT-KOCH-STR. 11
TEL.: (089) 8598775 TX.: 5212880
- LEITER: DIPL.-PHYS. MUELLER
- FORSCHUNGSSCHWERPUNKTE:

schallschutz im staedtebau, im bauwesen, in der industrie, technische akustik
VORHABEN:
LAERM UND ERSCHUETTERUNGEN
FA -067 untersuchungen ueber schallentstehungen und schallausbreitung bei verschiedenen anlagen der petrochemischen industrie
FA -068 entwicklung einheitlicher mess- und bewertungsverfahren
FB -079 koerperschallanregung von baulich mit schnellverkehrsstrassen und strassentunneln verbundenen gebaeuden
FB -080 verkehrslaermprognosen bei stadtstrassen
FD -036 schallschutz im hochbau
FD -037 schallschutz im staedtebau

1189
MUELLER, PROF.DR.
6600 SAARBRUECKEN
VORHABEN:
UMWELTPLANUNG, UMWELTGESTALTUNG
UE -040 erfassung und bewertung der oekologischen gegebenheiten, deren belastung, leistungsfaehigkeit und belastbarkeit in den raeumen der bundesrepublik deutschland fuer die raumordnung

1190
NATURAL GAS SERVICE DEUTSCHLAND GMBH
5480 REMAGEN -ROLANDSECK, POSTFACH 603
VORHABEN:
LUFTREINHALTUNG UND LUFTVERUNREINIGUNG
DA -061 alternative kraftstoffe fuer kraftfahrzeuge. teilstudie methanol
ENERGIE
SA -056 konzeptentwicklung einer mobilen offshore-erdgas-verfluessigungsanlage und deren hilfseinrichtungen

1191
NEUNKIRCHER EISENWERK AG
6680 NEUNKIRCHEN, LANDSWEILER STRASSE
TEL.: (06821) 161 TX.: 04-44813
- LEITER: DR. ROLF MUELLER

VORHABEN:
LUFTREINHALTUNG UND LUFTVERUNREINIGUNG
DC -049 entwicklung eines verfahrens zur verminderung des staubauswurfes beim aufstellen und umlegen von bodenblasenden konvertern zur stahlerzeugung nach dem dbm-verfahren

1192
NIEDERSAECHSISCHE FORSTLICHE VERSUCHSANSTALT
3400 GOETTINGEN, GRAETZELSTR. 2
TEL.: (0551) 64036
- LEITER: DR. GERHARD SEIBT
- FORSCHUNGSSCHWERPUNKTE:

waldschutz, waldhygiene; umweltschonende verfahren der forstschaedlingsbekaempfung; untersuchungen der nebenwirkungen von forstschutzmitteln auf nutzarthropoden; oekologische folgen landespflegerischer massnahmen im walde
VORHABEN:
WIRKUNGEN UND BELASTUNGEN DURCH SCHADSTOFFE
PG -056 nebenwirkungen von forstschutzmitteln auf nutzarthropoden
LAND- UND FORSTWIRTSCHAFT
RD -049 untersuchung des naehrstoffaustrags unter bestaenden von eiche, kiefer und fichte im nordwestdeutschen flachland
RD -050 auswirkungen von muellkompost gestaffelter dosierung auf kulturen von japanischer laerche und roterle
RH -077 umweltschonende bekaempfung von forstschaedlingen. hier: laerchenminiermotte, coleophora laricella
UMWELTPLANUNG, UMWELTGESTALTUNG
UN -043 vergleichende tieroekologische untersuchungen bei der begruendung eines mehrstufigen waldrandes in einem kiefernbestand am naturschutzpark luenberger heide

1193
NIEDERSAECHSISCHES LANDESAMT FUER BODENFORSCHUNG
3000 HANNOVER -BUCHHOLZ, STILLEWEG 2
TEL.: (511) 64681 TX.: 923730
- LEITER: DR. FRIEDRICH BENDER
- FORSCHUNGSSCHWERPUNKTE:

filtereigenschaften von boeden; belastbarkeit von boeden; boden und abfallstoffe; staunaesse und draenung; hochmoorregeneration; rotschlammdeponie und verwertung; verwertbarkeit von torfgranulat; naturraumpotentialkosten; nutzung von salzlagerstaetten; nutzung mineralischer abfaelle; grundwasser und boden; grundwasserschutz; nachweisdokumentation geowissenschaftlicher daten
VORHABEN:
LUFTREINHALTUNG UND LUFTVERUNREINIGUNG
DD -058 grundlegende untersuchungen zur bindung anorganischer und organischer kationen an torf
ABWAERME
GC -010 speicherung von abfallenergien im untergrund
WASSERREINHALTUNG UND WASSERVERUNREINIGUNG
HB -074 umweltrelevante forschungen und untersuchungen auf dem gebiet der hydrologie
ID -057 untersuchungen ueber den einfluss des wasser- und lufthaushaltes der boeden auf die eignung fuer die erdbestattung
ID -058 vertikale verlagerung von nitrat- und ammonium-n durch sickerwasser aus dem wasserungesaettigten boden ins grundwasser bei sandboeden
ID -059 auswirkungen der abwasser- und klaerschlammverregnung auf die chemischen und physikalischen eigenschaften wichtiger boeden und auf das grundwasser
KB -082 wasserhaushalt und abwasserprobleme unter beruecksichtigung der verhaeltnisse in niedersachsen
ABFALL
MB -059 umweltfreundliche nutzung von salzlagerstaetten und aufgelassenen bergwerken
MC -049 moeglichkeiten und grenzen einer abwasserfaulschlammdeponie auf teilabgetorften hochmoorflaechen
MD -032 entwicklung eines trockengranulates aus schwarztorf, muellkompost und klaerschlamm als handelsfaehiges bodenverbesserungsmittel
ME -068 erforschung verwertbarer rohstoffe in mineralischen abfallstoffen in niedersachsen
ME -069 deponie und verwertung von rotschlamm in mooren
WIRKUNGEN UND BELASTUNGEN DURCH SCHADSTOFFE
PF -070 einfluss von blei- und zinkgehalt auf die landwirtschaftlichen nutzungsmoeglichkeiten von talboeden des harzvorlandes
PF -071 untersuchungen der filtereigenschaften natuerlich gelagerter boeden gegenueber emittierten schwermetall- und arsenverbindungen
PH -056 belastbarkeit von niederungsboeden mit abfallstoffen (siedlungsabfall, kompost, abwasserschlamm)

LAND- UND FORSTWIRTSCHAFT
RC -035 komponenten des wasserhaushaltes in der ungesaettigten bodenzone durch messungen in situ mit hoher raumzeitlicher aufloesung
RC -036 filtereigenschaften der boeden und deren kartiertechnische erfassbarkeit
RC -037 aufnahme und herstellung der bodenkarte von niedersachsen (1:25000, 1:5000)
RC -038 bodenkartierung zur beurteilung von grundwasserentzugsschaeden in der land- und forstwirtschaft
RD -051 grundwasser- und bodenfeuchtemessung in einem aufforstungsversuch auf hochmoor mit verschiedenen maulwurfdraenungen
RD -052 vegetationsabfolgen und bodenentwicklung aufgelassener moor- und marschkulturen
RD -053 naehrstoffaustrag und mobilitaet in niederungsboeden
RD -054 boden- und gebietswasserhaushalt bei brache von nassstandorten
RE -048 auswirkung von absenkungen des grundwassers auf wasserhaushaltskomponenten und pflanzenertrag bei ackernutzung
ENERGIE
SA -057 geothermische energie im buntsandstein bei landau (pfalz)
UMWELTPLANUNG, UMWELTGESTALTUNG
UD -012 umweltrelevante untersuchungen im zusammenhang mit der nutzung von lagerstaetten
UF -026 bodenkarte bremen 1:25000
UK -070 karten des naturraumpotentials von niedersachsen und bremen
UL -067 untersuchungen ueber moegliche massnahmen zum schutz des bederkesaer sees gegen verlandung
UL -068 regeneration von teilabgetorftem hochmoor
INFORMATION, DOKUMENTATION, PROGNOSEN, MODELLE
VA -017 nachweisdokumentation geowissenschaftlicher umweltarbeiten

1194
NIEDERSAECHSISCHES LANDESVERWALTUNGSAMT
3000 HANNOVER, RICHARD-WAGNER-STR. 22
TEL.: (0511) 625031 TX.: 922475
- LEITER: PROF.DR. ERNST PREISING
- FORSCHUNGSSCHWERPUNKTE:

faunenerfassung, -kontrolle und -lenkung; florenerfassung, -kontrolle und -lenkung; erforschung von biotopen und biozoenosen sowie von anwendungsmoeglichkeiten fuer den biotopschutz; kartografische landesaufnahme naturschutzwuerdiger gebiete; ingenieurbiologie; methodik der landschaftsplanung; entwicklung von methoden zur ermittlung oekologischer problembereiche
VORHABEN:
WASSERREINHALTUNG UND WASSERVERUNREINIGUNG
HA -099 untersuchungen ueber die eignung verschiedener pflanzenarten zum aufbau stabiler biozoenosen fuer den uferschutz von fliessgewaessern
HA -100 typisierung und bewertung der struktur und biologisch-oekologischen funktion der fliessgewaesser niedersachsens und aufstellung einer liste von quellgebieten fuer ein gewaesserschutzprogramm
HA -101 untersuchungen ueber moeglichkeiten der sicherung und neuanlage von biotopen und biozoenosen an natuerlichen und kuenstlichen fliess- und stillgewaessern
LAND- UND FORSTWIRTSCHAFT
RC -039 untersuchungenn an niedersaechsischen torflagerstaetten zur beurteilung der abbauwuerdigen torfvorraete und der schutzwuerdigkeit im hinblick auf deren optimale nutzung
UMWELTPLANUNG, UMWELTGESTALTUNG
UK -071 planung von natur- und landschaftsschutzgebieten in niedersachsen
UL -069 die natuerlichen und naturnahen landschaften und landschaftsbestandteile in niedersachsen
UM -078 untersuchung der pflanzengesellschaften niedersachsens nach dem grade ihrer gefaehrdung und erarbeitung von vorschlaegen fuer spezielle schutzmassnahmen
UM -079 der einfluss agrarstruktureller und wasserwirtschaftlicher massnahmen auf den bestand an pflanzenarten und pflanzengesellschaften in niedersachsen
UN -044 erfassung und laufende kontrolle des faunenbestandes in niedersachsen einschliesslich repraesentativer biotope
UN -045 modell-studie zur erfassung von tierarten in suedniedersachsen
UN -046 bestandsfeststellung, entwicklung und gefaehrdung bedrohter vogelarten in niedersachsen sowie erarbeitung spezieller schutzmassnahmen einschliesslich des biotopschutzes
UN -047 untersuchung des amphibien- und reptilienbestandes und seiner entwicklung in niedersachsen, sowie aufstellung eines arten- und biotop-schutzprogramms
UN -048 untersuchung zur verbreitung und bestandsentwicklung der kleinsaeugetiere in niedersachsen sowie ihre kartographische erfassung

1195
NIERSVERBAND VIERSEN
4060 VIERSEN, FREIHEITSSTR. 173
TEL.: (02162) 12051
- LEITER: DIPL.-ING. GUENTER KUGEL
- FORSCHUNGSSCHWERPUNKTE:

optimierung von betriebsstufen und prozessketten der abwasser/schlammbehandlung und der schlammbeseitigung unter praxisnahen randbedingungen
VORHABEN:
WASSERREINHALTUNG UND WASSERVERUNREINIGUNG
KB -083 automatische schwerkraftfiltration unter extremen betriebsbedingungen

1196
NORDWESTDEUTSCHE KRAFTWERKE AG
2000 HAMBURG, SCHOENE AUSSICHT 14
TEL.: (040) 2283492 TX.: 02-11136
- LEITER: DIPL.-ING. ERHARD KELTSCH
- FORSCHUNGSSCHWERPUNKTE:

abgasreinigung
VORHABEN:
LUFTREINHALTUNG UND LUFTVERUNREINIGUNG
BB -032 ermittlung der auswirkung des kraftwerksbetriebes auf die so2-konzentration und den staubniederschlag im raum wilhelmshaven
DC -050 abgasentschwefelungsanlage als demonstrationsvorhaben hinter einen steinkohlegefeuerten kessel nach dem bischoff-verfahren
ABWAERME
GB -039 weser-messprogramm

1197
NORMENAUSSCHUSS AKUSTIK UND SCHWINGUNGSTECHNIK IM DEUTSCHEN INSTITUT FUER NORMUNG E. V.
1000 BERLIN 30, BURGGRAFENSTR. 4-7
TEL.: (030) 26021 TX.: 184273
- LEITER: PROF.DR. DIESTEL
- FORSCHUNGSSCHWERPUNKTE:

erstellung von normen auf dem gebiet der akustik und schwingungstechnik; geraeuschmessung an maschinen
VORHABEN:
LAERM UND ERSCHUETTERUNGEN
FA -069 anforderungen an schallpegelmesser und impulsschallpegelmesser (din 45634)
FA -070 mitteilung zeitlich schwankender schallpegel (din 45641)
FA -071 gueteklassen von geraeuschmessverfahren
FA -072 erstellung von technischen normen im nationalen und internationalen rahmen auf dem gebiet der akustik und schwingungstechnik - insbesondere fuer laerm und geraeusche -
FB -081 geraeuschmessungen an kraftfahrzeugen, wasserfahrzeugen (din-normen)
FB -082 messung von verkehrsgeraeuschen (din 45642)
FB -083 fluglaermueberwachung (din 45643)
FB -084 geraeuschmessung an schalldaempfern
FC -086 geraeuschmessung an maschinen (din 45635)

1198
NUKEM GMBH
6450 HANAU 11, INDUSTRIEGEBIET WOLFGANG
TEL.: (06181) 5001 TX.: 4184113
- LEITER: DR. GUENTER WIRTHS
- FORSCHUNGSSCHWERPUNKTE:

entsorgung im nuklearen brennstoffkreislauf; konditionierung radioaktiver und hochgiftiger abfaelle; erfassung und systeme zur erfassung von emissionen; verfahren zur verringerung von luftverunreinigungen; wiederverwendung von wertstoffen

VORHABEN:
LUFTREINHALTUNG UND LUFTVERUNREINIGUNG
AA -146 katastermaessige trendanalyse fuer die schadstoffe so2, nox und cnhm aus industrie, hausbrand und verkehr fuer die bundesrepublik deutschland in den jahren 1960 - 1980
AA -147 katasteraehnliche erfassung von schadstoffimmissionen in der bundesrepublik deutschland
BC -039 emissionsmesstechnik, vorschriften und verfahren zur messtechnischen ueberwachung der emission luftverunreinigender stoffe aus genehmigungsbeduerftigen anlagen
BE -026 systemstudie zur erfassung und verminderung von belaestigenden geruchsemissionen
DC -051 untersuchungen zur fluoremission bei steine- und erdenbetrieben
DC -052 anwendung der feinstaubfiltration mit glasfasern in der umwelttechnologie
STRAHLUNG, RADIOAKTIVITAET
ND -046 anfall, verwendung, lagerung und endbeseitigung von angereichertem uran

1199
NUKLEAR-INGENIEUR-SERVICE GMBH
6000 FRANKFURT 71, POSTFACH 710461
VORHABEN:
STRAHLUNG, RADIOAKTIVITAET
NC -105 analyse und auswirkungen schwerer stoerfaelle auf die stillegung von kernkraftwerken

1200
OBERRHEINISCHE MINERALOELWERKE GMBH
7500 KARLSRUHE, DEA-SCHOLVEN-STR.
TEL.: (0721) 59641 TX.: 07-826560
- LEITER: DR. GERHARD ABBES
- FORSCHUNGSSCHWERPUNKTE:
entwicklung von einrichtungen zur absaugung und beseitigung von kohlenwasserstoffdaempfen beim umschlag von benzin in strassen- und bahn-tankfahrzeugen
VORHABEN:
LUFTREINHALTUNG UND LUFTVERUNREINIGUNG
DA -062 entwicklung von einrichtungen zur absaugung und beseitigung von kohlenwasserstoffen beim umschlag von benzin

1201
OELKERS, H.D., DIPL.-PHYS.
5800 HAGEN
VORHABEN:
LAERM UND ERSCHUETTERUNGEN
FC -087 stand der technik bei stadtbahnen hinsichtlich ihrer luft- und koerperschallemissionen

1202
OESTERREICHISCHE MINERALOELVERTRIEBSGE-SELLSCHAFT MBH
A- WIEN 9/OESTERREICH, OTTO-WAGNER-PLATZ
TEL.: (0043/222) 423621
VORHABEN:
LUFTREINHALTUNG UND LUFTVERUNREINIGUNG
DA -063 untersuchung des oktanzahlbedarfs der kraftfahrzeuge bei einer verminderung des bleigehalts im benzin auf 0,15 g/l
DA -064 ermittlung der oktanzahlen von typischen kraftstoffserien 1976 und untersuchung des einflusses der kraftstoffkomponenten auf die oktanzahlen

1203
ORDINARIAT FUER BODENKUNDE DER UNI HAMBURG
2057 REINBEK, SCHLOSS
TEL.: (040) 7224019
- LEITER: PROF.DR. HANS-WILHELM SCHARPENSEEL
- FORSCHUNGSSCHWERPUNKTE:
polychlorierte biphenyle im boden; schwermetalle und uran (regionaluntersuchungen); geologische und chemisch-analytische untersuchungen an muelldeponien
VORHABEN:
ABFALL
MC -050 transport und umsatz der inhaltsstoffe von muellsickerwaessern im boden unter hausmuelldeponien
WIRKUNGEN UND BELASTUNGEN DURCH SCHADSTOFFE
PF -072 uran- und schwermetalluntersuchung an bodencatenen, insbesondere den auenboeden der sued-eifel, des hunsrueck und der nahesenke
PF -073 schwermetalluntersuchungen an terrestrischen, hydromorphen und subhydrischen boeden aus laendlichen sowie stadt- und industrienahen bereichen
PG -057 polychlorierte biphenyle im boden

1204
ORDINARIAT FUER HOLZBIOLOGIE DER UNI HAMBURG
2050 HAMBURG 80, LEUSCHNERSTR. 91 D
TEL.: (040) 7386057
- LEITER: PROF.DR. WALTER LIESE
VORHABEN:
WIRKUNGEN UND BELASTUNGEN DURCH SCHADSTOFFE
PH -057 umweltbeeinflussung bei lagerung frisch impraegnierter kiefernmasten
PH -058 holzanatomische analyse zum nachweis anthropogener umwelteinfluesse

1205
ORDINARIAT FUER WELTFORSTWIRTSCHAFT DER UNI HAMBURG
2050 HAMBURG 80, LEUSCHNERSTR. 1
TEL.: (040) 7386055, 7386056, 7386057
- LEITER: PROF.DR. CLAUS WIEBECKE
VORHABEN:
LAERM UND ERSCHUETTERUNGEN
FC -088 die schallausbreitung des maschinenlaerms in verschiedenen gelaendeformen und industriebetrieben und seine wirkungen auf den arbeitenden menschen

1206
ORGANISATIONSEINHEIT NATURWISSENSCHAFTEN UND MATHEMATIK DER GESAMTHOCHSCHULE KASSEL
3500 KASSEL, HEINRICH-PLETT-STR. 40
TEL.: (0561) 482-364
- LEITER: PROF.DR. VJEKOSLAV GLAVAC
VORHABEN:
WASSERREINHALTUNG UND WASSERVERUNREINIGUNG
IF -035 ueber eutrophierung der aquatischen, amphibischen und terrestrischen uferzone an fliessgewaessern der kasseler umgebung und ihre bioindikatoren
LAND- UND FORSTWIRTSCHAFT
RG -037 vergleichende untersuchung ueber die stickstoffnachlieferung in boeden von kahlschlagflaechen und waldbestaenden nordhessens

1207
ORGANISCH-CHEMISCHES INSTITUT DER UNI MAINZ
6500 MAINZ, JOH.JOACHIM-BECHER-WEG 18-22
TEL.: (06131) 17-2287
- LEITER: PROF.DR. WERNER KERN
VORHABEN:
HUMANSPHAERE
TE -011 synthese und untersuchung makromolekularer zytostatica zur krebsbekaempfung

1208
ORGANISCH-CHEMISCHES LABORATORIUM DER TU MUENCHEN
8000 MUENCHEN 2, CHEMIEGEBAEUDE HOCHSCHULSTRASSE
VORHABEN:
UMWELTCHEMIKALIEN
OB -023 system zur codierung chemischer strukturen und vorhersage von folgeprodukten von chemikalien in der umwelt
OC -035 photochemie von nitrosoverbindungen und analogen

1209
OSRAM GMBH
8000 MUENCHEN 90, HELLABRUNNER STRASSE 1
TEL.: (089) 62131
VORHABEN:
STRAHLUNG, RADIOAKTIVITAET
NA -010 halogenmetalldampf-hochdruckentladungslampe mit niederer farbtemperatur und hoher lichtausbeute durch molekuelstrahlung

1210
OST-EUROPA-INSTITUT DER FU BERLIN
1000 BERLIN 37, GARYSTR. 55
TEL.: (030) 8382094
- LEITER: PROF.DR. H. MUELLER-DIETZ
VORHABEN:
UMWELTPLANUNG, UMWELTGESTALTUNG
UF -027 sozialgeographische problematik der beschaeftigung auslaendischer arbeitnehmer

1211
OTT, A.
8960 KEMPTEN, JAEGERSTR. 4-12
TEL.: (0831) 25566
- LEITER: HEEL
VORHABEN:
WASSERREINHALTUNG UND WASSERVERUNREINIGUNG
HG -054 studie zu einem geraet fuer die datenerfassung und -uebertragung an pegeln

1212
OTTO-GRAF-INSTITUT DER UNI STUTTGART
7000 STUTTGART 80, PFAFFENWALDRING 4
TEL.: (0711) 784-1
- LEITER: PROF.DR. GALLUS REHM
- FORSCHUNGSSCHWERPUNKTE:
recycling von hausmuell, metallhydroxidschlamm; einfluss von erschuetterungen auf die putzhaftung
VORHABEN:
LAERM UND ERSCHUETTERUNGEN
FD -038 einfluss von erschuetterungen auf die putzhaftung
ABFALL
MD -033 aufbereitung und weiterverwendung von hausmuell
ME -070 einsatzmoeglichkeiten von metallhydroxidschlamm bei der mauerziegelherstellung

1213
PAPIERTECHNISCHE STIFTUNG
8000 MUENCHEN, LORISTRASSE 19
TEL.: (089) 195404
- LEITER: DIPL.-ING. PAUL FALLSCHEER
- FORSCHUNGSSCHWERPUNKTE:
feste abfallstoffe der papierfabriken; recycling von altpapier und damit verbundene detailfragen
VORHABEN:
WASSERREINHALTUNG UND WASSERVERUNREINIGUNG
KC -069 biologische abfallbeseitigung von waessrigen faserdispersionen
ABFALL
MA -026 untersuchung von nicht verrottbarem verpackungsmaterial auf der basis von kunststoff und papier
ME -071 versuche zur wiederverwendung von lackierten, veredelten und kaschierten stanzabfaellen auf cellulosebasis
ME -072 untersuchung der zusammenhaenge zwischen abloesbarkeit der druckfarbe und ihrer chemischen komponenten
ME -073 moeglichkeiten zur verwertung von abfaellen der papierfabriken (klaerschlamm)
MG -034 verfahren zur herstellung umweltfreundlicher papiere

1214
PATHOLOGISCHES INSTITUT DER MEDIZINISCHEN HOCHSCHULE HANNOVER
3000 HANNOVER 61, KARL-WIECHERT-ALLEE 9
TEL.: (0511) 532-2924
- LEITER: PROF.DR. A. GEORGII
VORHABEN:
WIRKUNGEN UND BELASTUNGEN DURCH SCHADSTOFFE
PC -060 untersuchungen von mikroverunreinigungen an embryonalen systemen und in der gewebekultur

1215
PATHOLOGISCHES INSTITUT DES RUDOLF VIRCHOW-KRANKENHAUSES
1000 BERLIN 65, AUGUSTENBURGER PLATZ 1
TEL.: (030) 45051
- LEITER: PROF.DR. FRIEDRICH STEIN
VORHABEN:
WIRKUNGEN UND BELASTUNGEN DURCH SCHADSTOFFE
PC -061 begasung von gewebekulturen mit kraftfahrzeug-abgaskomponenten

1216
PFLANZENSCHUTZAMT DER LANDWIRTSCHAFTSKAMMER WESER-EMS
2900 OLDENBURG, MARS-LA-TOUR-STR. 9-11
TEL.: (0441) 225-1
- LEITER: DR. WOLFGANG SCHUETZ
- FORSCHUNGSSCHWERPUNKTE:
untersuchungen ueber wirtschaftliche schadensschwellen von unkraeutern, erregern von pflanzenkrankheiten und schaedlingen; erhebungen ueber den einsatz von pflanzenschutzmitteln; entwicklung und erprobung von integrierten verfahren zur bekaempfung von pflanzenkrankheiten und schaedlingen
VORHABEN:
WIRKUNGEN UND BELASTUNGEN DURCH SCHADSTOFFE
PB -045 beeintraechtigung der freilebenden tierwelt durch pflanzenschutzmittel
PE -047 gas- und staubimmissionen und dadurch verursachte schaeden an pflanzen und tieren im raum nordenham
LAND- UND FORSTWIRTSCHAFT
RH -078 untersuchungen zur integrierten bekaempfung der feldmaus und pflanzenschaedlicher tipuliden auf gruenland
RH -079 erhebung ueber den einsatz von pflanzenschutzmitteln im jahre 1975 im bereich der landwirtschaftskammer weser-ems

1217
PFLANZENSCHUTZAMT DES LANDES SCHLESWIG-HOLSTEIN
2300 KIEL, WESTRING 383
TEL.: (0431) 41646
- LEITER: DR. H. SCHMIDT
- FORSCHUNGSSCHWERPUNKTE:
pruefung von pflanzenbehandlungsmitteln; beratung der anwender von pflanzenbehandlungsmitteln; rueckstandsuntersuchungen auf pflanzenbehandlungsmittel
VORHABEN:
LUFTREINHALTUNG UND LUFTVERUNREINIGUNG
BD -011 abdrift von methoxychlor-praeparaten bei verschiedenen ausbringungsformen in rapskulturen
WIRKUNGEN UND BELASTUNGEN DURCH SCHADSTOFFE
PG -058 rueckstandsuntersuchungen - hexachlorbenzol im boden
LEBENSMITTEL-, FUTTERMITTELKONTAMINATION
QC -045 rueckstandsuntersuchungen nach fungizidbehandlung im getreidebau
QC -046 rueckstanduntersuchungen nach fungizidbehandlung in gelagertem kohl

1218
PHARMAKOLOGISCHES INSTITUT DER UNI HAMBURG
2000 HAMBURG 20, MARTINISTR. 52
TEL.: (040) 4683180
- LEITER: PROF.DR. GUENTHER MALORNY
VORHABEN:
WIRKUNGEN UND BELASTUNGEN DURCH SCHADSTOFFE
PB -046 toxikologie von polychlorierten biphenylen und phosphatsaeure-ester
PC -062 toxische wirkungen von arzneimitteln und antidotwirkungen; vergleich mit kohlenwasserstoffen

1219
PHARMAKOLOGISCHES INSTITUT DER UNI MAINZ
6500 MAINZ, OBERE ZAHLBACHER STRASSE 67
TEL.: (06131) 19-3171
- LEITER: PROF.DR. FRANZ OESCH
VORHABEN:
WIRKUNGEN UND BELASTUNGEN DURCH SCHADSTOFFE
PD -063 relative rolle von multiplen epoxidhydratasen in der bioinaktivierung mutagener und cancerogener metabolite

1220
PHARMAKOLOGISCHES INSTITUT DER UNI MUENCHEN
8000 MUENCHEN, NUSSBAUMSTR. 26
TEL.: (089) 53841
- LEITER: PROF.DR. MANFRED KIESE
VORHABEN:
WIRKUNGEN UND BELASTUNGEN DURCH SCHADSTOFFE
PD -064 speziesabhaengigkeit des stoffwechsels von carcinogenen und nicht-carcinogenen aromatischen aminen und ihren acylderivaten

1221
PHARMAKOLOGISCHES INSTITUT DER UNI TUEBINGEN
7400 TUEBINGEN, WILHELMSTR. 56
TEL.: (07122) 712268
- LEITER: PROF.DR. SIESS
VORHABEN:
UMWELTCHEMIKALIEN
OD -090 hexachlorophen / halotan, wirkungsmechanismus mit kohlenwasserstoff
OD -091 chlorofizierte wasserstoffe, wirkungsmechanismus
WIRKUNGEN UND BELASTUNGEN DURCH SCHADSTOFFE
PC -063 stoffwechsel von fremdstoffen in den lungen und nieren
PD -065 aktivierung von pharmaka im metabolismus (krebserregerzellen, allergie etc.), metabolite von arzneien- und fremdstoffen

1222
PHARMAZEUTISCHES-CHEMISCHES INSTITUT DER UNI HEIDELBERG
6900 HEIDELBERG, IM NEUENHEIMER FELD 364
TEL.: (06221) 562851
- LEITER: DR. R. NEIDLEIN
- FORSCHUNGSSCHWERPUNKTE:
analytik von pflanzenschutzmitteln
VORHABEN:
UMWELTCHEMIKALIEN
OC -036 qualitative und quantitative analytik von pflanzenschutzmitteln mittels der polarographie zur feststellung von umwelt-belastungen

1223
PHILIPS ELEKTRONIK INDUSTRIE GMBH
2000 HAMBURG, MEIENDORFER STRASSE 205
TEL.: (040) 67971
- LEITER: DIPL.-ING. WITHOF
VORHABEN:
LUFTREINHALTUNG UND LUFTVERUNREINIGUNG
AA -148 errichtung des lufthygienischen landesueberwachungssystems bayern

1224
PHYSIKALISCH-CHEMISCHES INSTITUT DER UNI HEIDELBERG
6900 HEIDELBERG, IM NEUENHEIMER FELD 253
TEL.: (06221) 562463
- LEITER: PROF.DR. SCHAEFER
- FORSCHUNGSSCHWERPUNKTE:
adsorption und mischadsorption von gasen, die als spaltgase bei reaktoren anfallen
VORHABEN:
WASSERREINHALTUNG UND WASSERVERUNREINIGUNG
HF -007 suesswassergewinnung aus meerwasser und dadurch auftretende umweltbelaestigung durch konzentriertes und mit zusatzstoffen belastetes abwasser
IA -037 gasadsorption

1225
PHYSIKALISCH-TECHNISCHE ABTEILUNG DER GESELLSCHAFT FUER STRAHLEN- UND UMWELTFORSCHUNG MBH
8042 NEUHERBERG, INGOLSTAEDTER LANDSTR. 1
TEL.: (089) 3874331
- LEITER: DIPL.-PHYS. WERNER WESTPHAL
VORHABEN:
UMWELTCHEMIKALIEN
OB -024 spurenelementanalyse in medizin, biologie und umwelt

1226
PHYSIKALISCH-TECHNISCHE BUNDESANSTALT
3300 BRAUNSCHWEIG, BUNDESALLEE 100
TEL.: (0531) 5921 TX.: 09-52822
- LEITER: PROF.DR.-ING. DIETER KIND
VORHABEN:
LAERM UND ERSCHUETTERUNGEN
FA -073 raum- und bauakustische messtechnik
FA -074 schalluebertragung
FA -075 geraeusch- und schwingungsmessung: verbesserung der bisherigen verfahren, entwicklung neuer verfahren
FA -076 entwicklung einheitlicher mess- und bewertungsverfahren
FA -077 entwicklung einheitlicher verfahren zur messung und beurteilung von geraeuschemissionen und -immissionen
FD -039 betroffenheit einer stadt durch laerm
STRAHLUNG, RADIOAKTIVITAET
NB -055 untersuchung der aktivitaetskonzentration von in der bodennahen luft enthaltenen radionukliden und ihrer jahreszeitlichen schwankung
NB -056 untersuchung der radioaktivitaet von baustoffen
NB -057 entwicklung eines dosisleistungsmessgeraetes zur messung der umgebungsstrahlung
NB -058 bestimmung der energiedosis im gewebeaequivalenten phantom fuer roentgen- und gammastrahlung
NC -106 sicherheitsueberwachung

1227
PHYSIKALISCHES INSTITUT I / FB 13 DER UNI GIESSEN
6300 GIESSEN, HEINRICH-BUFF-RING 14-20
TEL.: (0641) 7022700
- LEITER: PROF.DR. A. SCHARMANN
- FORSCHUNGSSCHWERPUNKTE:
untersuchung von staeuben (silikoseforschung); entwicklung von nachweismethoden gewebeschaedigender strahlung (gamma-, n-dosimetrie) mit thermolumineszenz, elektronenemission, radiophotolumineszenz, kernspuraetzung; optischer nachweis von schwermetall-spuren in der luft
VORHABEN:
STRAHLUNG, RADIOAKTIVITAET
NB -059 neutronendosimetrie mit kernspaltspuren
NB -060 gamma-dosimetrie mit radiophotolumineszenzglaesern
HUMANSPHAERE
TA -064 silikose-forschung

1228
PHYSIOLOGISCH-CHEMISCHES INSTITUT DER UNI ERLANGEN-NUERNBERG
8520 ERLANGEN, WASSERTURMSTR. 5
TEL.: (09131) 85-2306
- LEITER: PROF.DR. WALTER KERSTEN
VORHABEN:
LUFTREINHALTUNG UND LUFTVERUNREINIGUNG
BE -027 objektivierung von belaestigungswirkungen auf den menschen

1229
PHYSIOLOGISCH-CHEMISCHES INSTITUT DER UNI MAINZ
6500 MAINZ, SAARSTR. 21
TEL.: (06131) 17-2219
- LEITER: PROF.DR. RUDOLF K. ZAHN
- FORSCHUNGSSCHWERPUNKTE:
impakt von pollutantien auf die programmierte synthese: dna-, rna-proteinsynthese
VORHABEN:
WIRKUNGEN UND BELASTUNGEN DURCH SCHADSTOFFE
PH -059 impakt von pollutantien auf die p.s. (programmierte synthese: dna-, rna- und proteinsynthese)

1230
PHYSIOLOGISCHES INSTITUT DER MEDIZINISCHEN HOCHSCHULE HANNOVER
3000 HANNOVER 61, KARL-WIECHERT-ALLEE 9
TEL.: (0511) 532-2735
- LEITER: PROF.DR. HEINZ BARTELS
- FORSCHUNGSSCHWERPUNKTE:
wirkungen verminderten sauerstoffpartialdruckes auf die sauerstofftransportfunktion des blutes bei mensch und tieren; wirkungen von kohlenmonoxid auf die atemgastransportfunktion des blutes

VORHABEN:
HUMANSPHAERE
TE -012 geburtenzahl, missbildungen, blutgasdaten bei bewohnern der alpenlaender ueber 1500 m

1231
PHYSIOLOGISCHES INSTITUT DER UNI MUENCHEN
8000 MUENCHEN 2, PETTENKOFERSTR. 12
TEL.: (089) 59961
- LEITER: PROF.DR. KURT KRAMER
VORHABEN:
UMWELTCHEMIKALIEN
OA -036 optische analysengeraete fuer medizin, umweltschutz und chemie

1232
PLANUNGS- UND INGENIEURBUERO DIPLOM-INGENIEUR TUCH
6450 HANAU, GUSTAV-HOCH-STR. 10
TEL.: (06181) 81224
- LEITER: DIPL.-ING. TUCH
VORHABEN:
ABFALL
MG -035 mitarbeit fuer das deutsche muellhandbuch

1233
PLANUNGSGRUPPE KARLSRUHE, BAU- U. STADTPLANUNG
7500 KARLSRUHE, MAXIMILIANSTR. 1
VORHABEN:
UMWELTPLANUNG, UMWELTGESTALTUNG
UF -028 minimalprogramme der materiellen infrastrukturausstattung im stadtentwicklungsprozess der dritten welt

1234
PLANUNGSGRUPPE OEKOLOGIE UND UMWELT
3000 HANNOVER, IM WINKEL 1A
- LEITER: PROF.DR. LANGER
VORHABEN:
UMWELTPLANUNG, UMWELTGESTALTUNG
UL -070 landschaftsoekologische untersuchung des oberen isartales

1235
PLANUNGSGRUPPE PROFESSOR LAAGE
2000 HAMBURG 13, JUNGFRAUENTHAL 18
TEL.: (040) 476509
- LEITER: PROF. LAAGE
VORHABEN:
UMWELTPLANUNG, UMWELTGESTALTUNG
UF -029 stadtgestaltung osnabrueck

1236
PLOEG VAN DER, RIENK
3400 GOETTINGEN, KANTSTR. 30
VORHABEN:
LAND- UND FORSTWIRTSCHAFT
RG -038 entwicklung zweidimensionaler modelle fuer den wasserumsatz im boden haengiger fichtenstandorte des harzes (wasserumsatz-modelle)

1237
POLYTECHNISCHES INSTITUT
7500 KARLSRUHE 1, POSTFACH 6168
- LEITER: DR.-ING. STAENDER
VORHABEN:
WASSERREINHALTUNG UND WASSERVERUNREINIGUNG
HF -008 meerwasserentsalzung. teilprojekt: untersuchungen zur wassersparenden bewaesserung mit suesswasser aus entsalzungsanlagen
LAND- UND FORSTWIRTSCHAFT
RD -055 entwicklung eines unterirdischen bewaesserungsverfahrens zur sparsamen verwendung von wasser aus entsalzungsanlagen

1238
PORSCHE AG
7000 STUTTGART, PORSCHESTR.42
TEL.: (0711) 82031 TX.: 07-21871
- LEITER: DR.-ING. ERNST FUHRMANN
- FORSCHUNGSSCHWERPUNKTE:
kfz-antriebstechnik: abgasentgiftung durch motorinterne und motorexterne massnahmen (schichtladung, magere verbrennung, verbesserung der gemischbildung, verbrauchssenkung, nachverbrennung); kfz-geraeuscheindaemmung: verminderung der schallemission durch reduzierte schallerzeugung und daemmung nach aussen hin
VORHABEN:
LUFTREINHALTUNG UND LUFTVERUNREINIGUNG
BA -062 vergleich der emissionen von otto- und dieselmotoren
CA -086 korrelation der messverfahren fuer abgasemission nach cvs- und ece-vorschriften
DA -065 nutzung der bremsenergie in individualfahrzeugen zur verbrauchs- und emissionsverminderung
DA -066 motor-abstell- und startautomatik
DA -067 studie ueber die kosten schadstoffarmer antriebskonzepte
LAERM UND ERSCHUETTERUNGEN
FB -085 verringerung der motorengeraeusche von kraftfahrzeugmotoren

1239
PORTLAND-ZEMENTWERKE HEIDELBERG AG
7902 BLAUBEUREN, DR.-GEORG-SPOHN-STR. 1
TEL.: (07344) 10357
- LEITER: DR. HANS-JOACHIM BANSE
- FORSCHUNGSSCHWERPUNKTE:
entwicklung und pruefung von verfahren zur kompostierung von siedlungsabfaellen
VORHABEN:
ABFALL
MB -060 entwicklung eines verfahrens zur kompostierung von huehnerkot aus massentierhaltungen mit hilfe des knet- und beatmungsverfahrens

1240
PRAKLA-SEISMOS GMBH
3000 HANNOVER 1, POSTFACH 4767
VORHABEN:
ENERGIE
SA -058 vermessung von unterirdischen oelspeichern

1241
PREUSSAG AG ERDOEL UND ERDGAS
3000 HANNOVER 1, ARNDTSTR. 1
TEL.: (0511) 19321 TX.: 922851
- LEITER: DR. FRITZ NEUWEILER
- FORSCHUNGSSCHWERPUNKTE:
fragen des grundwasserschutzes, der korrosion, der deponie kontaminierender stoffe, geraeuschemission, luftverschmutzung
VORHABEN:
ABFALL
ME -074 umwandlung von rueckstaenden aus der altoelaufbereitung
INFORMATION, DOKUMENTATION, PROGNOSEN, MODELLE
VA -018 umweltschutz-simulations-modell-luft/wasser, usim-l, usim-w

1242
PREUSSAG AG METALL
3380 GOSLAR, RAMMELSBERGERSTR. 2
TEL.: (05321) 711 TX.: 09-53822
- LEITER: JOERG STEGMANN
- FORSCHUNGSSCHWERPUNKTE:
verarbeitung von rueckstaenden der hydrometallurgischen zinkgewinnung
VORHABEN:
LUFTREINHALTUNG UND LUFTVERUNREINIGUNG
DD -059 verfahren zur entchlorung von flugstaeuben
ABFALL
ME -075 faellung und verarbeitung von eisenrueckstaenden bei der hydrometallurgischen zinkgewinnung
ME -076 entchlorung von zinkaschen und deren wiedereinsatz in einem zinkhuettenprozess

1243
PROFESSUR FUER OEFFENTLICHES RECHT IV / FB 01 DER UNI GIESSEN
6300 GIESSEN, LICHER STRASSE 72, HAUS 10
TEL.: (0641) 7025030
- LEITER: PROF.DR. H. STEIGER
- FORSCHUNGSSCHWERPUNKTE:
vollzugsprobleme im immissionsschutzrecht; probleme des umweltrechts im nationalen und europaeischen recht
VORHABEN:
UMWELTPLANUNG, UMWELTGESTALTUNG
UB -031 untersuchungen ueber die frage der einfuehrung eines grundrechtes auf menschenwuerdige umwelt
UB -032 problem des vollzugdefizits im umweltrecht
UE -041 probleme der raumplanung in bezug auf die umweltgestaltung

1244
PROFESSUR FUER STRAFRECHT, STRAFPROZESSRECHT UND INTERNATIONALES STRAFRECHT / FB 01 DER UNI GIESSEN
6300 GIESSEN, LICHER STRASSE 76
TEL.: (0641) 7025085
- LEITER: PROF.DR. O. TRIFFTERER
- FORSCHUNGSSCHWERPUNKTE:
strafrechtlicher schutz der umwelt; gesetzgebungsarbeit, vor allem rechtsvergleichende untersuchungen
VORHABEN:
UMWELTPLANUNG, UMWELTGESTALTUNG
UB -033 umweltschutzstrafrecht

1245
PROFESSUR FUER VOLKSWIRTSCHAFTSLEHRE (INSBESONDERE ENTWICKLUNGSLAENDER-FORSCHUNG) / FB 02 DER UNI GIESSEN
6300 GIESSEN, LICHER STRASSE 66
TEL.: (0641) 7025145
- LEITER: PROF.DR. H.-R. HEMMER
VORHABEN:
LAND- UND FORSTWIRTSCHAFT
RB -032 ernaehrungsprobleme im zuge der wirtschaftlichen entwicklung
UMWELTPLANUNG, UMWELTGESTALTUNG
UC -051 die grenzen der marktwirtschaft als ordnungspolitische konzeption in entwicklungslaendern

1246
PROGNOS AG, EUROPAEISCHES ZENTRUM FUER ANGEWANDTE WIRTSCHAFTSFORSCHUNG
CH-4 BASEL/SCHWEIZ, VIADUKTSTR. 65
TEL.: (0041-61) 223200 TX.: 63323
- LEITER: DR. PETER ROGGE
VORHABEN:
ABFALL
MA -027 die entwicklung der glasflasche im getraenkebereich und ihre zukuenftige bedeutung im hausmuell
MG -036 marktmoeglichkeiten fuer muellverbrennungsanlagen in der bundesrepublik deutschland bis 1985
UMWELTPLANUNG, UMWELTGESTALTUNG
UE -042 systemanalyse zur landesentwicklung baden-wuerttemberg

1247
PROJEKTGRUPPE BEWERTUNGSSYSTEM FUER UMWELTEINFLUESSE DER GESAMTHOCHSCHULE ESSEN
4300 ESSEN, ROBERT-SCHMIDT-STR. 1
TEL.: (0201) 272296
- LEITER: PROF.DIPL.-ING. KLAUS EICK
- FORSCHUNGSSCHWERPUNKTE:
sammlung, bewertung und darstellung von umwelteinfluessen
VORHABEN:
LUFTREINHALTUNG UND LUFTVERUNREINIGUNG
EA -020 bewertungssystem fuer umwelteinfluesse

1248
PROJEKTGRUPPE LEBENSRAUM HAARENNIEDERUNG DER UNI OLDENBURG
2900 OLDENBURG, AMMERLAENDER HEERSTR. 67-99
TEL.: (0441) 51061, APP. 412
- LEITER: PROF.DR. DIETER SCHULLER
- FORSCHUNGSSCHWERPUNKTE:
umweltanalytik (verfahrensentwicklung), stoffkreislaeufe (phosphat, stickstoffverbindungen), herbizid/pestizid-abbau und folgeprodukte; umwelteinfluesse in stadt- und landschaftsplanung; umwelt und sozialplanung als interdisziplinaere fragestellung; umweltschutz und -planung als gegenstand der berufspraxis; energiepolitische probleme
VORHABEN:
WASSERREINHALTUNG UND WASSERVERUNREINIGUNG
IA -038 polarografische bestimmung von gewaesser-inhaltsstoffen
IC -106 herbizide und herbizidrueckstaende in der haarenniederung
IC -107 bornhorster see-analysen-prognosen-therapievorschlaege
IF -036 entwicklung von analysenverfahren fuer eutrophierungsrelevante wasserinhaltsstoffe
KF -019 enzymatische polyphosphathydrolyse
WIRKUNGEN UND BELASTUNGEN DURCH SCHADSTOFFE
PH -060 auswirkungen von immissionen auf die mikroflora von boeden, wasser und baudenkmaelern
UMWELTPLANUNG, UMWELTGESTALTUNG
UF -030 sozial- und umweltplan in oldenburg - west

1249
PRUEFSTELLE FUER SCHALL UND WAERMETECHNIK
5222 MORSBACH, ZUM GOLDENEN ACKER 34
TEL.: (02294) 484
- LEITER: ING.GRAD. BLUME
VORHABEN:
ENERGIE
SB -030 energieeinsparung bei schwimmhallen

1250
PSY-DATA, INSTITUT FUER MARKTANALYSEN UND MARKTFORSCHUNG GMBH & CO KG
6000 FRANKFURT 60, ARENSBURGER STRASSE 70
VORHABEN:
INFORMATION, DOKUMENTATION, PROGNOSEN, MODELLE
VA -019 literaturaufbereitung zum thema zukunft und technik als voraussetzung fuer eine sozialpsychologische einstellungsuntersuchung zu diesem thema

1251
PSYCHOLOGISCHES INSTITUT DER FU BERLIN
1000 BERLIN, GRUNEWALDSTR. 35
TEL.: (030) 79133011
- LEITER: PROF. LISCHKE
VORHABEN:
HUMANSPHAERE
TB -033 probleme des wohnungs- und staedtebaus

1252
PSYCHOLOGISCHES INSTITUT DER UNI BOCHUM
4630 BOCHUM, UNIVERSITAETSSTRASSE
TEL.: (02321) 71-2674
VORHABEN:
LAERM UND ERSCHUETTERUNGEN
FD -040 auswirkungen von laerm auf den menschen

1253
PSYCHOLOGISCHES INSTITUT DER UNI FREIBURG
7800 FREIBURG, PETERSTR. 1, PETERHOF
TEL.: (0761) 203-3622
- LEITER: PROF.DR. JOCHEN FAHRENBERG
- FORSCHUNGSSCHWERPUNKTE:
umweltpsychologische fragestellungen im bereich von grosstaedten; umweltpsychologische probleme und fragestellungen in entwicklungslaendern

VORHABEN:
HUMANSPHAERE
TB -034 umweltpsychologische fragestellung im bereich von grosstaedten
TB -035 umweltpsychologische fragestellungen und probleme in entwicklungslaendern

1254
PSYCHOLOGISCHES INSTITUT DER UNI HEIDELBERG
6900 HEIDELBERG, HAUPTSTR. 47-51
TEL.: (06221) 547364
- LEITER: PROF.DR. HEINRICH WOTTAWA
- FORSCHUNGSSCHWERPUNKTE:
zusammenhang von privatheit und gebauter umwelt
VORHABEN:
HUMANSPHAERE
TB -036 raeumliche umwelt - die phaenomenologie des raeumlichen verhaltens als beitrag zu einer psychologischen umwelttheorie

1255
PSYCHOLOGISCHES INSTITUT DER UNI TUEBINGEN
7400 TUEBINGEN, FRIEDRICHSTR. 21
TEL.: (07071) 292410, 292412
- LEITER: DR.DIPL.-ING. GLASER
- FORSCHUNGSSCHWERPUNKTE:
architekturpsychologie (spez. an bauplanung orientierte themen: ansaetze und methoden, partizipation, nutzwertanalyse); umwelt-kognition; umwelt- bzw. oekopsychologische praxeologie; theorie der oekopsychologie; oekologische bedingungen von unfaellen, spez. kindern, verkehrsunfaellen; oekologische bedingungen studentischen wohnens und ihre auswirkungen; planung von freizeitanlagen; oekologische bedingungen des wohnens und des arbeitens von koerperbehinderten
VORHABEN:
HUMANSPHAERE
TD -023 verkehrswelt von kindern

1256
RAT VON SACHVERSTAENDIGEN FUER UMWELT-FRAGEN
6200 WIESBADEN, GUSTAV-STRESEMANN-RING 11
TEL.: (06121) 705-2177 TX.: 04-186511
- LEITER: PROF.DR. KARL-HEINRICH HANSMEYER
- FORSCHUNGSSCHWERPUNKTE:
die jeweilige situation der umwelt in der bundesrepublik deutschland und deren entwicklungstendenzen darstellen sowie fehlentwicklungen und moeglichkeiten zu deren vermeidung oder beseitigung aufzeigen. durch periodische gutachten zu bestimmten themen die urteilsbildung bei allen umweltpolitisch verantwortlichen instanzen sowie in der oeffentlichkeit erleichtern
VORHABEN:
WASSERREINHALTUNG UND WASSERVERUNREINIGUNG
IC -108 umweltprobleme des rheins
LA -020 abwasserabgabe
UMWELTPLANUNG, UMWELTGESTALTUNG
UA -059 umweltgutachten 1974
UA -060 umweltgutachten 1977

1257
RATZKA, ADOLF-DIETER
S- STOCKHOLM/SCHWEDEN, PROFESSORSLINGAN 39/002
VORHABEN:
UMWELTPLANUNG, UMWELTGESTALTUNG
UF -031 die bodenvorratspolitik der stadt stockholm: eine kosten- nutzen- analyse

1258
RECHENZENTRUM DER DFVLR
8031 OBERPFAFFENHOFEN
TEL.: (08153) 28-625
- LEITER: DR.-ING. JORDAN
VORHABEN:
INFORMATION, DOKUMENTATION, PROGNOSEN, MODELLE
VA -020 literatur-dokumentation umwelt

1259
REGIONALE PLANUNGSGEMEINSCHAFT UNTERMAIN
6000 FRANKFURT, ZEIL 127
TEL.: (0611) 283251
VORHABEN:
LUFTREINHALTUNG UND LUFTVERUNREINIGUNG
AA -149 lufthygienische bioklimatische modelluntersuchung im raum untermain
CB -081 untersuchung der schadstoffausbreitung bei windschwachen wetterlagen als grundlage fuer ausbreitungsrechnungen
UMWELTPLANUNG, UMWELTGESTALTUNG
UA -061 vereinfachung und beschleunigung des planungsprozesses durch verbesserung der datenerfassung mit hilfe von fernerkundung und edv
UE -043 programmierung von regional- und stadtentwicklungsplaenen

1260
RHEINISCH-WESTFAELISCHER TECHNISCHER UEBERWACHUNGS-VEREIN E. V.
4300 ESSEN, STEUBENSTR. 53
TEL.: (0201) 1951 TX.: 8579630
- LEITER: DR.-ING. F. DUEMMLER
- FORSCHUNGSSCHWERPUNKTE:
entwicklung von messverfahren; eignungspruefung von messgeraeten; ermittlung der verschiedenartigen emissionen von kraftfahrzeugen
VORHABEN:
LUFTREINHALTUNG UND LUFTVERUNREINIGUNG
AA -150 ergebnisse von emissionsmessungen luftverunreinigender stoffe
AA -151 ermittlungen von messverfahen und aufstellung von mindestanforderungen an messmethoden zur fortlaufenden bestimmung der taeglichen emissionen von feststoff
AA -152 entwicklung eines erfassungssystems fuer die einheitliche aufbereitung und auswertung von informationen aus messberichten und gutachten
BA -063 weiterentwicklung des analysenverfahrens bei den abgaspruefungen nach anlage xiv stvzo
BA -064 feststellung der gegenwaertigen nox-emission von kraftfahrzeugen und vergleich der ch-analysenverfahren
BA -065 die schadstoffemissionen der kraftfahrzeuge mit ottomotoren
BA -066 internationale anwendung und weiterentwicklung der abgasvorschriften ece-grpa
BB -033 theoretische ermittlung von abgas-konzentrationen in feuerungsanlagen
CB -082 interregionaler transport von luftverunreinigungen - erstellung eines so2-emissionskatasters fuer das ruhrgebiet und anschliesenden gebieten
DA -068 pruefverfahren zur bestimmung der verdampfungsverluste aus dem kraftstoffsystem von kraftfahrzeugen mit ottomotor
EA -021 erfahrungen bei der anwendung der richtlinie des rates vom 2.8.1972
WASSERREINHALTUNG UND WASSERVERUNREINIGUNG
HB -075 untersuchungen ueber wiederkehrende pruefungen von fernleitungen fuer wassergefaehrdende fluessigkeiten
UMWELTCHEMIKALIEN
OB -025 aufstellung von mindestanforderungen an fortlaufend aufzeichnende messeinrichtungen zur erfassung von kohlenmonoxid-emissionen
OB -026 aufstellung von mindestanforderungen an fortlaufend aufzeichnende messeinrichtungen zur erfassung von anorganischen gasfoermigen fluorverbindungen

1261
RHEINISCH-WESTFAELISCHES ELEKTRIZITAETS-WERK AG (RWE)
4300 ESSEN, POSTFACH 27
VORHABEN:
ABWAERME
GC -011 zentrale waermerueckgewinnung aus dem wasserverbrauch in mehrfamilienhaeusern
ENERGIE
SA -059 untersuchungen zur optimierung der energiebedarfsdeckung in molkereien

1262
RHEINISCHE BRAUNKOHLENWERKE AG
5000 KOELN 1, POSTFACH 101666

VORHABEN:
LUFTREINHALTUNG UND LUFTVERUNREINIGUNG
DB -033 kohlevergasung im hochtemperatur-winkler-vergaser (htw-vergasung)
UMWELTPLANUNG, UMWELTGESTALTUNG
UD -013 expedition manganknollen III
UD -014 1. exploration: aufsuchen und erkunden von manganknollenvorkommen

1263
RHEINMETALL GMBH
4000 DUESSELDORF, ULMENSTR. 125
TEL.: (0211) 4951 TX.: 8584963A
- LEITER: DR.-ING. RAIMUND GERMERSHAUSEN
- FORSCHUNGSSCHWERPUNKTE:
studien und gutachten auf den gebieten abfallwirtschaft, recycling und gewaesserschutz; konzeption und entwicklung von wassergueteueberwachungsgeraeten; studien und entwicklungen auf dem gebiet der meerestechnik (pipelineverankerungen, bodenprobennehmer)
VORHABEN:
LUFTREINHALTUNG UND LUFTVERUNREINIGUNG
DC -053 schadstoffarme metallverarbeitungstechniken
WASSERREINHALTUNG UND WASSERVERUNREINIGUNG
HA -102 wasser-ueberwachungs-systeme
KC -070 auswahl umweltfreundlicher produktions- und abwasserreinigungsverfahren fuer galvanik und haerterei
LA -021 entwicklung eines modells zur bewertung und auswahl von massnahmen (incl. anlagen) zur vermeidung und behandlung umweltbelastender industrieller abwasser
ABFALL
MA -028 erfassung gewerblicher und industrieller abfaelle mittels fragebogen in den bereichen des zweckverbandes niederrhein, des regierungsbezirkes muenster und der industrie- und handelskammer essen
MA -029 erfassung gewerblicher und industrieller abfaelle im rheinisch-bergischen kreis mittels fragebogen; auswertung der fragebogenaktion
MA -030 systemstudie ueber den anfall produktionspezifischer rueckstaende in nordrhein-westfalen: erfassung, auswertung und hochrechnung der psr in der investitionsgueterindustrie
MA -031 systemstudie ueber den anfall produktionsspezifischer rueckstaende in nordrhein-westfalen: projektdefinition

1264
RIEGER, HANS-CHRISTOPH, DR.
6903 NECKARGEMUEND, SCHLIERBACHER LANDSTRASSE 217
VORHABEN:
UMWELTPLANUNG, UMWELTGESTALTUNG
UL -071 literatur-analyse ueber die frage der auswirkungen von entwaldung, erosion und sonstiger oekologischer stoerungen im einzugsgebiet des ganges und des brahmaputra

1265
ROHDE UND SCHWARZ
8000 MUENCHEN 80, MUEHLDORFSTR. 15
TEL.: (089) 41291 TX.: 05-23703
- LEITER: DR. RHODE
- FORSCHUNGSSCHWERPUNKTE:
laermmesstechnik, fluglaerm, arbeitsplatzlaerm, verkehrslaerm
VORHABEN:
LAERM UND ERSCHUETTERUNGEN
FA -078 kraftfahrzeug-schallpegelmesser zur nahfeldmessung
FA -079 entwicklung eines schallpegelmessgeraetes entsprechend den messverfahren der ta-laerm
FA -080 integrierende laermmessgeraete
FA -081 entwicklung integrierender laermmessgeraete, laermdosimeter fuer den umweltschutz

1266
ROSE, PROF.DR.
3063 OBERNKIRCHEN, VOR DEN BUESCHEN 46
TEL.: (05724) 2036
- LEITER: PROF.DR. GERHARD ROSE
- FORSCHUNGSSCHWERPUNKTE:
glas im muell; wiederverwertung von glasabfaellen; wirtschaftliche verwertung von steinsaegeschlaemmen der sandsteinbearbeitung
VORHABEN:
ABFALL
MA -032 glas im muell
MA -033 kunststoffe im muell
MB -061 zusatz von zeitungspapier zu kleinkompostanlagen
ME -077 verwendung von glasabfaellen
ME -078 wirtschaftliche verwendung von verbrauchtem verpakkungsglas. einsatz von steinsaege- und polierschlaemmen aus sandsteinbruechen und marmorwerken als rohstoff

1267
RUHRCHEMIE AG
4200 OBERHAUSEN 13, POSTFACH 35
VORHABEN:
ENERGIE
SB -031 katalysatoren. situation und voraussichtliche entwicklung in der bundesrepublik
UMWELTPLANUNG, UMWELTGESTALTUNG
UD -015 entwicklung von katalysatoren fuer das fischer-tropschverfahren

1268
RUHRGAS AG
4270 DORSTEN, HALTENER STRASSE 125
VORHABEN:
ENERGIE
SA -060 herstellung von synthesegas, stadtgas und erdgas-austauschgas durch druckvergasung von stueckigen steinkohlen mit sauerstoff (lurgi-druckvergasung)

1269
RUHRKOHLE AG
4300 ESSEN, POSTFACH 5
VORHABEN:
LUFTREINHALTUNG UND LUFTVERUNREINIGUNG
DC -054 verbesserung der hochleistungsnassentstauber
DC -055 entwicklung von trockenfilterentstaubern fuer streckenvortriebsmaschinen
DC -056 staubabsaugung bei vortriebsmaschinen mit ableitung der staubhaltigen wetter zu stationaeren entstaubern
DC -057 anwendung von schaum und einsatz netzmittelhaltiger salzloesungen zur staubbekaempfung
DC -058 verkleidung und entstaubung von kohlebrechern (durchlauf- und schlagwalzenbrechern) mittels eines kleinstbauenden druckluftrotovents
DC -059 integrierte staubbekaempfung
LAERM UND ERSCHUETTERUNGEN
FA -082 entwicklung von hilfsmitteln zur laermminderung
FC -089 gehoerschutzmittel unter besonderer beruecksichtigung der tragefaehigkeit im untertage-bergbau

1270
RUHRVERBAND UND RUHRTALSPERRENVEREIN ESSEN
4300 ESSEN 1, KRONPRINZENSTR. 37
TEL.: (0201) 178396
- LEITER: DR. PAUL KOPPE
- FORSCHUNGSSCHWERPUNKTE:
weitergehende abwasserreinigung; nachweisverfahren von schadstoffen in waessern; verhalten von schadstoffen im wasserkreislauf; eutrophierung; waermebelastung von gewaessern
VORHABEN:
ABWAERME
GB -040 einfluss der aufwaermung eines fliessgewaessers auf seinen sauerstoffhaushalt und seine biozoenose
WASSERREINHALTUNG UND WASSERVERUNREINIGUNG
HA -103 ruhrreinhalteplan lenne-, moehne-, volmeplan
HD -022 spurenelemente in oberflaechenwasser, angereichertem grundwasser sowie im trinkwasser - ihre herkunft und ihr verhalten bei der trinkwassergewinnung im einzugsgebiet der ruhr
IC -109 bestimmung von spurenelementen in fliessgewaessern
IC -110 phenole und phenolverwandte stoffe im wasser
KA -026 feststellung der giftigkeit von abwasser mittels bakterientest
KB -084 weitergehende verminderung des gehaltes an organischen stoffen in haeuslichen und speziellen industriellen abwaessern durch einwirkung von aktivkohle

KF -020 weitergehende abwasserreinigung durch phosphatfaellung

1271
SAARBERG-FERNWAERME GMBH
6600 SAARBRUECKEN, SULZBACHSTR. 26
TEL.: (0681) 30991 TX.: 04-428722
- LEITER: DIPL.-ING. KLAUS BOTHE
- FORSCHUNGSSCHWERPUNKTE:
fernwaermeversorgung; abwaermenutzung; abfall-beseitigung, behandlung und recycling; abgasreinigung
VORHABEN:
LUFTREINHALTUNG UND LUFTVERUNREINIGUNG
DB -034 entwicklung und erprobung einer rauchgasreinigungsanlage zur abscheidung von staub hcn, so2, so3, nox, hf fuer eine sonderabfallverbrennungsanlage
ABWAERME
GC -012 fernwaermeschiene saar, fernwaermeversorgung der stadt voelklingen
ABFALL (RADIOAKTIVE ABFAELLE SIEHE ND)
MB -062 vergasung von haus- und industriemuell

1272
SAARBERG-INTERPLAN
6600 SAARBRUECKEN, POSTFACH 73
VORHABEN:
UMWELTPLANUNG, UMWELTGESTALTUNG
UD -016 uranprospektion im hessischen teil des odenwaldes
UD -017 uranprospektion/ -exploration im schwarzwald und angrenzenden gebieten
UD -018 uranprospektion in marokko (vorerkundung)

1273
SAARBERGWERKE AG
6600 SAARBRUECKEN, TRIERER STRASSE 1
TEL.: (0681) 4051 TX.: 04-421240
- LEITER: DIPL.-ING. RUDOLF LENHARTZ
- FORSCHUNGSSCHWERPUNKTE:
luft, laerm, wasser und abfall; schwerpunkt liegt auf der entwicklung von verfahren und einrichtungen
VORHABEN:
LUFTREINHALTUNG UND LUFTVERUNREINIGUNG
DB -035 entwicklung und erprobung einer rauchgasreinigungsanlage nach dem system hoelter fuer das kraftwerk weiher
DC -060 optimierung des prototyps eines fuellgasreinigungswagens fuer die kokerei fuerstenhausen
DC -061 untersuchung ueber die wirksamkeit verschiedener zusatzmittel im hinblick auf eine verbesserung der effektivitaet der nassen staubbekaempfung
DC -062 untersuchung zur staubbekaempfung in hochmechanisierten gewinnungsbetrieben
DD -060 ursache und vermeidung von kaminstaubbelaegen
LAERM UND ERSCHUETTERUNGEN
FC -090 laermbekaempfung an ventilatoren von sonderbewetterungsanlagen
HUMANSPHAERE
TA -065 weiterentwicklung und erprobung der w-bewetterung
TA -066 grubenklima
TA -067 beduesung an bandanlagen

1274
SALZGITTER AG
3320 SALZGITTER, POSTFACH 411129
VORHABEN:
ENERGIE
SA -061 vergleichende untersuchung der wirtschaftlichen erzeugung und des einsatzes der energietraeger methan und methanol
UMWELTPLANUNG, UMWELTGESTALTUNG
UD -019 expedition manganknollen III
UD -020 1. exploration: aufsuchen und erkunden von manganknollenvorkommen

1275
SARTORIUS-MEMBRANFILTER GMBH
3400 GOETTINGEN, POSTFACH 142
VORHABEN:
WASSERREINHALTUNG UND WASSERVERUNREINIGUNG
HB -076 entwicklung von membranen fuer die meer- und brackwasserentsalzung durch umgekehrte osmose
HB -077 meerwasserentsalzung. teilprojekt: herstellung von membran-kapillarschlaeuchen zur wasserentsalzung nach dem prinzip der umgekehrten osmose
UMWELTCHEMIKALIEN
OA -037 entwicklung eines atomabsorptions-teilchenspektrometers zur qualitativen und quantitativen analyse von aerosolen im natuerlichen schwebezustand

1276
SCHERING AG
4619 BERGKAMEN, WALDSTR. 14
VORHABEN:
UMWELTPLANUNG, UMWELTGESTALTUNG
UD -021 synthese von rohstoffen fuer die chemische industrie mit hilfe des weiterzuentwickelnden fischer-tropsch-verfahrens
UD -022 bau und betrieb einer fischer-tropsch laboranlage mit flussigphase-reaktor nach koelbel

1277
SCHIRMACHER, ERNST, DR.-ING.
6232 BAD SODEN, PARKSTR. 52/54
VORHABEN:
UMWELTPLANUNG, UMWELTGESTALTUNG
UF -032 definition und abgrenzung von erhaltungsbereichen und deren weiterentwicklung im rahmen unterschiedlicher gemeindetypen (einschl.der problematik einer gebietsfestlegung nach paragraph 39 novelle bbaug)

1278
SCHNELL-BRUETER-KERNKRAFTWERKSGESELLSCHAFT MBH
4300 ESSEN, KRUPPSTRASSE 5
TEL.: (0201) 185-1
VORHABEN:
ENERGIE
SA -062 errichtung des 280 mw-snr-prototyp-kernkraftwerks (snr-300)

1279
SCHOPPE,F.,DR.-ING.
8026 EBENHAUSEN/ISARTAL, MAX-RUETTGERS-STR. 24
VORHABEN:
ENERGIE
SA -063 ersetzung des leichten heizoels im zentralheizungsbereich durch heimischen kohlestaub

1280
SCHWAEBISCHE ZELLSTOFF AG
7930 EHINGEN 1, BIBERACHER STRASSE 56
VORHABEN:
WASSERREINHALTUNG UND WASSERVERUNREINIGUNG
KB -085 verminderung des schadstoffgehaltes in bleichereiabwaessern der sulfitstoffherstellung - wasserstoffperoxidbleiche

1281
SCHWALM-EDER-KREIS
3578 SCHWALMSTADT 2, LANDHAUS SCHWALM
VORHABEN:
UMWELTPLANUNG, UMWELTGESTALTUNG
UG -016 entwicklung, aufbau und erprobung eines neuartigen verkehrs- und transportsystems im krankenhausbereich zur personal- und patientenbefoerderung sowie zur ver- und entsorgung

1282
SDK-INGENIEURUNTERNEHMEN FUER SPEZIELLE STATIK, DYNAMIK UND KONSTRUKTION GMBH
7850 LOERRACH, POSTFACH 284
VORHABEN:
STRAHLUNG, RADIOAKTIVITAET
NC -107 berechnungen zu denkbaren extremalbelastungen fuer eine berstsicherung; teilaufgabe
NC -108 ergaenzungs- und vervollstaendigungsuntersuchungen fuer berechnungen zu denkbaren extremalbelastungen fuer eine berstsicherung

1283
SEDIMENT-PETROGRAPHISCHES INSTITUT DER UNI GOETTINGEN
3400 GOETTINGEN -WEENDE, V. M. GOLDSCHMIDT-STR. 1
TEL.: (0551) 39-3951
- LEITER: PROF.DR. HERRMANN HARDER
- FORSCHUNGSSCHWERPUNKTE:
geochemie umweltrelevanter spurenstoffe; unterschiedliche prozesse (anorganische) zur erklaerung der verteilung von spurenstoffen (zunaechst zn und cu, dann ni, co, bi) zwischen loesung und fester phase
VORHABEN:
WIRKUNGEN UND BELASTUNGEN DURCH SCHADSTOFFE
PF -074 unterschiedliche prozesse (anorganische) zur erklaerung der verteilung von spurenstoffen (zunaechst zn, cu, dann ni, co, bi) zwischen loesung und fester phase

1284
SEIDL, WALTER
4000 DUESSELDORF
VORHABEN:
WIRKUNGEN UND BELASTUNGEN DURCH SCHADSTOFFE
PI -042 umweltbelastung aus natuerlichen quellen

1285
SEKTION PHYSIK DER UNI MUENCHEN
8000 MUENCHEN, SCHELLINGSTR. 4
TEL.: (089) 2180-3186 TX.: 529860
- LEITER: PROF.DR. SUESSMANN
VORHABEN:
LUFTREINHALTUNG UND LUFTVERUNREINIGUNG
CA -087 gleichzeitige erfassung von luftverunreinigenden molekularen gasen und daempfen nach dem raman-lidar-prinzip
CA -088 untersuchung von luftverunreinigungen mit hilfe von lasern
WASSERREINHALTUNG UND WASSERVERUNREINIGUNG
HG -055 dispersion von hydrologischen tracern in poroesen medien zur messung der abstandsgeschwindigkeit einer grundwasserstroemung
STRAHLUNG, RADIOAKTIVITAET
NB -061 ueberwachung von luft und niederschlaegen auf natuerliche und kuenstliche radioaktivitaet

1286
SEMINAR FUER VOLKSWIRTSCHAFTSLEHRE DER UNI FRANKFURT
6000 FRANKFURT, SCHUMANNSTR. 34A
TEL.: (0611) 7982430
- LEITER: PROF.DR MEISSNER
- FORSCHUNGSSCHWERPUNKTE:
computersimulation in der umweltoekonomie
VORHABEN:
UMWELTPLANUNG, UMWELTGESTALTUNG
UC -052 oekonomische aspekte des umweltproblems
UC -053 positive oekonomische aspekte des umweltschutzes

1287
SENCKENBERGISCHE NATURFORSCHENDE GESELLSCHAFT
6000 FRANKFURT, SENCKENBERGANLAGE 25
TEL.: (0611) 740666
- LEITER: PROF.DR. WILHELM SCHAEFER
- FORSCHUNGSSCHWERPUNKTE:
untersuchungen im rahmen des gewaesser- und landschaftsschutzes, insbesondere an main und rhein
VORHABEN:
ABWAERME
GB -041 experimentell-oekologische untersuchungen an tierischen einzellern im kuehlwassersystem eines konventionellen grosskraftwerks am untermain
WASSERREINHALTUNG UND WASSERVERUNREINIGUNG
IC -111 der altrhein schusterwoerth als modell zur erfassung der langfristigen, anthropogen bedingten aenderungen im aquatischen oekosystem
IC -112 oekologische untersuchungen des unteren mains und seiner nebenfluesse
IC -113 untersuchungen ueber den einfluss von schadstoffen auf die biologie von fliessgewaessern
UMWELTPLANUNG, UMWELTGESTALTUNG
UL -072 landschaftsoekologie des spessarts

1288
SIEDLUNGSVERBAND RUHRKOHLENBEZIRK
4300 ESSEN 1, KRONPRINZENSTR. 35
TEL.: (0201) 20691
- LEITER: HEINZ NEUFANG
- FORSCHUNGSSCHWERPUNKTE:
beratung, planung, bau und betrieb von regionalen abfallbeseitigungsanlagen (einschliesslich sonderabfallbeseitigungsanlagen); gewaesseruntersuchungen; landschafts- und tieroekologische untersuchungen
VORHABEN:
LUFTREINHALTUNG UND LUFTVERUNREINIGUNG
DB -036 entwicklung eines verfahrens zur entfernung von fluor und chlorwasserstoff aus den abgasen von muellverbrennungsanlagen
ABFALL
MA -034 modell zur erfassung produktionsspezifischer rueckstaende in nordrhein-westfalen und prognoseverfahren
MA -035 muelluntersuchung in der stadt bochum
MA -036 leistung und einsatzpruefung von muellverdichtungsfahrzeugen
MA -037 zerkleinerungseffekt bei rotorzerkleinern
MA -038 erfassung von abfaellen und rueckstaenden in der gewerblichen wirtschaft (nach art und menge)
MA -039 optimierung der sammlung und des transports von abfaellen
MC -051 gemeinsame ablagerung von haeuslichen und industriellen abfaellen
MC -052 bodenmechanische untersuchungen auf deponien
MD -034 untersuchungen ueber langfristige anwendung von muellkomposten
MG -037 planungsinstrument abfallbeseitigung
MG -038 untersuchung von gebuehrenmassstaeben am beispiel der stadt iserlohn
MG -039 fortschreibung des planungsinstruments (abfallwirtschaft)
UMWELTPLANUNG, UMWELTGESTALTUNG
UN -049 tieroekologische modelluntersuchung fuer das gebiet hexbachtal

1289
SIEMENS AG
8000 MUENCHEN 2, WITTELSBACHERPL. 2
TEL.: (089) 234-1
VORHABEN:
LUFTREINHALTUNG UND LUFTVERUNREINIGUNG
AA -153 entwicklung von luftueberwachungsstationen und messnetzen
DD -061 basisprogramm - kompakte gasgeneratoren
WASSERREINHALTUNG UND WASSERVERUNREINIGUNG
IA -039 entwicklung von mess-stationen und messnetzen zur gewaesserueberwachung
UMWELTCHEMIKALIEN
OA -038 roentgenanalyse im spurenbereich
WIRKUNGEN UND BELASTUNGEN DURCH SCHADSTOFFE
PH -061 pflanzen-stoffwechsel-messkammer
ENERGIE
SA -064 metall-luft-batterie
SA -065 supraleiterkabel zur energieuebertragung
SA -066 einfluss der umwelt auf die sicherheit und die bemessung von elektrischen anlagen zur energieuebertragung
SA -067 grundlagenuntersuchungen zur entwicklung von elektrischen geraeten fuer energieuebertragungsanlagen mit hoechsten spannungen
SA -068 grundsatzuntersuchungen ueber die isolierung gasgefuellter, vornehmlich sf6-gefuellter rohrleiter fuer die hochspannungsenergieuebertragung
SA -069 20 kw-brennstoffzellenanlage in kompaktbauweise

1290
SIEMPELKAMP GIESSEREI KG
4150 KREFELD 1, POSTFACH 2570
VORHABEN:
STRAHLUNG, RADIOAKTIVITAET
NC -109 sicherheitstechnischer vergleich zwischen einem stahldruckbehaelter herkoemmlicher bauweise und einem vorgespannten gussdruckbehaelter

1291
SILICOSE-FORSCHUNGSINSTITUT DER BERGBAUBERUFSGENOSSENSCHAFT
4630 BOCHUM, HUNSCHEIDTSTR. 12
TEL.: (0234) 316297
- LEITER: PROF.DR. WOLFGANG ULMER
- FORSCHUNGSSCHWERPUNKTE:
silikose-forschung; atemwegs- und lungenerkrankungen
VORHABEN:
WIRKUNGEN UND BELASTUNGEN DURCH SCHADSTOFFE
PE -048 einwirkungen von no2, bzw. nox auf die atemwege
PE -049 einwirkungen von langzeitinhalation von hoher so2-konzentration auf bronchien und lunge
PE -050 einwirkungen der luftverschmutzung auf die haeufigkeit von bronchialkarzinomen
PE -051 untersuchungen ueber den einfluss von quarz-asbestmischungen auf die reaktionsbereitschaft des organismus
HUMANSPHAERE
TA -068 laengsschnittuntersuchungen zu den auswirkungen inhalativer noxen am arbeitsplatz

1292
SONDERFORSCHUNGSBEREICH 116 PSYCHIATRISCHE EPIDEMIOLOGIE DER UNI HEIDELBERG
6800 MANNHEIM, J 5
TEL.: (0621) 17031
- LEITER: PROF.DR. HEINZ HAEFNER
- FORSCHUNGSSCHWERPUNKTE:
untersuchung der entstehung, ausbreitung, verteilung und behandlung psychischer stoerungen und behinderungen in mannheim
VORHABEN:
HUMANSPHAERE
TB -037 psychische erkrankungen und soziale isolation bei aelteren menschen in mannheim: eine sozialpsychiatrische felduntersuchung
TE -013 kumulatives psychiatrisches fallregister
TE -014 geistig behinderte kinder in mannheim, eine epidemiologische, klinische und sozial-psychologische studie
TE -015 eine bedarfsanalyse fuer nachsorgeeinrichtungen entlassener schizophrener in mannheim
TE -016 behandelte und nicht behandelte psychiatrische morbiditaet in der bevoelkerung
TE -017 soziale belastungen bei angehoerigen von schizophrenen patienten

1293
SONDERFORSCHUNGSBEREICH 77 FELSMECHANIK DER UNI KARLSRUHE
7500 KARLSRUHE, RICHARD-WILLSTAETTER-ALLEE
TEL.: (0721) 6082238 TX.: 07-826521
- LEITER: PROF.DR. LEOPOLD MUELLER
- FORSCHUNGSSCHWERPUNKTE:
rechenverfahren im felsbau; erkundungsmethoden; felsbau ueber tage; felsbau unter tage
VORHABEN:
LAERM UND ERSCHUETTERUNGEN
FB -086 tunnel mit geringer ueberdeckung (u-bahn bzw. s-bahn, wasserversorgung etc.)

1294
SONDERFORSCHUNGSBEREICH 79 WASSERFORSCHUNG IM KUESTENBEREICH DER TU HANNOVER
3000 HANNOVER, CALLINSTR. 15 C VIII
TEL.: (0511) 7622499
- LEITER: PROF.DR. JUERGEN SUENDERMANN
VORHABEN:
WASSERREINHALTUNG UND WASSERVERUNREINIGUNG
HB -078 analyse von grundwassersystemen unter ausnutzung natuerlicher anregungen
HB -079 grundwassermodell ems-jade
HE -040 nutzung der wasservorraete auf den nordseeinseln

1295
SONDERFORSCHUNGSBEREICH 80 AUSBREITUNGS- UND TRANSPORTVORGAENGE IN STROEMUNGEN DER UNI KARLSRUHE
7500 KARLSRUHE, KAISERSTR. 12
TEL.: (0721) 6083845
- LEITER: PROF.DR. H. KOBUS
- FORSCHUNGSSCHWERPUNKTE:
vorhersage von ausbreitungs- und transportvorgaengen bei einleitung in gewaesser und in die atmosphaere; beherrschung der vorgaenge bei oekologischen und morphologischen veraenderungen von gewaessern; entwicklung neuer techniken zur gezielten beeinflussung von ausbreitungs- und transportvorgaengen in stroemungen
VORHABEN:
LUFTREINHALTUNG UND LUFTVERUNREINIGUNG
CA -089 entwicklung von laserstrahlanemometern und deren anwendung in ein- und zweiphasenstroemungen
CB -083 pulsierende einleitung in eine grundstroemung
ABWAERME
GB -042 ausbreitung bei seitlicher einleitung in eine gerinnestroemung
GB -043 massenaustausch in schichtenstroemungen in natuerlichen gewaessern
GB -044 einfluss von sekundaerstroemung und temperatur auf feststofftransport und sohlausbildung in gerinnen
GB -045 einfluss von stroemung und temperatur auf die biozoenose und deren leistungsfaehigkeit in fliessgewaessern
GB -046 instationaerer waermetransport in stabil geschichteten fluiden
GB -047 mathematische simulierung von impuls-, waerme- und stoffausbreitung in flusssystemen
GB -048 anfachung einer turbulenten kanalstroemung bei erodibler sohle
GB -049 fremdstoff- und abwaermeeinleitung in gewaessern
WASSERREINHALTUNG UND WASSERVERUNREINIGUNG
HA -104 stabilitaet natuerlicher kolloide in stroemungen natuerlicher gewaesser
HA -105 waerme- und sauerstoffuebergang an der oberflaeche offener gerinne
HB -080 physikalische einfluesse auf sickerstroemungen mit polymer-additiven
HB -081 chemische einfluesse auf sickerstroemungen mit polymer-additiven
HB -082 einfluss einer sickerstroemung auf den feststofftransport und dessen beginn
HG -056 ausbreitung bei einleitung runder strahlen in eine grundstroemung
HG -057 austauschvorgaenge in drallstrahlen und gekruemmten gerinnen
HG -058 physikalische, chemische und biologische vorgaenge bei der selbstdichtung von gewaessersohlen
HG -059 mathematische simulierung von transport, aggregation und sedimentation suspendierter feststoffe in natuerlichen gewaessern
HG -060 ausbreitung von zweiphasigen auftriebsstrahlen; entwicklung eines konzentrationsmessverfahrens
HG -061 massenaustausch in stroemungen mit totwasserzonen
KB -086 leistungsfaehigkeit biologischen bewuchses in durchstroemten koerpern

1296
SONDERFORSCHUNGSBEREICH 81 ABFLUSS IN GERINNEN DER TU MUENCHEN
8000 MUENCHEN, ARCISSTR. 21
TEL.: (089) 21 05 2570 TX.: 522 854
- LEITER: PROF.DR.-ING. PAUL-GERHARD FRANKE
- FORSCHUNGSSCHWERPUNKTE:
niederschlagsabfluss und -beschaffenheit in staedtischen gebieten; stroemungstechnische probleme bei uebergaengen zwischen teil- und vollfuellung und durchflussbestimmung in kanalstrecken; speicher in flusssystemen
VORHABEN:
WASSERREINHALTUNG UND WASSERVERUNREINIGUNG
HG -062 speicher in flussystemen
IB -032 niederschlagsabfluss und -beschaffenheit in staedtischen gebieten

1297
SONDERFORSCHUNGSBEREICH 94 MEERESFORSCHUNG DER UNI HAMBURG
2000 HAMBURG 13, VON-MELLE-PARK 6

VORHABEN:
WASSERREINHALTUNG UND WASSERVERUNREINIGUNG
HA -106 wechselwirkung der primaerproduktion im meer (hier fruehjahrsplanktonbluete) mit den physikalischen, chemischen und biologischen zustandsfeldern

1298
SONDERMUELLBESEITIGUNGSANLAGE SCHWABACH/BAYERN
8540 SCHWABACH
VORHABEN:
ABFALL
MC -053 untersuchung des deponieverhaltens von verfestigten oelschlaemmen

1299
SOZIOLOGISCHES SEMINAR DER UNI GOETTINGEN
3400 GOETTINGEN, NIKOLAUSBERGER WEG 50
VORHABEN:
UMWELTPLANUNG, UMWELTGESTALTUNG
UG -017 ausmass, entstehung, auswirkung und abbau lokaler disparitaeten einschliesslich des infrastrukturellen versorgungsniveaus und der bevoelkerungszusammensetzung
UG -018 untersuchung des ausmasses, der auswirkungen und des abbaus ungleichgewichtiger, lokaler, infrastruktureller versorgungsniveaus und unterschiedlicher Bevoelkerungszusammensetzung

1300
STAATLICHE LANDWIRTSCHAFTLICHE UNTERSUCHUNGS- UND FORSCHUNGSANSTALT AUGUSTENBERG
7500 KARLSRUHE 41, NESSLERSTR. 23
TEL.: (0721) 48521
- LEITER: PROF.DR. GEORG HOFFMANN
- FORSCHUNGSSCHWERPUNKTE:
anwendung von siedlungsabfaellen in der landwirtschaft, vornehmlich in sonderkulturen
VORHABEN:
WIRKUNGEN UND BELASTUNGEN DURCH SCHADSTOFFE
PH -062 einfluss der aciditaet des bodens auf die aufnahme von aus kompostierten siedlungsabfaellen stammenden schwermetallen (kombinierter gefaess- und freilandversuch)

1301
STAATLICHE LEHR- UND VERSUCHSANSTALT FUER VIEHHALTUNG
7960 AULENDORF, EBISWEILER STR. 5
TEL.: (07525) 503
- LEITER: DR. MATTHIAS MACK
- FORSCHUNGSSCHWERPUNKTE:
mutterkuhhaltung zur landschaftspflege
VORHABEN:
LAND- UND FORSTWIRTSCHAFT
RF -022 wie kann mit hilfe der kuhhaltung in form der mutterkuhhaltung neben der erzeugung von fleisch extensives dauergruenland genutzt und gepflegt werden

1302
STAATLICHE MATERIALPRUEFUNGSANSTALT AN DER UNI STUTTGART
7000 STUTTGART, PFAFFENWALDRING 32
VORHABEN:
STRAHLUNG, RADIOAKTIVITAET
NC -110 forschungsprogramm reaktordruckbehaelter - dringlichkeitsprogramm 22 nimocr 37

1303
STAATLICHE MILCHWIRTSCHAFTLICHE LEHR- UND FORSCHUNGSANSTALT WANGEN
7988 WANGEN, AM MAIERHOF 7
TEL.: (07522) 3061
- LEITER: MAX KRATTENMACHER
- FORSCHUNGSSCHWERPUNKTE:
analytik von bioziden in milch und daraus hergestellter erzeugnisse
VORHABEN:
LEBENSMITTEL-, FUTTERMITTELKONTAMINATION
QD -032 untersuchungen ueber den verlauf der ausscheidung von hexachlorbenzol aus dem organismus kontaminierter kuehe mit der milch

1304
STAATLICHE MUSEEN PREUSSISCHER KULTURBESITZ
1000 BERLIN, POTSDAMER STRASSE 58/VI
TEL.: (030) 26092691
- LEITER: DR. JOSEF RIEDERER
- FORSCHUNGSSCHWERPUNKTE:
einwirkung von luftverunreinigungen auf kunstgueter
VORHABEN:
WIRKUNGEN UND BELASTUNGEN DURCH SCHADSTOFFE
PK -029 die verwitterung von naturstein
PK -030 der schutz von metallskulpturen vor der einwirkung korrodierender luftverunreinigungen
PK -031 die schaedigung von museumsobjekten durch umwelteinfluesse
PK -032 die ausbreitung luftverunreinigender stoffe in museen

1305
STAATLICHE VERSUCHSANSTALT FUER GRUENLANDWIRTSCHAFT UND FUTTERBAU AULENDORF
7960 AULENDORF, LEHMGRUBENWEG 5
TEL.: (07525) 7011
- LEITER: DR. JOSEF SCHOELLHORN
VORHABEN:
WASSERREINHALTUNG UND WASSERVERUNREINIGUNG
IC -114 die chloridkonzentration in den gewaessern der oberrheinebene und ihrer randgebirge

1306
STAATLICHE VOGELSCHUTZWARTE GARMISCH-PARTENKIRCHEN
8100 GARMISCH-PARTENKIRCHEN, GSTEIGSTR. 43
TEL.: (08821) 2330
- LEITER: DR. BEZZEL
VORHABEN:
UMWELTPLANUNG, UMWELTGESTALTUNG
UN -050 wasservogelzaehlung
UN -051 voegel der kulturlandschaft
UN -052 vogelwelt und landschaftsplanung am beispiel des werdenfelser landes und des alpenvorlandes

1307
STAATLICHES AMT FUER WASSER- UND ABFALLWIRTSCHAFT MUENSTER
4400 MUENSTER, STUBENGASSE 34
TEL.: (0251) 40511
VORHABEN:
WASSERREINHALTUNG UND WASSERVERUNREINIGUNG
HB -083 entwicklung eines physikalischen wasserhaushaltsmodells zur quantitativen bestimmung der grundwasserneubildung

1308
STAATLICHES CHEMISCHES UNTERSUCHUNGSAMT GIESSEN
6300 GIESSEN, MARBURGER STRASSE 54
TEL.: (0641) 32051, 36116
- LEITER: DR. RUDOLF THALACKER
- FORSCHUNGSSCHWERPUNKTE:
ermittlung von toxischen elementen und von biociden in lebensmitteln (umweltschadstoffbelastung von lebensmitteln)

VORHABEN:
LEBENSMITTEL-, FUTTERMITTELKONTAMINATION
QA -069 ermittlung von toxischen spurenelementen in lebensmitteln
QA -070 ermittlung von bioziden in lebensmitteln

1309
STAATLICHES INSTITUT FUER HYGIENE UND INFEKTIONSKRANKHEITEN SAARBRUECKEN
6600 SAARBRUECKEN, MALSTATTER STRASSE 17
TEL.: (0681) 5965
- LEITER: PROF.DR. WOLFF

VORHABEN:
LUFTREINHALTUNG UND LUFTVERUNREINIGUNG
CA -090 gaschromatische bestimmung von organischen verbindungen in der atmosphaerischen luft unter beruecksichtigung der autoabgase
CA -091 messung der kohlenwasserstoffe in der atmosphaerischen luft von stadtzentren

1310
STAATLICHES MATERIALPRUEFUNGSAMT NORDRHEIN-WESTFALEN
4600 DORTMUND 41, MARSBRUCHSTR. 186
TEL.: (0231) 45021 TX.: 08-22693
- LEITER: DR. WILHELM STUPP
- FORSCHUNGSSCHWERPUNKTE:

entwicklung von pruefmethoden fuer umweltrelevante vorgaenge (analytik, akustik, kerntechnik, schutzvorrichtungen)
VORHABEN:
STRAHLUNG, RADIOAKTIVITAET
NB -062 erhebungsmessungen zur erfassung der derzeitigen strahlenbelastung in wohn- und aufenthaltsraeumen
ND -047 messung der dekontaminationsfaktoren von eindampfanlagen fuer radioaktive abwaesser an kernkraftwerken

1311
STAATLICHES MEDIZINALUNTERSUCHUNGSAMT BRAUNSCHWEIG
3300 BRAUNSCHWEIG, HALLESTR. 1
TEL.: (0531) 62231
- LEITER: PROF.DR.DR. H.E. MUELLER
- FORSCHUNGSSCHWERPUNKTE:

gewaesserueberwachung (salmonellen, vibrionen)
VORHABEN:
WASSERREINHALTUNG UND WASSERVERUNREINIGUNG
IC -115 gewaesserueberwachung

1312
STAATLICHES MEDIZINALUNTERSUCHUNGSAMT DILLENBURG
6340 DILLENBURG, WOLFRAMSTR. 23
TEL.: (02771) 5216, 7333
- LEITER: DR. WOLFRAM WERNER
- FORSCHUNGSSCHWERPUNKTE:

seuchenhygienische untersuchungen von grund-, trink- und schwimmbadwasser sowie oberflaechenwasser, welches fuer badezwecke genutzt wird; lufthygienische untersuchungen in krankenhaeusern, schulen, klaeranlagen und lebensmittelbetrieben
VORHABEN:
WASSERREINHALTUNG UND WASSERVERUNREINIGUNG
HA -107 erarbeitung von richtlinien fuer die benutzung von oberflaechengewaessern als badegewaesser

1313
STAATLICHES MEDIZINALUNTERSUCHUNGSAMT OSNABRUECK
4500 OSNABRUECK, ALTE POST 11
TEL.: (0541) 27372
- LEITER: PROF.DR. JOHANNES SANDER
- FORSCHUNGSSCHWERPUNKTE:

krebserzeugende nitrosoverbindungen in der umwelt
VORHABEN:
UMWELTCHEMIKALIEN
OC -037 analytik und entstehung krebserzeugender n-nitrosoverbindungen
OD -092 spezielle aspekte der nitrosaminbildung unter physiologischen bedingungen

1314
STAATLICHES MUSEUM FUER NATURKUNDE STUTTGART
7000 STUTTGART, SCHLOSS ROSENSTEIN
TEL.: (0711) 283306
- LEITER: PROF.DR. BERNHARD ZIEGLER
- FORSCHUNGSSCHWERPUNKTE:

pflanzensoziologische und floristische kartierung (einschliesslich flechtenkartierung); biologie der insekten; vogelschutz; oekologie von kleinsaeugern
VORHABEN:
LUFTREINHALTUNG UND LUFTVERUNREINIGUNG
AA -154 verbreitung und vergesellschaftung der flechten
LAND- UND FORSTWIRTSCHAFT
RH -080 biologie und oekologie der raupenfliegen (tachinidae)
UMWELTPLANUNG, UMWELTGESTALTUNG
UA -062 interdisziplinaere arbeiten ueber geschichtliche und ideologische zusammenhaenge von umweltproblemen
UM -080 floristische kartierung
UM -081 vegetationskundliche kartierung
UN -053 biologie von insekten
UN -054 biologie von insekten

1315
STAATLICHES NATURHISTORISCHES MUSEUM
3300 BRAUNSCHWEIG, POCKELSSTR. 10 A
TEL.: (0531) 331914
- LEITER: PROF.DR. ADOLF BRAUNS
- FORSCHUNGSSCHWERPUNKTE:

oekologische grundlagenforschung auf landwirtschaftlichen nutzungsflaechen und in rekultivierungsgebieten der industrie
VORHABEN:
LAND- UND FORSTWIRTSCHAFT
RD -056 die kleintierzusammensetzung anthropogen beeinflusster wirtschaftsboeden
UMWELTPLANUNG, UMWELTGESTALTUNG
UL -073 oekologische untersuchungen in aufforstungen einer schutthalde eines stahlwerkes
UL -074 saumbereiche im gebiet landwirtschaftlicher nutzungsflaechen und ihre oekologische bedeutung
UN -055 beitraege zur entwicklung der bodenfauna auf rekultivierungsflaechen von schutthalden

1316
STAATLICHES VETERINAERUNTERSUCHUNGSAMT BRAUNSCHWEIG
3300 BRAUNSCHWEIG, HOHETORWALL 14
TEL.: (0531) 27944
- LEITER: DR. HEINZ HEINERT

VORHABEN:
LEBENSMITTEL-, FUTTERMITTELKONTAMINATION
QB -052 blei- und cadmiumbelastung bei schlachtbaren haustieren und wild
QB -053 belastung mit pestiziden im bereich des niedersaechsischen verwaltungsbezirks braunschweig bei lebensmitteln tierischen ursprungs, haustieren und wildlebenden tieren

1317
STAATLICHES VETERINAERUNTERSUCHUNGSAMT FRANKFURT
6000 FRANKFURT -NIEDERRAD, DEUTSCHORDENSTR. 48
TEL.: (0611) 675001, 675002, 675003
- LEITER: PROF.DR. GUENTHER WACHENDOERFER
- FORSCHUNGSSCHWERPUNKTE:

rueckstandsuntersuchungen von lebensmitteln, die vom tier stammen, auf pestizide (gaschromatographisch) sowie auf arzneimittelrueckstaende; seuchenhygiene einschliesslich zoonosenforschung, tollwut, psittakose, lymphocytaere choriomeningitis (lcm)
VORHABEN:
WIRKUNGEN UND BELASTUNGEN DURCH SCHADSTOFFE
PB -047 feststellung von pestiziden (hch, hcb) bei fasanen mit hilfe der gaschromatographie
UMWELTPLANUNG, UMWELTGESTALTUNG
UN -056 orale immunisierung von fuechsen im rahmen des von der who koordinierten wildtiertollwut-forschungsprogramms

1318
STAATLICHES VETERINAERUNTERSUCHUNGSAMT FUER FISCHE UND FISCHWAREN
2190 CUXHAVEN, SCHLEUSENSTR.
TEL.: (04721) 22841
- LEITER: DR. KARL-ERNST KRUEGER
- FORSCHUNGSSCHWERPUNKTE:
schadstoffe in fischen: quecksilber in seefischen des nordatlantiks und der angrenzenden meere; ddt, pcb, hcb, hch in fischen und fischwaren
VORHABEN:
LEBENSMITTEL-, FUTTERMITTELKONTAMINATION
QB -054 bestimmung des quecksilber-gehaltes der seefische und anderer meerestiere in abhaengigkeit von physiologischen determinanten zu einer lebensmittelrechtlichen beurteilung der seefische
QB -055 bestimmung des quecksilber-gehaltes der seefische und anderer meerestiere in abhaengigkeit von physiologischen determinanten zur analyse der fangplaetze und zur durchfuehrung einer beurteilung der seefische

1319
STAATLICHES VETERINAERUNTERSUCHUNGSAMT HANNOVER
3000 HANNOVER, RICHARD-WAGNER-STR. 22
TEL.: (0511) 665254
- LEITER: DR. ERNST FORSCHNER
VORHABEN:
LEBENSMITTEL-, FUTTERMITTELKONTAMINATION
QB -056 feststellung der gehalte von arsen, blei, cadmium und quecksilber in lebensmitteln tierischer herkunft, insbesondere innereien

1320
STAATLICHES VETERINAERUNTERSUCHUNGSAMT MUENSTER
4400 MUENSTER, VON-ESMARCH-STR. 12
TEL.: (0251) 80021
- LEITER: DR. WILLI MUENKER
- FORSCHUNGSSCHWERPUNKTE:
zweckforschung auf den gebieten der umweltmikrobiologie (oekologie, epidemiologie, tierseuchenbekaempfung); umwelthygiene, einfluesse von umweltfaktoren auf gesundheit und leistungsfaehigkeit der nutztiere, einfluss von umweltfaktoren auf lebensmittel tierischer herkunft
VORHABEN:
ABFALL
MD -035 mikrobiologische wirksamkeitspruefung von klaerschlammpasteurisierungsanlagen

1321
STAATLICHES VETERINAERUNTERSUCHUNGSAMT OLDENBURG
2900 OLDENBURG, PHILOSOPHENWEG 38
TEL.: (0441) 27304
- LEITER: DR. HERBERT DICKEL
VORHABEN:
LEBENSMITTEL-, FUTTERMITTELKONTAMINATION
QB -057 unerwuenschte rueckstaende im fleisch schlachtbarer haustiere

1322
STAATLICHES VETERINAERUNTERSUCHUNGSAMT SAARBRUECKEN
6600 SAARBRUECKEN, HELLWIGSTR. 8-10
TEL.: (0681) 604 1
- LEITER: DR. ROBERT SCHAWEL
- FORSCHUNGSSCHWERPUNKTE:
tierseuchen- und krankheitsdiagnostik der nutzbaren haustiere, der wild- und zootiere, fuetterungs- und haltungsfehler; diagnostische untersuchungen von einfuhren aus dem ausland; durchfuehrung der gesundheitsdienste bei rindern, schweinen, schafen und gefluegel; lebensmitteluntersuchungen; kontrolle der molkereien und der lebensmittel be- und verarbeitenden betriebe; bakteriologische fleisch- und rueckstandsuntersuchungen
VORHABEN:
LEBENSMITTEL-, FUTTERMITTELKONTAMINATION
QA -071 vorkommen und antibiotikaresistenz von salmonellen bei tieren und futtermitteln im einzugsgebiet des staatlichen veterinaeruntersuchungsamtes saarbruecken

1323
STAATLICHES VETERINAERUNTERSUCHUNGSAMT STADE
2160 STADE, HECKENWEG 6
TEL.: (04141) 2190
- LEITER: DR.MED. GERHARD KRUEGER
VORHABEN:
LEBENSMITTEL-, FUTTERMITTELKONTAMINATION
QB -058 belastung von haus- und wildtieren durch pestizide und schwermetalle sowie der aus diesen tieren hergestellten lebensmittel

1324
STAATLICHES WEINBAUINSTITUT, VERSUCHS- UND FORSCHUNGSANSTALT FUER WEINBAU UND WEINBEHANDLUNG
7800 FREIBURG, MERZHAUSER STRASSE 119
TEL.: (0761) 40026, -27
- LEITER: PROF.DR. G. STAUDT
- FORSCHUNGSSCHWERPUNKTE:
rueckstandsbestimmungen von pflanzenschutzmitteln; nitratverlagerung in boeden durch sickerwasser; kontamination des sickerwassers durch schwermetalle aus muellklaerschlammkompost; schwermetalle in reben, most und wein durch duengung mit muellklaerschlammkompost; verhalten von nematiziden in weinbergsboeden
VORHABEN:
WIRKUNGEN UND BELASTUNGEN DURCH SCHADSTOFFE
PG -059 untersuchungen ueber den einfluss von pflanzenschutzmitteln auf den gehalt einzelner zucker in rebblaettern

1325
STAATSKANZLEI DES LANDES NORDRHEIN-WESTFALEN
4000 DUESSELDORF, MANNESMANNUFER 1 A
TEL.: (0211) 837283
VORHABEN:
UMWELTPLANUNG, UMWELTGESTALTUNG
UA -063 zuordnung von kosten und effizienzkriterien und zu alternativen massnahmen des staates im umweltbereich (und anderen bereichen)

1326
STAATSWISSENSCHAFTLICHES SEMINAR DER UNI KOELN
5000 KOELN 41, ALBERTUS-MAGNUS-PLATZ
TEL.: (0221) 470-2224
VORHABEN:
ENERGIE
SA -070 regionalwirtschaftliche aspekte der energiewirtschaftlichen entwicklung - energiewirtschaft und umweltschutz

1327
STADT MARL
4370 MARL, POSTFACH 1526
VORHABEN:
UMWELTPLANUNG, UMWELTGESTALTUNG
UN -057 durchfuehrbarkeitsstudie fuer ein cabinentaxi-system im raum marl

1328
STADT WILHELMSHAVEN
2940 WILHELMSHAVEN, RATHAUSPLATZ
TEL.: (04421) 2971
- LEITER: DR. GERHARD EICKMEIER
- FORSCHUNGSSCHWERPUNKTE:
luftreinhaltung
VORHABEN:
LUFTREINHALTUNG UND LUFTVERUNREINIGUNG
AA -155 anlagenbezogene immissionsmessungen phase I, modelluntersuchungen im messnetz wilhelmshaven; phase II weiterentwicklung am messnetz ludwigshafen

1329
STADT WUPPERTAL
5600 WUPPERTAL 1, WEGNERSTR. 13-15
TEL.: (02121) 531

VORHABEN:
UMWELTPLANUNG, UMWELTGESTALTUNG
UA -064 sauberes wuppertal - i. stufe

1330
STADTWERKE FRANKFURT
6000 FRANKFURT 1, DOMINIKANERPLATZ 3
TEL.: (0611) 213-1 TX.: 04-16411
- FORSCHUNGSSCHWERPUNKTE:
untersuchungen ueber die besiedelung von aktivkohlefiltern mit mikroorganismen und deren auswirkung auf die trinkwasseraufbereitung
VORHABEN:
WASSERREINHALTUNG UND WASSERVERUNREINIGUNG
HE -041 untersuchungen ueber die besiedlung von aktivkohlefiltern mit mikroorganismen und deren auswirkung auf die trinkwasseraufbereitung

1331
STADTWERKE WIESBADEN AG
6200 WIESBADEN, SOEHNLEINSTR. 158
TEL.: (06121) 3695317
- LEITER: DR. KLAUS HABERER
- FORSCHUNGSSCHWERPUNKTE:
spurenanalytik des wassers, wasseraufbereitungstechnologie, wasserguete
VORHABEN:
WASSERREINHALTUNG UND WASSERVERUNREINIGUNG
HB -084 qualitative und quantitative vorgaenge bei der grundwasserneubildung in einem definierten einzugsgebiet
HE -042 untersuchung ueber die besiedlung von aktivkohlefiltern mit mikroorganismen und deren auswirkung auf die trinkwasseraufbereitung
HE -043 schadstoff-eliminierung aus dem rheinwasser
HE -044 moeglichkeiten der zentralen enthaertung von trinkwasser in bezug auf die wirtschaftlichkeit bisher untersuchter und zukuenftiger verfahren
HE -045 weitergehende untersuchungen zur optimierung von faellung und flockung organischer inhaltsstoffe des rheinwassers

1332
STADTWERKE WOLFSBURG AG
3180 WOLFSBURG, HESSLINGERSTR. 1-5
TEL.: (05361) 1091 TX.: 09-58303
- LEITER: DIPL.-VOLKSW. ACKERMANN
- FORSCHUNGSSCHWERPUNKTE:
konditionierung von schlamm aus rueckspuelwaessern der wasseraufbereitungsanlagen durch gefrieren und auftauen| system wolfsburg; umweltbezug: abfallbehandlung und -verminderung
VORHABEN:
WASSERREINHALTUNG UND WASSERVERUNREINIGUNG
KE -062 konditionierung von schlamm aus rueckspuelwaessern der wasseraufbereitungsanlagen durch gefrieren und auftauen

1333
STAEDTEBAULICHES INSTITUT DER UNI STUTTGART
7000 STUTTGART, KEPLERSTR. 11
TEL.: (0711) 2073618
- LEITER: PROF.DR. EGBERT KOSSAK
- FORSCHUNGSSCHWERPUNKTE:
stadtentwicklungsplanung-bauleitplanung; stadtgestaltung, stadtforschung
VORHABEN:
UMWELTPLANUNG, UMWELTGESTALTUNG
UF -033 fallstudien zur kommunalen entwicklungsplanung in unterschiedlichen siedlungsraeumen
UF -034 fallstudien zur kommunalen entwicklungsplanung in unterschiedlichen siedlungsraeumen

1334
STAHLWERKE SUEDWESTFALEN AG
5930 HUETTENTAL -WEIDENAU, POSTFACH 6
TEL.: (0271) 7022525
VORHABEN:
LUFTREINHALTUNG UND LUFTVERUNREINIGUNG
DC -063 entwicklung eines verfahrens zur vollstaendigen erfassung von abgasen aus offenen und geschlossenen elektrolichtbogenoefen mit dem ziel ihrer entstaubung

HUMANSPHAERE
TA -069 untersuchung der schwingungsbelastung des menschen an arbeitsplaetzen der eisen- und stahlindustrie und technische moeglichkeiten zur belastungsverminderung

1335
STANDARD ELEKTRIK LORENZ AG
7000 STUTTGART 40, HELMUTH-HIRTH-STR. 42
TEL.: (0711) 821-1 TX.: 7211-215
- LEITER: DIPL.-ING. HELMUT LOHR
- FORSCHUNGSSCHWERPUNKTE:
entwicklung eines sensors zur kontinuierlichen automatischen emissionsanalyse von gasen fuer den robusten betrieb
VORHABEN:
LUFTREINHALTUNG UND LUFTVERUNREINIGUNG
CA -092 entwicklung eines gas-emissionssensors fuer den einsatz in abgaskanaelen
CA -093 sensor zur kontinuierlichen automatischen emissionsanalyse von gasen fuer den robusten betrieb

1336
STANFORD RESEARCH INSTITUTE (SRI)
MENLO PARK/CALIFORNIA USA, 94025
VORHABEN:
LUFTREINHALTUNG UND LUFTVERUNREINIGUNG
AA -156 pilotstudie fuer einen lufthaushalt fuer die bundesrepublik deutschland
EA -022 untersuchung ueber die aufstellung eines lufthaushaltsplanes

1337
STEAG AG
4300 ESSEN, BISMARCKSTR. 54
TEL.: (0201) 79941 TX.: 08-57693
- LEITER: DR. HEINZ SCHULTE
- FORSCHUNGSSCHWERPUNKTE:
entwicklung und verbesserung von verfahren zur entschwefelung und entstaubung von rauchgasen aus steinkohlegefeuerten kraftwerken; umweltfreundliche verwertung von rueckstaenden aus der steinkohleverstromung; umwandlung von steinkohle in umweltfreundliche edelenergie
VORHABEN:
LUFTREINHALTUNG UND LUFTVERUNREINIGUNG
DC -064 entwicklung eines verfahrens zur entschwefelung von kohledruckvergasungs-gas fuer kombinierte kraftwerksprozesse
ABFALL
ME -079 neue baustoffe - ein beitrag zum umweltschutz

1338
STEINGUTFABRIK GRUENSTADT GMBH
6718 GRUENSTADT, POSTFACH 1180
TEL.: (06359) 2045
VORHABEN:
ABFALL
ME -080 entwicklung neuartiger baustoffe aus altglas

1339
STERNWARTE BOCHUM, INSTITUT FUER WELTRAUMFORSCHUNG
4630 BOCHUM-SUNDERN, KOENIGSALLEE 178
TEL.: (02321) 699128
- LEITER: PROF. HEINZ KAMINSKI
VORHABEN:
LUFTREINHALTUNG UND LUFTVERUNREINIGUNG
AA -157 untersuchung von umwelteinfluessen mit hilfe von satellitendaten (luep 411 312)

1340
STRAHLENKLINIK UND KLINIK FUER NUKLEARMEDIZIN IM RADIOLOGIE-ZENTRUM DER UNI MARBURG
3550 MARBURG, LAHNSTR. 4A
TEL.: (06421) 69-2966, -2951
- LEITER: PROF.DR.DR. HEINZ GRAUL

VORHABEN:
HUMANSPHAERE
TE -018 entwicklung und anwendung isotopentechnischer methoden im zusammenhang mit der krebsbekaempfung durch zytostatica

1341
STRASSBERGER, A., DR.-ING.
5300 BONN -BEUEL, BEETHOVENSTR. 33
VORHABEN:
ENERGIE
SB -032 mustersiedlung mit neuartigen energie- und heizungssystemen

1342
STUDIENGESELLSCHAFT FUER ELEKTRISCHEN STRASSENVERKEHR IN BADEN-WUERTTEMBERG MBH
7000 STUTTGART 1, GOETHESTR. 12
TEL.: (0711) 20831 TX.: 072-3715
- LEITER: ERICH FUCHS
- FORSCHUNGSSCHWERPUNKTE:
entwicklung und erprobung von antriebssystemen, vorzugsweise elektrisch angetriebener strassenfahrzeuge
VORHABEN:
UMWELTPLANUNG, UMWELTGESTALTUNG
UI -025 durchfuehrung von versuchsprogrammen zur entwicklung des strassenverkehrs mit elektrisch angetriebenen kraftfahrzeugen

1343
STUDIENGESELLSCHAFT FUER UNTERIRDISCHE VERKEHRSANLAGEN E.V. (STUVA)
4000 DUESSELDORF 30, MOZARTSTR. 7
VORHABEN:
LAERM UND ERSCHUETTERUNGEN
FB -087 untersuchungen zur minderung der innen- und aussengeraeusche bei schienengebundenen systemen des stadtverkehrs - vorstudie laerm

1344
STUDIENGRUPPE FUER SYSTEMFORSCHUNG E.V.
6900 HEIDELBERG, WERDERSTR. 35
TEL.: (06221) 42081, 43292
- LEITER: DR. KUNZ
- FORSCHUNGSSCHWERPUNKTE:
theorien und modellentwicklung: forschungs-informationssysteme, streitfragenorientierte informationssysteme (ibis), informationsverbund (adek), thesaurusentwicklung, management von informationseinrichtungen; entwicklung spezieller prototypischer informationssysteme fuer umwelt, fis-planung, methoden und modelle, technologien (vorrichtungen und verfahren); wirtschaftlichkeit von informations- und dokumentationseinrichtungen incl. benutzerforschung
VORHABEN:
HUMANSPHAERE
TD -024 erarbeitung des schlagwortverzeichnisses zum umweltforschungskatalog 1975 (ufokat '75)
INFORMATION, DOKUMENTATION, PROGNOSEN, MODELLE
VA -021 informations- und dokumentationssystem zur umweltplanung (umplis)
VA -022 verbesserung und fortschreibung des verzeichnisses der umwelt-informations- und dokumentationsstellen
VA -023 aufbau einer institutionen-datei
VA -024 entwicklung und implementierung einer messgeraetedatei im umweltschutz
VA -025 aufbau einer datei der umwelt-modelle
VA -026 thesaurus fuer umplis-dateien
VA -027 fortschreibung und verbesserung der datei fuer umweltforschungsvorhaben (ufordat) und erstellung des umweltforschungskataloges (ufokat '76)

1345
STUDIENGRUPPE WOHNUNGS- U. STADTPLANUNG
6000 FRANKFURT
VORHABEN:
UMWELTPLANUNG, UMWELTGESTALTUNG
UF -035 siedlungsstrukturelle folgen der einrichtung verkehrsberuhigter zonen (in kernbereichen)

1346
SUEDDEUTSCHE KALKSTICKSTOFFWERKE AG
8223 TROSTBERG, DR.-ALBERT-FRANK-STR. 32
TEL.: (08621) 861 TX.: 563120
VORHABEN:
LUFTREINHALTUNG UND LUFTVERUNREINIGUNG
DC -065 rueckfuehrung der an fesi-ofen-abgasen entfernten staeube in den ofen

1347
SUEDDEUTSCHE ZUCKER AG
6719 OBRIGHEIM 5, WORMSERSTR. 1
TEL.: (06359) 2074 TX.: 04-51218
- LEITER: DR. SCHIWECK
- FORSCHUNGSSCHWERPUNKTE:
rueckbrennen von carbonatationsschlamm anfallend bei der reinigung des rohsaftes waehrend der herstellung von zucker; verringerung der bei der zuckerfabrikation anfallenden abwaesser durch rueckfuehrung und mechanische und biologische aufbereitung; staubauswurf aus trocknungsanlagen fuer trockenschnitzel; kompostierung des bei der zuckerfabrikation anfallenden erdschlamms
VORHABEN:
LUFTREINHALTUNG UND LUFTVERUNREINIGUNG
DC -066 staubauswurf aus trocknungsanlagen fuer trockenschnitzel
WASSERREINHALTUNG UND WASSERVERUNREINIGUNG
KB -087 verbesserungen und neuerungen der abwasserreinigung
KC -071 verringerung der bei der zuckerfabrikation anfallenden abwaesser durch rueckfuehrung und mechanische und biologische aufbereitung
KC -072 rueckbrennen von carbonatationsschlamm, anfallend bei der reinigung des rohsaftes waehrend der herstellung von zucker
ABFALL
MB -063 gemeinsame kompostierung des bei der zuckerfabrikation anfallenden erdschlammes zusammen mit anfallenden pflanzlichen substanzen
MB -064 kompostierung, versuche fuer probleme der abfallbeseitigung von rueben, kraut und sonstige

1348
SUHR, H., PROF.DR.
7400 TUEBINGEN 1, AUF DER MORGENSTELLE
VORHABEN:
ENERGIE
SA -071 gewinnung von kohlenwasserstoffen aus kohle mit hilfe von atomarem wasserstoff (literaturstudie)

1349
SYSTEMPLAN E.V.
6900 HEIDELBERG, TIERGARTENSTR. 15
TEL.: (06221) 45888
- LEITER: DR. GERHARD J. STOEBER
VORHABEN:
UMWELTPLANUNG, UMWELTGESTALTUNG
UA -065 zusammenarbeit von industrie und forschungsinstitutionen zur verwendung von vorhandenen know how am beispiel einzelner transferprozesse

1350
TECHNION, ISRAEL INSTITUTE OF TECHNOLOGY
IL- HAIFA/ISRAEL
VORHABEN:
WASSERREINHALTUNG UND WASSERVERUNREINIGUNG
KB -088 einsatz von abwasser-algen-systemen zur gleichzeitigen wasserrueckgewinnung und zur proteinerzeugung

1351
TECHNISCHER UEBERWACHUNGSVEREIN BAYERN E.V.
8000 MUENCHEN, KAISERSTR. 14-16
TEL.: (089) 3872-1 TX.: 5212789
- LEITER: DR.-ING. JOSEF WOLFF
- FORSCHUNGSSCHWERPUNKTE:
einfache messverfahren zur bestimmung von emissionen; emissionen von haeuslichen feuerstaetten; emissionen von oel- und gasbrennern

VORHABEN:
LUFTREINHALTUNG UND LUFTVERUNREINIGUNG
BA -067 auftrennung der in auto-abgasen unverbrannt auftretenden kohlenwasserstoffverbindungen
BB -034 emissionsmessungen an muellverbrennungsanlagen
BB -035 modelluntersuchung ueber die ausbreitung der emissionen aus heizungsanlagen bei wohngebaeuden
BC -040 erprobung der einsatzmoeglichkeit registrierender staubmessgeraete an asphaltmischanlagen
BC -041 untersuchung der wirkungsweise von sammelschachtanlagen nach din 18 017 bl. 2
BC -042 entwicklung eines erfassungssystems fuer die einheitliche aufbereitung und auswertung von messberichten und gutachten ueber emissionen von genehmigungsbeduerftigen anlagen
BC -043 staubemission von kesselanlagen waehrend des russblasens
BE -028 erfassung und verminderung von geruchsbelaestigenden emissionen
CA -094 erarbeitung von mindestanforderungen an fortlaufend aufzeichnende messeinrichtungen zur erfassung von stikkoxid-emissionen
CA -095 definition von mindestanforderungen sowie eignungspruefung und kalibrierungsvorschriften fuer laufend aufzeichnende stickoxid-emissionsmessgeraete
CA -096 ueberpruefung und weiterentwicklung des staubemissionsmessgeraetes nulldrucksonde als einfaches staubemissionsmessgeraet
CA -097 entwicklung eines einfachen pruefverfahrens zur erfassung von chlorwasserstoff-emissionen
DA -069 untersuchungen ueber das verhalten des calvi-geraetes zur entgiftung von kfz-abgasen
DA -070 untersuchung eines kraftstoffzusatzmittels
DB -037 untersuchungen zur gewinnung von kriterien zur optimalen abstimmung von brennraum-oelbrenner-abgasanlage bei heizungsanlagen
DB -038 untersuchungen bei gasheizungsanlagen zur gewinnung von kriterien zur optimalen abstimmung von brennzone-gasbrenner-abgasanlage
EA -023 neubearbeitung der din 4705 bemessung von schornsteinen hinsichtlich richtiger funktion
ABWAERME
GA -019 temperaturverhalten von schornsteinen bei intermittierend betriebenen feuerstaetten
WASSERREINHALTUNG UND WASSERVERUNREINIGUNG
HE -046 untersuchung von verschiedenen rohrmaterialien fuer die trinkwasserversorgung auf ihre eignung fuer projekte in entwicklungslaendern
STRAHLUNG, RADIOAKTIVITAET
NC -111 leckratenpruefungen am heiss-dampf-reaktor sicherheitsbehaelter in karlstein/main, (untersuchungen an der kalten hdr-anlage)
NC -112 leckratenpruefungen am heiss-dampf-reaktor sicherheitsbehaelter in karlstein/main, (untersuchungen an der warmen hdr-anlage)
ENERGIE
SA -072 untersuchung der einsatzmoeglichkeiten von gfk-rohren fuer die oertliche verteilung und die unterverteilung von fernwaerme

1352
TECHNISCHER UEBERWACHUNGSVEREIN RHEINLAND E.V.
5000 KOELN 91, KONSTANTIN-WILLE-STR. 1
TEL.: (0221) 83931, 83932426 TX.: 8873659
LEITER: DR.-ING. KARL-HEINZ LINDACKERS
VORHABEN:
LUFTREINHALTUNG UND LUFTVERUNREINIGUNG
AA -158 studie ueber die umweltrelevanz von halogen-kohlenwasserstoff und halogen-kohlenwasserstoffverbindungen
AA -159 erarbeitung einer richtlinie zur erstellung von emissionskatastern
AA -160 ermittlung des zusammenhanges zwischen abgas-emissionen und immissionen des kraftfahrzeugverkehrs. modelluntersuchungen und anwendungen in einem grossstaedtischen ballungszentrum
BA -068 ermittlung des realen mittleren emissionsverhaltens von kfz mit otto-motoren in der bundesrepublik deutschland
BA -069 ermittlung des realen mittleren emissionsverhaltens von kfz mit otto-motoren in der bundesrepublik deutschland
BC -044 entwicklung anlagenspezifischer emissionsfaktoren
CA -098 vorstudie ueber die einsatzmoeglichkeiten registrierender messgeraete zur ueberwachung der emissionen anorganischer chlorverbindungen
CA -099 eignungspruefung des rauchdichtemessgeraetes rm 41
CA -100 eignungspruefung des rauchdichtemessgeraetes dr 116
CA -101 untersuchungen ueber die leckraten von statischen dichtelementen
CA -102 untersuchungen ueber die eignung von registrierenden messgeraeten zur emissionsueberwachung organischer verbindungen als gesamt-kohlenstoff
CA -103 untersuchungen ueber den einbau und die kalibrierung von registrierenden staubmessgeraeten in grossen dampfkesselanlagen
CA -104 vergleichende untersuchungen ueber die eignung von registrierenden messgeraeten zur ueberwachung der emissionen organischer verbindungen
CB -084 standardisierung und weiterentwicklung der ausbreitungsrechnung
CB -085 standardisierung und weiterentwicklung der ausbreitungsrechnung
DA -071 forschungsvorhaben auf dem gebiet neuartiger antriebe (projektbegleitung)
DB -039 untersuchungen ueber den einbau und die kalibrierung von registrierenden staubmessgeraeten in grossen dampfkesselanlagen
EA -024 erarbeitung einer richtlinie zur erstellung von emissionskatastern sowie mitarbeit bei zugehoerigen verordnungen und allgemeinen verwaltungsvorschriften
LAERM UND ERSCHUETTERUNGEN
FA -083 untersuchung der schallemission einer grosschemischen anlage
FA -084 schalltechnische beratung bei der planung und dem bau eines krankenhauses
FA -085 messungen der erschuetterungsausbreitung im boden bei grosschrottscheren
FA -086 untersuchung zur bestimmung der verteilung von schallpegeln durch meteorologische einfluesse in der unteren atmosphaere
FB -088 berechnung zur schallausbreitung bei ausgewaehlten baukoerper-formen und -stellungen
FB -089 untersuchung des vom verkehrsflughafen duesseldorf - unter einbeziehung der parallelbahn - ausgehenden bodenlaerms und moeglichkeiten zur minderung dieser laermbelastung
FC -091 schalltechnische beratung bei bauplanung und bauueberwachung eines kraftwerkes
FD -041 schalltechnische beratung bei der aufstellung von bebauungsplaenen bzw. flaechennutzungsplaenen
FD -042 laermimmissionsprognose mit planungsgutachten bei verlagerung von industrieanlagen im rahmen der stadtsanierung
FD -043 berechnung der flaechenhaften schallausbreitung innerhalb bestimmter bebauungssituationen
FD -044 sicherheitsabstaende fuer raffinerien und petrochemische anlagen, - geraeuschimmission
WASSERREINHALTUNG UND WASSERVERUNREINIGUNG
HA -108 vorstudie zur erstellung eines mathematischen modells zur selbstreinigung des alzette-flusses in luxemburg
IE -055 untersuchungen der sicherheitstechnischen richtlinien fuer fernleitungen (rff 1971) hinsichtlich der bedingungen und auflagen fuer kuestengewaesser und hohe see
LA -022 untersuchungen der sicherheitstechnischen richtlinien fuer fernleitungen (rff 1971) hinsichtlich der bedingungen und auflagen fuer kuestengewaesser und hohe see
STRAHLUNG, RADIOAKTIVITAET
NC -113 vermeidung von folgeschaeden bei stoerfaellen in kernkraftwerken
NC -114 ermittlung und analyse menschlicher funktionen beim betrieb von kernkraftwerken
UMWELTCHEMIKALIEN
OB -027 vorstudie ueber die einsatzmoeglichkeiten registrierender messgeraete zur ueberwachung der emissionen von schwefelwasserstoff
UMWELTPLANUNG, UMWELTGESTALTUNG
UH -039 projektbegleitung des gebietes kraftfahrzeug- und strassenverkehrstechnik

1353
TECHNOCHEMIE GMBH VERFAHRENSTECHNIK
6901 DOSSENHEIM, POSTFACH 40
VORHABEN:
ABFALL
MD -036 recycling von vollflaechig bedrucktem und beschichtetem papier und karton

1354
TECHNOCONSULT GMBH, GESELLSCHAFT FUER TECHNOLOGISCHE BERATUNG
4000 DUESSELDORF, TALSTR. 22
TEL.: (0211) 371850
VORHABEN:
LUFTREINHALTUNG UND LUFTVERUNREINIGUNG
DC -067 untersuchung der speziellen entstaubungsprobleme in der ferrolegierungsindustrie

1355
TECHNOLOGIEFORSCHUNGS GMBH
7000 STUTTGART, SCHULZE-DELITZSCH-STR. 22
VORHABEN:
ENERGIE
SA -073 hochdruck-kohlestaubvergasung: 1. gasstrahlpumpe zur kontinuierlichen kohlestaub-druckfoerderung. 2. kohlestaub-druckvergasung im revertierenden wirbel

1356
TH. GOLDSCHMIDT AG
6800 MANNHEIM 81, MUELHEIMERSTR. 16-22
TEL.: (0621) 89011 TX.: 04-63173
- LEITER: DR. B. RODENWALD
- FORSCHUNGSSCHWERPUNKTE:
wiedergewinnung von buntmetallen aus galvanikschlaemmen, flugaschen und anderen produktionsrueckstaenden
VORHABEN:
LUFTREINHALTUNG UND LUFTVERUNREINIGUNG
DC -068 umweltfreundliche beschichtungssysteme
ABFALL
MB -065 gesamtaufbereitung aller festen salzrueckstaende aus haertereibetrieben
ME -081 aufarbeitung von buntmetallhaltigen schlaemmen zu deponieunschaedlichen rueckstaenden unter gleichzeitiger rueckgewinnung der buntmetallinhalte
ME -082 recycling von buntmetallen aus galvanikschlaemmen

1357
THYSSEN PUROFER GMBH
4300 ESSEN 1, AM RHEINSTAHLHAUS 1
TEL.: (0201) 106 TX.: 8579881
- LEITER: WOLFGANG H. PHILIPP
- FORSCHUNGSSCHWERPUNKTE:
emissionsarme verhuettung von eisenerzen mittels direktreduktion auf der basis ungebrannter pellets
VORHABEN:
LUFTREINHALTUNG UND LUFTVERUNREINIGUNG
DC -069 emissionsarme verhuettung von eisenerzen mittels direktreduktion auf der basis ungebrannter pellets

1358
THYSSEN-RHEINSTAHL-TECHNIK GMBH
4000 DUESSELDORF 1, KOENIGSALLEE 106
TEL.: (0201) 38031 TX.: 08-585561
- LEITER: DR. WERNER KOENEMANN
- FORSCHUNGSSCHWERPUNKTE:
wiedergewinnung von industrie-rohstoffen aus abfall-stoffen: speziell aus muell/ bzw. muell-klaerschlamm-komposten, abfaellen der stahlindustrie, verhuetung von luftverunreinigungen der industrie
VORHABEN:
LUFTREINHALTUNG UND LUFTVERUNREINIGUNG
DD -062 entstaubung von sinteranlagen
ABFALL
MD -037 untersuchungen ueber den einsatz der leichtfraktion aus der hm-aufbereitung in der ziegeleiindustrie
ME -083 untersuchungen ueber den einsatz der leichtfraktion aus der hm-aufbereitung in der ziegeleiindustrie
ME -084 aufbereitung und verarbeitung von rest- und abfallstoffen in der stahlindustrie

1359
TIERAERZTLICHES INSTITUT DER UNI GOETTINGEN
3400 GOETTINGEN, GRONER LANDSTRASSE 2
TEL.: (0551) 42002, 42204
- LEITER: PROF.DR. EILHARD MITSCHERLICH
VORHABEN:
LEBENSMITTEL-, FUTTERMITTELKONTAMINATION
QB -059 antibiotikanachweis in gefluegelprodukten

1360
TIERHYGIENISCHES INSTITUT FREIBURG
7800 FREIBURG, ELSAESSER STRASSE 116
TEL.: (0761) 36093, -94, -95
- LEITER: PROF.DR. HANS-KARL ENGLERT
- FORSCHUNGSSCHWERPUNKTE:
rueckstandsanalytik chlorierter kohlenwasserstoffe in wildlebenden tieren; schwermetallrueckstaende in nutztieren und futtermitteln
VORHABEN:
WIRKUNGEN UND BELASTUNGEN DURCH SCHADSTOFFE
PI -043 belastung freilebender voegel mit bioziden; indikatorfunktion fuer oekosysteme

1361
TRANSNUKLEAR GMBH
6450 HANAU, POSTFACH 348
VORHABEN:
STRAHLUNG, RADIOAKTIVITAET
NC -115 entwickung von transportbehaeltern fuer radioaktive substanzen

1362
TRAPP SYSTEMTECHNIK GMBH
4230 WESEL 1, POSTFACH 445
VORHABEN:
LAERM UND ERSCHUETTERUNGEN
FC -092 analyse fortschrittlicher methoden zur baulaermverminderung hinsichtlich durchfuehrbarkeit, kosten und einsatzmoeglichkeiten
FC -093 untersuchung geraeuscharmer verfahren zur zerstoerung von mauerwerk und beton als alternativen zum sprengen mit dynamit (vorstudie)

1363
UMWELT-SYSTEME GMBH
8000 MUENCHEN 81, GNESENER STRASSE 4-6
TEL.: (089) 935035 TX.: 522372
- LEITER: ALFRED SCHALLER
- FORSCHUNGSSCHWERPUNKTE:
aktiver und passiver laermschutz; information und aufklaerung betroffener
VORHABEN:
LAERM UND ERSCHUETTERUNGEN
FB -090 aktive laermschutzmassnahmen bei hohen geschwindigkeiten der rad-schiene-technik
FB -091 aktive laermschutzmassnahmen bei hohen geschwindigkeiten der rad/schiene-technik, vorstudie
FD -045 laermschutztechnische planung und gestaltung von gebaeuden und fassaden im einflussbereich von laermquellen
UMWELTPLANUNG, UMWELTGESTALTUNG
UH -040 grundlagenuntersuchung zum informationsdienst der deutschen bundesbahn bei der planung von neubaustrecken

1364
UMWELTAMT DER STADT KOELN
5000 KOELN, EIFELWALL 7
TEL.: (0221) 2093208 TX.: 8882988
- LEITER: DR. MARIA DEIMEL
- FORSCHUNGSSCHWERPUNKTE:
messungen von gas- und staubfoermigen luftverunreinigungen des kfz-verkehrs; kontinuierliche messungen von luftverschmutzungen, windrichtung und windgeschwindigkeit im stadtgebiet von koeln; stichprobenmessungen von luftverschmutzungen, staubpegel- und konzentrationsmessungen; laermkataster verkehr und gewerbe
VORHABEN:
LUFTREINHALTUNG UND LUFTVERUNREINIGUNG
AA -161 kontinuierliche messungen von luftverschmutzung, windrichtung, windgeschwindigkeit im stadtgebiet koeln (messnetz)
AA -162 stichprobenmessung der luftverschmutzung in koeln
AA -163 schwefeldioxid - stichprobenmessungen (messnetz) stadt-/landkreis koeln und weiterer landkreise
AA -164 staubpegelmessungen (1) in koeln, im kreis koeln und im kreis bergheim
AA -165 staubkonzentrationsmessungen in koeln und im raum koeln
BA -070 messungen von gas- und staubfoermigen luftverunreinigungen des kfz-verkehrs

CB -086 untersuchungen ueber smogbildung, insbesondere ueber die ausbildung von oxydantien als folge der luftverunreinigung in der bundesrepublik deutschland
LAERM UND ERSCHUETTERUNGEN
FD -046 ergaenzung des verkehrslaermkatasters, messung von gewerbelaerm in wohngebieten
WASSERREINHALTUNG UND WASSERVERUNREINIGUNG
IC -116 untersuchung der oberflaechenwaesser im stadtgebiet koeln
ID -060 untersuchung einer muelldeponie auf grundwassergefaehrdende stoffe
LA -023 abwasseruntersuchung nach paragraph 81 wassergesetz nordrhein-westfalen
LA -024 frisch- und brauchwasseruntersuchung nach paragraph 11 bundesseuchengesetz bzw. paragraph 79 wassergesetz nordrhein-westfalen
HUMANSPHAERE
TA -070 bestimmung des blut-bleigehalts und der deltaaminolaevulinsaeure-ausscheidung im harn von beruflich belasteten personengruppen

1365
UMWELTBUNDESAMT
1000 BERLIN 33, BISMARCKPLATZ 1
TEL.: (030) 89031
- LEITER: DR. FREIHERR HEINRICH VON LERSNER
VORHABEN:
WIRKUNGEN UND BELASTUNGEN DURCH SCHADSTOFFE
PE -052 pollen und sporen in der bundesrepublik deutschland, verbreitung, zusammensetzung und lebensfaehigkeit

1366
UNION RHEINISCHE BRAUNKOHLEN-KRAFTSTOFF-AG
5047 WESSELING, POSTFACH 8
VORHABEN:
ENERGIE
SA -074 erzeugung von petrochemischen rohstoffen aus synthesegasen, die durch vergasung von braunkohle gewonnen werden
SA -075 alternative kraftstoffe fuer kraftfahrzeuge. teilstudie methanol

1367
UNTERSUCHUNGSSTELLE FUER UMWELTTOXIKOLOGIE DES LANDES SCHLESWIG-HOLSTEIN
2300 KIEL, FLECKENSTR.
TEL.: (0431) 597 2921
- LEITER: DR. CARSTEN ALSEN
- FORSCHUNGSSCHWERPUNKTE:
zusammenstellung und auswertung umwelttoxikologischer daten; feststellung der gesamtbelastung der menschen des landes schleswig-holstein durch umweltschadstoffe; auswertung und dokumentation von wissenschaftlichen arbeiten aus dem fachbereich umwelttoxikologie - grenzgebiete; schwerpunkte: schwermetalle, biozide, entwicklung von bestimmungsmethoden und kontinuierliche bestimmung von schadstoffen in organen des menschen
VORHABEN:
WIRKUNGEN UND BELASTUNGEN DURCH SCHADSTOFFE
PA -042 quecksilber, arsen und selengehalt (cadmium, blei, zink) in verschiedenen organen des menschen
PB -048 persistierende chlorierte kohlenwasserstoffe im fettgewebe des menschen

1368
URANERZBERGBAU GMBH & CO KG
5300 BONN-BAD GODESBERG, KOELNERSTR. 367
VORHABEN:
ENERGIE
SA -076 uranprospektion im schwarzwald
SA -077 untersuchung zur grosstechnischen anwendung von bakteriellen laugeprozessen an uranerzvorkommen
SA -078 uranexplorationsprojekt keuper, bundesrepublik deutschland
UMWELTPLANUNG, UMWELTGESTALTUNG
UD -023 studie ueber moeglichkeiten der urangewinnung aus phosphaten in der bundesrepublik deutschland

1369
VASELINWERK SCHUEMANN
2000 HAMBURG 11, WORTHDAMM 13-27
TEL.: (040) 781321
- LEITER: DR. BRUNE
VORHABEN:
WIRKUNGEN UND BELASTUNGEN DURCH SCHADSTOFFE
PD -066 untersuchung zur karzinogenen wirkungen von benzo(a)-pyren

1370
VEBA-CHEMIE AG
4650 GELSENKIRCHEN, PAWIKER STRASSE 30
TEL.: (0209) 3661 TX.: 824881
- FORSCHUNGSSCHWERPUNKTE:
thermische nachverbrennung
VORHABEN:
LUFTREINHALTUNG UND LUFTVERUNREINIGUNG
DC -070 entwicklung und erprobung eines verfahrens zur reinigung der bei reparatur- und wartungsarbeiten in der petrochemischen industrie anfallenden abgase

1371
VEDAG AKTIENGESELLSCHAFT, VEREINIGTE BAUCHEMISCHE WERKE
6000 FRANKFURT, MAINZER LANDSTRASSE 217
TEL.: (0611) 75921 TX.: 04-11226
- LEITER: DIPL.-ING. GUENTER MAUHS
- FORSCHUNGSSCHWERPUNKTE:
pyrolytische rohstoffrueckgewinnung
VORHABEN:
ABFALL (RADIOAKTIVE ABFAELLE SIEHE ND)
ME -085 herstellung duenner platten aus feinzerkleinerten altreifen
ME -086 pyrolytische rohstoffrueckgewinnung

1372
VERBAND DEUTSCHER LANDWIRTSCHAFTLICHER UNTERSUCHUNGS- UND FORSCHUNGSANSTALTEN E.V.
6100 DARMSTADT, BISMARCKSTR. 41A
TEL.: (06151) 21818
- LEITER: PROF.DR. OTTO SIEGEL
VORHABEN:
LAND- UND FORSTWIRTSCHAFT
RD -057 untersuchungen ueber naehrstoffbelastung von grundwasser und oberflaechengewaessern auf boden und duengung

1373
VEREIN DEUTSCHER EISENHUETTENLEUTE (VDEH)
4000 DUESSELDORF 1, BREITE STRASSE 27
TEL.: (0211) 88941 TX.: 8582512
- LEITER: DIPL.-ING. KEGEL
- FORSCHUNGSSCHWERPUNKTE:
umweltschutz in der stahlindustrie; reinhaltung der luft (emissionsminderung); industrieakustik (laermminderung durch laermarme konstruktionen); abfallwirtschaft, abfallbeseitigung (recycling, verwertung von schlacken, staeuben und schlaemmen, deponie); wasserwirtschaft, gewaesserschutz (kreislaufwasserwirtschaft, prozesswasserbehandlung)
VORHABEN:
ABFALL
ME -087 aufbereitung und verarbeitung von rest- und abfallstoffen in der stahlindustrie

1374
VEREIN DEUTSCHER INGENIEURE (VDI)
4000 DUESSELDORF, GRAF-RECKE-STR. 84
TEL.: (0211) 62141 TX.: 08-586525
- LEITER: DR.-ING. MENGER
VORHABEN:
WIRKUNGEN UND BELASTUNGEN DURCH SCHADSTOFFE
PK -033 die einwirkung korrodierender luftverunreinigungen auf kunstwerke der glasmalerei. entwicklung prophylaktischer und konservatorischer gegenmassnahmen

1375
VEREIN DEUTSCHER WERKZEUGMASCHINENFABRIKEN E.V. (VDW) FACHGEMEINSCHAFT WERKZEUGMASCHINEN IM VDMA
6000 FRANKFURT, CORNELIUSSTR. 4
TEL.: (0611) 740226 TX.: 04-12607
- LEITER: DR.-ING. JANSEN
- FORSCHUNGSSCHWERPUNKTE:
laermemission von werkzeugmaschinen und laermminderung
VORHABEN:
LAERM UND ERSCHUETTERUNGEN
FC -094 einfluss der hydraulik auf das geraeuschverhalten von werkzeugmaschinen und massnahmen zur laermminderung

1376
VEREIN FUER KOMMUNALWISSENSCHAFTEN E. V.
1000 BERLIN 12, STRASSE DES 17. JUNI 112
TEL.: (030) 39 10 31 TX.: 181 320
- LEITER: DR. WOLFGANG HAUS
- FORSCHUNGSSCHWERPUNKTE:
staedtebau, wohnungswesen, orts-, regional- und landesplanung
VORHABEN:
UMWELTPLANUNG, UMWELTGESTALTUNG
UL -075 zur oekologischen optimalen nutzung staedtischer strassen(-verkehrs-)flaechen

1377
VEREINIGTE ALUMINIUMWERKE AG (VAW)
5300 BONN, GERICHTSWEG 48
TEL.: (02221) 5521 TX.: 08-869607
- FORSCHUNGSSCHWERPUNKTE:
verwertung von rotschlamm (rueckstand der aluminium-produktion); abgasreinigung (emission der aluminiumhuetten)
VORHABEN:
LUFTREINHALTUNG UND LUFTVERUNREINIGUNG
DC -071 regulierung von fluorverbindungen aus den ofenabgasen der aluminiumelektrolyse
ABFALL
ME -088 entwicklungsprojekte zur loesung des rotschlamm-problems der aluminiumindustrie

1378
VEREINIGTE ELEKTRIZITAETSWERKE WESTFALEN AG (VEW)
4600 DORTMUND, OSTWALL 51
VORHABEN:
ENERGIE
SA -079 bau und betrieb einer versuchsanlage (mx 1 t/h-durchsatz) zum vew-kohleumwandlungsverfahren

1379
VEREINIGTE ESSLINGER WOHNUNGSUNTERNEHMEN GMBH
7300 ESSLINGEN, POSTFACH 822
VORHABEN:
ENERGIE
SB -033 einbau einer waermepumpenanlage zur erzeugung von heizwaerme und aufbereitung von warmwasser in wohngebaeuden
SB -034 waermeanlagen in grossgebaeudekomplexen

1380
VEREINIGTE KESSELWERKE AG
4000 DUESSELDORF, WERDENER STRASSE 3
TEL.: (0211) 78141-374
- LEITER: DIPL.-ING. MUTKE
VORHABEN:
LUFTREINHALTUNG UND LUFTVERUNREINIGUNG
DD -063 gaswaesche
STRAHLUNG, RADIOAKTIVITAET
ND -048 dekontaminierung von abwaessern in kernkraftwerken

1381
VEREINIGUNG DER TECHNISCHEN UEBERWACHUNGSVEREINE E.V.
4300 ESSEN, KURFUERSTENSTR. 56
TEL.: (0201) 274091
- LEITER: DIPL.-ING. HOFFMANN
- FORSCHUNGSSCHWERPUNKTE:
sammlung und auswertung umweltbezogener daten; entscheidungshilfen fuer entwuerfe von rechtsnormen der bundesregierung; messtechnik
VORHABEN:
LUFTREINHALTUNG UND LUFTVERUNREINIGUNG
AA -166 erhebungen von emissionsdaten luftverunreinigender stoffe
WASSERREINHALTUNG UND WASSERVERUNREINIGUNG
HE -047 systemanalyse fuer unfallalarm und abwehrplaene fuer wasserwerke zur sicherung der oeffentlichen wasserzufuhr

1382
VEREINIGUNG DER WASSERVERSORGUNGSVERBAENDE UND GEMEINDEN MIT WASSERWERKEN E.V.
7000 STUTTGART, WERFMERSHALDE 22
TEL.: (0711) 21461
- LEITER: DIPL.-ING. ALBERT BAUR
- FORSCHUNGSSCHWERPUNKTE:
im gemeindebereich erkannte und als allgemein notwendig angesehene probleme: barometrische bsb-messung und wassermengenproportionale probennahme zur eigenverantwortlichen leistungskontrolle auf klaeranlagen; stroemungsuntersuchungen an rundbecken
VORHABEN:
WASSERREINHALTUNG UND WASSERVERUNREINIGUNG
KE -063 ermittlung der bsb-belastung einer klaeranlage aus der geschriebenen sauerstoffganglinie des belebungsbeckens
ABFALL
MG -040 planungsstudie zur durchfuehrung des umweltprogrammes der bundesregierung, gezeigt am beispiel des prototyps einer anlage usw.

1383
VEREWA, HANS UGOWSKI & CO
4330 MUELHEIM A.D.RUHR, EPPINGHOFER STRASSE 92-94
TEL.: (0208) 472729
- LEITER: FRANZ SPOHR
- FORSCHUNGSSCHWERPUNKTE:
entwicklung von kontinuierlichen umweltschutzmessgeraeten fuer partikelfoermige immission und emission unter verwendung von radiometrischen messmethoden
VORHABEN:
LUFTREINHALTUNG UND LUFTVERUNREINIGUNG
CA -105 messgeraet zur multielementbestimmung von schwebestoffen in luft und wasser mittels nichtdispersiver roentgenfluoreszenzanalyse

1384
VERFAHRENSTECHNIK DR.-ING. K. BAUM
4300 ESSEN, POSTFACH 230
VORHABEN:
LUFTREINHALTUNG UND LUFTVERUNREINIGUNG
DD -064 theoretische und experimentelle untersuchungen auf dem gebiet der nassabscheider fuer submicrone schwebestoffe

1385
VERFAHRENSTECHNISCHE VERWERTUNGEN - DIPL.-ING.-CHEM. O.E.A. KRAMER -
7000 STUTTGART 80, SCHILTACHER STRASSE 35
VORHABEN:
WASSERREINHALTUNG UND WASSERVERUNREINIGUNG
HB -085 entwicklung eines verfahrens zur meerwasserentsalzung durch korneisbildung im drehrohrkristallisator

1386
VERKEHRSWISSENSCHAFTLICHES INSTITUT DER TH AACHEN
5100 AACHEN, MIES-VAN-DER-ROHE-STR.
TEL.: (0241) 425190
- LEITER: PROF.DR. WULF SCHWANHAEUSSER
- FORSCHUNGSSCHWERPUNKTE:
energie, umwelt und verkehr
VORHABEN:
ENERGIE
SA -080 spezifischer energieeinsatz im verkehr; ermittlung und vergleich der spezifischen energieverbrauche

1387
VERSUCHS- UND LEHRANSTALT FUER BRAUEREI IN BERLIN
1000 BERLIN 65, SEESTR. 13
TEL.: (030) 45 30 11 TX.: 18 1734
- LEITER: PROF.DR.-ING. H. SCHILFARTH
- FORSCHUNGSSCHWERPUNKTE:
wasser/abwasser; laermbekaempfung speziell im flaschenkeller; geraeuschemissionen aus der brauerei; vermeidung der staubentwicklung in maelzerei und brauerei; qualitaet von flaschen und anderem verpackungsmaterial
VORHABEN:
LUFTREINHALTUNG UND LUFTVERUNREINIGUNG
BC -045 messung der staubentwicklung in maelzerei und brauerei
WASSERREINHALTUNG UND WASSERVERUNREINIGUNG
KC -073 senkung der abwasser-schmuztfracht durch innerbetrieblichemassnahmen in brauereien und maelzereien - checkliste zur praktischen durchfuehrung -

1388
VERSUCHS- UND LEHRANSTALT FUER SPIRITUS-FABRIKATION UND FERMENTATIONSTECHNOLOGIE IN BERLIN
1000 BERLIN 65, SEESTR. 13
TEL.: (030) 45 30 11 TX.: 18 1734
- LEITER: DR. JOHANNES HEINRICHT
- FORSCHUNGSSCHWERPUNKTE:
be- und verarbeitung von abfallstoffen aus landwirtschaftlichen betrieben; abwasser aus der nahrungs- und genussmittelindustrie, speziell der spiritus-, hefe- und fermentationsindustrie durch mikrobiologische technologien
VORHABEN:
WASSERREINHALTUNG UND WASSERVERUNREINIGUNG
KD -018 gewinnung von amylolytischen enzymen aus schlempe - ein beitrag zur senkung der abwasserbelastung

1389
VERSUCHSANSTALT FUER BINNENSCHIFFBAU E.V.
4100 DUISBURG, KLOECKNERSTR. 77
TEL.: (0203) 353096, 353097 TX.: 08-551288
- LEITER: PROF.DR.-ING. HANS-HEINER HEUSER
- FORSCHUNGSSCHWERPUNKTE:
wasserqualitaet; laermminderung
VORHABEN:
LAERM UND ERSCHUETTERUNGEN
FB -092 experimentelle untersuchungen ueber die moeglichkeiten zur minderung von koerper- und luftschall bei verschiedenen hinterschiffsformen
FB -093 neues messverfahren zur ermittlung der laermemission von schiffen und booten auf binnenwasserstrassen
WASSERREINHALTUNG UND WASSERVERUNREINIGUNG
HA -109 untersuchung ueber die wirksamkeit des o2-eintrages in oberirdische gewaesser durch zugabe von luft in den abstrom von schiffspropellern

1390
VERSUCHSSTRECKE IN DORTMUND-DERNE
4630 BOCHUM -DERNE
VORHABEN:
HUMANSPHAERE
TA -071 explosionsversuche in einer muellaufbereitungsanlage

1391
VETERINAERUNTERSUCHUNGSANSTALT DER FREIEN UND HANSESTADT HAMBURG
2000 HAMBURG 6, LAGERSTR. 36
TEL.: (040) 43 16 3 243
- LEITER: DR. ULRICH REUSSE
- FORSCHUNGSSCHWERPUNKTE:
untersuchung ueber die pasteurisierung von fischmehl durch bestrahlung, hemmstoff- und oestrogenuntersuchungen bei schlachttieren etc.
VORHABEN:
LAND- UND FORSTWIRTSCHAFT
RB -033 untersuchung ueber die pasteurisierung von fischmehl durch bestrahlung

1392
VGB-FORSCHUNGSSTIFTUNG DER TECHNISCHEN VEREINIGUNG DER GROSSKRAFTWERKSBETREIBER E. V.
4300 ESSEN 1, KLINKESTR. 27-31
TEL.: (0201) 1981 TX.: 08-57507
- LEITER: DR.-ING. OTTMAR SCHWARZ
- FORSCHUNGSSCHWERPUNKTE:
waermekraftwesen
VORHABEN:
LUFTREINHALTUNG UND LUFTVERUNREINIGUNG
BB -036 herkunft und einbindung von fluor in aschen und feinstaeuben kohlegefeuerter kraftwerke
BB -037 bestimmung der spurenelemente in aschen und reingasstaeuben kohle- und oelgefeuerter kraftwerke
BB -038 phasenzusammensetzung von feinstaeuben von muellverbrennungsanlagen, die bor, quecksilber, cadmium, chrom und barium enthalten
BB -039 untersuchungen zur frage des bakterienauswurfes mit kuehlturmschwaden
CB -087 ausbreitungsrechnung
DB -040 ausarbeitung einer systemanalyse fuer verfahren zur entschwefelung von brennstoffen und rauchgasen
DB -041 planung von versuchsanlagen mit schweroel-vergasung und entschwefelung des hierbei entstehenden gases vor der verbrennung zur energieumwandlung in strom
DB -042 aufstellung von stoffbilanzen fuer schlacken, aschen und rauchgase in verbrennungsanlagen fuer haus- und stadtmuell
DC -072 errichtung und betrieb einer demonstrationsanlage zur rauchgas-entschwefelung
WIRKUNGEN UND BELASTUNGEN DURCH SCHADSTOFFE
PK -034 kristallchemische grundlagen der einbindung von so2, so3 und cl durch metallkarbonate
PK -035 ursachen der korrosionen in muellverbrennungsanlagen
PK -036 kristallchemische untersuchungen ueber die eindringung von spurenelementen, insbesondere fluor durch aschenstaub von muellverbrennungsanlagen

1393
VOLKSWAGENWERK AG
3180 WOLFSBURG
TEL.: (05361) 225246, TX.: 09-586533
- LEITER: DR.-ING. WOLFGANG LINCKE
- FORSCHUNGSSCHWERPUNKTE:
energie- und rohstofftechnik; antriebstechnik
VORHABEN:
LUFTREINHALTUNG UND LUFTVERUNREINIGUNG
BA -071 ermittlung polyzyklischer aromatischer kohlenwasserstoffe im automobilabgas
DA -072 schichtladungsmotor
DA -073 arbeitsraumbildender motor mit innerer kontinuierlicher verbrennung
DA -074 entwicklung eines schadstoffarmen und vielstoffaehigen verbrennungssystems fuer pkw-gasturbinen
DA -075 entwicklung eines schadstoffarmen motors
DA -076 die zielsetzung dieses forschungsvorhabens besteht darin, massnahmen zu erarbeiten, die es erlauben, die bisherigen nachteile des dieselmotors zu beseitigen
DA -077 verbrauchs- und emissionguenstige dieselmotoren fuer kleinwagen
EA -025 analyse der gesetzlich vorgeschriebenen abgas-pruefmethoden und messverfahren fuer europa und fuer usa
UMWELTPLANUNG, UMWELTGESTALTUNG
UI -026 systemanalyse antriebsaggregate - anwendungstest -

1394
VOLKSWIRTSCHAFTLICHES SEMINAR DER UNI ERLANGEN-NUERNBERG
8500 NUERNBERG, HAUPTMARKT 2
TEL.: (0911) 203191
- LEITER: PROF.DR. JOACHIM KLAUS
VORHABEN:
WASSERREINHALTUNG UND WASSERVERUNREINIGUNG
HG -063 untersuchung ueber die anwendbarkeit der mathematischen modelltechnik in der wasserguetewirtschaft

1395
WAHNBACHTALSPERRENVERBAND
5200 SIEGBURG, KRONPRINZENSTR. 13
TEL.: (02241) 65061
- LEITER: DIPL.-ING. HOETTER
VORHABEN:
WASSERREINHALTUNG UND WASSERVERUNREINIGUNG
HA -110 belueftung von talsperren unter erhaltung der schichtung
HE -048 stoerung der trinkwasseraufbereitung durch algenbuertige substanzen und algen
IC -117 naehrstoffeliminierungsanlage an der wahnbachtalsperre
IC -118 auswertung der bestandsaufnahme der biozidbelastung von 20 talsperren
IF -037 oekonomische vorstudie bezueglich der alternativen zur loesung des phosphat-eutrophierungsproblems
IF -038 zusammenhang zwischen naehrstoffbelastung und trophiegrad einer oligotrophen talsperre in abhaengigkeit vom einzugsgebiet
IF -039 oligotrophierung stehender gewaesser durch chemische naehrstoffeliminierung aus den zufluessen am beispiel der wahnbachtalsperre
KB -089 stoerung der flockung durch chelatbildende substanzen und flockungsinhibitoren, teil I: entwicklung einer flokkungstestapparatur
KB -090 stoerung der flockung durch chelatbildende substanzen und flockungsinhibitoren, teil II: ermittlung des einflusses verschiedener wasserinhaltsstoffe auf den flockungsprozess

1396
WALTER GMBH
2300 KIEL 21, PROJENSDORFER STR. 324
VORHABEN:
WASSERREINHALTUNG UND WASSERVERUNREINIGUNG
HB -086 entwicklung einer hochdruck-kolbenpumpe mit energierueckgewinnung fuer meerwasserentsalzung durch umgekehrte osmose

1397
WASSER- UND SCHIFFAHRTSAMT WILHELMSHAVEN
2940 WILHELMSHAVEN, POSTFACH .
VORHABEN:
WASSERREINHALTUNG UND WASSERVERUNREINIGUNG
HA -111 seegangsmessungen im jade-weser aestuar

1398
WASSER- UND SCHIFFAHRTSDIREKTION KIEL
2300 KIEL, HINDENBURGUFER 247
TEL.: (0431) 362061 TX.: 02-99888
- LEITER: DIPL.-ING. FRITZ REUTER
VORHABEN:
WASSERREINHALTUNG UND WASSERVERUNREINIGUNG
HC -049 aufbau eines funkortungssystems im seegebiet von sylt fuer zwecke der kuestenforschung
HG -064 wasserstandsmessungen mit einem echopegel

1399
WASSERWERK DES KREISES AACHEN
5100 AACHEN, TRIERER STRASSE 652-654
TEL.: (0651) 56061
- LEITER: EBELING
VORHABEN:
WASSERREINHALTUNG UND WASSERVERUNREINIGUNG
HA -112 ueberwachung der chemischen, biologischen und bakteriologischen belastung der fuer die trinkwasserversorgung dienenden zufluesse und talsperren der nordeifel
HA -113 einfluss wassermengenwirtschaftlicher massnahmen unterschiedlicher wasserqualitaetsparameter auf die oekologischen gegebenheiten von drei nordeifeltalsperren, die im verbund betrieben werden
IC -119 ueberwachung der radioaktivitaet der fuer die trinkwasserversorgung dienenden zufluesse und talsperren der nord-eifel
KB -091 beseitigung der absetzbaren stoffe des filterspuelwassers

1400
WERNER & PFLEIDERER
7000 STUTTGART 30, POSTFACH 301220
VORHABEN:
WASSERREINHALTUNG UND WASSERVERUNREINIGUNG
KB -092 hygienisierung von klaerschlamm mittels elektronenstrahlen aus elektronenbeschleunigern

1401
WEYL, HEINZ, PROF.
3000 HANNOVER, SCHLOSSWENDER STRASSE 1
VORHABEN:
UMWELTPLANUNG, UMWELTGESTALTUNG
UE -044 kritische analyse des vierstufigen konzepts der zentralen orte in raeumlicher, sachlicher und finanzieller hinsicht.

1402
WIBERA WIRTSCHAFTSBERATUNG
4000 DUESSELDORF, ACHENBACHSTR. 43
TEL.: (0211) 67051 TX.: 8 586737
- LEITER: PROF.DR. ERICH POTTHOFF
- FORSCHUNGSSCHWERPUNKTE:
umweltvertraegliche stadtentwicklung: zielfindung und -setzung (informationell-kleinraeumig; verwaltungsorganisatorisch); massnahmenplanung, -durchfuehrung; kontrolle der zielerfuellung
VORHABEN:
ABWAERME
GC -013 oekologische auswirkungen der fernwaermeversorgung aus heizkraftwerken insbesondere nuklearer art im vergleich zu anderen moeglichkeiten der waermebedarfsdeckung
GC -014 oekologische auswirkungen der fernwaermeversorgung aus heizkraftwerken insbesondere nuklearer art im vergleich zu anderen moeglichkeiten der waermebedarfsdeckung
WASSERREINHALTUNG UND WASSERVERUNREINIGUNG
LA -025 untersuchung ueber den durch erhebung einer abwasserabgabe entstehenden verwaltungsaufwand
ABFALL
MA -040 erfassung der abfallarten und -mengen aus gewerbe und industrie mit der moeglichkeit der edv-gemaessen aufbereitung
MG -041 untersuchung der voraussetzungen und der moeglichen auswirkungen einer ausgleichsabgabe bzw. einer rechtsverordnung zu paragraph 14 abfg fuer verpackungen
ENERGIE
SA -081 entscheidungsmodell fuer den optimalen output eines lokalen energieversorgungsnetzsystems an umweltfreundlichen energietraegern
SA -082 entscheidungsmodell fuer den optimalen output eines lokalen energieversorgungsnetzsystems an umweltfreundlichen energietraegern
UMWELTPLANUNG, UMWELTGESTALTUNG
UA -066 mikrooekologische strategie zur lokalen realisierung des umweltschutzprogramms der bundesregierung

1403
WIENER INSTITUT FUER STANDORTBERATUNG
A-10 WIEN/OESTERREICH, BERGGASSE 16
TEL.: (0043222) 312601
- LEITER: DIPL.-KFM. BURKHARD KIEBEL
- FORSCHUNGSSCHWERPUNKTE:
katasterwesen und umwelttechnische fragen im hinblick auf wirtschaftliche gesichtspunkte; umwelterhebungen und redaktionelle gestaltung von umweltberichten; schadstofferhebungen

VORHABEN:
LUFTREINHALTUNG UND LUFTVERUNREINIGUNG
AA -167 wiener luftbericht
AA -168 so2-emissionskataster wien
AA -169 immissionsprognosemodell wien, ermittlung physikalischer kenngroessen von grossemittenten
AA -170 so2-emissionskataster der stadt linz

1404
WILHELM-KLAUDITZ-INSTITUT FUER HOLZFORSCHUNG DER FRAUNHOFER-GESELLSCHAFT E.V.
3300 BRAUNSCHWEIG, BIENRODERWEG 54E
TEL.: (0531) 350098-99
- LEITER: DR.-ING. KOSSATZ

VORHABEN:
ABFALL
MA -041 eigenschaften von waldhackschnitzeln (nach abraum) und ihre umrechnungszahlen (gewicht-rm-fm) auch aus kiefersturmholz
ME -089 untersuchungen zur verwertung der rinde beim aufschluss nach dem sulfat- und dem neutral-sulfite-semichemical-verfahren (nssc-verfahren)
MF -049 untersuchungen ueber die verwendung von kiefernsturmholz aus norddeutschland
MF -050 einfluss der extraktstoffe auf die verwertungsmoeglichkeiten der rinde von fichte und kiefer
UMWELTCHEMIKALIEN
OC -038 untersuchungen ueber verlauf und bedingungen von formaldehydabspaltung aus spanplatten in raeumen
UMWELTPLANUNG, UMWELTGESTALTUNG
UM -082 untersuchungen ueber baumverletzungen, ihre auswirkung und behandlung (abhaengigkeit von der mechanisierung)

1405
WIRTSCHAFT UND INFRASTRUKTUR GMBH & CO PLANUNGS-KG
8000 MUENCHEN 70, SYLVENSTEINSTR. 2
VORHABEN:
LAERM UND ERSCHUETTERUNGEN
FD -047 untersuchung der laermquellen im haushalts-, freizeit- und gewerbebereich
WASSERREINHALTUNG UND WASSERVERUNREINIGUNG
HB -087 standortuntersuchung fuer eine versuchs- und demonstrationsanlage zur meerwasserentsalzung in tunesien
WIRKUNGEN UND BELASTUNGEN DURCH SCHADSTOFFE
PK -037 strahlenchemische verguetung von steinmetzarbeiten auf sandsteinbasis fuer zwecke des denkmalschutzes

1406
WIRTSCHAFTSGEOGRAPHISCHES INSTITUT DER UNI MUENCHEN
8000 MUENCHEN 22, LUDWIGSTR. 28
TEL.: (089) 2180-2231
- LEITER: PROF.DR. RUPPERT
- FORSCHUNGSSCHWERPUNKTE:

stadt-umland-fragen; laendlicher raum; geographie des freizeitverhaltens
VORHABEN:
UMWELTPLANUNG, UMWELTGESTALTUNG
UF -036 urbanisierung als sozialgeographischer prozess
UH -041 faktoren- und verflechtungsanalysen der raeumlichen bevoelkerungsprozesse in der bundesrepublik deutschland
UL -076 alternative moeglichkeiten einer erhaltung der kulturlandschaft in den bayerischen problemgebieten

1407
WISSENSCHAFTLICHE BETRIEBSEINHEIT BOTANIK DER UNI FRANKFURT
6000 FRANKFURT, SIESMAYERSTR. 70
TEL.: (06110) 7984742
- LEITER: PROF.DR. LOESCHERT

VORHABEN:
LUFTREINHALTUNG UND LUFTVERUNREINIGUNG
AA -171 baumborke als indikator fuer luftverunreinigungen
AA -172 moosverbreitung im raum offenbach
CA -106 bestimmung des pollen- und sporengehalts der luft sowie ermittlung der ph-werte
WIRKUNGEN UND BELASTUNGEN DURCH SCHADSTOFFE
PI -044 oekologie von plankton- und benthos-algen im unteren main unter besonderer beruecksichtigung der abwasserfaktoren

1408
WISSENSCHAFTLICHE BETRIEBSEINHEIT ZOOLOGIE DER UNI FRANKFURT
6000 FRANKFURT, SIESMAYERSTR. 70
TEL.: (0611) 798-4711
- LEITER: PROF.DR. UDO HALBACH
- FORSCHUNGSSCHWERPUNKTE:

populationsdynamik, oekosystemforschung
VORHABEN:
LEBENSMITTEL-, FUTTERMITTELKONTAMINATION
QB -060 quantitative untersuchungen zur parasitierung bei suesswasserfischen

1409
WISSENSCHAFTSZENTRUM BERLIN GMBH (WZB)
1000 BERLIN 12, STEINPLATZ 2
VORHABEN:
UMWELTPLANUNG, UMWELTGESTALTUNG
UB -034 die verteilungspolitischen auswirkungen des verursacher- und gemeinlastprinzips im umweltschutz: moeglichkeiten und grenzen ihrer durchsetzbarkeit unter sozialen, politischen und oekonomischen gesichtspunkten

1410
WURCHE, PAUL, DIPL.-ING.
A-60 AXAMS
VORHABEN:
UMWELTPLANUNG, UMWELTGESTALTUNG
UH -042 dokumentation und auswertung der forschungsarbeiten auf dem gebiet des strassenwesens

1411
ZELLER UND GMELIN, MINERALOEL- UND CHEMIEWERK
7332 EISLINGEN/FILS, SCHLOSSTR. 20
TEL.: (07161) 8021-312 TX.: 07-27769
- LEITER: DR.-ING. A. ZELLER
- FORSCHUNGSSCHWERPUNKTE:

mineraloelweiterverarbeitung
VORHABEN:
ABFALL
ME -090 entwicklung und erprobung eines verfahrens zur aufbereitung und regenerierung von ausgebrauchter bleicherde aus der altoelaufbereitung

1412
ZENTRALABTEILUNG LUFTFAHRTTECHNIK DER DFVLR
8031 OBERPFAFFENHOFEN
TEL.: (08153) 28-496
- LEITER: DIPL.-ING. SCHATT

VORHABEN:
LAERM UND ERSCHUETTERUNGEN
FB -094 laermmessungen im auftrag der luftfahrt-zulassungsbehoerden gemaess nflı3272 und damit verbundene aufgaben

1413
ZENTRALABTEILUNG RAUMFLUGBETRIEB DER DFVLR
8031 OBERPFAFFENHOFEN
TEL.: (08153) 28-655
- LEITER: DIPL.-PHYS. SCHURER

VORHABEN:
ABWAERME
GB -050 erstellung einer studie ueber den einsatz von infrarotluftbildaufnahmen fuer die aufstellung eines emissionskatasters
INFORMATION, DOKUMENTATION, PROGNOSEN, MODELLE
VA -028 erdwissenschaftliches flugzeugmessprogramm: datenverarbeitung

1414
ZENTRALE ERFASSUNGS- UND BEWERTUNGSSTELLE FUER UMWELTCHEMIKALIEN DES BUNDESGESUNDHEITSAMTES
1000 BERLIN 33, THIELALLEE 88-92
TEL.: (030) 8308575
- LEITER: PROF.DR. RUTH MUSCHE
- FORSCHUNGSSCHWERPUNKTE:
erfassung und auswertung von einzeldaten ueber schadstoffe in lebensmitteln, wasser und atemluft und der literatur ueber umweltchemikalien; aufstellung von bilanzen ueber die belastung der bevoelkerung mit schadstoffen; bewertung von analysenverfahren zur ermittlung von rueckstaenden in biologischem material in zusammenarbeit mit untersuchungs- und forschungsanstalten
VORHABEN:
WIRKUNGEN UND BELASTUNGEN DURCH SCHADSTOFFE
PC -064 zentrale datenerfassung und bewertung von bioziden und umweltchemikalien;belastung des menschen durch schwermetalle in lebensmitteln
LEBENSMITTEL-, FUTTERMITTELKONTAMINATION
QA -072 einfluss von verarbeitungs- und zubereitungsverfahren auf den schadstoffgehalt in lebensmitteln

1415
ZENTRALINSTITUT FUER ARBEITSMEDIZIN DER UNI HAMBURG
2000 HAMBURG 76, ADOLPH-SCHOENFELDER-STR. 5
TEL.: (040) 291882790
- LEITER: PROF.DR. H. DOERKEN
VORHABEN:
LUFTREINHALTUNG UND LUFTVERUNREINIGUNG
CA -107 luftanalyse im ultraspurenbereich
CB -088 vertikales verteilungsmuster und windabhaengigkeit der luftbleikonzentrationen im bereich einer innerstaedtischen strassenkreuzung
LAERM UND ERSCHUETTERUNGEN
FC -095 auswirkungen des arbeitslaerms auf die arbeitssicherheit und gesundheit von beschaeftigten in raeumen mit schallreflektierenden waenden
UMWELTCHEMIKALIEN
OB -028 eine praxisgerechte methode zur bestimmung von quecksilber in blut und harn
WIRKUNGEN UND BELASTUNGEN DURCH SCHADSTOFFE
PA -043 tierexperimentelle untersuchungen ueber das stoffwechselverhalten von blei-stearaten
PE -053 ein gaschromatographisches verfahren fuer epidemiologische untersuchungen auf kohlenmonoxid in luft und blut
HUMANSPHAERE
TA -072 chronische loesungsmittelbelastung am arbeitsplatz; schadstoffspiegel im blut und metabolitenelimination im harn bei toluolexponierten triefdruckern
TA -073 1. chronische loesungsmittelbelastung am arbeitsplatz. 2. eine gaschromatographische methode zur bestimmung von hippursaeure im serum
TA -074 langzeitbeobachtungen ueber die auswirkung einer chronischen benzolbelastung auf die elemente des roten und weissen blutbildes
TA -075 literaturstudie zur sogenannten vinylchloridkrankheit
TA -076 zur tagesperiodik der hippursaeure im harn
TA -077 influence of dichloromethane on the dissappearance rate of ethanol in the blood of rats
TA -078 feldstudie zur frage des passivrauchens in bueroraeumen

1416
ZENTRALINSTITUT FUER RAUMPLANUNG AN DER UNI MUENSTER
4400 MUENSTER, WILMERGASSE 12/13
TEL.: (0251) 42 461, 42 462
- LEITER: PROF.DR. WERNER ERNST
- FORSCHUNGSSCHWERPUNKTE:
raumordnung und umweltschutz in rechtlicher und verwaltungsmaessiger sicht
VORHABEN:
UMWELTPLANUNG, UMWELTGESTALTUNG
UE -045 umweltschutz im recht der landes- und regionalplanung
UE -046 die verfahren der raumplanung im hinblick auf ihre umweltrelevanz

1417
ZENTRALLABOR FUER ISOTOPENTECHNIK DER BUNDESFORSCHUNGSANSTALT FUER ERNAEHRUNG
7500 KARLSRUHE, ENGESSERSTR. 20
TEL.: (0721) 60114
- LEITER: PROF.DR. JOHANNES FRIEDRICH DIEHL
- FORSCHUNGSSCHWERPUNKTE:
radioaktivitaet und schwermetallgehalte in lebensmitteln
VORHABEN:
LEBENSMITTEL-, FUTTERMITTELKONTAMINATION
QA -073 bestimmung von schwermetallen (z.b.quecksilber) in lebensmitteln
QA -074 ueberwachung der umweltradioaktivitaet in lebensmitteln
QA -075 aktivierungsanalyse; teilprojekt: methode zur anwendung der neutronenaktivierungsanalyse fuer bestimmung von spurenelementen in lebensmitteln

1418
ZENTRALLABORATORIUM FUER MUTAGENITAETSPRUEFUNG DER DEUTSCHEN FORSCHUNGSGEMEINSCHAFT
7800 FREIBURG, BREISACHER STRASSE 33
TEL.: (0761) 273015
- LEITER: PROF.DR. CARSTEN BRESCH
- FORSCHUNGSSCHWERPUNKTE:
pruefung von ausgewaehlten substanzgruppen auf mutagenitaet; verbesserung und entwicklung von pruefmethoden
VORHABEN:
WIRKUNGEN UND BELASTUNGEN DURCH SCHADSTOFFE
PD -067 pruefung von chemikalien auf mutagene wirkung
PD -068 mutagenitaetspruefung ausgewaehlter umweltsubstanzen in der pruefabteilung des zentrallabors fuer mutagenitaetspruefung
PD -069 verbesserung und entwicklung der methodik zur erfassung von chemisch induzierten mutationen in routinepruefverfahren
PD -070 beeinflussung der mutationsrate bei inzuchtmaeusen durch applikation zuchtvertraeglicher dosen von chemischen mutagenen

1419
ZENTRALSTELLE FUER GEOPHOTOGRAMMETRIE UND FERNERKUNDUNG DER DEUTSCHEN FORSCHUNGSGEMEINSCHAFT
8000 MUENCHEN, LUISENSTR. 37
TEL.: (089) 5203222, 5203253
- LEITER: PROF.DR. JOHANN BODECHTEL
- FORSCHUNGSSCHWERPUNKTE:
erfassung von braunkohlevorkommen mit hilfe der fernerkundung; flugzeug-messprogramm; vermessung des bodenzustandes mit indirekten verfahren; hydrogeologische untersuchungen; entwicklung von auswerteverfahren multispektraler aufnahmen fuer umweltprobleme
VORHABEN:
LUFTREINHALTUNG UND LUFTVERUNREINIGUNG
AA -173 ueberwachung der luftverschmutzung aus der luft
CB -089 luftverschmutzung und deren areal-ausdehnung vom flugzeug
WASSERREINHALTUNG UND WASSERVERUNREINIGUNG
HB -088 hydrogeologische untersuchungen an den kuesten siziliens
IA -040 ueberwachung von oberflaechengewaessern mit multispektralen und infrarot-methoden vom flugzeug
LAND- UND FORSTWIRTSCHAFT
RC -040 flugzeug-messprogramm (fmp)
RC -041 vermessung des bodenzustandes mit indirekten verfahren
UMWELTPLANUNG, UMWELTGESTALTUNG
UC -054 erfassung von braunkohlevorkommen mit hilfe der fernerkundung
INFORMATION, DOKUMENTATION, PROGNOSEN, MODELLE
VA -029 entwicklung von analogen und digitalen auswerteverfahren multispektraler aufnahmen fuer umweltprobleme

1420
ZENTRUM DER HYGIENE DER UNI FRANKFURT
6000 FRANKFURT, PAUL-EHRLICH STR. 40
TEL.: (0611) 6301
- LEITER: PROF.DR. SCHUBERTH

VORHABEN:
WASSERREINHALTUNG UND WASSERVERUNREINIGUNG
HB -089 untersuchung der zusammenhaenge zwischen grund- und oberflaechenwasser bei der gw-anreicherung auf grund mikrobiologischer methoden
IC -120 untersuchungen ueber die wirkung leicht-, mittelschwer- und schwer abbaubarer sowie toxischer stoffe auf die mikrobiellen selbstreinigungsvorgaenge im gewaesser

1421
ZENTRUM DER PHYSIOLOGIE DER UNI FRANKFURT
6000 FRANKFURT, THEODOR-STERN-KAI 7
TEL.: (0611) 63016983
- LEITER: PROF.DR. K. GREVEN
- FORSCHUNGSSCHWERPUNKTE:
experimentalphysiologische, toxikokinetische und epidemiologische grundlagenerkennung zur wirkung von luftfremdstoffen
VORHABEN:
WIRKUNGEN UND BELASTUNGEN DURCH SCHADSTOFFE
PE -054 untersuchungen zur wirkungsermittlung der inhalatorischen belastung durch luftfremdstoffe bei mensch und tier
PE -055 epidemiologische studie an besonders immissionsbelasteten bevoelkerungsgruppen einer grossstadt
PE -056 abhaengigkeit der blutbleikonzentration vom haematokritwert und von physiologischen groessen des stoffwechsels und sauerstoffverbrauches

1422
ZENTRUM FUER HYGIENE IM KLINIKUM DER UNI FREIBURG
7800 FREIBURG, HERMANN-HERDER-STR. 11
TEL.: (0761) 2032135
- LEITER: PROF. ARNOLD VOGT
- FORSCHUNGSSCHWERPUNKTE:
virusepidemiologie und mathematische erfassung
VORHABEN:
HUMANSPHAERE
TF -040 mathematische modelle in der seroepidemiologie verschiedener viruskrankheiten

1423
ZENTRUM FUER KONTINENTALE AGRAR- UND WIRTSCHAFTSFORSCHUNG / FB 20 DER UNI GIESSEN
6300 PLOCHINGEN, FABRIKSTR. 23-29
TEL.: (0641) 7022835
- LEITER: PROF.DR. BREBURDA
- FORSCHUNGSSCHWERPUNKTE:
dimension und struktur der umweltbelastung in der sowjetunion; massnahmen zur bodenverbesserung und bodenerhaltung in der sowjetunion
VORHABEN:
HUMANSPHAERE
TF -041 veterinaerhygienische aspekte der massentierhaltung
UMWELTPLANUNG, UMWELTGESTALTUNG
UA -067 probleme der umweltsicherung in der sowjetunion
UL -077 boden- und landschaftsschutz in osteuropa

1424
ZENTRUM FUER OEKOLOGIE-HYGIENE / FB 23 DER UNI GIESSEN
6300 GIESSEN, FRIEDRICHSTR. 16
TEL.: (0641) 7024210
- LEITER: PROF.DR. E. BECK
- FORSCHUNGSSCHWERPUNKTE:
biologische wirkungen und pathologischer wirkungsmechanismus von faserigen staeuben (asbest, glas-keramische-fasern) an isolierten zellen und im tierversuch (asbestose: fibrogenitaet + onkogenitaet); biologische wirkungen (toxizitaet), synergistische wirkungen/kreuzresitenzen von umweltrelevanten schwermetallen (blei, kadmium, quecksilber, zink, mangan) an in vitro gezuechteten zellen
VORHABEN:
ABFALL
MB -066 wasser- und stoffhaushalt in abfalldeponien und deren auswirkungen auf gewaesser. unterthema: umwelthygienische untersuchungen, insbesondere wanderung von indikatorkeimen im deponienkoerper und im grundwasser
MC -054 hygienische, biologische und chemisch-hydrogeologische untersuchungen einer geordneten muelldeponie
UMWELTCHEMIKALIEN
OA -039 pruefung der toxischen potenz von umweltstoffen mit zellkulturen als testsystem

1425
ZOOLOGISCHES FORSCHUNGSINSTITUT UND MUSEUM ALEXANDER KOENIG
5300 BONN 1, ADENAUERALLEE 150-164
TEL.: (02221) 222045
- LEITER: PROF.DR. MARTIN EISENTRAUT
VORHABEN:
WIRKUNGEN UND BELASTUNGEN DURCH SCHADSTOFFE
PB -049 spitzmausprojekt - fragestellung: inwieweit ist der einsatz bestimmter pflanzenschutzmittel fuer den rueckgang einer bestimmten spitzmausart verantwortlich zu machen

1426
ZOOLOGISCHES INSTITUT / FB 15 DER UNI GIESSEN
6300 GIESSEN, STEPHANSTR. 24
TEL.: (0641) 7025831
- LEITER: PROF.DR. ARMIN WESSING
- FORSCHUNGSSCHWERPUNKTE:
untersuchungen mariner litoralsysteme unter dem einfluss von umweltbelastungen; faunistisch-oekologische forschungsarbeiten im und fuer den naturpark hoher vogelsberg mit dem ziel der erarbeitung wissenschaftlicher grundlagen fuer massnahmen einer erhaltung und gestaltung
VORHABEN:
WASSERREINHALTUNG UND WASSERVERUNREINIGUNG
HA -114 untersuchungen zur bedeutung von filterorganismen in limnischen oekosystemen
UMWELTCHEMIKALIEN
OD -093 transport markierter stoffe in chemorezeptoren von fischen. chemorezeptoren als umweltabhaengige bioindikatoren
UMWELTPLANUNG, UMWELTGESTALTUNG
UN -058 biologie, faunistik und oekologie der tierwelt des naturparks hoher vogelsberg

1427
ZOOLOGISCHES INSTITUT DER TU BRAUNSCHWEIG
3300 BRAUNSCHWEIG, POCKELSTR. 10A
TEL.: (0531) 391-2411, -2297
- LEITER: PROF.DR. CARL HAUENSCHILD
- FORSCHUNGSSCHWERPUNKTE:
oekologie von saeugetieren; oekologie von insekten
VORHABEN:
UMWELTPLANUNG, UMWELTGESTALTUNG
UN -059 oekologie von insekten

1428
ZOOLOGISCHES INSTITUT DER UNI DES SAARLANDES
6600 SAARBRUECKEN 15, UNIVERSITAET, BAU 6
TEL.: (0681) 302-2411
- LEITER: PROF.DR. WERNER NACHTIGALL
VORHABEN:
STRAHLUNG, RADIOAKTIVITAET
NA -011 einwirkungen atmosphaerischer und kuenstlicher elektrischer felder auf den stoffwechsel von kleinsaeugern
NA -012 einfluss von 50 hz-hochspannung-freileitungen auf organismen
NA -013 biologische wirkungen leistungsstarker sender

1429
ZOOLOGISCHES INSTITUT DER UNI ERLANGEN-NUERNBERG
8520 ERLANGEN, BISMARCKSTR. 10
TEL.: (09131) 852691
- LEITER: PROF. REMMERT
VORHABEN:
WASSERREINHALTUNG UND WASSERVERUNREINIGUNG
IE -056 abwaesser in kuestennaehe (schwerpunktprogramm der deutschen forschungsgemeinschaft)

1430
ZOOLOGISCHES INSTITUT DER UNI KARLSRUHE
7500 KARLSRUHE, KAISERSTR. 12
TEL.: (0721) 6083990
- LEITER: PROF.DR. WILFRIED HANKE
- FORSCHUNGSSCHWERPUNKTE:
endokrinologie; wasserhaushalt; anpassung des osmomineralhaushaltes, besonders bei fischen und amphibien

VORHABEN:
WIRKUNGEN UND BELASTUNGEN DURCH SCHADSTOFFE
PC -065 die rolle des endokrinen systems bei der anpassung von amphibien und fischen an veraenderte umweltbedingungen
PC -066 hormonale regulation des wasserhaushalts und der stickstoffexkretion bei amphibien, adaptation an unterschiedliche umweltbedingungen
PI -045 mechanismen oekologischer anpassung
UMWELTPLANUNG, UMWELTGESTALTUNG
UN -060 wirkung von umwelteinfluessen auf die fauna der karlsruher umgebung

1431
ZOOLOGISCHES INSTITUT DER UNI KOELN
5000 KOELN 41, WEYERTAL 119
TEL.: (0221) 4703100
- LEITER: PROF.DR. DIETRICH NEUMANN
- FORSCHUNGSSCHWERPUNKTE:
physiologische oekologie (insbesondere von insekten), biorhythmik, anpassungen an gezeitenzyklen, populationsdynamische modelle, wechseltemperatur-einfluesse, strukturelle und physiologische mechanismen der umweltanpassung; jahreszeitliche entwicklungssteuerung bei laufkaefern; limnologie von altrheinarmen
VORHABEN:
WASSERREINHALTUNG UND WASSERVERUNREINIGUNG
HC -050 analyse der physiologischen grundlagen interspezifischer tiervergesellschaftungen und strukturelle und physiologische mechanismen der umweltanpassung von tieren

1432
ZOOLOGISCHES INSTITUT DER UNI MUENCHEN
8000 MUENCHEN, SEIDLSTR. 25
TEL.: (0811) 5902394
- LEITER: PROF. HANS JOCHEN AUTRUM
- FORSCHUNGSSCHWERPUNKTE:
limnologie; oekophysiologie
VORHABEN:
WASSERREINHALTUNG UND WASSERVERUNREINIGUNG
HA -115 oekosystemanalyse von bagger-(bade-)seen
IF -040 primaerproduktion in binnenseen
STRAHLUNG, RADIOAKTIVITAET
NA -014 uv-toleranz wasserlebender gebirgsorganismen (crustaceen)

1433
ZOOLOGISCHES INSTITUT DER UNI WUERZBURG
8700 WUERZBURG, ROENTGENRING 10
TEL.: (0931) 311626
VORHABEN:
STRAHLUNG, RADIOAKTIVITAET
NC -116 erfassung der fauna im bereich eines kernkraftwerks
WIRKUNGEN UND BELASTUNGEN DURCH SCHADSTOFFE
PD -071 genetische und teratologische untersuchungen bei der genetischen und umweltbedingten missbildungsentstehung
PI -046 synoekologie der wald-biozoenose, speziell einfluss von waldameisen (gattung formica) und raubparasiten auf eichenschadinsekten

1434
ZOOLOGISCHES INSTITUT UND ZOOLOGISCHES MUSEUM DER UNI HAMBURG
2000 HAMBURG 13, MARTIN-LUTHER-KING-PLATZ 3
TEL.: (040) 4123-3880
- LEITER: PROF.DR. VILLWOCK
VORHABEN:
WIRKUNGEN UND BELASTUNGEN DURCH SCHADSTOFFE
PC -067 umweltbeeinflusste hartkoerpermerkmale - schalenmorphologie von ostracoden, polychaeten, copepoden, isopoden und cladoceren
HUMANSPHAERE
TF -042 einschleppung und einbuergerungsmoeglichkeiten von insekten in vom menschen besonders in der grosstadt geschaffene lebensraeume
UMWELTPLANUNG, UMWELTGESTALTUNG
UL -078 untersuchungen zur oekologie der niederelbregion

1435
ZWECKVERBAND -SONDERMUELLPLAETZE MITTELFRANKEN-
8510 FUERTH, KOENIGSTR. 86/88
TEL.: (0911) 774802
- LEITER: RUECKEL
VORHABEN:
ABFALL
MC -055 deponieverhalten von verfestigungsprodukten mineraloelhaltiger schlaemme

1436
ZWECKVERBAND BODENSEE-WASSERVERSORGUNG
7770 UEBERLINGEN -SUESSENMUEHLE
TEL.: (07551) 4086
- LEITER: DR.-ING. GERHARD NABER
- FORSCHUNGSSCHWERPUNKTE:
regelmaessige untersuchungen des ueberlinger sees und kontinuierliche rohwasserueberwachung; technologische und analytische weiterentwicklung des trinkwasseraufbereitungsprozesses (speziell ozon); entwicklung automatische biologische giftwarnanlage; untersuchungen zum einfluss organischer wasserinhaltsstoffe auf die korrosion von metallischen wasserleitungen
VORHABEN:
WASSERREINHALTUNG UND WASSERVERUNREINIGUNG
HD -023 biologische schnellteste zur ueberwachung des rohrwassers bei trinkwasserversorgungen
HE -049 analytische untersuchungen zur optimierung des ozonverfahrens bei der trinkwasseraufbereitung von oberflaechenwaessern

PERSONENREGISTER

(INSTITUTIONS- UND PROJEKTLEITER)

Personenregister

(Institutions- und Projektleiter)

Im Personenregister sind in alphabetischer Reihenfolge die Namen der Institutions- und Projektleiter aufgelistet. Eine Zahl hinter dem Namen unter der Spaltenüberschrift „Institution" (z. B. 0307) verweist auf die entsprechende Institution im Hauptteil II.
Die Vorhaben-Nummern hinter dem Namen unter der Spaltenüberschrift „Vorhaben" (z. B. AA-014) verweisen in den Hauptteil I. Bearbeitet ein Projektleiter mehrere Vorhaben, so werden alle dazugehörigen Codes aufgeführt.

Sind hinter einem Namen sowohl eine Institutionsnummer als auch eine oder mehrere Vorhaben-Nummern aufgeführt, so handelt es sich um einen Institutionsleiter, der zugleich Projektleiterfunktionen wahrnimmt.

NAME	INSTI-TUTION	VOR-HABEN
ABBES, GERHARD, DR.	1200	
ABEL, PROF.DR.-ING.		KB -034
		SA -032
ABEL, JOSEF, DR.		PE -023
ABELE, DR.		KD -003
ABENDT, DIPL.-ING.		HG -034
ABTHOFF, JOERG, DR.-ING.		DA -006
ACKER, LUDWIG, PROF.DR.	0678	QA -033
		QC -031
ACKERMANN, DIPL.-VOLKSW.	1332	
ADAMI, ING.GRAD.		AA -148
ADELT, DR.		IA -033
ADLER, FRIEDRICH, PROF.DR.-ING.	0436	
ADOMEIT, GERHARD, PROF.DR.-ING.	0447	
ADRIAN, WERNER, PROF.DR.		CA -080
AHRENS		PH -033
		QC -029
		QC -030
		RB -010
		RB -011
		RB -012
AHTING, DIPL.-ING.		MA -035
		MC -051
		MC -052
		MG -038
ALBERT, DR.		HB -081
ALBERTI, DR.		HD -021
ALBRECHT, E., DIPL.-ING.		ND -033
		ND -034
		ND -035
		ND -036
		ND -037
ALBRECHT, HARTMUT, PROF.DR.	0441	
ALBRECHT, JOACHIM, DR.	1164	TF -039
ALBRICH, HERMANN, PROF.DIPL.-ING.	0239	NA -002
ALDAG		RD -014
ALETSEE, LUDWIG, PROF.DR.	0027	HA -001
		HA -113
		PH -001
ALEXANDER, META, PROF.DR.	1167	PC -055
ALKAEMPER, PROF.DR.		OD -004
		PG -001
ALLEWELDT, GERHARDT, PROF.DR.	0132	
ALSEN, CARSTEN, DR.	1367	PB -048
ALT, CHRISTIAN, PROF.DR.-ING.	0694	DD -042
		DD -043
		KE -024
		KE -025
		KE -026
		KE -027
		KE -028
		KE -029
		KE -030
ALT, DIETER		RH -035
ALTENHOVEN, FELIX, DIPL.-KFM.	0377	
ALTENKIRCH, WOLFGANG, DR.		PG -056
		RH -077
ALTHAUS, PROF.DR.	1185	
ALTHAUS, PROF.DR.MED.		CB -022
		HD -003
		HD -004
		OC -010
ALTMANN, DR.		BA -008
ALTNER, DR.		TD -010
ALVERMANN, DR.-ING.	0466	
AMBERGER, ANTON, PROF.DR.	1089	ID -053
		IF -031
		OD -086
		PG -051
		PH -054
		RD -046
		RD -047
AMMER, ULRICH, DR.		RG -004
		UE -018
AMRI, ABDOLALI, DIPL.-FORSTW.		MF -017
AMSTUTZ, CHRISTIAN, PROF.DR.	1181	
AMSTUTZ, G.CHRISTIAN, PROF.DR.		UD -011
ANASTASIU, PROF.DR.	0013	MD -001
		MG -001
		RE -001
ANDERL, DR.		AA -036
ANDERS, FRITZ, PROF.DR.	0325	PD -005
ANDRESEN, DIPL.-ING.		UE -026
		UF -011
		UK -035
ANGERER, J., DR.		CA -107
		OB -028
		PA -043
		TA -073
ANNA		IA -017
ANNA, DIPL.-ING.		HA -083
ANNEN, DR.-ING.	0194	
ANT, HERBERT, PROF.DR.		UN -049
ANTON, PETER, DR.		DB -010
		DC -014
ANTONACOPOULOS, NIKOLAUS, DR.		PA -011
ANTWEILER, DR.		PC -057
APEL, DR.		HB -002
APEL, DIETER, DR.-ING.		UL -075
APPEL		TD -002
ARENDT, GERHARD		CA -011
ARENS, PROF.DR.		UL -017
ARMBRUSTER		HA -063
		HB -054
		IC -070
ARNDT, KLAUS-DIETER, DR.	0173	
ARNOLD, HELMUT, DIPL.-AGR.-BIOL.		RA -009
ARRAS, HARTMUTH		MG -036
ASKAR, AHMED, DR.		QA -010
ASSMANN, KARL, DIPL.-ING.		FD -045
		UI -012
ATTESLANDER, PETER, PROF.DR.	0833	
ATTMANNSPACHER, WALTER, DR.		CB -013
		IB -005
		IB -006
		OB -007
AUMUELLER, LUDWIG, DIPL.-PHYS.		ND -046
AURAND, KARL, PROF.DR.	0912	ND -038
		OA -028
		PE -030
AUST, DR.		HE -014
AUTRUM, HANS JOCHEN, PROF.	1432	
AX, PETER, PROF.DR.		PI -011
AXFORD, WILLIAM IAN, PROF.DR.	0417	
	1148	
BAADER, WOLFGANG, PROF.DR.-ING.	0659	MF -030
		MF -032
		MF -033
		MF -036
BACH, HEINZ, PROF.DR.-ING.		GC -007
		SA -042
		SA -043
		SB -025
BACKE, WOLFGANG, PROF.DR.-ING.	0616	FC -044
BACKHAUS, EGON, PROF.DR.	0247	HG -010
BADER, PROF.DR.	0464	
BADER, H., PROF.DR.	0021	
BADER, R.-E., PROF.DR.	0410	
BAECHMANN, KNUT, PROF.DR.		CB -014
		QC -010
BAER, PROF.DR.DR.		PB -042
BAERENS, MANFRED, PROF.DR.	1099	ME -066
BAETJER, KLAUS, DR.		CA -026
		IC -021
		NB -010
		NB -012
BAEUMER, PROF.DR.	0748	RD -027
BAGDA, ENGIN, DR.		TA -032
BAHR, ALBERT, PROF.DR.-ING.		KB -027
		KC -021
		ME -033
		ME -034
BAHRS, DIETER, DIPL.-ING.		KE -043
BAITSCH, PROF.DR.-ING.		IC -068
BAITSCH, B., PROF.DR.-ING.		HA -054
BALLSCHMITER, KARLHEINZ, PROF.DR.	0003	OC -001
		OD -001
		OD -002
BALOH, ANTON, PROF.DR.	0944	DC -041
		GB -026
BAMM, A.		ID -032
		RD -035
BANN, FRANK, DR.		PI -043
BANSE, HANS-JOACHIM, DR.	1239	
BARDTKE, PROF.DR.		KD -017
BARDTKE, DIETER, PROF.DR.		BE -012
		KE -034
		KE -037
		KE -038

B

NAME	INSTITUTION	VORHABEN
BARNER, JOERG, PROF.DR.	0306	RG -005
BARTELS, PROF.DR.		QB -038
		QB -040
		QB -041
		QB -043
BARTELS, GERHARD, DR.		RE -020
BARTELS, HEINZ, PROF.DR.	1230	TE -012
BARTELS, HELENE, DIPL.-METEOR.		CB -011
		CB -012
BARTELS, PETER		FB -024
		FC -018
BARTH, DR.		HD -005
BARTHEL, GUENTER, DIPL.-CHEM.		ME -024
BARTHELT, DR.ING.		AA -091
BARTSCH, GERHARD, PROF.DR.	0642	
BARTZ, DR.		DA -027
BASSLER, FRIEDRICH, PROF.DR.-ING.	0914	
BASSLER, ROLF, DR.		QA -018
BASTL, DR.		NC -091
		NC -092
		NC -093
BATEL, WILHELM, PROF.DR.-ING.	0665	BD -005
BAUER		HA -018
BAUER, HERMANN-JOSEF, DR.		UK -049
		UL -052
		UL -053
		UL -054
BAUER, RAINALD K., PROF.	0456	
BAULE, HEINRICH, PROF.DR.	0590	FC -042
		RC -025
BAUMANN, ALBRECHT, DR.		HG -019
BAUMANN, HANS, PROF.DR.-ING.		HA -072
		HG -041
		ID -047
		KD -014
		KD -015
		RF -020
BAUMANNS, LEO, DR.PHIL.	0001	KE -001
BAUMBACH, GUENTER, DIPL.-ING.		BB -023
BAUMEISTER, WALTER, PROF.DR.	0452	PA -008
BAUMGAERTNER, F., PROF.DR.	0604	
BAUMGARTNER, PROF.DR.	0708	
BAUMGARTNER, ALBERT, PROF.DR.		AA -081
		CB -032
		HG -027
		HG -028
BAUR, ALBERT, DIPL.-ING.	1382	
BAY, RUDOLF, HERRN	0030	
BAYER, DR.		NB -025
		NB -028
BAYER, PROF.DR.	0738	
BAYER, ERNST, PROF.DR.		KA -015
		KE -032
		OA -023
BECHER, HANS HEINRICH, DR.		RC -032
BECK, DR.		OD -089
		QA -066
		QA -067
		RF -021
BECK, PROF.DR.		FD -024
BECK, E., PROF.DR.	1424	
BECK, HARTMUT, DR.RER.POL.	0216	TD -005
BECK, LUDWIG, DR.		RG -031
BECKER, DR.	0159	CA -093
		HA -032
		RG -013
BECKER, PROF.DR.	0773	
BECKER, G., PROF.DR.	0024	
BECKER, G.W., PROF.DR.	0022	
BECKER, HANS, PROF.DR.	0766	
BECKER, K.H., PROF.DR.		CB -049
		CB -050
		CB -051
		CB -052
		CB -053
BECKER, KARL H., PROF.DR.		AA -039
BECKER-PLATEN, JENS DIETER, DR.		UK -070
BECKERT, DR.		TA -034
		TF -016
		TF -017
BECKMANN, HEINZ, DR.		PF -026
BECKURTS, KARL-HEINZ, PROF.DR.	0971	
BEER, HANS, PROF.DR.-ING.	0258	SA -019
BEESE, FRIEDRICH, DR.		PH -024
BEHLER, HEINRICH, DIPL.-HOLZW.		MF -016
BEHNISCH, GUENTER, PROF.DIPL.-ING.	0206	

NAME	INSTITUTION	VORHABEN
BEHNKE, MONIKA, DR.		RE -047
BEHREND, EBERHARD, DIPL.-ING.		BC -001
BEHRENS, PROF.DR.		UA -003
BEIER, PROF.DR.	1154	UB -028
BEIER, ERNST, DR.	0237	DD -008
BEIER, ERNST, DR.		DB -009
BEIL, MARTIN, DR.		PE -048
BEILKE, DR.		HA -039
BELITZ, PROF.DR.	0155	
BELITZ, HANS-JOACHIM	0582	
BELZNER, HANS, DIPL.-ING.		RC -018
BENDER, DIETER, DR.		UC -008
BENDER, FRIEDRICH, DR.	1193	
BENDER, FRIEDRICH, PROF.DR.	0123	
BENECKE, DR.		HB -041
BENEKER, GERD-HEINRICH, DIPL.-ING.		RF -012
BENKER, ALBERT	1003	
BENTHE, HANS, DR.		PB -046
BERG, GUENTER, DR.-ING.		CB -025
BERG, STEFFEN, PROF.DR.	0806	
BERGE, HELMUT, DR.DIPL.-ING.	0890	DB -020
		DB -021
		EA -008
		EA -009
		GA -012
BERGER, DIPL.-CHEM.		CA -010
BERGER, PROF.DR.		SA -045
BERGERHOF, WALTER, DIPL.-ING.	0979	
BERGERT, KARL-HEINZ, DIPL.-CHEM.		CA -023
BERGHOFF, DIPL.-ING.		IA -032
		MB -054
BERGMANN, DR.		RG -033
		RG -034
BERNDT, DIETER, DIPL.-ING.		HC -014
		HC -015
BERNDT, J., DR.	0494	PF -021
BERNHARDT, PROF.DR.-ING.		IC -063
BERNHARDT, HEINZ, PROF.DR.		HA -110
		HE -048
		IF -038
		IF -039
		KB -089
		KB -090
BERNHARDT, RUDOLF, PROF.DR.	1149	
BERTHOLD, PETER, DR.		UN -039
		UN -040
		UN -041
BESCH, DR.		IA -023
BESCH, HELMUT, DIPL.-ING.		GC -012
BESCH, WULF K., DR.		IC -071
BESCHNIDT, RICHARD, DIPL.-FORSTW.		AA -045
BESSLEIN, DIPL.-ING.		DA -017
BESTMANN, HANS-JUERGEN, PROF.DR.	0734	OC -019
BETTIN, HERBERT		UL -051
BEYER, WOLFGANG, DR.		VA -023
BEYERSMANN, DIETMAR, PROF.DR.		PA -002
BEZZEL, DR.	1306	UN -050
		UN -051
		UN -052
BIEHL, DIETER, DR.		UC -046
BIELEFELD, E.-A., DIPL.-ING.		DD -057
BIELIG, PROF.DR.-ING.	0246	QC -014
		QC -015
BILITEWSKI, BERND, DIPL.-ING.		MD -013
BILLER, RAINER H., DIPL.-ING.		TA -029
BILLIB, HERBERT, PROF.DR.-ING.		HB -057
		HB -060
		HG -042
		IB -022
		ID -048
BILLMEIER, DIPL.-ING.		KE -053
BIRK, FELIX, DR.		MC -021
BIRKENBERGER		HG -035
BIRKHOFER, PROF.DR.	0998	
BIRNBREIER, HERMANN, DIPL.-PHYS.		SA -009
BIRR, DR.		MG -015
		MG -016
BIRR, KARL-HEINZ, PROF.DR.		IC -022
BISCHOFF, PROF.DR.	1108	
BISCHOFSBERGER, WOLFGANG, PROF.DR.-ING.	1136	
BISMARCK, PHILIPP VON, DR.	0962	
BISPING, WOLFGANG, PROF.DR.	0720	MB -037
		MB -038
BITSCH		PA -015
BITSCH, ROLAND, DR.		RB -007
BLANKENBURG, VON, PROF.DR.		RB -026

NAME	INSTI-TUTION	VOR-HABEN
BLASIUS, EWALD, PROF.DR.	0449	IC -043
BLASZYK, PAUL, DR.		PB -045
		RH -079
BLATTMANN, W., DR.		RF -009
BLECK, J., PROF.DR.		NB -011
BLECKEN, DIPL.-ING.		TC -009
		TC -010
BLEINES, PROF.DR.		HG -058
BLENKE, HEINZ, PROF.DR.	0534	
BLIND, HANS, PROF.DR.-ING.	0915	GB -022
BLOCK, FRANZ RUDOLF, DR.		DC -029
BLOSS, HANS-PETER, PROF.DR.	0778	
BLOSS, WOLFGANG, DIPL.-ING.		ME -053
		ND -010
BLUM, DR.		OD -037
		PH -025
		PH -026
		RD -018
BLUME, ING.GRAD.		SB -030
BLUME, H., PROF.	0336	
BLUME, HANS-PETER, PROF.DR.		IF -020
		IF -021
		OD -057
		PF -042
		PF -043
		PI -028
		UL -038
		UL -039
BLUME, ING.GRAD.	1249	
BLYDT-HANSEN, TOROLF, DR.-ING.	0041	
BOCKHOLT, BERNHARD, DR.		AA -133
		BA -059
		CA -083
BODE, PROF.DR.	0461	OB -011
		OB -012
BODECHTEL, JOHANN, PROF.DR.	1419	AA -173
		HB -088
		IA -040
		RC -040
		RC -041
BODEN, HANS JOACHIM, PROF.DR.	0104	
BODENSTEDT, A., PROF.DR.	0440	UC -029
BOEHLICH, HORST, PROF.DR.-ING.	0664	
BOEHM, BERND		MB -012
BOEHM, HARALD, DR.		OA -004
BOEHM, REINER, DIPL.-ING.		FC -062
BOEHME, DR.		PB -044
BOEHNKE, PROF.DR.-ING.	0820	IC -064
BOEHRINGER, ALFRED, PROF.	0292	
BOEKER, PETER, PROF.DR.		RF -011
		UK -044
		UL -044
		UM -055
		UM -056
BOERNER, HORST, PROF.DR.	0784	FG -042
BOESE, PETER, DR.-ING.		UE -014
		UE -015
BOESENBERG, HEIKE, PROF.DR.		OC -009
		PB -008
		TF -012
BOESLER, FELIX, PROF.DR.	0856	UA -039
		UA -040
		VA -013
BOESLER, KLAUS-ACHIM, PROF.	0930	
BOESLER, KLAUS-ACHIM, PROF.DR.		UA -041
		UA -050
BOGEN, CHRISTIAN, DR.MED.		QB -053
BOGUSLAWSKI, EDUARD VON, PROF.DR.	0747	BC -028
		MD -021
		PI -030
		RD -025
		RH -042
BOHL, DR.		KD -002
BOHN, TH., PROF.		SA -050
BOHNET, MATTHIAS, PROF.DR.-ING.	0894	CA -053
BOHR		UF -018
BOHRING, DR.		PH -039
BOKERMANN, RALF, DR.	0224	ME -015
		UM -010
BOLDT, WILHELM, PROF.DR.	0948	
BOLLE, HANS-JUERGEN, PROF.DR.		AA -145
BOLT, HERMANN, DR.DR.		PD -058
BOLT, HERMANN M., DR.		OD -069
		TA -054
BOLT, WILHELM, PROF.DR.		OA -029

NAME	INSTI-TUTION	VOR-HABEN
BOMBOSCH, PROF.DR.	0576	IC -045
BOMMER, PROF.DR.		UM -058
BONKA, HANS, DR.		NB -053
BONNEMANN, ALFRED, PROF.DR.		RG -026
BOOSE, CHRISTOPH, DIPL.-PHYS.		BC -021
BORCHERDT, CHRISTOPH, PROF.DR.		FB -030
		UE -023
BORCHERT, HORST, DR.		AA -134
BORELLI, SIEGFRIED, PROF.DR.		TA -014
BORKOTT, HEINZ, DR.		KD -005
BORLKOW, LUDWIG, DR.DIPL.-ING.	1171	
BORMANN, WINFRIED, DIPL.-ING.		UE -034
		UH -035
BORN, DIPL.-ING.		DA -016
BORN, HANS-JOACHIM, PROF.DR.	0794	
BORNEFF, JOACHIM, PROF.DR.	0413	BA -015
		OC -011
BORNETT, PROF.DR.		IC -034
BORNKAMM, REINHARD, PROF.DR.	0731	RG -023
		UM -048
		UM -049
BOSCH, DR.		RH -074
BOSECKER, DR.		ME -006
BOSSE, KLAUS, DIPL.-ING.		MB -016
BOSSELMANN, WILHELM, DR.		BB -032
		GB -039
BOTHE, DR.		UB -024
		UB -025
BOTHE, KLAUS, DIPL.-ING.	1271	
BOTTLER, J., PROF.DR.	0931	
BOTZENHART, KONRAD, DR.		BB -010
		IC -029
BOUILLON, GISBERT, DIPL.-ING.	1029	
BOURS, JOHAN, DR.		PB -015
BRAATZ, DIPL.-BIOL.		KA -003
BRABAENDER, H.D., PROF.DR.	0571	
BRACKER, GERD PETER, DR.-ING.		ME -086
BRACKER, HANS HEINRICH, DR.	1028	
BRACKROCK, DIPL.-ING.		TB -023
BRAETTER, PETER, DR.		PC -007
BRAIG, ANTON, DR.		AA -011
BRAMIGK	0362	
BRAND, ROLF A., DIPL.-ING.		MA -024
		MB -057
BRAND, WILHELM, DIPL.-ING.	0090	
BRANDE, ARTHUR, DR.		UM -050
BRANDL, KARL, DIPL.-ING.		MG -018
BRANDMUELLER, PROF.DR.		CA -087
BRANDSTETTER, DR.		DA -072
BRANDSTETTER, KLAUS, DIPL.-ING.	0288	
BRANDT, DIPL.-ING.		FA -043
BRANDT, ULRICH, DR.		UC -049
BRANDTS		HA -112
		IC -119
		KB -091
BRANKE, DIPL-ING.		VA -008
BRAUER, HEINZ, PROF.DR.-ING.	0526	DD -026
		KB -032
BRAUM, ERICH, DR.		PC -020
		PC -022
BRAUN	0387	
BRAUN, BRUNO, DR.-ING.		GA -013
		GA -014
		MB -051
BRAUN, WALTER, PROF.DR.		PC -062
BRAUN, WERNER, DR.DIPL.-ING.		GC -013
		GC -014
BRAUN-FALCO, OTTO, PROF.	0151	
BRAUNS, ADOLF, PROF.DR.	1315	RD -056
		UL -073
		UL -074
		UN -055
BRAUNS, JOSEF, DR.-ING.		HG -018
BRAUNSCHWEIG, VON		TF -034
BRAUSS, PROF.DR.	0412	HD -006
		TF -013
BREBURDA, PROF.DR.	1423	UA -067
		UL -077
BRECH, DIPL.-ING.		TB -021
BRECHT, PROF.DR.		KC -039
BRECHTEL, HORST M., DR.		RG -009
		RG -010
BRECKLE, SIEGMAR, DR.		PF -052
BREDE, DR.		TB -022
BREHM, JOERG, DR.		HA -095
BREHMER, NICOLAUS		UB -015

B

NAME	INSTITUTION	VORHABEN
BRENKEN, GUENTHER, DR.-ING.	0310	
BRESCH, CARSTEN, PROF.DR.	1418	PD -067
		PD -070
BRESINSKY, ANDREAS, PROF.DR.		AA -062
		UM -033
BRETSCHNEIDER, HANS, PROF.DR.-ING.		HE -030
		HG -039
		HG -040
		RC -029
BRETSCHNEIDER, HERRMANN		RE -027
BRETTHAUER, RAINER, DR.		QD -002
BREUER, LOTHAR J., DR.		AA -135
		AA -137
BREUER, WERNER, DIPL.-ING.		KE -062
BREYER, DR.		PG -016
BRIECHLE, DIETER, DR.-ING.		ID -017
BRIEGLEB, DR.		TE -008
BRINCKMANN, ENNO, DR.		PG -052
BRINGMANN, PROF.DR.		KC -053
		KC -054
		OD -072
BRINKE, ROBERT		DB -037
BRINKMANN, DR.		FA -074
BRINKMANN, OTTO, DR.MED.		TA -058
BROCKHAUS, DR.		PE -037
BROCKMANN		TB -033
BROCKS, KARL-HEINZ, PROF.DR.	0212	
BROESSE, PROF.DR.	1032	
BROJA, GERMAN, DR.	0594	
BROKMEIER, DR.-ING.	0114	
BROWA, H.		UE -042
BRUCH, DR.		CB -079
BRUCHMANN, PROF.DR.	0446	ME -030
BRUCKHOFF		DD -047
BRUCKMANN, DR.		MA -021
BRUEGEL, DIPL.-ING.		SB -012
BRUEMMER, GERHARD, PROF.DR.		PF -047
BRUENE, HEINRICH, DR.	0392	
BRUENIG, E.F., PROF.DR.		RG -028
BRUENIG, EBERHARD F., PROF.DR.		RG -027
BRUGGEY, JUERGEN, DR.		MC -014
BRUHN, CHRISTOPH, DIPL.-PHYS.		BA -009
BRUNE		RB -028
BRUNE, DR.	1369	PD -066
BRUNE, H., PROF.DR.	0873	
BUCH, MAX-W. VON, DR.		PH -047
BUCHER, ERNST, PROF.		SA -018
BUCHHAUPT, DR.		PB -014
		PG -024
BUCHHEIM, DIPL.-ING.		DA -074
BUCHHOLZ, ERNST-WOLFGANG, PROF.DR.		TC -013
		UK -046
BUCHHOLZ, ERNST-WOLFGANG., PROF.DR.	0828	
BUCHTA, DR.		FA -070
BUCHTA, EDMUND, DR.-ING.		FA -017
		FD -020
BUCHTER, AXEL, DR.		TA -056
BUCHWALD, KONRAD, PROF.DR.		UK -068
		UL -022
BUCK, DR.		AA -106
		AA -107
		AA -108
		AA -109
		AA -110
		BA -051
		BE -020
		CA -068
		CA -069
		CA -070
		CB -068
		CB -069
		CB -070
BUDDE, BERND, DIPL.-ING.		MD -015
BUDZIKIEWICZ, HERBERT, PROF.DR.	0736	OC -020
BUECHEN, MATTHIAS, DR.		CA -031
		CB -021
BUECHNER, PROF.DR.		BA -053
		FB -069
BUEHLER, DR.		PD -050
BUEHNE, DIPL.-ING.		CA -104
		DB -039
BUEHNE, K.W., DIPL.-ING.		CA -099
		CA -100
		CA -102
		CA -103
BUENEMANN, GERHARD, PROF.DR.		RE -044

NAME	INSTITUTION	VORHABEN
BUENGER, CARL-HEINZ, DIPL.-GAERTN.	1027	MD -031
BUERCK, PROF.		FB -083
BUHL, KLAUS, PROF.DR.	0593	
BUHNE, RAINER		UC -031
BUHS, R., DIPL.-PHYS.		SA -006
BULLRICH, KURT, PROF.	0710	
BULLRICH, KURT, PROF.DR.		AA -083
BUNGENSTAB		UK -001
BURCHARD, CARL-HEINZ, DR.-ING.		KE -063
BURCKHARDT, GUENTER, DIPL.-ING.		UF -029
BURGER, HELMUT, DR.-ING.	0215	
BURKHARDT, DR.		UA -022
BURSCHEL, PROF.DR.	0909	RG -025
BUSCHBOM, DR.		UM -004
BUSCHMANN		MA -005
BUSS, HERBERT, PROF.DR.	0391	
BUSSE, M., DR.	0072	HA -003
		IC -002
		IC -003
		KD -001
BUTSCHKAU		MB -015
BUTTLAR, HARO VON, PROF.DR.	0558	
BUYSCH, HANS-PETER, DR.-ING.		HA -085
		KB -069
CAEMMERER, W., DIPL.-ING.	0004	
CAMMANN, KARL, DR.		OB -022
CAMMENGA, HEIKO, DR.		BD -009
		HE -036
		IC -100
		KC -062
CANZLER, HELMUT, PROF.DR.	0150	TE -004
CAPELLE		RE -029
CARLSON, PROF.DR.MED.		IC -076
CARNAP, GUENTER, DR.	0201	
CASPAR, DIPL.-ING.		AA -022
		AA -023
		CB -010
		GA -002
CASPERS, PROF.		HC -007
CASPERS, HUBERT, PROF.DR.		HC -027
		IC -050
		IE -023
		IE -024
		IE -026
		IE -027
		IE -029
		PA -019
		PA -020
		SA -038
CERVENKA, LADISLAV, DR.		KF -008
CHMIEL, HORST, DR.-ING.	0595	
CLAUS, PROF.DR.	0286	
CLEMENS, ING.GRAD.		FD -015
CLEMENT, PROF.DR.-ING.	0478	
COENEN, REINHARD, DIPL.-VOLKSW.		NC -037
COLLINS, HANS-JUERGEN, PROF.DR.-ING.		HE -038
		MB -056
		MC -042
		MC -044
		MC -045
		MC -046
CONRAD, RAINER, DIPL.-ING.		AA -055
COOPER, BRIAN, PROF.DR.		TB -037
CORDES, HERMANN, PROF.DR.	0210	UL -002
		UM -008
CRANACH, MICHAEL VON, DR.		TE -017
CROESSMANN, GERD, DR.	1022	OA -032
		PF -058
		QA -060
		QA -061
CRUEGER, GERD	0581	
CZERATZKI, W., DR.		RD -030
		RD -031
		RD -034
		RE -033
CZIESIELSKI, ERICH, PROF.DR.		MF -004
CZIHAK, GERHARD, PROF.DR.	0209	
D'ALLEUX, HANS-JUERGEN, PROF.DR.-ING.	0256	AA -041
DACHROTH, DR.		HB -018
		MC -012
DAEMMIG, DR.		FA -073

NAME	INSTITUTION	VORHABEN
DAEUMEL, PROF.DR.		QC -016
		QC -017
		RD -008
		UK -009
DAHL, DR.		HA -101
DAHL, W., PROF.DR.	0540	
DAHLEN, DIPL.-PHYS.		FB -036
DAHME, ERWIN, PROF.DR.	1037	
DAHMEN, FRIEDRICH WILHELM, DR.	1018	
DAKKOURI, MARWAN, DR.		IE -002
DALDROP-WEIDMANN		UK -036
DALPKE, HANNS LUTZ, DR.-ING.		KC -037
		KC -040
		ME -045
DAMBROTH, DR.		RD -029
DAMRATH, RUDOLF, PROF.DR.		HB -036
DANCER, ARMAND, DR.		FA -005
		FB -022
DANNECKER, DR.		NB -022
DANNECKER, WALTER, DR.		BC -022
		CA -038
DAUSCH, KLAUS H., PROF.DR.		OC -013
		QC -027
DAUZ, W., DR.		UK -011
DAVID, JUERGEN, DR.		UL -063
DAVID, OTTO, PROF.DIPL.-ING.	0847	FA -028
		FB -051
		FB -052
DE HAAS, PAUL-GERHARD, PROF.DR.	1124	
DEBRUCK		RE -026
		RH -040
DECKEN, V.O., DR.		GC -004
DEFANT, FRIEDRICH, PROF.DR.		AA -080
DEGENHARDT, KARL-HEINZ, PROF.DR.	0610	
DEGENS, EGON, PROF.DR.		HC -020
		IA -007
		IE -018
		PH -007
DEHLINGER, HANS, DIPL.-ING.		UF -010
DEHNEN, DR.		PE -038
		PE -040
DEIMEL, MARIA, DR.	1364	AA -161
		AA -162
		AA -163
		AA -164
		AA -165
		BA -070
		CB -086
		TA -070
DEKITSCH, DIPL.-ING.		DA -011
DEMMER, PETER, DR.		MA -031
DERLIEN, HANS-ULRICH, DR.		UB -014
DETHLEFSEN, VOLKERT, DR.DIPL.-BIOL.		IE -030
		PC -025
		QD -016
DETTMAR, HANS P.	0967	
DEUBER, HERMANN, DR.		NB -045
DEUFEL, J., DR.		PC -035
DEWEY, WILHELM-J., DIPL.-GEOGR.		MA -038
DIALER, KURT, PROF.DR.	1082	
DIBELIUS, PROF.DR.-ING.	0535	DB -017
		FA -015
DICKEL, HERBERT		QB -057
DICKEL, HERBERT, DR.	1321	
DICKLER, ERICH, DR.		PB -024
		RH -030
		RH -031
DIEHL, HORST, PROF.DR.	0229	TA -017
DIEHL, JOHANNES FRIEDRICH, PROF.DR.	1417	
DIEKMANN, H., PROF.DR.	1084	KE -052
DIEM, PROF.DR.	1177	AA -142
		GA -018
DIERING, DIPL.-ING.		MB -046
DIERSTEIN		VA -020
DIESTEL, PROF.DR.	1197	FA -072
DIETRICHS, H.H., PROF.DR.		MF -023
DIETRICHS, HANS-HERMANN, PROF.DR.	0607	ME -038
DIETZ, DIPL.-ING.		UG -009
DILLING, HORST, DR.		TE -016
DILLMANN, HANS-GEORG, DIPL.-ING.		NC -087
DING, ADALBERT, DR.		CB -020
DINGER, DIPL.-ING.		GB -050
DINGER, HANS, DR.-ING.	1187	
DINKELACKER, ALBRECHT, DR.		FC -085
DIRKS, E., ING.GRAD.		MB -010

NAME	INSTITUTION	VORHABEN
DIRNAGL, KARL, DIPL.-PHYS.		CA -045
		CA -046
		FA -020
		PE -021
		TE -009
DITTRICH, DR.		FB -067
		IC -047
		KC -026
DITTRICH, V., DR.		ID -019
DITTRICH, WOLFGANG, PROF.DR.	0849	
DOBSCHUETZ, LEONHARD VON, DIPL.-MATH.		HE -001
DOEDENS, DR.-ING.		MA -019
DOEDENS, HEIKO, DR.-ING.		ME -049
DOEPP, DIETRICH, PROF.DR.	0251	OC -006
DOERFEL, HANS-JOACHIM, DIPL.-BIOL.		UM -013
DOERJES, JUERGEN, DR.		IE -037
		IE -038
		IE -040
DOERKEN, H., PROF.DR.	1415	
DOERR, HANS W., DR.		TF -040
DOETZL, DR.		CA -039
DOHET, PAUL		DD -017
DOHMEN, KARL J.	0432	ID -020
DOLGNER, DR.		PE -036
DOLLING, DR.		FD -002
DOMES, JUERGEN, PROF.DR.	0786	
DOMSCH, KLAUS H., PROF.DR.	0508	MA -016
		MF -011
		MF -012
		MF -013
		OD -024
		OD -027
		OD -028
		OD -029
		OD -030
		PF -023
		PG -018
		PG -019
		PH -017
		PI -013
		QA -020
DORSCH, XAVER	0182	
DRASCHE, HEINZ, PROF.DR.	0470	TA -022
DRAWERT, FRIEDRICH, PROF.DR.	1052	BE -023
DREESKAMP, HERBERT, PROF.DR.	1035	
DREGER, PROF.DR.-ING.		VA -015
DREGGER, KRAFT, PROF.DR.DR.		MF -044
DREHER, ROBERT UDO, DIPL.-KFM.	0162	
DREIZLER, HELMUT, PROF.DR.	0775	
DREPPER, KRAFT, PROF.DR.DR.	0878	
DRESCHER, KARL-ERNST, DR.-ING.		PE -033
DREXEL, PROF.DR.-ING.	0695	
DUEMMLER, F., DR.-ING.	1260	
DUEPRE, GUENTER, DIPL.-ING.		TA -065
DUERBAUM, HANS-JUERGEN, PROF.DR.		HB -006
DUERBECK, H., DR.		OD -081
DUEVEL, DIETRICH, PROF.DR.		PD -011
		PD -012
DUEWELL, DIPL.-ING.		AA -158
DUNST, MARTIN, DR.		AA -140
DURE, DR.		IC -081
DURST, DR.		CA -089
		CB -083
		HG -023
EBELING	1399	
EBERHARDT, H., DIPL.-ING.		MD -037
EBERIUS, DR.		BB -019
EBERLE, DR.		HE -018
		KB -048
		NB -029
EBERLE, DIETER, DR.		UE -038
		UE -039
		UK -067
EBERLE, HERBERT, DR.		DC -042
EBERLE, S.H., DR.		IA -020
		KB -049
		KB -050
		KF -010
EBING, WINFRIED, DR.		PH -008
EBING, WINFRIED, DR.-ING.	0758	OD -064
		QA -041
ECKENSBERGER, LUTZ H., PROF.DR.	0271	TD -009

E

NAME	INSTITUTION	VORHABEN
ECKER, WALTER, DR.-ING.		FC -066
		FC -071
		FC -072
ECKERT, DIPL.-ING.		FC -063
ECKHARDT, DR.		PK -009
ECKHARDT, FRIEDRICH, DR.		PK -022
ECKL, JOSEF, DIPL.-ING.		UL -049
ECKOLDT, M., DR.-ING.		VA -003
ECKSTEIN, DIETER, DR.		PH -058
EDER, DIPL.-PHYS.		FC -060
EDER, GERHARD, DR.		IE -034
		IE -036
EDER, HEINRICH		FC -061
EDERHOF, DIPL.-ING.		GA -007
EDWIN, PROF.DR.	0541	
EFFELSBERG, HEINZ		OA -015
EFFENBERGER, ERNST, PROF.DR.		FC -076
		ID -002
EGBERTS, DR.		UI -009
EGELS, DR.		PC -050
EGGELSMANN, RUDOLF		RD -051
EGGER, KURT, PROF.DR.	0059	MD -002
		PG -005
		RA -002
		RB -001
		RD -002
EGGERLING, VON	0165	
EHHALT, D.H., PROF.		CB -064
EHLERS, DR.		RC -027
EHLING, UDO, DR.		PD -019
		PD -020
		PD -021
EHMKE, WOLFGANG, DIPL.-BIOL.		AA -087
		AA -088
		UM -052
EHRHARDT, MANFRED, DR.		IE -045
		QD -017
EICHELSDOERFER, DR.DIPL.-CHEM.		HE -032
EICHHORN, H., PROF.DR.	0663	
EICHLER, LUTZ, DIPL.-VOLKSW.		MB -006
EICHLER, WOLF, DIPL.-CHEM.		ME -070
EICHNER, DR.		RB -009
EICHNER, KARL, DR.		QA -035
EICK, KLAUS, PROF.DIPL.-ING.	1247	EA -020
EICKMEIER, GERHARD, DR.	1328	
EIDEN, REINER, PROF.DR.		CA -047
EINBRODT, HANS JOACHIM, PROF.DR.	0018	PE -001
		PE -002
		PE -003
EINECKE, ERNST-JOACHIM, HERRN	0395	
EINSELE, GERHARD, PROF.DR.		HB -022
		HB -025
		HB -026
		HB -027
		HG -015
		ID -015
EIS, FRANZ-HEINZ, DR.	1002	
EISENBURGER, DIPL.-ING.	1000	
EISENHAUER, GEORG, PROF.DR.	0474	
EISENHUT, DR.		DC -003
		DC -004
EISENMANN, PROF.DR.-ING.	1053	
EISENTRAUT, MARTIN, PROF.DR.	1425	
EL GAMMAL, TAREK, PROF.DR.-ING.		DC -030
		DC -031
EL-BASSAM, N., DR.		PF -044
		PG -030
EL-LAKWAH, FARIS, DR.		RB -030
ELLENBERG, HEINZ, PROF.DR.		UM -034
ELLENBERG, HEINZ, PROF.DR.DR.H.C.	1061	PI -038
		UL -057
		UM -068
		UM -069
ELLWARDT, P.CH.		OC -012
		PG -015
ELLWARDT, PETER-CHRISTIAN, DIPL.-CHEM.		PG -012
ELMDUST, DR.		HG -029
ELSAESSER		ME -018
ELSTER, HANS JOACHIM, PROF.DR.	1141	IF -032
		IF -033
		HA -094
		IF -034
ELZE, J., DR.-ING.	0020	
EMMERMANN, KARL-HEINZ, DR.-ING.		RC -014
ENDLICHER, WILFRIED		AA -117

NAME	INSTITUTION	VORHABEN
ENDRESS, DIPL.-ING.		SA -014
		SA -015
		SB -008
ENGE, DR.		PI -031
ENGEL, MARTIN, DIPL.-ING.DIPL.-WIRTSCH.-ING.		NC -111
		NC -112
ENGELHARDT, DR.		CA -029
		OB -009
ENGELL, PROF.DR.	1153	
ENGLERT, DR.		PE -031
ENGLERT, HANS-KARL, PROF.DR.	1360	
ENGLISCH, WOLFGANG, DIPL.-PHYS.		CA -013
ENIGK, PROF.DR.	0743	KE -033
		RE -025
		RH -039
ERKE, PROF.DR.	0791	
ERNST, DR.		KB -045
		OD -046
		PB -022
ERNST, GUENTER, PROF.DR.	1129	
ERNST, GUENTER, PROF.DR.-ING.		GA -015
		GA -016
		GA -017
ERNST, WERNER, PROF.DR.	1416	UF -025
ERNST, WOLFGANG, DR.		OD -047
ERTL, GERHARD, PROF.DR.		DC -039
ERZ, WOLFGANG, DR.	0724	UK -039
		UK -040
		UN -021
ESCHE, PAUL V.D., PROF.DR.	0409	
ESCHENAUER, DR.		FA -083
ESDORN, PROF.DR.		FD -030
ESDORN, HORST, PROF.DR.	0389	BB -009
ESSER, JOERG, DIPL.-PHYS.		BA -006
		CB -005
		CB -006
		FB -009
ESSERS, ULF, PROF.DR.-ING.	0300	
	0650	DA -020
ESSLER, HERMANN, DIPL.-ING.		HA -065
ETZOLD, HELMUT, DR.		VA -001
EULEFELD, GUENTER		TD -015
		TD -016
EWALD, MANFRED, PROF.DR.		KB -023
EXLER, DR.		ID -007
EYER, PROF.DR.DR.	0626	
FAAS, KARLHEINZ, DR.	0509	
FABER, PROF.DR.DR.		PB -037
FABER, PROF.DR.DR.	0943	
FABIAN, PETER, DR.		AA -128
		CB -072
		CB -073
FABRICIUS, FRANK, DR.		HA -090
		HA -091
		IA -034
FAHRBACH, DR.		HA -002
		HG -001
		MB -001
		NC -004
		PG -004
		TF -006
		UE -004
		UL -001
FAHRENBERG, JOCHEN, PROF.DR.	1253	
FAHRIG, RUDOLF, DR.		PD -069
FAKINER, HANS		HE -002
FALKENBACH, DR.-ING.		FA -05
FALLSCHEER, PAUL, DIPL.-ING.	1213	
FARKASDI		MB -032
FASSBENDER, HANS-WERNER, PROF.DR.		ID -023
		PF -028
		PH -021
		PH -022
FASSL, DIPL.-ING.		DA -069
FASSNACHT, DIETER, DIPL.-ING.		MA -012
FASTABEND, HANS, DR.		PF -071
FAUSTEN, WILHELM, ING.GRAD.		UI -022
FAUTH, DR.		KC -006
FEDERLE, HARTMUTH, DIPL.-ING.		MB -018
FEDERN, KLAUS, PROF.DR.-ING.	0647	
FEIGE, GUIDO BENNO, DR.		AA -019
FEIGE, WOLFGANG, DR.		MC -049
		ME -069
		PH -056

NAME	INSTITUTION	VORHABEN
FEILING, KARL-HEINZ, DR.		OA -009
FEINENDEGEN, L.E., PROF.		NB -040
FELDHEIM		RB -008
FELDT, WERNER, PROF.DIPL.-PHYS.	0958	GB -027
		IC -090
		NB -039
FELLENBERG, GUENTER, PROF.DR.		RE -004
FERBER, MICHAEL, DIPL.-ING.	0092	
FESSLER, DIPL.-PHYS.		NB -002
		NB -005
FESTETICS, PROF.DR.	0929	
FETT, W., DR.		CA -057
FETTING, F., PROF.DR.	0530	BA -018
		DB -016
FEYEN, DIPL.-ING.		IB -018
FEZER, FRITZ, PROF.DR.		AA -049
		AA -050
		AA -051
		UL -010
FICHTNER, KURT, DIPL.-ING.	0278	
FIEBIGER		UM -030
FIGGE, KLAUS, DR.		IE -013
FINCK, A., PROF.DR.		IF -022
		IF -024
		PH -042
FINGERHUT, MANFRED, DR.	1172	
FINK, FERDINAND, DR.		HF -001
FINKE, L., PROF.		UF -012
FINSTERWALDER, GERHARD, DIPL.-ING.		DA -037
FISCHBECK, GERHARD, PROF.DR.	1088	RE -042
FISCHER, DIPL.-ING.		AA -037
FISCHER, DR.		HA -056
FISCHER, ERICH, DR.		QA -073
		QA -074
FISCHER, KARL, DR.		PF -005
FISCHER, KLAUS, PROF.DR.	1093	AA -121
FISCHER, MANFRED, DR.		UA -043
FISCHER, U.		KC -023
FISCHER, W.R., DR.		PH -031
FISCHER, WALTER, DR.		PF -060
		UH -022
FITZER, PROF.DR.	0529	
FITZNER, BERND, DR.-ING.		PK -019
FLAEMIG, C., PROF.DR.	0245	
FLAEMIG, CHRISTIAN, PROF.DR.		UB -007
FLAIG, WOLFGANG, PROF.DR.	0495	ME -036
FLECHTHEIM, OSSIP K., PROF.DR.	0946	
FLEIG		GB -017
		GB -018
		GB -019
FLEIGE, HEINRICH, DR.		ID -059
		KB -082
FLIEGER, HERMANN, DR.	0918	
FLOHN, HERMANN, PROF.DR.	1174	AA -136
		AA -138
		HG -052
		HG -053
FLOTHMANN, DITMAR, DR.		AA -105
FLUEGGE, GERD, DIPL.-ING.		IE -017
FODOR, GEZA, DR.MED.		BE -024
		PA -039
		TA -063
FOELLER, DIETER, DR.-ING.		FA -008
		FC -021
FOERSTER, PROF.DR.-ING.		PE -008
FOERSTER, EKKEHARD, DR.		UM -063
FOERSTER, HORST, DR.HABIL.		UL -009
FOERSTNER, RUDOLF, PROF.DR.-ING.	0454	
FOERSTNER, ULRICH, PROF.DR.		IC -103
		IC -105
FOGY, DR.	0562	
FORCK, DR.		DB -040
		DB -041
		DC -072
FORSCHNER, ERNST, DR.	1319	QB -056
FORSTHOFF, ALFONS, DIPL.-ING.		TA -026
FORTAK, PROF.DR.	0768	AA -042
		CB -016
		GA -008
FORTH, WOLFGANG, PROF.DR.	0761	PA -026
FRAENZLE, OTTO, PROF.DR.	0333	
FRAHNE, DIETRICH, DR.		KC -012
FRANCK, PROF.DR.	1163	
FRANCK, HEINZ-GERHARD, DR.	0147	
FRANCKE, WITTKER, DR.		RH -037
		RH -038

NAME	INSTITUTION	VORHABEN
FRANK, H., PROF.DR.	0128	
FRANK, HANNS K., PROF.DR.	0498	
FRANK, HANS K., PROF.DR.		MF -009
		QA -019
FRANK, HUBERT		AA -146
		AA -147
FRANKE		UE -032
FRANKE, PROF.DR.-ING.	1135	
FRANKE, JOACHIM, PROF.DR.	1094	TB -026
		TB -027
		UK -066
FRANKE, PAUL-GERHARD, PROF.DR.-ING.	1296	
FRANZ, JOST, PROF.DR.	0504	
FRANZEN, GERWIN, DR.-ING.	0424	
FRANZIUS, VOLKER, DIPL.-ING.		MC -037
FRANZKE, DIPL.-ING.		BA -058
FREEKSEN, PROF.DR.DR.	0295	
FREERKSEN, PROF.DR.DR.		NC -022
		OC -008
		PC -006
		PE -007
		PI -006
		TF -010
		TF -011
FREI, OTTO, PROF.DR.-ING.	0681	HG -025
FREITAG, DR.		CA -021
FRENKING, HUBERT, DR.-ING.		FA -013
		FA -014
		FC -036
		FC -037
		FC -038
		FC -039
		FD -014
FRENTZEL-BEYME, RAINER, DR.MED.		PE -013
		PE -014
FRENZEL, PROF.DR.	0519	HB -042
		RG -014
FRENZEL, GOTTFRIED, DR.		PK -033
FRESENIUS, WILHELM, PROF.DR.	0435	MC -020
FREUDENFELD, PROF.	0434	
FREUND, DR.		KA -004
		RA -006
FREUNDT, DR.		OC -024
FREY, PROF.DR.	0741	
FREY, BRUNO S., PROF.DR.	0241	UC -009
FREYTAG, BLASIUS, DR.	0907	
FRICKE, DR.		BD -011
		QC -045
		QC -046
FRICKE, PROF.DR.		UC -001
		UE -005
		UH -006
FRICKE, GUENTER, DR.		KC -060
FRICKE, KARL, PROF.DR.		HB -032
FRICKE, WERNER, PROF.DR.	0332	UE -022
FRICKER, ALFONS, PROF.DR.	0675	
FRIEDRICH, DR.		CA -082
FRIEDRICH, DR.-ING.	0302	RF -001
FRIEDRICH, G., DR.		HA -084
FRIEDRICH, GUENTHER, PROF.DR.	0009	OB -001
		OD -003
FRIEDRICH, R., PROF.DR.	0866	
FRIES, DIRK, DIPL.-ING.		KC -045
		KC -046
		KC -048
FRIETZSCHE		FB -031
FRIMBERGER, RUDOLF, DR.-ING.		CB -071
FRITSCHE, WOLFGANG, DR.	0356	
FRITZ		UE -031
FRITZ, DIETRICH, PROF.DR.	1058	QC -042
FRITZ, HERBERT, DR.-ING.		BB -002
		FC -007
FRITZ, WALTER, DIPL.-ING.		DD -014
FRITZ-VIETTA, RAINER, DIPL.-ING.		UF -022
FRITZE, PROF.DR.	1166	
FROEHLER, PROF.DR.	0799	UA -037
FROEHLKE, MANFRED, DIPL.-ING.		DC -049
FROHN, PROF.DR.		CB -024
FROST, DR.		TF -029
FRUCKE, DR.		PG -058
FRUEHWALD, ARNO, DR.		BC -025
		MF -024
FRUENGEL, FRANK, DR.-ING.	0419	IA -010
FRUHMANN, GUENTER, PROF.DR.	0949	TA -057
FUCHS, ERICH	1342	
FUCHS, GUENTER, PROF.DR.	0699	

F

NAME	INSTITUTION	VORHABEN
FUCHS, K., PROF.DR.	0355	FA -011
		RC -015
		RC -016
FUCHS, MANFRED		RG -035
FUECHTBAUER, HANS, PROF.DR.		IC -046
FUEHR, F., DR.		OD -080
FUEHRBOETER, ALFRED, PROF.DR.-ING.	1068	
	1137	HC -048
FUEHRER		RH -019
FUERCHTBAUER, HANS, PROF.DR.	0586	
FUHRMANN, ERNST, DR.-ING.	1238	
FUNK, DIPL.-CHEM.		KA -010
FUNKE, WERNER, PROF.DR.		DD -011
		DD -012
		PI -001
GABLESKE, DIPL.-PHYS.		FD -046
GAEDEKE, R., PROF.DR.		FA -047
GAERTEL, WILHELM, PROF.DR.	0805	
GAERTNER, PROF.DR.	0019	TF -001
GAERTNER, ALWIN, DR.		HC -033
GAERTNER, RUDOLF, PROF.DR.-ING.		SA -037
GAESE, HARTMUT, DR.		RA -008
GAL, ANDREAS, DR.		RH -006
GALLING, GOTTFRIED, PROF.	0444	
GANSEN, R.		PF -030
GANSER, KARL, PROF.DR.	0131	
GANSS, DR.		RC -004
GANZ		HG -037
GANZER, UWE, PROF.DR.-ING.	0683	
GARBRECHT, GUENTHER, PROF.DR.-ING.		RD -048
GASSEN, DIPL.-ING.		HA -053
GASSNER, PROF.DR.-ING.		UH -031
GAST, THEODOR, PROF.DR.-ING.HABIL.	0706	DD -044
		IA -016
		OA -022
GATZ, DIPL.-ING.		HE -019
GAUL, DIPL.-ING.		UK -041
GAUSMANN, DR.		OB -005
GAUSS, FRITZ, PROF.DR.	1120	
GEBHARD, HELMUT, PROF.DR.	1054	UF -023
GEBHARDT, ERICH, PROF.DR.-ING.	1158	
GEBHARDT, GUENTER		IB -002
GEBHART, DR.		PD -037
		PD -038
		PD -039
		PD -040
GEDEK, BRIGITTE, PROF.DR.		OB -016
GEGENMANTEL, DIPL.-ING.		KB -056
GEHLING, VON, PROF.	0745	
GEHRIG, DR.		GB -042
GEHRMANN, FRIEDHELM, DR.		TB -005
GEIGER, DIPL.-ING.		IB -007
GEIGER, BERND, DIPL.-ING.		AA -123
GEILING, MARTIN, DR.		UA -028
		UA -036
GEIPEL, WERNER, DIPL.-ING.		CA -051
GEISLER, PROF.DR.		MF -040
		RA -020
		RD -028
GEISLER, GERHARD, PROF.DR.	0749	
GEISSLER, PROF.DR.	0579	IA -022
GEMMER, HELMUT, DR.		PB -047
GEMPERLEIN, DR.	0566	
GENKINGER, RICHARD, DIPL.-AGR.-BIOL.		SA -036
GEORGII, A., PROF.DR.	1214	
GEORGII, H.-W., PROF.DR.	0711	CB -038
		CB -040
GERBER, FRANZ-RUDOLF		QA -071
GERHARTZ, HEINRICH, PROF.DR.		PD -061
GERLACH, PROF.DR.	0702	
GERLACH, DIETER, DR.		PC -019
GERMANN		RG -016
GERMERSHAUSEN, RAIMUND, DR.-ING.	1263	HA -102
GEROLD, F., DIPL.-ING.		BC -044
GEROPP, DIETER, PROF.DR.-ING.		FB -070
GERTIS, KARL, DR.-ING.		SB -018
		SB -021
GERTIS, KARL, DR.HABIL.		AA -043
GERVE, A., DR.	0996	
GERWIG, WILFRIED, DIPL.-ING.		FC -022
GESSNER, DIPL.-CHEM.		PF -031
GEWECKE, DIPL.-ING.		TC -011
		UF -020
GIAVOTCHANOFF, DR.		OC -031
GIEBLER, PROF.DR.		HD -014
		HE -029
GIELEN, HANS-GUENTHER, DR.		BC -038
GIERSCH, HERBERT, PROF.DR.	0923	
GIESELER, GERNOT, DIPL.-ING.		ME -010
		ME -011
GIESSLER, HEINRICH, PROF.DR.		RF -004
GILLET, PAUL	0371	
GLAGOW, MANFRED, DR.		UA -013
GLASER, DR.DIPL.-ING.	1255	
GLASER, PROF.DR.-ING.	0863	
GLASER, HELMUTH, PROF.DR.-ING.		GB -016
		GC -006
GLATZEL, DIPL.-ING.		SB -007
GLAVAC, VJEKOSLAV, PROF.DR.	1206	IF -035
		RG -037
GLEMSER, PROF.DR.	0046	
GLODEK, PETER, PROF.DR.	0882	
GLOECKNER, W., DIPL.-PHYS.		FB -088
		FD -043
GLOMBITZ, K.W., PROF.	0765	
GLUECK, KARL, DR.-ING.	1109	FA -054
		FB -071
		FD -034
		UF -024
GOCKE, DR.		IE -042
GODGLUECK, DR.		PB -034
		PB -035
GOEDDE, H. WERNER, PROF.DR.	0612	
GOEDICKE, CHRISTIAN, DR.-ING.		PK -032
GOEHLICH, HORST, PROF.DR.		BD -004
		OD -044
GOEHRE, HEINZ, DR.		UB -030
GOEK, DIETMAR, DR.		MC -050
GOEPFERT, PETER, DIPL.-ING.	0372	MG -012
GOERGEN, DR.-ING.		ME -087
GOERS		UM -054
GOESELE, PROF.DR.-ING.	0485	
GOESSELE, PETER, DIPL.-ING.		MA -013
GOESSNER, W., PROF.DR.		PC -016
GOETHE, DR.		UN -003
GOETHE, FRIEDRICH, DR.	0906	UN -023
		UN -024
GOETTSCHING, PROF.DR.-ING.		KC -038
GOETTSCHING, L., PROF.DR.-ING.	0742	
GOETZ, PETER, DR.	0500	
GOHL, DIETMAR, DR.		HE -037
GOLDSTEIN, BERND, PROF.DR.		UC -042
GOLLNICK, HEINZ, PROF.DR.	0844	
GOLWER, ARTHUR, DR.		ID -018
GOSCH, ARMIN, DIPL.-ING.	0819	MC -029
GOSSMANN, HERMANN, DR.		AA -118
GOTTLIEB, DR.		MB -013
GOTTWALD, JOHANNES, DIPL.-ING.		UI -025
GOVAERS		HA -015
GRABBE, KLAUS, DR.		MF -014
		MF -015
GRACANIN, PROF.DR.		RC -010
		RC -011
		RC -023
GRAEF, MICHAEL, DIPL.-ING.		FC -048
GRAFF, OTTO, PROF.DR.		MF -010
GRAMMEL, ROLF, PROF.DR.	0568	
GRANACHER, DR.-ING.		PK -014
GRASSHOFF, PROF.DR.		IF -019
GRASSHOFF, ALBRECHT, DIPL.-ING.		KC -051
GRAU, ARNO, DIPL.-ING.		KB -060
GRAUL, HEINZ, PROF.DR.DR.	1340	
GRAVIUS, NORBERT		DD -045
GREHN, DR.		PE -018
GREIM		OA -017
GREIM, DR.		PD -048
GREIM, H., PROF.DR.	0016	OD -005
		PB -001
		PB -002
		PC -001
GREINER, ROLF, DIPL.-ING.		BA -036
GRELLER, WERNER, DIPL.-ING.		BB -034
		BC -042
GREVEN, K., PROF.DR.	1421	
GRIESBAUM, KARL, PROF.DR.		DC -011
GRIGULL, ULRICH, PROF.DR.	1033	
GRIGULL, ULRICH, PROF.DR.-ING.		GB -033
		HA -086
GRILLO, HERBERT	0375	
GRIM, JULIUS, PROF.DR.		HD -023

NAME	INSTITUTION	VORHABEN
GRIMM, DR.		UL -078
GRIMM-STRELE, DR.		GB -049
GRIMME, ECKEHARD, DR.		UC -033
GRIMMER, GERNOT, PROF.DR.	0097	IC -008
		OC -022
		OD -010
		PD -002
		PD -010
		QA -002
GROEBE, HANS, DR.	0040	
GROENEVELD		CA -044
GROENEWEGEN, DIRK		OD -018
GROENING, GERT, DR.		UK -059
GROESSMANN, DR.		AA -116
GROEZINGER, DR.		PH -016
GROHMANN, DR.		HE -025
GROLL, PETER, DR.		LA -007
GROSCHE, DR.		FA -030
GROSS, DR.		QA -001
GROSS, HARALD, DIPL.-ING.		DD -048
GROSSKLAUS, PROF.DR.	0903	
GROSSKOPF, WERNER, PROF.DR.	0438	
GROSSMANN, FRIEDRICH, PROF.DR.	0782	PG -040
GROTH, KLAUS, PROF.DR.-ING.	0645	BA -028
		BA -029
		BA -030
		BA -031
		BA -032
		FC -047
GRUBE, DR.		MC -013
GRUBER, PROF.DR.		FA -033
GRUEBLER, HARALD, PROF.DR.	0265	OC -007
GRUEN, DIPL.-ING.	0484	
GRUEN, WOLFGANG, DR.	0077	AA -015
		AA -016
		RD -004
		UK -005
GRUENTER, RAINER, PROF.DR.	0214	
GRUENWALD, PROF.DR.	0078	
GRUNEWALDT, JUERGEN, DR.		RE -046
GRUNWALDT, HANS-SIEGFRIED, DR.-ING.		QA -057
		QA -059
GRUPINSKI, LEONHARD, DIPL.-CHEM.		TA -035
		TA -036
GRZIMEK, GUENTHER, PROF.DR.	1076	
GUDDEN, DR.		HB -004
GUDEHUS, GERD, PROF.DR.-ING.	0517	FD -018
GUEDELHOEFER, P., DIPL.-ING.		CA -101
GUENNEBERG, F.		GB -004
		GB -005
		GB -006
GUENTHER, DR.		TD -023
GUENTHER, PROF.DR.	0880	QC -034
		QC -035
GUENTHER, K.H.		PF -054
GUENTHER, R., PROF.DR.		CB -009
GUENTHER, RUDOLF, PROF.DR.		FA -006
		FC -015
GUENTHER, RUDOLF, PROF.DR.-ING.	0199	
GUESTEN, DR.		CB -055
		OC -028
GUETLING, ING.GRAD.	0028	
GUGGENBERGER, JOHANN, DR.		BA -067
		BE -028
		CA -097
GUNDERMANN, DR.		NA -001
		TF -002
		TF -003
		TF -004
		TF -005
GURDES, PROF.	1127	
GUSE, W., ING.GRAD.		OB -025
		OB -026
GUTBIER, HEINRICH, DR.		SA -069
GUTSCH, ROLAND		UA -005
GWINNER, DIETRICH, DIPL.-ING.	0723	DA -007
HAAS, HERMANN JOSEF, PROF.DR.		PF -007
HABEKOST, PROF.		HA -055
		KE -044
HABEKOST, HEINRICH, PROF.DIPL.-ING.	0837	
HABER, WOLFGANG, PROF.DR.	1077	UK -061
		UK -062
		UL -060
		UL -061

NAME	INSTITUTION	VORHABEN
HABERER, KLAUS, DR.	1331	HB -084
		HE -043
		HE -044
		HE -045
HADELER, HEINZ	0984	
HADLOK, PROF.DR.		QB -037
		QB -039
		QB -042
HAEDECKE, PROF.DR.		OA -001
HAEDRICH, DR.		RG -012
		UM -032
HAEFELE, PROF.DR.	0458	
HAEFNER, HEINZ, PROF.DR.	1292	
HAEFNER, MANFRED, DR.		OA -031
		PG -048
HAENDLER, DR.	0178	QA -008
HAENEL, GOTTFRIED, DR.		CB -037
HAERTEL, GEORG, DIPL.-ING.		DB -031
HAESKE, HORST, DR.	0074	
HAESSELBARTH, PROF.DR.		HE -023
		IF -028
HAESSLER, DR.		BB -039
HAFER, XAVER, PROF.DR.-ING.	0565	
HAFFNER, WILLIBALD, PROF.DR.	0327	
HAGEDORN, PETER, PROF.DR.		FB -045
HAGEL, JUERGEN, DR.		TD -011
HAGEN, DIPL.-FORSTW.		UK -019
HAGEN, H., DR.		UI -023
HAHN, PROF.		MG -022
		UC -039
		UG -006
HAHN, PROF.DR.		HG -059
HAHN, PROF.DR.RER.NAT.	0822	
HAHN, ALBRECHT, PROF.DR.		HB -005
		RC -035
HAHN, HANS, DR.		RE -011
HAHN, HANS HERMANN, PROF.DR.		MA -020
HAHN, HARRY, PROF.	1007	
HAHN, JOACHIM, PROF.DR.		QC -040
HAHN, JUERGEN, DR.		HB -074
HAHN-WEINHEIMER, PAULA, PROF.DR.	0307	OA -014
HAIDER, GERHARD, PROF.DR.		KA -020
		PA -034
HAIDER, KONRAD, DR.		MB -005
		OD -021
HALBACH, PETER, PROF.DR.-ING.		UD -010
HALBACH, UDO, PROF.DR.	1408	QB -060
HALBAUER, DIPL.-ING.		FA -042
HALBRITTER, GUENTER, DIPL.-PHYS.		SA -030
HALBRITTER, GUENTER, DIPL.-PHYS.		BB -012
HALLE-TISCHENDORF, VON, DR.		FB -020
HALLERMAYER, ELMAR, DR.		QB -050
		QB -051
HALSBAND, EGON, DR.		PA -021
		PC -024
HAMANN	0276	
HAMANN, PROF.DR.	0301	
HAMEL, DR.-ING.	0563	
HAMM, DR.		IF -002
HAMM, REINER, PROF.DR.		QB -005
		QB -011
HAMMER, PROF.DR.-ING.	0522	DD -024
HAMMER, WILFRIED, DR.		FC -040
HANDGE, DIPL.-PHYS.		ND -029
HANISCH, DIPL.-ING.		GB -002
		HA -010
HANISCH, BALDEFRIED, PROF.DR.-ING.		KB -051
		KE -035
		KE -036
HANISCH, H., DIPL.-ING.		GB -003
HANKE, HERBERT, DR.-ING.		RA -003
		UA -006
		UA -007
		UK -007
		UK -008
HANKE, KLAUS PETER, DR.		BC -029
HANKE, WILFRIED, PROF.DR.	1430	PC -065
		PI -045
HANSEN		RB -004
HANSEN, DR.		PB -043
		PC -054
HANSEN, PETER DIEDRICH		QD -009
HANSEN, WALTER, PROF.DR.	0705	
HANSER, DR.		SA -011
HANSMANN, INGO, DR.		NB -021

H

NAME	INSTITUTION	VORHABEN
HANSMEYER, KARL-HEINRICH, PROF.DR.	1256	IC -108
		UA -059
		UA -060
HANSS, CHRISTIAN		UL -011
HANSSMANN, FRIEDRICH, PROF.DR.	0636	SA -040
HANTELMANN, GEORG V., DIPL.-MATH.		VA -018
HANTGE, DR.		GB -031
		KC -061
		ME -063
		RD -040
HANUSCH, DR.		DD -059
		ME -075
		ME -076
HAPKE, HANS-JUERGEN, PROF.DR.		PA -027
		PA -028
		PA -029
		PC -030
HARDE, KARL WILHELM, DR.		UN -054
HARDER, G., PROF.DR.	0611	
HARDER, HERMANN, PROF.DR.		PF -074
HARDER, HERRMANN, PROF.DR.	1283	
HARLOFF, DIPL.-ING.		UH -027
HARMS, DR.		UM -043
HARMS, H.		PG -014
HARMS, HANS, DR.		PG -013
HARMS, KARL, DR.		UM -053
HARMS, UWE, DR.		QD -025
HARRACH, TAMAS		RC -022
		UK -016
HARRE, PROF.		ME -005
HARSCHE		TB -010
HARSDORF, VON, DIPL.-AGR.-ING.		UK -013
HARTE, CORNELIA, DR.		PH -027
HARTE, CORNELIA, PROF.DR.	0547	
HARTEN, HERMANN, DIPL.-ING.		HC -013
HARTENSTEIN, WOLFGANG, DR.	0146	
HARTKAMP, HEINRICH, PROF.DR.	1039	CA -075
		CA -076
		EA -014
HARTMANN, DR.		CA -092
HARTMANN, PROF.DR.	0637	
HARTMANN, GERD, DR.		IA -035
HARTMANN, GERD, PROF.DR.		PC -067
HARTMANN, LUDWIG, PROF.DR.		GB -045
		IC -053
		IC -054
		KA -013
		KB -040
		KB -041
		KB -086
		KC -031
		KE -021
		KE -022
		KE -023
HARTMANN, PETER, DR.	0399	
HARTMANN, WOLFGANG, DR.DIPL.-ING.		UL -003
HARTUNG, DIPL.-ING.		UF -014
HARTUNG, PROF.	1111	ID -054
HARTWIG, DR.-ING.		HF -003
		HF -004
HARTWIG, S., DR.		CB -004
HASEL, K, PROF.DR.	0575	
HASEL, K., PROF.DR.		UA -034
HASUK, DIPL.-AGR.		MD -034
HATTEMER, HANS, PROF.	1057	
HAU, ERICH, DIPL.-ING.		DA -058
HAUBNER, KARL, DR.	0037	
HAUCK, PROF.		PA -032
		PC -034
HAUENSCHILD, CARL, PROF.DR.	1427	
HAUG		DC -025
HAURY		NB -046
HAUS, WOLFGANG, DR.	1376	
HAUSER, DIPL.-ING.		FB -041
HAUSER, DR.		HF -005
		HF -006
HAVELKA		UN -022
HAVEMEISTER, DR.		HC -002
HAYDN, RUPPERT, DR.		UC -054
		VA -029
HEBBEL, DR.-ING.		DD -063
HEBERLING, GEROLF, DIPL.-ING.		UG -011
HECHT, DR.		QB -007
HECKENROTH, H.		UN -046
		UN -047
		UN -048

NAME	INSTITUTION	VORHABEN
HECKER, ERICH, PROF DR.	0496	
HECKER, ERICH, PROF.DR.		PD -015
		PD -016
		PD -017
HECKER, HARTMUT, DR.		PE -015
HECKL, MANFRED, PROF.DR.	0861	FA -034
		FA -035
		FB -055
		FC -054
		FC -055
		FD -032
HEDDEN, KURT, PROF.DR.		DD -005
		DD -006
		DD -007
HEDDERGOTT, PROF.DR.	0757	
HEDEMANN		SA -024
HEEGER, HORST	0366	
HEEL	1211	
HEERING, DR.		PC -010
HEESCHEN, WALTHER, PROF.DR.		PB -020
		QB -030
		QD -010
HEGEMANN, DR.		KE -003
HEGEMANN, WERNER, DR.-ING.		KE -055
		KE -056
		KE -057
		KE -058
HEGEWALDT, DIPL.-ING.		DC -008
HEGNER, PROF.DR.	0764	
HEIDEMANN, DR.		PI -020
		UN -019
HEIDEMANN, CLAUS, PROF.DR.-ING.	0809	TB -017
		TB -018
HEIDLER, DR.		IC -091
HEIDTMANN, WILLY, DIPL.-SOZ.		UE -001
		UE -002
		UK -003
HEILENZ, DR.		OA -025
HEIMANN, WERNER, PROF.DR.	0677	
HEIMERL, GERHARD, PROF.DR.-ING.	0539	
HEINEN, EDMUND, PROF.DR.DR.H.C.	0634	UC -036
HEINERT, HEINZ, DR.	1316	
HEINIG, DIPL.-ING.		FA -063
		FA -064
		FA -065
		FA -066
		FB -078
HEINRICH, GERD, DIPL.-ING.		BA -037
		BA -039
HEINRICH, WOLF, DIPL.-ING.		UK -027
HEINRICHSDORF, FRITZ, DR.		UA -021
		UI -014
HEINRICHT, JOHANNES, DR.	1388	
HEINSOHN, GUENTER, DR.-ING.		TA -002
HEINTZE, KURT, DR.		QA -032
HEINZ, ARNO		FA -012
HEINZ, INGO, DIPL.-VOLKSW.		DB -023
HEINZE, HANS, DR.-ING.	0502	
HEINZELMANN, M., DR.		NC -048
HEINZLE, AUGUST	0100	
HEISS, PROF.DR.		RB -017
HEITEFUSS, RUDOLF, PROF.DR.	0756	PG -034
		PG -035
		PG -036
HEITFELD, PROF.DR.	1073	HB -067
		HG -049
		HG -050
		MG -029
HEITKAMP, ULRICH, DR.		HA -028
HEITLAND, H., PROF.DR.-ING.		BA -071
		DA -075
HEITZ, DR.		KB -011
HEITZ, HEINRICH, DIPL.-ING.		MB -047
HEITZMANN, RAINER, DIPL.-ING.		UK -037
HELL		ND -048
HELLERER, HANS-OSKAR, DIPL.-GEOL.		HB -044
		HB -045
		HB -046
		HB -048
HELLING, PROF.DR.-ING.	0649	
HELLMANN, DR.		IE -005
HELTEN, MAX, DIPL.-ING.	0240	
HEMMER, H.-R., PROF.DR.	1245	
HEMMER, HANS-LIMBERT		UC -051
HEMPEL, PROF.DR.	0704	
HENKELMANN, RICHARD, DR.		IA -019

NAME	INSTI-TUTION	VOR-HABEN
HENN, RUDOLF, PROF.DR.	0843	UC -043
HENNE, DIPL.-PHYS.		SA -034
HENNEBO, DIETER, PROF.DR.	0598	
HENNIGE, DIPL.-CHEM.	0653	MC -022
HENNING, DR.	1008	
HENNINGER, KLAUS	1017	
HENSCHLER, DIETRICH, PROF.DR.MED.	0762	PB -026
		PD -046
		TA -042
		TA -043
HENTSCHEL, HERBERT, DR.		QC -022
HENZE, JOACHIM, PROF.DR.	0729	PF -041
HERBERHOLD, DR.	0381	
HERBOLD, OSKAR, HERRN	0388	
HERBOLSHEIMER		CA -091
HERBST, WERNER, PROF.DR.	0666	
HERION, ERHARD, DIPL.-KFM.		FB -058
HERLAN, ALBERT, DR.		BA -010
		BB -004
HERLYN, U., PROF.DR.	1067	
HERMANN, G., PROF.DR.	0639	
HERMANN, P., DR.		AA -151
HERMEL, DR.		QC -005
HERMS, ARNO, DR.		RF -010
HERMS, RAIMUND, DIPL.-HORT.		UK -057
HERMS, ULRICH, DIPL.-ING.		PF -046
HERR, ALFONS	0991	ME -061
HERR, WILFRID, PROF.DR.	0638	PF -033
HERRE, PROF.DR.DR.H.C.	0603	PI -021
		UN -020
HERRMANN		OB -002
		OB -003
		OC -002
HERRMANN, PROF.DR.	1079	QC -043
HERRMANN, JOBST, PROF.DR.-ING.	0136	
HERRMANN, R., PROF.DR.	0012	
HERTEL, DR.		QC -024
HERTING, BENNO, DR.		RH -080
HERZ, RAIMUND, DR.-ING.		UG -010
HERZEL, DR.		IC -073
		OD -073
HERZOG, WOLFGANG, DR.		ND -047
HESLER, VON, DR.		CB -081
HEUSER, HANS-HEINER, PROF.DR.-ING.	1389	
HEUSLER, DR.		HA -093
HEUSS, K., DIPL.-BIOL.		HA -081
		IA -031
		IC -095
		IC -097
HEUVELDOP, J., DR.		RA -021
HEYLAND, KLAUS-ULRICH, PROF.DR.	0746	MF -038
HEYNE, DIPL.-ING.		FC -046
HEYNS, KURT, PROF.DR.	0739	OC -021
		QA -038
		QA -039
		QA -040
		QB -034
HEYSER, PROF.DR.-ING.	0453	
HIBBELN, KARL, DIPL.-ING.		KB -061
HICKEL, WOLFGANG, DR.		HC -008
HIELSCHER, RAINER, DIPL.-PHYS.		KC -070
		MA -028
		MA -029
HIERSE, WILFRIED, DIPL.-CHEM.		KE -048
HILDEBRANDT, GERD, PROF.DR.		RG -015
HILDT, UTA, DIPL.-HHW.		TD -014
HILLEBRAND, PETER, DIPL.-ING.		AA -052
		CA -028
		MC -018
		MG -013
		MG -014
HILLER, W., DIPL.-PHYS.		FA -050
HILLIGER, H.G., DR.		BE -015
HILLMANN, KARL-HEINZ, DR.		UC -040
HILSINGER		UC -015
HINRICH, DR.		HA -011
HINZ, DR.		RF -007
HINZPETER, HANS, PROF.DR.	0294	
	1176	
HIPPEL, VON, DR.		UB -023
HIRSCH	0956	
HIRSCH, PETER, PROF.DR.	0448	DD -023
		PH -013
HOBERG, PROF.DR.-ING.	0479	MA -014
HOCK, FROHMUND, DR.-ING.	0947	FC -068
HOCKE, NORBERT		UA -023

NAME	INSTI-TUTION	VOR-HABEN
HOCKS, WILFRIED, DIPL.-ING.		CB -026
HOCKWIN, OTTO, PROF.DR.	0559	
HOECK, DIPL.-ING.		LA -011
HOECKER, KARL-HEINZ, PROF.DR.		SA -041
HOEFER, DR.		KB -007
HOEFNER		PH -040
		RE -034
HOEHFELD, DR.		UB -001
HOEHNERLOH, HEINRICH, PROF.DR.		UI -006
HOELTER, HEINRICH	0403	DB -014
		DD -020
HOELTER, HEINZ		DC -023
HOENICK, ARTHUR		QC -019
HOEPFNER, BERNHARD		HA -107
HOERBE, RUDOLF, DR.-ING.		UD -002
HOERDEGEN, DIPL.-ING.		DA -070
HOERMANN, DR.		NC -094
HOERMANN, PROF.		FD -040
HOESCHELE, KARL, PROF.DR.		AA -143
		PE -045
		PE -046
		RG -036
HOESS, ANTON, DIPL.-ING.		BB -035
		BC -041
		GA -019
HOETTER, DIPL.-ING.	1395	IC -117
HOETZEL, DIETER, PROF.DR.	0552	
HOFBAUER, PETER, DIPL.-ING.		DA -073
		DA -076
		DA -077
		UI -026
HOFFBAUER, RALF W., DR.		PB -019
		PD -034
HOFFMANN, DIPL.-ING.	0200	
	1381	HA -019
HOFFMANN, PROF.DR.		HB -058
		HB -059
HOFFMANN, BERNHARD, DR.-ING.		HB -061
HOFFMANN, BERNHARD, PROF.DR.		HE -040
HOFFMANN, DIETRICH	0314	HG -011
HOFFMANN, G.		PC -021
HOFFMANN, GEORG, PROF.DR.	1300	
HOFFMANN, KRISTINE, DR.		TB -028
HOFFMANN, LORE, DR.		TD -017
HOFFMANN, WENZEL, PROF.DR.		IE -046
HOFFMANNS, DIPL.-ING.		ME -039
HOFFMEISTER, PROF.DR.	0825	PE -025
HOFFRICHTER, ODWIN, DIPL.-BIOL.		UN -017
HOFMANN, PROF.		AA -144
HOFMANN, GUSTAV, PROF.DR.	1178	
HOFMANN, HEINZ, ING.GRAD.		IB -001
		KA -001
		UF -001
		UK -002
HOLLAENDER, WERNER, DIPL.-PHYS.		CA -034
HOLM, JASPER, DR.MED.		QB -052
HOLTMEIER, HANS-JUERGEN, DR.	0551	
HOLZ, PROF.DR.		HB -010
HOLZER, HELMUT, PROF.DR.		PF -022
HOLZKAMM		HC -016
HOLZMANN, EKKEHARD, DIPL.-ING.		FB -037
HOMANN, KLAUS-HEINRICH, PROF.DR.	0772	CB -047
		CB -048
HOMRIGHAUSEN, DR.		UK -015
		UK -017
HOOTON, TED		FB -073
		FB -074
HOPFENMUELLER, WERNER, DIPL.-MATH.		PD -043
HOPP, DIPL.-ING.	0282	BC -014
HORBACH, LOTHAR, PROF.DR.	0700	
HORDER, THEODOR, PROF.DR.	0275	
HORSTMANN, DR.		IF -018
HORSTMANN, KLAUS, DR.		PI -046
HOTTES, KARLHEINZ, PROF.DR.DR.	0329	TB -006
		UE -020
		UE -021
HUBER, DR.		HA -005
HUBER, GERHARD, PROF.DR.	0231	
HUBERT, PROF.		FB -084
HUBERT, PROF.DR.		FD -031
HUBLER, K.H., PROF.DR.	0826	
HUBRICH, DIPL.-OZEANOGR.		HC -034
HUCK, HORST, DR.-ING.		DB -034
		MB -062
HUDELMAIER, DIPL.-ING.		UF -015
HUEBEL, DIPL.-PHYS.		KE -009

NAME	INSTITUTION	VORHABEN
HUEBSCHEN, HERMANN, PROF.DIPL.-PHYS.	0045	FA -002
HUEBSCHMANN, DR.		NB -004
HUELSENBERG, DR.		PH -046
HUENING, DIPL.-ING.		DD -002
HUESER, RUDOLF, DR.		PH -020
HUETTERMANN, ALFRED		BC -019
HUETTEROTH, WOLF-DIETER, PROF.DR.		RD -009
HUG, OTTO, PROF.DR.	0499	PC -013
		PC -014
		PC -015
		PD -022
HUGENROTH, PETER, DR.		KD -006
HUHNKE, WALTER		RE -010
HUMBACH, PROF.DR.RER.NAT.	0254	NC -019
		NC -020
		NC -021
HUNKEN, KARL-HEINZ, PROF.DR.-ING.	0818	
HUPPMANN, OTTMAR, DIPL.-ING.		HB -055
HURKA, DR.RER.NAT.		UL -018
HUSCHENBETH, DR.		PB -021
HUSMANN, SIEGFRIED, DR.		ID -056
HUSSMANN, PROF.DR.-ING.		DA -053
		DA -054
HUTTER, KARL-JOSEF, DR.-ING.		PF -014
HUTTERER, RAINER, DR.		PB -049
IGLISCH, DR.		TF -032
ILLIES, J., PROF.DR.	1157	
IONESCU, ADRIAN, DR.		CB -015
IRMER, DR.-ING.		FC -004
ISERMANN, K., DR.		PF -045
ISLAM, MOHAMED, DR.		PE -049
IVANKOVIC, STAN, PROF.DR.		PD -055
		QC -036
JACOBI, GUENTER, PROF.DR.	1046	
JACOBI, WOLFGANG, PROF.DR.	0851	NB -037
		NB -038
		OD -066
		PH -044
JACOBITZ, KARL-HEINZ, PROF.DR.		UG -014
		UG -015
JACOBS, GISELA, DIPL.-CHEM.		QB -019
		QD -003
JACOBSHAGEN, DIPL.-ING.	1031	TB -025
JAEGER		PF -051
JAEGER, B., DIPL.-ING.	0428	
JAEGER, BERNHARD, DIPL.-ING.		MB -014
		MC -019
JAEHN, DR.		PE -006
		PK -016
JAEKEL, SIEGFRIED, DIPL.-ING.		FB -072
JAENICKE, DR.		CB -074
JAENICKE, MARTIN, PROF.DR.		UA -010
JAGNOW, GERHARD, PROF.DR.		OD -020
		OD -023
		OD -026
		OD -031
		RF -002
JAHN, DIPL.-ING.		FA -041
JAHN-DEESBACH		RB -021
		RG -024
		RH -041
JAKUBASCHK, JUERGEN, DR.		TE -013
		TE -015
JAKUBICK, ALEXANDER, DR.		ND -001
JANDER, DR.-ING.		BB -027
		CA -002
JANSEN, DIPL.-ING.		HG -003
JANSEN, DR.-ING.	1375	
JANSEN, G., PROF.DR.MED.DR.PHIL.		FD -021
JANSEN, HANS-DETLEF, DIPL.-ING.		MF -006
		QA -014
		QA -015
JANSEN, KLAUS, DIPL.-PHYS.		NB -054
JARRE, JAN		UC -032
JASCHUK, DIPL.-KFM.	0051	
JELINEK, RICHARD, PROF.DR.	0599	
JENDGES, KARL-HEINZ, DR.-ING.		FB -090
		UH -040
		UI -011
JENDRITZKY, GERD, DIPL.-METEOR.		AA -025
JEPSEN, KLAUS, DR.		DB -028
		DC -040

NAME	INSTITUTION	VORHABEN
JESCHAR, RUDOLF, PROF.DR.-ING.	0908	DB -024
		DB -025
JOCHEM, EBERHARD, DR.-ING.		UA -042
		UC -044
JOERG, ERWIN, DR.	1014	
JOHANNSEN		AA -024
JOHNSON, JUERGEN, DR.		KB -026
JOPPICH, DIPL.-METEOR.		HA -041
JORDAN, DR.-ING.	1258	
JORDAN, SIEGFRIED, DR.		CB -066
		CB -067
JORK, H., PROF.DR.	0550	
JOST, DIETER, DR.		CB -039
JOST, FRANZ, PROF.DR.		PG -017
		RH -014
JUENTGEN, HARALD, PROF.DR.		KC -005
JUERGENSEN, HARALD, PROF.DR.	0557	UA -033
		UC -030
JUHNKE, DIPL.-BIOL.		HD -020
		IA -030
		PC -049
JUNG		RC -001
		RC -002
		RC -003
JUNG, PROF.DR.		RC -020
JUNG, HERMANN, DR.		MD -016
JUNG, JOSEF, PROF.DR.	1048	RH -075
JUNG, L., PROF.DR.	0010	
JUNGBLUTH, G., PROF.	0646	
JUNGE, PROF.DR.	1152	
JUNGHANSS, HELMUT, DR.		ME -013
JURYSCH, DIPL.-PHYS.		UF -005
JUST, DR.	0802	
KAEMMERER, PROF.DR.	0763	
KAHNWALD, ING.GRAD.		BC -006
		BC -007
		DC -006
KAISER, KARL, PROF.DR.	0158	UA -004
KALBOW, DIPL.-ING.		DD -003
KALBSKOPF, DR.-ING.		KF -003
		KF -004
KALETA, DR.		QB -023
		RF -006
KALICH, JOHANN, PROF.DR.	1103	BD -010
		MF -048
KALTHOFF, DR.		HA -082
		IC -099
KALTWASSER, HEINRICH, PROF.DR.	0269	OD -011
KALWEIT, DR.-ING.	1004	
KAMINSKI, HEINZ, PROF.	1339	
KAMINSKY, GERHARD, PROF.DR.		FC -029
		FC -030
KAMLANDER, LUDWIG, DR.		ME -060
KAMMLER, ERNST, DR.		PE -050
KAMPE, DIETRICH, DIPL.-ING.		HG -007
KAMPE, WOLFGANG, DR.	1023	OD -082
KAMPF, PROF.DR.		HE -015
KANDLER, PROF.		RG -001
KANY, DR.-ING.		IB -024
KANZ, PROF.DR.	0630	KE -020
		TF -018
		TF -019
		TF -020
		TF -021
KAPPELMEYER, DR.		ND -014
KAPPELMEYER, OSKAR, DR.		SA -057
KAPPLER, DR.		BA -061
		DA -060
KARBE, DR.		PA -018
KARL, J., DR.		RC -006
KARPE, HANS-JUERGEN, DR.-ING.	0891	
KARRASCH, HEINZ, DR.		CB -019
KARRENBERG, HERBERT, PROF.DR.	0353	HG -016
KARSCHUNKE		KB -022
KARWAT, DR.		NC -089
		NC -090
KASSEBART, V., DR.		CB -088
		TA -077
KASSENS, DR.-ING.		FA -029
KAST, PROF.DR.	0259	DC -013
		DD -010
		GB -009
KASTNER, DR.		PC -047
KATO, DR.		RG -017

NAME	INSTITUTION	VORHABEN
KATZ, PHILIPP, PROF.DR.		AA -040
		GA -004
KAULE, PROF.DR.		UN -032
		UN -033
		UN -034
		UN -035
KAULE, GISELHER, PROF.DR.	0662	
KAUSCH, HARTMUT, DR.		IE -053
		QD -030
KAUTSKY, DR.		HC -017
		IE -012
		ND -015
KAYSER, ROLF, PROF.DR.		IC -066
		IC -067
		MC -030
		MC -031
		MC -032
KAYSER, ROLF, PROF.DR.-ING.		KE -045
		MC -034
		RD -038
KEGEL, DIPL.-ING.	1373	
KEIDEL, WOLF-DIETER, PROF.DR.	0780	BE -011
		FA -021
		FA -022
		NA -008
KEIL, ULRICH, DR.		PE -016
		TB -012
KEIPER, RUDOLF, DIPL.-ING.		BA -012
KELLER, DR.		PE -019
KELLER, EGON, DR.	0186	MG -009
KELLER, REINER, PROF.DR.	1063	HA -089
		HG -045
		HG -046
		HG -047
		HG -048
		RC -033
		RC -034
		RD -045
KELLERMANN, DIPL.-ING.	0804	
KELTSCH, ERHARD, DIPL.-ING.	1196	
KEMPER, G., DR.-ING.	0689	
KEMPF, HEINZ-THEO, DR.		IC -074
		IC -075
		IC -077
		ID -042
KENTNER, WOLFGANG, DR.		FA -046
KEPPEL, HANS, DIPL.-CHEM.		OD -063
KERN, DR.		BA -024
KERN, KARL-GERHARD, DIPL.-KFM.		UC -025
KERN, WERNER, PROF.DR.	1207	
KERNIG, C.-D., PROF.DR.	0264	
KERSTEN, WALTER, PROF.DR.	1228	
KESCHAWARZI		RD -024
KESER, JUERGEN, DR.-ING.		IB -023
KESSLER, ALBRECHT, PROF.DR.	1175	AA -139
KESSLER, MANFRED		FB -049
		FD -025
KETTNER, PROF.DR.		CA -062
		CA -063
		CA -064
		PC -044
KICK, HERMANN, PROF.DR.	0036	ID -001
		IF -001
		MG -002
		OD -006
		PF -001
		PF -002
		PG -003
		PH -002
		QC -001
		RD -001
		RE -002
KICKUTH, REINHOLD, PROF.DR.		KB -028
		PH -019
		PI -014
KIEBEL, BURKHARD, DIPL.-KFM.	1403	
KIEFER, PROF.DR.	0026	
KIEFMANN, RAINER, DIPL.-ING.		FB -018
		FB -019
		TA -012
KIEMSTEDT, HANS, PROF.DR.	0660	RA -015
		TC -012
		UK -024
		UL -028
KIENZLE, WALTER E.		IC -025
KIERCHNER, GOETZ-JOERG, DR.		UK -052
		UK -054
		UL -055
KIESE, MANFRED, PROF.DR.	1220	
KIESE, OLAF, DR.		UM -038
KIESEWETTER, DR.		NB -009
KIESSLING, DIPL.-ING.		TA -047
KIJEWSKI, HARALD, DR.		PA -031
		PE -024
KILIAN		HA -114
KILLMANN, ERWIN, PROF.DR.		KA -023
KIND, DIETER, PROF.DR.-ING.	1226	
KINDLER, H., PROF.DR.-ING.	1115	
KINKEL, HEINZ-JOACHIM, DR.		PC -002
KINNE, OTTO, DR.	0098	HC -009
		HC -010
		HC -011
		IE -003
KINZELBACH, RAGNAR, PROF.DR.		GB -024
		GB -025
		IC -088
		IC -089
		PI -036
KIRCHGESSNER, PROF.DR.	1102	PA -038
KIRCHHOFF, DR.		OC -027
KIRCHMEYER, OTTO, DR.		QB -002
KIRCHNER, PROF.DR.		BE -004
		BE -005
		BE -006
		CB -007
		DD -004
KIRSCH, PROF.DR.-ING.	0053	
KIRSCH, HELMUT, PROF.DR.		BB -036
		CB -087
		DB -042
		PK -034
		PK -036
KIRSCHEY, DIPL.-ING.		BA -060
KISKER, URSULA, ING.GRAD.		UK -050
		UK -053
		UK -055
KISS, GUENTER H.	0973	
KISTENMACHER, HANS, PROF.DR.	1121	
KLAGES, FRIEDRICH-WILHELM, DR.		KC -024
		MD -017
KLAMROWSKI, DIPL.-ING.		PK -003
KLATT, SIGURD, PROF.DR.	0633	UC -035
		UE -025
KLAUS, JOACHIM, PROF.DR.	1394	HG -063
KLAUSING, OTTO, DR.		RD -010
KLEBER, DR.		CB -056
KLEEBERG, DR.-ING.		HA -075
		HA -076
		HG -044
KLEIN, DR.		HD -009
		IE -004
		UB -026
KLEIN, HELMUT, DR.		UM -077
KLEIN, JOACHIM, PROF.DR.	0531	KB -033
KLEIN, RUDOLF, PROF.DR.	0227	
	0244	IB -008
KLEINERT, CHRISTIAN, DIPL.-ING.-ARCH.	0974	UE -035
KLEINSTEDT, HANS, DR.		UK -025
KLEMME, JOBST-HEINRICH, PROF.DR.		KB -046
KLENKE, MANFRED, DR.-ING.		HB -078
KLINGENBERG, DR.		EA -025
KLINKNER, HANS-GUIDO, DR.-ING.		DC -061
		DC -062
		FC -090
		TA -067
KLITZING, FRIEDRICH VON, DIPL.-MATH.		VA -005
KLITZSCH, EBERHARD, PROF.DR.		ID -027
KLOCKOW, DIETER, DR.HABIL.		CA -027
		CA -077
		CA -078
KLOEPFER, DR.JUR.	0785	UB -019
		UE -028
KLOEPFFER, WALTER, PROF.DR.		IC -004
KLOFT, WERNER, PROF.DR.	0460	NB -016
KLOKE, ADOLF, PROF.DR.	0726	BA -040
		OD -056
		PF -038
		PF -039
		PH -036
		PH -037
KLOOS, PROF.DR.-ING.	0262	

K

NAME	INSTI-TUTION	VOR-HABEN
KLOPOTEK, V.		PI -024
KLOPP, HELMUT, PROF.DR.	0577	TC -007
KLOSE, EITEL		RD -054
KLOSSE, DR.-ING.		TA -016
KLOSTERKOETTER, WERNER, PROF.DR.	0622	
KLOSTERKOETTER, WERNER, PROF.DR.MED.		FA -018
		FD -022
		TA -033
KLOSTERMEYER, PROF.DR.	0523	QA -021
KLUG, W., PROF.DR.		CB -036
KLUGE, MICHAEL, DIPL.-ING.		MB -019
KLUMPP, DIPL.-ING.		DD -019
KLUTE, DIPL.-PHYS.		KB -062
KNACKMUSS, HANS-JOACHIM, PROF.DR.		KC -036
		OD -048
		OD -049
KNAPP, DR.		RF -005
KNAPSTEIN, HERBERT, DIPL.-CHEM.	1020	NB -050
		QA -058
		QB -046
KNAUER, PROF.DR.		KD -012
		RE -030
		UK -045
		UL -045
		UM -057
KNEITZ, GERHARD, PROF.DR.		NC -116
		PC -012
KNISSEL, W., PROF.DR.-ING.	0488	
KNOBLAUCH, DIPL.-ING.		HG -033
KNOBLAUCH, K., DR.		DC -005
KNOBLICH, K., PROF.DR.	0339	
KNOBLICH.K., PROF.DR.		HB -012
KNOECHEL, ARNDT, DR.		OA -019
KNOEFLER, LUCIE		UA -044
KNOEPP, HERBERT, DR.	0124	IC -012
KNOESEL, PROF.DR.		MB -042
KNOLL, KARL-HEINZ, PROF.DR.		MB -066
		MC -035
		MC -054
		PE -027
KNOOP, PROF.DR.	0769	
KNOWLES, KONSTANCE		HA -034
KNUSSMANN, RAINER, PROF.DR.	0050	TE -002
KOBUS, H., PROF.DR.	1295	HG -060
		HG -061
KOBUS, HELMUT, PROF.DR.		GB -014
		HG -022
KOCH, PROF.DR.	0614	
KOCH, ERICH, DR.		OC -032
KOCH, GERHARD	0982	
KOCH, WERNER, PROF.DR.		ID -033
		PG -041
		RE -035
		RG -006
KOCHS, HEINZ-JOSEF, DR.		UK -043
KOCK, KLAUS, DR.DIPL.-CHEM.		KC -015
		KC -016
KOEHL, WERNER, DR.-ING.		UG -012
KOEHLER, DR.	0609	PA -017
		PB -018
		PD -025
		PD -026
		PD -027
		PD -028
		PD -029
		PD -030
		PD -031
		PD -032
		RH -002
		UA -025
		UA -026
		UA -027
		UC -027
		UC -028
KOEHLHOFF, DIPL.-ING.		MG -021
KOEHNE, MANFRED, PROF.DR.		RA -007
KOEHNLECHNER		TA -046
KOEHNLEIN, WOLFGANG, PROF.DR.		PC -036
KOELBEL, HERBERT, PROF.DR.	0862	
KOELLE, PROF.DR.-ING.		UH -034
KOENEMANN, WERNER, DR.	1358	
KOENIG, DR.		NB -003
KOENIG, DIETRICH, DR.		HC -046
		KE -051
		PH -049
KOENIG, WILFRIED, PROF.DR.-ING.	0999	

NAME	INSTI-TUTION	VOR-HABEN
KOENZEN, JUERGEN-PETER, DR.-ING.		RD -020
KOEPP, DR.		UK -020
KOEPPE, PETER, PROF.DR.-ING.	0975	NB -042
KOERDEL	0137	
KOESSLER, KARL, DIPL.-ING.	1145	
KOESTER, PROF.DR.		HC -022
		HC -023
KOESTER, WERNER, DR.	1019	AA -115
KOESTERS, DR.		RF -003
KOHLER, ALEXANDER, PROF.DR.		HA -036
		IA -014
		PH -030
		UL -027
KOHLER, VOLKER, DR.		RA -012
KOHM, JUERGEN, DIPL.-PHYS.		HA -066
		HB -052
KOHSIEK, HEINRICH, DR.-ING.	0467	RE -015
		RE -016
KOLB, DIPL.-ING.		RG -003
KOLB, ALBERT, PROF.DR.	0585	
KOLB, WALTER, DR.		NB -055
		NB -056
		NB -057
KOLLER, ARMIN, DIPL.-ING.		LA -006
KONOLL, KARL HEINZ, PROF.DR.	0888	
KOPFERMANN, DR.-ING.	0420	
KOPP, HERBERT, PROF.DR.		UK -026
KOPPE, PAUL, DR.	1270	GB -040
		HD -022
		IC -109
		IC -110
		KB -084
KOPPERNOCK, FRED, DR.	0185	KC -011
KORANSKY, WOLFGANG, PROF.DR.	0885	PB -031
		PC -041
		QC -037
KORDINA, PROF.DR.-ING.	0486	
KORECK, HANS WALTER, DIPL.-ING.		HB -047
KORNECK		UM -046
KORTE, F., PROF.DR.	0733	CB -041
		OC -017
		OC -018
		OD -058
		OD -059
		OD -060
		PC -026
		PC -027
		PC -028
		PG -029
		PI -029
KORTE, FRIEDHELM, PROF.DR.	1087	OC -033
		OD -084
		OD -085
		PC -051
		PC -052
		PI -040
KORTE, INGE, DR.		PB -016
KORTZFLEISCH, GERT VON, PROF.DR.	0422	UA -024
KOSKE, PETER H., DR.		IE -047
KOSS, DR.		CA -098
		OB -027
KOSS, GUENTER, DR.DIPL.-BIOL.		PB -032
KOSSAK, EGBERT, PROF.DR.	1333	UF -033
		UF -034
KOSSATZ, DR.-ING.	1404	
KOTHE, DR.		HA -008
		IC -010
KOTTER, PROF.DR.	1070	
KOUTECKY, DIPL.-ING.		ME -050
KOWALD, PROF.DR.		ID -030
		MC -023
		RD -021
		RD -022
KOWALD, RAINER, PROF.DR.		IC -055
		MC -024
		MD -018
		MD -019
KOWALEWSKY, HELMUT, DIPL.-PHYS.		NC -001
KOWALKE		IC -019
KRACK, HANNES, DIPL.-ING.		SB -014
KRAEGE, DIPL.-ING.	0812	
KRAMER, KURT, PROF.DR.	1231	
KRAMM, ULRICH, DR.		OD -055
KRAMPITZ, GOTTFRIED, PROF.DR.		PA -007
		PB -011
KRANZ, J., PROF.DR.	0014	UM -002

NAME	INSTITUTION	VORHABEN
KRATTENMACHER, MAX	1303	
KRAUS, A., DR.	0080	
KRAUS, WOLFGANG, PROF.DR.	0525	OC -014
KRAUSE, DIPL.-ING.		DD -015
KRAUSE, DR.		IA -015
		IC -056
		OB -019
		PA -036
KRAUSE, DR		BA -049
KRAUSE, G., DIPL.-ING.		LA -019
KRAUSE, H., DR.	0005	
KRAUSE, HANS, PROF.DR.-ING.	1075	
KRAUSE, RUEDIGER, DR.-ING.		MF -031
		MF -034
		PF -034
KRAUSE, THOMAS, PROF.DR.		KC -033
		KC -034
KRAUSE, WERNER, DR.		IC -114
KRAUSS		TF -015
KRAUSSE, JOACHIM, DIPL.-ING.		AA -122
KRAUTH, KARLHEINZ, PROF.DR.-ING.		IB -017
		KE -039
KRCZAL, HERBERT, DR.		RH -032
KREBS, WOLFGANG, PROF.DR.	0588	
KREEB, KARLHEINZ, PROF.DR.	0658	AA -070
		AA -071
		AA -072
		AA -073
		AA -074
		AA -075
		AA -076
		AA -077
		AA -078
KREHBIEL, GUENTER		DC -012
KREISCHER		MG -024
KREITLOW, DIPL.-PHYS.		FA -045
KREMER, H., PROF.DR.-ING.	0319	BB -006
		BC -017
		BC -018
		CB -018
KREMLING, DR.DIPL.-CHEM.		HC -036
KRESZE, GUENTER, PROF.DR.-ING.		OC -035
KRETZSCHMAR, RAYMUND, DR.		IC -087
KREUTZER, DR.		HB -040
		PI -015
KREUZ, DIETER, DIPL.-SOZ.		UH -018
KREUZER, WILHELM, PROF.DR.		QB -047
		QB -048
		QB -049
		QD -027
		QD -028
		QD -029
KREYSA, GERHARD, DR.		KC -007
KREYSING, KLAUS, DR.		MC -004
KRIEGEL, ERNST, DR.-ING.		ME -022
KRIEGEL, H., PROF.DR.		PD -018
		TE -005
KRIESEL, EBERHARD, DIPL.-ING.		GB -021
KROCHMANN, JUERGEN, PROF.DR.-ING.		TB -014
KROEGER, W., DR.		NC -049
KROELING, PETER, DR.		NA -007
KROENERT, PROF.DR.		QA -065
KROENING, WOLFGANG, DIPL.-ING.		TB -024
		UF -019
KROESCH, VOLKMAR, DR.		UE -010
KROPP, DR.		AA -159
		CB -084
		CB -085
		EA -024
KRUECKELS, WOLFGANG, DR.-ING.		KB -035
KRUEDENER, VON, DR.		TF -037
KRUEGER, GERHARD, DR.MED.	1323	
KRUEGER, KARL-ERNST, DR.MED.	1318	QB -054
		QB -055
KRUEGER, MANFRED		MA -003
KRUEGER, WILHELM, DR.		RH -026
KRUPPE, PROF.DR.	0859	
KRUSE, DR.		RD -039
KRUSE, PROF.DR.		UA -029
KRUSE, HERMANN, DIPL.-CHEM.		PA -042
KRUSE, LENELIS, DR.		TB -036
KRUSE, WALTER, DR.		MD -030
KUCHENBAECKER, FRIEDHELM, DIPL.-ING.		VA -021
KUEBLER, WERNER, PROF.DR.		TE -001
KUEHN, PROF.		ME -048
		PH -041
KUEHN, GUENTER, PROF.DR.-ING.	0688	FA -019
		FC -052
KUEHN, K., DR.	0871	ND -030
		ND -031
		ND -032
KUEHN, WILHELM, DR.		CB -058
KUEHNE, HELMUT, DR.		PK -007
KUENTZEL, ULRICH, DIPL.-LANDW.		MF -018
KUENZER, WILHELM, PROF.DR.	0972	
KUEPPER, DR.		UA -035
KUERER, DR.-ING.		FD -029
KUESTER, EBERHARD, PROF.DR.	0671	MB -029
		MB -030
		MB -031
		MB -034
		MB -036
		MC -026
		OD -045
		PF -035
		PG -027
		PH -032
		QA -031
KUGEL, GUENTER, DIPL.-ING.	1195	
KUHLWEIN, HANS, PROF.DR.	0109	
KUHN, MARIA, DIPL.-CHEM.		QA -022
		QD -005
KUHNEN-CLAUSEN, DIDA, DR.		IA -011
		PH -011
KUNKEL, ERICH, DR.		MC -008
KUNOWSKI, DIPL.-ING.		GB -020
KUNTE, DR.		IC -033
		OD -016
KUNTZE, DR.-ING.	0075	IB -003
KUNZ, DR.	1344	
KUNZ, PROF.		PC -039
		PD -052
KUNZ, PROF.DR.		PD -049
		PD -051
KUNZE, DIETMAR, DR.		KC -058
KURZE, ULRICH, DR.		AA -013
		FA -004
KURZKE, DIPL.-ING.		FB -068
KUSSMAUL, HORST, DR.		HA -067
		HD -017
		HD -018
		IA -024
		IA -027
		IA -028
		ID -041
		ID -044
		ID -045
		ID -046
KUTTRUFF, PROF.DR.	0860	FA -032
		FD -028
KUTZEL, PROF.DR.	1183	PK -028
LAAGE, PROF.	1235	
LAAGE, GERHART, PROF.	1101	
LACHENMANN, R., DR.		BC -039
LACHER, HANNES, PROF.DR.		HG -021
LACMANN, ROLF, PROF.DR.	1034	
LAHMANN, E., PROF.DR.		BA -013
LAHMANN, ERDWIN, PROF.DR.		CA -061
LAIBLE		UH -009
LAMMERS, GADSO, PROF.DR.-ING.	0838	MC -033
LAMPRECHT, KLAUS, DIPL.-ING.		HA -064
		HB -053
LANDAUER, DR.-ING.	0811	
LANDES, THEO, DIPL.-ING.	0911	
LANG, ING.GRAD.		KC -020
LANG, COSMAS MAGNUS, DR.-ING.		FA -038
		FA -039
		FC -058
		FC -059
LANGBEHN, CAY, PROF.DR.	0668	RA -016
LANGE, PROF.DR.	0696	AA -020
		PI -044
		RE -006
		RE -007
		RE -008
		RH -007
		UM -003
LANGE, CHRISTOPH, DIPL.-KFM.		UA -054

L

NAME	INSTITUTION	VORHABEN
LANGE, HEINZ-JOACHIM, PROF.DR.	0701	TA -039
LANGE, O.-L., PROF.DR.	0110	
LANGEN, RUDOLF, DIPL.-ING.		DA -062
LANGER, DR.		MC -002
LANGER, PROF.DR.	1234	UL -070
LANGER, ERNST, DR.		TA -011
LANGER, WOLFRAM, DIPL.-ING.		AA -001
		AA -002
LANGGUTH, PROF.DR.		ID -052
LANGHOLZ, PROF.DR.		RF -018
		RF -019
LANGNER, DR.		HB -064
		ID -050
		RC -031
		RD -041
		RD -042
		RD -043
		RD -044
		RE -039
		RE -040
		RE -041
		RG -030
LANGNER, HEINZ, PROF.DR.-ING.	0267	QA -012
LASER, M., DR.		ND -044
LASKUS, DR.-ING.		BD -007
		CA -060
LAU, PROF.DR.-ING.	0398	
LAUBEREAN, PETER G., DR.		AA -053
LAUBEREAU, PETER, DR.		AA -054
LAUSSERMAIR, FRIEDRICH, DR.DR.	1147	
LAUTRICH, RUDOLF, ING.GRAD.	1026	
LAVEN, PROF.DR.	0583	RH -022
		RH -023
		RH -024
LECHER, KURT, PROF.DR.	0921	IF -029
LECHNER, EGON, DIPL.-ING.		FC -084
LEE, YOUNG-WHAN, DIPL.-ING.		BB -003
LEERS, KLAUS-JUERGEN, PROF.DR.-ING.	0044	
LEH, H.-O., DR.		PI -027
		UM -047
LEHMANN, PROF.DR.-ING.	0846	
LEHN, H., DR.		HG -032
		IF -025
LEHNERT, G., PROF.DR.		FC -095
		TA -074
		TA -075
		TA -076
		TA -078
LEIBFRIED, HELMUT, DR.		MA -027
LEIBROCK, DIPL.-ING.		DC -060
LEIMNITZER		RB -032
LEINER, DR.-ING.		KB -038
LEIPOLD, THEO, DR.		HG -062
LEISTNER, LOTHAR, PROF.DR.		PB -006
		QA -004
LELEK, ANTONIN, DR.		IC -111
LEMBKE, PROF.DR.DR.		ME -042
		MF -037
		QB -032
		QB -033
LENDHOLT, WERNER, PROF.		UK -060
LENHARTZ, RUDOLF, DIPL.-ING.	1273	
LENK, WERNER, DR.		PD -064
LENTZBACH, WILHELM, PROF.DR.		FB -057
LENZE, DR.		FC -019
LERSNER, FREIHERR HEINRICH VON, DR.	1365	
LESCHONSKI, KURT, PROF.DR.-ING.	1083	CA -079
		ME -065
LESER, HARTMUT, PROF.DR.	0328	RC -009
		UK -010
		UL -006
		UL -007
		UL -008
LESSMANN, HELMUTH, PROF.DIPL.-ING.	0208	
LETTNER, JUERGEN, DIPL.-ING.		SB -011
LEUSCHNER, FRED, PROF.DR.		PB -038
LEUTZBACH, WILHELM, PROF.DR.	0899	
LEVI, HANS-WOLFGANG, PROF.DR.	0380	
LEYHAUSEN, PROF.DR.		UN -042
LICHTE, JOHANN, DR.		RH -012
LICHTENTHALER, HARTMUT, PROF.DR.		PG -006
LICHTFUSS, RUDOLF, DIPL.-ING.		IC -061
LIEBERMEISTER, ULRICH, DR.		MG -017
		UB -013

NAME	INSTITUTION	VORHABEN
LIEBSCHER, HANS-J., DR.		HA -007
		HA -013
		HG -002
		HG -004
		IB -004
		RG -002
		HE -005
LIEDL, DIPL.-ING.		FB -042
LIEMANN, FERDINAND JOHANN, PROF.DR.		QB -035
LIEPMANN, MIRJAM, DIPL.-PSYCH.		TE -014
LIEPSCH, DIETER, PROF.DR.-ING.		FD -009
LIESE, WALTER, PROF.DR.	0606	
	1204	ID -028
		MF -022
LIESS, PROF.DR.	0904	TF -030
LILLELUND, KURT, PROF.DR.	0617	LA -008
		QD -008
LINCKE, WOLFGANG, DR.-ING.	1393	
LINDACKERS, KARL-HEINZ, DR.-ING.	1352	
LINDE, HANS, PROF.DR.	0831	UK -047
LINDE, VON, DR.	0135	
LINDINGER, PROF.	0635	MG -019
LINDNER, DR.-ING.	0376	
LINDNER, BERND, DR.		PF -036
		PF -037
LINGENS, FRANZ, PROF.DR.	0717	
	0719	OD -052
		OD -053
LINSER, PROF.DR.		PG -031
LINTZ, HANS-GUENTHER, DR.		DD -029
LISCHKE, PROF.	1251	
LITTGER, WERNER, DR.-ING.		UI -013
LO, DR.	0528	
LOEBLICH, HANS-JOACHIM, ING.GRAD.	1143	AA -124
		AA -125
		EA -016
		EA -017
LOEBLICH, KARL-RICHARD, DR.		KC -059
LOEFFLER, PROF.DR.-ING.		DD -035
		DD -037
		DD -038
		DD -039
		DD -040
		DD -041
LOEHNER, PROF.		DA -030
LOELIGER, HANS-CHRISTOPH, PROF.DR.	0643	BD -002
		MF -029
		TF -022
LOESCHERT, PROF.DR.	1407	
LOESCHKE, DR.		IC -027
LOHMANN, JOERG, DR.		KB -083
LOHMEYER, W., DR.		HA -037
		HA -038
		IF -017
		UM -044
		UM -045
LOHR, HELMUT, DIPL.-ING.	1335	
LOLL, ULRICH, DR.-ING.		KE -049
LONCIN, MARCEL, PROF.DR.DR.-ING.	0680	KB -042
		RB -019
LOOK, ERNST-RUEDIGER, DR.		VA -017
LORCH, DIETRICH, DR.		PF -015
		QC -020
LORENZ, DR.	0801	GA -003
LOSKANT, HANS, DR.		TA -040
LUBOSCHIK, DIPL.-ING.		MC -010
LUCH, PROF.		CA -041
LUCK, GUENTHER, DR.-ING.	0308	IB -009
LUCK, WERNER-A.P., PROF.DR.	0252	HF -002
LUCZAK, HOLGER, DR.		TA -027
LUDELING, ROLF, DR.		NC -014
LUDWIG, HERBERT WOLFGANG, PROF.DR.		RH -001
LUDWIKOWSKI, PETER, DIPL.-ING.	0170	
LUEDDERS, PETER, PROF.DR.		PG -028
LUEDELING, ROLF, DR.		NC -015
LUEDEMANN, PROF.DR.		HE -026
LUEDERS, DR.		QB -022
LUEDERS, RUDOLF, DR.		RC -037
LUEHL, RUDOLF, DR.		RH -008
		UM -014
LUEKE, PROF.DR.-ING.	0542	
LUEKEN, DR.		RD -006
LUENERS, ING.GRAD.		HG -009
LUETKESTRATKOETTER, HERBERT, DIPL.-ING.		GB -035
LUETTGEN, WALTER, DIPL.-ING.		KC -041
LUETZAU, VOLRAD VON, DIPL.-ING.		MB -020

NAME	INSTITUTION	VORHABEN
LUETZKE, DR.-ING.		AA -150
		BB -033
LUNDERSTAEDT		RH -018
LUTZ		FD -016
		FD -017
LUTZ, BURKART, DR.	0830	
LUTZE, WERNER, DR.		NC -030
		ND -024
LYRE, HELMUT, DR.	0994	
MAACK, GERHARD, DIPL.-ING.		RH -021
MAAS, GEORG, DR.	0892	HC -045
MACK, MATTHIAS, DR.	1301	RF -022
MACKENSEN, PROF.DR.	0835	UH -026
MAECKE, PAUL A., PROF.DR.-ING.	0836	
MAENDL, BERNHARD, PROF.DR.	0521	
MAHLING, DR.		NB -047
MAHNEL, HELMUT, PROF.DR.		HE -017
MAIER, DIETRICH, DR.-ING.		HE -049
MAIER, KNUT, DR.		BA -055
		BA -056
MAIER, REINER		HC -037
		HC -038
MAIER, WALTER, DR.		TF -023
MAIR, ALBERT, DIPL.-KFM.		UC -004
MALCHUS, VICTOR VON, DR.	0656	
MALKOMES, HANS-PETER, DR.		PG -044
MALORNY, GUENTHER, PROF.DR.	1218	
MALY, RUDOLF, DR.DIPL.-ING.		DA -034
MALZ, DR.		KA -007
		KA -008
		KB -014
		KB -015
		KB -016
		KE -012
		MD -005
		OB -008
MANDEL, PROF.DR.		ND -026
		ND -027
MANGINI, AUGUSTO, DR.		HC -041
MANIAK, ULRICH, PROF.DR.-ING.		HG -051
MANIER, G., PROF.DR.	0709	AA -082
		CB -033
		CB -034
		CB -035
MANN, DR.		DC -002
		KB -006
		KC -003
MANN, PROF.DR.		PC -023
MANN, GEORG, DR.	0060	
MANSHARD, WALTHER, PROF.DR.	0337	
MANTEL, KURT, PROF.DR.		TC -006
MANZ, DR.		TF -036
MARCHAND, DIPL.-ING.		DC -007
MARCKMANN, JOACHIM, DR.		CA -018
		CA -019
MARQUARDT, HANS, PROF.DR.DR.	0313	PD -004
MARQUARDT, PETER, PROF.DR.	0560	OC -016
MARR, DR.-ING.		IB -029
		IB -030
MARR, GERHARD, DR.-ING.		IB -032
MARSCHNER, HORST, PROF.DR.	0728	
MARTENS, RAINER, DR.		OD -033
MARTIN, DR.		QC -038
MARTIN, PROF.		FA -071
MARTIN, HANS-HERBERT, PROF.DR.	0715	
MARTIN, KLAUS, DIPL.-ING.		FC -034
MARTIN, KLAUS, DR.-ING.		DD -055
MARTIN, PETER, PROF.DR.	0752	
MARTIN, RUDOLF, PROF.DR.		FA -075
		FA -077
MARTINEZ, S.C., DR.		FA -086
		FB -089
MARTY, PROF.		FA -069
MARX, PROF.DR.-ING.	0870	
MASSMANN, H., DR.		IE -050
MASURE, ING.GRAD.		FB -021
		FD -005
MATHE, DR.		EA -010
MATHYS, WERNER, DR.		PF -012
MATNER, HANS-JOACHIM, DIPL.-ING.		VA -024
MATSCHAT, KLAUS, DR.		FB -076
MATTHES, GEORG, PROF.DR.		ID -021
MATTHES, SIEGFRIED, DR.		BD -001

NAME	INSTITUTION	VORHABEN
MATTHESS, GEORG, PROF.DR.		HB -017
		ID -011
		ID -012
		ID -013
		ID -014
MATTUSCH, PETER, DR.		RE -021
MAU, PROF.DIPL.-ING.	0814	
MAUCH, WERNER, PROF.DR.		KC -056
MAUDER, HORST, PROF.DR.	0068	
MAUHS, GUENTER, DIPL.-ING.	1371	
MAULTZSCH, MATTHIAS, DR.-ING.		PK -001
MAURIN, VIKTOR, PROF.DR.	0346	HB -020
MAUS, HEINZ, PROF.DR.	0255	TC -002
MAY		MA -041
		MF -049
MAY, HANS, PROF.DR.	1074	BA -054
		DA -050
		DA -051
		DA -052
MAYDELL, H.-J. VON, DR.		RA -022
MAYER, ROBERT, DR.		PF -029
		PH -023
MAYINGER, FRANZ, PROF.DR.	1130	
MAYNTZ, RENATE, PROF.DR.	0457	
MAYR, ANTON, PROF.DR.DR.H.C.	0697	KE -031
		MD -020
MECHEELS, JUERGEN, DR.	0087	
MECKELEIN, WOLFGANG, PROF.DR.	0335	RC -012
MEHLHORN		OC -038
MEIER, PROF.		CB -008
MEIER, G.E.A., DIPL.-PHYS.		FA -058
		FA -059
MEIER ZU KOECKER, HEINZ, PROF.DR.		DA -024
		DB -015
		DD -025
MEINEL, DR.		BA -043
		CB -057
MEINHOLD, KURT, PROF.DR.	0492	RA -010
MEINL, HERBERT, DIPL.-ING.		AA -029
		AA -030
		AA -031
		AA -035
MEISCHNER, PROF.DR.		HB -015
		IE -019
MEISEL, K., DR.		RD -023
		UL -035
		UM -042
MEISSNER, PROF.DR.	1286	UC -052
		UC -053
MEISTER, DIPL.-ING.		MC -006
MEISTER, JOSEF	0222	
MEIXNER, OSKAR, PROF.	0690	
MELCHIOR, GEORG-HEINRICH, DR.	0570	AA -065
MELKE, JOACHIM, DR.		FA -085
		FD -042
MELKONIAN, DR.		NC -029
MELKONIAN, MICHAEL		PF -016
MELZER, H. HARALD, DIPL.-ING.		DA -019
MENDEN, E., PROF.DR.	0553	
MENGEL, KONRAD, PROF.DR.	0751	
MENGER, DR.-ING.	1374	
MENGER, C.FRIEDRICH, PROF.DR.	0983	EA -012
MENGES, GEORG, PROF.DR.-ING.	0652	TA -037
MENIG, HARALD, PROF.DIPL.-ING.		DD -009
MENKE, HELMUT, DR.		QA -030
MENKE, KARL-HEINZ, PROF.DR.	0877	BA -045
		OD -067
		PH -045
MENNE		UF -017
MENSCHING, HORST, PROF.DR.		RC -024
MERGNER, HANS, PROF.DR.	1097	
MERKEL, DIPL.-CHEM.		MB -053
		MC -038
		MC -039
MERKEL, DETLEF, DR.		PF -055
		PF -056
MERKEL, WOLFGANG, DR.-ING.		IC -018
MERKL, DR.-ING.		KE -054
MERKT, DR.		UL -067
MERSMANN, ALFONS, PROF.DR.-ING.	1036	
MERTENS, HANS, DR.		OA -016
MERTINS		UC -013
MERZKIRCH, WOLFGANG, PROF.DR.	0867	CB -060

NAME	INSTITUTION	VORHABEN
MESCH, F., PROF.DR.	0707	HG -026
METZ, DR.		KB -087
		KC -071
METZGER, DR.		PI -002
METZGER, HANS, DR.	0296	
METZNER, PROF.DR.	0527	OD -039
MEURERS, DR.		FA -049
		FB -060
		FB -061
		FB -062
		FB -063
		FD -033
MEVIUS, WALTER, DR.		HE -041
MEYER		RA -005
MEYER, DIPL.-ING.		UF -016
MEYER, DR.		HE -022
MEYER, PROF.DR.	0511	
	0875	HB -038
		HB -039
		ID -022
		PG -021
		PH -018
		QA -045
		QA -047
		RA -011
MEYER, BRUNK, PROF.DR.		RD -015
MEYER, FRANZ H., PROF.DR.	1123	
MEYER, FRIEDRICH, PROF.DR.	0760	
MEYER, HEINZ, DIPL.-ING.		DB -035
MEYER, HERMANN, DIPL.-ING.		KB -057
MEYER-ABICH, KLAUS M., PROF.DR.	0287	SA -021
		SB -013
		UC -012
MICHAEL, PROF.DR.		MD -024
MICHAELIS, DR.		OA -018
MICHAELIS, HERMANN, DR.		HC -019
MICHALSKI, WOLFGANG, PROF.DR.	0951	
MICHEL, DR.		BA -005
		DD -061
MICHELFELDER, WILLY, DR.-ING.	0127	
MIE, FRIEDRICH, DIPL.-PHYS.		TD -024
		VA -027
MIELKE, HORST, DR.		RH -027
MIESSEN, DR.-ING.		FC -074
MIETHKE		QA -006
MIHM, ULRICH, DR.-ING.		IA -009
		IC -030
MILCZEWSKI, KARL-ERNST VON, DR.	0713	KC -035
		QA -036
		QA -037
MILSTER, DR.		KF -001
MILTENBURGER, HERBERT, PROF.DR.	0940	PD -057
		RH -067
MINTROP, PROF.DR.		FC -014
MIOSGA, DR.-ING.		AA -064
MIOTK, PETER, DIPL.-BIOL.		UN -018
MIRISCH, DR.		IC -001
MIRNA, DR.		QB -008
		QB -009
		QB -010
MITSCHERLICH, EILHARD, PROF.DR.	1359	
MITSCHERLICH, G., PROF.DR.	0572	
MITSCHERLICH, GERHARD, PROF.DR.		AA -066
		RG -018
		RG -019
MITSCHKE, MANFRED, PROF.DR.	0893	
MITTELSTAEDT, DR.		HC -018
		IE -011
MITTELSTAEDT, HORST, DR.	1160	
MOEHLER, PROF.DR.	0225	
MOEHLER, KLEMENT, PROF.DR.		QA -009
		QB -015
		QC -011
MOEHN, EDWIN, PROF.DR.		UN -053
MOENCH, DIPL.-ING.		CB -017
MOENIG, FRANZ JOSEF, DIPL.-ING.		CA -036
MOENKEMEYER, KARL, PROF.DR.	0140	
MOENNIG, A., DIPL.-ING.		MF -008
MOEWES		UE -019
MOHR, ULRICH, PROF.DR.		PC -060
MOHRMANN, J.C.J., DIPL.-ING.	0029	
	0034	
MOHTADI, MEHRDAD, DIPL.-ING.		KB -036
		KC -025
MOLERUS, PROF.DR.-ING.	0692	BC -027
MOLL, DIETER		DC -053
MOLL, WOLFGANG, DR.		ID -024
		RD -019
MOLLENHAUER, PROF.DR.-ING.		BA -035
MOLLENHAUER, DIETER, DR.		UL -072
MOLT, WALTER, DR.		UH -024
		UH -025
MOLTKE, KONRAD VON, DR.	0555	UA -030
		UA -031
		UA -032
MOMMERTZ, DR.-ING.	0096	
MONTAG, A., DIPL.-ING.		UL -069
		UM -079
MOOSMAYER, HANS-ULRICH, PROF.DR.	0315	
MORGENSTERN, WOLFRAM, DIPL.-PHYS.	0631	AA -069
		BB -015
		BC -026
MORONI	0144	
MOSCH, HEINRICH, DR.		KB -010
MOSEBACH, DIPL.-ING.		KF -015
MOSER, DR.		UL -076
MOSER, HERBERT, PROF.DR.		HG -055
MOSER, HERIBERT, PROF.DR.	0796	HA -043
		HB -049
		HG -030
		HG -031
		IA -021
		IB -016
MOSONYI, EMIL, PROF.DR.DR.H.C.	0916	HA -068
		HA -069
MOSSAKOWSKI, DIETRICH, PROF.DR.		UM -007
MRASS, WALTER, DR.-ING.		UK -028
		UK -029
		UK -030
		UK -031
		UK -032
		UK -034
		UL -029
		UL -033
MUDRACK, PROF.DR.		MF -041
MUECKENHAUSEN, EDUARD, PROF.DR.DR.		RC -019
MUEHLBERG, PROF.DR.-ING.	0260	
MUEHLEISEN, RICHARD, PROF.DR.-ING.		AA -005
		CA -008
		NB -007
		TE -003
MUELDER, PROF.DR.		UM -035
MUELLER, DIPL.-PHYS.	1188	
MUELLER, DR.		HA -024
		ME -007
MUELLER, PROF.		BA -026
		DA -029
MUELLER, PROF.DR.		FA -056
MUELLER, PROF.DR.-ING.	0925	
MUELLER, ANDREAS VON, DR.		ME -056
MUELLER, DIETER, DIPL.-BIOL.		IC -011
		KA -006
MUELLER, E., DR.DIPL.-GEOL.	0351	UL -015
MUELLER, E.A., PROF.DR.	1042	
MUELLER, ERNST-AUGUST, PROF.DR.		FB -077
MUELLER, FRANZ, DIPL.-ING.	0223	
MUELLER, FRANZ, DR.		OD -065
		PB -028
MUELLER, G., PROF.DR.	1180	
MUELLER, GERALD, DIPL.-ING.		MD -014
MUELLER, GERHARD, DR.	0358	BB -007
MUELLER, GERMAN, PROF.DR.		HE -039
		IC -104
		IE -054
MUELLER, GERTRUD, PROF.DR.		HD -010
		HD -013
		HE -021
		IC -078
		KB -064
		QA -052
		TF -031
MUELLER, GOTTFRIED, PROF.DR.	1095	
MUELLER, H.E., PROF.DR.DR.	1311	IC -115
MUELLER, H.W., PROF.DR.	0250	
MUELLER, HANS-GEORG, DR.-ING.	0359	UI -010
MUELLER, HEINZ, DR.		PH -061
MUELLER, HELMUT, DR.		PH -055
MUELLER, ILSE, DR.		PG -022
MUELLER, LEOPOLD, PROF.DR.	1293	
MUELLER, NORBERT, DR.		UA -014

NAME	INSTITUTION	VORHABEN
MUELLER, PAUL, PROF.DR.	0330	AA -048
		FA -009
		IC -023
		IC -024
		PI -007
		UC -016
MUELLER, PETER, DR.		BC -010
MUELLER, PETER, DR.-ING.		DC -021
MUELLER, RICHARD, PROF.DR.	0876	ME -044
		ME -054
		MF -042
		MF -043
MUELLER, ROLF, DR.	1191	
MUELLER, U., PROF.DR.	0803	
MUELLER, WERNER, DR.		RC -036
MUELLER, WERNER, PROF.DR.		UF -026
MUELLER, WOLFGANG		AA -132
MUELLER, WOLFGANG, DR.		ME -082
MUELLER, WOLFGANG, PROF.DR.		CA -052
		RF -014
		RF -015
		TF -027
MUELLER VON BLUMENCRON, HUBERTUS, DR.	0183	
MUELLER-BROICH, ADOLF, PROF.DR.	0507	NB -019
MUELLER-DIETZ, H., PROF.DR.	1210	
MUELLER-LIMMROTH, W., PROF.DR.MED.	0472	FD -012
		FD -013
		TA -024
MUELLER-MERBACH, HEINER, PROF.DR.	0243	MG -011
MUENCH, E., DR.		NC -050
MUENCH, JOERG, DIPL.-ING.		AA -034
MUENCHOW, SIEGFRIED, PROF.DR.	1069	
MUENKER, WILLI, DR.	1320	MD -035
MUENNICH, KARL-OTTO, PROF.DR.	0889	AA -098
		AA -099
		HC -042
MUENSTEDT, ING.GRAD.		HG -054
MUENZBERG, PROF.DR.-ING.	1056	
MUHLE, HARTWIG, DR.		PA -005
MULL, DR.-ING.		HG -043
MULL, ROLF, DR.-ING.		HA -077
		HB -062
		HB -079
MUNDING, DIPL.-ING.		MC -048
MUNDRY, PROF.		NC -002
MUNDSCHENK, DR.		IC -013
		IE -006
MUNDT, DIPL.-ING.		HC -004
MUNNECKE, DOUGLAS, DR.		OD -034
MURAWSKI, PROF.DR.	0340	HB -014
		HG -014
MUSCHE, RUTH, PROF.DR.	1414	PC -064
		QA -072
MUSKAT, ERICH, DR.		QA -069
		QA -070
MUTKE, DIPL.-ING.	1380	
NABER, GERHARD, DR.-ING.	1436	
NACHTIGALL, WERNER, PROF.DR.	1428	
NAGEL, DIPL.-CHEM.		IC -093
NAUDASCHER, PROF.DR.-ING.	0618	GB -013
		GB -044
		HB -080
		HG -056
NAUMANN, PROF.		TD -004
NEANDER, ECKART, PROF.DR.	0855	
NEBELUNG, HERMANN, PROF.DR.-ING.		SA -080
NEFF, PROF.		OA -038
NEHRKORN, ALEXANDER, PROF.DR.		ID -010
		PH -005
NEIDER, RUDOLF, PROF.DR.		OA -002
NEIDLEIN, R., DR.	1222	
NEIS, DIPL.-ING.		HA -104
		IC -065
NESTER, DIPL.-METEOR.		GA -001
NEUBAUER, DIPL.-ING.		DA -010
NEUFANG, HEINZ	1288	
NEUFFER, DR.		RH -069
		RH -070
NEUGEBAUER, GERHARD, DIPL.-ING.		FC -006
NEUGEBOHRN, LARS, DR.		HC -026
		UM -026
NEUHAUS, NORBERT		MA -039
NEUMAIER, FERDINAND, PROF.DR.		HA -042
NEUMANN, DIPL.-ING.		KC -042
NEUMANN, DR.	0549	DC -051
		KB -037
		PD -045
		PG -023
		QA -042
NEUMANN, DR.-ING.		ND -008
NEUMANN, DIETRICH, PROF.DR.	1431	
NEUNERT, HORST, ING.GRAD.	0032	
NEURATH, GEORG, DR.	1179	OC -034
NEUWEILER, FRITZ, DR.	1241	
NEY, PAUL, PROF.DR.	0721	OD -054
NEZEL, KARL, DR.		QD -013
		QD -014
NICOLAISEN, PETER, DIPL.-ING.		TA -052
NIEBNER, PROF.		MD -006
		TD -006
NIEBUER, WILHELM, PROF.DIPL.-LANDW.		UL -005
NIEDER-VAHRENHOLZ, JOACHIM		UA -053
NIEDERMAYER, DR.	0352	HB -029
		HB -030
NIEDERMEYER, DIPL.-ING.	0416	FB -033
		HB -034
		HB -035
		MC -017
NIEDING, GISELHER VON, DR.		PE -034
NIEDNER, ROLAND, DR.		PB -025
NIEMANN, E.-G., PROF.DR.	0850	OA -027
NIEMITZ, WALTER, PROF.DR.		IC -072
		KE -046
		PI -033
NIERLE, DR.		QC -007
NIERLE, W., DR.		QC -026
NIESE		MB -033
		MB -035
NIESEL, KONRAD, DR.-ING.		PK -002
NIESSLEIN, ERWIN, PROF.DR.-ING.	0574	UB -017
NIMZ, DR.		ME -009
NIPPER		UH -012
NITSCH, W., PROF.DR.	1085	
NITSCHE, VOLKER, DIPL.-ING.		FB -039
		FB -040
NITZL, PROF.DR.		KC -069
		MA -026
		ME -071
		MG -034
NOACK, PROF.DR.		BB -014
		DC -033
		FC -043
NOACK, DETLEF, PROF.DR.	0608	
NOERING, F., PROF.DR.	0394	
NOGGE, GUNTHER, DR.		RH -013
NOHL, DIPL.-GAERTN.		TC -008
		UK -022
NOLTE, RAINER F., DR.-ING.		UC -026
NORPOTH, KLAUS, PROF.DR.	0845	OC -030
NOTHDURFT, HEINRICH, DR.		UM -023
NOTTRODT, ADOLF, DR.-ING.		BB -008
		DB -013
		GB -011
		MA -010
		MB -008
		MB -009
NUSSBAUM, WILFRIED		HA -109
NUTSCH, DIPL.-ING.		FD -036
OBERBACHER, BONIFAZ, DR.		PE -004
OBERDOERSTER, DR.		PB -009
OBERMANN, PETER, DR.		ID -025
		ID -026
OBERWINKLER, PROF.DR.	0501	
OBLAENDER, WERNER, DR.		AA -068
		NB -023
		NB -024
OCHEL, DR.		UA -020
OCKER, DR.		QC -003
		QC -004
		QC -025
		RB -005
ODLER, IVAN, PROF.DR.-ING.		MD -026
OEL, H.J., PROF.DR.	1112	PK -025
		PK -026
		PK -027
OELERT, H.H., PROF.DR.	0532	
OELKERS, KARL-HEINZ, DR.		PF -070

O

NAME	INSTITUTION	VORHABEN
OELSCHLAEGER, WALTER, DR.		OB -017
		QA -048
OESCH, FRANZ, PROF.DR.	1219	PD -063
OESER, PROF.	0133	
OFFER, GERHARD, DR.-ING.		KD -018
OFFHAUS, KURT, DR.		IC -005
		IC -006
OHLMEYER, FRIEDRICH, DIPL.-ING.		HC -012
OHNESORGE, PROF.DR.MED.	0017	PA -001
		PB -003
		PB -004
OLDIGES, HUBERT, DR.	0437	PB -010
		PC -011
OLSCHOWY, GERHARD, PROF.DR.	0661	UK -033
		UL -032
		UL -034
OLZEM, RAINER, DIPL.-GEOL.		MC -040
ONKEN, ULFERT, PROF.DR.	1098	
OPFERMANN, HOLM, DIPL.-ING.		TB -030
OPHEN, PROF.		KB -074
OPPENLAENDER, KARL-HEINRICH, DR.	0415	UC -024
ORTH, HANS WILHELM, DR.-ING.		BD -003
ORTLAM, DIETER, DR.		GC -010
OSLAGE, HANS-JOACHIM, PROF.DR.	0874	
OSMAIL, ROSHDY, DR.		PC -018
OSTERMANN, HANS, DIPL.-MATH.		MB -058
		MG -032
OSTERROHT, DR.		IE -043
OSWALD, CHEM.-ING.		KC -002
OTT, DR.	0218	IC -020
OTT, ALFRED E., PROF.DR.	0459	
OTT, R., PROF.DR.	0976	
OTTE, GERHARD, PROF.DR.	0274	
OTTO, DIETER, DIPL.-ING.		UI -019
OTTO, FRIEDRICH, DR.		NB -014
OTTOW, J.C.G., PROF.DR.		KB -029
OVERATH, HORST, DR.		KB -077
OVERBECK, HANS, DIPL.-ING.		RH -020
OVERBECK, JUERGEN, PROF.DR.		RB -031
PAATSCH, WOLFGANG, DR.-ING.		PK -005
PABST, WERNER, PROF.DR.	1086	
PAESLER, REINHARD, DR.		UF -036
PAETZE, DR.		HB -065
		NB -048
		NB -049
PAETZOLD, HANS-KARL, PROF.DR.	0589	AA -067
		OB -014
PAFFRATH, DR.		AA -094
		CB -044
PAHL, DR.		MC -003
PAHL, PETER-JAN, PROF.DR.	0443	
PANNHAUSEN, DIRK, DIPL.-ING.		FC -005
		FC -010
PAPE, HANSGEORG, DR.		PF -066
PAPENBERG		KE -013
PAPENHAGEN, AXEL, DR.-ING.		SB -026
PAPP, R., DR.		NC -036
PAPPERS, RUDOLF		FA -048
PARAMESWARAN, NARAYAN, PROF.DR.		MF -021
PARTENSCKY, HANS-WERNER, PROF.DR.	0317	
PARTZSCH, KURT	0481	
PASTERNAK, RUDOLF, DR.		DC -064
PASTUSKA, PROF.DR.		MC -001
PATT, RUDOLF, DR.		KC -010
PAUL, H., DR.		BE -003
		DC -009
PAULS, DIETMAR		FA -007
PAULY, H., PROF.DR.	1159	
PAULY, HELMUT, PROF.DR.DR.	0797	NA -009
		NB -030
		NB -031
		NB -033
		NB -034
PAUTZ, DIPL.-ING.		MA -018
PAUTZ, DR.-ING.	0190	
PECHER, ROLF, DR.-ING.		IB -025
		IB -026
PEINZE, DIPL.-ING.	0364	
PERRIODON, LOUIS, PROF.DR.		UC -041
PERSIEL, FRIEDEGUNDE, DIPL.-ING.		RE -009
PESCHKA, PROF.DR.-ING.	0545	SA -035
PESTEMER, WILFRIED, DR.		PG -043
		RE -037
PETER, PROF.DR.	1100	DC -048
		KB -075
PETERMANN, DR.		UM -029
PETERS, DIPL.-ING.		HA -099
PETERS, PROF.DR.		PD -041
PETERS, HANS-RUDOLF, PROF.DR.	0263	UA -012
PETERSEN, HEINZ, DR.DIPL.-ING.		BC -045
PFADENHAUER, DR.		UM -028
PFAENDER, PROF.		RB -006
PFAFF, MARTIN, PROF.DR.	0955	UB -021
PFEFFER, PROF.DR.		RF -016
PFEIFFER, DR.		EA -007
		PD -009
PFEIFFER, WERNER, PROF.DR.	1072	MG -028
PFEIL, RICHARD, DIPL.-ING.		ME -084
PFEILSTRICKER, KONRAD, PROF.DR.	1080	QA -063
		QC -044
PFENNIG, N., PROF.DR.	0714	OD -050
PFIZENMAIER, DR.		FB -056
PFLANZ, MANFRED, PROF.DR.	0548	
PFLANZ, MANFRED, PROF.DR.MED.		PE -017
PFLUG, WOLFRAM, PROF.	1078	UE -037
		UK -063
		UK -064
		UK -065
		UL -062
		UM -071
PFULB, KARL, DR.		PH -062
PHILIPP, WOLFGANG H.	1357	
PHILIPPI, GEORG, DR.		UM -064
PICHLMAYER, HELGOMAR, DIPL.-VOLKSW.		UH -036
PICHT, PROF.DR.	0304	
PIEKARSKI, PROF.DR.	0698	PE -022
		TF -024
		TF -025
PIERICK, KLAUS, PROF.DR.-ING.	0898	UH -032
		UI -020
PIETRZIK, KLAUS, DR.		QB -021
PILINSZKY, GEZA VON, DIPL.-CHEM.	0423	
PILNY, FRANZ, PROF.DR.-ING.	0482	ME -035
PILOTEK, GEORG, DIPL.-ING.		KB -024
		KB -025
		KE -014
PINGER, WINFRIED, PROF.DR.		EA -005
PINSDORF, DR.		RH -043
PIOTROWSKI, JOACHIM, PROF.DR.	0667	
PIRCHNER, FRANZ, PROF.DR.	1105	
PISCHINGER, FRANZ, PROF.DR.	1043	BA -052
		DA -041
		DA -042
		DA -043
		DA -044
		DA -045
		DA -046
		DA -047
		FA -052
		FB -064
		FB -065
PLAETZE, DR.		GB -032
PLASSMANN, DR.-ING.		BA -068
PLASSMANN, EBERHARD, DR.-ING.		AA -160
		BA -069
		UH -039
PLATE, ERICH, PROF.DR.-ING.	0390	
	0913	GB -043
		GB -046
		GB -048
		HA -105
		HG -038
PLATZ, DR.		IC -092
PLOEG, RIENK VAN DER, DR.		RG -038
POEPPINGHAUS, DIPL.-ING.		HA -051
POHL, PROF.DR.		CA -005
		SA -005
POHLE, GERHARD, PROF.	0483	
POHLIT, W., PROF.DR.		PE -010
		PE -011
POHLIT, WOLFGANG, PROF.DR.	0506	PC -017
POLACH, DIPL.-ING.		DA -013
POLL, KURT, DR.		HB -066
POLLMER, PROF.DR.	0759	RH -045
POLTHIER, KLAUS, DR.-ING.		BC -009
POLUMSKY, DIPL.-ING.		UH -028
POPP, DR.		IF -003
PORSTENDOERFER		NB -018

NAME	INSTITUTION	VORHABEN
PORTIG, JOACHIM, PROF.DR.		PB -033
POTT, DR.		PD -062
POTTENDORFER, RUDOLF, DIPL.-KFM.		AA -167
		AA -170
POTTHOFF, ERICH, PROF.DR.	1402	
PRAHM, DR.		IE -009
PRAXENTHALER, PROF.DR.-ING.	0125	
PREDIKANT, HANS		DB -029
PREIER, HORST, DR.		CA -004
		CA -006
PREISING, ERNST, PROF.DR.	1194	HA -100
		UK -071
		UM -078
		UN -044
		UN -045
PRESCHER, DR.		DA -033
PRESCHER, DR.-ING.		BA -048
		CA -058
PRESS, DR.-ING.		TA -015
PRESS, HENNING, DR.-ING.		BC -002
		BC -003
		BC -004
PREUL, FRIEDRICH, PROF.DR.		MB -059
PREUNER, R., PROF.DR.	0011	
PREUSCHEN, GERHARDT, PROF.DR.		UL -064
PREUSSE, PROF.DR.		IF -014
		IF -015
		PF -027
PREUSSMANN, RUDOLF, PROF.DR.		OD -071
		PC -040
		PD -054
		QA -049
		QA -050
PRIEBE, HERMANN, PROF.DR.	0655	RA -014
PRIGGE, ERWIN, DR.		PA -006
PRIMAVESI, PROF.DR.	0411	IC -031
PRINZ, DR.		AA -114
		OA -030
		PG -047
		PH -051
		PH -052
PROBST, L.		HA -050
		PA -033
PRODEHL, DR.		FA -010
PROPACH, GISELHER, DR.	1182	
PROSI, GERHARD, PROF.DR.	0933	
PRUGGMAYER, DR.		AA -010
PRYSTAV, GUENTHER, DR.		TB -034
		TB -035
PRZEMECK, EBERHARD, PROF.DR.		RD -011
PRZYGODDA, W., DR.		UN -028
		UN -029
PUCHELT, HARALD, PROF.DR.	0744	OA -024
PUHANI, DR.		UC -020
QUACK, HEINZ, DIPL.-ING.		TA -066
QUACK, RUDOLF, PROF.DR.-ING.	0897	BB -022
		FC -057
		MB -050
QUANTT, LUDWIG, DR.	0174	
QUANTZ, DR.		RE -013
QUECK, DR.		AA -093
QUELLMALZ, EBERHARD, DR.		BE -008
		DC -035
		DC -036
		KC -029
QUENTIN, KARL-ERNST, PROF.DR.	0917	HA -070
		HA -071
		IC -079
		IC -080
		IC -082
		PG -045
QUENZEL, DR.		CA -084
		CA -085
RAABE, PROF.DR.	1015	UM -065
RAASCH, DR.-ING.		KB -044
RAASCH, UDO		MA -004
RABE, RUDOLF, DR.		IC -037
RABOLD, EUGEN, DIPL.-ING.		TC -015
RACHOR, ELKE, DR.		HC -031
		IE -031
RADCZEWSKI, PROF.DR.	0592	BC -024
		CA -043
		PK -024
RADKE, DR.-ING.		DC -020
RADTKE, ROSEMARIE, DR.		RB -018
RAHMANN, HINRICH, PROF.DR.	0941	GB -023
		PI -035
RAMER, STEFAN, DR.		SA -039
		UC -037
RAMMING, HANS-GERHARD, DR.		HC -039
RAPP, DR.		QC -008
RASSMANN, WERNER, DIPL.-BIOL.		RH -056
RATHE, DIPL.-CHEM.		IC -116
		ID -060
		LA -023
RATHMANN, UWE, DIPL.-ING.		ME -012
RAU, WERNER, PROF.	0108	
RAUB, DR.	0299	KC -017
RAUCH, DIPL.-ING.		KC -052
RAUER, M.	0192	
RAUSCHENBERGER, HELMUT, DIPL.-ING.		MG -007
RAUTENBACH, PROF.DR.-ING.	0896	
RAUTENBERG, MANFRED, PROF.DR.-ING.	0852	
RAUTMANN, DIPL.-GAERTN.		UK -021
REBER, HANS, DR.		OD -025
		OD -032
REEMTSMA, JAN BEREND, DR.		RD -049
		RD -050
REHBINDER, ECKARD, PROF.DR.	0235	EA -004
		UB -003
		UB -004
REHDER, DR.		PI -037
REHFUESS, KARL-EUGEN, PROF.DR.	0514	RG -011
REHM, PROF.DR.		ME -043
		QC -032
REHM, GALLUS, PROF.DR.	1212	
REHM, H.-J., PROF.DR.	0718	
REHM, HORST, DR.	1005	PB -039
REHME, GERHARD		FC -025
REHNER		PA -014
		QA -026
REICH, HERBERT, PROF.DR.		NB -058
REICHARDT, WOLFGANG, DR.		GB -036
		IE -052
REICHELT, GUENTHER, PROF.DR.	0038	
REICHENBACH, H., DR.	0202	
REICHERT, DR.		DC -019
		IC -032
REICHERT, JOHANNES, PROF.DR.		HD -008
		LA -010
REICHERT, KARL-HEINZ, DR.		TA -019
REICHHOLF, DR.	0119	UN -009
REICHLING, JUERGEN, DR.		PG -037
		PG -038
REICHMANN, THOMAS, PROF.DR.	1106	
REICHMUTH, CHRISTOPH, DR.		RH -054
REIFF, WINFRIED, DR.	0350	UL -014
REIMANN-PHILIPP, RAINER, PROF.DR.	0129	
REINECK, H.E., PROF.DR.	0703	IE -041
REINECKE, DR.		RG -029
REINEFELD, PROF.DR.	0672	
REINEFELD, PROF.DR.RER.NAT.		KC -032
REINEN, DIRK, PROF.DR.	0242	
REINHARDT, DR.		AA -092
REINHOLD, DIPL.-CHEM.		KA -021
REINHOLD, GUENTER, DIPL.-PHYS.		FB -006
		FB -008
		FB -012
		FB -014
		FD -004
REINIGER, KARL-HELLMUTH, DIPL.-ING.		AA -006
		AA -014
REINKE, DR.		IC -094
		IC -096
REITER, DR.	0477	AA -058
		AA -059
REITER, M., PROF.DR.		PA -012
		PD -023
REMMER, HERBERT, PROF.DR.	0883	OD -068
		OD -070
REMMERS, KARL, DIPL.-ING.		DD -062
REMMERT, PROF.	1429	
RENATUS, LUDWIG, DIPL.-GEOL.		RC -017
RENESSE, DR.	0546	
RENGER, DIPL.-ING.		CA -049
		CB -042

R

NAME	INSTITUTION	VORHABEN
RENGER, MANFRED, DR.		RE -048
RENTSCHLER, INGEBORG, DR.		PH -043
RENTSCHLER, WALTER, PROF.DR.	0770	CB -046
		NB -027
		PG -039
RENTZ, DR.		DC -028
RESCH, HELMUT, DIPL.-ING.		KE -059
RESKE, PROF.DR.		OC -025
		PD -047
REUSSE, ULRICH, DR.	1391	RB -033
REUTER, FRITZ, DIPL.-ING.	1398	
REUTER, HELMUT, PROF.DR.-ING.	0895	KC -050
REZNIK, HANS, PROF.DR.	0106	
RHODE, DR.	1265	
RICHTER, FRIEDRICH-WILHELM, PROF.DR.		IA -006
		OA -011
RICHTER, GEROLD, PROF.DR.		RC -008
RICHTER, W.		UL -019
RICHTER, WOLFGANG, DIPL.-ING.		CB -062
RIEBOLD, KLAUS, DIPL.-ING.		FC -013
RIECHERT, DIPL.-ING.		TA -038
RIEDERER, DR.		PK -012
RIEDERER, JOSEF, DR.	1304	PK -029
		PK -030
RIEGELS, F.W., DR.	0853	
RIEHLE, DIPL.-AGR.-ING.		UK -014
RIEKER, DR.		KC -004
		MB -004
RIEKERT, LOTHAR, PROF.DR.	0533	DD -030
RIEMANN, F.-K., DR.	0035	UF -002
RIEMANN, U., PROF.DR.	0673	KD -010
		KD -011
RIEPE, WOLFGANG, DR.	0834	
RIESS, DIPL.-ING.		KB -063
RIMMASCH		MA -036
		MA -037
RINCKE, GUENTHER, PROF.DR.-ING.	0919	IC -084
		IC -085
		KE -047
		KF -018
		LA -016
		LA -017
		LA -018
		LA -020
RITTEL, HORST, PROF.	0600	
RITTER, DIPL.-ING.		HA -052
RITTER, WIGAND, PROF.DR.	1113	
RITTNER, DR.		ND -011
		ND -012
ROBBERT, DR.		FB -082
ROBINSON, DR.		QA -034
ROBOHM, KARL-FRIEDRICH, DIPL.-ING.		MF -007
ROBRA, DR.		KA -026
RODENHOFF, GERD, DR.MED.		QB -058
RODENWALD, B., DR.	1356	
RODERIGO, DIPL.-ING.		KB -059
RODI		GB -047
		HG -057
ROEB, LUDWIG, DR.		PH -015
ROEDEL, WALTER, DR.		AA -100
		AA -101
		AA -102
		AA -103
ROEGENER, PROF.DR.	0868	GA -010
		GA -011
ROEHM, PROF.DR.	0439	
ROEHRBORN, GUNTER, PROF.DR.	0613	PD -035
ROEHRIGE, E., PROF.DR.	0910	
ROEPER, HANS-PETER, DIPL.-MIN.		IC -060
ROESLER, DIPL.-ING.		HA -103
		KF -020
ROESSNER, JUERGEN, DR.		PB -030
		RH -050
		RH -051
		RH -053
ROETH, ERNST-PETER, DR.		AA -038
ROETHER, WOLFGANG, PROF.DR.		AA -104
		HC -043
		HC -044
ROFFAEL, EDMONE, DR.-ING.		ME -089
		MF -050
ROGGE, PETER, DR.	1246	
ROHDE, FRITZ G., PROF.DR.-ING.		IB -027
ROHDE, GUSTAV, DR.		OD -008
		PF -003
ROHMERT, WALTER, PROF.DR.-ING.	0475	

NAME	INSTITUTION	VORHABEN
ROHR, FRANZ-JOSEF, DR.		DA -004
ROHR, KLAUS, PROF.DR.		QD -024
ROHRBACH, CHR., DR.-ING.	0025	
ROHRMANN, B., DR.PHIL.		FD -039
ROHS, DIPL.-ING.		DA -031
ROLL, DR.		PD -060
ROMBERG, DR.-ING.		CB -059
ROOS, HANS-JOACHIM, DR.		RA -001
		UK -004
ROOSS, DIPL.-CHEM.		PK -004
ROSE, GERHARD, PROF.DR.	1266	MB -061
		ME -077
		ME -078
ROSEGGER, SYLVESTER, PROF.DR.	0491	
ROSENKRANZ, DR.-ING.		AA -097
		VA -014
ROSENTHAL, HARALD, DR.		PC -003
ROSOPULO, DR.		PF -004
ROTH, DIPL.-ING.		FC -067
ROTH, DR.-ING.		OC -029
ROTH, GISELA, DIPL.-UEBERS.		VA -026
ROTH, MANFRED, DIPL.-ING.		BB -005
ROTH, MANFRED, DR.		CA -042
ROTH, RAINER, PROF.DR.	0712	
ROTHGANG, GEORG-WILHELM, DIPL.-PSYCH.		TB -029
ROTT, DR.-ING.		HB -050
ROTT, DR.MED.		FA -016
ROTTMANN, WOLF, DR.		IC -102
		KE -061
ROUVE, GERHARD, PROF.DR.-ING.	1131	ID -055
RUCKDESCHEL, DR.		IC -051
RUDOLPH		FA -084
RUDOLPH, HEINZ-DIETER, PROF.	0023	
RUEBE, W., PROF.DR.	0978	
RUEBELT, CHRISTIAN, DR.		IA -012
		IC -052
RUECKEL	1435	
RUECKWARD, WERNER, DIPL.-ING.		FB -001
		FD -001
		FD -003
RUEDEN, HENNING, DR.		DD -021
		PC -008
RUEDT, DR.		QA -005
RUEFFER, PROF.DR.-ING.		IE -049
RUEHL, NIELS-PETER, DIPL.-GEOL.		IE -008
RUEPRICH, WALTER, DR.		MB -055
RUESSEL, HARALD, PROF.DR.		OB -006
		PB -007
RUETER, HEINRICH, DIPL.-ING.		UK -056
RUF, MANFRED, PROF.DR.	0079	HA -004
		KB -009
RUFF, PROF.DR.	0564	
RUGE, PROF.DR.		PF -017
		PF -018
		PF -020
		UM -024
RUMMEL, PROF.DR.-ING.DR.-ING.HABIL.	0543	SB -022
RUMPF, PROF.DR.-ING.	0693	
RUMPF, HANS, PROF.DR.-ING.		CB -030
		DD -036
		KB -043
RUNDFELDT, HANS, PROF.DR.	0842	
RUPPERSBERG, DR.		CA -048
RUPPERT, PROF.DR.	1406	
RURAINSKI, HANS-J., DR.		PG -049
RUSCH		TE -010
RUSKE, WILFRIED, DR.-ING.		UH -029
		UH -030
RUSS, ADOLF, DIPL.-METEOR.		AA -026
		AA -027
RZEPKA, PETER, PROF.DR.		HA -020
SACHS, H.W., PROF.DR.	0591	
SAFFERLING, DR.	1012	
SALJE, ERNST, PROF.DR.-ING.	0926	FA -040
		FC -064
SAMMER, DIPL.-ING.		FB -025
SANDER, JOHANNES, DR.		MC -016
		PD -008
SANDER, JOHANNES, PROF.DR.	1313	OC -037
		OD -092
SANDERS		RH -017
SANG, A.W., DR.		HC -006
SARNTHEIM, PROF.DR.		IE -021

NAME	INSTITUTION	VORHABEN
SATZINGER, WALTER, DR.-ING.		FB -034
		HE -013
SAUER, DIPL.-ING.		PI -003
		UM -005
SAUER, PROF.DR.		HB -019
SAUER, GERHARD, DIPL.-ING.		FB -086
SAX, DIPL.-PHYS.		VA -028
SCHAADE, MANFRED, DIPL.-ING.		KC -018
SCHAAF, ULRICH, DIPL.-ING.		VA -004
SCHACHNER, DORIS, PROF.DR.		BB -001
SCHADE, H.		AA -111
		AA -112
		AA -113
		BC -035
		BC -036
		CA -074
		DB -030
		DD -052
		DD -053
SCHADE, HARTMUT, DR.-ING.		MC -015
SCHADEL, OTTMAR, DIPL.-ING.		SA -072
SCHAEFER		RE -023
SCHAEFER, DIPL.-ING.		DA -012
		DA -018
SCHAEFER, DR.		CA -030
		TE -007
SCHAEFER, ING.GRAD.		MA -008
SCHAEFER, PROF.DR.	1224	UE -003
SCHAEFER, HELMUT, PROF.DR.	0305	
	1133	
SCHAEFER, K., PROF.DR.	0205	
SCHAEFER, KLAUS, PROF.DR.		IA -037
SCHAEFER, WILHELM, PROF.DR.	1287	
SCHAELE, ERICH, DR.-ING.		FB -092
		FB -093
SCHAFFER, DIPL.-PHYS.		MG -031
SCHAFFER, HANS, PROF.DR.		UH -041
SCHAFFITZ, DR.-ING.		BA -038
SCHAFFRATH, DR.		DA -048
SCHALK		OD -093
SCHALL, RUDI, DR.	0152	FB -023
SCHALLER, ALFRED	1363	
SCHARF, DR.		HA -080
SCHARMANN, A., PROF.DR.	1227	NB -059
		TA -064
SCHARPENSEEL, PROF.DR.		OD -035
		PF -025
		PG -020
SCHARPENSEEL, HANS-WILHELM, PROF.DR.	1203	PF -072
		PF -073
		PG -057
SCHARRER, HARTMUT, DIPL.-METEOR.		GB -008
SCHATT, DIPL.-ING.	1412	
SCHAUDEL, DIPL.-ING.		BC -015
		BC -016
		DC -015
		FC -023
		KC -014
SCHAUERMANN, JUERGEN, DR.		PI -009
		PI -010
SCHAUMANN, K., DR.		IE -035
SCHAWEL, ROBERT, DR.	1322	
SCHEDRAT, KURT, DIPL.-ING.		UI -017
		UI -018
SCHEEDER, DIPL.-ING.		BA -033
		BA -034
SCHEER, J., PROF.DR.		OA -012
SCHEER, KURT-ERNST, PROF.DR.	0727	NB -026
SCHEERBARTH, HANS WALTER, PROF.DR.		UA -063
SCHEFFER, BERNHARD, DR.		RD -053
SCHEIBE, WOLFRAM, DIPL.-ING.		FC -035
SCHEICH, GERHARD, DIPL.-ING.		FB -047
SCHEIDER, DR.		LA -024
SCHEINGRABER, DR.	0085	
SCHELLBACH, G., DIPL.-ING.	0937	
SCHELLHAASS, HORST-MANFRED, DR.		UI -015
SCHELLHAS, DR.		BA -025
		PE -020
SCHENDEL, URSUS, PROF.DR.	0920	HA -073
		HA -074
SCHENK, DR.DIPL.-GEOL.		HB -033
		KC -019
SCHERER, PAUL, DR.-ING.		FB -054
SCHERF		UN -058
SCHEURMANN, DR.-ING.		HA -006
SCHICHT, RUDOLF, DR.		ME -051
SCHIKARSKI, WOLFGANG, DR.		GB -028
		GB -029
		GB -030
SCHILFARTH, H., PROF.DR.-ING.	1387	
SCHILLER, ROLF, DIPL.-ING.		MA -006
		MA -007
SCHILLER, W., DR.		PC -048
SCHILLING, DIPL.-ING.		HE -020
SCHILLING, ULRICH, DIPL.-ING.		BA -011
SCHINDELWOLF, ULRICH, PROF.DR.	0777	MB -040
		MB -041
		ND -028
SCHINDLER, RALPH, PROF.DR.	0213	
SCHINDLER, STEFAN, DR.		BE -026
SCHIRMER, DR.		TD -001
SCHIWECK, DR.	1347	DC -066
		KC -072
		MB -063
SCHIWEG, DR.		MB -064
SCHLAFFKE, WINFRIED, DR.		TD -013
SCHLANDT, DIPL.-ING.		UF -021
SCHLEGELMILCH, FRANZ, PROF.DR.		OA -010
SCHLEICH, ANNELIES, DR.		PC -045
SCHLENKE, PROF.DR.	0204	
SCHLENKER, DR.		UM -066
SCHLEUTER, DIPL.-ING.		MG -041
SCHLICHTER, DIETRICH, PROF.DR.		HC -050
SCHLICHTING, PROF.DR.	0513	OB -013
		RD -017
SCHLICHTING, ERNST, PROF.DR.		OD -036
SCHLIESSER, THEODOR, PROF.DR.	0623	
SCHLIPKOETER, HANS-WERNER, PROF.DR.MED.	0621	PE -041
	1169	BE -025
SCHLOTE, FRIEDRICH-WILHELM, PROF.DR.	0939	PI -034
SCHLUENDER, PROF.DR.		KB -017
SCHMAEHL, DIETRICH, PROF.DR.	0884	PD -053
		PD -056
		QB -044
SCHMEISKY, HELGE, DR.		UL -004
SCHMID, ALBRECHT, PROF.DR.		PA -030
		PB -027
		PC -031
		QD -019
SCHMID, G., DR.		HD -001
		IC -007
		ID -004
		IF -004
		IF -005
		MD -003
		MD -004
SCHMID, KARL, DR.	0989	
SCHMID, RICHARD, DR.		MD -029
SCHMIDBAUR, HUBERT, PROF.DR.	0047	OD -007
SCHMIDLE, ALFRED, PROF.DR.	0730	RH -033
SCHMIDT, DR.		AA -126
		AA -127
		OA -006
		OA -008
		QB -004
		UA -048
		UA -049
SCHMIDT, DR.-ING.		ME -052
SCHMIDT, PROF.DR.	0462	
	0625	DC -026
		ME -031
SCHMIDT, BERNHARD, DR.	0180	
SCHMIDT, GERHARD, PROF.DR.		PG -055
SCHMIDT, H., DR.	1217	
SCHMIDT, HANS-PETER, DIPL.-ING.		MB -052
SCHMIDT, HELMUT, DR.		BC -030
SCHMIDT, PETER, HERRN	0378	
SCHMIDT, ULRICH, DR.	0815	
SCHMIDT-THOME, PAUL, PROF.DR.	1064	
SCHMIED, PROF.DR.		QD -018
SCHMITZ, DR.		HA -061
SCHMITZ, ALFRED, DR.-ING.		FC -008
		FC -009
SCHMITZ, OSKAR-JOCHEN, DR.		DD -013
SCHMITZ-FEUERHAKE, INGE, PROF.DR.		NC -018
SCHMOLDT, UWE, DIPL.-ING.	0384	PF -011
SCHMURR, KARL-HEINZ, HERRN	0066	

NAME	INSTI-TUTION	VOR-HABEN
SCHMUTTERER, PROF.DR.	0783	PB -029
		PC -032
		PC -033
		RH -046
		RH -047
		RH -048
		RH -049
		RH -052
SCHNABEL, WOLFRAM, PROF.DR.		MB -011
SCHNAUSE, ROLF		ME -062
SCHNEEKLOTH, PROF.DR.		RC -039
SCHNEEKLOTH, HEINRICH, PROF.DR.		DD -058
SCHNEIDER		RH -016
SCHNEIDER, DR.		HF -007
SCHNEIDER, PROF.DR.	0197	SA -017
		UC -005
SCHNEIDER, ANTON, DR.		MF -005
SCHNEIDER, ANTON, PROF.DR.	0480	NA -006
		OD -019
SCHNEIDER, ERICH, PROF.DR.	0048	
SCHNEIDER, HANS K., PROF.DR.		SA -070
SCHNEIDER, JUERGEN, DR.DIPL.-GEOL.	0342	IE -020
SCHNEIDER, P., DIPL.-PHYS.		FA -057
		IA -036
SCHNEIDER, P.E.M., DIPL.-PHYS.		FA -051
SCHNEPF, EBERHARD, PROF.DR.	1114	PF -067
SCHNIEDERS, CLEMENS, DIPL.-ING.		UL -023
SCHNITZER, WALTER ALEXANDER, PROF.DR.	0349	HA -025
		HA -026
		HB -028
		IC -028
		MD -011
		PF -008
SCHNITZLER, H., PROF.DR.-ING.		BB -024
		BB -025
		BB -026
		CA -054
SCHOCH, RUDOLF, PROF.	0654	
SCHOEBERL, PETER, DR.		KE -010
SCHOECK, WERNER, DR.		CA -065
		CA -066
		NC -088
SCHOELLHORN, JOSEF, DR.	1305	
SCHOELZKE, DIPL.-FORSTW.		FD -019
SCHOEN, PROF.DR.	0122	ME -004
SCHOENBAUER, JOSEF, DIPL.-KFM.		KC -030
SCHOENBECK, F., PROF.DR.	1125	
SCHOENBECK, FRITZ, PROF.DR.		PG -032
		PG -054
SCHOENBERGER, PROF.DR.		HB -024
SCHOENBORN, PROF.DR.	0573	
SCHOENBORN, VON, PROF.DR.		PH -028
		PH -029
		RG -020
		RG -021
		RG -022
		UM -036
		UM -037
SCHOENENBERG, PROF.DR.		HB -023
SCHOENHALS, ERNST, PROF.DR.	0512	MB -026
		RC -021
		RD -016
		UM -027
SCHOENHARD, G., DR.		PF -040
SCHOENLEBEN, E., DIPL.-ING.	0065	
SCHOENNAMSGRUBER, HELMUT, PROF.DR.	0732	
SCHOENPFLUG, WOLFGANG, PROF.DR.		FA -026
SCHOENSTEIN, RICHARD, DIPL.-ING.		AA -168
SCHOERNER, GEORG, DR.		AA -169
SCHOETTLE		HB -013
		IC -026
		IF -007
SCHOETTLER, UWE, DR.		TA -055
SCHOLZ, DR.		HE -024
SCHOLZE, HORST, PROF.DR.	0823	QA -044
SCHOPPER, PROF.	0641	
SCHORLING, MICHAEL, DR.		UH -019
SCHORMUELLER, JOSEF, PROF.DR.	0676	
SCHOTTLER, WALTER, DR.	0354	
SCHRAFT, DIPL.-ING.		TA -045
		TA -048
SCHRAUB		NB -017
SCHRECK, DIPL.-ING.		DA -032
SCHRECK, CARLWALTER, PROF.DR.-ING.		HE -031
SCHREIBER		UL -046
SCHREIBER, DIPL.-ING.		HE -034

NAME	INSTI-TUTION	VOR-HABEN
SCHREIBER, DR.-ING.		FA -068
		FD -037
SCHREIBER, PROF.DR.		PB -017
		UL -020
		UL -021
SCHREIBER, DETLEV, PROF.DR.		AA -046
SCHREIBER, HERMANN, DR.		AA -095
		CA -050
SCHREIBER, K.-F., PROF.DR.	0584	
SCHREIBER, RICHARD, DR.		IC -086
SCHREIBER, WOLFGANG, DR.		QB -018
SCHREIBER, WOLFGANG, PROF.DR.	0497	
SCHRICKER, GERHARD, DR.	0679	
SCHRIEVER, KARL, DIPL.-ING.	0455	
SCHROEDER, DR.	0361	IF -027
SCHROEDER, DIEDRICH, PROF.DR.	0753	
SCHROEDER, DIETMAR, DR.		MB -025
SCHROEDER, HANS-JOACHIM, DR.		CB -023
SCHROEDER, MANFRED, DR.		HB -083
SCHROEDER, RALPH C.M., PROF.DR.	0615	HG -020
		IB -011
		IB -012
		IB -013
SCHROEDER, ULRIKE		HE -009
		PF -010
SCHROEDER, WOLFGANG, PROF.DR.	0928	UN -025
SCHROEDTER, FRANK, DR.-ING.		FA -044
		FC -069
SCHROEDTER, WOLFGANG, DR.-ING.		BA -001
		TA -001
SCHRUFT, GUENTER, DR.		PG -059
SCHUBERT, PROF.		IC -120
SCHUBERT, H., DR.	0524	
SCHUBERT-KLEMPNAUER, DIPL.-GEOL.		KB -081
SCHUBERTH, PROF.DR.	1420	
SCHUCH, PAUL-GERHARD, DIPL.-ING.		BA -046
		DB -022
SCHUCHARD, FRANK, DIPL.-ING.		KD -008
SCHUEGERL, KARL, PROF.DR.	1128	
SCHUELE, WALTER, PROF.DR.		SA -022
SCHUERMANN, BERND, DR.		AA -056
		AA -057
		PF -019
		RD -012
SCHUESSLER, DR.		NB -032
SCHUETT, PROF.DR.		DA -025
SCHUETT, PETER, PROF.DR.	0312	RG -007
SCHUETTELKOPF, DIPL.-ING.		NB -006
SCHUETZ, WOLFGANG, DR.	1216	RH -078
SCHUG, CHRISTOPH		UH -015
SCHUHMACHER, DR.		HA -009
SCHUHMACHER, HELMUT, DR.		GB -034
SCHULER, WOLFGANG, DR.		VA -025
SCHULLER, DIETER, PROF.DR.	1248	IA -038
		IC -106
		IC -107
		IF -036
		KF -019
		PH -060
		UF -030
SCHULTE, DR.		ME -008
SCHULTE, B., PROF.DR.	0476	
SCHULTE, HEINZ, DR.	1337	
SCHULTE-SILBERKUHL, ELMAR, DIPL.-ING.		DA -059
SCHULTEN, PROF.DR.	1096	NB -020
SCHULTHEISS, DR.		PC -066
SCHULTZ, PROF.DR.		QA -046
SCHULTZ, GERT A., DR.-ING.		IB -021
SCHULTZ, HEINRICH, PROF.DR.	0062	CB -001
SCHULZ, DR.		HB -016
SCHULZ, PROF.DR.		MF -003
		UM -082
SCHULZ, PAUL, PROF.DR.	1139	
SCHULZ, VOLKHARD, DIPL.-PHYS.		MG -023
SCHULZ-BALDES, MEINHARD, DR.		PA -022
		PA -025
SCHULZ-FORBERG, BERND, DIPL.-ING.		HB -001
		ND -003
		ND -004
		ND -005
		ND -006
		ND -007
		UH -002
SCHULZE, PROF.DR.		RE -005
SCHULZE, ERNST-DETLEF, PROF.DR.	1090	UM -073
		UM -074

NAME	INSTITUTION	VORHABEN
SCHULZE, JOACHIM, PROF.DR.		KC -049
		UC -045
SCHULZE-RETTMER, DR.		IB -019
SCHUMACHER, HANS-HARALD, PROF.DR.	0094	
SCHUMANN, DR.		CB -061
SCHUMANN, GUNTHER, DR.		KC -073
SCHUPHAN, INGOLF, DR.		QC -033
SCHURATH, ULRICH, DR.		AA -096
SCHURER, DIPL.-PHYS.	1413	
SCHURZ, JOSEF, PROF.DR.	0685	
SCHUSTER		RB -022
		RE -028
SCHUSTER, HERBERT, DR.		IB -015
SCHWAAR, JUERGEN, DR.		RD -052
		UL -068
SCHWAB, DR.		HA -098
SCHWAB, PROF.DR.DR.	0061	DA -001
SCHWAB, KLAUS, PROF.DR.	0347	
SCHWAN, WERNER, PROF.DR.	1065	
SCHWANHAEUSSER, GERHARD, DIPL.-METEOR.		GC -005
SCHWANHAEUSSER, WULF, PROF.DR.	1386	
SCHWANITZ, DR.		PD -036
SCHWARTZKOPFF, PROF.DR.	1038	
SCHWARZ, DR.		IC -083
SCHWARZ, OTTMAR, DR.-ING.	0166	
	1392	
SCHWARZBACH, EBERHARD, DR.		DC -034
SCHWARZE, HORST, DR.-ING.		GB -010
SCHWARZMANN, DR.		DB -001
SCHWEER, DR.		IA -018
SCHWEERS, W., PROF.DR.		DC -032
SCHWEERS, WERNER, PROF.DR.		KC -027
		KC -028
		ME -037
SCHWEINSBERG, FRITZ, DR.		PD -006
		PI -008
SCHWEISFURTH, REINHARD, PROF.DR.		HA -035
		HE -016
		HE -042
		ID -029
		KE -019
SCHWEITZER, V.		TB -019
		UC -047
SCHWEIZER, GOTTFRIED, PROF.DR.		ME -072
		ME -073
SCHWENKE, HEINZ, PROF.DR.		PH -035
SCHWERDTFEGER, DR.		BB -030
		BC -037
SCHWERDTFEGER, GEORG, PROF.DR.		RC -007
SCHWERING, HANS-ULRICH, DR.	0290	
SCHWERTMANN, UDO, PROF.DR.	1049	IC -101
		OD -083
SCHWIEREN, GUENTHER, DIPL.-VOLKSW.		UC -002
SCHWILLE, FRIEDRICH, DR.		HB -007
		HB -008
SCHWOERBEL, JUERGEN, PROF.DR.		KA -024
		OD -087
SEBALD, OSKAR, DR.		UM -081
SEEFELDER, PROF.DR.	0073	
SEEHARS, HORST-DIETER, DR.		AA -044
SEELIGER		NC -027
SEELIGER, HEINZ, PROF.DR.	0628	PD -042
SEELMANN-EGGEBERT, PROF.DR.	0793	
SEELMANN-EGGEBERT, WALTER, PROF.DR.	0795	
SEEMAYER, DR.		PC -056
		PC -058
		PC -059
SEEMUELLER, ERICH, DR.		RH -034
SEGEBRECHT, JOST, DIPL.-ING.		MB -023
SEHER, ARTUR, PROF.DR.	0121	QA -003
SEIBEL, W., PROF.DR.	0130	
SEIBERT, GERHARD, PROF.DR.	0211	
SEIBERT, PAUL, PROF.DR.		UM -062
SEIBOLD, EUGEN, PROF.DR.	0343	HC -024
SEIBOLD, RUEDIGER, DR.		QA -053
SEIBT, GERHARD, DR.	1192	

NAME	INSTITUTION	VORHABEN
SEIDEL, DR.		IB -031
		KA -025
		KB -078
		KB -079
		KB -080
		KC -063
		KC -065
		KC -066
		KC -067
		KE -060
		OD -088
		PF -068
		PI -041
		UL -066
SEIDENFUS, HELLMUTH STEFAN, PROF.DR.	0901	
SEIFERT, DR.-ING.		CA -055
		CA -056
		CA -059
SEIFERT, ING.GRAD.		BC -023
		FB -094
SEIFERT, VOLKMAR, DIPL.-LANDW.		UM -009
SEILER, DR.		KE -005
SEILER, WOLFGANG, DR.		AA -129
		AA -130
		AA -131
		CA -081
		CB -075
		CB -077
SEITZ, GUNTHER, PROF.DR.	0141	
SEITZ, KARL-AUGUST, PROF.DR.		PB -005
SEKOULOV, IVAN, DR.-ING.		KB -054
		KF -011
SELENKA, PROF.DR.		OD -015
SELENKA, F., PROF.DR.	0620	
SELG, PROF.DR.-ING.	0740	UK -042
SELKE, DIPL.-PHYS.		KB -021
SELLIN, ING.GRAD.	0421	FD -011
		GA -005
SELZER, DR.		RH -015
SENG		MG -025
SENGBUSCH, REINHOLD VON, PROF.DR.	0309	HA -023
		RE -014
SENGBUSCH, VON, DR.		AA -009
SENNER, PAUL, PROF.DR.	0266	
SENSER, DR.		QA -007
SEUFERT		DC -037
SEUS, GUENTHER J., DR.-ING.		HB -068
SEYBOLD, SIEGMUND, DR.		UM -080
SEYFANG, DIPL.-ING.		TB -013
SEYFANG, VOLKMAR, DIPL.-ING.		UK -058
SEYFARTH, DIPL.-CHEM.		PK -015
		PK -017
SEYFFERT, WILHELM, PROF.DR.	1059	
SEYFRIED, PROF.DR.-ING.	0821	
SICKERT		KE -006
SICKFELD, JUERGEN, DR.		PK -006
SIDDIGI, DR.		OD -040
		QD -006
		QD -007
SIEBECK, OTTO, PROF.DR.		HA -115
		IF -040
		NA -014
SIEBER, HEINZ, DIPL.-ING.		SB -010
SIEBERT, GOTTFRIED, DR.		BB -028
		HD -015
		HD -016
		IB -020
		ID -043
SIEBERT, GUENTHER, PROF.DR.	0503	PA -013
		PB -012
SIEBERT, HORST, PROF.DR.	1110	UA -055
		UA -056
SIEBERTZ, LUTZ, DIPL.-ING.		TC -016
SIEDLER, PROF.DR.		HC -035
		IE -044
SIEFERT, ERICH, DR.		RE -003
SIEFERT, WINFRIED, DR.-ING.	0086	
SIEGEL, DR.		NC -106
SIEGEL, OTTO, PROF.DR.	1372	
SIEGMANN, PROF.DR.	0580	RF -008
SIEGNOT, DR.		NA -011
SIENCNIK, LUKAS, DIPL.-ING.		DA -038
SIESS, PROF.DR.	1221	
SIEVERT, OLAF, PROF.DR.	0544	
SIEVERTS, THOMAS, DR.		UE -017
SIEWERT, DR.MED.		QA -051

S

NAME	INSTITUTION	VORHABEN
SIM, HANSJOERG, PROF.DR.		ME -032
SIMON		RE -024
SIMON, PROF.DR.	0345	PK -020
SIMON, JOZSEF, DR.DIPL.-ING.		MD -032
SIMON, UWE, PROF.DR.	0596	
SIMONIS, UDO ERNST, DR.		UC -048
SIMONIS, WILHELM, PROF.DR.		PG -009
SIMONIS, WOLFGANG, PROF.DR.		MB -027
SIMONS, DETLEV, DIPL.-ING.		FD -023
SINELL, HANS-JUERGEN, PROF.DR.		QA -013
		QB -016
SINN, PROF.DR.		PA -035
		PE -028
SINN, HANSJOERG, PROF.DR.	0463	
SINN, RICHARD, PROF.DR.		DC -001
SINN, WERNER, PROF.DR.		PE -054
		PE -055
		PE -056
SITTKUS, ALBERT, DR.	1155	NC -103
		NC -104
SITTLER, BENOIT, DIPL.-GEOGR.		HA -022
SIXT, HELMUT, DIPL.-ING.		KC -047
SKIRDE, WERNER, DR.	0253	MD -007
		MD -008
		MD -009
		ME -017
		RD -007
		UM -011
		UM -012
SKUDELNY, PROF.DR.-ING.	0854	DA -035
SLUSALLEK, KLAUS, DR.		PK -031
SMIDT, DIETRICH, PROF.DR.DR.		BE -013
		PC -038
		RF -017
SMYKATZ-KLOSS, DR.		KC -068
SOECHTIG, H.		KC -022
		OD -022
		PI -012
		RE -017
SOEDER, C.J., PROF.DR.	0008	KB -001
		KB -002
		MF -001
SOMMER, H., PROF.DR.	0450	
SOMMER, KARL, DR.		PG -002
SONNEBORN, MANFRED, DR.		HD -011
		HD -012
		IA -025
		OD -074
SONNENBERG, HANS, DIPL.-ING.		MF -035
SONNTAG, CHRISTIAN, DR.		HB -051
		IC -069
		ID -037
		ID -038
		ID -039
		ID -040
SONTHEIMER, PROF.DR.		HA -017
		KB -018
		KB -019
		KB -020
		KF -005
SOSSENHEIMER, DR.-ING.	0169	
SPALTHOFF, DR.		NC -028
SPANN, PROF.DR.	0807	
SPANNAGEL, GERT, DR.		GA -006
		NB -015
SPATZ, GUENTER, DR.		RA -024
		UL -059
SPECK, J.		QB -059
SPECKHARDT, H., PROF.DR.		PK -013
		PK -018
SPEER, DR.		IE -001
SPEH, KARL, DIPL.-BIOL.		HD -002
SPEIDEL, DIPL.-ING.		AA -033
SPEIDEL, PROF.DR.		UM -016
		UM -017
		UM -018
		UM -019
		UM -022
SPEIDEL, GEORG, PROF.DR.	0569	RA -013
SPENGLIN, PROF.		UA -038
SPERLICH, H., DR.	0138	
SPICHER, DR.		QC -006
SPILLMANN, DIPL.-ING.		MC -041
		MC -043

NAME	INSTITUTION	VORHABEN
SPITZER, H., PROF.DR.	0669	RA -017
		RA -018
		UE -027
		UH -023
SPLETTSTOESSER, DR.-ING.		DA -023
SPLIETHOFF, HEINZ, DR.-ING.		DD -060
SPOHR, FRANZ	1383	CA -105
SPRENGER, DR.		KA -009
SPRENGER, ROLF-ULRICH, DIPL.-KFM.		ME -028
		UC -021
		UC -022
		UC -023
SPRINZ, HANS JOACHIM		NC -035
SPRUNG, SIEGBERT, DR.-ING.		DC -016
		DC -017
SPURK, JOSEPH H., PROF.DR.-ING	0257	
SPURNY, KVETOSLAV, PROF.		CA -035
		DD -022
STACKEBRANDT, BERND, DR.		OC -036
STADIE, HORST, DR.-ING.	0126	
STADLER, DR.		OA -007
STAENDER, DR.-ING.	1237	
STAHL		UN -026
STAHL, RUPRECHT, DIPL.-ING.		BB -016
STAHLHOFEN, WILLI, DR.		PE -012
STAPELMANN, DIPL.-PHYS.		GA -009
STAPF, PROF.DR.	0232	TB -003
STARKE, KURT, DR.	0249	OA -013
STAUBING		AA -090
STAUDT, G., PROF.DR.	1324	
STAUFENBIEL, ROLF, PROF.DR.-ING.	1081	FA -053
STAUFF, PROF.DR.	0771	BA -042
		OA -026
STAVROU, DIMITRIOS, DR.		PD -059
STECHMANN, DIRK, DR.		RH -025
STEFFAN, AUGUST WILHELM, PROF.DR.	0938	RH -059
		RH -060
		RH -061
		RH -062
		RH -063
		RH -064
		RH -065
		RH -066
STEFFEN, GUENTHER, PROF.DR.	0670	RA -019
STEFFENS, HANS-DIETER, PROF.DR.-ING.	1092	TA -060
STEGEMANN, DIETER, PROF.DR.	1119	
STEGEMANN, HERMANN, PROF.DR.	0493	
STEGER, DR.	1016	UN -030
STEGMANN, JOERG	1242	
STEHFEST, HARALD, DR.		GB -012
		SA -029
STEIGER, H., PROF.DR.	1243	UB -031
		UB -032
		UE -041
STEIGER, HEINHARD, PROF.DR.		UE -045
		UE -046
STEIMLE, F., PROF.DR.-ING.		SB -027
STEIN, PROF.DR.		TF -028
		UB -005
STEIN, FRIEDRICH, PROF.DR.	1215	
STEIN, VOLKER, DR.		ME -068
		UD -012
STEIN, W., PROF.DR.	0261	MC -011
		PH -006
		RH -004
		RH -005
		TF -008
		TF -009
STEIN-KAEMPFE, DIETRICH, DIPL.-ING.	0195	SB -009
STEINBACH, PROF.DR.	0207	
STEINBEISSER, DR.-ING.		FB -066
STEINBERGER, HELMUT, PROF.DR.		EA -002
		EA -003
STEINBRECHER, DIPL.-ING.		BC -008
STEINER, DR.		RH -071
		RH -072
		RH -073
STEINHAUSER, HUGO, PROF.DR.	0932	
STEINIG, JUTTA, DIPL.-CHEM.		QB -020
STEINSIEK, GERHARD, DIPL.-ING.		NC -010
STEINWAND, DIPL.-ING.		KB -052
STEINWANDTER, HARALD, DR.		QA -016
STELLBRINK, BERNHARD		DC -050

NAME	INSTITUTION	VORHABEN
STELTE, DIPL.-CHEM.		QA -023
		QA -024
		QA -025
		QA -027
STENZEL, PROF.DR.		AA -155
STEPHAN, DR.		HB -003
STERN, PROF.DR.		PF -064
		RG -032
STEUBING, PROF.DR.	0755	AA -089
		PF -048
		PF -049
STEUDEL, WERNER, PROF.DR.	0601	PG -025
		RH -028
STICH, BODO, DIPL.-ING.		FC -083
STICH, RUDOLF, PROF.DR.	0272	UB -008
		UB -009
		UB -010
		UB -011
		UC -006
STICHLMAIR, JOHANN, DR.-ING.		DD -054
		DD -056
STIEGLITZ, LUDWIG, DR.		IC -048
STIERSTADT, PROF.DR.		NB -061
STIEVE, F.E., PROF.DR.		NB -043
STILKE, GERD, PROF.DR.		AA -141
		CB -080
STIX, DR.		PE -052
STIX, ERIKA, DR.	0033	AA -003
STOCK, D., DR.-ING.		DA -002
STODIECK, HELMUT, DR.		ME -057
		ME -058
STOEBEL, WOLFGANG, DIPL.-ING.		NC -113
STOEBER, GERHARD J., DR.	1349	
STOEBER, WERNER, PROF.DR.		BA -016
		CA -033
STOECKIGT, JOACHIM, DR.		PG -053
STOLZENBERG, PROF.DR.	0682	
STORK, GOTTFRIED, PROF.DR.		PF -006
STORP, DR.	0992	DA -039
STRACK, PROF.DR.-ING.		TC -014
STRACKE, FERDINAND, PROF.	0840	
STRANZINGER, GERALD, DR.DIPL.-ING.		PC -053
STRATMANN, PROF.DR.	1006	
STRAUB, JOHANNES, DR.-ING.		HA -087
STRAUCH, DIETER, PROF.DR.	0879	BD -006
		KD -013
		MB -049
		MD -027
		MD -028
		MF -045
		MF -046
		RF -013
		TF -026
STREBEL, DR.		ID -008
STREBEL, O., DR.		ID -058
STREIDL, ARNO, DIPL.-ING.		BC -040
		BC -043
		CA -096
STREIT		HG -012
STRESE, DR.		CA -001
STRIFLER, DIPL.-ING.		UI -007
STRITZKE, JUERGEN		MG -039
STROBEL, DIPL.-ING.	0082	
STROTT, DIPL.-MATH.		AA -007
		AA -008
		CB -002
STRUBELT, WENDELIN, M.A.	0221	TB -002
STRUEBING, DIPL.-GEOGR.		IE -016
STUBER, DR.		FA -067
STUDT, DR.		BA -003
STUERMER, LOTHAR, DIPL.-ING.		ME -046
STUFF, DR.-ING.		FA -031
STUMPENHAUSEN, GERHARD	1024	
STUMPF, DIPL.-ING.		MA -040
		SA -081
		SA -082
		UA -066
STUPP, WILHELM, DR.	1310	
STURM, VON, DR.		SA -064
STURSBERG, DIPL.-ING.		CA -037
		CB -028
STURZ, DR.		IF -006
		PK -010
SUENDERMANN, JUERGEN, PROF.DR.	1294	
SUESS, ADALBERT, DR.		KE -002
		RD -005

NAME	INSTITUTION	VORHABEN
SUESSENBERGER, DR.	0171	
SUESSMANN, PROF.DR.	1285	
SUKOPP, HERBERT, PROF.DR.		RC -026
		UL -040
		UL -041
		UL -042
		UL -043
		UM -051
SUN		FB -053
SUPP, ARMIN, DR.-ING.		DB -011
SZADKOWSKI, D., PROF.DR.		TA -072
TABASARAN, OKTAY, PROF.DR.-ING.		BB -020
		MB -043
		MB -044
		MB -045
		MD -025
TANNER, WIDMAR, PROF.DR.	0520	
TAUBER, MANFRED, DR.		KE -004
TAUNYS, ING.GRAD.		MA -011
TAURIT, RUDOLF, DIPL.-ING.		TD -007
		TD -008
TAUSEND, HERBERT, DR.		QD -032
TEBBE, I.		TC -001
TEGEDER, K., DR.		FC -091
		FD -044
TEICHGRAEBER, DR.		BC -012
TEICHMANN, DR.		LA -004
TEPPER, PROF.DR.-ING.	0789	
TERPLAN, GERHARD, PROF.DR.	1071	
TESAREK, DIPL.-ING.		DA -014
TESCHNER, DIETRICH, DR.		UN -059
TESDORPF, JUERGEN C., DR.		TB -007
TESKE, DR.		CA -003
		KA -002
		KB -003
THAER, RUDOLF, DR.-ING.		BE -009
		KD -007
		KD -009
THALACKER, RUDOLF, DR.	1308	
THEOBALD, KARL-JOSEPH, DIPL.-VOLKSW.	0175	
THEUNE, HANS-HEINRICH, DR.		MF -019
		MF -020
THIEDE, HELMUT, DR.		UM -060
THIEL		TF -041
THIEL, DR.		KB -008
THIEL, HJALMAR, DR.		HC -028
		HC -029
		PI -022
THIELCKE, GERHARD, DR.		UL -065
		UN -037
THIELE, WOLFRAM, DR.	0379	
THIEN, GERHARD, DIPL.-ING.		FB -027
		FB -028
		FB -029
THIERFELDER, PROF.DR.	0602	PD -024
THOFERN, EDGAR, PROF.DR.	0407	HE -010
		PH -009
THOMAS, PROF.DR.-ING.	0567	
	0865	
THOMASSEN, DR.		FD -041
THOME		AA -047
THOME, FRANZ-JOSEF, DIPL.-PSYCH.		TA -030
THOME-KOZMIENSKY, KARL J., PROF.DR.		MB -017
		MB -022
		ME -029
THOME-KOZMIENZKY, KARL J., PROF.DR.		MB -021
THOMER, KLAUS WERNER, DIPL.-ING.		TA -050
		TA -051
THORN, WERNER, PROF.DR.		KF -009
THOSS, R., PROF.DR.	0817	BA -044
		LA -009
		MG -020
		UC -038
		UE -030
THOSS, RAINER, PROF.DR.		UH -033
THRON, PROF.DR.		PE -029
		PE -032
THURNER, DIPL.-ING.		PI -039
TICHY, FRANZ, PROF.DR.	0331	
TIEDT, WALTER, PROF.DR.		KB -039
TIEMON, ING.GRAD.		HA -016

NAME	INSTITUTION	VORHABEN
TIETJEN, CORD, DR.		MD -022
		MD -023
		PH -038
		RD -036
		RD -037
		RE -031
TIETZE, ALFONS, DR.		NC -114
TIETZE, KONRAD, PROF.DR.		PE -026
TIEWS, PROF.DR.	0651	
TIME, ALBERT, DR.-ING.	0886	
TIMME, DR.-ING.		FA -037
TIMMERMANN, FRIEDEL, DR.		HA -030
		IF -011
		IF -013
TITL, ALFRED, DIPL.-ING.		SB -028
TOBIAS, WOLFGANG, DR.		GB -041
		IC -112
TOBSCHALL, H.J., PROF.DR.	0722	IC -058
		IC -059
TOELG, GUENTHER, PROF.DR.		OA -035
		OB -020
		OB -021
TOELLE, J., DIPL.-ING.		AA -166
TOENSHOFF, HANS KURT, PROF.DR.-ING.	1118	FC -077
		FC -078
		FC -079
		FC -080
		FC -081
		FC -082
TOLLE, ADOLF, PROF.DR.	0619	QB -024
		QB -025
		QB -026
		QB -027
TOMUSCHAT, CHRISTIAN, PROF.DR.	0905	UA -046
		UA -047
TORGE, DR.-ING.		CA -020
TRAUB		HA -060
TRAUT, HORST, PROF.DR.		PC -037
TRAUTMANN, W., PROF.DR.		UL -030
		UL -031
		UM -040
		UM -041
TREBST, PROF.DR.	1045	PB -041
TREMMEL, DR.		HA -108
TRESSL, ROLAND, PROF.DR.	1051	BE -022
TRIELOFF, HANS-JOACHIM, DIPL.-ING.		ME -074
TRIENDL, DR.		VA -012
TRIFFTERER, O., PROF.DR.	1244	UB -033
TRINCZEK, DR.	0139	AA -021
TROE, JUERGEN, PROF.DR.		CB -054
TRUCKENBRODT, ERICH, PROF.DR.	1134	
TRUEPER, HANS G., PROF.DR.		OD -051
		PI -026
TRUPER, PROF.	0716	
TUCH, DIPL.-ING.	1232	MG -035
TUFFENTSAMMER, PROF.DR.-ING.	0924	FC -094
TUREK, KLAUS, PROF.		KB -004
UDLUFT, PETER, DR.		HB -056
UEHLEKE, PROF.DR.		OD -090
		OD -091
		PC -063
		PD -065
UGI, IVAR, PROF.DR.		OB -023
ULKE, HELMUT, DR.	0181	
ULLMANN, OSKAR, DIPL.-PHYS.		GC -009
		MG -033
		SA -055
ULLRICH, DR.		FB -007
		FB -010
		FB -011
ULLRICH, JOHANNES, PROF.DR.	0518	
ULLRICH, KARL JULIUS, PROF.DR.	1151	
ULLRICH, SIEGFRIED, DR.		FB -013
		FB -015
		FB -016
ULLRICH, VOLKER, PROF.DR.		PC -005
ULLRICH, W., PROF.DR.	0103	
ULMER, WOLFGANG, PROF.DR.MED.	1291	TA -068
ULRICH, BERNHARD, PROF.DR.	0515	PI -016
		PI -017
		PI -018
		VA -010

NAME	INSTITUTION	VORHABEN
UMHAUER, DR.-ING.		CB -031
UNGER, U., DR.		HA -049
		NB -035
UNTERHANSBERG		ME -019
UNTERHOLZNER, DIPL.-ING.		FA -078
		FA -079
		FA -080
		FA -081
UNTERMANN, FRIEDRICH, PROF.DR.		QA -011
URBACH, WOLFGANG, PROF.DR.		PG -008
URICH, KLAUS, PROF.DR.		OD -075
		PC -046
UTZ, GERHARD, DR.MED.		TA -062
VALENTIN, FRANZ, DR.-ING.		IB -028
VALENTIN, H., PROF.DR.		TA -041
VALENTIN, HELMUT, PROF.DR.MED.	0469	PA -009
		PE -009
		TA -021
VALETON, IDA, PROF.DR.	0341	RC -013
VARGA, DR.DIPL.-ING.		NA -004
		NA -005
		PC -009
VARGE, ANDRAS, DR.-ING.	0408	
VAUK, GOTTFRIED, DR.		PC -042
VEITS, DIPL.-ING.		KB -076
VELSEN, GERHARD VON, HERRN	0322	
VEMMER, HERWARD, DR.		QD -022
		QD -023
VENTER, FRITZ, DR.		KB -073
		PF -065
		QC -041
VERKAMP, RUEDIGER, DIPL.-PHYS.		LA -021
		MA -030
VETTER, DR.		FB -035
VETTER, HEINZ, PROF.DR.	1021	BE -021
		KD -016
		PE -035
		PF -057
VETTERMANN, GUENTHER, DIPL.-ING.	0311	
VICTOR, HANS, PROF.DR.-ING.	1132	
VIDAL, DR.	0081	
VIESER		HA -059
		HA -062
		HG -036
VILLWOCK, PROF.DR.	1434	
VITE, PROF.DR.	0316	RH -009
VITZTHUM, DIPL.-CHEM.		QA -068
VOEMEL, ALMUT, PROF.DR.		ID -031
VOGEL, DIPL.-ING.		ME -059
VOGEL, DR.-ING.		AA -063
VOGEL, PROF.DR.	0465	
VOGEL, PROF.DR.MED.		PD -013
VOGEL, HANS-J., DIPL.-ING.		UL -047
VOGEL, STEFAN, PROF.	0858	
VOGG, HUBERT, DR.		CA -067
VOGT, ARNOLD, PROF.	1422	
VOGT, H., DR.		MF -028
VOGT, HANS	0219	
VOGT, HERMANN, DR.		MF -027
VOGT, K.J., DR.		CB -063
VOHWINKEL, FRIEDRICH, DR.		MA -009
		ME -016
VOIGT, DR.		MC -009
VOIGT, FRITZ, PROF.DR.DR.DR.H.C.DR.H.C.	0367	BA -014
		UI -016
VOIGT, FRITZ, PROF.DR.H.C.	0632	
VOIGT, HEINZ, PROF.DR.		ID -057
		RC -038
VOIGTLAENDER, GERHARD, PROF.DR.	1066	UL -058
VOITLAENDER, JUERGEN, PROF.DR.	0776	
VOLBERG, GERARDO, DIPL.-PHYS.		FB -079
VOLF, VLADIMIR, PROF.DR.		NB -036
VOLK, FRED, DR.		CA -040
VOLKHOLZ, VOLKER, PROF.DR.		FC -001
		TA -005
VOLLMERS, HANS, DR.-ING.		HC -005
VOLLRATH, HEINRICH, DR.		HA -092
VORREYER, DIPL.-GEOL.		IC -098
		ID -051
VOSS, DIPL.-ING.		FA -027
		FC -053
VOSS, EBERHARD, DR.		MF -047

NAME	INSTI-TUTION	VOR-HABEN
VOSSBECK, DIPL.-ING.		KE -040 TD -018
WACHENDOERFER, GUENTHER, PROF.DR.	1317	UN -056
WACHTER, HUBERTUS, DR.		UL -050
WACKERNAGEL, KURT, DR.		MC -055
WAECHTER, GERHARD, DIPL.-ING.		BE -010
WAGENER, K., PROF.DR.		CB -065
WAGENKNECHT, DIPL.-ING.		MC -036
WAGNER		BB -031 CB -078
WAGNER, DR.		MC -047 PB -036
WAGNER, PROF.DR.MED.HABIL.	0554	IB -010 OD -041 PA -016 PF -032 QA -028 QA -029
WAGNER, ECKART, PROF.DR.		HC -021
WAGNER, FRITZ, PROF.DR.	1047	
WAGNER, G., DR.		HA -046 HA -048 IF -026
WAGNER, GERHARD, DR.		DC -052
WAGNER, GUSTAV, PROF.DR.	0537	
WAGNER, H., PROF.	0774	
WAGNER, RUDOLF, PROF.DR.		HG -017
WAGNER, RUDOLF, PROF.DR.-ING.		KA -018 KA -019 KB -055 KF -012 KF -013 KF -014
WAHL, SIEGFRIED VON, PROF.DR.-ING.		UD -007
WAHLERT, GERD VON, DR.		UA -062
WAIMER, REINHART, DIPL.-ING.		KE -011
WALDT, DIPL.-ING.		ME -090
WALISKO, P., DR.-ING.		FA -001
WALLNOEFER, PETER, PROF.DR.		OD -009 QC -002
WALTER, DR.		PF -024 RD -013
WALTER, HEINZ, PROF.DR.	0233	
WALTER, HUBERT, PROF.DR.		PE -005
WALTER, ROLAND, PROF.DR.	0344	
WALTERSPIEL, OTTO, DR.	0963	
WALTHER, PROF.DR.		CA -088
WALZ, DIPL.-BIOL.		PA -024
WALZ, DR.		UB -006
WANDELBURG, KLAUS, DR.-ING.		OB -004
WANDERS, DIPL.-PHYS.		BA -017
WARMBRUNN, KARL, DR.	1010	PB -040
WARNECK, DR.		CB -076
WARNECKE, GUENTHER, PROF.DR.	0268	
WARNECKE, H.-J., PROF.DR.-ING.	0788	
WARNKE, ULRICH, DR.		NA -012 NA -013
WASSMUTH		UL -048
WASSMUTH, HEINZ WERNER, PROF.DR.	0228	
WASSMUTH, RUDOLF, PROF.DR.	0881	
WAUBKE, PROF.DR.-ING.		PK -023
WEBER, DR.		BA -041 BC -013 PB -023
WEBER, ADALBERT, DIPL.-CHEM.		DA -040
WEBER, ADOLF, DR.		OD -017
WEBER, DIETER, DR.		DD -018 SA -025 SB -015
WEBER, EKKEHARD, PROF.DR.-ING.	0691	BB -017 BB -018 DC -038 DD -031 DD -032 DD -034
WEBER, ELLEN, PROF.DR.	1168	
WEBER, HANS-JOSEF		RH -068
WEBER, HELMUT, DIPL.-ING.		BA -063 BA -064 BA -065 BA -066 DA -068 EA -021
WEBER, KURT, PROF.DIPL.-ING.	0238	
WEBER, PETER, DR.		TB -001
WEBER, R., DR.-ING.		ME -021
WEBER, WERNER, DR.-ING.	0427	KE -017
WECK, MANFRED, PROF.DR.-ING.		FC -073 FC -075
WEDEPOHL, KARL-HANS, PROF.DR.	0326	OD -012 OD -013 UD -003 UD -004
WEDLER, ANNEMARIE, DR.		QC -021
WEGENER, ULRICH, DIPL.-ING.		TB -032
WEGMANN, DR.		TE -006
WEICHARDT, HEINZ, PROF.DR.	0471	DC -027 TA -023
WEICHART, DR.		IE -014 IE -015
WEIDEMANN, PROF.DR.		IE -010
WEIDEMANN, GERHARD, PROF.DR.		PI -005 UN -012
WEIDENBACH, GUENTER, DR.		DA -036
WEIDINGER, ALOIS, DR.		IA -005
WEIDMANN, DIPL.-ING.		DA -015
WEIDNER		RG -008
WEIDNER, HERBERT, PROF.DR.		TF -042
WEIHE, KONRAD VON, PROF.DR.	0451	HC -025 PH -014 UM -025
WEIKERT, HORST, DR.		IE -028
WEIL, LUDWIG, DR.		BD -008 HD -019 IA -029
WEILER, GERD G., DR.-ING.		TA -049
WEILER, HELMUT, PROF.DR.		HB -021
WEILNBOECK, DR.		SA -027
WEINHOLD, JOSEF, PROF.DR.		ME -067
WEINMANN, WOLFRAM, DR.	0995	PF -053 PH -050 QC -039
WEISCHET, WOLFGANG, PROF.DR.	1062	AA -119 AA -120 DC -047
WEISE, H.P., DR.-ING.		NB -001
WEISS, WOLFGANG, DR.		HA -057
WEISSENBACH, DR.		GB -038
WEISWEILER, WERNER, DR.		DD -027
WEISZ, HERBERT, PROF.DR.	1040	
WEIZSAECKER, VON, PROF.DR.	1162	
WELKE, DIPL.-ING.		DC -069
WELLER, DR.DIPL.-CHEM.		ID -049
WELLER, GABRIELE, DIPL.-ERN.-WISS.		PB -013
WELLER, KONRAD, PROF.DR.-ING.	0248	TB -004
WELLER, WILLI, DR.		PE -051
WELLERSHAUS, DR.		HC -030
WELLMANN, PROF.DR.	0393	
WELTE, ERWIN, PROF.DR.	0442	IC -035 IC -036 IC -038 IC -039 IC -040 IC -041 IC -042 IF -008 IF -009 IF -010 IF -012 OB -010
WELTZIEN, HEINRICH CARL, PROF.DR.	0754	PG -033
WELZEL, K., DIPL.-ING.		BA -050 BB -029 BC -031 BC -032 BC -033 BC -034 BE -017 BE -018 BE -019 CA -071 CA -072 CA -073 DC -045 DC -046 DD -051
WENDEL, PROF.DR.-ING.	0813	
WENDT, HARTMUT, PROF.DR.		SA -031
WENK, ENGELMAR, DR.		AA -032

NAME	INSTITUTION	VORHABEN
WENZEL		UC -014
WENZEL, DR.	0629	OB -015
WENZEL, HANS GERD, PROF.DR.	0473	TA -025
WERNER, DIPL.-METEOR.		UA -045
WERNER, DIPL.-PHYS.		CB -043
WERNER, DR.		HA -033
		TF -014
WERNER, DIETER, PROF.DR.	0936	
WERNER, DIETRICH, PROF.DR.	0107	
WERNER, FRANZ		UI -003
WERNER, H.P., DR.		TF -038
WERNER, HARALD, DIPL.-ING.		VA -022
WERNER, JULIUS, DR.		HA -012
WERNER, WOLFRAM, DR.	1312	
WERSIG, GERNOT, PROF.DR.	0792	VA -011
WERTH, PERCY, DIPL.-ING.		MD -012
WERTHER, J., DR.		CB -029
WERTZ-HEEDE, DIPL.-ING.		UL -036
WESCHE, J., PROF.DR.		MC -025
WESCHE, JOACHIM, PROF.DR.		MC -027
		MC -028
WESSING, ARMIN, PROF.DR.	1426	
WESTPHAL, DR.		UM -001
WESTPHAL, FRANK, PROF.	0348	
WESTPHAL, WERNER, DIPL.-PHYS.	1225	OB -024
WEVELSIEP, KLAUS, DR.		CA -014
WEYLAND, HORST, DR.		HC -032
		IE -033
		PH -034
WEYRAUCH, WOLFRAM, DIPL.-ING.		HE -033
		KB -065
		KE -050
WIBBERENZ, GERD, PROF.	0810	
WICHMANN, DIPL.-ING.		ID -035
WICHT, HANS-JUERGEN, DIPL.-WIRTSCH.-ING.		FD -007
WICKEREN, VAN, DIPL.-ING.		DB -036
		MA -034
		MG -037
WIEBECKE, C., PROF.DR.		UK -048
WIEBECKE, CLAUS, PROF.DR.	0922	
	1205	
WIECHEN, ARNOLD, DR.		QA -043
		QB -036
		QD -020
WIEDMANN, DIPL.-ING.		EA -023
WIEGAND, DIPL.-ING.		CB -027
		DA -022
WIEGLEB, DR.		HA -088
WIENEKE, D., DR.		RE -038
WIENHUES, FRITZ, DR.		RE -045
WIERIG, HANS-JOACHIM, PROF.DR.	1117	
WIESER, K., DIPL.-ING.		UH -001
WIESMANN, UDO, PROF.DR.		KA -011
		KB -030
		KB -031
		KE -018
WIESNER, JUERGEN, DR.		KC -008
WILBERT, HUBERT, PROF.DR.		PC -029
		UM -059
WILD, DIPL.-KFM.		MA -022
		PA -037
		QD -026
WILD, ALOYSIUS, PROF.DR.	0445	PG -011
		PH -012
WILD, DIETER, DR.		PD -068
WILDANGER, DR.		QA -062
WILDERER, DR.-ING.		PI -023
WILHELM, DR.-ING.		FB -038
WILHELM, FRITZ, PROF.DR.		HG -013
WILHELM, JUERGEN, DIPL.-CHEM.	0993	DD -050
		NB -044
WILLECKE, RAIMUND, PROF.DR.	0487	UB -016
WILLEITNER, HUBERT, DR.		IC -049
		OD -042
		PG -026
		RH -029
WILLEKE, PROF.DR.	0900	UI -021
WILLERT, DIETER VON, PROF.DR.		RE -043
WILLKOMM, DR.		HC -040
WILLNER, LUTZ, DR.-ING.		CA -017
WILMANNS, O., PROF.DR.	1060	UM -067
		UN -031
WILMERS, FRITZ, DR.		AA -085
		HA -040
		PI -025
		UK -038
		UL -037
WILMSEN, GUENTHER, ING.GRAD.		FB -048
		FB -050
		FD -026
		UF -013
WIMBER, PAUL, DIPL.-ING.		FB -043
		FB -044
WIMMENAUER, WOLFHARD, PROF.DR.	1184	PF -069
WINKLER, PROF.DR.		AA -061
		HA -031
WINNER, CHRISTIAN, PROF.DR.	0945	PG -046
WINSKE, PAUL, DIPL.-ING.		SA -033
WINTER, DR.		IE -032
		PA -023
WINTER, PROF.DR.-ING.	0686	FC -050
WINTER, GERD, PROF.DR.		UB -002
WINTER, KLAUS, DR.		UN -043
WINTERFELD, DR.-ING.	0684	DB -018
WINTERHOFF, HORST, DIPL.-PHYS.		CA -007
		OA -003
WIRSCH, HELMUT, PROF.DR.		BB -038
WIRTH, DR.		KB -068
WIRTH, VOLKMAR, DR.		AA -154
WIRTHS, GUENTER, DR.	1198	
WIRTZ, K., PROF.DR.	0725	
WIRTZ, KARL, PROF.DR.	0779	
WISCHER, BERND		PH -057
WISCHERS, GERD, PROF.DR.	0298	
WISWEDE, GUENTER, PROF.DR.	0832	
WITHOF, DIPL.-ING.	1223	
WITTE, DIPL.-ING.		KB -058
WITTE, DR.		GB -001
		KC -001
WITTE, ERNST, DR.-ING.		FC -049
WITTKE, PROF.		HB -082
WITTKE, GUENTER, PROF.DR.	0273	NA -003
WITTMANN, HORST, DIPL.-ING.		FB -080
WOEHLKE, WILHELM, PROF.DR.		UF -027
WOEHRMANN, KLAUS, PROF.DR.		RH -076
WOHLGEMUTH, RICHARD, DR.		RB -029
		RH -055
		RH -057
		RH -058
WOHLRAB, PROF.DR.	0657	HG -024
		UK -023
		UL -024
		UL -025
		UL -026
WOHLRAB, BOTHO, PROF.DR.		IB -014
WOLF, DIPL.-ING.		ME -041
WOLF, DR.		OA -021
WOLF, KLAUS, PROF.DR.	0338	TB -008
		TC -004
		UH -013
		UH -014
WOLFF, PROF.DR.	1309	
WOLFF, JOSEF, DR.-ING.	1351	
WOLFF-STRAUB, DR.		UK -051
WOLFF-ZURKUHLEN, GUNTHER, DIPL.-PHYS.		FC -045
WOLFRUM, RUEDIGER, DR.		LA -012
WOLLENBERG, DR.		QA -054
		QA -055
WOLLER, RICHARD, DR.	0142	QC -009
WOLTER, DIPL.-CHEM.		OB -018
WOLTERS, DR.	0176	
WOLTERSDORF		QB -006
WOLZ, FRIEDER, DIPL.-PHYS.		DB -032
		EA -019
WORTH, GUENTER, PROF.DR.MED.	0986	TA -059
WORTHMANN, PROF.		UH -007
WOSCHNI, PROF.DR.-ING.	0644	BA -027
		DA -028
WOSCHNI, GERHARD, PROF.	1107	
WOTTAWA, HEINRICH, PROF.DR.	1254	
WROBEL, DR.		ID -006
WUCHERPFENNIG, KARL, PROF.DR.		QC -018
WUENSCH, ALBERT, DR.		NB -052
WUENSCHE, DR.		TA -031
WUERTENBERGER, DIETER, DIPL.-ING.		FC -020
WUESTENBERG, DR.		NC -003
WULF, DR.		UA -011
WULLKOPF, UWE, DR.	0950	

NAME	INSTI-TUTION	VOR-HABEN
WUNDERLICH, MICHAEL, DR.		GB -007
		IC -017
WUNDT, PROF.DR.	0624	
WUPPERMANN, DIPL.-ING.	0156	
ZACHARIAS		AA -086
ZAHN, JOACHIM, PROF.DR.	0145	
ZAHN, RUDOLF K., PROF.DR.	1229	PH -059
ZAHNER, RUDOLF, DR.	0816	HA -044
		HA -045
		HA -047
		IC -062
ZAJONTZ, JOACHIM, DR.-ING.		BA -019
		BA -020
		BA -021
		BA -022
		BA -023
		DA -026
ZAKOSEK, HEINRICH, PROF.DR.	0510	
ZANDER, JUERGEN, DIPL.-AGR.-ING.		RE -036
ZAPF, PROF.DR.	1041	UL -056
ZASKE, JUERGEN, DR.-ING.		RB -020
ZAYC, DIPL.-ING.	1011	
ZECH, DIPL.-ING.		KB -071
ZEHR, J., DR.-ING.	0007	
ZEILINGER, DIPL.-ING.		BA -057
ZELLER, A., DR.-ING.	1411	
ZENK, MEINHART H., PROF.DR.	1091	
ZEPF, DR.-ING.	0887	
ZICKWOLFF, GERHARD, PROF.DR.	0172	
ZIECHMANN, WOLFGANG, PROF.DR.	0953	OD -076
		OD -077
		OD -078
		PH -048
ZIEGENBEIN, PROF.DR.		QA -017
		RH -010
		UM -020
		UM -021
ZIEGLER, DIPL.-KFM.		HE -004
ZIEGLER, PROF.DR.	1050	
ZIEGLER, BERNHARD, PROF.DR.	1314	
ZIEGLER, HUBERT, PROF.DR.		PF -061
		PF -062
		PF -063
		PH -053
ZIELONKOWSKI, DR.		UK -018
		UM -031
ZIMBELMANN, RUPRECHT, DR.-ING.		FD -038
		MD -033
ZIMMER, DR.MED.	0083	TA -007
		TA -008
ZIMMER, ERNST, PROF.DR.	0597	UM -039
ZIMMER, K.G., PROF.DR.	0848	
ZIMMERMANN, PROF.DR.	0627	IF -016
ZIMMERMANN, FRIEDRICH KARL, PROF.DR.		PD -044
ZIMMERMANN, GEERT, DR.		FB -075
ZIMMERMANN, JANOS, DIPL.-ING.		TB -016
ZIMMERMANN, MARTIN	0043	DD -001
		ME -001
ZIMMERMANN, UWE, PROF.DR.		HA -058
ZIMMERMANN, W., DR.		ND -043
ZINK, DR.		UN -038
ZOCH, ERWIN, PROF.DR.	0270	
ZOELSMANN, HEINRICH, DIPL.-ING.	0990	
ZOETTL, H.W.		RC -030
ZOETTL, HEINZ W., PROF.DR.	0516	OD -038
		PI -019
ZORLL, ULRICH, DR.		DC -018
		TA -018
ZORN, HANS, DR.MED.		RH -036
ZUCKER, H., PROF.DR.	0781	OC -026
		QD -021
ZUEHLKE, PETER, DR.-ING.	0369	
ZULLEI, NINETTE		DB -027
		UB -020
ZUNDEL, ROLF, DR.		TC -003
ZWEIGERT, KONRAD, PROF.DR.	1150	UB -027
ZWOELFER, HELMUT, PROF.DR.	1104	UM -075

ORTSREGISTER

Ortsregister

(der durchführenden Institutionen)

Im Ortsregister werden unter dem Namen eines Ortes in alphabetischer Reihenfolge jeweils die Institutionen aufgeführt, die hier ihren Geschäftssitz haben.

Die vierstellige Ziffer vor dem Namen verweist auf die Fundstelle im Hauptteil II, an der eine ausführliche Darstellung der Institution gegeben wird.

Unter dem Namen der Institution werden jeweils die Vorhaben-Nummern der dort durchgeführten Vorhaben aufgeführt. Die Vorhaben-Nummern verweisen in den Hauptteil I.

AACHEN

0001 AACHEN-CONSULTING GMBH (ACG)
IB -001, KA -001, KE -001, UF -001, UK -001, UK -002

0009 ABTEILUNG FUER ANGEWANDTE LAGERSTAETTENLEHRE DER TH AACHEN
BB -001, OB -001, OD -003

0018 ABTEILUNG HYGIENE UND ARBEITSMEDIZIN DER TH AACHEN
PE -001, PE -002, PE -003

0027 ABTEILUNG SYSTEMATIK UND GEOBOTANIK DER TH AACHEN
HA -001, PH -001

0053 ARBEITSGEMEINSCHAFT ENTWICKLUNGS- UND VERKEHRSPLANUNG
UH -004

0211 FACHBEREICH CHEMIE DER FH AACHEN
ME -014

0303 FORSCHUNGSINSTITUT GERAEUSCHE UND ERSCHUETTERUNGEN E.V.
FB -026

0344 GEOLOGISCHES INSTITUT DER TH AACHEN
PK -019

0396 HEUSCH, DR.-ING.; BOESEFELDT, DIPL.-ING.; BERATENDE INGENIEURE
FB -032

0479 INSTITUT FUER AUFBEREITUNG, KOKEREI UND BRIKETTIERUNG DER TH AACHEN
MA -014, MA -015

0483 INSTITUT FUER BAUMASCHINEN UND BAUBETRIEB DER TH AACHEN
FA -013, FA -014, FC -036, FC -037, FC -038, FC -039, FD -014, MD -016

0522 INSTITUT FUER BRENNSTOFFCHEMIE UND PHYSIKALISCH-CHEMISCHE VERFAHRENSTECHNIK DER TH AACHEN
DD -024

0535 INSTITUT FUER DAMPF- UND GASTURBINEN DER TH AACHEN
DB -017, FA -015, GA -007

0540 INSTITUT FUER EISENHUETTENKUNDE DER TH AACHEN
DC -029, DC -030, DC -031, KB -036, KC -025

0541 INSTITUT FUER ELEKTRISCHE ANLAGEN UND ENERGIEWIRTSCHAFT DER TH AACHEN
NB -020, ND -026, ND -027, SA -033

0542 INSTITUT FUER ELEKTRISCHE NACHRICHTENTECHNIK DER TH AACHEN
CA -041

0592 INSTITUT FUER GESTEINSHUETTENKUNDE DER TH AACHEN
BC -024, CA -043, PK -024

0616 INSTITUT FUER HYDRAULISCHE UND PNEUMATISCHE ANTRIEBE UND STEUERUNGEN DER TH AACHEN
FC -044

0649 INSTITUT FUER KRAFTFAHRWESEN DER TH AACHEN
DA -031, DA -032, UI -017, UI -018

0652 INSTITUT FUER KUNSTSTOFFVERARBEITUNG DER TH AACHEN
MA -017, ME -039, ME -040, TA -037

0820 INSTITUT FUER SIEDLUNGSWASSERWIRTSCHAFT DER TH AACHEN
GB -015, HA -051, HA -052, HA -053, HD -008, HE -019, IB -018, IB -019, IC -063, IC -064, KA -021, KB -056, KB -057, KB -058, KB -059, KB -060, KB -061, KE -040, KE -041, LA -010, MB -046, MG -021, TD -018

0836 INSTITUT FUER STADTBAUWESEN DER TH AACHEN
UH -027, UH -028, UH -029, UH -030, UI -019

0847 INSTITUT FUER STRAHLANTRIEBE UND TURBOARBEITSMASCHINEN DER TH AACHEN
FA -028, FB -051, FB -052

0854 INSTITUT FUER STROMRICHTERTECHNIK UND ELEKTRISCHE ANTRIEBE DER TH AACHEN
DA -035

0860 INSTITUT FUER TECHNISCHE AKUSTIK DER TH AACHEN
FA -032, FB -054, FD -028

0896 INSTITUT FUER VERFAHRENSTECHNIK DER TH AACHEN
KB -063, KC -052, LA -011

0939 INSTITUT FUER ZOOLOGIE DER TH AACHEN
PI -034

0999 LABORATORIUM FUER WERKZEUGMASCHINEN UND BETRIEBSLEHRE DER TH AACHEN
FC -073, FC -074, FC -075

1032 LEHRGEBIET WIRTSCHAFTSKUNDE UND REGIONALPOLITIK DER TH AACHEN
UE -036

1043 LEHRSTUHL FUER ANGEWANDTE THERMODYNAMIK DER TH AACHEN
BA -052, DA -041, DA -042, DA -043, DA -044, DA -045, DA -046, DA -047, DA -048, FA -052, FB -064, FB -065

1073 LEHRSTUHL FUER INGENIEUR- UND HYDROGEOLOGIE DER TH AACHEN
HB -067, HG -049, HG -050, ID -052, MC -040, MG -029

1078 LEHRSTUHL FUER LANDSCHAFTSOEKOLOGIE UND LANDSCHAFTSGESTALTUNG DER TH AACHEN
UE -037, UK -063, UK -064, UK -065, UL -062, UM -071, UM -072

1081 LEHRSTUHL FUER LUFT- UND RAUMFAHRT DER TH AACHEN
FA -053, FB -070

1096 LEHRSTUHL FUER REAKTORTECHNIK DER TH AACHEN
NB -053

1127 LEHRSTUHL UND INSTITUT FUER STAEDTEBAU UND LANDESPLANUNG DER TH AACHEN
AA -122, EA -015, FD -035, MG -030, NC -097, TB -031, TB -032

1131 LEHRSTUHL UND INSTITUT FUER WASSERBAU UND WASSERWIRTSCHAFT DER TH AACHEN
GB -035, IB -027, ID -055

1386 VERKEHRSWISSENSCHAFTLICHES INSTITUT DER TH AACHEN
SA -080

1399 WASSERWERK DES KREISES AACHEN
HA -112, HA -113, IC -119, KB -091

AHRENSBURG

0097 BIOCHEMISCHES INSTITUT FUER UMWELTCARCINOGENE
IC -008, OD -010, PD -002, QA -002

0129 BUNDESFORSCHUNGSANSTALT FUER GARTENBAULICHE PFLANZENZUECHTUNG
RE -009, RE -010

0570 INSTITUT FUER FORSTGENETIK UND FORSTPFLANZENZUECHTUNG DER BUNDESFORSCHUNGSANSTALT FUER FORST- UND HOLZWIRTSCHAFT
AA -065

ALLENSBACH

0536 INSTITUT FUER DEMOSKOPIE GMBH
TB -011

ARLINGTON/VIRGINIA USA

0954 INTERNATIONAL RESEARCH AND TECHNOLOGY CORPORATION (IR&T)
SA -048

AUGSBURG

0833 INSTITUT FUER SOZIOOEKONOMIE DER UNI AUGSBURG
UC -041, UH -024, UH -025

1048 LEHRSTUHL FUER BIOLOGIE DER UNI AUGSBURG
RH -075

1093 LEHRSTUHL FUER PHYSISCHE GEOGRAPHIE DER UNI AUGSBURG
AA -121

1147 MASCHINENFABRIK AUGSBURG-NUERNBERG AG (MAN)
DA -056, DA -057, DA -058, DA -059, SB -028, UI -023

AULENDORF

1301 STAATLICHE LEHR- UND VERSUCHSANSTALT FUER VIEHHALTUNG
RF -022

1305 STAATLICHE VERSUCHSANSTALT FUER GRUENLANDWIRTSCHAFT UND FUTTERBAU AULENDORF
IC -114

AXAMS

1410 WURCHE, PAUL, DIPL.-ING.
UH -042

BAD HERSFELD

0393 HESSISCHE LEHR- UND FORSCHUNGSANSTALT FUER GRUENLANDWIRTSCHAFT UND FUTTERBAU
QA -017, RH -010, UL -017, UM -016, UM -017, UM -018, UM -019, UM -020, UM -021, UM -022

BAD KREUZNACH

1156 MAX-PLANCK-INSTITUT FUER LANDARBEIT UND LANDTECHNIK
UL -064

BAD NAUHEIM

0976 KLINIK UND INSTITUT FUER PHYSIKALISCHE MEDIZIN UND BALNEOLOGIE / FB 23 DER UNI GIESSEN
TE -010

BAD NEUENAHR-AHRWEILER

1002 LANDES-LEHR- UND VERSUCHSANSTALT FUER WEINBAU, GARTENBAU UND LANDWIRTSCHAFT AHRWEILER
RH -068

BAD SODEN

1277 SCHIRMACHER, ERNST, DR.-ING.
UF -032

BASEL/SCHWEIZ

0134 BURCHHARDT PLANCONSULT
UE -011

0328 GEOGRAPHISCHES INSTITUT DER UNI BASEL
RC -009, UK -010, UL -006, UL -007, UL -008

0965 KAPP, K.-W., PROF.DR.
UA -052

1246 PROGNOS AG, EUROPAEISCHES ZENTRUM FUER ANGEWANDTE WIRTSCHAFTSFORSCHUNG
MA -027, MG -036, UE -042

BAYREUTH

1090 LEHRSTUHL FUER PFLANZENOEKOLOGIE DER UNI BAYREUTH
PG -052, RE -043, RG -035, UM -073, UM -074

1104 LEHRSTUHL FUER TIEROEKOLOGIE DER UNI BAYREUTH
UM -075

BENSBERG

0952 INTERATOM GMBH
NC -045, NC -046, NC -047, SA -046, SA -047

BERGHEIM

0376 GROSSER ERFTVERBAND BERGHEIM
HB -033, ID -017, KB -024, KB -025, KC -019, KE -014, LA -004

BERGKAMEN

1276 SCHERING AG
UD -021, UD -022

BERLIN

0004 ABTEILUNG BAUWESEN DER BUNDESANSTALT FUER MATERIALPRUEFUNG
FB -001, FD -001, FD -002, FD -003, PK -001, PK -002, PK -003, PK -004

0007 ABTEILUNG CHEMISCHE SICHERHEITSTECHNIK DER BUNDESANSTALT FUER MATERIALPRUEFUNG
BA -001, BA -002, BC -001, CA -001, QA -001, TA -001, TA -002

0015 ABTEILUNG FUER STRAHLENHYGIENE DES BUNDESGESUNDHEITSAMTES
CA -002

0020 ABTEILUNG METALLE UND METALLKONSTRUKTION DER BUNDESANSTALT FUER MATERIALPRUEFUNG
GB -001, HB -001, KC -001, ND -003, ND -004, ND -005, ND -006, OA -001, OB -004, PK -005, UH -001, UH -002

0022 ABTEILUNG ORGANISCHE STOFFE DER BUNDESANSTALT FUER MATERIALPRUEFUNG
IC -001, KF -001, MC -001, PK -006

0024 ABTEILUNG SONDERGEBIETE DER MATERIALPRUEFUNG DER BUNDESANSTALT FUER MATERIALPRUEFUNG
BA -003, CA -003, KA -002, KB -003, NB -001, PK -007

0025 ABTEILUNG STOFFARTUNABHAENGIGE VERFAHREN DER BUNDESANSTALT FUER MATERIALPRUEFUNG
BC -002, BC -003, BC -004, NC -001, NC -002, NC -003, ND -007, ND -008, OA -002

0031 ADLER, PROF.DR.-ING.
TA -003

0092 BERLINER STADTREINIGUNGSBETRIEBE
KB -010, MA -003, MA -004

0168 DEUTSCHER NORMENAUSSCHUSS
SB -004

0173 DEUTSCHES INSTITUT FUER WIRTSCHAFTSFORSCHUNG
UD -001, UE -013, UG -004

0174 DIENSTSTELLE FUER WIRTSCHAFTLICHE FRAGEN UND RECHTSANGELEGENHEITEN IM PFLANZENSCHUTZ DER BIOLOGISCHEN BUNDESANSTALT FUER LAND- UND FORSTWIRTSCHAFT
RE -013

0195 ENERGIEANLAGEN BERLIN GMBH
GC -001, SB -009

0231 FACHBEREICH POLITISCHE WISSENSCHAFT DER FU BERLIN
UA -010, UC -007

0246 FACHGEBIET FRUCHT- UND GEMUESETECHNOLOGIE DER TU BERLIN
QA -010, QC -012, QC -013, QC -014, QC -015

0248 FACHGEBIET INDUSTRIELLES BAUEN DER TU BERLIN
TB -004

0267 FACHRICHTUNG LEBENSMITTELHYGIENE DER FU BERLIN
QA -011, QA -012, QA -013, QB -016

0268 FACHRICHTUNG METEOROLOGIE DER FU BERLIN
AA -042, CB -016

0273 FACHRICHTUNG VETERINAER-PHYSIOLOGIE DER FU BERLIN
NA -003

0362 GESELLSCHAFT FUER LAERMBEKAEMPFUNG UND UMWELTSCHUTZ E.V.
FD -010, TB -009

0380 HAHN-MEITNER-INSTITUT FUER KERNFORSCHUNG BERLIN GMBH
CB -020, MB -011, NC -030, ND -022, ND -023, ND -024, PC -007

0389 HERMANN-RIETSCHEL-INSTITUT FUER HEIZUNGS- UND KLIMATECHNIK DER TU BERLIN
BB -009

0436 INSTITUT FUER ABFALLWIRTSCHAFT DER TU BERLIN
MA -012, MB -016, MB -017, MB -018, MB -019, MB -020, MB -021, MB -022, MB -023, MD -012, MD -013, MD -014, MD -015, ME -029, MF -008, MG -018

0443 INSTITUT FUER ALLGEMEINE BAUINGENIEURMETHODEN DER TU BERLIN
HB -036

0456 INSTITUT FUER ANGEWANDTE INFORMATIK DER TU BERLIN
MA -013

0464 INSTITUT FUER ANTHROPOGEOGRAPHIE, ANGEWANDTE GEOGRAPHIE UND KARTOGRAPHIE DER FU BERLIN
FB -035, HE -014

0476 INSTITUT FUER ARBEITSWISSENSCHAFTEN DER TU BERLIN
TA -028

0482 INSTITUT FUER BAUKONSTRUKTIONEN UND FESTIGKEIT DER TU BERLIN
ME -035

0489 INSTITUT FUER BERGBAUWISSENSCHAFTEN DER TU BERLIN
MB -024

0526 INSTITUT FUER CHEMIEINGENIEURTECHNIK DER TU BERLIN
BB -013, DA -024, DA -025, DB -015, DD -025, DD -026, KA -011, KB -030, KB -031, KB -032, KE -018, MB -027

0582 INSTITUT FUER GENETIK DER FU BERLIN
RE -022

0587 INSTITUT FUER GEOLOGIE UND PALAEONTOLOGIE DER TU BERLIN
ID -027

0605 INSTITUT FUER HOCHSPANNUNGSTECHNIK UND STARKSTROMANLAGEN DER TU BERLIN
SA -037

0625 INSTITUT FUER HYGIENE UND MEDIZINISCHE MIKROBIOLOGIE DER FU BERLIN
HE -015

0642 INSTITUT FUER KERNTECHNIK DER TU BERLIN
NC -040, NC -041, NC -042

0647 INSTITUT FUER KONSTRUKTIONSLEHRE UND THERMISCHE MASCHINEN DER TU BERLIN
BA -035

0660 INSTITUT FUER LANDSCHAFTS- UND FREIRAUMPLANUNG DER TU BERLIN
FD -024, MC -025, RA -015, TC -012, UK -024, UK -025, UK -026, UK -027, UL -028

0664 INSTITUT FUER LANDTECHNIK UND BAUMASCHINEN DER TU BERLIN
BD -004, OD -044

0666 INSTITUT FUER LANDVERKEHRSWEGE DER TU BERLIN
FB -043, FB -044

0676 INSTITUT FUER LEBENSMITTELCHEMIE DER TU BERLIN
RB -013, RB -014

0682 INSTITUT FUER LICHTTECHNIK DER TU BERLIN
TA -038, TB -014

0683 INSTITUT FUER LUFT- UND RAUMFAHRT DER TU BERLIN
MA -018

0687 INSTITUT FUER MASCHINENKONSTRUKTION DER TU BERLIN
RB -020

0699 INSTITUT FUER MEDIZINISCHE STATISTIK UND DOKUMENTATION DER FU BERLIN
PD -043

0706 INSTITUT FUER MESS- UND REGELUNGSTECHNIK DER TU BERLIN
DD -044, IA -016, KA -014, OA -022

0726 INSTITUT FUER NICHTPARASITAERE PFLANZENKRANKHEITEN DER BIOLOGISCHEN BUNDESANSTALT FUER LAND- UND FORSTWIRTSCHAFT
BA -040, OD -056, PF -038, PF -039, PF -040, PH -036, PH -037, PI -027, UM -047

0728 INSTITUT FUER NUTZPFLANZENFORSCHUNG DER TU BERLIN
PG -028

0731 INSTITUT FUER OEKOLOGIE DER TU BERLIN
AA -086, IC -060, IF -020, IF -021, MC -027, MC -028, OD -057, PF -042, PF -043, PI -028, RC -026, RG -023, UL -038, UL -039, UL -040, UL -041, UL -042, UL -043, UM -048, UM -049, UM -050, UM -051

0758 INSTITUT FUER PFLANZENSCHUTZMITTELFORSCHUNG DER BIOLOGISCHEN BUNDESANSTALT FUER LAND- UND FORSTWIRTSCHAFT
OC -023, OD -064, QA -041, QC -033, RH -044

0790 INSTITUT FUER PSYCHOLOGIE DER TU BERLIN
FA -026

0792 INSTITUT FUER PUBLIZISTIK UND DOKUMENTATIONSWISSENSCHAFTEN DER FU BERLIN
VA -011

0808 INSTITUT FUER REGELUNGSTECHNIK DER TU BERLIN
KA -017

0825 INSTITUT FUER SOZIALMEDIZIN UND EPIDEMIOLOGIE DES BUNDESGESUNDHEITSAMTES
PE -025, PE -026

0826 INSTITUT FUER SOZIALOEKONOMIE DER LANDSCHAFTSENTWICKLUNG DER TU BERLIN
RB -026

0835 INSTITUT FUER STADT- UND REGIONALPLANUNG DER TU BERLIN
TD -019, UH -026

0858 INSTITUT FUER SYSTEMATISCHE BOTANIK UND PFLANZENGEOGRAPHIE DER FU BERLIN
IA -022

0861 INSTITUT FUER TECHNISCHE AKUSTIK DER TU BERLIN
FA -033, FA -034, FA -035, FB -055, FC -054, FC -055, FD -029, FD -030, FD -031, FD -032

0862 INSTITUT FUER TECHNISCHE CHEMIE DER TU BERLIN
DD -045, KC -049, MB -047, UC -045

0886 INSTITUT FUER TURBULENZFORSCHUNG DER DFVLR
FA -037, FB -056, SA -045

0902 INSTITUT FUER VETERINAERHYGIENE DER FU BERLIN
BE -014, BE -015

0903 INSTITUT FUER VETERINAERMEDIZIN DES BUNDESGESUNDHEITSAMTES
PB -034, PB -035, QA -051

0907 INSTITUT FUER VORRATSSCHUTZ DER BIOLOGISCHEN BUNDESANSTALT FUER LAND- UND FORSTWIRTSCHAFT
RB -029, RB -030, RH -054, RH -055, RH -056, RH -057, RH -058

0912 INSTITUT FUER WASSER-, BODEN- UND LUFTHYGIENE DES BUNDESGESUNDHEITSAMTES
BA -048, BA -049, BB -024, BB -025, BB -026, BB -027, BD -007, CA -054, CA -055, CA -056, CA -057, CA -058, CA -059, CA -060, CA -061, GB -020, HD -010, HD -011, HD -012, HD -013, HE -021, HE -022, HE -023, HE -024, HE -025, HE -026, IA -024, IA -025, IA -026, IC -072, IC -073, IC -074, IC -075, IC -076, IC -077, IC -078, ID -041, ID -042, IF -028, KB -064, KC -053, KC -054, KE -046, KF -016, KF -017, LA -013, LA -014, LA -015, MC -036, MG -026, MG -027, ND -038, OA -028, OB -018, OB -019, OD -072, OD -073, OD -074, PA -035, PA -036, PB -036, PC -043, PE -028, PE -029, PE -030, PE -031, PE -032, PE -033, PH -046, PI -033, QA -052, TF -031, TF -032, TF -033

0915 INSTITUT FUER WASSERBAU UND WASSERWIRTSCHAFT DER TU BERLIN
GB -022, HE -030, HE -031, HG -039, HG -040, RC -029

0935 INSTITUT FUER WOHNUNGSBAU UND STADTTEILPLANUNG DER TU BERLIN
TB -020

0938 INSTITUT FUER ZOOLOGIE DER BIOLOGISCHEN BUNDESANSTALT FUER LAND- UND FORSTWIRTSCHAFT
RH -059, RH -060, RH -061, RH -062, RH -063, RH -064, RH -065, RH -066

0944 INSTITUT FUER ZUCKERINDUSTRIE BERLIN
DC -041, GB -026, KC -056

0946 INSTITUT FUER ZUKUNFTSFORSCHUNG DES ZENTRUM BERLIN FUER ZUKUNFTFORSCHUNG E. V.
UA -051, UE -034, UH -034, UH -035, UH -036, VA -015

0973 KISS CONSULTING ENGINEERS VERFAHRENSTECHNIK GMBH
ME -060

0975 KLINIK FUER RADIOLOGIE, NUKLEARMEDIZIN UND PHYSIKALISCHE THERAPIE IM KLINIKUM STEGLITZ DER FU BERLIN
NB -042, NB -043

1008 LANDESANSTALT FUER LEBENSMITTEL-, ARZNEIMITTEL- UND GERICHTLICHE CHEMIE
NB -047, PC -047, QA -054, QA -055

1030 LEHRGEBIET GETREIDEVERARBEITUNG DER TU BERLIN
KB -070

1031 LEHRGEBIET LANDSCHAFTS- UND GARTENPLANUNG DER TU BERLIN
TB -025

1051 LEHRSTUHL FUER CHEMISCH-TECHNISCHE ANALYSE DER TU BERLIN
BE -022

1122 LEHRSTUHL UND INSTITUT FUER LANDMASCHINEN DER TU BERLIN
OA -033

1163 MAX-VON-PETTENKOFER-INSTITUT DES BUNDESGESUNDHEITSAMTES
OD -089, PB -042, PB -043, PB -044, PC -054, PD -060, QA -065, QA -066, QA -067

1167 MEDIZINISCHE KLINIK UND POLIKLINIK IM KLINIKUM WESTEND DER FU BERLIN
PC -055, PD -061

1197 NORMENAUSSCHUSS AKUSTIK UND SCHWINGUNGSTECHNIK IM DEUTSCHEN INSTITUT FUER NORMUNG E. V.
FA -069, FA -070, FA -071, FA -072, FB -081, FB -082, FB -083, FB -084, FC -086

1210 OST-EUROPA-INSTITUT DER FU BERLIN
UF -027

1215 PATHOLOGISCHES INSTITUT DES RUDOLF VIRCHOW-KRANKENHAUSES
PC -061

1251 PSYCHOLOGISCHES INSTITUT DER FU BERLIN
TB -033

1304 STAATLICHE MUSEEN PREUSSISCHER KULTURBESITZ
PK -029, PK -030, PK -031, PK -032

1365 UMWELTBUNDESAMT
PE -052

1376 VEREIN FUER KOMMUNALWISSENSCHAFTEN E. V.
UL -075

1387 VERSUCHS- UND LEHRANSTALT FUER BRAUEREI IN BERLIN
BC -045, KC -073

1388 VERSUCHS- UND LEHRANSTALT FUER SPIRITUSFABRIKATION UND FERMENTATIONSTECHNOLOGIE IN BERLIN
KD -018

1409 WISSENSCHAFTSZENTRUM BERLIN GMBH (WZB)
UB -034

1414 ZENTRALE ERFASSUNGS- UND BEWERTUNGSSTELLE FUER UMWELTCHEMIKALIEN DES BUNDESGESUNDHEITSAMTES
PC -064, QA -072

BERNKASTEL-KUES

0805 INSTITUT FUER REBENKRANKHEITEN DER BIOLOGISCHEN BUNDESANSTALT FUER LAND- UND FORSTWIRTSCHAFT
ID -034

BIELEFELD

0067 ASTA-WERKE AG
PD -001

0193 EMNID INSTITUT GMBH
UA -009

0274 FAKULTAET FUER RECHTSWISSENSCHAFT DER UNI BIELEFELD
EA -005

0275 FAKULTAET FUER SOZIOLOGIE DER UNI BIELEFELD
UA -013, UA -014

BLAUBEUREN

1239 PORTLAND-ZEMENTWERKE HEIDELBERG AG
MB -060

BOCHUM

0237 FACHBEREICH VERFAHRENSTECHNIK DER FH BERGBAU DER WESTFAELISCHEN BERGGEWERKSCHAFTSKASSE BOCHUM
DB -009, DD -008

0329 GEOGRAPHISCHES INSTITUT DER UNI BOCHUM
AA -046, RC -010, RC -011, TB -006, UC -015, UE -020, UE -021, UL -009

0455 INSTITUT FUER ANGEWANDTE GEOLOGIE DER WESTFAELISCHEN BERGGEWERKSCHAFTSKASSE
MC -021

0546 INSTITUT FUER ENTWICKLUNGSFORSCHUNG UND ENTWICKLUNGSPOLITIK DER UNI BOCHUM
UA -029

0558 INSTITUT FUER EXPERIMENTALPHYSIK DER UNI BOCHUM
CA -042

0586 INSTITUT FUER GEOLOGIE DER UNI BOCHUM
IC -046, ID -025, ID -026

0590 INSTITUT FUER GEOPHYSIK, SCHWINGUNGS- UND SCHALLTECHNIK DER WESTFAELISCHEN BERGGEWERKSCHAFTSKASSE
FC -042, HB -043, RC -025

0620 INSTITUT FUER HYGIENE DER UNI BOCHUM
HD -007

0648 INSTITUT FUER KONSTRUKTIVEN INGENIEURBAU DER UNI BOCHUM
NC -043

0761 INSTITUT FUER PHARMAKOLOGIE UND TOXIKOLOGIE DER UNI BOCHUM
PA -026

0867 INSTITUT FUER THERMO- UND FLUIDDYNAMIK DER UNI BOCHUM
CB -060

1038 LEHRSTUHL FUER ALLGEMEINE ZOOLOGIE DER UNI BOCHUM
RF -021

1045 LEHRSTUHL FUER BIOCHEMIE DER PFLANZEN DER UNI BOCHUM
PB -041

1091 LEHRSTUHL FUER PFLANZENPHYSIOLOGIE DER UNI BOCHUM
PG -053

1097 LEHRSTUHL FUER SPEZIELLE ZOOLOGIE DER UNI BOCHUM
GB -034

1099 LEHRSTUHL FUER TECHNISCHE CHEMIE DER UNI BOCHUM
ME -066

1166 MEDIZINISCHE KLINIK UND POLIKLINIK DER BERGBAU-BERUFSGENOSSENSCHAFT
TA -061

1252 PSYCHOLOGISCHES INSTITUT DER UNI BOCHUM
FD -040

1291 SILICOSE-FORSCHUNGSINSTITUT DER BERGBAUBERUFSGENOSSENSCHAFT
PE -048, PE -049, PE -050, PE -051, TA -068

1390 VERSUCHSSTRECKE IN DORTMUND-DERNE
TA -071

BOCHUM-SUNDERN

1339 STERNWARTE BOCHUM, INSTITUT FUER WELTRAUMFORSCHUNG
AA -157

BOENNIGHEIM

0087 BEKLEIDUNGSPHYSIOLOGISCHES INSTITUT E.V. HOHENSTEIN
KC -004, MB -004

BONN

0036 AGRIKULTURCHEMISCHES INSTITUT DER UNI BONN
ID -001, IF -001, MG -002, OD -006, PF -001, PF -002, PG -002, PG -003, PH -002, QC -001, RD -001, RE -002

0051 ARBEITSGEMEINSCHAFT DER VERBRAUCHER
UB -001

0131 BUNDESFORSCHUNGSANSTALT FUER LANDESKUNDE UND RAUMORDNUNG
HG -007, IA -003, IA -004, PI -004, UE -006, UE -007, UE -008, UE -009, UE -010, UK -006

0146 DATUM E.V.
VA -004, VA -005

0158 DEUTSCHE GESELLSCHAFT FUER AUSWAERTIGE POLITIK E.V.
UA -004

0291 FORSCHUNGSGESELLSCHAFT FUER AGRARPOLITIK UND -SOZIOLOGIE E.V.
RA -004

0297 FORSCHUNGSINSTITUT DER FRIEDRICH-EBERT-STIFTUNG E.V.
UA -019, UF -007

0381 HALS-NASEN-OHRENKLINIK DER UNI BONN
BE -007

0407 HYGIENE INSTITUT DER UNI BONN
BB -010, DD -021, HD -002, HE -010, IA -009, IC -029, IC -030, PC -008, PH -009

0450 INSTITUT FUER ANATOMIE, PHYSIOLOGIE UND HYGIENE DER HAUSTIERE DER UNI BONN
PA -007, PB -011

0460 INSTITUT FUER ANGEWANDTE ZOOLOGIE DER UNI BONN
NB -016, PC -012, RH -013

0510 INSTITUT FUER BODENKUNDE DER UNI BONN
MB -025, OD -035, PF -025, PF -026, PG -020, RC -019

0552 INSTITUT FUER ERNAEHRUNGSWISSENSCHAFT DER UNI BONN
QB -021, RB -007

0555 INSTITUT FUER EUROPAEISCHE UMWELTPOLITIK
UA -030, UA -031, UA -032

0559 INSTITUT FUER EXPERIMENTELLE OPHTHALMOLOGIE DER UNI BONN
PB -015, PB -016, PC -018

0564 INSTITUT FUER FLUGMEDIZIN DER DFVLR
TA -031, TE -006, TE -007, TE -008

0609 INSTITUT FUER HUMANGENETIK DER UNI BONN
PA -017, PB -018, PD -025, PD -026, PD -027, PD -028, PD -029, PD -030, PD -031, PD -032

0632 INSTITUT FUER INDUSTRIE- UND VERKEHRSPOLITIK DER UNI BONN
UI -016

0661 INSTITUT FUER LANDSCHAFTSPFLEGE UND LANDSCHAFTSOEKOLOGIE DER BUNDESFORSCHUNGSANSTALT FUER NATURSCHUTZ UND LANDSCHAFTSOEKOLOGIE
HA -037, HA -038, IA -015, IC -056, IF -017, RD -023, UK -028, UK -029, UK -030, UK -031, UK -032, UK -033, UK -034, UL -029, UL -030, UL -031, UL -032, UL -033, UL -034, UL -035, UM -040, UM -041, UM -042, UM -043, UM -044, UM -045, UM -046

0670 INSTITUT FUER LANDWIRTSCHAFTLICHE BETRIEBSLEHRE DER UNI BONN
RA -019

0698 INSTITUT FUER MEDIZINISCHE PARASITOLOGIE DER UNI BONN
PE -022, TF -023, TF -024, TF -025

0716 INSTITUT FUER MIKROBIOLOGIE DER UNI BONN
KB -046, OD -051, PI -026

0724 INSTITUT FUER NATURSCHUTZ UND TIEROEKOLOGIE DER BUNDESFORSCHUNGSANSTALT FUER NATURSCHUTZ UND LANDSCHAFTSOEKOLOGIE
UK -039, UK -040, UN -021

0729 INSTITUT FUER OBSTBAU UND GEMUESEBAU DER UNI BONN
ME -044, PF -041

0746 INSTITUT FUER PFLANZENBAU DER UNI BONN
MF -038, RF -011, UK -043, UK -044, UL -044, UM -055, UM -056

0754 INSTITUT FUER PFLANZENKRANKHEITEN DER UNI BONN
PG -032, PG -033

0765 INSTITUT FUER PHARMAZEUTISCHE BIOLOGIE DER UNI BONN
PF -052

0773 INSTITUT FUER PHYSIKALISCHE CHEMIE DER UNI BONN
AA -096, CB -049, CB -050, CB -051, CB -052, CB -053

0839 INSTITUT FUER STAEDTEBAU, BODENORDNUNG UND KULTURTECHNIK DER UNI BONN
HA -054, IC -068, TC -014, UE -031, UF -017, UF -018, UH -031, UL -047

0876 INSTITUT FUER TIERERNAEHRUNG DER UNI BONN
ME -054, MF -042, MF -043

0905 INSTITUT FUER VOELKERRECHT DER UNI BONN
LA -012, UA -046, UA -047

0930 INSTITUT FUER WIRTSCHAFTSGEOGRAPHIE DER UNI BONN
UA -050

0956 INTERPARLAMENTARISCHE ARBEITSGEMEINSCHAFT
UB -022

0957 IRLENBORN UND PARTNER; PUBLIC RELATIONS GMBH & CO KG
TD -020

1029 LEHR- UND VERSUCHSANSTALT FUER ZIERPFLANZENBAU, BAUMSCHULEN UND FLORISTIK DER LANDWIRTSCHAFTSKAMMER RHEINLAND
SB -026

1080 LEHRSTUHL FUER LEBENSMITTELWISSENSCHAFT DER UNI BONN
QA -063, QA -064, QC -044

1140 LIEHR, WALTRAUD
UK -069

1165 MEDIZINISCHE KLINIK DER UNI BONN
FA -060

1174 METEOROLOGISCHES INSTITUT DER UNI BONN
AA -135, AA -136, AA -137, AA -138, HG -052, HG -053

1341 STRASSBERGER, A., DR.-ING.
SB -032

1377 VEREINIGTE ALUMINIUMWERKE AG (VAW)
DC -071, ME -088

1425 ZOOLOGISCHES FORSCHUNGSINSTITUT UND MUSEUM ALEXANDER KOENIG
PB -049

BONN-BAD GODESBERG

1368 URANERZBERGBAU GMBH & CO KG
SA -076, SA -077, SA -078, UD -023

BORNHEIM

0144 COLLO GMBH
DD -003

BORSTEL

0295 FORSCHUNGSINSTITUT BORSTEL - INSTITUT FUER EXPERIMENTELLE BIOLOGIE UND MEDIZIN
NC -022, OC -008, PC -006, PE -007, PI -006, TF -010, TF -011

BRAUNSCHWEIG

0104 BOTANISCHES INSTITUT DER TU BRAUNSCHWEIG
RE -004

0302 FORSCHUNGSINSTITUT FUTTERMITTELTECHNIK DER INTERNATIONALEN FORSCHUNGSGEMEINSCHAFT FUTTERMITTELTECHNIK
MF -006, MF -007, QA -014, QA -015, RF -001

0466 INSTITUT FUER ANTRIEBSSYSTEME DER DFVLR
DA -023, FB -036

0467 INSTITUT FUER ANWENDUNGSTECHNIK DER BIOLOGISCHEN BUNDESANSTALT FUER LAND- UND FORSTWIRTSCHAFT
RE -015, RE -016

0486 INSTITUT FUER BAUSTOFFKUNDE UND STAHLBETONBAU DER TU BRAUNSCHWEIG
PK -023

0491 INSTITUT FUER BETRIEBSTECHNIK DER FORSCHUNGSANSTALT FUER LANDWIRTSCHAFT
FC -040, TA -029, TA -030

0492 INSTITUT FUER BETRIEBSWIRTSCHAFT DER FORSCHUNGSANSTALT FUER LANDWIRTSCHAFT
RA -010

0493 INSTITUT FUER BIOCHEMIE DER BIOLOGISCHEN BUNDESANSTALT FUER LAND- UND FORSTWIRTSCHAFT
PH -015

0495 INSTITUT FUER BIOCHEMIE DES BODENS DER FORSCHUNGSANSTALT FUER LANDWIRTSCHAFT
KC -022, KC -023, ME -036, OC -012, OD -020, OD -021, OD -022, PG -012, PG -013, PG -014, PG -015, PI -012, RE -017

0508 INSTITUT FUER BODENBIOLOGIE DER FORSCHUNGSANSTALT FUER LANDWIRTSCHAFT
KD -005, MA -016, MF -010, MF -011, MF -012, MF -013, MF -014, MF -015, OC -013, OD -023, OD -024, OD -025, OD -026, OD -027, OD -028, OD -029, OD -030, OD -031, OD -032, OD -033, OD -034, PF -023, PG -018, PG -019, PH -017, PI -013, QA -020, QC -027, RF -002

0518 INSTITUT FUER BOTANIK DER BIOLOGISCHEN BUNDESANSTALT FUER LAND- UND FORSTWIRTSCHAFT
RE -020, UL -019

0531 INSTITUT FUER CHEMISCHE TECHNOLOGIE DER TU BRAUNSCHWEIG
KB -033, PF -031

0563 INSTITUT FUER FLUGMECHANIK DER DFVLR
FB -038

0567 INSTITUT FUER FLUGZEUGBAU DER DFVLR
BC -023

0588 INSTITUT FUER GEOLOGIE UND PALAEONTOLOGIE DER TU BRAUNSCHWEIG
HG -019

0597 INSTITUT FUER GRUENLANDWIRTSCHAFT, FUTTERBAU UND FUTTERKONSERVIERUNG DER FORSCHUNGSANSTALT FUER LANDWIRTSCHAFT
MF -018, MF -019, MF -020, RF -009, UM -039

0644 INSTITUT FUER KOLBENMASCHINEN DER TU BRAUNSCHWEIG
BA -026, BA -027, DA -028, DA -029, DA -030

0659 INSTITUT FUER LANDMASCHINENFORSCHUNG DER FORSCHUNGSANSTALT FUER LANDWIRTSCHAFT
BD -003, BE -009, KD -007, KD -008, KD -009, MF -030, MF -031, MF -032, MF -033, MF -034, MF -035, MF -036, PF -034

0665 INSTITUT FUER LANDTECHNISCHE GRUNDLAGENFORSCHUNG DER FORSCHUNGSANSTALT FUER LANDWIRTSCHAFT
BD -005, BE -010, FC -048, FC -049

0667 INSTITUT FUER LANDWIRTSCHAFTLICHE BAUFORSCHUNG DER FORSCHUNGSANSTALT FUER LANDWIRTSCHAFT
RF -010

0672 INSTITUT FUER LANDWIRTSCHAFTLICHE TECHNOLOGIE UND ZUCKERINDUSTRIE DER TU BRAUNSCHWEIG
KC -032

0750 INSTITUT FUER PFLANZENBAU UND SAATGUTFORSCHUNG DER FORSCHUNGSANSTALT FUER LANDWIRTSCHAFT
ID -032, MD -022, MD -023, OD -063, PF -044, PG -030, PH -038, RC -028, RD -029, RD -030, RD -031, RD -032, RD -033, RD -034, RD -035, RD -036, RD -037, RE -031, RE -032, RE -033, UM -058

0760 INSTITUT FUER PHARMAKOLOGIE UND TOXIKOLOGIE DER TU BRAUNSCHWEIG
PB -025

0791 INSTITUT FUER PSYCHOLOGIE DER TU BRAUNSCHWEIG
TB -015

0837 INSTITUT FUER STADTBAUWESEN DER TU BRAUNSCHWEIG
IC -066, IC -067, KE -043, MC -030, MC -031, MC -032

0840 INSTITUT FUER STAEDTEBAU, WOHNUNGSWESEN UND LANDESPLANUNG DER TU BRAUNSCHWEIG
HA -055, KE -044, KE -045, MC -034, RD -038

0855 INSTITUT FUER STRUKTURFORSCHUNG DER FORSCHUNGSANSTALT FUER LANDWIRTSCHAFT
RF -012

0874 INSTITUT FUER TIERERNAEHRUNG DER FORSCHUNGSANSTALT FUER LANDWIRTSCHAFT
QD -022, QD -023, QD -024

0892 INSTITUT FUER UNKRAUTFORSCHUNG DER BIOLOGISCHEN BUNDESANSTALT FUER LAND- UND FORSTWIRTSCHAFT
HC -045, PG -043, PG -044, RE -036, RE -037

0893 INSTITUT FUER VERBRENNUNGSKRAFTMASCHINEN DER TU BRAUNSCHWEIG
BA -047

0894 INSTITUT FUER VERFAHRENS- UND KERNTECHNIK DER TU BRAUNSCHWEIG
CA -053

0898 INSTITUT FUER VERKEHR, EISENBAHNWESEN UND VERKEHRSSICHERUNG DER TU BRAUNSCHWEIG
UH -032, UI -020

0926 INSTITUT FUER WERKZEUGMASCHINEN UND FERTIGUNGSTECHNIK DER TU BRAUNSCHWEIG
FA -040, FC -063, FC -064

0988 KROEPELIN, H., PROF.DR.
UD -009

0994 LABORATORIUM FUER BOTANISCHE MITTELPRUEFUNG DER BIOLOGISCHEN BUNDESANSTALT FUER LAND- UND FORSTWIRTSCHAFT
IC -091

0995 LABORATORIUM FUER CHEMISCHE MITTELPRUEFUNG DER BIOLOGISCHEN BUNDESANSTALT FUER LAND- UND FORSTWIRTSCHAFT
PF -053, PH -050, QC -038, QC -039

1034 LEHRSTUHL A UND INSTITUT FUER PHYSIKALISCHE CHEMIE DER TU BRAUNSCHWEIG
BD -009, HE -036, IC -100, KC -062

1035 LEHRSTUHL B FUER PHYSIKALISCHE CHEMIE DER TU BRAUNSCHWEIG
OC -032

1047 LEHRSTUHL FUER BIOCHEMIE UND BIOTECHNOLOGIE DER TU BRAUNSCHWEIG
KB -072

1068 LEHRSTUHL FUER HYDROMECHANIK UND KUESTENWASSERBAU DER TU BRAUNSCHWEIG
HC -048

1137 LEICHTWEISS-INSTITUT FUER WASSERBAU DER TU BRAUNSCHWEIG
HE -038, HG -051, MB -056, MC -041, MC -042, MC -043, MC -044, MC -045, MC -046, RD -048

1145 LUFTFAHRT-BUNDESAMT
FB -073, FB -074

1226 PHYSIKALISCH-TECHNISCHE BUNDESANSTALT
FA -073, FA -074, FA -075, FA -076, FA -077, FD -039, NB -055, NB -056, NB -057, NB -058, NC -106

1311 STAATLICHES MEDIZINALUNTERSUCHUNGSAMT BRAUNSCHWEIG
IC -115

1315 STAATLICHES NATURHISTORISCHES MUSEUM
RD -056, UL -073, UL -074, UN -055

1316 STAATLICHES VETERINAERUNTERSUCHUNGSAMT BRAUNSCHWEIG
QB -052, QB -053

1404 WILHELM-KLAUDITZ-INSTITUT FUER HOLZFORSCHUNG DER FRAUNHOFER-GESELLSCHAFT E.V.
MA -041, ME -089, MF -049, MF -050, OC -038, UM -082

1427 ZOOLOGISCHES INSTITUT DER TU BRAUNSCHWEIG
UN -059

BREDSTEDT

1028 LEHR- UND VERSUCHSANSTALT FUER GRUENLANDWIRTSCHAFT, FUTTERBAU UND LANDESKULTUR DER LANDWIRTSCHAFTSKAMMER SCHLESWIG-HOLSTEIN
QC -040, UK -057

BREMEN

0066 ARBEITSSTELLE ARBEITERKAMMER DER UNI BREMEN
FC -001, TA -005

0200 ERNO RAUMFAHRTECHNIK GMBH
AA -037, HA -018, HA -019, HG -009, IC -019, KB -021, KB -022, KE -013

0210 FACHBEREICH BIOLOGIE UND CHEMIE DER UNI BREMEN
ID -010, PA -002, PE -005, PH -005, PI -005, UL -002, UM -007, UM -008, UN -012

0221 FACHBEREICH JURISTENAUSBILDUNG, WIRTSCHAFTSWISSENSCHAFTEN UND SOZIALWISSENSCHAFTEN DER UNI BREMEN
TB -002, UB -002

0229 FACHBEREICH PHYSIK UND ELEKTROTECHNIK DER UNI BREMEN
CA -026, IC -021, NB -010, NB -011, NB -012, NC -018, OA -012, TA -017, UI -006

0318 FRIED. KRUPP GMBH
DC -021, FC -025, HB -011

1193 NIEDERSAECHSISCHES LANDESAMT FUER BODENFORSCHUNG
GC -010, MC -049, ME -069, PH -056, RD -051, RD -052, RD -053, RD -054, SA -057, UF -026, UL -068

BREMERHAVEN

0283 FOERDERKREIS LEBENSMITTELBESTRAHLUNG E.V.
QB -017

0702 INSTITUT FUER MEERESFORSCHUNG
HC -030, HC -031, HC -032, HC -033, IE -031, IE -032, IE -033, IE -034, IE -035, IE -036, KB -045, OD -046, OD -047, PA -022, PA -023, PA -024, PA -025, PB -022, PB -023, PH -034

BURGSTEINFURT

0006 ABTEILUNG BURGSTEINFURT DER FH MUENSTER
FA -001

CELLE

0643 INSTITUT FUER KLEINTIERZUCHT DER FORSCHUNGSANSTALT FUER LANDWIRTSCHAFT
BD -001, BD -002, MF -027, MF -028, MF -029, QD -013, QD -014, QD -015, TF -022

CLAUSTHAL-ZELLERFELD

0044 AMTLICHE MATERIALPRUEFANSTALT FUER STEINE UND ERDEN AN DER TU CLAUSTHAL
ND -010

0357 GESELLSCHAFT DEUTSCHER METALLHUETTEN- UND BERGLEUTE
UD -005

0468 INSTITUT FUER APPARATEBAU UND ANLAGENTECHNIK DER TU CLAUSTHAL
HB -037

0478 INSTITUT FUER AUFBEREITUNG DER TU CLAUSTHAL
KB -027, KC -021, ME -033, ME -034

0487 INSTITUT FUER BERG- UND ENERGIERECHT DER TU CLAUSTHAL
UB -015, UB -016

0488 INSTITUT FUER BERGBAUKUNDE UND BERGWIRTSCHAFTSLEHRE DER TU CLAUSTHAL
UD -007

0532 INSTITUT FUER CHEMISCHE TECHNOLOGIE UND BRENNSTOFFTECHNIK DER TU CLAUSTHAL
BA -019, BA -020, BA -021, BA -022, BA -023, DA -026, KB -034, SA -032

0846 INSTITUT FUER STEINE UND ERDEN DER TU CLAUSTHAL
MD -026, ME -052, ME -053

0870 INSTITUT FUER TIEFBOHRKUNDE UND ERDOELGEWINNUNG DER TU CLAUSTHAL
SA -044

0871 INSTITUT FUER TIEFLAGERUNG DER GESELLSCHAFT FUER STRAHLEN- UND UMWELTFORSCHUNG MBH
ND -030, ND -031, ND -032

0908 INSTITUT FUER WAERMETECHNIK UND INDUSTRIEOFENBAU DER TU CLAUSTHAL
DB -024, DB -025

1055 LEHRSTUHL FUER ERDOELGEOLOGIE DER TU CLAUSTHAL
SA -052

1075 LEHRSTUHL FUER LAGERSTAETTENFORSCHUNG UND ROHSTOFFKUNDE DER TU CLAUSTHAL
PF -066

1083 LEHRSTUHL FUER MECHANISCHE VERFAHRENSTECHNIK DER TU CLAUSTHAL
CA -079, ME -065

1180 MINERALOGISCH-PETROGRAPHISCHES INSTITUT DER TU CLAUSTHAL
UD -010

CUXHAVEN

0086 BEHOERDE FUER WIRTSCHAFT, VERKEHR UND LANDWIRTSCHAFT DER FREIEN UND HANSESTADT HAMBURG
HC -003, HC -004, HC -005, HC -006, HC -007, UH -007, UN -003

0285 FORSCHUNGS- UND VORARBEITENSTELLE NEUWERK
HA -021

1318 STAATLICHES VETERINAERUNTERSUCHUNGSAMT FUER FISCHE UND FISCHWAREN
QB -054, QB -055

DARMSTADT

0103 BOTANISCHES INSTITUT DER TH DARMSTADT
PF -005

0185 E. MERCK
KC -011, PD -003

0205 FACHBEREICH ANORGANISCHE CHEMIE UND KERNCHEMIE DER TH DARMSTADT
CB -014, QC -010

0206 FACHBEREICH ARCHITEKTUR DER TH DARMSTADT
SB -010, UE -017

0243 FACHGEBIET BETRIEBSWIRTSCHAFTSLEHRE DER TH DARMSTADT
MG -011

0244 FACHGEBIET EISENBAHN- UND STRASSENWESEN DER TH DARMSTADT
IB -008

0245 FACHGEBIET FINANZ- UND STEUERRECHT DER TH DARMSTADT
UB -007

0247 FACHGEBIET GEOLOGIE UND PALAEONTOLOGIE DER TH DARMSTADT
HG -010

0250 FACHGEBIET MASCHINENELEMENTE UND GETRIEBE DER TH DARMSTADT
FA -008, FC -020, FC -021, FC -022

0254 FACHGEBIET REAKTORTECHNIK DER TH DARMSTADT
NC -019, NC -020, NC -021

0257 FACHGEBIET TECHNISCHE STROEMUNGSLEHRE DER TH DARMSTADT
BA -011, BA -012

0258 FACHGEBIET TECHNISCHE THERMODYNAMIK DER TH DARMSTADT
SA -019

0259 FACHGEBIET THERMISCHE VERFAHRENSTECHNIK DER TH DARMSTADT
DC -013, DD -010, GB -009

0260 FACHGEBIET VERBRENNUNGSKRAFTMASCHINEN DER TH DARMSTADT
DA -012, DA -013, DA -014, DA -015, DA -016, DA -017, DA -018, DA -019

0262 FACHGEBIET WERKSTOFFKUNDE DER TH DARMSTADT
PE -006, PK -013, PK -014, PK -015, PK -016, PK -017, PK -018

0392 HESSISCHE LANDWIRTSCHAFTLICHE VERSUCHSANSTALT
OD -014, QA -016, RD -010

0475 INSTITUT FUER ARBEITSWISSENSCHAFT DER TH DARMSTADT
FC -034, FC -035, TA -027

0502 INSTITUT FUER BIOLOGISCH-DYNAMISCHE FORSCHUNG E.V.
KD -003, KD -004

0504 INSTITUT FUER BIOLOGISCHE SCHAEDLINGSBEKAEMPFUNG DER BIOLOGISCHEN BUNDESANSTALT FUER LAND- UND FORSTWIRTSCHAFT
PG -017, RH -014

0530 INSTITUT FUER CHEMISCHE TECHNOLOGIE DER TH DARMSTADT
BA -018, DB -016, SA -031

0565 INSTITUT FUER FLUGTECHNIK DER TH DARMSTADT
FB -039, FB -040

0615 INSTITUT FUER HYDRAULIK UND HYDROLOGIE DER TH DARMSTADT
HG -020, HG -021, IB -011, IB -012, IB -013, KB -039

0685 INSTITUT FUER MAKROMOLEKULARE CHEMIE DER TH DARMSTADT
KC -033, KC -034

0689 INSTITUT FUER MECHANIK DER TH DARMSTADT
FB -045

0709 INSTITUT FUER METEOROLOGIE DER TH DARMSTADT
AA -082, CB -033, CB -034, CB -035, CB -036

0715 INSTITUT FUER MIKROBIOLOGIE DER TH DARMSTADT
PD -044

0742 INSTITUT FUER PAPIERFABRIKATION DER TH DARMSTADT
KB -047, KC -037, KC -038, KC -039, KC -040, KC -041, ME -045, ME -046, ME -047, OD -061

0772 INSTITUT FUER PHYSIKALISCHE CHEMIE DER TH DARMSTADT
CB -047, CB -048

0914 INSTITUT FUER WASSERBAU UND WASSERWIRTSCHAFT DER TH DARMSTADT
GB -021, MC -037

0919 INSTITUT FUER WASSERVERSORGUNG, ABWASSERBESEITIGUNG UND STADTBAUWESEN DER TH DARMSTADT
HE -033, IC -084, IC -085, IC -086, KB -065, KB -066, KC -055, KE -047, KE -048, KE -049, KE -050, KF -018, LA -016, LA -017, LA -018, UG -014, UG -015

0940 INSTITUT FUER ZOOLOGIE DER TH DARMSTADT
PD -057, RH -067

0950 INSTITUT WOHNEN UND UMWELT GMBH
TB -021, TB -022, TB -023, TB -024, UF -019, UF -020, UF -021, UF -022

1372 VERBAND DEUTSCHER LANDWIRTSCHAFTLICHER UNTERSUCHUNGS- UND FORSCHUNGSANSTALTEN E.V.
RD -057

DETMOLD

0130 BUNDESFORSCHUNGSANSTALT FUER GETREIDE UND KARTOFFELVERARBEITUNG
OA -005, QC -003, QC -004, QC -005, QC -006, QC -007

DILLENBURG

1312 STAATLICHES MEDIZINALUNTERSUCHUNGSAMT DILLENBURG
HA -107

DORSTEN

1268 RUHRGAS AG
SA -060

DORTMUND

0008 ABTEILUNG FUER ALGENFORSCHUNG UND ALGENTECHNOLOGIE DER GESELLSCHAFT FUER STRAHLEN- UND UMWELTFORSCHUNG MBH
KB -001, KB -002, MF -001

0114 BROWN, BOVERIE UND CIE AG
DC -008

0188 EISENBERG, DR.-ING.
FD -008

0256 FACHGEBIET STADTBAUWESEN UND WASSERWIRTSCHAFT DER UNI DORTMUND
AA -041

0473 INSTITUT FUER ARBEITSPHYSIOLOGIE DER UNI DORTMUND
TA -025, TA -026

0656 INSTITUT FUER LANDES- UND STADTENTWICKLUNGSFORSCHUNG DES LANDES NORDRHEIN-WESTFALEN
UL -023

0800 INSTITUT FUER RAUMPLANUNG DER UNI DORTMUND
UF -012

0834 INSTITUT FUER SPEKTROCHEMIE UND ANGEWANDTE SPEKTROSKOPIE
HD -009, IE -050

0891 INSTITUT FUER UMWELTSCHUTZ UND UMWELTGUETEPLANUNG DER UNI DORTMUND
BA -046, DB -022, DB -023, MG -023, UA -045

0918 INSTITUT FUER WASSERFORSCHUNG GMBH DORTMUND
DB -026, DB -027, IC -083, TA -055, UA -048, UA -049, UB -020

1092 LEHRSTUHL FUER PHYSIKALISCHE FERTIGUNGSVERFAHREN DER UNI DORTMUND
TA -060

1098 LEHRSTUHL FUER TECHNISCHE CHEMIE B DER UNI DORTMUND
KB -074

1106 LEHRSTUHL FUER UNTERNEHMENSRECHNUNG DER UNI DORTMUND
UA -054

1310 STAATLICHES MATERIALPRUEFUNGSAMT NORDRHEIN-WESTFALEN
NB -062, ND -047

1378 VEREINIGTE ELEKTRIZITAETSWERKE WESTFALEN AG (VEW)
SA -079

DOSSENHEIM

0730 INSTITUT FUER OBSTKRANKHEITEN DER BIOLOGISCHEN BUNDESANSTALT FUER LAND- UND FORSTWIRTSCHAFT
PB -024, RH -030, RH -031, RH -032, RH -033, RH -034, RH -035

1353 TECHNOCHEMIE GMBH VERFAHRENSTECHNIK
MD -036

DUESSELDORF

0096 BETRIEBSFORSCHUNGSINSTITUT VDEH - INSTITUT FUER ANGEWANDTE FORSCHUNG
BB -002, BC -006, BC -007, BC -008, BC -009, CA -017, DC -006, DC -007, FC -004, FC -005, FC -006, FC -007, FC -008, FC -009, FC -010

0156 DEUTSCHE FORSCHUNGSGESELLSCHAFT FUER BLECHVERARBEITUNG UND OBERFLAECHENBEHANDLUNG E.V.
FC -014

0169 DEUTSCHER VERBAND FUER SCHWEISSTECHNIK E.V.
FC -016, TA -015, TA -016

0187 EHLERS, H., DIPL.-ING. UND BITSCH, H.-U.
UF -006

0198 ENGELEN-KEFER, URSULA, DR.
UE -016

0298 FORSCHUNGSINSTITUT DER ZEMENTINDUSTRIE
DC -016, DC -017

0359 GESELLSCHAFT FUER ELEKTRISCHEN STRASSENVERKEHR MBH
UI -009, UI -010

0613 INSTITUT FUER HUMANGENETIK UND ANTHROPOLOGIE DER UNI DUESSELDORF
PD -035

0621 INSTITUT FUER HYGIENE DER UNI DUESSELDORF
FA -017, FD -020

0912 INSTITUT FUER WASSER-, BODEN- UND LUFTHYGIENE DES BUNDESGESUNDHEITSAMTES
BB -028, CA -062, CA -063, CA -064, EA -010, HD -014, HD -015, HD -016, HE -027, HE -028, HE -029, IB -020, ID -043, PC -044

1003 LANDESAMT FUER DATENVERARBEITUNG UND STATISTIK NORDRHEIN-WESTFALEN
UA -053

1009 LANDESANSTALT FUER OEKOLOGIE, LANDSCHAFTSENTWICKLUNG UND FORSTPLANUNG NORDRHEIN-WESTFALEN
UK -049, UL -050, UL -051, UL -052, UL -053, UL -054, UN -028, UN -029

1011 LANDESANSTALT FUER WASSER UND ABFALL
GB -032, HA -081, HA -082, HA -083, HA -084, HA -085, HB -065, HD -020, HD -021, IA -030, IA -031, IA -032, IA -033, IC -093, IC -094, IC -095, IC -096, IC -097, IC -098, IC -099, ID -051, KB -069, MA -021, MB -053, MB -054, MC -038, MC -039, NB -048, NB -049, OC -031, PC -048, PC -049

1025 LANGE GMBH
KA -022

1026 LAUTRICH UND PECHER VBI, BERATENDE INGENIEURE
IB -025, IB -026

1153 MAX-PLANCK-INSTITUT FUER EISENFORSCHUNG
BB -030, BC -037

1169 MEDIZINISCHES INSTITUT FUER LUFTHYGIENE UND SILIKOSEFORSCHUNG AN DER UNI DUESSELDORF
BE -024, BE -025, CA -082, CB -079, PA -039, PA -040, PA -041, PC -056, PC -057, PC -058, PC -059, PD -062, PE -036, PE -037, PE -038, PE -039, PE -040, PE -041, PE -042, PE -043, PE -044, TA -063

1263 RHEINMETALL GMBH
DC -053, HA -102, KC -070, LA -021, MA -028, MA -029, MA -030, MA -031

1284 SEIDL, WALTER
PI -042

1325 STAATSKANZLEI DES LANDES NORDRHEIN-WESTFALEN
UA -063

1343 STUDIENGESELLSCHAFT FUER UNTERIRDISCHE VERKEHRSANLAGEN E.V. (STUVA)
FB -087

1354 TECHNOCONSULT GMBH, GESELLSCHAFT FUER TECHNOLOGISCHE BERATUNG
DC -067

1358 THYSSEN-RHEINSTAHL-TECHNIK GMBH
DD -062, MD -037, ME -083, ME -084

1373 VEREIN DEUTSCHER EISENHUETTENLEUTE (VDEH)
ME -087

1374 VEREIN DEUTSCHER INGENIEURE (VDI)
PK -033

1380 VEREINIGTE KESSELWERKE AG
DD -063, ND -048

1402 WIBERA WIRTSCHAFTSBERATUNG
GC -013, GC -014, LA -025, MA -040, MG -041, SA -081, SA -082, UA -066

DUISBURG

0070 AUGUST-THYSSEN-HUETTE AG
FC -002

0095 BERZELIUS METALLHUETTEN GMBH
ME -003

0183 DUISBURGER KUPFERHUETTE
MC -009, ME -013, UD -002

0251 FACHGEBIET ORGANISCHE CHEMIE DER GESAMTHOCHSCHULE DUISBURG
OC -006

0375 GRILLO-WERKE AG
DD -016

1389 VERSUCHSANSTALT FUER BINNENSCHIFFBAU E.V.
FB -092, FB -093, HA -109

EBENHAUSEN/ISARTAL

1279 SCHOPPE,F.,DR.-ING.
SA -063

EDENKOBEN

0371 GILLET KG, FABRIK FUER SCHALLDAEMPFENDE EINRICHTUNGEN
DD -015, FB -031

EGGENSTEIN

0369 GESELLSCHAFT ZUR WIEDERAUFARBEITUNG VON KERNBRENNSTOFFEN MBH
ND -019, ND -020, ND -021

EHINGEN

1280 SCHWAEBISCHE ZELLSTOFF AG
KB -085

EICHENAU

0030 ABWASSERVERBAND AMPERGRUPPE
KE -002, KE -003

EISLINGEN/FILS

1411 ZELLER UND GMELIN, MINERALOEL- UND CHEMIEWERK
ME -090

ERLANGEN

0105 BOTANISCHES INSTITUT DER UNI ERLANGEN-NUERNBERG
VA -001

0331 GEOGRAPHISCHES INSTITUT DER UNI ERLANGEN-NUERNBERG
RD -009

0469 INSTITUT FUER ARBEITS- UND SOZIALMEDIZIN UND POLIKLINIK FUER BERUFSKRANKHEITEN DER UNI ERLANGEN-NUERNBERG
PA -009, PA -010, PE -009, TA -021

0614 INSTITUT FUER HUMANGENETIK UND ANTHROPOLOGIE DER UNI ERLANGEN - NUERNBERG
FA -016, PD -036, PD -037, PD -038, PD -039, PD -040

0692 INSTITUT FUER MECHANISCHE VERFAHRENSTECHNIK DER UNI ERLANGEN-NUERNBERG
BC -027, CB -029

0700 INSTITUT FUER MEDIZINISCHE STATISTIK UND DOKUMENTATION DER UNI ERLANGEN-NUERNBERG
TA -040

0734 INSTITUT FUER ORGANISCHE CHEMIE DER UNI ERLANGEN-NUERNBERG
OC -019

0780 INSTITUT FUER PHYSIOLOGIE UND BIOKYBERNETIK DER UNI ERLANGEN-NUERNBERG
BE -011, FA -021, FA -022, NA -008

0797 INSTITUT FUER RADIOLOGIE DER UNI ERLANGEN-NUERNBERG
NA -009, NB -030, NB -031, NB -032, NB -033, NB -034

0985 KRAFTWERK UNION AG
NC -051, NC -052, NC -053, NC -054, NC -055, NC -056, NC -057, NC -058, NC -059, NC -060, NC -061, NC -062, NC -063, NC -064, NC -065, NC -066, NC -067, NC -068, NC -069, NC -070, NC -071, NC -072, NC -073, NC -074, NC -075, NC -076, NC -077, NC -078, NC -079, NC -080, NC -081, NC -082, NC -083, NC -084, NC -085, NC -086, ND -045

1065 LEHRSTUHL FUER GEOLOGIE DER UNI ERLANGEN-NUERNBERG
HB -066

1100 LEHRSTUHL FUER TECHNISCHE CHEMIE II (TRENNTECHNIK) DER UNI ERLANGEN-NUERNBERG
DB -031, DC -048, KB -075

1112 LEHRSTUHL FUER WERKSTOFFWISSENSCHAFTEN III (GLAS UND KERAMIK) DER UNI ERLANGEN-NUERNBERG
PK -025, PK -026, PK -027, UF -025

1116 LEHRSTUHL UND INSTITUT FUER APPARATETECHNIK UND ANLAGENBAU DER UNI ERLANGEN-NUERNBERG
HB -069

1183 MINERALOGISCHES INSTITUT DER UNI ERLANGEN-NUERNBERG
HA -098, PK -028

1228 PHYSIOLOGISCH-CHEMISCHES INSTITUT DER UNI ERLANGEN-NUERNBERG
BE -027

1429 ZOOLOGISCHES INSTITUT DER UNI ERLANGEN-NUERNBERG
IE -056

ERLING-ANDECHS

1160 MAX-PLANCK-INSTITUT FUER VERHALTENSPHYSIOLOGIE
UM -077

ESCHBORN

0170 DEUTSCHER VEREIN VON GAS- UND WASSERFACHMAENNERN E.V.
CB -009, DB -005, HE -006, HE -007, HE -008, IC -018, TD -004

ESSEN

0029 ABWASSERTECHNIK GMBH, BERATENDE INGENIEURE
IB -002

0034 AGRAR- UND HYDROTECHNIK GMBH, BERATENDE INGENIEURE
HE -001

0090 BERGBAU-FORSCHUNG GMBH - FORSCHUNGSINSTITUT DES STEINKOHLENBERGBAUVEREINS
DB -003, DC -003, DC -004, DC -005, KC -005, ME -002, TA -011

0091 BERGBAUVERBAND
DB -004

0166 DEUTSCHE VEREINIGUNG FUER VERBRENNUNGSFORSCHUNG E.V.
CB -008, FA -006, FC -015

0190 ELEKTROWAERME-INSTITUT ESSEN E.V.
SA -014, SA -015, SB -007, SB -008

0194 EMSCHERGENOSSENSCHAFT UND LIPPEVERBAND
AA -036, KA -007, KA -008, KA -009, KB -014, KB -015, KB -016, KE -012, KF -003, KF -004, MD -005, OB -008

0213 FACHBEREICH CHEMIE DER GESAMTHOCHSCHULE ESSEN
AA -038

0287 FORSCHUNGSBEREICH UMWELT UND GESELLSCHAFT DER GESAMTHOCHSCHULE ESSEN
SA -021, SB -013, UC -012

0318 FRIED. KRUPP GMBH
DB -011, DC -020, HF -003, HF -004, KC -018, ME -022, ME -023, ME -024, OA -015, UI -008

0319 GASWAERME-INSTITUT E.V.
BB -006, BC -017, BC -018, CB -017, CB -018

0322 GELSENBERG GMBH-CO KG
KF -006, ND -017, ND -018

0323 GELSENBERG MANNESMANN UMWELTSCHUTZ GMBH
ME -026

0364 GESELLSCHAFT FUER SYSTEMTECHNIK MBH
UC -017

0622 INSTITUT FUER HYGIENE UND ARBEITSMEDIZIN DER GESAMTHOCHSCHULE ESSEN
FA -018, FD -021, FD -022, TA -033

0691 INSTITUT FUER MECHANISCHE VERFAHRENSTECHNIK DER GESAMTHOCHSCHULE ESSEN
BB -017, BB -018, DB -019, DC -038, DD -031, DD -032, DD -033, DD -034

0937 INSTITUT FUER ZIEGELFORSCHUNG ESSEN E.V.
DB -028, DC -040

0987 KRAUSE, G., DIPL.-ING.
LA -019

0989 KRUPP-KOPPERS GMBH
EA -013

1006 LANDESANSTALT FUER IMMISSIONS- UND BODENNUTZUNGSSCHUTZ DES LANDES NORDRHEIN-WESTFALEN
AA -106, AA -107, AA -108, AA -109, AA -110, AA -111, AA -112, AA -113, AA -114, BA -050, BA -051, BB -029, BC -031, BC -032, BC -033, BC -034, BC -035, BC -036, BE -017, BE -018, BE -019, BE -020, CA -068, CA -069, CA -070, CA -071, CA -072, CA -073, CA -074, CB -068, CB -069, CB -070, DB -030, DC -045, DC -046, DD -051, DD -052, DD -053, FA -049, FB -060, FB -061, FB -062, FB -063, FD -033, HB -064, ID -050, OA -030, PF -054, PG -047, PH -051, PH -052, RC -031, RD -041, RD -042, RD -043, RD -044, RE -039, RE -040, RE -041, RG -030

1044 LEHRSTUHL FUER ANGEWANDTE THERMODYNAMIK UND KLIMATECHNIK DER GESAMTHOCHSCHULE ESSEN
SB -027

1247 PROJEKTGRUPPE BEWERTUNGSSYSTEM FUER UMWELTEINFLUESSE DER GESAMTHOCHSCHULE ESSEN
EA -020

1260 RHEINISCH-WESTFAELISCHER TECHNISCHER UEBERWACHUNGS-VEREIN E. V.
AA -150, AA -151, AA -152, BA -063, BA -064, BA -065, BA -066, BB -033, CB -082, DA -068, EA -021, HB -075, OB -025, OB -026

1261 RHEINISCH-WESTFAELISCHES ELEKTRIZITAETSWERK AG (RWE)
GC -011, SA -059

1269 RUHRKOHLE AG
DC -054, DC -055, DC -056, DC -057, DC -058, DC -059, FA -082, FC -089

1270 RUHRVERBAND UND RUHRTALSPERRENVEREIN ESSEN
GB -040, HA -103, HD -022, IC -109, IC -110, KA -026, KB -084, KF -020

1278 SCHNELL-BRUETER-KERNKRAFTWERKSGESELLSCHAFT MBH
SA -062

1288 SIEDLUNGSVERBAND RUHRKOHLENBEZIRK
DB -036, MA -034, MA -035, MA -036, MA -037, MA -038, MA -039, MC -051, MC -052, MD -034, MG -037, MG -038, MG -039, UN -049

1337 STEAG AG
DC -064, ME -079

1357 THYSSEN PUROFER GMBH
DC -069

1381 VEREINIGUNG DER TECHNISCHEN UEBERWACHUNGS-VEREINE E.V.
AA -166, HE -047

1384 VERFAHRENSTECHNIK DR.-ING. K. BAUM
DD -064

1392 VGB-FORSCHUNGSSTIFTUNG DER TECHNISCHEN VEREINIGUNG DER GROSSKRAFTWERKSBETREIBER E. V.
BB -036, BB -037, BB -038, BB -039, CB -087, DB -040, DB -041, DB -042, DC -072, PK -034, PK -035, PK -036

ESSLINGEN

1379 VEREINIGTE ESSLINGER WOHNUNGSUNTERNEHMEN GMBH
SB -033, SB -034

FASSBERG

0528 INSTITUT FUER CHEMISCHE RAKETENANTRIEBE DER DFVLR
RH -015

FLENSBURG

0814 INSTITUT FUER SCHIFFBETRIEBSFORSCHUNG DER FH FLENSBURG
FA -027, FC -053, KC -042

0984 KRAFTFAHRT-BUNDESAMT
FB -059

FRANKFURT

0040 ALLGEMEINE ELEKTRIZITAETS-GESELLSCHAFT AEG-TELEFUNKEN, FRANKFURT
AA -004, CA -004, CA -005, CA -006, NC -006, NC -007, SA -005, SA -006, UI -001

0054 ARBEITSGEMEINSCHAFT FERNWAERME E.V.
SA -007

0064 ARBEITSGRUPPE SOZIALE INFRASTRUKTUR AN DER UNI FRANKFURT
UG -001, UG -002

0071 AUSSCHUSS FUER LIEFERBEDINGUNGEN UND GUETESICHERUNG E.V. (RAL)
TD -001

0074 BATTELLE-INSTITUT E.V.
AA -006, AA -007, AA -008, AA -009, AA -010, AA -011, AA -012, AA -013, AA -014, BA -004, BA -005, BC -005, BE -001, BE -002, CA -009, CA -010, CA -011, CA -012, CA -013, CA -014, CB -002, CB -003, CB -004, FA -003, FA -004, FB -005, HE -002, HE -003, HF -001, IC -004, ID -003, KA -004, KB -005, MA -001, MB -002, MG -003, MG -004, MG -005, NB -008, NC -010, ND -013, PC -002, PE -004, QB -003, RB -002, SB -003, TA -006, TF -007, UA -001, UA -002, UF -003

0147 DECHEMA - DEUTSCHE GESELLSCHAFT FUER CHEMISCHES APPARATEWESEN E.V.
BE -004, BE -005, BE -006, CA -022, CA -023, CB -007, DD -004, KB -011, KC -007, KC -008, UA -003

0154 DEUTSCHE EISENBAHN CONSULTING GMBH
UH -010, UH -011

0163 DEUTSCHE STADTENTWICKLUNGS- UND KREDITGESELLSCHAFT MBH
UE -012

0175 DIVO INMAR GMBH
MB -006, MG -006

0235 FACHBEREICH RECHTSWISSENSCHAFT DER UNI FRANKFURT
EA -004, UB -003, UB -004

0238 FACHBEREICH VERFAHRENSTECHNIK DER FH FRANKFURT
DD -009

0281 FLEISCHMANN, G., PROF.DR.; KUESTER, GEORG H., DR.; SCHOEPPE, GUENTER
UA -017

0310 FORSCHUNGSVEREINIGUNG AUTOMOBILTECHNIK E.V. (FAT)
BA -013, ME -021, PE -008, UI -007

0311 FORSCHUNGSVEREINIGUNG VERBRENNUNGSKRAFTMASCHINEN E. V.
DA -021, FB -027, FB -028, FB -029, FC -024

0338 GEOGRAPHISCHES INSTITUT/KULTURGEOGRAPHIE DER UNI FRANKFURT
RA -006, TB -008, TC -004, UH -013, UH -014

0340 GEOLOGISCH-PALAEONTOLOGISCHES INSTITUT DER UNI FRANKFURT
HB -014, HG -014

0356 GESELLSCHAFT DEUTSCHER CHEMIKER
CA -027, DD -014, HG -017, OA -016, PH -008

0387 HARTMANN UND BRAUN AG
CA -029, CA -030, IA -008, OB -009

0401 HOCHTIEF AG
NC -032, NC -033

0402 HOECHST AKTIENGESELLSCHAFT
NC -034, RH -011

0406 HUETTENTECHNISCHE VEREINIGUNG DER DEUTSCHEN GLASINDUSTRIE E.V.
BC -020, DC -024

0423 INDUSTRIEVERBAND GIESSEREI-CHEMIE E.V.
ID -019

0454 INSTITUT FUER ANGEWANDTE GEODAESIE
FB -034, HE -012, HE -013, RC -018

0499 INSTITUT FUER BIOLOGIE DER GESELLSCHAFT FUER STRAHLEN- UND UMWELTFORSCHUNG MBH
PE -010, PE -011

0506 INSTITUT FUER BIOPHYSIK DER UNI FRANKFURT
PC -017, PE -012

0538 INSTITUT FUER DOKUMENTATIONSWESEN (IDW)
UE -024

0610 INSTITUT FUER HUMANGENETIK DER UNI FRANKFURT
PD -033

0641 INSTITUT FUER KERNPHYSIK DER UNI FRANKFURT
CA -044, OA -021

0655 INSTITUT FUER LAENDLICHE STRUKTURFORSCHUNG AN DER UNI FRANKFURT
RA -014

0711 INSTITUT FUER METEOROLOGIE UND GEOPHYSIK DER UNI FRANKFURT
AA -084, CB -038, CB -039, CB -040, HA -039

0771 INSTITUT FUER PHYSIKALISCHE BIOCHEMIE UND KOLLOIDCHEMIE DER UNI FRANKFURT
BA -042, OA -026, OC -025, PD -047

0912 INSTITUT FUER WASSER-, BODEN- UND LUFTHYGIENE DES BUNDESGESUNDHEITSAMTES
HA -067, HD -017, HD -018, IA -027, IA -028, ID -044, ID -045, ID -046

0970 KERNBRENNSTOFF-WIEDERAUFARBEITUNGS-GESELLSCHAFT MBH
ND -039, ND -040, ND -041

0985 KRAFTWERK UNION AG
TD -021

0992 LABORATORIUM FUER ADSORPTIONSTECHNIK GMBH
BE -016, DA -039, DC -043, DC -044, DD -049, HE -035, KB -067, KB -068

1001 LAHMEYER INTERNATIONAL GMBH
HB -063

1146 LURGI GMBH
HB -071, SA -053, SA -054

1151 MAX-PLANCK-INSTITUT FUER BIOPHYSIK
HB -072, HB -073

1173 METALLGESELLSCHAFT AG
FA -061, FA -062, HA -096, HA -097

1199 NUKLEAR-INGENIEUR-SERVICE GMBH
NC -105

1250 PSY-DATA, INSTITUT FUER MARKTANALYSEN UND MARKTFORSCHUNG GMBH & CO KG
VA -019

1259 REGIONALE PLANUNGSGEMEINSCHAFT UNTERMAIN
AA -149, CB -081, UA -061, UE -043

1286 SEMINAR FUER VOLKSWIRTSCHAFTSLEHRE DER UNI FRANKFURT
UC -052, UC -053

1287 SENCKENBERGISCHE NATURFORSCHENDE GESELLSCHAFT
GB -041, IC -111, IC -112, IC -113, UL -072

1317 STAATLICHES VETERINAERUNTERSUCHUNGSAMT FRANKFURT
PB -047, UN -056

1330 STADTWERKE FRANKFURT
HE -041

1345 STUDIENGRUPPE WOHNUNGS- U. STADTPLANUNG
UF -035

1371 VEDAG AKTIENGESELLSCHAFT, VEREINIGTE BAUCHEMISCHE WERKE
ME -085, ME -086

1375 VEREIN DEUTSCHER WERKZEUGMASCHINENFABRIKEN E.V. (VDW) FACHGEMEINSCHAFT WERKZEUGMASCHINEN IM VDMA
FC -094

1407 WISSENSCHAFTLICHE BETRIEBSEINHEIT BOTANIK DER UNI FRANKFURT
AA -171, AA -172, CA -106, PI -044

1408 WISSENSCHAFTLICHE BETRIEBSEINHEIT ZOOLOGIE DER UNI FRANKFURT
QB -060

1420 ZENTRUM DER HYGIENE DER UNI FRANKFURT
HB -089, IC -120

1421 ZENTRUM DER PHYSIOLOGIE DER UNI FRANKFURT
PE -054, PE -055, PE -056

FREIBURG

0202 ERNST-MACH-INSTITUT FUER STOSSWELLENFORSCHUNG DER FRAUNHOFER-GESELLSCHAFT E.V.
NC -017

0306 FORSCHUNGSSTELLE FUER EXPERIMENTELLE LANDSCHAFTSOEKOLOGIE DER UNI FREIBURG
AA -045, HA -022, RG -004, RG -005, UE -018, UM -013

0313 FORSTBOTANISCHES INSTITUT DER UNI FREIBURG
PD -004

0315 FORSTLICHE VERSUCHS- UND FORSCHUNGSANSTALT VON BADEN-WUERTTEMBERG
TC -003

0316 FORSTZOOLOGISCHES INSTITUT DER UNI FREIBURG
RH -007, RH -008, RH -009, UM -014

0337 GEOGRAPHISCHES INSTITUT II DER UNI FREIBURG
TB -007

0494 INSTITUT FUER BIOCHEMIE DER GESELLSCHAFT FUER STRAHLEN- UND UMWELTFORSCHUNG MBH
PF -021

0500 INSTITUT FUER BIOLOGIE DER UNI FREIBURG
UN -017, UN -018

0516 INSTITUT FUER BODENKUNDE UND WALDERNAEHRUNGSLEHRE DER UNI FREIBURG
ID -024, OD -037, OD -038, PF -030, PH -025, PH -026, PI -019, RC -023, RD -018, RD -019, RG -012, UM -032

0560 INSTITUT FUER EXPERIMENTELLE THERAPIE DER UNI FREIBURG
OC -016

0568 INSTITUT FUER FORSTBENUTZUNG UND FORSTLICHE ARBEITSWISSENSCHAFT DER UNI FREIBURG
MF -016, MF -017

0569 INSTITUT FUER FORSTEINRICHTUNGEN UND FORSTLICHE BETRIEBSWIRTSCHAFT DER UNI FREIBURG
RA -012, RA -013, RG -015

0572 INSTITUT FUER FORSTLICHE ERTRAGSKUNDE DER UNI FREIBURG
AA -066, FD -019, RG -018, RG -019

0574 INSTITUT FUER FORSTPOLITIK UND RAUMORDNUNG DER UNI FREIBURG
TC -006, UB -017

0972 KINDERKLINIK DER UNI FREIBURG
FA -047

1040 LEHRSTUHL FUER ANALYTISCHE CHEMIE DER UNI FREIBURG
CA -077, CA -078

1060 LEHRSTUHL FUER GEOBOTANIK DER UNI FREIBURG
UM -066, UM -067, UN -031

1062 LEHRSTUHL FUER GEOGRAPHIE DER UNI FREIBURG
AA -117, AA -118, AA -119, AA -120, DC -047

1063 LEHRSTUHL FUER GEOGRAPHIE UND HYDROLOGIE DER UNI FREIBURG
HA -089, HG -045, HG -046, HG -047, HG -048, RC -033, RC -034, RD -045

1155 MAX-PLANCK-INSTITUT FUER KERNPHYSIK
NC -103, NC -104

1175 METEOROLOGISCHES INSTITUT DER UNI FREIBURG
AA -139

1184 MINERALOGISCHES INSTITUT DER UNI FREIBURG
PF -069

1253 PSYCHOLOGISCHES INSTITUT DER UNI FREIBURG
TB -034, TB -035

1324 STAATLICHES WEINBAUINSTITUT, VERSUCHS- UND FORSCHUNGSANSTALT FUER WEINBAU UND WEINBEHANDLUNG
PG -059

1360 TIERHYGIENISCHES INSTITUT FREIBURG
PI -043

1418 ZENTRALLABORATORIUM FUER MUTAGENITAETSPRUEFUNG DER DEUTSCHEN FORSCHUNGSGEMEINSCHAFT
PD -067, PD -068, PD -069, PD -070

1422 ZENTRUM FUER HYGIENE IM KLINIKUM DER UNI FREIBURG
TF -040

FREISING

0072 BAKTERIOLOGISCHES INSTITUT DER SUEDDEUTSCHEN VERSUCHS- UND FORSCHUNGSANSTALT FUER MILCHWIRTSCHAFT DER TU MUENCHEN
HA -003, IC -002, IC -003, KA -003, KD -001, KE -005, QB -001, QB -002

0225 FACHBEREICH LANDWIRTSCHAFT UND GARTENBAU DER TU MUENCHEN
QA -009, QB -015, QC -011

0521 INSTITUT FUER BRAUEREITECHNOLOGIE UND MIKROBIOLOGIE DER TU MUENCHEN
LA -006

0932 INSTITUT FUER WIRTSCHAFTSLEHRE DES LANDBAUS DER TU MUENCHEN
UL -049

1041 LEHRSTUHL FUER ANGEWANDTE LANDWIRTSCHAFTLICHE BETRIEBSLEHRE DER TU MUENCHEN
UL -056

1049 LEHRSTUHL FUER BODENKUNDE DER TU MUENCHEN
IC -101, OD -083, PF -060, RC -032

1052 LEHRSTUHL FUER CHEMISCH-TECHNISCHE ANALYSE UND CHEMISCHE LEBENSMITTELTECHNOLOGIE DER TU MUENCHEN
BE -023, ME -064

1058 LEHRSTUHL FUER GEMUESEBAU DER TU MUENCHEN
KB -073, PF -065, QC -041, QC -042

1066 LEHRSTUHL FUER GRUENLANDLEHRE DER TU MUENCHEN
HA -092, RA -024, UL -058, UL -059

1076 LEHRSTUHL FUER LANDSCHAFTSCHARAKTER DER TU MUENCHEN
UM -070

1077 LEHRSTUHL FUER LANDSCHAFTSOEKOLOGIE DER TU MUENCHEN
PI -039, UK -061, UK -062, UL -060, UL -061, UN -032, UN -033, UN -034, UN -035

1087 LEHRSTUHL FUER OEKOLOGISCHE CHEMIE DER TU MUENCHEN
OC -033, OD -084, OD -085, PC -051, PC -052, PI -040

1088 LEHRSTUHL FUER PFLANZENBAU UND PFLANZENZUECHTUNG DER TU MUENCHEN
RE -042

1089 LEHRSTUHL FUER PFLANZENERNAEHRUNG DER TU MUENCHEN
ID -053, IF -031, NB -052, OD -086, PG -051, PH -054, RD -046, RD -047

1102 LEHRSTUHL FUER TIERERNAEHRUNG DER TU MUENCHEN
PA -038

1105 LEHRSTUHL FUER TIERZUCHT DER TU MUENCHEN
PC -053

FRIEDRICHSHAFEN

0180 DORNIER GMBH
FB -024, FC -018

0181 DORNIER SYSTEM GMBH
AA -029, AA -030, AA -031, AA -032, AA -033, AA -034, AA -035, DA -010, DA -011, FD -007, HA -015, HA -016, KE -011, MA -006, MA -007, ME -010, ME -011, ME -012, MG -007, MG -008, RA -003, SA -013, SB -005, SB -006, UA -005, UA -006, UA -007, UA -008, UC -002, UC -003, UE -014, UE -015, UI -004, UK -007, UK -008, VA -008

FUERTH

1435 ZWECKVERBAND -SONDERMUELLPLAETZE MITTELFRANKEN-
MC -055

GARCHING

0794 INSTITUT FUER RADIOCHEMIE DER TU MUENCHEN
IA -019

0998 LABORATORIUM FUER REAKTORREGELUNG UND ANLAGENSICHERUNG DER UNI MUENCHEN
NC -089, NC -090, NC -091, NC -092, NC -093, NC -094

GARMISCH-PARTENKIRCHEN

0477 INSTITUT FUER ATMOSPHAERISCHE UMWELTFORSCHUNG DER FRAUNHOFER-GESELLSCHAFT E.V.
AA -058, AA -059, AA -060, CA -039

1306 STAATLICHE VOGELSCHUTZWARTE GARMISCH-PARTENKIRCHEN
UN -050, UN -051, UN -052

GEESTHACHT

0361 GESELLSCHAFT FUER KERNENERGIEVERWERTUNG IN SCHIFFBAU UND SCHIFFAHRT
HF -005, HF -006, NB -013, NC -027, NC -028, NC -029, OA -017, OA -018, SA -024

GEISENHEIM

0286 FORSCHUNGSANSTALT FUER WEINBAU, GARTENBAU, GETRAENKETECHNOLOGIE UND LANDESPFLEGE
QC -016, QC -017, QC -018, RD -008, UK -009

0498 INSTITUT FUER BIOLOGIE DER BUNDESFORSCHUNGSANSTALT FUER ERNAEHRUNG
PG -016, QC -021, QC -022, QC -023, QC -024, QC -025, QC -026, RB -005, RE -018, RE -019

GELSENKIRCHEN

0411 HYGIENE INSTITUT DES RUHRGEBIETS
CB -022, HD -003, HD -004, IC -031, OC -010

1370 VEBA-CHEMIE AG
DC -070

GENF

0321 GEHRMANN, FRIEDHELM, DR.
TB -005

GENF/SCHWEIZ

1000 LACORAY S. A., ENVIRONMENTAL CONTROL DEPT. GENF
MB -052

GERETSRIED

0979 KNAUER GMBH & CO KG
FA -048

GIESSEN

0010 ABTEILUNG FUER BODENKUNDE UND BODENERHALTUNG IN DEN TROPEN UND SUBTROPEN / FB 16 DER UNI GIESSEN
RC -001, RC -002, RC -003

0012 ABTEILUNG FUER MEDIZINISCHE PHYSIK / FB 23 DER UNI GIESSEN
OB -002, OB -003, OC -002, OC -003

0013 ABTEILUNG FUER PFLANZENBAU UND PFLANZENZUECHTUNG IN DEN TROPEN UND SUBTROPEN / FB 16 DER UNI GIESSEN
MD -001, MG -001, OD -004, PG -001, RE -001, UM -001

0014 ABTEILUNG FUER PHYTOPATHOLOGIE UND ANGEWANDTE ENTOMOLOGIE IN DEN TROPEN UND SUBTROPEN / FB 16 DER UNI GIESSEN
UM -002

0215 FACHBEREICH ENERGIE- UND WAERMETECHNIK DER FH GIESSEN
AA -040, BB -005, GA -004, SB -011

0218 FACHBEREICH GESUNDHEITSWESEN DER FH GIESSEN
IC -020, KA -010

0253 FACHGEBIET RASENFORSCHUNG / FB 16/21 DER UNI GIESSEN
MD -007, MD -008, MD -009, ME -017, RD -007, UM -011, UM -012

0261 FACHGEBIET VORRATSSCHUTZ / FB 16/21 DER UNI GIESSEN
MC -011, MD -010, PH -006, RH -004, RH -005, RH -006, TF -008, TF -009

0325 GENETISCHES INSTITUT / FB 15 DER UNI GIESSEN
PD -005

0327 GEOGRAPHISCHES INSTITUT / FB 22 DER UNI GIESSEN
HG -012, RA -005, UC -013, UC -014, UE -019, UH -012

0339 GEOLOGISCH-PALAEONTOLOGISCHES INSTITUT / FB 22 DER UNI GIESSEN
HB -012, HB -013, IC -026, IF -007

0440 INSTITUT FUER AGRARSOZIOLOGIE / FB 20 DER UNI GIESSEN
TB -010, UC -029

0505 INSTITUT FUER BIOPHYSIK / FB 13 DER UNI GIESSEN
NB -017, NB -018

0512 INSTITUT FUER BODENKUNDE UND BODENERHALTUNG / FB 16/21 DER UNI GIESSEN
IF -014, IF -015, MB -026, PF -027, QD -004, RC -020, RC -021, RC -022, RD -016, UK -015, UK -016, UK -017, UM -027

0553 INSTITUT FUER ERNAEHRUNGSWISSENSCHAFTEN I / FB 19 DER UNI GIESSEN
PA -014, PA -015, QA -023, QA -024, QA -025, QA -026, QA -027, RB -008, RB -009

0554 INSTITUT FUER ERNAEHRUNGSWISSENSCHAFTEN II / FB 19 DER UNI GIESSEN
IB -010, OD -040, OD -041, PA -016, PB -014, PF -032, PG -024, QA -028, QA -029, QD -006, QD -007

0579 INSTITUT FUER GEFLUEGELKRANKHEITEN / FB 18 DER UNI GIESSEN
RF -003, RF -004

0596 INSTITUT FUER GRUENLANDWIRTSCHAFT UND FUTTERBAU / FB 16 DER UNI GIESSEN
RE -023, RE -024

0623 INSTITUT FUER HYGIENE UND INFEKTIONSKRANKHEITEN DER TIERE / FB 18 DER UNI GIESSEN
TF -015

0653 INSTITUT FUER LACKPRUEFUNG DIPL.-CHEM. WALTER HENNIGE
MC -022

0657 INSTITUT FUER LANDESKULTUR / FB 16/21 DER UNI GIESSEN
HG -024, IB -014, IC -055, ID -030, MC -023, MC -024, MD -018, MD -019, RD -021, RD -022, UK -023, UL -024, UL -025, UL -026

0663 INSTITUT FUER LANDTECHNIK / FB 20 DER UNI GIESSEN
DC -037

0669 INSTITUT FUER LANDWIRTSCHAFTLICHE BETRIEBSLEHRE / FB 20 DER UNI GIESSEN
RA -017, RA -018, UE -027, UH -023

0671 INSTITUT FUER LANDWIRTSCHAFTLICHE MIKROBIOLOGIE / FB 16/21 DER UNI GIESSEN
MB -029, MB -030, MB -031, MB -032, MB -033, MB -034, MB -035, MB -036, MC -026, OD -045, PF -035, PG -027, PH -032, PH -033, PI -024, QA -031, QC -029, QC -030, RB -010, RB -011, RB -012

0747 INSTITUT FUER PFLANZENBAU UND PFLANZENZUECHTUNG / FB 16 DER UNI GIESSEN
BC -028, ID -031, MD -021, PI -030, RB -021, RB -022, RD -025, RD -026, RE -026, RE -027, RE -028, RG -024, RH -040, RH -041, RH -042

0751 INSTITUT FUER PFLANZENERNAEHRUNG / FB 19 DER UNI GIESSEN
ME -048, OA -025, PG -031, PH -039, PH -040, PH -041, RE -034

0755 INSTITUT FUER PFLANZENOEKOLOGIE / FB 15 DER UNI GIESSEN
AA -089, AA -090, PF -048, PF -049, PF -050, PF -051

0783 INSTITUT FUER PHYTOPATHOLOGIE / FB 16 DER UNI GIESSEN
PB -029, PB -030, PC -032, PC -033, RH -046, RH -047, RH -048, RH -049, RH -050, RH -051, RH -052, RH -053

0819 INSTITUT FUER SIEDLUNGSWASSERBAU UND WASSERWIRTSCHAFT DER FH GIESSEN
MC -029

0872 INSTITUT FUER TIERAERZTLICHE NAHRUNGSMITTELKUNDE / FB 18 DER UNI GIESSEN
QB -037, QB -038, QB -039, QB -040, QB -041, QB -042, QB -043

0873 INSTITUT FUER TIERERNAEHRUNG / FB 19 DER UNI GIESSEN
RB -028

0881 INSTITUT FUER TIERZUCHT UND HAUSTIERGENETIK / FB 17 DER UNI GIESSEN
UL -048

0931 INSTITUT FUER WIRTSCHAFTSLEHRE DES HAUSHALTS UND VERBRAUCHSFORSCHUNG / FB 20 DER UNI GIESSEN
TB -019, UC -047

1227 PHYSIKALISCHES INSTITUT I / FB 13 DER UNI GIESSEN
NB -059, NB -060, TA -064

1243 PROFESSUR FUER OEFFENTLICHES RECHT IV / FB 01 DER UNI GIESSEN
UB -031, UB -032, UE -041

1244 PROFESSUR FUER STRAFRECHT, STRAFPROZESSRECHT UND INTERNATIONALES STRAFRECHT / FB 01 DER UNI GIESSEN
UB -033

1245 PROFESSUR FUER VOLKSWIRTSCHAFTSLEHRE (INSBESONDERE ENTWICKLUNGSLAENDERFORSCHUNG) / FB 02 DER UNI GIESSEN
RB -032, UC -051

1308 STAATLICHES CHEMISCHES UNTERSUCHUNGSAMT GIESSEN
QA -069, QA -070

1424 ZENTRUM FUER OEKOLOGIE-HYGIENE / FB 23 DER UNI GIESSEN
MB -066, MC -054, OA -039

1426 ZOOLOGISCHES INSTITUT / FB 15 DER UNI GIESSEN
HA -114, OD -093, UN -058

GLADBECK

0403 HOELTER & CO
DB -014, DC -022, DC -023, DD -020

GOETTINGEN

0035 AGRARSOZIALE GESELLSCHAFT E.V. (ASG)
RA -001, UE -001, UE -002, UF -002, UK -003, UK -004

0046 ANORGANISCH-CHEMISCHES INSTITUT DER UNI GOETTINGEN
ND -011, ND -012

0162 DEUTSCHE NOVOPAN GESELLSCHAFT MBH
DC -010

0326 GEOCHEMISCHES INSTITUT DER UNI GOETTINGEN
OD -012, OD -013, UD -003, UD -004

0342 GEOLOGISCH-PALAEONTOLOGISCHES INSTITUT UND MUSEUM DER UNI GOETTINGEN
HB -015, IE -019, IE -020

0417 II. ZOOLOGISCHES INSTITUT UND MUSEUM DER UNI GOETTINGEN
HA -028, PI -009, PI -010, PI -011

0438 INSTITUT FUER AGRAROEKONOMIE DER UNI GOETTINGEN
RA -007

0442 INSTITUT FUER AGRIKULTURCHEMIE DER UNI GOETTINGEN
HA -030, IC -035, IC -036, IC -037, IC -038, IC -039, IC -040, IC -041, IC -042, IF -008, IF -009, IF -010, IF -011, IF -012, IF -013, KF -008, OB -010, RD -011

0511 INSTITUT FUER BODENKUNDE DER UNI GOETTINGEN
HB -038, HB -039, ID -022, KB -028, KC -024, KD -006, MD -017, PG -021, PH -018, PH -019, PI -014, RA -011, RD -014, RD -015

0515 INSTITUT FUER BODENKUNDE UND WALDERNAEHRUNG DER UNI GOETTINGEN
HB -041, ID -023, PF -028, PF -029, PH -021, PH -022, PH -023, PH -024, PI -016, PI -017, PI -018, VA -010

0571 INSTITUT FUER FORSTLICHE BETRIEBSWIRTSCHAFTSLEHRE DER UNI GOETTINGEN
RG -016, RG -017, UM -035

0575 INSTITUT FUER FORSTPOLITIK, HOLZMARKTLEHRE, FORSTGESCHICHTE UND NATURSCHUTZ DER UNI GOETTINGEN
UA -034, UK -020

0576 INSTITUT FUER FORSTZOOLOGIE DER UNI GOETTINGEN
IC -045, RH -016, RH -017, RH -018, RH -019

0611 INSTITUT FUER HUMANGENETIK DER UNI GOETTINGEN
NB -021

0674 INSTITUT FUER LANDWIRTSCHAFTSRECHT DER UNI GOETTINGEN
UB -018

0714 INSTITUT FUER MIKROBIOLOGIE DER GESELLSCHAFT FUER STRAHLEN- UND UMWELTFORSCHUNG MBH
KC -036, OD -048, OD -049, OD -050

0748 INSTITUT FUER PFLANZENBAU UND PFLANZENZUECHTUNG DER UNI GOETTINGEN
RC -027, RD -027, RE -029

0756 INSTITUT FUER PFLANZENPATHOLOGIE UND PFLANZENSCHUTZ DER UNI GOETTINGEN
PC -029, PG -034, PG -035, PG -036, UM -059

0774 INSTITUT FUER PHYSIKALISCHE CHEMIE DER UNI GOETTINGEN
CB -054

0806 INSTITUT FUER RECHTSMEDIZIN DER UNI GOETTINGEN
PA -031, PE -024

0853 INSTITUT FUER STROEMUNGSMECHANIK DER DFVLR
CB -059, FA -030, FA -031, FB -053

0880 INSTITUT FUER TIERPHYSIOLOGIE UND TIERERNAEHRUNG DER UNI GOETTINGEN
QC -034, QC -035, RF -016

0882 INSTITUT FUER TIERZUCHT UND HAUSTIERGENETIK DER UNI GOETTINGEN
BE -013, PC -038, RF -017, RF -018, RF -019

0910 INSTITUT FUER WALDBAU DER UNI GOETTINGEN
PI -032, RG -026

0929 INSTITUT FUER WILDFORSCHUNG UND JAGDKUNDE DER UNI GOETTINGEN
RG -029, TF -034, UN -026

0945 INSTITUT FUER ZUCKERRUEBENFORSCHUNG
ME -056, PG -046

0953 INTERFAKULTATIVES LEHRGEBIET CHEMIE DER UNI GOETTINGEN
OD -076, OD -077, OD -078, PH -048

0960 JURISTISCHES SEMINAR DER UNI GOETTINGEN
EA -011

1042 LEHRSTUHL FUER ANGEWANDTE MECHANIK UND STROEMUNGSPHYSIK DER UNI GOETTINGEN
FA -050, FA -051

1046 LEHRSTUHL FUER BIOCHEMIE DER PFLANZEN DER UNI GOETTINGEN
PG -049

1057 LEHRSTUHL FUER FORSTGENETIK UND FORSTPFLANZENZUECHTUNG DER UNI GOETTINGEN
PF -064, RG -032, RG -033, RG -034

1061 LEHRSTUHL FUER GEOBOTANIK DER UNI GOETTINGEN
HA -088, IF -030, PI -038, UL -057, UM -068, UM -069

1159 MAX-PLANCK-INSTITUT FUER STROEMUNGSFORSCHUNG
BB -031, CB -078, FA -056, FA -057, FA -058, FA -059, FB -075, FB -076, FB -077, FC -085, IA -036

1192 NIEDERSAECHSISCHE FORSTLICHE VERSUCHSANSTALT
PG -056, RD -049, RD -050, RH -077, UN -043

1236 PLOEG VAN DER, RIENK
RG -038

1275 SARTORIUS-MEMBRANFILTER GMBH
HB -076, HB -077, OA -037

1283 SEDIMENT-PETROGRAPHISCHES INSTITUT DER UNI GOETTINGEN
PF -074

1299 SOZIOLOGISCHES SEMINAR DER UNI GOETTINGEN
UG -017, UG -018

1359 TIERAERZTLICHES INSTITUT DER UNI GOETTINGEN
QB -059

GOSLAR

1242 PREUSSAG AG METALL
DD -059, ME -075, ME -076

GRAEFELFING

0135 CALORIC, GESELLSCHAFT FUER APPARATEBAU MBH
HG -008

GRAZ/OESTEREICH

0049 ANSTALT FUER VERBRENNUNGSMOTOREN
FB -002, FB -003, FB -004

GRENZACH-WYHLEN

0192 EMCH UND BERGER INGENIEURBUERO GMBH
MC -010

GROSSBURGWEDEL

0282 FLIESENBERATUNGSSTELLE E.V.
BC -014

GRUENSTADT

1338 STEINGUTFABRIK GRUENSTADT GMBH
ME -080

HAGEN

0974 KLEINERT, CHRISTIAN, DIPL.-ING.
UE -035

1201 OELKERS, H.D., DIPL.-PHYS.
FC -087

HAIFA/ISRAEL

1350 TECHNION, ISRAEL INSTITUTE OF TECHNOLOGY
KB -088

HAMBURG

0041 ALLGEMEINE ELEKTRIZITAETS-GESELLSCHAFT AEG-TELEFUNKEN, HAMBURG
CA -007, KE -004, OA -003, OA -004

0048 ANSTALT FUER HYGIENE DES HYGIENISCHEN INSTITUTS HAMBURG
ID -002

0050 ANTHROPOLOGISCHES INSTITUT DER UNI HAMBURG
TE -002

0075 BAUBEHOERDE DER FREIEN UND HANSESTADT HAMBURG
IB -003, KE -006, MA -002, MB -003

0094 BERNHARD-NOCHT-INSTITUT FUER SCHIFFS- UND TROPENKRANKHEITEN AN DER UNI HAMBURG
FC -003

0098 BIOLOGISCHE ANSTALT HELGOLAND
HC -008, HC -009, HC -010, HC -011, IE -003, PC -003

0126 BUNDESANSTALT FUER WASSERBAU
HC -012, HC -013, HC -014, HC -015

0137 CENTRALSUG GMBH
MA -005

0161 DEUTSCHE GESELLSCHAFT FUER MINERALOELWISSENSCHAFT UND KOHLECHEMIE E.V.
BA -008, BC -013

0164 DEUTSCHE TEXACO AG
SA -011

0171 DEUTSCHER WETTERDIENST
AA -028

0172 DEUTSCHES HYDROGRAPHISCHES INSTITUT
HC -016, HC -017, HC -018, IE -007, IE -008, IE -009, IE -010, IE -011, IE -012, IE -013, IE -014, IE -015, IE -016, ND -015, OA -006, OA -007, OA -008

0179 DOLMAR MASCHINEN-FABRIK GMBH & CO
FC -017

0189 ELEKTRO SPEZIAL GMBH
CA -024, CA -025

0279 FIEDLER, JOBST
UA -015

0294 FORSCHUNGSGRUPPE FUER RADIOMETEOROLOGIE DER FRAUNHOFER-GESELLSCHAFT AN DER UNI HAMBURG
AA -044

0309 FORSCHUNGSSTELLE VON SENGBUSCH GMBH
HA -023, RE -014

0341 GEOLOGISCH-PALAEONTOLOGISCHES INSTITUT DER UNI HAMBURG
HC -020, IA -007, IE -018, PH -007, RC -013, UL -012, UL -013

0352 GEOLOGISCHES LANDESAMT HAMBURG
HB -029, HB -030, MC -013

0368 GESELLSCHAFT FUER WOHNUNGS- UND SIEDLUNGSWESEN E.V. (GEWOS)
UB -012, UC -018, UF -008, UF -009, UG -005, UH -016

0372 GOEPFERT, PETER, DIPL.-ING. UND REIMER, HANS, DR.-ING., VBI-BERATENDE INGENIEURE
AA -052, BB -008, CA -028, DB -013, GB -011, MA -010, MB -008, MB -009, MB -010, MG -012, MG -013, MG -014

0382 HAMBURG - CONSULT, GESELLSCHAFT FUER VERKEHRSBERATUNG UND VERFAHRENSTECHNIKEN MBH
UN -013

0383 HAMBURGER HOCHBAHN AG
UN -014

0384 HAMBURGISCHE GARTENBAU-VERSUCHSANSTALT FUENFHAUSEN
HE -009, PF -010, PF -011, QC -019

0404 HOWALDTSWERKE-DEUTSCHE WERFT AG
IE -022

0419 IMPULSPHYSIK GMBH
CA -032, IA -010

0433 INGENIEURGEMEINSCHAFT MEERESTECHNIK UND SEEBAU GMBH
HA -029

0444 INSTITUT FUER ALLGEMEINE BOTANIK DER UNI HAMBURG
OD -017, OD -018, PF -015, PF -016, QC -020, UM -023

0451 INSTITUT FUER ANGEWANDTE BOTANIK DER UNI HAMBURG
AA -056, AA -057, HC -025, HC -026, PD -011, PD -012, PF -017, PF -018, PF -019, PF -020, PH -014, QA -018, RD -012, RH -012, UM -024, UM -025, UM -026

0463 INSTITUT FUER ANORGANISCHE UND ANGEWANDTE CHEMIE DER UNI HAMBURG
BC -022, CA -038, ME -032, OA -019

0497 INSTITUT FUER BIOCHEMIE UND TECHNOLOGIE DER BUNDESFORSCHUNGSANSTALT FUER FISCHEREI
PA -011, QB -018, QB -019, QB -020, QD -003

0557 INSTITUT FUER EUROPAEISCHE WIRTSCHAFTSPOLITIK DER UNI HAMBURG
UA -033, UC -030, UC -031, UC -032

0585 INSTITUT FUER GEOGRAPHIE UND WIRTSCHAFTSGEOGRAPHIE DER UNI HAMBURG
RC -024, UC -033

0606 INSTITUT FUER HOLZBIOLOGIE UND HOLZSCHUTZ DER BUNDESFORSCHUNGSANSTALT FUER FORST- UND HOLZWIRTSCHAFT
IC -049, ID -028, MF -021, MF -022, OD -042, PG -026, RH -029

0607 INSTITUT FUER HOLZCHEMIE UND CHEMISCHE TECHNOLOGIE DES HOLZES DER BUNDESFORSCHUNGSANSTALT FUER FORST- UND HOLZWIRTSCHAFT
DC -032, KC -027, KC -028, ME -037, ME -038, MF -023

0608 INSTITUT FUER HOLZPHYSIK UND MECHANISCHE TECHNOLOGIE DES HOLZES DER BUNDESFORSCHUNGSANSTALT FUER FORST- UND HOLZWIRTSCHAFT
BB -014, BC -025, DC -033, FC -043, MF -024, MF -025, MF -026, UC -034

0612 INSTITUT FUER HUMANGENETIK DER UNI HAMBURG
PB -019, PD -034

0617 INSTITUT FUER HYDROBIOLOGIE UND FISCHEREIWISSENSCHAFT DER UNI HAMBURG
HA -034, HC -027, HC -028, HC -029, IC -050, IE -023, IE -024, IE -025, IE -026, IE -027, IE -028, IE -029, LA -008, PA -018, PA -019, PA -020, PC -020, PC -021, PC -022, PD -041, PI -022, QD -008, QD -009, SA -038

0651 INSTITUT FUER KUESTEN- UND BINNENFISCHEREI DER BUNDESFORSCHUNGSANSTALT FUER FISCHEREI
IE -030, PA -021, PB -021, PC -023, PC -024, PC -025, QD -016

0705 INSTITUT FUER MEERESKUNDE DER UNI HAMBURG
HC -037, HC -038, HC -039

0739 INSTITUT FUER ORGANISCHE CHEMIE UND BIOCHEMIE DER UNI HAMBURG
KF -009, OC -021, OC -022, QA -038, QA -039, QA -040, QB -034, QB -035, RH -037, RH -038

0812 INSTITUT FUER SCHALL- UND SCHWINGUNGSTECHNIK
FB -048, FB -049, FB -050, FD -025, FD -026, UF -013

0813 INSTITUT FUER SCHIFFBAU DER UNI HAMBURG
IE -048

0815 INSTITUT FUER SEEFISCHEREI DER BUNDESFORSCHUNGSANSTALT FUER FISCHEREI
RB -024, RB -025

0844 INSTITUT FUER STATISTIK UND OEKONOMETRIE DER UNI HAMBURG
UG -013

0951 INSTITUT ZUR ERFORSCHUNG TECHNOLOGISCHER ENTWICKLUNGSLINIEN E.V.(ITE)
ME -057, ME -058, UH -037

0958 ISOTOPENLABORATORIUM DER BUNDESFORSCHUNGSANSTALT FUER FISCHEREI
GB -027, IC -090, NB -039, QD -025

0997 LABORATORIUM FUER PHARMAKOLOGIE UND TOXIKOLOGIE
PB -038

1069 LEHRSTUHL FUER HYGIENE DER UNI HAMBURG
FC -076

1138 LEOPOLD, HANS, DIPL.-ING.
UN -036

1143 LOEBLICH, H.J.
AA -124, AA -125, EA -016, EA -017

1150 MAX-PLANCK-INSTITUT FUER AUSLAENDISCHES UND INTERNATIONALES PRIVATRECHT
UB -027

1176 METEOROLOGISCHES INSTITUT DER UNI HAMBURG
AA -140, AA -141, CB -080

1179 MIKROANALYTISCHES LABOR
OC -034

1196 NORDWESTDEUTSCHE KRAFTWERKE AG
BB -032, DC -050, GB -039

1204 ORDINARIAT FUER HOLZBIOLOGIE DER UNI HAMBURG
PH -057, PH -058

1205 ORDINARIAT FUER WELTFORSTWIRTSCHAFT DER UNI HAMBURG
FC -088

1218 PHARMAKOLOGISCHES INSTITUT DER UNI HAMBURG
PB -046, PC -062

1223 PHILIPS ELEKTRONIK INDUSTRIE GMBH
AA -148

1235 PLANUNGSGRUPPE PROFESSOR LAAGE
UF -029

1297 SONDERFORSCHUNGSBEREICH 94 MEERESFORSCHUNG DER UNI HAMBURG
HA -106

1369 VASELINWERK SCHUEMANN
PD -066

1391 VETERINAERUNTERSUCHUNGSANSTALT DER FREIEN UND HANSESTADT HAMBURG
RB -033

1415 ZENTRALINSTITUT FUER ARBEITSMEDIZIN DER UNI HAMBURG
CA -107, CB -088, FC -095, OB -028, PA -043, PE -053, TA -072, TA -073, TA -074, TA -075, TA -076, TA -077, TA -078

1434 ZOOLOGISCHES INSTITUT UND ZOOLOGISCHES MUSEUM DER UNI HAMBURG
PC -067, TF -042, UL -078

HAMELN

1019 LANDWIRTSCHAFTLICHE UNTERSUCHUNGS- UND FORSCHUNGSANSTALT DER LANDWIRTSCHAFTSKAMMER HANNOVER
AA -115, PF -055, PF -056

HAMM

0399 HOCHTEMPERATUR-KERNKRAFTWERK GMBH, GEMEINSAMES EUROPAEISCHES UNTERNEHMEN
SA -026

HANAU

0039 ALKEM GMBH
NC -005, ND -009, SA -004

0148 DEGUSSA AG
BA -007, DA -008, KC -009, PK -011

0397 HOBEG GMBH
ND -025

1198 NUKEM GMBH
AA -146, AA -147, BC -039, BE -026, CC -001, DC -051, DC -052, ND -046

1232 PLANUNGS- UND INGENIEURBUERO DIPLOM-INGENIEUR TUCH
MG -035

1361 TRANSNUKLEAR GMBH
NC -115

HANN. MUENDEN

0360 GESELLSCHAFT FUER FLURHOLZANBAU UND PAPPELWIRTSCHAFT E.V.
UM -015

0390 HESSISCHE FORSTLICHE VERSUCHSANSTALT
RG -009, RG -010

HANNOVER

0037 AKADEMIE FUER RAUMFORSCHUNG UND LANDESPLANUNG HANNOVER
UE -003

0062 ARBEITSGRUPPE FUER TECHNISCHEN STRAHLENSCHUTZ DER TU HANNOVER
CB -001

0123 BUNDESANSTALT FUER GEOWISSENSCHAFTEN UND ROHSTOFFE
BC -010, HB -005, HB -006, ID -008, KC -006, MC -002, MC -003, MC -004, MC -005, MC -006, MC -007, ME -005, ME -006, NC -014, NC -015, ND -014, PK -009, RD -006, SA -010

0141 CHEMISCHES INSTITUT DER TIERAERZTLICHEN HOCHSCHULE HANNOVER
OB -006, PB -007

0150 DEPARTMENT INNERE MEDIZIN AN DER MEDIZINISCHEN HOCHSCHULE HANNOVER
TE -004

0317 FRANZIUS-INSTITUT FUER WASSERBAU UND KUESTENINGENIEURWESEN DER TU HANNOVER
GB -010, IE -017

0385 HANNOVERSCHE VERKEHRSBETRIEBE (UESTRA) AG
UN -015

0405 HUEBL, L., PROF.DR.
UC -019

0461 INSTITUT FUER ANORGANISCHE CHEMIE DER TU HANNOVER
OB -011, OB -012

0481 INSTITUT FUER BAUFORSCHUNG E.V.
SB -016, SB -017

0543 INSTITUT FUER ELEKTROWAERME DER TU HANNOVER
SB -022

0548 INSTITUT FUER EPIDEMIOLOGIE UND SOZIALMEDIZIN DER MEDIZINISCHEN HOCHSCHULE HANNOVER
PE -015, PE -016, PE -017, TB -012

0549 INSTITUT FUER ERDOELFORSCHUNG
DA -027, KB -037, PG -023

0561 INSTITUT FUER FABRIKANLAGEN DER TU HANNOVER
FC -041

0580 INSTITUT FUER GEFLUEGELKRANKHEITEN DER TIERAERZTLICHEN HOCHSCHULE HANNOVER
QB -022, QB -023, RF -005, RF -006, RF -007, RF -008

0598 INSTITUT FUER GRUENPLANUNG UND GARTENARCHITEKTUR DER TU HANNOVER
TB -013, TC -008, TC -009, TC -010, TC -011, UK -021, UK -022, UL -022

0629 INSTITUT FUER HYGIENE UND TECHNOLOGIE DES FLEISCHES DER TIERAERZTLICHEN HOCHSCHULE HANNOVER
OB -015

0635 INSTITUT FUER INDUSTRIELLE FORMGEBUNG DER TU HANNOVER
MG -019

0645 INSTITUT FUER KOLBENMASCHINEN DER TU HANNOVER
BA -028, BA -029, BA -030, BA -031, BA -032, FB -041, FC -046, FC -047

0712 INSTITUT FUER METEOROLOGIE UND KLIMATOLOGIE DER TU HANNOVER
AA -085, HA -040, HA -041, HG -029, PI -025, RD -024, UK -038, UL -037

0720 INSTITUT FUER MIKROBIOLOGIE UND TIERSEUCHEN DER TIERAERZTLICHEN HOCHSCHULE HANNOVER
MB -037, MB -038

0743 INSTITUT FUER PARASITOLOGIE DER TIERAERZTLICHEN HOCHSCHULE HANNOVER
KE -033, RE -025, RH -039

0763 INSTITUT FUER PHARMAKOLOGIE, TOXIKOLOGIE UND PHARMAZIE DER TIERAERZTLICHEN HOCHSCHULE HANNOVER
PA -027, PA -028, PA -029, PC -030, PE -023

0821 INSTITUT FUER SIEDLUNGSWASSERWIRTSCHAFT DER TU HANNOVER
HB -050, HE -020, ID -035, IE -049, KC -044, KC -045, KC -046, KC -047, KC -048, KE -042, MA -019, ME -049, MF -041

0841 INSTITUT FUER STAEDTEBAU, WOHNUNGSWESEN UND LANDESPLANUNG DER TU HANNOVER
UA -038

0842 INSTITUT FUER STATISTIK UND BIOMETRIE DER TIERAERZTLICHEN HOCHSCHULE HANNOVER
RD -039

0850 INSTITUT FUER STRAHLENBOTANIK DER GESELLSCHAFT FUER STRAHLEN- UND UMWELTFORSCHUNG MBH
CB -058, OA -027

0852 INSTITUT FUER STROEMUNGSMASCHINEN DER TU HANNOVER
FA -029

0868 INSTITUT FUER THERMODYNAMIK DER TU HANNOVER
GA -009, GA -010, GA -011

0875 INSTITUT FUER TIERERNAEHRUNG DER TIERAERZTLICHEN HOCHSCHULE HANNOVER
QA -045, QA -046, QA -047

0904 INSTITUT FUER VIROLOGIE DER TIERAERZTLICHEN HOCHSCHULE HANNOVER
TF -029, TF -030

0921 INSTITUT FUER WASSERWIRTSCHAFT, HYDROLOGIE UND LANDWIRTSCHAFTLICHER WASSERBAU DER TU HANNOVER
HA -075, HA -076, HA -077, HB -057, HB -058, HB -059, HB -060, HB -061, HB -062, HE -034, HG -042, HG -043, HG -044, IB -022, IB -023, ID -048, IF -029

0927 INSTITUT FUER WERKZEUGMASCHINEN UND UMFORMTECHNIK DER TU HANNOVER
FC -065

0947 INSTITUT UND LEHRSTUHL FUER MESSTECHNIK IM MASCHINENBAU DER TU HANNOVER
FA -041, FA -042, FA -043, FA -044, FA -045, FC -066, FC -067, FC -068, FC -069, FC -070, FC -071, FC -072

0962 KALI CHEMIE AG
DA -036

0968 KAVERNEN BAU- UND BETRIEBS-GMBH
UD -008

1024 LANDWIRTSCHAFTSKAMMER HANNOVER
MD -030

1067 LEHRSTUHL FUER GRUENPLANUNG, LANDSCHAFTSPLANUNG DER BALLUNGSRAEUME DER TU HANNOVER
UK -058, UK -059, UK -060

1079 LEHRSTUHL FUER LEBENSMITTELCHEMIE DER TU HANNOVER
QA -062, QC -043

1084 LEHRSTUHL FUER MIKROBIOLOGIE DER TU HANNOVER
KE -052

1101 LEHRSTUHL FUER THEORIE DER ARCHITEKTURPLANUNG DER TU HANNOVER
TB -030, TC -016

1115 LEHRSTUHL UND INSTITUT FUER ALLGEMEINE NACHRICHTENTECHNIK DER TU HANNOVER
FA -055

1117 LEHRSTUHL UND INSTITUT FUER BAUSTOFFKUNDE UND MATERIALPRUEFUNG DER TU HANNOVER
ME -067

1118 LEHRSTUHL UND INSTITUT FUER FERTIGUNGSTECHNIK UND SPANENDE WERKZEUGMASCHINEN DER TU HANNOVER
FC -077, FC -078, FC -079, FC -080, FC -081, FC -082

1119 LEHRSTUHL UND INSTITUT FUER KERNTECHNIK DER TU HANNOVER
NC -095, NC -096

1120 LEHRSTUHL UND INSTITUT FUER KRAFTFAHRWESEN DER TU HANNOVER
FB -072

1121 LEHRSTUHL UND INSTITUT FUER LANDESPLANUNG UND RAUMFORSCHUNG DER TU HANNOVER
UE -038, UE -039, UK -067

1123 LEHRSTUHL UND INSTITUT FUER LANDSCHAFTSPFLEGE UND NATURSCHUTZ DER TU HANNOVER
UK -068, UM -076

1125 LEHRSTUHL UND INSTITUT FUER PFLANZENKRANKHEITEN UND PFLANZENSCHUTZ DER TU HANNOVER
PG -054, PG -055

1126 LEHRSTUHL UND INSTITUT FUER PHOTOGRAMMETRIE UND INGENIEURVERMESSUNGEN DER TU HANNOVER
IE -051

1128 LEHRSTUHL UND INSTITUT FUER TECHNISCHE CHEMIE DER TU HANNOVER
OA -034

1130 LEHRSTUHL UND INSTITUT FUER VERFAHRENSTECHNIK DER TU HANNOVER
HB -070, NC -098, NC -099, NC -100, NC -101, NC -102

1193 NIEDERSAECHSISCHES LANDESAMT FUER BODENFORSCHUNG
DD -058, HB -074, ID -057, ID -058, ID -059, KB -082, MB -059, MD -032, ME -068, PF -070, PF -071, RC -035, RC -036, RC -037, RC -038, RE -048, UD -012, UK -070, UL -067, VA -017

1194 NIEDERSAECHSISCHES LANDESVERWALTUNGSAMT
HA -099, HA -100, HA -101, RC -039, UK -071, UL -069, UM -078, UM -079, UN -044, UN -045, UN -046, UN -047, UN -048

1214 PATHOLOGISCHES INSTITUT DER MEDIZINISCHEN HOCHSCHULE HANNOVER
PC -060

1230 PHYSIOLOGISCHES INSTITUT DER MEDIZINISCHEN HOCHSCHULE HANNOVER
TE -012

1234 PLANUNGSGRUPPE OEKOLOGIE UND UMWELT
UL -070

1240 PRAKLA-SEISMOS GMBH
SA -058

1241 PREUSSAG AG ERDOEL UND ERDGAS
ME -074, VA -018

1294 SONDERFORSCHUNGSBEREICH 79| WASSERFORSCHUNG IM KUESTENBEREICH| DER TU HANNOVER
HB -078, HB -079, HE -040

1319 STAATLICHES VETERINAERUNTERSUCHUNGSAMT HANNOVER
QB -056

1401 WEYL, HEINZ, PROF.
UE -044

HASSELROTH

0967 KAVAG-GESELLSCHAFT FUER LUFTREINHALTUNG
DB -029

HEIDELBERG

0059 ARBEITSGEMEINSCHAFT UMWELTSCHUTZ AN DER UNI HEIDELBERG
MD -002, PG -005, PI -002, RA -002, RB -001, RD -002, RE -003, RH -001, UC -001, UE -005, UH -006

0114 BROWN, BOVERIE UND CIE AG
DA -004, IA -001, KA -005, SA -009

0304 FORSCHUNGSSTAETTE DER EVANGELISCHEN STUDIENGEMEINSCHAFT
TD -010

0332 GEOGRAPHISCHES INSTITUT DER UNI HEIDELBERG
AA -049, AA -050, AA -051, CB -019, RG -008, UE -022, UL -010

0345 GEOLOGISCHES INSTITUT DER UNI HEIDELBERG
HB -018, HB -019, MC -012, PK -020

0408 HYGIENE INSTITUT DER UNI HEIDELBERG
NA -004, PC -009

0412 HYGIENEINSTITUT DER UNI HEIDELBERG
HD -005, HD -006, NA -005, TF -013

0465 INSTITUT FUER ANTHROPOLOGIE UND HUMANGENETIK DER UNI HEIDELBERG
PD -013, PD -014

0496 INSTITUT FUER BIOCHEMIE DES DEUTSCHEN KREBSFORSCHUNGSZENTRUMS
PD -015, PD -016, PD -017

0537 INSTITUT FUER DOKUMENTATION, INFORMATION UND STATISTIK DES DEUTSCHEN KREBSFORSCHUNGSZENTRUMS
PE -013, PE -014

0727 INSTITUT FUER NUKLEARMEDIZIN DES DEUTSCHEN KREBSFORSCHUNGSZENTRUMS
NB -026

0735 INSTITUT FUER ORGANISCHE CHEMIE DER UNI HEIDELBERG
MB -039

0766 INSTITUT FUER PHARMAZEUTISCHE BIOLOGIE DER UNI HEIDELBERG
PG -037, PG -038

0884 INSTITUT FUER TOXIKOLOGIE UND CHEMOTHERAPIE DES DEUTSCHEN KREBSFORSCHUNGSZENTRUMS
OD -071, PC -040, PD -053, PD -054, PD -055, PD -056, QA -049, QA -050, QB -044, QC -036

0889 INSTITUT FUER UMWELTPHYSIK DER UNI HEIDELBERG
AA -098, AA -099, AA -100, AA -101, AA -102, AA -103, AA -104, AA -105, CB -061, HA -057, HA -058, HB -051, HC -041, HC -042, HC -043, HC -044, IC -069, ID -037, ID -038, ID -039, ID -040

0936 INSTITUT FUER ZELLFORSCHUNG DES DEUTSCHEN KREBSFORSCHUNGSZENTRUMS
PC -045

0961 KA-PLANUNGS-GMBH
GC -008

1114 LEHRSTUHL FUER ZELLENLEHRE DER UNI HEIDELBERG
PF -067

1149 MAX-PLANCK-INSTITUT FUER AUSLAENDISCHES OEFFENTLICHES RECHT UND VOELKERRECHT
UB -023, UB -024, UB -025, UB -026

1168 MEDIZINISCHE UNIVERSITAETSKLINIK HEIDELBERG
TA -062

1181 MINERALOGISCH-PETROGRAPHISCHES INSTITUT DER UNI HEIDELBERG
HE -039, IC -103, IC -104, IC -105, IE -054, UD -011

1222 PHARMAZEUTISCHES-CHEMISCHES INSTITUT DER UNI HEIDELBERG
OC -036

1224 PHYSIKALISCH-CHEMISCHES INSTITUT DER UNI HEIDELBERG
HF -007, IA -037

1254 PSYCHOLOGISCHES INSTITUT DER UNI HEIDELBERG
TB -036

1344 STUDIENGRUPPE FUER SYSTEMFORSCHUNG E.V.
TD -024, VA -021, VA -022, VA -023, VA -024, VA -025, VA -026, VA -027

1349 SYSTEMPLAN E.V.
UA -065

HEIKENDORF

0593 INSTITUT FUER GETREIDE-, OELFRUCHT- UND FUTTERPFLANZENKRANKHEITEN DER BIOLOGISCHEN BUNDESANSTALT FUER LAND- UND FORSTWIRTSCHAFT
RH -025, RH -026, RH -027

HEILBRONN

0577 INSTITUT FUER FREMDENVERKEHR DER FH HEILBRONN
TC -007

HEILIGENHAUS

0890 INSTITUT FUER UMWELTSCHUTZ UND AGRIKULTURCHEMIE DR. HELMUT BERGE
DB -020, DB -021, EA -008, EA -009, GA -012

HERRSCHING

0061 ARBEITSGRUPPE FUER KATALYSEFORSCHUNG DER FRAUNHOFER-GESELLSCHAFT E.V.
DA -001

HERZOGENRATH

0203 ESCHWEILER BERGWERKSVEREIN AG
DB -006, DB -007

HILDEN

0429 INGENIEURBUERO FUER WAERME- UND ENERGIETECHNIK
BB -011

HILDESHEIM

0789 INSTITUT FUER PRUEFUNG UND FORSCHUNG IM BAUWESEN E. V. AN DER FH HILDESHEIM-HOLZMINDEN
FA -023, FA -024, FA -025, FB -046, FB -047, SB -023, SB -024

HOELLRIEGELSKREUTH

1142 LINDE AG
DA -055

HOHENPEISSENBERG

0171 DEUTSCHER WETTERDIENST
CB -013, IB -005, IB -006, OB -007

HOMBERG

0089 BERGBAU AG NIEDERRHEIN
AA -017, DB -002, TA -009, TA -010

HOMBURG/SAAR

0270 FACHRICHTUNG PHYSIOLOGISCHE CHEMIE DER UNI DES SAARLANDES
PC -005, PF -007

0627 INSTITUT FUER HYGIENE UND MIKROBIOLOGIE DER UNI DES SAARLANDES
HA -035, HE -016, IA -012, IC -052, ID -029, IF -016, KE -019, QB -031

HORB

0115 BRUENINGHAUS HYDRAULIK GMBH
FC -011

HORNBERG

0966 KATAFLOX-GMBH
ME -059

HUECKELHOVEN

0370 GEWERKSCHAFT SOPHIA-JACOBA
DB -012

HUERTH

0581 INSTITUT FUER GEMUESEKRANKHEITEN DER BIOLOGISCHEN BUNDESANSTALT FUER LAND- UND FORSTWIRTSCHAFT
RE -021, RH -020, RH -021

HUETTENTAL

1334 STAHLWERKE SUEDWESTFALEN AG
DC -063, TA -069

INZELL

0076 BAUHOF FUER DEN WINTERDIENST INZELL
PK -008

ISMANING

0042 ALLIANZ-ZENTRUM FUER TECHNIK GMBH
NC -008, NC -009

ISNY

0265 FACHHOCHSCHULE DER NATURWISSENSCHAFTLICH-TECHNISCHEN AKADEMIE ISNY/ALLGAEU
OC -007

JUELICH

0101 BONNENBERG UND DRESCHER, INGENIEURGESELLSCHAFT MBG & CO KG
AA -018, NC -011, SA -008

0971 KERNFORSCHUNGSANLAGE JUELICH GMBH
CB -063, CB -064, CB -065, NB -040, NB -041, NC -048, NC -049, NC -050, ND -042, ND -043, ND -044, OD -079, OD -080, OD -081, RE -038, SA -049, SA -050

KAISERSLAUTERN

0220 FACHBEREICH III (TECHNOLOGIE) DER UNI TRIER-KAISERSLAUTERN
UC -006

0226 FACHBEREICH MASCHINENWESEN/ELEKTROTECHNIK DER UNI TRIER-KAISERSLAUTERN
DB -008

0272 FACHRICHTUNG RAUM- UND UMWELTPLANUNG DER UNI TRIER-KAISERSLAUTERN
UB -008, UB -009, UB -010, UB -011

1074 LEHRSTUHL FUER KRAFT- UND ARBEITSMASCHINEN DER UNI TRIER-KAISERSLAUTERN
BA -054, DA -049, DA -050, DA -051, DA -052

KARLSRUHE

0005 ABTEILUNG BEHANDLUNG RADIOAKTIVER ABFAELLE DER GESELLSCHAFT FUER KERNFORSCHUNG MBH
ND -001, ND -002, SA -001, SA -002, SA -003

0026 ABTEILUNG STRAHLENSCHUTZ UND SICHERHEIT DER GESELLSCHAFT FUER KERNFORSCHUNG MBH
GA -001, NB -002, NB -003, NB -004, NB -005, NB -006

0109 BOTANISCHES INSTITUT II DER UNI KARLSRUHE
PG -006

0126 BUNDESANSTALT FUER WASSERBAU
HA -014

0128 BUNDESFORSCHUNGSANSTALT FUER ERNAEHRUNG
MF -002

0199 ENGLER-BUNTE-INSTITUT DER UNI KARLSRUHE
BA -010, BB -003, BB -004, DC -011, DD -005, DD -006, DD -007, FA -007, FC -019, HA -017, KB -017, KB -018, KB -019, KB -020, KF -005

0346 GEOLOGISCHES INSTITUT DER UNI KARLSRUHE
HB -020

0355 GEOPHYSIKALISCHES INSTITUT DER UNI KARLSRUHE
FA -010, FA -011, RC -015, RC -016

0398 HOCHSPANNUNGSINSTITUT DER UNI KARLSRUHE
DD -019

0458 INSTITUT FUER ANGEWANDTE SYSTEMANALYSE DER GESELLSCHAFT FUER KERNFORSCHUNG MBH
BB -012, GA -006, GB -012, NB -015, NC -036, NC -037, SA -028, SA -029, SA -030

0490 INSTITUT FUER BETON UND STAHLBETON DER UNI KARLSRUHE
NC -038

0498 INSTITUT FUER BIOLOGIE DER BUNDESFORSCHUNGS-ANSTALT FUER ERNAEHRUNG
MF -009, QA -019, RB -004

0517 INSTITUT FUER BODENMECHANIK UND FELSMECHANIK DER UNI KARLSRUHE
FD -018, HG -018, RD -020

0529 INSTITUT FUER CHEMISCHE TECHNIK DER UNI KARLSRUHE
DC -028, DD -027, DD -028, MB -028

0533 INSTITUT FUER CHEMISCHE VERFAHRENSTECHNIK DER UNI KARLSRUHE
DD -029, DD -030

0604 INSTITUT FUER HEISSE CHEMIE DER GESELLSCHAFT FUER KERNFORSCHUNG MBH
IC -048, LA -007

0618 INSTITUT FUER HYDROMECHANIK DER UNI KARLSRUHE
GB -013, GB -014, HG -022, HG -023

0631 INSTITUT FUER IMMISSIONS-, ARBEITS- UND STRAHLENSCHUTZ DER LANDESANSTALT FUER UMWELTSCHUTZ BADEN-WUERTTEMBERG
AA -068, AA -069, BA -025, BB -015, BC -026, BE -008, DC -034, DC -035, DC -036, FC -045, KC -029, NB -022, NB -023, NB -024, PE -020, TA -035, TA -036

0637 INSTITUT FUER INGENIEURBIOLOGIE UND BIOTECHNOLOGIE DES ABWASSERS DER UNI KARLSRUHE
IA -013, IC -053, IC -054, KA -013, KB -040, KB -041, KC -031, KE -021, KE -022, KE -023, PI -023

0646 INSTITUT FUER KOLBENMASCHINEN DER UNI KARLSRUHE
BA -033, BA -034

0675 INSTITUT FUER LEBENSMITTELCHEMIE DER BUNDESFORSCHUNGSANSTALT FUER ERNAEHRUNG
ME -041, QA -032

0677 INSTITUT FUER LEBENSMITTELCHEMIE DER UNI KARLSRUHE
RB -015, RB -016

0680 INSTITUT FUER LEBENSMITTELVERFAHRENSTECHNIK DER UNI KARLSRUHE
KB -042, RB -019

0688 INSTITUT FUER MASCHINENWESEN IM BAUBETRIEB DER UNI KARLSRUHE
FA -019, FC -051, FC -052

0693 INSTITUT FUER MECHANISCHE VERFAHRENSTECHNIK DER UNI KARLSRUHE
CB -030, CB -031, DD -035, DD -036, DD -037, DD -038, DD -039, DD -040, DD -041, KB -043, KB -044

0707 INSTITUT FUER MESS- UND REGELUNGSTECHNIK MIT MASCHINENLABORATORIUM DER UNI KARLSRUHE
HG -026

0725 INSTITUT FUER NEUTRONENPHYSIK UND REAKTORTECHNIK DER GESELLSCHAFT FUER KERNFORSCHUNG MBH
NB -025

0732 INSTITUT FUER OEKOLOGIE UND NATURSCHUTZ DER LANDESANSTALT FUER UMWELTSCHUTZ BADEN-WUERTTEMBERG
AA -087, AA -088, UM -052, UM -053, UM -054, UN -022

0740 INSTITUT FUER ORTS-, REGIONAL- UND LANDESPLANUNG DER UNI KARLSRUHE
UK -041, UK -042

0744 INSTITUT FUER PETROGRAPHIE UND GEOCHEMIE DER UNI KARLSRUHE
OA -024

0777 INSTITUT FUER PHYSIKALISCHE CHEMIE UND ELEKTROCHEMIE DER UNI KARLSRUHE
MB -040, MB -041, ND -028

0779 INSTITUT FUER PHYSIKALISCHE GRUNDLAGEN DER REAKTORTECHNIK DER UNI KARLSRUHE
NB -028

0793 INSTITUT FUER RADIOCHEMIE DER GESELLSCHAFT FUER KERNFORSCHUNG MBH
CB -055, HE -018, IA -018, KA -016, KB -048, NB -029, OC -028

0795 INSTITUT FUER RADIOCHEMIE DER UNI KARLSRUHE
IA -020, KB -049, KB -050, KF -010

0803 INSTITUT FUER REAKTORBAUELEMENTE DER GESELLSCHAFT FUER KERNFORSCHUNG MBH
NC -044

0809 INSTITUT FUER REGIONALWISSENSCHAFT DER UNI KARLSRUHE
TB -016, TB -017, TB -018

0822 INSTITUT FUER SIEDLUNGSWASSERWIRTSCHAFT DER UNI KARLSRUHE
HG -033, HG -034, IC -065, ID -036, KB -062, KF -015, MA -020, MG -022, UC -039, UG -006

0831 INSTITUT FUER SOZIOLOGIE DER UNI KARLSRUHE
UK -047

0838 INSTITUT FUER STAEDTEBAU UND LANDESPLANUNG DER UNI KARLSRUHE
MC -033, UF -014, UF -015, UF -016, UG -009, UG -010, UG -011, UG -012

0843 INSTITUT FUER STATISTIK UND MATHEMATISCHE WIRTSCHAFTSTHEORIE DER UNI KARLSRUHE
UC -042, UC -043

0848 INSTITUT FUER STRAHLENBIOLOGIE DER GESELLSCHAFT FUER KERNFORSCHUNG MBH
NB -036

0859 INSTITUT FUER SYSTEMTECHNIK UND INNOVATIONSFORSCHUNG (ISI) DER FRAUNHOFER-GESELLSCHAFT E.V.
HA -056, UA -042, UA -043, UA -044, UC -044

0866 INSTITUT FUER THERMISCHE STROEMUNGSMASCHINEN DER UNI KARLSRUHE
FA -036

0899 INSTITUT FUER VERKEHRSWESEN DER UNI KARLSRUHE
FB -057

0911 INSTITUT FUER WASSER- UND ABFALLWIRTSCHAFT DER LANDESANSTALT FUER UMWELTSCHUTZ BADEN-WUERTTEMBERG
GB -017, GB -018, GB -019, HA -059, HA -060, HA -061, HA -062, HA -063, HA -064, HA -065, HA -066, HB -052, HB -053, HB -054, HB -055, HG -035, HG -036, HG -037, IA -023, IC -070, IC -071, IF -027, ME -055, MG -024, MG -025

0913 INSTITUT FUER WASSERBAU III DER UNI KARLSRUHE
HG -038, IB -021

0916 INSTITUT FUER WASSERBAU UND WASSERWIRTSCHAFT MIT THEODOR-REHBOCK-FLUSSBAULABORATORIUM DER UNI KARLSRUHE
HA -068, HA -069

0991 LABORATORIUM ALFONS K. HERR
ME -061, ME -062

0993 LABORATORIUM FUER AEROSOLPHYSIK UND FILTERTECHNIK DER GESELLSCHAFT FUER KERNFORSCHUNG MBH
CA -065, CA -066, CB -066, CB -067, DD -050, GB -028, GB -029, GB -030, NB -044, NB -045, NB -046, NC -087, NC -088, SA -051

0996 LABORATORIUM FUER ISOTOPENTECHNIK DER GESELLSCHAFT FUER KERNFORSCHUNG MBH
CA -067

1014 LANDESSAMMLUNG FUER NATURKUNDE
RG -031, UM -064

1129 LEHRSTUHL UND INSTITUT FUER TECHNISCHE THERMODYNAMIK IN DER FAKULTAET FUER MASCHINENBAU DER UNI KARLSRUHE
GA -015, GA -016, GA -017, TF -038

1132 LEHRSTUHL UND INSTITUT FUER WERKZEUGMASCHINEN UND BETRIEBSTECHNIK DER UNI KARLSRUHE
FC -083, FC -084

1139 LICHTTECHNISCHES INSTITUT DER UNI KARLSRUHE
CA -080

1177 METEOROLOGISCHES INSTITUT DER UNI KARLSRUHE
AA -142, AA -143, GA -018, PE -045, PE -046, RG -036

1185 MINERALOGISCHES INSTITUT DER UNI KARLSRUHE
KC -068

1200 OBERRHEINISCHE MINERALOELWERKE GMBH
DA -062

1233 PLANUNGSGRUPPE KARLSRUHE, BAU- U. STADTPLANUNG
UF -028

1237 POLYTECHNISCHES INSTITUT
HF -008, RD -055

1293 SONDERFORSCHUNGSBEREICH 77| FELSMECHANIK DER UNI KARLSRUHE
FB -086

1295 SONDERFORSCHUNGSBEREICH 80| AUSBREITUNGS- UND TRANSPORTVORGAENGE IN STROEMUNGEN DER UNI KARLSRUHE
CA -089, CB -083, GB -042, GB -043, GB -044, GB -045, GB -046, GB -047, GB -048, GB -049, HA -104, HA -105, HB -080, HB -081, HB -082, HG -056, HG -057, HG -058, HG -059, HG -060, HG -061, KB -086

1300 STAATLICHE LANDWIRTSCHAFTLICHE UNTERSUCHUNGS- UND FORSCHUNGSANSTALT AUGUSTENBERG
PH -062

1417 ZENTRALLABOR FUER ISOTOPENTECHNIK DER BUNDESFORSCHUNGSANSTALT FUER ERNAEHRUNG
QA -073, QA -074, QA -075

1430 ZOOLOGISCHES INSTITUT DER UNI KARLSRUHE
PC -065, PC -066, PI -045, UN -060

KASSEL

0963 KALI UND SALZ AG
DC -042, KC -057, KC -058, KC -059, KC -060

1206 ORGANISATIONSEINHEIT NATURWISSENSCHAFTEN UND MATHEMATIK DER GESAMTHOCHSCHULE KASSEL
IF -035, RG -037

KATLENBURG-LINDAU

1148 MAX-PLANCK-INSTITUT FUER AERONOMIE
AA -126, AA -127, AA -128, CB -072, CB -073, IA -035

KEMPEN

0432 INGENIEURBUERO KARL J. DOHMEN
ID -020

KEMPTEN

1211 OTT, A.
HG -054

KIEL

0002 ABTEILUNG ALLGEMEINE PAEDIATRIE DER UNI KIEL
TE -001

0017 ABTEILUNG FUER TOXIKOLOGIE DER UNI KIEL
PA -001, PB -003, PB -004

0019 ABTEILUNG HYGIENE UND MIKROBIOLOGIE DER UNI KIEL
HC -002, IE -001, NA -001, TF -001, TF -002, TF -003, TF -004, TF -005

0056 ARBEITSGEMEINSCHAFT FUER ZEITGEMAESSES BAUEN E.V.
SB -001

0093 BERNDT, JUERGEN-D., DR. UND RIEKE, OLAF, DIPLOM-VOLKSWIRT
UG -003

0111 BOTANISCHES INSTITUT UND BOTANISCHER GARTEN DER UNI KIEL
RB -003

0333 GEOGRAPHISCHES INSTITUT DER UNI KIEL
HA -024

0343 GEOLOGISCH-PALAEONTOLOGISCHES INSTITUT UND MUSEUM DER UNI KIEL
HB -016, HB -017, HC -021, HC -022, HC -023, HC -024, ID -011, ID -012, ID -013, ID -014, IE -021

0414 IBAK - H. HUNGER
HA -027

0448 INSTITUT FUER ALLGEMEINE MIKROBIOLOGIE DER UNI KIEL
DD -023, KB -026, PH -013, PK -022

0523 INSTITUT FUER CHEMIE DER BUNDESANSTALT FUER MILCHFORSCHUNG
QA -021

0603 INSTITUT FUER HAUSTIERKUNDE - VOGELSCHUTZWARTE SCHLESWIG-HOLSTEIN DER UNI KIEL
PI -020, PI -021, UN -019, UN -020

0619 INSTITUT FUER HYGIENE DER BUNDESANSTALT FUER MILCHFORSCHUNG
OA -020, OD -043, PB -020, QB -024, QB -025, QB -026, QB -027, QB -028, QB -029, QB -030, QD -010, QD -011, QD -012

0668 INSTITUT FUER LANDWIRTSCHAFTLICHE BETRIEBS- UND ARBEITSLEHRE DER UNI KIEL
RA -016

0673 INSTITUT FUER LANDWIRTSCHAFTLICHE VERFAHRENSTECHNIK DER UNI KIEL
KD -010, KD -011

0704 INSTITUT FUER MEERESKUNDE AN DER UNI KIEL
AA -080, HC -034, HC -035, HC -036, IE -042, IE -043, IE -044, IE -045, IF -018, IF -019, PH -035, QD -017

0713 INSTITUT FUER MIKROBIOLOGIE DER BUNDESANSTALT FUER MILCHFORSCHUNG
KC -035, ME -042, MF -037, QA -036, QA -037, QB -032, QB -033

0741 INSTITUT FUER PAEDAGOGIK DER NATURWISSENSCHAFTEN AN DER UNI KIEL
TD -015, TD -016, TD -017

0749 INSTITUT FUER PFLANZENBAU UND PFLANZENZUECHTUNG DER UNI KIEL
KD -012, MF -039, MF -040, RA -020, RD -028, RE -030, UK -045, UL -045, UM -057

0753 INSTITUT FUER PFLANZENERNAEHRUNG UND BODENKUNDE DER UNI KIEL
IC -061, IE -046, IF -022, IF -023, IF -024, PF -046, PF -047, PH -042

0769 INSTITUT FUER PHYSIK DER BUNDESANSTALT FUER MILCHFORSCHUNG
QA -043, QB -036, QD -020

0775 INSTITUT FUER PHYSIKALISCHE CHEMIE DER UNI KIEL
IE -047

0784 INSTITUT FUER PHYTOPATHOLOGIE DER UNI KIEL
PG -042

0810 INSTITUT FUER REINE UND ANGEWANDTE KERNPHYSIK DER UNI KIEL
HC -040, PI -031

0878 INSTITUT FUER TIERERNAEHRUNGSLEHRE DER UNI KIEL
MF -044

0895 INSTITUT FUER VERFAHRENSTECHNIK DER BUNDESANSTALT FUER MILCHFORSCHUNG
KC -050, KC -051, MF -047

0920 INSTITUT FUER WASSERWIRTSCHAFT UND MELIORATIONSWESEN DER UNI KIEL
HA -072, HA -073, HA -074, HG -041, IC -087, ID -047, KD -014, KD -015, RF -020

0923 INSTITUT FUER WELTWIRTSCHAFT AN DER UNI KIEL
UC -046

0933 INSTITUT FUER WIRTSCHAFTSPOLITIK UND WETTBEWERB DER UNI KIEL
UC -048, UC -049

0980 KOENIG, DIETRICH, DR.
HC -046, KE -051, PH -049

0990 KURATORIUM FUER FORSCHUNG IM KUESTENINGENIEURWESEN
HC -047

1015 LANDESSTELLE FUER VEGETATIONSKUNDE AM BOTANISCHEN INSTITUT DER UNI KIEL
UM -065

1020 LANDWIRTSCHAFTLICHE UNTERSUCHUNGS- UND FORSCHUNGSANSTALT DER LANDWIRTSCHAFTSKAMMER SCHLESWIG-HOLSTEIN
NB -050, QA -057, QA -058, QA -059, QB -046

1027 LEHR- UND VERSUCHSANSTALT FUER GARTENBAU DER LANDWIRTSCHAFTSKAMMER SCHLESWIG-HOLSTEIN
MD -031

1217 PFLANZENSCHUTZAMT DES LANDES SCHLESWIG-HOLSTEIN
BD -011, PG -058, QC -045, QC -046

1367 UNTERSUCHUNGSSTELLE FUER UMWELTTOXIKOLOGIE DES LANDES SCHLESWIG-HOLSTEIN
PA -042, PB -048

1396 WALTER GMBH
HB -086

1398 WASSER- UND SCHIFFAHRTSDIREKTION KIEL
HC -049, HG -064

KLEVE

1009 LANDESANSTALT FUER OEKOLOGIE, LANDSCHAFTSENTWICKLUNG UND FORSTPLANUNG NORDRHEIN-WESTFALEN
UM -063

KOBLENZ

0120 BUNDESAMT FUER WEHRTECHNIK UND BESCHAFFUNG
NC -013

0124 BUNDESANSTALT FUER GEWAESSERKUNDE
GB -002, GB -003, GB -004, GB -005, GB -006, GB -007, HA -007, HA -008, HA -009, HA -010, HA -011, HA -012, HA -013, HB -007, HB -008, HE -005, HG -002, HG -003, HG -004, HG -005, HG -006, IA -002, IB -004, IC -010, IC -011, IC -012, IC -013, IC -014, IC -015, IC -016, IC -017, ID -009, IE -004, IE -005, IE -006, IF -006, KA -006, LA -001, PK -010, RG -002, RG -003, VA -003

0314 FORSTDIREKTION DER BEZIRKSREGIERUNG KOBLENZ
HG -011

KOELN

0055 ARBEITSGEMEINSCHAFT FORSCHUNG FAHRBAHNEN FUER NEUE TECHNOLOGIEN
UH -005

0057 ARBEITSGEMEINSCHAFT KREV
SB -002

0106 BOTANISCHES INSTITUT DER UNI KOELN
AA -019

0125 BUNDESANSTALT FUER STRASSENWESEN
BA -006, CB -005, CB -006, FB -006, FB -007, FB -008, FB -009, FB -010, FB -011, FB -012, FB -013, FB -014, FB -015, FB -016, FD -004, PI -003, UM -005

0197 ENERGIEWIRTSCHAFTLICHES INSTITUT DER UNI KOELN
SA -017, UC -005

0277 FELTEN UND GUILLEAUME, KABELWERKE AG
SA -020

0280 FINANZWISSENSCHAFTLICHES FORSCHUNGSINSTITUT AN DER UNI KOELN
UA -016, UC -010, UC -011

0284 FORD-WERKE AG
ME -019

0292 FORSCHUNGSGESELLSCHAFT FUER DAS STRASSENWESEN E.V.
VA -009

0365 GESELLSCHAFT FUER WELTRAUMFORSCHUNG MBH BEI DER DFVLR
EA -006, FC -026, TA -020

0434 INSTITUT DER DEUTSCHEN WIRTSCHAFT
TD -013, UA -025, UA -026, UA -027, UC -027, UC -028

0453 INSTITUT FUER ANGEWANDTE GASDYNAMIK DER DFVLR
BA -017, CA -037, CB -027, CB -028, DA -022

0457 INSTITUT FUER ANGEWANDTE SOZIALFORSCHUNG DER UNI KOELN
UB -014

0547 INSTITUT FUER ENTWICKLUNGSPHYSIOLOGIE DER UNI KOELN
PG -022, PH -027

0578 INSTITUT FUER GEBIETSPLANUNG UND STADTENTWICKLUNG (INGESTA)
UA -035

0589 INSTITUT FUER GEOPHYSIK UND METEOROLOGIE DER UNI KOELN
AA -067, OB -014

0594 INSTITUT FUER GEWERBLICHE WASSERWIRTSCHAFT UND LUFTREINHALTUNG E.V.
IC -047, KC -026

0638 INSTITUT FUER KERNCHEMIE DER UNI KOELN
PF -033

0684 INSTITUT FUER LUFTSTRAHLENANTRIEBE DER DFVLR
DB -018

0721 INSTITUT FUER MINERALOGIE UND PETROGRAPHIE DER UNI KOELN
IA -017, OD -054, OD -055, PF -036, PF -037

0736 INSTITUT FUER ORGANISCHE CHEMIE DER UNI KOELN
OC -020

0801 INSTITUT FUER RAUMSIMULATION DER DFVLR
CB -056

0804 INSTITUT FUER REAKTORSICHERHEIT DER TECHNISCHEN UEBERWACHUNGSVEREINE E.V.
ND -029

0827 INSTITUT FUER SOZIALOEKONOMISCHE STRUKTURFORSCHUNG GMBH
UG -008

0900 INSTITUT FUER VERKEHRSWISSENSCHAFT DER UNI KOELN
FB -058, UI -021

0934 INSTITUT FUER WOHNUNGS- UND PLANUNGSWESEN
UE -033

0948 INSTITUT UND POLIKLINIK FUER ARBEITS- UND SOZIALMEDIZIN DER UNI KOELN
OA -029, PD -058, TA -056

0969 KENTNER, WOLFGANG, DR.
FA -046

0977 KLOECKNER-HUMBOLDT-DEUTZ AG
DA -037, DA -038, UI -022

1018 LANDSCHAFTSVERBAND RHEINLAND
UK -050, UK -051, UK -052, UK -053, UK -054, UK -055, UK -056, UL -055

1144 LUDGER REIBERG
TD -022, UA -057

1161 MAX-PLANCK-INSTITUT FUER ZUECHTUNGSFORSCHUNG (ERWIN-BAUR-INSTITUT)
RE -045, RE -046, RE -047

1262 RHEINISCHE BRAUNKOHLENWERKE AG
DB -033, UD -013, UD -014

1326 STAATSWISSENSCHAFTLICHES SEMINAR DER UNI KOELN
SA -070

1352 TECHNISCHER UEBERWACHUNGSVEREIN RHEINLAND E.V.
AA -158, AA -159, AA -160, BA -068, BA -069, BC -044, CA -098, CA -099, CA -100, CA -101, CA -102, CA -103, CA -104, CB -084, CB -085, DA -071, DB -039, EA -024, FA -083, FA -084, FA -085, FA -086, FB -088, FB -089, FC -091, FD -041, FD -042, FD -043, FD -044, HA -108, IE -055, LA -022, NC -113, NC -114, OB -027, UH -039

1364 UMWELTAMT DER STADT KOELN
AA -161, AA -162, AA -163, AA -164, AA -165, BA -070, CB -086, FD -046, IC -116, ID -060, LA -023, LA -024, TA -070

1431 ZOOLOGISCHES INSTITUT DER UNI KOELN
HC -050

KOENIGSWINTER

0367 GESELLSCHAFT FUER WIRTSCHAFTS- UND VERKEHRSWISSENSCHAFTLICHE FORSCHUNG E.V.
BA -014, UH -015

KONSTANZ

0063 ARBEITSGRUPPE NASCHOLD DER UNI KONSTANZ
TA -004

0209 FACHBEREICH BIOLOGIE DER UNI KONSTANZ
QD -002

0227 FACHBEREICH PHYSIK DER UNI KONSTANZ
IA -005, SA -018

0233 FACHBEREICH PSYCHOLOGIE UND SOZIOLOGIE DER UNI KONSTANZ
MA -008

0236 FACHBEREICH RECHTSWISSENSCHAFT DER UNI KONSTANZ
UB -005, UB -006

0241 FACHBEREICH WIRTSCHAFTSWISSENSCHAFTEN UND STATISTIK DER UNI KONSTANZ
UA -011, UC -009

0293 FORSCHUNGSGRUPPE FUEHRUNGSWISSEN UND FUEHRUNGSINFORMATION DER UNI KONSTANZ
UA -018

1141 LIMNOLOGISCHES INSTITUT DER UNI FREIBURG
GB -036, HA -094, IE -052, IE -053, IF -032, IF -033, IF -034, KA -024, OD -087, PH -055, QD -030, QD -031

KREFELD

0153 DEUTSCHE EDELSTAHLWERKE AG
HB -009

0165 DEUTSCHE UMWELT-AKTION E.V.
TD -002, TD -003, VA -006

0212 FACHBEREICH CHEMIE DER FH NIEDERRHEIN
KB -023, OA -010

0353 GEOLOGISCHES LANDESAMT NORDRHEIN-WESTFALEN
HB -031, HB -032, HG -016, ID -016, LA -003, PF -009, PG -010, UL -016

1161 MAX-PLANCK-INSTITUT FUER ZUECHTUNGSFORSCHUNG (ERWIN-BAUR-INSTITUT)
IB -031, KA -025, KB -078, KB -079, KB -080, KC -063, KC -064, KC -065, KC -066, KC -067, KE -060, OD -088, PF -068, PI -041, UL -066

1290 SIEMPELKAMP GIESSEREI KG
NC -109

KULMBACH

0122 BUNDESANSTALT FUER FLEISCHFORSCHUNG
ME -004, PB -006, QA -004, QB -004, QB -005, QB -006, QB -007, QB -008, QB -009, QB -010, QB -011, QB -012, QB -013, QB -014, QD -001

LANGENARGEN

0816 INSTITUT FUER SEENFORSCHUNG UND FISCHEREIWESEN DER LANDESANSTALT FUER UMWELTSCHUTZ BADEN-WUERTTEMBERG
HA -044, HA -045, HA -046, HA -047, HA -048, HA -049, HA -050, HG -032, IC -062, IF -025, IF -026, NB -035, PA -033, PC -035

LEITERSHOFEN

0955 INTERNATIONALES INSTITUT FUER EMPIRISCHE SOZIALOEKONOMIE
UB -021

LEMFOERDE

0116 BUCK, W., DR.-ING.
NC -012

LEVERKUSEN

0078 BAYER AG
CA -015, DC -002, DD -002, KB -006, KB -007, KB -008, KC -003, OC -004, OC -005, RH -003

LINDAU/BODENSEE

0421 INDUSTRIEGESELLSCHAFT FUER NEUE TECHNOLOGIEN (I.N.T.)
DC -025, FD -011, GA -005, GC -003, GC -004

1017 LANDKREIS LINDAU/BODENSEE
MA -023

LINZ/OESTEREICH

0799 INSTITUT FUER RAUMORDNUNG UND UMWELTGESTALTUNG
UA -037

LOERRACH

1282 SDK-INGENIEURUNTERNEHMEN FUER SPEZIELLE STATIK, DYNAMIK UND KONSTRUKTION GMBH
NC -107, NC -108

LUDWIGSHAFEN

0073 BASF AKTIENGESELLSCHAFT
DB -001, DC -001, RH -002

0088 BENCKISER GMBH
KF -002

0320 GEBR. GIULINI GMBH
ME -025

0377 GRUENZWEIG & HARTMANN UND GLASFASER AG
DD -017

LUEBECK

0011 ABTEILUNG FUER HYGIENE DER MEDIZINISCHEN HOCHSCHULE LUEBECK
HC -001

0230 FACHBEREICH PHYSIKALISCHE TECHNIK UND SEEFAHRT DER FH LUEBECK
TD -007, TD -008

MAINZ

0234 FACHBEREICH RECHTS- UND WIRTSCHAFTSWISSENSCHAFTEN DER UNI MAINZ
UC -008

0347 GEOLOGISCHES INSTITUT DER UNI MAINZ
HB -021

0354 GEOLOGISCHES LANDESAMT RHEINLAND-PFALZ
RC -014

0413 HYGIENEINSTITUT DER UNI MAINZ
BA -015, HE -011, IC -032, IC -033, IC -034, OC -011, OD -015, OD -016, PD -009, TF -014

0445 INSTITUT FUER ALLGEMEINE BOTANIK DER UNI MAINZ
PG -011, PH -012

0583 INSTITUT FUER GENETIK DER UNI MAINZ
RH -022, RH -023, RH -024

0639 INSTITUT FUER KERNCHEMIE DER UNI MAINZ
QA -030

0710 INSTITUT FUER METEOROLOGIE DER UNI MAINZ
AA -083, CA -047, CB -037

0722 INSTITUT FUER MINERALOGIE UND PETROGRAPHIE DER UNI MAINZ
IC -058, IC -059

0942 INSTITUT FUER ZOOLOGIE DER UNI MAINZ
GB -024, GB -025, IC -088, IC -089, OD -075, PC -046, PI -036

0959 JENAER GLASWERK SCHOTT & GEN
HA -078

1004 LANDESAMT FUER GEWAESSERKUNDE RHEINLAND-PFALZ
GB -031, HA -080, IC -092, ID -049, KC -061, ME -063, RD -040

1152 MAX-PLANCK-INSTITUT FUER CHEMIE (OTTO-HAHN-INSTITUT)
AA -129, AA -130, AA -131, CA -081, CB -074, CB -075, CB -076, CB -077

1172 MESSTELLE FUER IMMISSIONS- UND STRAHLENSCHUTZ BEIM LANDESGEWERBEAUFSICHTSAMT RHEINLAND-PFALZ
AA -133, AA -134, BA -059, BC -038, CA -083, NB -054

1207 ORGANISCH-CHEMISCHES INSTITUT DER UNI MAINZ
TE -011

1219 PHARMAKOLOGISCHES INSTITUT DER UNI MAINZ
PD -063

1229 PHYSIOLOGISCH-CHEMISCHES INSTITUT DER UNI MAINZ
PH -059

MANNHEIM

0113 BROWN, BOVERI & CIE AG
UH -008, UN -004, UN -005, UN -006, UN -007, UN -008

0204 EUROPA-INSTITUT DER UNI MANNHEIM
EA -002, EA -003

0400 HOCHTEMPERATUR-REAKTORBAU GMBH
NC -031

0422 INDUSTRIESEMINAR DER UNI MANNHEIM
UA -024, UC -025

0428 INGENIEURBUERO FUER GESUNDHEITSTECHNIK
MB -014, MB -015, MC -018, MC -019

0624 INSTITUT FUER HYGIENE UND MEDIZINISCHE MIKROBIOLOGIE DER FAKULTAET FUER KLINISCHE MEDIZIN MANNHEIM DER UNI HEIDELBERG
KA -012, PE -018

0690 INSTITUT FUER MECHANISCHE VERFAHREN DER FH FUER TECHNIK MANNHEIM
BB -016

0829 INSTITUT FUER SOZIALWISSENSCHAFTEN DER UNI MANNHEIM
FD -027

1110 LEHRSTUHL FUER VOLKSWIRTSCHAFTSLEHRE UND AUSSENWIRTSCHAFT DER UNI MANNHEIM
UA -055, UA -056

1292 SONDERFORSCHUNGSBEREICH 116 PSYCHIATRISCHE EPIDEMIOLOGIE DER UNI HEIDELBERG
TB -037, TE -013, TE -014, TE -015, TE -016, TE -017

1356 TH. GOLDSCHMIDT AG
DC -068, MB -065, ME -081, ME -082

MARBURG

0107 BOTANISCHES INSTITUT DER UNI MARBURG
PB -005

0217 FACHBEREICH GEOGRAPHIE DER UNI MARBURG
TB -001

0228 FACHBEREICH PHYSIK DER UNI MARBURG
IA -006, OA -011

0232 FACHBEREICH PSYCHOLOGIE DER UNI MARBURG
TB -003

0242 FACHGEBIET ANALYTISCHE CHEMIE DER UNI MARBURG
PF -006

0249 FACHGEBIET KERNCHEMIE DER UNI MARBURG
ND -016, OA -013

0252 FACHGEBIET PHYSIKALISCHE CHEMIE DER UNI MARBURG
HF -002

0255 FACHGEBIET SOZIOLOGIE DER UNI MARBURG
TC -002

0885 INSTITUT FUER TOXIKOLOGIE UND PHARMAKOLOGIE DER UNI MARBURG
PB -031, PB -032, PB -033, PC -041, QC -037

0888 INSTITUT FUER UMWELTHYGIENE UND KRANKENHAUSHYGIENE DER UNI MARBURG
MC -035, PE -027, TF -028

1340 STRAHLENKLINIK UND KLINIK FUER NUKLEARMEDIZIN IM RADIOLOGIE-ZENTRUM DER UNI MARBURG
TE -018

MARL

0140 CHEMISCHE WERKE HUELS AG
KE -010, MC -008, ME -007, ME -008, TA -013

1327 STADT MARL
UN -057

MAYEN

1005 LANDESANSTALT FUER BIENENZUCHT
PB -039

MECKESHEIM

0388 HERBOLD, MASCHINENFABRIK UND MUEHLENBAU
MB -012

MENLO PARK/CALIFORNIA USA

1336 STANFORD RESEARCH INSTITUTE (SRI)
AA -156, EA -022

METTMANN

0431 INGENIEURBUERO K.-P. SCHMIDT VDI
FC -027, FC -028

MOERFELDEN

0133 BUNDESVEREINIGUNG GEGEN FLUGLAERM E.V.
FB -020, UH -009

MOERS

0986 KRANKENHAUS BETHANIEN FUER DIE GRAFSCHAFT MOERS
PE -034, TA -059

MORSBACH

1249 PRUEFSTELLE FUER SCHALL UND WAERMETECHNIK
SB -030

MUELHEIM A.D.RUHR

0484 INSTITUT FUER BAUPHYSIK
FD -015

1383 VEREWA, HANS UGOWSKI & CO
CA -105

MUENCHEN

0032 ADV/ORGA F.A.MEYER KG
AA -001, AA -002

0033 AEROBIOLOGISCHE AUSWERTESTELLE DER DEUTSCHEN FORSCHUNGSGEMEINSCHAFT
AA -003

0047 ANORGANISCH-CHEMISCHES LABORATORIUM DER TU MUENCHEN
OD -007

0052 ARBEITSGEMEINSCHAFT ELEKTROMAGNETISCHES SCHWEBESYSTEM
UH -003

0058 ARBEITSGEMEINSCHAFT STADTVERKEHRSFORSCHUNG MUENCHEN
UN -001, UN -002

0065 ARBEITSKREIS FUER DIE NUTZBARMACHUNG VON SIEDLUNGSABFAELLEN (ANS) E.V.
OD -008, PF -003

0079 BAYERISCHE BIOLOGISCHE VERSUCHSANSTALT
HA -004, HA -005, IC -005, IC -006, IF -002, IF -003, KB -009, KD -002, KE -007, KE -008, KE -009

0080 BAYERISCHE LANDESANSTALT FUER BODENKULTUR UND PFLANZENBAU
HD -001, IC -007, ID -004, IF -004, IF -005, MD -003, MD -004, OD -009, PF -004, PH -003, PH -004, QC -002, RD -005

0081 BAYERISCHES GEOLOGISCHES LANDESAMT
HB -002, HB -003, HB -004, ID -005, ID -006, ID -007, RC -004

0082 BAYERISCHES LANDESAMT FUER WASSERWIRTSCHAFT
HA -006, RC -005, RC -006

0083 BAYERISCHES LANDESINSTITUT FUER ARBEITSMEDIZIN
TA -007, TA -008

0084 BAYERISCHES STAATSMINISTERIUM FUER LANDESENTWICKLUNG UND UMWELTFRAGEN
CA -016

0085 BAYERISCHES STATISTISCHES LANDESAMT
HE -004

0099 BLUM, HELMUT, DIPL.-ING.
UF -004

0108 BOTANISCHES INSTITUT DER UNI MUENCHEN
RG -001

0119 BUND NATURSCHUTZ IN BAYERN E.V.
UN -009

0127 BUNDESBAHN-ZENTRALAMT MUENCHEN
FB -017, FB -018, FB -019, FC -013, TA -012

0143 CITYBAHN GMBH
UN -010

0151 DERMATOLOGISCHE KLINIK UND POLIKLINIK DER UNI MUENCHEN
TA -014

0155 DEUTSCHE FORSCHUNGSANSTALT FUER LEBENSMITTELCHEMIE MUENCHEN
QA -007

0157 DEUTSCHE FORSCHUNGSGESELLSCHAFT FUER DRUCK- UND REPRODUKTIONSTECHNIK E.V.
BC -011, KB -012

0159 DEUTSCHE GESELLSCHAFT FUER HOLZFORSCHUNG E.V. (DGFH)
BC -012, FD -006, KC -010, MB -005, ME -009, MF -003, MF -004, PC -004, TC -001

0176 DOERNER - INSTITUT
PK -012

0182 DORSCH CONSULT INGENIEURGESELLSCHAFT MBH
BA -009, FB -025, IB -007, UC -004

0184 DYCKERHOFF & WIDMANN AG
NC -016, UI -005

0186 ECOSYSTEM - GESELLSCHAFT FUER UMWELTSYSTEME MBH
MB -007, MG -009, MG -010

0239 FACHBEREICH VERSORGUNGSTECHNIK DER FH MUENCHEN
FD -009, LA -002, NA -002

0305 FORSCHUNGSSTELLE FUER ENERGIEWIRTSCHAFT DER GESELLSCHAFT FUER PRAKTISCHE ENERGIEKUNDE E.V.
GC -002, SA -023

0307 FORSCHUNGSSTELLE FUER GEOCHEMIE DER TU MUENCHEN
OA -014

0312 FORSTBOTANISCHES INSTITUT DER FORSTLICHEN FORSCHUNGSANSTALT
RG -006, RG -007

0334 GEOGRAPHISCHES INSTITUT DER UNI MUENCHEN
HG -013

0358 GESELLSCHAFT FUER ANGEWANDTE GEOPHYSIK MBH
BB -007, MC -014, RC -017

0363 GESELLSCHAFT FUER LANDESKULTUR GMBH
TC -005, UK -011

0366 GESELLSCHAFT FUER WIRTSCHAFTLICHE BAUTECHNIK MBH
SB -014, UI -011, UI -012

0415 IFO - INSTITUT FUER WIRTSCHAFTSFORSCHUNG E.V.
ME -028, UA -020, UC -020, UC -021, UC -022, UC -023, UC -024

0424 INFRATEST-INDUSTRIA GMBH & CO, INSTITUT FUER UNTERNEHMENSBERATUNG UND PRODUKTIONSGUETERMARKTFORSCHUNG
LA -005, UC -026

0426 INGENIEURBUERO CBP CORNAUER-BURKEI-PUCHER
UH -021

0472 INSTITUT FUER ARBEITSPHYSIOLOGIE DER TU MUENCHEN
FD -012, FD -013, TA -024

0494 INSTITUT FUER BIOCHEMIE DER GESELLSCHAFT FUER STRAHLEN- UND UMWELTFORSCHUNG MBH
PF -022

0514 INSTITUT FUER BODENKUNDE UND STANDORTSLEHRE DER FORSTLICHEN FORSCHUNGSANSTALT
HB -040, PH -020, PI -015, RG -011, UK -018, UK -019, UM -028, UM -029, UM -030, UM -031

0566 INSTITUT FUER FLUGTREIB- UND SCHMIERSTOFFE DER DFVLR
BA -024

0573 INSTITUT FUER FORSTPFLANZENZUECHTUNG, SAMENKUNDE UND IMMISSIONSFORSCHUNG DER FORSTLICHEN FORSCHUNGSANSTALT
PH -028, PH -029, RG -020, RG -021, RG -022, UM -036, UM -037

0599 INSTITUT FUER GRUNDBAU UND BODENMECHANIK DER TU MUENCHEN
HB -044, HB -045, HB -046, HB -047, HB -048

0602 INSTITUT FUER HAEMATOLOGIE DER GESELLSCHAFT FUER STRAHLEN- UND UMWELTFORSCHUNG MBH
PD -024

0626 INSTITUT FUER HYGIENE UND MEDIZINISCHE MIKROBIOLOGIE DER UNI MUENCHEN
IC -051, TA -034, TF -016, TF -017

0630 INSTITUT FUER HYGIENISCH-BAKTERIOLOGISCHE ARBEITSVERFAHREN DER FRAUNHOFER-GESELLSCHAFT E.V.
KE -020, TF -018, TF -019, TF -020, TF -021

0634 INSTITUT FUER INDUSTRIEFORSCHUNG UND BETRIEBLICHES RECHNUNGSWESEN DER UNI MUENCHEN
UC -036

0636 INSTITUT FUER INFRASTRUKTUR DER UNI MUENCHEN
KC -030, SA -039, SA -040, UC -037, UH -022

0679 INSTITUT FUER LEBENSMITTELTECHNOLOGIE UND VERPACKUNG DER FRAUNHOFER-GESELLSCHAFT AN DER TU MUENCHEN
QA -034, QA -035, RB -017, RB -018

0686 INSTITUT FUER MASCHINENELEMENTE DER TU MUENCHEN
FC -050

0695 INSTITUT FUER MEDIZINISCHE BALNEOLOGIE UND KLIMATOLOGIE DER UNI MUENCHEN
CA -045, CA -046, FA -020, NA -007, PE -021, TE -009

0696 INSTITUT FUER MEDIZINISCHE DATENVERARBEITUNG DER GESELLSCHAFT FUER STRAHLEN- UND UMWELTFORSCHUNG MBH
TA -039

0697 INSTITUT FUER MEDIZINISCHE MIKROBIOLOGIE, INFEKTIONS- UND SEUCHENMEDIZIN IM FB TIERMEDIZIN DER UNI MUENCHEN
HE -017, KE -031, MD -020, OB -016

0701 INSTITUT FUER MEDIZINISCHE STATISTIK, DOKUMENTATION UND DATENVERARBEITUNG DER TU MUENCHEN
TA -041

0708 INSTITUT FUER METEOROLOGIE DER FORSTLICHEN FORSCHUNGSANSTALT
AA -081, CB -032, HG -027, HG -028

0723 INSTITUT FUER MOTORENBAU PROF. HUBER E. V.
BA -037, BA -038, BA -039, DA -033

0764 INSTITUT FUER PHARMAKOLOGIE, TOXIKOLOGIE UND PHARMAZIE IM FB TIERMEDIZIN DER UNI MUENCHEN
PA -030, PB -027, PC -031, QD -018, QD -019

0776 INSTITUT FUER PHYSIKALISCHE CHEMIE DER UNI MUENCHEN
DC -039

0781 INSTITUT FUER PHYSIOLOGIE, PHYSIOLOGISCHE CHEMIE UND ERNAEHRUNGSPHYSIOLOGIE IM FB TIERMEDIZIN DER UNI MUENCHEN
OC -026, QD -021

0785 INSTITUT FUER POLITIK UND OEFFENTLICHES RECHT DER UNI MUENCHEN
UB -019, UE -028

0807 INSTITUT FUER RECHTSMEDIZIN DER UNI MUENCHEN
PA -032, PC -034

0824 INSTITUT FUER SOZIALFORSCHUNG BROEG
UG -007

0830 INSTITUT FUER SOZIALWISSENSCHAFTLICHE FORSCHUNG E.V.
TA -053

0857 INSTITUT FUER SYSTEMATISCHE BOTANIK DER UNI MUENCHEN
RB -027

0865 INSTITUT FUER THERMISCHE KRAFTANLAGEN MIT HEIZKRAFTWERK DER TU MUENCHEN
CA -051

0909 INSTITUT FUER WALDBAU DER FORSTLICHEN FORSCHUNGSANSTALT
RG -025, UM -061, UM -062

0917 INSTITUT FUER WASSERCHEMIE UND CHEMISCHE BALNEOLOGIE DER TU MUENCHEN
BD -008, HA -070, HA -071, HB -056, HD -019, HE -032, IA -029, IC -079, IC -080, IC -081, IC -082, PG -045

0925 INSTITUT FUER WERKZEUGMASCHINEN UND BETRIEBSWISSENSCHAFTEN DER TU MUENCHEN
FC -060, FC -061, FC -062

0949 INSTITUT UND POLIKLINIK FUER ARBEITSMEDIZIN DER UNI MUENCHEN
TA -057

1012 LANDESGEWERBEANSTALT BAYERN
DA -040

1033 LEHRSTUHL A FUER THERMODYNAMIK DER TU MUENCHEN
GB -033, HA -086, HA -087

1036 LEHRSTUHL B FUER VERFAHRENSTECHNIK DER TU MUENCHEN
DD -054, DD -055, DD -056, KB -071

1037 LEHRSTUHL FUER ALLGEMEINE PATHOLOGIE UND NEUROPATHOLOGIE IM FB TIERMEDIZIN DER UNI MUENCHEN
PD -059

1050 LEHRSTUHL FUER BOTANIK DER TU MUENCHEN
PF -061, PF -062, PF -063, PG -050, PH -053, PI -037

1053 LEHRSTUHL FUER DEN BAU VON LANDVERKEHRSWEGEN DER TU MUENCHEN
FB -066

1054 LEHRSTUHL FUER ENTWERFEN UND LAENDLICHES BAUWESEN DER TU MUENCHEN
UF -023

1056 LEHRSTUHL FUER FLUGANTRIEBE DER TU MUENCHEN
BA -053, FB -067, FB -068, FB -069

1064 LEHRSTUHL FUER GEOLOGIE DER TU MUENCHEN
HA -090, HA -091, IA -034

1070 LEHRSTUHL FUER HYGIENE UND TECHNOLOGIE DER LEBENSMITTEL TIERISCHEN URSPRUNGS DER UNI MUENCHEN
QB -047, QB -048, QB -049, QD -027, QD -028, QD -029

1071 LEHRSTUHL FUER HYGIENE UND TECHNOLOGIE DER MILCH DER UNI MUENCHEN
QB -050, QB -051

1082 LEHRSTUHL FUER MAKROMOLEKULARE STOFFE DER TU MUENCHEN
KA -023

1085 LEHRSTUHL FUER MINERALOELCHEMIE DER TU MUENCHEN
BA -055, BA -056

1086 LEHRSTUHL FUER NUKLEARMEDIZIN UND NUKLEARMEDIZINISCHE KLINIK UND POLIKLINIK DER TU MUENCHEN
NB -051

1095 LEHRSTUHL FUER RAUMFORSCHUNG, RAUMORDNUNG UND LANDESPLANUNG DER TU MUENCHEN
UL -063

1103 LEHRSTUHL FUER TIERHYGIENE DER UNI MUENCHEN
BD -010, MF -048

1107 LEHRSTUHL FUER VERBRENNUNGSKRAFTMASCHINEN UND KRAFTFAHRZEUGE DER TU MUENCHEN
BA -057, BA -058, DA -053, DA -054

1109 LEHRSTUHL FUER VERKEHRS- UND STADTPLANUNG DER TU MUENCHEN
FA -054, FB -071, FD -034, UF -024

1111 LEHRSTUHL FUER WASSERBAU UND WASSERWIRTSCHAFT DER TU MUENCHEN
HA -093, HB -068, ID -054

1133 LEHRSTUHL UND LABORATORIUM FUER ENERGIEWIRTSCHAFT UND KRAFTWERKSTECHNIK DER TU MUENCHEN
AA -123

1134 LEHRSTUHL UND LABORATORIUM FUER STROEMUNGSMECHANIK DER TU MUENCHEN
CB -071

1135 LEHRSTUHL UND PRUEFAMT FUER HYDRAULIK UND GEWAESSERKUNDE DER TU MUENCHEN
IB -028

1136 LEHRSTUHL UND PRUEFAMT FUER WASSERGUETEWIRTSCHAFT UND GESUNDHEITSINGENIEURWESEN DER TU MUENCHEN
IB -029, IB -030, KB -076, KB -077, KE -053, KE -054, KE -055, KE -056, KE -057, KE -058, KE -059

1154 MAX-PLANCK-INSTITUT FUER INTERNATIONALES PATENT-, URHEBER- UND WETTBEWERBSRECHT
UB -028

1171 MESSERSCHMITT-BOELKOW-BLOHM GMBH
AA -132, DB -032, DD -057, EA -018, EA -019, GB -037, GB -038, GC -009, KB -081, MA -024, MA -025, MB -057, MB -058, MC -047, MC -048, MG -031, MG -032, MG -033, QA -068, SA -055, UA -058, UB -029, UB -030, UI -024

1178 METEOROLOGISCHES INSTITUT DER UNI MUENCHEN
AA -144, AA -145, CA -084, CA -085

1182 MINERALOGISCH-PETROGRAPHISCHES INSTITUT DER UNI MUENCHEN
OB -022

1186 MOELLER, JOERG
VA -016

1187 MOTOREN- UND TURBINEN UNION MUENCHEN GMBH
BA -060, BA -061, DA -060, FA -063, FA -064, FA -065, FA -066, FB -078

1208 ORGANISCH-CHEMISCHES LABORATORIUM DER TU MUENCHEN
OB -023, OC -035

1209 OSRAM GMBH
NA -010

1213 PAPIERTECHNISCHE STIFTUNG
KC -069, MA -026, ME -071, ME -072, ME -073, MG -034

1220 PHARMAKOLOGISCHES INSTITUT DER UNI MUENCHEN
PD -064

1231 PHYSIOLOGISCHES INSTITUT DER UNI MUENCHEN
OA -036

1265 ROHDE UND SCHWARZ
FA -078, FA -079, FA -080, FA -081

1285 SEKTION PHYSIK DER UNI MUENCHEN
CA -087, CA -088, HG -055, NB -061

1289 SIEMENS AG
AA -153, DD -061, IA -039, OA -038, PH -061, SA -064, SA -065, SA -066, SA -067, SA -068, SA -069

1296 SONDERFORSCHUNGSBEREICH 81I ABFLUSS IN GERINNEN DER TU MUENCHEN
HG -062, IB -032

1351 TECHNISCHER UEBERWACHUNGSVEREIN BAYERN E.V.
BA -067, BB -034, BB -035, BC -040, BC -041, BC -042, BC -043, BE -028, CA -094, CA -095, CA -096, CA -097, DA -069, DA -070, DB -037, DB -038, EA -023, GA -019, HE -046, NC -111, NC -112, SA -072

1363 UMWELT-SYSTEME GMBH
FB -090, FB -091, FD -045, UH -040

1405 WIRTSCHAFT UND INFRASTRUKTUR GMBH & CO PLANUNGS-KG
FD -047, HB -087, PK -037

1406 WIRTSCHAFTSGEOGRAPHISCHES INSTITUT DER UNI MUENCHEN
UF -036, UH -041, UL -076

1419 ZENTRALSTELLE FUER GEOPHOTOGRAMMETRIE UND FERNERKUNDUNG DER DEUTSCHEN FORSCHUNGSGEMEINSCHAFT
AA -173, CB -089, HB -088, IA -040, RC -040, RC -041, UC -054, VA -029

1432 ZOOLOGISCHES INSTITUT DER UNI MUENCHEN
HA -115, IF -040, NA -014

MUENSTER

0121 BUNDESANSTALT FUER FETTFORSCHUNG
QA -003

0409 HYGIENE INSTITUT DER UNI MUENSTER
OC -009, PB -008, PF -012, TF -012

0447 INSTITUT FUER ALLGEMEINE MECHANIK DER TH AACHEN
AA -055, CB -024, CB -025, CB -026

0452 INSTITUT FUER ANGEWANDTE BOTANIK DER UNI MUENSTER
PA -008

0584 INSTITUT FUER GEOGRAPHIE DER UNI MUENSTER
GC -005, HA -033, PB -017, SA -036, UL -020, UL -021, UM -038

0591 INSTITUT FUER GERICHTLICHE MEDIZIN DER UNI MUENSTER
PC -019

0601 INSTITUT FUER HACKFRUCHTKRANKHEITEN UND NEMATODENFORSCHUNG DER BIOLOGISCHEN BUNDESANSTALT FUER LAND- UND FORSTWIRTSCHAFT
PG -025, RH -028

0678 INSTITUT FUER LEBENSMITTELCHEMIE DER UNI MUENSTER
QA -033, QC -031

0718 INSTITUT FUER MIKROBIOLOGIE DER UNI MUENSTER
ME -043, QC -032

0757 INSTITUT FUER PFLANZENSCHUTZ, SAATGUTUNTERSUCHUNG UND BIENENKUNDE DER LANDWIRTSCHAFTSKAMMER WESTFALEN-LIPPE
RH -043, UM -060

0817 INSTITUT FUER SIEDLUNGS- UND WOHNUNGSWESEN DER UNI MUENSTER
BA -044, LA -009, MG -020, UC -038, UE -030

0845 INSTITUT FUER STAUBLUNGENFORSCHUNG UND ARBEITSMEDIZIN DER UNI MUENSTER
OC -030

0849 INSTITUT FUER STRAHLENBIOLOGIE DER UNI MUENSTER
PC -036, PC -037

0901 INSTITUT FUER VERKEHRSWISSENSCHAFTEN DER UNI MUENSTER
UH -033

0983 KOMMUNALWISSENSCHAFTLICHES INSTITUT DER UNI MUENSTER
EA -012

1022 LANDWIRTSCHAFTLICHE UNTERSUCHUNGS- UND FORSCHUNGSANSTALT DER LANDWIRTSCHAFTSKAMMER WESTFALEN-LIPPE, - JOSEF-KOENIG-INSTITUT -
AA -116, OA -032, PC -050, PF -058, PF -059, QA -060, QA -061

1307 STAATLICHES AMT FUER WASSER- UND ABFALLWIRTSCHAFT MUENSTER
HB -083

1320 STAATLICHES VETERINAERUNTERSUCHUNGSAMT MUENSTER
MD -035

1416 ZENTRALINSTITUT FUER RAUMPLANUNG AN DER UNI MUENSTER
UE -045, UE -046

NECKARGEMUEND

1264 RIEGER, HANS-CHRISTOPH, DR.
UL -071

NECKARSULM

0069 AUDI NSU AUTO UNION AKTIENGESELLSCHAFT
DA -002

NEUHERBERG

0016 ABTEILUNG FUER TOXIKOLOGIE DER GESELLSCHAFT FUER STRAHLEN- UND UMWELTFORSCHUNG MBH
OD -005, PB -001, PB -002, PC -001

0499 INSTITUT FUER BIOLOGIE DER GESELLSCHAFT FUER STRAHLEN- UND UMWELTFORSCHUNG MBH
PA -012, PC -013, PC -014, PC -015, PC -016, PD -018, PD -019, PD -020, PD -021, PD -022, PD -023, TE -005

0733 INSTITUT FUER OEKOLOGISCHE CHEMIE DER GESELLSCHAFT FUER STRAHLEN- UND UMWELTFORSCHUNG MBH
CB -041, OC -017, OC -018, OD -058, OD -059, OD -060, PC -026, PC -027, PC -028, PG -029, PI -029

0796 INSTITUT FUER RADIOHYDROMETRIE DER GESELLSCHAFT FUER STRAHLEN- UND UMWELTFORSCHUNG MBH
HA -042, HA -043, HB -049, HG -030, HG -031, IA -021, IB -016

0851 INSTITUT FUER STRAHLENSCHUTZ DER GESELLSCHAFT FUER STRAHLEN- UND UMWELTFORSCHUNG MBH
NB -037, NB -038, OD -066, PH -044

1225 PHYSIKALISCH-TECHNISCHE ABTEILUNG DER GESELLSCHAFT FUER STRAHLEN- UND UMWELTFORSCHUNG MBH
OB -024

NEUNKIRCHEN

1191 NEUNKIRCHER EISENWERK AG
DC -049

NEUSS

0167 DEUTSCHE VERGASER GMBH & CO KG
DA -009

NIENBURG/WESER

0207 FACHBEREICH ARCHITEKTUR UND BAUINGENIEURWESEN DER FH HANNOVER
HB -010

NORDERNEY

0308 FORSCHUNGSSTELLE FUER INSEL- UND KUESTENSCHUTZ DER NIEDERSAECHSISCHEN WASSERWIRTSCHAFTSVERWALTUNG
HC -019, IB -009

NORDERSTEDT

0112 BRAN & LUEBBE
IC -009

NUERNBERG

0139 CHEMISCHE UNTERSUCHUNGSANSTALT DER STADT NUERNBERG
AA -021

0216 FACHBEREICH ERZIEHUNGS- UND KULTURWISSENSCHAFTEN DER UNI ERLANGEN-NUERNBERG
TD -005

1012 LANDESGEWERBEANSTALT BAYERN
IB -024, MA -022, PA -037, QD -026

1016 LANDESUNTERSUCHUNGSAMT FUER GESUNDHEITSWESEN NORDBAYERN
QA -056, QB -045, TF -035, TF -036, TF -037, UN -030

1072 LEHRSTUHL FUER INDUSTRIEBETRIEBSLEHRE DER UNI ERLANGEN-NUERNBERG
MG -028

1094 LEHRSTUHL FUER PSYCHOLOGIE (INSBESONDERE WIRTSCHAFTS- UND SOZIALPSYCHOLOGIE) DER UNI ERLANGEN-NUERNBERG
TB -026, TB -027, TB -028, TB -029, UK -066

1113 LEHRSTUHL FUER WIRTSCHAFTS- UND SOZIALGEOGRAPHIE DER UNI ERLANGEN-NUERNBERG
HE -037

1170 MEISSNER & EBERT
SB -029

1394 VOLKSWIRTSCHAFTLICHES SEMINAR DER UNI ERLANGEN-NUERNBERG
HG -063

OBERAMMERGAU

0928 INSTITUT FUER WILDFORSCHUNG UND JAGDKUNDE DER FORSTLICHEN FORSCHUNGSANSTALT
UN -025

OBERHAUSEN

0196 ENERGIEVERSORGUNG OBERHAUSEN AG
SA -016

0379 GUTEHOFFNUNGSHUETTE STERKRADE AG
BC -019, DD -018, FA -012, SA -025, SB -015

1267 RUHRCHEMIE AG
SB -031, UD -015

OBERKOCHEN

0136 CARL ZEISS
CA -020, CA -021, OB -005

OBERNKIRCHEN

1266 ROSE, PROF.DR.
MA -032, MA -033, MB -061, ME -077, ME -078

OBERPFAFFENHOFEN

0562 INSTITUT FUER FLUGFUNK UND MIKROWELLEN DER DFVLR
AA -063, AA -064

0768 INSTITUT FUER PHYSIK DER ATMOSPHAERE DER DFVLR
AA -091, AA -092, AA -093, AA -094, BA -041, CA -048, CA -049, CB -042, CB -043, CB -044, CB -045, GA -008, IB -015

0811 INSTITUT FUER SATELLITENELEKTRONIK DER DFVLR
UL -046, VA -012

1258 RECHENZENTRUM DER DFVLR
VA -020

1412 ZENTRALABTEILUNG LUFTFAHRTTECHNIK DER DFVLR
FB -094

1413 ZENTRALABTEILUNG RAUMFLUGBETRIEB DER DFVLR
GB -050, VA -028

OBRIGHEIM

1347 SUEDDEUTSCHE ZUCKER AG
DC -066, KC -071, KC -072, MB -063

OEFFINGEN

0028 ABWASSER- UND VERFAHRENSTECHNIK GUETLING
KC -002

OFFENBACH

0171 DEUTSCHER WETTERDIENST
AA -022, AA -023, AA -024, AA -025, AA -026, AA -027, CB -010, CB -011, CB -012, EA -001, GA -002, GA -003, GB -008, NB -009, SA -012, UF -005

OLDENBURG

0263 FACHGEBIET WIRTSCHAFTSPOLITIK DER UNI OLDENBURG
UA -012

1021 LANDWIRTSCHAFTLICHE UNTERSUCHUNGS- UND FORSCHUNGSANSTALT DER LANDWIRTSCHAFTSKAMMER WESER-EMS
BE -021, KD -016, PE -035, PF -057

1216 PFLANZENSCHUTZAMT DER LANDWIRTSCHAFTSKAMMER WESER-EMS
PB -045, PE -047, RH -078, RH -079

1248 PROJEKTGRUPPE LEBENSRAUM HAARENNIEDERUNG DER UNI OLDENBURG
IA -038, IC -106, IC -107, IF -036, KF -019, PH -060, UF -030

1321 STAATLICHES VETERINAERUNTERSUCHUNGSAMT OLDENBURG
QB -057

OSNABRUECK

0223 FACHBEREICH LANDESPFLEGE DER FH OSNABRUECK
UL -003

0240 FACHBEREICH WERKSTOFFTECHNIK DER FH OSNABRUECK
IC -022, MA -009, ME -016

1313 STAATLICHES MEDIZINALUNTERSUCHUNGSAMT OSNABRUECK
OC -037, OD -092

OSTFILDERN

0982 KOMMUNALER ARBEITSKREIS FLUGHAFEN STUTTGART
UH -038

OTTOBRUNN

0420 INDUSTRIEANLAGEN-BETRIEBSGESELLSCHAFT MBH (IABG)
MA -011, MB -013, MG -015, MG -016, MG -017, NC -035, SA -027, UA -021, UA -022, UA -023, UB -013, UH -018, UH -019, UI -013, UI -014

PFINZTAL

0524 INSTITUT FUER CHEMIE DER TREIB- UND EXPLOSIVSTOFFE DER FRAUNHOFER-GESELLSCHAFT E.V.
CA -040

PFORZHEIM

0427 INGENIEURBUERO DR.-ING. WERNER WEBER
KC -020, KE -016, KE -017

PLANEGG

1188 MUELLER-BBM GMBH, SCHALLTECHNISCHES BERATUNGSBUERO
FA -067, FA -068, FB -079, FB -080, FD -036, FD -037

PLOCHINGEN

0276 FELDMUEHLE AG
KC -013

1423 ZENTRUM FUER KONTINENTALE AGRAR- UND WIRTSCHAFTSFORSCHUNG / FB 20 DER UNI GIESSEN
TF -041, UA -067, UL -077

PLOEN

1157 MAX-PLANCK-INSTITUT FUER LIMNOLOGIE
RB -031

PREETZ

0060 ARBEITSGRUPPE BEWAESSERUNG
RD -003

RADOLFZELL

1160 MAX-PLANCK-INSTITUT FUER VERHALTENSPHYSIOLOGIE
UL -065, UN -037, UN -038, UN -039, UN -040, UN -041

RATINGEN

0077 BAUSTOFF-FORSCHUNG BUCHENHOF
AA -015, AA -016, RD -004, UK -005

RAVENSBURG

0068 ASTRONOMISCHES INSTITUT DER UNI TUEBINGEN
AA -005, CA -008, NB -007, TE -003

RECKLINGHAUSEN

0978 KNAPPSCHAFTS-KRANKENHAUS DER BUNDESKNAPPSCHAFT
TA -058

REGENSBURG

0507 INSTITUT FUER BIOPHYSIK UND PHYSIKALISCHE BIOCHEMIE DER UNI REGENSBURG
NB -019

0520 INSTITUT FUER BOTANIK DER UNI REGENSBURG
AA -062, UM -033, UM -034

REHOVOT/ISRAEL

0191 ELGIM ECOLOGY LTD.
KB -013

REINBEK

0474 INSTITUT FUER ARBEITSWISSENSCHAFT DER BUNDESFORSCHUNGSANSTALT FUER FORST- UND HOLZWIRTSCHAFT
FC -029, FC -030, FC -031, FC -032, FC -033

0922 INSTITUT FUER WELTFORSTWIRTSCHAFT DER BUNDESFORSCHUNGSANSTALT FUER FORST- UND HOLZWIRTSCHAFT
PH -047, RA -021, RA -022, RC -030, RG -027, RG -028, UK -048

1203 ORDINARIAT FUER BODENKUNDE DER UNI HAMBURG
MC -050, PF -072, PF -073, PG -057

REMAGEN

1190 NATURAL GAS SERVICE DEUTSCHLAND GMBH
DA -061, SA -056

REUTLINGEN

0266 FACHHOCHSCHULE REUTLINGEN
KC -012

0430 INGENIEURBUERO G. DRECHSLER
PK -021

0864 INSTITUT FUER TEXTILTECHNIK DER INSTITUTE FUER TEXTIL- UND FASERFORSCHUNG STUTTGART
FC -056

RHEINHAUSEN

0289 FORSCHUNGSGEMEINSCHAFT EISENHUETTENSCHLACKEN
ME -020

ROSENHEIM

0219 FACHBEREICH HOLZTECHNIK UND INNENARCHITEKTUR DER FH ROSENHEIM
MF -005

0222 FACHBEREICH KUNSTSTOFFTECHNIK UND WIRTSCHAFTSINGENIEURWESEN DER FH ROSENHEIM
DC -012

RUESSELSHEIM

0386 HARTKORN-FORSCHUNGSGESELLSCHAFT MBH
KE -015, KF -007

SAARBRUECKEN

0269 FACHRICHTUNG MIKROBIOLOGIE DER UNI DES SAARLANDES
OD -011

0271 FACHRICHTUNG PSYCHOLOGIE DER UNI DES SAARLANDES
TD -009

0330 GEOGRAPHISCHES INSTITUT DER UNI DES SAARLANDES
AA -047, AA -048, FA -009, IC -023, IC -024, PI -007, UC -016

0351 GEOLOGISCHES LANDESAMT DES SAARLANDES
UL -015

0449 INSTITUT FUER ANALYTISCHE CHEMIE UND RADIOCHEMIE DER UNI DES SAARLANDES
IC -043

0470 INSTITUT FUER ARBEITSMEDIZIN DER UNI DES SAARLANDES
TA -022

0544 INSTITUT FUER EMPIRISCHE WIRTSCHAFTSFORSCHUNG DER UNI DES SAARLANDES
UA -028

0550 INSTITUT FUER ERNAEHRUNGS- UND HAUSHALTSWISSENSCHAFTEN DER UNI DES SAARLANDES
OC -015, QC -028

0556 INSTITUT FUER EUROPAEISCHE WIRTSCHAFTSPOLITIK DER UNI DES SAARLANDES
UI -015

0745 INSTITUT FUER PETROLOGIE, GEOCHEMIE UND LAGERSTAETTENKUNDE DER UNI FRANKFURT
OD -062

0786 INSTITUT FUER POLITIKWISSENSCHAFT DER UNI DES SAARLANDES
UA -036

1189 MUELLER, PROF.DR.
UE -040

1271 SAARBERG-FERNWAERME GMBH
DB -034, GC -012, MB -062

1272 SAARBERG-INTERPLAN
UD -016, UD -017, UD -018

1273 SAARBERGWERKE AG
DB -035, DC -060, DC -061, DC -062, DD -060, FC -090, TA -065, TA -066, TA -067

1309 STAATLICHES INSTITUT FUER HYGIENE UND INFEKTIONSKRANKHEITEN SAARBRUECKEN
CA -090, CA -091

1322 STAATLICHES VETERINAERUNTERSUCHUNGSAMT SAARBRUECKEN
QA -071

1428 ZOOLOGISCHES INSTITUT DER UNI DES SAARLANDES
NA -011, NA -012, NA -013

SALZGITTER

1274 SALZGITTER AG
SA -061, UD -019, UD -020

SARSTEDT

1124 LEHRSTUHL UND INSTITUT FUER OBSTBAU UND BAUMSCHULE DER TU HANNOVER
RE -044

SCHLITZ

1157 MAX-PLANCK-INSTITUT FUER LIMNOLOGIE
HA -095, ID -056

SCHMALLENBERG

0437 INSTITUT FUER AEROBIOLOGIE DER FRAUNHOFER-GESELLSCHAFT E.V.
BA -016, BC -021, CA -033, CA -034, CA -035, CA -036, CB -023, DD -022, EA -007, IA -011, NB -014, PA -003, PA -004, PA -005, PA -006, PB -009, PB -010, PC -010, PC -011, PD -010, PF -013, PF -014, PH -010, PH -011

SCHWABACH

1298 SONDERMUELLBESEITIGUNGSANLAGE SCHWABACH/BAYERN
MC -053

SCHWAEBISCH GMUEND

0299 FORSCHUNGSINSTITUT FUER EDELMETALLE UND METALLCHEMIE
KC -017

SCHWALMSTADT

1281 SCHWALM-EDER-KREIS
UG -016

SIEBELDINGEN

0132 BUNDESFORSCHUNGSANSTALT FUER REBENZUECHTUNG
QC -008, RE -011, RE -012

SIEGBURG

1395 WAHNBACHTALSPERRENVERBAND
HA -110, HE -048, IC -117, IC -118, IF -037, IF -038, IF -039, KB -089, KB -090

SPEYER

1023 LANDWIRTSCHAFTLICHE UNTERSUCHUNGS- UND FORSCHUNGSANSTALT SPEYER
OD -082

STADE

1323 STAATLICHES VETERINAERUNTERSUCHUNGSAMT STADE
QB -058

STARNBERG

1162 MAX-PLANCK-INSTITUT ZUR ERFORSCHUNG DER LEBENSBEDINGUNGEN DER WISSENSCHAFTLICH-TECHNISCHEN WELT
UC -050

STEPHANSKIRCHEN

0480 INSTITUT FUER BAUBIOLOGIE
NA -006, OD -019

STOCKHOLM/SCHWEDEN

1257 RATZKA, ADOLF-DIETER
UF -031

STUHR-MOORDEICH

0043 AMEG, VERFAHRENS- UND UMWELTSCHUTZ-TECHNIK GMBH & CO KG
DD -001, KB -004, ME -001

STUTTGART

0038 AKTIONSGEMEINSCHAFT NATUR- UND UMWELTSCHUTZ BADEN-WUERTTEMBERG E.V.
HA -002, HG -001, MB -001, NC -004, PG -004, TF -006, UE -004, UL -001

0102 BOSCH GMBH
DA -003, UI -002

0118 BUERO FUER ANGEWANDTE MATHEMATIK
VA -002

0138 CHEMISCHE LANDESUNTERSUCHUNGSANSTALT STUTTGART
QA -005, QA -006

0145 DAIMLER-BENZ AG
BE -003, DA -005, DA -006, DA -007, DC -009, UI -003

0177 DOKUMENTATION KRAFTFAHRWESEN E.V.
VA -007

0178 DOKUMENTATIONSSTELLE DER UNI HOHENHEIM
QA -008

0278 FICHTNER, BERATENDE INGENIEURE GMBH & CO KG
DB -010, DC -014, ME -018, SB -012

0288 FORSCHUNGSGEMEINSCHAFT BAUEN UND WOHNEN STUTTGART
AA -043, SA -022

0300 FORSCHUNGSINSTITUT FUER KRAFTFAHRWESEN UND FAHRZEUGMOTOREN AN DER UNI STUTTGART
DA -020

0301 FORSCHUNGSINSTITUT FUER PIGMENTE UND LACKE E.V.
DC -018, DC -019, DD -011, DD -012, DD -013, TA -018, TA -019

0335 GEOGRAPHISCHES INSTITUT DER UNI STUTTGART
FB -030, RC -012, TD -011, UE -023

0350 GEOLOGISCHES LANDESAMT BADEN-WUERTTEMBERG
UL -014

0418 IKO SOFTWARE SERVICE GMBH (IKOSS)
UN -016

0439 INSTITUT FUER AGRARPOLITIK UND LANDWIRTSCHAFTLICHE MARKTLEHRE DER UNI HOHENHEIM
RA -008, RA -009, UK -013, UK -014

0441 INSTITUT FUER AGRARSOZIOLOGIE, LANDWIRTSCHAFTLICHE BERATUNG UND ANGEWANDTE PSYCHOLOGIE DER UNI HOHENHEIM
TD -014

0446 INSTITUT FUER ALLGEMEINE LEBENSMITTELTECHNOLOGIE UND TECHNISCHE BIOCHEMIE DER UNI HOHENHEIM
ME -030

0485 INSTITUT FUER BAUPHYSIK DER FRAUNHOFER-GESELLSCHAFT E.V.
FD -016, FD -017, SB -018, SB -019, SB -020, SB -021

0503 INSTITUT FUER BIOLOGISCHE CHEMIE DER UNI HOHENHEIM
PA -013, PB -012, RB -006

0513 INSTITUT FUER BODENKUNDE UND STANDORTLEHRE DER UNI HOHENHEIM
KB -029, OB -013, OD -036, RD -017

0519 INSTITUT FUER BOTANIK DER UNI HOHENHEIM
HA -032, HB -042, RG -013, RG -014

0525 INSTITUT FUER CHEMIE DER UNI HOHENHEIM
OC -014

0534 INSTITUT FUER CHEMISCHE VERFAHRENSTECHNIK DER UNI STUTTGART
KB -035

0539 INSTITUT FUER EISENBAHN- UND VERKEHRSWESEN DER UNI STUTTGART
FB -037

0545 INSTITUT FUER ENERGIEWANDLUNG UND ELEKTRISCHE ANTRIEBE DER DFVLR
SA -034, SA -035

0551 INSTITUT FUER ERNAEHRUNGSLEHRE DER UNI HOHENHEIM
PB -013, QA -022, QD -005

0595 INSTITUT FUER GRENZFLAECHEN- UND BIOVERFAHRENSTECHNIK DER FRAUNHOFER-GESELLSCHAFT E. V.
KB -038, TA -032

0600 INSTITUT FUER GRUNDLAGEN DER PLANUNG DER UNI STUTTGART
UF -010

0640 INSTITUT FUER KERNENERGETIK DER UNI STUTTGART
NC -039

0650 INSTITUT FUER KRAFTFAHRWESEN UND FAHRZEUGMOTOREN DER UNI STUTTGART
BA -036, FB -042

0654 INSTITUT FUER LAENDLICHE SIEDLUNGSPLANUNG DER UNI STUTTGART
FD -023

0658 INSTITUT FUER LANDESKULTUR UND PFLANZENOEKOLOGIE DER UNI HOHENHEIM
AA -070, AA -071, AA -072, AA -073, AA -074, AA -075, AA -076, AA -077, AA -078, AA -079, HA -036, IA -014, PH -030, PH -031, UL -027

0662 INSTITUT FUER LANDSCHAFTSPLANUNG DER UNI STUTTGART
SA -041, UE -026, UF -011, UK -035, UK -036, UK -037, UL -036

0681 INSTITUT FUER LEICHTE FLAECHENTRAGWERKE DER UNI STUTTGART
HG -025

0694 INSTITUT FUER MECHANISCHE VERFAHRENSTECHNIK DER UNI STUTTGART
DD -042, DD -043, KE -024, KE -025, KE -026, KE -027, KE -028, KE -029, KE -030

0717 INSTITUT FUER MIKROBIOLOGIE DER UNI HOHENHEIM
OD -052

0719 INSTITUT FUER MIKROBIOLOGIE DER UNI STUTTGART
OD -053

0737 INSTITUT FUER ORGANISCHE CHEMIE DER UNI STUTTGART
RH -036

0752 INSTITUT FUER PFLANZENERNAEHRUNG DER UNI HOHENHEIM
MD -024, PF -045

0759 INSTITUT FUER PFLANZENZUECHTUNG UND POPULATIONSGENETIK DER UNI HOHENHEIM
RH -045

0770 INSTITUT FUER PHYSIK DER UNI HOHENHEIM
AA -095, CA -050, CB -046, NB -027, PG -039, PH -043

0778 INSTITUT FUER PHYSIKALISCHE ELEKTRONIK DER UNI STUTTGART
DA -034

0782 INSTITUT FUER PHYTOMEDIZIN DER UNI HOHENHEIM
ID -033, MB -042, OC -027, OD -065, PB -028, PG -040, PG -041, RE -035

0788 INSTITUT FUER PRODUKTIONSTECHNIK UND AUTOMATISIERUNG DER FRAUNHOFER-GESELLSCHAFT AN DER UNI STUTTGART
TA -045, TA -046, TA -047, TA -048, TA -049, TA -050, TA -051, TA -052

0798 INSTITUT FUER RAUMORDNUNG UND ENTWICKLUNGSPLANUNG DER UNI STUTTGART
UE -029

0802 INSTITUT FUER REAKTIONSKINETIK DER DFVLR
BA -043, BB -019, CB -057, OC -029

0818 INSTITUT FUER SIEDLUNGSWASSERBAU UND WASSERGUETEWIRTSCHAFT DER UNI STUTTGART
BB -020, BE -012, IB -017, KA -018, KA -019, KA -020, KB -051, KB -052, KB -053, KB -054, KB -055, KC -043, KE -034, KE -035, KE -036, KE -037, KE -038, KE -039, KF -011, KF -012, KF -013, KF -014, MB -043, MB -044, MB -045, MD -025, PA -034

0828 INSTITUT FUER SOZIALWISSENSCHAFTEN DER UNI HOHENHEIM
TC -013, UK -046

0856 INSTITUT FUER STRUKTURFORSCHUNG DER UNI STUTTGART
TC -015, UA -039, UA -040, UA -041, VA -013

0863 INSTITUT FUER TECHNISCHE THERMODYNAMIK UND THERMISCHE VERFAHRENSTECHNIK DER UNI STUTTGART
GB -016, GC -006

0869 INSTITUT FUER THERMODYNAMIK UND WAERMETECHNIK DER UNI STUTTGART
GC -007, SA -042, SA -043, SB -025

0877 INSTITUT FUER TIERERNAEHRUNG DER UNI HOHENHEIM
BA -045, OB -017, OD -067, PH -045, QA -048

0879 INSTITUT FUER TIERMEDIZIN UND TIERHYGIENE DER UNI HOHENHEIM
BD -006, CA -052, KD -013, MB -048, MB -049, MD -027, MD -028, MF -045, MF -046, RF -013, RF -014, RF -015, TF -026, TF -027

0897 INSTITUT FUER VERFAHRENSTECHNIK UND DAMPFKESSELWESEN DER UNI STUTTGART
BB -021, BB -022, BB -023, CB -062, DD -046, DD -047, DD -048, FC -057, GA -013, GA -014, MB -050, MB -051

0924 INSTITUT FUER WERKZEUGMASCHINEN DER UNI STUTTGART
FA -038, FA -039, FC -058, FC -059

0941 INSTITUT FUER ZOOLOGIE DER UNI HOHENHEIM
GB -023, PI -035

0943 INSTITUT FUER ZOOPHYSIOLOGIE DER UNI HOHENHEIM
PB -037

0981 KOMMUNALENTWICKLUNG BADEN-WUERTTEMBERG
UN -027

1007 LANDESANSTALT FUER LANDWIRTSCHAFTLICHE CHEMIE
MD -029, QA -053

1010 LANDESANSTALT FUER PFLANZENSCHUTZ
OA -031, PB -040, PG -048, RH -069, RH -070, RH -071, RH -072, RH -073, RH -074

1108 LEHRSTUHL FUER VERFAHRENSTECHNIK IN DER TIERPRODUKTION DER UNI HOHENHEIM
KD -017, MB -055

1158 MAX-PLANCK-INSTITUT FUER METALLFORSCHUNG
OA -035, OB -020, OB -021

1212 OTTO-GRAF-INSTITUT DER UNI STUTTGART
FD -038, MD -033, ME -070

1238 PORSCHE AG
BA -062, CA -086, DA -065, DA -066, DA -067, FB -085

1302 STAATLICHE MATERIALPRUEFUNGSANSTALT AN DER UNI STUTTGART
NC -110

1314 STAATLICHES MUSEUM FUER NATURKUNDE STUTTGART
AA -154, RH -080, UA -062, UM -080, UM -081, UN -053, UN -054

1333 STAEDTEBAULICHES INSTITUT DER UNI STUTTGART
UF -033, UF -034

1335 STANDARD ELEKTRIK LORENZ AG
CA -092, CA -093

1342 STUDIENGESELLSCHAFT FUER ELEKTRISCHEN STRASSENVERKEHR IN BADEN-WUERTTEMBERG MBH
UI -025

1355 TECHNOLOGIEFORSCHUNGS GMBH
SA -073

1382 VEREINIGUNG DER WASSERVERSORGUNGSVERBAENDE UND GEMEINDEN MIT WASSERWERKEN E.V.
KE -063, MG -040

1385 VERFAHRENSTECHNISCHE VERWERTUNGEN - DIPL.-ING.-CHEM. O.E.A. KRAMER -
HB -085

1400 WERNER & PFLEIDERER
KB -092

SUDERBURG

0208 FACHBEREICH BAUINGENIEURWESEN DER FH NORDOSTNIEDERSACHSEN
RC -007

TAUNUSSTEIN

0435 INSTITUT FRESENIUS, CHEMISCHE UND BIOLOGISCHE LABORATORIEN GMBH
ID -021, MC -020

TRIER

0045 AMTLICHE PRUEFSTELLE FUER BAUAKUSTIK DER FH DES LANDES RHEINLAND-PFALZ
FA -002

0142 CHEMISCHES UNTERSUCHUNGSAMT TRIER
QC -009

0264 FACHGRUPPE GEOGRAPHIE DER UNI TRIER-KAISERSLAUTERN
RC -008

0509 INSTITUT FUER BODENKUNDE DER LANDES LEHR- UND VERSUCHSANSTALT FUER WEINBAU, GARTENBAU UND LANDWIRTSCHAFT
PF -024, RD -013

1164 MEDIZINALUNTERSUCHUNGSAMT TRIER
IC -102, KE -061, TF -039

TROSTBERG

1346 SUEDDEUTSCHE KALKSTICKSTOFFWERKE AG
DC -065

TUEBINGEN

0296 FORSCHUNGSINSTITUT BERGHOF GMBH
KC -015, KC -016

0336 GEOGRAPHISCHES INSTITUT DER UNI TUEBINGEN
IC -025, UL -011

0348 GEOLOGISCHES INSTITUT DER UNI TUEBINGEN
HB -022, HB -023, HB -024, HB -025, HB -026, HB -027, HG -015, IC -027, ID -015

0410 HYGIENE INSTITUT DER UNI TUEBINGEN
MC -016, PD -006, PD -007, PD -008, PI -008

0459 INSTITUT FUER ANGEWANDTE WIRTSCHAFTSFORSCHUNG DER UNI TUEBINGEN
UD -006

0471 INSTITUT FUER ARBEITSMEDIZIN DER UNI TUEBINGEN
DC -027, TA -023

0501 INSTITUT FUER BIOLOGIE DER UNI TUEBINGEN
AA -061, HA -031, PH -016, UL -018

0527 INSTITUT FUER CHEMISCHE PFLANZENPHYSIOLOGIE DER UNI TUEBINGEN
IC -044, OD -039

0738 INSTITUT FUER ORGANISCHE CHEMIE DER UNI TUEBINGEN
KA -015, KE -032, OA -023

0883 INSTITUT FUER TOXIKOLOGIE DER UNI TUEBINGEN
OD -068, OD -069, OD -070, PC -039, PD -048, PD -049, PD -050, PD -051, PD -052, TA -054

1059 LEHRSTUHL FUER GENETIK DER UNI TUEBINGEN
RH -076

1221 PHARMAKOLOGISCHES INSTITUT DER UNI TUEBINGEN
OD -090, OD -091, PC -063, PD -065

1255 PSYCHOLOGISCHES INSTITUT DER UNI TUEBINGEN
TD -023

1348 SUHR, H., PROF.DR.
SA -071

TUTZING

0787 INSTITUT FUER PRAEVENTION UND REHABILITATION E.V.
TA -044

UEBERLINGEN

0100 BODENSEEWERK GERAETETECHNIK GMBH
CA -018, CA -019

1436 ZWECKVERBAND BODENSEE-WASSERVERSORGUNG
HD -023, HE -049

ULM

0003 ABTEILUNG ANALYTISCHE CHEMIE DER UNI ULM
OC -001, OD -001, OD -002

0021 ABTEILUNG OEKOLOGIE UND MORPHOLOGIE DER TIERE DER UNI ULM
PI -001

0023 ABTEILUNG PHYSIKALISCHE CHEMIE DER UNI ULM
IE -002

VARESE/ITALIEN

0324 GEMEINSAME FORSCHUNGSSTELLE ISPRA DER EURATOM
NC -023, NC -024, NC -025, NC -026

VECHTA

0373 GOERKE, D.
TD -012

VIERSEN

1195 NIERSVERBAND VIERSEN
KB -083

VILLINGEN-SCHWENNINGEN

0887 INSTITUT FUER UMWELTFORSCHUNG E.V.
AA -097, UE -032, VA -014

WAGHAEUSEL

1347 SUEDDEUTSCHE ZUCKER AG
KB -087, MB -064

WALDKRAIBURG

0378 GUMMIWERKE KRAIBURG GMBH & CO
ME -027

WANGEN

1303 STAATLICHE MILCHWIRTSCHAFTLICHE LEHR- UND FORSCHUNGSANSTALT WANGEN
QD -032

WEIL AM RHEIN

0152 DEUTSCH-FRANZOESISCHES FORSCHUNGSINSTITUT ST.LOUIS (ISL)
FA -005, FB -021, FB -022, FB -023, FD -005

WERMELSKIRCHEN

0374 GRESHAKE KG
UH -017

WERTHEIM

0290 FORSCHUNGSGEMEINSCHAFT FUER TECHNISCHES GLAS E.V.
BC -015, BC -016, DC -015, FC -023, KC -014

WESEL

1362 TRAPP SYSTEMTECHNIK GMBH
FC -092, FC -093

WESSELING

1366 UNION RHEINISCHE BRAUNKOHLEN-KRAFTSTOFF-AG
SA -074, SA -075

WESTHEIM

0416 IGI-INGENIEUR-GEOLOGISCHES INSTITUT DIPL.-ING. NIEDERMEYER
FB -033, HB -034, HB -035, MC -017

WETTER

0149 DEMAG FOERDERTECHNIK GMBH
UN -011

WETZLAR

0117 BUDERUS'SCHE EISENWERKE
FC -012

0201 ERNST LEITZ WETZLAR GMBH
OA -009

WIEN

1202 OESTERREICHISCHE MINERALOELVERTRIEBSGESELL-SCHAFT MBH
DA -063, DA -064

1403 WIENER INSTITUT FUER STANDORTBERATUNG
AA -167, AA -168, AA -169, AA -170

WIESBADEN

0391 HESSISCHE LANDESANSTALT FUER UMWELT
AA -053, AA -054, CA -031, CB -021

0394 HESSISCHES LANDESAMT FUER BODENFORSCHUNG
ID -018

0395 HESSISCHES OBERBERGAMT
MC -015, UK -012

0425 INGENIEUR-GESELLSCHAFT DORSCH
UH -020

0964 KALLE AG
HA -079

1013 LANDESKULTURAMT HESSEN
RA -023

1256 RAT VON SACHVERSTAENDIGEN FUER UMWELTFRAGEN
IC -108, LA -020, UA -059, UA -060

1331 STADTWERKE WIESBADEN AG
HB -084, HE -042, HE -043, HE -044, HE -045

WILHELMSHAVEN

0703 INSTITUT FUER MEERESGEOLOGIE UND MEERESBIOLOGIE SENCKENBERG
IC -057, IE -037, IE -038, IE -039, IE -040, IE -041

0906 INSTITUT FUER VOGELFORSCHUNG - VOGELWARTE HELGOLAND
PC -042, UN -023, UN -024

1328 STADT WILHELMSHAVEN
AA -155

1397 WASSER- UND SCHIFFAHRTSAMT WILHELMSHAVEN
HA -111

WITZENHAUSEN

0224 FACHBEREICH LANDWIRTSCHAFT DER GESAMTHOCH-SCHULE KASSEL
HA -020, MD -006, ME -015, TD -006, UL -004, UL -005, UM -009, UM -010

WOLFENBUETTEL

0871 INSTITUT FUER TIEFLAGERUNG DER GESELLSCHAFT FUER STRAHLEN- UND UMWELTFORSCHUNG MBH
ND -033, ND -034, ND -035, ND -036, ND -037

WOLFSBURG

1332 STADTWERKE WOLFSBURG AG
KE -062

1393 VOLKSWAGENWERK AG
BA -071, DA -072, DA -073, DA -074, DA -075, DA -076, DA -077, EA -025, UI -026

WOLZNACH

0160 DEUTSCHE GESELLSCHAFT FUER HOPFENFORSCHUNG
UM -006

WUERZBURG

0110 BOTANISCHES INSTITUT MIT BOTANISCHEM GARTEN DER UNI WUERZBURG
AA -020, PG -007, PG -008, PG -009, RE -005, RE -006, RE -007, RE -008, UM -003, UM -004

0349 GEOLOGISCHES INSTITUT DER UNI WUERZBURG
HA -025, HA -026, HB -028, IC -028, MD -011, PF -008

0462 INSTITUT FUER ANORGANISCHE CHEMIE DER UNI WUERZBURG
DC -026, ME -031

0628 INSTITUT FUER HYGIENE UND MIKROBIOLOGIE DER UNI WUERZBURG
PD -042, PE -019

0633 INSTITUT FUER INDUSTRIE- UND VERKEHRSPOLITIK DER UNI WUERZBURG
UC -035, UE -025

0762 INSTITUT FUER PHARMAKOLOGIE UND TOXIKOLOGIE DER UNI WUERZBURG
OC -024, PB -026, PD -045, PD -046, QA -042, TA -042, TA -043

0767 INSTITUT FUER PHARMAZEUTISCHE BIOLOGIE DER UNI WUERZBURG
RB -023

0823 INSTITUT FUER SILICATFORSCHUNG DER FRAUNHOFER-GESELLSCHAFT E.V.
BC -029, BC -030, ME -050, ME -051, QA -044

0832 INSTITUT FUER SOZIOLOGIE DER UNI WUERZBURG
UC -040

1433 ZOOLOGISCHES INSTITUT DER UNI WUERZBURG
NC -116, PD -071, PI -046

WUPPERTAL

0214 FACHBEREICH CHEMIE, TEXTILCHEMIE, BIOLOGIE DER GESAMTHOCHSCHULE WUPPERTAL
AA -039, CB -015

1039 LEHRSTUHL FUER ANALYTISCHE CHEMIE DER GESAMTHOCHSCHULE WUPPERTAL
CA -075, CA -076, EA -014

1160 MAX-PLANCK-INSTITUT FUER VERHALTENSPHYSIOLOGIE
UN -042

1329 STADT WUPPERTAL
UA -064

REGISTER DER FINANZIERENDEN INSTITUTIONEN

Register der finanzierenden Institutionen

Um eine bessere Übersicht zu gewährleisten, wurde eine Einteilung in fünf Gruppen vorgenommen:

- Bundesministerien
- Landesministerien
- Deutsche Forschungsgemeinschaft, Fraunhofer-Gesellschaft, Großforschungseinrichtungen, Max-Planck-Gesellschaft
- nachgeordnete Behörden, kommunale Einrichtungen, Verbände, Industrie u. a.
- Europäische Gemeinschaften, Ausland

Innerhalb dieser Gruppen erscheinen die finanzierenden Stellen in alphabetischer Reihenfolge. Bei jedem Finanzgeber wurden die Vorhaben-Nummern der von ihm finanzierten Projekte angegeben und entsprechend der thematischen Gliederung des Hauptteils I zusammengefaßt. Damit soll der Überblick über die schwerpunktmäßig von einem Finanzgeber geförderten Bereiche erreicht werden.

BUNDESMINISTERIEN

BUNDESMINISTER DER FINANZEN

WASSERREINHALTUNG UND WASSERVERUNREINIGUNG
HC -014

LAND- UND FORSTWIRTSCHAFT
RH -059

BUNDESMINISTER DER VERTEIDIGUNG

LUFTREINHALTUNG UND LUFTVERUNREINIGUNG
AA -044, AA -058, AA -060, AA -063, AA -064, AA -091, AA -092, BA -017, BA -024, BC -023, CB -028

LAERM UND ERSCHUETTERUNGEN
FA -063, FB -021, FB -038, FB -053, FB -078, FC -076, FD -005

WASSERREINHALTUNG UND WASSERVERUNREINIGUNG
HA -018

ABFALL
MB -013, MC -003

WIRKUNGEN UND BELASTUNGEN DURCH SCHADSTOFFE
PB -010, PC -011, PE -006, PK -017

LAND- UND FORSTWIRTSCHAFT
RC -041

ENERGIE
SA -011

BUNDESMINISTER DES INNERN

LUFTREINHALTUNG UND LUFTVERUNREINIGUNG
AA -006, AA -008, AA -009, AA -010, AA -011, AA -012, AA -018, AA -035, AA -039, AA -082, AA -084, AA -146, AA -147, AA -149, AA -150, AA -151, AA -152, AA -155, AA -156, AA -157, AA -158, AA -166, BA -002, BA -005, BA -007, BA -008, BA -019, BA -020, BA -021, BA -026, BA -031, BA -048, BA -054, BA -055, BA -062, BA -063, BA -064, BA -068, BA -071, BB -015, BB -017, BB -020, BB -025, BB -026, BB -027, BB -035, BC -005, BC -013, BC -039, BE -002, BE -003, BE -004, BE -006, BE -012, BE -014, BE -015, BE -024, BE -027, CA -002, CA -010, CA -011, CA -012, CA -016, CA -023, CA -030, CA -051, CA -054, CA -059, CA -060, CA -086, CA -094, CA -098, CA -104, CB -002, CB -003, CB -004, CB -011, CB -016, CB -022, CB -033, CB -036, CB -038, CB -039, CB -040, CB -049, CB -051, CB -081, CB -082, CB -085, CB -086, CC -001, DA -012, DA -018, DA -024, DA -033, DA -040, DA -043, DA -047, DA -049, DA -051, DA -054, DA -062, DA -063, DA -064, DA -066, DA -067, DA -068, DA -075, DB -003, DB -010, DB -011, DB -019, DB -026, DB -028, DB -032, DB -034, DB -035, DB -036, DB -037, DB -038, DB -039, DB -041, DB -042, DC -003, DC -004, DC -005, DC -010, DC -014, DC -022, DC -049, DC -050, DC -060, DC -063, DC -064, DC -065, DC -067, DC -068, DC -070, DC -071, DD -014, DD -017, DD -031, DD -032, DD -033, EA -011, EA -013, EA -016, EA -018, EA -022, EA -024, EA -025

LAERM UND ERSCHUETTERUNGEN
FA -013, FA -018, FA -019, FA -026, FA -047, FA -060, FA -068, FA -072, FA -076, FB -026, FC -024, FC -036, FC -039, FC -042, FC -051, FC -052, FD -012, FD -021, FD -022, FD -027, FD -039

ABWAERME
GB -002, GB -013, GB -021

WASSERREINHALTUNG UND WASSERVERUNREINIGUNG
HA -004, HA -007, HA -010, HA -051, HB -010, HB -075, HB -089, HC -001, HC -002, HD -003, HD -004, HD -011, HD -021, HE -002, HE -006, HE -007, HE -008, HE -012, HE -024, HE -039, HE -046, HE -047, HG -002, HG -005, HG -006, HG -063, IA -002, IA -003, IA -013, IA -024, IA -026, IB -025, IC -010, IC -014, IC -015, IC -016, IC -031, IC -034, IC -044, IC -057, IC -064, IC -072, IC -074, IC -083, IC -118, IC -120, ID -005, ID -009, ID -019, ID -036, ID -041, IE -004, IE -005, IE -039, IE -046, IF -006, IF -009, IF -021, IF -037, KA -006, KA -019, KA -020, KA -021, KA -026, KB -009, KB -010, KB -016, KB -052, KB -074, KB -084, KC -043, KC -044, KE -007, KE -015, KE -041, KE -042, KE -056, KF -004, KF -007, KF -012, KF -013, KF -017, KF -018, KF -020, LA -001, LA -002, LA -005, LA -010, LA -013, LA -014, LA -015, LA -016, LA -017, LA -018, LA -019, LA -022, LA -025

ABFALL
MA -008, MA -010, MA -011, MA -013, MA -014, MA -015, MA -017, MA -018, MA -019, MA -023, MA -025, MB -003, MB -024, MB -029, MB -030, MB -031, MB -039, MB -043, MB -044, MB -045, MB -046, MB -048, MB -049, MB -060, MC -007, MC -018, MC -022, MC -025, MC -036, MC -055, MD -010, MD -016, MD -022, MD -025, MD -037, ME -002, ME -019, ME -023, ME -033, ME -039, ME -040, ME -060, ME -065, ME -081, ME -090, MG -005, MG -006, MG -008, MG -009, MG -010, MG -012, MG -022, MG -026, MG -027, MG -040, MG -041

UMWELTCHEMIKALIEN
OA -039, OB -025, OB -026, OB -027, OC -010, OD -011

WIRKUNGEN UND BELASTUNGEN DURCH SCHADSTOFFE
PA -003, PA -004, PA -008, PA -010, PA -040, PA -041, PC -002, PC -060, PD -010, PD -062, PE -030, PE -034, PE -036, PE -037, PE -038, PE -039, PE -042, PE -043, PE -044, PE -047, PF -007, PF -013, PF -038, PF -044, PF -048, PF -050, PF -059, PG -030, PH -010, PH -054

LEBENSMITTEL-, FUTTERMITTELKONTAMINATION
QD -004

LAND- UND FORSTWIRTSCHAFT
RC -028

ENERGIE
SA -028, SA -048

HUMANSPHAERE
TA -013, TD -001, TD -002, TD -003, TD -004, TD -020, TD -022, TF -031, TF -033

UMWELTPLANUNG, UMWELTGESTALTUNG
UA -001, UA -002, UA -004, UA -006, UA -008, UA -016, UA -021, UA -035, UA -038, UA -039, UA -046, UA -049, UA -051, UA -057, UA -058, UA -064, UB -013, UB -022, UB -029, UC -003, UC -004, UC -006, UC -010, UC -011, UC -017, UC -053, UD -001

INFORMATION, DOKUMENTATION, PROGNOSEN, MODELLE
VA -006

BUNDESMINISTER FUER ARBEIT UND SOZIALORDNUNG

LUFTREINHALTUNG UND LUFTVERUNREINIGUNG
DC -027, DD -043

LAERM UND ERSCHUETTERUNGEN
FA -004, FC -001, FC -003, FC -016, FC -027, FC -028, FC -038, FC -054, FC -055, FC -056, FC -059, FC -075

WIRKUNGEN UND BELASTUNGEN DURCH SCHADSTOFFE
PE -051, PI -042

HUMANSPHAERE
TA -001, TA -005, TA -024, TA -028, TA -061, TA -071, TB -011

UMWELTPLANUNG, UMWELTGESTALTUNG
UA -009, UA -015, UA -017, UA -052, UE -013, UE -016, UE -036, UE -044, UF -004, UG -004

INFORMATION, DOKUMENTATION, PROGNOSEN, MODELLE
VA -016

BUNDESMINISTER FUER BILDUNG UND WISSENSCHAFT

LUFTREINHALTUNG UND LUFTVERUNREINIGUNG
AA -058, AA -059, CA -004, CA -005, CA -087, CB -035

WASSERREINHALTUNG UND WASSERVERUNREINIGUNG
HA -018, HF -003, HF -004, HG -049, ID -001, IF -022

ABFALL (RADIOAKTIVE ABFAELLE SIEHE ND)
MD -006

STRAHLUNG, RADIOAKTIVITAET
NB -009, NB -027, NC -007, ND -014

UMWELTCHEMIKALIEN
OA -017, OB -013

WIRKUNGEN UND BELASTUNGEN DURCH SCHADSTOFFE
PH -061, PI -031, PK -018

LEBENSMITTEL-, FUTTERMITTELKONTAMINATION
QB -024, QB -025, QB -026, QB -027

LAND- UND FORSTWIRTSCHAFT
RB -029, RE -013

ENERGIE
SA -005

HUMANSPHAERE
TA -007, TD -006

UMWELTPLANUNG, UMWELTGESTALTUNG
UC -018, UL -005

BUNDESMINISTER FUER ERNAEHRUNG, LANDWIRTSCHAFT UND FORSTEN

LUFTREINHALTUNG UND LUFTVERUNREINIGUNG
AA -064, BE -007, DC -032

LAERM UND ERSCHUETTERUNGEN
FC -032, FC -033

WASSERREINHALTUNG UND WASSERVERUNREINIGUNG
HA -038, HB -052, IC -091, IF -017, IF -029, KC -022, KC -023, KC -050, KC -051, KD -003, KD -004, KD -010

ABFALL
MB -037, MB -038, MD -004, ME -004, ME -041, MF -006, MF -018, MF -019, MF -020, MF -022, MF -027, MF -028, MF -029, MF -030, MF -031, MF -032, MF -033, MF -034, MF -037, MF -042, MF -045, MF -046

UMWELTCHEMIKALIEN
OC -012, OD -022, OD -043, OD -056

WIRKUNGEN UND BELASTUNGEN DURCH SCHADSTOFFE
PA -021, PC -038, PF -039, PF -040, PF -053, PG -014, PG -056, PH -036, PH -037, PH -050, PI -027

LEBENSMITTEL-, FUTTERMITTELKONTAMINATION
QA -008, QA -032, QA -034, QA -045, QA -058, QA -060, QB -009, QB -012, QB -014, QB -019, QB -024, QB -026, QB -032, QC -001, QC -004, QC -008, QC -023, QC -024, QC -025, QC -026, QC -038, QD -001, QD -003, QD -011, QD -012, QD -014, QD -015, QD -022, QD -023, QD -032

LAND- UND FORSTWIRTSCHAFT
RA -003, RA -004, RA -014, RB -005, RB -017, RB -018, RB -033, RD -023, RD -033, RE -009, RE -010, RE -011, RE -012, RE -016, RE -021, RE -022, RE -031, RF -017, RH -021, RH -025, RH -026, RH -043, RH -069, RH -070, RH -071, RH -072, RH -073, RH -074, RH -078

HUMANSPHAERE
TC -014, TF -022

UMWELTPLANUNG, UMWELTGESTALTUNG
UB -018, UE -002, UE -020, UK -008, UK -029, UK -030, UK -031, UK -032, UK -033, UK -039, UK -066, UL -022, UL -029, UL -030, UL -031, UL -032, UL -033, UL -034, UL -047, UM -006, UM -039, UM -040, UM -041, UM -042, UM -044, UM -045, UM -058, UN -021, UN -030, UN -056

BUNDESMINISTER FUER FORSCHUNG UND TECHNOLOGIE

LUFTREINHALTUNG UND LUFTVERUNREINIGUNG
AA -053, AA -054, AA -060, AA -091, AA -092, AA -096, AA -117, AA -118, AA -129, AA -130, AA -131, AA -160, BA -009, BA -043, BB -011, BB -019, BB -023, BC -004, BC -023, BC -030, BD -007, BE -026, BE -028, CA -006, CA -007, CA -015, CA -018, CA -019, CA -020, CA -021, CA -022, CA -024, CA -029, CA -032, CA -033, CA -036, CA -040, CA -049, CA -061, CA -065, CA -066, CA -076, CA -081, CA -088, CA -092, CA -093, CA -105, CB -012, CB -014, CB -028, CB -042, CB -043, CB -045, CB -055, CB -057, CB -067, CB -074, CB -087, DA -002, DA -003, DA -005, DA -006, DA -007, DA -008, DA -009, DA -020, DA -022, DA -023, DA -026, DA -032, DA -034, DA -036, DA -037, DA -038, DA -044, DA -050, DA -055, DA -056, DA -057, DA -058, DA -061, DA -065, DA -071, DA -072, DA -073, DA -074, DA -076, DA -077, DB -001, DB -040, DC -001, DC -002, DC -008, DC -017, DC -021, DC -028, DC -051, DC -052, DC -053, DC -062, DC -069, DD -002, DD -022, DD -040, DD -050, DD -057, DD -061, DD -064, EA -006, EA -007

LAERM UND ERSCHUETTERUNGEN
FB -017, FB -018, FB -019, FB -025, FB -038, FB -043, FB -053, FB -077, FB -085, FB -087, FB -090, FB -091, FB -094, FC -006, FC -008, FC -010, FC -016, FC -018, FC -022, FC -026, FC -045, FC -047, FC -072, FC -074, FC -079, FC -080, FC -084, FD -047

ABWAERME
GA -001, GB -030, GB -037, GB -038, GC -002, GC -007, GC -008, GC -011, GC -012

WASSERREINHALTUNG UND WASSERVERUNREINIGUNG
HA -015, HA -016, HA -021, HA -056, HA -058, HA -060, HA -078, HA -079, HA -096, HA -097, HA -106, HA -111, HB -009, HB -011, HB -037, HB -063, HB -069, HB -070, HB -071, HB -072, HB -073, HB -076, HB -077, HB -085, HB -086, HB -087, HC -003, HC -009, HC -010, HC -011, HC -028, HC -034, HC -035, HC -047, HC -049, HD -017, HE -018, HF -001, HF -002, HF -005, HF -007, HF -008, HG -023, HG -034, HG -044, HG -064, IA -001, IA -008, IA -016, IA -018, IB -007, IC -004, IC -009, IC -073, ID -040, ID -045, ID -053, IE -003, IE -007, IE -013, IE -016, IE -022, IE -030, IE -034, IE -040, IE -042, IE -044, IF -001, IF -011, IF -013, IF -018, IF -020, IF -024, IF -039, KA -004, KA -005, KA -014, KA -016, KA -017, KA -022, KB -001, KB -006, KB -007, KB -008, KB -013, KB -019, KB -020, KB -021, KB -033, KB -045, KB -048, KB -053, KB -066, KB -068, KB -072, KB -075, KB -088, KB -092, KC -003, KC -005, KC -007, KC -008, KC -009, KC -011, KC -013, KC -015, KC -016, KC -018, KC -024, KC -027, KC -031, KC -035, KC -036, KC -040, KC -055, KC -057, KE -001, KE -002, KE -004, KE -008, KE -020, KE -035, KE -037, KE -038, KE -046, KE -057, KE -058, KE -062, KF -002, KF -005, KF -006, KF -014

ABFALL
MA -002, MA -016, MA -024, MB -010, MB -040, MB -051, MB -062, MB -065, MC -009, MD -023, MD -028, ME -003, ME -005, ME -010, ME -011, ME -013, ME -022, ME -024, ME -025, ME -026, ME -030, ME -030, ME -032, ME -038, ME -043, ME -055, ME -079, ME -084, ME -086, ME -087, ME -088, MF -009, MG -025

STRAHLUNG, RADIOAKTIVITAET
NA -010, NB -002, NB -003, NB -004, NB -005, NB -006, NB -013, NB -014, NB -016, NB -025, NB -026, NB -041, NB -042, NB -044, NB -045, NB -046, NB -051, NC -002, NC -003, NC -005, NC -008, NC -009, NC -011, NC -012, NC -013, NC -016, NC -020, NC -023, NC -024, NC -025, NC -026, NC -027, NC -028, NC -029, NC -031, NC -032, NC -033, NC -034, NC -039, NC -040, NC -041, NC -042, NC -044, NC -045, NC -046, NC -047, NC -051, NC -052, NC -053, NC -054, NC -055, NC -056, NC -057, NC -058, NC -059, NC -060, NC -061, NC -062, NC -063, NC -064, NC -065, NC -066, NC -067, NC -068, NC -069, NC -070, NC -071, NC -072, NC -073, NC -074, NC -075, NC -076, NC -077, NC -078, NC -079, NC -080, NC -081, NC -082, NC -083, NC -084, NC -085, NC -086, NC -087, NC -088, NC -095, NC -096, NC -098, NC -099, NC -100, NC -101, NC -102, NC -105, NC -107, NC -108, NC -109, NC -110, NC -111, NC -112, NC -113, NC -114, NC -115, ND -001, ND -002, ND -004, ND -008, ND -009, ND -010, ND -013, ND -017, ND -018, ND -019, ND -020, ND -021, ND -022, ND -023, ND -025, ND -026, ND -027, ND -039, ND -040, ND -041, ND -042, ND -045, ND -046

UMWELTCHEMIKALIEN
OA -002, OA -003, OA -004, OA -005, OA -007, OA -008, OA -009, OA -013, OA -018, OA -019, OA -020, OA -032, OA -033, OA -034, OA -036, OA -038, OB -005, OB -009, OB -018, OC -001, OC -004, OC -005, OC -019, OC -028, OC -029, OC -033, OD -002, OD -014, OD -033, OD -035, OD -044, OD -049, OD -058, OD -070, OD -072, OD -079, OD -081, OD -082, OD -084, OD -085, OD -089

WIRKUNGEN UND BELASTUNGEN DURCH SCHADSTOFFE
PA -035, PB -020, PB -021, PB -022, PB -023, PB -034, PB -035, PB -041, PB -043, PB -044, PC -025, PC -027, PC -040, PC -051, PC -052, PC -054, PD -001, PD -003, PD -004, PD -014, PD -015, PD -016, PD -022, PD -033, PD -035, PD -037, PD -054, PD -057, PD -060, PD -071, PF -060, PF -073, PG -007, PG -008, PG -009, PG -020, PG -057, PH -002, PH -003, PH -004, PH -007, PH -011, PH -015, PH -059, PI -031, PI -033, PI -040, PK -011, PK -021, PK -037

LEBENSMITTEL-, FUTTERMITTELKONTAMINATION
QA -002, QA -041, QA -043, QA -051, QA -066, QA -067, QA -068, QA -073, QA -075, QB -001, QB -003, QB -017, QB -028, QB -029, QB -030, QB -031, QC -033, QC -044, QD -010, QD -016, QD -019

LAND- UND FORSTWIRTSCHAFT
RB -003, RB -023, RB -024, RB -025, RB -027, RB -030, RC -025, RC -040, RD -034, RD -055, RD -057, RE -020, RH -002, RH -003, RH -011, RH -015, RH -020, RH -044, RH -047, RH -062, RH -067

ENERGIE
SA -001, SA -002, SA -003, SA -004, SA -006, SA -007, SA -008, SA -009, SA -010, SA -013, SA -016, SA -018, SA -020, SA -026, SA -033, SA -034, SA -035, SA -042, SA -043, SA -046, SA -047, SA -049, SA -050, SA -054, SA -057, SA -059, SA -060, SA -061, SA -062, SA -064, SA -065, SA -066, SA -067, SA -068, SA -069, SA -071, SA -073, SA -074, SA -075, SA -076, SA -078, SA -079, SB -002, SB -008, SB -009, SB -010, SB -012, SB -013, SB -014, SB -025, SB -027, SB -028, SB -030, SB -031, SB -032, SB -033, SB -034

HUMANSPHAERE
TA -003, TA -004, TA -008, TA -012, TA -020, TA -032, TA -037, TA -044, TA -048, TA -049, TA -050, TA -051, TA -053, TA -060, TA -065, TA -066, TA -067, TD -012, TD -021, TE -011, TE -018

UMWELTPLANUNG, UMWELTGESTALTUNG
UA -003, UA -018, UA -019, UA -065, UB -034, UC -007, UC -019, UC -023, UC -044, UC -054, UD -002, UD -005, UD -006, UD -009, UD -013, UD -014, UD -015, UD -016, UD -017, UD -018, UD -019, UD -020, UD -023, UE -024, UG -001, UG -002, UG -007, UG -008, UG -013, UG -016, UG -017, UG -018, UH -003, UH -005, UH -008, UH -010, UH -011, UH -016, UH -017, UH -034, UH -037, UH -039, UI -001, UI -003, UI -004, UI -005, UI -008, UI -010, UI -011, UI -012, UI -018, UI -022, UI -023, UI -024, UI -026, UL -046, UM -049, UN -004, UN -005, UN -006, UN -007, UN -008, UN -010, UN -011, UN -013, UN -014, UN -015, UN -016, UN -057

INFORMATION, DOKUMENTATION, PROGNOSEN, MODELLE
VA -002, VA -004, VA -005, VA -009, VA -012, VA -015, VA -019, VA -028

BUNDESMINISTER FUER JUGEND, FAMILIE UND GESUNDHEIT

LUFTREINHALTUNG UND LUFTVERUNREINIGUNG
CA -055, DC -040
ABWAERME
GB -020
WASSERREINHALTUNG UND WASSERVERUNREINIGUNG
HA -067, HD -010, HD -012, IA -011, KB -064
STRAHLUNG, RADIOAKTIVITAET
ND -038
UMWELTCHEMIKALIEN
OD -006, OD -016, OD -069, OD -074
WIRKUNGEN UND BELASTUNGEN DURCH SCHADSTOFFE
PA -001, PA -009, PA -037, PB -042, PC -064, PE -009, PE -031, PF -001
LEBENSMITTEL-, FUTTERMITTELKONTAMINATION
QA -005, QA -006, QA -010, QA -019, QA -019, QA -023, QA -049, QA -050, QA -052, QA -072, QB -021, QB -024, QB -025, QB -026, QB -034, QB -044, QB -046, QB -047, QB -048, QB -049, QB -050, QB -051, QB -054, QB -055, QB -056, QC -011, QC -016, QC -018, QD -026
LAND- UND FORSTWIRTSCHAFT
RB -007, RE -002
UMWELTPLANUNG, UMWELTGESTALTUNG
UA -044

BUNDESMINISTER FUER RAUMORDNUNG, BAUWESEN UND STAEDTEBAU

LAERM UND ERSCHUETTERUNGEN
FD -008, FD -018, FD -030, FD -032, FD -034, FD -038
WASSERREINHALTUNG UND WASSERVERUNREINIGUNG
IA -004
STRAHLUNG, RADIOAKTIVITAET
NA -005
WIRKUNGEN UND BELASTUNGEN DURCH SCHADSTOFFE
PI -004
LAND- UND FORSTWIRTSCHAFT
RA -001
ENERGIE
SA -012, SB -001, SB -004, SB -005, SB -006, SB -016, SB -017, SB -019, SB -020, SB -022
HUMANSPHAERE
TB -014, TB -015, TB -016, TB -018, TB -021, TC -005
UMWELTPLANUNG, UMWELTGESTALTUNG
UA -061, UB -012, UE -001, UE -006, UE -007, UE -008, UE -009, UE -011, UE -012, UE -029, UE -040, UE -043, UF -002, UF -006, UF -007, UF -008, UF -009, UF -010, UF -012, UF -024, UF -031, UF -032, UF -033, UF -034, UF -035, UG -003, UG -005, UH -026, UH -036, UK -006, UK -010, UK -069, UL -036, UN -001, UN -002
INFORMATION, DOKUMENTATION, PROGNOSEN, MODELLE
VA -014

BUNDESMINISTER FUER VERKEHR

LUFTREINHALTUNG UND LUFTVERUNREINIGUNG
AA -092, BA -006, BA -065, CB -005, CB -006, EA -021
LAERM UND ERSCHUETTERUNGEN
FB -006, FB -007, FB -008, FB -009, FB -010, FB -011, FB -012, FB -013, FB -014, FB -015, FB -016, FB -024, FB -031, FB -032, FB -036, FB -036, FB -058, FB -066, FB -071, FB -079, FB -080, FB -086, FB -093, FB -094, FC -087, FD -004, FD -020
ABWAERME
GB -005
WASSERREINHALTUNG UND WASSERVERUNREINIGUNG
HA -011, HA -014, HG -036, IB -024, IC -013, ID -018, IE -006, IE -048
WIRKUNGEN UND BELASTUNGEN DURCH SCHADSTOFFE
PI -003, PK -001, PK -008, PK -010
ENERGIE
SA -080
UMWELTPLANUNG, UMWELTGESTALTUNG
UH -004, UH -018, UH -019, UH -020, UH -021, UH -028, UH -030, UH -035, UH -042, UI -010, UI -014, UI -019, UI -021, UI -025, UK -034, UK -065, UM -005, UM -070, UM -076, UN -027, UN -036

BUNDESMINISTER FUER WIRTSCHAFT

LUFTREINHALTUNG UND LUFTVERUNREINIGUNG
AA -124, AA -125, BA -018, BA -047, BA -060, BA -061, BB -013, BC -011, BC -020, CB -007, DB -004, DD -004
LAERM UND ERSCHUETTERUNGEN
FA -036, FA -069, FA -070, FA -071, FA -073, FA -074, FA -075, FB -002, FB -003, FB -004, FB -081, FB -082, FB -083, FB -084, FC -019, FC -058, FC -065, FC -086, FC -094, FD -015
WASSERREINHALTUNG UND WASSERVERUNREINIGUNG
KB -012, KB -041, KB -070
ABFALL
MB -004, ME -020, ME -047, ME -057, MG -034
STRAHLUNG, RADIOAKTIVITAET
NB -055, NB -056, NC -106
UMWELTCHEMIKALIEN
OD -061
WIRKUNGEN UND BELASTUNGEN DURCH SCHADSTOFFE
PE -006, PK -014, PK -015, PK -016, PK -017, PK -018, PK -026
LEBENSMITTEL-, FUTTERMITTELKONTAMINATION
QA -038, QB -013
LAND- UND FORSTWIRTSCHAFT
RB -013, RB -014, RB -015, RB -016, RD -006
ENERGIE
SA -014, SA -015, SA -023, SB -007
HUMANSPHAERE
TE -009
UMWELTPLANUNG, UMWELTGESTALTUNG
UC -020, UD -001

BUNDESMINISTER FUER WIRTSCHAFTLICHE ZUSAMMENARBEIT

LAND- UND FORSTWIRTSCHAFT
RD -003, RD -018, RH -023
HUMANSPHAERE
TB -020
UMWELTPLANUNG, UMWELTGESTALTUNG
UA -043, UE -031, UF -028, UL -071

LAENDERMINISTERIEN

BADEN-WUERTTEMBERG

INNENMINISTERIUM, STUTTGART

LUFTREINHALTUNG UND LUFTVERUNREINIGUNG
AA -043

WASSERREINHALTUNG UND WASSERVERUNREINIGUNG
HA -035, KE -021

ABFALL
MB -041

UMWELTPLANUNG, UMWELTGESTALTUNG
UC -025, UE -014, UE -042

KULTUSMINISTERIUM, STUTTGART

LUFTREINHALTUNG UND LUFTVERUNREINIGUNG
AA -095, BA -033, BA -034, CA -050, CB -046

STRAHLUNG, RADIOAKTIVITAET
NB -027

WIRKUNGEN UND BELASTUNGEN DURCH SCHADSTOFFE
PG -039, PH -043

LAND- UND FORSTWIRTSCHAFT
RB -019

MINISTERIUM FUER ARBEIT, GESUNDHEIT UND SOZIALORDNUNG, STUTTGART

LUFTREINHALTUNG UND LUFTVERUNREINIGUNG
AA -068, BA -025, BB -016

STRAHLUNG, RADIOAKTIVITAET
NB -023, NB -024

MINISTERIUM FUER ERNAEHRUNG, LANDWIRTSCHAFT UND UMWELT, STUTTGART

LUFTREINHALTUNG UND LUFTVERUNREINIGUNG
AA -045, AA -074

LAERM UND ERSCHUETTERUNGEN
FD -019

ABWAERME
GB -016, GB -018, GB -019

WASSERREINHALTUNG UND WASSERVERUNREINIGUNG
HA -002, HA -044, HA -059, HA -061, HA -062, HA -063, HB -052, HB -053, HB -054, HG -001, HG -035, HG -036, HG -037, IA -023, IC -070, IF -027

ABFALL
MB -040, MG -024, MG -025

UMWELTCHEMIKALIEN
OA -031

WIRKUNGEN UND BELASTUNGEN DURCH SCHADSTOFFE
PB -017, PB -028, PG -004, PG -048

LAND- UND FORSTWIRTSCHAFT
RG -018, RH -069, RH -070, RH -071, RH -072, RH -074

HUMANSPHAERE
TF -006

UMWELTPLANUNG, UMWELTGESTALTUNG
UE -004, UK -013, UL -020, UL -027, UM -066, UN -031

MINISTERIUM FUER WIRTSCHAFT, MITTELSTAND UND VERKEHR, STUTTGART

LUFTREINHALTUNG UND LUFTVERUNREINIGUNG
BB -012, BC -015, BC -016

LAERM UND ERSCHUETTERUNGEN
FC -023

ABWAERME
GA -006

WASSERREINHALTUNG UND WASSERVERUNREINIGUNG
KC -004, KC -017

ABFALL
MB -041, ME -061, ME -070

HUMANSPHAERE
TA -018, TA -047

UMWELTPLANUNG, UMWELTGESTALTUNG
UI -025

BAYERN

STAATSMINISTERIUM DES INNERN, MUENCHEN

LUFTREINHALTUNG UND LUFTVERUNREINIGUNG
AA -144

WASSERREINHALTUNG UND WASSERVERUNREINIGUNG
HA -006, KB -081

LEBENSMITTEL-, FUTTERMITTELKONTAMINATION
QB -045

HUMANSPHAERE
TF -035

STAATSMINISTERIUM FUER ARBEIT UND SOZIALORDNUNG, MUENCHEN

WIRKUNGEN UND BELASTUNGEN DURCH SCHADSTOFFE
PE -019

STAATSMINISTERIUM FUER ERNAEHRUNG, LANDWIRTSCHAFT UND FORSTEN, MUENCHEN

WASSERREINHALTUNG UND WASSERVERUNREINIGUNG
HD -001

LAND- UND FORSTWIRTSCHAFT
RA -024

UMWELTPLANUNG, UMWELTGESTALTUNG
UL -056, UL -059, UN -050, UN -051, UN -052

STAATSMINISTERIUM FUER LANDESENTWICKLUNG UND UMWELTFRAGEN, MUENCHEN

LUFTREINHALTUNG UND LUFTVERUNREINIGUNG
AA -032, AA -058, BA -067, BB -034, BC -040, BC -043, CA -096, CA -097, DA -059, DA -069, DA -070

LAERM UND ERSCHUETTERUNGEN
FA -080, FA -081, FD -013

ABWAERME
GB -050

WASSERREINHALTUNG UND WASSERVERUNREINIGUNG
IC -081, KC -072, KE -055

ABFALL
MA -022, MC -047, MC -048, MD -020, MF -048

UMWELTCHEMIKALIEN
OD -083

WIRKUNGEN UND BELASTUNGEN DURCH SCHADSTOFFE
PF -065, PH -029

LEBENSMITTEL-, FUTTERMITTELKONTAMINATION
QC -041

ENERGIE
SA -055

UMWELTPLANUNG, UMWELTGESTALTUNG
UC -021, UF -023, UK -019, UK -068, UM -029, UM -030, UM -031

STAATSMINISTERIUM FUER UNTERRICHT UND KULTUS, MUENCHEN

LAND- UND FORSTWIRTSCHAFT
RD -046

STAATSMINISTERIUM FUER WIRTSCHAFT UND VERKEHR, MUENCHEN

ABFALL
ME -071, ME -073

STRAHLUNG, RADIOAKTIVITAET
NC -035

ENERGIE
SA -027, SA -055

BERLIN

SENAT VON BERLIN

ABFALL
MA -003, MA -004

SENATOR FUER BAU- UND WOHNUNGSWESEN, BERLIN

LAERM UND ERSCHUETTERUNGEN
FB -001

WASSERREINHALTUNG UND WASSERVERUNREINIGUNG
IF -028

LAND- UND FORSTWIRTSCHAFT
RC -026

UMWELTPLANUNG, UMWELTGESTALTUNG
UL -040, UL -041, UL -066

SENATOR FUER GESUNDHEIT UND UMWELTSCHUTZ, BERLIN

LAERM UND ERSCHUETTERUNGEN
FB -035

WIRKUNGEN UND BELASTUNGEN DURCH SCHADSTOFFE
PC -047

LEBENSMITTEL-, FUTTERMITTELKONTAMINATION
QA -054, QA -055

SENATOR FUER WIRTSCHAFT, BERLIN

UMWELTPLANUNG, UMWELTGESTALTUNG
UM -047

SENATOR FUER WIRTSCHAFT, ERP-FOND, BERLIN

LAERM UND ERSCHUETTERUNGEN
FD -002

WIRKUNGEN UND BELASTUNGEN DURCH SCHADSTOFFE
PK -004

BREMEN

SENATOR FUER GESUNDHEIT UND UMWELTSCHUTZ, BREMEN

LUFTREINHALTUNG UND LUFTVERUNREINIGUNG
AA -007

WIRKUNGEN UND BELASTUNGEN DURCH SCHADSTOFFE
PC -042

UMWELTPLANUNG, UMWELTGESTALTUNG
UF -026, UL -002

HAMBURG

SENAT DER FREIEN UND HANSESTADT HAMBURG

WASSERREINHALTUNG UND WASSERVERUNREINIGUNG
IB -003, KE -006

HESSEN

KULTUSMINISTER, WIESBADEN

LUFTREINHALTUNG UND LUFTVERUNREINIGUNG
DD -009

WIRKUNGEN UND BELASTUNGEN DURCH SCHADSTOFFE
PK -013, PK -017

MINISTER DES INNERN, WIESBADEN

LEBENSMITTEL-, FUTTERMITTELKONTAMINATION
QC -017

MINISTER FUER LANDWIRTSCHAFT UND UMWELT, WIESBADEN

LUFTREINHALTUNG UND LUFTVERUNREINIGUNG
AA -149

ABWAERME
GB -041

WASSERREINHALTUNG UND WASSERVERUNREINIGUNG
HE -045

LAND- UND FORSTWIRTSCHAFT
RB -009, RG -016

UMWELTPLANUNG, UMWELTGESTALTUNG
UG -015, UK -012, UL -017, UM -017, UM -018, UM -022, UN -056

NIEDERSACHSEN

KULTUSMINISTERIUM, HANNOVER

ABWAERME
GA -009, GA -010, GA -011

WASSERREINHALTUNG UND WASSERVERUNREINIGUNG
HA -040, HA -055, HB -015, HB -061, KE -044, KE -045, KE -052

ABFALL
MA -041, MC -031

WIRKUNGEN UND BELASTUNGEN DURCH SCHADSTOFFE
PB -007

LAND- UND FORSTWIRTSCHAFT
RE -025, RF -019, RG -034

HUMANSPHAERE
TC -010, TF -029, TF -030

UMWELTPLANUNG, UMWELTGESTALTUNG
UK -067, UL -013

LAND NIEDERSACHSEN

LEBENSMITTEL-, FUTTERMITTELKONTAMINATION
QB -052, QB -053

MINISTERIUM FUER ERNAEHRUNG, LANDWIRTSCHAFT UND FORSTEN, HANNOVER

WASSERREINHALTUNG UND WASSERVERUNREINIGUNG
HA -075

ABFALL
MD -030

WIRKUNGEN UND BELASTUNGEN DURCH SCHADSTOFFE
PF -055

LAND- UND FORSTWIRTSCHAFT
RH -078, RH -079

UMWELTPLANUNG, UMWELTGESTALTUNG
UK -020, UK -071, UN -026

MINISTERIUM FUER WIRTSCHAFT UND VERKEHR, HANNOVER

UMWELTCHEMIKALIEN
OD -078

WIRKUNGEN UND BELASTUNGEN DURCH SCHADSTOFFE
PF -070

UMWELTPLANUNG, UMWELTGESTALTUNG
UL -067

SOZIALMINISTERIUM, HANNOVER

LUFTREINHALTUNG UND LUFTVERUNREINIGUNG
AA -037, AA -115

WIRKUNGEN UND BELASTUNGEN DURCH SCHADSTOFFE
PF -056

NORDRHEIN-WESTFALEN

INNENMINISTER, DUESSELDORF

LUFTREINHALTUNG UND LUFTVERUNREINIGUNG
AA -041, AA -122

LAERM UND ERSCHUETTERUNGEN
FA -054, FB -088, FD -037

WASSERREINHALTUNG UND WASSERVERUNREINIGUNG
KE -040

KULTUSMINISTER, DUESSELDORF

LAND- UND FORSTWIRTSCHAFT
RF -021

MINISTER FUER ARBEIT, GESUNDHEIT UND SOZIALES, DUESSELDORF

LUFTREINHALTUNG UND LUFTVERUNREINIGUNG
AA -163, AA -164, AA -165, BA -046, CA -101, DC -040, DC -064, EA -008, EA -009

LAERM UND ERSCHUETTERUNGEN
FA -012, FA -048, FA -079, FA -086, FD -043, FD -044, FD -045

WIRKUNGEN UND BELASTUNGEN DURCH SCHADSTOFFE
PE -002, PE -003

HUMANSPHAERE
TB -032

UMWELTPLANUNG, UMWELTGESTALTUNG
UI -009, UI -010, UI -023

MINISTER FUER ERNAEHRUNG, LANDWIRTSCHAFT UND FORSTEN, DUESSELDORF

LUFTREINHALTUNG UND LUFTVERUNREINIGUNG
AA -036

ABWAERME
GB -032

WASSERREINHALTUNG UND WASSERVERUNREINIGUNG
HA -037, HA -053, HB -065, HB -067, HG -049, HG -050, IA -030, IB -018, IC -063, IC -093, IC -094, IC -095, IC -117, ID -052, KB -057, KB -059, KB -060, KB -061, KB -083, KF -003, LA -008

ABFALL
MD -035, MF -042, MG -021, MG -029, MG -037

STRAHLUNG, RADIOAKTIVITAET
NB -048, NB -049

UMWELTCHEMIKALIEN
OC -031

ENERGIE
SB -026

UMWELTPLANUNG, UMWELTGESTALTUNG
UK -043

MINISTER FUER WIRTSCHAFT, MITTELSTAND UND VERKEHR, DUESSELDORF

LAERM UND ERSCHUETTERUNGEN
FB -089

WASSERREINHALTUNG UND WASSERVERUNREINIGUNG
ID -014

ABFALL
ME -052, ME -053

STRAHLUNG, RADIOAKTIVITAET
ND -047

MINISTER FUER WISSENSCHAFT UND FORSCHUNG, DUESSELDORF

LUFTREINHALTUNG UND LUFTVERUNREINIGUNG
CA -042, CA -075, CB -015, CB -060, DB -009, DB -022, DC -029, DC -030, DC -031, DD -024

LAERM UND ERSCHUETTERUNGEN
FB -070

WASSERREINHALTUNG UND WASSERVERUNREINIGUNG
KB -046, KC -052

ABFALL
ME -014

WIRKUNGEN UND BELASTUNGEN DURCH SCHADSTOFFE
PA -007, PA -026, PC -019, PE -050, PF -002, PH -027

UMWELTPLANUNG, UMWELTGESTALTUNG
UI -017, UL -024, UL -025

RHEINLAND-PFALZ

MINISTERIUM FUER LANDWIRTSCHAFT, WEINBAU UND UMWELTSCHUTZ, MAINZ

UMWELTCHEMIKALIEN
OD -075

LEBENSMITTEL-, FUTTERMITTELKONTAMINATION
QC -009

UMWELTPLANUNG, UMWELTGESTALTUNG
UK -046

SCHLESWIG-HOLSTEIN

INNENMINISTER, KIEL

WASSERREINHALTUNG UND WASSERVERUNREINIGUNG
IE -001, KE -019

KULTUSMINISTER, KIEL

HC -024, HC -036, IE -044, KD -010

HUMANSPHAERE
TD -007

MINISTER FUER ERNAEHRUNG, LANDWIRTSCHAFT UND FORSTEN, KIEL

WASSERREINHALTUNG UND WASSERVERUNREINIGUNG
HA -072, HC -023, KD -012, LA -011

ABFALL
MD -031, MF -040

UMWELTPLANUNG, UMWELTGESTALTUNG
UK -040, UK -045, UM -057

SOZIALMINISTER, KIEL

STRAHLUNG, RADIOAKTIVITAET
NB -050

UMWELTPLANUNG, UMWELTGESTALTUNG
UA -022

DEUTSCHE FORSCHUNGSGEMEINSCHAFT
FRAUNHOFER-GESELLSCHAFT
MAX-PLANCK-GESELLSCHAFT
GROSSFORSCHUNGSEINRICHTUNGEN

DEUTSCHE FORSCHUNGS- UND VERSUCHSANSTALT FUER LUFT- UND RAUMFAHRT

LUFTREINHALTUNG UND LUFTVERUNREINIGUNG
AA -094, BA -041, CA -013, CB -044, DD -057

LAERM UND ERSCHUETTERUNGEN
FC -084

WASSERREINHALTUNG UND WASSERVERUNREINIGUNG
IA -019

WIRKUNGEN UND BELASTUNGEN DURCH SCHADSTOFFE
PE -004

UMWELTPLANUNG, UMWELTGESTALTUNG
UM -013

DEUTSCHE FORSCHUNGSGEMEINSCHAFT

LUFTREINHALTUNG UND LUFTVERUNREINIGUNG
AA -003, AA -005, AA -024, AA -050, AA -051, AA -055, AA -064, AA -067, AA -080, AA -083, AA -085, AA -093, AA -102, AA -104, AA -119, AA -120, AA -123, AA -128, AA -129, AA -130, AA -131, AA -135, AA -137, AA -144, AA -145, AA -173, BA -010, BA -018, BA -027, BA -029, BA -030, BA -032, BA -035, BA -040, BA -042, BA -044, BA -052, BA -056, BA -057, BB -001, BB -019, BB -038, BD -004, BE -005, CA -008, CA -033, CA -045, CA -046, CA -077, CA -078, CA -079, CA -080, CA -081, CA -084, CA -085, CA -088, CA -089, CB -029, CB -030, CB -031, CB -032, CB -034, CB -037, CB -046, CB -047, CB -048, CB -052, CB -057, CB -061, CB -062, CB -072, CB -074, CB -075, CB -076, CB -078, CB -083, DA -023, DA -025, DA -029, DA -030, DA -031, DA -035, DA -046, DA -053, DB -015, DB -016, DC -011, DC -038, DD -005, DD -019, DD -025, DD -027, DD -029, DD -030, DD -034, DD -035, DD -036, DD -037, DD -038, DD -039, DD -041, DD -042, DD -048, DD -054, DD -055, DD -056

LAERM UND ERSCHUETTERUNGEN
FA -015, FA -022, FA -029, FA -032, FA -033, FA -034, FA -035, FA -037, FA -038, FA -039, FA -041, FA -042, FA -043, FA -044, FA -045, FA -046, FA -050, FA -052, FA -053, FA -057, FA -058, FA -075, FB -036, FB -037, FB -039, FB -040, FB -041, FB -042, FB -051, FB -052, FB -054, FB -055, FB -056, FB -064, FB -065, FB -072, FB -086, FB -092, FC -034, FC -044, FC -046, FC -050, FC -064, FC -067, FC -070, FC -071, FC -073, FC -077, FC -081, FC -082, FC -083, FD -019, FD -029

ABWAERME
GA -009, GA -010, GA -011, GA -013, GA -014, GB -014, GB -024, GB -025, GB -033, GB -034, GB -036, GB -040, GB -042, GB -043, GB -044, GB -045, GB -046, GB -047, GB -048, GB -049, GC -006

WASSERREINHALTUNG UND WASSERVERUNREINIGUNG
HA -008, HA -009, HA -011, HA -012, HA -013, HA -023, HA -024, HA -025, HA -028, HA -030, HA -032, HA -033, HA -039, HA -040, HA -041, HA -042, HA -048, HA -068, HA -069, HA -070, HA -071, HA -072, HA -076, HA -077, HA -087, HA -089, HA -090, HA -091, HA -091, HA -092, HA -094, HA -104, HA -105, HB -005, HB -007, HB -008, HB -012, HB -013, HB -014, HB -016, HB -020, HB -022, HB -024, HB -026, HB -027, HB -028, HB -032, HB -038, HB -039, HB -041, HB -042, HB -050, HB -056, HB -058, HB -060, HB -062, HB -066, HB -068, HB -078, HB -079, HB -080, HB -081, HB -082, HB -083, HB -084, HC -008, HC -009, HC -019, HC -020, HC -021, HC -022, HC -024, HC -027, HC -028, HC -029, HC -030, HC -032, HC -033, HC -036, HC -040, HC -041, HC -042, HC -044, HC -045, HC -048, HC -050, HD -008, HD -013, HD -019, HD -022, HE -005, HE -011, HE -016, HE -020, HE -032, HE -034, HE -038, HE -040, HE -042, HE -048, HG -003, HG -004, HG -010, HG -011, HG -013, HG -016, HG -019, HG -020, HG -021, HG -024, HG -025, HG -026, HG -027, HG -028, HG -029, HG -032, HG -038, HG -039, HG -040, HG -041, HG -045, HG -046, HG -047, HG -048, HG -051, HG -052, HG -053, HG -055, HG -056, HG -057, HG -058, HG -059, HG -060, HG -061, HG -062, IA -007, IA -012, IA -014, IA -025, IA -027, IA -029, IA -034, IA -040, IB -004, IB -005, IB -006, IB -009, IB -011, IB -012, IB -013, IB -014, IB -015, IB -016, IB -021, IB -022, IB -023, IB -027, IB -028, IB -029, IB -030, IB -032, IC -002, IC -006, IC -008, IC -011, IC -023, IC -024, IC -026, IC -027, IC -032, IC -033, IC -037, IC -041, IC -042, IC -047, IC -050, IC -052, IC -058, IC -061, IC -065, IC -067, IC -071, IC -075, IC -077, IC -078, IC -079, IC -080, IC -082, IC -087, IC -088, IC -101, IC -103, IC -104, IC -105, IC -109, IC -110, IC -112, ID -008, ID -011, ID -013, ID -015, ID -022, ID -025, ID -026, ID -027, ID -029, ID -033, ID -035, ID -039, ID -046, ID -047, ID -055, ID -056, ID -058, IE -020, IE -021, IE -023, IE -024, IE -025, IE -026, IE -027, IE -029, IE -031, IE -032, IE -033, IE -035, IE -036, IE -037, IE -040, IE -041, IE -043, IE -045, IE -049, IE -052, IE -053, IE -054, IF -007, IF -008, IF -012, IF -019, IF -025, IF -031, IF -033, IF -034, KA -003, KA -015, KA -018, KA -024, KB -011, KB -017, KB -018, KB -026, KB -028, KB -035, KB -043, KB -044, KB -051, KB -054, KB -063, KB -086, KD -001, KD -013, KD -017, KE -005, KE -022, KE -024, KE -029, KE -032, KE -034, KE -036, KE -047, KE -049, KE -053, KE -054, KE -059, KF -011, LA -009

ABFALL
MA -020, MB -066, MC -016, MC -020, MC -026, MC -030, MC -032, MC -034, MC -035, MC -042, MC -044, MC -045, MF -044, MG -011, MG -020

STRAHLUNG, RADIOAKTIVITAET
NA -014, NB -016, NB -019, NB -032

UMWELTCHEMIKALIEN
OA -011, OA -014, OA -021, OA -024, OA -025, OA -029, OA -035, OB -001, OB -003, OB -006, OB -010, OB -013, OB -014, OB -016, OB -017, OB -020, OB -021, OB -022, OC -009, OC -011, OC -015, OC -016, OC -019, OC -019, OC -019, OC -020, OC -021, OC -022, OC -024, OC -029, OC -034, OC -035, OC -037, OD -003, OD -009, OD -010, OD -012, OD -013, OD -015, OD -017, OD -023, OD -024, OD -025, OD -026, OD -029, OD -032, OD -034, OD -035, OD -036, OD -038, OD -039, OD -046, OD -047, OD -051, OD -052, OD -053, OD -054, OD -055, OD -057, OD -064, OD -065, OD -068, OD -071, OD -076, OD -078, OD -087, OD -088, OD -092

WIRKUNGEN UND BELASTUNGEN DURCH SCHADSTOFFE
PA -018, PA -019, PA -020, PA -021, PA -022, PA -023, PA -024, PA -025, PA -026, PA -027, PA -028, PA -029, PA -038, PB -006, PB -008, PB -011, PB -015, PB -018, PB -019, PB -024, PB -026, PB -031, PB -032, PB -033, PB -038, PB -040, PC -003, PC -005, PC -017, PC -018, PC -020, PC -022, PC -023, PC -024, PC -029, PC -041, PC -065, PC -067, PD -005, PD -006, PD -007, PD -008, PD -011, PD -012, PD -034, PD -038, PD -040, PD -042, PD -045, PD -047, PD -048, PD -049, PD -051, PD -056, PD -058, PD -061, PD -063, PD -064, PD -067, PD -068, PD -069, PE -012, PE -021, PE -052, PF -005, PF -006, PF -008, PF -028, PF -029, PF -033, PF -036, PF -037, PF -042, PF -043, PF -046, PF -047, PF -049, PF -061, PF -062, PF -063, PF -069, PF -072, PF -074, PG -002, PG -006, PG -017, PG -021, PG -031, PG -032, PG -034, PG -035, PG -036, PG -039, PG -041, PG -042, PG -043, PG -045, PG -046, PG -049, PG -054, PG -055, PG -059, PH -005, PH -007, PH -012, PH -018, PH -019, PH -020, PH -022, PH -023, PH -024, PH -027, PH -034, PH -035, PH -040, PH -042, PH -048, PH -049, PH -053, PH -055, PH -060, PI -001, PI -002, PI -009, PI -010, PI -011, PI -014, PI -016, PI -017, PI -018, PI -019, PI -022, PI -025, PI -026, PI -030, PI -031, PI -037, PI -038, PI -041, PI -043, PI -045, PI -046, PK -006, PK -012, PK -018, PK -024, PK -036

LEBENSMITTEL-, FUTTERMITTELKONTAMINATION
QA -009, QA -011, QA -012, QA -013, QA -024, QA -025, QA -033, QA -035, QA -039, QA -040, QA -042, QA -048, QA -063, QA -064, QB -002, QB -005, QB -007, QB -008, QB -010, QB -011, QB -015, QB -016, QB -018, QB -020, QB -023, QB -033, QB -042, QC -010, QC -014, QC -020, QC -028, QC -032, QC -037, QC -039, QC -040, QC -043, QD -002, QD -008, QD -009, QD -017, QD -027, QD -028, QD -029, QD -030, QD -031

LAND- UND FORSTWIRTSCHAFT
RA -005, RA -006, RA -007, RA -016, RA -019, RB -020, RB -021, RB -026, RB -031, RC -006, RC -007, RC -008, RC -012, RC -014, RC -015, RC -016, RC -019, RC -021, RC -024, RC -027, RC -030, RC -033, RC -035, RD -001, RD -005, RD -007, RD -009, RD -010, RD -014, RD -015, RD -016, RD -021, RD -022, RD -024, RD -026, RD -032, RD -038, RD -045, RD -047, RD -048, RD -051, RD -054, RE -001, RE -015, RE -023, RE -024, RE -028, RE -029, RE -030, RE -031, RE -035, RE -036, RE -037, RE -042, RE -044, RE -048, RF -004, RF -006, RF -007, RF -013, RF -014, RF -015, RF -019, RF -021, RG -001, RG -002, RG -004, RG -005, RG -006, RG -010, RG -011, RG -012, RG -015, RG -017, RG -018, RG -019, RG -023, RG -025, RG -026, RG -033, RG -035, RG -038, RH -006, RH -007, RH -009, RH -014, RH -027, RH -035, RH -036, RH -046, RH -050, RH -051, RH -060, RH -071, RH -072, RH -073, RH -074, RH -076

ENERGIE
SA -017, SA -018, SA -019, SA -034, SA -037, SA -038, SA -070, SB -021

HUMANSPHAERE
TA -014, TA -021, TA -022, TA -023, TA -035, TA -039, TA -040, TA -041, TA -042, TA -043, TA -046, TA -054, TA -057, TA -058, TA -059, TA -062, TA -063, TA -068, TA -070, TB -001, TB -004, TB -005, TB -006, TB -007, TB -008, TB -013, TB -026, TB -037, TC -002, TC -003, TC -006, TC -008, TC -009, TC -011, TC -012, TD -009, TE -001, TE -004, TE -013, TE -014, TE -015, TE -016, TE -017, TF -009

UMWELTPLANUNG, UMWELTGESTALTUNG
UA -024, UA -048, UB -017, UB -027, UC -001, UC -005, UC -008, UC -038, UC -048, UC -052, UD -003, UD -004, UD -007, UD -010, UD -011, UE -017, UE -018, UE -021, UE -022, UE -030, UE -035, UE -037, UE -041, UE -045, UE -046, UF -014, UF -015, UF -018, UF -027, UF -036, UG -009, UG -010, UG -011, UG -014, UH -013, UH -014, UH -026, UH -033, UH -041, UI -015, UI -016, UI -017, UI -020, UK -020, UK -021, UK -047, UK -058, UK -060, UK -063, UL -014, UL -038, UL -039, UL -049, UL -058, UL -060, UL -062, UL -067, UM -002, UM -014, UM -016, UM -028, UM -034, UM -035, UM -038, UM -059, UM -060, UM -062, UM -071, UM -073, UM -077, UM -082, UN -040, UN -041

INFORMATION, DOKUMENTATION, PROGNOSEN, MODELLE
VA -001, VA -003, VA -010

FRAUNHOFER-GESELLSCHAFT ZUR FOERDERUNG DER ANGEWANDTEN FORSCHUNG E.V., MUENCHEN

LUFTREINHALTUNG UND LUFTVERUNREINIGUNG
AA -013, AA -044, CA -052

WASSERREINHALTUNG UND WASSERVERUNREINIGUNG
HE -017

STRAHLUNG, RADIOAKTIVITAET
NC -017

WIRKUNGEN UND BELASTUNGEN DURCH SCHADSTOFFE
PB -003

HUMANSPHAERE
TF -027

GESELLSCHAFT FUER KERNENERGIEVERWERTUNG IN SCHIFFBAU UND SCHIFFAHRT MBH (GKSS), HAMBURG

LUFTREINHALTUNG UND LUFTVERUNREINIGUNG
AA -028

WASSERREINHALTUNG UND WASSERVERUNREINIGUNG
HA -027, HA -029

ENERGIE
SA -056

GESELLSCHAFT FUER KERNFORSCHUNG MBH (GFK), KARLSRUHE

LUFTREINHALTUNG UND LUFTVERUNREINIGUNG
CB -001, EA -007

WASSERREINHALTUNG UND WASSERVERUNREINIGUNG
IA -020, KB -049, KB -050, KE -011, KF -010

STRAHLUNG, RADIOAKTIVITAET
NB -028, NC -020

GESELLSCHAFT FUER STRAHLEN- UND UMWELTFORSCHUNG MBH (GSF), MUENCHEN

WASSERREINHALTUNG UND WASSERVERUNREINIGUNG
ID -034

WIRKUNGEN UND BELASTUNGEN DURCH SCHADSTOFFE
PB -015, PB -016, PC -018, PF -022, PH -031

LAND- UND FORSTWIRTSCHAFT
RG -007, RH -013

UMWELTPLANUNG, UMWELTGESTALTUNG
UM -015

GESELLSCHAFT FUER WELTRAUMFORSCHUNG MBH (GFW) IN DER DFVLR, KOELN

LUFTREINHALTUNG UND LUFTVERUNREINIGUNG
AA -017, CA -025, DB -008, DC -024, DC -054, DC -055, DC -056, DC -057, DC -058, DC -059

LAERM UND ERSCHUETTERUNGEN
FA -061, FA -082, FC -002, FC -011, FC -012, FC -017, FC -041, FC -089, FC -092, FC -093

WASSERREINHALTUNG UND WASSERVERUNREINIGUNG
IE -051, KB -047, KB -085

ABFALL
MD -036, ME -064

UMWELTCHEMIKALIEN
OA -037

LAND- UND FORSTWIRTSCHAFT
RA -023

ENERGIE
SA -077

HUMANSPHAERE
TA -009, TA -010, TA -069

KERNFORSCHUNGSANLAGE JUELICH GMBH (KFA), JUELICH

LUFTREINHALTUNG UND LUFTVERUNREINIGUNG
DB -002, DB -006, DB -007, DB -012, DB -033, DD -018

ABWAERME
GA -008, GC -001, GC -004

WASSERREINHALTUNG UND WASSERVERUNREINIGUNG
HD -007

ENERGIE
SA -025, SA -044, SA -052, SA -053, SA -058, SA -063, SA -072, SB -015, SB -029

UMWELTPLANUNG, UMWELTGESTALTUNG
UD -008, UD -021, UD -022

MAX-PLANCK-GESELLSCHAFT ZUR FOERDERUNG DER WISSENSCHAFTEN E.V., MUENCHEN

LUFTREINHALTUNG UND LUFTVERUNREINIGUNG
AA -126, AA -127, BB -031, CB -072, CB -073, CB -074, CB -075, CB -076, CB -078

LAERM UND ERSCHUETTERUNGEN
FA -056, FA -057, FA -058, FA -059, FB -075

WASSERREINHALTUNG UND WASSERVERUNREINIGUNG
IA -036

UMWELTPLANUNG, UMWELTGESTALTUNG
UB -023, UB -025, UB -026, UC -050, UN -037, UN -038, UN -039

MAX-PLANCK-INSTITUT FUER EISENFORSCHUNG, DUESSELDORF

LUFTREINHALTUNG UND LUFTVERUNREINIGUNG
BC -037

NACHGEORDNETE BEHOERDEN, KOMMUNALE EINRICHTUNGEN, VERBAENDE, WIRTSCHAFT U. A.

ABWASSERTECHNISCHE VEREINIGUNG E.V., BONN

HUMANSPHAERE
TD -018

AKADEMIE DER WISSENSCHAFTEN UND DER LITERATUR IN MAINZ

WIRKUNGEN UND BELASTUNGEN DURCH SCHADSTOFFE
PH -059

AKADEMIE FUER RAUMFORSCHUNG UND LANDESPLANUNG, HANNOVER

LAND- UND FORSTWIRTSCHAFT
RA -015

UMWELTPLANUNG, UMWELTGESTALTUNG
UE -025, UE -038, UK -003, UK -024, UK -025, UK -027, UL -028, UL -037, UM -027

ALLGEMEINE ELELKTRICITAETS-GESELLSCHAFT (AEG), FRANKFURT

INFORMATION, DOKUMENTATION, PROGNOSEN, MODELLE
VA -008

ALUMINIUMWERKE, BONN

WIRKUNGEN UND BELASTUNGEN DURCH SCHADSTOFFE
PF -041

AMT FUER LANDESFORSTEN SCHLESWIG-HOLSTEIN

LAND- UND FORSTWIRTSCHAFT
RA -021

AMT FUER STADTENTWAESSERUNG

ABFALL
MC -049

ARBEITSGEMEINSCHAFT DER EISEN- UND STAHL-BERUFSGENOSSENSCHAFTEN

LUFTREINHALTUNG UND LUFTVERUNREINIGUNG
BC -003

ARBEITSGEMEINSCHAFT DEUTSCHER WALDBESITZERVERBAENDE E.V., BONN

LAND- UND FORSTWIRTSCHAFT
RG -027, RG -028

UMWELTPLANUNG, UMWELTGESTALTUNG
UM -082

ARBEITSGEMEINSCHAFT FUER ABFALLBESEITIGUNG, DILLINGEN/DONAU

ABFALL
MC -017

ARBEITSGEMEINSCHAFT INDUSTRIELLER FORSCHUNGSVEREINIGUNGEN E.V. (AIF)

LUFTREINHALTUNG UND LUFTVERUNREINIGUNG
BB -006, BB -030, BC -003, BC -029, BE -022, CB -008, DA -021, DA -048, DB -015, DB -024, DC -013, DC -016, DD -004, DD -010, DD -011, DD -013, DD -058

LAERM UND ERSCHUETTERUNGEN
FA -006, FA -007, FA -008, FB -027, FB -028, FB -029, FC -015, FC -020, FC -021

WASSERREINHALTUNG UND WASSERVERUNREINIGUNG
KA -023, KC -010, KC -025, KC -033, KC -034, KC -041, KC -069, KD -018

ABFALL
MA -026, MB -005, ME -045, ME -051, MF -004, MF -007

LEBENSMITTEL-, FUTTERMITTELKONTAMINATION
QA -014, QA -015

LAND- UND FORSTWIRTSCHAFT
RF -001

HUMANSPHAERE
TA -019

ARBEITSGEMEINSCHAFT RHEIN

ABWAERME
GB -017, GB -019

ARBEITSKREIS FUER HYGIENE UND SAUBERKEIT

HUMANSPHAERE
TF -014

AUGUST THYSSEN-HUETTE AG, DUISBURG

ABWAERME
GC -009

AUTOBAHNAMT KOELN

WASSERREINHALTUNG UND WASSERVERUNREINIGUNG
HD -014

BADENWERK AG, KARLSRUHE

ABWAERME
GB -028

BADISCHE ANILIN- UND SODAFABRIK AG (BASF), LUDWIGSHAFEN

WASSERREINHALTUNG UND WASSERVERUNREINIGUNG
HG -022

BAYERISCHE STAATSFORSTVERWALTUNG, MUENCHEN

WIRKUNGEN UND BELASTUNGEN DURCH SCHADSTOFFE
PH -028

LAND- UND FORSTWIRTSCHAFT
RG -020, RG -021, RG -022

UMWELTPLANUNG, UMWELTGESTALTUNG
UM -036

BAYERISCHES GEOLOGISCHES LANDESAMT, MUENCHEN

WASSERREINHALTUNG UND WASSERVERUNREINIGUNG
HB -002, HB -003

LAND- UND FORSTWIRTSCHAFT
RC -004, RC -017, RC -032

BAYERWERKE AG, LEVERKUSEN

WASSERREINHALTUNG UND WASSERVERUNREINIGUNG
KB -073, KC -036

STRAHLUNG, RADIOAKTIVITAET
NC -116

UMWELTCHEMIKALIEN
OC -001, OD -080

WIRKUNGEN UND BELASTUNGEN DURCH SCHADSTOFFE
PG -057

UMWELTPLANUNG, UMWELTGESTALTUNG
UB -020

BERGBAU-BERUFSGENOSSENSCHAFT, BOCHUM

WIRKUNGEN UND BELASTUNGEN DURCH SCHADSTOFFE
PE -001

BERGBAU-FORSCHUNG GMBH, ESSEN

LUFTREINHALTUNG UND LUFTVERUNREINIGUNG
BC -021, DB -011

WASSERREINHALTUNG UND WASSERVERUNREINIGUNG
IA -037

BERLINER KRAFT UND LICHT AG (BEWAG), BERLIN

ABWAERME
GB -001

BERUFSGENOSSENSCHAFT DER CHEMISCHEN INDUSTRIE, HEIDELBERG

WIRKUNGEN UND BELASTUNGEN DURCH SCHADSTOFFE
PD -046

BETONSTEINVERBAND, BONN

LUFTREINHALTUNG UND LUFTVERUNREINIGUNG
BC -041

BILDZEITUNG, REDAKTION MUENCHEN

HUMANSPHAERE
TE -009

BRAAS UND CO GMBH, FRANKFURT

LUFTREINHALTUNG UND LUFTVERUNREINIGUNG
BB -007

BREMER WOLL-KAEMMEREI, BREMEN/BLUMENTHAL

WASSERREINHALTUNG UND WASSERVERUNREINIGUNG
KC -048

BSA MASCHINENFABRIK PAUL G. LANGER GMBH, MUENCHBERG

ABFALL
MF -048

BUNDESAMT FUER ZIVILSCHUTZ, BONN BAD-GODESBERG

STRAHLUNG, RADIOAKTIVITAET
NC -103

BUNDESAMT FUER ZIVILSCHUTZ, BONN-BAD GODESBERG

STRAHLUNG, RADIOAKTIVITAET
NB -031, NC -104

UMWELTPLANUNG, UMWELTGESTALTUNG
UN -023

BUNDESANSTALT FUER ARBEITSSCHUTZ UND UNFALLFORSCHUNG, DORTMUND

HUMANSPHAERE
TA -052

BUNDESANSTALT FUER BODENFORSCHUNG, HANNOVER

ABFALL
ME -005

BUNDESANSTALT FUER MATERIALPRUEFUNG, BERLIN

LUFTREINHALTUNG UND LUFTVERUNREINIGUNG
BA -003

WASSERREINHALTUNG UND WASSERVERUNREINIGUNG
IC -001, KF -001

HUMANSPHAERE
TA -015

BUNDESANSTALT FUER STRASSENWESEN, KOELN

LUFTREINHALTUNG UND LUFTVERUNREINIGUNG
BA -066

HUMANSPHAERE
TD -023

BUNDESANSTALT FUER VEGETATIONSKUNDE, NATURSCHUTZ UND LANDESPFLEGE, BONN-BAD GODESBERG

WASSERREINHALTUNG UND WASSERVERUNREINIGUNG
IA -015, IC -056

UMWELTPLANUNG, UMWELTGESTALTUNG
UK -028, UK -040, UL -031, UL -035

BUNDESFORSCHUNGSANSTALT FUER FORST- UND HOLZWIRTSCHAFT, REINBEK

LUFTREINHALTUNG UND LUFTVERUNREINIGUNG
BB -014, DC -033

LAERM UND ERSCHUETTERUNGEN
FC -043

ABFALL
MF -025, MF -026

UMWELTCHEMIKALIEN
OD -042

WIRKUNGEN UND BELASTUNGEN DURCH SCHADSTOFFE
PH -047, PH -057

LAND- UND FORSTWIRTSCHAFT
RA -021, RA -022, RG -028, RH -029

UMWELTPLANUNG, UMWELTGESTALTUNG
UC -034, UK -048, UL -050

BUNDESGESUNDHEITSAMT, BERLIN

LUFTREINHALTUNG UND LUFTVERUNREINIGUNG
BA -049, BB -024, CA -056, CA -057, CA -058

WASSERREINHALTUNG UND WASSERVERUNREINIGUNG
HD -015, HE -021, HE -022, HE -023, HE -025, HE -026, ID -042, ID -043, KC -053, KC -054

UMWELTCHEMIKALIEN
OA -028, OD -073

WIRKUNGEN UND BELASTUNGEN DURCH SCHADSTOFFE
PA -035, PE -028, PE -029, PE -031, PH -046

LEBENSMITTEL-, FUTTERMITTELKONTAMINATION
QA -065

HUMANSPHAERE
TF -032

BUNDESINSTITUT FUER SPORTWISSENSCHAFT, KOELN

TC -015

BUNDESVERBAND DER DEUTSCHEN ZIEGELINDUSTRIE E.V., BONN

LUFTREINHALTUNG UND LUFTVERUNREINIGUNG
DC -040

BUNDESVERBAND DRUCK E.V., WIESBADEN

UMWELTPLANUNG, UMWELTGESTALTUNG
UC -020

BUNDESVEREINIGUNG DER DEUTSCHEN HEFEINDUSTRIE E.V., HAMBURG

WASSERREINHALTUNG UND WASSERVERUNREINIGUNG
KC -026

CARL ZEISS, OBERKOCHEN

UMWELTCHEMIKALIEN
OC -015

LEBENSMITTEL-, FUTTERMITTELKONTAMINATION
QC -028

CENTRALE MARKETINGGESELLSCHAFT DER DEUTSCHEN AGRARWIRTSCHAFT MBH (CMA), BONN-BAD GODESBERG

WASSERREINHALTUNG UND WASSERVERUNREINIGUNG
ID -028

ABFALL
ME -089, MF -050

DAIMLER-BENZ AG, STUTTGART

LUFTREINHALTUNG UND LUFTVERUNREINIGUNG
BA -016

DEUTSCHE BABCOCK UND WILCOX AG, OBERHAUSEN

LUFTREINHALTUNG UND LUFTVERUNREINIGUNG
DB -011, DC -005

DEUTSCHE BUNDESBAHN, BEZIRKSDIREKTION MUENCHEN

LAERM UND ERSCHUETTERUNGEN
FB -050

UMWELTPLANUNG, UMWELTGESTALTUNG
UH -032

DEUTSCHE BUNDESBAHN, FRANKFURT

LAERM UND ERSCHUETTERUNGEN
FB -033

WASSERREINHALTUNG UND WASSERVERUNREINIGUNG
HB -034, HB -035

DEUTSCHE BUNDESBAHN, ZENTRALE TRANSPORTLEITUNG, MAINZ

UMWELTPLANUNG, UMWELTGESTALTUNG
UH -040

DEUTSCHE FORSCHUNGSGESELLSCHAFT FUER BLECHVERARBEITUNG UND OBERFLAECHENBEHANDLUNG E.V., DUESSELDORF

LUFTREINHALTUNG UND LUFTVERUNREINIGUNG
DC -018, DD -012

LAERM UND ERSCHUETTERUNGEN
FC -068, FC -069, FC -078

HUMANSPHAERE
TA -049, TA -050, TA -051

DEUTSCHE GESELLSCHAFT FUER CHEMISCHES APPARATEWESEN E.V. (DECHEMA), FRANKFURT

LAERM UND ERSCHUETTERUNGEN
FA -062

WASSERREINHALTUNG UND WASSERVERUNREINIGUNG
KB -041

UMWELTPLANUNG, UMWELTGESTALTUNG
UA -042

DEUTSCHE GESELLSCHAFT FUER HOLZFORSCHUNG E.V. (DGFH), MUENCHEN

ABFALL
MF -023

DEUTSCHE GESELLSCHAFT FUER HUMANOEKOLOGIE, STUTTGART

INFORMATION, DOKUMENTATION, PROGNOSEN, MODELLE
VA -013

DEUTSCHE GESELLSCHAFT FUER MINERALOELWISSENSCHAFT UND KOHLECHEMIE E.V., HAMBURG

LUFTREINHALTUNG UND LUFTVERUNREINIGUNG
BC -001, BC -001

WASSERREINHALTUNG UND WASSERVERUNREINIGUNG
HB -017, ID -012

UMWELTCHEMIKALIEN
OD -018

LEBENSMITTEL-, FUTTERMITTELKONTAMINATION
QA -003

DEUTSCHE GESELLSCHAFT FUER SCHAEDLINGSBEKAEMPFUNG MBH, FRANKFURT

LEBENSMITTEL-, FUTTERMITTELKONTAMINATION
QA -063

DEUTSCHE GESELLSCHAFT ZUR FOERDERUNG DER BRAUWISSENSCHAFT

WASSERREINHALTUNG UND WASSERVERUNREINIGUNG
KC -073

DEUTSCHE LANDWIRTSCHAFTS-GESELLSCHAFT, FRANKFURT

LUFTREINHALTUNG UND LUFTVERUNREINIGUNG
BE -021

LEBENSMITTEL-, FUTTERMITTELKONTAMINATION
QC -009

DEUTSCHE VEREINIGUNG FUER VERBRENNUNGSFORSCHUNG E.V., DUESSELDORF

LAERM UND ERSCHUETTERUNGEN
FC -019

DEUTSCHER AKADEMISCHER AUSTAUSCHDIENST, BONN-BAD GODESBERG

WASSERREINHALTUNG UND WASSERVERUNREINIGUNG
HA -022, HC -028

ABFALL
MD -001, MF -017

LAND- UND FORSTWIRTSCHAFT
RH -049, RH -064

DEUTSCHER JAGDSCHUTZVERBAND E.V., BONN

UMWELTPLANUNG, UMWELTGESTALTUNG
UN -056

DEUTSCHER NORMENAUSSCHUSS (DNA), BERLIN

LUFTREINHALTUNG UND LUFTVERUNREINIGUNG
AA -023

STRAHLUNG, RADIOAKTIVITAET
NC -038, NC -043

DEUTSCHER VEREIN VON GAS- UND WASSERFACHMAENNERN E.V., ESCHBORN

LUFTREINHALTUNG UND LUFTVERUNREINIGUNG
DB -027

DEUTSCHER WETTERDIENST, OFFENBACH

LUFTREINHALTUNG UND LUFTVERUNREINIGUNG
AA -132, EA -001

STRAHLUNG, RADIOAKTIVITAET
NB -009

DEUTSCHES INSTITUT FUER URBANISTIK, BERLIN

UMWELTPLANUNG, UMWELTGESTALTUNG
UE -028

DORNIER SYSTEM GMBH, FRIEDRICHSHAFEN

ABFALL
ME -034

DR. K. FELDBAUSCH-STIFTUNG, MAINZ

WASSERREINHALTUNG UND WASSERVERUNREINIGUNG
IC -088

DYNAMIT NOBEL AG, TROISDORF

WIRKUNGEN UND BELASTUNGEN DURCH SCHADSTOFFE
PD -058

ECOSYSTEM, GESELLSCHAFT FUER UMWELTSYSTEME MBH, MUENCHEN

ABFALL
MG -015

EMSCHERGENOSSENSCHAFT, ESSEN

WASSERREINHALTUNG UND WASSERVERUNREINIGUNG
KB -058

ENERGIEVERSORGUNG SCHWABEN AG, STUTTGART

ABWAERME
GB -030

ERDOELRAFFINERIE INGOLSTADT - ERIAG -

LUFTREINHALTUNG UND LUFTVERUNREINIGUNG
BC -013

ERP-KREDIT-LUFTREINHALTEPROGRAMM

LUFTREINHALTUNG UND LUFTVERUNREINIGUNG
DC -050

FACHGEMEINSCHAFT OELHYDRAULIK IM VEREIN DEUTSCHER MASCHINENBAU-ANSTALTEN E.V., FRANKFURT

LAERM UND ERSCHUETTERUNGEN
FC -022

FACHVERBAND DER STICKSTOFFINDUSTRIE E.V., DUESSELDORF

WASSERREINHALTUNG UND WASSERVERUNREINIGUNG
ID -053

FACHVERBAND HOHLGLASINDUSTRIE E.V., DUESSELDORF

ABFALL
MA -006, ME -049, ME -077

FIRMA DURAG, HAMBURG

LUFTREINHALTUNG UND LUFTVERUNREINIGUNG
CA -100

FIRMA HABERLAND & CO., DOLLBERGEN

ABFALL
ME -074

FIRMA HERMANN HEYE

ME -078

FIRMA LAHMEYER, FRANKFURT

WASSERREINHALTUNG UND WASSERVERUNREINIGUNG
HB -021

FIRMA LECHNER UND FIRMA BUDERUS

LUFTREINHALTUNG UND LUFTVERUNREINIGUNG
BE -002

FIRMA LUKAS-ERZETT OHG, ENGELSKIRCHEN

LAERM UND ERSCHUETTERUNGEN
FC -079

FIRMA NEMETZ UND RUESS

WASSERREINHALTUNG UND WASSERVERUNREINIGUNG
KE -050

FIRMA SICK, MUENCHEN

LUFTREINHALTUNG UND LUFTVERUNREINIGUNG
CA -099

FOERDERGEMEINSCHAFT DER GROSSKRAFTWERKSBETREIBER

BB -010

FONDS DER CHEMISCHEN INDUSTRIE

CB -048

UMWELTCHEMIKALIEN
OC -006, OC -015

LEBENSMITTEL-, FUTTERMITTELKONTAMINATION
QC -028

FONDS FUER UMWELTSTUDIEN

UMWELTPLANUNG, UMWELTGESTALTUNG
UB -009, UB -010, UB -024

FORSCHUNGSANSTALT FUER LANDWIRTSCHAFT, BRAUNSCHWEIG-VOELKENRODE

WASSERREINHALTUNG UND WASSERVERUNREINIGUNG
ID -032, KC -022, KD -005, KD -007

ABFALL
MD -022, MF -010, MF -011, MF -012, MF -013, MF -014, MF -030, MF -031

UMWELTCHEMIKALIEN
OD -025, OD -027, OD -028, OD -030, OD -031, OD -032

WIRKUNGEN UND BELASTUNGEN DURCH SCHADSTOFFE
PF -023, PG -015, PG -018, PI -013

LEBENSMITTEL-, FUTTERMITTELKONTAMINATION
QA -020

LAND- UND FORSTWIRTSCHAFT
RD -035, RD -036, RD -037, RE -017, RE -032, RE -033, RF -002, RF -009

FORSCHUNGSGEMEINSCHAFT BAUEN UND WOHNEN, STUTTGART

LUFTREINHALTUNG UND LUFTVERUNREINIGUNG
AA -097

LAERM UND ERSCHUETTERUNGEN
FD -016

ENERGIE
SA -022, SB -018

HUMANSPHAERE
TB -017

FORSCHUNGSGESELLSCHAFT DRUCKMASCHINEN E.V., FRANKFURT

LAERM UND ERSCHUETTERUNGEN
FC -020

FORSCHUNGSGESELLSCHAFT FUER DAS STRASSENWESEN E.V., KOELN

WASSERREINHALTUNG UND WASSERVERUNREINIGUNG
IB -008

FORSCHUNGSHAUSHALT DER UNI BIELEFELD

UMWELTPLANUNG, UMWELTGESTALTUNG
UA -014

FORSCHUNGSKREIS DER ERNAEHRUNGSINDUSTRIE E.V., HANNOVER

LEBENSMITTEL-, FUTTERMITTELKONTAMINATION
QA -038

FORSCHUNGSKREIS FUER GEOLOGIE

UMWELTCHEMIKALIEN
OD -019

FORSCHUNGSKURATORIUM GESAMTTEXTIL, FRANKFURT

ABFALL
MB -004

FORSCHUNGSKURATORIUM MASCHINENBAU E.V., FRANKFURT

LAERM UND ERSCHUETTERUNGEN
FA -008, FC -063, FC -064

FORSCHUNGSRING DES DEUTSCHEN WEINBAUS, FRANKFURT

WIRKUNGEN UND BELASTUNGEN DURCH SCHADSTOFFE
PF -024

LAND- UND FORSTWIRTSCHAFT
RD -008, RD -013

FORSCHUNGSVEREINIGUNG FUER LUFT- UND TROCKNUNGSTECHNIK E.V., FRANKFURT

LAERM UND ERSCHUETTERUNGEN
FD -031

FORSCHUNGSVEREINIGUNG VERBRENNUNGSKRAFTMASCHINEN E.V., FRANKFURT

LUFTREINHALTUNG UND LUFTVERUNREINIGUNG
BA -019, BA -021, BA -028, BA -031, BA -037, BA -038, BA -039, BA -054, BA -055, CB -027, DA -018, DA -033, DA -043, DA -054

FORSTLICHE FORSCHUNGSANSTALT, INSTITUT FUER METEOROLOGIE, MUENCHEN

LUFTREINHALTUNG UND LUFTVERUNREINIGUNG
AA -081, CB -032

FREIE HANSESTADT BREMEN, STADTENTWAESSERUNGSAMT

WASSERREINHALTUNG UND WASSERVERUNREINIGUNG
KC -048

FREIE UND HANSESTADT HAMBURG

LUFTREINHALTUNG UND LUFTVERUNREINIGUNG
BC -022, CB -080

LAERM UND ERSCHUETTERUNGEN
FB -049

WASSERREINHALTUNG UND WASSERVERUNREINIGUNG
HC -014, ID -002, KB -039

LAND- UND FORSTWIRTSCHAFT
RG -028

UMWELTPLANUNG, UMWELTGESTALTUNG
UL -078

FREIE UND HANSESTADT HAMBURG, BAUBEHOERDE

LUFTREINHALTUNG UND LUFTVERUNREINIGUNG
BB -008, CA -028

LAERM UND ERSCHUETTERUNGEN
FB -048

ABFALL
MC -050

FREIE UND HANSESTADT HAMBURG, BEHOERDE FUER WIRTSCHAFT UND VERKEHR

ABWAERME
GB -010

FREIE UND HANSESTADT HAMBURG, BEHOERDE FUER WIRTSCHAFT UND VERKEHR, STROM- UND HAFENBAU

UMWELTPLANUNG, UMWELTGESTALTUNG
UN -024

FREISTAAT BAYERN

LUFTREINHALTUNG UND LUFTVERUNREINIGUNG
BC -027

ABFALL
MA -023

WIRKUNGEN UND BELASTUNGEN DURCH SCHADSTOFFE
PF -061, PF -062, PH -053

FRIEDRICH KRUPP GMBH, ESSEN

WASSERREINHALTUNG UND WASSERVERUNREINIGUNG
HF -003, HF -004

ABFALL
ME -087

FRIEDRICH-EBERT-STIFTUNG, BONN-BAD GODESBERG

UMWELTPLANUNG, UMWELTGESTALTUNG
UM -001

FRITZ THYSSEN STIFTUNG, KOELN

HUMANSPHAERE
TB -027

UMWELTPLANUNG, UMWELTGESTALTUNG
UH -025

GEFLUEGELWIRTSCHAFTSVERBAND WESER-EMS

LUFTREINHALTUNG UND LUFTVERUNREINIGUNG
BE -021

GEMEINDE SELFKANT, KREIS HEINSBERG

WASSERREINHALTUNG UND WASSERVERUNREINIGUNG
IB -001

GEMEINSCHAFT ZUR FOERDERUNG DER PRIVATEN DEUTSCHEN LANDWIRTSCHAFTLICHEN PFLANZENZUECHTUNG E.V.

UMWELTPLANUNG, UMWELTGESTALTUNG
UM -058

GEORG MICHAEL PFAFF-GEDAECHTNISSTIFTUNG, KAISERSLAUTERN

LAND- UND FORSTWIRTSCHAFT
RE -003

GESELLSCHAFT DER FREUNDE DER TH DARMSTADT

UMWELTPLANUNG, UMWELTGESTALTUNG
UB -007

GESELLSCHAFT DER FREUNDE DER UNI MANNHEIM

LUFTREINHALTUNG UND LUFTVERUNREINIGUNG
EA -002

GESELLSCHAFT DEUTSCHER CHEMIKER, FACHGRUPPE WASSERCHEMIE, FRANKFURT

WASSERREINHALTUNG UND WASSERVERUNREINIGUNG
KA -009

GESELLSCHAFT DEUTSCHER CHEMIKER, FRANKFURT

UMWELTCHEMIKALIEN
OC -015

LEBENSMITTEL-, FUTTERMITTELKONTAMINATION
QC -028

GESELLSCHAFT ZUR FOERDERUNG DER FORST- UND HOLZWIRTSCHAFTLICHEN FORSCHUNG, FREIBURG

LAND- UND FORSTWIRTSCHAFT
RD -019

GRIMMINGER-STIFTUNG FUER ZOONOSENFORSCHUNG, STUTTGART

HUMANSPHAERE
TF -026

GUETESCHUTZGEMEINSCHAFT BERLIN E.V.

WIRKUNGEN UND BELASTUNGEN DURCH SCHADSTOFFE
PK -003

HABERLAND & CO., DOLLBERGEN

WASSERREINHALTUNG UND WASSERVERUNREINIGUNG
KC -045

HAMBURGER HOCHBAHN AG

UMWELTPLANUNG, UMWELTGESTALTUNG
UI -013

HAMBURGER WASSERWERKE

WASSERREINHALTUNG UND WASSERVERUNREINIGUNG
HB -030

HARZWASSERWERKE

WASSERREINHALTUNG UND WASSERVERUNREINIGUNG
HE -030

HAUPTVERBAND DER GEWERBLICHEN BERUFSGENOSSENSCHAFTEN E.V., BONN

LUFTREINHALTUNG UND LUFTVERUNREINIGUNG
BC -002

LAERM UND ERSCHUETTERUNGEN
FC -004

HEINRICH SCHMITZ K.G., DUESSELDORF

LUFTREINHALTUNG UND LUFTVERUNREINIGUNG
AA -016

HESSISCHE LANDESANSTALT FUER UMWELT, WIESBADEN

ABFALL
MC -029, ME -012

INFORMATION, DOKUMENTATION, PROGNOSEN, MODELLE
VA -008

HESSISCHE ZENTRALE FUER DATENVERARBEITUNG (HZD), WIESBADEN

INFORMATION, DOKUMENTATION, PROGNOSEN, MODELLE
VA -008

HOMANN-WERKE, HERZBERG/HARZ

WASSERREINHALTUNG UND WASSERVERUNREINIGUNG
IC -036

INDUSTRIEANLAGEN BERATUNGSGESELLSCHAFT (IABG), OTTOBRUNN

UMWELTPLANUNG, UMWELTGESTALTUNG
UE -034

INSTITUT FUER BAUTECHNIK, BERLIN

LAERM UND ERSCHUETTERUNGEN
FD -003

ABWAERME
GA -019

INSTITUT FUER DOKUMENTATIONSWESEN, FRANKFURT

WASSERREINHALTUNG UND WASSERVERUNREINIGUNG
IA -035

UMWELTPLANUNG, UMWELTGESTALTUNG
UE -033

INFORMATION, DOKUMENTATION, PROGNOSEN, MODELLE
VA -007

INSTITUT FUER GEOPHYSIKALISCHE WISSENSCHAFTEN - FACHRICHTUNG METEOROLOGIE DER FU BERLIN, BERLIN

LUFTREINHALTUNG UND LUFTVERUNREINIGUNG
BB -009

INSTITUT FUER STRASSENBAU UND VERKEHRSPLANUNG DER UNI INNSBRUCK

UMWELTPLANUNG, UMWELTGESTALTUNG
UH -024

INSTITUT FUER UMWELTSCHUTZ UND AGRIKULTURCHEMIE

ABWAERME
GA -003

INTERMINISTERIELLER AUSSCHUSS, BONN

LAND- UND FORSTWIRTSCHAFT
RD -052

UMWELTPLANUNG, UMWELTGESTALTUNG
UL -068

INTERNATIONALE GEOGRAPHISCHE UNION

LAND- UND FORSTWIRTSCHAFT
RC -012

INTERPARLAMENTARISCHE ARBEITSGEMEINSCHAFT (IPA), BONN

UMWELTPLANUNG, UMWELTGESTALTUNG
UA -029

INTERPARLAMENTARISCHE ARBEITSGEMEINSCHAFT - FONDS FUER UMWELTSTUDIEN, BONN

UMWELTPLANUNG, UMWELTGESTALTUNG
UA -023

KERNKRAFTWERK PHILIPPSBURG GMBH, PHILIPPSBURG

STRAHLUNG, RADIOAKTIVITAET
NC -014

KERNKRAFTWERK SUED GMBH, ETTLINGEN

STRAHLUNG, RADIOAKTIVITAET
NC -015

KERNKRAFTWERKBETREIBER

STRAHLUNG, RADIOAKTIVITAET
NB -052

KLOECKNER-HUMBOLDT-DEUTZ AG, KOELN

LUFTREINHALTUNG UND LUFTVERUNREINIGUNG
DA -022, DA -073

UMWELTPLANUNG, UMWELTGESTALTUNG
UI -026

KOMMISSION FUER WIRTSCHAFTLICHEN UND SOZIALEN WANDEL, BONN-BAD GODESBERG

UMWELTPLANUNG, UMWELTGESTALTUNG
UA -033, UC -030

KRAFTANLAGEN AG, HEIDELBERG

HUMANSPHAERE
TF -017

KREIS PINNEBERG

UMWELTPLANUNG, UMWELTGESTALTUNG
UK -057

KUEBEL-STIFTUNG, BENSHEIM

LAND- UND FORSTWIRTSCHAFT
RA -002

KURATORIUM FUER FORSCHUNG IM KUESTENINGENIEURWESEN

WASSERREINHALTUNG UND WASSERVERUNREINIGUNG
HC -004

KURATORIUM FUER KULTURBAUWESEN E.V., BONN

WASSERREINHALTUNG UND WASSERVERUNREINIGUNG
HA -054, IC -068

KURATORIUM FUER TECHNIK UND BAUWESEN IN DER LANDWIRTSCHAFT E.V. (KTBL), DARMSTADT

LUFTREINHALTUNG UND LUFTVERUNREINIGUNG
BD -006, BD -010, BE -021

WASSERREINHALTUNG UND WASSERVERUNREINIGUNG
KD -006, KD -011

ENERGIE
SB -026

KURATORIUM FUER WASSER- UND KULTURBAUWESEN (KWK), BONN

WASSERREINHALTUNG UND WASSERVERUNREINIGUNG
HD -002, HD -023, HE -043, HE -049, IB -002, IB -017, IF -038, KB -055, KB -076, KB -077, KC -046, KC -047, KE -039, KE -043, KE -063

UMWELTCHEMIKALIEN
OA -016, OD -008

WIRKUNGEN UND BELASTUNGEN DURCH SCHADSTOFFE
PF -003

LAND- UND FORSTWIRTSCHAFT
RD -053

HUMANSPHAERE
TA -055

KURATORIUM FUER WASSERWIRTSCHAFT E.V. (KFW), BONN

WASSERREINHALTUNG UND WASSERVERUNREINIGUNG
KE -048

LAND BADEN-WUERTTEMBERG

LUFTREINHALTUNG UND LUFTVERUNREINIGUNG
AA -069, CB -030

ABWAERME
GB -023

WASSERREINHALTUNG UND WASSERVERUNREINIGUNG
HA -031, HA -064, HA -065, HA -066, HB -055

ABFALL
MD -024

LAND HESSEN

LUFTREINHALTUNG UND LUFTVERUNREINIGUNG
BB -005, CB -048

WASSERREINHALTUNG UND WASSERVERUNREINIGUNG
HA -020, IC -112, ID -021

ABFALL
MD -019, ME -015

LAND- UND FORSTWIRTSCHAFT
RE -024, RG -009, RG -010

HUMANSPHAERE
TB -023

UMWELTPLANUNG, UMWELTGESTALTUNG
UC -047, UF -019, UH -023, UK -016, UK -017, UK -023, UL -004, UL -026, UM -010

LAND NIEDERSACHSEN

LUFTREINHALTUNG UND LUFTVERUNREINIGUNG
AA -033, AA -052, BD -009, BE -013

WASSERREINHALTUNG UND WASSERVERUNREINIGUNG
IC -066, ID -023, KC -062, KE -033

ABFALL
MC -042, MC -043

WIRKUNGEN UND BELASTUNGEN DURCH SCHADSTOFFE
PH -021

LEBENSMITTEL-, FUTTERMITTELKONTAMINATION
QB -023

LAND- UND FORSTWIRTSCHAFT
RC -027, RD -056, RF -008

UMWELTPLANUNG, UMWELTGESTALTUNG
UK -059

LAND NORDRHEIN-WESTFALEN

LUFTREINHALTUNG UND LUFTVERUNREINIGUNG
AA -106, AA -107, AA -108, AA -109, AA -110, AA -111, AA -112, AA -113, AA -114, BA -051, BB -029, BC -031, BC -032, BC -033, BC -034, BC -035, BC -036, BE -017, BE -018, BE -019, BE -020, CA -068, CA -069, CA -070, CA -071, CA -072, CA -073, CA -074, CB -068, CB -069, CB -070, DB -030, DC -045, DC -046, DC -063, DD -051, DD -052, DD -053

LAERM UND ERSCHUETTERUNGEN
FA -049, FB -060, FB -061, FB -062, FB -063, FC -066, FD -033

WASSERREINHALTUNG UND WASSERVERUNREINIGUNG
HB -064, ID -050

ABFALL
MA -021, MA -040, ME -044, MF -043

UMWELTCHEMIKALIEN
OA -030, OC -030

WIRKUNGEN UND BELASTUNGEN DURCH SCHADSTOFFE
PF -054, PG -047, PH -051, PH -052

LAND- UND FORSTWIRTSCHAFT
RC -031, RD -041, RD -042, RD -043, RD -044, RE -039, RE -040, RE -041, RG -030

UMWELTPLANUNG, UMWELTGESTALTUNG
UK -049, UL -051

LAND RHEINLAND-PFALZ

LUFTREINHALTUNG UND LUFTVERUNREINIGUNG
AA -134

LAND- UND FORSTWIRTSCHAFT
RG -017

UMWELTPLANUNG, UMWELTGESTALTUNG
UM -046

LAND SCHLESWIG-HOLSTEIN

WASSERREINHALTUNG UND WASSERVERUNREINIGUNG
IC -087, IF -024

WIRKUNGEN UND BELASTUNGEN DURCH SCHADSTOFFE
PF -046

HUMANSPHAERE
TD -008, TD -017

LANDESAMT FUER FORSCHUNG, DUESSELDORF

LUFTREINHALTUNG UND LUFTVERUNREINIGUNG
CB -017, CB -024, CB -025, CB -053, DA -041

LAERM UND ERSCHUETTERUNGEN
FD -028

WASSERREINHALTUNG UND WASSERVERUNREINIGUNG
HA -052, IB -019, KB -036, KB -056

WIRKUNGEN UND BELASTUNGEN DURCH SCHADSTOFFE
PE -002

HUMANSPHAERE
TA -031

UMWELTPLANUNG, UMWELTGESTALTUNG
UI -017

LANDESAMT FUER UMWELTSCHUTZ, MUENCHEN

LUFTREINHALTUNG UND LUFTVERUNREINIGUNG
AA -148

ABFALL
MB -057

LANDESANSTALT FUER IMMISSIONS- UND BODENNUTZUNGSSCHUTZ, ESSEN

LUFTREINHALTUNG UND LUFTVERUNREINIGUNG
CA -033

LANDESANSTALT FUER UMWELTSCHUTZ, KARLSRUHE

WASSERREINHALTUNG UND WASSERVERUNREINIGUNG
HB -025, IC -054

LANDESANSTALT FUER WASSER UND ABFALL, DUESSELDORF

HA -109, IA -017, IB -002, ID -025

ABFALL
MA -038, MC -021, MC -051

LANDESHAUPTSTADT WIESBADEN

INFORMATION, DOKUMENTATION, PROGNOSEN, MODELLE
VA -005

LANDESSTELLE FUER GEWAESSERKUNDE, KARLSRUHE

UMWELTPLANUNG, UMWELTGESTALTUNG
UC -039

LANDESSTELLE FUER GEWAESSERKUNDE, MUENCHEN

WASSERREINHALTUNG UND WASSERVERUNREINIGUNG
HG -054

LANDESSTELLE FUER NATURSCHUTZ UND LANDSCHAFTSPFLEGE IN RHEINLAND-PFALZ

WASSERREINHALTUNG UND WASSERVERUNREINIGUNG
HB -021

LANDESVERSICHERUNGSANSTALT

WIRKUNGEN UND BELASTUNGEN DURCH SCHADSTOFFE
PD -009

LANDKREIS BURGSTEINFURT

UMWELTPLANUNG, UMWELTGESTALTUNG
UK -026

LANDKREIS GOETTINGEN

UMWELTPLANUNG, UMWELTGESTALTUNG
UK -004

LANDKREIS LUDWIGSBURG

LUFTREINHALTUNG UND LUFTVERUNREINIGUNG
DC -047

LANDKREIS OSNABRUECK

UMWELTPLANUNG, UMWELTGESTALTUNG
UL -003

LANDKREIS WEILHEIM

UMWELTPLANUNG, UMWELTGESTALTUNG
UK -018

LANDKREIS WESERMARSCH

ABWAERME
GB -027

WASSERREINHALTUNG UND WASSERVERUNREINIGUNG
IC -090

LANDSCHAFTSVERBAND RHEINLAND, FERNSTRASSEN-NEUBAUAMT

UMWELTPLANUNG, UMWELTGESTALTUNG
UK -005

LANDWIRTSCHAFTLICHE UNTERSUCHUNGS- UND FORSCHUNGSANSTALT, DARMSTADT

WASSERREINHALTUNG UND WASSERVERUNREINIGUNG
IF -014

LANDWIRTSCHAFTLICHE UNTERSUCHUNGS- UND FORSCHUNGSANSTALT, KIEL

LEBENSMITTEL-, FUTTERMITTELKONTAMINATION
QA -057

LANDWIRTSCHAFTLICHE UNTERSUCHUNGS- UND FORSCHUNGSANSTALT, OLDENBURG

WIRKUNGEN UND BELASTUNGEN DURCH SCHADSTOFFE
PE -023

MACKENZIE HILL, INTERNATIONALE INDUSTRIE- UND GEWERBEBAUTRAEGER-GESELLSCHAFT, FRANKFURT

LUFTREINHALTUNG UND LUFTVERUNREINIGUNG
AA -016

MAN, MUENCHEN

ABWAERME
GC -003

MAX-BUCHNER-FORSCHUNGSSTIFTUNG

LUFTREINHALTUNG UND LUFTVERUNREINIGUNG
DD -045

MESSER GRIESHEIM GMBH, FRANKFURT

LAERM UND ERSCHUETTERUNGEN
FC -085

MOBIL OIL AG, WILHELMSHAVEN

LUFTREINHALTUNG UND LUFTVERUNREINIGUNG
AA -002, AA -034, AA -155

NATURWISSENSCHAFTLICHER VEREIN, KARLSRUHE

LAND- UND FORSTWIRTSCHAFT
RG -031

NEUE HEIMAT NORD, BREMEN

LAERM UND ERSCHUETTERUNGEN
FD -025

UMWELTPLANUNG, UMWELTGESTALTUNG
UF -013

NIEDERSAECHSISCHES LANDESAMT FUER BODENFORSCHUNG, HANNOVER

LAND- UND FORSTWIRTSCHAFT
RD -051

NIEDERSAECHSISCHES LANDESVERWALTUNGSAMT, INSTITUT FUER ARBEITSMEDIZIN, IMMISSIONS- UND STRAHLENSCHUTZ

LUFTREINHALTUNG UND LUFTVERUNREINIGUNG
AA -001

NIEDERSAECHSISCHES VORAB DER STIFTUNG VOLKSWAGENWERK

HUMANSPHAERE
TC -016

NIEDERSAECHSISCHES ZAHLENLOTTO, HANNOVER

LUFTREINHALTUNG UND LUFTVERUNREINIGUNG
BE -013

WASSERREINHALTUNG UND WASSERVERUNREINIGUNG
ID -059, KB -082

ABFALL
MC -049, MF -041

UMWELTCHEMIKALIEN
OD -078

WIRKUNGEN UND BELASTUNGEN DURCH SCHADSTOFFE
PF -071

LEBENSMITTEL-, FUTTERMITTELKONTAMINATION
QA -045

LAND- UND FORSTWIRTSCHAFT
RD -049, RE -004, RF -018, RG -033, RH -077

UMWELTPLANUNG, UMWELTGESTALTUNG
UK -070, UN -059

NIERSVERBAND VIERSEN

WIRKUNGEN UND BELASTUNGEN DURCH SCHADSTOFFE
PG -003

NORD-WEST KAVERNENGESELLSCHAFT MBH, WILHELMSHAVEN

LUFTREINHALTUNG UND LUFTVERUNREINIGUNG
AA -034

NORD-WEST OELLEITUNG GMBH, WILHELMSHAVEN

WIRKUNGEN UND BELASTUNGEN DURCH SCHADSTOFFE
PI -032

NORDWESTDEUTSCHE KRAFTWERK AG, HAMBURG

LUFTREINHALTUNG UND LUFTVERUNREINIGUNG
AA -155

OBERFORSTDIREKTION REGENSBURG

LAND- UND FORSTWIRTSCHAFT
RG -025

OBERRHEINISCHE MINERALOELWERKE, KARLSRUHE

LAERM UND ERSCHUETTERUNGEN
FC -045

PREUSSAG AG, HANNOVER

WASSERREINHALTUNG UND WASSERVERUNREINIGUNG
KB -027

RAUMORDNUNGSVERBAND RHEIN-NECKAR, MANNHEIM

LUFTREINHALTUNG UND LUFTVERUNREINIGUNG
AA -050, AA -051

REGIERUNGSPRAESIDENT KOELN

WASSERREINHALTUNG UND WASSERVERUNREINIGUNG
LA -023

REGIERUNGSPRAESIDIUM BADEN-WUERTTEMBERG

WASSERREINHALTUNG UND WASSERVERUNREINIGUNG
HG -015

RHEINISCH-WESTFAELISCHER TECHNISCHER UEBERWACHUNGSVEREIN E.V., ESSEN

LUFTREINHALTUNG UND LUFTVERUNREINIGUNG
BA -063

WASSERREINHALTUNG UND WASSERVERUNREINIGUNG
HB -001

RHEINISCH-WESTFAELISCHES ELEKTRIZITAETSWERK AG, ESSEN

LUFTREINHALTUNG UND LUFTVERUNREINIGUNG
DB -021

ABWAERME
GB -008

RHEINSTAHL SCHLAUER-VEREIN

LUFTREINHALTUNG UND LUFTVERUNREINIGUNG
DC -006

ROBERT BOSCH GMBH, LEINFELDEN

LAERM UND ERSCHUETTERUNGEN
FC -079

ROBERT BOSCH GMBH, STUTTGART

LUFTREINHALTUNG UND LUFTVERUNREINIGUNG
DC -025

LAND- UND FORSTWIRTSCHAFT
RH -073

RUHRGAS AG, ESSEN

LUFTREINHALTUNG UND LUFTVERUNREINIGUNG
BB -002

RUHRKOHLE AG, ESSEN

LAND- UND FORSTWIRTSCHAFT
RC -025

RUHRVERBAND, ESSEN

WASSERREINHALTUNG UND WASSERVERUNREINIGUNG
HA -103, IC -110

SACHVERSTAENDIGENRAT FUER UMWELTFRAGEN

UMWELTPLANUNG, UMWELTGESTALTUNG
UB -008, UB -014

SIEDLUNGSVERBAND RUHRKOHLENBEZIRK, ESSEN

ABFALL
MA -028, MA -029, MA -030, MA -031, MA -035, MA -036, MA -037, MB -008, MG -002, MG -032, MG -038

SIEMENS AG, MUENCHEN

LAERM UND ERSCHUETTERUNGEN
FA -016

LEBENSMITTEL-, FUTTERMITTELKONTAMINATION
QA -062

STAATLICHES AMT FUER WASSER- UND ABFALLWIRTSCHAFT, AACHEN

WASSERREINHALTUNG UND WASSERVERUNREINIGUNG
IB -001

STADT AACHEN

UMWELTPLANUNG, UMWELTGESTALTUNG
UK -064

STADT AUGSBURG

LUFTREINHALTUNG UND LUFTVERUNREINIGUNG
AA -121

STADT BIELEFELD

LAERM UND ERSCHUETTERUNGEN
FD -042

STADT BRUNSBUETTEL

LAERM UND ERSCHUETTERUNGEN
FD -026

STADT DORTMUND

LUFTREINHALTUNG UND LUFTVERUNREINIGUNG
BA -046

STADT DUESSELDORF

WASSERREINHALTUNG UND WASSERVERUNREINIGUNG
HE -029

STADT DUISBURG

LAERM UND ERSCHUETTERUNGEN
FA -017

STADT ESSLINGEN

LUFTREINHALTUNG UND LUFTVERUNREINIGUNG
AA -070, AA -071, AA -078

STADT FRANKFURT

UMWELTPLANUNG, UMWELTGESTALTUNG
UF -005

STADT FREIBURG

UMWELTPLANUNG, UMWELTGESTALTUNG
UM -032

STADT GIESSEN

UMWELTPLANUNG, UMWELTGESTALTUNG
UK -015

STADT HATTINGEN

UMWELTPLANUNG, UMWELTGESTALTUNG
UH -029

STADT HEIDELBERG

ABFALL
MB -014

STADT HILDESHEIM

LAERM UND ERSCHUETTERUNGEN
FB -047

STADT KARLSRUHE

ABFALL
MC -033

STADT KEMPTEN

UMWELTPLANUNG, UMWELTGESTALTUNG
UE -026, UF -011

STADT KOBLENZ

UMWELTPLANUNG, UMWELTGESTALTUNG
UF -017

STADT KOELN

LUFTREINHALTUNG UND LUFTVERUNREINIGUNG
AA -161, AA -162, BA -070

LAERM UND ERSCHUETTERUNGEN
FD -046

WASSERREINHALTUNG UND WASSERVERUNREINIGUNG
IC -116, ID -060, LA -024

STADT KONSTANZ

LAERM UND ERSCHUETTERUNGEN
FD -007

STADT LUEBECK, AMT FUER STADTREINIGUNG UND MARKTWESEN

ABFALL
MG -013

STADT LUXEMBURG

WASSERREINHALTUNG UND WASSERVERUNREINIGUNG
HA -108

STADT MANNHEIM

LUFTREINHALTUNG UND LUFTVERUNREINIGUNG
AA -051, BB -016

STADT MEMMINGEN

UMWELTPLANUNG, UMWELTGESTALTUNG
UK -035

STADT MUENCHEN

LAERM UND ERSCHUETTERUNGEN
FB -066

WASSERREINHALTUNG UND WASSERVERUNREINIGUNG
HA -115

UMWELTPLANUNG, UMWELTGESTALTUNG
UM -037

STADT NUERNBERG

LUFTREINHALTUNG UND LUFTVERUNREINIGUNG
AA -021

STADT OSNABRUECK

UMWELTPLANUNG, UMWELTGESTALTUNG
UF -029

STADT PAPENBURG

LAND- UND FORSTWIRTSCHAFT
RD -051

STADT RAVENSBURG

UMWELTPLANUNG, UMWELTGESTALTUNG
UK -036

STADT SAARBRUECKEN

LAERM UND ERSCHUETTERUNGEN
FA -009

UMWELTPLANUNG, UMWELTGESTALTUNG
UC -016

STADT SCHWAEBISCH-GMUEND

UMWELTPLANUNG, UMWELTGESTALTUNG
UE -032

STADT STUTTGART

LUFTREINHALTUNG UND LUFTVERUNREINIGUNG
AA -070

UMWELTPLANUNG, UMWELTGESTALTUNG
UA -050

STADT VOELKLINGEN

LUFTREINHALTUNG UND LUFTVERUNREINIGUNG
AA -048

STADT WASSENBERG, KREIS HEINSBERG

WASSERREINHALTUNG UND WASSERVERUNREINIGUNG
KA -001

UMWELTPLANUNG, UMWELTGESTALTUNG
UF -001

STADT WASSENBURG, KREIS HEINSBERG

UMWELTPLANUNG, UMWELTGESTALTUNG
UK -001

STADT WILHELMSHAVEN

LUFTREINHALTUNG UND LUFTVERUNREINIGUNG
AA -002, AA -034

STADT WINTERBERG

LAND- UND FORSTWIRTSCHAFT
RC -029

STADT- UND VERWALTUNGSGEMEINSCHAFT TUTTLINGEN

UMWELTPLANUNG, UMWELTGESTALTUNG
UK -037

STADTREINIGUNGSAMT BIELEFELD

ABFALL (RADIOAKTIVE ABFAELLE SIEHE ND)
MG -014

STADTVERWALTUNG FREIBURG

LUFTREINHALTUNG UND LUFTVERUNREINIGUNG
AA -119

STADTWERKE ESSEN

WASSERREINHALTUNG UND WASSERVERUNREINIGUNG
HE -019

STADTWERKE KOELN

LAERM UND ERSCHUETTERUNGEN
FC -091

STADTWERKE ULM

WASSERREINHALTUNG UND WASSERVERUNREINIGUNG
HB -055

STADTWERKE WOLFSBURG

WASSERREINHALTUNG UND WASSERVERUNREINIGUNG
HE -033

STAEDTEACHSE NUERNBERG-FUERTH-ERLANGEN-SCHWABACH

UMWELTPLANUNG, UMWELTGESTALTUNG
UL -063

STEAG AG, ESSEN

LUFTREINHALTUNG UND LUFTVERUNREINIGUNG
DC -005

ABFALL
ME -053

STIFTERVERBAND FUER DIE DEUTSCHE WISSENSCHAFT E.V., ESSEN

LUFTREINHALTUNG UND LUFTVERUNREINIGUNG
CA -043

WIRKUNGEN UND BELASTUNGEN DURCH SCHADSTOFFE
PG -053

STIFTUNG DER GESELLSCHAFT FUER FORSTLICHE ARBEITSWISSENSCHAFT

LAERM UND ERSCHUETTERUNGEN
FC -029, FC -030

STIFTUNG OEKOLOGISCHER LANDBAU, KAISERSLAUTERN

UMWELTPLANUNG, UMWELTGESTALTUNG
UL -064

STIFTUNG VOKLSWAGENWERK, HANNOVER

STRAHLUNG, RADIOAKTIVITAET
NB -042

STIFTUNG VOLKSWAGENWERK, HANNOVER

WASSERREINHALTUNG UND WASSERVERUNREINIGUNG
HA -028, HG -043, HG -056

WIRKUNGEN UND BELASTUNGEN DURCH SCHADSTOFFE
PF -066, PG -033, PK -002, PK -009, PK -025, PK -027, PK -033

LAND- UND FORSTWIRTSCHAFT
RB -001, RH -008

ENERGIE
SA -041

UMWELTPLANUNG, UMWELTGESTALTUNG
UA -010, UB -033, UC -035, UF -025

STIFTUNG ZUR FOERDERUNG DER FORSCHUNG FUER DIE GEWERBLICHE WIRTSCHAFT, KOELN

ABFALL
ME -046

STREBEL-STIFTUNG

STRAHLUNG, RADIOAKTIVITAET
NA -005

STUDIENGESELLSCHAFT FUER EISENERZAUFBEREITUNG, OTHFRESEN

WASSERREINHALTUNG UND WASSERVERUNREINIGUNG
KC -021

SUEDDEUTSCHE KALKSTICKSTOFF-WERKE AG (SKW), TROSTBERG

ABWASSER
KD -006

TECHNISCHE UNIVERSITAET BRAUNSCHWEIG

LAND- UND FORSTWIRTSCHAFT
RE -004

TECHNISCHE UNIVERSITAET MUENCHEN

LUFTREINHALTUNG UND LUFTVERUNREINIGUNG
BA -053, BE -023

LAERM UND ERSCHUETTERUNGEN
FB -069

TECHNISCHER UEBERWACHUNGSVEREIN BAYERN E.V., MUENCHEN

WASSERREINHALTUNG UND WASSERVERUNREINIGUNG
HB -001

TECHNISCHER UEBERWACHUNGSVEREIN RHEINLAND E.V., KOELN

WASSERREINHALTUNG UND WASSERVERUNREINIGUNG
HB -001

THYSSEN RHEINSTAHL TECHNIK GMBH, ESSEN

ABFALL
ME -087

THYSSEN-ENERGIE

LAND- UND FORSTWIRTSCHAFT
RD -050

U-BAHNREFERAT, MUENCHEN

WASSERREINHALTUNG UND WASSERVERUNREINIGUNG
HB -044, HB -048

UMWELTBUNDESAMT

LUFTREINHALTUNG UND LUFTVERUNREINIGUNG
AA -014, AA -031, AA -072, AA -073, AA -136, BB -018, CA -014

ABFALL
MA -007, MB -012, MB -017, MB -058, MC -019, MC -027, MC -028, MD -027, ME -011, ME -049, ME -082, MG -007, MG -016, MG -017

WIRKUNGEN UND BELASTUNGEN DURCH SCHADSTOFFE
PH -009

HUMANSPHAERE
TD -013, TD -024

UMWELTPLANUNG, UMWELTGESTALTUNG
UB -030

INFORMATION, DOKUMENTATION, PROGNOSEN, MODELLE
VA -011, VA -021, VA -022, VA -023, VA -024, VA -025, VA -026, VA -027

UNIVERSITAET BONN

ABFALL
MF -042

UNIVERSITAET MAINZ

WASSERREINHALTUNG UND WASSERVERUNREINIGUNG
IC -089

UNIVERSITAET MUENCHEN

UMWELTPLANUNG, UMWELTGESTALTUNG
UM -061

UNIVERSITAET MUENSTER

WIRKUNGEN UND BELASTUNGEN DURCH SCHADSTOFFE
PC -037

UNIVERSITAET TUEBINGEN

WIRKUNGEN UND BELASTUNGEN DURCH SCHADSTOFFE
PI -008

UNIVERSITAETSBUND HOHENHEIM, FONDS DER CHEMIE

WIRKUNGEN UND BELASTUNGEN DURCH SCHADSTOFFE
PA -013, PB -012

LAND- UND FORSTWIRTSCHAFT
RB -006

VEDAG RUETTGERSWERKE, FRANKFURT

ABFALL
ME -085

VERBAND DER DEUTSCHEN MILCHWIRTSCHAFT E.V., BONN

WASSERREINHALTUNG UND WASSERVERUNREINIGUNG
KC -044

VERBAND DER FLIESENINDUSTRIE E.V., FRANKFURT

LUFTREINHALTUNG UND LUFTVERUNREINIGUNG
BC -014

VERBAND DEUTSCHER PAPIERFABRIKEN E.V.

WASSERREINHALTUNG UND WASSERVERUNREINIGUNG
KC -040

VERBAND KUNSTSTOFFERZEUGENDE INDUSTRIE UND VERWANDTE GEBIETE E.V., FRANKFURT

ABFALL
MA -010, MA -017, ME -033, ME -040, ME -065

VEREIN DER FREUNDE UND FOERDERER DER UNI KOELN

WIRKUNGEN UND BELASTUNGEN DURCH SCHADSTOFFE
PD -058

VEREIN DER GLASINDUSTRIE E.V., MUENCHEN

LEBENSMITTEL-, FUTTERMITTELKONTAMINATION
QA -044

VEREIN DEUTSCHER EISENHUETTENLEUTE, DUESSELDORF

LUFTREINHALTUNG UND LUFTVERUNREINIGUNG
BC -006, BC -007, DD -062

VEREIN DEUTSCHER GIESSEREIFACHLEUTE E.V., DUESSELDORF

LUFTREINHALTUNG UND LUFTVERUNREINIGUNG
DC -038

VEREIN DEUTSCHER INGENIEURE, DUESSELDORF

LAERM UND ERSCHUETTERUNGEN
FB -031

VEREIN DEUTSCHER WERKZEUGMASCHINENFABRIKEN E.V. (VDW), FRANKFURT

LAERM UND ERSCHUETTERUNGEN
FC -062

VEREIN NATURPARK FRANKENWALD

UMWELTPLANUNG, UMWELTGESTALTUNG
UK -061

VEREINIGUNG DER WASSERVERSORGUNGSVERBAENDE UND GEMEINDEN MIT WASSERWERKEN E.V. (VEDEWA), STUTTGART

WASSERREINHALTUNG UND WASSERVERUNREINIGUNG
IB -017

VEREINIGUNG GETREIDEWIRTSCHAFTLICHE MARKTFORSCHUNG, BONN

LEBENSMITTEL-, FUTTERMITTELKONTAMINATION
QC -031

VEREINIGUNG VON VERBAENDEN DER DEUTSCHEN ZENTRALHEIZUNGSWIRTSCHAFT E.V., HAGEN

LUFTREINHALTUNG UND LUFTVERUNREINIGUNG
EA -023

VERLAG SCHULZ, PERCHA

UMWELTPLANUNG, UMWELTGESTALTUNG
UB -019

VERWALTUNGSPRAESIDENT OLDENBURG

WASSERREINHALTUNG UND WASSERVERUNREINIGUNG
IE -038

VEW DORTMUND

ENERGIE
SA -036

VOLKSWAGENWERK AG, WOLFSBURG

LUFTREINHALTUNG UND LUFTVERUNREINIGUNG
DA -038, DA -073
UMWELTPLANUNG, UMWELTGESTALTUNG
UI -022, UI -026, UM -002

WASSER- UND SCHIFFAHRTSDIREKTION NORD (BMV)

WASSERREINHALTUNG UND WASSERVERUNREINIGUNG
HC -012, HC -013, HC -015

WIBERA-WIRTSCHAFTSBERATUNG, DUESSELDORF

ENERGIE
SA -081, SA -082

WIRTSCHAFTSVEREINIGUNG METALLE E.V., DUESSELDORF

LEBENSMITTEL-, FUTTERMITTELKONTAMINATION
QA -061

WISSENSCHAFTLICHE GESELLSCHAFT DER UNI FREIBURG

LAND- UND FORSTWIRTSCHAFT
RG -019

ZEPPELIN METALLWERKE, GARCHING

ABFALL
MC -041

ZIEGELFACHVERBAND

WIRKUNGEN UND BELASTUNGEN DURCH SCHADSTOFFE
PF -057

ZWECKVERBAND AMMERTAL-SCHOENBUCH-GRUPPE

WASSERREINHALTUNG UND WASSERVERUNREINIGUNG
HB -023

ZWECKVERBAND NATURPARK SCHWALM-NETTE, KEMPEN

UMWELTPLANUNG, UMWELTGESTALTUNG
UK -002

ZWECKVERBAND OBERHESSISCHER VERSORGUNGSBETRIEBE

WASSERREINHALTUNG UND WASSERVERUNREINIGUNG
HB -020

EUROPAEISCHE GEMEINSCHAFTEN AUSLAND

ANGLO GERMAN FOUNDATION FOR THE STUDY OF INDUSTRIAL SOCIETY

UMWELTPLANUNG, UMWELTGESTALTUNG
UA -028, UA -036

BOYCE THOMPSON INSTITUTE, USA

LAND- UND FORSTWIRTSCHAFT
RH -009

DIRECTION RECHERCHES ET MATERIAUX D'ESSAIS

LAERM UND ERSCHUETTERUNGEN
FB -021

EIDGENOESSISCHES LUFTAMT, SEKTION FLUGMATERIAL

LAERM UND ERSCHUETTERUNGEN
FB -024

ENVIRONMENTAL PROTECTION AGENCY, USA

LUFTREINHALTUNG UND LUFTVERUNREINIGUNG
CA -036

EURATOM, BRUESSEL

STRAHLUNG, RADIOAKTIVITAET
NB -026
LAND- UND FORSTWIRTSCHAFT
RH -022

EUROPAEISCHE GEMEINSCHAFT FUER KOHLE UND STAHL, LUXEMBURG

LUFTREINHALTUNG UND LUFTVERUNREINIGUNG
BB -002, BC -009, CA -017, DC -020, DC -061
LAERM UND ERSCHUETTERUNGEN
FC -005, FC -007, FC -009, FC -090

EUROPAEISCHE GEMEINSCHAFTEN

LUFTREINHALTUNG UND LUFTVERUNREINIGUNG
BC -008, BC -026, CA -035, CA -037, CB -043, DC -007
WASSERREINHALTUNG UND WASSERVERUNREINIGUNG
IC -023, IC -053, KD -016
ABFALL
MB -055, ME -058, MG -031
STRAHLUNG, RADIOAKTIVITAET
NB -019, NB -021
UMWELTCHEMIKALIEN
OA -039, OB -023, OD -081
WIRKUNGEN UND BELASTUNGEN DURCH SCHADSTOFFE
PA -003, PA -004, PA -005, PA -006, PA -010, PA -036, PA -040, PA -041, PC -002, PC -010, PC -053, PC -060, PE -020, PE -030, PE -032, PE -034, PE -036, PE -037, PE -038, PE -043, PE -055, PE -056, PF -007, PF -013, PF -014, PF -035, PH -010
LEBENSMITTEL-, FUTTERMITTELKONTAMINATION
QB -040, QC -015
LAND- UND FORSTWIRTSCHAFT
RB -022
ENERGIE
SA -031
HUMANSPHAERE
TA -064, TF -020, TF -021
UMWELTPLANUNG, UMWELTGESTALTUNG
UB -003

EUROPAEISCHE GEMEINSCHAFTEN, KOMMISSION

LUFTREINHALTUNG UND LUFTVERUNREINIGUNG
BC -037
WASSERREINHALTUNG UND WASSERVERUNREINIGUNG
IC -043
ABFALL
MG -033
STRAHLUNG, RADIOAKTIVITAET
NB -033
WIRKUNGEN UND BELASTUNGEN DURCH SCHADSTOFFE
PA -035, PD -004, PF -067
LEBENSMITTEL-, FUTTERMITTELKONTAMINATION
QB -038
LAND- UND FORSTWIRTSCHAFT
RF -012
HUMANSPHAERE
TA -011
UMWELTPLANUNG, UMWELTGESTALTUNG
UB -011, UE -015

IDROTECNECO, S.LORENZO I. CAMPO

WASSERREINHALTUNG UND WASSERVERUNREINIGUNG
HB -088

INSTITUTO NACIONAL DE TECNOLOGIA

UMWELTCHEMIKALIEN
OD -081

INTERNATIONAL ATOMIC ENERGY AGENCY

WASSERREINHALTUNG UND WASSERVERUNREINIGUNG
HA -058
UMWELTCHEMIKALIEN
OD -058

INTERNATIONALE GESELLSCHAFT FUER HUMANOEKOLOGIE, WIEN

INFORMATION, DOKUMENTATION, PROGNOSEN, MODELLE
VA -013

INTERNATIONALES HYDROLOGISCHES PROGRAMM (IHP) DER UN

LAND- UND FORSTWIRTSCHAFT
RC -034

MAGISTRAT DER STADT LINZ

LUFTREINHALTUNG UND LUFTVERUNREINIGUNG
AA -170

MAGISTRAT DER STADT WIEN

LUFTREINHALTUNG UND LUFTVERUNREINIGUNG
AA -167, AA -168, AA -169

MINISTERE AVIATION CIVILE

LAERM UND ERSCHUETTERUNGEN
FD -005

NASA

LUFTREINHALTUNG UND LUFTVERUNREINIGUNG
AA -049

NATO

WASSERREINHALTUNG UND WASSERVERUNREINIGUNG
IE -050

OECD, PARIS

LUFTREINHALTUNG UND LUFTVERUNREINIGUNG
DB -023

UMWELTPLANUNG, UMWELTGESTALTUNG
UB -021

OESTERREICHISCHE BUNDES- UND LAENDERMINISTERIEN

WASSERREINHALTUNG UND WASSERVERUNREINIGUNG
IF -040

PERSISCHES KONSULAT, BONN

LEBENSMITTEL-, FUTTERMITTELKONTAMINATION
QA -022

S.C.K./C.E.N. (BELGONUCLKEAIRE) WASTE DIVISION, B-2400 MOL/BELGIEN

ABFALL (RADIOAKTIVE ABFAELLE SIEHE ND)
MB -052

SALZBURGER LANDESREGIERUNG

WASSERREINHALTUNG UND WASSERVERUNREINIGUNG
HB -020

STAHLKOMBINAT RESIZA, RUMAENIEN

WASSERREINHALTUNG UND WASSERVERUNREINIGUNG
KC -065

THE NATIONAL GEOGRAPHIC SOCIETY, WASHINGTON

UMWELTPLANUNG, UMWELTGESTALTUNG
UN -042

UNESCO

LAND- UND FORSTWIRTSCHAFT
RC -012

UNITED NATIONS ENVIRONMENT PROGRAMME (UNEP)

LUFTREINHALTUNG UND LUFTVERUNREINIGUNG
AA -138

US AIR FORCE

LAERM UND ERSCHUETTERUNGEN
FB -038

HUMANSPHAERE
TE -006

US ARMY

LUFTREINHALTUNG UND LUFTVERUNREINIGUNG
AA -060

US ENVIRONMENTAL PROTECTION AGENCY, RESEARCH TRIANGLE PARK NORTH CAROLINA

LUFTREINHALTUNG UND LUFTVERUNREINIGUNG
CA -034

WORLD HEALTH ORGANISATION (WHO), GENF

WIRKUNGEN UND BELASTUNGEN DURCH SCHADSTOFFE
PE -015, PE -016

HUMANSPHAERE
TB -012

WORLD INTELLECTUAL PROPERTY ORGANISATION

UMWELTPLANUNG, UMWELTGESTALTUNG

SCHLAGWORTREGISTER

Schlagwortregister

Die Schlagwortketten geben schwerpunktmäßig die Forschungsbereiche der Vorhaben an.

Eine Schlagwortkette setzt sich aus Suchdeskriptoren und Zusatzdeskriptoren zusammen. Während die Suchdeskriptoren den wesentlichen Inhalt des Vorhabens kennzeichnen, geben die Zusatzdeskriptoren ganz spezielle Ergänzungsinformationen; sie sind deshalb nicht als Suchbegriffe in das Register aufgenommen worden. Die Zusatzdeskriptoren stehen immer in Klammern.

Im Schlagwortregister erscheinen die Suchdeskriptoren in alphabetischer Reihenfolge, wobei die gesamte zugehörige Schlagwortkette jeweils unter diesem Deskriptor wiederholt wird.

Geographische Deskriptoren werden an die Schlagwortkette angefügt. Sie werden aber hier nicht als Suchdeskriptoren verwendet, sondern in einem besonderen, dem „Geographischen Register" aufgeführt.

Der Verweis auf die ausführliche Beschreibung des Vorhabens im Hauptteil I erfolgt über die Vorhaben-Nummer vor der Schlagwortkette.

Innerhalb des Schlagwortregisters wird auf verwandte Begriffe verwiesen.

Beispiel mit einem Zusatzdeskriptor und geographischen Deskriptoren:

immissionsmessung
AA-053 luftueberwachung + immissionsmessung +
phytoindikator + (moosverbreitung) +
OFFENBACH + RHEIN-MAIN-GEBIET

abbau

siehe auch biologischer abbau
siehe auch kiesabbau
siehe auch mikrobieller abbau
siehe auch schadstoffabbau

HB -017 grundwasser + sauerstoffhaushalt + organische stoffe + abbau
ID -012 grundwasser + organische stoffe + abbau + (sauerstofftransport)
MB-011 abfallbeseitigung + hochpolymere + abbau + bestrahlung
MB-047 abfallbeseitigung + kunststoffindustrie + hochpolymere + bestrahlung + abbau
OD-047 halogenverbindungen + abbau + schadstoffausbreitung + litoral
PH -024 bodenbelastung + stickstoffverbindungen + abbau
UD-009 ressourcenplanung + energietechnik + rohstoffe + abbau + (oelschiefer)
UD-012 rohstoffe + abbau + rekultivierung

abfall

siehe auch altglas
siehe auch altoel
siehe auch altpapier
siehe auch altreifen
siehe auch fluessigmist
siehe auch hausmuell
siehe auch holzabfaelle
siehe auch industrieabfaelle
siehe auch kfz-wrack
siehe auch klaerschlamm
siehe auch krankenhausabfaelle
siehe auch kunststoffabfaelle
siehe auch radioaktive abfaelle
siehe auch schlacken
siehe auch siedlungsabfaelle
siehe auch sondermuell

MA-019 abfall + entsorgung + planungshilfen
MA-021 emissionskataster + wasser + abfall
MA-032 abfall + glas
MA-033 abfall + kunststoffe
MB-046 abfall + schlaemme + biotechnologie
MC-020 abfall + deponie + schadstoffwirkung + gewaesser + analytik
ME-015 abfall + recycling + schwermetalle + (antimon) + HESSEN (NORD)
ME-036 zellstoffindustrie + abfall + recycling + duengemittel + (lignin)
ME-042 lebensmittelindustrie + abfall + recycling + (biosynthetisches eiweiss)
ME-071 papierindustrie + abfall + recycling
ME-078 abfall + altglas + baustoffe + recycling
MF-027 nutztierhaltung + abfall + recycling + (gefluegelfuetterung)
MG-019 verpackung + abfall
MG-040 abfall + recycling + (modellanlage) + REUTLINGEN (LANDKREIS) + TUEBINGEN (LANDKREIS)
OB-013 spurenelemente + abfall + gewaesserverunreinigung

abfallablagerung

siehe auch tieflagerung
siehe auch tiefversenkung

ID -019 giessereiindustrie + abfallablagerung + deponie + grundwasserbelastung + (altsand)
MC-002 abfallablagerung + tieflagerung + sondermuell
MC-018 abfallablagerung + siedlungsabfaelle + deponie + (lagerungsdichte)
MC-019 abfallablagerung + siedlungsabfaelle + deponie + (lagerungsdichte)
MC-039 abfallablagerung + industrieabfaelle + hausmuell + cyanide + (langzeitverhalten)
ND-026 radioaktive abfaelle + abfallablagerung + (steinsalzlager)

abfallablagerungsplatz

siehe deponie
siehe depotanlage

abfallagerung

HB -043 abfallagerung + gewaesserschutz
MC-021 abfallagerung + sondermuell + deponie + standortfaktoren + NORDRHEIN-WESTFALEN
MC-037 abfallagerung + deponie + wasserbilanz + berechnungsmodell
MC-038 aluminiumindustrie + abfallagerung + schlacken
MG-029 wassergewinnung + kartierung + abfallagerung + EIFEL + NIEDERRHEIN

abfallaufbereitung

siehe auch recycling

KC-017 abfallaufbereitung + schlaemme + schwermetalle
MB-018 abfallaufbereitung + pyrolyse + gasreinigung
MB-023 abfallaufbereitung + hausmuell + pyrolyse + betriebsbedingungen + (schachtreaktor)
MB-026 abfallaufbereitung + rotte + biologischer abbau + recycling + (giessener modell)
MB-065 abfallaufbereitung + industrieabfaelle + cyanide
ME-020 eisen- und stahlindustrie + abfallaufbereitung + phosphatduengemittel
ME-031 abfallaufbereitung + haertesalze + cyanide
ME-034 aluminiumindustrie + abfallaufbereitung + recycling + (aluminiumsalzschlacke)
ME-054 zuckerindustrie + abfallaufbereitung + futtermittel + nutztiere
ME-084 eisen- und stahlindustrie + abfallaufbereitung + schadstoffentfernung + recycling
MF-002 abfallaufbereitung + cellulose + proteine
MF-043 obstbau + gemuesebau + abfallaufbereitung + futtermittel + recycling

abfallaufbereitungsanlage

TA -071 abfallaufbereitungsanlage + betriebssicherheit + explosionsschutz

abfallbehandlung

siehe auch kompostierung
siehe auch muellverbrennung
siehe auch muellvergasung
siehe auch pyrolyse
siehe auch resteverbrennung
siehe auch schlammverbrennung

KD-005 abfallbehandlung + fluessigmist + geruchsminderung
MA-009 sondermuell + abfallbehandlung + verfahrensentwicklung + wirtschaftlichkeit + OSNABRUECK (STADT-LANDKREIS)
MA-018 abfallbehandlung + korngroessenverteilung + messgeraet + (schuettgut)
MA-025 abfallbehandlung + muellballen
MA-037 abfallbehandlung + verfahrensentwicklung + (rotorzerkleinerer)
MB-003 abfallbehandlung + rotte + verfahrensentwicklung
MB-005 holzindustrie + abfallbehandlung + mikrobieller abbau + (ligninsulfosaeure)
MB-015 abfallbehandlung + kompostierung + resteverbrennung + PINNEBERG + HAMBURG
MB-043 abfallbehandlung + cellulose + kompostierung + mikrobieller abbau
MB-045 abfallbehandlung + pyrolyse + umwelteinfluesse + oekonomische aspekte
MB-050 industrieabfaelle + abfallbehandlung
MD-037 kompostanlage + abfallbehandlung + recycling
ME-006 recycling + abfallbehandlung + buntmetalle + biologischer abbau
ME-026 abfallbehandlung + sondermuell + pyrolyse + recycling
ME-030 abfallbehandlung + cellulose + fermentation + biotechnologie + recycling
ME-053 abfallbehandlung + recycling + baustoffe + (entschwefelungsanlage)
MF-012 fluessigmist + abfallbehandlung

A

MF-013 fluessigmist + abfallbehandlung + mikroorganismen
MF-041 abfallbehandlung + massentierhaltung + fluessigmist + denitrifikation
UL-005 abfallbehandlung + recycling + duengung + rekultivierung + kosten-nutzen-analyse

abfallbeseitigung
siehe auch biologische abfallbeseitigung
siehe auch klaerschlammbeseitigung
siehe auch schlammbeseitigung
siehe auch tierkoerperbeseitigung
BB-020 abfallbeseitigung + muellvergasung + verfahrensoptimierung + betriebssicherheit + KALUNDBORG + DAENEMARK
KA-010 wasserschutz + abfallbeseitigung + messmethode
MA-001 muellkompost + kunststoffabfaelle + abfallbeseitigung + prognose
MA-011 abfallbeseitigung + sondermuell + richtlinien
MA-020 abfallbeseitigung + kommunale abfaelle + abwasserbehandlung + oekonomische aspekte
MA-022 abfallbeseitigung + schadstoffbilanz + rueckstaende
MB-001 abfallbeseitigung + verfahrensoptimierung
MB-007 abfallbeseitigung + siedlungsabfaelle + industrieabfaelle + pyrolyse + USA
MB-011 abfallbeseitigung + hochpolymere + abbau + bestrahlung
MB-017 abfallbeseitigung + verfahrensentwicklung + pyrolyse
MB-020 abfallbeseitigung + pyrolyse + betriebsbedingungen + (horizontalreaktor)
MB-024 abfallbeseitigung + pyrolyse
MB-030 abfallbeseitigung + mikrobiologie + blaubeurener beatmungsverfahren
MB-036 industrieabfaelle + abfallbeseitigung + recycling
MB-040 abfallbeseitigung + cyanide + thermisches verfahren
MB-041 abfallbeseitigung + cyanide + nitrite
MB-042 abfallbeseitigung + muellkompost + mikroorganismen
MB-044 abfallbeseitigung + pyrolyse + umwelteinfluesse + oekonomische aspekte
MB-047 abfallbeseitigung + kunststoffindustrie + hochpolymere + bestrahlung + abbau
MB-048 abfallbeseitigung + blaubeurener beatmungsverfahren + (hygienische leistungsfaehigkeit)
MB-051 abfallbeseitigung + verfahrenstechnik
MB-053 abfallbeseitigung + altoel + (saeureharz) + NORDRHEIN-WESTFALEN
MB-054 muellvergasung + abfallbeseitigung + hausmuell + sondermuell
MB-056 abfallbeseitigung + siedlungsabfaelle + klaerschlamm + (mischtrommel)
MB-057 abfallbeseitigung + pyrolyse + hochtemperaturabbrand + internationaler vergleich + USA + EUROPA + JAPAN
MB-058 abfallbeseitigung + muellpresslinge + (modellstudie)
MB-064 abfallbeseitigung + kompostierung
MC-004 abfallbeseitigung + tiefversenkung + bodenstruktur
MC-007 abfallbeseitigung + tiefversenkung
MC-017 abfallbeseitigung + deponie + standortfaktoren + abfallmenge + prognose + DILLINGEN A. D. DONAU
MC-033 abfallbeseitigung + deponie + standortwahl + gutachten + KARLSRUHE + OBERRHEIN
MC-047 abfallbeseitigung + planung + standortwahl + MUENCHEN
MC-048 abfallbeseitigung + deponie + hochtemperaturabbrand
MC-054 abfallbeseitigung + deponie + grundwasser
MD-001 abfallbeseitigung + kompost + recycling
MD-010 abfallbeseitigung + siedlungsabfaelle + gruenflaechen + freizeitanlagen
ME-004 fleischprodukte + abfallbeseitigung + schlachthof
ME-008 kunststoffherstellung + abwasseraufbereitung + abfallbeseitigung + pyrolyse + recycling
ME-029 abfallbeseitigung + pyrolyse + recycling + schadstoffminderung
ME-086 abfallbeseitigung + pyrolyse + kohlenwasserstoffe + recycling
MF-008 landwirtschaftliche abfaelle + forstwirtschaft + abfallbeseitigung + kosten-nutzen-analyse + oekologische faktoren
MF-017 holzindustrie + baum + biomasse + abfallbeseitigung
MF-025 holzindustrie + abfallbeseitigung + recycling
MF-028 nutztierhaltung + abfallbeseitigung + recycling
MF-029 abfallbeseitigung + recycling + tierische faekalien + hygiene
MG-003 regionalplanung + abfallbeseitigung + transport + oekonomische aspekte
MG-004 abfallbeseitigung + planungsmodell
MG-011 abfallbeseitigung + planungsmodell
MG-013 abfallbeseitigung + recycling + nutzwertanalyse + LUEBECK (RAUM)
MG-014 abfallbeseitigung + nutzwertanalyse + BIELEFELD (RAUM)
MG-018 abfallbeseitigung + sondermuell + planung + entscheidungsmodell
MG-021 klaerschlammbeseitigung + abfallbeseitigung
MG-023 abfallbeseitigung + abfalltransport + optimierungsmodell
MG-024 abfallbeseitigung + sondermuell + rahmenplan + BADEN-WUERTTEMBERG
MG-025 abfallbeseitigung + (rahmenplan)
MG-030 staedtebau + abfallbeseitigung + siedlungsabfaelle
MG-031 sondermuell + abfallbeseitigung + abfallboerse + europaeische gemeinschaft
MG-032 abfallbeseitigung + datenverarbeitung + planungshilfen + RHEIN-RUHR-RAUM
MG-033 abfallbeseitigung + sondermuell + rechtsvorschriften + internationale zusammenarbeit + EG-LAENDER
MG-034 papierindustrie + umweltfreundliche technik + abfallbeseitigung
MG-035 abfallbeseitigung + datensammlung
MG-037 abfallbeseitigung + planungsmodell
MG-038 abfallbeseitigung + kosten + einwohnergleichwert + ISERLOHN + RHEIN-RUHR-RAUM
MG-039 abfallbeseitigung + planungsmodell + NORDRHEIN-WESTFALEN
ND-027 radioaktive abfaelle + abfallbeseitigung + oekonomische aspekte
ND-043 radioaktive abfaelle + abfallbeseitigung + verfahrensentwicklung
ND-044 radioaktive abfaelle + abfallbeseitigung + endlagerung + recycling
SA-008 kernenergie + radioaktive substanzen + brennstoffe + transport + abfallbeseitigung
UK-012 tagebau + rekultivierung + abfallbeseitigung + (wiederverfuellung) + HESSEN
UL-015 wasserueberwachung + bodenschutz + abfallbeseitigung + SAARLAND

abfallbeseitigungsanlage
siehe auch deponie
siehe auch depotanlage
siehe auch kompostanlage
siehe auch muellsauganlage
siehe auch muellverbrennungsanlage
siehe auch rotte
siehe auch shredderanlage
siehe auch sinteranlage
MA-013 hausmuellsortierung + abfallbeseitigungsanlage
MA-028 industrieabfaelle + abfallmenge + abfallbeseitigungsanlage + (kapazitaetsbestimmung) + NORDRHEIN-WESTFALEN + RHEIN-RUHR-RAUM
MB-002 kfz-wrack + abfallbeseitigungsanlage + standortwahl + (verschrottungsanlagen)
MB-010 abfallbeseitigungsanlage + pyrolyse + (versuchsanlage)
MB-014 abfallbeseitigungsanlage + klaerschlamm + kompostierung + HEIDELBERG + RHEIN-NECKAR-RAUM
MG-012 abfallbeseitigungsanlage + siedlungsabfaelle + kosten
UC-039 abfallbeseitigungsanlage + standortwahl + planungshilfen + BODENSEEGEBIET

abfallboerse
MG-031 sondermuell + abfallbeseitigung + abfallboerse + europaeische gemeinschaft

abfallgesetz
siehe auch gesetz

MG-005 abfallgesetz + ausgleichsabgabe + altglas + (einwegflasche)
MG-006 abfallgesetz + ausgleichsabgabe + kunststoffabfaelle
MG-026 abfallgesetz + rechtsverordnung
MG-041 abfallgesetz + verpackung + rechtsverordnung

abfallmenge

MA-017 kunststoffabfaelle + abfallmenge + datenerfassung
MA-027 getraenkeindustrie + verpackungstechnik + abfallmenge
MA-028 industrieabfaelle + abfallmenge + abfallbeseitigungsanlage + (kapazitaetsbestimmung) + NORDRHEIN-WESTFALEN + RHEIN-RUHR-RAUM
MA-030 industrieabfaelle + abfallmenge + prognose + (investitionsgueterindustrie) + NORDRHEIN-WESTFALEN + RHEIN-RUHR-RAUM
MA-031 industrieabfaelle + abfallmenge + (gesamthochrechnung) + NORDRHEIN-WESTFALEN + RHEIN-RUHR-RAUM
MA-035 abfallsammlung + abfallmenge + hausmuellsortierung + BOCHUM + RHEIN-RUHR-RAUM
MA-038 industrieabfaelle + rueckstaende + abfallmenge + abfallrecht
MA-041 holzabfaelle + abfallmenge
MC-017 abfallbeseitigung + deponie + standortfaktoren + abfallmenge + prognose + DILLINGEN A. D. DONAU
ND-046 radioaktive abfaelle + uran + abfallmenge + endlagerung
RB-018 lebensmittel + verpackung + abfallmenge

abfallrecht

siehe auch abfallwirtschaftsprogramm

MA-038 industrieabfaelle + rueckstaende + abfallmenge + abfallrecht

abfallsammlung

MA-003 siedlungsabfaelle + industrieabfaelle + abfalltransport + abfallsammlung + BERLIN (WEST)
MA-008 abfallsammlung + hausmuell + (mitarbeit der bevoelkerung) + KONSTANZ + BODENSEE-HOCHRHEIN
MA-010 abfallsammlung + kunststoffabfaelle
MA-024 abfallsammlung + abfalltransport + automatisierung
MA-035 abfallsammlung + abfallmenge + hausmuellsortierung + BOCHUM + RHEIN-RUHR-RAUM
MA-036 abfallsammlung + muellverdichtung
MA-039 abfallsammlung + wirtschaftlichkeit + systemanalyse

abfallschlamm

KF-015 abfallschlamm + wasserverunreinigende stoffe + phosphate + abwasserbehandlung + (rueckloesung)
ME-069 moor + rekultivierung + abfallschlamm + (rotschlamm)

abfallsortierung

MA-007 abfallsortierung + hausmuell + papier + glas + recycling + KONSTANZ + BODENSEE-HOCHRHEIN
MA-012 hausmuell + abfallsortierung + papier
MD-025 siedlungsabfaelle + sperrmuell + abfallsortierung + recycling + LUDWIGSBURG (LANDKREIS) + STUTTGART
ME-033 abfallsortierung + kunststoffabfaelle + recycling

abfallstoffe

ID-021 grundwasserbelastung + abfallstoffe + deponie
IE-008 meeresverunreinigung + abfallstoffe + hydrodynamik + schadstofftransport + sedimentation + DEUTSCHE BUCHT + NORDSEE
MA-016 abfallstoffe + muellkompost + (pca-anreicherung)
MB-059 abfallstoffe + endlagerung + bergwerk
ME-028 abfallstoffe + abwaerme + recycling + oekonomische aspekte
ME-043 abfallstoffe + mikrobieller abbau + kohlenstoff
ME-056 zuckerindustrie + abfallstoffe + recycling + bodenverbesserung
ME-087 recycling + eisen- und stahlindustrie + abfallstoffe
PF-034 abfallstoffe + bodenbelastung + schadstoffabbau
RC-028 abfallstoffe + boden + filtration
RC-036 bodenbeschaffenheit + abfallstoffe + filtration + kartierung + NIEDERSACHSEN
RD-042 abfallstoffe + bodenstruktur + datensammlung

abfalltransport

MA-002 abfalltransport + entsorgung + datenverarbeitung + HAMBURG
MA-003 siedlungsabfaelle + industrieabfaelle + abfalltransport + abfallsammlung + BERLIN (WEST)
MA-004 industrieabfaelle + siedlungsabfaelle + abfalltransport + BERLIN (WEST)
MA-023 abfalltransport + versuchsanlage
MA-024 abfallsammlung + abfalltransport + automatisierung
MG-023 abfallbeseitigung + abfalltransport + optimierungsmodell
ND-001 radioaktive spaltprodukte + transurane + bodenkontamination + abfalltransport

abfallwirtschaft

MA-029 abfallwirtschaft + industrieabfaelle + (fragebogenaktion) + RHEINISCH-BERGISCHER-KREIS
MG-001 abfallwirtschaft + entwicklungslaender + recycling
MG-007 abfallwirtschaft + datenbank
MG-010 abfallwirtschaft + recycling + (programm der bundesregierung)
MG-016 abfallwirtschaft + datenbank + abfallwirtschaftsprogramm
MG-017 abfallwirtschaft + datenbank + (pilotversion)
MG-020 abfallwirtschaft + regionalplanung + optimierungsmodell

abfallwirtschaftsprogramm

MG-009 abfallwirtschaftsprogramm + recycling + systemanalyse + BUNDESREPUBLIK DEUTSCHLAND
MG-015 abfallwirtschaftsprogramm + datensammlung + BUNDESREPUBLIK DEUTSCHLAND
MG-016 abfallwirtschaft + datenbank + abfallwirtschaftsprogramm

abflussmodell

HG-004 fluss + niederschlag + abflussmodell
HG-012 abflussmodell + hydrologie + klimatologie
HG-036 fliessgewaesser + abflussmodell + RHEIN + NECKAR
IB-012 hydrologie + niederschlagsabfluss + hochwasser + abflussmodell + (schneeschmelze)
IB-013 hydrologie + fliessgewaesser + kanalabfluss + abflussmodell
IB-016 niederschlagsabfluss + abflussmodell + (gletscher) + ALPEN (OETZTAL)
IB-022 niederschlag + kommunale abwaesser + kanalisation + abflussmodell
IB-027 niederschlagsabfluss + abflussmodell + einzugsgebiet
IB-028 kanalabfluss + stroemungstechnik + abflussmodell
IB-029 niederschlagsmessung + kanalisation + abflussmodell + stadtgebiet + MUENCHEN
IB-032 niederschlagsabfluss + stadtregion + abflussmodell + ALPENVORLAND
RG-005 hydrologie + wald + abflussmodell

abgas

siehe auch industrieabgase
siehe auch kfz-abgase
siehe auch schadstoffe

BA-018 verbrennung + motor + industrie + abgas
BA-019 verbrennungsmotor + abgas + geruchsbelaestigung
BA-020 abgas + dieselmotor + emissionsmessung + bewertungsmethode
BA-021 abgas + verbrennung + kohlenwasserstoffe + analyseverfahren
BA-028 dieselmotor + abgas
BA-035 abgas + schadstoffe + gasturbine
BA-042 abgas + carcinogene
BA-043 abgas + stickstoffmonoxid + nachweisverfahren
BA-044 abgas + umweltschutz + (abgasmodell)
BA-053 erdgasmotor + abgas
BB-005 abgas + schwefeldioxid + staub + analytik
BB-031 abgas + verbrennung + russ
BC-015 glasindustrie + abgas + nitrose verbindungen
BC-024 gummiindustrie + abgas + staub

BE -005 geruchsbelaestigung + abgas + oxidation + schwefelverbindungen
BE -006 abgas + geruchsbelaestigung + schwefelverbindungen
BE -018 abgas + geruchsstoffe + nachweisverfahren
CA -004 abgas + analyseverfahren + geraeteentwicklung
CA -021 abgas + schadstoffe + infrarottechnik
CA -073 abgas + staubemission + messverfahren
CA -092 abgas + emissionsueberwachung + schwefeldioxid
DA -027 dieselmotor + brennstoffe + abgas + kohlenwasserstoffe
DB -029 muellverbrennungsanlage + abgas + nassreinigung
DC -005 brennstoffe + abgas + entschwefelung
DC -031 luftreinhaltung + abgas + entschwefelung + (salzschmelzen)
DC -046 abgas + schadstoffentfernung + (lackindustrie + lacktrockenofen)
DC -065 luftverunreinigung + ofen + abgas + staubminderung
DD -018 energietechnik + abgas + staubkonzentration + (gasentspannungsturbine)
DD -045 abgas + rauchgas + gaswaesche + schwefeldioxid + oxidation
DD -051 abgas + schadstoffentfernung + staubabscheidung
FB -031 stadtgebiet + strassenverkehr + laerm + abgas
NC -007 reaktorsicherheit + abgas + abwasser
PF -045 abgas + bleikontamination + nutzpflanzen
PG -047 abgas + toxizitaet + pflanzen
PH -054 abgas + pflanzen + polyzyklische kohlenwasserstoffe
QB -007 fleisch + abgas + pestizide + rueckstaende

abgasausbreitung

BB -035 abgasausbreitung + wohngebiet + schornstein
CB -005 abgasausbreitung + strassenrand + immissionsmessung
CB -006 abgasausbreitung + kfz-abgase + meteorologie + strassenverkehr + (ausbreitungsmodell)
CB -009 luftverunreinigung + abgasausbreitung + heizungsanlage + (aussenwandfeuerstaetten)
CB -017 gasfeuerung + abgasausbreitung

abgasemission

BA -006 abgasemission + strassenverkehr
BA -024 gasturbine + kraftstoffe + abgasemission
BA -033 ottomotor + abgasemission
BA -036 kfz-technik + ottomotor + abgasemission + brennstoffguete
BA -055 abgasemission + treibstoffe + ottomotor + dieselmotor
BA -060 brennstoffe + abgasemission + schadstoffemission + (ringbrennkammer)
BA -061 abgasemission + kfz-technik + (ringbrennkammer)
BA -068 abgasemission + kfz-motor + messverfahren
BB -004 abgasemission + benzol + polyzyklische aromaten + nachweisverfahren
BB -018 kraftwerk + abgasemission + schwefeldioxid + inversionswetterlage + (kupolofen)
BB -030 abgasemission + staub + rauch + teilchengroesse
BC -004 schweisstechnik + abgasemission
BD -003 strohverwertung + brennstoffe + abgasemission
CA -086 abgasemission + messverfahren
DA -004 abgasemission + heizungsanlage + verbrennungsmotor + schadstoffminderung + messgeraet
DA -018 dieselmotor + abgasemission + schadstoffminderung
EA -025 abgasemission + verbrennungsmotor + pruefverfahren + richtlinien + EUROPA + USA
OB -026 abgasemission + fluorverbindungen + messverfahren

abgasentgiftung

DA -003 kfz-abgase + abgasentgiftung + ottomotor
DA -008 kfz-abgase + abgasentgiftung + katalysator
DA -009 abgasentgiftung + treibstoffe + ottomotor
DA -069 abgasentgiftung + kfz-abgase + geraetepruefung
DD -015 abgasentgiftung + technologie
DD -029 abgasentgiftung + stickoxide + katalyse
FB -059 kfz-technik + abgasentgiftung + laermentstehung + datenerfassung

abgasentstaubung

siehe auch entstaubung
siehe auch nassentstaubung
DC -063 abgasentstaubung + feinstaeube + (elektrolichtbogenofen)

abgaskamin

siehe auch schornstein
CA -093 abgaskamin + emissionsmessung + geraeteentwicklung + (gassensor)
CB -083 stroemungstechnik + abgaskamin

abgasminderung

BA -007 verbrennungsmotor + treibstoffe + blei + abgasminderung
BC -013 abgasminderung + industrieabgase + verbrennung
DA -005 abgasminderung + dieselmotor + nachverbrennung
DA -016 wankelmotor + gasfoermige brennstoffe + kohlenwasserstoffe + abgasminderung
DA -017 dieselmotor + russ + abgasminderung + geruchsminderung + kfz-technik + (pkw-vorkammerdieselmotor)
DA -019 kfz-technik + dieselmotor + abgasminderung
DA -023 brennstoffe + abgasminderung + (filmverdampfungsbrennkammer)
DA -031 verbrennungsmotor + abgasminderung
DA -033 verbrennungsmotor + abgasminderung
DA -036 ottomotor + abgasminderung + nachverbrennung
DA -051 ottomotor + reaktionskinetik + abgasminderung + stickoxide
DA -076 dieselmotor + abgasminderung + geraeuschminderung
DA -077 dieselmotor + abgasminderung + energieverbrauch
DB -017 abgasminderung + gasturbine
DC -039 abgasminderung + stickoxide + katalysator

abgasreaktor

DA -042 abgasreaktor + brennstoffe + bleigehalt

abgasreinigung

siehe auch gasreinigung
siehe auch gaswaesche
siehe auch nassreinigung
BC -009 luftreinhaltung + abgasreinigung + staubemission + eisen- und stahlindustrie + (hochofen) + NORDRHEIN-WESTFALEN + RHEIN-RUHR-RAUM
BE -003 abgasreinigung + absorption + geruchsminderung + abwasser + schadstoffminderung
BE -012 abgasreinigung + geruchsminderung + biologischer abbau
DA -056 kfz-technik + abgasreinigung + verbrennungsmotor
DB -034 muellverbrennungsanlage + sondermuell + abgasreinigung
DB -036 muellverbrennungsanlage + abgasreinigung + fluor + chlorkohlenwasserstoffe
DC -013 abgasreinigung + verfahrenstechnik + adsorption
DC -020 abgasreinigung + entstaubung + fluorverbindungen + stahlindustrie + (emissionsgrenzwerte)
DC -043 abgasreinigung + clausanlage + aktivkohle
DC -048 abgasreinigung + entschwefelung + clausanlage
DC -052 abgasreinigung + staubabscheidung + filtermaterial + (glasfasern)
DC -070 abgasreinigung + petrochemische industrie + verfahrensentwicklung
DD -016 abgasreinigung + entschwefelung + schwefeldioxid
DD -024 abgasreinigung + stickoxide + adsorption + aktivkoks
DD -031 abgasreinigung + nassreinigung + schadstoffabsorption
DD -053 abgasreinigung + staubabscheidung + geraeteentwicklung
DD -056 abgasreinigung + schadstoffabsorption
DD -063 abgasreinigung + gaswaesche + rauchgas
MB -062 muellvergasung + abgasreinigung + recycling

abgasverbesserung

DA -015 dieselmotor + gasfoermige brennstoffe + abgasverbesserung
DA -026 abgasverbesserung + treibstoffe + ottomotor
DA -041 ottomotor + abgasverbesserung

DA -070 abgasverbesserung + kfz-abgase + kraftstoffzusaetze
DA -075 kfz-technik + abgasverbesserung + schadstoffminderung + ottomotor

abgaszusammensetzung

BA -001 kfz-abgase + europaeischer fahrzyklus + abgaszusammensetzung
BA -004 verbrennungsmotor + abgaszusammensetzung + emissionsminderung
BA -026 kfz-abgase + ottomotor + abgaszusammensetzung
BA -039 dieselmotor + abgaszusammensetzung + schadstoffminderung
BA -050 abgaszusammensetzung + chlorschwefel + nachweisverfahren
BA -057 kfz-abgase + ottomotor + abgaszusammensetzung
BA -058 dieselmotor + abgaszusammensetzung + kfz-technik
BB -037 kraftwerk + kohlefeuerung + oelfeuerung + abgaszusammensetzung
DA -060 abgaszusammensetzung + schadstoffminderung + gasturbine + flugzeug

abiotischer*abbau

OC -006 nitroverbindungen + photochemische reaktion + herbizide + abiotischer abbau
OD -059 umweltchemikalien + pcb + metabolismus + biologischer abbau + abiotischer abbau
OD -060 umweltchemikalien + organische schadstoffe + ausbreitungsmodell + abiotischer abbau + (xenobiotika)

ablagerung

MC -051 hausmuell + industrieabfaelle + ablagerung
ND -014 radioaktive abfaelle + ablagerung + (salzbergwerk) + ASSE

abluft

BC -018 ofen + abluft + schadstoffminderung
BC -041 abluft + meteorologie + (sammelschachtanlagen)
BD -001 staubemission + keime + abluft + massentierhaltung + (gefluegelgross-staelle)
BD -002 massentierhaltung + abluft + keime + schadstoffausbreitung
BD -010 nutztierstall + abluft + staub
DC -002 chemische industrie + abwasser + abluft + verfahrenstechnik
DC -007 fabrikhalle + abluft + staubminderung
DD -049 abluft + loesungsmittel + aktivkohle
GA -005 kuehlturm + abluft + entfeuchtung
NB -045 kernreaktor + abluft + jod + nachweisverfahren
TA -018 farbauftrag + nachbehandlung + abluft + emissionsminderung + arbeitsplatz

abluftfilter

DD -050 radioaktive substanzen + abluftfilter + aufbereitungstechnik
NB -044 kernreaktor + abluftfilter + radioaktive substanzen + nachweisverfahren
NC -087 kernreaktor + stoerfall + abluftfilter

abluftkontrolle

BC -011 abluftkontrolle + geruchsbelaestigung + arbeitsplatz + druckereiindustrie + (rollenoffset-druckmaschinen)
CA -097 abluftkontrolle + emissionsmessung + geraeteentwicklung + (chlorwasserstoff)

abluftreinigung

siehe auch staubabscheidung
BE -016 abluftreinigung + geruchsminderung + aktivkohle
DC -009 abluftreinigung + waschfluessigkeit + metallindustrie + (leichtmetallgiesserei)
DC -035 schadstoffbelastung + arbeitsplatz + amine + abluftreinigung
DC -037 abluftreinigung + geraeteentwicklung + (kostensenkung)
DC -038 abluftreinigung + industrieabgase
DC -040 abluftreinigung + schadstoffabsorption + entstaubung + ziegeleiindustrie
DC -044 abluftreinigung + aktivkohle
DD -002 arbeitsplatz + schadstoffentfernung + abluftreinigung
DD -041 abluftreinigung + staub + modell
DD -048 entstaubung + abluftreinigung

absorption

BE -003 abgasreinigung + absorption + geruchsminderung + abwasser + schadstoffminderung
DB -013 luftverunreinigung + rauchgas + salzsaeure + absorption + emissionsminderung
DD -004 schwefeldioxid + absorption
DD -028 kohlenstoff + gase + absorption
DD -054 luftreinhaltung + absorption + (vorausberechnung)

abstandsflaechen

AA -041 bauleitplanung + immissionsschutz + abstandsflaechen
AA -122 immissionsschutz + bauleitplanung + abstandsflaechen
FD -044 laermschutzplanung + raffinerie + abstandsflaechen + berechnungsmodell + schallausbreitung

abwaerme

siehe auch waermebelastung
GA -001 kernkraftwerk + abwaerme + kuehlturm
GA -002 abwaerme + kuehlturm + klimaaenderung
GA -013 abwaerme + kuehlturm + (kaeltemittel)
GA -014 abwaerme + kuehlsystem
GA -019 bautechnik + abwaerme + schornstein
GB -003 gewaesserbelastung + abwaerme + kraftwerk + gewaesserbelueftung
GB -004 gewaesserbelastung + abwaerme + meteorologie + (natuerliche temperatur)
GB -007 gewaesserbelastung + abwaerme + kraftwerk
GB -008 kernkraftwerk + abwaerme + wasserdampf + klimaaenderung + OBERRHEIN
GB -009 abwaerme + kuehlturm + verdunstung
GB -011 muellverbrennungsanlage + abwaerme + energieeinsparung + (waermeaustauscher)
GB -012 kraftwerk + abwaerme + gewaesserbelastung + RHEIN
GB -015 abwaerme + kuehlsystem + kraftwerk + gewaesserbelastung
GB -017 abwaerme + gewaesserschutz + hochwasser + OBERRHEIN
GB -018 abwaerme + gewaesserschutz + messtellennetz + RHEIN + NECKAR
GB -019 fluss + waermehaushalt + abwaerme + (entscheidungsgrundlagen + genehmigungsverfahren) + RHEIN + NECKAR
GB -025 abwaerme + schadstoffe + kombinationswirkung + invertebraten + RHEIN
GB -026 zuckerindustrie + abwaerme + energiewirtschaft
GB -027 gewaesserbelastung + abwaerme + kernkraftwerk + WESER-AESTUAR
GB -028 gewaesserbelastung + abwaerme + wasserdampf + OBERRHEIN
GB -029 abwaerme + kataster + gewaesserbelastung + wasserdampf + OBERRHEINEBENE
GB -031 gewaesserbelastung + abwaerme + kuehlwasser + RHEIN
GB -033 abwaerme + transportprozesse + hydrodynamik
GB -034 kraftwerk + abwaerme + gewaesserbelastung + (invertebratenfauna) + LENNE + RUHR
GB -036 gewaesserbelastung + abwaerme + bakterienflora + populationsdynamik
GB -037 abwaerme + energietechnik
GB -039 gewaesserbelastung + kernkraftwerk + abwaerme + kuehlwasser + biologische wirkungen + WESER
GB -040 fliessgewaesser + abwaerme + sauerstoffhaushalt + biozoenose
GB -044 fliessgewaesser + abwaerme + sedimentation + transportprozesse
GB -047 fliessgewaesser + abwaerme + abwasser + transportprozesse
GB -048 gewaesser + abwaerme + waermetransport + schadstofftransport

GB -049 gewaesser + schadstoffe + abwaerme + datensammlung
GC -001 kernkraftwerk + abwaerme + waermeversorgung + oekonomische aspekte + luftreinhaltung + BERLIN (WEST)
GC -002 abwaerme + waermerueckgewinnung + private haushalte
GC -003 gasturbine + abwaerme + rueckgewinnung
GC -004 kernreaktor + abwaerme
GC -005 abwaerme + kraftwerk + ballungsgebiet + RHEIN-RUHR-RAUM
GC -006 abwaerme + waermetransport + stofftransport
GC -008 energieversorgung + fernwaerme + kraftwerk + abwaerme + MANNHEIM + LUDWIGSHAFEN + HEIDELBERG
GC -009 abwaerme + kraftwerk + landwirtschaft + (systemanalyse)
GC -011 abwasser + abwaerme + private haushalte + waermerueckgewinnung
GC -012 waermeversorgung + abwaerme + recycling + fernwaerme + SAARLAND
HA -052 fliessgewaesser + waermehaushalt + kraftwerk + abwaerme + klima + (simulationsmodell)
IC -112 fluss + abwasser + abwaerme + schadstoffwirkung + MAIN (UNTERMAIN) + RHEIN-MAIN-GEBIET
KC -062 detergentien + abwasseraufbereitung + abwaerme
ME -028 abfallstoffe + abwaerme + recycling + oekonomische aspekte
SA -025 energietechnik + gasturbine + abwaerme + verfahrenstechnik
SA -059 energiebedarf + molkerei + abwaerme
SB -015 energie + gasturbine + abwaerme + waerme + (pilotanlage)

abwasser

siehe auch industrieabwaesser
siehe auch kommunale abwaesser
siehe auch landwirtschaftliche abwaesser
siehe auch mischabwaesser
siehe auch radioaktive abwaesser
siehe auch toxische abwaesser

BC -014 fliesenindustrie + abwasser + luftverunreinigung
BE -003 abgasreinigung + absorption + geruchsminderung + abwasser + schadstoffminderung
DC -002 chemische industrie + abwasser + abluft + verfahrenstechnik
GB -038 waermespeicher + abwasser + kraftwerk
GB -042 stroemungstechnik + kuehlwasser + abwasser + fluss
GB -043 stroemungstechnik + oberflaechengewaesser + kuehlwasser + abwasser + modell
GB -047 fliessgewaesser + abwaerme + abwasser + transportprozesse
GC -011 abwasser + abwaerme + private haushalte + waermerueckgewinnung
HD -018 trinkwasserguete + abwasser + faekalien + bakteriologie + nachweisverfahren
HF -007 wassergewinnung + meerwasserentsalzung + abwasser
IB -003 abwasser + kanalisation
IC -040 gewaesserbelastung + abwasser + schwermetalle + LEINE + GOETTINGEN
IC -041 gewaesserbelastung + abwasser + schwermetalle + radioaktive substanzen + LEINE + GOETTINGEN
IC -050 abwasser + gewaesserbelastung + HAMBURG
IC -051 fliessgewaesser + abwasser + bakterien
IC -112 fluss + abwasser + abwaerme + schadstoffwirkung + MAIN (UNTERMAIN) + RHEIN-MAIN-GEBIET
ID -047 abwasser + grundwasserbelastung
IE -024 abwasser + schadstoffbelastung + kuestengewaesser
IE -044 meerwasser + abwasser + austauschprozesse + KIELER BUCHT + OSTSEE
IE -056 kuestengewaesser + abwasser + schadstoffe + lebewesen
IF -018 eutrophierung + abwasser + KIELER BUCHT + OSTSEE
KA -003 wasser + abwasser + bakterien + taxonomie
KA -004 abwasser + schadstoffnachweis + geraeteentwicklung
KA -007 abwasser + kokerei + phenole + analytik
KA -008 abwasser + sauerstoffhaushalt + methodenentwicklung
KA -009 abwasser + mikroflora + untersuchungsmethoden
KA -012 abwasser + schadstoffnachweis + salmonellen
KA -024 abwasser + mikroflora + ernaehrung
KB -014 abwasser + detergentien + schadstoffabbau + testverfahren
KB -019 abwasser + entsalzung + kohlendioxid
KB -022 abwasser + schlammbeseitigung
KB -044 abwasser + feststofftransport + stroemung + filtration
KB -078 abwasser + pflanzen + entkeimung
KB -085 abwasser + zellstoffindustrie + schadstoffminderung
KC -023 zellstoffindustrie + abwasser + landwirtschaft + oekonomische aspekte
KC -027 zellstoffindustrie + abwasser + halogenverbindungen + toxizitaet
KC -032 zuckerindustrie + abwasser + belebtschlamm + sedimentation
KC -064 abwasser + farbstoffe
KE -008 klaerschlamm + abwasser + bestrahlung
KE -009 klaerschlamm + abwasser + entkeimung + ionisierende strahlung
KE -019 kokerei + klaeranlage + abwasser + phenole + mikrobieller abbau
KE -022 abwasser + mikroorganismen + reaktionskinetik
KE -031 klaerschlamm + abwasser + entkeimung + ionisierende strahlung + biologische wirkungen
KF -003 abwasser + faellungsanlage + phosphate
LA -009 abwasser + umweltschutz + (abwassermodell)
ME -009 abwasser + sulfite + recycling
NC -007 reaktorsicherheit + abgas + abwasser
ND -048 kernkraftwerk + abwasser + dekontaminierung
OB -008 abwasser + quecksilber + spurenanalytik
PC -003 abwasser + schwermetalle + schadstoffwirkung + tiere + litoral
PF -068 wasser + salzgehalt + abwasser + pflanzenphysiologie + genetik
PH -035 abwasser + schwermetallkontamination + biozide + algen
PH -049 algen + gewaesser + abwasser
PI -041 wasser + salzgehalt + abwasser + wasserpflanzen + pflanzenphysiologie
PI -044 fliessgewaesser + abwasser + biozoenose + MAIN + RHEIN-MAIN-GEBIET
TF -031 krankheitserreger + kuehlturm + abwasser + aerosole

abwasserabgabe

LA -008 abwasserabgabe + grenzwerte + bioindikator + gewaesserverunreinigung
LA -010 abwasserabgabe + papierindustrie + oekonomische aspekte + internationaler vergleich
LA -020 abwasserabgabe + oekonomische aspekte + gutachten + BUNDESREPUBLIK DEUTSCHLAND

abwasserabgabengesetz

KA -019 gewaesserbelastung + abwasserabgabengesetz + sauerstoffbedarf + messverfahren
KC -070 abwasserabgabengesetz + abwassertechnik + oekonomische aspekte
LA -005 abwasserabgabengesetz + gesetzesvorbereitung
LA -013 abwasserabgabengesetz + bewertungskriterien
LA -016 abwasserabgabengesetz + papierindustrie + oekonomische aspekte
LA -017 abwasserabgabengesetz + oekonomische aspekte + industrie
LA -018 wasserhaushaltsgesetz + gewaesserguete + abwasserabgabengesetz
LA -025 abwasserabgabengesetz + verwaltung + oekonomische aspekte

abwasserableitung

HA -084 talsperre + abwasserableitung + wasserguete
IB -001 abwasserableitung + ueberwachung + automatisierung + HEINSBERG (NORDRHEIN-WESTFALEN)
IB -007 abwasserableitung + niederschlagsabfluss + stadtgebiet + vorfluter + (simulation)
IC -107 baggersee + abwasserableitung + gewaesserbelastung + oekologische faktoren + OLDENBURG (RAUM)
IE -017 abwasserableitung + (in tideregion + ausbreitungsmodell) + ELBE + WESER + JADE + EMS

IE -018 meeresverunreinigung + kuestengewaesser + abwasserableitung + mikroorganismen + biologische wirkungen + HELGOLAND + ELBE + DEUTSCHE BUCHT
IF -003 abwasserableitung + vorfluter + stickstoff + bakteriologie + (speichersee) + ISMANING + ISAR
KB-039 hydrologie + abwasserableitung + stroemungstechnik + (druckentwaesserung)
UB-002 umweltrecht + vollzugsdefizit + abwasserableitung + oberflaechengewaesser + BODENSEE

abwasseranalyse

IA -010 abwasseranalyse + oberflaechengewaesser + papierindustrie + messgeraet
KA-015 abwasseranalyse + organische stoffe + nachweisverfahren
KB-034 abwasseranalyse + schadstoffnachweis + (rest-xanthate)
KC-021 abwasseranalyse + flotation + amine + (eisenflotationsanlage)
KF -009 abwasseranalyse + schadstoffwirkung + phosphateliminierung + schlammbehandlung
NB-048 abwasseranalyse + schlaemme + vorfluter + kernreaktor + isotopen

abwasseraufbereitung

ID -035 abwasseraufbereitung + schadstoffabbau + grundwasseranreicherung
KB-004 abwasseraufbereitung + loesungsmittel + aktivkohle
KB-063 abwasseraufbereitung + filtration + (membranverfahren + precoattechnik)
KB-070 lebensmittelindustrie + getreideverarbeitung + abwasseraufbereitung + filtration
KC-014 glasindustrie + abwasseraufbereitung
KC-034 zellstoffindustrie + abwasseraufbereitung + recycling + (ligninsulfonat)
KC-047 industrieabwaesser + abwasseraufbereitung + belebungsverfahren
KC-052 molkerei + abwasseraufbereitung + (membranverfahren)
KC-062 detergentien + abwasseraufbereitung + abwaerme
ME-008 kunststoffherstellung + abwasseraufbereitung + abfallbeseitigung + pyrolyse + recycling
MF-037 molkerei + abwasseraufbereitung + eiweissgewinnung

abwasserbehandlung

siehe auch belebungsverfahren
siehe auch belueftungsverfahren

HG-008 abwasserbehandlung + salze
IC -083 detergentien + abwasserbehandlung + anorganische builder + denitrifikation
KB-006 abwasserbehandlung + biologischer abbau + aktivkohle
KB-016 abwasserbehandlung + anorganische builder
KB-038 abwasserbehandlung + flockung + tenside
KB-048 abwasserbehandlung + schadstoffentfernung + verfahrenstechnik
KB-054 abwasserbehandlung + mikrobieller abbau + denitrifikation
KB-056 abwasserbehandlung + sauerstoff + belueftungsverfahren
KB-058 abwasserbehandlung + truebwasser + klaeranlage
KB-061 abwasserbehandlung + flockung + filtration
KB-064 abwasserbehandlung + bakterien + epidemiologie + cholera
KB-065 abwasserbehandlung + kohlenhydrate + mikrobieller abbau + (anaerober abbau)
KB-066 petrochemische industrie + abwasserbehandlung + flotation + extraktion
KC-003 chemische industrie + abwasserbehandlung + oxidation
KC-015 abwasserbehandlung + industrieabwaesser + geraeteentwicklung
KC-026 abwasserbehandlung + hefen
KC-035 molkerei + abwasserbehandlung + recycling + eiweissgewinnung + (verfahrensoptimierung)
KC-048 industrieabwaesser + abwasserbehandlung + belebungsanlage + (wollwaescherei)
KC-049 abwasserbehandlung + chemische industrie + betriebsoptimierung + richtlinien
KC-050 molkerei + abwasserbehandlung + filtration
KC-051 molkerei + abwasserbehandlung + mikroorganismen + recycling
KC-055 abwasserbehandlung + petrochemische industrie
KC-056 zuckerindustrie + abwasserbehandlung + mikrobieller abbau
KC-059 abwasserbehandlung + recycling + salze + chemische industrie
KD-006 abwasserbehandlung + guelle + geruchsminderung
KE-004 abwasserbehandlung + klaerschlamm + sterilisation + pasteurisierung + verfahrenstechnik + (strahlentechnik)
KE-014 abwasserbehandlung + belebungsanlage + mineraloel
KE-017 abwasserbehandlung + klaeranlage + ueberwachungssystem
KE-045 abwasserbehandlung + sauerstoffeintrag + klaeranlage
KE-048 abwasserbehandlung + schlammfaulung + phosphate + (anaerobe faulung)
KE-050 abwasserbehandlung + belueftungsanlage + sauerstoffeintrag
KF-007 abwasserbehandlung + industrieabwaesser + (elektro-m-verfahren)
KF-013 abwasserbehandlung + anorganische builder + phosphatsubstitut
KF-015 abfallschlamm + wasserverunreinigende stoffe + phosphate + abwasserbehandlung + (rueckloesung)
LA -006 brauereiindustrie + abwasserbehandlung + biotechnologie
MA-020 abfallbeseitigung + kommunale abfaelle + abwasserbehandlung + oekonomische aspekte
ME-064 lebensmittelindustrie + abwasserbehandlung + recycling + eiweissgewinnung
ND-038 radioaktive abwaesser + abwasserbehandlung
ND-047 radioaktive abwaesser + abwasserbehandlung + dekontaminierung

abwasserbelastung

siehe auch wasserverunreinigende stoffe

DC-042 staubemission + chemische industrie + verfahrenstechnik + salze + abwasserbelastung
IC -019 abwasserbelastung + WESER-AESTUAR
IE -004 kuestengewaesser + abwasserbelastung + selbstreinigung + EMS-AESTUAR
IE -035 abwasserbelastung + kuestengewaesser + krankheitserreger + (pilzkeime) + WESER-AESTUAR
IE -037 kuestengewaesser + abwasserbelastung + benthos + DEUTSCHE BUCHT + JADE + WESER-AESTUAR
IE -038 kuestengewaesser + abwasserbelastung + industriegebiet + JADE + DEUTSCHE BUCHT
KA-016 abwasserbelastung + siedlungsabfaelle + entsorgung
KB-012 druckereiindustrie + abwasserbelastung + dokumentation + schadstoffminderung
KD-018 abwasserbelastung + enzyme + futtermittel + (schlempe)
LA -004 abwasserbelastung + planungsmodell + ERFT
PD -041 abwasserbelastung + carcinogene

abwasserbeseitigung

HE -004 wasserversorgung + abwasserbeseitigung + industrie + BAYERN
KC-019 grundwasserbelastung + abwasserbeseitigung + zuckerindustrie
KD-015 abwasserbeseitigung + landwirtschaftliche abwaesser + filtration + SCHLESWIG-HOLSTEIN
MB-006 abwasserbeseitigung + klaerschlamm + kommunale abwaesser

abwasserkontrolle

KA-002 abwasserkontrolle + spurenanalytik + gewaesserueberwachung + cyanide + messverfahren
KA-005 messtechnik + abwasserkontrolle
KA-011 abwasserkontrolle + wasserreinigung + biochemischer sauerstoffbedarf + messverfahren
KA-014 gewaesserueberwachung + abwasserkontrolle + feststoffe + geraeteentwicklung
KA-020 abwasserkontrolle + bioindikator + fische
KA-022 abwasserkontrolle + messgeraet + phosphate
KA-026 abwasserkontrolle + toxizitaet + bioindikator
LA -023 abwasserkontrolle + gesetz + NORDRHEIN-WESTFALEN

abwassermenge

KB-047 papier + herstellungsverfahren + abwassermenge

KC -058 abwassermenge + chemische industrie + emissionsminderung + recycling + salze + INNERSTE + LEINE + WERRA + WESER

abwasserreinigung

siehe auch biologische abwasserreinigung
siehe auch chemische abwasserreinigung
siehe auch klaeranlage
HF -005 abwasserreinigung + gewaesserschutz + wasserhaushalt
IC -117 abwasserreinigung + phosphate + talsperre + trinkwassergewinnung + WAHNBACH-TALSPERRE
KB -003 abwasserreinigung + schadstoffabbau + trinkwasser + verfahrenstechnik
KB -008 abwasserreinigung + organische schadstoffe + oxidation
KB -010 abwasserreinigung + gasreinigung + pyrolyse
KB -011 abwasserreinigung + schwermetalle
KB -013 abwasserreinigung + verfahrenstechnik
KB -017 abwasserreinigung + aktivkohle + adsorption
KB -020 abwasserreinigung + ammoniak + ozon + belueftung
KB -021 abwasserreinigung + algen + bioreaktor
KB -025 abwasserreinigung + biologische klaeranlage + flockung + filter
KB -027 abwasserreinigung + flotation + rueckstaende
KB -031 abwasserreinigung + schadstoffabscheidung + verfahrensoptimierung + (lamellenabscheider)
KB -032 abwasserreinigung + bioreaktor + verfahrenstechnik
KB -033 abwasserreinigung + mikroorganismen + biotechnologie + (feststoff-fixierung)
KB -035 abwasserreinigung + aktivkohle + (haeusliches abwasser)
KB -036 abwasserreinigung + filtermaterial + braunkohle
KB -050 abwasserreinigung + organische stoffe + adsorption + (aluminiumoxid)
KB -051 abwasserreinigung + filtermaterial
KB -052 abwasserreinigung + oxidierende substanzen
KB -057 abwasserreinigung + filtration
KB -067 abwasserreinigung + aktivkohle
KB -068 abwasserreinigung + biologischer abbau + aktivkohle
KB -074 abwasserreinigung + oxidation + ozon + adsorption
KB -075 abwasserreinigung + filtration + phenole + (membranverfahren)
KB -084 abwasserreinigung + aktivkohle + mikroorganismen
KB -087 abwasserreinigung + verfahrensoptimierung
KB -088 abwasserreinigung + algen + filtration + proteine + futtermittel
KB -091 abwasserreinigung + sedimentation
KC -002 abwasserreinigung + oel
KC -005 kokerei + abwasserreinigung + aktivkohle + organische stoffe
KC -007 abwasserreinigung + schadstoffabscheidung + schwermetalle + rueckgewinnung + (elektrolyse)
KC -013 abwasserreinigung + zellstoffindustrie + adsorptionsmittel + (aluminiumoxid)
KC -016 abwasserreinigung + industrieabwaesser + (membranfiltration)
KC -018 abwasserreinigung + industrieabwaesser + (membranfiltration)
KC -020 abwasserreinigung + siedlung + faerberei
KC -024 abwasserreinigung + zuckerindustrie + boden + filtration + grundwasserbelastung
KC -025 abwasserreinigung + adsorptionsmittel + braunkohle + (wirtschaftlichkeit)
KC -036 abwasserreinigung + schwefelverbindungen + biologischer abbau
KC -040 papierindustrie + emissionsminderung + abwasserreinigung + (abwasserlose papierherstellung)
KC -041 papierindustrie + abwasserreinigung + biologischer abbau + (hilfsstoffe)
KC -042 abwasserreinigung + oel
KC -045 abwasserreinigung + raffinerie + altoel
KC -046 industrieabwaesser + abwasserreinigung + toxische abwaesser
KD -002 abwasserreinigung + kiesfilter + massentierhaltung + fische
KD -013 abwasserreinigung + guelle + nutztierhaltung + (oxidationsgraben)
KD -014 abwasserreinigung + landwirtschaftliche abwaesser + HOLSTEIN (OST)
KE -011 abwasserreinigung + klaeranlage + belebungsverfahren + (automatisierung)
KE -015 abwasserreinigung + klaeranlage + (elektrochemisches verfahren)
KE -018 abwasserreinigung + belebungsanlage + wirtschaftlichkeit
KE -025 abwasserreinigung + verfahrenstechnik + filtration
KE -026 abwasserreinigung + verfahrenstechnik + filtration
KE -036 abwasserreinigung + biologische klaeranlage + filtration + (mikrosieb)
KE -040 abwasserreinigung + belebtschlamm
KE -042 abwasserreinigung + klaeranlage + kosten
KE -047 abwasserreinigung + belebungsanlage + tropfkoerper + reaktionskinetik
KF -004 abwasserreinigung + phosphate + verfahrenstechnik
KF -010 abwasserreinigung + phosphate + rueckgewinnung + adsorption + (aluminiumoxid)
KF -011 abwasserreinigung + algen + phosphate
KF -012 abwasserreinigung + schadstoffentfernung + phosphate + verfahrensentwicklung
KF -014 abwasserreinigung + klaeranlage + phosphate + faellungsmittel
KF -017 abwasserreinigung + phosphate + mikrobieller abbau
KF -020 abwasserreinigung + phosphate
MC-031 deponie + sickerwasser + abwasserreinigung + verrieselung
MG-022 abwasserreinigung + flockung + oekonomische aspekte
MG-027 abwasserreinigung + klaerschlammbehandlung + standardisierung

abwasserschlamm

siehe auch belebtschlamm
siehe auch filterschlamm
siehe auch klaerschlamm
siehe auch schlaemme
KC -044 abwasserschlamm + molkerei
KE -046 abwasserschlamm + tenside + carcinogene + (wechselwirkung)
KE -049 abwasserschlamm + schlammentwaesserung + schlammfaulung + (biologische stabilisierung)
KF -018 abwasserschlamm + phosphate + faellung + schlammbeseitigung
MD-021 abwasserschlamm + verwertung + landwirtschaft
MD-022 abwasserschlamm + flaechenkompostierung + bodenbelastung
ME -059 papierindustrie + zellstoffindustrie + industrieabfaelle + abwasserschlamm + recycling
ME -061 abwasserschlamm + recycling + holzindustrie + papierindustrie + zellstoffindustrie
ME -073 papierindustrie + abwasserschlamm + recycling + baustoffe
ME -081 abwasserschlamm + buntmetalle + recycling
OD -056 abwasserschlamm + duengung + nutzpflanzen + schwermetallkontamination

abwassertechnik

KC -070 abwasserabgabengesetz + abwassertechnik + oekonomische aspekte
KC -073 brauereiindustrie + abwassertechnik
KE -006 abwassertechnik + klaeranlage
KE -034 abwassertechnik + belebtschlamm + mikrobieller abbau
KE -035 abwassertechnik + klaeranlage + belebtschlamm + verfahrensoptimierung
KE -039 klaeranlage + abwassertechnik + belebtschlamm + (blaehschlamm)
KE -041 abwassertechnik + bewertungskriterien
LA -021 industrieabwaesser + abwassertechnik + oekonomische aspekte

abwasserverrieselung

ID -023 abwasserverrieselung + waldoekosystem + bodenbelastung + geochemie
ID -059 abwasserverrieselung + klaerschlamm + grundwasserbelastung + bodenkontamination

KB -082 klaerschlamm + abwasserverrieselung + grundwasserbelastung + bodenkontamination + NIEDERSACHSEN
PH -021 abwasserverrieselung + waldoekosystem + bodenbelastung + GIFHORN + HAMBURG

ackerbau

siehe auch bodenbearbeitung
siehe auch landwirtschaft
IC -067 gewaesserbelastung + niederschlag + ackerbau + stofftransport
RC -027 ackerbau + bodenstruktur + sickerwasser
RD -027 agrarplanung + ackerbau + wasserhaushalt + naehrstoffhaushalt + bodenstruktur
RD -035 duengung + bodenverbesserung + ackerbau + getreide
RD -036 bodenbearbeitung + duengung + muellkompost + ackerbau
RD -047 ackerbau + pflanzen + duengemittel + stickstoff + langzeitwirkung
RE -015 ackerbau + pflanzenschutzmittel + herbizide + (substitution)
RE -026 duengung + stickstoff + ackerbau
RE -040 ackerbau + pflanzenertrag + grundwasserspiegel
RE -048 grundwasserabsenkung + ackerbau + pflanzenertrag + HANNOVER-FUHRENBERG
RH -005 pflanzenschutzmittel + ackerbau + fauna
RH -026 ackerbau + pflanzenschutz + pilze + (raps) + SCHLESWIG-HOLSTEIN

ackerboden

RC -001 bodenerosion + ackerboden + HESSEN
RC -007 ackerboden + erosion + schutzmassnahmen + NORDDEUTSCHE TIEFEBENE
RD -056 ackerboden + bodentiere + biozoenose + BRAUNSCHWEIG (RAUM) + HARZVORLAND

ackerland

MD-003 muellkompost + ackerland + gewaesserverunreinigung
MF-039 stallmistverwertung + ackerland + gruenland
RD -023 ackerland + duengung + herbizide + unkrautflora

adaptation

RE -043 pflanzenphysiologie + adaptation + bodenbeschaffenheit + salzgehalt + FRANKEN (OBERFRANKEN)

administration

siehe verwaltung

adsorber

DD -005 gasreinigung + adsorber

adsorption

siehe auch sauerstoffadsorption
siehe auch schadstoffadsorption
DC -013 abgasreinigung + verfahrenstechnik + adsorption
DD -001 luftverunreinigung + loesungsmittel + adsorption + aktivkohle + oekonomische aspekte + (rueckgewinnung)
DD -022 aerosole + russ + benzpyren + adsorption
DD -024 abgasreinigung + stickoxide + adsorption + aktivkoks
DD -055 gasreinigung + kohlendioxid + adsorption + (molekularsieb)
HD -019 trinkwasseraufbereitung + herbizide + adsorption + oxidation + (phenoxy-alkancarbonsaeuren)
KA -023 polymere + adsorption + (suspensionen)
KB -017 abwasserreinigung + aktivkohle + adsorption
KB -050 abwasserreinigung + organische stoffe + adsorption + (aluminiumoxid)
KB -074 abwasserreinigung + oxidation + ozon + adsorption
KF -010 abwasserreinigung + phosphate + rueckgewinnung + adsorption + (aluminiumoxid)
PF -026 schwermetalle + adsorption + bodenbeschaffenheit + (tonminerale)

adsorptionsmittel

DD -010 luftverunreinigende stoffe + adsorptionsmittel
DD -030 adsorptionsmittel + katalysator + (herstellungsverfahren)
DD -058 schadstoffentfernung + adsorptionsmittel + torf
KC -013 abwasserreinigung + zellstoffindustrie + adsorptionsmittel + (aluminiumoxid)
KC -025 abwasserreinigung + adsorptionsmittel + braunkohle + (wirtschaftlichkeit)

aerologische messung

siehe auch luftueberwachung
AA -094 aerologische messung + aerosolmesstechnik + kuehlturm + (wolkenuntersuchung)
AA -132 luftverunreinigung + mikroklimatologie + aerologische messung
AA -142 aerologische messung + RHEIN (RHEINTAL)
AA -144 aerologische messung + atmosphaere + MUENCHEN-GARCHING
CB -035 luftbewegung + aerologische messung + ausbreitungsmodell

aerosole

AA -060 troposphaere + aerosole + raman-lidar-geraet
AA -093 atmosphaere + aerosole + strahlung
AA -101 luftchemie + atmosphaere + aerosole + radioaktive spurenstoffe + fall-out
AA -102 luftchemie + aerosole + spurenelemente
BC -021 aerosole + bergwerk + filter + ultraschall
BD -006 luftreinhaltung + aerosole + antibiotika + guelle + verrieselung
CA -048 atmosphaere + aerosole + sichtweite
CA -050 luftueberwachung + aerosole + analytik + (stoffliche zusammensetzung)
CA -075 luftverunreinigung + aerosole + spurenstoffe + messverfahren + (pruefgas + kalibrierung)
CA -084 aerosole + messgeraet + teilchengroesse
CA -085 atmosphaere + aerosole + strahlungsabsorption + AFRIKA (SUEDWEST)
CB -046 aerosole + messtechnik
CB -061 aerosole + teilchengroesse + spurenstoffe + atmosphaere
CB -066 atmosphaere + schadstoffbelastung + aerosole + schwefeldioxid + luftchemie
CB -067 schwefeldioxid + aerosole + atmosphaere
CB -074 atmosphaere + aerosole + schadstofftransport
DD -022 aerosole + russ + benzpyren + adsorption
DD -037 staub + gase + aerosole
EA -007 luftverunreinigende stoffe + aerosole + nachweisverfahren + geraeteentwicklung
IE -047 oberflaechenwasser + aerosole + stoffaustausch + schadstoffausbreitung + ELBE-AESTUAR + DEUTSCHE BUCHT
NB -004 radioaktivitaet + gase + aerosole + ausbreitung
NB -017 aerosole + radioaktivitaet + strahlenschaeden
NB -018 radioaktive spaltprodukte + jod + aerosole + filtermaterial
NC -088 kernreaktor + radioaktive spaltprodukte + aerosole + (wechselwirkung)
NC -104 luftverunreinigung + aerosole + niederschlag + radioaktive substanzen
PA -006 schwermetallkontamination + aerosole + verhaltensphysiologie + toxikologie + atemtrakt
PC -017 aerosole + schadstoffwirkung + atemtrakt + mak-werte
PE -012 schadstoffbelastung + aerosole + atemtrakt + mak-werte
PG -039 aerosole + pflanzenschutzmittel + pflanzen
TA -047 oel + aerosole + mak-werte + messtechnik
TF -027 krankheitserreger + bakterien + desinfektionsmittel + aerosole
TF -031 krankheitserreger + kuehlturm + abwasser + aerosole

aerosolmesstechnik

AA -094 aerologische messung + aerosolmesstechnik + kuehlturm + (wolkenuntersuchung)
AA -095 luftueberwachung + aerosolmesstechnik + tracer

AA -103 luftchemie + aerosolmesstechnik + radioaktive spurenstoffe
AA -126 luftverunreinigung + aerosolmesstechnik + BODENSEE
AA -127 aerosolmesstechnik + BUNDESREPUBLIK DEUTSCHLAND + PORTUGAL
BA -016 kfz-technik + dieselmotor + russ + aerosolmesstechnik
CA -008 meteorologie + troposphaere + stratosphaere + aerosolmesstechnik + (luftleitfaehigkeit)
CA -009 aerosolmesstechnik + geraeteentwicklung
CA -026 aerosolmesstechnik + teilchengroesse + schwermetallkontamination + atemtrakt
CA -033 aerosolmesstechnik
CA -034 aerosolmesstechnik + luftueberwachung + messverfahren
CA -036 aerosolmesstechnik + messverfahren + (zentrifuge)
CA -038 luftverunreinigung + ballungsgebiet + schwermetalle + aerosolmesstechnik + HAMBURG (RAUM)
CA -039 aerosolmesstechnik
CA -047 aerosolmesstechnik
CA -049 aerosolmesstechnik
CA -065 luftverunreinigende stoffe + aerosolmesstechnik
CA -066 aerosolmesstechnik + normen
CA -067 luftverunreinigung + aerosolmesstechnik
CB -042 aerosolmesstechnik
CB -043 aerosolmesstechnik + raman-lidar-geraet
CB -045 aerosolmesstechnik + schwebstoffe + messgeraet + (aerosol-lidar-system)
CB -058 atmosphaere + schadstoffausbreitung + aerosolmesstechnik + sedimentation
DD -043 aerosolmesstechnik + filter
OA -021 aerosolmesstechnik + (neutronenaktivierungsanlage)
OA -037 aerosolmesstechnik + metalle + spurenanalytik
PE -010 biomedizin + aerosolmesstechnik + atemtrakt
PE -011 biomedizin + aerosolmesstechnik + atemtrakt
TA -049 arbeitsschutz + schadstoffbelastung + farbenindustrie + aerosolmesstechnik + (lacknebel)

aestuar

HA -111 kuestenschutz + aestuar + messtellennetz + JADE + WESER
HC -012 aestuar + flussbettaenderung + sedimentation + kuestenschutz + (hydraulisches modell) + EMS-AESTUAR
HC -013 aestuar + kuestenschutz + schiffahrt + (modellversuche) + JADE + WESER-AESTUAR
HC -015 aestuar + flussbettaenderung + schiffahrt + (modellversuche) + ELBE-AESTUAR
HC -038 meer + aestuar + wasserbewegung + austauschprozesse + OSTSEE + ELBE-AESTUAR
IE -026 kuestengewaesser + toxische abwaesser + biozoenose + aestuar
IE -029 wasserverunreinigung + selbstreinigung + aestuar + plankton + ELBE-AESTUAR
IE -054 oberflaechengewaesser + schwermetallbelastung + aestuar
NB -039 gewaesserbelastung + aestuar + radioaktive substanzen + strahlenschutz + ELBE-AESTUAR

aflatoxine

siehe auch carcinogene
OC -009 mykotoxine + nachweisverfahren + aflatoxine + toxizitaet
PB -008 aflatoxine + nachweisverfahren + wirkungen
QA -015 futtermittelkontamination + probenahmemethode + schadstoffnachweis + aflatoxine
QA -018 futtermittelkontamination + aflatoxine + chlorkohlenwasserstoffe
QA -042 lebensmittelueberwachung + aflatoxine + metabolismus
QC -006 getreide + aflatoxine + dekontaminierung

agrarbiologie

RD -033 agrarbiologie + naehrstoffhaushalt + duengung

agrargeographie

RD -009 bewaesserung + kartierung + agrargeographie + (satellitenaufnahmen) + ORIENT

agraroekonomie

RA -002 agraroekonomie + oekologie + entwicklungslaender + TANZANIA + RUANDA + AFRIKA (OST)
RA -003 agraroekonomie + landwirtschaft + umweltschutz + richtlinien
RA -005 agraroekonomie + bodennutzung + bevoelkerungsentwicklung + HESSEN
RA -009 agraroekonomie + produktivitaet + oekologische faktoren + naturschutz + interessenkonflikt
RA -010 agraroekonomie + umweltfaktoren
RD -038 agraroekonomie + landnutzung + wasserhaushalt + duengung + NIEDERSACHSEN (SUEDOST)
UM-079 wasserwirtschaft + agraroekonomie + kartierung + naturschutz + NIEDERSACHSEN

agrarplanung

RA -024 agrarplanung + bodennutzung + gruenlandwirtschaft + alm + (nutzungsmodell) + ALPEN + KARWENDEL-GEBIRGE
RD -027 agrarplanung + ackerbau + wasserhaushalt + naehrstoffhaushalt + bodenstruktur
UK -032 landschaftsrahmenplan + agrarplanung + standardisierung

agrarproduktion

siehe auch landwirtschaft
siehe auch nahrungsmittelproduktion
PF -070 bodenkontamination + blei + zink + agrarproduktion + NIEDERSACHSEN + HARZVORLAND
RA -018 agrarproduktion + (regionale spezialisierung + regionale konzentration)
RA -019 agrarproduktion + umweltschutzauflagen + betriebsoptimierung + (regionalmodell) + NORDRHEIN-WESTFALEN
RD -002 landwirtschaft + oekologie + agrarproduktion + methodenentwicklung

agrarwirtschaft

siehe landwirtschaft

aktivierungsanalyse

NB -001 spurenelemente + aktivierungsanalyse + spurenanalytik

aktivkohle

BE -016 abluftreinigung + geruchsminderung + aktivkohle
DA -039 kfz-abgase + reinigung + aktivkohle
DC -043 abgasreinigung + clausanlage + aktivkohle
DC -044 abluftreinigung + aktivkohle
DD -001 luftverunreinigung + loesungsmittel + adsorption + aktivkohle + oekonomische aspekte + (rueckgewinnung)
DD -049 abluft + loesungsmittel + aktivkohle
HE -016 trinkwasseraufbereitung + aktivkohle + mikroorganismen
HE -026 trinkwasseraufbereitung + wasserwerk + filtration + aktivkohle + mikroorganismen
HE -035 trinkwassergewinnung + aktivkohle
HE -041 trinkwasseraufbereitung + aktivkohle + mikroorganismen
KB -004 abwasseraufbereitung + loesungsmittel + aktivkohle
KB -006 abwasserbehandlung + biologischer abbau + aktivkohle
KB -017 abwasserreinigung + aktivkohle + adsorption
KB -035 abwasserreinigung + aktivkohle + (haeusliches abwasser)
KB -067 abwasserreinigung + aktivkohle
KB -068 abwasserreinigung + biologischer abbau + aktivkohle
KB -084 abwasserreinigung + aktivkohle + mikroorganismen
KC -005 kokerei + abwasserreinigung + aktivkohle + organische stoffe
MD-013 hausmuell + sondermuell + recycling + aktivkohle + wirtschaftlichkeit

aktivkoks

DD -024 abgasreinigung + stickoxide + adsorption + aktivkoks

akustik

siehe auch bauakustik
siehe auch schall

FA -001 laermminderung + akustik + (grosstransformator + akustische kompensation)
FA -072 akustik + schallmessung + schwingungsschutz + normen

alarmplan

HE -047 wasserwerk + wasserueberwachung + alarmplan + systemanalyse

algen

siehe auch wasserpflanzen

HC -010 meeresorganismen + litoral + algen + metabolismus + oekologische faktoren
HD -009 trinkwasserguete + algen + rueckstaende + (algenbluete)
HE -011 trinkwasseraufbereitung + algen
HE -048 wasseraufbereitung + algen + flockung + trinkwasser
IA -022 wasserverunreinigung + bioindikator + algen
IC -029 talsperre + algen + schadstoffabbau
IC -044 wasserguete + algen
IF -010 gewaesseruntersuchung + eutrophierung + algen
KB -001 biologische abwasserreinigung + algen + proteine + recycling
KB -002 biologische abwasserreinigung + algen + schadstoffabbau + schwermetalle
KB -021 abwasserreinigung + algen + bioreaktor
KB -088 abwasserreinigung + algen + filtration + proteine + futtermittel
KE -051 klaeranlage + biologische abwasserreinigung + algen
KF -011 abwasserreinigung + algen + phosphate
MF -001 landwirtschaftliche abwaesser + recycling + algen + duengemittel
OD -017 pflanzenphysiologie + schwermetallkontamination + algen
OD -039 algen + schadstoffe
OD -087 marine nahrungskette + algen + schadstofftransport + herbizide
PB -023 organische schadstoffe + meeresorganismen + photosynthese + algen
PC -048 wasserverunreinigende stoffe + biochemie + photosynthese + algen
PF -014 schwermetallkontamination + algen + biologische wirkungen
PF -015 nahrungskette + algen + schwermetallbelastung + schadstoffwirkung
PF -016 algen + schadstoffwirkung + schwermetalle
PF -067 pflanzenphysiologie + blei + oekotoxizitaet + algen
PG -009 pflanzenphysiologie + photosynthese + pestizide + algen
PG -052 herbizide + biologische membranen + algen
PH -035 abwasser + schwermetallkontamination + biozide + algen
PH -049 algen + gewaesser + abwasser
PH -055 wasser + algen + schadstoffbildung + schadstoffwirkung
QC -020 algen + resistenz + schwermetallkontamination + lebensmittel
RB -003 algen + grundstoffe + lebensmittelrohstoff
RB -008 ernaehrung + algen + entwicklungslaender
RB -028 nahrungsmittelproduktion + algen
RB -031 algen + stoffwechsel
UA -048 trinkwasserguete + algen + schadstoffbildung

alkylphosphate

siehe auch detergentien

PB -010 schadstoffwirkung + gesundheitsschutz + alkylphosphate

allergie

PE -019 staub + atemtrakt + allergie
PE -052 luftverunreinigung + pollen + sporen + allergie
TA -014 berufsschaeden + allergie + arbeitsschutz

alm

siehe auch gruenland

RA -024 agrarplanung + bodennutzung + gruenlandwirtschaft + alm + (nutzungsmodell) + ALPEN + KARWENDEL-GEBIRGE
UM-031 landschaftserhaltung + vegetation + alm + ROTWANDGEBIET + MIESBACH (LANDKREIS)

altglas

siehe auch abfall

MA-015 hausmuellsortierung + altglas + ne-metalle
MD-011 altglas + recycling + duengemittel
ME-049 altglas + recycling + (farbsortierung)
ME-050 altglas + recycling
ME-051 glasindustrie + verfahrenstechnik + altglas + recycling
ME-077 altglas + recycling
ME-078 abfall + altglas + baustoffe + recycling
ME-080 altglas + recycling + baustoffe
MG-005 abfallgesetz + ausgleichsabgabe + altglas + (einwegflasche)

altoel

siehe auch abfall

KC-045 abwasserreinigung + raffinerie + altoel
MB-053 abfallbeseitigung + altoel + (saeureharz) + NORDRHEIN-WESTFALEN
ME-074 altoel + aufbereitung + rueckstaende + recycling
ME-090 recycling + bleicherde + altoel

altpapier

siehe auch abfall

MA-026 rotte + kunststoffabfaelle + altpapier
MB-061 altpapier + kompostanlage
MD-015 hausmuell + altpapier + recycling + wirtschaftlichkeit + oekologische faktoren
MD-036 papiertechnik + altpapier + recycling
ME-046 papierindustrie + altpapier + recycling
ME-060 altpapier + recycling

altreifen

siehe auch abfall
siehe auch autoreifen

ME-002 kokerei + altreifen + wiederverwendung
ME-027 altreifen + recycling + (elastilplatten)
ME-085 altreifen + recycling + baustoffe

altreifenbeseitigung

siehe auch abfallbeseitigung

MD-012 altreifenbeseitigung + recycling + oekologische faktoren

aluminium

PF -063 pflanzenphysiologie + photosynthese + aluminium + schwermetalle

aluminiumindustrie

AA-115 immissionsmessung + fluor + aluminiumindustrie + STADE
DC-071 aluminiumindustrie + emissionsminderung + halogene
MC-038 aluminiumindustrie + abfallagerung + schlacken
ME-034 aluminiumindustrie + abfallaufbereitung + recycling + (aluminiumsalzschlacke)
ME-088 schlammbeseitigung + aluminiumindustrie

amine

siehe auch aromatische amine
siehe auch nitrosamine
siehe auch stickstoffverbindungen

BE -004 kohlenwasserstoffe + amine + ozon + reaktionskinetik
DC-035 schadstoffbelastung + arbeitsplatz + amine + abluftreinigung
KC-021 abwasseranalyse + flotation + amine + (eisenflotationsanlage)
OC-021 nitrosoverbindungen + amine + analytik
OC-034 umweltchemikalien + carcinogene + amine + nitrosoverbindungen
PA -017 embryopathie + teratogene wirkung + amine + fluorverbindungen + (struktur-wirkung)

ammoniak

siehe auch stickstoffverbindungen

KB -020 abwasserreinigung + ammoniak + ozon + belueftung

amphibien

PC -065 umweltbedingungen + hormone + fische + amphibien
PC -066 umweltbedingungen + amphibien + wasserhaushalt + hormone
PI -045 oekologie + fische + amphibien + umwelteinfluesse

analyse

siehe auch abwasseranalyse
siehe auch bedarfsanalyse
siehe auch lebensmittelanalytik
siehe auch nachweisverfahren
siehe auch nutzwertanalyse
siehe auch rueckstandsanalytik
siehe auch simultananalyse
siehe auch spektralanalyse
siehe auch spurenanalytik
siehe auch strukturanalyse
siehe auch systemanalyse

CA -001 pruefgase + analyse
CA -022 emission + gase + analyse + datensammlung
CA -029 gase + analyse + infrarottechnik
OD -035 boden + uran + analyse
QA -050 nahrungsmittel + analyse + krebs + IRAN
UC -014 raumwirtschaftspolitik + wirtschaftsstruktur + analyse + ELBE-AESTUAR + WESER-AESTUAR

analysengeraet

siehe auch messgeraet

CA -006 luftueberwachung + gase + analysengeraet + infrarottechnik
IC -009 oberflaechenwasser + organische schadstoffe + analysengeraet
OA -009 messtechnik + analysengeraet + umweltverschmutzung + feinstaeube
OA -036 analysengeraet + messtechnik
OB -009 analysengeraet + fluorwasserstoff

analyseverfahren

siehe auch messgeraet
siehe auch messverfahren

BA -003 kfz-abgase + schadstoffemission + analyseverfahren
BA -021 abgas + verbrennung + kohlenwasserstoffe + analyseverfahren
BA -056 verbrennungsmotor + polyzyklische kohlenwasserstoffe + analyseverfahren
BA -063 kfz-abgase + stickoxide + analyseverfahren
BA -064 kfz-abgase + stickoxide + kohlenwasserstoffe + analyseverfahren
BD -008 luftverunreinigung + pestizide + chlorkohlenwasserstoffe + polyzyklische aromaten + analyseverfahren
CA -004 abgas + analyseverfahren + geraeteentwicklung
IA -009 wasserverunreinigende stoffe + sediment + analyseverfahren + (methodenvergleich)
IA -029 gewaesserbelastung + nitrosamine + analyseverfahren
IC -034 wasserverunreinigung + pestizide + chlorkohlenwasserstoffe + analyseverfahren + RHEIN
IC -074 wasserverunreinigung + organische schadstoffe + analyseverfahren
IC -080 gewaesserverunreinigung + pestizide + analyseverfahren
IE -007 meeresreinhaltung + analyseverfahren
IF -006 gewaesserverunreinigung + phosphate + nitrate + analyseverfahren + RHEIN
IF -019 meerwasser + eutrophierung + analyseverfahren + OSTSEE
OA -038 spurenelemente + analyseverfahren
OB -019 mensch + bleikontamination + analyseverfahren + standardisierung
OC -002 halogenkohlenwasserstoffe + analyseverfahren
OC -033 umweltchemikalien + analyseverfahren
OD -074 wasser + polyzyklische aromaten + carcinogene + analyseverfahren
PG -051 pflanzenkontamination + benzpyren + analyseverfahren
QB -013 lebensmittelanalytik + fleisch + analyseverfahren

analytik

AA -145 meteorologie + atmosphaere + spurenstoffe + analytik
BA -067 kfz-abgase + kohlenwasserstoffe + analytik
BA -071 kfz-abgase + polyzyklische kohlenwasserstoffe + analytik
BB -005 abgas + schwefeldioxid + staub + analytik
CA -031 luftverunreinigung + schadstoffausbreitung + tracer + probenahme + analytik + (windschwache wetterlagen) + MAIN (UNTERMAIN) + RHEIN-MAIN-GEBIET
CA -050 luftueberwachung + aerosole + analytik + (stoffliche zusammensetzung)
HA -071 fliessgewaesser + stofftransport + spurenelemente + analytik + ACHEN (TIROL) + ALPENRAUM
HB -027 hydrogeologie + bodenwasser + spurenelemente + analytik + ALPENVORLAND
HD -007 trinkwassergewinnung + chlorkohlenwasserstoffe + analytik
KA -007 abwasser + kokerei + phenole + analytik
KC -033 papierindustrie + betriebswasser + organische stoffe + analytik
KE -012 klaerschlamm + stabilisierung + analytik
MC-016 deponie + nitrosoverbindungen + analytik
MC-020 abfall + deponie + schadstoffwirkung + gewaesser + analytik
OA -006 gewaesserueberwachung + meer + schadstoffnachweis + analytik + probenahmemethode + NORDSEE + OSTSEE
OA -013 umweltchemikalien + isotopen + tracer + analytik + (grundlagenforschung)
OC -005 pcb + analytik
OC -011 wasser + nitrosamine + analytik
OC -016 nitrosoverbindungen + analytik
OC -018 umweltchemikalien + organische schadstoffe + analytik + (mehrkomponentenanalyse + probennahme)
OC -021 nitrosoverbindungen + amine + analytik
OC -022 kohlenwasserstoffe + carcinogene + analytik
OC -037 umweltchemikalien + nitrosoverbindungen + analytik
OD -062 kfz-abgase + bleikontamination + analytik
OD -071 carcinogene + nitrosoverbindungen + analytik + nachweisverfahren
PC -008 luft + filtration + rueckstaende + biologische wirkungen + analytik
PD -015 co-carcinogene + pflanzen + lebensmittel + pharmaka + analytik
PD -016 co-carcinogene + diterpenester + analytik
QA -040 carcinogene + nitrosamine + lebensmittelkontamination + analytik
QA -046 lebensmittel + oestrogene + analytik
QA -049 carcinogene + nitrosamine + lebensmittel + analytik
QB -034 nahrungsmittelproduktion + analytik + polyzyklische aromaten + phenole
QC -021 nitrate + gemuese + analytik
UD -003 meereskunde + metalle + spurenelemente + sediment + analytik + (manganknollen)

anorganische builder

HA -004 gewaesserschutz + oekologische faktoren + anorganische builder
IC -083 detergentien + abwasserbehandlung + anorganische builder + denitrifikation
KB -009 biologische abwasserreinigung + anorganische builder
KB -016 abwasserbehandlung + anorganische builder
KF -013 abwasserbehandlung + anorganische builder + phosphatsubstitut

anorganische stoffe

BB -038 muellverbrennungsanlage + feinstaeube + anorganische stoffe
CA -043 luftverunreinigung + anorganische stoffe + nachweisverfahren + (elektronenmikroskop + elektronenbeugung)

CA -098 emissionsueberwachung + anorganische stoffe + chlor + messverfahren
MC-032 deponie + sickerwasser + anorganische stoffe + biologischer abbau

anorganische schadstoffe
OB-004 anorganische schadstoffe + nachweisverfahren

anorganische verunreinigungen
IC -103 binnengewaesser + anorganische verunreinigungen

antagonismus
IC -031 oberflaechenwasser + viren + plankton + antagonismus

anthropogener einfluss
AA -098 luftchemie + atmosphaere + kohlendioxid + anthropogener einfluss
AA -099 luftchemie + atmosphaere + radioaktive spurenstoffe + anthropogener einfluss
CB -077 luftchemie + atmosphaere + spurenstoffe + anthropogener einfluss
HA -065 oberflaechengewaesser + grundwasser + wasserguete + anthropogener einfluss + FREIBURG + OBERRHEIN
HA -089 hydrologie + anthropogener einfluss + kartierung + niederschlagsabfluss + OBERRHEIN
HA -090 sediment + oberflaechengewaesser + anthropogener einfluss + BAYERN (OBERBAYERN)
HB -013 fliessgewaesser + grundwasser + anthropogener einfluss
HB -020 grundwasserbildung + karstgebiet + anthropogener einfluss
HB -021 grundwasserbildung + anthropogener einfluss + oekologische faktoren + TRIER + HUNSRUECK
HB -022 bodenbeschaffenheit + anthropogener einfluss + grundwasserbildung + MAINTAL
HB -068 wasserstand + anthropogener einfluss + (statistik)
HG -038 hydrologie + anthropogener einfluss + simulationsmodell
IC -021 fluss + schadstoffbelastung + oekologische faktoren + anthropogener einfluss + WESER-AESTUAR
IC -058 oberflaechengewaesser + schwermetallkontamination + anthropogener einfluss + RHEIN (GINSHEIMER ALTRHEIN)
IE -019 wasserverunreinigung + meeressediment + anthropogener einfluss + GOLF VON PIRAN
PF -030 anthropogener einfluss + bodenbelastung + salze + IRAK
PF -042 bodenkontamination + cadmium + blei + anthropogener einfluss + BERLIN
PG -045 schadstoffausbreitung + spurenelemente + bodenkontamination + anthropogener einfluss + TIROLER ACHEN
PH -047 bodenbeeinflussung + anthropogener einfluss + NORDWESTDEUTSCHLAND
PH -058 baum + immissionsbelastung + schadstoffwirkung + bioindikator + anthropogener einfluss
PI -002 oekosystem + anthropogener einfluss + (geosystem)
PI -042 umweltbelastung + anthropogener einfluss
RC -005 erosion + anthropogener einfluss
RC -012 wueste + ausbreitung + klimaaenderung + anthropogener einfluss
RC -019 boden + anthropogener einfluss
RC -030 bodenbeeinflussung + wald + anthropogener einfluss + MEXICO (PUEBLA-TLAXCALA)
UL -007 landschaftsoekologie + anthropogener einfluss + mikroklimatologie + BASEL (RAUM)

antibiotika
siehe auch pharmaka
siehe auch tetracyclin
BD -006 luftreinhaltung + aerosole + antibiotika + guelle + verrieselung
KB -026 mikrobieller abbau + antibiotika + pestizide + (geraeteentwicklung)
MB-031 siedlungsabfaelle + kompostierung + antibiotika + mikroorganismen
MB-034 siedlungsabfaelle + kompostierung + antibiotika
OA-020 antibiotika + nachweisverfahren
PC -055 bakterien + antibiotika + wirkmechanismus + statistik
PD -038 antibiotika + mensch + genetische wirkung
PH -045 antibiotika + metabolismus
QA-014 antibiotika + waerme + resistenz
QA-051 lebensmittel + antibiotika + rueckstandsanalytik
QB-004 fleisch + antibiotika + rueckstaende
QB-006 fleischprodukte + antibiotika + rueckstandsanalytik
QB-022 nutztierhaltung + veterinaermedizin + antibiotika + lebensmittelhygiene
QB-025 milchverarbeitung + lebensmittelhygiene + antibiotika + spurenanalytik
QB-030 antibiotika + nachweisverfahren + milch
QB-035 fleischprodukte + lebensmittelkontamination + antibiotika + oestrogene + nachweisverfahren
QB-059 antibiotika + nachweisverfahren + gefluegel
RF -002 gefluegel + tierhaltung + tierische faekalien + antibiotika + mikrobieller abbau

antimon
siehe auch schwermetalle
PA -024 schwermetallsalze + antimon + marine nahrungskette + muscheln

antriebssystem
siehe auch fahrzeugantrieb
siehe auch flugzeugantrieb
siehe auch schiffsantrieb
DA -067 antriebssystem + emissionsminderung + kosten
FC -044 geraeuschminderung + antriebssystem + hydraulik + (ventile)

arbeitsmedizin
FC -048 arbeitsmedizin + erschuetterungen + landmaschinen
PD -036 umweltchemikalien + zytotoxizitaet + genetische wirkung + mensch + arbeitsmedizin
TA -004 arbeitsmedizin + forschungsplanung + berufsschaeden + (herz-kreislauf-erkrankungen)
TA -024 arbeitsplatzbewertung + arbeitsmedizin
TA -031 arbeitsmedizin + druckbelastung
TA -041 arbeitsmedizin + gesundheitsschutz + bronchitis
TA -044 arbeitsmedizin + berufsschaeden + (herz-kreislauf-erkrankungen)
TA -056 arbeitsmedizin + gesundheitsschutz + kunststoffindustrie + vinylchlorid
TA -057 schadstoffwirkung + atemtrakt + arbeitsmedizin
TA -061 bergwerk + berufsschaeden + staubkonzentration + krankheitserreger + arbeitsmedizin + (tuberkulose)
TA -076 arbeitsplatz + schadstoffbelastung + loesungsmittel + arbeitsmedizin

arbeitsphysiologie
siehe auch physiologie
TA -025 bergbau + arbeitsphysiologie + klimatologie + (hitzebelastung)
TA -028 ergonomie + arbeitsplatz + umwelteinfluesse + arbeitsphysiologie
TA -038 arbeitsplatz + arbeitsphysiologie + beleuchtung

arbeitsplatz
siehe auch mak-werte
BC -011 abluftkontrolle + geruchsbelaestigung + arbeitsplatz + druckereiindustrie + (rollenoffset-druckmaschinen)
BD -005 staubminderung + arbeitsplatz + landwirtschaft
DC -012 kunststoffe + arbeitsplatz + schadstoffminderung
DC -027 arbeitsplatz + luftverunreinigende stoffe + schadstoffminderung + (neue technologien)
DC -035 schadstoffbelastung + arbeitsplatz + amine + abluftreinigung
DD -002 arbeitsplatz + schadstoffentfernung + abluftreinigung
DD -044 schadstoffbelastung + arbeitsplatz + feinstaeube + staubabscheidung
FC -001 laermbelastung + arbeitsplatz + laermminderung
FC -002 arbeitsplatz + werkzeugmaschinen + geraeuschminderung
FC -003 laermbelastung + arbeitsplatz + schiffahrt
FC -004 arbeitsplatz + arbeitsschutz + laermbelastung
FC -005 laermbelastung + arbeitsplatz + gehoerschaeden + audiometrie + eisen- und stahlindustrie

FC -006 laermbelastung + arbeitsplatz + eisen- und stahlindustrie + schallausbreitung
FC -008 laermentstehung + arbeitsplatz + geraeuschminderung + (gasbrenner)
FC -009 laermentstehung + geraeuschminderung + arbeitsplatz + gesundheitsschutz + (elektrolichtbogenofen)
FC -012 arbeitsplatz + laermbelastung + (putzerei)
FC -023 glasindustrie + arbeitsplatz + laermminderung
FC -025 textilindustrie + arbeitsplatz + laermbelastung + schalldaempfung
FC -027 laermminderung + schallschutz + arbeitsplatz + (schmiedepresse)
FC -030 laermbelastung + arbeitsplatz + forstmaschinen + gehoerschaeden
FC -034 ergonomie + arbeitsplatz + laermbelastung + physiologische wirkungen
FC -035 arbeitsplatz + laermbelastung + erschuetterungen + physiologische wirkungen
FC -038 baumaschinen + arbeitsplatz + laermminderung
FC -041 laermbelastung + arbeitsplatz + fabrikhalle + metallbearbeitung + (rechenprogramm)
FC -049 arbeitsplatz + laermbelaestigung + landwirtschaft
FC -056 laermbelaestigung + geraeuschminderung + arbeitsplatz + maschinen
FC -057 laermminderung + kraftwerk + arbeitsplatz
FC -061 schallpegel + arbeitsplatz + (messverfahren)
FC -065 schallentstehung + laermminderung + arbeitsplatz + messgeraet + (schnellaeuferpresse)
FC -070 laermentstehung + arbeitsplatz + metallbearbeitung + (schmiedehaemmer)
FC -072 laermbelastung + immissionsmessung + arbeitsplatz + fabrikhalle
FC -088 maschinen + schallausbreitung + arbeitsplatz + laermbelaestigung
PD -034 carcinogenese + arbeitsplatz + kohlenwasserstoffe + enzyme
TA -001 arbeitsplatz + luftverunreinigende stoffe + loesungsmittel + daempfe + mak-werte
TA -005 arbeitsplatz + grossraumbuero + arbeitsschutz
TA -017 arbeitsplatz + laermbelastung + schadstoffimmission + synergismus
TA -018 farbauftrag + nachbehandlung + abluft + emissionsminderung + arbeitsplatz
TA -019 farbenindustrie + arbeitsplatz + schadstoffemission + emissionsminderung + (lackierverfahren)
TA -021 arbeitsplatz + noxe + atemtrakt
TA -022 arbeitsplatz + schadstoffbelastung + atemtrakt
TA -023 arbeitsplatz + gesundheitsschutz + messverfahren
TA -026 arbeitsplatz + klimatologie + physiologische wirkungen + (kaeltebelastung)
TA -027 ergonomie + arbeitsschutz + erholung + klima + arbeitsplatz
TA -028 ergonomie + arbeitsplatz + umwelteinfluesse + arbeitsphysiologie
TA -030 arbeitsplatz + landmaschinen + klimaanlage
TA -033 luftverunreinigung + stickoxide + arbeitsplatz + private haushalte + (gasherd)
TA -035 schadstoffbelastung + mak-werte + arbeitsplatz
TA -036 schadstoffbelastung + arbeitsplatz + kunststoffherstellung + pvc
TA -038 arbeitsplatz + arbeitsphysiologie + beleuchtung
TA -039 luftverunreinigende stoffe + schadstoffwirkung + arbeitsplatz + (inhalative noxen)
TA -040 chemische industrie + carcinogene + arbeitsplatz + gesundheitsschutz
TA -042 arbeitsplatz + schadstoffe + mak-werte
TA -043 arbeitsplatz + schadstoffwirkung + mensch + metabolismus + (halothan)
TA -045 arbeitsplatz + umweltbelastung + automatisierung
TA -046 schmierstoffe + oel + arbeitsplatz + mak-werte
TA -058 arbeitsplatz + schadstoffbelastung + atemtrakt
TA -059 arbeitsplatz + schadstoffbelastung + noxe + atemtrakt
TA -062 arbeitsplatz + schadstoffbelastung + atemtrakt
TA -067 bergwerk + arbeitsplatz + staubbelastung + staubminderung
TA -068 arbeitsplatz + schadstoffbelastung + atemtrakt
TA -069 arbeitsplatz + schwingungsschutz + eisen- und stahlindustrie
TA -072 arbeitsplatz + schadstoffbelastung + loesungsmittel + druckereiindustrie + (toluol)
TA -073 arbeitsplatz + schadstoffbelastung + loesungsmittel + nachweisverfahren + (gaschromatographie)
TA -074 arbeitsplatz + schadstoffbelastung + benzol + physiologische wirkungen
TA -075 kunststoffherstellung + arbeitsplatz + schadstoffbelastung + pvc + (literaturstudie)
TA -076 arbeitsplatz + schadstoffbelastung + loesungsmittel + arbeitsmedizin
TA -077 arbeitsplatz + schadstoffbelastung + loesungsmittel + physiologische wirkungen + (tierversuch)
TA -078 arbeitsplatz + tabakrauch + gesundheitsschutz + (passivrauchen)

arbeitsplatzbewertung

TA -024 arbeitsplatzbewertung + arbeitsmedizin
UE -016 regionalplanung + lebensstandard + arbeitsplatzbewertung

arbeitsschutz

siehe auch betriebssicherheit
siehe auch explosionsschutz
siehe auch strahlenschutz
siehe auch unfallverhuetung
DC -045 arbeitsschutz + metallindustrie + immissionsminderung + saeuren + (beizbad)
FC -004 arbeitsplatz + arbeitsschutz + laermbelastung
FC -016 arbeitsschutz + laermminderung + schadstoffminderung + schweisstechnik
FC -026 arbeitsschutz + laermminderung + bergbau + baugewerbe + fabrikhalle
FC -031 holzindustrie + vibration + arbeitsschutz + schwingungsschutz
FC -095 strassenbau + laermbelastung + arbeitsschutz + (tunnelbau)
NA -006 bauhygiene + wohnraum + arbeitsschutz + klima
OA -012 schadstoffnachweis + spurenanalytik + arbeitsschutz
PC -019 toxikologie + schadstoffwirkung + arbeitsschutz + (organschaeden)
TA -005 arbeitsplatz + grossraumbuero + arbeitsschutz
TA -006 arbeitsschutz + luftverunreinigung
TA -011 kokerei + emissionsmessung + arbeitsschutz
TA -014 berufsschaeden + allergie + arbeitsschutz
TA -015 arbeitsschutz + mak-werte + schadstoffe + laerm + plasmaschmelzschneiden
TA -016 arbeitsschutz + schweisstechnik
TA -020 bergbau + arbeitsschutz + ergonomie
TA -027 ergonomie + arbeitsschutz + erholung + klima + arbeitsplatz
TA -032 farbenindustrie + arbeitsschutz + loesungsmittel
TA -034 arbeitsschutz + blei + grenzwerte
TA -048 arbeitsschutz + automatisierung
TA -049 arbeitsschutz + schadstoffbelastung + farbenindustrie + aerosolmesstechnik + (lacknebel)
TA -050 arbeitsschutz + emissionsminderung + farbenindustrie + (lackiertechnik)
TA -051 arbeitsschutz + schadstoffminderung + farbenindustrie + (lackiertechnik)
TA -052 arbeitsschutz + unfallverhuetung + automatisierung
TA -054 arbeitsschutz + gesundheitsschutz + vinylchlorid + metabolismus
TA -060 arbeitsschutz + schadstoffmessung + spritzmittel
TA -065 bergwerk + belueftungsverfahren + arbeitsschutz + emissionsueberwachung
TA -070 bleikontamination + mensch + messung + arbeitsschutz

arbeitssoziologie

TA -053 arbeitssoziologie + humanisierung

arbeitswissenschaft

siehe ergonomie

architektur

UK -041 landschaftsgestaltung + architektur

aromaten
siehe auch kohlenwasserstoffe
siehe auch mineraloelprodukte
siehe auch polyzyklische aromaten
BA -049 kfz-abgase + aromaten + carcinogene + langzeitbelastung
CA -070 luftverunreinigende stoffe + aromaten + gaschromatographie
OD -001 umweltchemikalien + aromaten + chlorkohlenwasserstoffe + biozide + nachweisverfahren
OD -020 bodenkontamination + aromaten + chlorkohlenwasserstoffe + mikrobieller abbau
OD -025 pestizide + aromaten + mikrobieller abbau + enzyme
OD -031 mikrobieller abbau + chlorkohlenwasserstoffe + aromaten

aromatische amine
siehe auch amine
PD -045 aromatische amine + physiologische wirkungen + carcinogenese + toxizitaet
PD -064 pharmaka + metabolismus + carcinogene + aromatische amine

arsen
OB -006 schadstoffnachweis + blei + arsen + gaschromatographie
PF -037 geochemie + metalle + arsen + fluor
PF -071 filtration + bodenbeschaffenheit + schwermetalle + arsen
QA -061 futtermittel + pflanzenkontamination + arsen + schwermetalle + (schwermetallkataster) + WESTFALEN-LIPPE
QB -056 lebensmittelkontamination + fleisch + arsen + schwermetalle + hoechstmengenverordnung + (carry-over-modell) + NIEDERSACHSEN

arthropoden
siehe auch bodentiere
siehe auch nutzarthropoden
NB -016 arthropoden + insekten + metabolismus + radioaktive spurenstoffe
PI -005 arthropoden + populationsdynamik + waldoekosystem
UN -059 oekologie + insekten + arthropoden + HARZVORLAND + BRAUNSCHWEIG (RAUM)

arzneimittel
siehe pharmaka

arzneimittelrueckstaende
siehe unter pharmaka

arzneipflanzen
OC -015 arzneipflanzen + herbizide + rueckstandsanalytik

asbest
CA -035 luftverunreinigende stoffe + asbest + probenahmemethode
PE -051 luftverunreinigung + staub + asbest + quarz + atemtrakt

asbestindustrie
BC -005 asbestindustrie + emissionsmessung

asbeststaub
AA -009 luftverunreinigung + asbeststaub + ballungsgebiet + erholungsgebiet
PA -023 meeresverunreinigung + asbeststaub + muscheln

assessment
siehe unter technology assessment

atemtrakt
CA -026 aerosolmesstechnik + teilchengroesse + schwermetallkontamination + atemtrakt
CA -046 luftverunreinigung + organische schadstoffe + atemtrakt + nachweisverfahren
CA -060 staub + korngroessenverteilung + atemtrakt
PA -004 toxizitaet + schwermetalle + atemtrakt
PA -005 schwermetallkontamination + atemtrakt + biologische wirkungen
PA -006 schwermetallkontamination + aerosole + verhaltensphysiologie + toxikologie + atemtrakt
PB -038 schadstoffbelastung + loesungsmittel + atemtrakt
PC -017 aerosole + schadstoffwirkung + atemtrakt + mak-werte
PC -057 luftverunreinigung + schwefeldioxid + stickoxide + atemtrakt + tierexperiment
PE -010 biomedizin + aerosolmesstechnik + atemtrakt
PE -011 biomedizin + aerosolmesstechnik + atemtrakt
PE -012 schadstoffbelastung + aerosole + atemtrakt + mak-werte
PE -019 staub + atemtrakt + allergie
PE -020 immissionsbelastung + schadstoffwirkung + atemtrakt + (schulkinder) + MANNHEIM + RHEIN-NECKAR-RAUM + SCHWARZWALD
PE -034 immissionsbelastung + luftverunreinigende stoffe + synergismus + atemtrakt + RHEIN-MAIN-GEBIET + RHEIN-RUHR-RAUM
PE -036 luftverunreinigung + atemtrakt + epidemiologie + kind
PE -037 luftverunreinigung + bleiverbindungen + atemtrakt
PE -038 luftverunreinigung + atemtrakt + carcinogene + benzpyren
PE -039 luftverunreinigung + atemtrakt + epidemiologie + kind
PE -048 luftverunreinigung + schadstoffbelastung + stickoxide + atemtrakt
PE -049 luftverunreinigung + schadstoffbelastung + schwefeldioxid + atemtrakt
PE -050 luftverunreinigung + schadstoffbelastung + carcinogene + atemtrakt + RHEIN-RUHR-RAUM
PE -051 luftverunreinigung + staub + asbest + quarz + atemtrakt
TA -021 arbeitsplatz + noxe + atemtrakt
TA -022 arbeitsplatz + schadstoffbelastung + atemtrakt
TA -057 schadstoffwirkung + atemtrakt + arbeitsmedizin
TA -058 arbeitsplatz + schadstoffbelastung + atemtrakt
TA -059 arbeitsplatz + schadstoffbelastung + noxe + atemtrakt
TA -062 arbeitsplatz + schadstoffbelastung + atemtrakt
TA -068 arbeitsplatz + schadstoffbelastung + atemtrakt

atmosphaere
siehe auch ionosphaere
siehe auch stratosphaere
siehe auch troposphaere
AA -026 atmosphaere + meteorologie + waermelastplan + ausbreitungsmodell + OBERRHEINEBENE
AA -038 atmosphaere + spektralanalyse + spurenstoffe + luftchemie
AA -067 atmosphaere + ozon + messung
AA -080 atmosphaere + wasserverdunstung + niederschlag + OSTSEE
AA -083 atmosphaere + luftqualitaet + untersuchungsmethoden + (von hochatmosphaerischem dunst)
AA -085 meteorologie + atmosphaere + wald
AA -093 atmosphaere + aerosole + strahlung
AA -096 atmosphaere + stratosphaere + fluorchlorkohlenwasserstoffe + uv-strahlen + biologische wirkungen
AA -098 luftchemie + atmosphaere + kohlendioxid + anthropogener einfluss
AA -099 luftchemie + atmosphaere + radioaktive spurenstoffe + anthropogener einfluss
AA -100 luftchemie + atmosphaere + schwefelverbindungen
AA -101 luftchemie + atmosphaere + aerosole + radioaktive spurenstoffe + fall-out
AA -104 meer + atmosphaere + oberflaechenwasser + (gasaustausch)
AA -105 oberflaechenwasser + atmosphaere + stoffaustausch + meteorologie + (grenzschichtmodell)
AA -128 fliegende messtation + atmosphaere
AA -129 luftchemie + atmosphaere + spurenstoffe + pflanzenphysiologie
AA -131 luftchemie + atmosphaere + spurenstoffe + mikrobiologie + erdoberflaeche
AA -144 aerologische messung + atmosphaere + MUENCHEN-GARCHING

AA -145 meteorologie + atmosphaere + spurenstoffe + analytik
AA -158 emissionskataster + halogene + chlorkohlenwasserstoffe + atmosphaere
BA -041 flugverkehr + ozon + atmosphaere + EUROPA
BD -009 luftverunreinigung + pestizide + verdunstung + atmosphaere
CA -011 organische schadstoffe + halogene + nachweisverfahren + atmosphaere + stratosphaere
CA -048 atmosphaere + aerosole + sichtweite
CA -081 luftchemie + atmosphaere + spurenstoffe + nachweisverfahren + geraeteentwicklung
CA -085 atmosphaere + aerosole + strahlungsabsorption + AFRIKA (SUEDWEST)
CB -013 atmosphaere + ozon + meteorologie + fluorkohlenwasserstoffe
CB -014 atmosphaere + salzsaeure + nachweisverfahren
CB -020 luftchemie + atmosphaere + kohlenwasserstoffe + reaktionskinetik
CB -021 schadstoffausbreitung + tracer + atmosphaere + RHEIN-MAIN-GEBIET
CB -033 atmosphaere + schadstoffausbreitung + klimatologie + BUNDESREPUBLIK DEUTSCHLAND
CB -037 luftchemie + schwebstoffe + atmosphaere + messtechnik
CB -040 atmosphaere + oxidierende substanzen + smog + ausbreitung + BUNDESREPUBLIK DEUTSCHLAND
CB -041 umweltchemikalien + reaktionskinetik + atmosphaere + pestizide
CB -049 atmosphaere + schwefeldioxid
CB -052 atmosphaere + oxidation
CB -058 atmosphaere + schadstoffausbreitung + aerosolmesstechnik + sedimentation
CB -059 schadstoffausbreitung + atmosphaere + fliessgewaesser + selbstreinigung
CB -061 aerosole + teilchengroesse + spurenstoffe + atmosphaere
CB -064 luftchemie + atmosphaere + messverfahren + radikale
CB -065 geochemie + atmosphaere + stofftransport + kohlendioxid + stickstoff
CB -066 atmosphaere + schadstoffbelastung + aerosole + schwefeldioxid + luftchemie
CB -067 schwefeldioxid + aerosole + atmosphaere
CB -072 atmosphaere + ozon + transportprozesse + NORWEGEN + AFRIKA (SUED)
CB -073 atmosphaere + schadstoffnachweis + messverfahren
CB -074 atmosphaere + aerosole + schadstofftransport
CB -075 atmosphaere + gase + spurenstoffe + schadstofftransport
CB -076 atmosphaere + spurenstoffe + reaktionskinetik
CB -077 luftchemie + atmosphaere + spurenstoffe + anthropogener einfluss
OD -051 mikrobieller abbau + schwefelverbindungen + atmosphaere + (phototrophe bakterien)
PK -023 korrosion + atmosphaere + boden

atmosphaerische einfluesse

PK -013 korrosionsschutz + atmosphaerische einfluesse
PK -028 bauschaeden + atmosphaerische einfluesse

atmosphaerische schichtung

siehe auch inversionswetterlage
AA -141 atmosphaerische schichtung + luftmassenaustausch + schadstofftransport + stadtgebiet
FA -031 schallausbreitung + atmosphaerische schichtung

atmosphaerische umweltforschung

siehe auch umweltforschung
AA -013 atmosphaerische umweltforschung + geraeteentwicklung + (sodar-anlage)

atomenergie

siehe kernenergie

atomkraftwerk

siehe kernkraftwerk

audiometrie

FC -005 laermbelastung + arbeitsplatz + gehoerschaeden + audiometrie + eisen- und stahlindustrie

aufbereitung

siehe auch abfallaufbereitung
siehe auch brennstoffkreislauf
siehe auch probenaufbereitung
siehe auch wasseraufbereitung
KD -007 fluessigmist + aufbereitung + geruchsminderung
MB -055 tierische faekalien + aufbereitung + geruchsminderung + entseuchung
ME -074 altoel + aufbereitung + rueckstaende + recycling
ND -017 kerntechnik + brennstoffe + aufbereitung
ND -045 kernreaktor + brennelement + aufbereitung + plutonium

aufbereitungsanlage

HB -087 meerwasserentsalzung + aufbereitungsanlage + standortwahl + TUNESIEN
ND -039 kernkraftwerk + entsorgung + radioaktive abfaelle + aufbereitungsanlage + standortwahl
ND -040 kernkraftwerk + entsorgung + radioaktive abfaelle + aufbereitungsanlage + (oeffentlichkeitsarbeit)
ND -041 kernkraftwerk + entsorgung + radioaktive abfaelle + aufbereitungsanlage + infrastruktur

aufbereitungstechnik

DD -050 radioaktive substanzen + abluftfilter + aufbereitungstechnik
NC -034 radioaktive abfaelle + aufbereitungstechnik + standortwahl
ND -002 radioaktive abfaelle + aufbereitungstechnik
ND -018 radioaktive abfaelle + aufbereitungstechnik
ND -020 radioaktive abfaelle + aufbereitungstechnik + KARLSRUHE + OBERRHEIN

ausbildung

RA -004 landwirtschaft + bevoelkerung + ausbildung + (landfrauen)
TD -002 umweltprogramm + umweltprobleme + ausbildung
TD -005 umweltbewusstsein + ausbildung + schulen + (unterrichtsmodell)
TD -006 landschaftsplanung + oekologie + ausbildung
TD -007 gesundheitsfuersorge + ausbildung + (gesundheitsingenieur)
TD -008 umwelthygiene + umwelttechnik + ausbildung
TD -011 luftverunreinigung + stadtklima + ausbildung + schulen + (unterrichtsmodell)
TD -013 umweltbewusstsein + ausbildung + schulen + (lehrplaene)
TD -014 umweltbewusstsein + ausbildung + schulen + (schulbuecher + sekundarstufe)
TD -015 umweltschutz + oekologie + ausbildung + (umwelterziehung)
TD -016 umweltschutz + wasserverunreinigung + ausbildung + schulen + (curriculum)
TD -017 umweltprobleme + energieversorgung + ausbildung + schulen + (naturwissenschaftlicher unterricht)
TD -018 siedlungswasserwirtschaft + ausbildung
TD -021 kernkraftwerk + betriebssicherheit + ausbildung + (personalschulung)
UC -018 ausbildung + beruf + standortwahl + informationssystem + planungsmodell

ausbreiten

CB -085 meteorologie + ausbreiten + kontrolle

ausbreitung

siehe auch abgasausbreitung
siehe auch schadstoffausbreitung
BD -004 pflanzenschutzmittel + ausbreitung
CB -002 ausbreitung + berechnungsmodell + (standardisierung)
CB -003 ausbreitung + berechnungsmodell + (weiterentwicklung)

CB -011 luftreinhaltung + schadstoffe + ausbreitung + RHEIN-RUHR-RAUM + HOLLAND
CB -040 atmosphaere + oxidierende substanzen + smog + ausbreitung + BUNDESREPUBLIK DEUTSCHLAND
FB -060 erschuetterungen + ausbreitung
NB -004 radioaktivitaet + gase + aerosole + ausbreitung
NB -023 kernkraftwerk + strahlenbelastung + ausbreitung
NB -024 kernkraftwerk + strahlenbelastung + ausbreitung + (stabilitaetsverhaeltnisse) + OBRIGHEIM
PK -032 denkmalschutz + luftverunreinigende stoffe + ausbreitung + (museum)
RC -012 wueste + ausbreitung + klimaaenderung + anthropogener einfluss
RE -029 duengemittel + stickstoffverbindungen + ausbreitung + tracer

ausbreitungsmodell

AA -011 emissionskataster + luftverunreinigende stoffe + wetterwirkung + ausbreitungsmodell
AA -012 luftverunreinigung + schwefeldioxid + kohlenmonoxid + wetterwirkung + ausbreitungsmodell
AA -026 atmosphaere + meteorologie + waermelastplan + ausbreitungsmodell + OBERRHEINEBENE
AA -042 luftreinhaltung + klimatologie + schadstoffausbreitung + ausbreitungsmodell + (modellrechnung)
AA -149 lufthygiene + bioklimatologie + ausbreitungsmodell + MAIN (UNTERMAIN) + RHEIN-MAIN-GEBIET
BA -069 strassenverkehr + kfz-abgase + verbrennungsmotor + ausbreitungsmodell
BB -039 luftverunreinigung + kuehlturm + bakterien + ausbreitungsmodell
BE -026 emissionsminderung + geruchsbelaestigung + ausbreitungsmodell
CA -017 luftverunreinigung + schadstoffausbreitung + messtechnik + ausbreitungsmodell + NORDRHEIN-WESTFALEN
CB -034 schadstoffausbreitung + ausbreitungsmodell
CB -035 luftbewegung + aerologische messung + ausbreitungsmodell
CB -036 luftverunreinigung + ausbreitungsmodell + RHEIN-RUHR-RAUM + NIEDERLANDE
CB -084 luftverunreinigung + ausbreitungsmodell + (standardisierung)
CB -087 luftverunreinigung + schadstoffemission + ausbreitungsmodell + emissionsmessung
GB -013 gewaesserschutz + waermebelastung + ausbreitungsmodell
OD -060 umweltchemikalien + organische schadstoffe + ausbreitungsmodell + abiotischer abbau + (xenobiotika)

ausgleichsabgabe

MG-005 abfallgesetz + ausgleichsabgabe + altglas + (einwegflasche)
MG-006 abfallgesetz + ausgleichsabgabe + kunststoffabfaelle

austauschprozesse

AA -058 troposphaere + transportprozesse + austauschprozesse
CB -044 luftverunreinigung + austauschprozesse
HC -034 austauschprozesse + meerwasser + KIELER BUCHT + OSTSEE
HC -035 kuestengewaesser + austauschprozesse + messverfahren + OSTSEE
HC -038 meer + aestuar + wasserbewegung + austauschprozesse + OSTSEE + ELBE-AESTUAR
IE -044 meerwasser + abwasser + austauschprozesse + KIELER BUCHT + OSTSEE
KB -071 austauschprozesse + wasser + sauerstoff + (fuellkoerperkolonnen)

auswaschung

HA -039 spurenstoffe + auswaschung
IC -049 kuehlturm + holzschutzmittel + auswaschung + umweltbelastung
ID -031 duengemittel + auswaschung + grundwasserbelastung
ID -053 gewaesserbelastung + mineralduenger + auswaschung
MD-009 klaerschlamm + auswaschung + freizeitanlagen
OD -058 schadstofftransport + stickstoff + duengemittel + auswaschung
PG -026 holzschutzmittel + auswaschung + bodenbelastung
PH -057 holzschutzmittel + auswaschung + umweltbelastung
RD -007 gruenflaechen + duengung + auswaschung
RD -030 duengemittel + nitrate + auswaschung
RD -031 duengemittel + bewaesserung + nitrate + auswaschung
RD -034 pflanzenernaehrung + nutzpflanzen + nitrate + auswaschung

auswertung

siehe auch statistische auswertung

AA -024 niederschlag + auswertung
VA -012 luftbild + auswertung

auswirkungen

siehe auch wirkungen

CB -004 fluorchlorkohlenwasserstoffe + stratosphaere + auswirkungen + oekonomische aspekte
HB -031 grundwasserabsenkung + boden + pflanzen + auswirkungen
RA -020 landwirtschaft + oekologie + auswirkungen
UM-014 insekten + population + auswirkungen + baumbestand + (ulmensterben)

auto

siehe kfz

autobahn

FB -048 verkehrsplanung + autobahn + laermschutz + belueftung + HAMBURG (ELBTUNNEL)
FD -020 laermbelastung + autobahn + wohngebiet
PF -052 pflanzen + bleigehalt + autobahn + BONN (RAUM) + RHEIN-RUHR-RAUM
PI -003 pflanzenschutz + streusalz + gehoelzschaeden + autobahn + HESSEN + BAYERN

autogenes schweissen

BC -002 luftverunreinigung + mak-werte + autogenes schweissen + stickoxide

automatisierung

CA -072 luftverunreinigende stoffe + messverfahren + automatisierung
IB -001 abwasserableitung + ueberwachung + automatisierung + HEINSBERG (NORDRHEIN-WESTFALEN)
KA -017 wasserverunreinigung + feststoffe + messgeraet + automatisierung
KE -054 klaeranlage + automatisierung
MA-024 abfallsammlung + abfalltransport + automatisierung
OA -033 biozide + umweltchemikalien + nachweisverfahren + automatisierung
TA -045 arbeitsplatz + umweltbelastung + automatisierung
TA -048 arbeitsschutz + automatisierung
TA -052 arbeitsschutz + unfallverhuetung + automatisierung
UN-015 oeffentlicher nahverkehr + untergrundbahn + automatisierung + (betriebsleitsystem)

autoreifen

siehe auch altreifen

awp

siehe abfallwirtschaftsprogramm

badeanstalt

HA -107 hygiene + oberflaechengewaesser + badeanstalt + richtlinien
SB -030 energieversorgung + badeanstalt + wirtschaftlichkeit
TF -024 badeanstalt + infektionskrankheiten + (trichomonaden)

badewasser

HA -080 binnengewaesser + badewasser + wasserguete
KA -025 erholungsgebiet + badewasser + selbstreinigung + biologischer abbau

baggersee

HA -033 wasserverdunstung + messverfahren + baggersee + NORDRHEIN-WESTFALEN
HA -066 baggersee + wasserguete + grundwasser + (wasserwirtschaftliche untersuchungen) + OBERRHEINEBENE
HA -115 gewaesserguete + baggersee + naherholung + MUENCHEN
IC -107 baggersee + abwasserableitung + gewaesserbelastung + oekologische faktoren + OLDENBURG (RAUM)
KA -001 baggersee + mischabwaesser + erholungsgebiet + regionalplanung + (zielkonflikt) + NIEDERRHEIN
PI -039 bakterienflora + baggersee + oekosystem
UG -015 wasserwirtschaft + baggersee + raumplanung + nutzungsplanung + MAIN (STARKENBURG)

bakterien

siehe auch colibakterien
siehe auch krankheitserreger
BB -039 luftverunreinigung + kuehlturm + bakterien + ausbreitungsmodell
DD -023 bakterien + mikrobieller abbau + kohlenmonoxid
HA -035 binnengewaesser + sediment + bakterien + BODENSEE
HC -032 meeresbiologie + sediment + bakterien + populationsdynamik
HD -002 trinkwasser + speicherung + materialtest + bakterien
HD -010 trinkwasser + geruchsstoffe + bakterien
IC -051 fliessgewaesser + abwasser + bakterien
IC -084 fliessgewaesser + waermebelastung + bakterien + schadstoffabbau
IC -085 fliessgewaesser + gewaesserguete + bakterien + reinigung + (nitrifikation)
ID -029 oxidierende substanzen + bakterien + bodenwasser
IE -033 wasserverunreinigung + schwermetallsalze + bakterien + WESER-AESTUAR
IE -036 meeresbiologie + organische schadstoffe + schadstoffabbau + bakterien
KA -003 wasser + abwasser + bakterien + taxonomie
KB -064 abwasserbehandlung + bakterien + epidemiologie + cholera
OD -050 mikrobiologie + bakterien + ernaehrung + metabolismus
PC -055 bakterien + antibiotika + wirkmechanismus + statistik
PH -005 toxine + biologische wirkungen + bakterien
PH -013 bioindikator + bakterien
PH -030 gewaesserbelastung + wasserpflanzen + bakterien + (submerse makrophyten)
QA -011 lebensmittelanalytik + bakterien + toxine
QA -031 lebensmittelkonservierung + bakterien
QA -052 lebensmittelhygiene + bakterien + mineralwasser
QB -016 bakterien + tierkoerper + fleischprodukte
QC -029 nutzpflanzen + bakterien + lagerung
TF -013 bakterien + salmonellen
TF -027 krankheitserreger + bakterien + desinfektionsmittel + aerosole
TF -038 kuehlturm + bakterien

bakterienflora

siehe auch mikroflora
GB -036 gewaesserbelastung + abwaerme + bakterienflora + populationsdynamik
HA -003 oberflaechenwasser + bakterienflora
IC -002 wasserverunreinigung + fliessgewaesser + bakterienflora + MUENCHEN-MOOSACH + FREISING
PH -034 bleikontamination + bakterienflora + meeressediment
PI -026 mikrobiologie + bakterienflora + standortfaktoren + salzgehalt + (alkaliseen) + AEGYPTEN
PI -039 bakterienflora + baggersee + oekosystem

bakterientest

siehe bioindikator

bakteriologie

HB -016 grundwasser + bakteriologie + SCHLESWIG-HOLSTEIN (SANDERGEBIET)
HD -018 trinkwasserguete + abwasser + faekalien + bakteriologie + nachweisverfahren
IF -003 abwasserableitung + vorfluter + stickstoff + bakteriologie + (speichersee) + ISMANING + ISAR
MB -037 tierkoerperbeseitigung + bakteriologie + (stork-duke-verfahren)
MB -038 tierkoerperbeseitigung + bakteriologie + (anderson-verfahren)
RF -003 nutztierstall + bakteriologie

ballungsgebiet

siehe auch verdichtungsraum
AA -009 luftverunreinigung + asbeststaub + ballungsgebiet + erholungsgebiet
AA -010 luftverunreinigung + organische schadstoffe + frueherkennung + ballungsgebiet
AA -019 immissionsbelastung + phytoindikator + flechten + ballungsgebiet + KOELN + RHEIN-RUHR-RAUM
AA -039 luftverunreinigende stoffe + fluorverbindungen + ballungsgebiet + DUESSELDORF + WUPPERTAL + RHEIN-RUHR-RAUM
AA -046 naherholung + erholungsgebiet + klima + ballungsgebiet + RHEIN-RUHR-RAUM + RHEINISCHES SCHIEFERGEBIRGE
AA -053 luftverunreinigung + carcinogene + polyzyklische kohlenwasserstoffe + ballungsgebiet + RHEIN-MAIN-GEBIET + KASSEL + WETZLAR-GIESSEN
AA -065 forstwirtschaft + resistenzzuechtung + immissionsschutz + ballungsgebiet
AA -125 immissionsbelastung + schwefeldioxid + ballungsgebiet + emissionskataster + prognose + (ausbreitungsrechnung) + RHEIN-RUHR-RAUM + RHEIN-NECKAR-RAUM + RHEIN-MAIN-GEBIET + SAAR
AA -160 strassenverkehr + kfz-abgase + emissionskataster + ballungsgebiet
CA -038 luftverunreinigung + ballungsgebiet + schwermetalle + aerosolmesstechnik + HAMBURG (RAUM)
CB -019 smog + ballungsgebiet + meteorologie + simulationsmodell
DA -059 fahrzeugantrieb + erdgasmotor + emissionsminderung + stadtverkehr + ballungsgebiet
EA -010 luftverunreinigung + ballungsgebiet + gruenflaechen + grenzwerte
FB -037 laermbelastung + bevoelkerung + ballungsgebiet + verkehrssystem + STUTTGART (RAUM)
FB -086 felsmechanik + bautechnik + verkehrsplanung + ballungsgebiet
GC -005 abwaerme + kraftwerk + ballungsgebiet + RHEIN-RUHR-RAUM
HE -014 raumplanung + ballungsgebiet + wasserreinhaltung + wasserversorgung
HE -037 wasserverbrauch + ballungsgebiet
PE -014 umweltbelastung + industrie + ballungsgebiet + mortalitaet + RHEIN-NECKAR-RAUM + MANNHEIM + LUDWIGSHAFEN
PF -058 bodenbelastung + pflanzenkontamination + schwermetalle + ballungsgebiet + DORTMUND + RHEIN-RUHR-RAUM
PF -059 staubniederschlag + schwermetalle + bodenbelastung + pflanzen + ballungsgebiet
PG -050 kulturpflanzen + pestizide + ballungsgebiet
TB -006 bevoelkerungsentwicklung + ballungsgebiet + MAERKISCHES INDUSTRIEGEBIET + RHEIN-RUHR-RAUM
TC -016 naherholung + siedlungsentwicklung + ballungsgebiet + flaechennutzung + interessenkonflikt + NIEDERSACHSEN
UA -045 umweltbelastung + lebensqualitaet + ballungsgebiet + grosstadt + modell + DORTMUND + RHEIN-RUHR-RAUM
UE -014 regionalplanung + ballungsgebiet + wirtschaftsstruktur + oekologie + entwicklungsmassnahmen + BADEN-WUERTTEMBERG + NECKAR (MITTLERER NECKAR-RAUM + STUTTGART
UE -022 ballungsgebiet + RHEIN-NECKAR-RAUM
UE -038 ballungsgebiet + flaechennutzung + (regionale siedlungsachsen)
UF -007 staedtebau + ballungsgebiet + (ziele)

UH -022 ballungsgebiet + strassenverkehr + oekologische faktoren + oekonomische aspekte
UI -017 verkehrssystem + oeffentlicher nahverkehr + ballungsgebiet + (demand-bus-system)
UK -014 ballungsgebiet + freiraumplanung + STUTTGART (RAUM)
UK -047 landschaftsgestaltung + freiraum + ballungsgebiet
UK -067 ballungsgebiet + naherholung + erholungsgebiet + (wechselbeziehung + verflechtungsmodell) + HANNOVER (REGION)
UL -035 raumplanung + vegetation + landschaftsoekologie + ballungsgebiet + FRANKFURT (WEST) + RHEIN-MAIN-GEBIET

batterie

SA -064 energiespeicher + batterie

bauakustik

FA -002 bauakustik + schallmessung + schwingungsschutz
FA -073 bauakustik + schallschutz + messtechnik
FD -001 laermschutz + bauakustik
FD -025 stadtplanung + laermschutzplanung + bauakustik + (columbus-center) + BREMERHAVEN (CENTRUM)
FD -030 schalldaemmung + bauakustik + messmethode
FD -032 laermschutzplanung + bauakustik + koerperschall + schallmessung

baudenkmal

siehe auch denkmal
PK -002 baudenkmal + naturstein + schwefeloxide + verwitterung + konservierung
PK -027 verwitterung + baudenkmal + baustoffe + (steinergaenzungsmaterial)
PK -037 baudenkmal + denkmalschutz + kunststoffe + polymere + (sandstein + strahlenchemie)

baugewerbe

FC -026 arbeitsschutz + laermminderung + bergbau + baugewerbe + fabrikhalle

bauhygiene

NA -006 bauhygiene + wohnraum + arbeitsschutz + klima

baulaerm

FC -037 baulaerm + laermmessung + normen + (eg-normen)
FC -093 baulaerm + geraeuschminderung + methodenentwicklung

baulanderschliessung

UF -015 stadtentwicklung + staedtebau + baulanderschliessung

bauleitplanung

siehe auch kommunale planung
siehe auch stadtplanung
AA -007 immissionsschutz + bauleitplanung + BREMEN
AA -041 bauleitplanung + immissionsschutz + abstandsflaechen
AA -122 immissionsschutz + bauleitplanung + abstandsflaechen
FD -041 bauleitplanung + schallschutz + (beratung)
UF -024 bauleitplanung + stadtentwicklung
UF -033 kommunale planung + stadtentwicklungsplanung + bauleitplanung + CASTROP-RAUXEL + ESSLINGEN + HERZOGENRATH + ELMSHORN
UF -034 kommunale planung + stadtentwicklungsplanung + bauleitplanung + CASTROP-RAUXEL + RHEIN-RUHR-RAUM + ESSLINGEN + HERZOGENRATH + ELMSHORN

baum

siehe auch strassenbaum
MF -017 holzindustrie + baum + biomasse + abfallbeseitigung
PH -020 wald + baum + klaerschlamm
PH -058 baum + immissionsbelastung + schadstoffwirkung + bioindikator + anthropogener einfluss
RG -021 pflanzenzucht + baum + resistenzzuechtung + (fichte)
UM -015 schadstoffwirkung + salze + baum + resistenzzuechtung
UM -024 baum + schadstoffbelastung
UM -036 baum + pflanzenschutz + fichte + phytopathologie
UM -082 baum + phytopathologie

baumaschinen

BC -040 staubemission + messgeraet + baumaschinen + (asphaltmischanlagen)
FA -019 laermmessung + baumaschinen
FC -013 eisenbahn + baumaschinen + schallpegel + laermschutz
FC -038 baumaschinen + arbeitsplatz + laermminderung
FC -039 laermminderung + baumaschinen + grenzwerte
FC -051 laermminderung + baumaschinen
FC -052 laermminderung + baumaschinen
FC -092 laermminderung + baumaschinen + methodenentwicklung + wirtschaftlichkeit

baumbestand

PH -051 forstwirtschaft + baumbestand + immissionsschaeden + resistenzzuechtung
RG -009 wald + wasserhaushalt + baumbestand
UM -014 insekten + population + auswirkungen + baumbestand + (ulmensterben)
UM -044 gruenland + baumbestand + (solitaerbaeume) + RHOEN (HOHE RHOEN)

bauplastik

PK -025 denkmalschutz + bauplastik + immissionsschaeden + korrosionsschutz

bauschaeden

FD -038 erschuetterungen + bauschaeden + (putzhaftung)
PK -028 bauschaeden + atmosphaerische einfluesse

baustein

PK -020 baustein + verwitterung

baustoffe

AA -015 baustoffe + begruenung + stadtoekosystem
BC -012 baustoffe + verbrennung
ID -014 grundwasserbelastung + strassenbau + baustoffe + (hochofenschlacke)
KC -029 metallindustrie + schlaemme + recycling + baustoffe + (galvanikschlaemme)
MC -005 deponie + hausmuell + recycling + baustoffe
MD -026 kommunale abfaelle + recycling + baustoffe
ME -017 schlacken + wiederverwendung + baustoffe + wasserspeicher
ME -023 industrieabfaelle + huettenindustrie + recycling + baustoffe
ME -035 muellschlacken + wiederverwendung + baustoffe
ME -053 abfallbehandlung + recycling + baustoffe + (entschwefelungsanlage)
ME -073 papierindustrie + abwasserschlamm + recycling + baustoffe
ME -078 abfall + altglas + baustoffe + recycling
ME -079 baustoffe + kohlefeuerung + schlacken + recycling
ME -080 altglas + recycling + baustoffe
ME -083 hausmuell + recycling + baustoffe + ziegeleiindustrie
ME -085 altreifen + recycling + baustoffe
MF -004 holzabfaelle + recycling + baustoffe
NB -056 baustoffe + radioaktivitaet + grenzwerte
PK -027 verwitterung + baudenkmal + baustoffe + (steinergaenzungsmaterial)

bautechnik

siehe auch wohnungsbau
DD -021 klimaanlage + bautechnik
FA -023 bautechnik + waermefluss + erschuetterungen + geraeuschmessung
FA -025 bautechnik + schallabsorption
FB -086 felsmechanik + bautechnik + verkehrsplanung + ballungsgebiet
FC -036 bautechnik + laermmessung + schallschutz

FD -003 bautechnik + laermschutz + wasserleitung + richtlinien + BERLIN
FD -015 bautechnik + schallschutz
FD -017 schalldaemmung + bautechnik
FD -036 laermschutz + bautechnik
FD -045 bautechnik + laermschutz + kosten
GA -019 bautechnik + abwaerme + schornstein
IB -026 niederschlagsabfluss + stadtgebiet + bautechnik
IE -048 meeresreinhaltung + richtlinien + schiffe + bautechnik + (tankerbau + imco-uebereinkommen)
NA -002 bautechnik + versorgung + elektromagnetische strahlung
NC -032 kernkraftwerk + sicherheitstechnik + beton + bautechnik + (flugzeugabsturz)
NC -033 reaktorsicherheit + bautechnik + beton + (flugzeugabsturz)
SB -001 bautechnik + wohnungsbau + waermeversorgung + oekonomische aspekte
SB -002 bautechnik + energieversorgung + oekonomische aspekte
SB -005 bautechnik + energieversorgung
SB -006 bautechnik + waermeversorgung + energiehaushalt
SB -010 bautechnik + waermedaemmung + energieverbrauch + planungshilfen
SB -014 bautechnik + waermedaemmung + richtlinien
SB -016 bautechnik + waermeschutz
SB -019 bautechnik + waermeschutz
SB -020 bautechnik + waermedaemmung
SB -021 energieversorgung + sonnenstrahlung + waermespeicher + bautechnik
SB -023 bautechnik + waermefluss + messung
SB -024 bautechnik + waermefluss + daempfe + messung
TB -004 wohnwert + bautechnik + oekonomische aspekte
UF -010 bautechnik + informationssystem

bauteile

FA -061 laermminderung + schalldaemmung + bauteile + werkstoffe

bauten

FD -005 laermbelastung + ueberschallknall + lebewesen + bauten
FD -018 untergrund + erschuetterungen + bauten
PK -004 kalkmoertel + verwitterung + schwefeloxide + bauten

bauwesen

siehe auch steine/erden betriebe
siehe auch wohnungsbau
FA -054 schallimmission + bauwesen + (baukoerperform + baukoerper + stellung)
FD -016 schalldaemmung + bauwesen
FD -033 bauwesen + erschuetterungen + bewertungskriterien
SB -004 bauwesen + waermeschutz + schallschutz + normen
SB -018 mikroklimatologie + waermebelastung + bauwesen + stadtgebiet
TB -020 siedlungsplanung + bauwesen + wohnungsbau + entwicklungslaender + CHINA (VOLKSREPUBLIK)

bebauungsart

FB -015 strassenverkehr + bebauungsart + laermentstehung + (randbebauung)
FB -088 verkehrslaerm + schallausbreitung + bebauungsart
FD -043 laermschutzplanung + bebauungsart + schallausbreitung + berechnungsmodell
UF -012 wohnungsbau + freiraumplanung + bebauungsart + gruenflaechen
UK -038 bebauungsart + freiflaechen + mikroklimatologie

bedarfsanalyse

GB -021 wasserwirtschaft + energieversorgung + bedarfsanalyse
HE -002 trinkwasserversorgung + private haushalte + bedarfsanalyse
HE -003 wasserversorgung + bedarfsanalyse + BUNDESREPUBLIK DEUTSCHLAND
HE -007 wasserversorgung + bedarfsanalyse + planungshilfen
SA -033 energieverbrauch + bedarfsanalyse + kernenergie + oekonomische aspekte
TC -006 erholungsgebiet + wald + bedarfsanalyse + SCHWARZWALD (SUED)
TC -013 verdichtungsraum + freizeitgestaltung + bedarfsanalyse
TE -014 infrastruktur + bedarfsanalyse + psychiatrie + sozialmedizin + epidemiologie + (geistig behinderte kinder) + MANNHEIM + RHEIN-NECKAR-RAUM
TE -015 psychiatrie + rehabilitation + infrastruktur + bedarfsanalyse + MANNHEIM + RHEIN-NECKAR-RAUM
UH -025 individualverkehr + bedarfsanalyse + (beduerfnissteuerung)
UI -008 oeffentlicher nahverkehr + elektrofahrzeug + bedarfsanalyse
UI -024 oeffentlicher nahverkehr + bedarfsanalyse + oekonomische aspekte
UK -027 freiraumplanung + erholungsgebiet + naherholung + bedarfsanalyse + planungsmodell + MUENCHEN (REGION)

beerenobst

QC -028 fungizide + beerenobst + rueckstandsanalytik

begruenung

AA -015 baustoffe + begruenung + stadtoekosystem
AA -016 gebaeude + begruenung + stadtoekosystem
RD -004 klimaaenderung + oedflaechen + begruenung + (vegetationsplatten)
UL -066 uferschutz + begruenung + (schilfsterben) + BERLIN (HAVEL)
UM -010 landschaftspflege + begruenung + pflanzensoziologie + duengung + HESSEN (NORD)
UM -011 brachflaechen + begruenung
UM -012 begruenung + strassenrand + (pflegearme rasenansaaten)
UM -072 strassenbau + begruenung + vegetation + (boeschungssicherung)
UM -076 landschaftspflege + strassenrand + begruenung
UN -012 deponie + rekultivierung + begruenung + bodenbeeinflussung

behaelter

siehe auch druckbehaelter
siehe auch kunststoffbehaelter
siehe auch transportbehaelter
NC -001 radioaktive substanzen + behaelter + materialtest

belastbarkeit

PA -021 schwermetalle + physiologische wirkungen + fische + belastbarkeit
TA -012 schienenverkehr + mensch + belastbarkeit + ergonomie
TE -007 gesundheit + belastbarkeit + (neurologische wirkungsweise)
UE -015 verdichtungsraum + entwicklungsmassnahmen + belastbarkeit + BADEN-WUERTTEMBERG

belebtschlamm

siehe auch abwasserschlamm
KB -076 gewaesserbelastung + schadstoffabbau + belebtschlamm + vorklaerung
KC -032 zuckerindustrie + abwasser + belebtschlamm + sedimentation
KE -005 belebtschlamm + mikroflora + bewertungsmethode
KE -007 belebtschlamm + sauerstoffeintrag + verfahrensoptimierung
KE -023 belebtschlamm + tropfkoerper + biologischer bewuchs + (leistungsfaehigkeit)
KE -034 abwassertechnik + belebtschlamm + mikrobieller abbau
KE -035 abwassertechnik + klaeranlage + belebtschlamm + verfahrensoptimierung
KE -037 biologische klaeranlage + belebtschlamm + biomasse + (eiweissgehalt)
KE -038 klaeranlage + belebtschlamm + strukturanalyse + (blaehschlamm)
KE -039 klaeranlage + abwassertechnik + belebtschlamm + (blaehschlamm)
KE -040 abwasserreinigung + belebtschlamm

KE -052 klaeranlage + belebtschlamm + mikroorganismen
PH -059 umweltchemikalien + enzyminduktion + mikroorganismen + belebtschlamm + RHEIN + ADRIA (NORD)

belebungsanlage
siehe auch klaeranlage
KC -048 industrieabwaesser + abwasserbehandlung + belebungsanlage + (wollwaescherei)
KE -014 abwasserbehandlung + belebungsanlage + mineraloel
KE -018 abwasserreinigung + belebungsanlage + wirtschaftlichkeit
KE -044 biologische abwasserreinigung + belebungsanlage + druckbelastung
KE -047 abwasserreinigung + belebungsanlage + tropfkoerper + reaktionskinetik
KE -053 biologische abwasserreinigung + belebungsanlage + nachklaerbecken
KE -059 biologische abwasserreinigung + belebungsanlage + nachklaerbecken + (dortmundbrunnen)

belebungsverfahren
siehe auch abwasserbehandlung
KC -047 industrieabwaesser + abwasseraufbereitung + belebungsverfahren
KE -011 abwasserreinigung + klaeranlage + belebungsverfahren + (automatisierung)
KE -056 biologische abwasserreinigung + belebungsverfahren + sauerstoffeintrag + MUENCHEN
KE -057 belebungsverfahren + mikrobieller abbau + (enzymaktivitaet)

beleuchtung
NA -010 elektrotechnik + beleuchtung + (hochdruckentladungslampe)
TA -038 arbeitsplatz + arbeitsphysiologie + beleuchtung

belueftung
siehe auch gewaesserbelueftung
siehe auch sauerstoffeintrag
FB -048 verkehrsplanung + autobahn + laermschutz + belueftung + HAMBURG (ELBTUNNEL)
KB -020 abwasserreinigung + ammoniak + ozon + belueftung
TA -009 huettenindustrie + belueftung + luftreinhaltung + (methan)
TA -010 bergbau + belueftung + entstaubung

belueftungsanlage
siehe auch klaeranlage
KE -050 abwasserbehandlung + belueftungsanlage + sauerstoffeintrag

belueftungsgeraet
FC -090 bergwerk + belueftungsgeraet + laermminderung + (ventilatoren)
KE -016 klaeranlage + belueftungsgeraet + biologische abwasserreinigung

belueftungsverfahren
siehe auch abwasserbehandlung
HA -010 gewaesser + sauerstoffeintrag + belueftungsverfahren
KB -056 abwasserbehandlung + sauerstoff + belueftungsverfahren
MF -045 fluessigmist + entseuchung + belueftungsverfahren
TA -065 bergwerk + belueftungsverfahren + arbeitsschutz + emissionsueberwachung
TA -066 bergwerk + belueftungsverfahren + klima

benthos
HA -050 gewaesserbelastung + benthos + bioindikator + (seeboden) + BODENSEE (OBERSEE)
HC -028 marine nahrungskette + oekosystem + meeresboden + benthos + schadstoffwirkung
HC -029 marine nahrungskette + biomasse + benthos + wasserverunreinigung + NORDSEE + OSTSEE
HC -031 benthos + litoral + biozoenose + messtellennetz + DEUTSCHE BUCHT
HC -046 kuestengewaesser + litoral + benthos + biotop + SCHLESWIG-HOLSTEIN
IC -006 gewaesserbelastung + schwermetalle + benthos + nahrungskette
IE -021 meeresorganismen + benthos + OSTSEE
IE -027 klaerschlamm + meeressediment + schwermetalle + benthos + populationsdynamik + NORDSEE
IE -031 meeresverunreinigung + benthos + populationsdynamik + DEUTSCHE BUCHT
IE -037 kuestengewaesser + abwasserbelastung + benthos + DEUTSCHE BUCHT + JADE + WESER-AESTUAR
PA -020 wasserverunreinigung + schwefelwasserstoff + schadstoffwirkung + benthos
QD -017 kohlenwasserstoffe + pestizide + benthos + marine nahrungskette + KIELER BUCHT + OSTSEE

benzin
siehe unter treibstoffe

benzindaempfe
DA -062 tankanlage + benzindaempfe + luftreinhaltung

benzol
BB -004 abgasemission + benzol + polyzyklische aromaten + nachweisverfahren
CB -048 luftverunreinigung + kohlenwasserstoffe + verbrennung + benzol
TA -074 arbeitsplatz + schadstoffbelastung + benzol + physiologische wirkungen

benzpyren
siehe auch carcinogene
siehe auch polyzyklische aromaten
DD -022 aerosole + russ + benzpyren + adsorption
OC -012 benzpyren + nachweisverfahren
OC -025 benzpyren + carcinogenese
PD -009 carcinogenese + benzpyren + spurenelemente + synergismus
PD -033 schadstoffe + benzpyren + teratogene wirkung + mutagene wirkung
PD -066 benzpyren + carcinogene wirkung
PE -038 luftverunreinigung + atemtrakt + carcinogene + benzpyren
PE -040 luftverunreinigung + benzpyren + mensch + metabolismus
PG -014 benzpyren + pflanzen + metabolismus
PG -051 pflanzenkontamination + benzpyren + analyseverfahren
QB -018 carcinogene + benzpyren + lebensmittelkontamination + (raeuchern von fischen)
QB -020 lebensmittelkonservierung + fische + carcinogene + benzpyren
RB -002 vorratsschutz + getreide + benzpyren

berechnung
FA -033 laermbelastung + schallpegel + berechnung

berechnungsmodell
BA -027 kfz-abgase + verbrennungsmotor + berechnungsmodell
CB -002 ausbreitung + berechnungsmodell + (standardisierung)
CB -003 ausbreitung + berechnungsmodell + (weiterentwicklung)
FA -086 laermmessung + schallausbreitung + wetterwirkung + berechnungsmodell
FD -043 laermschutzplanung + bebauungsart + schallausbreitung + berechnungsmodell
FD -044 laermschutzplanung + raffinerie + abstandsflaechen + berechnungsmodell + schallausbreitung
HA -077 hochwasserschutz + fluss + wasserbewegung + berechnungsmodell
IB -008 niederschlagsabfluss + berechnungsmodell
IB -021 hochwasser + niederschlagsmessung + berechnungsmodell
KB -040 kommunale abwaesser + klaeranlage + biologischer abbau + berechnungsmodell

MC-037 abfallagerung + deponie + wasserbilanz + berechnungsmodell
NC-107 reaktorsicherheit + berechnungsmodell
NC-108 reaktorsicherheit + berechnungsmodell
PE -056 immissionsbelastung + blei + organismus + berechnungsmodell
UF -018 staedtebau + berechnungsmodell
UH-032 verkehrssystem + schienenverkehr + berechnungsmodell

bergbau

siehe auch tagebau
DC-056 staubminderung + bergbau + geraeteentwicklung
DC-057 staubminderung + bergbau + verfahrenstechnik
DC-058 staubminderung + bergbau + geraeteentwicklung
DC-059 staubminderung + bergbau
FC -026 arbeitsschutz + laermminderung + bergbau + baugewerbe + fabrikhalle
FC -089 laermminderung + bergbau + geraeteentwicklung + (gehoerschutzmittel)
ID -016 grundwasser + bergbau + NIEDERRHEIN
MC-015 bergbau + rekultivierung + HESSEN (NORD) + HESSEN (SUED)
RC -025 bergbau + bodenmechanik + (folgeschaeden) + RHEIN-RUHR-RAUM
SA -077 energietechnik + uran + bergbau + (bakterielle laugeprozesse)
TA -003 bergbau + ergonomie + datensammlung
TA -008 bergbau + radioaktivitaet + strahlenbelastung + carcinogene wirkung
TA -010 bergbau + belueftung + entstaubung
TA -020 bergbau + arbeitsschutz + ergonomie
TA -025 bergbau + arbeitsphysiologie + klimatologie + (hitzebelastung)
UB -016 umweltrecht + bergbau + rechtsvorschriften
UD-005 rohstoffsicherung + geologie + bergbau + datensicherung
UL -009 braunkohle + bergbau + rekultivierung + nutzungsplanung + landschaftsoekologie

bergwerk

AA-017 bergwerk + ueberwachungssystem + gase + messgeraet + explosionsschutz
BC -021 aerosole + bergwerk + filter + ultraschall
DC-062 bergwerk + staubminderung
FC -090 bergwerk + belueftungsgeraet + laermminderung + (ventilatoren)
MB-059 abfallstoffe + endlagerung + bergwerk
MC-006 sondermuell + tieflagerung + bergwerk + planungshilfen
ND-030 felsmechanik + bergwerk + tieflagerung + radioaktive abfaelle + ASSE + BRAUNSCHWEIG/SALZGITTER
ND-031 hydrogeologie + bergwerk + tieflagerung + radioaktive abfaelle + ASSE + BRAUNSCHWEIG/SALZGITTER
ND-032 geophysik + bergwerk + tieflagerung + radioaktive abfaelle + ASSE + BRAUNSCHWEIG/SALZGITTER
ND-036 radioaktive abfaelle + endlagerung + bergwerk
TA -061 bergwerk + berufsschaeden + staubkonzentration + krankheitserreger + arbeitsmedizin + (tuberkulose)
TA -065 bergwerk + belueftungsverfahren + arbeitsschutz + emissionsueberwachung
TA -066 bergwerk + belueftungsverfahren + klima
TA -067 bergwerk + arbeitsplatz + staubbelastung + staubminderung

beruf

TB -003 hausfrau + beruf + wohngebiet
TB -018 hausfrau + beruf + wohngebiet
UC-018 ausbildung + beruf + standortwahl + informationssystem + planungsmodell

berufsschaeden

siehe auch arbeitsschutz
TA -004 arbeitsmedizin + forschungsplanung + berufsschaeden + (herz-kreislauf-erkrankungen)
TA -014 berufsschaeden + allergie + arbeitsschutz
TA -044 arbeitsmedizin + berufsschaeden + (herz-kreislauf-erkrankungen)
TA -061 bergwerk + berufsschaeden + staubkonzentration + krankheitserreger + arbeitsmedizin + (tuberkulose)

beryllium

OA-016 umweltchemikalien + beryllium + nachweisverfahren + richtlinien + (einheitsverfahren)
OB-020 toxizitaet + beryllium + schadstoffnachweis
OD-054 bodenbeschaffenheit + beryllium + spurenstoffe + (geochemische untersuchung) + HOHE TAUERN + ALPEN

bestrahlung

KB -092 klaerschlammbehandlung + hygienisierung + bestrahlung
KE -002 klaerschlammbehandlung + bestrahlung + biologische wirkungen
KE -003 klaerschlammbehandlung + bestrahlung + schlammentwaesserung
KE -008 klaerschlamm + abwasser + bestrahlung
KE -033 klaerschlamm + parasiten + bestrahlung + (elektronenbeschleuniger)
KE -058 klaerschlamm + bestrahlung + schlammentwaesserung
MB-011 abfallbeseitigung + hochpolymere + abbau + bestrahlung
MB-047 abfallbeseitigung + kunststoffindustrie + hochpolymere + bestrahlung + abbau
PH -004 klaerschlamm + bestrahlung + boden + pflanzen
QB-017 lebensmittel + fische + bestrahlung

beton

NC-013 kernkraftwerk + sicherheitstechnik + beton + materialtest + (flugzeugabsturz)
NC-032 kernkraftwerk + sicherheitstechnik + beton + bautechnik + (flugzeugabsturz)
NC-033 reaktorsicherheit + bautechnik + beton + (flugzeugabsturz)
NC-038 reaktorsicherheit + druckbehaelter + beton
NC-043 reaktorstrukturmaterial + beton + druckbehaelter
NC-078 reaktorsicherheit + materialtest + beton + (kernschmelzen)
PK -001 strassenbau + beton + streusalz + materialtest

betontechnologie

HF -001 betontechnologie + meerwasserentsalzung + verfahrensentwicklung

betriebsbedingungen

MB-020 abfallbeseitigung + pyrolyse + betriebsbedingungen + (horizontalreaktor)
MB-023 abfallaufbereitung + hausmuell + pyrolyse + betriebsbedingungen + (schachtreaktor)

betriebshygiene

siehe auch arbeitsschutz
TF -018 betriebshygiene + krankenhaushygiene + klimaanlage

betriebsoptimierung

BA -034 ottomotor + schadstoffemission + betriebsoptimierung + treibstoffe
KC-049 abwasserbehandlung + chemische industrie + betriebsoptimierung + richtlinien
RA -019 agrarproduktion + umweltschutzauflagen + betriebsoptimierung + (regionalmodell) + NORDRHEIN-WESTFALEN

betriebssicherheit

siehe auch arbeitsschutz
BB -020 abfallbeseitigung + muellvergasung + verfahrensoptimierung + betriebssicherheit + KALUNDBORG + DAENEMARK
TA -071 abfallaufbereitungsanlage + betriebssicherheit + explosionsschutz
TD -021 kernkraftwerk + betriebssicherheit + ausbildung + (personalschulung)

betriebswasser

KC -033 papierindustrie + betriebswasser + organische stoffe + analytik

bevoelkerung

siehe auch population
siehe auch weltbevoelkerung

FB -037 laermbelastung + bevoelkerung + ballungsgebiet + verkehrssystem + STUTTGART (RAUM)
NB -015 kerntechnische anlage + strahlenbelastung + bevoelkerung
NB -030 strahlenbelastung + bevoelkerung + roentgenstrahlung
NB -033 strahlenschutz + bevoelkerung + roentgenstrahlung
NB -034 strahlenbelastung + bevoelkerung + phosphatduengemittel + radionuklide
NC -037 kernenergie + bewertungskriterien + bevoelkerung
PE -009 schwermetallkontamination + bevoelkerung + (vanadium)
PE -031 luftverunreinigende stoffe + blei + bevoelkerung + physiologische wirkungen
PE -055 immissionsbelastung + blei + bevoelkerung + grosstadt + FRANKFURT + RHEIN-MAIN-GEBIET
RA -004 landwirtschaft + bevoelkerung + ausbildung + (landfrauen)
TB -012 oekologie + bevoelkerung + sozio-oekonomische faktoren + mortalitaet + HANNOVER
TB -022 wohnraum + sozio-oekonomische faktoren + bevoelkerung
TD -020 umweltbewusstsein + bevoelkerung
UA -044 schadstoffbelastung + bevoelkerung + umweltschutz + (entscheidungshilfen)
UE -034 siedlungsraum + umweltqualitaet + bevoelkerung + mobilitaet + simulationsmodell
UH -012 bevoelkerung + mobilitaet + verdichtungsraum
UH -013 bevoelkerung + mobilitaet + RHEIN-MAIN-GEBIET
UH -041 bevoelkerung + mobilitaet + strukturanalyse

bevoelkerungsentwicklung

RA -005 agraroekonomie + bodennutzung + bevoelkerungsentwicklung + HESSEN
RA -008 laendlicher raum + genossenschaften + bevoelkerungsentwicklung + sozio-oekonomische faktoren
TB -006 bevoelkerungsentwicklung + ballungsgebiet + MAERKISCHES INDUSTRIEGEBIET + RHEIN-RUHR-RAUM
UF -023 laendlicher raum + siedlungsplanung + bevoelkerungsentwicklung + BAD TOELZ + WOLFRATSHAUSEN + NEU-ULM + REGENSBURG
UF -030 stadtentwicklung + planungsdaten + bevoelkerungsentwicklung + sozio-oekonomische faktoren + OLDENBURG (STADT)
UH -026 bevoelkerungsentwicklung + mobilitaet + BUNDESREPUBLIK DEUTSCHLAND

bevoelkerungsgeographie

TB -001 bevoelkerungsgeographie + industrie + laendlicher raum
TB -007 bevoelkerungsgeographie + stadtgebiet
UC -001 bevoelkerungsgeographie + raumordnung

bewaesserung

HF -008 wasseraufbereitung + meerwasserentsalzung + bewaesserung
RD -001 naehrstoffhaushalt + boden + salzgehalt + bewaesserung
RD -003 bewaesserung + oekonomische aspekte
RD -006 bodenbeschaffenheit + bewaesserung + (entsalzung)
RD -009 bewaesserung + kartierung + agrargeographie + (satellitenaufnahmen) + ORIENT
RD -022 boden + bewaesserung + salzgehalt
RD -031 duengemittel + bewaesserung + nitrate + auswaschung
RD -048 wasserbau + landwirtschaft + bewaesserung
RD -055 landwirtschaft + entwicklungslaender + bewaesserung + (wassereinsparende bewaesserung)
RE -033 bewaesserung + kulturpflanzen + gewaesserbelastung

bewertung

EA -020 umwelteinfluesse + immissionsbelastung + bewertung

bewertungskriterien

AA -110 luftqualitaet + stadtgebiet + bewertungskriterien
DA -049 schichtladungsmotor + emissionsmessung + bewertungskriterien
FB -009 verkehrslaerm + fluglaerm + bewertungskriterien
FB -062 erschuetterungen + bewertungskriterien
FB -075 fluglaerm + bewertungskriterien
FC -060 industrielaerm + gehoerschaeden + bewertungskriterien
FD -033 bauwesen + erschuetterungen + bewertungskriterien
HD -013 wassergefaehrdende stoffe + physiologische wirkungen + bewertungskriterien + (trinkwasser-verordnung)
HG -037 hydrologie + bewertungskriterien + testgebiet + BADEN-WUERTTEMBERG
IB -002 kanalisation + bewertungskriterien + kanalabfluss + planungsdaten
IC -078 wasserverunreinigende stoffe + bewertungskriterien
KE -041 abwassertechnik + bewertungskriterien
LA -013 abwasserabgabengesetz + bewertungskriterien
NC -037 kernenergie + bewertungskriterien + bevoelkerung
OC -024 organische schadstoffe + nachweisverfahren + bewertungskriterien
PC -054 toxizitaet + biozide + messmethode + bewertungskriterien
PI -007 stadtgebiet + oekosystem + bewertungskriterien
PK -003 strassenbau + streusalz + materialschaeden + bewertungskriterien
RC -031 bodenbeschaffenheit + rekultivierung + bewertungskriterien
RG -008 forstwirtschaft + bewertungskriterien
TB -009 wohnwert + bewertungskriterien
TB -024 wohngebiet + sanierungsplanung + bewertungskriterien
TB -028 wohngebiet + bewertungskriterien + psychologische faktoren
TB -031 kfz + strassenverkehr + stadt + bewertungskriterien
UA -042 umweltfreundliche technik + bewertungskriterien + forschungsplanung
UE -008 flaechennutzung + interessenkonflikt + bewertungskriterien
UE -011 flaechennutzung + siedlungsstruktur + bewertungskriterien + interessenkonflikt
UE -040 raumordnung + oekologische faktoren + naturraum + bewertungskriterien
UF -022 sanierungsplanung + bewertungskriterien + staedtebaufoerderungsgesetz
UI -014 verkehrsplanung + gemeinde + bewertungskriterien + (gemeindeverkehrsfinanzierungsgesetz)
UI -020 verkehrssystem + sicherheitstechnik + bewertungskriterien
UK -001 erholungsgebiet + bewertungskriterien + umweltbelastung + (anthropogener einfluss)
UK -026 landschaftsplanung + naturschutz + bewertungskriterien + (zielsystem) + BURGSTEINFURT
UK -062 landschaftspflege + planungsmodell + bewertungskriterien
UL -024 landespflege + rekultivierung + bewertungskriterien
UL -034 landschaftsschaeden + bewertungskriterien + planungshilfen

bewertungsmethode

BA -020 abgas + dieselmotor + emissionsmessung + bewertungsmethode
FA -076 geraeuschmessung + messverfahren + bewertungsmethode + standardisierung
FB -012 verkehrslaerm + bewertungsmethode + statistische auswertung
FB -058 verkehrswesen + laermbelastung + bewertungsmethode
IC -024 gewaesserbelastung + bioindikator + bewertungsmethode + SAAR
IC -036 gewaesserbelastung + organische schadstoffe + bewertungsmethode + HARZ (SUED) + SIEBER + ODER + RHUME
IC -066 gewaesserbelastung + wasserguete + bewertungsmethode + NIEDERSACHSEN
KD -001 guelle + mikroflora + bewertungsmethode
KE -005 belebtschlamm + mikroflora + bewertungsmethode

UA -002 umweltprobleme + bewertungsmethode + sozialindikatoren
UG -011 regionalplanung + soziale infrastruktur + bewertungsmethode + KARLSRUHE (REGION) + OBERRHEIN
UH -036 raumordnung + verkehrsplanung + bewertungsmethode + (bundesfernstrassenbau)
UK -010 freiraumplanung + oekologische faktoren + bewertungsmethode

bienen

PB -028 weinbau + insektizide + bienen + (vergiftung)
PB -039 herbizide + toxizitaet + bienen + (tormona 80)

binnengewaesser

FB -093 laermmessung + schiffahrt + binnengewaesser
HA -024 binnengewaesser + stoffhaushalt + indikatoren + SCHLESWIG-HOLSTEIN
HA -035 binnengewaesser + sediment + bakterien + BODENSEE
HA -080 binnengewaesser + badewasser + wasserguete
HA -088 binnengewaesser + vegetationskunde + oekologie + wasserwirtschaft + naturschutz + (stauteich) + HARZ
IC -103 binnengewaesser + anorganische verunreinigungen
IC -105 sediment + schwermetalle + binnengewaesser + kuestengewaesser
IF -002 binnengewaesser + naehrstoffhaushalt + schadstoffbelastung + (seemodell) + WALCHENSEE + KOCHELSEE
IF -007 sedimentation + eutrophierung + industrialisierung + binnengewaesser
IF -040 binnengewaesser + eutrophierung + ATTERSEE (OESTERREICH) + ALPENRAUM
QB -060 binnengewaesser + fische + parasiten
UK -011 binnengewaesser + naturschutzgebiet + landschaftsoekologie + landschaftsrahmenplan + AMMERGAUER BERGE + FORGGEN-UND BANNWALDSEE + ALPENRAUM
UL -067 naturschutz + binnengewaesser + sedimentation + BEDERKESAER SEE + WESERMUENDE (LANDKREIS)
UN -050 voegel + binnengewaesser + BAYERN

biochemie

BE -013 nutztierhaltung + geruchsminderung + biochemie
GB -023 biochemie + physiologie + fische
MF -023 holzindustrie + biochemie + (holzverwertung)
PC -041 fremdstoffwirkung + biochemie
PC -048 wasserverunreinigende stoffe + biochemie + photosynthese + algen
PF -021 biochemie + schwefeldioxid + pflanzen + mikroorganismen + metabolismus
PF -066 schwermetalle + biochemie + nachweisverfahren + HARZVORLAND + HARZ
PH -027 biochemie + enzyme + pflanzen + (wachstumsverhalten)
PH -053 biochemie + pflanzenoekologie + photosynthese
PI -023 biochemie + reaktionskinetik + mikrobieller abbau

biochemischer sauerstoffbedarf

KA -011 abwasserkontrolle + wasserreinigung + biochemischer sauerstoffbedarf + messverfahren
KA -013 biochemischer sauerstoffbedarf + colibakterien + mikroorganismen + reaktionskinetik

bioindikator

siehe auch indikatoren

AA -020 luftverunreinigung + schwefeldioxid + flechten + bioindikator
AA -048 bioindikator
AA -056 fluor + immission + pflanzen + bioindikator
AA -057 emissionsueberwachung + industrie + schadstoffwirkung + vegetation + bioindikator + HAMBURG
AA -061 bioindikator + umweltbelastung
AA -070 bioindikator + kartierung + flechten + NECKAR (MITTLERER NECKAR-RAUM) + STUTTGART
AA -071 luftverunreinigung + bioindikator + flechten + kartierung
AA -078 immissionsmessung + kartierung + bioindikator + ESSLINGEN + STUTTGART
AA -087 luftverunreinigung + bioindikator + (tabakpflanze)
AA -088 luftverunreinigung + bioindikator + flechten + BADEN-WUERTTEMBERG
AA -089 immissionsbelastung + kartierung + bioindikator + flechten
AA -121 lufthygiene + emissionskataster + stadtgebiet + bioindikator + meteorologie + AUGSBURG
AA -171 luftverunreinigung + bioindikator
CA -044 luftverunreinigung + bioindikator + stadtgebiet + FRANKFURT + RHEIN-MAIN-GEBIET
HA -036 wasserpflanzen + gewaesserguete + bioindikator + (submerse makrophyten) + SCHWAEBISCHE ALB
HA -050 gewaesserbelastung + benthos + bioindikator + (seeboden) + BODENSEE (OBERSEE)
HD -021 wasserueberwachung + bioindikator + (fruehdiagnose)
HD -023 wasserueberwachung + bioindikator + (schnelltest)
IA -011 umweltchemikalien + bioindikator + gewaesserschutz
IA -013 trinkwasserversorgung + schadstoffnachweis + bioindikator
IA -014 gewaesserbelastung + tenside + schwermetalle + bioindikator + (submerse makrophyten)
IA -015 gewaesserverunreinigung + bioindikator + wasserpflanzen + BUNDESREPUBLIK DEUTSCHLAND
IA -022 wasserverunreinigung + bioindikator + algen
IA -031 gewaesser + schwermetallkontamination + bioindikator
IC -003 fluss + gewaesserverunreinigung + faekalien + bioindikator + ISAR
IC -024 gewaesserbelastung + bioindikator + bewertungsmethode + SAAR
IC -056 gewaesserverunreinigung + wasserpflanzen + bioindikator + SAAR + AHR + SIEG + FULDA
IC -091 gewaesserbelastung + herbizide + bioindikator + wasserguete
IC -111 gewaesserbelastung + fische + populationsstruktur + bioindikator + RHEIN
ID -010 grundwasser + trinkwasser + keime + bioindikator
IE -028 meeresverunreinigung + plankton + bioindikator
IF -035 fliessgewaesser + litoral + eutrophierung + pflanzendecke + bioindikator + HESSEN (NORD) + FULDA
KA -020 abwasserkontrolle + bioindikator + fische
KA -026 abwasserkontrolle + toxizitaet + bioindikator
LA -008 abwasserabgabe + grenzwerte + bioindikator + gewaesserverunreinigung
OA -039 umweltchemikalien + toxizitaet + bioindikator
OB -015 schwermetalle + bioindikator
OC -008 toxikologie + schadstoffnachweis + bioindikator
OD -093 bioindikator + schadstoffimmission + fische
PC -012 umweltbelastung + bioindikator + insekten + (ameisen)
PD -044 pharmaka + pestizide + mutagene wirkung + bioindikator + hefen
PG -018 bodenbelastung + guelle + bioindikator
PG -055 pestizide + bodenbelastung + bioindikator
PH -009 schadstoffemission + smog + biologische wirkungen + mikroorganismen + bioindikator
PH -013 bioindikator + bakterien
PH -033 mikroorganismen + bioindikator + biologische wirkungen
PH -058 baum + immissionsbelastung + schadstoffwirkung + bioindikator + anthropogener einfluss
PI -043 biozide + voegel + bioindikator
QC -038 fungizide + nachweisverfahren + getreide + bioindikator
UM -033 flora + kartierung + bioindikator + BAYERN
UM -034 flora + kartierung + bioindikator + EUROPA (MITTELEUROPA)
UM -052 bioindikator + streusalz + kartierung + BADEN-WUERTTEMBERG
UN -020 tierschutz + bioindikator + NORDDEUTSCHLAND
UN -049 tiere + bioindikator + landespflege + oekologische faktoren + (modelluntersuchung) + HEXBACHTAL

bioklimatologie

AA -025 bioklimatologie + messtellennetz + kartierung + raumordnung + BUNDESREPUBLIK DEUTSCHLAND
AA -086 bioklimatologie + stadtgebiet + BERLIN

AA -149 lufthygiene + bioklimatologie + ausbreitungsmodell + MAIN (UNTERMAIN) + RHEIN-MAIN-GEBIET

biologie

siehe auch agrarbiologie
siehe auch hydrobiologie
siehe auch meeresbiologie
siehe auch mikrobiologie
siehe auch strahlenbiologie

PI -031 biologie + strahlenbelastung + dosimetrie
RH -080 biologie + biotop + (raupenfliegen) + EUROPA (MITTELEUROPA)
UN -018 biologie + oekologie + fauna + KAISERSTUHL + BADEN (SUED) + OBERRHEIN
UN -053 biologie + insekten + (dipteren) + DEUTSCHLAND (SUED-WEST)
UN -054 biologie + insekten + (koleopteren) + DEUTSCHLAND (SUED-WEST) + SPANIEN

biologische abfallbeseitigung

KC -069 papierindustrie + biologische abfallbeseitigung
MF -009 biologische abfallbeseitigung + recycling + eiweissgewinnung + futtermittel

biologische abwasserreinigung

IB -031 biologische abwasserreinigung + regenwasser + pflanzen
KA -018 biologische abwasserreinigung + rueckstaende
KB -001 biologische abwasserreinigung + algen + proteine + recycling
KB -002 biologische abwasserreinigung + algen + schadstoffabbau + schwermetalle
KB -009 biologische abwasserreinigung + anorganische builder
KB -015 biologische abwasserreinigung + faellungsmittel
KB -023 biologische abwasserreinigung + schwermetalle
KB -029 biologische abwasserreinigung + organische schadstoffe + denitrifikation
KB -046 klaeranlage + biologische abwasserreinigung + (phototrophe bakterien)
KB -053 biologische abwasserreinigung + ionenaustauscher + oxidationsmittel
KB -079 klaeranlage + biologische abwasserreinigung + pflanzen
KB -080 biologische abwasserreinigung + pflanzen
KC -011 biologische abwasserreinigung + industrieabwaesser
KC -054 biologische abwasserreinigung + nitroverbindungen
KC -063 biologische abwasserreinigung + lebensmittelindustrie
KC -065 biologische abwasserreinigung + stahlindustrie + pflanzen
KC -067 biologische abwasserreinigung + papierindustrie + recycling
KC -071 biologische abwasserreinigung + zuckerindustrie
KD -017 biologische abwasserreinigung + massentierhaltung
KE -016 klaeranlage + belueftungsgeraet + biologische abwasserreinigung
KE -032 biologische abwasserreinigung + schlaemme
KE -044 biologische abwasserreinigung + belebungsanlage + druckbelastung
KE -051 klaeranlage + biologische abwasserreinigung + algen
KE -053 biologische abwasserreinigung + belebungsanlage + nachklaerbecken
KE -056 biologische abwasserreinigung + belebungsverfahren + sauerstoffeintrag + MUENCHEN
KE -059 biologische abwasserreinigung + belebungsanlage + nachklaerbecken + (dortmundbrunnen)
KE -060 biologische abwasserreinigung + klaerschlamm + mineralisation + pflanzen
KF -016 kommunale abwaesser + biologische abwasserreinigung + phosphate

biologische klaeranlage

KB -024 biologische klaeranlage + schwebstoffe + schadstoffentfernung + (mikrosieb)
KB -025 abwasserreinigung + biologische klaeranlage + flockung + filter
KB -041 biologische klaeranlage + reaktionskinetik + schadstoffentfernung
KE -036 abwasserreinigung + biologische klaeranlage + filtration + (mikrosieb)
KE -037 biologische klaeranlage + belebtschlamm + biomasse + (eiweissgehalt)
KE -055 biologische klaeranlage + faellungsmittel

biologische membranen

HB -072 meerwasserentsalzung + biologische membranen + wirkmechanismus + osmose
HF -002 wasserreinigung + meerwasserentsalzung + biologische membranen
NB -012 strahlenschaeden + strahlendosis + biologische membranen
PG -052 herbizide + biologische membranen + algen

biologische schaedlingsbekaempfung

RH -006 obst + biologische schaedlingsbekaempfung
RH -031 obst + biologische schaedlingsbekaempfung + (granulosevirus)
RH -056 vorratsschutz + getreide + biologische schaedlingsbekaempfung + insekten + (diapauseverhalten)
RH -057 vorratsschutz + getreide + biologische schaedlingsbekaempfung + insekten + (mikroorganismen)
RH -058 vorratsschutz + biologische schaedlingsbekaempfung + (co2-konverter) + ISRAEL

biologische wirkungen

AA -096 atmosphaere + stratosphaere + fluorchlorkohlenwasserstoffe + uv-strahlen + biologische wirkungen
GB -039 gewaesserbelastung + kernkraftwerk + abwaerme + kuehlwasser + biologische wirkungen + WESER
IC -057 fliessgewaesser + schadstoffbelastung + biologische wirkungen
IC -113 fliessgewaesser + schadstoffbelastung + biologische wirkungen
IE -018 meeresverunreinigung + kuestengewaesser + abwasserableitung + mikroorganismen + biologische wirkungen + HELGOLAND + ELBE + DEUTSCHE BUCHT
KE -002 klaerschlammbehandlung + bestrahlung + biologische wirkungen
KE -031 klaerschlamm + abwasser + entkeimung + ionisierende strahlung + biologische wirkungen
MC -026 deponie + gewaesserbelastung + biologische wirkungen + (stabilisierungsvorgang)
NA -003 elektromagnetische strahlung + organismen + biologische wirkungen
NB -014 ionisierende strahlung + biologische wirkungen
OD -078 bodennutzung + enzyme + biologische wirkungen + nutzpflanzen + NIEDERSACHSEN
PA -002 schwermetalle + biologische wirkungen + eiweisse + enzyme
PA -005 schwermetallkontamination + atemtrakt + biologische wirkungen
PA -007 nutztiere + schwermetallkontamination + biologische wirkungen + huhn
PA -014 blei + toxizitaet + biologische wirkungen + tierexperiment + (ratten)
PA -015 bleivergiftungen + biologische wirkungen + neurotoxizitaet
PB -011 nutztiere + kohlenwasserstoffe + biologische wirkungen + (huhn + wachtel)
PB -015 schaedlingsbekaempfungsmittel + biologische wirkungen + (organochlorverbindungen)
PB -016 schaedlingsbekaempfungsmittel + biologische wirkungen + (organochlorverbindungen)
PB -020 biozide + biologische wirkungen + (tierexperiment)
PB -029 fungizide + biologische wirkungen + insekten + (blattlauspopulationen)
PB -030 fungizide + biologische wirkungen + nematoden
PC -008 luft + filtration + rueckstaende + biologische wirkungen + analytik
PC -018 schaedlingsbekaempfungsmittel + biologische wirkungen + (organochlorverbindungen)
PC -032 insektizide + biologische wirkungen + synergismus + schaedlingsbekaempfung + (blattlaus)

B

PC -044 luftverunreinigung + wasserstoffion + biologische wirkungen
PC -053 umwelteinfluesse + biologische wirkungen + (embryonen)
PC -058 luftverunreinigung + feinstaeube + biologische wirkungen + zellkultur
PD -002 polyzyklische aromaten + carcinogene + schadstoffnachweis + biologische wirkungen
PE -043 luftverunreinigung + schadstoffbelastung + zellkultur + biologische wirkungen
PF -010 trinkwasser + fluor + pflanzen + biologische wirkungen
PF -014 schwermetallkontamination + algen + biologische wirkungen
PF -051 schadstoffimmission + biologische wirkungen + resistenzzuechtung
PG -001 herbizide + biologische wirkungen + kulturpflanzen
PH -005 toxine + biologische wirkungen + bakterien
PH -009 schadstoffemission + smog + biologische wirkungen + mikroorganismen + bioindikator
PH -011 gewaesserbelastung + tenside + schwermetalle + synergismus + biologische wirkungen
PH -033 mikroorganismen + bioindikator + biologische wirkungen
PH -040 duengemittel + spurenstoffe + biologische wirkungen
PH -056 siedlungsabfaelle + klaerschlamm + bodenbelastung + biologische wirkungen + (niederungsboeden)
PH -060 immissionsbelastung + biologische wirkungen + mikroflora
QB -028 nahrungskette + schadstoffe + biologische wirkungen
RH -012 pflanzenschutzmittel + biologische wirkungen
RH -048 schaedlingsbekaempfung + insekten + hormone + biologische wirkungen
RH -052 mikroorganismen + biologische wirkungen + insektizide
TE -010 klima + biologische wirkungen + unfallverhuetung

biologischer abbau

siehe auch mikrobieller abbau

BE -012 abgasreinigung + geruchsminderung + biologischer abbau
BE -019 emissionsminderung + geruchsstoffe + biologischer abbau
HA -114 oberflaechengewaesser + selbstreinigung + biologischer abbau + filter
KA -025 erholungsgebiet + badewasser + selbstreinigung + biologischer abbau
KB -005 gewaesser + klaeranlage + biologischer abbau
KB -006 abwasserbehandlung + biologischer abbau + aktivkohle
KB -040 kommunale abwaesser + klaeranlage + biologischer abbau + berechnungsmodell
KB -045 pestizide + meeressediment + detritus + biologischer abbau
KB -055 kommunale abwaesser + schadstoffentfernung + tenside + biologischer abbau
KB -068 abwasserreinigung + biologischer abbau + aktivkohle
KB -072 industrieabwaesser + phenole + biologischer abbau + mikroorganismen
KB -086 wasseraufbereitung + tropfkoerper + biologischer abbau
KC -031 industrieabwaesser + klaeranlage + stickstoffverbindungen + biologischer abbau
KC -036 abwasserreinigung + schwefelverbindungen + biologischer abbau
KC -041 papierindustrie + abwasserreinigung + biologischer abbau + (hilfsstoffe)
KC -043 biologischer abbau + industrieabwaesser
KD -010 fluessigmist + biologischer abbau + verfahrensentwicklung
KE -010 schadstoffabbau + biologischer abbau + tenside + klaeranlage
MB -026 abfallaufbereitung + rotte + biologischer abbau + recycling + (giessener modell)
MC -030 deponie + sickerwasser + biologischer abbau
MC -032 deponie + sickerwasser + anorganische stoffe + biologischer abbau
MC -034 deponie + gewaesserbelastung + sickerwasser + biologischer abbau
ME -006 recycling + abfallbehandlung + buntmetalle + biologischer abbau
OC -014 insektizide + biologischer abbau + (synthese) + MITTELMEERLAENDER + SUBTROPEN + TROPEN
OD -007 silikone + biologischer abbau
OD -048 umweltchemikalien + halogenkohlenwasserstoffe + biologischer abbau
OD -049 schadstoffabbau + halogenkohlenwasserstoffe + biologischer abbau
OD -059 umweltchemikalien + pcb + metabolismus + biologischer abbau + abiotischer abbau
OD -061 papierindustrie + herstellungsverfahren + schadstoffemission + biologischer abbau

biologischer bewuchs

KE -023 belebtschlamm + tropfkoerper + biologischer bewuchs + (leistungsfaehigkeit)

biologischer pflanzenschutz

RH -017 schaedlingsbekaempfung + biologischer pflanzenschutz
RH -025 biologischer pflanzenschutz + schaedlingsbekaempfung + insekten + methodenentwicklung + (raps)
RH -030 obst + biologischer pflanzenschutz + schaedlingsbekaempfung + insekten + (pheromone)
RH -061 biologischer pflanzenschutz + schaedlingsbekaempfung + insekten + hormone
RH -062 biologischer pflanzenschutz + schaedlingsbekaempfung + insekten + hormone + (chemosterilantien)
RH -063 biologischer pflanzenschutz + schaedlingsbekaempfung + insekten + hormone
RH -064 biologischer pflanzenschutz + schaedlingsbekaempfung + insekten + (grasschaumzikaden)
RH -065 biologischer pflanzenschutz + schaedlingsbekaempfung + insekten + (chemosterilantien)
RH -066 biologischer pflanzenschutz + schaedlingsbekaempfung + insekten + (chemosterilantien)
RH -067 biologischer pflanzenschutz + schaedlingsbekaempfung + insekten + pathogene keime
RH -075 biologischer pflanzenschutz
RH -077 forstwirtschaft + schaedlingsbekaempfung + biologischer pflanzenschutz + LINGEN + EMS
UM -075 pflanzenschutz + unkrautflora + biologischer pflanzenschutz + (solidago) + OBERRHEINEBENE + NECKARTAL + SCHWEIZ + UNGARN + OESTERREICH

biologischer sauerstoffbedarf

IF -036 oberflaechengewaesser + eutrophierung + phosphate + biologischer sauerstoffbedarf + messverfahren
KE -063 klaeranlage + biologischer sauerstoffbedarf

biomasse

HC -029 marine nahrungskette + biomasse + benthos + wasserverunreinigung + NORDSEE + OSTSEE
IF -015 eutrophierung + oberflaechengewaesser + biomasse + trinkwasserversorgung
KE -037 biologische klaeranlage + belebtschlamm + biomasse + (eiweissgehalt)
MF -010 landwirtschaftliche abfaelle + biomasse
MF -017 holzindustrie + baum + biomasse + abfallbeseitigung
RG -023 forstwirtschaft + wald + pflanzen + biomasse + SOLLING

biomedizin

PE -010 biomedizin + aerosolmesstechnik + atemtrakt
PE -011 biomedizin + aerosolmesstechnik + atemtrakt

biooekologie

OD -075 biooekologie + insektizide + suesswasser + oekosystem
PC -046 biooekologie + chlorkohlenwasserstoffe + versuchstiere + metabolismus
PF -050 biooekologie + pflanzen + schwermetallkontamination
PI -019 biooekologie + waldoekosystem + (bioelementkreislauf) + SCHWARZWALD
PI -025 biooekologie + wald + gruenland
UL -055 landschaftsplanung + biooekologie + methodenentwicklung
VA -010 biooekologie + mathematische modelle + SOLLING

bioreaktor

KB -021 abwasserreinigung + algen + bioreaktor

KB -032 abwasserreinigung + bioreaktor + verfahrenstechnik

biosphaere

AA -092 biosphaere + flugzeug + ueberwachung
OD -002 biosphaere + boden + pcb + mikrobieller abbau + metabolismus

biotechnologie

siehe auch schaedlingsbekaempfung
KB -033 abwasserreinigung + mikroorganismen + biotechnologie + (feststoff-fixierung)
LA -006 brauereiindustrie + abwasserbehandlung + biotechnologie
MB-046 abfall + schlaemme + biotechnologie
ME -030 abfallbehandlung + cellulose + fermentation + biotechnologie + recycling
RH -002 biotechnologie + schaedlingsbekaempfung + viren
RH -009 forstwirtschaft + schaedlingsbekaempfung + biotechnologie
RH -011 schaedlingsbekaempfung + biotechnologie + viren
RH -038 insektizide + substitution + biotechnologie
RH -046 schaedlingsbekaempfung + genetik + biotechnologie
RH -069 pflanzenschutz + schaedlingsbekaempfung + biotechnologie
RH -070 pflanzenschutz + schaedlingsbekaempfung + biotechnologie + (apfelwickler)
RH -071 pflanzenschutz + schaedlingsbekaempfung + biotechnologie + (im apfelanbau)
RH -072 pflanzenschutz + schaedlingsbekaempfung + biotechnologie + (im feldgemueseanbau)
RH -074 pflanzenschutz + schaedlingsbekaempfung + biotechnologie + (im beerenobstanbau)

biotop

HA-101 oberflaechengewaesser + pflanzensoziologie + biotop + biozoenose + naturschutz + NIEDERSACHSEN
HC -046 kuestengewaesser + litoral + benthos + biotop + SCHLESWIG-HOLSTEIN
RH -080 biologie + biotop + (raupenfliegen) + EUROPA (MITTELEUROPA)
UL -052 landschaftsplanung + naturschutzgebiet + biotop + kataster + NORDRHEIN-WESTFALEN
UL -053 landschaftsplanung + biotop + schutzgebiet + oekologische faktoren + NORDRHEIN-WESTFALEN
UL -054 naturschutz + biotop + schutzgebiet + (rote liste) + NORDRHEIN-WESTFALEN
UL -058 vegetation + biotop + SCHWARZACHAUE (OBERPFAELZER WALD)
UL -069 landschaft + kartierung + biotop + naturschutz + NIEDERSACHSEN
UM-026 flughafen + biotop + voegel + sicherheitsmassnahmen + pflanzensoziologie + HAMBURG
UM-054 biozoenose + vegetationskunde + biotop
UN-022 biozoenose + fauna + biotop
UN-025 voegel + populationsdynamik + biotop + naturschutz + BAYERN
UN-029 tierschutz + naturschutzgebiet + biotop + (feuchtgebiet) + NORDRHEIN-WESTFALEN
UN-031 landesplanung + biotop + kartierung + BADEN-WUERTTEMBERG
UN-032 biotop + kartierung + landschaftsoekologie + naturschutz + ALPEN
UN-033 biotop + kartierung + datensammlung + landschaftspflege + planungshilfen + BAYERN
UN-034 biotop + kartierung + naturschutz + BAYERN
UN-035 biotop + kartierung + naturschutz + BAYERN
UN-042 naturschutz + biotop + (wildkatze) + JAPAN/IRIOMOTE (INSEL)
UN-046 tierschutz + voegel + biotop + schutzmassnahmen + NIEDERSACHSEN
UN-047 fauna + biotop + schutzmassnahmen + (amphibien + reptilien) + NIEDERSACHSEN
UN-048 saeugetiere + biotop + schutzmassnahmen + NIEDERSACHSEN

biozide

siehe auch fungizide
siehe auch herbizide
siehe auch insektizide
siehe auch nematizide
siehe auch parasitizide
siehe auch pestizide
siehe auch pflanzenschutzmittel
siehe auch rodentizide
siehe auch schaedlingsbekaempfungsmittel
IC -118 gewaesser + talsperre + biozide + trinkwasserversorgung
IE -039 meeresverunreinigung + biozide + schwermetalle + NORDSEE + DEUTSCHE BUCHT
OA-005 umweltchemikalien + biozide + messtechnik
OA-017 umweltchemikalien + biozide + spurenanalytik
OA-032 umweltchemikalien + biozide + nachweisverfahren
OA-033 biozide + umweltchemikalien + nachweisverfahren + automatisierung
OD-001 umweltchemikalien + aromaten + chlorkohlenwasserstoffe + biozide + nachweisverfahren
OD-009 pflanzenschutzmittel + biozide + mikrobieller abbau
OD-014 umweltchemikalien + biozide + messtechnik
OD-044 umweltchemikalien + biozide + messtechnik
OD-073 biozide + boden + wasser + persistenz
OD-079 umweltchemikalien + biozide + nachweisverfahren + wirkungen
PB -020 biozide + biologische wirkungen + (tierexperiment)
PB -042 umweltchemikalien + toxizitaet + biozide
PC -054 toxizitaet + biozide + messmethode + bewertungskriterien
PC -064 umweltchemikalien + biozide + nahrungsmittel + datenerfassung
PG-005 biozide + duengung + pflanzen + metabolismus
PH -035 abwasser + schwermetallkontamination + biozide + algen
PI -043 biozide + voegel + bioindikator
QA-006 lebensmittel + biozide + nachweisverfahren
QA-041 lebensmittelhygiene + rueckstandsanalytik + biozide + (reinigungsverfahren)
QA-055 lebensmittel + wasser + schwermetalle + biozide
QA-065 lebensmittel + umweltchemikalien + biozide + rueckstandsanalytik
QA-067 umweltchemikalien + biozide + chlor + simultananalyse
QA-070 lebensmittel + biozide + nachweisverfahren
QB-029 biozide + lebensmittelkontamination + milch
QD-011 nahrungskette + biozide
RH -040 nutzpflanzen + bodenbearbeitung + duengung + biozide
RH -041 nutzpflanzen + unkrautflora + biozide

biozoenose

GB -040 fliessgewaesser + abwaerme + sauerstoffhaushalt + biozoenose
GB -045 fliessgewaesser + biozoenose
HA -028 oekologie + biozoenose + oberflaechengewaesser + NIEDERSACHSEN (SUED)
HA -092 fliessgewaesser + biozoenose + oekologie + MUENCHENER EBENE
HA -099 fliessgewaesser + uferschutz + biozoenose + pflanzenoekologie + ALLER (OBERALLER)
HA -101 oberflaechengewaesser + pflanzensoziologie + biotop + biozoenose + naturschutz + NIEDERSACHSEN
HC -031 benthos + litoral + biozoenose + messtellennetz + DEUTSCHE BUCHT
HC -050 meeresorganismen + biozoenose + marine nahrungskette + NORDSEE
IC -053 fliessgewaesser + schwermetallkontamination + metallsalze + biozoenose
IE -026 kuestengewaesser + toxische abwaesser + biozoenose + aestuar
MB-039 kompostierung + biozoenose
PI -044 fliessgewaesser + abwasser + biozoenose + MAIN + RHEIN-MAIN-GEBIET
PI -046 schaedlingsbekaempfung + waldoekosystem + biozoenose + FRANKEN (UNTERFRANKEN)
RD -056 ackerboden + bodentiere + biozoenose + BRAUNSCHWEIG (RAUM) + HARZVORLAND

RH -078 schaedlingsbekaempfung + gruenland + biozoenose
UM-054 biozoenose + vegetationskunde + biotop
UN-022 biozoenose + fauna + biotop
UN-051 voegel + kulturlandschaft + biozoenose + BAYERN

blaubeurener beatmungsverfahren
MB-030 abfallbeseitigung + mikrobiologie + blaubeurener beatmungsverfahren
MB-032 blaubeurener beatmungsverfahren + hygiene + (bewertung)
MB-048 abfallbeseitigung + blaubeurener beatmungsverfahren + (hygienische leistungsfaehigkeit)

blei
siehe auch schwermetalle
AA-045 immissionsmessung + staub + blei + verdichtungsraum + freiraumplanung + AALEN-WASSERALFINGEN
BA-007 verbrennungsmotor + treibstoffe + blei + abgasminderung
BA-045 blei + luftverunreinigung
CB-088 luftverunreinigende stoffe + stadtverkehr + blei + luftbewegung + (vertikalprofil)
NB-037 radionuklide + spurenelemente + blei + cadmium + ueberwachung
OB-006 schadstoffnachweis + blei + arsen + gaschromatographie
OD-037 blei + boden
PA-003 toxizitaet + blei + verhaltensphysiologie + embryopathie + tierexperiment + (ratten)
PA-009 schadstoffbelastung + blei + organismus + (placenta)
PA-014 blei + toxizitaet + biologische wirkungen + tierexperiment + (ratten)
PA-022 blei + toxizitaet + marine nahrungskette + muscheln
PA-028 schadstoffbelastung + synergismus + blei + zink + tierorganismus
PA-030 tierorganismus + schwermetallkontamination + blei + cadmium + (seehund)
PA-032 kfz-abgase + kohlenmonoxid + blei
PA-041 toxizitaet + blei + verhaltensphysiologie
PC-002 immissionsbelastung + blei + synergismus + infektionskrankheiten + (influenza-viren)
PE-002 epidemiologie + schwermetalle + blei + cadmium + zink
PE-024 schwermetallkontamination + blei + cadmium + mensch + NIEDERSACHSEN
PE-031 luftverunreinigende stoffe + blei + bevoelkerung + physiologische wirkungen
PE-035 schadstoffimmission + blei + zinkhuette + NORDENHAM + WESER-AESTUAR
PE-055 immissionsbelastung + blei + bevoelkerung + grosstadt + FRANKFURT + RHEIN-MAIN-GEBIET
PE-056 immissionsbelastung + blei + organismus + berechnungsmodell
PF-035 bodenkontamination + blei + mikroorganismen + oekotoxizitaet
PF-042 bodenkontamination + cadmium + blei + anthropogener einfluss + BERLIN
PF-043 bodenbelastung + schwermetallkontamination + blei + cadmium
PF-062 blei + pflanzen + physiologie + enzyme
PF-067 pflanzenphysiologie + blei + oekotoxizitaet + algen
PF-070 bodenkontamination + blei + zink + agrarproduktion + NIEDERSACHSEN + HARZVORLAND
QA-044 glas + blei + saeuren
QA-057 blei + lebensmittelueberwachung
QA-059 lebensmittelanalytik + blei + cadmium
QA-064 lebensmittelkontamination + cadmium + blei + zinn
QB-014 lebensmittelkontamination + fleisch + schlachttiere + blei
QB-049 fleischprodukte + blei + rueckstandsanalytik + hoechstmengenverordnung
QB-052 lebensmittelkontamination + schlachttiere + wild + blei + cadmium
QD-014 futtermittel + gefluegel + lebensmittelkontamination + blei + cadmium + (ermittlung von grenzwerten)
TA-034 arbeitsschutz + blei + grenzwerte

bleicherde
ME-090 recycling + bleicherde + altoel

bleigehalt
DA-042 abgasreaktor + brennstoffe + bleigehalt
DA-063 verbrennungsmotor + treibstoffe + bleigehalt + oktanzahl
PF-052 pflanzen + bleigehalt + autobahn + BONN (RAUM) + RHEIN-RUHR-RAUM
QD-022 tierhaltung + bleigehalt + lebensmittel + normen

bleikontamination
BA-025 kfz-abgase + bleikontamination
BC-038 industrieabgase + bleikontamination + messmethode + RHEINLAND-PFALZ
OB-019 mensch + bleikontamination + analyseverfahren + standardisierung
OD-062 kfz-abgase + bleikontamination + analytik
PA-010 schadstoffbelastung + bleikontamination + metabolismus
PA-025 bleikontamination + meeresorganismen + nachweisverfahren
PA-035 kfz-abgase + bleikontamination + toxikologie + metabolismus
PA-036 mensch + bleikontamination + schwermetallbelastung + physiologische wirkungen + NORDENHAM + WESER-AESTUAR
PE-026 bleikontamination + mensch + wohngebiet + (krankheitssymptome)
PF-004 kfz-abgase + bleikontamination
PF-020 kfz-abgase + nutzpflanzen + bleikontamination
PF-045 abgas + bleikontamination + nutzpflanzen
PH-034 bleikontamination + bakterienflora + meeressediment
QA-010 bleikontamination + lebensmitteltechnik + (dosen)
QA-025 lebensmittel + bleikontamination + NORDENHAM + WESER-AESTUAR
QC-012 bleikontamination + lebensmittel + (obst)
QC-013 bleikontamination + getraenke + (fruchtsaefte)
TA-070 bleikontamination + mensch + messung + arbeitsschutz

bleiverbindungen
PA-043 bleiverbindungen + metabolismus + toxikologie + tierexperiment
PE-037 luftverunreinigung + bleiverbindungen + atemtrakt
PF-007 schadstoffimmission + bleiverbindungen + metabolismus + halogene + pflanzen

bleivergiftungen
PA-015 bleivergiftungen + biologische wirkungen + neurotoxizitaet

boden
siehe auch ackerboden
HB-031 grundwasserabsenkung + boden + pflanzen + auswirkungen
HB-038 wasserhaushalt + boden + grundwasserbildung
HG-029 boden + wasserbewegung + tracer
HG-042 wasserbewegung + boden
IC-073 oberflaechenwasser + schadstoffabbau + herbizide + boden
KC-024 abwasserreinigung + zuckerindustrie + boden + filtration + grundwasserbelastung
KD-004 massentierhaltung + guelle + schadstoffwirkung + boden + pflanzen
NB-052 kernkraftwerk + radioaktivitaet + strahlenbelastung + boden + KAHL + GUNDREMMINGEN + NIEDERAICHBACH
OD-002 biosphaere + boden + pcb + mikrobieller abbau + metabolismus
OD-006 boden + schwermetalle + muellkompost + klaerschlamm
OD-016 schadstoffabbau + polyzyklische aromaten + persistenz + boden + kompost
OD-023 schadstoffabbau + chlorkohlenwasserstoffe + boden + mikroorganismen
OD-024 schadstoffabbau + mikrobieller abbau + boden
OD-035 boden + uran + analyse
OD-037 blei + boden
OD-038 boden + spurenelemente + schwermetalle + wasserhaushalt + stoffhaushalt + SCHWARZWALD (SUED)

OD-045 mikrobieller abbau + boden + (keratin)
OD-053 schadstoffabbau + herbizide + mikroorganismen + boden
OD-073 biozide + boden + wasser + persistenz
OD-076 herbizide + schadstoffabbau + enzyme + boden
PF -001 boden + schwermetalle + pflanzen
PF -006 boden + landwirtschaftliche produkte + spurenanalytik
PF -009 schwermetalle + boden
PF -031 immissionsmessung + schwermetallkontamination + huettenindustrie + boden + pflanzenkontamination + GOSLAR-BAD HARZBURG (RAUM) + HARZ (NORD)
PF -032 schwermetalle + futtermittel + boden + organismus
PF -046 boden + klaerschlamm + schwermetalle + (mobilisierungsbedingungen)
PF -047 boden + sediment + schwermetallkontamination
PF -064 pflanzen + schwermetalle + boden
PG -002 pflanzenschutzmittel + stickstoff + boden + pflanzen
PG -010 oelunfall + boden + wasser
PG -041 herbizide + boden + pflanzen
PG -046 herbizide + phytopathologie + boden
PG -058 pflanzenschutzmittel + rueckstaende + boden + gemuese
PH -003 klaerschlamm + entkeimung + boden + pflanzen
PH -004 klaerschlamm + bestrahlung + boden + pflanzen
PH -019 boden + stoffhaushalt + schwermetalle
PH -022 boden + filtration + schadstoffe
PI -029 umweltchemikalien + boden + pflanzen + schadstoffbilanz
PK -023 korrosion + atmosphaere + boden
RC -019 boden + anthropogener einfluss
RC -028 abfallstoffe + boden + filtration
RC -035 hydrologie + wasserhaushalt + boden
RD -001 naehrstoffhaushalt + boden + salzgehalt + bewaesserung
RD -008 weinbau + boden + wasserhaushalt + duengung
RD -015 landwirtschaft + boden + stickstoff + stoffhaushalt
RD -017 boden + wasser + mineralstoffe
RD -022 boden + bewaesserung + salzgehalt
RD -057 naehrstoffgehalt + grundwasser + oberflaechenwasser + boden + duengung
RE -035 herbizide + boden + pflanzen
RE -039 boden + naehrstoffgehalt + landwirtschaft + pflanzenertrag
SA -036 boden + waermehaushalt + wasserhaushalt + mikroklimatologie

bodenbearbeitung

siehe auch ackerbau
RC -034 bodenbearbeitung + weinberg + niederschlagsabfluss + wasserhaushalt + KAISERSTUHL + OBERRHEIN
RD -036 bodenbearbeitung + duengung + muellkompost + ackerbau
RD -041 bodenbearbeitung + pflanzenertrag + bodenerhaltung
RG -025 wald + oekosystem + bodenbearbeitung + OBERPFALZ
RH -040 nutzpflanzen + bodenbearbeitung + duengung + biozide

bodenbeeinflussung

OD-026 bodenbeeinflussung + pestizide + stickstoff
PF -054 luftverunreinigende stoffe + niederschlag + bodenbeeinflussung
PH -047 bodenbeeinflussung + anthropogener einfluss + NORDWESTDEUTSCHLAND
RC -024 bodenbeeinflussung + erosion + wueste + SAHELZONE (AFRIKA)
RC -030 bodenbeeinflussung + wald + anthropogener einfluss + MEXICO (PUEBLA-TLAXCALA)
UN-012 deponie + rekultivierung + begruenung + bodenbeeinflussung

bodenbelastung

ID -023 abwasserverrieselung + waldoekosystem + bodenbelastung + geochemie
MD-022 abwasserschlamm + flaechenkompostierung + bodenbelastung
MD-031 muellkompost + recycling + duengung + bodenbelastung + schwermetalle
OD-063 schwermetalle + bodenbelastung + pflanzenkontamination
PF -028 bodenbelastung + schwermetalle + wasser + SOLLING
PF -030 anthropogener einfluss + bodenbelastung + salze + IRAK
PF -034 abfallstoffe + bodenbelastung + schadstoffabbau
PF -036 bodenbelastung + spurenanalytik + EIFEL + LAACHER SEE
PF -038 schwermetallkontamination + bodenbelastung + pflanzenkontamination
PF -043 bodenbelastung + schwermetallkontamination + blei + cadmium
PF -044 duengung + muellkompost + schwermetalle + bodenbelastung + tracer
PF -058 bodenbelastung + pflanzenkontamination + schwermetalle + ballungsgebiet + DORTMUND + RHEIN-RUHR-RAUM
PF -059 staubniederschlag + schwermetalle + bodenbelastung + pflanzen + ballungsgebiet
PF -060 fliessgewaesser + untergrund + phosphate + bodenbelastung + SCHWARZACH (OBERPFALZ)
PG -012 schadstoffnachweis + polyzyklische kohlenwasserstoffe + muellkompost + pflanzenkontamination + bodenbelastung
PG -018 bodenbelastung + guelle + bioindikator
PG -021 bodenbelastung + herbizide
PG -026 holzschutzmittel + auswaschung + bodenbelastung
PG -028 duengemittel + herbizide + bodenbelastung + pflanzenernaehrung
PG -030 bodenbelastung + organische stoffe + duengemittel
PG -055 pestizide + bodenbelastung + bioindikator
PG -057 pcb + bodenbelastung
PH -018 bodenbelastung + stickstoff
PH -021 abwasserverrieselung + waldoekosystem + bodenbelastung + GIFHORN + HAMBURG
PH -024 bodenbelastung + stickstoffverbindungen + abbau
PH -036 bodenbelastung + pflanzen + naehrstoffe
PH -037 bodenbelastung + schadstoffwirkung + pflanzenertrag
PH -056 siedlungsabfaelle + klaerschlamm + bodenbelastung + biologische wirkungen + (niederungsboeden)
PH -062 nutzpflanzen + schwermetallkontamination + bodenbelastung + siedlungsabfaelle
PI -028 waldoekosystem + bodenbelastung + streusalz + strassenrand + BERLIN
RF -012 massentierhaltung + tierische faekalien + bodenbelastung + (bestimmung von hoechstschwellen) + EG-LAENDER

bodenbeschaffenheit

FA -085 bodenbeschaffenheit + erschuetterungen + schallausbreitung + (grosschrottscheren)
HB -022 bodenbeschaffenheit + anthropogener einfluss + grundwasserbildung + MAINTAL
HG -018 staudamm + bodenbeschaffenheit + (abdichtungswirkung)
ID -057 grundwasserschutz + bodenbeschaffenheit + (erdbestattung)
MC-024 deponie + sickerwasser + grundwasserbelastung + bodenbeschaffenheit + kiesfilter
OD-029 bodenbeschaffenheit + pestizide + mikrobieller abbau
OD-030 bodenbeschaffenheit + pestizide + mikrobieller abbau
OD-054 bodenbeschaffenheit + beryllium + spurenstoffe + (geochemische untersuchung) + HOHE TAUERN + ALPEN
OD-082 grundwasserbelastung + bodenbeschaffenheit + schadstoffe + gemuesebau + OBERRHEINEBENE + PFALZ
PF -026 schwermetalle + adsorption + bodenbeschaffenheit + (tonminerale)
PF -071 filtration + bodenbeschaffenheit + schwermetalle + arsen
PF -072 bodenbeschaffenheit + schwermetallbelastung + NAHESENKE + HUNSRUECK + EIFEL (SUED)
PG -034 bodenbeschaffenheit + herbizide
PH -048 bodenbeschaffenheit + mineralstoffe + organische stoffe + (huminstoffe)
PI -024 pilze + taxonomie + bodenbeschaffenheit + (nachweisverfahren)
RC -021 bodennutzung + bodenbeschaffenheit + kartierung + (erodierte loessboeden)
RC -031 bodenbeschaffenheit + rekultivierung + bewertungskriterien
RC -032 bodenbeschaffenheit + erosion + HALLERTAU + BAYERN
RC -036 bodenbeschaffenheit + abfallstoffe + filtration + kartierung + NIEDERSACHSEN

RD -006 bodenbeschaffenheit + bewaesserung + (entsalzung)
RD -011 bodenbeschaffenheit + duengemittel + nitrate + NIEDERSACHSEN (SUED)
RD -014 bodenbeschaffenheit + stickstoff
RD -021 bodenbeschaffenheit + wasserhaushalt + entwaesserung
RD -025 bodenbeschaffenheit + standortfaktoren
RD -026 bodenbeschaffenheit + pflanzenphysiologie + oekologische faktoren
RD -037 bodenbeschaffenheit + duengung + muellkompost
RD -049 wald + bodenbeschaffenheit + niederschlag + naehrstoffhaushalt + wasserbilanz + DEUTSCHLAND (NORD-WEST)
RD -050 muellkompost + duengung + bodenbeschaffenheit + naehrstoffgehalt + pflanzenphysiologie
RD -053 bodenbeschaffenheit + moor + gewaesserbelastung + (landwirtschaftliche nutzung) + DEUTSCHLAND (NORD-WEST)
RE -041 grundwasser + bodenbeschaffenheit + pflanzen
RE -043 pflanzenphysiologie + adaptation + bodenbeschaffenheit + salzgehalt + FRANKEN (OBERFRANKEN)
RG -037 waldoekosystem + bodenbeschaffenheit + pflanzenernaehrung + (stickstoffversorgung) + HESSEN (NORD)
UM-009 bodenbeschaffenheit + rekultivierung + kohle + (halden) + HESSEN (NORD)

bodenerhaltung

RC -010 bodenerhaltung + erosionsschutz + ALPEN
RC -011 bodenerhaltung + erosionsschutz + KAISERSTUHL + OBERRHEIN
RC -020 bodenerosion + bodenerhaltung + erosionsschutz
RD -041 bodenbearbeitung + pflanzenertrag + bodenerhaltung

bodenerosion

IF -014 gewaesser + eutrophierung + bodenerosion + niederschlag
RC -001 bodenerosion + ackerboden + HESSEN
RC -002 bodenerosion + niederschlagsabfluss + (schutzmassnahmen)
RC -003 bodenerosion + wasserhaushalt + bodenertrag
RC -008 landschaftsoekologie + weinberg + bodenerosion + MOSEL (RAUM)
RC -009 bodenerosion + kartierung + RHEIN-HOCHRHEIN
RC -020 bodenerosion + bodenerhaltung + erosionsschutz
RC -022 bodenerosion + verwitterung
RD -018 entwicklungslaender + entwaesserung + bodenerosion + PUSAN (KOREA)

bodenertrag

RC -003 bodenerosion + wasserhaushalt + bodenertrag

bodenkarte

siehe auch kartierung
RC -037 bodenkarte + oekologische faktoren + nutzungsplanung + NIEDERSACHSEN + BREMEN
RC -038 bodenkarte + grundwasserabsenkung + landwirtschaft + NIEDERSACHSEN
RC -040 bodenkarte + oekologie + fliegende messtation + luftbild + STARNBERGER SEE + KOCHELMOOS + ALPENVORLAND
UC -054 bodenkarte + braunkohle + luftbild + (fernerkundung)
UF -026 bodenkarte + umweltfaktoren + BREMEN (STADT)

bodenkontamination

ID -059 abwasserverrieselung + klaerschlamm + grundwasserbelastung + bodenkontamination
KB -082 klaerschlamm + abwasserverrieselung + grundwasserbelastung + bodenkontamination + NIEDERSACHSEN
MD-030 siedlungsabfaelle + muellkompost + klaerschlammbeseitigung + bodenkontamination + pflanzenertrag + HANNOVER (RAUM)
ND-001 radioaktive spaltprodukte + transurane + bodenkontamination + abfalltransport
OD-003 bodenkontamination + pflanzenkontamination + luftverunreinigung + spurenelemente + AACHEN-STOLBERG
OD-008 bodenkontamination + pcb + klaerschlamm + muellkompost
OD-020 bodenkontamination + aromaten + chlorkohlenwasserstoffe + mikrobieller abbau
OD-055 bodenkontamination + schwermetalle + SCHWEDEN + LAPPLAND (ULTEVIS)
OD-057 bodenkontamination + trinkwasser + schadstoffabbau + pestizide + stickstoff
OD-065 herbizide + bodenkontamination + kulturpflanzen + metabolismus
OD-083 bodenkontamination + schwermetalle + siedlungsabfaelle + duengemittel
OD-086 bodenkontamination + stofftransport + mineralstoffe + duengung
PB -024 bodenkontamination + pflanzenschutzmittel + nutzarthropoden
PF -002 bodenkontamination + schwermetalle + NORDRHEIN-WESTFALEN
PF -003 bodenkontamination + schwermetalle + klaerschlamm + muellkompost
PF -012 wasserverunreinigung + bodenkontamination + schwermetalle + schadstoffwirkung
PF -025 bodenkontamination + schwermetalle
PF -027 streusalz + bodenkontamination + wasserverunreinigung + pflanzenkontamination
PF -029 bodenkontamination + sickerwasser + spurenstoffe + geochemie + (adsorptionsversuche)
PF -035 bodenkontamination + blei + mikroorganismen + oekotoxizitaet
PF -040 bodenkontamination + schwermetalle + schadstoffminderung + kalk
PF -042 bodenkontamination + cadmium + blei + anthropogener einfluss + BERLIN
PF -055 bodenkontamination + schwermetalle + zinkhuette + BAD HARZBURG-HARLINGERODE + HARZ
PF -056 bodenkontamination + schwermetalle + HARZ + OKER + INNERSTE
PF -070 bodenkontamination + blei + zink + agrarproduktion + NIEDERSACHSEN + HARZVORLAND
PG -020 bodenkontamination + pflanzenschutz + pcb
PG -025 bodenkontamination + fauna + nematizide + (hafermonokultur) + MUENSTERLAND + KOELNER BUCHT + RHEIN-RUHR-RAUM
PG -027 bodenkontamination + siedlungsabfaelle + organische schadstoffe + mikrobieller abbau
PG -043 bodenkontamination + herbizide + rueckstandsanalytik
PG -044 bodenkontamination + herbizide + nebenwirkungen + mikroorganismen + BRAUNSCHWEIG (REGION) + HARZVORLAND
PG -045 schadstoffausbreitung + spurenelemente + bodenkontamination + anthropogener einfluss + TIROLER ACHEN
PG -048 pflanzenschutzmittel + bodenkontamination + gemuesebau + rueckstandsanalytik + (quintozen)
PG -054 bodenkontamination + herbizide + kulturpflanzen + phytopathologie
PH -006 klaerschlamm + bodenkontamination + insekten + rasen
PH -008 bodenkontamination + probenahme + richtlinien
PH -044 bodenkontamination + radionuklide + spurenelemente + schadstoffausbreitung
PH -050 pflanzenschutzmittel + bodenkontamination + messmethode
QD-004 siedlungsabfaelle + klaerschlamm + bodenkontamination + nahrungskette

bodenkunde

PH -023 geochemie + spurenstoffe + bodenkunde
RC -014 bodenkunde + spurenstoffe + geochemie
RC -026 naturschutz + vegetationskunde + bodenkunde + erosion + BERLIN-GRUNEWALD
UK -016 landschaftsplanung + bodenkunde + bodennutzung + standortfaktoren
UK -070 naturraum + bodenkunde + kartierung + ressourcenplanung + NIEDERSACHSEN + BREMEN

bodenmechanik
siehe auch felsmechanik
HB -045 bodenmechanik + tiefbau + grundwasserbelastung + (haertungsmittel) + MUENCHEN (STADTGEBIET)
HB -048 bodenmechanik + tiefbau + untergrundbahn + grundwasserbelastung + (haertungsmittel) + MUENCHEN (STADTGEBIET)
HG -010 hydrogeologie + bodenmechanik + ODENWALD
MC-052 deponie + bodenmechanik
RC -015 bodenmechanik + erschuetterungen + ueberwachungssystem + OBERRHEINEBENE
RC -016 bodenmechanik + erschuetterungen + talsperre + ALPENRAUM
RC -025 bergbau + bodenmechanik + (folgeschaeden) + RHEIN-RUHR-RAUM

bodennutzung
HB -034 trinkwassergewinnung + bodennutzung + verkehrsplanung + (bundesbahn-neubaubahnstrecke) + UNTERFRANKEN
HG -007 wasserbilanz + grundwasserbildung + bodennutzung
HG -024 wasserschutzgebiet + bodennutzung + (empfehlungen und auflagen)
OD-078 bodennutzung + enzyme + biologische wirkungen + nutzpflanzen + NIEDERSACHSEN
RA -005 agraroekonomie + bodennutzung + bevoelkerungsentwicklung + HESSEN
RA -023 bodennutzung + landwirtschaft + forstwirtschaft + vegetationskunde + fernerkundung + FRANKFURT
RA -024 agrarplanung + bodennutzung + gruenlandwirtschaft + alm + (nutzungsmodell) + ALPEN + KARWENDEL-GEBIRGE
RC -021 bodennutzung + bodenbeschaffenheit + kartierung + (erodierte loessboeden)
RC -039 moor + bodennutzung + torf + naturschutz + NIEDERSACHSEN
RD -054 moor + bodennutzung + brachflaechen + wasserhaushalt + NIEDERSACHSEN (NORD)
UK -016 landschaftsplanung + bodenkunde + bodennutzung + standortfaktoren
UK -017 bodennutzung + rekultivierung + naherholung + GIESSEN
UL -025 landschaftsbelastung + bodennutzung + stoffhaushalt + grenzwerte
UL -065 naturschutzgebiet + bodennutzung + tierschutz + pflanzenschutz

bodennutzungsschutz
RE -014 bodennutzungsschutz + erosion + pflanzenzucht + (perennierender roggen)

bodenpilze
RE -021 resistenzzuechtung + gemuese + bodenpilze
RH -035 obst + schaedlingsbekaempfung + resistenzzuechtung + bodenpilze

bodenpolitik
UF -016 sanierungsplanung + bodenpolitik

bodenschutz
IC -001 bodenschutz + wasserschutz + mineraloel
PG -004 bodenschutz + umweltchemikalien
RC -023 bodenschutz + MITTELMEERRAUM
UL -015 wasserueberwachung + bodenschutz + abfallbeseitigung + SAARLAND
UL -077 landschaftsschutz + bodenschutz + EUROPA (OSTEUROPA)

bodenstruktur
HA -042 hydrologie + bodenstruktur + modell + ALPENVORLAND
HB -035 trinkwasserversorgung + hydrogeologie + bodenstruktur + verkehrsplanung + (bundesbahn-neubaubahnstrecke) + FRANKEN (UNTERFRANKEN)
ID -056 grundwasserverunreinigung + bodenstruktur
MC-004 abfallbeseitigung + tiefversenkung + bodenstruktur
NB -029 bodenstruktur + feststofftransport + schwermetalle + transurane
NC -014 kernkraftwerk + katastrophenschutz + bodenstruktur + (gutachten) + OBERRHEINEBENE + PHILIPPSBURG
NC -015 kernkraftwerk + katastrophenschutz + bodenstruktur + (gutachten) + OBERRHEINEBENE
PF -073 bodenstruktur + schwermetallbelastung + standortfaktoren
RC -017 grundwasserbewegung + bodenstruktur + geophysik + ISAR
RC -027 ackerbau + bodenstruktur + sickerwasser
RC -041 bodenstruktur + hydrometeorologie + luftbild + ALPENVORLAND + SCHLESWIG-HOLSTEIN
RD -012 bodenverbesserung + duengung + bodenstruktur
RD -016 bodenstruktur + lufthaushalt
RD -027 agrarplanung + ackerbau + wasserhaushalt + naehrstoffhaushalt + bodenstruktur
RD -042 abfallstoffe + bodenstruktur + datensammlung
RD -043 landwirtschaft + bodenstruktur + pflanzen
UL -038 naturschutzgebiet + bodenstruktur + moor + oekologie + (duene-moor-biotop) + BERLIN + NORDDEUTSCHE TIEFEBENE

bodentiere
siehe auch arthropoden
HC -033 meeresbiologie + meerestiere + bodentiere
RD -056 ackerboden + bodentiere + biozoenose + BRAUNSCHWEIG (RAUM) + HARZVORLAND
RF -021 oekosystem + wald + bodentiere
RG -031 waldoekosystem + bodentiere + mikroorganismen + (laubwald) + SCHWARZWALD + RUHRTAL + AMAZONAS
RH -004 schaedlingsbekaempfung + pilze + bodentiere
UN -055 bodentiere + pflanzenoekologie + rekultivierung + (schutthalde) + SAARLAND

bodenverbesserung
HE -009 trinkwasseraufbereitung + kalk + wiederverwendung + bodenverbesserung
MD-004 siedlungsabfaelle + recycling + bodenverbesserung
MD-005 klaerschlamm + bodenverbesserung
MD-008 klaerschlamm + wiederverwendung + bodenverbesserung
MD-032 torf + klaerschlamm + muellkompost + recycling + bodenverbesserung
ME-056 zuckerindustrie + abfallstoffe + recycling + bodenverbesserung
MF-003 holzabfaelle + recycling + bodenverbesserung
PF -011 gemuesebau + schwermetallkontamination + muellkompost + bodenverbesserung
RD -012 bodenverbesserung + duengung + bodenstruktur
RD -019 bodenverbesserung + wald + duengung + muellkompost + OBERRHEINEBENE
RD -020 bodenverbesserung
RD -035 duengung + bodenverbesserung + ackerbau + getreide
RD -039 landwirtschaft + bodenverbesserung + muellkompost
RD -052 moor + vegetationskunde + bodenverbesserung + DEUTSCHLAND (NORD-WEST) + NIEDERSACHSEN (NORD)
RH -033 obst + schaedlingsbekaempfung + bodenverbesserung + duengemittel
UL -004 landschaftspflege + bodenverbesserung + rekultivierung + (industriegeschaedigte landschaftsteile)
UM-039 pflanzenoekologie + kulturpflanzen + bodenverbesserung + EUROPA (MITTELEUROPA)

bodenvorratspolitik
UF -031 stadtplanung + grosstadt + bodenvorratspolitik + kosten-nutzen-analyse + STOCKHOLM

bodenwasser
GB -035 kuehlwasser + bodenwasser + umweltbelastung + (mathematisches modell)
HB -027 hydrogeologie + bodenwasser + spurenelemente + analytik + ALPENVORLAND
HB -028 bodenwasser + grundwasserbildung + schwermetallkontamination + MAIN (OBERMAIN) + KULMBACH
HB -039 bodenwasser + messverfahren

HB -041 grundwasser + bodenwasser + oekosystem
HG -015 landschaftsplanung + hydrogeologie + bodenwasser + wasserhaushalt + REUTLINGEN + TUEBINGEN + STUTTGART
ID -001 bodenwasser + duengung + naehrstoffgehalt
ID -022 bodenwasser + grundwasser + oberflaechenwasser + stoffhaushalt
ID -029 oxidierende substanzen + bakterien + bodenwasser
RC -033 bodenwasser + messgeraet + KAISERSTUHL + OBERRHEIN
RD -045 bodenwasser + messgeraet + geraeteentwicklung
RG -038 bodenwasser + wald + wasserhaushalt + (modellentwicklung) + HARZ

brachflaechen

IC -007 landwirtschaft + brachflaechen + wasserverunreinigende stoffe + (sozialbrache)
RA -011 landschaftsgestaltung + brachflaechen
RD -054 moor + bodennutzung + brachflaechen + wasserhaushalt + NIEDERSACHSEN (NORD)
RG -036 mikroklimatologie + brachflaechen + rekultivierung + koniferen + TAUBERTAL
UK -043 vegetation + brachflaechen + landschaftsgestaltung
UL -017 brachflaechen + landschaftspflege + vegetation
UL -022 brachflaechen + landnutzung + landschaftsordnung
UM-011 brachflaechen + begruenung
UM-016 brachflaechen + vegetation + oekologie
UM-042 brachflaechen + vegetation
UM-056 vegetation + weideland + brachflaechen + WESTERWALD
UM-057 brachflaechen + vegetation

brackwasser

HB -078 grundwasserspiegel + brackwasser + schadstoffbelastung + grundwasserbewegung + (simulationsmodell)
HF -004 trinkwassergewinnung + brackwasser + filtration

brauereiindustrie

siehe auch industrie

BC -045 staubemission + brauereiindustrie + bundesimmissionsschutzgesetz
BE -022 brauereiindustrie + geruchsbelaestigung
KC -066 brauereiindustrie + klaerschlamm + entkeimung
KC -073 brauereiindustrie + abwassertechnik
LA -006 brauereiindustrie + abwasserbehandlung + biotechnologie

braunkohle

siehe auch kohle

KB -036 abwasserreinigung + filtermaterial + braunkohle
KC -025 abwasserreinigung + adsorptionsmittel + braunkohle + (wirtschaftlichkeit)
SA -074 energietechnik + braunkohle + kohleverfluessigung + rohstoffe
UC -054 bodenkarte + braunkohle + luftbild + (fernerkundung)
UL -009 braunkohle + bergbau + rekultivierung + nutzungsplanung + landschaftsoekologie

brennelement

NC -005 kerntechnik + brennstoffe + plutonium + brennelement
NC -019 kernreaktor + brennelement + radioaktivitaet + emissionsminderung + reaktorsicherheit
NC -020 kernreaktor + brennelement + (brennelementmodelltheorie)
NC -028 reaktorsicherheit + simulationsmodell + brennelement
NC -029 reaktorsicherheit + brennelement
NC -055 kernreaktor + brennelement + plutonium + unfallverhuetung + kosten-nutzen-analyse
NC -056 kernkraftwerk + brennelement + plutonium + GUNDREMMINGEN
NC -061 reaktorsicherheit + kuehlsystem + brennelement + wasserfluss
NC -081 reaktorsicherheit + brennelement + kuehlsystem + stoerfall
NC -084 reaktorsicherheit + kuehlkreislauf + brennelement + stoerfall
ND -009 kernkraftwerk + brennelement + recycling + plutonium
ND -025 reaktortechnik + brennelement + recycling
ND -045 kernreaktor + brennelement + aufbereitung + plutonium
SA -004 kernreaktor + brennelement + plutonium + schneller brueter

brennstoffe

siehe auch gasfoermige brennstoffe
siehe auch heizoel
siehe auch kohle

BA -010 luftverunreinigung + brennstoffe + polyzyklische aromaten + nachweisverfahren
BA -017 brennstoffe + stroemungstechnik + schadstoffe
BA -060 brennstoffe + abgasemission + schadstoffemission + (ringbrennkammer)
BB -017 feuerungsanlage + brennstoffe + emissionsmessung
BB -022 brennstoffe + schwefeldioxid + messgeraet
BB -029 emissionsmessung + brennstoffe
BD -003 strohverwertung + brennstoffe + abgasemission
DA -023 brennstoffe + abgasminderung + (filmverdampfungsbrennkammer)
DA -027 dieselmotor + brennstoffe + abgas + kohlenwasserstoffe
DA -042 abgasreaktor + brennstoffe + bleigehalt
DB -002 brennstoffe + schadstoffimmission + kohle + verfahrenstechnik
DB -003 brennstoffe + kohle + entschwefelung + (kraftwerkskohle)
DB -040 brennstoffe + rauchgas + entschwefelung + oekonomische aspekte
DC -005 brennstoffe + abgas + entschwefelung
EA -017 emissionsmessung + schwefeldioxid + energieverbrauch + brennstoffe + prognose
NC -005 kerntechnik + brennstoffe + plutonium + brennelement
ND -017 kerntechnik + brennstoffe + aufbereitung
SA -008 kernenergie + radioaktive substanzen + brennstoffe + transport + abfallbeseitigung
SA -035 triebwerk + brennstoffe
SA -054 brennstoffe + destillation + verfahrensentwicklung + (oelschiefer)
TD -012 kernreaktor + brennstoffe + transport + dokumentation + oeffentlichkeitsarbeit

brennstoffguete

BA -023 kfz-abgase + verbrennungsmotor + brennstoffguete + kohlenwasserstoffe
BA -036 kfz-technik + ottomotor + abgasemission + brennstoffguete

brennstoffkreislauf

NC -036 brennstoffkreislauf + radioaktive kontamination

brennstoffzelle

SA -005 brennstoffzelle + geraeteentwicklung
SA -069 energietechnik + brennstoffzelle + (versuchsanlage)

bronchitis

TA -041 arbeitsmedizin + gesundheitsschutz + bronchitis

bsb

siehe biochemischer sauerstoffbedarf

buergerbeteiligung

UG -001 soziale infrastruktur + kommunale planung + buergerbeteiligung
UG -002 soziale infrastruktur + kommunale planung + buergerbeteiligung + (literaturstudie)
UG -017 soziale infrastruktur + interessenkonflikt + planung + buergerbeteiligung

bundesimmissionsschutzgesetz

AA -134 luftueberwachung + immission + bundesimmissionsschutzgesetz + messtellennetz + MAINZ + RHEIN-MAIN-GEBIET + LUDWIGSHAFEN + RHEIN-NECKAR-RAUM

AA -152 emissionskataster + industrieanlage + bundesimmissionsschutzgesetz
BC -044 bundesimmissionsschutzgesetz + emissionsueberwachung + industrieanlage + (emissionskenngroessen)
BC -045 staubemission + brauereiindustrie + bundesimmissionsschutzgesetz
EA -012 bundesimmissionsschutzgesetz + luftreinhaltung + immissionsbelastung + (nachbarschutz)
EA -019 luftreinhaltung + bundesimmissionsschutzgesetz + planungshilfen
EA -022 lufthaushalt + emissionsueberwachung + bundesimmissionsschutzgesetz
FD -007 laermbelastung + stadtgebiet + kartierung + bundesimmissionsschutzgesetz + oekonomische aspekte + KONSTANZ + BODENSEE-HOCHRHEIN
UB -001 bundesimmissionsschutzgesetz

bundesseuchengesetz

LA -024 wasseruntersuchung + gesetz + bundesseuchengesetz + NORDRHEIN-WESTFALEN

buntmetalle

ME-006 recycling + abfallbehandlung + buntmetalle + biologischer abbau
ME-081 abwasserschlamm + buntmetalle + recycling
ME-082 klaerschlamm + recycling + buntmetalle

buntmetallindustrie

KC -006 industrieabwaesser + buntmetallindustrie + gewaesserbelastung

cadmium

siehe auch schwermetalle
CA -069 immissionsmessung + cadmium
IC -005 gewaesserbelastung + schwermetalle + quecksilber + cadmium + nachweisverfahren + BAYERN
NB -037 radionuklide + spurenelemente + blei + cadmium + ueberwachung
PA -001 cadmium + organismus
PA -029 schadstoffbelastung + cadmium + futtermittel + toxizitaet + (schaf)
PA -030 tierorganismus + schwermetallkontamination + blei + cadmium + (seehund)
PA -037 schwermetallkontamination + cadmium + organismus
PE -002 epidemiologie + schwermetalle + blei + cadmium + zink
PE -024 schwermetallkontamination + blei + cadmium + mensch + NIEDERSACHSEN
PF -042 bodenkontamination + cadmium + blei + anthropogener einfluss + BERLIN
PF -043 bodenbelastung + schwermetallkontamination + blei + cadmium
QA-022 lebensmittelanalytik + cadmium + zink
QA-059 lebensmittelanalytik + blei + cadmium
QA-064 lebensmittelkontamination + cadmium + blei + zinn
QB-052 lebensmittelkontamination + schlachttiere + wild + blei + cadmium
QD-014 futtermittel + gefluegel + lebensmittelkontamination + blei + cadmium + (ermittlung von grenzwerten)
QD-023 tierernaehrung + cadmium + lebensmittel + normen
QD-029 schlachttiere + cadmium + (carry-over-effekt)

camping

UK-031 landschaftspflege + freizeitverhalten + camping + laendlicher raum
UK-059 landschaftspflege + erholungsplanung + camping + sozio-oekonomische faktoren

cancerogenese

siehe carcinogenese

carcinogene

siehe auch aflatoxine
siehe auch benzpyren
siehe auch co-carcinogene
siehe auch mykotoxine
siehe auch nitrosamine
siehe auch nitrosoverbindungen
siehe auch phorbolester
siehe auch polyzyklische aromaten
AA-053 luftverunreinigung + carcinogene + polyzyklische kohlenwasserstoffe + ballungsgebiet + RHEIN-MAIN-GEBIET + KASSEL + WETZLAR-GIESSEN
BA-015 schadstoffemission + kfz-abgase + carcinogene
BA-042 abgas + carcinogene
BA-049 kfz-abgase + aromaten + carcinogene + langzeitbelastung
KE-046 abwasserschlamm + tenside + carcinogene + (wechselwirkung)
OC-022 kohlenwasserstoffe + carcinogene + analytik
OC-034 umweltchemikalien + carcinogene + amine + nitrosoverbindungen
OD-018 carcinogene + polyzyklische kohlenwasserstoffe + mikrobieller abbau
OD-041 carcinogene + (anreicherung in der umwelt)
OD-071 carcinogene + nitrosoverbindungen + analytik + nachweisverfahren
OD-074 wasser + polyzyklische aromaten + carcinogene + analyseverfahren
PD -002 polyzyklische aromaten + carcinogene + schadstoffnachweis + biologische wirkungen
PD -004 mutagenitaetspruefung + kfz-abgase + carcinogene
PD -011 carcinogene + pflanzen + genetik
PD -012 nutzpflanzen + carcinogene + pflanzenphysiologie
PD -041 abwasserbelastung + carcinogene
PD -047 kohlenwasserstoffe + carcinogene
PD -048 umweltchemikalien + carcinogene + mutagenitaetspruefung
PD -049 fremdstoffwirkung + carcinogene + enzyminduktion
PD -050 carcinogene + ddt + wirkmechanismus
PD -051 carcinogene + umweltchemikalien + pharmaka
PD -052 carcinogene + pharmaka + fremdstoffwirkung
PD -059 carcinogene + nitrosamine + tierexperiment
PD -064 pharmaka + metabolismus + carcinogene + aromatische amine
PD -065 metabolismus + pharmaka + carcinogene
PE -038 luftverunreinigung + atemtrakt + carcinogene + benzpyren
PE -050 luftverunreinigung + schadstoffbelastung + carcinogene + atemtrakt + RHEIN-RUHR-RAUM
PG -003 pflanzenphysiologie + siedlungsabfaelle + klaerschlamm + carcinogene
PG -015 carcinogene + polyzyklische kohlenwasserstoffe + muellkompost + klaerschlamm + pflanzenkontamination
QA-002 lebensmittel + polyzyklische kohlenwasserstoffe + carcinogene + gaschromatographie
QA-003 carcinogene + kohlenwasserstoffe + lebensmittel + futtermittel
QA-019 lebensmittelanalytik + carcinogene + mykotoxine
QA-038 lebensmittel + schadstoffbildung + carcinogene
QA-040 carcinogene + nitrosamine + lebensmittelkontamination + analytik
QA-049 carcinogene + nitrosamine + lebensmittel + analytik
QB-018 carcinogene + benzpyren + lebensmittelkontamination + (raeuchern von fischen)
QB-020 lebensmittelkonservierung + fische + carcinogene + benzpyren
TA -040 chemische industrie + carcinogene + arbeitsplatz + gesundheitsschutz

carcinogene belastung

PD -010 organismus + carcinogene belastung + polyzyklische aromaten
PD -053 gesundheitsschutz + luftverunreinigung + carcinogene belastung + toleranzwerte

carcinogene wirkung

AA-054 luftverunreinigung + stadtregion + polyzyklische kohlenwasserstoffe + carcinogene wirkung + RHEIN-MAIN-GEBIET + KASSEL + WETZLAR-GIESSEN
PC-040 polyzyklische kohlenwasserstoffe + luftverunreinigende stoffe + synergismus + carcinogene wirkung + tierexperiment
PD-006 nitrosoverbindungen + metabolismus + carcinogene wirkung + (tierversuch)
PD-007 nitrosamine + carcinogene wirkung + innere organe + (magen)
PD-008 nitrosamine + carcinogene wirkung + tierexperiment
PD-020 mutagene wirkung + carcinogene wirkung + schadstoffwirkung + (chromosomenmutationen)
PD-046 chlorkohlenwasserstoffe + metabolismus + carcinogene wirkung + (vinylchlorid)
PD-054 umweltchemikalien + herbizide + nitrosoverbindungen + carcinogene wirkung
PD-055 pharmaka + genetik + teratogene wirkung + carcinogene wirkung
PD-056 kohlenwasserstoffe + carcinogene wirkung + tierexperiment
PD-062 luftverunreinigung + stadt + carcinogene wirkung + tiere
PD-066 benzpyren + carcinogene wirkung
QB-044 schimmelpilze + carcinogene wirkung + (kaese)
QC-036 pflanzen + carcinogene wirkung + tierexperiment
TA-008 bergbau + radioaktivitaet + strahlenbelastung + carcinogene wirkung

carcinogenese

OC-025 benzpyren + carcinogenese
PC-016 carcinogenese + strahlung + chemikalien + synergismus
PD-001 carcinogenese + zytostatika
PD-005 carcinogenese + fische
PD-009 carcinogenese + benzpyren + spurenelemente + synergismus
PD-017 co-carcinogene + pflanzen + carcinogenese + (tumor)
PD-024 zytostatika + carcinogenese
PD-034 carcinogenese + arbeitsplatz + kohlenwasserstoffe + enzyme
PD-045 aromatische amine + physiologische wirkungen + carcinogenese + toxizitaet
PD-058 vinylchlorid + metabolismus + carcinogenese
PD-061 carcinogenese
PD-063 metabolismus + carcinogenese + mutagene wirkung

cellulose

MB-033 kompostierung + cellulose + mikrobieller abbau
MB-043 abfallbehandlung + cellulose + kompostierung + mikrobieller abbau
ME-030 abfallbehandlung + cellulose + fermentation + biotechnologie + recycling
MF-002 abfallaufbereitung + cellulose + proteine

chemikalien

siehe auch umweltchemikalien
ID-003 grundwasserverunreinigung + mineraloel + chemikalien
PC-014 ionisierende strahlung + chemikalien + zytotoxizitaet + mutation
PC-015 ionisierende strahlung + chemikalien + zelle + zytostatika
PC-016 carcinogenese + strahlung + chemikalien + synergismus
PC-039 organismus + pharmaka + chemikalien + fremdstoffwirkung + (leberschaden)
PD-003 chemikalien + mutagene wirkung
PD-018 teratogene wirkung + roentgenstrahlung + chemikalien + synergismus
PD-021 mutation + strahlung + chemikalien + synergismus
PD-022 mutagenitaetspruefung + chemikalien + methodenentwicklung
PD-023 chemikalien + physiologische wirkungen + organismus
PD-037 chemikalien + mutagene wirkung + mensch + pruefverfahren
PD-040 chemikalien + mutagene wirkung + schutzmassnahmen + wirkmechanismus

chemische abwasserreinigung

KB-077 chemische abwasserreinigung + faellung + schwermetallsalze
KC-012 chemische abwasserreinigung + industrieabwaesser + textilindustrie

chemische indikatoren

IC-114 gewaesserguete + chloride + chemische indikatoren + OBERRHEINEBENE + VOGESEN + SCHWARZWALD

chemische industrie

BC-033 chemische industrie + emission + quecksilber
BE-001 chemische industrie + muellverbrennungsanlage + standortwahl + geruchsbelaestigung
DC-002 chemische industrie + abwasser + abluft + verfahrenstechnik
DC-042 staubemission + chemische industrie + verfahrenstechnik + salze + abwasserbelastung
DD-014 quecksilber + emission + chemische industrie
FA-083 chemische industrie + schallemission
KC-003 chemische industrie + abwasserbehandlung + oxidation
KC-049 abwasserbehandlung + chemische industrie + betriebsoptimierung + richtlinien
KC-057 chemische industrie + verfahrenstechnik + salze
KC-058 abwassermenge + chemische industrie + emissionsminderung + recycling + salze + INNERSTE + LEINE + WERRA + WESER
KC-059 abwasserbehandlung + recycling + salze + chemische industrie
KC-060 emissionsminderung + verfahrenstechnik + salze + chemische industrie
ME-007 umweltschutz + verfahrensentwicklung + chemische industrie + recycling
OA-034 chemische industrie + messtechnik + isotopen + tracer
TA-040 chemische industrie + carcinogene + arbeitsplatz + gesundheitsschutz
UC-045 umweltschutzauflagen + chemische industrie + kosten + wirtschaftlichkeit
UD-021 rohstoffe + chemische industrie + kohlenwasserstoffe + technologie + verfahrensentwicklung + (kohleverfluessigung)

chemische technik

UD-006 rohstoffsicherung + forschungsplanung + chemische technik

chlor

siehe auch halogene
CA-098 emissionsueberwachung + anorganische stoffe + chlor + messverfahren
DD-059 flugstaub + schadstoffentfernung + chlor
OB-011 chlor + luft + spurenanalytik
PK-034 schadstoffemission + materialschaeden + schwefeldioxid + schwefeltrioxid + chlor
QA-067 umweltchemikalien + biozide + chlor + simultananalyse

chloride

CA-077 luft + wasser + schadstoffnachweis + chloride + sulfate
IC-114 gewaesserguete + chloride + chemische indikatoren + OBERRHEINEBENE + VOGESEN + SCHWARZWALD

chlorkohlenwasserstoffe

siehe auch ddt
siehe auch hexachlorbenzol
siehe auch kohlenwasserstoffe
siehe auch pcb
AA-158 emissionskataster + halogene + chlorkohlenwasserstoffe + atmosphaere
BD-008 luftverunreinigung + pestizide + chlorkohlenwasserstoffe + polyzyklische aromaten + analyseverfahren
CB-007 schwefelverbindungen + chlorkohlenwasserstoffe + oxidation + reaktionskinetik
DB-036 muellverbrennungsanlage + abgasreinigung + fluor + chlorkohlenwasserstoffe

DC-011 industrieabgase + chlorkohlenwasserstoffe + nachverbrennung + katalysator
HD-007 trinkwassergewinnung + chlorkohlenwasserstoffe + analytik
IC -034 wasserverunreinigung + pestizide + chlorkohlenwasserstoffe + analyseverfahren + RHEIN
IE -015 meeresverunreinigung + salzsaeure + chlorkohlenwasserstoffe + verbrennung + NORDSEE
IE -034 meeressediment + chlorkohlenwasserstoffe
KC-004 wasser + chlorkohlenwasserstoffe + emulgierung
MB-004 chlorkohlenwasserstoffe + rueckstaende + destillation
OD-001 umweltchemikalien + aromaten + chlorkohlenwasserstoffe + biozide + nachweisverfahren
OD-020 bodenkontamination + aromaten + chlorkohlenwasserstoffe + mikrobieller abbau
OD-023 schadstoffabbau + chlorkohlenwasserstoffe + boden + mikroorganismen
OD-031 mikrobieller abbau + chlorkohlenwasserstoffe + aromaten
OD-032 mikroorganismen + schadstoffabbau + chlorkohlenwasserstoffe + (chlorierte benzoesaeuren)
OD-090 chlorphenole + chlorkohlenwasserstoffe + kohlenwasserstoffe + wirkmechanismus
OD-091 chlorkohlenwasserstoffe + wirkmechanismus
PA -039 luftverunreinigung + chlorkohlenwasserstoffe + organismus
PB -004 chlorkohlenwasserstoffe + enzyme + physiologische wirkungen
PB -007 chlorkohlenwasserstoffe + pestizide + rueckstandsanalytik + voegel + NIEDERSACHSEN
PB -013 insektizide + chlorkohlenwasserstoffe + gewebe
PB -026 gesundheitsschutz + chlorkohlenwasserstoffe + metabolismus
PB -031 chlorkohlenwasserstoffe + wirkmechanismus + tiere
PB -033 chlorkohlenwasserstoffe + pharmakologie + toxikologie + (biochemische grundlagen)
PB -048 chlorkohlenwasserstoffe + organismus + schadstoffbelastung + (nachweisverfahren)
PC -046 biooekologie + chlorkohlenwasserstoffe + versuchstiere + metabolismus
PD -046 chlorkohlenwasserstoffe + metabolismus + carcinogene wirkung + (vinylchlorid)
QA-013 lebensmittel + lagerung + rueckstandsanalytik + chlorkohlenwasserstoffe
QA-018 futtermittelkontamination + aflatoxine + chlorkohlenwasserstoffe
QA-033 lebensmittel + mensch + chlorkohlenwasserstoffe + rueckstandsanalytik
QC-002 gemuesebau + siedlungsabfaelle + rueckstandsanalytik + chlorkohlenwasserstoffe
QC-031 getreide + pcb + chlorkohlenwasserstoffe + rueckstandsanalytik + BUNDESREPUBLIK DEUTSCHLAND
QD-021 lebensmittelkontamination + chlorkohlenwasserstoffe + nahrungskette
QD-032 lebensmittelkontamination + milch + chlorkohlenwasserstoffe + schadstoffentfernung

chlorphenole

OD-090 chlorphenole + chlorkohlenwasserstoffe + kohlenwasserstoffe + wirkmechanismus

chlorschwefel

BA -050 abgaszusammensetzung + chlorschwefel + nachweisverfahren

cholera

siehe auch infektionskrankheiten
KB -064 abwasserbehandlung + bakterien + epidemiologie + cholera

chrom

siehe auch schwermetalle
QC-001 duengemittel + chrom + nutzpflanzen

clausanlage

DC-043 abgasreinigung + clausanlage + aktivkohle
DC-048 abgasreinigung + entschwefelung + clausanlage

co

siehe kohlenmonoxid

co-carcinogene

PD -015 co-carcinogene + pflanzen + lebensmittel + pharmaka + analytik
PD -016 co-carcinogene + diterpenester + analytik
PD -017 co-carcinogene + pflanzen + carcinogenese + (tumor)

colibakterien

IC -076 colibakterien + viren + trinkwasser + ueberwachung
KA-013 biochemischer sauerstoffbedarf + colibakterien + mikroorganismen + reaktionskinetik
TF -036 colibakterien

co2

siehe kohlendioxid

cyanide

KA-002 abwasserkontrolle + spurenanalytik + gewaesserueberwachung + cyanide + messverfahren
KC-009 haertesalze + entgiftung + cyanide + nitrate + nitrite
MB-040 abfallbeseitigung + cyanide + thermisches verfahren
MB-041 abfallbeseitigung + cyanide + nitrite
MB-065 abfallaufbereitung + industrieabfaelle + cyanide
MC-039 abfallablagerung + industrieabfaelle + hausmuell + cyanide + (langzeitverhalten)
ME-031 abfallaufbereitung + haertesalze + cyanide
PK -005 korrosionsschutz + verfahrenstechnik + schadstoffminderung + cyanide + (galvanisierung)

daempfe

DC-025 emissionsminderung + loesungsmittel + daempfe + (lackentfernung)
SB -024 bautechnik + waermefluss + daempfe + messung
TA -001 arbeitsplatz + luftverunreinigende stoffe + loesungsmittel + daempfe + mak-werte

darmflora

PD -042 metabolismus + ernaehrung + darmflora

datenbank

HA-007 wasserwirtschaft + datenbank + umweltinformation
LA -007 wasserverunreinigung + gaschromatographie + datenbank
MG-007 abfallwirtschaft + datenbank
MG-016 abfallwirtschaft + datenbank + abfallwirtschaftsprogramm
MG-017 abfallwirtschaft + datenbank + (pilotversion)
OC-013 umweltchemikalien + pestizide + nebenwirkungen + datenbank
QA-020 lebensmittelhygiene + pilze + datenbank
UA-049 wasserverunreinigende stoffe + datenbank
VA-023 umweltinformation + forschungsinstitut + datenbank + (umplis)
VA-024 umweltforschung + messgeraet + datenbank + (umplis)
VA-025 umweltpolitik + planung + prognose + modell + datenbank + (umplis)
VA-027 umweltforschung + datenbank + forschungsplanung + (umplis)

datenerfassung

AA-036 regenwasser + datenerfassung + industriegebiet + RUHR + LIPPE (GEBIET)
FB -059 kfz-technik + abgasentgiftung + laermentstehung + datenerfassung
GA-011 nasskuehlturm + umweltbelastung + datenerfassung
HA-006 gewaesserueberwachung + datenerfassung + probenahmemethode
HA-055 gewaesserueberwachung + datenerfassung + BRAUNSCHWEIG + HARZ
HG-054 wasserstand + messtellennetz + datenerfassung
MA-017 kunststoffabfaelle + abfallmenge + datenerfassung

MA-040 industrieabfaelle + datenerfassung
PC -064 umweltchemikalien + biozide + nahrungsmittel + datenerfassung
RH -079 pflanzenschutzmittel + datenerfassung + WESER + EMS + OLDENBURG
UA-061 fernerkundung + datenerfassung + planungshilfen

datensammlung

AA-001 luftverunreinigung + messwagen + messtellennetz + datensammlung + (online-betrieb)
AA-157 umwelteinfluesse + satellit + datensammlung
BA-022 kfz-motor + emission + kraftstoffe + kohlenwasserstoffe + datensammlung
CA-022 emission + gase + analyse + datensammlung
FC -054 laermminderung + maschinenbau + datensammlung
GB-049 gewaesser + schadstoffe + abwaerme + datensammlung
MG-015 abfallwirtschaftsprogramm + datensammlung + BUNDESREPUBLIK DEUTSCHLAND
MG-035 abfallbeseitigung + datensammlung
QA-008 informationssystem + datensammlung + futtermittel
RD-042 abfallstoffe + bodenstruktur + datensammlung
RE -013 pflanzenschutz + pestizide + datensammlung
TA -003 bergbau + ergonomie + datensammlung
UA-041 umweltplanung + planungshilfen + datensammlung + (umweltatlas)
UB-019 umweltrecht + datensammlung + BUNDESREPUBLIK DEUTSCHLAND
UE -029 raumordnung + internationale zusammenarbeit + datensammlung + EUROPA
UL -010 landschaftsschutz + nutzungsplanung + datensammlung + EUROPA (MITTELEUROPA)
UL -029 landschaftsplanung + gewaesserschutz + uferschutz + datensammlung + RHEIN
UL -047 wasserhaushalt + landschaft + dokumentation + datensammlung
UN-033 biotop + kartierung + datensammlung + landschaftspflege + planungshilfen + BAYERN
VA-022 umweltinformation + datensammlung + (umplis)

datensicherung

UD-005 rohstoffsicherung + geologie + bergbau + datensicherung

datenverarbeitung

AA-002 luftverunreinigung + immission + messtellennetz + datenverarbeitung + (online datenuebertragung) + WILHELMSHAVEN + JADEBUSEN
BA-051 immissionsmessung + datenverarbeitung
MA-002 abfalltransport + entsorgung + datenverarbeitung + HAMBURG
MG-032 abfallbeseitigung + datenverarbeitung + planungshilfen + RHEIN-RUHR-RAUM
NC-060 reaktorsicherheit + kuehlsystem + stoerfall + datenverarbeitung
TD -024 umweltforschung + datenverarbeitung + forschungsplanung + (umplis)
UC-007 empirische sozialforschung + datenverarbeitung + forschungsplanung
UE -043 regionalplanung + stadtentwicklungsplanung + datenverarbeitung
UH-034 verkehrsplanung + datenverarbeitung + planungshilfen
UL -071 erosion + oekologie + stoerfall + datenverarbeitung + GANGES + BRAHMAPUTRA
VA-026 umweltforschung + datenverarbeitung + (umplis)
VA-028 luftbild + messverfahren + datenverarbeitung

ddt

siehe auch chlorkohlenwasserstoffe
siehe auch insektizide
PB -037 pestizide + pcb + ddt + tiere + organismus
PC -025 ddt + schwermetalle + schadstoffwirkung + fische + toxikologie + OSTSEE
PD -050 carcinogene + ddt + wirkmechanismus
QB-046 lebensmittelanalytik + fleisch + ddt + insektizide

dekontaminierung

HE -032 wasseraufbereitung + dekontaminierung
ND-011 dekontaminierung + wasser
ND-012 dekontaminierung + radioaktive substanzen
ND-047 radioaktive abwaesser + abwasserbehandlung + dekontaminierung
ND-048 kernkraftwerk + abwasser + dekontaminierung
QC-003 getreide + radionuklide + dekontaminierung
QC-005 getreide + insektizide + dekontaminierung
QC-006 getreide + aflatoxine + dekontaminierung
RB-005 schadstoffminderung + verfahrenstechnik + getreide + dekontaminierung + (vorratsschutzmittel)

demonstrationsanlage

DC-072 rauchgas + entschwefelung + demonstrationsanlage

denitrifikation

IC -083 detergentien + abwasserbehandlung + anorganische builder + denitrifikation
KB-029 biologische abwasserreinigung + organische schadstoffe + denitrifikation
KB-054 abwasserbehandlung + mikrobieller abbau + denitrifikation
MF-041 abfallbehandlung + massentierhaltung + fluessigmist + denitrifikation

denkmal

siehe auch baudenkmal
PK -012 denkmal + korrosion + schutzmassnahmen + (bronzeskulpturen)
PK -022 denkmal + verwitterung + mikrobiologie + (sandstein)
PK -030 luftverunreinigung + denkmal + korrosionsschutz
PK -031 denkmal + umwelteinfluesse + nachweisverfahren

denkmalschutz

PK -009 denkmalschutz + konservierung + naturstein
PK -025 denkmalschutz + bauplastik + immissionsschaeden + korrosionsschutz
PK -029 verwitterung + naturstein + denkmalschutz
PK -032 denkmalschutz + luftverunreinigende stoffe + ausbreitung + (museum)
PK -033 luftverunreinigung + korrosion + glasoberflaeche + denkmalschutz
PK -037 baudenkmal + denkmalschutz + kunststoffe + polymere + (sandstein + strahlenchemie)
UF -025 denkmalschutz + grundwasserabsenkung + gebaeudeschaeden

deponie

ID -002 grundwasserbelastung + sickerwasser + deponie + ELBE-AESTUAR
ID -005 deponie + hausmuell + grundwasserbelastung
ID -006 kiesabbau + deponie + grundwasserbelastung + (bauschutt)
ID -007 grundwasserverunreinigung + deponie + messtellennetz + MUENCHEN-GROSSLAPPEN
ID -019 giessereiindustrie + abfallablagerung + deponie + grundwasserbelastung + (altsand)
ID -021 grundwasserbelastung + abfallstoffe + deponie
ID -030 grundwasserverunreinigung + gewaesserverunreinigung + deponie + HESSEN
ID -049 grundwasserverunreinigung + sickerwasser + deponie
ID -060 deponie + grundwasserbelastung
MB-066 deponie + wasserhaushalt + grundwasser + stoffaustausch + keime
MC-005 deponie + hausmuell + recycling + baustoffe
MC-008 deponie + sickerwasser + trinkwasserversorgung + tenside
MC-009 deponie + sondermuell + metallindustrie + sickerwasser
MC-010 deponie + industrieabfaelle + mikroklimatologie
MC-011 deponie + fauna + hygiene
MC-012 wasser + schadstoffe + deponie
MC-013 deponie + grundwasser

MC-014 deponie + strukturanalyse + geophysik + (geraeteentwicklung) + MUENCHEN + AUGSBURG (REGION)
MC-016 deponie + nitrosoverbindungen + analytik
MC-017 abfallbeseitigung + deponie + standortfaktoren + abfallmenge + prognose + DILLINGEN A. D. DONAU
MC-018 abfallablagerung + siedlungsabfaelle + deponie + (lagerungsdichte)
MC-019 abfallablagerung + siedlungsabfaelle + deponie + (lagerungsdichte)
MC-020 abfall + deponie + schadstoffwirkung + gewaesser + analytik
MC-021 abfallagerung + sondermuell + deponie + standortfaktoren + NORDRHEIN-WESTFALEN
MC-023 deponie + grundwasserbelastung
MC-024 deponie + sickerwasser + grundwasserbelastung + bodenbeschaffenheit + kiesfilter
MC-025 deponie + sickerwasser + wasserhaushalt + rekultivierung + BERLIN-WANNSEE
MC-026 deponie + gewaesserbelastung + biologische wirkungen + (stabilisierungsvorgang)
MC-027 deponie + sickerwasser + wasserbilanz + vegetation + BERLIN-WANNSEE
MC-028 deponie + sickerwasser + pflanzendecke + wasserbilanz
MC-029 grundwasserbelastung + sickerwasser + deponie + sondermuell
MC-030 deponie + sickerwasser + biologischer abbau
MC-031 deponie + sickerwasser + abwasserreinigung + verrieselung
MC-032 deponie + sickerwasser + anorganische stoffe + biologischer abbau
MC-033 abfallbeseitigung + deponie + standortwahl + gutachten + KARLSRUHE + OBERRHEIN
MC-034 deponie + gewaesserbelastung + sickerwasser + biologischer abbau
MC-036 deponie + wasserhaushalt + standortwahl
MC-037 abfallagerung + deponie + wasserbilanz + berechnungsmodell
MC-040 deponie + standortfaktoren + AACHEN (RAUM)
MC-041 sickerwasser + hausmuell + deponie
MC-042 deponie + untergrund + (abdichtung)
MC-043 sickerwasser + deponie + rotte
MC-044 deponie + rotte + sickerwasser
MC-045 deponie + sickerwasser + wasserhaushalt + stoffhaushalt + gewaesserbelastung
MC-046 deponie + rotte + umweltbelastung + (vergleich)
MC-048 abfallbeseitigung + deponie + hochtemperaturabbrand
MC-049 moor + klaerschlamm + deponie + standortfaktoren + DEUTSCHLAND (NORD-WEST)
MC-050 deponie + sickerwasser + schadstoffnachweis
MC-052 deponie + bodenmechanik
MC-053 deponie + oel + schlammbeseitigung
MC-054 abfallbeseitigung + deponie + grundwasser
MC-055 deponie + oel + schlammbeseitigung
MG-008 deponie + wirtschaftlichkeit
UL -026 deponie + landschaftsschaeden + rekultivierung + GIESSEN (RAUM)
UM-007 landschaftsoekologie + deponie + rekultivierung + fauna
UM-008 deponie + rekultivierung + flora
UM-048 pflanzenoekologie + deponie + tagebau + rekultivierung
UM-051 pflanzenoekologie + stadtgebiet + deponie + BERLIN
UN-012 deponie + rekultivierung + begruenung + bodenbeeinflussung

depotanlage

MC-003 depotanlage + felsmechanik

desinfektion

HE -017 trinkwasser + viren + desinfektion + (methodenentwicklung)
RB -019 lebensmitteltechnik + desinfektion + reinigung + umweltfreundliche technik

desinfektionsmittel

QB-012 lebensmittelkontamination + fleisch + desinfektionsmittel + rueckstandsanalytik
RE -025 desinfektionsmittel + parasiten + pruefverfahren
RH -039 landwirtschaft + desinfektionsmittel + parasitizide + wirkungen
TF -027 krankheitserreger + bakterien + desinfektionsmittel + aerosole

destillation

MB-004 chlorkohlenwasserstoffe + rueckstaende + destillation
SA -054 brennstoffe + destillation + verfahrensentwicklung + (oelschiefer)

detergentien

siehe auch alkylphosphate
siehe auch tenside
siehe auch waschmittel
IC -028 detergentien + fliessgewaesser + MAIN
IC -083 detergentien + abwasserbehandlung + anorganische builder + denitrifikation
IE -030 schwermetalle + detergentien + pestizide + schadstoffwirkung + meeresorganismen + DEUTSCHE BUCHT
KB -014 abwasser + detergentien + schadstoffabbau + testverfahren
KC -062 detergentien + abwasseraufbereitung + abwaerme
KF -006 detergentien + phosphate + substitution
PG -022 detergentien + pilze + metabolismus
PH -010 schwermetalle + detergentien + synergismus

detritus

KB -045 pestizide + meeressediment + detritus + biologischer abbau

diagnostik

NB -041 nuklearmedizin + strahlenschaeden + zelle + diagnostik

dichlor-diphenyl-trichloraethan

siehe ddt

dieldrin

OC-017 umweltchemikalien + spurenanalytik + dieldrin + (thc)
PC -026 dieldrin + hexachlorbenzol + organismen + metabolismus

dieselmotor

siehe auch verbrennungsmotor
BA -016 kfz-technik + dieselmotor + russ + aerosolmesstechnik
BA -020 abgas + dieselmotor + emissionsmessung + bewertungsmethode
BA -028 dieselmotor + abgas
BA -030 dieselmotor
BA -031 dieselmotor + nachverbrennung +
BA -032 kfz-abgase + dieselmotor
BA -037 dieselmotor + schadstoffemission
BA -038 dieselmotor + schadstoffemission
BA -039 dieselmotor + abgaszusammensetzung + schadstoffminderung
BA -055 abgasemission + treibstoffe + ottomotor + dieselmotor
BA -058 dieselmotor + abgaszusammensetzung + kfz-technik
DA -005 abgasminderung + dieselmotor + nachverbrennung
DA -012 dieselmotor + emissionsminderung + nachverbrennung
DA -014 dieselmotor + russ + emissionsminderung + (diesel-gas-verfahren)
DA -015 dieselmotor + gasfoermige brennstoffe + abgasverbesserung
DA -017 dieselmotor + russ + abgasminderung + geruchsminderung + kfz-technik + (pkw-vorkammerdieselmotor)
DA -018 dieselmotor + abgasemission + schadstoffminderung
DA -019 kfz-technik + dieselmotor + abgasminderung
DA -021 kfz-technik + dieselmotor + emissionsminderung + russ
DA -027 dieselmotor + brennstoffe + abgas + kohlenwasserstoffe
DA -046 dieselmotor + gasfoermige brennstoffe + schadstoffemission
DA -057 kfz-abgase + dieselmotor + emissionsminderung

DA -076 dieselmotor + abgasminderung + geraeuschminderung
DA -077 dieselmotor + abgasminderung + energieverbrauch
FB -002 kfz-technik + dieselmotor + geraeuschminderung
FB -041 dieselmotor + laermbelaestigung + messverfahren
TA -029 schadstoffbelastung + dieselmotor + landmaschinen + (schlepperfahrer)

diterpenester

PD -016 co-carcinogene + diterpenester + analytik

dokumentation

siehe auch informationssystem
AA -167 luftreinhaltung + dokumentation + WIEN
KB -012 druckereiindustrie + abwasserbelastung + dokumentation + schadstoffminderung
KC -039 papierindustrie + umweltprobleme + dokumentation
OD -067 umweltchemikalien + dokumentation
PC -045 zytostatika + zellstruktur + wirkmechanismus + dokumentation
RB -009 ernaehrung + lebensmittel + dokumentation
TD -012 kernreaktor + brennstoffe + transport + dokumentation + oeffentlichkeitsarbeit
UA -058 dokumentation + umwelt + konzeptentwurf
UB -023 umweltrecht + dokumentation + internationaler vergleich
UB -024 umweltrecht + dokumentation + (auslaendisches umweltrecht)
UE -024 informationssystem + dokumentation + regionalplanung + landesplanung + (dokumentationsverbund)
UE -033 regionalplanung + landesplanung + dokumentation + information + (dokumentationsverbund)
UH -042 verkehrswesen + strassenverkehr + dokumentation
UL -047 wasserhaushalt + landschaft + dokumentation + datensammlung
VA -003 hydrologie + dokumentation
VA -006 umweltinformation + dokumentation
VA -009 strassenbau + strassenverkehr + informationssystem + dokumentation
VA -017 dokumentation + umweltforschung + (geowissenschaften)
VA -020 dokumentation + umwelt

dosimetrie

siehe auch strahlendosis
NB -036 radionuklide + dosimetrie + strahlenschutz + grenzwerte
NB -057 dosimetrie + messgeraet
NB -059 dosimetrie + gesundheitsschutz
NB -060 dosimetrie + gesundheitsschutz
NC -048 strahlenschutz + dosimetrie + messtechnik
PI -031 biologie + strahlenbelastung + dosimetrie

druckbehaelter

NC -003 reaktorsicherheit + druckbehaelter + materialtest + ultraschall
NC -008 kernreaktor + stoerfall + frueherkennung + druckbehaelter + schallmessung
NC -016 reaktorsicherheit + druckbehaelter + (berstsicherung)
NC -038 reaktorsicherheit + druckbehaelter + beton
NC -043 reaktorstrukturmaterial + beton + druckbehaelter
NC -051 reaktorsicherheit + druckbehaelter + pruefverfahren
NC -052 reaktorsicherheit + druckbehaelter + pruefverfahren
NC -062 reaktorsicherheit + druckbehaelter
NC -069 reaktorsicherheit + druckbehaelter + schweisstechnik
NC -085 reaktorsicherheit + druckbehaelter + pruefverfahren
NC -100 kernreaktor + reaktorsicherheit + druckbehaelter + (risserkennung)
NC -109 reaktorsicherheit + druckbehaelter + (leichtwasserreaktor)
NC -110 kernreaktor + reaktorsicherheit + druckbehaelter + werkstoffe + stahl

druckbelastung

KE -044 biologische abwasserreinigung + belebungsanlage + druckbelastung
NC -041 reaktorsicherheit + notkuehlsystem + rohrleitung + druckbelastung + messverfahren
TA -031 arbeitsmedizin + druckbelastung

druckereiindustrie

BC -011 abluftkontrolle + geruchsbelaestigung + arbeitsplatz + druckereiindustrie + (rollenoffset-druckmaschinen)
FC -020 laermmessung + geraeuschminderung + maschinen + druckereiindustrie
KB -012 druckereiindustrie + abwasserbelastung + dokumentation + schadstoffminderung
ME -072 druckereiindustrie + papiertechnik + farbstoffe + recycling
TA -072 arbeitsplatz + schadstoffbelastung + loesungsmittel + druckereiindustrie + (toluol)
UC -020 umweltschutz + druckereiindustrie + kosten

druckluftwerkzeuge

FC -042 druckluftwerkzeuge + laerm
FC -083 laermentstehung + laermminderung + druckluftwerkzeuge + (hydrostatische pumpen)
FC -084 laermentstehung + laermminderung + druckluftwerkzeuge + (axialkolbenpumpen)

duengemittel

siehe auch fluessigmist
siehe auch guelle
siehe auch mineralduenger
siehe auch phosphatduengemittel
ID -015 wasserchemie + grundwasserbelastung + duengemittel + trinkwasserguete + SCHWARZWALD + EYACH
ID -031 duengemittel + auswaschung + grundwasserbelastung
ID -034 grundwasserbelastung + duengemittel + phosphate + nitrate + sulfate + (weinbergsboeden)
IF -001 duengemittel + stickstoff + gewaesserbelastung
IF -011 gewaesserbelastung + duengemittel + naehrstoffhaushalt + NIEDERSACHSEN (SUED) + LEINE
IF -013 gewaesserbelastung + grundwasserbelastung + duengemittel + NIEDERSACHSEN (SUED)
IF -022 gewaesserbelastung + duengemittel + eutrophierung + SCHLESWIG-HOLSTEIN
IF -024 gewaesserbelastung + duengemittel
IF -029 gewaesserbelastung + kommunale abwaesser + duengemittel + naehrstoffhaushalt + eutrophierung
IF -031 gewaesserbelastung + landwirtschaft + duengemittel
KC -022 zellstoffindustrie + sulfite + stickstoff + duengemittel
KF -008 kommunale abwaesser + schadstoffentfernung + phosphate + duengemittel
MB -049 kompostierung + tierische faekalien + klaerschlamm + duengemittel + futtermittel + (hygienische untersuchungen)
MD -011 altglas + recycling + duengemittel
MD -023 siedlungsabfaelle + landwirtschaftliche abfaelle + recycling + duengemittel
MD -029 klaerschlamm + duengemittel + schwermetalle
ME -036 zellstoffindustrie + abfall + recycling + duengemittel + (lignin)
ME -048 muellschlacken + duengemittel
MF -001 landwirtschaftliche abwaesser + recycling + algen + duengemittel
MF -031 siedlungsabfaelle + tierische faekalien + recycling + duengemittel
MF -032 tierische faekalien + recycling + duengemittel + lagerung
MF -033 tierische faekalien + recycling + duengemittel + futtermittel
OD -058 schadstofftransport + stickstoff + duengemittel + auswaschung
OD -083 bodenkontamination + schwermetalle + siedlungsabfaelle + duengemittel
PG -028 duengemittel + herbizide + bodenbelastung + pflanzenernaehrung
PG -030 bodenbelastung + organische stoffe + duengemittel
PH -040 duengemittel + spurenstoffe + biologische wirkungen
PH -041 duengemittel + muellschlacken + kompost
QC -001 duengemittel + chrom + nutzpflanzen
QC -009 weinbau + duengemittel + spurenanalytik
RD -011 bodenbeschaffenheit + duengemittel + nitrate + NIEDERSACHSEN (SUED)
RD -013 wasserhaushalt + weinberg + siedlungsabfaelle + duengemittel

RD -029 duengemittel + mineralduenger
RD -030 duengemittel + nitrate + auswaschung
RD -031 duengemittel + bewaesserung + nitrate + auswaschung
RD -047 ackerbau + pflanzen + duengemittel + stickstoff + langzeitwirkung
RE -017 stickstoff + duengemittel + pflanzenkontamination + (lignin)
RE -029 duengemittel + stickstoffverbindungen + ausbreitung + tracer
RE -034 duengemittel + pflanzenertrag
RH -033 obst + schaedlingsbekaempfung + bodenverbesserung + duengemittel

duengung

HB -040 forstwirtschaft + duengung + wasserguete
HD -001 duengung + trinkwasserguete
ID -001 bodenwasser + duengung + naehrstoffgehalt
ID -032 kommunale abwaesser + duengung + grundwasserbelastung
IF -026 oberflaechengewaesser + duengung + phosphate + (zuflussfracht) + BODENSEE
KD -003 guelle + geruchsminderung + recycling + duengung
KD -009 fluessigmist + sauerstoffeintrag + schadstoffabbau + geruchsminderung + duengung
KD -011 duengung + geraeteentwicklung
KD -012 duengung + guelle + umweltbelastung
MD-006 klaerschlamm + recycling + duengung + schwermetallkontamination
MD-024 klaerschlamm + duengung + landwirtschaft
MD-031 muellkompost + recycling + duengung + bodenbelastung + schwermetalle
MD-034 muellkompost + duengung + langzeitwirkung
MF -034 tierische faekalien + recycling + strohverwertung + geraeteentwicklung + duengung
MF -040 strohverwertung + duengung
OD -022 duengung + stofftransport + niederschlag
OD -056 abwasserschlamm + duengung + nutzpflanzen + schwermetallkontamination
OD -086 bodenkontamination + stofftransport + mineralstoffe + duengung
PF -044 duengung + muellkompost + schwermetalle + bodenbelastung + tracer
PG -005 biozide + duengung + pflanzen + metabolismus
PH -038 futtermittelzusaetze + tierische faekalien + duengung + pflanzenkontamination
PH -042 kulturpflanzen + duengung + schwermetalle + toxizitaet + grenzwerte
QC -040 gruenland + duengung + futtermittel + schadstoffbelastung + physiologische wirkungen + SCHLESWIG-HOLSTEIN
QC -042 siedlungsabfaelle + duengung + gemuesebau + schwermetallkontamination
RD -007 gruenflaechen + duengung + auswaschung
RD -008 weinbau + boden + wasserhaushalt + duengung
RD -012 bodenverbesserung + duengung + bodenstruktur
RD -019 bodenverbesserung + wald + duengung + muellkompost + OBERRHEINEBENE
RD -023 ackerland + duengung + herbizide + unkrautflora
RD -028 vegetation + duengung
RD -033 agrarbiologie + naehrstoffhaushalt + duengung
RD -035 duengung + bodenverbesserung + ackerbau + getreide
RD -036 bodenbearbeitung + duengung + muellkompost + ackerbau
RD -037 bodenbeschaffenheit + duengung + muellkompost
RD -038 agraroekonomie + landnutzung + wasserhaushalt + duengung + NIEDERSACHSEN (SUEDOST)
RD -046 landwirtschaft + duengung + umweltschutz
RD -050 muellkompost + duengung + bodenbeschaffenheit + naehrstoffgehalt + pflanzenphysiologie
RD -057 naehrstoffgehalt + grundwasser + oberflaechenwasser + boden + duengung
RE -001 kulturpflanzen + duengung + pflanzenertrag + standortfaktoren + tropen
RE -002 duengung + nutzpflanzen + schwermetalle
RE -026 duengung + stickstoff + ackerbau
RE -032 nahrungsmittelproduktion + duengung + stickstoff + getreide
RG -011 wald + oekosystem + duengung + OBERPFALZ
RH -040 nutzpflanzen + bodenbearbeitung + duengung + biozide
UL -005 abfallbehandlung + recycling + duengung + rekultivierung + kosten-nutzen-analyse
UM-010 landschaftspflege + begruenung + pflanzensoziologie + duengung + HESSEN (NORD)

edv

siehe datenverarbeitung

eg

siehe europaeische gemeinschaft

eichung

CA -068 immission + messverfahren + eichung
CA -095 emissionsmessgeraet + eichung + stickoxide
OB -025 kohlenmonoxid + messgeraet + eichung

einkommensverteilung

UB -021 verursacherprinzip + einkommensverteilung + umweltschutzmassnahmen + (regionale ungleichgewichte)

einwohnergleichwert

MG-038 abfallbeseitigung + kosten + einwohnergleichwert + ISERLOHN + RHEIN-RUHR-RAUM

einzugsgebiet

IB -027 niederschlagsabfluss + abflussmodell + einzugsgebiet

eisen

siehe auch schwermetalle
PK -024 korrosionsschutz + eisen + stahl
QD -027 radioaktive substanzen + eisen + kontamination + nahrungskette

eisen- und stahlindustrie

BC -009 luftreinhaltung + abgasreinigung + staubemission + eisen- und stahlindustrie + (hochofen) + NORDRHEIN-WESTFALEN + RHEIN-RUHR-RAUM
BC -019 eisen- und stahlindustrie + emissionsminderung + entstaubung + entschwefelung
BC -032 eisen- und stahlindustrie + staubemission + siemens-martin-ofen
BC -035 eisen- und stahlindustrie + emissionsueberwachung
BC -036 eisen- und stahlindustrie + sinteranlage + staubemission
DC -049 staubminderung + verfahrensentwicklung + eisen- und stahlindustrie
FC -005 laermbelastung + arbeitsplatz + gehoerschaeden + audiometrie + eisen- und stahlindustrie
FC -006 laermbelastung + arbeitsplatz + eisen- und stahlindustrie + schallausbreitung
FC -007 laermminderung + eisen- und stahlindustrie + (walzwerkanlage + adjustageeinrichtungen)
ME-020 eisen- und stahlindustrie + abfallaufbereitung + phosphatduengemittel
ME-084 eisen- und stahlindustrie + abfallaufbereitung + schadstoffentfernung + recycling
ME-087 recycling + eisen- und stahlindustrie + abfallstoffe
TA -069 arbeitsplatz + schwingungsschutz + eisen- und stahlindustrie

eisenbahn

siehe auch schienenfahrzeug
FB -049 laermschutzplanung + schallimmission + eisenbahn + HAMBURG
FC -013 eisenbahn + baumaschinen + schallpegel + laermschutz

eisenerz

DC -069 eisenerz + reduktionsverfahren

eiweisse
PA -002 schwermetalle + biologische wirkungen + eiweisse + enzyme

eiweissgewinnung
KC -035 molkerei + abwasserbehandlung + recycling + eiweissgewinnung + (verfahrensoptimierung)
ME -064 lebensmittelindustrie + abwasserbehandlung + recycling + eiweissgewinnung
MF -009 biologische abfallbeseitigung + recycling + eiweissgewinnung + futtermittel
MF -037 molkerei + abwasseraufbereitung + eiweissgewinnung
RB -022 pflanzenzucht + eiweissgewinnung

elektrische gasreinigung
DD -019 staubfilter + luftverunreinigung + elektrische gasreinigung
DD -047 entstaubung + elektrische gasreinigung

elektrizitaet
SA -034 energieumwandlung + waerme + elektrizitaet
SA -037 energiewirtschaft + elektrizitaet
SA -067 elektrizitaet + energie + transport

elektrofahrzeug
DA -035 kfz-technik + emissionsminderung + elektrofahrzeug
UI -002 oeffentlicher nahverkehr + elektrofahrzeug
UI -003 oeffentlicher nahverkehr + elektrofahrzeug + fahrzeugantrieb + (omnibus-system)
UI -004 oeffentlicher nahverkehr + elektrofahrzeug
UI -008 oeffentlicher nahverkehr + elektrofahrzeug + bedarfsanalyse
UI -009 verkehrsmittel + elektrofahrzeug + (erprobung)
UI -010 strassenverkehr + elektrofahrzeug + nahverkehr
UI -023 fahrzeugantrieb + elektrofahrzeug + personenverkehr + stadtverkehr + emissionsminderung
UI -025 strassenverkehr + elektrofahrzeug + oeffentlicher nahverkehr
UN -005 verkehrsplanung + elektrofahrzeug + (magnetschwebebahn)
UN -006 verkehrssystem + elektrofahrzeug + nahverkehr
UN -007 verkehrssystem + elektrofahrzeug + (magnetschwebebahn)
UN -008 verkehrssystem + verkehrstechnik + elektrofahrzeug

elektroinduktionsofen
ME -003 huettenindustrie + staeube + reycling + elektroinduktionsofen

elektromagnetische felder
NA -004 elektromagnetische felder + organismen + physiologische wirkungen
NA -009 organismen + elektromagnetische felder
NA -011 elektromagnetische felder + saeugetiere + physiologische wirkungen
NA -012 elektromagnetische felder + organismen + physiologische wirkungen + (hochspannungsfreileitung)
NA -013 elektromagnetische felder + organismen + physiologische wirkungen + (leistungsstarke sender) + SAARLAND + HENSWEILER

elektromagnetische strahlung
NA -002 bautechnik + versorgung + elektromagnetische strahlung
NA -003 elektromagnetische strahlung + organismen + biologische wirkungen
NA -005 organismus + elektromagnetische strahlung
NA -007 elektromagnetische strahlung + physiologische wirkungen

elektrotechnik
NA -010 elektrotechnik + beleuchtung + (hochdruckentladungslampe)
SA -015 heizungsanlage + elektrotechnik + waermeversorgung
SA -020 elektrotechnik + energieversorgung + (hochleistungskabel)
SA -065 energie + transport + elektrotechnik
SA -066 energie + transport + sicherheitstechnik + elektrotechnik
SA -068 elektrotechnik + energie + transport

elektrowaermegeraet
SB -007 energieversorgung + elektrowaermegeraet + verfahrensoptimierung + (regeltechnik)

embryopathie
PA -003 toxizitaet + blei + verhaltensphysiologie + embryopathie + tierexperiment + (ratten)
PA -017 embryopathie + teratogene wirkung + amine + fluorverbindungen + (struktur-wirkung)
PA -040 luftverunreinigung + schwermetalle + embryopathie
PB -018 embryopathie + pharmaka + nebenwirkungen
PC -006 organismus + schadstofftransport + embryopathie
PC -022 embryopathie + fische + umweltchemikalien + sauerstoff + kombinationswirkung
PC -060 schadstoffimmission + gewebekultur + embryopathie

emission
siehe auch abgasemission
siehe auch schadstoffemission
siehe auch schallemission
siehe auch staubemission
AA -151 emission + feststoffe + messverfahren + geraeteentwicklung
BA -022 kfz-motor + emission + kraftstoffe + kohlenwasserstoffe + datensammlung
BB -003 luftverunreinigung + feuerungstechnik + verbrennung + emission + (hochfackel)
BB -010 kuehlturm + emission + keime
BB -012 emission + schwefeldioxid + immissionsbelastung + prognose + OBERRHEINEBENE
BB -032 kraftwerk + emission + immission + schwefeldioxid + staubniederschlag + WILHELMSHAVEN + JADEBUSEN
BB -033 feuerungsanlage + emission + stickoxide + (modellrechnung)
BC -017 heizoel + erdgas + emission + fluor + schwefeldioxid
BC -033 chemische industrie + emission + quecksilber
BC -042 emission + industrieanlage + (erfassungssystem)
CA -022 emission + gase + analyse + datensammlung
CB -068 luftverunreinigende stoffe + emission + korrelation
DD -014 quecksilber + emission + chemische industrie
GA -017 kuehlturm + emission + (ausbreitungsmodell)
OD -036 naturstein + umweltchemikalien + spurenelemente + emission + SCHWAEBISCHE ALB
PH -014 industrie + emission + pflanzensoziologie
UA -043 immissionsschutz + emission + industrieanlage + entwicklungslaender

emissionskataster
AA -006 luftverunreinigende stoffe + emissionskataster + (trendanalyse) + BUNDESREPUBLIK DEUTSCHLAND
AA -011 emissionskataster + luftverunreinigende stoffe + wetterwirkung + ausbreitungsmodell
AA -014 luftreinhaltung + emissionskataster + hausbrand
AA -037 emissionskataster + NIEDERSACHSEN
AA -121 lufthygiene + emissionskataster + stadtgebiet + bioindikator + meteorologie + AUGSBURG
AA -125 immissionsbelastung + schwefeldioxid + ballungsgebiet + emissionskataster + prognose + (ausbreitungsrechnung) + RHEIN-RUHR-RAUM + RHEIN-NECKAR-RAUM + RHEIN-MAIN-GEBIET + SAAR
AA -133 luftverunreinigung + emissionskataster + raumplanung + OBERRHEIN
AA -152 emissionskataster + industrieanlage + bundesimmissionsschutzgesetz
AA -158 emissionskataster + halogene + chlorkohlenwasserstoffe + atmosphaere
AA -159 emissionskataster + richtlinien
AA -160 strassenverkehr + kfz-abgase + emissionskataster + ballungsgebiet
AA -168 luftverunreinigung + schwefeldioxid + emissionskataster + WIEN
AA -170 luftverunreinigung + schwefeldioxid + emissionskataster + LINZ (RAUM)
BA -005 kfz-abgase + emissionskataster

BA -009 verkehrssystem + kfz-abgase + emissionskataster + simulationsmodell + (fahrverhalten)
BB -009 hausbrand + schadstoffemission + schwefeldioxid + fernheizung + emissionskataster + BERLIN-WILMERSDORF
BC -001 emissionskataster + petrochemische industrie + leckrate + KOELN (RAUM) + RHEIN-RUHR-RAUM
CA -002 emissionskataster + smogbildung + feuerungsanlage
CB -082 luftverunreinigung + schadstofftransport + emissionskataster + schwefeldioxid + RHEIN-RUHR-RAUM
CC -001 luftueberwachung + emissionskataster + (zonengrenzgebiet) + BUNDESREPUBLIK DEUTSCHLAND
EA -024 emissionskataster + richtlinien
GB -050 waermebelastung + luftbild + emissionskataster + AUGSBURG
MA-021 emissionskataster + wasser + abfall

emissionsmessgeraet

CA -018 luftueberwachung + emissionsmessgeraet
CA -095 emissionsmessgeraet + eichung + stickoxide

emissionsmessung

AA -111 emissionsmessung + schwefeldioxid
AA -150 luftverunreinigung + emissionsmessung + NORDRHEIN-WESTFALEN
BA -020 abgas + dieselmotor + emissionsmessung + bewertungsmethode
BA -029 ottomotor + emissionsmessung + kohlenwasserstoffe
BA -062 verbrennungsmotor + emissionsmessung
BB -016 emissionsmessung + oelfeuerung + (orientierungsdaten)
BB -017 feuerungsanlage + brennstoffe + emissionsmessung
BB -029 emissionsmessung + brennstoffe
BB -034 emissionsmessung + muellverbrennungsanlage
BC -005 asbestindustrie + emissionsmessung
BC -031 metallindustrie + emissionsmessung
CA -015 emissionsmessung + geraeteentwicklung
CA -023 emissionsmessung + organische schadstoffe + messtechnik + gaschromatographie
CA -037 emissionsmessung + laser
CA -093 abgaskamin + emissionsmessung + geraeteentwicklung + (gassensor)
CA -096 emissionsmessung + staubmessgeraet + geraeteentwicklung + (nulldrucksonde)
CA -097 abluftkontrolle + emissionsmessung + geraeteentwicklung + (chlorwasserstoff)
CA -102 organische stoffe + emissionsmessung
CB -087 luftverunreinigung + schadstoffemission + ausbreitungsmodell + emissionsmessung
DA -049 schichtladungsmotor + emissionsmessung + bewertungskriterien
EA -017 emissionsmessung + schwefeldioxid + energieverbrauch + brennstoffe + prognose
MB-052 sondermuell + radioaktive abfaelle + hochtemperaturabbrand + emissionsmessung + recycling
TA -011 kokerei + emissionsmessung + arbeitsschutz

emissionsminderung

BA -004 verbrennungsmotor + abgaszusammensetzung + emissionsminderung
BC -019 eisen- und stahlindustrie + emissionsminderung + entstaubung + entschwefelung
BC -022 industrieabgase + feuerungsanlage + gasreinigung + emissionsminderung
BE -019 emissionsminderung + geruchsstoffe + biologischer abbau
BE -023 geruchsbelaestigung + emissionsminderung + nutztierstall
BE -026 emissionsminderung + geruchsbelaestigung + ausbreitungsmodell
BE -028 geruchsstoffe + emissionsminderung
DA -006 kfz-technik + verbrennungsmotor + emissionsminderung + kraftstoffzusaetze + (methanol)
DA -010 verkehr + emissionsminderung
DA -012 dieselmotor + emissionsminderung + nachverbrennung
DA -013 kfz-technik + hybridmotor + emissionsminderung + kraftstoffzusaetze
DA -014 dieselmotor + russ + emissionsminderung + (diesel-gas-verfahren)
DA -021 kfz-technik + dieselmotor + emissionsminderung + russ
DA -034 kfz-technik + emissionsminderung + verbrennungsmotor
DA -035 kfz-technik + emissionsminderung + elektrofahrzeug
DA -037 verbrennungsmotor + emissionsminderung
DA -044 verbrennungsmotor + emissionsminderung
DA -047 verbrennungsmotor + emissionsminderung + kohlenwasserstoffe
DA -048 kfz-technik + verbrennungsmotor + thermodynamik + emissionsminderung + treibstoffe + (methanol + wasserstoff)
DA -052 kfz-technik + ottomotor + emissionsminderung + kraftstoffzusaetze
DA -054 kfz-technik + ottomotor + emissionsminderung + wirtschaftlichkeit
DA -057 kfz-abgase + dieselmotor + emissionsminderung
DA -058 fahrzeugantrieb + erdgasmotor + treibstoffe + oekonomische aspekte + emissionsminderung
DA -059 fahrzeugantrieb + erdgasmotor + emissionsminderung + stadtverkehr + ballungsgebiet
DA -065 kfz-technik + emissionsminderung
DA -066 verbrennungsmotor + emissionsminderung
DA -067 antriebssystem + emissionsminderung + kosten
DB -004 steinkohle + verwertung + emissionsminderung + rauch + (brikettierung)
DB -005 emissionsminderung + stickoxide + (kochstellenbrenner)
DB -006 kohle + verbrennung + energieumwandlung + emissionsminderung + (kohleveredelung)
DB -007 kohle + emissionsminderung + verfahrenstechnik
DB -008 heizungsanlage + emissionsminderung + verfahrenstechnik
DB -012 emissionsminderung + rauch + kohle + verfahrensentwicklung + geraeteentwicklung
DB -013 luftverunreinigung + rauchgas + salzsaeure + absorption + emissionsminderung
DB -018 schadstoffemission + stickoxide + emissionsminderung + gasturbine
DB -019 oelfeuerung + emissionsminderung
DB -024 feuerungsanlage + verfahrensoptimierung + emissionsminderung
DB -025 feuerungsanlage + verbrennung + verfahrensoptimierung + emissionsminderung
DB -028 emissionsminderung + fluor + ziegeleiindustrie
DB -032 emissionsminderung + schwefeldioxid + feuerungsanlage + (bundesrepublik deutschland)
DB -037 emissionsminderung + heizungsanlage + verfahrensoptimierung
DB -042 muellverbrennungsanlage + rueckstaende + rauchgas + emissionsminderung
DC -001 emissionsminderung + geraetepruefung + (dichtelement + leckrate)
DC -003 kokerei + feinstaeube + emissionsminderung
DC -004 kokerei + feinstaeube + emissionsminderung
DC -008 stahlindustrie + emissionsminderung + verfahrenstechnik
DC -014 luftreinhaltung + emissionsminderung + nitrose verbindungen + (salpetersaeureherstellung)
DC -017 zementindustrie + emissionsminderung + stickoxide
DC -024 glasindustrie + emissionsminderung + verfahrensoptimierung + (glasschmelzwannen)
DC -025 emissionsminderung + loesungsmittel + daempfe + (lackentfernung)
DC -028 emissionsminderung + stahlindustrie + (ferrolegierungsofen)
DC -029 emissionsminderung + sinteranlage + staubemission
DC -033 holzindustrie + staubemission + emissionsminderung
DC -034 emissionsminderung + schwefeldioxid + getraenkeindustrie + (flaschen-sterilisation)
DC -036 emissionsminderung + fluor + steine/erden betriebe
DC -041 zuckerindustrie + emissionsminderung + staub
DC -054 emissionsminderung + nassentstaubung + verfahrensoptimierung
DC -055 emissionsminderung + staub + filter + verfahrensoptimierung
DC -060 kokerei + feinstaeube + emissionsminderung + FUERSTENHAUSEN

DC -064 kraftwerk + kohle + entschwefelung + emissionsminderung
DC -071 aluminiumindustrie + emissionsminderung + halogene
DD -052 schadstoffbildung + emissionsminderung
EA -006 umweltschutz + emissionsminderung
KC -040 papierindustrie + emissionsminderung + abwasserreinigung + (abwasserlose papierherstellung)
KC -058 abwassermenge + chemische industrie + emissionsminderung + recycling + salze + INNERSTE + LEINE + WERRA + WESER
KC -060 emissionsminderung + verfahrenstechnik + salze + chemische industrie
NC -019 kernreaktor + brennelement + radioaktivitaet + emissionsminderung + reaktorsicherheit
PE -004 staubemission + emissionsminderung + gesundheitsschutz
TA -013 loesungsmittel + emissionsminderung
TA -018 farbauftrag + nachbehandlung + abluft + emissionsminderung + arbeitsplatz
TA -019 farbenindustrie + arbeitsplatz + schadstoffemission + emissionsminderung + (lackierverfahren)
TA -050 arbeitsschutz + emissionsminderung + farbenindustrie + (lackiertechnik)
UH -019 verkehrsplanung + emissionsminderung + kosten-nutzen-analyse + FRANKFURT + RHEIN-MAIN-GEBIET
UI -022 kfz-technik + emissionsminderung + verkehrssystem + fahrzeugantrieb + systemanalyse
UI -023 fahrzeugantrieb + elektrofahrzeug + personenverkehr + stadtverkehr + emissionsminderung

emissionsueberwachung

AA -057 emissionsueberwachung + industrie + schadstoffwirkung + vegetation + bioindikator + HAMBURG
AA -166 luftverunreinigung + emissionsueberwachung + planungshilfen
BB -024 emissionsueberwachung + staubemission + messtechnik
BB -026 emissionsueberwachung + kraftwerk + BERLIN (WEST)
BB -027 emissionsueberwachung + oelfeuerung + schwefeldioxid + messgeraetetest
BC -035 eisen- und stahlindustrie + emissionsueberwachung
BC -039 emissionsueberwachung + industrieanlage + messtechnik + internationaler vergleich
BC -044 bundesimmissionsschutzgesetz + emissionsueberwachung + industrieanlage + (emissionskenngroessen)
CA -024 emissionsueberwachung + messtechnik + geraeteentwicklung + (mikrowellenspektrograph)
CA -051 emissionsueberwachung + staub + messtechnik
CA -054 staubkonzentration + emissionsueberwachung + geraeteentwicklung
CA -071 emissionsueberwachung + raman-lidar-geraet
CA -092 abgas + emissionsueberwachung + schwefeldioxid
CA -098 emissionsueberwachung + anorganische stoffe + chlor + messverfahren
CA -099 emissionsueberwachung + rauchgas + messgeraet + (eignungspruefung)
CA -100 emissionsueberwachung + rauchgas + messgeraet + (eignungspruefung)
CA -101 emissionsueberwachung + luftverunreinigende stoffe + kohlenwasserstoffe + rohrleitung + (leckraten)
CA -103 emissionsueberwachung + industrieanlage + staubmessgeraet + (dampfkesselanlagen)
CA -104 emissionsueberwachung + organischer stoff + messgeraetetest
EA -022 lufthaushalt + emissionsueberwachung + bundesimmissionsschutzgesetz
OB -027 emissionsueberwachung + schwefelwasserstoff + geraeteentwicklung
TA -065 bergwerk + belueftungsverfahren + arbeitsschutz + emissionsueberwachung

empirische sozialforschung

UC -007 empirische sozialforschung + datenverarbeitung + forschungsplanung

emulgierung

KB -037 erdoel + emulgierung
KC -004 wasser + chlorkohlenwasserstoffe + emulgierung

endlagerung

MB -059 abfallstoffe + endlagerung + bergwerk
ND -010 radioaktive abfaelle + endlagerung + standortwahl + (salzkaverne)
ND -013 radioaktive abfaelle + endlagerung
ND -016 radioaktive abfaelle + endlagerung + gase
ND -022 radioaktive spaltprodukte + endlagerung + (keramische massen)
ND -023 radioaktive abfaelle + endlagerung + umgebungsradioaktivitaet + systemanalyse + (keramische massen) + BUNDESREPUBLIK DEUTSCHLAND
ND -024 radioaktive spaltprodukte + endlagerung + (borosilikatglas)
ND -033 radioaktive abfaelle + endlagerung + systemanalyse
ND -034 radioaktive abfaelle + endlagerung + (kaverneneinlagerungstechnik)
ND -035 radioaktive abfaelle + endlagerung + (eisenerzbergwerk)
ND -036 radioaktive abfaelle + endlagerung + bergwerk
ND -037 radioaktive abfaelle + endlagerung
ND -044 radioaktive abfaelle + abfallbeseitigung + endlagerung + recycling
ND -046 radioaktive abfaelle + uran + abfallmenge + endlagerung

energie

siehe auch geothermische energie

HB -086 meerwasserentsalzung + energie + rueckgewinnung + osmose
SA -065 energie + transport + elektrotechnik
SA -066 energie + transport + sicherheitstechnik + elektrotechnik
SA -067 elektrizitaet + energie + transport
SA -068 elektrotechnik + energie + transport
SB -015 energie + gasturbine + abwaerme + waerme + (pilotanlage)

energiebedarf

HB -037 meerwasserentsalzung + energiebedarf + (waermeaustauscher)
SA -021 energiebedarf + prognose + kernenergie + technology assessment + (co2-anreicherung)
SA -039 haushalt + energiebedarf + (prognose) + MUENCHEN
SA -059 energiebedarf + molkerei + abwaerme
SA -080 verkehr + energiebedarf + (entscheidungsmodell)
SB -026 gewaechshaus + heizungsanlage + energiebedarf

energieeinsparung

GB -011 muellverbrennungsanlage + abwaerme + energieeinsparung + (waermeaustauscher)

energieerzeugung

siehe energieumwandlung

energiehaushalt

NC -065 reaktorsicherheit + energiehaushalt + (rasmussen-studie)
NC -083 reaktorsicherheit + reaktorstrukturmaterial + energiehaushalt + stoerfall
SB -006 bautechnik + waermeversorgung + energiehaushalt

energiepolitik

NC -018 kernkraftwerk + reaktorsicherheit + strahlenschutz + energiepolitik
SA -017 energiepolitik + oekonomische aspekte
SA -048 energiepolitik + oekologie + oekonomische aspekte + EG-LAENDER + USA
SA -049 energiepolitik + forschungsplanung
SB -013 energiepolitik + energietechnik + (energieeinsparung)

energiespeicher

GC -010 energiespeicher + hydrogeologie
SA -064 energiespeicher + batterie

energietechnik

DD -018 energietechnik + abgas + staubkonzentration + (gasentspannungsturbine)
GB -037 abwaerme + energietechnik
PK -021 energietechnik + pipeline + korrosion + pruefverfahren
SA -009 energietechnik + sonnenstrahlung
SA -010 energietechnik + waermeversorgung
SA -013 energietechnik + sonnenstrahlung
SA -018 energietechnik + solarzelle + wasserstoffspeicher
SA -022 sonnenstrahlung + energietechnik + (sonnenkollektor) + NECKAR (MITTLERER NECKAR-RAUM) + STUTTGART
SA -025 energietechnik + gasturbine + abwaerme + verfahrenstechnik
SA -031 energietechnik + wasserstoff + (elektrolyse)
SA -038 energietechnik + kernreaktor + schiffahrt
SA -046 kernreaktor + energietechnik
SA -056 energietechnik + erdgas + (verfluessigungsanlage)
SA -058 energietechnik + erdoel + lagerung + messverfahren + (unterirdische kavernen)
SA -069 energietechnik + brennstoffzelle + (versuchsanlage)
SA -071 energietechnik + kohleverfluessigung + (literaturstudie)
SA -072 waermeversorgung + energietechnik + (gfk-rohre fuer fernwaermeverteilung)
SA -073 energietechnik + kohle + vergasung + verfahrensentwicklung
SA -074 energietechnik + braunkohle + kohleverfluessigung + rohstoffe
SA -075 energietechnik + kfz-technik + treibstoffe + (methanol)
SA -076 energietechnik + uran + rohstoffsicherung + (uranprospektion) + SCHWARZWALD
SA -077 energietechnik + uran + bergbau + (bakterielle laugeprozesse)
SA -078 energietechnik + uran + (uranexploration) + BUNDESREPUBLIK DEUTSCHLAND
SA -079 energietechnik + kohlevergasung + verfahrensentwicklung
SB -011 energietechnik + heizungsanlage + waermerueckgewinnung
SB -012 energietechnik + wirtschaftlichkeit + BUNDESREPUBLIK DEUTSCHLAND
SB -013 energiepolitik + energietechnik + (energieeinsparung)
SB -034 wohnungsbau + heizungsanlage + energietechnik
UD -009 ressourcenplanung + energietechnik + rohstoffe + abbau + (oelschiefer)
UD -023 energietechnik + uran + rohstoffe + phosphate

energietraeger

SA -052 erdoel + petrographie + energietraeger
SA -081 waermeversorgung + energietraeger + RHEINLAND-PFALZ
SA -082 waermeversorgung + energietraeger + NORDRHEIN-WESTFALEN

energieumwandlung

siehe auch solarzelle

DB -006 kohle + verbrennung + energieumwandlung + emissionsminderung + (kohleveredelung)
SA -006 energieumwandlung + solarzelle + geraeteentwicklung + wirtschaftlichkeit
SA -034 energieumwandlung + waerme + elektrizitaet
SA -041 energieumwandlung + standortwahl + oekologische faktoren + simulationsmodell + BADEN-WUERTTEMBERG
SA -045 energieumwandlung + stroemungstechnik
SA -053 kohle + energieumwandlung + gase + entschwefelung
SA -055 umweltbelastung + energieumwandlung + planungshilfen + BAYERN

energieverbrauch

AA -123 klimaaenderung + energieverbrauch + waermehaushalt + verdichtungsraum + stadtklima + MUENCHEN
DA -077 dieselmotor + abgasminderung + energieverbrauch
DB -023 luftverunreinigung + heizungsanlage + private haushalte + energieverbrauch + DORTMUND + RHEIN-RUHR-RAUM
EA -017 emissionsmessung + schwefeldioxid + energieverbrauch + brennstoffe + prognose
SA -023 energieverbrauch + industrie + umweltbelastung
SA -033 energieverbrauch + bedarfsanalyse + kernenergie + oekonomische aspekte
SB -010 bautechnik + waermedaemmung + energieverbrauch + planungshilfen

energieversorgung

siehe auch waermeversorgung

GB -021 wasserwirtschaft + energieversorgung + bedarfsanalyse
GC -008 energieversorgung + fernwaerme + kraftwerk + abwaerme + MANNHEIM + LUDWIGSHAFEN + HEIDELBERG
HB -011 meerwasserentsalzung + energieversorgung + kernenergie
SA -007 energieversorgung + fernwaerme + wirtschaftlichkeit + oekologische faktoren
SA -014 energieversorgung + giessereiindustrie
SA -019 energieversorgung + waermespeicher + waermetransport + (latentwaermespeicher)
SA -020 elektrotechnik + energieversorgung + (hochleistungskabel)
SA -028 umweltbelastung + energieversorgung
SA -029 energieversorgung + umweltbelastung + kosten + optimierungsmodell + BADEN-WUERTTEMBERG
SA -040 energieversorgung + (entwicklung alternativer strategien) + MUENCHEN (STADTREGION)
SA -051 umweltbelastung + energieversorgung
SA -061 energieversorgung + erdgas + oekonomische aspekte
SB -002 bautechnik + energieversorgung + oekonomische aspekte
SB -005 bautechnik + energieversorgung
SB -007 energieversorgung + elektrowaermegeraet + verfahrensoptimierung + (regeltechnik)
SB -008 energieversorgung + haushaltsgeraet
SB -009 energieversorgung + waermeversorgung + kernenergie + BERLIN (WEST)
SB -021 energieversorgung + sonnenstrahlung + waermespeicher + bautechnik
SB -029 oeffentliche einrichtungen + energieversorgung + wirtschaftlichkeit
SB -030 energieversorgung + badeanstalt + wirtschaftlichkeit
SB -032 wohnungsbau + energieversorgung + heizungsanlage + wirtschaftlichkeit
TD -017 umweltprobleme + energieversorgung + ausbildung + schulen + (naturwissenschaftlicher unterricht)
UB -029 umweltrecht + verursacherprinzip + energieversorgung
UG -014 infrastrukturplanung + flaechennutzungsplan + wasserversorgung + energieversorgung

energiewirtschaft

GB -026 zuckerindustrie + abwaerme + energiewirtschaft
NB -020 radioaktivitaet + umweltbelastung + kernkraftwerk + energiewirtschaft + (prognose)
SA -027 energiewirtschaft + informationssystem
SA -030 energiewirtschaft + kraftwerk + standortwahl + optimierungsmodell + OBERRHEINEBENE
SA -037 energiewirtschaft + elektrizitaet
SA -050 energiewirtschaft + rohstoffsicherung + oekonomische aspekte
SA -070 energiewirtschaft + umweltschutz
UC -005 energiewirtschaft + umwelthygiene + planung + BUNDESREPUBLIK DEUTSCHLAND
VA -015 energiewirtschaft + umweltbelastung + informationssystem + modell

entfeuchtung

GA -005 kuehlturm + abluft + entfeuchtung

entgiftung

siehe auch abgasentgiftung
siehe auch schadstoffentfernung

KC -009 haertesalze + entgiftung + cyanide + nitrate + nitrite
OD -069 pharmaka + organismus + oestrogene + entgiftung

enthaertung

siehe auch wasseraufbereitung

HE -008 trinkwasseraufbereitung + enthaertung + wirtschaftlichkeit

HE -044 trinkwasseraufbereitung + enthaertung + oekonomische aspekte

entkeimung

siehe auch pasteurisierung
KB -078 abwasser + pflanzen + entkeimung
KC -066 brauereiindustrie + klaerschlamm + entkeimung
KE -009 klaerschlamm + abwasser + entkeimung + ionisierende strahlung
KE -020 klaerschlamm + entkeimung
KE -031 klaerschlamm + abwasser + entkeimung + ionisierende strahlung + biologische wirkungen
MD-020 klaerschlamm + entkeimung + wiederverwendung
PH -003 klaerschlamm + entkeimung + boden + pflanzen

entsalzung

siehe auch meerwasserentsalzung
HA -079 wasserreinigung + entsalzung + verfahrensentwicklung + filtration + (membranen)
KB -019 abwasser + entsalzung + kohlendioxid
LA -011 kommunale abwaesser + entsalzung + oekonomische aspekte

entscheidungsmodell

MG-018 abfallbeseitigung + sondermuell + planung + entscheidungsmodell

entschwefelung

BC -019 eisen- und stahlindustrie + emissionsminderung + entstaubung + entschwefelung
DB -001 heizoel + entschwefelung + verfahrensentwicklung
DB -003 brennstoffe + kohle + entschwefelung + (kraftwerkskohle)
DB -009 entschwefelung + steinkohle + mikrobieller abbau + (pyrit)
DB -010 heizoel + rauchgas + entschwefelung + oekonomische aspekte
DB -011 kraftwerk + entschwefelung
DB -031 rauchgas + entschwefelung + schwefeloxide + rueckgewinnung
DB -040 brennstoffe + rauchgas + entschwefelung + oekonomische aspekte
DB -041 oelvergasung + entschwefelung + versuchsanlage + schweroel
DC -005 brennstoffe + abgas + entschwefelung
DC -026 luftverunreinigung + rauchgas + entschwefelung
DC -031 luftreinhaltung + abgas + entschwefelung + (salzschmelzen)
DC -048 abgasreinigung + entschwefelung + clausanlage
DC -050 kraftwerk + rauchgas + entschwefelung + WILHELMSHAVEN + JADEBUSEN
DC -064 kraftwerk + kohle + entschwefelung + emissionsminderung
DC -072 rauchgas + entschwefelung + demonstrationsanlage
DD -006 entschwefelung + erdoelverarbeitung
DD -016 abgasreinigung + entschwefelung + schwefeldioxid
SA -053 kohle + energieumwandlung + gase + entschwefelung

entseuchung

MB-055 tierische faekalien + aufbereitung + geruchsminderung + entseuchung
MD-027 klaerschlammbehandlung + entseuchung + kompostierung
MD-028 klaerschlamm + recycling + krankheitserreger + entseuchung
MF -045 fluessigmist + entseuchung + belueftungsverfahren
RB -030 vorratsschutz + entseuchung + schaedlingsbekaempfung + (begasung)

entsorgung

KA -016 abwasserbelastung + siedlungsabfaelle + entsorgung
MA-002 abfalltransport + entsorgung + datenverarbeitung + HAMBURG
MA-019 abfall + entsorgung + planungshilfen
ND-039 kernkraftwerk + entsorgung + radioaktive abfaelle + aufbereitungsanlage + standortwahl
ND-040 kernkraftwerk + entsorgung + radioaktive abfaelle + aufbereitungsanlage + (oeffentlichkeitsarbeit)
ND-041 kernkraftwerk + entsorgung + radioaktive abfaelle + aufbereitungsanlage + infrastruktur
UA -003 umweltbelastung + entsorgung + forschungsplanung
UG-013 entsorgung + sozio-oekonomische faktoren + HAMBURG (RAUM)
UG-016 krankenhaus + entsorgung + transport + verkehrssystem

entstaubung

siehe auch abgasentstaubung
siehe auch nassentstaubung
BC -019 eisen- und stahlindustrie + emissionsminderung + entstaubung + entschwefelung
DC -020 abgasreinigung + entstaubung + fluorverbindungen + stahlindustrie + (emissionsgrenzwerte)
DC -040 abluftreinigung + schadstoffabsorption + entstaubung + ziegeleiindustrie
DC -067 industrieabgase + ferrolegierungen + entstaubung
DD -020 rauchgas + gaswaesche + entstaubung + (holztrocknung)
DD -026 gasreinigung + entstaubung + schadstoffabscheidung + geraeteentwicklung
DD -046 entstaubung + filter
DD -047 entstaubung + elektrische gasreinigung
DD -048 entstaubung + abluftreinigung
DD -062 sinteranlage + entstaubung
TA -010 bergbau + belueftung + entstaubung

entwaesserung

IB -024 strassenbau + entwaesserung + filtermaterial
KE -001 klaerschlamm + entwaesserung + faekalien + (kleinklaeranlage) + HEINSBERG (NORDRHEIN-WESTFALEN)
RD -018 entwicklungslaender + entwaesserung + bodenerosion + PUSAN (KOREA)
RD -021 bodenbeschaffenheit + wasserhaushalt + entwaesserung

entwicklungslaender

HE -046 trinkwasserversorgung + rohrleitung + entwicklungslaender
MG-001 abfallwirtschaft + entwicklungslaender + recycling
RA -002 agraroekonomie + oekologie + entwicklungslaender + TANZANIA + RUANDA + AFRIKA (OST)
RB -008 ernaehrung + algen + entwicklungslaender
RB -026 entwicklungslaender + ernaehrung + planungsmodell
RD -018 entwicklungslaender + entwaesserung + bodenerosion + PUSAN (KOREA)
RD -055 landwirtschaft + entwicklungslaender + bewaesserung + (wassereinsparende bewaesserung)
TB -020 siedlungsplanung + bauwesen + wohnungsbau + entwicklungslaender + CHINA (VOLKSREPUBLIK)
TB -035 umweltqualitaet + psychologische faktoren + entwicklungslaender
UA -020 umweltpolitik + entwicklungslaender + oekonomische aspekte
UA -026 umweltschutz + entwicklungslaender
UA -029 entwicklungslaender + umweltpolitik
UA -043 immissionsschutz + emission + industrieanlage + entwicklungslaender
UC -051 entwicklungslaender + marktwirtschaft
UE -021 entwicklungslaender + stadtentwicklung + flaechennutzung + wirtschaftsstruktur + infrastruktur + TUERKEI (SCHWARZMEERKUESTE) + ANATOLIEN
UF -028 stadtentwicklung + infrastrukturplanung + entwicklungslaender

entwicklungsmassnahmen

RA -022 forstwirtschaft + oekonomische aspekte + entwicklungsmassnahmen
UE -014 regionalplanung + ballungsgebiet + wirtschaftsstruktur + oekologie + entwicklungsmassnahmen + BADEN-WUERTTEMBERG + NECKAR (MITTLERER NECKAR-RAUM) + STUTTGART

UE -015 verdichtungsraum + entwicklungsmassnahmen + belastbarkeit + BADEN-WUERTTEMBERG

enzyme

KD -018 abwasserbelastung + enzyme + futtermittel + (schlempe)
NB -032 enzyme + strahlung
OD -025 pestizide + aromaten + mikrobieller abbau + enzyme
OD -068 schadstoffabbau + organismus + enzyme
OD -076 herbizide + schadstoffabbau + enzyme + boden
OD -078 bodennutzung + enzyme + biologische wirkungen + nutzpflanzen + NIEDERSACHSEN
PA -002 schwermetalle + biologische wirkungen + eiweisse + enzyme
PA -016 schwermetalle + enzyme + metabolismus
PB -004 chlorkohlenwasserstoffe + enzyme + physiologische wirkungen
PC -005 organische schadstoffe + metabolismus + enzyme
PC -031 physiologie + enzyme + schwermetalle
PD -034 carcinogenese + arbeitsplatz + kohlenwasserstoffe + enzyme
PF -062 blei + pflanzen + physiologie + enzyme
PH -015 pflanzenkontamination + frueherkennung + enzyme + verfahrensentwicklung
PH -027 biochemie + enzyme + pflanzen + (wachstumsverhalten)
RE -004 getreide + enzyme + (wachstumsregulatoren)

enzyminduktion

PB -019 enzyminduktion + genetik + kohlenwasserstoffe
PD -049 fremdstoffwirkung + carcinogene + enzyminduktion
PH -059 umweltchemikalien + enzyminduktion + mikroorganismen + belebtschlamm + RHEIN + ADRIA (NORD)

epidemiologie

siehe auch infektionskrankheiten

HD -006 trinkwasser + spurenstoffe + epidemiologie
KB -064 abwasserbehandlung + bakterien + epidemiologie + cholera
PE -002 epidemiologie + schwermetalle + blei + cadmium + zink
PE -022 epidemiologie + toxoplasmose
PE -025 gesundheitsschutz + epidemiologie + fruehdiagnose + HESSEN
PE -027 trinkwasser + spurenstoffe + zivilisationskrankheiten + epidemiologie + HESSEN (NORD)
PE -030 schadstoffbelastung + schwermetalle + epidemiologie + (industrieemissionen)
PE -032 infektionskrankheiten + epidemiologie + schwermetallbelastung
PE -033 luftverunreinigende stoffe + schwefeldioxid + physiologische wirkungen + mensch + epidemiologie
PE -036 luftverunreinigung + atemtrakt + epidemiologie + kind
PE -039 luftverunreinigung + atemtrakt + epidemiologie + kind
PE -054 luftverunreinigende stoffe + toxizitaet + epidemiologie
TE -013 psychiatrie + epidemiologie + informationssystem + MANNHEIM + RHEIN-NECKAR-RAUM
TE -014 infrastruktur + bedarfsanalyse + psychiatrie + sozialmedizin + epidemiologie + (geistig behinderte kinder) + MANNHEIM + RHEIN-NECKAR-RAUM
TF -015 zoonosen + epidemiologie + infektionskrankheiten
TF -023 epidemiologie + malaria + umweltbedingungen + infektionskrankheiten
TF -040 infektionskrankheiten + viren + epidemiologie + modell + (antikoerperkataster) + BADEN (SUED) + OBERRHEIN

erdgas

BC -017 heizoel + erdgas + emission + fluor + schwefeldioxid
PF -018 erdgas + physiologische wirkungen + vegetation
SA -056 energietechnik + erdgas + (verfluessigungsanlage)
SA -061 energieversorgung + erdgas + oekonomische aspekte

erdgasmotor

siehe auch verbrennungsmotor

BA -053 erdgasmotor + abgas
DA -058 fahrzeugantrieb + erdgasmotor + treibstoffe + oekonomische aspekte + emissionsminderung
DA -059 fahrzeugantrieb + erdgasmotor + emissionsminderung + stadtverkehr + ballungsgebiet

erdgasspeicher

UD -008 tieflagerung + erdgasspeicher + salzkaverne

erdoberflaeche

AA -064 luftbild + erdoberflaeche + infrarottechnik
AA -117 weinberg + mikroklimatologie + erdoberflaeche + KAISERSTUHL + OBERRHEIN
AA -118 erdoberflaeche + luftbewegung + klimatologie + infrarottechnik + OBERRHEINEBENE
AA -131 luftchemie + atmosphaere + spurenstoffe + mikrobiologie + erdoberflaeche
AA -139 erdoberflaeche + waermehaushalt + (energieumsatz) + OBERRHEINEBENE (SUED)
UL -046 luftbild + erdoberflaeche + infrarottechnik

erdoel

siehe auch mineraloel

KB -037 erdoel + emulgierung
SA -044 erdoel + herstellungsverfahren + tenside
SA -052 erdoel + petrographie + energietraeger
SA -058 energietechnik + erdoel + lagerung + messverfahren + (unterirdische kavernen)

erdoelverarbeitung

DD -006 entschwefelung + erdoelverarbeitung

erfolgskontrolle

UA -051 umweltpolitik + umweltschutzmassnahmen + erfolgskontrolle + BUNDESREPUBLIK DEUTSCHLAND

ergonomie

FC -034 ergonomie + arbeitsplatz + laermbelastung + physiologische wirkungen
NC -114 reaktorsicherheit + kernkraftwerk + ergonomie
TA -003 bergbau + ergonomie + datensammlung
TA -012 schienenverkehr + mensch + belastbarkeit + ergonomie
TA -020 bergbau + arbeitsschutz + ergonomie
TA -027 ergonomie + arbeitsschutz + erholung + klima + arbeitsplatz
TA -028 ergonomie + arbeitsplatz + umwelteinfluesse + arbeitsphysiologie

erholung

siehe auch freizeit
siehe auch naherholung

TA -027 ergonomie + arbeitsschutz + erholung + klima + arbeitsplatz
TC -001 freizeitanlagen + erholung + landschaftspflege
UE -004 regionalplanung + landschaft + erholung
UH -030 verkehrswirtschaft + personenverkehr + erholung + (wochenendverkehr)
UL -033 landschaftsbelastung + freizeit + erholung
UL -051 wald + naturschutz + erholung + kartierung + NORDRHEIN-WESTFALEN

erholungseinrichtung

TC -008 freizeitgestaltung + erholungseinrichtung + freiraum
TC -009 erholungseinrichtung + sozio-oekonomische faktoren
TC -010 erholungseinrichtung

erholungsgebiet

AA -009 luftverunreinigung + asbeststaub + ballungsgebiet + erholungsgebiet
AA -046 naherholung + erholungsgebiet + klima + ballungsgebiet + RHEIN-RUHR-RAUM + RHEINISCHES SCHIEFERGEBIRGE

FC -033 holzindustrie + forstwirtschaft + laermbelastung + erholungsgebiet
HE -015 trinkwasserversorgung + wasserguete + erholungsgebiet + BERLIN (WEST)
HE -040 wasserversorgung + wasserwirtschaft + erholungsgebiet + NORDSEEINSELN
KA -001 baggersee + mischabwaesser + erholungsgebiet + regionalplanung + (zielkonflikt) + NIEDERRHEIN
KA -025 erholungsgebiet + badewasser + selbstreinigung + biologischer abbau
TC -003 erholungsgebiet + wald
TC -005 landschaftsoekologie + erholungsgebiet + freizeitanlagen + (ueberbelastete regionen)
TC -006 erholungsgebiet + wald + bedarfsanalyse + SCHWARZWALD (SUED)
TF -032 umweltbelastung + insekten + stadtgebiet + erholungsgebiet
UB-017 wald + erholungsgebiet + rechtliche aspekte
UE -018 regionalplanung + wald + erholungsgebiet
UH -023 verkehrsplanung + laendlicher raum + landwirtschaft + erholungsgebiet + KIRCHHAIN-NIEDERAULA
UK -001 erholungsgebiet + bewertungskriterien + umweltbelastung + (anthropogener einfluss)
UK -002 landschaftsgestaltung + erholungsgebiet + SCHWALM-NETTE
UK -005 strassenbau + erholungsgebiet + waldoekosystem + LEVERKUSEN-BUERGERBUSCH + RHEIN-RUHR-RAUM
UK -006 erholungsgebiet + freizeitanlagen + infrastrukturplanung
UK -013 landesplanung + erholungsgebiet + sozio-oekonomische faktoren + CALW (RAUM)
UK -027 freiraumplanung + erholungsgebiet + naherholung + bedarfsanalyse + planungsmodell + MUENCHEN (REGION)
UK -029 landschaftsplanung + laendlicher raum + erholungsgebiet
UK -048 wald + erholungsgebiet + nutzwertanalyse
UK -050 landschaftsoekologie + landschaftsrahmenplan + erholungsgebiet + naturpark + KOTTENFORST-VILLE + BONN + RHEIN-RUHR-RAUM
UK -051 landschaftsoekologie + erholungsgebiet + MUENSTEREIFLER-WALD + EIFEL
UK -052 landschaftsoekologie + erholungsgebiet + naturpark + BERGISCHES LAND
UK -063 stadt + erholungsgebiet + oekologische faktoren + AACHEN
UK -067 ballungsgebiet + naherholung + erholungsgebiet + (wechselbeziehung + verflechtungsmodell) + HANNOVER (REGION)

erholungsplan

TC -012 erholungsplan + fremdenverkehr + freizeitanlagen + standortfaktoren + PFAELZER WALD + GENEZARETH

erholungsplanung

TC -007 erholungsplanung + fremdenverkehr + oekonomische aspekte + SCHWAEBISCH-HALL
UK -018 landschaftsplanung + flaechennutzung + erholungsplanung + OSTERSEEN (OBERBAYERN)
UK -028 landschaftsrahmenplan + naturpark + erholungsplanung + TEUTOBURGER WALD + WIEHENGEBIERGE
UK -053 erholungsplanung + landschaftsrahmenplan + naturpark + naherholung + KOTTENFORST-VILLE + BONN + RHEIN-RUHR-RAUM
UK -054 landschaftsschutz + erholungsplanung + landschaftsrahmenplan + naturpark + BERGISCHES LAND
UK -055 landschaftsplanung + erholungsplanung + naturschutz + DUEREN (KREIS)
UK -056 landschaftsplanung + erholungsplanung + naturpark + SCHWALMTAL (KREIS VIERSEN)
UK -059 landschaftspflege + erholungsplanung + camping + sozio-oekonomische faktoren
UL -027 vegetation + weinberg + landschaftspflege + erholungsplanung + STUTTGART (RAUM)

erholungsraum

siehe erholungsgebiet

erholungswert

UK -066 landschaftsgestaltung + flurbereinigung + naherholung + erholungswert + FRANKEN

ernaehrung

siehe auch lebensmittel
KA -024 abwasser + mikroflora + ernaehrung
OD -050 mikrobiologie + bakterien + ernaehrung + metabolismus
PD -042 metabolismus + ernaehrung + darmflora
QA -026 ernaehrung + physiologie + trinkwasser
RB -006 ernaehrung + proteine
RB -007 ernaehrung + vitamine
RB -008 ernaehrung + algen + entwicklungslaender
RB -009 ernaehrung + lebensmittel + dokumentation
RB -026 entwicklungslaender + ernaehrung + planungsmodell
RB -032 ernaehrung + oekonomische aspekte

erosion

siehe auch bodenerosion
siehe auch verwitterung
HA -014 wasserbau + uferschutz + erosion + (filter-vlies)
HA -064 wasserwirtschaft + fliessgewaesser + staustufe + erosion + RHEIN
IE -020 gewaesserverunreinigung + meeressediment + korrosion + erosion + (sedimentationsmodell) + ADRIA (NORD)
RC -005 erosion + anthropogener einfluss
RC -006 erosion + ALPEN (OSTALPEN)
RC -007 ackerboden + erosion + schutzmassnahmen + NORDDEUTSCHE TIEFEBENE
RC -024 bodenbeeinflussung + erosion + wueste + SAHELZONE (AFRIKA)
RC -026 naturschutz + vegetationskunde + bodenkunde + erosion + BERLIN-GRUNEWALD
RC -032 bodenbeschaffenheit + erosion + HALLERTAU + BAYERN
RE -014 bodennutzungsschutz + erosion + pflanzenzucht + (perennierender roggen)
UL -071 erosion + oekologie + stoerfall + datenverarbeitung + GANGES + BRAHMAPUTRA

erosionsschutz

RC -010 bodenerhaltung + erosionsschutz + ALPEN
RC -011 bodenerhaltung + erosionsschutz + KAISERSTUHL + OBERRHEIN
RC -020 bodenerosion + bodenerhaltung + erosionsschutz

erschuetterungen

siehe auch schwingungsschutz
siehe auch vibration
FA -010 erschuetterungen + industrie + strassenverkehr + explosion + messung
FA -011 erschuetterungen + explosion + messung
FA -021 laerm + erschuetterungen + mensch + physiologische wirkungen
FA -023 bautechnik + waermefluss + erschuetterungen + geraeuschmessung
FA -085 bodenbeschaffenheit + erschuetterungen + schallausbreitung + (grosschrottscheren)
FB -060 erschuetterungen + ausbreitung
FB -062 erschuetterungen + bewertungskriterien
FC -035 arbeitsplatz + laermbelastung + erschuetterungen + physiologische wirkungen
FC -040 erschuetterungen + schwingungsschutz + landmaschinen
FC -048 arbeitsmedizin + erschuetterungen + landmaschinen
FD -002 untergrundbahn + erschuetterungen + schwingungsschutz
FD -018 untergrund + erschuetterungen + bauten
FD -033 bauwesen + erschuetterungen + bewertungskriterien
FD -038 erschuetterungen + bauschaeden + (putzhaftung)
RC -015 bodenmechanik + erschuetterungen + ueberwachungssystem + OBERRHEINEBENE
RC -016 bodenmechanik + erschuetterungen + talsperre + ALPENRAUM

europaeische gemeinschaft

ME -058 ne-metalle + recycling + wirtschaftlichkeit + europaeische gemeinschaft

MG-031 sondermuell + abfallbeseitigung + abfallboerse + europaeische gemeinschaft
UA -047 umweltschutz + europaeische gemeinschaft
UB -003 umweltbelastung + schadensersatz + europaeische gemeinschaft
UB -011 umweltrecht + rechtsvorschriften + europaeische gemeinschaft + internationaler vergleich
UE -013 raumordnung + regionalplanung + europaeische gemeinschaft

europaeischer fahrzyklus

BA -001 kfz-abgase + europaeischer fahrzyklus + abgaszusammensetzung

eutrophierung

IE -014 meeresverunreinigung + naehrstoffzufuhr + eutrophierung + sauerstoffhaushalt + NORDSEE + OSTSEE
IF -004 grundwasserverunreinigung + massentierhaltung + gewaesserschutz + eutrophierung
IF -005 gewaesserschutz + eutrophierung
IF -007 sedimentation + eutrophierung + industrialisierung + binnengewaesser
IF -008 fliessgewaesser + gewaesserbelastung + landwirtschaftliche abwaesser + eutrophierung
IF -009 fliessgewaesser + gewaesserbelastung + eutrophierung + phosphate + (borate) + HARZ + LEINE + SOESE + SIEBER + INNERSTE
IF -010 gewaesseruntersuchung + eutrophierung + algen
IF -014 gewaesser + eutrophierung + bodenerosion + niederschlag
IF -015 eutrophierung + oberflaechengewaesser + biomasse + trinkwasserversorgung
IF -016 eutrophierung + oberflaechengewaesser
IF -017 gewaesserverunreinigung + fliessgewaesser + eutrophierung + (nitrophile pflanzen)
IF -018 eutrophierung + abwasser + KIELER BUCHT + OSTSEE
IF -019 meerwasser + eutrophierung + analyseverfahren + OSTSEE
IF -020 oberflaechengewaesser + eutrophierung + phosphate + nitrate + (roehricht) + BERLIN
IF -021 oberflaechengewaesser + eutrophierung + phosphate + nitrate + (sedimentgrund) + BERLIN
IF -022 gewaesserbelastung + duengemittel + eutrophierung + SCHLESWIG-HOLSTEIN
IF -025 oberflaechengewaesser + hydrobiologie + eutrophierung + wasserguete + BODENSEE
IF -027 gewaesserueberwachung + eutrophierung + prognose + BODENSEE
IF -029 gewaesserbelastung + kommunale abwaesser + duengemittel + naehrstoffhaushalt + eutrophierung
IF -030 eutrophierung + gewaesserverunreinigung + fliessgewaesser + NIEDERSACHSEN (SUED)
IF -032 gewaesserbelastung + phosphate + eutrophierung + sediment + BODENSEE (OBERSEE)
IF -033 gewaesserbelastung + phosphate + eutrophierung + wasserbewegung + BODENSEE
IF -034 phosphate + stofftransport + gewaesserverunreinigung + eutrophierung + BODENSEE
IF -035 fliessgewaesser + litoral + eutrophierung + pflanzendecke + bioindikator + HESSEN (NORD) + FULDA
IF -036 oberflaechengewaesser + eutrophierung + phosphate + biologischer sauerstoffbedarf + messverfahren
IF -037 gewaesserschutz + phosphate + eutrophierung + oekonomische aspekte
IF -040 binnengewaesser + eutrophierung + ATTERSEE (OESTERREICH) + ALPENRAUM
KF -019 wasserverunreinigende stoffe + phosphate + eutrophierung + mikrobieller abbau

explosion

FA -010 erschuetterungen + industrie + strassenverkehr + explosion + messung
FA -011 erschuetterungen + explosion + messung

explosionsschutz

AA -017 bergwerk + ueberwachungssystem + gase + messgeraet + explosionsschutz
TA -071 abfallaufbereitungsanlage + betriebssicherheit + explosionsschutz

extraktion

KB -066 petrochemische industrie + abwasserbehandlung + flotation + extraktion

extraktionsmethode

IE -043 meerwasser + wasserverunreinigung + pestizide + extraktionsmethode

fabrikhalle

DC -007 fabrikhalle + abluft + staubminderung
FC -026 arbeitsschutz + laermminderung + bergbau + baugewerbe + fabrikhalle
FC -041 laermbelastung + arbeitsplatz + fabrikhalle + metallbearbeitung + (rechenprogramm)
FC -072 laermbelastung + immissionsmessung + arbeitsplatz + fabrikhalle

faekalien

HD -018 trinkwasserguete + abwasser + faekalien + bakteriologie + nachweisverfahren
IC -003 fluss + gewaesserverunreinigung + faekalien + bioindikator + ISAR
KE -001 klaerschlamm + entwaesserung + faekalien + (kleinklaeranlage) + HEINSBERG (NORDRHEIN-WESTFALEN)

faellung

HE -045 oberflaechenwasser + wasseraufbereitung + organische schadstoffe + faellung + flockung + RHEIN
KB -077 chemische abwasserreinigung + faellung + schwermetallsalze
KF -018 abwasserschlamm + phosphate + faellung + schlammbeseitigung

faellungsanlage

KF -003 abwasser + faellungsanlage + phosphate

faellungsmittel

KB -015 biologische abwasserreinigung + faellungsmittel
KE -055 biologische klaeranlage + faellungsmittel
KF -014 abwasserreinigung + klaeranlage + phosphate + faellungsmittel

faerberei

KC -020 abwasserreinigung + siedlung + faerberei
OA -015 reinigung + faerberei + (membrantechnik)

fahrzeug

siehe auch kfz
FB -055 geraeuschminderung + strassenverkehr + fahrzeug + schallentstehung + (abrollgeraeusche)
FB -072 fahrzeug + laermminderung

fahrzeugantrieb

DA -058 fahrzeugantrieb + erdgasmotor + treibstoffe + oekonomische aspekte + emissionsminderung
DA -059 fahrzeugantrieb + erdgasmotor + emissionsminderung + stadtverkehr + ballungsgebiet
DA -071 kfz-technik + fahrzeugantrieb
SB -003 fahrzeugantrieb
UI -003 oeffentlicher nahverkehr + elektrofahrzeug + fahrzeugantrieb + (omnibus-system)
UI -022 kfz-technik + emissionsminderung + verkehrssystem + fahrzeugantrieb + systemanalyse
UI -023 fahrzeugantrieb + elektrofahrzeug + personenverkehr + stadtverkehr + emissionsminderung
UI -026 verkehrssystem + fahrzeugantrieb + systemanalyse

fall-out

siehe auch radioaktive substanzen

AA-101 luftchemie + atmosphaere + aerosole + radioaktive spurenstoffe + fall-out
ID -038 grundwasserbelastung + radioaktive spurenstoffe + fall-out + (dispersionsmodell)
NB-042 fall-out + radioaktive kontamination + mensch

farbauftrag

DC-018 farbauftrag + ofen
DC-019 farbauftrag + verfahrensoptimierung
DD-011 farbauftrag + umweltfreundliche technik + (beschichtungsmaterial)
DD-012 farbauftrag + umweltfreundliche technik + (wasserlacke)
TA -018 farbauftrag + nachbehandlung + abluft + emissionsminderung + arbeitsplatz

farbenindustrie

TA -019 farbenindustrie + arbeitsplatz + schadstoffemission + emissionsminderung + (lackierverfahren)
TA -032 farbenindustrie + arbeitsschutz + loesungsmittel
TA -049 arbeitsschutz + schadstoffbelastung + farbenindustrie + aerosolmesstechnik + (lacknebel)
TA -050 arbeitsschutz + emissionsminderung + farbenindustrie + (lackiertechnik)
TA -051 arbeitsschutz + schadstoffminderung + farbenindustrie + (lackiertechnik)

farbstoffe

DD-013 farbstoffe + loesungsmittel + umweltfreundliche technik + (lacksysteme)
KC-064 abwasser + farbstoffe
ME-072 druckereiindustrie + papiertechnik + farbstoffe + recycling

fauna

HA-020 gewaesseruntersuchung + fauna + (limnisches oekosystem)
HC-007 kuestengewaesser + wattenmeer + meeresbiologie + fauna + flora + (bestandsaufnahme) + ELBE-AESTUAR + NEUWERK
MC-011 deponie + fauna + hygiene
NC-116 kernkraftwerk + landschaftsschutzgebiet + fauna + SCHWEINFURT-GRAFENRHEINFELD
PG-025 bodenkontamination + fauna + nematizide + (hafermonokultur) + MUENSTERLAND + KOELNER BUCHT + RHEIN-RUHR-RAUM
PI -011 oekosystem + fauna + kuestengebiet
RH-005 pflanzenschutzmittel + ackerbau + fauna
UM-007 landschaftsoekologie + deponie + rekultivierung + fauna
UN-018 biologie + oekologie + fauna + KAISERSTUHL + BADEN (SUED) + OBERRHEIN
UN-022 biozoenose + fauna + biotop
UN-044 fauna + population + (bestandsaufnahme) + NIEDERSACHSEN
UN-045 fauna + population + ueberwachung + (bestandsaufnahme) + NIEDERSACHSEN
UN-047 fauna + biotop + schutzmassnahmen + (amphibien + reptilien) + NIEDERSACHSEN
UN-058 naturpark + fauna + oekologische faktoren + VOGELSBERG (NATURPARK)
UN-060 umwelteinfluesse + fauna + KARLSRUHE (RAUM) + OBERRHEIN

feinstaeube

BB -001 muellverbrennung + feinstaeube + spurenanalytik + schwermetalle
BB -038 muellverbrennungsanlage + feinstaeube + anorganische stoffe
DC-003 kokerei + feinstaeube + emissionsminderung
DC-004 kokerei + feinstaeube + emissionsminderung
DC-060 kokerei + feinstaeube + emissionsminderung + FUERSTENHAUSEN
DC-061 kohle + feinstaeube + nassentstaubung
DC-063 abgasentstaubung + feinstaeube + (elektrolichtbogenofen)
DD-032 filter + staubbelastung + feinstaeube
DD-044 schadstoffbelastung + arbeitsplatz + feinstaeube + staubabscheidung
OA-009 messtechnik + analysengeraet + umweltverschmutzung + feinstaeube
PC -058 luftverunreinigung + feinstaeube + biologische wirkungen + zellkultur

felsmechanik

siehe auch bodenmechanik

FB -086 felsmechanik + bautechnik + verkehrsplanung + ballungsgebiet
MC-003 depotanlage + felsmechanik
ND-030 felsmechanik + bergwerk + tieflagerung + radioaktive abfaelle + ASSE + BRAUNSCHWEIG/SALZGITTER

fermentation

ME-030 abfallbehandlung + cellulose + fermentation + biotechnologie + recycling

fermente

siehe enzyme

fernerkundung

CB -012 klimatologie + fliegende messtation + fernerkundung + schadstoffausbreitung + (ir-thermographie) + MAIN + TAUNUS + WETTERAU + RHEIN-MAIN-GEBIET
IA -003 gewaesserueberwachung + fliegende messtation + fernerkundung
IE -051 kuestengebiet + wattenmeer + wasserverunreinigung + fernerkundung + NORDSEE + JADE
RA-023 bodennutzung + landwirtschaft + forstwirtschaft + vegetationskunde + fernerkundung + FRANKFURT
UA-061 fernerkundung + datenerfassung + planungshilfen

fernheizung

BB -009 hausbrand + schadstoffemission + schwefeldioxid + fernheizung + emissionskataster + BERLIN-WILMERSDORF

fernwaerme

GC-008 energieversorgung + fernwaerme + kraftwerk + abwaerme + MANNHEIM + LUDWIGSHAFEN + HEIDELBERG
GC-012 waermeversorgung + abwaerme + recycling + fernwaerme + SAARLAND
SA -007 energieversorgung + fernwaerme + wirtschaftlichkeit + oekologische faktoren
SA -016 fernwaerme + waermeversorgung + kernkraftwerk + (heizkraftwerkverbund) + OBERHAUSEN + RUHRGEBIET

ferrolegierungen

DC-067 industrieabgase + ferrolegierungen + entstaubung

festland

HG-046 hydrologie + festland + internationale zusammenarbeit

feststoffe

AA-151 emission + feststoffe + messverfahren + geraeteentwicklung
KA-014 gewaesserueberwachung + abwasserkontrolle + feststoffe + geraeteentwicklung
KA-017 wasserverunreinigung + feststoffe + messgeraet + automatisierung
KB-083 klaeranlage + feststoffe + filtermaterial + pruefverfahren + (schwerkraftfilter + kompakt-klaeranlage)

feststofftransport

HA-011 fliessgewaesser + feststofftransport + niederschlag + BUNDESREPUBLIK DEUTSCHLAND
HA-048 oberflaechengewaesser + feststofftransport + schwebstoffe + (zuflussfracht) + BODENSEE
HB-082 sickerwasser + stroemung + feststofftransport

HG -022 fliessgewaesser + stroemungstechnik + feststofftransport
IB -020 vorfluter + kies + feststofftransport
KB -044 abwasser + feststofftransport + stroemung + filtration
NB -029 bodenstruktur + feststofftransport + schwermetalle + transurane

feuerungsanlage

AA -113 immissionsschutzgesetz + immissionsueberwachung + feuerungsanlage + NORDRHEIN-WESTFALEN
BB -017 feuerungsanlage + brennstoffe + emissionsmessung
BB -033 feuerungsanlage + emission + stickoxide + (modellrechnung)
BC -022 industrieabgase + feuerungsanlage + gasreinigung + emissionsminderung
CA -002 emissionskataster + smogbildung + feuerungsanlage
DB -024 feuerungsanlage + verfahrensoptimierung + emissionsminderung
DB -025 feuerungsanlage + verbrennung + verfahrensoptimierung + emissionsminderung
DB -032 emissionsminderung + schwefeldioxid + feuerungsanlage + (bundesrepublik deutschland)

feuerungstechnik

BB -003 luftverunreinigung + feuerungstechnik + verbrennung + emission + (hochfackel)
FA -007 geraeuschmessung + feuerungstechnik + (strahlflammen)
FC -019 geraeuschmessung + feuerungstechnik + (gasbrenner)

fichte

RG -032 forstwirtschaft + fichte
UM-036 baum + pflanzenschutz + fichte + phytopathologie

filter

siehe auch abgasfilter
siehe auch abluftfilter
siehe auch kiesfilter
siehe auch staubfilter
BC -021 aerosole + bergwerk + filter + ultraschall
DC -055 emissionsminderung + staub + filter + verfahrensoptimierung
DD -017 gasreinigung + staubabscheidung + filter
DD -032 filter + staubbelastung + feinstaeube
DD -043 aerosolmesstechnik + filter
DD -046 entstaubung + filter
HA -114 oberflaechengewaesser + selbstreinigung + biologischer abbau + filter
HE -042 trinkwasseraufbereitung + filter + mikroorganismen
KB -025 abwasserreinigung + biologische klaeranlage + flockung + filter
NC -080 reaktorsicherheit + kuehlsystem + radioaktive kontamination + filter

filtermaterial

DA -040 kfz-technik + oel + filtermaterial
DC -052 abgasreinigung + staubabscheidung + filtermaterial + (glasfasern)
DD -003 luftreinigung + filtermaterial
DD -042 staubabscheidung + filtermaterial
IB -024 strassenbau + entwaesserung + filtermaterial
KB -036 abwasserreinigung + filtermaterial + braunkohle
KB -051 abwasserreinigung + filtermaterial
KB -083 klaeranlage + feststoffe + filtermaterial + pruefverfahren + (schwerkraftfilter + kompakt-klaeranlage)
KE -030 filtermaterial + (eigenschaften)
NB -018 radioaktive spaltprodukte + jod + aerosole + filtermaterial

filterschlamm

siehe auch abwasserschlamm
ME -052 filterschlamm + recycling

filtration

siehe auch uferfiltration
HA -079 wasserreinigung + entsalzung + verfahrensentwicklung + filtration + (membranen)
HB -081 sickerwasser + stroemung + filtration
HE -019 wasseraufbereitung + filtration + trinkwasser
HE -026 trinkwasseraufbereitung + wasserwerk + filtration + aktivkohle + mikroorganismen
HE -033 trinkwasser + wasseraufbereitung + filtration + schlammbeseitigung
HF -004 trinkwassergewinnung + brackwasser + filtration
IF -028 gewaesserverunreinigung + phosphate + filtration + BERLIN (TEGELER SEE)
KB -018 wasseraufbereitung + flockung + filtration
KB -043 wasserreinigung + filtration
KB -044 abwasser + feststofftransport + stroemung + filtration
KB -057 abwasserreinigung + filtration
KB -060 wasserreinigung + filtration + schadstoffentfernung + (hangfiltrationsstufe)
KB -061 abwasserbehandlung + flockung + filtration
KB -063 abwasseraufbereitung + filtration + (membranverfahren + precoattechnik)
KB -070 lebensmittelindustrie + getreideverarbeitung + abwasseraufbereitung + filtration
KB -075 abwasserreinigung + filtration + phenole + (membranverfahren)
KB -088 abwasserreinigung + algen + filtration + proteine + futtermittel
KC -024 abwasserreinigung + zuckerindustrie + boden + filtration + grundwasserbelastung
KC -050 molkerei + abwasserbehandlung + filtration
KD -015 abwasserbeseitigung + landwirtschaftliche abwaesser + filtration + SCHLESWIG-HOLSTEIN
KE -025 abwasserreinigung + verfahrenstechnik + filtration
KE -026 abwasserreinigung + verfahrenstechnik + filtration
KE -027 schlammentwaesserung + filtration
KE -036 abwasserreinigung + biologische klaeranlage + filtration + (mikrosieb)
KF -005 wasser + phosphate + filtration
PC -008 luft + filtration + rueckstaende + biologische wirkungen + analytik
PF -071 filtration + bodenbeschaffenheit + schwermetalle + arsen
PH -022 boden + filtration + schadstoffe
RC -028 abfallstoffe + boden + filtration
RC -036 bodenbeschaffenheit + abfallstoffe + filtration + kartierung + NIEDERSACHSEN
TA -055 schwermetalle + schadstoffbeseitigung + filtration
UB -020 trinkwasseraufbereitung + oberflaechengewaesser + pcb + filtration + RHEIN-RUHR-RAUM

finanzrecht

UB -007 umweltschutz + finanzrecht

fische

GB -023 biochemie + physiologie + fische
HA -023 wasserhygiene + gewaesserbelueftung + fische
HA -034 fluss + fische + wasserguete + kernkraftwerk + ELBE-AESTUAR
HC -011 meeresorganismen + plankton + fische + NORDSEE + OSTSEE
IC -035 gewaesserbelastung + landwirtschaftliche abwaesser + oekologische faktoren + fische
IC -111 gewaesserbelastung + fische + populationsstruktur + bioindikator + RHEIN
IE -053 marine nahrungskette + phosphate + metabolismus + fische + (karpfen)
KA -020 abwasserkontrolle + bioindikator + fische
KD -002 abwasserreinigung + kiesfilter + massentierhaltung + fische
OD -093 bioindikator + schadstoffimmission + fische
PA -011 fische + schwermetallkontamination + nachweisverfahren
PA -021 schwermetalle + physiologische wirkungen + fische + belastbarkeit
PA -034 fische + schwermetallkontamination + physiologische wirkungen
PB -003 phosphate + fische
PB -021 lebensmittel + fische + pestizide + hoechstmengenverordnung

PC -020 fische + toxische abwaesser + sauerstoffgehalt + synergismus + physiologische wirkungen
PC -021 schadstoffwirkung + fische + verhaltensphysiologie + (korrosionsschutzmittel)
PC -022 embryopathie + fische + umweltchemikalien + sauerstoff + kombinationswirkung
PC -025 ddt + schwermetalle + schadstoffwirkung + fische + toxikologie + OSTSEE
PC -049 umweltchemikalien + toxizitaet + fische
PC -065 umweltbedingungen + hormone + fische + amphibien
PD -005 carcinogenese + fische
PI -045 oekologie + fische + amphibien + umwelteinfluesse
QB -017 lebensmittel + fische + bestrahlung
QB -019 fische + schwermetallkontamination + quecksilber + ATLANTIK (NORD) + NORDSEE + OSTSEE
QB -020 lebensmittelkonservierung + fische + carcinogene + benzpyren
QB -054 lebensmittelueberwachung + fische + schwermetallkontamination + NORDSEE + OSTSEE + ATLANTIK (NORD)
QB -055 lebensmittelkontamination + fische + meerestiere + quecksilber + NORDSEE + OSTSEE + NORDATLANTIK + BARENTSEE + NORDAMERIKA (KUESTENGEBIET)
QB -060 binnengewaesser + fische + parasiten
QD -003 fische + futtermittel + schwermetallkontamination
QD -025 marine nahrungskette + schwermetallkontamination + fische + DEUTSCHE BUCHT
QD -030 marine nahrungskette + herbizide + schadstoffbilanz + fische
TF -029 viren + fische

fischerei

RB -024 meeresbiologie + fischerei + lebensmittel + (produktionsbiologische untersuchung) + ATLANTIK
RB -025 meeresbiologie + fischerei + (produktionsbiologische untersuchung) + PAZIFIK + MEXIKO

flaechenkompostierung

MD-022 abwasserschlamm + flaechenkompostierung + bodenbelastung

flaechennutzung

AA -051 klima + flaechennutzung + regionalplanung + (klimaschutzgebiete) + RHEIN-NECKAR-RAUM
IB -014 niederschlagsabfluss + gewaesserbelastung + flaechennutzung
RA -017 flaechennutzung + landbau + (mehrfachnutzung)
TC -016 naherholung + siedlungsentwicklung + ballungsgebiet + flaechennutzung + interessenkonflikt + NIEDERSACHSEN
UE -008 flaechennutzung + interessenkonflikt + bewertungskriterien
UE -011 flaechennutzung + siedlungsstruktur + bewertungskriterien + interessenkonflikt
UE -021 entwicklungslaender + stadtentwicklung + flaechennutzung + wirtschaftsstruktur + infrastruktur + TUERKEI (SCHWARZMEERKUESTE) + ANATOLIEN
UE -030 flaechennutzung + umweltschutz
UE -038 ballungsgebiet + flaechennutzung + (regionale siedlungsachsen)
UK -018 landschaftsplanung + flaechennutzung + erholungsplanung + OSTERSEEN (OBERBAYERN)
UK -037 landschaftsplanung + flaechennutzung + oekologische faktoren + SCHWARZWALD-BAAR-HEUBERG (REGION) + TUTTLINGEN

flaechennutzungsplan

UE -026 raumordnung + flaechennutzungsplan + KEMPTEN
UG -014 infrastrukturplanung + flaechennutzungsplan + wasserversorgung + energieversorgung
UK -036 landschaftsplanung + flaechennutzungsplan + RAVENSBURG
UL -056 landwirtschaft + landschaftspflege + flaechennutzungsplan + oekonomische aspkete

flamme

BB -019 stickstoffmonoxid + flamme
BB -021 stickoxide + flamme

flechten

AA -019 immissionsbelastung + phytoindikator + flechten + ballungsgebiet + KOELN + RHEIN-RUHR-RAUM
AA -020 luftverunreinigung + schwefeldioxid + flechten + bioindikator
AA -062 luftueberwachung + immissionsmessung + flechten + kartierung + REGENSBURG (RAUM)
AA -070 bioindikator + kartierung + flechten + NECKAR (MITTLERER NECKAR-RAUM) + STUTTGART
AA -071 luftverunreinigung + bioindikator + flechten + kartierung
AA -072 luftueberwachung + immissionsmessung + phytoindikator + flechten
AA -074 luftueberwachung + immissionsmessung + phytoindikator + flechten + NECKAR (MITTLERER NECKAR-RAUM) + STUTTGART
AA -076 luftueberwachung + immissionsmessung + phytoindikator + flechten + (uv-fluoreszenzmikroskopie)
AA -077 luftueberwachung + immissionsmessung + phytoindikator + flechten + (natuerliche standortsbedingungen)
AA -088 luftverunreinigung + bioindikator + flechten + BADEN-WUERTTEMBERG
AA -089 immissionsbelastung + kartierung + bioindikator + flechten
AA -154 luftverunreinigung + phytoindikator + flechten + DEUTSCHLAND (SUED-WEST)

fleisch

siehe auch lebensmitel

QB -004 fleisch + antibiotika + rueckstaende
QB -007 fleisch + abgas + pestizide + rueckstaende
QB -008 fleisch + pestizide + schadstoffminderung
QB -011 lebensmittelkontamination + fleisch + nitrate + nitrite + nitrosamine
QB -012 lebensmittelkontamination + fleisch + desinfektionsmittel + rueckstandsanalytik
QB -013 lebensmittelanalytik + fleisch + analyseverfahren
QB -014 lebensmittelkontamination + fleisch + schlachttiere + blei
QB -015 lebensmittelkonservierung + fleisch + nitrite + schadstoffbildung
QB -040 fleisch + rueckstandsanalytik
QB -041 fleisch + lebensmittelhygiene + schlachthof
QB -043 fleisch + rueckstandsanalytik + lebensmittelhygiene
QB -045 lebensmittelhygiene + fleisch
QB -046 lebensmittelanalytik + fleisch + ddt + insektizide
QB -053 lebensmittelkontamination + fleisch + pestizide + haustiere + wild
QB -056 lebensmittelkontamination + fleisch + arsen + schwermetalle + hoechstmengenverordnung + (carry-over-modell) + NIEDERSACHSEN
QB -057 lebensmittelkontamination + fleisch + schlachttiere + schwermetalle + pestizide + WESER-EMS-GEBIET
QD -001 lebensmittelkontamination + fleisch + schwermetalle + (carry-over-effekt)
RF -022 gruenlandwirtschaft + tierhaltung + rind + fleisch

fleischprodukte

ME -004 fleischprodukte + abfallbeseitigung + schlachthof
PC -038 umweltchemikalien + geruchsminderung + nutztierstall + fleischprodukte + (schwein)
QB -003 lebensmittelhygiene + fleischprodukte + pharmaka
QB -005 fleischprodukte + kohlenwasserstoffe
QB -006 fleischprodukte + antibiotika + rueckstandsanalytik
QB -009 fleischprodukte + nitrosamine
QB -010 fleischprodukte + nitrite
QB -016 bakterien + tierkoerper + fleischprodukte
QB -031 lebensmittelueberwachung + fleischprodukte + pharmaka
QB -035 fleischprodukte + lebensmittelkontamination + antibiotika + oestrogene + nachweisverfahren
QB -037 lebensmittelhygiene + fleischprodukte + fungistatika + kontaminationsquelle + schimmelpilze
QB -039 lebensmittelhygiene + mikroflora + fleischprodukte
QB -042 fleischprodukte + mykotoxine

QB -047 fleischprodukte + schwermetallkontamination + umweltchemikalien + rueckstandsanalytik
QB -048 lebensmittel + fleischprodukte + schwermetallkontamination + umweltbelastung
QB -049 fleischprodukte + blei + rueckstandsanalytik + hoechstmengenverordnung
QD -015 lebensmittelkontamination + gefluegel + fleischprodukte

fleischproduktion

QB -001 lebensmittelueberwachung + fleischproduktion + pharmaka

fliegende messtation

siehe auch satellit

AA -040 schadstoffimmission + luftueberwachung + fliegende messtation
AA -049 luftueberwachung + luftbild + fliegende messtation
AA -128 fliegende messtation + atmosphaere
AA -173 luftverunreinigung + fliegende messtation + ueberwachung
CB -012 klimatologie + fliegende messtation + fernerkundung + schadstoffausbreitung + (ir-thermographie) + MAIN + TAUNUS + WETTERAU + RHEIN-MAIN-GEBIET
IA -003 gewaesserueberwachung + fliegende messtation + fernerkundung
IE -016 gewaesserueberwachung + meeresverunreinigung + fliegende messtation + DEUTSCHE BUCHT + ELBE-AESTUAR
RC -040 bodenkarte + oekologie + fliegende messtation + luftbild + STARNBERGER SEE + KOCHELMOOS + ALPENVORLAND
VA -029 umweltprobleme + fliegende messtation + luftbild + statistische auswertung

fliesenindustrie

siehe auch glasindustrie

BC -014 fliesenindustrie + abwasser + luftverunreinigung
BC -030 luftverunreinigung + fluor + fliesenindustrie

fliessgewaesser

CB -059 schadstoffausbreitung + atmosphaere + fliessgewaesser + selbstreinigung
GB -006 fliessgewaesser + waermebelastung + wasserverdunstung + meteorologie + (nebelbildung)
GB -016 fliessgewaesser + waermebelastung + kraftwerk
GB -024 fliessgewaesser + waermebelastung + invertebraten + wasserguete + RHEIN
GB -030 fliessgewaesser + waermebelastung + kraftwerk + OBERRHEIN
GB -040 fliessgewaesser + abwaerme + sauerstoffhaushalt + biozoenose
GB -044 fliessgewaesser + abwaerme + sedimentation + transportprozesse
GB -045 fliessgewaesser + biozoenose
GB -047 fliessgewaesser + abwaerme + abwasser + transportprozesse
HA -011 fliessgewaesser + feststofftransport + niederschlag + BUNDESREPUBLIK DEUTSCHLAND
HA -026 fliessgewaesser + salzgehalt + gestein + MAIN (MITTELMAIN)
HA -030 fliessgewaesser + gewaesseruntersuchung + naehrstoffhaushalt + landwirtschaft + NIEDERSACHSEN (SUED)
HA -032 fliessgewaesser + klimatologie + landwirtschaft
HA -037 uferschutz + gewaesserschutz + fliessgewaesser + vegetation
HA -038 fliessgewaesser + vegetationskunde + gewaesserschutz + MUENSTERLAND
HA -041 meteorologie + fliessgewaesser + hochwasser
HA -051 fliessgewaesser + selbstreinigung
HA -052 fliessgewaesser + waermehaushalt + kraftwerk + abwaerme + klima + (simulationsmodell)
HA -060 wasserguetewirtschaft + fliessgewaesser + (rechenmodell) + NECKAR
HA -061 wasserguetewirtschaft + fliessgewaesser + messtation + NECKAR
HA -064 wasserwirtschaft + fliessgewaesser + staustufe + erosion + RHEIN
HA -071 fliessgewaesser + stofftransport + spurenelemente + analytik + ACHEN (TIROL) + ALPENRAUM
HA -086 fliessgewaesser + waermehaushalt + (temperaturverteilung)
HA -091 sedimentation + fliessgewaesser + spurenelemente + BAYERN (OBERBAYERN)
HA -092 fliessgewaesser + biozoenose + oekologie + MUENCHENER EBENE
HA -095 fliessgewaesser + stofftransport + hydrochemie + vegetation + klima + SCHLITZERLAND + HESSEN
HA -099 fliessgewaesser + uferschutz + biozoenose + pflanzenoekologie + ALLER (OBERALLER)
HA -100 fliessgewaesser + quelle + landespflege + gewaesserschutz + NIEDERSACHSEN
HA -108 fliessgewaesser + selbstreinigung + ALZETTE + LUXEMBURG
HB -013 fliessgewaesser + grundwasser + anthropogener einfluss
HB -053 grundwasser + wasserwirtschaft + fliessgewaesser + RHEIN-NECKAR-RAUM
HB -055 fliessgewaesser + grundwasseranreicherung + ILLERTAL
HG -009 fliessgewaesser + kuestengewaesser + hydrometeorologie + messverfahren + WESER-AESTUAR
HG -019 fliessgewaesser + sedimentation + schwermetallkontamination + ELM + HARZVORLAND
HG -022 fliessgewaesser + stroemungstechnik + feststofftransport
HG -036 fliessgewaesser + abflussmodell + RHEIN + NECKAR
HG -058 fliessgewaesser + grundwasser + sickerwasser
HG -061 fliessgewaesser + schadstoffe + transport
HG -062 fliessgewaesser + speicherung + ALPENRAUM
IA -006 fliessgewaesser + spurenelemente + (nachweisverfahren) + LAHN
IA -018 fliessgewaesser + organische schadstoffe + nachweisverfahren
IA -034 fliessgewaesser + schwebstoffe + schadstoffnachweis
IB -011 hochwasser + fliessgewaesser
IB -013 hydrologie + fliessgewaesser + kanalabfluss + abflussmodell
IC -002 wasserverunreinigung + fliessgewaesser + bakterienflora + MUENCHEN-MOOSACH + FREISING
IC -010 gewaesserverunreinigung + fliessgewaesser + selbstreinigung + toxische abwaesser
IC -011 fliessgewaesser + geruchsstoffe + trinkwasser + RHEIN + MAIN
IC -016 fliessgewaesser + schadstoffbilanz + schwermetalle + RHEIN
IC -018 fliessgewaesser + organische schadstoffe + schadstoffnachweis
IC -026 fliessgewaesser + schwermetallkontamination + sediment + spurenstoffe + LAHN
IC -027 fliessgewaesser + schlaemme + schwermetalle + NECKAR
IC -028 detergentien + fliessgewaesser + MAIN
IC -038 gewaesserbelastung + fliessgewaesser + landwirtschaftliche abwaesser + kommunale abwaesser + (makrophyten) + NIEDERSACHSEN (SUED)
IC -045 wasserverunreinigung + fliessgewaesser + quecksilber + GOETTINGEN (RAUM)
IC -051 fliessgewaesser + abwasser + bakterien
IC -053 fliessgewaesser + schwermetallkontamination + metallsalze + biozoenose
IC -054 fliessgewaesser + sediment + organische stoffe + sauerstoffbedarf + (flussguetemodell)
IC -057 fliessgewaesser + schadstoffbelastung + biologische wirkungen
IC -059 fliessgewaesser + schwermetalle + kontamination + toxikologie + HESSISCHES RIED
IC -061 fliessgewaesser + sediment + schwermetallkontamination + SCHLESWIG-HOLSTEIN
IC -069 fliessgewaesser + radioaktive spurenstoffe + tritium + RHEIN + WESER + EMS
IC -070 fliessgewaesser + schadstoffbelastung + wasserwirtschaft + NECKAR
IC -071 fliessgewaesser + wasserorganismen + schadstofftransport

IC -084 fliessgewaesser + waermebelastung + bakterien + schadstoffabbau
IC -085 fliessgewaesser + gewaesserguete + bakterien + reinigung + (nitrifikation)
IC -088 fliessgewaesser + schadstoffbelastung + wassertiere + (synergistische wirkungen) + RHEIN
IC -089 fliessgewaesser + schadstoffbelastung + invertebraten + wasserguete + RHEIN
IC -109 fliessgewaesser + spurenelemente + RUHR (EINZUGSGEBIET)
IC -113 fliessgewaesser + schadstoffbelastung + biologische wirkungen
ID -024 fliessgewaesser + schadstofftransport + grundwasserschutzgebiet + FREIBURGER BUCHT + OBERRHEIN
IE -013 fliessgewaesser + schadstofftransport + schwermetalle + meer + sedimentation + ELBE-AESTUAR + DEUTSCHE BUCHT + NORDSEE
IF -008 fliessgewaesser + gewaesserbelastung + landwirtschaftliche abwaesser + eutrophierung
IF -009 fliessgewaesser + gewaesserbelastung + eutrophierung + phosphate + (borate) + HARZ + LEINE + SOESE + SIEBER + INNERSTE
IF -017 gewaesserverunreinigung + fliessgewaesser + eutrophierung + (nitrophile pflanzen)
IF -030 eutrophierung + gewaesserverunreinigung + fliessgewaesser + NIEDERSACHSEN (SUED)
IF -035 fliessgewaesser + litoral + eutrophierung + pflanzendecke + bioindikator + HESSEN (NORD) + FULDA
NB-008 fliessgewaesser + radioaktivitaet
OD-011 fliessgewaesser + schwermetallkontamination + schadstoffbeseitigung + mikroorganismen + SAAR + MOSEL
PF -060 fliessgewaesser + untergrund + phosphate + bodenbelastung + SCHWARZACH (OBERPFALZ)
PI -044 fliessgewaesser + abwasser + biozoenose + MAIN + RHEIN-MAIN-GEBIET
QD-031 fliessgewaesser + nahrungskette + (schnecke)
UL -040 landschaftsschutz + fliessgewaesser + oekologische faktoren + kartierung + BERLIN-KLADOW (HAVEL)

flockung

HA-104 oberflaechengewaesser + kolloide + sedimentation + flockung
HE-023 trinkwasseraufbereitung + wasser + flockung
HE-024 trinkwasseraufbereitung + wasser + flockung
HE-045 oberflaechenwasser + wasseraufbereitung + organische schadstoffe + faellung + flockung + RHEIN
HE-048 wasseraufbereitung + algen + flockung + trinkwasser
HG-059 gewaesser + flockung + sedimentation + modell
KB-018 wasseraufbereitung + flockung + filtration
KB-025 abwasserreinigung + biologische klaeranlage + flockung + filter
KB-028 kommunale abwaesser + flockung
KB-030 wasserreinigung + flockung + schadstoffentfernung + phosphate
KB-038 abwasserbehandlung + flockung + tenside
KB-061 abwasserbehandlung + flockung + filtration
KB-062 wasser + kolloide + flockung
KB-089 wasseraufbereitung + flockung + (flockungstestapparatur)
KB-090 wasseraufbereitung + flockung + (stoerfaktoren)
MG-022 abwasserreinigung + flockung + oekonomische aspekte

flora

siehe auch mikroflora
siehe auch pflanzen
siehe auch unkrautflora
HA-031 oberflaechengewaesser + flora + WUERTTEMBERG
HC-007 kuestengewaesser + wattenmeer + meeresbiologie + fauna + flora + (bestandsaufnahme) + ELBE-AESTUAR + NEUWERK
PH-016 schadstoffwirkung + flora + schwefeloxide + stickoxide + nachweisverfahren
UM-008 deponie + rekultivierung + flora
UM-033 flora + kartierung + bioindikator + BAYERN
UM-034 flora + kartierung + bioindikator + EUROPA (MITTELEUROPA)
UM-043 naturschutz + flora + kartierung + KOELN + AACHEN + RHEIN-RUHR-RAUM

flotation

KB-027 abwasserreinigung + flotation + rueckstaende
KB-066 petrochemische industrie + abwasserbehandlung + flotation + extraktion
KC-021 abwasseranalyse + flotation + amine + (eisenflotationsanlage)

fluessigkeit

CB-030 gase + staub + fluessigkeit + stroemung

fluessigmist

siehe auch abfall
siehe auch guelle
BE-009 fluessigmist + sauerstoffeintrag + geruchsminderung
KD-005 abfallbehandlung + fluessigmist + geruchsminderung
KD-007 fluessigmist + aufbereitung + geruchsminderung
KD-008 fluessigmist + recycling + lagerung + mikrobieller abbau + geruchsminderung
KD-009 fluessigmist + sauerstoffeintrag + schadstoffabbau + geruchsminderung + duengung
KD-010 fluessigmist + biologischer abbau + verfahrensentwicklung
KD-016 fluessigmist + oberflaechenwasser + pflanzenernaehrung
MF-012 fluessigmist + abfallbehandlung
MF-013 fluessigmist + abfallbehandlung + mikroorganismen
MF-035 fluessigmist + mikrobieller abbau + recycling + lagerung + (teststoffverfahren)
MF-036 fluessigmist + recycling + verfahrensentwicklung
MF-041 abfallbehandlung + massentierhaltung + fluessigmist + denitrifikation
MF-045 fluessigmist + entseuchung + belueftungsverfahren
MF-048 fluessigmist + sauerstoffeintrag

flugasche

BB-008 muellverbrennungsanlage + flugasche + schwermetalle
BC-010 schwermetalle + kraftwerk + flugasche + HELMSTEDT + HARZVORLAND
HC-040 flugasche + sedimentation + schwermetalle

flughafen

FB -061 fluglaerm + flughafen + messmethode
FB -073 flughafen + laermminderung + FRANKFURT + RHEIN-MAIN-GEBIET
FB -074 flughafen + laermminderung + FRANKFURT + RHEIN-MAIN-GEBIET
UC-015 flughafen + standortwahl
UH-009 flughafen + planung
UH-038 flughafen + standortwahl + BADEN-WUERTTEMBERG
UM-026 flughafen + biotop + voegel + sicherheitsmassnahmen + pflanzensoziologie + HAMBURG

fluglaerm

siehe auch ueberschallknall
FB -009 verkehrslaerm + fluglaerm + bewertungskriterien
FB -020 fluglaerm + gutachten
FB -021 ueberschallknall + fluglaerm + schallausbreitung
FB -022 fluglaerm + ueberschallknall + laermbelastung + lebewesen + gehoerschaeden
FB -023 laermminderung + fluglaerm + (duesenfreistrahl)
FB -034 laermschutz + fluglaerm + kartierung
FB -035 fluglaerm + BERLIN-TEMPELHOF/TEGEL
FB -051 fluglaerm + laermminderung + triebwerk
FB -052 fluglaerm + laermminderung + schallentstehung + turbine
FB -056 fluglaerm + stroemungstechnik
FB -061 fluglaerm + flughafen + messmethode
FB -068 triebwerk + fluglaerm
FB -070 laermentstehung + fluglaerm + (strahltriebwerk)
FB -075 fluglaerm + bewertungskriterien

FB -076 laermschutzbereich + fluglaerm
FB -077 fluglaerm + forschungsplanung + (dokumentation)
FB -083 fluglaerm + normen
FB -094 fluglaerm + messtechnik
FD -027 fluglaerm + laermminderung + richtlinien

flugstaub

DD -059 flugstaub + schadstoffentfernung + chlor
PF -019 luftverunreinigende stoffe + industrieabgase + flugstaub + vegetation + schwermetallkontamination

flugverkehr

BA -041 flugverkehr + ozon + atmosphaere + EUROPA
BA -048 luftverunreinigung + flugverkehr
FB -039 flugverkehr + laermminderung
FB -040 flugverkehr + laermminderung + (vtol-flugzeuge)
FB -089 laermminderung + verkehrslaerm + flugverkehr + DUESSELDORF-LOHHAUSEN + RHEIN-RUHR-RAUM

flugzeug

siehe auch verkehrsmittel

AA -092 biosphaere + flugzeug + ueberwachung
DA -060 abgaszusammensetzung + schadstoffminderung + gasturbine + flugzeug
FB -024 laermminderung + flugzeug + (propellerantrieb)
FB -038 flugzeug + laermminderung
FB -053 flugzeug + ueberschallknall

fluor

siehe auch halogene

AA -056 fluor + immission + pflanzen + bioindikator
AA -115 immissionsmessung + fluor + aluminiumindustrie + STADE
BB -036 luftverunreinigende stoffe + kohlefeuerung + fluor
BC -017 heizoel + erdgas + emission + fluor + schwefeldioxid
BC -030 luftverunreinigung + fluor + fliesenindustrie
BC -037 schadstoffemission + fluor + transportprozesse
CA -063 schadstoffbelastung + fluor
DB -022 muellverbrennungsanlage + rauchgas + schadstoffabscheidung + fluor
DB -028 emissionsminderung + fluor + ziegeleiindustrie
DB -036 muellverbrennungsanlage + abgasreinigung + fluor + chlorkohlenwasserstoffe
DC -030 schadstoffemission + fluor + schlacken + (umschmelzverfahren)
DC -036 emissionsminderung + fluor + steine/erden betriebe
DC -051 schadstoffemission + fluor + steine/erden betriebe
KC -068 gewaesserverunreinigung + industrieabwaesser + fluor
OB -003 fluor + nachweisverfahren + gesundheitsvorsorge + (karies)
PF -010 trinkwasser + fluor + pflanzen + biologische wirkungen
PF -037 geochemie + metalle + arsen + fluor
PK -036 luftverunreinigung + muellverbrennungsanlage + spurenelemente + fluor

fluorchlorkohlenwasserstoffe

AA -096 atmosphaere + stratosphaere + fluorchlorkohlenwasserstoffe + uv-strahlen + biologische wirkungen
CB -004 fluorchlorkohlenwasserstoffe + stratosphaere + auswirkungen + oekonomische aspekte

fluoride

CA -003 luftverunreinigung + fluoride + messgeraet + geraeteentwicklung
CA -064 luftverunreinigung + fluoride + nachweisverfahren
HG -014 hydrogeologie + quelle + umweltfaktoren + fluoride + VOGELSBERG

fluorkohlenwasserstoffe

CB -013 atmosphaere + ozon + meteorologie + fluorkohlenwasserstoffe
HD -017 wasserverunreinigende stoffe + trinkwasser + nachweisverfahren + fluorkohlenwasserstoffe

fluorverbindungen

AA -039 luftverunreinigende stoffe + fluorverbindungen + ballungsgebiet + DUESSELDORF + WUPPERTAL + RHEIN-RUHR-RAUM
CA -083 luftverunreinigende stoffe + fluorverbindungen + nachweisverfahren + RHEINLAND-PFALZ
DC -020 abgasreinigung + entstaubung + fluorverbindungen + stahlindustrie + (emissionsgrenzwerte)
OB -026 abgasemission + fluorverbindungen + messverfahren
PA -017 embryopathie + teratogene wirkung + amine + fluorverbindungen + (struktur-wirkung)
PF -057 schadstoffbelastung + fluorverbindungen + pflanzen

fluorwasserstoff

OB -009 analysengeraet + fluorwasserstoff

flurbereinigung

UE -020 flurbereinigung + siedlungsplanung
UK -008 umweltvertraeglichkeitspruefung + flurbereinigung
UK -066 landschaftsgestaltung + flurbereinigung + naherholung + erholungswert + FRANKEN
UM -074 vegetationskunde + kartierung + landesplanung + flurbereinigung + FRANKEN (OBERFRANKEN)

fluss

siehe auch fliessgewaesser

BB -028 luftverunreinigende stoffe + nasskuehlturm + kernkraftwerk + fluss + pilze + MAIN + RHEIN-MAIN-GEBIET
GB -019 fluss + waermehaushalt + abwaerme + (entscheidungsgrundlagen + genehmigungsverfahren) + RHEIN + NECKAR
GB -032 waermebelastung + fluss + RHEIN
GB -042 stroemungstechnik + kuehlwasser + abwasser + fluss
HA -018 fluss + meer + wasserueberwachung
HA -034 fluss + fische + wasserguete + kernkraftwerk + ELBE-AESTUAR
HA -075 fluss + hochwasserschutz
HA -077 hochwasserschutz + fluss + wasserbewegung + berechnungsmodell
HA -081 gewaesserguete + fluss + litoral + (saisonale veraenderungen) + NIEDERRHEIN
HB -010 grundwasser + fluss + staustufe
HG -002 wasserwirtschaft + fluss + simulationsmodell
HG -004 fluss + niederschlag + abflussmodell
IA -017 fluss + schlaemme + (bestimmung von korngroesse und mineralbestand) + RHEIN
IC -003 fluss + gewaesserverunreinigung + faekalien + bioindikator + ISAR
IC -012 fluss + schadstoffbilanz + industrieabwaesser + trinkwasserversorgung + NECKAR + RHEIN-NECKAR-RAUM
IC -021 fluss + schadstoffbelastung + oekologische faktoren + anthropogener einfluss + WESER-AESTUAR
IC -046 hydrologie + fluss + schadstoffnachweis + DIEMEL + SAUERLAND (OST)
IC -081 fluss + schadstoffbelastung + schwermetalle + (grundlagenforschung) + MAIN + DONAU
IC -094 transportprozesse + fluss + RHEIN
IC -096 gewaesserverunreinigung + fluss + RHEIN
IC -097 stoffhaushalt + fluss + (biogene komponenten) + NIEDERRHEIN
IC -112 fluss + abwasser + abwaerme + schadstoffwirkung + MAIN (UNTERMAIN) + RHEIN-MAIN-GEBIET
ID -017 grundwasserbilanz + uferfiltration + fluss + KOELN-BONN + NIEDERRHEIN
RH -001 schaedlingsbekaempfung + fluss + insekten + (stechmuecke) + OBERRHEINEBENE
UM -065 vegetation + kartierung + uferschutz + fluss + DUMMERSDORF + TRAVE + OSTSEE

flussbettaenderung
HA -008 gewaesserschutz + geschiebetransport + flussbettaenderung
HA -093 flussbettaenderung + ISAR + DINGOLFING
HC -012 aestuar + flussbettaenderung + sedimentation + kuestenschutz + (hydraulisches modell) + EMS-AESTUAR
HC -015 aestuar + flussbettaenderung + schiffahrt + (modellversuche) + ELBE-AESTUAR
HG -035 flussbettaenderung + karstquelle + DONAU + AACH
RC -029 landschaftspflege + wasserbau + flussbettaenderung + (sohlabstuerze) + NIEDERSFELD

forschungsinstitut
TD -004 wasserversorgung + forschungsinstitut
VA -023 umweltinformation + forschungsinstitut + datenbank + (umplis)

forschungsplanung
FB -077 fluglaerm + forschungsplanung + (dokumentation)
LA -001 hydrologie + forschungsplanung
NC -031 reaktorsicherheit + forschungsplanung + (hochtemperatur-reaktoren)
SA -049 energiepolitik + forschungsplanung
TA -004 arbeitsmedizin + forschungsplanung + berufsschaeden + (herz-kreislauf-erkrankungen)
TD -024 umweltforschung + datenverarbeitung + forschungsplanung + (umplis)
UA -003 umweltbelastung + entsorgung + forschungsplanung
UA -019 soziale infrastruktur + forschungsplanung + wachstum
UA -042 umweltfreundliche technik + bewertungskriterien + forschungsplanung
UC -007 empirische sozialforschung + datenverarbeitung + forschungsplanung
UC -019 volkswirtschaft + wirtschaftsstruktur + technologie + forschungsplanung
UC -023 forschungsplanung + umweltfreundliche technik + investitionen
UD -006 rohstoffsicherung + forschungsplanung + chemische technik
UH -010 verkehrssystem + schienenverkehr + forschungsplanung
VA -027 umweltforschung + datenbank + forschungsplanung + (umplis)

forstmaschinen
FC -029 forstmaschinen + holzindustrie + laermkarte
FC -030 laermbelastung + arbeitsplatz + forstmaschinen + gehoerschaeden

forstwirtschaft
siehe auch wald
AA -065 forstwirtschaft + resistenzzuechtung + immissionsschutz + ballungsgebiet
FC -032 forstwirtschaft + maschinen + mensch + laermbelastung
FC -033 holzindustrie + forstwirtschaft + laermbelastung + erholungsgebiet
HB -040 forstwirtschaft + duengung + wasserguete
HB -042 waldoekosystem + forstwirtschaft + klima + EIFEL + HUNSRUECK
MF -008 landwirtschaftliche abfaelle + forstwirtschaft + abfallbeseitigung + kosten-nutzen-analyse + oekologische faktoren
PG -056 forstwirtschaft + pestizide + nutzarthropoden + nebenwirkungen
PH -051 forstwirtschaft + baumbestand + immissionsschaeden + resistenzzuechtung
RA -012 raumordnung + landesplanung + forstwirtschaft + informationssystem
RA -013 forstwirtschaft + wildschaden + kosten-nutzen-analyse
RA -022 forstwirtschaft + oekonomische aspekte + entwicklungsmassnahmen
RA -023 bodennutzung + landwirtschaft + forstwirtschaft + vegetationskunde + fernerkundung + FRANKFURT
RG -006 forstwirtschaft + oekologie
RG -007 forstwirtschaft + herbizide + pflanzenernaehrung
RG -008 forstwirtschaft + bewertungskriterien
RG -015 forstwirtschaft + wald + phytopathologie
RG -016 forstwirtschaft + wirtschaftlichkeit + (fichte)
RG -017 forstwirtschaft + wirtschaftlichkeit + (buche)
RG -023 forstwirtschaft + wald + pflanzen + biomasse + SOLLING
RG -027 wald + forstwirtschaft + produktivitaet + DEUTSCHLAND (NORD-WEST)
RG -032 forstwirtschaft + fichte
RG -033 forstwirtschaft + pflanzenoekologie + genetik + (waldbaumarten)
RH -007 schaedlingsbekaempfung + forstwirtschaft
RH -008 schaedlingsbekaempfung + viren + forstwirtschaft
RH -009 forstwirtschaft + schaedlingsbekaempfung + biotechnologie
RH -077 forstwirtschaft + schaedlingsbekaempfung + biologischer pflanzenschutz + LINGEN + EMS
UK -030 landespflege + landwirtschaft + forstwirtschaft + informationssystem
UL -050 forstwirtschaft + waldoekosystem + naturraum + (naturwaldzellen) + NORDRHEIN-WESTFALEN
UM-030 vegetation + forstwirtschaft + standortfaktoren + BAD WINDSHEIM/KEHRENBERG
UM-035 forstwirtschaft + wald + prognose
UM-061 forstwirtschaft + ALPENRAUM

freiflaechen
RD -024 freiflaechen + wasserverdunstung + waermehaushalt
TB -025 staedtebau + freiflaechen + BERLIN
TC -011 staedtebau + freiflaechen + HANNOVER
TF -009 freiflaechen + insekten + hygiene
UF -011 stadtplanung + freiflaechen + rahmenplan + KEMPTEN
UF -020 stadtplanung + wohnungsbau + freiflaechen + DARMSTADT-KRANICHSTEIN + RHEIN-MAIN-GEBIET
UK -038 bebauungsart + freiflaechen + mikroklimatologie
UL -039 oekologie + freiflaechen + grosstadt + (ruderalstandorte) + BERLIN

freiraum
TC -008 freizeitgestaltung + erholungseinrichtung + freiraum
UK -021 freiraum + stadtgebiet + sozio-oekonomische faktoren
UK -022 freiraum + freizeitverhalten
UK -047 landschaftsgestaltung + freiraum + ballungsgebiet

freiraumplanung
AA -045 immissionsmessung + staub + blei + verdichtungsraum + freiraumplanung + AALEN-WASSERALFINGEN
TB -013 wohnungsbau + freiraumplanung
UF -012 wohnungsbau + freiraumplanung + bebauungsart + gruenflaechen
UK -010 freiraumplanung + oekologische faktoren + bewertungsmethode
UK -014 ballungsgebiet + freiraumplanung + STUTTGART (RAUM)
UK -027 freiraumplanung + erholungsgebiet + naherholung + bedarfsanalyse + planungsmodell + MUENCHEN (REGION)
UK -046 verdichtungsraum + freiraumplanung + freizeitverhalten + planungshilfen + STUTTGART
UK -058 freiraumplanung + wohnungsbau + verdichtungsraum + HANNOVER + HAMBURG
UK -060 freiraumplanung + grosstadt + sozio-oekonomische faktoren + HANNOVER

freizeit
siehe auch erholung
UG -004 infrastrukturplanung + raumordnung + wohnwert + freizeit + versorgung
UK -003 freizeit + landschaftsplanung
UL -033 landschaftsbelastung + freizeit + erholung

freizeitanlagen
MD-007 klaerschlamm + wiederverwendung + freizeitanlagen
MD-009 klaerschlamm + auswaschung + freizeitanlagen
MD-010 abfallbeseitigung + siedlungsabfaelle + gruenflaechen + freizeitanlagen
TC -001 freizeitanlagen + erholung + landschaftspflege
TC -004 freizeitanlagen + RHEIN-MAIN-GEBIET

TC -005 landschaftsoekologie + erholungsgebiet + freizeitanlagen + (ueberbelastete regionen)
TC -012 erholungsplan + fremdenverkehr + freizeitanlagen + standortfaktoren + PFAELZER WALD + GENEZARETH
TC -014 freizeitanlagen + planung
TC -015 freizeitanlagen + oekologische faktoren + infrastrukturplanung + (sportstaetten)
UK -006 erholungsgebiet + freizeitanlagen + infrastrukturplanung
UK -020 landschaftsschutz + freizeitanlagen + naturpark

freizeitgestaltung

TC -002 freizeitgestaltung + information + (freizeitpaedagogen)
TC -008 freizeitgestaltung + erholungseinrichtung + freiraum
TC -013 verdichtungsraum + freizeitgestaltung + bedarfsanalyse
UK -069 fremdenverkehr + infrastrukturplanung + landwirtschaft + laendlicher raum + freizeitgestaltung

freizeitverhalten

UH -006 freizeitverhalten + verkehr + RHEIN-NECKAR-RAUM
UK -022 freiraum + freizeitverhalten
UK -031 landschaftspflege + freizeitverhalten + camping + laendlicher raum
UK -046 verdichtungsraum + freiraumplanung + freizeitverhalten + planungshilfen + STUTTGART

fremdenverkehr

TC -007 erholungsplanung + fremdenverkehr + oekonomische aspekte + SCHWAEBISCH-HALL
TC -012 erholungsplan + fremdenverkehr + freizeitanlagen + standortfaktoren + PFAELZER WALD + GENEZARETH
UK -025 landschaftsschaeden + fremdenverkehr + (ferienzentren)
UK -045 landschaftsgestaltung + pflanzensoziologie + landwirtschaft + fremdenverkehr + FOEHR + NORDFRIESISCHES WATTENMEER
UK -069 fremdenverkehr + infrastrukturplanung + landwirtschaft + laendlicher raum + freizeitgestaltung

fremdstoffwirkung

PC -039 organismus + pharmaka + chemikalien + fremdstoffwirkung + (leberschaden)
PC -041 fremdstoffwirkung + biochemie
PD -049 fremdstoffwirkung + carcinogene + enzyminduktion
PD -052 carcinogene + pharmaka + fremdstoffwirkung

fruehdiagnose

IA -030 gewaesserueberwachung + toxische abwaesser + fruehdiagnose + (bioindikator)
PE -025 gesundheitsschutz + epidemiologie + fruehdiagnose + HESSEN

frueherkennung

AA -010 luftverunreinigung + organische schadstoffe + frueherkennung + ballungsgebiet
AA -079 luftverunreinigende stoffe + schadstoffbelastung + frueherkennung
NC -008 kernreaktor + stoerfall + frueherkennung + druckbehaelter + schallmessung
NC -092 kernreaktor + reaktorsicherheit + stoerfall + frueherkennung
NC -095 reaktorsicherheit + stoerfall + frueherkennung
NC -096 reaktorsicherheit + stoerfall + kuehlsystem + frueherkennung
PH -015 pflanzenkontamination + frueherkennung + enzyme + verfahrensentwicklung

fungistatika

siehe auch pharmaka
QB -037 lebensmittelhygiene + fleischprodukte + fungistatika + kontaminationsquelle + schimmelpilze

fungizide

siehe auch biozide
siehe auch pharmaka
OD -052 umweltchemikalien + herbizide + fungizide + mikrobieller abbau
PB -029 fungizide + biologische wirkungen + insekten + (blattlauspopulationen)
PB -030 fungizide + biologische wirkungen + nematoden
PG -040 fungizide + metabolismus + pflanzen
PH -017 pflanzenphysiologie + fungizide + pilze
QC -008 weinbau + rueckstandsanalytik + fungizide
QC -028 fungizide + beerenobst + rueckstandsanalytik
QC -033 rueckstandsanalytik + fungizide + gemuese + obst
QC -038 fungizide + nachweisverfahren + getreide + bioindikator
QC -045 fungizide + getreide + rueckstaende
QC -046 fungizide + rueckstaende + gemuese + (kohl)
RE -044 fungizide + nebenwirkungen + obst
RE -047 nutzpflanzen + kartoffeln + resistenzzuechtung + fungizide + substitution
RH -014 schaedlingsbekaempfung + fungizide + getreide
RH -027 phytopathologie + fungizide + substitution
RH -029 fungizide + umweltbelastung + schadstoffminderung + (steinkohlenteeroel)

fussgaenger

UI -019 verkehr + fussgaenger + stadtgebiet + (verkehrserzeugungsmodell)

futtermittel

KB -088 abwasserreinigung + algen + filtration + proteine + futtermittel
KD -018 abwasserbelastung + enzyme + futtermittel + (schlempe)
MB -049 kompostierung + tierische faekalien + klaerschlamm + duengemittel + futtermittel + (hygienische untersuchungen)
ME -044 lebensmittelindustrie + recycling + futtermittel
ME -054 zuckerindustrie + abfallaufbereitung + futtermittel + nutztiere
MF -006 tierische faekalien + huhn + verwertung + futtermittel
MF -007 futtermittel + stroh + rind + verfahrenstechnik
MF -009 biologische abfallbeseitigung + recycling + eiweissgewinnung + futtermittel
MF -015 futtermittel + stroh + recycling + (mikrobielle aufbereitung)
MF -018 futtermittel + konservierung + rueckstandsanalytik + (silage-sickersaft)
MF -019 tierische faekalien + recycling + futtermittel
MF -020 strohverwertung + futtermittel + konservierung
MF -033 tierische faekalien + recycling + duengemittel + futtermittel
MF -042 strohverwertung + futtermittel + nutztiere
MF -043 obstbau + gemuesebau + abfallaufbereitung + futtermittel + recycling
MF -044 guelle + wiederverwendung + futtermittel
MF -046 tierkoerperbeseitigung + sterilisation + futtermittel + (tiermehl)
PA -029 schadstoffbelastung + cadmium + futtermittel + toxizitaet + (schaf)
PF -032 schwermetalle + futtermittel + boden + organismus
QA -003 carcinogene + kohlenwasserstoffe + lebensmittel + futtermittel
QA -004 futtermittel + nutztiere + mykotoxine
QA -008 informationssystem + datensammlung + futtermittel
QA -017 herbizide + futtermittel
QA -047 futtermittel + schadstoffnachweis
QA -048 schwermetalle + nachweisverfahren + futtermittel + (atomabsorptions-spektrometrie)
QA -053 futtermittel + schadstoffnachweis
QA -060 lebensmittel + futtermittel + pestizide + schwermetalle + rueckstandsanalytik
QA -061 futtermittel + pflanzenkontamination + arsen + schwermetalle + (schwermetallkataster) + WESTFALEN-LIPPE
QA -071 salmonellen + futtermittel + haustiere
QB -050 lebensmittelkontamination + futtermittel + milch + nitrosamine + nachweisverfahren
QB -051 lebensmittelkontamination + futtermittel + milch + nitrosamine + nachweisverfahren
QC -034 futtermittel + umweltchemikalien

QC-035 futtermittel + nutztiere + verwertung
QC-037 viehzucht + futtermittel
QC-040 gruenland + duengung + futtermittel + schadstoffbelastung + physiologische wirkungen + SCHLESWIG-HOLSTEIN
QD-003 fische + futtermittel + schwermetallkontamination
QD-013 futtermittel + gefluegel + lebensmittelkontamination + quecksilber + (ermittlung von grenzwerten)
QD-014 futtermittel + gefluegel + lebensmittelkontamination + blei + cadmium + (ermittlung von grenzwerten)
QD-018 umweltchemikalien + pcb + futtermittel + (huehnerei)
RB-033 futtermittel + salmonellen + pasteurisierung
RE-030 pflanzen + futtermittel
RF-001 futtermittel
RF-009 oekologische faktoren + futtermittel + weideland
RG-024 wildschaden + futtermittel
RH-010 futtermittel + schaedlingsbekaempfung + resistenz

futtermittelkontamination

QA-015 futtermittelkontamination + probenahmemethode + schadstoffnachweis + aflatoxine
QA-018 futtermittelkontamination + aflatoxine + chlorkohlenwasserstoffe
QA-058 futtermittelkontamination + pestizide
QC-023 futtermittelkontamination

futtermittelzusaetze

PH-038 futtermittelzusaetze + tierische faekalien + duengung + pflanzenkontamination

gartenbau

siehe auch gemuesebau
RE-010 gartenbau + pflanzenschutz

gaschromatographie

CA-023 emissionsmessung + organische schadstoffe + messtechnik + gaschromatographie
CA-061 luftverunreinigende stoffe + nachweisverfahren + halogenkohlenwasserstoffe + probenahmemethode + gaschromatographie
CA-070 luftverunreinigende stoffe + aromaten + gaschromatographie
CA-090 luftverunreinigung + kfz-abgase + organische schadstoffe + gaschromatographie
IA-025 wasserverunreinigende stoffe + phenole + nachweisverfahren + gaschromatographie
LA-007 wasserverunreinigung + gaschromatographie + datenbank
OA-023 luftverunreinigung + gaschromatographie
OB-006 schadstoffnachweis + blei + arsen + gaschromatographie
QA-002 lebensmittel + polyzyklische kohlenwasserstoffe + carcinogene + gaschromatographie

gase

siehe auch erdgas
AA-017 bergwerk + ueberwachungssystem + gase + messgeraet + explosionsschutz
AA-112 staubemission + gase
CA-006 luftueberwachung + gase + analysengeraet + infrarottechnik
CA-022 emission + gase + analyse + datensammlung
CA-029 gase + analyse + infrarottechnik
CA-053 gase + staubbelastung + nachweisverfahren
CB-030 gase + staub + fluessigkeit + stroemung
CB-031 gase + staub + stroemung + messverfahren
CB-075 atmosphaere + gase + spurenstoffe + schadstofftransport
DD-028 kohlenstoff + gase + absorption
DD-036 gase + staub + stroemung
DD-037 staub + gase + aerosole
DD-038 staub + gase + stroemung
NB-004 radioaktivitaet + gase + aerosole + ausbreitung
ND-016 radioaktive abfaelle + endlagerung + gase
SA-053 kohle + energieumwandlung + gase + entschwefelung

gasfeuerung

siehe auch hausbrand
BB-002 luftverunreinigung + schadstoffemission + stickoxide + gasfeuerung + stahlindustrie
BB-006 gasfeuerung + stickoxide
CB-017 gasfeuerung + abgasausbreitung
FC-015 laermentstehung + gasfeuerung + industrie

gasfoermige brennstoffe

siehe auch brennstoffe
siehe auch erdgas
CB-018 verbrennung + gasfoermige brennstoffe + stickoxide
DA-011 kfz + gasfoermige brennstoffe
DA-015 dieselmotor + gasfoermige brennstoffe + abgasverbesserung
DA-016 wankelmotor + gasfoermige brennstoffe + kohlenwasserstoffe + abgasminderung
DA-045 ottomotor + gasfoermige brennstoffe + schadstoffemission
DA-046 dieselmotor + gasfoermige brennstoffe + schadstoffemission
SA-060 kohle + gasfoermige brennstoffe + verfahrensentwicklung + (lurgi-druckvergasung)

gasgemisch

CB-028 gasgemisch + verbrennung + schadstoffnachweis

gasgenerator

DD-061 verbrennungsmotor + gasgenerator + (abgasminderung)

gasreinigung

siehe auch abgasreinigung
siehe auch elektrische gasreinigung
BC-022 industrieabgase + feuerungsanlage + gasreinigung + emissionsminderung
DB-014 rauchgas + kraftwerk + gasreinigung + verfahrenstechnik
DC-023 gasreinigung + (versuchsanlage)
DD-005 gasreinigung + adsorber
DD-017 gasreinigung + staubabscheidung + filter
DD-026 gasreinigung + entstaubung + schadstoffabscheidung + geraeteentwicklung
DD-033 staubabscheidung + gasreinigung + verfahrenstechnik
DD-055 gasreinigung + kohlendioxid + adsorption + (molekularsieb)
KB-010 abwasserreinigung + gasreinigung + pyrolyse
MB-018 abfallaufbereitung + pyrolyse + gasreinigung

gastarbeiter

UF-027 sozialgeographie + gastarbeiter + BERLIN
UG-008 infrastruktur + gastarbeiter + sozialindikatoren + (auslaender)
UH-016 gastarbeiter + mobilitaet + oekonomische aspekte

gasturbine

BA-024 gasturbine + kraftstoffe + abgasemission
BA-035 abgas + schadstoffe + gasturbine
DA-060 abgaszusammensetzung + schadstoffminderung + gasturbine + flugzeug
DA-074 kfz-abgase + gasturbine + schadstoffminderung
DB-017 abgasminderung + gasturbine
DB-018 schadstoffemission + stickoxide + emissionsminderung + gasturbine
FA-036 stroemungstechnik + gasturbine + schallmessung
FA-064 laermminderung + gasturbine
GC-003 gasturbine + abwaerme + rueckgewinnung
SA-025 energietechnik + gasturbine + abwaerme + verfahrenstechnik
SB-015 energie + gasturbine + abwaerme + waerme + (pilotanlage)

gaswaesche
siehe auch nassreinigung
DD -020 rauchgas + gaswaesche + entstaubung + (holztrocknung)
DD -045 abgas + rauchgas + gaswaesche + schwefeldioxid + oxidation
DD -063 abgasreinigung + gaswaesche + rauchgas

gebaeude
AA -016 gebaeude + begruenung + stadtoekosystem
UL -062 gebaeude + schutzmassnahmen + gruenplanung + klimaaenderung + MONSCHAU + EIFEL (NORD) + NIEDERRHEIN

gebaeudeschaeden
UF -025 denkmalschutz + grundwasserabsenkung + gebaeudeschaeden

geblaese
FA -065 schallentstehung + geblaese

gebrauchsgueter
PC -047 kunststoffe + gebrauchsgueter

gefluegel
siehe auch lebensmittel
QB -023 gefluegel + krankheitserreger + viren + nachweisverfahren
QB -059 antibiotika + nachweisverfahren + gefluegel
QD -013 futtermittel + gefluegel + lebensmittelkontamination + quecksilber + (ermittlung von grenzwerten)
QD -014 futtermittel + gefluegel + lebensmittelkontamination + blei + cadmium + (ermittlung von grenzwerten)
QD -015 lebensmittelkontamination + gefluegel + fleischprodukte
RF -002 gefluegel + tierhaltung + tierische faekalien + antibiotika + mikrobieller abbau
RF -004 massentierhaltung + gefluegel + sauerstoffbedarf + grenzwerte + kohlendioxid
RF -008 nutztierhaltung + gefluegel + infektion + impfung

gehoelzschaeden
PI -003 pflanzenschutz + streusalz + gehoelzschaeden + autobahn + HESSEN + BAYERN
UM-005 pflanzenschutz + streusalz + gehoelzschaeden

gehoerschaeden
FA -022 gehoerschaeden + laermbelastung
FB -022 fluglaerm + ueberschallknall + laermbelastung + lebewesen + gehoerschaeden
FC -005 laermbelastung + arbeitsplatz + gehoerschaeden + audiometrie + eisen- und stahlindustrie
FC -030 laermbelastung + arbeitsplatz + forstmaschinen + gehoerschaeden
FC -060 industrielaerm + gehoerschaeden + bewertungskriterien

gemeinde
UA -035 umweltplanung + gemeinde
UA -038 umweltpolitik + gemeinde
UC -002 gemeinde + umweltschutz + kosten + verursacherprinzip
UE -027 raumordnung + regionalplanung + laendlicher raum + gemeinde
UH -014 sozialgeographie + gemeinde + RHEINHESSEN + OBERRHEIN
UI -014 verkehrsplanung + gemeinde + bewertungskriterien + (gemeindeverkehrsfinanzierungsgesetz)

gemeinlastprinzip
UC -049 umweltrecht + oekonomische aspekte + soziale kosten + verursacherprinzip + gemeinlastprinzip

gemuese
siehe auch lebensmittel
KB -073 siedlungsabfaelle + gemuese + schwermetallkontamination
OD -033 polyzyklische aromaten + muellkompost + gemuese + schadstoffbelastung
PF -065 gemuese + schwermetallbelastung + toxizitaet
PG -058 pflanzenschutzmittel + rueckstaende + boden + gemuese
QC -021 nitrate + gemuese + analytik
QC -033 rueckstandsanalytik + fungizide + gemuese + obst
QC -041 gemuese + siedlungsabfaelle + schadstoffnachweis + (nahrungsqualitaet)
QC -043 lebensmittelueberwachung + obst + gemuese + phenole
QC -046 fungizide + rueckstaende + gemuese + (kohl)
RB -004 lebensmittelfrischhaltung + obst + gemuese + lagerung
RB -010 gemuese + lagerung + mikroflora
RB -011 gemuese + lagerung + mikrobiologie
RB -012 gemuese + lagerung + mikrobiologie
RB -014 lebensmittelkonservierung + obst + gemuese + (hydroperoxidabbau)
RE -021 resistenzzuechtung + gemuese + bodenpilze
RE -037 herbizide + gemuese + wirkmechanismus + (inhaltsstoffe)
RH -020 gemuese + schaedlingsbekaempfung + insekten
RH -021 gemuese + schaedlingsbekaempfung + insekten + pestizide

gemuesebau
siehe auch gartenbau
MF -043 obstbau + gemuesebau + abfallaufbereitung + futtermittel + recycling
OD -082 grundwasserbelastung + bodenbeschaffenheit + schadstoffe + gemuesebau + OBERRHEINEBENE + PFALZ
PF -011 gemuesebau + schwermetallkontamination + muellkompost + bodenverbesserung
PG -048 pflanzenschutzmittel + bodenkontamination + gemuesebau + rueckstandsanalytik + (quintozen)
QC -002 gemuesebau + siedlungsabfaelle + rueckstandsanalytik + chlorkohlenwasserstoffe
QC -019 gemuesebau + pflanzenschutzmittel + rueckstandsanalytik
QC -022 gemuesebau + strohverwertung + pflanzenschutzmittel + lebensmittelkontamination
QC -042 siedlungsabfaelle + duengung + gemuesebau + schwermetallkontamination
RE -009 gemuesebau + resistenzzuechtung + viren
RE -019 gemuesebau + wachstumsregulator

genetik
siehe auch humangenetik
PB -019 enzyminduktion + genetik + kohlenwasserstoffe
PD -011 carcinogene + pflanzen + genetik
PD -043 genetik + mutagene wirkung + umwelteinfluesse + (mathematische modelle)
PD -055 pharmaka + genetik + teratogene wirkung + carcinogene wirkung
PD -067 umweltchemikalien + mutagene wirkung + genetik
PD -068 umweltchemikalien + mutagene wirkung + genetik
PD -070 genetik + mutagenitaetspruefung + umweltchemikalien
PD -071 genetik + teratogenitaet
PF -068 wasser + salzgehalt + abwasser + pflanzenphysiologie + genetik
RE -012 weinbau + rebenforschung + genetik
RG -033 forstwirtschaft + pflanzenoekologie + genetik + (waldbaumarten)
RH -022 insektenbekaempfung + genetik + (stechmuecke)
RH -023 schaedlingsbekaempfung + genetik + methodenentwicklung + MITTELMEERRAUM
RH -024 schaedlingsbekaempfung + vorratsschutz + genetik + pestizidsubstitut + methodenentwicklung
RH -046 schaedlingsbekaempfung + genetik + biotechnologie
RH -076 insekten + wachstum + population + genetik
UM-058 pflanzenzucht + genetik

genetische wirkung
FA -016 ultraschall + mensch + genetische wirkung
NB -019 ionisierende strahlung + genetische wirkung
NB -021 roentgenstrahlung + genetische wirkung
PD -036 umweltchemikalien + zytotoxizitaet + genetische wirkung + mensch + arbeitsmedizin
PD -038 antibiotika + mensch + genetische wirkung

PE -005 humanoekologie + organismus + umwelteinfluesse + genetische wirkung + (adaptation)
TA -007 strahlenbelastung + genetische wirkung + mensch + richtlinien
TE -008 organismus + medizin + genetische wirkung + (endogene tagesrhythmik)

genossenschaften

RA -008 laendlicher raum + genossenschaften + bevoelkerungsentwicklung + sozio-oekonomische faktoren

genussmittel

siehe auch lebensmittel
TF -010 lebensmittel + genussmittel + infektionskrankheiten

geochemie

CB -065 geochemie + atmosphaere + stofftransport + kohlendioxid + stickstoff
HA -098 umweltbelastung + geochemie + MAIN
IA -007 gewaesseruntersuchung + spurenelemente + geochemie + ALSTER + ELBE
ID -023 abwasserverrieselung + waldoekosystem + bodenbelastung + geochemie
OA -014 spurenstoffe + geochemie + schwermetalle + (untersuchungsmethoden) + ISAR
OA -024 geochemie + umweltchemikalien + spurenanalytik + SUEDWESTDEUTSCHLAND
OB -001 umweltchemikalien + geochemie + spurenanalytik + schwermetalle + AACHEN-STOLBERG
OB -021 geochemie + schwermetalle + spurenanalytik + DEUTSCHLAND (SUED-WEST)
OB -022 geochemie + metalle + schwefelverbindungen + spurenanalytik
PF -029 bodenkontamination + sickerwasser + spurenstoffe + geochemie + (adsorptionsversuche)
PF -033 geochemie + spurenstoffe + (beryllium) + ALPENRAUM
PF -037 geochemie + metalle + arsen + fluor
PF -069 geochemie + schwermetalle + spurenanalytik
PH -007 spurenstoffe + gewaesser + geochemie
PH -023 geochemie + spurenstoffe + bodenkunde
RC -014 bodenkunde + spurenstoffe + geochemie
UD -011 lagerstaettenkunde + geochemie + mineralogie + SCHLESIEN + BUNDESREPUBLIK DEUTSCHLAND

geologie

siehe auch hydrogeologie
siehe auch meeresgeologie
HB -014 grundwasserabfluss + geologie + SPESSART (SUED)
RC -004 hydrogeologie + geologie + kartierung + BAYERN
RC -013 geologie + umweltprobleme
UD -005 rohstoffsicherung + geologie + bergbau + datensicherung
UD -016 rohstoffe + geologie + uran + ODENWALD
UD -017 rohstoffe + geologie + uran + SCHWARZWALD
UD -018 rohstoffe + uran + geologie + MAROKKO
UL -012 naturschutz + geologie + (winterberghoehle) + WINTERBERG + HARZ
UL -013 naturschutz + geologie + karstgebiet + HAINHOLZ + BEIERSTEIN + HARZ

geophysik

HB -004 grundwasser + geophysik + wasserwirtschaft + rahmenplan + BAYERN
HB -023 geophysik + grundwasser + wasserbilanz + NECKARTAL
MC-014 deponie + strukturanalyse + geophysik + (geraeteentwicklung) + MUENCHEN + AUGSBURG (REGION)
ND -032 geophysik + bergwerk + tieflagerung + radioaktive abfaelle + ASSE + BRAUNSCHWEIG/SALZGITTER
RC -017 grundwasserbewegung + bodenstruktur + geophysik + ISAR

geothermische energie

SA -057 hydrogeologie + geothermische energie + LANDAU (PFALZ)

geraeteentwicklung

AA -013 atmosphaerische umweltforschung + geraeteentwicklung + (sodar-anlage)
AA -151 emission + feststoffe + messverfahren + geraeteentwicklung
CA -003 luftverunreinigung + fluoride + messgeraet + geraeteentwicklung
CA -004 abgas + analyseverfahren + geraeteentwicklung
CA -005 luftverunreinigung + nachweisverfahren + geraeteentwicklung
CA -009 aerosolmesstechnik + geraeteentwicklung
CA -015 emissionsmessung + geraeteentwicklung
CA -024 emissionsueberwachung + messtechnik + geraeteentwicklung + (mikrowellenspektrograph)
CA -025 luftueberwachung + messtechnik + geraeteentwicklung + (mikrowellenradiometer)
CA -030 stickoxide + messverfahren + geraeteentwicklung
CA -054 staubkonzentration + emissionsueberwachung + geraeteentwicklung
CA -080 luftverunreinigung + loesungsmittel + immissionsmessung + geraeteentwicklung
CA -081 luftchemie + atmosphaere + spurenstoffe + nachweisverfahren + geraeteentwicklung
CA -089 stroemungstechnik + geraeteentwicklung
CA -093 abgaskamin + emissionsmessung + geraeteentwicklung + (gassensor)
CA -096 emissionsmessung + staubmessgeraet + geraeteentwicklung + (nulldrucksonde)
CA -097 abluftkontrolle + emissionsmessung + geraeteentwicklung + (chlorwasserstoff)
CA -105 schwebstoffe + messverfahren + geraeteentwicklung + (roentgenfluoreszenzanalyse)
DB -012 emissionsminderung + rauch + kohle + verfahrensentwicklung + geraeteentwicklung
DC -037 abluftreinigung + geraeteentwicklung + (kostensenkung)
DC -056 staubminderung + bergbau + geraeteentwicklung
DC -058 staubminderung + bergbau + geraeteentwicklung
DD -026 gasreinigung + entstaubung + schadstoffabscheidung + geraeteentwicklung
DD -053 abgasreinigung + staubabscheidung + geraeteentwicklung
EA -007 luftverunreinigende stoffe + aerosole + nachweisverfahren + geraeteentwicklung
FA -078 laermmessung + geraeteentwicklung
FA -079 schallpegel + messgeraet + geraeteentwicklung
FA -080 laermmessung + geraeteentwicklung
FA -081 laermmessung + geraeteentwicklung
FA -082 laermminderung + schallschutz + geraeteentwicklung
FC -089 laermminderung + bergbau + geraeteentwicklung + (gehoerschutzmittel)
FD -011 laermminderung + geraeteentwicklung + kuehlturm + (mini-kuehlturm)
HA -027 wasseruntersuchung + probenahme + geraeteentwicklung + (schleppsystem)
HE -006 wasserwerk + schadstoffnachweis + geraeteentwicklung
IA -008 wasseraufbereitung + probenahme + schadstoffnachweis + kohlenstoff + geraeteentwicklung
IA -016 gewaesserverunreinigung + phosphor + messverfahren + geraeteentwicklung + TEGELER SEE + BERLIN
KA -004 abwasser + schadstoffnachweis + geraeteentwicklung
KA -006 toxische abwaesser + schadstoffnachweis + geraeteentwicklung
KA -014 gewaesserueberwachung + abwasserkontrolle + feststoffe + geraeteentwicklung
KB -081 gewaesserbelueftung + geraeteentwicklung
KC -015 abwasserbehandlung + industrieabwaesser + geraeteentwicklung
KD -011 duengung + geraeteentwicklung
MF -034 tierische faekalien + recycling + strohverwertung + geraeteentwicklung + duengung
NB -013 schadstoffe + simultananalyse + testverfahren + standardisierung + geraeteentwicklung
NB -058 geraeteentwicklung + ionisierende strahlung + strahlendosis + (wasserphantom)

OB -027 emissionsueberwachung + schwefelwasserstoff + geraeteentwicklung
QA -068 lebensmittelanalytik + probenaufbereitung + geraeteentwicklung
RD -045 bodenwasser + messgeraet + geraeteentwicklung
RH -059 schaedlingsbekaempfung + geraeteentwicklung + insekten
RH -073 pflanzenschutz + schaedlingsbekaempfung + warndienst + geraeteentwicklung
SA -005 brennstoffzelle + geraeteentwicklung
SA -006 energieumwandlung + solarzelle + geraeteentwicklung + wirtschaftlichkeit
TA -002 luftueberwachung + schadstoffemission + sicherheitstechnik + geraeteentwicklung
UD -014 meereskunde + ressourcenplanung + metalle + geraeteentwicklung + (manganknollen)

geraetepruefung

CA -052 luftueberwachung + keime + probenahmemethode + geraetepruefung
DA -069 abgasentgiftung + kfz-abgase + geraetepruefung
DC -001 emissionsminderung + geraetepruefung + (dichtelement + leckrate)

geraeusch

siehe auch schall

FA -075 geraeusch + vibration + messverfahren
FB -065 schichtladungsmotor + geraeusch
FC -063 werkzeugmaschinen + geraeusch
FC -077 laermentstehung + geraeusch + werkzeugmaschinen

geraeuschmessung

FA -007 geraeuschmessung + feuerungstechnik + (strahlflammen)
FA -023 bautechnik + waermefluss + erschuetterungen + geraeuschmessung
FA -076 geraeuschmessung + messverfahren + bewertungsmethode + standardisierung
FB -013 strassenlaerm + geraeuschmessung + schalldaemmung + (tunnel)
FC -019 geraeuschmessung + feuerungstechnik + (gasbrenner)
FC -062 geraeuschmessung + laermminderung + werkzeugmaschinen
FC -073 werkzeugmaschinen + geraeuschmessung + laermminderung + (messvorschrift)

geraeuschminderung

DA -076 dieselmotor + abgasminderung + geraeuschminderung
FA -008 schallentstehung + koerperschall + geraeuschminderung + maschinenbau
FA -040 laermmessung + werkzeugmaschinen + holzindustrie + geraeuschminderung + (kreissaege)
FA -048 laermmessung + geraeuschminderung + (steinformmaschinen)
FA -050 schallausbreitung + geraeuschminderung + stroemungstechnik
FA -051 schallentstehung + geraeuschminderung + stroemungstechnik + (untersuchung von flammen)
FB -002 kfz-technik + dieselmotor + geraeuschminderung
FB -003 kfz-technik + verbrennungsmotor + geraeuschminderung
FB -004 kfz-technik + verbrennungsmotor + geraeuschminderung
FB -005 geraeuschminderung + oeffentliche einrichtungen + strassenverkehr
FB -027 kfz-technik + verbrennungsmotor + geraeuschminderung + (kuehler-luefter-system)
FB -028 kfz-technik + verbrennungsmotor + geraeuschminderung + (abgasschalldaempfung)
FB -029 kfz-technik + verbrennungsmotor + geraeuschminderung + schalldaemmung + (verschalung)
FB -044 geraeuschminderung + schienenverkehr
FB -045 kfz-technik + laermentstehung + geraeuschminderung + (reifengeraeusche)
FB -055 geraeuschminderung + strassenverkehr + fahrzeug + schallentstehung + (abrollgeraeusche)
FB -092 geraeuschminderung + schiffe
FC -002 arbeitsplatz + werkzeugmaschinen + geraeuschminderung
FC -008 laermentstehung + arbeitsplatz + geraeuschminderung + (gasbrenner)
FC -009 laermentstehung + geraeuschminderung + arbeitsplatz + gesundheitsschutz + (elektrolichtbogenofen)
FC -011 motor + geraeuschminderung + (kolbenpumpe)
FC -020 laermmessung + geraeuschminderung + maschinen + druckereiindustrie
FC -021 schallentstehung + koerperschall + geraeuschminderung + maschinenbau
FC -022 schallentstehung + koerperschall + geraeuschminderung + maschinenbau + (hydrostatische systeme)
FC -044 geraeuschminderung + antriebssystem + hydraulik + (ventile)
FC -056 laermbelaestigung + geraeuschminderung + arbeitsplatz + maschinen
FC -064 laermmessung + holzindustrie + geraeuschminderung
FC -075 werkzeugmaschinen + schallimmission + geraeuschminderung + (vdi-richtlinie)
FC -081 geraeuschminderung + werkzeugmaschinen + (fraesmaschinen)
FC -082 geraeuschminderung + werkzeuge + verfahrensoptimierung
FC -085 werkzeuge + laermentstehung + geraeuschminderung + (schneidbrenner)
FC -093 baulaerm + geraeuschminderung + methodenentwicklung
FD -009 trinkwasserversorgung + rohrleitung + stroemungstechnik + geraeuschminderung
FD -014 geraeuschminderung + laermmessung + normen + (eg-normen + rasenmaeher)

geriatrie

PE -007 geriatrie + umweltfaktoren

geruchsbelaestigung

BA -019 verbrennungsmotor + abgas + geruchsbelaestigung
BB -023 luftverunreinigung + schadstoffausbreitung + kohlenwasserstoffe + heizungsanlage + geruchsbelaestigung
BC -011 abluftkontrolle + geruchsbelaestigung + arbeitsplatz + druckereiindustrie + (rollenoffset-druckmaschinen)
BE -001 chemische industrie + muellverbrennungsanlage + standortwahl + geruchsbelaestigung
BE -005 geruchsbelaestigung + abgas + oxidation + schwefelverbindungen
BE -006 abgas + geruchsbelaestigung + schwefelverbindungen
BE -007 massentierhaltung + geruchsbelaestigung + messverfahren
BE -010 tierhaltung + geruchsbelaestigung
BE -011 geruchsbelaestigung + mensch + physiologische wirkungen + messverfahren
BE -014 massentierhaltung + geruchsbelaestigung
BE -015 massentierhaltung + geruchsbelaestigung
BE -017 geruchsbelaestigung + gewerbebetrieb + nutztierhaltung
BE -020 geruchsbelaestigung + grenzwerte + messverfahren
BE -021 geruchsbelaestigung + tierhaltung
BE -022 brauereiindustrie + geruchsbelaestigung
BE -023 geruchsbelaestigung + emissionsminderung + nutztierstall
BE -024 luftverunreinigung + geruchsbelaestigung
BE -025 geruchsbelaestigung + psychologische faktoren + RHEIN-RUHR-RAUM
BE -026 emissionsminderung + geruchsbelaestigung + ausbreitungsmodell
BE -027 umweltbelastung + geruchsbelaestigung + nachweisverfahren
CA -062 luftverunreinigung + geruchsbelaestigung + schadstoffbelastung

geruchsminderung

BE -003 abgasreinigung + absorption + geruchsminderung + abwasser + schadstoffminderung
BE -008 tierkoerperbeseitigung + geruchsminderung + BADEN-WUERTTEMBERG
BE -009 fluessigmist + sauerstoffeintrag + geruchsminderung
BE -012 abgasreinigung + geruchsminderung + biologischer abbau
BE -013 nutztierhaltung + geruchsminderung + biochemie
BE -016 abluftreinigung + geruchsminderung + aktivkohle

DA -017 dieselmotor + russ + abgasminderung + geruchsminderung + kfz-technik + (pkw-vorkammerdieselmotor)
DA -024 nachverbrennung + schadstoffminderung + geruchsminderung + verfahrensoptimierung
KD -003 guelle + geruchsminderung + recycling + duengung
KD -005 abfallbehandlung + fluessigmist + geruchsminderung
KD -006 abwasserbehandlung + guelle + geruchsminderung
KD -007 fluessigmist + aufbereitung + geruchsminderung
KD -008 fluessigmist + recycling + lagerung + mikrobieller abbau + geruchsminderung
KD -009 fluessigmist + sauerstoffeintrag + schadstoffabbau + geruchsminderung + duengung
MB -055 tierische faekalien + aufbereitung + geruchsminderung + entseuchung
PC -038 umweltchemikalien + geruchsminderung + nutztierstall + fleischprodukte + (schwein)

geruchsstoffe

BE -002 zerstaeuberbrenner + ultraschall + geruchsstoffe
BE -018 abgas + geruchsstoffe + nachweisverfahren
BE -019 emissionsminderung + geruchsstoffe + biologischer abbau
BE -028 geruchsstoffe + emissionsminderung
HD -010 trinkwasser + geruchsstoffe + bakterien
IC -011 fliessgewaesser + geruchsstoffe + trinkwasser + RHEIN + MAIN

geschiebetransport

HA -008 gewaesserschutz + geschiebetransport + flussbettaenderung

gesetz

siehe auch abfallgesetz
siehe auch abwasserabgabengesetz
siehe auch bundesimmissionsschutzgesetz
siehe auch bundesseuchengesetz
siehe auch immissionsschutzgesetz
siehe auch staedtebaufoerderungsgesetz
siehe auch wasserhaushaltsgesetz

LA -023 abwasserkontrolle + gesetz + NORDRHEIN-WESTFALEN
LA -024 wasseruntersuchung + gesetz + bundesseuchengesetz + NORDRHEIN-WESTFALEN
UB -012 stadtentwicklung + raumordnung + planungsmodell + gesetz + (bundesbaugesetz)

gesetzesvorbereitung

LA -005 abwasserabgabengesetz + gesetzesvorbereitung
TF -033 wasserhygiene + gesetzesvorbereitung
UA -017 technische infrastruktur + planungshilfen + gesetzesvorbereitung + umweltfreundliche technik + umweltvertraeglichkeitspruefung

gesetzgebung

UB -008 umweltrecht + gesetzgebung + vollzugsdefizit

gestein

HA -026 fliessgewaesser + salzgehalt + gestein + MAIN (MITTELMAIN)
UD -004 gestein + rohstoffe + metalle + spurenelemente + nachweisverfahren

gesundheit

FA -026 laerm + gesundheit
PE -044 luftverunreinigung + mensch + gesundheit + (atemtrakt + kreislauf)
TE -007 gesundheit + belastbarkeit + (neurologische wirkungsweise)

gesundheitsfuersorge

TD -007 gesundheitsfuersorge + ausbildung + (gesundheitsingenieur)
TE -011 gesundheitsfuersorge + krebstherapie + zytostatika
TE -016 gesundheitsfuersorge + psychiatrie + TRAUNSTEIN + BAYERN (OBERBAYERN)
TE -018 gesundheitsfuersorge + krebstherapie + zytostatika

gesundheitsschutz

FA -060 laerm + gesundheitsschutz + richtlinien
FC -009 laermentstehung + geraeuschminderung + arbeitsplatz + gesundheitsschutz + (elektrolichtbogenofen)
FD -040 laermbelaestigung + gesundheitsschutz
IC -102 oberflaechengewaesser + salmonellen + gesundheitsschutz + TRIER
NB -051 gesundheitsschutz + innere organe + roentgenstrahlung
NB -059 dosimetrie + gesundheitsschutz
NB -060 dosimetrie + gesundheitsschutz
OC -030 gesundheitsschutz + luftverunreinigende stoffe + spurenanalytik + (alkylierende verbindungen)
OD -019 wohnungshygiene + holzschutzmittel + gesundheitsschutz
PB -010 schadstoffwirkung + gesundheitsschutz + alkylphosphate
PB -026 gesundheitsschutz + chlorkohlenwasserstoffe + metabolismus
PC -011 schadstoffwirkung + gesundheitsschutz
PD -053 gesundheitsschutz + luftverunreinigung + carcinogene belastung + toleranzwerte
PE -003 luftverunreinigung + gesundheitsschutz + OBERHAUSEN + MUELHEIM + RHEIN-RUHR-RAUM
PE -004 staubemission + emissionsminderung + gesundheitsschutz
PE -025 gesundheitsschutz + epidemiologie + fruehdiagnose + HESSEN
TA -023 arbeitsplatz + gesundheitsschutz + messverfahren
TA -040 chemische industrie + carcinogene + arbeitsplatz + gesundheitsschutz
TA -041 arbeitsmedizin + gesundheitsschutz + bronchitis
TA -054 arbeitsschutz + gesundheitsschutz + vinylchlorid + metabolismus
TA -056 arbeitsmedizin + gesundheitsschutz + kunststoffindustrie + vinylchlorid
TA -063 gesundheitsschutz + gewerbebetrieb + loesungsmittel
TA -078 arbeitsplatz + tabakrauch + gesundheitsschutz + (passivrauchen)
TF -012 krankenhaushygiene + gesundheitsschutz

gesundheitsvorsorge

OB -002 schwefel + nachweisverfahren + gesundheitsvorsorge + (karies)
OB -003 fluor + nachweisverfahren + gesundheitsvorsorge + (karies)
TF -039 gesundheitsvorsorge + umwelthygiene

gesundheitszustand

TE -012 physiologie + gesundheitszustand + (hoehenanpassung) + ALPENLAENDER

getraenke

siehe auch lebensmittel

QC -013 bleikontamination + getraenke + (fruchtsaefte)
QC -015 schwermetallkontamination + getraenke + (fruchtsaefte)
QC -016 getraenke + wein + schwefeldioxid + schadstoffminderung
QC -017 getraenke + wein + schwefeldioxid + schadstoffminderung

getraenkeindustrie

DC -034 emissionsminderung + schwefeldioxid + getraenkeindustrie + (flaschen-sterilisation)
MA -027 getraenkeindustrie + verpackungstechnik + abfallmenge

getreide

siehe auch lebensmittel

MF -038 getreide + strohverwertung + recycling
PF -053 pflanzenschutzmittel + quecksilber + kontamination + getreide
PG -033 pflanzenschutzmittel + phytopathologie + pilze + getreide + wein
PG -035 herbizide + nebenwirkungen + pflanzenkrankheiten + getreide

QA -039 lebensmittel + getreide + schadstoffbildung + pestizide + pharmaka
QC -003 getreide + radionuklide + dekontaminierung
QC -004 getreide + schwermetallkontamination
QC -005 getreide + insektizide + dekontaminierung
QC -006 getreide + aflatoxine + dekontaminierung
QC -007 getreide + wachstumsregulator + kontamination
QC -025 lebensmittelkontamination + getreide + schwermetalle + verfahrenstechnik + (muellereitechnologische massnahmen)
QC -026 lebensmittelkontamination + getreide + rueckstandsanalytik + (antiwuchsrueckstaende)
QC -031 getreide + pcb + chlorkohlenwasserstoffe + rueckstandsanalytik + BUNDESREPUBLIK DEUTSCHLAND
QC -038 fungizide + nachweisverfahren + getreide + bioindikator
QC -044 getreide + wachstumsregulator + rueckstandsanalytik + lebensmittelhygiene
QC -045 fungizide + getreide + rueckstaende
RB -002 vorratsschutz + getreide + benzpyren
RB -005 schadstoffminderung + verfahrenstechnik + getreide + dekontaminierung + (vorratsschutzmittel)
RB -021 getreide + naehrstoffgehalt
RD -035 duengung + bodenverbesserung + ackerbau + getreide
RE -004 getreide + enzyme + (wachstumsregulatoren)
RE -020 phytopathologie + resistenzzuechtung + getreide
RE -022 getreide + resistenzzuechtung + (roggen)
RE -032 nahrungsmittelproduktion + duengung + stickstoff + getreide
RE -036 herbizide + getreide + wirkmechanismus + (standfestigkeit)
RE -042 getreide + krankheitserreger + resistenz + (mehltau)
RE -045 getreide + phytopathologie + resistenzzuechtung + krankheitserreger + (fungizid-einschraenkung)
RE -046 getreide + krankheitserreger + resistenzzuechtung
RH -014 schaedlingsbekaempfung + fungizide + getreide
RH -028 resistenzzuechtung + getreide + nematoden + MUENSTERLAND
RH -042 pflanzenschutz + getreide + (fruchtfolge)
RH -054 vorratsschutz + getreide + schaedlingsbekaempfung + insekten + (pheromone)
RH -055 vorratsschutz + getreide + schaedlingsbekaempfung + insektizide
RH -056 vorratsschutz + getreide + biologische schaedlingsbekaempfung + insekten + (diapauseverhalten)
RH -057 vorratsschutz + getreide + biologische schaedlingsbekaempfung + insekten + (mikroorganismen)

getreideverarbeitung

KB -070 lebensmittelindustrie + getreideverarbeitung + abwasseraufbereitung + filtration
RB -013 getreideverarbeitung + lebensmittelchemie + (staerke)
RB -015 lebensmittelchemie + getreideverarbeitung + (aromastoffe)

getriebe

FC -050 laermmessung + getriebe

gewaechshaus

SB -026 gewaechshaus + heizungsanlage + energiebedarf

gewaesser

siehe auch binnengewaesser
siehe auch fliessgewaesser
siehe auch kuestengewaesser
siehe auch oberflaechengewaesser
GB -002 mikroklimatologie + gewaesser + waermebelastung
GB -014 gewaesser + waermebelastung + sauerstoffeintrag + modell
GB -046 gewaesser + waermetransport + modell
GB -048 gewaesser + abwaerme + waermetransport + schadstofftransport
GB -049 gewaesser + schadstoffe + abwaerme + datensammlung
HA -010 gewaesser + sauerstoffeintrag + belueftungsverfahren
HA -053 gewaesser + sauerstoffeintrag
HA -069 gewaesser + sauerstoffeintrag
HA -094 gewaesser + mikroorganismen + nahrungsumsatz + (daphnia)
HA -105 gewaesser + sauerstoffeintrag + waermetransport
HG -033 gewaesser + trinkwasserguete + phosphate + modell
HG -059 gewaesser + flockung + sedimentation + modell
IA -031 gewaesser + schwermetallkontamination + bioindikator
IC -065 gewaesser + kolloide + schwebstoffe + sedimentation
IC -118 gewaesser + talsperre + biozide + trinkwasserversorgung
IF -014 gewaesser + eutrophierung + bodenerosion + niederschlag
KA -021 gewaesser + organische schadstoffe + spurenanalytik
KB -005 gewaesser + klaeranlage + biologischer abbau
MC -020 abfall + deponie + schadstoffwirkung + gewaesser + analytik
PH -007 spurenstoffe + gewaesser + geochemie
PH -049 algen + gewaesser + abwasser

gewaesserbelastung

GB -003 gewaesserbelastung + abwaerme + kraftwerk + gewaesserbelueftung
GB -004 gewaesserbelastung + abwaerme + meteorologie + (natuerliche temperatur)
GB -007 gewaesserbelastung + abwaerme + kraftwerk
GB -012 kraftwerk + abwaerme + gewaesserbelastung + RHEIN
GB -015 abwaerme + kuehlsystem + kraftwerk + gewaesserbelastung
GB -027 gewaesserbelastung + abwaerme + kernkraftwerk + WESER-AESTUAR
GB -028 gewaesserbelastung + abwaerme + wasserdampf + OBERRHEIN
GB -029 abwaerme + kataster + gewaesserbelastung + wasserdampf + OBERRHEINEBENE
GB -031 gewaesserbelastung + abwaerme + kuehlwasser + RHEIN
GB -034 kraftwerk + abwaerme + gewaesserbelastung + (invertebratenfauna) + LENNE + RUHR
GB -036 gewaesserbelastung + abwaerme + bakterienflora + populationsdynamik
GB -039 gewaesserbelastung + kernkraftwerk + abwaerme + kuehlwasser + biologische wirkungen + WESER
HA -049 gewaesserbelastung + mineraloel + kohlenwasserstoffe + (seeboden) + BODENSEE
HA -050 gewaesserbelastung + benthos + bioindikator + (seeboden) + BODENSEE (OBERSEE)
HA -072 gewaesserbelastung + laendlicher raum + (einzugsgebiet) + HOLSTEIN (OST) + HONIGAU
HE -018 organische schadstoffe + gewaesserbelastung + selbstreinigung + wasseraufbereitung + BODENSEE-HOCHRHEIN
IA -004 gewaesserbelastung + messmethode + (fernerkundung) + ELBE-AESTUAR
IA -014 gewaesserbelastung + tenside + schwermetalle + bioindikator + (submerse makrophyten)
IA -029 gewaesserbelastung + nitrosamine + analyseverfahren
IB -014 niederschlagsabfluss + gewaesserbelastung + flaechennutzung
IB -017 gewaesserbelastung + regenwasser + niederschlagsabfluss + vorfluter
IC -005 gewaesserbelastung + schwermetalle + quecksilber + cadmium + nachweisverfahren + BAYERN
IC -006 gewaesserbelastung + schwermetalle + benthos + nahrungskette
IC -017 gewaesserbelastung + wasserverunreinigung + kuehlwasser + (kuehlwasserzusatzmittel)
IC -023 gewaesserbelastung + immission + kataster + SAAR
IC -024 gewaesserbelastung + bioindikator + bewertungsmethode + SAAR
IC -025 gewaesserbelastung + kommunale abwaesser + industrieabwaesser + schwermetalle + MURR + NECKAR (MITTLERER NECKAR-RAUM) + STUTTGART
IC -035 gewaesserbelastung + landwirtschaftliche abwaesser + oekologische faktoren + fische
IC -036 gewaesserbelastung + organische schadstoffe + bewertungsmethode + HARZ (SUED) + SIEBER + ODER + RHUME

IC -037 gewaesserbelastung + schwermetalle + organische schadstoffe + kartierung + HARZ (WEST) + INNERSTE + SIEBER + SOESE
IC -038 gewaesserbelastung + fliessgewaesser + landwirtschaftliche abwaesser + kommunale abwaesser + (makrophyten) + NIEDERSACHSEN (SUED)
IC -039 gewaesserbelastung + organische schadstoffe + naehrstoffhaushalt + wasseruntersuchung + NIEDERSACHSEN (SUED) + LEINE
IC -040 gewaesserbelastung + abwasser + schwermetalle + LEINE + GOETTINGEN
IC -041 gewaesserbelastung + abwasser + schwermetalle + radioaktive substanzen + LEINE + GOETTINGEN
IC -042 gewaesserbelastung + schwermetalle + radioaktive substanzen + LEINE
IC -043 gewaesserbelastung + schwefelverbindungen + mikrobieller abbau + SAAR (NEBENFLUESSE)
IC -050 abwasser + gewaesserbelastung + HAMBURG
IC -055 klaerschlamm + gewaesserbelastung
IC -062 gewaesserbelastung + schwebstoffe + heizoel + (zuflussfracht) + BODENSEE
IC -063 gewaesserbelastung + schadstoffentfernung + selbstreinigung
IC -066 gewaesserbelastung + wasserguete + bewertungsmethode + NIEDERSACHSEN
IC -067 gewaesserbelastung + niederschlag + ackerbau + stofftransport
IC -087 gewaesserbelastung + laendlicher raum + (verursachergruppen) + HOLSTEIN (OST)
IC -091 gewaesserbelastung + herbizide + bioindikator + wasserguete
IC -106 herbizide + gewaesserbelastung + HAARENNIEDERUNG (OLDENBURG)
IC -107 baggersee + abwasserableitung + gewaesserbelastung + oekologische faktoren + OLDENBURG (RAUM)
IC -111 gewaesserbelastung + fische + populationsstruktur + bioindikator + RHEIN
ID -053 gewaesserbelastung + mineralduenger + auswaschung
IF -001 duengemittel + stickstoff + gewaesserbelastung
IF -008 fliessgewaesser + gewaesserbelastung + landwirtschaftliche abwaesser + eutrophierung
IF -009 fliessgewaesser + gewaesserbelastung + eutrophierung + phosphate + (borate) + HARZ + LEINE + SOESE + SIEBER + INNERSTE
IF -011 gewaesserbelastung + duengemittel + naehrstoffhaushalt + NIEDERSACHSEN (SUED) + LEINE
IF -012 stickstoffverbindungen + stofftransport + gewaesserbelastung
IF -013 gewaesserbelastung + grundwasserbelastung + duengemittel + NIEDERSACHSEN (SUED)
IF -022 gewaesserbelastung + duengemittel + eutrophierung + SCHLESWIG-HOLSTEIN
IF -024 gewaesserbelastung + duengemittel
IF -029 gewaesserbelastung + kommunale abwaesser + duengemittel + naehrstoffhaushalt + eutrophierung
IF -031 gewaesserbelastung + landwirtschaft + duengemittel
IF -032 gewaesserbelastung + phosphate + eutrophierung + sediment + BODENSEE (OBERSEE)
IF -033 gewaesserbelastung + phosphate + eutrophierung + wasserbewegung + BODENSEE
KA-019 gewaesserbelastung + abwasserabgabengesetz + sauerstoffbedarf + messverfahren
KB-076 gewaesserbelastung + schadstoffabbau + belebtschlamm + vorklaerung
KC-006 industrieabwaesser + buntmetallindustrie + gewaesserbelastung
KC-028 zellstoffindustrie + gewaesserbelastung + (substitution von schwefelverb. durch phenole)
KC-061 papierindustrie + gewaesserbelastung + vorfluter + sauerstoffhaushalt
LA -019 wassergefaehrdende stoffe + lagerung + gewaesserbelastung
MC-026 deponie + gewaesserbelastung + biologische wirkungen + (stabilisierungsvorgang)
MC-034 deponie + gewaesserbelastung + sickerwasser + biologischer abbau
MC-045 deponie + sickerwasser + wasserhaushalt + stoffhaushalt + gewaesserbelastung
NB-039 gewaesserbelastung + aestuar + radioaktive substanzen + strahlenschutz + ELBE-AESTUAR
NB-049 gewaesserbelastung + radionuklide + LIPPE
PH-011 gewaesserbelastung + tenside + schwermetalle + synergismus + biologische wirkungen
PH-030 gewaesserbelastung + wasserpflanzen + bakterien + (submerse makrophyten)
PI -008 gewaesserbelastung + oekosystem + naturpark + SCHOENBUCH (REGION)
RD-053 bodenbeschaffenheit + moor + gewaesserbelastung + (landwirtschaftliche nutzung) + DEUTSCHLAND (NORD-WEST)
RE -033 bewaesserung + kulturpflanzen + gewaesserbelastung
RF -020 gewaesserbelastung + nutztierhaltung + landwirtschaftliche abwaesser + SCHLESWIG-HOLSTEIN
UL -041 naturschutzgebiet + mikroklima + gewaesserbelastung + kraftwerk + BERLIN (OBERHAVEL)
VA-018 umweltschutz + simulationsmodell + schadstoffausbreitung + luftverunreinigung + gewaesserbelastung + (topographie)

gewaesserbelueftung

GB-003 gewaesserbelastung + abwaerme + kraftwerk + gewaesserbelueftung
HA-023 wasserhygiene + gewaesserbelueftung + fische
HA-110 gewaesserbelueftung + talsperre + trinkwassergewinnung + WAHNBACH-TALSPERRE
IC -086 gewaesserbelueftung + sauerstoffeintrag
KB-059 wasser + gewaesserbelueftung + sauerstoffeintrag + klaeranlage
KB-069 gewaesserbelueftung + sauerstoffeintrag + (fluessiger sauerstoff)
KB-081 gewaesserbelueftung + geraeteentwicklung

gewaesserguete

HA-036 wasserpflanzen + gewaesserguete + bioindikator + (submerse makrophyten) + SCHWAEBISCHE ALB
HA-081 gewaesserguete + fluss + litoral + (saisonale veraenderungen) + NIEDERRHEIN
HA-115 gewaesserguete + baggersee + naherholung + MUENCHEN
HG-034 gewaesserguete + klaeranlage + wirtschaftlichkeit + modell
HG-048 hydrometeorologie + kartierung + gewaesserguete + kuestengebiet + wasserwirtschaft
IC -068 gewaesserguete + herbizide
IC -085 fliessgewaesser + gewaesserguete + bakterien + reinigung + (nitrifikation)
IC -114 gewaesserguete + chloride + chemische indikatoren + OBERRHEINEBENE + VOGESEN + SCHWARZWALD
LA -018 wasserhaushaltsgesetz + gewaesserguete + abwasserabgabengesetz
PI -035 oekologie + gewaesserguete + SCHWARZWALD (NORD)

gewaesserkunde

siehe hydrologie

gewaesserreinigung

IF -039 gewaesserreinigung + talsperre + phosphor + trinkwassergewinnung + (oligotrophierung) + WAHNBACH-TALSPERRE

gewaesserschutz

GB-013 gewaesserschutz + waermebelastung + ausbreitungsmodell
GB-017 abwaerme + gewaesserschutz + hochwasser + OBERRHEIN
GB-018 abwaerme + gewaesserschutz + messtellennetz + RHEIN + NECKAR
HA-002 gewaesserschutz + BODENSEE + RHEIN + NECKAR + DONAU
HA-004 gewaesserschutz + oekologische faktoren + anorganische builder
HA-008 gewaesserschutz + geschiebetransport + flussbettaenderung

HA-022 gewaesserschutz + internationaler vergleich + BUNDESREPUBLIK DEUTSCHLAND + FRANKREICH
HA-037 uferschutz + gewaesserschutz + fliessgewaesser + vegetation
HA-038 fliessgewaesser + vegetationskunde + gewaesserschutz + MUENSTERLAND
HA-054 gewaesserschutz + herbizide
HA-100 fliessgewaesser + quelle + landespflege + gewaesserschutz + NIEDERSACHSEN
HA-103 gewaesserschutz + sauerstoffverbrauch + RUHR (EINZUGSGEBIET)
HB-043 abfallagerung + gewaesserschutz
HB-074 hydrogeologie + gewaesserschutz + grundwasserschutz
HE-027 trinkwasserversorgung + gewaesserschutz
HF-005 abwasserreinigung + gewaesserschutz + wasserhaushalt
IA -011 umweltchemikalien + bioindikator + gewaesserschutz
IC -014 gewaesserschutz + toxische abwaesser + schadstoffnachweis + RHEIN
IC -015 gewaesserschutz + kuehlwasser + toxische abwaesser
IC -064 gewaesserschutz + pestizide + internationale zusammenarbeit + RHEIN + MOSEL
IC -120 gewaesserschutz + mikrobieller abbau
IF -004 grundwasserverunreinigung + massentierhaltung + gewaesserschutz + eutrophierung
IF -005 gewaesserschutz + eutrophierung
IF -023 gewaesserschutz + phosphate
IF -037 gewaesserschutz + phosphate + eutrophierung + oekonomische aspekte
LA -002 gewaesserschutz + schadstofftransport + rechtsvorschriften
MC-022 schadstofflagerung + gewaesserschutz
UB-014 umweltschutz + rechtsvorschriften + luftreinhaltung + gewaesserschutz + (vollzugsprobleme)
UL-029 landschaftsplanung + gewaesserschutz + uferschutz + datensammlung + RHEIN

gewaesserueberwachung

HA-006 gewaesserueberwachung + datenerfassung + probenahmemethode
HA-019 gewaesserueberwachung
HA-044 gewaesserueberwachung + wassertiere + BODENSEE (OBERSEE)
HA-055 gewaesserueberwachung + datenerfassung + BRAUNSCHWEIG + HARZ
HC-016 gewaesserueberwachung + meer + wasserbewegung + transportprozesse + messtechnik + (driftkoerper)
HG-005 wasserwirtschaft + gewaesserueberwachung + planungsmodell
IA -002 gewaesserueberwachung + schadstoffe + messtation + RHEIN
IA -003 gewaesserueberwachung + fliegende messtation + fernerkundung
IA -023 gewaesserueberwachung + schadstoffnachweis
IA -030 gewaesserueberwachung + toxische abwaesser + fruehdiagnose + (bioindikator)
IA -032 gewaesserueberwachung + messgeraetetest
IA -039 gewaesserueberwachung + messtellennetz
IC -072 gewaesserueberwachung + waermebelastung
IC -079 gewaesserueberwachung + schwermetalle + DONAU + BODENSEE
IC -093 gewaesserueberwachung + spurenstoffe + schwermetalle + NORDRHEIN-WESTFALEN
IC -115 gewaesserueberwachung + salmonellen + (langzeituntersuchung) + BRAUNSCHWEIG + HARZVORLAND
IE -016 gewaesserueberwachung + meeresverunreinigung + fliegende messtation + DEUTSCHE BUCHT + ELBE-AESTUAR
IF -027 gewaesserueberwachung + eutrophierung + prognose + BODENSEE
KA-002 abwasserkontrolle + spurenanalytik + gewaesserueberwachung + cyanide + messverfahren
KA-014 gewaesserueberwachung + abwasserkontrolle + feststoffe + geraeteentwicklung
NB-035 gewaesserueberwachung + radioaktivitaet + BODENSEE
OA-006 gewaesserueberwachung + meer + schadstoffnachweis + analytik + probenahmemethode + NORDSEE + OSTSEE
OA-007 gewaesserueberwachung + meer + schadstoffnachweis + kohlenwasserstoffe + NORDSEE + OSTSEE
OA-008 gewaesserueberwachung + meer + schadstoffnachweis + spurenelemente + NORDSEE + OSTSEE

gewaesseruntersuchung

HA-020 gewaesseruntersuchung + fauna + (limnisches oekosystem)
HA-030 fliessgewaesser + gewaesseruntersuchung + naehrstoffhaushalt + landwirtschaft + NIEDERSACHSEN (SUED)
IA -007 gewaesseruntersuchung + spurenelemente + geochemie + ALSTER + ELBE
IC -090 gewaesseruntersuchung + kernkraftwerk + radionuklide + WESER-AESTUAR
IE -001 gewaesseruntersuchung + viren + OSTSEEKUESTE
IF -010 gewaesseruntersuchung + eutrophierung + algen
IF -038 gewaesseruntersuchung + naehrstoffgehalt + talsperre + trinkwasser

gewaesserverunreinigung

IA -015 gewaesserverunreinigung + bioindikator + wasserpflanzen + BUNDESREPUBLIK DEUTSCHLAND
IA -016 gewaesserverunreinigung + phosphor + messverfahren + geraeteentwicklung + TEGELER SEE + BERLIN
IA -038 gewaesserverunreinigung + schadstoffnachweis + organische schadstoffe
IB -025 regenwasser + gewaesserverunreinigung
IC -003 fluss + gewaesserverunreinigung + faekalien + bioindikator + ISAR
IC -008 gewaesserverunreinigung + sediment + schadstoffnachweis + kohlenwasserstoffe + schwermetalle + BODENSEE
IC -010 gewaesserverunreinigung + fliessgewaesser + selbstreinigung + toxische abwaesser
IC -022 gewaesserverunreinigung + industrieanlage + EMSLAND (REGION)
IC -052 gewaesserverunreinigung + wassergefaehrdende stoffe + phenole
IC -056 gewaesserverunreinigung + wasserpflanzen + bioindikator + SAAR + AHR + SIEG + FULDA
IC -080 gewaesserverunreinigung + pestizide + analyseverfahren
IC -096 gewaesserverunreinigung + fluss + RHEIN
IC -098 gewaesserverunreinigung + mineraloel + untergrund
ID -030 grundwasserverunreinigung + gewaesserverunreinigung + deponie + HESSEN
ID -042 gewaesserverunreinigung + schwermetalle + uferfiltration + RHEIN
IE -005 gewaesserverunreinigung + mineraloel + toxizitaet
IE -020 gewaesserverunreinigung + meeressediment + korrosion + erosion + (sedimentationsmodell) + ADRIA (NORD)
IF -006 gewaesserverunreinigung + phosphate + nitrate + analyseverfahren + RHEIN
IF -017 gewaesserverunreinigung + fliessgewaesser + eutrophierung + (nitrophile pflanzen)
IF -028 gewaesserverunreinigung + phosphate + filtration + BERLIN (TEGELER SEE)
IF -030 eutrophierung + gewaesserverunreinigung + fliessgewaesser + NIEDERSACHSEN (SUED)
IF -034 phosphate + stofftransport + gewaesserverunreinigung + eutrophierung + BODENSEE
KC-068 gewaesserverunreinigung + industrieabwaesser + fluor
LA -008 abwasserabgabe + grenzwerte + bioindikator + gewaesserverunreinigung
MD-003 muellkompost + ackerland + gewaesserverunreinigung
OB-013 spurenelemente + abfall + gewaesserverunreinigung

gewebe

PB-013 insektizide + chlorkohlenwasserstoffe + gewebe

gewebekultur

PC-060 schadstoffimmission + gewebekultur + embryopathie
PC-061 kfz-abgase + gewebekultur

gewerbe

FC-018 laermbelastung + industrie + gewerbe

gewerbebetrieb
BE -017 geruchsbelaestigung + gewerbebetrieb + nutztierhaltung
FA -013 laermmessung + gewerbebetrieb
TA -063 gesundheitsschutz + gewerbebetrieb + loesungsmittel

gewerbliche*raeume
FC -053 laermmessung + gewerbliche raeume

giessereiindustrie
ID -019 giessereiindustrie + abfallablagerung + deponie + grundwasserbelastung + (altsand)
SA -014 energieversorgung + giessereiindustrie

gifte
siehe auch toxine
PC -035 schadstoffwirkung + wassertiere + pharmaka + gifte + testverfahren + (fische)

glas
siehe auch altglas
HA -078 wasserreinhaltung + meerwasserentsalzung + verfahrensentwicklung + glas
MA-006 hausmuell + glas
MA-007 abfallsortierung + hausmuell + papier + glas + recycling + KONSTANZ + BODENSEE-HOCHRHEIN
MA-032 abfall + glas
QA-044 glas + blei + saeuren

glasindustrie
siehe auch fliesenindustrie
BC -015 glasindustrie + abgas + nitrose verbindungen
BC -016 glasindustrie + quecksilber
BC -020 glasindustrie + staubemission + messverfahren + (glasschmelzofen)
BC -029 glasindustrie + schadstoffemission
DC -024 glasindustrie + emissionsminderung + verfahrensoptimierung + (glasschmelzwannen)
FC -023 glasindustrie + arbeitsplatz + laermminderung
KC -014 glasindustrie + abwasseraufbereitung
ME -051 glasindustrie + verfahrenstechnik + altglas + recycling

glasoberflaeche
PK -033 luftverunreinigung + korrosion + glasoberflaeche + denkmalschutz

grenzwerte
siehe auch toleranzwerte
BE -020 geruchsbelaestigung + grenzwerte + messverfahren
DB -020 kraftwerk + schwefeldioxid + grenzwerte
EA -010 luftverunreinigung + ballungsgebiet + gruenflaechen + grenzwerte
FB -026 verkehrslaerm + grenzwerte + richtlinien
FC -039 laermminderung + baumaschinen + grenzwerte
LA -008 abwasserabgabe + grenzwerte + bioindikator + gewaesserverunreinigung
NB -036 radionuklide + dosimetrie + strahlenschutz + grenzwerte
NB -056 baustoffe + radioaktivitaet + grenzwerte
PC -023 meeresorganismen + tenside + schadstoffabbau + grenzwerte
PC -043 kfz-abgase + physiologische wirkungen + grenzwerte + toxikologie + (warmblueter)
PH -042 kulturpflanzen + duengung + schwermetalle + toxizitaet + grenzwerte
PH -046 luftverunreinigende stoffe + grenzwerte + pflanzen
RF -004 massentierhaltung + gefluegel + sauerstoffbedarf + grenzwerte + kohlendioxid
TA -034 arbeitsschutz + blei + grenzwerte
UL -025 landschaftsbelastung + bodennutzung + stoffhaushalt + grenzwerte
UL -070 landschaftsoekologie + landschaftsbelastung + grenzwerte + landschaftsplanung + ISAR (OBERES ISARTAL)

grossraumbuero
TA -005 arbeitsplatz + grossraumbuero + arbeitsschutz

grosstadt
FB -050 laermschutzplanung + grosstadt + schallimmission + oeffentlicher nahverkehr + (s-bahn) + HAMBURG (CENTRUM)
PE -055 immissionsbelastung + blei + bevoelkerung + grosstadt + FRANKFURT + RHEIN-MAIN-GEBIET
PH -025 luftverunreinigung + grosstadt + schadstoffwirkung + strassenbaum
PH -026 schadstoffwirkung + grosstadt + strassenbaum
TB -034 umweltqualitaet + psychologische faktoren + grosstadt
TF -026 stadthygiene + tierische faekalien + krankheitserreger + grosstadt + (hundekot)
UA -045 umweltbelastung + lebensqualitaet + ballungsgebiet + grosstadt + modell + DORTMUND + RHEIN-RUHR-RAUM
UF -029 stadtentwicklung + rahmenplan + grosstadt + OSNABRUECK
UF -031 stadtplanung + grosstadt + bodenvorratspolitik + kosten-nutzen-analyse + STOCKHOLM
UH -020 verkehrsplanung + individualverkehr + oeffentlicher nahverkehr + grosstadt
UK -060 freiraumplanung + grosstadt + sozio-oekonomische faktoren + HANNOVER
UL -039 oekologie + freiflaechen + grosstadt + (ruderalstandorte) + BERLIN
UM-032 pflanzenkontamination + grosstadt + strassenbaum + streusalz

gruenflaechen
AA -090 gruenflaechen + immissionsschutz + stadtgebiet + RAUNHEIM + OBERRHEIN
EA -010 luftverunreinigung + ballungsgebiet + gruenflaechen + grenzwerte
MD-010 abfallbeseitigung + siedlungsabfaelle + gruenflaechen + freizeitanlagen
RD -007 gruenflaechen + duengung + auswaschung
RF -019 nutztierhaltung + gruenflaechen + (schaf)
UF -012 wohnungsbau + freiraumplanung + bebauungsart + gruenflaechen
UK -044 gruenflaechen + rasen

gruenland
siehe auch alm
MF -039 stallmistverwertung + ackerland + gruenland
PI -025 biooekologie + wald + gruenland
QC -040 gruenland + duengung + futtermittel + schadstoffbelastung + physiologische wirkungen + SCHLESWIG-HOLSTEIN
RA -014 landwirtschaft + landschaftspflege + gruenland + (nebenberuf) + ODENWALD + EIFEL + BAYERISCHER WALD
RE -023 pflanzenphysiologie + gruenland
RE -024 pflanzenoekologie + gruenland
RH -078 schaedlingsbekaempfung + gruenland + biozoenose
UM-017 gruenland + vegetation + pflanzensoziologie + WESTERWALD
UM-018 gruenland + vegetation + pflanzensoziologie + KNUELLGEBIET
UM-022 gruenland + vegetation + pflanzensoziologie + MEISSNERGEBIRGE + HESSEN
UM-044 gruenland + baumbestand + (solitaerbaeume) + RHOEN (HOHE RHOEN)
UM-068 gruenland + oekologie + vegetationskunde + HEILIGENHAFEN + OSTSEE
UM-069 gruenland + mineralstoffe + stickstoff + pflanzenernaehrung + HEILIGENHAFEN + OSTSEE

gruenlandwirtschaft
RA -024 agrarplanung + bodennutzung + gruenlandwirtschaft + alm + (nutzungsmodell) + ALPEN + KARWENDEL-GEBIRGE
RF -022 gruenlandwirtschaft + tierhaltung + rind + fleisch

UL -059 kulturlandschaft + gruenlandwirtschaft + nutztiere + (schaf) + ALPENVORLAND

gruenplanung

UL -062 gebaeude + schutzmassnahmen + gruenplanung + klimaaenderung + MONSCHAU + EIFEL (NORD) + NIEDERRHEIN

grundstoffe

RB -003 algen + grundstoffe + lebensmittelrohstoff

grundwasser

GB -020 wasserhygiene + grundwasser + oberflaechenwasser + waermebelastung
HA -065 oberflaechengewaesser + grundwasser + wasserguete + anthropogener einfluss + FREIBURG + OBERRHEIN
HA -066 baggersee + wasserguete + grundwasser + (wasserwirtschaftliche untersuchungen) + OBERRHEINEBENE
HB -003 kies + grundwasser
HB -004 grundwasser + geophysik + wasserwirtschaft + rahmenplan + BAYERN
HB -005 wasserhaushalt + grundwasser + simulationsmodell + HILDESHEIM (RAUM)
HB -007 oberflaechenwasser + grundwasser + uferfiltration + wassergewinnung + MOSEL + RHEINLAND-PFALZ
HB -010 grundwasser + fluss + staustufe
HB -013 fliessgewaesser + grundwasser + anthropogener einfluss
HB -015 grundwasser + hydrogeologie + HARZ
HB -016 grundwasser + bakteriologie + SCHLESWIG-HOLSTEIN (SANDERGEBIET)
HB -017 grundwasser + sauerstoffhaushalt + organische stoffe + abbau
HB -019 grundwasser + kartierung + OBERRHEINEBENE
HB -023 geophysik + grundwasser + wasserbilanz + NECKARTAL
HB -024 karstgebiet + mineralquelle + grundwasser + STUTTGART (RAUM)
HB -026 hydrogeologie + grundwasser + schadstofftransport + MAIN + TAUBER
HB -029 wasserwirtschaft + grundwasser + HAMBURG
HB -033 grundwasser + wasserguete + ERFTGEBIET
HB -036 wasserwirtschaft + grundwasser + hydrodynamik + modell
HB -041 grundwasser + bodenwasser + oekosystem
HB -049 hydrogeologie + wasserhaushalt + grundwasser
HB -051 grundwasser + hydrogeologie + SAHARA (NORD) + AFRIKA + LIBYEN
HB -052 wasserhaushalt + kiesabbau + grundwasser + OBERRHEINEBENE
HB -053 grundwasser + wasserwirtschaft + fliessgewaesser + RHEIN-NECKAR-RAUM
HB -054 grundwasser + wasserhaushalt + OBERRHEINEBENE
HB -057 grundwasser + stroemung
HB -058 grundwasser + hydrologie + modell
HB -059 grundwasser
HB -062 wasserguetewirtschaft + grundwasser + schadstoffausbreitung + (grundwasserguetemodell)
HB -065 grundwasser + kartierung + tracer + (tritium)
HB -079 grundwasser + kuestengebiet + wasserhaushalt + (modell) + EMS + JADE
HB -080 grundwasser + sickerwasser + stroemung
HD -022 oberflaechenwasser + grundwasser + trinkwasser + spurenelemente + RUHR (EINZUGSGEBIET)
HG -050 hydrogeologie + kartierung + grundwasser + EIFEL (NORD) + NIEDERRHEIN
HG -058 fliessgewaesser + grundwasser + sickerwasser
ID -009 oelunfall + grundwasser + karstgebiet
ID -010 grundwasser + trinkwasser + keime + bioindikator
ID -011 grundwasser + mineralstoffe
ID -012 grundwasser + organische stoffe + abbau + (sauerstofftransport)
ID -013 regenwasser + sickerwasser + grundwasser
ID -016 grundwasser + bergbau + NIEDERRHEIN
ID -022 bodenwasser + grundwasser + oberflaechenwasser + stoffhaushalt
ID -036 grundwasser + uferfiltration + modell
ID -037 grundwasser + nitrate + tritium
ID -039 grundwasser + mineralwasser + radioaktive spurenstoffe + uran
ID -045 grundwasser + uferfiltration + herbizide
ID -046 grundwasser + pestizide + uferfiltration + trinkwasser
ID -051 grundwasser + untergrund + mineraloel + (oelunfall)
ID -052 grundwasser + kartierung + NIEDERRHEIN
MB-066 deponie + wasserhaushalt + grundwasser + stoffaustausch + keime
MC-013 deponie + grundwasser
MC-054 abfallbeseitigung + deponie + grundwasser
RD -057 naehrstoffgehalt + grundwasser + oberflaechenwasser + boden + duengung
RE -041 grundwasser + bodenbeschaffenheit + pflanzen
UL -021 landschaftsoekologie + grundwasser

grundwasserabfluss

HB -014 grundwasserabfluss + geologie + SPESSART (SUED)
IC -099 grundwasserabfluss + kiesabbau + WESEL + NIEDERRHEIN

grundwasserabsenkung

HB -018 wasserwerk + grundwasserabsenkung + SAARLAND (OST)
HB -031 grundwasserabsenkung + boden + pflanzen + auswirkungen
RC -038 bodenkarte + grundwasserabsenkung + landwirtschaft + NIEDERSACHSEN
RE -048 grundwasserabsenkung + ackerbau + pflanzenertrag + HANNOVER-FUHRENBERG
RG -030 wald + grundwasserabsenkung
UF -025 denkmalschutz + grundwasserabsenkung + gebaeudeschaeden

grundwasseranreicherung

DB -026 trinkwassergewinnung + grundwasseranreicherung
HB -055 fliessgewaesser + grundwasseranreicherung + ILLERTAL
HB -060 grundwasseranreicherung + (mathematisches modell)
HB -089 grundwasseranreicherung + oberflaechenwasser + mikrobieller abbau
HE -020 oberflaechenwasser + trinkwassergewinnung + grundwasseranreicherung + NORDDEUTSCHER KUESTENRAUM
HG -021 hydrologie + grundwasseranreicherung + stroemungstechnik + (mathematisches modell)
ID -035 abwasseraufbereitung + schadstoffabbau + grundwasseranreicherung

grundwasserbelastung

HB -045 bodenmechanik + tiefbau + grundwasserbelastung + (haertungsmittel) + MUENCHEN (STADTGEBIET)
HB -048 bodenmechanik + tiefbau + untergrundbahn + grundwasserbelastung + (haertungsmittel) + MUENCHEN (STADTGEBIET)
ID -002 grundwasserbelastung + sickerwasser + deponie + ELBE-AESTUAR
ID -005 deponie + hausmuell + grundwasserbelastung
ID -006 kiesabbau + deponie + grundwasserbelastung + (bauschutt)
ID -014 grundwasserbelastung + strassenbau + baustoffe + (hochofenschlacke)
ID -015 wasserchemie + grundwasserbelastung + duengemittel + trinkwasserguete + SCHWARZWALD + EYACH
ID -018 grundwasserbelastung + schadstoffe + strassenverkehr + wasserschutzgebiet
ID -019 giessereiindustrie + abfallablagerung + deponie + grundwasserbelastung + (altsand)
ID -021 grundwasserbelastung + abfallstoffe + deponie
ID -025 wasserwerk + grundwasserbelastung + landwirtschaft + stickstoffverbindungen
ID -026 landwirtschaft + grundwasserbelastung + umweltchemikalien
ID -028 holzwirtschaft + lagerung + grundwasserbelastung
ID -031 duengemittel + auswaschung + grundwasserbelastung
ID -032 kommunale abwaesser + duengung + grundwasserbelastung

ID -033 herbizide + schadstoffabbau + grundwasserbelastung
ID -034 grundwasserbelastung + duengemittel + phosphate + nitrate + sulfate + (weinbergsboeden)
ID -038 grundwasserbelastung + radioaktive spurenstoffe + fall-out + (dispersionsmodell)
ID -040 grundwasserbelastung + radioaktive spurenstoffe + SANDHAUSEN + OBERRHEIN
ID -047 abwasser + grundwasserbelastung
ID -055 kuehlwasser + grundwasserbelastung
ID -058 grundwasserbelastung + sickerwasser + schadstofftransport + HANNOVER-FUHRENBERG
ID -059 abwasserverrieselung + klaerschlamm + grundwasserbelastung + bodenkontamination
ID -060 deponie + grundwasserbelastung
IF -013 gewaesserbelastung + grundwasserbelastung + duengemittel + NIEDERSACHSEN (SUED)
KB-082 klaerschlamm + abwasserverrieselung + grundwasserbelastung + bodenkontamination + NIEDERSACHSEN
KC-019 grundwasserbelastung + abwasserbeseitigung + zuckerindustrie
KC-024 abwasserreinigung + zuckerindustrie + boden + filtration + grundwasserbelastung
MC-023 deponie + grundwasserbelastung
MC-024 deponie + sickerwasser + grundwasserbelastung + bodenbeschaffenheit + kiesfilter
MC-029 grundwasserbelastung + sickerwasser + deponie + sondermuell
MC-035 kommunale abfaelle + grundwasserbelastung + pathogene keime
OD-082 grundwasserbelastung + bodenbeschaffenheit + schadstoffe + gemuesebau + OBERRHEINEBENE + PFALZ

grundwasserbewegung

HB -002 grundwasserschutz + hydrogeologie + grundwasserbewegung + tracer + BAYERN
HB -008 grundwasserbewegung + BUNDESREPUBLIK DEUTSCHLAND
HB -046 grundwasserbewegung + tiefbau + MUENCHEN (REGION) + BAYERN
HB -066 grundwasserbewegung + hydrogeologie + REGNITZTAL
HB -078 grundwasserspiegel + brackwasser + schadstoffbelastung + grundwasserbewegung + (simulationsmodell)
HB -088 hydrogeologie + grundwasserbewegung + kuestengebiet + luftbild + SIZILIEN
HG-030 hydrogeologie + grundwasserbewegung + tracer + modell
HG-039 grundwasserbewegung + mathematisches verfahren
HG-055 grundwasserbewegung + hydrologie + tracer
ID -027 grundwasserbewegung + grundwasserverunreinigung + WESTERWALD + LAHNTAL
RC -017 grundwasserbewegung + bodenstruktur + geophysik + ISAR

grundwasserbilanz

ID -017 grundwasserbilanz + uferfiltration + fluss + KOELN-BONN + NIEDERRHEIN

grundwasserbildung

HB -012 wasserbilanz + grundwasserbildung + RHEINISCHES SCHIEFERGEBIRGE + HESSISCHE SENKE
HB -020 grundwasserbildung + karstgebiet + anthropogener einfluss
HB -021 grundwasserbildung + anthropogener einfluss + oekologische faktoren + TRIER + HUNSRUECK
HB -022 bodenbeschaffenheit + anthropogener einfluss + grundwasserbildung + MAINTAL
HB -025 wasserchemie + grundwasserbildung + wasserhaushalt + OBERRHEINEBENE
HB -028 bodenwasser + grundwasserbildung + schwermetallkontamination + MAIN (OBERMAIN) + KULMBACH
HB -038 wasserhaushalt + boden + grundwasserbildung
HB -064 grundwasserbildung + wasserhaushalt
HB -083 grundwasserbildung + wasserhaushalt + (physikalisches modell)
HB -084 grundwasserbildung + wasserhaushalt + TAUNUS + WIESBADEN
HG-007 wasserbilanz + grundwasserbildung + bodennutzung

grundwasserentzug

HB -061 wassergewinnung + wasserversorgung + grundwasserentzug + optimierungsmodell

grundwassererschliessung

HB -006 grundwassererschliessung + (modell)
HB -050 grundwassererschliessung + wasseraufbereitung + NORDDEUTSCHER KUESTENRAUM

grundwasserschutz

HB -002 grundwasserschutz + hydrogeologie + grundwasserbewegung + tracer + BAYERN
HB -030 hydrogeologie + kartierung + grundwasserschutz + HAMBURG
HB -044 wasserrecht + grundwasserschutz + tiefbau + ISAR + MUENCHEN (REGION)
HB -047 grundwasserschutz + mineraloel + untergrund + (abdichtung)
HB -074 hydrogeologie + gewaesserschutz + grundwasserschutz
ID -057 grundwasserschutz + bodenbeschaffenheit + (erdbestattung)

grundwasserschutzgebiet

siehe auch wasserschutzgebiet

ID -024 fliessgewaesser + schadstofftransport + grundwasserschutzgebiet + FREIBURGER BUCHT + OBERRHEIN

grundwasserspiegel

HA-082 hochwasser + grundwasserspiegel + (korrelation) + RHEIN (MEERBUSCH-BUEDERICH)
HB -078 grundwasserspiegel + brackwasser + schadstoffbelastung + grundwasserbewegung + (simulationsmodell)
RE -040 ackerbau + pflanzenertrag + grundwasserspiegel

grundwasserverunreinigung

ID -003 grundwasserverunreinigung + mineraloel + chemikalien
ID -004 grundwasserverunreinigung + tierische faekalien
ID -007 grundwasserverunreinigung + deponie + messtellennetz + MUENCHEN-GROSSLAPPEN
ID -020 oberflaechenwasser + grundwasserverunreinigung
ID -027 grundwasserbewegung + grundwasserverunreinigung + WESTERWALD + LAHNTAL
ID -030 grundwasserverunreinigung + gewaesserverunreinigung + deponie + HESSEN
ID -048 grundwasserverunreinigung + mineraloelprodukte
ID -049 grundwasserverunreinigung + sickerwasser + deponie
ID -050 pestizide + grundwasserverunreinigung
ID -056 grundwasserverunreinigung + bodenstruktur
IF -004 grundwasserverunreinigung + massentierhaltung + gewaesserschutz + eutrophierung

guelle

siehe auch duengemittel
siehe auch fluessigmist

BD -006 luftreinhaltung + aerosole + antibiotika + guelle + verrieselung
KD-001 guelle + mikroflora + bewertungsmethode
KD-003 guelle + geruchsminderung + recycling + duengung
KD-004 massentierhaltung + guelle + schadstoffwirkung + boden + pflanzen
KD-006 abwasserbehandlung + guelle + geruchsminderung
KD-012 duengung + guelle + umweltbelastung
KD-013 abwasserreinigung + guelle + nutztierhaltung + (oxidationsgraben)
MF-044 guelle + wiederverwendung + futtermittel
PG-018 bodenbelastung + guelle + bioindikator

guetertransport

UI -016 nahverkehr + personenverkehr + guetertransport

gummiindustrie

BC -024 gummiindustrie + abgas + staub

gutachten

FA -009 schallpegelmessung + gutachten + SAARBRUECKEN + VOELKLINGEN
FA -024 schallschutz + waermeschutz + gutachten
FA -055 laermmessung + gutachten
FB -020 fluglaerm + gutachten
LA -020 abwasserabgabe + oekonomische aspekte + gutachten + BUNDESREPUBLIK DEUTSCHLAND
MC-033 abfallbeseitigung + deponie + standortwahl + gutachten + KARLSRUHE + OBERRHEIN
PC -050 umweltchemikalien + gutachten
UA -025 umweltschutz + gutachten
UC -016 raumplanung + industrieanlage + gutachten

haertesalze

KC -009 haertesalze + entgiftung + cyanide + nitrate + nitrite
ME -031 abfallaufbereitung + haertesalze + cyanide

halogene

AA -158 emissionskataster + halogene + chlorkohlenwasserstoffe + atmosphaere
CA -011 organische schadstoffe + halogene + nachweisverfahren + atmosphaere + stratosphaere
DC -071 aluminiumindustrie + emissionsminderung + halogene
PF -007 schadstoffimmission + bleiverbindungen + metabolismus + halogene + pflanzen

halogenkohlenwasserstoffe

CA -061 luftverunreinigende stoffe + nachweisverfahren + halogenkohlenwasserstoffe + probenahmemethode + gaschromatographie
CA -076 luftverunreinigung + halogenkohlenwasserstoffe + messverfahren + probenahmemethode
OC -002 halogenkohlenwasserstoffe + analyseverfahren
OD -048 umweltchemikalien + halogenkohlenwasserstoffe + biologischer abbau
OD -049 schadstoffabbau + halogenkohlenwasserstoffe + biologischer abbau

halogenverbindungen

KC -027 zellstoffindustrie + abwasser + halogenverbindungen + toxizitaet
OC -026 umweltchemikalien + halogenverbindungen
OD -047 halogenverbindungen + abbau + schadstoffausbreitung + litoral
OD -070 organische stoffe + halogenverbindungen + metabolismus + tierexperiment

hausbrand

AA -014 luftreinhaltung + emissionskataster + hausbrand
BB -009 hausbrand + schadstoffemission + schwefeldioxid + fernheizung + emissionskataster + BERLIN-WILMERSDORF
BB -011 luftverunreinigung + schadstoffemission + hausbrand + oelfeuerung

hausfrau

TB -003 hausfrau + beruf + wohngebiet
TB -018 hausfrau + beruf + wohngebiet

haushalt

SA -039 haushalt + energiebedarf + (prognose) + MUENCHEN

haushalt (haus und herd)

siehe private haushalte

haushaltsgeraet

SB -008 energieversorgung + haushaltsgeraet

hausmuell

siehe auch abfall

ID -005 deponie + hausmuell + grundwasserbelastung
MA-006 hausmuell + glas
MA-007 abfallsortierung + hausmuell + papier + glas + recycling + KONSTANZ + BODENSEE-HOCHRHEIN
MA-008 abfallsammlung + hausmuell + (mitarbeit der bevoelkerung) + KONSTANZ + BODENSEE-HOCHRHEIN
MA-012 hausmuell + abfallsortierung + papier
MB-019 hausmuell + pyrolyse + (entgasung)
MB-023 abfallaufbereitung + hausmuell + pyrolyse + betriebsbedingungen + (schachtreaktor)
MB-027 hausmuell + pyrolyse
MB-054 muellvergasung + abfallbeseitigung + hausmuell + sondermuell
MC-005 deponie + hausmuell + recycling + baustoffe
MC-039 abfallablagerung + industrieabfaelle + hausmuell + cyanide + (langzeitverhalten)
MC-041 sickerwasser + hausmuell + deponie
MC-051 hausmuell + industrieabfaelle + ablagerung
MD-013 hausmuell + sondermuell + recycling + aktivkohle + wirtschaftlichkeit
MD-014 hausmuell + recycling + ne-metalle + wirtschaftlichkeit + oekologische faktoren
MD-015 hausmuell + altpapier + recycling + wirtschaftlichkeit + oekologische faktoren
ME -083 hausmuell + recycling + baustoffe + ziegeleiindustrie

hausmuellsortierung

MA-013 hausmuellsortierung + abfallbeseitigungsanlage
MA-014 hausmuellsortierung + recycling + verfahrensentwicklung
MA-015 hausmuellsortierung + altglas + ne-metalle
MA-035 abfallsammlung + abfallmenge + hausmuellsortierung + BOCHUM + RHEIN-RUHR-RAUM
MD-033 hausmuellsortierung + recycling

haustiere

PI -021 haustiere + oekologische faktoren
QA -071 salmonellen + futtermittel + haustiere
QB -053 lebensmittelkontamination + fleisch + pestizide + haustiere + wild

hcb

siehe hexachlorbenzol

hefen

HD -015 trinkwasser + hefen + schimmelpilze + nachweisverfahren
KC -026 abwasserbehandlung + hefen
ME -063 nahrungsmittelproduktion + produktionsrueckstaende + hefen + verwertung
PD -044 pharmaka + pestizide + mutagene wirkung + bioindikator + hefen

heide

UL -044 landschaftsschutz + naturschutzgebiet + heide + (wacholderheide) + RENGEN + EIFEL
UL -057 oekologie + mikrobiologie + heide
UN -043 wald + heide + landschaftsgestaltung + tierschutz + LUENEBURGER HEIDE

heizoel

siehe auch brennstoffe
siehe auch mineraloelprodukte

BC -017 heizoel + erdgas + emission + fluor + schwefeldioxid
DB -001 heizoel + entschwefelung + verfahrensentwicklung
DB -010 heizoel + rauchgas + entschwefelung + oekonomische aspekte
EA -016 heizoel + schwefelverbindungen + immissionsminderung
IC -062 gewaesserbelastung + schwebstoffe + heizoel + (zuflussfracht) + BODENSEE
SA -063 heizoel + substitution + verfahrensentwicklung

heizungsanlage

BB -023 luftverunreinigung + schadstoffausbreitung + kohlenwasserstoffe + heizungsanlage + geruchsbelaestigung
CB -009 luftverunreinigung + abgasausbreitung + heizungsanlage + (aussenwandfeuerstaetten)
DA -004 abgasemission + heizungsanlage + verbrennungsmotor + schadstoffminderung + messgeraet
DB -008 heizungsanlage + emissionsminderung + verfahrenstechnik
DB -023 luftverunreinigung + heizungsanlage + private haushalte + energieverbrauch + DORTMUND + RHEIN-RUHR-RAUM
DB -037 emissionsminderung + heizungsanlage + verfahrensoptimierung
DB -038 heizungsanlage + verfahrensoptimierung
SA -015 heizungsanlage + elektrotechnik + waermeversorgung
SA -043 heizungsanlage + waermehaushalt + (nutzungsgrad)
SB -011 energietechnik + heizungsanlage + waermerueckgewinnung
SB -026 gewaechshaus + heizungsanlage + energiebedarf
SB -028 heizungsanlage + private haushalte + schadstoffminderung + oekonomische aspekte
SB -032 wohnungsbau + energieversorgung + heizungsanlage + wirtschaftlichkeit
SB -033 waermeversorgung + wohngebiet + heizungsanlage + (waermepumpe)
SB -034 wohnungsbau + heizungsanlage + energietechnik

herbizide

siehe auch biozide

BD -007 schadstoffnachweis + herbizide + luftverunreinigung + niederschlag
HA -054 gewaesserschutz + herbizide
HD -019 trinkwasseraufbereitung + herbizide + adsorption + oxidation + (phenoxy-alkancarbonsaeuren)
IC -068 gewaesserguete + herbizide
IC -073 oberflaechenwasser + schadstoffabbau + herbizide + boden
IC -091 gewaesserbelastung + herbizide + bioindikator + wasserguete
IC -106 herbizide + gewaesserbelastung + HAARENNIEDERUNG (OLDENBURG)
ID -033 herbizide + schadstoffabbau + grundwasserbelastung
ID -045 grundwasser + uferfiltration + herbizide
OC -004 herbizide + umweltbelastung
OC -006 nitroverbindungen + photochemische reaktion + herbizide + abiotischer abbau
OC -015 arzneipflanzen + herbizide + rueckstandsanalytik
OC -020 herbizide + metabolismus + nachweisverfahren
OD -004 pflanzen + herbizide
OD -021 schadstoffabbau + herbizide
OD -052 umweltchemikalien + herbizide + fungizide + mikrobieller abbau
OD -053 schadstoffabbau + herbizide + mikroorganismen + boden
OD -065 herbizide + bodenkontamination + kulturpflanzen + metabolismus
OD -072 herbizide + mikroorganismen + schadstoffabbau
OD -076 herbizide + schadstoffabbau + enzyme + boden
OD -080 umweltchemikalien + herbizide + pflanzen + metabolismus
OD -087 marine nahrungskette + algen + schadstofftransport + herbizide
OD -089 umweltchemikalien + herbizide + rueckstandsanalytik
PB -002 herbizide + schadstoffwirkung + tierexperiment + (ratten)
PB -025 herbizide + insektizide + synergismus + toxizitaet + (warmblueter)
PB -034 herbizide + nutztiere + rueckstandsanalytik
PB -035 herbizide + insektizide + metabolismus + tierexperiment
PB -039 herbizide + toxizitaet + bienen + (tormona 80)
PB -041 pestizide + herbizide + schadstoffwirkung + landwirtschaftliche produkte
PB -043 neurotoxizitaet + herbizide
PB -044 metabolismus + herbizide
PD -054 umweltchemikalien + herbizide + nitrosoverbindungen + carcinogene wirkung
PD -060 herbizide + teratogene wirkung + mutagene wirkung
PG -001 herbizide + biologische wirkungen + kulturpflanzen
PG -006 pflanzenphysiologie + herbizide + nutzpflanzen + photosynthese
PG -017 herbizide + nutzarthropoden + kulturpflanzen
PG -019 pflanzenschutzmittel + herbizide + toxizitaet + (nitrifikation)
PG -021 bodenbelastung + herbizide
PG -028 duengemittel + herbizide + bodenbelastung + pflanzenernaehrung
PG -029 pflanzenkontamination + herbizide + metabolismus
PG -032 herbizide + phytopathologie
PG -034 bodenbeschaffenheit + herbizide
PG -035 herbizide + nebenwirkungen + pflanzenkrankheiten + getreide
PG -036 herbizide + nebenwirkungen + pflanzenkrankheiten
PG -037 herbizide + rueckstandsanalytik + (kamille)
PG -041 herbizide + boden + pflanzen
PG -042 herbizide + pflanzen + nebenwirkungen
PG -043 bodenkontamination + herbizide + rueckstandsanalytik
PG -044 bodenkontamination + herbizide + nebenwirkungen + mikroorganismen + BRAUNSCHWEIG (REGION) + HARZVORLAND
PG -046 herbizide + phytopathologie + boden
PG -049 pflanzenphysiologie + photosynthese + herbizide
PG -052 herbizide + biologische membranen + algen
PG -054 bodenkontamination + herbizide + kulturpflanzen + phytopathologie
PI -033 umweltbelastung + herbizide
QA -007 lebensmittel + pestizide + herbizide + mikroorganismen
QA -017 herbizide + futtermittel
QA -066 lebensmittel + herbizide + rueckstandsanalytik
QD -030 marine nahrungskette + herbizide + schadstoffbilanz + fische
RD -005 herbizide + pflanzen
RD -023 ackerland + duengung + herbizide + unkrautflora
RE -015 ackerbau + pflanzenschutzmittel + herbizide + (substitution)
RE -035 herbizide + boden + pflanzen
RE -036 herbizide + getreide + wirkmechanismus + (standfestigkeit)
RE -037 herbizide + gemuese + wirkmechanismus + (inhaltsstoffe)
RG -007 forstwirtschaft + herbizide + pflanzenernaehrung
UM -059 herbizide + nebenwirkungen + (blattlaus)
UM -060 herbizide + kulturpflanzen

herstellungsverfahren

KB -047 papier + herstellungsverfahren + abwassermenge
OD -061 papierindustrie + herstellungsverfahren + schadstoffemission + biologischer abbau
SA -044 erdoel + herstellungsverfahren + tenside

heterozyklische kohlenwasserstoffe

OD -010 mineraloel + polyzyklische aromaten + heterozyklische kohlenwasserstoffe

hexachlorbenzol

siehe auch chlorkohlenwasserstoffe

PC -026 dieldrin + hexachlorbenzol + organismen + metabolismus
QD -010 nahrungskette + milch + insektizide + hexachlorbenzol + pcb
QD -024 tierernaehrung + hexachlorbenzol + lebensmittel + nachweisverfahren

hochbau

FD -008 schallschutz + hochbau + rechtsvorschriften

hochpolymere

siehe auch kunststoffe

HG -023 stroemungstechnik + hochpolymere
MB -011 abfallbeseitigung + hochpolymere + abbau + bestrahlung
MB -047 abfallbeseitigung + kunststoffindustrie + hochpolymere + bestrahlung + abbau

TA -037 kunststoffindustrie + hochpolymere + toxizitaet + schadstoffminderung

hochtemperaturabbrand

siehe auch muellvergasung
siehe auch pyrolyse

MB-009 muellverbrennungsanlage + hochtemperaturabbrand + messverfahren
MB-052 sondermuell + radioaktive abfaelle + hochtemperaturabbrand + emissionsmessung + recycling
MB-057 abfallbeseitigung + pyrolyse + hochtemperaturabbrand + internationaler vergleich + USA + EUROPA + JAPAN
MC-048 abfallbeseitigung + deponie + hochtemperaturabbrand

hochwasser

siehe auch ueberschwemmungsgebiet

GB -017 abwaerme + gewaesserschutz + hochwasser + OBERRHEIN
HA -041 meteorologie + fliessgewaesser + hochwasser
HA -062 hochwasser + prognose + NECKAR (EINZUGSGEBIET)
HA -082 hochwasser + grundwasserspiegel + (korrelation) + RHEIN (MEERBUSCH-BUEDERICH)
IB -011 hochwasser + fliessgewaesser
IB -012 hydrologie + niederschlagsabfluss + hochwasser + abflussmodell + (schneeschmelze)
IB -021 hochwasser + niederschlagsmessung + berechnungsmodell
RG -010 wald + niederschlag + hochwasser + HESSEN (MITTELGEBIRGE)

hochwasserschutz

HA -059 hochwasserschutz + prognose + OBERRHEIN
HA -068 wasserwirtschaft + hochwasserschutz + rahmenplan
HA -075 fluss + hochwasserschutz
HA -077 hochwasserschutz + fluss + wasserbewegung + berechnungsmodell
HC -014 kuestenschutz + hochwasserschutz + sturmflut + (hydraulisches modell) + ELBE-AESTUAR
HC -026 hochwasserschutz + vegetation + landwirtschaft + HAMBURG (RAUM)
HG -025 hochwasserschutz + kuehlturm + (anwendung von membranen)

hoechstmengenverordnung

siehe auch normen

PB -021 lebensmittel + fische + pestizide + hoechstmengenverordnung
QB -049 fleischprodukte + blei + rueckstandsanalytik + hoechstmengenverordnung
QB -056 lebensmittelkontamination + fleisch + arsen + schwermetalle + hoechstmengenverordnung + (carry-over-modell) + NIEDERSACHSEN

hoerschaeden

siehe gehoerschaeden

holz

FD -006 holz + laermschutz
MF -026 holz + werkstoffe + recycling

holzabfaelle

MA-041 holzabfaelle + abfallmenge
ME-038 zellstoffindustrie + holzabfaelle + kohlenhydrate + verwertung
ME-089 holzabfaelle + verwertung + verfahrensentwicklung + zellstoffindustrie
MF-003 holzabfaelle + recycling + bodenverbesserung
MF-004 holzabfaelle + recycling + baustoffe
MF-005 holzabfaelle + wiederverwendung
MF-016 holzabfaelle + verwertung + oekonomische aspekte
MF-021 holzabfaelle + recycling + werkstoffe
MF-022 holzabfaelle + recycling + mikrobieller abbau + kompostierung
MF-024 holzindustrie + holzabfaelle + recycling
MF-049 holzabfaelle + verwertung
MF-050 holzabfaelle + verwertung + schadstoffe

holzindustrie

BB -014 holzindustrie + schadstoffemission
BC -025 holzindustrie + umweltbelastung + staub + laerm
DC -033 holzindustrie + staubemission + emissionsminderung
FA -040 laermmessung + werkzeugmaschinen + holzindustrie + geraeuschminderung + (kreissaege)
FC -029 forstmaschinen + holzindustrie + laermkarte
FC -031 holzindustrie + vibration + arbeitsschutz + schwingungsschutz
FC -033 holzindustrie + forstwirtschaft + laermbelastung + erholungsgebiet
FC -043 holzindustrie + laermminderung
FC -059 holzindustrie + laermminderung
FC -064 laermmessung + holzindustrie + geraeuschminderung
MB-005 holzindustrie + abfallbehandlung + mikrobieller abbau + (ligninsulfosaeure)
ME-061 abwasserschlamm + recycling + holzindustrie + papierindustrie + zellstoffindustrie
MF-017 holzindustrie + baum + biomasse + abfallbeseitigung
MF-023 holzindustrie + biochemie + (holzverwertung)
MF-024 holzindustrie + holzabfaelle + recycling
MF-025 holzindustrie + abfallbeseitigung + recycling
OC-038 holzindustrie + schadstoffe
UC-034 holzindustrie + umweltbelastung + oekonomische aspekte

holzschutz

PC -004 holzschutz + umweltchemikalien + toxizitaet

holzschutzmittel

IC -049 kuehlturm + holzschutzmittel + auswaschung + umweltbelastung
OD-019 wohnungshygiene + holzschutzmittel + gesundheitsschutz
OD-042 holzschutzmittel + umweltbelastung
PG -026 holzschutzmittel + auswaschung + bodenbelastung
PH -057 holzschutzmittel + auswaschung + umweltbelastung

holzwirtschaft

ID -028 holzwirtschaft + lagerung + grundwasserbelastung

hormone

PC -065 umweltbedingungen + hormone + fische + amphibien
PC -066 umweltbedingungen + amphibien + wasserhaushalt + hormone
RH -048 schaedlingsbekaempfung + insekten + hormone + biologische wirkungen
RH -049 schaedlingsbekaempfung + hormone
RH -061 biologischer pflanzenschutz + schaedlingsbekaempfung + insekten + hormone
RH -062 biologischer pflanzenschutz + schaedlingsbekaempfung + insekten + hormone + (chemosterilantien)
RH -063 biologischer pflanzenschutz + schaedlingsbekaempfung + insekten + hormone

huettenindustrie

ME-003 huettenindustrie + staeube + recycling + elektroinduktionsofen
ME-013 industrieabfaelle + recycling + ne-metalle + huettenindustrie
ME-023 industrieabfaelle + huettenindustrie + recycling + baustoffe
PF -031 immissionsmessung + schwermetallkontamination + huettenindustrie + boden + pflanzenkontamination + GOSLAR-BAD HARZBURG (RAUM) + HARZ (NORD)
QA-024 huettenindustrie + schadstoffemission + lebensmittelhygiene + schwermetalle
TA -009 huettenindustrie + belueftung + luftreinhaltung + (methan)

huhn

MF-006 tierische faekalien + huhn + verwertung + futtermittel

PA -007 nutztiere + schwermetallkontamination + biologische wirkungen + huhn
PB -027 umweltchemikalien + pcb + huhn + (clophen a 60)
QD-019 umweltchemikalien + pcb + huhn + lebensmittel
QD-028 radioaktive substanzen + zink + kontamination + huhn
RF -005 nutztierhaltung + parasiten + huhn
RF -007 nutztierhaltung + krankheitserreger + huhn

humangenetik
PD -013 humangenetik + mutagene

humanisierung
TA -053 arbeitssoziologie + humanisierung

humanoekologie
PE -005 humanoekologie + organismus + umwelteinfluesse + genetische wirkung + (adaptation)
TD -010 umweltbewusstsein + humanoekologie + (theologische aspekte)
VA -013 humanoekologie + umweltterminologie + umweltforschung

hybridmotor
siehe auch verbrennungsmotor
DA -013 kfz-technik + hybridmotor + emissionsminderung + kraftstoffzusaetze
DA -029 kfz-abgase + hybridmotor + stadtverkehr
DA -030 kfz-motor + hybridmotor + schadstoffemission
DA -032 kfz-technik + hybridmotor

hydraulik
FC -044 geraeuschminderung + antriebssystem + hydraulik + (ventile)
FC -094 laermminderung + hydraulik + werkzeugmaschinen

hydrobiologie
HC -008 hydrobiologie + marine nahrungskette
IF -025 oberflaechengewaesser + hydrobiologie + eutrophierung + wasserguete + BODENSEE

hydrochemie
siehe wasserchemie
HA -095 fliessgewaesser + stofftransport + hydrochemie + vegetation + klima + SCHLITZERLAND + HESSEN

hydrodynamik
GB -033 abwaerme + transportprozesse + hydrodynamik
HB -036 wasserwirtschaft + grundwasser + hydrodynamik + modell
HC -018 meereskunde + hydrodynamik + stroemung + wasserstand + simulation + DEUTSCHE BUCHT + NORDSEE
IE -008 meeresverunreinigung + abfallstoffe + hydrodynamik + schadstofftransport + sedimentation + DEUTSCHE BUCHT + NORDSEE
IE -010 meeresverunreinigung + schadstoffausbreitung + hydrodynamik + messtechnik + NORDSEE + OSTSEE
IE -011 meeresverunreinigung + hydrodynamik + schadstoffausbreitung + prognose + DEUTSCHE BUCHT + NORDSEE

hydrogeologie
GC -010 energiespeicher + hydrogeologie
HA -025 hydrogeologie + karstgebiet + MAINTAL
HA -070 hydrogeologie + wasserchemie + MAIN (REGION MITTELMAIN)
HB -002 grundwasserschutz + hydrogeologie + grundwasserbewegung + tracer + BAYERN
HB -015 grundwasser + hydrogeologie + HARZ
HB -026 hydrogeologie + grundwasser + schadstofftransport + MAIN + TAUBER
HB -027 hydrogeologie + bodenwasser + spurenelemente + analytik + ALPENVORLAND
HB -030 hydrogeologie + kartierung + grundwasserschutz + HAMBURG
HB -035 trinkwasserversorgung + hydrogeologie + bodenstruktur + verkehrsplanung + (bundesbahn-neubaubahnstrecke) + FRANKEN (UNTERFRANKEN)
HB -049 hydrogeologie + wasserhaushalt + grundwasser
HB -051 grundwasser + hydrogeologie + SAHARA (NORD) + AFRIKA + LIBYEN
HB -056 hydrogeologie + mineralstoffe + spurenelemente + BAYERN (NORD)
HB -066 grundwasserbewegung + hydrogeologie + REGNITZTAL
HB -067 hydrogeologie + kartierung + WAHNBACH-TALSPERRE
HB -074 hydrogeologie + gewaesserschutz + grundwasserschutz
HB -088 hydrogeologie + grundwasserbewegung + kuestengebiet + luftbild + SIZILIEN
HG -001 hydrogeologie + wasserschutz + kartierung
HG -010 hydrogeologie + bodenmechanik + ODENWALD
HG -014 hydrogeologie + quelle + umweltfaktoren + fluoride + VOGELSBERG
HG -015 landschaftsplanung + hydrogeologie + bodenwasser + wasserhaushalt + REUTLINGEN + TUEBINGEN + STUTTGART
HG -016 hydrogeologie + kartierung + EUROPA
HG -030 hydrogeologie + grundwasserbewegung + tracer + modell
HG -049 hydrogeologie + EIFEL (DOLLENDORFER MULDE) + NIEDERRHEIN
HG -050 hydrogeologie + kartierung + grundwasser + EIFEL (NORD) + NIEDERRHEIN
ND -031 hydrogeologie + bergwerk + tieflagerung + radioaktive abfaelle + ASSE + BRAUNSCHWEIG/SALZGITTER
RC -004 hydrogeologie + geologie + kartierung + BAYERN
SA -057 hydrogeologie + geothermische energie + LANDAU (PFALZ)
UL -014 hydrogeologie + karstgebiet + SCHWAEBISCHE ALB + SUEDWESTDEUTSCHLAND

hydrologie
AA -005 meteorologie + hydrologie + BODENSEE
HA -009 hydrologie + wasserguete + kartierung + oberflaechengewaesser + BUNDESREPUBLIK DEUTSCHLAND
HA -042 hydrologie + bodenstruktur + modell + ALPENVORLAND
HA -043 hydrologie + wasserhaushalt + oberflaechenwasser + ALPEN + SCHLESWIG-HOLSTEIN
HA -057 oberflaechengewaesser + hydrologie + spurenanalytik + (mischungsmodell) + BODENSEE
HA -089 hydrologie + anthropogener einfluss + kartierung + niederschlagsabfluss + OBERRHEIN
HB -058 grundwasser + hydrologie + modell
HG -003 hydrologie + oberflaechengewaesser + messtellennetz
HG -006 hydrologie + internationale zusammenarbeit
HG -012 abflussmodell + hydrologie + klimatologie
HG -013 wasserhaushalt + hydrologie + ALPENRAUM
HG -021 hydrologie + grundwasseranreicherung + stroemungstechnik + (mathematisches modell)
HG -028 hydrologie + ALPEN
HG -031 hydrologie + messverfahren + tracer
HG -032 hydrologie + kartierung + BODENSEE
HG -037 hydrologie + bewertungskriterien + testgebiet + BADEN-WUERTTEMBERG
HG -038 hydrologie + anthropogener einfluss + simulationsmodell
HG -045 hydrologie + isotopen + untersuchungsmethoden
HG -046 hydrologie + festland + internationale zusammenarbeit
HG -047 wasserhaushalt + hydrologie
HG -051 wald + hydrologie + HARZ (OBERHARZ)
HG -053 hydrologie + klimatologie + kartierung
HG -055 grundwasserbewegung + hydrologie + tracer
IA -021 hydrologie + spurenstoffe + nachweisverfahren + tracer
IB -012 hydrologie + niederschlagsabfluss + hochwasser + abflussmodell + (schneeschmelze)
IB -013 hydrologie + fliessgewaesser + kanalabfluss + abflussmodell
IC -046 hydrologie + fluss + schadstoffnachweis + DIEMEL + SAUERLAND (OST)
KB -039 hydrologie + abwasserableitung + stroemungstechnik + (druckentwaesserung)

LA -001 hydrologie + forschungsplanung
RC -035 hydrologie + wasserhaushalt + boden
RG -005 hydrologie + wald + abflussmodell
UL -008 landschaftsoekologie + mikroklimatologie + hydrologie + BASEL (RAUM)
VA -003 hydrologie + dokumentation

hydromechanik
siehe auch stroemungstechnik

hydrometeorologie
HG -009 fliessgewaesser + kuestengewaesser + hydrometeorologie + messverfahren + WESER-AESTUAR
HG -048 hydrometeorologie + kartierung + gewaesserguete + kuestengebiet + wasserwirtschaft
RC -041 bodenstruktur + hydrometeorologie + luftbild + ALPENVORLAND + SCHLESWIG-HOLSTEIN

hygiene
siehe auch bauhygiene
siehe auch betriebshygiene
siehe auch krankenhaushygiene
siehe auch lebensmittelhygiene
siehe auch lufthygiene
siehe auch stadthygiene
siehe auch umwelthygiene
siehe auch veterinaerhygiene
siehe auch wasserhygiene
siehe auch wohnungshygiene
HA -107 hygiene + oberflaechengewaesser + badeanstalt + richtlinien
MB -032 blaubeurener beatmungsverfahren + hygiene + (bewertung)
MC -011 deponie + fauna + hygiene
MF -029 abfallbeseitigung + recycling + tierische faekalien + hygiene
TF -008 insekten + mikroorganismen + hygiene
TF -009 freiflaechen + insekten + hygiene
TF -020 oeffentliche einrichtungen + hygiene
TF -021 oeffentliche verkehrsmittel + hygiene

hygienisierung
KB -092 klaerschlammbehandlung + hygienisierung + bestrahlung

immission
siehe auch schadstoffimmission
siehe auch schallimmission
AA -002 luftverunreinigung + immission + messtellennetz + datenverarbeitung + (online datenuebertragung) + WILHELMSHAVEN + JADEBUSEN
AA -033 immission + messtellennetz + NIEDERSACHSEN
AA -056 fluor + immission + pflanzen + bioindikator
AA -069 immission + messtellennetz + BADEN-WUERTTEMBERG
AA -134 luftueberwachung + immission + bundesimmissionsschutzgesetz + messtellennetz + MAINZ + RHEIN-MAIN-GEBIET + LUDWIGSHAFEN + RHEIN-NECKAR-RAUM
BB -032 kraftwerk + emission + immission + schwefeldioxid + staubniederschlag + WILHELMSHAVEN + JADEBUSEN
CA -014 luftverunreinigung + immission + schwefeldioxid + stickoxide + messwagen
CA -068 immission + messverfahren + eichung
DC -047 kraftwerk + immission + schwefeldioxid + inversionswetterlage + NECKAR (RAUM) + STUTTGART + NORDRHEIN-WESTFALEN
IC -023 gewaesserbelastung + immission + kataster + SAAR

immissionsbelastung
AA -019 immissionsbelastung + phytoindikator + flechten + ballungsgebiet + KOELN + RHEIN-RUHR-RAUM
AA -047 immissionsbelastung + kataster + (flechtenkartierung)
AA -089 immissionsbelastung + kartierung + bioindikator + flechten
AA -124 immissionsbelastung + schwefeldioxid + kataster
AA -125 immissionsbelastung + schwefeldioxid + ballungsgebiet + emissionskataster + prognose + (ausbreitungsrechnung) + RHEIN-RUHR-RAUM + RHEIN-NECKAR-RAUM + RHEIN-MAIN-GEBIET + SAAR
AA -169 luftreinhaltung + immissionsbelastung + schornstein + prognose + WIEN (RAUM)
BA -013 strassenverkehr + kfz-abgase + immissionsbelastung + BUNDESREPUBLIK DEUTSCHLAND + EUROPA
BA -059 stadtverkehr + kfz-abgase + kohlenmonoxid + immissionsbelastung + stadtplanung + MAINZ + RHEIN-MAIN-GEBIET
BB -012 emission + schwefeldioxid + immissionsbelastung + prognose + OBERRHEINEBENE
BC -026 raffinerie + immissionsbelastung + kohlenwasserstoffe
EA -012 bundesimmissionsschutzgesetz + luftreinhaltung + immissionsbelastung + (nachbarschutz)
EA -014 luftverunreinigung + immissionsbelastung + messverfahren + richtlinien
EA -020 umwelteinfluesse + immissionsbelastung + bewertung
GA -012 kraftwerk + kuehlturm + immissionsbelastung + wasserdampf
OA -030 pflanzen + immissionsbelastung + schadstoffnachweis
PC -002 immissionsbelastung + blei + synergismus + infektionskrankheiten + (influenza-viren)
PE -020 immissionsbelastung + schadstoffwirkung + atemtrakt + (schulkinder) + MANNHEIM + RHEIN-NECKAR-RAUM + SCHWARZWALD
PE -023 industrieabgase + staub + immissionsbelastung + tierorganismus + NORDENHAM + WESER-AESTUAR
PE -034 immissionsbelastung + luftverunreinigende stoffe + synergismus + atemtrakt + RHEIN-MAIN-GEBIET + RHEIN-RUHR-RAUM
PE -042 luftverunreinigung + immissionsbelastung + toxizitaet + mensch
PE -055 immissionsbelastung + blei + bevoelkerung + grosstadt + FRANKFURT + RHEIN-MAIN-GEBIET
PE -056 immissionsbelastung + blei + organismus + berechnungsmodell
PH -058 baum + immissionsbelastung + schadstoffwirkung + bioindikator + anthropogener einfluss
PH -060 immissionsbelastung + biologische wirkungen + mikroflora

immissionsmessung
AA -004 immissionsmessung + messtation + FRANKFURT (UNIVERSITAET) + RHEIN-MAIN-GEBIET
AA -030 immissionsmessung + industrieanlage + BODENSEEKREIS
AA -031 luftverunreinigung + immissionsmessung + statistische auswertung + FRANKFURT + RHEIN-MAIN-GEBIET + SAARBRUECKEN + MUENCHEN
AA -032 luftverunreinigung + immissionsmessung + messtellennetz + BAYERN
AA -035 immissionsmessung + BODENSEEKREIS
AA -045 immissionsmessung + staub + blei + verdichtungsraum + freiraumplanung + AALEN-WASSERALFINGEN
AA -062 luftueberwachung + immissionsmessung + flechten + kartierung + REGENSBURG (RAUM)
AA -072 luftueberwachung + immissionsmessung + phytoindikator + flechten
AA -073 luftueberwachung + immissionsmessung + phytoindikator + (photosynthese) + STUTTGART (RAUM)
AA -074 luftueberwachung + immissionsmessung + phytoindikator + flechten + NECKAR (MITTLERER NECKAR-RAUM) + STUTTGART
AA -075 luftueberwachung + immissionsmessung + phytoindikator + (enzymaktivitaet)
AA -076 luftueberwachung + immissionsmessung + phytoindikator + flechten + (uv-fluoreszenzmikroskopie)
AA -077 luftueberwachung + immissionsmessung + phytoindikator + flechten + (natuerliche standortsbedingungen)
AA -078 immissionsmessung + kartierung + bioindikator + ESSLINGEN + STUTTGART
AA -115 immissionsmessung + fluor + aluminiumindustrie + STADE
AA -143 immissionsmessung + stadtgebiet + KARLSRUHE + OBERRHEIN

AA -163 schwefeldioxid + immissionsmessung + messtellennetz + KOELN (RAUM) + RHEIN-RUHR-RAUM
AA -165 staub + immissionsmessung + KOELN (RAUM) + RHEIN-RUHR-RAUM
AA -172 luftueberwachung + immissionsmessung + phytoindikator + (moosverbreitung) + OFFENBACH + RHEIN-MAIN-GEBIET
BA -051 immissionsmessung + datenverarbeitung
CA -010 immissionsmessung + schadstoffnachweis + kohlenwasserstoffe
CA -016 immissionsmessung + schwefeldioxid + stadtgebiet + MUENCHEN
CA -028 luftverunreinigung + immissionsmessung
CA -057 immissionsmessung + meteorologie + standardisierung
CA -059 luftueberwachung + schadstoffnachweis + immissionsmessung
CA -069 immissionsmessung + cadmium
CA -080 luftverunreinigung + loesungsmittel + immissionsmessung + geraeteentwicklung
CA -082 immissionsmessung + staub
CB -005 abgasausbreitung + strassenrand + immissionsmessung
CB -069 immissionsmessung + schadstoffausbreitung
FC -072 laermbelastung + immissionsmessung + arbeitsplatz + fabrikhalle
PE -046 immissionsmessung + schwefeldioxid + raffinerie + KARLSRUHE + WOERTH + OBERRHEIN
PF -031 immissionsmessung + schwermetallkontamination + huettenindustrie + boden + pflanzenkontamination + GOSLAR-BAD HARZBURG (RAUM) + HARZ (NORD)
PH -052 immissionsmessung + pflanzen + kartierung
PI -017 immissionsmessung + schwefeldioxid + luftverunreinigung + wald

immissionsminderung

AA -082 immissionsminderung + schornstein
DC -045 arbeitsschutz + metallindustrie + immissionsminderung + saeuren + (beizbad)
EA -016 heizoel + schwefelverbindungen + immissionsminderung

immissionsschaeden

PH -029 wald + immissionsschaeden
PH -051 forstwirtschaft + baumbestand + immissionsschaeden + resistenzzuechtung
PK -025 denkmalschutz + bauplastik + immissionsschaeden + korrosionsschutz

immissionsschutz

AA -007 immissionsschutz + bauleitplanung + BREMEN
AA -041 bauleitplanung + immissionsschutz + abstandsflaechen
AA -065 forstwirtschaft + resistenzzuechtung + immissionsschutz + ballungsgebiet
AA -066 wald + immissionsschutz + SCHWARZWALD
AA -090 gruenflaechen + immissionsschutz + stadtgebiet + RAUNHEIM + OBERRHEIN
AA -114 raumplanung + immissionsschutz
AA -122 immissionsschutz + bauleitplanung + abstandsflaechen
BA -046 strassenverkehr + kfz-abgase + kohlenmonoxid + immissionsschutz + simulationsmodell + DORTMUND + RHEIN-RUHR-RAUM
EA -011 immissionsschutz + umweltrecht
UA -043 immissionsschutz + emission + industrieanlage + entwicklungslaender
UB -006 umweltrecht + oekonomische aspekte + immissionsschutz
UB -032 umweltrecht + vollzugsdefizit + immissionsschutz + RHEIN-MAIN-GEBIET

immissionsschutzgesetz

AA -113 immissionsschutzgesetz + immissionsueberwachung + feuerungsanlage + NORDRHEIN-WESTFALEN
EA -005 umweltrecht + immissionsschutzgesetz
EA -008 immissionsschutzgesetz + schwefeldioxid + messung
EA -009 immissionsschutzgesetz + staub + messung

immissionsschutzplanung

AA -097 immissionsschutzplanung + regionalplanung + umweltbelastung + VILLINGEN-SCHWENNINGEN

immissionsueberwachung

AA -034 luftreinhaltung + immissionsueberwachung + messtellennetz + WILHELMSHAVEN + JADEBUSEN
AA -084 immissionsueberwachung + messtechnik + FRANKFURT + RHEIN-MAIN-GEBIET
AA -106 luftueberwachung + immissionsueberwachung + NORDRHEIN-WESTFALEN
AA -107 immissionsueberwachung + messtellennetz + methodenentwicklung
AA -108 immissionsueberwachung + NORDRHEIN-WESTFALEN
AA -113 immissionsschutzgesetz + immissionsueberwachung + feuerungsanlage + NORDRHEIN-WESTFALEN
AA -116 immissionsueberwachung + schwermetalle
AA -155 immissionsueberwachung + kraftwerk + raffinerie + messtellennetz + WILHELMSHAVEN + JADEBUSEN
CB -086 smogbildung + luftverunreinigung + immissionsueberwachung
DB -021 kraftwerk + immissionsueberwachung + RHEINISCHES BRAUNKOHLENGEBIET

immunologie

PC -027 umweltchemikalien + neurotoxizitaet + zytotoxizitaet + immunologie
RH -045 pflanzenzucht + immunologie + insekten
TF -030 immunologie + viren

impfung

RF -008 nutztierhaltung + gefluegel + infektion + impfung

indikatoren

siehe auch bioindikator
siehe auch chemische indikatoren
siehe auch tracer
HA -024 binnengewaesser + stoffhaushalt + indikatoren + SCHLESWIG-HOLSTEIN
IA -026 wasserhygiene + schadstoffnachweis + indikatoren
UA -016 umweltqualitaet + indikatoren
UC -030 umweltbelastung + sozio-oekonomische faktoren + indikatoren + RHEIN-RUHR-RAUM
UE -007 raumplanung + indikatoren
UE -010 umweltbelastung + indikatoren + raumordnung

individualverkehr

UH -020 verkehrsplanung + individualverkehr + oeffentlicher nahverkehr + grosstadt
UH -025 individualverkehr + bedarfsanalyse + (beduerfnissteuerung)
UI -006 verkehrsplanung + individualverkehr + oeffentlicher nahverkehr

industrialisierung

IF -007 sedimentation + eutrophierung + industrialisierung + binnengewaesser
UC -025 raumwirtschaftspolitik + industrialisierung + simulationsmodell + RHEIN-NECKAR-RAUM
UL -078 landschaftsschutz + industrialisierung + ELBE-AESTUAR

industrie
siehe auch aluminiumindustrie
siehe auch asbestindustrie
siehe auch bergbau
siehe auch brauereiindustrie
siehe auch buntmetallindustrie
siehe auch chemische industrie
siehe auch druckereiindustrie
siehe auch eisen- und stahlindustrie
siehe auch fliesenindustrie
siehe auch giessereiindustrie
siehe auch glasindustrie
siehe auch gummiindustrie
siehe auch holzindustrie
siehe auch huettenindustrie
siehe auch kunststoffindustrie
siehe auch lebensmittelindustrie
siehe auch metallindustrie
siehe auch ne-metallindustrie
siehe auch papierindustrie
siehe auch petrochemische industrie
siehe auch stahlindustrie
siehe auch textilindustrie
siehe auch zellstoffindustrie
siehe auch zementindustrie
siehe auch zuckerindustrie

AA -057 emissionsueberwachung + industrie + schadstoffwirkung + vegetation + bioindikator + HAMBURG
BA -018 verbrennung + motor + industrie + abgas
FA -010 erschuetterungen + industrie + strassenverkehr + explosion + messung
FC -015 laermentstehung + gasfeuerung + industrie
FC -018 laermbelastung + industrie + gewerbe
FD -026 stadtentwicklung + laermschutzplanung + strassenverkehr + industrie + laermkarte + BRUNSBUETTEL + ELBE-AESTUAR
HE -004 wasserversorgung + abwasserbeseitigung + industrie + BAYERN
LA -017 abwasserabgabengesetz + oekonomische aspekte + industrie
PE -014 umweltbelastung + industrie + ballungsgebiet + mortalitaet + RHEIN-NECKAR-RAUM + MANNHEIM + LUDWIGSHAFEN
PH -014 industrie + emission + pflanzensoziologie
RG -020 wald + schadstoffimmission + industrie + phytopathologie
SA -023 energieverbrauch + industrie + umweltbelastung
TB -001 bevoelkerungsgeographie + industrie + laendlicher raum
TB -010 industrie + sozio-oekonomische faktoren + siedlungsentwicklung + (farbwerke hoechst) + RHEIN-MAIN-GEBIET
UC -004 industrie + standortwahl + (planungshilfen)
UC -006 industrie + standortwahl + umweltvertraeglichkeitspruefung
UC -013 wirtschaftsstruktur + industrie + standortwahl + (betriebsgroesse) + HESSEN
UC -021 umweltschutz + industrie + kosten + BAYERN
UC -022 umweltschutz + industrie + investitionen + BUNDESREPUBLIK DEUTSCHLAND
UC -024 industrie + umweltschutz + oekonomische aspekte
UC -037 raumwirtschaftspolitik + industrie + schadstoffemission + (sektorale schadstoffkoeffizienten)
UD -001 industrie + rohstoffsicherung + ressourcen

industrieabfaelle

MA-003 siedlungsabfaelle + industrieabfaelle + abfalltransport + abfallsammlung + BERLIN (WEST)
MA-004 industrieabfaelle + siedlungsabfaelle + abfalltransport + BERLIN (WEST)
MA-028 industrieabfaelle + abfallmenge + abfallbeseitigungsanlage + (kapazitaetsbestimmung) + NORDRHEIN-WESTFALEN + RHEIN-RUHR-RAUM
MA-029 abfallwirtschaft + industrieabfaelle + (fragebogenaktion) + RHEINISCH-BERGISCHER-KREIS
MA-030 industrieabfaelle + abfallmenge + prognose + (investitionsgueterindustrie) + NORDRHEIN-WESTFALEN + RHEIN-RUHR-RAUM
MA-031 industrieabfaelle + abfallmenge + (gesamthochrechnung) + NORDRHEIN-WESTFALEN + RHEIN-RUHR-RAUM
MA-034 industrieabfaelle + sondermuell + prognose
MA-038 industrieabfaelle + rueckstaende + abfallmenge + abfallrecht
MA-040 industrieabfaelle + datenerfassung
MB-007 abfallbeseitigung + siedlungsabfaelle + industrieabfaelle + pyrolyse + USA
MB-012 industrieabfaelle + pyrolyse + verfahrensoptimierung
MB-036 industrieabfaelle + abfallbeseitigung + recycling
MB-050 industrieabfaelle + abfallbehandlung
MB-065 abfallaufbereitung + industrieabfaelle + cyanide
MC-010 deponie + industrieabfaelle + mikroklimatologie
MC-039 abfallablagerung + industrieabfaelle + hausmuell + cyanide + (langzeitverhalten)
MC-051 hausmuell + industrieabfaelle + ablagerung
ME-005 industrieabfaelle + recycling + rotschlamm
ME-011 sondermuell + industrieabfaelle + recycling + (informationssystem) + BADEN-WUERTTEMBERG (NORD)
ME-012 industrieabfaelle + loesungsmittel + recycling + planungshilfen + HESSEN
ME-013 industrieabfaelle + recycling + ne-metalle + huettenindustrie
ME-023 industrieabfaelle + huettenindustrie + recycling + baustoffe
ME-025 recycling + industrieabfaelle
ME-059 papierindustrie + zellstoffindustrie + industrieabfaelle + abwasserschlamm + recycling
ME-062 industrieabfaelle + papierindustrie + recycling
ME-068 industrieabfaelle + steine/erden betriebe + rohstoffe + recycling

industrieabgase
siehe auch rauchgas

BC -006 industrieabgase + staubminderung + siemens-martin-ofen
BC -013 abgasminderung + industrieabgase + verbrennung
BC -022 industrieabgase + feuerungsanlage + gasreinigung + emissionsminderung
BC -028 industrieabgase + raffinerie + pflanzenkontamination + RHEIN-MAIN-GEBIET
BC -038 industrieabgase + bleikontamination + messmethode + RHEINLAND-PFALZ
DC -006 industrieabgase + staubminderung + schwefeldioxid
DC -010 industrieabgase + schadstoffentfernung
DC -011 industrieabgase + chlorkohlenwasserstoffe + nachverbrennung + katalysator
DC -038 abluftreinigung + industrieabgase
DC -067 industrieabgase + ferrolegierungen + entstaubung
PE -023 industrieabgase + staub + immissionsbelastung + tierorganismus + NORDENHAM + WESER-AESTUAR
PF -019 luftverunreinigende stoffe + industrieabgase + flugstaub + vegetation + schwermetallkontamination

industrieabwaesser

IC -012 fluss + schadstoffbilanz + industrieabwaesser + trinkwasserversorgung + NECKAR + RHEIN-NECKAR-RAUM
IC -025 gewaesserbelastung + kommunale abwaesser + industrieabwaesser + schwermetalle + MURR + NECKAR (MITTLERER NECKAR-RAUM) + STUTTGART
KB -072 industrieabwaesser + phenole + biologischer abbau + mikroorganismen
KC -001 oberflaechengewaesser + industrieabwaesser + wasserreinhaltung
KC -006 industrieabwaesser + buntmetallindustrie + gewaesserbelastung
KC -011 biologische abwasserreinigung + industrieabwaesser
KC -012 chemische abwasserreinigung + industrieabwaesser + textilindustrie
KC -015 abwasserbehandlung + industrieabwaesser + geraeteentwicklung
KC -016 abwasserreinigung + industrieabwaesser + (membranfiltration)

KC -018 abwasserreinigung + industrieabwaesser + (membranfiltration)
KC -031 industrieabwaesser + klaeranlage + stickstoffverbindungen + biologischer abbau
KC -043 biologischer abbau + industrieabwaesser
KC -046 industrieabwaesser + abwasserreinigung + toxische abwaesser
KC -047 industrieabwaesser + abwasseraufbereitung + belebungsverfahren
KC -048 industrieabwaesser + abwasserbehandlung + belebungsanlage + (wollwaescherei)
KC -053 wasserverunreinigung + industrieabwaesser + schadstoffwirkung + testverfahren
KC -068 gewaesserverunreinigung + industrieabwaesser + fluor
KF -007 abwasserbehandlung + industrieabwaesser + (elektro-m-verfahren)
LA -021 industrieabwaesser + abwassertechnik + oekonomische aspekte
ME -024 industrieabwaesser + rohstoffe + recycling + kupfer + ne-metalle

industrieanlage

AA -030 immissionsmessung + industrieanlage + BODENSEEKREIS
AA -152 emissionskataster + industrieanlage + bundesimmissionsschutzgesetz
BC -034 industrieanlage + staubmessgeraet
BC -039 emissionsueberwachung + industrieanlage + messtechnik + internationaler vergleich
BC -042 emission + industrieanlage + (erfassungssystem)
BC -044 bundesimmissionsschutzgesetz + emissionsueberwachung + industrieanlage + (emissionskenngroessen)
CA -103 emissionsueberwachung + industrieanlage + staubmessgeraet + (dampfkesselanlagen)
FD -042 laermschutzplanung + stadtsanierung + industrieanlage + standortwahl
IC -022 gewaesserverunreinigung + industrieanlage + EMSLAND (REGION)
UA -043 immissionsschutz + emission + industrieanlage + entwicklungslaender
UC -016 raumplanung + industrieanlage + gutachten

industriegebiet

AA -036 regenwasser + datenerfassung + industriegebiet + RUHR + LIPPE (GEBIET)
IE -038 kuestengewaesser + abwasserbelastung + industriegebiet + JADE + DEUTSCHE BUCHT

industriegesellschaft

UC -040 umweltprobleme + wirtschaftswachstum + industriegesellschaft + (verhaltensaenderung)

industrielaerm

FA -003 industrielaerm + laermmessung + laermminderung
FC -060 industrielaerm + gehoerschaeden + bewertungskriterien

industrienationen

EA -003 luftreinhalterecht + industrienationen + internationaler vergleich
UA -010 industrienationen + umweltpolitik + internationaler vergleich
UC -012 industrienationen + marktwirtschaft + wirtschaftswachstum + umweltpolitik

infektion

PE -041 luftverunreinigung + infektion + mensch
RF -008 nutztierhaltung + gefluegel + infektion + impfung
TF -003 krankenhaushygiene + infektion
TF -004 infektion + organismus + (auge)
TF -011 infektion + umwelthygiene + mikroorganismen
TF -025 infektion + organismus + mensch

infektionskrankheiten

siehe auch epidemiologie
siehe auch toxoplasmose

PC -002 immissionsbelastung + blei + synergismus + infektionskrankheiten + (influenza-viren)
PE -032 infektionskrankheiten + epidemiologie + schwermetallbelastung
TF -002 krankenhaushygiene + infektionskrankheiten
TF -010 lebensmittel + genussmittel + infektionskrankheiten
TF -015 zoonosen + epidemiologie + infektionskrankheiten
TF -023 epidemiologie + malaria + umweltbedingungen + infektionskrankheiten
TF -024 badeanstalt + infektionskrankheiten + (trichomonaden)
TF -040 infektionskrankheiten + viren + epidemiologie + modell + (antikoerperkataster) + BADEN (SUED) + OBERRHEIN
UN -056 tiere + krankheitserreger + infektionskrankheiten + (tollwutbekaempfung)

information

siehe auch umweltinformation

TC -002 freizeitgestaltung + information + (freizeitpaedagogen)
UA -005 raumplanung + umweltschutz + information
UA -030 umweltpolitik + parlamentswesen + information + EUROPA
UE -033 regionalplanung + landesplanung + dokumentation + information + (dokumentationsverbund)

informationssystem

siehe auch dokumentation

QA -008 informationssystem + datensammlung + futtermittel
RA -012 raumordnung + landesplanung + forstwirtschaft + informationssystem
SA -027 energiewirtschaft + informationssystem
TE -013 psychiatrie + epidemiologie + informationssystem + MANNHEIM + RHEIN-NECKAR-RAUM
UB -030 umweltrecht + informationssystem
UC -018 ausbildung + beruf + standortwahl + informationssystem + planungsmodell
UE -024 informationssystem + dokumentation + regionalplanung + landesplanung + (dokumentationsverbund)
UF -010 bautechnik + informationssystem
UK -030 landespflege + landwirtschaft + forstwirtschaft + informationssystem
UK -049 landschaftsplanung + informationssystem + (oekologisch-oekonomisches nutzungsmodell) + NORDRHEIN-WESTFALEN
VA -004 informationssystem + raumordnung + landesplanung
VA -007 informationssystem + kfz + verkehrssystem + (literaturstudie)
VA -009 strassenbau + strassenverkehr + informationssystem + dokumentation
VA -011 umweltplanung + informationssystem + (umweltthesaurus + umplis)
VA -015 energiewirtschaft + umweltbelastung + informationssystem + modell
VA -021 informationssystem + umweltplanung + (umplis)

infrarottechnik

AA -064 luftbild + erdoberflaeche + infrarottechnik
AA -118 erdoberflaeche + luftbewegung + klimatologie + infrarottechnik + OBERRHEINEBENE
CA -006 luftueberwachung + gase + analysengeraet + infrarottechnik
CA -021 abgas + schadstoffe + infrarottechnik
CA -029 gase + analyse + infrarottechnik
IA -040 oberflaechenwasser + ueberwachung + infrarottechnik
OA -003 stickoxide + infrarottechnik + nachweisverfahren
PH -028 wald + phytopathologie + luftbild + infrarottechnik
UL -046 luftbild + erdoberflaeche + infrarottechnik

infraschall

FA -020 infraschall + physiologische wirkungen
FA -032 schallmessung + infraschall

infrastruktur

siehe auch soziale infrastruktur
siehe auch technische infrastruktur

ND-041 kernkraftwerk + entsorgung + radioaktive abfaelle + aufbereitungsanlage + infrastruktur
TE -014 infrastruktur + bedarfsanalyse + psychiatrie + sozialmedizin + epidemiologie + (geistig behinderte kinder) + MANNHEIM + RHEIN-NECKAR-RAUM
TE -015 psychiatrie + rehabilitation + infrastruktur + bedarfsanalyse + MANNHEIM + RHEIN-NECKAR-RAUM
UE -001 raumordnung + infrastruktur + wirtschaftsstruktur + (entwicklungsschwerpunkte)
UE -021 entwicklungslaender + stadtentwicklung + flaechennutzung + wirtschaftsstruktur + infrastruktur + TUERKEI (SCHWARZMEERKUESTE) + ANATOLIEN
UE -032 stadtplanung + raumplanung + infrastruktur + strukturanalyse + SCHWAEBISCH-GMUEND
UG-003 standtentwicklungsplanung + infrastruktur + stadtkern + (dienstleistungsbetriebe)
UG-008 infrastruktur + gastarbeiter + sozialindikatoren + (auslaender)

infrastrukturplanung

FA -084 infrastrukturplanung + krankenhaus + schallschutz + (beratung)
NC-035 infrastrukturplanung + kernkraftwerk + standortwahl + (edv-programm)
TC -015 freizeitanlagen + oekologische faktoren + infrastrukturplanung + (sportstaetten)
UF -028 stadtentwicklung + infrastrukturplanung + entwicklungslaender
UG-004 infrastrukturplanung + raumordnung + wohnwert + freizeit + versorgung
UG-005 infrastrukturplanung + laendlicher raum + verdichtungsraum
UG-012 infrastrukturplanung + konsumtiver bereich + private haushalte
UG-014 infrastrukturplanung + flaechennutzungsplan + wasserversorgung + energieversorgung
UK-006 erholungsgebiet + freizeitanlagen + infrastrukturplanung
UK-069 fremdenverkehr + infrastrukturplanung + landwirtschaft + laendlicher raum + freizeitgestaltung

ingenieurbiologie

siehe unter biotechnologie

innere*organe

NB-051 gesundheitsschutz + innere organe + roentgenstrahlung
PC -063 schadstoffe + metabolismus + innere organe
PD -007 nitrosamine + carcinogene wirkung + innere organe + (magen)

insekten

NB-016 arthropoden + insekten + metabolismus + radioaktive spurenstoffe
PB -029 fungizide + biologische wirkungen + insekten + (blattlauspopulationen)
PC -012 umweltbelastung + bioindikator + insekten + (ameisen)
PC -029 schaedlingsbekaempfung + insekten + pflanzenernaehrung
PC -033 pflanzen + insekten + (biologische wirkungen)
PH -006 klaerschlamm + bodenkontamination + insekten + rasen
RH-001 schaedlingsbekaempfung + fluss + insekten + (stechmuecke) + OBERRHEINEBENE
RH-013 schaedlingsbekaempfung + insekten + (tsetse-fliege) + AFRIKA
RH-018 schaedlingsbekaempfung + insekten
RH-019 schaedlingsbekaempfung + pflanzenschutz + insekten
RH-020 gemuese + schaedlingsbekaempfung + insekten
RH-021 gemuese + schaedlingsbekaempfung + insekten + pestizide
RH-025 biologischer pflanzenschutz + schaedlingsbekaempfung + insekten + methodenentwicklung + (raps)
RH-030 obst + biologischer pflanzenschutz + schaedlingsbekaempfung + insekten + (pheromone)
RH-037 schaedlingsbekaempfung + insekten + population
RH-045 pflanzenzucht + immunologie + insekten
RH-048 schaedlingsbekaempfung + insekten + hormone + biologische wirkungen
RH-054 vorratsschutz + getreide + schaedlingsbekaempfung + insekten + (pheromone)
RH-056 vorratsschutz + getreide + biologische schaedlingsbekaempfung + insekten + (diapauseverhalten)
RH-057 vorratsschutz + getreide + biologische schaedlingsbekaempfung + insekten + (mikroorganismen)
RH-059 schaedlingsbekaempfung + geraeteentwicklung + insekten
RH-061 biologischer pflanzenschutz + schaedlingsbekaempfung + insekten + hormone
RH-062 biologischer pflanzenschutz + schaedlingsbekaempfung + insekten + hormone + (chemosterilantien)
RH-063 biologischer pflanzenschutz + schaedlingsbekaempfung + insekten + hormone
RH-064 biologischer pflanzenschutz + schaedlingsbekaempfung + insekten + (grasschaumzikaden)
RH-065 biologischer pflanzenschutz + schaedlingsbekaempfung + insekten + (chemosterilantien)
RH-066 biologischer pflanzenschutz + schaedlingsbekaempfung + insekten + (chemosterilantien)
RH-067 biologischer pflanzenschutz + schaedlingsbekaempfung + insekten + pathogene keime
RH-076 insekten + wachstum + population + genetik
TF -008 insekten + mikroorganismen + hygiene
TF -009 freiflaechen + insekten + hygiene
TF -028 umwelthygiene + insekten + pathogene keime + klaerschlamm + rasen
TF -032 umweltbelastung + insekten + stadtgebiet + erholungsgebiet
TF -042 insekten + schaedlingsbekaempfung + wohnungshygiene
UM-014 insekten + population + auswirkungen + baumbestand + (ulmensterben)
UN-053 biologie + insekten + (dipteren) + DEUTSCHLAND (SUED-WEST)
UN-054 biologie + insekten + (koleopteren) + DEUTSCHLAND (SUED-WEST) + SPANIEN
UN-059 oekologie + insekten + arthropoden + HARZVORLAND + BRAUNSCHWEIG (RAUM)

insektenbekaempfung

siehe auch schaedlingsbekaempfungsmittel

RH-022 insektenbekaempfung + genetik + (stechmuecke)

insektizide

siehe auch biozide
siehe auch ddt

OC-003 insektizide + rueckstandsanalytik
OC-014 insektizide + biologischer abbau + (synthese) + MITTELMEERLAENDER + SUBTROPEN + TROPEN
OD-034 schadstoffabbau + pestizide + insektizide + mikrobieller abbau
OD-043 insektizide + mikrobieller abbau + (hch)
OD-075 biooekologie + insektizide + suesswasser + oekosystem
PB -005 pflanzenschutzmittel + insektizide + oekotoxizitaet + invertebraten
PB -013 insektizide + chlorkohlenwasserstoffe + gewebe
PB -017 voegel + insektizide + kontamination + (meise)
PB -025 herbizide + insektizide + synergismus + toxizitaet + (warmblueter)
PB -028 weinbau + insektizide + bienen + (vergiftung)
PB -032 insektizide + physiologische wirkungen
PB -035 herbizide + insektizide + metabolismus + tierexperiment
PC -032 insektizide + biologische wirkungen + synergismus + schaedlingsbekaempfung + (blattlaus)
PG -053 insektizide + nutzpflanzen + metabolismus
QB-026 milch + insektizide + nachweisverfahren
QB-046 lebensmittelanalytik + fleisch + ddt + insektizide
QC-005 getreide + insektizide + dekontaminierung
QD-009 nahrungskette + wasserverunreinigende stoffe + insektizide + schadstoffabsorption + (lindan)
QD-010 nahrungskette + milch + insektizide + hexachlorbenzol + pcb
RH-038 insektizide + substitution + biotechnologie
RH-052 mikroorganismen + biologische wirkungen + insektizide

RH -055 vorratsschutz + getreide + schaedlingsbekaempfung + insektizide
RH -060 schaedlingsbekaempfung + insektizide + resistenz + (blattlaus)

interessenkonflikt

RA -009 agraroekonomie + produktivitaet + oekologische faktoren + naturschutz + interessenkonflikt
TC -016 naherholung + siedlungsentwicklung + ballungsgebiet + flaechennutzung + interessenkonflikt + NIEDERSACHSEN
UE -008 flaechennutzung + interessenkonflikt + bewertungskriterien
UE -011 flaechennutzung + siedlungsstruktur + bewertungskriterien + interessenkonflikt
UE -036 raumordnung + umweltpolitik + interessenkonflikt
UG -017 soziale infrastruktur + interessenkonflikt + planung + buergerbeteiligung
UG -018 soziale infrastruktur + kommunale planung + interessenkonflikt
UL -063 verdichtungsraum + oekologische faktoren + interessenkonflikt + (oekologische risikoanalyse) + FRANKEN (MITTELFRANKEN)

internationale zusammenarbeit

AA -156 lufthaushalt + internationale zusammenarbeit + BUNDESREPUBLIK DEUTSCHLAND
HG -006 hydrologie + internationale zusammenarbeit
HG -046 hydrologie + festland + internationale zusammenarbeit
IC -064 gewaesserschutz + pestizide + internationale zusammenarbeit + RHEIN + MOSEL
MG-033 abfallbeseitigung + sondermuell + rechtsvorschriften + internationale zusammenarbeit + EG-LAENDER
UA -037 umweltplanung + internationale zusammenarbeit + BAYERN + OESTERREICH
UA -046 umweltschutz + internationale zusammenarbeit + EG-LAENDER
UC -031 umweltschutzmassnahmen + internationale zusammenarbeit + (wettbewerbsstruktur)
UE -029 raumordnung + internationale zusammenarbeit + datensammlung + EUROPA

internationaler vergleich

BC -039 emissionsueberwachung + industrieanlage + messtechnik + internationaler vergleich
EA -003 luftreinhalterecht + industrienationen + internationaler vergleich
FA -014 laermmessung + normen + internationaler vergleich
FA -077 laerm + messverfahren + normen + internationaler vergleich
HA -022 gewaesserschutz + internationaler vergleich + BUNDESREPUBLIK DEUTSCHLAND + FRANKREICH
LA -010 abwasserabgabe + papierindustrie + oekonomische aspekte + internationaler vergleich
MB-057 abfallbeseitigung + pyrolyse + hochtemperaturabbrand + internationaler vergleich + USA + EUROPA + JAPAN
UA -004 umweltpolitik + internationaler vergleich
UA -010 industrienationen + umweltpolitik + internationaler vergleich
UA -012 umweltpolitik + wirtschaftssystem + internationaler vergleich + BUNDESREPUBLIK DEUTSCHLAND + EG-LAENDER + EUROPA (OSTEUROPA)
UA -028 umweltschutz + internationaler vergleich + (politische entscheidungsprozesse) + SAARLAND + WEST MIDLANDS (ENGLAND)
UA -034 umweltbehoerden + internationaler vergleich
UA -036 umweltschutz + internationaler vergleich + (politische entscheidungsprozesse) + SAARLAND + WEST MIDLANDS (ENGLAND)
UA -055 umweltpolitik + wirtschaftswachstum + steuerbarkeit + internationaler vergleich
UB -004 umweltrecht + rechtsprechung + internationaler vergleich
UB -010 umweltrecht + umweltschutz + internationaler vergleich + FRANKREICH + BUNDESREPUBLIK DEUTSCHLAND
UB -011 umweltrecht + rechtsvorschriften + europaeische gemeinschaft + internationaler vergleich
UB -018 landwirtschaft + lebensmittelrecht + internationaler vergleich + EG-LAENDER
UB -023 umweltrecht + dokumentation + internationaler vergleich
UB -026 umweltrecht + internationaler vergleich + SCHWEIZ + USA + SCHWEDEN

inversionswetterlage

siehe auch atmosphaerische schichtung
siehe auch smog
AA -140 klimatologie + stadtregion + schadstoffausbreitung + inversionswetterlage + (prognosemodell) + HAMBURG (RAUM)
BB -018 kraftwerk + abgasemission + schwefeldioxid + inversionswetterlage + (kupolofen)
CB -080 schadstoffausbreitung + inversionswetterlage + HAMBURG (RAUM)
DC -047 kraftwerk + immission + schwefeldioxid + inversionswetterlage + NECKAR (RAUM) + STUTTGART + NORDRHEIN-WESTFALEN
EA -001 smogwarndienst + meteorologie + inversionswetterlage + prognose

invertebraten

GB -024 fliessgewaesser + waermebelastung + invertebraten + wasserguete + RHEIN
GB -025 abwaerme + schadstoffe + kombinationswirkung + invertebraten + RHEIN
IC -089 fliessgewaesser + schadstoffbelastung + invertebraten + wasserguete + RHEIN
PB -005 pflanzenschutzmittel + insektizide + oekotoxizitaet + invertebraten

investitionen

MG-036 muellverbrennungsanlage + oekonomische aspekte + investitionen
UC -011 umweltschutz + investitionen + steuerrecht
UC -022 umweltschutz + industrie + investitionen + BUNDESREPUBLIK DEUTSCHLAND
UC -023 forschungsplanung + umweltfreundliche technik + investitionen

ionenaustauscher

KB -053 biologische abwasserreinigung + ionenaustauscher + oxidationsmittel

ionisierende strahlung

siehe auch roentgenstrahlung
KE -009 klaerschlamm + abwasser + entkeimung + ionisierende strahlung
KE -031 klaerschlamm + abwasser + entkeimung + ionisierende strahlung + biologische wirkungen
NB -014 ionisierende strahlung + biologische wirkungen
NB -019 ionisierende strahlung + genetische wirkung
NB -031 ionisierende strahlung + physiologische wirkungen + tiere
NB -058 geraeteentwicklung + ionisierende strahlung + strahlendosis + (wasserphantom)
PC -013 neurotoxizitaet + ionisierende strahlung + umweltchemikalien
PC -014 ionisierende strahlung + chemikalien + zytotoxizitaet + mutation
PC -015 ionisierende strahlung + chemikalien + zelle + zytostatika
PC -037 ionisierende strahlung + pharmaka + mutagene wirkung

ionosphaere

siehe auch atmosphaere

isotopen

HG -045 hydrologie + isotopen + untersuchungsmethoden
IE -012 meerwasser + sediment + radioaktivitaet + isotopen + messgeraet + NORDSEE + OSTSEE
NB -048 abwasseranalyse + schlaemme + vorfluter + kernreaktor + isotopen
OA -013 umweltchemikalien + isotopen + tracer + analytik + (grundlagenforschung)
OA -034 chemische industrie + messtechnik + isotopen + tracer

jod
siehe auch halogene
NB -018 radioaktive spaltprodukte + jod + aerosole + filtermaterial
NB -045 kernreaktor + abluft + jod + nachweisverfahren

kalibrierung
siehe eichung

kalisalze
siehe unter duengemittel

kalium
QA-045 tierernaehrung + salzgehalt + kalium + (magnesium)

kalk
HE -009 trinkwasseraufbereitung + kalk + wiederverwendung + bodenverbesserung
PF -040 bodenkontamination + schwermetalle + schadstoffminderung + kalk

kalkmoertel
PK -004 kalkmoertel + verwitterung + schwefeloxide + bauten

kamin
siehe unter abgaskamin

kanal
FA -066 schallabsorption + kanal

kanalabfluss
IB -002 kanalisation + bewertungskriterien + kanalabfluss + planungsdaten
IB -013 hydrologie + fliessgewaesser + kanalabfluss + abflussmodell
IB -028 kanalabfluss + stroemungstechnik + abflussmodell

kanalisation
IB -002 kanalisation + bewertungskriterien + kanalabfluss + planungsdaten
IB -003 abwasser + kanalisation
IB -018 niederschlagsabfluss + kanalisation + vorfluter
IB -022 niederschlag + kommunale abwaesser + kanalisation + abflussmodell
IB -023 niederschlagsabfluss + kanalisation + stadtgebiet + messtellennetz
IB -029 niederschlagsmessung + kanalisation + abflussmodell + stadtgebiet + MUENCHEN

karstgebiet
HA-025 hydrogeologie + karstgebiet + MAINTAL
HB-020 grundwasserbildung + karstgebiet + anthropogener einfluss
HB-024 karstgebiet + mineralquelle + grundwasser + STUTTGART (RAUM)
ID -009 oelunfall + grundwasser + karstgebiet
UL -013 naturschutz + geologie + karstgebiet + HAINHOLZ + BEIERSTEIN + HARZ
UL -014 hydrogeologie + karstgebiet + SCHWAEBISCHE ALB + SUEDWESTDEUTSCHLAND

karstquelle
siehe auch quelle
HG-035 flussbettaenderung + karstquelle + DONAU + AACH

kartierung
siehe auch bodenkarte
siehe auch laermkarte
AA-025 bioklimatologie + messtellennetz + kartierung + raumordnung + BUNDESREPUBLIK DEUTSCHLAND
AA-062 luftueberwachung + immissionsmessung + flechten + kartierung + REGENSBURG (RAUM)
AA-070 bioindikator + kartierung + flechten + NECKAR (MITTLERER NECKAR-RAUM) + STUTTGART
AA-071 luftverunreinigung + bioindikator + flechten + kartierung
AA-078 immissionsmessung + kartierung + bioindikator + ESSLINGEN + STUTTGART
AA-089 immissionsbelastung + kartierung + bioindikator + flechten
AA-138 klimatologie + niederschlag + sonnenstrahlung + kartierung
FB -034 laermschutz + fluglaerm + kartierung
FD -007 laermbelastung + stadtgebiet + kartierung + bundesimmissionsschutzgesetz + oekonomische aspekte + KONSTANZ + BODENSEE-HOCHRHEIN
HA-009 hydrologie + wasserguete + kartierung + oberflaechengewaesser + BUNDESREPUBLIK DEUTSCHLAND
HA-089 hydrologie + anthropogener einfluss + kartierung + niederschlagsabfluss + OBERRHEIN
HB-019 grundwasser + kartierung + OBERRHEINEBENE
HB-030 hydrogeologie + kartierung + grundwasserschutz + HAMBURG
HB-032 mineralquelle + kartierung + EUROPA (MITTELEUROPA)
HB-065 grundwasser + kartierung + tracer + (tritium)
HB-067 hydrogeologie + kartierung + WAHNBACH-TALSPERRE
HC-022 meeresboden + kartierung + NORDSEE
HC-047 kuestengewaesser + kartierung + DEUTSCHE BUCHT
HE -012 wasserversorgung + kartierung + BUNDESREPUBLIK DEUTSCHLAND
HE -013 wasserversorgung + kartierung
HG-001 hydrogeologie + wasserschutz + kartierung
HG-016 hydrogeologie + kartierung + EUROPA
HG-027 wasserbilanz + kartierung
HG-032 hydrologie + kartierung + BODENSEE
HG-048 hydrometeorologie + kartierung + gewaesserguete + kuestengebiet + wasserwirtschaft
HG-050 hydrogeologie + kartierung + grundwasser + EIFEL (NORD) + NIEDERRHEIN
HG-053 hydrologie + klimatologie + kartierung
IC -037 gewaesserbelastung + schwermetalle + organische schadstoffe + kartierung + HARZ (WEST) + INNERSTE + SIEBER + SOESE
ID -052 grundwasser + kartierung + NIEDERRHEIN
MG-029 wassergewinnung + kartierung + abfallagerung + EIFEL + NIEDERRHEIN
PH -052 immissionsmessung + pflanzen + kartierung
RC -004 hydrogeologie + geologie + kartierung + BAYERN
RC -009 bodenerosion + kartierung + RHEIN-HOCHRHEIN
RC -021 bodennutzung + bodenbeschaffenheit + kartierung + (erodierte loessboeden)
RC -036 bodenbeschaffenheit + abfallstoffe + filtration + kartierung + NIEDERSACHSEN
RD -009 bewaesserung + kartierung + agrargeographie + (satellitenaufnahmen) + ORIENT
UK -070 naturraum + bodenkunde + kartierung + ressourcenplanung + NIEDERSACHSEN + BREMEN
UL -006 landschaftsoekologie + mikroklimatologie + kartierung + BASEL (STADTRAND)
UL -040 landschaftsschutz + fliessgewaesser + oekologische faktoren + kartierung + BERLIN-KLADOW (HAVEL)
UL -051 wald + naturschutz + erholung + kartierung + NORDRHEIN-WESTFALEN
UL -069 landschaft + kartierung + biotop + naturschutz + NIEDERSACHSEN
UM-003 naturschutzgebiet + vegetation + kartierung + FRANKEN (UNTERFRANKEN)
UM-019 pflanzensoziologie + kartierung
UM-023 pflanzensoziologie + kartierung + SCHLESWIG-HOLSTEIN + NIEDERSACHSEN (NORD)
UM-025 pflanzensoziologie + kartierung + vegetation + kuestenschutz + HELGOLAND + DEUTSCHE BUCHT
UM-029 vegetation + nationalpark + kartierung + BAYRISCHER WALD/SPIEGELAU-GRAFENAU
UM-033 flora + kartierung + bioindikator + BAYERN
UM-034 flora + kartierung + bioindikator + EUROPA (MITTELEUROPA)

UM-040 landespflege + vegetation + kartierung + BUNDESREPUBLIK DEUTSCHLAND
UM-041 pflanzenschutz + vegetation + kartierung + (farne + bluetenpflanzen)
UM-043 naturschutz + flora + kartierung + KOELN + AACHEN + RHEIN-RUHR-RAUM
UM-052 bioindikator + streusalz + kartierung + BADEN-WUERTTEMBERG
UM-053 vegetation + kartierung + BADEN-WUERTTEMBERG
UM-063 pflanzensoziologie + kartierung + NORDRHEIN-WESTFALEN
UM-064 vegetationskunde + kartierung + TAUBER (GEBIET) + MAIN (GEBIET)
UM-065 vegetation + kartierung + uferschutz + fluss + DUMMERSDORF + TRAVE + OSTSEE
UM-066 waldoekosystem + pflanzensoziologie + kartierung + BADEN-WUERTTEMBERG
UM-074 vegetationskunde + kartierung + landesplanung + flurbereinigung + FRANKEN (OBERFRANKEN)
UM-079 wasserwirtschaft + agraroekonomie + kartierung + naturschutz + NIEDERSACHSEN
UM-080 pflanzen + kartierung + BADEN-WUERTTEMBERG (OST)
UM-081 vegetationskunde + kartierung + BADEN-WUERTTEMBERG (OST)
UN-031 landesplanung + biotop + kartierung + BADEN-WUERTTEMBERG
UN-032 biotop + kartierung + landschaftsoekologie + naturschutz + ALPEN
UN-033 biotop + kartierung + datensammlung + landschaftspflege + planungshilfen + BAYERN
UN-034 biotop + kartierung + naturschutz + BAYERN
UN-035 biotop + kartierung + naturschutz + BAYERN

kartoffeln

siehe auch lebensmittel

ME-041 lebensmittelindustrie + kartoffeln + produktionsrueckstaende + recycling
RE-047 nutzpflanzen + kartoffeln + resistenzzuechtung + fungizide + substitution

kartographie

RC-018 luftbild + kartographie + verfahrenstechnik

karzinogene

siehe carcinogene

katalysator

DA-001 kfz-abgase + nachverbrennung + katalysator
DA-008 kfz-abgase + abgasentgiftung + katalysator
DA-025 luftreinhaltung + nachverbrennung + verfahrenstechnik + katalysator
DC-011 industrieabgase + chlorkohlenwasserstoffe + nachverbrennung + katalysator
DC-039 abgasminderung + stickoxide + katalysator
DD-030 adsorptionsmittel + katalysator + (herstellungsverfahren)
SB-031 verfahrenstechnik + katalysator + umweltfreundliche technik
UD-015 kohlenwasserstoffe + verfahrenstechnik + katalysator + (kohleverfluessigung)

katalyse

siehe auch metallkatalyse

DD-029 abgasentgiftung + stickoxide + katalyse

kataster

AA-008 schadstoffimmission + kataster + BUNDESREPUBLIK DEUTSCHLAND
AA-047 immissionsbelastung + kataster + (flechtenkartierung)
AA-124 immissionsbelastung + schwefeldioxid + kataster
AA-147 schadstoffimmission + kataster + BUNDESREPUBLIK DEUTSCHLAND
FD-046 wohngebiet + verkehrslaerm + kataster + KOELN + RHEIN-RUHR-RAUM
GB-029 abwaerme + kataster + gewaesserbelastung + wasserdampf + OBERRHEINEBENE
IC-023 gewaesserbelastung + immission + kataster + SAAR
UL-052 landschaftsplanung + naturschutzgebiet + biotop + kataster + NORDRHEIN-WESTFALEN

katastrophenschutz

ID-054 pipeline + katastrophenschutz
NC-014 kernkraftwerk + katastrophenschutz + bodenstruktur + (gutachten) + OBERRHEINEBENE + PHILIPPSBURG
NC-015 kernkraftwerk + katastrophenschutz + bodenstruktur + (gutachten) + OBERRHEINEBENE

keime

siehe auch krankheitserreger
siehe auch pathogene keime

BB-010 kuehlturm + emission + keime
BD-001 staubemission + keime + abluft + massentierhaltung + (gefluegelgrosstaelle)
BD-002 massentierhaltung + abluft + keime + schadstoffausbreitung
CA-052 luftueberwachung + keime + probenahmemethode + geraetepruefung
ID-010 grundwasser + trinkwasser + keime + bioindikator
MB-066 deponie + wasserhaushalt + grundwasser + stoffaustausch + keime
RF-013 nutztierstall + keime + luft + wasserversorgung
RF-014 luft + keime + nutztierstall + veterinaerhygiene
RF-015 nutztierstall + veterinaerhygiene + keime
TF-019 krankenhaus + keime

kernenergie

HB-011 meerwasserentsalzung + energieversorgung + kernenergie
NC-037 kernenergie + bewertungskriterien + bevoelkerung
SA-008 kernenergie + radioaktive substanzen + brennstoffe + transport + abfallbeseitigung
SA-021 energiebedarf + prognose + kernenergie + technology assessment + (co2-anreicherung)
SA-024 schiffsantrieb + kernenergie
SA-033 energieverbrauch + bedarfsanalyse + kernenergie + oekonomische aspekte
SB-009 energieversorgung + waermeversorgung + kernenergie + BERLIN (WEST)

kernkraftwerk

BB-028 luftverunreinigende stoffe + nasskuehlturm + kernkraftwerk + fluss + pilze + MAIN + RHEIN-MAIN-GEBIET
GA-001 kernkraftwerk + abwaerme + kuehlturm
GA-007 kernkraftwerk + nasskuehlturm
GB-008 kernkraftwerk + abwaerme + wasserdampf + klimaaenderung + OBERRHEIN
GB-027 gewaesserbelastung + abwaerme + kernkraftwerk + WESER-AESTUAR
GB-039 gewaesserbelastung + kernkraftwerk + abwaerme + kuehlwasser + biologische wirkungen + WESER
GC-001 kernkraftwerk + abwaerme + waermeversorgung + oekonomische aspekte + luftreinhaltung + BERLIN (WEST)
GC-013 waermeversorgung + kernkraftwerk + oekologische faktoren + (fernwaerme) + MANNHEIM + LUDWIGSHAFEN + HEIDELBERG + RHEIN-NECKAR-RAUM
GC-014 waermeversorgung + kernkraftwerk + oekologische faktoren + (fernwaerme) + BONN + KOELN + RHEIN-RUHR-RAUM
HA-034 fluss + fische + wasserguete + kernkraftwerk + ELBE-AESTUAR
IC-090 gewaesseruntersuchung + kernkraftwerk + radionuklide + WESER-AESTUAR
IE-006 kuestengewaesser + tritium + kernkraftwerk + NORDSEE
NB-020 radioaktivitaet + umweltbelastung + kernkraftwerk + energiewirtschaft + (prognose)
NB-022 kernkraftwerk + umgebungsradioaktivitaet + ueberwachung + BADEN-WUERTTEMBERG
NB-023 kernkraftwerk + strahlenbelastung + ausbreitung
NB-024 kernkraftwerk + strahlenbelastung + ausbreitung + (stabilitaetsverhaeltnisse) + OBRIGHEIM

NB -052 kernkraftwerk + radioaktivitaet + strahlenbelastung + boden + KAHL + GUNDREMMINGEN + NIEDERAICHBACH
NB -054 luftueberwachung + kernkraftwerk + umgebungsradioaktivitaet + messtellennetz + OBERRHEIN
NC -013 kernkraftwerk + sicherheitstechnik + beton + materialtest + (flugzeugabsturz)
NC -014 kernkraftwerk + katastrophenschutz + bodenstruktur + (gutachten) + OBERRHEINEBENE + PHILIPPSBURG
NC -015 kernkraftwerk + katastrophenschutz + bodenstruktur + (gutachten) + OBERRHEINEBENE
NC -018 kernkraftwerk + reaktorsicherheit + strahlenschutz + energiepolitik
NC -032 kernkraftwerk + sicherheitstechnik + beton + bautechnik + (flugzeugabsturz)
NC -035 infrastrukturplanung + kernkraftwerk + standortwahl + (edv-programm)
NC -040 kernkraftwerk + reaktorsicherheit + sicherheitstechnik
NC -056 kernkraftwerk + brennelement + plutonium + GUNDREMMINGEN
NC -098 kernkraftwerk + reaktorsicherheit + notkuehlsystem
NC -113 kernkraftwerk + stoerfall + (schutzmassnahmen)
NC -114 reaktorsicherheit + kernkraftwerk + ergonomie
NC -116 kernkraftwerk + landschaftsschutzgebiet + fauna + SCHWEINFURT-GRAFENRHEINFELD
ND -009 kernkraftwerk + brennelement + recycling + plutonium
ND -039 kernkraftwerk + entsorgung + radioaktive abfaelle + aufbereitungsanlage + standortwahl
ND -040 kernkraftwerk + entsorgung + radioaktive abfaelle + aufbereitungsanlage + (oeffentlichkeitsarbeit)
ND -041 kernkraftwerk + entsorgung + radioaktive abfaelle + aufbereitungsanlage + infrastruktur
ND -048 kernkraftwerk + abwasser + dekontaminierung
QB -036 lebensmittelkontamination + milch + radioaktive spaltprodukte + kernkraftwerk + (jod 131)
SA -016 fernwaerme + waermeversorgung + kernkraftwerk + (heizkraftwerkverbund) + OBERHAUSEN + RUHRGEBIET
SA -026 kernkraftwerk
SA -062 kernkraftwerk
TD -021 kernkraftwerk + betriebssicherheit + ausbildung + (personalschulung)

kernreaktor

siehe auch schneller brueter
CB -001 kernreaktor + stoerfall + radioaktive substanzen + meteorologie
GC -004 kernreaktor + abwaerme
NB -044 kernreaktor + abluftfilter + radioaktive substanzen + nachweisverfahren
NB -045 kernreaktor + abluft + jod + nachweisverfahren
NB -046 kernreaktor + radioaktive spaltprodukte
NB -048 abwasseranalyse + schlaemme + vorfluter + kernreaktor + isotopen
NB -050 radioaktive kontamination + umgebungsradioaktivitaet + kernreaktor
NB -053 strahlenbelastung + radionuklide + kernreaktor
NC -004 strahlenschutz + kernreaktor
NC -008 kernreaktor + stoerfall + frueherkennung + druckbehaelter + schallmessung
NC -011 kernreaktor + kuehlsystem + reaktorsicherheit + stoerfall
NC -017 kernreaktor + reaktorsicherheit + werkstoffe + stahl + untersuchungsmethoden
NC -019 kernreaktor + brennelement + radioaktivitaet + emissionsminderung + reaktorsicherheit
NC -020 kernreaktor + brennelement + (brennelementmodelltheorie)
NC -030 kernreaktor + tritium + umgebungsradioaktivitaet + (fusionsreaktor)
NC -039 kernreaktor + reaktorsicherheit + stoerfall + (kernschmelzen)
NC -042 kernreaktor + reaktorsicherheit + stoerfall + (rasmussen-studie)
NC -045 reaktorsicherheit + kernreaktor + stoerfall
NC -046 reaktorsicherheit + kernreaktor + schneller brueter
NC -047 reaktorsicherheit + kernreaktor + schneller brueter + pruefverfahren
NC -049 kernreaktor + sicherheitstechnik + umweltbelastung
NC -050 kernreaktor + sicherheitstechnik + stoerfall
NC -055 kernreaktor + brennelement + plutonium + unfallverhuetung + kosten-nutzen-analyse
NC -087 kernreaktor + stoerfall + abluftfilter
NC -088 kernreaktor + radioaktive spaltprodukte + aerosole + (wechselwirkung)
NC -089 kernreaktor + notkuehlsystem
NC -090 kernreaktor + reaktorsicherheit + stoerfall
NC -091 kernreaktor + reaktorsicherheit + stoerfall
NC -092 kernreaktor + reaktorsicherheit + stoerfall + frueherkennung
NC -093 kernreaktor + reaktorsicherheit
NC -094 kernreaktor + reaktorsicherheit + ueberwachungssystem
NC -099 kernreaktor + reaktorsicherheit + stoerfall + (kernschmelzen)
NC -100 kernreaktor + reaktorsicherheit + druckbehaelter + (risserkennung)
NC -101 kernreaktor + reaktorsicherheit + notkuehlsystem
NC -102 kernreaktor + reaktorsicherheit + stoerfall + (kernschmelzen)
NC -110 kernreaktor + reaktorsicherheit + druckbehaelter + werkstoffe + stahl
NC -111 kernreaktor + sicherheitstechnik + kuehlsystem + (heissdampfreaktor)
NC -112 kernreaktor + sicherheitstechnik + kuehlsystem + (heissdampfreaktor)
ND -028 kuehlwasser + kernreaktor + schadstoffabscheidung + tritium
ND -045 kernreaktor + brennelement + aufbereitung + plutonium
SA -001 kernreaktor + kuehlsystem
SA -002 kernreaktor + kuehlsystem
SA -003 kernreaktor + kuehlsystem
SA -004 kernreaktor + brennelement + plutonium + schneller brueter
SA -038 energietechnik + kernreaktor + schiffahrt
SA -046 kernreaktor + energietechnik
TD -012 kernreaktor + brennstoffe + transport + dokumentation + oeffentlichkeitsarbeit

kerntechnik

NC -005 kerntechnik + brennstoffe + plutonium + brennelement
ND -017 kerntechnik + brennstoffe + aufbereitung
ND -019 radioaktive abfaelle + kerntechnik + systemanalyse
ND -042 radioaktive abfaelle + kerntechnik + systemanalyse + BUNDESREPUBLIK DEUTSCHLAND

kerntechnische anlage

NB -015 kerntechnische anlage + strahlenbelastung + bevoelkerung
NB -025 kerntechnische anlage + umweltbelastung + oekologische faktoren + OBERRHEINEBENE
NB -028 kerntechnische anlage + radioaktive substanzen + langzeitbelastung
NC -010 kerntechnische anlage + standortwahl + (entscheidungsinstrument)
ND -029 kerntechnische anlage + radioaktive substanzen + schadstoffbeseitigung

kfz

siehe auch fahrzeug
siehe auch verkehrsmittel
DA -011 kfz + gasfoermige brennstoffe
DA -020 kfz + treibstoffe + wasserstoff + (literaturstudie)
FB -032 verkehrsmittel + kfz + laermentstehung + (lastkraftwagen)
FB -081 laermmessung + kfz + normen
TB -031 kfz + strassenverkehr + stadt + bewertungskriterien
VA -007 informationssystem + kfz + verkehrssystem + (literaturstudie)

kfz-abgase

AA -160 strassenverkehr + kfz-abgase + emissionskataster + ballungsgebiet
BA -001 kfz-abgase + europaeischer fahrzyklus + abgaszusammensetzung
BA -002 kfz-abgase
BA -003 kfz-abgase + schadstoffemission + analyseverfahren
BA -005 kfz-abgase + emissionskataster
BA -009 verkehrssystem + kfz-abgase + emissionskataster + simulationsmodell + (fahrverhalten)
BA -013 strassenverkehr + kfz-abgase + immissionsbelastung + BUNDESREPUBLIK DEUTSCHLAND + EUROPA
BA -015 schadstoffemission + kfz-abgase + carcinogene
BA -023 kfz-abgase + verbrennungsmotor + brennstoffguete + kohlenwasserstoffe
BA -025 kfz-abgase + bleikontamination
BA -026 kfz-abgase + ottomotor + abgaszusammensetzung
BA -027 kfz-abgase + verbrennungsmotor + berechnungsmodell
BA -032 kfz-abgase + dieselmotor
BA -040 kfz-abgase + pflanzen
BA -046 strassenverkehr + kfz-abgase + kohlenmonoxid + immissionsschutz + simulationsmodell + DORTMUND + RHEIN-RUHR-RAUM
BA -049 kfz-abgase + aromaten + carcinogene + langzeitbelastung
BA -054 kfz-abgase + kohlenwasserstoffe + messverfahren
BA -057 kfz-abgase + ottomotor + abgaszusammensetzung
BA -059 stadtverkehr + kfz-abgase + kohlenmonoxid + immissionsbelastung + stadtplanung + MAINZ + RHEIN-MAIN-GEBIET
BA -063 kfz-abgase + stickoxide + analyseverfahren
BA -064 kfz-abgase + stickoxide + kohlenwasserstoffe + analyseverfahren
BA -065 kfz-abgase + schadstoffemission + ottomotor + statistische auswertung
BA -066 kfz-abgase + pruefverfahren + (kraftraeder)
BA -067 kfz-abgase + kohlenwasserstoffe + analytik
BA -069 strassenverkehr + kfz-abgase + verbrennungsmotor + ausbreitungsmodell
BA -070 luftverunreinigende stoffe + kfz-abgase + messung
BA -071 kfz-abgase + polyzyklische kohlenwasserstoffe + analytik
CA -090 luftverunreinigung + kfz-abgase + organische schadstoffe + gaschromatographie
CB -006 abgasausbreitung + kfz-abgase + meteorologie + strassenverkehr + (ausbreitungsmodell)
DA -001 kfz-abgase + nachverbrennung + katalysator
DA -003 kfz-abgase + abgasentgiftung + ottomotor
DA -008 kfz-abgase + abgasentgiftung + katalysator
DA -028 kfz-abgase + nachverbrennung + ottomotor
DA -029 kfz-abgase + hybridmotor + stadtverkehr
DA -039 kfz-abgase + reinigung + aktivkohle
DA -053 ottomotor + kfz-abgase + schadstoffminderung
DA -057 kfz-abgase + dieselmotor + emissionsminderung
DA -068 kfz-abgase + treibstoffe + nachverbrennung + ottomotor + pruefverfahren + (verdampfungsverluste)
DA -069 abgasentgiftung + kfz-abgase + geraetepruefung
DA -070 abgasverbesserung + kfz-abgase + kraftstoffzusaetze
DA -074 kfz-abgase + gasturbine + schadstoffminderung
OD -062 kfz-abgase + bleikontamination + analytik
PA -032 kfz-abgase + kohlenmonoxid + blei
PA -035 kfz-abgase + bleikontamination + toxikologie + metabolismus
PB -036 kfz-abgase + kohlenwasserstoffe + mensch + resorption
PC -043 kfz-abgase + physiologische wirkungen + grenzwerte + toxikologie + (warmblueter)
PC -061 kfz-abgase + gewebekultur
PD -004 mutagenitaetspruefung + kfz-abgase + carcinogene
PE -008 kfz-abgase + umweltbelastung
PE -028 kfz-abgase + schadstoffbelastung + organismus
PE -029 kfz-abgase + physiologische wirkungen + (versuchstiere)
PF -004 kfz-abgase + bleikontamination
PF -020 kfz-abgase + nutzpflanzen + bleikontamination
PF -039 kfz-abgase + pflanzenkontamination + schwermetalle + lebensmittelhygiene

kfz-motor

siehe auch verbrennungsmotor

BA -022 kfz-motor + emission + kraftstoffe + kohlenwasserstoffe + datensammlung
BA -068 abgasemission + kfz-motor + messverfahren
DA -030 kfz-motor + hybridmotor + schadstoffemission

kfz-technik

BA -016 kfz-technik + dieselmotor + russ + aerosolmesstechnik
BA -036 kfz-technik + ottomotor + abgasemission + brennstoffguete
BA -047 kfz-technik + ottomotor + schadstoffemission
BA -058 dieselmotor + abgaszusammensetzung + kfz-technik
BA -061 abgasemission + kfz-technik + (ringbrennkammer)
DA -006 kfz-technik + verbrennungsmotor + emissionsminderung + kraftstoffzusaetze + (methanol)
DA -007 kfz-technik + verbrennungsmotor + wasserstoff + (wasserstoffmotor)
DA -013 kfz-technik + hybridmotor + emissionsminderung + kraftstoffzusaetze
DA -017 dieselmotor + russ + abgasminderung + geruchsminderung + kfz-technik + (pkw-vorkammerdieselmotor)
DA -019 kfz-technik + dieselmotor + abgasminderung
DA -021 kfz-technik + dieselmotor + emissionsminderung + russ
DA -032 kfz-technik + hybridmotor
DA -034 kfz-technik + emissionsminderung + verbrennungsmotor
DA -035 kfz-technik + emissionsminderung + elektrofahrzeug
DA -040 kfz-technik + oel + filtermaterial
DA -048 kfz-technik + verbrennungsmotor + thermodynamik + emissionsminderung + treibstoffe + (methanol wasserstoff)
DA -052 kfz-technik + ottomotor + emissionsminderung + kraftstoffzusaetze
DA -054 kfz-technik + ottomotor + emissionsminderung + wirtschaftlichkeit
DA -055 kfz-technik + treibstoffe + wasserstoff
DA -056 kfz-technik + abgasreinigung + verbrennungsmotor
DA -061 kfz-technik + treibstoffe + (methanol)
DA -065 kfz-technik + emissionsminderung
DA -071 kfz-technik + fahrzeugantrieb
DA -072 kfz-technik + schichtladungsmotor
DA -073 kfz-technik + maschinenbau + verbrennungsmotor
DA -075 kfz-technik + abgasverbesserung + schadstoffminderung + ottomotor
FB -002 kfz-technik + dieselmotor + geraeuschminderung
FB -003 kfz-technik + verbrennungsmotor + geraeuschminderung
FB -004 kfz-technik + verbrennungsmotor + geraeuschminderung
FB -008 verkehrslaerm + kfz-technik + prognose
FB -027 kfz-technik + verbrennungsmotor + geraeuschminderung + (kuehler-luefter-system)
FB -028 kfz-technik + verbrennungsmotor + geraeuschminderung + (abgasschalldaempfung)
FB -029 kfz-technik + verbrennungsmotor + geraeuschminderung + schalldaemmung + (verschalung)
FB -042 verkehrslaerm + kfz-technik
FB -045 kfz-technik + laermentstehung + geraeuschminderung + (reifengeraeusche)
FB -059 kfz-technik + abgasentgiftung + laermentstehung + datenerfassung
FB -085 kfz-technik + laermminderung
ME -021 kfz-technik + werkstoffe + recycling
SA -075 energietechnik + kfz-technik + treibstoffe + (methanol)
UH -039 verkehrstechnik + kfz-technik + (projektbegleitung)
UI -022 kfz-technik + emissionsminderung + verkehrssystem + fahrzeugantrieb + systemanalyse

kfz-wrack

MB -002 kfz-wrack + abfallbeseitigungsanlage + standortwahl + (verschrottungsanlagen)

kies

HB -003 kies + grundwasser
IB -020 vorfluter + kies + feststofftransport

kiesabbau
HB -052 wasserhaushalt + kiesabbau + grundwasser + OBERRHEINEBENE
IC -099 grundwasserabfluss + kiesabbau + WESEL + NIEDERRHEIN
ID -006 kiesabbau + deponie + grundwasserbelastung + (bauschutt)

kiesfilter
KD -002 abwasserreinigung + kiesfilter + massentierhaltung + fische
MC-024 deponie + sickerwasser + grundwasserbelastung + bodenbeschaffenheit + kiesfilter

kind
PE -036 luftverunreinigung + atemtrakt + epidemiologie + kind
PE -039 luftverunreinigung + atemtrakt + epidemiologie + kind
TD -023 strassenverkehr + kind + unfallverhuetung

klaeranlage
siehe auch abwasserreinigung
siehe auch belebungsanlage
siehe auch belueftungsanlage
siehe auch biologische klaeranlage
siehe auch faellungsanlage
siehe auch nachklaerbecken
siehe auch vorklaerung
HG-034 gewaesserguete + klaeranlage + wirtschaftlichkeit + modell
IB -030 niederschlagsabfluss + stadtgebiet + klaeranlage + vorfluter + MUENCHEN (RAUM)
KB -005 gewaesser + klaeranlage + biologischer abbau
KB -040 kommunale abwaesser + klaeranlage + biologischer abbau + berechnungsmodell
KB -046 klaeranlage + biologische abwasserreinigung + (phototrophe bakterien)
KB -058 abwasserbehandlung + truebwasser + klaeranlage
KB -059 wasser + gewaesserbelueftung + sauerstoffeintrag + klaeranlage
KB -079 klaeranlage + biologische abwasserreinigung + pflanzen
KB -083 klaeranlage + feststoffe + filtermaterial + pruefverfahren + (schwerkraftfilter + kompakt-klaeranlage)
KC -031 industrieabwaesser + klaeranlage + stickstoffverbindungen + biologischer abbau
KC -038 papierindustrie + klaeranlage + verfahrensoptimierung
KE -006 abwassertechnik + klaeranlage
KE -010 schadstoffabbau + biologischer abbau + tenside + klaeranlage
KE -011 abwasserreinigung + klaeranlage + belebungsverfahren + (automatisierung)
KE -015 abwasserreinigung + klaeranlage + (elektrochemisches verfahren)
KE -016 klaeranlage + belueftungsgeraet + biologische abwasserreinigung
KE -017 abwasserbehandlung + klaeranlage + ueberwachungssystem
KE -019 kokerei + klaeranlage + abwasser + phenole + mikrobieller abbau
KE -024 klaeranlage + verfahrenstechnik + zentrifuge
KE -029 klaeranlage + zentrifuge
KE -035 abwassertechnik + klaeranlage + belebtschlamm + verfahrensoptimierung
KE -038 klaeranlage + belebtschlamm + strukturanalyse + (blaehschlamm)
KE -039 klaeranlage + abwassertechnik + belebtschlamm + (blaehschlamm)
KE -042 abwasserreinigung + klaeranlage + kosten
KE -045 abwasserbehandlung + sauerstoffeintrag + klaeranlage
KE -051 klaeranlage + biologische abwasserreinigung + algen
KE -052 klaeranlage + belebtschlamm + mikroorganismen
KE -054 klaeranlage + automatisierung
KE -061 klaeranlage + krankheitserreger + salmonellen
KE -063 klaeranlage + biologischer sauerstoffbedarf
KF -014 abwasserreinigung + klaeranlage + phosphate + faellungsmittel

klaerschlamm
siehe auch abfall
siehe auch abwasserschlamm
IA -019 toxische abwaesser + klaerschlamm + nutzpflanzen + stoffaustausch
IC -055 klaerschlamm + gewaesserbelastung
ID -059 abwasserverrieselung + klaerschlamm + grundwasserbelastung + bodenkontamination
IE -023 klaerschlamm + meeresverunreinigung + DEUTSCHE BUCHT
IE -027 klaerschlamm + meeressediment + schwermetalle + benthos + populationsdynamik + NORDSEE
KB -082 klaerschlamm + abwasserverrieselung + grundwasserbelastung + bodenkontamination + NIEDERSACHSEN
KC -066 brauereiindustrie + klaerschlamm + entkeimung
KE -001 klaerschlamm + entwaesserung + faekalien + (kleinklaeranlage) + HEINSBERG (NORDRHEIN-WESTFALEN)
KE -004 abwasserbehandlung + klaerschlamm + sterilisation + pasteurisierung + verfahrenstechnik + (strahlentechnik)
KE -008 klaerschlamm + abwasser + bestrahlung
KE -009 klaerschlamm + abwasser + entkeimung + ionisierende strahlung
KE -012 klaerschlamm + stabilisierung + analytik
KE -020 klaerschlamm + entkeimung
KE -031 klaerschlamm + abwasser + entkeimung + ionisierende strahlung + biologische wirkungen
KE -033 klaerschlamm + parasiten + bestrahlung + (elektronenbeschleuniger)
KE -058 klaerschlamm + bestrahlung + schlammentwaesserung
KE -060 biologische abwasserreinigung + klaerschlamm + mineralisation + pflanzen
MB-006 abwasserbeseitigung + klaerschlamm + kommunale abwaesser
MB-014 abfallbeseitigungsanlage + klaerschlamm + kompostierung + HEIDELBERG + RHEIN-NECKAR-RAUM
MB-049 kompostierung + tierische faekalien + klaerschlamm + duengemittel + futtermittel + (hygienische untersuchungen)
MB-056 abfallbeseitigung + siedlungsabfaelle + klaerschlamm + (mischtrommel)
MC-049 moor + klaerschlamm + deponie + standortfaktoren + DEUTSCHLAND (NORD-WEST)
MD-005 klaerschlamm + bodenverbesserung
MD-006 klaerschlamm + recycling + duengung + schwermetallkontamination
MD-007 klaerschlamm + wiederverwendung + freizeitanlagen
MD-008 klaerschlamm + wiederverwendung + bodenverbesserung
MD-009 klaerschlamm + auswaschung + freizeitanlagen
MD-018 klaerschlamm + wiederverwendung + kompostierung + standortwahl
MD-019 klaerschlamm + wiederverwendung + (absatzmoeglichkeiten) + HESSEN
MD-020 klaerschlamm + entkeimung + wiederverwendung
MD-024 klaerschlamm + duengung + landwirtschaft
MD-028 klaerschlamm + recycling + krankheitserreger + entseuchung
MD-029 klaerschlamm + duengemittel + schwermetalle
MD-032 torf + klaerschlamm + muellkompost + recycling + bodenverbesserung
MD-035 klaerschlamm + mikrobieller abbau + recycling
ME-070 klaerschlamm + recycling + (baustoffe)
ME-082 klaerschlamm + recycling + buntmetalle
OD-006 boden + schwermetalle + muellkompost + klaerschlamm
OD-008 bodenkontamination + pcb + klaerschlamm + muellkompost
PF -003 bodenkontamination + schwermetalle + klaerschlamm + muellkompost
PF -046 boden + klaerschlamm + schwermetalle + (mobilisierungsbedingungen)
PG -003 pflanzenphysiologie + siedlungsabfaelle + klaerschlamm + carcinogene
PG -015 carcinogene + polyzyklische kohlenwasserstoffe + muellkompost + klaerschlamm + pflanzenkontamination

PH -002 pflanzenphysiologie + klaerschlamm + tenside + schwermetalle
PH -003 klaerschlamm + entkeimung + boden + pflanzen
PH -004 klaerschlamm + bestrahlung + boden + pflanzen
PH -006 klaerschlamm + bodenkontamination + insekten + rasen
PH -020 wald + baum + klaerschlamm
PH -056 siedlungsabfaelle + klaerschlamm + bodenbelastung + biologische wirkungen + (niederungsboeden)
QD -004 siedlungsabfaelle + klaerschlamm + bodenkontamination + nahrungskette
TF -028 umwelthygiene + insekten + pathogene keime + klaerschlamm + rasen

klaerschlammbehandlung

KB -092 klaerschlammbehandlung + hygienisierung + bestrahlung
KE -002 klaerschlammbehandlung + bestrahlung + biologische wirkungen
KE -003 klaerschlammbehandlung + bestrahlung + schlammentwaesserung
KE -013 klaerschlammbehandlung + muellverbrennung
KE -021 klaerschlammbehandlung + thermisches verfahren
MD-016 klaerschlammbehandlung + kompostierung
MD-017 klaerschlammbehandlung + recycling + (entphosphatierung)
MD-027 klaerschlammbehandlung + entseuchung + kompostierung
MG-027 abwasserreinigung + klaerschlammbehandlung + standardisierung

klaerschlammbeseitigung

MD-030 siedlungsabfaelle + muellkompost + klaerschlammbeseitigung + bodenkontamination + pflanzenertrag + HANNOVER (RAUM)
MG-021 klaerschlammbeseitigung + abfallbeseitigung

kleinklimatologie

siehe mikroklimatologie

klima

AA -046 naherholung + erholungsgebiet + klima + ballungsgebiet + RHEIN-RUHR-RAUM + RHEINISCHES SCHIEFERGEBIRGE
AA -050 klima + stadt + luftmassenaustausch + (windschwache wetterlagen) + MANNHEIM + RHEIN-NECKAR-RAUM
AA -051 klima + flaechennutzung + regionalplanung + (klimaschutzgebiete) + RHEIN-NECKAR-RAUM
AA -081 wald + klima + luftqualitaet
AA -136 meteorologie + klima + niederschlag + wasserhaushalt + OBERRHEINEBENE + RHEIN-RUHR-RAUM
CB -081 luftreinhaltung + klima +
HA -052 fliessgewaesser + waermehaushalt + kraftwerk + abwaerme + klima + (simulationsmodell)
HA -095 fliessgewaesser + stofftransport + hydrochemie + vegetation + klima + SCHLITZERLAND + HESSEN
HB -042 waldoekosystem + forstwirtschaft + klima + EIFEL + HUNSRUECK
IC -108 wasserguetewirtschaft + landschaftsoekologie + klima + RHEIN
NA -006 bauhygiene + wohnraum + arbeitsschutz + klima
TA -027 ergonomie + arbeitsschutz + erholung + klima + arbeitsplatz
TA -066 bergwerk + belueftungsverfahren + klima
TE -010 klima + biologische wirkungen + unfallverhuetung
UF -005 stadtkern + stadtrandzone + stadt + klima + FRANKFURT + RHEIN-MAIN-GEBIET

klimaaenderung

AA -018 waermebelastung + klimaaenderung + meteorologie + modell + (simulationsmodell) + OBERRHEINEBENE
AA -059 luftverunreinigung + klimaaenderung
AA -123 klimaaenderung + energieverbrauch + waermehaushalt + verdichtungsraum + stadtklima + MUENCHEN
GA -002 abwaerme + kuehlturm + klimaaenderung
GA -003 kraftwerk + klimaaenderung + umweltbelastung + NIEDERAUSSEM
GB -008 kernkraftwerk + abwaerme + wasserdampf + klimaaenderung + OBERRHEIN
RC -012 wueste + ausbreitung + klimaaenderung + anthropogener einfluss
RD -004 klimaaenderung + oedflaechen + begruenung + (vegetationsplatten)
RG -014 waldoekosystem + klimaaenderung + naehrstoffhaushalt + SCHWARZWALD (NORD)
UL -062 gebaeude + schutzmassnahmen + gruenplanung + klimaaenderung + MONSCHAU + EIFEL (NORD) + NIEDERRHEIN

klimaanlage

DD -021 klimaanlage + bautechnik
FD -031 klimaanlage + schalldaemmung
NA -001 umwelthygiene + klimaanlage + uv-strahlen + (beatmungs-anaesthesiegeraete)
TA -030 arbeitsplatz + landmaschinen + klimaanlage
TF -016 lufthygiene + klimaanlage + krankenhaushygiene
TF -017 lufthygiene + klimaanlage
TF -018 betriebshygiene + krankenhaushygiene + klimaanlage

klimakammer

PH -061 pflanzen + metabolismus + klimakammer

klimatologie

siehe auch bioklimatologie
siehe auch mikroklimatologie
AA -042 luftreinhaltung + klimatologie + schadstoffausbreitung + ausbreitungsmodell + (modellrechnung)
AA -043 klimatologie + luftbewegung + stadtplanung
AA -118 erdoberflaeche + luftbewegung + klimatologie + infrarottechnik + OBERRHEINEBENE
AA -120 klimatologie + BREISGAU + OBERRHEIN
AA -138 klimatologie + niederschlag + sonnenstrahlung + kartierung
AA -140 klimatologie + stadtregion + schadstoffausbreitung + inversionswetterlage + (prognosemodell) + HAMBURG (RAUM)
CB -012 klimatologie + fliegende messtation + fernerkundung + schadstoffausbreitung + (ir-thermographie) + MAIN + TAUNUS + WETTERAU + RHEIN-MAIN-GEBIET
CB -033 atmosphaere + schadstoffausbreitung + klimatologie + BUNDESREPUBLIK DEUTSCHLAND
GA -006 nasskuehlturm + klimatologie + OBERRHEINEBENE
HA -032 fliessgewaesser + klimatologie + landwirtschaft
HG -012 abflussmodell + hydrologie + klimatologie
HG -053 hydrologie + klimatologie + kartierung
TA -025 bergbau + arbeitsphysiologie + klimatologie + (hitzebelastung)
TA -026 arbeitsplatz + klimatologie + physiologische wirkungen + (kaeltebelastung)
UL -037 landschaftsoekologie + klimatologie + planungsmodell

kobalt

siehe auch schwermetalle

kochsalz

PA -013 tierorganismus + kochsalz
PF -017 kochsalz + schadstoffwirkung + vegetation + (streusalz)

koerperschall

FA -008 schallentstehung + koerperschall + geraeuschminderung + maschinenbau
FC -021 schallentstehung + koerperschall + geraeuschminderung + maschinenbau
FC -022 schallentstehung + koerperschall + geraeuschminderung + maschinenbau + (hydrostatische systeme)
FD -032 laermschutzplanung + bauakustik + koerperschall + schallmessung

kohle

siehe auch braunkohle
siehe auch brennstoffe
siehe auch steinkohle

DB -002 brennstoffe + schadstoffimmission + kohle + verfahrenstechnik
DB -003 brennstoffe + kohle + entschwefelung + (kraftwerkskohle)
DB -006 kohle + verbrennung + energieumwandlung + emissionsminderung + (kohleveredelung)
DB -007 kohle + emissionsminderung + verfahrenstechnik
DB -012 emissionsminderung + rauch + kohle + verfahrensentwicklung + geraeteentwicklung
DB -033 kohle + schadstoffminderung + verfahrenstechnik + (kohleversorgung)
DC -061 kohle + feinstaeube + nassentstaubung
DC -064 kraftwerk + kohle + entschwefelung + emissionsminderung
SA -053 kohle + energieumwandlung + gase + entschwefelung
SA -060 kohle + gasfoermige brennstoffe + verfahrensentwicklung + (lurgi-druckvergasung)
SA -073 energietechnik + kohle + vergasung + verfahrensentwicklung
UM-009 bodenbeschaffenheit + rekultivierung + kohle + (halden) + HESSEN (NORD)

kohlefeuerung

BB -036 luftverunreinigende stoffe + kohlefeuerung + fluor
BB -037 kraftwerk + kohlefeuerung + oelfeuerung + abgaszusammensetzung
ME -079 baustoffe + kohlefeuerung + schlacken + recycling

kohlendioxid

AA -098 luftchemie + atmosphaere + kohlendioxid + anthropogener einfluss
CB -032 wald + kohlendioxid + sauerstoff + messung
CB -065 geochemie + atmosphaere + stofftransport + kohlendioxid + stickstoff
DD -055 gasreinigung + kohlendioxid + adsorption + (molekularsieb)
KB -019 abwasser + entsalzung + kohlendioxid
RF -004 massentierhaltung + gefluegel + sauerstoffbedarf + grenzwerte + kohlendioxid

kohlenhydrate

KB -065 abwasserbehandlung + kohlenhydrate + mikrobieller abbau + (anaerober abbau)
ME -038 zellstoffindustrie + holzabfaelle + kohlenhydrate + verwertung

kohlenmonoxid

AA -012 luftverunreinigung + schwefeldioxid + kohlenmonoxid + wetterwirkung + ausbreitungsmodell
BA -011 verbrennungsmotor + schadstoffbildung + kohlenmonoxid + stickoxide
BA -046 strassenverkehr + kfz-abgase + kohlenmonoxid + immissionsschutz + simulationsmodell + DORTMUND + RHEIN-RUHR-RAUM
BA -059 stadtverkehr + kfz-abgase + kohlenmonoxid + immissionsbelastung + stadtplanung + MAINZ + RHEIN-MAIN-GEBIET
CB -025 luftchemie + kohlenmonoxid + reaktionskinetik
DD -008 luftreinhaltung + kohlenmonoxid + mikrobieller abbau
DD -023 bakterien + mikrobieller abbau + kohlenmonoxid
OB -025 kohlenmonoxid + messgeraet + eichung
PA -032 kfz-abgase + kohlenmonoxid + blei
PE -053 luftverunreinigende stoffe + kohlenmonoxid + organismus + nachweisverfahren + (gaschromatographie)
PF -005 schwefeldioxid + kohlenmonoxid + pflanzenkontamination

kohlenstoff

DD -028 kohlenstoff + gase + absorption
IA -008 wasseraufbereitung + probenahme + schadstoffnachweis + kohlenstoff + geraeteentwicklung
MB -028 pyrolyse + polymere + kohlenstoff
ME -043 abfallstoffe + mikrobieller abbau + kohlenstoff

kohlenwasserstoffe

siehe auch chlorkohlenwasserstoffe
siehe auch polyzyklische kohlenwasserstoffe

BA -008 treibstoffe + lagerung + transport + schadstoffemission + kohlenwasserstoffe
BA -021 abgas + verbrennung + kohlenwasserstoffe + analyseverfahren
BA -022 kfz-motor + emission + kraftstoffe + kohlenwasserstoffe + datensammlung
BA -023 kfz-abgase + verbrennungsmotor + brennstoffguete + kohlenwasserstoffe
BA -029 ottomotor + emissionsmessung + kohlenwasserstoffe
BA -054 kfz-abgase + kohlenwasserstoffe + messverfahren
BA -064 kfz-abgase + stickoxide + kohlenwasserstoffe + analyseverfahren
BA -067 kfz-abgase + kohlenwasserstoffe + analytik
BB -013 schadstoffemission + kohlenwasserstoffe + pyrolyse + (diffusionsflammen)
BB -023 luftverunreinigung + schadstoffausbreitung + kohlenwasserstoffe + heizungsanlage + geruchsbelaestigung
BC -026 raffinerie + immissionsbelastung + kohlenwasserstoffe
BE -004 kohlenwasserstoffe + amine + ozon + reaktionskinetik
CA -010 immissionsmessung + schadstoffnachweis + kohlenwasserstoffe
CA -045 luftverunreinigung + kohlenwasserstoffe + nachweisverfahren
CA -091 luftverunreinigung + stadtgebiet + kohlenwasserstoffe
CA -101 emissionsueberwachung + luftverunreinigende stoffe + kohlenwasserstoffe + rohrleitung + (leckraten)
CB -008 kohlenwasserstoffe + verbrennung + schadstoffbildung
CB -020 luftchemie + atmosphaere + kohlenwasserstoffe + reaktionskinetik
CB -026 schadstoffbildung + kohlenwasserstoffe + verbrennung
CB -047 luftverunreinigung + kohlenwasserstoffe + polymere
CB -048 luftverunreinigung + kohlenwasserstoffe + verbrennung + benzol
DA -016 wankelmotor + gasfoermige brennstoffe + kohlenwasserstoffe + abgasminderung
DA -027 dieselmotor + brennstoffe + abgas + kohlenwasserstoffe
DA -047 verbrennungsmotor + emissionsminderung + kohlenwasserstoffe
DD -009 schadstoffadsorption + kohlenwasserstoffe
HA -049 gewaesserbelastung + mineraloel + kohlenwasserstoffe + (seeboden) + BODENSEE
IC -008 gewaesserverunreinigung + sediment + schadstoffnachweis + kohlenwasserstoffe + schwermetalle + BODENSEE
ME -086 abfallbeseitigung + pyrolyse + kohlenwasserstoffe + recycling
OA -007 gewaesserueberwachung + meer + schadstoffnachweis + kohlenwasserstoffe + NORDSEE + OSTSEE
OC -022 kohlenwasserstoffe + carcinogene + analytik
OC -029 kohlenwasserstoffe + verbrennung + reaktionskinetik
OD -005 toxizitaet + kohlenwasserstoffe + nitrosoverbindungen + metabolismus
OD -090 chlorphenole + chlorkohlenwasserstoffe + kohlenwasserstoffe + wirkmechanismus
PB -001 umweltchemikalien + kohlenwasserstoffe + pcb + neurotoxizitaet
PB -011 nutztiere + kohlenwasserstoffe + biologische wirkungen + (huhn + wachtel)
PB -019 enzyminduktion + genetik + kohlenwasserstoffe
PB -036 kfz-abgase + kohlenwasserstoffe + mensch + resorption
PC -062 pharmaka + toxizitaet + kohlenwasserstoffe + loesungsmittel
PD -034 carcinogenese + arbeitsplatz + kohlenwasserstoffe + enzyme
PD -047 kohlenwasserstoffe + carcinogene
PD -056 kohlenwasserstoffe + carcinogene wirkung + tierexperiment
QA -003 carcinogene + kohlenwasserstoffe + lebensmittel + futtermittel
QB -005 fleischprodukte + kohlenwasserstoffe

QD-017 kohlenwasserstoffe + pestizide + benthos + marine nahrungskette + KIELER BUCHT + OSTSEE
UD-015 kohlenwasserstoffe + verfahrenstechnik + katalysator + (kohleverfluessigung)
UD-021 rohstoffe + chemische industrie + kohlenwasserstoffe + technologie + verfahrensentwicklung + (kohleverfluessigung)
UD-022 rohstoffe + kohlenwasserstoffe + verfahrensentwicklung + (kohleverfluessigung)

kohleverfluessigung

SA-071 energietechnik + kohleverfluessigung + (literaturstudie)
SA-074 energietechnik + braunkohle + kohleverfluessigung + rohstoffe

kohlevergasung

SA-079 energietechnik + kohlevergasung + verfahrensentwicklung

kokerei

DC-003 kokerei + feinstaeube + emissionsminderung
DC-004 kokerei + feinstaeube + emissionsminderung
DC-022 kokerei + schadstoffminderung + schwefelverbindungen
DC-060 kokerei + feinstaeube + emissionsminderung + FUERSTENHAUSEN
KA-007 abwasser + kokerei + phenole + analytik
KC-005 kokerei + abwasserreinigung + aktivkohle + organische stoffe
KE-019 kokerei + klaeranlage + abwasser + phenole + mikrobieller abbau
ME-002 kokerei + altreifen + wiederverwendung
SA-032 luftreinhaltung + kokerei + verfahrenstechnik
TA-011 kokerei + emissionsmessung + arbeitsschutz

kolloide

HA-104 oberflaechengewaesser + kolloide + sedimentation + flockung
IC -065 gewaesser + kolloide + schwebstoffe + sedimentation
KB-062 wasser + kolloide + flockung

kombinationswirkung

GB-025 abwaerme + schadstoffe + kombinationswirkung + invertebraten + RHEIN
PC-022 embryopathie + fische + umweltchemikalien + sauerstoff + kombinationswirkung

kombinationswirkungen

siehe unter synergismus

kommunale abfaelle

MA-020 abfallbeseitigung + kommunale abfaelle + abwasserbehandlung + oekonomische aspekte
MC-035 kommunale abfaelle + grundwasserbelastung + pathogene keime
MD-026 kommunale abfaelle + recycling + baustoffe

kommunale abwaesser

IB -022 niederschlag + kommunale abwaesser + kanalisation + abflussmodell
IC -025 gewaesserbelastung + kommunale abwaesser + industrieabwaesser + schwermetalle + MURR + NECKAR (MITTLERER NECKAR-RAUM) + STUTTGART
IC -038 gewaesserbelastung + fliessgewaesser + landwirtschaftliche abwaesser + kommunale abwaesser + (makrophyten) + NIEDERSACHSEN (SUED)
ID -032 kommunale abwaesser + duengung + grundwasserbelastung
IF -029 gewaesserbelastung + kommunale abwaesser + duengemittel + naehrstoffhaushalt + eutrophierung
KB-028 kommunale abwaesser + flockung
KB-040 kommunale abwaesser + klaeranlage + biologischer abbau + berechnungsmodell
KB-055 kommunale abwaesser + schadstoffentfernung + tenside + biologischer abbau
KE-043 kommunale abwaesser + schlammbehandlung + (gefriertechnik)
KF-008 kommunale abwaesser + schadstoffentfernung + phosphate + duengemittel
KF-016 kommunale abwaesser + biologische abwasserreinigung + phosphate
LA-011 kommunale abwaesser + entsalzung + oekonomische aspekte
MB-006 abwasserbeseitigung + klaerschlamm + kommunale abwaesser

kommunale planung

siehe auch bauleitplanung

UA-008 umweltschutz + kommunale planung + oekonomische aspekte + (finanzierungsmodelle)
UA-018 kommunale planung + wissenschaft + planungshilfen
UA-050 kommunale planung + umweltplanung + (umweltatlas) + NECKAR (RAUM) + STUTTGART
UA-057 umweltschutz + kommunale planung + (modellentwicklung zur integration)
UF-033 kommunale planung + stadtentwicklungsplanung + bauleitplanung + CASTROP-RAUXEL + ESSLINGEN + HERZOGENRATH + ELMSHORN
UF-034 kommunale planung + stadtentwicklungsplanung + bauleitplanung + CASTROP-RAUXEL + RHEIN-RUHR-RAUM + ESSLINGEN + HERZOGENRATH + ELMSHORN
UG-001 soziale infrastruktur + kommunale planung + buergerbeteiligung
UG-002 soziale infrastruktur + kommunale planung + buergerbeteiligung + (literaturstudie)
UG-018 soziale infrastruktur + kommunale planung + interessenkonflikt
VA-005 kommunale planung + planungshilfen

kommune

siehe gemeinde

kompost

siehe auch muellkompost

MD-001 abfallbeseitigung + kompost + recycling
OD-016 schadstoffabbau + polyzyklische aromaten + persistenz + boden + kompost
PH-041 duengemittel + muellschlacken + kompost

kompostanlage

siehe auch abfallbeseitigungsanlage

MB-061 altpapier + kompostanlage
MD-037 kompostanlage + abfallbehandlung + recycling

kompostierung

siehe auch flaechenkompostierung
siehe auch rotte

MB-014 abfallbeseitigungsanlage + klaerschlamm + kompostierung + HEIDELBERG + RHEIN-NECKAR-RAUM
MB-015 abfallbehandlung + kompostierung + resteverbrennung + PINNEBERG + HAMBURG
MB-029 siedlungsabfaelle + kompostierung
MB-031 siedlungsabfaelle + kompostierung + antibiotika + mikroorganismen
MB-033 kompostierung + cellulose + mikrobieller abbau
MB-034 siedlungsabfaelle + kompostierung + antibiotika
MB-039 kompostierung + biozoenose
MB-043 abfallbehandlung + cellulose + kompostierung + mikrobieller abbau
MB-049 kompostierung + tierische faekalien + klaerschlamm + duengemittel + futtermittel + (hygienische untersuchungen)
MB-060 massentierhaltung + tierische faekalien + kompostierung
MB-063 schlammbeseitigung + kompostierung + zuckerindustrie
MB-064 abfallbeseitigung + kompostierung
MD-002 landwirtschaftliche abfaelle + siedlungsabfaelle + kompostierung + recycling + landbau
MD-016 klaerschlammbehandlung + kompostierung
MD-018 klaerschlamm + wiederverwendung + kompostierung + standortwahl

MD-027 klaerschlammbehandlung + entseuchung + kompostierung
MF-014 landwirtschaftliche abfaelle + kompostierung + pilze + (champignonkultivierung)
MF-022 holzabfaelle + recycling + mikrobieller abbau + kompostierung

kondensationskerne
AA-055 smogbildung + wasserdampf + kondensationskerne

koniferen
RG-036 mikroklimatologie + brachflaechen + rekultivierung + koniferen + TAUBERTAL

konservierung
MF-018 futtermittel + konservierung + rueckstandsanalytik + (silage-sickersaft)
MF-020 strohverwertung + futtermittel + konservierung
PK-002 baudenkmal + naturstein + schwefeloxide + verwitterung + konservierung
PK-009 denkmalschutz + konservierung + naturstein
QC-030 obst + konservierung + schadstoffe

konservierungsmittel
QA-029 konservierungsmittel + metabolismus
QA-032 konservierungsmittel + oxidation + nachweisverfahren + lebensmittelhygiene

konsumentenverhalten
TD-001 umweltschutz + verbrauchsgueter + konsumentenverhalten
UC-047 konsumentenverhalten + (verbraucherinformation)

konsumgueter
siehe gebrauchsgueter

konsumtiver bereich
UG-012 infrastrukturplanung + konsumtiver bereich + private haushalte

kontamination
siehe auch bleikontamination
siehe auch bodenkontamination
siehe auch lebensmittelkontamination
siehe auch pflanzenkontamination
siehe auch radioaktive kontamination
siehe auch schwermetallkontamination
IC-059 fliessgewaesser + schwermetalle + kontamination + toxikologie + HESSISCHES RIED
PB-017 voegel + insektizide + kontamination + (meise)
PF-053 pflanzenschutzmittel + quecksilber + kontamination + getreide
QA-005 lebensmittel + kontamination + kunststoffe + verpackung
QA-023 lebensmittel + spurenelemente + kontamination + luftverunreinigung
QC-007 getreide + wachstumsregulator + kontamination
QD-016 pestizide + schwermetallsalze + meeresorganismen + kontamination
QD-026 nahrungskette + quecksilber + kontamination + BUNDESREPUBLIK DEUTSCHLAND
QD-027 radioaktive substanzen + eisen + kontamination + nahrungskette
QD-028 radioaktive substanzen + zink + kontamination + huhn

kontaminationsquelle
QB-037 lebensmittelhygiene + fleischprodukte + fungistatika + kontaminationsquelle + schimmelpilze

kontrolle
siehe ueberwachung
CB-085 meteorologie + ausbreiten + kontrolle

konzeptentwurf
UA-058 dokumentation + umwelt + konzeptentwurf

kooperation
UA-065 umweltforschung + kooperation

korngroesse
siehe auch teilchengroesse
OA-022 korngroesse + messtechnik

korngroessenverteilung
CA-060 staub + korngroessenverteilung + atemtrakt
MA-018 abfallbehandlung + korngroessenverteilung + messgeraet + (schuettgut)

korrelation
CB-068 luftverunreinigende stoffe + emission + korrelation

korrosion
FA-062 schwingungsschutz + korrosion + metalle
HE-025 trinkwasser + nachbehandlung + wasserleitung + korrosion
IE-020 gewaesserverunreinigung + meeressediment + korrosion + erosion + (sedimentationsmodell) + ADRIA (NORD)
NC-079 reaktorsicherheit + reaktorstrukturmaterial + korrosion
PK-010 stahl + korrosion + wasserbau + (temperaturabhaengigkeit)
PK-012 denkmal + korrosion + schutzmassnahmen + (bronzeskulpturen)
PK-018 korrosion + werkstoffe
PK-021 energietechnik + pipeline + korrosion + pruefverfahren
PK-023 korrosion + atmosphaere + boden
PK-033 luftverunreinigung + korrosion + glasoberflaeche + denkmalschutz
PK-035 muellverbrennungsanlage + korrosion

korrosionsschutz
HE-022 trinkwasser + rohrleitung + korrosionsschutz
PK-005 korrosionsschutz + verfahrenstechnik + schadstoffminderung + cyanide + (galvanisierung)
PK-006 wassergefaehrdende stoffe + kunststoffbehaelter + materialtest + korrosionsschutz
PK-008 streusalz + korrosionsschutz
PK-013 korrosionsschutz + atmosphaerische einfluesse
PK-015 korrosionsschutz + werkstoffe
PK-024 korrosionsschutz + eisen + stahl
PK-025 denkmalschutz + bauplastik + immissionsschaeden + korrosionsschutz
PK-030 luftverunreinigung + denkmal + korrosionsschutz

kosten
DA-067 antriebssystem + emissionsminderung + kosten
DD-040 staubabscheidung + kosten
FD-045 bautechnik + laermschutz + kosten
HE-001 wasserversorgung + kosten + (optimierungsverfahren)
KE-042 abwasserreinigung + klaeranlage + kosten
MG-012 abfallbeseitigungsanlage + siedlungsabfaelle + kosten
MG-038 abfallbeseitigung + kosten + einwohnergleichwert + ISERLOHN + RHEIN-RUHR-RAUM
SA-029 energieversorgung + umweltbelastung + kosten + optimierungsmodell + BADEN-WUERTTEMBERG
UA-001 umweltpolitik + umweltschutzmassnahmen + volkswirtschaft + kosten
UC-002 gemeinde + umweltschutz + kosten + verursacherprinzip
UC-010 umweltschutz + kosten
UC-017 stahlindustrie + umweltschutzmassnahmen + kosten
UC-020 umweltschutz + druckereiindustrie + kosten
UC-021 umweltschutz + industrie + kosten + BAYERN
UC-045 umweltschutzauflagen + chemische industrie + kosten + wirtschaftlichkeit

kosten-nutzen-analyse
FD-047 laermbelastung + kosten-nutzen-analyse

MF -008 landwirtschaftliche abfaelle + forstwirtschaft + abfallbeseitigung + kosten-nutzen-analyse + oekologische faktoren
NC -055 kernreaktor + brennelement + plutonium + unfallverhuetung + kosten-nutzen-analyse
RA -013 forstwirtschaft + wildschaden + kosten-nutzen-analyse
UF -031 stadtplanung + grosstadt + bodenvorratspolitik + kosten-nutzen-analyse + STOCKHOLM
UH -018 verkehrsplanung + stadtverkehr + kosten-nutzen-analyse
UH -019 verkehrsplanung + emissionsminderung + kosten-nutzen-analyse + FRANKFURT + RHEIN-MAIN-GEBIET
UI -013 verkehrsplanung + oeffentlicher nahverkehr + kosten-nutzen-analyse + (c-bahn) + HAMBURG
UL -005 abfallbehandlung + recycling + duengung + rekultivierung + kosten-nutzen-analyse
UN -027 oeffentlicher nahverkehr + personenverkehr + laendlicher raum + kosten-nutzen-analyse

kraftfahrzeug
siehe kfz

kraftstoffe
siehe auch treibstoffe
BA -022 kfz-motor + emission + kraftstoffe + kohlenwasserstoffe + datensammlung
BA -024 gasturbine + kraftstoffe + abgasemission

kraftstoffzusaetze
DA -006 kfz-technik + verbrennungsmotor + emissionsminderung + kraftstoffzusaetze + (methanol)
DA -013 kfz-technik + hybridmotor + emissionsminderung + kraftstoffzusaetze
DA -052 kfz-technik + ottomotor + emissionsminderung + kraftstoffzusaetze
DA -070 abgasverbesserung + kfz-abgase + kraftstoffzusaetze

kraftwerk
siehe auch wasserkraftwerk
AA -155 immissionsueberwachung + kraftwerk + raffinerie + messtellennetz + WILHELMSHAVEN + JADEBUSEN
BB -018 kraftwerk + abgasemission + schwefeldioxid + inversionswetterlage + (kupolofen)
BB -026 emissionsueberwachung + kraftwerk + BERLIN (WEST)
BB -032 kraftwerk + emission + immission + schwefeldioxid + staubniederschlag + WILHELMSHAVEN + JADEBUSEN
BB -037 kraftwerk + kohlefeuerung + oelfeuerung + abgaszusammensetzung
BC -010 schwermetalle + kraftwerk + flugasche + HELMSTEDT + HARZVORLAND
CB -010 luftverunreinigung + kraftwerk + standortwahl + umweltbelastung
DB -011 kraftwerk + entschwefelung
DB -014 rauchgas + kraftwerk + gasreinigung + verfahrenstechnik
DB -020 kraftwerk + schwefeldioxid + grenzwerte
DB -021 kraftwerk + immissionsueberwachung + RHEINISCHES BRAUNKOHLENGEBIET
DB -035 kraftwerk + rauchgas + schadstoffbeseitigung
DC -047 kraftwerk + immission + schwefeldioxid + inversionswetterlage + NECKAR (RAUM) + STUTTGART + NORDRHEIN-WESTFALEN
DC -050 kraftwerk + rauchgas + entschwefelung + WILHELMSHAVEN + JADEBUSEN
DC -064 kraftwerk + kohle + entschwefelung + emissionsminderung
FC -057 laermminderung + kraftwerk + arbeitsplatz
FC -091 kraftwerk + schallschutzplanung
GA -003 kraftwerk + klimaaenderung + umweltbelastung + NIEDERAUSSEM
GA -004 kraftwerk + kuehlturm + mikroklima
GA -012 kraftwerk + kuehlturm + immissionsbelastung + wasserdampf
GA -018 mikroklimatologie + kraftwerk + nasskuehlturm
GB -001 sauerstoffgehalt + kraftwerk + kuehlwasser + vorfluter
GB -003 gewaesserbelastung + abwaerme + kraftwerk + gewaesserbelueftung
GB -007 gewaesserbelastung + abwaerme + kraftwerk
GB -012 kraftwerk + abwaerme + gewaesserbelastung + RHEIN
GB -015 abwaerme + kuehlsystem + kraftwerk + gewaesserbelastung
GB -016 fliessgewaesser + waermebelastung + kraftwerk
GB -022 kraftwerk + kuehlwasser + waermebelastung + RHEIN
GB -030 fliessgewaesser + waermebelastung + kraftwerk + OBERRHEIN
GB -034 kraftwerk + abwaerme + gewaesserbelastung + (invertebratenfauna) + LENNE + RUHR
GB -038 waermespeicher + abwasser + kraftwerk
GB -041 kraftwerk + kuehlwasser + mikroorganismen + wasserverunreinigung + oekologische faktoren + MAIN (UNTERMAIN) + RHEIN-MAIN-GEBIET
GC -005 abwaerme + kraftwerk + ballungsgebiet + RHEIN-RUHR-RAUM
GC -008 energieversorgung + fernwaerme + kraftwerk + abwaerme + MANNHEIM + LUDWIGSHAFEN + HEIDELBERG
GC -009 abwaerme + kraftwerk + landwirtschaft + (systemanalyse)
HA -052 fliessgewaesser + waermehaushalt + kraftwerk + abwaerme + klima + (simulationsmodell)
SA -030 energiewirtschaft + kraftwerk + standortwahl + optimierungsmodell + OBERRHEINEBENE
UL -041 naturschutzgebiet + mikroklima + gewaesserbelastung + kraftwerk + BERLIN (OBERHAVEL)

krankenhaus
FA -084 infrastrukturplanung + krankenhaus + schallschutz + (beratung)
TF -019 krankenhaus + keime
UG -016 krankenhaus + entsorgung + transport + verkehrssystem

krankenhaushygiene
TF -001 krankenhaushygiene
TF -002 krankenhaushygiene + infektionskrankheiten
TF -003 krankenhaushygiene + infektion
TF -005 krankenhaushygiene + krankheitserreger
TF -012 krankenhaushygiene + gesundheitsschutz
TF -014 krankenhaushygiene + RHEINLAND-PFALZ
TF -016 lufthygiene + klimaanlage + krankenhaushygiene
TF -018 betriebshygiene + krankenhaushygiene + klimaanlage

krankheiten
siehe auch allergie
siehe auch infektionskrankheiten
siehe auch krebs
siehe auch zivilisationskrankheiten
siehe auch zoonosen
PE -016 trinkwasserguete + krankheiten + mortalitaet + HANNOVER
TF -034 tierschutz + wild + krankheiten

krankheitserreger
siehe auch bakterien
siehe auch keime
siehe auch viren
IE -035 abwasserbelastung + kuestengewaesser + krankheitserreger + (pilzkeime) + WESER-AESTUAR
KE -061 klaeranlage + krankheitserreger + salmonellen
MD-028 klaerschlamm + recycling + krankheitserreger + entseuchung
QB -023 gefluegel + krankheitserreger + viren + nachweisverfahren
RE -042 getreide + krankheitserreger + resistenz + (mehltau)
RE -045 getreide + phytopathologie + resistenzzuechtung + krankheitserreger + (fungizid-einschraenkung)
RE -046 getreide + krankheitserreger + resistenzzuechtung
RF -006 krankheitserreger + viren + tiere
RF -007 nutztierhaltung + krankheitserreger + huhn
TA -061 bergwerk + berufsschaeden + staubkonzentration + krankheitserreger + arbeitsmedizin + (tuberkulose)
TF -005 krankenhaushygiene + krankheitserreger

TF -026 stadthygiene + tierische faekalien + krankheitserreger + grosstadt + (hundekot)
TF -027 krankheitserreger + bakterien + desinfektionsmittel + aerosole
TF -031 krankheitserreger + kuehlturm + abwasser + aerosole
TF -037 zoonosen + krankheitserreger + (brucella canis)
UN-056 tiere + krankheitserreger + infektionskrankheiten + (tollwutbekaempfung)

krebs

PE -013 krebs + mortalitaet + nitrate + trinkwasser
QA-050 nahrungsmittel + analyse + krebs + IRAN

krebserregende stoffe

siehe carcinogene

krebstherapie

TE -011 gesundheitsfuersorge + krebstherapie + zytostatika
TE -018 gesundheitsfuersorge + krebstherapie + zytostatika

kuehlkreislauf

NC-084 reaktorsicherheit + kuehlkreislauf + brennelement + stoerfall
NC-086 reaktorsicherheit + kuehlkreislauf + stoerfall

kuehlsystem

GA-014 abwaerme + kuehlsystem
GB-015 abwaerme + kuehlsystem + kraftwerk + gewaesserbelastung
NC-011 kernreaktor + kuehlsystem + reaktorsicherheit + stoerfall
NC-023 reaktorsicherheit + kuehlsystem + stoerfall
NC-025 reaktorsicherheit + kuehlsystem + stoerfall
NC-026 reaktorsicherheit + kuehlsystem + stoerfall
NC-044 reaktorsicherheit + kuehlsystem + stroemungstechnik
NC-053 reaktorsicherheit + kuehlsystem + stoerfall
NC-054 reaktorsicherheit + kuehlsystem + stoerfall
NC-057 reaktorsicherheit + kuehlsystem + stoerfall
NC-058 reaktorsicherheit + kuehlsystem + stoerfall
NC-059 reaktorsicherheit + kuehlsystem + stoerfall
NC-060 reaktorsicherheit + kuehlsystem + stoerfall + datenverarbeitung
NC-061 reaktorsicherheit + kuehlsystem + brennelement + wasserfluss
NC-064 reaktorsicherheit + kuehlsystem + stoerfall
NC-067 reaktorsicherheit + kuehlsystem + stoerfall
NC-070 reaktorsicherheit + kuehlsystem + stoerfall
NC-072 reaktorsicherheit + materialtest + kuehlsystem + stoerfall
NC-074 reaktorsicherheit + stoerfall + messgeraet + kuehlsystem
NC-080 reaktorsicherheit + kuehlsystem + radioaktive kontamination + filter
NC-081 reaktorsicherheit + brennelement + kuehlsystem + stoerfall
NC-096 reaktorsicherheit + stoerfall + kuehlsystem + frueherkennung
NC-111 kernreaktor + sicherheitstechnik + kuehlsystem + (heissdampfreaktor)
NC-112 kernreaktor + sicherheitstechnik + kuehlsystem + (heissdampfreaktor)
SA-001 kernreaktor + kuehlsystem
SA-002 kernreaktor + kuehlsystem
SA-003 kernreaktor + kuehlsystem
SA-047 schneller brueter + kuehlsystem

kuehlturm

siehe auch nasskuehlturm

AA-094 aerologische messung + aerosolmesstechnik + kuehlturm + (wolkenuntersuchung)
BB-010 kuehlturm + emission + keime
BB-039 luftverunreinigung + kuehlturm + bakterien + ausbreitungsmodell
FA -034 laermentstehung + kuehlturm
FD -011 laermminderung + geraeteentwicklung + kuehlturm + (mini-kuehlturm)
GA-001 kernkraftwerk + abwaerme + kuehlturm
GA-002 abwaerme + kuehlturm + klimaaenderung
GA-004 kraftwerk + kuehlturm + mikroklima
GA-005 kuehlturm + abluft + entfeuchtung
GA-008 kuehlturm + mikroklimatologie
GA-012 kraftwerk + kuehlturm + immissionsbelastung + wasserdampf
GA-013 abwaerme + kuehlturm + (kaeltemittel)
GA-015 kuehlturm + thermodynamik + (betriebsverfahren)
GA-016 kuehlturm + (entwicklung einer anlage)
GA-017 kuehlturm + emission + (ausbreitungsmodell)
GB-009 abwaerme + kuehlturm + verdunstung
HG-025 hochwasserschutz + kuehlturm + (anwendung von membranen)
IC -049 kuehlturm + holzschutzmittel + auswaschung + umweltbelastung
TF -031 krankheitserreger + kuehlturm + abwasser + aerosole
TF -038 kuehlturm + bakterien

kuehlwasser

siehe auch abwaerme

GB-001 sauerstoffgehalt + kraftwerk + kuehlwasser + vorfluter
GB-010 kuehlwasser + waermetransport + (tidegebiet + modell) + ELBE
GB-022 kraftwerk + kuehlwasser + waermebelastung + RHEIN
GB-031 gewaesserbelastung + abwaerme + kuehlwasser + RHEIN
GB-035 kuehlwasser + bodenwasser + umweltbelastung + (mathematisches modell)
GB-039 gewaesserbelastung + kernkraftwerk + abwaerme + kuehlwasser + biologische wirkungen + WESER
GB-041 kraftwerk + kuehlwasser + mikroorganismen + wasserverunreinigung + oekologische faktoren + MAIN (UNTERMAIN) + RHEIN-MAIN-GEBIET
GB-042 stroemungstechnik + kuehlwasser + abwasser + fluss
GB-043 stroemungstechnik + oberflaechengewaesser + kuehlwasser + abwasser + modell
HG-056 stroemungstechnik + kuehlwasser
IC -015 gewaesserschutz + kuehlwasser + toxische abwaesser
IC -017 gewaesserbelastung + wasserverunreinigung + kuehlwasser + (kuehlwasserzusatzmittel)
ID -055 kuehlwasser + grundwasserbelastung
ND-028 kuehlwasser + kernreaktor + schadstoffabscheidung + tritium

kuestengebiet

HA-021 meereskunde + kuestengebiet + stroemung + NORDSEE
HA-076 oberflaechenwasser + kuestengebiet
HB-079 grundwasser + kuestengebiet + wasserhaushalt + (modell) + EMS + JADE
HB-088 hydrogeologie + grundwasserbewegung + kuestengebiet + luftbild + SIZILIEN
HC-019 kuestengebiet + wattenmeer + oekosystem + meeresbiologie + JADEBUSEN + NIEDERSACHSEN
HC-020 meeresbiologie + kuestengebiet
HC-039 kuestengebiet + wasserbewegung + schadstoffausbreitung + stofftransport + NORDSEE
HC-048 kuestengebiet + (brandung) + SYLT + NORDSEEKUESTE
HG-048 hydrometeorologie + kartierung + gewaesserguete + kuestengebiet + wasserwirtschaft
IB -009 kuestengebiet + niederschlagsabfluss
IE -051 kuestengebiet + wattenmeer + wasserverunreinigung + fernerkundung + NORDSEE + JADE
PI -011 oekosystem + fauna + kuestengebiet
UH-007 kuestengebiet + schiffahrt + wasserbau + oekonomische aspekte + regionalentwicklung + (hafenplanung) + ELBE-AESTUAR + SCHARHOERN + CUXHAVEN (RAUM)

kuestengewaesser

GB-005 kuestengewaesser + wattenmeer + waermebelastung + waermehaushalt + meteorologie
HC-001 wasseruntersuchung + wasserhygiene + kuestengewaesser + OSTSEE
HC-003 kuestengewaesser + stroemung + NORDSEEKUESTE

HC -004 kuestengewaesser + wattenmeer + sedimentation + wasserbau + (dammbauten) + ELBE-AESTUAR + NEUWERK + SCHARHOERN
HC -005 kuestengewaesser + wattenmeer + wasserbau + (prielverlegung + hafenplanung) + ELBE-AESTUAR + NEUWERK + SCHARHOERN
HC -006 kuestengewaesser + wattenmeer + meeresboden + wasserbau + (hafenplanung) + ELBE-AESTUAR
HC -007 kuestengewaesser + wattenmeer + meeresbiologie + fauna + flora + (bestandsaufnahme) + ELBE-AESTUAR + NEUWERK
HC -030 wasserguete + kuestengewaesser + messtellennetz + WESER-AESTUAR
HC -035 kuestengewaesser + austauschprozesse + messverfahren + OSTSEE
HC -046 kuestengewaesser + litoral + benthos + biotop + SCHLESWIG-HOLSTEIN
HC -047 kuestengewaesser + kartierung + DEUTSCHE BUCHT
HC -049 kuestengewaesser + stroemung + SYLT
HG -009 fliessgewaesser + kuestengewaesser + hydrometeorologie + messverfahren + WESER-AESTUAR
HG -040 kuestengewaesser + uferschutz
IC -105 sediment + schwermetalle + binnengewaesser + kuestengewaesser
IE -004 kuestengewaesser + abwasserbelastung + selbstreinigung + EMS-AESTUAR
IE -006 kuestengewaesser + tritium + kernkraftwerk + NORDSEE
IE -018 meeresverunreinigung + kuestengewaesser + abwasserableitung + mikroorganismen + biologische wirkungen + HELGOLAND + ELBE + DEUTSCHE BUCHT
IE -024 abwasser + schadstoffbelastung + kuestengewaesser
IE -026 kuestengewaesser + toxische abwaesser + biozoenose + aestuar
IE -035 abwasserbelastung + kuestengewaesser + krankheitserreger + (pilzkeime) + WESER-AESTUAR
IE -037 kuestengewaesser + abwasserbelastung + benthos + DEUTSCHE BUCHT + JADE + WESER-AESTUAR
IE -038 kuestengewaesser + abwasserbelastung + industriegebiet + JADE + DEUTSCHE BUCHT
IE -040 kuestengewaesser + meeresbiologie + ueberwachungssystem + DEUTSCHE BUCHT + JADE + WESER-AESTUAR
IE -041 kuestengewaesser + wattenmeer + schadstoffnachweis + schwermetalle + DEUTSCHE BUCHT
IE -042 kuestengewaesser + schadstoffe + mikroorganismen + OSTSEE
IE -055 meer + kuestengewaesser + rohrleitung + richtlinien + wasserhaushaltsgesetz
IE -056 kuestengewaesser + abwasser + schadstoffe + lebewesen
LA -022 pipeline + meer + kuestengewaesser + richtlinien + wasserhaushaltsgesetz
UN -003 kuestengewaesser + wattenmeer + oekologie + naturschutz + voegel + (hafenplanung) + ELBE-AESTUAR + SCHARHOERN + NEUWERK

kuestenschutz

HA -111 kuestenschutz + aestuar + messtellennetz + JADE + WESER
HC -012 aestuar + flussbettaenderung + sedimentation + kuestenschutz + (hydraulisches modell) + EMS-AESTUAR
HC -013 aestuar + kuestenschutz + schiffahrt + (modellversuche) + JADE + WESER-AESTUAR
HC -014 kuestenschutz + hochwasserschutz + sturmflut + (hydraulisches modell) + ELBE-AESTUAR
HC -025 kuestenschutz + oekologie + pflanzenzucht
HC -045 kuestenschutz + naturschutz
UM -025 pflanzensoziologie + kartierung + vegetation + kuestenschutz + HELGOLAND + DEUTSCHE BUCHT

kulturlandschaft

UL -059 kulturlandschaft + gruenlandwirtschaft + nutztiere + (schaf) + ALPENVORLAND
UL -076 landschaftsschutz + kulturlandschaft + BAYERN
UN -051 voegel + kulturlandschaft + biozoenose + BAYERN

kulturpflanzen

OD -064 kulturpflanzen + stoffhaushalt + umweltchemikalien + (diallat)
OD -065 herbizide + bodenkontamination + kulturpflanzen + metabolismus
PG -001 herbizide + biologische wirkungen + kulturpflanzen
PG -017 herbizide + nutzarthropoden + kulturpflanzen
PG -050 kulturpflanzen + pestizide + ballungsgebiet
PG -054 bodenkontamination + herbizide + kulturpflanzen + phytopathologie
PH -042 kulturpflanzen + duengung + schwermetalle + toxizitaet + grenzwerte
RD -032 kulturpflanzen + wasserversorgung
RE -001 kulturpflanzen + duengung + pflanzenertrag + standortfaktoren + tropen
RE -027 kulturpflanzen + produktivitaet + oekologische faktoren
RE -028 resistenzzuechtung + kulturpflanzen
RE -033 bewaesserung + kulturpflanzen + gewaesserbelastung
UM -001 kulturpflanzen + wasser + salzgehalt
UM -006 pflanzenschutz + kulturpflanzen + phytopathologie + (hopfen)
UM -013 landschaftsoekologie + vegetation + kulturpflanzen + OBERRHEINEBENE + BADEN (SUED)
UM -039 pflanzenoekologie + kulturpflanzen + bodenverbesserung + EUROPA (MITTELEUROPA)
UM -060 herbizide + kulturpflanzen

kunststoffabfaelle

MA -001 muellkompost + kunststoffabfaelle + abfallbeseitigung + prognose
MA -010 abfallsammlung + kunststoffabfaelle
MA -017 kunststoffabfaelle + abfallmenge + datenerfassung
MA -026 rotte + kunststoffabfaelle + altpapier
ME -014 kunststoffabfaelle + recycling + (polyurethanchemie)
ME -016 kunststoffabfaelle + recycling
ME -032 kunststoffabfaelle + recycling + pyrolyse
ME -033 abfallsortierung + kunststoffabfaelle + recycling
ME -039 kunststoffabfaelle + wiederverwendung + wirtschaftlichkeit
ME -040 kunststoffabfaelle + wiederverwendung + wirtschaftlichkeit
ME -065 kunststoffabfaelle + recycling
MG -006 abfallgesetz + ausgleichsabgabe + kunststoffabfaelle

kunststoffbehaelter

HB -001 mineraloelprodukte + kunststoffbehaelter + lagerung
MC -001 schadstofflagerung + kunststoffbehaelter + materialtest
PK -006 wassergefaehrdende stoffe + kunststoffbehaelter + materialtest + korrosionsschutz
QA -001 kunststoffbehaelter + materialtest + nahrungsmittel

kunststoffe

siehe auch hochpolymere
siehe auch pvc
DC -012 kunststoffe + arbeitsplatz + schadstoffminderung
HD -005 trinkwasser + kunststoffe + lebensmittelhygiene
MA -033 abfall + kunststoffe
PC -047 kunststoffe + gebrauchsgueter
PK -007 kunststoffe + mikrobieller abbau + materialtest
PK -037 baudenkmal + denkmalschutz + kunststoffe + polymere + (sandstein + strahlenchemie)
QA -005 lebensmittel + kontamination + kunststoffe + verpackung

kunststoffherstellung

ME -008 kunststoffherstellung + abwasseraufbereitung + abfallbeseitigung + pyrolyse + recycling
TA -036 schadstoffbelastung + arbeitsplatz + kunststoffherstellung + pvc
TA -075 kunststoffherstellung + arbeitsplatz + schadstoffbelastung + pvc + (literaturstudie)

kunststoffindustrie

MB -047 abfallbeseitigung + kunststoffindustrie + hochpolymere + bestrahlung + abbau

TA -037 kunststoffindustrie + hochpolymere + toxizitaet + schadstoffminderung
TA -056 arbeitsmedizin + gesundheitsschutz + kunststoffindustrie + vinylchlorid

kupfer
siehe auch schwermetalle
ME-024 industrieabwaesser + rohstoffe + recycling + kupfer + ne-metalle

laendlicher raum
HA-072 gewaesserbelastung + laendlicher raum + (einzugsgebiet) + HOLSTEIN (OST) + HONIGAU
HA-073 oberflaechengewaesser + laendlicher raum + wasserhaushalt + naehrstoffhaushalt + HOLSTEIN (OST)
IC -087 gewaesserbelastung + laendlicher raum + (verursachergruppen) + HOLSTEIN (OST)
RA-001 landschaftsplanung + laendlicher raum + wirtschaftsstruktur + (sozialbrache)
RA-008 laendlicher raum + genossenschaften + bevoelkerungsentwicklung + sozio-oekonomische faktoren
TB -001 bevoelkerungsgeographie + industrie + laendlicher raum
UE -002 regionalplanung + laendlicher raum + EIFEL-HUNSRUECK (REGION) + RHEIN-NAHE (REGION) + HAMBURG (UMLAND)
UE -027 raumordnung + regionalplanung + laendlicher raum + gemeinde
UF -002 sanierungsplanung + laendlicher raum + (sozialplanung)
UF -023 laendlicher raum + siedlungsplanung + bevoelkerungsentwicklung + BAD TOELZ + WOLFRATSHAUSEN + NEU-ULM + REGENSBURG
UG-005 infrastrukturplanung + laendlicher raum + verdichtungsraum
UG-007 soziale infrastruktur + laendlicher raum + statistik + (aktivitaetsmuster)
UH-023 verkehrsplanung + laendlicher raum + landwirtschaft + erholungsgebiet + KIRCHHAIN-NIEDERAULA
UK-004 nutzungsplanung + laendlicher raum + landschaftsrahmenplan + GOETTINGEN (LANDKREIS)
UK-029 landschaftsplanung + laendlicher raum + erholungsgebiet
UK-031 landschaftspflege + freizeitverhalten + camping + laendlicher raum
UK-069 fremdenverkehr + infrastrukturplanung + landwirtschaft + laendlicher raum + freizeitgestaltung
UN-027 oeffentlicher nahverkehr + personenverkehr + laendlicher raum + kosten-nutzen-analyse

laerm
siehe auch baulaerm
siehe auch fluglaerm
siehe auch geraeusch
siehe auch industrielaerm
siehe auch schall
siehe auch strassenlaerm
siehe auch verkehrslaerm
BC -025 holzindustrie + umweltbelastung + staub + laerm
FA -021 laerm + erschuetterungen + mensch + physiologische wirkungen
FA -026 laerm + gesundheit
FA -037 ventilator + laerm
FA -060 laerm + gesundheitsschutz + richtlinien
FA -063 laerm + triebwerk + schallpegelmessung
FA -077 laerm + messverfahren + normen + internationaler vergleich
FB -031 stadtgebiet + strassenverkehr + laerm + abgas
FB -069 verkehrstechnik + luft + laerm
FC -042 druckluftwerkzeuge + laerm
FD -021 laerm + mensch + physiologische wirkungen
FD -022 laerm + physiologie
FD -039 laerm + mensch + physiologische wirkungen
TA -015 arbeitsschutz + mak-werte + schadstoffe + laerm + plasmaschmelzschneiden

laermbelaestigung
FA -056 laermbelaestigung + ueberschallknall
FB -041 dieselmotor + laermbelaestigung + messverfahren
FC -049 arbeitsplatz + laermbelaestigung + landwirtschaft
FC -056 laermbelaestigung + geraeuschminderung + arbeitsplatz + maschinen
FC -088 maschinen + schallausbreitung + arbeitsplatz + laermbelaestigung
FD -010 laermbelaestigung + wohngebiet + motorsport
FD -040 laermbelaestigung + gesundheitsschutz
UH-033 verkehr + luftverunreinigung + laermbelaestigung + (mathematisches modell) + FRANKFURT + RHEIN-MAIN-GEBIET

laermbelastung
BC -003 mak-werte + laermbelastung + schadstoffemission + plasmaschmelzschneiden
FA -005 laermbelastung + lebewesen + physiologische wirkungen
FA -018 laermbelastung + schallschutz + (begriffsklaerung)
FA -022 gehoerschaeden + laermbelastung
FA -033 laermbelastung + schallpegel + berechnung
FA -047 laermbelastung + physiologische wirkungen
FB -006 laermbelastung + verkehrsmittel
FB -022 fluglaerm + ueberschallknall + laermbelastung + lebewesen + gehoerschaeden
FB -037 laermbelastung + bevoelkerung + ballungsgebiet + verkehrssystem + STUTTGART (RAUM)
FB -058 verkehrswesen + laermbelastung + bewertungsmethode
FB -063 strassenverkehr + schienenverkehr + laermbelastung
FC -001 laermbelastung + arbeitsplatz + laermminderung
FC -003 laermbelastung + arbeitsplatz + schiffahrt
FC -004 arbeitsplatz + arbeitsschutz + laermbelastung
FC -005 laermbelastung + arbeitsplatz + gehoerschaeden + audiometrie + eisen- und stahlindustrie
FC -006 laermbelastung + arbeitsplatz + eisen- und stahlindustrie + schallausbreitung
FC -012 arbeitsplatz + laermbelastung + (putzerei)
FC -018 laermbelastung + industrie – gewerbe
FC -025 textilindustrie + arbeitsplatz + laermbelastung + schalldaempfung
FC -030 laermbelastung + arbeitsplatz + forstmaschinen + gehoerschaeden
FC -032 forstwirtschaft + maschinen + mensch + laermbelastung
FC -033 holzindustrie + forstwirtschaft + laermbelastung + erholungsgebiet
FC -034 ergonomie + arbeitsplatz + laermbelastung + physiologische wirkungen
FC -035 arbeitsplatz + laermbelastung + erschuetterungen + physiologische wirkungen
FC -041 laermbelastung + arbeitsplatz + fabrikhalle + metallbearbeitung + (rechenprogramm)
FC -072 laermbelastung + immissionsmessung + arbeitsplatz + fabrikhalle
FC -076 schiffsantrieb + laermbelastung + physiologische wirkungen
FC -095 strassenbau + laermbelastung + arbeitsschutz + (tunnelbau)
FD -005 laermbelastung + ueberschallknall + lebewesen + bauten
FD -007 laermbelastung + stadtgebiet + kartierung + bundesimmissionsschutzgesetz + oekonomische aspekte + KONSTANZ + BODENSEE-HOCHRHEIN
FD -020 laermbelastung + autobahn + wohngebiet
FD -047 laermbelastung + kosten-nutzen-analyse
TA -017 arbeitsplatz + laermbelastung + schadstoffimmission + synergismus

laermentstehung
FA -028 laermentstehung + stroemungstechnik + (ummantelte luftschrauben)
FA -034 laermentstehung + kuehlturm
FA -035 laermentstehung + schallausbreitung + rohrleitung
FA -038 wasserversorgung + laermentstehung + schalldaempfer
FA -039 laermentstehung + maschinen + (hochdruckpumpen)
FA -043 laermentstehung + schallausbreitung + werkzeugmaschinen + (schmiedehaemmer)
FA -052 laermentstehung + oelfeuerung + messverfahren

FA -053 laermentstehung + schallmessung + ueberschall + stroemungstechnik
FA -058 laermentstehung + ueberschall + stroemungstechnik
FA -059 laermentstehung + stroemungstechnik
FB -015 strassenverkehr + bebauungsart + laermentstehung + (randbebauung)
FB -032 verkehrsmittel + kfz + laermentstehung + (lastkraftwagen)
FB -033 stadtgebiet + schienenverkehr + laermentstehung + schallmessung + laermschutzwand + (bahnstrecke) + FULDA
FB -043 schienenverkehr + werkzeugmaschinen + laermentstehung + (rad-schiene-system)
FB -045 kfz-technik + laermentstehung + geraeuschminderung + (reifengeraeusche)
FB -059 kfz-technik + abgasentgiftung + laermentstehung + datenerfassung
FB -070 laermentstehung + fluglaerm + (strahltriebwerk)
FC -008 laermentstehung + arbeitsplatz + geraeuschminderung + (gasbrenner)
FC -009 laermentstehung + geraeuschminderung + arbeitsplatz + gesundheitsschutz + (elektrolichtbogenofen)
FC -015 laermentstehung + gasfeuerung + industrie
FC -028 laermentstehung + schallschutz + maschinen + (impedanzerhoehung)
FC -070 laermentstehung + arbeitsplatz + metallbearbeitung + (schmiedehaemmer)
FC -077 laermentstehung + geraeusch + werkzeugmaschinen
FC -083 laermentstehung + laermminderung + druckluftwerkzeuge + (hydrostatische pumpen)
FC -084 laermentstehung + laermminderung + druckluftwerkzeuge + (axialkolbenpumpen)
FC -085 werkzeuge + laermentstehung + geraeuschminderung + (schneidbrenner)

laermkarte

siehe auch kartierung
FA -017 laermkarte + taglaerm + nachtlaerm + DUISBURG + RHEIN-RUHR-RAUM
FB -030 verkehr + laermkarte + STUTTGART
FC -029 forstmaschinen + holzindustrie + laermkarte
FD -026 stadtentwicklung + laermschutzplanung + strassenverkehr + industrie + laermkarte + BRUNSBUETTEL + ELBE-AESTUAR

laermmessung

FA -003 industrielaerm + laermmessung + laermminderung
FA -013 laermmessung + gewerbebetrieb
FA -014 laermmessung + normen + internationaler vergleich
FA -019 laermmessung + baumaschinen
FA -027 laermmessung + schiffsraeume
FA -040 laermmessung + werkzeugmaschinen + holzindustrie + geraeuschminderung + (kreissaege)
FA -048 laermmessung + geraeuschminderung + (steinformmaschinen)
FA -055 laermmessung + gutachten
FA -071 laermmessung + messverfahren + (bewertungskriterien)
FA -078 laermmessung + geraeteentwicklung
FA -080 laermmessung + geraeteentwicklung
FA -081 laermmessung + geraeteentwicklung
FA -086 laermmessung + schallausbreitung + wetterwirkung + berechnungsmodell
FB -081 laermmessung + kfz + normen
FB -084 laermmessung + schalldaempfer
FB -093 laermmessung + schiffahrt + binnengewaesser
FC -020 laermmessung + geraeuschminderung + maschinen + druckereiindustrie
FC -036 bautechnik + laermmessung + schallschutz
FC -037 baulaerm + laermmessung + normen + (eg-normen)
FC -046 werkzeugmaschinen + laermmessung
FC -050 laermmessung + getriebe
FC -053 laermmessung + gewerbliche raeume
FC -064 laermmessung + holzindustrie + geraeuschminderung
FC -066 laermmessung + werkzeuge
FC -067 laermmessung + werkzeugmaschinen + messverfahren
FC -086 laermmessung + maschinen + normen
FD -014 geraeuschminderung + laermmessung + normen + (eg-normen + rasenmaeher)

laermminderung

FA -001 laermminderung + akustik + (grosstransformator + akustische kompensation)
FA -003 industrielaerm + laermmessung + laermminderung
FA -006 laermminderung + vibration
FA -012 maschinenbau + schalldaempfer + laermminderung + (kapselung)
FA -015 turbine + laermminderung + schallausbreitung
FA -029 laermminderung + schallentstehung + (radialverdichter)
FA -030 stroemungstechnik + laermminderung
FA -044 laermminderung + maschinen
FA -061 laermminderung + schalldaemmung + bauteile + werkstoffe
FA -064 laermminderung + gasturbine
FA -082 laermminderung + schallschutz + geraeteentwicklung
FB -017 schienenverkehr + schallemission + laermminderung
FB -023 laermminderung + fluglaerm + (duesenfreistrahl)
FB -024 laermminderung + flugzeug + (propellerantrieb)
FB -036 triebwerk + laermminderung
FB -038 flugzeug + laermminderung
FB -039 flugverkehr + laermminderung
FB -040 flugverkehr + laermminderung + (vtol-flugzeuge)
FB -051 fluglaerm + laermminderung + triebwerk
FB -052 fluglaerm + laermminderung + schallentstehung + turbine
FB -064 verbrennungsmotor + laermminderung
FB -067 triebwerk + laermminderung
FB -072 fahrzeug + laermminderung
FB -073 flughafen + laermminderung + FRANKFURT + RHEIN-MAIN-GEBIET
FB -074 flughafen + laermminderung + FRANKFURT + RHEIN-MAIN-GEBIET
FB -078 triebwerk + schallpegelmessung + laermminderung
FB -085 kfz-technik + laermminderung
FB -087 laermminderung + schienenverkehr + oeffentlicher nahverkehr
FB -089 laermminderung + verkehrslaerm + flugverkehr + DUESSELDORF-LOHHAUSEN + RHEIN-RUHR-RAUM
FC -001 laermbelastung + arbeitsplatz + laermminderung
FC -007 laermminderung + eisen- und stahlindustrie + (walzwerkanlage + adjustageeinrichtungen)
FC -010 laermminderung + schallemission + werkzeuge + metallindustrie + (warm- und kaltsaegen)
FC -014 laermminderung + werkzeugmaschinen
FC -016 arbeitsschutz + laermminderung + schadstoffminderung + schweisstechnik
FC -017 laermminderung + maschinen + (motorsaege)
FC -023 glasindustrie + arbeitsplatz + laermminderung
FC -024 laermminderung + maschinen + strassenbau + (kompressor)
FC -026 arbeitsschutz + laermminderung + bergbau + baugewerbe + fabrikhalle
FC -027 laermminderung + schallschutz + arbeitsplatz + (schmiedepresse)
FC -038 baumaschinen + arbeitsplatz + laermminderung
FC -039 laermminderung + baumaschinen + grenzwerte
FC -043 holzindustrie + laermminderung
FC -047 laermminderung + schalldaempfer + messverfahren + (motorkettensaegen)
FC -051 laermminderung + baumaschinen
FC -052 laermminderung + baumaschinen
FC -054 laermminderung + maschinenbau + datensammlung
FC -055 laermminderung + schallpegel + maschinenbau + (koerperschalldaempfung)
FC -057 laermminderung + kraftwerk + arbeitsplatz
FC -058 werkzeugmaschinen + laermminderung
FC -059 holzindustrie + laermminderung
FC -062 geraeuschmessung + laermminderung + werkzeugmaschinen
FC -065 schallentstehung + laermminderung + arbeitsplatz + messgeraet + (schnellaeuferpresse)
FC -068 laermminderung + werkzeuge
FC -069 laermminderung + werkzeugmaschinen

FC -073 werkzeugmaschinen + geraeuschmessung + laermminderung + (messvorschrift)
FC -078 laermminderung + metallbearbeitung
FC -079 laermminderung + werkzeuge + metallbearbeitung
FC -080 laermminderung + werkzeuge + (gesteinsbearbeitung)
FC -083 laermentstehung + laermminderung + druckluftwerkzeuge + (hydrostatische pumpen)
FC -084 laermentstehung + laermminderung + druckluftwerkzeuge + (axialkolbenpumpen)
FC -089 laermminderung + bergbau + geraeteentwicklung + (gehoerschutzmittel)
FC -090 bergwerk + belueftungsgeraet + laermminderung + (ventilatoren)
FC -092 laermminderung + baumaschinen + methodenentwicklung + wirtschaftlichkeit
FC -094 laermminderung + hydraulik + werkzeugmaschinen
FD -011 laermminderung + geraeteentwicklung + kuehlturm + (mini-kuehlturm)
FD -027 fluglaerm + laermminderung + richtlinien

laermschutz

siehe auch schallschutz
FA -046 laermschutz + oekonomische aspekte + planungsmodell
FB -014 laermschutz + verkehrslaerm + laermschutzwand
FB -025 verkehrslaerm + laermschutz + prognose
FB -034 laermschutz + fluglaerm + kartierung
FB -048 verkehrsplanung + autobahn + laermschutz + belueftung + HAMBURG (ELBTUNNEL)
FB -057 laermschutz + strassenverkehr
FB -090 schienenverkehr + laermschutz
FB -091 verkehrslaerm + schienenverkehr + laermschutz + planungshilfen
FC -013 eisenbahn + baumaschinen + schallpegel + laermschutz
FC -087 stadtverkehr + schienenverkehr + schallemission + laermschutz
FD -001 laermschutz + bauakustik
FD -003 bautechnik + laermschutz + wasserleitung + richtlinien + BERLIN
FD -006 holz + laermschutz
FD -019 laermschutz + wald + schallausbreitung
FD -023 staedtebau + laermschutz
FD -024 laermschutz + pflanzen
FD -028 wohngebiet + schallausbreitung + laermschutz + wald
FD -036 laermschutz + bautechnik
FD -037 laermschutz + staedtebau + normen
FD -045 bautechnik + laermschutz + kosten

laermschutzbauten

FB -016 laermschutzbauten + verkehrslaerm

laermschutzbereich

FB -076 laermschutzbereich + fluglaerm

laermschutzplanung

FB -018 schienenverkehr + schallemission + laermschutzplanung
FB -019 schienenverkehr + schallemission + laermschutzplanung
FB -049 laermschutzplanung + schallimmission + eisenbahn + HAMBURG
FB -050 laermschutzplanung + grosstadt + schallimmission + oeffentlicher nahverkehr + (s-bahn) + HAMBURG (CENTRUM)
FB -071 laermschutzplanung + strassenbau
FD -025 stadtplanung + laermschutzplanung + bauakustik + (columbus-center) + BREMERHAVEN (CENTRUM)
FD -026 stadtentwicklung + laermschutzplanung + strassenverkehr + industrie + laermkarte + BRUNSBUETTEL + ELBE-AESTUAR
FD -029 laermschutzplanung + schallschutz + landschaftsbelastung
FD -032 laermschutzplanung + bauakustik + koerperschall + schallmessung
FD -034 laermschutzplanung + stadtsanierung
FD -042 laermschutzplanung + stadtsanierung + industrieanlage + standortwahl
FD -043 laermschutzplanung + bebauungsart + schallausbreitung + berechnungsmodell
FD -044 laermschutzplanung + raffinerie + abstandsflaechen + berechnungsmodell + schallausbreitung
UF -013 stadtsanierung + schallimmission + laermschutzplanung + OSNABRUECK

laermschutzwand

FB -014 laermschutz + verkehrslaerm + laermschutzwand
FB -033 stadtgebiet + schienenverkehr + laermentstehung + schallmessung + laermschutzwand + (bahnstrecke) + FULDA
FD -004 laermschutzwand + strassenbau + (erprobung)

lagerstaettenkunde

UD -011 lagerstaettenkunde + geochemie + mineralogie + SCHLESIEN + BUNDESREPUBLIK DEUTSCHLAND

lagerung

siehe auch abfalllagerung
siehe auch tieflagerung
BA -008 treibstoffe + lagerung + transport + schadstoffemission + kohlenwasserstoffe
HB -001 mineraloelprodukte + kunststoffbehaelter + lagerung
ID -028 holzwirtschaft + lagerung + grundwasserbelastung
KD -008 fluessigmist + recycling + lagerung + mikrobieller abbau + geruchsminderung
LA -019 wassergefaehrdende stoffe + lagerung + gewaesserbelastung
MB -013 lagerung + transportbehaelter
MF -032 tierische faekalien + recycling + duengemittel + lagerung
MF -035 fluessigmist + mikrobieller abbau + recycling + lagerung + (teststoffverfahren)
ND -021 radioaktive abfaelle + lagerung + KARLSRUHE + OBERRHEIN
QA -013 lebensmittel + lagerung + rueckstandsanalytik + chlorkohlenwasserstoffe
QC -029 nutzpflanzen + bakterien + lagerung
RB -004 lebensmittelfrischhaltung + obst + gemuese + lagerung
RB -010 gemuese + lagerung + mikroflora
RB -011 gemuese + lagerung + mikrobiologie
RB -012 gemuese + lagerung + mikrobiologie
SA -011 lagerung + mineraloelprodukte + simulation
SA -058 energietechnik + erdoel + lagerung + messverfahren + (unterirdische kavernen)

landbau

MD -002 landwirtschaftliche abfaelle + siedlungsabfaelle + kompostierung + recycling + landbau
RA -017 flaechennutzung + landbau + (mehrfachnutzung)
RE -003 oekologie + landbau

landesentwicklung

UE -042 landesentwicklung + systemanalyse + sozio-oekonomische faktoren + BADEN-WUERTTEMBERG + NECKAR (MITTLERER NECKAR-RAUM) + STUTTGART

landesentwicklungsplanung

UE -025 landesentwicklungsplanung – simulationsmodell + BAYERN
UF -019 staedtebaufoerderungsgesetz + landesentwicklungsplanung + sanierungsplanung + HESSEN

landesentwicklungsprogramm

UE -039 landesentwicklungsprogramm + verkehr + (zielindikatoren) + NIEDERSACHSEN

landespflege

HA -100 fliessgewaesser + quelle + landespflege + gewaesserschutz + NIEDERSACHSEN
UK -009 naturschutz + landespflege + planungshilfen + RHEIN-MAIN-GEBIET
UK -030 landespflege + landwirtschaft + forstwirtschaft + informationssystem

UL -024 landespflege + rekultivierung + bewertungskriterien
UM-040 landespflege + vegetation + kartierung + BUNDESREPUBLIK DEUTSCHLAND
UN-049 tiere + bioindikator + landespflege + oekologische faktoren + (modelluntersuchung) + HEXBACHTAL

landesplanung

RA -012 raumordnung + landesplanung + forstwirtschaft + informationssystem
UA -022 umweltschutz + landesplanung + (gesamtprogramm) + SCHLESWIG-HOLSTEIN
UE -024 informationssystem + dokumentation + regionalplanung + landesplanung + (dokumentationsverbund)
UE -033 regionalplanung + landesplanung + dokumentation + information + (dokumentationsverbund)
UK -013 landesplanung + erholungsgebiet + sozio-oekonomische faktoren + CALW (RAUM)
UM-074 vegetationskunde + kartierung + landesplanung + flurbereinigung + FRANKEN (OBERFRANKEN)
UN -031 landesplanung + biotop + kartierung + BADEN-WUERTTEMBERG
VA -004 informationssystem + raumordnung + landesplanung

landmaschinen

FC -040 erschuetterungen + schwingungsschutz + landmaschinen
FC -048 arbeitsmedizin + erschuetterungen + landmaschinen
TA -029 schadstoffbelastung + dieselmotor + landmaschinen + (schlepperfahrer)
TA -030 arbeitsplatz + landmaschinen + klimaanlage

landnutzung

RD -038 agraroekonomie + landnutzung + wasserhaushalt + duengung + NIEDERSACHSEN (SUEDOST)
UL -022 brachflaechen + landnutzung + landschaftsordnung

landschaft

HA -063 wasserwirtschaft + landschaft + staustufe + OBERRHEINEBENE + RASTATT (RAUM)
UE -004 regionalplanung + landschaft + erholung
UE -005 raumplanung + landschaft
UL -047 wasserhaushalt + landschaft + dokumentation + datensammlung
UL -069 landschaft + kartierung + biotop + naturschutz + NIEDERSACHSEN

landschaftsbelastung

FD -029 laermschutzplanung + schallschutz + landschaftsbelastung
UL -025 landschaftsbelastung + bodennutzung + stoffhaushalt + grenzwerte
UL -032 landschaftsbelastung + naturraum + umweltbelastung
UL -033 landschaftsbelastung + freizeit + erholung
UL -070 landschaftsoekologie + landschaftsbelastung + grenzwerte + landschaftsplanung + ISAR (OBERES ISARTAL)

landschaftserhaltung

UK -061 landschaftserhaltung + naturpark + FRANKENWALD + BAYERN
UL -003 landschaftserhaltung + oekologische faktoren + verdichtungsraum + OSNABRUECK (LANDKREIS)
UL -019 landschaftserhaltung + naturschutz
UL -045 landschaftserhaltung + landwirtschaft
UM-031 landschaftserhaltung + vegetation + alm + ROTWANDGEBIET + MIESBACH (LANDKREIS)

landschaftsgestaltung

RA -011 landschaftsgestaltung + brachflaechen
UE -003 landschaftsgestaltung + nutzungsplanung
UE -037 landschaftsgestaltung + stadtplanung + wohngebiet + wald + (fallstudien)
UK -002 landschaftsgestaltung + erholungsgebiet + SCHWALM-NETTE
UK -041 landschaftsgestaltung + architektur
UK -042 raumplanung + landschaftsgestaltung + planungsmodell
UK -043 vegetation + brachflaechen + landschaftsgestaltung
UK -045 landschaftsgestaltung + pflanzensoziologie + landwirtschaft + fremdenverkehr + FOEHR + NORDFRIESISCHES WATTENMEER
UK -047 landschaftsgestaltung + freiraum + ballungsgebiet
UK -066 landschaftsgestaltung + flurbereinigung + naherholung + erholungswert + FRANKEN
UM-067 landschaftsgestaltung + pflanzensoziologie + KAISERSTUHL + OBERRHEIN
UN -043 wald + heide + landschaftsgestaltung + tierschutz + LUENEBURGER HEIDE

landschaftsoekologie

IC -108 wasserguetewirtschaft + landschaftsoekologie + klima + RHEIN
RC -008 landschaftsoekologie + weinberg + bodenerosion + MOSEL (RAUM)
TC -005 landschaftsoekologie + erholungsgebiet + freizeitanlagen + (ueberbelastete regionen)
UK -011 binnengewaesser + naturschutzgebiet + landschaftsoekologie + landschaftsrahmenplan + AMMERGAUER BERGE + FORGGEN-UND BANNWALDSEE + ALPENRAUM
UK -050 landschaftsoekologie + landschaftsrahmenplan + erholungsgebiet + naturpark + KOTTENFORST-VILLE + BONN + RHEIN-RUHR-RAUM
UK -051 landschaftsoekologie + erholungsgebiet + MUENSTEREIFLER-WALD + EIFEL
UK -052 landschaftsoekologie + erholungsgebiet + naturpark + BERGISCHES LAND
UK -064 landschaftsoekologie + stadtentwicklung + nutzungsplanung + (gutachten) + AACHEN
UL -006 landschaftsoekologie + mikroklimatologie + kartierung + BASEL (STADTRAND)
UL -007 landschaftsoekologie + anthropogener einfluss + mikroklimatologie + BASEL (RAUM)
UL -008 landschaftsoekologie + mikroklimatologie + hydrologie + BASEL (RAUM)
UL -009 braunkohle + bergbau + rekultivierung + nutzungsplanung + landschaftsoekologie
UL -011 umweltbelastung + landschaftsoekologie + BODENSEE (RAUM)
UL -018 raumordnung + landschaftsoekologie
UL -021 landschaftsoekologie + grundwasser
UL -035 raumplanung + vegetation + landschaftsoekologie + ballungsgebiet + FRANKFURT (WEST) + RHEIN-MAIN-GEBIET
UL -037 landschaftsoekologie + klimatologie + planungsmodell
UL -060 landschaftsoekologie + SCHWARZACHAUE (OBERPFAELZER WALD)
UL -070 landschaftsoekologie + landschaftsbelastung + grenzwerte + landschaftsplanung + ISAR (OBERES ISARTAL)
UL -072 landschaftsoekologie + siedlungsentwicklung + sozio-oekonomische faktoren + SPESSART
UM-007 landschaftsoekologie + deponie + rekultivierung + fauna
UM-013 landschaftsoekologie + vegetation + kulturpflanzen + OBERRHEINEBENE + BADEN (SUED)
UM-028 landschaftsoekologie + vegetation + standortfaktoren + INZELL + TEISENBERG + BAYERN
UN-032 biotop + kartierung + landschaftsoekologie + naturschutz + ALPEN

landschaftsordnung

UL -022 brachflaechen + landnutzung + landschaftsordnung

landschaftspflege

RA -014 landwirtschaft + landschaftspflege + gruenland + (nebenberuf) + ODENWALD + EIFEL + BAYERISCHER WALD
RC -029 landschaftspflege + wasserbau + flussbettaenderung + (sohlabstuerze) + NIEDERSFELD
RF -017 nutztierhaltung + wirtschaftlichkeit + landschaftspflege + (schaf)
TC -001 freizeitanlagen + erholung + landschaftspflege
UK -015 landschaftsplanung + landschaftspflege + GIESSEN
UK -019 landschaftspflege + wald + BAYERN
UK -031 landschaftspflege + freizeitverhalten + camping + laendlicher raum

UK -059 landschaftspflege + erholungsplanung + camping + sozio-oekonomische faktoren
UK -062 landschaftspflege + planungsmodell + bewertungskriterien
UK -065 strassenbau + naturschutz + landschaftspflege + standortwahl + (richtlinien + nutzungsmodelle)
UL -004 landschaftspflege + bodenverbesserung + rekultivierung + (industriegeschaedigte landschaftsteile)
UL -017 brachflaechen + landschaftspflege + vegetation
UL -027 vegetation + weinberg + landschaftspflege + erholungsplanung + STUTTGART (RAUM)
UL -048 landschaftspflege + nutztiere
UL -049 massentierhaltung + landschaftspflege + (schaf)
UL -056 landwirtschaft + landschaftspflege + flaechennutzungsplan + oekonomische aspkete
UM-010 landschaftspflege + begruenung + pflanzensoziologie + duengung + HESSEN (NORD)
UM-020 pflanzen + landschaftspflege
UM-021 pflanzen + landschaftspflege
UM-071 landschaftspflege + strassenbau + (boeschungssicherung)
UM-076 landschaftspflege + strassenrand + begruenung
UN-033 biotop + kartierung + datensammlung + landschaftspflege + planungshilfen + BAYERN

landschaftsplanung

HG-015 landschaftsplanung + hydrogeologie + bodenwasser + wasserhaushalt + REUTLINGEN + TUEBINGEN + STUTTGART
RA -001 landschaftsplanung + laendlicher raum + wirtschaftsstruktur + (sozialbrache)
TD -006 landschaftsplanung + oekologie + ausbildung
UK -003 freizeit + landschaftsplanung
UK -015 landschaftsplanung + landschaftspflege + GIESSEN
UK -016 landschaftsplanung + bodenkunde + bodennutzung + standortfaktoren
UK -018 landschaftsplanung + flaechennutzung + erholungsplanung + OSTERSEEN (OBERBAYERN)
UK -024 landschaftsplanung + oekologie + raumplanung
UK -026 landschaftsplanung + naturschutz + bewertungskriterien + (zielsystem) + BURGSTEINFURT
UK -029 landschaftsplanung + laendlicher raum + erholungsgebiet
UK -034 landschaftsplanung + naturschutz + strassenbau + verkehrsplanung
UK -035 landschaftsplanung + stadtentwicklung + MEMMINGEN
UK -036 landschaftsplanung + flaechennutzungsplan + RAVENSBURG
UK -037 landschaftsplanung + flaechennutzung + oekologische faktoren + SCHWARZWALD-BAAR-HEUBERG (REGION) + TUTTLINGEN
UK -039 landschaftsplanung + nationalpark + planungshilfen + BUNDESREPUBLIK DEUTSCHLAND
UK -040 landschaftsplanung + nationalpark + wattenmeer + (gutachten) + NORDFRIESLAND + DEUTSCHE BUCHT
UK -049 landschaftsplanung + informationssystem + (oekologisch-oekonomisches nutzungsmodell) + NORDRHEIN-WESTFALEN
UK -055 landschaftsplanung + erholungsplanung + naturschutz + DUEREN (KREIS)
UK -056 landschaftsplanung + erholungsplanung + naturpark + SCHWALMTAL (KREIS VIERSEN)
UK -057 landschaftsplanung + oekologische faktoren + (gutachten) + ELBE-AESTUAR
UL -020 landschaftsplanung + BADEN-WUERTTEMBERG
UL -029 landschaftsplanung + gewaesserschutz + uferschutz + datensammlung + RHEIN
UL -030 naturschutz + vegetation + landschaftsplanung + BUNDESREPUBLIK DEUTSCHLAND
UL -052 landschaftsplanung + naturschutzgebiet + biotop + kataster + NORDRHEIN-WESTFALEN
UL -053 landschaftsplanung + biotop + schutzgebiet + oekologische faktoren + NORDRHEIN-WESTFALEN
UL -055 landschaftsplanung + biooekologie + methodenentwicklung
UL -070 landschaftsoekologie + landschaftsbelastung + grenzwerte + landschaftsplanung + ISAR (OBERES ISARTAL)
UM-027 landschaftsplanung + raumordnung + vegetationskunde
UN -052 voegel + oekosystem + landschaftsplanung + ALPENVORLAND + WERDENFELSER LAND

landschaftsrahmenplan

UK -004 nutzungsplanung + laendlicher raum + landschaftsrahmenplan + GOETTINGEN (LANDKREIS)
UK -011 binnengewaesser + naturschutzgebiet + landschaftsoekologie + landschaftsrahmenplan + AMMERGAUER BERGE + FORGGEN-UND BANNWALDSEE + ALPENRAUM
UK -028 landschaftsrahmenplan + naturpark + erholungsplanung + TEUTOBURGER WALD + WIEHENGEBIERGE
UK -032 landschaftsrahmenplan + agrarplanung + standardisierung
UK -050 landschaftsoekologie + landschaftsrahmenplan + erholungsgebiet + naturpark + KOTTENFORST-VILLE + BONN + RHEIN-RUHR-RAUM
UK -053 erholungsplanung + landschaftsrahmenplan + naturpark + naherholung + KOTTENFORST-VILLE + BONN + RHEIN-RUHR-RAUM
UK -054 landschaftsschutz + erholungsplanung + landschaftsrahmenplan + naturpark + BERGISCHES LAND
UK -068 landschaftsrahmenplan + LINDAU + BODENSEE

landschaftsschaeden

UK -025 landschaftsschaeden + fremdenverkehr + (ferienzentren)
UL -026 deponie + landschaftsschaeden + rekultivierung + GIESSEN (RAUM)
UL -034 landschaftsschaeden + bewertungskriterien + planungshilfen

landschaftsschutz

UK -020 landschaftsschutz + freizeitanlagen + naturpark
UK -054 landschaftsschutz + erholungsplanung + landschaftsrahmenplan + naturpark + BERGISCHES LAND
UK -071 naturschutzgebiet + landschaftsschutz + NIEDERSACHSEN
UL -001 naturschutz + landschaftsschutz
UL -010 landschaftsschutz + nutzungsplanung + datensammlung + EUROPA (MITTELEUROPA)
UL -040 landschaftsschutz + fliessgewaesser + oekologische faktoren + kartierung + BERLIN-KLADOW (HAVEL)
UL -044 landschaftsschutz + naturschutzgebiet + heide + (wacholderheide) + RENGEN + EIFEL
UL -076 landschaftsschutz + kulturlandschaft + BAYERN
UL -077 landschaftsschutz + bodenschutz + EUROPA (OSTEUROPA)
UL -078 landschaftsschutz + industrialisierung + ELBE-AESTUAR

landschaftsschutzgebiet

NC -116 kernkraftwerk + landschaftsschutzgebiet + fauna + SCHWEINFURT-GRAFENRHEINFELD

landtag

UB -022 umweltpolitik + umweltrecht + landtag

landwirtschaft

siehe auch ackerbau
siehe auch agrarproduktion
siehe auch weinbau
BD -005 staubminderung + arbeitsplatz + landwirtschaft
FC -049 arbeitsplatz + laermbelaestigung + landwirtschaft
GC -009 abwaerme + kraftwerk + landwirtschaft + (systemanalyse)
HA -030 fliessgewaesser + gewaesseruntersuchung + naehrstoffhaushalt + landwirtschaft + NIEDERSACHSEN (SUED)
HA -032 fliessgewaesser + klimatologie + landwirtschaft
HC -026 hochwasserschutz + vegetation + landwirtschaft + HAMBURG (RAUM)
IC -007 landwirtschaft + brachflaechen + wasserverunreinigende stoffe + (sozialbrache)
ID -025 wasserwerk + grundwasserbelastung + landwirtschaft + stickstoffverbindungen

ID -026 landwirtschaft + grundwasserbelastung + umweltchemikalien
IF -031 gewaesserbelastung + landwirtschaft + duengemittel
KC-023 zellstoffindustrie + abwasser + landwirtschaft + oekonomische aspekte
MD-021 abwasserschlamm + verwertung + landwirtschaft
MD-024 klaerschlamm + duengung + landwirtschaft
RA-003 agraroekonomie + landwirtschaft + umweltschutz + richtlinien
RA-004 landwirtschaft + bevoelkerung + ausbildung + (landfrauen)
RA-006 landwirtschaft + standortwahl + sozio-oekonomische faktoren + RHEIN-MAIN-GEBIET
RA-014 landwirtschaft + landschaftspflege + gruenland + (nebenberuf) + ODENWALD + EIFEL + BAYERISCHER WALD
RA-015 landwirtschaft + nutzungsplanung + planungsmodell
RA-016 landwirtschaft + standort + (konkurrenzvergleich)
RA-020 landwirtschaft + oekologie + auswirkungen
RA-021 landwirtschaft + vegetation + moor + NORDWESTDEUTSCHES KUESTENGEBIET
RA-023 bodennutzung + landwirtschaft + forstwirtschaft + vegetationskunde + fernerkundung + FRANKFURT
RC-038 bodenkarte + grundwasserabsenkung + landwirtschaft + NIEDERSACHSEN
RD-002 landwirtschaft + oekologie + agrarproduktion + methodenentwicklung
RD-015 landwirtschaft + boden + stickstoff + stoffhaushalt
RD-039 landwirtschaft + bodenverbesserung + muellkompost
RD-043 landwirtschaft + bodenstruktur + pflanzen
RD-044 landwirtschaft + rekultivierung + wasserhaushalt
RD-046 landwirtschaft + duengung + umweltschutz
RD-048 wasserbau + landwirtschaft + bewaesserung
RD-055 landwirtschaft + entwicklungslaender + bewaesserung + (wassereinsparende bewaesserung)
RE-031 siedlungsabfaelle + landwirtschaft
RE-039 boden + naehrstoffgehalt + landwirtschaft + pflanzenertrag
RH-039 landwirtschaft + desinfektionsmittel + parasitizide + wirkungen
UB-018 landwirtschaft + lebensmittelrecht + internationaler vergleich + EG-LAENDER
UH-023 verkehrsplanung + laendlicher raum + landwirtschaft + erholungsgebiet + KIRCHHAIN-NIEDERAULA
UK-030 landespflege + landwirtschaft + forstwirtschaft + informationssystem
UK-045 landschaftsgestaltung + pflanzensoziologie + landwirtschaft + fremdenverkehr + FOEHR + NORDFRIESISCHES WATTENMEER
UK-069 fremdenverkehr + infrastrukturplanung + landwirtschaft + laendlicher raum + freizeitgestaltung
UL-045 landschaftserhaltung + landwirtschaft
UL-056 landwirtschaft + landschaftspflege + flaechennutzungsplan + oekonomische aspekte
UL-064 landwirtschaft + oekologische faktoren + technologie + verfahrensoptimierung
UL-074 oekosystem + landwirtschaft

landwirtschaftliche abfaelle

MB-025 landwirtschaftliche abfaelle + rotte + pflanzenschutzmittel + (stroh)
MD-002 landwirtschaftliche abfaelle + siedlungsabfaelle + kompostierung + recycling + landbau
MD-023 siedlungsabfaelle + landwirtschaftliche abfaelle + recycling + duengemittel
MF-008 landwirtschaftliche abfaelle + forstwirtschaft + abfallbeseitigung + kosten-nutzen-analyse + oekologische faktoren
MF-010 landwirtschaftliche abfaelle + biomasse
MF-011 landwirtschaftliche abfaelle + silage + proteine + recycling
MF-014 landwirtschaftliche abfaelle + kompostierung + pilze + (champignonkultivierung)

landwirtschaftliche abwaesser

IC -035 gewaesserbelastung + landwirtschaftliche abwaesser + oekologische faktoren + fische
IC -038 gewaesserbelastung + fliessgewaesser + landwirtschaftliche abwaesser + kommunale abwaesser + (makrophyten) + NIEDERSACHSEN (SUED)
IE -046 meeresreinhaltung + landwirtschaftliche abwaesser + phosphor + OSTSEE
IF -008 fliessgewaesser + gewaesserbelastung + landwirtschaftliche abwaesser + eutrophierung
KD-014 abwasserreinigung + landwirtschaftliche abwaesser + HOLSTEIN (OST)
KD-015 abwasserbeseitigung + landwirtschaftliche abwaesser + filtration + SCHLESWIG-HOLSTEIN
MF-001 landwirtschaftliche abwaesser + recycling + algen + duengemittel
RF-020 gewaesserbelastung + nutztierhaltung + landwirtschaftliche abwaesser + SCHLESWIG-HOLSTEIN

landwirtschaftliche produkte

PB-041 pestizide + herbizide + schadstoffwirkung + landwirtschaftliche produkte
PF-006 boden + landwirtschaftliche produkte + spurenanalytik
QA-016 pestizide + landwirtschaftliche produkte + schadstoffnachweis
RA-007 umweltbelastung + landwirtschaftliche produkte + oekonomische aspekte

langzeitbelastung

BA-049 kfz-abgase + aromaten + carcinogene + langzeitbelastung
NB-028 kerntechnische anlage + radioaktive substanzen + langzeitbelastung

langzeitwirkung

MD-034 muellkompost + duengung + langzeitwirkung
PC-010 umweltchemikalien + toxizitaet + langzeitwirkung
RD-047 ackerbau + pflanzen + duengemittel + stickstoff + langzeitwirkung

laser

CA-020 luftverunreinigende stoffe + schadstoffnachweis + laser + (atomabsorptions-spektroskopie)
CA-037 emissionsmessung + laser

lebensmittel

siehe auch ernaehrung
siehe auch genussmittel
siehe auch getraenke
HD-016 wasserhygiene + trinkwasser + schimmelpilze + lebensmittel + NIEDERRHEIN
PB-021 lebensmittel + fische + pestizide + hoechstmengenverordnung
PD-015 co-carcinogene + pflanzen + lebensmittel + pharmaka + analytik
QA-002 lebensmittel + polyzyklische kohlenwasserstoffe + carcinogene + gaschromatographie
QA-003 carcinogene + kohlenwasserstoffe + lebensmittel + futtermittel
QA-005 lebensmittel + kontamination + kunststoffe + verpackung
QA-006 lebensmittel + biozide + nachweisverfahren
QA-007 lebensmittel + pestizide + herbizide + mikroorganismen
QA-013 lebensmittel + lagerung + rueckstandsanalytik + chlorkohlenwasserstoffe
QA-023 lebensmittel + spurenelemente + kontamination + luftverunreinigung
QA-025 lebensmittel + bleikontamination + NORDENHAM + WESER-AESTUAR
QA-033 lebensmittel + mensch + chlorkohlenwasserstoffe + rueckstandsanalytik
QA-038 lebensmittel + schadstoffbildung + carcinogene
QA-039 lebensmittel + getreide + schadstoffbildung + pestizide + pharmaka
QA-043 lebensmittel + spurenelemente + nachweisverfahren
QA-046 lebensmittel + oestrogene + analytik
QA-049 carcinogene + nitrosamine + lebensmittel + analytik
QA-051 lebensmittel + antibiotika + rueckstandsanalytik
QA-054 lebensmittel + schadstoffnachweis

QA-055 lebensmittel + wasser + schwermetalle + biozide
QA-060 lebensmittel + futtermittel + pestizide + schwermetalle + rueckstandsanalytik
QA-062 lebensmittel + schwermetalle + nachweisverfahren + (roentgenfluoreszenzanalyse)
QA-065 lebensmittel + umweltchemikalien + biozide + rueckstandsanalytik
QA-066 lebensmittel + herbizide + rueckstandsanalytik
QA-069 lebensmittel + spurenelemente + toxizitaet + nachweisverfahren
QA-070 lebensmittel + biozide + nachweisverfahren
QA-072 lebensmittel + schadstoffbelastung + lebensmitteltechnik
QA-075 spurenelemente + nachweisverfahren + lebensmittel
QB-002 lebensmittel + milchverarbeitung
QB-017 lebensmittel + fische + bestrahlung
QB-032 mykotoxine + lebensmittel + schimmelpilze
QB-033 nitrosamine + lebensmittel + spurenanalytik
QB-038 lebensmittel + rueckstaende + rechtsvorschriften + EG-LAENDER
QB-048 lebensmittel + fleischprodukte + schwermetallkontamination + umweltbelastung
QC-012 bleikontamination + lebensmittel + (obst)
QC-014 schwermetallkontamination + lebensmittel
QC-020 algen + resistenz + schwermetallkontamination + lebensmittel
QC-032 lebensmittel + mykotoxine + vorratsschutz
QC-039 lebensmittel + rueckstandsanalytik + pflanzenschutzmittel
QD-019 umweltchemikalien + pcb + huhn + lebensmittel
QD-022 tierhaltung + bleigehalt + lebensmittel + normen
QD-023 tierernaehrung + cadmium + lebensmittel + normen
QD-024 tierernaehrung + hexachlorbenzol + lebensmittel + nachweisverfahren
RB -009 ernaehrung + lebensmittel + dokumentation
RB -017 lebensmittel + verpackung + umweltbelastung
RB -018 lebensmittel + verpackung + abfallmenge
RB -020 verpackungstechnik + lebensmittel
RB -023 lebensmittel + zellkultur + (naturstoffsynthese)
RB -024 meeresbiologie + fischerei + lebensmittel + (produktionsbiologische untersuchung) + ATLANTIK
TF -010 lebensmittel + genussmittel + infektionskrankheiten

lebensmittelanalytik

QA-011 lebensmittelanalytik + bakterien + toxine
QA-019 lebensmittelanalytik + carcinogene + mykotoxine
QA-022 lebensmittelanalytik + cadmium + zink
QA-030 nachweisverfahren + schwermetalle + lebensmittelanalytik
QA-059 lebensmittelanalytik + blei + cadmium
QA-068 lebensmittelanalytik + probenaufbereitung + geraeteentwicklung
QB-013 lebensmittelanalytik + fleisch + analyseverfahren
QB-046 lebensmittelanalytik + fleisch + ddt + insektizide
QD-005 lebensmittelanalytik + quecksilber

lebensmittelchemie

QA-035 lebensmittelchemie + (maillard-reaktion)
QC-018 lebensmittelchemie + wein + schwefeldioxid + schadstoffminderung
RB -013 getreideverarbeitung + lebensmittelchemie + (staerke)
RB -015 lebensmittelchemie + getreideverarbeitung + (aromastoffe)

lebensmittelfrischhaltung

RB -004 lebensmittelfrischhaltung + obst + gemuese + lagerung
RB -016 lebensmittelfrischhaltung + verpackungstechnik + (aromadurchlaessigkeit)

lebensmittelhygiene

HD-005 trinkwasser + kunststoffe + lebensmittelhygiene
PF -039 kfz-abgase + pflanzenkontamination + schwermetalle + lebensmittelhygiene
QA-020 lebensmittelhygiene + pilze + datenbank
QA-024 huettenindustrie + schadstoffemission + lebensmittelhygiene + schwermetalle
QA-032 konservierungsmittel + oxidation + nachweisverfahren + lebensmittelhygiene
QA-034 lebensmittelhygiene + verpackung
QA-036 mikroorganismen + schadstoffbelastung + lebensmittelhygiene
QA-041 lebensmittelhygiene + rueckstandsanalytik + biozide + (reinigungsverfahren)
QA-052 lebensmittelhygiene + bakterien + mineralwasser
QB-003 lebensmittelhygiene + fleischprodukte + pharmaka
QB-022 nutztierhaltung + veterinaermedizin + antibiotika + lebensmittelhygiene
QB-024 milchverarbeitung + lebensmittelhygiene + toxine + spurenanalytik
QB-025 milchverarbeitung + lebensmittelhygiene + antibiotika + spurenanalytik
QB-037 lebensmittelhygiene + fleischprodukte + fungistatika + kontaminationsquelle + schimmelpilze
QB-039 lebensmittelhygiene + mikroflora + fleischprodukte
QB-041 fleisch + lebensmittelhygiene + schlachthof
QB-043 fleisch + rueckstandsanalytik + lebensmittelhygiene
QB-045 lebensmittelhygiene + fleisch
QC-044 getreide + wachstumsregulator + rueckstandsanalytik + lebensmittelhygiene

lebensmittelindustrie

KB-070 lebensmittelindustrie + getreideverarbeitung + abwasseraufbereitung + filtration
KC-063 biologische abwasserreinigung + lebensmittelindustrie
ME-041 lebensmittelindustrie + kartoffeln + produktionsrueckstaende + recycling
ME-042 lebensmittelindustrie + abfall + recycling + (biosynthetisches eiweiss)
ME-044 lebensmittelindustrie + recycling + futtermittel
ME-064 lebensmittelindustrie + abwasserbehandlung + recycling + eiweissgewinnung

lebensmittelkonservierung

QA-012 lebensmittelkonservierung + pestizide + nachweisverfahren
QA-031 lebensmittelkonservierung + bakterien
QB-015 lebensmittelkonservierung + fleisch + nitrite + schadstoffbildung
QB-020 lebensmittelkonservierung + fische + carcinogene + benzpyren
RB -014 lebensmittelkonservierung + obst + gemuese + (hydroperoxidabbau)

lebensmittelkontamination

QA-009 lebensmittelkontamination + nitrosamine
QA-027 lebensmittelkontamination + schwermetalle + spurenstoffe
QA-040 carcinogene + nitrosamine + lebensmittelkontamination + analytik
QA-063 lebensmittelkontamination + rueckstandsanalytik + tracer
QA-064 lebensmittelkontamination + cadmium + blei + zinn
QB-011 lebensmittelkontamination + fleisch + nitrate + nitrite + nitrosamine
QB-012 lebensmittelkontamination + fleisch + desinfektionsmittel + rueckstandsanalytik
QB-014 lebensmittelkontamination + fleisch + schlachttiere + blei
QB-018 carcinogene + benzpyren + lebensmittelkontamination + (raeuchern von fischen)
QB-029 biozide + lebensmittelkontamination + milch
QB-035 fleischprodukte + lebensmittelkontamination + antibiotika + oestrogene + nachweisverfahren
QB-036 lebensmittelkontamination + milch + radioaktive spaltprodukte + kernkraftwerk + (jod 131)
QB-050 lebensmittelkontamination + futtermittel + milch + nitrosamine + nachweisverfahren
QB-051 lebensmittelkontamination + futtermittel + milch + nitrosamine + nachweisverfahren
QB-052 lebensmittelkontamination + schlachttiere + wild + blei + cadmium
QB-053 lebensmittelkontamination + fleisch + pestizide + haustiere + wild

L

QB -055 lebensmittelkontamination + fische + meerestiere + quecksilber + NORDSEE + OSTSEE + NORDATLANTIK + BARENTSEE + NORDAMERIKA (KUESTENGEBIET)
QB -056 lebensmittelkontamination + fleisch + arsen + schwermetalle + hoechstmengenverordnung + (carry-over-modell) + NIEDERSACHSEN
QB -057 lebensmittelkontamination + fleisch + schlachttiere + schwermetalle + pestizide + WESER-EMS-GEBIET
QB -058 lebensmittelkontamination + schlachttiere + wild + schwermetalle + pestizide + NORDHEIDE
QC -010 lebensmittelkontamination + wein + spurenanalytik
QC -011 lebensmittelkontamination + nitrate + (saeuglingsernaehrung)
QC -022 gemuesebau + strohverwertung + pflanzenschutzmittel + lebensmittelkontamination
QC -024 lebensmittelkontamination + umweltchemikalien + (piperonylbutoxid)
QC -025 lebensmittelkontamination + getreide + schwermetalle + verfahrenstechnik + (muellereitechnologische massnahmen)
QC -026 lebensmittelkontamination + getreide + rueckstandsanalytik + (antiwuchsrueckstaende)
QD -001 lebensmittelkontamination + fleisch + schwermetalle + (carry-over-effekt)
QD -013 futtermittel + gefluegel + lebensmittelkontamination + quecksilber + (ermittlung von grenzwerten)
QD -014 futtermittel + gefluegel + lebensmittelkontamination + blei + cadmium + (ermittlung von grenzwerten)
QD -015 lebensmittelkontamination + gefluegel + fleischprodukte
QD -020 nahrungskette + milchverarbeitung + radioaktive spurenstoffe + lebensmittelkontamination
QD -021 lebensmittelkontamination + chlorkohlenwasserstoffe + nahrungskette
QD -032 lebensmittelkontamination + milch + chlorkohlenwasserstoffe + schadstoffentfernung

lebensmittelrecht

UB -018 landwirtschaft + lebensmittelrecht + internationaler vergleich + EG-LAENDER

lebensmittelrohstoff

RB -003 algen + grundstoffe + lebensmittelrohstoff
RB -027 zellkultur + lebensmittelrohstoff

lebensmitteltechnik

KB -042 lebensmitteltechnik + reinigung + (von lebensmittelverarbeitenden anlagen)
QA -010 bleikontamination + lebensmitteltechnik + (dosen)
QA -072 lebensmittel + schadstoffbelastung + lebensmitteltechnik
RB -019 lebensmitteltechnik + desinfektion + reinigung + umweltfreundliche technik

lebensmitteltechnologie

KF -002 phosphatsubstitut + lebensmitteltechnologie + waschmittel + (citronensaeure)

lebensmittelueberwachung

QA -042 lebensmittelueberwachung + aflatoxine + metabolismus
QA -056 lebensmittelueberwachung + (genusstauglichkeit + qualitaet)
QA -057 blei + lebensmittelueberwachung
QA -073 lebensmittelueberwachung + schwermetalle + spurenanalytik
QA -074 lebensmittelueberwachung + umgebungsradioaktivitaet + messtechnik
QB -001 lebensmittelueberwachung + fleischproduktion + pharmaka
QB -021 lebensmittelueberwachung + rueckstandsanalytik + oestrogene
QB -031 lebensmittelueberwachung + fleischprodukte + pharmaka
QB -054 lebensmittelueberwachung + fische + schwermetallkontamination + NORDSEE + OSTSEE + ATLANTIK (NORD)
QC -043 lebensmittelueberwachung + obst + gemuese + phenole

lebensqualitaet

TB -005 lebensqualitaet + sozialindikatoren + modell
TB -011 sozialindikatoren + lebensqualitaet + sozio-oekonomische faktoren + (auswertungsprogramm)
TB -021 stadtplanung + lebensqualitaet + (anwaltsplanung) + DARMSTADT-KRANICHSTEIN + RHEIN-MAIN-GEBIET
TB -027 siedlungsplanung + lebensqualitaet + prognose
TB -032 wohnwert + lebensqualitaet + siedlungsplanung + sozialindikatoren
UA -027 lebensqualitaet + lebensstandard
UA -045 umweltbelastung + lebensqualitaet + ballungsgebiet + grosstadt + modell + DORTMUND + RHEIN-RUHR-RAUM
VA -001 umweltfaktoren + lebensqualitaet + prognose

lebensstandard

UA -027 lebensqualitaet + lebensstandard
UE -016 regionalplanung + lebensstandard + arbeitsplatzbewertung

lebewesen

FA -005 laermbelastung + lebewesen + physiologische wirkungen
FB -022 fluglaerm + ueberschallknall + laermbelastung + lebewesen + gehoerschaeden
FD -005 laermbelastung + ueberschallknall + lebewesen + bauten
IE -056 kuestengewaesser + abwasser + schadstoffe + lebewesen
PE -047 schadstoffimmission + lebewesen + NORDENHAM + WESER-AESTUAR

leckrate

BC -001 emissionskataster + petrochemische industrie + leckrate + KOELN (RAUM) + RHEIN-RUHR-RAUM

licht

NA -008 licht + mensch + physiologische wirkungen + (blendung)

limnologie

HA -045 oberflaechengewaesser + limnologie + nutzungsplanung + (uferplan) + BODENSEE

litoral

siehe auch kuestengewaesser
siehe auch uferschutz

HA -081 gewaesserguete + fluss + litoral + (saisonale veraenderungen) + NIEDERRHEIN
HC -010 meeresorganismen + litoral + algen + metabolismus + oekologische faktoren
HC -031 benthos + litoral + biozoenose + messtellennetz + DEUTSCHE BUCHT
HC -046 kuestengewaesser + litoral + benthos + biotop + SCHLESWIG-HOLSTEIN
ID -043 trinkwassergewinnung + uferfiltration + litoral + RHEIN
IF -035 fliessgewaesser + litoral + eutrophierung + pflanzendecke + bioindikator + HESSEN (NORD) + FULDA
OD -047 halogenverbindungen + abbau + schadstoffausbreitung + litoral
PC -003 abwasser + schwermetalle + schadstoffwirkung + tiere + litoral

loesungsmittel

CA -080 luftverunreinigung + loesungsmittel + immissionsmessung + geraeteentwicklung
DC -025 emissionsminderung + loesungsmittel + daempfe + (lackentfernung)
DD -001 luftverunreinigung + loesungsmittel + adsorption + aktivkohle + oekonomische aspekte + (rueckgewinnung)
DD -013 farbstoffe + loesungsmittel + umweltfreundliche technik + (lacksysteme)
DD -049 abluft + loesungsmittel + aktivkohle
KB -004 abwasseraufbereitung + loesungsmittel + aktivkohle
ME -001 loesungsmittel + recycling + oekonomische aspekte

ME-012 industrieabfaelle + loesungsmittel + recycling + planungshilfen + HESSEN
ME-019 loesungsmittel + recycling
PB -038 schadstoffbelastung + loesungsmittel + atemtrakt
PC -062 pharmaka + toxizitaet + kohlenwasserstoffe + loesungsmittel
TA -001 arbeitsplatz + luftverunreinigende stoffe + loesungsmittel + daempfe + mak-werte
TA -013 loesungsmittel + emissionsminderung
TA -032 farbenindustrie + arbeitsschutz + loesungsmittel
TA -063 gesundheitsschutz + gewerbebetrieb + loesungsmittel
TA -072 arbeitsplatz + schadstoffbelastung + loesungsmittel + druckereiindustrie + (toluol)
TA -073 arbeitsplatz + schadstoffbelastung + loesungsmittel + nachweisverfahren + (gaschromatographie)
TA -076 arbeitsplatz + schadstoffbelastung + loesungsmittel + arbeitsmedizin
TA -077 arbeitsplatz + schadstoffbelastung + loesungsmittel + physiologische wirkungen + (tierversuch)

luft

siehe auch atmosphaere
CA -077 luft + wasser + schadstoffnachweis + chloride + sulfate
FB -069 verkehrstechnik + luft + laerm
NB -061 radioaktivitaet + luft + niederschlag + MUENCHEN
OA -026 luft + schadstoffnachweis
OB -011 chlor + luft + spurenanalytik
PC -008 luft + filtration + rueckstaende + biologische wirkungen + analytik
RF -013 nutztierstall + keime + luft + wasserversorgung
RF -014 luft + keime + nutztierstall + veterinaerhygiene

luftbewegung

AA -043 klimatologie + luftbewegung + stadtplanung
AA -044 troposphaere + luftbewegung + luftverunreinigung + messtechnik + (elektromagnetische und akustische wellen)
AA -118 erdoberflaeche + luftbewegung + klimatologie + infrarottechnik + OBERRHEINEBENE
CB -035 luftbewegung + aerologische messung + ausbreitungsmodell
CB -088 luftverunreinigende stoffe + stadtverkehr + blei + luftbewegung + (vertikalprofil)

luftbild

AA -049 luftueberwachung + luftbild + fliegende messtation
AA -064 luftbild + erdoberflaeche + infrarottechnik
GB -050 waermebelastung + luftbild + emissionskataster + AUGSBURG
HB -088 hydrogeologie + grundwasserbewegung + kuestengebiet + luftbild + SIZILIEN
PH -028 wald + phytopathologie + luftbild + infrarottechnik
RC -018 luftbild + kartographie + verfahrenstechnik
RC -040 bodenkarte + oekologie + fliegende messtation + luftbild + STARNBERGER SEE + KOCHELMOOS + ALPENVORLAND
RC -041 bodenstruktur + hydrometeorologie + luftbild + ALPENVORLAND + SCHLESWIG-HOLSTEIN
UC -054 bodenkarte + braunkohle + luftbild + (fernerkundung)
UL -046 luftbild + erdoberflaeche + infrarottechnik
VA -012 luftbild + auswertung
VA -028 luftbild + messverfahren + datenverarbeitung
VA -029 umweltprobleme + fliegende messtation + luftbild + statistische auswertung

luftchemie

AA -038 atmosphaere + spektralanalyse + spurenstoffe + luftchemie
AA -098 luftchemie + atmosphaere + kohlendioxid + anthropogener einfluss
AA -099 luftchemie + atmosphaere + radioaktive spurenstoffe + anthropogener einfluss
AA -100 luftchemie + atmosphaere + schwefelverbindungen
AA -101 luftchemie + atmosphaere + aerosole + radioaktive spurenstoffe + fall-out
AA -102 luftchemie + aerosole + spurenelemente
AA -103 luftchemie + aerosolmesstechnik + radioaktive spurenstoffe
AA -129 luftchemie + atmosphaere + spurenstoffe + pflanzenphysiologie
AA -130 luftchemie + spurenstoffe + troposphaere + stratosphaere + (globale verteilung)
AA -131 luftchemie + atmosphaere + spurenstoffe + mikrobiologie + erdoberflaeche
CA -081 luftchemie + atmosphaere + spurenstoffe + nachweisverfahren + geraeteentwicklung
CB -020 luftchemie + atmosphaere + kohlenwasserstoffe + reaktionskinetik
CB -024 luftchemie + reaktionskinetik + messverfahren
CB -025 luftchemie + kohlenmonoxid + reaktionskinetik
CB -037 luftchemie + schwebstoffe + atmosphaere + messtechnik
CB -055 luftchemie + luftverunreinigende stoffe + messverfahren
CB -064 luftchemie + atmosphaere + messverfahren + radikale
CB -066 atmosphaere + schadstoffbelastung + aerosole + schwefeldioxid + luftchemie
CB -077 luftchemie + atmosphaere + spurenstoffe + anthropogener einfluss

lufthaushalt

AA -156 lufthaushalt + internationale zusammenarbeit + BUNDESREPUBLIK DEUTSCHLAND
EA -022 lufthaushalt + emissionsueberwachung + bundesimmissionsschutzgesetz
RD -016 bodenstruktur + lufthaushalt
RG -019 wald + wasserhaushalt + lufthaushalt + SCHWARZWALD

lufthygiene

AA -022 lufthygiene + meteorologie + RHEIN-MAIN-GEBIET
AA -121 lufthygiene + emissionskataster + stadtgebiet + bioindikator + meteorologie + AUGSBURG
AA -149 lufthygiene + bioklimatologie + ausbreitungsmodell + MAIN (UNTERMAIN) + RHEIN-MAIN-GEBIET
TF -006 lufthygiene + (umweltfreundliche technologien)
TF -016 lufthygiene + klimaanlage + krankenhaushygiene
TF -017 lufthygiene + klimaanlage

luftmassenaustausch

AA -050 klima + stadt + luftmassenaustausch + (windschwache wetterlagen) + MANNHEIM + RHEIN-NECKAR-RAUM
AA -141 atmosphaerische schichtung + luftmassenaustausch + schadstofftransport + stadtgebiet

luftqualitaet

AA -081 wald + klima + luftqualitaet
AA -083 atmosphaere + luftqualitaet + untersuchungsmethoden + (von hochatmosphaerischem dunst)
AA -110 luftqualitaet + stadtgebiet + bewertungskriterien

luftreinhalterecht

EA -003 luftreinhalterecht + industrienationen + internationaler vergleich

luftreinhaltung

AA -014 luftreinhaltung + emissionskataster + hausbrand
AA -029 luftreinhaltung + ueberwachung
AA -034 luftreinhaltung + immissionsueberwachung + messtellennetz + WILHELMSHAVEN + JADEBUSEN
AA -042 luftreinhaltung + klimatologie + schadstoffausbreitung + ausbreitungsmodell + (modellrechnung)
AA -167 luftreinhaltung + dokumentation + WIEN
AA -169 luftreinhaltung + immissionsbelastung + schornstein + prognose + WIEN (RAUM)
BC -009 luftreinhaltung + abgasreinigung + staubemission + eisen- und stahlindustrie + (hochofen) + NORDRHEIN-WESTFALEN + RHEIN-RUHR-RAUM
BD -006 luftreinhaltung + aerosole + antibiotika + guelle + verrieselung
CB -011 luftreinhaltung + schadstoffe + ausbreitung + RHEIN-RUHR-RAUM + HOLLAND
CB -016 luftreinhaltung + schadstoffausbreitung + meteorologie

CB -022 luftreinhaltung + transportprozesse + schadstoffausbreitung + BUNDESREPUBLIK DEUTSCHLAND + NIEDERLANDE
CB -081 luftreinhaltung + klima +
DA -025 luftreinhaltung + nachverbrennung + verfahrenstechnik + katalysator
DA -062 tankanlage + benzindaempfe + luftreinhaltung
DC -014 luftreinhaltung + emissionsminderung + nitrose verbindungen + (salpetersaeureherstellung)
DC -016 zementindustrie + luftreinhaltung + schwefel
DC -031 luftreinhaltung + abgas + entschwefelung + (salzschmelzen)
DD -008 luftreinhaltung + kohlenmonoxid + mikrobieller abbau
DD -025 luftreinhaltung + nachverbrennung + organische schadstoffe + reaktionskinetik
DD -054 luftreinhaltung + absorption + (vorausberechnung)
DD -060 luftreinhaltung + schornstein + staubabscheidung
EA -004 luftreinhaltung + recht + vollzugsdefizit
EA -012 bundesimmissionsschutzgesetz + luftreinhaltung + immissionsbelastung + (nachbarschutz)
EA -015 luftreinhaltung + regionalplanung
EA -018 luftreinhaltung + luftueberwachung + planungsmodell
EA -019 luftreinhaltung + bundesimmissionsschutzgesetz + planungshilfen
GC -001 kernkraftwerk + abwaerme + waermeversorgung + oekonomische aspekte + luftreinhaltung + BERLIN (WEST)
SA -032 luftreinhaltung + kokerei + verfahrenstechnik
TA -009 huettenindustrie + belueftung + luftreinhaltung + (methan)
UB -014 umweltschutz + rechtsvorschriften + luftreinhaltung + gewaesserschutz + (vollzugsprobleme)

luftreinigung

DD -003 luftreinigung + filtermaterial

luftueberwachung

siehe auch aerologische messung

AA -040 schadstoffimmission + luftueberwachung + fliegende messtation
AA -049 luftueberwachung + luftbild + fliegende messtation
AA -052 luftueberwachung + messtellennetz + NIEDERSACHSEN
AA -062 luftueberwachung + immissionsmessung + flechten + kartierung + REGENSBURG (RAUM)
AA -072 luftueberwachung + immissionsmessung + phytoindikator + flechten
AA -073 luftueberwachung + immissionsmessung + phytoindikator + (photosynthese) + STUTTGART (RAUM)
AA -074 luftueberwachung + immissionsmessung + phytoindikator + flechten + NECKAR (MITTLERER NECKAR-RAUM) + STUTTGART
AA -075 luftueberwachung + immissionsmessung + phytoindikator + (enzymaktivitaet)
AA -076 luftueberwachung + immissionsmessung + phytoindikator + flechten + (uv-fluoreszenzmikroskopie)
AA -077 luftueberwachung + immissionsmessung + phytoindikator + flechten + (natuerliche standortsbedingungen)
AA -095 luftueberwachung + aerosolmesstechnik + tracer
AA -106 luftueberwachung + immissionsueberwachung + NORDRHEIN-WESTFALEN
AA -134 luftueberwachung + immission + bundesimmissionsschutzgesetz + messtellennetz + MAINZ + RHEIN-MAIN-GEBIET + LUDWIGSHAFEN + RHEIN-NECKAR-RAUM
AA -148 luftueberwachung + BAYERN
AA -153 luftueberwachung + messtellennetz
AA -161 luftueberwachung + messtellennetz + KOELN (STADT) + RHEIN-RUHR-RAUM
AA -172 luftueberwachung + immissionsmessung + phytoindikator + (moosverbreitung) + OFFENBACH + RHEIN-MAIN-GEBIET
CA -006 luftueberwachung + gase + analysengeraet + infrarottechnik
CA -018 luftueberwachung + emissionsmessgeraet
CA -025 luftueberwachung + messtechnik + geraeteentwicklung + (mikrowellenradiometer)
CA -032 messtechnik + luftueberwachung + raman-lidar-geraet
CA -034 aerosolmesstechnik + luftueberwachung + messverfahren
CA -050 luftueberwachung + aerosole + analytik + (stoffliche zusammensetzung)
CA -052 luftueberwachung + keime + probenahmemethode + geraetepruefung
CA -058 luftueberwachung + simultananalyse
CA -059 luftueberwachung + schadstoffnachweis + immissionsmessung
CA -078 luftueberwachung + niederschlag + schwefelverbindungen + messverfahren
CC -001 luftueberwachung + emissionskataster + (zonengrenzgebiet) + BUNDESREPUBLIK DEUTSCHLAND
EA -018 luftreinhaltung + luftueberwachung + planungsmodell
NB -009 luftueberwachung + radioaktivitaet
NB -054 luftueberwachung + kernkraftwerk + umgebungsradioaktivitaet + messtellennetz + OBERRHEIN
TA -002 luftueberwachung + schadstoffemission + sicherheitstechnik + geraeteentwicklung

luftverschmutzung

siehe luftverunreinigung

luftverunreinigende stoffe

siehe auch rauch
siehe auch schadstoffe

AA -003 luftverunreinigende stoffe + pollen + sporen + DAVOS + SCHWEIZ + HELGOLAND + DEUTSCHE BUCHT
AA -006 luftverunreinigende stoffe + emissionskataster + (trendanalyse) + BUNDESREPUBLIK DEUTSCHLAND
AA -011 emissionskataster + luftverunreinigende stoffe + wetterwirkung + ausbreitungsmodell
AA -039 luftverunreinigende stoffe + fluorverbindungen + ballungsgebiet + DUESSELDORF + WUPPERTAL + RHEIN-RUHR-RAUM
AA -079 luftverunreinigende stoffe + schadstoffbelastung + frueherkennung
AA -146 luftverunreinigende stoffe + umweltbelastung + (trendanalyse) + BUNDESREPUBLIK DEUTSCHLAND
AA -162 luftverunreinigende stoffe + messung + KOELN (STADT) + RHEIN-RUHR-RAUM
BA -070 luftverunreinigende stoffe + kfz-abgase + messung
BB -028 luftverunreinigende stoffe + nasskuehlturm + kernkraftwerk + fluss + pilze + MAIN + RHEIN-MAIN-GEBIET
BB -036 luftverunreinigende stoffe + kohlefeuerung + fluor
CA -019 luftverunreinigende stoffe + nachweisverfahren + messgeraet + (langweg-gaskuevette)
CA -020 luftverunreinigende stoffe + schadstoffnachweis + laser + (atomabsorptions-spektroskopie)
CA -035 luftverunreinigende stoffe + asbest + probenahmemethode
CA -042 luftverunreinigende stoffe + nachweisverfahren + spurenanalytik + (mehrkomponentenanalyse)
CA -061 luftverunreinigende stoffe + nachweisverfahren + halogenkohlenwasserstoffe + probenahmemethode + gaschromatographie
CA -065 luftverunreinigende stoffe + aerosolmesstechnik
CA -070 luftverunreinigende stoffe + aromaten + gaschromatographie
CA -072 luftverunreinigende stoffe + messverfahren + automatisierung
CA -083 luftverunreinigende stoffe + fluorverbindungen + nachweisverfahren + RHEINLAND-PFALZ
CA -087 luftverunreinigende stoffe + raman-lidar-geraet
CA -101 emissionsueberwachung + luftverunreinigende stoffe + kohlenwasserstoffe + rohrleitung + (leckraten)
CA -107 luftverunreinigende stoffe + spurenanalytik + (gaschromatographie)
CB -039 luftverunreinigende stoffe + schwefeldioxid + transport + messung
CB -055 luftchemie + luftverunreinigende stoffe + messverfahren
CB -068 luftverunreinigende stoffe + emission + korrelation
CB -079 luftverunreinigende stoffe + oxidierende substanzen + zelle
CB -088 luftverunreinigende stoffe + stadtverkehr + blei + luftbewegung + (vertikalprofil)

DC -027 arbeitsplatz + luftverunreinigende stoffe + schadstoffminderung + (neue technologien)
DD -010 luftverunreinigende stoffe + adsorptionsmittel
DD -027 luftverunreinigende stoffe + schadstoffabsorption + (strahlduesenreaktor)
EA -007 luftverunreinigende stoffe + aerosole + nachweisverfahren + geraeteentwicklung
OA -018 luftverunreinigende stoffe + spurenanalytik + (laser-raman-spektroskopie)
OC -030 gesundheitsschutz + luftverunreinigende stoffe + spurenanalytik + (alkylierende verbindungen)
PC -009 luftverunreinigende stoffe + physiologische wirkungen
PC -040 polyzyklische kohlenwasserstoffe + luftverunreinigende stoffe + synergismus + carcinogene wirkung + tierexperiment
PE -031 luftverunreinigende stoffe + blei + bevoelkerung + physiologische wirkungen
PE -033 luftverunreinigende stoffe + schwefeldioxid + physiologische wirkungen + mensch + epidemiologie
PE -034 immissionsbelastung + luftverunreinigende stoffe + synergismus + atemtrakt + RHEIN-MAIN-GEBIET + RHEIN-RUHR-RAUM
PE -053 luftverunreinigende stoffe + kohlenmonoxid + organismus + nachweisverfahren + (gaschromatographie)
PE -054 luftverunreinigende stoffe + toxizitaet + epidemiologie
PF -019 luftverunreinigende stoffe + industrieabgase + flugstaub + vegetation + schwermetallkontamination
PF -054 luftverunreinigende stoffe + niederschlag + bodenbeeinflussung
PH -046 luftverunreinigende stoffe + grenzwerte + pflanzen
PK -032 denkmalschutz + luftverunreinigende stoffe + ausbreitung + (museum)
TA -001 arbeitsplatz + luftverunreinigende stoffe + loesungsmittel + daempfe + mak-werte
TA -039 luftverunreinigende stoffe + schadstoffwirkung + arbeitsplatz + (inhalative noxen)

luftverunreinigung

AA -001 luftverunreinigung + messwagen + messtellennetz + datensammlung + (online-betrieb)
AA -002 luftverunreinigung + immission + messtellennetz + datenverarbeitung + (online datenuebertragung) + WILHELMSHAVEN + JADEBUSEN
AA -009 luftverunreinigung + asbeststaub + ballungsgebiet + erholungsgebiet
AA -010 luftverunreinigung + organische schadstoffe + frueherkennung + ballungsgebiet
AA -012 luftverunreinigung + schwefeldioxid + kohlenmonoxid + wetterwirkung + ausbreitungsmodell
AA -020 luftverunreinigung + schwefeldioxid + flechten + bioindikator
AA -021 luftverunreinigung + stadtgebiet + NUERNBERG
AA -031 luftverunreinigung + immissionsmessung + statistische auswertung + FRANKFURT + RHEIN-MAIN-GEBIET + SAARBRUECKEN + MUENCHEN
AA -032 luftverunreinigung + immissionsmessung + messtellennetz + BAYERN
AA -044 troposphaere + luftbewegung + luftverunreinigung + messtechnik + (elektromagnetische und akustische wellen)
AA -053 luftverunreinigung + carcinogene + polyzyklische kohlenwasserstoffe + ballungsgebiet + RHEIN-MAIN-GEBIET + KASSEL + WETZLAR-GIESSEN
AA -054 luftverunreinigung + stadtregion + polyzyklische kohlenwasserstoffe + carcinogene wirkung + RHEIN-MAIN-GEBIET + KASSEL + WETZLAR-GIESSEN
AA -059 luftverunreinigung + klimaaenderung
AA -068 luftverunreinigung + schwefeldioxid + messung + BADEN-WUERTTEMBERG
AA -071 luftverunreinigung + bioindikator + flechten + kartierung
AA -087 luftverunreinigung + bioindikator + (tabakpflanze)
AA -088 luftverunreinigung + bioindikator + flechten + BADEN-WUERTTEMBERG
AA -126 luftverunreinigung + aerosolmesstechnik + BODENSEE
AA -132 luftverunreinigung + mikroklimatologie + aerologische messung
AA -133 luftverunreinigung + emissionskataster + raumplanung + OBERRHEIN
AA -150 luftverunreinigung + emissionsmessung + NORDRHEIN-WESTFALEN
AA -154 luftverunreinigung + phytoindikator + flechten + DEUTSCHLAND (SUED-WEST)
AA -166 luftverunreinigung + emissionsueberwachung + planungshilfen
AA -168 luftverunreinigung + schwefeldioxid + emissionskataster + WIEN
AA -170 luftverunreinigung + schwefeldioxid + emissionskataster + LINZ (RAUM)
AA -171 luftverunreinigung + bioindikator
AA -173 luftverunreinigung + fliegende messtation + ueberwachung
BA -010 luftverunreinigung + brennstoffe + polyzyklische aromaten + nachweisverfahren
BA -045 blei + luftverunreinigung
BA -048 luftverunreinigung + flugverkehr
BB -002 luftverunreinigung + schadstoffemission + stickoxide + gasfeuerung + stahlindustrie
BB -003 luftverunreinigung + feuerungstechnik + verbrennung + emission + (hochfackel)
BB -011 luftverunreinigung + schadstoffemission + hausbrand + oelfeuerung
BB -023 luftverunreinigung + schadstoffausbreitung + kohlenwasserstoffe + heizungsanlage + geruchsbelaestigung
BB -039 luftverunreinigung + kuehlturm + bakterien + ausbreitungsmodell
BC -002 luftverunreinigung + mak-werte + autogenes schweissen + stickoxide
BC -014 fliesenindustrie + abwasser + luftverunreinigung
BC -030 luftverunreinigung + fluor + fliesenindustrie
BD -007 schadstoffnachweis + herbizide + luftverunreinigung + niederschlag
BD -008 luftverunreinigung + pestizide + chlorkohlenwasserstoffe + polyzyklische aromaten + analyseverfahren
BD -009 luftverunreinigung + pestizide + verdunstung + atmosphaere
BD -011 pflanzenschutzmittel + luftverunreinigung
BE -024 luftverunreinigung + geruchsbelaestigung
CA -003 luftverunreinigung + fluoride + messgeraet + geraeteentwicklung
CA -005 luftverunreinigung + nachweisverfahren + geraeteentwicklung
CA -007 luftverunreinigung + messverfahren + stickstoffmonoxid
CA -012 messverfahren + luftverunreinigung + schadstofftransport + (grenzueberschreitung)
CA -013 luftverunreinigung + messtation + (laser-satelliten-fernanalyse)
CA -014 luftverunreinigung + immission + schwefeldioxid + stickoxide + messwagen
CA -017 luftverunreinigung + schadstoffausbreitung + messtechnik + ausbreitungsmodell + NORDRHEIN-WESTFALEN
CA -027 luftverunreinigung + probenahme + richtlinien
CA -028 luftverunreinigung + immissionsmessung
CA -031 luftverunreinigung + schadstoffausbreitung + tracer + probenahme + analytik + (windschwache wetterlagen) + MAIN (UNTERMAIN) + RHEIN-MAIN-GEBIET
CA -038 luftverunreinigung + ballungsgebiet + schwermetalle + aerosolmesstechnik + HAMBURG (RAUM)
CA -043 luftverunreinigung + anorganische stoffe + nachweisverfahren + (elektronenmikroskop + elektronenbeugung)
CA -044 luftverunreinigung + bioindikator + stadtgebiet + FRANKFURT + RHEIN-MAIN-GEBIET
CA -045 luftverunreinigung + kohlenwasserstoffe + nachweisverfahren
CA -046 luftverunreinigung + organische schadstoffe + atemtrakt + nachweisverfahren
CA -056 luftverunreinigung + staubniederschlag + schwermetalle + messmethode
CA -062 luftverunreinigung + geruchsbelaestigung + schadstoffbelastung
CA -064 luftverunreinigung + fluoride + nachweisverfahren
CA -067 luftverunreinigung + aerosolmesstechnik
CA -075 luftverunreinigung + aerosole + spurenstoffe + messverfahren + (pruefgas + kalibrierung)
CA -076 luftverunreinigung + halogenkohlenwasserstoffe + messverfahren + probenahmemethode

CA -080 luftverunreinigung + loesungsmittel + immissionsmessung + geraeteentwicklung
CA -088 luftverunreinigung + nachweisverfahren
CA -090 luftverunreinigung + kfz-abgase + organische schadstoffe + gaschromatographie
CA -091 luftverunreinigung + stadtgebiet + kohlenwasserstoffe
CA -106 luftverunreinigung + pollen + sporen
CB -009 luftverunreinigung + abgasausbreitung + heizungsanlage + (aussenwandfeuerstaetten)
CB -010 luftverunreinigung + kraftwerk + standortwahl + umweltbelastung
CB -036 luftverunreinigung + ausbreitungsmodell + RHEIN-RUHR-RAUM + NIEDERLANDE
CB -038 schadstoffausbreitung + luftverunreinigung + BUNDESREPUBLIK DEUTSCHLAND + SKANDINAVIEN
CB -044 luftverunreinigung + austauschprozesse
CB -047 luftverunreinigung + kohlenwasserstoffe + polymere
CB -048 luftverunreinigung + kohlenwasserstoffe + verbrennung + benzol
CB -054 luftverunreinigung + reaktionskinetik + verbrennung + (atmosphaerenmodelle)
CB -070 luftverunreinigung + schadstoffausbreitung + meteorologie
CB -078 luftverunreinigung + verbrennung + schadstoffbildung
CB -082 luftverunreinigung + schadstofftransport + emissionskataster + schwefeldioxid + RHEIN-RUHR-RAUM
CB -084 luftverunreinigung + ausbreitungsmodell + (standardisierung)
CB -086 smogbildung + luftverunreinigung + immissionsueberwachung
CB -087 luftverunreinigung + schadstoffemission + ausbreitungsmodell + emissionsmessung
CB -089 luftverunreinigung + schadstoffausbreitung + ueberwachung
DB -013 luftverunreinigung + rauchgas + salzsaeure + absorption + emissionsminderung
DB -023 luftverunreinigung + heizungsanlage + private haushalte + energieverbrauch + DORTMUND + RHEIN-RUHR-RAUM
DC -026 luftverunreinigung + rauchgas + entschwefelung
DC -065 luftverunreinigung + ofen + abgas + staubminderung
DD -001 luftverunreinigung + loesungsmittel + adsorption + aktivkohle + oekonomische aspekte + (rueckgewinnung)
DD -019 staubfilter + luftverunreinigung + elektrische gasreinigung
EA -002 luftverunreinigung + rechtsvorschriften + EUROPA + NORDAMERIKA
EA -010 luftverunreinigung + ballungsgebiet + gruenflaechen + grenzwerte
EA -014 luftverunreinigung + immissionsbelastung + messverfahren + richtlinien
EA -023 luftverunreinigung + schornstein + normen
NB -027 luftverunreinigung + radioaktive spaltprodukte + (kernwaffenversuch) + STUTTGART + SCHWARZWALD
NB -055 luftverunreinigung + radionuklide + strahlenbelastung
NC -103 luftverunreinigung + radioaktive substanzen + messtechnik + (krypton 85)
NC -104 luftverunreinigung + aerosole + niederschlag + radioaktive substanzen
OA -004 luftverunreinigung + schadstoffnachweis + messtechnik
OA -023 luftverunreinigung + gaschromatographie
OD -003 bodenkontamination + pflanzenkontamination + luftverunreinigung + spurenelemente + AACHEN-STOLBERG
PA -039 luftverunreinigung + chlorkohlenwasserstoffe + organismus
PA -040 luftverunreinigung + schwermetalle + embryopathie
PC -044 luftverunreinigung + wasserstoffion + biologische wirkungen
PC -056 luftverunreinigung + staub + zellkultur + wirkmechanismus
PC -057 luftverunreinigung + schwefeldioxid + stickoxide + atemtrakt + tierexperiment
PC -058 luftverunreinigung + feinstaeube + biologische wirkungen + zellkultur
PD -053 gesundheitsschutz + luftverunreinigung + carcinogene belastung + toleranzwerte
PD -062 luftverunreinigung + stadt + carcinogene wirkung + tiere
PE -003 luftverunreinigung + gesundheitsschutz + OBERHAUSEN + MUELHEIM + RHEIN-RUHR-RAUM
PE -006 luftverunreinigung + wohnraum + werkstoffe + schadstoffemission
PE -015 luftverunreinigung + mortalitaet + HANNOVER
PE -018 luftverunreinigung + morbiditaet + mortalitaet + statistik
PE -021 luftverunreinigung + ozon + mensch + physiologische wirkungen
PE -036 luftverunreinigung + atemtrakt + epidemiologie + kind
PE -037 luftverunreinigung + bleiverbindungen + atemtrakt
PE -038 luftverunreinigung + atemtrakt + carcinogene + benzpyren
PE -039 luftverunreinigung + atemtrakt + epidemiologie + kind
PE -040 luftverunreinigung + benzpyren + mensch + metabolismus
PE -041 luftverunreinigung + infektion + mensch
PE -042 luftverunreinigung + immissionsbelastung + toxizitaet + mensch
PE -043 luftverunreinigung + schadstoffbelastung + zellkultur + biologische wirkungen
PE -044 luftverunreinigung + mensch + gesundheit + (atemtrakt + kreislauf)
PE -048 luftverunreinigung + schadstoffbelastung + stickoxide + atemtrakt
PE -049 luftverunreinigung + schadstoffbelastung + schwefeldioxid + atemtrakt
PE -050 luftverunreinigung + schadstoffbelastung + carcinogene + atemtrakt + RHEIN-RUHR-RAUM
PE -051 luftverunreinigung + staub + asbest + quarz + atemtrakt
PE -052 luftverunreinigung + pollen + sporen + allergie
PH -025 luftverunreinigung + grosstadt + schadstoffwirkung + strassenbaum
PI -016 luftverunreinigung + waldoekosystem + niederschlag + SOLLING
PI -017 immissionsmessung + schwefeldioxid + luftverunreinigung + wald
PK -030 luftverunreinigung + denkmal + korrosionsschutz
PK -033 luftverunreinigung + korrosion + glasoberflaeche + denkmalschutz
PK -036 luftverunreinigung + muellverbrennungsanlage + spurenelemente + fluor
QA -023 lebensmittel + spurenelemente + kontamination + luftverunreinigung
TA -006 arbeitsschutz + luftverunreinigung
TA -033 luftverunreinigung + stickoxide + arbeitsplatz + private haushalte + (gasherd)
TD -011 luftverunreinigung + stadtklima + ausbildung + schulen + (unterrichtsmodell)
UH -033 verkehr + luftverunreinigung + laermbelaestigung + (mathematisches modell) + FRANKFURT + RHEIN-MAIN-GEBIET
VA -018 umweltschutz + simulationsmodell + schadstoffausbreitung + luftverunreinigung + gewaesserbelastung + (topographie)

mak-werte

BC -002 luftverunreinigung + mak-werte + autogenes schweissen + stickoxide
BC -003 mak-werte + laermbelastung + schadstoffemission + plasmaschmelzschneiden
PC -017 aerosole + schadstoffwirkung + atemtrakt + mak-werte
PE -012 schadstoffbelastung + aerosole + atemtrakt + mak-werte
TA -001 arbeitsplatz + luftverunreinigende stoffe + loesungsmittel + daempfe + mak-werte
TA -015 arbeitsschutz + mak-werte + schadstoffe + laerm + plasmaschmelzschneiden
TA -035 schadstoffbelastung + mak-werte + arbeitsplatz
TA -042 arbeitsplatz + schadstoffe + mak-werte
TA -046 schmierstoffe + oel + arbeitsplatz + mak-werte
TA -047 oel + aerosole + mak-werte + messtechnik

makrooekonomie

UC -009 umwelt + makrooekonomie
UC -035 makrooekonomie + simulationsmodell + BUNDESREPUBLIK DEUTSCHLAND

malaria

TF -023 epidemiologie + malaria + umweltbedingungen + infektionskrankheiten

marine nahrungskette

HC -008 hydrobiologie + marine nahrungskette
HC -028 marine nahrungskette + oekosystem + meeresboden + benthos + schadstoffwirkung
HC -029 marine nahrungskette + biomasse + benthos + wasserverunreinigung + NORDSEE + OSTSEE
HC -050 meeresorganismen + biozoenose + marine nahrungskette + NORDSEE
IE -052 marine nahrungskette + mikroorganismen + organische schadstoffe
IE -053 marine nahrungskette + phosphate + metabolismus + fische + (karpfen)
OD -087 marine nahrungskette + algen + schadstofftransport + herbizide
PA -022 blei + toxizitaet + marine nahrungskette + muscheln
PA -024 schwermetallsalze + antimon + marine nahrungskette + muscheln
QD -008 pestizide + marine nahrungskette
QD -017 kohlenwasserstoffe + pestizide + benthos + marine nahrungskette + KIELER BUCHT + OSTSEE
QD -025 marine nahrungskette + schwermetallkontamination + fische + DEUTSCHE BUCHT
QD -030 marine nahrungskette + herbizide + schadstoffbilanz + fische

marktforschung

UC -026 umwelttechnik + marktforschung

marktwirtschaft

UC -012 industrienationen + marktwirtschaft + wirtschaftswachstum + umweltpolitik
UC -051 entwicklungslaender + marktwirtschaft

maschinen

siehe auch baumaschinen
siehe auch forstmaschinen
siehe auch werkzeugmaschinen
FA -039 laermentstehung + maschinen + (hochdruckpumpen)
FA -044 laermminderung + maschinen
FA -045 schallausbreitung + maschinen + messverfahren
FC -017 laermminderung + maschinen + (motorsaege)
FC -020 laermmessung + geraeuschminderung + maschinen + druckereiindustrie
FC -024 laermminderung + maschinen + strassenbau + (kompressor)
FC -028 laermentstehung + schallschutz + maschinen + (impedanzerhoehung)
FC -032 forstwirtschaft + maschinen + mensch + laermbelastung
FC -056 laermbelaestigung + geraeuschminderung + arbeitsplatz + maschinen
FC -071 schallentstehung + maschinen + messverfahren + (nahfeldmessung)
FC -086 laermmessung + maschinen + normen
FC -088 maschinen + schallausbreitung + arbeitsplatz + laermbelaestigung

maschinenbau

DA -073 kfz-technik + maschinenbau + verbrennungsmotor
FA -008 schallentstehung + koerperschall + geraeuschminderung + maschinenbau
FA -012 maschinenbau + schalldaempfer + laermminderung + (kapselung)
FC -021 schallentstehung + koerperschall + geraeuschminderung + maschinenbau
FC -022 schallentstehung + koerperschall + geraeuschminderung + maschinenbau + (hydrostatische systeme)
FC -054 laermminderung + maschinenbau + datensammlung
FC -055 laermminderung + schallpegel + maschinenbau + (koerperschalldaempfung)

massenschuettgut

BC -007 massenschuettgut + staubemission

massentierhaltung

siehe auch tierhaltung
BD -001 staubemission + keime + abluft + massentierhaltung + (gefluegelgrosstaelle)
BD -002 massentierhaltung + abluft + keime + schadstoffausbreitung
BE -007 massentierhaltung + geruchsbelaestigung + messverfahren
BE -014 massentierhaltung + geruchsbelaestigung
BE -015 massentierhaltung + geruchsbelaestigung
IF -004 grundwasserverunreinigung + massentierhaltung + gewaesserschutz + eutrophierung
KD -002 abwasserreinigung + kiesfilter + massentierhaltung + fische
KD -004 massentierhaltung + guelle + schadstoffwirkung + boden + pflanzen
KD -017 biologische abwasserreinigung + massentierhaltung
MB -060 massentierhaltung + tierische faekalien + kompostierung
MF -041 abfallbehandlung + massentierhaltung + fluessigmist + denitrifikation
RF -004 massentierhaltung + gefluegel + sauerstoffbedarf + grenzwerte + kohlendioxid
RF -010 massentierhaltung + standortfaktoren
RF -012 massentierhaltung + tierische faekalien + bodenbelastung + (bestimmung von hoechstschwellen) + EG-LAENDER
TF -041 massentierhaltung + veterinaerhygiene
UL -049 massentierhaltung + landschaftspflege + (schaf)

materialpruefung

NC -073 reaktorsicherheit + reaktorstrukturmaterial + materialpruefung + (berstsicherheit)

materialschaeden

NC -021 schneller brueter + reaktorstrukturmaterial + materialschaeden + radioaktivitaet
PK -003 strassenbau + streusalz + materialschaeden + bewertungskriterien
PK -034 schadstoffemission + materialschaeden + schwefeldioxid + schwefeltrioxid + chlor

materialtest

HB -075 rohrleitung + pipeline + materialtest
HD -002 trinkwasser + speicherung + materialtest + bakterien
MC -001 schadstofflagerung + kunststoffbehaelter + materialtest
NC -001 radioaktive substanzen + behaelter + materialtest
NC -002 reaktorsicherheit + materialtest + ultraschall
NC -003 reaktorsicherheit + druckbehaelter + materialtest + ultraschall
NC -013 kernkraftwerk + sicherheitstechnik + beton + materialtest + (flugzeugabsturz)
NC -024 reaktorsicherheit + materialtest
NC -063 reaktorsicherheit + materialtest
NC -071 reaktorsicherheit + materialtest + (berstsicherung)
NC -072 reaktorsicherheit + materialtest + kuehlsystem + stoerfall
NC -075 reaktorsicherheit + materialtest + pruefverfahren + (qualitaetssicherung)
NC -076 reaktorsicherheit + reaktorstrukturmaterial + materialtest
NC -078 reaktorsicherheit + materialtest + beton + (kernschmelzen)
ND -004 radioaktive substanzen + transportbehaelter + unfall + materialtest
PK -001 strassenbau + beton + streusalz + materialtest
PK -006 wassergefaehrdende stoffe + kunststoffbehaelter + materialtest + korrosionsschutz
PK -007 kunststoffe + mikrobieller abbau + materialtest
QA -001 kunststoffbehaelter + materialtest + nahrungsmittel

mathematische modelle

VA -010 biooekologie + mathematische modelle + SOLLING

mathematisches verfahren

BC -027 staubemission + mathematisches verfahren

HG-039 grundwasserbewegung + mathematisches verfahren
HG-063 wasserguetewirtschaft + mathematisches verfahren + planungsmodell

maximale arbeitsplatzkonzentrations-wert

siehe mak-werte

medizin

siehe auch biomedizin
siehe auch katastrophenmedizin
siehe auch nuklearmedizin
siehe auch sozialmedizin
siehe auch veterinaermedizin
TE-008 organismus + medizin + genetische wirkung + (endogene tagesrhythmik)

meer

AA-104 meer + atmosphaere + oberflaechenwasser + (gasaustausch)
HA-018 fluss + meer + wasserueberwachung
HC-016 gewaesserueberwachung + meer + wasserbewegung + transportprozesse + messtechnik + (driftkoerper)
HC-017 meer + radioaktivitaet + transurane + plutonium + NORDSEE
HC-038 meer + aestuar + wasserbewegung + austauschprozesse + OSTSEE + ELBE-AESTUAR
HC-042 meer + transportprozesse + tracer + (tiefenwassererneuerung) + ATLANTIK (NORD)
HC-043 meer + transportprozesse + tracer + (diffusionsmodell) + ATLANTIK (NORD)
IE-013 fliessgewaesser + schadstofftransport + schwermetalle + meer + sedimentation + ELBE-AESTUAR + DEUTSCHE BUCHT + NORDSEE
IE-055 meer + kuestengewaesser + rohrleitung + richtlinien + wasserhaushaltsgesetz
LA-022 pipeline + meer + kuestengewaesser + richtlinien + wasserhaushaltsgesetz
ND-015 radioaktive abfaelle + meer + tiefversenkung + standortwahl + ATLANTIK
OA-006 gewaesserueberwachung + meer + schadstoffnachweis + analytik + probenahmemethode + NORDSEE + OSTSEE
OA-007 gewaesserueberwachung + meer + schadstoffnachweis + kohlenwasserstoffe + NORDSEE + OSTSEE
OA-008 gewaesserueberwachung + meer + schadstoffnachweis + spurenelemente + NORDSEE + OSTSEE

meeresbiologie

HC-007 kuestengewaesser + wattenmeer + meeresbiologie + fauna + flora + (bestandsaufnahme) + ELBE-AESTUAR + NEUWERK
HC-019 kuestengebiet + wattenmeer + oekosystem + meeresbiologie + JADEBUSEN + NIEDERSACHSEN
HC-020 meeresbiologie + kuestengebiet
HC-027 meeresbiologie + NORDSEE
HC-032 meeresbiologie + sediment + bakterien + populationsdynamik
HC-033 meeresbiologie + meerestiere + bodentiere
IE-036 meeresbiologie + organische schadstoffe + schadstoffabbau + bakterien
IE-040 kuestengewaesser + meeresbiologie + ueberwachungssystem + DEUTSCHE BUCHT + JADE + WESER-AESTUAR
PI-022 meeresbiologie + stofftransport + NORDSEE
RB-024 meeresbiologie + fischerei + lebensmittel + (produktionsbiologische untersuchung) + ATLANTIK
RB-025 meeresbiologie + fischerei + (produktionsbiologische untersuchung) + PAZIFIK + MEXIKO
UA-062 umweltprobleme + meeresbiologie

meeresboden

HC-006 kuestengewaesser + wattenmeer + meeresboden + wasserbau + (hafenplanung) + ELBE-AESTUAR
HC-021 meeresboden + wattenmeer + sedimentation + NORDSTRAND + NORDFRIESISCHES WATTENMEER
HC-022 meeresboden + kartierung + NORDSEE
HC-024 meereskunde + meeresboden
HC-028 marine nahrungskette + oekosystem + meeresboden + benthos + schadstoffwirkung
UD-010 rohstoffsicherung + metalle + meeresboden + (manganknollen)

meeresgeologie

HC-023 meeresgeologie + uferschutz + (sandvorspuelung) + WESTERLAND (SYLT) + DEUTSCHE BUCHT

meereskunde

HA-021 meereskunde + kuestengebiet + stroemung + NORDSEE
HA-029 meerestechnik + meereskunde + (forschungsplattform)
HC-018 meereskunde + hydrodynamik + stroemung + wasserstand + simulation + DEUTSCHE BUCHT + NORDSEE
HC-024 meereskunde + meeresboden
HC-041 meereskunde + sediment + radioaktive spurenstoffe + MITTELMEER + AFRIKA (WEST) + PAZIFIK
HC-044 meereskunde + transportprozesse + (tiefenwassererneuerung) + MITTELMEER
IE-009 meereskunde + schadstoffausbreitung + messverfahren + (sprungschichten) + DEUTSCHE BUCHT + NORDSEE
UD-003 meereskunde + metalle + spurenelemente + sediment + analytik + (manganknollen)
UD-013 ressourcenplanung + metalle + meereskunde + (manganknollen)
UD-014 meereskunde + ressourcenplanung + metalle + geraeteentwicklung + (manganknollen)
UD-019 rohstoffe + metalle + meereskunde + (rohstoffe)
UD-020 rohstoffe + metalle + meereskunde + (manganknollen)

meeresorganismen

HA-106 meeresorganismen + plankton + NORDSEE
HC-009 meeresorganismen + populationsdynamik + plankton + NORDSEE
HC-010 meeresorganismen + litoral + algen + metabolismus + oekologische faktoren
HC-011 meeresorganismen + plankton + fische + NORDSEE + OSTSEE
HC-050 meeresorganismen + biozoenose + marine nahrungskette + NORDSEE
IE-003 meeresorganismen + schwermetallkontamination + radioaktive substanzen + NORDSEE + OSTSEE
IE-021 meeresorganismen + benthos + OSTSEE
IE-030 schwermetalle + detergentien + pestizide + schadstoffwirkung + meeresorganismen + DEUTSCHE BUCHT
IE-045 meeresverunreinigung + organische stoffe + meeresorganismen + nachweisverfahren
OD-046 meeresorganismen + pestizide + metabolismus
PA-018 schwermetalle + meeresorganismen
PA-025 bleikontamination + meeresorganismen + nachweisverfahren
PB-022 meeresorganismen + organische schadstoffe + pestizide + nachweisverfahren
PB-023 organische schadstoffe + meeresorganismen + photosynthese + algen
PC-023 meeresorganismen + tenside + schadstoffabbau + grenzwerte
QD-016 pestizide + schwermetallsalze + meeresorganismen + kontamination

meeresreinhaltung

siehe auch gewaesserschutz
IE-007 meeresreinhaltung + analyseverfahren
IE-046 meeresreinhaltung + landwirtschaftliche abwaesser + phosphor + OSTSEE
IE-048 meeresreinhaltung + richtlinien + schiffe + bautechnik + (tankerbau + imco-uebereinkommen)

meeressediment

IE-019 wasserverunreinigung + meeressediment + anthropogener einfluss + GOLF VON PIRAN
IE-020 gewaesserverunreinigung + meeressediment + korrosion + erosion + (sedimentationsmodell) + ADRIA (NORD)

IE -027 klaerschlamm + meeressediment + schwermetalle + benthos + populationsdynamik + NORDSEE
IE -034 meeressediment + chlorkohlenwasserstoffe
KB -045 pestizide + meeressediment + detritus + biologischer abbau
PH -034 bleikontamination + bakterienflora + meeressediment

meerestechnik

HA -029 meerestechnik + meereskunde + (forschungsplattform)

meerestiere

HC -033 meeresbiologie + meerestiere + bodentiere
QB -055 lebensmittelkontamination + fische + meerestiere + quecksilber + NORDSEE + OSTSEE + NORDATLANTIK + BARENTSEE + NORDAMERIKA (KUESTENGEBIET)

meeresverunreinigung

HC -037 meeresverunreinigung + stroemung + (hydrodynamisches modell) + NORDSEE + OSTSEE
IE -002 meeresverunreinigung + oelunfall + (verfahrensentwicklung)
IE -008 meeresverunreinigung + abfallstoffe + hydrodynamik + schadstofftransport + sedimentation + DEUTSCHE BUCHT + NORDSEE
IE -010 meeresverunreinigung + schadstoffausbreitung + hydrodynamik + messtechnik + NORDSEE + OSTSEE
IE -011 meeresverunreinigung + hydrodynamik + schadstoffausbreitung + prognose + DEUTSCHE BUCHT + NORDSEE
IE -014 meeresverunreinigung + naehrstoffzufuhr + eutrophierung + sauerstoffhaushalt + NORDSEE + OSTSEE
IE -015 meeresverunreinigung + salzsaeure + chlorkohlenwasserstoffe + verbrennung + NORDSEE
IE -016 gewaesserueberwachung + meeresverunreinigung + fliegende messtation + DEUTSCHE BUCHT + ELBE-AESTUAR
IE -018 meeresverunreinigung + kuestengewaesser + abwasserableitung + mikroorganismen + biologische wirkungen + HELGOLAND + ELBE + DEUTSCHE BUCHT
IE -022 meeresverunreinigung + oel + messgeraet
IE -023 klaerschlamm + meeresverunreinigung + DEUTSCHE BUCHT
IE -028 meeresverunreinigung + plankton + bioindikator
IE -031 meeresverunreinigung + benthos + populationsdynamik + DEUTSCHE BUCHT
IE -032 meeresverunreinigung + truebwasser + muscheln
IE -039 meeresverunreinigung + biozide + schwermetalle + NORDSEE + DEUTSCHE BUCHT
IE -045 meeresverunreinigung + organische stoffe + meeresorganismen + nachweisverfahren
PA -023 meeresverunreinigung + asbeststaub + muscheln

meerwasser

siehe auch wasser

HC -034 austauschprozesse + meerwasser + KIELER BUCHT + OSTSEE
HC -036 meerwasser + spurenelemente
IE -012 meerwasser + sediment + radioaktivitaet + isotopen + messgeraet + NORDSEE + OSTSEE
IE -043 meerwasser + wasserverunreinigung + pestizide + extraktionsmethode
IE -044 meerwasser + abwasser + austauschprozesse + KIELER BUCHT + OSTSEE
IE -050 meerwasser + schwermetallkontamination + messtechnik + MITTELMEER
IF -019 meerwasser + eutrophierung + analyseverfahren + OSTSEE

meerwasserentsalzung

HA -078 wasserreinhaltung + meerwasserentsalzung + verfahrensentwicklung + glas
HA -096 wasseraufbereitung + meerwasserentsalzung + verfahrensentwicklung
HA -097 wasseraufbereitung + meerwasserentsalzung + werkstoffe
HB -009 meerwasserentsalzung + wasseraufbereitung + (superferrit)
HB -011 meerwasserentsalzung + energieversorgung + kernenergie
HB -037 meerwasserentsalzung + energiebedarf + (waermeaustauscher)
HB -063 schiffe + trinkwasserversorgung + meerwasserentsalzung + PAKISTAN
HB -069 meerwasserentsalzung + verfahrensentwicklung + systemanalyse
HB -070 meerwasserentsalzung + verfahrensoptimierung + (entspannungsverdampfer)
HB -071 meerwasserentsalzung + verfahrensentwicklung
HB -072 meerwasserentsalzung + biologische membranen + wirkmechanismus + osmose
HB -073 meerwasserentsalzung + osmose
HB -076 meerwasserentsalzung + verfahrenstechnik
HB -077 meerwasserentsalzung + verfahrensentwicklung
HB -085 meerwasserentsalzung + verfahrensentwicklung + (kristallisationsverfahren)
HB -086 meerwasserentsalzung + energie + rueckgewinnung + osmose
HB -087 meerwasserentsalzung + aufbereitungsanlage + standortwahl + TUNESIEN
HF -001 betontechnologie + meerwasserentsalzung + verfahrensentwicklung
HF -002 wasserreinigung + meerwasserentsalzung + biologische membranen
HF -003 meerwasserentsalzung + sulfate
HF -006 meerwasserentsalzung + versuchsanlage
HF -007 wassergewinnung + meerwasserentsalzung + abwasser
HF -008 wasseraufbereitung + meerwasserentsalzung + bewaesserung
ME -022 meerwasserentsalzung + schlammbeseitigung + rohstoffe + recycling

mensch

siehe auch kind
siehe auch organismus

BE -011 geruchsbelaestigung + mensch + physiologische wirkungen + messverfahren
FA -016 ultraschall + mensch + genetische wirkung
FA -021 laerm + erschuetterungen + mensch + physiologische wirkungen
FC -032 forstwirtschaft + maschinen + mensch + laermbelastung
FD -012 verkehrslaerm + physiologie + mensch
FD -013 verkehrslaerm + mensch + physiologie
FD -021 laerm + mensch + physiologische wirkungen
FD -039 laerm + mensch + physiologische wirkungen
NA -008 licht + mensch + physiologische wirkungen + (blendung)
NB -011 mensch + radioaktive kontamination + nachweisverfahren
NB -040 mensch + spurenelemente + messverfahren
NB -042 fall-out + radioaktive kontamination + mensch
NB -043 radioaktive substanzen + strahlenbelastung + mensch
OB -019 mensch + bleikontamination + analyseverfahren + standardisierung
PA -036 mensch + bleikontamination + schwermetallbelastung + physiologische wirkungen + NORDENHAM + WESER-AESTUAR
PB -036 kfz-abgase + kohlenwasserstoffe + mensch + resorption
PD -036 umweltchemikalien + zytotoxizitaet + genetische wirkung + mensch + arbeitsmedizin
PD -037 chemikalien + mutagene wirkung + mensch + pruefverfahren
PD -038 antibiotika + mensch + genetische wirkung
PD -039 umweltchemikalien + mensch + mutagene wirkung + schutzmassnahmen
PE -021 luftverunreinigung + ozon + mensch + physiologische wirkungen
PE -024 schwermetallkontamination + blei + cadmium + mensch + NIEDERSACHSEN
PE -026 bleikontamination + mensch + wohngebiet + (krankheitssymptome)
PE -033 luftverunreinigende stoffe + schwefeldioxid + physiologische wirkungen + mensch + epidemiologie
PE -040 luftverunreinigung + benzpyren + mensch + metabolismus
PE -041 luftverunreinigung + infektion + mensch
PE -042 luftverunreinigung + immissionsbelastung + toxizitaet + mensch

PE -044 luftverunreinigung + mensch + gesundheit + (atemtrakt + kreislauf)
PE -045 mensch + waermehaushalt + simulationsmodell
QA -033 lebensmittel + mensch + chlorkohlenwasserstoffe + rueckstandsanalytik
TA -007 strahlenbelastung + genetische wirkung + mensch + richtlinien
TA -012 schienenverkehr + mensch + belastbarkeit + ergonomie
TA -043 arbeitsplatz + schadstoffwirkung + mensch + metabolismus + (halothan)
TA -070 bleikontamination + mensch + messung + arbeitsschutz
TB -036 umwelt + mensch + psychologische faktoren
TE -001 metabolismus + vitamine + mensch + nutztiere + (hausschwein)
TE -002 milieu + mensch
TE -006 mensch + umweltbedingungen
TE -009 wetterfuehligkeit + mensch + (foehn) + ALPENVORLAND + NORDSEEKUESTE
TF -025 infektion + organismus + mensch

messgeraet

siehe auch analysengeraet
siehe auch analyseverfahren
siehe auch staubmessgeraet

AA -017 bergwerk + ueberwachungssystem + gase + messgeraet + explosionsschutz
BB -022 brennstoffe + schwefeldioxid + messgeraet
BC -040 staubemission + messgeraet + baumaschinen + (asphaltmischanlgen)
BC -043 staubemission + messgeraet + russ + (kesselanlage)
CA -003 luftverunreinigung + fluoride + messgeraet + geraeteentwicklung
CA -019 luftverunreinigende stoffe + nachweisverfahren + messgeraet + (langweg-gaskuevette)
CA -084 aerosole + messgeraet + teilchengroesse
CA -094 schadstoffnachweis + messgeraet + stickoxide
CA -099 emissionsueberwachung + rauchgas + messgeraet + (eignungspruefung)
CA -100 emissionsueberwachung + rauchgas + messgeraet + (eignungspruefung)
CB -045 aerosolmesstechnik + schwebstoffe + messgeraet + (aerosol-lidar-system)
DA -004 abgasemission + heizungsanlage + verbrennungsmotor + schadstoffminderung + messgeraet
FA -069 schallpegel + messgeraet + normen
FA -079 schallpegel + messgeraet + geraeteentwicklung
FC -065 schallentstehung + laermminderung + arbeitsplatz + messgeraet + (schnellaeuferpresse)
GA -009 nasskuehlturm + umweltbelastung + messgeraet
GA -010 nasskuehlturm + umweltbelastung + messgeraet
IA -010 abwasseranalyse + oberflaechengewaesser + papierindustrie + messgeraet
IA -033 sauerstoffbedarf + messgeraet
IE -012 meerwasser + sediment + radioaktivitaet + isotopen + messgeraet + NORDSEE + OSTSEE
IE -022 meeresverunreinigung + oel + messgeraet
KA -017 wasserverunreinigung + feststoffe + messgeraet + automatisierung
KA -022 abwasserkontrolle + messgeraet + phosphate
MA -018 abfallbehandlung + korngroessenverteilung + messgeraet + (schuettgut)
NB -057 dosimetrie + messgeraet
NC -074 reaktorsicherheit + stoerfall + messgeraet + kuehlsystem
OB -025 kohlenmonoxid + messgeraet + eichung
RC -033 bodenwasser + messgeraet + KAISERSTUHL + OBERRHEIN
RD -045 bodenwasser + messgeraet + geraeteentwicklung
VA -024 umweltforschung + messgeraet + datenbank + (umplis)

messgeraetetest

BB -025 staubmessgeraet + messgeraetetest
BB -027 emissionsueberwachung + oelfeuerung + schwefeldioxid + messgeraetetest
CA -104 emissionsueberwachung + organischer stoff + messgeraetetest
IA -032 gewaesserueberwachung + messgeraetetest

messmethode

BC -038 industrieabgase + bleikontamination + messmethode + RHEINLAND-PFALZ
CA -056 luftverunreinigung + staubniederschlag + schwermetalle + messmethode
DA -050 verbrennungsmotor + reaktionskinetik + messmethode
FB -061 fluglaerm + flughafen + messmethode
FD -030 schalldaemmung + bauakustik + messmethode
IA -004 gewaesserbelastung + messmethode + (fernerkundung) + ELBE-AESTUAR
IA -027 trinkwasserversorgung + uferfiltration + schadstoffbelastung + messmethode + (organochlorverbindungen)
IA -036 wasserguete + messmethode
IC -030 trinkwasser + schadstoffnachweis + oberflaechengewaesser + messmethode
KA -010 wasserschutz + abfallbeseitigung + messmethode
OA -001 schadstoffnachweis + messmethode
OB -028 organismus + schwermetallkontamination + quecksilber + messmethode
OC -036 pestizide + messmethode
PC -054 toxizitaet + biozide + messmethode + bewertungskriterien
PH -050 pflanzenschutzmittel + bodenkontamination + messmethode

messtation

siehe auch fliegende messtation

AA -004 immissionsmessung + messtation + FRANKFURT (UNIVERSITAET) + RHEIN-MAIN-GEBIET
CA -013 luftverunreinigung + messtation + (laser-satelliten-fernanalyse)
HA -061 wasserguetewirtschaft + fliessgewaesser + messtation + NECKAR
IA -002 gewaesserueberwachung + schadstoffe + messtation + RHEIN

messtechnik

siehe auch aerosolmesstechnik

AA -044 troposphaere + luftbewegung + luftverunreinigung + messtechnik + (elektromagnetische und akustische wellen)
AA -063 mikrowellen + messtechnik
AA -084 immissionsueberwachung + messtechnik + FRANKFURT + RHEIN-MAIN-GEBIET
AA -091 meteorologie + messtechnik
BB -024 emissionsueberwachung + staubemission + messtechnik
BC -039 emissionsueberwachung + industrieanlage + messtechnik + internationaler vergleich
CA -017 luftverunreinigung + schadstoffausbreitung + messtechnik + ausbreitungsmodell + NORDRHEIN-WESTFALEN
CA -023 emissionsmessung + organische schadstoffe + messtechnik + gaschromatographie
CA -024 emissionsueberwachung + messtechnik + geraeteentwicklung + (mikrowellenspektrograph)
CA -025 luftueberwachung + messtechnik + geraeteentwicklung + (mikrowellenradiometer)
CA -032 messtechnik + luftueberwachung + raman-lidar-geraet
CA -051 emissionsueberwachung + staub + messtechnik
CB -037 luftchemie + schwebstoffe + atmosphaere + messtechnik
CB -046 aerosole + messtechnik
FA -073 bauakustik + schallschutz + messtechnik
FB -094 fluglaerm + messtechnik
HC -016 gewaesserueberwachung + meer + wasserbewegung + transportprozesse + messtechnik + (driftkoerper)
IB -015 niederschlag + messtechnik
IE -010 meeresverunreinigung + schadstoffausbreitung + hydrodynamik + messtechnik + NORDSEE + OSTSEE
IE -050 meerwasser + schwermetallkontamination + messtechnik + MITTELMEER
KA -005 messtechnik + abwasserkontrolle
NC -048 strahlenschutz + dosimetrie + messtechnik
NC -103 luftverunreinigung + radioaktive substanzen + messtechnik + (krypton 85)

OA-004 luftverunreinigung + schadstoffnachweis + messtechnik
OA-005 umweltchemikalien + biozide + messtechnik
OA-009 messtechnik + analysengeraet + umweltverschmutzung + feinstaeube
OA-022 korngroesse + messtechnik
OA-034 chemische industrie + messtechnik + isotopen + tracer
OA-036 analysengeraet + messtechnik
OD-014 umweltchemikalien + biozide + messtechnik
OD-044 umweltchemikalien + biozide + messtechnik
QA-074 lebensmittelueberwachung + umgebungsradioaktivitaet + messtechnik
TA -047 oel + aerosole + mak-werte + messtechnik

messtellennetz

AA-001 luftverunreinigung + messwagen + messtellennetz + datensammlung + (online-betrieb)
AA-002 luftverunreinigung + immission + messtellennetz + datenverarbeitung + (online datenuebertragung) + WILHELMSHAVEN + JADEBUSEN
AA-025 bioklimatologie + messtellennetz + kartierung + raumordnung + BUNDESREPUBLIK DEUTSCHLAND
AA-032 luftverunreinigung + immissionsmessung + messtellennetz + BAYERN
AA-033 immission + messtellennetz + NIEDERSACHSEN
AA-034 luftreinhaltung + immissionsueberwachung + messtellennetz + WILHELMSHAVEN + JADEBUSEN
AA-052 luftueberwachung + messtellennetz + NIEDERSACHSEN
AA-069 immission + messtellennetz + BADEN-WUERTTEMBERG
AA-107 immissionsueberwachung + messtellennetz + methodenentwicklung
AA-134 luftueberwachung + immission + bundesimmissionsschutzgesetz + messtellennetz + MAINZ + RHEIN-MAIN-GEBIET + LUDWIGSHAFEN + RHEIN-NECKAR-RAUM
AA-153 luftueberwachung + messtellennetz
AA-155 immissionsueberwachung + kraftwerk + raffinerie + messtellennetz + WILHELMSHAVEN + JADEBUSEN
AA-161 luftueberwachung + messtellennetz + KOELN (STADT) + RHEIN-RUHR-RAUM
AA-163 schwefeldioxid + immissionsmessung + messtellennetz + KOELN (RAUM) + RHEIN-RUHR-RAUM
AA-164 staubpegel + messtellennetz + KOELN + BERGHEIM + RHEIN-RUHR-RAUM
CA-055 schwermetalle + staubniederschlag + messtellennetz
GB-018 abwaerme + gewaesserschutz + messtellennetz + RHEIN + NECKAR
HA-015 messtellennetz + NORDSEE + OSTSEE
HA-102 wasserueberwachung + messtellennetz + (messboje)
HA-111 kuestenschutz + aestuar + messtellennetz + JADE + WESER
HC-030 wasserguete + kuestengewaesser + messtellennetz + WESER-AESTUAR
HC-031 benthos + litoral + biozoenose + messtellennetz + DEUTSCHE BUCHT
HG-003 hydrologie + oberflaechengewaesser + messtellennetz
HG-054 wasserstand + messtellennetz + datenerfassung
IA -039 gewaesserueberwachung + messtellennetz
IB -023 niederschlagsabfluss + kanalisation + stadtgebiet + messtellennetz
ID -007 grundwasserverunreinigung + deponie + messtellennetz + MUENCHEN-GROSSLAPPEN
NB-054 luftueberwachung + kernkraftwerk + umgebungsradioaktivitaet + messtellennetz + OBERRHEIN

messung

siehe auch aerologische messung
siehe auch emissionsmessung
siehe auch immissionsmessung
siehe auch laermmessung
siehe auch niederschlagsmessung
siehe auch schallmessung
AA-067 atmosphaere + ozon + messung
AA-068 luftverunreinigung + schwefeldioxid + messung + BADEN-WUERTTEMBERG
AA-162 luftverunreinigende stoffe + messung + KOELN (STADT) + RHEIN-RUHR-RAUM
BA-070 luftverunreinigende stoffe + kfz-abgase + messung
CB-032 wald + kohlendioxid + sauerstoff + messung
CB-039 luftverunreinigende stoffe + schwefeldioxid + transport + messung
EA-008 immissionsschutzgesetz + schwefeldioxid + messung
EA-009 immissionsschutzgesetz + staub + messung
FA-010 erschuetterungen + industrie + strassenverkehr + explosion + messung
FA-011 erschuetterungen + explosion + messung
FB-082 verkehrslaerm + messung + normen
IC -060 oberflaechengewaesser + schadstoffbelastung + messung + BERLIN + TEGELER SEE
NB-003 radioaktive kontamination + tritium + messung + OBERRHEINEBENE
NB-006 radioaktive kontamination + messung
NB-062 radioaktivitaet + wohnraum + strahlenbelastung + messung
SB-023 bautechnik + waermefluss + messung
SB-024 bautechnik + waermefluss + daempfe + messung
TA-070 bleikontamination + mensch + messung + arbeitsschutz

messverfahren

siehe auch analyseverfahren
siehe auch nachweisverfahren
siehe auch probenahmemethode
siehe auch pruefverfahren
AA-027 meteorologie + messverfahren + tracer + simulationsmodell
AA-109 smogwarndienst + messverfahren
AA-135 meteorologie + niederschlag + messverfahren
AA-151 emission + feststoffe + messverfahren + geraeteentwicklung
BA-054 kfz-abgase + kohlenwasserstoffe + messverfahren
BA-068 abgasemission + kfz-motor + messverfahren
BC-020 glasindustrie + staubemission + messverfahren + (glasschmelzofen)
BE-007 massentierhaltung + geruchsbelaestigung + messverfahren
BE-011 geruchsbelaestigung + mensch + physiologische wirkungen + messverfahren
BE-020 geruchsbelaestigung + grenzwerte + messverfahren
CA-007 luftverunreinigung + messverfahren + stickstoffmonoxid
CA-012 messverfahren + luftverunreinigung + schadstofftransport + (grenzueberschreitung)
CA-030 stickoxide + messverfahren + geraeteentwicklung
CA-034 aerosolmesstechnik + luftueberwachung + messverfahren
CA-036 aerosolmesstechnik + messverfahren + (zentrifuge)
CA-041 rauch + messverfahren
CA-068 immission + messverfahren + eichung
CA-072 luftverunreinigende stoffe + messverfahren + automatisierung
CA-073 abgas + staubemission + messverfahren
CA-075 luftverunreinigung + aerosole + spurenstoffe + messverfahren + (pruefgas + kalibrierung)
CA-076 luftverunreinigung + halogenkohlenwasserstoffe + messverfahren + probenahmemethode
CA-078 luftueberwachung + niederschlag + schwefelverbindungen + messverfahren
CA-086 abgasemission + messverfahren
CA-098 emissionsueberwachung + anorganische stoffe + chlor + messverfahren
CA-105 schwebstoffe + messverfahren + geraeteentwicklung + (roentgenfluoreszenzanalyse)
CB-024 luftchemie + reaktionskinetik + messverfahren
CB-031 gase + staub + stroemung + messverfahren
CB-050 smogbildung + radikale + messverfahren
CB-055 luftchemie + luftverunreinigende stoffe + messverfahren
CB-064 luftchemie + atmosphaere + messverfahren + radikale
CB-073 atmosphaere + schadstoffnachweis + messverfahren
EA-014 luftverunreinigung + immissionsbelastung + messverfahren + richtlinien
FA-041 vibration + messverfahren
FA-042 vibration + messverfahren

FA -045 schallausbreitung + maschinen + messverfahren
FA -052 laermentstehung + oelfeuerung + messverfahren
FA -071 laermmessung + messverfahren + (bewertungskriterien)
FA -074 schallausbreitung + messverfahren
FA -075 geraeusch + vibration + messverfahren
FA -076 geraeuschmessung + messverfahren + bewertungsmethode + standardisierung
FA -077 laerm + messverfahren + normen + internationaler vergleich
FB -041 dieselmotor + laermbelaestigung + messverfahren
FC -047 laermminderung + schalldaempfer + messverfahren + (motorkettensaegen)
FC -067 laermmessung + werkzeugmaschinen + messverfahren
FC -071 schallentstehung + maschinen + messverfahren + (nahfeldmessung)
HA -033 wasserverdunstung + messverfahren + baggersee + NORDRHEIN-WESTFALEN
HB -039 bodenwasser + messverfahren
HC -035 kuestengewaesser + austauschprozesse + messverfahren + OSTSEE
HD -008 oberflaechenwasser + trinkwasser + spurenelemente + messverfahren
HG -009 fliessgewaesser + kuestengewaesser + hydrometeorologie + messverfahren + WESER-AESTUAR
HG -026 stroemungstechnik + messverfahren
HG -031 hydrologie + messverfahren + tracer
HG -064 wasserstand + messverfahren
IA -001 wasserueberwachung + messverfahren
IA -016 gewaesserverunreinigung + phosphor + messverfahren + geraeteentwicklung + TEGELER SEE + BERLIN
IA -035 wasseruntersuchung + messverfahren + (dokumentation)
IB -005 niederschlagsmessung + messverfahren + (radar)
IE -009 meereskunde + schadstoffausbreitung + messverfahren + (sprungschichten) + DEUTSCHE BUCHT + NORDSEE
IF -036 oberflaechengewaesser + eutrophierung + phosphate + biologischer sauerstoffbedarf + messverfahren
KA -002 abwasserkontrolle + spurenanalytik + gewaesserueberwachung + cyanide + messverfahren
KA -011 abwasserkontrolle + wasserreinigung + biochemischer sauerstoffbedarf + messverfahren
KA -019 gewaesserbelastung + abwasserabgabengesetz + sauerstoffbedarf + messverfahren
MB -009 muellverbrennungsanlage + hochtemperaturabbrand + messverfahren
NB -040 mensch + spurenelemente + messverfahren
NC -041 reaktorsicherheit + notkuehlsystem + rohrleitung + druckbelastung + messverfahren
OA -027 strahlenbiologie + messverfahren + tracer
OB -007 ozon + messverfahren + ALPENVORLAND
OB -014 ozon + messverfahren
OB -018 wasseruntersuchung + schwermetalle + messverfahren
OB -026 abgasemission + fluorverbindungen + messverfahren
SA -058 energietechnik + erdoel + lagerung + messverfahren + (unterirdische kavernen)
TA -023 arbeitsplatz + gesundheitsschutz + messverfahren
VA -028 luftbild + messverfahren + datenverarbeitung

messwagen

AA -001 luftverunreinigung + messwagen + messtellennetz + datensammlung + (online-betrieb)
CA -014 luftverunreinigung + immission + schwefeldioxid + stickoxide + messwagen

metabolismus

HC -010 meeresorganismen + litoral + algen + metabolismus + oekologische faktoren
IE -053 marine nahrungskette + phosphate + metabolismus + fische + (karpfen)
NB -016 arthropoden + insekten + metabolismus + radioaktive spurenstoffe
OC -020 herbizide + metabolismus + nachweisverfahren
OD -002 biosphaere + boden + pcb + mikrobieller abbau + metabolismus
OD -005 toxizitaet + kohlenwasserstoffe + nitrosoverbindungen + metabolismus
OD -040 polyzyklische aromaten + metabolismus
OD -046 meeresorganismen + pestizide + metabolismus
OD -050 mikrobiologie + bakterien + ernaehrung + metabolismus
OD -059 umweltchemikalien + pcb + metabolismus + biologischer abbau + abiotischer abbau
OD -065 herbizide + bodenkontamination + kulturpflanzen + metabolismus
OD -070 organische stoffe + halogenverbindungen + metabolismus + tierexperiment
OD -080 umweltchemikalien + herbizide + pflanzen + metabolismus
OD -092 nitrosoverbindungen + metabolismus + physiologische wirkungen
PA -010 schadstoffbelastung + bleikontamination + metabolismus
PA -016 schwermetalle + enzyme + metabolismus
PA -026 toxikologie + schwermetalle + metabolismus + tierexperiment
PA -035 kfz-abgase + bleikontamination + toxikologie + metabolismus
PA -043 bleiverbindungen + metabolismus + toxikologie + tierexperiment
PB -012 tierernaehrung + metabolismus + umweltchemikalien + (colchicin)
PB -026 gesundheitsschutz + chlorkohlenwasserstoffe + metabolismus
PB -035 herbizide + insektizide + metabolismus + tierexperiment
PB -044 metabolismus + herbizide
PC -001 umweltchemikalien + zellkultur + metabolismus
PC -005 organische schadstoffe + metabolismus + enzyme
PC -007 spurenelemente + organismus + metabolismus
PC -026 dieldrin + hexachlorbenzol + organismen + metabolismus
PC -028 umweltchemikalien + organismen + metabolismus + schadstoffbilanz
PC -046 biooekologie + chlorkohlenwasserstoffe + versuchstiere + metabolismus
PC -052 umweltchemikalien + versuchstiere + metabolismus
PC -063 schadstoffe + metabolismus + innere organe
PD -006 nitrosoverbindungen + metabolismus + carcinogene wirkung + (tierversuch)
PD -042 metabolismus + ernaehrung + darmflora
PD -046 chlorkohlenwasserstoffe + metabolismus + carcinogene wirkung + (vinylchlorid)
PD -058 vinylchlorid + metabolismus + carcinogenese
PD -063 metabolismus + carcinogenese + mutagene wirkung
PD -064 pharmaka + metabolismus + carcinogene + aromatische amine
PD -065 metabolismus + pharmaka + carcinogene
PE -040 luftverunreinigung + benzpyren + mensch + metabolismus
PF -007 schadstoffimmission + bleiverbindungen + metabolismus + halogene + pflanzen
PF -021 biochemie + schwefeldioxid + pflanzen + mikroorganismen + metabolismus
PF -048 nutzpflanzen + metabolismus + schadstoffimmission + schwefeldioxid
PF -049 schadstoffe + schwefelverbindungen + pflanzen + metabolismus
PG -005 biozide + duengung + pflanzen + metabolismus
PG -007 pestizide + metabolismus + photosynthese
PG -013 polyzyklische kohlenwasserstoffe + pflanzen + metabolismus
PG -014 benzpyren + pflanzen + metabolismus
PG -022 detergentien + pilze + metabolismus
PG -029 pflanzenkontamination + herbizide + metabolismus
PG -038 pflanzenschutzmittel + metabolismus + (arzneipflanzen)
PG -040 fungizide + metabolismus + pflanzen
PG -053 insektizide + nutzpflanzen + metabolismus
PH -032 mikroorganismen + metabolismus
PH -045 antibiotika + metabolismus
PH -061 pflanzen + metabolismus + klimakammer
PI -040 umweltchemikalien + pflanzen + metabolismus
QA -029 konservierungsmittel + metabolismus
QA -042 lebensmittelueberwachung + aflatoxine + metabolismus
TA -043 arbeitsplatz + schadstoffwirkung + mensch + metabolismus + (halothan)

TA -054 arbeitsschutz + gesundheitsschutz + vinylchlorid + metabolismus
TE -001 metabolismus + vitamine + mensch + nutztiere + (hausschwein)
TE -005 spurenelemente + mineralstoffe + metabolismus

metallbearbeitung

BC -008 staubemission + metallbearbeitung
FC -041 laermbelastung + arbeitsplatz + fabrikhalle + metallbearbeitung + (rechenprogramm)
FC -070 laermentstehung + arbeitsplatz + metallbearbeitung + (schmiedehaemmer)
FC -078 laermminderung + metallbearbeitung
FC -079 laermminderung + werkzeuge + metallbearbeitung

metalle

siehe auch buntmetalle
siehe auch ne-metalle
siehe auch schwermetalle
FA -062 schwingungsschutz + korrosion + metalle
IC -032 wasserverunreinigung + oberflaechenwasser + metalle + nachweisverfahren
OA -037 aerosolmesstechnik + metalle + spurenanalytik
OB -005 metalle + nachweisverfahren
OB -022 geochemie + metalle + schwefelverbindungen + spurenanalytik
PF -037 geochemie + metalle + arsen + fluor
UD -003 meereskunde + metalle + spurenelemente + sediment + analytik + (manganknollen)
UD -004 gestein + rohstoffe + metalle + spurenelemente + nachweisverfahren
UD -010 rohstoffsicherung + metalle + meeresboden + (manganknollen)
UD -013 ressourcenplanung + metalle + meereskunde + (manganknollen)
UD -014 meereskunde + ressourcenplanung + metalle + geraeteentwicklung + (manganknollen)
UD -019 rohstoffe + metalle + meereskunde + (rohstoffe)
UD -020 rohstoffe + metalle + meereskunde + (manganknollen)

metallindustrie

BC -031 metallindustrie + emissionsmessung
DC -009 abluftreinigung + waschfluessigkeit + metallindustrie + (leichtmetallgiesserei)
DC -045 arbeitsschutz + metallindustrie + immissionsminderung + saeuren + (beizbad)
DC -053 metallindustrie + schadstoffemission + (umweltbelastungsmodell)
FC -010 laermminderung + schallemission + werkzeuge + metallindustrie + (warm- und kaltsaegen)
KC -029 metallindustrie + schlaemme + recycling + baustoffe + (galvanikschlaemme)
MC-009 deponie + sondermuell + metallindustrie + sickerwasser
ME -075 metallindustrie + zinkhuette + produktionsrueckstaende + wiederverwendung + (eisenrueckstaende)
ME -076 metallindustrie + zinkhuette + produktionsrueckstaende + wiederverwendung + (zinkasche)

metallsalze

IC -053 fliessgewaesser + schwermetallkontamination + metallsalze + biozoenose

metallverbindungen

PA -012 metallverbindungen + zelle + physiologische wirkungen

meteorologie

siehe auch forstmeteorologie
siehe auch hydrometeorologie
AA -005 meteorologie + hydrologie + BODENSEE
AA -018 waermebelastung + klimaaenderung + meteorologie + modell + (simulationsmodell) + OBERRHEINEBENE
AA -022 lufthygiene + meteorologie + RHEIN-MAIN-GEBIET
AA -023 normen + meteorologie
AA -026 atmosphaere + meteorologie + waermelastplan + ausbreitungsmodell + OBERRHEINEBENE
AA -027 meteorologie + messverfahren + tracer + simulationsmodell
AA -028 ozeanographie + meteorologie
AA -085 meteorologie + atmosphaere + wald
AA -091 meteorologie + messtechnik
AA -105 oberflaechenwasser + atmosphaere + stoffaustausch + meteorologie + (grenzschichtmodell)
AA -121 lufthygiene + emissionskataster + stadtgebiet + bioindikator + meteorologie + AUGSBURG
AA -135 meteorologie + niederschlag + messverfahren
AA -136 meteorologie + klima + niederschlag + wasserhaushalt + OBERRHEINEBENE + RHEIN-RUHR-RAUM
AA -137 meteorologie + niederschlagsmessung + BONN + RHEIN-RUHR-RAUM
AA -145 meteorologie + atmosphaere + spurenstoffe + analytik
BC -041 abluft + meteorologie + (sammelschachtanlagen)
CA -008 meteorologie + troposphaere + stratosphaere + aerosolmesstechnik + (luftleitfaehigkeit)
CA -057 immissionsmessung + meteorologie + standardisierung
CB -001 kernreaktor + stoerfall + radioaktive substanzen + meteorologie
CB -006 abgasausbreitung + kfz-abgase + meteorologie + strassenverkehr + (ausbreitungsmodell)
CB -013 atmosphaere + ozon + meteorologie + fluorkohlenwasserstoffe
CB -016 luftreinhaltung + schadstoffausbreitung + meteorologie
CB -019 smog + ballungsgebiet + meteorologie + simulationsmodell
CB -063 meteorologie + schadstoffausbreitung + tracer + (ausbreitungsparameter + ablagerungsprognose)
CB -070 luftverunreinigung + schadstoffausbreitung + meteorologie
CB -085 meteorologie + ausbreiten + kontrolle
EA -001 smogwarndienst + meteorologie + inversionswetterlage + prognose
GB -004 gewaesserbelastung + abwaerme + meteorologie + (natuerliche temperatur)
GB -005 kuestengewaesser + wattenmeer + waermebelastung + waermehaushalt + meteorologie
GB -006 fliessgewaesser + waermebelastung + wasserverdunstung + meteorologie + (nebelbildung)
HA -041 meteorologie + fliessgewaesser + hochwasser
SA -012 waermeversorgung + meteorologie + oekonomische aspekte
TE -003 meteorologie + wetterfuehligkeit + (foehn) + BODENSEE (RAUM) + VORALPENGEBIET

methodenentwicklung

AA -107 immissionsueberwachung + messtellennetz + methodenentwicklung
FC -092 laermminderung + baumaschinen + methodenentwicklung + wirtschaftlichkeit
FC -093 baulaerm + geraeuschminderung + methodenentwicklung
KA -008 abwasser + sauerstoffhaushalt + methodenentwicklung
OB -017 schwermetalle + nachweisverfahren + methodenentwicklung + (atomabsorptions-spektrometrie)
PD -022 mutagenitaetspruefung + chemikalien + methodenentwicklung
RB -029 vorratsschutz + schaedlingsbekaempfung + methodenentwicklung
RD -002 landwirtschaft + oekologie + agrarproduktion + methodenentwicklung
RH -023 schaedlingsbekaempfung + genetik + methodenentwicklung + MITTELMEERRAUM
RH -024 schaedlingsbekaempfung + vorratsschutz + genetik + pestizidsubstitut + methodenentwicklung
RH -025 biologischer pflanzenschutz + schaedlingsbekaempfung + insekten + methodenentwicklung + (raps)
UK -033 raumplanung + oekologische faktoren + methodenentwicklung
UL -055 landschaftsplanung + biooekologie + methodenentwicklung

mikrobieller abbau
siehe auch biologischer abbau
DB -009 entschwefelung + steinkohle + mikrobieller abbau + (pyrit)
DD-008 luftreinhaltung + kohlenmonoxid + mikrobieller abbau
DD-023 bakterien + mikrobieller abbau + kohlenmonoxid
HB-089 grundwasseranreicherung + oberflaechenwasser + mikrobieller abbau
IC -043 gewaesserbelastung + schwefelverbindungen + mikrobieller abbau + SAAR (NEBENFLUESSE)
IC -120 gewaesserschutz + mikrobieller abbau
KB-026 mikrobieller abbau + antibiotika + pestizide + (geraeteentwicklung)
KB-054 abwasserbehandlung + mikrobieller abbau + denitrifikation
KB-065 abwasserbehandlung + kohlenhydrate + mikrobieller abbau + (anaerober abbau)
KC-056 zuckerindustrie + abwasserbehandlung + mikrobieller abbau
KD-008 fluessigmist + recycling + lagerung + mikrobieller abbau + geruchsminderung
KE-019 kokerei + klaeranlage + abwasser + phenole + mikrobieller abbau
KE-034 abwassertechnik + belebtschlamm + mikrobieller abbau
KE-057 belebungsverfahren + mikrobieller abbau + (enzymaktivitaet)
KF-017 abwasserreinigung + phosphate + mikrobieller abbau
KF-019 wasserverunreinigende stoffe + phosphate + eutrophierung + mikrobieller abbau
MB-005 holzindustrie + abfallbehandlung + mikrobieller abbau + (ligninsulfosaeure)
MB-033 kompostierung + cellulose + mikrobieller abbau
MB-043 abfallbehandlung + cellulose + kompostierung + mikrobieller abbau
MD-035 klaerschlamm + mikrobieller abbau + recycling
ME-043 abfallstoffe + mikrobieller abbau + kohlenstoff
MF-022 holzabfaelle + recycling + mikrobieller abbau + kompostierung
MF-035 fluessigmist + mikrobieller abbau + recycling + lagerung + (teststoffverfahren)
OD-002 biosphaere + boden + pcb + mikrobieller abbau + metabolismus
OD-009 pflanzenschutzmittel + biozide + mikrobieller abbau
OD-018 carcinogene + polyzyklische kohlenwasserstoffe + mikrobieller abbau
OD-020 bodenkontamination + aromaten + chlorkohlenwasserstoffe + mikrobieller abbau
OD-024 schadstoffabbau + mikrobieller abbau + boden
OD-025 pestizide + aromaten + mikrobieller abbau + enzyme
OD-029 bodenbeschaffenheit + pestizide + mikrobieller abbau
OD-030 bodenbeschaffenheit + pestizide + mikrobieller abbau
OD-031 mikrobieller abbau + chlorkohlenwasserstoffe + aromaten
OD-034 schadstoffabbau + pestizide + insektizide + mikrobieller abbau
OD-043 insektizide + mikrobieller abbau + (hch)
OD-045 mikrobieller abbau + boden + (keratin)
OD-051 mikrobieller abbau + schwefelverbindungen + atmosphaere + (phototrophe bakterien)
OD-052 umweltchemikalien + herbizide + fungizide + mikrobieller abbau
OD-077 pflanzen + mikrobieller abbau + schadstoffbildung + phenole + physiologische wirkungen
PG-027 bodenkontamination + siedlungsabfaelle + organische schadstoffe + mikrobieller abbau
PI -023 biochemie + reaktionskinetik + mikrobieller abbau
PK-007 kunststoffe + mikrobieller abbau + materialtest
RF-002 gefluegel + tierhaltung + tierische faekalien + antibiotika + mikrobieller abbau

mikrobiologie
AA-131 luftchemie + atmosphaere + spurenstoffe + mikrobiologie + erdoberflaeche
MB-030 abfallbeseitigung + mikrobiologie + blaubeurener beatmungsverfahren
OD-050 mikrobiologie + bakterien + ernaehrung + metabolismus
PI -026 mikrobiologie + bakterienflora + standortfaktoren + salzgehalt + (alkaliseen) + AEGYPTEN
PK-022 denkmal + verwitterung + mikrobiologie + (sandstein)
RB-011 gemuese + lagerung + mikrobiologie
RB-012 gemuese + lagerung + mikrobiologie
RH-047 schaedlingsbekaempfung + mikrobiologie + pestizide
UL-057 oekologie + mikrobiologie + heide

mikroflora
siehe auch bakterienflora
siehe auch plankton
siehe auch schimmelpilze
HE-010 trinkwasseraufbereitung + mikroflora
KA-009 abwasser + mikroflora + untersuchungsmethoden
KA-024 abwasser + mikroflora + ernaehrung
KD-001 guelle + mikroflora + bewertungsmethode
KE-005 belebtschlamm + mikroflora + bewertungsmethode
PH-060 immissionsbelastung + biologische wirkungen + mikroflora
QB-039 lebensmittelhygiene + mikroflora + fleischprodukte
RB-010 gemuese + lagerung + mikroflora

mikroklima
GA-004 kraftwerk + kuehlturm + mikroklima
UL-041 naturschutzgebiet + mikroklima + gewaesserbelastung + kraftwerk + BERLIN (OBERHAVEL)

mikroklimatologie
AA-117 weinberg + mikroklimatologie + erdoberflaeche + KAISERSTUHL + OBERRHEIN
AA-119 stadtklima + wohnungsbau + mikroklimatologie + stadtplanung
AA-132 luftverunreinigung + mikroklimatologie + aerologische messung
GA-008 kuehlturm + mikroklimatologie
GA-018 mikroklimatologie + kraftwerk + nasskuehlturm
GB-002 mikroklimatologie + gewaesser + waermebelastung
MC-010 deponie + industrieabfaelle + mikroklimatologie
RG-036 mikroklimatologie + brachflaechen + rekultivierung + koniferen + TAUBERTAL
SA-036 boden + waermehaushalt + wasserhaushalt + mikroklimatologie
SB-018 mikroklimatologie + waermebelastung + bauwesen + stadtgebiet
UK-038 bebauungsart + freiflaechen + mikroklimatologie
UL-006 landschaftsoekologie + mikroklimatologie + kartierung + BASEL (STADTRAND)
UL-007 landschaftsoekologie + anthropogener einfluss + mikroklimatologie + BASEL (RAUM)
UL-008 landschaftsoekologie + mikroklimatologie + hydrologie + BASEL (RAUM)

mikroorganismen
siehe auch plankton
GB-041 kraftwerk + kuehlwasser + mikroorganismen + wasserverunreinigung + oekologische faktoren + MAIN (UNTERMAIN) + RHEIN-MAIN-GEBIET
HA-094 gewaesser + mikroorganismen + nahrungsumsatz + (daphnia)
HE-016 trinkwasseraufbereitung + aktivkohle + mikroorganismen
HE-026 trinkwasseraufbereitung + wasserwerk + filtration + aktivkohle + mikroorganismen
HE-041 trinkwasseraufbereitung + aktivkohle + mikroorganismen
HE-042 trinkwasseraufbereitung + filter + mikroorganismen
IE -018 meeresverunreinigung + kuestengewaesser + abwasserableitung + mikroorganismen + biologische wirkungen + HELGOLAND + ELBE + DEUTSCHE BUCHT
IE -042 kuestengewaesser + schadstoffe + mikroorganismen + OSTSEE
IE -052 marine nahrungskette + mikroorganismen + organische schadstoffe
KA-013 biochemischer sauerstoffbedarf + colibakterien + mikroorganismen + reaktionskinetik
KB-033 abwasserreinigung + mikroorganismen + biotechnologie + (feststoff-fixierung)
KB-072 industrieabwaesser + phenole + biologischer abbau + mikroorganismen

KB -084 abwasserreinigung + aktivkohle + mikroorganismen
KC -051 molkerei + abwasserbehandlung + mikroorganismen + recycling
KE -022 abwasser + mikroorganismen + reaktionskinetik
KE -052 klaeranlage + belebtschlamm + mikroorganismen
MB-031 siedlungsabfaelle + kompostierung + antibiotika + mikroorganismen
MB-042 abfallbeseitigung + muellkompost + mikroorganismen
MF-013 fluessigmist + abfallbehandlung + mikroorganismen
OD-011 fliessgewaesser + schwermetallkontamination + schadstoffbeseitigung + mikroorganismen + SAAR + MOSEL
OD-023 schadstoffabbau + chlorkohlenwasserstoffe + boden + mikroorganismen
OD-027 mikroorganismen + schwermetalle + transportprozesse
OD-032 mikroorganismen + schadstoffabbau + chlorkohlenwasserstoffe + (chlorierte benzoesaeuren)
OD-053 schadstoffabbau + herbizide + mikroorganismen + boden
OD-072 herbizide + mikroorganismen + schadstoffabbau
PF -013 schadstoffbelastung + schwermetalle + mikroorganismen + (biologische wirkungen)
PF -021 biochemie + schwefeldioxid + pflanzen + mikroorganismen + metabolismus
PF -035 bodenkontamination + blei + mikroorganismen + oekotoxizitaet
PG -044 bodenkontamination + herbizide + nebenwirkungen + mikroorganismen + BRAUNSCHWEIG (REGION) + HARZVORLAND
PH -009 schadstoffemission + smog + biologische wirkungen + mikroorganismen + bioindikator
PH -032 mikroorganismen + metabolismus
PH -033 mikroorganismen + bioindikator + biologische wirkungen
PH -059 umweltchemikalien + enzyminduktion + mikroorganismen + belebtschlamm + RHEIN + ADRIA (NORD)
PI -006 oekologie + mikroorganismen
PI -013 oekosystem + mikroorganismen + pestizide + nebenwirkungen
QA-007 lebensmittel + pestizide + herbizide + mikroorganismen
QA-036 mikroorganismen + schadstoffbelastung + lebensmittelhygiene
RG-031 waldoekosystem + bodentiere + mikroorganismen + (laubwald) + SCHWARZWALD + RUHRTAL + AMAZONAS
RH-003 mikroorganismen + pflanzenschutzmittel
RH-052 mikroorganismen + biologische wirkungen + insektizide
TF -008 insekten + mikroorganismen + hygiene
TF -011 infektion + umwelthygiene + mikroorganismen

mikrowellen

AA-063 mikrowellen + messtechnik

milch

QB-026 milch + insektizide + nachweisverfahren
QB-027 milch + pestizide + nachweisverfahren
QB-029 biozide + lebensmittelkontamination + milch
QB-030 antibiotika + nachweisverfahren + milch
QB-036 lebensmittelkontamination + milch + radioaktive spaltprodukte + kernkraftwerk + (jod 131)
QB-050 lebensmittelkontamination + futtermittel + milch + nitrosamine + nachweisverfahren
QB-051 lebensmittelkontamination + futtermittel + milch + nitrosamine + nachweisverfahren
QD-010 nahrungskette + milch + insektizide + hexachlorbenzol + pcb
QD-032 lebensmittelkontamination + milch + chlorkohlenwasserstoffe + schadstoffentfernung

milchverarbeitung

siehe auch molkerei
MF-047 milchverarbeitung + produktionsrueckstaende + recycling + (molke)
QA-021 milchverarbeitung + spurenanalytik
QB-002 lebensmittel + milchverarbeitung
QB-024 milchverarbeitung + lebensmittelhygiene + toxine + spurenanalytik
QB-025 milchverarbeitung + lebensmittelhygiene + antibiotika + spurenanalytik
QD-020 nahrungskette + milchverarbeitung + radioaktive spurenstoffe + lebensmittelkontamination

milieu

TB -016 milieu + wohnwert + wohnbeduerfnisse + (wohnverhalten)
TE -002 milieu + mensch

mineralduenger

siehe auch duengemittel
ID -053 gewaesserbelastung + mineralduenger + auswaschung
RD-029 duengemittel + mineralduenger

mineralisation

KE -060 biologische abwasserreinigung + klaerschlamm + mineralisation + pflanzen

mineraloel

siehe auch erdoel
HA-049 gewaesserbelastung + mineraloel + kohlenwasserstoffe + (seeboden) + BODENSEE
HB-047 grundwasserschutz + mineraloel + untergrund + (abdichtung)
IC -001 bodenschutz + wasserschutz + mineraloel
IC -004 oberflaechengewaesser + mineraloel + schadstoffabbau + photochemische reaktion
IC -098 gewaesserverunreinigung + mineraloel + untergrund
ID -003 grundwasserverunreinigung + mineraloel + chemikalien
ID -051 grundwasser + untergrund + mineraloel + (oelunfall)
IE -005 gewaesserverunreinigung + mineraloel + toxizitaet
KE -014 abwasserbehandlung + belebungsanlage + mineraloel
OD-010 mineraloel + polyzyklische aromaten + heterozyklische kohlenwasserstoffe
PA -033 wassertiere + mineraloel + toxizitaet + (synthetische oele)

mineraloelprodukte

siehe auch aromaten
siehe auch heizoel
siehe auch kohlenwasserstoffe
siehe auch paraffine
siehe auch schmierstoffe
HB-001 mineraloelprodukte + kunststoffbehaelter + lagerung
ID -048 grundwasserverunreinigung + mineraloelprodukte
SA-011 lagerung + mineraloelprodukte + simulation

mineralogie

PF -008 mineralogie + schwermetalle + FICHTELGEBIRGE
UD-011 lagerstaettenkunde + geochemie + mineralogie + SCHLESIEN + BUNDESREPUBLIK DEUTSCHLAND

mineralquelle

HB-024 karstgebiet + mineralquelle + grundwasser + STUTTGART (RAUM)
HB-032 mineralquelle + kartierung + EUROPA (MITTELEUROPA)

mineralstoffe

HB-056 hydrogeologie + mineralstoffe + spurenelemente + BAYERN (NORD)
ID -011 grundwasser + mineralstoffe
OD-086 bodenkontamination + stofftransport + mineralstoffe + duengung
PH -048 bodenbeschaffenheit + mineralstoffe + organische stoffe + (huminstoffe)
RD-017 boden + wasser + mineralstoffe
TE -005 spurenelemente + mineralstoffe + metabolismus
UM-069 gruenland + mineralstoffe + stickstoff + pflanzenernaehrung + HEILIGENHAFEN + OSTSEE

mineralwasser
ID -039 grundwasser + mineralwasser + radioaktive spurenstoffe + uran
QA-052 lebensmittelhygiene + bakterien + mineralwasser

mischabwaesser
KA-001 baggersee + mischabwaesser + erholungsgebiet + regionalplanung + (zielkonflikt) + NIEDERRHEIN

missbildung
siehe unter embryopathie

mobiles messlabor
siehe messwagen

mobilitaet
TB -017 stadt + mobilitaet + (familiensituation)
UE -034 siedlungsraum + umweltqualitaet + bevoelkerung + mobilitaet + simulationsmodell
UH-012 bevoelkerung + mobilitaet + verdichtungsraum
UH-013 bevoelkerung + mobilitaet + RHEIN-MAIN-GEBIET
UH-016 gastarbeiter + mobilitaet + oekonomische aspekte
UH-026 bevoelkerungsentwicklung + mobilitaet + BUNDESREPUBLIK DEUTSCHLAND
UH-035 stadtplanung + verkehrsplanung + mobilitaet + (benachteiligte bevoelkerungsgruppen)
UH-041 bevoelkerung + mobilitaet + strukturanalyse

modell
siehe auch abflussmodell
siehe auch ausbreitungsmodell
siehe auch planungsmodell
siehe auch simulationsmodell
AA-018 waermebelastung + klimaaenderung + meteorologie + modell + (simulationsmodell) + OBERRHEINEBENE
BA-012 verbrennungsmotor + schadstoffbildung + modell
DD-041 abluftreinigung + staub + modell
GB-014 gewaesser + waermebelastung + sauerstoffeintrag + modell
GB-043 stroemungstechnik + oberflaechengewaesser + kuehlwasser + abwasser + modell
GB-046 gewaesser + waermetransport + modell
HA-042 hydrologie + bodenstruktur + modell + ALPENVORLAND
HB-036 wasserwirtschaft + grundwasser + hydrodynamik + modell
HB-058 grundwasser + hydrologie + modell
HG-030 hydrogeologie + grundwasserbewegung + tracer + modell
HG-033 gewaesser + trinkwasserguete + phosphate + modell
HG-034 gewaesserguete + klaeranlage + wirtschaftlichkeit + modell
HG-059 gewaesser + flockung + sedimentation + modell
ID -036 grundwasser + uferfiltration + modell
IE -049 wasserguete + vorfluter + schadstoffbilanz + ueberwachungssystem + modell
PI -018 schadstoffe + waldoekosystem + modell
PI -038 oekosystem + modell + SOLLING
TB -005 lebensqualitaet + sozialindikatoren + modell
TF -040 infektionskrankheiten + viren + epidemiologie + modell + (antikoerperkataster) + BADEN (SUED) + OBERRHEIN
UA-011 umweltplanung + modell
UA-045 umweltbelastung + lebensqualitaet + ballungsgebiet + grosstadt + modell + DORTMUND + RHEIN-RUHR-RAUM
UC-028 wirtschaftswachstum + modell + wachstumsgrenzen + sozio-oekonomische faktoren + (club of rome)
UE -017 stadtplanung + regionalplanung + modell
UI -018 verkehrsplanung + verkehrsmittel + nahverkehr + modell
VA-014 raumordnung + oekologische faktoren + modell
VA-015 energiewirtschaft + umweltbelastung + informationssystem + modell
VA-025 umweltpolitik + planung + prognose + modell + datenbank + (umplis)

molkerei
siehe auch milchverarbeitung
KC-035 molkerei + abwasserbehandlung + recycling + eiweissgewinnung + (verfahrensoptimierung)
KC-044 abwasserschlamm + molkerei
KC-050 molkerei + abwasserbehandlung + filtration
KC-051 molkerei + abwasserbehandlung + mikroorganismen + recycling
KC-052 molkerei + abwasseraufbereitung + (membranverfahren)
MF-037 molkerei + abwasseraufbereitung + eiweissgewinnung
SA-059 energiebedarf + molkerei + abwaerme

mollusken
siehe auch muscheln
PC-067 umwelteinfluesse + mollusken

moor
MC-049 moor + klaerschlamm + deponie + standortfaktoren + DEUTSCHLAND (NORD-WEST)
ME-069 moor + rekultivierung + abfallschlamm + (rotschlamm)
RA-021 landwirtschaft + vegetation + moor + NORDWESTDEUTSCHES KUESTENGEBIET
RC-039 moor + bodennutzung + torf + naturschutz + NIEDERSACHSEN
RD-051 moor + rekultivierung + (aufforstung) + DEUTSCHLAND (NORD-WEST)
RD-052 moor + vegetationskunde + bodenverbesserung + DEUTSCHLAND (NORD-WEST) + NIEDERSACHSEN (NORD)
RD-053 bodenbeschaffenheit + moor + gewaesserbelastung + (landwirtschaftliche nutzung) + DEUTSCHLAND (NORD-WEST)
RD-054 moor + bodennutzung + brachflaechen + wasserhaushalt + NIEDERSACHSEN (NORD)
UL-038 naturschutzgebiet + bodenstruktur + moor + oekologie + (duene-moor-biotop) + BERLIN + NORDDEUTSCHE TIEFEBENE
UL-068 moor + rekultivierung + NIEDERSACHSEN (NORD)

morbiditaet
PE -018 luftverunreinigung + morbiditaet + mortalitaet + statistik

mortalitaet
PE -013 krebs + mortalitaet + nitrate + trinkwasser
PE -014 umweltbelastung + industrie + ballungsgebiet + mortalitaet + RHEIN-NECKAR-RAUM + MANNHEIM + LUDWIGSHAFEN
PE -015 luftverunreinigung + mortalitaet + HANNOVER
PE -016 trinkwasserguete + krankheiten + mortalitaet + HANNOVER
PE -017 trinkwasserguete + mortalitaet + NIEDERSACHSEN
PE -018 luftverunreinigung + morbiditaet + mortalitaet + statistik
TB -012 oekologie + bevoelkerung + sozio-oekonomische faktoren + mortalitaet + HANNOVER

motor
siehe auch antriebssystem
siehe auch fahrzeugantieb
siehe auch triebwerk
siehe auch verbrennungsmotor
BA-018 verbrennung + motor + industrie + abgas
FC-011 motor + geraeuschminderung + (kolbenpumpe)

motorsport
FD-010 laermbelaestigung + wohngebiet + motorsport

muell
siehe abfall

muellablagerungsplatz
siehe deponie

muellballen

MA-025 abfallbehandlung + muellballen

muelldeponie

siehe deponie

muellhomogenisierung

siehe unter abfallbehandlung

muellkompost

MA-001 muellkompost + kunststoffabfaelle + abfallbeseitigung + prognose
MA-016 abfallstoffe + muellkompost + (pca-anreicherung)
MB-042 abfallbeseitigung + muellkompost + mikroorganismen
MD-003 muellkompost + ackerland + gewaesserverunreinigung
MD-030 siedlungsabfaelle + muellkompost + klaerschlammbeseitigung + bodenkontamination + pflanzenertrag + HANNOVER (RAUM)
MD-031 muellkompost + recycling + duengung + bodenbelastung + schwermetalle
MD-032 torf + klaerschlamm + muellkompost + recycling + bodenverbesserung
MD-034 muellkompost + duengung + langzeitwirkung
MG-002 muellkompost + normen
OD-006 boden + schwermetalle + muellkompost + klaerschlamm
OD-008 bodenkontamination + pcb + klaerschlamm + muellkompost
OD-033 polyzyklische aromaten + muellkompost + gemuese + schadstoffbelastung
PF -003 bodenkontamination + schwermetalle + klaerschlamm + muellkompost
PF -011 gemuesebau + schwermetallkontamination + muellkompost + bodenverbesserung
PF -044 duengung + muellkompost + schwermetalle + bodenbelastung + tracer
PG -012 schadstoffnachweis + polyzyklische kohlenwasserstoffe + muellkompost + pflanzenkontamination + bodenbelastung
PG -015 carcinogene + polyzyklische kohlenwasserstoffe + muellkompost + klaerschlamm + pflanzenkontamination
QC-027 pflanzenkontamination + schwermetalle + muellkompost + pilze + (champignon)
RD -019 bodenverbesserung + wald + duengung + muellkompost + OBERRHEINEBENE
RD -036 bodenbearbeitung + duengung + muellkompost + ackerbau
RD -037 bodenbeschaffenheit + duengung + muellkompost
RD -039 landwirtschaft + bodenverbesserung + muellkompost
RD -040 weinbau + muellkompost
RD -050 muellkompost + duengung + bodenbeschaffenheit + naehrstoffgehalt + pflanzenphysiologie

muellpresslinge

MB-058 abfallbeseitigung + muellpresslinge + (modellstudie)

muellsauganlage

siehe auch abfallbeseitigungsanlage
MA-005 muellsauganlage + verfahrenstechnik

muellschlacken

ME-035 muellschlacken + wiederverwendung + baustoffe
ME-048 muellschlacken + duengemittel
PH -041 duengemittel + muellschlacken + kompost

muellverbrennung

siehe auch abfallbehandlung
BB -001 muellverbrennung + feinstaeube + spurenanalytik + schwermetalle
KE -013 klaerschlammbehandlung + muellverbrennung

muellverbrennungsanlage

BB -007 muellverbrennungsanlage + umweltbelastung + (gutachten) + KASSEL (UMGEBUNG)
BB -008 muellverbrennungsanlage + flugasche + schwermetalle
BB -034 emissionsmessung + muellverbrennungsanlage
BB -038 muellverbrennungsanlage + feinstaeube + anorganische stoffe
BE -001 chemische industrie + muellverbrennungsanlage + standortwahl + geruchsbelaestigung
DB -022 muellverbrennungsanlage + rauchgas + schadstoffabscheidung + fluor
DB -029 muellverbrennungsanlage + abgas + nassreinigung
DB -030 muellverbrennungsanlage + schadstoffentfernung + verfahrensoptimierung
DB -034 muellverbrennungsanlage + sondermuell + abgasreinigung
DB -036 muellverbrennungsanlage + abgasreinigung + fluor + chlorkohlenwasserstoffe
DB -042 muellverbrennungsanlage + rueckstaende + rauchgas + emissionsminderung
GB -011 muellverbrennungsanlage + abwaerme + energieeinsparung + (waermeaustauscher)
MB-008 muellverbrennungsanlage + rueckstandsanalytik + schlacken
MB-009 muellverbrennungsanlage + hochtemperaturabbrand + messverfahren
ME-018 muellverbrennungsanlage + oekonomische aspekte + verfahrenstechnik
MG-036 muellverbrennungsanlage + oekonomische aspekte + investitionen
PK -035 muellverbrennungsanlage + korrosion
PK -036 luftverunreinigung + muellverbrennungsanlage + spurenelemente + fluor

muellverdichtung

MA-036 abfallsammlung + muellverdichtung

muellvergasung

siehe auch hochtemperaturabbrand
siehe auch pyrolyse
BB -020 abfallbeseitigung + muellvergasung + verfahrensoptimierung + betriebssicherheit + KALUNDBORG + DAENEMARK
MB-021 muellvergasung + wirtschaftlichkeit + oekologische faktoren
MB-022 muellvergasung + wirtschaftlichkeit + oekologische faktoren
MB-054 muellvergasung + abfallbeseitigung + hausmuell + sondermuell
MB-062 muellvergasung + abgasreinigung + recycling

muscheln

siehe auch mollusken
IE -032 meeresverunreinigung + truebwasser + muscheln
PA -022 blei + toxizitaet + marine nahrungskette + muscheln
PA -023 meeresverunreinigung + asbeststaub + muscheln
PA -024 schwermetallsalze + antimon + marine nahrungskette + muscheln

mutagene

siehe auch teratogene
PD -013 humangenetik + mutagene

mutagene wirkung

PC -037 ionisierende strahlung + pharmaka + mutagene wirkung
PD -003 chemikalien + mutagene wirkung
PD -019 mutagene wirkung + tierexperiment
PD -020 mutagene wirkung + carcinogene wirkung + schadstoffwirkung + (chromosomenmutationen)
PD -033 schadstoffe + benzpyren + teratogene wirkung + mutagene wirkung
PD -035 polyzyklische kohlenwasserstoffe + mutagene wirkung
PD -037 chemikalien + mutagene wirkung + mensch + pruefverfahren
PD -039 umweltchemikalien + mensch + mutagene wirkung + schutzmassnahmen
PD -040 chemikalien + mutagene wirkung + schutzmassnahmen + wirkmechanismus
PD -043 genetik + mutagene wirkung + umwelteinfluesse + (mathematische modelle)

PD -044 pharmaka + pestizide + mutagene wirkung + bioindikator + hefen
PD -060 herbizide + teratogene wirkung + mutagene wirkung
PD -063 metabolismus + carcinogenese + mutagene wirkung
PD -067 umweltchemikalien + mutagene wirkung + genetik
PD -068 umweltchemikalien + mutagene wirkung + genetik
PD -069 mutagene wirkung + umweltchemikalien + (methodenentwicklung)

mutagenitaetspruefung

PD -004 mutagenitaetspruefung + kfz-abgase + carcinogene
PD -014 umweltchemikalien + mutagenitaetspruefung
PD -022 mutagenitaetspruefung + chemikalien + methodenentwicklung
PD -048 umweltchemikalien + carcinogene + mutagenitaetspruefung
PD -057 umweltchemikalien + zytotoxizitaet + mutagenitaetspruefung + (meoteben + endoxan)
PD -070 genetik + mutagenitaetspruefung + umweltchemikalien

mutation

PC -014 ionisierende strahlung + chemikalien + zytotoxizitaet + mutation
PD -021 mutation + strahlung + chemikalien + synergismus

mykotoxine

siehe auch carcinogene
OB -016 mykotoxine + schadstoffbildung + nachweisverfahren
OC -009 mykotoxine + nachweisverfahren + aflatoxine + toxizitaet
PB -006 mykotoxine + physiologische wirkungen
QA -004 futtermittel + nutztiere + mykotoxine
QA -019 lebensmittelanalytik + carcinogene + mykotoxine
QA -037 nahrungsmittelhygiene + mykotoxine + nitrosamine + nachweisverfahren
QB -032 mykotoxine + lebensmittel + schimmelpilze
QB -042 fleischprodukte + mykotoxine
QC -032 lebensmittel + mykotoxine + vorratsschutz

nachbehandlung

HE -021 trinkwasser + nachbehandlung
HE -025 trinkwasser + nachbehandlung + wasserleitung + korrosion
TA -018 farbauftrag + nachbehandlung + abluft + emissionsminderung + arbeitsplatz

nachklaerbecken

siehe auch klaeranlage
KE -053 biologische abwasserreinigung + belebungsanlage + nachklaerbecken
KE -059 biologische abwasserreinigung + belebungsanlage + nachklaerbecken + (dortmundbrunnen)

nachtlaerm

FA -017 laermkarte + taglaerm + nachtlaerm + DUISBURG + RHEIN-RUHR-RAUM

nachverbrennung

siehe auch kfz-abgase
siehe auch verbrennung
BA -031 dieselmotor + nachverbrennung +
DA -001 kfz-abgase + nachverbrennung + katalysator
DA -005 abgasminderung + dieselmotor + nachverbrennung
DA -012 dieselmotor + emissionsminderung + nachverbrennung
DA -024 nachverbrennung + schadstoffminderung + geruchsminderung + verfahrensoptimierung
DA -025 luftreinhaltung + nachverbrennung + verfahrenstechnik + katalysator
DA -028 kfz-abgase + nachverbrennung + ottomotor
DA -036 ottomotor + abgasminderung + nachverbrennung
DA -068 kfz-abgase + treibstoffe + nachverbrennung + ottomotor + pruefverfahren + (verdampfungsverluste)
DC -011 industrieabgase + chlorkohlenwasserstoffe + nachverbrennung + katalysator
DD -025 luftreinhaltung + nachverbrennung + organische schadstoffe + reaktionskinetik

nachweis

siehe unter schadstoffnachweis

nachweisverfahren

siehe auch analyse
BA -010 luftverunreinigung + brennstoffe + polyzyklische aromaten + nachweisverfahren
BA -043 abgas + stickstoffmonoxid + nachweisverfahren
BA -050 abgaszusammensetzung + chlorschwefel + nachweisverfahren
BB -004 abgasemission + benzol + polyzyklische aromaten + nachweisverfahren
BE -018 abgas + geruchsstoffe + nachweisverfahren
BE -027 umweltbelastung + geruchsbelaestigung + nachweisverfahren
CA -005 luftverunreinigung + nachweisverfahren + geraeteentwicklung
CA -011 organische schadstoffe + halogene + nachweisverfahren + atmosphaere + stratosphaere
CA -019 luftverunreinigende stoffe + nachweisverfahren + messgeraet + (langweg-gaskuevette)
CA -042 luftverunreinigende stoffe + nachweisverfahren + spurenanalytik + (mehrkomponentenanalyse)
CA -043 luftverunreinigung + anorganische stoffe + nachweisverfahren + (elektronenmikroskop + elektronenbeugung)
CA -045 luftverunreinigung + kohlenwasserstoffe + nachweisverfahren
CA -046 luftverunreinigung + organische schadstoffe + atemtrakt + nachweisverfahren
CA -053 gase + staubbelastung + nachweisverfahren
CA -061 luftverunreinigende stoffe + nachweisverfahren + halogenkohlenwasserstoffe + probenahmemethode + gaschromatographie
CA -064 luftverunreinigung + fluoride + nachweisverfahren
CA -074 staub + nachweisverfahren
CA -081 luftchemie + atmosphaere + spurenstoffe + nachweisverfahren + geraeteentwicklung
CA -083 luftverunreinigende stoffe + fluorverbindungen + nachweisverfahren + RHEINLAND-PFALZ
CA -088 luftverunreinigung + nachweisverfahren
CB -014 atmosphaere + salzsaeure + nachweisverfahren
CB -015 schwefelwasserstoff + nachweisverfahren
CB -057 stickstoffmonoxid + nachweisverfahren
EA -007 luftverunreinigende stoffe + aerosole + nachweisverfahren + geraeteentwicklung
HA -067 trinkwasserversorgung + oberflaechengewaesser + schadstoffbelastung + nachweisverfahren + (cholinesterasehemmer)
HD -011 wasserverunreinigung + organische schadstoffe + nachweisverfahren + (trinkwasseraufbereitung)
HD -012 trinkwasser + schwermetalle + nachweisverfahren
HD -015 trinkwasser + hefen + schimmelpilze + nachweisverfahren
HD -017 wasserverunreinigende stoffe + trinkwasser + nachweisverfahren + fluorkohlenwasserstoffe
HD -018 trinkwasserguete + abwasser + faekalien + bakteriologie + nachweisverfahren
IA -018 fliessgewaesser + organische schadstoffe + nachweisverfahren
IA -020 wasseraufbereitung + oberflaechengewaesser + saeuren + nachweisverfahren + BODENSEE-HOCHRHEIN
IA -021 hydrologie + spurenstoffe + nachweisverfahren + tracer
IA -024 wasserverunreinigung + pestizide + nachweisverfahren
IA -025 wasserverunreinigende stoffe + phenole + nachweisverfahren + gaschromatographie
IA -028 wasserverunreinigung + pestizide + nachweisverfahren
IC -005 gewaesserbelastung + schwermetalle + quecksilber + cadmium + nachweisverfahren + BAYERN
IC -032 wasserverunreinigung + oberflaechenwasser + metalle + nachweisverfahren
IC -033 wasserverunreinigung + oberflaechenwasser + phenole + nachweisverfahren + schadstoffabbau

IC -048 oberflaechengewaesser + organische schadstoffe + nachweisverfahren + trinkwasserversorgung + BODENSEE-HOCHRHEIN
IC -110 wasser + phenole + nachweisverfahren
IE -045 meeresverunreinigung + organische stoffe + meeresorganismen + nachweisverfahren
KA-015 abwasseranalyse + organische stoffe + nachweisverfahren
NB-002 radioaktive spurenstoffe + nachweisverfahren
NB-010 umweltbelastung + radioaktive substanzen + nachweisverfahren
NB-011 mensch + radioaktive kontamination + nachweisverfahren
NB-044 kernreaktor + abluftfilter + radioaktive substanzen + nachweisverfahren
NB-045 kernreaktor + abluft + jod + nachweisverfahren
OA-003 stickoxide + infrarottechnik + nachweisverfahren
OA-010 schadstoffe + nachweisverfahren
OA-011 spurenanalytik + nachweisverfahren
OA-016 umweltchemikalien + beryllium + nachweisverfahren + richtlinien + (einheitsverfahren)
OA-020 antibiotika + nachweisverfahren
OA-032 umweltchemikalien + biozide + nachweisverfahren
OA-033 biozide + umweltchemikalien + nachweisverfahren + automatisierung
OA-035 spurenanalytik + nachweisverfahren + (multielementbestimmung)
OB-002 schwefel + nachweisverfahren + gesundheitsvorsorge + (karies)
OB-003 fluor + nachweisverfahren + gesundheitsvorsorge + (karies)
OB-004 anorganische schadstoffe + nachweisverfahren
OB-005 metalle + nachweisverfahren
OB-010 schwermetalle + spurenanalytik + nachweisverfahren
OB-016 mykotoxine + schadstoffbildung + nachweisverfahren
OB-017 schwermetalle + nachweisverfahren + methodenentwicklung + (atomabsorptions-spektrometrie)
OB-024 umweltchemikalien + spurenelemente + oekotoxizitaet + nachweisverfahren
OC-001 umweltchemikalien + pcb + nachweisverfahren
OC-007 pharmaka + pestizide + nachweisverfahren
OC-009 mykotoxine + nachweisverfahren + aflatoxine + toxizitaet
OC-010 pestizide + wasser + nachweisverfahren
OC-012 benzpyren + nachweisverfahren
OC-020 herbizide + metabolismus + nachweisverfahren
OC-023 rueckstandsanalytik + pflanzenschutzmittel + nachweisverfahren
OC-024 organische schadstoffe + nachweisverfahren + bewertungskriterien
OC-027 pflanzenschutzmittel + pestizide + nachweisverfahren
OC-028 organische schadstoffe + nachweisverfahren
OC-032 polyzyklische aromaten + nachweisverfahren
OD-001 umweltchemikalien + aromaten + chlorkohlenwasserstoffe + biozide + nachweisverfahren
OD-013 schadstoffbilanz + schwermetalle + nachweisverfahren
OD-071 carcinogene + nitrosoverbindungen + analytik + nachweisverfahren
OD-079 umweltchemikalien + biozide + nachweisverfahren + wirkungen
OD-081 umweltchemikalien + schwermetalle + schadstoffbilanz + nachweisverfahren
PA -011 fische + schwermetallkontamination + nachweisverfahren
PA -025 bleikontamination + meeresorganismen + nachweisverfahren
PA -038 tiere + schwermetalle + spurenelemente + nachweisverfahren
PB -008 aflatoxine + nachweisverfahren + wirkungen
PB -022 meeresorganismen + organische schadstoffe + pestizide + nachweisverfahren
PC -034 umweltbelastung + nachweisverfahren + (sektionsgut)
PE -053 luftverunreinigende stoffe + kohlenmonoxid + organismus + nachweisverfahren + (gaschromatographie)
PF -066 schwermetalle + biochemie + nachweisverfahren + HARZVORLAND + HARZ
PF -074 spurenelemente + nachweisverfahren
PH -016 schadstoffwirkung + flora + schwefeloxide + stickoxide + nachweisverfahren
PK -031 denkmal + umwelteinfluesse + nachweisverfahren
QA-006 lebensmittel + biozide + nachweisverfahren
QA-012 lebensmittelkonservierung + pestizide + nachweisverfahren
QA-030 nachweisverfahren + schwermetalle + lebensmittelanalytik
QA-032 konservierungsmittel + oxidation + nachweisverfahren + lebensmittelhygiene
QA-037 nahrungsmittelhygiene + mykotoxine + nitrosamine + nachweisverfahren
QA-043 lebensmittel + spurenelemente + nachweisverfahren
QA-048 schwermetalle + nachweisverfahren + futtermittel + (atomabsorptions-spektrometrie)
QA-062 lebensmittel + schwermetalle + nachweisverfahren + (roentgenfluoreszenzanalyse)
QA-069 lebensmittel + spurenelemente + toxizitaet + nachweisverfahren
QA-070 lebensmittel + biozide + nachweisverfahren
QA-075 spurenelemente + nachweisverfahren + lebensmittel
QB-023 gefluegel + krankheitserreger + viren + nachweisverfahren
QB-026 milch + insektizide + nachweisverfahren
QB-027 milch + pestizide + nachweisverfahren
QB-030 antibiotika + nachweisverfahren + milch
QB-035 fleischprodukte + lebensmittelkontamination + antibiotika + oestrogene + nachweisverfahren
QB-050 lebensmittelkontamination + futtermittel + milch + nitrosamine + nachweisverfahren
QB-051 lebensmittelkontamination + futtermittel + milch + nitrosamine + nachweisverfahren
QB-059 antibiotika + nachweisverfahren + gefluegel
QC-038 fungizide + nachweisverfahren + getreide + bioindikator
QD-024 tierernaehrung + hexachlorbenzol + lebensmittel + nachweisverfahren
TA -073 arbeitsplatz + schadstoffbelastung + loesungsmittel + nachweisverfahren + (gaschromatographie)
UD-004 gestein + rohstoffe + metalle + spurenelemente + nachweisverfahren

naehrstoffe

PH -036 bodenbelastung + pflanzen + naehrstoffe

naehrstoffgehalt

ID -001 bodenwasser + duengung – naehrstoffgehalt
IF -038 gewaesseruntersuchung + naehrstoffgehalt + talsperre + trinkwasser
RB-021 getreide + naehrstoffgehalt
RD-050 muellkompost + duengung + bodenbeschaffenheit + naehrstoffgehalt + pflanzenphysiologie
RD-057 naehrstoffgehalt + grundwasser + oberflaechenwasser + boden + duengung
RE -039 boden + naehrstoffgehalt + landwirtschaft + pflanzenertrag

naehrstoffhaushalt

HA-030 fliessgewaesser + gewaesseruntersuchung + naehrstoffhaushalt + landwirtschaft + NIEDERSACHSEN (SUED)
HA-073 oberflaechengewaesser + laendlicher raum + wasserhaushalt + naehrstoffhaushalt + HOLSTEIN (OST)
IC -039 gewaesserbelastung + organische schadstoffe + naehrstoffhaushalt + wasseruntersuchung + NIEDERSACHSEN (SUED) + LEINE
IF -002 binnengewaesser + naehrstoffhaushalt + schadstoffbelastung + (seemodell) + WALCHENSEE + KOCHELSEE
IF -011 gewaesserbelastung + duengemittel + naehrstoffhaushalt + NIEDERSACHSEN (SUED) + LEINE
IF -029 gewaesserbelastung + kommunale abwaesser + duengemittel + naehrstoffhaushalt + eutrophierung
PI -037 naehrstoffhaushalt + oekosystem + ALPEN
RD-001 naehrstoffhaushalt + boden + salzgehalt + bewaesserung
RD-027 agrarplanung + ackerbau + wasserhaushalt + naehrstoffhaushalt + bodenstruktur
RD-033 agrarbiologie + naehrstoffhaushalt + duengung
RD-049 wald + bodenbeschaffenheit + niederschlag + naehrstoffhaushalt + wasserbilanz + DEUTSCHLAND (NORD-WEST)

RE -038 pflanzenphysiologie + naehrstoffhaushalt + (regulationsmechanismen)
RG -014 waldoekosystem + klimaaenderung + naehrstoffhaushalt + SCHWARZWALD (NORD)
TE -004 naehrstoffhaushalt + proteine + testverfahren

naehrstoffzufuhr

IE -014 meeresverunreinigung + naehrstoffzufuhr + eutrophierung + sauerstoffhaushalt + NORDSEE + OSTSEE

naherholung

AA -046 naherholung + erholungsgebiet + klima + ballungsgebiet + RHEIN-RUHR-RAUM + RHEINISCHES SCHIEFERGEBIRGE
HA -115 gewaesserguete + baggersee + naherholung + MUENCHEN
TC -016 naherholung + siedlungsentwicklung + ballungsgebiet + flaechennutzung + interessenkonflikt + NIEDERSACHSEN
UK -017 bodennutzung + rekultivierung + naherholung + GIESSEN
UK -027 freiraumplanung + erholungsgebiet + naherholung + bedarfsanalyse + planungsmodell + MUENCHEN (REGION)
UK -053 erholungsplanung + landschaftsrahmenplan + naturpark + naherholung + KOTTENFORST-VILLE + BONN + RHEIN-RUHR-RAUM
UK -066 landschaftsgestaltung + flurbereinigung + naherholung + erholungswert + FRANKEN
UK -067 ballungsgebiet + naherholung + erholungsgebiet + (wechselbeziehung + verflechtungsmodell) + HANNOVER (REGION)

nahrungskette

siehe marine nahrungskette
IC -006 gewaesserbelastung + schwermetalle + benthos + nahrungskette
PF -015 nahrungskette + algen + schwermetallbelastung + schadstoffwirkung
QB -028 nahrungskette + schadstoffe + biologische wirkungen
QD -002 umweltchemikalien + schadstoffwirkung + nahrungskette
QD -004 siedlungsabfaelle + klaerschlamm + bodenkontamination + nahrungskette
QD -006 schwermetallkontamination + nahrungskette + (toleranzgrenzen)
QD -007 nahrungskette + schwermetallkontamination + rueckstandsanalytik
QD -009 nahrungskette + wasserverunreinigende stoffe + insektizide + schadstoffabsorption + (lindan)
QD -010 nahrungskette + milch + insektizide + hexachlorbenzol + pcb
QD -011 nahrungskette + biozide
QD -012 nahrungskette + toxine
QD -020 nahrungskette + milchverarbeitung + radioaktive spurenstoffe + lebensmittelkontamination
QD -021 lebensmittelkontamination + chlorkohlenwasserstoffe + nahrungskette
QD -026 nahrungskette + quecksilber + kontamination + BUNDESREPUBLIK DEUTSCHLAND
QD -027 radioaktive substanzen + eisen + kontamination + nahrungskette
QD -031 fliessgewaesser + nahrungskette + (schnecke)

nahrungsmittel

siehe auch lebensmittel
PC -064 umweltchemikalien + biozide + nahrungsmittel + datenerfassung
QA -001 kunststoffbehaelter + materialtest + nahrungsmittel
QA -050 nahrungsmittel + analyse + krebs + IRAN

nahrungsmittelhygiene

QA -037 nahrungsmittelhygiene + mykotoxine + nitrosamine + nachweisverfahren

nahrungsmittelproduktion

siehe auch agrarproduktion
ME -063 nahrungsmittelproduktion + produktionsrueckstaende + hefen + verwertung
QB -034 nahrungsmittelproduktion + analytik + polyzyklische aromaten + phenole
RB -001 oekologie + nahrungsmittelproduktion + weltbevoelkerung
RB -028 nahrungsmittelproduktion + algen
RE -032 nahrungsmittelproduktion + duengung + stickstoff + getreide

nahrungsumsatz

HA -094 gewaesser + mikroorganismen + nahrungsumsatz + (daphnia)

nahverkehr

siehe auch oeffentlicher nahverkehr
UI -010 strassenverkehr + elektrofahrzeug + nahverkehr
UI -015 nahverkehr + stadtgebiet + oekonomische aspekte
UI -016 nahverkehr + personenverkehr + guetertransport
UI -018 verkehrsplanung + verkehrsmittel + nahverkehr + modell
UN -006 verkehrssystem + elektrofahrzeug + nahverkehr
UN -011 nahverkehr + oeffentliche verkehrsmittel + personenverkehr + (cabinentaxi)

nassentstaubung

siehe auch abgasentstaubung
DC -054 emissionsminderung + nassentstaubung + verfahrensoptimierung
DC -061 kohle + feinstaeube + nassentstaubung
DD -064 nassentstaubung + schwebstoffe

nasskuehlturm

BB -028 luftverunreinigende stoffe + nasskuehlturm + kernkraftwerk + fluss + pilze + MAIN + RHEIN-MAIN-GEBIET
GA -006 nasskuehlturm + klimatologie + OBERRHEINEBENE
GA -007 kernkraftwerk + nasskuehlturm
GA -009 nasskuehlturm + umweltbelastung + messgeraet
GA -010 nasskuehlturm + umweltbelastung + messgeraet
GA -011 nasskuehlturm + umweltbelastung + datenerfassung
GA -018 mikroklimatologie + kraftwerk + nasskuehlturm

nassreinigung

siehe auch abgasreinigung
siehe auch gaswaesche
DB -029 muellverbrennungsanlage + abgas + nassreinigung
DD -031 abgasreinigung + nassreinigung + schadstoffabsorption

nationalpark

siehe auch naturpark
UK -039 landschaftsplanung + nationalpark + planungshilfen + BUNDESREPUBLIK DEUTSCHLAND
UK -040 landschaftsplanung + nationalpark + wattenmeer + (gutachten) + NORDFRIESLAND + DEUTSCHE BUCHT
UM -029 vegetation + nationalpark + kartierung + BAYRISCHER WALD/SPIEGELAU-GRAFENAU

naturpark

siehe auch nationalpark
PI -008 gewaesserbelastung + oekosystem + naturpark + SCHOENBUCH (REGION)
UK -020 landschaftsschutz + freizeitanlagen + naturpark
UK -028 landschaftsrahmenplan + naturpark + erholungsplanung + TEUTOBURGER WALD + WIEHENGEBIERGE
UK -050 landschaftsoekologie + landschaftsrahmenplan + erholungsgebiet + naturpark + KOTTENFORST-VILLE + BONN + RHEIN-RUHR-RAUM
UK -052 landschaftsoekologie + erholungsgebiet + naturpark + BERGISCHES LAND
UK -053 erholungsplanung + landschaftsrahmenplan + naturpark + naherholung + KOTTENFORST-VILLE + BONN + RHEIN-RUHR-RAUM

UK-054 landschaftsschutz + erholungsplanung + landschaftsrahmenplan + naturpark + BERGISCHES LAND
UK-056 landschaftsplanung + erholungsplanung + naturpark + SCHWALMTAL (KREIS VIERSEN)
UK-061 landschaftserhaltung + naturpark + FRANKENWALD + BAYERN
UN-058 naturpark + fauna + oekologische faktoren + VOGELSBERG (NATURPARK)

naturraum

HA-074 wasserhaushalt + naturraum + SCHLESWIG-HOLSTEIN
UE-040 raumordnung + oekologische faktoren + naturraum + bewertungskriterien
UK-070 naturraum + bodenkunde + kartierung + ressourcenplanung + NIEDERSACHSEN + BREMEN
UL-032 landschaftsbelastung + naturraum + umweltbelastung
UL-050 forstwirtschaft + waldoekosystem + naturraum + (naturwaldzellen) + NORDRHEIN-WESTFALEN

naturschutz

HA-088 binnengewaesser + vegetationskunde + oekologie + wasserwirtschaft + naturschutz + (stauteich) + HARZ
HA-101 oberflaechengewaesser + pflanzensoziologie + biotop + biozoenose + naturschutz + NIEDERSACHSEN
HC-045 kuestenschutz + naturschutz
RA-009 agraroekonomie + produktivitaet + oekologische faktoren + naturschutz + interessenkonflikt
RC-026 naturschutz + vegetationskunde + bodenkunde + erosion + BERLIN-GRUNEWALD
RC-039 moor + bodennutzung + torf + naturschutz + NIEDERSACHSEN
RG-001 naturschutz + wald + (fichte)
UK-009 naturschutz + landespflege + planungshilfen + RHEIN-MAIN-GEBIET
UK-026 landschaftsplanung + naturschutz + bewertungskriterien + (zielsystem) + BURGSTEINFURT
UK-034 landschaftsplanung + naturschutz + strassenbau + verkehrsplanung
UK-055 landschaftsplanung + erholungsplanung + naturschutz + DUEREN (KREIS)
UK-065 strassenbau + naturschutz + landschaftspflege + standortwahl + (richtlinien + nutzungsmodelle)
UL-001 naturschutz + landschaftsschutz
UL-012 naturschutz + geologie + (winterberghoehle) + WINTERBERG + HARZ
UL-013 naturschutz + geologie + karstgebiet + HAINHOLZ + BEIERSTEIN + HARZ
UL-019 landschaftserhaltung + naturschutz
UL-028 raumplanung + naturschutz + oekologische faktoren
UL-030 naturschutz + vegetation + landschaftsplanung + BUNDESREPUBLIK DEUTSCHLAND
UL-051 wald + naturschutz + erholung + kartierung + NORDRHEIN-WESTFALEN
UL-054 naturschutz + biotop + schutzgebiet + (rote liste) + NORDRHEIN-WESTFALEN
UL-061 naturschutz + wild + populationsdynamik + vegetation + STAMMHAM
UL-067 naturschutz + binnengewaesser + sedimentation + BEDERKESAER SEE + WESERMUENDE (LANDKREIS)
UL-069 landschaft + kartierung + biotop + naturschutz + NIEDERSACHSEN
UM-043 naturschutz + flora + kartierung + KOELN + AACHEN + RHEIN-RUHR-RAUM
UM-078 pflanzenschutz + naturschutz + schutzmassnahmen + NIEDERSACHSEN
UM-079 wasserwirtschaft + agraroekonomie + kartierung + naturschutz + NIEDERSACHSEN
UN-003 kuestengewaesser + wattenmeer + oekologie + naturschutz + voegel + (hafenplanung) + ELBE-AESTUAR + SCHARHOERN + NEUWERK
UN-009 voegel + populationsdynamik + oekosystem + naturschutz + (stausee) + INN
UN-024 naturschutz + wattenmeer + voegel + oekologie + wasserbau + (hafenplanung) + SCHARHOERN + NEUWERK + ELBE-AESTUAR
UN-025 voegel + populationsdynamik + biotop + naturschutz + BAYERN
UN-032 biotop + kartierung + landschaftsoekologie + naturschutz + ALPEN
UN-034 biotop + kartierung + naturschutz + BAYERN
UN-035 biotop + kartierung + naturschutz + BAYERN
UN-042 naturschutz + biotop + (wildkatze) + JAPAN/IRIOMOTE (INSEL)

naturschutzgebiet

UK-011 binnengewaesser + naturschutzgebiet + landschaftsoekologie + landschaftsrahmenplan + AMMERGAUER BERGE + FORGGEN-UND BANNWALDSEE + ALPENRAUM
UK-071 naturschutzgebiet + landschaftsschutz + NIEDERSACHSEN
UL-002 naturschutzgebiet + oekologische faktoren + BREMEN (RAUM)
UL-031 naturschutzgebiet + vegetation + (bewertungskriterien) + BUNDESREPUBLIK DEUTSCHLAND
UL-038 naturschutzgebiet + bodenstruktur + moor + oekologie + (duene-moor-biotop) + BERLIN + NORDDEUTSCHE TIEFEBENE
UL-041 naturschutzgebiet + mikroklima + gewaesserbelastung + kraftwerk + BERLIN (OBERHAVEL)
UL-042 naturschutzgebiet + BERLIN
UL-044 landschaftsschutz + naturschutzgebiet + heide + (wacholderheide) + RENGEN + EIFEL
UL-052 landschaftsplanung + naturschutzgebiet + biotop + kataster + NORDRHEIN-WESTFALEN
UL-065 naturschutzgebiet + bodennutzung + tierschutz + pflanzenschutz
UM-003 naturschutzgebiet + vegetation + kartierung + FRANKEN (UNTERFRANKEN)
UN-017 naturschutzgebiet + tierschutz + OBERRHEINEBENE (SUED)
UN-029 tierschutz + naturschutzgebiet + biotop + (feuchtgebiet) + NORDRHEIN-WESTFALEN

naturstein

OD-036 naturstein + umweltchemikalien + spurenelemente + emission + SCHWAEBISCHE ALB
PK-002 baudenkmal + naturstein + schwefeloxide + verwitterung + konservierung
PK-009 denkmalschutz + konservierung + naturstein
PK-019 naturstein + verwitterung
PK-029 verwitterung + naturstein + denkmalschutz

ne-metalle

MA-015 hausmuellsortierung + altglas + ne-metalle
MD-014 hausmuell + recycling + ne-metalle + wirtschaftlichkeit + oekologische faktoren
ME-013 industrieabfaelle + recycling + ne-metalle + huettenindustrie
ME-024 industrieabwaesser + rohstoffe + recycling + kupfer + ne-metalle
ME-057 ne-metalle + recycling + wirtschaftlichkeit
ME-058 ne-metalle + recycling + wirtschaftlichkeit + europaeische gemeinschaft

ne-metallindustrie

UD-002 ne-metallindustrie + verfahrenstechnik

nebenwirkungen

OC-013 umweltchemikalien + pestizide + nebenwirkungen + datenbank
PB-018 embryopathie + pharmaka + nebenwirkungen
PB-040 pflanzenschutzmittel + nebenwirkungen + (kohlfliege)
PB-049 pestizide + nebenwirkungen + (spitzmaus)
PD-031 pharmaka + nebenwirkungen + testverfahren + (struktur-wirkung)
PG-035 herbizide + nebenwirkungen + pflanzenkrankheiten + getreide
PG-036 herbizide + nebenwirkungen + pflanzenkrankheiten
PG-042 herbizide + pflanzen + nebenwirkungen
PG-044 bodenkontamination + herbizide + nebenwirkungen + mikroorganismen + BRAUNSCHWEIG (REGION) + HARZVORLAND

PG -056 forstwirtschaft + pestizide + nutzarthropoden + nebenwirkungen
PI -013 oekosystem + mikroorganismen + pestizide + nebenwirkungen
RE -044 fungizide + nebenwirkungen + obst
UM-059 herbizide + nebenwirkungen + (blattlaus)

nematizide
siehe auch biozide
PG -025 bodenkontamination + fauna + nematizide + (hafermonokultur) + MUENSTERLAND + KOELNER BUCHT + RHEIN-RUHR-RAUM
RH -050 schaedlingsbekaempfung + nematizide + schadstoffminderung
RH -051 nematizide + resistenz

nematoden
PB -030 fungizide + biologische wirkungen + nematoden
RH -028 resistenzzuechtung + getreide + nematoden + MUENSTERLAND
RH -053 schaedlingsbekaempfung + nematoden

neurotoxizitaet
PA -015 bleivergiftungen + biologische wirkungen + neurotoxizitaet
PB -001 umweltchemikalien + kohlenwasserstoffe + pcb + neurotoxizitaet
PB -009 pestizide + neurotoxizitaet + tierexperiment
PB -043 neurotoxizitaet + herbizide
PC -013 neurotoxizitaet + ionisierende strahlung + umweltchemikalien
PC -027 umweltchemikalien + neurotoxizitaet + zytotoxizitaet + immunologie

nichteisenmetalle
siehe ne-metalle

nickel
siehe auch schwermetalle
UD -007 nickel + versorgung

niederschlag
siehe auch regenwasser
AA -024 niederschlag + auswertung
AA -080 atmosphaere + wasserverdunstung + niederschlag + OSTSEE
AA -135 meteorologie + niederschlag + messverfahren
AA -136 meteorologie + klima + niederschlag + wasserhaushalt + OBERRHEINEBENE + RHEIN-RUHR-RAUM
AA -138 klimatologie + niederschlag + sonnenstrahlung + kartierung
BD -007 schadstoffnachweis + herbizide + luftverunreinigung + niederschlag
CA -078 luftueberwachung + niederschlag + schwefelverbindungen + messverfahren
HA -011 fliessgewaesser + feststofftransport + niederschlag + BUNDESREPUBLIK DEUTSCHLAND
HG -004 fluss + niederschlag + abflussmodell
IB -015 niederschlag + messtechnik
IB -022 niederschlag + kommunale abwaesser + kanalisation + abflussmodell
IC -067 gewaesserbelastung + niederschlag + ackerbau + stofftransport
IF -014 gewaesser + eutrophierung + bodenerosion + niederschlag
NB -061 radioaktivitaet + luft + niederschlag + MUENCHEN
NC -104 luftverunreinigung + aerosole + niederschlag + radioaktive substanzen
OD -022 duengung + stofftransport + niederschlag
PF -054 luftverunreinigende stoffe + niederschlag + bodenbeeinflussung
PI -016 luftverunreinigung + waldoekosystem + niederschlag + SOLLING
RD -049 wald + bodenbeschaffenheit + niederschlag + naehrstoffhaushalt + wasserbilanz + DEUTSCHLAND (NORD-WEST)
RG -010 wald + niederschlag + hochwasser + HESSEN (MITTELGEBIRGE)

niederschlagsabfluss
HA -089 hydrologie + anthropogener einfluss + kartierung + niederschlagsabfluss + OBERRHEIN
IB -004 niederschlagsabfluss
IB -006 niederschlagsmessung + niederschlagsabfluss + prognose
IB -007 abwasserableitung + niederschlagsabfluss + stadtgebiet + vorfluter + (simulation)
IB -008 niederschlagsabfluss + berechnungsmodell
IB -009 kuestengebiet + niederschlagsabfluss
IB -012 hydrologie + niederschlagsabfluss + hochwasser + abflussmodell + (schneeschmelze)
IB -014 niederschlagsabfluss + gewaesserbelastung + flaechennutzung
IB -016 niederschlagsabfluss + abflussmodell + (gletscher) + ALPEN (OETZTAL)
IB -017 gewaesserbelastung + regenwasser + niederschlagsabfluss + vorfluter
IB -018 niederschlagsabfluss + kanalisation + vorfluter
IB -019 niederschlagsabfluss + wasserverunreinigung
IB -023 niederschlagsabfluss + kanalisation + stadtgebiet + messtellennetz
IB -026 niederschlagsabfluss + stadtgebiet + bautechnik
IB -027 niederschlagsabfluss + abflussmodell + einzugsgebiet
IB -030 niederschlagsabfluss + stadtgebiet + klaeranlage + vorfluter + MUENCHEN (RAUM)
IB -032 niederschlagsabfluss + stadtregion + abflussmodell + ALPENVORLAND
RC -002 bodenerosion + niederschlagsabfluss + (schutzmassnahmen)
RC -034 bodenbearbeitung + weinberg + niederschlagsabfluss + wasserhaushalt + KAISERSTUHL + OBERRHEIN

niederschlagsmessung
AA -137 meteorologie + niederschlagsmessung + BONN + RHEIN-RUHR-RAUM
IB -005 niederschlagsmessung + messverfahren + (radar)
IB -006 niederschlagsmessung + niederschlagsabfluss + prognose
IB -021 hochwasser + niederschlagsmessung + berechnungsmodell
IB -029 niederschlagsmessung + kanalisation + abflussmodell + stadtgebiet + MUENCHEN

nitrate
siehe auch stickstoffverbindungen
ID -034 grundwasserbelastung + duengemittel + phosphate + nitrate + sulfate + (weinbergsboeden)
ID -037 grundwasser + nitrate + tritium
IF -006 gewaesserverunreinigung + phosphate + nitrate + analyseverfahren + RHEIN
IF -020 oberflaechengewaesser + eutrophierung + phosphate + nitrate + (roehricht) + BERLIN
IF -021 oberflaechengewaesser + eutrophierung + phosphate + nitrate + (sedimentgrund) + BERLIN
KC -009 haertesalze + entgiftung + cyanide + nitrate + nitrite
PE -013 krebs + mortalitaet + nitrate + trinkwasser
QB -011 lebensmittelkontamination + fleisch + nitrate + nitrite + nitrosamine
QC -011 lebensmittelkontamination + nitrate + (saeuglingsernaehrung)
QC -021 nitrate + gemuese + analytik
RD -011 bodenbeschaffenheit + duengemittel + nitrate + NIEDERSACHSEN (SUED)
RD -030 duengemittel + nitrate + auswaschung
RD -031 duengemittel + bewaesserung + nitrate + auswaschung
RD -034 pflanzenernaehrung + nutzpflanzen + nitrate + auswaschung
RE -018 pflanzenkontamination + nitrate + (gemuesepflanzen)

nitrite
KC -009 haertesalze + entgiftung + cyanide + nitrate + nitrite

MB-041 abfallbeseitigung + cyanide + nitrite
QB-010 fleischprodukte + nitrite
QB-011 lebensmittelkontamination + fleisch + nitrate + nitrite + nitrosamine
QB-015 lebensmittelkonservierung + fleisch + nitrite + schadstoffbildung

nitrosamine

siehe auch carcinogene
IA -029 gewaesserbelastung + nitrosamine + analyseverfahren
OC-011 wasser + nitrosamine + analytik
PD -007 nitrosamine + carcinogene wirkung + innere organe + (magen)
PD -008 nitrosamine + carcinogene wirkung + tierexperiment
PD -059 carcinogene + nitrosamine + tierexperiment
PG -031 nitrosamine + pflanzenernaehrung + stickstoff
QA-009 lebensmittelkontamination + nitrosamine
QA-037 nahrungsmittelhygiene + mykotoxine + nitrosamine + nachweisverfahren
QA-040 carcinogene + nitrosamine + lebensmittelkontamination + analytik
QA-049 carcinogene + nitrosamine + lebensmittel + analytik
QB-009 fleischprodukte + nitrosamine
QB-011 lebensmittelkontamination + fleisch + nitrate + nitrite + nitrosamine
QB-033 nitrosamine + lebensmittel + spurenanalytik
QB-050 lebensmittelkontamination + futtermittel + milch + nitrosamine + nachweisverfahren
QB-051 lebensmittelkontamination + futtermittel + milch + nitrosamine + nachweisverfahren

nitrose verbindungen

BC-015 glasindustrie + abgas + nitrose verbindungen
DC-014 luftreinhaltung + emissionsminderung + nitrose verbindungen + (salpetersaeureherstellung)

nitrosoverbindungen

siehe auch carcinogene
MC-016 deponie + nitrosoverbindungen + analytik
OC-016 nitrosoverbindungen + analytik
OC-021 nitrosoverbindungen + amine + analytik
OC-034 umweltchemikalien + carcinogene + amine + nitrosoverbindungen
OC-035 nitrosoverbindungen + photochemische reaktion
OC-037 umweltchemikalien + nitrosoverbindungen + analytik
OD-005 toxizitaet + kohlenwasserstoffe + nitrosoverbindungen + metabolismus
OD-071 carcinogene + nitrosoverbindungen + analytik + nachweisverfahren
OD-092 nitrosoverbindungen + metabolismus + physiologische wirkungen
PD -006 nitrosoverbindungen + metabolismus + carcinogene wirkung + (tierversuch)
PD -054 umweltchemikalien + herbizide + nitrosoverbindungen + carcinogene wirkung

nitroverbindungen

KC-054 biologische abwasserreinigung + nitroverbindungen
OC-006 nitroverbindungen + photochemische reaktion + herbizide + abiotischer abbau

no

siehe stickstoffmonoxid

normen

siehe auch standards
AA-023 normen + meteorologie
CA-066 aerosolmesstechnik + normen
EA-023 luftverunreinigung + schornstein + normen
FA -014 laermmessung + normen + internationaler vergleich
FA -068 schallmessung + normen + ueberwachungssystem
FA -069 schallpegel + messgeraet + normen
FA -070 schallpegel + normen
FA -072 akustik + schallmessung + schwingungsschutz + normen
FA -077 laerm + messverfahren + normen + internationaler vergleich
FB -081 laermmessung + kfz + normen
FB -082 verkehrslaerm + messung + normen
FB -083 fluglaerm + normen
FC -037 baulaerm + laermmessung + normen + (eg-normen)
FC -086 laermmessung + maschinen + normen
FD -014 geraeuschminderung + laermmessung + normen + (eg-normen + rasenmaeher)
FD -037 laermschutz + staedtebau + normen
MG-002 muellkompost + normen
QD-022 tierhaltung + bleigehalt + lebensmittel + normen
QD-023 tierernaehrung + cadmium + lebensmittel + normen
SB -004 bauwesen + waermeschutz + schallschutz + normen
TB -014 wohnungsbau + wohnwert + normen
UB -005 umweltrecht + normen

notkuehlsystem

NC-041 reaktorsicherheit + notkuehlsystem + rohrleitung + druckbelastung + messverfahren
NC-089 kernreaktor + notkuehlsystem
NC-098 kernkraftwerk + reaktorsicherheit + notkuehlsystem
NC-101 kernreaktor + reaktorsicherheit + notkuehlsystem

nox

siehe stickoxide

noxe

TA -021 arbeitsplatz + noxe + atemtrakt
TA -059 arbeitsplatz + schadstoffbelastung + noxe + atemtrakt

nuetzlinge

RH -043 pflanzenschutzmittel + nuetzlinge

nuklearmedizin

NB-026 nuklearmedizin + strahlenschaeden
NB-041 nuklearmedizin + strahlenschaeden + zelle + diagnostik

nutzarthropoden

PB -024 bodenkontamination + pflanzenschutzmittel + nutzarthropoden
PG -017 herbizide + nutzarthropoden + kulturpflanzen
PG -056 forstwirtschaft + pestizide + nutzarthropoden + nebenwirkungen

nutzpflanzen

IA -019 toxische abwaesser + klaerschlamm + nutzpflanzen + stoffaustausch
OD-056 abwasserschlamm + duengung + nutzpflanzen + schwermetallkontamination
OD-078 bodennutzung + enzyme + biologische wirkungen + nutzpflanzen + NIEDERSACHSEN
PD -012 nutzpflanzen + carcinogene + pflanzenphysiologie
PF -020 kfz-abgase + nutzpflanzen + bleikontamination
PF -041 nutzpflanzen + schadstoffbelastung + (fluor)
PF -045 abgas + bleikontamination + nutzpflanzen
PF -048 nutzpflanzen + metabolismus + schadstoffimmission + schwefeldioxid
PG -006 pflanzenphysiologie + herbizide + nutzpflanzen + photosynthese
PG -053 insektizide + nutzpflanzen + metabolismus
PH -062 nutzpflanzen + schwermetallkontamination + bodenbelastung + siedlungsabfaelle
QC-001 duengemittel + chrom + nutzpflanzen
QC-029 nutzpflanzen + bakterien + lagerung
RD -034 pflanzenernaehrung + nutzpflanzen + nitrate + auswaschung
RE -002 duengung + nutzpflanzen + schwermetalle
RE -047 nutzpflanzen + kartoffeln + resistenzzuechtung + fungizide + substitution
RH -040 nutzpflanzen + bodenbearbeitung + duengung + biozide
RH -041 nutzpflanzen + unkrautflora + biozide

nutztiere

ME-054 zuckerindustrie + abfallaufbereitung + futtermittel + nutztiere
MF-042 strohverwertung + futtermittel + nutztiere
PA -007 nutztiere + schwermetallkontamination + biologische wirkungen + huhn
PB -011 nutztiere + kohlenwasserstoffe + biologische wirkungen + (huhn + wachtel)
PB -034 herbizide + nutztiere + rueckstandsanalytik
QA-004 futtermittel + nutztiere + mykotoxine
QC-035 futtermittel + nutztiere + verwertung
TE -001 metabolismus + vitamine + mensch + nutztiere + (hausschwein)
UL -048 landschaftspflege + nutztiere
UL -059 kulturlandschaft + gruenlandwirtschaft + nutztiere + (schaf) + ALPENVORLAND

nutztierhaltung

BE -013 nutztierhaltung + geruchsminderung + biochemie
BE -017 geruchsbelaestigung + gewerbebetrieb + nutztierhaltung
KD-013 abwasserreinigung + guelle + nutztierhaltung + (oxidationsgraben)
MF-027 nutztierhaltung + abfall + recycling + (gefluegelfuetterung)
MF-028 nutztierhaltung + abfallbeseitigung + recycling
QB-022 nutztierhaltung + veterinaermedizin + antibiotika + lebensmittelhygiene
RF -005 nutztierhaltung + parasiten + huhn
RF -007 nutztierhaltung + krankheitserreger + huhn
RF -008 nutztierhaltung + gefluegel + infektion + impfung
RF -011 vegetation + weideland + nutztierhaltung
RF -017 nutztierhaltung + wirtschaftlichkeit + landschaftspflege + (schaf)
RF -018 nutztierhaltung + standortwahl + rind
RF -019 nutztierhaltung + gruenflaechen + (schaf)
RF -020 gewaesserbelastung + nutztierhaltung + landwirtschaftliche abwaesser + SCHLESWIG-HOLSTEIN

nutztierstall

BD-010 nutztierstall + abluft + staub
BE -023 geruchsbelaestigung + emissionsminderung + nutztierstall
PC -038 umweltchemikalien + geruchsminderung + nutztierstall + fleischprodukte + (schwein)
RF -003 nutztierstall + bakteriologie
RF -013 nutztierstall + keime + luft + wasserversorgung
RF -014 luft + keime + nutztierstall + veterinaerhygiene
RF -015 nutztierstall + veterinaerhygiene + keime

nutzungsplanung

HA-045 oberflaechengewaesser + limnologie + nutzungsplanung + (uferplan) + BODENSEE
RA-015 landwirtschaft + nutzungsplanung + planungsmodell
RC-037 bodenkarte + oekologische faktoren + nutzungsplanung + NIEDERSACHSEN + BREMEN
RG-004 wald + nutzungsplanung + raumordnung
UE-003 landschaftsgestaltung + nutzungsplanung
UG-015 wasserwirtschaft + baggersee + raumplanung + nutzungsplanung + MAIN (STARKENBURG)
UH-027 verkehr + stadtregion + nutzungsplanung + (verkehrsaufkommen + minimierung)
UK-004 nutzungsplanung + laendlicher raum + landschaftsrahmenplan + GOETTINGEN (LANDKREIS)
UK-064 landschaftsoekologie + stadtentwicklung + nutzungsplanung + (gutachten) + AACHEN
UL -009 braunkohle + bergbau + rekultivierung + nutzungsplanung + landschaftsoekologie
UL -010 landschaftsschutz + nutzungsplanung + datensammlung + EUROPA (MITTELEUROPA)

nutzwertanalyse

MG-013 abfallbeseitigung + recycling + nutzwertanalyse + LUEBECK (RAUM)
MG-014 abfallbeseitigung + nutzwertanalyse + BIELEFELD (RAUM)
UI -021 verkehrsplanung + umweltbelastung + nutzwertanalyse
UK-048 wald + erholungsgebiet + nutzwertanalyse

oberflaechenaktive stoffe

siehe detergentien

oberflaechengewaesser

GB-043 stroemungstechnik + oberflaechengewaesser + kuehlwasser + abwasser + modell
HA-005 oberflaechengewaesser + organische schadstoffe + selbstreinigung + (speichersee) + ISMANING
HA-009 hydrologie + wasserguete + kartierung + oberflaechengewaesser + BUNDESREPUBLIK DEUTSCHLAND
HA-012 oberflaechengewaesser + wasserverdunstung
HA-013 oberflaechengewaesser + wasserstand
HA-028 oekologie + biozoenose + oberflaechengewaesser + NIEDERSACHSEN (SUED)
HA-031 oberflaechengewaesser + flora + WUERTTEMBERG
HA-040 oberflaechengewaesser + wasserverdunstung
HA-045 oberflaechengewaesser + limnologie + nutzungsplanung + (uferplan) + BODENSEE
HA-046 oberflaechengewaesser + stoffhaushalt + phosphor + simulationsmodell + BODENSEE (OBERSEE)
HA-047 oberflaechengewaesser + sediment + sauerstoffgehalt
HA-048 oberflaechengewaesser + feststofftransport + schwebstoffe + (zuflussfracht) + BODENSEE
HA-057 oberflaechengewaesser + hydrologie + spurenanalytik + (mischungsmodell) + BODENSEE
HA-065 oberflaechengewaesser + grundwasser + wasserguete + anthropogener einfluss + FREIBURG + OBERRHEIN
HA-067 trinkwasserversorgung + oberflaechengewaesser + schadstoffbelastung + nachweisverfahren + (cholinesterasehemmer)
HA-073 oberflaechengewaesser + laendlicher raum + wasserhaushalt + naehrstoffhaushalt + HOLSTEIN (OST)
HA-083 oberflaechengewaesser + sedimentation
HA-085 oberflaechengewaesser + sauerstoffeintrag + schiffsantrieb
HA-087 oberflaechengewaesser + waermehaushalt + (ausbreitungsmodell)
HA-090 sediment + oberflaechengewaesser + anthropogener einfluss + BAYERN (OBERBAYERN)
HA-101 oberflaechengewaesser + pflanzensoziologie + biotop + biozoenose + naturschutz + NIEDERSACHSEN
HA-104 oberflaechengewaesser + kolloide + sedimentation + flockung
HA-107 hygiene + oberflaechengewaesser + badeanstalt + richtlinien
HA-109 oberflaechengewaesser + sauerstoffeintrag + schiffsantrieb
HA-114 oberflaechengewaesser + selbstreinigung + biologischer abbau + filter
HE-043 oberflaechengewaesser + trinkwasseraufbereitung + schadstoffentfernung + RHEIN
HG-003 hydrologie + oberflaechengewaesser + messtellennetz
IA -010 abwasseranalyse + oberflaechengewaesser + papierindustrie + messgeraet
IA -020 wasseraufbereitung + oberflaechengewaesser + saeuren + nachweisverfahren + BODENSEE-HOCHRHEIN
IC -004 oberflaechengewaesser + mineraloel + schadstoffabbau + photochemische reaktion
IC -013 radionuklide + oberflaechengewaesser + RHEIN
IC -030 trinkwasser + schadstoffnachweis + oberflaechengewaesser + messmethode
IC -048 oberflaechengewaesser + organische schadstoffe + nachweisverfahren + trinkwasserversorgung + BODENSEE-HOCHRHEIN
IC -058 oberflaechengewaesser + schwermetallkontamination + anthropogener einfluss + RHEIN (GINSHEIMER ALTRHEIN)
IC -060 oberflaechengewaesser + schadstoffbelastung + messung + BERLIN + TEGELER SEE
IC -077 oberflaechengewaesser + schadstoffe + schwermetalle
IC -102 oberflaechengewaesser + salmonellen + gesundheitsschutz + TRIER
IC -116 wasseruntersuchung + oberflaechengewaesser + KOELN (STADT) + RHEIN-RUHR-RAUM

IE -054 oberflaechengewaesser + schwermetallbelastung + aestuar
IF -015 eutrophierung + oberflaechengewaesser + biomasse + trinkwasserversorgung
IF -016 eutrophierung + oberflaechengewaesser
IF -020 oberflaechengewaesser + eutrophierung + phosphate + nitrate + (roehricht) + BERLIN
IF -021 oberflaechengewaesser + eutrophierung + phosphate + nitrate + (sedimentgrund) + BERLIN
IF -025 oberflaechengewaesser + hydrobiologie + eutrophierung + wasserguete + BODENSEE
IF -026 oberflaechengewaesser + duengung + phosphate + (zuflussfracht) + BODENSEE
IF -036 oberflaechengewaesser + eutrophierung + phosphate + biologischer sauerstoffbedarf + messverfahren
KC -001 oberflaechengewaesser + industrieabwaesser + wasserreinhaltung
UB -002 umweltrecht + vollzugsdefizit + abwasserableitung + oberflaechengewaesser + BODENSEE
UB -020 trinkwasseraufbereitung + oberflaechengewaesser + pcb + filtration + RHEIN-RUHR-RAUM

oberflaechenwasser

AA -104 meer + atmosphaere + oberflaechenwasser + (gasaustausch)
AA -105 oberflaechenwasser + atmosphaere + stoffaustausch + meteorologie + (grenzschichtmodell)
GB -020 wasserhygiene + grundwasser + oberflaechenwasser + waermebelastung
HA -003 oberflaechenwasser + bakterienflora
HA -043 hydrologie + wasserhaushalt + oberflaechenwasser + ALPEN + SCHLESWIG-HOLSTEIN
HA -058 oberflaechenwasser + tracer + (mischungsmodell)
HA -076 oberflaechenwasser + kuestengebiet
HB -007 oberflaechenwasser + grundwasser + uferfiltration + wassergewinnung + MOSEL + RHEINLAND-PFALZ
HB -089 grundwasseranreicherung + oberflaechenwasser + mikrobieller abbau
HD -008 oberflaechenwasser + trinkwasser + spurenelemente + messverfahren
HD -022 oberflaechenwasser + grundwasser + trinkwasser + spurenelemente + RUHR (EINZUGSGEBIET)
HE -020 oberflaechenwasser + trinkwassergewinnung + grundwasseranreicherung + NORDDEUTSCHER KUESTENRAUM
HE -039 trinkwassergewinnung + oberflaechenwasser + uferfiltration
HE -045 oberflaechenwasser + wasseraufbereitung + organische schadstoffe + faellung + flockung + RHEIN
HE -049 oberflaechenwasser + trinkwasseraufbereitung + ozon
IA -040 oberflaechenwasser + ueberwachung + infrarottechnik
IC -009 oberflaechenwasser + organische schadstoffe + analysengeraet
IC -031 oberflaechenwasser + viren + plankton + antagonismus
IC -032 wasserverunreinigung + oberflaechenwasser + metalle + nachweisverfahren
IC -033 wasserverunreinigung + oberflaechenwasser + phenole + nachweisverfahren + schadstoffabbau
IC -073 oberflaechenwasser + schadstoffabbau + herbizide + boden
IC -082 oberflaechenwasser + schwermetallkontamination
ID -020 oberflaechenwasser + grundwasserverunreinigung
ID -022 bodenwasser + grundwasser + oberflaechenwasser + stoffhaushalt
IE -047 oberflaechenwasser + aerosole + stoffaustausch + schadstoffausbreitung + ELBE-AESTUAR + DEUTSCHE BUCHT
KD -016 fluessigmist + oberflaechenwasser + pflanzenernaehrung
RD -057 naehrstoffgehalt + grundwasser + oberflaechenwasser + boden + duengung

obst

siehe auch lebensmittel

QC -030 obst + konservierung + schadstoffe
QC -033 rueckstandsanalytik + fungizide + gemuese + obst
QC -043 lebensmittelueberwachung + obst + gemuese + phenole
RB -004 lebensmittelfrischhaltung + obst + gemuese + lagerung
RB -014 lebensmittelkonservierung + obst + gemuese + (hydroperoxidabbau)
RE -044 fungizide + nebenwirkungen + obst
RH -006 obst + biologische schaedlingsbekaempfung
RH -030 obst + biologischer pflanzenschutz + schaedlingsbekaempfung + insekten + (pheromone)
RH -031 obst + biologische schaedlingsbekaempfung + (granulosevirus)
RH -032 obst + schaedlingsbekaempfung + viren + (waermetherapie)
RH -033 obst + schaedlingsbekaempfung + bodenverbesserung + duengemittel
RH -034 obst + schaedlingsbekaempfung + viren + (fruchtfolgemassnahmen)
RH -035 obst + schaedlingsbekaempfung + resistenzzuechtung + bodenpilze
RH -068 pflanzenschutz + obst

obstbau

MF -043 obstbau + gemuesebau + abfallaufbereitung + futtermittel + recycling

oedflaechen

RD -004 klimaaenderung + oedflaechen + begruenung + (vegetationsplatten)

oeffentliche einrichtungen

FB -005 geraeuschminderung + oeffentliche einrichtungen + strassenverkehr
SB -029 oeffentliche einrichtungen + energieversorgung + wirtschaftlichkeit
TF -020 oeffentliche einrichtungen + hygiene

oeffentliche massnahmen

UB -013 umweltvertraeglichkeitspruefung + oeffentliche massnahmen

oeffentliche verkehrsmittel

TF -021 oeffentliche verkehrsmittel + hygiene
UN -011 nahverkehr + oeffentliche verkehrsmittel + personenverkehr + (cabinentaxi)
UN -036 oeffentliche verkehrsmittel + siedlungsstruktur + (leistungsangebot)
UN -057 verkehrssystem + oeffentliche verkehrsmittel + (cabinentaxi) + MARL

oeffentlicher nahverkehr

FB -050 laermschutzplanung + grosstadt + schallimmission + oeffentlicher nahverkehr + (s-bahn) + HAMBURG (CENTRUM)
FB -087 laermminderung + schienenverkehr + oeffentlicher nahverkehr
UH -020 verkehrsplanung + individualverkehr + oeffentlicher nahverkehr + grosstadt
UI -001 verkehrsplanung + oeffentlicher nahverkehr
UI -002 oeffentlicher nahverkehr + elektrofahrzeug
UI -003 oeffentlicher nahverkehr + elektrofahrzeug + fahrzeugantrieb + (omnibus-system)
UI -004 oeffentlicher nahverkehr + elektrofahrzeug
UI -006 verkehrsplanung + individualverkehr + oeffentlicher nahverkehr
UI -008 oeffentlicher nahverkehr + elektrofahrzeug + bedarfsanalyse
UI -011 oeffentlicher nahverkehr + verkehrssystem + stadtplanung + MAINZ + RHEIN-MAIN-GEBIET
UI -012 verkehrssystem + oeffentlicher nahverkehr + sozio-oekonomische faktoren + (anrufbus) + BODENSEE (RAUM)
UI -013 verkehrsplanung + oeffentlicher nahverkehr + kosten-nutzen-analyse + (c-bahn) + HAMBURG
UI -017 verkehrssystem + oeffentlicher nahverkehr + ballungsgebiet + (demand-bus-system)
UI -024 oeffentlicher nahverkehr + bedarfsanalyse + oekonomische aspekte
UI -025 strassenverkehr + elektrofahrzeug + oeffentlicher nahverkehr

UN -001 oeffentlicher nahverkehr + siedlungsstruktur + verkehrsplanung + (schnellbahnsystem)
UN -002 oeffentlicher nahverkehr + siedlungsstruktur + verkehrsplanung + (schnellbahnsystem)
UN -010 oeffentlicher nahverkehr + verkehrsmittel + verfahrensentwicklung
UN -013 oeffentlicher nahverkehr + schienenverkehr + wirtschaftlichkeit
UN -014 oeffentlicher nahverkehr + verkehrsmittel + wirtschaftlichkeit + (s-bahn) + HAMBURG
UN -015 oeffentlicher nahverkehr + untergrundbahn + automatisierung + (betriebsleitsystem)
UN -016 oeffentlicher nahverkehr + verkehrssystem + systemanalyse + simulation + (magnetschwebebahn)
UN -027 oeffentlicher nahverkehr + personenverkehr + laendlicher raum + kosten-nutzen-analyse

oeffentlichkeitsarbeit

TD -012 kernreaktor + brennstoffe + transport + dokumentation + oeffentlichkeitsarbeit

oekologie

siehe auch biooekologie
siehe auch landschaftsoekologie
siehe auch pflanzenoekologie
HA -028 oekologie + biozoenose + oberflaechengewaesser + NIEDERSACHSEN (SUED)
HA -088 binnengewaesser + vegetationskunde + oekologie + wasserwirtschaft + naturschutz + (stauteich) + HARZ
HA -092 fliessgewaesser + biozoenose + oekologie + MUENCHENER EBENE
HC -025 kuestenschutz + oekologie + pflanzenzucht
PI -006 oekologie + mikroorganismen
PI -035 oekologie + gewaesserguete + SCHWARZWALD (NORD)
PI -045 oekologie + fische + amphibien + umwelteinfluesse
RA -002 agraroekonomie + oekologie + entwicklungslaender + TANZANIA + RUANDA + AFRIKA (OST)
RA -020 landwirtschaft + oekologie + auswirkungen
RB -001 oekologie + nahrungsmittelproduktion + weltbevoelkerung
RC -040 bodenkarte + oekologie + fliegende messtation + luftbild + STARNBERGER SEE + KOCHELMOOS + ALPENVORLAND
RD -002 landwirtschaft + oekologie + agrarproduktion + methodenentwicklung
RE -003 oekologie + landbau
RG -006 forstwirtschaft + oekologie
SA -048 energiepolitik + oekologie + oekonomische aspekte + EG-LAENDER + USA
TB -012 oekologie + bevoelkerung + sozio-oekonomische faktoren + mortalitaet + HANNOVER
TD -006 landschaftsplanung + oekologie + ausbildung
TD -015 umweltschutz + oekologie + ausbildung + (umwelterziehung)
UA -040 umweltpolitik + umweltforschung + umweltschutz + oekologie
UC -033 wirtschaft + oekologie + umweltschutz
UE -014 regionalplanung + ballungsgebiet + wirtschaftsstruktur + oekologie + entwicklungsmassnahmen + BADEN-WUERTTEMBERG + NECKAR (MITTLERER NECKAR-RAUM) + STUTTGART
UK -007 raumplanung + oekologie + umweltbelastung + standortfaktoren
UK -024 landschaftsplanung + oekologie + raumplanung
UL -038 naturschutzgebiet + bodenstruktur + moor + oekologie + (duene-moor-biotop) + BERLIN + NORDDEUTSCHE TIEFEBENE
UL -039 oekologie + freiflaechen + grosstadt + (ruderalstandorte) + BERLIN
UL -057 oekologie + mikrobiologie + heide
UL -071 erosion + oekologie + stoerfall + datenverarbeitung + GANGES + BRAHMAPUTRA
UM-016 brachflaechen + vegetation + oekologie
UM-068 gruenland + oekologie + vegetationskunde + HEILIGENHAFEN + OSTSEE
UN -003 kuestengewaesser + wattenmeer + oekologie + naturschutz + voegel + (hafenplanung) + ELBE-AESTUAR + SCHARHOERN + NEUWERK
UN -018 biologie + oekologie + fauna + KAISERSTUHL + BADEN (SUED) + OBERRHEIN
UN -024 naturschutz + wattenmeer + voegel + oekologie + wasserbau + (hafenplanung) + SCHARHOERN + NEUWERK + ELBE-AESTUAR
UN -059 oekologie + insekten + arthropoden + HARZVORLAND + BRAUNSCHWEIG (RAUM)

oekologische faktoren

GB -041 kraftwerk + kuehlwasser + mikroorganismen + wasserverunreinigung + oekologische faktoren + MAIN (UNTERMAIN) + RHEIN-MAIN-GEBIET
GC -013 waermeversorgung + kernkraftwerk + oekologische faktoren + (fernwaerme) + MANNHEIM + LUDWIGSHAFEN + HEIDELBERG + RHEIN-NECKAR-RAUM
GC -014 waermeversorgung + kernkraftwerk + oekologische faktoren + (fernwaerme) + BONN + KOELN + RHEIN-RUHR-RAUM
HA -004 gewaesserschutz + oekologische faktoren + anorganische builder
HB -021 grundwasserbildung + anthropogener einfluss + oekologische faktoren + TRIER + HUNSRUECK
HC -010 meeresorganismen + litoral + algen + metabolismus + oekologische faktoren
IC -021 fluss + schadstoffbelastung + oekologische faktoren + anthropogener einfluss + WESER-AESTUAR
IC -035 gewaesserbelastung + landwirtschaftliche abwaesser + oekologische faktoren + fische
IC -107 baggersee + abwasserableitung + gewaesserbelastung + oekologische faktoren + OLDENBURG (RAUM)
MB-021 muellvergasung + wirtschaftlichkeit + oekologische faktoren
MB-022 muellvergasung + wirtschaftlichkeit + oekologische faktoren
MD-012 altreifenbeseitigung + recycling + oekologische faktoren
MD-014 hausmuell + recycling + ne-metalle + wirtschaftlichkeit + oekologische faktoren
MD-015 hausmuell + altpapier + recycling + wirtschaftlichkeit + oekologische faktoren
MF -008 landwirtschaftliche abfaelle + forstwirtschaft + abfallbeseitigung + kosten-nutzen-analyse + oekologische faktoren
NB -025 kerntechnische anlage + umweltbelastung + oekologische faktoren + OBERRHEINEBENE
PI -004 umweltbelastung + oekologische faktoren + RHEIN-NECKAR-RAUM
PI -020 wild + oekologische faktoren
PI -021 haustiere + oekologische faktoren
PI -030 standortforschung + oekologische faktoren + HESSEN (NORD)
RA -009 agraroekonomie + produktivitaet + oekologische faktoren + naturschutz + interessenkonflikt
RC -037 bodenkarte + oekologische faktoren + nutzungsplanung + NIEDERSACHSEN + BREMEN
RD -026 bodenbeschaffenheit + pflanzenphysiologie + oekologische faktoren
RE -027 kulturpflanzen + produktivitaet + oekologische faktoren
RF -009 oekologische faktoren + futtermittel + weideland
SA -007 energieversorgung + fernwaerme + wirtschaftlichkeit + oekologische faktoren
SA -041 energieumwandlung + standortwahl + oekologische faktoren + simulationsmodell + BADEN-WUERTTEMBERG
TC -015 freizeitanlagen + oekologische faktoren + infrastrukturplanung + (sportstaetten)
UC -003 umweltplanung + standortwahl + oekologische faktoren
UC -043 produktivitaet + oekologische faktoren + optimierungsmodell
UE -009 verdichtungsraum + oekologische faktoren + (abbildung in einem modell) + RHEIN-NECKAR-RAUM
UE -040 raumordnung + oekologische faktoren + naturraum + bewertungskriterien
UH -022 ballungsgebiet + strassenverkehr + oekologische faktoren + oekonomische aspekte
UK -010 freiraumplanung + oekologische faktoren + bewertungsmethode
UK -033 raumplanung + oekologische faktoren + methodenentwicklung

UK -037 landschaftsplanung + flaechennutzung + oekologische faktoren + SCHWARZWALD-BAAR-HEUBERG (REGION) + TUTTLINGEN
UK -057 landschaftsplanung + oekologische faktoren + (gutachten) + ELBE-AESTUAR
UK -063 stadt + erholungsgebiet + oekologische faktoren + AACHEN
UL -002 naturschutzgebiet + oekologische faktoren + BREMEN (RAUM)
UL -003 landschaftserhaltung + oekologische faktoren + verdichtungsraum + OSNABRUECK (LANDKREIS)
UL -023 raumplanung + oekologische faktoren + NORDRHEIN-WESTFALEN
UL -028 raumplanung + naturschutz + oekologische faktoren
UL -036 raumordnung + oekologische faktoren
UL -040 landschaftsschutz + fliessgewaesser + oekologische faktoren + kartierung + BERLIN-KLADOW (HAVEL)
UL -053 landschaftsplanung + biotop + schutzgebiet + oekologische faktoren + NORDRHEIN-WESTFALEN
UL -063 verdichtungsraum + oekologische faktoren + interessenkonflikt + (oekologische risikoanalyse) + FRANKEN (MITTELFRANKEN)
UL -064 landwirtschaft + oekologische faktoren + technologie + verfahrensoptimierung
UL -073 rekultivierung + oekologische faktoren + (schutthalde) + SAARLAND
UL -075 verkehrsplanung + stadtverkehr + oekologische faktoren + (wirkungsanalyse) + HILDESHEIM + HANNOVER
UN -049 tiere + bioindikator + landespflege + oekologische faktoren + (modelluntersuchung) + HEXBACHTAL
UN -058 naturpark + fauna + oekologische faktoren + VOGELSBERG (NATURPARK)
VA -014 raumordnung + oekologische faktoren + modell

oekonomische aspekte

CB -004 fluorchlorkohlenwasserstoffe + stratosphaere + auswirkungen + oekonomische aspekte
DA -058 fahrzeugantrieb + erdgasmotor + treibstoffe + oekonomische aspekte + emissionsminderung
DB -010 heizoel + rauchgas + entschwefelung + oekonomische aspekte
DB -040 brennstoffe + rauchgas + entschwefelung + oekonomische aspekte
DD -001 luftverunreinigung + loesungsmittel + adsorption + aktivkohle + oekonomische aspekte + (rueckgewinnung)
EA -013 treibstoffe + oktanzahl + oekonomische aspekte
FA -046 laermschutz + oekonomische aspekte + planungsmodell
FD -007 laermbelastung + stadtgebiet + kartierung + bundesimmissionsschutzgesetz + oekonomische aspekte + KONSTANZ + BODENSEE-HOCHRHEIN
GC -001 kernkraftwerk + abwaerme + waermeversorgung + oekonomische aspekte + luftreinhaltung + BERLIN (WEST)
HE -034 wasserwirtschaft + oekonomische aspekte
HE -044 trinkwasseraufbereitung + enthaertung + oekonomische aspekte
IF -037 gewaesserschutz + phosphate + eutrophierung + oekonomische aspekte
KC -008 textilindustrie + umweltfreundliche technik + oekonomische aspekte
KC -023 zellstoffindustrie + abwasser + landwirtschaft + oekonomische aspekte
KC -070 abwasserabgabengesetz + abwassertechnik + oekonomische aspekte
LA -010 abwasserabgabe + papierindustrie + oekonomische aspekte + internationaler vergleich
LA -011 kommunale abwaesser + entsalzung + oekonomische aspekte
LA -016 abwasserabgabengesetz + papierindustrie + oekonomische aspekte
LA -017 abwasserabgabengesetz + oekonomische aspekte + industrie
LA -020 abwasserabgabe + oekonomische aspekte + gutachten + BUNDESREPUBLIK DEUTSCHLAND
LA -021 industrieabwaesser + abwassertechnik + oekonomische aspekte
LA -025 abwasserabgabengesetz + verwaltung + oekonomische aspekte
MA-020 abfallbeseitigung + kommunale abfaelle + abwasserbehandlung + oekonomische aspekte
MB-044 abfallbeseitigung + pyrolyse + umwelteinfluesse + oekonomische aspekte
MB-045 abfallbehandlung + pyrolyse + umwelteinfluesse + oekonomische aspekte
ME-001 loesungsmittel + recycling + oekonomische aspekte
ME-018 muellverbrennungsanlage + oekonomische aspekte + verfahrenstechnik
ME-028 abfallstoffe + abwaerme + recycling + oekonomische aspekte
MF-016 holzabfaelle + verwertung + oekonomische aspekte
MG-003 regionalplanung + abfallbeseitigung + transport + oekonomische aspekte
MG-022 abwasserreinigung + flockung + oekonomische aspekte
MG-028 recycling + planungsdaten + soziale kosten + oekonomische aspekte + (unternehmensplanung)
MG-036 muellverbrennungsanlage + oekonomische aspekte + investitionen
ND-027 radioaktive abfaelle + abfallbeseitigung + oekonomische aspekte
RA -007 umweltbelastung + landwirtschaftliche produkte + oekonomische aspekte
RA -022 forstwirtschaft + oekonomische aspekte + entwicklungsmassnahmen
RB -032 ernaehrung + oekonomische aspekte
RD -003 bewaesserung + oekonomische aspekte
SA -012 waermeversorgung + meteorologie + oekonomische aspekte
SA -017 energiepolitik + oekonomische aspekte
SA -033 energieverbrauch + bedarfsanalyse + kernenergie + oekonomische aspekte
SA -048 energiepolitik + oekologie + oekonomische aspekte + EG-LAENDER + USA
SA -050 energiewirtschaft + rohstoffsicherung + oekonomische aspekte
SA -061 energieversorgung + erdgas + oekonomische aspekte
SB -001 bautechnik + wohnungsbau + waermeversorgung + oekonomische aspekte
SB -002 bautechnik + energieversorgung + oekonomische aspekte
SB -028 heizungsanlage + private haushalte + schadstoffminderung + oekonomische aspekte
TB -004 wohnwert + bautechnik + oekonomische aspekte
TC -007 erholungsplanung + fremdenverkehr + oekonomische aspekte + SCHWAEBISCH-HALL
UA -008 umweltschutz + kommunale planung + oekonomische aspekte + (finanzierungsmodelle)
UA -020 umweltpolitik + entwicklungslaender + oekonomische aspekte
UA -054 umweltschutzmassnahmen + oekonomische aspekte + (betriebliche anpssungsstrategie)
UA -063 umweltschutzmassnahmen + oekonomische aspekte + NORDRHEIN-WESTFALEN
UB -006 umweltrecht + oekonomische aspekte + immissionsschutz
UB -034 oekonomische aspekte
UC -024 industrie + umweltschutz + oekonomische aspekte
UC -027 umweltprobleme + oekonomische aspekte + (wettbewerb)
UC -034 holzindustrie + umweltbelastung + oekonomische aspekte
UC -038 oekonomische aspekte + umweltschutz
UC -042 produktivitaet + schadstoffemission + oekonomische aspekte
UC -049 umweltrecht + oekonomische aspekte + soziale kosten + verursacherprinzip + gemeinlastprinzip
UC -052 umweltprobleme + oekonomische aspekte + HESSEN
UC -053 umweltschutz + oekonomische aspekte
UF -021 stadtsanierung + oekonomische aspekte + BERLIN-WEDDING
UG -006 wasserwirtschaft + oekonomische aspekte
UH -003 verkehrssystem + schienenfahrzeug + oekonomische aspekte + (simulationsmodell magnetschwebebahn)
UH -005 verkehrssystem + schienenfahrzeug + oekonomische aspekte + (simulationsmodell magnetschwebebahn)
UH -007 kuestengebiet + schiffahrt + wasserbau + oekonomische aspekte + regionalentwicklung + (hafenplanung) + ELBE-AESTUAR + SCHARHOERN + CUXHAVEN (RAUM)

UH -015 umweltprobleme + oekonomische aspekte + umweltinformation + (kraftfahrzeugverkehr)
UH -016 gastarbeiter + mobilitaet + oekonomische aspekte
UH -022 ballungsgebiet + strassenverkehr + oekologische faktoren + oekonomische aspekte
UI -015 nahverkehr + stadtgebiet + oekonomische aspekte
UI -024 oeffentlicher nahverkehr + bedarfsanalyse + oekonomische aspekte

oekonomische aspkete

UL -056 landwirtschaft + landschaftspflege + flaechennutzungsplan + oekonomische aspkete

oekosystem

siehe auch waldoekosystem
HB -041 grundwasser + bodenwasser + oekosystem
HC -019 kuestengebiet + wattenmeer + oekosystem + meeresbiologie + JADEBUSEN + NIEDERSACHSEN
HC -028 marine nahrungskette + oekosystem + meeresboden + benthos + schadstoffwirkung
OD -075 biooekologie + insektizide + suesswasser + oekosystem
PI -002 oekosystem + anthropogener einfluss + (geosystem)
PI -007 stadtgebiet + oekosystem + bewertungskriterien
PI -008 gewaesserbelastung + oekosystem + naturpark + SCHOENBUCH (REGION)
PI -011 oekosystem + fauna + kuestengebiet
PI -012 oekosystem + stickstoff
PI -013 oekosystem + mikroorganismen + pestizide + nebenwirkungen
PI -014 wald + oekosystem + stoffhaushalt + SOLLING
PI -034 oekosystem + populationsdynamik + tierexperiment
PI -036 toxizitaet + suesswasser + oekosystem + untersuchungsmethoden
PI -037 naehrstoffhaushalt + oekosystem + ALPEN
PI -038 oekosystem + modell + SOLLING
PI -039 bakterienflora + baggersee + oekosystem
RF -021 oekosystem + wald + bodentiere
RG -011 wald + oekosystem + duengung + OBERPFALZ
RG -025 wald + oekosystem + bodenbearbeitung + OBERPFALZ
TD -009 oekosystem + umweltinformation
UL -043 oekosystem + umweltschutz
UL -074 oekosystem + landwirtschaft
UN -009 voegel + populationsdynamik + oekosystem + naturschutz + (stausee) + INN
UN -052 voegel + oekosystem + landschaftsplanung + ALPENVORLAND + WERDENFELSER LAND

oekotoxizitaet

OB -024 umweltchemikalien + spurenelemente + oekotoxizitaet + nachweisverfahren
PB -005 pflanzenschutzmittel + insektizide + oekotoxizitaet + invertebraten
PC -051 umweltchemikalien + oekotoxizitaet + schadstoffwirkung + tierexperiment
PF -035 bodenkontamination + blei + mikroorganismen + oekotoxizitaet
PF -067 pflanzenphysiologie + blei + oekotoxizitaet + algen

oel

siehe auch altoel
siehe auch erdoel
siehe auch heizoel
siehe auch mineraloel
DA -040 kfz-technik + oel + filtermaterial
IE -022 meeresverunreinigung + oel + messgeraet
KC -002 abwasserreinigung + oel
KC -042 abwasserreinigung + oel
MC -053 deponie + oel + schlammbeseitigung
MC -055 deponie + oel + schlammbeseitigung
TA -046 schmierstoffe + oel + arbeitsplatz + mak-werte
TA -047 oel + aerosole + mak-werte + messtechnik

oelfeuerung

BB -011 luftverunreinigung + schadstoffemission + hausbrand + oelfeuerung
BB -016 emissionsmessung + oelfeuerung + (orientierungsdaten)
BB -027 emissionsueberwachung + oelfeuerung + schwefeldioxid + messgeraetetest
BB -037 kraftwerk + kohlefeuerung + oelfeuerung + abgaszusammensetzung
DB -015 oelfeuerung + schadstoffemission + russ
DB -019 oelfeuerung + emissionsminderung
FA -052 laermentstehung + oelfeuerung + messverfahren

oelflamme

CB -062 oelflamme + stickoxide + russ

oelunfall

ID -009 oelunfall + grundwasser + karstgebiet
IE -002 meeresverunreinigung + oelunfall + (verfahrensentwicklung)
PG -010 oelunfall + boden + wasser
PI -032 pipeline + oelunfall + waldoekosystem + NIEDERRHEIN

oelvergasung

DB -041 oelvergasung + entschwefelung + versuchsanlage + schweroel

oestrogene

OD -069 pharmaka + organismus + oestrogene + entgiftung
QA -046 lebensmittel + oestrogene + analytik
QB -021 lebensmittelueberwachung + rueckstandsanalytik + oestrogene
QB -035 fleischprodukte + lebensmittelkontamination + antibiotika + oestrogene + nachweisverfahren

ofen

BC -018 ofen + abluft + schadstoffminderung
DC -018 farbauftrag + ofen
DC -065 luftverunreinigung + ofen + abgas + staubminderung

oktanzahl

siehe auch treibstoffe
DA -063 verbrennungsmotor + treibstoffe + bleigehalt + oktanzahl
DA -064 treibstoffe + oktanzahl
EA -013 treibstoffe + oktanzahl + oekonomische aspekte

operationalisierung

UA -066 umweltprogramm + operationalisierung + NORDRHEIN-WESTFALEN

optimierungsmodell

HB -061 wassergewinnung + wasserversorgung + grundwasserentzug + optimierungsmodell
KC -030 papierindustrie + zellstoffindustrie + umweltschutzmassnahmen + recycling + optimierungsmodell
MG -020 abfallwirtschaft + regionalplanung + optimierungsmodell
MG -023 abfallbeseitigung + abfalltransport + optimierungsmodell
SA -029 energieversorgung + umweltbelastung + kosten + optimierungsmodell + BADEN-WUERTTEMBERG
SA -030 energiewirtschaft + kraftwerk + standortwahl + optimierungsmodell + OBERRHEINEBENE
UA -015 planung + verwaltung + optimierungsmodell
UC -043 produktivitaet + oekologische faktoren + optimierungsmodell
UI -007 verkehrssystem + verkehrsplanung + simulation + optimierungsmodell

organische schadstoffe

AA -010 luftverunreinigung + organische schadstoffe + frueherkennung + ballungsgebiet
CA -011 organische schadstoffe + halogene + nachweisverfahren + atmosphaere + stratosphaere
CA -023 emissionsmessung + organische schadstoffe + messtechnik + gaschromatographie

CA -046 luftverunreinigung + organische schadstoffe + atemtrakt + nachweisverfahren
CA -090 luftverunreinigung + kfz-abgase + organische schadstoffe + gaschromatographie
DD -025 luftreinhaltung + nachverbrennung + organische schadstoffe + reaktionskinetik
HA -005 oberflaechengewaesser + organische schadstoffe + selbstreinigung + (speichersee) + ISMANING
HD -004 trinkwasser + organische schadstoffe
HD -011 wasserverunreinigung + organische schadstoffe + nachweisverfahren + (trinkwasseraufbereitung)
HE -018 organische schadstoffe + gewaesserbelastung + selbstreinigung + wasseraufbereitung + BODENSEE-HOCHRHEIN
HE -045 oberflaechenwasser + wasseraufbereitung + organische schadstoffe + faellung + flockung + RHEIN
IA -018 fliessgewaesser + organische schadstoffe + nachweisverfahren
IA -038 gewaesserverunreinigung + schadstoffnachweis + organische schadstoffe
IC -009 oberflaechenwasser + organische schadstoffe + analysengeraet
IC -018 fliessgewaesser + organische schadstoffe + schadstoffnachweis
IC -036 gewaesserbelastung + organische schadstoffe + bewertungsmethode + HARZ (SUED) + SIEBER + ODER + RHUME
IC -037 gewaesserbelastung + schwermetalle + organische schadstoffe + kartierung + HARZ (WEST) + INNERSTE + SIEBER + SOESE
IC -039 gewaesserbelastung + organische schadstoffe + naehrstoffhaushalt + wasseruntersuchung + NIEDERSACHSEN (SUED) + LEINE
IC -048 oberflaechengewaesser + organische schadstoffe + nachweisverfahren + trinkwasserversorgung + BODENSEE-HOCHRHEIN
IC -074 wasserverunreinigung + organische schadstoffe + analyseverfahren
IE -036 meeresbiologie + organische schadstoffe + schadstoffabbau + bakterien
IE -052 marine nahrungskette + mikroorganismen + organische schadstoffe
KA -021 gewaesser + organische schadstoffe + spurenanalytik
KB -008 abwasserreinigung + organische schadstoffe + oxidation
KB -029 biologische abwasserreinigung + organische schadstoffe + denitrifikation
KB -049 wasserreinigung + ozon + organische schadstoffe + oxidation
OC -018 umweltchemikalien + organische schadstoffe + analytik + (mehrkomponentenanalyse + probennahme)
OC -024 organische schadstoffe + nachweisverfahren + bewertungskriterien
OC -028 organische schadstoffe + nachweisverfahren
OD -060 umweltchemikalien + organische schadstoffe + ausbreitungsmodell + abiotischer abbau + (xenobiotika)
PB -022 meeresorganismen + organische schadstoffe + pestizide + nachweisverfahren
PB -023 organische schadstoffe + meeresorganismen + photosynthese + algen
PC -005 organische schadstoffe + metabolismus + enzyme
PC -036 strahlenbelastung + organische schadstoffe + synergismus + zytotoxizitaet
PG -027 bodenkontamination + siedlungsabfaelle + organische schadstoffe + mikrobieller abbau

organische stoffe

CA -102 organische stoffe + emissionsmessung
HB -017 grundwasser + sauerstoffhaushalt + organische stoffe + abbau
IC -054 fliessgewaesser + sediment + organische stoffe + sauerstoffbedarf + (flussguetemodell)
ID -012 grundwasser + organische stoffe + abbau + (sauerstofftransport)
IE -045 meeresverunreinigung + organische stoffe + meeresorganismen + nachweisverfahren
KA -015 abwasseranalyse + organische stoffe + nachweisverfahren
KB -007 organische stoffe + schadstoffentfernung + salze + verbrennung + wirtschaftlichkeit
KB -050 abwasserreinigung + organische stoffe + adsorption + (aluminiumoxid)
KC -005 kokerei + abwasserreinigung + aktivkohle + organische stoffe
KC -033 papierindustrie + betriebswasser + organische stoffe + analytik
OC -031 spurenstoffe + organische stoffe + (druckdestillation)
OD -070 organische stoffe + halogenverbindungen + metabolismus + tierexperiment
PG -023 organische stoffe + sediment
PG -030 bodenbelastung + organische stoffe + duengemittel
PH -048 bodenbeschaffenheit + mineralstoffe + organische stoffe + (huminstoffe)

organischer stoff

CA -104 emissionsueberwachung + organischer stoff + messgeraetetest

organismen

siehe auch meeresorganismen
siehe auch mikroorganismen
NA -003 elektromagnetische strahlung + organismen + biologische wirkungen
NA -004 elektromagnetische felder + organismen + physiologische wirkungen
NA -009 organismen + elektromagnetische felder
NA -012 elektromagnetische felder + organismen + physiologische wirkungen + (hochspannungsfreileitung)
NA -013 elektromagnetische felder + organismen + physiologische wirkungen + (leistungsstarke sender) + SAARLAND + HENSWEILER
NA -014 wassertiere + organismen + strahlung + (oekologische anpassung)
OD -028 schwermetalle + organismen + transportprozesse
PC -026 dieldrin + hexachlorbenzol + organismen + metabolismus
PC -028 umweltchemikalien + organismen + metabolismus + schadstoffbilanz

organismus

siehe auch tierorganismus
NA -005 organismus + elektromagnetische strahlung
NB -005 radioaktive kontamination + organismus + ueberwachung
OB -028 organismus + schwermetallkontamination + quecksilber + messmethode
OD -066 spurenanalytik + organismus
OD -068 schadstoffabbau + organismus + enzyme
OD -069 pharmaka + organismus + oestrogene + entgiftung
PA -001 cadmium + organismus
PA -009 schadstoffbelastung + blei + organismus + (placenta)
PA -037 schwermetallkontamination + cadmium + organismus
PA -039 luftverunreinigung + chlorkohlenwasserstoffe + organismus
PA -042 schwermetallkontamination + organismus
PB -037 pestizide + pcb + ddt + tiere + organismus
PB -048 chlorkohlenwasserstoffe + organismus + schadstoffbelastung + (nachweisverfahren)
PC -006 organismus + schadstofftransport + embryopathie
PC -007 spurenelemente + organismus + metabolismus
PC -039 organismus + pharmaka + chemikalien + fremdstoffwirkung + (leberschaden)
PD -010 organismus + carcinogene belastung + polyzyklische aromaten
PD -023 chemikalien + physiologische wirkungen + organismus
PE -005 humanoekologie + organismus + umwelteinfluesse + genetische wirkung + (adaptation)
PE -028 kfz-abgase + schadstoffbelastung + organismus
PE -053 luftverunreinigende stoffe + kohlenmonoxid + organismus + nachweisverfahren + (gaschromatographie)
PE -056 immissionsbelastung + blei + organismus + berechnungsmodell
PF -032 schwermetalle + futtermittel + boden + organismus
TE -008 organismus + medizin + genetische wirkung + (endogene tagesrhythmik)
TF -004 infektion + organismus + (auge)
TF -025 infektion + organismus + mensch

osmose

HB -072 meerwasserentsalzung + biologische membranen + wirkmechanismus + osmose
HB -073 meerwasserentsalzung + osmose
HB -086 meerwasserentsalzung + energie + rueckgewinnung + osmose

ottomotor

siehe auch verbrennungsmotor
BA -026 kfz-abgase + ottomotor + abgaszusammensetzung
BA -029 ottomotor + emissionsmessung + kohlenwasserstoffe
BA -033 ottomotor + abgasemission
BA -034 ottomotor + schadstoffemission + betriebsoptimierung + treibstoffe
BA -036 kfz-technik + ottomotor + abgasemission + brennstoffguete
BA -047 kfz-technik + ottomotor + schadstoffemission
BA -052 ottomotor + schadstoffemission + schichtladungsmotor
BA -055 abgasemission + treibstoffe + ottomotor + dieselmotor
BA -057 kfz-abgase + ottomotor + abgaszusammensetzung
BA -065 kfz-abgase + schadstoffemission + ottomotor + statistische auswertung
DA -003 kfz-abgase + abgasentgiftung + ottomotor
DA -009 abgasentgiftung + treibstoffe + ottomotor
DA -026 abgasverbesserung + treibstoffe + ottomotor
DA -028 kfz-abgase + nachverbrennung + ottomotor
DA -036 ottomotor + abgasminderung + nachverbrennung
DA -041 ottomotor + abgasverbesserung
DA -045 ottomotor + gasfoermige brennstoffe + schadstoffemission
DA -051 ottomotor + reaktionskinetik + abgasminderung + stickoxide
DA -052 kfz-technik + ottomotor + emissionsminderung + kraftstoffzusaetze
DA -053 ottomotor + kfz-abgase + schadstoffminderung
DA -054 kfz-technik + ottomotor + emissionsminderung + wirtschaftlichkeit
DA -068 kfz-abgase + treibstoffe + nachverbrennung + ottomotor + pruefverfahren + (verdampfungsverluste)
DA -075 kfz-technik + abgasverbesserung + schadstoffminderung + ottomotor

oxidation

BE -005 geruchsbelaestigung + abgas + oxidation + schwefelverbindungen
CB -007 schwefelverbindungen + chlorkohlenwasserstoffe + oxidation + reaktionskinetik
CB -051 smogbildung + oxidation + KOELN + BONN + RHEIN-RUHR-RAUM
CB -052 atmosphaere + oxidation
DD -007 schadstoffminderung + schwefelwasserstoff + oxidation + reaktionskinetik
DD -045 abgas + rauchgas + gaswaesche + schwefeldioxid + oxidation
HD -019 trinkwasseraufbereitung + herbizide + adsorption + oxidation + (phenoxy-alkancarbonsaeuren)
KB -008 abwasserreinigung + organische schadstoffe + oxidation
KB -049 wasserreinigung + ozon + organische schadstoffe + oxidation
KB -074 abwasserreinigung + oxidation + ozon + adsorption
KC -003 chemische industrie + abwasserbehandlung + oxidation
QA -032 konservierungsmittel + oxidation + nachweisverfahren + lebensmittelhygiene

oxidationsmittel

KB -053 biologische abwasserreinigung + ionenaustauscher + oxidationsmittel

oxidierende substanzen

CB -040 atmosphaere + oxidierende substanzen + smog + ausbreitung + BUNDESREPUBLIK DEUTSCHLAND
CB -079 luftverunreinigende stoffe + oxidierende substanzen + zelle
ID -029 oxidierende substanzen + bakterien + bodenwasser
KB -052 abwasserreinigung + oxidierende substanzen

ozean

siehe meer

ozeanographie

siehe auch meereskunde
AA -028 ozeanographie + meteorologie

ozon

siehe auch sauerstoff
AA -067 atmosphaere + ozon + messung
BA -041 flugverkehr + ozon + atmosphaere + EUROPA
BE -004 kohlenwasserstoffe + amine + ozon + reaktionskinetik
CB -013 atmosphaere + ozon + meteorologie + fluorkohlenwasserstoffe
CB -072 atmosphaere + ozon + transportprozesse + NORWEGEN + AFRIKA (SUED)
HE -049 oberflaechenwasser + trinkwasseraufbereitung + ozon
KB -020 abwasserreinigung + ammoniak + ozon + belueftung
KB -049 wasserreinigung + ozon + organische schadstoffe + oxidation
KB -074 abwasserreinigung + oxidation + ozon + adsorption
OB -007 ozon + messverfahren + ALPENVORLAND
OB -014 ozon + messverfahren
PE -021 luftverunreinigung + ozon + mensch + physiologische wirkungen

papier

siehe auch altpapier
KB -047 papier + herstellungsverfahren + abwassermenge
MA-007 abfallsortierung + hausmuell + papier + glas + recycling + KONSTANZ + BODENSEE-HOCHRHEIN
MA-012 hausmuell + abfallsortierung + papier

papierindustrie

IA -010 abwasseranalyse + oberflaechengewaesser + papierindustrie + messgeraet
KC -030 papierindustrie + zellstoffindustrie + umweltschutzmassnahmen + recycling + optimierungsmodell
KC -033 papierindustrie + betriebswasser + organische stoffe + analytik
KC -037 papierindustrie + wasserkreislauf + verfahrenstechnik
KC -038 papierindustrie + klaeranlage + verfahrensoptimierung
KC -039 papierindustrie + umweltprobleme + dokumentation
KC -040 papierindustrie + emissionsminderung + abwasserreinigung + (abwasserlose papierherstellung)
KC -041 papierindustrie + abwasserreinigung + biologischer abbau + (hilfsstoffe)
KC -061 papierindustrie + gewaesserbelastung + vorfluter + sauerstoffhaushalt
KC -067 biologische abwasserreinigung + papierindustrie + recycling
KC -069 papierindustrie + biologische abfallbeseitigung
LA -010 abwasserabgabe + papierindustrie + oekonomische aspekte + internationaler vergleich
LA -016 abwasserabgabengesetz + papierindustrie + oekonomische aspekte
ME -045 recycling + schlammverbrennung + papierindustrie + verfahrenstechnik
ME -046 papierindustrie + altpapier + recycling
ME -047 papierindustrie + schlammbehandlung + recycling
ME -059 papierindustrie + zellstoffindustrie + industrieabfaelle + abwasserschlamm + recycling
ME -061 abwasserschlamm + recycling + holzindustrie + papierindustrie + zellstoffindustrie
ME -062 industrieabfaelle + papierindustrie + recycling
ME -071 papierindustrie + abfall + recycling
ME -073 papierindustrie + abwasserschlamm + recycling + baustoffe
MG -034 papierindustrie + umweltfreundliche technik + abfallbeseitigung
OD -061 papierindustrie + herstellungsverfahren + schadstoffemission + biologischer abbau

papiertechnik
MD-036 papiertechnik + altpapier + recycling
ME-072 druckereiindustrie + papiertechnik + farbstoffe + recycling

paraffine
siehe auch kohlenwasserstoffe
siehe auch mineralprodukte

parasiten
KE -033 klaerschlamm + parasiten + bestrahlung + (elektronenbeschleuniger)
QB-060 binnengewaesser + fische + parasiten
RE -025 desinfektionsmittel + parasiten + pruefverfahren
RF -005 nutztierhaltung + parasiten + huhn

parasitizide
siehe auch biozide
RH-039 landwirtschaft + desinfektionsmittel + parasitizide + wirkungen

parlamentswesen
UA-030 umweltpolitik + parlamentswesen + information + EUROPA

partikel
siehe unter teilchengroesse

pasteurisierung
siehe auch entkeimung
KE -004 abwasserbehandlung + klaerschlamm + sterilisation + pasteurisierung + verfahrenstechnik + (strahlentechnik)
RB-033 futtermittel + salmonellen + pasteurisierung

patentrecht
UB-028 umweltschutz + patentrecht

pathogene keime
MC-035 kommunale abfaelle + grundwasserbelastung + pathogene keime
RH-067 biologischer pflanzenschutz + schaedlingsbekaempfung + insekten + pathogene keime
TF -028 umwelthygiene + insekten + pathogene keime + klaerschlamm + rasen

pcb
siehe auch chlorkohlenwasserstoffe
OC-001 umweltchemikalien + pcb + nachweisverfahren
OC-005 pcb + analytik
OD-002 biosphaere + boden + pcb + mikrobieller abbau + metabolismus
OD-008 bodenkontamination + pcb + klaerschlamm + muellkompost
OD-059 umweltchemikalien + pcb + metabolismus + biologischer abbau + abiotischer abbau
PB -001 umweltchemikalien + kohlenwasserstoffe + pcb + neurotoxizitaet
PB -027 umweltchemikalien + pcb + huhn + (clophen a 60)
PB -037 pestizide + pcb + ddt + tiere + organismus
PB -046 pcb + phenole + toxizitaet + (tierversuch)
PG -020 bodenkontamination + pflanzenschutz + pcb
PG -057 pcb + bodenbelastung
QC-031 getreide + pcb + chlorkohlenwasserstoffe + rueckstandsanalytik + BUNDESREPUBLIK DEUTSCHLAND
QD-010 nahrungskette + milch + insektizide + hexachlorbenzol + pcb
QD-018 umweltchemikalien + pcb + futtermittel + (huehnerei)
QD-019 umweltchemikalien + pcb + huhn + lebensmittel
UB-020 trinkwasseraufbereitung + oberflaechengewaesser + pcb + filtration + RHEIN-RUHR-RAUM

persistenz
OD-016 schadstoffabbau + polyzyklische aromaten + persistenz + boden + kompost
OD-073 biozide + boden + wasser + persistenz
OD-084 umweltchemikalien + schadstoffausbreitung + persistenz

personenverkehr
UH-004 verkehrsplanung + personenverkehr + (opportunity-modell)
UH-030 verkehrswirtschaft + personenverkehr + erholung + (wochenendverkehr)
UI -016 nahverkehr + personenverkehr + guetertransport
UI -023 fahrzeugantrieb + elektrofahrzeug + personenverkehr + stadtverkehr + emissionsminderung
UN-011 nahverkehr + oeffentliche verkehrsmittel + personenverkehr + (cabinentaxi)
UN-027 oeffentlicher nahverkehr + personenverkehr + laendlicher raum + kosten-nutzen-analyse

pestizide
siehe auch biozide
BD-008 luftverunreinigung + pestizide + chlorkohlenwasserstoffe + polyzyklische aromaten + analyseverfahren
BD-009 luftverunreinigung + pestizide + verdunstung + atmosphaere
CB-041 umweltchemikalien + reaktionskinetik + atmosphaere + pestizide
IA -024 wasserverunreinigung + pestizide + nachweisverfahren
IA -028 wasserverunreinigung + pestizide + nachweisverfahren
IC -020 pestizide + schwermetalle + wasser
IC -034 wasserverunreinigung + pestizide + chlorkohlenwasserstoffe + analyseverfahren + RHEIN
IC -064 gewaesserschutz + pestizide + internationale zusammenarbeit + RHEIN + MOSEL
IC -080 gewaesserverunreinigung + pestizide + analyseverfahren
ID -046 grundwasser + pestizide + uferfiltration + trinkwasser
ID -050 pestizide + grundwasserverunreinigung
IE -030 schwermetalle + detergentien + pestizide + schadstoffwirkung + meeresorganismen + DEUTSCHE BUCHT
IE -043 meerwasser + wasserverunreinigung + pestizide + extraktionsmethode
KB-026 mikrobieller abbau + antibiotika + pestizide + (geraeteentwicklung)
KB-045 pestizide + meeressediment + detritus + biologischer abbau
OC-007 pharmaka + pestizide + nachweisverfahren
OC-010 pestizide + wasser + nachweisverfahren
OC-013 umweltchemikalien + pestizide + nebenwirkungen + datenbank
OC-027 pflanzenschutzmittel + pestizide + nachweisverfahren
OC-036 pestizide + messmethode
OD-015 pestizide + umweltbelastung
OD-025 pestizide + aromaten + mikrobieller abbau + enzyme
OD-026 bodenbeeinflussung + pestizide + stickstoff
OD-029 bodenbeschaffenheit + pestizide + mikrobieller abbau
OD-030 bodenbeschaffenheit + pestizide + mikrobieller abbau
OD-034 schadstoffabbau + pestizide + insektizide + mikrobieller abbau
OD-046 meeresorganismen + pestizide + metabolismus
OD-057 bodenkontamination + trinkwasser + schadstoffabbau + pestizide + stickstoff
PB -007 chlorkohlenwasserstoffe + pestizide + rueckstandsanalytik + voegel + NIEDERSACHSEN
PB -009 pestizide + neurotoxizitaet + tierexperiment
PB -021 lebensmittel + fische + pestizide + hoechstmengenverordnung
PB -022 meeresorganismen + organische schadstoffe + pestizide + nachweisverfahren
PB -037 pestizide + pcb + ddt + tiere + organismus
PB -041 pestizide + herbizide + schadstoffwirkung + landwirtschaftliche produkte
PB -047 pestizide + rueckstandsanalytik + tierexperiment
PB -049 pestizide + nebenwirkungen + (spitzmaus)
PC -042 schadstoffbelastung + pestizide + schwermetalle + tierorganismus + HELGOLAND + DEUTSCHE BUCHT

PD -044 pharmaka + pestizide + mutagene wirkung + bioindikator + hefen
PG -007 pestizide + metabolismus + photosynthese
PG -008 pflanzenphysiologie + photosynthese + pestizide
PG -009 pflanzenphysiologie + photosynthese + pestizide + algen
PG -011 pflanzenschutzmittel + pestizide + photosynthese
PG -050 kulturpflanzen + pestizide + ballungsgebiet
PG -055 pestizide + bodenbelastung + bioindikator
PG -056 forstwirtschaft + pestizide + nutzarthropoden + nebenwirkungen
PI -013 oekosystem + mikroorganismen + pestizide + nebenwirkungen
QA-007 lebensmittel + pestizide + herbizide + mikroorganismen
QA-012 lebensmittelkonservierung + pestizide + nachweisverfahren
QA-016 pestizide + landwirtschaftliche produkte + schadstoffnachweis
QA-039 lebensmittel + getreide + schadstoffbildung + pestizide + pharmaka
QA-058 futtermittelkontamination + pestizide
QA-060 lebensmittel + futtermittel + pestizide + schwermetalle + rueckstandsanalytik
QB-007 fleisch + abgas + pestizide + rueckstaende
QB-008 fleisch + pestizide + schadstoffminderung
QB-027 milch + pestizide + nachweisverfahren
QB-053 lebensmittelkontamination + fleisch + pestizide + haustiere + wild
QB-057 lebensmittelkontamination + fleisch + schlachttiere + schwermetalle + pestizide + WESER-EMS-GEBIET
QB-058 lebensmittelkontamination + schlachttiere + wild + schwermetalle + pestizide + NORDHEIDE
QD-008 pestizide + marine nahrungskette
QD-016 pestizide + schwermetallsalze + meeresorganismen + kontamination
QD-017 kohlenwasserstoffe + pestizide + benthos + marine nahrungskette + KIELER BUCHT + OSTSEE
RE -013 pflanzenschutz + pestizide + datensammlung
RH -021 gemuese + schaedlingsbekaempfung + insekten + pestizide
RH -044 pflanzenschutz + pestizide + (substitution)
RH -047 schaedlingsbekaempfung + mikrobiologie + pestizide

pestizidsubstitut

RH -024 schaedlingsbekaempfung + vorratsschutz + genetik + pestizidsubstitut + methodenentwicklung

petrochemische industrie

siehe auch raffinerie
BC -001 emissionskataster + petrochemische industrie + leckrate + KOELN (RAUM) + RHEIN-RUHR-RAUM
DC -070 abgasreinigung + petrochemische industrie + verfahrensentwicklung
FA -067 schallemission + petrochemische industrie
KB -066 petrochemische industrie + abwasserbehandlung + flotation + extraktion
KC -055 abwasserbehandlung + petrochemische industrie
ME -066 petrochemische industrie + produktionsrueckstaende + recycling

petrographie

SA -052 erdoel + petrographie + energietraeger

pflanzen

siehe auch flora
siehe auch kulturpflanzen
siehe auch nutzpflanzen
siehe auch pilze
siehe auch vegetation
siehe auch wasserpflanzen
AA -056 fluor + immission + pflanzen + bioindikator
BA -040 kfz-abgase + pflanzen
FD -024 laermschutz + pflanzen
HB -031 grundwasserabsenkung + boden + pflanzen + auswirkungen
IB -031 biologische abwasserreinigung + regenwasser + pflanzen
KB -078 abwasser + pflanzen + entkeimung
KB -079 klaeranlage + biologische abwasserreinigung + pflanzen
KB -080 biologische abwasserreinigung + pflanzen
KC -065 biologische abwasserreinigung + stahlindustrie + pflanzen
KD -004 massentierhaltung + guelle + schadstoffwirkung + boden + pflanzen
KE -060 biologische abwasserreinigung + klaerschlamm + mineralisation + pflanzen
OA-030 pflanzen + immissionsbelastung + schadstoffnachweis
OD-004 pflanzen + herbizide
OD-077 pflanzen + mikrobieller abbau + schadstoffbildung + phenole + physiologische wirkungen
OD-080 umweltchemikalien + herbizide + pflanzen + metabolismus
PC -033 pflanzen + insekten + (biologische wirkungen)
PD -011 carcinogene + pflanzen + genetik
PD -015 co-carcinogene + pflanzen + lebensmittel + pharmaka + analytik
PD -017 co-carcinogene + pflanzen + carcinogenese + (tumor)
PF -001 boden + schwermetalle + pflanzen
PF -007 schadstoffimmission + bleiverbindungen + metabolismus + halogene + pflanzen
PF -010 trinkwasser + fluor + pflanzen + biologische wirkungen
PF -021 biochemie + schwefeldioxid + pflanzen + mikroorganismen + metabolismus
PF -024 weinbau + pflanzen + schwermetallkontamination + (weinreben)
PF -049 schadstoffe + schwefelverbindungen + pflanzen + metabolismus
PF -050 biooekologie + pflanzen + schwermetallkontamination
PF -052 pflanzen + bleigehalt + autobahn + BONN (RAUM) + RHEIN-RUHR-RAUM
PF -057 schadstoffbelastung + fluorverbindungen + pflanzen
PF -059 staubniederschlag + schwermetalle + bodenbelastung + pflanzen + ballungsgebiet
PF -062 blei + pflanzen + physiologie + enzyme
PF -064 pflanzen + schwermetalle + boden
PG -002 pflanzenschutzmittel + stickstoff + boden + pflanzen
PG -005 biozide + duengung + pflanzen + metabolismus
PG -013 polyzyklische kohlenwasserstoffe + pflanzen + metabolismus
PG -014 benzpyren + pflanzen + metabolismus
PG -024 polyzyklische aromaten + pflanzen
PG -039 aerosole + pflanzenschutzmittel + pflanzen
PG -040 fungizide + metabolismus + pflanzen
PG -041 herbizide + boden + pflanzen
PG -042 herbizide + pflanzen + nebenwirkungen
PG -047 abgas + toxizitaet + pflanzen
PH -003 klaerschlamm + entkeimung + boden + pflanzen
PH -004 klaerschlamm + bestrahlung + boden + pflanzen
PH -027 biochemie + enzyme + pflanzen + (wachstumsverhalten)
PH -036 bodenbelastung + pflanzen + naehrstoffe
PH -043 pflanzen + schadstoffgehalt + (nachweisverfahren)
PH -046 luftverunreinigende stoffe + grenzwerte + pflanzen
PH -052 immissionsmessung + pflanzen + kartierung
PH -054 abgas + pflanzen + polyzyklische kohlenwasserstoffe
PH -061 pflanzen + metabolismus + klimakammer
PI -029 umweltchemikalien + boden + pflanzen + schadstoffbilanz
PI -040 umweltchemikalien + pflanzen + metabolismus
QC-036 pflanzen + carcinogene wirkung + tierexperiment
RD -005 herbizide + pflanzen
RD -043 landwirtschaft + bodenstruktur + pflanzen
RD -047 ackerbau + pflanzen + duengemittel + stickstoff + langzeitwirkung
RE -005 pflanzen + wasserhaushalt + SOLLING
RE -006 pflanzen + wasserhaushalt + NEGEV WUESTE
RE -007 pflanzen + wasserhaushalt + WUERZBURG
RE -008 wasserhaushalt + pflanzen + NEGEV WUESTE
RE -030 pflanzen + futtermittel
RE -035 herbizide + boden + pflanzen
RE -041 grundwasser + bodenbeschaffenheit + pflanzen
RG -023 forstwirtschaft + wald + pflanzen + biomasse + SOLLING

UM-020 pflanzen + landschaftspflege
UM-021 pflanzen + landschaftspflege
UM-077 wetterwirkung + pflanzen
UM-080 pflanzen + kartierung + BADEN-WUERTTEMBERG (OST)

pflanzendecke

IF -035 fliessgewaesser + litoral + eutrophierung + pflanzendecke + bioindikator + HESSEN (NORD) + FULDA
MC-028 deponie + sickerwasser + pflanzendecke + wasserbilanz
RD -010 pflanzendecke + wasserhaushalt

pflanzenernaehrung

KD -016 fluessigmist + oberflaechenwasser + pflanzenernaehrung
PC -029 schaedlingsbekaempfung + insekten + pflanzenernaehrung
PG -028 duengemittel + herbizide + bodenbelastung + pflanzenernaehrung
PG -031 nitrosamine + pflanzenernaehrung + stickstoff
RD -034 pflanzenernaehrung + nutzpflanzen + nitrate + auswaschung
RG -007 forstwirtschaft + herbizide + pflanzenernaehrung
RG -037 waldoekosystem + bodenbeschaffenheit + pflanzenernaehrung + (stickstoffversorgung) + HESSEN (NORD)
UM-069 gruenland + mineralstoffe + stickstoff + pflanzenernaehrung + HEILIGENHAFEN + OSTSEE

pflanzenertrag

MD-030 siedlungsabfaelle + muellkompost + klaerschlammbeseitigung + bodenkontamination + pflanzenertrag + HANNOVER (RAUM)
PH -037 bodenbelastung + schadstoffwirkung + pflanzenertrag
RD -041 bodenbearbeitung + pflanzenertrag + bodenerhaltung
RE -001 kulturpflanzen + duengung + pflanzenertrag + standortfaktoren + tropen
RE -034 duengemittel + pflanzenertrag
RE -039 boden + naehrstoffgehalt + landwirtschaft + pflanzenertrag
RE -040 ackerbau + pflanzenertrag + grundwasserspiegel
RE -048 grundwasserabsenkung + ackerbau + pflanzenertrag + HANNOVER-FUHRENBERG

pflanzenkontamination

BC -028 industrieabgase + raffinerie + pflanzenkontamination + RHEIN-MAIN-GEBIET
OD-003 bodenkontamination + pflanzenkontamination + luftverunreinigung + spurenelemente + AACHEN-STOLBERG
OD-063 schwermetalle + bodenbelastung + pflanzenkontamination
PF -005 schwefeldioxid + kohlenmonoxid + pflanzenkontamination
PF -027 streusalz + bodenkontamination + wasserverunreinigung + pflanzenkontamination
PF -031 immissionsmessung + schwermetallkontamination + huettenindustrie + boden + pflanzenkontamination + GOSLAR-BAD HARZBURG (RAUM) + HARZ (NORD)
PF -038 schwermetallkontamination + bodenbelastung + pflanzenkontamination
PF -039 kfz-abgase + pflanzenkontamination + schwermetalle + lebensmittelhygiene
PF -058 bodenbelastung + pflanzenkontamination + schwermetalle + ballungsgebiet + DORTMUND + RHEIN-RUHR-RAUM
PG -012 schadstoffnachweis + polyzyklische kohlenwasserstoffe + muellkompost + pflanzenkontamination + bodenbelastung
PG -015 carcinogene + polyzyklische kohlenwasserstoffe + muellkompost + klaerschlamm + pflanzenkontamination
PG -016 pflanzenkontamination + phosphor + (weizenkeimlinge)
PG -029 pflanzenkontamination + herbizide + metabolismus
PG -051 pflanzenkontamination + benzpyren + analyseverfahren
PH -015 pflanzenkontamination + frueherkennung + enzyme + verfahrensentwicklung
PH -038 futtermittelzusaetze + tierische faekalien + duengung + pflanzenkontamination
QA-061 futtermittel + pflanzenkontamination + arsen + schwermetalle + (schwermetallkataster) + WESTFALEN-LIPPE
QC-027 pflanzenkontamination + schwermetalle + muellkompost + pilze + (champignon)
RE -017 stickstoff + duengemittel + pflanzenkontamination + (lignin)
RE -018 pflanzenkontamination + nitrate + (gemuesepflanzen)
UM-032 pflanzenkontamination + grosstadt + strassenbaum + streusalz

pflanzenkrankheiten

siehe auch phytopathologie

PG -035 herbizide + nebenwirkungen + pflanzenkrankheiten + getreide
PG -036 herbizide + nebenwirkungen + pflanzenkrankheiten

pflanzenoekologie

HA -099 fliessgewaesser + uferschutz + biozoenose + pflanzenoekologie + ALLER (OBERALLER)
PH -053 biochemie + pflanzenoekologie + photosynthese
RE -024 pflanzenoekologie + gruenland
RG -033 forstwirtschaft + pflanzenoekologie + genetik + (waldbaumarten)
RG -035 pflanzenoekologie + wald + stoffhaushalt + wasserverbrauch
UM-039 pflanzenoekologie + kulturpflanzen + bodenverbesserung + EUROPA (MITTELEUROPA)
UM-045 vegetationskunde + pflanzenoekologie + RHOEN (HOHE RHOEN)
UM-048 pflanzenoekologie + deponie + tagebau + rekultivierung
UM-051 pflanzenoekologie + stadtgebiet + deponie + BERLIN
UM-070 pflanzenoekologie + standortfaktoren + strassenbau
UM-073 pflanzenoekologie + wasserhaushalt + stoffhaushalt + photosynthese
UN-055 bodentiere + pflanzenoekologie + rekultivierung + (schutthalde) + SAARLAND

pflanzenphysiologie

AA -129 luftchemie + atmosphaere + spurenstoffe + pflanzenphysiologie
OD-017 pflanzenphysiologie + schwermetallkontamination + algen
PD -012 nutzpflanzen + carcinogene + pflanzenphysiologie
PF -022 pflanzenphysiologie + schwefeldioxid + schwermetalle + photosynthese
PF -061 pflanzenphysiologie + photosynthese + sulfite
PF -063 pflanzenphysiologie + photosynthese + aluminium + schwermetalle
PF -067 pflanzenphysiologie + blei + oekotoxizitaet + algen
PF -068 wasser + salzgehalt + abwasser + pflanzenphysiologie + genetik
PG -003 pflanzenphysiologie + siedlungsabfaelle + klaerschlamm + carcinogene
PG -006 pflanzenphysiologie + herbizide + nutzpflanzen + photosynthese
PG -008 pflanzenphysiologie + photosynthese + pestizide
PG -009 pflanzenphysiologie + photosynthese + pestizide + algen
PG -049 pflanzenphysiologie + photosynthese + herbizide
PH -002 pflanzenphysiologie + klaerschlamm + tenside + schwermetalle
PH -012 pflanzenphysiologie + photosynthese + umwelteinfluesse
PH -017 pflanzenphysiologie + fungizide + pilze
PI -041 wasser + salzgehalt + abwasser + wasserpflanzen + pflanzenphysiologie
RD -026 bodenbeschaffenheit + pflanzenphysiologie + oekologische faktoren
RD -050 muellkompost + duengung + bodenbeschaffenheit + naehrstoffgehalt + pflanzenphysiologie
RE -023 pflanzenphysiologie + gruenland
RE -038 pflanzenphysiologie + naehrstoffhaushalt + (regulationsmechanismen)
RE -043 pflanzenphysiologie + adaptation + bodenbeschaffenheit + salzgehalt + FRANKEN (OBERFRANKEN)

pflanzenschutz

siehe auch naturschutz

PG -020 bodenkontamination + pflanzenschutz + pcb
PI -003 pflanzenschutz + streusalz + gehoelzschaeden + autobahn + HESSEN + BAYERN
RE -010 gartenbau + pflanzenschutz
RE -011 rebenforschung + resistenzzuechtung + pflanzenschutz + (botrytis)
RE -013 pflanzenschutz + pestizide + datensammlung
RH -016 schaedlingsbekaempfung + pflanzenschutz
RH -019 schaedlingsbekaempfung + pflanzenschutz + insekten
RH -026 ackerbau + pflanzenschutz + pilze + (raps) + SCHLESWIG-HOLSTEIN
RH -042 pflanzenschutz + getreide + (fruchtfolge)
RH -044 pflanzenschutz + pestizide + (substitution)
RH -068 pflanzenschutz + obst
RH -069 pflanzenschutz + schaedlingsbekaempfung + biotechnologie
RH -070 pflanzenschutz + schaedlingsbekaempfung + biotechnologie + (apfelwickler)
RH -071 pflanzenschutz + schaedlingsbekaempfung + biotechnologie + (im apfelanbau)
RH -072 pflanzenschutz + schaedlingsbekaempfung + biotechnologie + (im feldgemueseanbau)
RH -073 pflanzenschutz + schaedlingsbekaempfung + warndienst + geraeteentwicklung
RH -074 pflanzenschutz + schaedlingsbekaempfung + biotechnologie + (im beerenobstanbau)
UL -065 naturschutzgebiet + bodennutzung + tierschutz + pflanzenschutz
UM-004 pflanzenschutz
UM-005 pflanzenschutz + streusalz + gehoelzschaeden
UM-006 pflanzenschutz + kulturpflanzen + phytopathologie + (hopfen)
UM-036 baum + pflanzenschutz + fichte + phytopathologie
UM-041 pflanzenschutz + vegetation + kartierung + (farne + bluetenpflanzen)
UM-075 pflanzenschutz + unkrautflora + biologischer pflanzenschutz + (solidago) + OBERRHEINEBENE + NECKARTAL + SCHWEIZ + UNGARN + OESTERREICH
UM-078 pflanzenschutz + naturschutz + schutzmassnahmen + NIEDERSACHSEN

pflanzenschutzmittel

siehe auch biozide

BD -004 pflanzenschutzmittel + ausbreitung
BD -011 pflanzenschutzmittel + luftverunreinigung
MB-025 landwirtschaftliche abfaelle + rotte + pflanzenschutzmittel + (stroh)
OC-023 rueckstandsanalytik + pflanzenschutzmittel + nachweisverfahren
OC-027 pflanzenschutzmittel + pestizide + nachweisverfahren
OD-009 pflanzenschutzmittel + biozide + mikrobieller abbau
PB -005 pflanzenschutzmittel + insektizide + oekotoxizitaet + invertebraten
PB -024 bodenkontamination + pflanzenschutzmittel + nutzarthropoden
PB -040 pflanzenschutzmittel + nebenwirkungen + (kohlfliege)
PB -045 pflanzenschutzmittel + tiere
PF -053 pflanzenschutzmittel + quecksilber + kontamination + getreide
PG -002 pflanzenschutzmittel + stickstoff + boden + pflanzen
PG -011 pflanzenschutzmittel + pestizide + photosynthese
PG -019 pflanzenschutzmittel + herbizide + toxizitaet + (nitrifikation)
PG -033 pflanzenschutzmittel + phytopathologie + pilze + getreide + wein
PG -038 pflanzenschutzmittel + metabolismus + (arzneipflanzen)
PG -039 aerosole + pflanzenschutzmittel + pflanzen
PG -048 pflanzenschutzmittel + bodenkontamination + gemuesebau + rueckstandsanalytik + (quintozen)
PG -058 pflanzenschutzmittel + rueckstaende + boden + gemuese
PG -059 pflanzenschutzmittel + weinbau
PH -050 pflanzenschutzmittel + bodenkontamination + messmethode
QC-019 gemuesebau + pflanzenschutzmittel + rueckstandsanalytik
QC-022 gemuesebau + strohverwertung + pflanzenschutzmittel + lebensmittelkontamination
QC-039 lebensmittel + rueckstandsanalytik + pflanzenschutzmittel
RE -015 ackerbau + pflanzenschutzmittel + herbizide + (substitution)
RE -016 pflanzenschutzmittel + substitution
RH -003 mikroorganismen + pflanzenschutzmittel
RH -005 pflanzenschutzmittel + ackerbau + fauna
RH -012 pflanzenschutzmittel + biologische wirkungen
RH -015 pflanzenschutzmittel + umweltbelastung + (zerstaeuberarten + dosierung)
RH -043 pflanzenschutzmittel + nuetzlinge
RH -079 pflanzenschutzmittel + datenerfassung + WESER + EMS + OLDENBURG

pflanzensoziologie

HA-101 oberflaechengewaesser + pflanzensoziologie + biotop + biozoenose + naturschutz + NIEDERSACHSEN
PH -014 industrie + emission + pflanzensoziologie
UK-045 landschaftsgestaltung + pflanzensoziologie + landwirtschaft + fremdenverkehr + FOEHR + NORDFRIESISCHES WATTENMEER
UM-010 landschaftspflege + begruenung + pflanzensoziologie + duengung + HESSEN (NORD)
UM-017 gruenland + vegetation + pflanzensoziologie + WESTERWALD
UM-018 gruenland + vegetation + pflanzensoziologie + KNUELLGEBIET
UM-019 pflanzensoziologie + kartierung
UM-022 gruenland + vegetation + pflanzensoziologie + MEISSNERGEBIRGE + HESSEN
UM-023 pflanzensoziologie + kartierung + SCHLESWIG-HOLSTEIN + NIEDERSACHSEN (NORD)
UM-025 pflanzensoziologie + kartierung + vegetation + kuestenschutz + HELGOLAND + DEUTSCHE BUCHT
UM-026 flughafen + biotop + voegel + sicherheitsmassnahmen + pflanzensoziologie + HAMBURG
UM-063 pflanzensoziologie + kartierung + NORDRHEIN-WESTFALEN
UM-066 waldoekosystem + pflanzensoziologie + kartierung + BADEN-WUERTTEMBERG
UM-067 landschaftsgestaltung + pflanzensoziologie + KAISERSTUHL + OBERRHEIN

pflanzenzucht

HC-025 kuestenschutz + oekologie + pflanzenzucht
RB -022 pflanzenzucht + eiweissgewinnung
RE -014 bodennutzungsschutz + erosion + pflanzenzucht + (perennierender roggen)
RG -021 pflanzenzucht + baum + resistenzzuechtung + (fichte)
RH -045 pflanzenzucht + immunologie + insekten
UM-058 pflanzenzucht + genetik

pharmaka

siehe auch antibiotika
siehe auch thalidomid
siehe auch zytostatika

OC-007 pharmaka + pestizide + nachweisverfahren
OD-069 pharmaka + organismus + oestrogene + entgiftung
PB -018 embryopathie + pharmaka + nebenwirkungen
PC -035 schadstoffwirkung + wassertiere + pharmaka + gifte + testverfahren + (fische)
PC -037 ionisierende strahlung + pharmaka + mutagene wirkung
PC -039 organismus + pharmaka + chemikalien + fremdstoffwirkung + (leberschaden)
PC -062 pharmaka + toxizitaet + kohlenwasserstoffe + loesungsmittel
PD -015 co-carcinogene + pflanzen + lebensmittel + pharmaka + analytik
PD -031 pharmaka + nebenwirkungen + testverfahren + (struktur-wirkung)
PD -044 pharmaka + pestizide + mutagene wirkung + bioindikator + hefen
PD -051 carcinogene + umweltchemikalien + pharmaka
PD -052 carcinogene + pharmaka + fremdstoffwirkung
PD -055 pharmaka + genetik + teratogene wirkung + carcinogene wirkung

PD -064 pharmaka + metabolismus + carcinogene + aromatische amine
PD -065 metabolismus + pharmaka + carcinogene
QA-039 lebensmittel + getreide + schadstoffbildung + pestizide + pharmaka
QB-001 lebensmittelueberwachung + fleischproduktion + pharmaka
QB-003 lebensmittelhygiene + fleischprodukte + pharmaka
QB-031 lebensmittelueberwachung + fleischprodukte + pharmaka

pharmakologie

PB -033 chlorkohlenwasserstoffe + pharmakologie + toxikologie + (biochemische grundlagen)

phenole

siehe auch chlorphenole

IA -012 wasser + schadstoffe + phenole
IA -025 wasserverunreinigende stoffe + phenole + nachweisverfahren + gaschromatographie
IC -033 wasserverunreinigung + oberflaechenwasser + phenole + nachweisverfahren + schadstoffabbau
IC -052 gewaesserverunreinigung + wassergefaehrdende stoffe + phenole
IC -110 wasser + phenole + nachweisverfahren
KA-007 abwasser + kokerei + phenole + analytik
KB-072 industrieabwaesser + phenole + biologischer abbau + mikroorganismen
KB-075 abwasserreinigung + filtration + phenole + (membranverfahren)
KE -019 kokerei + klaeranlage + abwasser + phenole + mikrobieller abbau
OD-077 pflanzen + mikrobieller abbau + schadstoffbildung + phenole + physiologische wirkungen
PB -046 pcb + phenole + toxizitaet + (tierversuch)
QB-034 nahrungsmittelproduktion + analytik + polyzyklische aromaten + phenole
QC-043 lebensmitteluebersachung + obst + gemuese + phenole

pheromonen

OC-019 schaedlingsbekaempfungsmittel + pheromonen + (synthese)

phorbolester

siehe auch carcinogene

phosphatduengemittel

ME-020 eisen- und stahlindustrie + abfallaufbereitung + phosphatduengemittel
NB-034 strahlenbelastung + bevoelkerung + phosphatduengemittel + radionuklide

phosphate

HG-033 gewaesser + trinkwasserguete + phosphate + modell
IC -117 abwasserreinigung + phosphate + talsperre + trinkwassergewinnung + WAHNBACH-TALSPERRE
ID -034 grundwasserbelastung + duengemittel + phosphate + nitrate + sulfate + (weinbergsboeden)
IE -053 marine nahrungskette + phosphate + metabolismus + fische + (karpfen)
IF -006 gewaesserverunreinigung + phosphate + nitrate + analyseverfahren + RHEIN
IF -009 fliessgewaesser + gewaesserbelastung + eutrophierung + phosphate + (borate) + HARZ + LEINE + SOESE + SIEBER + INNERSTE
IF -020 oberflaechengewaesser + eutrophierung + phosphate + nitrate + (roehricht) + BERLIN
IF -021 oberflaechengewaesser + eutrophierung + phosphate + nitrate + (sedimentgrund) + BERLIN
IF -023 gewaesserschutz + phosphate
IF -026 oberflaechengewaesser + duengung + phosphate + (zuflussfracht) + BODENSEE
IF -028 gewaesserverunreinigung + phosphate + filtration + BERLIN (TEGELER SEE)
IF -032 gewaesserbelastung + phosphate + eutrophierung + sediment + BODENSEE (OBERSEE)
IF -033 gewaesserbelastung + phosphate + eutrophierung + wasserbewegung + BODENSEE
IF -034 phosphate + stofftransport + gewaesserverunreinigung + eutrophierung + BODENSEE
IF -036 oberflaechengewaesser + eutrophierung + phosphate + biologischer sauerstoffbedarf + messverfahren
IF -037 gewaesserschutz + phosphate + eutrophierung + oekonomische aspekte
KA-022 abwasserkontrolle + messgeraet + phosphate
KB-030 wasserreinigung + flockung + schadstoffentfernung + phosphate
KE-048 abwasserbehandlung + schlammfaulung + phosphate + (anaerobe faulung)
KF-003 abwasser + faellungsanlage + phosphate
KF-004 abwasserreinigung + phosphate + verfahrenstechnik
KF-005 wasser + phosphate + filtration
KF-006 detergentien + phosphate + substitution
KF-008 kommunale abwaesser + schadstoffentfernung + phosphate + duengemittel
KF-010 abwasserreinigung + phosphate + rueckgewinnung + adsorption + (aluminiumoxid)
KF-011 abwasserreinigung + algen + phosphate
KF-012 abwasserreinigung + schadstoffentfernung + phosphate + verfahrensentwicklung
KF-014 abwasserreinigung + klaeranlage + phosphate + faellungsmittel
KF-015 abfallschlamm + wasserverunreinigende stoffe + phosphate + abwasserbehandlung + (rueckloesung)
KF-016 kommunale abwaesser + biologische abwasserreinigung + phosphate
KF-017 abwasserreinigung + phosphate + mikrobieller abbau
KF-018 abwasserschlamm + phosphate + faellung + schlammbeseitigung
KF-019 wasserverunreinigende stoffe + phosphate + eutrophierung + mikrobieller abbau
KF-020 abwasserreinigung + phosphate
PB -003 phosphate + fische
PF -060 fliessgewaesser + untergrund + phosphate + bodenbelastung + SCHWARZACH (OBERPFALZ)
PH -031 wasserpflanzen + schadstoffbelastung + phosphate + streusalz + (submerse makrophyten)
UD-023 energietechnik + uran + rohstoffe + phosphate

phosphateliminierung

KF-009 abwasseranalyse + schadstoffwirkung + phosphateliminierung + schlammbehandlung

phosphatsubstitut

KF-001 waschmittel + phosphatsubstitut
KF-002 phosphatsubstitut + lebensmitteltechnologie + waschmittel + (citronensaeure)
KF-013 abwasserbehandlung + anorganische builder + phosphatsubstitut

phosphor

HA-046 oberflaechengewaesser + stoffhaushalt + phosphor + simulationsmodell + BODENSEE (OBERSEE)
IA -016 gewaesserverunreinigung + phosphor + messverfahren + geraeteentwicklung + TEGELER SEE + BERLIN
IE -046 meeresreinhaltung + landwirtschaftliche abwaesser + phosphor + OSTSEE
IF -039 gewaesserreinigung + talsperre + phosphor + trinkwassergewinnung + (oligotrophierung) + WAHNBACH-TALSPERRE
PG-016 pflanzenkontamination + phosphor + (weizenkeimlinge)

photochemische reaktion

CB-023 polyzyklische aromaten + photochemische reaktion + schadstoffabbau
IC -004 oberflaechengewaesser + mineraloel + schadstoffabbau + photochemische reaktion
OC-006 nitroverbindungen + photochemische reaktion + herbizide + abiotischer abbau
OC-035 nitrosoverbindungen + photochemische reaktion

photosynthese

PB -023 organische schadstoffe + meeresorganismen + photosynthese + algen

PC -048 wasserverunreinigende stoffe + biochemie + photosynthese + algen
PF -022 pflanzenphysiologie + schwefeldioxid + schwermetalle + photosynthese
PF -061 pflanzenphysiologie + photosynthese + sulfite
PF -063 pflanzenphysiologie + photosynthese + aluminium + schwermetalle
PG -006 pflanzenphysiologie + herbizide + nutzpflanzen + photosynthese
PG -007 pestizide + metabolismus + photosynthese
PG -008 pflanzenphysiologie + photosynthese + pestizide
PG -009 pflanzenphysiologie + photosynthese + pestizide + algen
PG -011 pflanzenschutzmittel + pestizide + photosynthese
PG -049 pflanzenphysiologie + photosynthese + herbizide
PH -012 pflanzenphysiologie + photosynthese + umwelteinfluesse
PH -053 biochemie + pflanzenoekologie + photosynthese
UM-073 pflanzenoekologie + wasserhaushalt + stoffhaushalt + photosynthese

phthalsaeurederivate

PD -025 teratogene wirkung + phthalsaeurederivate + tierexperiment
PD -026 teratogenitaet + phthalsaeurederivate + (molekuelstruktur + sturktur-wirkung)
PD -029 teratogene wirkung + testverfahren + phthalsaeurederivate + (struktur-wirkung)

physiologie

siehe auch arbeitsphysiologie
FD -012 verkehrslaerm + physiologie + mensch
FD -013 verkehrslaerm + mensch + physiologie
FD -022 laerm + physiologie
GB -023 biochemie + physiologie + fische
PC -031 physiologie + enzyme + schwermetalle
PF -062 blei + pflanzen + physiologie + enzyme
QA -026 ernaehrung + physiologie + trinkwasser
TE -012 physiologie + gesundheitszustand + (hoehenanpassung) + ALPENLAENDER

physiologische wirkungen

siehe auch wirkungen
BE -011 geruchsbelaestigung + mensch + physiologische wirkungen + messverfahren
FA -005 laermbelastung + lebewesen + physiologische wirkungen
FA -020 infraschall + physiologische wirkungen
FA -021 laerm + erschuetterungen + mensch + physiologische wirkungen
FA -047 laermbelastung + physiologische wirkungen
FC -034 ergonomie + arbeitsplatz + laermbelastung + physiologische wirkungen
FC -035 arbeitsplatz + laermbelastung + erschuetterungen + physiologische wirkungen
FC -076 schiffsantrieb + laermbelastung + physiologische wirkungen
FD -021 laerm + mensch + physiologische wirkungen
FD -039 laerm + mensch + physiologische wirkungen
HD -013 wassergefaehrdende stoffe + physiologische wirkungen + bewertungskriterien + (trinkwasser-verordnung)
NA -004 elektromagnetische felder + organismen + physiologische wirkungen
NA -007 elektromagnetische strahlung + physiologische wirkungen
NA -008 licht + mensch + physiologische wirkungen + (blendung)
NA -011 elektromagnetische felder + saeugetiere + physiologische wirkungen
NA -012 elektromagnetische felder + organismen + physiologische wirkungen + (hochspannungsfreileitung)
NA -013 elektromagnetische felder + organismen + physiologische wirkungen + (leistungsstarke sender) + SAARLAND + HENSWEILER
NB -031 ionisierende strahlung + physiologische wirkungen + tiere
OD -077 pflanzen + mikrobieller abbau + schadstoffbildung + phenole + physiologische wirkungen
OD -092 nitrosoverbindungen + metabolismus + physiologische wirkungen
PA -008 schwermetalle + physiologische wirkungen
PA -012 metallverbindungen + zelle + physiologische wirkungen
PA -021 schwermetalle + physiologische wirkungen + fische + belastbarkeit
PA -034 fische + schwermetallkontamination + physiologische wirkungen
PA -036 mensch + bleikontamination + schwermetallbelastung + physiologische wirkungen + NORDENHAM + WESER-AESTUAR
PB -004 chlorkohlenwasserstoffe + enzyme + physiologische wirkungen
PB -006 mykotoxine + physiologische wirkungen
PB -032 insektizide + physiologische wirkungen
PC -009 luftverunreinigende stoffe + physiologische wirkungen
PC -020 fische + toxische abwaesser + sauerstoffgehalt + synergismus + physiologische wirkungen
PC -024 toxikologie + schadstoffe + physiologische wirkungen + stressfaktoren + synergismus
PC -043 kfz-abgase + physiologische wirkungen + grenzwerte + toxikologie + (warmblueter)
PD -023 chemikalien + physiologische wirkungen + organismus
PD -045 aromatische amine + physiologische wirkungen + carcinogenese + toxizitaet
PE -001 staubbelastung + physiologische wirkungen
PE -021 luftverunreinigung + ozon + mensch + physiologische wirkungen
PE -029 kfz-abgase + physiologische wirkungen + (versuchstiere)
PE -031 luftverunreinigende stoffe + blei + bevoelkerung + physiologische wirkungen
PE -033 luftverunreinigende stoffe + schwefeldioxid + physiologische wirkungen + mensch + epidemiologie
PF -018 erdgas + physiologische wirkungen + vegetation
QC -040 gruenland + duengung + futtermittel + schadstoffbelastung + physiologische wirkungen + SCHLESWIG-HOLSTEIN
TA -026 arbeitsplatz + klimatologie + physiologische wirkungen + (kaeltebelastung)
TA -074 arbeitsplatz + schadstoffbelastung + benzol + physiologische wirkungen
TA -077 arbeitsplatz + schadstoffbelastung + loesungsmittel + physiologische wirkungen + (tierversuch)

phytoindikator

AA -019 immissionsbelastung + phytoindikator + flechten + ballungsgebiet + KOELN + RHEIN-RUHR-RAUM
AA -072 luftueberwachung + immissionsmessung + phytoindikator + flechten
AA -073 luftueberwachung + immissionsmessung + phytoindikator + (photosynthese) + STUTTGART (RAUM)
AA -074 luftueberwachung + immissionsmessung + phytoindikator + flechten + NECKAR (MITTLERER NECKAR-RAUM) + STUTTGART
AA -075 luftueberwachung + immissionsmessung + phytoindikator + (enzymaktivitaet)
AA -076 luftueberwachung + immissionsmessung + phytoindikator + flechten + (uv-fluoreszenzmikroskopie)
AA -077 luftueberwachung + immissionsmessung + phytoindikator + flechten + (natuerliche standortsbedingungen)
AA -154 luftverunreinigung + phytoindikator + flechten + DEUTSCHLAND (SUED-WEST)
AA -172 luftueberwachung + immissionsmessung + phytoindikator + (moosverbreitung) + OFFENBACH + RHEIN-MAIN-GEBIET

phytopathologie

PG -032 herbizide + phytopathologie
PG -033 pflanzenschutzmittel + phytopathologie + pilze + getreide + wein
PG -046 herbizide + phytopathologie + boden
PG -054 bodenkontamination + herbizide + kulturpflanzen + phytopathologie
PH -028 wald + phytopathologie + luftbild + infrarottechnik
RE -020 phytopathologie + resistenzzuechtung + getreide
RE -045 getreide + phytopathologie + resistenzzuechtung + krankheitserreger + (fungizid-einschraenkung)
RG -015 forstwirtschaft + wald + phytopathologie

RG-020 wald + schadstoffimmission + industrie + phytopathologie
RG-022 wald + phytopathologie
RH-027 phytopathologie + fungizide + substitution
UM-002 phytopathologie + systemanalyse
UM-006 pflanzenschutz + kulturpflanzen + phytopathologie + (hopfen)
UM-036 baum + pflanzenschutz + fichte + phytopathologie
UM-037 strassenbaum + streusalz + phytopathologie
UM-049 strassenbaum + wasserhaushalt + phytopathologie + BERLIN
UM-082 baum + phytopathologie

pilze

BB-028 luftverunreinigende stoffe + nasskuehlturm + kernkraftwerk + fluss + pilze + MAIN + RHEIN-MAIN-GEBIET
MF-014 landwirtschaftliche abfaelle + kompostierung + pilze + (champignonkultivierung)
PG-022 detergentien + pilze + metabolismus
PG-033 pflanzenschutzmittel + phytopathologie + pilze + getreide + wein
PH-017 pflanzenphysiologie + fungizide + pilze
PI-024 pilze + taxonomie + bodenbeschaffenheit + (nachweisverfahren)
QA-020 lebensmittelhygiene + pilze + datenbank
QC-027 pflanzenkontamination + schwermetalle + muellkompost + pilze + (champignon)
RH-004 schaedlingsbekaempfung + pilze + bodentiere
RH-026 ackerbau + pflanzenschutz + pilze + (raps) + SCHLESWIG-HOLSTEIN

pipeline

HB-075 rohrleitung + pipeline + materialtest
ID-054 pipeline + katastrophenschutz
LA-022 pipeline + meer + kuestengewaesser + richtlinien + wasserhaushaltsgesetz
PI-032 pipeline + oelunfall + waldoekosystem + NIEDERRHEIN
PK-021 energietechnik + pipeline + korrosion + pruefverfahren

plankton

siehe auch mikroflora
siehe auch mikroorganismen
HA-106 meeresorganismen + plankton + NORDSEE
HC-009 meeresorganismen + populationsdynamik + plankton + NORDSEE
HC-011 meeresorganismen + plankton + fische + NORDSEE + OSTSEE
IC-031 oberflaechenwasser + viren + plankton + antagonismus
IE-025 truebwasser + plankton + ELBE
IE-028 meeresverunreinigung + plankton + bioindikator
IE-029 wasserverunreinigung + selbstreinigung + aestuar + plankton + ELBE-AESTUAR
PH-001 umweltchemikalien + plankton

planung

siehe auch agrarplanung
siehe auch bauleitplanung
siehe auch erholungsplanung
siehe auch forschungsplanung
siehe auch freiraumplanung
siehe auch gruenplanung
siehe auch immissionsschutzplanung
siehe auch kommunale planung
siehe auch landschaftsplanung
siehe auch nutzungsplanung
siehe auch raumplanung
siehe auch umweltplanung
siehe auch verkehrsplanung
HG-044 wasserwirtschaft + planung
MC-047 abfallbeseitigung + planung + standortwahl + MUENCHEN
MG-018 abfallbeseitigung + sondermuell + planung + entscheidungsmodell
TC-014 freizeitanlagen + planung
UA-015 planung + verwaltung + optimierungsmodell
UC-005 energiewirtschaft + umwelthygiene + planung + BUNDESREPUBLIK DEUTSCHLAND
UG-017 soziale infrastruktur + interessenkonflikt + planung + buergerbeteiligung
UH-009 flughafen + planung
VA-025 umweltpolitik + planung + prognose + modell + datenbank + (umplis)

planungsdaten

IB-002 kanalisation + bewertungskriterien + kanalabfluss + planungsdaten
MG-028 recycling + planungsdaten + soziale kosten + oekonomische aspekte + (unternehmensplanung)
UF-030 stadtentwicklung + planungsdaten + bevoelkerungsentwicklung + sozio-oekonomische faktoren + OLDENBURG (STADT)

planungshilfen

AA-166 luftverunreinigung + emissionsueberwachung + planungshilfen
EA-019 luftreinhaltung + bundesimmissionsschutzgesetz + planungshilfen
FB-091 verkehrslaerm + schienenverkehr + laermschutz + planungshilfen
HE-007 wasserversorgung + bedarfsanalyse + planungshilfen
MA-019 abfall + entsorgung + planungshilfen
MC-006 sondermuell + tieflagerung + bergwerk + planungshilfen
ME-012 industrieabfaelle + loesungsmittel + recycling + planungshilfen + HESSEN
MG-032 abfallbeseitigung + datenverarbeitung + planungshilfen + RHEIN-RUHR-RAUM
SA-055 umweltbelastung + energieumwandlung + planungshilfen + BAYERN
SB-010 bautechnik + waermedaemmung + energieverbrauch + planungshilfen
TB-030 wohngebiet + wohnwert + planungshilfen + (wohnungsumfeld)
UA-017 technische infrastruktur + planungshilfen + gesetzesvorbereitung + umweltfreundliche technik + umweltvertraeglichkeitspruefung
UA-018 kommunale planung + wissenschaft + planungshilfen
UA-032 umweltschutz + planungshilfen + EUROPA
UA-041 umweltplanung + planungshilfen + datensammlung + (umweltatlas)
UA-061 fernerkundung + datenerfassung + planungshilfen
UC-039 abfallbeseitigungsanlage + standortwahl + planungshilfen + BODENSEEGEBIET
UE-012 regionalplanung + planungshilfen
UH-029 verkehrsplanung + strassenbau + stadtgebiet + planungshilfen + HATTINGEN + RHEIN-RUHR-RAUM
UH-034 verkehrsplanung + datenverarbeitung + planungshilfen
UK-009 naturschutz + landespflege + planungshilfen + RHEIN-MAIN-GEBIET
UK-039 landschaftsplanung + nationalpark + planungshilfen + BUNDESREPUBLIK DEUTSCHLAND
UK-046 verdichtungsraum + freiraumplanung + freizeitverhalten + planungshilfen + STUTTGART
UL-034 landschaftsschaeden + bewertungskriterien + planungshilfen
UN-033 biotop + kartierung + datensammlung + landschaftspflege + planungshilfen + BAYERN
VA-005 kommunale planung + planungshilfen
VA-016 raumordnung + prognose + planungshilfen + zukunftsforschung + (literaturauswertung)

planungsmodell

EA-018 luftreinhaltung + luftueberwachung + planungsmodell
FA-046 laermschutz + oekonomische aspekte + planungsmodell
HG-005 wasserwirtschaft + gewaesserueberwachung + planungsmodell
HG-063 wasserguetewirtschaft + mathematisches verfahren + planungsmodell
LA-004 abwasserbelastung + planungsmodell + ERFT
MG-004 abfallbeseitigung + planungsmodell
MG-011 abfallbeseitigung + planungsmodell

MG-037 abfallbeseitigung + planungsmodell
MG-039 abfallbeseitigung + planungsmodell + NORDRHEIN-WESTFALEN
RA -015 landwirtschaft + nutzungsplanung + planungsmodell
RB -026 entwicklungslaender + ernaehrung + planungsmodell
TF -007 umwelthygiene + planungsmodell
UB -012 stadtentwicklung + raumordnung + planungsmodell + gesetz + (bundesbaugesetz)
UC -018 ausbildung + beruf + standortwahl + informationssystem + planungsmodell
UF -008 soziale infrastruktur + stadtentwicklung + planungsmodell
UK -027 freiraumplanung + erholungsgebiet + naherholung + bedarfsanalyse + planungsmodell + MUENCHEN (REGION)
UK -042 raumplanung + landschaftsgestaltung + planungsmodell
UK -062 landschaftspflege + planungsmodell + bewertungskriterien
UL -037 landschaftsoekologie + klimatologie + planungsmodell

planungsrecht

UE -045 umweltschutz + planungsrecht + regionalplanung

plasmaschmelzschneiden

BC -003 mak-werte + laermbelastung + schadstoffemission + plasmaschmelzschneiden
TA -015 arbeitsschutz + mak-werte + schadstoffe + laerm + plasmaschmelzschneiden

plutonium

siehe auch schwermetalle
HC -017 meer + radioaktivitaet + transurane + plutonium + NORDSEE
NC -005 kerntechnik + brennstoffe + plutonium + brennelement
NC -055 kernreaktor + brennelement + plutonium + unfallverhuetung + kosten-nutzen-analyse
NC -056 kernkraftwerk + brennelement + plutonium + GUNDREMMINGEN
ND -009 kernkraftwerk + brennelement + recycling + plutonium
ND -045 kernreaktor + brennelement + aufbereitung + plutonium
SA -004 kernreaktor + brennelement + plutonium + schneller brueter

politik

siehe unter bodenpolitik
siehe unter energiepolitik
siehe unter umweltpolitik

pollen

AA -003 luftverunreinigende stoffe + pollen + sporen + DAVOS + SCHWEIZ + HELGOLAND + DEUTSCHE BUCHT
CA -106 luftverunreinigung + pollen + sporen
PE -052 luftverunreinigung + pollen + sporen + allergie

polychlorierte biphenyle

siehe pcb

polymere

siehe auch hochpolymere
CB -047 luftverunreinigung + kohlenwasserstoffe + polymere
KA -023 polymere + adsorption + (suspensionen)
MB -028 pyrolyse + polymere + kohlenstoff
ME -037 zellstoffindustrie + recycling + polymere + (phenollignine)
PK -037 baudenkmal + denkmalschutz + kunststoffe + polymere + (sandstein + strahlenchemie)

polyvinylchlorid

siehe pvc

polyzyklische aromaten

siehe auch benzpyren
siehe auch carcinogene
BA -010 luftverunreinigung + brennstoffe + polyzyklische aromaten + nachweisverfahren
BB -004 abgasemission + benzol + polyzyklische aromaten + nachweisverfahren
BD -008 luftverunreinigung + pestizide + chlorkohlenwasserstoffe + polyzyklische aromaten + analyseverfahren
CB -023 polyzyklische aromaten + photochemische reaktion + schadstoffabbau
IB -010 polyzyklische aromaten + regenwasser + sickerwasser
OC -032 polyzyklische aromaten + nachweisverfahren
OD -010 mineraloel + polyzyklische aromaten + heterozyklische kohlenwasserstoffe
OD -016 schadstoffabbau + polyzyklische aromaten + persistenz + boden + kompost
OD -033 polyzyklische aromaten + muellkompost + gemuese + schadstoffbelastung
OD -040 polyzyklische aromaten + metabolismus
OD -074 wasser + polyzyklische aromaten + carcinogene + analyseverfahren
PB -014 polyzyklische aromaten + resorption
PD -002 polyzyklische aromaten + carcinogene + schadstoffnachweis + biologische wirkungen
PD -010 organismus + carcinogene belastung + polyzyklische aromaten
PG -024 polyzyklische aromaten + pflanzen
QB -034 nahrungsmittelproduktion + analytik + polyzyklische aromaten + phenole

polyzyklische kohlenwasserstoffe

AA -053 luftverunreinigung + carcinogene + polyzyklische kohlenwasserstoffe + ballungsgebiet + RHEIN-MAIN-GEBIET + KASSEL + WETZLAR-GIESSEN
AA -054 luftverunreinigung + stadtregion + polyzyklische kohlenwasserstoffe + carcinogene wirkung + RHEIN-MAIN-GEBIET + KASSEL + WETZLAR-GIESSEN
BA -056 verbrennungsmotor + polyzyklische kohlenwasserstoffe + analyseverfahren
BA -071 kfz-abgase + polyzyklische kohlenwasserstoffe + analytik
OD -018 carcinogene + polyzyklische kohlenwasserstoffe + mikrobieller abbau
PC -040 polyzyklische kohlenwasserstoffe + luftverunreinigende stoffe + synergismus + carcinogene wirkung + tierexperiment
PD -035 polyzyklische kohlenwasserstoffe + mutagene wirkung
PG -012 schadstoffnachweis + polyzyklische kohlenwasserstoffe + muellkompost + pflanzenkontamination + bodenbelastung
PG -013 polyzyklische kohlenwasserstoffe + pflanzen + metabolismus
PG -015 carcinogene + polyzyklische kohlenwasserstoffe + muellkompost + klaerschlamm + pflanzenkontamination
PH -054 abgas + pflanzen + polyzyklische kohlenwasserstoffe
QA -002 lebensmittel + polyzyklische kohlenwasserstoffe + carcinogene + gaschromatographie

population

siehe auch bevoelkerung
RH -037 schaedlingsbekaempfung + insekten + population
RH -076 insekten + wachstum + population + genetik
UM-014 insekten + population + auswirkungen + baumbestand + (ulmensterben)
UN -026 wild + sturmschaeden + population
UN -044 fauna + population + (bestandsaufnahme) + NIEDERSACHSEN
UN -045 fauna + population + ueberwachung + (bestandsaufnahme) + NIEDERSACHSEN

populationsdynamik

GB -036 gewaesserbelastung + abwaerme + bakterienflora + populationsdynamik
HC -009 meeresorganismen + populationsdynamik + plankton + NORDSEE
HC -032 meeresbiologie + sediment + bakterien + populationsdynamik
IE -027 klaerschlamm + meeressediment + schwermetalle + benthos + populationsdynamik + NORDSEE

IE -031 meeresverunreinigung + benthos + populationsdynamik + DEUTSCHE BUCHT
PI -001 waldoekosystem + tiere + populationsdynamik + SOLLING + WUERTTEMBERG
PI -005 arthropoden + populationsdynamik + waldoekosystem
PI -010 waldoekosystem + tiere + populationsdynamik + (kiefernforst) + LUENEBURGER HEIDE
PI -034 oekosystem + populationsdynamik + tierexperiment
UL -061 naturschutz + wild + populationsdynamik + vegetation + STAMMHAM
UN -009 voegel + populationsdynamik + oekosystem + naturschutz + (stausee) + INN
UN -025 voegel + populationsdynamik + biotop + naturschutz + BAYERN
UN -028 tierschutz + voegel + populationsdynamik + (greifvoegel + eulen) + NORDRHEIN-WESTFALEN
UN -037 voegel + populationsdynamik + (greifvoegel)
UN -038 voegel + populationsdynamik + (storch) + BADEN-WUERTTEMBERG
UN -039 voegel + populationsdynamik + singvoegel + EUROPA
UN -040 voegel + populationsdynamik + (singvoegel) + EUROPA

populationsstruktur

IC -111 gewaesserbelastung + fische + populationsstruktur + bioindikator + RHEIN

private haushalte

DB -023 luftverunreinigung + heizungsanlage + private haushalte + energieverbrauch + DORTMUND + RHEIN-RUHR-RAUM
GC -002 abwaerme + waermerueckgewinnung + private haushalte
GC -011 abwasser + abwaerme + private haushalte + waermerueckgewinnung
HE -002 trinkwasserversorgung + private haushalte + bedarfsanalyse
SB -028 heizungsanlage + private haushalte + schadstoffminderung + oekonomische aspekte
TA -033 luftverunreinigung + stickoxide + arbeitsplatz + private haushalte + (gasherd)
UG -012 infrastrukturplanung + konsumtiver bereich + private haushalte

probenahme

CA -027 luftverunreinigung + probenahme + richtlinien
CA -031 luftverunreinigung + schadstoffausbreitung + tracer + probenahme + analytik + (windschwache wetterlagen) + MAIN (UNTERMAIN) + RHEIN-MAIN-GEBIET
HA -027 wasseruntersuchung + probenahme + geraeteentwicklung + (schleppsystem)
HG -017 wasserueberwachung + probenahme + richtlinien
IA -008 wasseraufbereitung + probenahme + schadstoffnachweis + kohlenstoff + geraeteentwicklung
PH -008 bodenkontamination + probenahme + richtlinien

probenahmemethode

siehe auch messverfahren

CA -035 luftverunreinigende stoffe + asbest + probenahmemethode
CA -052 luftueberwachung + keime + probenahmemethode + geraetepruefung
CA -061 luftverunreinigende stoffe + nachweisverfahren + halogenkohlenwasserstoffe + probenahmemethode + gaschromatographie
CA -076 luftverunreinigung + halogenkohlenwasserstoffe + messverfahren + probenahmemethode
CA -079 stroemungstechnik + probenahmemethode + (zweiphasenstroemung)
HA -006 gewaesserueberwachung + datenerfassung + probenahmemethode
OA -006 gewaesserueberwachung + meer + schadstoffnachweis + analytik + probenahmemethode + NORDSEE + OSTSEE
OA -031 rueckstandsanalytik + probenahmemethode + (fehlermoeglichkeiten)
QA -015 futtermittelkontamination + probenahmemethode + schadstoffnachweis + aflatoxine

probenaufbereitung

QA -068 lebensmittelanalytik + probenaufbereitung + geraeteentwicklung

produktionsrueckstaende

ME -041 lebensmittelindustrie + kartoffeln + produktionsrueckstaende + recycling
ME -063 nahrungsmittelproduktion + produktionsrueckstaende + hefen + verwertung
ME -066 petrochemische industrie + produktionsrueckstaende + recycling
ME -075 metallindustrie + zinkhuette + produktionsrueckstaende + wiederverwendung + (eisenrueckstaende)
ME -076 metallindustrie + zinkhuette + produktionsrueckstaende + wiederverwendung + (zinkasche)
MF -047 milchverarbeitung + produktionsrueckstaende + recycling + (molke)

produktivitaet

RA -009 agraroekonomie + produktivitaet + oekologische faktoren + naturschutz + interessenkonflikt
RE -027 kulturpflanzen + produktivitaet + oekologische faktoren
RG -027 wald + forstwirtschaft + produktivitaet + DEUTSCHLAND (NORD-WEST)
UC -042 produktivitaet + schadstoffemission + oekonomische aspekte
UC -043 produktivitaet + oekologische faktoren + optimierungsmodell

prognose

AA -125 immissionsbelastung + schwefeldioxid + ballungsgebiet + emissionskataster + prognose + (ausbreitungsrechnung) + RHEIN-RUHR-RAUM + RHEIN-NECKAR-RAUM + RHEIN-MAIN-GEBIET + SAAR
AA -169 luftreinhaltung + immissionsbelastung + schornstein + prognose + WIEN (RAUM)
BB -012 emission + schwefeldioxid + immissionsbelastung + prognose + OBERRHEINEBENE
EA -001 smogwarndienst + meteorologie + inversionswetterlage + prognose
EA -017 emissionsmessung + schwefeldioxid + energieverbrauch + brennstoffe + prognose
FB -008 verkehrslaerm + kfz-technik + prognose
FB -025 verkehrslaerm + laermschutz + prognose
FB -046 verkehrslaerm + prognose + SALZGITTER + HANNOVER
FB -080 verkehrslaerm + strassenverkehr + stadtgebiet + prognose
HA -059 hochwasserschutz + prognose + OBERRHEIN
HA -062 hochwasser + prognose + NECKAR (EINZUGSGEBIET)
IB -006 niederschlagsmessung + niederschlagsabfluss + prognose
IE -011 meeresverunreinigung + hydrodynamik + schadstoffausbreitung + prognose + DEUTSCHE BUCHT + NORDSEE
IF -027 gewaesserueberwachung + eutrophierung + prognose + BODENSEE
MA -001 muellkompost + kunststoffabfaelle + abfallbeseitigung + prognose
MA -030 industrieabfaelle + abfallmenge + prognose + (investitionsgueterindustrie) + NORDRHEIN-WESTFALEN + RHEIN-RUHR-RAUM
MA -034 industrieabfaelle + sondermuell + prognose
MC -017 abfallbeseitigung + deponie + standortfaktoren + abfallmenge + prognose + DILLINGEN A. D. DONAU
SA -021 energiebedarf + prognose + kernenergie + technology assessment + (co2-anreicherung)
TB -027 siedlungsplanung + lebensqualitaet + prognose
UM -035 forstwirtschaft + wald + prognose
VA -001 umweltfaktoren + lebensqualitaet + prognose
VA -016 raumordnung + prognose + planungshilfen + zukunftsforschung + (literaturauswertung)
VA -025 umweltpolitik + planung + prognose + modell + datenbank + (umplis)

proteine

KB -001 biologische abwasserreinigung + algen + proteine + recycling

KB -088 abwasserreinigung + algen + filtration + proteine + futtermittel
MF-002 abfallaufbereitung + cellulose + proteine
MF-011 landwirtschaftliche abfaelle + silage + proteine + recycling
RB -006 ernaehrung + proteine
TE -004 naehrstoffhaushalt + proteine + testverfahren

prozesse
siehe unter austauschprozesse

pruefgase
CA -001 pruefgase + analyse

pruefverfahren
siehe auch messverfahren
BA -066 kfz-abgase + pruefverfahren + (kraftraeder)
DA -068 kfz-abgase + treibstoffe + nachverbrennung + ottomotor + pruefverfahren + (verdampfungsverluste)
EA -025 abgasemission + verbrennungsmotor + pruefverfahren + richtlinien + EUROPA + USA
KB -083 klaeranlage + feststoffe + filtermaterial + pruefverfahren + (schwerkraftfilter + kompakt-klaeranlage)
NC-047 reaktorsicherheit + kernreaktor + schneller brueter + pruefverfahren
NC-051 reaktorsicherheit + druckbehaelter + pruefverfahren
NC-052 reaktorsicherheit + druckbehaelter + pruefverfahren
NC-068 reaktorsicherheit + reaktorstrukturmaterial + pruefverfahren
NC-075 reaktorsicherheit + materialtest + pruefverfahren + (qualitaetssicherung)
NC-085 reaktorsicherheit + druckbehaelter + pruefverfahren
ND-008 schneller brueter + reaktorsicherheit + pruefverfahren + (ultraschallprueftechnik)
PD -037 chemikalien + mutagene wirkung + mensch + pruefverfahren
PK -021 energietechnik + pipeline + korrosion + pruefverfahren
RE -025 desinfektionsmittel + parasiten + pruefverfahren

psychiatrie
TB -037 wohngebiet + randgruppen + soziale integration + psychiatrie + MANNHEIM + RHEIN-NECKAR-RAUM
TE -013 psychiatrie + epidemiologie + informationssystem + MANNHEIM + RHEIN-NECKAR-RAUM
TE -014 infrastruktur + bedarfsanalyse + psychiatrie + sozialmedizin + epidemiologie + (geistig behinderte kinder) + MANNHEIM + RHEIN-NECKAR-RAUM
TE -015 psychiatrie + rehabilitation + infrastruktur + bedarfsanalyse + MANNHEIM + RHEIN-NECKAR-RAUM
TE -016 gesundheitsfuersorge + psychiatrie + TRAUNSTEIN + BAYERN (OBERBAYERN)
TE -017 psychiatrie + rehabilitation + soziale integration + MUENCHEN (REGION)

psychologische faktoren
BE -025 geruchsbelaestigung + psychologische faktoren + RHEIN-RUHR-RAUM
TB -015 wohnungsbau + stadtkern + wohnbeduerfnisse + psychologische faktoren
TB -028 wohngebiet + bewertungskriterien + psychologische faktoren
TB -029 staedtebau + wohnwert + psychologische faktoren + NUERNBERG + FUERTH + ERLANGEN
TB -033 wohnungsbau + staedtebau + psychologische faktoren
TB -034 umweltqualitaet + psychologische faktoren + grosstadt
TB -035 umweltqualitaet + psychologische faktoren + entwicklungslaender
TB -036 umwelt + mensch + psychologische faktoren

pvc
siehe auch kunststoffe
TA -036 schadstoffbelastung + arbeitsplatz + kunststoffherstellung + pvc
TA -075 kunststoffherstellung + arbeitsplatz + schadstoffbelastung + pvc + (literaturstudie)

pyrolyse
siehe auch abfallbehandlung
siehe auch hochtemperaturabbrand
siehe auch muellvergasung
BB -013 schadstoffemission + kohlenwasserstoffe + pyrolyse + (diffusionsflammen)
KB -010 abwasserreinigung + gasreinigung + pyrolyse
MB-007 abfallbeseitigung + siedlungsabfaelle + industrieabfaelle + pyrolyse + USA
MB-010 abfallbeseitigungsanlage + pyrolyse + (versuchsanlage)
MB-012 industrieabfaelle + pyrolyse + verfahrensoptimierung
MB-016 siedlungsabfaelle + pyrolyse + schadstoffbilanz
MB-017 abfallbeseitigung + verfahrensentwicklung + pyrolyse
MB-018 abfallaufbereitung + pyrolyse + gasreinigung
MB-019 hausmuell + pyrolyse + (entgasung)
MB-020 abfallbeseitigung + pyrolyse + betriebsbedingungen + (horizontalreaktor)
MB-023 abfallaufbereitung + hausmuell + pyrolyse + betriebsbedingungen + (schachtreaktor)
MB-024 abfallbeseitigung + pyrolyse
MB-027 hausmuell + pyrolyse
MB-028 pyrolyse + polymere + kohlenstoff
MB-044 abfallbeseitigung + pyrolyse + umwelteinfluesse + oekonomische aspekte
MB-045 abfallbehandlung + pyrolyse + umwelteinfluesse + oekonomische aspekte
MB-057 abfallbeseitigung + pyrolyse + hochtemperaturabbrand + internationaler vergleich + USA + EUROPA + JAPAN
ME-008 kunststoffherstellung + abwasseraufbereitung + abfallbeseitigung + pyrolyse + recycling
ME-026 abfallbehandlung + sondermuell + pyrolyse + recycling
ME-029 abfallbeseitigung + pyrolyse + recycling + schadstoffminderung
ME-032 kunststoffabfaelle + recycling + pyrolyse
ME-086 abfallbeseitigung + pyrolyse + kohlenwasserstoffe + recycling

quarz
PE -051 luftverunreinigung + staub + asbest + quarz + atemtrakt

quecksilber
siehe auch schwermetalle
BC -016 glasindustrie + quecksilber
BC -033 chemische industrie + emission + quecksilber
DC -015 schwermetallkontamination + quecksilber + (thermometerfluessigkeit)
DD -014 quecksilber + emission + chemische industrie
IC -005 gewaesserbelastung + schwermetalle + quecksilber + cadmium + nachweisverfahren + BAYERN
IC -045 wasserverunreinigung + fliessgewaesser + quecksilber + GOETTINGEN (RAUM)
OB -008 abwasser + quecksilber + spurenanalytik
OB -028 organismus + schwermetallkontamination + quecksilber + messmethode
PA -027 schadstoffwirkung + quecksilber + tierorganismus
PF -053 pflanzenschutzmittel + quecksilber + kontamination + getreide
QB -019 fische + schwermetallkontamination + quecksilber + ATLANTIK (NORD) + NORDSEE + OSTSEE
QB -055 lebensmittelkontamination + fische + meerestiere + quecksilber + NORDSEE + OSTSEE + NORDATLANTIK + BARENTSEE + NORDAMERIKA (KUESTENGEBIET)
QD-005 lebensmittelanalytik + quecksilber
QD-013 futtermittel + gefluegel + lebensmittelkontamination + quecksilber + (ermittlung von grenzwerten)
QD-026 nahrungskette + quecksilber + kontamination + BUNDESREPUBLIK DEUTSCHLAND

quelle
siehe auch karstquelle
siehe auch mineralquelle

HA -100 fliessgewaesser + quelle + landespflege + gewaesserschutz + NIEDERSACHSEN
HG -014 hydrogeologie + quelle + umweltfaktoren + fluoride + VOGELSBERG

radikale

CB -050 smogbildung + radikale + messverfahren
CB -064 luftchemie + atmosphaere + messverfahren + radikale

radioaktive abfaelle

MB-052 sondermuell + radioaktive abfaelle + hochtemperaturabbrand + emissionsmessung + recycling
NC -034 radioaktive abfaelle + aufbereitungstechnik + standortwahl
ND -002 radioaktive abfaelle + aufbereitungstechnik
ND -010 radioaktive abfaelle + endlagerung + standortwahl + (salzkaverne)
ND -013 radioaktive abfaelle + endlagerung
ND -014 radioaktive abfaelle + ablagerung + (salzbergwerk) + ASSE
ND -015 radioaktive abfaelle + meer + tiefversenkung + standortwahl + ATLANTIK
ND -016 radioaktive abfaelle + endlagerung + gase
ND -018 radioaktive abfaelle + aufbereitungstechnik
ND -019 radioaktive abfaelle + kerntechnik + systemanalyse
ND -020 radioaktive abfaelle + aufbereitungstechnik + KARLSRUHE + OBERRHEIN
ND -021 radioaktive abfaelle + lagerung + KARLSRUHE + OBERRHEIN
ND -023 radioaktive abfaelle + endlagerung + umgebungsradioaktivitaet + systemanalyse + (keramische massen) + BUNDESREPUBLIK DEUTSCHLAND
ND -026 radioaktive abfaelle + abfallablagerung + (steinsalzlager)
ND -027 radioaktive abfaelle + abfallbeseitigung + oekonomische aspekte
ND -030 felsmechanik + bergwerk + tieflagerung + radioaktive abfaelle + ASSE + BRAUNSCHWEIG/SALZGITTER
ND -031 hydrogeologie + bergwerk + tieflagerung + radioaktive abfaelle + ASSE + BRAUNSCHWEIG/SALZGITTER
ND -032 geophysik + bergwerk + tieflagerung + radioaktive abfaelle + ASSE + BRAUNSCHWEIG/SALZGITTER
ND -033 radioaktive abfaelle + endlagerung + systemanalyse
ND -034 radioaktive abfaelle + endlagerung + (kaverneneinlagerungstechnik)
ND -035 radioaktive abfaelle + endlagerung + (eisenerzbergwerk)
ND -036 radioaktive abfaelle + endlagerung + bergwerk
ND -037 radioaktive abfaelle + endlagerung
ND -039 kernkraftwerk + entsorgung + radioaktive abfaelle + aufbereitungsanlage + standortwahl
ND -040 kernkraftwerk + entsorgung + radioaktive abfaelle + aufbereitungsanlage + (oeffentlichkeitsarbeit)
ND -041 kernkraftwerk + entsorgung + radioaktive abfaelle + aufbereitungsanlage + infrastruktur
ND -042 radioaktive abfaelle + kerntechnik + systemanalyse + BUNDESREPUBLIK DEUTSCHLAND
ND -043 radioaktive abfaelle + abfallbeseitigung + verfahrensentwicklung
ND -044 radioaktive abfaelle + abfallbeseitigung + endlagerung + recycling
ND -046 radioaktive abfaelle + uran + abfallmenge + endlagerung

radioaktive abwaesser

siehe auch abwasser
ND -038 radioaktive abwaesser + abwasserbehandlung
ND -047 radioaktive abwaesser + abwasserbehandlung + dekontaminierung

radioaktive kontamination

siehe auch kontamination
NB -003 radioaktive kontamination + tritium + messung + OBERRHEINEBENE
NB -005 radioaktive kontamination + organismus + ueberwachung
NB -006 radioaktive kontamination + messung
NB -011 mensch + radioaktive kontamination + nachweisverfahren
NB -042 fall-out + radioaktive kontamination + mensch
NB -050 radioaktive kontamination + umgebungsradioaktivitaet + kernreaktor
NC -036 brennstoffkreislauf + radioaktive kontamination
NC -080 reaktorsicherheit + kuehlsystem + radioaktive kontamination + filter

radioaktive spaltprodukte

NB -018 radioaktive spaltprodukte + jod + aerosole + filtermaterial
NB -027 luftverunreinigung + radioaktive spaltprodukte + (kernwaffenversuch) + STUTTGART + SCHWARZWALD
NB -046 kernreaktor + radioaktive spaltprodukte
NC -088 kernreaktor + radioaktive spaltprodukte + aerosole + (wechselwirkung)
ND -001 radioaktive spaltprodukte + transurane + bodenkontamination + abfalltransport
ND -022 radioaktive spaltprodukte + endlagerung + (keramische massen)
ND -024 radioaktive spaltprodukte + endlagerung + (borosilikatglas)
QB -036 lebensmittelkontamination + milch + radioaktive spaltprodukte + kernkraftwerk + (jod 131)

radioaktive spurenstoffe

siehe auch spurenstoffe
AA -099 luftchemie + atmosphaere + radioaktive spurenstoffe + anthropogener einfluss
AA -101 luftchemie + atmosphaere + aerosole + radioaktive spurenstoffe + fall-out
AA -103 luftchemie + aerosolmesstechnik + radioaktive spurenstoffe
HC -041 meereskunde + sediment + radioaktive spurenstoffe + MITTELMEER + AFRIKA (WEST) + PAZIFIK
IC -069 fliessgewaesser + radioaktive spurenstoffe + tritium + RHEIN + WESER + EMS
ID -038 grundwasserbelastung + radioaktive spurenstoffe + fall-out + (dispersionsmodell)
ID -039 grundwasser + mineralwasser + radioaktive spurenstoffe + uran
ID -040 grundwasserbelastung + radioaktive spurenstoffe + SANDHAUSEN + OBERRHEIN
NB -002 radioaktive spurenstoffe + nachweisverfahren
NB -016 arthropoden + insekten + metabolismus + radioaktive spurenstoffe
QD -020 nahrungskette + milchverarbeitung + radioaktive spurenstoffe + lebensmittelkontamination

radioaktive substanzen

siehe auch fall-out
CB -001 kernreaktor + stoerfall + radioaktive substanzen + meteorologie
DD -050 radioaktive substanzen + abluftfilter + aufbereitungstechnik
IC -041 gewaesserbelastung + abwasser + schwermetalle + radioaktive substanzen + LEINE + GOETTINGEN
IC -042 gewaesserbelastung + schwermetalle + radioaktive substanzen + LEINE
IE -003 meeresorganismen + schwermetallkontamination + radioaktive substanzen + NORDSEE + OSTSEE
NB -010 umweltbelastung + radioaktive substanzen + nachweisverfahren
NB -028 kerntechnische anlage + radioaktive substanzen + langzeitbelastung
NB -039 gewaesserbelastung + aestuar + radioaktive substanzen + strahlenschutz + ELBE-AESTUAR
NB -043 radioaktive substanzen + strahlenbelastung + mensch
NB -044 kernreaktor + abluftfilter + radioaktive substanzen + nachweisverfahren
NC -001 radioaktive substanzen + behaelter + materialtest
NC -103 luftverunreinigung + radioaktive substanzen + messtechnik + (krypton 85)
NC -104 luftverunreinigung + aerosole + niederschlag + radioaktive substanzen
NC -115 radioaktive substanzen + transportbehaelter
ND -003 radioaktive substanzen + transportbehaelter + sicherheit + unfall

ND-004 radioaktive substanzen + transportbehaelter + unfall + materialtest
ND-005 radioaktive substanzen + transportbehaelter + verpackung
ND-006 radioaktive substanzen + transportbehaelter
ND-007 radioaktive substanzen + transportbehaelter + sicherheitstechnik
ND-012 dekontaminierung + radioaktive substanzen
ND-029 kerntechnische anlage + radioaktive substanzen + schadstoffbeseitigung
QD-027 radioaktive substanzen + eisen + kontamination + nahrungskette
QD-028 radioaktive substanzen + zink + kontamination + huhn
SA-008 kernenergie + radioaktive substanzen + brennstoffe + transport + abfallbeseitigung

radioaktivitaet

siehe auch natuerliche radioaktivitaet
siehe auch strahlung
siehe auch umgebungsradioaktivitaet

EA-021 radioaktivitaet + wohnraum + strahlenbelastung
HC-017 meer + radioaktivitaet + transurane + plutonium + NORDSEE
IC -119 wasserueberwachung + radioaktivitaet + trinkwasserversorgung + EIFEL (NORD) + NIEDERRHEIN
IE -012 meerwasser + sediment + radioaktivitaet + isotopen + messgeraet + NORDSEE + OSTSEE
NB-004 radioaktivitaet + gase + aerosole + ausbreitung
NB-007 radioaktivitaet + wohnraum + strahlenbelastung + (radon)
NB-008 fliessgewaesser + radioaktivitaet
NB-009 luftueberwachung + radioaktivitaet
NB-017 aerosole + radioaktivitaet + strahlenschaeden
NB-020 radioaktivitaet + umweltbelastung + kernkraftwerk + energiewirtschaft + (prognose)
NB-035 gewaesserueberwachung + radioaktivitaet + BODENSEE
NB-047 radioaktivitaet + strahlenbelastung
NB-052 kernkraftwerk + radioaktivitaet + strahlenbelastung + boden + KAHL + GUNDREMMINGEN + NIEDERAICHBACH
NB-056 baustoffe + radioaktivitaet + grenzwerte
NB-061 radioaktivitaet + luft + niederschlag + MUENCHEN
NB-062 radioaktivitaet + wohnraum + strahlenbelastung + messung
NC-019 kernreaktor + brennelement + radioaktivitaet + emissionsminderung + reaktorsicherheit
NC-021 schneller brueter + reaktorstrukturmaterial + materialschaeden + radioaktivitaet
TA-008 bergbau + radioaktivitaet + strahlenbelastung + carcinogene wirkung

radionuklide

IC -013 radionuklide + oberflaechengewaesser + RHEIN
IC -090 gewaesseruntersuchung + kernkraftwerk + radionuklide + WESER-AESTUAR
NB-034 strahlenbelastung + bevoelkerung + phosphatduengemittel + radionuklide
NB-036 radionuklide + dosimetrie + strahlenschutz + grenzwerte
NB-037 radionuklide + spurenelemente + blei + cadmium + ueberwachung
NB-038 radionuklide + schadstoffe + spurenanalytik
NB-049 gewaesserbelastung + radionuklide + LIPPE
NB-053 strahlenbelastung + radionuklide + kernreaktor
NB-055 luftverunreinigung + radionuklide + strahlenbelastung
PH-044 bodenkontamination + radionuklide + spurenelemente + schadstoffausbreitung
QC-003 getreide + radionuklide + dekontaminierung

radiotracer

siehe tracer

raffinerie

siehe auch petrochemische industrie

AA-155 immissionsueberwachung + kraftwerk + raffinerie + messtellennetz + WILHELMSHAVEN + JADEBUSEN
BB-015 raffinerie + schadstoffemission + (hochfackel)
BC-026 raffinerie + immissionsbelastung + kohlenwasserstoffe
BC-028 industrieabgase + raffinerie + pflanzenkontamination + RHEIN-MAIN-GEBIET
FC-045 schallemission + raffinerie + (hochfackel)
FD-044 laermschutzplanung + raffinerie + abstandsflaechen + berechnungsmodell + schallausbreitung
KC-045 abwasserreinigung + raffinerie + altoel
PE-046 immissionsmessung + schwefeldioxid + raffinerie + KARLSRUHE + WOERTH + OBERRHEIN
UC-044 technology assessment + raffinerie

rahmenplan

HA-068 wasserwirtschaft + hochwasserschutz + rahmenplan
HB-004 grundwasser + geophysik + wasserwirtschaft + rahmenplan + BAYERN
MG-024 abfallbeseitigung + sondermuell + rahmenplan + BADEN-WUERTTEMBERG
UF-011 stadtplanung + freiflaechen + rahmenplan + KEMPTEN
UF-029 stadtentwicklung + rahmenplan + grosstadt + OSNABRUECK

raman-lidar-geraet

AA-060 troposphaere + aerosole + raman-lidar-geraet
CA-032 messtechnik + luftueberwachung + raman-lidar-geraet
CA-071 emissionsueberwachung + raman-lidar-geraet
CA-087 luftverunreinigende stoffe + raman-lidar-geraet
CB-043 aerosolmesstechnik + raman-lidar-geraet

randgruppen

TB-037 wohngebiet + randgruppen + soziale integration + psychiatrie + MANNHEIM + RHEIN-NECKAR-RAUM

rasen

PH-006 klaerschlamm + bodenkontamination + insekten + rasen
TF-028 umwelthygiene + insekten + pathogene keime + klaerschlamm + rasen
UK-044 gruenflaechen + rasen
UM-055 vegetation + rasen + wachstumsregulator

rauch

siehe auch tabakrauch

BB-030 abgasemission + staub + rauch + teilchengroesse
CA-041 rauch + messverfahren
DB-004 steinkohle + verwertung + emissionsminderung + rauch + (brikettierung)
DB-012 emissionsminderung + rauch + kohle + verfahrensentwicklung + geraeteentwicklung

rauchgas

siehe auch industrieabgase

CA-099 emissionsueberwachung + rauchgas + messgeraet + (eignungspruefung)
CA-100 emissionsueberwachung + rauchgas + messgeraet + (eignungspruefung)
DB-010 heizoel + rauchgas + entschwefelung + oekonomische aspekte
DB-013 luftverunreinigung + rauchgas + salzsaeure + absorption + emissionsminderung
DB-014 rauchgas + kraftwerk + gasreinigung + verfahrenstechnik
DB-022 muellverbrennungsanlage + rauchgas + schadstoffabscheidung + fluor
DB-031 rauchgas + entschwefelung + schwefeloxide + rueckgewinnung
DB-035 kraftwerk + rauchgas + schadstoffbeseitigung
DB-040 brennstoffe + rauchgas + entschwefelung + oekonomische aspekte
DB-042 muellverbrennungsanlage + rueckstaende + rauchgas + emissionsminderung
DC-026 luftverunreinigung + rauchgas + entschwefelung
DC-050 kraftwerk + rauchgas + entschwefelung + WILHELMSHAVEN + JADEBUSEN
DC-072 rauchgas + entschwefelung + demonstrationsanlage
DD-020 rauchgas + gaswaesche + entstaubung + (holztrocknung)

DD -045 abgas + rauchgas + gaswaesche + schwefeldioxid + oxidation
DD -057 rauchgas + staubabscheidung + (wirbelkammer)
DD -063 abgasreinigung + gaswaesche + rauchgas

raumordnung

AA -025 bioklimatologie + messtellennetz + kartierung + raumordnung + BUNDESREPUBLIK DEUTSCHLAND
RA -012 raumordnung + landesplanung + forstwirtschaft + informationssystem
RG -004 wald + nutzungsplanung + raumordnung
UB -012 stadtentwicklung + raumordnung + planungsmodell + gesetz + (bundesbaugesetz)
UC -001 bevoelkerungsgeographie + raumordnung
UE -001 raumordnung + infrastruktur + wirtschaftsstruktur + (entwicklungsschwerpunkte)
UE -010 umweltbelastung + indikatoren + raumordnung
UE -013 raumordnung + regionalplanung + europaeische gemeinschaft
UE -026 raumordnung + flaechennutzungsplan + KEMPTEN
UE -027 raumordnung + regionalplanung + laendlicher raum + gemeinde
UE -029 raumordnung + internationale zusammenarbeit + datensammlung + EUROPA
UE -036 raumordnung + umweltpolitik + interessenkonflikt
UE -040 raumordnung + oekologische faktoren + naturraum + bewertungskriterien
UE -044 raumordnung + siedlungsentwicklung + (zentrale-orte-konzept)
UG -004 infrastrukturplanung + raumordnung + wohnwert + freizeit + versorgung
UH -036 raumordnung + verkehrsplanung + bewertungsmethode + (bundesfernstrassenbau)
UL -018 raumordnung + landschaftsoekologie
UL -036 raumordnung + oekologische faktoren
UM -027 landschaftsplanung + raumordnung + vegetationskunde
VA -004 informationssystem + raumordnung + landesplanung
VA -014 raumordnung + oekologische faktoren + modell
VA -016 raumordnung + prognose + planungshilfen + zukunftsforschung + (literaturauswertung)

raumplanung

siehe auch landesplanung
siehe auch regionalplanung
siehe auch stadtplanung
AA -114 raumplanung + immissionsschutz
AA -133 luftverunreinigung + emissionskataster + raumplanung + OBERRHEIN
HE -014 raumplanung + ballungsgebiet + wasserreinhaltung + wasserversorgung
UA -005 raumplanung + umweltschutz + information
UB -009 umweltrecht + rechtsvorschriften + raumplanung + RHEINLAND-PFALZ
UC -016 raumplanung + industrieanlage + gutachten
UE -005 raumplanung + landschaft
UE -007 raumplanung + indikatoren
UE -032 stadtplanung + raumplanung + infrastruktur + strukturanalyse + SCHWAEBISCH-GMUEND
UE -041 raumplanung + umweltqualitaet
UE -046 raumplanung + rechtsvorschriften + umweltschutz
UG -015 wasserwirtschaft + baggersee + raumplanung + nutzungsplanung + MAIN (STARKENBURG)
UK -007 raumplanung + oekologie + umweltbelastung + standortfaktoren
UK -024 landschaftsplanung + oekologie + raumplanung
UK -033 raumplanung + oekologische faktoren + methodenentwicklung
UK -042 raumplanung + landschaftsgestaltung + planungsmodell
UL -023 raumplanung + oekologische faktoren + NORDRHEIN-WESTFALEN
UL -028 raumplanung + naturschutz + oekologische faktoren
UL -035 raumplanung + vegetation + landschaftsoekologie + ballungsgebiet + FRANKFURT (WEST) + RHEIN-MAIN-GEBIET

raumwirtschaftspolitik

UC -014 raumwirtschaftspolitik + wirtschaftsstruktur + analyse + ELBE-AESTUAR + WESER-AESTUAR
UC -025 raumwirtschaftspolitik + industrialisierung + simulationsmodell + RHEIN-NECKAR-RAUM
UC -037 raumwirtschaftspolitik + industrie + schadstoffemission + (sektorale schadstoffkoeffizienten)

reaktionskinetik

BE -004 kohlenwasserstoffe + amine + ozon + reaktionskinetik
CB -007 schwefelverbindungen + chlorkohlenwasserstoffe + oxidation + reaktionskinetik
CB -020 luftchemie + atmosphaere + kohlenwasserstoffe + reaktionskinetik
CB -024 luftchemie + reaktionskinetik + messverfahren
CB -025 luftchemie + kohlenmonoxid + reaktionskinetik
CB -041 umweltchemikalien + reaktionskinetik + atmosphaere + pestizide
CB -054 luftverunreinigung + reaktionskinetik + verbrennung + (atmosphaerenmodelle)
CB -076 atmosphaere + spurenstoffe + reaktionskinetik
DA -050 verbrennungsmotor + reaktionskinetik + messmethode
DA -051 ottomotor + reaktionskinetik + abgasminderung + stickoxide
DD -007 schadstoffminderung + schwefelwasserstoff + oxidation + reaktionskinetik
DD -025 luftreinhaltung + nachverbrennung + organische schadstoffe + reaktionskinetik
KA -013 biochemischer sauerstoffbedarf + colibakterien + mikroorganismen + reaktionskinetik
KB -041 biologische klaeranlage + reaktionskinetik + schadstoffentfernung
KE -022 abwasser + mikroorganismen + reaktionskinetik
KE -047 abwasserreinigung + belebungsanlage + tropfkoerper + reaktionskinetik
OC -029 kohlenwasserstoffe + verbrennung + reaktionskinetik
PI -023 biochemie + reaktionskinetik + mikrobieller abbau

reaktor

siehe auch abgasreaktor
siehe auch bioreaktor
siehe auch kernreaktor
NC -097 reaktor + standortwahl
NC -106 reaktor + strahlenschutz

reaktorsicherheit

NC -002 reaktorsicherheit + materialtest + ultraschall
NC -003 reaktorsicherheit + druckbehaelter + materialtest + ultraschall
NC -006 reaktorsicherheit
NC -007 reaktorsicherheit + abgas + abwasser
NC -009 reaktorsicherheit + schweisstechnik + (werkstoffpruefung)
NC -011 kernreaktor + kuehlsystem + reaktorsicherheit + stoerfall
NC -012 reaktorsicherheit + (zuverlaessigkeitsanalysen)
NC -016 reaktorsicherheit + druckbehaelter + (berstsicherung)
NC -017 kernreaktor + reaktorsicherheit + werkstoffe + stahl + untersuchungsmethoden
NC -018 kernkraftwerk + reaktorsicherheit + strahlenschutz + energiepolitik
NC -019 kernreaktor + brennelement + radioaktivitaet + emissionsminderung + reaktorsicherheit
NC -023 reaktorsicherheit + kuehlsystem + stoerfall
NC -024 reaktorsicherheit + materialtest
NC -025 reaktorsicherheit + kuehlsystem + stoerfall
NC -026 reaktorsicherheit + kuehlsystem + stoerfall
NC -027 reaktorsicherheit + simulationsmodell
NC -028 reaktorsicherheit + simulationsmodell + brennelement
NC -029 reaktorsicherheit + brennelement
NC -031 reaktorsicherheit + forschungsplanung + (hochtemperatur-reaktoren)
NC -033 reaktorsicherheit + bautechnik + beton + (flugzeugabsturz)
NC -038 reaktorsicherheit + druckbehaelter + beton
NC -039 kernreaktor + reaktorsicherheit + stoerfall + (kernschmelzen)
NC -040 kernkraftwerk + reaktorsicherheit + sicherheitstechnik

NC-041 reaktorsicherheit + notkuehlsystem + rohrleitung + druckbelastung + messverfahren
NC-042 kernreaktor + reaktorsicherheit + stoerfall + (rasmussen-studie)
NC-044 reaktorsicherheit + kuehlsystem + stroemungstechnik
NC-045 reaktorsicherheit + kernreaktor + stoerfall
NC-046 reaktorsicherheit + kernreaktor + schneller brueter
NC-047 reaktorsicherheit + kernreaktor + schneller brueter + pruefverfahren
NC-051 reaktorsicherheit + druckbehaelter + pruefverfahren
NC-052 reaktorsicherheit + druckbehaelter + pruefverfahren
NC-053 reaktorsicherheit + kuehlsystem + stoerfall
NC-054 reaktorsicherheit + kuehlsystem + stoerfall
NC-057 reaktorsicherheit + kuehlsystem + stoerfall
NC-058 reaktorsicherheit + kuehlsystem + stoerfall
NC-059 reaktorsicherheit + kuehlsystem + stoerfall
NC-060 reaktorsicherheit + kuehlsystem + stoerfall + datenverarbeitung
NC-061 reaktorsicherheit + kuehlsystem + brennelement + wasserfluss
NC-062 reaktorsicherheit + druckbehaelter
NC-063 reaktorsicherheit + materialtest
NC-064 reaktorsicherheit + kuehlsystem + stoerfall
NC-065 reaktorsicherheit + energiehaushalt + (rasmussen-studie)
NC-066 reaktorsicherheit + reaktorstrukturmaterial + stoerfall + (kernschmelzen)
NC-067 reaktorsicherheit + kuehlsystem + stoerfall
NC-068 reaktorsicherheit + reaktorstrukturmaterial + pruefverfahren
NC-069 reaktorsicherheit + druckbehaelter + schweisstechnik
NC-070 reaktorsicherheit + kuehlsystem + stoerfall
NC-071 reaktorsicherheit + materialtest + (berstsicherung)
NC-072 reaktorsicherheit + materialtest + kuehlsystem + stoerfall
NC-073 reaktorsicherheit + reaktorstrukturmaterial + materialpruefung + (berstsicherheit)
NC-074 reaktorsicherheit + stoerfall + messgeraet + kuehlsystem
NC-075 reaktorsicherheit + materialtest + pruefverfahren + (qualitaetssicherung)
NC-076 reaktorsicherheit + reaktorstrukturmaterial + materialtest
NC-077 reaktorsicherheit + stoerfall + (schnellabschaltsystem)
NC-078 reaktorsicherheit + materialtest + beton + (kernschmelzen)
NC-079 reaktorsicherheit + reaktorstrukturmaterial + korrosion
NC-080 reaktorsicherheit + kuehlsystem + radioaktive kontamination + filter
NC-081 reaktorsicherheit + brennelement + kuehlsystem + stoerfall
NC-082 reaktorsicherheit + stoerfall + (programmsystem)
NC-083 reaktorsicherheit + reaktorstrukturmaterial + energiehaushalt + stoerfall
NC-084 reaktorsicherheit + kuehlkreislauf + brennelement + stoerfall
NC-085 reaktorsicherheit + druckbehaelter + pruefverfahren
NC-086 reaktorsicherheit + kuehlkreislauf + stoerfall
NC-090 kernreaktor + reaktorsicherheit + stoerfall
NC-091 kernreaktor + reaktorsicherheit + stoerfall
NC-092 kernreaktor + reaktorsicherheit + stoerfall + frueherkennung
NC-093 kernreaktor + reaktorsicherheit
NC-094 kernreaktor + reaktorsicherheit + ueberwachungssystem
NC-095 reaktorsicherheit + stoerfall + frueherkennung
NC-096 reaktorsicherheit + stoerfall + kuehlsystem + frueherkennung
NC-098 kernkraftwerk + reaktorsicherheit + notkuehlsystem
NC-099 kernreaktor + reaktorsicherheit + stoerfall + (kernschmelzen)
NC-100 kernreaktor + reaktorsicherheit + druckbehaelter + (risserkennung)
NC-101 kernreaktor + reaktorsicherheit + notkuehlsystem
NC-102 kernreaktor + reaktorsicherheit + stoerfall + (kernschmelzen)
NC-105 reaktorsicherheit + stoerfall + (leichtwasserreaktor)
NC-107 reaktorsicherheit + berechnungsmodell
NC-108 reaktorsicherheit + berechnungsmodell
NC-109 reaktorsicherheit + druckbehaelter + (leichtwasserreaktor)
NC-110 kernreaktor + reaktorsicherheit + druckbehaelter + werkstoffe + stahl
NC-114 reaktorsicherheit + kernkraftwerk + ergonomie
ND-008 schneller brueter + reaktorsicherheit + pruefverfahren + (ultraschallprueftechnik)

reaktorstrukturmaterial

NC-021 schneller brueter + reaktorstrukturmaterial + materialschaeden + radioaktivitaet
NC-043 reaktorstrukturmaterial + beton + druckbehaelter
NC-066 reaktorsicherheit + reaktorstrukturmaterial + stoerfall + (kernschmelzen)
NC-068 reaktorsicherheit + reaktorstrukturmaterial + pruefverfahren
NC-073 reaktorsicherheit + reaktorstrukturmaterial + materialpruefung + (berstsicherheit)
NC-076 reaktorsicherheit + reaktorstrukturmaterial + materialtest
NC-079 reaktorsicherheit + reaktorstrukturmaterial + korrosion
NC-083 reaktorsicherheit + reaktorstrukturmaterial + energiehaushalt + stoerfall

reaktortechnik

ND-025 reaktortechnik + brennelement + recycling

rebenforschung

siehe auch weinbau
RE-011 rebenforschung + resistenzzuechtung + pflanzenschutz + (botrytis)
RE-012 weinbau + rebenforschung + genetik

recht

siehe auch abfallrecht
siehe auch luftreinhalterecht
siehe auch steuerrecht
siehe auch umweltrecht
siehe auch wasserrecht
EA-004 luftreinhaltung + recht + vollzugsdefizit

rechtliche aspekte

UB-017 wald + erholungsgebiet + rechtliche aspekte

rechtsprechung

UB-004 umweltrecht + rechtsprechung + internationaler vergleich
UB-015 umweltrecht + umweltschutz + rechtsprechung + (determinanten)

rechtsverordnung

MG-026 abfallgesetz + rechtsverordnung
MG-041 abfallgesetz + verpackung + rechtsverordnung

rechtsvorschriften

EA-002 luftverunreinigung + rechtsvorschriften + EUROPA + NORDAMERIKA
FD-008 schallschutz + hochbau + rechtsvorschriften
LA-002 gewaesserschutz + schadstofftransport + rechtsvorschriften
LA-012 umweltschutz + rechtsvorschriften + (hohe see)
MG-033 abfallbeseitigung + sondermuell + rechtsvorschriften + internationale zusammenarbeit + EG-LAENDER
QB-038 lebensmittel + rueckstaende + rechtsvorschriften + EG-LAENDER
UB-009 umweltrecht + rechtsvorschriften + raumplanung + RHEINLAND-PFALZ
UB-011 umweltrecht + rechtsvorschriften + europaeische gemeinschaft + internationaler vergleich
UB-014 umweltschutz + rechtsvorschriften + luftreinhaltung + gewaesserschutz + (vollzugsprobleme)
UB-016 umweltrecht + bergbau + rechtsvorschriften
UB-025 umweltrecht + rechtsvorschriften + (gesetzdurchfuehrung)
UE-046 raumplanung + rechtsvorschriften + umweltschutz
UF-032 stadtentwicklungsplanung + rechtsvorschriften + (bundesbaugesetz)

recycling
siehe auch rueckgewinnung
siehe auch verwertung
siehe auch wiederverwendung
GC-012 waermeversorgung + abwaerme + recycling + fernwaerme + SAARLAND
KB-001 biologische abwasserreinigung + algen + proteine + recycling
KC-029 metallindustrie + schlaemme + recycling + baustoffe + (galvanikschlaemme)
KC-030 papierindustrie + zellstoffindustrie + umweltschutzmassnahmen + recycling + optimierungsmodell
KC-034 zellstoffindustrie + abwasseraufbereitung + recycling + (ligninsulfonat)
KC-035 molkerei + abwasserbehandlung + recycling + eiweissgewinnung + (verfahrensoptimierung)
KC-051 molkerei + abwasserbehandlung + mikroorganismen + recycling
KC-058 abwassermenge + chemische industrie + emissionsminderung + recycling + salze + INNERSTE + LEINE + WERRA + WESER
KC-059 abwasserbehandlung + recycling + salze + chemische industrie
KC-067 biologische abwasserreinigung + papierindustrie + recycling
KD-003 guelle + geruchsminderung + recycling + duengung
KD-008 fluessigmist + recycling + lagerung + mikrobieller abbau + geruchsminderung
MA-007 abfallsortierung + hausmuell + papier + glas + recycling + KONSTANZ + BODENSEE-HOCHRHEIN
MA-014 hausmuellsortierung + recycling + verfahrensentwicklung
MB-026 abfallaufbereitung + rotte + biologischer abbau + recycling + (giessener modell)
MB-036 industrieabfaelle + abfallbeseitigung + recycling
MB-052 sondermuell + radioaktive abfaelle + hochtemperaturabbrand + emissionsmessung + recycling
MB-062 muellvergasung + abgasreinigung + recycling
MC-005 deponie + hausmuell + recycling + baustoffe
MD-001 abfallbeseitigung + kompost + recycling
MD-002 landwirtschaftliche abfaelle + siedlungsabfaelle + kompostierung + recycling + landbau
MD-004 siedlungsabfaelle + recycling + bodenverbesserung
MD-006 klaerschlamm + recycling + duengung + schwermetallkontamination
MD-011 altglas + recycling + duengemittel
MD-012 altreifenbeseitigung + recycling + oekologische faktoren
MD-013 hausmuell + sondermuell + recycling + aktivkohle + wirtschaftlichkeit
MD-014 hausmuell + recycling + ne-metalle + wirtschaftlichkeit + oekologische faktoren
MD-015 hausmuell + altpapier + recycling + wirtschaftlichkeit + oekologische faktoren
MD-017 klaerschlammbehandlung + recycling + (entphosphatierung)
MD-023 siedlungsabfaelle + landwirtschaftliche abfaelle + recycling + duengemittel
MD-025 siedlungsabfaelle + sperrmuell + abfallsortierung + recycling + LUDWIGSBURG (LANDKREIS) + STUTTGART
MD-026 kommunale abfaelle + recycling + baustoffe
MD-028 klaerschlamm + recycling + krankheitserreger + entseuchung
MD-031 muellkompost + recycling + duengung + bodenbelastung + schwermetalle
MD-032 torf + klaerschlamm + muellkompost + recycling + bodenverbesserung
MD-033 hausmuellsortierung + recycling
MD-035 klaerschlamm + mikrobieller abbau + recycling
MD-036 papiertechnik + altpapier + recycling
MD-037 kompostanlage + abfallbehandlung + recycling
ME-001 loesungsmittel + recycling + oekonomische aspekte
ME-003 huettenindustrie + staeube + recycling + elektroinduktionsofen
ME-005 industrieabfaelle + recycling + rotschlamm
ME-006 recycling + abfallbehandlung + buntmetalle + biologischer abbau
ME-007 umweltschutz + verfahrensentwicklung + chemische industrie + recycling
ME-008 kunststoffherstellung + abwasseraufbereitung + abfallbeseitigung + pyrolyse + recycling
ME-009 abwasser + sulfite + recycling
ME-010 sondermuell + recycling + BADEN-WUERTTEMBERG
ME-011 sondermuell + industrieabfaelle + recycling + (informationssystem) + BADEN-WUERTTEMBERG (NORD)
ME-012 industrieabfaelle + loesungsmittel + recycling + planungshilfen + HESSEN
ME-013 industrieabfaelle + recycling + ne-metalle + huettenindustrie
ME-014 kunststoffabfaelle + recycling + (polyurethanchemie)
ME-015 abfall + recycling + schwermetalle + (antimon) + HESSEN (NORD)
ME-016 kunststoffabfaelle + recycling
ME-019 loesungsmittel + recycling
ME-021 kfz-technik + werkstoffe + recycling
ME-022 meerwasserentsalzung + schlammbeseitigung + rohstoffe + recycling
ME-023 industrieabfaelle + huettenindustrie + recycling + baustoffe
ME-024 industrieabwaesser + rohstoffe + recycling + kupfer + ne-metalle
ME-025 recycling + industrieabfaelle
ME-026 abfallbehandlung + sondermuell + pyrolyse + recycling
ME-027 altreifen + recycling + (elastilplatten)
ME-028 abfallstoffe + abwaerme + recycling + oekonomische aspekte
ME-029 abfallbeseitigung + pyrolyse + recycling + schadstoffminderung
ME-030 abfallbehandlung + cellulose + fermentation + biotechnologie + recycling
ME-032 kunststoffabfaelle + recycling + pyrolyse
ME-033 abfallsortierung + kunststoffabfaelle + recycling
ME-034 aluminiumindustrie + abfallaufbereitung + recycling + (aluminiumsalzschlacke)
ME-036 zellstoffindustrie + abfall + recycling + duengemittel + (lignin)
ME-037 zellstoffindustrie + recycling + polymere + (phenollignine)
ME-041 lebensmittelindustrie + kartoffeln + produktionsrueckstaende + recycling
ME-042 lebensmittelindustrie + abfall + recycling + (biosynthetisches eiweiss)
ME-044 lebensmittelindustrie + recycling + futtermittel
ME-045 recycling + schlammverbrennung + papierindustrie + verfahrenstechnik
ME-046 papierindustrie + altpapier + recycling
ME-047 papierindustrie + schlammbehandlung + recycling
ME-049 altglas + recycling + (farbsortierung)
ME-050 altglas + recycling
ME-051 glasindustrie + verfahrenstechnik + altglas + recycling
ME-052 filterschlamm + recycling
ME-053 abfallbehandlung + recycling + baustoffe + (entschwefelungsanlage)
ME-055 sondermuell + recycling
ME-056 zuckerindustrie + abfallstoffe + recycling + bodenverbesserung
ME-057 ne-metalle + recycling + wirtschaftlichkeit
ME-058 ne-metalle + recycling + wirtschaftlichkeit + europaeische gemeinschaft
ME-059 papierindustrie + zellstoffindustrie + industrieabfaelle + abwasserschlamm + recycling
ME-060 altpapier + recycling
ME-061 abwasserschlamm + recycling + holzindustrie + papierindustrie + zellstoffindustrie
ME-062 industrieabfaelle + papierindustrie + recycling
ME-064 lebensmittelindustrie + abwasserbehandlung + recycling + eiweissgewinnung
ME-065 kunststoffabfaelle + recycling
ME-066 petrochemische industrie + produktionsrueckstaende + recycling
ME-067 schlacken + recycling + strassenbau
ME-068 industrieabfaelle + steine/erden betriebe + rohstoffe + recycling
ME-070 klaerschlamm + recycling + (baustoffe)

ME-071 papierindustrie + abfall + recycling
ME-072 druckereiindustrie + papiertechnik + farbstoffe + recycling
ME-073 papierindustrie + abwasserschlamm + recycling + baustoffe
ME-074 altoel + aufbereitung + rueckstaende + recycling
ME-077 altglas + recycling
ME-078 abfall + altglas + baustoffe + recycling
ME-079 baustoffe + kohlefeuerung + schlacken + recycling
ME-080 altglas + recycling + baustoffe
ME-081 abwasserschlamm + buntmetalle + recycling
ME-082 klaerschlamm + recycling + buntmetalle
ME-083 hausmuell + recycling + baustoffe + ziegeleiindustrie
ME-084 eisen- und stahlindustrie + abfallaufbereitung + schadstoffentfernung + recycling
ME-085 altreifen + recycling + baustoffe
ME-086 abfallbeseitigung + pyrolyse + kohlenwasserstoffe + recycling
ME-087 recycling + eisen- und stahlindustrie + abfallstoffe
ME-090 recycling + bleicherde + altoel
MF-001 landwirtschaftliche abwaesser + recycling + algen + duengemittel
MF-003 holzabfaelle + recycling + bodenverbesserung
MF-004 holzabfaelle + recycling + baustoffe
MF-009 biologische abfallbeseitigung + recycling + eiweissgewinnung + futtermittel
MF-011 landwirtschaftliche abfaelle + silage + proteine + recycling
MF-015 futtermittel + stroh + recycling + (mikrobielle aufbereitung)
MF-019 tierische faekalien + recycling + futtermittel
MF-021 holzabfaelle + recycling + werkstoffe
MF-022 holzabfaelle + recycling + mikrobieller abbau + kompostierung
MF-024 holzindustrie + holzabfaelle + recycling
MF-025 holzindustrie + abfallbeseitigung + recycling
MF-026 holz + werkstoffe + recycling
MF-027 nutztierhaltung + abfall + recycling + (gefluegelfuetterung)
MF-028 nutztierhaltung + abfallbeseitigung + recycling
MF-029 abfallbeseitigung + recycling + tierische faekalien + hygiene
MF-030 tierische faekalien + recycling + verfahrensentwicklung
MF-031 siedlungsabfaelle + tierische faekalien + recycling + duengemittel
MF-032 tierische faekalien + recycling + duengemittel + lagerung
MF-033 tierische faekalien + recycling + duengemittel + futtermittel
MF-034 tierische faekalien + recycling + strohverwertung + geraeteentwicklung + duengung
MF-035 fluessigmist + mikrobieller abbau + recycling + lagerung + (teststoffverfahren)
MF-036 fluessigmist + recycling + verfahrensentwicklung
MF-038 getreide + strohverwertung + recycling
MF-043 obstbau + gemuesebau + abfallaufbereitung + futtermittel + recycling
MF-047 milchverarbeitung + produktionsrueckstaende + recycling + (molke)
MG-001 abfallwirtschaft + entwicklungslaender + recycling
MG-009 abfallwirtschaftsprogramm + recycling + systemanalyse + BUNDESREPUBLIK DEUTSCHLAND
MG-010 abfallwirtschaft + recycling + (programm der bundesregierung)
MG-013 abfallbeseitigung + recycling + nutzwertanalyse + LUEBECK (RAUM)
MG-028 recycling + planungsdaten + soziale kosten + oekonomische aspekte + (unternehmensplanung)
MG-040 abfall + recycling + (modellanlage) + REUTLINGEN (LANDKREIS) + TUEBINGEN (LANDKREIS)
ND-009 kernkraftwerk + brennelement + recycling + plutonium
ND-025 reaktortechnik + brennelement + recycling
ND-044 radioaktive abfaelle + abfallbeseitigung + endlagerung + recycling
UL-005 abfallbehandlung + recycling + duengung + rekultivierung + kosten-nutzen-analyse

reduktionsverfahren

DC-069 eisenerz + reduktionsverfahren

regenwasser

siehe auch niederschlag
AA-036 regenwasser + datenerfassung + industriegebiet + RUHR + LIPPE (GEBIET)
IB -010 polyzyklische aromaten + regenwasser + sickerwasser
IB -017 gewaesserbelastung + regenwasser + niederschlagsabfluss + vorfluter
IB -025 regenwasser + gewaesserverunreinigung
IB -031 biologische abwasserreinigung + regenwasser + pflanzen
ID -013 regenwasser + sickerwasser + grundwasser

regionalentwicklung

UH-007 kuestengebiet + schiffahrt + wasserbau + oekonomische aspekte + regionalentwicklung + (hafenplanung) + ELBE-AESTUAR + SCHARHOERN + CUXHAVEN (RAUM)

regionalplanung

siehe auch raumplanung
AA-051 klima + flaechennutzung + regionalplanung + (klimaschutzgebiete) + RHEIN-NECKAR-RAUM
AA-097 immissionsschutzplanung + regionalplanung + umweltbelastung + VILLINGEN-SCHWENNINGEN
EA -015 luftreinhaltung + regionalplanung
KA -001 baggersee + mischabwaesser + erholungsgebiet + regionalplanung + (zielkonflikt) + NIEDERRHEIN
MG-003 regionalplanung + abfallbeseitigung + transport + oekonomische aspekte
MG-020 abfallwirtschaft + regionalplanung + optimierungsmodell
UC-046 regionalplanung + wirtschaftsstruktur + wasserentsorgung
UE-002 regionalplanung + laendlicher raum + EIFEL-HUNSRUECK (REGION) + RHEIN-NAHE (REGION) + HAMBURG (UMLAND)
UE-004 regionalplanung + landschaft + erholung
UE-012 regionalplanung + planungshilfen
UE-013 raumordnung + regionalplanung + europaeische gemeinschaft
UE-014 regionalplanung + ballungsgebiet + wirtschaftsstruktur + oekologie + entwicklungsmassnahmen + BADEN-WUERTTEMBERG + NECKAR (MITTLERER NECKAR-RAUM) + STUTTGART
UE-016 regionalplanung + lebensstandard + arbeitsplatzbewertung
UE-017 stadtplanung + regionalplanung + modell
UE-018 regionalplanung + wald + erholungsgebiet
UE-024 informationssystem + dokumentation + regionalplanung + landesplanung + (dokumentationsverbund)
UE-027 raumordnung + regionalplanung + laendlicher raum + gemeinde
UE-031 regionalplanung + SUMATRA
UE-033 regionalplanung + landesplanung + dokumentation + information + (dokumentationsverbund)
UE-043 regionalplanung + stadtentwicklungsplanung + datenverarbeitung
UE-045 umweltschutz + planungsrecht + regionalplanung
UG-011 regionalplanung + soziale infrastruktur + bewertungsmethode + KARLSRUHE (REGION) + OBERRHEIN
UH-028 regionalplanung + verkehr + (verkehrsaufkommen + verkehrsverteilung)
VA-002 umweltsimulation + verkehrssystem + regionalplanung

rehabilitation

TE -015 psychiatrie + rehabilitation + infrastruktur + bedarfsanalyse + MANNHEIM + RHEIN-NECKAR-RAUM
TE -017 psychiatrie + rehabilitation + soziale integration + MUENCHEN (REGION)

reifen

siehe altreifen
siehe autoreifen

reinigung

siehe auch abgasreinigung
siehe auch abluftreinigung
siehe auch abwasserreinigung
siehe auch gasreinigung
siehe auch luftreinigung
siehe auch wasserreinigung
DA -039 kfz-abgase + reinigung + aktivkohle
IC -085 fliessgewaesser + gewaesserguete + bakterien + reinigung + (nitrifikation)
KB -042 lebensmitteltechnik + reinigung + (von lebensmittelverarbeitenden anlagen)
OA -015 reinigung + faerberei + (membrantechnik)
RB -019 lebensmitteltechnik + desinfektion + reinigung + umweltfreundliche technik

rekultivierung

MC-015 bergbau + rekultivierung + HESSEN (NORD) + HESSEN (SUED)
MC-025 deponie + sickerwasser + wasserhaushalt + rekultivierung + BERLIN-WANNSEE
ME-069 moor + rekultivierung + abfallschlamm + (rotschlamm)
RC -031 bodenbeschaffenheit + rekultivierung + bewertungskriterien
RD -044 landwirtschaft + rekultivierung + wasserhaushalt
RD -051 moor + rekultivierung + (aufforstung) + DEUTSCHLAND (NORD-WEST)
RG -003 rekultivierung + wald + standortfaktoren
RG -036 mikroklimatologie + brachflaechen + rekultivierung + koniferen + TAUBERTAL
UD -012 rohstoffe + abbau + rekultivierung
UK -012 tagebau + rekultivierung + abfallbeseitigung + (wiederverfuellung) + HESSEN
UK -017 bodennutzung + rekultivierung + naherholung + GIESSEN
UK -023 tagebau + rekultivierung + MINDEN (RAUM)
UL -004 landschaftspflege + bodenverbesserung + rekultivierung + (industriegeschaedigte landschaftsteile)
UL -005 abfallbehandlung + recycling + duengung + rekultivierung + kosten-nutzen-analyse
UL -009 braunkohle + bergbau + rekultivierung + nutzungsplanung + landschaftsoekologie
UL -016 rekultivierung + RHEINISCHES BRAUNKOHLENGEBIET
UL -024 landespflege + rekultivierung + bewertungskriterien
UL -026 deponie + landschaftsschaeden + rekultivierung + GIESSEN (RAUM)
UL -068 moor + rekultivierung + NIEDERSACHSEN (NORD)
UL -073 rekultivierung + oekologische faktoren + (schutthalde) + SAARLAND
UM-007 landschaftsoekologie + deponie + rekultivierung + fauna
UM-008 deponie + rekultivierung + flora
UM-009 bodenbeschaffenheit + rekultivierung + kohle + (halden) + HESSEN (NORD)
UM-048 pflanzenoekologie + deponie + tagebau + rekultivierung
UN-012 deponie + rekultivierung + begruenung + bodenbeeinflussung
UN-055 bodentiere + pflanzenoekologie + rekultivierung + (schutthalde) + SAARLAND

resistenz

QA-014 antibiotika + waerme + resistenz
QC-020 algen + resistenz + schwermetallkontamination + lebensmittel
RE -042 getreide + krankheitserreger + resistenz + (mehltau)
RH -010 futtermittel + schaedlingsbekaempfung + resistenz
RH -051 nematizide + resistenz
RH -060 schaedlingsbekaempfung + insektizide + resistenz + (blattlaus)

resistenzzuechtung

AA -065 forstwirtschaft + resistenzzuechtung + immissionsschutz + ballungsgebiet
PF -051 schadstoffimmission + biologische wirkungen + resistenzzuechtung
PH -051 forstwirtschaft + baumbestand + immissionsschaeden + resistenzzuechtung
PI -027 strassenbaum + salze + schadstoffwirkung + resistenzzuechtung
RE -009 gemuesebau + resistenzzuechtung + viren
RE -011 rebenforschung + resistenzzuechtung + pflanzenschutz + (botrytis)
RE -020 phytopathologie + resistenzzuechtung + getreide
RE -021 resistenzzuechtung + gemuese + bodenpilze
RE -022 getreide + resistenzzuechtung + (roggen)
RE -028 resistenzzuechtung + kulturpflanzen
RE -045 getreide + phytopathologie + resistenzzuechtung + krankheitserreger + (fungizid-einschraenkung)
RE -046 getreide + krankheitserreger + resistenzzuechtung
RE -047 nutzpflanzen + kartoffeln + resistenzzuechtung + fungizide + substitution
RG -021 pflanzenzucht + baum + resistenzzuechtung + (fichte)
RH -028 resistenzzuechtung + getreide + nematoden + MUENSTERLAND
RH -035 obst + schaedlingsbekaempfung + resistenzzuechtung + bodenpilze
UM-015 schadstoffwirkung + salze + baum + resistenzzuechtung

resorption

PB -014 polyzyklische aromaten + resorption
PB -036 kfz-abgase + kohlenwasserstoffe + mensch + resorption

ressourcen

siehe auch rohstoffe
UD -001 industrie + rohstoffsicherung + ressourcen

ressourcenplanung

UD -009 ressourcenplanung + energietechnik + rohstoffe + abbau + (oelschiefer)
UD -013 ressourcenplanung + metalle + meereskunde + (manganknollen)
UD -014 meereskunde + ressourcenplanung + metalle + geraeteentwicklung + (manganknollen)
UK -070 naturraum + bodenkunde + kartierung + ressourcenplanung + NIEDERSACHSEN + BREMEN

resteverbrennung

MB-015 abfallbehandlung + kompostierung + resteverbrennung + PINNEBERG + HAMBURG

restverbrennung

siehe auch abfallbehandlung

richtlinien

AA -159 emissionskataster + richtlinien
CA -027 luftverunreinigung + probenahme + richtlinien
EA -014 luftverunreinigung + immissionsbelastung + messverfahren + richtlinien
EA -024 emissionskataster + richtlinien
EA -025 abgasemission + verbrennungsmotor + pruefverfahren + richtlinien + EUROPA + USA
FA -004 schallschutz + richtlinien + (vdi-richtlinie 2720)
FA -060 laerm + gesundheitsschutz + richtlinien
FB -026 verkehrslaerm + grenzwerte + richtlinien
FD -003 bautechnik + laermschutz + wasserleitung + richtlinien + BERLIN
FD -027 fluglaerm + laermminderung + richtlinien
HA -107 hygiene + oberflaechengewaesser + badeanstalt + richtlinien
HG -017 wasserueberwachung + probenahme + richtlinien
IE -048 meeresreinhaltung + richtlinien + schiffe + bautechnik + (tankerbau + imco-uebereinkommen)
IE -055 meer + kuestengewaesser + rohrleitung + richtlinien + wasserhaushaltsgesetz
KC -049 abwasserbehandlung + chemische industrie + betriebsoptimierung + richtlinien
LA -022 pipeline + meer + kuestengewaesser + richtlinien + wasserhaushaltsgesetz
MA-011 abfallbeseitigung + sondermuell + richtlinien
OA -016 umweltchemikalien + beryllium + nachweisverfahren + richtlinien + (einheitsverfahren)

PH -008 bodenkontamination + probenahme + richtlinien
RA -003 agraroekonomie + landwirtschaft + umweltschutz + richtlinien
SB -014 bautechnik + waermedaemmung + richtlinien
TA -007 strahlenbelastung + genetische wirkung + mensch + richtlinien
TB -023 wohnungsbau + richtlinien + HESSEN
UH -031 strassenbau + stadt + richtlinien

rind

MF -007 futtermittel + stroh + rind + verfahrenstechnik
RF -018 nutztierhaltung + standortwahl + rind
RF -022 gruenlandwirtschaft + tierhaltung + rind + fleisch

rodentizide

siehe auch biozide

roentgenstrahlung

siehe auch ionisierende strahlung
IA -005 wasserverunreinigende stoffe + spurenanalytik + roentgenstrahlung + BODENSEE
NB -021 roentgenstrahlung + genetische wirkung
NB -030 strahlenbelastung + bevoelkerung + roentgenstrahlung
NB -033 strahlenschutz + bevoelkerung + roentgenstrahlung
NB -051 gesundheitsschutz + innere organe + roentgenstrahlung
PD -018 teratogene wirkung + roentgenstrahlung + chemikalien + synergismus

rohrleitung

CA -101 emissionsueberwachung + luftverunreinigende stoffe + kohlenwasserstoffe + rohrleitung + (leckraten)
FA -035 laermentstehung + schallausbreitung + rohrleitung
FD -009 trinkwasserversorgung + rohrleitung + stroemungstechnik + geraeuschminderung
HB -075 rohrleitung + pipeline + materialtest
HE -022 trinkwasser + rohrleitung + korrosionsschutz
HE -046 trinkwasserversorgung + rohrleitung + entwicklungslaender
IE -055 meer + kuestengewaesser + rohrleitung + richtlinien + wasserhaushaltsgesetz
NC -041 reaktorsicherheit + notkuehlsystem + rohrleitung + druckbelastung + messverfahren

rohstoffe

siehe auch ressourcen
ME -022 meerwasserentsalzung + schlammbeseitigung + rohstoffe + recycling
ME -024 industrieabwaesser + rohstoffe + recycling + kupfer + ne-metalle
ME -068 industrieabfaelle + steine/erden betriebe + rohstoffe + recycling
SA -074 energietechnik + braunkohle + kohleverfluessigung + rohstoffe
UD -004 gestein + rohstoffe + metalle + spurenelemente + nachweisverfahren
UD -009 ressourcenplanung + energietechnik + rohstoffe + abbau + (oelschiefer)
UD -012 rohstoffe + abbau + rekultivierung
UD -016 rohstoffe + geologie + uran + ODENWALD
UD -017 rohstoffe + geologie + uran + SCHWARZWALD
UD -018 rohstoffe + uran + geologie + MAROKKO
UD -019 rohstoffe + metalle + meereskunde + (rohstoffe)
UD -020 rohstoffe + metalle + meereskunde + (manganknollen)
UD -021 rohstoffe + chemische industrie + kohlenwasserstoffe + technologie + verfahrensentwicklung + (kohleverfluessigung)
UD -022 rohstoffe + kohlenwasserstoffe + verfahrensentwicklung + (kohleverfluessigung)
UD -023 energietechnik + uran + rohstoffe + phosphate

rohstoffsicherung

SA -050 energiewirtschaft + rohstoffsicherung + oekonomische aspekte
SA -076 energietechnik + uran + rohstoffsicherung + (uranprospektion) + SCHWARZWALD
UD -001 industrie + rohstoffsicherung + ressourcen
UD -005 rohstoffsicherung + geologie + bergbau + datensicherung
UD -006 rohstoffsicherung + forschungsplanung + chemische technik
UD -010 rohstoffsicherung + metalle + meeresboden + (manganknollen)

rotschlamm

ME -005 industrieabfaelle + recycling + rotschlamm

rotte

siehe auch abfallbeseitigungsanlage
siehe auch kompostierung
MA -026 rotte + kunststoffabfaelle + altpapier
MB -003 abfallbehandlung + rotte + verfahrensentwicklung
MB -025 landwirtschaftliche abfaelle + rotte + pflanzenschutzmittel + (stroh)
MB -026 abfallaufbereitung + rotte + biologischer abbau + recycling + (giessener modell)
MB -035 rotte + schadstoffbildung + (kohlendioxid)
MC -043 sickerwasser + deponie + rotte
MC -044 deponie + rotte + sickerwasser
MC -046 deponie + rotte + umweltbelastung + (vergleich)
TF -022 veterinaerhygiene + tierische faekalien + rotte

rueckgewinnung

siehe auch recycling
DB -031 rauchgas + entschwefelung + schwefeloxide + rueckgewinnung
GC -003 gasturbine + abwaerme + rueckgewinnung
HB -086 meerwasserentsalzung + energie + rueckgewinnung + osmose
KC -007 abwasserreinigung + schadstoffabscheidung + schwermetalle + rueckgewinnung + (elektrolyse)
KF -010 abwasserreinigung + phosphate + rueckgewinnung + adsorption + (aluminiumoxid)

rueckstaende

DB -042 muellverbrennungsanlage + rueckstaende + rauchgas + emissionsminderung
HD -009 trinkwasserguete + algen + rueckstaende + (algenbluete)
KA -018 biologische abwasserreinigung + rueckstaende
KB -027 abwasserreinigung + flotation + rueckstaende
MA -022 abfallbeseitigung + schadstoffbilanz + rueckstaende
MA -038 industrieabfaelle + rueckstaende + abfallmenge + abfallrecht
MB -004 chlorkohlenwasserstoffe + rueckstaende + destillation
ME -074 altoel + aufbereitung + rueckstaende + recycling
PC -008 luft + filtration + rueckstaende + biologische wirkungen + analytik
PG -058 pflanzenschutzmittel + rueckstaende + boden + gemuese
QB -004 fleisch + antibiotika + rueckstaende
QB -007 fleisch + abgas + pestizide + rueckstaende
QB -038 lebensmittel + rueckstaende + rechtsvorschriften + EG-LAENDER
QC -045 fungizide + getreide + rueckstaende
QC -046 fungizide + rueckstaende + gemuese + (kohl)

rueckstandsanalytik

MB -008 muellverbrennungsanlage + rueckstandsanalytik + schlacken
MF -018 futtermittel + konservierung + rueckstandsanalytik + (silage-sickersaft)
OA -031 rueckstandsanalytik + probenahmemethode + (fehlermoeglichkeiten)
OC -003 insektizide + rueckstandsanalytik
OC -015 arzneipflanzen + herbizide + rueckstandsanalytik
OC -023 rueckstandsanalytik + pflanzenschutzmittel + nachweisverfahren
OD -089 umweltchemikalien + herbizide + rueckstandsanalytik

PB -007 chlorkohlenwasserstoffe + pestizide + rueckstandsanalytik + voegel + NIEDERSACHSEN
PB -034 herbizide + nutztiere + rueckstandsanalytik
PB -047 pestizide + rueckstandsanalytik + tierexperiment
PG -037 herbizide + rueckstandsanalytik + (kamille)
PG -043 bodenkontamination + herbizide + rueckstandsanalytik
PG -048 pflanzenschutzmittel + bodenkontamination + gemuesebau + rueckstandsanalytik + (quintozen)
QA -013 lebensmittel + lagerung + rueckstandsanalytik + chlorkohlenwasserstoffe
QA -028 schaedlingsbekaempfungsmittel + rueckstandsanalytik
QA -033 lebensmittel + mensch + chlorkohlenwasserstoffe + rueckstandsanalytik
QA -041 lebensmittelhygiene + rueckstandsanalytik + biozide + (reinigungsverfahren)
QA -051 lebensmittel + antibiotika + rueckstandsanalytik
QA -060 lebensmittel + futtermittel + pestizide + schwermetalle + rueckstandsanalytik
QA -063 lebensmittelkontamination + rueckstandsanalytik + tracer
QA -065 lebensmittel + umweltchemikalien + biozide + rueckstandsanalytik
QA -066 lebensmittel + herbizide + rueckstandsanalytik
QB -006 fleischprodukte + antibiotika + rueckstandsanalytik
QB -012 lebensmittelkontamination + fleisch + desinfektionsmittel + rueckstandsanalytik
QB -021 lebensmittelueberwachung + rueckstandsanalytik + oestrogene
QB -040 fleisch + rueckstandsanalytik
QB -043 fleisch + rueckstandsanalytik + lebensmittelhygiene
QB -047 fleischprodukte + schwermetallkontamination + umweltchemikalien + rueckstandsanalytik
QB -049 fleischprodukte + blei + rueckstandsanalytik + hoechstmengenverordnung
QC -002 gemuesebau + siedlungsabfaelle + rueckstandsanalytik + chlorkohlenwasserstoffe
QC -008 weinbau + rueckstandsanalytik + fungizide
QC -019 gemuesebau + pflanzenschutzmittel + rueckstandsanalytik
QC -026 lebensmittelkontamination + getreide + rueckstandsanalytik + (antiwuchsrueckstaende)
QC -028 fungizide + beerenobst + rueckstandsanalytik
QC -031 getreide + pcb + chlorkohlenwasserstoffe + rueckstandsanalytik + BUNDESREPUBLIK DEUTSCHLAND
QC -033 rueckstandsanalytik + fungizide + gemuese + obst
QC -039 lebensmittel + rueckstandsanalytik + pflanzenschutzmittel
QC -044 getreide + wachstumsregulator + rueckstandsanalytik + lebensmittelhygiene
QD -007 nahrungskette + schwermetallkontamination + rueckstandsanalytik

russ

siehe auch staub
BA -016 kfz-technik + dieselmotor + russ + aerosolmesstechnik
BB -031 abgas + verbrennung + russ
BC -043 staubemission + messgeraet + russ + (kesselanlage)
CB -062 oelflamme + stickoxide + russ
DA -014 dieselmotor + russ + emissionsminderung + (diesel-gas-verfahren)
DA -017 dieselmotor + russ + abgasminderung + geruchsminderung + kfz-technik + (pkw-vorkammerdieselmotor)
DA -021 kfz-technik + dieselmotor + emissionsminderung + russ
DB -015 oelfeuerung + schadstoffemission + russ
DB -016 verbrennung + russ
DD -022 aerosole + russ + benzpyren + adsorption

saeugetiere

NA -011 elektromagnetische felder + saeugetiere + physiologische wirkungen
UN -048 saeugetiere + biotop + schutzmassnahmen + NIEDERSACHSEN

saeuren

DC -045 arbeitsschutz + metallindustrie + immissionsminderung + saeuren + (beizbad)
IA -020 wasseraufbereitung + oberflaechengewaesser + saeuren + nachweisverfahren + BODENSEE-HOCHRHEIN
QA -044 glas + blei + saeuren

salmonellen

IC -102 oberflaechengewaesser + salmonellen + gesundheitsschutz + TRIER
IC -115 gewaesserueberwachung + salmonellen + (langzeituntersuchung) + BRAUNSCHWEIG + HARZVORLAND
KA -012 abwasser + schadstoffnachweis + salmonellen
KE -061 klaeranlage + krankheitserreger + salmonellen
QA -071 salmonellen + futtermittel + haustiere
RB -033 futtermittel + salmonellen + pasteurisierung
TF -013 bakterien + salmonellen

salze

DC -042 staubemission + chemische industrie + verfahrenstechnik + salze + abwasserbelastung
HG -008 abwasserbehandlung + salze
KB -007 organische stoffe + schadstoffentfernung + salze + verbrennung + wirtschaftlichkeit
KC -057 chemische industrie + verfahrenstechnik + salze
KC -058 abwassermenge + chemische industrie + emissionsminderung + recycling + salze + INNERSTE + LEINE + WERRA + WESER
KC -059 abwasserbehandlung + recycling + salze + chemische industrie
KC -060 emissionsminderung + verfahrenstechnik + salze + chemische industrie
PF -030 anthropogener einfluss + bodenbelastung + salze + IRAK
PI -027 strassenbaum + salze + schadstoffwirkung + resistenzzuechtung
UM -015 schadstoffwirkung + salze + baum + resistenzzuechtung

salzgehalt

HA -026 fliessgewaesser + salzgehalt + gestein + MAIN (MITTELMAIN)
PF -068 wasser + salzgehalt + abwasser + pflanzenphysiologie + genetik
PI -026 mikrobiologie + bakterienflora + standortfaktoren + salzgehalt + (alkaliseen) + AEGYPTEN
PI -041 wasser + salzgehalt + abwasser + wasserpflanzen + pflanzenphysiologie
QA -045 tierernaehrung + salzgehalt + kalium + (magnesium)
RD -001 naehrstoffhaushalt + boden + salzgehalt + bewaesserung
RD -022 boden + bewaesserung + salzgehalt
RE -043 pflanzenphysiologie + adaptation + bodenbeschaffenheit + salzgehalt + FRANKEN (OBERFRANKEN)
UM -001 kulturpflanzen + wasser + salzgehalt

salzkaverne

UD -008 tieflagerung + erdgasspeicher + salzkaverne

salzsaeure

CB -014 atmosphaere + salzsaeure + nachweisverfahren
DB -013 luftverunreinigung + rauchgas + salzsaeure + absorption + emissionsminderung
IE -015 meeresverunreinigung + salzsaeure + chlorkohlenwasserstoffe + verbrennung + NORDSEE

sanierungsplanung

TB -024 wohngebiet + sanierungsplanung + bewertungskriterien
UF -002 sanierungsplanung + laendlicher raum + (sozialplanung)
UF -016 sanierungsplanung + bodenpolitik
UF -019 staedtebaufoerderungsgesetz + landesentwicklungsplanung + sanierungsplanung + HESSEN
UF -022 sanierungsplanung + bewertungskriterien + staedtebaufoerderungsgesetz

satellit

siehe auch fliegende messtation
AA -157 umwelteinfluesse + satellit + datensammlung

sauerstoff
siehe auch ozon
CB -032 wald + kohlendioxid + sauerstoff + messung
KB -056 abwasserbehandlung + sauerstoff + belueftungsverfahren
KB -071 austauschprozesse + wasser + sauerstoff + (fuellkoerperkolonnen)
PC -022 embryopathie + fische + umweltchemikalien + sauerstoff + kombinationswirkung

sauerstoffbedarf
siehe auch biochemischer sauerstoffbedarf
siehe auch biologischer sauerstoffbedarf
IA -033 sauerstoffbedarf + messgeraet
IC -054 fliessgewaesser + sediment + organische stoffe + sauerstoffbedarf + (flussguetemodell)
KA -019 gewaesserbelastung + abwasserabgabengesetz + sauerstoffbedarf + messverfahren
RF -004 massentierhaltung + gefluegel + sauerstoffbedarf + grenzwerte + kohlendioxid

sauerstoffeintrag
siehe auch belueftung
BE -009 fluessigmist + sauerstoffeintrag + geruchsminderung
GB -014 gewaesser + waermebelastung + sauerstoffeintrag + modell
HA -010 gewaesser + sauerstoffeintrag + belueftungsverfahren
HA -053 gewaesser + sauerstoffeintrag
HA -069 gewaesser + sauerstoffeintrag
HA -085 oberflaechengewaesser + sauerstoffeintrag + schiffsantrieb
HA -105 gewaesser + sauerstoffeintrag + waermetransport
HA -109 oberflaechengewaesser + sauerstoffeintrag + schiffsantrieb
HE -031 trinkwassergewinnung + sauerstoffeintrag + verfahrensoptimierung
IC -086 gewaesserbelueftung + sauerstoffeintrag
KB -059 wasser + gewaesserbelueftung + sauerstoffeintrag + klaeranlage
KB -069 gewaesserbelueftung + sauerstoffeintrag + (fluessiger sauerstoff)
KD -009 fluessigmist + sauerstoffeintrag + schadstoffabbau + geruchsminderung + duengung
KE -007 belebtschlamm + sauerstoffeintrag + verfahrensoptimierung
KE -045 abwasserbehandlung + sauerstoffeintrag + klaeranlage
KE -050 abwasserbehandlung + belueftungsanlage + sauerstoffeintrag
KE -056 biologische abwasserreinigung + belebungsverfahren + sauerstoffeintrag + MUENCHEN
MF -048 fluessigmist + sauerstoffeintrag

sauerstoffgehalt
GB -001 sauerstoffgehalt + kraftwerk + kuehlwasser + vorfluter
HA -047 oberflaechengewaesser + sediment + sauerstoffgehalt
PC -020 fische + toxische abwaesser + sauerstoffgehalt + synergismus + physiologische wirkungen

sauerstoffhaushalt
GB -040 fliessgewaesser + abwaerme + sauerstoffhaushalt + biozoenose
HB -017 grundwasser + sauerstoffhaushalt + organische stoffe + abbau
IE -014 meeresverunreinigung + naehrstoffzufuhr + eutrophierung + sauerstoffhaushalt + NORDSEE + OSTSEE
KA -008 abwasser + sauerstoffhaushalt + methodenentwicklung
KC -061 papierindustrie + gewaesserbelastung + vorfluter + sauerstoffhaushalt

sauerstoffverbrauch
HA -103 gewaesserschutz + sauerstoffverbrauch + RUHR (EINZUGSGEBIET)

schadensersatz
UB -003 umweltbelastung + schadensersatz + europaeische gemeinschaft
UB -027 schadensersatz + umweltrecht

schadstoffabbau
CB -023 polyzyklische aromaten + photochemische reaktion + schadstoffabbau
HE -029 trinkwasseraufbereitung + schadstoffabbau + uferfiltration + RHEIN
IC -004 oberflaechengewaesser + mineraloel + schadstoffabbau + photochemische reaktion
IC -029 talsperre + algen + schadstoffabbau
IC -033 wasserverunreinigung + oberflaechenwasser + phenole + nachweisverfahren + schadstoffabbau
IC -073 oberflaechenwasser + schadstoffabbau + herbizide + boden
IC -084 fliessgewaesser + waermebelastung + bakterien + schadstoffabbau
ID -033 herbizide + schadstoffabbau + grundwasserbelastung
ID -035 abwasseraufbereitung + schadstoffabbau + grundwasseranreicherung
IE -036 meeresbiologie + organische schadstoffe + schadstoffabbau + bakterien
KB -002 biologische abwasserreinigung + algen + schadstoffabbau + schwermetalle
KB -003 abwasserreinigung + schadstoffabbau + trinkwasser + verfahrenstechnik
KB -014 abwasser + detergentien + schadstoffabbau + testverfahren
KB -076 gewaesserbelastung + schadstoffabbau + belebtschlamm + vorklaerung
KD -009 fluessigmist + sauerstoffeintrag + schadstoffabbau + geruchsminderung + duengung
KE -010 schadstoffabbau + biologischer abbau + tenside + klaeranlage
OD -016 schadstoffabbau + polyzyklische aromaten + persistenz + boden + kompost
OD -021 schadstoffabbau + herbizide
OD -023 schadstoffabbau + chlorkohlenwasserstoffe + boden + mikroorganismen
OD -024 schadstoffabbau + mikrobieller abbau + boden
OD -032 mikroorganismen + schadstoffabbau + chlorkohlenwasserstoffe + (chlorierte benzoesaeuren)
OD -034 schadstoffabbau + pestizide + insektizide + mikrobieller abbau
OD -049 schadstoffabbau + halogenkohlenwasserstoffe + biologischer abbau
OD -053 schadstoffabbau + herbizide + mikroorganismen + boden
OD -057 bodenkontamination + trinkwasser + schadstoffabbau + pestizide + stickstoff
OD -068 schadstoffabbau + organismus + enzyme
OD -072 herbizide + mikroorganismen + schadstoffabbau
OD -076 herbizide + schadstoffabbau + enzyme + boden
OD -088 wasserverunreinigung + schadstoffabbau + wasserpflanzen + uferfiltration
PC -023 meeresorganismen + tenside + schadstoffabbau + grenzwerte
PF -034 abfallstoffe + bodenbelastung + schadstoffabbau

schadstoffabscheidung
DB -022 muellverbrennungsanlage + rauchgas + schadstoffabscheidung + fluor
DD -026 gasreinigung + entstaubung + schadstoffabscheidung + geraeteentwicklung
KB -031 abwasserreinigung + schadstoffabscheidung + verfahrensoptimierung + (lamellenabscheider)
KC -007 abwasserreinigung + schadstoffabscheidung + schwermetalle + rueckgewinnung + (elektrolyse)
ND -028 kuehlwasser + kernreaktor + schadstoffabscheidung + tritium

schadstoffabsorption
DC -040 abluftreinigung + schadstoffabsorption + entstaubung + ziegeleiindustrie
DD -027 luftverunreinigende stoffe + schadstoffabsorption + (strahlduesenreaktor)
DD -031 abgasreinigung + nassreinigung + schadstoffabsorption

DD-056 abgasreinigung + schadstoffabsorption
OD-009 nahrungskette + wasserverunreinigende stoffe + insektizide + schadstoffabsorption + (lindan)

schadstoffadsorption

DD-009 schadstoffadsorption + kohlenwasserstoffe

schadstoffausbreitung

AA-042 luftreinhaltung + klimatologie + schadstoffausbreitung + ausbreitungsmodell + (modellrechnung)
AA-140 klimatologie + stadtregion + schadstoffausbreitung + inversionswetterlage + (prognosemodell) + HAMBURG (RAUM)
BB-023 luftverunreinigung + schadstoffausbreitung + kohlenwasserstoffe + heizungsanlage + geruchsbelaestigung
BD-002 massentierhaltung + abluft + keime + schadstoffausbreitung
CA-017 luftverunreinigung + schadstoffausbreitung + messtechnik + ausbreitungsmodell + NORDRHEIN-WESTFALEN
CA-031 luftverunreinigung + schadstoffausbreitung + tracer + probenahme + analytik + (windschwache wetterlagen) + MAIN (UNTERMAIN) + RHEIN-MAIN-GEBIET
CB-012 klimatologie + fliegende messtation + fernerkundung + schadstoffausbreitung + (ir-thermographie) + MAIN + TAUNUS + WETTERAU + RHEIN-MAIN-GEBIET
CB-016 luftreinhaltung + schadstoffausbreitung + meteorologie
CB-021 schadstoffausbreitung + tracer + atmosphaere + RHEIN-MAIN-GEBIET
CB-022 luftreinhaltung + transportprozesse + schadstoffausbreitung + BUNDESREPUBLIK DEUTSCHLAND + NIEDERLANDE
CB-029 staubemission + schadstoffausbreitung
CB-033 atmosphaere + schadstoffausbreitung + klimatologie + BUNDESREPUBLIK DEUTSCHLAND
CB-034 schadstoffausbreitung + ausbreitungsmodell
CB-038 schadstoffausbreitung + luftverunreinigung + BUNDESREPUBLIK DEUTSCHLAND + SKANDINAVIEN
CB-058 atmosphaere + schadstoffausbreitung + aerosolmesstechnik + sedimentation
CB-059 schadstoffausbreitung + atmosphaere + fliessgewaesser + selbstreinigung
CB-063 meteorologie + schadstoffausbreitung + tracer + (ausbreitungsparameter + ablagerungsprognose)
CB-069 immissionsmessung + schadstoffausbreitung
CB-070 luftverunreinigung + schadstoffausbreitung + meteorologie
CB-071 schornstein + schadstoffausbreitung
CB-080 schadstoffausbreitung + inversionswetterlage + HAMBURG (RAUM)
CB-089 luftverunreinigung + schadstoffausbreitung + ueberwachung
HB-062 wasserguetewirtschaft + grundwasser + schadstoffausbreitung + (grundwasserguetemodell)
HC-039 kuestengebiet + wasserbewegung + schadstoffausbreitung + stofftransport + NORDSEE
IE-009 meereskunde + schadstoffausbreitung + messverfahren + (sprungschichten) + DEUTSCHE BUCHT + NORDSEE
IE-010 meeresverunreinigung + schadstoffausbreitung + hydrodynamik + messtechnik + NORDSEE + OSTSEE
IE-011 meeresverunreinigung + hydrodynamik + schadstoffausbreitung + prognose + DEUTSCHE BUCHT + NORDSEE
IE-047 oberflaechenwasser + aerosole + stoffaustausch + schadstoffausbreitung + ELBE-AESTUAR + DEUTSCHE BUCHT
OD-047 halogenverbindungen + abbau + schadstoffausbreitung + litoral
OD-084 umweltchemikalien + schadstoffausbreitung + persistenz
PG-045 schadstoffausbreitung + spurenelemente + bodenkontamination + anthropogener einfluss + TIROLER ACHEN
PH-044 bodenkontamination + radionuklide + spurenelemente + schadstoffausbreitung
VA-018 umweltschutz + simulationsmodell + schadstoffausbreitung + luftverunreinigung + gewaesserbelastung + (topographie)

schadstoffbelastung

siehe auch wassergefaehrdende stoffe

AA-079 luftverunreinigende stoffe + schadstoffbelastung + frueherkennung
CA-062 luftverunreinigung + geruchsbelaestigung + schadstoffbelastung
CA-063 schadstoffbelastung + fluor
CB-066 atmosphaere + schadstoffbelastung + aerosole + schwefeldioxid + luftchemie
DC-035 schadstoffbelastung + arbeitsplatz + amine + abluftreinigung
DD-044 schadstoffbelastung + arbeitsplatz + feinstaeube + staubabscheidung
HA-001 talsperre + schadstoffbelastung
HA-067 trinkwasserversorgung + oberflaechengewaesser + schadstoffbelastung + nachweisverfahren + (cholinesterasehemmer)
HA-112 wasserueberwachung + schadstoffbelastung + trinkwasserversorgung + EIFEL (NORD) + NIEDERRHEIN
HB-078 grundwasserspiegel + brackwasser + schadstoffbelastung + grundwasserbewegung + (simulationsmodell)
HD-014 talsperre + strassenverkehr + trinkwasser + schadstoffbelastung
IA-027 trinkwasserversorgung + uferfiltration + schadstoffbelastung + messmethode + (organochlorverbindungen)
IC-021 fluss + schadstoffbelastung + oekologische faktoren + anthropogener einfluss + WESER-AESTUAR
IC-057 fliessgewaesser + schadstoffbelastung + biologische wirkungen
IC-060 oberflaechengewaesser + schadstoffbelastung + messung + BERLIN + TEGELER SEE
IC-070 fliessgewaesser + schadstoffbelastung + wasserwirtschaft + NECKAR
IC-081 fluss + schadstoffbelastung + schwermetalle + (grundlagenforschung) + MAIN + DONAU
IC-088 fliessgewaesser + schadstoffbelastung + wassertiere + (synergistische wirkungen) + RHEIN
IC-089 fliessgewaesser + schadstoffbelastung + invertebraten + wasserguete + RHEIN
IC-104 schadstoffbelastung + schwermetalle + ELSENZ (GEBIET)
IC-113 fliessgewaesser + schadstoffbelastung + biologische wirkungen
IE-024 abwasser + schadstoffbelastung + kuestengewaesser
IF-002 binnengewaesser + naehrstoffhaushalt + schadstoffbelastung + (seemodell) + WALCHENSEE + KOCHELSEE
OD-033 polyzyklische aromaten + muellkompost + gemuese + schadstoffbelastung
PA-009 schadstoffbelastung + blei + organismus + (placenta)
PA-010 schadstoffbelastung + bleikontamination + metabolismus
PA-028 schadstoffbelastung + synergismus + blei + zink + tierorganismus
PA-029 schadstoffbelastung + cadmium + futtermittel + toxizitaet + (schaf)
PB-038 schadstoffbelastung + loesungsmittel + atemtrakt
PB-048 chlorkohlenwasserstoffe + organismus + schadstoffbelastung + (nachweisverfahren)
PC-042 schadstoffbelastung + pestizide + schwermetalle + tierorganismus + HELGOLAND + DEUTSCHE BUCHT
PE-012 schadstoffbelastung + aerosole + atemtrakt + mak-werte
PE-028 kfz-abgase + schadstoffbelastung + organismus
PE-030 schadstoffbelastung + schwermetalle + epidemiologie + (industrieemissionen)
PE-043 luftverunreinigung + schadstoffbelastung + zellkultur + biologische wirkungen
PE-048 luftverunreinigung + schadstoffbelastung + stickoxide + atemtrakt
PE-049 luftverunreinigung + schadstoffbelastung + schwefeldioxid + atemtrakt
PE-050 luftverunreinigung + schadstoffbelastung + carcinogene + atemtrakt + RHEIN-RUHR-RAUM
PF-013 schadstoffbelastung + schwermetalle + mikroorganismen + (biologische wirkungen)
PF-023 schadstoffbelastung + schwermetalle
PF-041 nutzpflanzen + schadstoffbelastung + (fluor)
PF-057 schadstoffbelastung + fluorverbindungen + pflanzen

PH -031 wasserpflanzen + schadstoffbelastung + phosphate + streusalz + (submerse makrophyten)
QA-036 mikroorganismen + schadstoffbelastung + lebensmittelhygiene
QA-072 lebensmittel + schadstoffbelastung + lebensmitteltechnik
QC-040 gruenland + duengung + futtermittel + schadstoffbelastung + physiologische wirkungen + SCHLESWIG-HOLSTEIN
TA -022 arbeitsplatz + schadstoffbelastung + atemtrakt
TA -029 schadstoffbelastung + dieselmotor + landmaschinen + (schlepperfahrer)
TA -035 schadstoffbelastung + mak-werte + arbeitsplatz
TA -036 schadstoffbelastung + arbeitsplatz + kunststoffherstellung + pvc
TA -049 arbeitsschutz + schadstoffbelastung + farbenindustrie + aerosolmesstechnik + (lacknebel)
TA -058 arbeitsplatz + schadstoffbelastung + atemtrakt
TA -059 arbeitsplatz + schadstoffbelastung + noxe + atemtrakt
TA -062 arbeitsplatz + schadstoffbelastung + atemtrakt
TA -068 arbeitsplatz + schadstoffbelastung + atemtrakt
TA -072 arbeitsplatz + schadstoffbelastung + loesungsmittel + druckereiindustrie + (toluol)
TA -073 arbeitsplatz + schadstoffbelastung + loesungsmittel + nachweisverfahren + (gaschromatographie)
TA -074 arbeitsplatz + schadstoffbelastung + benzol + physiologische wirkungen
TA -075 kunststoffherstellung + arbeitsplatz + schadstoffbelastung + pvc + (literaturstudie)
TA -076 arbeitsplatz + schadstoffbelastung + loesungsmittel + arbeitsmedizin
TA -077 arbeitsplatz + schadstoffbelastung + loesungsmittel + physiologische wirkungen + (tierversuch)
UA -044 schadstoffbelastung + bevoelkerung + umweltschutz + (entscheidungshilfen)
UM-024 baum + schadstoffbelastung
UN-023 wattenmeer + schadstoffbelastung + schwermetalle + voegel + JADEBUSEN

schadstoffbeseitigung

DB -035 kraftwerk + rauchgas + schadstoffbeseitigung
ND-029 kerntechnische anlage + radioaktive substanzen + schadstoffbeseitigung
OD-011 fliessgewaesser + schwermetallkontamination + schadstoffbeseitigung + mikroorganismen + SAAR + MOSEL
TA -055 schwermetalle + schadstoffbeseitigung + filtration

schadstoffbilanz

IC -012 fluss + schadstoffbilanz + industrieabwaesser + trinkwasserversorgung + NECKAR + RHEIN-NECKAR-RAUM
IC -016 fliessgewaesser + schadstoffbilanz + schwermetalle + RHEIN
IE -049 wasserguete + vorfluter + schadstoffbilanz + ueberwachungssystem + modell
MA-022 abfallbeseitigung + schadstoffbilanz + rueckstaende
MB-016 siedlungsabfaelle + pyrolyse + schadstoffbilanz
OD-013 schadstoffbilanz + schwermetalle + nachweisverfahren
OD-081 umweltchemikalien + schwermetalle + schadstoffbilanz + nachweisverfahren
PC -028 umweltchemikalien + organismen + metabolismus + schadstoffbilanz
PI -029 umweltchemikalien + boden + pflanzen + schadstoffbilanz
QD-030 marine nahrungskette + herbizide + schadstoffbilanz + fische

schadstoffbildung

BA -011 verbrennungsmotor + schadstoffbildung + kohlenmonoxid + stickoxide
BA -012 verbrennungsmotor + schadstoffbildung + modell
BC -023 werkstoffe + verbrennung + schadstoffbildung
CB -008 kohlenwasserstoffe + verbrennung + schadstoffbildung
CB -026 schadstoffbildung + kohlenwasserstoffe + verbrennung
CB -078 luftverunreinigung + verbrennung + schadstoffbildung
DD -052 schadstoffbildung + emissionsminderung
MB-035 rotte + schadstoffbildung + (kohlendioxid)
OB -016 mykotoxine + schadstoffbildung + nachweisverfahren
OD-077 pflanzen + mikrobieller abbau + schadstoffbildung + phenole + physiologische wirkungen
PH -055 wasser + algen + schadstoffbildung + schadstoffwirkung
QA-038 lebensmittel + schadstoffbildung + carcinogene
QA-039 lebensmittel + getreide + schadstoffbildung + pestizide + pharmaka
QB -015 lebensmittelkonservierung + fleisch + nitrite + schadstoffbildung
UA -048 trinkwasserguete + algen + schadstoffbildung

schadstoffe

siehe auch luftverunreinigende stoffe
siehe auch organische schadstoffe
siehe auch umweltchemikalien
siehe auch wasserverunreinigende stoffe

BA -017 brennstoffe + stroemungstechnik + schadstoffe
BA -035 abgas + schadstoffe + gasturbine
CA -021 abgas + schadstoffe + infrarottechnik
CB -011 luftreinhaltung + schadstoffe + ausbreitung + RHEIN-RUHR-RAUM + HOLLAND
GB -025 abwaerme + schadstoffe + kombinationswirkung + invertebraten + RHEIN
GB -049 gewaesser + schadstoffe + abwaerme + datensammlung
HG-061 fliessgewaesser + schadstoffe + transport
IA -002 gewaesserueberwachung + schadstoffe + messtation + RHEIN
IA -012 wasser + schadstoffe + phenole
IC -075 wasser + schadstoffe + schwermetalle
IC -077 oberflaechengewaesser + schadstoffe + schwermetalle
ID -018 grundwasserbelastung + schadstoffe + strassenverkehr + wasserschutzgebiet
IE -042 kuestengewaesser + schadstoffe + mikroorganismen + OSTSEE
IE -056 kuestengewaesser + abwasser + schadstoffe + lebewesen
MC-012 wasser + schadstoffe + deponie
MF-050 holzabfaelle + verwertung + schadstoffe
NB -013 schadstoffe + simultananalyse + testverfahren + standardisierung + geraeteentwicklung
NB -038 radionuklide + schadstoffe + spurenanalytik
OA-010 schadstoffe + nachweisverfahren
OC-038 holzindustrie + schadstoffe
OD-039 algen + schadstoffe
OD-082 grundwasserbelastung + bodenbeschaffenheit + schadstoffe + gemuesebau + OBERRHEINEBENE + PFALZ
PC -024 toxikologie + schadstoffe + physiologische wirkungen + stressfaktoren + synergismus
PC -063 schadstoffe + metabolismus + innere organe
PD -033 schadstoffe + benzpyren + teratogene wirkung + mutagene wirkung
PF -049 schadstoffe + schwefelverbindungen + pflanzen + metabolismus
PH -022 boden + filtration + schadstoffe
PH -039 schadstoffe + wachstumsregulator
PI -018 schadstoffe + waldoekosystem + modell
QB -028 nahrungskette + schadstoffe + biologische wirkungen
QC-030 obst + konservierung + schadstoffe
TA -015 arbeitsschutz + mak-werte + schadstoffe + laerm + plasmaschmelzschneiden
TA -042 arbeitsplatz + schadstoffe + mak-werte

schadstoffemission

BA -003 kfz-abgase + schadstoffemission + analyseverfahren
BA -008 treibstoffe + lagerung + transport + schadstoffemission + kohlenwasserstoffe
BA -015 schadstoffemission + kfz-abgase + carcinogene
BA -034 ottomotor + schadstoffemission + betriebsoptimierung + treibstoffe
BA -037 dieselmotor + schadstoffemission
BA -038 dieselmotor + schadstoffemission
BA -047 kfz-technik + ottomotor + schadstoffemission
BA -052 ottomotor + schadstoffemission + schichtladungsmotor

BA -060 brennstoffe + abgasemission + schadstoffemission + (ringbrennkammer)
BA -065 kfz-abgase + schadstoffemission + ottomotor + statistische auswertung
BB -002 luftverunreinigung + schadstoffemission + stickoxide + gasfeuerung + stahlindustrie
BB -009 hausbrand + schadstoffemission + schwefeldioxid + fernheizung + emissionskataster + BERLIN-WILMERSDORF
BB -011 luftverunreinigung + schadstoffemission + hausbrand + oelfeuerung
BB -013 schadstoffemission + kohlenwasserstoffe + pyrolyse + (diffusionsflammen)
BB -014 holzindustrie + schadstoffemission
BB -015 raffinerie + schadstoffemission + (hochfackel)
BC -003 mak-werte + laermbelastung + schadstoffemission + plasmaschmelzschneiden
BC -029 glasindustrie + schadstoffemission
BC -037 schadstoffemission + fluor + transportprozesse
CB -027 verbrennung + schadstoffemission
CB -087 luftverunreinigung + schadstoffemission + ausbreitungsmodell + emissionsmessung
DA -030 kfz-motor + hybridmotor + schadstoffemission
DA -043 schichtladungsmotor + schadstoffemission
DA -045 ottomotor + gasfoermige brennstoffe + schadstoffemission
DA -046 dieselmotor + gasfoermige brennstoffe + schadstoffemission
DB -015 oelfeuerung + schadstoffemission + russ
DB -018 schadstoffemission + stickoxide + emissionsminderung + gasturbine
DC -030 schadstoffemission + fluor + schlacken + (umschmelzverfahren)
DC -051 schadstoffemission + fluor + steine/erden betriebe
DC -053 metallindustrie + schadstoffemission + (umweltbelastungsmodell)
OD -061 papierindustrie + herstellungsverfahren + schadstoffemission + biologischer abbau
PE -006 luftverunreinigung + wohnraum + werkstoffe + schadstoffemission
PH -009 schadstoffemission + smog + biologische wirkungen + mikroorganismen + bioindikator
PK -034 schadstoffemission + materialschaeden + schwefeldioxid + schwefeltrioxid + chlor
QA -024 huettenindustrie + schadstoffemission + lebensmittelhygiene + schwermetalle
TA -002 luftueberwachung + schadstoffemission + sicherheitstechnik + geraeteentwicklung
TA -019 farbenindustrie + arbeitsplatz + schadstoffemission + emissionsminderung + (lackierverfahren)
UC -037 raumwirtschaftspolitik + industrie + schadstoffemission + (sektorale schadstoffkoeffizienten)
UC -042 produktivitaet + schadstoffemission + oekonomische aspekte

schadstoffentfernung

DB -027 wasseraufbereitung + schadstoffentfernung + trinkwasserguete + (literaturstudie)
DB -030 muellverbrennungsanlage + schadstoffentfernung + verfahrensoptimierung
DC -010 industrieabgase + schadstoffentfernung
DC -046 abgas + schadstoffentfernung + (lackindustrie + lacktrockenofen)
DD -002 arbeitsplatz + schadstoffentfernung + abluftreinigung
DD -051 abgas + schadstoffentfernung + staubabscheidung
DD -058 schadstoffentfernung + adsorptionsmittel + torf
DD -059 flugstaub + schadstoffentfernung + chlor
HE -028 trinkwasser + wasserhygiene + schadstoffentfernung
HE -043 oberflaechengewaesser + trinkwasseraufbereitung + schadstoffentfernung + RHEIN
IC -063 gewaesserbelastung + schadstoffentfernung + selbstreinigung
ID -041 wasserchemie + uferfiltration + schadstoffentfernung
ID -044 wasserchemie + uferfiltration + schadstoffentfernung
KB -007 organische stoffe + schadstoffentfernung + salze + verbrennung + wirtschaftlichkeit
KB -024 biologische klaeranlage + schwebstoffe + schadstoffentfernung + (mikrosieb)
KB -030 wasserreinigung + flockung + schadstoffentfernung + phosphate
KB -041 biologische klaeranlage + reaktionskinetik + schadstoffentfernung
KB -048 abwasserbehandlung + schadstoffentfernung + verfahrenstechnik
KB -055 kommunale abwaesser + schadstoffentfernung + tenside + biologischer abbau
KB -060 wasserreinigung + filtration + schadstoffentfernung + (hangfiltrationsstufe)
KF -008 kommunale abwaesser + schadstoffentfernung + phosphate + duengemittel
KF -012 abwasserreinigung + schadstoffentfernung + phosphate + verfahrensentwicklung
ME -084 eisen- und stahlindustrie + abfallaufbereitung + schadstoffentfernung + recycling
QD -032 lebensmittelkontamination + milch + chlorkohlenwasserstoffe + schadstoffentfernung

schadstoffgehalt

PH -043 pflanzen + schadstoffgehalt + (nachweisverfahren)

schadstoffimmission

AA -008 schadstoffimmission + kataster + BUNDESREPUBLIK DEUTSCHLAND
AA -040 schadstoffimmission + luftueberwachung + fliegende messtation
AA -147 schadstoffimmission + kataster + BUNDESREPUBLIK DEUTSCHLAND
DB -002 brennstoffe + schadstoffimmission + kohle + verfahrenstechnik
OD -093 bioindikator + schadstoffimmission + fische
PC -060 schadstoffimmission + gewebekultur + embryopathie
PE -035 schadstoffimmission + blei + zinkhuette + NORDENHAM + WESER-AESTUAR
PE -047 schadstoffimmission + lebewesen + NORDENHAM + WESER-AESTUAR
PF -007 schadstoffimmission + bleiverbindungen + metabolismus + halogene + pflanzen
PF -048 nutzpflanzen + metabolismus + schadstoffimmission + schwefeldioxid
PF -051 schadstoffimmission + biologische wirkungen + resistenzzuechtung
RG -020 wald + schadstoffimmission + industrie + phytopathologie
TA -017 arbeitsplatz + laermbelastung + schadstoffimmission + synergismus

schadstofflagerung

MC-001 schadstofflagerung + kunststoffbehaelter + materialtest
MC-022 schadstofflagerung + gewaesserschutz

schadstoffmessung

TA -060 arbeitsschutz + schadstoffmessung + spritzmittel

schadstoffminderung

BA -039 dieselmotor + abgaszusammensetzung + schadstoffminderung
BC -018 ofen + abluft + schadstoffminderung
BE -003 abgasreinigung + absorption + geruchsminderung + abwasser + schadstoffminderung
DA -004 abgasemission + heizungsanlage + verbrennungsmotor + schadstoffminderung + messgeraet
DA -018 dieselmotor + abgasemission + schadstoffminderung
DA -024 nachverbrennung + schadstoffminderung + geruchsminderung + verfahrensoptimierung
DA -053 ottomotor + kfz-abgase + schadstoffminderung
DA -060 abgaszusammensetzung + schadstoffminderung + gasturbine + flugzeug
DA -074 kfz-abgase + gasturbine + schadstoffminderung
DA -075 kfz-technik + abgasverbesserung + schadstoffminderung + ottomotor
DB -033 kohle + schadstoffminderung + verfahrenstechnik + (kohleversorgung)

DC -012 kunststoffe + arbeitsplatz + schadstoffminderung
DC -022 kokerei + schadstoffminderung + schwefelverbindungen
DC -027 arbeitsplatz + luftverunreinigende stoffe + schadstoffminderung + (neue technologien)
DC -032 verfahrensentwicklung + schadstoffminderung
DC -068 verbrauchsgueter + umweltbelastung + schadstoffminderung
DD -007 schadstoffminderung + schwefelwasserstoff + oxidation + reaktionskinetik
FC -016 arbeitsschutz + laermminderung + schadstoffminderung + schweisstechnik
KB -012 druckereiindustrie + abwasserbelastung + dokumentation + schadstoffminderung
KB -085 abwasser + zellstoffindustrie + schadstoffminderung
ME -029 abfallbeseitigung + pyrolyse + recycling + schadstoffminderung
PF -040 bodenkontamination + schwermetalle + schadstoffminderung + kalk
PK -005 korrosionsschutz + verfahrenstechnik + schadstoffminderung + cyanide + (galvanisierung)
QB -008 fleisch + pestizide + schadstoffminderung
QC -016 getraenke + wein + schwefeldioxid + schadstoffminderung
QC -017 getraenke + wein + schwefeldioxid + schadstoffminderung
QC -018 lebensmittelchemie + wein + schwefeldioxid + schadstoffminderung
RB -005 schadstoffminderung + verfahrenstechnik + getreide + dekontaminierung + (vorratsschutzmittel)
RH -029 fungizide + umweltbelastung + schadstoffminderung + (steinkohlenteeroel)
RH -050 schaedlingsbekaempfung + nematizide + schadstoffminderung
SB -028 heizungsanlage + private haushalte + schadstoffminderung + oekonomische aspekte
TA -037 kunststoffindustrie + hochpolymere + toxizitaet + schadstoffminderung
TA -051 arbeitsschutz + schadstoffminderung + farbenindustrie + (lackiertechnik)

schadstoffnachweis

BD -007 schadstoffnachweis + herbizide + luftverunreinigung + niederschlag
CA -010 immissionsmessung + schadstoffnachweis + kohlenwasserstoffe
CA -020 luftverunreinigende stoffe + schadstoffnachweis + laser + (atomabsorptions-spektroskopie)
CA -040 schadstoffnachweis + stickstoffdioxid + spurenanalytik + (plasmabrenner)
CA -059 luftueberwachung + schadstoffnachweis + immissionsmessung
CA -077 luft + wasser + schadstoffnachweis + chloride + sulfate
CA -094 schadstoffnachweis + messgeraet + stickoxide
CB -028 gasgemisch + verbrennung + schadstoffnachweis
CB -073 atmosphaere + schadstoffnachweis + messverfahren
HE -006 wasserwerk + schadstoffnachweis + geraeteentwicklung
IA -008 wasseraufbereitung + probenahme + schadstoffnachweis + kohlenstoff + geraeteentwicklung
IA -013 trinkwasserversorgung + schadstoffnachweis + bioindikator
IA -023 gewaesserueberwachung + schadstoffnachweis
IA -026 wasserhygiene + schadstoffnachweis + indikatoren
IA -034 fliessgewaesser + schwebstoffe + schadstoffnachweis
IA -037 wasserverunreinigung + schadstoffnachweis + (gasadsorption)
IA -038 gewaesserverunreinigung + schadstoffnachweis + organische schadstoffe
IC -008 gewaesserverunreinigung + sediment + schadstoffnachweis + kohlenwasserstoffe + schwermetalle + BODENSEE
IC -014 gewaesserschutz + toxische abwaesser + schadstoffnachweis + RHEIN
IC -018 fliessgewaesser + organische schadstoffe + schadstoffnachweis
IC -030 trinkwasser + schadstoffnachweis + oberflaechengewaesser + messmethode
IC -046 hydrologie + fluss + schadstoffnachweis + DIEMEL + SAUERLAND (OST)
IC -047 wasserverunreinigung + schadstoffnachweis + RHEIN
IE -041 kuestengewaesser + wattenmeer + schadstoffnachweis + schwermetalle + DEUTSCHE BUCHT
KA -004 abwasser + schadstoffnachweis + geraeteentwicklung
KA -006 toxische abwaesser + schadstoffnachweis + geraeteentwicklung
KA -012 abwasser + schadstoffnachweis + salmonellen
KB -034 abwasseranalyse + schadstoffnachweis + (rest-xanthate)
MC -050 deponie + sickerwasser + schadstoffnachweis
OA -001 schadstoffnachweis + messmethode
OA -002 schadstoffnachweis + simultananalyse + spektralanalyse
OA -004 luftverunreinigung + schadstoffnachweis + messtechnik
OA -006 gewaesserueberwachung + meer + schadstoffnachweis + analytik + probenahmemethode + NORDSEE + OSTSEE
OA -007 gewaesserueberwachung + meer + schadstoffnachweis + kohlenwasserstoffe + NORDSEE + OSTSEE
OA -008 gewaesserueberwachung + meer + schadstoffnachweis + spurenelemente + NORDSEE + OSTSEE
OA -012 schadstoffnachweis + spurenanalytik + arbeitsschutz
OA -025 schadstoffnachweis + spektralanalyse + simultananalyse
OA -026 luft + schadstoffnachweis
OA -028 schadstoffnachweis + tracer
OA -030 pflanzen + immissionsbelastung + schadstoffnachweis
OB -006 schadstoffnachweis + blei + arsen + gaschromatographie
OB -020 toxizitaet + beryllium + schadstoffnachweis
OC -008 toxikologie + schadstoffnachweis + bioindikator
PD -002 polyzyklische aromaten + carcinogene + schadstoffnachweis + biologische wirkungen
PG -012 schadstoffnachweis + polyzyklische kohlenwasserstoffe + muellkompost + pflanzenkontamination + bodenbelastung
QA -015 futtermittelkontamination + probenahmemethode + schadstoffnachweis + aflatoxine
QA -016 pestizide + landwirtschaftliche produkte + schadstoffnachweis
QA -047 futtermittel + schadstoffnachweis
QA -053 futtermittel + schadstoffnachweis
QA -054 lebensmittel + schadstoffnachweis
QC -041 gemuese + siedlungsabfaelle + schadstoffnachweis + (nahrungsqualitaet)

schadstofftransport

AA -141 atmosphaerische schichtung + luftmassenaustausch + schadstofftransport + stadtgebiet
CA -012 messverfahren + luftverunreinigung + schadstofftransport + (grenzueberschreitung)
CB -074 atmosphaere + aerosole + schadstofftransport
CB -075 atmosphaere + gase + spurenstoffe + schadstofftransport
CB -082 luftverunreinigung + schadstofftransport + emissionskataster + schwefeldioxid + RHEIN-RUHR-RAUM
GB -048 gewaesser + abwaerme + waermetransport + schadstofftransport
HB -026 hydrogeologie + grundwasser + schadstofftransport + MAIN + TAUBER
HG -060 stroemungstechnik + schadstofftransport
IC -071 fliessgewaesser + wasserorganismen + schadstofftransport
ID -024 fliessgewaesser + schadstofftransport + grundwasserschutzgebiet + FREIBURGER BUCHT + OBERRHEIN
ID -058 grundwasserbelastung + sickerwasser + schadstofftransport + HANNOVER-FUHRENBERG
IE -008 meeresverunreinigung + abfallstoffe + hydrodynamik + schadstofftransport + sedimentation + DEUTSCHE BUCHT + NORDSEE
IE -013 fliessgewaesser + schadstofftransport + schwermetalle + meer + sedimentation + ELBE-AESTUAR + DEUTSCHE BUCHT + NORDSEE
LA -002 gewaesserschutz + schadstofftransport + rechtsvorschriften
OD -058 schadstofftransport + stickstoff + duengemittel + auswaschung
OD -087 marine nahrungskette + algen + schadstofftransport + herbizide

PC -006 organismus + schadstofftransport + embryopathie

schadstoffwirkung

AA -057 emissionsueberwachung + industrie + schadstoffwirkung + vegetation + bioindikator + HAMBURG
HC -028 marine nahrungskette + oekosystem + meeresboden + benthos + schadstoffwirkung
IC -112 fluss + abwasser + abwaerme + schadstoffwirkung + MAIN (UNTERMAIN) + RHEIN-MAIN-GEBIET
IE -030 schwermetalle + detergentien + pestizide + schadstoffwirkung + meeresorganismen + DEUTSCHE BUCHT
KC -053 wasserverunreinigung + industrieabwaesser + schadstoffwirkung + testverfahren
KD -004 massentierhaltung + guelle + schadstoffwirkung + boden + pflanzen
KF -009 abwasseranalyse + schadstoffwirkung + phosphateliminierung + schlammbehandlung
MC-020 abfall + deponie + schadstoffwirkung + gewaesser + analytik
PA -019 wassertiere + schwefelwasserstoff + schadstoffwirkung
PA -020 wasserverunreinigung + schwefelwasserstoff + schadstoffwirkung + benthos
PA -027 schadstoffwirkung + quecksilber + tierorganismus
PB -002 herbizide + schadstoffwirkung + tierexperiment + (ratten)
PB -010 schadstoffwirkung + gesundheitsschutz + alkylphosphate
PB -041 pestizide + herbizide + schadstoffwirkung + landwirtschaftliche produkte
PC -003 abwasser + schwermetalle + schadstoffwirkung + tiere + litoral
PC -011 schadstoffwirkung + gesundheitsschutz
PC -017 aerosole + schadstoffwirkung + atemtrakt + mak-werte
PC -019 toxikologie + schadstoffwirkung + arbeitsschutz + (organschaeden)
PC -021 schadstoffwirkung + fische + verhaltensphysiologie + (korrosionsschutzmittel)
PC -025 ddt + schwermetalle + schadstoffwirkung + fische + toxikologie + OSTSEE
PC -035 schadstoffwirkung + wassertiere + pharmaka + gifte + testverfahren + (fische)
PC -051 umweltchemikalien + oekotoxizitaet + schadstoffwirkung + tierexperiment
PD -020 mutagene wirkung + carcinogene wirkung + schadstoffwirkung + (chromosomenmutationen)
PE -020 immissionsbelastung + schadstoffwirkung + atemtrakt + (schulkinder) + MANNHEIM + RHEIN-NECKAR-RAUM + SCHWARZWALD
PF -012 wasserverunreinigung + bodenkontamination + schwermetalle + schadstoffwirkung
PF -015 nahrungskette + algen + schwermetallbelastung + schadstoffwirkung
PF -016 algen + schadstoffwirkung + schwermetalle
PF -017 kochsalz + schadstoffwirkung + vegetation + (streusalz)
PH -016 schadstoffwirkung + flora + schwefeloxide + stickoxide + nachweisverfahren
PH -025 luftverunreinigung + grosstadt + schadstoffwirkung + strassenbaum
PH -026 schadstoffwirkung + grosstadt + strassenbaum
PH -037 bodenbelastung + schadstoffwirkung + pflanzenertrag
PH -055 wasser + algen + schadstoffbildung + schadstoffwirkung
PH -058 baum + immissionsbelastung + schadstoffwirkung + bioindikator + anthropogener einfluss
PI -027 strassenbaum + salze + schadstoffwirkung + resistenzzuechtung
PK -026 werkstoffe + schadstoffwirkung + (glasoberflaeche + dekorfarben)
QD-002 umweltchemikalien + schadstoffwirkung + nahrungskette
TA -039 luftverunreinigende stoffe + schadstoffwirkung + arbeitsplatz + (inhalative noxen)
TA -043 arbeitsplatz + schadstoffwirkung + mensch + metabolismus + (halothan)
TA -057 schadstoffwirkung + atemtrakt + arbeitsmedizin
UM-015 schadstoffwirkung + salze + baum + resistenzzuechtung

schaedlingsbekaempfung

siehe auch biotechnologie

PC -029 schaedlingsbekaempfung + insekten + pflanzenernaehrung
PC -032 insektizide + biologische wirkungen + synergismus + schaedlingsbekaempfung + (blattlaus)
PI -046 schaedlingsbekaempfung + waldoekosystem + biozoenose + FRANKEN (UNTERFRANKEN)
RB -029 vorratsschutz + schaedlingsbekaempfung + methodenentwicklung
RB -030 vorratsschutz + entseuchung + schaedlingsbekaempfung + (begasung)
RH -001 schaedlingsbekaempfung + fluss + insekten + (stechmuecke) + OBERRHEINEBENE
RH -002 biotechnologie + schaedlingsbekaempfung + viren
RH -004 schaedlingsbekaempfung + pilze + bodentiere
RH -007 schaedlingsbekaempfung + forstwirtschaft
RH -008 schaedlingsbekaempfung + viren + forstwirtschaft
RH -009 forstwirtschaft + schaedlingsbekaempfung + biotechnologie
RH -010 futtermittel + schaedlingsbekaempfung + resistenz
RH -011 schaedlingsbekaempfung + biotechnologie + viren
RH -013 schaedlingsbekaempfung + insekten + (tsetse-fliege) + AFRIKA
RH -014 schaedlingsbekaempfung + fungizide + getreide
RH -016 schaedlingsbekaempfung + pflanzenschutz
RH -017 schaedlingsbekaempfung + biologischer pflanzenschutz
RH -018 schaedlingsbekaempfung + insekten
RH -019 schaedlingsbekaempfung + pflanzenschutz + insekten
RH -020 gemuese + schaedlingsbekaempfung + insekten
RH -021 gemuese + schaedlingsbekaempfung + insekten + pestizide
RH -023 schaedlingsbekaempfung + genetik + methodenentwicklung + MITTELMEERRAUM
RH -024 schaedlingsbekaempfung + vorratsschutz + genetik + pestizidsubstitut + methodenentwicklung
RH -025 biologischer pflanzenschutz + schaedlingsbekaempfung + insekten + methodenentwicklung + (raps)
RH -030 obst + biologischer pflanzenschutz + schaedlingsbekaempfung + insekten + (pheromone)
RH -032 obst + schaedlingsbekaempfung + viren + (waermetherapie)
RH -033 obst + schaedlingsbekaempfung + bodenverbesserung + duengemittel
RH -034 obst + schaedlingsbekaempfung + viren + (fruchtfolgemassnahmen)
RH -035 obst + schaedlingsbekaempfung + resistenzzuechtung + bodenpilze
RH -036 schaedlingsbekaempfung + untersuchungsmethoden + tierexperiment
RH -037 schaedlingsbekaempfung + insekten + population
RH -046 schaedlingsbekaempfung + genetik + biotechnologie
RH -047 schaedlingsbekaempfung + mikrobiologie + pestizide
RH -048 schaedlingsbekaempfung + insekten + hormone + biologische wirkungen
RH -049 schaedlingsbekaempfung + hormone
RH -050 schaedlingsbekaempfung + nematizide + schadstoffminderung
RH -053 schaedlingsbekaempfung + nematoden
RH -054 vorratsschutz + getreide + schaedlingsbekaempfung + insekten + (pheromone)
RH -055 vorratsschutz + getreide + schaedlingsbekaempfung + insektizide
RH -059 schaedlingsbekaempfung + geraeteentwicklung + insekten
RH -060 schaedlingsbekaempfung + insektizide + resistenz + (blattlaus)
RH -061 biologischer pflanzenschutz + schaedlingsbekaempfung + insekten + hormone
RH -062 biologischer pflanzenschutz + schaedlingsbekaempfung + insekten + hormone + (chemosterilantien)
RH -063 biologischer pflanzenschutz + schaedlingsbekaempfung + insekten + hormone
RH -064 biologischer pflanzenschutz + schaedlingsbekaempfung + insekten + (grasschaumzikaden)
RH -065 biologischer pflanzenschutz + schaedlingsbekaempfung + insekten + (chemosterilantien)
RH -066 biologischer pflanzenschutz + schaedlingsbekaempfung + insekten + (chemosterilantien)

RH -067 biologischer pflanzenschutz + schaedlingsbekaempfung + insekten + pathogene keime
RH -069 pflanzenschutz + schaedlingsbekaempfung + biotechnologie
RH -070 pflanzenschutz + schaedlingsbekaempfung + biotechnologie + (apfelwickler)
RH -071 pflanzenschutz + schaedlingsbekaempfung + biotechnologie + (im apfelanbau)
RH -072 pflanzenschutz + schaedlingsbekaempfung + biotechnologie + (im feldgemueseanbau)
RH -073 pflanzenschutz + schaedlingsbekaempfung + warndienst + geraeteentwicklung
RH -074 pflanzenschutz + schaedlingsbekaempfung + biotechnologie + (im beerenobstanbau)
RH -077 forstwirtschaft + schaedlingsbekaempfung + biologischer pflanzenschutz + LINGEN + EMS
RH -078 schaedlingsbekaempfung + gruenland + biozoenose
TF -042 insekten + schaedlingsbekaempfung + wohnungshygiene

schaedlingsbekaempfungsmittel

siehe auch biozide
OC -019 schaedlingsbekaempfungsmittel + pheromonen + (synthese)
PB -015 schaedlingsbekaempfungsmittel + biologische wirkungen + (organochlorverbindungen)
PB -016 schaedlingsbekaempfungsmittel + biologische wirkungen + (organochlorverbindungen)
PC -018 schaedlingsbekaempfungsmittel + biologische wirkungen + (organochlorverbindungen)
QA -028 schaedlingsbekaempfungsmittel + rueckstandsanalytik

schall

siehe auch akustik
siehe auch geraeusch
siehe auch laerm
siehe auch ueberschall
siehe auch ultraschall
FA -057 verbrennung + schall + stroemungstechnik

schallabsorption

FA -025 bautechnik + schallabsorption
FA -066 schallabsorption + kanal

schallausbreitung

FA -015 turbine + laermminderung + schallausbreitung
FA -031 schallausbreitung + atmosphaerische schichtung
FA -035 laermentstehung + schallausbreitung + rohrleitung
FA -043 laermentstehung + schallausbreitung + werkzeugmaschinen + (schmiedehaemmer)
FA -045 schallausbreitung + maschinen + messverfahren
FA -049 schallausbreitung
FA -050 schallausbreitung + geraeuschminderung + stroemungstechnik
FA -074 schallausbreitung + messverfahren
FA -085 bodenbeschaffenheit + erschuetterungen + schallausbreitung + (grossschrottscheren)
FA -086 laermmessung + schallausbreitung + wetterwirkung + berechnungsmodell
FB -007 verkehrslaerm + schallausbreitung
FB -011 verkehrslaerm + schallausbreitung
FB -021 ueberschallknall + fluglaerm + schallausbreitung
FB -088 verkehrslaerm + schallausbreitung + bebauungsart
FC -006 laermbelastung + arbeitsplatz + eisen- und stahlindustrie + schallausbreitung
FC -074 werkzeugmaschinen + schallausbreitung + schalldruck + (berechnungsmodell)
FC -088 maschinen + schallausbreitung + arbeitsplatz + laermbelaestigung
FD -019 laermschutz + wald + schallausbreitung
FD -028 wohngebiet + schallausbreitung + laermschutz + wald
FD -035 staedtebau + schallausbreitung
FD -043 laermschutzplanung + bebauungsart + schallausbreitung + berechnungsmodell
FD -044 laermschutzplanung + raffinerie + abstandsflaechen + berechnungsmodell + schallausbreitung

schalldaemmung

FA -061 laermminderung + schalldaemmung + bauteile + werkstoffe
FB -001 untergrundbahn + schalldaemmung + BERLIN
FB -013 strassenlaerm + geraeuschmessung + schalldaemmung + (tunnel)
FB -029 kfz-technik + verbrennungsmotor + geraeuschminderung + schalldaemmung + (verschalung)
FD -016 schalldaemmung + bauwesen
FD -017 schalldaemmung + bautechnik
FD -030 schalldaemmung + bauakustik + messmethode
FD -031 klimaanlage + schalldaemmung

schalldaempfer

FA -012 maschinenbau + schalldaempfer + laermminderung + (kapselung)
FA -038 wasserversorgung + laermentstehung + schalldaempfer
FB -084 laermmessung + schalldaempfer
FC -047 laermminderung + schalldaempfer + messverfahren + (motorkettensaegen)

schalldaempfung

FC -025 textilindustrie + arbeitsplatz + laermbelastung + schalldaempfung

schalldruck

FC -074 werkzeugmaschinen + schallausbreitung + schalldruck + (berechnungsmodell)

schallemission

FA -067 schallemission + petrochemische industrie
FA -083 chemische industrie + schallemission
FB -017 schienenverkehr + schallemission + laermminderung
FB -018 schienenverkehr + schallemission + laermschutzplanung
FB -019 schienenverkehr + schallemission + laermschutzplanung
FC -010 laermminderung + schallemission + werkzeuge + metallindustrie + (warm- und kaltsaegen)
FC -045 schallemission + raffinerie + (hochfackel)
FC -087 stadtverkehr + schienenverkehr + schallemission + laermschutz

schallentstehung

FA -008 schallentstehung + koerperschall + geraeuschminderung + maschinenbau
FA -029 laermminderung + schallentstehung + (radialverdichter)
FA -051 schallentstehung + geraeuschminderung + stroemungstechnik + (untersuchung von flammen)
FA -065 schallentstehung + geblaese
FB -052 fluglaerm + laermminderung + schallentstehung + turbine
FB -055 geraeuschminderung + strassenverkehr + fahrzeug + schallentstehung + (abrollgeraeusche)
FC -021 schallentstehung + koerperschall + geraeuschminderung + maschinenbau
FC -022 schallentstehung + koerperschall + geraeuschminderung + maschinenbau + (hydrostatische systeme)
FC -065 schallentstehung + laermminderung + arbeitsplatz + messgeraet + (schnellaeuferpresse)
FC -071 schallentstehung + maschinen + messverfahren + (nahfeldmessung)

schallimmission

FA -054 schallimmission + bauwesen + (baukoerperform + baukoerper + stellung)
FB -049 laermschutzplanung + schallimmission + eisenbahn + HAMBURG
FB -050 laermschutzplanung + grosstadt + schallimmission + oeffentlicher nahverkehr + (s-bahn) + HAMBURG (CENTRUM)
FC -075 werkzeugmaschinen + schallimmission + geraeuschminderung + (vdi-richtlinie)
UF -013 stadtsanierung + schallimmission + laermschutzplanung + OSNABRUECK

schallmessung

FA -002 bauakustik + schallmessung + schwingungsschutz
FA -032 schallmessung + infraschall
FA -036 stroemungstechnik + gasturbine + schallmessung
FA -053 laermentstehung + schallmessung + ueberschall + stroemungstechnik
FA -068 schallmessung + normen + ueberwachungssystem
FA -072 akustik + schallmessung + schwingungsschutz + normen
FB -033 stadtgebiet + schienenverkehr + laermentstehung + schallmessung + laermschutzwand + (bahnstrecke) + FULDA
FB -066 schallmessung + schienenverkehr
FD -032 laermschutzplanung + bauakustik + koerperschall + schallmessung
NC -008 kernreaktor + stoerfall + frueherkennung + druckbehaelter + schallmessung

schallpegel

FA -033 laermbelastung + schallpegel + berechnung
FA -069 schallpegel + messgeraet + normen
FA -070 schallpegel + normen
FA -079 schallpegel + messgeraet + geraeteentwicklung
FB -054 verkehrslaerm + schallpegel + (mittlerere periodizitaet)
FC -013 eisenbahn + baumaschinen + schallpegel + laermschutz
FC -055 laermminderung + schallpegel + maschinenbau + (koerperschalldaempfung)
FC -061 schallpegel + arbeitsplatz + (messverfahren)

schallpegelmessung

FA -009 schallpegelmessung + gutachten + SAARBRUECKEN + VOELKLINGEN
FA -063 laerm + triebwerk + schallpegelmessung
FB -078 triebwerk + schallpegelmessung + laermminderung

schallschutz

siehe auch laermschutz

FA -004 schallschutz + richtlinien + (vdi-richtlinie 2720)
FA -018 laermbelastung + schallschutz + (begriffsklaerung)
FA -024 schallschutz + waermeschutz + gutachten
FA -073 bauakustik + schallschutz + messtechnik
FA -082 laermminderung + schallschutz + geraeteentwicklung
FA -084 infrastrukturplanung + krankenhaus + schallschutz + (beratung)
FB -047 schallschutz + verkehrsplanung + HILDESHEIM
FC -027 laermminderung + schallschutz + arbeitsplatz + (schmiedepresse)
FC -028 laermentstehung + schallschutz + maschinen + (impedanzerhoehung)
FC -036 bautechnik + laermmessung + schallschutz
FD -008 schallschutz + hochbau + rechtsvorschriften
FD -015 bautechnik + schallschutz
FD -029 laermschutzplanung + schallschutz + landschaftsbelastung
FD -041 bauleitplanung + schallschutz + (beratung)
SB -004 bauwesen + waermeschutz + schallschutz + normen

schallschutzplanung

FB -079 schallschutzplanung + strassenlaerm + wohnungsbau
FC -091 kraftwerk + schallschutzplanung

schaumstoffe

siehe unter kunststoffe

schichtladungsmotor

siehe auch verbrennungsmotor

BA -052 ottomotor + schadstoffemission + schichtladungsmotor
DA -043 schichtladungsmotor + schadstoffemission
DA -049 schichtladungsmotor + emissionsmessung + bewertungskriterien
DA -072 kfz-technik + schichtladungsmotor
FB -065 schichtladungsmotor + geraeusch

schienenfahrzeug

siehe auch eisenbahn

UH -003 verkehrssystem + schienenfahrzeug + oekonomische aspekte + (simulationsmodell magnetschwebebahn)
UH -005 verkehrssystem + schienenfahrzeug + oekonomische aspekte + (simulationsmodell magnetschwebebahn)

schienenverkehr

FB -017 schienenverkehr + schallemission + laermminderung
FB -018 schienenverkehr + schallemission + laermschutzplanung
FB -019 schienenverkehr + schallemission + laermschutzplanung
FB -033 stadtgebiet + schienenverkehr + laermentstehung + schallmessung + laermschutzwand + (bahnstrecke) + FULDA
FB -043 schienenverkehr + werkzeugmaschinen + laermentstehung + (rad-schiene-system)
FB -044 geraeuschminderung + schienenverkehr
FB -063 strassenverkehr + schienenverkehr + laermbelastung
FB -066 schallmessung + schienenverkehr
FB -087 laermminderung + schienenverkehr + oeffentlicher nahverkehr
FB -090 schienenverkehr + laermschutz
FB -091 verkehrslaerm + schienenverkehr + laermschutz + planungshilfen
FC -087 stadtverkehr + schienenverkehr + schallemission + laermschutz
TA -012 schienenverkehr + mensch + belastbarkeit + ergonomie
UH -010 verkehrssystem + schienenverkehr + forschungsplanung
UH -011 verkehrssystem + schienenverkehr + (literaturstudie)
UH -032 verkehrssystem + schienenverkehr + berechnungsmodell
UH -040 schienenverkehr + verkehrsplanung + umweltbelastung + (informationsvermittlung)
UI -005 verkehrsplanung + schienenverkehr + (hochleistungsschnellbahn)
UN -013 oeffentlicher nahverkehr + schienenverkehr + wirtschaftlichkeit

schiffahrt

FB -093 laermmessung + schiffahrt + binnengewaesser
FC -003 laermbelastung + arbeitsplatz + schiffahrt
HC -013 aestuar + kuestenschutz + schiffahrt + (modellversuche) + JADE + WESER-AESTUAR
HC -015 aestuar + flussbettaenderung + schiffahrt + (modellversuche) + ELBE-AESTUAR
SA -038 energietechnik + kernreaktor + schiffahrt
UH -007 kuestengebiet + schiffahrt + wasserbau + oekonomische aspekte + regionalentwicklung + (hafenplanung) + ELBE-AESTUAR + SCHARHOERN + CUXHAVEN (RAUM)

schiffe

FB -092 geraeuschminderung + schiffe
HB -063 schiffe + trinkwasserversorgung + meerwasserentsalzung + PAKISTAN
IE -048 meeresreinhaltung + richtlinien + schiffe + bautechnik + (tankerbau + imco-uebereinkommen)

schiffsantrieb

FC -076 schiffsantrieb + laermbelastung + physiologische wirkungen
HA -085 oberflaechengewaesser + sauerstoffeintrag + schiffsantrieb
HA -109 oberflaechengewaesser + sauerstoffeintrag + schiffsantrieb
SA -024 schiffsantrieb + kernenergie

schiffsraeume

FA -027 laermmessung + schiffsraeume

schimmelpilze

siehe auch mikroflora

HD -015 trinkwasser + hefen + schimmelpilze + nachweisverfahren
HD -016 wasserhygiene + trinkwasser + schimmelpilze + lebensmittel + NIEDERRHEIN
QB -032 mykotoxine + lebensmittel + schimmelpilze

QB-037 lebensmittelhygiene + fleischprodukte + fungistatika + kontaminationsquelle + schimmelpilze
QB-044 schimmelpilze + carcinogene wirkung + (kaese)

schlachthof
ME-004 fleischprodukte + abfallbeseitigung + schlachthof
QB-041 fleisch + lebensmittelhygiene + schlachthof

schlachttiere
QB-014 lebensmittelkontamination + fleisch + schlachttiere + blei
QB-052 lebensmittelkontamination + schlachttiere + wild + blei + cadmium
QB-057 lebensmittelkontamination + fleisch + schlachttiere + schwermetalle + pestizide + WESER-EMS-GEBIET
QB-058 lebensmittelkontamination + schlachttiere + wild + schwermetalle + pestizide + NORDHEIDE
QD-029 schlachttiere + cadmium + (carry-over-effekt)

schlacken
siehe auch muellschlacken
DC-030 schadstoffemission + fluor + schlacken + (umschmelzverfahren)
MB-008 muellverbrennungsanlage + rueckstandsanalytik + schlacken
MC-038 aluminiumindustrie + abfallagerung + schlacken
ME-017 schlacken + wiederverwendung + baustoffe + wasserspeicher
ME-067 schlacken + recycling + strassenbau
ME-079 baustoffe + kohlefeuerung + schlacken + recycling

schlaemme
siehe auch abwasserschlamm
IA -017 fluss + schlaemme + (bestimmung von korngroesse und mineralbestand) + RHEIN
IC -027 fliessgewaesser + schlaemme + schwermetalle + NECKAR
KC-017 abfallaufbereitung + schlaemme + schwermetalle
KC-029 metallindustrie + schlaemme + recycling + baustoffe + (galvanikschlaemme)
KE-032 biologische abwasserreinigung + schlaemme
MB-046 abfall + schlaemme + biotechnologie
NB-048 abwasseranalyse + schlaemme + vorfluter + kernreaktor + isotopen

schlammbehandlung
KE-043 kommunale abwaesser + schlammbehandlung + (gefriertechnik)
KF-009 abwasseranalyse + schadstoffwirkung + phosphateliminierung + schlammbehandlung
ME-047 papierindustrie + schlammbehandlung + recycling

schlammbeseitigung
HE-033 trinkwasser + wasseraufbereitung + filtration + schlammbeseitigung
KB-022 abwasser + schlammbeseitigung
KF-018 abwasserschlamm + phosphate + faellung + schlammbeseitigung
MB-063 schlammbeseitigung + kompostierung + zuckerindustrie
MC-053 deponie + oel + schlammbeseitigung
MC-055 deponie + oel + schlammbeseitigung
ME-022 meerwasserentsalzung + schlammbeseitigung + rohstoffe + recycling
ME-088 schlammbeseitigung + aluminiumindustrie

schlammentwaesserung
KE-003 klaerschlammbehandlung + bestrahlung + schlammentwaesserung
KE-027 schlammentwaesserung + filtration
KE-028 schlammentwaesserung + sedimentation
KE-049 abwasserschlamm + schlammentwaesserung + schlammfaulung + (biologische stabilisierung)
KE-058 klaerschlamm + bestrahlung + schlammentwaesserung
KE-062 wasserwerk + schlammentwaesserung + verfahrensentwicklung + (gefrierkonditionierung)

schlammfaulung
KE-048 abwasserbehandlung + schlammfaulung + phosphate + (anaerobe faulung)
KE-049 abwasserschlamm + schlammentwaesserung + schlammfaulung + (biologische stabilisierung)

schlammverbrennung
KC-072 zuckerindustrie + schlammverbrennung + staubemission
ME-045 recycling + schlammverbrennung + papierindustrie + verfahrenstechnik

schmierstoffe
siehe auch mineraloelprodukte
TA -046 schmierstoffe + oel + arbeitsplatz + mak-werte

schneller brueter
siehe auch kernreaktor
NC-021 schneller brueter + reaktorstrukturmaterial + materialschaeden + radioaktivitaet
NC-046 reaktorsicherheit + kernreaktor + schneller brueter
NC-047 reaktorsicherheit + kernreaktor + schneller brueter + pruefverfahren
ND-008 schneller brueter + reaktorsicherheit + pruefverfahren + (ultraschallprueftechnik)
SA -004 kernreaktor + brennelement + plutonium + schneller brueter
SA -047 schneller brueter + kuehlsystem

schornstein
siehe auch abgaskamin
AA -082 immissionsminderung + schornstein
AA -169 luftreinhaltung + immissionsbelastung + schornstein + prognose + WIEN (RAUM)
BB -035 abgasausbreitung + wohngebiet + schornstein
CB -071 schornstein + schadstoffausbreitung
DD-060 luftreinhaltung + schornstein + staubabscheidung
EA -023 luftverunreinigung + schornstein + normen
GA-019 bautechnik + abwaerme + schornstein

schrott
siehe unter abfall

schulen
TD -005 umweltbewusstsein + ausbildung + schulen + (unterrichtsmodell)
TD -011 luftverunreinigung + stadtklima + ausbildung + schulen + (unterrichtsmodell)
TD -013 umweltbewusstsein + ausbildung + schulen + (lehrplaene)
TD -014 umweltbewusstsein + ausbildung + schulen + (schulbuecher + sekundarstufe)
TD -016 umweltschutz + wasserverunreinigung + ausbildung + schulen + (curriculum)
TD -017 umweltprobleme + energieversorgung + ausbildung + schulen + (naturwissenschaftlicher unterricht)

schutzgebiet
siehe auch naturschutzgebiet
UL -053 landschaftsplanung + biotop + schutzgebiet + oekologische faktoren + NORDRHEIN-WESTFALEN
UL -054 naturschutz + biotop + schutzgebiet + (rote liste) + NORDRHEIN-WESTFALEN

schutzmassnahmen
PD -039 umweltchemikalien + mensch + mutagene wirkung + schutzmassnahmen
PD -040 chemikalien + mutagene wirkung + schutzmassnahmen + wirkmechanismus
PK -012 denkmal + korrosion + schutzmassnahmen + (bronzeskulpturen)
RC -007 ackerboden + erosion + schutzmassnahmen + NORDDEUTSCHE TIEFEBENE
RG -029 wildschaden + wald + schutzmassnahmen

UL -062 gebaeude + schutzmassnahmen + gruenplanung + klimaaenderung + MONSCHAU + EIFEL (NORD) + NIEDERRHEIN
UM-078 pflanzenschutz + naturschutz + schutzmassnahmen + NIEDERSACHSEN
UN-046 tierschutz + voegel + biotop + schutzmassnahmen + NIEDERSACHSEN
UN-047 fauna + biotop + schutzmassnahmen + (amphibien + reptilien) + NIEDERSACHSEN
UN-048 saeugetiere + biotop + schutzmassnahmen + NIEDERSACHSEN

schwebstoffe

siehe auch staub

CA -105 schwebstoffe + messverfahren + geraeteentwicklung + (roentgenfluoreszenzanalyse)
CB -037 luftchemie + schwebstoffe + atmosphaere + messtechnik
CB -045 aerosolmesstechnik + schwebstoffe + messgeraet + (aerosol-lidar-system)
DD-064 nassentstaubung + schwebstoffe
HA-048 oberflaechengewaesser + feststofftransport + schwebstoffe + (zuflussfracht) + BODENSEE
IA -034 fliessgewaesser + schwebstoffe + schadstoffnachweis
IC -062 gewaesserbelastung + schwebstoffe + heizoel + (zuflussfracht) + BODENSEE
IC -065 gewaesser + kolloide + schwebstoffe + sedimentation
KB-024 biologische klaeranlage + schwebstoffe + schadstoffentfernung + (mikrosieb)

schwefel

DC-016 zementindustrie + luftreinhaltung + schwefel
OB-002 schwefel + nachweisverfahren + gesundheitsvorsorge + (karies)

schwefeldioxid

AA-012 luftverunreinigung + schwefeldioxid + kohlenmonoxid + wetterwirkung + ausbreitungsmodell
AA-020 luftverunreinigung + schwefeldioxid + flechten + bioindikator
AA-068 luftverunreinigung + schwefeldioxid + messung + BADEN-WUERTTEMBERG
AA-111 emissionsmessung + schwefeldioxid
AA-124 immissionsbelastung + schwefeldioxid + kataster
AA-125 immissionsbelastung + schwefeldioxid + ballungsgebiet + emissionskataster + prognose + (ausbreitungsrechnung) + RHEIN-RUHR-RAUM + RHEIN-NECKAR-RAUM + RHEIN-MAIN-GEBIET + SAAR
AA-163 schwefeldioxid + immissionsmessung + messtellennetz + KOELN (RAUM) + RHEIN-RUHR-RAUM
AA-168 luftverunreinigung + schwefeldioxid + emissionskataster + WIEN
AA-170 luftverunreinigung + schwefeldioxid + emissionskataster + LINZ (RAUM)
BB -005 abgas + schwefeldioxid + staub + analytik
BB -009 hausbrand + schadstoffemission + schwefeldioxid + fernheizung + emissionskataster + BERLIN-WILMERSDORF
BB -012 emission + schwefeldioxid + immissionsbelastung + prognose + OBERRHEINEBENE
BB -018 kraftwerk + abgasemission + schwefeldioxid + inversionswetterlage + (kupolofen)
BB -022 brennstoffe + schwefeldioxid + messgeraet
BB -027 emissionsueberwachung + oelfeuerung + schwefeldioxid + messgeraetetest
BB -032 kraftwerk + emission + immission + schwefeldioxid + staubniederschlag + WILHELMSHAVEN + JADEBUSEN
BC -017 heizoel + erdgas + emission + fluor + schwefeldioxid
CA -014 luftverunreinigung + immission + schwefeldioxid + stickoxide + messwagen
CA -016 immissionsmessung + schwefeldioxid + stadtgebiet + MUENCHEN
CA -092 abgas + emissionsueberwachung + schwefeldioxid
CB -039 luftverunreinigende stoffe + schwefeldioxid + transport + messung
CB -049 atmosphaere + schwefeldioxid
CB -066 atmosphaere + schadstoffbelastung + aerosole + schwefeldioxid + luftchemie
CB -067 schwefeldioxid + aerosole + atmosphaere
CB -082 luftverunreinigung + schadstofftransport + emissionskataster + schwefeldioxid + RHEIN-RUHR-RAUM
DB -020 kraftwerk + schwefeldioxid + grenzwerte
DB -032 emissionsminderung + schwefeldioxid + feuerungsanlage + (bundesrepublik deutschland)
DC -006 industrieabgase + staubminderung + schwefeldioxid
DC -034 emissionsminderung + schwefeldioxid + getraenkeindustrie + (flaschen-sterilisation)
DC -047 kraftwerk + immission + schwefeldioxid + inversionswetterlage + NECKAR (RAUM) + STUTTGART + NORDRHEIN-WESTFALEN
DD-004 schwefeldioxid + absorption
DD-016 abgasreinigung + entschwefelung + schwefeldioxid
DD-045 abgas + rauchgas + gaswaesche + schwefeldioxid + oxidation
EA -008 immissionsschutzgesetz + schwefeldioxid + messung
EA -017 emissionsmessung + schwefeldioxid + energieverbrauch + brennstoffe + prognose
PC -057 luftverunreinigung + schwefeldioxid + stickoxide + atemtrakt + tierexperiment
PE -033 luftverunreinigende stoffe + schwefeldioxid + physiologische wirkungen + mensch + epidemiologie
PE -046 immissionsmessung + schwefeldioxid + raffinerie + KARLSRUHE + WOERTH + OBERRHEIN
PE -049 luftverunreinigung + schadstoffbelastung + schwefeldioxid + atemtrakt
PF -005 schwefeldioxid + kohlenmonoxid + pflanzenkontamination
PF -021 biochemie + schwefeldioxid + pflanzen + mikroorganismen + metabolismus
PF -022 pflanzenphysiologie + schwefeldioxid + schwermetalle + photosynthese
PF -048 nutzpflanzen + metabolismus + schadstoffimmission + schwefeldioxid
PI -017 immissionsmessung + schwefeldioxid + luftverunreinigung + wald
PK -034 schadstoffemission + materialschaeden + schwefeldioxid + schwefeltrioxid + chlor
QC-016 getraenke + wein + schwefeldioxid + schadstoffminderung
QC-017 getraenke + wein + schwefeldioxid + schadstoffminderung
QC-018 lebensmittelchemie + wein + schwefeldioxid + schadstoffminderung

schwefeloxide

DB -031 rauchgas + entschwefelung + schwefeloxide + rueckgewinnung
PH -016 schadstoffwirkung + flora + schwefeloxide + stickoxide + nachweisverfahren
PK -002 baudenkmal + naturstein + schwefeloxide + verwitterung + konservierung
PK -004 kalkmoertel + verwitterung + schwefeloxide + bauten

schwefeltrioxid

PK -034 schadstoffemission + materialschaeden + schwefeldioxid + schwefeltrioxid + chlor

schwefelverbindungen

siehe auch sulfate
siehe auch sulfite

AA-100 luftchemie + atmosphaere + schwefelverbindungen
BE -005 geruchsbelaestigung + abgas + oxidation + schwefelverbindungen
BE -006 abgas + geruchsbelaestigung + schwefelverbindungen
CA -078 luftueberwachung + niederschlag + schwefelverbindungen + messverfahren
CB -007 schwefelverbindungen + chlorkohlenwasserstoffe + oxidation + reaktionskinetik
DC -022 kokerei + schadstoffminderung + schwefelverbindungen
EA -016 heizoel + schwefelverbindungen + immissionsminderung

IC -043 gewaesserbelastung + schwefelverbindungen + mikrobieller abbau + SAAR (NEBENFLUESSE)
KC -036 abwasserreinigung + schwefelverbindungen + biologischer abbau
OB -022 geochemie + metalle + schwefelverbindungen + spurenanalytik
OD -051 mikrobieller abbau + schwefelverbindungen + atmosphaere + (phototrophe bakterien)
PF -049 schadstoffe + schwefelverbindungen + pflanzen + metabolismus

schwefelwasserstoff

CB -015 schwefelwasserstoff + nachweisverfahren
CB -053 schwefelwasserstoff + spurenanalytik
DD -007 schadstoffminderung + schwefelwasserstoff + oxidation + reaktionskinetik
OB -027 emissionsueberwachung + schwefelwasserstoff + geraeteentwicklung
PA -019 wassertiere + schwefelwasserstoff + schadstoffwirkung
PA -020 wasserverunreinigung + schwefelwasserstoff + schadstoffwirkung + benthos

schweisstechnik

BC -004 schweisstechnik + abgasemission
FC -016 arbeitsschutz + laermminderung + schadstoffminderung + schweisstechnik
NC -009 reaktorsicherheit + schweisstechnik + (werkstoffpruefung)
NC -069 reaktorsicherheit + druckbehaelter + schweisstechnik
TA -016 arbeitsschutz + schweisstechnik

schwermetallbelastung

IE -054 oberflaechengewaesser + schwermetallbelastung + aestuar
PA -036 mensch + bleikontamination + schwermetallbelastung + physiologische wirkungen + NORDENHAM + WESER-AESTUAR
PE -032 infektionskrankheiten + epidemiologie + schwermetallbelastung
PF -015 nahrungskette + algen + schwermetallbelastung + schadstoffwirkung
PF -065 gemuese + schwermetallbelastung + toxizitaet
PF -072 bodenbeschaffenheit + schwermetallbelastung + NAHESENKE + HUNSRUECK + EIFEL (SUED)
PF -073 bodenstruktur + schwermetallbelastung + standortfaktoren

schwermetalle

siehe auch antimon
siehe auch blei
siehe auch cadmium
siehe auch chrom
siehe auch eisen
siehe auch kobalt
siehe auch kupfer
siehe auch nickel
siehe auch plutonium
siehe auch quecksilber
siehe auch zink

AA -116 immissionsueberwachung + schwermetalle
BB -001 muellverbrennung + feinstaeube + spurenanalytik + schwermetalle
BB -008 muellverbrennungsanlage + flugasche + schwermetalle
BC -010 schwermetalle + kraftwerk + flugasche + HELMSTEDT + HARZVORLAND
CA -038 luftverunreinigung + ballungsgebiet + schwermetalle + aerosolmesstechnik + HAMBURG (RAUM)
CA -055 schwermetalle + staubniederschlag + messtellennetz
CA -056 luftverunreinigung + staubniederschlag + schwermetalle + messmethode
HC -040 flugasche + sedimentation + schwermetalle
HD -012 trinkwasser + schwermetalle + nachweisverfahren
IA -014 gewaesserbelastung + tenside + schwermetalle + bioindikator + (submerse makrophyten)
IC -005 gewaesserbelastung + schwermetalle + quecksilber + cadmium + nachweisverfahren + BAYERN
IC -006 gewaesserbelastung + schwermetalle + benthos + nahrungskette
IC -008 gewaesserverunreinigung + sediment + schadstoffnachweis + kohlenwasserstoffe + schwermetalle + BODENSEE
IC -016 fliessgewaesser + schadstoffbilanz + schwermetalle + RHEIN
IC -020 pestizide + schwermetalle + wasser
IC -025 gewaesserbelastung + kommunale abwaesser + industrieabwaesser + schwermetalle + MURR + NECKAR (MITTLERER NECKAR-RAUM) + STUTTGART
IC -027 fliessgewaesser + schlaemme + schwermetalle + NECKAR
IC -037 gewaesserbelastung + schwermetalle + organische schadstoffe + kartierung + HARZ (WEST) + INNERSTE + SIEBER + SOESE
IC -040 gewaesserbelastung + abwasser + schwermetalle + LEINE + GOETTINGEN
IC -041 gewaesserbelastung + abwasser + schwermetalle + radioaktive substanzen + LEINE + GOETTINGEN
IC -042 gewaesserbelastung + schwermetalle + radioaktive substanzen + LEINE
IC -059 fliessgewaesser + schwermetalle + kontamination + toxikologie + HESSISCHES RIED
IC -075 wasser + schadstoffe + schwermetalle
IC -077 oberflaechengewaesser + schadstoffe + schwermetalle
IC -079 gewaesserueberwachung + schwermetalle + DONAU + BODENSEE
IC -081 fluss + schadstoffbelastung + schwermetalle + (grundlagenforschung) + MAIN + DONAU
IC -093 gewaesserueberwachung + spurenstoffe + schwermetalle + NORDRHEIN-WESTFALEN
IC -104 schadstoffbelastung + schwermetalle + ELSENZ (GEBIET)
IC -105 sediment + schwermetalle + binnengewaesser + kuestengewaesser
ID -042 gewaesserverunreinigung + schwermetalle + uferfiltration + RHEIN
IE -013 fliessgewaesser + schadstofftransport + schwermetalle + meer + sedimentation + ELBE-AESTUAR + DEUTSCHE BUCHT + NORDSEE
IE -027 klaerschlamm + meeressediment + schwermetalle + benthos + populationsdynamik + NORDSEE
IE -030 schwermetalle + detergentien + pestizide + schadstoffwirkung + meeresorganismen + DEUTSCHE BUCHT
IE -039 meeresverunreinigung + biozide + schwermetalle + NORDSEE + DEUTSCHE BUCHT
IE -041 kuestengewaesser + wattenmeer + schadstoffnachweis + schwermetalle + DEUTSCHE BUCHT
KB -002 biologische abwasserreinigung + algen + schadstoffabbau + schwermetalle
KB -011 abwasserreinigung + schwermetalle
KB -023 biologische abwasserreinigung + schwermetalle
KC -007 abwasserreinigung + schadstoffabscheidung + schwermetalle + rueckgewinnung + (elektrolyse)
KC -017 abfallaufbereitung + schlaemme + schwermetalle
MD -029 klaerschlamm + duengemittel + schwermetalle
MD -031 muellkompost + recycling + duengung + bodenbelastung + schwermetalle
ME -015 abfall + recycling + schwermetalle + (antimon) + HESSEN (NORD)
NB -029 bodenstruktur + feststofftransport + schwermetalle + transurane
OA -014 spurenstoffe + geochemie + schwermetalle + (untersuchungsmethoden) + ISAR
OB -001 umweltchemikalien + geochemie + spurenanalytik + schwermetalle + AACHEN-STOLBERG
OB -010 schwermetalle + spurenanalytik + nachweisverfahren
OB -012 wasser + schwermetalle + spurenanalytik
OB -015 schwermetalle + bioindikator
OB -017 schwermetalle + nachweisverfahren + methodenentwicklung + (atomabsorptions-spektrometrie)
OB -018 wasseruntersuchung + schwermetalle + messverfahren
OB -021 geochemie + schwermetalle + spurenanalytik + DEUTSCHLAND (SUED-WEST)
OD -006 boden + schwermetalle + muellkompost + klaerschlamm
OD -013 schadstoffbilanz + schwermetalle + nachweisverfahren
OD -027 mikroorganismen + schwermetalle + transportprozesse

OD -028 schwermetalle + organismen + transportprozesse
OD -038 boden + spurenelemente + schwermetalle + wasserhaushalt + stoffhaushalt + SCHWARZWALD (SUED)
OD -055 bodenkontamination + schwermetalle + SCHWEDEN + LAPPLAND (ULTEVIS)
OD -063 schwermetalle + bodenbelastung + pflanzenkontamination
OD -081 umweltchemikalien + schwermetalle + schadstoffbilanz + nachweisverfahren
OD -083 bodenkontamination + schwermetalle + siedlungsabfaelle + duengemittel
PA -002 schwermetalle + biologische wirkungen + eiweisse + enzyme
PA -004 toxizitaet + schwermetalle + atemtrakt
PA -008 schwermetalle + physiologische wirkungen
PA -016 schwermetalle + enzyme + metabolismus
PA -018 schwermetalle + meeresorganismen
PA -021 schwermetalle + physiologische wirkungen + fische + belastbarkeit
PA -026 toxikologie + schwermetalle + metabolismus + tierexperiment
PA -038 tiere + schwermetalle + spurenelemente + nachweisverfahren
PA -040 luftverunreinigung + schwermetalle + embryopathie
PC -003 abwasser + schwermetalle + schadstoffwirkung + tiere + litoral
PC -025 ddt + schwermetalle + schadstoffwirkung + fische + toxikologie + OSTSEE
PC -031 physiologie + enzyme + schwermetalle
PC -042 schadstoffbelastung + pestizide + schwermetalle + tierorganismus + HELGOLAND + DEUTSCHE BUCHT
PE -002 epidemiologie + schwermetalle + blei + cadmium + zink
PE -030 schadstoffbelastung + schwermetalle + epidemiologie + (industrieemissionen)
PF -001 boden + schwermetalle + pflanzen
PF -002 bodenkontamination + schwermetalle + NORDRHEIN-WESTFALEN
PF -003 bodenkontamination + schwermetalle + klaerschlamm + muellkompost
PF -008 mineralogie + schwermetalle + FICHTELGEBIRGE
PF -009 schwermetalle + boden
PF -012 wasserverunreinigung + bodenkontamination + schwermetalle + schadstoffwirkung
PF -013 schadstoffbelastung + schwermetalle + mikroorganismen + (biologische wirkungen)
PF -016 algen + schadstoffwirkung + schwermetalle
PF -022 pflanzenphysiologie + schwefeldioxid + schwermetalle + photosynthese
PF -023 schadstoffbelastung + schwermetalle
PF -025 bodenkontamination + schwermetalle
PF -026 schwermetalle + adsorption + bodenbeschaffenheit + (tonminerale)
PF -028 bodenbelastung + schwermetalle + wasser + SOLLING
PF -032 schwermetalle + futtermittel + boden + organismus
PF -039 kfz-abgase + pflanzenkontamination + schwermetalle + lebensmittelhygiene
PF -040 bodenkontamination + schwermetalle + schadstoffminderung + kalk
PF -044 duengung + muellkompost + schwermetalle + bodenbelastung + tracer
PF -046 boden + klaerschlamm + schwermetalle + (mobilisierungsbedingungen)
PF -055 bodenkontamination + schwermetalle + zinkhuette + BAD HARZBURG-HARLINGERODE + HARZ
PF -056 bodenkontamination + schwermetalle + HARZ + OKER + INNERSTE
PF -058 bodenbelastung + pflanzenkontamination + schwermetalle + ballungsgebiet + DORTMUND + RHEIN-RUHR-RAUM
PF -059 staubniederschlag + schwermetalle + bodenbelastung + pflanzen + ballungsgebiet
PF -063 pflanzenphysiologie + photosynthese + aluminium + schwermetalle
PF -064 pflanzen + schwermetalle + boden
PF -066 schwermetalle + biochemie + nachweisverfahren + HARZVORLAND + HARZ
PF -069 geochemie + schwermetalle + spurenanalytik
PF -071 filtration + bodenbeschaffenheit + schwermetalle + arsen
PH -002 pflanzenphysiologie + klaerschlamm + tenside + schwermetalle
PH -010 schwermetalle + detergentien + synergismus
PH -011 gewaesserbelastung + tenside + schwermetalle + synergismus + biologische wirkungen
PH -019 boden + stoffhaushalt + schwermetalle
PH -042 kulturpflanzen + duengung + schwermetalle + toxizitaet + grenzwerte
QA -024 huettenindustrie + schadstoffemission + lebensmittelhygiene + schwermetalle
QA -027 lebensmittelkontamination + schwermetalle + spurenstoffe
QA -030 nachweisverfahren + schwermetalle + lebensmittelanalytik
QA -048 schwermetalle + nachweisverfahren + futtermittel + (atomabsorptions-spektrometrie)
QA -055 lebensmittel + wasser + schwermetalle + biozide
QA -060 lebensmittel + futtermittel + pestizide + schwermetalle + rueckstandsanalytik
QA -061 futtermittel + pflanzenkontamination + arsen + schwermetalle + (schwermetallkataster) + WESTFALEN-LIPPE
QA -062 lebensmittel + schwermetalle + nachweisverfahren + (roentgenfluoreszenzanalyse)
QA -073 lebensmittelueberwachung + schwermetalle + spurenanalytik
QB -056 lebensmittelkontamination + fleisch + arsen + schwermetalle + hoechstmengenverordnung + (carry-over-modell) + NIEDERSACHSEN
QB -057 lebensmittelkontamination + fleisch + schlachttiere + schwermetalle + pestizide + WESER-EMS-GEBIET
QB -058 lebensmittelkontamination + schlachttiere + wild + schwermetalle + pestizide + NORDHEIDE
QC -025 lebensmittelkontamination + getreide + schwermetalle + verfahrenstechnik + (muellereitechnologische massnahmen)
QC -027 pflanzenkontamination + schwermetalle + muellkompost + pilze + (champignon)
QD -001 lebensmittelkontamination + fleisch + schwermetalle + (carry-over-effekt)
RE -002 duengung + nutzpflanzen + schwermetalle
TA -055 schwermetalle + schadstoffbeseitigung + filtration
UN -023 wattenmeer + schadstoffbelastung + schwermetalle + voegel + JADEBUSEN

schwermetallkontamination

CA -026 aerosolmesstechnik + teilchengroesse + schwermetallkontamination + atemtrakt
DC -015 schwermetallkontamination + quecksilber + (thermometerfluessigkeit)
HB -028 bodenwasser + grundwasserbildung + schwermetallkontamination + MAIN (OBERMAIN) + KULMBACH
HG -019 fliessgewaesser + sedimentation + schwermetallkontamination + ELM + HARZVORLAND
IA -031 gewaesser + schwermetallkontamination + bioindikator
IC -026 fliessgewaesser + schwermetallkontamination + sediment + spurenstoffe + LAHN
IC -053 fliessgewaesser + schwermetallkontamination + metallsalze + biozoenose
IC -058 oberflaechengewaesser + schwermetallkontamination + anthropogener einfluss + RHEIN (GINSHEIMER ALTRHEIN)
IC -061 fliessgewaesser + sediment + schwermetallkontamination + SCHLESWIG-HOLSTEIN
IC -082 oberflaechenwasser + schwermetallkontamination
IC -101 suesswasser + sediment + schwermetallkontamination
IE -003 meeresorganismen + schwermetallkontamination + radioaktive substanzen + NORDSEE + OSTSEE
IE -050 meerwasser + schwermetallkontamination + messtechnik + MITTELMEER
KB -073 siedlungsabfaelle + gemuese + schwermetallkontamination
MD -006 klaerschlamm + recycling + duengung + schwermetallkontamination
OB -028 organismus + schwermetallkontamination + quecksilber + messmethode
OD -011 fliessgewaesser + schwermetallkontamination + schadstoffbeseitigung + mikroorganismen + SAAR + MOSEL

OD-017 pflanzenphysiologie + schwermetallkontamination + algen
OD-056 abwasserschlamm + duengung + nutzpflanzen + schwermetallkontamination
PA -005 schwermetallkontamination + atemtrakt + biologische wirkungen
PA -006 schwermetallkontamination + aerosole + verhaltensphysiologie + toxikologie + atemtrakt
PA -007 nutztiere + schwermetallkontamination + biologische wirkungen + huhn
PA -011 fische + schwermetallkontamination + nachweisverfahren
PA -030 tierorganismus + schwermetallkontamination + blei + cadmium + (seehund)
PA -031 schwermetallkontamination + spurenanalytik + (haare)
PA -034 fische + schwermetallkontamination + physiologische wirkungen
PA -037 schwermetallkontamination + cadmium + organismus
PA -042 schwermetallkontamination + organismus
PE -009 schwermetallkontamination + bevoelkerung + (vanadium)
PE -024 schwermetallkontamination + blei + cadmium + mensch + NIEDERSACHSEN
PF -011 gemuesebau + schwermetallkontamination + muellkompost + bodenverbesserung
PF -014 schwermetallkontamination + algen + biologische wirkungen
PF -019 luftverunreinigende stoffe + industrieabgase + flugstaub + vegetation + schwermetallkontamination
PF -024 weinbau + pflanzen + schwermetallkontamination + (weinreben)
PF -031 immissionsmessung + schwermetallkontamination + huettenindustrie + boden + pflanzenkontamination + GOSLAR-BAD HARZBURG (RAUM) + HARZ (NORD)
PF -038 schwermetallkontamination + bodenbelastung + pflanzenkontamination
PF -043 bodenbelastung + schwermetallkontamination + blei + cadmium
PF -047 boden + sediment + schwermetallkontamination
PF -050 biooekologie + pflanzen + schwermetallkontamination
PH -035 abwasser + schwermetallkontamination + biozide + algen
PH -062 nutzpflanzen + schwermetallkontamination + bodenbelastung + siedlungsabfaelle
QB -019 fische + schwermetallkontamination + quecksilber + ATLANTIK (NORD) + NORDSEE + OSTSEE
QB -047 fleischprodukte + schwermetallkontamination + umweltchemikalien + rueckstandsanalytik
QB -048 lebensmittel + fleischprodukte + schwermetallkontamination + umweltbelastung
QB -054 lebensmittelueberwachung + fische + schwermetallkontamination + NORDSEE + OSTSEE + ATLANTIK (NORD)
QC -004 getreide + schwermetallkontamination
QC -014 schwermetallkontamination + lebensmittel
QC -015 schwermetallkontamination + getraenke + (fruchtsaefte)
QC -020 algen + resistenz + schwermetallkontamination + lebensmittel
QC -042 siedlungsabfaelle + duengung + gemuesebau + schwermetallkontamination
QD -003 fische + futtermittel + schwermetallkontamination
QD -006 schwermetallkontamination + nahrungskette + (toleranzgrenzen)
QD -007 nahrungskette + schwermetallkontamination + rueckstandsanalytik
QD -025 marine nahrungskette + schwermetallkontamination + fische + DEUTSCHE BUCHT

schwermetallsalze

IE -033 wasserverunreinigung + schwermetallsalze + bakterien + WESER-AESTUAR
KB -077 chemische abwasserreinigung + faellung + schwermetallsalze
PA -024 schwermetallsalze + antimon + marine nahrungskette + muscheln
QD -016 pestizide + schwermetallsalze + meeresorganismen + kontamination

schweroel

DB -041 oelvergasung + entschwefelung + versuchsanlage + schweroel

schwingungsschutz

siehe auch erschuetterungen
siehe auch vibration

FA -002 bauakustik + schallmessung + schwingungsschutz
FA -062 schwingungsschutz + korrosion + metalle
FA -072 akustik + schallmessung + schwingungsschutz + normen
FC -031 holzindustrie + vibration + arbeitsschutz + schwingungsschutz
FC -040 erschuetterungen + schwingungsschutz + landmaschinen
FD -002 untergrundbahn + erschuetterungen + schwingungsschutz
TA -069 arbeitsplatz + schwingungsschutz + eisen- und stahlindustrie

sediment

siehe auch meeressediment

HA -035 binnengewaesser + sediment + bakterien + BODENSEE
HA -047 oberflaechengewaesser + sediment + sauerstoffgehalt
HA -090 sediment + oberflaechengewaesser + anthropogener einfluss + BAYERN (OBERBAYERN)
HC -032 meeresbiologie + sediment + bakterien + populationsdynamik
HC -041 meereskunde + sediment + radioaktive spurenstoffe + MITTELMEER + AFRIKA (WEST) + PAZIFIK
IA -009 wasserverunreinigende stoffe + sediment + analyseverfahren + (methodenvergleich)
IC -008 gewaesserverunreinigung + sediment + schadstoffnachweis + kohlenwasserstoffe + schwermetalle + BODENSEE
IC -026 fliessgewaesser + schwermetallkontamination + sediment + spurenstoffe + LAHN
IC -054 fliessgewaesser + sediment + organische stoffe + sauerstoffbedarf + (flussguetemodell)
IC -061 fliessgewaesser + sediment + schwermetallkontamination + SCHLESWIG-HOLSTEIN
IC -101 suesswasser + sediment + schwermetallkontamination
IC -105 sediment + schwermetalle + binnengewaesser + kuestengewaesser
IE -012 meerwasser + sediment + radioaktivitaet + isotopen + messgeraet + NORDSEE + OSTSEE
IF -032 gewaesserbelastung + phosphate + eutrophierung + sediment + BODENSEE (OBERSEE)
PF -047 boden + sediment + schwermetallkontamination
PG -023 organische stoffe + sediment
UD -003 meereskunde + metalle + spurenelemente + sediment + analytik + (manganknollen)

sedimentation

CB -058 atmosphaere + schadstoffausbreitung + aerosolmesstechnik + sedimentation
GB -044 fliessgewaesser + abwaerme + sedimentation + transportprozesse
HA -083 oberflaechengewaesser + sedimentation
HA -091 sedimentation + fliessgewaesser + spurenelemente + BAYERN (OBERBAYERN)
HA -104 oberflaechengewaesser + kolloide + sedimentation + flockung
HC -004 kuestengewaesser + wattenmeer + sedimentation + wasserbau + (dammbauten) + ELBE-AESTUAR + NEUWERK + SCHARHOERN
HC -012 aestuar + flussbettaenderung + sedimentation + kuestenschutz + (hydraulisches modell) + EMS-AESTUAR
HC -021 meeresboden + wattenmeer + sedimentation + NORDSTRAND + NORDFRIESISCHES WATTENMEER
HC -040 flugasche + sedimentation + schwermetalle
HG -019 fliessgewaesser + sedimentation + schwermetallkontamination + ELM + HARZVORLAND
HG -059 gewaesser + flockung + sedimentation + modell
IC -065 gewaesser + kolloide + schwebstoffe + sedimentation
IE -008 meeresverunreinigung + abfallstoffe + hydrodynamik + schadstofftransport + sedimentation + DEUTSCHE BUCHT + NORDSEE
IE -013 fliessgewaesser + schadstofftransport + schwermetalle + meer + sedimentation + ELBE-AESTUAR + DEUTSCHE BUCHT + NORDSEE
IF -007 sedimentation + eutrophierung + industrialisierung + binnengewaesser

KB -091 abwasserreinigung + sedimentation
KC -032 zuckerindustrie + abwasser + belebtschlamm + sedimentation
KE -028 schlammentwaesserung + sedimentation
UL -067 naturschutz + binnengewaesser + sedimentation + BEDERKESAER SEE + WESERMUENDE (LANDKREIS)

selbstreinigung

CB -059 schadstoffausbreitung + atmosphaere + fliessgewaesser + selbstreinigung
HA -005 oberflaechengewaesser + organische schadstoffe + selbstreinigung + (speichersee) + ISMANING
HA -051 fliessgewaesser + selbstreinigung
HA -108 fliessgewaesser + selbstreinigung + ALZETTE + LUXEMBURG
HA -114 oberflaechengewaesser + selbstreinigung + biologischer abbau + filter
HE -018 organische schadstoffe + gewaesserbelastung + selbstreinigung + wasseraufbereitung + BODENSEE-HOCHRHEIN
IC -010 gewaesserverunreinigung + fliessgewaesser + selbstreinigung + toxische abwaesser
IC -063 gewaesserbelastung + schadstoffentfernung + selbstreinigung
IE -004 kuestengewaesser + abwasserbelastung + selbstreinigung + EMS-AESTUAR
IE -029 wasserverunreinigung + selbstreinigung + aestuar + plankton + ELBE-AESTUAR
KA -025 erholungsgebiet + badewasser + selbstreinigung + biologischer abbau

seuchenhygiene

TF -035 tiere + seuchenhygiene + zoonosen

shredderanlage

siehe auch abfallbeseitigungsanlage

sicherheit

siehe auch betriebssicherheit
siehe auch nukleare sicherheit
siehe auch reaktorsicherheit
ND -003 radioaktive substanzen + transportbehaelter + sicherheit + unfall

sicherheitsmassnahmen

UM-026 flughafen + biotop + voegel + sicherheitsmassnahmen + pflanzensoziologie + HAMBURG

sicherheitstechnik

NC -013 kernkraftwerk + sicherheitstechnik + beton + materialtest + (flugzeugabsturz)
NC -032 kernkraftwerk + sicherheitstechnik + beton + bautechnik + (flugzeugabsturz)
NC -040 kernkraftwerk + reaktorsicherheit + sicherheitstechnik
NC -049 kernreaktor + sicherheitstechnik + umweltbelastung
NC -050 kernreaktor + sicherheitstechnik + stoerfall
NC -111 kernreaktor + sicherheitstechnik + kuehlsystem + (heissdampfreaktor)
NC -112 kernreaktor + sicherheitstechnik + kuehlsystem + (heissdampfreaktor)
ND -007 radioaktive substanzen + transportbehaelter + sicherheitstechnik
SA -066 energie + transport + sicherheitstechnik + elektrotechnik
TA -002 luftueberwachung + schadstoffemission + sicherheitstechnik + geraeteentwicklung
UH -001 transportbehaelter + sicherheitstechnik + strassenverkehr
UH -002 transportbehaelter + sicherheitstechnik
UI -020 verkehrssystem + sicherheitstechnik + bewertungskriterien

sichtweite

CA -048 atmosphaere + aerosole + sichtweite

sickerwasser

HB -080 grundwasser + sickerwasser + stroemung
HB -081 sickerwasser + stroemung + filtration
HB -082 sickerwasser + stroemung + feststofftransport
HG -058 fliessgewaesser + grundwasser + sickerwasser
IB -010 polyzyklische aromaten + regenwasser + sickerwasser
ID -002 grundwasserbelastung + sickerwasser + deponie + ELBE-AESTUAR
ID -008 wasserbewegung + stickstoffverbindungen + sickerwasser + HANNOVER-FUHRENBERG
ID -013 regenwasser + sickerwasser + grundwasser
ID -049 grundwasserverunreinigung + sickerwasser + deponie
ID -058 grundwasserbelastung + sickerwasser + schadstofftransport + HANNOVER-FUHRENBERG
MC-008 deponie + sickerwasser + trinkwasserversorgung + tenside
MC-009 deponie + sondermuell + metallindustrie + sickerwasser
MC-024 deponie + sickerwasser + grundwasserbelastung + bodenbeschaffenheit + kiesfilter
MC-025 deponie + sickerwasser + wasserhaushalt + rekultivierung + BERLIN-WANNSEE
MC-027 deponie + sickerwasser + wasserbilanz + vegetation + BERLIN-WANNSEE
MC-028 deponie + sickerwasser + pflanzendecke + wasserbilanz
MC-029 grundwasserbelastung + sickerwasser + deponie + sondermuell
MC-030 deponie + sickerwasser + biologischer abbau
MC-031 deponie + sickerwasser + abwasserreinigung + verrieselung
MC-032 deponie + sickerwasser + anorganische stoffe + biologischer abbau
MC-034 deponie + gewaesserbelastung + sickerwasser + biologischer abbau
MC-041 sickerwasser + hausmuell + deponie
MC-043 sickerwasser + deponie + rotte
MC-044 deponie + rotte + sickerwasser
MC-045 deponie + sickerwasser + wasserhaushalt + stoffhaushalt + gewaesserbelastung
MC-050 deponie + sickerwasser + schadstoffnachweis
PF -029 bodenkontamination + sickerwasser + spurenstoffe + geochemie + (adsorptionsversuche)
RC -027 ackerbau + bodenstruktur + sickerwasser

siedlung

KC -020 abwasserreinigung + siedlung + faerberei
UE -035 umwelt + siedlung + (wechselbeziehungen) + NEAPEL

siedlungsabfaelle

KA -016 abwasserbelastung + siedlungsabfaelle + entsorgung
KB -073 siedlungsabfaelle + gemuese + schwermetallkontamination
MA-003 siedlungsabfaelle + industrieabfaelle + abfalltransport + abfallsammlung + BERLIN (WEST)
MA-004 industrieabfaelle + siedlungsabfaelle + abfalltransport + BERLIN (WEST)
MB-007 abfallbeseitigung + siedlungsabfaelle + industrieabfaelle + pyrolyse + USA
MB-016 siedlungsabfaelle + pyrolyse + schadstoffbilanz
MB-029 siedlungsabfaelle + kompostierung
MB-031 siedlungsabfaelle + kompostierung + antibiotika + mikroorganismen
MB-034 siedlungsabfaelle + kompostierung + antibiotika
MB-056 abfallbeseitigung + siedlungsabfaelle + klaerschlamm + (mischtrommel)
MC-018 abfallablagerung + siedlungsabfaelle + deponie + (lagerungsdichte)
MC-019 abfallablagerung + siedlungsabfaelle + deponie + (lagerungsdichte)
MD-002 landwirtschaftliche abfaelle + siedlungsabfaelle + kompostierung + recycling + landbau
MD-004 siedlungsabfaelle + recycling + bodenverbesserung
MD-010 abfallbeseitigung + siedlungsabfaelle + gruenflaechen + freizeitanlagen
MD-023 siedlungsabfaelle + landwirtschaftliche abfaelle + recycling + duengemittel
MD-025 siedlungsabfaelle + sperrmuell + abfallsortierung + recycling + LUDWIGSBURG (LANDKREIS) + STUTTGART

MD-030 siedlungsabfaelle + muellkompost + klaerschlammbeseitigung + bodenkontamination + pflanzenertrag + HANNOVER (RAUM)
MF-031 siedlungsabfaelle + tierische faekalien + recycling + duengemittel
MG-012 abfallbeseitigungsanlage + siedlungsabfaelle + kosten
MG-030 staedtebau + abfallbeseitigung + siedlungsabfaelle
OD-083 bodenkontamination + schwermetalle + siedlungsabfaelle + duengemittel
PG-003 pflanzenphysiologie + siedlungsabfaelle + klaerschlamm + carcinogene
PG-027 bodenkontamination + siedlungsabfaelle + organische schadstoffe + mikrobieller abbau
PH-056 siedlungsabfaelle + klaerschlamm + bodenbelastung + biologische wirkungen + (niederungsboeden)
PH-062 nutzpflanzen + schwermetallkontamination + bodenbelastung + siedlungsabfaelle
QC-002 gemuesebau + siedlungsabfaelle + rueckstandsanalytik + chlorkohlenwasserstoffe
QC-041 gemuese + siedlungsabfaelle + schadstoffnachweis + (nahrungsqualitaet)
QC-042 siedlungsabfaelle + duengung + gemuesebau + schwermetallkontamination
QD-004 siedlungsabfaelle + klaerschlamm + bodenkontamination + nahrungskette
RD-013 wasserhaushalt + weinberg + siedlungsabfaelle + duengemittel
RE-031 siedlungsabfaelle + landwirtschaft

siedlungsentwicklung

TB-010 industrie + sozio-oekonomische faktoren + siedlungsentwicklung + (farbwerke hoechst) + RHEIN-MAIN-GEBIET
TC-016 naherholung + siedlungsentwicklung + ballungsgebiet + flaechennutzung + interessenkonflikt + NIEDERSACHSEN
UE-044 raumordnung + siedlungsentwicklung + (zentrale-orte-konzept)
UL-072 landschaftsoekologie + siedlungsentwicklung + sozio-oekonomische faktoren + SPESSART

siedlungsplanung

siehe auch stadtplanung

TB-020 siedlungsplanung + bauwesen + wohnungsbau + entwicklungslaender + CHINA (VOLKSREPUBLIK)
TB-026 siedlungsplanung + wohngebiet + wohnwert
TB-027 siedlungsplanung + lebensqualitaet + prognose
TB-032 wohnwert + lebensqualitaet + siedlungsplanung + sozialindikatoren
UE-020 flurbereinigung + siedlungsplanung
UE-028 siedlungsplanung + umweltbelastung
UF-023 laendlicher raum + siedlungsplanung + bevoelkerungsentwicklung + BAD TOELZ + WOLFRATSHAUSEN + NEU-ULM + REGENSBURG

siedlungsraum

UE-034 siedlungsraum + umweltqualitaet + bevoelkerung + mobilitaet + simulationsmodell

siedlungsstruktur

UE-011 flaechennutzung + siedlungsstruktur + bewertungskriterien + interessenkonflikt
UE-019 siedlungsstruktur + (modellvorstellung)
UN-001 oeffentlicher nahverkehr + siedlungsstruktur + verkehrsplanung + (schnellbahnsystem)
UN-002 oeffentlicher nahverkehr + siedlungsstruktur + verkehrsplanung + (schnellbahnsystem)
UN-036 oeffentliche verkehrsmittel + siedlungsstruktur + (leistungsangebot)

siedlungswasserwirtschaft

TD-018 siedlungswasserwirtschaft + ausbildung

siemens-martin-ofen

BC-006 industrieabgase + staubminderung + siemens-martin-ofen
BC-032 eisen- und stahlindustrie + staubemission + siemens-martin-ofen

silage

MF-011 landwirtschaftliche abfaelle + silage + proteine + recycling

silikone

OD-007 silikone + biologischer abbau

silikose

TA-064 staub + silikose + zytotoxizitaet

simulation

HC-018 meereskunde + hydrodynamik + stroemung + wasserstand + simulation + DEUTSCHE BUCHT + NORDSEE
HG-043 wasserbewegung + simulation
SA-011 lagerung + mineraloelprodukte + simulation
UF-014 stadtentwicklungsplanung + simulation
UI-007 verkehrssystem + verkehrsplanung + simulation + optimierungsmodell
UN-016 oeffentlicher nahverkehr + verkehrssystem + systemanalyse + simulation + (magnetschwebebahn)

simulationsmodell

AA-027 meteorologie + messverfahren + tracer + simulationsmodell
BA-009 verkehrssystem + kfz-abgase + emissionskataster + simulationsmodell + (fahrverhalten)
BA-046 strassenverkehr + kfz-abgase + kohlenmonoxid + immissionsschutz + simulationsmodell + DORTMUND + RHEIN-RUHR-RAUM
CB-019 smog + ballungsgebiet + meteorologie + simulationsmodell
HA-046 oberflaechengewaesser + stoffhaushalt + phosphor + simulationsmodell + BODENSEE (OBERSEE)
HB-005 wasserhaushalt + grundwasser + simulationsmodell + HILDESHEIM (RAUM)
HG-002 wasserwirtschaft + fluss + simulationsmodell
HG-038 hydrologie + anthropogener einfluss + simulationsmodell
NC-027 reaktorsicherheit + simulationsmodell
NC-028 reaktorsicherheit + simulationsmodell + brennelement
PE-045 mensch + waermehaushalt + simulationsmodell
SA-041 energieumwandlung + standortwahl + oekologische faktoren + simulationsmodell + BADEN-WUERTTEMBERG
UA-021 umweltvertraeglichkeitspruefung + simulationsmodell
UA-023 umweltplanung + simulationsmodell
UC-025 raumwirtschaftspolitik + industrialisierung + simulationsmodell + RHEIN-NECKAR-RAUM
UC-035 makrooekonomie + simulationsmodell + BUNDESREPUBLIK DEUTSCHLAND
UE-025 landesentwicklungsplanung + simulationsmodell + BAYERN
UE-034 siedlungsraum + umweltqualitaet + bevoelkerung + mobilitaet + simulationsmodell
UF-003 stadtentwicklungsplanung + simulationsmodell
UH-008 verkehrssystem + simulationsmodell + (fahrerschulung)
VA-018 umweltschutz + simulationsmodell + schadstoffausbreitung + luftverunreinigung + gewaesserbelastung + (topogrphie)

simultananalyse

CA-058 luftueberwachung + simultananalyse
NB-013 schadstoffe + simultananalyse + testverfahren + standardisierung + geraeteentwicklung
OA-002 schadstoffnachweis + simultananalyse + spektralanalyse
OA-025 schadstoffnachweis + spektralanalyse + simultananalyse
QA-067 umweltchemikalien + biozide + chlor + simultananalyse

singvoegel

UN-039 voegel + populationsdynamik + singvoegel + EUROPA

sinteranlage

BC-036 eisen- und stahlindustrie + sinteranlage + staubemission

DC -029 emissionsminderung + sinteranlage + staubemission
DD -062 sinteranlage + entstaubung

smog

siehe auch inversionswetterlage
CB -019 smog + ballungsgebiet + meteorologie + simulationsmodell
CB -040 atmosphaere + oxidierende substanzen + smog + ausbreitung + BUNDESREPUBLIK DEUTSCHLAND
CB -056 smog + sonnenstrahlung
PH -009 schadstoffemission + smog + biologische wirkungen + mikroorganismen + bioindikator

smogbildung

AA -055 smogbildung + wasserdampf + kondensationskerne
CA -002 emissionskataster + smogbildung + feuerungsanlage
CB -050 smogbildung + radikale + messverfahren
CB -051 smogbildung + oxidation + KOELN + BONN + RHEIN-RUHR-RAUM
CB -086 smogbildung + luftverunreinigung + immissionsueberwachung

smogwarndienst

AA -109 smogwarndienst + messverfahren
EA -001 smogwarndienst + meteorologie + inversionswetterlage + prognose

solarzelle

SA -006 energieumwandlung + solarzelle + geraeteentwicklung + wirtschaftlichkeit
SA -018 energietechnik + solarzelle + wasserstoffspeicher

sondermuell

DB -034 muellverbrennungsanlage + sondermuell + abgasreinigung
MA-009 sondermuell + abfallbehandlung + verfahrensentwicklung + wirtschaftlichkeit + OSNABRUECK (STADT-LANDKREIS)
MA-011 abfallbeseitigung + sondermuell + richtlinien
MA-034 industrieabfaelle + sondermuell + prognose
MB-052 sondermuell + radioaktive abfaelle + hochtemperaturabbrand + emissionsmessung + recycling
MB-054 muellvergasung + abfallbeseitigung + hausmuell + sondermuell
MC-002 abfallablagerung + tieflagerung + sondermuell
MC-006 sondermuell + tieflagerung + bergwerk + planungshilfen
MC-009 deponie + sondermuell + metallindustrie + sickerwasser
MC-021 abfallagerung + sondermuell + deponie + standortfaktoren + NORDRHEIN-WESTFALEN
MC-029 grundwasserbelastung + sickerwasser + deponie + sondermuell
MD-013 hausmuell + sondermuell + recycling + aktivkohle + wirtschaftlichkeit
ME-010 sondermuell + recycling + BADEN-WUERTTEMBERG
ME-011 sondermuell + industrieabfaelle + recycling + (informationssystem) + BADEN-WUERTTEMBERG (NORD)
ME-026 abfallbehandlung + sondermuell + pyrolyse + recycling
ME-055 sondermuell + recycling
MG-018 abfallbeseitigung + sondermuell + planung + entscheidungsmodell
MG-024 abfallbeseitigung + sondermuell + rahmenplan + BADEN-WUERTTEMBERG
MG-031 sondermuell + abfallbeseitigung + abfallboerse + europaeische gemeinschaft
MG-033 abfallbeseitigung + sondermuell + rechtsvorschriften + internationale zusammenarbeit + EG-LAENDER

sonnenstrahlung

AA -138 klimatologie + niederschlag + sonnenstrahlung + kartierung
CB -056 smog + sonnenstrahlung
SA -009 energietechnik + sonnenstrahlung
SA -013 energietechnik + sonnenstrahlung
SA -022 sonnenstrahlung + energietechnik + (sonnenkollektor) + NECKAR (MITTLERER NECKAR-RAUM) + STUTTGART
SB -021 energieversorgung + sonnenstrahlung + waermespeicher + bautechnik
SB -025 waermespeicher + sonnenstrahlung

soziale infrastruktur

UA -019 soziale infrastruktur + forschungsplanung + wachstum
UF -008 soziale infrastruktur + stadtentwicklung + planungsmodell
UF -009 stadtentwicklung + wohngebiet + soziale infrastruktur
UG -001 soziale infrastruktur + kommunale planung + buergerbeteiligung
UG -002 soziale infrastruktur + kommunale planung + buergerbeteiligung + (literaturstudie)
UG -007 soziale infrastruktur + laendlicher raum + statistik + (aktivitaetsmuster)
UG -011 regionalplanung + soziale infrastruktur + bewertungsmethode + KARLSRUHE (REGION) + OBERRHEIN
UG -017 soziale infrastruktur + interessenkonflikt + planung + buergerbeteiligung
UG -018 soziale infrastruktur + kommunale planung + interessenkonflikt

soziale integration

TB -037 wohngebiet + randgruppen + soziale integration + psychiatrie + MANNHEIM + RHEIN-NECKAR-RAUM
TE -017 psychiatrie + rehabilitation + soziale integration + MUENCHEN (REGION)

soziale kosten

MG-028 recycling + planungsdaten + soziale kosten + oekonomische aspekte + (unternehmensplanung)
UC -032 umweltpolitik + umweltbelastung + soziale kosten + RHEIN-RUHR-RAUM
UC -036 umweltbelastung + soziale kosten + (betriebswirtschaftliche aspekte)
UC -041 unternehmensrechnung + umweltfaktoren + soziale kosten
UC -049 umweltrecht + oekonomische aspekte + soziale kosten + verursacherprinzip + gemeinlastprinzip

sozialgeographie

UF -027 sozialgeographie + gastarbeiter + BERLIN
UF -036 urbanisierung + sozialgeographie + BAYERN (SUED)
UH -014 sozialgeographie + gemeinde + RHEINHESSEN + OBERRHEIN

sozialindikatoren

TB -005 lebensqualitaet + sozialindikatoren + modell
TB -011 sozialindikatoren + lebensqualitaet + sozio-oekonomische faktoren + (auswertungsprogramm)
TB -032 wohnwert + lebensqualitaet + siedlungsplanung + sozialindikatoren
UA -002 umweltprobleme + bewertungsmethode + sozialindikatoren
UA -009 sozialindikatoren + statistische auswertung
UG -008 infrastruktur + gastarbeiter + sozialindikatoren + (auslaender)

sozialmedizin

TE -014 infrastruktur + bedarfsanalyse + psychiatrie + sozialmedizin + epidemiologie + (geistig behinderte kinder) + MANNHEIM + RHEIN-NECKAR-RAUM

sozio-oekonomische faktoren

RA -006 landwirtschaft + standortwahl + sozio-oekonomische faktoren + RHEIN-MAIN-GEBIET
RA -008 laendlicher raum + genossenschaften + bevoelkerungsentwicklung + sozio-oekonomische faktoren
TB -010 industrie + sozio-oekonomische faktoren + siedlungsentwicklung + (farbwerke hoechst) + RHEIN-MAIN-GEBIET
TB -011 sozialindikatoren + lebensqualitaet + sozio-oekonomische faktoren + (auswertungsprogramm)

TB -012 oekologie + bevoelkerung + sozio-oekonomische faktoren + mortalitaet + HANNOVER
TB -022 wohnraum + sozio-oekonomische faktoren + bevoelkerung
TC -009 erholungseinrichtung + sozio-oekonomische faktoren
UC -028 wirtschaftswachstum + modell + wachstumsgrenzen + sozio-oekonomische faktoren + (club of rome)
UC -029 urbanisierung + sozio-oekonomische faktoren + (stadt-land-beziehungen)
UC -030 umweltbelastung + sozio-oekonomische faktoren + indikatoren + RHEIN-RUHR-RAUM
UE -042 landesentwicklung + systemanalyse + sozio-oekonomische faktoren + BADEN-WUERTTEMBERG + NECKAR (MITTLERER NECKAR-RAUM) + STUTTGART
UF -030 stadtentwicklung + planungsdaten + bevoelkerungsentwicklung + sozio-oekonomische faktoren + OLDENBURG (STADT)
UG -013 entsorgung + sozio-oekonomische faktoren + HAMBURG (RAUM)
UH -024 strassenbau + stadtgebiet + umweltbelastung + sozio-oekonomische faktoren
UI -012 verkehrssystem + oeffentlicher nahverkehr + sozio-oekonomische faktoren + (anrufbus) + BODENSEE (RAUM)
UK -013 landesplanung + erholungsgebiet + sozio-oekonomische faktoren + CALW (RAUM)
UK -021 freiraum + stadtgebiet + sozio-oekonomische faktoren
UK -059 landschaftspflege + erholungsplanung + camping + sozio-oekonomische faktoren
UK -060 freiraumplanung + grosstadt + sozio-oekonomische faktoren + HANNOVER
UL -072 landschaftsoekologie + siedlungsentwicklung + sozio-oekonomische faktoren + SPESSART

so2

siehe schwefeldioxid

spaltprodukte

siehe unter radioaktive spaltprodukte

speicherung

HD -002 trinkwasser + speicherung + materialtest + bakterien
HG -062 fliessgewaesser + speicherung + ALPENRAUM

spektralanalyse

AA -038 atmosphaere + spektralanalyse + spurenstoffe + luftchemie
OA -002 schadstoffnachweis + simultananalyse + spektralanalyse
OA -025 schadstoffnachweis + spektralanalyse + simultananalyse

sperrmuell

MD-025 siedlungsabfaelle + sperrmuell + abfallsortierung + recycling + LUDWIGSBURG (LANDKREIS) + STUTTGART

sporen

AA -003 luftverunreinigende stoffe + pollen + sporen + DAVOS + SCHWEIZ + HELGOLAND + DEUTSCHE BUCHT
CA -106 luftverunreinigung + pollen + sporen
PE -052 luftverunreinigung + pollen + sporen + allergie

spritzmittel

TA -060 arbeitsschutz + schadstoffmessung + spritzmittel

spurenanalytik

BB -001 muellverbrennung + feinstaeube + spurenanalytik + schwermetalle
CA -040 schadstoffnachweis + stickstoffdioxid + spurenanalytik + (plasmabrenner)
CA -042 luftverunreinigende stoffe + nachweisverfahren + spurenanalytik + (mehrkomponentenanalyse)
CA -107 luftverunreinigende stoffe + spurenanalytik + (gaschromatographie)
CB -053 schwefelwasserstoff + spurenanalytik
HA -057 oberflaechengewaesser + hydrologie + spurenanalytik + (mischungsmodell) + BODENSEE
IA -005 wasserverunreinigende stoffe + spurenanalytik + roentgenstrahlung + BODENSEE
KA -002 abwasserkontrolle + spurenanalytik + gewaesserueberwachung + cyanide + messverfahren
KA -021 gewaesser + organische schadstoffe + spurenanalytik
NB -001 spurenelemente + aktivierungsanalyse + spurenanalytik
NB -038 radionuklide + schadstoffe + spurenanalytik
OA -011 spurenanalytik + nachweisverfahren
OA -012 schadstoffnachweis + spurenanalytik + arbeitsschutz
OA -017 umweltchemikalien + biozide + spurenanalytik
OA -018 luftverunreinigende stoffe + spurenanalytik + (laser-raman-spektroskopie)
OA -019 spurenanalytik + verfahrensentwicklung + (neutronenaktivierungsanalyse)
OA -024 geochemie + umweltchemikalien + spurenanalytik + SUEDWESTDEUTSCHLAND
OA -035 spurenanalytik + nachweisverfahren + (multielementbestimmung)
OA -037 aerosolmesstechnik + metalle + spurenanalytik
OB -001 umweltchemikalien + geochemie + spurenanalytik + schwermetalle + AACHEN-STOLBERG
OB -008 abwasser + quecksilber + spurenanalytik
OB -010 schwermetalle + spurenanalytik + nachweisverfahren
OB -011 chlor + luft + spurenanalytik
OB -012 wasser + schwermetalle + spurenanalytik
OB -021 geochemie + schwermetalle + spurenanalytik + DEUTSCHLAND (SUED-WEST)
OB -022 geochemie + metalle + schwefelverbindungen + spurenanalytik
OC -017 umweltchemikalien + spurenanalytik + dieldrin + (thc)
OC -030 gesundheitsschutz + luftverunreinigende stoffe + spurenanalytik + (alkylierende verbindungen)
OD -066 spurenanalytik + organismus
PA -031 schwermetallkontamination + spurenanalytik + (haare)
PF -006 boden + landwirtschaftliche produkte + spurenanalytik
PF -036 bodenbelastung + spurenanalytik + EIFEL + LAACHER SEE
PF -069 geochemie + schwermetalle + spurenanalytik
QA -021 milchverarbeitung + spurenanalytik
QA -073 lebensmittelueberwachung + schwermetalle + spurenanalytik
QB -024 milchverarbeitung + lebensmittelhygiene + toxine + spurenanalytik
QB -025 milchverarbeitung + lebensmittelhygiene + antibiotika + spurenanalytik
QB -033 nitrosamine + lebensmittel + spurenanalytik
QC -009 weinbau + duengemittel + spurenanalytik
QC -010 lebensmittelkontamination + wein + spurenanalytik

spurenelemente

AA -102 luftchemie + aerosole + spurenelemente
HA -071 fliessgewaesser + stofftransport + spurenelemente + analytik + ACHEN (TIROL) + ALPENRAUM
HA -091 sedimentation + fliessgewaesser + spurenelemente + BAYERN (OBERBAYERN)
HB -027 hydrogeologie + bodenwasser + spurenelemente + analytik + ALPENVORLAND
HB -056 hydrogeologie + mineralstoffe + spurenelemente + BAYERN (NORD)
HC -036 meerwasser + spurenelemente
HD -008 oberflaechenwasser + trinkwasser + spurenelemente + messverfahren
HD -022 oberflaechenwasser + grundwasser + trinkwasser + spurenelemente + RUHR (EINZUGSGEBIET)
IA -006 fliessgewaesser + spurenelemente + (nachweisverfahren) + LAHN
IA -007 gewaesseruntersuchung + spurenelemente + geochemie + ALSTER + ELBE
IC -109 fliessgewaesser + spurenelemente + RUHR (EINZUGSGEBIET)
NB -001 spurenelemente + aktivierungsanalyse + spurenanalytik
NB -037 radionuklide + spurenelemente + blei + cadmium + ueberwachung
NB -040 mensch + spurenelemente + messverfahren

OA-008 gewaesserueberwachung + meer + schadstoffnachweis + spurenelemente + NORDSEE + OSTSEE
OA-038 spurenelemente + analyseverfahren
OB-013 spurenelemente + abfall + gewaesserverunreinigung
OB-024 umweltchemikalien + spurenelemente + oekotoxizitaet + nachweisverfahren
OD-003 bodenkontamination + pflanzenkontamination + luftverunreinigung + spurenelemente + AACHEN-STOLBERG
OD-012 umweltforschung + spurenelemente
OD-036 naturstein + umweltchemikalien + spurenelemente + emission + SCHWAEBISCHE ALB
OD-038 boden + spurenelemente + schwermetalle + wasserhaushalt + stoffhaushalt + SCHWARZWALD (SUED)
PA -038 tiere + schwermetalle + spurenelemente + nachweisverfahren
PC -007 spurenelemente + organismus + metabolismus
PD -009 carcinogenese + benzpyren + spurenelemente + synergismus
PF -074 spurenelemente + nachweisverfahren
PG -045 schadstoffausbreitung + spurenelemente + bodenkontamination + anthropogener einfluss + TIROLER ACHEN
PH -044 bodenkontamination + radionuklide + spurenelemente + schadstoffausbreitung
PK -036 luftverunreinigung + muellverbrennungsanlage + spurenelemente + fluor
QA-023 lebensmittel + spurenelemente + kontamination + luftverunreinigung
QA-043 lebensmittel + spurenelemente + nachweisverfahren
QA-069 lebensmittel + spurenelemente + toxizitaet + nachweisverfahren
QA-075 spurenelemente + nachweisverfahren + lebensmittel
TE -005 spurenelemente + mineralstoffe + metabolismus
UD-003 meereskunde + metalle + spurenelemente + sediment + analytik + (manganknollen)
UD-004 gestein + rohstoffe + metalle + spurenelemente + nachweisverfahren

spurenstoffe

siehe auch radioaktive spurenstoffe
AA-038 atmosphaere + spektralanalyse + spurenstoffe + luftchemie
AA-129 luftchemie + atmosphaere + spurenstoffe + pflanzenphysiologie
AA-130 luftchemie + spurenstoffe + troposphaere + stratosphaere + (globale verteilung)
AA-131 luftchemie + atmosphaere + spurenstoffe + mikrobiologie + erdoberflaeche
AA-145 meteorologie + atmosphaere + spurenstoffe + analytik
CA-075 luftverunreinigung + aerosole + spurenstoffe + messverfahren + (pruefgas + kalibrierung)
CA-081 luftchemie + atmosphaere + spurenstoffe + nachweisverfahren + geraeteentwicklung
CB-061 aerosole + teilchengroesse + spurenstoffe + atmosphaere
CB-075 atmosphaere + gase + spurenstoffe + schadstofftransport
CB-076 atmosphaere + spurenstoffe + reaktionskinetik
CB-077 luftchemie + atmosphaere + spurenstoffe + anthropogener einfluss
HA-039 spurenstoffe + auswaschung
HD-006 trinkwasser + spurenstoffe + epidemiologie
IA -021 hydrologie + spurenstoffe + nachweisverfahren + tracer
IC -026 fliessgewaesser + schwermetallkontamination + sediment + spurenstoffe + LAHN
IC -093 gewaesserueberwachung + spurenstoffe + schwermetalle + NORDRHEIN-WESTFALEN
OA-014 spurenstoffe + geochemie + schwermetalle + (untersuchungsmethoden) + ISAR
OC-031 spurenstoffe + organische stoffe + (druckdestillation)
OD-054 bodenbeschaffenheit + beryllium + spurenstoffe + (geochemische untersuchung) + HOHE TAUERN + ALPEN
PE -027 trinkwasser + spurenstoffe + zivilisationskrankheiten + epidemiologie + HESSEN (NORD)
PF -029 bodenkontamination + sickerwasser + spurenstoffe + geochemie + (adsorptionsversuche)
PF -033 geochemie + spurenstoffe + (beryllium) + ALPENRAUM
PH -007 spurenstoffe + gewaesser + geochemie
PH -023 geochemie + spurenstoffe + bodenkunde
PH -040 duengemittel + spurenstoffe + biologische wirkungen
QA-027 lebensmittelkontamination + schwermetalle + spurenstoffe
RC -014 bodenkunde + spurenstoffe + geochemie

stabilisierung

KE -012 klaerschlamm + stabilisierung + analytik

stadt

AA-050 klima + stadt + luftmassenaustausch + (windschwache wetterlagen) + MANNHEIM + RHEIN-NECKAR-RAUM
PD -062 luftverunreinigung + stadt + carcinogene wirkung + tiere
TB -017 stadt + mobilitaet + (familiensituation)
TB -031 kfz + strassenverkehr + stadt + bewertungskriterien
UF -005 stadtkern + stadtrandzone + stadt + klima + FRANKFURT + RHEIN-MAIN-GEBIET
UH-031 strassenbau + stadt + richtlinien
UK-063 stadt + erholungsgebiet + oekologische faktoren + AACHEN

stadtentwicklung

FD -026 stadtentwicklung + laermschutzplanung + strassenverkehr + industrie + laermkarte + BRUNSBUETTEL + ELBE-AESTUAR
UB -012 stadtentwicklung + raumordnung + planungsmodell + gesetz + (bundesbaugesetz)
UE -021 entwicklungslaender + stadtentwicklung + flaechennutzung + wirtschaftsstruktur + infrastruktur + TUERKEI (SCHWARZMEERKUESTE) + ANATOLIEN
UF -008 soziale infrastruktur + stadtentwicklung + planungsmodell
UF -009 stadtentwicklung + wohngebiet + soziale infrastruktur
UF -015 stadtentwicklung + staedtebau + baulanderschliessung
UF -024 bauleitplanung + stadtentwicklung
UF -028 stadtentwicklung + infrastrukturplanung + entwicklungslaender
UF -029 stadtentwicklung + rahmenplan + grosstadt + OSNABRUECK
UF -030 stadtentwicklung + planungsdaten + bevoelkerungsentwicklung + sozio-oekonomische faktoren + OLDENBURG (STADT)
UF -035 stadtentwicklung + verkehrsplanung + wohnen
UK-035 landschaftsplanung + stadtentwicklung + MEMMINGEN
UK-064 landschaftsoekologie + stadtentwicklung + nutzungsplanung + (gutachten) + AACHEN

stadtentwicklungsplanung

UE -043 regionalplanung + stadtentwicklungsplanung + datenverarbeitung
UF -003 stadtentwicklungsplanung + simulationsmodell
UF -004 stadtentwicklungsplanung + verwaltung + verfahrensentwicklung
UF -006 stadtentwicklungsplanung + staedtebau + (bausysteme)
UF -014 stadtentwicklungsplanung + simulation
UF -032 stadtentwicklungsplanung + rechtsvorschriften + (bundesbaugesetz)
UF -033 kommunale planung + stadtentwicklungsplanung + bauleitplanung + CASTROP-RAUXEL + ESSLINGEN + HERZOGENRATH + ELMSHORN
UF -034 kommunale planung + stadtentwicklungsplanung + bauleitplanung + CASTROP-RAUXEL + RHEIN-RUHR-RAUM + ESSLINGEN + HERZOGENRATH + ELMSHORN
UG-009 stadtentwicklungsplanung + wohnfolgeeinrichtungen + standortfaktoren

stadtgebiet

AA-021 luftverunreinigung + stadtgebiet + NUERNBERG
AA-086 bioklimatologie + stadtgebiet + BERLIN
AA-090 gruenflaechen + immissionsschutz + stadtgebiet + RAUNHEIM + OBERRHEIN
AA-110 luftqualitaet + stadtgebiet + bewertungskriterien

AA-121 lufthygiene + emissionskataster + stadtgebiet + bioindikator + meteorologie + AUGSBURG
AA-141 atmosphaerische schichtung + luftmassenaustausch + schadstofftransport + stadtgebiet
AA-143 immissionsmessung + stadtgebiet + KARLSRUHE + OBERRHEIN
CA-016 immissionsmessung + schwefeldioxid + stadtgebiet + MUENCHEN
CA-044 luftverunreinigung + bioindikator + stadtgebiet + FRANKFURT + RHEIN-MAIN-GEBIET
CA-091 luftverunreinigung + stadtgebiet + kohlenwasserstoffe
FB-031 stadtgebiet + strassenverkehr + laerm + abgas
FB-033 stadtgebiet + schienenverkehr + laermentstehung + schallmessung + laermschutzwand + (bahnstrecke) + FULDA
FB-080 verkehrslaerm + strassenverkehr + stadtgebiet + prognose
FD-007 laermbelastung + stadtgebiet + kartierung + bundesimmissionsschutzgesetz + oekonomische aspekte + KONSTANZ + BODENSEE-HOCHRHEIN
IB-007 abwasserableitung + niederschlagsabfluss + stadtgebiet + vorfluter + (simulation)
IB-023 niederschlagsabfluss + kanalisation + stadtgebiet + messtellennetz
IB-026 niederschlagsabfluss + stadtgebiet + bautechnik
IB-029 niederschlagsmessung + kanalisation + abflussmodell + stadtgebiet + MUENCHEN
IB-030 niederschlagsabfluss + stadtgebiet + klaeranlage + vorfluter + MUENCHEN (RAUM)
PI-007 stadtgebiet + oekosystem + bewertungskriterien
SB-018 mikroklimatologie + waermebelastung + bauwesen + stadtgebiet
TB-007 bevoelkerungsgeographie + stadtgebiet
TF-032 umweltbelastung + insekten + stadtgebiet + erholungsgebiet
UA-064 umweltprogramm + stadtgebiet + WUPPERTAL + RHEIN-RUHR-RAUM
UH-024 strassenbau + stadtgebiet + umweltbelastung + sozio-oekonomische faktoren
UH-029 verkehrsplanung + strassenbau + stadtgebiet + planungshilfen + HATTINGEN + RHEIN-RUHR-RAUM
UI-015 nahverkehr + stadtgebiet + oekonomische aspekte
UI-019 verkehr + fussgaenger + stadtgebiet + (verkehrserzeugungsmodell)
UK-021 freiraum + stadtgebiet + sozio-oekonomische faktoren
UM-051 pflanzenoekologie + stadtgebiet + deponie + BERLIN

stadthygiene

TF-026 stadthygiene + tierische faekalien + krankheitserreger + grosstadt + (hundekot)

stadtkern

TB-015 wohnungsbau + stadtkern + wohnbeduerfnisse + psychologische faktoren
UF-005 stadtkern + stadtrandzone + stadt + klima + FRANKFURT + RHEIN-MAIN-GEBIET
UG-003 standtentwicklungsplanung + infrastruktur + stadtkern + (dienstleistungsbetriebe)

stadtklima

AA-119 stadtklima + wohnungsbau + mikroklimatologie + stadtplanung
AA-123 klimaaenderung + energieverbrauch + waermehaushalt + verdichtungsraum + stadtklima + MUENCHEN
TD-011 luftverunreinigung + stadtklima + ausbildung + schulen + (unterrichtsmodell)

stadtoekosystem

AA-015 baustoffe + begruenung + stadtoekosystem
AA-016 gebaeude + begruenung + stadtoekosystem

stadtplanung

siehe auch sanierungsplanung
siehe auch siedlungsplanung
siehe auch stadtentwicklungsplanung

AA-043 klimatologie + luftbewegung + stadtplanung
AA-119 stadtklima + wohnungsbau + mikroklimatologie + stadtplanung
BA-059 stadtverkehr + kfz-abgase + kohlenmonoxid + immissionsbelastung + stadtplanung + MAINZ + RHEIN-MAIN-GEBIET
FD-025 stadtplanung + laermschutzplanung + bauakustik + (columbus-center) + BREMERHAVEN (CENTRUM)
TB-021 stadtplanung + lebensqualitaet + (anwaltsplanung) + DARMSTADT-KRANICHSTEIN + RHEIN-MAIN-GEBIET
UE-017 stadtplanung + regionalplanung + modell
UE-032 stadtplanung + raumplanung + infrastruktur + strukturanalyse + SCHWAEBISCH-GMUEND
UE-037 landschaftsgestaltung + stadtplanung + wohngebiet + wald + (fallstudien)
UF-011 stadtplanung + freiflaechen + rahmenplan + KEMPTEN
UF-020 stadtplanung + wohnungsbau + freiflaechen + DARMSTADT-KRANICHSTEIN + RHEIN-MAIN-GEBIET
UF-031 stadtplanung + grosstadt + bodenvorratspolitik + kosten-nutzen-analyse + STOCKHOLM
UH-035 stadtplanung + verkehrsplanung + mobilitaet + (benachteiligte bevoelkerungsgruppen)
UI-011 oeffentlicher nahverkehr + verkehrssystem + stadtplanung + MAINZ + RHEIN-MAIN-GEBIET

stadtrandzone

UF-005 stadtkern + stadtrandzone + stadt + klima + FRANKFURT + RHEIN-MAIN-GEBIET

stadtregion

AA-054 luftverunreinigung + stadtregion + polyzyklische kohlenwasserstoffe + carcinogene wirkung + RHEIN-MAIN-GEBIET + KASSEL + WETZLAR-GIESSEN
AA-140 klimatologie + stadtregion + schadstoffausbreitung + inversionswetterlage + (prognosemodell) + HAMBURG (RAUM)
IB-032 niederschlagsabfluss + stadtregion + abflussmodell + ALPENVORLAND
UH-027 verkehr + stadtregion + nutzungsplanung + (verkehrsaufkommen + minimierung)

stadtsanierung

FD-034 laermschutzplanung + stadtsanierung
FD-042 laermschutzplanung + stadtsanierung + industrieanlage + standortwahl
UF-001 verkehrsplanung + stadtsanierung + WASSENBERG (NORDRHEIN-WESTFALEN)
UF-013 stadtsanierung + schallimmission + laermschutzplanung + OSNABRUECK
UF-017 stadtsanierung + KOBLENZ-LUETZEL
UF-021 stadtsanierung + oekonomische aspekte + BERLIN-WEDDING

stadtverkehr

BA-059 stadtverkehr + kfz-abgase + kohlenmonoxid + immissionsbelastung + stadtplanung + MAINZ + RHEIN-MAIN-GEBIET
CB-088 luftverunreinigende stoffe + stadtverkehr + blei + luftbewegung + (vertikalprofil)
DA-029 kfz-abgase + hybridmotor + stadtverkehr
DA-059 fahrzeugantrieb + erdgasmotor + emissionsminderung + stadtverkehr + ballungsgebiet
FC-087 stadtverkehr + schienenverkehr + schallemission + laermschutz
UH-018 verkehrsplanung + stadtverkehr + kosten-nutzen-analyse
UI-023 fahrzeugantrieb + elektrofahrzeug + personenverkehr + stadtverkehr + emissionsminderung
UL-075 verkehrsplanung + stadtverkehr + oekologische faktoren + (wirkungsanalyse) + HILDESHEIM + HANNOVER

staedtebau

FD-023 staedtebau + laermschutz
FD-035 staedtebau + schallausbreitung
FD-037 laermschutz + staedtebau + normen
MG-030 staedtebau + abfallbeseitigung + siedlungsabfaelle
TB-002 staedtebau + wohnungsbau + wohnwert + BREMEN

TB -025 staedtebau + freiflaechen + BERLIN
TB -029 staedtebau + wohnwert + psychologische faktoren + NUERNBERG + FUERTH + ERLANGEN
TB -033 wohnungsbau + staedtebau + psychologische faktoren
TC -011 staedtebau + freiflaechen + HANNOVER
UF -006 stadtentwicklungsplanung + staedtebau + (bausysteme)
UF -007 staedtebau + ballungsgebiet + (ziele)
UF -015 stadtentwicklung + staedtebau + baulanderschliessung
UF -018 staedtebau + berechnungsmodell

staedtebaufoerderungsgesetz

UF -019 staedtebaufoerderungsgesetz + landesentwicklungsplanung + sanierungsplanung + HESSEN
UF -022 sanierungsplanung + bewertungskriterien + staedtebaufoerderungsgesetz

staeube

ME -003 huettenindustrie + staeube + recycling + elektroinduktionsofen

stahl

NC -017 kernreaktor + reaktorsicherheit + werkstoffe + stahl + untersuchungsmethoden
NC -110 kernreaktor + reaktorsicherheit + druckbehaelter + werkstoffe + stahl
PK -010 stahl + korrosion + wasserbau + (temperaturabhaengigkeit)
PK -024 korrosionsschutz + eisen + stahl

stahlindustrie

BB -002 luftverunreinigung + schadstoffemission + stickoxide + gasfeuerung + stahlindustrie
DC -008 stahlindustrie + emissionsminderung + verfahrenstechnik
DC -020 abgasreinigung + entstaubung + fluorverbindungen + stahlindustrie + (emissionsgrenzwerte)
DC -028 emissionsminderung + stahlindustrie + (ferrolegierungsofen)
KC -065 biologische abwasserreinigung + stahlindustrie + pflanzen
PK -011 stahlindustrie + (nitrierverfahren)
UC -017 stahlindustrie + umweltschutzmassnahmen + kosten

stallmistverwertung

siehe auch duengemittel
MF -039 stallmistverwertung + ackerland + gruenland

standardisierung

CA -057 immissionsmessung + meteorologie + standardisierung
FA -076 geraeuschmessung + messverfahren + bewertungsmethode + standardisierung
MG -027 abwasserreinigung + klaerschlammbehandlung + standardisierung
NB -013 schadstoffe + simultananalyse + testverfahren + standardisierung + geraeteentwicklung
OB -019 mensch + bleikontamination + analyseverfahren + standardisierung
UK -032 landschaftsrahmenplan + agrarplanung + standardisierung

standards

siehe auch normen

standort

RA -016 landwirtschaft + standort + (konkurrenzvergleich)

standortfaktoren

MC -017 abfallbeseitigung + deponie + standortfaktoren + abfallmenge + prognose + DILLINGEN A. D. DONAU
MC -021 abfallagerung + sondermuell + deponie + standortfaktoren + NORDRHEIN-WESTFALEN
MC -040 deponie + standortfaktoren + AACHEN (RAUM)
MC -049 moor + klaerschlamm + deponie + standortfaktoren + DEUTSCHLAND (NORD-WEST)
PF -073 bodenstruktur + schwermetallbelastung + standortfaktoren
PI -026 mikrobiologie + bakterienflora + standortfaktoren + salzgehalt + (alkaliseen) + AEGYPTEN
RD -025 bodenbeschaffenheit + standortfaktoren
RE -001 kulturpflanzen + duengung + pflanzenertrag + standortfaktoren + tropen
RF -010 massentierhaltung + standortfaktoren
RG -003 rekultivierung + wald + standortfaktoren
TC -012 erholungsplan + fremdenverkehr + freizeitanlagen + standortfaktoren + PFAELZER WALD + GENEZARETH
UG -009 stadtentwicklungsplanung + wohnfolgeeinrichtungen + standortfaktoren
UK -007 raumplanung + oekologie + umweltbelastung + standortfaktoren
UK -016 landschaftsplanung + bodenkunde + bodennutzung + standortfaktoren
UM -028 landschaftsoekologie + vegetation + standortfaktoren + INZELL + TEISENBERG + BAYERN
UM -030 vegetation + forstwirtschaft + standortfaktoren + BAD WINDSHEIM/KEHRENBERG
UM -047 strassenbaum + standortfaktoren + BERLIN
UM -062 vegetation + standortfaktoren + TEISENBERG
UM -070 pflanzenoekologie + standortfaktoren + strassenbau

standortforschung

PI -030 standortforschung + oekologische faktoren + HESSEN (NORD)

standortwahl

BE -001 chemische industrie + muellverbrennungsanlage + standortwahl + geruchsbelaestigung
CB -010 luftverunreinigung + kraftwerk + standortwahl + umweltbelastung
FD -042 laermschutzplanung + stadtsanierung + industrieanlage + standortwahl
HB -087 meerwasserentsalzung + aufbereitungsanlage + standortwahl + TUNESIEN
MB -002 kfz-wrack + abfallbeseitigungsanlage + standortwahl + (verschrottungsanlagen)
MC -033 abfallbeseitigung + deponie + standortwahl + gutachten + KARLSRUHE + OBERRHEIN
MC -036 deponie + wasserhaushalt + standortwahl
MC -047 abfallbeseitigung + planung + standortwahl + MUENCHEN
MD -018 klaerschlamm + wiederverwendung + kompostierung + standortwahl
NC -010 kerntechnische anlage + standortwahl + (entscheidungsinstrument)
NC -034 radioaktive abfaelle + aufbereitungstechnik + standortwahl
NC -035 infrastrukturplanung + kernkraftwerk + standortwahl + (edv-programm)
NC -097 reaktor + standortwahl
ND -010 radioaktive abfaelle + endlagerung + standortwahl + (salzkaverne)
ND -015 radioaktive abfaelle + meer + tiefversenkung + standortwahl + ATLANTIK
ND -039 kernkraftwerk + entsorgung + radioaktive abfaelle + aufbereitungsanlage + standortwahl
RA -006 landwirtschaft + standortwahl + sozio-oekonomische faktoren + RHEIN-MAIN-GEBIET
RF -018 nutztierhaltung + standortwahl + rind
SA -030 energiewirtschaft + kraftwerk + standortwahl + optimierungsmodell + OBERRHEINEBENE
SA -041 energieumwandlung + standortwahl + oekologische faktoren + simulationsmodell + BADEN-WUERTTEMBERG
UC -003 umweltplanung + standortwahl + oekologische faktoren
UC -004 industrie + standortwahl + (planungshilfen)
UC -006 industrie + standortwahl + umweltvertraeglichkeitspruefung
UC -013 wirtschaftsstruktur + industrie + standortwahl + (betriebsgroesse) + HESSEN
UC -015 flughafen + standortwahl
UC -018 ausbildung + beruf + standortwahl + informationssystem + planungsmodell

UC -039 abfallbeseitigungsanlage + standortwahl + planungshilfen + BODENSEEGEBIET
UH -038 flughafen + standortwahl + BADEN-WUERTTEMBERG
UK -065 strassenbau + naturschutz + landschaftspflege + standortwahl + (richtlinien + nutzungsmodelle)

standtentwicklungsplanung
UG -003 standtentwicklungsplanung + infrastruktur + stadtkern + (dienstleistungsbetriebe)

statistik
FB -010 strassenverkehr + verkehrslaerm + statistik
PC -055 bakterien + antibiotika + wirkmechanismus + statistik
PE -018 luftverunreinigung + morbiditaet + mortalitaet + statistik
UG -007 soziale infrastruktur + laendlicher raum + statistik + (aktivitaetsmuster)

statistische auswertung
AA -031 luftverunreinigung + immissionsmessung + statistische auswertung + FRANKFURT + RHEIN-MAIN-GEBIET + SAARBRUECKEN + MUENCHEN
BA -065 kfz-abgase + schadstoffemission + ottomotor + statistische auswertung
FB -012 verkehrslaerm + bewertungsmethode + statistische auswertung
UA -009 sozialindikatoren + statistische auswertung
VA -029 umweltprobleme + fliegende messtation + luftbild + statistische auswertung

staub
siehe auch asbeststaub
siehe auch feinstaeube
siehe auch flugasche
siehe auch flugstaub
siehe auch russ
siehe auch schwebstoffe
AA -045 immissionsmessung + staub + blei + verdichtungsraum + freiraumplanung + AALEN-WASSERALFINGEN
AA -165 staub + immissionsmessung + KOELN (RAUM) + RHEIN-RUHR-RAUM
BB -005 abgas + schwefeldioxid + staub + analytik
BB -030 abgasemission + staub + rauch + teilchengroesse
BC -024 gummiindustrie + abgas + staub
BC -025 holzindustrie + umweltbelastung + staub + laerm
BD -010 nutztierstall + abluft + staub
CA -051 emissionsueberwachung + staub + messtechnik
CA -060 staub + korngroessenverteilung + atemtrakt
CA -074 staub + nachweisverfahren
CA -082 immissionsmessung + staub
CB -030 gase + staub + fluessigkeit + stroemung
CB -031 gase + staub + stroemung + messverfahren
CB -060 staub + (ausbreitung hinter einer luftdruckwelle)
DC -041 zuckerindustrie + emissionsminderung + staub
DC -055 emissionsminderung + staub + filter + verfahrensoptimierung
DD -036 gase + staub + stroemung
DD -037 staub + gase + aerosole
DD -038 staub + gase + stroemung
DD -041 abluftreinigung + staub + modell
EA -009 immissionsschutzgesetz + staub + messung
PC -056 luftverunreinigung + staub + zellkultur + wirkmechanismus
PE -019 staub + atemtrakt + allergie
PE -023 industrieabgase + staub + immissionsbelastung + tierorganismus + NORDENHAM + WESER-AESTUAR
PE -051 luftverunreinigung + staub + asbest + quarz + atemtrakt
TA -064 staub + silikose + zytotoxizitaet

staubabscheidung
siehe auch entstaubung
DC -052 abgasreinigung + staubabscheidung + filtermaterial + (glasfasern)
DD -017 gasreinigung + staubabscheidung + filter
DD -033 staubabscheidung + gasreinigung + verfahrenstechnik
DD -034 staubabscheidung + verfahrensoptimierung
DD -035 staubabscheidung + staubfilter + (faserschichtfilter)
DD -039 staubabscheidung + staubfilter + (faserfilter)
DD -040 staubabscheidung + kosten
DD -042 staubabscheidung + filtermaterial
DD -044 schadstoffbelastung + arbeitsplatz + feinstaeube + staubabscheidung
DD -051 abgas + schadstoffentfernung + staubabscheidung
DD -053 abgasreinigung + staubabscheidung + geraeteentwicklung
DD -057 rauchgas + staubabscheidung + (wirbelkammer)
DD -060 luftreinhaltung + schornstein + staubabscheidung

staubbelastung
CA -053 gase + staubbelastung + nachweisverfahren
DD -032 filter + staubbelastung + feinstaeube
PE -001 staubbelastung + physiologische wirkungen
TA -067 bergwerk + arbeitsplatz + staubbelastung + staubminderung

staubemission
AA -112 staubemission + gase
BB -024 emissionsueberwachung + staubemission + messtechnik
BC -007 massenschuettgut + staubemission
BC -008 staubemission + metallbearbeitung
BC -009 luftreinhaltung + abgasreinigung + staubemission + eisen- und stahlindustrie + (hochofen) + NORDRHEIN-WESTFALEN + RHEIN-RUHR-RAUM
BC -020 glasindustrie + staubemission + messverfahren + (glasschmelzofen)
BC -027 staubemission + mathematisches verfahren
BC -032 eisen- und stahlindustrie + staubemission + siemens-martin-ofen
BC -036 eisen- und stahlindustrie + sinteranlage + staubemission
BC -040 staubemission + messgeraet + baumaschinen + (asphaltmischanlgen)
BC -043 staubemission + messgeraet + russ + (kesselanlage)
BC -045 staubemission + brauereiindustrie + bundesimmissionsschutzgesetz
BD -001 staubemission + keime + abluft + massentierhaltung + (gefluegelgrosstaelle)
CA -073 abgas + staubemission + messverfahren
CB -029 staubemission + schadstoffausbreitung
DC -029 emissionsminderung + sinteranlage + staubemission
DC -033 holzindustrie + staubemission + emissionsminderung
DC -042 staubemission + chemische industrie + verfahrenstechnik + salze + abwasserbelastung
DC -066 staubemission + zuckerindustrie + (trocknungsanlage)
KC -072 zuckerindustrie + schlammverbrennung + staubemission
PE -004 staubemission + emissionsminderung + gesundheitsschutz

staubfilter
DD -019 staubfilter + luftverunreinigung + elektrische gasreinigung
DD -035 staubabscheidung + staubfilter + (faserschichtfilter)
DD -039 staubabscheidung + staubfilter + (faserfilter)

staubkonzentration
CA -054 staubkonzentration + emissionsueberwachung + geraeteentwicklung
DD -018 energietechnik + abgas + staubkonzentration + (gasentspannungsturbine)
TA -061 bergwerk + berufsschaeden + staubkonzentration + krankheitserreger + arbeitsmedizin + (tuberkulose)

staubmessgeraet
BB -025 staubmessgeraet + messgeraetetest
BC -034 industrieanlage + staubmessgeraet
CA -096 emissionsmessung + staubmessgeraet + geraeteentwicklung + (nulldrucksonde)
CA -103 emissionsueberwachung + industrieanlage + staubmessgeraet + (dampfkesselanlagen)
DB -039 staubmessgeraet + (dampfkesselanlage)

staubminderung
siehe auch entstaubung

BC -006 industrieabgase + staubminderung + siemens-martin-ofen
BD -005 staubminderung + arbeitsplatz + landwirtschaft
DC -006 industrieabgase + staubminderung + schwefeldioxid
DC -007 fabrikhalle + abluft + staubminderung
DC -021 textilindustrie + staubminderung + verfahrensentwicklung
DC -049 staubminderung + verfahrensentwicklung + eisen- und stahlindustrie
DC -056 staubminderung + bergbau + geraeteentwicklung
DC -057 staubminderung + bergbau + verfahrenstechnik
DC -058 staubminderung + bergbau + geraeteentwicklung
DC -059 staubminderung + bergbau
DC -062 bergwerk + staubminderung
DC -065 luftverunreinigung + ofen + abgas + staubminderung
TA -067 bergwerk + arbeitsplatz + staubbelastung + staubminderung

staubniederschlag

BB -032 kraftwerk + emission + immission + schwefeldioxid + staubniederschlag + WILHELMSHAVEN + JADEBUSEN
CA -055 schwermetalle + staubniederschlag + messtellennetz
CA -056 luftverunreinigung + staubniederschlag + schwermetalle + messmethode
PF -059 staubniederschlag + schwermetalle + bodenbelastung + pflanzen + ballungsgebiet

staubpegel

AA -164 staubpegel + messtellennetz + KOELN + BERGHEIM + RHEIN-RUHR-RAUM

staudamm

HG -018 staudamm + bodenbeschaffenheit + (abdichtungswirkung)

staustufe

HA -063 wasserwirtschaft + landschaft + staustufe + OBERRHEINEBENE + RASTATT (RAUM)
HA -064 wasserwirtschaft + fliessgewaesser + staustufe + erosion + RHEIN
HB -010 grundwasser + fluss + staustufe

steine/erden betriebe

DC -036 emissionsminderung + fluor + steine/erden betriebe
DC -051 schadstoffemission + fluor + steine/erden betriebe
ME -068 industrieabfaelle + steine/erden betriebe + rohstoffe + recycling

steinkohle

DB -004 steinkohle + verwertung + emissionsminderung + rauch + (brikettierung)
DB -009 entschwefelung + steinkohle + mikrobieller abbau + (pyrit)

sterilisation

KE -004 abwasserbehandlung + klaerschlamm + sterilisation + pasteurisierung + verfahrenstechnik + (strahlentechnik)
MF -046 tierkoerperbeseitigung + sterilisation + futtermittel + (tiermehl)

steuerbarkeit

UA -055 umweltpolitik + wirtschaftswachstum + steuerbarkeit + internationaler vergleich

steuerrecht

UC -011 umweltschutz + investitionen + steuerrecht

stickoxide

BA -011 verbrennungsmotor + schadstoffbildung + kohlenmonoxid + stickoxide
BA -063 kfz-abgase + stickoxide + analyseverfahren
BA -064 kfz-abgase + stickoxide + kohlenwasserstoffe + analyseverfahren
BB -002 luftverunreinigung + schadstoffemission + stickoxide + gasfeuerung + stahlindustrie
BB -006 gasfeuerung + stickoxide
BB -021 stickoxide + flamme
BB -033 feuerungsanlage + emission + stickoxide + (modellrechnung)
BC -002 luftverunreinigung + mak-werte + autogenes schweissen + stickoxide
CA -014 luftverunreinigung + immission + schwefeldioxid + stickoxide + messwagen
CA -030 stickoxide + messverfahren + geraeteentwicklung
CA -094 schadstoffnachweis + messgeraet + stickoxide
CA -095 emissionsmessgeraet + eichung + stickoxide
CB -018 verbrennung + gasfoermige brennstoffe + stickoxide
CB -062 oelflamme + stickoxide + russ
DA -051 ottomotor + reaktionskinetik + abgasminderung + stickoxide
DB -005 emissionsminderung + stickoxide + (kochstellenbrenner)
DB -018 schadstoffemission + stickoxide + emissionsminderung + gasturbine
DC -017 zementindustrie + emissionsminderung + stickoxide
DC -039 abgasminderung + stickoxide + katalysator
DD -024 abgasreinigung + stickoxide + adsorption + aktivkoks
DD -029 abgasentgiftung + stickoxide + katalyse
OA -003 stickoxide + infrarottechnik + nachweisverfahren
PC -057 luftverunreinigung + schwefeldioxid + stickoxide + atemtrakt + tierexperiment
PE -048 luftverunreinigung + schadstoffbelastung + stickoxide + atemtrakt
PH -016 schadstoffwirkung + flora + schwefeloxide + stickoxide + nachweisverfahren
TA -033 luftverunreinigung + stickoxide + arbeitsplatz + private haushalte + (gasherd)

stickstoff

CB -065 geochemie + atmosphaere + stofftransport + kohlendioxid + stickstoff
IF -001 duengemittel + stickstoff + gewaesserbelastung
IF -003 abwasserableitung + vorfluter + stickstoff + bakteriologie + (speichersee) + ISMANING + ISAR
KC -022 zellstoffindustrie + sulfite + stickstoff + duengemittel
OD -026 bodenbeeinflussung + pestizide + stickstoff
OD -057 bodenkontamination + trinkwasser + schadstoffabbau + pestizide + stickstoff
OD -058 schadstofftransport + stickstoff + duengemittel + auswaschung
PG -002 pflanzenschutzmittel + stickstoff + boden + pflanzen
PG -031 nitrosamine + pflanzenernaehrung + stickstoff
PH -018 bodenbelastung + stickstoff
PI -012 oekosystem + stickstoff
RD -014 bodenbeschaffenheit + stickstoff
RD -015 landwirtschaft + boden + stickstoff + stoffhaushalt
RD -047 ackerbau + pflanzen + duengemittel + stickstoff + langzeitwirkung
RE -017 stickstoff + duengemittel + pflanzenkontamination + (lignin)
RE -026 duengung + stickstoff + ackerbau
RE -032 nahrungsmittelproduktion + duengung + stickstoff + getreide
UM -069 gruenland + mineralstoffe + stickstoff + pflanzenernaehrung + HEILIGENHAFEN + OSTSEE

stickstoffdioxid

CA -040 schadstoffnachweis + stickstoffdioxid + spurenanalytik + (plasmabrenner)

stickstoffmonoxid

BA -043 abgas + stickstoffmonoxid + nachweisverfahren
BB -019 stickstoffmonoxid + flamme
CA -007 luftverunreinigung + messverfahren + stickstoffmonoxid
CB -057 stickstoffmonoxid + nachweisverfahren

stickstoffverbindungen

siehe auch amine
siehe auch ammoniak
siehe auch nitrate
siehe auch nitrite

ID -008 wasserbewegung + stickstoffverbindungen + sickerwasser + HANNOVER-FUHRENBERG
ID -025 wasserwerk + grundwasserbelastung + landwirtschaft + stickstoffverbindungen
IF -012 stickstoffverbindungen + stofftransport + gewaesserbelastung
KC -031 industrieabwaesser + klaeranlage + stickstoffverbindungen + biologischer abbau
PH -024 bodenbelastung + stickstoffverbindungen + abbau
RE -029 duengemittel + stickstoffverbindungen + ausbreitung + tracer

stoerfall

CB -001 kernreaktor + stoerfall + radioaktive substanzen + meteorologie
NC -008 kernreaktor + stoerfall + frueherkennung + druckbehaelter + schallmessung
NC -011 kernreaktor + kuehlsystem + reaktorsicherheit + stoerfall
NC -023 reaktorsicherheit + kuehlsystem + stoerfall
NC -025 reaktorsicherheit + kuehlsystem + stoerfall
NC -026 reaktorsicherheit + kuehlsystem + stoerfall
NC -039 kernreaktor + reaktorsicherheit + stoerfall + (kernschmelzen)
NC -042 kernreaktor + reaktorsicherheit + stoerfall + (rasmussen-studie)
NC -045 reaktorsicherheit + kernreaktor + stoerfall
NC -050 kernreaktor + sicherheitstechnik + stoerfall
NC -053 reaktorsicherheit + kuehlsystem + stoerfall
NC -054 reaktorsicherheit + kuehlsystem + stoerfall
NC -057 reaktorsicherheit + kuehlsystem + stoerfall
NC -058 reaktorsicherheit + kuehlsystem + stoerfall
NC -059 reaktorsicherheit + kuehlsystem + stoerfall
NC -060 reaktorsicherheit + kuehlsystem + stoerfall + datenverarbeitung
NC -064 reaktorsicherheit + kuehlsystem + stoerfall
NC -066 reaktorsicherheit + reaktorstrukturmaterial + stoerfall + (kernschmelzen)
NC -067 reaktorsicherheit + kuehlsystem + stoerfall
NC -070 reaktorsicherheit + kuehlsystem + stoerfall
NC -072 reaktorsicherheit + materialtest + kuehlsystem + stoerfall
NC -074 reaktorsicherheit + stoerfall + messgeraet + kuehlsystem
NC -077 reaktorsicherheit + stoerfall + (schnellabschaltsystem)
NC -081 reaktorsicherheit + brennelement + kuehlsystem + stoerfall
NC -082 reaktorsicherheit + stoerfall + (programmsystem)
NC -083 reaktorsicherheit + reaktorstrukturmaterial + energiehaushalt + stoerfall
NC -084 reaktorsicherheit + kuehlkreislauf + brennelement + stoerfall
NC -086 reaktorsicherheit + kuehlkreislauf + stoerfall
NC -087 kernreaktor + stoerfall + abluftfilter
NC -090 kernreaktor + reaktorsicherheit + stoerfall
NC -091 kernreaktor + reaktorsicherheit + stoerfall
NC -092 kernreaktor + reaktorsicherheit + stoerfall + frueherkennung
NC -095 reaktorsicherheit + stoerfall + frueherkennung
NC -096 reaktorsicherheit + stoerfall + kuehlsystem + frueherkennung
NC -099 kernreaktor + reaktorsicherheit + stoerfall + (kernschmelzen)
NC -102 kernreaktor + reaktorsicherheit + stoerfall + (kernschmelzen)
NC -105 reaktorsicherheit + stoerfall + (leichtwasserreaktor)
NC -113 kernkraftwerk + stoerfall + (schutzmassnahmen)
UL -071 erosion + oekologie + stoerfall + datenverarbeitung + GANGES + BRAHMAPUTRA

stoffaustausch

AA -105 oberflaechenwasser + atmosphaere + stoffaustausch + meteorologie + (grenzschichtmodell)
IA -019 toxische abwaesser + klaerschlamm + nutzpflanzen + stoffaustausch
IC -100 tenside + stoffaustausch + (wasser-atmosphaere)
IE -047 oberflaechenwasser + aerosole + stoffaustausch + schadstoffausbreitung + ELBE-AESTUAR + DEUTSCHE BUCHT
MB -066 deponie + wasserhaushalt + grundwasser + stoffaustausch + keime

stoffhaushalt

HA -024 binnengewaesser + stoffhaushalt + indikatoren + SCHLESWIG-HOLSTEIN
HA -046 oberflaechengewaesser + stoffhaushalt + phosphor + simulationsmodell + BODENSEE (OBERSEE)
IC -095 stoffhaushalt + (fluss) + NIEDERRHEIN
IC -097 stoffhaushalt + fluss + (biogene komponenten) + NIEDERRHEIN
ID -022 bodenwasser + grundwasser + oberflaechenwasser + stoffhaushalt
MC -045 deponie + sickerwasser + wasserhaushalt + stoffhaushalt + gewaesserbelastung
OD -038 boden + spurenelemente + schwermetalle + wasserhaushalt + stoffhaushalt + SCHWARZWALD (SUED)
OD -064 kulturpflanzen + stoffhaushalt + umweltchemikalien + (diallat)
PH -019 boden + stoffhaushalt + schwermetalle
PI -014 wald + oekosystem + stoffhaushalt + SOLLING
RD -015 landwirtschaft + boden + stickstoff + stoffhaushalt
RG -035 pflanzenoekologie + wald + stoffhaushalt + wasserverbrauch
UL -025 landschaftsbelastung + bodennutzung + stoffhaushalt + grenzwerte
UM -073 pflanzenoekologie + wasserhaushalt + stoffhaushalt + photosynthese

stofftransport

CB -065 geochemie + atmosphaere + stofftransport + kohlendioxid + stickstoff
GC -006 abwaerme + waermetransport + stofftransport
HA -071 fliessgewaesser + stofftransport + spurenelemente + analytik + ACHEN (TIROL) + ALPENRAUM
HA -095 fliessgewaesser + stofftransport + hydrochemie + vegetation + klima + SCHLITZERLAND + HESSEN
HC -039 kuestengebiet + wasserbewegung + schadstoffausbreitung + stofftransport + NORDSEE
IC -067 gewaesserbelastung + niederschlag + ackerbau + stofftransport
IF -012 stickstoffverbindungen + stofftransport + gewaesserbelastung
IF -034 phosphate + stofftransport + gewaesserverunreinigung + eutrophierung + BODENSEE
OD -022 duengung + stofftransport + niederschlag
OD -086 bodenkontamination + stofftransport + mineralstoffe + duengung
PI -022 meeresbiologie + stofftransport + NORDSEE

stoffwechsel

siehe metabolismus
RB -031 algen + stoffwechsel

strafrecht

UB -033 umweltschutz + strafrecht

strahlenbelastung

EA -021 radioaktivitaet + wohnraum + strahlenbelastung
NB -007 radioaktivitaet + wohnraum + strahlenbelastung + (radon)
NB -015 kerntechnische anlage + strahlenbelastung + bevoelkerung
NB -023 kernkraftwerk + strahlenbelastung + ausbreitung
NB -024 kernkraftwerk + strahlenbelastung + ausbreitung + (stabilitaetsverhaeltnisse) + OBRIGHEIM
NB -030 strahlenbelastung + bevoelkerung + roentgenstrahlung
NB -034 strahlenbelastung + bevoelkerung + phosphatduengemittel + radionuklide
NB -043 radioaktive substanzen + strahlenbelastung + mensch
NB -047 radioaktivitaet + strahlenbelastung
NB -052 kernkraftwerk + radioaktivitaet + strahlenbelastung + boden + KAHL + GUNDREMMINGEN + NIEDERAICHBACH
NB -053 strahlenbelastung + radionuklide + kernreaktor

NB -055 luftverunreinigung + radionuklide + strahlenbelastung
NB -062 radioaktivitaet + wohnraum + strahlenbelastung + messung
PC -036 strahlenbelastung + organische schadstoffe + synergismus + zytotoxizitaet
PI -031 biologie + strahlenbelastung + dosimetrie
TA -007 strahlenbelastung + genetische wirkung + mensch + richtlinien
TA -008 bergbau + radioaktivitaet + strahlenbelastung + carcinogene wirkung

strahlenbiologie

OA -027 strahlenbiologie + messverfahren + tracer

strahlendosis

siehe auch dosimetrie

NB -012 strahlenschaeden + strahlendosis + biologische membranen
NB -058 geraeteentwicklung + ionisierende strahlung + strahlendosis + (wasserphantom)

strahlenschaeden

NB -012 strahlenschaeden + strahlendosis + biologische membranen
NB -017 aerosole + radioaktivitaet + strahlenschaeden
NB -026 nuklearmedizin + strahlenschaeden
NB -041 nuklearmedizin + strahlenschaeden + zelle + diagnostik

strahlenschutz

siehe auch arbeitsschutz

NB -033 strahlenschutz + bevoelkerung + roentgenstrahlung
NB -036 radionuklide + dosimetrie + strahlenschutz + grenzwerte
NB -039 gewaesserbelastung + aestuar + radioaktive substanzen + strahlenschutz + ELBE-AESTUAR
NC -004 strahlenschutz + kernreaktor
NC -018 kernkraftwerk + reaktorsicherheit + strahlenschutz + energiepolitik
NC -022 strahlenschutz
NC -048 strahlenschutz + dosimetrie + messtechnik
NC -106 reaktor + strahlenschutz

strahlung

siehe auch ionisierende strahlung
siehe auch radioaktivitaet
siehe auch sonnenstrahlung

AA -093 atmosphaere + aerosole + strahlung
NA -014 wassertiere + organismen + strahlung + (oekologische anpassung)
NB -032 enzyme + strahlung
PC -016 carcinogenese + strahlung + chemikalien + synergismus
PD -021 mutation + strahlung + chemikalien + synergismus

strahlungsabsorption

CA -085 atmosphaere + aerosole + strahlungsabsorption + AFRIKA (SUEDWEST)

strassenbau

FB -071 laermschutzplanung + strassenbau
FC -024 laermminderung + maschinen + strassenbau + (kompressor)
FC -095 strassenbau + laermbelastung + arbeitsschutz + (tunnelbau)
FD -004 laermschutzwand + strassenbau + (erprobung)
IB -024 strassenbau + entwaesserung + filtermaterial
ID -014 grundwasserbelastung + strassenbau + baustoffe + (hochofenschlacke)
ME -067 schlacken + recycling + strassenbau
PK -001 strassenbau + beton + streusalz + materialtest
PK -003 strassenbau + streusalz + materialschaeden + bewertungskriterien
UH -024 strassenbau + stadtgebiet + umweltbelastung + sozio-oekonomische faktoren
UH -029 verkehrsplanung + strassenbau + stadtgebiet + planungshilfen + HATTINGEN + RHEIN-RUHR-RAUM
UH -031 strassenbau + stadt + richtlinien
UK -005 strassenbau + erholungsgebiet + waldoekosystem + LEVERKUSEN-BUERGERBUSCH + RHEIN-RUHR-RAUM
UK -034 landschaftsplanung + naturschutz + strassenbau + verkehrsplanung
UK -065 strassenbau + naturschutz + landschaftspflege + standortwahl + (richtlinien + nutzungsmodelle)
UM-070 pflanzenoekologie + standortfaktoren + strassenbau
UM-071 landschaftspflege + strassenbau + (boeschungssicherung)
UM-072 strassenbau + begruenung + vegetation + (boeschungssicherung)
VA -009 strassenbau + strassenverkehr + informationssystem + dokumentation

strassenbaum

PH -025 luftverunreinigung + grosstadt + schadstoffwirkung + strassenbaum
PH -026 schadstoffwirkung + grosstadt + strassenbaum
PI -027 strassenbaum + salze + schadstoffwirkung + resistenzzuechtung
UM-032 pflanzenkontamination + grosstadt + strassenbaum + streusalz
UM-037 strassenbaum + streusalz + phytopathologie
UM-047 strassenbaum + standortfaktoren + BERLIN
UM-049 strassenbaum + wasserhaushalt + phytopathologie + BERLIN

strassenlaerm

siehe auch verkehrslaerm

FB -013 strassenlaerm + geraeuschmessung + schalldaemmung + (tunnel)
FB -079 schallschutzplanung + strassenlaerm + wohnungsbau

strassenrand

CB -005 abgasausbreitung + strassenrand + immissionsmessung
PI -028 waldoekosystem + bodenbelastung + streusalz + strassenrand + BERLIN
UM-012 begruenung + strassenrand + (pflegearme rasenansaaten)
UM-076 landschaftspflege + strassenrand + begruenung

strassenverkehr

AA -160 strassenverkehr + kfz-abgase + emissionskataster + ballungsgebiet
BA -006 abgasemission + strassenverkehr
BA -013 strassenverkehr + kfz-abgase + immissionsbelastung + BUNDESREPUBLIK DEUTSCHLAND + EUROPA
BA -014 strassenverkehr + umweltbelastung + (kosten)
BA -046 strassenverkehr + kfz-abgase + kohlenmonoxid + immissionsschutz + simulationsmodell + DORTMUND + RHEIN-RUHR-RAUM
BA -069 strassenverkehr + kfz-abgase + verbrennungsmotor + ausbreitungsmodell
CB -006 abgasausbreitung + kfz-abgase + meteorologie + strassenverkehr + (ausbreitungsmodell)
FA -010 erschuetterungen + industrie + strassenverkehr + explosion + messung
FB -005 geraeuschminderung + oeffentliche einrichtungen + strassenverkehr
FB -010 strassenverkehr + verkehrslaerm + statistik
FB -015 strassenverkehr + bebauungsart + laermentstehung + (randbebauung)
FB -031 stadtgebiet + strassenverkehr + laerm + abgas
FB -055 geraeuschminderung + strassenverkehr + fahrzeug + schallentstehung + (abrollgeraeusche)
FB -057 laermschutz + strassenverkehr
FB -063 strassenverkehr + schienenverkehr + laermbelastung
FB -080 verkehrslaerm + strassenverkehr + stadtgebiet + prognose
FD -026 stadtentwicklung + laermschutzplanung + strassenverkehr + industrie + laermkarte + BRUNSBUETTEL + ELBE-AESTUAR
HD -014 talsperre + strassenverkehr + trinkwasser + schadstoffbelastung

ID -018 grundwasserbelastung + schadstoffe + strassenverkehr + wasserschutzgebiet
TB -031 kfz + strassenverkehr + stadt + bewertungskriterien
TD -023 strassenverkehr + kind + unfallverhuetung
UH -001 transportbehaelter + sicherheitstechnik + strassenverkehr
UH -021 verkehrswesen + strassenverkehr + streusalz + (landstrasse + verkehrssicherheit)
UH -022 ballungsgebiet + strassenverkehr + oekologische faktoren + oekonomische aspekte
UH -042 verkehrswesen + strassenverkehr + dokumentation
UI -010 strassenverkehr + elektrofahrzeug + nahverkehr
UI -025 strassenverkehr + elektrofahrzeug + oeffentlicher nahverkehr
VA -009 strassenbau + strassenverkehr + informationssystem + dokumentation

stratosphaere

siehe auch atmosphaere

AA -096 atmosphaere + stratosphaere + fluorchlorkohlenwasserstoffe + uv-strahlen + biologische wirkungen
AA -130 luftchemie + spurenstoffe + troposphaere + stratosphaere + (globale verteilung)
CA -008 meteorologie + troposphaere + stratosphaere + aerosolmesstechnik + (luftleitfaehigkeit)
CA -011 organische schadstoffe + halogene + nachweisverfahren + atmosphaere + stratosphaere
CB -004 fluorchlorkohlenwasserstoffe + stratosphaere + auswirkungen + oekonomische aspekte

stressfaktoren

PC -024 toxikologie + schadstoffe + physiologische wirkungen + stressfaktoren + synergismus

streusalz

PF -027 streusalz + bodenkontamination + wasserverunreinigung + pflanzenkontamination
PH -031 wasserpflanzen + schadstoffbelastung + phosphate + streusalz + (submerse makrophyten)
PI -003 pflanzenschutz + streusalz + gehoelzschaeden + autobahn + HESSEN + BAYERN
PI -015 waldoekosystem + streusalz
PI -028 waldoekosystem + bodenbelastung + streusalz + strassenrand + BERLIN
PK -001 strassenbau + beton + streusalz + materialtest
PK -003 strassenbau + streusalz + materialschaeden + bewertungskriterien
PK -008 streusalz + korrosionsschutz
UH -021 verkehrswesen + strassenverkehr + streusalz + (landstrasse + verkehrssicherheit)
UM-005 pflanzenschutz + streusalz + gehoelzschaeden
UM-032 pflanzenkontamination + grosstadt + strassenbaum + streusalz
UM-037 strassenbaum + streusalz + phytopathologie
UM-052 bioindikator + streusalz + kartierung + BADEN-WUERTTEMBERG

stroemung

CB -030 gase + staub + fluessigkeit + stroemung
CB -031 gase + staub + stroemung + messverfahren
DD -036 gase + staub + stroemung
DD -038 staub + gase + stroemung
HA -021 meereskunde + kuestengebiet + stroemung + NORDSEE
HB -057 grundwasser + stroemung
HB -080 grundwasser + sickerwasser + stroemung
HB -081 sickerwasser + stroemung + filtration
HB -082 sickerwasser + stroemung + feststofftransport
HC -003 kuestengewaesser + stroemung + NORDSEEKUESTE
HC -018 meereskunde + hydrodynamik + stroemung + wasserstand + simulation + DEUTSCHE BUCHT + NORDSEE
HC -037 meeresverunreinigung + stroemung + (hydrodynamisches modell) + NORDSEE + OSTSEE
HC -049 kuestengewaesser + stroemung + SYLT
KB -044 abwasser + feststofftransport + stroemung + filtration

stroemungstechnik

siehe auch hydromechanik

BA -017 brennstoffe + stroemungstechnik + schadstoffe
CA -079 stroemungstechnik + probenahmemethode + (zweiphasenstroemung)
CA -089 stroemungstechnik + geraeteentwicklung
CB -083 stroemungstechnik + abgaskamin
DA -022 verbrennungsmotor + stroemungstechnik
FA -028 laermentstehung + stroemungstechnik + (ummantelte luftschrauben)
FA -030 stroemungstechnik + laermminderung
FA -036 stroemungstechnik + gasturbine + schallmessung
FA -050 schallausbreitung + geraeuschminderung + stroemungstechnik
FA -051 schallentstehung + geraeuschminderung + stroemungstechnik + (untersuchung von flammen)
FA -053 laermentstehung + schallmessung + ueberschall + stroemungstechnik
FA -057 verbrennung + schall + stroemungstechnik
FA -058 laermentstehung + ueberschall + stroemungstechnik
FA -059 laermentstehung + stroemungstechnik
FB -056 fluglaerm + stroemungstechnik
FD -009 trinkwasserversorgung + rohrleitung + stroemungstechnik + geraeuschminderung
GB -042 stroemungstechnik + kuehlwasser + abwasser + fluss
GB -043 stroemungstechnik + oberflaechengewaesser + kuehlwasser + abwasser + modell
HG -021 hydrologie + grundwasseranreicherung + stroemungstechnik + (mathematisches modell)
HG -022 fliessgewaesser + stroemungstechnik + feststofftransport
HG -023 stroemungstechnik + hochpolymere
HG -026 stroemungstechnik + messverfahren
HG -056 stroemungstechnik + kuehlwasser
HG -057 stroemungstechnik
HG -060 stroemungstechnik + schadstofftransport
IB -028 kanalabfluss + stroemungstechnik + abflussmodell
KB -039 hydrologie + abwasserableitung + stroemungstechnik + (druckentwaesserung)
NC -044 reaktorsicherheit + kuehlsystem + stroemungstechnik
SA -045 energieumwandlung + stroemungstechnik

stroh

MF -007 futtermittel + stroh + rind + verfahrenstechnik
MF -015 futtermittel + stroh + recycling + (mikrobielle aufbereitung)

strohverwertung

BD -003 strohverwertung + brennstoffe + abgasemission
MF -020 strohverwertung + futtermittel + konservierung
MF -034 tierische faekalien + recycling + strohverwertung + geraeteentwicklung + duengung
MF -038 getreide + strohverwertung + recycling
MF -040 strohverwertung + duengung
MF -042 strohverwertung + futtermittel + nutztiere
QC -022 gemuesebau + strohverwertung + pflanzenschutzmittel + lebensmittelkontamination

strukturanalyse

KE -038 klaeranlage + belebtschlamm + strukturanalyse + (blaehschlamm)
MC -014 deponie + strukturanalyse + geophysik + (geraeteentwicklung) + MUENCHEN + AUGSBURG (REGION)
UE -006 verdichtungsraum + strukturanalyse + (neuabgrenzung)
UE -023 verdichtungsraum + strukturanalyse + (typenbildung)
UE -032 stadtplanung + raumplanung + infrastruktur + strukturanalyse + SCHWAEBISCH-GMUEND
UH -041 bevoelkerung + mobilitaet + strukturanalyse

sturmflut

HC -014 kuestenschutz + hochwasserschutz + sturmflut + (hydraulisches modell) + ELBE-AESTUAR

sturmschaeden
UN -026 wild + sturmschaeden + population

substitution
KF -006 detergentien + phosphate + substitution
RE -016 pflanzenschutzmittel + substitution
RE -047 nutzpflanzen + kartoffeln + resistenzzuechtung + fungizide + substitution
RH -027 phytopathologie + fungizide + substitution
RH -038 insektizide + substitution + biotechnologie
SA -063 heizoel + substitution + verfahrensentwicklung

suesswasser
IC -101 suesswasser + sediment + schwermetallkontamination
OD -075 biooekologie + insektizide + suesswasser + oekosystem
PI -036 toxizitaet + suesswasser + oekosystem + untersuchungsmethoden

sulfate
siehe auch schwefelverbindungen
CA -077 luft + wasser + schadstoffnachweis + chloride + sulfate
HF -003 meerwasserentsalzung + sulfate
ID -034 grundwasserbelastung + duengemittel + phosphate + nitrate + sulfate + (weinbergsboeden)

sulfite
siehe auch schwefelverbindungen
KC -022 zellstoffindustrie + sulfite + stickstoff + duengemittel
ME -009 abwasser + sulfite + recycling
PF -061 pflanzenphysiologie + photosynthese + sulfite

synergismus
PA -028 schadstoffbelastung + synergismus + blei + zink + tierorganismus
PB -025 herbizide + insektizide + synergismus + toxizitaet + (warmblueter)
PC -002 immissionsbelastung + blei + synergismus + infektionskrankheiten + (influenza-viren)
PC -016 carcinogenese + strahlung + chemikalien + synergismus
PC -020 fische + toxische abwaesser + sauerstoffgehalt + synergismus + physiologische wirkungen
PC -024 toxikologie + schadstoffe + physiologische wirkungen + stressfaktoren + synergismus
PC -030 synergismus + umweltchemikalien
PC -032 insektizide + biologische wirkungen + synergismus + schaedlingsbekaempfung + (blattlaus)
PC -036 strahlenbelastung + organische schadstoffe + synergismus + zytotoxizitaet
PC -040 polyzyklische kohlenwasserstoffe + luftverunreinigende stoffe + synergismus + carcinogene wirkung + tierexperiment
PD -009 carcinogenese + benzpyren + spurenelemente + synergismus
PD -018 teratogene wirkung + roentgenstrahlung + chemikalien + synergismus
PD -021 mutation + strahlung + chemikalien + synergismus
PD -030 teratogene wirkung + thalidomid + synergismus
PE -034 immissionsbelastung + luftverunreinigende stoffe + synergismus + atemtrakt + RHEIN-MAIN-GEBIET + RHEIN-RUHR-RAUM
PH -010 schwermetalle + detergentien + synergismus
PH -011 gewaesserbelastung + tenside + schwermetalle + synergismus + biologische wirkungen
TA -017 arbeitsplatz + laermbelastung + schadstoffimmission + synergismus

systemanalyse
HA -056 wasserschutz + wasserkreislauf + systemanalyse + RHEIN
HB -069 meerwasserentsalzung + verfahrensentwicklung + systemanalyse
HE -047 wasserwerk + wasserueberwachung + alarmplan + systemanalyse
MA-039 abfallsammlung + wirtschaftlichkeit + systemanalyse
MG-009 abfallwirtschaftsprogramm + recycling + systemanalyse + BUNDESREPUBLIK DEUTSCHLAND
ND -019 radioaktive abfaelle + kerntechnik + systemanalyse
ND -023 radioaktive abfaelle + endlagerung + umgebungsradioaktivitaet + systemanalyse + (keramische massen) + BUNDESREPUBLIK DEUTSCHLAND
ND -033 radioaktive abfaelle + endlagerung + systemanalyse
ND -042 radioaktive abfaelle + kerntechnik + systemanalyse + BUNDESREPUBLIK DEUTSCHLAND
PI -009 waldoekosystem + systemanalyse + SOLLING
UA -024 umweltschutz + systemanalyse
UE -042 landesentwicklung + systemanalyse + sozio-oekonomische faktoren + BADEN-WUERTTEMBERG + NECKAR (MITTLERER NECKAR-RAUM) + STUTTGART
UI -022 kfz-technik + emissionsminderung + verkehrssystem + fahrzeugantrieb + systemanalyse
UI -026 verkehrssystem + fahrzeugantrieb + systemanalyse
UM-002 phytopathologie + systemanalyse
UN -016 oeffentlicher nahverkehr + verkehrssystem + systemanalyse + simulation + (magnetschwebebahn)

tabakrauch
TA -078 arbeitsplatz + tabakrauch + gesundheitsschutz + (passivrauchen)

tagebau
siehe auch bergbau
UK -012 tagebau + rekultivierung + abfallbeseitigung + (wiederverfuellung) + HESSEN
UK -023 tagebau + rekultivierung + MINDEN (RAUM)
UM-048 pflanzenoekologie + deponie + tagebau + rekultivierung

taglaerm
FA -017 laermkarte + taglaerm + nachtlaerm + DUISBURG + RHEIN-RUHR-RAUM

talsperre
HA -001 talsperre + schadstoffbelastung
HA -084 talsperre + abwasserableitung + wasserguete
HA -110 gewaesserbelueftung + talsperre + trinkwassergewinnung + WAHNBACH-TALSPERRE
HA -113 wassermenge + wasserguete + talsperre + EIFEL (NORD) + NIEDERRHEIN
HD -014 talsperre + strassenverkehr + trinkwasser + schadstoffbelastung
HE -030 trinkwasserversorgung + talsperre + wasserbau + (hochwasserentlastungsanlage) + HARZ
IC -029 talsperre + algen + schadstoffabbau
IC -117 abwasserreinigung + phosphate + talsperre + trinkwassergewinnung + WAHNBACH-TALSPERRE
IC -118 gewaesser + talsperre + biozide + trinkwasserversorgung
IF -038 gewaesseruntersuchung + naehrstoffgehalt + talsperre + trinkwasser
IF -039 gewaesserreinigung + talsperre + phosphor + trinkwassergewinnung + (oligotrophierung) + WAHNBACH-TALSPERRE
RC -016 bodenmechanik + erschuetterungen + talsperre + ALPENRAUM

tankanlage
DA -062 tankanlage + benzindaempfe + luftreinhaltung

taxonomie
KA -003 wasser + abwasser + bakterien + taxonomie
PI -024 pilze + taxonomie + bodenbeschaffenheit + (nachweisverfahren)

technik
VA -019 technik + zukunftsforschung + (literaturstudie)

technische infrastruktur
siehe auch infrastruktur

UA -017 technische infrastruktur + planungshilfen + gesetzesvorbereitung + umweltfreundliche technik + umweltvertraeglichkeitspruefung
UG -010 technische infrastruktur + verkehrssystem + (auslastungsgrad)

technologie
DA -038 verbrennungsmotor + technologie + umweltfreundliche technik
DD -015 abgasentgiftung + technologie
UC -019 volkswirtschaft + wirtschaftsstruktur + technologie + forschungsplanung
UD -021 rohstoffe + chemische industrie + kohlenwasserstoffe + technologie + verfahrensentwicklung + (kohleverfluessigung)
UL -064 landwirtschaft + oekologische faktoren + technologie + verfahrensoptimierung

technology assessment
SA -021 energiebedarf + prognose + kernenergie + technology assessment + (co2-anreicherung)
UC -044 technology assessment + raffinerie

teilchengroesse
siehe auch korngroesse
BB -030 abgasemission + staub + rauch + teilchengroesse
CA -026 aerosolmesstechnik + teilchengroesse + schwermetallkontamination + atemtrakt
CA -084 aerosole + messgeraet + teilchengroesse
CB -061 aerosole + teilchengroesse + spurenstoffe + atmosphaere

tenside
siehe auch detergentien
IA -014 gewaesserbelastung + tenside + schwermetalle + bioindikator + (submerse makrophyten)
IC -092 tenside + wasserchemie
IC -100 tenside + stoffaustausch + (wasser-atmosphaere)
KB -038 abwasserbehandlung + flockung + tenside
KB -055 kommunale abwaesser + schadstoffentfernung + tenside + biologischer abbau
KE -010 schadstoffabbau + biologischer abbau + tenside + klaeranlage
KE -046 abwasserschlamm + tenside + carcinogene + (wechselwirkung)
MC-008 deponie + sickerwasser + trinkwasserversorgung + tenside
PC -023 meeresorganismen + tenside + schadstoffabbau + grenzwerte
PH -002 pflanzenphysiologie + klaerschlamm + tenside + schwermetalle
PH -011 gewaesserbelastung + tenside + schwermetalle + synergismus + biologische wirkungen
SA -044 erdoel + herstellungsverfahren + tenside

teratogene
siehe auch mutagene
siehe auch thalidomid

teratogene wirkung
PA -017 embryopathie + teratogene wirkung + amine + fluorverbindungen + (struktur-wirkung)
PD -018 teratogene wirkung + roentgenstrahlung + chemikalien + synergismus
PD -025 teratogene wirkung + phthalsaeurederivate + tierexperiment
PD -027 teratogene wirkung + thalidomid + (kompensation)
PD -028 teratogene wirkung + thalidomid + (struktur-wirkung)
PD -029 teratogene wirkung + testverfahren + phthalsaeurederivate + (struktur-wirkung)
PD -030 teratogene wirkung + thalidomid + synergismus
PD -032 teratogene wirkung + thalidomid + testverfahren + (struktur-wirkung)
PD -033 schadstoffe + benzpyren + teratogene wirkung + mutagene wirkung
PD -055 pharmaka + genetik + teratogene wirkung + carcinogene wirkung
PD -060 herbizide + teratogene wirkung + mutagene wirkung

teratogenitaet
PD -026 teratogenitaet + phthalsaeurederivate + (molekuelstruktur + sturktur-wirkung)
PD -071 genetik + teratogenitaet

testgebiet
HG -037 hydrologie + bewertungskriterien + testgebiet + BADEN-WUERTTEMBERG

testverfahren
HD -020 trinkwasser + wasserueberwachung + testverfahren
KB -014 abwasser + detergentien + schadstoffabbau + testverfahren
KC -053 wasserverunreinigung + industrieabwaesser + schadstoffwirkung + testverfahren
NB -013 schadstoffe + simultananalyse + testverfahren + standardisierung + geraeteentwicklung
PC -035 schadstoffwirkung + wassertiere + pharmaka + gifte + testverfahren + (fische)
PD -029 teratogene wirkung + testverfahren + phthalsaeurederivate + (struktur-wirkung)
PD -031 pharmaka + nebenwirkungen + testverfahren + (struktur-wirkung)
PD -032 teratogene wirkung + thalidomid + testverfahren + (struktur-wirkung)
TE -004 naehrstoffhaushalt + proteine + testverfahren

tetracyclin
siehe auch antibiotika

textilindustrie
DC -021 textilindustrie + staubminderung + verfahrensentwicklung
FC -025 textilindustrie + arbeitsplatz + laermbelastung + schalldaempfung
KC -008 textilindustrie + umweltfreundliche technik + oekonomische aspekte
KC -012 chemische abwasserreinigung + industrieabwaesser + textilindustrie

thalidomid
siehe auch teratogene
PD -027 teratogene wirkung + thalidomid + (kompensation)
PD -028 teratogene wirkung + thalidomid + (struktur-wirkung)
PD -030 teratogene wirkung + thalidomid + synergismus
PD -032 teratogene wirkung + thalidomid + testverfahren + (struktur-wirkung)

thermisches verfahren
KE -021 klaerschlammbehandlung + thermisches verfahren
MB -040 abfallbeseitigung + cyanide + thermisches verfahren

thermodynamik
DA -048 kfz-technik + verbrennungsmotor + thermodynamik + emissionsminderung + treibstoffe + (methanol + wasserstoff)
GA -015 kuehlturm + thermodynamik + (betriebsverfahren)

tiefbau
HB -044 wasserrecht + grundwasserschutz + tiefbau + ISAR + MUENCHEN (REGION)
HB -045 bodenmechanik + tiefbau + grundwasserbelastung + (haertungsmittel) + MUENCHEN (STADTGEBIET)
HB -046 grundwasserbewegung + tiefbau + MUENCHEN (REGION) + BAYERN
HB -048 bodenmechanik + tiefbau + untergrundbahn + grundwasserbelastung + (haertungsmittel) + MUENCHEN (STADTGEBIET)

tieflagerung
MC-002 abfallablagerung + tieflagerung + sondermuell

MC-006 sondermuell + tieflagerung + bergwerk + planungshilfen
ND-030 felsmechanik + bergwerk + tieflagerung + radioaktive abfaelle + ASSE + BRAUNSCHWEIG/SALZGITTER
ND-031 hydrogeologie + bergwerk + tieflagerung + radioaktive abfaelle + ASSE + BRAUNSCHWEIG/SALZGITTER
ND-032 geophysik + bergwerk + tieflagerung + radioaktive abfaelle + ASSE + BRAUNSCHWEIG/SALZGITTER
UD-008 tieflagerung + erdgasspeicher + salzkaverne

tiefversenkung

MC-004 abfallbeseitigung + tiefversenkung + bodenstruktur
MC-007 abfallbeseitigung + tiefversenkung
ND-015 radioaktive abfaelle + meer + tiefversenkung + standortwahl + ATLANTIK

tiere

siehe auch amphibien
siehe auch bodentiere
siehe auch fauna
siehe auch haustiere
siehe auch insekten
siehe auch meerestiere
siehe auch mollusken
siehe auch nuetzlinge
siehe auch nutztiere
siehe auch rind
siehe auch saeugetiere
siehe auch voegel
siehe auch wassertiere
siehe auch wild

NB-031 ionisierende strahlung + physiologische wirkungen + tiere
PA-038 tiere + schwermetalle + spurenelemente + nachweisverfahren
PB-031 chlorkohlenwasserstoffe + wirkmechanismus + tiere
PB-037 pestizide + pcb + ddt + tiere + organismus
PB-045 pflanzenschutzmittel + tiere
PC-003 abwasser + schwermetalle + schadstoffwirkung + tiere + litoral
PD-062 luftverunreinigung + stadt + carcinogene wirkung + tiere
PI-001 waldoekosystem + tiere + populationsdynamik + SOLLING + WUERTTEMBERG
PI-010 waldoekosystem + tiere + populationsdynamik + (kiefernforst) + LUENEBURGER HEIDE
RF-006 krankheitserreger + viren + tiere
RG-034 wald + tiere
TF-035 tiere + seuchenhygiene + zoonosen
UN-049 tiere + bioindikator + landespflege + oekologische faktoren + (modelluntersuchung) + HEXBACHTAL
UN-056 tiere + krankheitserreger + infektionskrankheiten + (tollwutbekaempfung)

tierernaehrung

PB-012 tierernaehrung + metabolismus + umweltchemikalien + (colchicin)
QA-045 tierernaehrung + salzgehalt + kalium + (magnesium)
QD-023 tierernaehrung + cadmium + lebensmittel + normen
QD-024 tierernaehrung + hexachlorbenzol + lebensmittel + nachweisverfahren

tierexperiment

OD-070 organische stoffe + halogenverbindungen + metabolismus + tierexperiment
PA-003 toxizitaet + blei + verhaltensphysiologie + embryopathie + tierexperiment + (ratten)
PA-014 blei + toxizitaet + biologische wirkungen + tierexperiment + (ratten)
PA-026 toxikologie + schwermetalle + metabolismus + tierexperiment
PA-043 bleiverbindungen + metabolismus + toxikologie + tierexperiment
PB-002 herbizide + schadstoffwirkung + tierexperiment + (ratten)
PB-009 pestizide + neurotoxizitaet + tierexperiment
PB-035 herbizide + insektizide + metabolismus + tierexperiment
PB-047 pestizide + rueckstandsanalytik + tierexperiment
PC-040 polyzyklische kohlenwasserstoffe + luftverunreinigende stoffe + synergismus + carcinogene wirkung + tierexperiment
PC-051 umweltchemikalien + oekotoxizitaet + schadstoffwirkung + tierexperiment
PC-057 luftverunreinigung + schwefeldioxid + stickoxide + atemtrakt + tierexperiment
PD-008 nitrosamine + carcinogene wirkung + tierexperiment
PD-019 mutagene wirkung + tierexperiment
PD-025 teratogene wirkung + phthalsaeurederivate + tierexperiment
PD-056 kohlenwasserstoffe + carcinogene wirkung + tierexperiment
PD-059 carcinogene + nitrosamine + tierexperiment
PI-034 oekosystem + populationsdynamik + tierexperiment
QC-036 pflanzen + carcinogene wirkung + tierexperiment
RH-036 schaedlingsbekaempfung + untersuchungsmethoden + tierexperiment

tierhaltung

siehe auch massentierhaltung
siehe auch nutztierhaltung
siehe auch viehzucht

BE-010 tierhaltung + geruchsbelaestigung
BE-021 geruchsbelaestigung + tierhaltung
QD-022 tierhaltung + bleigehalt + lebensmittel + normen
RF-002 gefluegel + tierhaltung + tierische faekalien + antibiotika + mikrobieller abbau
RF-022 gruenlandwirtschaft + tierhaltung + rind + fleisch

tierhygiene

siehe veterinaerhygiene

tierische faekalien

ID-004 grundwasserverunreinigung + tierische faekalien
MB-049 kompostierung + tierische faekalien + klaerschlamm + duengemittel + futtermittel + (hygienische untersuchungen)
MB-055 tierische faekalien + aufbereitung + geruchsminderung + entseuchung
MB-060 massentierhaltung + tierische faekalien + kompostierung
MF-006 tierische faekalien + huhn + verwertung + futtermittel
MF-019 tierische faekalien + recycling + futtermittel
MF-029 abfallbeseitigung + recycling + tierische faekalien + hygiene
MF-030 tierische faekalien + recycling + verfahrensentwicklung
MF-031 siedlungsabfaelle + tierische faekalien + recycling + duengemittel
MF-032 tierische faekalien + recycling + duengemittel + lagerung
MF-033 tierische faekalien + recycling + duengemittel + futtermittel
MF-034 tierische faekalien + recycling + strohverwertung + geraeteentwicklung + duengung
PH-038 futtermittelzusaetze + tierische faekalien + duengung + pflanzenkontamination
RF-002 gefluegel + tierhaltung + tierische faekalien + antibiotika + mikrobieller abbau
RF-012 massentierhaltung + tierische faekalien + bodenbelastung + (bestimmung von hoechstschwellen) + EG-LAENDER
RF-016 umwelthygiene + tierische faekalien
TF-022 veterinaerhygiene + tierische faekalien + rotte
TF-026 stadthygiene + tierische faekalien + krankheitserreger + grosstadt + (hundekot)

tierkoerper

QB-016 bakterien + tierkoerper + fleischprodukte

tierkoerperbeseitigung

BE-008 tierkoerperbeseitigung + geruchsminderung + BADEN-WUERTTEMBERG
MB-037 tierkoerperbeseitigung + bakteriologie + (stork-duke-verfahren)
MB-038 tierkoerperbeseitigung + bakteriologie + (anderson-verfahren)

MF -046 tierkoerperbeseitigung + sterilisation + futtermittel + (tiermehl)

tierorganismus

PA -013 tierorganismus + kochsalz
PA -027 schadstoffwirkung + quecksilber + tierorganismus
PA -028 schadstoffbelastung + synergismus + blei + zink + tierorganismus
PA -030 tierorganismus + schwermetallkontamination + blei + cadmium + (seehund)
PC -042 schadstoffbelastung + pestizide + schwermetalle + tierorganismus + HELGOLAND + DEUTSCHE BUCHT
PE -023 industrieabgase + staub + immissionsbelastung + tierorganismus + NORDENHAM + WESER-AESTUAR

tierschutz

TF -034 tierschutz + wild + krankheiten
UL -065 naturschutzgebiet + bodennutzung + tierschutz + pflanzenschutz
UN -017 naturschutzgebiet + tierschutz + OBERRHEINEBENE (SUED)
UN -019 tierschutz + SCHLESWIG-HOLSTEIN
UN -020 tierschutz + bioindikator + NORDDEUTSCHLAND
UN -021 tierschutz + (hilfsprogramm)
UN -028 tierschutz + voegel + populationsdynamik + (greifvoegel + eulen) + NORDRHEIN-WESTFALEN
UN -029 tierschutz + naturschutzgebiet + biotop + (feuchtgebiet) + NORDRHEIN-WESTFALEN
UN -030 tierschutz + (haustiere)
UN -041 voegel + tierschutz + (zugvoegel)
UN -043 wald + heide + landschaftsgestaltung + tierschutz + LUENEBURGER HEIDE
UN -046 tierschutz + voegel + biotop + schutzmassnahmen + NIEDERSACHSEN

toleranzwerte

siehe auch grenzwerte
LA -015 wassergefaehrdende stoffe + toleranzwerte + transport
PD -053 gesundheitsschutz + luftverunreinigung + carcinogene belastung + toleranzwerte

torf

DD -058 schadstoffentfernung + adsorptionsmittel + torf
MD -032 torf + klaerschlamm + muellkompost + recycling + bodenverbesserung
RC -039 moor + bodennutzung + torf + naturschutz + NIEDERSACHSEN

tourismus

siehe fremdenverkehr

toxikologie

IC -059 fliessgewaesser + schwermetalle + kontamination + toxikologie + HESSISCHES RIED
OC -008 toxikologie + schadstoffnachweis + bioindikator
PA -006 schwermetallkontamination + aerosole + verhaltensphysiologie + toxikologie + atemtrakt
PA -026 toxikologie + schwermetalle + metabolismus + tierexperiment
PA -035 kfz-abgase + bleikontamination + toxikologie + metabolismus
PA -043 bleiverbindungen + metabolismus + toxikologie + tierexperiment
PB -033 chlorkohlenwasserstoffe + pharmakologie + toxikologie + (biochemische grundlagen)
PC -019 toxikologie + schadstoffwirkung + arbeitsschutz + (organschaeden)
PC -024 toxikologie + schadstoffe + physiologische wirkungen + stressfaktoren + synergismus
PC -025 ddt + schwermetalle + schadstoffwirkung + fische + toxikologie + OSTSEE
PC -043 kfz-abgase + physiologische wirkungen + grenzwerte + toxikologie + (warmblueter)

toxine

siehe auch aflatoxine
siehe auch algentoxine
siehe auch gifte
siehe auch mykotoxine
PH -005 toxine + biologische wirkungen + bakterien
QA -011 lebensmittelanalytik + bakterien + toxine
QB -024 milchverarbeitung + lebensmittelhygiene + toxine + spurenanalytik
QD -012 nahrungskette + toxine

toxische abwaesser

IA -019 toxische abwaesser + klaerschlamm + nutzpflanzen + stoffaustausch
IA -030 gewaesserueberwachung + toxische abwaesser + fruehdiagnose + (bioindikator)
IC -010 gewaesserverunreinigung + fliessgewaesser + selbstreinigung + toxische abwaesser
IC -014 gewaesserschutz + toxische abwaesser + schadstoffnachweis + RHEIN
IC -015 gewaesserschutz + kuehlwasser + toxische abwaesser
IE -026 kuestengewaesser + toxische abwaesser + biozoenose + aestuar
KA -006 toxische abwaesser + schadstoffnachweis + geraeteentwicklung
KC -046 industrieabwaesser + abwasserreinigung + toxische abwaesser
PC -020 fische + toxische abwaesser + sauerstoffgehalt + synergismus + physiologische wirkungen

toxizitaet

siehe auch neurotoxizitaet
siehe auch zytotoxizitaet
IE -005 gewaesserverunreinigung + mineraloel + toxizitaet
KA -026 abwasserkontrolle + toxizitaet + bioindikator
KC -027 zellstoffindustrie + abwasser + halogenverbindungen + toxizitaet
OA -029 umweltchemikalien + vinylchlorid + toxizitaet
OA -039 umweltchemikalien + toxizitaet + bioindikator
OB -020 toxizitaet + beryllium + schadstoffnachweis
OC -009 mykotoxine + nachweisverfahren + aflatoxine + toxizitaet
OD -005 toxizitaet + kohlenwasserstoffe + nitrosoverbindungen + metabolismus
PA -003 toxizitaet + blei + verhaltensphysiologie + embryopathie + tierexperiment + (ratten)
PA -004 toxizitaet + schwermetalle + atemtrakt
PA -014 blei + toxizitaet + biologische wirkungen + tierexperiment + (ratten)
PA -022 blei + toxizitaet + marine nahrungskette + muscheln
PA -029 schadstoffbelastung + cadmium + futtermittel + toxizitaet + (schaf)
PA -033 wassertiere + mineraloel + toxizitaet + (synthetische oele)
PA -041 toxizitaet + blei + verhaltensphysiologie
PB -025 herbizide + insektizide + synergismus + toxizitaet + (warmblueter)
PB -039 herbizide + toxizitaet + bienen + (tormona 80)
PB -042 umweltchemikalien + toxizitaet + biozide
PB -046 pcb + phenole + toxizitaet + (tierversuch)
PC -004 holzschutz + umweltchemikalien + toxizitaet
PC -010 umweltchemikalien + toxizitaet + langzeitwirkung
PC -049 umweltchemikalien + toxizitaet + fische
PC -054 toxizitaet + biozide + messmethode + bewertungskriterien
PC -062 pharmaka + toxizitaet + kohlenwasserstoffe + loesungsmittel
PD -045 aromatische amine + physiologische wirkungen + carcinogenese + toxizitaet
PE -042 luftverunreinigung + immissionsbelastung + toxizitaet + mensch
PE -054 luftverunreinigende stoffe + toxizitaet + epidemiologie
PF -065 gemuese + schwermetallbelastung + toxizitaet
PG -019 pflanzenschutzmittel + herbizide + toxizitaet + (nitrifikation)
PG -047 abgas + toxizitaet + pflanzen

PH -042 kulturpflanzen + duengung + schwermetalle + toxizitaet + grenzwerte
PI -036 toxizitaet + suesswasser + oekosystem + untersuchungsmethoden
QA-069 lebensmittel + spurenelemente + toxizitaet + nachweisverfahren
TA -037 kunststoffindustrie + hochpolymere + toxizitaet + schadstoffminderung

toxoplasmose

PE -022 epidemiologie + toxoplasmose

tracer

AA-027 meteorologie + messverfahren + tracer + simulationsmodell
AA-095 luftueberwachung + aerosolmesstechnik + tracer
CA-031 luftverunreinigung + schadstoffausbreitung + tracer + probenahme + analytik + (windschwache wetterlagen) + MAIN (UNTERMAIN) + RHEIN-MAIN-GEBIET
CB -021 schadstoffausbreitung + tracer + atmosphaere + RHEIN-MAIN-GEBIET
CB -063 meteorologie + schadstoffausbreitung + tracer + (ausbreitungsparameter + ablagerungsprognose)
HA-058 oberflaechenwasser + tracer + (mischungsmodell)
HB-002 grundwasserschutz + hydrogeologie + grundwasserbewegung + tracer + BAYERN
HB-065 grundwasser + kartierung + tracer + (tritium)
HC-042 meer + transportprozesse + tracer + (tiefenwassererneuerung) + ATLANTIK (NORD)
HC-043 meer + transportprozesse + tracer + (diffusionsmodell) + ATLANTIK (NORD)
HG-029 boden + wasserbewegung + tracer
HG-030 hydrogeologie + grundwasserbewegung + tracer + modell
HG-031 hydrologie + messverfahren + tracer
HG-055 grundwasserbewegung + hydrologie + tracer
IA -021 hydrologie + spurenstoffe + nachweisverfahren + tracer
OA-013 umweltchemikalien + isotopen + tracer + analytik + (grundlagenforschung)
OA-027 strahlenbiologie + messverfahren + tracer
OA-028 schadstoffnachweis + tracer
OA-034 chemische industrie + messtechnik + isotopen + tracer
PF -044 duengung + muellkompost + schwermetalle + bodenbelastung + tracer
QA-063 lebensmittelkontamination + rueckstandsanalytik + tracer
RE -029 duengemittel + stickstoffverbindungen + ausbreitung + tracer

transport

siehe auch abfalltransport
siehe auch feststofftransport
siehe auch geschiebetransport
siehe auch schadstofftransport
siehe auch stofftransport
siehe auch waermetransport
BA -008 treibstoffe + lagerung + transport + schadstoffemission + kohlenwasserstoffe
CB -039 luftverunreinigende stoffe + schwefeldioxid + transport + messung
HG-061 fliessgewaesser + schadstoffe + transport
LA -014 wassergefaehrdende stoffe + umweltchemikalien + transport
LA -015 wassergefaehrdende stoffe + toleranzwerte + transport
MG-003 regionalplanung + abfallbeseitigung + transport + oekonomische aspekte
SA -008 kernenergie + radioaktive substanzen + brennstoffe + transport + abfallbeseitigung
SA -065 energie + transport + elektrotechnik
SA -066 energie + transport + sicherheitstechnik + elektrotechnik
SA -067 elektrizitaet + energie + transport
SA -068 elektrotechnik + energie + transport
TD -012 kernreaktor + brennstoffe + transport + dokumentation + oeffentlichkeitsarbeit
UG-016 krankenhaus + entsorgung + transport + verkehrssystem
UH-017 verkehrssystem + transport + zukunftsforschung + EUROPA

transportbehaelter

MB-013 lagerung + transportbehaelter
NC-115 radioaktive substanzen + transportbehaelter
ND-003 radioaktive substanzen + transportbehaelter + sicherheit + unfall
ND-004 radioaktive substanzen + transportbehaelter + unfall + materialtest
ND-005 radioaktive substanzen + transportbehaelter + verpackung
ND-006 radioaktive substanzen + transportbehaelter
ND-007 radioaktive substanzen + transportbehaelter + sicherheitstechnik
UH-001 transportbehaelter + sicherheitstechnik + strassenverkehr
UH-002 transportbehaelter + sicherheitstechnik

transportprozesse

AA-058 troposphaere + transportprozesse + austauschprozesse
BC -037 schadstoffemission + fluor + transportprozesse
CB -022 luftreinhaltung + transportprozesse + schadstoffausbreitung + BUNDESREPUBLIK DEUTSCHLAND + NIEDERLANDE
CB -072 atmosphaere + ozon + transportprozesse + NORWEGEN + AFRIKA (SUED)
GB -033 abwaerme + transportprozesse + hydrodynamik
GB -044 fliessgewaesser + abwaerme + sedimentation + transportprozesse
GB -047 fliessgewaesser + abwaerme + abwasser + transportprozesse
HC-016 gewaesserueberwachung + meer + wasserbewegung + transportprozesse + messtechnik + (driftkoerper)
HC-042 meer + transportprozesse + tracer + (tiefenwassererneuerung) + ATLANTIK (NORD)
HC-043 meer + transportprozesse + tracer + (diffusionsmodell) + ATLANTIK (NORD)
HC-044 meereskunde + transportprozesse + (tiefenwassererneuerung) + MITTELMEER
IC -094 transportprozesse + fluss + RHEIN
OD-027 mikroorganismen + schwermetalle + transportprozesse
OD-028 schwermetalle + organismen + transportprozesse

transurane

HC-017 meer + radioaktivitaet + transurane + plutonium + NORDSEE
NB-029 bodenstruktur + feststofftransport + schwermetalle + transurane
ND-001 radioaktive spaltprodukte + transurane + bodenkontamination + abfalltransport

treibstoffe

siehe auch oktanzahl
BA -007 verbrennungsmotor + treibstoffe + blei + abgasminderung
BA -008 treibstoffe + lagerung + transport + schadstoffemission + kohlenwasserstoffe
BA -034 ottomotor + schadstoffemission + betriebsoptimierung + treibstoffe
BA -055 abgasemission + treibstoffe + ottomotor + dieselmotor
DA-002 verbrennungsmotor + wankelmotor + treibstoffe
DA-009 abgasentgiftung + treibstoffe + ottomotor
DA-020 kfz + treibstoffe + wasserstoff + (literaturstudie)
DA-026 abgasverbesserung + treibstoffe + ottomotor
DA-048 kfz-technik + verbrennungsmotor + thermodynamik + emissionsminderung + treibstoffe + (methanol + wasserstoff)
DA-055 kfz-technik + treibstoffe + wasserstoff
DA-058 fahrzeugantrieb + erdgasmotor + treibstoffe + oekonomische aspekte + emissionsminderung
DA-061 kfz-technik + treibstoffe + (methanol)
DA-063 verbrennungsmotor + treibstoffe + bleigehalt + oktanzahl
DA-064 treibstoffe + oktanzahl
DA-068 kfz-abgase + treibstoffe + nachverbrennung + ottomotor + pruefverfahren + (verdampfungsverluste)
EA -013 treibstoffe + oktanzahl + oekonomische aspekte
SA -075 energietechnik + kfz-technik + treibstoffe + (methanol)

triebwerk
siehe auch motor
FA -063 laerm + triebwerk + schallpegelmessung
FB -036 triebwerk + laermminderung
FB -051 fluglaerm + laermminderung + triebwerk
FB -067 triebwerk + laermminderung
FB -068 triebwerk + fluglaerm
FB -078 triebwerk + schallpegelmessung + laermminderung
SA -035 triebwerk + brennstoffe

trinkwasser
HD -002 trinkwasser + speicherung + materialtest + bakterien
HD -004 trinkwasser + organische schadstoffe
HD -005 trinkwasser + kunststoffe + lebensmittelhygiene
HD -006 trinkwasser + spurenstoffe + epidemiologie
HD -008 oberflaechenwasser + trinkwasser + spurenelemente + messverfahren
HD -010 trinkwasser + geruchsstoffe + bakterien
HD -012 trinkwasser + schwermetalle + nachweisverfahren
HD -014 talsperre + strassenverkehr + trinkwasser + schadstoffbelastung
HD -015 trinkwasser + hefen + schimmelpilze + nachweisverfahren
HD -016 wasserhygiene + trinkwasser + schimmelpilze + lebensmittel + NIEDERRHEIN
HD -017 wasserverunreinigende stoffe + trinkwasser + nachweisverfahren + fluorkohlenwasserstoffe
HD -020 trinkwasser + wasserueberwachung + testverfahren
HD -022 oberflaechenwasser + grundwasser + trinkwasser + spurenelemente + RUHR (EINZUGSGEBIET)
HE -017 trinkwasser + viren + desinfektion + (methodenentwicklung)
HE -019 wasseraufbereitung + filtration + trinkwasser
HE -021 trinkwasser + nachbehandlung
HE -022 trinkwasser + rohrleitung + korrosionsschutz
HE -025 trinkwasser + nachbehandlung + wasserleitung + korrosion
HE -028 trinkwasser + wasserhygiene + schadstoffentfernung
HE -033 trinkwasser + wasseraufbereitung + filtration + schlammbeseitigung
HE -048 wasseraufbereitung + algen + flockung + trinkwasser
IC -011 fliessgewaesser + geruchsstoffe + trinkwasser + RHEIN + MAIN
IC -030 trinkwasser + schadstoffnachweis + oberflaechengewaesser + messmethode
IC -076 colibakterien + viren + trinkwasser + ueberwachung
ID -010 grundwasser + trinkwasser + keime + bioindikator
ID -046 grundwasser + pestizide + uferfiltration + trinkwasser
IF -038 gewaesseruntersuchung + naehrstoffgehalt + talsperre + trinkwasser
KB -003 abwasserreinigung + schadstoffabbau + trinkwasser + verfahrenstechnik
OD -057 bodenkontamination + trinkwasser + schadstoffabbau + pestizide + stickstoff
PE -013 krebs + mortalitaet + nitrate + trinkwasser
PE -027 trinkwasser + spurenstoffe + zivilisationskrankheiten + epidemiologie + HESSEN (NORD)
PF -010 trinkwasser + fluor + pflanzen + biologische wirkungen
QA -026 ernaehrung + physiologie + trinkwasser

trinkwasseraufbereitung
HD -019 trinkwasseraufbereitung + herbizide + adsorption + oxidation + (phenoxy-alkancarbonsaeuren)
HE -008 trinkwasseraufbereitung + enthaertung + wirtschaftlichkeit
HE -009 trinkwasseraufbereitung + kalk + wiederverwendung + bodenverbesserung
HE -010 trinkwasseraufbereitung + mikroflora
HE -011 trinkwasseraufbereitung + algen
HE -016 trinkwasseraufbereitung + aktivkohle + mikroorganismen
HE -023 trinkwasseraufbereitung + wasser + flockung
HE -024 trinkwasseraufbereitung + wasser + flockung
HE -026 trinkwasseraufbereitung + wasserwerk + filtration + aktivkohle + mikroorganismen
HE -029 trinkwasseraufbereitung + schadstoffabbau + uferfiltration + RHEIN
HE -041 trinkwasseraufbereitung + aktivkohle + mikroorganismen
HE -042 trinkwasseraufbereitung + filter + mikroorganismen
HE -043 oberflaechengewaesser + trinkwasseraufbereitung + schadstoffentfernung + RHEIN
HE -044 trinkwasseraufbereitung + enthaertung + oekonomische aspekte
HE -049 oberflaechenwasser + trinkwasseraufbereitung + ozon
UB -020 trinkwasseraufbereitung + oberflaechengewaesser + pcb + filtration + RHEIN-RUHR-RAUM

trinkwassergewinnung
DB -026 trinkwassergewinnung + grundwasseranreicherung
HA -110 gewaesserbelueftung + talsperre + trinkwassergewinnung + WAHNBACH-TALSPERRE
HB -034 trinkwassergewinnung + bodennutzung + verkehrsplanung + (bundesbahn-neubaubahnstrecke) + UNTERFRANKEN
HD -007 trinkwassergewinnung + chlorkohlenwasserstoffe + analytik
HE -020 oberflaechenwasser + trinkwassergewinnung + grundwasseranreicherung + NORDDEUTSCHER KUESTENRAUM
HE -031 trinkwassergewinnung + sauerstoffeintrag + verfahrensoptimierung
HE -035 trinkwassergewinnung + aktivkohle
HE -039 trinkwassergewinnung + oberflaechenwasser + uferfiltration
HF -004 trinkwassergewinnung + brackwasser + filtration
IC -117 abwasserreinigung + phosphate + talsperre + trinkwassergewinnung + WAHNBACH-TALSPERRE
ID -043 trinkwassergewinnung + uferfiltration + litoral + RHEIN
IF -039 gewaesserreinigung + talsperre + phosphor + trinkwassergewinnung + (oligotrophierung) + WAHNBACH-TALSPERRE

trinkwasserguete
DB -027 wasseraufbereitung + schadstoffentfernung + trinkwasserguete + (literaturstudie)
HD -001 duengung + trinkwasserguete
HD -003 trinkwasserguete + verpackung + (einwegflaschen und tueten)
HD -009 trinkwasserguete + algen + rueckstaende + (algenbluete)
HD -018 trinkwasserguete + abwasser + faekalien + bakteriologie + nachweisverfahren
HG -033 gewaesser + trinkwasserguete + phosphate + modell
ID -015 wasserchemie + grundwasserbelastung + duengemittel + trinkwasserguete + SCHWARZWALD + EYACH
PE -016 trinkwasserguete + krankheiten + mortalitaet + HANNOVER
PE -017 trinkwasserguete + mortalitaet + NIEDERSACHSEN
UA -048 trinkwasserguete + algen + schadstoffbildung

trinkwasserversorgung
FD -009 trinkwasserversorgung + rohrleitung + stroemungstechnik + geraeuschminderung
HA -067 trinkwasserversorgung + oberflaechengewaesser + schadstoffbelastung + nachweisverfahren + (cholinesterasehemmer)
HA -112 wasserueberwachung + schadstoffbelastung + trinkwasserversorgung + EIFEL (NORD) + NIEDERRHEIN
HB -035 trinkwasserversorgung + hydrogeologie + bodenstruktur + verkehrsplanung + (bundesbahn-neubaubahnstrecke) + FRANKEN (UNTERFRANKEN)
HB -063 schiffe + trinkwasserversorgung + meerwasserentsalzung + PAKISTAN
HE -002 trinkwasserversorgung + private haushalte + bedarfsanalyse
HE -015 trinkwasserversorgung + wasserguete + erholungsgebiet + BERLIN (WEST)
HE -027 trinkwasserversorgung + gewaesserschutz
HE -030 trinkwasserversorgung + talsperre + wasserbau + (hochwasserentlastungsanlage) + HARZ
HE -046 trinkwasserversorgung + rohrleitung + entwicklungslaender
IA -013 trinkwasserversorgung + schadstoffnachweis + bioindikator

IA -027 trinkwasserversorgung + uferfiltration + schadstoffbelastung + messmethode + (organochlorverbindungen)
IC -012 fluss + schadstoffbilanz + industrieabwaesser + trinkwasserversorgung + NECKAR + RHEIN-NECKAR-RAUM
IC -048 oberflaechengewaesser + organische schadstoffe + nachweisverfahren + trinkwasserversorgung + BODENSEE-HOCHRHEIN
IC -118 gewaesser + talsperre + biozide + trinkwasserversorgung
IC -119 wasserueberwachung + radioaktivitaet + trinkwasserversorgung + EIFEL (NORD) + NIEDERRHEIN
IF -015 eutrophierung + oberflaechengewaesser + biomasse + trinkwasserversorgung
MC-008 deponie + sickerwasser + trinkwasserversorgung + tenside

tritium

IC -069 fliessgewaesser + radioaktive spurenstoffe + tritium + RHEIN + WESER + EMS
ID -037 grundwasser + nitrate + tritium
IE -006 kuestengewaesser + tritium + kernkraftwerk + NORDSEE
NB-003 radioaktive kontamination + tritium + messung + OBERRHEINEBENE
NC-030 kernreaktor + tritium + umgebungsradioaktivitaet + (fusionsreaktor)
ND-028 kuehlwasser + kernreaktor + schadstoffabscheidung + tritium

tropen

RE -001 kulturpflanzen + duengung + pflanzenertrag + standortfaktoren + tropen
RG-028 waldoekosystem + tropen + umwelteinfluesse

tropfkoerper

KB -086 wasseraufbereitung + tropfkoerper + biologischer abbau
KE -023 belebtschlamm + tropfkoerper + biologischer bewuchs + (leistungsfaehigkeit)
KE -047 abwasserreinigung + belebungsanlage + tropfkoerper + reaktionskinetik

troposphaere

siehe auch atmosphaere

AA-044 troposphaere + luftbewegung + luftverunreinigung + messtechnik + (elektromagnetische und akustische wellen)
AA-058 troposphaere + transportprozesse + austauschprozesse
AA-060 troposphaere + aerosole + raman-lidar-geraet
AA-130 luftchemie + spurenstoffe + troposphaere + stratosphaere + (globale verteilung)
CA-008 meteorologie + troposphaere + stratosphaere + aerosolmesstechnik + (luftleitfaehigkeit)

truebwasser

IE -025 truebwasser + plankton + ELBE
IE -032 meeresverunreinigung + truebwasser + muscheln
KB -058 abwasserbehandlung + truebwasser + klaeranlage

turbine

FA -015 turbine + laermminderung + schallausbreitung
FB -052 fluglaerm + laermminderung + schallentstehung + turbine

u-bahn

siehe untergrundbahn

ueberschall

FA -053 laermentstehung + schallmessung + ueberschall + stroemungstechnik
FA -058 laermentstehung + ueberschall + stroemungstechnik

ueberschallknall

siehe auch fluglaerm

FA -056 laermbelaestigung + ueberschallknall
FB -021 ueberschallknall + fluglaerm + schallausbreitung
FB -022 fluglaerm + ueberschallknall + laermbelastung + lebewesen + gehoerschaeden
FB -053 flugzeug + ueberschallknall
FD -005 laermbelastung + ueberschallknall + lebewesen + bauten

ueberschwemmungsgebiet

siehe auch hochwasser

ueberwachung

AA-029 luftreinhaltung + ueberwachung
AA-092 biosphaere + flugzeug + ueberwachung
AA-173 luftverunreinigung + fliegende messtation + ueberwachung
CB -089 luftverunreinigung + schadstoffausbreitung + ueberwachung
IA -040 oberflaechenwasser + ueberwachung + infrarottechnik
IB -001 abwasserableitung + ueberwachung + automatisierung + HEINSBERG (NORDRHEIN-WESTFALEN)
IC -076 colibakterien + viren + trinkwasser + ueberwachung
NB-005 radioaktive kontamination + organismus + ueberwachung
NB-022 kernkraftwerk + umgebungsradioaktivitaet + ueberwachung + BADEN-WUERTTEMBERG
NB-037 radionuklide + spurenelemente + blei + cadmium + ueberwachung
UN-045 fauna + population + ueberwachung + (bestandsaufnahme) + NIEDERSACHSEN

ueberwachungssystem

AA-017 bergwerk + ueberwachungssystem + gase + messgeraet + explosionsschutz
FA -068 schallmessung + normen + ueberwachungssystem
IE -040 kuestengewaesser + meeresbiologie + ueberwachungssystem + DEUTSCHE BUCHT + JADE + WESER-AESTUAR
IE -049 wasserguete + vorfluter + schadstoffbilanz + ueberwachungssystem + modell
KE -017 abwasserbehandlung + klaeranlage + ueberwachungssystem
NC-094 kernreaktor + reaktorsicherheit + ueberwachungssystem
RC -015 bodenmechanik + erschuetterungen + ueberwachungssystem + OBERRHEINEBENE
VA-008 umweltinformation + ueberwachungssystem + HESSEN

uferfiltration

HB-007 oberflaechenwasser + grundwasser + uferfiltration + wassergewinnung + MOSEL + RHEINLAND-PFALZ
HE -029 trinkwasseraufbereitung + schadstoffabbau + uferfiltration + RHEIN
HE -039 trinkwassergewinnung + oberflaechenwasser + uferfiltration
IA -027 trinkwasserversorgung + uferfiltration + schadstoffbelastung + messmethode + (organochlorverbindungen)
ID -017 grundwasserbilanz + uferfiltration + fluss + KOELN-BONN + NIEDERRHEIN
ID -036 grundwasser + uferfiltration + modell
ID -041 wasserchemie + uferfiltration + schadstoffentfernung
ID -042 gewaesserverunreinigung + schwermetalle + uferfiltration + RHEIN
ID -043 trinkwassergewinnung + uferfiltration + litoral + RHEIN
ID -044 wasserchemie + uferfiltration + schadstoffentfernung
ID -045 grundwasser + uferfiltration + herbizide
ID -046 grundwasser + pestizide + uferfiltration + trinkwasser
OD-088 wasserverunreinigung + schadstoffabbau + wasserpflanzen + uferfiltration

uferschutz

siehe auch litoral

HA-014 wasserbau + uferschutz + erosion + (filter-vlies)
HA-037 uferschutz + gewaesserschutz + fliessgewaesser + vegetation
HA-099 fliessgewaesser + uferschutz + biozoenose + pflanzenoekologie + ALLER (OBERALLER)

HC-023 meeresgeologie + uferschutz + (sandvorspuelung) + WESTERLAND (SYLT) + DEUTSCHE BUCHT
HG-040 kuestengewaesser + uferschutz
UL-029 landschaftsplanung + gewaesserschutz + uferschutz + datensammlung + RHEIN
UL-066 uferschutz + begruenung + (schilfsterben) + BERLIN (HAVEL)
UM-065 vegetation + kartierung + uferschutz + fluss + DUMMERSDORF + TRAVE + OSTSEE

ultraschall

BC-021 aerosole + bergwerk + filter + ultraschall
BE-002 zerstaeuberbrenner + ultraschall + geruchsstoffe
FA-016 ultraschall + mensch + genetische wirkung
NC-002 reaktorsicherheit + materialtest + ultraschall
NC-003 reaktorsicherheit + druckbehaelter + materialtest + ultraschall

umgebungsradioaktivitaet

NB-022 kernkraftwerk + umgebungsradioaktivitaet + ueberwachung + BADEN-WUERTTEMBERG
NB-050 radioaktive kontamination + umgebungsradioaktivitaet + kernreaktor
NB-054 luftueberwachung + kernkraftwerk + umgebungsradioaktivitaet + messtellennetz + OBERRHEIN
NC-030 kernreaktor + tritium + umgebungsradioaktivitaet + (fusionsreaktor)
ND-023 radioaktive abfaelle + endlagerung + umgebungsradioaktivitaet + systemanalyse + (keramische massen) + BUNDESREPUBLIK DEUTSCHLAND
QA-074 lebensmittelueberwachung + umgebungsradioaktivitaet + messtechnik

umwelt

TB-036 umwelt + mensch + psychologische faktoren
UA-058 dokumentation + umwelt + konzeptentwurf
UC-009 umwelt + makrooekonomie
UE-035 umwelt + siedlung + (wechselbeziehungen) + NEAPEL
VA-020 dokumentation + umwelt

umweltbedingungen

PC-065 umweltbedingungen + hormone + fische + amphibien
PC-066 umweltbedingungen + amphibien + wasserhaushalt + hormone
TE-006 mensch + umweltbedingungen
TF-023 epidemiologie + malaria + umweltbedingungen + infektionskrankheiten

umweltbehoerden

UA-034 umweltbehoerden + internationaler vergleich

umweltbelastung

AA-061 bioindikator + umweltbelastung
AA-097 immissionsschutzplanung + regionalplanung + umweltbelastung + VILLINGEN-SCHWENNINGEN
AA-146 luftverunreinigende stoffe + umweltbelastung + (trendanalyse) + BUNDESREPUBLIK DEUTSCHLAND
BA-014 strassenverkehr + umweltbelastung + (kosten)
BB-007 muellverbrennungsanlage + umweltbelastung + (gutachten) + KASSEL (UMGEBUNG)
BC-025 holzindustrie + umweltbelastung + staub + laerm
BE-027 umweltbelastung + geruchsbelaestigung + nachweisverfahren
CB-010 luftverunreinigung + kraftwerk + standortwahl + umweltbelastung
DC-068 verbrauchsgueter + umweltbelastung + schadstoffminderung
GA-003 kraftwerk + klimaaenderung + umweltbelastung + NIEDERAUSSEM
GA-009 nasskuehlturm + umweltbelastung + messgeraet
GA-010 nasskuehlturm + umweltbelastung + messgeraet
GA-011 nasskuehlturm + umweltbelastung + datenerfassung
GB-035 kuehlwasser + bodenwasser + umweltbelastung + (mathematisches modell)
HA-098 umweltbelastung + geochemie + MAIN
IC-049 kuehlturm + holzschutzmittel + auswaschung + umweltbelastung
KD-012 duengung + guelle + umweltbelastung
MC-046 deponie + rotte + umweltbelastung + (vergleich)
NB-010 umweltbelastung + radioaktive substanzen + nachweisverfahren
NB-020 radioaktivitaet + umweltbelastung + kernkraftwerk + energiewirtschaft + (prognose)
NB-025 kerntechnische anlage + umweltbelastung + oekologische faktoren + OBERRHEINEBENE
NC-049 kernreaktor + sicherheitstechnik + umweltbelastung
OC-004 herbizide + umweltbelastung
OD-015 pestizide + umweltbelastung
OD-042 holzschutzmittel + umweltbelastung
PC-012 umweltbelastung + bioindikator + insekten + (ameisen)
PC-034 umweltbelastung + nachweisverfahren + (sektionsgut)
PE-008 kfz-abgase + umweltbelastung
PE-014 umweltbelastung + industrie + ballungsgebiet + mortalitaet + RHEIN-NECKAR-RAUM + MANNHEIM + LUDWIGSHAFEN
PH-057 holzschutzmittel + auswaschung + umweltbelastung
PI-004 umweltbelastung + oekologische faktoren + RHEIN-NECKAR-RAUM
PI-033 umweltbelastung + herbizide
PI-042 umweltbelastung + anthropogener einfluss
QB-048 lebensmittel + fleischprodukte + schwermetallkontamination + umweltbelastung
RA-007 umweltbelastung + landwirtschaftliche produkte + oekonomische aspekte
RB-017 lebensmittel + verpackung + umweltbelastung
RH-015 pflanzenschutzmittel + umweltbelastung + (zerstaeuberarten + dosierung)
RH-029 fungizide + umweltbelastung + schadstoffminderung + (steinkohlenteeroel)
SA-023 energieverbrauch + industrie + umweltbelastung
SA-028 umweltbelastung + energieversorgung
SA-029 energieversorgung + umweltbelastung + kosten + optimierungsmodell + BADEN-WUERTTEMBERG
SA-051 umweltbelastung + energieversorgung
SA-055 umweltbelastung + energieumwandlung + planungshilfen + BAYERN
TA-045 arbeitsplatz + umweltbelastung + automatisierung
TF-032 umweltbelastung + insekten + stadtgebiet + erholungsgebiet
UA-003 umweltbelastung + entsorgung + forschungsplanung
UA-045 umweltbelastung + lebensqualitaet + ballungsgebiet + grosstadt + modell + DORTMUND + RHEIN-RUHR-RAUM
UB-003 umweltbelastung + schadensersatz + europaeische gemeinschaft
UC-030 umweltbelastung + sozio-oekonomische faktoren + indikatoren + RHEIN-RUHR-RAUM
UC-032 umweltpolitik + umweltbelastung + soziale kosten + RHEIN-RUHR-RAUM
UC-034 holzindustrie + umweltbelastung + oekonomische aspekte
UC-036 umweltbelastung + soziale kosten + (betriebswirtschaftliche aspekte)
UE-010 umweltbelastung + indikatoren + raumordnung
UE-028 siedlungsplanung + umweltbelastung
UH-024 strassenbau + stadtgebiet + umweltbelastung + sozio-oekonomische faktoren
UH-040 schienenverkehr + verkehrsplanung + umweltbelastung + (informationsvermittlung)
UI-021 verkehrsplanung + umweltbelastung + nutzwertanalyse
UK-001 erholungsgebiet + bewertungskriterien + umweltbelastung + (anthropogener einfluss)
UK-007 raumplanung + oekologie + umweltbelastung + standortfaktoren
UL-011 umweltbelastung + landschaftsoekologie + BODENSEE (RAUM)
UL-032 landschaftsbelastung + naturraum + umweltbelastung
VA-015 energiewirtschaft + umweltbelastung + informationssystem + modell

umweltbewusstsein

TD -005 umweltbewusstsein + ausbildung + schulen + (unterrichtsmodell)
TD -010 umweltbewusstsein + humanoekologie + (theologische aspekte)
TD -013 umweltbewusstsein + ausbildung + schulen + (lehrplaene)
TD -014 umweltbewusstsein + ausbildung + schulen + (schulbuecher + sekundarstufe)
TD -019 umweltbewusstsein + (umfrage)
TD -020 umweltbewusstsein + bevoelkerung

umweltchemikalien

siehe auch biozide
siehe auch wassergefaehrdende stoffe
CB -041 umweltchemikalien + reaktionskinetik + atmosphaere + pestizide
IA -011 umweltchemikalien + bioindikator + gewaesserschutz
ID -026 landwirtschaft + grundwasserbelastung + umweltchemikalien
LA -014 wassergefaehrdende stoffe + umweltchemikalien + transport
OA-005 umweltchemikalien + biozide + messtechnik
OA-013 umweltchemikalien + isotopen + tracer + analytik + (grundlagenforschung)
OA-016 umweltchemikalien + beryllium + nachweisverfahren + richtlinien + (einheitsverfahren)
OA-017 umweltchemikalien + biozide + spurenanalytik
OA-024 geochemie + umweltchemikalien + spurenanalytik + SUEDWESTDEUTSCHLAND
OA-029 umweltchemikalien + vinylchlorid + toxizitaet
OA-032 umweltchemikalien + biozide + nachweisverfahren
OA-033 biozide + umweltchemikalien + nachweisverfahren + automatisierung
OA-039 umweltchemikalien + toxizitaet + bioindikator
OB-001 umweltchemikalien + geochemie + spurenanalytik + schwermetalle + AACHEN-STOLBERG
OB-023 umweltchemikalien
OB-024 umweltchemikalien + spurenelemente + oekotoxizitaet + nachweisverfahren
OC-001 umweltchemikalien + pcb + nachweisverfahren
OC-013 umweltchemikalien + pestizide + nebenwirkungen + datenbank
OC-017 umweltchemikalien + spurenanalytik + dieldrin + (thc)
OC-018 umweltchemikalien + organische schadstoffe + analytik + (mehrkomponentenanalyse + probennahme)
OC-026 umweltchemikalien + halogenverbindungen
OC-033 umweltchemikalien + analyseverfahren
OC-034 umweltchemikalien + carcinogene + amine + nitrosoverbindungen
OC-037 umweltchemikalien + nitrosoverbindungen + analytik
OD-001 umweltchemikalien + aromaten + chlorkohlenwasserstoffe + biozide + nachweisverfahren
OD-014 umweltchemikalien + biozide + messtechnik
OD-036 naturstein + umweltchemikalien + spurenelemente + emission + SCHWAEBISCHE ALB
OD-044 umweltchemikalien + biozide + messtechnik
OD-048 umweltchemikalien + halogenkohlenwasserstoffe + biologischer abbau
OD-052 umweltchemikalien + herbizide + fungizide + mikrobieller abbau
OD-059 umweltchemikalien + pcb + metabolismus + biologischer abbau + abiotischer abbau
OD-060 umweltchemikalien + organische schadstoffe + ausbreitungsmodell + abiotischer abbau + (xenobiotika)
OD-064 kulturpflanzen + stoffhaushalt + umweltchemikalien + (diallat)
OD-067 umweltchemikalien + dokumentation
OD-079 umweltchemikalien + biozide + nachweisverfahren + wirkungen
OD-080 umweltchemikalien + herbizide + pflanzen + metabolismus
OD-081 umweltchemikalien + schwermetalle + schadstoffbilanz + nachweisverfahren
OD-084 umweltchemikalien + schadstoffausbreitung + persistenz
OD-085 umweltchemikalien + (chemisches verhalten)
OD-089 umweltchemikalien + herbizide + rueckstandsanalytik
PB -001 umweltchemikalien + kohlenwasserstoffe + pcb + neurotoxizitaet
PB -012 tierernaehrung + metabolismus + umweltchemikalien + (colchicin)
PB -027 umweltchemikalien + pcb + huhn + (clophen a 60)
PB -042 umweltchemikalien + toxizitaet + biozide
PC -001 umweltchemikalien + zellkultur + metabolismus
PC -004 holzschutz + umweltchemikalien + toxizitaet
PC -010 umweltchemikalien + toxizitaet + langzeitwirkung
PC -013 neurotoxizitaet + ionisierende strahlung + umweltchemikalien
PC -022 embryopathie + fische + umweltchemikalien + sauerstoff + kombinationswirkung
PC -027 umweltchemikalien + neurotoxizitaet + zytotoxizitaet + immunologie
PC -028 umweltchemikalien + organismen + metabolismus + schadstoffbilanz
PC -030 synergismus + umweltchemikalien
PC -038 umweltchemikalien + geruchsminderung + nutztierstall + fleischprodukte + (schwein)
PC -049 umweltchemikalien + toxizitaet + fische
PC -050 umweltchemikalien + gutachten
PC -051 umweltchemikalien + oekotoxizitaet + schadstoffwirkung + tierexperiment
PC -052 umweltchemikalien + versuchstiere + metabolismus
PC -059 umweltchemikalien + viren + zelle
PC -064 umweltchemikalien + biozide + nahrungsmittel + datenerfassung
PD -014 umweltchemikalien + mutagenitaetspruefung
PD -036 umweltchemikalien + zytotoxizitaet + genetische wirkung + mensch + arbeitsmedizin
PD -039 umweltchemikalien + mensch + mutagene wirkung + schutzmassnahmen
PD -048 umweltchemikalien + carcinogene + mutagenitaetspruefung
PD -051 carcinogene + umweltchemikalien + pharmaka
PD -054 umweltchemikalien + herbizide + nitrosoverbindungen + carcinogene wirkung
PD -057 umweltchemikalien + zytotoxizitaet + mutagenitaetspruefung + (meoteben + endoxan)
PD -067 umweltchemikalien + mutagene wirkung + genetik
PD -068 umweltchemikalien + mutagene wirkung + genetik
PD -069 mutagene wirkung + umweltchemikalien + (methodenentwicklung)
PD -070 genetik + mutagenitaetspruefung + umweltchemikalien
PG -004 bodenschutz + umweltchemikalien
PH -001 umweltchemikalien + plankton
PH -059 umweltchemikalien + enzyminduktion + mikroorganismen + belebtschlamm + RHEIN + ADRIA (NORD)
PI -029 umweltchemikalien + boden + pflanzen + schadstoffbilanz
PI -040 umweltchemikalien + pflanzen + metabolismus
QA-065 lebensmittel + umweltchemikalien + biozide + rueckstandsanalytik
QA-067 umweltchemikalien + biozide + chlor + simultananalyse
QB-047 fleischprodukte + schwermetallkontamination + umweltchemikalien + rueckstandsanalytik
QC-024 lebensmittelkontamination + umweltchemikalien + (piperonylbutoxid)
QC-034 futtermittel + umweltchemikalien
QD-002 umweltchemikalien + schadstoffwirkung + nahrungskette
QD-018 umweltchemikalien + pcb + futtermittel + (huehnerei)
QD-019 umweltchemikalien + pcb + huhn + lebensmittel

umwelteinfluesse

AA-157 umwelteinfluesse + satellit + datensammlung
EA -020 umwelteinfluesse + immissionsbelastung + bewertung
MB-044 abfallbeseitigung + pyrolyse + umwelteinfluesse + oekonomische aspekte
MB-045 abfallbehandlung + pyrolyse + umwelteinfluesse + oekonomische aspekte
PC -053 umwelteinfluesse + biologische wirkungen + (embryonen)
PC -067 umwelteinfluesse + mollusken
PD -043 genetik + mutagene wirkung + umwelteinfluesse + (mathematische modelle)

U

PE -005 humanoekologie + organismus + umwelteinfluesse + genetische wirkung + (adaptation)
PH -012 pflanzenphysiologie + photosynthese + umwelteinfluesse
PI -045 oekologie + fische + amphibien + umwelteinfluesse
PK -017 werkstoffe + umwelteinfluesse
PK -031 denkmal + umwelteinfluesse + nachweisverfahren
RG -028 waldoekosystem + tropen + umwelteinfluesse
TA -028 ergonomie + arbeitsplatz + umwelteinfluesse + arbeitsphysiologie
UN -060 umwelteinfluesse + fauna + KARLSRUHE (RAUM) + OBERRHEIN

umweltfaktoren

HG -014 hydrogeologie + quelle + umweltfaktoren + fluoride + VOGELSBERG
PE -007 geriatrie + umweltfaktoren
RA -010 agraroekonomie + umweltfaktoren
RG -013 waldoekosystem + umweltfaktoren + SCHWARZWALD
UC -041 unternehmensrechnung + umweltfaktoren + soziale kosten
UF -026 bodenkarte + umweltfaktoren + BREMEN (STADT)
VA -001 umweltfaktoren + lebensqualitaet + prognose

umweltforschung

siehe auch atmosphaerische umweltforschung

OD -012 umweltforschung + spurenelemente
TD -024 umweltforschung + datenverarbeitung + forschungsplanung + (umplis)
UA -040 umweltpolitik + umweltforschung + umweltschutz + oekologie
UA -065 umweltforschung + kooperation
UC -048 umweltforschung + wachstumsgrenzen + JAPAN
VA -013 humanoekologie + umweltterminologie + umweltforschung
VA -017 dokumentation + umweltforschung + (geowissenschaften)
VA -024 umweltforschung + messgeraet + datenbank + (umplis)
VA -026 umweltforschung + datenverarbeitung + (umplis)
VA -027 umweltforschung + datenbank + forschungsplanung + (umplis)

umweltfreundliche*technik

DA -038 verbrennungsmotor + technologie + umweltfreundliche technik
DD -011 farbauftrag + umweltfreundliche technik + (beschichtungsmaterial)
DD -012 farbauftrag + umweltfreundliche technik + (wasserlacke)
DD -013 farbstoffe + loesungsmittel + umweltfreundliche technik + (lacksysteme)
KC -008 textilindustrie + umweltfreundliche technik + oekonomische aspekte
MG -034 papierindustrie + umweltfreundliche technik + abfallbeseitigung
RB -019 lebensmitteltechnik + desinfektion + reinigung + umweltfreundliche technik
SB -031 verfahrenstechnik + katalysator + umweltfreundliche technik
UA -017 technische infrastruktur + planungshilfen + gesetzesvorbereitung + umweltfreundliche technik + umweltvertraeglichkeitspruefung
UA -042 umweltfreundliche technik + bewertungskriterien + forschungsplanung
UA -052 umweltpolitik + wirtschaftssystem + umweltfreundliche technik
UC -023 forschungsplanung + umweltfreundliche technik + investitionen

umweltgrundrecht

UB -031 umweltgrundrecht

umwelthygiene

NA -001 umwelthygiene + klimaanlage + uv-strahlen + (beatmungs-anaesthesiegeraete)
RF -016 umwelthygiene + tierische faekalien
TD -008 umwelthygiene + umwelttechnik + ausbildung
TF -007 umwelthygiene + planungsmodell
TF -011 infektion + umwelthygiene + mikroorganismen
TF -028 umwelthygiene + insekten + pathogene keime + klaerschlamm + rasen
TF -039 gesundheitsvorsorge + umwelthygiene
UC -005 energiewirtschaft + umwelthygiene + planung + BUNDESREPUBLIK DEUTSCHLAND

umweltinformation

HA -007 wasserwirtschaft + datenbank + umweltinformation
TD -003 umweltinformation + (filmdokumentation)
TD -009 oekosystem + umweltinformation
TD -022 umweltinformation + (bundesweites modellseminar)
UH -015 umweltprobleme + oekonomische aspekte + umweltinformation + (kraftfahrzeugverkehr)
VA -006 umweltinformation + dokumentation
VA -008 umweltinformation + ueberwachungssystem + HESSEN
VA -022 umweltinformation + datensammlung + (umplis)
VA -023 umweltinformation + forschungsinstitut + datenbank + (umplis)

umweltplanung

UA -011 umweltplanung + modell
UA -023 umweltplanung + simulationsmodell
UA -033 umweltplanung + umweltrecht + (internationaler vergleich)
UA -035 umweltplanung + gemeinde
UA -037 umweltplanung + internationale zusammenarbeit + BAYERN + OESTERREICH
UA -039 umweltplanung + umweltterminologie
UA -041 umweltplanung + planungshilfen + datensammlung + (umweltatlas)
UA -050 kommunale planung + umweltplanung + (umweltatlas) + NECKAR (RAUM) + STUTTGART
UA -059 umweltplanung + (umweltgutachten 1974) + BUNDESREPUBLIK DEUTSCHLAND
UA -060 umweltplanung + (umweltgutachten 1977) + BUNDESREPUBLIK DEUTSCHLAND
UC -003 umweltplanung + standortwahl + oekologische faktoren
VA -011 umweltplanung + informationssystem + (umweltthesaurus + umplis)
VA -021 informationssystem + umweltplanung + (umplis)

umweltpolitik

UA -001 umweltpolitik + umweltschutzmassnahmen + volkswirtschaft + kosten
UA -004 umweltpolitik + internationaler vergleich
UA -007 umweltpolitik + umweltprogramm
UA -010 industrienationen + umweltpolitik + internationaler vergleich
UA -012 umweltpolitik + wirtschaftssystem + internationaler vergleich + BUNDESREPUBLIK DEUTSCHLAND + EG-LAENDER + EUROPA (OSTEUROPA)
UA -013 umweltschutz + umweltpolitik
UA -014 umweltschutz + umweltpolitik + MELLE
UA -020 umweltpolitik + entwicklungslaender + oekonomische aspekte
UA -029 entwicklungslaender + umweltpolitik
UA -030 umweltpolitik + parlamentswesen + information + EUROPA
UA -031 umweltpolitik + (fonds fuer umweltstudien) + EUROPA
UA -038 umweltpolitik + gemeinde
UA -040 umweltpolitik + umweltforschung + umweltschutz + oekologie
UA -051 umweltpolitik + umweltschutzmassnahmen + erfolgskontrolle + BUNDESREPUBLIK DEUTSCHLAND
UA -052 umweltpolitik + wirtschaftssystem + umweltfreundliche technik
UA -055 umweltpolitik + wirtschaftswachstum + steuerbarkeit + internationaler vergleich
UA -056 umweltpolitik + wirtschaftssystem + (aussenhandel)
UA -067 umweltschutz + umweltpolitik + SOWJETUNION
UB -022 umweltpolitik + umweltrecht + landtag
UC -012 industrienationen + marktwirtschaft + wirtschaftswachstum + umweltpolitik
UC -032 umweltpolitik + umweltbelastung + soziale kosten + RHEIN-RUHR-RAUM
UE -036 raumordnung + umweltpolitik + interessenkonflikt

VA -025 umweltpolitik + planung + prognose + modell + datenbank + (umplis)

umweltprobleme

KC -039 papierindustrie + umweltprobleme + dokumentation
RC -013 geologie + umweltprobleme
TD -002 umweltprogramm + umweltprobleme + ausbildung
TD -017 umweltprobleme + energieversorgung + ausbildung + schulen + (naturwissenschaftlicher unterricht)
UA -002 umweltprobleme + bewertungsmethode + sozialindikatoren
UA -062 umweltprobleme + meeresbiologie
UC -027 umweltprobleme + oekonomische aspekte + (wettbewerb)
UC -040 umweltprobleme + wirtschaftswachstum + industriegesellschaft + (verhaltensaenderung)
UC -050 wirtschaftswachstum + wachstumsgrenzen + umweltprobleme
UC -052 umweltprobleme + oekonomische aspekte + HESSEN
UH -015 umweltprobleme + oekonomische aspekte + umweltinformation + (kraftfahrzeugverkehr)
VA -029 umweltprobleme + fliegende messtation + luftbild + statistische auswertung

umweltprogramm

TD -002 umweltprogramm + umweltprobleme + ausbildung
UA -006 umweltprogramm + (fortschreibung) + BUNDESREPUBLIK DEUTSCHLAND
UA -007 umweltpolitik + umweltprogramm
UA -064 umweltprogramm + stadtgebiet + WUPPERTAL + RHEIN-RUHR-RAUM
UA -066 umweltprogramm + operationalisierung + NORDRHEIN-WESTFALEN

umweltqualitaet

TB -034 umweltqualitaet + psychologische faktoren + grosstadt
TB -035 umweltqualitaet + psychologische faktoren + entwicklungslaender
UA -016 umweltqualitaet + indikatoren
UE -034 siedlungsraum + umweltqualitaet + bevoelkerung + mobilitaet + simulationsmodell
UE -041 raumplanung + umweltqualitaet

umweltrecht

siehe auch verursacherprinzip

EA -005 umweltrecht + immissionsschutzgesetz
EA -011 immissionsschutz + umweltrecht
UA -033 umweltplanung + umweltrecht + (internationaler vergleich)
UB -002 umweltrecht + vollzugsdefizit + abwasserableitung + oberflaechengewaesser + BODENSEE
UB -004 umweltrecht + rechtsprechung + internationaler vergleich
UB -005 umweltrecht + normen
UB -006 umweltrecht + oekonomische aspekte + immissionsschutz
UB -008 umweltrecht + gesetzgebung + vollzugsdefizit
UB -009 umweltrecht + rechtsvorschriften + raumplanung + RHEINLAND-PFALZ
UB -010 umweltrecht + umweltschutz + internationaler vergleich + FRANKREICH + BUNDESREPUBLIK DEUTSCHLAND
UB -011 umweltrecht + rechtsvorschriften + europaeische gemeinschaft + internationaler vergleich
UB -015 umweltrecht + umweltschutz + rechtsprechung + (determinanten)
UB -016 umweltrecht + bergbau + rechtsvorschriften
UB -019 umweltrecht + datensammlung + BUNDESREPUBLIK DEUTSCHLAND
UB -022 umweltpolitik + umweltrecht + landtag
UB -023 umweltrecht + dokumentation + internationaler vergleich
UB -024 umweltrecht + dokumentation + (auslaendisches umweltrecht)
UB -025 umweltrecht + rechtsvorschriften + (gesetzdurchfuehrung)
UB -026 umweltrecht + internationaler vergleich + SCHWEIZ + USA + SCHWEDEN
UB -027 schadensersatz + umweltrecht
UB -029 umweltrecht + verursacherprinzip + energieversorgung
UB -030 umweltrecht + informationssystem
UB -032 umweltrecht + vollzugsdefizit + immissionsschutz + RHEIN-MAIN-GEBIET
UC -049 umweltrecht + oekonomische aspekte + soziale kosten + verursacherprinzip + gemeinlastprinzip

umweltschutz

BA -044 abgas + umweltschutz + (abgasmodell)
EA -006 umweltschutz + emissionsminderung
LA -009 abwasser + umweltschutz + (abwassermodell)
LA -012 umweltschutz + rechtsvorschriften + (hohe see)
ME -007 umweltschutz + verfahrensentwicklung + chemische industrie + recycling
RA -003 agraroekonomie + landwirtschaft + umweltschutz + richtlinien
RD -046 landwirtschaft + duengung + umweltschutz
SA -070 energiewirtschaft + umweltschutz
TD -001 umweltschutz + verbrauchsgueter + konsumentenverhalten
TD -015 umweltschutz + oekologie + ausbildung + (umwelterziehung)
TD -016 umweltschutz + wasserverunreinigung + ausbildung + schulen + (curriculum)
UA -005 raumplanung + umweltschutz + information
UA -008 umweltschutz + kommunale planung + oekonomische aspekte + (finanzierungsmodelle)
UA -013 umweltschutz + umweltpolitik
UA -014 umweltschutz + umweltpolitik + MELLE
UA -022 umweltschutz + landesplanung + (gesamtprogramm) + SCHLESWIG-HOLSTEIN
UA -024 umweltschutz + systemanalyse
UA -025 umweltschutz + gutachten
UA -026 umweltschutz + entwicklungslaender
UA -028 umweltschutz + internationaler vergleich + (politische entscheidungsprozesse) + SAARLAND + WEST MIDLANDS (ENGLAND)
UA -032 umweltschutz + planungshilfen + EUROPA
UA -036 umweltschutz + internationaler vergleich + (politische entscheidungsprozesse) + SAARLAND + WEST MIDLANDS (ENGLAND)
UA -040 umweltpolitik + umweltforschung + umweltschutz + oekologie
UA -044 schadstoffbelastung + bevoelkerung + umweltschutz + (entscheidungshilfen)
UA -046 umweltschutz + internationale zusammenarbeit + EG-LAENDER
UA -047 umweltschutz + europaeische gemeinschaft
UA -057 umweltschutz + kommunale planung + (modellentwicklung zur integration)
UA -067 umweltschutz + umweltpolitik + SOWJETUNION
UB -007 umweltschutz + finanzrecht
UB -010 umweltrecht + umweltschutz + internationaler vergleich + FRANKREICH + BUNDESREPUBLIK DEUTSCHLAND
UB -014 umweltschutz + rechtsvorschriften + luftreinhaltung + gewaesserschutz + (vollzugsprobleme)
UB -015 umweltrecht + umweltschutz + rechtsprechung + (determinanten)
UB -028 umweltschutz + patentrecht
UB -033 umweltschutz + strafrecht
UC -002 gemeinde + umweltschutz + kosten + verursacherprinzip
UC -008 umweltschutz + wirtschaftswachstum
UC -010 umweltschutz + kosten
UC -011 umweltschutz + investitionen + steuerrecht
UC -020 umweltschutz + druckereiindustrie + kosten
UC -021 umweltschutz + industrie + kosten + BAYERN
UC -022 umweltschutz + industrie + investitionen + BUNDESREPUBLIK DEUTSCHLAND
UC -024 industrie + umweltschutz + oekonomische aspekte
UC -033 wirtschaft + oekologie + umweltschutz
UC -038 oekonomische aspekte + umweltschutz
UC -053 umweltschutz + oekonomische aspekte
UE -030 flaechennutzung + umweltschutz
UE -045 umweltschutz + planungsrecht + regionalplanung
UE -046 raumplanung + rechtsvorschriften + umweltschutz
UL -043 oekosystem + umweltschutz

VA -018 umweltschutz + simulationsmodell + schadstoffausbreitung + luftverunreinigung + gewaesserbelastung + (topographie)

umweltschutzauflagen

RA -019 agrarproduktion + umweltschutzauflagen + betriebsoptimierung + (regionalmodell) + NORDRHEIN-WESTFALEN
UC -045 umweltschutzauflagen + chemische industrie + kosten + wirtschaftlichkeit

umweltschutzmassnahmen

KC -030 papierindustrie + zellstoffindustrie + umweltschutzmassnahmen + recycling + optimierungsmodell
UA -001 umweltpolitik + umweltschutzmassnahmen + volkswirtschaft + kosten
UA -051 umweltpolitik + umweltschutzmassnahmen + erfolgskontrolle + BUNDESREPUBLIK DEUTSCHLAND
UA -054 umweltschutzmassnahmen + oekonomische aspekte + (betriebliche anpssungsstrategie)
UA -063 umweltschutzmassnahmen + oekonomische aspekte + NORDRHEIN-WESTFALEN
UB -021 verursacherprinzip + einkommensverteilung + umweltschutzmassnahmen + (regionale ungleichgewichte)
UC -017 stahlindustrie + umweltschutzmassnahmen + kosten
UC -031 umweltschutzmassnahmen + internationale zusammenarbeit + (wettbewerbsstruktur)

umweltsimulation

VA -002 umweltsimulation + verkehrssystem + regionalplanung

umweltstatistik
t

UL -043 oekosystem + umweltschutz
VA -018 umweltschutz + simulationsmod
UA -053 umweltstatistik + NORDRHEIN-WESTFALEN

umwelttechnik

TD -008 umwelthygiene + umwelttechnik + ausbildung
UC -026 umwelttechnik + marktforschung

umweltterminologie

UA -039 umweltplanung + umweltterminologie
VA -013 humanoekologie + umweltterminologie + umweltforschung

umweltverschmutzung

OA -009 messtechnik + analysengeraet + umweltverschmutzung + feinstaeube

umweltvertraeglichkeitspruefung

UA -017 technische infrastruktur + planungshilfen + gesetzesvorbereitung + umweltfreundliche technik + umweltvertraeglichkeitspruefung
UA -021 umweltvertraeglichkeitspruefung + simulationsmodell
UB -013 umweltvertraeglichkeitspruefung + oeffentliche massnahmen
UC -006 industrie + standortwahl + umweltvertraeglichkeitspruefung
UK -008 umweltvertraeglichkeitspruefung + flurbereinigung

unfall

siehe unter oelunfall
ND -003 radioaktive substanzen + transportbehaelter + sicherheit + unfall
ND -004 radioaktive substanzen + transportbehaelter + unfall + materialtest

unfallverhuetung

siehe auch arbeitsschutz
NC -055 kernreaktor + brennelement + plutonium + unfallverhuetung + kosten-nutzen-analyse
TA -052 arbeitsschutz + unfallverhuetung + automatisierung
TD -023 strassenverkehr + kind + unfallverhuetung
TE -010 klima + biologische wirkungen + unfallverhuetung

unkrautflora

RD -023 ackerland + duengung + herbizide + unkrautflora
RH -041 nutzpflanzen + unkrautflora + biozide
UM-075 pflanzenschutz + unkrautflora + biologischer pflanzenschutz + (solidago) + OBERRHEINEBENE + NECKARTAL + SCHWEIZ + UNGARN + OESTERREICH

untergrund

FD -018 untergrund + erschuetterungen + bauten
HB -047 grundwasserschutz + mineraloel + untergrund + (abdichtung)
IC -098 gewaesserverunreinigung + mineraloel + untergrund
ID -051 grundwasser + untergrund + mineraloel + (oelunfall)
MC-042 deponie + untergrund + (abdichtung)
PF -060 fliessgewaesser + untergrund + phosphate + bodenbelastung + SCHWARZACH (OBERPFALZ)

untergrundbahn

FB -001 untergrundbahn + schalldaemmung + BERLIN
FD -002 untergrundbahn + erschuetterungen + schwingungsschutz
HB -048 bodenmechanik + tiefbau + untergrundbahn + grundwasserbelastung + (haertungsmittel) + MUENCHEN (STADTGEBIET)
UN -015 oeffentlicher nahverkehr + untergrundbahn + automatisierung + (betriebsleitsystem)

unternehmensrechnung

UC -041 unternehmensrechnung + umweltfaktoren + soziale kosten

untersuchungsmethoden

AA -083 atmosphaere + luftqualitaet + untersuchungsmethoden + (von hochatmosphaerischem dunst)
HG -045 hydrologie + isotopen + untersuchungsmethoden
KA -009 abwasser + mikroflora + untersuchungsmethoden
NC -017 kernreaktor + reaktorsicherheit + werkstoffe + stahl + untersuchungsmethoden
PI -036 toxizitaet + suesswasser + oekosystem + untersuchungsmethoden
RH -036 schaedlingsbekaempfung + untersuchungsmethoden + tierexperiment

uran

ID -039 grundwasser + mineralwasser + radioaktive spurenstoffe + uran
ND -046 radioaktive abfaelle + uran + abfallmenge + endlagerung
OD -035 boden + uran + analyse
SA -076 energietechnik + uran + rohstoffsicherung + (uranprospektion) + SCHWARZWALD
SA -077 energietechnik + uran + bergbau + (bakterielle laugeprozesse)
SA -078 energietechnik + uran + (uranexploration) + BUNDESREPUBLIK DEUTSCHLAND
UD -016 rohstoffe + geologie + uran + ODENWALD
UD -017 rohstoffe + geologie + uran + SCHWARZWALD
UD -018 rohstoffe + uran + geologie + MAROKKO
UD -023 energietechnik + uran + rohstoffe + phosphate

urbanisierung

UC -029 urbanisierung + sozio-oekonomische faktoren + (stadt-land-beziehungen)
UF -036 urbanisierung + sozialgeographie + BAYERN (SUED)

uv-strahlen

AA -096 atmosphaere + stratosphaere + fluorchlorkohlenwasserstoffe + uv-strahlen + biologische wirkungen
NA -001 umwelthygiene + klimaanlage + uv-strahlen + (beatmungs-anaesthesiegeraete)

vegetation

AA -057 emissionsueberwachung + industrie + schadstoffwirkung + vegetation + bioindikator + HAMBURG

HA -037 uferschutz + gewaesserschutz + fliessgewaesser + vegetation
HA -095 fliessgewaesser + stofftransport + hydrochemie + vegetation + klima + SCHLITZERLAND + HESSEN
HC -026 hochwasserschutz + vegetation + landwirtschaft + HAMBURG (RAUM)
HG -011 wald + wasserhaushalt + vegetation
MC-027 deponie + sickerwasser + wasserbilanz + vegetation + BERLIN-WANNSEE
PF -017 kochsalz + schadstoffwirkung + vegetation + (streusalz)
PF -018 erdgas + physiologische wirkungen + vegetation
PF -019 luftverunreinigende stoffe + industrieabgase + flugstaub + vegetation + schwermetallkontamination
RA -021 landwirtschaft + vegetation + moor + NORDWESTDEUTSCHES KUESTENGEBIET
RD -028 vegetation + duengung
RF -011 vegetation + weideland + nutztierhaltung
UK -043 vegetation + brachflaechen + landschaftsgestaltung
UL -017 brachflaechen + landschaftspflege + vegetation
UL -027 vegetation + weinberg + landschaftspflege + erholungsplanung + STUTTGART (RAUM)
UL -030 naturschutz + vegetation + landschaftsplanung + BUNDESREPUBLIK DEUTSCHLAND
UL -031 naturschutzgebiet + vegetation + (bewertungskriterien) + BUNDESREPUBLIK DEUTSCHLAND
UL -035 raumplanung + vegetation + landschaftsoekologie + ballungsgebiet + FRANKFURT (WEST) + RHEIN-MAIN-GEBIET
UL -058 vegetation + biotop + SCHWARZACHAUE (OBERPFAELZER WALD)
UL -061 naturschutz + wild + populationsdynamik + vegetation + STAMMHAM
UM-003 naturschutzgebiet + vegetation + kartierung + FRANKEN (UNTERFRANKEN)
UM-013 landschaftsoekologie + vegetation + kulturpflanzen + OBERRHEINEBENE + BADEN (SUED)
UM-016 brachflaechen + vegetation + oekologie
UM-017 gruenland + vegetation + pflanzensoziologie + WESTERWALD
UM-018 gruenland + vegetation + pflanzensoziologie + KNUELLGEBIET
UM-022 gruenland + vegetation + pflanzensoziologie + MEISSNERGEBIRGE + HESSEN
UM-025 pflanzensoziologie + kartierung + vegetation + kuestenschutz + HELGOLAND + DEUTSCHE BUCHT
UM-028 landschaftsoekologie + vegetation + standortfaktoren + INZELL + TEISENBERG + BAYERN
UM-029 vegetation + nationalpark + kartierung + BAYRISCHER WALD/SPIEGELAU-GRAFENAU
UM-030 vegetation + forstwirtschaft + standortfaktoren + BAD WINDSHEIM/KEHRENBERG
UM-031 landschaftserhaltung + vegetation + alm + ROTWANDGEBIET + MIESBACH (LANDKREIS)
UM-040 landespflege + vegetation + kartierung + BUNDESREPUBLIK DEUTSCHLAND
UM-041 pflanzenschutz + vegetation + kartierung + (farne + bluetenpflanzen)
UM-042 brachflaechen + vegetation
UM-053 vegetation + kartierung + BADEN-WUERTTEMBERG
UM-055 vegetation + rasen + wachstumsregulator
UM-056 vegetation + weideland + brachflaechen + WESTERWALD
UM-057 brachflaechen + vegetation
UM-062 vegetation + standortfaktoren + TEISENBERG
UM-065 vegetation + kartierung + uferschutz + fluss + DUMMERSDORF + TRAVE + OSTSEE
UM-072 strassenbau + begruenung + vegetation + (boeschungssicherung)

vegetationskunde

HA -038 fliessgewaesser + vegetationskunde + gewaesserschutz + MUENSTERLAND
HA -088 binnengewaesser + vegetationskunde + oekologie + wasserwirtschaft + naturschutz + (stauteich) + HARZ
RA -023 bodennutzung + landwirtschaft + forstwirtschaft + vegetationskunde + fernerkundung + FRANKFURT
RC -026 naturschutz + vegetationskunde + bodenkunde + erosion + BERLIN-GRUNEWALD
RD -052 moor + vegetationskunde + bodenverbesserung + DEUTSCHLAND (NORD-WEST) + NIEDERSACHSEN (NORD)
UM-027 landschaftsplanung + raumordnung + vegetationskunde
UM-045 vegetationskunde + pflanzenoekologie + RHOEN (HOHE RHOEN)
UM-046 vegetationskunde + RHEINLAND-PFALZ
UM-050 vegetationskunde + waldoekosystem + BERLIN-GRUNEWALD/TEGEL
UM-054 biozoenose + vegetationskunde + biotop
UM-064 vegetationskunde + kartierung + TAUBER (GEBIET) + MAIN (GEBIET)
UM-068 gruenland + oekologie + vegetationskunde + HEILIGENHAFEN + OSTSEE
UM-074 vegetationskunde + kartierung + landesplanung + flurbereinigung + FRANKEN (OBERFRANKEN)
UM-081 vegetationskunde + kartierung + BADEN-WUERTTEMBERG (OST)

ventilator

FA -037 ventilator + laerm

verbrauchsgueter

DC -068 verbrauchsgueter + umweltbelastung + schadstoffminderung
TD -001 umweltschutz + verbrauchsgueter + konsumentenverhalten

verbrennung

siehe auch muellverbrennung
siehe auch nachverbrennung
siehe auch resteverbrennung
siehe auch schlammverbrennung

BA -018 verbrennung + motor + industrie + abgas
BA -021 abgas + verbrennung + kohlenwasserstoffe + analyseverfahren
BB -003 luftverunreinigung + feuerungstechnik + verbrennung + emission + (hochfackel)
BB -031 abgas + verbrennung + russ
BC -012 baustoffe + verbrennung
BC -013 abgasminderung + industrieabgase + verbrennung
BC -023 werkstoffe + verbrennung + schadstoffbildung
CB -008 kohlenwasserstoffe + verbrennung + schadstoffbildung
CB -018 verbrennung + gasfoermige brennstoffe + stickoxide
CB -026 schadstoffbildung + kohlenwasserstoffe + verbrennung
CB -027 verbrennung + schadstoffemission
CB -028 gasgemisch + verbrennung + schadstoffnachweis
CB -048 luftverunreinigung + kohlenwasserstoffe + verbrennung + benzol
CB -054 luftverunreinigung + reaktionskinetik + verbrennung + (atmosphaerenmodelle)
CB -078 luftverunreinigung + verbrennung + schadstoffbildung
DB -006 kohle + verbrennung + energieumwandlung + emissionsminderung + (kohleveredelung)
DB -016 verbrennung + russ
DB -025 feuerungsanlage + verbrennung + verfahrensoptimierung + emissionsminderung
FA -057 verbrennung + schall + stroemungstechnik
IE -015 meeresverunreinigung + salzsaeure + chlorkohlenwasserstoffe + verbrennung + NORDSEE
KB -007 organische stoffe + schadstoffentfernung + salze + verbrennung + wirtschaftlichkeit
OC -029 kohlenwasserstoffe + verbrennung + reaktionskinetik

verbrennungsmotor

siehe auch dieselmotor
siehe auch erdgasmotor
siehe auch hybridmotor
siehe auch kfz-motor
siehe auch ottomotor
siehe auch schichtladungsmotor
siehe auch wankelmotor

BA -004 verbrennungsmotor + abgaszusammensetzung + emissionsminderung
BA -007 verbrennungsmotor + treibstoffe + blei + abgasminderung
BA -011 verbrennungsmotor + schadstoffbildung + kohlenmonoxid + stickoxide
BA -012 verbrennungsmotor + schadstoffbildung + modell
BA -019 verbrennungsmotor + abgas + geruchsbelaestigung
BA -023 kfz-abgase + verbrennungsmotor + brennstoffguete + kohlenwasserstoffe
BA -027 kfz-abgase + verbrennungsmotor + berechnungsmodell
BA -056 verbrennungsmotor + polyzyklische kohlenwasserstoffe + analyseverfahren
BA -062 verbrennungsmotor + emissionsmessung
BA -069 strassenverkehr + kfz-abgase + verbrennungsmotor + ausbreitungsmodell
DA -002 verbrennungsmotor + wankelmotor + treibstoffe
DA -004 abgasemission + heizungsanlage + verbrennungsmotor + schadstoffminderung + messgeraet
DA -006 kfz-technik + verbrennungsmotor + emissionsminderung + kraftstoffzusaetze + (methanol)
DA -007 kfz-technik + verbrennungsmotor + wasserstoff + (wasserstoffmotor)
DA -022 verbrennungsmotor + stroemungstechnik
DA -031 verbrennungsmotor + abgasminderung
DA -033 verbrennungsmotor + abgasminderung
DA -034 kfz-technik + emissionsminderung + verbrennungsmotor
DA -037 verbrennungsmotor + emissionsminderung
DA -038 verbrennungsmotor + technologie + umweltfreundliche technik
DA -044 verbrennungsmotor + emissionsminderung
DA -047 verbrennungsmotor + emissionsminderung + kohlenwasserstoffe
DA -048 kfz-technik + verbrennungsmotor + thermodynamik + emissionsminderung + treibstoffe + (methanol + wasserstoff)
DA -050 verbrennungsmotor + reaktionskinetik + messmethode
DA -056 kfz-technik + abgasreinigung + verbrennungsmotor
DA -063 verbrennungsmotor + treibstoffe + bleigehalt + oktanzahl
DA -066 verbrennungsmotor + emissionsminderung
DA -073 kfz-technik + maschinenbau + verbrennungsmotor
DD -061 verbrennungsmotor + gasgenerator + (abgasminderung)
EA -025 abgasemission + verbrennungsmotor + pruefverfahren + richtlinien + EUROPA + USA
FB -003 kfz-technik + verbrennungsmotor + geraeuschminderung
FB -004 kfz-technik + verbrennungsmotor + geraeuschminderung
FB -027 kfz-technik + verbrennungsmotor + geraeuschminderung + (kuehler-luefter-system)
FB -028 kfz-technik + verbrennungsmotor + geraeuschminderung + (abgasschalldaempfung)
FB -029 kfz-technik + verbrennungsmotor + geraeuschminderung + schalldaemmung + (verschalung)
FB -064 verbrennungsmotor + laermminderung

verdichtungsraum

siehe auch ballungsgebiet

AA -045 immissionsmessung + staub + blei + verdichtungsraum + freiraumplanung + AALEN-WASSERALFINGEN
AA -123 klimaaenderung + energieverbrauch + waermehaushalt + verdichtungsraum + stadtklima + MUENCHEN
TC -013 verdichtungsraum + freizeitgestaltung + bedarfsanalyse
UE -006 verdichtungsraum + strukturanalyse + (neuabgrenzung)
UE -009 verdichtungsraum + oekologische faktoren + (abbildung in einem modell) + RHEIN-NECKAR-RAUM
UE -015 verdichtungsraum + entwicklungsmassnahmen + belastbarkeit + BADEN-WUERTTEMBERG
UE -023 verdichtungsraum + strukturanalyse + (typenbildung)
UG -005 infrastrukturplanung + laendlicher raum + verdichtungsraum
UH -012 bevoelkerung + mobilitaet + verdichtungsraum
UK -046 verdichtungsraum + freiraumplanung + freizeitverhalten + planungshilfen + STUTTGART
UK -058 freiraumplanung + wohnungsbau + verdichtungsraum + HANNOVER + HAMBURG
UL -003 landschaftserhaltung + oekologische faktoren + verdichtungsraum + OSNABRUECK (LANDKREIS)
UL -063 verdichtungsraum + oekologische faktoren + interessenkonflikt + (oekologische risikoanalyse) + FRANKEN (MITTELFRANKEN)

verdunstung

BD -009 luftverunreinigung + pestizide + verdunstung + atmosphaere
GB -009 abwaerme + kuehlturm + verdunstung

verfahrensentwicklung

DB -001 heizoel + entschwefelung + verfahrensentwicklung
DB -012 emissionsminderung + rauch + kohle + verfahrensentwicklung + geraeteentwicklung
DC -021 textilindustrie + staubminderung + verfahrensentwicklung
DC -032 verfahrensentwicklung + schadstoffminderung
DC -049 staubminderung + verfahrensentwicklung + eisen- und stahlindustrie
DC -070 abgasreinigung + petrochemische industrie + verfahrensentwicklung
HA -078 wasserreinhaltung + meerwasserentsalzung + verfahrensentwicklung + glas
HA -079 wasserreinigung + entsalzung + verfahrensentwicklung + filtration + (membranen)
HA -096 wasseraufbereitung + meerwasserentsalzung + verfahrensentwicklung
HB -069 meerwasserentsalzung + verfahrensentwicklung + systemanalyse
HB -071 meerwasserentsalzung + verfahrensentwicklung
HB -077 meerwasserentsalzung + verfahrensentwicklung
HB -085 meerwasserentsalzung + verfahrensentwicklung + (kristallisationsverfahren)
HF -001 betontechnologie + meerwasserentsalzung + verfahrensentwicklung
KD -010 fluessigmist + biologischer abbau + verfahrensentwicklung
KE -062 wasserwerk + schlammentwaesserung + verfahrensentwicklung + (gefrierkonditionierung)
KF -012 abwasserreinigung + schadstoffentfernung + phosphate + verfahrensentwicklung
MA-009 sondermuell + abfallbehandlung + verfahrensentwicklung + wirtschaftlichkeit + OSNABRUECK (STADT-LANDKREIS)
MA-014 hausmuellsortierung + recycling + verfahrensentwicklung
MA-037 abfallbehandlung + verfahrensentwicklung + (rotorzerkleinerer)
MB-003 abfallbehandlung + rotte + verfahrensentwicklung
MB-017 abfallbeseitigung + verfahrensentwicklung + pyrolyse
ME-007 umweltschutz + verfahrensentwicklung + chemische industrie + recycling
ME-089 holzabfaelle + verwertung + verfahrensentwicklung + zellstoffindustrie
MF-030 tierische faekalien + recycling + verfahrensentwicklung
MF-036 fluessigmist + recycling + verfahrensentwicklung
ND-043 radioaktive abfaelle + abfallbeseitigung + verfahrensentwicklung
OA-019 spurenanalytik + verfahrensentwicklung + (neutronenaktivierungsanalyse)
PH -015 pflanzenkontamination + frueherkennung + enzyme + verfahrensentwicklung
SA -054 brennstoffe + destillation + verfahrensentwicklung + (oelschiefer)
SA -060 kohle + gasfoermige brennstoffe + verfahrensentwicklung + (lurgi-druckvergasung)
SA -063 heizoel + substitution + verfahrensentwicklung
SA -073 energietechnik + kohle + vergasung + verfahrensentwicklung
SA -079 energietechnik + kohlevergasung + verfahrensentwicklung
UD -021 rohstoffe + chemische industrie + kohlenwasserstoffe + technologie + verfahrensentwicklung + (kohleverfluessigung)
UD -022 rohstoffe + kohlenwasserstoffe + verfahrensentwicklung + (kohleverfluessigung)
UF -004 stadtentwicklungsplanung + verwaltung + verfahrensentwicklung
UN -010 oeffentlicher nahverkehr + verkehrsmittel + verfahrensentwicklung

verfahrensoptimierung

BB -020 abfallbeseitigung + muellvergasung + verfahrensoptimierung + betriebssicherheit + KALUNDBORG + DAENEMARK
DA -024 nachverbrennung + schadstoffminderung + geruchsminderung + verfahrensoptimierung
DB -024 feuerungsanlage + verfahrensoptimierung + emissionsminderung
DB -025 feuerungsanlage + verbrennung + verfahrensoptimierung + emissionsminderung
DB -030 muellverbrennungsanlage + schadstoffentfernung + verfahrensoptimierung
DB -037 emissionsminderung + heizungsanlage + verfahrensoptimierung
DB -038 heizungsanlage + verfahrensoptimierung
DC -019 farbauftrag + verfahrensoptimierung
DC -024 glasindustrie + emissionsminderung + verfahrensoptimierung + (glasschmelzwannen)
DC -054 emissionsminderung + nassentstaubung + verfahrensoptimierung
DC -055 emissionsminderung + staub + filter + verfahrensoptimierung
DD -034 staubabscheidung + verfahrensoptimierung
FC -082 geraeuschminderung + werkzeuge + verfahrensoptimierung
HB -070 meerwasserentsalzung + verfahrensoptimierung + (entspannungsverdampfer)
HE -031 trinkwassergewinnung + sauerstoffeintrag + verfahrensoptimierung
KB -031 abwasserreinigung + schadstoffabscheidung + verfahrensoptimierung + (lamellenabscheider)
KB -087 abwasserreinigung + verfahrensoptimierung
KC -010 zellstoffindustrie + verfahrensoptimierung
KC -038 papierindustrie + klaeranlage + verfahrensoptimierung
KE -007 belebtschlamm + sauerstoffeintrag + verfahrensoptimierung
KE -035 abwassertechnik + klaeranlage + belebtschlamm + verfahrensoptimierung
MB-001 abfallbeseitigung + verfahrensoptimierung
MB-012 industrieabfaelle + pyrolyse + verfahrensoptimierung
SB -007 energieversorgung + elektrowaermegeraet + verfahrensoptimierung + (regeltechnik)
UL -064 landwirtschaft + oekologische faktoren + technologie + verfahrensoptimierung

verfahrenstechnik

DA -025 luftreinhaltung + nachverbrennung + verfahrenstechnik + katalysator
DB -002 brennstoffe + schadstoffimmission + kohle + verfahrenstechnik
DB -007 kohle + emissionsminderung + verfahrenstechnik
DB -008 heizungsanlage + emissionsminderung + verfahrenstechnik
DB -014 rauchgas + kraftwerk + gasreinigung + verfahrenstechnik
DB -033 kohle + schadstoffminderung + verfahrenstechnik + (kohleversorgung)
DC -002 chemische industrie + abwasser + abluft + verfahrenstechnik
DC -008 stahlindustrie + emissionsminderung + verfahrenstechnik
DC -013 abgasreinigung + verfahrenstechnik + adsorption
DC -042 staubemission + chemische industrie + verfahrenstechnik + salze + abwasserbelastung
DC -057 staubminderung + bergbau + verfahrenstechnik
DD -033 staubabscheidung + gasreinigung + verfahrenstechnik
HB -076 meerwasserentsalzung + verfahrenstechnik
KB -003 abwasserreinigung + schadstoffabbau + trinkwasser + verfahrenstechnik
KB -013 abwasserreinigung + verfahrenstechnik
KB -032 abwasserreinigung + bioreaktor + verfahrenstechnik
KB -048 abwasserbehandlung + schadstoffentfernung + verfahrenstechnik
KC -037 papierindustrie + wasserkreislauf + verfahrenstechnik
KC -057 chemische industrie + verfahrenstechnik + salze
KC -060 emissionsminderung + verfahrenstechnik + salze + chemische industrie
KE -004 abwasserbehandlung + klaerschlamm + sterilisation + pasteurisierung + verfahrenstechnik + (strahlentechnik)
KE -024 klaeranlage + verfahrenstechnik + zentrifuge
KE -025 abwasserreinigung + verfahrenstechnik + filtration
KE -026 abwasserreinigung + verfahrenstechnik + filtration
KF -004 abwasserreinigung + phosphate + verfahrenstechnik
MA-005 muellsauganlage + verfahrenstechnik
MB-051 abfallbeseitigung + verfahrenstechnik
ME-018 muellverbrennungsanlage + oekonomische aspekte + verfahrenstechnik
ME-045 recycling + schlammverbrennung + papierindustrie + verfahrenstechnik
ME-051 glasindustrie + verfahrenstechnik + altglas + recycling
MF-007 futtermittel + stroh + rind + verfahrenstechnik
PK -005 korrosionsschutz + verfahrenstechnik + schadstoffminderung + cyanide + (galvanisierung)
QC-025 lebensmittelkontamination + getreide + schwermetalle + verfahrenstechnik + (muellereitechnologische massnahmen)
RB -005 schadstoffminderung + verfahrenstechnik + getreide + dekontaminierung + (vorratsschutzmittel)
RC -018 luftbild + kartographie + verfahrenstechnik
SA -025 energietechnik + gasturbine + abwaerme + verfahrenstechnik
SA -032 luftreinhaltung + kokerei + verfahrenstechnik
SB -031 verfahrenstechnik + katalysator + umweltfreundliche technik
UD -002 ne-metallindustrie + verfahrenstechnik
UD -015 kohlenwasserstoffe + verfahrenstechnik + katalysator + (kohleverfluessigung)

vergasung

SA -073 energietechnik + kohle + vergasung + verfahrensentwicklung

verhaltensphysiologie

PA -003 toxizitaet + blei + verhaltensphysiologie + embryopathie + tierexperiment + (ratten)
PA -006 schwermetallkontamination + aerosole + verhaltensphysiologie + toxikologie + atemtrakt
PA -041 toxizitaet + blei + verhaltensphysiologie
PC -021 schadstoffwirkung + fische + verhaltensphysiologie + (korrosionsschutzmittel)

verkehr

siehe auch flugverkehr
siehe auch individualverkehr
siehe auch nahverkehr
siehe auch schienenverkehr
siehe auch stadtverkehr
siehe auch strassenverkehr

DA -010 verkehr + emissionsminderung
FB -030 verkehr + laermkarte + STUTTGART
SA -080 verkehr + energiebedarf + (entscheidungsmodell)
UE -039 landesentwicklungsprogramm + verkehr + (zielindikatoren) + NIEDERSACHSEN
UH -006 freizeitverhalten + verkehr + RHEIN-NECKAR-RAUM
UH -027 verkehr + stadtregion + nutzungsplanung + (verkehrsaufkommen + minimierung)
UH -028 regionalplanung + verkehr + (verkehrsaufkommen + verkehrsverteilung)
UH -033 verkehr + luftverunreinigung + laermbelaestigung + (mathematisches modell) + FRANKFURT + RHEIN-MAIN-GEBIET
UI -019 verkehr + fussgaenger + stadtgebiet + (verkehrserzeugungsmodell)

verkehrslaerm

siehe auch strassenlaerm

FB -007 verkehrslaerm + schallausbreitung
FB -008 verkehrslaerm + kfz-technik + prognose
FB -009 verkehrslaerm + fluglaerm + bewertungskriterien
FB -010 strassenverkehr + verkehrslaerm + statistik
FB -011 verkehrslaerm + schallausbreitung
FB -012 verkehrslaerm + bewertungsmethode + statistische auswertung
FB -014 laermschutz + verkehrslaerm + laermschutzwand
FB -016 laermschutzbauten + verkehrslaerm

FB -025 verkehrslaerm + laermschutz + prognose
FB -026 verkehrslaerm + grenzwerte + richtlinien
FB -042 verkehrslaerm + kfz-technik
FB -046 verkehrslaerm + prognose + SALZGITTER + HANNOVER
FB -054 verkehrslaerm + schallpegel + (mittlere periodizitaet)
FB -080 verkehrslaerm + strassenverkehr + stadtgebiet + prognose
FB -082 verkehrslaerm + messung + normen
FB -088 verkehrslaerm + schallausbreitung + bebauungsart
FB -089 laermminderung + verkehrslaerm + flugverkehr + DUESSELDORF-LOHHAUSEN + RHEIN-RUHR-RAUM
FB -091 verkehrslaerm + schienenverkehr + laermschutz + planungshilfen
FD -012 verkehrslaerm + physiologie + mensch
FD -013 verkehrslaerm + mensch + physiologie
FD -046 wohngebiet + verkehrslaerm + kataster + KOELN + RHEIN-RUHR-RAUM

verkehrsmittel

siehe auch elektrofahrzeug
siehe auch flugzeug
siehe auch kfz
siehe auch schiffe
siehe auch untergrundbahn
FB -006 laermbelastung + verkehrsmittel
FB -032 verkehrsmittel + kfz + laermentstehung + (lastkraftwagen)
UI -009 verkehrsmittel + elektrofahrzeug + (erprobung)
UI -018 verkehrsplanung + verkehrsmittel + nahverkehr + modell
UN-010 oeffentlicher nahverkehr + verkehrsmittel + verfahrensentwicklung
UN-014 oeffentlicher nahverkehr + verkehrsmittel + wirtschaftlichkeit + (s-bahn) + HAMBURG

verkehrsplanung

FB -047 schallschutz + verkehrsplanung + HILDESHEIM
FB -048 verkehrsplanung + autobahn + laermschutz + belueftung + HAMBURG (ELBTUNNEL)
FB -086 felsmechanik + bautechnik + verkehrsplanung + ballungsgebiet
HB -034 trinkwassergewinnung + bodennutzung + verkehrsplanung + (bundesbahn-neubaubahnstrecke) + UNTERFRANKEN
HB -035 trinkwasserversorgung + hydrogeologie + bodenstruktur + verkehrsplanung + (bundesbahn-neubaubahnstrecke) + FRANKEN (UNTERFRANKEN)
UF -001 verkehrsplanung + stadtsanierung + WASSENBERG (NORDRHEIN-WESTFALEN)
UF -035 stadtentwicklung + verkehrsplanung + wohnen
UH-004 verkehrsplanung + personenverkehr + (opportunity-modell)
UH-018 verkehrsplanung + stadtverkehr + kosten-nutzen-analyse
UH-019 verkehrsplanung + emissionsminderung + kosten-nutzen-analyse + FRANKFURT + RHEIN-MAIN-GEBIET
UH-020 verkehrsplanung + individualverkehr + oeffentlicher nahverkehr + grosstadt
UH-023 verkehrsplanung + laendlicher raum + landwirtschaft + erholungsgebiet + KIRCHHAIN-NIEDERAULA
UH-029 verkehrsplanung + strassenbau + stadtgebiet + planungshilfen + HATTINGEN + RHEIN-RUHR-RAUM
UH-034 verkehrsplanung + datenverarbeitung + planungshilfen
UH-035 stadtplanung + verkehrsplanung + mobilitaet + (benachteiligte bevoelkerungsgruppen)
UH-036 raumordnung + verkehrsplanung + bewertungsmethode + (bundesfernstrassenbau)
UH-040 schienenverkehr + verkehrsplanung + umweltbelastung + (informationsvermittlung)
UI -001 verkehrsplanung + oeffentlicher nahverkehr
UI -005 verkehrsplanung + schienenverkehr + (hochleistungsschnellbahn)
UI -006 verkehrsplanung + individualverkehr + oeffentlicher nahverkehr
UI -007 verkehrssystem + verkehrsplanung + simulation + optimierungsmodell
UI -013 verkehrsplanung + oeffentlicher nahverkehr + kosten-nutzen-analyse + (c-bahn) + HAMBURG
UI -014 verkehrsplanung + gemeinde + bewertungskriterien + (gemeindeverkehrsfinanzierungsgesetz)
UI -018 verkehrsplanung + verkehrsmittel + nahverkehr + modell
UI -021 verkehrsplanung + umweltbelastung + nutzwertanalyse
UK-034 landschaftsplanung + naturschutz + strassenbau + verkehrsplanung
UL -075 verkehrsplanung + stadtverkehr + oekologische faktoren + (wirkungsanalyse) + HILDESHEIM + HANNOVER
UN-001 oeffentlicher nahverkehr + siedlungsstruktur + verkehrsplanung + (schnellbahnsystem)
UN-002 oeffentlicher nahverkehr + siedlungsstruktur + verkehrsplanung + (schnellbahnsystem)
UN-005 verkehrsplanung + elektrofahrzeug + (magnetschwebebahn)

verkehrssystem

BA -009 verkehrssystem + kfz-abgase + emissionskataster + simulationsmodell + (fahrverhalten)
FB -037 laermbelastung + bevoelkerung + ballungsgebiet + verkehrssystem + STUTTGART (RAUM)
UG-010 technische infrastruktur + verkehrssystem + (auslastungsgrad)
UG-016 krankenhaus + entsorgung + transport + verkehrssystem
UH-003 verkehrssystem + schienenfahrzeug + oekonomische aspekte + (simulationsmodell magnetschwebebahn)
UH-005 verkehrssystem + schienenfahrzeug + oekonomische aspekte + (simulationsmodell magnetschwebebahn)
UH-008 verkehrssystem + simulationsmodell + (fahrerschulung)
UH-010 verkehrssystem + schienenverkehr + forschungsplanung
UH-011 verkehrssystem + schienenverkehr + (literaturstudie)
UH-017 verkehrssystem + transport + zukunftsforschung + EUROPA
UH-032 verkehrssystem + schienenverkehr + berechnungsmodell
UH-037 verkehrssystem + zukunftsforschung + (ferntransportsysteme)
UI -007 verkehrssystem + verkehrsplanung + simulation + optimierungsmodell
UI -011 oeffentlicher nahverkehr + verkehrssystem + stadtplanung + MAINZ + RHEIN-MAIN-GEBIET
UI -012 verkehrssystem + oeffentlicher nahverkehr + sozio-oekonomische faktoren + (anrufbus) + BODENSEE (RAUM)
UI -017 verkehrssystem + oeffentlicher nahverkehr + ballungsgebiet + (demand-bus-system)
UI -020 verkehrssystem + sicherheitstechnik + bewertungskriterien
UI -022 kfz-technik + emissionsminderung + verkehrssystem + fahrzeugantrieb + systemanalyse
UI -026 verkehrssystem + fahrzeugantrieb + systemanalyse
UN-004 verkehrstechnik + verkehrssystem + (regelungs-system)
UN-006 verkehrssystem + elektrofahrzeug + nahverkehr
UN-007 verkehrssystem + elektrofahrzeug + (magnetschwebebahn)
UN-008 verkehrssystem + verkehrstechnik + elektrofahrzeug
UN-016 oeffentlicher nahverkehr + verkehrssystem + systemanalyse + simulation + (magnetschwebebahn)
UN-057 verkehrssystem + oeffentliche verkehrsmittel + (cabinentaxi) + MARL
VA -002 umweltsimulation + verkehrssystem + regionalplanung
VA -007 informationssystem + kfz + verkehrssystem + (literaturstudie)

verkehrstechnik

FB -069 verkehrstechnik + luft + laerm
UH-039 verkehrstechnik + kfz-technik + (projektbegleitung)
UN-004 verkehrstechnik + verkehrssystem + (regelungs-system)
UN-008 verkehrssystem + verkehrstechnik + elektrofahrzeug

verkehrswesen

FB -058 verkehrswesen + laermbelastung + bewertungsmethode
UH-021 verkehrswesen + strassenverkehr + streusalz + (landstrasse + verkehrssicherheit)
UH-042 verkehrswesen + strassenverkehr + dokumentation

verkehrswirtschaft

UH-030 verkehrswirtschaft + personenverkehr + erholung + (wochenendverkehr)

verpackung
HD -003 trinkwasserguete + verpackung + (einwegflaschen und tueten)
MG-019 verpackung + abfall
MG-041 abfallgesetz + verpackung + rechtsverordnung
ND -005 radioaktive substanzen + transportbehaelter + verpackung
QA -005 lebensmittel + kontamination + kunststoffe + verpackung
QA -034 lebensmittelhygiene + verpackung
RB -017 lebensmittel + verpackung + umweltbelastung
RB -018 lebensmittel + verpackung + abfallmenge

verpackungstechnik
MA-027 getraenkeindustrie + verpackungstechnik + abfallmenge
RB -016 lebensmittelfrischhaltung + verpackungstechnik + (aromadurchlaessigkeit)
RB -020 verpackungstechnik + lebensmittel

verrieselung
siehe auch abwasserverrieselung
BD -006 luftreinhaltung + aerosole + antibiotika + guelle + verrieselung
MC-031 deponie + sickerwasser + abwasserreinigung + verrieselung

versorgung
siehe auch energieversorgung
siehe auch trinkwasserversorgung
siehe auch waermeversorgung
NA -002 bautechnik + versorgung + elektromagnetische strahlung
UD -007 nickel + versorgung
UG -004 infrastrukturplanung + raumordnung + wohnwert + freizeit + versorgung

versuchsanlage
DB -041 oelvergasung + entschwefelung + versuchsanlage + schweroel
HF -006 meerwasserentsalzung + versuchsanlage
MA-023 abfalltransport + versuchsanlage

versuchstiere
PC -046 biooekologie + chlorkohlenwasserstoffe + versuchstiere + metabolismus
PC -052 umweltchemikalien + versuchstiere + metabolismus

verursacherprinzip
UB -021 verursacherprinzip + einkommensverteilung + umweltschutzmassnahmen + (regionale ungleichgewichte)
UB -029 umweltrecht + verursacherprinzip + energieversorgung
UC -002 gemeinde + umweltschutz + kosten + verursacherprinzip
UC -049 umweltrecht + oekonomische aspekte + soziale kosten + verursacherprinzip + gemeinlastprinzip

verwaltung
LA -025 abwasserabgabengesetz + verwaltung + oekonomische aspekte
UA -015 planung + verwaltung + optimierungsmodell
UF -004 stadtentwicklungsplanung + verwaltung + verfahrensentwicklung

verwertung
siehe auch recycling
DB -004 steinkohle + verwertung + emissionsminderung + rauch + (brikettierung)
MD-021 abwasserschlamm + verwertung + landwirtschaft
ME-038 zellstoffindustrie + holzabfaelle + kohlenhydrate + verwertung
ME-063 nahrungsmittelproduktion + produktionsrueckstaende + hefen + verwertung
ME-089 holzabfaelle + verwertung + verfahrensentwicklung + zellstoffindustrie
MF-006 tierische faekalien + huhn + verwertung + futtermittel
MF-016 holzabfaelle + verwertung + oekonomische aspekte
MF-049 holzabfaelle + verwertung
MF-050 holzabfaelle + verwertung + schadstoffe
QC-035 futtermittel + nutztiere + verwertung

verwitterung
siehe auch erosion
PK -002 baudenkmal + naturstein + schwefeloxide + verwitterung + konservierung
PK -004 kalkmoertel + verwitterung + schwefeloxide + bauten
PK -019 naturstein + verwitterung
PK -020 baustein + verwitterung
PK -022 denkmal + verwitterung + mikrobiologie + (sandstein)
PK -027 verwitterung + baudenkmal + baustoffe + (steinergaenzungsmaterial)
PK -029 verwitterung + naturstein + denkmalschutz
RC -022 bodenerosion + verwitterung

veterinaerhygiene
RF -014 luft + keime + nutztierstall + veterinaerhygiene
RF -015 nutztierstall + veterinaerhygiene + keime
TF -022 veterinaerhygiene + tierische faekalien + rotte
TF -041 massentierhaltung + veterinaerhygiene

veterinaermedizin
QB -022 nutztierhaltung + veterinaermedizin + antibiotika + lebensmittelhygiene

vibration
siehe auch erschuetterungen
siehe auch schwingungsschutz
FA -006 laermminderung + vibration
FA -041 vibration + messverfahren
FA -042 vibration + messverfahren
FA -075 geraeusch + vibration + messverfahren
FC -031 holzindustrie + vibration + arbeitsschutz + schwingungsschutz

viehzucht
siehe auch tierhaltung
QC-037 viehzucht + futtermittel

vinylchlorid
OA -029 umweltchemikalien + vinylchlorid + toxizitaet
PD -058 vinylchlorid + metabolismus + carcinogenese
TA -054 arbeitsschutz + gesundheitsschutz + vinylchlorid + metabolismus
TA -056 arbeitsmedizin + gesundheitsschutz + kunststoffindustrie + vinylchlorid

viren
siehe auch krankheitserreger
HE -017 trinkwasser + viren + desinfektion + (methodenentwicklung)
IC -031 oberflaechenwasser + viren + plankton + antagonismus
IC -076 colibakterien + viren + trinkwasser + ueberwachung
IE -001 gewaesseruntersuchung + viren + OSTSEEKUESTE
PC -059 umweltchemikalien + viren + zelle
QB -023 gefluegel + krankheitserreger + viren + nachweisverfahren
RE -009 gemuesebau + resistenzzuechtung + viren
RF -006 krankheitserreger + viren + tiere
RH -002 biotechnologie + schaedlingsbekaempfung + viren
RH -008 schaedlingsbekaempfung + viren + forstwirtschaft
RH -011 schaedlingsbekaempfung + biotechnologie + viren
RH -032 obst + schaedlingsbekaempfung + viren + (waermetherapie)
RH -034 obst + schaedlingsbekaempfung + viren + (fruchtfolgemassnahmen)

TF -029 viren + fische
TF -030 immunologie + viren
TF -040 infektionskrankheiten + viren + epidemiologie + modell + (antikoerperkataster) + BADEN (SUED) + OBERRHEIN

vitamine

RB -007 ernaehrung + vitamine
TE -001 metabolismus + vitamine + mensch + nutztiere + (hausschwein)

voegel

PB -007 chlorkohlenwasserstoffe + pestizide + rueckstandsanalytik + voegel + NIEDERSACHSEN
PB -017 voegel + insektizide + kontamination + (meise)
PI -043 biozide + voegel + bioindikator
UM-026 flughafen + biotop + voegel + sicherheitsmassnahmen + pflanzensoziologie + HAMBURG
UN-003 kuestengewaesser + wattenmeer + oekologie + naturschutz + voegel + (hafenplanung) + ELBE-AESTUAR + SCHARHOERN + NEUWERK
UN-009 voegel + populationsdynamik + oekosystem + naturschutz + (stausee) + INN
UN-023 wattenmeer + schadstoffbelastung + schwermetalle + voegel + JADEBUSEN
UN-024 naturschutz + wattenmeer + voegel + oekologie + wasserbau + (hafenplanung) + SCHARHOERN + NEUWERK + ELBE-AESTUAR
UN-025 voegel + populationsdynamik + biotop + naturschutz + BAYERN
UN-028 tierschutz + voegel + populationsdynamik + (greifvoegel + eulen) + NORDRHEIN-WESTFALEN
UN-037 voegel + populationsdynamik + (greifvoegel)
UN-038 voegel + populationsdynamik + (storch) + BADEN-WUERTTEMBERG
UN-039 voegel + populationsdynamik + singvoegel + EUROPA
UN-040 voegel + populationsdynamik + (singvoegel) + EUROPA
UN-041 voegel + tierschutz + (zugvoegel)
UN-046 tierschutz + voegel + biotop + schutzmassnahmen + NIEDERSACHSEN
UN-050 voegel + binnengewaesser + BAYERN
UN-051 voegel + kulturlandschaft + biozoenose + BAYERN
UN-052 voegel + oekosystem + landschaftsplanung + ALPENVORLAND + WERDENFELSER LAND

volkswirtschaft

UA-001 umweltpolitik + umweltschutzmassnahmen + volkswirtschaft + kosten
UC-019 volkswirtschaft + wirtschaftsstruktur + technologie + forschungsplanung

vollzugsdefizit

EA -004 luftreinhaltung + recht + vollzugsdefizit
UB -002 umweltrecht + vollzugsdefizit + abwasserableitung + oberflaechengewaesser + BODENSEE
UB -008 umweltrecht + gesetzgebung + vollzugsdefizit
UB -032 umweltrecht + vollzugsdefizit + immissionsschutz + RHEIN-MAIN-GEBIET

vorfluter

GB -001 sauerstoffgehalt + kraftwerk + kuehlwasser + vorfluter
IB -007 abwasserableitung + niederschlagsabfluss + stadtgebiet + vorfluter + (simulation)
IB -017 gewaesserbelastung + regenwasser + niederschlagsabfluss + vorfluter
IB -018 niederschlagsabfluss + kanalisation + vorfluter
IB -020 vorfluter + kies + feststofftransport
IB -030 niederschlagsabfluss + stadtgebiet + klaeranlage + vorfluter + MUENCHEN (RAUM)
IE -049 wasserguete + vorfluter + schadstoffbilanz + ueberwachungssystem + modell
IF -003 abwasserableitung + vorfluter + stickstoff + bakteriologie + (speichersee) + ISMANING + ISAR
KC -061 papierindustrie + gewaesserbelastung + vorfluter + sauerstoffhaushalt
NB -048 abwasseranalyse + schlaemme + vorfluter + kernreaktor + isotopen

vorklaerung

siehe auch klaeranlage
KB -076 gewaesserbelastung + schadstoffabbau + belebtschlamm + vorklaerung

vorratsschutz

QC-032 lebensmittel + mykotoxine + vorratsschutz
RB -002 vorratsschutz + getreide + benzpyren
RB -029 vorratsschutz + schaedlingsbekaempfung + methodenentwicklung
RB -030 vorratsschutz + entseuchung + schaedlingsbekaempfung + (begasung)
RH -024 schaedlingsbekaempfung + vorratsschutz + genetik + pestizidsubstitut + methodenentwicklung
RH -054 vorratsschutz + getreide + schaedlingsbekaempfung + insekten + (pheromone)
RH -055 vorratsschutz + getreide + schaedlingsbekaempfung + insektizide
RH -056 vorratsschutz + getreide + biologische schaedlingsbekaempfung + insekten + (diapauseverhalten)
RH -057 vorratsschutz + getreide + biologische schaedlingsbekaempfung + insekten + (mikroorganismen)
RH -058 vorratsschutz + biologische schaedlingsbekaempfung + (co2-konverter) + ISRAEL

wachstum

RH -076 insekten + wachstum + population + genetik
UA -019 soziale infrastruktur + forschungsplanung + wachstum

wachstumsgrenzen

UC -028 wirtschaftswachstum + modell + wachstumsgrenzen + sozio-oekonomische faktoren + (club of rome)
UC -048 umweltforschung + wachstumsgrenzen + JAPAN
UC -050 wirtschaftswachstum + wachstumsgrenzen + umweltprobleme

wachstumsregulator

PH -039 schadstoffe + wachstumsregulator
QC-007 getreide + wachstumsregulator + kontamination
QC-044 getreide + wachstumsregulator + rueckstandsanalytik + lebensmittelhygiene
RE -019 gemuesebau + wachstumsregulator
UM-055 vegetation + rasen + wachstumsregulator

waerme

siehe auch abwaerme
siehe auch fernwaerme
QA-014 antibiotika + waerme + resistenz
SA -034 energieumwandlung + waerme + elektrizitaet
SB -015 energie + gasturbine + abwaerme + waerme + (pilotanlage)

waermebelastung

siehe auch abwaerme
AA -018 waermebelastung + klimaaenderung + meteorologie + modell + (simulationsmodell) + OBERRHEINEBENE
GB -002 mikroklimatologie + gewaesser + waermebelastung
GB -005 kuestengewaesser + wattenmeer + waermebelastung + waermehaushalt + meteorologie
GB -006 fliessgewaesser + waermebelastung + wasserverdunstung + meteorologie + (nebelbildung)
GB -013 gewaesserschutz + waermebelastung + ausbreitungsmodell
GB -014 gewaesser + waermebelastung + sauerstoffeintrag + modell
GB -016 fliessgewaesser + waermebelastung + kraftwerk
GB -020 wasserhygiene + grundwasser + oberflaechenwasser + waermebelastung
GB -022 kraftwerk + kuehlwasser + waermebelastung + RHEIN
GB -024 fliessgewaesser + waermebelastung + invertebraten + wasserguete + RHEIN
GB -030 fliessgewaesser + waermebelastung + kraftwerk + OBERRHEIN

GB -032 waermebelastung + fluss + RHEIN
GB -050 waermebelastung + luftbild + emissionskataster + AUGSBURG
IC -072 gewaesserueberwachung + waermebelastung
IC -084 fliessgewaesser + waermebelastung + bakterien + schadstoffabbau
SB -018 mikroklimatologie + waermebelastung + bauwesen + stadtgebiet

waermedaemmung

SB -010 bautechnik + waermedaemmung + energieverbrauch + planungshilfen
SB -014 bautechnik + waermedaemmung + richtlinien
SB -020 bautechnik + waermedaemmung

waermefluss

FA -023 bautechnik + waermefluss + erschuetterungen + geraeuschmessung
SB -023 bautechnik + waermefluss + messung
SB -024 bautechnik + waermefluss + daempfe + messung

waermehaushalt

AA -123 klimaaenderung + energieverbrauch + waermehaushalt + verdichtungsraum + stadtklima + MUENCHEN
AA -139 erdoberflaeche + waermehaushalt + (energieumsatz) + OBERRHEINEBENE (SUED)
GB -005 kuestengewaesser + wattenmeer + waermebelastung + waermehaushalt + meteorologie
GB -019 fluss + waermehaushalt + abwaerme + (entscheidungsgrundlagen + genehmigungsverfahren) + RHEIN + NECKAR
HA -052 fliessgewaesser + waermehaushalt + kraftwerk + abwaerme + klima + (simulationsmodell)
HA -086 fliessgewaesser + waermehaushalt + (temperaturverteilung)
HA -087 oberflaechengewaesser + waermehaushalt + (ausbreitungsmodell)
PE -045 mensch + waermehaushalt + simulationsmodell
RD -024 freiflaechen + wasserverdunstung + waermehaushalt
SA -036 boden + waermehaushalt + wasserhaushalt + mikroklimatologie
SA -043 heizungsanlage + waermehaushalt + (nutzungsgrad)

waermelastplan

AA -026 atmosphaere + meteorologie + waermelastplan + ausbreitungsmodell + OBERRHEINEBENE

waermepumpe

SB -027 waermepumpe + (grundsatzuntersuchungen)

waermerueckgewinnung

GC -002 abwaerme + waermerueckgewinnung + private haushalte
GC -007 waermerueckgewinnung + (richtlinien fuer anlagen)
GC -011 abwasser + abwaerme + private haushalte + waermerueckgewinnung
SB -011 energietechnik + heizungsanlage + waermerueckgewinnung

waermeschutz

FA -024 schallschutz + waermeschutz + gutachten
SB -004 bauwesen + waermeschutz + schallschutz + normen
SB -016 bautechnik + waermeschutz
SB -017 wohnungsbau + waermeschutz
SB -019 bautechnik + waermeschutz

waermespeicher

GB -038 waermespeicher + abwasser + kraftwerk
SA -019 energieversorgung + waermespeicher + waermetransport + (latentwaermespeicher)
SA -042 waermespeicher + (wirtschaftlichkeit)
SB -021 energieversorgung + sonnenstrahlung + waermespeicher + bautechnik
SB -025 waermespeicher + sonnenstrahlung

waermetransport

GB -010 kuehlwasser + waermetransport + (tidegebiet + modell) + ELBE
GB -046 gewaesser + waermetransport + modell
GB -048 gewaesser + abwaerme + waermetransport + schadstofftransport
GC -006 abwaerme + waermetransport + stofftransport
HA -105 gewaesser + sauerstoffeintrag + waermetransport
SA -019 energieversorgung + waermespeicher + waermetransport + (latentwaermespeicher)

waermeversorgung

siehe auch energieversorgung
GC -001 kernkraftwerk + abwaerme + waermeversorgung + oekonomische aspekte + luftreinhaltung + BERLIN (WEST)
GC -012 waermeversorgung + abwaerme + recycling + fernwaerme + SAARLAND
GC -013 waermeversorgung + kernkraftwerk + oekologische faktoren + (fernwaerme) + MANNHEIM + LUDWIGSHAFEN + HEIDELBERG + RHEIN-NECKAR-RAUM
GC -014 waermeversorgung + kernkraftwerk + oekologische faktoren + (fernwaerme) + BONN + KOELN + RHEIN-RUHR-RAUM
SA -010 energietechnik + waermeversorgung
SA -012 waermeversorgung + meteorologie + oekonomische aspekte
SA -015 heizungsanlage + elektrotechnik + waermeversorgung
SA -016 fernwaerme + waermeversorgung + kernkraftwerk + (heizkraftwerkverbund) + OBERHAUSEN + RUHRGEBIET
SA -072 waermeversorgung + energietechnik + (gfk-rohre fuer fernwaermeverteilung)
SA -081 waermeversorgung + energietraeger + RHEINLAND-PFALZ
SA -082 waermeversorgung + energietraeger + NORDRHEIN-WESTFALEN
SB -001 bautechnik + wohnungsbau + waermeversorgung + oekonomische aspekte
SB -006 bautechnik + waermeversorgung + energiehaushalt
SB -009 energieversorgung + waermeversorgung + kernenergie + BERLIN (WEST)
SB -022 wohnraum + waermeversorgung
SB -033 waermeversorgung + wohngebiet + heizungsanlage + (waermepumpe)

wald

AA -066 wald + immissionsschutz + SCHWARZWALD
AA -081 wald + klima + luftqualitaet
AA -085 meteorologie + atmosphaere + wald
CB -032 wald + kohlendioxid + sauerstoff + messung
FD -019 laermschutz + wald + schallausbreitung
FD -028 wohngebiet + schallausbreitung + laermschutz + wald
HG -011 wald + wasserhaushalt + vegetation
HG -051 wald + hydrologie + HARZ (OBERHARZ)
PH -020 wald + baum + klaerschlamm
PH -028 wald + phytopathologie + luftbild + infrarottechnik
PH -029 wald + immissionsschaeden
PI -014 wald + oekosystem + stoffhaushalt + SOLLING
PI -017 immissionsmessung + schwefeldioxid + luftverunreinigung + wald
PI -025 biooekologie + wald + gruenland
RC -030 bodenbeeinflussung + wald + anthropogener einfluss + MEXICO (PUEBLA-TLAXCALA)
RD -019 bodenverbesserung + wald + duengung + muellkompost + OBERRHEINEBENE
RD -049 wald + bodenbeschaffenheit + niederschlag + naehrstoffhaushalt + wasserbilanz + DEUTSCHLAND (NORD-WEST)
RF -021 oekosystem + wald + bodentiere
RG -001 naturschutz + wald + (fichte)
RG -002 wasserhaushalt + wald + HARZ
RG -003 rekultivierung + wald + standortfaktoren
RG -004 wald + nutzungsplanung + raumordnung
RG -005 hydrologie + wald + abflussmodell

RG -009 wald + wasserhaushalt + baumbestand
RG -010 wald + niederschlag + hochwasser + HESSEN (MITTELGEBIRGE)
RG -011 wald + oekosystem + duengung + OBERPFALZ
RG -012 wald + wasserhaushalt
RG -015 forstwirtschaft + wald + phytopathologie
RG -018 wald + wasserhaushalt
RG -019 wald + wasserhaushalt + lufthaushalt + SCHWARZWALD
RG -020 wald + schadstoffimmission + industrie + phytopathologie
RG -022 wald + phytopathologie
RG -023 forstwirtschaft + wald + pflanzen + biomasse + SOLLING
RG -025 wald + oekosystem + bodenbearbeitung + OBERPFALZ
RG -026 wasserhaushalt + wald
RG -027 wald + forstwirtschaft + produktivitaet + DEUTSCHLAND (NORD-WEST)
RG -029 wildschaden + wald + schutzmassnahmen
RG -030 wald + grundwasserabsenkung
RG -034 wald + tiere
RG -035 pflanzenoekologie + wald + stoffhaushalt + wasserverbrauch
RG -038 bodenwasser + wald + wasserhaushalt + (modellentwicklung) + HARZ
TC -003 erholungsgebiet + wald
TC -006 erholungsgebiet + wald + bedarfsanalyse + SCHWARZWALD (SUED)
UB -017 wald + erholungsgebiet + rechtliche aspekte
UE -018 regionalplanung + wald + erholungsgebiet
UE -037 landschaftsgestaltung + stadtplanung + wohngebiet + wald + (fallstudien)
UK -019 landschaftspflege + wald + BAYERN
UK -048 wald + erholungsgebiet + nutzwertanalyse
UL -051 wald + naturschutz + erholung + kartierung + NORDRHEIN-WESTFALEN
UM-035 forstwirtschaft + wald + prognose
UM-038 wald + wasserhaushalt + (buche)
UN -043 wald + heide + landschaftsgestaltung + tierschutz + LUENEBURGER HEIDE

waldoekosystem

HB -042 waldoekosystem + forstwirtschaft + klima + EIFEL + HUNSRUECK
ID -023 abwasserverrieselung + waldoekosystem + bodenbelastung + geochemie
PH -021 abwasserverrieselung + waldoekosystem + bodenbelastung + GIFHORN + HAMBURG
PI -001 waldoekosystem + tiere + populationsdynamik + SOLLING + WUERTTEMBERG
PI -005 arthropoden + populationsdynamik + waldoekosystem
PI -009 waldoekosystem + systemanalyse + SOLLING
PI -010 waldoekosystem + tiere + populationsdynamik + (kiefernforst) + LUENEBURGER HEIDE
PI -015 waldoekosystem + streusalz
PI -016 luftverunreinigung + waldoekosystem + niederschlag + SOLLING
PI -018 schadstoffe + waldoekosystem + modell
PI -019 biooekologie + waldoekosystem + (bioelementkreislauf) + SCHWARZWALD
PI -028 waldoekosystem + bodenbelastung + streusalz + strassenrand + BERLIN
PI -032 pipeline + oelunfall + waldoekosystem + NIEDERRHEIN
PI -046 schaedlingsbekaempfung + waldoekosystem + biozoenose + FRANKEN (UNTERFRANKEN)
RG -013 waldoekosystem + umweltfaktoren + SCHWARZWALD
RG -014 waldoekosystem + klimaaenderung + naehrstoffhaushalt + SCHWARZWALD (NORD)
RG -028 waldoekosystem + tropen + umwelteinfluesse
RG -031 waldoekosystem + bodentiere + mikroorganismen + (laubwald) + SCHWARZWALD + RUHRTAL + AMAZONAS
RG -037 waldoekosystem + bodenbeschaffenheit + pflanzenernaehrung + (stickstoffversorgung) + HESSEN (NORD)
UK -005 strassenbau + erholungsgebiet + waldoekosystem + LEVERKUSEN-BUERGERBUSCH + RHEIN-RUHR-RAUM
UL -050 forstwirtschaft + waldoekosystem + naturraum + (naturwaldzellen) + NORDRHEIN-WESTFALEN
UM-050 vegetationskunde + waldoekosystem + BERLIN-GRUNEWALD/TEGEL
UM-066 waldoekosystem + pflanzensoziologie + kartierung + BADEN-WUERTTEMBERG

wankelmotor

DA -002 verbrennungsmotor + wankelmotor + treibstoffe
DA -016 wankelmotor + gasfoermige brennstoffe + kohlenwasserstoffe + abgasminderung

warndienst

RH -073 pflanzenschutz + schaedlingsbekaempfung + warndienst + geraeteentwicklung

waschfluessigkeit

DC -009 abluftreinigung + waschfluessigkeit + metallindustrie + (leichtmetallgiesserei)

waschmittel

siehe auch detergentien
KF -001 waschmittel + phosphatsubstitut
KF -002 phosphatsubstitut + lebensmitteltechnologie + waschmittel + (citronensaeure)

wasser

siehe auch abwasser
siehe auch bodenwasser
siehe auch brackwasser
siehe auch brauchwasser
siehe auch grundwasser
siehe auch hochwasser
siehe auch meerwasser
siehe auch mineralwasser
siehe auch oberflaechenwasser
siehe auch regenwasser
siehe auch sickerwasser
siehe auch suesswasser
siehe auch trinkwasser
siehe auch truebwasser
CA -077 luft + wasser + schadstoffnachweis + chloride + sulfate
HE -023 trinkwasseraufbereitung + wasser + flockung
HE -024 trinkwasseraufbereitung + wasser + flockung
IA -012 wasser + schadstoffe + phenole
IC -020 pestizide + schwermetalle + wasser
IC -075 wasser + schadstoffe + schwermetalle
IC -110 wasser + phenole + nachweisverfahren
KA -003 wasser + abwasser + bakterien + taxonomie
KB -059 wasser + gewaesserbelueftung + sauerstoffeintrag + klaeranlage
KB -062 wasser + kolloide + flockung
KB -071 austauschprozesse + wasser + sauerstoff + (fuellkoerperkolonnen)
KC -004 wasser + chlorkohlenwasserstoffe + emulgierung
KF -005 wasser + phosphate + filtration
MA-021 emissionskataster + wasser + abfall
MC-012 wasser + schadstoffe + deponie
ND-011 dekontaminierung + wasser
OB -012 wasser + schwermetalle + spurenanalytik
OC-010 pestizide + wasser + nachweisverfahren
OC-011 wasser + nitrosamine + analytik
OD-073 biozide + boden + wasser + persistenz
OD-074 wasser + polyzyklische aromaten + carcinogene + analyseverfahren
PF -028 bodenbelastung + schwermetalle + wasser + SOLLING
PF -068 wasser + salzgehalt + abwasser + pflanzenphysiologie + genetik
PG -010 oelunfall + boden + wasser
PH -055 wasser + algen + schadstoffbildung + schadstoffwirkung
PI -041 wasser + salzgehalt + abwasser + wasserpflanzen + pflanzenphysiologie
QA-055 lebensmittel + wasser + schwermetalle + biozide

RD -017 boden + wasser + mineralstoffe
UM-001 kulturpflanzen + wasser + salzgehalt

wasseraufbereitung

siehe auch enthaertung

DB -027 wasseraufbereitung + schadstoffentfernung + trinkwasserguete + (literaturstudie)
HA -096 wasseraufbereitung + meerwasserentsalzung + verfahrensentwicklung
HA -097 wasseraufbereitung + meerwasserentsalzung + werkstoffe
HB -009 meerwasserentsalzung + wasseraufbereitung + (superferrit)
HB -050 grundwassererschliessung + wasseraufbereitung + NORDDEUTSCHER KUESTENRAUM
HE -018 organische schadstoffe + gewaesserbelastung + selbstreinigung + wasseraufbereitung + BODENSEE-HOCHRHEIN
HE -019 wasseraufbereitung + filtration + trinkwasser
HE -032 wasseraufbereitung + dekontaminierung
HE -033 trinkwasser + wasseraufbereitung + filtration + schlammbeseitigung
HE -036 wasseraufbereitung
HE -045 oberflaechenwasser + wasseraufbereitung + organische schadstoffe + faellung + flockung + RHEIN
HE -048 wasseraufbereitung + algen + flockung + trinkwasser
HF -008 wasseraufbereitung + meerwasserentsalzung + bewaesserung
IA -008 wasseraufbereitung + probenahme + schadstoffnachweis + kohlenstoff + geraeteentwicklung
IA -020 wasseraufbereitung + oberflaechengewaesser + saeuren + nachweisverfahren + BODENSEE-HOCHRHEIN
KB -018 wasseraufbereitung + flockung + filtration
KB -086 wasseraufbereitung + tropfkoerper + biologischer abbau
KB -089 wasseraufbereitung + flockung + (flockungstestapparatur)
KB -090 wasseraufbereitung + flockung + (stoerfaktoren)

wasserbau

HA -014 wasserbau + uferschutz + erosion + (filter-vlies)
HC -004 kuestengewaesser + wattenmeer + sedimentation + wasserbau + (dammbauten) + ELBE-AESTUAR + NEUWERK + SCHARHOERN
HC -005 kuestengewaesser + wattenmeer + wasserbau + (prielverlegung + hafenplanung) + ELBE-AESTUAR + NEUWERK + SCHARHOERN
HC -006 kuestengewaesser + wattenmeer + meeresboden + wasserbau + (hafenplanung) + ELBE-AESTUAR
HE -030 trinkwasserversorgung + talsperre + wasserbau + (hochwasserentlastungsanlage) + HARZ
PK -010 stahl + korrosion + wasserbau + (temperaturabhaengigkeit)
RC -029 landschaftspflege + wasserbau + flussbettaenderung + (sohlabstuerze) + NIEDERSFELD
RD -048 wasserbau + landwirtschaft + bewaesserung
UH -007 kuestengebiet + schiffahrt + wasserbau + oekonomische aspekte + regionalentwicklung + (hafenplanung) + ELBE-AESTUAR + SCHARHOERN + CUXHAVEN (RAUM)
UN -024 naturschutz + wattenmeer + voegel + oekologie + wasserbau + (hafenplanung) + SCHARHOERN + NEUWERK + ELBE-AESTUAR

wasserbewegung

HA -077 hochwasserschutz + fluss + wasserbewegung + berechnungsmodell
HC -016 gewaesserueberwachung + meer + wasserbewegung + transportprozesse + messtechnik + (driftkoerper)
HC -038 meer + aestuar + wasserbewegung + austauschprozesse + OSTSEE + ELBE-AESTUAR
HC -039 kuestengebiet + wasserbewegung + schadstoffausbreitung + stofftransport + NORDSEE
HG -029 boden + wasserbewegung + tracer
HG -042 wasserbewegung + boden
HG -043 wasserbewegung + simulation
ID -008 wasserbewegung + stickstoffverbindungen + sickerwasser + HANNOVER-FUHRENBERG
IF -033 gewaesserbelastung + phosphate + eutrophierung + wasserbewegung + BODENSEE

wasserbilanz

HB -012 wasserbilanz + grundwasserbildung + RHEINISCHES SCHIEFERGEBIRGE + HESSISCHE SENKE
HB -023 geophysik + grundwasser + wasserbilanz + NECKARTAL
HG -007 wasserbilanz + grundwasserbildung + bodennutzung
HG -020 wasserbilanz
HG -027 wasserbilanz + kartierung
MC -027 deponie + sickerwasser + wasserbilanz + vegetation + BERLIN-WANNSEE
MC -028 deponie + sickerwasser + pflanzendecke + wasserbilanz
MC -037 abfallagerung + deponie + wasserbilanz + berechnungsmodell
RD -049 wald + bodenbeschaffenheit + niederschlag + naehrstoffhaushalt + wasserbilanz + DEUTSCHLAND (NORD-WEST)

wasserchemie

HA -070 hydrogeologie + wasserchemie + MAIN (REGION MITTELMAIN)
HB -025 wasserchemie + grundwasserbildung + wasserhaushalt + OBERRHEINEBENE
IC -092 tenside + wasserchemie
ID -015 wasserchemie + grundwasserbelastung + duengemittel + trinkwasserguete + SCHWARZWALD + EYACH
ID -041 wasserchemie + uferfiltration + schadstoffentfernung
ID -044 wasserchemie + uferfiltration + schadstoffentfernung

wasserdampf

AA -055 smogbildung + wasserdampf + kondensationskerne
GA -012 kraftwerk + kuehlturm + immissionsbelastung + wasserdampf
GB -008 kernkraftwerk + abwaerme + wasserdampf + klimaaenderung + OBERRHEIN
GB -028 gewaesserbelastung + abwaerme + wasserdampf + OBERRHEIN
GB -029 abwaerme + kataster + gewaesserbelastung + wasserdampf + OBERRHEINEBENE

wasserentsorgung

UC -046 regionalplanung + wirtschaftsstruktur + wasserentsorgung

wasserfluss

NC -061 reaktorsicherheit + kuehlsystem + brennelement + wasserfluss

wassergefaehrdende stoffe

HD -013 wassergefaehrdende stoffe + physiologische wirkungen + bewertungskriterien + (trinkwasser-verordnung)
IC -052 gewaesserverunreinigung + wassergefaehrdende stoffe + phenole
LA -014 wassergefaehrdende stoffe + umweltchemikalien + transport
LA -015 wassergefaehrdende stoffe + toleranzwerte + transport
LA -019 wassergefaehrdende stoffe + lagerung + gewaesserbelastung
PK -006 wassergefaehrdende stoffe + kunststoffbehaelter + materialtest + korrosionsschutz

wassergewinnung

HB -007 oberflaechenwasser + grundwasser + uferfiltration + wassergewinnung + MOSEL + RHEINLAND-PFALZ
HB -061 wassergewinnung + wasserversorgung + grundwasserentzug + optimierungsmodell
HF -007 wassergewinnung + meerwasserentsalzung + abwasser
MG-029 wassergewinnung + kartierung + abfallagerung + EIFEL + NIEDERRHEIN

wasserguete

GB -024 fliessgewaesser + waermebelastung + invertebraten + wasserguete + RHEIN
HA -009 hydrologie + wasserguete + kartierung + oberflaechengewaesser + BUNDESREPUBLIK DEUTSCHLAND
HA -016 wasserguete + wasserwirtschaft + NECKAR
HA -017 wasserguete + BODENSEE-HOCHRHEIN

W

HA-034 fluss + fische + wasserguete + kernkraftwerk + ELBE-AESTUAR
HA-065 oberflaechengewaesser + grundwasser + wasserguete + anthropogener einfluss + FREIBURG + OBERRHEIN
HA-066 baggersee + wasserguete + grundwasser + (wasserwirtchaftliche untersuchungen) + OBERRHEINEBENE
HA-080 binnengewaesser + badewasser + wasserguete
HA-084 talsperre + abwasserableitung + wasserguete
HA-113 wassermenge + wasserguete + talsperre + EIFEL (NORD) + NIEDERRHEIN
HB-033 grundwasser + wasserguete + ERFTGEBIET
HB-040 forstwirtschaft + duengung + wasserguete
HC-030 wasserguete + kuestengewaesser + messtellennetz + WESER-AESTUAR
HE-015 trinkwasserversorgung + wasserguete + erholungsgebiet + BERLIN (WEST)
IA-036 wasserguete + messmethode
IC-044 wasserguete + algen
IC-066 gewaesserbelastung + wasserguete + bewertungsmethode + NIEDERSACHSEN
IC-089 fliessgewaesser + schadstoffbelastung + invertebraten + wasserguete + RHEIN
IC-091 gewaesserbelastung + herbizide + bioindikator + wasserguete
IE-049 wasserguete + vorfluter + schadstoffbilanz + ueberwachungssystem + modell
IF-025 oberflaechengewaesser + hydrobiologie + eutrophierung + wasserguete + BODENSEE

wasserguetewirtschaft

HA-060 wasserguetewirtschaft + fliessgewaesser + (rechenmodell) + NECKAR
HA-061 wasserguetewirtschaft + fliessgewaesser + messtation + NECKAR
HB-062 wasserguetewirtschaft + grundwasser + schadstoffausbreitung + (grundwasserguetemodell)
HG-063 wasserguetewirtschaft + mathematisches verfahren + planungsmodell
IC-108 wasserguetewirtschaft + landschaftsoekologie + klima + RHEIN

wasserhaushalt

AA-136 meteorologie + klima + niederschlag + wasserhaushalt + OBERRHEINEBENE + RHEIN-RUHR-RAUM
HA-043 hydrologie + wasserhaushalt + oberflaechenwasser + ALPEN + SCHLESWIG-HOLSTEIN
HA-073 oberflaechengewaesser + laendlicher raum + wasserhaushalt + naehrstoffhaushalt + HOLSTEIN (OST)
HA-074 wasserhaushalt + naturraum + SCHLESWIG-HOLSTEIN
HB-005 wasserhaushalt + grundwasser + simulationsmodell + HILDESHEIM (RAUM)
HB-025 wasserchemie + grundwasserbildung + wasserhaushalt + OBERRHEINEBENE
HB-038 wasserhaushalt + boden + grundwasserbildung
HB-049 hydrogeologie + wasserhaushalt + grundwasser
HB-052 wasserhaushalt + kiesabbau + grundwasser + OBERRHEINEBENE
HB-054 grundwasser + wasserhaushalt + OBERRHEINEBENE
HB-064 grundwasserbildung + wasserhaushalt
HB-079 grundwasser + kuestengebiet + wasserhaushalt + (modell) + EMS + JADE
HB-083 grundwasserbildung + wasserhaushalt + (physikalisches modell)
HB-084 grundwasserbildung + wasserhaushalt + TAUNUS + WIESBADEN
HF-005 abwasserreinigung + gewaesserschutz + wasserhaushalt
HG-011 wald + wasserhaushalt + vegetation
HG-013 wasserhaushalt + hydrologie + ALPENRAUM
HG-015 landschaftsplanung + hydrogeologie + bodenwasser + wasserhaushalt + REUTLINGEN + TUEBINGEN + STUTTGART
HG-047 wasserhaushalt + hydrologie
HG-052 wasserhaushalt
MB-066 deponie + wasserhaushalt + grundwasser + stoffaustausch + keime
MC-025 deponie + sickerwasser + wasserhaushalt + rekultivierung + BERLIN-WANNSEE
MC-036 deponie + wasserhaushalt + standortwahl
MC-045 deponie + sickerwasser + wasserhaushalt + stoffhaushalt + gewaesserbelastung
OD-038 boden + spurenelemente + schwermetalle + wasserhaushalt + stoffhaushalt + SCHWARZWALD (SUED)
PC-066 umweltbedingungen + amphibien + wasserhaushalt + hormone
RC-003 bodenerosion + wasserhaushalt + bodenertrag
RC-034 bodenbearbeitung + weinberg + niederschlagsabfluss + wasserhaushalt + KAISERSTUHL + OBERRHEIN
RC-035 hydrologie + wasserhaushalt + boden
RD-008 weinbau + boden + wasserhaushalt + duengung
RD-010 pflanzendecke + wasserhaushalt
RD-013 wasserhaushalt + weinberg + siedlungsabfaelle + duengemittel
RD-021 bodenbeschaffenheit + wasserhaushalt + entwaesserung
RD-027 agrarplanung + ackerbau + wasserhaushalt + naehrstoffhaushalt + bodenstruktur
RD-038 agraroekonomie + landnutzung + wasserhaushalt + duengung + NIEDERSACHSEN (SUEDOST)
RD-044 landwirtschaft + rekultivierung + wasserhaushalt
RD-054 moor + bodennutzung + brachflaechen + wasserhaushalt + NIEDERSACHSEN (NORD)
RE-005 pflanzen + wasserhaushalt + SOLLING
RE-006 pflanzen + wasserhaushalt + NEGEV WUESTE
RE-007 pflanzen + wasserhaushalt + WUERZBURG
RE-008 wasserhaushalt + pflanzen + NEGEV WUESTE
RG-002 wasserhaushalt + wald + HARZ
RG-009 wald + wasserhaushalt + baumbestand
RG-012 wald + wasserhaushalt
RG-018 wald + wasserhaushalt
RG-019 wald + wasserhaushalt + lufthaushalt + SCHWARZWALD
RG-026 wasserhaushalt + wald
RG-038 bodenwasser + wald + wasserhaushalt + (modellentwicklung) + HARZ
SA-036 boden + waermehaushalt + wasserhaushalt + mikroklimatologie
UL-047 wasserhaushalt + landschaft + dokumentation + datensammlung
UM-038 wald + wasserhaushalt + (buche)
UM-049 strassenbaum + wasserhaushalt + phytopathologie + BERLIN
UM-073 pflanzenoekologie + wasserhaushalt + stoffhaushalt + photosynthese

wasserhaushaltsgesetz

IE-055 meer + kuestengewaesser + rohrleitung + richtlinien + wasserhaushaltsgesetz
LA-018 wasserhaushaltsgesetz + gewaesserguete + abwasserabgabengesetz
LA-022 pipeline + meer + kuestengewaesser + richtlinien + wasserhaushaltsgesetz

wasserhygiene

GB-020 wasserhygiene + grundwasser + oberflaechenwasser + waermebelastung
HA-023 wasserhygiene + gewaesserbelueftung + fische
HC-001 wasseruntersuchung + wasserhygiene + kuestengewaesser + OSTSEE
HD-016 wasserhygiene + trinkwasser + schimmelpilze + lebensmittel + NIEDERRHEIN
HE-028 trinkwasser + wasserhygiene + schadstoffentfernung
IA-026 wasserhygiene + schadstoffnachweis + indikatoren
TF-033 wasserhygiene + gesetzesvorbereitung

wasserkreislauf

HA-056 wasserschutz + wasserkreislauf + systemanalyse + RHEIN
KC-037 papierindustrie + wasserkreislauf + verfahrenstechnik

wasserleitung

FD-003 bautechnik + laermschutz + wasserleitung + richtlinien + BERLIN

HE -025 trinkwasser + nachbehandlung + wasserleitung + korrosion

wassermenge

HA -113 wassermenge + wasserguete + talsperre + EIFEL (NORD) + NIEDERRHEIN

wasserorganismen

IC -071 fliessgewaesser + wasserorganismen + schadstofftransport

wasserpflanzen

siehe auch algen

HA -036 wasserpflanzen + gewaesserguete + bioindikator + (submerse makrophyten) + SCHWAEBISCHE ALB

IA -015 gewaesserverunreinigung + bioindikator + wasserpflanzen + BUNDESREPUBLIK DEUTSCHLAND

IC -056 gewaesserverunreinigung + wasserpflanzen + bioindikator + SAAR + AHR + SIEG + FULDA

OD -088 wasserverunreinigung + schadstoffabbau + wasserpflanzen + uferfiltration

PH -030 gewaesserbelastung + wasserpflanzen + bakterien + (submerse makrophyten)

PH -031 wasserpflanzen + schadstoffbelastung + phosphate + streusalz + (submerse makrophyten)

PI -041 wasser + salzgehalt + abwasser + wasserpflanzen + pflanzenphysiologie

wasserrecht

HB -044 wasserrecht + grundwasserschutz + tiefbau + ISAR + MUENCHEN (REGION)

wasserreinhaltung

HA -078 wasserreinhaltung + meerwasserentsalzung + verfahrensentwicklung + glas

HE -014 raumplanung + ballungsgebiet + wasserreinhaltung + wasserversorgung

KC -001 oberflaechengewaesser + industrieabwaesser + wasserreinhaltung

wasserreinigung

HA -079 wasserreinigung + entsalzung + verfahrensentwicklung + filtration + (membranen)

HF -002 wasserreinigung + meerwasserentsalzung + biologische membranen

KA -011 abwasserkontrolle + wasserreinigung + biochemischer sauerstoffbedarf + messverfahren

KB -030 wasserreinigung + flockung + schadstoffentfernung + phosphate

KB -043 wasserreinigung + filtration

KB -049 wasserreinigung + ozon + organische schadstoffe + oxidation

KB -060 wasserreinigung + filtration + schadstoffentfernung + (hangfiltrationsstufe)

wasserschutz

HA -056 wasserschutz + wasserkreislauf + systemanalyse + RHEIN

HG -001 hydrogeologie + wasserschutz + kartierung

IC -001 bodenschutz + wasserschutz + mineraloel

KA -010 wasserschutz + abfallbeseitigung + messmethode

wasserschutzgebiet

siehe auch grundwasserschutzgebiet

HG -024 wasserschutzgebiet + bodennutzung + (empfehlungen und auflagen)

ID -018 grundwasserbelastung + schadstoffe + strassenverkehr + wasserschutzgebiet

LA -003 wasserschutzgebiet

wasserspeicher

ME -017 schlacken + wiederverwendung + baustoffe + wasserspeicher

wasserstand

HA -013 oberflaechengewaesser + wasserstand

HB -068 wasserstand + anthropogener einfluss + (statistik)

HC -018 meereskunde + hydrodynamik + stroemung + wasserstand + simulation + DEUTSCHE BUCHT + NORDSEE

HG -054 wasserstand + messtellennetz + datenerfassung

HG -064 wasserstand + messverfahren

wasserstoff

DA -007 kfz-technik + verbrennungsmotor + wasserstoff + (wasserstoffmotor)

DA -020 kfz + treibstoffe + wasserstoff + (literaturstudie)

DA -055 kfz-technik + treibstoffe + wasserstoff

SA -031 energietechnik + wasserstoff + (elektrolyse)

wasserstoffion

PC -044 luftverunreinigung + wasserstoffion + biologische wirkungen

wasserstoffspeicher

SA -018 energietechnik + solarzelle + wasserstoffspeicher

wassertiere

HA -044 gewaesserueberwachung + wassertiere + BODENSEE (OBERSEE)

IC -088 fliessgewaesser + schadstoffbelastung + wassertiere + (synergistische wirkungen) + RHEIN

NA -014 wassertiere + organismen + strahlung + (oekologische anpassung)

PA -019 wassertiere + schwefelwasserstoff + schadstoffwirkung

PA -033 wassertiere + mineraloel + toxizitaet + (synthetische oele)

PC -035 schadstoffwirkung + wassertiere + pharmaka + gifte + testverfahren + (fische)

wasserueberwachung

HA -018 fluss + meer + wasserueberwachung

HA -102 wasserueberwachung + messtellennetz + (messboje)

HA -112 wasserueberwachung + schadstoffbelastung + trinkwasserversorgung + EIFEL (NORD) + NIEDERRHEIN

HD -020 trinkwasser + wasserueberwachung + testverfahren

HD -021 wasserueberwachung + bioindikator + (fruehdiagnose)

HD -023 wasserueberwachung + bioindikator + (schnelltest)

HE -047 wasserwerk + wasserueberwachung + alarmplan + systemanalyse

HG -017 wasserueberwachung + probenahme + richtlinien

IA -001 wasserueberwachung + messverfahren

IC -119 wasserueberwachung + radioaktivitaet + trinkwasserversorgung + EIFEL (NORD) + NIEDERRHEIN

UL -015 wasserueberwachung + bodenschutz + abfallbeseitigung + SAARLAND

wasseruntersuchung

HA -027 wasseruntersuchung + probenahme + geraeteentwicklung + (schleppsystem)

HC -001 wasseruntersuchung + wasserhygiene + kuestengewaesser + OSTSEE

HC -002 wasseruntersuchung + OSTSEE

HG -041 wasseruntersuchung + NORDDEUTSCHE TIEFEBENE

IA -035 wasseruntersuchung + messverfahren + (dokumentation)

IC -039 gewaesserbelastung + organische schadstoffe + naehrstoffhaushalt + wasseruntersuchung + NIEDERSACHSEN (SUED) + LEINE

IC -116 wasseruntersuchung + oberflaechengewaesser + KOELN (STADT) + RHEIN-RUHR-RAUM

LA -024 wasseruntersuchung + gesetz + bundesseuchengesetz + NORDRHEIN-WESTFALEN

OB -018 wasseruntersuchung + schwermetalle + messverfahren

wasserverbrauch

HE -037 wasserverbrauch + ballungsgebiet

RG -035 pflanzenoekologie + wald + stoffhaushalt + wasserverbrauch

wasserverdunstung

AA -080 atmosphaere + wasserverdunstung + niederschlag + OSTSEE
GB -006 fliessgewaesser + waermebelastung + wasserverdunstung + meteorologie + (nebelbildung)
HA -012 oberflaechengewaesser + wasserverdunstung
HA -033 wasserverdunstung + messverfahren + baggersee + NORDRHEIN-WESTFALEN
HA -040 oberflaechengewaesser + wasserverdunstung
HE -005 wasserverdunstung + (verdunstungskessel)
HE -038 wasserverdunstung + (verdunstungskessel)
RD -024 freiflaechen + wasserverdunstung + waermehaushalt

wasserverschmutzung

siehe wasserverunreinigung

wasserversorgung

siehe auch trinkwasserversorgung

FA -038 wasserversorgung + laermentstehung + schalldaempfer
HB -061 wassergewinnung + wasserversorgung + grundwasserentzug + optimierungsmodell
HE -001 wasserversorgung + kosten + (optimierungsverfahren)
HE -003 wasserversorgung + bedarfsanalyse + BUNDESREPUBLIK DEUTSCHLAND
HE -004 wasserversorgung + abwasserbeseitigung + industrie + BAYERN
HE -007 wasserversorgung + bedarfsanalyse + planungshilfen
HE -012 wasserversorgung + kartierung + BUNDESREPUBLIK DEUTSCHLAND
HE -013 wasserversorgung + kartierung
HE -014 raumplanung + ballungsgebiet + wasserreinhaltung + wasserversorgung
HE -040 wasserversorgung + wasserwirtschaft + erholungsgebiet + NORDSEEINSELN
RD -032 kulturpflanzen + wasserversorgung
RF -013 nutztierstall + keime + luft + wasserversorgung
TD -004 wasserversorgung + forschungsinstitut
UG -014 infrastrukturplanung + flaechennutzungsplan + wasserversorgung + energieversorgung

wasserverunreinigende stoffe

HD -017 wasserverunreinigende stoffe + trinkwasser + nachweisverfahren + fluorkohlenwasserstoffe
IA -005 wasserverunreinigende stoffe + spurenanalytik + roentgenstrahlung + BODENSEE
IA -009 wasserverunreinigende stoffe + sediment + analyseverfahren + (methodenvergleich)
IA -025 wasserverunreinigende stoffe + phenole + nachweisverfahren + gaschromatographie
IC -007 landwirtschaft + brachflaechen + wasserverunreinigende stoffe + (sozialbrache)
IC -078 wasserverunreinigende stoffe + bewertungskriterien
KF -015 abfallschlamm + wasserverunreinigende stoffe + phosphate + abwasserbehandlung + (rueckloesung)
KF -019 wasserverunreinigende stoffe + phosphate + eutrophierung + mikrobieller abbau
PC -048 wasserverunreinigende stoffe + biochemie + photosynthese + algen
QD -009 nahrungskette + wasserverunreinigende stoffe + insektizide + schadstoffabsorption + (lindan)
UA -049 wasserverunreinigende stoffe + datenbank

wasserverunreinigung

GB -041 kraftwerk + kuehlwasser + mikroorganismen + wasserverunreinigung + oekologische faktoren + MAIN (UNTERMAIN) + RHEIN-MAIN-GEBIET
HC -029 marine nahrungskette + biomasse + benthos + wasserverunreinigung + NORDSEE + OSTSEE
HD -011 wasserverunreinigung + organische schadstoffe + nachweisverfahren + (trinkwasseraufbereitung)
IA -022 wasserverunreinigung + bioindikator + algen
IA -024 wasserverunreinigung + pestizide + nachweisverfahren
IA -028 wasserverunreinigung + pestizide + nachweisverfahren
IA -037 wasserverunreinigung + schadstoffnachweis + (gasadsorption)
IB -019 niederschlagsabfluss + wasserverunreinigung
IC -002 wasserverunreinigung + fliessgewaesser + bakterienflora + MUENCHEN-MOOSACH + FREISING
IC -017 gewaesserbelastung + wasserverunreinigung + kuehlwasser + (kuehlwasserzusatzmittel)
IC -032 wasserverunreinigung + oberflaechenwasser + metalle + nachweisverfahren
IC -033 wasserverunreinigung + oberflaechenwasser + phenole + nachweisverfahren + schadstoffabbau
IC -034 wasserverunreinigung + pestizide + chlorkohlenwasserstoffe + analyseverfahren + RHEIN
IC -045 wasserverunreinigung + fliessgewaesser + quecksilber + GOETTINGEN (RAUM)
IC -047 wasserverunreinigung + schadstoffnachweis + RHEIN
IC -074 wasserverunreinigung + organische schadstoffe + analyseverfahren
IE -019 wasserverunreinigung + meeressediment + anthropogener einfluss + GOLF VON PIRAN
IE -029 wasserverunreinigung + selbstreinigung + aestuar + plankton + ELBE-AESTUAR
IE -033 wasserverunreinigung + schwermetallsalze + bakterien + WESER-AESTUAR
IE -043 meerwasser + wasserverunreinigung + pestizide + extraktionsmethode
IE -051 kuestengebiet + wattenmeer + wasserverunreinigung + fernerkundung + NORDSEE + JADE
KA -017 wasserverunreinigung + feststoffe + messgeraet + automatisierung
KC -053 wasserverunreinigung + industrieabwaesser + schadstoffwirkung + testverfahren
LA -007 wasserverunreinigung + gaschromatographie + datenbank
OD -088 wasserverunreinigung + schadstoffabbau + wasserpflanzen + uferfiltration
PA -020 wasserverunreinigung + schwefelwasserstoff + schadstoffwirkung + benthos
PF -012 wasserverunreinigung + bodenkontamination + schwermetalle + schadstoffwirkung
PF -027 streusalz + bodenkontamination + wasserverunreinigung + pflanzenkontamination
TD -016 umweltschutz + wasserverunreinigung + ausbildung + schulen + (curriculum)

wasserwerk

HB -018 wasserwerk + grundwasserabsenkung + SAARLAND (OST)
HE -006 wasserwerk + schadstoffnachweis + geraeteentwicklung
HE -026 trinkwasseraufbereitung + wasserwerk + filtration + aktivkohle + mikroorganismen
HE -047 wasserwerk + wasserueberwachung + alarmplan + systemanalyse
ID -025 wasserwerk + grundwasserbelastung + landwirtschaft + stickstoffverbindungen
KE -062 wasserwerk + schlammentwaesserung + verfahrensentwicklung + (gefrierkonditionierung)

wasserwirtschaft

siehe auch siedlungswasserwirtschaft

GB -021 wasserwirtschaft + energieversorgung + bedarfsanalyse
HA -007 wasserwirtschaft + datenbank + umweltinformation
HA -016 wasserguete + wasserwirtschaft + NECKAR
HA -063 wasserwirtschaft + landschaft + staustufe + OBERRHEINEBENE + RASTATT (RAUM)
HA -064 wasserwirtschaft + fliessgewaesser + staustufe + erosion + RHEIN
HA -068 wasserwirtschaft + hochwasserschutz + rahmenplan
HA -088 binnengewaesser + vegetationskunde + oekologie + wasserwirtschaft + naturschutz + (stauteich) + HARZ
HB -004 grundwasser + geophysik + wasserwirtschaft + rahmenplan + BAYERN
HB -029 wasserwirtschaft + grundwasser + HAMBURG
HB -036 wasserwirtschaft + grundwasser + hydrodynamik + modell
HB -053 grundwasser + wasserwirtschaft + fliessgewaesser + RHEIN-NECKAR-RAUM

HE -034 wasserwirtschaft + oekonomische aspekte
HE -040 wasserversorgung + wasserwirtschaft + erholungsgebiet + NORDSEEINSELN
HG-002 wasserwirtschaft + fluss + simulationsmodell
HG-005 wasserwirtschaft + gewaesserueberwachung + planungsmodell
HG-044 wasserwirtschaft + planung
HG-048 hydrometeorologie + kartierung + gewaesserguete + kuestengebiet + wasserwirtschaft
IC -070 fliessgewaesser + schadstoffbelastung + wasserwirtschaft + NECKAR
UG-006 wasserwirtschaft + oekonomische aspekte
UG-015 wasserwirtschaft + baggersee + raumplanung + nutzungsplanung + MAIN (STARKENBURG)
UM-079 wasserwirtschaft + agraroekonomie + kartierung + naturschutz + NIEDERSACHSEN

wattenmeer

GB-005 kuestengewaesser + wattenmeer + waermebelastung + waermehaushalt + meteorologie
HC-004 kuestengewaesser + wattenmeer + sedimentation + wasserbau + (dammbauten) + ELBE-AESTUAR + NEUWERK + SCHARHOERN
HC-005 kuestengewaesser + wattenmeer + wasserbau + (prielverlegung + hafenplanung) + ELBE-AESTUAR + NEUWERK + SCHARHOERN
HC-006 kuestengewaesser + wattenmeer + meeresboden + wasserbau + (hafenplanung) + ELBE-AESTUAR
HC-007 kuestengewaesser + wattenmeer + meeresbiologie + fauna + flora + (bestandsaufnahme) + ELBE-AESTUAR + NEUWERK
HC-019 kuestengebiet + wattenmeer + oekosystem + meeresbiologie + JADEBUSEN + NIEDERSACHSEN
HC-021 meeresboden + wattenmeer + sedimentation + NORDSTRAND + NORDFRIESISCHES WATTENMEER
IE -041 kuestengewaesser + wattenmeer + schadstoffnachweis + schwermetalle + DEUTSCHE BUCHT
IE -051 kuestengebiet + wattenmeer + wasserverunreinigung + fernerkundung + NORDSEE + JADE
UK-040 landschaftsplanung + nationalpark + wattenmeer + (gutachten) + NORDFRIESLAND + DEUTSCHE BUCHT
UN-003 kuestengewaesser + wattenmeer + oekologie + naturschutz + voegel + (hafenplanung) + ELBE-AESTUAR + SCHARHOERN + NEUWERK
UN-023 wattenmeer + schadstoffbelastung + schwermetalle + voegel + JADEBUSEN
UN-024 naturschutz + wattenmeer + voegel + oekologie + wasserbau + (hafenplanung) + SCHARHOERN + NEUWERK + ELBE-AESTUAR

weideland

RF -009 oekologische faktoren + futtermittel + weideland
RF -011 vegetation + weideland + nutztierhaltung
UM-056 vegetation + weideland + brachflaechen + WESTERWALD

wein

PG -033 pflanzenschutzmittel + phytopathologie + pilze + getreide + wein
QC-010 lebensmittelkontamination + wein + spurenanalytik
QC-016 getraenke + wein + schwefeldioxid + schadstoffminderung
QC-017 getraenke + wein + schwefeldioxid + schadstoffminderung
QC-018 lebensmittelchemie + wein + schwefeldioxid + schadstoffminderung

weinbau

siehe auch rebenforschung

PB -028 weinbau + insektizide + bienen + (vergiftung)
PF -024 weinbau + pflanzen + schwermetallkontamination + (weinreben)
PG -059 pflanzenschutzmittel + weinbau
QC-008 weinbau + rueckstandsanalytik + fungizide
QC-009 weinbau + duengemittel + spurenanalytik
RD -008 weinbau + boden + wasserhaushalt + duengung
RD -040 weinbau + muellkompost
RE -012 weinbau + rebenforschung + genetik

weinberg

AA-117 weinberg + mikroklimatologie + erdoberflaeche + KAISERSTUHL + OBERRHEIN
RC -008 landschaftsoekologie + weinberg + bodenerosion + MOSEL (RAUM)
RC -034 bodenbearbeitung + weinberg + niederschlagsabfluss + wasserhaushalt + KAISERSTUHL + OBERRHEIN
RD -013 wasserhaushalt + weinberg + siedlungsabfaelle + duengemittel
UL -027 vegetation + weinberg + landschaftspflege + erholungsplanung + STUTTGART (RAUM)

weltbevoelkerung

RB -001 oekologie + nahrungsmittelproduktion + weltbevoelkerung

werksgelaende

siehe auch fabrikhalle

werkstoffe

BC -023 werkstoffe + verbrennung + schadstoffbildung
FA -061 laermminderung + schalldaemmung + bauteile + werkstoffe
HA -097 wasseraufbereitung + meerwasserentsalzung + werkstoffe
ME-021 kfz-technik + werkstoffe + recycling
MF-021 holzabfaelle + recycling + werkstoffe
MF-026 holz + werkstoffe + recycling
NC-017 kernreaktor + reaktorsicherheit + werkstoffe + stahl + untersuchungsmethoden
NC-110 kernreaktor + reaktorsicherheit + druckbehaelter + werkstoffe + stahl
PE -006 luftverunreinigung + wohnraum + werkstoffe + schadstoffemission
PK -014 werkstoffe + (bestaendigkeit)
PK -015 korrosionsschutz + werkstoffe
PK -016 werkstoffe + (bestaendigkeit)
PK -017 werkstoffe + umwelteinfluesse
PK -018 korrosion + werkstoffe
PK -026 werkstoffe + schadstoffwirkung + (glasoberflaeche + dekorfarben)

werkzeuge

siehe auch druckluftwerkzeuge

FC -010 laermminderung + schallemission + werkzeuge + metallindustrie + (warm- und kaltsaegen)
FC -066 laermmessung + werkzeuge
FC -068 laermminderung + werkzeuge
FC -079 laermminderung + werkzeuge + metallbearbeitung
FC -080 laermminderung + werkzeuge + (gesteinsbearbeitung)
FC -082 geraeuschminderung + werkzeuge + verfahrensoptimierung
FC -085 werkzeuge + laermentstehung + geraeuschminderung + (schneidbrenner)

werkzeugmaschinen

FA -040 laermmessung + werkzeugmaschinen + holzindustrie + geraeuschminderung + (kreissaege)
FA -043 laermentstehung + schallausbreitung + werkzeugmaschinen + (schmiedehaemmer)
FB -043 schienenverkehr + werkzeugmaschinen + laermentstehung + (rad-schiene-system)
FC -002 arbeitsplatz + werkzeugmaschinen + geraeuschminderung
FC -014 laermminderung + werkzeugmaschinen
FC -046 werkzeugmaschinen + laermmessung
FC -058 werkzeugmaschinen + laermminderung
FC -062 geraeuschmessung + laermminderung + werkzeugmaschinen
FC -063 werkzeugmaschinen + geraeusch
FC -067 laermmessung + werkzeugmaschinen + messverfahren
FC -069 laermminderung + werkzeugmaschinen
FC -073 werkzeugmaschinen + geraeuschmessung + laermminderung + (messvorschrift)

FC -074 werkzeugmaschinen + schallausbreitung + schalldruck + (berechnungsmodell)
FC -075 werkzeugmaschinen + schallimmission + geraeuschminderung + (vdi-richtlinie)
FC -077 laermentstehung + geraeusch + werkzeugmaschinen
FC -081 geraeuschminderung + werkzeugmaschinen + (fraesmaschinen)
FC -094 laermminderung + hydraulik + werkzeugmaschinen

wetterfuehligkeit

TE -003 meteorologie + wetterfuehligkeit + (foehn) + BODENSEE (RAUM) + VORALPENGEBIET
TE -009 wetterfuehligkeit + mensch + (foehn) + ALPENVORLAND + NORDSEEKUESTE

wetterkunde

siehe meteorologie

wetterwirkung

AA -011 emissionskataster + luftverunreinigende stoffe + wetterwirkung + ausbreitungsmodell
AA -012 luftverunreinigung + schwefeldioxid + kohlenmonoxid + wetterwirkung + ausbreitungsmodell
FA -086 laermmessung + schallausbreitung + wetterwirkung + berechnungsmodell
UM-077 wetterwirkung + pflanzen

wiederverwendung

siehe auch recycling
HE -009 trinkwasseraufbereitung + kalk + wiederverwendung + bodenverbesserung
MD-007 klaerschlamm + wiederverwendung + freizeitanlagen
MD-008 klaerschlamm + wiederverwendung + bodenverbesserung
MD-018 klaerschlamm + wiederverwendung + kompostierung + standortwahl
MD-019 klaerschlamm + wiederverwendung + (absatzmoeglichkeiten) + HESSEN
MD-020 klaerschlamm + entkeimung + wiederverwendung
ME-002 kokerei + altreifen + wiederverwendung
ME-017 schlacken + wiederverwendung + baustoffe + wasserspeicher
ME-035 muellschlacken + wiederverwendung + baustoffe
ME-039 kunststoffabfaelle + wiederverwendung + wirtschaftlichkeit
ME-040 kunststoffabfaelle + wiederverwendung + wirtschaftlichkeit
ME-075 metallindustrie + zinkhuette + produktionsrueckstaende + wiederverwendung + (eisenrueckstaende)
ME-076 metallindustrie + zinkhuette + produktionsrueckstaende + wiederverwendung + (zinkasche)
MF-005 holzabfaelle + wiederverwendung
MF-044 guelle + wiederverwendung + futtermittel

wiese

siehe gruenland

wild

PI -020 wild + oekologische faktoren
QB-052 lebensmittelkontamination + schlachttiere + wild + blei + cadmium
QB-053 lebensmittelkontamination + fleisch + pestizide + haustiere + wild
QB-058 lebensmittelkontamination + schlachttiere + wild + schwermetalle + pestizide + NORDHEIDE
TF -034 tierschutz + wild + krankheiten
UL -061 naturschutz + wild + populationsdynamik + vegetation + STAMMHAM
UN-026 wild + sturmschaeden + population

wildschaden

RA -013 forstwirtschaft + wildschaden + kosten-nutzen-analyse
RG -024 wildschaden + futtermittel
RG -029 wildschaden + wald + schutzmassnahmen

wirbellose tiere

siehe invertebraten

wirkmechanismus

HB -072 meerwasserentsalzung + biologische membranen + wirkmechanismus + osmose
OD-090 chlorphenole + chlorkohlenwasserstoffe + kohlenwasserstoffe + wirkmechanismus
OD-091 chlorkohlenwasserstoffe + wirkmechanismus
PB -031 chlorkohlenwasserstoffe + wirkmechanismus + tiere
PC -045 zytostatika + zellstruktur + wirkmechanismus + dokumentation
PC -055 bakterien + antibiotika + wirkmechanismus + statistik
PC -056 luftverunreinigung + staub + zellkultur + wirkmechanismus
PD -040 chemikalien + mutagene wirkung + schutzmassnahmen + wirkmechanismus
PD -050 carcinogene + ddt + wirkmechanismus
RE -036 herbizide + getreide + wirkmechanismus + (standfestigkeit)
RE -037 herbizide + gemuese + wirkmechanismus + (inhaltsstoffe)

wirkungen

siehe auch auswirkungen
siehe auch biologische wirkungen
siehe auch fremdstoffwirkung
siehe auch genetische wirkung
siehe auch langzeitwirkung
siehe auch mutagene wirkung
siehe auch nebenwirkungen
siehe auch physiologische wirkungen
siehe auch schadstoffwirkung
siehe auch synergismus
siehe auch teratogene wirkung
siehe auch wetterwirkung
OD-079 umweltchemikalien + biozide + nachweisverfahren + wirkungen
PB -008 aflatoxine + nachweisverfahren + wirkungen
RH -039 landwirtschaft + desinfektionsmittel + parasitizide + wirkungen

wirtschaft

siehe auch abfallwirtschaft
siehe auch agraroekonomie
siehe auch energiewirtschaft
siehe auch forstwirtschaft
siehe auch holzwirtschaft
siehe auch landwirtschaft
siehe auch wasserwirtschaft
UC -033 wirtschaft + oekologie + umweltschutz

wirtschaftliche aspekte

siehe oekonomische aspekte

wirtschaftlichkeit

DA -054 kfz-technik + ottomotor + emissionsminderung + wirtschaftlichkeit
FC -092 laermminderung + baumaschinen + methodenentwicklung + wirtschaftlichkeit
HE -008 trinkwasseraufbereitung + enthaertung + wirtschaftlichkeit
HG -034 gewaesserguete + klaeranlage + wirtschaftlichkeit + modell
KB -007 organische stoffe + schadstoffentfernung + salze + verbrennung + wirtschaftlichkeit
KE -018 abwasserreinigung + belebungsanlage + wirtschaftlichkeit
MA-009 sondermuell + abfallbehandlung + verfahrensentwicklung + wirtschaftlichkeit + OSNABRUECK (STADT-LANDKREIS)
MA-039 abfallsammlung + wirtschaftlichkeit + systemanalyse
MB-021 muellvergasung + wirtschaftlichkeit + oekologische faktoren
MB-022 muellvergasung + wirtschaftlichkeit + oekologische faktoren

MD-013 hausmuell + sondermuell + recycling + aktivkohle + wirtschaftlichkeit
MD-014 hausmuell + recycling + ne-metalle + wirtschaftlichkeit + oekologische faktoren
MD-015 hausmuell + altpapier + recycling + wirtschaftlichkeit + oekologische faktoren
ME-039 kunststoffabfaelle + wiederverwendung + wirtschaftlichkeit
ME-040 kunststoffabfaelle + wiederverwendung + wirtschaftlichkeit
ME-057 ne-metalle + recycling + wirtschaftlichkeit
ME-058 ne-metalle + recycling + wirtschaftlichkeit + europaeische gemeinschaft
MG-008 deponie + wirtschaftlichkeit
RF -017 nutztierhaltung + wirtschaftlichkeit + landschaftspflege + (schaf)
RG-016 forstwirtschaft + wirtschaftlichkeit + (fichte)
RG-017 forstwirtschaft + wirtschaftlichkeit + (buche)
SA-006 energieumwandlung + solarzelle + geraeteentwicklung + wirtschaftlichkeit
SA-007 energieversorgung + fernwaerme + wirtschaftlichkeit + oekologische faktoren
SB-012 energietechnik + wirtschaftlichkeit + BUNDESREPUBLIK DEUTSCHLAND
SB-029 oeffentliche einrichtungen + energieversorgung + wirtschaftlichkeit
SB-030 energieversorgung + badeanstalt + wirtschaftlichkeit
SB-032 wohnungsbau + energieversorgung + heizungsanlage + wirtschaftlichkeit
UC-045 umweltschutzauflagen + chemische industrie + kosten + wirtschaftlichkeit
UN-013 oeffentlicher nahverkehr + schienenverkehr + wirtschaftlichkeit
UN-014 oeffentlicher nahverkehr + verkehrsmittel + wirtschaftlichkeit + (s-bahn) + HAMBURG

wirtschaftsstruktur

RA-001 landschaftsplanung + laendlicher raum + wirtschaftsstruktur + (sozialbrache)
UC-013 wirtschaftsstruktur + industrie + standortwahl + (betriebsgroesse) + HESSEN
UC-014 raumwirtschaftspolitik + wirtschaftsstruktur + analyse + ELBE-AESTUAR + WESER-AESTUAR
UC-019 volkswirtschaft + wirtschaftsstruktur + technologie + forschungsplanung
UC-046 regionalplanung + wirtschaftsstruktur + wasserentsorgung
UE-001 raumordnung + infrastruktur + wirtschaftsstruktur + (entwicklungsschwerpunkte)
UE-014 regionalplanung + ballungsgebiet + wirtschaftsstruktur + oekologie + entwicklungsmassnahmen + BADEN-WUERTTEMBERG + NECKAR (MITTLERER NECKAR-RAUM) + STUTTGART
UE-021 entwicklungslaender + stadtentwicklung + flaechennutzung + wirtschaftsstruktur + infrastruktur + TUERKEI (SCHWARZMEERKUESTE) + ANATOLIEN

wirtschaftssystem

UA-012 umweltpolitik + wirtschaftssystem + internationaler vergleich + BUNDESREPUBLIK DEUTSCHLAND + EG-LAENDER + EUROPA (OSTEUROPA)
UA-052 umweltpolitik + wirtschaftssystem + umweltfreundliche technik
UA-056 umweltpolitik + wirtschaftssystem + (aussenhandel)

wirtschaftswachstum

UA-055 umweltpolitik + wirtschaftswachstum + steuerbarkeit + internationaler vergleich
UC-008 umweltschutz + wirtschaftswachstum
UC-012 industrienationen + marktwirtschaft + wirtschaftswachstum + umweltpolitik
UC-028 wirtschaftswachstum + modell + wachstumsgrenzen + sozio-oekonomische faktoren + (club of rome)
UC-040 umweltprobleme + wirtschaftswachstum + industriegesellschaft + (verhaltensaenderung)
UC-050 wirtschaftswachstum + wachstumsgrenzen + umweltprobleme

wissenschaft

UA-018 kommunale planung + wissenschaft + planungshilfen

wohnbeduerfnisse

TB-008 wohnwert + wohnungsbau + wohnbeduerfnisse + FRANKFURT-ROEMERSTADT + RHEIN-MAIN-GEBIET
TB-015 wohnungsbau + stadtkern + wohnbeduerfnisse + psychologische faktoren
TB-016 milieu + wohnwert + wohnbeduerfnisse + (wohnverhalten)
TB-019 wohnungsbau + wohnwert + wohnbeduerfnisse + (familiensituation)

wohnen

UF-035 stadtentwicklung + verkehrsplanung + wohnen

wohnfolgeeinrichtungen

UG-009 stadtentwicklungsplanung + wohnfolgeeinrichtungen + standortfaktoren

wohngebiet

BB-035 abgasausbreitung + wohngebiet + schornstein
FD-010 laermbelaestigung + wohngebiet + motorsport
FD-020 laermbelastung + autobahn + wohngebiet
FD-028 wohngebiet + schallausbreitung + laermschutz + wald
FD-046 wohngebiet + verkehrslaerm + kataster + KOELN + RHEIN-RUHR-RAUM
PE-026 bleikontamination + mensch + wohngebiet + (krankheitssymptome)
SB-033 waermeversorgung + wohngebiet + heizungsanlage + (waermepumpe)
TB-003 hausfrau + beruf + wohngebiet
TB-018 hausfrau + beruf + wohngebiet
TB-024 wohngebiet + sanierungsplanung + bewertungskriterien
TB-026 siedlungsplanung + wohngebiet + wohnwert
TB-028 wohngebiet + bewertungskriterien + psychologische faktoren
TB-030 wohngebiet + wohnwert + planungshilfen + (wohnungsumfeld)
TB-037 wohngebiet + randgruppen + soziale integration + psychiatrie + MANNHEIM + RHEIN-NECKAR-RAUM
UE-037 landschaftsgestaltung + stadtplanung + wohngebiet + wald + (fallstudien)
UF-009 stadtentwicklung + wohngebiet + soziale infrastruktur

wohnraum

EA-021 radioaktivitaet + wohnraum + strahlenbelastung
NA-006 bauhygiene + wohnraum + arbeitsschutz + klima
NB-007 radioaktivitaet + wohnraum + strahlenbelastung + (radon)
NB-062 radioaktivitaet + wohnraum + strahlenbelastung + messung
PE-006 luftverunreinigung + wohnraum + werkstoffe + schadstoffemission
SB-022 wohnraum + waermeversorgung
TB-022 wohnraum + sozio-oekonomische faktoren + bevoelkerung

wohnungsbau

AA-119 stadtklima + wohnungsbau + mikroklimatologie + stadtplanung
FB-079 schallschutzplanung + strassenlaerm + wohnungsbau
SB-001 bautechnik + wohnungsbau + waermeversorgung + oekonomische aspekte
SB-017 wohnungsbau + waermeschutz
SB-032 wohnungsbau + energieversorgung + heizungsanlage + wirtschaftlichkeit
SB-034 wohnungsbau + heizungsanlage + energietechnik
TB-002 staedtebau + wohnungsbau + wohnwert + BREMEN
TB-008 wohnwert + wohnungsbau + wohnbeduerfnisse + FRANKFURT-ROEMERSTADT + RHEIN-MAIN-GEBIET
TB-013 wohnungsbau + freiraumplanung
TB-014 wohnungsbau + wohnwert + normen
TB-015 wohnungsbau + stadtkern + wohnbeduerfnisse + psychologische faktoren

TB -019 wohnungsbau + wohnwert + wohnbeduerfnisse + (familiensituation)
TB -020 siedlungsplanung + bauwesen + wohnungsbau + entwicklungslaender + CHINA (VOLKSREPUBLIK)
TB -023 wohnungsbau + richtlinien + HESSEN
TB -033 wohnungsbau + staedtebau + psychologische faktoren
UF -012 wohnungsbau + freiraumplanung + bebauungsart + gruenflaechen
UF -020 stadtplanung + wohnungsbau + freiflaechen + DARMSTADT-KRANICHSTEIN + RHEIN-MAIN-GEBIET
UK -058 freiraumplanung + wohnungsbau + verdichtungsraum + HANNOVER + HAMBURG

wohnungshygiene

OD -019 wohnungshygiene + holzschutzmittel + gesundheitsschutz
TF -042 insekten + schaedlingsbekaempfung + wohnungshygiene

wohnwert

TB -002 staedtebau + wohnungsbau + wohnwert + BREMEN
TB -004 wohnwert + bautechnik + oekonomische aspekte
TB -008 wohnwert + wohnungsbau + wohnbeduerfnisse + FRANKFURT-ROEMERSTADT + RHEIN-MAIN-GEBIET
TB -009 wohnwert + bewertungskriterien
TB -014 wohnungsbau + wohnwert + normen
TB -016 milieu + wohnwert + wohnbeduerfnisse + (wohnverhalten)
TB -019 wohnungsbau + wohnwert + wohnbeduerfnisse + (familiensituation)
TB -026 siedlungsplanung + wohngebiet + wohnwert
TB -029 staedtebau + wohnwert + psychologische faktoren + NUERNBERG + FUERTH + ERLANGEN
TB -030 wohngebiet + wohnwert + planungshilfen + (wohnungsumfeld)
TB -032 wohnwert + lebensqualitaet + siedlungsplanung + sozialindikatoren
UG -004 infrastrukturplanung + raumordnung + wohnwert + freizeit + versorgung

wueste

RC -012 wueste + ausbreitung + klimaaenderung + anthropogener einfluss
RC -024 bodenbeeinflussung + erosion + wueste + SAHELZONE (AFRIKA)

zelle

CB -079 luftverunreinigende stoffe + oxidierende substanzen + zelle
NB -041 nuklearmedizin + strahlenschaeden + zelle + diagnostik
PA -012 metallverbindungen + zelle + physiologische wirkungen
PC -015 ionisierende strahlung + chemikalien + zelle + zytostatika
PC -059 umweltchemikalien + viren + zelle

zellkultur

PC -001 umweltchemikalien + zellkultur + metabolismus
PC -056 luftverunreinigung + staub + zellkultur + wirkmechanismus
PC -058 luftverunreinigung + feinstaeube + biologische wirkungen + zellkultur
PE -043 luftverunreinigung + schadstoffbelastung + zellkultur + biologische wirkungen
RB -023 lebensmittel + zellkultur + (naturstoffsynthese)
RB -027 zellkultur + lebensmittelrohstoff

zellstoffindustrie

KB -085 abwasser + zellstoffindustrie + schadstoffminderung
KC -010 zellstoffindustrie + verfahrensoptimierung
KC -013 abwasserreinigung + zellstoffindustrie + adsorptionsmittel + (aluminiumoxid)
KC -022 zellstoffindustrie + sulfite + stickstoff + duengemittel
KC -023 zellstoffindustrie + abwasser + landwirtschaft + oekonomische aspekte
KC -027 zellstoffindustrie + abwasser + halogenverbindungen + toxizitaet
KC -028 zellstoffindustrie + gewaesserbelastung + (substitution von schwefelverb. durch phenole)
KC -030 papierindustrie + zellstoffindustrie + umweltschutzmassnahmen + recycling + optimierungsmodell
KC -034 zellstoffindustrie + abwasseraufbereitung + recycling + (ligninsulfonat)
ME -036 zellstoffindustrie + abfall + recycling + duengemittel + (lignin)
ME -037 zellstoffindustrie + recycling + polymere + (phenollignine)
ME -038 zellstoffindustrie + holzabfaelle + kohlenhydrate + verwertung
ME -059 papierindustrie + zellstoffindustrie + industrieabfaelle + abwasserschlamm + recycling
ME -061 abwasserschlamm + recycling + holzindustrie + papierindustrie + zellstoffindustrie
ME -089 holzabfaelle + verwertung + verfahrensentwicklung + zellstoffindustrie

zellstruktur

PC -045 zytostatika + zellstruktur + wirkmechanismus + dokumentation

zellwolle

siehe unter cellulose

zementindustrie

DC -016 zementindustrie + luftreinhaltung + schwefel
DC -017 zementindustrie + emissionsminderung + stickoxide

zentrifuge

KE -024 klaeranlage + verfahrenstechnik + zentrifuge
KE -029 klaeranlage + zentrifuge

zerstaeuberbrenner

BE -002 zerstaeuberbrenner + ultraschall + geruchsstoffe

ziegeleiindustrie

DB -028 emissionsminderung + fluor + ziegeleiindustrie
DC -040 abluftreinigung + schadstoffabsorption + entstaubung + ziegeleiindustrie
ME -083 hausmuell + recycling + baustoffe + ziegeleiindustrie

zink

PA -028 schadstoffbelastung + synergismus + blei + zink + tierorganismus
PE -002 epidemiologie + schwermetalle + blei + cadmium + zink
PF -070 bodenkontamination + blei + zink + agrarproduktion + NIEDERSACHSEN + HARZVORLAND
QA -022 lebensmittelanalytik + cadmium + zink
QD -028 radioaktive substanzen + zink + kontamination + huhn

zinkhuette

ME -075 metallindustrie + zinkhuette + produktionsrueckstaende + wiederverwendung + (eisenrueckstaende)
ME -076 metallindustrie + zinkhuette + produktionsrueckstaende + wiederverwendung + (zinkasche)
PE -035 schadstoffimmission + blei + zinkhuette + NORDENHAM + WESER-AESTUAR
PF -055 bodenkontamination + schwermetalle + zinkhuette + BAD HARZBURG-HARLINGERODE + HARZ

zinn

QA -064 lebensmittelkontamination + cadmium + blei + zinn

zivilisationskrankheiten

PE -027 trinkwasser + spurenstoffe + zivilisationskrankheiten + epidemiologie + HESSEN (NORD)

zoonosen

TF -015 zoonosen + epidemiologie + infektionskrankheiten
TF -035 tiere + seuchenhygiene + zoonosen
TF -037 zoonosen + krankheitserreger + (brucella canis)

zuckerindustrie

DC -041 zuckerindustrie + emissionsminderung + staub
DC -066 staubemission + zuckerindustrie + (trocknungsanlage)
GB -026 zuckerindustrie + abwaerme + energiewirtschaft
KC -019 grundwasserbelastung + abwasserbeseitigung + zuckerindustrie
KC -024 abwasserreinigung + zuckerindustrie + boden + filtration + grundwasserbelastung
KC -032 zuckerindustrie + abwasser + belebtschlamm + sedimentation
KC -056 zuckerindustrie + abwasserbehandlung + mikrobieller abbau
KC -071 biologische abwasserreinigung + zuckerindustrie
KC -072 zuckerindustrie + schlammverbrennung + staubemission
MB -063 schlammbeseitigung + kompostierung + zuckerindustrie
ME -054 zuckerindustrie + abfallaufbereitung + futtermittel + nutztiere
ME -056 zuckerindustrie + abfallstoffe + recycling + bodenverbesserung

zukunftsforschung

UH -017 verkehrssystem + transport + zukunftsforschung + EUROPA
UH -037 verkehrssystem + zukunftsforschung + (ferntransportsysteme)
VA -016 raumordnung + prognose + planungshilfen + zukunftsforschung + (literaturauswertung)
VA -019 technik + zukunftsforschung + (literaturstudie)

zytostatika

PC -015 ionisierende strahlung + chemikalien + zelle + zytostatika
PC -045 zytostatika + zellstruktur + wirkmechanismus + dokumentation
PD -001 carcinogenese + zytostatika
PD -024 zytostatika + carcinogenese
TE -011 gesundheitsfuersorge + krebstherapie + zytostatika
TE -018 gesundheitsfuersorge + krebstherapie + zytostatika

zytotoxizitaet

PC -014 ionisierende strahlung + chemikalien + zytotoxizitaet + mutation
PC -027 umweltchemikalien + neurotoxizitaet + zytotoxizitaet + immunologie
PC -036 strahlenbelastung + organische schadstoffe + synergismus + zytotoxizitaet
PD -036 umweltchemikalien + zytotoxizitaet + genetische wirkung + mensch + arbeitsmedizin
PD -057 umweltchemikalien + zytotoxizitaet + mutagenitaetspruefung + (meoteben + endoxan)
TA -064 staub + silikose + zytotoxizitaet

GEOGRAPHISCHES REGISTER

Geographisches Register

Im geographischen Register sind die räumlichen Einheiten, über die innerhalb des Projektes wichtige Aussagen gemacht werden, in alphabetischer Reihenfolge aufgeführt, wenn sich die Forschungsarbeit unmittelbar, d. h. nicht nur beispielhaft, auf eine geographische Einheit bezieht.

Bei weniger bekannten Bezeichnungen wurden die geographischen Deskriptoren durch erklärende Zusätze in Klammern ergänzt.

Der geographischen Schlagwortkette folgt die Kette der Sachschlagwörter zur inhaltlichen Beschreibung des Vorhabens.

Der Verweis auf die ausführliche Beschreibung des Vorhabens im Hauptteil I erfolgt wie beim Schlagwortregister über die Vorhaben-Nummer vor den Schlagwortketten.

Beispiel:

RHEIN-MAIN-GEBIET
AA-053 OFFENBACH + RHEIN-MAIN-GEBIET
luftueberwachung + immissionsmessung +
phytoindikator + (moosverbreitung)

Bei geographischen Einheiten, die innerhalb eines größeren Raumes liegen, der unter dem Umweltaspekt ein Problemgebiet darstellt, wurde eine zusätzliche Verknüpfung zwischen der kleinräumigen Einheit und der größeren hergestellt. Dabei wurden für Verdichtungsräume Bezeichnungen in Anlehnung an den Beschluß der Ministerkonferenz für Raumordnung von 1968 (z. B. wie vorstehend „Rhein-Main-Gebiet") und für das Gebiet des Rheins die Bezeichnungen entsprechend dem Rheingutachten vom März 1976 des Sachverständigenrates für Umweltfragen verwendet.

Die genaue Abgrenzung der aufgenommenen Gebietskategorien ist der Karte auf der folgenden Seite zu entnehmen.

Karte zum Geographischen Register UFOKAT' 76

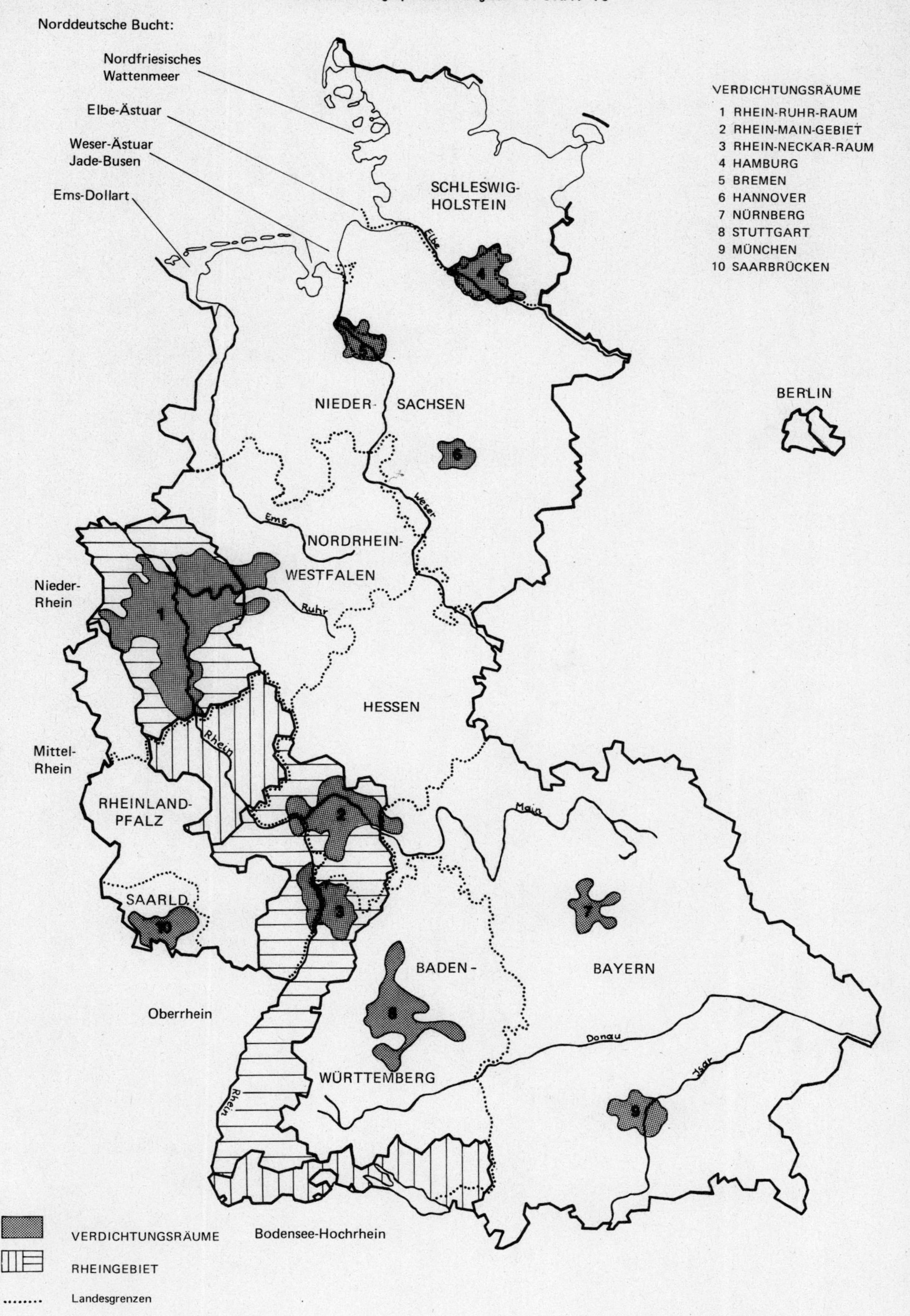

AACH

HG -035 DONAU + AACH
flussbettaenderung + karstquelle

AACHEN

UK -063 AACHEN
stadt + erholungsgebiet + oekologische faktoren

UK -064 AACHEN
landschaftsoekologie + stadtentwicklung + nutzungsplanung + (gutachten)

UM -043 KOELN + AACHEN + RHEIN-RUHR-RAUM
naturschutz + flora + kartierung

AACHEN (RAUM)

MC -040 AACHEN (RAUM)
deponie + standortfaktoren

AACHEN-STOLBERG

OB -001 AACHEN-STOLBERG
umweltchemikalien + geochemie + spurenanalytik + schwermetalle

OD -003 AACHEN-STOLBERG
bodenkontamination + pflanzenkontamination + luftverunreinigung + spurenelemente

AALEN-WASSERALFINGEN

AA -045 AALEN-WASSERALFINGEN
immissionsmessung + staub + blei + verdichtungsraum + freiraumplanung

ACHEN (TIROL)

HA -071 ACHEN (TIROL) + ALPENRAUM
fliessgewaesser + stofftransport + spurenelemente + analytik

ADRIA (NORD)

IE -020 ADRIA (NORD)
gewaesserverunreinigung + meeressediment + korrosion + erosion + (sedimentationsmodell)

PH -059 RHEIN + ADRIA (NORD)
umweltchemikalien + enzyminduktion + mikroorganismen + belebtschlamm

AEGYPTEN

PI -026 AEGYPTEN
mikrobiologie + bakterienflora + standortfaktoren + salzgehalt + (alkaliseen)

AFRIKA

HB -051 SAHARA (NORD) + AFRIKA + LIBYEN
grundwasser + hydrogeologie

RH -013 AFRIKA
schaedlingsbekaempfung + insekten + (tsetse-fliege)

AFRIKA(SUED)

CB -072 NORWEGEN + AFRIKA(SUED)
atmosphaere + ozon + transportprozesse

AFRIKA (OST)

RA -002 TANZANIA + RUANDA + AFRIKA (OST)
agraroekonomie + oekologie + entwicklungslaender

AFRIKA (SUEDWEST)

CA -085 AFRIKA (SUEDWEST)
atmosphaere + aerosole + strahlungsabsorption

AFRIKA (WEST)

HC -041 MITTELMEER + AFRIKA (WEST) + PAZIFIK
meereskunde + sediment + radioaktive spurenstoffe

AHR

IC -056 SAAR + AHR + SIEG + FULDA
gewaesserverunreinigung + wasserpflanzen + bioindikator

ALLER (OBERALLER)

HA -099 ALLER (OBERALLER)
fliessgewaesser + uferschutz + biozoenose + pflanzenoekologie

ALPEN

HA -043 ALPEN + SCHLESWIG-HOLSTEIN
hydrologie + wasserhaushalt + oberflaechenwasser

HG -028 ALPEN
hydrologie

OD -054 HOHE TAUERN + ALPEN
bodenbeschaffenheit + beryllium + spurenstoffe + (geochemische untersuchung)

PI -037 ALPEN
naehrstoffhaushalt + oekosystem

RA -024 ALPEN + KARWENDEL-GEBIRGE
agrarplanung + bodennutzung + gruenlandwirtschaft + alm + (nutzungsmodell)

RC -010 ALPEN
bodenerhaltung + erosionsschutz

UN -032 ALPEN
biotop + kartierung + landschaftsoekologie + naturschutz

ALPEN (OETZTAL)

IB -016 ALPEN (OETZTAL)
niederschlagsabfluss + abflussmodell + (gletscher)

ALPEN (OSTALPEN)

RC -006 ALPEN (OSTALPEN)
erosion

ALPENLAENDER

TE -012 ALPENLAENDER
physiologie + gesundheitszustand + (hoehenanpassung)

ALPENRAUM

HA -071 ACHEN (TIROL) + ALPENRAUM
fliessgewaesser + stofftransport + spurenelemente + analytik

HG -013 ALPENRAUM
wasserhaushalt + hydrologie

HG -062 ALPENRAUM
fliessgewaesser + speicherung

IF -040 ATTERSEE (OESTERREICH) + ALPENRAUM
binnengewaesser + eutrophierung

PF -033 ALPENRAUM
geochemie + spurenstoffe + (beryllium)

RC -016 ALPENRAUM
bodenmechanik + erschuetterungen + talsperre

UK -011 AMMERGAUER BERGE + FORGGEN-UND BANNWALDSEE + ALPENRAUM
binnengewaesser + naturschutzgebiet + landschaftsoekologie + landschaftsrahmenplan

UM -061 ALPENRAUM
forstwirtschaft

ALPENVORLAND

HA -042 ALPENVORLAND
hydrologie + bodenstruktur + modell

HB -027 ALPENVORLAND
hydrogeologie + bodenwasser + spurenelemente + analytik

IB -032 ALPENVORLAND
niederschlagsabfluss + stadtregion + abflussmodell

OB -007 ALPENVORLAND
ozon + messverfahren

RC -040 STARNBERGER SEE + KOCHELMOOS + ALPENVORLAND
bodenkarte + oekologie + fliegende messtation + luftbild

RC -041 ALPENVORLAND + SCHLESWIG-HOLSTEIN
bodenstruktur + hydrometeorologie + luftbild

TE -009 ALPENVORLAND + NORDSEEKUESTE
wetterfuehligkeit + mensch + (foehn)

UL -059 ALPENVORLAND
kulturlandschaft + gruenlandwirtschaft + nutztiere + (schaf)

UN -052 ALPENVORLAND + WERDENFELSER LAND
voegel + oekosystem + landschaftsplanung

ALSTER

IA -007 ALSTER + ELBE
gewaesseruntersuchung + spurenelemente + geochemie

ALZETTE

HA -108 ALZETTE + LUXEMBURG
fliessgewaesser + selbstreinigung

AMAZONAS

RG -031 SCHWARZWALD + RUHRTAL + AMAZONAS
waldoekosystem + bodentiere + mikroorganismen + (laubwald)

AMMERGAUER BERGE

UK -011 AMMERGAUER BERGE + FORGGEN-UND BANNWALDSEE + ALPENRAUM
binnengewaesser + naturschutzgebiet + landschaftsoekologie + landschaftsrahmenplan

ANATOLIEN

UE -021 TUERKEI (SCHWARZMEERKUESTE) + ANATOLIEN
entwicklungslaender + stadtentwicklung + flaechennutzung + wirtschaftsstruktur + infrastruktur

ASSE

ND -014 ASSE
radioaktive abfaelle + ablagerung + (salzbergwerk)

ND -030 ASSE + BRAUNSCHWEIG/SALZGITTER
felsmechanik + bergwerk + tieflagerung + radioaktive abfaelle

ND -031 ASSE + BRAUNSCHWEIG/SALZGITTER
hydrogeologie + bergwerk + tieflagerung + radioaktive abfaelle

ND -032 ASSE + BRAUNSCHWEIG/SALZGITTER
geophysik + bergwerk + tieflagerung + radioaktive abfaelle

ATLANTIK

ND -015 ATLANTIK
radioaktive abfaelle + meer + tiefversenkung + standortwahl

RB -024 ATLANTIK
meeresbiologie + fischerei + lebensmittel + (produktionsbiologische untersuchung)

ATLANTIK (NORD)

HC -042 ATLANTIK (NORD)
meer + transportprozesse + tracer + (tiefenwassererneuerung)

HC -043 ATLANTIK (NORD)
meer + transportprozesse + tracer + (diffusionsmodell)

QB -019 ATLANTIK (NORD) + NORDSEE + OSTSEE
fische + schwermetallkontamination + quecksilber

QB -054 NORDSEE + OSTSEE + ATLANTIK (NORD)
lebensmittelueberwachung + fische + schwermetallkontamination

ATTERSEE (OESTERREICH)

IF -040 ATTERSEE (OESTERREICH) + ALPENRAUM
binnengewaesser + eutrophierung

AUGSBURG

AA -121 AUGSBURG
lufthygiene + emissionskataster + stadtgebiet + bioindikator + meteorologie

GB -050 AUGSBURG
waermebelastung + luftbild + emissionskataster

AUGSBURG (REGION)

MC -014 MUENCHEN + AUGSBURG (REGION)
deponie + strukturanalyse + geophysik + (geraeteentwicklung)

BAD HARZBURG-HARLINGERODE

PF -055 BAD HARZBURG-HARLINGERODE + HARZ
bodenkontamination + schwermetalle + zinkhuette

BAD TOELZ

UF -023 BAD TOELZ + WOLFRATSHAUSEN + NEU-ULM + REGENSBURG
laendlicher raum + siedlungsplanung + bevoelkerungsentwicklung

BAD WINDSHEIM/KEHRENBERG

UM -030 BAD WINDSHEIM/KEHRENBERG
vegetation + forstwirtschaft + standortfaktoren

BADEN (SUED)

TF -040 BADEN (SUED) + OBERRHEIN
infektionskrankheiten + viren + epidemiologie + modell + (antikoerperkataster)

UM -013 OBERRHEINEBENE + BADEN (SUED)
landschaftsoekologie + vegetation + kulturpflanzen

UN -018 KAISERSTUHL + BADEN (SUED) + OBERRHEIN
biologie + oekologie + fauna

BADEN-WUERTTEMBERG

AA -068 BADEN-WUERTTEMBERG
luftverunreinigung + schwefeldioxid + messung

AA -069 BADEN-WUERTTEMBERG
immission + messtellennetz

AA -088 BADEN-WUERTTEMBERG
luftverunreinigung + bioindikator + flechten

BE -008 BADEN-WUERTTEMBERG
tierkoerperbeseitigung + geruchsminderung

HG -037 BADEN-WUERTTEMBERG
hydrologie + bewertungskriterien + testgebiet

ME -010 BADEN-WUERTTEMBERG
sondermuell + recycling

MG -024 BADEN-WUERTTEMBERG
abfallbeseitigung + sondermuell + rahmenplan

NB -022 BADEN-WUERTTEMBERG
kernkraftwerk + umgebungsradioaktivitaet + ueberwachung

SA -029 BADEN-WUERTTEMBERG
energieversorgung + umweltbelastung + kosten + optimierungsmodell

SA -041 BADEN-WUERTTEMBERG
energieumwandlung + standortwahl + oekologische faktoren + simulationsmodell

UE -014 BADEN-WUERTTEMBERG + NECKAR (MITTLERER NECKAR-RAUM) + STUTTGART
regionalplanung + ballungsgebiet + wirtschaftsstruktur + oekologie + entwicklungsmassnahmen

UE -015 BADEN-WUERTTEMBERG
verdichtungsraum + entwicklungsmassnahmen + belastbarkeit

UE -042 BADEN-WUERTTEMBERG + NECKAR (MITTLERER NECKAR-RAUM) + STUTTGART
landesentwicklung + systemanalyse + sozio-oekonomische faktoren

UH -038 BADEN-WUERTTEMBERG
flughafen + standortwahl

UL -020 BADEN-WUERTTEMBERG
landschaftsplanung

UM -052 BADEN-WUERTTEMBERG
bioindikator + streusalz + kartierung

UM -053 BADEN-WUERTTEMBERG
vegetation + kartierung

UM -066 BADEN-WUERTTEMBERG
waldoekosystem + pflanzensoziologie + kartierung

UN -031 BADEN-WUERTTEMBERG
landesplanung + biotop + kartierung

UN -038 BADEN-WUERTTEMBERG
voegel + populationsdynamik + (storch)

BADEN-WUERTTEMBERG (NORD)

ME -011 BADEN-WUERTTEMBERG (NORD)
sondermuell + industrieabfaelle + recycling + (informationssystem)

BADEN-WUERTTEMBERG (OST)

UM -080 BADEN-WUERTTEMBERG (OST)
pflanzen + kartierung

UM -081 BADEN-WUERTTEMBERG (OST)
vegetationskunde + kartierung

BARENTSEE

QB -055 NORDSEE + OSTSEE + NORDATLANTIK + BARENTSEE + NORDAMERIKA (KUESTENGEBIET)
lebensmittelkontamination + fische + meerestiere + quecksilber

BASEL (RAUM)

UL -007 BASEL (RAUM)
landschaftsoekologie + anthropogener einfluss + mikroklimatologie

UL -008 BASEL (RAUM)
landschaftsoekologie + mikroklimatologie + hydrologie

BASEL (STADTRAND)

UL -006 BASEL (STADTRAND)
landschaftsoekologie + mikroklimatologie + kartierung

BAYERISCHER WALD

RA -014 ODENWALD + EIFEL + BAYERISCHER WALD
landwirtschaft + landschaftspflege + gruenland + (nebenberuf)

BAYERN

AA -032 BAYERN
luftverunreinigung + immissionsmessung + messtellennetz

AA -148 BAYERN
luftueberwachung

HB -002 BAYERN
grundwasserschutz + hydrogeologie + grundwasserbewegung + tracer

HB -004 BAYERN
grundwasser + geophysik + wasserwirtschaft + rahmenplan

HB -046 MUENCHEN (REGION) + BAYERN
grundwasserbewegung + tiefbau

HE -004 BAYERN
wasserversorgung + abwasserbeseitigung + industrie

IC -005 BAYERN
gewaesserbelastung + schwermetalle + quecksilber + cadmium + nachweisverfahren

PI -003 HESSEN + BAYERN
pflanzenschutz + streusalz + gehoelzschaeden + autobahn

RC -004 BAYERN
hydrogeologie + geologie + kartierung

RC -032 HALLERTAU + BAYERN
bodenbeschaffenheit + erosion

SA -055 BAYERN
umweltbelastung + energieumwandlung + planungshilfen

UA -037 BAYERN + OESTERREICH
umweltplanung + internationale zusammenarbeit

UC -021 BAYERN
umweltschutz + industrie + kosten

UE -025 BAYERN
landesentwicklungsplanung + simulationsmodell

UK -019 BAYERN
landschaftspflege + wald

UK -061 FRANKENWALD + BAYERN
landschaftserhaltung + naturpark

UL -076 BAYERN
landschaftsschutz + kulturlandschaft

UM -028 INZELL + TEISENBERG + BAYERN
landschaftsoekologie + vegetation + standortfaktoren

UM -033 BAYERN
flora + kartierung + bioindikator

UN -025 BAYERN
voegel + populationsdynamik + biotop + naturschutz

UN -033 BAYERN
biotop + kartierung + datensammlung + landschaftspflege + planungshilfen

UN -034 BAYERN
biotop + kartierung + naturschutz

UN -035 BAYERN
biotop + kartierung + naturschutz

UN -050 BAYERN
voegel + binnengewaesser

UN -051 BAYERN
voegel + kulturlandschaft + biozoenose

BAYERN (NORD)

HB -056 BAYERN (NORD)
hydrogeologie + mineralstoffe + spurenelemente

BAYERN (OBERBAYERN)

HA -090 BAYERN (OBERBAYERN)
sediment + oberflaechengewaesser + anthropogener einfluss

HA -091 BAYERN (OBERBAYERN)
sedimentation + fliessgewaesser + spurenelemente

TE -016 TRAUNSTEIN + BAYERN (OBERBAYERN)
gesundheitsfuersorge + psychiatrie

BAYERN (SUED)

UF -036 BAYERN (SUED)
urbanisierung + sozialgeographie

BAYRISCHER WALD/SPIEGELAU-GRAFENAU

UM -029 BAYRISCHER WALD/SPIEGELAU-GRAFENAU
vegetation + nationalpark + kartierung

BEDERKESAER SEE

UL -067 BEDERKESAER SEE + WESERMUENDE (LANDKREIS)
naturschutz + binnengewaesser + sedimentation

BEIERSTEIN

UL -013 HAINHOLZ + BEIERSTEIN + HARZ
naturschutz + geologie + karstgebiet

BERGHEIM

AA -164 KOELN + BERGHEIM + RHEIN-RUHR-RAUM
staubpegel + messtellennetz

BERGISCHES LAND

UK -052 BERGISCHES LAND
landschaftsoekologie + erholungsgebiet + naturpark

UK -054 BERGISCHES LAND
landschaftsschutz + erholungsplanung + landschaftsrahmenplan + naturpark

BERLIN

AA -086 BERLIN
bioklimatologie + stadtgebiet

FB -001 BERLIN
untergrundbahn + schalldaemmung

FD -003 BERLIN
bautechnik + laermschutz + wasserleitung + richtlinien

IA -016 TEGELER SEE + BERLIN
gewaesserverunreinigung + phosphor + messverfahren + geraeteentwicklung

IC -060 BERLIN + TEGELER SEE
oberflaechengewaesser + schadstoffbelastung + messung

IF -020 BERLIN
oberflaechengewaesser + eutrophierung + phosphate + nitrate + (roehricht)

IF -021 BERLIN
oberflaechengewaesser + eutrophierung + phosphate + nitrate + (sedimentgrund)

PF -042 BERLIN
bodenkontamination + cadmium + blei + anthropogener einfluss

PI -028 BERLIN
waldoekosystem + bodenbelastung + streusalz + strassenrand

TB -025 BERLIN
staedtebau + freiflaechen

UF -027 BERLIN
sozialgeographie + gastarbeiter

UL -038 BERLIN + NORDDEUTSCHE TIEFEBENE
naturschutzgebiet + bodenstruktur + moor + oekologie + (duene-moor-biotop)

UL -039 BERLIN
oekologie + freiflaechen + grosstadt + (ruderalstandorte)

UL -042 BERLIN
naturschutzgebiet

UM -047 BERLIN
strassenbaum + standortfaktoren

UM -049 BERLIN
strassenbaum + wasserhaushalt + phytopathologie

UM -051 BERLIN
pflanzenoekologie + stadtgebiet + deponie

BERLIN (HAVEL)

UL -066 BERLIN (HAVEL)
uferschutz + begruenung + (schilfsterben)

BERLIN (OBERHAVEL)

UL -041 BERLIN (OBERHAVEL)
naturschutzgebiet + mikroklima + gewaesserbelastung + kraftwerk

BERLIN (TEGELER SEE)

IF -028 BERLIN (TEGELER SEE)
gewaesserverunreinigung + phosphate + filtration

BERLIN (WEST)

BB -026 BERLIN (WEST)
emissionsueberwachung + kraftwerk

GC -001 BERLIN (WEST)
kernkraftwerk + abwaerme + waermeversorgung + oekonomische aspekte + luftreinhaltung

HE -015 BERLIN (WEST)
trinkwasserversorgung + wasserguete + erholungsgebiet

MA -003 BERLIN (WEST)
siedlungsabfaelle + industrieabfaelle + abfalltransport + abfallsammlung

MA -004 BERLIN (WEST)
industrieabfaelle + siedlungsabfaelle + abfalltransport

SB -009 BERLIN (WEST)
energieversorgung + waermeversorgung + kernenergie

BERLIN-GRUNEWALD

RC -026 BERLIN-GRUNEWALD
naturschutz + vegetationskunde + bodenkunde + erosion

BERLIN-GRUNEWALD/TEGEL

UM -050 BERLIN-GRUNEWALD/TEGEL
vegetationskunde + waldoekosystem

BERLIN-KLADOW (HAVEL)

UL -040 BERLIN-KLADOW (HAVEL)
landschaftsschutz + fliessgewaesser + oekologische faktoren + kartierung

BERLIN-TEMPELHOF/TEGEL

FB -035 BERLIN-TEMPELHOF/TEGEL
fluglaerm

BERLIN-WANNSEE

MC -025 BERLIN-WANNSEE
deponie + sickerwasser + wasserhaushalt + rekultivierung

MC -027 BERLIN-WANNSEE
deponie + sickerwasser + wasserbilanz + vegetation

BERLIN-WEDDING

UF -021 BERLIN-WEDDING
stadtsanierung + oekonomische aspekte

BERLIN-WILMERSDORF

BB -009 BERLIN-WILMERSDORF
hausbrand + schadstoffemission + schwefeldioxid + fernheizung + emissionskataster

BIELEFELD (RAUM)

MG -014 BIELEFELD (RAUM)
abfallbeseitigung + nutzwertanalyse

BOCHUM

MA -035 BOCHUM + RHEIN-RUHR-RAUM
abfallsammlung + abfallmenge + hausmuellsortierung

BODENSEE

AA -005 BODENSEE
meteorologie + hydrologie

AA -126 BODENSEE
luftverunreinigung + aerosolmesstechnik

HA -002 BODENSEE + RHEIN + NECKAR + DONAU
gewaesserschutz

HA -035 BODENSEE
binnengewaesser + sediment + bakterien

HA -045 BODENSEE
oberflaechengewaesser + limnologie + nutzungsplanung + (uferplan)

HA -048 BODENSEE
oberflaechengewaesser + feststofftransport + schwebstoffe + (zuflussfracht)

HA -049 BODENSEE
gewaesserbelastung + mineraloel + kohlenwasserstoffe + (seeboden)

HA -057 BODENSEE
oberflaechengewaesser + hydrologie + spurenanalytik + (mischungsmodell)

HG -032 BODENSEE
hydrologie + kartierung

IA -005 BODENSEE
wasserverunreinigende stoffe + spurenanalytik + roentgenstrahlung

IC -008 BODENSEE
gewaesserverunreinigung + sediment + schadstoffnachweis + kohlenwasserstoffe + schwermetalle

IC -062 BODENSEE
gewaesserbelastung + schwebstoffe + heizoel + (zuflussfracht)

IC -079 DONAU + BODENSEE
gewaesserueberwachung + schwermetalle

IF -025 BODENSEE
oberflaechengewaesser + hydrobiologie + eutrophierung + wasserguete

IF -026 BODENSEE
oberflaechengewaesser + duengung + phosphate + (zuflussfracht)

IF -027 BODENSEE
gewaesserueberwachung + eutrophierung + prognose

IF -033 BODENSEE
gewaesserbelastung + phosphate + eutrophierung + wasserbewegung

IF -034 BODENSEE
phosphate + stofftransport + gewaesserverunreinigung + eutrophierung

NB -035 BODENSEE
gewaesserueberwachung + radioaktivitaet

UB -002 BODENSEE
umweltrecht + vollzugsdefizit + abwasserableitung + oberflaechengewaesser

UK -068 LINDAU + BODENSEE
landschaftsrahmenplan

BODENSEE (OBERSEE)

HA -044 BODENSEE (OBERSEE)
gewaesserueberwachung + wassertiere

HA -046 BODENSEE (OBERSEE)
oberflaechengewaesser + stoffhaushalt + phosphor + simulationsmodell

HA -050 BODENSEE (OBERSEE)
gewaesserbelastung + benthos + bioindikator + (seeboden)

IF -032 BODENSEE (OBERSEE)
gewaesserbelastung + phosphate + eutrophierung + sediment

BODENSEE (RAUM)

TE -003 BODENSEE (RAUM) + VORALPENGEBIET
meteorologie + wetterfuehligkeit + (foehn)

UI -012 BODENSEE (RAUM)
verkehrssystem + oeffentlicher nahverkehr + sozio-oekonomische faktoren + (anrufbus)

UL -011 BODENSEE (RAUM)
umweltbelastung + landschaftsoekologie

BODENSEE-HOCHRHEIN

FD -007 KONSTANZ + BODENSEE-HOCHRHEIN
laermbelastung + stadtgebiet + kartierung + bundesimmissionsschutzgesetz + oekonomische aspekte

HA -017 BODENSEE-HOCHRHEIN
wasserguete

HE -018 BODENSEE-HOCHRHEIN
organische schadstoffe + gewaesserbelastung + selbstreinigung + wasseraufbereitung

IA -020 BODENSEE-HOCHRHEIN
wasseraufbereitung + oberflaechengewaesser + saeuren + nachweisverfahren

IC -048 BODENSEE-HOCHRHEIN
oberflaechengewaesser + organische schadstoffe + nachweisverfahren + trinkwasserversorgung

MA -007 KONSTANZ + BODENSEE-HOCHRHEIN
abfallsortierung + hausmuell + papier + glas + recycling

MA -008 KONSTANZ + BODENSEE-HOCHRHEIN
abfallsammlung + hausmuell + (mitarbeit der bevoelkerung)

BODENSEEGEBIET

UC -039 BODENSEEGEBIET
abfallbeseitigungsanlage + standortwahl + planungshilfen

BODENSEEKREIS

AA -030 BODENSEEKREIS
immissionsmessung + industrieanlage

AA -035 BODENSEEKREIS
immissionsmessung

BONN

AA -137 BONN + RHEIN-RUHR-RAUM
meteorologie + niederschlagsmessung

CB -051 KOELN + BONN + RHEIN-RUHR-RAUM
smogbildung + oxidation

GC -014 BONN + KOELN + RHEIN-RUHR-RAUM
waermeversorgung + kernkraftwerk + oekologische faktoren + (fernwaerme)

UK -050 KOTTENFORST-VILLE + BONN + RHEIN-RUHR-RAUM
landschaftsoekologie + landschaftsrahmenplan + erholungsgebiet + naturpark

UK -053 KOTTENFORST-VILLE + BONN + RHEIN-RUHR-RAUM
erholungsplanung + landschaftsrahmenplan + naturpark + naherholung

BONN (RAUM)

PF -052 BONN (RAUM) + RHEIN-RUHR
pflanzen + bleigehalt + autobahn

BRAHMAPUTRA

UL -071 GANGES + BRAHMAPUTRA
erosion + oekologie + stoerfall + datenverarbeitung

BRAUNSCHWEIG

HA -055 BRAUNSCHWEIG + HARZ
gewaesserueberwachung + datenerfassung

IC -115 BRAUNSCHWEIG + HARZVORLAND
gewaesserueberwachung + salmonellen + (langzeituntersuchung)

BRAUNSCHWEIG (RAUM)

RD -056 BRAUNSCHWEIG (RAUM) + HARZVORLAND
ackerboden + bodentiere + biozoenose

UN -059 HARZVORLAND + BRAUNSCHWEIG (RAUM)
oekologie + insekten + arthropoden

BRAUNSCHWEIG (REGION)

PG -044 BRAUNSCHWEIG (REGION) + HARZVORLAND
bodenkontamination + herbizide + nebenwirkungen + mikroorganismen

BRAUNSCHWEIG/SALZGITTER

ND -030 ASSE + BRAUNSCHWEIG/SALZGITTER
felsmechanik + bergwerk + tieflagerung + radioaktive abfaelle

ND -031 ASSE + BRAUNSCHWEIG/SALZGITTER
hydrogeologie + bergwerk + tieflagerung + radioaktive abfaelle

ND -032 ASSE + BRAUNSCHWEIG/SALZGITTER
geophysik + bergwerk + tieflagerung + radioaktive abfaelle

BREISGAU

AA -120 BREISGAU + OBERRHEIN
klimatologie

BREMEN

AA -007 BREMEN
immissionsschutz + bauleitplanung

RC -037 NIEDERSACHSEN + BREMEN
bodenkarte + oekologische faktoren + nutzungsplanung

TB -002 BREMEN
staedtebau + wohnungsbau + wohnwert

UK -070 NIEDERSACHSEN + BREMEN
naturraum + bodenkunde + kartierung + ressourcenplanung

BREMEN (RAUM)

UL -002 BREMEN (RAUM)
naturschutzgebiet + oekologische faktoren

BREMEN (STADT)

UF -026 BREMEN (STADT)
bodenkarte + umweltfaktoren

BREMERHAVEN (CENTRUM)

FD -025 BREMERHAVEN (CENTRUM)
stadtplanung + laermschutzplanung + bauakustik + (columbus-center)

BRUNSBUETTEL

FD -026 BRUNSBUETTEL + ELBE-AESTUAR
stadtentwicklung + laermschutzplanung + strassenverkehr + industrie + laermkarte

BUNDESREPUBLIK DEUTSCHLAND

AA -006 BUNDESREPUBLIK DEUTSCHLAND
luftverunreinigende stoffe + emissionskataster + (trendanalyse)

AA -008 BUNDESREPUBLIK DEUTSCHLAND
schadstoffimmission + kataster

AA -025 BUNDESREPUBLIK DEUTSCHLAND
bioklimatologie + messtellennetz + kartierung + raumordnung

AA -127 BUNDESREPUBLIK DEUTSCHLAND + PORTUGAL
aerosolmesstechnik

AA -146 BUNDESREPUBLIK DEUTSCHLAND
luftverunreinigende stoffe + umweltbelastung + (trendanalyse)

AA -147 BUNDESREPUBLIK DEUTSCHLAND
schadstoffimmission + kataster

AA -156 BUNDESREPUBLIK DEUTSCHLAND
lufthaushalt + internationale zusammenarbeit

BA -013 BUNDESREPUBLIK DEUTSCHLAND + EUROPA
strassenverkehr + kfz-abgase + immissionsbelastung

CB -022 BUNDESREPUBLIK DEUTSCHLAND + NIEDERLANDE
luftreinhaltung + transportprozesse + schadstoffausbreitung

CB -033 BUNDESREPUBLIK DEUTSCHLAND
atmosphaere + schadstoffausbreitung + klimatologie

CB -038 BUNDESREPUBLIK DEUTSCHLAND + SKANDINAVIEN
schadstoffausbreitung + luftverunreinigung

CB -040 BUNDESREPUBLIK DEUTSCHLAND
atmosphaere + oxidierende substanzen + smog + ausbreitung

CC -001 BUNDESREPUBLIK DEUTSCHLAND
luftueberwachung + emissionskataster + (zonengrenzgebiet)

HA -009 BUNDESREPUBLIK DEUTSCHLAND
hydrologie + wasserguete + kartierung + oberflaechengewaesser

HA -011 BUNDESREPUBLIK DEUTSCHLAND
fliessgewaesser + feststofftransport + niederschlag

HA -022 BUNDESREPUBLIK DEUTSCHLAND + FRANKREICH
gewaesserschutz + internationaler vergleich

HB -008 BUNDESREPUBLIK DEUTSCHLAND
grundwasserbewegung

HE -003 BUNDESREPUBLIK DEUTSCHLAND
wasserversorgung + bedarfsanalyse

HE -012 BUNDESREPUBLIK DEUTSCHLAND
wasserversorgung + kartierung

IA -015 BUNDESREPUBLIK DEUTSCHLAND
gewaesserverunreinigung + bioindikator + wasserpflanzen

LA -020 BUNDESREPUBLIK DEUTSCHLAND
abwasserabgabe + oekonomische aspekte + gutachten

MG -009 BUNDESREPUBLIK DEUTSCHLAND
abfallwirtschaftsprogramm + recycling + systemanalyse

MG -015 BUNDESREPUBLIK DEUTSCHLAND
abfallwirtschaftsprogramm + datensammlung

ND -023 BUNDESREPUBLIK DEUTSCHLAND
radioaktive abfaelle + endlagerung + umgebungsradioaktivitaet + systemanalyse + (keramische massen)

ND -042 BUNDESREPUBLIK DEUTSCHLAND
radioaktive abfaelle + kerntechnik + systemanalyse

QC -031 BUNDESREPUBLIK DEUTSCHLAND
getreide + pcb + chlorkohlenwasserstoffe + rueckstandsanalytik

QD -026 BUNDESREPUBLIK DEUTSCHLAND
nahrungskette + quecksilber + kontamination

SA -078 BUNDESREPUBLIK DEUTSCHLAND
energietechnik + uran + (uranexploration)

SB -012 BUNDESREPUBLIK DEUTSCHLAND
energietechnik + wirtschaftlichkeit

UA -006 BUNDESREPUBLIK DEUTSCHLAND
umweltprogramm + (fortschreibung)

UA -012 BUNDESREPUBLIK DEUTSCHLAND + EG-LAENDER + EUROPA (OSTEUROPA)
umweltpolitik + wirtschaftssystem + internationaler vergleich

UA -051 BUNDESREPUBLIK DEUTSCHLAND
umweltpolitik + umweltschutzmassnahmen + erfolgskontrolle

UA -059 BUNDESREPUBLIK DEUTSCHLAND
umweltplanung + (umweltgutachten 1974)
UA -060 BUNDESREPUBLIK DEUTSCHLAND
umweltplanung + (umweltgutachten 1977)
UB -010 FRANKREICH + BUNDESREPUBLIK DEUTSCHLAND
umweltrecht + umweltschutz + internationaler vergleich
UB -019 BUNDESREPUBLIK DEUTSCHLAND
umweltrecht + datensammlung
UC -005 BUNDESREPUBLIK DEUTSCHLAND
energiewirtschaft + umwelthygiene + planung
UC -022 BUNDESREPUBLIK DEUTSCHLAND
umweltschutz + industrie + investitionen
UC -035 BUNDESREPUBLIK DEUTSCHLAND
makrooekonomie + simulationsmodell
UD -011 SCHLESIEN + BUNDESREPUBLIK DEUTSCHLAND
lagerstaettenkunde + geochemie + mineralogie
UH -026 BUNDESREPUBLIK DEUTSCHLAND
bevoelkerungsentwicklung + mobilitaet
UK -039 BUNDESREPUBLIK DEUTSCHLAND
landschaftsplanung + nationalpark + planungshilfen
UL -030 BUNDESREPUBLIK DEUTSCHLAND
naturschutz + vegetation + landschaftsplanung
UL -031 BUNDESREPUBLIK DEUTSCHLAND
naturschutzgebiet + vegetation + (bewertungskriterien)
UM -040 BUNDESREPUBLIK DEUTSCHLAND
landespflege + vegetation + kartierung

BURGSTEINFURT

UK -026 BURGSTEINFURT
landschaftsplanung + naturschutz + bewertungskriterien + (zielsystem)

CALW (RAUM)

UK -013 CALW (RAUM)
landesplanung + erholungsgebiet + sozio-oekonomische faktoren

CASTROP-RAUXEL

UF -033 CASTROP-RAUXEL + ESSLINGEN + HERZOGENRATH + ELMSHORN
kommunale planung + stadtentwicklungsplanung + bauleitplanung
UF -034 CASTROP-RAUXEL + RHEIN-RUHR-RAUM + ESSLINGEN + HERZOGENRATH + ELMSHORN
kommunale planung + stadtentwicklungsplanung + bauleitplanung

CHINA (VOLKSREPUBLIK)

TB -020 CHINA (VOLKSREPUBLIK)
siedlungsplanung + bauwesen + wohnungsbau + entwicklungslaender

CUXHAVEN (RAUM)

UH -007 ELBE-AESTUAR + SCHARHOERN + CUXHAVEN (RAUM)
kuestengebiet + schiffahrt + wasserbau + oekonomische aspekte + regionalentwicklung + (hafenplanung)

DAENEMARK

BB -020 KALUNDBORG + DAENEMARK
abfallbeseitigung + muellvergasung + verfahrensoptimierung + betriebssicherheit

DARMSTADT-KRANICHSTEIN

TB -021 DARMSTADT-KRANICHSTEIN + RHEIN-MAIN-GEBIET
stadtplanung + lebensqualitaet + (anwaltsplanung)
UF -020 DARMSTADT-KRANICHSTEIN + RHEIN-MAIN-GEBIET
stadtplanung + wohnungsbau + freiflaechen

DAVOS

AA -003 DAVOS + SCHWEIZ + HELGOLAND + DEUTSCHE BUCHT
luftverunreinigende stoffe + pollen + sporen

DEUTSCHE BUCHT

SIEHE AUCH ELBE-AESTUAR
SIEHE AUCH EMS-DOLLART-AESTUAR
SIEHE AUCH JADEBUSEN
SIEHE AUCH NORDFRIESISCHES WATTENMEER
SIEHE AUCH NORDSEEKUESTE
SIEHE AUCH WESER-AESTUAR

AA -003 DAVOS + SCHWEIZ + HELGOLAND + DEUTSCHE BUCHT
luftverunreinigende stoffe + pollen + sporen
HC -018 DEUTSCHE BUCHT + NORDSEE
meereskunde + hydrodynamik + stroemung + wasserstand + simulation
HC -023 WESTERLAND (SYLT) + DEUTSCHE BUCHT
meeresgeologie + uferschutz + (sandvorspuelung)
HC -031 DEUTSCHE BUCHT
benthos + litoral + biozoenose + messtellennetz
HC -047 DEUTSCHE BUCHT
kuestengewaesser + kartierung
IE -008 DEUTSCHE BUCHT + NORDSEE
meeresverunreinigung + abfallstoffe + hydrodynamik + schadstofftransport + sedimentation
IE -009 DEUTSCHE BUCHT + NORDSEE
meereskunde + schadstoffausbreitung + messverfahren + (sprungschichten)
IE -011 DEUTSCHE BUCHT + NORDSEE
meeresverunreinigung + hydrodynamik + schadstoffausbreitung + prognose
IE -013 ELBE-AESTUAR + DEUTSCHE BUCHT + NORDSEE
fliessgewaesser + schadstofftransport + schwermetalle + meer + sedimentation
IE -016 DEUTSCHE BUCHT + ELBE-AESTUAR
gewaesserueberwachung + meeresverunreinigung + fliegende messtation
IE -018 HELGOLAND + ELBE + DEUTSCHE BUCHT
meeresverunreinigung + kuestengewaesser + abwasserableitung + mikroorganismen + biologische wirkungen
IE -023 DEUTSCHE BUCHT
klaerschlamm + meeresverunreinigung
IE -030 DEUTSCHE BUCHT
schwermetalle + detergentien + pestizide + schadstoffwirkung + meeresorganismen
IE -031 DEUTSCHE BUCHT
meeresverunreinigung + benthos + populationsdynamik
IE -037 DEUTSCHE BUCHT + JADE + WESER-AESTUAR
kuestengewaesser + abwasserbelastung + benthos
IE -038 JADE + DEUTSCHE BUCHT
kuestengewaesser + abwasserbelastung + industriegebiet
IE -039 NORDSEE + DEUTSCHE BUCHT
meeresverunreinigung + biozide + schwermetalle
IE -040 DEUTSCHE BUCHT + JADE + WESER-AESTUAR
kuestengewaesser + meeresbiologie + ueberwachungssystem
IE -041 DEUTSCHE BUCHT
kuestengewaesser + wattenmeer + schadstoffnachweis + schwermetalle
IE -047 ELBE-AESTUAR + DEUTSCHE BUCHT
oberflaechenwasser + aerosole + stoffaustausch + schadstoffausbreitung
PC -042 HELGOLAND + DEUTSCHE BUCHT
schadstoffbelastung + pestizide + schwermetalle + tierorganismus
QD -025 DEUTSCHE BUCHT
marine nahrungskette + schwermetallkontamination + fische
UK -040 NORDFRIESLAND + DEUTSCHE BUCHT
landschaftsplanung + nationalpark + wattenmeer + (gutachten)
UM -025 HELGOLAND + DEUTSCHE BUCHT
pflanzensoziologie + kartierung + vegetation + kuestenschutz

DEUTSCHLAND (NORD-WEST)

MC -049 DEUTSCHLAND (NORD-WEST)
moor + klaerschlamm + deponie + standortfaktoren

RD -049 DEUTSCHLAND (NORD-WEST)
wald + bodenbeschaffenheit + niederschlag + naehrstoffhaushalt + wasserbilanz

RD -051 DEUTSCHLAND (NORD-WEST)
moor + rekultivierung + (aufforstung)

RD -052 DEUTSCHLAND (NORD-WEST) + NIEDERSACHSEN (NORD)
moor + vegetationskunde + bodenverbesserung

RD -053 DEUTSCHLAND (NORD-WEST)
bodenbeschaffenheit + moor + gewaesserbelastung + (landwirtschaftliche nutzung)

RG -027 DEUTSCHLAND (NORD-WEST)
wald + forstwirtschaft + produktivitaet

DEUTSCHLAND (SUED-WEST)

AA -154 DEUTSCHLAND (SUED-WEST)
luftverunreinigung + phytoindikator + flechten

OB -021 DEUTSCHLAND (SUED-WEST)
geochemie + schwermetalle + spurenanalytik

UN -053 DEUTSCHLAND (SUED-WEST)
biologie + insekten + (dipteren)

UN -054 DEUTSCHLAND (SUED-WEST) + SPANIEN
biologie + insekten + (koleopteren)

DIEMEL

IC -046 DIEMEL + SAUERLAND (OST)
hydrologie + fluss + schadstoffnachweis

DILLINGEN A. D. DONAU

MC -017 DILLINGEN A. D. DONAU
abfallbeseitigung + deponie + standortfaktoren + abfallmenge + prognose

DINGOLFING

HA -093 ISAR + DINGOLFING
flussbettaenderung

DONAU

HA -002 BODENSEE + RHEIN + NECKAR + DONAU
gewaesserschutz

HG -035 DONAU + AACH
flussbettaenderung + karstquelle

IC -079 DONAU + BODENSEE
gewaesserueberwachung + schwermetalle

IC -081 MAIN + DONAU
fluss + schadstoffbelastung + schwermetalle + (grundlagenforschung)

DORTMUND

BA -046 DORTMUND + RHEIN-RUHR-RAUM
strassenverkehr + kfz-abgase + kohlenmonoxid + immissionsschutz + simulationsmodell

DB -023 DORTMUND + RHEIN-RUHR-RAUM
luftverunreinigung + heizungsanlage + private haushalte + energieverbrauch

PF -058 DORTMUND + RHEIN-RUHR-RAUM
bodenbelastung + pflanzenkontamination + schwermetalle + ballungsgebiet

UA -045 DORTMUND + RHEIN-RUHR-RAUM
umweltbelastung + lebensqualitaet + ballungsgebiet + grosstadt + modell

DUEREN (KREIS)

UK -055 DUEREN (KREIS)
landschaftsplanung + erholungsplanung + naturschutz

DUESSELDORF

AA -039 DUESSELDORF + WUPPERTAL + RHEIN-RUHR-RAUM
luftverunreinigende stoffe + fluorverbindungen + ballungsgebiet

DUESSELDORF-LOHHAUSEN

FB -089 DUESSELDORF-LOHHAUSEN + RHEIN-RUHR-RAUM
laermminderung + verkehrslaerm + flugverkehr

DUISBURG

FA -017 DUISBURG + RHEIN-RUHR-RAUM
laermkarte + taglaerm + nachtlaerm

DUMMERSDORF

UM -065 DUMMERSDORF + TRAVE + OSTSEE
vegetation + kartierung + uferschutz + fluss

EG-LAENDER

MG -033 EG-LAENDER
abfallbeseitigung + sondermuell + rechtsvorschriften + internationale zusammenarbeit

QB -038 EG-LAENDER
lebensmittel + rueckstaende + rechtsvorschriften

RF -012 EG-LAENDER
massentierhaltung + tierische faekalien + bodenbelastung + (bestimmung von hoechstschwellen)

SA -048 EG-LAENDER + USA
energiepolitik + oekologie + oekonomische aspekte

UA -012 BUNDESREPUBLIK DEUTSCHLAND + EG-LAENDER + EUROPA (OSTEUROPA)
umweltpolitik + wirtschaftssystem + internationaler vergleich

UA -046 EG-LAENDER
umweltschutz + internationale zusammenarbeit

UB -018 EG-LAENDER
landwirtschaft + lebensmittelrecht + internationaler vergleich

EIFEL

HB -042 EIFEL + HUNSRUECK
waldoekosystem + forstwirtschaft + klima

MG -029 EIFEL + NIEDERRHEIN
wassergewinnung + kartierung + abfallagerung

PF -036 EIFEL + LAACHER SEE
bodenbelastung + spurenanalytik

RA -014 ODENWALD + EIFEL + BAYERISCHER WALD
landwirtschaft + landschaftspflege + gruenland + (nebenberuf)

UK -051 MUENSTEREIFLER-WALD + EIFEL
landschaftsoekologie + erholungsgebiet

UL -044 RENGEN + EIFEL
landschaftsschutz + naturschutzgebiet + heide + (wacholderheide)

EIFEL (DOLLENDORFER MULDE)

HG -049 EIFEL (DOLLENDORFER MULDE) + NIEDERRHEIN
hydrogeologie

EIFEL (NORD)

HA -112 EIFEL (NORD) + NIEDERRHEIN
wasserueberwachung + schadstoffbelastung + trinkwasserversorgung

HA -113 EIFEL (NORD) + NIEDERRHEIN
wassermenge + wasserguete + talsperre

HG -050 EIFEL (NORD) + NIEDERRHEIN
hydrogeologie + kartierung + grundwasser

IC -119 EIFEL (NORD) + NIEDERRHEIN
wasserueberwachung + radioaktivitaet + trinkwasserversorgung

UL -062 MONSCHAU + EIFEL (NORD) + NIEDERRHEIN
gebaeude + schutzmassnahmen + gruenplanung + klimaaenderung

EIFEL (SUED)

PF -072 NAHESENKE + HUNSRUECK + EIFEL (SUED)
bodenbeschaffenheit + schwermetallbelastung

EIFEL-HUNSRUECK (REGION)

UE -002 EIFEL-HUNSRUECK (REGION) + RHEIN-NAHE (REGION) + HAMBURG (UMLAND)
regionalplanung + laendlicher raum

ELBE

GB -010 ELBE
kuehlwasser + waermetransport + (tidegebiet + modell)

IA -007 ALSTER + ELBE
gewaesseruntersuchung + spurenelemente + geochemie

IE -017 ELBE + WESER + JADE + EMS
abwasserableitung + (in tideregion + ausbreitungsmodell)

IE -018 HELGOLAND + ELBE + DEUTSCHE BUCHT
meeresverunreinigung + kuestengewaesser + abwasserableitung + mikroorganismen + biologische wirkungen

IE -025 ELBE
truebwasser + plankton

ELBE-AESTUAR

FD -026 BRUNSBUETTEL + ELBE-AESTUAR
stadtentwicklung + laermschutzplanung + strassenverkehr + industrie + laermkarte

HA -034 ELBE-AESTUAR
fluss + fische + wasserguete + kernkraftwerk

HC -004 ELBE-AESTUAR + NEUWERK + SCHARHOERN
kuestengewaesser + wattenmeer + sedimentation + wasserbau + (dammbauten)

HC -005 ELBE-AESTUAR + NEUWERK + SCHARHOERN
kuestengewaesser + wattenmeer + wasserbau + (prielverlegung + hafenplanung)

HC -006 ELBE-AESTUAR
kuestengewaesser + wattenmeer + meeresboden + wasserbau + (hafenplanung)

HC -007 ELBE-AESTUAR + NEUWERK
kuestengewaesser + wattenmeer + meeresbiologie + fauna + flora + (bestandsaufnahme)

HC -014 ELBE-AESTUAR
kuestenschutz + hochwasserschutz + sturmflut + (hydraulisches modell)

HC -015 ELBE-AESTUAR
aestuar + flussbettaenderung + schiffahrt + (modellversuche)

HC -038 OSTSEE + ELBE-AESTUAR
meer + aestuar + wasserbewegung + austauschprozesse

IA -004 ELBE-AESTUAR
gewaesserbelastung + messmethode + (fernerkundung)

ID -002 ELBE-AESTUAR
grundwasserbelastung + sickerwasser + deponie

IE -013 ELBE-AESTUAR + DEUTSCHE BUCHT + NORDSEE
fliessgewaesser + schadstofftransport + schwermetalle + meer + sedimentation

IE -016 DEUTSCHE BUCHT + ELBE-AESTUAR
gewaesserueberwachung + meeresverunreinigung + fliegende messtation

IE -029 ELBE-AESTUAR
wasserverunreinigung + selbstreinigung + aestuar + plankton

IE -047 ELBE-AESTUAR + DEUTSCHE BUCHT
oberflaechenwasser + aerosole + stoffaustausch + schadstoffausbreitung

NB -039 ELBE-AESTUAR
gewaesserbelastung + aestuar + radioaktive substanzen + strahlenschutz

UC -014 ELBE-AESTUAR + WESER-AESTUAR
raumwirtschaftspolitik + wirtschaftsstruktur + analyse

UH -007 ELBE-AESTUAR + SCHARHOERN + CUXHAVEN (RAUM)
kuestengebiet + schiffahrt + wasserbau + oekonomische aspekte + regionalentwicklung + (hafenplanung)

UK -057 ELBE-AESTUAR
landschaftsplanung + oekologische faktoren + (gutachten)

UL -078 ELBE-AESTUAR
landschaftsschutz + industrialisierung

UN -003 ELBE-AESTUAR + SCHARHOERN + NEUWERK
kuestengewaesser + wattenmeer + oekologie + naturschutz + voegel + (hafenplanung)

UN -024 SCHARHOERN + NEUWERK + ELBE-AESTUAR
naturschutz + wattenmeer + voegel + oekologie + wasserbau + (hafenplanung)

ELM

HG -019 ELM + HARZVORLAND
fliessgewaesser + sedimentation + schwermetallkontamination

ELMSHORN

UF -033 CASTROP-RAUXEL + ESSLINGEN + HERZOGENRATH + ELMSHORN
kommunale planung + stadtentwicklungsplanung + bauleitplanung

UF -034 CASTROP-RAUXEL + RHEIN-RUHR-RAUM + ESSLINGEN + HERZOGENRATH + ELMSHORN
kommunale planung + stadtentwicklungsplanung + bauleitplanung

ELSENZ (GEBIET)

IC -104 ELSENZ (GEBIET)
schadstoffbelastung + schwermetalle

EMS

HB -079 EMS + JADE
grundwasser + kuestengebiet + wasserhaushalt + (modell)

IC -069 RHEIN + WESER + EMS
fliessgewaesser + radioaktive spurenstoffe + tritium

IE -017 ELBE + WESER + JADE + EMS
abwasserableitung + (in tideregion + ausbreitungsmodell)

RH -077 LINGEN + EMS
forstwirtschaft + schaedlingsbekaempfung + biologischer pflanzenschutz

RH -079 WESER + EMS + OLDENBURG
pflanzenschutzmittel + datenerfassung

EMS-AESTUAR

HC -012 EMS-AESTUAR
aestuar + flussbettaenderung + sedimentation + kuestenschutz + (hydraulisches modell)

IE -004 EMS-AESTUAR
kuestengewaesser + abwasserbelastung + selbstreinigung

EMSLAND (REGION)

IC -022 EMSLAND (REGION)
gewaesserverunreinigung + industrieanlage

ERFT

LA -004 ERFT
abwasserbelastung + planungsmodell

ERFTGEBIET

HB -033 ERFTGEBIET
grundwasser + wasserguete

ERLANGEN

TB -029 NUERNBERG + FUERTH + ERLANGEN
staedtebau + wohnwert + psychologische faktoren

ESSLINGEN

AA -078 ESSLINGEN + STUTTGART
immissionsmessung + kartierung + bioindikator

UF -033 CASTROP-RAUXEL + ESSLINGEN + HERZOGENRATH + ELMSHORN
kommunale planung + stadtentwicklungsplanung + bauleitplanung

UF -034 CASTROP-RAUXEL + RHEIN-RUHR-RAUM + ESSLINGEN + HERZOGENRATH + ELMSHORN
kommunale planung + stadtentwicklungsplanung + bauleitplanung

EUROPA

BA -013 BUNDESREPUBLIK DEUTSCHLAND + EUROPA
strassenverkehr + kfz-abgase + immissionsbelastung

BA -041 EUROPA
flugverkehr + ozon + atmosphaere

EA -002 EUROPA + NORDAMERIKA
luftverunreinigung + rechtsvorschriften

EA -025 EUROPA + USA
abgasemission + verbrennungsmotor + pruefverfahren + richtlinien

HG -016 EUROPA
hydrogeologie + kartierung

MB -057 USA + EUROPA + JAPAN
abfallbeseitigung + pyrolyse + hochtemperaturabbrand + internationaler vergleich

UA -030 EUROPA
umweltpolitik + parlamentswesen + information

UA -031 EUROPA
umweltpolitik + (fonds fuer umweltstudien)

UA -032 EUROPA
umweltschutz + planungshilfen

UE -029 EUROPA
raumordnung + internationale zusammenarbeit + datensammlung

UH -017 EUROPA
verkehrssystem + transport + zukunftsforschung

UN -039 EUROPA
voegel + populationsdynamik + singvoegel

UN -040 EUROPA
voegel + populationsdynamik + (singvoegel)

EUROPA (MITTELEUROPA)

HB -032 EUROPA (MITTELEUROPA)
mineralquelle + kartierung

RH -080 EUROPA (MITTELEUROPA)
biologie + biotop + (raupenfliegen)

UL -010 EUROPA (MITTELEUROPA)
landschaftsschutz + nutzungsplanung + datensammlung

UM -034 EUROPA (MITTELEUROPA)
flora + kartierung + bioindikator

UM -039 EUROPA (MITTELEUROPA)
pflanzenoekologie + kulturpflanzen + bodenverbesserung

EUROPA (OSTEUROPA)

UA -012 BUNDESREPUBLIK DEUTSCHLAND + EG-LAENDER + EUROPA (OSTEUROPA)
umweltpolitik + wirtschaftssystem + internationaler vergleich

UL -077 EUROPA (OSTEUROPA)
landschaftsschutz + bodenschutz

EYACH

ID -015 SCHWARZWALD + EYACH
wasserchemie + grundwasserbelastung + duengemittel + trinkwasserguete

FICHTELGEBIRGE

PF -008 FICHTELGEBIRGE
mineralogie + schwermetalle

FOEHR

UK -045 FOEHR + NORDFRIESISCHES WATTENMEER
landschaftsgestaltung + pflanzensoziologie + landwirtschaft + fremdenverkehr

FORGGEN-UND BANNWALDSEE

UK -011 AMMERGAUER BERGE + FORGGEN-UND BANNWALDSEE + ALPENRAUM
binnengewaesser + naturschutzgebiet + landschaftsoekologie + landschaftsrahmenplan

FRANKEN

UK -066 FRANKEN
landschaftsgestaltung + flurbereinigung + naherholung + erholungswert

FRANKEN (MITTELFRANKEN)

UL -063 FRANKEN (MITTELFRANKEN)
verdichtungsraum + oekologische faktoren + interessenkonflikt + (oekologische risikoanalyse)

FRANKEN (OBERFRANKEN)

RE -043 FRANKEN (OBERFRANKEN)
pflanzenphysiologie + adaptation + bodenbeschaffenheit + salzgehalt

UM -074 FRANKEN (OBERFRANKEN)
vegetationskunde + kartierung + landesplanung + flurbereinigung

FRANKEN (UNTERFRANKEN)

HB -035 FRANKEN (UNTERFRANKEN)
trinkwasserversorgung + hydrogeologie + bodenstruktur + verkehrsplanung + (bundesbahn-neubaubahnstrecke)

PI -046 FRANKEN (UNTERFRANKEN)
schaedlingsbekaempfung + waldoekosystem + biozoenose

UM -003 FRANKEN (UNTERFRANKEN)
naturschutzgebiet + vegetation + kartierung

FRANKENWALD

UK -061 FRANKENWALD + BAYERN
landschaftserhaltung + naturpark

FRANKFURT

AA -031 FRANKFURT + RHEIN-MAIN-GEBIET + SAARBRUECKEN + MUENCHEN
luftverunreinigung + immissionsmessung + statistische auswertung

AA -084 FRANKFURT + RHEIN-MAIN-GEBIET
immissionsueberwachung + messtechnik

CA -044 FRANKFURT + RHEIN-MAIN-GEBIET
luftverunreinigung + bioindikator + stadtgebiet

FB -073 FRANKFURT + RHEIN-MAIN-GEBIET
flughafen + laermminderung

FB -074 FRANKFURT + RHEIN-MAIN-GEBIET
flughafen + laermminderung

PE -055 FRANKFURT + RHEIN-MAIN-GEBIET
immissionsbelastung + blei + bevoelkerung + grosstadt

RA -023 FRANKFURT
bodennutzung + landwirtschaft + forstwirtschaft + vegetationskunde + fernerkundung

UF -005 FRANKFURT + RHEIN-MAIN-GEBIET
stadtkern + stadtrandzone + stadt + klima

UH -019 FRANKFURT + RHEIN-MAIN-GEBIET
verkehrsplanung + emissionsminderung + kosten-nutzen-analyse

UH -033 FRANKFURT + RHEIN-MAIN-GEBIET
verkehr + luftverunreinigung + laermbelaestigung + (mathematisches modell)

FRANKFURT (UNIVERSITAET)

AA -004 FRANKFURT (UNIVERSITAET) + RHEIN-MAIN-GEBIET
immissionsmessung + messtation

FRANKFURT (WEST)

UL -035 FRANKFURT (WEST) + RHEIN-MAIN-GEBIET
raumplanung + vegetation + landschaftsoekologie + ballungsgebiet

FRANKFURT-ROEMERSTADT

TB -008 FRANKFURT-ROEMERSTADT + RHEIN-MAIN-GEBIET
wohnwert + wohnungsbau + wohnbeduerfnisse

FRANKREICH

HA -022 BUNDESREPUBLIK DEUTSCHLAND + FRANKREICH
gewaesserschutz + internationaler vergleich

UB -010 FRANKREICH + BUNDESREPUBLIK DEUTSCHLAND
umweltrecht + umweltschutz + internationaler vergleich

FREIBURG

HA -065 FREIBURG + OBERRHEIN
oberflaechengewaesser + grundwasser + wasserguete + anthropogener einfluss

FREIBURGER BUCHT

ID -024 FREIBURGER BUCHT + OBERRHEIN
fliessgewaesser + schadstofftransport + grundwasserschutzgebiet

FREISING

IC -002 MUENCHEN-MOOSACH + FREISING
wasserverunreinigung + fliessgewaesser + bakterienflora

FUERSTENHAUSEN

DC -060 FUERSTENHAUSEN
kokerei + feinstaeube + emissionsminderung

FUERTH

TB -029 NUERNBERG + FUERTH + ERLANGEN
staedtebau + wohnwert + psychologische faktoren

FULDA

FB -033 FULDA
stadtgebiet + schienenverkehr + laermentstehung + schallmessung + laermschutzwand + (bahnstrecke)

IC -056 SAAR + AHR + SIEG + FULDA
gewaesserverunreinigung + wasserpflanzen + bioindikator

IF -035 HESSEN (NORD) + FULDA
fliessgewaesser + litoral + eutrophierung + pflanzendecke + bioindikator

GANGES

UL -071 GANGES + BRAHMAPUTRA
erosion + oekologie + stoerfall + datenverarbeitung

GENEZARETH

TC -012 PFAELZER WALD + GENEZARETH
erholungsplan + fremdenverkehr + freizeitanlagen + standortfaktoren

GIESSEN

UK -015 GIESSEN
landschaftsplanung + landschaftspflege

UK -017 GIESSEN
bodennutzung + rekultivierung + naherholung

GIESSEN (RAUM)

UL -026 GIESSEN (RAUM)
deponie + landschaftsschaeden + rekultivierung

GIFHORN

PH -021 GIFHORN + HAMBURG
abwasserverrieselung + waldoekosystem + bodenbelastung

GOETTINGEN

IC -040 LEINE + GOETTINGEN
gewaesserbelastung + abwasser + schwermetalle

IC -041 LEINE + GOETTINGEN
gewaesserbelastung + abwasser + schwermetalle + radioaktive substanzen

GOETTINGEN (LANDKREIS)

UK -004 GOETTINGEN (LANDKREIS)
nutzungsplanung + laendlicher raum + landschaftsrahmenplan

GOETTINGEN (RAUM)

IC -045 GOETTINGEN (RAUM)
wasserverunreinigung + fliessgewaesser + quecksilber

GOLF VON PIRAN

IE -019 GOLF VON PIRAN
wasserverunreinigung + meeressediment + anthropogener einfluss

GOSLAR-BAD HARZBURG (RAUM)

PF -031 GOSLAR-BAD HARZBURG (RAUM) + HARZ (NORD)
immissionsmessung + schwermetallkontamination + huettenindustrie + boden + pflanzenkontamination

GUNDREMMINGEN

NB -052 KAHL + GUNDREMMINGEN + NIEDERAICHBACH
kernkraftwerk + radioaktivitaet + strahlenbelastung + boden

NC -056 GUNDREMMINGEN
kernkraftwerk + brennelement + plutonium

HAARENNIEDERUNG (OLDENBURG)

IC -106 HAARENNIEDERUNG (OLDENBURG)
herbizide + gewaesserbelastung

HAINHOLZ

UL -013 HAINHOLZ + BEIERSTEIN + HARZ
naturschutz + geologie + karstgebiet

HALLERTAU

RC -032 HALLERTAU + BAYERN
bodenbeschaffenheit + erosion

HAMBURG

AA -057 HAMBURG
emissionsueberwachung + industrie + schadstoffwirkung + vegetation + bioindikator

FB -049 HAMBURG
laermschutzplanung + schallimmission + eisenbahn

HB -029 HAMBURG
wasserwirtschaft + grundwasser

HB -030 HAMBURG
hydrogeologie + kartierung + grundwasserschutz

IC -050 HAMBURG
abwasser + gewaesserbelastung

MA -002 HAMBURG
abfalltransport + entsorgung + datenverarbeitung

MB -015 PINNEBERG + HAMBURG
abfallbehandlung + kompostierung + resteverbrennung

PH -021 GIFHORN + HAMBURG
abwasserverrieselung + waldoekosystem + bodenbelastung

UI -013 HAMBURG
verkehrsplanung + oeffentlicher nahverkehr + kosten-nutzen-analyse + (c-bahn)

UK -058 HANNOVER + HAMBURG
freiraumplanung + wohnungsbau + verdichtungsraum

UM -026 HAMBURG
flughafen + biotop + voegel + sicherheitsmassnahmen + pflanzensoziologie

UN -014 HAMBURG
oeffentlicher nahverkehr + verkehrsmittel + wirtschaftlichkeit + (s-bahn)

HAMBURG (CENTRUM)

FB -050 HAMBURG (CENTRUM)
laermschutzplanung + grosstadt + schallimmission + oeffentlicher nahverkehr + (s-bahn)

HAMBURG (ELBTUNNEL)

FB -048 HAMBURG (ELBTUNNEL)
verkehrsplanung + autobahn + laermschutz + belueftung

HAMBURG (RAUM)

AA -140 HAMBURG (RAUM)
klimatologie + stadtregion + schadstoffausbreitung + inversionswetterlage + (prognosemodell)

CA -038 HAMBURG (RAUM)
luftverunreinigung + ballungsgebiet + schwermetalle + aerosolmesstechnik

CB -080 HAMBURG (RAUM)
schadstoffausbreitung + inversionswetterlage

HC -026 HAMBURG (RAUM)
hochwasserschutz + vegetation + landwirtschaft

HAMBURG (UMLAND)

UE -002 EIFEL-HUNSRUECK (REGION) + RHEIN-NAHE (REGION) + HAMBURG (UMLAND)
regionalplanung + laendlicher raum

HAMBURG (RAUM)

UG -013 HAMBURG (RAUM)
entsorgung + sozio-oekonomische faktoren

HANNOVER

FB -046 SALZGITTER + HANNOVER
verkehrslaerm + prognose

PE -015 HANNOVER
luftverunreinigung + mortalitaet

PE -016 HANNOVER
trinkwasserguete + krankheiten + mortalitaet

TB -012 HANNOVER
oekologie + bevoelkerung + sozio-oekonomische faktoren + mortalitaet

TC -011 HANNOVER
staedtebau + freiflaechen

UK -058 HANNOVER + HAMBURG
freiraumplanung + wohnungsbau + verdichtungsraum

UK -060 HANNOVER
freiraumplanung + grosstadt + sozio-oekonomische faktoren

UL -075 HILDESHEIM + HANNOVER
verkehrsplanung + stadtverkehr + oekologische faktoren + (wirkungsanalyse)

HANNOVER (RAUM)

MD -030 HANNOVER (RAUM)
siedlungsabfaelle + muellkompost + klaerschlammbeseitigung + bodenkontamination + pflanzenertrag

HANNOVER (REGION)

UK -067 HANNOVER (REGION)
ballungsgebiet + naherholung + erholungsgebiet + (wechselbeziehung + verflechtungsmodell)

HANNOVER-FUHRENBERG

ID -008 HANNOVER-FUHRENBERG
wasserbewegung + stickstoffverbindungen + sickerwasser

ID -058 HANNOVER-FUHRENBERG
grundwasserbelastung + sickerwasser + schadstofftransport

RE -048 HANNOVER-FUHRENBERG
grundwasserabsenkung + ackerbau + pflanzenertrag

HARZ

HA -055 BRAUNSCHWEIG + HARZ
gewaesserueberwachung + datenerfassung

HA -088 HARZ
binnengewaesser + vegetationskunde + oekologie + wasserwirtschaft + naturschutz + (stauteich)

HB -015 HARZ
grundwasser + hydrogeologie

HE -030 HARZ
trinkwasserversorgung + talsperre + wasserbau + (hochwasserentlastungsanlage)

IF -009 HARZ + LEINE + SOESE + SIEBER + INNERSTE
fliessgewaesser + gewaesserbelastung + eutrophierung + phosphate + (borate)

PF -055 BAD HARZBURG-HARLINGERODE + HARZ
bodenkontamination + schwermetalle + zinkhuette

PF -056 HARZ + OKER + INNERSTE
bodenkontamination + schwermetalle

PF -066 HARZVORLAND + HARZ
schwermetalle + biochemie + nachweisverfahren

RG -002 HARZ
wasserhaushalt + wald

RG -038 HARZ
bodenwasser + wald + wasserhaushalt + (modellentwicklung)

UL -012 WINTERBERG + HARZ
naturschutz + geologie + (winterberghoehle)

UL -013 HAINHOLZ + BEIERSTEIN + HARZ
naturschutz + geologie + karstgebiet

HARZ (NORD)

PF -031 GOSLAR-BAD HARZBURG (RAUM) + HARZ (NORD)
immissionsmessung + schwermetallkontamination + huettenindustrie + boden + pflanzenkontamination

HARZ (OBERHARZ)

HG -051 HARZ (OBERHARZ)
wald + hydrologie

HARZ (SUED)

IC -036 HARZ (SUED) + SIEBER + ODER + RHUME
gewaesserbelastung + organische schadstoffe + bewertungsmethode

HARZ (WEST)

IC -037 HARZ (WEST) + INNERSTE + SIEBER + SOESE
gewaesserbelastung + schwermetalle + organische schadstoffe + kartierung

HARZVORLAND

BC -010 HELMSTEDT + HARZVORLAND
schwermetalle + kraftwerk + flugasche

HG -019 ELM + HARZVORLAND
fliessgewaesser + sedimentation + schwermetallkontamination

IC -115 BRAUNSCHWEIG + HARZVORLAND
gewaesserueberwachung + salmonellen + (langzeituntersuchung)

PF -066 HARZVORLAND + HARZ
schwermetalle + biochemie + nachweisverfahren

PF -070 NIEDERSACHSEN + HARZVORLAND
bodenkontamination + blei + zink + agrarproduktion

PG -044 BRAUNSCHWEIG (REGION) + HARZVORLAND
bodenkontamination + herbizide + nebenwirkungen + mikroorganismen

RD -056 BRAUNSCHWEIG (RAUM) + HARZVORLAND
ackerboden + bodentiere + biozoenose

UN -059 HARZVORLAND + BRAUNSCHWEIG (RAUM)
oekologie + insekten + arthropoden

HATTINGEN

UH -029 HATTINGEN + RHEIN-RUHR-RAUM
verkehrsplanung + strassenbau + stadtgebiet + planungshilfen

HEIDELBERG

GC -008 MANNHEIM + LUDWIGSHAFEN + HEIDELBERG
energieversorgung + fernwaerme + kraftwerk + abwaerme

GC -013 MANNHEIM + LUDWIGSHAFEN + HEIDELBERG + RHEIN-NECKAR-RAUM
waermeversorgung + kernkraftwerk + oekologische faktoren + (fernwaerme)

MB -014 HEIDELBERG + RHEIN-NECKAR-RAUM
abfallbeseitigungsanlage + klaerschlamm + kompostierung

HEILIGENHAFEN

UM -068 HEILIGENHAFEN + OSTSEE
gruenland + oekologie + vegetationskunde

UM -069 HEILIGENHAFEN + OSTSEE
gruenland + mineralstoffe + stickstoff + pflanzenernaehrung

HEINSBERG (NORDRHEIN-WESTFALEN)

IB -001 HEINSBERG (NORDRHEIN-WESTFALEN)
abwasserableitung + ueberwachung + automatisierung

KE -001 HEINSBERG (NORDRHEIN-WESTFALEN)
klaerschlamm + entwaesserung + faekalien + (kleinklaeranlage)

HELGOLAND

AA -003 DAVOS + SCHWEIZ + HELGOLAND + DEUTSCHE BUCHT
luftverunreinigende stoffe + pollen + sporen

IE -018 HELGOLAND + ELBE + DEUTSCHE BUCHT
meeresverunreinigung + kuestengewaesser + abwasserableitung + mikroorganismen + biologische wirkungen

PC -042 HELGOLAND + DEUTSCHE BUCHT
schadstoffbelastung + pestizide + schwermetalle + tierorganismus

UM -025 HELGOLAND + DEUTSCHE BUCHT
pflanzensoziologie + kartierung + vegetation + kuestenschutz

HELMSTEDT

BC -010 HELMSTEDT + HARZVORLAND
schwermetalle + kraftwerk + flugasche

HENSWEILER

NA -013 SAARLAND + HENSWEILER
elektromagnetische felder + organismen + physiologische wirkungen + (leistungsstarke sender)

HERZOGENRATH

UF -033 CASTROP-RAUXEL + ESSLINGEN + HERZOGENRATH + ELMSHORN
kommunale planung + stadtentwicklungsplanung + bauleitplanung

UF -034 CASTROP-RAUXEL + RHEIN-RUHR-RAUM + ESSLINGEN + HERZOGENRATH + ELMSHORN
kommunale planung + stadtentwicklungsplanung + bauleitplanung

HESSEN

HA -095 SCHLITZERLAND + HESSEN
fliessgewaesser + stofftransport + hydrochemie + vegetation + klima

ID -030 HESSEN
grundwasserverunreinigung + gewaesserverunreinigung + deponie

MD -019 HESSEN
klaerschlamm + wiederverwendung + (absatzmoeglichkeiten)

ME -012 HESSEN
industrieabfaelle + loesungsmittel + recycling + planungshilfen

PE -025 HESSEN
gesundheitsschutz + epidemiologie + fruehdiagnose

PI -003 HESSEN + BAYERN
pflanzenschutz + streusalz + gehoelzschaeden + autobahn

RA -005 HESSEN
agraroekonomie + bodennutzung + bevoelkerungsentwicklung

RC -001 HESSEN
bodenerosion + ackerboden

TB -023 HESSEN
wohnungsbau + richtlinien

UC -013 HESSEN
wirtschaftsstruktur + industrie + standortwahl + (betriebsgroesse)

UC -052 HESSEN
umweltprobleme + oekonomische aspekte

UF -019 HESSEN
staedtebaufoerderungsgesetz + landesentwicklungsplanung + sanierungsplanung

UK -012 HESSEN
tagebau + rekultivierung + abfallbeseitigung + (wiederverfuellung)

UM -022 MEISSNERGEBIRGE + HESSEN
gruenland + vegetation + pflanzensoziologie

VA -008 HESSEN
umweltinformation + ueberwachungssystem

HESSEN (MITTELGEBIRGE)

RG -010 HESSEN (MITTELGEBIRGE)
wald + niederschlag + hochwasser

HESSEN (NORD)

IF -035 HESSEN (NORD) + FULDA
fliessgewaesser + litoral + eutrophierung + pflanzendecke + bioindikator

MC -015 HESSEN (NORD) + HESSEN (SUED)
bergbau + rekultivierung

ME -015 HESSEN (NORD)
abfall + recycling + schwermetalle + (antimon)

PE -027 HESSEN (NORD)
trinkwasser + spurenstoffe + zivilisationskrankheiten + epidemiologie

PI -030 HESSEN (NORD)
standortforschung + oekologische faktoren

RG -037 HESSEN (NORD)
waldoekosystem + bodenbeschaffenheit + pflanzenernaehrung + (stickstoffversorgung)

UM -009 HESSEN (NORD)
bodenbeschaffenheit + rekultivierung + kohle + (halden)

UM -010 HESSEN (NORD)
landschaftspflege + begruenung + pflanzensoziologie + duengung

HESSEN (SUED)

MC -015 HESSEN (NORD) + HESSEN (SUED)
bergbau + rekultivierung

HESSISCHE SENKE

HB -012 RHEINISCHES SCHIEFERGEBIRGE + HESSISCHE SENKE
wasserbilanz + grundwasserbildung

HESSISCHES RIED

IC -059 HESSISCHES RIED
fliessgewaesser + schwermetalle + kontamination + toxikologie

HEXBACHTAL

UN -049 HEXBACHTAL
tiere + bioindikator + landespflege + oekologische faktoren + (modelluntersuchung)

HILDESHEIM

FB -047 HILDESHEIM
schallschutz + verkehrsplanung

UL -075 HILDESHEIM + HANNOVER
verkehrsplanung + stadtverkehr + oekologische faktoren + (wirkungsanalyse)

HILDESHEIM (RAUM)

HB -005 HILDESHEIM (RAUM)
wasserhaushalt + grundwasser + simulationsmodell

HOHE TAUERN

OD -054 HOHE TAUERN + ALPEN
bodenbeschaffenheit + beryllium + spurenstoffe + (geochemische untersuchung)

HOLLAND

CB -011 RHEIN-RUHR-RAUM + HOLLAND
luftreinhaltung + schadstoffe + ausbreitung

HOLSTEIN (OST)

HA -072 HOLSTEIN (OST) + HONIGAU
gewaesserbelastung + laendlicher raum + (einzugsgebeit)

HA -073 HOLSTEIN (OST)
oberflaechengewaesser + laendlicher raum + wasserhaushalt + naehrstoffhaushalt

IC -087 HOLSTEIN (OST)
gewaesserbelastung + laendlicher raum + (verursachergruppen)

KD -014 HOLSTEIN (OST)
abwasserreinigung + landwirtschaftliche abwaesser

HONIGAU

HA -072 HOLSTEIN (OST) + HONIGAU
gewaesserbelastung + laendlicher raum + (einzugsgebeit)

HUNSRUECK

HB -021 TRIER + HUNSRUECK
grundwasserbildung + anthropogener einfluss + oekologische faktoren

HB -042 EIFEL + HUNSRUECK
waldoekosystem + forstwirtschaft + klima

PF -072 NAHESENKE + HUNSRUECK + EIFEL (SUED)
bodenbeschaffenheit + schwermetallbelastung

ILLERTAL

HB -055 ILLERTAL
fliessgewaesser + grundwasseranreicherung

INN

UN -009 INN
voegel + populationsdynamik + oekosystem + naturschutz + (stausee)

INNERSTE

IC -037 HARZ (WEST) + INNERSTE + SIEBER + SOESE
gewaesserbelastung + schwermetalle + organische schadstoffe + kartierung

IF -009 HARZ + LEINE + SOESE + SIEBER + INNERSTE
fliessgewaesser + gewaesserbelastung + eutrophierung + phosphate + (borate)

KC -058 INNERSTE + LEINE + WERRA + WESER
abwassermenge + chemische industrie + emissionsminderung + recycling + salze

PF -056 HARZ + OKER + INNERSTE
bodenkontamination + schwermetalle

INZELL

UM -028 INZELL + TEISENBERG + BAYERN
landschaftsoekologie + vegetation + standortfaktoren

IRAK

PF -030 IRAK
anthropogener einfluss + bodenbelastung + salze

IRAN

QA -050 IRAN
nahrungsmittel + analyse + krebs

ISAR

HA -093 ISAR + DINGOLFING
flussbettaenderung

HB -044 ISAR + MUENCHEN (REGION)
wasserrecht + grundwasserschutz + tiefbau

IC -003 ISAR
fluss + gewaesserverunreinigung + faekalien + bioindikator

IF -003 ISMANING + ISAR
abwasserableitung + vorfluter + stickstoff + bakteriologie + (speichersee)

OA -014 ISAR
spurenstoffe + geochemie + schwermetalle + (untersuchungsmethoden)

RC -017 ISAR
grundwasserbewegung + bodenstruktur + geophysik

ISAR (OBERES ISARTAL)

UL -070 ISAR (OBERES ISARTAL)
landschaftsoekologie + landschaftsbelastung + grenzwerte + landschaftsplanung

ISERLOHN

MG -038 ISERLOHN + RHEIN-RUHR-RAUM
abfallbeseitigung + kosten + einwohnergleichwert

ISMANING

HA -005 ISMANING
oberflaechengewaesser + organische schadstoffe + selbstreinigung + (speichersee)

IF -003 ISMANING + ISAR
abwasserableitung + vorfluter + stickstoff + bakteriologie + (speichersee)

ISRAEL

RH -058 ISRAEL
vorratsschutz + biologische schaedlingsbekaempfung + (co2-konverter)

JADE

HA -111 JADE + WESER
kuestenschutz + aestuar + messtellennetz

HB -079 EMS + JADE
grundwasser + kuestengebiet + wasserhaushalt + (modell)

HC -013 JADE + WESER-AESTUAR
aestuar + kuestenschutz + schiffahrt + (modellversuche)

IE -017 ELBE + WESER + JADE + EMS
abwasserableitung + (in tideregion + ausbreitungsmodell)

IE -037 DEUTSCHE BUCHT + JADE + WESER-AESTUAR
kuestengewaesser + abwasserbelastung + benthos

IE -038 JADE + DEUTSCHE BUCHT
kuestengewaesser + abwasserbelastung + industriegebiet

IE -040 DEUTSCHE BUCHT + JADE + WESER-AESTUAR
kuestengewaesser + meeresbiologie + ueberwachungssystem

IE -051 NORDSEE + JADE
kuestengebiet + wattenmeer + wasserverunreinigung + fernerkundung

JADEBUSEN

AA -002 WILHELMSHAVEN + JADEBUSEN
luftverunreinigung + immission + messtellennetz + datenverarbeitung + (online datenuebertragung)

AA -034 WILHELMSHAVEN + JADEBUSEN
luftreinhaltung + immissionsueberwachung + messtellennetz

AA -155 WILHELMSHAVEN + JADEBUSEN
immissionsueberwachung + kraftwerk + raffinerie + messtellennetz

BB -032 WILHELMSHAVEN + JADEBUSEN
kraftwerk + emission + immission + schwefeldioxid + staubniederschlag

DC -050 WILHELMSHAVEN + JADEBUSEN
kraftwerk + rauchgas + entschwefelung

HC -019 JADEBUSEN + NIEDERSACHSEN
kuestengebiet + wattenmeer + oekosystem + meeresbiologie

UN -023 JADEBUSEN
wattenmeer + schadstoffbelastung + schwermetalle + voegel

JAPAN

MB -057 USA + EUROPA + JAPAN
abfallbeseitigung + pyrolyse + hochtemperaturabbrand + internationaler vergleich

UC -048 JAPAN
umweltforschung + wachstumsgrenzen

JAPAN/IRIOMOTE (INSEL)

UN -042 JAPAN/IRIOMOTE (INSEL)
naturschutz + biotop + (wildkatze)

KAHL

NB -052 KAHL + GUNDREMMINGEN + NIEDERAICHBACH
kernkraftwerk + radioaktivitaet + strahlenbelastung + boden

KAISERSTUHL

AA -117 KAISERSTUHL + OBERRHEIN
weinberg + mikroklimatologie + erdoberflaeche

RC -011 KAISERSTUHL + OBERRHEIN
bodenerhaltung + erosionsschutz

RC -033 KAISERSTUHL + OBERRHEIN
bodenwasser + messgeraet

RC -034 KAISERSTUHL + OBERRHEIN
bodenbearbeitung + weinberg + niederschlagsabfluss + wasserhaushalt

UM -067 KAISERSTUHL + OBERRHEIN
landschaftsgestaltung + pflanzensoziologie

UN -018 KAISERSTUHL + BADEN (SUED) + OBERRHEIN
biologie + oekologie + fauna

KALUNDBORG

BB -020 KALUNDBORG + DAENEMARK
abfallbeseitigung + muellvergasung + verfahrensoptimierung + betriebssicherheit

KARLSRUHE

AA -143 KARLSRUHE + OBERRHEIN
immissionsmessung + stadtgebiet

MC -033 KARLSRUHE + OBERRHEIN
abfallbeseitigung + deponie + standortwahl + gutachten

ND -020 KARLSRUHE + OBERRHEIN
radioaktive abfaelle + aufbereitungstechnik

ND -021 KARLSRUHE + OBERRHEIN
radioaktive abfaelle + lagerung

PE -046 KARLSRUHE + WOERTH + OBERRHEIN
immissionsmessung + schwefeldioxid + raffinerie

KARLSRUHE (RAUM)

UN -060 KARLSRUHE (RAUM) + OBERRHEIN
umwelteinfluesse + fauna

KARLSRUHE (REGION)

UG -011 KARLSRUHE (REGION) + OBERRHEIN
regionalplanung + soziale infrastruktur + bewertungsmethode

KARWENDEL-GEBIRGE

RA -024 ALPEN + KARWENDEL-GEBIRGE
agrarplanung + bodennutzung + gruenlandwirtschaft + alm + (nutzungsmodell)

KASSEL

AA -053 RHEIN-MAIN-GEBIET + KASSEL + WETZLAR-GIESSEN
luftverunreinigung + carcinogene + polyzyklische kohlenwasserstoffe + ballungsgebiet

AA -054 RHEIN-MAIN-GEBIET + KASSEL + WETZLAR-GIESSEN
luftverunreinigung + stadtregion + polyzyklische kohlenwasserstoffe + carcinogene wirkung

KASSEL (UMGEBUNG)

BB -007 KASSEL (UMGEBUNG)
muellverbrennungsanlage + umweltbelastung + (gutachten)

KEMPTEN

UE -026 KEMPTEN
raumordnung + flaechennutzungsplan

UF -011 KEMPTEN
stadtplanung + freiflaechen + rahmenplan

KIELER BUCHT

HC -034 KIELER BUCHT + OSTSEE
austauschprozesse + meerwasser

IE -044 KIELER BUCHT + OSTSEE
meerwasser + abwasser + austauschprozesse

IF -018 KIELER BUCHT + OSTSEE
eutrophierung + abwasser

QD -017 KIELER BUCHT + OSTSEE
kohlenwasserstoffe + pestizide + benthos + marine nahrungskette

KIRCHHAIN-NIEDERAULA

UH -023 KIRCHHAIN-NIEDERAULA
verkehrsplanung + laendlicher raum + landwirtschaft + erholungsgebiet

KNUELLGEBIET

UM -018 KNUELLGEBIET
gruenland + vegetation + pflanzensoziologie

KOBLENZ-LUETZEL

UF -017 KOBLENZ-LUETZEL
stadtsanierung

KOCHELMOOS

RC -040 STARNBERGER SEE + KOCHELMOOS + ALPENVORLAND
bodenkarte + oekologie + fliegende messtation + luftbild

KOCHELSEE

IF -002 WALCHENSEE + KOCHELSEE
binnengewaesser + naehrstoffhaushalt + schadstoffbelastung + (seemodell)

KOELN

AA -019 KOELN + RHEIN-RUHR-RAUM
immissionsbelastung + phytoindikator + flechten + ballungsgebiet

AA -164 KOELN + BERGHEIM + RHEIN-RUHR-RAUM
staubpegel + messtellennetz

CB -051 KOELN + BONN + RHEIN-RUHR-RAUM
smogbildung + oxidation

FD -046 KOELN + RHEIN-RUHR-RAUM
wohngebiet + verkehrslaerm + kataster

GC -014 BONN + KOELN + RHEIN-RUHR-RAUM
waermeversorgung + kernkraftwerk + oekologische faktoren + (fernwaerme)

UM -043 KOELN + AACHEN + RHEIN-RUHR-RAUM
naturschutz + flora + kartierung

KOELN (RAUM)

AA -163 KOELN (RAUM) + RHEIN-RUHR-RAUM
schwefeldioxid + immissionsmessung + messtellennetz

AA -165 KOELN (RAUM) + RHEIN-RUHR-RAUM
staub + immissionsmessung

BC -001 KOELN (RAUM) + RHEIN-RUHR-RAUM
emissionskataster + petrochemische industrie + leckrate

KOELN (STADT)

AA -161 KOELN (STADT) + RHEIN-RUHR-RAUM
luftueberwachung + messtellennetz

AA -162 KOELN (STADT) + RHEIN-RUHR-RAUM
luftverunreinigende stoffe + messung

IC -116 KOELN (STADT) + RHEIN-RUHR-RAUM
wasseruntersuchung + oberflaechengewaesser

KOELN-BONN

ID -017 KOELN-BONN + NIEDERRHEIN
grundwasserbilanz + uferfiltration + fluss

KOELNER BUCHT

PG -025 MUENSTERLAND + KOELNER BUCHT + RHEIN-RUHR-RAUM
bodenkontamination + fauna + nematizide + (hafermonokultur)

KONSTANZ

FD -007 KONSTANZ + BODENSEE-HOCHRHEIN
laermbelastung + stadtgebiet + kartierung + bundesimmissionsschutzgesetz + oekonomische aspekte

MA -007 KONSTANZ + BODENSEE-HOCHRHEIN
abfallsortierung + hausmuell + papier + glas + recycling

MA -008 KONSTANZ + BODENSEE-HOCHRHEIN
abfallsammlung + hausmuell + (mitarbeit der bevoelkerung)

KOTTENFORST-VILLE

UK -050 KOTTENFORST-VILLE + BONN + RHEIN-RUHR-RAUM
landschaftsoekologie + landschaftsrahmenplan + erholungsgebiet + naturpark

UK -053 KOTTENFORST-VILLE + BONN + RHEIN-RUHR-RAUM
erholungsplanung + landschaftsrahmenplan + naturpark + naherholung

KULMBACH

HB -028 MAIN (OBERMAIN) + KULMBACH
bodenwasser + grundwasserbildung + schwermetallkontamination

LAACHER SEE

PF -036 EIFEL + LAACHER SEE
bodenbelastung + spurenanalytik

LAHN

IA -006 LAHN
fliessgewaesser + spurenelemente + (nachweisverfahren)

IC -026 LAHN
fliessgewaesser + schwermetallkontamination + sediment + spurenstoffe

LAHNTAL

ID -027 WESTERWALD + LAHNTAL
grundwasserbewegung + grundwasserverunreinigung

LANDAU (PFALZ)

SA -057 LANDAU (PFALZ)
hydrogeologie + geothermische energie

LAPPLAND (ULTEVIS)

OD -055 SCHWEDEN + LAPPLAND (ULTEVIS)
bodenkontamination + schwermetalle

LEINE

IC -039 NIEDERSACHSEN (SUED) + LEINE
gewaesserbelastung + organische schadstoffe + naehrstoffhaushalt + wasseruntersuchung

IC -040 LEINE + GOETTINGEN
gewaesserbelastung + abwasser + schwermetalle

IC -041 LEINE + GOETTINGEN
gewaesserbelastung + abwasser + schwermetalle + radioaktive substanzen

IC -042 LEINE
gewaesserbelastung + schwermetalle + radioaktive substanzen

IF -009 HARZ + LEINE + SOESE + SIEBER + INNERSTE
fliessgewaesser + gewaesserbelastung + eutrophierung + phosphate + (borate)

IF -011 NIEDERSACHSEN (SUED) + LEINE
gewaesserbelastung + duengemittel + naehrstoffhaushalt

KC -058 INNERSTE + LEINE + WERRA + WESER
abwassermenge + chemische industrie + emissionsminderung + recycling + salze

LENNE

GB -034 LENNE + RUHR
kraftwerk + abwaerme + gewaesserbelastung + (invertebratenfauna)

LEVERKUSEN-BUERGERBUSCH

UK -005 LEVERKUSEN-BUERGERBUSCH + RHEIN-RUHR-RAUM
strassenbau + erholungsgebiet + waldoekosystem

LIBYEN

HB -051 SAHARA (NORD) + AFRIKA + LIBYEN
grundwasser + hydrogeologie

LINDAU

UK -068 LINDAU + BODENSEE
landschaftsrahmenplan

LINGEN

RH -077 LINGEN + EMS
forstwirtschaft + schaedlingsbekaempfung + biologischer pflanzenschutz

LINZ (RAUM)

AA -170 LINZ (RAUM)
luftverunreinigung + schwefeldioxid + emissionskataster

LIPPE

NB -049 LIPPE
gewaesserbelastung + radionuklide

LIPPE (GEBIET)

AA -036 RUHR + LIPPE (GEBIET)
regenwasser + datenerfassung + industriegebiet

LUDWIGSBURG (LANDKREIS)

MD -025 LUDWIGSBURG (LANDKREIS) + STUTTGART
siedlungsabfaelle + sperrmuell + abfallsortierung + recycling

LUDWIGSHAFEN

AA -134 MAINZ + RHEIN-MAIN-GEBIET + LUDWIGSHAFEN + RHEIN-NECKAR-RAUM
luftueberwachung + immission + bundesimmissionsschutzgesetz + messtellennetz

GC -008 MANNHEIM + LUDWIGSHAFEN + HEIDELBERG
energieversorgung + fernwaerme + kraftwerk + abwaerme

GC -013 MANNHEIM + LUDWIGSHAFEN + HEIDELBERG + RHEIN-NECKAR-RAUM
waermeversorgung + kernkraftwerk + oekologische faktoren + (fernwaerme)

PE -014 RHEIN-NECKAR-RAUM + MANNHEIM + LUDWIGSHAFEN
umweltbelastung + industrie + ballungsgebiet + mortalitaet

LUEBECK (RAUM)

MG -013 LUEBECK (RAUM)
abfallbeseitigung + recycling + nutzwertanalyse

LUENEBURGER HEIDE

PI -010 LUENEBURGER HEIDE
waldoekosystem + tiere + populationsdynamik + (kiefernforst)

UN -043 LUENEBURGER HEIDE
wald + heide + landschaftsgestaltung + tierschutz

LUXEMBURG

HA -108 ALZETTE + LUXEMBURG
fliessgewaesser + selbstreinigung

MAERKISCHES INDUSTRIEGEBIET

TB -006 MAERKISCHES INDUSTRIEGEBIET + RHEIN-RUHR-RAUM
bevoelkerungsentwicklung + ballungsgebiet

MAIN

BB -028 MAIN + RHEIN-MAIN-GEBIET
luftverunreinigende stoffe + nasskuehlturm + kernkraftwerk + fluss + pilze

CB -012 MAIN + TAUNUS + WETTERAU + RHEIN-MAIN-GEBIET
klimatologie + fliegende messtation + fernerkundung + schadstoffausbreitung + (ir-thermographie)

HA -098 MAIN
umweltbelastung + geochemie

HB -026 MAIN + TAUBER
hydrogeologie + grundwasser + schadstofftransport

IC -011 RHEIN + MAIN
fliessgewaesser + geruchsstoffe + trinkwasser

IC -028 MAIN
detergentien + fliessgewaesser

IC -081 MAIN + DONAU
fluss + schadstoffbelastung + schwermetalle + (grundlagenforschung)

PI -044 MAIN + RHEIN-MAIN-GEBIET
fliessgewaesser + abwasser + biozoenose

MAIN (GEBIET)

UM -064 TAUBER (GEBIET) + MAIN (GEBIET)
vegetationskunde + kartierung

MAIN (MITTELMAIN)

HA -026 MAIN (MITTELMAIN)
fliessgewaesser + salzgehalt + gestein

MAIN (OBERMAIN)

HB -028 MAIN (OBERMAIN) + KULMBACH
bodenwasser + grundwasserbildung + schwermetallkontamination

MAIN (REGION MITTELMAIN)

HA -070 MAIN (REGION MITTELMAIN)
hydrogeologie + wasserchemie

MAIN (STARKENBURG)

UG -015 MAIN (STARKENBURG)
wasserwirtschaft + baggersee + raumplanung + nutzungsplanung

MAIN (UNTERMAIN)

AA -149 MAIN (UNTERMAIN) + RHEIN-MAIN-GEBIET
lufthygiene + bioklimatologie + ausbreitungsmodell

CA -031 MAIN (UNTERMAIN) + RHEIN-MAIN-GEBIET
luftverunreinigung + schadstoffausbreitung + tracer + probenahme + analytik + (windschwache wetterlagen)

GB -041 MAIN (UNTERMAIN) + RHEIN-MAIN-GEBIET
kraftwerk + kuehlwasser + mikroorganismen + wasserverunreinigung + oekologische faktoren

IC -112 MAIN (UNTERMAIN) + RHEIN-MAIN-GEBIET
fluss + abwasser + abwaerme + schadstoffwirkung

MAINTAL

HA -025 MAINTAL
hydrogeologie + karstgebiet

HB -022 MAINTAL
bodenbeschaffenheit + anthropogener einfluss + grundwasserbildung

MAINZ

AA -134 MAINZ + RHEIN-MAIN-GEBIET + LUDWIGSHAFEN + RHEIN-NECKAR-RAUM
luftueberwachung + immission + bundesimmissionsschutzgesetz + messtellennetz

BA -059 MAINZ + RHEIN-MAIN-GEBIET
stadtverkehr + kfz-abgase + kohlenmonoxid + immissionsbelastung + stadtplanung

UI -011 MAINZ + RHEIN-MAIN-GEBIET
oeffentlicher nahverkehr + verkehrssystem + stadtplanung

MANNHEIM

AA -050 MANNHEIM + RHEIN-NECKAR-RAUM
klima + stadt + luftmassenaustausch + (windschwache wetterlagen)

GC -008 MANNHEIM + LUDWIGSHAFEN + HEIDELBERG
energieversorgung + fernwaerme + kraftwerk + abwaerme

GC -013 MANNHEIM + LUDWIGSHAFEN + HEIDELBERG + RHEIN-NECKAR-RAUM
waermeversorgung + kernkraftwerk + oekologische faktoren + (fernwaerme)

PE -014 RHEIN-NECKAR-RAUM + MANNHEIM + LUDWIGSHAFEN
umweltbelastung + industrie + ballungsgebiet + mortalitaet

PE -020 MANNHEIM + RHEIN-NECKAR-RAUM + SCHWARZWALD
immissionsbelastung + schadstoffwirkung + atemtrakt + (schulkinder)

TB -037 MANNHEIM + RHEIN-NECKAR-RAUM
wohngebiet + randgruppen + soziale integration + psychiatrie

TE -013 MANNHEIM + RHEIN-NECKAR-RAUM
psychiatrie + epidemiologie + informationssystem

TE -014 MANNHEIM + RHEIN-NECKAR-RAUM
infrastruktur + bedarfsanalyse + psychiatrie + sozialmedizin + epidemiologie + (geistig behinderte kinder)

TE -015 MANNHEIM + RHEIN-NECKAR-RAUM
psychiatrie + rehabilitation + infrastruktur + bedarfsanalyse

MARL

UN -057 MARL
verkehrssystem + oeffentliche verkehrsmittel + (cabinentaxi)

MAROKKO

UD -018 MAROKKO
rohstoffe + uran + geologie

MEISSNERGEBIRGE

UM -022 MEISSNERGEBIRGE + HESSEN
gruenland + vegetation + pflanzensoziologie

MELLE

UA -014 MELLE
umweltschutz + umweltpolitik

MEMMINGEN

UK -035 MEMMINGEN
landschaftsplanung + stadtentwicklung

MEXICO (PUEBLA-TLAXCALA)

RC -030 MEXICO (PUEBLA-TLAXCALA)
bodenbeeinflussung + wald + anthropogener einfluss

MEXIKO

RB -025 PAZIFIK + MEXIKO
meeresbiologie + fischerei + (produktionsbiologische untersuchung)

MIESBACH (LANDKREIS)

UM -031 ROTWANDGEBIET + MIESBACH (LANDKREIS)
landschaftserhaltung + vegetation + alm

MINDEN (RAUM)

UK -023 MINDEN (RAUM)
tagebau + rekultivierung

MITTELMEER

HC -041 MITTELMEER + AFRIKA (WEST) + PAZIFIK
meereskunde + sediment + radioaktive spurenstoffe

HC -044 MITTELMEER
meereskunde + transportprozesse + (tiefenwassererneuerung)

IE -050 MITTELMEER
meerwasser + schwermetallkontamination + messtechnik

MITTELMEERLAENDER

OC -014 MITTELMEERLAENDER + SUBTROPEN + TROPEN
insektizide + biologischer abbau + (synthese)

MITTELMEERRAUM

RC -023 MITTELMEERRAUM
bodenschutz

RH -023 MITTELMEERRAUM
schaedlingsbekaempfung + genetik + methodenentwicklung

MONSCHAU

UL -062 MONSCHAU + EIFEL (NORD) + NIEDERRHEIN
gebaeude + schutzmassnahmen + gruenplanung + klimaaenderung

MOSEL

HB -007 MOSEL + RHEINLAND-PFALZ
oberflaechenwasser + grundwasser + uferfiltration + wassergewinnung

IC -064 RHEIN + MOSEL
gewaesserschutz + pestizide + internationale zusammenarbeit

OD -011 SAAR + MOSEL
fliessgewaesser + schwermetallkontamination + schadstoffbeseitigung + mikroorganismen

MOSEL (RAUM)

RC -008 MOSEL (RAUM)
landschaftsoekologie + weinberg + bodenerosion

MUELHEIM

PE -003 OBERHAUSEN + MUELHEIM + RHEIN-RUHR-RAUM
luftverunreinigung + gesundheitsschutz

MUENCHEN

AA -031 FRANKFURT + RHEIN-MAIN-GEBIET + SAARBRUECKEN + MUENCHEN
luftverunreinigung + immissionsmessung + statistische auswertung

AA -123 MUENCHEN
klimaaenderung + energieverbrauch + waermehaushalt + verdichtungsraum + stadtklima

CA -016 MUENCHEN
immissionsmessung + schwefeldioxid + stadtgebiet

HA -115 MUENCHEN
gewaesserguete + baggersee + naherholung

IB -029 MUENCHEN
niederschlagsmessung + kanalisation + abflussmodell + stadtgebiet

KE -056 MUENCHEN
biologische abwasserreinigung + belebungsverfahren + sauerstoffeintrag

MC -014 MUENCHEN + AUGSBURG (REGION)
deponie + strukturanalyse + geophysik + (geraeteent-wicklung)

MC -047 MUENCHEN
abfallbeseitigung + planung + standortwahl

NB -061 MUENCHEN
radioaktivitaet + luft + niederschlag

SA -039 MUENCHEN
haushalt + energiebedarf + (prognose)

MUENCHEN (RAUM)

IB -030 MUENCHEN (RAUM)
niederschlagsabfluss + stadtgebiet + klaeranlage + vor-fluter

MUENCHEN (REGION)

HB -044 ISAR + MUENCHEN (REGION)
wasserrecht + grundwasserschutz + tiefbau

HB -046 MUENCHEN (REGION) + BAYERN
grundwasserbewegung + tiefbau

TE -017 MUENCHEN (REGION)
psychiatrie + rehabilitation + soziale integration

UK -027 MUENCHEN (REGION)
freiraumplanung + erholungsgebiet + naherholung + bedarfsanalyse + planungsmodell

MUENCHEN (STADTGEBIET)

HB -045 MUENCHEN (STADTGEBIET)
bodenmechanik + tiefbau + grundwasserbelastung + (haertungsmittel)

HB -048 MUENCHEN (STADTGEBIET)
bodenmechanik + tiefbau + untergrundbahn + grundwas-serbelastung + (haertungsmittel)

MUENCHEN (STADTREGION)

SA -040 MUENCHEN (STADTREGION)
energieversorgung + (entwicklung alternativer strategien)

MUENCHEN-GARCHING

AA -144 MUENCHEN-GARCHING
aerologische messung + atmosphaere

MUENCHEN-GROSSLAPPEN

ID -007 MUENCHEN-GROSSLAPPEN
grundwasserverunreinigung + deponie + messtellennetz

MUENCHEN-MOOSACH

IC -002 MUENCHEN-MOOSACH + FREISING
wasserverunreinigung + fliessgewaesser + bakterienflora

MUENCHENER EBENE

HA -092 MUENCHENER EBENE
fliessgewaesser + biozoenose + oekologie

MUENSTEREIFLER-WALD

UK -051 MUENSTEREIFLER-WALD + EIFEL
landschaftsoekologie + erholungsgebiet

MUENSTERLAND

HA -038 MUENSTERLAND
fliessgewaesser + vegetationskunde + gewaesserschutz

PG -025 MUENSTERLAND + KOELNER BUCHT + RHEIN-RUHR-RAUM
bodenkontamination + fauna + nematizide + (hafermono-kultur)

RH -028 MUENSTERLAND
resistenzzuechtung + getreide + nematoden

MURR

IC -025 MURR + NECKAR (MITTLERER NECKAR-RAUM) + STUTTGART
gewaesserbelastung + kommunale abwaesser + industrie-abwaesser + schwermetalle

NAHESENKE

PF -072 NAHESENKE + HUNSRUECK + EIFEL (SUED)
bodenbeschaffenheit + schwermetallbelastung

NEAPEL

UE -035 NEAPEL
umwelt + siedlung + (wechselbeziehungen)

NECKAR

GB -018 RHEIN + NECKAR
abwaerme + gewaesserschutz + messtellennetz

GB -019 RHEIN + NECKAR
fluss + waermehaushalt + abwaerme + (entscheidungs-grundlagen + genehmigungsverfahren)

HA -002 BODENSEE + RHEIN + NECKAR + DONAU
gewaesserschutz

HA -016 NECKAR
wasserguete + wasserwirtschaft

HA -060 NECKAR
wasserguetewirtschaft + fliessgewaesser + (rechenmodell)

HA -061 NECKAR
wasserguetewirtschaft + fliessgewaesser + messtation

HG -036 RHEIN + NECKAR
fliessgewaesser + abflussmodell

IC -012 NECKAR + RHEIN-NECKAR-RAUM
fluss + schadstoffbilanz + industrieabwaesser + trinkwas-serversorgung

IC -027 NECKAR
fliessgewaesser + schlaemme + schwermetalle

IC -070 NECKAR
fliessgewaesser + schadstoffbelastung + wasserwirtschaft

NECKAR (EINZUGSGEBIET)

HA -062 NECKAR (EINZUGSGEBIET)
hochwasser + prognose

NECKAR (MITTLERER NECKAR-RAUM)

AA -070 NECKAR (MITTLERER NECKAR-RAUM) + STUTTGART
bioindikator + kartierung + flechten

AA -074 NECKAR (MITTLERER NECKAR-RAUM) + STUTTGART
luftueberwachung + immissionsmessung + phytoindikator + flechten

IC -025 MURR + NECKAR (MITTLERER NECKAR-RAUM) + STUTTGART
gewaesserbelastung + kommunale abwaesser + industrie-abwaesser + schwermetalle

SA -022 NECKAR (MITTLERER NECKAR-RAUM) + STUTTGART
sonnenstrahlung + energietechnik + (sonnenkollektor)

UE -014 BADEN-WUERTTEMBERG + NECKAR (MITTLERER NECKAR-RAUM) + STUTTGART
regionalplanung + ballungsgebiet + wirtschaftsstruktur + oekologie + entwicklungsmassnahmen

UE -042 BADEN-WUERTTEMBERG + NECKAR (MITTLERER NECKAR-RAUM) + STUTTGART
landesentwicklung + systemanalyse + sozio-oekonomische faktoren

NECKAR (RAUM)

DC -047 NECKAR (RAUM) + STUTTGART + NORDRHEIN-WESTFALEN
kraftwerk + immission + schwefeldioxid + inversionswetterlage

UA -050 NECKAR (RAUM) + STUTTGART
kommunale planung + umweltplanung + (umweltatlas)

NECKARTAL

HB -023 NECKARTAL
geophysik + grundwasser + wasserbilanz

UM -075 OBERRHEINEBENE + NECKARTAL + SCHWEIZ + UNGARN + OESTERREICH
pflanzenschutz + unkrautflora + biologischer pflanzenschutz + (solidago)

NEGEV WUESTE

RE -006 NEGEV WUESTE
pflanzen + wasserhaushalt

RE -008 NEGEV WUESTE
wasserhaushalt + pflanzen

NEU-ULM

UF -023 BAD TOELZ + WOLFRATSHAUSEN + NEU-ULM + REGENSBURG
laendlicher raum + siedlungsplanung + bevoelkerungsentwicklung

NEUWERK

HC -004 ELBE-AESTUAR + NEUWERK + SCHARHOERN
kuestengewaesser + wattenmeer + sedimentation + wasserbau + (dammbauten)

HC -005 ELBE-AESTUAR + NEUWERK + SCHARHOERN
kuestengewaesser + wattenmeer + wasserbau + (prielverlegung + hafenplanung)

HC -007 ELBE-AESTUAR + NEUWERK
kuestengewaesser + wattenmeer + meeresbiologie + fauna + flora + (bestandsaufnahme)

UN -003 ELBE-AESTUAR + SCHARHOERN + NEUWERK
kuestengewaesser + wattenmeer + oekologie + naturschutz + voegel + (hafenplanung)

UN -024 SCHARHOERN + NEUWERK + ELBE-AESTUAR
naturschutz + wattenmeer + voegel + oekologie + wasserbau + (hafenplanung)

NIEDERAICHBACH

NB -052 KAHL + GUNDREMMINGEN + NIEDERAICHBACH
kernkraftwerk + radioaktivitaet + strahlenbelastung + boden

NIEDERAUSSEM

GA -003 NIEDERAUSSEM
kraftwerk + klimaaenderung + umweltbelastung

NIEDERLANDE

CB -022 BUNDESREPUBLIK DEUTSCHLAND + NIEDERLANDE
luftreinhaltung + transportprozesse + schadstoffausbreitung

CB -036 RHEIN-RUHR-RAUM + NIEDERLANDE
luftverunreinigung + ausbreitungsmodell

NIEDERRHEIN

HA -081 NIEDERRHEIN
gewaesserguete + fluss + litoral + (saisonale veraenderungen)

HA -112 EIFEL (NORD) + NIEDERRHEIN
wasserueberwachung + schadstoffbelastung + trinkwasserversorgung

HA -113 EIFEL (NORD) + NIEDERRHEIN
wassermenge + wasserguete + talsperre

HD -016 NIEDERRHEIN
wasserhygiene + trinkwasser + schimmelpilze + lebensmittel

HG -049 EIFEL (DOLLENDORFER MULDE) + NIEDERRHEIN
hydrogeologie

HG -050 EIFEL (NORD) + NIEDERRHEIN
hydrogeologie + kartierung + grundwasser

IC -095 NIEDERRHEIN
stoffhaushalt + (fluss)

IC -097 NIEDERRHEIN
stoffhaushalt + fluss + (biogene komponenten)

IC -099 WESEL + NIEDERRHEIN
grundwasserabfluss + kiesabbau

IC -119 EIFEL (NORD) + NIEDERRHEIN
wasserueberwachung + radioaktivitaet + trinkwasserversorgung

ID -016 NIEDERRHEIN
grundwasser + bergbau

ID -017 KOELN-BONN + NIEDERRHEIN
grundwasserbilanz + uferfiltration + fluss

ID -052 NIEDERRHEIN
grundwasser + kartierung

KA -001 NIEDERRHEIN
baggersee + mischabwaesser + erholungsgebiet + regionalplanung + (zielkonflikt)

MG -029 EIFEL + NIEDERRHEIN
wassergewinnung + kartierung + abfallagerung

PI -032 NIEDERRHEIN
pipeline + oelunfall + waldoekosystem

UL -062 MONSCHAU + EIFEL (NORD) + NIEDERRHEIN
gebaeude + schutzmassnahmen + gruenplanung + klimaaenderung

NIEDERSACHSEN

AA -033 NIEDERSACHSEN
immission + messtellennetz
AA -037 NIEDERSACHSEN
emissionskataster
AA -052 NIEDERSACHSEN
luftueberwachung + messtellennetz
HA -100 NIEDERSACHSEN
fliessgewaesser + quelle + landespflege + gewaesserschutz
HA -101 NIEDERSACHSEN
oberflaechengewaesser + pflanzensoziologie + biotop + biozoenose + naturschutz
HC -019 JADEBUSEN + NIEDERSACHSEN
kuestengebiet + wattenmeer + oekosystem + meeresbiologie
IC -066 NIEDERSACHSEN
gewaesserbelastung + wasserguete + bewertungsmethode
KB -082 NIEDERSACHSEN
klaerschlamm + abwasserverrieselung + grundwasserbelastung + bodenkontamination
OD -078 NIEDERSACHSEN
bodennutzung + enzyme + biologische wirkungen + nutzpflanzen
PB -007 NIEDERSACHSEN
chlorkohlenwasserstoffe + pestizide + rueckstandsanalytik + voegel
PE -017 NIEDERSACHSEN
trinkwasserguete + mortalitaet
PE -024 NIEDERSACHSEN
schwermetallkontamination + blei + cadmium + mensch
PF -070 NIEDERSACHSEN + HARZVORLAND
bodenkontamination + blei + zink + agrarproduktion
QB -056 NIEDERSACHSEN
lebensmittelkontamination + fleisch + arsen + schwermetalle + hoechstmengenverordnung + (carry-over-modell)
RC -036 NIEDERSACHSEN
bodenbeschaffenheit + abfallstoffe + filtration + kartierung
RC -037 NIEDERSACHSEN + BREMEN
bodenkarte + oekologische faktoren + nutzungsplanung
RC -038 NIEDERSACHSEN
bodenkarte + grundwasserabsenkung + landwirtschaft
RC -039 NIEDERSACHSEN
moor + bodennutzung + torf + naturschutz
TC -016 NIEDERSACHSEN
naherholung + siedlungsentwicklung + ballungsgebiet + flaechennutzung + interessenkonflikt
UE -039 NIEDERSACHSEN
landesentwicklungsprogramm + verkehr + (zielindikatoren)
UK -070 NIEDERSACHSEN + BREMEN
naturraum + bodenkunde + kartierung + ressourcenplanung
UK -071 NIEDERSACHSEN
naturschutzgebiet + landschaftsschutz
UL -069 NIEDERSACHSEN
landschaft + kartierung + biotop + naturschutz
UM -078 NIEDERSACHSEN
pflanzenschutz + naturschutz + schutzmassnahmen
UM -079 NIEDERSACHSEN
wasserwirtschaft + agraroekonomie + kartierung + naturschutz
UN -044 NIEDERSACHSEN
fauna + population + (bestandsaufnahme)
UN -045 NIEDERSACHSEN
fauna + population + ueberwachung + (bestandsaufnahme)
UN -046 NIEDERSACHSEN
tierschutz + voegel + biotop + schutzmassnahmen
UN -047 NIEDERSACHSEN
fauna + biotop + schutzmassnahmen + (amphibien + reptilien)
UN -048 NIEDERSACHSEN
saeugetiere + biotop + schutzmassnahmen

NIEDERSACHSEN (NORD)

RD -052 DEUTSCHLAND (NORD-WEST) + NIEDERSACHSEN (NORD)
moor + vegetationskunde + bodenverbesserung
RD -054 NIEDERSACHSEN (NORD)
moor + bodennutzung + brachflaechen + wasserhaushalt
UL -068 NIEDERSACHSEN (NORD)
moor + rekultivierung
UM -023 SCHLESWIG-HOLSTEIN + NIEDERSACHSEN (NORD)
pflanzensoziologie + kartierung

NIEDERSACHSEN (SUED)

HA -028 NIEDERSACHSEN (SUED)
oekologie + biozoenose + oberflaechengewaesser
HA -030 NIEDERSACHSEN (SUED)
fliessgewaesser + gewaesseruntersuchung + naehrstoffhaushalt + landwirtschaft
IC -038 NIEDERSACHSEN (SUED)
gewaesserbelastung + fliessgewaesser + landwirtschaftliche abwaesser + kommunale abwaesser + (makrophyten)
IC -039 NIEDERSACHSEN (SUED) + LEINE
gewaesserbelastung + organische schadstoffe + naehrstoffhaushalt + wasseruntersuchung
IF -011 NIEDERSACHSEN (SUED) + LEINE
gewaesserbelastung + duengemittel + naehrstoffhaushalt
IF -013 NIEDERSACHSEN (SUED)
gewaesserbelastung + grundwasserbelastung + duengemittel
IF -030 NIEDERSACHSEN (SUED)
eutrophierung + gewaesserverunreinigung + fliessgewaesser
RD -011 NIEDERSACHSEN (SUED)
bodenbeschaffenheit + duengemittel + nitrate

NIEDERSACHSEN (SUEDOST)

RD -038 NIEDERSACHSEN (SUEDOST)
agraroekonomie + landnutzung + wasserhaushalt + duengung

NIEDERSFELD

RC -029 NIEDERSFELD
landschaftspflege + wasserbau + flussbettaenderung + (sohlabstuerze)

NORDAMERIKA

EA -002 EUROPA + NORDAMERIKA
luftverunreinigung + rechtsvorschriften

NORDAMERIKA (KUESTENGEBIET)

QB -055 NORDSEE + OSTSEE + NORDATLANTIK + BARENTSEE + NORDAMERIKA (KUESTENGEBIET)
lebensmittelkontamination + fische + meerestiere + quecksilber

NORDATLANTIK

QB -055 NORDSEE + OSTSEE + NORDATLANTIK + BARENTSEE + NORDAMERIKA (KUESTENGEBIET)
lebensmittelkontamination + fische + meerestiere + quecksilber

NORDDEUTSCHE TIEFEBENE

HG -041 NORDDEUTSCHE TIEFEBENE
wasseruntersuchung
RC -007 NORDDEUTSCHE TIEFEBENE
ackerboden + erosion + schutzmassnahmen
UL -038 BERLIN + NORDDEUTSCHE TIEFEBENE
naturschutzgebiet + bodenstruktur + moor + oekologie + (duene-moor-biotop)

NORDDEUTSCHER KUESTENRAUM

HB -050 NORDDEUTSCHER KUESTENRAUM
grundwassererschliessung + wasseraufbereitung
HE -020 NORDDEUTSCHER KUESTENRAUM
oberflaechenwasser + trinkwassergewinnung + grundwasseranreicherung

NORDDEUTSCHLAND

UN -020 NORDDEUTSCHLAND
tierschutz + bioindikator

NORDENHAM

PA -036 NORDENHAM + WESER-AESTUAR
mensch + bleikontamination + schwermetallbelastung + physiologische wirkungen

PE -023 NORDENHAM + WESER-AESTUAR
industrieabgase + staub + immissionsbelastung + tierorganismus

PE -035 NORDENHAM + WESER-AESTUAR
schadstoffimmission + blei + zinkhuette

PE -047 NORDENHAM + WESER-AESTUAR
schadstoffimmission + lebewesen

QA -025 NORDENHAM + WESER-AESTUAR
lebensmittel + bleikontamination

NORDFRIESISCHES WATTENMEER

HC -021 NORDSTRAND + NORDFRIESISCHES WATTENMEER
meeresboden + wattenmeer + sedimentation

UK -045 FOEHR + NORDFRIESISCHES WATTENMEER
landschaftsgestaltung + pflanzensoziologie + landwirtschaft + fremdenverkehr

NORDFRIESLAND

UK -040 NORDFRIESLAND + DEUTSCHE BUCHT
landschaftsplanung + nationalpark + wattenmeer + (gutachten)

NORDHEIDE

QB -058 NORDHEIDE
lebensmittelkontamination + schlachttiere + wild + schwermetalle + pestizide

NORDRHEIN-WESTFALEN

AA -106 NORDRHEIN-WESTFALEN
luftueberwachung + immissionsueberwachung

AA -108 NORDRHEIN-WESTFALEN
immissionsueberwachung

AA -113 NORDRHEIN-WESTFALEN
immissionsschutzgesetz + immissionsueberwachung + feuerungsanlage

AA -150 NORDRHEIN-WESTFALEN
luftverunreinigung + emissionsmessung

BC -009 NORDRHEIN-WESTFALEN + RHEIN-RUHR-RAUM
luftreinhaltung + abgasreinigung + staubemission + eisen- und stahlindustrie + (hochofen)

CA -017 NORDRHEIN-WESTFALEN
luftverunreinigung + schadstoffausbreitung + messtechnik + ausbreitungsmodell

DC -047 NECKAR (RAUM) + STUTTGART + NORDRHEIN-WESTFALEN
kraftwerk + immission + schwefeldioxid + inversionswetterlage

HA -033 NORDRHEIN-WESTFALEN
wasserverdunstung + messverfahren + baggersee

IC -093 NORDRHEIN-WESTFALEN
gewaesserueberwachung + spurenstoffe + schwermetalle

LA -023 NORDRHEIN-WESTFALEN
abwasserkontrolle + gesetz

LA -024 NORDRHEIN-WESTFALEN
wasseruntersuchung + gesetz + bundesseuchengesetz

MA -028 NORDRHEIN-WESTFALEN + RHEIN-RUHR-RAUM
industrieabfaelle + abfallmenge + abfallbeseitigungsanlage + (kapazitaetsbestimmung)

MA -030 NORDRHEIN-WESTFALEN + RHEIN-RUHR-RAUM
industrieabfaelle + abfallmenge + prognose + (investitionsgueterindustrie)

MA -031 NORDRHEIN-WESTFALEN + RHEIN-RUHR-RAUM
industrieabfaelle + abfallmenge + (gesamthochrechnung)

MB -053 NORDRHEIN-WESTFALEN
abfallbeseitigung + altoel + (saeureharz)

MC -021 NORDRHEIN-WESTFALEN
abfallagerung + sondermuell + deponie + standortfaktoren

MG -039 NORDRHEIN-WESTFALEN
abfallbeseitigung + planungsmodell

PF -002 NORDRHEIN-WESTFALEN
bodenkontamination + schwermetalle

RA -019 NORDRHEIN-WESTFALEN
agrarproduktion + umweltschutzauflagen + betriebsoptimierung + (regionalmodell)

SA -082 NORDRHEIN-WESTFALEN
waermeversorgung + energietraeger

UA -053 NORDRHEIN-WESTFALEN
umweltstatistik

UA -063 NORDRHEIN-WESTFALEN
umweltschutzmassnahmen + oekonomische aspekte

UA -066 NORDRHEIN-WESTFALEN
umweltprogramm + operationalisierung

UK -049 NORDRHEIN-WESTFALEN
landschaftsplanung + informationssystem + (oekologisch-oekonomisches nutzungsmodell)

UL -023 NORDRHEIN-WESTFALEN
raumplanung + oekologische faktoren

UL -050 NORDRHEIN-WESTFALEN
forstwirtschaft + waldoekosystem + naturraum + (naturwaldzellen)

UL -051 NORDRHEIN-WESTFALEN
wald + naturschutz + erholung + kartierung

UL -052 NORDRHEIN-WESTFALEN
landschaftsplanung + naturschutzgebiet + biotop + kataster

UL -053 NORDRHEIN-WESTFALEN
landschaftsplanung + biotop + schutzgebiet + oekologische faktoren

UL -054 NORDRHEIN-WESTFALEN
naturschutz + biotop + schutzgebiet + (rote liste)

UM -063 NORDRHEIN-WESTFALEN
pflanzensoziologie + kartierung

UN -028 NORDRHEIN-WESTFALEN

tierschutz + voegel + populationsdynamik + (greifvoegel + eulen)

UN -029 NORDRHEIN-WESTFALEN
tierschutz + naturschutzgebiet + biotop + (feuchtgebiet)

NORDSEE

HA -015 NORDSEE + OSTSEE
messtellennetz

HA -021 NORDSEE
meereskunde + kuestengebiet + stroemung

HA -106 NORDSEE
meeresorganismen + plankton

HC -009 NORDSEE
meeresorganismen + populationsdynamik + plankton

HC -011 NORDSEE + OSTSEE
meeresorganismen + plankton + fische

HC -017 NORDSEE
meer + radioaktivitaet + transurane + plutonium

HC -018 DEUTSCHE BUCHT + NORDSEE
meereskunde + hydrodynamik + stroemung + wasserstand + simulation

HC -022 NORDSEE
meeresboden + kartierung

HC -027 NORDSEE
meeresbiologie

HC -029 NORDSEE + OSTSEE
marine nahrungskette + biomasse + benthos + wasserverunreinigung

HC -037 NORDSEE + OSTSEE
meeresverunreinigung + stroemung + (hydrodynamisches modell)

HC -039 NORDSEE
kuestengebiet + wasserbewegung + schadstoffausbreitung + stofftransport

HC -050 NORDSEE
meeresorganismen + biozoenose + marine nahrungskette

IE -003 NORDSEE + OSTSEE
meeresorganismen + schwermetallkontamination + radioaktive substanzen

IE -006 NORDSEE
kuestengewaesser + tritium + kernkraftwerk

IE -008 DEUTSCHE BUCHT + NORDSEE
meeresverunreinigung + abfallstoffe + hydrodynamik + schadstofftransport + sedimentation

IE -009 DEUTSCHE BUCHT + NORDSEE
meereskunde + schadstoffausbreitung + messverfahren + (sprungschichten)

IE -010 NORDSEE + OSTSEE
meeresverunreinigung + schadstoffausbreitung + hydrodynamik + messtechnik

IE -011 DEUTSCHE BUCHT + NORDSEE
meeresverunreinigung + hydrodynamik + schadstoffausbreitung + prognose

IE -012 NORDSEE + OSTSEE
meerwasser + sediment + radioaktivitaet + isotopen + messgeraet

IE -013 ELBE-AESTUAR + DEUTSCHE BUCHT + NORDSEE
fliessgewaesser + schadstofftransport + schwermetalle + meer + sedimentation

IE -014 NORDSEE + OSTSEE
meeresverunreinigung + naehrstoffzufuhr + eutrophierung + sauerstoffhaushalt

IE -015 NORDSEE
meeresverunreinigung + salzsaeure + chlorkohlenwasserstoffe + verbrennung

IE -027 NORDSEE
klaerschlamm + meeressediment + schwermetalle + benthos + populationsdynamik

IE -039 NORDSEE + DEUTSCHE BUCHT
meeresverunreinigung + biozide + schwermetalle

IE -051 NORDSEE + JADE
kuestengebiet + wattenmeer + wasserverunreinigung + fernerkundung

OA -006 NORDSEE + OSTSEE
gewaesserueberwachung + meer + schadstoffnachweis + analytik + probenahmemethode

OA -007 NORDSEE + OSTSEE
gewaesserueberwachung + meer + schadstoffnachweis + kohlenwasserstoffe

OA -008 NORDSEE + OSTSEE
gewaesserueberwachung + meer + schadstoffnachweis + spurenelemente

PI -022 NORDSEE

meeresbiologie + stofftransport

QB -019 ATLANTIK (NORD) + NORDSEE + OSTSEE
fische + schwermetallkontamination + quecksilber

QB -054 NORDSEE + OSTSEE + ATLANTIK (NORD)
lebensmittelueberwachung + fische + schwermetallkontamination

QB -055 NORDSEE + OSTSEE + NORDATLANTIK + BARENTSEE + NORDAMERIKA (KUESTENGEBIET)
lebensmittelkontamination + fische + meerestiere + quecksilber

NORDSEEINSELN

HE -040 NORDSEEINSELN
wasserversorgung + wasserwirtschaft + erholungsgebiet

NORDSEEKUESTE

HC -003 NORDSEEKUESTE
kuestengewaesser + stroemung

HC -048 SYLT + NORDSEEKUESTE
kuestengebiet + (brandung)

TE -009 ALPENVORLAND + NORDSEEKUESTE
wetterfuehligkeit + mensch + (foehn)

NORDSTRAND

HC -021 NORDSTRAND + NORDFRIESISCHES WATTENMEER
meeresboden + wattenmeer + sedimentation

NORDWESTDEUTSCHES KUESTENGEBIET

RA -021 NORDWESTDEUTSCHES KUESTENGEBIET
landwirtschaft + vegetation + moor

NORDWESTDEUTSCHLAND

PH -047 NORDWESTDEUTSCHLAND
bodenbeeinflussung + anthropogener einfluss

NORWEGEN

CB -072 NORWEGEN + AFRIKA(SUED)
atmosphaere + ozon + transportprozesse

NUERNBERG

AA -021 NUERNBERG
luftverunreinigung + stadtgebiet

TB -029 NUERNBERG + FUERTH + ERLANGEN
staedtebau + wohnwert + psychologische faktoren

OBERHAUSEN

PE -003 OBERHAUSEN + MUELHEIM + RHEIN-RUHR-RAUM
luftverunreinigung + gesundheitsschutz

SA -016 OBERHAUSEN + RUHRGEBIET
fernwaerme + waermeversorgung + kernkraftwerk + (heizkraftwerkverbund)

OBERPFALZ

RG -011 OBERPFALZ
wald + oekosystem + duengung

RG -025 OBERPFALZ
wald + oekosystem + bodenbearbeitung

OBERRHEIN

AA -090 RAUNHEIM + OBERRHEIN
gruenflaechen + immissionsschutz + stadtgebiet

AA -117 KAISERSTUHL + OBERRHEIN
weinberg + mikroklimatologie + erdoberflaeche

AA -120 BREISGAU + OBERRHEIN
klimatologie

AA -133 OBERRHEIN
luftverunreinigung + emissionskataster + raumplanung

AA -143 KARLSRUHE + OBERRHEIN
immissionsmessung + stadtgebiet

GB -008 OBERRHEIN
kernkraftwerk + abwaerme + wasserdampf + klimaaenderung

GB -017 OBERRHEIN
abwaerme + gewaesserschutz + hochwasser

GB -028 OBERRHEIN
gewaesserbelastung + abwaerme + wasserdampf

GB -030 OBERRHEIN
fliessgewaesser + waermebelastung + kraftwerk

HA -059 OBERRHEIN
hochwasserschutz + prognose

HA -065 FREIBURG + OBERRHEIN
oberflaechengewaesser + grundwasser + wasserguete + anthropogener einfluss

HA -089 OBERRHEIN
hydrologie + anthropogener einfluss + kartierung + niederschlagsabfluss

ID -024 FREIBURGER BUCHT + OBERRHEIN
fliessgewaesser + schadstofftransport + grundwasserschutzgebiet

ID -040 SANDHAUSEN + OBERRHEIN
grundwasserbelastung + radioaktive spurenstoffe

MC -033 KARLSRUHE + OBERRHEIN
abfallbeseitigung + deponie + standortwahl + gutachten

NB -054 OBERRHEIN
luftueberwachung + kernkraftwerk + umgebungsradioaktivitaet + messtellennetz

ND -020 KARLSRUHE + OBERRHEIN
radioaktive abfaelle + aufbereitungstechnik

ND -021 KARLSRUHE + OBERRHEIN
radioaktive abfaelle + lagerung

PE -046 KARLSRUHE + WOERTH + OBERRHEIN
immissionsmessung + schwefeldioxid + raffinerie

RC -011 KAISERSTUHL + OBERRHEIN
bodenerhaltung + erosionsschutz

RC -033 KAISERSTUHL + OBERRHEIN
bodenwasser + messgeraet

RC -034 KAISERSTUHL + OBERRHEIN
bodenbearbeitung + weinberg + niederschlagsabfluss + wasserhaushalt

TF -040 BADEN (SUED) + OBERRHEIN
infektionskrankheiten + viren + epidemiologie + modell + (antikoerperkataster)

UG -011 KARLSRUHE (REGION) + OBERRHEIN
regionalplanung + soziale infrastruktur + bewertungsmethode

UH -014 RHEINHESSEN + OBERRHEIN
sozialgeographie + gemeinde

UM -067 KAISERSTUHL + OBERRHEIN
landschaftsgestaltung + pflanzensoziologie

UN -018 KAISERSTUHL + BADEN (SUED) + OBERRHEIN
biologie + oekologie + fauna

UN -060 KARLSRUHE (RAUM) + OBERRHEIN
umwelteinfluesse + fauna

OBERRHEINEBENE

AA -018 OBERRHEINEBENE
waermebelastung + klimaaenderung + meteorologie + modell + (simulationsmodell)

AA -026 OBERRHEINEBENE
atmosphaere + meteorologie + waermelastplan + ausbreitungsmodell

AA -118 OBERRHEINEBENE
erdoberflaeche + luftbewegung + klimatologie + infrarottechnik

AA -136 OBERRHEINEBENE + RHEIN-RUHR-RAUM
meteorologie + klima + niederschlag + wasserhaushalt

BB -012 OBERRHEINEBENE
emission + schwefeldioxid + immissionsbelastung + prognose

GA -006 OBERRHEINEBENE
nasskuehlturm + klimatologie

GB -029 OBERRHEINEBENE
abwaerme + kataster + gewaesserbelastung + wasserdampf

HA -063 OBERRHEINEBENE + RASTATT (RAUM)
wasserwirtschaft + landschaft + staustufe

HA -066 OBERRHEINEBENE
baggersee + wasserguete + grundwasser + (wasserwirtchaftliche untersuchungen)

HB -019 OBERRHEINEBENE
grundwasser + kartierung

HB -025 OBERRHEINEBENE
wasserchemie + grundwasserbildung + wasserhaushalt

HB -052 OBERRHEINEBENE
wasserhaushalt + kiesabbau + grundwasser

HB -054 OBERRHEINEBENE
grundwasser + wasserhaushalt

IC -114 OBERRHEINEBENE + VOGESEN + SCHWARZWALD
gewaesserguete + chloride + chemische indikatoren

NB -003 OBERRHEINEBENE
radioaktive kontamination + tritium + messung

NB -025 OBERRHEINEBENE
kerntechnische anlage + umweltbelastung + oekologische faktoren

NC -014 OBERRHEINEBENE + PHILIPPSBURG
kernkraftwerk + katastrophenschutz + bodenstruktur + (gutachten)

NC -015 OBERRHEINEBENE
kernkraftwerk + katastrophenschutz + bodenstruktur + (gutachten)

OD -082 OBERRHEINEBENE + PFALZ
grundwasserbelastung + bodenbeschaffenheit + schadstoffe + gemuesebau

RC -015 OBERRHEINEBENE
bodenmechanik + erschuetterungen + ueberwachungssystem

RD -019 OBERRHEINEBENE
bodenverbesserung + wald + duengung + muellkompost

RH -001 OBERRHEINEBENE
schaedlingsbekaempfung + fluss + insekten + (stechmuecke)

SA -030 OBERRHEINEBENE
energiewirtschaft + kraftwerk + standortwahl + optimierungsmodell

UM -013 OBERRHEINEBENE + BADEN (SUED)
landschaftsoekologie + vegetation + kulturpflanzen

UM -075 OBERRHEINEBENE + NECKARTAL + SCHWEIZ + UNGARN + OESTERREICH
pflanzenschutz + unkrautflora + biologischer pflanzenschutz + (solidago)

OBERRHEINEBENE (SUED)

AA -139 OBERRHEINEBENE (SUED)
erdoberflaeche + waermehaushalt + (energieumsatz)

UN -017 OBERRHEINEBENE (SUED)
naturschutzgebiet + tierschutz

OBRIGHEIM

NB -024 OBRIGHEIM
kernkraftwerk + strahlenbelastung + ausbreitung + (stabilitaetsverhaeltnisse)

ODENWALD

HG -010 ODENWALD
hydrogeologie + bodenmechanik

RA -014 ODENWALD + EIFEL + BAYERISCHER WALD
landwirtschaft + landschaftspflege + gruenland + (nebenberuf)

UD -016 ODENWALD
rohstoffe + geologie + uran

ODER

IC -036 HARZ (SUED) + SIEBER + ODER + RHUME
gewaesserbelastung + organische schadstoffe + bewertungsmethode

OESTERREICH

UA -037 BAYERN + OESTERREICH
umweltplanung + internationale zusammenarbeit

UM -075 OBERRHEINEBENE + NECKARTAL + SCHWEIZ + UNGARN + OESTERREICH
pflanzenschutz + unkrautflora + biologischer pflanzenschutz + (solidago)

OFFENBACH

AA -172 OFFENBACH + RHEIN-MAIN-GEBIET
luftueberwachung + immissionsmessung + phytoindikator + (moosverbreitung)

OKER

PF -056 HARZ + OKER + INNERSTE
bodenkontamination + schwermetalle

OLDENBURG

RH -079 WESER + EMS + OLDENBURG
pflanzenschutzmittel + datenerfassung

OLDENBURG (RAUM)

IC -107 OLDENBURG (RAUM)
baggersee + abwasserableitung + gewaesserbelastung + oekologische faktoren

OLDENBURG (STADT)

UF -030 OLDENBURG (STADT)
stadtentwicklung + planungsdaten + bevoelkerungsentwicklung + sozio-oekonomische faktoren

ORIENT

RD -009 ORIENT
bewaesserung + kartierung + agrargeographie + (satellitenaufnahmen)

OSNABRUECK

UF -013 OSNABRUECK
stadtsanierung + schallimmission + laermschutzplanung

UF -029 OSNABRUECK
stadtentwicklung + rahmenplan + grosstadt

OSNABRUECK (LANDKREIS)

UL -003 OSNABRUECK (LANDKREIS)
landschaftserhaltung + oekologische faktoren + verdichtungsraum

OSNABRUECK (STADT-LANDKREIS)

MA -009 OSNABRUECK (STADT-LANDKREIS)
sondermuell + abfallbehandlung + verfahrensentwicklung + wirtschaftlichkeit

OSTERSEEN (OBERBAYERN)

UK -018 OSTERSEEN (OBERBAYERN)
landschaftsplanung + flaechennutzung + erholungsplanung

OSTSEE

AA -080 OSTSEE
atmosphaere + wasserverdunstung + niederschlag

HA -015 NORDSEE + OSTSEE
messtellennetz

HC -001 OSTSEE
wasseruntersuchung + wasserhygiene + kuestengewa-esser

HC -002 OSTSEE
wasseruntersuchung

HC -011 NORDSEE + OSTSEE
meeresorganismen + plankton + fische

HC -029 NORDSEE + OSTSEE
marine nahrungskette + biomasse + benthos + wasser-verunreinigung

HC -034 KIELER BUCHT + OSTSEE
austauschprozesse + meerwasser

HC -035 OSTSEE
kuestengewaesser + austauschprozesse + messverfahren

HC -037 NORDSEE + OSTSEE
meeresverunreinigung + stroemung + (hydrodynamisches modell)

HC -038 OSTSEE + ELBE-AESTUAR
meer + aestuar + wasserbewegung + austauschprozesse

IE -003 NORDSEE + OSTSEE
meeresorganismen + schwermetallkontamination + radio-aktive substanzen

IE -010 NORDSEE + OSTSEE
meeresverunreinigung + schadstoffausbreitung + hydro-dynamik + messtechnik

IE -012 NORDSEE + OSTSEE
meerwasser + sediment + radioaktivitaet + isotopen + messgeraet

IE -014 NORDSEE + OSTSEE
meeresverunreinigung + naehrstoffzufuhr + eutrophierung + sauerstoffhaushalt

IE -021 OSTSEE
meeresorganismen + benthos

IE -042 OSTSEE
kuestengewaesser + schadstoffe + mikroorganismen

IE -044 KIELER BUCHT + OSTSEE
meerwasser + abwasser + austauschprozesse

IE -046 OSTSEE
meeresreinhaltung + landwirtschaftliche abwaesser + phosphor

IF -018 KIELER BUCHT + OSTSEE
eutrophierung + abwasser

IF -019 OSTSEE
meerwasser + eutrophierung + analyseverfahren

OA -006 NORDSEE + OSTSEE
gewaesserueberwachung + meer + schadstoffnachweis + analytik + probenahmemethode

OA -007 NORDSEE + OSTSEE
gewaesserueberwachung + meer + schadstoffnachweis + kohlenwasserstoffe

OA -008 NORDSEE + OSTSEE
gewaesserueberwachung + meer + schadstoffnachweis + spurenelemente

PC -025 OSTSEE
ddt + schwermetalle + schadstoffwirkung + fische + toxikologie

QB -019 ATLANTIK (NORD) + NORDSEE + OSTSEE
fische + schwermetallkontamination + quecksilber

QB -054 NORDSEE + OSTSEE + ATLANTIK (NORD)
lebensmittelueberwachung + fische + schwermetallkonta-mination

QB -055 NORDSEE + OSTSEE + NORDATLANTIK + BARENTSEE + NORDAMERIKA (KUESTENGEBIET)
lebensmittelkontamination + fische + meerestiere + quecksilber

QD -017 KIELER BUCHT + OSTSEE
kohlenwasserstoffe + pestizide + benthos + marine nah-rungskette

UM -065 DUMMERSDORF + TRAVE + OSTSEE
vegetation + kartierung + uferschutz + fluss

UM -068 HEILIGENHAFEN + OSTSEE
gruenland + oekologie + vegetationskunde

UM -069 HEILIGENHAFEN + OSTSEE
gruenland + mineralstoffe + stickstoff + pflanzenernaeh-rung

OSTSEEKUESTE

IE -001 OSTSEEKUESTE
gewaesseruntersuchung + viren

PAKISTAN

HB -063 PAKISTAN
schiffe + trinkwasserversorgung + meerwasserentsalzung

PAZIFIK

HC -041 MITTELMEER + AFRIKA (WEST) + PAZIFIK
meereskunde + sediment + radioaktive spurenstoffe

RB -025 PAZIFIK + MEXIKO
meeresbiologie + fischerei + (produktionsbiologische untersuchung)

PFAELZER WALD

TC -012 PFAELZER WALD + GENEZARETH
erholungsplan + fremdenverkehr + freizeitanlagen + stan-dortfaktoren

PFALZ

OD -082 OBERRHEINEBENE + PFALZ
grundwasserbelastung + bodenbeschaffenheit + schad-stoffe + gemuesebau

PHILIPPSBURG

NC -014 OBERRHEINEBENE + PHILIPPSBURG
kernkraftwerk + katastrophenschutz + bodenstruktur + (gutachten)

PINNEBERG

MB -015 PINNEBERG + HAMBURG
abfallbehandlung + kompostierung + resteverbrennung

PORTUGAL

AA -127 BUNDESREPUBLIK DEUTSCHLAND + PORTUGAL
aerosolmesstechnik

PUSAN (KOREA)

RD -018 PUSAN (KOREA)
entwicklungslaender + entwaesserung + bodenerosion

RASTATT (RAUM)

HA -063 OBERRHEINEBENE + RASTATT (RAUM)
wasserwirtschaft + landschaft + staustufe

RAUNHEIM

AA -090 RAUNHEIM + OBERRHEIN
gruenflaechen + immissionsschutz + stadtgebiet

RAVENSBURG

UK -036 RAVENSBURG
landschaftsplanung + flaechennutzungsplan

REGENSBURG

UF -023 BAD TOELZ + WOLFRATSHAUSEN + NEU-ULM + REGENSBURG
laendlicher raum + siedlungsplanung + bevoelkerungsentwicklung

REGENSBURG (RAUM)

AA -062 REGENSBURG (RAUM)
luftueberwachung + immissionsmessung + flechten + kartierung

REGNITZTAL

HB -066 REGNITZTAL
grundwasserbewegung + hydrogeologie

RENGEN

UL -044 RENGEN + EIFEL
landschaftsschutz + naturschutzgebiet + heide + (wacholderheide)

REUTLINGEN

HG -015 REUTLINGEN + TUEBINGEN + STUTTGART
landschaftsplanung + hydrogeologie + bodenwasser + wasserhaushalt

REUTLINGEN (LANDKREIS)

MG -040 REUTLINGEN (LANDKREIS) + TUEBINGEN (LANDKREIS)
abfall + recycling + (modellanlage)

RHEIN

SIEHE AUCH BODENSEE-HOCHRHEIN
SIEHE AUCH MITTELRHEIN
SIEHE AUCH NIEDERRHEIN
SIEHE AUCH OBERRHEIN

GB -012 RHEIN
kraftwerk + abwaerme + gewaesserbelastung

GB -018 RHEIN + NECKAR
abwaerme + gewaesserschutz + messtellennetz

GB -019 RHEIN + NECKAR
fluss + waermehaushalt + abwaerme + (entscheidungsgrundlagen + genehmigungsverfahren)

GB -022 RHEIN
kraftwerk + kuehlwasser + waermebelastung

GB -024 RHEIN
fliessgewaesser + waermebelastung + invertebraten + wasserguete

GB -025 RHEIN
abwaerme + schadstoffe + kombinationswirkung + invertebraten

GB -031 RHEIN
gewaesserbelastung + abwaerme + kuehlwasser

GB -032 RHEIN
waermebelastung + fluss

HA -002 BODENSEE + RHEIN + NECKAR + DONAU
gewaesserschutz

HA -056 RHEIN
wasserschutz + wasserkreislauf + systemanalyse

HA -064 RHEIN
wasserwirtschaft + fliessgewaesser + staustufe + erosion

HE -029 RHEIN
trinkwasseraufbereitung + schadstoffabbau + uferfiltration

HE -043 RHEIN
oberflaechengewaesser + trinkwasseraufbereitung + schadstoffentfernung

HE -045 RHEIN
oberflaechenwasser + wasseraufbereitung + organische schadstoffe + faellung + flockung

HG -036 RHEIN + NECKAR
fliessgewaesser + abflussmodell

IA -002 RHEIN
gewaesserueberwachung + schadstoffe + messtation

IA -017 RHEIN
fluss + schlaemme + (bestimmung von korngroesse und mineralbestand)

IC -011 RHEIN + MAIN
fliessgewaesser + geruchsstoffe + trinkwasser

IC -013 RHEIN
radionuklide + oberflaechengewaesser

IC -014 RHEIN
gewaesserschutz + toxische abwaesser + schadstoffnachweis

IC -016 RHEIN
fliessgewaesser + schadstoffbilanz + schwermetalle

IC -034 RHEIN
wasserverunreinigung + pestizide + chlorkohlenwasserstoffe + analyseverfahren

IC -047 RHEIN
wasserverunreinigung + schadstoffnachweis

IC -064 RHEIN + MOSEL
gewaesserschutz + pestizide + internationale zusammenarbeit

IC -069 RHEIN + WESER + EMS
fliessgewaesser + radioaktive spurenstoffe + tritium

IC -088 RHEIN
fliessgewaesser + schadstoffbelastung + wassertiere + (synergistische wirkungen)

IC -089 RHEIN
fliessgewaesser + schadstoffbelastung + invertebraten + wasserguete

IC -094 RHEIN
transportprozesse + fluss

IC -096 RHEIN
gewaesserverunreinigung + fluss

IC -108 RHEIN
wasserguetewirtschaft + landschaftsoekologie + klima

IC -111 RHEIN
gewaesserbelastung + fische + populationsstruktur

+ bioindikator
ID -042 RHEIN
gewaesserverunreinigung + schwermetalle + uferfiltration
ID -043 RHEIN
trinkwassergewinnung + uferfiltration + litoral
IF -006 RHEIN
gewaesserverunreinigung + phosphate + nitrate + analyseverfahren
PH -059 RHEIN + ADRIA (NORD)
umweltchemikalien + enzyminduktion + mikroorganismen + belebtschlamm
UL -029 RHEIN
landschaftsplanung + gewaesserschutz + uferschutz + datensammlung

RHEIN (GINSHEIMER ALTRHEIN)

IC -058 RHEIN (GINSHEIMER ALTRHEIN)
oberflaechengewaesser + schwermetallkontamination + anthropogener einfluss

RHEIN (MEERBUSCH-BUEDERICH)

HA -082 RHEIN (MEERBUSCH-BUEDERICH)
hochwasser + grundwasserspiegel + (korrelation)

RHEIN (RHEINTAL)

AA -142 RHEIN (RHEINTAL)
aerologische messung

RHEIN-HOCHRHEIN

RC -009 RHEIN-HOCHRHEIN
bodenerosion + kartierung

RHEIN-MAIN-GEBIET

AA -004 FRANKFURT (UNIVERSITAET) + RHEIN-MAIN-GEBIET
immissionsmessung + messtation
AA -022 RHEIN-MAIN-GEBIET
lufthygiene + meteorologie
AA -031 FRANKFURT + RHEIN-MAIN-GEBIET + SAARBRUECKEN + MUENCHEN
luftverunreinigung + immissionsmessung + statistische auswertung
AA -053 RHEIN-MAIN-GEBIET + KASSEL + WETZLAR-GIESSEN
luftverunreinigung + carcinogene + polyzyklische kohlenwasserstoffe + ballungsgebiet
AA -054 RHEIN-MAIN-GEBIET + KASSEL + WETZLAR-GIESSEN
luftverunreinigung + stadtregion + polyzyklische kohlenwasserstoffe + carcinogene wirkung
AA -084 FRANKFURT + RHEIN-MAIN-GEBIET
immissionsueberwachung + messtechnik
AA -125 RHEIN-RUHR-RAUM + RHEIN-NECKAR-RAUM + RHEIN-MAIN-GEBIET + SAAR
immissionsbelastung + schwefeldioxid + ballungsgebiet + emissionskataster + prognose + (ausbreitungsrechnung)
AA -134 MAINZ + RHEIN-MAIN-GEBIET + LUDWIGSHAFEN + RHEIN-NECKAR-RAUM
luftueberwachung + immission + bundesimmissionsschutzgesetz + messtellennetz
AA -149 MAIN (UNTERMAIN) + RHEIN-MAIN-GEBIET
lufthygiene + bioklimatologie + ausbreitungsmodell
AA -172 OFFENBACH + RHEIN-MAIN-GEBIET
luftueberwachung + immissionsmessung + phytoindikator + (moosverbreitung)
BA -059 MAINZ + RHEIN-MAIN-GEBIET
stadtverkehr + kfz-abgase + kohlenmonoxid + immissionsbelastung + stadtplanung
BB -028 MAIN + RHEIN-MAIN-GEBIET
luftverunreinigende stoffe + nasskuehlturm + kernkraftwerk + fluss + pilze
BC -028 RHEIN-MAIN-GEBIET
industrieabgase + raffinerie + pflanzenkontamination
CA -031 MAIN (UNTERMAIN) + RHEIN-MAIN-GEBIET
luftverunreinigung + schadstoffausbreitung + tracer + probenahme + analytik + (windschwache wetterlagen)
CA -044 FRANKFURT + RHEIN-MAIN-GEBIET
luftverunreinigung + bioindikator + stadtgebiet
CB -012 MAIN + TAUNUS + WETTERAU + RHEIN-MAIN-GEBIET
klimatologie + fliegende messtation + fernerkundung + schadstoffausbreitung + (ir-thermographie)
CB -021 RHEIN-MAIN-GEBIET
schadstoffausbreitung + tracer + atmosphaere
FB -073 FRANKFURT + RHEIN-MAIN-GEBIET
flughafen + laermminderung
FB -074 FRANKFURT + RHEIN-MAIN-GEBIET
flughafen + laermminderung
GB -041 MAIN (UNTERMAIN) + RHEIN-MAIN-GEBIET
kraftwerk + kuehlwasser + mikroorganismen + wasserverunreinigung + oekologische faktoren
IC -112 MAIN (UNTERMAIN) + RHEIN-MAIN-GEBIET
fluss + abwasser + abwaerme + schadstoffwirkung
PE -034 RHEIN-MAIN-GEBIET + RHEIN-RUHR-RAUM
immissionsbelastung + luftverunreinigende stoffe + synergismus + atemtrakt
PE -055 FRANKFURT + RHEIN-MAIN-GEBIET
immissionsbelastung + blei + bevoelkerung + grosstadt
PI -044 MAIN + RHEIN-MAIN-GEBIET
fliessgewaesser + abwasser + biozoenose
RA -006 RHEIN-MAIN-GEBIET
landwirtschaft + standortwahl + sozio-oekonomische faktoren
TB -008 FRANKFURT-ROEMERSTADT + RHEIN-MAIN-GEBIET
wohnwert + wohnungsbau + wohnbeduerfnisse
TB -010 RHEIN-MAIN-GEBIET
industrie + sozio-oekonomische faktoren + siedlungsentwicklung + (farbwerke hoechst)
TB -021 DARMSTADT-KRANICHSTEIN + RHEIN-MAIN-GEBIET
stadtplanung + lebensqualitaet + (anwaltsplanung)
TC -004 RHEIN-MAIN-GEBIET
freizeitanlagen
UB -032 RHEIN-MAIN-GEBIET
umweltrecht + vollzugsdefizit + immissionsschutz

UF -005 FRANKFURT + RHEIN-MAIN-GEBIET
stadtkern + stadtrandzone + stadt + klima

UF -020 DARMSTADT-KRANICHSTEIN + RHEIN-MAIN-GEBIET
stadtplanung + wohnungsbau + freiflaechen

UH -013 RHEIN-MAIN-GEBIET
bevoelkerung + mobilitaet

UH -019 FRANKFURT + RHEIN-MAIN-GEBIET
verkehrsplanung + emissionsminderung + kosten-nutzen-analyse

UH -033 FRANKFURT + RHEIN-MAIN-GEBIET
verkehr + luftverunreinigung + laermbelaestigung + (mathematisches modell)

UI -011 MAINZ + RHEIN-MAIN-GEBIET
oeffentlicher nahverkehr + verkehrssystem + stadtplanung

UK -009 RHEIN-MAIN-GEBIET
naturschutz + landespflege + planungshilfen

UL -035 FRANKFURT (WEST) + RHEIN-MAIN-GEBIET
raumplanung + vegetation + landschaftsoekologie + ballungsgebiet

RHEIN-NAHE (REGION)

UE -002 EIFEL-HUNSRUECK (REGION) + RHEIN-NAHE (REGION) + HAMBURG (UMLAND)
regionalplanung + laendlicher raum

RHEIN-NECKAR-RAUM

AA -050 MANNHEIM + RHEIN-NECKAR-RAUM
klima + stadt + luftmassenaustausch + (windschwache wetterlagen)

AA -051 RHEIN-NECKAR-RAUM
klima + flaechennutzung + regionalplanung + (klimaschutzgebiete)

AA -125 RHEIN-RUHR-RAUM + RHEIN-NECKAR-RAUM + RHEIN-MAIN-GEBIET + SAAR
immissionsbelastung + schwefeldioxid + ballungsgebiet + emissionskataster + prognose + (ausbreitungsrechnung)

AA -134 MAINZ + RHEIN-MAIN-GEBIET + LUDWIGSHAFEN + RHEIN-NECKAR-RAUM
luftueberwachung + immission + bundesimmissionsschutzgesetz + messtellennetz

GC -013 MANNHEIM + LUDWIGSHAFEN + HEIDELBERG + RHEIN-NECKAR-RAUM
waermeversorgung + kernkraftwerk + oekologische faktoren + (fernwaerme)

HB -053 RHEIN-NECKAR-RAUM
grundwasser + wasserwirtschaft + fliessgewaesser

IC -012 NECKAR + RHEIN-NECKAR-RAUM
fluss + schadstoffbilanz + industrieabwaesser + trinkwasserversorgung

MB -014 HEIDELBERG + RHEIN-NECKAR-RAUM
abfallbeseitigungsanlage + klaerschlamm + kompostierung

PE -014 RHEIN-NECKAR-RAUM + MANNHEIM + LUDWIGSHAFEN
umweltbelastung + industrie + ballungsgebiet + mortalitaet

PE -020 MANNHEIM + RHEIN-NECKAR-RAUM + SCHWARZWALD
immissionsbelastung + schadstoffwirkung + atemtrakt + (schulkinder)

PI -004 RHEIN-NECKAR-RAUM
umweltbelastung + oekologische faktoren

TB -037 MANNHEIM + RHEIN-NECKAR-RAUM
wohngebiet + randgruppen + soziale integration + psychiatrie

TE -013 MANNHEIM + RHEIN-NECKAR-RAUM
psychiatrie + epidemiologie + informationssystem

TE -014 MANNHEIM + RHEIN-NECKAR-RAUM
infrastruktur + bedarfsanalyse + psychiatrie + sozialmedizin + epidemiologie + (geistig behinderte kinder)

TE -015 MANNHEIM + RHEIN-NECKAR-RAUM
psychiatrie + rehabilitation + infrastruktur + bedarfsanalyse

UC -025 RHEIN-NECKAR-RAUM
raumwirtschaftspolitik + industrialisierung + simulationsmodell

UE -009 RHEIN-NECKAR-RAUM
verdichtungsraum + oekologische faktoren + (abbildung in einem modell)

UE -022 RHEIN-NECKAR-RAUM
ballungsgebiet

UH -006 RHEIN-NECKAR-RAUM
freizeitverhalten + verkehr

RHEIN-RUHR-RAUM

AA -019 KOELN + RHEIN-RUHR-RAUM
immissionsbelastung + phytoindikator + flechten + ballungsgebiet

AA -039 DUESSELDORF + WUPPERTAL + RHEIN-RUHR-RAUM
luftverunreinigende stoffe + fluorverbindungen + ballungsgebiet

AA -046 RHEIN-RUHR-RAUM + RHEINISCHES SCHIEFERGEBIRGE
naherholung + erholungsgebiet + klima + ballungsgebiet

AA -125 RHEIN-RUHR-RAUM + RHEIN-NECKAR-RAUM + RHEIN-MAIN-GEBIET + SAAR
immissionsbelastung + schwefeldioxid + ballungsgebiet + emissionskataster + prognose + (ausbreitungsrechnung)

AA -136 OBERRHEINEBENE + RHEIN-RUHR-RAUM
meteorologie + klima + niederschlag + wasserhaushalt

AA -137 BONN + RHEIN-RUHR-RAUM
meteorologie + niederschlagsmessung

AA -161 KOELN (STADT) + RHEIN-RUHR-RAUM
luftueberwachung + messtellennetz

AA -162 KOELN (STADT) + RHEIN-RUHR-RAUM
luftverunreinigende stoffe + messung

AA -163 KOELN (RAUM) + RHEIN-RUHR-RAUM
schwefeldioxid + immissionsmessung + messtellennetz

AA -164 KOELN + BERGHEIM + RHEIN-RUHR-RAUM
staubpegel + messtellennetz

AA -165 KOELN (RAUM) + RHEIN-RUHR-RAUM
staub + immissionsmessung

BA -046 DORTMUND + RHEIN-RUHR-RAUM
strassenverkehr + kfz-abgase + kohlenmonoxid + immissionsschutz + simulationsmodell

BC -001 KOELN (RAUM) + RHEIN-RUHR-RAUM
emissionskataster + petrochemische industrie + leckrate

BC -009 NORDRHEIN-WESTFALEN + RHEIN-RUHR-RAUM
luftreinhaltung + abgasreinigung + staubemission + eisen- und stahlindustrie + (hochofen)

BE -025 RHEIN-RUHR-RAUM
geruchsbelaestigung + psychologische faktoren

CB -011 RHEIN-RUHR-RAUM + HOLLAND
luftreinhaltung + schadstoffe + ausbreitung

CB -036 RHEIN-RUHR-RAUM + NIEDERLANDE
luftverunreinigung + ausbreitungsmodell

CB -051 KOELN + BONN + RHEIN-RUHR-RAUM
smogbildung + oxidation

CB -082 RHEIN-RUHR-RAUM
luftverunreinigung + schadstofftransport + emissionskataster + schwefeldioxid

DB -023 DORTMUND + RHEIN-RUHR-RAUM
luftverunreinigung + heizungsanlage + private haushalte + energieverbrauch

FA -017 DUISBURG + RHEIN-RUHR-RAUM
laermkarte + taglaerm + nachtlaerm

FB -089 DUESSELDORF-LOHHAUSEN + RHEIN-RUHR-RAUM
laermminderung + verkehrslaerm + flugverkehr

FD -046 KOELN + RHEIN-RUHR-RAUM
wohngebiet + verkehrslaerm + kataster

GC -005 RHEIN-RUHR-RAUM
abwaerme + kraftwerk + ballungsgebiet

GC -014 BONN + KOELN + RHEIN-RUHR-RAUM
waermeversorgung + kernkraftwerk + oekologische faktoren + (fernwaerme)

IC -116 KOELN (STADT) + RHEIN-RUHR-RAUM
wasseruntersuchung + oberflaechengewaesser

MA -028 NORDRHEIN-WESTFALEN + RHEIN-RUHR-RAUM
industrieabfaelle + abfallmenge + abfallbeseitigungsanlage + (kapazitaetsbestimmung)

MA -030 NORDRHEIN-WESTFALEN + RHEIN-RUHR-RAUM
industrieabfaelle + abfallmenge + prognose + (investitionsgueterindustrie)

MA -031 NORDRHEIN-WESTFALEN + RHEIN-RUHR-RAUM
industrieabfaelle + abfallmenge + (gesamthochrechnung)

MA -035 BOCHUM + RHEIN-RUHR-RAUM
abfallsammlung + abfallmenge + hausmuellsortierung

MG -032 RHEIN-RUHR-RAUM
abfallbeseitigung + datenverarbeitung + planungshilfen

MG -038 ISERLOHN + RHEIN-RUHR-RAUM
abfallbeseitigung + kosten + einwohnergleichwert

PE -003 OBERHAUSEN + MUELHEIM + RHEIN-RUHR-RAUM
luftverunreinigung + gesundheitsschutz

PE -034 RHEIN-MAIN-GEBIET + RHEIN-RUHR-RAUM
immissionsbelastung + luftverunreinigende stoffe + synergismus + atemtrakt

PE -050 RHEIN-RUHR-RAUM
luftverunreinigung + schadstoffbelastung + carcinogene + atemtrakt

PF -052 BONN (RAUM) + RHEIN-RUHR-RAUM
pflanzen + bleigehalt + autobahn

PF -058 DORTMUND + RHEIN-RUHR-RAUM
bodenbelastung + pflanzenkontamination + schwermetalle + ballungsgebiet

PG -025 MUENSTERLAND + KOELNER BUCHT + RHEIN-RUHR-RAUM
bodenkontamination + fauna + nematizide + (hafermonokultur)

RC -025 RHEIN-RUHR-RAUM
bergbau + bodenmechanik + (folgeschaeden)

TB -006 MAERKISCHES INDUSTRIEGEBIET + RHEIN-RUHR-RAUM
bevoelkerungsentwicklung + ballungsgebiet

UA -045 DORTMUND + RHEIN-RUHR-RAUM
umweltbelastung + lebensqualitaet + ballungsgebiet + grosstadt + modell

UA -064 WUPPERTAL + RHEIN-RUHR-RAUM
umweltprogramm + stadtgebiet

UB -020 RHEIN-RUHR-RAUM
trinkwasseraufbereitung + oberflaechengewaesser + pcb + filtration

UC -030 RHEIN-RUHR-RAUM
umweltbelastung + sozio-oekonomische faktoren + indikatoren

UC -032 RHEIN-RUHR-RAUM
umweltpolitik + umweltbelastung + soziale kosten

UF -034 CASTROP-RAUXEL + RHEIN-RUHR-RAUM + ESSLINGEN + HERZOGENRATH + ELMSHORN
kommunale planung + stadtentwicklungsplanung + bauleitplanung

UH -029 HATTINGEN + RHEIN-RUHR-RAUM
verkehrsplanung + strassenbau + stadtgebiet + planungshilfen

UK -005 LEVERKUSEN-BUERGERBUSCH + RHEIN-RUHR-RAUM
strassenbau + erholungsgebiet + waldoekosystem

UK -050 KOTTENFORST-VILLE + BONN + RHEIN-RUHR-RAUM
landschaftsoekologie + landschaftsrahmenplan + erholungsgebiet + naturpark

UK -053 KOTTENFORST-VILLE + BONN + RHEIN-RUHR-RAUM
erholungsplanung + landschaftsrahmenplan + naturpark + naherholung

UM -043 KOELN + AACHEN + RHEIN-RUHR-RAUM
naturschutz + flora + kartierung

RHEINHESSEN

UH -014 RHEINHESSEN + OBERRHEIN
sozialgeographie + gemeinde

RHEINISCH-BERGISCHER-KREIS

MA -029 RHEINISCH-BERGISCHER-KREIS
abfallwirtschaft + industrieabfaelle + (fragebogenaktion)

RHEINISCHES BRAUNKOHLENGEBIET

DB -021 RHEINISCHES BRAUNKOHLENGEBIET
kraftwerk + immissionsueberwachung

UL -016 RHEINISCHES BRAUNKOHLENGEBIET
rekultivierung

RHEINISCHES SCHIEFERGEBIRGE

AA -046 RHEIN-RUHR-RAUM + RHEINISCHES SCHIEFERGEBIRGE
naherholung + erholungsgebiet + klima + ballungsgebiet

HB -012 RHEINISCHES SCHIEFERGEBIRGE + HESSISCHE SENKE
wasserbilanz + grundwasserbildung

RHEINLAND-PFALZ

BC -038 RHEINLAND-PFALZ
industrieabgase + bleikontamination + messmethode

CA -083 RHEINLAND-PFALZ
luftverunreinigende stoffe + fluorverbindungen + nachweisverfahren

HB -007 MOSEL + RHEINLAND-PFALZ
oberflaechenwasser + grundwasser + uferfiltration + wassergewinnung

SA -081 RHEINLAND-PFALZ
waermeversorgung + energietraeger

TF -014 RHEINLAND-PFALZ
krankenhaushygiene

UB -009 RHEINLAND-PFALZ
umweltrecht + rechtsvorschriften + raumplanung

UM -046 RHEINLAND-PFALZ
vegetationskunde

RHOEN (HOHE RHOEN)

UM -044 RHOEN (HOHE RHOEN)
gruenland + baumbestand + (solitaerbaeume)

UM -045 RHOEN (HOHE RHOEN)
vegetationskunde + pflanzenoekologie

RHUME

IC -036 HARZ (SUED) + SIEBER + ODER + RHUME
gewaesserbelastung + organische schadstoffe + bewertungsmethode

ROTWANDGEBIET

UM -031 ROTWANDGEBIET + MIESBACH (LANDKREIS)
landschaftserhaltung + vegetation + alm

RUANDA

RA -002 TANZANIA + RUANDA + AFRIKA (OST)
agraroekonomie + oekologie + entwicklungslaender

RUHR

AA -036 RUHR + LIPPE (GEBIET)
regenwasser + datenerfassung + industriegebiet

GB -034 LENNE + RUHR
kraftwerk + abwaerme + gewaesserbelastung + (invertebratenfauna)

RUHR (EINZUGSGEBIET)

HA -103 RUHR (EINZUGSGEBIET)
gewaesserschutz + sauerstoffverbrauch

HD -022 RUHR (EINZUGSGEBIET)
oberflaechenwasser + grundwasser + trinkwasser + spurenelemente

IC -109 RUHR (EINZUGSGEBIET)
fliessgewaesser + spurenelemente

RUHRGEBIET
SIEHE RHEIN-RUHR-RAUM

SA -016 OBERHAUSEN + RUHRGEBIET
fernwaerme + waermeversorgung + kernkraftwerk + (heizkraftwerkverbund)

RUHRTAL

RG -031 SCHWARZWALD + RUHRTAL + AMAZONAS
waldoekosystem + bodentiere + mikroorganismen + (laubwald)

SAAR

AA -125 RHEIN-RUHR-RAUM + RHEIN-NECKAR-RAUM + RHEIN-MAIN-GEBIET + SAAR
immissionsbelastung + schwefeldioxid + ballungsgebiet + emissionskataster + prognose + (ausbreitungsrechnung)

IC -023 SAAR
gewaesserbelastung + immission + kataster

IC -024 SAAR
gewaesserbelastung + bioindikator + bewertungsmethode

IC -056 SAAR + AHR + SIEG + FULDA
gewaesserverunreinigung + wasserpflanzen + bioindikator

OD -011 SAAR + MOSEL
fliessgewaesser + schwermetallkontamination + schadstoffbeseitigung + mikroorganismen

SAAR (NEBENFLUESSE)

IC -043 SAAR (NEBENFLUESSE)
gewaesserbelastung + schwefelverbindungen + mikrobieller abbau

SAARBRUECKEN

AA -031 FRANKFURT + RHEIN-MAIN-GEBIET + SAARBRUECKEN + MUENCHEN
luftverunreinigung + immissionsmessung + statistische auswertung

FA -009 SAARBRUECKEN + VOELKLINGEN
schallpegelmessung + gutachten

SAARLAND

GC -012 SAARLAND
waermeversorgung + abwaerme + recycling + fernwaerme

NA -013 SAARLAND + HENSWEILER
elektromagnetische felder + organismen + physiologische wirkungen + (leistungsstarke sender)

UA -028 SAARLAND + WEST MIDLANDS (ENGLAND)
umweltschutz + internationaler vergleich + (politische entscheidungsprozesse)

UA -036 SAARLAND + WEST MIDLANDS (ENGLAND)
umweltschutz + internationaler vergleich + (politische entscheidungsprozesse)

UL -015 SAARLAND
wasserueberwachung + bodenschutz + abfallbeseitigung

UL -073 SAARLAND
rekultivierung + oekologische faktoren + (schutthalde)

UN -055 SAARLAND
bodentiere + pflanzenoekologie + rekultivierung + (schutthalde)

SAARLAND (OST)

HB -018 SAARLAND (OST)
wasserwerk + grundwasserabsenkung

SAHARA (NORD)

HB -051 SAHARA (NORD) + AFRIKA + LIBYEN
grundwasser + hydrogeologie

SAHELZONE (AFRIKA)

RC -024 SAHELZONE (AFRIKA)
bodenbeeinflussung + erosion + wueste

SALZGITTER

FB -046 SALZGITTER + HANNOVER
verkehrslaerm + prognose

SANDHAUSEN

ID -040 SANDHAUSEN + OBERRHEIN
grundwasserbelastung + radioaktive spurenstoffe

SAUERLAND (OST)

IC -046 DIEMEL + SAUERLAND (OST)
hydrologie + fluss + schadstoffnachweis

SCHARHOERN

HC -004 ELBE-AESTUAR + NEUWERK + SCHARHOERN
kuestengewaesser + wattenmeer + sedimentation + wasserbau + (dammbauten)

HC -005 ELBE-AESTUAR + NEUWERK + SCHARHOERN
kuestengewaesser + wattenmeer + wasserbau + (prielverlegung + hafenplanung)

UH -007 ELBE-AESTUAR + SCHARHOERN + CUXHAVEN (RAUM)
kuestengebiet + schiffahrt + wasserbau + oekonomische aspekte + regionalentwicklung + (hafenplanung)

UN -003 ELBE-AESTUAR + SCHARHOERN + NEUWERK
kuestengewaesser + wattenmeer + oekologie + naturschutz + voegel + (hafenplanung)

UN -024 SCHARHOERN + NEUWERK + ELBE-AESTUAR
naturschutz + wattenmeer + voegel + oekologie + wasserbau + (hafenplanung)

SCHLESIEN

UD -011 SCHLESIEN + BUNDESREPUBLIK DEUTSCHLAND
lagerstaettenkunde + geochemie + mineralogie

SCHLESWIG-HOLSTEIN

HA -024 SCHLESWIG-HOLSTEIN
binnengewaesser + stoffhaushalt + indikatoren

HA -043 ALPEN + SCHLESWIG-HOLSTEIN
hydrologie + wasserhaushalt + oberflaechenwasser

HA -074 SCHLESWIG-HOLSTEIN
wasserhaushalt + naturraum

HC -046 SCHLESWIG-HOLSTEIN
kuestengewaesser + litoral + benthos + biotop

IC -061 SCHLESWIG-HOLSTEIN
fliessgewaesser + sediment + schwermetallkontamination

IF -022 SCHLESWIG-HOLSTEIN
gewaesserbelastung + duengemittel + eutrophierung

KD -015 SCHLESWIG-HOLSTEIN
abwasserbeseitigung + landwirtschaftliche abwaesser + filtration

QC -040 SCHLESWIG-HOLSTEIN
gruenland + duengung + futtermittel + schadstoffbelastung + physiologische wirkungen

RC -041 ALPENVORLAND + SCHLESWIG-HOLSTEIN
bodenstruktur + hydrometeorologie + luftbild

RF -020 SCHLESWIG-HOLSTEIN
gewaesserbelastung + nutztierhaltung + landwirtschaftliche abwaesser

RH -026 SCHLESWIG-HOLSTEIN
ackerbau + pflanzenschutz + pilze + (raps)

UA -022 SCHLESWIG-HOLSTEIN
umweltschutz + landesplanung + (gesamtprogramm)

UM -023 SCHLESWIG-HOLSTEIN + NIEDERSACHSEN (NORD)
pflanzensoziologie + kartierung

UN -019 SCHLESWIG-HOLSTEIN
tierschutz

SCHLESWIG-HOLSTEIN (SANDERGEBIET)

HB -016 SCHLESWIG-HOLSTEIN (SANDERGEBIET)
grundwasser + bakteriologie

SCHLITZERLAND

HA -095 SCHLITZERLAND + HESSEN
fliessgewaesser + stofftransport + hydrochemie + vegetation + klima

SCHOENBUCH (REGION)

PI -008 SCHOENBUCH (REGION)
gewaesserbelastung + oekosystem + naturpark

SCHWAEBISCH-GMUEND

UE -032 SCHWAEBISCH-GMUEND
stadtplanung + raumplanung + infrastruktur + strukturanalyse

SCHWAEBISCH-HALL

TC -007 SCHWAEBISCH-HALL
erholungsplanung + fremdenverkehr + oekonomische aspekte

SCHWAEBISCHE ALB

HA -036 SCHWAEBISCHE ALB
wasserpflanzen + gewaesserguete + bioindikator + (submerse makrophyten)

OD -036 SCHWAEBISCHE ALB
naturstein + umweltchemikalien + spurenelemente + emission

UL -014 SCHWAEBISCHE ALB + SUEDWESTDEUTSCHLAND
hydrogeologie + karstgebiet

SCHWALM-NETTE

UK -002 SCHWALM-NETTE
landschaftsgestaltung + erholungsgebiet

SCHWALMTAL (KREIS VIERSEN)

UK -056 SCHWALMTAL (KREIS VIERSEN)
landschaftsplanung + erholungsplanung + naturpark

SCHWARZACH (OBERPFALZ)

PF -060 SCHWARZACH (OBERPFALZ)
fliessgewaesser + untergrund + phosphate + bodenbelastung

SCHWARZACHAUE (OBERPFAELZER WALD)

UL -058 SCHWARZACHAUE (OBERPFAELZER WALD)
vegetation + biotop

UL -060 SCHWARZACHAUE (OBERPFAELZER WALD)
landschaftsoekologie

SCHWARZWALD

AA -066 SCHWARZWALD
wald + immissionsschutz

IC -114 OBERRHEINEBENE + VOGESEN + SCHWARZWALD
gewaesserguete + chloride + chemische indikatoren

ID -015 SCHWARZWALD + EYACH
wasserchemie + grundwasserbelastung + duengemittel + trinkwasserguete

NB -027 STUTTGART + SCHWARZWALD
luftverunreinigung + radioaktive spaltprodukte + (kernwaffenversuch)

PE -020 MANNHEIM + RHEIN-NECKAR-RAUM + SCHWARZWALD
immissionsbelastung + schadstoffwirkung + atemtrakt + (schulkinder)

PI -019 SCHWARZWALD
biooekologie + waldoekosystem + (bioelementkreislauf)

RG -013 SCHWARZWALD
waldoekosystem + umweltfaktoren

RG -019 SCHWARZWALD
wald + wasserhaushalt + lufthaushalt

RG -031 SCHWARZWALD + RUHRTAL + AMAZONAS
waldoekosystem + bodentiere + mikroorganismen + (laubwald)

SA -076 SCHWARZWALD
energietechnik + uran + rohstoffsicherung + (uranprospektion)

UD -017 SCHWARZWALD
rohstoffe + geologie + uran

SCHWARZWALD (NORD)

PI -035 SCHWARZWALD (NORD)
oekologie + gewaesserguete

RG -014 SCHWARZWALD (NORD)
waldoekosystem + klimaaenderung + naehrstoffhaushalt

SCHWARZWALD (SUED)

OD -038 SCHWARZWALD (SUED)
boden + spurenelemente + schwermetalle + wasserhaushalt + stoffhaushalt

TC -006 SCHWARZWALD (SUED)
erholungsgebiet + wald + bedarfsanalyse

SCHWARZWALD-BAAR-HEUBERG (REGION)

UK -037 SCHWARZWALD-BAAR-HEUBERG (REGION) + TUTTLINGEN
landschaftsplanung + flaechennutzung + oekologische faktoren

SCHWEDEN

OD -055 SCHWEDEN + LAPPLAND (ULTEVIS)
bodenkontamination + schwermetalle

UB -026 SCHWEIZ + USA + SCHWEDEN
umweltrecht + internationaler vergleich

SCHWEINFURT-GRAFENRHEINFELD

NC -116 SCHWEINFURT-GRAFENRHEINFELD
kernkraftwerk + landschaftsschutzgebiet + fauna

SCHWEIZ

AA -003 DAVOS + SCHWEIZ + HELGOLAND + DEUTSCHE BUCHT
luftverunreinigende stoffe + pollen + sporen

UB -026 SCHWEIZ + USA + SCHWEDEN
umweltrecht + internationaler vergleich

UM -075 OBERRHEINEBENE + NECKARTAL + SCHWEIZ + UNGARN + OESTERREICH
pflanzenschutz + unkrautflora + biologischer pflanzenschutz + (solidago)

SIEBER

IC -036 HARZ (SUED) + SIEBER + ODER + RHUME
gewaesserbelastung + organische schadstoffe + bewertungsmethode

IC -037 HARZ (WEST) + INNERSTE + SIEBER + SOESE
gewaesserbelastung + schwermetalle + organische schadstoffe + kartierung

IF -009 HARZ + LEINE + SOESE + SIEBER + INNERSTE
fliessgewaesser + gewaesserbelastung + eutrophierung + phosphate + (borate)

SIEG

IC -056 SAAR + AHR + SIEG + FULDA
gewaesserverunreinigung + wasserpflanzen + bioindikator

SIZILIEN

HB -088 SIZILIEN
hydrogeologie + grundwasserbewegung + kuestengebiet + luftbild

SKANDINAVIEN

CB -038 BUNDESREPUBLIK DEUTSCHLAND + SKANDINAVIEN
schadstoffausbreitung + luftverunreinigung

SOESE

IC -037 HARZ (WEST) + INNERSTE + SIEBER + SOESE
gewaesserbelastung + schwermetalle + organische schadstoffe + kartierung

IF -009 HARZ + LEINE + SOESE + SIEBER + INNERSTE
fliessgewaesser + gewaesserbelastung + eutrophierung + phosphate + (borate)

SOLLING

PF -028 SOLLING
bodenbelastung + schwermetalle + wasser

PI -001 SOLLING + WUERTTEMBERG
waldoekosystem + tiere + populationsdynamik

PI -009 SOLLING
waldoekosystem + systemanalyse

PI -014 SOLLING
wald + oekosystem + stoffhaushalt

PI -016 SOLLING
luftverunreinigung + waldoekosystem + niederschlag

PI -038 SOLLING
oekosystem + modell

RE -005 SOLLING
pflanzen + wasserhaushalt

RG -023 SOLLING
forstwirtschaft + wald + pflanzen + biomasse

VA -010 SOLLING
biooekologie + mathematische modelle

SOWJETUNION

UA -067 SOWJETUNION
umweltschutz + umweltpolitik

SPANIEN

UN -054 DEUTSCHLAND (SUED-WEST) + SPANIEN
biologie + insekten + (koleopteren)

SPESSART

UL -072 SPESSART
landschaftsoekologie + siedlungsentwicklung + sozio-oekonomische faktoren

SPESSART (SUED)

HB -014 SPESSART (SUED)
grundwasserabfluss + geologie

STADE

AA -115 STADE
immissionsmessung + fluor + aluminiumindustrie

STAMMHAM

UL -061 STAMMHAM
naturschutz + wild + populationsdynamik + vegetation

STARNBERGER SEE

RC -040 STARNBERGER SEE + KOCHELMOOS + ALPENVORLAND
bodenkarte + oekologie + fliegende messtation + luftbild

STOCKHOLM

UF -031 STOCKHOLM
stadtplanung + grosstadt + bodenvorratspolitik + kosten-nutzen-analyse

STUTTGART

AA -070 NECKAR (MITTLERER NECKAR-RAUM) + STUTTGART
bioindikator + kartierung + flechten

AA -074 NECKAR (MITTLERER NECKAR-RAUM) + STUTTGART
luftueberwachung + immissionsmessung + phytoindikator + flechten

AA -078 ESSLINGEN + STUTTGART
immissionsmessung + kartierung + bioindikator

DC -047 NECKAR (RAUM) + STUTTGART + NORDRHEIN-WESTFALEN
kraftwerk + immission + schwefeldioxid + inversionswetterlage

FB -030 STUTTGART
verkehr + laermkarte

HG -015 REUTLINGEN + TUEBINGEN + STUTTGART
landschaftsplanung + hydrogeologie + bodenwasser + wasserhaushalt

IC -025 MURR + NECKAR (MITTLERER NECKAR-RAUM) + STUTTGART
gewaesserbelastung + kommunale abwaesser + industrieabwaesser + schwermetalle

MD -025 LUDWIGSBURG (LANDKREIS) + STUTTGART
siedlungsabfaelle + sperrmuell + abfallsortierung + recycling

NB -027 STUTTGART + SCHWARZWALD
luftverunreinigung + radioaktive spaltprodukte + (kernwaffenversuch)

SA -022 NECKAR (MITTLERER NECKAR-RAUM) + STUTTGART
sonnenstrahlung + energietechnik + (sonnenkollektor)

UA -050 NECKAR (RAUM) + STUTTGART
kommunale planung + umweltplanung + (umweltatlas)

UE -014 BADEN-WUERTTEMBERG + NECKAR (MITTLERER NECKAR-RAUM) + STUTTGART
regionalplanung + ballungsgebiet + wirtschaftsstruktur + oekologie + entwicklungsmassnahmen

UE -042 BADEN-WUERTTEMBERG + NECKAR (MITTLERER NECKAR-RAUM) + STUTTGART
landesentwicklung + systemanalyse + sozio-oekonomische faktoren

UK -046 STUTTGART
verdichtungsraum + freiraumplanung + freizeitverhalten + planungshilfen

STUTTGART (RAUM)

AA -073 STUTTGART (RAUM)
luftueberwachung + immissionsmessung + phytoindikator + (photosynthese)

FB -037 STUTTGART (RAUM)
laermbelastung + bevoelkerung + ballungsgebiet + verkehrssystem

HB -024 STUTTGART (RAUM)
karstgebiet + mineralquelle + grundwasser

UK -014 STUTTGART (RAUM)
ballungsgebiet + freiraumplanung

UL -027 STUTTGART (RAUM)
vegetation + weinberg + landschaftspflege + erholungsplanung

SUBTROPEN

OC -014 MITTELMEERLAENDER + SUBTROPEN + TROPEN
insektizide + biologischer abbau + (synthese)

SUEDWESTDEUTSCHLAND

OA -024 SUEDWESTDEUTSCHLAND
geochemie + umweltchemikalien + spurenanalytik

UL -014 SCHWAEBISCHE ALB + SUEDWESTDEUTSCHLAND
hydrogeologie + karstgebiet

SUMATRA

UE -031 SUMATRA
regionalplanung

SYLT

HC -048 SYLT + NORDSEEKUESTE
kuestengebiet + (brandung)

HC -049 SYLT
kuestengewaesser + stroemung

TANZANIA

RA -002 TANZANIA + RUANDA + AFRIKA (OST)
agraroekonomie + oekologie + entwicklungslaender

TAUBER

HB -026 MAIN + TAUBER
hydrogeologie + grundwasser + schadstofftransport

TAUBER (GEBIET)

UM -064 TAUBER (GEBIET) + MAIN (GEBIET)
vegetationskunde + kartierung

TAUBERTAL

RG -036 TAUBERTAL
mikroklimatologie + brachflaechen + rekultivierung + koniferen

TAUNUS

CB -012 MAIN + TAUNUS + WETTERAU + RHEIN-MAIN-GEBIET
klimatologie + fliegende messtation + fernerkundung + schadstoffausbreitung + (ir-thermographie)

HB -084 TAUNUS + WIESBADEN
grundwasserbildung + wasserhaushalt

TEGELER SEE

IA -016 TEGELER SEE + BERLIN
gewaesserverunreinigung + phosphor + messverfahren + geraeteentwicklung

IC -060 BERLIN + TEGELER SEE
oberflaechengewaesser + schadstoffbelastung + messung

TEISENBERG

UM -028 INZELL + TEISENBERG + BAYERN
landschaftsoekologie + vegetation + standortfaktoren

UM -062 TEISENBERG
vegetation + standortfaktoren

TEUTOBURGER WALD

UK -028 TEUTOBURGER WALD + WIEHENGEBIERGE
landschaftsrahmenplan + naturpark + erholungsplanung

TIROLER ACHEN

PG -045 TIROLER ACHEN
schadstoffausbreitung + spurenelemente + bodenkontamination + anthropogener einfluss

TRAUNSTEIN

TE -016 TRAUNSTEIN + BAYERN (OBERBAYERN)
gesundheitsfuersorge + psychiatrie

TRAVE

UM -065 DUMMERSDORF + TRAVE + OSTSEE
vegetation + kartierung + uferschutz + fluss

TRIER

HB -021 TRIER + HUNSRUECK
grundwasserbildung + anthropogener einfluss + oekologische faktoren

IC -102 TRIER
oberflaechengewaesser + salmonellen + gesundheitsschutz

TROPEN

OC -014 MITTELMEERLAENDER + SUBTROPEN + TROPEN
insektizide + biologischer abbau + (synthese)

TUEBINGEN

HG -015 REUTLINGEN + TUEBINGEN + STUTTGART
landschaftsplanung + hydrogeologie + bodenwasser + wasserhaushalt

TUEBINGEN (LANDKREIS)

MG -040 REUTLINGEN (LANDKREIS) + TUEBINGEN (LANDKREIS)
abfall + recycling + (modellanlage)

TUERKEI (SCHWARZMEERKUESTE)

UE -021 TUERKEI (SCHWARZMEERKUESTE) + ANATOLIEN
entwicklungslaender + stadtentwicklung + flaechennutzung + wirtschaftsstruktur + infrastruktur

TUNESIEN

HB -087 TUNESIEN
meerwasserentsalzung + aufbereitungsanlage + standortwahl

TUTTLINGEN

UK -037 SCHWARZWALD-BAAR-HEUBERG (REGION) + TUTTLINGEN
landschaftsplanung + flaechennutzung + oekologische faktoren

UNGARN

UM -075 OBERRHEINEBENE + NECKARTAL + SCHWEIZ + UNGARN + OESTERREICH
pflanzenschutz + unkrautflora + biologischer pflanzenschutz + (solidago)

UNTERFRANKEN

HB -034 UNTERFRANKEN
trinkwassergewinnung + bodennutzung + verkehrsplanung + (bundesbahn-neubaubahnstrecke)

USA

EA -025 EUROPA + USA
abgasemission + verbrennungsmotor + pruefverfahren + richtlinien

MB -007 USA
abfallbeseitigung + siedlungsabfaelle + industrieabfaelle + pyrolyse

MB -057 USA + EUROPA + JAPAN
abfallbeseitigung + pyrolyse + hochtemperaturabbrand + internationaler vergleich

SA -048 EG-LAENDER + USA
energiepolitik + oekologie + oekonomische aspekte

UB -026 SCHWEIZ + USA + SCHWEDEN
umweltrecht + internationaler vergleich

VILLINGEN-SCHWENNINGEN

AA -097 VILLINGEN-SCHWENNINGEN
immissionsschutzplanung + regionalplanung + umweltbelastung

VOELKLINGEN

FA -009 SAARBRUECKEN + VOELKLINGEN
schallpegelmessung + gutachten

VOGELSBERG

HG -014 VOGELSBERG
hydrogeologie + quelle + umweltfaktoren + fluoride

VOGELSBERG (NATURPARK)

UN -058 VOGELSBERG (NATURPARK)
naturpark + fauna + oekologische faktoren

VOGESEN

IC -114 OBERRHEINEBENE + VOGESEN + SCHWARZWALD
gewaesserguete + chloride + chemische indikatoren

VORALPENGEBIET

TE -003 BODENSEE (RAUM) + VORALPENGEBIET
meteorologie + wetterfuehligkeit + (foehn)

WAHNBACH-TALSPERRE

HA -110 WAHNBACH-TALSPERRE
gewaesserbelueftung + talsperre + trinkwassergewinnung

HB -067 WAHNBACH-TALSPERRE
hydrogeologie + kartierung

IC -117 WAHNBACH-TALSPERRE
abwasserreinigung + phosphate + talsperre + trinkwassergewinnung

IF -039 WAHNBACH-TALSPERRE
gewaesserreinigung + talsperre + phosphor + trinkwassergewinnung + (oligotrophierung)

WALCHENSEE

IF -002 WALCHENSEE + KOCHELSEE
binnengewaesser + naehrstoffhaushalt + schadstoffbelastung + (seemodell)

WASSENBERG (NORDRHEIN-WESTFALEN)

UF -001 WASSENBERG (NORDRHEIN-WESTFALEN)
verkehrsplanung + stadtsanierung

WERDENFELSER LAND

UN -052 ALPENVORLAND + WERDENFELSER LAND
voegel + oekosystem + landschaftsplanung

WERRA

KC -058 INNERSTE + LEINE + WERRA + WESER
abwassermenge + chemische industrie + emissionsminderung + recycling + salze

WESEL

IC -099 WESEL + NIEDERRHEIN
grundwasserabfluss + kiesabbau

WESER

GB -039 WESER
gewaesserbelastung + kernkraftwerk + abwaerme + kuehlwasser + biologische wirkungen

HA -111 JADE + WESER
kuestenschutz + aestuar + messtellennetz

IC -069 RHEIN + WESER + EMS
fliessgewaesser + radioaktive spurenstoffe + tritium

IE -017 ELBE + WESER + JADE + EMS
abwasserableitung + (in tideregion + ausbreitungsmodell)

KC -058 INNERSTE + LEINE + WERRA + WESER
abwassermenge + chemische industrie + emissionsminderung + recycling + salze

RH -079 WESER + EMS + OLDENBURG
pflanzenschutzmittel + datenerfassung

WESER-AESTUAR

GB -027 WESER-AESTUAR
gewaesserbelastung + abwaerme + kernkraftwerk

HC -013 JADE + WESER-AESTUAR
aestuar + kuestenschutz + schiffahrt + (modellversuche)

HC -030 WESER-AESTUAR
wasserguete + kuestengewaesser + messtellennetz

HG -009 WESER-AESTUAR
fliessgewaesser + kuestengewaesser + hydrometeorologie + messverfahren

IC -019 WESER-AESTUAR
abwasserbelastung

IC -021 WESER-AESTUAR
fluss + schadstoffbelastung + oekologische faktoren + anthropogener einfluss

IC -090 WESER-AESTUAR
gewaesseruntersuchung + kernkraftwerk + radionuklide

IE -033 WESER-AESTUAR
wasserverunreinigung + schwermetallsalze + bakterien

IE -035 WESER-AESTUAR
abwasserbelastung + kuestengewaesser + krankheitserreger + (pilzkeime)

IE -037 DEUTSCHE BUCHT + JADE + WESER-AESTUAR
kuestengewaesser + abwasserbelastung + benthos

IE -040 DEUTSCHE BUCHT + JADE + WESER-AESTUAR
kuestengewaesser + meeresbiologie + ueberwachungssystem

PA -036 NORDENHAM + WESER-AESTUAR
mensch + bleikontamination + schwermetallbelastung + physiologische wirkungen

PE -023 NORDENHAM + WESER-AESTUAR
industrieabgase + staub + immissionsbelastung + tierorganismus

PE -035 NORDENHAM + WESER-AESTUAR
schadstoffimmission + blei + zinkhuette

PE -047 NORDENHAM + WESER-AESTUAR
schadstoffimmission + lebewesen

QA -025 NORDENHAM + WESER-AESTUAR
lebensmittel + bleikontamination

UC -014 ELBE-AESTUAR + WESER-AESTUAR
raumwirtschaftspolitik + wirtschaftsstruktur + analyse

WESER-EMS-GEBIET

QB -057 WESER-EMS-GEBIET
lebensmittelkontamination + fleisch + schlachttiere + schwermetalle + pestizide

WESERMUENDE (LANDKREIS)

UL -067 BEDERKESAER SEE + WESERMUENDE (LANDKREIS)
naturschutz + binnengewaesser + sedimentation

WEST MIDLANDS (ENGLAND)

UA -028 SAARLAND + WEST MIDLANDS (ENGLAND)
umweltschutz + internationaler vergleich + (politische entscheidungsprozesse)

UA -036 SAARLAND + WEST MIDLANDS (ENGLAND)
umweltschutz + internationaler vergleich + (politische entscheidungsprozesse)

WESTERLAND (SYLT)

HC -023 WESTERLAND (SYLT) + DEUTSCHE BUCHT
meeresgeologie + uferschutz + (sandvorspuelung)

WESTERWALD

ID -027 WESTERWALD + LAHNTAL
grundwasserbewegung + grundwasserverunreinigung

UM -017 WESTERWALD
gruenland + vegetation + pflanzensoziologie

UM -056 WESTERWALD
vegetation + weideland + brachflaechen

WESTFALEN-LIPPE

QA -061 WESTFALEN-LIPPE
futtermittel + pflanzenkontamination + arsen + schwermetalle + (schwermetallkataster)

WETTERAU

CB -012 MAIN + TAUNUS + WETTERAU + RHEIN-MAIN-GEBIET
klimatologie + fliegende messtation + fernerkundung
+ schadstoffausbreitung + (ir-thermographie)

WETZLAR-GIESSEN

AA -053 RHEIN-MAIN-GEBIET + KASSEL + WETZLAR-GIESSEN
luftverunreinigung + carcinogene + polyzyklische kohlenwasserstoffe + ballungsgebiet

AA -054 RHEIN-MAIN-GEBIET + KASSEL + WETZLAR-GIESSEN
luftverunreinigung + stadtregion + polyzyklische kohlenwasserstoffe + carcinogene wirkung

WIEHENGEBIERGE

UK -028 TEUTOBURGER WALD + WIEHENGEBIERGE
landschaftsrahmenplan + naturpark + erholungsplanung

WIEN

AA -167 WIEN
luftreinhaltung + dokumentation

AA -168 WIEN
luftverunreinigung + schwefeldioxid + emissionskataster

WIEN (RAUM)

AA -169 WIEN (RAUM)
luftreinhaltung + immissionsbelastung + schornstein
+ prognose

WIESBADEN

HB -084 TAUNUS + WIESBADEN
grundwasserbildung + wasserhaushalt

WILHELMSHAVEN

AA -002 WILHELMSHAVEN + JADEBUSEN
luftverunreinigung + immission + messtellennetz + datenverarbeitung + (online datenuebertragung)

AA -034 WILHELMSHAVEN + JADEBUSEN
luftreinhaltung + immissionsueberwachung + messtellennetz

AA -155 WILHELMSHAVEN + JADEBUSEN
immissionsueberwachung + kraftwerk + raffinerie + messtellennetz

BB -032 WILHELMSHAVEN + JADEBUSEN
kraftwerk + emission + immission + schwefeldioxid
+ staubniederschlag

DC -050 WILHELMSHAVEN + JADEBUSEN
kraftwerk + rauchgas + entschwefelung

WINTERBERG

UL -012 WINTERBERG + HARZ
naturschutz + geologie + (winterberghoehle)

WOERTH

PE -046 KARLSRUHE + WOERTH + OBERRHEIN
immissionsmessung + schwefeldioxid + raffinerie

WOLFRATSHAUSEN

UF -023 BAD TOELZ + WOLFRATSHAUSEN + NEU-ULM
+ REGENSBURG
laendlicher raum + siedlungsplanung + bevoelkerungsentwicklung

WUERTTEMBERG

HA -031 WUERTTEMBERG
oberflaechengewaesser + flora

PI -001 SOLLING + WUERTTEMBERG
waldoekosystem + tiere + populationsdynamik

WUERZBURG

RE -007 WUERZBURG
pflanzen + wasserhaushalt

WUPPERTAL

AA -039 DUESSELDORF + WUPPERTAL + RHEIN-RUHR-RAUM
luftverunreinigende stoffe + fluorverbindungen + ballungsgebiet

UA -064 WUPPERTAL + RHEIN-RUHR-RAUM
umweltprogramm + stadtgebiet